袖珍世界钢号手册

第 5 版

HANDBOOK OF DESIGNATION AND TRADE NAME OF
WORLDWIDE IRONS AND STEELS
5TH DESK EDITION

林慧国 林 钢 主编

机械工业出版社

本书第 1 版已出版 27 年了，这是修订后的第 5 版。书中系统地介绍了中外钢铁产品与特殊合金、铸钢和铸铁，以及钢铁焊接材料的品种规格、化学成分与标准技术数据。全书按内容和产品分类，分列 7 章，除介绍中外钢号表示方法外，分章节介绍世界主要产钢国家或地区（中、日、韩、美、俄、德、英、法、印度、南非及中国台湾地区）和 ISO 标准、EN 欧洲标准的各类钢铁产品。

本版手册修订面广，修订时所参考和引用的标准技术文件为截至 2019 年 12 月 31 日颁布的现行中外钢铁产品技术标准。本版与第 4 版相比，取材上删除了瑞典标准，增加了欧洲标准和金砖国家印度、南非技术标准。

本书的主要特点是内容新，数据量大、准确，实用性强，方便查阅。

本书可供钢铁材料的生产企业、使用部门、科研设计院所、经贸部门、合资或外资公司等的工程技术人员查阅，还可作为外贸、供销人员业务指南，并可供相关院校师生参考。

图书在版编目（CIP）数据

袖珍世界钢号手册/林慧国，林钢主编. —5 版. —北京：机械工业出版社，2020.4

ISBN 978-7-111-65431-5

Ⅰ.①袖… Ⅱ.①林…②林… Ⅲ.①钢－型号－世界－技术手册 Ⅳ.①TG142－62

中国版本图书馆 CIP 数据核字（2020）第 066323 号

机械工业出版社（北京市百万庄大街 22 号　邮政编码 100037）

策划编辑：张秀恩　责任编辑：张秀恩

责任校对：刘雅娜　封面设计：鞠　杨

责任印制：孙　炜

天津翔远印刷有限公司印刷

2020 年 10 月第 5 版第 1 次印刷

184mm×260mm·113 印张·2 插页·3807 千字

0 001—1 900 册

标准书号：ISBN 978-7-111-65431-5

定价：399.00 元

电话服务　　　　　　　网络服务

客服电话：010-88361066　机 工 官 网：www.cmpbook.com

　　　　　010-88379833　机 工 官 博：weibo.com/cmp1952

　　　　　010-68326294　金 书 网：www.golden-book.com

封底无防伪标均为盗版　机工教育服务网：www.cmpedu.com

前　言

　　钢铁材料作为工程材料的重要组成部分，应用十分广泛。国内钢铁材料的生产、使用、科技和经贸等部门及许多人士，对这本《袖珍世界钢号手册》大概并不陌生。这本手册自1993年起，已经相继出版了4版，共印刷13次，累计印数5万余册，深受读者欢迎。

　　近年来，钢铁材料的生产、科技和市场都经历着新的变革。我国钢铁生产仍持续增长，2018年已经达到年产粗钢9.28亿t的规模，约占世界钢总产量的51.3%，多年来我国粗钢年产量稳居世界第一。随着科技创新，我国由钢铁大国向钢铁强国转变的步伐正在加快。在钢材消费和市场方面，据相关部门统计，2019年我国粗钢年度表观消费量为9.3亿t，也占世界粗钢表观消费量51.5%左右，而且预测，我国钢材的需求量还有增长的空间，因此大量钢材进口和粗钢出口并存的局面还会持续一个时期。今后我国钢铁工业发展的着力点是，在节能环保和科技创新的同时，必须优化产品结构，发展高技术含量、高附加值的产品，提高钢材总量中优良品种的比例，提高各行业不同需要的专业用钢比例，以全面满足国民经济各部门对钢铁产量、品种、质量的要求。《袖珍世界钢号手册》在此次修订时，充分考虑了上述新的发展形势，尽力为各部门在借鉴和学习国外开发钢材品种、提高质量，以及提高优良品种钢材比例和促进某些关键材料国产化等方面提供支撑。

　　本手册在修订过程中，始终坚持"以实用为主"和"以读者方便为主"两个原则，引导读者从中外技术标准的更新入手，及时了解和掌握国际先进的钢铁产品及质量的发展动向。经过约两年时间的修订，在本手册第5版中，读者可以看到其内容和编排上都有较大变化，主要是：

　　其一，将各国或地区的各类钢材分列为"通用钢铁材料"与"专业用钢和优良品种"两大类，对后一类又按板带材、管材、线材与丝材等或按材料属性分列，对每种产品均标出相应的标准号及其颁布的年份。在目录和内容编排方面，都比本手册前四版进一步细化，以方便读者查阅。

　　其二，钢铁技术标准更新的步伐在加快。例如，2009年至2019年我国新颁布和更新的钢材与合金的技术标准就有几十种；国外有关钢铁材料的ISO标准以及美国ASTM标准、日本JIS标准等几乎每年都有更新。因此本手册第5版对各章的修订面都比较大，还新增了若干实用性强的内容。技术标准更新至2019年12月31日。

　　在修订过程中，也考虑到欧洲各国已等效采用欧洲标准的问题，增加了欧洲标准，并列出英、德、法等三国未采用欧洲标准的国家标准；印度粗钢产量已超过日本，排名世界第二，因此增加了印度标准。同时增加了南非标准。

　　其三，我国《钢铁及合金牌号统一数字代号体系》（ISC）颁布时做了明确规定：统一数字代号应当与钢铁产品牌号相互对照、并列使用，但实际情况并没有完全做到。在此次修订中，对本手册中介绍的所有中国钢铁及合金牌号，均添加了相对应的统一数字代号，以促进ISC的推广使用。即使所引用的部分标准中尚未列出相应的统一数字代号，我们也尽力克服困难，做了增补工作。

　　本手册第5版由林慧国（金属专业学会教授级高工）、林钢任主编。参加此次修订的人员还有：毛英杰、李明、苏秀青。对他们的大力支持和辛勤工作表示感谢。

　　在本手册修订的两年中，中外钢铁材料的标准、规格也在不断更新，有的是在修订任务完成后又有新的发现；同时在多次审校过程中，仍然发现新的问题或错误。但修订与出版进度不允许一再拖延，所以既感到仓促，又对书中仍存在某些不足和可能出现的错误而感到遗憾，恳切希望读者批评指正。

最后，编者郑重声明：任何出版物和网站，如果需要引用本手册编写的内容，必须事先征得本手册编者的同意，否则将承担有关的法律责任和后果。

编　者
2020 年 1 月

编 写 说 明

1   本手册包括的内容

（1）本手册介绍了国际标准化组织（ISO）、欧洲标准化委员会（EN）及 10 个国家和 1 个地区的钢铁材料规格与标准技术数据，包括中国；法国；德国；日本；韩国；印度；俄罗斯；南非；英国；美国；中国台湾地区。

（2）ISO 标准、EN 欧洲标准及上述大多数国家或地区的钢铁牌号表示方法，在第 1 章中分节介绍。这些表示方法在国际上各种类型的钢铁牌号表示方法中有一定的代表性。

（3）第 2 章至第 7 章将不同国家或地区的各类钢铁材料分列为"通用钢铁材料"与"专业用钢和优良品种"两大类，后一类又按板带材、管材、线材与丝材等或按材料属性分列，在目录和内容编排方面进一步细化。

（4）中外结构用钢的牌号、化学成分、力学性能与工艺数据，以及国产钢号的特性与用途举例等在第 2 章中分节介绍。桥梁用钢、造船用钢、汽车大梁用钢、压力容器和锅炉用钢、石油管道和建筑用钢等都编排在专业用钢类中。

（5）中外不锈钢、耐热钢与特殊合金，中外工模具钢、高速工具钢与硬质合金的牌号、化学成分、性能与工艺数据，以及国产钢号的特性与用途举例等，分别在第 3 章和第 4 章中介绍。在不锈钢、耐热钢的"专业用钢和优良品种"部分突出介绍各种专业用板带材、管材及优良钢材（合金）。工具材料突出了对模具钢以及硬质合金的介绍。

（6）中外铸钢和铸铁的牌号及性能数据分别列于第 5 章和第 6 章，除分述国产牌号的特性与用途举例外，还增加了专业用及优良铸钢和铸铁的介绍。

（7）中外钢铁焊接材料的品种、化学成分及性能列于第 7 章，扩充了专业用焊接材料及优良焊接材料的介绍。

（8）附录中列有各类钢材理论质量计算方法，钢材标记代号和钢材涂色标记，以及进口金属材料证明书中常用词中外文对照。

2   本手册内容选编的几点说明

（1）本手册内容选编遵循"严、新、精、实用"的方针，所选编的中外钢铁产品牌号和规格，均引用各国或地区现行的钢铁材料技术标准。

我们认为，引用的标准号及颁布的年份，这两者都是重要的依据。如果仅标出标准号，不标出年份，读者就无法知道此标准是否属于现行的，或是已作废的。有的标准修订前后变化很大，连原来的钢号都不相同了，若不标出该标准颁布的年份，有可能产生误导。例如我国不锈钢标准 GB/T 1220—2007 的钢号（相对于 GB/T 1220—1992）变化很大，就是例子之一。

（2）考虑到欧洲各国已等效采用欧洲标准，本次修订将欧洲标准在各章单独列为一节，并且将英、法、德三国未采用欧洲标准的技术标准单独列出。

（3）本次修订增加了金砖国家南非和印度的技术标准，尤其是印度，其粗钢产量已超过日本，成为世界第二。考虑到篇幅有限，不再将瑞典标准列入。

（4）本手册中介绍的铸钢和铸铁的规格和性能，尤其是力学性能，虽摘自有关现行标准，但仍视为参考性数据。因为各表中所列的力学性能，仅适用于壁厚均匀且形状简单的铸件；对于壁厚不均匀或有型腔的铸件，表中所列的数据不能完全反映因铸件壁厚变化所带来的力学性能的变化以及尺寸效应。所以铸件设计应根据关键部位实测值进行考虑。

3　在排版上特殊处理的内容

（1）因受版面尺寸的限制，有的表格因栏目多而改排为两个表，如某些合金结构钢的淬透性数据表、各类钢铁牌号对照表等，这样可将栏距适当放大，方便阅览，但也可能给上下表的对应带来一些不便。

（2）对于少数专业用钢标准，若其中仅小部分属于其他钢类，为保持该标准的完整及便于查阅，将其全部编排在钢号较多的有关钢类中。

（3）对于少量旧标准及其牌号，由于使用历史较久，影响面大，还涉及其他相关的标准，为方便查阅，书中大多采用列表进行新旧牌号对照。

4　编写中对某些名称和符号的处理

我国常用希腊字母 σ_s 表示屈服点，$\sigma_{0.2}$ 表示屈服强度，现在又用 $R_{p0.2}$ 表示规定非比例延伸强度（有的标准称为：规定非比例伸长应力）。而国际标准和德文书籍中以拉丁字母 R_e 表示屈服应力，有时称屈服强度；日本标准中称"耐力"；英文标准和手册中以 YS 表示屈服应力（Yield Stress），或屈服强度。而屈服应力并未细分为屈服点或屈服强度。其次，国外所称的屈服强度，除指明（永久塑性变形）0.2% 外，还有 1.0%、0.5%、0.1%、0.05% 等。所以对于外文标准中表示的 R_e 或 YS 符号，就很难一概采用 $R_{p0.2}$ 表示。另外，国外有些技术标准，在采用 σ_s 或 $\sigma_{0.2}$ 表示时也不太规范，在引用时也不便随意更改。所以本手册在修订时，对引用的国内标准，基本上按标准采用的名称和符号来表示；对引用的国外标准，则酌情做适当处理，未强求统一。

使 用 说 明

1. "含量"说明

本手册的"含量"均表示质量分数（%）（特别说明体积分数者除外）。

2. RE、CE、Al_t、Al_S 说明

RE—稀土元素、CE—碳当量、Al_t—全铝、Al_S—酸溶铝。

3. 力学性能和硬度等符号说明

R_m——抗拉强度（MPa）

$R_{p0.2}$——规定非比例延伸强度（MPa），也称规定塑性延伸强度，条件屈服强度，条件屈服应力，还有 $R_{p0.1}$、R_{p1} 等，就是残余伸长率为 0.2%、0.1%、1%时的强度或应力

R_e——屈服强度（MPa）（R_{eL}、R_{eH}）

R_{eL}——下屈服强度（MPa）

R_{eH}——上屈服强度（MPa）

R_t——总伸长延伸强度（MPa）

R_e/R_m——屈强比

A——断后伸长率（%）

A_{gt}——最大力伸长率（%）

Z——断面收缩率（%）

E——弹性模量（GPa）

KV——V 型缺口冲击吸收能量（J）

KU——U 型缺口冲击吸收能量（J）

KN——无缺口冲击吸收能量（J）

a_K、A_K——冲击韧度（J/cm^2）

K_{IC}——平面应变断裂韧性（MPa·m$^{1/2}$）

R_{mc}——抗压强度（MPa）

f——挠度（%）

σ_{bb}——抗弯强度（MPa）

τ_b——抗剪强度（MPa）

σ_{bw}——弯曲疲劳强度（MPa）

HRA、HRB、HRC——洛氏硬度

HBW——布氏硬度

HV——维氏硬度

4. 热处理工艺等工艺符号

这些工艺参数符号的国家标准见附录 B，但有些标准没有完全执行国家标准，固溶处理国标符号为 S，但最新的标准也有用 AT 的（参照国外标准制定的标准），且各种标准采用的符号也不一致，因而不在这里介绍，在相关标准中具体说明。

目　　录

第3章　中外不锈钢、耐热钢和特殊合金

第 4 章　中外工模具钢

第5章　中外铸钢

第6章　中外铸铁

第7章　中外钢铁焊接材料

附　录

第 1 章　中外钢号表示方法

1.1　中　　国

1.1.1　我国钢的分类和钢号表示方法概述

（1）钢的分类

钢的分类关系到钢产品的生产、使用、经贸、科研等各个方面，世界各国都很重视对钢分类标准的制定，而且它与钢号表示方法也有密切关系，不同的钢类，其钢号表示方法往往有所不同。

我国钢的分类，多年来常用的有五种：①按化学成分分类，分为非合金钢（碳素钢）、低合金钢、合金钢；②按品质分类，分为普通质量钢、优质钢、高级优质钢；③按冶炼方法分类，可按炼钢炉、脱氧程度和浇注制度进一步分类；④按金相组织分类，可按钢的退火状态、正火状态以及无相变或部分发生相变的钢进一步分类；⑤按用途分类，分为建筑及工程用钢、结构钢、工具钢、特殊性能钢（如不锈钢等）、专业用钢（如压力容器用钢等）。此外，还可按加工方式分类，分为热轧钢、冷轧钢、冷拔钢、锻钢、铸钢等。但这些分类方法难以解决多年来国内在钢分类方面存在的矛盾。

我国于 1992 年实施钢的分类方法（GB/T 13304—1991），2008 年颁布了《钢分类》国家标准（GB/T 13304.1,13304.2—2008）。该标准主要是参照国际标准（ISO 4948-1，4948-2），并结合国内实际情况和需要进行修订的。这种分类方法，明确划分非合金钢、低合金钢和合金钢中化学元素含量的基本界限值。这对于基本以化学成分来表示的我国大部分钢号更加规范化、科学化打下了一个良好的基础，同时还解决了我国在钢分类方面的实际问题。例如，因海关关税的目标而需要区分非合金钢、低合金钢和合金钢的，有了可依靠的依据，并且与国际上的钢分类大体一致。

这种钢分类方法包括两部分：①按化学成分分类；②按主要质量等级、主要性能及使用特性分类。

1）按化学成分分类

根据各种合金元素规定含量值，将钢分为非合金钢、低合金钢、合金钢三大类，见表 1-1-1。

表 1-1-1　非合金钢、低合金钢、合金钢的合金元素规定含量界限值

合金元素	合金元素规定含量界限值（质量分数）（%）		
	非合金钢	低合金钢	合金钢
Al	<0.10	—	≥0.10
B	<0.005	—	≥0.0005
Bi	<0.10	—	≥0.10
Cr	<0.30	0.30 ~ <0.50	≥0.50
Co	<0.10	—	≥0.10
Cu	<0.10	0.10 ~ <0.50	≥0.50
Mn	<1.00	1.00 ~ <1.40	≥1.40
Mo	<0.05	0.05 ~ <0.10	≥0.10
Ni	<0.30	0.30 ~ <0.50	≥0.50
Nb	<0.02	0.02 ~ <0.06	≥0.06
Pb	<0.40	—	≥0.40
Se	<0.10	—	≥0.10
Si	<0.50	0.50 ~ <0.90	≥0.90
Te	<0.10	—	≥0.10
Ti	<0.05	0.05 ~ <0.15	≥0.13
W	<0.10	—	≥0.10
V	<0.04	0.04 ~ <0.12	≥0.12
Zr	<0.05	0.05 ~ <0.12	≥0.12
La 系[①]（每一种元素）	<0.02	0.02 ~ <0.05	≥0.05
其他规定元素（S、P、C、N 除外）	<0.05		≥0.05

① La 系元素的质量分数，也可是混合稀土总质量分数。

需要补充说明 Cr、Ni、Mo、Cu 四种元素，如果在低合金钢中同时存在两种或两种以上时，还应当考虑这些元素的规定含量总和。如果钢中这些元素的规定含量总和大于表 1-1-1 中规定的每种元素最高界限值总和的 70%，应划为合金钢。对于 Nb、Ti、V、Zr 四种元素，也适用以上原则。近年开发的微合金非调质钢，大部分划入低合金钢。

还有，在表 1-1-1 中未提出对低碳钢、中碳钢和高碳钢的划分，而在钢产品标准和实际生产、应用过程中又会常常遇到或使用这类术语。根据并参考我国和某些国家的情况，按碳含量的高低，大致可分为：

低碳钢：$w(C) < 0.25\%$。

中碳钢：$w(C) = 0.25\% \sim 0.60\%$。

高碳钢：$w(C) > 0.60\%$。

2）按主要质量等级、主要性能及使用特性分类

A）非合金钢的主要分类

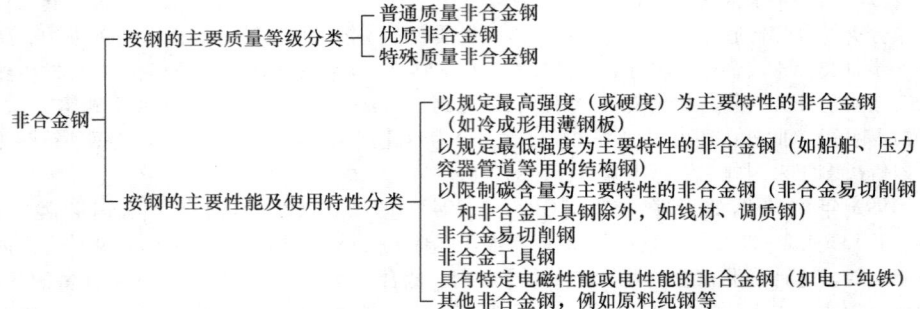

① 普通质量非合金钢。生产过程中对控制质量无特殊规定的、一般用途的非合金钢，同时应满足以下条件：

a. 化学成分符合表 1-1-1 中对非合金钢的规定。

b. 不规定钢材热处理条件（钢厂根据工艺需要进行的消除应力及软化处理等除外）。

c. 未规定其他质量要求。

d. 如产品技术条件有规定，其特性值（最高值和最低值）应符合下列条件，见表 1-1-2。

表 1-1-2 普通质量非合金钢的特性值

特性值（最高值）		特性值（最低值）	
C 的质量分数	≥0.10%	R_m	≤690MPa
S 的质量分数	≥0.040%	R_e 或 $R_{p0.2}$	≤360MPa
P 的质量分数	≥0.040%	A	≤33%
N 的质量分数	≥0.007%	弯心直径	≥0.5×试样直径
硬度	≥60HRB	冲击吸收能量 ≤27J（20℃，V 型缺口纵向试样）	

普通质量非合金钢主要包括：一般用途非合金结构钢（如国际 GB/T 700—2006 中的 A、B 级碳钢）；非合金钢筋；铁道轻轨和垫板用碳钢；一般钢板桩用型钢等。

② 优质非合金钢。在生产过程中需要按规定控制质量，如控制晶粒度，降低硫、磷含量，改善表面质量或增加工艺控制等，以达到比普通质量非合金钢较高的质量要求（例如对冷成形性能和抗脆断性能的改善），但不需像特殊质量非合金钢那样要求严格控制质量。

优质非合金钢主要包括：机械结构用优质非合金钢（如国标 GB/T 699—2015 中的优质碳素钢）；工程结构用非合金钢（如国标 GB/T 700—2006 中的 C、D 级碳钢）；非合金易切削钢；冷镦、冷冲压等冷加工用非合金钢；镀锌、镀锡用非合金钢板、钢管；压力容器用非合金钢板、钢管；船舶用非合金钢；铁道重轨碳钢；焊条用非合金钢；电工用非合金钢带；优质非合金铸钢等。

③ 特殊质量非合金钢。在生产过程中需要严格控制质量和性能的非合金钢（例如要求控制纯洁度和淬透性），同时还根据不同情况分别规定以下的特殊要求：

a. 对于不进行热处理的非合金钢，至少应满足下列之一的特殊质量要求：i）要求限制磷和（或）硫的

质量分数最高值，规定熔炼分析值≤0.020%，成品分析值≤0.025%；ii）要求限制残余元素 Cu、Co、V 的最高含量（质量分数），规定其熔炼分析值分别为 Cu≤0.10%，Co≤0.05%，V≤0.05%。iii）要求限制钢中非金属夹杂物含量，并（或）要求材质内部均匀性；iv）要求限制表面缺陷。

b. 对于需进行热处理的非合金钢（含易切削钢和工具钢），至少应满足下列之一的特殊质量要求：i）要求淬火后，或淬火-回火后的淬硬层深度或表面硬度；ii）要求淬火-回火后，或模拟表面硬化状态下的冲击性能；iii）要求限制钢中非金属夹杂物含量，并（或）要求材质内部均匀性（如钢板抗层状撕裂性能）；iv）要求限制表面缺陷，比对冷镦和冷挤压用钢的规定更严格。

c. 对于电工用非合金钢，要求具有规定的导电性能或磁学性能。若只规定最大磁损和最小磁感应强度，而未规定磁导率的薄板、带，则不属于特殊质量非合金钢。

特殊质量非合金钢主要包括：保证淬透性非合金钢；保证厚度方向性能非合金钢；碳素弹簧钢；琴钢丝及其所用盘条；特殊易切削钢；非合金工具钢和中空钢；铁道车轴坯、车轮、轮毂等用非合金钢；航空、兵器等用非合金结构钢；核能用非合金钢；特殊焊条用非合金钢；电工纯铁和工业纯铁等。

B）低合金钢的主要分类

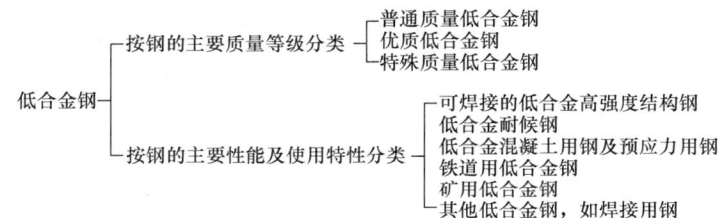

① 普通质量低合金钢。在生产过程中对控制质量无特殊规定的、一般用途的低合金钢，同时应满足以下条件：

a. 合金含量较低，符合表 1-1-1 中对低合金钢的规定。

b. 不规定钢材热处理条件（钢厂根据工艺需要进行退火、正火、消除应力及软化处理等除外）。

c. 未规定其他质量要求。

d. 如产品技术条件中有规定，其特性值应符合下列条件，见表 1-1-3。

表 1-1-3 普通质量低合金钢的特性值

特性值		特性值	
S 的质量分数（最高值）	≥0.040%	A（最低值）	≤26%
P 的质量分数（最高值）	≥0.040%	弯心直径（最低值）	≥2×试样直径
R_m（最低值）	≤690MPa	冲击吸收能量（最低值）	≤27J（20℃，V 型缺口纵向试样）
R_e 或 $R_{p0.2}$（最低值）	≤360MPa		

普通质量低合金钢主要包括：一般用途低合金钢（R_{eL}≥360MPa 的钢除外）；低合金钢筋钢；低合金轻轨钢；矿用一般低合金钢（调质处理钢除外）等。

② 优质低合金钢。在生产过程中需要按规定控制质量，如降低硫、磷含量，控制晶粒度，改善表面质量或增加工艺控制等，以达到比普通质量非合金钢较高的质量要求（例如良好的冷成形性能和良好的抗脆断性能），但没有达到特殊质量低合金钢那样对质量要求的严格控制。

优质低合金钢主要包括：可焊接的低合金高强度钢（R_m=360~420MPa）；低合金耐候钢；低合金管线用钢；锅炉和压力容器用低合金钢；铁道用低合金钢轨钢、异形钢；矿用优质低合金钢；桥梁、船舶、汽车、自行车等专业用低合金钢等。

③ 特殊质量低合金钢。在生产过程中需要严格控制质量和性能的低合金钢，特别要求严格控制硫、磷等含量和提高纯洁度，同时还至少应满足下列之一的特殊质量要求：

a. 要求严格限制磷和（或）硫质量分数的最高值，规定熔炼分析值≤0.020%，成品分析值≤0.025%。

b. 要求限制残余元素 Cu、Co、V 的最高含量（质量分数），规定其熔炼分析值分别为 Cu≤0.10%，Co≤0.05%，V≤0.05%。

c. 规定限制钢中非金属夹杂物含量，并（或）要求材质内部均匀性，如钢板抗层状撕裂性能。

d. 规定钢材的低温（−40℃，V 型）冲击性能。

e. 对可焊接的低合金高强度钢，规定 R_{eL} 最低值不低于 420MPa（指厚度为 3~16mm 钢材的纵向或横向试样的测定值）。

特殊质量低合金钢主要包括：保证厚度方向性能低合金钢；低温用低合金钢；核能用低合金钢；火车车轮用低合金钢；船舰、兵器等专业用特殊低合金钢等。

C）合金钢的主要分类

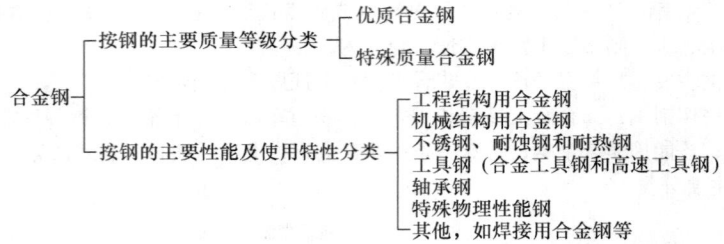

合金钢的钢类系列见表 1-1-4。表中按主要质量等级和主要使用特性划分了各钢类系列。

表 1-1-4　合金钢的钢类系列

主要质量等级	1		2	3	4		5	6	7	8
	优质合金钢		特殊质量合金钢							其他
主要使用特性	工程结构用钢	其他	工程结构用钢	机械结构用钢（属 4、6 除外）	不锈钢、耐蚀钢和耐热钢		工具钢	轴承钢	特殊物理性能钢	焊接用钢
按其他特性进一步分类	11 一般工程结构用合金钢	16 电工用硅（铝）钢（无磁导率要求）	21 压力容器用钢（4 类除外）	31 V、MnV、Mn（X）系钢	41 马氏体型	411/421 Cr（X）系钢	511 Cr（X）系钢	61 高碳铬轴承钢	71 软磁钢（除 16 外）	
						412/422 CrNi（X）系钢	512 Ni（X）、CrNi（X）系钢			
	12 合金钢筋钢		22 热处理合金钢筋	32 SiMn（X）系钢		413/423 CrMo（X）、CrCo（X）系钢	513 Mo（X）、CrMo（X）系钢	62 渗碳轴承钢	72 永磁钢	
	13 凿岩钎杆用钢	17 铁道用合金钢		33 Cr（X）系钢		414/424 CrAl（X）、CrSi（X）系钢	514 V（X）、CrV（X）系钢			
			23 汽车用钢			415/425 其他	515 W（X）、CrW（X）系钢	63 不锈轴承钢	73 无磁钢	
		18 易切削钢		34 CrMo（X）系钢		431/441/451 CrNi（X）系钢				
			24 预应力钢			432/442/452 CrNiMo（X）系钢	516 其他			
			25 矿用合金钢	35 CrNiMo（X）系钢	43 奥氏体型	433/443/453 CrNi + Ti 或 Nb 钢		64 高温轴承钢	74 高电阻钢和合金	
	14 耐磨钢			36 Ni（X）系钢	44 奥氏体-铁素体型	434/444/454 CrNiMo + Ti 或 Nb 钢	521 WMo 系钢	65 无磁轴承钢		
		19 其他	26 输送管线用钢	37 B（X）系钢	45 沉淀硬化型	435/445/455 CrNi + V、W、Co 钢	522 W 系钢			
						436/446 CrNiSi（X）系钢	52 高速钢			
			27 高锰钢	38 其他		437 CrMnNi（X）系钢	523 Co 系钢			
						438 其他				

注：（X）表示该合金钢系列中还包括有其他合金元素，如 Cr（X）系，除 Cr 钢外，还包括 CrMo 钢等。

① 优质合金钢。在生产过程中需要按规定控制质量和性能的合金钢，但没有达到特殊质量合金钢那样对质量要求的严格控制。

优质合金钢主要包括：一般工程结构用合金钢；合金钢筋钢；硅锰钢；铁道用合金钢；凿岩钎杆用钢；不规定磁导率的电工用硅（铝）钢；合金铸钢；耐磨钢；易切削钢等。

② 特殊质量合金钢。在生产过程中需要严格控制质量和性能的合金钢，除优质合金钢外的其他合金钢，都属于特殊质量合金钢。

特殊质量合金钢主要包括：合金结构钢；合金弹簧钢；轴承钢；不锈钢和耐热钢；合金工具钢和高速工具钢；压力容器用合金钢；经热处理的合金钢筋钢；汽车用钢；永磁钢；矿用合金钢；输送管线用钢；高锰钢；不锈耐酸铸钢；耐热铸钢等；还将电热合金划入此类。

（2）我国 GB 标准钢号表示方法概述

我国于 2009 年实施了修订的《钢铁产品牌号表示方法》国家标准（GB/T 221—2008）。和 2000 年颁布的旧标准比较，与本书有关的主要变化如下：

- 增加热轧光圆钢筋、热轧和冷轧带肋钢筋、细晶粒热轧带肋钢筋、混凝土用预应力螺纹钢筋、高性能建筑结构用钢、低焊接裂纹敏感性钢等产品牌号表示方法的规定。
- 删除易切削非调质钢、塑料模具钢等产品牌号表示方法的规定。
- 修改高碳铬不锈轴承钢和高温轴承钢等产品牌号表示方法。
- 修改不锈钢和耐热钢等产品牌号表示方法。
- 改变桥梁用钢、管线用钢、船用锚链钢等的字母符号表示方法。

关于高温合金、耐热合金、铸钢、铸铁等产品牌号表示方法，另由有关国家标准分别规定。

为适应数字化的发展需要，1998 年首次颁布了《钢铁及合金牌号统一数字代号体系》国家标准，并于 2013 年进行了修订（GB/T 17616—2013），它明确规定：统一数字代号由六位符号组成，首位（前缀）用拉丁字母，代表产品分类，后接五位数字；字母"T"代表工模具钢（原代表工具钢）。该标准要求在我国的钢铁产品中现有的产品牌号与统一数字代号并列使用，相互对照，共同有效。统一数字代号的表示方法将在下面介绍。

关于我国钢铁牌号表示方法，根据修订的国家标准的规定，仍采用汉语拼音、化学元素符号和阿拉伯数字相结合的原则，即：

① 钢铁牌号中化学元素采用国际常用的化学元素符合表示，混合稀土元素用"RE"表示。

② 产品名称、用途、特性和工艺方法等，一般采用汉语拼音的缩写字母（或外文）表示；质量等级符号采用 A、B、C、D、E 字母表示，见表 1-1-5。

③ 钢铁牌号中主要化学元素含量（质量分数）（%）采用阿拉伯数字表示。

以上这些原则在某些特殊情况下可以混合使用，例如轴承钢钢号用 GCr15SiMn 表示，不锈耐酸铸钢用 ZG1Cr18Ni9Ti 表示，等等。

表 1-1-5　中国钢号所采用的缩写字母及其含义（以拉丁字母为序）

采用的缩写字母	在钢号中位置	含义	缩写字母来源	
			汉字	拼音（或外文）
A	尾	质量等级符号	—	—
B	尾	质量等级符号	—	—
b	尾	半镇静钢	半	Ban
C	尾	质量等级符号	—	—
CF	尾	低焊接裂纹敏感性钢	—	Crack Free（英）
CM	头	船用锚链钢	船锚	Chuan Mao
CRB	头	冷轧带肋钢筋	—	Cold Rolled Ribbed bars（英）
D	尾	质量等级符号	—	—
d	尾	低淬透性钢	低	Di
DG	头	电信用取向高磁感硅钢	电高	Dian Gao
DR	头	电工用热轧硅钢	电热	Dian Re
	尾	低温压力容器用钢	低容	Di Rong

（续）

采用的缩写字母	在钢号中位置	含义	缩写字母来源	
			汉字	拼音（或外文）
DT	头	电磁纯铁	电铁	Dian Tie
DZ	头	地质钻探管用钢	地质	Di Zhi
E	尾	质量等级符号	—	—
F	头	非调质机械结构钢	非	Fei
F	尾	沸腾钢	沸	Fei
G	头	滚动高碳铬轴承钢	滚	Gun
G	尾	锅炉用钢（管）	锅	Guo
GH	头	变形高温合金	高合	Gao He
GJ	尾	高性能建筑结构用钢	高建	Gao Jian
GNH	尾	高耐候钢	高耐候	Gao Nai Hou
H	头	焊接用钢	焊	Han
H	尾	保证淬透性钢	—	—
HP	尾	焊接气瓶用钢	焊瓶	Han Ping
HPB	头	热轧光圆钢筋	—	Hot Rolled Plain bars（英）
HRB	头	热轧带肋钢筋	—	Hot Rolled Rebbed Bars（英）
HRBF	头	热轧带肋钢筋 + 细	—	Hot Relled Ribbed Bars + Fine（英）
HT	头	灰铸铁	灰铁	Hui Tie
J	中	精密合金	精	Jing
JZ	头	机车车轴用钢	机轴	Ji Zhou
K	头	铸造高温合金	—	—
K	尾	矿用钢	矿	Kuang
KT	头	可锻铸铁	可铁	Ke Tie
L	尾	汽车大梁用钢	梁	Liang
L	头	管线用钢	—	Line（英）
LZ	头	车辆车轴用钢	辆轴	Liang Zhou
M	头	煤机用钢	煤	Mei
ML	头	铆螺钢（冷墩钢）	铆螺	Mao Luo
NH	尾	耐候钢	耐候	Nai Hou
NM	头	耐磨铸铁	耐磨	Nai Mo
NS	头	耐蚀合金	耐蚀	Nai Shi
PSB	头	预应力混凝土用螺纹钢筋	—	Prestressing、Screw、Bars（英）
Q	头	球墨铸铁用生铁	球	Qiu
q[①]	尾	桥梁用钢	桥	Qiao
QG	中	电工用冷轧取向高磁感硅钢	取高	Qu Gao
QT	头	球墨铸铁	球铁	Qiu Tie
R	尾	锅炉和压力容器用钢	容	Rong
R	头	耐热铸铁	热铁	Re Tie
T	头	碳素工具钢	碳	Tan
TL	头	脱碳低磷粒铁	脱粒	Tuo Li
TZ	尾	特殊镇静钢	特镇	Te Zhen
U	头	钢轨钢	轨	Gui
W	中	电工用冷无取向硅钢	无	Wu
Y	头	易切削结构钢	易	Yi
Z	尾	镇静钢	镇	Zhen
ZG	头	铸钢	铸钢	Zhu Gang
ZU	头	轧辊用铸钢	铸辊	Zhu Gun

① GB/T 221—2008 中为 Q，GB/T 221—2000 为 q，有些标准仍用 q，如 GB/T 714—2015。

1.1.2 GB 标准钢铁产品牌号表示方法分类说明

（1）碳素结构钢和低合金高强度结构钢

这两类钢又分为通用钢和专业用钢，其钢号主要以力学性能表示。

A）碳素结构钢

原称普通碳素钢，过去其钢号按 GB 221—1979 标准分为甲、乙、特三类钢。现在改为以钢材屈服点命名，在 GB/T 700—2006 标准中的钢号表示如下：

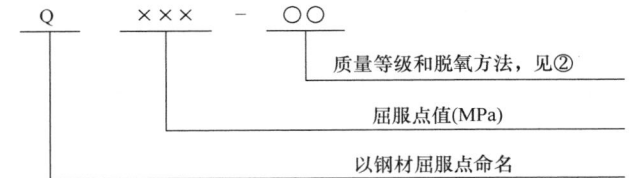

① 钢号冠以"Q"，后面的数字表示屈服点值（MPa）。例如：Q235，其 R_{eL} 为 235MPa。

② 必要时钢号后面可标出表示质量等级和脱氧方法的符号。质量等级和脱氧方法符号见表 1-1-5。例如：Q235AF，表示 A 级沸腾钢；又如：Q235CZ 和 Q235DTZ，分别表示 C 级镇静钢和 D 级特殊镇静钢，在实际使用时可省略为 Q235C 和 Q235D。

③ 专业用的碳素钢，例如桥梁用钢等，基本上采用碳素结构钢的表示方法，但在钢号最后附加表示用途的后缀字母（见表 1-1-5）。例如桥梁用钢的钢号表示为 Q235q；后缀字母 q——桥梁用钢，还可附加 C、D、E 表示质量等级。

B）低合金高强度结构钢

这类钢在 1988 年（标准）称为低合金结构钢，其钢号表示方法基本上和合金结构钢相同。从 1994 年标准开始称为低合金高强度结构钢，最新标准为 GB/T 1591—2018，其钢号按国际标准采用以屈服强度命名，介绍如下：

① 钢号的组成：前缀字母 Q + 上屈服强度值 + 交货状态代号 + 质量等级。前三部分简称"钢级"。

② 钢号冠以"Q"，代表屈服强度。后面的数字表示 R_{eH} 值。交货状态代号，AR（或 WAR）——热轧（通常可省略），N——正火或正火轧制状态。质量等级分为 B、C、D、E、F。

③ 例如：Q355ND，表示上屈服强度≥355MPa，交货状态为正火或正火轧制状态，质量等级为 D 级。

④ 低合金高强度结构钢分为镇静钢和特殊镇静钢，在钢号的组成中没有表示脱氧方法的符号。

⑤ 对专业用低合金高强度钢，在标准未修订以前，仍沿用旧钢号加后缀。例如 16Mn 钢，用于汽车大梁的专用钢种为"16MnL"，压力容器的专用钢种为"16MnR"。

⑥ 耐候钢是抗大气腐蚀用的低合金高强度结构钢，其钢号基本上采用相同的表示方法，但在钢号最后附加表示特性的字母。例如耐候钢 2008 年标准的钢号表示为 Q295NH、Q295GNH；其后缀字母：NH——耐候钢，GNH——高耐候钢。

⑦ 桥梁用结构钢，在 2008 年旧标准中钢号为"Q420q"，而 2015 年标准（GB/T 714—2015）中按交货状态的不同，分别规定了各钢号的化学成分，所以钢号为"Q420qDNHZ15"，表示以热机械轧制的 D 级（钢板），并具有耐候性（NH）与厚度方向（Z 向）性能。

（2）建筑结构用钢

A）建筑结构用钢板

根据建筑结构用钢板的标准（GB/T 19879—2015），其钢号的组成：前缀字母 Q + 最小屈服强度数值 + 建筑结构用钢代号（GJ）+ 质量等级（B、C、D、E）。例如：Q345GJC。

对于厚度方向（Z 向）性能钢板，在质量等级代号后添加厚度方向性能级别代号（Z15、Z25、Z35）例如：Q345GJCZ25。

厚度方向性能级别与断面收缩率"Z"的关系为：Z15 表示 $Z \geqslant 15\%$，Z25 表示 $Z \geqslant 25\%$，Z35 表示 $Z \geqslant 35\%$。断面收缩率取三个试样的平均值。

B）建筑用钢筋

各类钢筋的牌号均由前缀字母 + 屈服强度（或抗拉强度）数值组成。其前缀字母：HPB——热轧光圆钢筋，HRB——热轧带肋钢筋，HRBF——细晶粒热轧带肋钢筋，CRB（或 CRW）——冷轧带肋钢筋，PSB——预应力螺纹钢筋，RRB——余热处理钢筋。

例如：牌号 HPB235，表示屈服强度特性值 235MPa 的热轧光圆钢筋。

牌号 CRB550，表示最小抗拉强度 550MPa 的冷轧带肋钢筋。

（3）优质碳素结构钢

① 钢号开头的两位数字表示钢的碳含量，以平均碳含量（% × 100）表示，例如平均碳含量为 0.45% 的钢，钢号为"45"。

② 锰含量较高的[$w(Mn) = 0.70\% \sim 1.00\%$]优质碳素结构钢，应标出"Mn"，例如 50Mn。用 Al 脱氧的镇静钢应标出"Al"，例如 08Al。

③ 镇静钢不加"Z"，沸腾钢、半镇静钢及专业用途的优质碳素结构钢应在钢号最后特别标出。例如平均碳含量 $w(C) = 0.10\%$ 的半镇静钢，其钢号为 10b。

④ 高级优质碳素结构钢在钢号后加"A"，特级优质碳素结构钢在钢号后加"E"。例如平均碳含量 $w(C) = 0.45\%$ 的特级优质碳素结构钢，其钢号为 45E。

⑤ 专门用途的优质碳素结构钢，其钢号基本上采用通用优质碳素结构钢的表示方法，但在钢号最后附加表示用途的字母。例如屈服强度 245MPa 的锅炉与压力容器用钢，其钢号为 Q245R，R——锅炉与压力容器用钢。

（4）易切削钢和冲压用钢

A）易切削钢

① 钢号冠以"Y"，以区别于优质碳素结构钢。后面的数字表示碳含量，以平均碳含量（% × 100）表示，例如平均碳含量 $w(C) = 0.3\%$ 的易切削钢，其钢号为 Y30。

② 锰含量较高者，也在钢号的数字后标出"Mn"，例如平均碳含量 $w(C) = 0.40\%$，锰含量 $w(Mn) = 1.20\% \sim 1.55\%$ 的易切削钢，其钢号为 Y40Mn。

③ 铅系、锡系或钙系易切削钢，应在钢号后缀分别标出"Pb""Sn"或"Ca"。例如 Y12Pb、Y15Sn、Y45Ca。

在这类钢 2008 年的标准中，硫系易切削钢的钢号一般不标出"S"，但国内厂家生产使用的 Y08MnS、Y45MnS，以及铅系易切削钢的 Y45MnSPb，在钢号中标出"S"属于例外。

B）冲压用钢

① 主要是指冲压用冷轧低碳钢板和钢带，其厚度为 0.30 ~ 3.50mm 的薄钢板和钢带，常用于汽车、家电等行业。在这类钢的标准（GB/T 5213—2008）中，新钢号由字母 DC 加两位数字组成，其中：D——表示冷成形用，C——表示冷轧，数字为序列号，采用 01、03 ~ 07（空缺 02），表示工艺用途。例如钢号 DC01、DC03 分别表示一般用和冲压用，DC04 为深冲用，DC05、DC06 分别表示特深冲用和超深冲用，DC07 为特超深冲用。新钢号与旧牌号近似对照如下：

新钢号　DC01　DC03　DC04　DC05　DC06　DC07
旧牌号　08Al　—　　SC1　　SC2　　SC3　　—

② 根据需要，对 DC01、DC03、DC04、DC05 可以添加 Nb 或 Ti 等合金元素，但在其钢号中均不表示。

③ 冲压用冷轧薄钢板和钢带，按表面质量分为三类：FB——较高级表面；FC——高级表面；FD——超高级表面。按表面结构又分为两类：B——光亮表面；D——麻面。以上这些符号，需要时可添加在冲压用钢的钢号中。

（5）合金结构钢

① 钢号开头的两位数字表示钢的碳含量，以平均碳含量% × 100 表示。

② 钢中主要合金元素（质量分数），除个别微量合金元素外，一般以百分之几表示。当平均含量 < 1.50% 时，钢号中一般只标出元素符号，而不标明含量，但在特殊情况下易致混淆者，在元素符号后也可标以数字"1"，例如钢号"12CrMoV"和"12Cr1MoV"，其铬含量分别为 0.40% ~ 1.60% 和 0.90% ~ 1.20%，其余成分全部相同。

③ 当合金元素平均含量为 1.50% ~ 2.49%，2.50% ~ 3.49%，3.50% ~ 4.49%，4.50% ~ 5.49%……时，在元素符号后相应标出 2、3、4、5……。例如，20Mn2 为 $w(Mn) = 1.40\% \sim 1.80\%$ 的锰结构钢；又如，

12CrNi3 为 $w(\mathrm{Ni})=2.75\%\sim3.15\%$ 的铬镍结构钢。

④ 钢中的钒、钛、铝、硼、稀土等合金元素，均属微量合金元素，虽然含量很低，但仍应在钢号中标出。例如 20MnVB 钢中，$w(\mathrm{V})=0.07\%\sim0.12\%$，$w(\mathrm{B})=0.001\%\sim0.005\%$。

⑤ 高级优质合金结构钢应在钢号尾部加 "A"，特级优质合金结构钢应在钢号尾部加 "E"，以区别于一般优质钢。钢号举例如下：

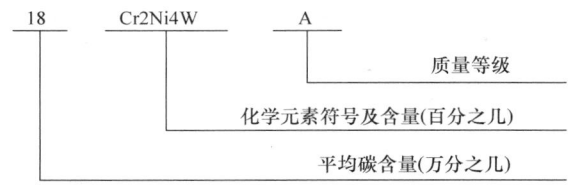

（6）专业用途的结构钢

钢号的前缀或后缀字母代表该钢种的专业用途。对保证淬透性结构钢，在钢号后缀标出 "H"，例如 20CrNi3H。对铆钉螺纹用钢，钢号冠以 "ML"，例如 ML30CrMo。这类钢原称为铆螺钢或冷顶锻用钢。在 2001 年修订的国家标准中称为冷镦和冷挤压用钢。

（7）非调质机械结构钢

这类钢在国外名称很多，在我国曾称微合金非调质钢，简称为非调质钢。2008 年的国家标准规定其名称为 "非调质机械结构钢"。其钢号表示为：

① 钢号的前缀字母 "F" 表示非调质机械结构钢。

② 前缀字母后面的钢号表示方法与合金结构钢基本相同。例如：F45VS，表示平均碳含量 $w(\mathrm{C})=0.45\%$、钒含量 $w(\mathrm{V})=0.06\%\sim0.13\%$、硫含量 $w(\mathrm{S})=0.035\%\sim0.075\%$ 的非调质机械结构钢。对于有些钢号，当硫含量（质量分数）只有上限要求时，钢号不标出 "S"。

（8）弹簧钢和轴承钢

A）弹簧钢

弹簧钢按化学成分可分为碳素弹簧钢和合金弹簧钢两类，分述如下：

① 碳素弹簧钢的钢号表示方法，基本上与优质碳素结构钢相同。

② 合金弹簧钢的钢号表示方法，基本上与合金结构钢相同。

B）轴承钢

轴承钢现行标准分四类，其钢号表示方法也不相同，分述如下：

① 高碳铬轴承钢。其钢号冠以 "G"，碳含量不标出，铬含量 $w(\mathrm{Cr})$ 以平均铬含量（$\%\times10$）表示，例如平均铬含量 $w(\mathrm{Cr})=1.50\%$ 的轴承钢，其钢号为 GCr15。

② 渗碳轴承钢。其钢号基本上和合金结构钢钢号相同，但钢号也加前缀字母 "G"。例如，G20CrNiMo 渗碳轴承钢。高级优质渗碳轴承钢，在钢号尾部加 "A"，例如 G20CrNiMoA。

③ 高碳铬不锈轴承钢，与不锈钢钢号表示方法相同，旧标准的钢号前不冠以 "G"，在 2008 年修订的标准中，钢号加前缀字母 "G"，例如 G95Cr18。

（9）工模具钢

我国的工具钢分为碳素工具钢、合金工模具钢和高速工具钢三类，其钢号表示方法有所不同。

A）碳素工具钢

① 钢号冠以 "T"，后面的数字平均碳含量（$\%\times10$），例如 "T8" 表示平均碳含量 $w(\mathrm{C})=0.8\%$。

② 锰含量较高者 [$w(\mathrm{Mn})=0.40\%\sim0.60\%$]，在钢号的数字后标出 "Mn"。

③ 高级优质碳素工具钢的磷、硫含量较低，在钢号最后加注 "A"。例如：T8MnA。

B）合金工模具钢

① 合金工模具钢钢号的平均碳含量 $w(\mathrm{C})\geqslant1.0\%$ 时，不标出碳含量，例如 CrMn；当平均碳含量 $w(\mathrm{C})<1.0\%$ 时，以平均碳含量（$\%\times10$）表示，例如 9Mn2V。

② 钢中合金元素含量的表示方法，基本上与合金结构钢相同。但对铬含量较低的合金工具钢钢号，其铬含量以平均铬含量（$\%\times10$）表示，并在表示含量的数字前加 "0"，以便把它和一般元素含量按百分之几表示的方法区别开来。例如 Cr06。

③ 塑料模具钢钢号冠以 "SM"，字母后面的钢号表示方法与合金工具钢及优质碳素钢相同。例如：平均碳含量 $w(C) = 0.34\%$，铬含量 $w(Cr) = 1.70\%$，钼含量 $w(Mo) = 0.42\%$ 的合金塑料模具钢，其钢号为 SM3Cr2Mo；平均碳含量 $w(C) = 0.45\%$ 的碳素塑料模具钢，其钢号为 SM45。

C）高速工具钢

① 高速工具钢的钢号一般不标出碳含量，只标出各种合金元素平均含量的百分之几（化为整数）。例如 "18-4-1" 型钨系高速工具钢的钢号表示为 "W18Cr4V"；"6-5-4-2" 型钼钨系高速工具钢的钢号表示为 "W6Mo5Cr4V2"。钢号举例如下：

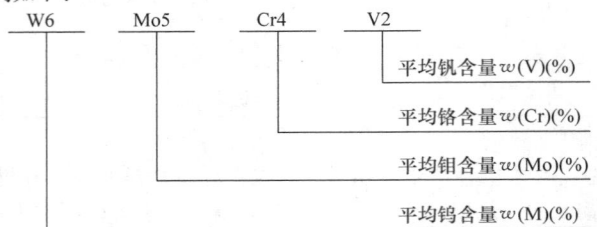

W6　　　Mo5　　　Cr4　　　V2

　平均钒含量 $w(V)(\%)$
　平均铬含量 $w(Cr)(\%)$
　平均钼含量 $w(Mo)(\%)$
　平均钨含量 $w(M)(\%)$

② 钢号冠以字母 "C" 者，表示其碳含量高于未冠 "C" 的通用钢号。例如钢号 CW6Mo5Cr4V3 的碳含量 $w(C) = 1.15\% \sim 1.25\%$，而通用钢号 W6Mo5Cr4V3 的碳含量 $w(C) = 1.00\% \sim 1.10\%$。

（10）不锈钢和耐热钢

① 不锈钢和耐热钢（含阀门钢）的钢号由代表碳含量的数字＋合金元素符号和及其代表含量的数字组成。

② 对钢号中碳含量的表示方法，先后做了数次修订。在 2008 年颁布的标准中做了新规定：

用两位或三位数字表示碳含量最佳控制值（以万分之几或 10 万分之几表示），可分为三种情况：

a. 只规定碳含量上限者，当碳含量上限 $w(C) \leq 0.10\%$ 时，以其上限的 3/4 表示碳含量；当碳含量上限 $> 0.10\%$ 时，以其上限的 4/5 表示碳含量。

例如："06" 表示 $w(C) \leq 0.08\%$，"10" 表示 $w(C) \leq 0.12\%$，"12" 表示 $w(C) \leq 0.15\%$，"16" 表示 $w(C) \leq 0.20\%$，少数钢号采用 "03" 表示 $w(C) \leq 0.04\%$。

b. 超低碳和极低碳不锈钢用三位数字表示碳含量最佳控制值（以 10 万分之几表示）。例如："022" 表示 $w(C) \leq 0.030\%$，"015" 表示 $w(C) \leq 0.020\%$，"008" 表示 $w(C) \leq 0.010\%$。

c. 规定碳含量上下限者，以平均碳含量（$\% \times 100$）表示。例如："20" 表示平均碳含量 $0.15\% \sim 0.25\%$，从 "30" 至 "90" 以及 "108" "158" 等均表示平均碳含量（$\% \times 100$）。

③ 对钢中主要合金元素含量以百分之几表示，而对钛、铌、锆、氮等则按照合金结构钢对微量合金元素的表示方法标出。少数新钢号对表示合金元素含量的数字稍作调整，例如：旧钢号 06Cr19Ni9N，新钢号为 06Cr19Ni10N；又如：旧钢号 00Cr18Ni5Mo3Si2，新钢号为 022Cr19Ni5Mo3Si2N；关于不锈钢和耐热钢的新旧钢号对照，见第 3 章，此处举例从略。

④ 耐热钢和阀门钢的钢号表示方法和不锈钢相同。

⑤ 易切削不锈钢和易切削耐热钢的钢号，以前缀字母 "Y" 表示，字母后面的钢号和不锈钢表示方法相同。例如易切削不锈钢 Y1Cr17 与通用不锈钢 1Cr17 相比，碳、铬含量相同，只是硫、磷含量不同和硅、锰含量稍有调整。

⑥ 不锈钢丝通常在钢号尾部添加交货状态代号：L——冷拉，Q——轻拉，R——软态。

（11）焊接用钢

① 焊接用钢包括焊接用碳素钢、焊接用低合金钢、焊接用合金结构钢、焊接用不锈钢等，其钢号均沿用各自钢类的钢号表示方法，同时需添加前缀字母 "H" 表示，以示区别。例如：H08，H08Mn2Si，H1Cr18Ni9。

② 某些焊丝在按硫、磷含量分等级时，用钢号后缀字母表示，例如 H08A，H08E，H08C。后缀字母 A——$w(S)$、$w(P) \leq 0.030\%$；E——$w(S)$、$w(P) \leq 0.020\%$；C——$w(S)$、$w(P) \leq 0.015\%$；未加后缀者——$w(S)$、$w(P) \leq 0.035\%$。

（12）高温合金和耐蚀合金

在 2008 年颁布的《钢铁产品牌号表示方法》新标准中未包括高温合金和耐蚀合金的牌号表示方法。现根据《高温合金和金属间化合物材料的分类和牌号》标准（GB/T 14992—2005）和《耐蚀合金牌号》标准（GB/T 15007—2008）介绍如下：

A）高温合金

① 变形高温合金的牌号采用字母"HG"加4位数字组成。第1位数字表示分类号，其中：

1——固溶强化型铁基合金；2——时效硬化型铁基合金；3——固溶强化型镍基合金；4——时效硬化型镍基合金；固溶强化型钴基合金；时效强化型钴基合金；固溶强化型铬基合金；时效强化型铬基合金。第2~4位数字表示合金的编号，与旧牌号（GH+2或3位数字）的编号一致。

② 铸造高温合金的牌号采用字母"K"加3位数字组成。第1位数字表示分类号，其含义同上。第2~4位数字表示合金的编号，与旧牌号（K+2位数字）的编号一致。

③ 在2005年标准中增加了高温合金品种，其牌号前缀字母分别为：FGH——粉末冶金高温合金；MGH——弥散强化高温合金；DD——单晶高温合金；DZ——定向凝固高温合金；HGH——高温合金焊丝。

B）耐蚀合金

① 变形耐蚀合金的牌号采用前缀字母"NS"加4位数字组成（旧标准为前缀字母加3位数字）。

a. "NS"后的第1位数字表示分类号，其含义与变形高温合金相同。

b. "NS"后的第2位数字表示合金系列，其中：

NS×1××表示NiCr系合金；　　　　　　NS×2××表示NiMo系合金；
NS×3××表示NiCrMo系合金；　　　　　NS×4××表示NiCrMoCu系合金；
NS×5××表示NiCrMoN系合金；　　　　NS×6××表示NiCrMoCuN系合金。

c. "NS"后的第3、4位数字为合金序号。

② 焊接用变形耐蚀合金丝的牌号采用前缀字母"HNS"加4位数字组成。各数字表示意义与变形耐蚀合金相同，并沿用变形耐蚀合金的编号。

③ 铸造耐蚀合金的牌号采用前缀字母"ZNS"加4位数字组成。各数字表示意义与变形耐蚀合金相同，但相同数字的铸造耐蚀合金与变形耐蚀合金没有对应关系。

1.1.3 GB标准铸钢和铸铁牌号表示方法

在我国现行标准GB/T 221《钢铁产品牌号表示方法》中未包括铸钢和铸铁牌号表示方法，特作以下介绍。

（1）铸钢

在《铸钢牌号表示方法》标准（GB/T 5613—2014）中，与1995年的旧标准相比，主要技术内容变化为：增加了具有特殊性能的铸钢代号，修改了铸钢牌号的合金元素及其含量的表示方法，还修改了铸钢牌号示例。

各类铸钢的名称、基本代号及牌号表示方法实例见表1-1-6。

表1-1-6 各类铸钢名称、基本代号及牌号表示方法实例

铸钢名称	基本代号	牌号表示方法实例
铸造碳钢	ZG	ZG270-500
焊接结构用铸钢	ZGH	ZGH230-450
耐热铸钢	ZGR	ZGR40Cr25Ni20
耐蚀铸钢	ZGS	ZGS6Cr16Ni5Mo
耐磨铸钢	ZGM	ZGM30CrMnSiMo

新标准规定了两种铸钢牌号表示方法，即主要以力学性能表示的牌号和以化学成分表示的牌号。此外，专门用途的铸钢采用专用的前缀字母。分类介绍如下：

A）主要以力学性能表示的牌号

这类牌号的主体结构为：代号字母"ZG"+两组力学性能值（数字）。需要时可附加后缀字母或补充前缀字母。

① 一般工程用碳素铸钢的牌号，举例如下：

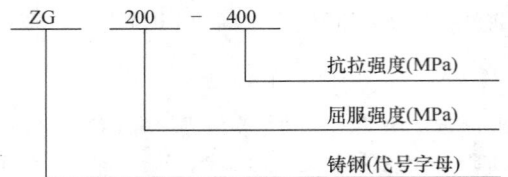

② 焊接结构用碳素铸钢的牌号，例如 ZG200-400H。其中：H 表示焊接用（后缀字母）；其余含义同上。

③ 一般工程与结构用低合金铸钢的牌号，例如 ZGD345-570。其中：ZGD 为低合金铸钢；其余表示方法同上。

B）主要以化学成分表示的牌号

这类牌号的主体结构为：代号字母"ZG" +化学元素符号及其含量。需要时可附加后缀符号（数字或字母）。

① 工程结构用合金铸钢的牌号，举例如下：

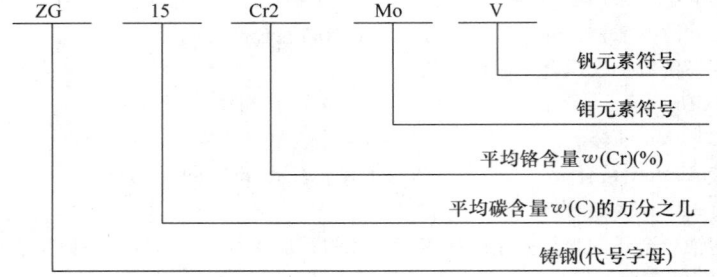

② 工程结构用中、高强度不锈铸钢的牌号，举例如下：

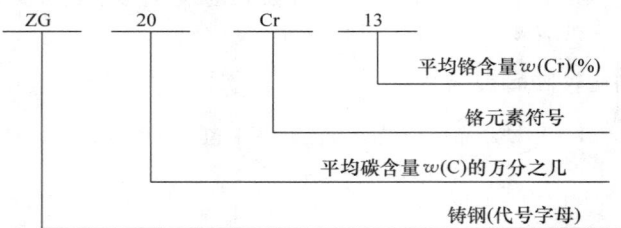

③ 不锈耐蚀铸钢的牌号，例如 ZG1Cr18Ni9。其中：ZG 后面的数字"1"为碳平均含量（质量分数）的千分之几；Cr 和 Ni 后面的数字分别为其平均含量（质量分数）（%）。

应当注意，以上两类不锈铸钢碳含量的表示方法有所不同。这可能与两个标准颁布的年份不同有关，有待今后调整。

④ 耐热铸钢的牌号，例如 ZG40Cr9Si2，其表示方法与中、高强度不锈铸钢相同。

⑤ 高锰铸钢的牌号，举例如下：

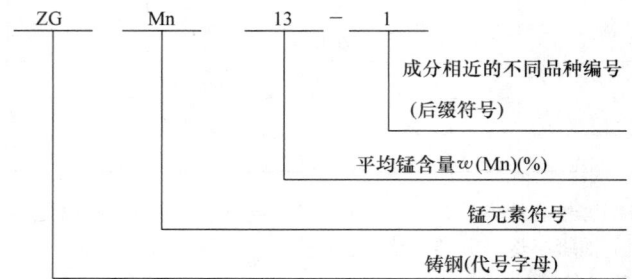

⑥ 承压铸钢的牌号，包括碳素铸钢、合金铸钢和不锈铸钢。其牌号主体结构与有关的各类铸钢相同。牌号的后缀字母："A"和"B"表示不同级别；"G"为高温用铸钢；"D"为低温用铸钢。例如：ZG240-450BG，ZG20Cr2Mo1D。

C）专业用途的铸钢牌号

① 熔模铸造用碳素铸钢的牌号，例如 RZG200-400。其中：代号字母"RZG"表示熔模铸造用；后面两组数字分别表示屈服强度（MPa）和抗拉强度（MPa）。

② 轧辊用铸钢的牌号，例如 ZU70Mn。其中：代号字母"ZU"表示轧辊用；数字"70"为碳平均含量 $w(C)$ 的万分之几；Mn 为锰元素符号［当锰平均含量 $w(Mn) < 0.9\%$ 时，牌号中不标出"Mn"；当锰平均含量 $w(Mn) = 0.9\% \sim 1.4\%$ 时，只标出"Mn"而不标其含量］。

（2）铸铁的牌号表示方法

《铸铁牌号表示方法》标准（GB/T 5612—2008）系参考国际标准（ISO/TR 15931：2004），并结合国内情况进行修订的，与 1985 年的旧标准相比，主要技术内容变化为：

- 增加了奥氏体灰铸铁、奥氏体球墨铸铁与耐热灰铸铁等九种铸铁的名称和代号。
- 修改了抗磨白口铸铁、耐蚀球墨铸铁、耐热球墨铸铁等四种铸铁的代号。

铸铁牌号的主体结构为：基本代号（前缀字母）+力学性能，或者，基本代号+化学成分。合金元素采用国际化学元素符号，其名义含量或力学性能用数字表示。

铸铁的基本代号由大写字母"×T"和"×T×"组成，T 表示铸铁，T 前面的字母表示各类铸铁特征。例如：HT——灰铸铁，QT——球墨铸铁，RuT——蠕墨铸铁，KT——可锻铸铁，BT——白口铸铁。

T 后面的特性字母表示组织特征或特殊性能。例如：可锻铸铁的特性字母：B——白心、H——黑心、Z——珠光体；灰铸铁和球墨铸铁的特性字母：A——奥氏体、L——冷硬、M——耐磨（或抗磨）、R——耐热、S——耐蚀；白口铸铁的特性字母：M——抗磨、R——耐热、S——耐蚀。

各类铸铁的名称、基本代号及牌号表示方法实例见表 1-1-7。

表 1-1-7 各类铸铁名称、基本代号及牌号表示方法实例

铸铁名称	基本代号	牌号表示方法实例
灰铸铁	HT	—
灰铸铁	HT	HT250，HT Cr300
奥氏体灰铸铁	HTA	HTA Ni20Cr2
冷硬灰铸铁	HTL	HTL Cr1Ni1Mo
耐磨灰铸铁	HTM	HTM Cu1CrMo
耐热灰铸铁	HTR	HTR Cr
耐蚀灰铸铁	HTS	HTS Si15Cr4R
球墨铸铁	QT	—
球墨铸铁	QT	QT400-18
奥氏体球墨铸铁	QTA	QTA Ni30Cr3
冷硬球墨铸铁	QTL	QTL CrMo
抗磨球墨铸铁	QTM	QTM Mn8-300
耐热球墨铸铁	QTR	QTR Si5
耐蚀球墨铸铁	QTS	QTS Ni20Cr2
蠕墨铸铁	RuT	RuT420
可锻铸铁	KT	
白心可锻铸铁	KTB	KTB350-04
黑心可锻铸铁	KTH	KTH350-10
球光体可锻铸铁	KTZ	KTZ650-02
白口铸铁	BT	
抗磨白口铸铁	BTM	BTM Cr15Mo
耐热铸铁	BTR	BTR Cr16
耐蚀铸铁	BTS	BTS Cr28

从表 1-1-6 中看到，铸铁牌号有几种表示方法，可归纳为：主要以力学性能表示的牌号；主要以化学成分表示的牌号；或者以两种表示方法组合的牌号等。分类说明如下：

① 主要以抗拉强度表示的牌号，力学性能值 R_m（MPa）排列在铸铁基本代号之后。这类牌号如：HT230（灰铸铁），RuT420（蠕墨铸铁）等。

② 主要以抗拉强度和断后伸长率组合表示的牌号，在铸铁基本代号之后有两组数字，前一组表示抗拉强度值 R_m（MPa），后一组表示断后伸长率值 A（%）。这类牌号如：QT400-18（球墨铸铁），KTB350-04（白心可锻铸铁），KTH350-10（黑心可锻铸铁），KTZ650-02（珠光体可锻铸铁）等。

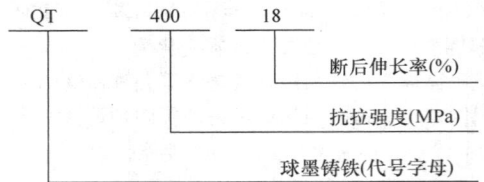

③ 主要以化学成分和抗拉强度组合表示的牌号，排列次序为：铸铁基本代号、合金元素符号及名义含量、抗拉强度值 R_m（MPa），后两组之间用"-"隔开。这类牌号如：QTM Mn8-300（耐磨球墨铸铁）。

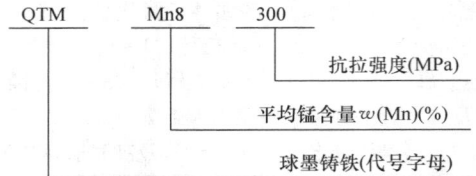

④ 主要以化学成分表示的牌号，其合金元素符号及名义含量排列在铸铁基本代号之后，规定如下：

a. 铸铁中常用元素（C、Si、Mn、P、S）一般不标出，但有特殊作用者应标出。

b. 合金元素的质量分数≥1%时，在牌号中以整数标出；小于 1% 时，一般不标出。只有对铸铁有特殊影响时才标出其元素符号。

c. 牌号中按元素含量递减次序排列。含量相同时按元素符号的字母顺序排列。这类牌号的铸铁较多，例如：

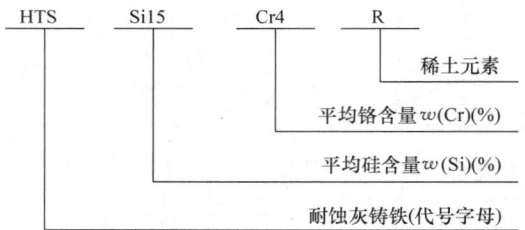

1.1.4 我国钢铁牌号的统一数字代号（ISC）表示方法

我国于 1999 年发布了国家标准《钢铁及合金牌号统一数字代号体系》（GB/T 17616—1998），简称为"ISC"，即 Iron and Steel Code 的缩写。现行标准为 GB/T 17616—2013。这套统一数字代号体系主要参考了美国的 UNS 系统，即《金属与合金统一数字代号体系》，欧洲标准和国际标准有关"钢的牌号数字体系"文件，同时结合我国钢铁材料生产、使用的特点而制定的。该标准明确规定，凡列入国家标准和行业标准的钢铁及合金产品应同时列入产品牌号和统一数字代号，相互对照，并列使用，共同有效。

由于钢铁材料的种类很广，为便于编制统一数字代号，将钢铁及合金划分为 15 个类型（用前缀字母表示，一般不使用"I"和"O"字母），设置 15 类统一数字代号。我国钢铁及合金的类型和统一数字代号见表 1-1-8。

每一个统一数字代号只适用于一个产品牌号。当某个产品牌号被取消后，一般情况下，原对应的统一数字代号不再分配给另一个产品牌号。

表 1-1-8 我国钢铁及合金的类型与统一数字代号

钢铁及合金的类型	英文名称	前缀字母	统一数字代号
合金结构钢	Alloy structural steel	A	A××××
轴承钢	Bearing steel	B	B××××
铸铁、铸钢和铸造合金	Cast iron，cast steel and cast alloy	C	C××××
电工用钢和纯铁	Electrical steel and iron	E	E××××
铁合金和生铁	Ferro alloy and pig iron	F	F××××
高温合金和耐蚀合金	Heat resisting and corrosion resisting alloy	H	H××××
金属功能材料	Metallic functional materials	J	J××××
低合金钢	Low alloy steel	L	L××××
杂类材料	Miscellaneous materials	M	M××××
粉末及粉末材料	Powders and powder materials	P	P××××
快淬金属及合金	Quick quench metals and alloys	Q	Q××××
不锈钢、耐蚀钢和耐热钢	Stainless，corrosion resisting and heat resisting steel	S	S××××
工模具钢	Tool and mould steel	T	T××××
非合金钢	Unalloyed steel	U	U××××
焊接用钢和合金	Steel and alloy for welding	W	W××××

统一数字代号采用一个大写的前缀字母，后接 5 位阿拉伯数字。对任何产品都规定统一的固定位数，其结构型式如下：

下面仅介绍本手册中常用的九个钢铁及合金的类型和统一数字代号，其他如电工用钢和纯铁、铁合金和生铁等的类型和统一数字代号，可参考国标 GB/T 17616—2013。

（1）非合金钢的统一数字代号

统一数字代号中前缀字母"U"后面的第 1 位数字代表非合金钢的编组，见表 1-1-9。第 2、3、4 位数字或第 3、4 位数字分别表示屈服强度（或抗拉强度）特性值，或者表示碳含量特性值，与相对应的碳素钢钢号中表示的屈服强度、抗拉强度或碳含量数值基本一致（或稍有调整）。第 5 位数字表示不同质量等级和脱氧程度而规定的顺序号。例如：碳素结构钢 08F 和 08E，其统一数字代号分别为 U20080 和 U20086。

统一数字代号 U8××××组和 U9××××组暂空，表 1-1-9 中从略。

表 1-1-9 非合金钢编组与统一数字代号

统一数字代号	非合金钢编组
U1××××	非合金一般结构及工程结构钢（表示强度特性值的钢）
U2××××	非合金机械结构钢（包括非合金弹簧钢，表示成分特性值的钢）
U3××××	非合金特殊专用结构钢（表示强度特性值的钢）
U4××××	非合金特殊专用结构钢（表示成分特性值的钢）
U5××××	非合金特殊专用结构钢（表示成分特性值的钢）
U6××××	非合金铁道专用钢
U7××××	非合金易切削钢
U0××××	空位
U8××××	
U9××××	

（2）低合金钢的统一数字代号

统一数字代号中前缀字母"L"后面的第 1 位数字代表低合金钢的编组，见表 1-1-10。表中 L0 组、L1 组和 L3 组的第 2、3、4 位数字表示屈服强度（或抗拉强度）特性值，一般与现有低合金钢牌号所表示的屈服强度（或抗拉强度）数值基本一致。例如：低合金钢 Q345A 和 Q345B，其统一数字代号分别为 L03451、L03452。

对其他编组，第 2 位数字代表钢中合金元素系列编号，分 10 个系列，如 Mn 钢、MnNb 钢、MnV 钢、Mn-Ti 钢、SiMn 钢和含三种及三种以上元素的钢。第 3、4 位数字为表示钢中碳含量特性值，与现有低合金钢牌号中表示碳含量的数值基本一致（或稍有增减）。

统一数字代号 L7×××× ~ L9×××× 组空位，表 1-1-10 中从略。

表 1-1-10　低合金钢编组与统一数字代号

统一数字代号	低合金钢编组
L0××××	低合金一般结构钢（表示强度特性值的钢）
L1××××	低合金专用结构钢（表示强度特性值的钢）
L2××××	低合金专用结构钢（表示成分特性值的钢）
L3××××	低合金钢筋用钢（表示强度特性值的钢）
L4××××	低合金钢筋用钢（表示成分特性值的钢）
L5××××	低合金耐候钢
L6××××	低合金铁道专用钢
L7×××× ~ L9××××	空位

（3）合金结构钢的统一数字代号

统一数字代号中前缀字母"A"后面的第 1 位数字代表合金结构钢的编组，见表 1-1-11。第 2 位数字表示同一编组中的不同编号。第 3、4 位数字表示碳含量特性值，与合金结构钢牌号表示碳含量的数值基本一致（有时可略作调整）。第 5 位数字表示不同质量等级和专门用途。例如：合金结构钢 30CrMnSiA，其统一数字代号为 A24303。

表 1-1-11　合金结构钢编组与统一数字代号

统一数字代号	合金结构钢（包括合金弹簧钢）编组
A0××××	Mn（X）、MnMo（X）系钢（不包括 Cr、Ni、Co 等元素）
A1××××	SiMn（X）、SiMnMo（X）系钢（不包括 Cr、Ni、Co 等元素）
A2××××	Cr（X）、CrSi（X）、CrMn（X）、CrV（X）、CrMnSi（X）、CrW（X）系钢（不包括 Ni、Mo、Co 等元素）
A3××××	CrMo（X）、CrMoV（X）、CrMnMo（X）系钢（不包括 Ni 等元素）
A4××××	CrNi（X）系钢（不包括 Mo、W 等元素）
A5××××	CrNiMo（X）、CrNiW（X）、CrNiCoMo（X）系钢
A6××××	Ni（X）、NiMo（X）、NiCoMo（X）、Mo（X）、MoWV（X）系钢（不包括 Cr 等元素）
A7××××	B（X）、MnB（X）、SiMnB（X）系钢（不包括 Cr、Ni、Co 等元素）
A8××××	W 系钢
A9××××	空位

注：（X）表示该合金系列中还包括其他合金元素（下同）。

（4）轴承钢的统一数字代号

统一数字代号中前缀字母"B"后面的第 1 位数字代表轴承钢的编组，见表 1-1-12，在 B0×××组、B1×××组和 B2×××组，第 2 位数字表示同一编组中的不同编号，第 3、4 位数字表示合金元素含量，第 5 位数字为区别不同牌号的顺序号，一般为"0"。例如：高碳铬轴承钢 GCr15，其统一数字代号为 B00150。至于 B3×××组和 B4×××组的第 2~5 位数字的含义，将根据牌号具体情况再确定。

表 1-1-12　轴承钢编组与统一数字代号

统一数字代号	轴承钢编组	统一数字代号	轴承钢编组
B0××××	高碳铬轴承钢	B5×××	石墨轴承钢
B1××××	渗碳轴承钢	B6×××	（空位）
B2××××	高温轴承钢（包括高温渗碳轴承钢）、不锈轴承钢	B7×××	（空位）
B3××××	碳素轴承钢	B8×××	（空位）
B4××××	无磁轴承钢	B9×××	（空位）

（5）不锈钢、耐蚀钢和耐热钢的统一数字代号

该类型是按钢的金相组织特征分类编组的，这种编组与我国现行标准一致，统一数字代号为 S×××××，见表 1-1-13。

表 1-1-13　不锈钢、耐蚀钢和耐热钢编组与统一数字代号

统一数字代号	不锈钢、耐蚀钢和耐热钢编组	统一数字代号	不锈钢、耐蚀钢和耐热钢编组
S1×××	铁素体型钢	S4×××	马氏体型钢
S2×××	奥氏体-铁素体型钢	S5×××	沉淀硬化型钢
S3×××	奥氏体型钢	S6×××～S9×××	空位

其编号原则是把用量最大、使用最广的奥氏体型钢和马氏体型钢的编组，与美国的 UNS 系统和 AISI 标准的编号基本一致，并基本对应英国、日本等国的不锈钢牌号，以便与国际通用牌号相对照。例如：我国的不锈钢 12Cr18Ni9，其统一数字代号为 S30210，相对应的美国牌号为 S30200（UNS 系统）和 302（AISI 标准），英国钢号为 302S25（BS 标准），日本钢号为 SUS302（JIS 标准）。

统一数字代号的第 2、3 位数字（或 1～3 位组合）表示不同钢组。第 4 位数字表示钢中含有辅元素（如 Ti、Nb、N、Al、Cu 等）或顺序号。第 5 位数字表示低碳、超低碳或含 S、Se、Ca、Pb 等元素的易切削不锈钢（但有些是顺序号）。

（6）耐蚀合金和高温合金的统一数字代号

统一数字代号中前缀字母"H"后面的第 1 位数字代表本类型合金的编组，见表 1-1-14。表中 H0 组的第 2 位数字为耐蚀合金（按基本成分和强化特征分类）编组号。其中：H01 组和 H02 组分别为固溶强化型与时效硬化型铁镍基合金；H03 组和 H04 组分别为固溶强化型与时效硬化型镍基合金。数字代号的第 2、3、4 位数字与耐蚀合金牌号中的三位特征数字相一致。第 5 位数字为顺序号。例如：固溶强化型镍基合金 NS312，其统一数字代号为 H03120。

表 1-1-14 中 H1～H8 组的第 1～4 位数字，其编号原则与现有高温合金牌号基本一致，第 5 位数字为顺序号。例如：固溶强化型高温合金（镍元素为主）GH3030 和 GH3030A，其统一数字代号为 H30300 和 30301。

表 1-1-14　耐蚀合金和高温合金编组与统一数字代号

统一数字代号	耐蚀合金和高温合金编组
H0××××	变形耐蚀合金
H1××××	固溶强化型高温合金［主要元素铁或铁镍（镍小于50%）］
H2××××	时效硬化型高温合金［主要元素铁或铁镍（镍小于50%）］
H3××××	固溶强化型高温合金（镍为主要元素）
H4××××	时效硬化型高温合金（镍为主要元素）
H5××××	固溶强化型高温合金（钴为主要元素）
H6××××	时效硬化型高温合金（钴为主要元素）
H7××××	固溶强化型高温合金（铬为主要元素）
H8××××	时效强化型高温合金（铬为主要元素）
H9××××	空位

（7）工模具钢的统一数字代号

统一数字代号中前缀字母"T"后面的第1位数字代表工模具钢的编组，见表1-1-15。

表1-1-15 工模具钢编组与统一数字代号

统一数字代号	工模具钢编组
T0×××	一般非合金工具钢（包括一般非合金工具钢，含锰非合金工具钢）
T1×××	专用非合金工具钢（包括非合金塑料模具钢）
T2×××	合金工模具钢（包括冷作模具钢，热作模具钢，合金塑料模具钢，无磁模具钢等）
T3×××	合金工具钢（包括量具刃具钢）
T4×××	合金工具钢（包括耐冲击工具钢、合金钎具钢、轧辊用钢等）
T5×××	高速工具钢（W系高速工具钢）
T6×××	高速工具钢（W-Mo系高速工具钢）
T7×××	高速工具钢（W-Co系高速工具钢）
T8×××	高速工具钢（W-Mo-Co系高速工具钢）
T9×××	空位

在非合金工具钢中：第2位数字T00表示一般碳素工具钢；T01表示含锰碳素工具钢；T10表示非合金模具钢；T41表示非合金钎具钢。第3、4位数字表示碳含量（千分之几）。第5位数字表示不同质量或特性，例如：工具钢T8MnA，其统一数字代号为T01083。

在合金工具钢中：第2位数字代表分类编组号。第3、4、5位数字表示合金元素含量或顺序号。

在高速工具钢中：W系高速钢的第2、3、4、5位数字按W-Cr-V元素以其含量排序（由低到高，下同）。例如：钢号W18Cr4V，其统一数字代号为T51841。

W-Mo系高速钢的第2、3、4、5位数字按W-Mo-Cr-V元素以其含量排序。含W-Co系高速钢的第2、3、4位数字参照上述按其元素含量排序，第5位数字表示Co元素含量。

（8）铸铁、铸钢及铸造合金的统一数字代号

统一数字代号中前缀字母"C"后面的第1位数字代表本类型材料的编组，见表1-1-16。

表1-1-16 铸铁、铸钢及铸造合金编组与统一数字代号

统一数字代号	铸铁、铸钢及铸造合金编组
C0×××	铸铁（包括灰铸铁、球墨铸铁、黑心可锻铸铁、珠光体可锻铸铁、白心可锻铸铁、抗磨白口铸铁、高硅耐蚀铸铁、耐热铸铁等）
C1×××	铸铁（暂空）
C2×××	非合金铸钢（包括一般非合金铸钢、含锰非合金铸钢、一般工程和焊接结构用非合金铸钢、特殊专用非合金铸钢等）
C3×××	低合金铸钢
C4×××	合金铸钢（包括合金结构铸钢、高锰耐磨合金铸钢等，不包括不锈耐热铸钢）
C5×××	不锈耐热铸钢（铁素型、奥氏体-铁素体型、奥氏体型、马氏体型和沉淀硬化型不锈耐热铸钢）
C6×××	铸造永磁钢和合金（铸造永磁钢、铸造铝镍钴永磁合金、铸造铬钴永磁合金和铸造铬钴钼永磁合金）
C7×××	铸造耐蚀合金
C8×××	铸造高温合金
C9×××	空位

统一数字代号 C0×××组的第 2 位数字为常用的铸铁分类编组号，其中：C00 代表灰铸铁；C01 代表球墨铸铁；C02 代表黑心可锻铸铁和珠光体可锻铸铁；C03 代表白心可锻铸铁；C04 代表抗磨白口铸铁；C05 暂空；C06 代表高硅耐蚀铸铁；C07 代表耐热铸铁。第 3、4 位数字一般表示抗拉强度（十分之几），或者合金元素含量或合金系列编号。第 5 位数字表示同一编组内区别不同牌号的顺序号。例如，球墨铸铁 QT400-15，其统一数字代号为 C01401。

统一数字代号 C2×××组的第 2 位数字为非合金铸钢分类编组号，其中：C20 代表一般非合金铸钢；C21 代表含锰非合金铸钢；C22 代表 200MPa < 屈服强度 < 300MPa 的一般工程和焊接结构用非合金铸钢；C23 代表 300MPa < 屈服强度 < 400MPa 的一般工程和焊接结构用非合金铸钢；C25 为特殊专用非合金铸钢（其余暂空，备用）。例如：C20 组的一般非合金铸钢 ZG15，其统一数字代号为 C20150。

（9）焊接用钢和合金的统一数字代号

统一数字代号中前缀字母 "W" 后面的第 1 位数字代表本类型材料的编组，见表 1-1-17。

表 1-1-17　焊接用钢和合金编组与统一数字代号

统一数字代号	焊接用钢和合金编组
W0××××	焊接用非合金钢
W1××××	焊接用低合金钢
W2××××	焊接用合金钢（不含 Cr、Ni 钢）
W3××××	焊接用合金钢（W2××××、W4××××类除外）
W5××××	焊接用耐蚀合金
W6××××	焊接用高温合金
W7××××	钎焊合金
W8××××	空位
W9××××	

W0 ~ W3 组的第 2 位数字表示不同钢系，第 3、4 位数字表示碳含量，第 5 位数字表示不同质量等级或顺序号。例如：焊接用低合金钢 H08MnSi，其统一数字代号为 W16082；焊接用合金钢 H10MnSiMoTiA，其统一数字代号为 W26103。

W4 组为焊接用不锈钢，其第 2、3、4 位数字与不锈钢类型（S×××××）中同类相近牌号的第 1、2、3 位数字基本一致（或相近），第 5 位数字为顺序号。例如：焊接用马氏体不锈钢 H12Cr13，其统一数字代号为 W44100（相近的不锈钢 12Cr13，其统一数字代号为 S41010）。

1.2　国际标准化组织（ISO）

ISO 是国际标准化组织的标准代号。自 EN 欧洲标准体系建立后，ISO 标准在 1986 年后其钢铁牌号与欧洲标准的牌号系统相互参照。1989 年 ISO 又颁发了《以字母符号为基础的钢号（表示方法）》的技术文件，这是作为建立统一的国际钢号系统的建议，而且在此以后颁布的 ISO 标准已率先采用该钢号系统的表示方法。

归纳现行的 ISO 标准，并结合上述技术文件中有关钢号表示方法的规定，分类介绍如下。

1.2.1　ISO 标准中主要以力学性能表示的钢号

这类钢号的主体结构为：前缀字母 + 力学性能值（数字），必要时还附加后缀字母。按此结构模式表示的钢类分述如下。

（1）结构和工程用非合金钢

结构用非合金钢的前缀字母 "S"，例如 S235。工程用非合金钢的前缀字母 "E"，例如 E235。数字表示屈服强度 ≥235MPa（注：这是指厚度 ≤16mm 的钢材屈服强度下限值；若钢材尺寸增大，则屈服强度相应降低）。

过去此类钢号前缀字母 "Fe"，并以抗拉强度值表示，例如 Fe360（相当于 E235），是表示抗拉强度 ≥360MPa。后来有的标准已改为用屈服强度值表示。其钢号在被新标准代替之前，仍属现行标准的钢号。

以上两类钢常采用附加的后缀字母 A、B、C、D、E 来表示不同的质量等级，及不同温度下冲击吸收能量（KV）的保证值，见表 1-2-1。

表 1-2-1　表示不同质量等级的后缀字母

质量等级符号① （后缀字母）	试验温度 /℃	冲击吸收能量 KV /J≥	质量等级符号① （后缀字母）	试验温度 /℃	冲击吸收能量 KV /J≥
A	—	不规定	E	−50	27
B	20	27	CC	0	40
C	0	27	DD	−20	40
D	−20	27			

① E、CC、DD 主要用于高强度钢钢号的后缀，此处一并介绍。

（2）低合金高强度钢

低合金高强度钢的钢号表示方法与工程用非合金钢相同。按照 ISO 4950 和 ISO 4951 规定，这类钢的屈服强度下限值为 355～690MPa。钢号为 E355、…、E690。为区别质量等级，采用附加的后缀字母"CC""DD"（含义见表 1-2-1），例如钢号 E355CC、E355DD。

（3）耐候钢

耐候钢也称抗大气腐蚀钢，钢号表示方法与工程用非合金钢基本相同，并附加后缀字母"W"表示这类钢的特性。在 ISO 630-5（2014）标准中，例如，S235W + 后缀字母的钢号，不同质量等级表示的后缀字母有 C、D、D₁ 等级；例如，SG245W + 后缀字母的钢号，不同质量等级表示的后缀字母有 A、B、C、D，并规定钢中必须含有细化晶粒元素——Al、V、Ti、Nb。

（4）其他钢材

对钢板、钢管、钢筋等牌号，大多采用的通式是：前缀字母 + 力学性能（数字），必要时附加后缀字母。

常见的前缀字母：P——钢板；PL——低温用钢板；PH——高温用钢板；HR——热轧钢板；CR——冷轧钢板；T——钢管；TS——无缝钢管；TW——焊接钢管；B——钢筋；RB——钢筋混凝土用钢筋；PB——光圆钢筋。

附加的后缀字母：N——正火（或控轧），正火 + 回火；Q——淬火 + 回火（沉淀硬化）。

以上各类钢材的牌号表示方法与工程用非合金钢基本相同，不再举例说明。

1.2.2　ISO 标准中主要以化学成分表示的钢号

（1）适用于热处理的非合金钢

这类钢相当于我国的优质碳素钢。钢号通式是：C×× + 后缀符号。字母"C"后面的数字为碳含量平均值（% ×100）。例如 C25，表示平均碳含量 $w(C) = 0.25\%$ 的钢。这类钢按磷、硫含量再分质量等级，采用附加的后缀符号表示。例如：

C25　　$w(P) \leqslant 0.045\%$，$w(S) \leqslant 0.045\%$。

C25E4　$w(P) \leqslant 0.035\%$，$w(S) \leqslant 0.035\%$。

C25M2　$w(P) \leqslant 0.035\%$，$w(S) = 0.020\% \sim 0.040\%$。

以上三个钢号的 C、Si、Mn 含量相同，附加的后缀符号：E×——优质钢，用于硫含量没有下限值的钢（数字 $\approx S_{max}\% \times 100$）；M×——高级优质钢，用于硫含量规定上下限的钢（数字 $\approx S_{min}\% \times 100$）。

（2）合金结构钢和弹簧钢

在调质钢（ISO 683-1）、表面硬化钢（ISO 683-10，ISO 683-11）和弹簧钢（ISO 683-14）等标准中所列的钢号，其表示方法均和德国 DIN V17006 系统的表示方法相同。举例如下：

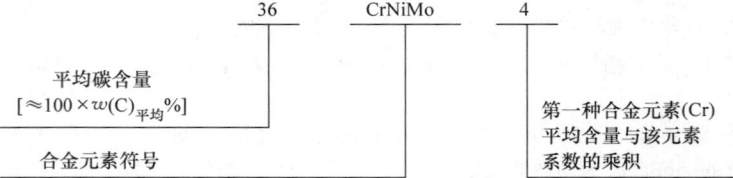

这些钢类的产品必要时采取附加的后缀字母表示热处理状态等，但其后缀字母的含义与德国不同，见

表 1-2-2。

表 1-2-2　表示热处理状态的后缀字母及其含义

后缀字母	含　义	后缀字母	含　义
TU	未处理	TQF	形变热处理
TA	退火（软化退火）	TQB	等温淬火
TAC	球化处理	TP	沉淀硬化
TM	热机械处理	TT	回火
TN	正火（或控轧）	TSR	消除应力处理
TS	固溶处理	TS	改善冷剪切性能处理
TQ	淬火	H	保证淬透性
TQW	水淬	E	用于冷镦
TQO	油淬	TC	冷加工的
TQA	空冷淬火	THC	热/冷加工的
TQS	盐浴淬火	—	—

（3）易切削钢

在 ISO 标准中，按不同的热处理方式列出三类易切削钢，即非热处理型、表面硬化型和直接淬火型。而易切削钢的钢号主要按化学成分表示，又可分为硫系易切削钢（如 10S20）、硫锰系易切削钢（如 44SMn28）、加铅易切削钢（如 12SMnPb35）。

其钢号表示方法是：钢号开头的数字表示平均碳含量（% ×100），后面标出主要元素符号，元素符号后的数字表示硫的平均含量 $w(C)\% \times 100$。

（4）冷镦钢和冷挤压钢

在 ISO 4954 标准中这类钢分为非热处理型、热处理型（含表面硬化型与调质型）和硼处理钢。非热处理型的冷镦钢和冷挤压钢都属于非合金钢，其前缀字母为"CC"，后面数字表示平均碳含量（% ×100）。常见的后缀字母有：X——非沸腾钢；K——镇静钢；A——铝镇静钢。

热处理型的冷镦钢和冷挤压钢包括非合金钢和合金钢。非合金钢的前缀字母为"CE"，后面数字表示平均碳含量（同"CC"类）。合金钢的钢号表示方法与合金结构钢基本相同，但附加后缀字母"E"。

硼处理钢在钢号后部添加硼元素符号"B"，其钢号表示方法与上述相同。化学成分基本相同，而个别元素含量上下限有所不同的钢种，采用后缀符号"G1""G2"等以示区别。

（5）轴承钢

ISO 标准的轴承钢分为五个系列：①整体淬火轴承钢；②表面硬化轴承钢；③高频感应淬火轴承钢；④不锈轴承钢；⑤高温轴承钢。各系列轴承钢的钢号均采用化学成分表示，上述第 1～3 系列轴承钢的钢号表示方法与合金结构钢相同，第 4 和第 5 系列轴承钢与不锈钢和耐热钢的钢号表示方法相同。

另外，为了简化钢号和使用方便，又对各系列轴承钢制定了相应代号，代号的前缀字母"B"（Bearing），表示轴承钢，后面加 1 位或 2 位数字。第 1 系列轴承钢的代号为 B1～B8；第 2 系列的代号为 B2× 和 B3×；第 3 系列的代号为 B4×；第 4 系列的代号为 B5×；第 5 系列的代号为 B6×。

例如，第 5 系列（高温轴承钢）钢号 X82WMoCrV6-5-4，其代号为 B62。

（6）不锈钢

新修订的不锈钢标准〔ISO 15510（2014）〕采用与欧洲标准一致的对高合金钢钢号的表示方法，即钢号由前缀字母"X"＋表示碳含量的数字＋合金元素符号及含量的数字组成。

碳含量的两位数字表示平均含量的万分之几，一位数字表示超低碳和低碳，其中：1——$w(C) \leq 0.020\%$；2，3——$w(C) \leq 0.030\%$（或 $\leq 0.035\% \sim 0.05\%$）；4——$w(C) \leq 0.06\%$；5——$w(C) \leq 0.07\%$；6——$w(C) \leq 0.08\%$；7——$w(C) = 0.04\% \sim 0.10\%$，10——$w(C) = 0.05\% \sim 0.15\%$（也有例外）。

合金元素符号按含量高低依次排列，其含量数字是表示主要合金元素平均含量的百分值（按四舍五入化为整数）。例如：X2CrNiMnMoN25-18-6-5，表示其化学成分（平均含量的质量分数）为 C≤0.030%、Cr = 25%、Ni = 18%、Mn = 6%、Mo = 5%，并含氮、铌的不锈钢。

（7）耐热钢和阀门钢

修订的耐热钢标准［ISO 4955（2016）］钢号，也采用高合金钢钢号的表示方法，与不锈钢相同。而耐热钢旧标准的钢号，是由前缀字母"H"加数字序号组成。钢号 H1～H7 属铁素体型钢，H8～H18 属奥氏体型钢，H20～H22 属耐热合金。

耐热合金（有的称高温合金）牌号冠以元素符号"Ni"（表示 Ni 基合金），不标出碳含量，表示主要合金元素的符号及表示其含量的数字靠近在一起。例如：NiCr15Fe7TiAl，表示平均含量 $w(Cr)=15\%$、$w(Fe)=7\%$，并含 Ti、Al 的 Ni 基耐热合金。

阀门钢的钢号表示方法与不锈钢相同。

（8）非合金工具钢和合金工具钢

非合金工具钢的钢号的前缀字母为"C"，后前缀字母为"U"，中间的数字表示平均碳含量（万分之几）。例如：C90U，表示平均碳含量 $w(C)=0.90\%$ 的非合金工具钢。

合金工具钢的大部分钢号，与合金结构钢的钢号表示方法相同。一部分碳含量 $w(C)\geqslant1.00\%$ 的钢号，用三位数字表示平均碳含量。另一部分有一种合金元素超过 5% 的钢号，采用高合金钢钢号的表示方法。例如：X153CrMoV12，即是按高合金钢钢号表示的合金工具钢。

欧洲标准已等效采用 ISO 4957 工具钢标准，所以欧洲标准与 ISO 标准工具钢的钢号是一致的。

（9）高速工具钢

高速工具钢的钢号，也与欧洲标准的钢号是一致的。其钢号前缀字母"HS"，后面由表示合金元素平均含量的 3 组或 4 组数字组成，每组数字之间加短线相隔。各组数字按 W-Mo-V-Co 次序排列，Cr 不予表示。例如

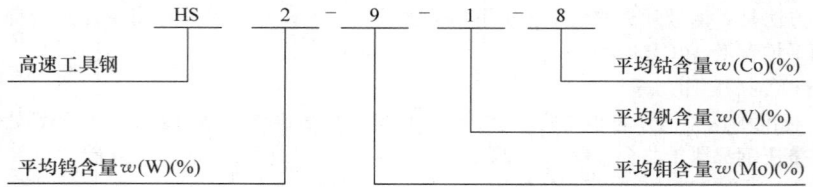

不含 Mo 的高速工具钢，用数字"0"表示；不含 Co 的高速工具钢，不必加"0"，只用前三位数字表示即可。

1.2.3　ISO 标准中主要以用途表示的钢号

（1）钢轨钢

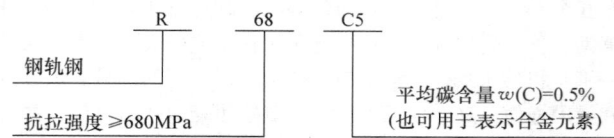

（2）冲压用钢板、钢带

1）无镀层产品

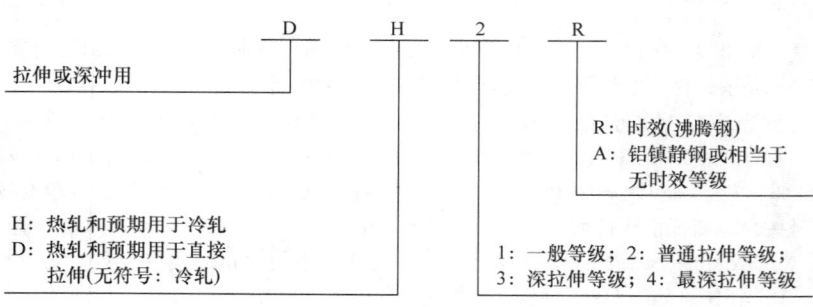

2）金属镀层产品

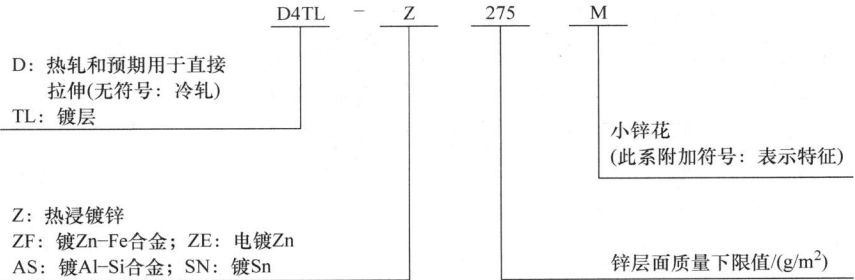

D：热轧和预期用于直接拉伸(无符号：冷轧)
TL：镀层

Z：热浸镀锌
ZF：镀Zn-Fe合金；ZE：电镀Zn
AS：镀Al-Si合金；SN：镀Sn

小锌花
(此系附加符号：表示特征)

锌层面质量下限值/(g/m²)

（3）薄钢板、钢带

1）黑皮薄板、带

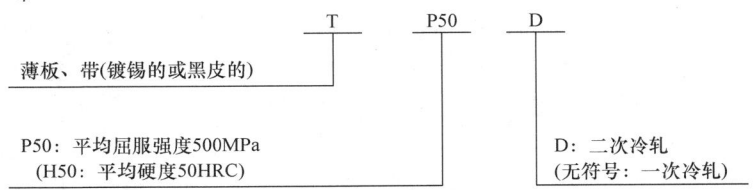

薄板、带(镀锡的或黑皮的)

P50：平均屈服强度500MPa
(H50：平均硬度50HRC)

D：二次冷轧
(无符号：一次冷轧)

2）镀锡薄板、带

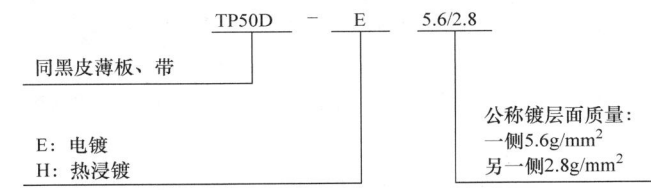

同黑皮薄板、带

E：电镀
H：热浸镀

公称镀层面质量：
一侧5.6g/mm²
另一侧2.8g/mm²

（4）电工钢板、钢带

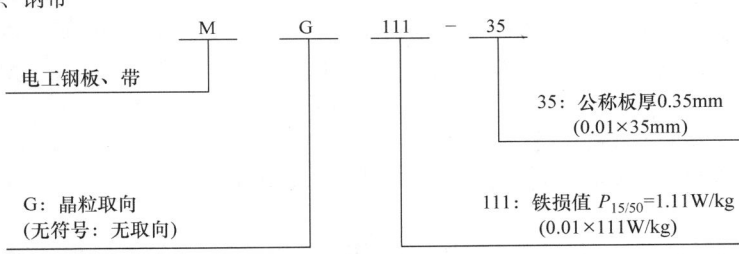

电工钢板、带

G：晶粒取向
(无符号：无取向)

35：公称板厚0.35mm
(0.01×35mm)

111：铁损值 $P_{15/50}$=1.11W/kg
(0.01×111W/kg)

1.2.4 ISO标准的铸钢和铸铁牌号

（1）铸钢

1）普通工程用铸钢和工程与结构用高强度铸钢

这两类铸钢牌号采用两组数字表示材料强度，牌号开头的"Grade"一般可省略。举例如下：

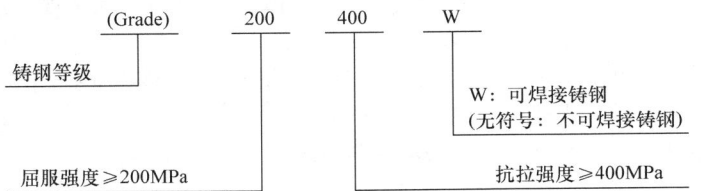

(Grade) 200 400 W

铸钢等级

W：可焊接铸钢
(无符号：不可焊接铸钢)

屈服强度≥200MPa

抗拉强度≥400MPa

对于附加后缀"W"的牌号，为保证焊接性能，必须严格要求化学成分，除规定C、Si、Mn、P、S含量上限值外，还规定每种残余元素含量的上限值及残余元素含量总和≤1.00%。对于无后缀符号的铸钢，只规定P、S含量上限值，其余化学成分由供需双方商定。

2）承压铸钢（包括非合金铸钢、合金铸钢、不锈铸钢、耐热铸钢和低温用铸钢）

已修订的承压铸钢标准〔ISO 4991（2015）〕，其钢号前缀字母"G"，钢号其余表示方法和变形钢钢号相同。举例如下：

① 非合金铸钢钢号，按强度表示。例如 G240，表示屈服强度 $R_{p0.2} \geqslant 240$MPa 的非合金铸钢。

② 合金铸钢钢号，按化学成分（质量分数）表示。例如 G18Mo5，表示平均含量 $w(\mathrm{C}) = 0.18\%$、$w(\mathrm{Mo}) = 0.5\%$ 的合金铸钢〔Mo 按平均含量（%）乘以系数表示〕。

③ 高合金铸钢（含不锈铸钢、耐热铸钢等），按化学成分（质量分数）表示。例如 GX2CrNiN18-10，表示 $w(\mathrm{C}) = 0.030\%$、平均含量 $w(\mathrm{Cr}) = 18\%$、$w(\mathrm{Ni}) = 10\%$，并含氮的不锈铸钢（碳含量按新表示方法标出）。

在 1994 年的旧标准中，承压铸钢钢号采用前缀字母"C"＋数字和后缀字母组成（有的钢号无后缀字母），新牌号与旧牌号有较大差别。对非合金钢，钢号采用两组数字分别表示铸钢的屈服强度和抗拉强度。对合金铸钢和高合金铸钢，钢号后面是数字序号，需要时再加后缀字母。例如 C33H，表示耐热铸钢。

（2）铸铁

自 2004 年以来，对各类铸铁标准进行了全面修订，由此新牌号与旧牌号有着很大的差别。新修订的铸铁牌号主体由三组代号组成，即由标准号（ISO×××）＋铸铁种类代号＋表示性能（或成分）的符号组成。铸铁种类代号：JL——灰铸铁，JS——球墨铸铁，JMW——白心可锻铸铁，GJMB——黑心可锻铸铁。分述如下。

1）灰铸铁

灰铸铁牌号有两种表示方法，一种是以抗拉强度（MPa）表示，例如新牌号"ISO 185/JL/150"，其中：ISO 185 为标准号，JL 表示灰铸铁，150 表示抗拉强度 $R_m \geqslant 150$MPa（通常是指单铸试样测定值）。如果确定试样类型，还可添加后缀代号："/S"——单铸试样，"/U"——附铸试样。

另一种是以布氏硬度表示的硬度牌号，例如新牌号"ISO 185/JL/HBW155"，其中前两组代号同上，第三组代号 HBW155，表示布氏硬度平均值为 155HBW（通常指壁厚为 40~80mm 的灰铸铁）。随着壁厚减少，则硬度提高。

2）球墨铸铁

球墨铸铁常用牌号主体由三组（或四组）代号组成。例如新牌号"ISO 1083/JS/350-22-RT/U"，其中：ISO 1083 为标准号，JS 表示球墨铸铁，350-22 表示抗拉强度-断后伸长率下限值，即抗拉强度 $R_m \geqslant 350$MPa，断后伸长率 $A \geqslant 22\%$ 的球墨铸铁；后缀字母"-RT"表示用于室温，"-LT"表示用于低温（ -20~ -40℃），"/U"表示附铸试样测定值。

此外，球墨铸铁也有以布氏硬度表示的硬度牌号，例如新牌号"ISO 185/JS/HBW155"，其中前两组代号同上，第三组代号 HBW155，表示布氏硬度 135~180HBW 的球墨铸铁。

3）可锻铸铁

在 ISO 标准中列有黑心可锻铸铁和白心可锻铸铁，其牌号主体也由三组代号组成。第一组为标准号；第二组字母代号，JMB——黑心可锻铸铁，JMW——白心可锻铸铁；第三组中的两组数字分别表示抗拉强度和断后伸长率的下限值（通常用 ϕ12mm 的标准试样测定值表示，随着试样直径不同，强度和断后伸长率也有所变化）。例如新牌号"ISO 5922/JMW/350-4"，表示抗拉强度 $R_m \geqslant 350$MPa，断后伸长率 $A \geqslant 4\%$ 的白心可锻铸铁。

4）奥氏体铸铁

新修订的 ISO 标准中列有工程等级和特殊用途等级奥氏体铸铁，每个等级铸铁又分两种，JLA 表示片状石墨奥氏体铸铁，JSA 表示球状石墨奥氏体铸铁。这两种奥氏体铸铁的牌号也由三组代号组成，第一组为标准号，第二组字母代号表示奥氏体铸铁种类（已如上述），第三组表示铸铁的主要化学成分，即在"X"字母后表示其主要合金元素符号及其平均含量（碳含量不标出）。例如新牌号"ISO 5922/JSA/XNi35Si5Cr2"，表示平均含量 $w(\mathrm{Ni}) = 35\%$、$w(\mathrm{Si}) = 5\%$、$w(\mathrm{Cr}) = 2\%$ 的球状石墨奥氏体铸铁。

1.3　欧洲标准化委员会（EN 欧洲标准）

欧洲标准化委员会（CEN）制定的标准称为"欧洲标准"，其标准代号为"EN"，有时也简称为 EN 标准。按照规定，成员的钢铁标准均需采用欧洲标准（EN）。因此，自 20 世纪 90 年代以来，成员所制定或修订的钢铁标准都受到欧洲标准的影响，一批新标准已等效采用欧洲标准，其标准号是在 EN××××（年份）

前加本国的标准代号。当 EN 标准等效采用国际标准化组织（ISO）的标准时，则标准号表示为 EN ISO ××××（年份）。例如，德国碳素工具钢等效采用 EN ISO 4957（2018），其标准号为 DIN EN ISO 4957（2018）。

EN 标准中的钢号结构是以德国 DIN V17006-100 文件为基础，根据欧洲标准化委员会的 EN 10027-1 和 EN 10027-2 技术文件发布的。钢号的表示方法主要分以下两大类：一类按其力学性能（或物理性能）和用途表示；另类按其化学成分表示。

1.3.1 EN 标准中主要以力学性能表示的钢号

这类钢号的主体结构为：前缀字母 + 力学性能值（数字），必要时添加一个或两个后缀字母。

其前缀字母表示各类用钢，如 S——结构用钢，E——工程用钢，P——压力容器用钢，L——管线用钢，B——钢筋钢，D——冷成形用扁平产品（板、带），H——冷成形用高强度冷轧扁平产品，T——镀锌钢板，R——钢轨钢，M——电工钢等。

（1）结构用钢（非合金钢）

例如：S355J0，前缀字母"S"代表本钢类，其后的数字表示屈服强度值 $R_{eL} \geqslant 355\text{MPa}$，后缀字母 J0 表示冲击吸收能量 $KV \geqslant 27\text{J}$（0℃）。

关于其后的数字一般用屈服强度 R_e 或规定非比例延伸强度 R_p（下限值）表示。表示冲击吸收能量范围的后缀字母有：J、K、R，详见德国的钢号表示方法。

结构用钢的其他后缀字母可分两组：1 组字母有 N——正火处理、Q——调质处理、A——沉淀硬化、M——控轧等。2 组字母有 C——冷轧、F——锻造、T——管材、D——热镀层产品、X——未规定轧态、E——搪瓷用板、L——低温用、S——船舶用、P——打桩工程用。

（2）耐候钢

耐候钢的钢号表示方法与结构用钢基本相同，例如：S235J2WP。添加的后缀字母 W，表示这类钢具有抗大气腐蚀性能。J2 表示冲击吸收能量 $KV \geqslant 27\text{J}$（-20℃）。P 表示用于打桩工程。

（3）压力容器用钢

例如：P265NB，前缀字母"P"代表本钢类，其后的数字表示屈服强度值 $R_{eL} \geqslant 265\text{MPa}$（或以规定非比例延伸强度 R_p 表示）。这类钢添加的后缀字母，如：B——气瓶用、S——简单压力容器用、H——高温用、L——低温用、R——室温用，其余大部分和结构用钢相同。

（4）管线用钢

例如：L360QB，前缀字母"L"代表本钢类，其后的数字表示屈服强度值 $R_{eL} \geqslant 360\text{MPa}$（或以规定非比例延伸强度 R_p 表示）。这类钢添加的后缀字母，如：Q——调质处理、N——正火处理、M——控轧，A（或 B）表示质量等级。

（5）工程用钢

例如：E295，前缀字母"E"代表本钢类，其后的数字表示屈服强度值 $R_{eL} \geqslant 295\text{MPa}$（或以规定非比例延伸强度 R_p 表示）。这类钢添加的后缀字母和结构用钢相同。

（6）钢筋混凝土用钢筋

钢号的前缀字母有两类。B 类代表钢筋混凝土用钢筋，例如：B500A，其中数字表示力学性能下限值（R_e 或 R_p），后缀字母 A（或 B）表示质量等级。

Y 类代表预应力钢筋，例如：Y1770C，其中数字表示力学性能下限值（R_e 或 R_p），添加的后缀字母 C——冷拉线材、R——热轧棒材、Q——调质处理。

1.3.2 EN 标准中主要以化学成分表示的钢号

（1）非合金钢

一类是锰含量 $w(\text{Mn}) \leqslant 1\%$ 的碳素钢。其钢号不采用力学性能表示，而是需要突出显示化学成分，或是用户需自行热处理的钢材（如渗碳钢）。其钢号由前缀字母"C"和表示其平均碳含量（% ×100）的数字组成。例如：C35E。添加的后缀字母，如：E——要求控制硫含量上限、R——要求控制硫含量范围、S——用作弹簧钢、D——用于冷拉拔加工、C——用于冷镦、冷挤压等。

另一类是锰含量 $w(\text{Mn}) > 1\%$ 的非合金钢，如非合金易切削结构钢等。

（2）易切削结构钢

其钢号表示方法是：碳含量（数字）＋主要元素符号＋硫含量（数字）。

其中，碳含量和硫含量均以平均含量（%×100）表示；主要元素符号有 S、Pb、Mn。例如，35S20（硫系易切削钢）、38SMn28（硫锰系易切削钢）、36SMnPb14（加铅易切削钢）。

（3）合金钢

这类钢是指钢中合金元素含量小于 5% 的钢（高速工具钢除外），其钢号表示方法是：碳含量（数字）＋合金元素符号＋主要元素含量（数字）。

例如：36CrNiMo4，其中，碳含量以"平均含量（%×100）"表示（36）；合金元素符号按其含量高低为序排列；主要元素含量为第一种合金元素（Cr）平均含量与该元素的含量系数的乘积（4）。含量系数表参见德国的合金钢。

（4）高合金钢

这类钢是指钢中至少有一种合金元素含量在 5% 以上。其钢号表示方法主要用于不锈钢、耐热钢以及部分合金工具钢、压力容器用钢、低温钢等（不包括高速工具钢）。

钢号表示方法是：前缀字母"X"＋碳含量（数字）＋合金元素符号＋元素含量（数字）。其中：X 代表高合金钢；碳含量的两位数字以平均碳含量（%×100）表示，一位数字表示超低碳和低碳；合金元素符号按其含量高低为序排列；元素含量数字是表示平均含量的百分数（四舍五入化为整数）。

1.3.3 EN 标准中的其他钢号

（1）非合金工具钢

由于已采用 ISO 4957 标准，其钢号也与 ISO 标准非合金工具钢的钢号一致，即表示为：前缀字母"C"＋碳含量（数字）＋后缀字母"U"。

其中，后缀字母 U 代表工具钢，碳含量以平均碳含量（%×100）表示。例如：C120U，表示平均碳含量 $w(C)$ = 1.20% 的非合金工具钢。

（2）合金工具钢（含模具钢）

大部分钢号与合金（结构）钢的钢号表示方法相同。所不同的是，一部分钢的碳含量 $w(C) \geq 1.00\%$，钢号中用 3 位数表示平均碳含量；另一部分钢因有一种合金元素含量超过 5%，需要采用高合金钢的钢号表示方法，即加前缀字母 X。例如：X153CrMo12-2。

（3）高速工具钢

也已采用 ISO 4957 标准，其钢号也与 ISO 标准高速工具钢的钢号一致。钢号表示方法是：HS×-×-×-×。前缀字母 HS 代表本钢类，后面由 3 组或 4 组数字表示合金元素含量，各组数字按 W-Mo-V-Co 次序排列（Cr 不表示）。

对于不含 Mo 的钢，用数字"0"表示；不含 Co 的钢，用前 3 组数字表示即可。

（4）铸钢

各类铸钢钢号的前缀字母"G"，钢号其余表示方法和变形钢的钢号表示方法相同。例如：GE240，表示屈服强度 ≥240MPa 的非合金铸钢（按力学性能表示）。G20Mn5，表示平均含量 $w(C)$ = 0.20%，$w(Mn)$ = 1.2% 的合金铸钢（按化学成分表示）。

高合金铸钢的前缀字母"GX"，例如，GX6CrNiMo18-12，表示平均含量 $w(C)$ = 0.07%、$w(Cr)$ = 17%、$w(Ni)$ = 12% 并含 Mo 的不锈铸钢。

（5）铸铁

通常有两类表示方法，一类由 EN＋前缀字母＋数字组成（数字表示力学性能）；另一类由 EN＋前缀字母＋合金元素符号＋数字组成（数字表示主要合金元素的质量分数）。

在第一类铸铁牌号中，前缀字母后仅有一组数字的，表示抗拉强度（MPa）下限值。前缀字母后有两组数字的，分别表示抗拉强度（MPa）和断后伸长率（%）的下限值。

前缀字母：GJL——灰铸铁、GJS——球墨铸铁、GJMW——白心可锻铸铁、GJMB——黑心可锻铸铁。后缀字母：U——由附铸试样测定、LT——用于低温、RT——用于室温。

例如：EN-GJS-400-18-URT，是用于室温的球墨铸铁牌号，抗拉强度 $R_m \geq 400MPa$，断后伸长率 $A \geq 18\%$，力学性能由附铸试样测定。

1.4 德 国

DIN 是德国工业标准（Deutsche Industria Norm）的标准代号，德国是欧洲标准化委员会（CEN）的重要成员之一，按照规定，各会员国的标准必须等同采用欧洲 EN 标准，因此自 20 世纪 90 年代起，德国所制订或修订的 DIN 标准都受到欧洲 EN 标准中钢铁标准的影响，一大批新标准已等同采用欧洲 EN 标准，其标准号为 DIN EN××××（加年份）。由于德国 DIN 标准和钢号使用历史很久，习惯影响很深，故在很多场合下新旧两种钢号还处在交替过程，并存使用，为此，本手册中除选编 DIN EN 标准及其牌号外，还引用了部分 DIN 标准及其牌号。

本节对 DIN 标准，并结合 DIN EN 标准的钢铁牌号表示方法做简要介绍。关于 DIN 标准的钢号表示方法有 DIN 17006 系统（DIN 17006 已作废，由 EN 10027-1 代替）和 DIN 17007 系统两种，分述如下。

1.4.1 DIN V17006 系统及 DIN EN 标准的钢号表示方法

DIN V17006 系统的钢号大体上由三部分组成：①主体部分——表示钢的力学性能或化学成分；②钢号的前缀字母——表示钢的特征或用途；③钢号的后缀字母或数字——表示对性能的保证范围和处理状态。

EN 10027-1（2016）标准，把钢号表示方法分为两类，即按材料力学性能与用途表示和按化学成分表示；此外，还有铸钢和铸铁的牌号表示方法。分述如下：

（1）按材料力学性能与用途表示的钢号

这种钢号表示方法常用于结构和工程用非合金钢、耐候钢、细晶粒结构钢以及钢筋等。

1）结构和工程用非合金钢

其钢号大部分为 S×××，前缀字母"S"表示结构用钢，"S"后的三位数字，表示屈服强度下限值（MPa）。通常加后缀符号来表示质量等级和状态。用于表示保证冲击性能范围的后缀字母见表 1-4-1。

表 1-4-1 表示保证冲击性能范围的后缀字母

试验温度 /℃	冲击吸收能量			试验温度 /℃	冲击吸收能量		
	27J	40J	60J		27J	40J	60J
+20	JR	KR	LR	-40	J4	K4	L4
0	J0	K0	L0	-50	J5	K5	L5
-20	J2	K2	L2	-60	J6	K6	L6
-30	J3	K3	L3	—	—	—	—

例如：钢号 S235JR，表示屈服强度 $R_{p0.2} \geq 235MPa$，冲击吸收能量 $KV \geq 27J$（+20℃）的钢材；

钢号 S355K2，表示屈服强度 $R_{p0.2} \geq 355MPa$，冲击吸收能量 $KV \geq 40J$（-20℃）的钢材。

还有一部分钢号为 E×××，前缀字母"E"表示工程（或机械制造）用钢，"E"后的三位数字，也表示屈服强度下限值（MPa）；加后缀字母"C"表示冷拉钢材。

这类工程用非合金钢的新旧钢号变化较大，以 S355J0 为例说明如下：

DIN EN 标准钢号：S355J0　　　　1994 年标准钢号：Fe 510C

旧标准［DIN 17100（1980）］钢号：St 52-3U；其冷加工钢材的钢号有：ZSt 52-3U，KSt 52-3U，QSt 52-3U。其中前缀字母：Z——冷轧的、K——冷拉的、Q——可冷镦的；后缀符号：3——保证冲击性能范围、U——未经热处理。

另外，这类钢根据供应的钢材厚度或直径的不同，同一钢号的化学成分（主要是碳含量）允许适当调整。

2）耐候钢

耐候钢的钢号是参照工程用非合金钢的钢号，加后缀字母 W 或 WP。其中 W——耐候钢、P——磷含量较高的钢。

这类钢的新旧钢号变化情况，以 S355J2G1W 为例说明如下：

DIN EN 标准钢号：S355J2G1W，有时标为 S355J2W，其中有的钢号出现 G1、G2，是为了区分质量等级有所不同的钢种。

DIN 标准旧钢号：WTSt 52-3，前缀字母 WT——耐候钢。

3）细晶粒结构钢

细晶粒结构钢的钢号采用 S×××或 P×××，加后缀符号。两种钢号表示不同钢类，S——工程用钢、P——压力容器用钢。字母"S"或"P"后的三位数字，表示屈服强度下限值（MPa）。

后缀字母：N——正火处理、Q——调质处理、H——高温用、L——低温用、R——室温用。

这类钢的新旧钢号变化情况，以 P420N、P420NH、P420HL 为例说明如下：

DIN EN 标准钢号：P420N；　　　DIN 标准旧钢号：StE 420。

DIN EN 标准钢号：P420NH；　　DIN 标准旧钢号：WStE 420。

DIN EN 标准钢号：P420NL；　　DIN 标准旧钢号：TStE 420。

4）钢筋

钢筋的钢号采用 BSt×××，加后缀字母，"BSt"后的三位数字表示屈服强度下限值（MPa），和上述几类钢的钢号表示方法一致。

德国的钢筋标准［DIN 488 - 1（2009）］，尚未被欧洲 EN 标准或其他标准取代。但近年常依照 ISO 的钢筋标准［ISO 6935 - 1(2007)/6935 - 2(2019)］、［ISO 6935 - 3(1992)］生产供应。

DIN 和 ISO 的牌号基本一样，前缀字母表示用途 + 最小屈服强度 + 质量等级（A、B、C、D）+ 钢筋类型，如：B300A - P，B 表示钢筋混凝用钢筋，屈服强度≥300MPa，质量等级为 A 级，钢筋类型为光圆钢筋；B300A - R，前五位同前，R 表示带筋钢筋。

（2）按化学成分（质量分数）表示的钢号

这种表示方法常用于非合金钢、合金钢、高合金钢。其中包括部分合金工具钢，但并不包括碳素工具钢和高速工具钢。

1）非合金钢

对非合金钢（旧标准称碳素钢）来说，只有在使用时，当钢的其他性能比力学强度更突出时，或钢材需用户自己进行热处理时（如渗碳钢、调质钢），其钢号才采用按化学成分的表示方法。

非合金钢的钢号采用 C××，字母"C"后的两位数字表示平均碳含量万分之几。必要时可加前缀或后缀符号。常见的后缀字母：E——要求控制硫含量上限、R——要求控制硫含量范围。

例 1　C30E，表示平均碳含量 $w(C) = 30\%$ 的调质钢，其硫含量 $w(S) \leqslant 0.035\%$。

例 2　C15R，表示平均碳含量 $w(C) = 15\%$ 的渗碳钢，其控制的硫含量 $w(S) = 0.020\% \sim 0.040\%$。但有时也出现 C15E = C15R 的情况，其时按 C15R 钢控制硫含量，即 $w(S) = 0.020\% \sim 0.040\%$。

这类钢的新旧钢号变化较大，在旧标准（DIN）钢号中，对碳素钢的不同质量要求（对磷、硫含量的限制）以及不同用途是采用前缀字母表示的：

Ck——控制磷、硫含量的优质碳素钢。

Cm——控制硫含量的优质碳素钢，钢中硫含量 $w(S) = 0.020\% \sim 0.035\%$。

Cf——表面淬火用钢。

Cq——冷镦用钢。

这类非合金钢钢的新旧钢号变化情况以下列钢号为例说明如下：

DIN EN 标准钢号：C15E；　　　　　　DIN 标准旧钢号：Ck 15。

DIN EN 标准钢号：C15R；　　　　　　DIN 标准旧钢号：Cm 15。

DIN EN 标准钢号：C15E2C；　　　　　DIN 标准旧钢号：Cq 15。

2）合金钢

按 DIN 标准规定，当钢中 $w(Si) = 0.50\%$、$w(Mn) = 0.80\%$、$w(Cu) = 0.25\%$、$w(Al) = 0.10\%$、$w(Ti) = 0.10\%$ 时，这些元素才称为合金元素。这个规定和 ISO 国际标准发布的《钢分类》［ISO 4948-1（1982）］中对合金钢的合金元素含量界限值略有不同，与我国《钢分类》中的合金元素含量界限值也略有差别。

合金钢的钢号，由表示碳含量的数字（平均含量的万分之几）+ 合金元素符号及含量数字组成。合金元素采用国际化学元素符号，并按其含量的高低依次排列；当含量相同时则按字母次序排列。钢号中合金元素含量的表示方法，采用合金元素平均含量（%）乘以表 1-4-2 中的系数来表示。

表 1-4-2　钢号中合金元素含量的系数

合 金 元 素	含量的系数
Cr、Co、Mn、Ni、Si、W	4
Al、Be、Cu、Mo、Nb、Pb、Ta、Ti、V、Zr	10
Ce、N、P、S	100
B	1000

因此，在查阅合金钢钢号时应当注意，对于表示合金元素含量的数字，应除以表 1-4-2 中的系数。

例 1　32Cr2——化学成分（平均含量）$w(C) = 0.32\%$，$w(Cr) = 0.5\%$ 的结构钢，其 Cr 含量为 $(2 \div 4)\%$。

例 2　42CrMo4——$w(C) = 0.42\%$、$w(Cr) = 1.0\%$，其 Cr 含量为 $(4 \div 4)\%$，还含 Mo 的结构钢。

3）高合金钢

这种钢号表示方法主要用于不锈钢、耐热钢、阀门钢以及部分合金工具钢、高压容器用钢、高温结构用钢和低温钢等（高速工具钢另有钢号表示方法）。

所谓高合金钢，是指钢中有一种合金元素的含量在 5% 以上。它的钢号加前缀字母 "X"，接着由表示碳含量的数字、合金元素符号及含量数字组成。

碳含量的两位数字表示平均含量的万分之几，一位数字表示超低碳和低碳，其中：1——$w(C) \leqslant 0.020\%$、2，3——$w(C) \leqslant 0.030\%$（或 $\leqslant 0.035\% \sim 0.05\%$）、4——$w(C) \leqslant 0.06\%$、5——$w(C) \leqslant 0.07\%$、6——$w(C) \leqslant 0.08\%$、7——$w(C) = 0.04\% \sim 0.10\%$、10——$w(C) = 0.05\% \sim 0.15\%$（也有例外）。合金元素符号按含量高低依次排列，其含量数字是表示平均含量的百分值，按四舍五入化为整数。

例 1　X2CrNi18-9——化学成分（平均含量）$w(C) \leqslant 0.030\%$、$w(Cr) = 18\%$、$w(Ni) = 9\%$ 的不锈钢。

例 2　X40CrSiMo10-2——$w(C) \leqslant 0.40\%$、$w(Cr) 10\%$、还含 Mo 的阀门用钢。

（3）工具钢的钢号表示方法

1）非合金工具钢

德国非合金工具钢的钢号采用与 ISO 标准及欧洲标准（EN）相一致的钢号表示方法。其钢号由 C××U 组成，×× 为两位数字，表示钢的平均碳含量（万分之几），后缀字母 U 表示工具钢专用钢种。例如：C90U，表示 $w(C) \leqslant 0.90\%$ 的非合金工具钢（碳素工具钢）。

DIN 标准碳素工具钢的旧钢号由 C××W× 组成，其中 C×× 表示钢的平均碳含量（万分之几），W 表示工具钢。按照质量等级又分为，W1——一级质量、W2——二级质量、W3——三级质量、WS——特殊质量和用途。

目前常见到新旧钢号并用的情况，如 C70U 相当于 C70W1，C85U 相当于 C85W，C110U 相当于 C110W 等。

2）合金工具钢

合金工具钢的大部分钢号表示方法与合金结构钢相同，但有两个特点：一是对平均碳含量超过 1.00% 的钢号，用三位数字表示碳含量；二是钢中有一种合金元素含量超过 5% 者，按高合金钢的钢号表示方法，所表示的元素含量数字是表示平均含量的百分值（不必乘以系数）。例如：X165CrCoMo12，即是按照高合金钢钢号表示的合金工具钢。

3）高速工具钢

德国高速工具钢也采用与 ISO 标准及 EN 标准相一致的钢号表示方法。其钢号由 HS×-×-× 组成。HS（High Speed）表示高速工具钢，后面由表示合金元素平均含量的 3 组或 4 组数字组成，每组之间加短线相隔。其钢号表示要点是：

a. 各组数字按 W-Mo-V-Co 次序排列，Cr 不予表示。

b. 用数字表示的合金元素含量，直接以元素平均含量的质量分数来表示，不必乘以系数。

c. 不含 Mo 的高速工具钢，用数字 "0" 表示；不含 Co 的高速工具钢，则只用前 3 组数字表示即可，不必用 "0" 表示。

DIN 标准高速工具钢的旧钢号，由 S×-×-× 组成。S（Schnellarbeitsstähle）表示高速工具钢，其余表示方法与上述相同。目前常见到新旧钢号并用的情况。

　　例 1　HS 12-1-4-5，表示平均含量 $w(W)=12\%$、$w(Mo)=1\%$、$w(V)=4\%$、$w(Co)=5\%$、$[w(Cr)=4\%]$ 的高速工具钢（旧钢号为 S 12-1-4-5）。

　　例 2　HS 18-0-1，表示平均含量 $w(W)=18\%$、不含 Mo、$w(V)=1\%$、不含 Co、$[w(Cr)=4\%]$ 的高速工具钢（旧钢号为 S 18-0-1）。

1.4.2　DIN 标准及 DIN EN 标准铸钢和铸铁牌号表示方法

　　（1）铸钢的钢号表示方法

　　DIN 标准的铸钢的钢号冠以字母"GS-"（或"G"），对铸模浇铸的冠以"GSK-"，对离心浇铸的冠以"GSZ-"，钢号其余表示方法和变形钢旧钢号相同。

　　按照新的铸钢标准［DIN EN 10293（2015）］，铸钢钢号冠以字母"G"，钢号其余表示方法和变形钢钢号相同。举例如下：

　　1）非合金铸钢（按强度表示）

　　DIN EN 标准钢号：GE200，表示屈服强度 $R_{p0.2}\geqslant200MPa$ 的非合金铸钢。

　　DIN 标准旧钢号：GS-38，表示抗拉强度 $R_m\geqslant380MPa$（屈服强度 $R_{p0.2}\geqslant200MPa$）的非合金铸钢。

　　在 DIN 标准中也有按化学成分（质量分数）表示的，例如：GS-C25S，表示平均碳含量 $w(C)=0.25\%$ 的特殊用途非合金铸钢。

　　2）合金铸钢（按化学成分质量分数表示）

　　DIN EN 标准钢号：G17Mn5，表示平均含量 $w(C)=0.17\%$、$w(Mn)=1.00\%\sim1.60\%$ 的合金铸钢。

　　DIN 标准旧钢号：GS-16Mn5，表示平均含量 $w(C)=0.16\%$、$w(Mn)=1.2\%$ 的合金铸钢。

　　3）高合金铸钢（按化学成分的质量分数表示）

　　DIN EN 标准钢号：GX4CrNi16-4，表示平均含量 $w(C)\leqslant0.06\%$、$w(Cr)=15.50\%\sim17.50\%$、$w(Ni)=4.0\%\sim5.50\%$ 的不锈铸钢（碳含量按新表示方法标出）。

　　DIN 标准旧钢号：G-X8CrNiN26-7，表示平均含量 $w(C)=0.08\%$、$w(Cr)=26\%$、$w(Ni)=7\%$，并含氮的不锈铸钢（碳含量按平均含量表示，这是新旧钢号的差别）。

　　（2）铸铁的牌号表示方法

　　① 铸铁牌号主要有两类表示方法，一类由前缀字母 + 数字组成，数字表示力学性能；另一类由前缀字母 + 合金元素符号 + 数字组成，数字表示主要合金元素的质量分数。

　　② 第一类铸铁牌号又有两种情况：前缀字母后只有一组数字的，表示抗拉强度（MPa）下限值，前缀字母后有两组数字的，表示抗拉强度（MPa）和断后伸长率（%）的下限值。有的牌号还加后缀字母。举例如下：

　　a. DIN EN 标准牌号：

　　EN-GJL-200——灰铸铁，抗拉强度 $R_m\geqslant200MPa$。

　　EN-GJS-400-18-LT、EN-GJS-400-18U-RT——均为球墨铸铁，抗拉强度 $R_m\geqslant400MPa$，断后伸长率 $A\geqslant18\%$。两牌号的后缀字母不同：LT——用于低温，RT——用于高温，U——由附铸试样测定（数字后无"U"者表示由单铸试样测定）。

　　EN-GJS-400-18U-RT——球墨铸铁，抗拉强度 $R_m\geqslant400MPa$，断后伸长率 $A\geqslant18\%$。（U——由附铸试样测定）。

　　EN-GJMW-450-7——白心可锻铸铁，抗拉强度 $R_m\geqslant450MPa$，断后伸长率 $A\geqslant7\%$。

　　EN-GJMB-350-10——黑心可锻铸铁，抗拉强度 $R_m\geqslant350MPa$，断后伸长率 $A\geqslant10\%$。

　　b. DIN 标准旧牌号：

　　GG-20——灰铸铁，抗拉强度 $R_m\geqslant200MPa$。

　　GGG-40——球墨铸铁，抗拉强度 $R_m\geqslant400MPa$。

　　GTS-45-07——白心可锻铸铁，抗拉强度 $R_m\geqslant450MPa$，断后伸长率 $A\geqslant7\%$。

　　GTS-35-10——黑心可锻铸铁，抗拉强度 $R_m\geqslant350MPa$，断后伸长率 $A\geqslant10\%$。

　　③ 第二类铸铁牌号的表示方法，举例如下：

GGL- NiMn 13 7——片状石墨奥氏体铸铁，平均含量 $w(\mathrm{Ni})=13\%$ ，$w(\mathrm{Cr})=7\%$ 。

G- X300NiCr 4 2——抗磨白口铸铁，平均含量 $w(\mathrm{C})=3.0\%$ ，$w(\mathrm{Ni})=4\%$ ，$w(\mathrm{Cr})=2\%$ 。

此外，前缀字母为 GGK 表示冷硬铸铁；GGZ 表示离心铸造的铸铁件。

1.4.3 DIN V17007 系统的数字材料号（W- Nr.）表示方法

德国的数字材料号简称为 "W- Nr."，系德文 Werkstoff- Nummem 的缩写，英文常译为 "Standard- Number"，这是国际上使用历史悠久的金属和合金数字化牌号之一。

① 材料号（W- Nr.）是由七位数字组成的，其数字所表示的含义如下：

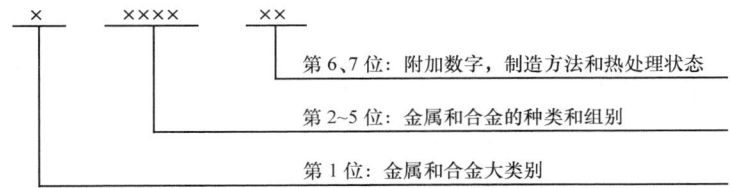

第 6、7 位：附加数字，制造方法和热处理状态

第 2~5 位：金属和合金的种类和组别

第 1 位：金属和合金大类别

② 材料号第 1 位数字所表示的含义：0——生铁和铁合金、1——钢和铸钢、2——重金属（除钢铁外）、3——轻金属、4，6~8——非金属材料、5——铸铁。

③ 在钢和铸钢的材料号中，最主要的是第 2 位和第 3 位数字，它两表示钢种组别，其中：

$1.00\times\times$—$1.07\times\times$ 数字系列表示非合金钢。该系列中第 2、3 位数字表示：

"01" 和 "02"——抗拉强度 $R_\mathrm{m}\leqslant500\mathrm{MPa}$ 的普通结构用钢和非热处理结构用钢；

    "03"——平均碳含量 $w(\mathrm{C})\leqslant0.12\%$ ，或抗拉强度 $R_\mathrm{m}\leqslant400\mathrm{MPa}$ 的非合金钢；

    "04"——平均碳含量 $w(\mathrm{C})>0.12\%$ 而 $<0.25\%$ ，或 $R_\mathrm{m}\geqslant400\mathrm{MPa}$（但 $<500\mathrm{MPa}$）的非合金钢；

    "05"——平均碳含量 $w(\mathrm{C})\geqslant0.25\%$ 而 $<0.55\%$ ，或 $R_\mathrm{m}\geqslant500\mathrm{MPa}$（但 $<700\mathrm{MPa}$）的非合金钢；

    "06"——平均碳含量 $w(\mathrm{C})\geqslant0.55\%$ ，或 $R_\mathrm{m}\geqslant700\mathrm{MPa}$ 的非合金钢；

    "07"——磷或硫含量较高的非合金钢。

$1.08\times\times$—$1.09\times\times$ 数字系列表示特殊物理性能和各种用途的低合金钢，其中原 "08" 的部分钢种已转到 "04" 和 "05" 组，原 "09" 的部分钢种已转到 "06" 组。

$1.10\times\times$—$1.13\times\times$ 数字系列表示优质非合金钢和特殊物理性能碳素钢，该系列中第 2、3 位数字表示：

"10" 和 "11"——平均碳含量 $w(\mathrm{C})<0.50\%$ 的特种性能非合金钢，常用于结构、压力容器、机械制造等；

    "12"——平均碳含量 $w(\mathrm{C})>0.50\%$ 的特种性能非合金钢；

    "13"——平均碳含量 $w(\mathrm{C})>0.50\%$ 的用于特殊要求的结构、压力容器、工程用钢；

    "14"——空缺。

$1.15\times\times$—$1.18\times\times$ 数字系列表示非合金工具钢。

$1.20\times\times$—$1.28\times\times$ 数字系列表示合金工具钢。该系列中第 2、3 位数字表示：

"20" 和 "21"——Cr 工具钢和 Cr- Si、Cr- Mn、Cr- Mn- Si 工具钢；

    "22"——Cr- V、Cr- V- Si、Cr- V- Mn、Cr- V- Mn- Si 工具钢；

    "23"——Cr- Mo、Cr- Mo- V、Mo- V 工具钢；

"24" 和 "25"——W、Cr- W 工具钢和 W- V、Cr- W- V 工具钢；

    "26"——除 24、25、27 组以外的含钨工具钢；

    "27"——含 Ni 工具钢。

$1.32\times\times$—$1.33\times\times$ 数字系列表示高速工具钢。该系列中第 2、3 位数字表示：

    "32"——含 Co 高速工具钢；

    "33"——不含 Co 高速工具钢。

$1.34\times\times$—$1.35\times\times$ 数字系列表示耐磨钢和轴承钢。

$1.36\times\times$—$1.39\times\times$ 数字系列表示特殊物理性能材料，含磁性材料。

$1.40\times\times$—$1.46\times\times$ 数字系列表示不锈钢。该系列中第 2、3 位数字表示：

"40" 和 "41" 分别为含 $w(Ni) < 2.5\%$ 的 CrNi 不锈钢和 CrNiMo 不锈钢，均不含 Nb、Ti；

"43" 和 "44" 分别为含 $w(Ni) \geqslant 2.5\%$ 的 CrNi 不锈钢和 CrNiMo 不锈钢，均不含 Nb、Ti；

"45"——添加其他合金元素的不锈钢。（"42" 系列空缺）。

1.47××—1.49×× 数字系列表示耐热钢和高温材料。

1.50××—1.85×× 数字系列表示合金结构钢，共有 30 多组（其中 "61、64、70、74、77、83" 系列空缺），选择该系列中一部分的 2、3 位数字分述如下。

"50" 至 "53"——多数为 Mn 系、Si 系或添加 Cu、V、Ti 的二元系结构钢；

"55" 和 "56"——为含硼结构钢和为含镍结构钢；

"57" 至 "60"——为 Cr-Ni 合金结构钢，其铬含量分别由 $w(Cr) \leqslant 1.0\%$ 递升到 $w(Cr) \geqslant 2.0\%$（但 < 3.0%）；

"65" 至 "67"——为 C-Ni-Mo 合金结构钢，其镍含量分别由 $w(Ni) < 2.0\%$ 递升到 $w(Ni) \geqslant 3.5\%$（但 < 5.0%）；

"68"——为 Cr-Ni-V、Cr-Ni-W、Cr-Ni-V-W 合金结构钢；

"70"——为 Cr 系和 Cr-B 系合金结构钢；

"72" 和 "73"——为 Cr-Mo、Cr-Mo-B 合金结构钢，其钼含量分别为 $w(Mo) < 0.35\%$ 与 $w(Mo) \geqslant 0.35\%$；

"75" 至 "77"——为 Cr-V 系和 Cr-Mo-V 系合金结构钢；

"80" 和 "81"——为 Cr-Si-Mo、Cr-Si-Mn-Mo 和 Cr-Si-V、Cr-Si-Mn-V 等合金结构钢。

1.87××—1.89×× 数字系列表示低合金高强度钢。分别表示用户不进行热处理或需热处理高强度可焊接钢。

1.90××—1.97×× 数字系列表示非欧洲标准的优质非合金钢。

2.40××—2.46×× 数字系列表示镍合金和铁镍合金。

5.1×××—5.5××× 数字系列表示铸铁。

④ 材料号第 4 位和第 5 位数字用于区分同类钢种的组别，可对碳含量或某种合金元素的差别进行区分，但其规律性不强。

⑤ 材料号第 6 位和第 7 位数字为附加数字，第 6 位数字用于表示钢的冶炼和浇铸工艺，第 7 位数字用于表示热处理状态。一般不予标出，仅在需要时标出。

1.5 印 度

IS 是印度国家标准（Indian Standard）的标准代号。印度于 1947 年宣布独立并加入英联邦，又于 1949 年宣布成为共和国。由于历史原因，印度的钢铁牌号系列，受到多方面的影响。现在逐步趋向于国际化，计量单位大部分由英制改换为米制。

IS 标准中现行的钢号结构以欧洲 EN 标准为基础，其钢号的表示方法大致可分为三大类：第一类按其力学性能（或物理性能）和用途表示；第二类按其化学成分表示；第三类为其他类，包括工具钢、铸钢和铸铁等牌号的表示方法。此外，还有一部分钢号是依照英国钢号的模式，钢号结构为：前缀字母 + 序号数字，例如 Grade 1、Grade 2 等。

1.5.1 IS 标准中主要以力学性能表示的钢号

这类钢号主要用于碳素结构钢和低合金高强度钢，因为对它们的选用和检验指标是抗拉强度或屈服强度。在这种情况下，如果钢材的力学性能达到规定数值，通常不需要指定详细的化学成分。但必要时可规定某些等级或分类指标来保证钢材的特殊性能和质量水平。

（1）结构用钢（非合金钢）

这类钢号的结构为：主体字母 + 力学性能值（数字），必要时添加后缀字母。其主体字母通常为 "Fe" 和 "FeE" 两种，分别表示抗拉强度值和屈服强度值。例如：Fe 330 表示抗拉强度 $\geqslant 330$ MPa（旧牌号为 St. 34 表示抗拉强度 $\geqslant 34$ kgf/mm^2）。又如：FeE 250 表示屈服强度 $\geqslant 250$ MPa。

（2）工程用钢（含低合金高强度钢）

这类钢号的结构为：主体字母（E）+力学性能值（数字）+钢材等级代号（A、B、C），必要时添加后缀字母。A、B、C 表示钢中磷、硫含量不同，C 级最低。后缀字母：R 表示沸腾钢，K 表示镇静钢，W 表示可焊性。例如：

E250A（Fe410W）表示上屈服强度为 250MPa，括号内牌号表示抗拉强度为 410MPa，可焊接。

E275BR-BQ 表示上屈服强度为 275MPa，B 表示钢材等级，R 表示沸腾钢，BQ 表示冲击性能。

印度钢号的后缀字母种类很多，将在下面分类介绍。

（3）耐候钢

这类钢号的结构为：前缀字母（WR）+主体字母（Fe）+力学性能值（数字）。

例如：WR-Fe 480A 表示抗拉强度为 480MPa，前缀字母 WR 表示耐候钢。

这类钢号除了前缀字母外，其余与上述钢类的表示方法相同。

1.5.2　IS 标准中主要以化学成分表示的钢号

（1）非合金钢

这类钢是指锰含量 $w(Mn) \leqslant 1\%$ 的碳素结构钢。根据用户需要（例如表面渗碳），不采用力学性能表示，而是需要显示其化学成分。其钢号由数字××+字母 C+数字×组成。其中：C 前面的两位数字表示平均碳含量（% ×100），C 后面的第 1 位数字表示锰含量。C2 表示 $w(Mn) \leqslant 0.40\%$，C4 表示 $w(Mn)=0.30\% \sim 0.60\%$，C6 表示 $w(Mn)=0.50\% \sim 0.80\%$，C8 表示 $w(Mn)=0.60\% \sim 0.90\%$。

（2）易切削结构钢

其钢号类似于非合金钢，后面再添加硫含量的符号。例如：10C8S10 表示 $w(C)=0.10\%$（平均值），$w(Mn)=0.60\% \sim 0.90\%$，$w(S)=0.10\%$（平均值）的易切削结构钢。

（3）合金钢

这类钢是指钢中合金元素含量小于 10% 的钢（高速工具钢除外），其钢号表示方法主要用于合金结构钢、弹簧钢等。

其钢号表示方法是：碳含量（数字）+合金元素符号+主要元素含量（数字）。其中：每个合金元素符号后面是平均含量乘以一个系数的数字，如下所示：

合金元素	含量系数
Cr, Co, Ni, Mn, Si, W	4
Al, Be, V, Pb, Cu, Nb, Ti, Ta, Zr, Mo	10
P, S, N	100

钢号中主要合金元素符号按其含量以递减顺序排列；表示含量的数字取整数（按四舍五入规则化为整数）。需要时可添加表示其特殊性能的代号（特殊性能的代号见下面 1.5.3 节）。例如：

40Ni8Cr8V2，其化学成分平均值为，$w(C)=0.40\%$，$w(Ni)=2.0\%$，$w(Cr)=2.0\%$ 和 $w(V)=0.2\%$，热轧钢（无后缀代号）。

25Cr4Mo2G，其化学成分平均值为，$w(C)=0.25\%$，$w(Cr)=1.0\%$，$w(Mo)=0.25\%$，G（后缀代号）表示保证淬透性。

（4）高合金钢

这类钢是指钢中至少有一种合金元素含量在 5% 以上。其钢号表示方法主要用于不锈钢、耐热钢以及部分合金工具钢、压力容器用钢、低温钢等。

钢号的组成是：前缀字母"X"+碳含量（数字）+合金元素符号+元素含量（数字）。需要时添加后缀字母，表示特殊性能，包括可焊性保证、高温性能、表面状态、表面处理和热处理等。其中：X 代表高合金钢；碳含量的两位数字以平均碳含量（% ×100）表示，超低碳和低碳钢采用"022"或"03"表示；合金元素符号按其含量以递减顺序排列；元素含量数字是表示平均含量的百分数（四舍五入化为整数）。特殊性能的代号见下面 1.5.3 节。例如：

X10Cr18Ni9-S3，其化学成分平均值为 $w(C)=0.10\%$、$w(Cr)=18.0\%$、$w(Ni)=9.0\%$，S3 表示钢材表面经酸洗。

X15Cr25Ni12，其化学成分平均值为 $w(C)=0.15\%$、$w(Cr)=25.0\%$、$w(Ni)=12.0\%$，无后缀字母表示

钢材系热轧或锻造状态。

1.5.3 IS标准中的其他牌号

（1）非合金工具钢

其钢号由碳含量（数字）+字母T+锰含量（数字）组成，其中：碳含量由两位（或三位）数字［平均碳含量值（% ×100）］表示；字母T表示工具钢；锰含量由一位数字表示平均含量的百分数（四舍五入化为整数）。

T3 表示 $w(Mn) \leqslant 0.40\%$，T6 表示 $w(Mn) = 0.50\% \sim 0.80\%$，T8 表示 $w(Mn) = 0.60\% \sim 0.90\%$。

例如：70T6 表示 $w(C) = 0.70\%$（平均值）、$w(Mn) = 0.50\% \sim 0.80\%$ 的非合金工具钢。

118 T3 表示 $w(C) = 1.18\%$（平均值），$w(Mn) \leqslant 0.40\%$ 的非合金工具钢。

（2）合金工具钢（含模具钢）

大部分钢号的前缀字母为"T"，其余与合金（结构）钢的钢号表示方法基本相同。但是，由于一部分钢的碳含量 $w(C) \geqslant 1.00\%$，钢号中用三位数表示平均碳含量；例如：T105Cr2Mn2。

另一部分钢号的前缀字母为"XT"，是因为这部分钢中有一种合金元素含量超过5%，需要采用高合金钢的钢号表示方法。例如：XT35Cr5MoV1。

（3）高速工具钢

钢号的前缀字母为"XT"，此类钢采用高合金钢的钢号表示方法。其钢号与一部分合金工具钢的钢号表示方法基本相同。钢号中合金元素符号按其含量以递减顺序排列（个别钢号例外）。

例如：XT87W6Mo5Cr4V2，即 6-5-4-2 型钨钼系高速工具钢。

XT75W18Co5Cr4MoV1，即 18-4-1 型添加钴的高速工具钢。

（4）铸钢

非合金铸钢的牌号无前缀字母，采用两组数字表示力学性能值，需要时可附加后缀字母。例如：

200-400W 表示屈服强度 200MPa、抗拉强度 400MPa 的铸钢，W 表示保证焊接性能。

230-450N 表示屈服强度 230MPa、抗拉强度 450MPa 的铸钢，N 表示不保证焊接性能。

低合金铸钢、高锰铸钢、不锈耐蚀铸钢和耐热铸钢，大部分铸钢牌号采用 Grade ×表示，×是序号，例如：Grade 5。

（5）铸铁

铸铁的牌号表示方法，一部分以力学性能表示，另一部分以化学成分表示。

一部分铸铁的牌号由前缀字母+数字组成（数字表示力学性能）。其前缀字母：FG——灰铸铁、SG——球墨铸铁、WM——白心可锻铸铁、BM——黑心可锻铸铁、PM——珠光体可锻铸铁。例如：

FG 150 表示抗拉强度 ≥150MPa 的灰铸铁。

SG 500/7 表示抗拉强度 ≥500MPa，断后伸长率 ≥7% 的球墨铸铁。

WM 350 表示抗拉强度 ≥350MPa 的白心可锻铸铁（断面厚度不同时，影响抗拉强度值）。

另一部分铸铁牌号由前缀字母 + 合金元素含量组成，其前缀字母：AFG——片状石墨奥氏体铸铁，ASG——球状石墨奥氏体铸铁，例如：

AFG Ni15Cu6Cr2，其化学成分平均值为 $w(Ni) = 15\%$、$w(Cu) = 6\%$、$w(Cr) = 2\%$ 的片状石墨奥氏体铸铁。

1.5.4 IS标准中钢材产品的特殊性能代号

这类代号大多组合在钢号的后面，也称后缀字母。

① 脱氧方法按照脱氧程度分为沸腾型、半镇静型和镇静型，它们的代号为：

R ——沸腾钢；K——镇静钢；如果没有标出代号，则表示为半镇静钢。

② 材质代号为"Q ×"：

Q1——非时效质量、Q2——已剥离表面氧化鳞片、Q3——控制晶粒度、Q4——控制夹杂物；Q5——保证内部均匀性。

③ 纯洁度代号为"P××"，见表1-5-1。

如果硫和磷的最大含量不相同，应采用代号"SP××"。字母后的××为数字，表示含量，取整数。例如，SP43 表示 $w(S) \leq 0.045\%$、$w(P) \leq 0.035\%$。

④ 可焊接性能由供需双方协商测定可焊性，其代号为：W——用于熔焊焊接；W_1——用于电阻焊，但不能熔焊。

⑤ 抗脆性断裂采用夏比冲击试验 V 型缺口试样进行测试，V 型缺口试样应沿轧制方向采用垂直于板材或产品表面进行缺口加工。根据不同试验结果，采用表1-5-2 中的代号表示。

表 1-5-1 纯洁度代号

代号	含量（质量分数）（%）	
	磷 ≤	硫 ≤
P25	0.025	0.025
P35	0.035	0.035
P50	0.050	0.050
P70	0.070	0.070
无代号	0.055	0.055

表 1-5-2 抗脆性断裂代号与规定的测试范围

代号	370~520MPa		500~700MPa	
	冲击吸收能量/J	温度/℃	冲击吸收能量/J	温度/℃
B	28	27	40	27
B0	28	0	28	−10
			40	0
B2	28	−20	28	−30
			40	−20
B4	28	−40	28	−50
			40	−40

注：表中 B、B0、B2、B4 的特性值由 V 型缺口试样平均冲击吸收能量确定。

⑥ 表面状况代号为"S×"：

S1——除去表面的瑕疵或嵌接斜边；S2——消除氧化皮；S3——酸洗（包括洗涤和中和）；S4——喷砂或砂砾；S5——剥皮（去皮）；S6——光亮拉拔或冷轧；S7——已研磨。

如果没有标出代号，则表示表面处于轧制或锻造状态。

⑦ 可成形性代号为"D×"：

D1——可拉伸；D2——可深度拉伸；D3——可超深拉伸。

如果没有标出代号，则表示钢材产品属于商业品质。

⑧ 表面光洁程度代号为"F×"：

F1——普通表面处理；F2——完全表面处理；F3——表面裸露；F4——表面未裸露；F5——表面无光泽；F6——光亮处理；F7——电镀；F8——表面未抛光；F9——表面抛光；F10——抛光和着蓝色；F11——抛光和着黄色；F12——镜面；F13——玻璃质珐琅饰面；F14——表面直接退火处理。

⑨ 处理代号为"T×"：

T1——喷丸；T2——硬态拉拔；T3——正火态；T4——控制轧制；T5——退火态；T6——专利；T7——固溶处理；T8——固溶处理和时效；T9——控制冷却；T10——光亮退火；T11——球化处理；T12——消除应力退火；T13——表面硬化；T14——淬火和回火。

如果没有标出代号，则表示钢材为热轧状态。

⑩ 高温和低温特性如下：

对于在室温使用的钢材，其中具有一定高温性能的，加后缀字母"H"。例如 Fe 710 H，其抗拉强度为710MPa；具有一定低温性能的，加后缀字母"L"。例如 Fe 520 L，其抗拉强度为520MPa。

⑪ 牌号添加后缀符号的示例如下：

牌号 Fe 470 W：抗拉强度≥470MPa 并保证熔焊质量的非合金钢。

牌号 Fe 410 Cu K：含铜的镇静钢，抗拉强度≥410MPa。

牌号 FeE 300 P35：屈服强度≥300MPa 的半镇静钢，其磷、硫含量均≤0.035%。

牌号 FeE 550 S6：光亮拉拔或冷轧钢材，屈服强度≥550MPa。

牌号 Fe00 R：优质沸腾钢，不保证抗拉强度或屈服强度下限值。

牌号 FeE 590 F7：电镀钢板，屈服强度≥590MPa。

牌号 Fe 510 B2：钢在退火条件下，最小抗拉强度为 510MPa，抗脆性断裂代号为 B2。

牌号 Fe 710 H：具有保证高温性能的非合金钢，室温抗拉强度≥710MPa。

牌号 Fe 410 Q1：w（S，P）≤0.055% 和最小抗拉强度为 410MPa 的无时效优质半镇静钢。

牌号 Fe 600 T4：在控制轧制条件下，最小抗拉强度为 600MPa 的半镇静钢。

牌号 Fe 520 L：在室温下最小抗拉强度为 520MPa 的优质低温钢。

1.6   日   本

1.6.1   JIS 标准钢号表示方法概述

JIS 是日本工业标准（Japanese Industrial Standard）的代号。JIS 钢铁材料规格分为铁、钢和钢材。铁类又分为铸铁、生铁和铁合金。钢又分为普通钢、特殊钢和铸锻钢，其中特殊钢按特性又分为结构钢、工具钢、特殊用途钢等。钢材又分为条钢、厚板、薄板、钢管、线材和钢丝等。

日本 JIS 标准钢号系统的特点是，不仅表示出钢类，而且表示出钢种种类，有的还表示出用途等。钢号中大多采用英文字母，少部分采用假名拼音的罗马字。钢号的主体结构基本上由以下三部分组成。

① 钢号第一部分采用前缀字母，表示材料分类。例如："S"表示钢（Steel），"F"表示铁（Ferrum），"M"表示磁性材料或纯金属（Magnet，Metallic）等。但"S"为首的牌号也有例外，如"SP"表示镜铁（Spiegeleisen）；"S××"表示硅钢片（Silicon）；"Si-Mn"表示硅锰合金（Silicon-Manganese）。

② 钢号第二部分采用英文字母或假名拼音的罗马字表示用途、钢材种类及铸锻件制品等。大部分钢号第 2 位字母及其含义见表 1-6-1。

表 1-6-1   钢号第二部分采用的英文字母及其含义

代号（字母）	含 义	代号（字母）	含 义
钢号第 2 位字母表示钢材类别及用途			
K	工具（Kogu）[①]	W	线材、钢丝（Wire）
U	专业用途（Use）	C	铸件（Casting）
P	钢板（Plate）		
T	钢管（Tube）	F	锻件（Forging）
钢号第二部分采用的字母组合及其含义			
S××C	碳素钢	SCM	铬钼钢
S××CK	碳素钢（硫、磷含量较低）	SNC	镍铬钢
SMn	锰钢		
SMnC	锰铬钢	SNCM	镍铬钼钢
SCr	铬钢	SACM	铬钼铝钢

① 假名拼音的罗马字。

为了进一步区分，钢号第二部分常采用几个字母的组合来表示。例如，结构钢的第一、二部分采用的字母组合及其含义也见表 1-6-1。由表中可见，钢号中为单个合金元素时采用国际化学符号表示；复合元素时，除 Mn 外均采用单个字母表示。例如，Cr——C、Ni——N、Mo——M、Al——A。

结构钢钢号的表示方法较为复杂，与其他各类钢号不同，详见下面 1.6.2 节。

③ 钢号第三部分为数字，表示最低抗拉强度值或最低屈服强度值，或表示钢类和钢材的序号。钢号序号有一位、二位或三位数，例如 SUP3（弹簧钢），SUS401（不锈钢）。有的钢号在数字序号后还附加后缀 A、B、C 等字母，表示不同质量等级、种类或厚度。

在钢号主体（包括第一、二、三部分）之后，根据情况需要，可附加后缀符号表示钢材形状、制造方法及热处理，常见的后缀符号及其含义见表 1-6-2。例如：

SS400-D2——按 2 级公差冷拔的、抗拉强度≥400MPa 的碳素结构钢。

SUS410-A-D——经退火的冷拉 410 不锈钢。

表 1-6-2　钢号的后缀符号及其含义

后缀符号	含　义	后缀符号	含　义
表示形状的后缀符号		- S- C	冷拔无缝钢管
- CP	冷轧钢板	- E	电阻焊钢管
- HP	热轧钢板	- B	对接焊钢管
- CS	冷轧钢带	- A	电弧焊钢管
- HS	热轧钢带	- D9	冷拔（9 表示精度等级）
- TB	锅炉、热交换器用钢管	- G7	磨削（7 表示精度等级）
- TP	管道用钢管	- T8	切削（7 表示精度等级）
- WR	线材	表示热处理的后缀符号	
表示制造方法的后缀符号		- A	退火
- R	沸腾钢	- N	正火
- A	铝（脱氧）镇静钢	- Q	淬火回火
- K	镇静钢	- S	固溶处理或调质处理
- S- H	热轧无缝钢管	- SR	试样消除应力处理

1.6.2　JIS 标准各钢类的钢号表示方法

（1）普通结构钢

在普通结构用碳素钢标准［JIS G3101（2015）］中，其钢号组成举例如下；

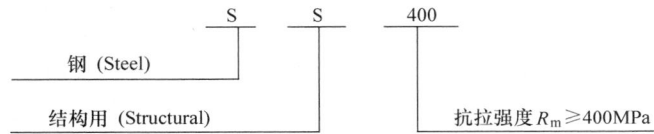

在焊接结构用碳素钢标准［JIS G3106（2015）］中，其钢号组成举例如下；

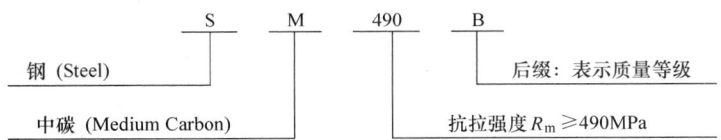

这类钢的后缀字母有两类。一类是附加后缀字母 A、B、C，表示抗拉强度和屈服强度相同的钢号，其冲击吸收能量保证值不同：A 表示不规定，B 表示 $KV \geqslant 27J$（0℃），C 表示 $KV \geqslant 47J$（0℃）。另一类是附加后缀 YA、YB，"Y"指屈服强度（Yield strength），亦即当抗拉强度相同时，其屈服强度更高的钢号，例如：

SM490A——抗拉强度 $R_m \geqslant 490MPa$，屈服强度 $R_{p0.2} \geqslant 325MPa$ 的焊接结构用 C- Mn 钢。

SM490YA——抗拉强度 $R_m \geqslant 490MPa$，屈服强度 $R_{p0.2} \geqslant 365MPa$ 的焊接结构用 C- Mn 钢。

（2）机械制造用结构钢

这类钢相当于我国的合金结构钢以及优质碳素结构钢。在 JIS 优碳钢标准［JIS G4051（2015）］中，其钢号组成举例如下：

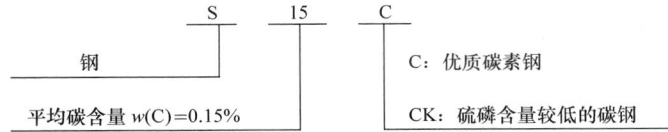

在 JIS 合金钢标准［JIS G4053（2016）］中，例如钢号 SCM435，表示 Cr- Mo 钢，平均碳含量 $w(C) = 0.35\%$、$w(Cr) = 0.90\% \sim 1.20\%$、$w(Mo) = 0.15\% \sim 0.30\%$。合金钢的钢号通式如下：

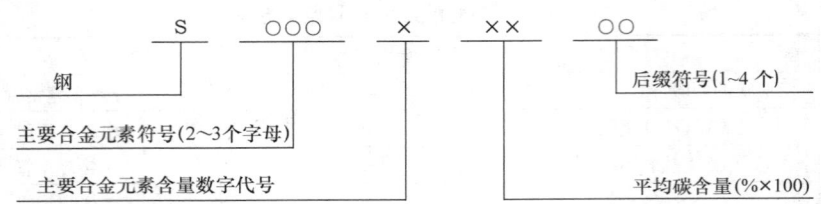

对以上通式作几点补充说明：

① 主要合金元素符号：其表示方法已在 1.6.1 节介绍（见表 1-6-1）。

② 主要合金元素含量的数字代号：根据合金元素含量的高低，采用四个偶数代号表示。其含量数字代号与元素含量范围的对照见表 1-6-3。

表 1-6-3　主要合金元素含量的数字代号与元素含量范围的对照

钢 组	主要合金元素	主要合金元素含量的数字代号（质量分数）（%）			
		2	4	6	8
锰钢	Mn	>1.00 ~ <1.30	≥1.30 ~ <1.60	≥1.60	—
铬锰钢	Mn	>1.00 ~ <1.30	≥1.30 ~ <1.60	≥1.60	—
	Cr	>0.30 ~ <0.90	>0.30 ~ <0.90	>0.30 ~ <0.90	—
铬钢	Cr	>0.30 ~ <0.80	≥0.80 ~ <1.40	≥1.40 ~ <2.00	—
铬钼钢	Cr	>0.30 ~ <0.80	≥0.80 ~ <1.40	≥1.40	≥0.80 ~ <1.40
	Mo	>0.15 ~ <0.30	>0.15 ~ <0.30	>0.15 ~ <0.30	≥0.30 ~ <0.60
镍铬钢	Ni	>1.00 ~ <2.00	≥2.00 ~ <2.50	≥2.50 ~ <3.00	≥3.00
	Cr	>0.25 ~ <1.25	>0.25 ~ <1.25	>0.25 ~ <1.25	>0.25 ~ <1.25
镍铬钼钢	Ni	>0.20 ~ <0.70	≥0.70 ~ <2.00	≥2.00 ~ <3.50	≥3.50
	Cr	>0.20 ~ <1.00	0.40 ~ <1.50	≥1.00	>0.70 ~ <1.50
	Mo	>0.15 ~ <0.40	>0.15 ~ <0.40	>0.15 ~ <0.40	>0.15 ~ <0.40

其次，对保证淬透性钢（H 钢）和加入特殊合金元素的钢，如果主要合金元素含量的代号与基本钢种（非 H 钢）不一致时，则应采用与基本钢种相同的数字代号。

③ 碳含量的数字代号：原则上采用平均碳含量值（% ×100）表示，并按下列举例的不同情况取其整数。

a. 如果平均碳含量值（% ×100），得出非整数时，则舍去小数取整数，见表 1-6-4 中例 1。

b. 如果平均碳含量值（% ×100），得出小于 10 时，在其数值前加 "0"，见表 1-6-4 中例 2。

c. 如果主要合金元素符号、其含量及碳含量的数字代号均相同时，则对合金元素含量较高的钢种采取 "× × +1" 处理，见表 1-6-4 中例 3。Ni-Cr-Mo 钢的主要合金元素用 3 个字母表示，见例 5。

d. 对于保证淬透性钢（H 钢），如果其碳含量的数字代号与基本钢种（非 H 钢）不一致时，可采用基本钢种的平均碳含量值（% ×100）所表示的数字，见表 1-6-4 中例 4。

表 1-6-4　钢号中碳含量的数字代号举例

举 例	钢 号	规定的碳含量（质量分数，%）	平均碳含量值（% ×100）	碳含量数字代号	附 注
例 1	S12C	0.10 ~ 0.15	12.5	12	按平均值取整数
例 2	S09CK	0.07 ~ 0.12	9.5	9→09	按平均值取整数，+ "0" 处理
例 3	SCM420	0.18 ~ 0.23	20.5	20→20	按平均值取整数
	SCM421	0.17 ~ 0.23	20	20→21	因锰含量高，按 " +1" 处理
例 4	SMn433H	0.29 ~ 0.36	32.5	32→33	为了和基本钢种一致
	SMn433	0.30 ~ 0.36	33	33	基本钢种
例 5	SNCM815	0.12 ~ 0.18	15	15	按平均值取整数

④ 附加的后缀字母：采用英文字母，分两类：一类用于基本钢种添加微量元素或特殊元素时；另一类用于保证某种特性，例如附加后缀字母 "H"，表示保证淬透性钢。

（3）易切削钢

钢号由"SUM××"组成（SU——专业用途的钢，M——Machinability），××为两位数字。第一位数字表示钢种类型：1——硫易切削钢；2——提高硫、磷含量的易切削钢；3——提高碳含量的硫易切削钢；4——碳锰易切削钢。第二位数字为序号。加铅易切削钢在数字后附加后缀字母"L"（Lead），例如 SUM22L。

（4）弹簧钢和轴承钢

弹簧钢钢号由"SUP×（×）"组成（P——Spring），×（×）为一位数字或两位数字表示序号。其中 SUP9 和 SUP9A 因两个钢号成分相近，后者在序号后面附加"A"以示区别。弹簧用冷轧钢带，则在钢号后附加后缀字母"CSP"，例如 SUP10-CSP。

轴承钢钢号由"SUJ×"组成，J 为日文"轴受"拼音的罗马字（Jikuuke）字头，×为数字序号。高碳铬轴承钢现有的钢号是 SUJ2～SUJ5。

（5）工具钢

工具钢钢号按分类介绍，并附带介绍中空钢钢号。

1）碳素工具钢

碳素工具钢钢号由"SK××"（或"SK×××"）组成，K 为日文"工具"拼音的罗马字（Kogu）字头，××为数字序号，例如 SK95（旧钢号 SK4）。

2）合金工具钢

合金工具钢钢号有 SKS、SKD、SKT 三类，字母后用一位（或两位）数字表示序号，无明显规律性。

SKS 类（后 S——Special）钢号在合金工具钢中占一半以上，钢号主要包括切削工具钢、耐冲击工具钢和一部分冷作模具钢。

SKD 类（D——日文假名ダイス的拼音罗马字 Daisu 的字头），钢号主要包括大部分冷作模具钢和热作模具钢。

SKT 类（T——日文"锻造"拼音的罗马字 Tanzo 的字头），钢号主要包括一部分热作模具钢。

3）高速工具钢

高速工具钢钢号由"SKH×（×）"组成（H——High Speed），序号用以区分钼钨系和钨系高速工具钢。序号 50～59 为钼钨系高速工具钢，序号 2、3、4、10 为钨系高速工具钢，序号 40 为粉末高速工具钢。

4）中空钢

中空钢钢号由"SKC×（×）"组成（C——Chisel），字母后用一位或两位数字表示序号。

（6）不锈钢

不锈钢钢号由"SUS×××"组成（后 S——Stianless），其中×××为三位数字编号，基本上参照美国 AISI 标准不锈钢钢号的 2××、3××、4××、6××等三位数字系列，例如：SUS 301 可与美国 AISI 301 对照。两个成分相近而个别元素略有差别的钢种可在数字后加 J1、J2 以示区别。

超低碳不锈钢钢号在数字后（或在 J1 后）加"L"；添加 Ti、Se、Cu、N 的钢种在数字后（或在 L 后）分别加相应的元素符号。

对于不锈钢钢材不同品种，分别在主体牌号后再附加后缀代号，并用"空半格"隔开，见表1-6-5。

表1-6-5 不锈钢材牌号及附加的后缀代号

牌 号[①]	钢 材 名 称	牌 号[①]	钢 材 名 称
SUS××× B	不锈钢棒材	SUS××× TB	锅炉热交换器用不锈钢管
SUS××× C	涂层不锈钢薄板（单面）	SUS××× TBS	卫生管道用不锈钢管
SUS××× CA	冷轧成形不锈钢等边角钢	SUS××× TF	加热炉用不锈钢管
SUS××× CB	冷精加工不锈钢棒材	SUS××× TK	机械结构用不锈钢管
SUS××× CD	涂层不锈钢薄板（双面）	SUS××× TP	管线用不锈钢管
SUS××× CP	冷轧不锈钢板	SUS××× TPD	一般管线用不锈钢管
SUS××× CS	冷轧不锈钢带	SUS××× TPY	大口径电弧焊不锈钢管线
SUS××× CSP	冷轧不锈弹簧钢带	SUS××× W	不锈钢丝
SUS××× F	压力容器用不锈钢锻件	SUS××× WP	弹簧用不锈钢丝
SUS××× FB	锻件用不锈钢坯	SUS××× WR	不锈钢盘条
SUS××× HA	热轧成形不锈钢等边角钢	SUS××× WS	冷锻用不锈钢线材
SUS××× HP	热轧不锈钢钢板和薄板	SUS××× Y	焊接用不锈钢线材

① SUS×××为主体牌号，后面系后缀代号。

（7）耐热钢和耐热合金

耐热钢钢号用"SUH"加数字编号表示（H——Heat-resisting），在现行的耐热钢标准［JIS G4311，G4312（2019）］中有一部分钢号已参照美国 AISI 钢号的数字系列，采用三位数字的序号，另一部分钢号仍采用原来的序号（一位或两位数字，ISO 4955），逐步过渡。

耐热合金（也称高温合金），其牌号用"NCF×××"表示，其中 NCF 为 NiCrFe 合金，××× 为数字编号。有的牌号在数字后加后缀字母，表示品种规格或处理方法，如 P——板材、B——棒材、TP——管线用无缝管、TB——热交换器用无缝管、TF——加热炉用无缝管。

1.6.3　JIS 标准中铸钢和铸铁牌号表示方法

（1）铸钢

铸钢的牌号由字母代号加数字组成。其中主体字母为"SC"，表示铸钢。牌号的表示方法有以下两类：一类主要表示力学性能，另一类主要表示化学成分或用途。

表示力学性能的铸钢，如碳素铸钢，在前缀字母"SC"后采用三位数字表示抗拉强度下限值（MPa）。例如：SC410 表示抗拉强度 $R_m \geq 410$MPa；还有 SCW××× 表示焊接结构用碳素铸钢。

对于一般工程用铸钢，由于已等效采用 ISO 3755 标准，其牌号也采用 ISO 标准的表示方法，用两组数字表示力学性能，例如：230-450 或 230-450W，前一组数字代表屈服强度 $R_{p0.2} \geq 230$MPa，后一组数字代表抗拉强度 $R_m \geq 450$MPa。添加后缀字母 W 表示保证焊接性能的铸钢。

另一类表示化学成分或用途的铸钢，是在前缀字母"SC"后添加其他字母，这类牌号如：SCMnH×——高锰铸钢；SCPH×——高温高压用铸钢；SCS×——不锈铸钢等。字母后的"×"，是采用一位或两位数字编号表示化学成分的不同。例如：SCS16 和 SCS16A，表示成分略有差别的不锈铸钢。

低合金铸钢的牌号，由前缀字母"SC"+化学元素代号+数字编号组成（N 表示 Ni，M 表示 Mo）。

日本铸钢牌号的前缀字母代号及相应标准见表 1-6-6。

表 1-6-6　铸钢牌号的前缀字母代号及相应标准

代　号	标准号 JIS	铸 钢 名 称	代　号	标准号 JIS	铸 钢 名 称
SC	G5101	碳素铸钢	SCH	G5122	耐热铸钢
SCC	G5111	结构用高强度碳素铸钢和铬钼铸钢	SCPH	G5151	高温高压用铸钢
SCCrM			SCPL	G5152	低温高压用铸钢
SCMnH	G5131	高锰铸钢	SCS	G5121	不锈铸钢
SCMn	G5111	结构用高强度含锰铸钢和锰钼铸钢	SCW	G5102	焊接结构用铸钢
SCMnM			SCSiMn	G5111	结构用高强度硅锰铸钢
SCMnCr	G5111	结构用高强度锰铬铸钢	SCPH×-CF	G5202	高温高压用离心铸钢管
SCMnCrM	G5111	结构用高强度锰铬钼铸钢和镍铬钼铸钢	SCW×××-CF	G5201	焊接结构用离心铸钢管
SCNCrM					

（2）铸铁

铸铁的牌号由字母代号加数字组成。牌号中的主体字母为"FC"，表示铸铁制品，牌号中的数字是表示力学性能，其中：灰铸铁牌号的数字表示抗拉强度下限值（MPa）；球墨铸铁牌号和可锻铸铁牌号的两组数字表示抗拉强度（MPa）和断后伸长率（%）；奥氏体铸铁牌号由"前缀字母代号+化学元素符号+数字"组成，其数字表示元素的平均含量。

日本铸铁牌号的前缀字母代号及相应标准见表 1-6-7。

表 1-6-7　铸铁牌号的前缀字母代号及相应标准

代　号	标准号 JIS	钢 材 名 称	代　号	标准号 JIS	钢 材 名 称
FC	G5501	灰铸铁	FCDLE	G5511	低热膨胀铸铁
FCD	G5502	球墨铸铁	FCMW	G5705	白心可锻铸铁
FCAD	G5503	等温淬火球墨铸铁	FCMB	G5705	黑心可锻铸铁
FCDA	G5510	球状石墨奥氏体铸铁	FCMP	G5705	珠光体可锻铸铁
FCA	G5510	片状石墨奥氏体铸铁	DF	G5527	可锻铸铁异形管

1.6.4 JIS 标准中钢材产品的代号及相应标准简介

（1）工程建设和结构用钢材

日本工程建设和结构用钢材牌号的（前缀）字母代号及相应标准见表 1-6-8。

表 1-6-8 工程建设和结构用钢材牌号的（前缀）字母代号及相应标准

代 号	标准号 JIS	钢 材 名 称	代 号	标准号 JIS	钢 材 名 称
SBC	G3105	链条用圆钢	SN	G3136	建筑结构用钢板
SBPDL SBPDN	G3137	预应力钢筋用小直径钢棒	SNB	G4108	特种螺栓用钢材
SBPR	G3109	预应力混凝土用异形钢棒	SNR SPA-C	G3138	建筑结构用轧制棒材
SD，SR	G3112	钢筋混凝土用异形钢棒和圆钢棒	SPA-H	G3125	高耐候性轧制钢材
SGD	G3108	冷精加工棒材用普通碳素钢材	SGC	G3302	热镀锌薄钢板和板卷
SH	G3129	塔架结构用高强度钢	SS	G3101	一般结构用轧制钢材
SHK	A5526	H 型钢桩	SSC	G3350	一般结构用冷轧轻型型钢
SHY	G3128	焊接结构用高屈服强度钢板	STKN	G3475	建筑结构用碳素钢管
SKK	A5525	钢管桩	STKT	G3474	塔架结构用高强度钢管
SKY	A5530	钢管板桩	SV	G3104	铆钉用圆钢
SM	G3106	焊接结构用轧材	SWH	G3353	结构用焊接轻型 H 型钢
SMA	G3114	焊接结构用热轧耐候钢	SY	A5528	热轧钢板桩

注：表中代号按字母序列。

（2）压力容器用钢材

日本压力容器用钢材牌号的（前缀）字母代号及相应标准见表 1-6-9。

表 1-6-9 压力容器用钢材牌号的（前缀）字母代号及相应标准

代 号	标准号 JIS	钢 材 名 称	代 号	标准号 JIS	钢 材 名 称
SB××× SB×××M	G3103	锅炉及压力容器用碳素钢板和含钼钢板	SGV	G3118	中、常温压力容器用碳素钢板
			SLA	G3126	低温压力容器用碳素钢板
SBV	G3119	锅炉及压力容器用锰钼和锰钼镍合金钢板	SL×N	G3127	低温压力容器用含镍钢板
			SPV	G3115	常温压力容器用碳素钢板
SCMV	G4109	锅炉及压力容器用铬钼合金钢板	SQV	G3120	压力容器用调质型合金钢板
SCMQ	G4110	高温压力容器用高强度铬钼钢板	STB	G3461	锅炉热交换器用碳素钢管
SEV	G3124	中、常温压力容器用高强度钢板	STBA	G3462	锅炉热交换器用合金钢管
			STBL	G3464	低温热交换器用钢管
SG	G3116	高压气体容器用钢板和钢带	STH	G3429	高压气体容器用无缝钢管

注：表中代号按字母顺序排列。

（3）钢板（带）和镀层钢板（带）

日本钢板（带）和镀层钢板（带）牌号的（前缀）字母代号及相应标准见表 1-6-10。

（4）钢管

日本钢管牌号的（前缀）字母代号及相应标准见表 1-6-11。

表 1-6-10　钢板（带）和镀层钢板（带）牌号的（前缀）字母代号及相应标准

代 号	标准号 JIS	钢 材 名 称		代 号	标准号 JIS	钢 材 名 称	
S××CM	G3311	冷轧专业用钢带		SPFC	G3135	汽车用成型性好的高强度钢板及钢带	冷轧材
SA×C	G3314	热浸镀铝薄钢板	一般用途	SCFH	G3134		热轧材
SA×D	G3314		冲压用	SGCA	G3302		建筑物外板
SA×E	G3314		深冲压用	SGCC	G3302		一般用途
SAPH	G3113	汽车用热轧结构钢板及钢带		SGCD1	G3302		冲压用 1
SDP	G3352	瓦垄钢板		SGCD2	G3302		冲压用 2
SECC	G3313	电镀锌冷轧钢板及钢带	一般用途	SGCD3	G3302		冲压用 3
SECD	G3313		冲压用	SGCD4	G3302		冲压用 4，非时效性
SECE	G3313		深冲压用	SGCH	G3302	镀锌薄钢板	一般用波纹板
SECCT	G3313		需作抗拉试验	SGCR	G3302		房顶用
SECEN	G3313		深冲压用，非时效性	SGC340	G3302		
SEHC	G3313	电镀锌热轧钢板及钢带	一般用途	SGC400	G3302		
SEHD	G3313		冲压用	SGC440	G3302		一般高强度用
SEHE	G3313		深冲压用	SGC490	G3302		
SGLC	G3321	热浸镀铝-锌合金薄钢板及箔材	冷轧材	SGC570	G3302		
SGLH	G3321		热轧材	SGCW	G3302		建筑用波纹板
SPB	G3303	镀锡钢板原板		SPHC	G3131	热轧软钢板及钢带	一般用途
SPCC	G3141	冷轧碳钢薄板及钢带	一般用途的电镀锌钢板原板	SPHD	G3131		冲压用
				SPHE	G3131		深冲压用
SPCCT	G3141		需作抗拉试验	SPHT	G3132	钢管用热轧碳素钢带	
SPCD	G3141		冲压用	SPS	G3133	搪瓷用脱碳薄钢板及钢带	
SPCE	G3141		深冲压用	SPB	G3303	镀锡钢板原板	
SPCEN	G3141		深冲压用，非时效性	SPTE	G3303		
				SPTH	G3303		
				SZAC	G3317	热浸镀锌-铝合金薄钢板及箔材	冷轧材
				SZAH	G3317		热轧材

注：1. 代号 SHY 见表 1-6-8。

　　2. 代号 SB×××、SB×××M、SBV、SCMV、SCMQ、SEV、SG、SGV、SLA、SL×N、SPV、SQV 见表 1-6-9。

表 1-6-11　钢管牌号的（前缀）字母代号及相应标准

代 号	标准号 JIS	钢 材 名 称	代 号	标准号 JIS	钢 材 名 称
SCM××TK	G3441	机械结构用合金钢管	STK	G3444	一般结构用碳素钢管
SCP	G3471	波纹钢管	STKM	G3445	机械结构用碳素钢管
SGP	G3452	管线用碳素钢管	STKR	G3466	一般结构用方形钢管
SGPW	G3442	镀锌水管	STM-C	G3465	钻探用无缝钢管（套管）
STAM××G	G3472	机动车用电阻焊碳素钢管	STM-R	G3465	钻探用无缝钢管（钻杆）
STAM××H	G3472	机动车用电阻焊碳素钢管（高屈服强度钢）	STO	G3439	油井套管用无缝钢管
			STPA	G3458	管线用合金钢管
STC	G3473	缸筒用碳素钢管	STPG	G3454	承压管线用碳素钢管
STF	G3467	加热炉用碳素钢管	STPL	G3460	低温管线用含镍钢管
STFA	G3467	加热炉用合金钢管	STPT	G3456	高温管线用碳素钢管
			STPY	G3457	管线用电弧焊碳素钢管
S××TK	G3441	机械结构用合金钢管	STS	G3455	高压管线用碳素钢管
			STW	G3443	涂层水管

注：1. 代号 STKN 见表 1-6-8。

　　2. 代号 STB、STBA、STBL、STH 见表 1-6-9。

（5）线材和钢丝

日本线材和钢丝牌号的（前缀）字母代号及相应标准见表1-6-12。

表 1-6-12　线材和钢丝牌号的（前缀）字母代号及相应标准

代 号	标准号 JIS	钢 材 名 称	代 号	标准号 JIS	钢 材 名 称
SW	G3521	冷拉高碳钢丝	SWO-V	G3561	阀弹簧用油浴回火碳钢丝
SWCD	G3538	预应力钢筋混凝土用冷拉高碳钢圆线材	SWP	G3522	琴钢丝
SWCH	G3539	冷锻用碳素钢丝	SWPD	G3536	预应力钢筋混凝土用钢丝和钢铰线（异型线）
SWCR	G3538	预应力钢筋混凝土用冷拉高碳钢异形线材	SWPR	G3536	预应力钢筋混凝土用钢丝和钢铰线（圆形线）
SWM	G3532	低碳钢钢丝	SWRCH	G3507	冷镦用碳钢盘条
SWMC	G3542	着色涂装钢丝	SWRCHB	G3508	冷镦用含硼钢盘条
SWMV	G3543	聚氯乙烯涂覆彩色钢丝	SWRH	G3506	高碳钢盘条
SWO	G3560	阀弹簧用油浴回火碳钢丝	SWRM	G3505	低碳钢盘条
SWOCV-V	G3561	阀弹簧用油浴回火铬钒合金钢丝	SWRS	G3502	琴钢丝用盘条
SWOSC-V	G3561	阀弹簧用油浴回火硅铬合金钢丝	SWRY	G3503	涂药电焊条芯用盘条
SWOSM	G3560	油浴回火硅锰弹簧钢丝	SWY	G3523	涂药电焊条芯线

（6）锻材

日本锻材牌号的（前缀）字母代号及相应标准见表1-6-13。

表 1-6-13　锻材牌号的（前缀）字母代号及相应标准

代 号	标准号 JIS	钢 材 名 称	代 号	标准号 JIS	钢 材 名 称
SF	G3201	碳素钢锻件	SFNCM	G3222	一般用途镍铬钼钢锻件
SFB	G3251	碳素钢锻件用坯	SFVA	G3203	高温压力容器用合金钢锻件
SFCM	G3221	一般用途铬钼钢锻件	SFVC	G3202	压力容器用碳素钢锻件
SFHV	G3206	高温压力容器用铬钼钢锻件	SFVQ	G3204	压力容器用调质合金钢锻件
SFL	G3205	低温压力容器用锻件	SUSF	G3214	压力容器用不锈钢锻件

1.7　韩　国

1.7.1　KS 标准钢号表示方法概述

KS 是韩国国家标准（Korean Standard）的代号。韩国自 20 世纪 70 年代以来钢铁工业发展迅速，由于历史原因，同时便于对外贸易和科技交流的需要，KS 钢铁材料标准主要是引用日本 JIS 标准，因此韩国 KS 标准钢号表示方法的原则与日本 JIS 标准钢号基本相同，只是钢号的字母或排序位置略有不同，而有些钢铁牌号甚至完全相同。

但韩国的钢铁材料标准进行修订时，与日本的 JIS 新标准之间有时间差，由此可能在一定时间内存在钢号的差异。例如钢的力学性能单位由原来采用的 kgf/mm^2，改为现在采用的 MPa（或 N/mm^2），于是一部分以力学性能表示的钢号，在修订后的钢铁材料标准中，其钢号也做了相应变动，如普通结构用碳素钢的旧钢号 SS41，新钢号为 SS400。

韩国 KS 标准钢铁牌号大多采用英文字母加数字，其主体结构基本上由以下三部分组成。

① 牌号第一部分采用前缀字母。例如："S"表示钢，对大多数钢种和钢材均适用，但对线材等少数品种则例外。"C"表示铸钢和铸铁（常为第二个或靠后字母）。"Y"表示各类钢焊丝。

② 牌号第二部分采用英文字母表示用途、化学成分及铸锻件制品等，并常和第一部分组合使用，见表 1-7-1。

表 1-7-1　钢铁牌号采用的前缀字母代号及相应的标准

代　号	标准号 KS	材　料　种　类	代　号	标准号 KS	材　料　种　类
SS	D3503	普通结构用碳素钢	STR	D3731	耐热钢棒材
SHY	D3611	焊接结构用高屈服强度钢板		D3732	耐热钢板材
SMA	D3529	焊接结构用耐候钢	NCF	D3531	耐热合金
SM×C（CK）	D3752	机械结构用碳素钢	SC	D4101	普通用途碳素铸钢
SMn，SCr SCM，SNC SNCM	D3867	机械结构用合金钢	SC×	D4102	结构用碳素铸钢
			SCW	D4106	焊接结构用铸钢
			SCMnH	D4104	高锰铸钢
SACM	D3756	铬钼铝结构钢	SSC	D4103	不锈、耐蚀铸钢
SUM	D3567	易切削结构钢	SCH	D4105	耐热铸钢
SPS	D3701	弹簧钢	SCPH	D4107	高温高压用铸钢
STB	D3525	高碳铬轴承钢	SCPL	D4111	低温高压用铸钢
STC	D3751	碳素工具钢	GC	D4301	灰铸铁
STS	D3753	合金工具钢	FCD	D4302	球墨铸铁
STD，STF		合金工具钢（模具用钢）	BMC	D4303	黑心可锻铸铁
SKH	D3522	高速工具钢	WMC	D4305	白心可锻铸铁
STS	D3706	不锈钢棒材	PMC	D4304	珠光体可锻铸铁
	D3705	不锈钢板材	YGW	D7025	MAG 焊接用焊丝
STS F	D4115	不锈钢锻件	YFW	D7104	气体保护焊用焊丝

③ 牌号第三部分是数字。对结构钢钢号，数字表示钢的力学性能，或表示钢的化学成分，或编为序号。对工具钢，数字表示为不同钢种的序号。对不锈钢，数字表示为钢的系列号（与美国和日本的不锈钢钢号系列号基本一致）。

在牌号主体结构之后，根据情况需要，可附加后缀符号。但表示的规律性不明显，将在下面结合各类钢铁牌号表示方法作具体介绍。

1.7.2　KS 标准钢号表示方法分类说明

（1）表示力学性能的结构钢类钢号

1）普通结构用碳素钢

普通结构用碳素钢的钢号由 "SS×××" 组成，第一位 "S" 表示钢，第二位 "S" 表示结构用，"×××" 用数字表示抗拉强度下限值。例如：SS540，表示抗拉强度 $R_m \geqslant 540$MPa 的一般结构用碳素钢。

2）锅炉与压力容器用碳钢和钼钢

这类钢的钢号由 "SSB×××" 组成，举例如下：

SSB450——锅炉与压力容器用碳钢板，字母后的三位数字为抗拉强度下限值（MPa）。

SSB450M——锅炉与压力容器用含钼钢板，字母后的数字含义同上。

3）焊接结构用耐候钢

焊接结构用耐候钢的钢号主体由 "SMA×××" 组成，字母后的三位数字为抗拉强度下限值（MPa）。钢号主体后有两类后缀字母，一类表示质量等级，采用字母 "A、B、C"，表示在抗拉强度相同时，其冲击吸收能量保证值不同。其中：A——不规定、B——冲击吸收能量 $KV \geqslant 27$J（0℃）、C——冲击吸收能量 $KV \geqslant 47$J（0℃）。另一类表示使用条件，采用字母 "W" 或 "P"。其中：W——进行稳定化处理后使用（不涂漆）、P——涂漆后使用。钢号举例如下：

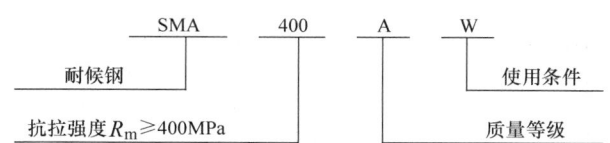

（2）表示化学成分的结构钢类钢号

1）机械结构用碳素钢

这类钢近似于我国的优质碳素钢，与相应的日本 JIS 标准钢号略有区别，钢号主体由"SM×××"组成，钢号后缀字母：C——优质钢、CK——硫、磷含量较低的渗碳钢。其钢号的组成通式如下：

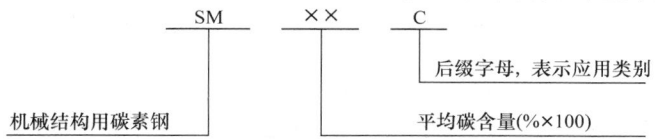

2）机械结构用合金钢

这类钢近似于我国的合金结构钢，其钢号表示方法与相应的日本 JIS 标准钢号一致。这类钢的钢号组成通式如下：

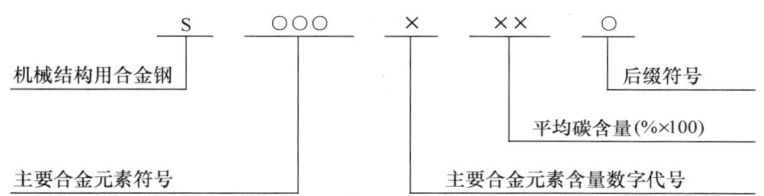

以上钢号通式，除表示钢种 S 外，可细分为四部分，其特点为：

① 主要合金元素符号：有两种表示方法。钢号中仅有单个合金元素时，采用国际化学元素符号；若复合元素时，除 Mn 外均采用元素（或英文名称）的第一字母表示，如：Cr——C、Ni——N、Mo——M、Al——A 等。

② 主要合金元素含量数字代号：根据元素含量由低到高，采用四个偶数代号（2、4、6、8）表示，与相应的日本 JIS 标准钢号表示方法相同（参见表 1-6-3）。

③ 平均碳含量数字代号：原则上采用平均碳含量值（% ×100）表示，并根据具体情况调整为整数。

④ 后缀符号：用英文字母，分为两类。一类用于保证某种特性，如附加后缀"H"，表示保证淬透性钢，例如钢号 SCM415H。另一类用于表示钢材种类，如附加后缀"TK"，表示机械结构用钢管，例如钢号 SCM415TK。其他表示钢材种类的后缀符号，如：CP——冷轧板、CS——冷轧带、HP——热轧板、HS——热轧带等。

（3）用字母和数字编号组合的专用结构钢类钢号

1）易切削结构钢

这类钢号表示方法，与相应的日本 JIS 标准钢号一致。其钢号组成通式如下：

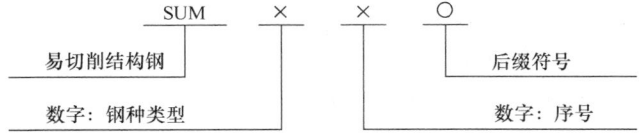

易切削结构钢钢号的特点是：

① 字母后的第一位数字表示易切削结构钢的类型，其中：1——硫系易切削钢；2——增高硫、磷含量的易切削钢；3——增高碳含量的硫系易切削钢；4——增高碳、锰含量的硫系易切削钢。

② 后缀符号：字母"L"表示加铅易切削钢。

2）弹簧钢

弹簧钢的钢号与相应的日本 JIS 标准钢号中一些字母和数字编号均不相同，其钢号组成通式是："SPS×"。式中的字母表示弹簧钢，字母后的数字编号，代表不同化学成分的钢种。对于两种成分相近的钢号，采用在数字编号后加"A"来区别，而不采用不同的编号，例如：SPS9 和 SPS9A。

3）轴承钢

轴承钢的钢号与相应的日本 JIS 标准钢号中一些字母和数字编号也不相同，其钢号组成通式是："STB×"。式中的字母表示高碳铬轴承钢，字母后的数字编号，代表不同化学成分的钢种，例如：STB3。

4）中碳钢和高碳钢线材

线材钢号的主体字母为"SWR"。中碳钢线材的钢号由前缀字母"M"＋主体字母"SWR"＋数字编号组成。例如：MSWR6。

高碳钢线材的钢号由前缀字母"H"＋主体字母"SWR"＋数字编号组成。例如：HSWR27。

韩国的这两类线材的钢号，与相应的日本 JIS 标准钢号有些不同，例如上述的韩国线材钢号 MSWR8 和 HSWR8，相应的日本线材钢号为 SWRM6 和 SWRH27。

（4）工具钢钢号

1）碳素工具钢

碳素工具钢的钢号组成通式是："STC××"，式中字母后的数字"××"为平均碳含量，例如：STC70，近似日本 SK70 工具钢。

2）合金工具钢

合金工具钢的钢号组成通式有"STD×""STF×"和"STS×"三类，字母后的"×"为一位（或两位）数字编号，与相应的日本 JIS 标准钢号的数字编号基本相同。钢号中的三类字母表示合金工具钢的种类，其中：STD 类主要为冷作模具钢和一部分热作模具钢；STF 主要为热作模具钢；STS 类主要为切削刀具用钢、耐冲击工具钢和一部分冷作模具钢。需要注意，韩国不锈钢钢号也采用字母"STS"，后加三位数字，而合金工具钢钢号是采用字母"STS"加一位或两位数字，这样可避免混淆。

3）高速工具钢

高速工具钢的钢号用"SKH"加数字编号表示，其中编号"2、3、4、10"为钨系高速工具钢，编号"40"和"50~59"为钨钼系高速工具钢。这类钢号与相应的日本 JIS 标准钢号的表示方法相同。

（5）不锈钢钢号

不锈钢的钢号组成通式是："STS×××"。式中的"×××"为三位数字编号，基本上与美国 AISI 标准不锈钢钢号的数字系列相一致，例如：STS316，可与美国 AISI 316 相对应。根据需要，钢号可添加后缀字母和数字。由字母和数字组成的后缀符号又分以下几种。

① 在钢号的三位数字后加字母"L"，表示超低碳不锈钢。

② 在钢号的三位数字后加元素符号如 N、Ti、Se 等，表示添加这些微量元素的钢种。

③ 对主要成分相近而个别元素略有不同的两个钢种，在钢号的三位数字后附加"J1"和"J2"，以示区别。

④ 对不锈钢钢材的不同品种，如板、带、管等，添加的后缀字母代号，与相应的日本 JIS 标准钢号相同（参见表 1-6-5）。

（6）耐热钢和耐热合金牌号

1）耐热钢

耐热钢的钢号采用"STR×××"表示，其中字母与日本的相应钢号不同，而字母后的数字编号两者近似或相同。韩国耐热钢一部分钢号的数字系列（三位数字）已参照美国 ASTM 标准的耐热钢钢号的数字系列，例如：STR660，对应美国的耐热钢 660（ASTM）。

2）耐热合金

耐热合金在韩国也叫超合金（Superalloy），其牌号采用"NCF×××"表示。NCF 是 NiCrFe 合金的字母代号，"×××"为数字编号。除了牌号 NCF80A 外，都用三位数字，例如：NCF750。

1.7.3 KS 标准铸钢和铸铁牌号表示方法

（1）铸钢钢号

铸钢的钢号由字母代号加数字组成。其中主体字母为"SC"，表示铸钢。字母后的数字含义有以下两种情况。

一种是采用三位数字表示抗拉强度下限值（MPa），这类钢号有："SC×××"和"SCW×××"。

SC×××表示碳素铸钢，例如：SC410，表示抗拉强度 $R_m \geqslant 410MPa$；SCW×××表示焊接结构用碳素铸钢，例如：SCW450。

另一种是采用一位或两位数字编号表示化学成分不同或用途的铸钢，这类钢号有：SCMnH×——高锰铸钢；SCPH×——高温高压用铸钢；SCPL×——低温高压用铸钢；SSC×——不锈耐蚀铸钢；SRSC×——耐热铸钢。

低合金铸钢的牌号由前缀字母"SC" + 化学元素代号 + 数字编号组成。如 SCMn×、SCMnCr×、SCM-CrM×等（后面的 M 表示 Mo）。

（2）铸铁牌号

铸铁的牌号由字母代号加数字组成。牌号中的主体字母为"C"表示铸造制品（Casting），但字母"C"在牌号中的位置并不固定。牌号中的数字是表示抗拉强度下限值（MPa）。各类铸铁的牌号有：

① GC×××——灰铸铁，例如：GC200，表示抗拉强度 $R_m \geqslant 200MPa$ 的灰铸铁。

② GCD×××——球墨铸铁，例如：GCD450，表示抗拉强度 $R_m \geqslant 450MPa$ 的球墨铸铁。

③ MC×××——可锻铸铁，其中：BMC×××为黑心可锻铸铁；WMC×××为白心可锻铸铁；PMC×××为珠光体可锻铸铁。

1.8　俄　罗　斯

1.8.1　ГОСТ 标准钢号表示方法概述

ГОСТ 是苏联时期的国家标准代号，现在俄罗斯仍沿用这个代号作为国家标准代号。ГОСТ 标准的钢铁牌号表示方法，基本上和中国的钢铁牌号的表示方法相近，只有少数钢号例外。但俄罗斯钢号中的化学元素名称及用途等均采用俄文字母（代号）来表示。

У——碳（C）；С——硅（Si）；Г——锰（Mn）；П——磷（P）；Х——铬（Cr）；Н——镍（Ni）；М——钼（Mo）；В——钨（W）；К——钴（Co）；Д——铜（Cu）；Ю——铝（Al）；Ф——钒（V）；Т——钛（Ti）；Б——铌（Nb）；Р——硼（B）；Ц——锆（Zr）；А——氮（N）。

在英文或其他文种的科技文献中，对 ГОСТ 钢号常采用相应的拉丁字母表示（见以下括号内）。如 У（U），С（S），Г（G），П（P），Х（Ch），Н（N），В（V），Д（D），Ю（Ju），Ф（F），Б（B），Р（R）；Ц（Ts）；而对 М、К、Т、А 等采用相类似的拉丁字母表示。

ГОСТ 标准的钢号中，常用的前缀或后缀字母代号及其含义见表1-8-1。有时在 ГОСТ 标准或俄文书刊中还可见到若干旧钢号，一般在钢号后面括号内，常见的代号及其含义如下。

ЭИ——试验研究钢号；ЭП——工业试验钢号；Э——电工用钢。

在这些代号之后是数字（或序号），例如：ЭИ107（即俄 40Х10С2М 耐热钢），ЭП288（即俄 07Х16Н6 不锈钢），Э310（电工用钢）等。

表 1-8-1　钢号中常用的前缀或后缀字母代号及其含义

字母代号	代号含义	前缀或后缀字母	字母代号	代号含义	前缀或后缀字母
Ст	钢（普通碳素钢）	前缀	кп	沸腾钢	后缀
АС	含铅易切削钢	前缀	пс	半镇静钢	后缀
А	含硫易切削钢	前缀	сп	镇静钢	后缀
У	碳素工具钢	前缀	А	高级优质钢	后缀
Ш	滚动轴承钢	前缀	Ш	超级优质钢	后缀
Е	磁钢	前缀	пп	派登脱钢丝用钢	后缀
СВ	焊接用钢	前缀	Л	铸钢	后缀

1.8.2　ГОСТ 标准钢号表示方法分类说明

（1）普通碳素钢

这类钢在 ГОСТ 老标准中分为 А、Б、В 三类钢，修订后的标准中已不再分为三类钢，也不标出冶炼炉子的种类，其钢号主体由"Ст.×"组成，"×"是用数字 0~6 表示质量保证条件。举例如下：

Ст. 0——硫、磷含量出格的钢。

Ст. 1——保证力学性能和冷弯性能的钢。

Ст. 2——除保证力学性能外，同时还保证化学成分的钢。

Ст. 3~Ст. 6——除保证上述条件外，同时还保证不同温度的冲击韧度，其中：Ст. 3 在 +20℃、Ст. 4 在 -20℃、Ст. 5 经时效处理（对钢板为 -20℃），Ст. 6 在 -40℃（仅适用于钢板）。

在钢号主体后可附加后缀代号，表示脱氧方法，例如：кп——沸腾钢；пс——半镇静钢；сп——镇静钢。

对于锰含量较高的碳素钢，则在顺序号（数字）和后缀代号之间标以代表字母"Г"，例如 Ст. 2Гсп，表示锰含量较高的 2 号镇静钢。

有些ГОСТ标准的钢号，也采用屈服强度下限值表示，例如钢号 C235，表示屈服强度 $R_{eL} \geq 235MPa$，可能是为了向国际标准的钢号靠近。

（2）优质碳素结构钢

这类钢的钢号（主体部分）以平均碳含量（%×100）表示。如果钢中锰含量较高，应标出锰的代号"Г"。钢中硫、磷含量较低的高级优质钢，应附加后缀字母"A"。对沸腾钢和半镇静钢在钢号的数字后分别标以"кп"和"пс"，镇静钢则不标。例如：

10кп——平均碳含量 $w(C)=0.10\%$ 的优质碳素沸腾钢。

60Г——平均碳含量 $w(C)=0.60\%$、含 Mn 量较高的优质碳素结构钢。

（3）低合金高强度钢

在热轧高强度钢标准中［ГОСТ 19281（1989）］，一部分钢号以屈服点下限值表示，强度等级为 265、295、315、325、345、355、375、390 和 440 等九个钢号，单位均为 MPa。

在该标准中其余钢号仍采用化学成分表示，其钢号由平均碳含量的数字加合金元素代号（字母）及含量（数字）组成。含量以平均碳含量（%×100）表示。当钢中单个合金元素含量≥1.45% 时，应在元素代号后标出"2"；若该合金元素含量 <1.45% 时，则不标出含量，只标元素代号。例如：18Г2АФД，表示平均碳含量 $w(C)=0.18\%$，$w(Mn)=1.30\%~1.70\%$，并含有 Al、V、Cu 的低合金钢。

（4）专业用钢

1）钢筋混凝土用钢材

这类钢的标准中所列的钢号，均为低合金钢，其钢号以化学成分表示，和一般用途低合金高强度钢的钢号表示方法相同。

2）桥梁用钢

桥梁用钢现行标准中列有 4 个钢号，均为高强度钢，其钢号以化学成分表示，和一般用途低合金高强度钢的钢号表示方法相同。

3）造船用钢

造船用钢标准中列有两类可焊接的船体结构用钢。一类为一般强度钢，有 A、B、Д、E 四个钢号，其屈服强度均为 $R_{eL} \geq 235MPa$；另一类为高强度钢，钢号为 A××，B××，Д××，E××，其中 ×× 表示强度等级，例如：A32，表示屈服强度 $R_{eL} \geq 315MPa$（32kgf/mm²）的高强度钢。

4）锅炉钢板

锅炉用碳素钢板的钢号均加后缀字母"K"，例如 20K。锅炉用合金钢板的钢号，采用合金结构钢的表示方法，不加后缀符号，例如 10X2M。

5）铁道用钢

2000 年钢轨钢标准的钢号由"M××（n）""K××（n）"和"И××（n）"组成，其中 ×× 表示平均碳含量[$w(C)\%×100$]，（n）用字母表示微量合金元素，例如 M76T（含钛），M76Ф（含钒）。

（5）合金结构钢和弹簧钢

这两类钢的钢号由表示平均碳含量的数字加合金元素（字母）及含量（数字）组成。平均碳含量为[$w(C)\%×100$]，其表示合金元素的原则和低合金高强度钢的钢号表示方法相同。这两类钢均分为优质钢和高级优质钢，对高级优质钢钢号采用后缀字母"A"，以示区别。例如 50XГ、50XГA。

（6）易切削钢

易切削钢的钢号前缀字母有两类："A"表示硫系易切削钢；"AC"表示含铅易切削钢。前缀字母后以平均碳含量$[w(C)\% \times 100]$的数字表示。锰含量较高的硫锰系易切削钢，在数字后加字母"Г"，例如：А40Г，表示平均碳含量$w(C) = 0.40\%$，锰含量较高的易切削钢。

含铅易切削钢又分碳素钢和合金钢，其中碳素钢钢号由 AC + 平均碳含量（数字）组成；合金钢钢号例如 AC20ХГНМ，除表示平均碳含量$w(C) = 0.20\%$外，还标出合金元素代号，必要时标出其含量。

（7）高碳铬轴承钢

这类钢的钢号前缀字母"Ш"，碳含量不标出，铬含量以平均值$[w(Cr)\% \times 10]$表示，例如ШХ15，表示平均铬含量$w(Cr) = 1.5\%$的轴承钢。对于硅和锰含量较高的钢，应标出合金元素代号"СГ"，例如ШХ15СГ。

（8）工具钢

工具钢的钢号包括碳素工具钢、合金工具钢、高速工具钢三类。

1）碳素工具钢

其钢号的前缀字母"У"，表示碳素工具钢，后面的数字表示平均碳含量$[w(C)\% \times 10]$。例如：У7，表示平均碳含量$w(C) = 0.70\%$的碳素工具钢。对于锰含量较高的钢，在数字后加字母"Г"；对高级优质碳素工具钢，则附加后缀字母"A"，例如：У8ГА，表示平均碳含量$w(C) = 0.80\%$，锰含量较高的高级优质碳素工具钢。

2）合金工具钢

这类钢的钢号，其合金元素的表示方法与合金结构钢相同，但碳含量的表示方法不同，对于碳含量$w(C) \geqslant 1.0\%$的钢不标出碳含量，例如Х12МФ；对于平均碳含量$w(C) < 1.0\%$的钢，则以平均碳含量$[w(C)\% \times 10]$的数字表示，例如3Х2В8Ф。合金工具钢不分优质钢和高级优质钢，所有钢号不加后缀字母"A"。

3）高速工具钢

除个别钢号外，高速工具钢的钢号均不标出碳含量，一般只标出钨、钼、钴、钒各元素的含量，铬元素也不标出。其钢号的前缀字母"Р"，表示高速工具钢，随后的数字表示钨的平均含量的百分之几。例如：Р18，表示平均钨含量$w(W) = 18\%$的高速工具钢，相当于我国的W18Cr4V高速钢。对于含钼、钴和含钒高的高速工具钢，则分别以字母"М""К"和"Ф"表示，字母后的数字表示其含量，数字取整数。例如：Р6М5Ф3，表示平均含$w(W) = 6\%$、$w(Mo) = 5\%$、$w(V) = 2.5\%$的高速工具钢。

对于有些高速工具钢的钢号，以往常采用简写，例如"Р18К5"简写为"РК5"；"Р18К10"简写为"РК10"等。

（9）不锈钢和耐热钢

这两类钢的钢号表示方法基本上与合金结构钢的表示方法一致，钢号中用以表示合金元素的字母代号已在1.8.1节中介绍。对碳含量以平均含量$[w(C)\% \times 100]$的数字表示，超低碳不锈钢在数字前加"03"表示。钢中主要合金元素含量以百分之几表示，而对钛、铌、锆、氮等则按照微量合金元素的表示方法标出。

旧钢号的表示方法，一般在钢号中不标出碳含量，必要时则以平均碳含量$[w(C)\% \times 10]$的数字表示，对超低碳不锈钢在字母前加"00"。从表1-8-2中的一些例子中可以看到现行钢号与旧钢号的差别。

表 1-8-2　不锈钢和耐热钢的现行钢号与旧钢号对照

现行钢号	旧钢号	现行钢号	旧钢号
03Х16Н15М3	00Х16Н15М3	15Х5М	Х5М
08Х22Н6Т	0Х22Н6Т	30Х13	3Х13
13Х14Н3В2ФР	Х14НВФР	40Х9С2	4Х9С2

（10）耐热合金和耐蚀合金

这两类合金的牌号，仍按原来的表示方法不标出碳含量。对合金元素主要标出镍及其平均含量，其他合金元素只标出字母代号，不标出含量。合金牌号如 ХН40Б、ХН77ВТЮ、ХН85МЮ 等。

1.8.3　ГОСТ 标准焊接材料和铸钢、铸铁牌号表示方法

（1）焊接用钢和堆焊用钢钢号

这两类钢的钢号由前缀字母加基本钢号组成，并在前缀字母与基本钢号之间用短横线隔开。焊接用钢的前缀字母为"Св"，堆焊用钢的前缀字母为"Нп"。由于这两类钢基本包括优质碳素钢、低合金高强度钢、合金结构钢，以及不锈、高速工具钢等高合金钢，其基本钢号与相应各钢类的钢号相同。例如：Св – 18ХГСА、Нп – Р6М5 等。

（2）铸钢钢号

由于各钢类都有铸钢件，铸钢的钢号是在各相应钢类的钢号加后缀字母"Л"。例如：35Л，表示 35 碳素铸钢；20Х13Л 表示 20Х13 不锈铸钢。

（3）铸铁牌号

铸铁的牌号都带有字母"Ч"，大多排列在第二位（或第一位），分述如下。

① 灰铸铁的牌号用 СЧ×× 表示，例如 СЧ15，表示抗拉强度 $R_m \geqslant 150\text{MPa}$ 的灰铸铁。

② 球墨铸铁的牌号用 ВЧ×× 表示，例如 ВЧ35，表示抗拉强度 $R_m \geqslant 350\text{MPa}$ 的球墨铸铁。

③ 可锻铸铁有铁素体可锻铸铁和珠光体可锻铸铁，其牌号均用 КЧ×× – × 表示，例如 КЧ33 – 8，表示抗拉强度 $R_m \geqslant 325\text{MPa}$，断后伸长率 $A \geqslant 8\%$ 的铁素体可锻铸铁。

④ 抗磨白口铸铁的牌号用 АЧС – ×、АЧВ – ×、АЧК – × 表示，其中：С——灰色片状石墨、В——球状石墨、К——展性团絮状石墨、×——编号。例如，АЧС – 5、АЧВ – 1、АЧК – 2 等。

⑤ 合金铸铁牌号的字母"Ч"排列在首位，其后表示合金元素及其平均含量，这类铸铁牌号的表示方法和合金钢的钢号表示方法基本相同，但牌号不标出碳含量。例如 ЧХ28 为高铬合金铸铁，ЧГ8Д3 为含铜的高锰合金铸铁，ЧН2Х 为低镍合金铸铁。

1.9　英　　国

在英国，一般常用的是 BS 标准（British Standard）。英国标准协会（在 2020 年 1 月 29 日前）是欧洲标准化委员会（CEN——Comité Européen de Normalisation）的重要成员之一，按照规定，各会员国的标准必须等同采用欧洲 EN 标准，因此自 20 世纪 90 年代起，英国所制定或修订的 BS 标准都受到欧洲 EN 标准中钢铁标准的影响，一大批新标准已等同采用欧洲标准，其标准号为 BS EN××××（加年份）。欧洲 EN 标准有一套较完善的钢号表示方法，对英国 BS 标准的钢号系统也会产生影响。由于英国 BS 标准和钢号使用历史很久，习惯影响很深，故在很多场合下新旧两种钢号还处在交替过程，并存使用；英国"脱欧"后，对今后英国钢号系统可能会有影响。为此，本手册中除选编 BS EN 标准及其牌号外，还引用了部分 BS 标准及其牌号。本节对 BS 标准，并结合 BS EN 标准的钢铁牌号表示方法做简要介绍。

1.9.1　BS 标准钢号表示方法概述

近十多年来，BS 标准中钢铁牌号的表示方法有了明显的改变，过去 BS 970 标准对碳素钢、合金钢和不锈钢的钢号表示为"En××"，其中×× 是 1~3 位的编号数字，但不一定是顺序号，也不一定具有特定的含义。以前的这套钢号表示方法，主要是根据用途来表示的，不能表示出钢的化学成分，也缺乏合理的分类，尤其是新发展的钢种难以插入。为此，英国标准协会（BSI——British Standards Institution）起草了有关钢铁牌号表示方法的技术文件，提出了不锈钢、碳素钢和合金钢等的数码钢号系统，并应用到 BS 970（1996）标准中。

BS 970 标准中钢号的基本结构如下：

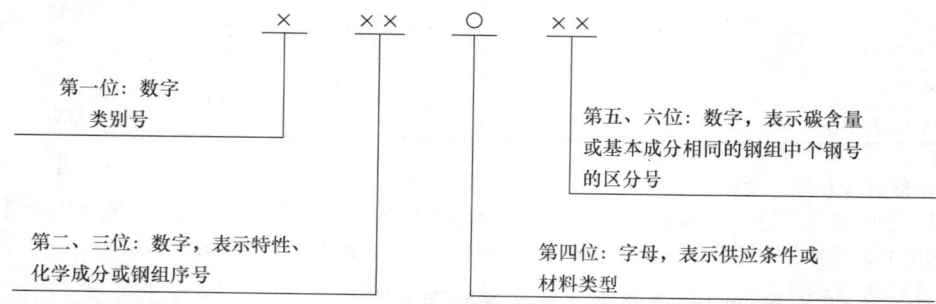

钢号中第一位数字所表示的钢类见表 1-9-1。其中合金钢钢号中第一、二位数字组合所表示的钢组系列见表 1-9-2。钢号中第二、三位数字所表示的含义，将在以下的钢类中做说明。

表 1-9-1　钢号中第一位数字所表示的钢类

第一位数字	0	1	2	3	4	5 ~ 9
钢类	碳素钢		易切削钢	不锈钢		合金钢
类别	普通含锰量	较高含锰量	—	奥氏体型	马氏体和铁素体型	分类详见表 1-9-2

表 1-9-2　合金钢钢号中第一、二位数字组合所表示的钢组系列

第一、二位数字组合	钢组系列	第一、二位数字组合	钢组系列
50	Ni 钢	78	MnNiMo 钢
52	Cr 钢［平均 $w(Cr) < 1.0\%$］	80	NiCrMo 钢［平均 $w(Ni) < 1.0\%$］
53	Cr 钢［平均 $w(Cr) \geqslant 1.0\%$］	81	NiCrMo 钢［平均 $w(Ni) = 1.0\% \sim <1.5\%$］
60	MnMo 钢	82	NiCrMo 钢［平均 $w(Ni) = 1.5\% \sim <3.0\%$］
63	NiCr 钢［平均 $w(Ni) < 1.1\%$］	83	NiCrMo 钢［平均 $w(Ni) = 3.0\% \sim 4.5\%$］
64	NiCr 钢［平均 $w(Ni) = 1.1\% \sim <2.5\%$］	87	CrNiMo 钢［平均 $w(Cr) > 1.0\%$］
65	NiCr 钢［平均 $w(Ni) = 2.5\% \sim 4.5\%$］	89	CrMoV 钢
66	NiMo 钢	90	CrMoAl 钢
70	CrMo 钢［平均 $w(Cr) < 1.1\%$］	92	SiMnMo 钢
72	CrMo 钢［平均 $w(Cr) \geqslant 3.0\%$］	94	MnNiCrMo 钢
73	CrV 钢	95 ~ 99	保留备用

注：数字组合不连续，空缺的数字为保留备用。

钢号中第四位是字母，表示供应条件或材料类型，采用 A、M、H、S 表示，其含义如下：

A——按化学成分供应（A：Analyse）；

M——保证力学性能（M：Mechanical）；

H——保证淬透性（H：Hardenability）；

S——不锈钢和耐热钢（S：Stainless）。

1.9.2　BS 标准及 BS EN 标准的钢号表示方法分类说明

英国钢铁材料一部分已采用欧洲（EN）标准，即 BS EN 标准；还有一部分仍用 BS 标准，分别介绍如下：

（1）碳素钢

BS EN 标准的非合金钢钢号以力学性能表示，由前缀字母加数字组成。例如 S×××，字母后的数字表示屈服强度下限值（MPa）。钢号前缀字母：S 表示结构用钢；E 表示工程用钢。必要时可加后缀字母，表示质量等级和状态。

在 BS 标准中，碳素钢分为：普通含锰量碳素钢、较高含锰量碳素钢和含硼碳素钢。钢号以化学成分表示，分述如下：

1）普通含锰量碳素钢

钢号的第一位数字为"0"；第二、三位数字组合，表示平均锰含量（% ×100）；第四位为字母；第五、六位数字组合，表示平均碳含量（% ×100）。例如：040A10，表示平均含量 $w(C) = 0.10\%$、$w(Mn) = 0.40\%$ 的碳素钢，按保证化学成分供应；近似我国的 10 钢。

2）较高含锰量碳素钢

钢号的第一位数字为"1"；第二、三位数字组合，表示平均锰含量（% ×100）；第四位为字母；第五、六位数字组合，表示平均碳含量（% ×100）。例如：150M19，表示平均含量 $w(C) = 0.19\%$、$w(Mn) = 1.50\%$ 碳素钢，按保证力学性能供应。

3) 含硼碳素钢

钢号的第一位数字为 "1"；第二、三位数字用 "7×" 或 "8×"，表示含硼钢；第四位为字母 "H"；第五、六位数字组合，表示平均碳含量 (% ×100)。例如：185H40，表示平均含量 $w(C) = 0.40\%$、$w(Mn) = 1.50\%$、$w(B) = 0.002\%$ 的含硼碳素钢，要求保证淬透性。

(2) 易切削钢

BS EN 标准的易切削钢，其钢号开头的数字表示平均碳含量 (% ×100)，后面标出主要元素符号，元素符号后的数字表示平均硫含量 (% ×100)。例如：15SMn13，其中前一组数字 "15" 表示平均碳含量 $w(C) = 0.15\%$，后一组数字 "13" 表示平均硫含量 $w(S) = 0.13\%$，S 和 Mn 是元素符号。

在 BS 标准中，易切削钢钢号的第一位数字为 "2"；第二、三位数字组合，表示平均或最小硫含量 (% ×100)；第四位为字母；第五、六位数字组合，表示平均碳含量 (% ×100)。例如 216M28，表示平均含量 $w(C) = 0.28\%$、$w(S) = 0.16\%$ 的硫系易切削钢，按保证力学性能供应。其化学成分与我国的 Y30 易切削钢近似。

(3) 合金钢

这类钢相当于我国的合金结构钢，加上弹簧钢和轴承钢。BS EN 标准的合金钢钢号以化学成分表示，其钢号由表示碳含量的数字 (平均含量的万分之几)、合金元素符号及含量数字组成。合金元素采用国际化学元素符号，并按其含量的高低依次排列；钢号中合金元素含量的表示方法，采用合金元素平均含量的 % 乘以系数 (与德国钢号相同) 来表示。

在 BS 标准中，合金钢钢号的前三位数字表示钢类或钢组，其中第一、二位数字组合 (50 ~ 99) 所表示的钢组系列已列于表 1-9-2。第五、六位表示平均碳含量 (% ×100)。例如 708A30，表示平均含量 $w(C) = 0.30\%$、$w(Cr) < 1.1\%$ 的铬钼钢，近似于我国的 30CrMo 合金结构钢。

(4) 不锈钢和耐热钢

不锈钢和耐热钢属于高合金钢。BS EN 标准的高合金钢钢号以化学成分表示，它的钢号加前缀字母 "X"，接着由表示碳含量的数字、合金元素符号及含量数字组成。碳含量的两位数字表示平均含量的万分之几，一位数字表示超低碳和低碳 (表示方法与德国高合金钢钢号相同)。合金元素符号按含量高低依次排列，其含量数字是表示平均含量的百分值，按四舍五入化为整数。

在 BS 标准中，这两类钢的钢号主要标志是第四位字母 "S"。字母前的第一、二、三位数字表示钢的类型和系列，并且一部分钢号与美国 AISI 标准不锈钢钢号系列一致。例如：

2 × × S × ×——铬锰镍氮奥氏体不锈钢。它与 3 × × S × × 系列的奥氏体不锈钢有所区别，而且更区别于 2 × × M × × 系列的易切削钢。

3 × × S × ×——奥氏体不锈钢，包括 CrNi 不锈钢、CrNiMo 不锈钢等钢组。如 304S12 钢，相当于 AISI 304L 超低碳不锈钢。

4 × × S × ×——马氏体和铁素体不锈钢。如 403S17 钢，相当于 AISI 403 马氏体不锈钢。

(5) 工具钢

英国工具钢新标准采用与 ISO 标准及欧洲 (EN) 标准相一致的钢号表示方法。在 BS EN ISO 4957 标准中：

① 非合金工具钢的钢号由 C × × U 组成，× × 为两位数字，表示钢的平均碳含量 (万分之几)，后缀字母 U 表示工具钢专用钢种，例如：C90U。

② 合金工具钢的大部分钢号表示方法与合金结构钢相同，但对平均碳含量超过 1.00% 的钢号，用 3 位数字表示碳含量；另一部分钢号是由于钢中有一种合金元素超过 5%，按高合金钢的钢号表示，即所表示的含量数字是表示平均含量的百分值 (不必乘以系数)。例如：X165CrCoMo12，即是按照高合金钢钢号表示的合金工具钢。

③ 高速工具钢的钢号由前缀字母 "HS" 加 3 或 4 组数字组成，每组之间加短线相隔。各组数字按 W - Mo - V - Co 次序排列 (Cr 不予表示)，分别表示合金元素平均含量。例如：HS12 - 1 - 4 - 5，表示平均化学元素含量 $w(W) = 12\%$、$w(Mo) = 1\%$、$w(V) = 4\%$、$w(Co) = 5\%$、[$w(Cr) = 4\%$] 的高速工具钢。

在 BS 标准中，工具钢钢号由两个字母及一至两位序号数字组成；有的钢号还附加 A、B、C 等后缀字母。钢号的第一个字母 "B" (British) 表示英国牌号；第二个字母及后面的序号数字基本上与美国 AISI 标准的工具钢钢号相似；附加的后缀字母主要用于区别基本成分相同钢组中的不同钢种。工具钢钢号系列如下。

BW×——水淬碳素工具钢，×表示序号数字（下同），并附加的后缀字母，例如 BW1A、BW1B、BW2 等。

BS×——耐冲击工具钢，例如 BS1、BS5 等。

BO×——油淬合金工具钢，例如 BO2 等。

BA×——空淬合金工具钢，例如 BA2、BA6 等。

BD×——冷作模具钢，例如 BD2、BD2A 等。

BH×——热作模具钢，例如 BH12、BH26 等。

BP×——塑料模具钢，例如 BP20 等。

BF×——碳钨工具钢，例如 BF1 等。

BL×——特种用途低合金工具钢，例如 BL3 等。

BT×（×）——钨系高速工具钢，例如 BT1、BT42 等。

BM×（×）——钼钨系高速工具钢，例如 BM2、BM34 等。

1.9.3 BS 标准及 BS EN 标准铸钢和铸铁牌号表示方法

（1）铸钢牌号

英国铸钢一部分已采用欧洲（EN）标准，即 BS EN 标准；还有一部分仍用 BS 标准。铸钢的牌号表示方法属于新旧交替过程。BS EN 标准的铸钢牌号，是由相应钢号加前缀字母"G"组成。BS 标准的铸钢牌号，是由不同的前缀字母加数字（序号）组成，其牌号表示方法按不同材料类型分别介绍如下。

1）工程与结构用铸钢

BS EN 标准的一般工程用非合金铸钢钢号，以屈服强度（或屈服点）表示。例如：GE240，表示屈服强度 ≥240MPa 的非合金铸钢。合金铸钢钢号以化学成分表示。例如：G26CrMo4，表示平均含量 $w(C) = 0.26\%$、$w(Cr) = 1.0\%$（$4÷4 = 1.0$）的合金铸钢。

在 BS 标准中，这类铸钢钢号由前缀字母加数字组成。表示各种铸钢的前缀字母含义如下。

A×——碳素铸钢和 C – Mn 铸钢，×为数字，表示序号（下同）；

AL×，BL×——低温用铸钢； B×——高温用铸钢；

BT×——高强度铸钢； AW×——表面硬化与抗磨铸钢；

BW×——抗磨蚀铸钢； AM×——高磁导率铸钢。

2）不锈、耐蚀铸钢和耐热铸钢

BS EN 标准的不锈铸钢和耐热铸钢钢号，按高合金钢的钢号表示方法。例如：GX2CrNi19 – 11，表示 $w(C) ≤0.03\%$、平均含量 $w(Cr) = 19\%$、$w(Ni) = 11\%$ 的超低碳不锈铸钢。

在 BS 标准中，这两类铸钢钢号有 3××C×× 和 4××C×× 两个系列，其中字母"C"表示铸钢，其余表示方法与不锈钢钢号相同。

3）精密铸钢和精密铸造合金

在 BS 标准中，其牌号由字母和数字（序号）组成，所采用的字母含义为：

CLA×——碳素和低合金精密铸钢。

ANC×——耐蚀、耐热精密铸钢和 Ni – Co 基精密铸造合金。

以上两类精密铸件均可加后缀符号 grade A、B、C 等表示不同质量等级。

4）承压铸钢

BS EN 标准的承压铸钢包括非合金铸钢、合金铸钢、高合金铸钢（含不锈铸钢、耐热铸钢等）和低温用铸钢。各铸钢钢号均冠以字母"G"，钢号其余表示方法和变形钢钢号相同。例如，非合金铸钢钢号按强度表示。合金铸钢钢号按化学成分（质量分数）表示，其中主要合金元素按平均含量的% 乘以系数表示。高合金铸钢按化学成分（质量分数）表示，其中不锈铸钢和耐热铸钢的碳含量按新表示方法标出。

（2）铸铁牌号

英国铸铁一部分已采用欧洲（EN）标准，即 BS EN 标准；还有一部分仍用 BS 标准。铸铁的牌号表示方法亦属于新旧交替过程。BS EN 标准的铸铁牌号基本上均由前缀字母 + 数字组成（部分牌号加化学元素符号），有的牌号数字表示材料强度，有的牌号数字表示元素含量。BS 标准中铸铁牌号的表示方法有两类：一类是全部采用数字表示；另一类是采用前缀字母（或数字）加序号表示。分述如下。

1）灰铸铁

BS EN 标准的灰铸铁牌号为 EN - GJL - ×××，字母后面的三位数字表示抗拉强度下限值。

在 BS 标准中，牌号用三位数字表示抗拉强度下限值，无前缀字母。

2）球墨铸铁

BS EN 标准的球墨铸铁牌号为 EN - GJS - ××× - ××，字母后面的两组数字表示抗拉强度和断后伸长率下限值。

在 BS 标准中，牌号采用分数式表示。例如牌号 700/2，表示抗拉强度≥700MPa，断后伸长率≥2% 的球墨铸铁。有的牌号附加保证条件，如牌号 400/18L20，其中后缀符号"L20"表示要求在低温 -20℃时冲击吸收能量≥9J（单个试样）。

3）可锻铸铁

BS EN 标准的白心可锻铸铁牌号为 EN - GJMW - ××× - ××，黑心可锻铸铁牌号为 EN - GJMB - ××× - ××，字母后面的两组数字表示抗拉强度和断后伸长率下限值。

在 BS 标准中，可锻铸铁牌号的前缀字母：B——黑心可锻铸铁，W——白心可锻铸铁，P——珠光体可锻铸铁。字母后面的两组数字表示抗拉强度和断后伸长率。例如牌号 W40 - 05，表示抗拉强度≥400MPa，断后伸长率≥5% 的白心可锻铸铁（抗拉强度为 40×10MPa = 400MPa）。

4）抗磨白口铸铁

在 BS 标准中，抗磨白口铸铁牌号采用先数字后字母（A，B，…，E）的组合方式，数字表示分类，字母表示序号。数字的含义为：1——低合金抗磨白口铸铁；2——Ni - Cr 合金抗磨白口铸铁；3——高 Cr 合金抗磨白口铸铁。

5）奥氏体铸铁

在 BS 标准中，奥氏体铸铁牌号采用前缀字母加数字表示，例如：牌号 F1、S2 等。前缀字母的含义为：F——片状石墨奥氏体铸铁；S——球状石墨奥氏体铸铁；数字表示序号。

1.10　美　　国

1.10.1　美国各团体标准及钢号表示方法概述

美国从事标准化工作的团体约有 400 多个，钢铁产品牌号通常采用美国各团体标准的牌号表示方法。在美国，与金属材料有关的知名标准化机构见表 1-10-1。

表 1-10-1　与金属材料有关的知名标准化机构

标准代号	标准化机构与名称	标准代号	标准化机构与名称
ANSI	美国国家标准协会	ASTM	美国材料与试验协会
ACI	美国合金铸造学会	AWS	美国焊接学会
AISI	美国钢铁学会	SAE	美国汽车工程师协会
AMS	美国航空航天材料技术规范	FED. SPEC.	美国联邦技术规范
ASM	美国金属学会	FED. STD.	美国联邦标准
ASME	美国机械工程师协会	MIL	美国军事标准和技术规范

以上这些团体都有各自的标准（规范）和牌号系统。由于历史的原因，美国钢铁牌号的表示方法多种多样，又难以统一。为此，由 ASTM 和 SAE 等团体提出了《金属与合金牌号的统一数字系统方案》（Unified Numbering System for Metals and Alloys），简称 UNS 系统，以后又进一步修订完善。这套 UNS 系统的钢号表示方法，已在美国的一些标准文件和专业手册中得到采用，并与原标准的钢号系列并列使用。但 UNS 系统本身并非标准，故仍不能取代各标准的钢号系列。

美国国家标准协会（ANSI——American National Standards Institute），其主要职能是起协调作用，该学会自己不制订标准，它只是从其他标准化团体的标准中选取一部分标准发布为美国国家标准，广泛用于美国各工业部门。例如，采用 ASTM、AWS 等的标准时，其标准号采用双编号，即 ANSI/ASTM×××－××，AN-SI/AWS×××－××等。在这类标准中，牌号就引用被选取的团体标准的牌号系统。

　　美国联邦政府标准（FED. STD. ——Federal Standards）和技术规范（QQ），由美国总务管理局（GSA）发布，主要供美国联邦政府机构使用，例如，其标准号为 QQA－200/10。还有 MIL 是美国军事标准和规范，由美国国防部（DOD）发布，只限于或主要为军事机构使用的材料、产品或设备规范。这类标准和规范的牌号系统，在本节中从略。

　　美国材料与试验协会（ASTM——American Society for Testing and Materials）的标准广泛用于钢铁材料，其中许多标准完全可以满足订货要求。ASTM 标准的特点是能够代表由钢厂、标准制订部门和用户三方协商一致的意见，因此 ASTM 被称为世界最大的发布自愿执行"协商一致"标准的组织。ASTM 很多技术条件已被美国机械工程师协会（ASME）略作修改（或不修改）即采用。不过 ASTM 标准应用虽广，但它的牌号系列实际上大多是借用别的团体标准的牌号，例如对不锈钢和耐热钢主要引用 AISI 标准的牌号系列，对工具钢主要引用 AISI/SAE 标准的牌号系列，对铸钢主要引用 ACI 标准的牌号系列。ASTM 标准中只有少数是采用自己的牌号，主要有以下几类。

　　① 以抗拉强度下限值表示的钢号。例如 ASTM A516/516M 标准中，牌号 Grade 70，表示抗拉强度为 70ksi（1ksi＝6894.76kPa，70ksi≈482MPa）。

　　② 以 A、B、C 等表示不同种类或等级的钢号。例如在 ASTM A106 标准中，牌号 Grade A 和 Grade B，分别表示平均含量 $w(C)=0.25\%$ 和 $w(C)=0.30\%$ 的碳素钢。

　　③ 钢管用钢一般带有前缀字母 "P" "T" "TP"，例如牌号 TP304、T22、P22 等。

　　考虑到 ASTM 标准的牌号表示方法尚缺乏规律性，本节中不作专门介绍，只在叙述其他标准和 UNS 系统时联系起来做一些介绍。

　　美国机械工程师协会（ASME——American Society of Mechanical Engineers）主要是制订锅炉与压力容器使用材料的标准，在大多数情况下，采用 ASTM 标准体系，此时标准号之后加 "SA"，即为 "ASMESA×××－××"，但标准钢号不多。

　　美国焊接学会（AWS——American welding Society）标准供焊接设计、制造、试验、质量保证及有关造船的焊接操作、大型建筑与其他工业部门使用，其标准号冠以字母 "AWS"，其牌号按焊料类别划分：E——焊条和焊丝；R——焊接用盘条；B——紫铜焊料。

　　美国金属学会（ASM——American Society for Metals），其缩写 "ASM" 容易与 "AMS" 混淆。ASM 学会是美国著名的学术团体之一，出版了很多高水平的书刊。过去，ASM 工具钢标准及其钢号曾在美国流行很广，但后来这些钢号逐渐被 AISI/SEA 标准的工具钢钢号系列所代替。

　　美国航空航天材料技术规范（AMS——Aerospace Materials Specifications）由美国汽车工程师协会（SAE）发布，绝大多数的 AMS 牌号均属于航空航天用材料。在该技术规范中，对材料力学性能的要求十分严格，比其他用途的化学成分相似的钢材要严格得多。

　　在美国，碳素钢、合金结构钢、工具钢、不锈钢和耐热钢的钢号，广泛采用美国钢铁学会标准和汽车工程师协会标准的钢号系列。美国钢铁学会（AISI——American Iron and Steel Institute）和美国汽车工程师协会（SAE——The Society of Automotive Engineers）的钢号是两个独立的钢号系列，但两个钢号系列的表示方法基本相同。美国的铸钢和铸铁牌号，主要是不锈、耐热铸钢和铸造合金的牌号，大多采用美国合金铸造学会（ACI——Alloy Casting Institute）标准的牌号系列。ASTM 标准的铸钢牌号大多也采用 ACI 标准的牌号系列。钢铁焊接材料的型号主要采用美国焊接学会（AWS）标准的型号系列。

　　以下将分别介绍美国 AISI/SAE 标准的钢号、UNS 系统的钢号、ACI 标准的钢号和 AWS 标准的焊接材料型号等的表示方法。

1.10.2　AISI 标准和 SAE 标准的钢号表示方法

　　美国的钢铁产品牌号现在最常见的有 AISI 标准和 SAE 标准等的钢号。现将两个标准对结构钢、轴承钢、保证淬透性钢（H 钢）、工具钢、不锈钢与耐热钢的各类钢号的表示方法分述如下。

　　（1）结构钢

　　AISI 标准和 SAE 标准的结构钢钢号表示方法大致相同，只是钢号的前缀符号有些不同，具体表示方法为：

1）SAE 标准的结构钢钢号表示方法

其钢号一般采用四位数字系列，前两位表示钢类，后两位表示钢中平均碳含量 $[w(C)\% \times 100]$。其编号系统见表 1-10-2。

表 1-10-2　SAE 标准结构钢钢号的编号系统

数字系列	钢组分类	数字系列	钢组分类
00 × ×	碳素铸钢或低合金铸钢	46 × ×	镍钼钢 $[w(Ni) = 0.85\%/2.0\%,w(Mo) = 0.20\%/0.30\%]$
01 × ×	高强度铸钢		
		47 × ×	铬镍钼钢 $[w(Ni) = 1.05\%,w(Cr) = 0.45\%,w(Mo) = 0.2\%/0.35\%]$
10 × ×	碳素钢 $[w(Mn) \le 1.0\%]$	48 × ×	镍钼钢 $[w(Ni) = 3.5\%,w(Mo) = 0.25\%]$
11 × ×	硫系易切削钢 $[w(S) = 0.08\% \sim 0.13\%]$		
12 × ×	硫系易切削钢 $[w(S) = 0.16\% \sim 0.35\%]$	50 × ×	铬钢 $[w(Cr) = 0.27\% \sim 0.75\%]$
13 × ×	碳锰钢 $[w(Mn) = 1.60\% \sim 1.90\%]$	51 × ×	铬钢 $[w(Cr) = 0.7\% \sim 1.1\%]$
15 × ×	较高含锰量碳素钢	61 × ×	铬钒钢
23 × ×	镍钢 $[w(Ni) = 3.5\%]$	71 × ×	钨铬钢 $[w(W) = 3.5\%/6.5\%,w(Cr) = 1.07\%]$
25 × ×	镍钢 $[w(Ni) = 5\%]$	72 × ×	钨铬钢 $[w(W) = 1.75\%,w(Cr) = 0.75\%]$
31 × ×	镍铬钢 $[w(Ni) = 1.25\%,w(Cr) = 0.65\%/0.8\%]$	81 × ×	镍铬钼钢 $[w(Ni) = 0.3\%,w(Cr) = 0.3\%,w(Mo) = 0.12\%]$
32 × ×	镍铬钢 $[w(Ni) = 1.75\%,w(Cr) = 1.07\%]$	86 × ×	镍铬钼钢 $[w(Ni) = 0.55\%,w(Cr) = 0.5\%,w(Mo) = 0.20\%]$
33 × ×	镍铬钢 $[w(Ni) = 3.5\%,w(Cr) = 1.50\%/1.57\%]$	87 × ×	镍铬钼钢 $[w(Ni) = 0.55\%,w(Cr) = 0.5\%,w(Mo) = 0.25\%]$
34 × ×	镍铬钢 $[w(Ni) = 3.0\%,w(Cr) = 0.77\%]$	88 × ×	镍铬钼钢 $[w(Ni) = 0.55\%,w(Cr) = 0.5\%,w(Mo) = 0.35\%]$
40 × ×	钼钢 $[w(Mo) \le 0.25\%]$	92 × ×	硅锰钢
41 × ×	铬钼钢 $[w(Cr) = 0.4\%/0.8\%/1.10\%,w(Mo) = 0.12\%/0.20\%/0.25\%/0.30\%]$	93 × ×	镍铬钼钢 $[w(Ni) = 3.25\%,w(Cr) = 1.2\%,w(Mo) = 0.12\%]$
		94 × ×	镍铬钼钢 $[w(Ni) = 0.45\%,w(Cr) = 0.4\%,w(Mo) = 0.12\%]$
43 × ×	镍铬钼钢 $[w(Ni) = 1.65\%/2.0\%,w(Cr) = 0.5\%/0.8\%,w(Mo) = 0.25\%]$	97 × ×	镍铬钼钢 $[w(Ni) = 0.55\%,w(Cr) = 0.2\%,w(Mo) = 0.20\%]$
43BV × ×	镍铬钼钢（含硼和钒）	98 × ×	镍铬钼钢 $[w(Ni) = 1.0\%,w(Cr) = 0.8\%,w(Mo) = 0.25\%]$
44 × ×	钼钢 $[w(Mo) = 0.4\%/0.52\%]$		

另外，有些钢号在四位数字中间插入字母 "B" 或 "L"，有些钢号在最后标以字母 "LC" 的，如：

× × B × × ——含硼钢种，例如 50B46。

× × L × × ——含铅钢种，例如 12L14。

× × × × LC——超低碳钢种，$w(C) \le 0.03\%$。

2）AISI 标准的结构钢钢号表示方法

其钢号也采用四位数字系列，具体编号系统和标准的 SAE 钢号系统相同，所以 AISI 和 SAE 的钢号系统常常是通用的。但是这两个标准的钢号也有不同之处，例如：

① AISI 标准中有些钢号带有前缀或后缀字母。例如，前缀字母 "C" 表示碳素钢，"E" 表示电炉钢；后缀字母 "F" 表示易切削钢等。

② 有些钢号系列是 AISI 标准独有的，例如：

28 × × ——含 $w(Ni) = 8.50\% \sim 9.50\%$ 的镍钢。

83 × × ——含 $w(Mn) = 1.30\% \sim 1.60\%$、$w(Mo) = 0.20\% \sim 0.30\%$ 的锰钼钢。

99 × × ——含 $w(Ni) = 1.00\% \sim 1.30\%$、$w(Cr) = 0.40\% \sim 0.60\%$、$w(Mo) = 0.20\% \sim 0.30\%$ 的镍铬

钼钢。

（2）轴承钢

AISI 标准和 SAE 标准的高碳铬轴承钢的钢号由五位数字组成：第一位数字"5"表示铬钢；第二位数字表示铬含量：0——$w(Cr)=0.5\%$、1——$w(Cr)=1.0\%$、2——$w(Cr)=1.45\%$；第三、四、五位数字表示平均碳含量$[w(C)\%\times100]$。例如 SAE 钢号 52100，表示平均含量 $w(C)=1.00\%$、$w(Cr)=1.45\%$ 的高碳铬轴承钢。AISI 钢号在五位数字前加字母"E"。具体编号系列见表 1-10-3。

表 1-10-3　AISI 和 SAE 标准高碳铬轴承钢的钢号系列

AISI 钢号	SAE 钢号	UNS 钢号	钢种类型
E50100	50100	G50986	低铬轴承钢$[w(Cr)=0.5\%]$
E51100	51100	G51986	中铬轴承钢$[w(Cr)=1.0\%]$
E52100	52100	G52986	高铬轴承钢$[w(Cr)=1.5\%]$

（3）保证淬透性钢（H 钢）

AISI 标准和 SAE 标准的保证淬透性钢，包括在结构钢钢号系列中，并采用后缀字母"H"来表示（H——Hardenability），简称为 H 钢，例如，钢号 4140H、5132H 等。

（4）工具钢

美国工具钢广泛采用 AISI/SAE 标准的钢号表示方法，现行的 ASTM 标准中仍然采用这套钢号系统。其钢号是由表示钢类别的字母和序号数字组成，简单明了，但是钢的化学成分不能直观表示，具体编号系列如下。

W×（××）——水淬工具钢，一般为碳素工具钢或含少量 Cr、V 的钢。×为编号或序号（下同），例如 W108，近似我国的 T8。

S×——耐冲击工具钢，例如 S1，近似我国的 5CrW2Si。

O×——油淬冷作工具钢，例如 O2，近似我国的 9Mn2V。

A×——空冷硬化冷作工具钢，例如 A2，近似我国的 Cr5Mo1V。

D×——高碳高铬型冷作工具钢，例如 D3，近似我国的 Cr12。

H1×——中碳高铬型热作模具钢，例如 H13，近似我国的 4Cr5MoSiV1。

H2×——钨系热作模具钢，例如 H21，近似我国的 3Cr2W8V。

H4×——钼系热作模具钢，例如 H41，是一种平均含量 $w(C)=0.67\%$ 的 Cr - Mo - W - V 模具钢。

T×——钨系高速工具钢，例如 T1，近似我国的 W18Cr4V。

M×——钨钼系高速工具钢，例如 M2，近似我国的 W6Mo5Cr4V2。

L×——低合金特种用途工具钢，例如 L6，近似我国的 5CrNiMo。

F×——碳钨工具钢，例如 F1，近似我国的 W。

P×——低碳型工具钢，包括塑料模具钢，例如 P20，近似我国的 3Cr2Mo。

（5）不锈钢和耐热钢

美国不锈钢和耐热钢的钢号，按加工工艺分为压力加工钢和铸钢两类。压力加工钢的钢号主要采用 AISI 标准的编号系列，也有采用 SAE 标准的编号系列；而铸钢的钢号大多采用 ACI 标准的编号系列。

1）AISI 标准的编号系列

不锈钢和耐热钢的钢号由三位数字组成。第一位数字表示钢的类型，第二、三位数字只表示序号。具体编号系列为：

2××——铬锰镍氮奥氏体钢，××为数字编号（下同）。

3××——镍铬奥氏体钢。

4××——高铬马氏体钢和低碳高铬铁素体钢。

5××——低铬马氏体钢。

6××——耐热钢和镍基耐热合金，其中 63×为沉淀硬化型不锈钢。

2）SAE 标准的编号系列

不锈钢和耐热钢的钢号由五位数字组成。前三位数字表示钢的类型，后两位数字表示序号（和 AISI 的序号相同），具体编号系列为：

302××——铬锰镍奥氏体钢，××为数字编号（下同）。

303××——镍铬奥氏体钢（锻造钢）。

514××——高铬马氏体钢和低碳高铬铁素体钢（锻造钢）。

515××——低铬马氏体钢（锻造钢）。

60×××——用于 650℃ 以下的耐热钢（铸钢），×××是与 AISI 相同的数字编号（下同）。

70×××——用于超过 650℃ 耐热钢（铸钢）。

1.10.3　美国统一数字系统（UNS）的钢号表示方法

UNS 系统的钢号是由 ASTM E527 和 SAE J1086（及 JUL95 修改单）等技术文件推荐使用的，在 ASTM 标准中已部分使用。

UNS 系统的钢号系列，基本上是在美国各团体标准原有钢号系列的基础上稍加变动、调整和统一而编制出来的。它的钢号系列都采用一个代表钢或合金的前缀字母和五位数字组成，见表 1-10-4。现将 UNS 系统的数字钢号，分类介绍如下：

表 1-10-4　UNS 的数字钢号系列

前缀字母	UNS 钢号系列[①]	钢铁及合金类型	前缀字母	UNS 钢号系列[①]	钢铁及合金类型
D	D×××××	规定力学性能的钢材	N	N×××××	镍和镍基合金
G	G×××××	碳素钢和合金（结构）钢，含轴承钢	J	J×××××	碳素铸钢和合金铸钢，含不锈、耐热铸钢
H	H×××××	保证淬透性（H 钢）	K	K×××××	其他类钢，含低合金钢
S	S×××××	不锈钢和耐热钢	F	F×××××	铸铁
T	T×××××	工具钢，包括变形工具钢和铸造工具钢	W	W×××××	焊接充填金属

①　×××× 表示统一数字编号。

（1）碳素钢和合金（结构）钢

美国的合金钢相当于我国的合金结构钢。碳素钢和合金钢的钢号前缀字母为"G"；五位数字中的前四位，采用了 AISI 和 SAE 钢号系列的数字编号；第五位（即最后一位）数字一般为"0"；若表示钢的特殊性能和用途，以及含有特殊元素的，则采用其他数字表示。例如：G××××1，表示含硼钢种；G××××4，表示含铅的易切削钢。UNS 与 AISI/SAE 合金钢钢号对照举例见表 1-10-5。

表 1-10-5　UNS 与 AISI/SAE 合金钢钢号对照举例

UNS 钢号系列	AISI/SAE 钢号	UNS 钢号系列	AISI/SAE 钢号
G10050	1005	G86450	8645
G12144	12L14	G88220	8822
G40230	4023	G92550	9255
G43370（G43376）	4337	G50461	50B46
G51450	5145	G81451	81B45
G61200	6210	G94171	94B17

（2）轴承钢

轴承钢钢号包括在合金钢钢号系列中，其最后一位为"6"，表示轴承钢。例如：G52986——高碳高铬轴承钢，G51986——中铬轴承钢，G50986——低铬轴承钢。还有渗碳轴承钢，如 G33106（相当于 SAE G3310），其他轴承钢如 G43376、G43406、G71406 等。

在 ASTM 标准中，高碳铬轴承钢只有一个钢号采用 UNS 钢号，其余仍采用 SAE 钢号；不锈轴承钢、渗碳轴承钢均未采用 UNS 钢号；对高淬透性轴承钢独自采用 Grade1、2、3、4 表示。

（3）保证淬透性钢

保证淬透性钢也称 H 钢，在 UNS 系统中单独成一系列。在钢号前缀字母"H"后面的五位数字中，前四位与 AISI 和 SAE 钢号系列基本上是一致的；第五位数字一般也用"0"表示，含硼钢的第五位数字仍用"1"

表示。例如：

UNS 41400——相当于 SAE 4140H。

UNS 51450——相当于 SAE 5132H。

UNS 94151——相当于 SAE 94B15H。

（4）工具钢

工具钢钢号的前缀字母为"T"，后面由五位数字组成。其中前三位数字表示工具钢的分类：

1××——高速工具钢类；　　　　2××——热作工具钢类；

3××——冷作工具钢类；　　　　4××——耐冲击工具钢类；

5××——塑料模具钢类；　　　　6××——碳钨工具钢和低合金工具钢类；

7××——水淬工具钢类；　　　　9××——铸造工具钢类。（8××空缺）。

最后的两位数字与 AISI/SAE 钢号系列基本上是一致的，但铸造工具钢的钢号则参照 ACI 或 ASTM 钢号系列编制的。UNS 与 AISI/SAE 工具钢钢号系列及钢号对照见表 1-10-6；UNS 与 ACI/ASTM 铸造工具钢钢号系列及钢号对照见表 1-10-7。

表 1-10-6　UNS 与 AISI/SAE 工具钢钢号系列及钢号对照

UNS 钢号系列	工具钢钢组及特征	AISI/SAE 钢号	UNS 钢号系列	工具钢钢组及特征	AISI/SAE 钢号
T113××	高速工具钢（钼钨系）	M×	T315××	油淬冷作工具钢	O×
T120××	高速工具钢（钨系）	T×	T419××	耐冲击工具钢	S×
T2081×	热作工具钢（中碳高铬型）	H1×	T516××	低碳型模具钢	P×
T2082×	热作工具钢（钨系）	H2×	T606××	碳钨工具钢	F×
T2084×	热作工具钢（钼系）	H4×	T612××	低合金特种用途工具钢	L×
T301××	冷作工具钢（空冷硬化型）	A×	T723××	水淬工具钢	W×
T304××	冷作工具钢（高碳高铬型）	D×	—	—	—

表 1-10-7　UNS 与 ACI/ASTM 铸造工具钢钢号系列及钢号对照

UNS 钢号系列	工具钢钢组及特征	ACI/ASTM 钢号	UNS 钢号系列	工具钢钢组及特征	ACI/ASTM 钢号
T901××	铸造冷作工具钢（CA 型）	CA×	T915××	铸造油淬工具钢	CO×
T904××	铸造冷作工具钢（CD 型）	CD×	T919××	铸造耐冲击工具钢	CS×
T908××	铸造热作工具钢	CH××	—	—	—

（5）不锈钢和耐热钢

不锈钢和耐热钢的钢号由前缀字母"S"加五位数字组成，前三位数字的编号系列基本上采用 AISI 的不锈钢钢号；最后两位数字主要用来区分同一组钢中主要化学成分相同而个别成分有差别或含特殊元素的钢种。UNS 不锈钢钢号系列与 AISI 钢号对照见表 1-10-8。

但 UNS 不锈钢钢号系列与 AISI 钢号也有不同之处，主要是：

① UNS 钢号系列的 S1××× 为沉淀硬化型不锈钢。AISI 钢号没有 1×× 系列，而采用"63×"系列表示沉淀硬化型不锈钢。

表 1-10-8　UNS 不锈钢钢号系列与 AISI 钢号对照

UNS 钢号系列	钢组及特征	AISI 钢号
S1×××	沉淀硬化型不锈钢	—
S2×××	节镍奥氏体钢	2××
S3×××	镍铬奥氏体钢及沉淀硬化型钢	3××
S4×××	马氏体钢和铁素体钢以及沉淀硬化型钢	4××
S5×××	铬耐热钢	5××

② AISI 钢号 3×× 系列全部为镍铬奥氏体钢，4×× 系列全部为高铬马氏体钢和低碳高铬铁素体钢。UNS 钢号在这两组数字系列中突破了这个范围，都增加了一些沉淀硬化型不锈钢，其钢号是按照常用的商业牌号的数字特征编号的。例如：AM–350 和 Custom 455，UNS 钢号分别表示为 S35000 和 S45500。

（6）镍和镍基合金

这类合金材料过去没有一套完整统一的数字系列，大多采用各学会牌号或厂家的商业牌号。UNS 系统的镍和镍基合金牌号系列为 N×××××，前两位数字表示按主要化学成分分组，后三位数字采用通用的商业牌号的特征数字或序号。例如：UNS N06601，相当于 Inconel 601；UNS N07090，相当于 Nimonic90 等。UNS 系统的镍和镍基合金牌号系列、分组及特征见表 1-10-9。

表 1-10-9 UNS 系统的镍和镍基合金牌号系列、分组及特征

UNS 牌号系列	分组及特征	UNS 牌号系列	分组及特征
N02×××	商业纯 Ni 合金和镍基合金	N08×××	Ni–Fe–Cr 合金，固溶强化
N03×××	镍基合金，沉淀硬化	N09×××	Ni–Fe–Cr 合金，沉淀硬化
N04×××	Ni–Cu 合金，固溶强化	N10×××	Ni–Mo 合金，固溶强化
N05×××	Ni–Cu 合金，沉淀硬化	N12×××	Ni–Co 合金，固溶强化
N06×××	Ni–Cr 合金，固溶强化	N13×××	Ni–Co 合金，沉淀硬化
N07×××	Ni–Cr 合金，沉淀硬化	N19×××	Ni–Fe–Co 合金，沉淀硬化

注：N01×××、N11×××、N14××× 至 N18××× 为保留的系列。

（7）焊接充填金属

主要介绍焊条与焊丝用钢的钢号系列。这类钢的钢号由前缀字母"W"加五位数字组成，其中第一位数字为分类号：

W0××××——低碳钢焊条和焊丝用钢；W1××××——锰钼低合金钢焊条与焊丝用钢；W2×××
×——含镍低合金钢焊条与焊丝用钢；W3××××——奥氏体不锈钢焊条与焊丝用钢；W4××××——马氏体和铁素体不锈钢焊条与焊丝用钢；W5××××——铬钼低合金钢焊条与焊丝用钢；W7××××——表面堆焊焊条用钢；W82×××——铸铁焊条用金属；W80×××、W84×××、W86×××、W88×××——镍合金焊条用金属。

此外，W6××× 为铜合金焊条用金属。还有部分焊接材料的牌号采用 K×××× 编号系列。

1.10.4 ACI 标准和 ASTM 标准铸钢与铸铁的牌号表示方法

（1）ACI 标准不锈铸钢、耐热铸钢的钢号表示方法

ACI 标准不锈铸钢、耐热铸钢的钢号（主体）由两个字母（代号）组成，或在字母后以表示碳含量的数字及表示合金元素的字母表示。钢号的第一个字母一般采用"C"或"H"。C 型钢表示在 650℃ 以下使用的不锈耐酸铸钢，H 型钢表示用于超过 650℃ 的耐热铸钢。

C 型钢钢号的第二个字母为 A、B、C、D、……，它们分别表示不同的镍含量，见表 1-10-10。在该字母后再标以数字，表示碳含量 $[w(C)\% \times 100]$，并在数字与字母之间加短线。例如：CE–30，表示含量 $w(C) = 0.30\%$，$w(Cr) = 26\% \sim 30\%$，$w(Ni) = 8.0\% \sim 11.0\%$ 的不锈耐酸铸钢。

H 型钢钢号的第二个字母也为 A、B、C、D、……，它们分别表示不同的镍含量，见表 1-10-10。一般不标出碳含量。例如：HC 表示含量 $w(C) = 0.50\%$、$w(Cr) = 26\% \sim 30\%$、$w(Ni) = 4.0\%$ 的耐热铸钢。

有些钢号在数字之后（主要是 C 型钢）又标以后缀字母，如"C"——加 Cb（Nb），"M"——加 Mo，"F"——有易切削性能。例如：CF–8C，CF–16F。

表 1-10-10 ACI 标准钢号的第二个字母所表示的镍含量（质量分数）（%）

字母	镍含量范围	字母	镍含量范围	字母	镍含量范围
A	<1.0	F	9.0~12.0	T	33.0~37.0
B	<2.0	H	11.0~14.0	U	37.0~41.0
C	<4.0	I	14.0~18.0	W	58.0~62.0
D	4.0~7.0	K	18.0~22.0	X	64.0~68.0
E	8.0~11.0	N	23.0~27.0	—	

（2）ASTM 标准铸铁的牌号表示方法

该标准的铸铁牌号主要有两类表示方法，一类以力学性能表示，另一类以化学成分表示，分述如下。

① 灰铸铁牌号：以数字表示抗拉强度，又分米制单位和英制单位两种，如牌号 150×，表示单铸试样的抗拉强度 $R_m \geq 150MPa$；例如牌号 20×，表示单铸试样的抗拉强度 $R_m \geq 20ksi$（即 138MPa）。牌号中"×"为后缀字母，有 A、B、C、S，其中 A、B、C 表示不同公称直径的标准试样测定值，S 的试样直径由供需双方商定。

② 球墨铸铁牌号：以三组数字表示力学性能，例如，牌号 60 - 40 - 18 表示抗拉强度 $R_m \geq 20ksi$（即 414MPa）、屈服强度 $R_{p0.2} \geq 40ksi$（即 246MPa）、断后伸长率 $A \geq 18\%$ 的球墨铸铁（以上按 1ksi = 6.895MPa 换算）。

③ 可锻铸铁牌号：对铁素体可锻铸铁，以五位数字表示力学性能，例如，牌号 22010 表示屈服强度 $R_{p0.2} \geq 220MPa$、断后伸长率 $A \geq 10\%$。对铁素体可锻铸铁，以五位数字中间添加字母"M"表示力学性能，例如，牌号 280M10 表示屈服强度 $R_{p0.2} \geq 280MPa$、断后伸长率 $A \geq 10\%$。

④ 抗磨白口铸铁牌号：例如，牌号 Class I Type A Ni - Cr× × 表示出级别、种类和名称（化学成分）。"× ×"为后缀字母，一般表示同一品种而碳含量有差别的牌号，Hc 表示高碳、Lc 表示低碳。

⑤ 奥氏体铸铁牌号：片状石墨奥氏体铸铁牌号为 Type×，球状石墨奥氏体铸铁牌号为 D - ×，牌号中"×"为数字编号，对于同一品种而个别元素含量有差别的牌号，添加后缀字母 A、B、C，其中：在球状石墨奥氏体铸铁牌号中采用大写字母，在片状石墨奥氏体铸铁牌号中采用小写字母。

1.10.5　AWS 标准钢铁焊接材料的型号表示方法

美国焊接学会 AWS 标准中钢铁焊接材料包括焊接用低碳钢、低合金钢、不锈钢、耐热钢以及表面堆焊用焊料等。按照焊料类别采用不同的前缀字母，例如：E——焊条与焊丝；R——焊接用盘条。其型号表示方法的要点如下。

① 低碳钢和低合金钢的焊条型号（主体），由"E"加四位数字组成，其中第一位数字表示其熔敷金属的抗拉强度 R_m（ksi，英制单位），例如，6——$R_m \geq 60ksi$（415MPa）、7——$R_m \geq 70ksi$（480MPa）、8——$R_m \geq 80ksi$（550MPa），依此类推。第二位数字表示焊接位置，1——适用各种焊接位置、0——仅适用平焊和横焊。第三、四位数字为序号。

② 对低合金钢的焊条型号，在主体后又加后缀符号，例如，型号 E7018 - B2L 表示含不同合金元素的钢种。其中后缀：A×——含钼钢、B×——铬钼钢、C×——含镍钢、D×——锰钼钢等，附加"L"的表示低含碳量钢。型号后缀为"G"者表示只要有一种（或几种）元素符合以下含量（质量分数）即可：$w(Ni) \geq 0.50\%$、$w(Cr) \geq 0.30\%$、$w(Mo) \geq 0.20\%$；也可由供需双方协商。

③ 对低合金钢气体保护焊用药芯焊丝的型号，在"E"和两位数字后加专用字母"T"，后面再加数字和符号。例如：型号 E8T1 - B1LM，其中：E——焊丝、8——熔敷金属的抗拉强度 $R_m \geq 80ksi$（550MPa）、T——药芯焊丝、1——焊接位置代号、B1——熔敷金属的化学成分代号、L——低含碳量、M——75% ~ 80% Ar（体积分数）$+ CO_2$ 作保护气体的焊丝（CO_2 或自保护焊时不加"M"）。

④ 对不同锰含量的低碳钢埋弧焊焊丝，其型号前缀为双字母，EL——低锰型焊丝、EM——中锰型焊丝、EH——高锰型焊丝、EC——复合型焊丝。

⑤ 不锈钢和耐热钢的焊条与焊丝型号（主体）由"E"加三位数字组成，其三位数字采用 AISI 标准不锈钢钢号的编号系列。对于数字编号相同，而碳或个别合金元素含量有差别的品种，采用附加后缀字母或元素符号来区别，如 L——低含碳量、H——高含碳量、Cb——含 Nb 等。

⑥ 不锈钢药芯焊丝的型号，其通式为：E× × ×T× - ×，其中：E——焊丝、× × ×——不锈钢钢号系列、T——药芯焊丝、×——焊接位置（1 或 0，" - "含义同上），短线" - "后的"×"表示保护介质，其中数字和 G 的含义见表 1-10-11。

表 1-10-11　不锈钢药芯焊丝型号的后缀符号含义

型　号	保护气氛	型　号	保护气氛
E× × ×T× -1	CO_2	E× × ×T× -3	无（自保焊）
E× × ×T× -4	75% ~80% Ar（体积分数）$+ CO_2$	E× × ×T1 -5	100% Ar
E× × ×T× -G	不规定	E× × ×T1 -G	不规定

⑦ 用于原子能工业的不锈钢焊丝，型号后缀为"N"，即 E×××N，其化学成分（质量分数）应满足下列要求：$w(P) \leqslant 0.012\%$、$w(V) \leqslant 0.05\%$。对于需满足阶梯冷却试验的不锈钢焊丝，型号后缀为"R"，即 E×××R，其化学成分（质量分数）应满足下列要求：$w(P) \leqslant 0.010\%$、$w(S) \leqslant 0.010\%$、$w(Cu) \leqslant 0.15\%$、$w(As) \leqslant 0.05\%$、$w(Sn) \leqslant 0.005\%$、$w(Sb) \leqslant 0.005\%$。

有的型号表示方法已在有关焊接材料（第 7 章）中作了详细说明，此处从略。

1.11　中国台湾地区

1.11.1　CNS 标准钢号表示方法概述

台湾自古以来为中国领土，由于历史原因，台湾地区的钢铁材料分类和钢铁材料标准受日本 JIS 标准的影响很深。中国台湾地区的钢号表示方法基本上也参照日本 JIS 标准，与日本的钢号表示方法大同小异。有的钢类又参考美国的牌号表示方法，如不锈钢。台湾 CNS 标准的钢铁牌号大多采用英文字母加数字组成，其主体结构基本上由以下三部分组成：

① 牌号第一部分采用英文字母，例如字母"S"表示钢，大多数钢种和钢材的牌号均冠以"S"，少数牌号例外；字母"F"表示铁，铸铁牌号均冠以"F"。

② 牌号第二部分采用英文字母表示钢的化学成分、用途、钢材种类和铸锻件，并且常和第一部分的字母组合。例如用"SC"表示铸钢。机械结构用合金钢的牌号第二部分字母表示化学成分，例如"SCM"表示铬钼合金钢。

③ 牌号第三部分为数字，有以下几种情况：

a. 数字表示钢材或铸铁的力学强度值。

b. 数字表示不同化学成分的钢种。

c. 工具钢钢号采用不连续的数字编号，以区别不同钢种。

d. 不锈钢钢号采用三位数字系列（不加第一、二部分的字母）。

④ 根据需要，还可在主体结构之后附加后缀字母。其表示的规则不明显，将在下面结合各类钢号的介绍做些说明。

1.11.2　CNS 标准各钢类的钢号表示方法分类说明

（1）结构钢

结构钢主要钢类的钢号可分为以下三类：

① 以力学性能表示的钢号。在字母后面采用三位数字表示抗拉强度最低值（MPa），例如：钢号 SS330 表示抗拉强度 $R_m \geqslant 330MPa$ 的碳素结构钢；又如：SM400 表示焊接结构用碳素钢和 C – Mn 钢，其抗拉强度 $R_m \geqslant 400MPa$。SM××× 类型的钢号可附加后缀（A，B，C）表示抗拉强度相同的钢号，其冲击吸收能量保证值不同，其中后缀"A"表示不规定；"B"表示冲击吸收能量 $KV \geqslant 27J$（0℃时）；"C"表示冲击吸收能量 $KV \geqslant 47J$（0℃时）。

钢筋混凝土用钢筋的牌号，在一组字母后面用两组数字分别表示屈服强度和抗拉强度。例如：钢号 SBPR 785/930，表示光圆钢筋，其 $R_{eL} \geqslant 785MPa$，$R_m \geqslant 930MPa$。

② 以化学成分表示的钢号。如机械结构用碳素结构钢和合金结构钢的钢号，均采用以化学成分表示，其钢号表示方法与相应的日本 JIS 标准的钢号表示方法相同。

③ 以数字编号表示的钢号。主要用于专用结构钢，即在字母后面加一位或两位数字编号来表示不同成分的钢种，如 SUP×表示弹簧钢，SUJ×表示轴承钢，SUM××表示易切削钢，"×"或"××"为数字编号，与日本 JIS 标准的钢号基本相同或近似。

（2）工具钢

工具钢钢号参照日本 JIS 标准的钢号表示方法，钢号开头冠以字母"SK"，各类工具钢的钢号通式见表 1-11-1。

表 1-11-1　各类工具钢的钢号通式

钢号通式	适用的钢种	钢号通式	适用的钢种
SKS ×	主要用于切削工具钢、耐冲击工工具钢和部分冷作模具钢	SKT ×	主要用于部分热作模具钢
SKD ×	主要用于部分热作模具钢和部分冷作模具钢	SKH ×	用于高速工具钢，数字编号 1 ~ 10 为钨系高速钢，编号 40 和 50 ~ 59 为钨钼系高速钢
		SKC ×	用于中空钢

注：×—1 位或 2 位数字编号。

（3）不锈钢、耐热钢和耐热合金

① 不锈钢钢号采用三位数字系列（不加字母代号），主要参照美国 AISI 标准的不锈钢钢号的数字系列，即

2××——Cr – Mn – Ni – N 奥氏体型不锈钢；

3××——Cr – Ni 奥氏体型不锈钢；

4××——高铬马氏体型和低碳高铬铁素体型不锈钢；

6××——沉淀硬化型不锈钢。

根据需要，还采用添加后缀符号表示不同品种。常用的后缀符号有：L——超低碳不锈钢、Ti，Se 或 N——添加的微量元素、J1，J2——区别两个成分相近而个别元素含量略有差别的钢种。其他表示不锈钢不同品种规格的后缀符号，与日本 JIS 标准的不锈钢钢号附加后缀符号相同（参见表 1-6-5）。

② 耐热钢钢号和不锈钢钢号相似，也采用数字系列。CNS 9608（1998）标准中列有 17 个耐热钢钢号，其中 9 个钢号采用两位数字编号，8 个钢号采用三位数字编号，两种编号是由新旧牌号交替，规律性不确定造成的。

③ 耐热合金的牌号主要采用 NCF××× 表示，"×××" 表示三位数字系列，有 6××，7××，8×× 系列（个别牌号用两位数字编号），与日本 JIS 标准的耐热合金牌号相一致。

1.11.3　CNS 标准铸钢和铸铁牌号表示方法

（1）铸钢钢号

铸钢的钢号开头冠以字母 "SC"，后面加数字。其中一部分铸钢钢号用数字表示抗拉强度下限值（MPa），如碳素铸钢 SC410，表示抗拉强度 $R_m \geqslant 410$MPa；而大部分铸钢钢号采用字母加数字编号，与日本 JIS 标准的铸钢钢号基本相同或近似。各类铸钢的钢号通式见表 1-11-2。

表 1-11-2　各类铸钢的钢号通式

钢号通式	铸钢种类	钢号通式	铸钢种类
SC × × ×	碳素铸钢	SCS ×	不锈铸钢
SCMn ×，SCSiMn × SCCrM ×，SCMnCr ×	低合金铸钢	SCH ×	耐热铸钢
		SCPH ×	高温高压用铸钢
SCMnH ×	高锰钢	SCPL ×	低温高压用铸钢

注：×—数字编号；SCCrM—铬钼铸钢。

（2）铸铁牌号

铸铁牌号的前缀字母为 "FC"，再添加其他字母来区分铸铁种类。字母后面的数字有两种情况，一种是表示抗拉强度最低值（MPa），另一种是在字母后面标出化学元素及其含量的数字，与日本 JIS 标准的铸铁牌号基本相同或近似。各类铸铁的牌号通式见表 1-11-3。

表 1-11-3　各类铸铁的牌号通式

牌号通式	铸铁种类	牌号通式	铸铁种类
FC × × ×	灰铸铁	FCMW × × ×	白心可锻铸铁
FCD × × ×	球墨铸铁	FCDA△△ × ×	球状石墨奥氏体铸铁
FCMB × × ×	黑心可锻铸铁	FCA△△ × ×	片状石墨奥氏体铸铁
FCMP × × ×	珠光体可锻铸铁		

注：×××—数字表示抗拉强度最低值（MPa）；△△××—化学元素符号及表示含量的数字。

第2章 中外结构用钢

2.1 中 国

A. 通用结构用钢

2.1.1 碳素结构钢

（1）中国 GB 标准碳素结构钢的钢号与化学成分［GB/T 700—2006］（表 2-1-1）

表 2-1-1 碳素结构钢的钢号与化学成分（质量分数）（%）

钢 号	质量[①]等级	数字代号 ISC	C	Si	Mn	P ≤	S ≤	其 他	脱氧方法[③]
Q195	—	U11952	≤0.12	≤0.30	≤0.50	0.035	0.040	②	F, Z
Q215	A	U12152	≤0.15	≤0.35	≤1.20	0.045	0.050	②	F, Z
Q215	B	U12155	≤0.15	≤0.35	≤1.20	0.045	0.045	②	F, Z
Q235	A	U12352	≤0.22	≤0.35	≤1.40	0.045	0.050	②	F, Z
Q235	B	U12355	≤0.20	≤0.35	≤1.40	0.045	0.045	②	F, Z
Q235	C	U12358	≤0.17	≤0.35	≤1.40	0.040	0.040	②	Z
Q235	D	U12359	≤0.17	≤0.35	≤1.40	0.035	0.035	②	TZ
Q275	A	U12752	≤0.24	≤0.35	≤1.50	0.045	0.050	②	F, Z
Q275	B	U12735	≤0.21[④] ≤0.22[④]	≤0.35	≤1.50	0.045	0.045	②	Z
Q275	C	U12758	≤0.20	≤0.35	≤1.50	0.040	0.040	②	Z
Q275	D	U12759	≤0.20	≤0.35	≤1.50	0.035	0.035	②	TZ

① 钢号后缀字母：A、B、C、D 表示质量等级。

② 残余元素含量：Cr≤0.30%，Ni≤0.30%，Cu≤0.30%。

③ F—沸腾钢；Z—镇静钢；TZ—特殊镇静钢。

④ Q275B 的 C 含量根据钢材厚度作调整；厚度≤40mm 的钢材，C≤0.21%；厚度 >40mm 的钢材，C≤0.22%。

（2）中国 GB 标准碳素结构钢的力学性能（表 2-1-2 和表 2-1-3）

表 2-1-2 碳素结构钢的力学性能（一）

钢 号	质量等级	R_{eH}/MPa≥ 下列厚度（或直径）时/mm						R_m/MPa
		≤16	>16~40	>40~60	>60~100	>100~150	>150~200	
Q195	—	195	185	—	—	—	—	315~430
Q215	A	215	205	195	185	175	165	335~450
Q215	B	215	205	195	185	175	165	335~450
Q235	A	235	225	215	215	195	185	370~500
Q235	B	235	225	215	215	195	185	370~500
Q235	C	235	225	215	215	195	185	370~500
Q235	D	235	225	215	215	195	185	370~500
Q275	A	275	265	255	245	225	215	410~540
Q275	B	275	265	255	245	225	215	410~540
Q275	C	275	265	255	245	225	215	410~540
Q275	D	275	265	255	245	225	215	410~540

注：1. Q195 的上屈服强度值仅供参考，不作交货条件。

2. 钢材厚度 >100mm 的钢材，R_{eH} 下限允许降低 20MPa，宽带钢（包括剪切钢板）R_{eH} 上限不作交货条件。

表 2-1-3　碳素结构钢的力学性能（二）

钢 号	质量等级	A（%）≥ 下列厚度（或直径）时/mm					冲击试验（纵向试样）	
		≤40	>40~60	>60~100	>100~150	>150~200	温度/℃	KV/J
Q195	—	33	—	—	—	—	—	—
Q215	A	31	30	29	27	26	—	—
Q215	B	31	30	29	27	26	+20	27
Q235	A	26	25	24	22	21	—	—
Q235	B①	26	25	24	22	21	+20	27①
Q235	C	26	25	24	22	21	0	27
Q235	D	26	25	24	22	21	-20	27
Q275	A	22	21	20	18	17	—	—
Q275	B	22	21	20	18	17	+20	27
Q275	C	22	21	20	18	17	0	27
Q275	D	22	21	20	18	17	-20	27

① 厚度小于 25mm 的 Q235B 级钢材，如供方能保证冲击吸收能量值合格，经需方同意，可不作检验。

（3）中国 GB 标准碳素结构钢的冷弯性能（表 2-1-4）

表 2-1-4　碳素结构钢的冷弯性能

钢 号	试样方向	冷弯试验180°，b=2a 下列厚度（或直径）时/mm		钢号	试样方向	冷弯试验180°，b=2a 下列厚度（或直径）时/mm	
		≤60	>60~100			≤60	>60~100
Q195	纵向	0	—	Q235	纵向	a	2a
	横向	0.5a	—		横向	1.5a	2.5a
Q215	纵向	0.5a	1.5a	Q275	纵向	1.5a	2.5a
	横向	a	2a		横向	2a	3a

注：1. 试样冷弯180°；b—试样宽度，a—试样厚度（或直径）。

　　2. 钢材厚度（或直径）>100mm 的钢材，冷弯试验由供需双方协商确定。

（4）中国 GB 标准碳素结构钢的性能特点与用途（表 2-1-5）

表 2-1-5　碳素结构钢的性能特点和用途

钢 号	性能特点	用途举例
Q195	较好的塑性、韧性和焊接性，良好的压力加工性能，但强度低	载荷小的零件、垫块、铆钉、地脚螺栓、犁铧、烟筒、屋面板、低碳钢丝、薄板、焊管、拉杆、开口销，以及冲压零件、焊接件等
Q215	性能与 Q195 相近，但塑性稍差	薄板、镀锌钢丝、钢丝网、焊管、地脚螺栓、铆钉、垫圈、犁板以及渗碳零件、焊接件等
Q235	良好的塑性、韧性和焊接性、冷冲压性能，以及一定的强度、好的冷弯性能，适合钢结构及钢筋混凝土结构用钢要求	广泛用于制造薄板、钢筋、钢结构用各种型钢、建筑结构、桥梁、机座、机械零件、渗碳或碳氮共渗零件、焊接件、支架、受力不大的拉杆、连杆、销、轴、螺钉、螺母、套圈等
Q275	具有较高的强度、硬度，较好的耐磨性，一定的焊接性和可加工性，小型零件可以淬火强化，塑性和韧性较差	用于制造要求强度较高的零件，如齿轮、轴、链轮、键、螺栓、螺母、农机用型钢、输送链和链节，以及钢结构各种型钢、条钢、钢板等

2.1.2　低合金高强度结构钢和耐候钢

（1）中国 GB 标准低合金高强度结构钢〔GB/T 1591—2018〕

A）低合金高强度结构钢的钢号与化学成分

① 热轧钢的钢号与化学成分见表 2-1-6。

表 2-1-6　热轧钢的钢号与化学成分（质量分数）（%）

钢号和质量等级 GB	代号 ISC	C[1]	Si	Mn	P[3] ≤	S[3] ≤	Nb[4]	V[5]	Ti[5]	Cr	Ni	Mo ≤	其他
低合金高强度结构钢——热轧钢													
Q355-B	L13552	≤0.24	≤0.55	≤1.60	0.035	0.035	—	—	—	0.30	0.30	—	Cu≤0.40 N≤0.012[6]
Q355-C ≤40mm[2] >40mm	L13553	≤0.20 ≤0.22	≤0.55	≤1.60	0.030	0.030	—	—	—	0.30	0.30	—	Cu≤0.40 N≤0.012[6]
Q355-D ≤40mm >40mm	L13554	≤0.20 ≤0.22	≤0.55	≤1.60	0.025	0.025	—	—	—	0.30	0.30	—	Cu≤0.40
Q390-B	L13902	≤0.20	≤0.55	≤1.70	0.035	0.035	≤0.05	≤0.13	≤0.05	0.30	0.50	0.10	Cu≤0.40 N≤0.015[6]
Q390-C	L13903	≤0.20	≤0.55	≤1.70	0.030	0.030	≤0.05	≤0.13	≤0.05	0.30	0.50	0.10	
Q390-D	L13904	≤0.20	≤0.55	≤1.70	0.025	0.025	≤0.05	≤0.13	≤0.05	0.30	0.50	0.10	
Q420-B[7]	L14202	≤0.20	≤0.55	≤1.70	0.035	0.035	≤0.05	≤0.13	≤0.05	0.80	0.20		Cu≤0.40 N≤0.015[6]
Q420-C[7]	L14203	≤0.20	≤0.55	≤1.70	0.030	0.030	≤0.05	≤0.13	≤0.05	0.80	0.20		
Q460-C[7]	L14602	≤0.20	≤0.55	≤1.80	0.030	0.030	≤0.05	≤0.13	≤0.05	0.30	0.80	0.20	Cu≤0.40 N≤0.015[6] B≤0.004

① 公称厚度 >100mm 的型钢，碳含量可由供需双方商定。

② 公称厚度 >30mm 的钢材，碳含量 ≤0.22%。

③ 对于型钢和棒材，其磷和硫含量上限值可提高 0.005%。

④ Q390 和 Q420 的铌含量最高值可达 0.07%，Q460 的铌含量最高值可达 0.11%。

⑤ 钒和钛含量最高值可达 0.20%。

⑥ 如果钢中酸溶铝含量 Al_S≥0.015%，或全铝含量 Al_T≥0.020%，或添加了其他固氮的合金元素，氮元素含量不作限制。固氮的合金元素在质量证明中注明。

⑦ 仅适用于型钢和棒材。

② 正火及正火轧制钢的钢号与化学成分见表 2-1-7。

表 2-1-7　正火及正火轧制钢的钢号与化学成分（质量分数）（%）

钢号和质量等级 GB	代号 ISC	C	Si	Mn	P[1] ≤	S[1] ≤	Nb	V[3]	Ti[3]	Cr	Ni	Mo ≤	其他
低合金高强度结构钢——正火及正火轧制钢													
Q355N-B	L13552	≤0.20	≤0.50	0.90~1.65	0.035	0.035	0.005~0.05	0.01~0.12	0.006~0.05	0.30	0.50	0.10	Al_S≥0.015[4] Cu≤0.40 N≤0.015
Q355N-C	L13553	≤0.20	≤0.50	0.90~1.65	0.030	0.030	0.005~0.05	0.01~0.12	0.006~0.05	0.30	0.50	0.10	
Q355N-D	L13554	≤0.20	≤0.50	0.90~1.65	0.030	0.025	0.005~0.05	0.01~0.12	0.006~0.05	0.30	0.50	0.10	

（续）

钢号和质量等级 GB	代号 ISC	C	Si	Mn	P①≤	S①≤	Nb	V③	Ti③	Cr	Ni	Mo	其他
											≤		
低合金高强度结构钢——正火及正火轧制钢													
Q355N-E	L13558	≤0.18	≤0.50	0.90~1.65	0.025	0.020	0.005~0.05	0.01~0.12	0.006~0.05	0.30	0.50	0.10	
Q355N-F	L13559	≤0.16	≤0.50	0.90~1.65	0.020	0.010	0.005~0.05	0.01~0.12	0.006~0.05	0.30	0.50	0.10	
Q390N-B	L13902	≤0.20	≤0.50	0.90~1.70	0.035	0.035	0.01~0.05	0.01~0.20	0.006~0.05	0.30	0.50	0.10	
Q390N-C	L13903	≤0.20	≤0.50	0.90~1.70	0.030	0.030	0.01~0.05	0.01~0.20	0.006~0.05	0.30	0.50	0.10	
Q390N-D	L13904	≤0.20	≤0.50	0.90~1.70	0.030	0.025	0.01~0.05	0.01~0.20	0.006~0.05	0.30	0.50	0.10	
Q390N-E	L13908	≤0.20	≤0.50	0.90~1.70	0.025	0.020	0.01~0.05	0.01~0.20	0.006~0.05	0.30	0.50	0.10	
Q420N-B	L14202	≤0.20	≤0.60	1.00~1.70	0.035	0.035	0.01~0.05	0.01~0.20	0.006~0.05	0.30	0.80	0.10	$Al_S \geqslant 0.015$④ Cu≤0.40 N≤0.015
Q420N-C	L14203	≤0.20	≤0.60	1.00~1.70	0.030	0.030	0.01~0.05	0.01~0.20	0.006~0.05	0.30	0.80	0.10	
Q420N-D	L13904	≤0.20	≤0.60	1.00~1.70	0.030	0.025	0.01~0.05	0.01~0.20	0.006~0.05	0.30	0.80	0.10	
Q420N-E	L13908	≤0.20	≤0.60	1.00~1.70	0.025	0.020	0.01~0.05	0.01~0.20	0.006~0.05	0.30	0.80	0.10	
Q460N-C②	L14603	≤0.20	≤0.60	1.00~1.70	0.030	0.030	0.01~0.05	0.01~0.20	0.006~0.05	0.30	0.80	0.10	
Q460N-D②	L14608	≤0.20	≤0.60	1.00~1.70	0.030	0.025	0.01~0.05	0.01~0.20	0.006~0.05	0.30	0.80	0.10	
Q460N-E②	L14604	≤0.20	≤0.60	1.00~1.70	0.025	0.020	0.01~0.05	0.01~0.20	0.006~0.05	0.30	0.80	0.10	

① 对于型钢和棒材，其磷和硫含量上限值可提高0.005%。

② Nb+V+Ti≤0.22%，Cr+Mo≤0.60%。

③ 钒和钛含量最高值可达0.20%。

④ 可用全铝替代酸溶铝，此时全铝含量最低值为 $Al_T \geqslant 0.020\%$。对于钢中添加铌、钒、钛等细化晶粒元素，其含量应不小于本表中规定的含量最低值，铝含量最低值不限。

⑤ 热机械轧制钢的钢号与化学成分见表2-1-8。

表 2-1-8 热机械轧制钢的钢号与化学成分（质量分数）（%）

钢号和质量等级 GB	代号 ISC	C	Si	Mn	P①≤	S①≤	Nb	V③	Ti③	Cr	Ni	Mo	其他
											≤		
低合金高强度结构钢——热机械轧制钢（TMCP）													
Q355M-B②	L13552	≤0.14	≤0.50	≤1.60	0.035	0.035	0.01~0.05	0.01~0.10	0.006~0.05	0.30	0.50	0.10	$Al_S \geqslant 0.015$④ Cu≤0.40 N≤0.015
Q355M-C②	L13553	≤0.14	≤0.50	≤1.60	0.030	0.030	0.01~0.05	0.01~0.10	0.006~0.05	0.30	0.50	0.10	

（续）

钢号和质量 等级 GB	代号 ISC	C	Si	Mn	P① ≤	S① ≤	Nb	V③	Ti③	Cr	Ni	Mo	其 他
										≤			
低合金高强度结构钢——热机械轧制钢（TMCP）													
Q355M-D②	L13554	≤0.14	≤0.50	≤1.60	0.030	0.025	0.01～0.05	0.01～0.10	0.006～0.05	0.30	0.50	0.10	
Q355M-E②	L13558	≤0.14	≤0.50	≤1.60	0.025	0.020	0.01～0.05	0.01～0.10	0.006～0.05	0.30	0.50	0.10	
Q355M-F②	L13559	≤0.14	≤0.50	≤1.60	0.020	0.010	0.01～0.05	0.01～0.10	0.006～0.05	0.30	0.50	0.10	
Q390M-B②	L13902	≤0.15	≤0.50	≤1.70	0.035	0.035	0.01～0.05	0.01～0.12	0.006～0.05	0.30	0.50	0.10	
Q390M-C②	L13903	≤0.15	≤0.50	≤1.70	0.030	0.030	0.01～0.05	0.01～0.12	0.006～0.05	0.30	0.50	0.10	
Q390M-D②	L13904	≤0.15	≤0.50	≤1.70	0.030	0.025	0.01～0.05	0.01～0.12	0.006～0.05	0.30	0.50	0.10	$Al_s \geq 0.015$④ $Cu \leq 0.40$ $N \leq 0.015$
Q390M-E②	L13908	≤0.15	≤0.50	≤1.70	0.025	0.020	0.01～0.05	0.01～0.12	0.006～0.05	0.30	0.50	0.10	
Q420M-B②	L14202	≤0.16	≤0.50	≤1.70	0.035	0.035	0.01～0.05	0.01～0.12	0.006～0.05	0.30	0.80	0.20	
Q420M-C②	L14203	≤0.16	≤0.50	≤1.70	0.030	0.030	0.01～0.05	0.01～0.12	0.006～0.05	0.30	0.80	0.20	
Q420M-D②	L14204	≤0.16	≤0.50	≤1.70	0.030	0.025	0.01～0.05	0.01～0.12	0.006～0.05	0.30	0.80	0.20	
Q420M-E②	L14208	≤0.16	≤0.50	≤1.70	0.025	0.020	0.01～0.05	0.01～0.12	0.006～0.05	0.30	0.80	0.20	
Q460M-C②	L14603	≤0.16	≤0.60	≤1.70	0.030	0.030	0.01～0.05	0.01～0.12	0.006～0.05	0.30	0.80	0.20	
Q460M-D②	L14204	≤0.16	≤0.60	≤1.70	0.030	0.025	0.01～0.05	0.01～0.12	0.006～0.05	0.30	0.80	0.20	$Al_s \geq 0.015$④ $Cu \leq 0.40$ $N \leq 0.025$
Q460M-E②	L14208	≤0.16	≤0.60	≤1.70	0.025	0.020	0.01～0.05	0.01～0.12	0.006～0.05	0.30	0.80	0.20	
Q500M-C	L15003	≤0.18	≤0.60	≤1.80	0.030	0.030	0.01～0.11	0.01～0.12	0.006～0.05	0.60	0.80	0.30	$Al_s \geq 0.015$④ $Cu \leq 0.55$ $N \leq 0.015$ $B \leq 0.004$
Q500M-D	L15004	≤0.18	≤0.60	≤1.80	0.030	0.025	0.01～0.11	0.01～0.12	0.006～0.05	0.60	0.80	0.30	$Al_s \geq 0.015$④ $Cu \leq 0.55$
Q500M-E	L15008	≤0.18	≤0.60	≤1.80	0.025	0.020	0.01～0.11	0.01～0.12	0.006～0.05	0.60	0.80	0.30	$N \leq 0.025$ $B \leq 0.004$
Q550M-C	L15503	≤0.18	≤0.60	≤2.00	0.030	0.030	0.01～0.11	0.01～0.12	0.006～0.05	0.80	0.80	0.30	$Al_s \geq 0.015$④ $Cu \leq 0.80$ $N \leq 0.015$ $B \leq 0.004$

（续）

钢号和质量等级 GB	代号 ISC	C	Si	Mn	P[①] ≤	S[①] ≤	Nb	V[③]	Ti[③]	Cr	Ni ≤	Mo	其 他
低合金高强度结构钢——热机械轧制钢（TMCP）													
Q550M-D	L15504	≤0.18	≤0.60	≤2.00	0.030	0.025	0.01~0.11	0.01~0.12	0.006~0.05	0.80	0.80	0.30	
Q550M-E	L15508	≤0.18	≤0.60	≤2.00	0.025	0.020	0.01~0.11	0.01~0.12	0.006~0.05	0.80	0.80	0.30	$Al_S \geq 0.015$[④] Cu≤0.80 N≤0.025 B≤0.004
Q620M-C	L16203	≤0.18	≤0.60	≤2.60	0.030	0.030	0.01~0.11	0.01~0.12	0.006~0.05	0.80	0.80	0.30	
Q620M-D	L16204	≤0.18	≤0.60	≤2.60	0.030	0.025	0.01~0.11	0.01~0.12	0.006~0.05	0.80	0.80	0.30	$Al_S \geq 0.015$[④] Cu≤0.80
Q620M-E	L16208	≤0.18	≤0.60	≤2.60	0.025	0.020	0.01~0.11	0.01~0.12	0.006~0.05	0.08	0.80	0.30	N≤0.025 B≤0.004
Q690M-C	L16903	≤0.18	≤0.60	≤2.00	0.030	0.030	0.01~0.11	0.01~0.12	0.006~0.05	1.00	0.80	0.30	$Al_S \geq 0.015$[④] Cu≤0.80 N≤0.015 B≤0.004
Q690M-D	L16904	≤0.18	≤0.60	≤2.00	0.030	0.025	0.01~0.11	0.01~0.12	0.006~0.05	1.00	0.80	0.30	$Al_S \geq 0.015$[④] Cu≤0.80
Q690M-E	L16908	≤0.18	≤0.60	≤2.00	0.025	0.020	0.01~0.11	0.01~0.12	0.006~0.05	1.00	0.80	0.30	N≤0.025 B≤0.004

① 对于型钢和棒材，其磷和硫含量上限值可提高0.006%。
② 对于型钢和棒材，Q355M、Q390M、Q420M和Q460M的碳含量最高值可提高0.02%。
③ 钒和钛含量最高值可达0.20%。
④ 可用全铝替代酸溶铝，此时全铝含量最低值为$Al_t \geq 0.020\%$。对于钢中添加铌、钒、钛等细化晶粒元素，其含量应不小于本表中规定的含量最低值，铝含量最低值不限。

B）低合金高强度结构钢的碳当量
① 热轧钢材的碳当量见表2-1-9。

表2-1-9 热轧钢材的碳当量

钢号和质量等级		碳当量 CE（质量分数）（%） ≥				
		公称厚度或直径/mm				
		≤30	>30~63	>63~150	>150~250	>250~400
Q355[①]	B，C	0.45	0.47	0.47	0.49	—
Q355[①]	D	0.45	0.47	0.47	0.49[②]	0.49[③]
Q390	B，C，D	0.45	0.47	0.48	—	—
Q420[④]	B，C	0.45	0.47	0.48	0.49	—
Q460[④]	C	0.47	0.49	0.49	—	—

① 为使抗拉强度达到要求而增加其他元素（如C、Mn）含量，本表中的碳当量与控制硅含量有关：当Si≤0.03%时，碳当量可提高0.02%；当Si≤0.25%时，碳当量可提高0.01%。
② 对于型钢和棒材，其最大碳当量可达到0.54%。
③ 仅适用于质量等级为D的钢板。
④ 仅适用于型钢和棒材。

② 正火及正火轧制钢材的碳当量见表 2-1-10。

表 2-1-10　正火及正火轧制钢材的碳当量

钢号和质量等级		碳当量 CE（质量分数）（%）　≥			
		公称厚度或直径/mm			
		≤63	>63~100	>100~250	>250~400
Q355N	B，C，D，E，F	0.43	0.45	0.45	协议
Q390N	B，C，D，E	0.46	0.48	0.49	协议
Q420N	B，C，D，E	0.48	0.50	0.52	协议
Q460N	C，D，E	0.53	0.54	0.55	协议

③ 热机械轧制钢材的碳当量与焊接裂纹敏感性指数见表 2-1-11。

表 2-1-11　热机械轧制钢材的碳当量与焊接裂纹敏感性指数

钢号和质量等级		碳当量 CE（质量分数）（%）　≥					Pcm[②]（%）　≥
		公称厚度或直径/mm					
		≤16	>16~40	>40~63	>63~120	>120~150[①]	
Q355M	B，C，D，E，F	0.39	0.47	0.40	0.45	0.45	0.20
Q390M	B，C，D，E	0.41	0.43	0.44	0.46	0.46	0.20
Q420M	B，C，D，E	0.43	0.45	0.46	0.47	0.47	0.20
Q460M	C，D，E	0.45	0.45	0.47	0.48	0.48	0.22
Q500M	C，D，E	0.47	0.47	0.47	0.48	0.48	0.25
Q550M	C，D，E	0.47	0.47	0.47	0.48	0.48	0.25
Q620M	C，D，E	0.48	0.48	0.48	0.49	0.49	0.25
Q690M	C，D，E	0.49	0.49	0.49	0.49	0.49	0.25

① 仅适用于棒材。

② 焊接裂纹敏感性指数（质量分数）。

C）低合金高强度结构钢的力学性能

① 热轧钢材的力学性能见表 2-1-12 和表 2-1-13。

表 2-1-12　热轧钢材的拉伸性能

钢号和质量等级	$R_{eH}^{①}$/MPa　≥									R_m/MPa			
	公称厚度或直径/mm									公称厚度或直径/mm			
	≤16	>18~40	>40~63	>63~80	>80~100	>100~150	>150~200	>200~250	>250~400	≤100	>100~150	>150~200	>250~400
Q355-B	355	345	335	325	315	295	285	275	—	470~630	450~600	450~600	450~600
Q355-C	355	345	335	325	315	295	285	275	265	470~630	450~600	450~600	450~600
Q355-D	355	345	335	325	315	295	285	275	265[②]				
Q390-B	390	380	360	340	340	320	—	—	—	490~650	470~620		—
Q390-C	390	380	360	340	340	320	—	—	—				
Q390-D	390	380	360	340	340	320	—	—	—				—
Q420-B	420	410	390	370	370	350	—	—	—	520~680	500~650		—
Q420-C[③]	420	410	390	370	370	350	—	—	—				
Q460-C[③]	460	460	450	430	410	390	—	—	—	550~720	530~700		

① 当屈服不明显时，可用 $R_{p0.2}$ 代替 R_{eH}。

② 只适用于质量等级为 D 的钢级。

③ 只适用于型钢和棒材。

表 2-1-13 热轧钢材的断后伸长率

钢号和质量等级		A（%） ≥						
			公称厚度或直径/mm					
		试样方向	≤40	>40~63	>63~100	>100~150	>150~200	>200~250
Q355	B，C，D	纵向	22	21	20	18	17	17[1]
		横向	20	19	18	18	17	17[1]
Q390	B，C，D	纵向	21	20	20	19	—	—
		横向	20	19	19	18	—	—
Q420[2]	B，C	纵向	20	19	19	19	—	—
Q460[2]	C	纵向	18	17	17	17	—	—

① 仅适用于质量等级为 D 的钢级。

② 仅适用于型钢和棒材。

② 正火及正火轧制钢材的力学性能见表 2-1-14 和表 2-1-15。

表 2-1-14 正火及正火轧制钢材的拉伸性能[1]

钢号和质量等级		$R_{eH}^{[2]}$/MPa ≥								R_m/MPa		
		公称厚度或直径/mm								公称厚度或直径/mm		
		≤16	>16~40	>40~63	>63~80	>80~100	>100~150	>150~200	>200~250	≤100	>100~200	>200~250
Q355N	B，C，D，E，F	355	345	335	325	315	295	285	275	470~630	450~600	450~600
Q390N	B，C，D，E	390	380	360	340	340	320	310	300	490~650	470~620	470~620
Q420N	B，C，D，E	420	400	390	370	360	340	320	320	520~680	500~650	500~650
Q460N	C，D，E	460	440	430	410	400	380	370	370	540~720	530~710	510~690

① 正火状态包括正火加回火状态。

② 当屈服不明显时，可用 $R_{p0.2}$ 代替 R_{eH}。

表 2-1-15 正火及正火轧制钢材的断后伸长率[1]

钢号和质量等级		A（%） ≥					
		公称厚度或直径/mm					
		≤16	>16~40	>40~63	>63~80	>80~200	>200~250
Q355N	B，C，D，E，F	22	22	22	21	21	21
Q390N	B，C，D，E	20	20	20	19	19	19
Q420N	B，C，D，E	19	19	19	18	18	18
Q460N	C，D，E	17	17	17	17	17	16

① 正火状态包括正火加回火状态。

③ 热机械轧制钢材的力学性能见表 2-1-16。

表 2-1-16 热机械轧制钢材的力学性能[1]

钢号和质量等级		$R_{eH}^{[2]}$/MPa ≥						R_m/MPa					A（%）≥
		公称厚度或直径/mm						公称厚度或直径/mm					
		≤16	>16~40	>40~63	>63~80	>80~100	>100~120	≤40	>40~63	>63~80	>80~150	>100~120[3]	
Q355M	B，C，D，E，F	355	345	335	325	325	320	470~630	450~610	440~600	440~600	430~590	22
Q390M	B，C，D，E，F	390	380	360	340	340	335	490~650	480~640	470~630	460~620	450~610	20

（续）

钢号和质量等级		$R_{eH}^{②}$/MPa ≥						R_m/MPa					$A(\%)$ ≥
		公称厚度或直径/mm						公称厚度或直径/mm					
		≤16	>16~40	>40~63	>63~80	>80~100	>100~120	≤40	>40~63	>63~80	>80~150	>100~120③	
Q420M	B, C, D, E, F	420	400	390	380	370	365	520~680	500~660	450~640	470~630	460~620	19
Q460M	C, D, E	460	440	430	410	400	385	540~720	530~710	510~690	500~680	490~660	17
Q500M	C, D, E	500	490	480	460	450	—	610~770	600~760	590~750	540~730	—	17
Q550M	C, D, E	550	540	530	510	500	—	670~830	620~810	600~790	590~780	—	16
Q620M	C, D, E	620	610	600	580	—	—	710~880	690~880	670~860	—	—	15
Q690M	C, D, E	690	680	670	650	—	—	770~940	750~920	730~900	—	—	14

① 热机械轧制状态包括热机械轧制加回火状态。

② 当屈服不明显时，可用 $R_{p0.2}$ 代替 R_{eH}。

③ 对于型钢和棒材，厚度和直径≤150mm。

④ 低合金高强度结构钢的冲击吸收能量见表2-1-17。

表 2-1-17　低合金高强度结构钢的冲击吸收能

钢号和质量等级		KV_2/J ≥ 在下列温度时									
		20℃		0℃		−20℃		−40℃		−60℃	
		纵向	横向	纵向	横向	纵向	横向	纵向	横向	纵向	横向
Q355, Q390, Q420	B	34	27	—	—	—	—	—	—	—	—
Q355, Q390, Q420, Q460	C	—	—	34	27	—	—	—	—	—	—
Q355, Q390	D	—	—	—	—	34①	27①	—	—	—	—
Q355N, Q390N, Q420N	B	34	27	—	—	—	—	—	—	—	—
Q355N, Q390N Q420N, Q460N	C	—	—	34	27	—	—	—	—	—	—
	D	55	31	47	27	40②	20	—	—	—	—
	E	63	40	55	34	47	27	31③	20③	—	—
Q355N	F	63	40	55	34	47	27	31	20	27	16
Q355M, Q390M, Q420M	B	34	27	—	—	—	—	—	—	—	—
Q355M, Q390M Q420M, Q460M	C	—	—	34	27	—	—	—	—	—	—
	D	55	31	47	27	40②	20	—	—	—	—
	E	63	40	55	34	47	27	31③	20③	—	—
Q355M	F	63	40	55	34	47	27	31	20	27	16
Q500M, Q550M Q620M, Q690M	C	—	—	55	34	—	—	—	—	—	—
	D	—	—	—	—	47②	27	—	—	—	—
	E	—	—	—	—	—	—	31③	20③	—	—

① 仅适用于厚度>230mm 的 Q355D 钢板。

② 当需方指定时，D 级钢材可进行 −30℃冲击试验，冲击吸收能量（纵向试样）KV≥27J。

③ 当需方指定时，E 级钢材可进行 −50℃冲击试验，冲击吸收能量的纵向试样 KV≥27J，横向试样 KV≥16J。

D）低合金高强度结构钢的性能特点与用途（表 2-1-18）

表 2-1-18　低合金高强度结构钢的性能特点和用途

钢号	性能特点	用途举例
Q345 Q390	综合力学性能好，冷热加工性能、焊接性和耐蚀性均好，该钢号的 C、D、E 等级钢材具有良好的低温韧性	用于桥梁、船舶、电站设备、锅炉、压力容器、石油储罐、起重运输机械及其他承受较高载荷的工程与焊接结构件
Q420	强度高，焊接性好，在正火或正火加回火状态具有较高的综合力学性能，该钢号的 C、D、E 等级钢材具有良好的低温韧性	用于大型船舶、桥梁、电站设备、中高压锅炉、高压容器、机车车辆、起重机械、矿山机械及其他大型工程与焊接结构件
Q460	经正火、正火加回火或淬火加回火处理后有很高的综合力学性能，该钢号的 C、D、E 等级钢材可保证良好的韧性	主要用于各种大型工程结构及要求强度高、载荷大的轻型结构
Q500 Q550	强度高，焊接性好，在正火或正火加回火状态具有较高的塑性和韧性	主要用于各种工程结构和机械制造，可较好地满足工程机械大型化、轻量化的要求
Q620 Q690	在本钢类中强度最高的两个钢种，强度高，塑性和韧性较好，焊接性好	主要用于各种大型工程结构和工程机械制造，可满足工程构件大型化、轻量化的要求

（2）中国 GB 标准耐候结构钢〔GB/T 4171—2008〕

A）耐候结构钢的钢号与化学成分（表 2-1-19）

表 2-1-19　耐候结构钢的钢号与化学成分（质量分数）（%）

钢号和代号		C	Si	Mn	P	S≤	Cr	Ni	Cu	Al$_t$	其他[1]
GB	ISC										
Q265GNH	L52651	≤0.12	0.10～0.40	0.20～0.50	0.07～0.12	0.020	0.30～0.65	0.25～0.50[5]	0.20～0.45	≥0.020	
Q295GNH	L52951	≤0.12	0.10～0.40	0.20～0.50	0.07～0.12	0.020	0.30～0.65	0.25～0.50[5]	0.25～0.45	≥0.020	
Q310GNH	L53101	≤0.12	0.25～0.75	0.20～0.50	0.07～0.12	0.020	0.30～1.25	≤0.65	0.20～0.50	≥0.020	
Q355GNH	L53551	≤0.12	0.20～0.75	≤1.00	0.07～0.15	0.020	0.30～1.25	≤0.65	0.25～0.55	≥0.020	
Q235NH	L52350	≤0.13[3]	0.10～0.40	0.20～0.60	≤0.030	0.030	0.40～0.80	≤0.65	0.25～0.55	≥0.020	
Q295NH	L52950	≤0.15	0.10～0.50	0.30～1.00	≤0.030	0.030	0.40～0.80	≤0.65	0.25～0.55	≥0.020	Nb 0.015～0.060 Ti 0.02～0.10 V ≤ 0.02～0.12
Q355NH	L53550	≤0.16	≤0.50	0.50～1.50	≤0.030	0.030	0.40～0.80	≤0.65	0.25～0.55	≥0.020	
Q415NH[2]	L54150	≤0.12	≤0.65	≤1.10	≤0.025	0.030[4]	0.30～1.25	0.12～0.65[5]	0.20～0.55	≥0.020	
Q460NH[2]	L54600	≤0.12	≤0.65	≤1.50	≤0.025	0.030[4]	0.30～1.25	0.12～0.65[5]	0.20～0.55	≥0.020	
Q500NH[2]	L55000	≤0.12	≤0.65	≤2.00	≤0.025	0.030[4]	0.30～1.25	0.12～0.65[5]	0.20～0.55	≥0.020	
Q550NH[2]	L55500	≤0.16	≤0.65	≤2.00	≤0.025	0.030[4]	0.30～1.25	0.12～0.65[5]	0.20～0.55	≥0.020	

注：下述含量均为质量分数。
① 可以添加下列合金元素：Mo≤0.30%，Zr≤0.15%。
② 添加 Nb、V、Ti 等三种合金元素的总量不应超过 0.22%。
③ 经供需双方协商，C 含量可以≤0.15%。
④ 经供需双方协商，S 含量可以≤0.008%。
⑤ 经供需双方协商，Ni 含量的下限可以不作要求。

B）耐候结构钢的力学性能与用途（表 2-1-20）

表 2-1-20　耐候结构钢的力学性能与用途

牌号	拉伸试验 R_{eL}[①]/MPa ≥				R_m/MPa	$A(\%)$ ≥				180°弯曲试验弯心直径 a—钢材厚度			KV_2[②]/J ≥ 质量等级和温度/℃					生产方式	类别	用途
	≤16	>16~40	>40~60	>60		≤16	>16~40	>40~60	>60	≤6	>6~16	>16	A —	B +20	C 0	D -20	E -40			
Q235NH	235	225	215	215	360~510	25	25	24	23	a	a	$2a$	—	47	34	34	27[③]	热轧	焊接耐候钢	车辆、桥梁、集装箱、建筑或其他结构件等结构用,与高耐候钢相比,具有较好的焊接性
Q295NH	295	285	275	255	430~560	24	24	23	22	a	$2a$	$3a$	—	47	34	34	27[③]	热轧		
Q355NH	355	345	335	325	490~630	22	22	21	20	a	$2a$	$3a$	—	47	34	34	27[③]	热轧		
Q415NH	415	405	395	—	520~680	22	22	20	—	a	$2a$	$3a$	—	47	34	34	27[③]	热轧		
Q460NH	460	450	440	—	570~730	20	20	19	—	a	$2a$	$3a$	—	47	34	34	27[③]	热轧		
Q500NH	500	490	480	—	600~760	18	16	15	—	a	$2a$	$3a$	—	47	34	34	27[③]	热轧		
Q550NH	550	540	530	—	620~780	16	16	15	—	a	$2a$	$3a$	—	47	34	34	27[③]	热轧		
Q295GNH	295	285	—	—	430~560	24	24	—	—	a	$2a$	$3a$						热轧	高耐候钢	车辆、集装箱、建筑、塔架或其他结构件等结构用,与焊接耐候钢相比,具有较好的耐大气腐蚀性能
Q355GNH	355	345	—	—	490~630	22	22	—	—	a	$2a$	$3a$						热轧		
Q265GNH	265	—	—	—	≥410	27	—	—	—	a	—	—						冷轧		
Q310GNH	310	—	—	—	≥450	26	—	—	—	a	—	—						冷轧		

① 当屈服现象不明显时,可以采用 $R_{p0.2}$。

② 冲击试样尺寸为10mm×10mm×55mm。冲击试验结果按三个试样的平均值计算,允许其中一个试样的冲击吸收能量 KV_2 小于规定值,但不得低于规定值的70%。

③ 经供需双方协调,平均冲击吸收能量 KV_2 ≥60J。

2.1.3　优质碳素结构钢和非调质机械结构钢

（1）中国 GB 标准优质碳素结构钢 ［GB/T 699—2015］

A）优质碳素结构钢的钢号与化学成分（表 2-1-21）

表 2-1-21　优质碳素结构钢的钢号与化学成分（质量分数）（%）

钢号和代号[①]		C	Si	Mn	P ≤	S ≤	Cr	Ni	其 他
GB	ISC								
08	U20082	0.05 ~ 0.11	0.17 ~ 0.37	0.35 ~ 0.65	0.035	0.035	≤0.10	≤0.30	Cu≤0.25
08Al	U20082	≤0.05	≤0.03	≤0.45	0.035	0.035	≤0.10	≤0.30	Al_T0.020 ~ 0.70 Cu≤0.25
10	U20102	0.07 ~ 0.13	0.17 ~ 0.37	0.35 ~ 0.65	0.035	0.035	≤0.15	≤0.30	Cu≤0.25
15	U20152	0.12 ~ 0.18	0.17 ~ 0.37	0.35 ~ 0.65	0.035	0.035	≤0.25	≤0.30	Cu≤0.25
20	U20202	0.17 ~ 0.23	0.17 ~ 0.37	0.35 ~ 0.65	0.035	0.035	≤0.25	≤0.30	Cu≤0.25
25	U20252	0.22 ~ 0.29	0.17 ~ 0.37	0.50 ~ 0.80	0.035	0.035	≤0.25	≤0.30	Cu≤0.25
30	U20302	0.27 ~ 0.34	0.17 ~ 0.37	0.50 ~ 0.80	0.035	0.035	≤0.25	≤0.30	Cu≤0.25
35	U20352	0.32 ~ 0.39	0.17 ~ 0.37	0.50 ~ 0.80	0.035	0.035	≤0.25	≤0.30	Cu≤0.25
40	U20402	0.37 ~ 0.44	0.17 ~ 0.37	0.50 ~ 0.80	0.035	0.035	≤0.25	≤0.30	Cu≤0.25
45	U20452	0.42 ~ 0.50	0.17 ~ 0.37	0.50 ~ 0.80	0.035	0.035	≤0.25	≤0.30	Cu≤0.25
50	U20502	0.47 ~ 0.55	0.17 ~ 0.37	0.50 ~ 0.80	0.035	0.035	≤0.25	≤0.30	Cu≤0.25
55	U20552	0.52 ~ 0.60	0.17 ~ 0.37	0.50 ~ 0.80	0.035	0.035	≤0.25	≤0.30	Cu≤0.25
60	U20602	0.57 ~ 0.65	0.17 ~ 0.37	0.50 ~ 0.80	0.035	0.035	≤0.25	≤0.30	Cu≤0.25
65	U20652	0.62 ~ 0.70	0.17 ~ 0.37	0.50 ~ 0.80	0.035	0.035	≤0.25	≤0.30	Cu≤0.25
70	U20702	0.67 ~ 0.75	0.17 ~ 0.37	0.50 ~ 0.80	0.035	0.035	≤0.25	≤0.30	Cu≤0.25
75	U20752	0.72 ~ 0.80	0.17 ~ 0.37	0.50 ~ 0.80	0.035	0.035	≤0.25	≤0.30	Cu≤0.25
80	U20802	0.77 ~ 0.85	0.17 ~ 0.37	0.50 ~ 0.80	0.035	0.035	≤0.25	≤0.30	Cu≤0.25
85	U20852	0.82 ~ 0.90	0.17 ~ 0.37	0.50 ~ 0.80	0.035	0.035	≤0.25	≤0.30	Cu≤0.25
15Mn	U21852	0.12 ~ 0.18	0.17 ~ 0.37	0.70 ~ 1.00	0.035	0.035	≤0.25	≤0.30	Cu≤0.25
20Mn	U21202	0.17 ~ 0.23	0.17 ~ 0.37	0.70 ~ 1.00	0.035	0.035	≤0.25	≤0.30	Cu≤0.25
25Mn	U21252	0.22 ~ 0.29	0.17 ~ 0.37	0.70 ~ 1.00	0.035	0.035	≤0.25	≤0.30	Cu≤0.25
30Mn	U21302	0.27 ~ 0.34	0.17 ~ 0.37	0.70 ~ 1.00	0.035	0.035	≤0.25	≤0.30	Cu≤0.25
35Mn	U21352	0.32 ~ 0.38	0.17 ~ 0.37	0.70 ~ 1.00	0.035	0.035	≤0.25	≤0.30	Cu≤0.25
40Mn	U21402	0.37 ~ 0.44	0.17 ~ 0.37	0.70 ~ 1.00	0.035	0.035	≤0.25	≤0.30	Cu≤0.25
45Mn	U21452	0.42 ~ 0.50	0.17 ~ 0.37	0.70 ~ 1.00	0.035	0.035	≤0.25	≤0.30	Cu≤0.25
50Mn	U21502	0.48 ~ 0.56	0.17 ~ 0.37	0.70 ~ 1.00	0.035	0.035	≤0.25	≤0.30	Cu≤0.25
60Mn	U21602	0.57 ~ 0.65	0.17 ~ 0.37	0.70 ~ 1.00	0.035	0.035	≤0.25	≤0.30	Cu≤0.25
65Mn	U21652	0.62 ~ 0.70	0.17 ~ 0.37	0.90 ~ 1.20	0.035	0.035	≤0.25	≤0.30	Cu≤0.25
70Mn	U21702	0.67 ~ 0.75	0.17 ~ 0.37	0.90 ~ 1.20	0.035	0.035	≤0.25	≤0.30	Cu≤0.25

① 铅浴淬火的钢丝，牌号为 35 ~ 85，Mn = 0.35% ~ 0.65%；牌号为 65Mn 和 75Mn，Mn = 0.70% ~ 1.00%，Cr≤
0.10%，Ni≤0.15%，Cu≤0.20%，P、S 含量也应符合标准规定。

B) 优质碳素结构钢的力学性能（表 2-1-22）

表 2-1-22 优质碳素结构钢的力学性能

钢号和代号		试样毛坯尺寸	R_m/MPa	R_{eL}/MPa	A（%）	Z（%）	KU_2/J
GB	ISC	/mm			≥		
08	U20082	25	325	195	33	60	—
10	U20102	25	335	205	31	55	—
15	U20152	25	375	225	27	55	—
20	U20202	25	410	245	25	55	—
25	U20252	25	450	275	23	50	71
30	U20302	25	490	295	21	50	63
35	U20352	25	530	315	20	45	55
40	U20402	25	570	335	19	45	47
45	U20452	25	600	355	16	40	39
50	U20502	25	630	375	14	40	31
55	U20552	25	645	380	13	35	—
60	U20602	25	675	400	12	35	—
65	U20652	25	695	410	10	30	—
70	U20702	25	715	420	9	30	—
75	U20752	试样	1080	880	7	30	—
80	U20802	试样	1080	930	6	30	—
85	U20852	试样	1130	980	6	30	—
15Mn	U21852	25	410	245	26	55	—
20Mn	U21202	25	450	275	24	50	—
25Mn	U21252	25	490	295	22	50	71
30Mn	U21302	25	540	315	20	45	63
35Mn	U21352	25	560	335	18	45	55
40Mn	U21402	25	590	355	17	45	47
45Mn	U21452	25	620	375	15	40	39
50Mn	U21502	25	645	390	13	40	31
60Mn	U21602	25	690	410	11	35	—
65Mn	U21652	25	735	430	9	30	—
70Mn	U21702	25	785	450	8	30	—

注：1. 本表适用于公称直径或厚度≤80mm 的钢棒。宽度≥600mm，板和钢带。

    2. 公称直径或厚度≥80～250mm 的钢棒，允许其断后伸长率 A、断面收缩率 Z 比本表的规定分别降低2%（绝对值）和3%（绝对值）。

    3. 拉伸试验当屈服现象不明显时，可用 $R_{p0.2}$ 代替 R_{eL}。

C) 优质碳素结构钢的热处理制度与交货硬度（表 2-1-23）

表 2-1-23 优质碳素结构钢的热处理制度与交货硬度

钢号和代号		推荐的加热温度/℃			交货硬度 HBW	
GB	ISC	正火	淬火	回火	未热处理钢	退火钢
08	U20082	930	—	—	131	—
10	U20102	930	—	—	137	—
15	U20152	920	—	—	143	—
20	U20202	910	—	—	156	—

（续）

钢号和代号		推荐的加热温度/℃			交货硬度 HBW	
GB	ISC	正火	淬火	回火	未热处理钢	退火钢
25	U20252	900	870	600	170	—
30	U20302	880	860	600	170	—
35	U20352	870	850	600	197	—
40	U20402	860	840	600	217	187
45	U20452	850	840	600	229	197
50	U20502	830	830	600	241	207
55	U20552	820	—	—	255	217
60	U20602	810	—	—	255	229
65	U20652	810	—	—	255	229
70	U20702	790	—	—	269	229
75	U20752	—	820	480	285	241
80	U20802	—	820	480	285	241
85	U20852	—	820	480	302	255
15Mn	U21852	920			163	—
20Mn	U21202	910	—	—	197	—
25Mn	U21252	900	870	600	207	—
30Mn	U21302	880	860	600	217	187
35Mn	U21352	870	850	600	229	187
40Mn	U21402	860	840	600	229	207
45Mn	U21452	850	840	600	241	217
50Mn	U21502	830	830	600	255	217
60Mn	U21602	810	—	—	269	229
65Mn	U21652	830	—	—	285	229
70Mn	U21702	790	—	—	285	229

注：1. 热处理温度允许调整范围：正火 ±30℃，淬火 ±20℃，回火 ±50℃。

　　2. 推荐保温时间：正火 ≥30min，空冷；淬火 ≥30min，水冷（75、80 和 85 钢油冷）600℃回火 ≥60min。

　　3. 留有加工余量的试样，其性能为淬火 + 回火状态下的性能。

D）优质碳素结构钢的性能特点与用途（表 2-1-24）

表 2-1-24　优质碳素结构钢的性能特点和用途

钢　号	性 能 特 点	用 途 举 例
08F	优质沸腾钢，强度、硬度低，冷变形塑性很好。可深冲压加工，焊接性好 成分偏析倾向大，时效敏感性大，故冷加工时，应采用消除应力热处理，或水韧处理，防止冷加工断裂	生产薄板、薄带、冷变形材、冷拉钢丝等，用作冲压件、拉深件，各类不承受载荷的覆盖件、套筒、桶、管、垫片、仪表板以及心部强度要求不高的渗碳件和碳氮共渗件等
08	极软低碳钢，强度、硬度很低，塑性、韧性极好，冷加工性好，淬硬性极差，时效敏感性比08F 钢稍弱，不宜切削加工，退火后，导磁性能好	生产薄板、薄带、冷变形材、冷拉、冷冲压、焊接件，心部强度要求不高的表面硬化件如离合器盘，薄板和薄带制品如桶、管、垫片以及焊条等
10F 10	强度稍高于08/08F 钢，塑性、韧性很好，易冷热加工成形，正火或冷加工后可加工性好，焊接性优良，无回火脆性。淬透性和淬硬性均差	制造要求受力不大、韧性高的零件，如汽车车身、贮存器具、深冲压器皿、管子、垫片等，可用作冷轧、冷冲、冷镦、冷弯、热轧、热挤压、热镦等工艺成形，也可用作心部强度要求不高的渗碳件和碳氮共渗件等

（续）

钢 号	性 能 特 点	用 途 举 例
15F 15	强度、硬度、塑性与 10/10F 钢相近。为改善其可加工性需进行正火或水韧处理，以适当提高硬度。韧性、焊接性好，淬透性和淬硬性均低	用作受力不大，形状简单，但韧性要求较高或焊接性较好的中、小结构件，以及渗碳零件、机械紧固件、冲模锻件和需要热处理的低载荷零件，如螺栓、螺钉、法兰盘及化工机械用贮器、蒸汽锅炉等
20	强度、硬度稍高于 15/15F 钢，塑性、焊接性均好，热轧或正火后韧性好，经热处理后可改善可加工性，无回火脆性	用作受力不大但要求较高韧性的各种机械零件，如杠杆、螺钉、起重钩等，也用作 6MPa（60atm）、450℃以下及非腐蚀介质中使用的管子、导管等；还可用作心部强度要求不高的渗碳件，如轴套、链轮等
25	具有一定强度、硬度。塑性和韧性好。焊接性、冷变形塑性均较高，可加工性中等，淬透性、淬硬性不高。淬火及低温回火后强韧性好，无回火脆性	用作热锻和热冲压的机械零件、焊接件、渗碳和碳氮共渗的机床零件，以及中、重型机械上受力不大的零件，如轴、辊子、连接器、垫圈、螺栓、螺母等
30	强度、硬度比 25 钢高，塑性好、焊接性尚好，热处理后具有较好的综合力学性能，可在正火或调质后使用，可加工性良好，适于热锻、热冲压成形	用作热锻和热冲压的机械零件，重型与一般机械用轴、杆、机架，也用于受力不大，温度 <150℃ 的低载荷零件，如丝杆、拉杆、轴键、齿轮、轴套等
35	强度适当，塑性较好，冷塑性高，焊接性尚可。冷态下可局部镦粗和拉丝。淬透性低，正火或调质后使用	用作热锻和热冲压的机械零件，冷拉和冷顶锻钢材，可承受较大载荷的零件，如曲轴、杠杆、连杆、钩环、轮圈等，以及各种标准件、紧固件
40	强度较高，可加工性良好，冷变形能力中等，焊接性差，淬透性低，多在调质或正火态使用，表面淬火后可用于制造承受较大应力的零件。无回火脆性	用于制造机器的运动零件，如辊子、曲轴、传动轴、活塞杆、连杆、链轮、齿轮等，作焊接件时需预热，焊后缓冷
45	最常用的中碳调质钢，强度较高，有较好的强韧性配合，淬透性低，水淬时易产生裂纹。小型件采用调质处理，大型件宜采用正火处理	主要用于制造强度高的运动件，如汽轮机叶轮、压缩机活塞、轴、齿轮、齿条、蜗杆等。焊接件焊前需预热，焊后去应力退火
50	强度高，弹性性能好，冷变形塑性低，可加工性中等，焊接性差，无回火脆性，淬透性较低，水淬时易产生裂纹。多在正火、淬火后回火，或高频感应加热淬火后使用	用作耐磨性要求高、动载荷及冲击作用不大的机械零件，如锻造齿轮、拉杆、轧辊、轴摩擦盘、机床主轴、发动机曲轴、农业机械钾铧、重载荷心轴等，以及较次要的减振弹簧、弹簧垫圈等
55	强度和硬度较 50 钢高，弹性性能好，塑性和韧性低，可加工性中等，焊接性差，淬透性较低。多在正火或调质处理后使用	用于制造高强度、高弹性、高耐磨性机件，如齿轮、连杆、轮圈、轮缘、机车轮箍、扁弹簧、热轧轧辊等
60	具有高强度、高硬度和高弹性。冷变形塑性差，可加工性中等，焊接性不好，淬透性差，水淬易生裂纹，仅小型零件可进行淬火，而大型零件多采用正火处理	用于制造轧辊、轴、偏心辊、轮箍、离合器、凸轮、弹簧圈、减振弹簧、钢丝绳等
65	经热处理或冷作硬化后具有较高强度与弹性，冷变形塑性低，焊接性不好，易形成裂纹，可加工性差，淬透性不好，一般采用油淬，大截面部件采用水淬油冷，或正火处理	用于制造截面与形状简单、受力小的扁形或螺形弹簧零件，如气门弹簧、弹簧环等，也用作高耐磨性零件，如轧辊、曲轴、凸轮及钢丝绳等

（续）

钢 号	性 能 特 点	用 途 举 例
70	性能与 65 钢相近，强度和弹性稍高，不宜焊接，焊接性不好	用于制造弹簧、钢丝、钢带、车轮圈、农机犁铧等
75	性能与 65 钢相近，强度较高而弹性稍差，淬透性不好，通常在淬火、回火后使用	用于制造螺旋弹簧、板弹簧，以及承受摩擦的机械零件
80	性能与 70 钢相似，强度较高而弹性略低，淬透性不好。通常在淬火、回火后使用	用于制造板弹簧、螺旋弹簧、抗磨损零件、较低速车轮等
85	碳含量最高的高碳结构钢，强度、硬度比其他高碳钢高，但弹性略低，其他性能与 65、70、75、80 钢相近似	用于制造铁道车辆、扁形板弹簧、圆形螺旋弹簧、锯片、农机中的摩擦盘等
15Mn	锰含量较高的低碳渗碳钢，其强度、塑性和淬透性均比 15 钢稍高，可加工性也有提高，低温冲击韧度和焊接性良好，宜进行渗碳、碳氮共渗处理	用作齿轮、曲柄轴、支架、铰链、螺钉、螺母及铆焊结构件、寒冷地区农具；板材适于制造油罐等
20Mn	其强度和淬透性比 15Mn 钢略高，其他性能与 15Mn 钢相近	用途与 15Mn 钢基本相同，常用于对中心部位的力学性能要求高且需表面渗碳的机械零件
25Mn	性能与 25 钢相近，但其淬透性、强度、塑性均比 25 钢有所提高，低温冲击韧度和焊接性良好	用途与 20Mn 及 25 相近，常用于各种结构部件和机械零件
30Mn	与 30 钢相比具有较高的强度和淬透性，冷变形塑性好，焊接性中等，可加工性良好。热处理时有回火脆性倾向及过热敏感性	用于各种结构部件和机械零件，如螺栓、螺母、螺钉、杠杆、小轴、制动齿轮；还可用冷拉钢制作在高应力下工作的细小零件，如农机上的钩环链等
35Mn	强度和淬透性比 30Mn 高，可加工性良好，冷变形塑性中等，焊接性较差。宜在调质处理后使用	用作传动轴、啮合杆、螺栓、螺母、螺钉，以及心轴、齿轮等
40Mn	淬透性略高于 40 钢，调质处理后，强度、硬度、韧性比 40 钢高，可加工性好，冷变形塑性中等，焊接性低，有过热敏感性和回火脆性	用作承受疲劳载荷的部件，如辊子、轴、曲轴、连杆，高应力下工作的螺钉、螺母等
45Mn	淬透性、强度、韧性均比 45 钢高，调质处理后具有良好的综合力学性能。可加工性好，冷变形塑性低，焊接性差，有回火脆性倾向	用作曲轴、连杆、心轴、汽车半轴、万向节轴、花键轴、制动杠杆、啮合杆、齿轮、离合器盘、螺栓、螺母等
50Mn	性能与 50 钢相近，但其淬透性较高，热处理后强度、硬度、弹性均稍高于 50 钢。焊接性差，具有过热敏感性和回火脆性倾向	用作耐磨性要求高、在高载荷下工作的零件，如齿轮、齿轮轴、摩擦盘、心轴、平板弹簧等
60Mn	强度、硬度、弹性和淬透性比 60 钢稍高，退火后的可加工性良好，冷变形塑性和焊接性均差，有过热敏感性和回火脆性倾向	用作尺寸稍大的螺旋弹簧、板簧、各种圆扁弹簧、弹簧环、弹簧片，还可制作冷拉钢丝及发条等

（2）中国 GB 标准非调质机械结构钢［GB/T 15712—2016］

A）非调质机械结构钢的钢号与化学成分（表 2-1-25）

表 2-1-25　非调质机械结构钢的钢号与化学成分（质量分数）（%）

钢号和代号[①]		C	Si	Mn	P ≤	S	Cr	Ni	V[②]	其 他[③、④]
GB	ISC									
铁素体-珠光体型										
F35VS	L22358	0.32 ~ 0.39	0.15 ~ 0.35	0.60 ~ 1.00	0.035	0.035 ~ 0.075	≤0.30	≤0.30	0.06 ~ 0.13	
F40VS	L22408	0.37 ~ 0.44	0.15 ~ 0.35	0.60 ~ 1.00	0.035	0.035 ~ 0.075	≤0.30	≤0.30	0.06 ~ 0.13	
F45VS	L22458	0.42 ~ 0.49	0.15 ~ 0.35	0.60 ~ 1.00	0.035	0.035 ~ 0.075	≤0.30	≤0.30	0.06 ~ 0.13	
F70VS	L22708	0.67 ~ 0.73	0.15 ~ 0.35	0.40 ~ 0.70	0.045	0.035 ~ 0.075	≤0.30	≤0.30	0.03 ~ 0.08	
F30MnVS	L22308	0.26 ~ 0.33	0.30 ~ 0.80	1.20 ~ 1.60	0.035	0.035 ~ 0.075	≤0.30	≤0.30	0.08 ~ 0.15	
F35MnVS	L22358	0.32 ~ 0.39	0.30 ~ 0.60	1.00 ~ 1.50	0.035	0.035 ~ 0.075	≤0.30	≤0.30	0.06 ~ 0.13	
F38MnVS	L22388	0.35 ~ 0.42	0.30 ~ 0.80	1.20 ~ 1.60	0.035	0.035 ~ 0.075	≤0.30	≤0.30	0.08 ~ 0.15	Cu≤0.30 Mo≤0.05
F40MnVS	L22408	0.37 ~ 0.44	0.30 ~ 0.60	1.00 ~ 1.50	0.035	0.035 ~ 0.075	≤0.30	≤0.30	0.06 ~ 0.13	
F45MnVS	L22458	0.42 ~ 0.49	0.30 ~ 0.60	1.00 ~ 1.50	0.035	0.035 ~ 0.075	≤0.30	≤0.30	0.06 ~ 0.13	
F49MnVS	L22498	0.44 ~ 0.52	0.15 ~ 0.60	0.70 ~ 1.00	0.035	0.035 ~ 0.075	≤0.30	≤0.30	0.08 ~ 0.15	
F48MnV	L22488	0.45 ~ 0.51	0.15 ~ 0.35	1.00 ~ 1.30	0.035	≤0.035	≤0.30	≤0.30	0.06 ~ 0.13	
F37MnSiVS	L22378	0.34 ~ 0.41	0.50 ~ 0.80	0.90 ~ 1.10	0.045	0.035 ~ 0.075	≤0.30	≤0.30	0.25 ~ 0.35	
F41MnSiV	L22418	0.38 ~ 0.45	0.50 ~ 0.80	1.20 ~ 1.60	0.035	≤0.035	≤0.30	≤0.30	0.08 ~ 0.15	
F38MnSiNS	L26388	0.35 ~ 0.42	0.50 ~ 0.80	1.20 ~ 1.60	0.035	0.035 ~ 0.075	≤0.30	≤0.30	≤0.06	Cu≤0.30 Mo≤0.05 N 0.010 ~ 0.020
贝氏体型										
F12Mn2VBS	L27128	0.09 ~ 0.16	0.30 ~ 0.60	2.20 ~ 2.65	0.035	0.035 ~ 0.075	≤0.30	≤0.30	0.06 ~ 0.12	Cu≤0.30 B 0.001 ~ 0.004
F25Mn2CrVS	L28258	0.22 ~ 0.28	0.20 ~ 0.40	1.80 ~ 2.10	0.030	0.035 ~ 0.065	≤0.30	≤0.30	0.10 ~ 0.15	Cu≤0.30

① 当硫含量只有上限要求时，牌号尾部不加"S"。

② 经供需双方协商，可以用 Nb 或 Ti 代替部分或全部 V 含量。在部分代替时，V 下限含量应由双方协商。

③ 热压力加工用钢的 Cu 含量≤0.20%。

④ 为了保证钢材的力学性能，允许钢中添加氮，推荐 N 含量为 0.008% ~ 0.020%。

B）非调质机械结构钢（直接切削加工用）的力学性能（表 2-1-26）

表 2-1-26 非调质机械结构钢（直接切削加工用）的力学性能

钢号和代号		公称直径或边长	R_m/MPa	R_{eL}/MPa	A（%）	Z（%）	KU_2/J
钢号	ISC	/mm	≥			≥	
F35VS	L22358	≤40	590	390	18	40	47
F40VS	L22408	≤40	640	420	16	35	37
F45VS	L22458	≤40	685	440	15	30	35
F30MnVS	L22308	≤60	700	450	14	30	①
F35MnVS	L22358	≤40	735	460	17	35	37
		>40~60	710	440	15	33	35
F38MnVS	L22388	≤60	800	520	12	25	①
F40MnVS	L22408	≤40	780	490	15	33	32
		>40~60	760	470	13	30	28
F45MnVS	L22458	≤40	825	510	13	28	28
		>40~60	810	490	12	28	25
F49MnVS	L22498	≤60	780	450	8	20	①

注：1. 根据需方要求，可以提供牌号未列入表中的钢材。公称直径或边长 >60mm 钢材，其力学性能具体指标由供需双方商定。

2. 公称直径或边长 ≤16mm 的圆钢或边长 ≤12mm 的方钢，不作冲击试验；标注①的 3 个牌号提供实测值，不作判定依据。

C）非调质机械结构钢的性能特点与用途（表 2-1-27）

表 2-1-27 非调质机械结构钢的性能特点和用途

钢号	性能特点	用途举例
F35VS F40VS	热轧空冷后具有高强度与较好韧性，综合力学性能良好，可加工性优于调质态的 40 钢	用于发动机和空气压缩机的连杆及其他零部件，可代替 40 钢
F45VS	属于 685 级易切削非调质钢，比 F35VS 钢有更高的强度	用于汽车发动机曲轴、凸轮轴、连杆，以及机械行业的轴类和蜗杆等零部件，可代替 45 钢
F30MnVS F35MnVS F38MnVS	与 F35VS 钢相比，具有更好的综合力学性能，可代替 55 钢用于制造重要的轴类和杆类结构件	F35MnVS 和 F38MnVS 用于发动机曲轴、花键轴等，F30MnVS 钢用于轿车转向节
F40MnVS	比 F35VS 钢具有更高的强度，其塑性和抗疲劳性能均优于调质态的 45 钢，可加工性能优于调质态的 45、40Cr/40MnB 钢	可代替 45、40Cr、40MnB 钢制造汽车、拖拉机的轴类和杆类结构件
F45MnVS	属于 785 级易切削非调质钢，与 F40MnVS 相比，耐磨性较高，韧性稍低，可加工性能优于调质态的 45 钢，抗疲劳性能亦佳	可取代调质态的 45 钢，用于制造拖拉机和机床等的轴类零部件
F49MnVS	其塑性和抗疲劳性能均优于调质态的 45 钢，可加工性优于调质态的 45、40Cr/40MnB 钢	可代替 45、40Cr、40MnB 等中碳调质钢，用于制造汽车、拖拉机的发动机曲轴，以及机床的轴类零部件
F12Mn2VBS	贝氏体型非调质钢，具有很高的强度和较高的韧性，其低温冲击性能较好	用于制造汽车前轴、转向节等

2.1.4 合金结构钢

（1）中国 GB 标准合金结构钢的钢号与化学成分［GB/T 3077—2015］（表 2-1-28）

表 2-1-28 合金结构钢的钢号与化学成分（质量分数）（%）

钢 组	钢号和代号		C	Si	Mn	Cr	Mo	Ni	B	其 他
	GB	ISC								
Mn	20Mn2	A00202	0.17 ~ 0.24	0.17 ~ 0.37	1.40 ~ 1.80	—	—	—	—	—
	30Mn2	A00302	0.27 ~ 0.34	0.17 ~ 0.37	1.40 ~ 1.80	—	—	—	—	—
	35Mn2	A00352	0.32 ~ 0.39	0.17 ~ 0.37	1.40 ~ 1.80	—	—	—	—	—
	40Mn2	A00402	0.37 ~ 0.44	0.17 ~ 0.37	1.40 ~ 1.80	—	—	—	—	—
	45Mn2	A00452	0.42 ~ 0.49	0.17 ~ 0.37	1.40 ~ 1.80	—	—	—	—	—
	50Mn2	A00502	0.47 ~ 0.55	0.17 ~ 0.37	1.40 ~ 1.80	—	—	—	—	—
MnV	20MnV	A01202	0.17 ~ 0.24	0.17 ~ 0.37	1.30 ~ 1.60	—	—	—	—	V 0.07 ~ 0.12
SiMn	27SiMn	A10272	0.24 ~ 0.32	1.10 ~ 1.40	1.10 ~ 1.40	—	—	—	—	—
	35SiMn	A10352	0.32 ~ 0.40	1.10 ~ 1.40	1.10 ~ 1.40	—	—	—	—	—
	42SiMn	A10422	0.39 ~ 0.45	1.10 ~ 1.40	1.10 ~ 1.40	—	—	—	—	—
SiMnMoV	20SiMn2MoV	A14202	0.17 ~ 0.23	0.90 ~ 1.20	2.20 ~ 2.60	—	0.30 ~ 0.40	—	—	V 0.05 ~ 0.12
	25SiMn2MoV	A14262	0.22 ~ 0.28	0.90 ~ 1.20	2.20 ~ 2.60	—	0.30 ~ 0.40	—	—	V 0.05 ~ 0.12
	37SiMn2MoV	A14372	0.33 ~ 0.39	0.60 ~ 0.90	1.60 ~ 1.90	—	0.40 ~ 0.50	—	—	V 0.05 ~ 0.12
B	40B	A70402	0.37 ~ 0.44	0.17 ~ 0.37	0.60 ~ 0.90	—	—	—	0.0008 ~ 0.0035	—
	45B	A70452	0.42 ~ 0.49	0.17 ~ 0.37	0.60 ~ 0.90	—	—	—	0.0008 ~ 0.0035	—
	50B	A70502	0.47 ~ 0.55	0.17 ~ 0.37	0.60 ~ 0.90	—	—	—	0.0008 ~ 0.0035	—
MnB	25MnB	A71252	0.23 ~ 0.28	0.17 ~ 0.37	1.00 ~ 1.40	—	—	—	0.0008 ~ 0.0035	—
	35MnB	A71352	0.32 ~ 0.38	0.17 ~ 0.37	1.10 ~ 1.40	—	—	—	0.0008 ~ 0.0035	—
	40MnB	A71402	0.37 ~ 0.44	0.17 ~ 0.37	1.10 ~ 1.40	—	—	—	0.0008 ~ 0.0035	—
	45MnB	A71452	0.42 ~ 0.49	0.17 ~ 0.37	1.10 ~ 1.40	—	—	—	0.0008 ~ 0.0035	—
MnMoB	20MnMoB	A72202	0.16 ~ 0.22	0.17 ~ 0.37	0.90 ~ 1.20	—	0.20 ~ 0.30	—	0.0008 ~ 0.0035	
MnVB	15MnVB	A73152	0.12 ~ 0.18	0.17 ~ 0.37	1.20 ~ 1.60	—	—	—	0.0008 ~ 0.0035	V 0.07 ~ 0.12
	20MnVB	A73202	0.17 ~ 0.23	0.17 ~ 0.37	1.20 ~ 1.60	—	—	—	0.0008 ~ 0.0035	V 0.07 ~ 0.12
	40MnVB	A73402	0.37 ~ 0.44	0.17 ~ 0.37	1.10 ~ 1.40	—	—	—	0.0008 ~ 0.0035	V 0.05 ~ 0.10
MnTiB	20MnTiB	A74202	0.17 ~ 0.24	0.17 ~ 0.37	1.30 ~ 1.60	—	—	—	0.0008 ~ 0.0035	Ti 0.04 ~ 0.10
	25MnTiBRE	A74252	0.22 ~ 0.28	0.20 ~ 0.45	1.30 ~ 1.60	—	—	—	0.0008 ~ 0.0035	Ti 0.04 ~ 0.10

（续）

钢 组	钢号和代号		C	Si	Mn	Cr	Mo	Ni	B	其 他
	GB	ISC								
Cr	15Cr	A20152	0.12 ~ 0.17	0.17 ~ 0.37	0.40 ~ 0.70	0.70 ~ 1.00	—	—	—	—
	20Cr	A20202	0.18 ~ 0.24	0.17 ~ 0.37	0.50 ~ 0.80	0.70 ~ 1.00	—	—	—	—
	30Cr	A20302	0.27 ~ 0.34	0.17 ~ 0.37	0.50 ~ 0.80	0.80 ~ 1.10	—	—	—	—
	35Cr	A20352	0.32 ~ 0.39	0.17 ~ 0.37	0.50 ~ 0.80	0.80 ~ 1.10	—	—	—	—
	40Cr	A20402	0.37 ~ 0.44	0.17 ~ 0.37	0.50 ~ 0.80	0.80 ~ 1.10	—	—	—	—
	45Cr	A20452	0.42 ~ 0.49	0.17 ~ 0.37	0.50 ~ 0.80	0.80 ~ 1.10	—	—	—	—
	50Cr	A20502	0.47 ~ 0.54	0.17 ~ 0.37	0.50 ~ 0.80	0.80 ~ 1.10	—	—	—	—
CrSi	38CrSi	A21382	0.35 ~ 0.43	1.00 ~ 1.30	0.30 ~ 0.60	1.30 ~ 1.60	—	—	—	—
CrMo	12CrMo	A30122	0.08 ~ 0.15	0.17 ~ 0.37	0.40 ~ 0.70	0.40 ~ 0.70	0.40 ~ 0.55	—	—	—
	15CrMo	A30152	0.12 ~ 0.18	0.17 ~ 0.37	0.40 ~ 0.70	0.80 ~ 1.10	0.40 ~ 0.55	—	—	—
	20CrMo	A30202	0.17 ~ 0.24	0.17 ~ 0.37	0.40 ~ 0.70	0.80 ~ 1.10	0.15 ~ 0.25	—	—	—
	25CrMo	A30252	0.22 ~ 0.29	0.17 ~ 0.37	0.60 ~ 0.90	0.90 ~ 1.20	0.15 ~ 0.30	—	—	—
	30CrMo	A30302	0.26 ~ 0.33	0.17 ~ 0.37	0.40 ~ 0.70	0.80 ~ 1.10	0.15 ~ 0.25	—	—	—
	35CrMo	A30352	0.32 ~ 0.40	0.17 ~ 0.37	0.40 ~ 0.70	0.80 ~ 1.10	0.15 ~ 0.25	—	—	—
	42CrMo	A30422	0.38 ~ 0.45	0.17 ~ 0.37	0.50 ~ 0.80	0.90 ~ 1.20	0.15 ~ 0.25	—	—	—
	50CrMo	A30502	0.46 ~ 0.54	0.17 ~ 0.37	0.50 ~ 0.80	0.90 ~ 1.20	0.15 ~ 0.30	—	—	—
CrMoV	12CrMoV	A31122	0.08 ~ 0.15	0.17 ~ 0.37	0.40 ~ 0.70	0.30 ~ 0.60	0.25 ~ 0.35	—	—	V 0.15 ~ 0.30
	35CrMoV	A31352	0.30 ~ 0.38	0.17 ~ 0.37	0.40 ~ 0.70	1.00 ~ 1.30	0.20 ~ 0.30	—	—	V 0.10 ~ 0.20
	12Cr1MoV	A31132	0.08 ~ 0.15	0.17 ~ 0.37	0.40 ~ 0.70	0.90 ~ 1.20	0.25 ~ 0.35	—	—	V 0.15 ~ 0.30
	25Cr2MoV	A31252	0.22 ~ 0.29	0.17 ~ 0.37	0.40 ~ 0.70	1.50 ~ 1.80	0.25 ~ 0.35	—	—	V 0.15 ~ 0.30
	25Cr2Mo1V	A31262	0.22 ~ 0.29	0.17 ~ 0.37	0.50 ~ 0.80	2.10 ~ 2.50	0.90 ~ 1.10	—	—	V 0.30 ~ 0.50

（续）

钢 组	钢号和代号 GB	钢号和代号 ISC	C	Si	Mn	Cr	Mo	Ni	B	其 他
CrMoAl	38CrMoAl	A33382	0.35 ~ 0.42	0.20 ~ 0.45	0.30 ~ 0.60	1.35 ~ 1.65	0.15 ~ 0.25	—	—	Al 0.70 ~ 1.10
CrV	40CrV	A23402	0.37 ~ 0.44	0.17 ~ 0.37	0.50 ~ 0.80	0.80 ~ 1.10	—	—	—	V 0.10 ~ 0.20
CrV	50CrV	A23502	0.47 ~ 0.54	0.17 ~ 0.37	0.50 ~ 0.80	0.80 ~ 1.10	—	—	—	V 0.10 ~ 0.20
CrMn	15CrMn	A22152	0.12 ~ 0.18	0.17 ~ 0.37	1.10 ~ 1.40	0.40 ~ 0.70	—	—	—	—
CrMn	20CrMn	A22202	0.17 ~ 0.23	0.17 ~ 0.37	0.90 ~ 1.20	0.90 ~ 1.20	—	—	—	—
CrMn	40CrMn	A22402	0.37 ~ 0.45	0.17 ~ 0.37	0.90 ~ 1.20	0.90 ~ 1.20	—	—	—	—
CrMnSi	20CrMnSi	A24202	0.17 ~ 0.23	0.90 ~ 1.20	0.80 ~ 1.10	0.80 ~ 1.10	—	—	—	—
CrMnSi	25CrMnSi	A24252	0.22 ~ 0.28	0.90 ~ 1.20	0.80 ~ 1.10	0.80 ~ 1.10	—	—	—	—
CrMnSi	30CrMnSi	A24302	0.28 ~ 0.34	0.90 ~ 1.20	0.80 ~ 1.10	0.80 ~ 1.10	—	—	—	—
CrMnSi	35CrMnSi	A24352	0.32 ~ 0.39	1.10 ~ 1.40	0.80 ~ 1.10	1.10 ~ 1.40	—	—	—	—
CrMnMo	20CrMnMo	A34202	0.17 ~ 0.23	0.17 ~ 0.37	0.90 ~ 1.20	1.10 ~ 1.40	0.20 ~ 0.30	—	—	—
CrMnMo	40CrMnMo	A34402	0.37 ~ 0.45	0.17 ~ 0.37	0.90 ~ 1.20	0.90 ~ 1.20	0.20 ~ 0.30	—	—	—
CrMnTi	20CrMnTi	A26202	0.17 ~ 0.23	0.17 ~ 0.37	0.80 ~ 1.10	1.00 ~ 1.30	—	—	—	Ti 0.40 ~ 1.00
CrMnTi	30CrMnTi	A26302	0.24 ~ 0.32	0.17 ~ 0.37	0.80 ~ 1.10	1.00 ~ 1.30	—	—	—	Ti 0.40 ~ 1.00
CrNi	20CrNi	A40202	0.17 ~ 0.23	0.17 ~ 0.37	0.40 ~ 0.70	0.45 ~ 0.75	—	1.00 ~ 1.40	—	—
CrNi	40CrNi	A40402	0.37 ~ 0.44	0.17 ~ 0.37	0.50 ~ 0.80	0.45 ~ 0.75	—	1.00 ~ 1.40	—	—
CrNi	45CrNi	A40452	0.42 ~ 0.49	0.17 ~ 0.37	0.50 ~ 0.80	0.45 ~ 0.75	—	1.00 ~ 1.40	—	—
CrNi	50CrNi	A40502	0.47 ~ 0.54	0.17 ~ 0.37	0.50 ~ 0.80	0.45 ~ 0.75	—	1.00 ~ 1.40	—	—
CrNi	12CrNi2	A41122	0.10 ~ 0.17	0.17 ~ 0.37	0.30 ~ 0.60	0.60 ~ 0.90	—	1.50 ~ 1.90	—	—
CrNi	34CrNi2	A41342	0.30 ~ 0.37	0.17 ~ 0.37	0.60 ~ 0.90	0.80 ~ 1.10	—	1.20 ~ 1.60	—	—
CrNi	12CrNi3	A42122	0.10 ~ 0.17	0.17 ~ 0.37	0.30 ~ 0.60	0.60 ~ 0.90	—	275 ~ 315	—	—
CrNi	20CrNi3	A42202	0.17 ~ 0.24	0.17 ~ 0.37	0.30 ~ 0.60	0.60 ~ 0.90	—	275 ~ 315	—	—
CrNi	30CrNi3	A42302	0.27 ~ 0.33	0.17 ~ 0.37	0.30 ~ 0.60	0.60 ~ 0.90	—	275 ~ 315	—	—

（续）

钢　组	钢号和代号		C	Si	Mn	Cr	Mo	Ni	B	其 他
	GB	ISC								
CrNi	37CrNi3	A42372	0.34~0.41	0.17~0.37	0.30~0.60	1.20~1.60	—	3.00~3.50		—
	12Cr2Ni4	A43122	0.10~0.16	0.17~0.37	0.30~0.60	1.25~1.65	—	3.25~3.65		—
	20Cr2Ni4	A43202	0.17~0.23	0.17~0.37	0.30~0.60	1.25~1.65	—	3.25~3.65		—
CrNiMo	15CrNiMo	A50152	0.13~0.18	0.17~0.37	0.70~0.90	0.45~0.65	0.45~0.60	0.70~1.00		
	20CrNiMo	A50202	0.17~0.23	0.17~0.37	0.60~0.95	0.40~0.70	0.20~0.30	0.35~0.75		
	30CrNiMo	A50302	0.28~0.33	0.17~0.37	0.70~0.90	0.70~1.00	0.25~0.45	0.60~0.80		
	30Cr2Ni2Mo	A50300	0.26~0.34	0.17~0.37	0.50~0.80	1.80~2.20	0.30~0.50	1.80~2.20		
	30Cr2Ni4Mo	A50310	0.25~0.33	0.17~0.37	0.50~0.80	1.20~1.50	0.30~0.60	3.30~4.30		
	34Cr2Ni2Mo	A50342	0.30~0.38	0.17~0.37	0.50~0.80	1.30~1.70	0.15~0.30	1.30~1.70		
	35C2rNi4Mo	A50352	0.32~0.39	0.17~0.37	0.50~0.80	1.60~2.00	0.25~0.45	3.60~4.10		
	40CrNiMo	A50402	0.37~0.44	0.17~0.37	0.50~0.80	0.60~0.90	0.15~0.25	1.25~1.65		
	40CrNi2Mo	A50400	0.38~0.43	0.17~0.37	0.60~0.80	0.70~0.90	0.20~0.30	1.65~2.00		
CrMnNiMo	18CrMnNiMo	A50182	0.15~0.21	0.17~0.37	1.10~1.40	1.00~1.30	0.20~0.30	1.00~1.30	—	—
CrNiMoV	45CrNiMoV	A51452	0.42~0.49	0.17~0.37	0.50~0.80	0.80~1.10	0.20~0.30	1.30~1.80	—	V 0.10~0.20
CrNiW	18Cr2Ni4W	A52182	0.13~0.19	0.17~0.37	0.30~0.60	1.35~1.65	—	4.00~4.50		W 0.80~1.20
	25Cr2Ni4W	A52252	0.21~0.28	0.17~0.37	0.30~0.60	1.35~1.65	—	4.00~4.50		W 0.80~1.20

注：1. 对钢中磷、硫及残余元素含量的规定。

　1）钢中磷、硫含量及作为残余元素的铬、镍、钼、铜含量应符合下列要求：

质量等级	化学成分（质量分数）（%）≤					
	P	S	Cr	Ni	Mo	Cu
优质钢	0.030	0.030	0.30	0.30	0.10	0.30
高级优质钢	0.020	0.020	0.30	0.30	0.10	0.25
特级优质钢	0.020	0.010	0.30	0.30	0.10	0.25

　2）钢中残余钨、钒、钛含量应进行分析，检验结果记入质量证明数中。根据需方要求，可对残余钨、钒、钛含量加以限制。

　3）热压力加工用钢的铜含量≤0.20%。

2. 表中各牌号可按高级优质钢或特级优质钢订货，分别以牌号后缀字母"A"或"E"标出。

3. 未经用户同意，不得有意加入表中未规定元素。应采取措施防止从废钢或其他原料中混入影响钢材性能的元素。

4. 稀土按 0.05% 计算量加入，成分分析结果供参考。

（2）中国 GB 标准合金结构钢的力学性能（表 2-1-29）

表 2-1-29 合金结构钢的力学性能

钢 组	钢号和代号		试样毛坯尺寸	R_m/MPa	R_{eL}/MPa	A（%）	Z（%）	KU_2/J	HBW[①]
	钢号	ISC	/mm	≥					≤
Mn	20Mn2	A00202	15	785	590	10	40	47	187
	30Mn2	A00302	25	785	635	12	45	63	207
	35Mn2	A00352	25	835	685	12	45	55	207
	40Mn2	A00402	25	885	735	12	45	55	217
	45Mn2	A00452	25	885	735	10	45	47	217
	50Mn2	A00502	25	930	785	9	40	39	229
MnV	20MnV	A01202	15	785	590	10	40	55	187
SiMn	27SiMn	A10272	25	980	835	12	40	39	217
	35SiMn	A10352	25	885	735	15	45	47	229
	42SiMn	A10422	25	885	735	15	40	47	229
SiMnMoV	20SiMn2MoV	A14202	试样	1380	—	10	45	55	269
	25SiMn2MoV	A14262	试样	1470	—	10	40	47	269
	37SiMn2MoV	A14372	25	980	835	12	50	65	269
B	40B	A70402	25	785	635	12	45	55	207
	45B	A70452	25	835	685	12	45	47	217
	50B	A70502	20	785	540	10	45	39	207
MnB	25MnB	A71202	25	835	635	10	45	47	207
	35MnB	A71352	25	930	735	10	45	47	207
	40MnB	A71402	25	980	785	10	45	47	207
	45MnB	A71452	25	1030	835	9	40	39	217
MnMoB	20MnMoB	A72202	15	1080	885	10	50	55	207
MnMoB	15MnVB	A73152	25	885	635	10	45	55	207
	20MnVB	A73202	25	1080	885	10	45	55	207
	40MnVB	A73402	20	980	785	10	45	47	207
MnTiB	20MnTiB	A74202	15	1130	930	10	45	55	187
	25MnTiBRE	A74252	试样	1380	—	10	40	47	229
Cr	15Cr	A20152	15	685	490	12	45	55	179
	20Cr	A20202	15	835	540	10	40	47	179
	30Cr	A20302	25	885	685	11	45	47	187
	35Cr	A20352	25	930	735	11	45	47	207
	40Cr	A20402	25	980	785	9	45	47	207
	45Cr	A20452	25	1030	835	9	40	39	217
	50Cr	A20502	25	1080	930	9	40	39	229
CrSi	38CrSi	A21382	25	980	835	12	50	55	255
CrMo	12CrMo	A30122	30	410	265	24	60	110	119
	15CrMo	A30152	30	440	295	22	60	94	179
	20CrMo	A30202	15	885	685	12	50	78	197
	25CrMo	A30252	25	900	600	14	55	68	229
	30CrMo	A30302	15	930	735	12	50	71	229
	35CrMo	A30352	25	980	835	12	45	63	229
	42CrMo	A30422	25	1080	930	12	45	63	229
	50CrMo	A30502	25	1130	930	11	45	48	248

（续）

钢组	钢号和代号		试样毛坯尺寸 /mm	R_m/MPa	R_{eL}/MPa	A（%）	Z（%）	KU_2/J	HBW[①]
	钢号	ISC				≥			≤
CrMoV	12CrMoV	A31122	30	440	225	22	50	78	241
	35CrMoV	A31352	25	1080	930	10	50	71	241
	12Cr1MoV	A31132	30	490	245	22	50	71	179
	25Cr2MoV	A31252	25	930	785	14	55	63	241
	25Cr2Mo1V	A31262	25	735	590	16	50	47	241
CrMoAl	38CrMoAl	A33382	30	980	835	14	50	71	229
CrV	40CrV	A23402	25	885	735	10	50	71	241
	50CrV	A23502	25	1280	1130	10	40	—	255
CrMn	15CrMn	A22152	15	785	590	12	50	47	179
	20CrMn	A22202	15	930	735	10	45	47	187
	40CrMn	A22402	25	980	835	9	45	47	229
CrMnSi	20CrMnSi	A24202	25	785	635	12	45	55	207
	25CrMnSi	A24252	25	1080	885	10	40	39	217
	30CrMnSi	A24302	25	1080	835	10	45	39	229
	35CrMnSi	A24352	试样	1620	1280	9	40	31	241
CrMnMo	20CrMnMo	A34202	15	1180	885	10	45	55	217
	40CrMnMo	A34402	25	980	785	10	45	65	217
CrMnTi	20CrMnTi	A26202	15	1080	850	10	45	55	217
	30CrMnTi	A26302	试样	1470	—	9	40	47	229
CrNi	20CrNi	A40202	25	785	590	10	50	63	197
	40CrNi	A40402	25	980	785	10	45	55	241
	45CrNi	A40452	25	980	785	10	45	55	255
	50CrNi	A40502	25	1080	835	8	40	39	255
	12CrNi2	A41122	15	785	590	12	50	63	207
	34CrNi2	A41342	25	930	735	11	45	71	241
	12CrNi3	A42122	15	930	685	11	50	71	217
	20CrNi3	A42202	25	930	735	11	55	78	241
	30CrNi3	A42302	25	980	785	9	45	63	241
	37CrNi3	A42372	25	1130	980	10	50	47	269
	12Cr2Ni4	A43122	15	1080	835	10	50	71	269
	20Cr2Ni4	A43202	15	1180	1080	10	45	63	269
CrNiMo	15CrNiMo	A50152	15	930	750	10	40	46	197
	20CrNiMo	A50202	15	980	785	9	40	47	197
	30CrNiMo	A50302	25	980	785	10	50	63	269
	40CrNiMo	A50402	25	980	835	12	55	78	269
CrNiMo	40CrNi2Mo	A50400	25	1050	980	12	45	48	269
			试样	1790	1500	6	25	—	
	30Cr2Ni2Mo	A50300	25	980	835	10	50	71	269
	34Cr2Ni2Mo	A50342	25	1080	930	10	50	71	269
	30Cr2Ni4Mo	A50310	25	1080	930	10	50	71	269
	35C2rNi4Mo	A50352	25	1130	980	10	50	71	269

（续）

钢　组	钢号和代号		试样毛坯尺寸	R_m/MPa	R_{eL}/MPa	A（%）	Z（%）	KU_2/J	HBW[①]
	钢号	ISC	/mm			≥			≤
CrMnNiMo	18CrMnNiMo	A50182	15	1180	885	10	45	71	269
CrNiMoV	45CrNiMoV	A51452	试样	1470	1330	7	35	31	269
CrNiW	18Cr2Ni4W	A52182	15	1180	835	10	45	78	269
	25Cr2Ni4W	A52252	25	1080	930	11	45	71	269

注：1. 表中的力学性能是各牌号的试样经热处理后测定的数值，其相应的热处理制度见表 2-1-30。

　　2. 当屈服现象不明显时，可用 $R_{p0.2}$ 代替 R_{eL}。

　　3. 直径小于 16mm 的圆钢和厚度小于 12mm 的方钢、扁钢，不做冲击试验。

① 交货状态硬度。

（3）中国 GB 标准合金结构钢的热处理制度（表 2-1-30）

表 2-1-30　合金结构钢的热处理制度

钢　组	钢号和代号		淬　火			回　火	
	钢　号	ISC	加热温度/℃		冷却介质	加热温度/℃	冷却介质
			第 1 次淬火	第 2 次淬火			
Mn	20Mn2	A00202	850	—	水，油	200	水，空冷
			880	—	水，油	440	水，空冷
	30Mn2	A00302	840	—	水	500	水
	35Mn2	A00352	840	—	水	500	水
	40Mn2	A00402	840	—	水，油	540	水
	45Mn2	A00452	840	—	油	550	水，油
	50Mn2	A00502	820	—	油	550	水，油
MnV	20MnV	A01202	880	—	水，油	200	水，空冷
SiMn	27SiMn	A10272	920	—	水	450	水，油
	35SiMn	A10352	900	—	水	570	水，油
	42SiMn	A10422	880	—	水	590	水
SiMnMoV	20SiMn2MoV	A14202	900	—	油	200	水，空冷
	25SiMn2MoV	A14262	900	—	油	200	水，空冷
	37SiMn2MoV	A14372	870	—	水，油	650	水，空冷
B	40B	A70402	840	—	水	550	水
	45B	A70452	840	—	水	550	水
	50B	A70502	840	—	油	600	空冷
MnB	25MnB	A71202	850	—	油	500	水，油
	35MnB	A71352	850	—	油	500	水，油
	40MnB	A71402	850	—	油	500	水，油
	45MnB	A71452	840	—	油	500	水，油
MnMoB	20MnMoB	A72202	880	—	油	200	油，空冷
MnVB	15MnVB	A73152	880	—	油	200	水，空冷
	20MnVB	A73202	880	—	油	200	水，空冷
	40MnVB	A73402	850	—	油	520	水，油
MnTiB	20MnTiB	A74202	860	—	油	200	水，空冷
	25MnTiBRE	A74252	860	—	油	200	水，空冷

（续）

钢组	钢号和代号		淬 火			回 火	
	钢 号	ISC	加热温度/℃		冷却介质	加热温度/℃	冷却介质
			第1次淬火	第2次淬火			
Cr	15Cr	A20152	880	770~820	水，油	180	油，空冷
	20Cr	A20202	880	780~820	水，油	200	水，空冷
	30Cr	A20302	860	—	油	500	水，油
	35Cr	A20352	860	—	油	500	水，油
	40Cr	A20402	850	—	油	520	水，油
	45Cr	A20452	840	—	油	520	水，油
	50Cr	A20502	830	—	油	520	水，油
CrSi	38CrSi	A21382	900	—	油	600	水，油
CrMo	12CrMo	A30122	900	—	空冷	650	空冷
	15CrMo	A30152	900	—	空冷	650	空冷
	20CrMo	A30202	880	—	水，油	500	水，油
	25CrMo	A30252	870	—	水，油	600	水，油
	30CrMo	A30302	880	—	油	540	油
	35CrMo	A30352	850	—	油	550	油
	42CrMo	A30422	850	—	油	560	油
	50CrMo	A30502	840	—	油	560	油
CrMoV	12CrMoV	A31122	970	—	空冷	750	空冷
	35CrMoV	A31352	900	—	油	630	水，油
	12Cr1MoV	A31132	970	—	空冷	750	空冷
	25Cr2MoV	A31252	900	—	油	640	空冷
	25Cr2Mo1V	A31262	1040	—	空冷	700	空冷
CrMoAl	38CrMoAl	A33382	940	—	水，油	640	水，油
CrV	40CrV	A23402	880	—	油	650	水，油
	50CrV	A23502	850	—	油	500	水，油
CrMn	15CrMn	A22152	880	—	油	200	水，空冷
	20CrMn	A22202	850	—	油	200	水，空冷
	40CrMn	A22402	840	—	油	550	水，油
CrMnSi	20CrMnSi	A24202	880	—	油	480	水，油
	25CrMnSi	A24252	880	—	油	480	水，油
	30CrMnSi	A24302	880	—	油	540	水，油
	35CrMnSi	A24352	加热至880℃，于280~310℃等温淬火				
			950	890	油	230	空冷，油
CrMnMo	20CrMnMo	A34202	850	—	油	200	水，空冷
	40CrMnMo	A34402	850	—	油	600	水，油
CrMnTi	20CrMnTi	A26202	880	870	油	200	水，空冷
	30CrMnTi	A26302	880	850	油	200	水，空冷
CrNi	20CrNi	A40202	850	—	水，油	460	水，油
	40CrNi	A40402	820	—	油	500	水，油
	45CrNi	A40452	820	—	油	530	水，油
	50CrNi	A40502	820	—	油	500	水，油

（续）

钢组	钢号和代号			淬火			回火	
	钢号	ISC	加热温度/℃		冷却介质		加热温度/℃	冷却介质
			第1次淬火	第2次淬火				
CrNi	12CrNi2	A41122	860	780	水，油		200	水，空冷
	34CrNi2	A41342	840	—	水，油		530	水，油
	12CrNi3	A42122	860	780	油		200	水，空冷
	20CrNi3	A42202	830	—	水，油		480	水，油
	30CrNi3	A42302	820	—	油		500	水，油
	37CrNi3	A42372	820	—	油		500	水，油
	12Cr2Ni4	A43122	860	780	油		200	水，空冷
	20Cr2Ni4	A43202	880	780	油		200	水，空冷
CrNiMo	15CrNiMo	A50152	850	—	油		200	空冷
	20CrNiMo	A50202	850	—	油		200	空冷
	30CrNiMo	A50302	850	—	油		500	水，油
	40CrNiMo	A50402	850	—	油		600	水，油
	40CrNi2Mo	A50400	890（正火）	850	油		560~580	空冷
			890（正火）	850	油		220 两次	空冷
	30Cr2Ni2Mo	A50300	850	—	油		520	水，油
	34Cr2Ni2Mo	A50342	850	—	油		520	水，油
	30Cr2Ni4Mo	A50310	850	—	油		560	水，油
	35C2rNi4Mo	A50352	850	—	油		560	水，油
CrMnNiMo	18CrMnNiMo	A50182	830	—	油		200	空冷
CrNiMoV	45CrNiMoV	A51452	860	—	油		460	油
CrNiW	18Cr2Ni4W	A52182	850	850	空冷		200	水，空冷
	25Cr2Ni4W	A52252	850	—	油		550	水，油

注：1. 表中所列的热处理温度调整范围：淬火 ±15℃，低温回火 ±20℃，高温回火 ±50℃。

2. 硼钢在淬火前可先经正火，正火温度应不高于其淬火温度，CrMnTi 钢第一次淬火可用正火代替。

3. 钢棒尺寸小于试样毛还尺寸时，用原尺寸钢棒进行热处理。

（4）中国合金结构钢的性能特点与用途（表 2-1-31）

表 2-1-31　合金结构钢的性能特点和用途

钢号	性能特点	用途举例
20Mn2	具有中等强度，淬透性比碳含量相同的碳钢要高，当截面尺寸较小时，其力学性能和20Cr钢相近，而低温冲击韧度与焊接性能稍优于20Cr钢。冷变形时塑性高，可加工性良好，热处理时有过热、脱碳敏感性及回火脆性倾向	常用于制造渗碳小齿轮、小轴，以及力学性能要求不高的活塞销、十字头销、柴油机套筒、汽门挺杆、变速齿轮操纵杆等，热轧及正火状态下用于制造螺栓、螺钉、螺母及铆焊件等。用作截面较小的零件时，可代替20Cr钢
30Mn2	经调质处理后具有高的强度和韧性，并有优良的耐磨性，当用作小截面的重要紧固件时，静强度和疲劳极限均良好，拉丝、冷镦、热处理工艺性都良好，淬透性较高，淬火变形小，但有过热、脱碳敏感性及回火脆性，可加工性中等，焊接性不佳，一般不用作焊接件	用于制造截面不大的调质件，汽车、拖拉机的车架、纵横梁、变速器齿轮、轴、冷镦螺栓，矿山机械中可用于心部强度要求不高的渗碳零件，如起重机台车的车轴，在电站设备中用作风扇环、叶片等

（续）

钢　号	性 能 特 点	用 途 举 例
35Mn2	与 30Mn2 钢相比，其碳含量提高，因而具有更高的强度和耐磨性，淬透性也提高，但塑性略有下降，冷变形塑性中等，焊接性低，可加工性中等，有白点敏感性、过热敏感倾向，水淬易淬裂，一般在调质或正火状态下使用	用于制造直径 <15mm 的各种冷镦螺栓、力学性能要求较高的小轴、轴套、小连杆、操纵杆、曲轴、风机配件、农机中的锄铲及锄铲柄。制造直径 <20mm 的小零件时，可代替 40Cr
40Mn2	钢的强度、塑性及耐磨性均优于 40 钢，有良好的热处理工艺性及可加工性，冷变形塑性不高，焊接性差，需要预热才能焊接，有回火脆性与白点敏感性，过热敏感性大，水冷易产生裂纹，通常在调质状态下使用	用于制造重载工作的各种机械零件，如轴、曲轴、半轴、活塞杆、杠杆、连杆、操纵杆、蜗杆、以及承受载荷的螺栓、螺钉、加固环、弹簧等。用于直径 40mm 以下的小截面重要零件时，可代替 40Cr 钢
45Mn2	中碳调质钢，具有较高的强度、耐磨性及淬透性，调质后能获得良好的综合力学性能，适宜于油冷再高温回火，常在调质状态下使用，需要时也可在正火状态下使用，可加工性尚可，但焊接性差，冷变形时塑性低，热处理有过热敏感性、回火脆性倾向，水冷易产生裂纹	用于制造承受高应力和耐磨损的零件，如制作直径 <60mm 的零件，可代替 40Gr 使用，在汽车、拖拉机和通用机械中，常用于制造轴、车轴、万向接头轴、蜗杆、齿轮轴、电车和内燃机车轴、重负载机架、冷锻状态中的螺栓和螺母等
50Mn2	具有高的强度、弹性和良好的耐磨性，淬透性也较高，在调质或正火及回火状态都可获得良好的综合力学性能，可加工性尚好，冷变形塑性低，焊接性差，有过热敏感性、白点敏感性及回火脆性，水淬易淬裂，一般在调质后使用，也可在正火及回火后使用	用作在较高应力和磨损条件下工作的大型零件，如万向接头轴、齿轮、曲轴、连杆、蜗杆、各类小轴等，重型机械中用作滚动轴承支撑的主轴、轴及大型齿轮，以及用于制造手卷簧、板弹簧等，汽车的传动花键轴与受冲击载荷的心轴，还用于制造板簧、平卷簧等。用作直径 80mm 以下的零件时，可代替 45Cr 钢
20MnV	钢的强度、塑性和韧性均优于 20Mn2 钢，淬透性好，可加工性尚可，渗碳时晶粒长大倾向小，渗碳后可以直接淬火，焊接性尚好，焊后应及时进行去应力退火，但在 300 ~ 360℃ 有回火脆性。可代替 20Cr、20CrNi 钢	用于制造工作温度不超过 450 ~ 475℃ 的高压容器、锅炉、大型高压管道构件，也用于制造冷轧、冷拉、冷冲压加工的零件，如齿轮、自行车链条、活塞销等，还广泛用于制造直径 <20mm 的矿用链环等
27SiMn	性能高于 30Mn2 钢，具有较高的强度和耐磨性，并有一定韧性，淬透性较高，可加工性良好，冷变形塑性中等，焊接性尚可，热处理时脱碳和变形小，但有过热敏感性、回火脆性倾向及白点敏感性	大多在调质后使用，用于制造高韧性和高耐磨的零件，如扒斗装岩机的耙齿；也可用于不经热处理或正火状态下使用的零件，如拖拉机履带销等
35SiMn	调质处理后具有良好的韧性，高的静强度、疲劳强度和耐磨性，淬透性良好，截面 60mm 以下的调质零件，除了低温冲击韧度稍差外其他力学性能与 40Cr 钢相当。钢的冷变形塑性中等，可加工性良好，但焊接性差，焊前应预热。有过热敏感性、白点敏感性及回火脆性，并且容易脱碳。可以代替 40Cr 使用，还可部分代替 40CrNi 使用	用于制造中速、中载荷的零件，或制作高载荷、冲击振动不大的零件以及制作截面较大、表面淬火的零件，如汽轮机的主轴、轮毂、叶轮以及各种重要紧固件，通用机械的传动轴、主轴、心轴、曲轴、连杆、齿轮、蜗杆、发电机轴、飞轮及各种锻件，农机用的锄铲柄、犁辕等耐磨部件，还可制作薄壁无缝钢管
42SiMn	力学性能与 35SiMn 钢相近，其强度、耐磨性及淬透性均略高于 35SiMn 钢，有回火脆性倾向，可加工性稍差。经适当热处理后该钢的强度、耐磨性及热加工性能优于 40Cr 钢，还可代替 40CrNi 钢使用	在调质后高频感应加热淬火、低温回火状态下，用于制造较大截面、要求表面高硬度及较高耐磨性的零件，如齿轮、主轴等；在高频感应加热淬火及中温回火状态下，用作中速、中载荷的齿轮传动轴；在淬火后低、中温回火状态下，重载荷的零件，如齿轮、主轴、液压泵转子、滑块等

（续）

钢　号	性 能 特 点	用 途 举 例
20SiMn2MoV	经淬火及低温回火后可获得高强度、高韧性，并有较高的疲劳极限，在动载荷及多次冲击载荷下，其缺口敏感性和过载敏感性均较低。钢的淬透性较高，油淬变形和裂纹倾向很小，脱碳倾向低，锻造工艺性良好，焊接性较好，可加工性差，一般在淬火及低温回火状态下使用	用于制造截面较大、载荷较重、应力状况复杂或低温下长期工作的零件，如石油机械中的吊环、吊卡、射孔器以及其他较大截面的连接件；在低温回火状态下可代替调质状态下使用的 35CrMo、35CrNi3MoA、40CrNiMoA 等钢使用
25SiMn2MoV	力学性能与 20SiMn2MoV 钢基本相同，但强度和淬硬性稍高于 20SiMn2MoV，而塑性及韧性又略有降低，锻造工艺性良好，可加工性差	用途和 20SiMn2MoV 基本相同，用该钢制成的石油钻机吊环等零件，使用性能良好，较之 35CrNiMo 制作的同类零件更安全可靠，且质量轻，节省材料
37SiMn2MoV	高级调质钢，具有优良的综合力学性能，淬透性高，热处理工艺性良好，淬裂敏感性小，耐回火性好，回火脆性倾向很小，高温强度较佳，低温韧性亦好，调质处理后能得到高强度和高韧性，一般在调质状态下使用，还可在淬火及低温回火后使用	用于制造大截面、重载荷的重要零件，如重型机器的轴类、齿轮、转子、连杆等，石油化工用高压容器、大螺栓、高压无缝钢管，并可用作工作温度在 -15～450℃ 范围的大型螺栓等紧固件；用作超高强度钢时，可代替 35CrMo、40CrNiMo 钢
40B	钢的淬透性、耐磨性和硬度均高于 40 钢，水淬临界直径为 19～33mm，油淬为 11～21mm，经调质处理后的综合力学性能良好，可代替 40Cr，一般在调质状态下使用	用于制造比 40 钢截面大、性能要求高的零件，如齿轮、轴、拉杆、凸轮，以及拖拉机曲轴等；用作小截面尺寸零件时，可代替 40Cr 钢使用
45B	钢的淬透性、强度和耐磨性都比 45 钢好，水淬临界直径为 21～31mm，油淬为 12～19mm，多在调质状态下使用，可代替 40Cr 钢使用	用于制造截面较大、强度要求较高的零件，如拖拉机的连杆、曲轴及其他零件；可代替 40Cr 钢使用，制造小尺寸、且性能要求不高的零件
50B	调质后，综合力学性能高于 50 钢，淬透性好，正火时硬度偏低，可加工性尚可，一般在调质状态下使用，因耐回火性较差，调质时应降低回火温度 50℃ 左右	可代替 50、50Mn、50Mn2 钢制造强度较高、淬透性较高、截面尺寸不大的各种零件，如轴、齿轮、凸轮、转向拉杆等
40MnB	具有高强度、高硬度和良好的室温及低温韧性，其锻造、精整和冷镦性能与碳含量相同的碳素钢相近，淬透性较高。此钢的力学性能及淬透性和 40Cr 钢相近，耐回火性稍差，有回火脆性倾向，正火后可加工性良好，一般在调质状态下使用	大多用于制造中小截面的重要调质零件，如汽车、拖拉机的转向轴、半轴、花键轴、蜗杆、螺栓和机床主轴、齿轮等；可代替 40Cr 钢制造较大截面的零件，如卷扬机中间轴（需采用双液淬火），还代替 40CrNi 钢制造小尺寸零件
45MnB	强度、淬透性均高于 40Cr 钢，塑性和韧性略低，缺口敏感性增大，热加工和可加工性良好，加热时晶粒长大，氧化、脱碳、热处理变形都不严重，在调质状态下使用	用于制造中小截面的耐磨调质件及高频感应淬火件，如机床齿轮、钻床主轴、拖拉机曲轴、凸轮、花键轴、惰轮、分离叉等，可代替 40Cr、45Cr 和 45Mn2 钢
20MnMoB	渗碳钢，具有良好的综合力学性能，强度高，耐磨性好，淬透性与 20CrNi3 相近，疲劳强度高	用于制造心部强度要求较高的中等载荷的渗碳齿轮及其他渗碳零部件，可代替 20CrMnTi 或 12CrNi3A 钢
15MnVB	低碳马氏体钢，经淬火和低温回火后，具有较高的硬度、抗拉强度和抗剪强度，良好的塑性，易于冷镦成形，并有较好的低温冲击韧度和缺口敏感性，淬透性、焊接性、工艺性亦佳	用于制造高强度的重要螺栓零件，如汽车的气缸盖螺栓、半轴螺栓、连杆螺栓等，可代替 40Cr 钢，用于制造中载荷的渗碳零件
20MnVB	具有高强度、高耐磨性及良好的淬透性，可加工性、渗碳及热处理工艺性能均较好，渗碳后可直接降温淬火，但有淬火变形和脱碳倾向，可代替 20CrMnTi、20Cr、20CrNi 钢使用	用于制造承受较大载荷和冲击的渗碳零件，如汽车和机床齿轮、轴类和套类零件、离合器、机床主轴，汽车后桥的主、从动齿轮和变速器齿轮等

（续）

钢　号	性能特点	用途举例
40MnVB	具有高强度、塑性和韧性，综合力学性能略高于 40Cr 钢，淬透性良好，热处理的过热敏感性较小，冷拔工艺性、可加工性较好，在调质状态下使用	用于代替 40Cr 或 42CrMo 钢制造汽车、拖拉机、机床及矿山机械的重要调质件，如齿轮、轴类等。用作小截面的零件，可代替 40CrNi 钢
20MnTiB	具有良好的力学性能和工艺性能，渗碳及热处理后强度、冲击韧度和缺口敏感性均不亚于 20CrMnTi 钢，正火后可加工性良好，热处理后的疲劳强度较高，但变形倾向较大	用于制造汽车、拖拉机的小中截面和中等载荷的各种齿轮及渗碳零件，如汽车变速器及后桥齿轮，可代替 20CrMnTi 钢使用
25MnTiBRE	具有较高综合力学性能，良好的工艺性能及较好的淬透性，低温冲击性能和冷热加工性良好，锻造易成形。渗碳后的抗弯强度、疲劳极限及耐磨性均高于 20CrMnTi 钢，但缺口敏感性则较大	用于制造中载荷的拖拉机齿轮、推土机齿轮和汽车变速器齿轮、轴等渗碳、碳氮共渗零件，可代替 20CrMnTi、20CrMo 钢使用，但齿轮渗碳后变形稍大，适当控制工艺条件可予以调整
15Cr	钢的强度和淬透性均高于 15 钢，渗碳后可直接淬火，渗碳层具有高的表面硬度和耐磨性，但热处理变形较大，有回火脆性，冷变形塑性高，焊接性良好，退火后可加工性较好。一般作为渗碳钢使用，还可用作低碳马氏体钢	用于制造工作速度较高而截面不大的、要求心部强度和韧性较高的渗碳零件，如曲柄销、活塞销、活塞环、联轴器，以及工作速度较高的齿轮、凸轮、轴等；用作低碳马氏体钢，制造具有一定强度和韧性要求的小型零件
20Cr	钢的强度和淬透性均高于 15Cr 和 20 钢，经热处理后，具有中等强度和韧性，无回火脆性倾向。表面经化学热处理后具有高硬度和耐磨性并有抗腐蚀性。冷变形塑性较高，可进行冷拉丝。高温正火或调质后，可加工性良好，焊接性较好。一般作为渗碳钢使用，还可用作低碳马氏体钢	应用很广泛的渗碳钢，并可渗碳或碳氮共渗。常用作心部强度要求较高、表面耐磨、截面不大的，或形状较复杂而载荷不大的渗碳或碳氮共渗零件，如齿轮、齿轮轴、凸轮、阀、活塞销、衬套棘轮、托盘、蜗杆、牙嵌离合器等；用作低碳马氏体钢，制造低速、中等冲击载荷的零件
30Cr	强度和淬透性均高于 30 钢，冷变形塑性尚好，退火或高温回火后的可加工性良好，焊接性中等，一般在调质后使用，也可在正火后使用	用于制造耐磨或受冲击的各种零件，如轴类、齿轮、杠杆、摇杆、连杆、螺栓、螺母和各种滚子等，还可以用作高频感应加热淬火用钢，制造表面高硬度、耐磨的零件
35Cr	具有较高的强度和韧性，其强度比 35 钢高，力学性能基本上与 30Cr 钢相近，而淬透性比 30Cr 钢略高	用于制造轴类、齿轮、滚子、螺栓以及其他重要调质件，用途和 30Cr 基本相同
40Cr	经调质处理后，具有良好的综合力学性能、低温冲击韧度及低的缺口敏感性，淬透性良好，油淬时可以得到较高的疲劳强度，水淬时复杂形状的零件易产生裂纹，有回火脆性倾向。冷变形塑性中等，正火或调质后可加工性好，但要求表面硬度高的工件，一般是切削加工后再经调质处理。焊接性不好，易产生裂纹，焊前应预热。一般在调质状态下使用，还可以进行碳氮共渗和高频感应加热淬火处理。已有多种中碳硼钢及 MnV 钢、SiMn 钢、MnMoV 钢等在一定条件下性能与 40Cr 钢相近似	应用最广泛的调质钢之一，经调质处理并高频感应加热淬火后，可用于制造表面高硬度、高耐磨的零件，如齿轮、轴、主轴、曲轴、心轴、套筒、销子、连杆、螺钉、螺母、进气阀等；经淬火及中温回火后，可用于制造重载荷、中速、受冲击的零件，如齿轮、主轴套、油泵转子、滑块等；经淬火及低温回火后，可用于制造重载荷、低冲击、耐磨损的零件，如轴类、蜗杆、套环等；经碳氮共渗处理后，可制造尺寸较大、低温冲击韧度较高的传动零件，如轴、齿轮等
45Cr	性能与 40Cr 钢相近，而强度、耐磨性及淬透性均优于 40Cr 钢，但韧性稍低	与 40Cr 钢的用途基本相似，主要用于制造较重要的调质零件，也可经高频感应加热淬火后制作承重载荷及耐磨性要求较高的零件，如齿轮、轴、套筒、销子等

（续）

钢　号	性　能　特　点	用　途　举　例
50Cr	经调质处理后，具有很高的强度和硬度，淬透性好，水淬易产生裂纹，有白点敏感性并有回火脆性倾向。可加工性中等，冷变形塑性低，焊接性不好，易产生裂纹，焊接前应预热，焊后应及时消除应力。一般在淬火及回火或调质状态下使用	用于制造重载荷、耐磨损的零件，如热轧辊、减速机轴、齿轮、传动轴、止推环，支承辊的心轴、拖拉机离合器齿轮、柴油机连杆、挺杆、螺栓，重型矿山机械的耐磨、高强度的齿轮、油膜轴承套等，也可用于制造高频感应淬火零件、中等弹性的弹簧等
38CrSi	具有高强度、中等韧性及较高的耐磨性，淬透性较40Cr钢稍好，低温冲击韧度较高，耐回火性好，可加工性尚可，焊接性差，通常经淬火回火后使用	用于制造直径 30～40mm 、要求强度和耐磨性较高的零件，如汽车、拖拉机及机器设备的小模数齿轮、小轴、拨叉轴、履带轴、起重钩、进气阀、螺栓等，也可用于冷作的冲击工具，如铆钉机压头等
12CrMo	低合金耐热钢，具有较高的耐热性，且无热脆性，无石墨化倾向，在 450℃ 有良好的松弛稳定性，冷变形塑性及可加工性良好，焊接性尚可，主要用于生产小口径无缝管与热轧材	在锅炉及汽轮机上用于蒸汽参数510℃的主汽管，管壁温度540℃以下的过热器管道和相应锻件；淬火回火后，还可制造各种高温弹性元件
15CrMo	低合金耐热钢，强度优于12CrMo钢，韧性稍低，在 500～550℃ 以下有较高的热强性和抗氧化性，以及良好的综合力学性能，可加工性及冷应变塑性良好，焊接性尚可。主要用于生产各种口径无缝管与板材	用途同 12CrMo 钢，用于蒸汽参数 510℃ 的主汽管，蒸汽参数 530℃ 的锅炉过热器管道、中高压蒸汽导管及联箱；淬火回火后，可用于制造常温工作的各种重要零件
20CrMo	热强度较高，淬透性较好，在 520℃ 以下仍有较好的热强性。具有较满意工艺性能，无回火脆性，冷变形塑性、可加工性及焊接性均良好，一般在调质或渗碳淬火状态下使用	在机械制造中，用于制作重要渗碳零件，如齿轮、轴等；还可作汽轮机、锅炉的叶片、隔板、锻件等；化工设备中，用于制造非腐蚀介质及工作温度250℃以下、氮氢混合物介质中工作的高压导管及紧固件
30CrMo（A）	具有高强度、高韧性和较高淬透性，在 500℃ 以下有良好的高温强度，可加工性良好，冷变形塑性中等，焊接性尚好，焊前需预热。一般在调质状态下使用	用于制造工作温度400℃以下的导管，锅炉、汽轮机中工作温度450℃以下的紧固件，工作温度低于500℃、高压用的螺母及法兰；通用机械中受载荷大的主轴、轴、齿轮、螺栓、螺柱、操纵轮；化工设备中低于250℃、氮氢混合物介质中工作的高压导管及焊接件
35CrMo	具有强度高、韧性好、淬火变形小的特点，在高温下有较高的持久强度和蠕变强度，钢的工作温度可达500℃，低温可至 -110℃，并且有较高静强度与疲劳强度，良好的淬透性，但有不可逆回火脆性，冷变形塑性尚可，可加工性中等，焊接性不好，焊前需预热，焊后需进行消除应力处理。一般在调质处理后使用，也可在高中频感应加热淬火或淬火及低、中温回火后使用	用于制造通用机械中承受冲击、振动、弯扭、高载荷的重要零件，如轧钢机人字齿轮、曲轴、锤杆、连杆、紧固件、汽轮机主轴、发动机传动零件、大型电动机轴；石油机械中的穿孔器；锅炉上工作温度低于400℃的紧固件；化工机械上在无腐蚀性介质中工作的高压无缝厚壁的导管；还可代替40CrNi钢用于制造高载荷传动轴、发电机转子、大载面齿轮等
42CrMo	与35CrMo钢的性能相近，由于碳和铬含量增高，因而其强度和淬透性均优于35CrMo钢。调质后有较高的疲劳度和抗多次冲击能力，低温冲击韧性良好，无明显的回火脆性，一般在调质后使用，可代替含镍较高的调质钢	用于制造比 35CrMo 钢要求强度更高或截面尺寸更大的重要零件，如机车牵引用大齿轮、增压器传动齿轮、后轴、变速箱齿轮、发动机气缸、受载荷极大的连杆、弹簧夹，以及用于 1200～2000m 石油深井的钻杆接头与打捞工具等

（续）

钢　号	性能特点	用途举例
12CrMoV	低合金耐热钢，具有较高的高温力学性能，钢的工作温度高温达 560℃，低温可至 -40℃，冷变形塑性好，无回火脆性倾向，可加工性较好，焊接性尚可（壁厚的零件焊前应预热，焊后应消除应力处理），一般在高温正火及高温回火状态下使用	用于蒸汽参数 540℃ 的主汽管、转向导叶环、汽轮机隔板、隔板外环，以及管壁温度在 570℃ 以下的各种过热器管、导管和相应锻件
35CrMoV	强度较高，淬透性良好，焊接性差，冷变形塑性低，一般经调质后使用	用作重型和中型机械上承受高应力的重要零件，500～520℃ 以下长期工作的汽轮机叶轮、高级涡轮鼓风机和压缩机的转子、盖盘、轴盘、功率不大的发电机轴，以及大功率发动机的零件等
12Cr1MoV	低合金耐热钢，其热强性和抗氧化性高于 12CrMoV 钢，具有蠕变极限与持久强度相近的特点，在持久拉伸时，具有高的塑性，工艺性良好，焊接性中等，一般在正火及高温回火后使用	用于制造工作温度不超过 570～585℃ 的高压设备的过热钢管、导管、散热器管及相应锻件
25Cr2MoVA	中碳耐热钢，室温时强度和韧性均高，具有良好的高温性能和高的松弛稳定性，无热脆性倾向，淬透性较好，冷变形塑性中等，可加工性尚可，焊接性差。一般在调质状态下使用，也可在正火及高温回火后使用	用于制造汽轮机整体转子、套筒、主汽阀、调节阀，蒸汽参数达 535℃ 和长期处于 550℃ 以下的螺母，以及长期处于 530℃ 以下的螺栓，或在 510℃ 以下长期工作的其他连接件，还可作为渗氮钢，制作阀杆、齿轮等
25Cr2Mo1VA	中碳耐热钢，与 25Cr2MoVA 钢相比，由于钢中铬、钼、钒的含量均有增加，因此具有更高的耐热性能与热强性	用作蒸汽参数达 565℃ 的汽轮机前汽缸、阀杆、螺栓等
38CrMoAl	高级渗氮钢，在调质及渗氮后具有优良的综合力学性能，渗氮层有良好的耐磨性、疲劳强度、抗擦伤能力和抗咬合性，并有一定的耐蚀性。钢的热稳定性高，在工作温度达 500℃ 时尚能保持高硬度，不软化。无回火脆性，可加工性尚可，但淬透性低，冷变形塑性亦低，焊接性差。此钢主要用于气体渗氮，也可用于离子渗氮和液体氮碳共渗，一般在调质及渗氮后使用	用于制造高耐磨性、高疲劳强度和较高强度的、热处理后尺寸精确的渗氮零件，或受冲击载荷不大而耐磨性高的渗氮零件，如气缸套、底盖、活塞螺栓、高压阀门、精密丝杠和齿轮、精密磨床主轴、镗杆、蜗杆、阀杆、汽轮机的调速器、转动套、固定套，以及仿模、检验规、样板、橡胶与塑料挤压机上的耐磨零件
40CrV	经淬火及高温回火后，具有高的抗拉强度和屈服强度，并可获得细晶粒组织，综合力学性能比 40Cr 钢好。但当淬火温度不够时，淬透性较差。其冷变形塑性和可加工性均属于中等，过热敏感性小，但有回火脆性倾向及白点敏感性。一般在调质状态下使用	用于制造承受高应力和动载荷的重要零件，如曲轴、不渗碳齿轮、机车连杆、推杆、螺旋桨、轴套支架、横梁、受强应力的双头螺柱、螺钉等；也可用作渗氮零件；还用于高压锅炉的给水泵轴，高温高压（420℃，30MPa）工作的螺栓、连杆等
50CrV	高级弹簧钢，具有良好的综合力学性能和工艺性能，淬透性尚可，耐回火性良好，疲劳强度高，工作温度最高可达 500℃，低温冲击韧度良好，过热敏感性小和脱碳倾向较低，焊接性差，通常在淬火并中温回火后使用	用于制造较大截面的、承受动载荷和高应力的重要零件；还用于较大截面、受强应力及工作温度低于 210℃ 的各种弹簧，如内燃机气门弹簧、喷油嘴弹簧、锅炉安全阀弹簧、轿车缓冲弹簧等
15CrMn	钢的淬透性较好，但由于碳含量低，心部强度提高不多。渗碳后表面硬度高，耐磨性好，不易产生软点。低温冲击韧度比碳素钢好。一般在渗碳及淬火后使用	用于制造齿轮、蜗轮、塑料模具、汽轮机密封套等。若用作截面不大、使用温度不高的零件，可与 15CrMo 钢互用

（续）

钢　号	性　能　特　点	用　途　举　例
20CrMn	钢的强度、韧性均高，淬透性良好，热处理后的性能比20Cr钢好，淬火变形小，低温冲击韧度良好，可加工性较好，但焊接性差。一般在渗碳淬火后使用，也可作调质钢使用	用于制造小截面的渗碳零件或大截面的调质零件，还可用于制造中等载荷而承受冲击较小的中小型零件时，代替20CrNi钢使用，如齿轮、主轴、摩擦轮、蜗杆、调速器的套筒等
40CrMn	钢的淬透性良好，强度高，但缺点是横向冲击韧度稍低，回火脆性倾向较大，白点敏感性则比镍铬钢低，可加工性较好，焊接性差。在用于工作温度不太高的大型调质件时，性能和42CrMo和40CrNi钢相近	用于制造在高速、高弯曲载荷条件下工作的轴和连杆；高速、高载荷而无强力冲击载荷的齿轮轴、水泵转子、离合器等；化工设备的高压容器盖板的螺栓等
20CrMnSi	具有较高的强度和韧性，冷变形加工塑性高，低温冲击韧度较好，适于冷轧、冷拔等冷作工艺，焊接性较好，在制作小截面工件时，其性能不亚于铬钼钢和镍铬钢。但钢的淬透性较低，回火脆性较大。一般不作渗碳钢用，需要时，也可在淬火回火后使用	用于制造强度较高的焊接构件、韧性较好的受拉力的零件，以及厚度小于16mm的薄板冲压件、冷拉零件，以及矿山设备的较大截面链条、高强度环链和螺栓等
25CrMnSi	强度比20CrMnSi钢略高，但韧性稍差，经热处理后，可获得强度、塑性、韧性的良好配合。焊接性较好。在适合的使用条件下，可与相应的铬钼钢互用	用于制造拉杆、重要的焊接和冲压零件，以及高强度的焊接构件
30CrMnSi	具有很高的强度和韧性，淬透性较高，冷变形塑性中等，可加工性良好，有回火脆性倾向，横向的冲击韧度差。焊接性较好，但厚度大于3mm时，焊前应先预热，焊后需及时热处理。一般调质后使用。为适应不同需要，此钢淬火后可进行低温或高温回火	用于制造高速、振动载荷下工作的重要零件，如砂轮轴、齿轮、链轮、离合器、轴套、螺栓、螺母等；也用于制造耐磨、工作温度不高的零件、承受交变载荷的焊接构件，如高压鼓风机叶片、阀板，以及非腐蚀性管道等
35CrMnSi	低合金超高强度钢，热处理后具有良好的综合力学性能，淬透性、焊接性和加工成形性均较好，但耐蚀性和抗氧化性较差，使用温度一般低于200℃。宜于等温淬火或低温回火后使用	用于制造高强度、中速、重载荷的零件及高强度构件，如飞机起落架、高压鼓风机叶片等；在制造中小截面零件时，可以部分替代相应的铬镍钼钢
20CrMnMo	高级渗碳钢，强度高，韧性及塑性较好，热处理后具有良好的综合力学性能和低温冲击韧度，淬透性高于20CrMnTi钢，可加工性较好。渗碳淬火后具有较高的抗弯强度和耐磨性，但磨削时易产生裂纹。焊接性不好，仅适于电阻焊，不宜电弧焊	用作要求高表面硬度、高强度和高韧性的重要渗碳零件，如曲轴、凸轮轴、齿轮轴、连杆、活塞销、球头销，以及石油钻机的牙轮、钻头等，还可代替12Cr2Ni4钢制作重要渗碳零部件
40CrMnMo	钢的淬透性好，直径100mm以下的工件能完全淬透，耐回火性高，有白点敏感性。调质处理后具有良好的综合力学性能。大多在调质状态下使用	用于制造截面较大并要求高强度、高韧性的重要零件，如载货汽车的后桥半轴、齿轮轴、偏心轴、连杆，以及汽轮机的类似零件。可作40CrNiMo钢的代用钢
20CrMnTi	淬火及低温回火后，可获得良好的综合力学性能和低温冲击韧度。渗碳后具有良好的耐磨性和抗弯强度。热处理工艺简单，零件变形小，但高温回火时有回火脆性。热加工和可加工性较好，焊接性中等。一般作渗碳钢用，也可调质后使用	用途广泛的渗碳钢，用于制造汽车、拖拉机中截面尺寸在30mm以下的承受高速的中等载荷或重载荷，以及受冲击、磨损的重要零件，如齿轮、齿轮轴、十字轴、齿圈、滑动轴承支撑的主轴、蜗杆、牙嵌离合器等；还可以代替20SiMn2MoVB钢使用

（续）

钢　号	性 能 特 点	用 途 举 例
30CrMnTi	钢的强度和淬透性较 20CrMnTi 钢高，但冲击性能降低。热处理工艺性好，渗碳后可直接降温淬火，且淬火变形很小。渗碳及淬火后具有耐磨性好、静强度高的特点，但淬火温度不宜过高。高温回火时有回火脆性，可加工性尚好	主要用作渗碳钢，用于制造心部强度很高的渗碳零件，如齿轮轴、齿轮、蜗杆等，可制造汽车、拖拉机的较大截面的主动齿轮；也可作为调质钢使用，用于制造截面尺寸较大的调质零件
20CrNi	具有高强度、高韧性和良好的淬透性。经渗碳及淬火后，具有表面硬度高、心部韧性好的特点。冷变形塑性中等，可加工性尚好，焊接性差，焊前应预热。一般经渗碳及淬火后使用，也可作为调质钢使用	一般用作渗碳钢，用于制造较重载荷下工作的大型重要渗碳零件，如齿轮、键、轴、花键轴、活塞销等；也可作为调质钢，用于制造高冲击韧度的调质零件
40CrNi	具有高强度、高韧性及良好的淬透性。经调质处理后，综合力学性能优良，低温冲击韧度良好，但水淬易产生裂纹，有白点敏感性和回火脆性倾向，可加工性较好，而焊接性差。一般经调质后使用	用于制造截面尺寸较大、在热态下锻造和冷冲压的重要调质零件，如轴、齿轮、转子、连杆、曲轴、圆盘、紧固件等；也可用于制作高频感应淬火零件
45CrNi	性能和 40CrNi 钢相近，由于此钢的碳含量增加，其强度和淬透性均略有提高，而冲击韧度稍差	用于制造重要的调质零件，与 40CrNi 钢用途相近，如内燃机曲轴，汽车及拖拉机主轴、变速器轴、气门、螺栓、螺杆等
50CrNi	具有高强度、高韧性、高塑性和良好的淬透性。力学性能比 40CrNi 钢更好	用于制造截面尺寸较大的重要调质零件，如机床主轴、齿轮、曲轴、传动轴等
12CrNi2	具有高强度、高韧性及良好的淬透性，低温冲击韧度较好，缺口敏感性和回火脆性倾向小。冷变形塑性中等，可加工性和焊接性较好，生产大型锻件时有形成白点的倾向	用于制造承受重载荷并要求心部韧性较高、强度不太高的受力复杂的中小型渗碳或碳氮共渗零件，如齿轮、齿套、凸轮、花键轴、主轴、轴套、压缩机的活塞销等
12CrNi3	高级渗碳钢，淬火及低温回火或高温回火后，均可获得良好的综合力学性能，低温冲击韧度好，缺口敏感性小。可加工性及焊接性尚好，但有回火脆性倾向，白点敏感性较高。渗碳后需进行二次淬火，特殊情况还需要冷处理	用于制造截面大、载荷重、韧性好、抗冲击与磨损的重要渗碳或碳氮共渗零件，如传动轴、主轴、凸轮轴、心轴、连杆、齿轮、轴套、滑轮、气阀托盘、油泵转子、活塞销、活塞涨圈、万向联轴器十字头、重要螺杆、调节螺钉等
20CrNi3	经调质或淬火及低温回火后，具有良好的综合力学性能，低温冲击韧度也较好，但有白点敏感倾向和回火脆性倾向。可加工性良好，焊接性中等。主要经调质后使用，也可用作渗碳钢	用于制造高载荷条件下工作的重要零件，如机床主轴、凸轮、齿轮、蜗杆及螺钉、双头螺栓、销钉等
30CrNi3	高级调质钢，具有优良的淬透性，较高的强度和韧性，经淬火及低温回火或高温回火后，可获得良好的综合力学性能。可加工性良好，但冷变形时塑性低，焊接性差，有白点敏感性及回火脆性倾向。一般在调质状态下使用	用于制造承受扭转及冲击载荷较高并要求淬透性好的大型重要调质零件，如汽车转向轴、前轴、传动轴、曲轴、齿轮、蜗杆等，也可用作热锻及热冲压中承受大的动、静载荷的重要零件，如轴、连杆、键、螺栓、螺母等
37CrNi3	钢的淬透性和调质处理后的综合力学性能均优于 30CrNi3 钢，低温冲击韧度良好，在 450 ~ 550℃ 范围内有不可逆回火脆性，形成白点倾向较大。由于淬透性很好，必须采用正火及高温回火来降低硬度，改善可加工性。一般在调质状态下使用	用于制造承受重载荷或冲击载荷的大截面零件，也用作低温下工作并承受冲击载荷的零件，以及在热锻与热冲压中承受大的动、静载荷的重要零件，汽轮机叶轮、转子轴、重要紧固件等

（续）

钢 号	性 能 特 点	用 途 举 例
12Cr2Ni4	高级渗碳钢，具有高的强度、韧性和良好的淬透性。渗碳淬火后表面硬度和耐磨性均高，同时心部有良好的强度及韧性。有白点敏感性及回火脆性倾向。可加工性尚好，冷变形塑性中等，焊接性差，焊前需预热。一般在渗碳及二次淬火、低温回火后使用	用于制造截面较大且承受重载荷、交变应力下工作的重要渗碳零件，如承受重载荷的齿轮、蜗轮、蜗杆、轴、方向接头叉等；也可不经渗碳而经淬火及低温回火后使用，用于制造高强度、高韧性的机械零件
20Cr2Ni4	钢的强度、韧性及淬透性均高于12Cr2Ni4钢，渗碳后不能直接淬火，而在淬火前需进行一次高温回火。冷变形塑性中等，可加工性尚可，焊接性差，焊前应预热。白点敏感性大，有回火脆性倾向	用于制造比12Cr2Ni4钢性能要求更高的大截面渗碳件，如大型齿轮、轴类等；也常用于制造要求强度高、韧性好的调质零件。此钢为优质渗碳钢，但更适合在调质状态下使用
20CrNiMo	此钢系引进美国AISI/SAE标准的钢号8720。淬透性能与20CrNi钢相近，强度比20CrNi钢高	用于制造中小型汽车、拖拉机的发动机和传动系统的齿轮；也可代替12CrNi3钢制造要求心部性能较高的渗碳和碳氮共渗零件，如石油钻探和冶金采矿用的牙轮钻头的牙爪和牙轮体
40CrNiMoA	具有高强度、高韧性和良好的淬透性，并有抗过热的稳定性，白点敏感性高，有回火脆性倾向。钢的焊接性很差，焊前需经高温预热，焊后要进行消除应力处理。一般在调质状态使用，也可在低温回火后或等温淬火后作为超高强度钢使用	用于制造要求韧性好、强度高及大尺寸的重要调质零件，如重型机械中承受高载荷的轴类、直径大于250mm的汽轮机轴、叶片、高载荷的传动件、紧固件、曲轴、齿轮等；也可用于工作温度超过400℃的转子轴和叶片等。此外还可以进行渗氮处理制造特殊性能要求的重要零件
45CrNiMoA	钢的淬透性高，经调质处理后其强度和综合力学性能均优于40CrNiMoA钢。由于具有一定的韧性，可用于成形加工，但冷变形塑性与焊接性较低，耐蚀性较差。受回火温度的影响，零件工作温度不宜过高，通常均在淬火、低温（或中温）回火后使用	用于制造要求强度高或承受高载荷、大尺寸的重要零件，如飞机发动机曲轴、大梁、起落架、中小型火箭壳体和压力容器等高强度结构部件。在重型机器中，用作重载荷的扭力轴、变速器轴、摩擦离合器轴等。还可经淬火及低（中）温回火后用作超高强度钢
18Cr2Ni4W	具有高的强度、韧性和良好的淬透性，力学性能优于12Cr2Ni4钢，是含镍较高的高级钢种。经渗碳及二次淬火并低温回火后，表面有较高的硬度和耐磨性，心部有很高的强度和韧性。但工艺性能较差，锻造时变形抗力较大，锻件正火后硬度较高，需经长时间高温回火才能软化。可加工性较差。一般在渗碳后淬火及回火使用，也可在调质处理后使用	用于制造要求高强度、良好韧性及缺口敏感性低的大截面渗碳零件，如大型齿轮、传动轴、曲轴、花键轴、活塞销、精密机床上控制进刀的蜗轮等；也可用于制造承受重载荷与振动的高强度调质件，如重型或中型机械的连杆、曲轴、变速器轴等。经调质后再做渗氮处理，可用作大功率高速发动机的曲轴
25Cr2Ni4WA	综合力学性能良好，且耐较高的工作温度，其性能与用途可与18Cr2Ni4W钢相互参照，但各有偏重。也可用于渗碳或碳氮共渗处理	用于制造在动载荷下工作的大截面零件，如汽轮机主轴、叶轮、挖掘机的轴、齿轮等

2.1.5 保证淬透性结构钢

（1）中国GB标准保证淬透性结构钢的钢号与化学成分［GB/T 5216（2014）］（表2-1-32）

表 2-1-32 保证淬透性结构钢的钢号与化学成分（质量分数）（%）

钢号和代号		C	Si	Mn	P≤	S≤	Cr	Mo	Ni	其他[①]
GB	ISC									
45H	U59455	0.42 ~ 0.50	0.17 ~ 0.37	0.50 ~ 0.85	0.035	0.030	—	—	—	Cu≤0.25
15CrH	A20155	0.12 ~ 0.18	0.17 ~ 0.37	0.55 ~ 0.90	0.035	0.030	0.85 ~ 1.25	—	—	Cu≤0.30
20CrH	A20205	0.17 ~ 0.23	0.17 ~ 0.37	0.50 ~ 0.85	0.035	0.030	0.70 ~ 1.10	—	—	Cu≤0.30
20Cr1H	A20215	0.17 ~ 0.23	0.17 ~ 0.37	0.55 ~ 0.90	0.035	0.030	0.85 ~ 1.25	—	—	Cu≤0.30
25CrH[②]	A20255	0.23 ~ 0.28	≤0.37	0.60 ~ 0.90	0.035	0.030	0.90 ~ 1.20	—	—	Cu≤0.30
28CrH[②]	A20285	0.24 ~ 0.31	≤0.37	0.60 ~ 0.90	0.035	0.030	0.90 ~ 1.20	—	—	Cu≤0.30
40CrH	A20405	0.37 ~ 0.44	0.17 ~ 0.37	0.50 ~ 0.85	0.035	0.030	0.70 ~ 1.10	—	—	Cu≤0.30
45CrH	A20455	0.42 ~ 0.49	0.17 ~ 0.37	0.50 ~ 0.85	0.035	0.030	0.70 ~ 1.10	—	—	Cu≤0.30
16CrMnH[②]	A22165	0.14 ~ 0.19	≤0.37	1.00 ~ 1.30	0.035	0.030	0.80 ~ 1.10	—	—	Cu≤0.30
20CrMnH[②]	A22205	0.17 ~ 0.22	≤0.37	1.10 ~ 1.40	0.035	0.030	1.00 ~ 1.30	—	—	Cu≤0.30
15CrMnBH	A25155	0.13 ~ 0.18	≤0.37	1.00 ~ 1.30	0.035	0.030	0.80 ~ 1.10	—	—	B 0.0008 ~ 0.0035 Cu≤0.30
17CrMnBH	A25175	0.15 ~ 0.20	≤0.37	1.00 ~ 1.40	0.035	0.030	1.00 ~ 1.30	—	—	B 0.0008 ~ 0.0035 Cu≤0.30
40MnBH	A71405	0.37 ~ 0.44	0.17 ~ 0.37	1.00 ~ 1.40	0.035	0.030				B 0.0008 ~ 0.0035 Cu≤0.30
45MnBH	A71455	0.42 ~ 0.49	0.17 ~ 0.37	1.00 ~ 1.40	0.035	0.030				B 0.0008 ~ 0.0035 Cu≤0.30
20MnVBH	A73205	0.17 ~ 0.23	0.17 ~ 0.37	1.05 ~ 1.45	0.035	0.030				V 0.07 ~ 0.12 B 0.0008 ~ 0.003 Cu≤0.30
20MnTiBH	A74205	0.17 ~ 0.23	0.17 ~ 0.37	1.20 ~ 1.55	0.035	0.030				Ti 0.04 ~ 0.10 B 0.0008 ~ 0.003 Cu≤0.30
15CrMoH	A30155	0.12 ~ 0.18	0.17 ~ 0.37	0.55 ~ 0.90	0.035	0.030	0.85 ~ 1.25	0.15 ~ 0.25	—	Cu≤0.30
20CrMoH	A30205	0.17 ~ 0.23	0.17 ~ 0.37	0.55 ~ 0.90	0.035	0.030	0.85 ~ 1.25	0.15 ~ 0.25	—	Cu≤0.30
22CrMoH	A30225	0.19 ~ 0.25	0.17 ~ 0.37	0.55 ~ 0.90	0.035	0.035	0.85 ~ 1.25	0.35 ~ 0.45	—	Cu≤0.30
35CrMoH	A30355	0.32 ~ 0.39	0.17 ~ 0.37	0.55 ~ 0.95	0.035	0.030	0.85 ~ 1.25	0.15 ~ 0.35	—	Cu≤0.25
42CrMoH	A30425	0.37 ~ 0.44	0.17 ~ 0.37	0.55 ~ 0.90	0.035	0.030	0.85 ~ 1.25	0.15 ~ 0.25	—	Cu≤0.30
20CrMnMoH	A34205	0.17 ~ 0.23	0.17 ~ 0.37	0.85 ~ 1.20	0.035	0.030	1.05 ~ 1.40	0.20 ~ 0.30	—	Cu≤0.30
20CrMnTiH	A26205	0.17 ~ 0.23	0.17 ~ 0.37	0.80 ~ 1.20	0.035	0.030	1.00 ~ 1.45	—	—	Ti 0.04 ~ 0.10 Cu≤0.30
17Cr2Ni2H	A42175	0.14 ~ 0.20	0.17 ~ 0.37	0.50 ~ 0.90	0.035	0.030	1.40 ~ 1.70	—	—	Cu≤0.30
20CrNi3H	A42205	0.17 ~ 0.23	0.17 ~ 0.37	0.30 ~ 0.65	0.035	0.030	0.60 ~ 0.95	—	2.70 ~ 3.25	Cu≤0.30
12Cr2Ni4H	A43125	0.10 ~ 0.17	0.17 ~ 0.37	0.30 ~ 0.65	0.035	0.030	1.20 ~ 1.75	—	3.20 ~ 3.75	Cu≤0.30
20CrNiMoH	A50205	0.17 ~ 0.23	0.17 ~ 0.37	0.60 ~ 0.95	0.035	0.030	0.35 ~ 0.65	0.15 ~ 0.25	0.35 ~ 0.75	Cu≤0.30
22CrNiMoH	A50225	0.19 ~ 0.25	0.17 ~ 0.37	0.60 ~ 0.95	0.035	0.030	0.35 ~ 0.65	0.15 ~ 0.25	0.35 ~ 0.75	Cu≤0.30
27CrNiMoH	A50275	0.24 ~ 0.30	0.17 ~ 0.37	0.60 ~ 0.95	0.035	0.030	0.35 ~ 0.65	0.15 ~ 0.25	0.35 ~ 0.75	Cu≤0.30
20CrNi2MoH	A50215	0.17 ~ 0.23	0.17 ~ 0.37	0.40 ~ 0.70	0.035	0.030	0.35 ~ 0.65	0.20 ~ 0.30	1.55 ~ 2.00	Cu≤0.30
40CrNi2MoH	A50405	0.37 ~ 0.44	0.17 ~ 0.37	0.55 ~ 0.90	0.035	0.030	0.65 ~ 0.95	0.20 ~ 0.30	1.55 ~ 2.00	Cu≤0.30
18Cr2Ni2MoH	A50185	0.15 ~ 0.21	0.17 ~ 0.37	0.50 ~ 0.90	0.035	0.030	1.50 ~ 1.80	0.25 ~ 0.35	1.40 ~ 1.70	Cu≤0.30

注：根据需方要求，钢中的硫含量也可以在 0.015% ~ 0.035% 范围。此时，硫含量允许偏差为 ±0.005%。

① 标准中对残余元素含量规定如下：Ni≤0.30%，Cr≤0.30%，Cu≤0.25%（热压力加工用钢 Cu≤0.20%），O≤0.0020%。

② 根据需方要求，16CrMnH、20CrMnH、25CrH 和 28CrH 钢中的 Si 含量允许不大于 0.12%，但此时应考虑其对力学性能的影响。

（2）中国 GB 标准保证淬透性结构钢的淬透性带与退火硬度（表2-1-33）

表2-1-33 保证淬透性结构钢的淬透性带与退火硬度

钢 号	退火硬度[①] HBW ≤	端淬试验温度/℃		淬透性带范围	淬透性带硬度 HRC（距淬火端下列距离时/mm）											
		正火	端淬		1.5	3	5	7	9	11	13	15	20	25	30
45H	197	850~870	840±5	上限	61	60	50	36	33	31	30	29	27	26	24
				下限	54	37	27	24	22	21	20	—	—	—	—
15CrH	—	915~935	925±5	上限	46	45	41	35	31	29	27	26	23	20	—
				下限	39	34	26	22	20	—	—	—	—	—	—
20CrH	179	880~900	870±5	上限	48	47	44	37	32	29	26	25	22	—	—
				下限	40	36	26	21	—	—	—	—	—	—	—
20Cr1H	—	915~935	925±5	上限	48	48	46	40	36	34	32	31	29	27	25
				下限	40	37	32	28	25	22	20	—	—	—	—
25CrH	—	910~930	870±5	上限	51	50	48	45	41	38	35	32	28	26	24
				下限	42	29	33	25	22	20	—	—	—	—	—
28CrH	217	910~930	830±5	上限	53	52	51	49	45	42	39	36	33	30	29
				下限	45	43	39	29	25	22	20	—	—	—	—
40CrH	207	860~880	850±5	上限	59	59	58	56	54	50	46	43	40	38	37
				下限	51	51	49	47	42	36	32	30	26	25	23
45CrH	217	860~880	850±5	上限	62	62	61	59	56	52	48	45	41	40	38
				下限	54	54	52	49	44	38	33	31	28	27	25
16CrMnH	207	910~930	870±5	上限	47	46	44	41	39	37	35	33	31	30	29
				下限	39	36	31	28	24	21	—	—	—	—	—
20CrMnH	217	910~930	870±5	上限	49	49	48	46	43	42	41	39	37	35	34
				下限	41	39	36	33	30	28	26	25	23	21	—
15CrMnBH	—	920~940	870±5	上限	42	42	41	39	35	34	32	31	28	25	24
				下限	35	35	34	32	29	27	25	24	21	—	—
17CrMnBH	—	920~940	870±5	上限	44	44	43	42	40	38	36	34	31	30	29
				下限	37	37	36	34	30	31	29	27	24	23	22
40MnBH	207	880~900	850±5	上限	60	60	59	57	55	52	49	45	37	33	31
				下限	51	50	49	47	42	33	27	24	20	—	—
45MnBH	217	880~900	850±5	上限	62	62	62	60	58	55	51	47	40	36	34
				下限	53	53	52	49	45	35	28	26	23	22	21
20MnVBH	207	930~950	860±5	上限	48	48	47	46	44	42	40	38	33	30	28
				下限	40	40	38	36	32	28	23	20	—	—	—
20MnTiBH	187	930~950	880±5	上限	48	48	48	46	44	42	40	37	31	26	24
				下限	40	40	39	36	32	27	20	—	—	—	—
15CrMoH	—	915~935	925±5	上限	46	45	42	38	34	31	29	28	26	25	24
				下限	39	36	29	24	21	20	—	—	—	—	—
20CrMoH	—	915~935	925±5	上限	48	48	47	44	42	39	37	35	33	31	30
				下限	40	39	35	31	38	25	24	23	20	—	—
22CrMoH	—	915~935	925±5	上限	50	50	50	49	48	46	43	41	39	38	37
				下限	43	42	41	39	36	32	29	27	24	24	23
35CrMoH	—	860~880	845±5	上限	58	58	57	56	55	54	53	51	48	45	43
				下限	51	50	49	47	45	41	39	37	32	30	28

（续）

钢 号	退火硬度① HBW ≤	端淬试验温度/℃ 正火	端淬	淬透性带范围	淬透性带硬度 HRC（距淬火端下列距离时/mm） 1.5	3	5	7	9	11	13	15	20	25	30
42CrMoH	—	860~880	845±5	上限	60	60	60	59	58	57	57	56	55	53	51
				下限	53	53	52	51	50	48	46	43	38	35	33
20CrMnMoH	217	860~880	860±5	上限	50	50	50	49	48	47	45	43	40	39	38
				下限	42	42	41	39	37	35	33	31	28	27	26
20CrMnTiH	217	900~920	880±5	上限	48	48	47	45	42	39	37	35	32	29	28
				下限	40	39	36	33	30	27	24	22	20	—	—
17Cr2Ni2H	229	900~930	870±5	上限	47	47	46	45	43	42	41	39	37	35	34
				下限	39	38	36	35	32	30	28	26	24	22	21
20CrNi3H	241	850~870	830±5	上限	49	49	48	47	45	43	41	39	35	34	32
				下限	41	40	38	36	34	32	30	28	24	22	21
12Cr2Ni4H	269	880~900	860±5	上限	46	46	46	45	44	43	42	41	39	38	37
				下限	37	37	37	36	35	34	33	32	29	28	27
20CrNiMoH	197	920~940	925±5	上限	48	47	44	40	35	32	30	28	25	24	23
				下限	41	37	30	25	22	20	—	—	—	—	—
22CrNiMoH	—	920~940	925±5	上限	50	49	47	42	38	34	32	31	27	25	24
				下限	43	39	34	28	25	20	—	—	—	—	—
27CrNiMoH	—	900~920	870±5	上限	54	52	50	47	43	40	38	35	31	29	28
				下限	47	43	38	34	30	27	26	24	21	30	—
20CrNi2MoH	—	920~940	925±5	上限	48	47	45	42	39	36	34	32	28	25	25
				下限	41	39	35	30	27	25	23	22	—	—	—
40CrNi2MoH	—	860~880	845±5	上限	60	60	60	60	60	60	60	60	59	58	57
				下限	53	53	53	53	53	53	52	52	50	48	46
18Cr2Ni2MoH	229	915~935	860±5	上限	48	48	48	48	47	47	46	46	44	43	42
				下限	40	40	39	38	37	36	35	34	32	31	30

① 表中未列出退火硬度的牌号，如果以退火或高温回火状态交货，则交货状态钢材的硬度，由供需双方协商确定。

2.1.6 易切削结构钢

（1）中国 GB 标准易切削结构钢的钢号与化学成分 ［GB/T 8731—2008］（表 2-1-34）

表 2-1-34 易切削结构钢的钢号与化学成分（质量分数）（%）

钢号和代号 GB	ISC	C	Si	Mn	P	S	其 他
硫系易切削结构钢							
Y08	U71082	≤0.09	≤0.15	0.75~1.05	0.04~0.09	0.26~0.35	—
Y12	U71122	0.08~0.16	0.15~0.35	0.70~1.00	0.08~0.15	0.10~0.20	—
Y15	U71152	0.10~0.18	≤0.15	0.80~1.20	0.05~0.10	0.23~0.33	—
Y20	U70202	0.17~0.25	0.15~0.35	0.70~1.00	≤0.06	0.08~0.15	—
Y30	U70302	0.27~0.35	0.15~0.35	0.70~1.00	≤0.06	0.08~0.15	—
Y35	U70352	0.32~0.40	0.15~0.35	0.70~1.00	≤0.06	0.08~0.15	—
Y45	U70452	0.42~0.50	≤0.40	0.70~1.10	≤0.06	0.15~0.25	—
Y08MnS	L20089	≤0.09	≤0.07	1.00~1.50	0.04~0.09	0.32~0.48	—
Y15Mn	L20159	0.14~0.20	≤0.15	1.00~1.50	0.04~0.09	0.08~0.13	—
Y35Mn	L20359	0.32~0.40	≤0.10	0.90~1.35	≤0.04	0.18~0.30	—

（续）

钢号和代号		C	Si	Mn	P	S	其 他
GB	ISC						
硫系易切削结构钢							
Y40Mn	L20409	0.37~0.45	0.15~0.35	1.20~1.55	≤0.05	0.20~0.30	—
Y45Mn	L20459	0.40~0.48	≤0.40	1.35~1.65	≤0.04	0.16~0.24	—
Y45MnS	L20449	0.40~0.48	≤0.40	1.35~1.65	≤0.04	0.24~0.33	—
铅系易切削结构钢							
Y08Pb	U72082	≤0.09	≤0.15	0.75~1.05	0.04~0.09	0.26~0.35	Pb 0.15~0.35
Y12Pb	U72122	≤0.15	≤0.15	0.85~1.15	0.04~0.09	0.26~0.35	Pb 0.15~0.35
Y15Pb	U72152	0.10~0.18	≤0.15	0.80~1.20	0.05~0.10	0.23~0.33	Pb 0.15~0.35
Y45MnSPb	L20469	0.40~0.48	≤0.40	1.35~1.65	≤0.04	0.24~0.33	Pb 0.15~0.35
锡系和钙系易切削结构钢[①]							
Y08Sn	U74082	≤0.09	≤0.15	0.75~1.20	0.04~0.09	0.26~0.40	Sn 0.09~0.25
Y15Sn	U74152	0.13~0.18	≤0.15	0.40~0.70	0.03~0.07	≤0.05	Sn 0.09~0.25
Y45Sn	U74452	0.40~0.48	≤0.40	0.60~1.00	0.03~0.07	≤0.05	Sn 0.09~0.25
Y45MnSn	L20439	0.40~0.48	≤0.40	1.20~1.70	≤0.06	0.20~0.35	Sn 0.09~0.25
Y45Ca[②]	U73452	0.42~0.50	0.20~0.40	0.60~0.90	≤0.04	0.04~0.08	Ca 0.002~0.006

① 锡系易切削结构钢的所列牌号为国家专利产品。

② Y45Ca 钢中残余元素 Cr、Ni、Cu 的质量分数均≤0.25%；供热压力加工用时，$w(Cu) ≤0.20%$。供方能保证合格产品，可不做分析。

（2）中国易切削结构钢热轧状态的力学性能（表2-1-35）

表 2-1-35　易切削结构钢热轧状态的力学性能

钢号和代号		R_m/MPa	A（%）	Z（%）	HBW
GB	ISC		≥	≥	≤
Y08	U71082	360~570	25	40	163
Y12	U71122	390~540	22	36	170
Y15	U71152	390~540	22	36	170
Y20	U70202	450~600	20	30	175
Y30	U70302	510~655	15	25	187
Y35	U70352	510~655	14	22	187
Y45	U70452	560~800	12	20	229
Y08MnS	L20089	350~500	25	40	165
Y15Mn	L20159	390~540	22	36	170
Y35Mn	L20359	530~790	16	22	229
Y40Mn	L20409	590~850	14	20	229
Y45Mn	L20459	610~900	12	20	241
Y45MnS	L20449	610~900	12	20	241
Y08Pb	U72082	360~570	25	40	165
Y12Pb	U72122	390~570	22	36	170
Y15Pb	U72152	390~540	22	36	170
Y45MnSPb	L20469	610~900	12	20	241
Y08Sn	U74082	350~500	25	40	165
Y15Sn	U74152	390~540	22	36	165
Y45Sn	U74452	600~745	12	26	241
Y45MnSn	L20439	610~850	12	26	241
Y45Ca	U73452	600~745	12	26	241

注：表中所列数值是条钢和盘条的纵向力学性能。

（3）中国易切削结构钢冷拉状态的力学性能（表2-1-36）

表2-1-36　易切削结构钢冷拉状态的力学性能

钢号和代号		下列尺寸的 R_m / MPa			$A \geqslant$	HBW
GB	ISC	8 ~ 20mm	> 20 ~ 30mm	> 30mm	（%）	
Y08	U71082	480 ~ 810	460 ~ 710	360 ~ 710	7.0	140 ~ 217
Y12	U71122	530 ~ 755	510 ~ 735	490 ~ 685	7.0	152 ~ 217
Y15	U71152	530 ~ 755	510 ~ 735	490 ~ 685	7.0	152 ~ 217
Y20	U70202	570 ~ 785	530 ~ 745	510 ~ 705	7.0	167 ~ 217
Y30	U70302	600 ~ 825	560 ~ 765	540 ~ 735	6.0	174 ~ 223
Y35	U70352	825 ~ 845	590 ~ 785	570 ~ 765	6.0	176 ~ 229
Y45	U70452	695 ~ 980	655 ~ 880	580 ~ 880	6.0	196 ~ 255
Y08MnS	L20089	480 ~ 810	460 ~ 710	360 ~ 710	7.0	140 ~ 217
Y15Mn	L20159	530 ~ 755	510 ~ 735	490 ~ 685	7.0	152 ~ 217
Y40Mn[①]	L20409	590 ~ 785	—	—	17	179 ~ 229
Y45Mn	L20459	695 ~ 980	655 ~ 880	580 ~ 880	6.0	196 ~ 255
Y45MnS	L20449	695 ~ 980	655 ~ 880	580 ~ 880	6.0	196 ~ 255
Y08Pb	U72082	480 ~ 810	460 ~ 710	360 ~ 710	7.0	140 ~ 217
Y12Pb	U72122	480 ~ 810	460 ~ 710	360 ~ 710	7.0	140 ~ 217
Y15Pb	U72152	530 ~ 755	510 ~ 735	490 ~ 685	7.0	152 ~ 217
Y45MnSPb	L20469	695 ~ 980	655 ~ 880	580 ~ 880	6.0	196 ~ 255
Y08Sn	U74082	480 ~ 705	460 ~ 685	440 ~ 635	7.5	140 ~ 200
Y15Sn	U74152	530 ~ 755	510 ~ 735	490 ~ 685	7.0	152 ~ 217
Y45Sn	U74452	695 ~ 920	655 ~ 855	635 ~ 835	6.0	196 ~ 255
Y45MnSn	L20439	695 ~ 920	655 ~ 855	635 ~ 835	6.0	196 ~ 255
Y45Ca	U73452	695 ~ 920	655 ~ 855	635 ~ 835	6.0	196 ~ 225

① Y40Mn 冷拉条钢是高温回火状态的力学性能和硬度。

（4）中国易切削结构钢的性能特点和用途（表2-1-37）

表2-1-37　易切削结构钢的性能特点和用途

钢　号	性 能 特 点	用 途 举 例
Y12	钢中磷含量高，可切削加工性比15钢有明显提高。其强度接近15Mn钢，而塑性略低，焊接性较好	用于自动机床加工标准件，切削速度可达60 m/min，常用于制作对力学性能要求不高的零件，如双头螺栓、螺杆、螺母、销钉，以及手表零件、仪表的精密小部件
Y12Pb	钢中添加铅，改善其可加工性，故可切削加工性比 Y12 钢好，强度和塑性与 Y12 钢相近	
Y15	与 Y12 钢相比，钢的硫含量提高，可切削加工性好，塑性相近，强度略高	用于自动切削机床加工紧固件和标准件，如双头螺栓、螺钉、螺母、管接头、弹簧座等
Y15Pb	可切削加工性比 Y15 钢好，加工表面光洁，其强度和塑性同 Y15 钢	
Y20	可切削加工性比20钢提高30% ~40%，但略低于 Y15 钢。强度较 Y15 钢高，而塑性稍低	用于小型机器上不易加工的复杂断面零件，如纺织机零件、内燃机凸轮轴，以及表面要求耐磨的仪器、仪表零件。工件可渗碳

（续）

钢　号	性　能　特　点	用　途　举　例
Y30	可切削加工性比 Y20 钢略好，强度高于 Y20 钢，与 35 钢相近，而塑性稍低	用于制作要求抗拉强度较高的部件，一般以冷拉状态使用
Y35	可切削加工性与 Y30 钢相近，强度略高于 Y30 钢，而塑性稍低	用途与 Y30 钢相同，一般以冷拉状态使用
Y40Mn	可切削加工性优于 45 钢，并有较好的强度和硬度	用于制造对使用性能要求高的部件，如机床丝杠、花键轴、齿条等，一般以冷拉状态使用
Y45Ca	适于高速切削加工，切削速度比 45 钢提高一倍以上。热处理后具有良好的力学性能，强度和断面收缩率略高于 Y40Mn 钢，而伸长率略低	用于制作要求抗拉强度较高的重要部件，如机床齿轮轴、花键轴等

2.1.7　冷镦和冷挤压用钢

中国冷镦用钢钢丝和热轧盘条等产品的化学成分与性能，编列于本章 2.1.48 等小节。

（1）中国 GB 标准冷镦和冷挤压用钢的钢号与化学成分 ［GB/T 6478—2015］（表 2-1-38）

表 2-1-38　冷镦和冷挤压用钢的钢号与化学成分（质量分数）（%）

钢号和代号 GB	钢号和代号 ISC	C	Si	Mn	P ≤	S ≤	Cr	Al$_t$[1] ≥	其　他[3]
非热处理型[2]									
ML04Al	U40048	≤0.06	≤0.10	0.20~0.40	0.035	0.035	—	0.020	—
ML06Al	U40068	≤0.08	≤0.10	0.30~0.60	0.035	0.035	—	0.020	—
ML08Al	U40088	0.05~0.10	≤0.10	0.30~0.60	0.035	0.035	—	0.020	—
ML10Al	U40108	0.08~0.13	≤0.10	0.30~0.60	0.035	0.035	—	0.020	—
ML10	U40102	0.08~0.13	0.10~0.30	0.30~0.60	0.035	0.035	—	—	—
ML12Al	U40128	0.10~0.15	≤0.10	0.30~0.60	0.035	0.035	—	0.020	—
ML12	U40122	0.10~0.15	0.10~0.30	0.30~0.60	0.035	0.035	—	—	—
ML15Al	U40158	0.13~0.18	≤0.10	0.30~0.60	0.035	0.035	—	0.020	—
ML15	U40152	0.13~0.18	0.10~0.30	0.30~0.60	0.035	0.035	—	—	—
ML20Al	U40208	0.18~0.23	≤0.10	0.30~0.60	0.035	0.035	—	0.020	—
ML20	U40202	0.18~0.23	0.10~0.30	0.30~0.60	0.035	0.035	—	—	—
表面硬化型[2]									
ML18Mn	U41188	0.18~0.20	≤0.10	0.60~0.90	0.030	0.035	—	0.020	—
ML20Mn	U41208	0.18~0.23	≤0.10	0.70~1.00	0.030	0.035	—	0.020	—
ML15Cr	A20154	0.13~0.18	0.10~0.30	0.60~0.90	0.035	0.035	0.90~1.20	0.020	—
ML20Cr	A20204	0.18~0.23	0.10~0.30	0.60~0.90	0.035	0.035	0.90~1.20	0.020	—
调质型									
ML25	U40252	0.23~0.28	0.10~0.30	0.30~0.60	0.025	0.025	—	—	—
ML30	U40302	0.28~0.33	0.10~0.30	0.60~0.90	0.025	0.025	—	—	—
ML35	U40352	0.33~0.38	0.10~0.30	0.60~0.90	0.025	0.025	—	—	—
ML40	U40402	0.38~0.43	0.10~0.30	0.60~0.90	0.025	0.025	—	—	—
ML45	U40452	0.43~0.48	0.10~0.30	0.60~0.90	0.025	0.025	—	—	—
ML15Mn	L20151	0.14~0.20	0.10~0.30	1.20~1.60	0.025	0.025	—	—	—
ML25Mn	U41252	0.23~0.28	0.10~0.30	0.90~1.20	0.025	0.025	—	—	—

（续）

钢号和代号		C	Si	Mn	P ≤	S ≤	Cr	Al$_t$[1] ≥	其 他[3]
GB	ISC								
调质型									
ML30Cr	A20304	0.28 ~ 0.33	0.10 ~ 0.30	0.60 ~ 0.90	0.025	0.025	0.90 ~ 1.20	—	—
ML35Cr	A20354	0.33 ~ 0.38	0.10 ~ 0.30	0.60 ~ 0.90	0.025	0.025	0.90 ~ 1.20	—	—
ML40Cr	A20404	0.38 ~ 0.43	0.10 ~ 0.30	0.60 ~ 0.90	0.025	0.025	0.90 ~ 1.20	—	—
ML45Cr	A20454	0.43 ~ 0.48	0.10 ~ 0.30	0.60 ~ 0.90	0.025	0.025	0.90 ~ 1.20	—	—
ML20CrMo	A30204	0.18 ~ 0.23	0.10 ~ 0.30	0.60 ~ 0.90	0.025	0.025	0.90 ~ 1.20	—	Mo 0.15 ~ 0.30
ML25CrMo	A30254	0.23 ~ 0.28	0.10 ~ 0.30	0.60 ~ 0.90	0.025	0.025	0.90 ~ 1.20	—	Mo 0.15 ~ 0.30
ML30CrMo	A30304	0.28 ~ 0.33	0.10 ~ 0.30	0.60 ~ 0.90	0.025	0.025	0.90 ~ 1.20	—	Mo 0.15 ~ 0.30
ML35CrMo	A30354	0.33 ~ 0.38	0.10 ~ 0.30	0.60 ~ 0.90	0.025	0.025	0.90 ~ 1.20	—	Mo 0.15 ~ 0.30
ML40CrMo	A30404	0.38 ~ 0.43	0.10 ~ 0.30	0.60 ~ 0.90	0.025	0.025	0.90 ~ 1.20	—	Mo 0.15 ~ 0.30
ML45CrMo	A30454	0.43 ~ 0.48	0.10 ~ 0.30	0.60 ~ 0.90	0.025	0.025	0.90 ~ 1.20	—	Mo 0.15 ~ 0.30
含硼调质型[4],[5]									
ML20B	A70204	0.18 ~ 0.23	0.10 ~ 0.30	0.60 ~ 0.90	0.025	0.025	—	0.020	B 0.0008 ~ 0.0035
ML25B	A70254	0.23 ~ 0.28	0.10 ~ 0.30	0.60 ~ 0.90	0.025	0.025		0.020	B 0.0008 ~ 0.0035
ML30B	A70304	0.28 ~ 0.33	0.10 ~ 0.30	0.60 ~ 0.90	0.025	0.025		0.020	B 0.0008 ~ 0.0035
ML35B	A70354	0.33 ~ 0.38	0.10 ~ 0.30	0.60 ~ 0.90	0.025	0.025		0.020	B 0.0008 ~ 0.0035
ML15MnB	A71154	0.14 ~ 0.20	0.10 ~ 0.30	1.20 ~ 1.60	0.025	0.025		0.020	B 0.0008 ~ 0.0035
ML20MnB	A71204	0.18 ~ 0.23	0.10 ~ 0.30	0.80 ~ 1.10	0.025	0.025		0.020	B 0.0008 ~ 0.0035
ML25MnB	A71254	0.23 ~ 0.28	0.10 ~ 0.30	0.90 ~ 1.20	0.025	0.025		0.020	B 0.0008 ~ 0.0035
ML30MnB	A71304	0.28 ~ 0.33	0.10 ~ 0.30	0.90 ~ 1.20	0.025	0.025		0.020	B 0.0008 ~ 0.0035
ML35MnB	A71354	0.33 ~ 0.38	0.10 ~ 0.30	1.10 ~ 1.40	0.025	0.025		0.020	B 0.0008 ~ 0.0035
ML40MnB	A71404	0.38 ~ 0.43	0.10 ~ 0.30	1.10 ~ 1.40	0.025	0.025		0.020	B 0.0008 ~ 0.0035
ML37CrB	A20374	0.34 ~ 0.41	0.10 ~ 0.30	0.50 ~ 0.80	0.025	0.025	0.20 ~ 0.40	0.020	B 0.0008 ~ 0.0035
ML15MnVB	A73154	0.13 ~ 0.18	0.10 ~ 0.30	1.20 ~ 1.60	0.025	0.025		0.020	V 0.20 ~ 0.40 B 0.0008 ~ 0.0035
ML20MnVB	A73204	0.18 ~ 0.23	0.10 ~ 0.30	1.20 ~ 1.60	0.025	0.025	—	0.020	V 0.07 ~ 0.12 B 0.0008 ~ 0.0035
ML20MnTiB	A74204	0.18 ~ 0.23	0.10 ~ 0.30	1.30 ~ 1.60	0.025	0.025		0.020	Ti 0.04 ~ 0.10 B 0.0008 ~ 0.0035
非调质型[6]									
MFT8	L27208	0.18 ~ 0.26	≤0.30	1.20 ~ 1.60	0.025	0.015	—	—	Nb ≤ 0.10 V ≤ 0.08
MFT9	L27228	0.18 ~ 0.26	≤0.30	1.20 ~ 1.60	0.025	0.015	—	—	Nb ≤ 0.10 V ≤ 0.08
MFT10	L27128	0.08 ~ 0.14	0.20 ~ 0.35	1.90 ~ 2.30	0.025	0.015	—	—	Nb ≤ 0.20 V ≤ 0.10

① 表中 Al$_t$ 表示全铝，当测定酸溶铝 Al$_S$ 含量时，Al$_S$≥0.015%，应认为符合该项指标。

② 非热处理型冷镦和冷挤压用钢的 8 个牌号：ML10Al、ML10、ML12Al、ML12、ML15Al、ML15、ML20Al、ML20，也适用于表面硬化型冷镦和冷挤压用钢。

③ 钢中残余元素含量：铬、镍、铜各≤0.20%。

④ 含硼调质型钢，经供需双方协商，其硅含量下限可低于 0.10%。

⑤ 含硼调质型钢，若淬透性和力学性能均能满足要求，硼含量下限可放宽至 0.0005%。

⑥ 若需要供应本表所列以外的其他牌号，由供需双方商定。

（2）中国 GB 标准冷镦和冷挤压用钢交货状态的力学性能（表 2-1-39 和表 2-1-40）

表 2-1-39 非热处理型冷镦和冷挤压用钢热轧状态的力学性能

钢号和代号		R_m/MPa	$Z(\%)$	钢号和代号		R_m/MPa	$Z(\%)$
GB	ISC	≥		GB	ISC	≥	
ML04Al	U40048	440	60	ML15	U40152	530	50
ML08Al	U40088	470	60	ML20Al	U40208	580	45
ML10Al	U40108	490	55	ML20	U40202	580	45
ML15Al	U40158	530	50	非热处理型钢材一般以热轧状态交货			

注：表中未列牌号的力学性能按供需双方协议。若未规定时，由供方提供实测值于质量证明书中。

表 2-1-40 表面硬化型和调质型钢（包括含硼钢）冷镦和冷挤压用钢退火状态的力学性能

类型代号	钢号和代号		R_m/MPa	$Z(\%)$	类型代号	钢号和代号		R_m/MPa	$Z(\%)$
	GB	ISC	≥			GB	ISC	≥	
I	ML10Al	U40108	450	65	III	ML20B	A70204	500	64
	ML15Al	U40158	470	64		ML30B	A70304	530	62
	ML15	U40152	470	64		ML35B	A70354	570	62
	ML20Al	U40208	490	63		ML20MnB	A71204	520	62
	ML20	U40202	490	63		ML35MnB	A71354	600	60
	ML20Cr	A20204	560	60		ML37CrB	A20374	600	60
II	ML30	U40302	550	59	IV	MFT8	L27208	630 ~ 700	52
	ML35	U40352	560	58		MFT9	L27228	680 ~ 750	50
	ML25Mn	U41252	540	60		MFT10	L27128	800	48
	ML35Cr	A20354	600	60	类型代号：I—表面硬化型；II—调质型；III—含硼调质型；IV—非调质型				
	ML40Cr	A20404	620	58					

注：1. 表中未列牌号的力学性能按供需双方协议。
2. 钢材直径大于 12mm 时，断面收缩率可降低 2%（绝对值）。
3. 表面硬化型和调质型钢材（包括含硼钢）一般以退火状态交货，非调质型钢材一般以热轧状态交货。

（3）中国 GB 标准冷镦和冷挤压用钢的冷顶锻与淬透性试验（表 2-1-41 和表 2-1-42）

表 2-1-41 冷镦和冷挤压用钢的冷顶锻试验

试 验 要 求	冷顶锻性能分级
公称直径 5 ~ 40mm 的钢材应进行冷顶锻试验，经冷顶锻试验后，试样表面不应出现裂纹	根据试样冷顶锻后与冷顶锻前的高度之比，钢材冷顶锻性能分为：高级——1/4；较高级——1/3；普通级——1/2

表 2-1-42 冷镦和冷挤压用钢的淬火温度和末端淬透性

钢号和代号		淬火温度/℃	HRC	钢号和代号		淬火温度/℃	HRC
GB	ISC			GB	ISC		
ML20Cr	A20204	900 ± 5	23 ~ 38	ML15MnB	A71154	880 ± 5	≥28
ML35Cr	A20354	850 ± 5	35 ~ 52	ML20MnB	A71204	880 ± 5	20 ~ 41
ML40Cr	A20404	850 ± 5	41 ~ 58	ML35MnB	A71354	850 ± 5	36 ~ 55
ML35	U40352	870 ± 5	≥28	ML15MnVB	A73154	880 ± 5	≥30
ML20B	A70204	880 ± 5	≤37	ML20MnVB	A73204	880 ± 5	≥32
ML30B	A70304	850 ± 5	22 ~ 44	ML37CrB	A20374	850 ± 5	30 ~ 54
ML35B	A70354	850 ± 5	24 ~ 52	表中采用距淬火端部 9mm 处的洛氏硬度			

注：1. 表中是表面硬化型和调质型钢（包括含硼钢）的末端淬透性数据（距淬火端部 9mm 的 HRC 硬度值）。未列的牌号，由供方提供实测值。
2. 公称直径小于 30mm 的钢材允许在中间坯上取试样进行实测。

（4）中国冷镦和冷挤压用钢的热处理试样的力学性能（表 2-1-43 和表 2-1-44）

表 2-1-43　表面硬化型冷镦和冷挤压用钢热轧状态的硬度与
热处理试样的力学性能（参考值）

统一数字代号	钢号	R_m/MPa	$R_{p0.2}$/MPa	A（%）	HBW[①]
			≥		≥
U40108	ML10Al	400~700	250	15	137
U40158	ML15Al	450~750	260	14	143
U40152	ML15	450~750	260	14	—
U40208	ML20Al	520~820	320	11	156
U40202	ML20	520~820	320	11	—
U40204	ML20Cr	750~1100	490	9	—

注：1. 表中未列牌号，供方报实测数据，并在质量证明书中注明。

　　2. 试样尺寸：试样毛坯直径为 25mm；直径 <25mm 的钢材，按钢材实际尺寸。

　　3. 试样的热处理制度见表 2-1-45。

① 热轧状态硬度。

表 2-1-44　调质型（包括含硼钢）**冷镦和冷挤压用钢的硬度与热处理试样的力学性能**（参考值）

统一数字代号	牌号	$R_{p0.2}$/MPa	R_m/MPa	A（%）	断面收缩率 Z（%）	HBW[①]
				≥		≤
U40252	ML25	275	450	23	50	170
U40302	ML30	295	490	21	50	179
U40352	ML35	430	630	17	—	187
U40402	ML40	335	570	19	45	217
U40452	ML45	355	600	16	40	229
L20151	ML15Mn	705	880	9	40	—
U41252	ML25Mn	275	450	23	50	170
A20354	ML35Cr	630	850	14	—	—
A20404	ML40Cr	660	900	11	—	—
A30304	ML30CrMo	785	930	12	50	—
A30354	ML35CrMo	835	980	12	45	—
A30404	ML40CrMo	930	1080	12	45	—
A70204	ML20B	400	550	16	—	—
A70304	ML30B	480	630	14	—	—
A70354	ML35B	500	650	14	—	—
A71154	ML15MnB	930	1130	9	45	—
A71204	ML20MnB	500	650	14	—	—
A71354	ML35MnB	650	800	12	—	—
A73154	ML15MnVB	720	900	10	45	207
A73204	ML20MnVB	940	1040	9	45	—
A74204	ML20MnTiB	930	1130	10	45	—
A20374	ML37CrB	600	750	12	—	—

注：1. 试样的热处理毛坯直径为 25mm。公称直径小于 25mm 的钢材，按钢材实际尺寸。

　　2. 表中未列牌号，供方报实测值，并在质量证明书中注明。

　　3. 试样的热处理制度见表 2-1-46。

① 热轧状态布氏硬度。

（5）中国冷镦和冷挤压用钢试样的热处理制度（表2-1-45和表2-1-46）

表 2-1-45　表面硬化型冷镦和冷挤压用钢试样的热处理制度（推荐值）

钢　号[1]	渗碳温度[2] /℃	直接淬火温度 /℃	双重淬火温度/℃		回火温度[3] /℃
			心部淬硬	表面淬硬	
ML10Al	880~900	830~870	880~920	780~820	150~200
ML15Al	880~900	830~870	880~920	780~820	150~200
ML15	880~900	830~870	880~920	780~820	150~200
ML20Al	880~900	830~870	880~920	780~820	150~200
ML20	880~900	830~870	880~920	780~820	150~200
ML20Cr	880~900	820~860	860~900	780~820	150~200

注：1. 表中给出的温度只是推荐值。实际选择的温度应以性能达到要求为准。

　　2. 淬火剂的种类取决于产品形状、冷却条件和炉子装料的数量。

[1] 表中未列牌号，供方报实测值，并在质量证明书中注明。

[2] 渗碳温度取决于钢的化学成分和渗碳介质。一般情况下，如果钢直接淬火，不宜超过950℃。

[3] 回火时间，推荐为最少1h。

表 2-1-46　调质型冷镦和冷挤压用钢（包括含硼钢）试样的热处理制度（推荐值）

统一数字代号	牌　号[1]	正火温度/℃	淬火温度/℃	淬火介质[2]	回火温度[3]/℃
U40252	ML25	AC_3 +30~50	—	—	—
U40302	ML30	AC_3 +30~50	—	—	—
U40352	ML35	AC_3 +30~50	—	—	—
U40402	ML40	AC_3 +30~50	—	—	—
U40452	ML45	AC_3 +30~50	—	—	—
L20151	ML15Mn	—	880~900	水	180~220
U41252	ML25Mn	AC_3 +30~50	—	—	—
A20354	ML35Cr	—	830~870	水或油	540~680
A20404	ML40Cr	—	820~860	油或水	540~680
A30304	ML30CrMo	—	860~890	水或油	490~590
A30354	ML35CrMo	—	830~870	油	500~600
A30404	ML40CrMo	—	830~870	油	500~600
A70204	ML20B	880~910	860~890	水或油	550~660
A70304	ML30B	870~900	850~890	水或油	550~660
A70354	ML35B	860~890	840~880	水或油	550~660
A71154	ML15MnB	—	860~890	水	200~240
A71204	ML20MnB	880~910	860~890	水或油	550~660
A71354	ML35MnB	860~890	840~880	油	550~660
A73154	ML15MnVB	—	860~900	油	340~380
A73204	ML20MnVB	—	860~900	油	370~410
A74204	ML20MnTiB	—	840~880	油	180~220
A20374	ML37CrB	855~885	835~875	水或油	550~660

注：奥氏体化时间不少于0.5h，回火时间不少于1h。

[1] 供方应报告性能指标实测值。

[2] 选择淬火介质时，宜考虑其他参数（形状、尺寸和淬火温度等）对性能和裂纹敏感性的影响。其他的淬火介质（如合成淬火剂）也可以使用。

[3] 标准件行业按GB/T 3098.1—2010的规定，回火温度范围为380~425℃。在这种条件下的力学性能值与表2-1-44的数值有较大的差异。

（6）中国冷镦和冷挤压用钢的性能特点与用途（表 2-1-47）

表 2-1-47　冷镦和冷挤压用钢的性能特点与用途

钢　号	性 能 特 点	用 途 举 例
ML04Al ML08Al	具有很高的塑性，冷镦成形性好；其抗拉强度和屈服强度与 08 钢相近	用于制作铆钉、螺母、螺栓等
ML10Al	塑性和韧性高，冷镦成形性好；其强度略高于 ML08Al 钢，可加工性可通过热处理得到改善	用于制作铆钉、螺母、半圆头螺钉、开口销、弹簧插座等
ML15Al ML15	塑性、韧性及冷镦成形性好，强度高于 ML10Al 钢，可加工性较差，经热处理后可改善	用于制作铆钉、螺母、半圆头螺钉、开口销、弹簧插座等
ML20Al ML20	塑性和韧性好，强度较高，经热处理后可改善可加工性，无回火脆性	用于制作六角螺钉、螺栓、弹簧座、固定销等
ML20Cr	冷变形塑性好，强度和淬透性均高于 ML15Cr 和 ML20 钢，热处理后有良好的综合力学性能及低温冲击韧度，可加工性尚好	用于制作耐磨性要求高或受冲击的紧固件，如螺栓、螺钉、铆钉等
ML25	强度高于 ML20 钢，冷变形塑性好，无回火脆性	用于制作螺钉、螺栓、弹簧座、固定销等
ML30	强度高于 ML25 钢，冷变形塑性好，可加工性较好	用于制作丝杠、拉杆、螺钉、螺母等，以及承受较大载荷的紧固件
ML35	具有良好的韧性和强度配合，强度高于 ML25 与 ML30 钢	
ML40	强度高，冷变形塑性中等，可加工性较好	用途与 ML45 钢基本相同
ML45	强度高，抗拉强度可达 600MPa 以上，屈服强度达 355MPa 以上，进行球化退火后，可获得较好的冷变形塑性	用于制作螺栓、轴销，以及要求强度高的紧固件等
ML15Mn ML25Mn	性能分别与 ML15、ML25 钢相近，但塑性、强度均有所提高	用于制作要求强度较高的螺钉、螺母等紧固件
ML30Mn ML35Mn	冷变形塑性好，强度和淬透性分别比 ML30、ML35 钢均有所提高，可加工性良好，有过热敏感性及回火脆性倾向	用于制作要求强度较高的螺栓、螺钉、螺母等紧固件
ML40Mn ML45Mn	冷变形塑性中等，调质处理后具有良好的综合力学性能，可加工性好，有过热敏感性及回火脆性倾向	用于制作螺栓、螺母、螺钉等要求强度高的紧固件等
ML40Cr	冷变形塑性中等，具有良好的综合力学性能和较高的疲劳强度，淬透性和可加工性均好	用于制作高表面硬度、高耐磨性的紧固件，如螺钉、螺母、销钉等
ML30CrMo	冷变形塑性中等，在 500℃以下有良好的高温强度，淬透性较高，可加工性尚好	用作中型机器的螺栓、双头螺栓，500℃以下高压用法兰、螺母等
ML35CrMo	冷变形塑性中等，具有高的强度和韧性，在高温下有高的持久强度和蠕变强度，疲劳强度较高，淬透性较好，可加工性中等	用于工作温度 450℃以下的锅炉用螺栓，500℃以下用的螺母等

（续）

钢　号	性　能　特　点	用　途　举　例
ML42CrMo	性能与 ML35CrMo 钢相近，但强度和淬透性优于 ML35CrMo 钢，并有较高的疲劳强度和极强的抗多次冲击能力	用作强度要求比 ML35CrMo 钢更高的紧固件
ML15MnB	经热处理后可获得良好的塑性，有较高的强度，淬透性高于 ML15Mn 钢	用于制作重要的紧固件，如气缸盖螺栓、半轴螺栓、连杆螺栓等
ML20MnTiB	经热处理后具有高的强度、良好的塑性，晶粒长大倾向小，正火后可加工性良好，淬透性较好	用于制作汽车、拖拉机的重要螺栓
ML15MnVB	经淬火低温回火后具有高的强度、良好的塑性和低温冲击韧度，较低的缺口敏感性，淬透性较好	用于制作重要的紧固件，如气缸盖螺栓、半轴螺栓、连杆螺栓等

2.1.8　弹簧钢和轴承钢

（1）中国 GB 标准弹簧钢　［GB/T 1222—2016］

中国弹簧钢钢带和钢丝等产品的化学成分与性能，编列于本章 2.1.45 ~ 2.1.47 小节。

A）中国弹簧钢的钢号与化学成分（表 2-1-48）

表 2-1-48　弹簧钢的钢号与化学成分（质量分数）（%）

钢号和代号 GB	ISC	C	Si	Mn	P ≤	S ≤	Cr	Ni	V	其 他[②]
65	U20652	0.62 ~ 0.70	0.17 ~ 0.37	0.50 ~ 0.80	0.030	0.030	≤0.25	≤0.35	—	Cu≤0.25
70	U20702	0.67 ~ 0.75	0.17 ~ 0.37	0.50 ~ 0.80	0.030	0.030	≤0.25	≤0.35	—	Cu≤0.25
80	U20802	0.77 ~ 0.85	0.17 ~ 0.37	0.50 ~ 0.80	0.030	0.030	≤0.25	≤0.35	—	Cu≤0.25
85	U20852	0.82 ~ 0.90	0.17 ~ 0.37	0.50 ~ 0.80	0.030	0.030	≤0.25	≤0.35	—	Cu≤0.25
65Mn	U21653	0.62 ~ 0.70	0.17 ~ 0.37	0.90 ~ 1.20	0.030	0.030	≤0.25	≤0.35	—	Cu≤0.25
70Mn	U21703	0.67 ~ 0.75	0.17 ~ 0.37	0.90 ~ 1.20	0.030	0.030	≤0.25	≤0.35	—	Cu≤0.25
28SiMnB	A76282	0.24 ~ 0.32	0.60 ~ 1.00	1.20 ~ 1.60	0.025	0.020	≤0.25	≤0.35	—	Cu≤0.25 B0.0008 ~ 0.0035
40SiMn-VBE[①]	A76406	0.39 ~ 0.42	0.90 ~ 1.35	1.20 ~ 1.55	0.020	0.012	—	≤0.35	0.09 ~ 0.12	Cu≤0.25 B0.0008 ~ 0.0025
55SiMnVB	A76552	0.52 ~ 0.60	0.70 ~ 1.00	1.00 ~ 1.30	0.025	0.025	≤0.35	≤0.35	0.08 ~ 0.16	Cu≤0.25 B0.0008 ~ 0.0035
38Si2	Al1383	0.35 ~ 0.42	1.50 ~ 1.80	0.50 ~ 0.80	0.025	0.020	≤0.25	≤0.35	—	Cu≤0.25
60Si2Mn	Al1603	0.56 ~ 0.64	1.50 ~ 2.00	0.70 ~ 1.00	0.025	0.020	≤0.35	≤0.35	—	Cu≤0.25
55CrMn	A22553	0.52 ~ 0.60	0.17 ~ 0.37	0.65 ~ 0.95	0.025	0.020	0.65 ~ 0.95	≤0.35	—	Cu≤0.25
60CrMn	A22603	0.56 ~ 0.64	0.17 ~ 0.37	0.70 ~ 1.00	0.025	0.020	0.70 ~ 1.00	≤0.35	—	Cu≤0.25
60CrMnB	A22609	0.56 ~ 0.64	0.17 ~ 0.37	0.70 ~ 1.00	0.025	0.020	0.70 ~ 1.00	≤0.35	—	Cu≤0.25 B0.0008 ~ 0.0035
60CrMnMo	A34603	0.56 ~ 0.64	0.17 ~ 0.37	0.70 ~ 1.00	0.025	0.020	0.70 ~ 1.00	≤0.35	—	Cu≤0.25
55SiCr	A21553	0.51 ~ 0.59	1.20 ~ 1.50	0.50 ~ 0.80	0.025	0.020	0.50 ~ 0.80	≤0.35	—	Cu≤0.25
60Si2Cr	A21603	0.56 ~ 0.64	1.40 ~ 1.80	0.40 ~ 0.70	0.025	0.020	0.70 ~ 1.00	≤0.35	—	Cu≤0.25
56Si2MnCr	A24563	0.52 ~ 0.60	1.60 ~ 2.00	0.70 ~ 1.00	0.025	0.020	0.20 ~ 0.45	≤0.35	—	Cu≤0.25
52SiCrMnNi	A25523	0.49 ~ 0.56	1.20 ~ 1.50	0.70 ~ 1.00	0.025	0.020	0.70 ~ 1.00	0.50 ~ 0.70	—	Cu≤0.25

（续）

钢号和代号		C	Si	Mn	P ≤	S ≤	Cr	Ni	V	其 他[②]
GB	ISC									
55SiCrV	A28553	0.51~0.59	1.20~1.60	0.50~0.80	0.025	0.020	0.50~0.80	≤0.35	0.10~0.20	Cu≤0.25
60Si2CrV	A28603	0.56~0.64	1.40~1.80	0.40~0.70	0.025	0.020	0.90~1.20	≤0.35	0.10~0.20	Cu≤0.25
60Si2MnCrV	A28600	0.56~0.64	1.50~2.00	0.70~1.00	0.025	0.020	0.20~0.40	≤0.35	0.10~0.20	Cu≤0.25
50CrV	A23503	0.46~0.54	0.17~0.37	0.50~0.80	0.025	0.020	0.80~1.10	≤0.35	0.10~0.20	Cu≤0.25
51CrMnV	A25513	0.47~0.55	0.17~0.37	0.70~1.10	0.025	0.020	0.90~1.20	≤0.35	0.10~0.25	Cu≤0.25
52CrMnMoV	A36523	0.48~0.56	0.17~0.37	0.70~1.10	0.025	0.020	0.90~1.20	≤0.35	0.10~0.20	Mo0.15~0.30 Cu≤0.25
30W4Cr2V	A27303	0.26~0.34	0.17~0.37	≤0.40	0.025	0.020	2.00~2.50	≤0.35	0.50~0.80	W4.00~4.50 Cu≤0.25

① 40SiMnVBE 为专利牌号。

② 根据需方要求，允许钢中残余铜含量≤0.20%。

B) 中国弹簧钢的力学性能与热处理制度（表2-1-49）

表 2-1-49　弹簧钢的力学性能与热处理制度

钢号和代号		热处理[①]			R_m/MPa	$R_{eL}^{②}$/MPa	A(%)	$A_{11.3}$(%)	Z(%)
钢　号	ISC	淬火温度 /℃	淬火 介质	回火温度 /℃			≥		
65	U20652	840	油	500	980	785	—	9.0	35
70	U20702	830	油	480	1030	835	—	8.0	30
80	U20802	820	油	480	1080	930	—	6.0	30
85	U20852	820	油	480	1130	980	—	6.0	30
65Mn	U21653	830	油	540	980	785	—	8.0	30
70Mn[③]	U21703	③	—	—	785	450	8.0	—	30
28SiMnB	A76282	900	水/油	320	1275	1180	—	5.0	25
40SiMnVBE	A76406	880	油	320	1800	1680	9.0	—	40
55SiMnVB	A76552	860	油	460	1375	1225	—	5.0	30
38Si2	A11383	880	水	450	1300	1150	8.0	—	35
60Si2Mn	A11603	870	油	450	1570	1375	—	5.0	20
55CrMn	A22553	840	油	440	1225	1080	9.0	—	20
60CrMn	A22603	840	油	490	1225	1080	9.0	—	20
60CrMnB	A22609	840	油	490	1225	1080	9.0	—	20
60CrMnMo	A34603	860	油	450	1450	1300	6.0	—	30
55SiCr	A21553	860	油	450	1450	1300	6.0	—	25
60Si2Cr	A21603	870	油	420	1765	1570	6.0	—	20
56Si2MnCr	A24563	860	油	450	1500	1350	6.0	—	25
52SiCrMnNi	A25523	860	油	450	1450	1300	6.0	—	35
55SiCrV	A28553	860	油	400	1650	1600	5.0	—	35
60Si2CrV	A28603	850	油	410	1860	1665	6.0	—	20
60Si2MnCrV	A28600	860	油	400	1700	1650	5.0	—	30
50CrV	A23503	850	油	500	1275	1130	10.0	—	40
51CrMnV	A25513	850	油	450	1350	1200	6.0	—	30

（续）

钢号和代号		热处理[1]			R_m/MPa	R_{eL}[2]/MPa	A(%)	$A_{11.3}$(%)	Z(%)
钢　号	ISC	淬火温度/℃	淬火介质	回火温度/℃			≥		
52CrMnMoV	A36523	860	油	450	1450	1300	6.0	—	35
30W4Cr2V[4]	A27303	1075	油	600	1470	1325	7.0	—	40

注：1. 力学性能试验采用直径 10mm 的比例试样，推荐用留有少许加工余量的试样毛坯（一般尺寸为 11~12mm）。

2. 对于直径或边长小于 11mm 的棒材，用原尺寸钢材进行热处理。

3. 对于厚度小于 11mm 的扁钢，允许采用矩形试样。该试样的断面收缩率不作为验收条件。

[1] 表中热处理温度允许调整范围为：淬火 ±20℃，回火 ±50℃（28SiMnB 钢 +30℃）。根据需方要求，其他牌号的回火温度允许调整范围为 ±30℃。

[2] 当被检验的钢材屈服现象不明显时，可采用 $R_{p0.2}$ 代替 R_{eL}。

[3] 70Mn 的推荐热处理制度为，正火 790℃，允许调整范围为 ±30℃。

[4] 30W4Cr2V 的力学性能试验，除抗拉强度外，其他检验结果不作为交货依据，仅供参考。

C）中国弹簧钢钢材交货状态的硬度（表 2-1-50）

表 2-1-50　弹簧钢钢材交货状态的硬度

钢　号	交货状态	代　号	HBW≤
65，70，80	热轧	WHR	285
85，65Mn，70Mn，28SiMnB			302
60Si2Mn，50SiCrV，55SiMnVB，55CrMn，60CrMn	热轧	WHR	321
60Si2Cr，60Si2CrV，60CrMnB	热轧	WHR	由供需双方协商
55SiCr，30W4Cr2V，40SiMnVBE	热轧 + 去应力退火	WHR + A	321
38Si2	热轧	WHR	321
	去应力退火	A	280
	软化退火	SA	217
56Si2MnCr，51CrMnV，55SiCrV	热轧	WHR	由供需双方协商
60Si2MnCrV，52SiCrMnNi	去应力退火	A	280
52CrMnMoV	软化退火	SA	248
所有牌号	冷拉 + 去应力退火	WCD + A	321
	冷拉	WCD	由供需双方协商

注：表中未列出的代号：WHF—锻制；NA—未热处理。

D）中国弹簧钢的性能特点和用途举例（表 2-1-51）

表 2-1-51　弹簧钢的性能特点和用途举例

钢　号	性能特点和用途举例
65，70	经热处理或冷作硬化后具有较高的强度与弹性，冷变形塑性较低，淬透性较差，承受动载荷和疲劳载荷的性能低 应用非常广泛，但多用于工作温度不高的小型弹簧，或不太重要的较长尺寸弹簧，以及一般机械用的弹簧
80，85	具有较高强度、硬度和屈强比，但淬透性差，耐热性不好，承受动载荷和疲劳载荷的性能低。用于火车、汽车、拖拉机等的扁簧、螺旋弹簧及一般机械用弹簧等
65Mn，70Mn	强度高，综合力学性能和淬透性较好，脱碳倾向低，但有过热敏感性及回火脆性，易出现淬火裂纹 用于制造各种小截面扁簧、圆簧、发条等，也可制造弹簧环、气门簧、减振器和离合器簧片、刹车簧
28SiMnB	具有较高强度和耐磨性，淬透性较好，韧性与冷变形塑性中等。用于汽车的板弹簧
40SiMnVBE 55SiMnVB	有较高的淬透性，较好的综合力学性能，以及较高的疲劳寿命，过热敏感性低，回火稳定性好。主要用于制作重型、中小型汽车的板弹簧，也可制作其他中型截面的板弹簧和螺旋弹簧

（续）

钢　号	性能特点和用途举例
38Si2	其强度与弹性极限较好，淬透性不高。主要制造轨道扣件用弹簧
60Si2Mn	其强度与弹性极限较高，回火稳定性好，淬透性不高，易脱碳和石墨化 应用广泛，主要用于制造各种车辆用弹簧，如汽车、机车、拖拉机的板簧、螺旋弹簧，一般要求的汽车稳定杆、低应力的货车转向架弹簧、轨道扣件用弹簧等
55CrMn	热加工性能、抗脱碳性能均好，淬透性较好，对回火脆性较敏感。用于制作汽车稳定杆，也可制较大规格的板簧和螺旋弹簧
60CrMnB	有较高的强韧性，淬透性好，热加工性能、抗脱碳性能均好。用于制作较大尺寸的板簧、螺旋弹簧、扭转弹簧等
60CrMnMo	有较高的强韧性，淬透性好，回火稳定性高。用于土木建筑、重型车辆、工程机械等超大型弹簧
60Si2Cr	具有较高的强度和淬透性，热处理时过热敏感性和脱碳倾向小，但有回火脆性。大多用于制造大载荷的重要弹簧、工程机械弹簧等，如汽车、拖拉机的板簧、直径较大的螺旋弹簧
55SiCr	制作汽车悬挂用螺旋弹簧、气门弹簧等
56Si2MnCr	一般用于冷拉钢丝、淬回火钢丝制作悬架弹簧，或板厚大于 10～15mm 的大型板簧等
52SiCrMnNi	用于制作载重卡车的大规格稳定杆，现在欧洲汽车制造厂常选用该钢种
55SiCrV	用于制作汽车悬挂用螺旋弹簧、气门弹簧等
60Si2CrV	具有较高的强度和淬透性，热处理工艺性能好，但有回火脆性 用于制造高强度级的变截面板簧、货车转向架用螺旋弹簧，也可制造大载荷的大型重要弹簧、工程机械弹簧等
50CrV 51CrMnV	有较高的强度和弹性极限，较好的韧性，疲劳强度、淬透性较高，脱碳倾向、冷变形塑性较低。热处理时过热敏感性和脱碳倾向小 适于制造工作应力高、疲劳性能要求严格的螺旋弹簧、汽车板簧等，也可制造较大截面的高载荷重要弹簧，以及工作温度低于 300℃ 的阀门弹簧、活塞弹簧、安全阀弹簧等
52CrMnMoV	用于制作汽车板簧、高速客车转向架用螺旋弹簧、汽车导向管等
60Si2MnCrV	用于制作大载荷的汽车板簧等
30W4Cr2V	一种高强度耐热弹簧钢，有良好的室温与高温力学性能，强度高，淬透性好，高温抗松弛与热加工性能良好。适于在调质状态使用 主要用于工作温度低于 500℃ 的耐热弹簧，如汽轮机主蒸汽阀弹簧、锅炉安全阀弹簧等

注：下列的中国新牌号与国际 ISO 标准、欧洲 EN 标准的牌号对照：
　　38Si2（GB/T）-38Si7（ISO/EN），55CrMn（GB/T）-55Cr3（ISO/EN），60CrMn（GB/T）-60Cr3（ISO/EN），60CrMnMo（GB/T）-60CrMo3-3（ISO/EN），55SiCr（GB/T）-55SiCr6-3（ISO/EN），56Si2MnCr（GB/T）-56SiCr7（EN），52SiCrMnNi（GB/T）-52SiCrNi5（EN），55SiCrV（GB/T）-54SiCrV6（EN），60Si2CrV（GB/T）-60SiCrV7（EN），51CrMnV（GB/T）-51CrV4（EN），52CrMnMoV（GB/T）-52CrMoV4（ISO/EN）。

（2）中国 GB 标准高碳铬轴承钢和渗碳轴承钢［GB/T 18254—2016］［GB/T 3203—2016］
A）高碳铬轴承钢和渗碳轴承钢的钢号与化学成分（表 2-1-52）

表 2-1-52　高碳铬轴承钢和渗碳轴承钢的钢号与化学成分（质量分数）（%）

钢号和代号		C	Si	Mn	P≤	S≤	Cr	Mo	Ni	其　他[3]
GB	ISC									
高碳铬轴承钢［GB/T 18254—2016］[1],[2]										
G8Cr15	B00151	0.75～0.85	0.15～0.35	0.20～0.40	0.025	0.020	1.30～1.65	≤0.10	≤0.25	Cu≤0.25
GCr15	B00150	0.95～1.05	0.15～0.35	0.25～0.45	0.025	0.025	1.40～1.65	≤0.10	≤0.25	Cu≤0.25
GCr15SiMn	B01150	0.95～1.05	0.45～0.75	0.95～1.25	0.025	0.025	1.40～1.65	≤0.10	≤0.25	Cu≤0.25
GCr15SiMo	B03150	0.95～1.05	0.65～0.85	0.20～0.40	0.027	0.020	1.40～1.70	0.30～0.40	≤0.25	Cu≤0.25
GCr18Mo	B02180	0.95～1.05	0.20～0.40	0.25～0.40	0.025	0.025	1.65～1.95	0.15～0.25	≤0.25	Cu≤0.25

（续）

钢号和代号		C	Si	Mn	P≤	S≤	Cr	Mo	Ni	其他[3]
GB	ISC									
渗碳轴承钢［GB/T 3203—2016］[2]										
G20CrMo	B10200	0.17~0.23	0.20~0.35	0.65~0.95	0.020	0.015	0.35~0.65	0.08~0.15	≤0.30	Cu≤0.25
G20CrNiMo	B12200	0.17~0.23	0.15~0.40	0.60~0.90	0.020	0.015	0.35~0.65	0.15~0.30	0.40~0.70	Cu≤0.25
G20CrNi2Mo	B12210	0.19~0.23	0.25~0.40	0.55~0.70	0.020	0.015	0.45~0.65	0.20~0.30	1.60~2.00	Cu≤0.25
G20Cr2Ni4	B11200	0.17~0.23	0.15~0.40	0.30~0.60	0.020	0.015	1.25~1.75	≤0.08	3.25~3.75	Cu≤0.25
G10CrNi3Mo	B12100	0.08~0.13	0.15~0.40	0.40~0.70	0.020	0.015	1.00~1.40	0.08~0.15	3.00~3.50	Cu≤0.25
G20Cr2Mn2Mo	B10210	0.17~0.23	0.15~0.40	1.30~1.60	0.020	0.015	1.70~2.00	0.20~0.30	≤0.30	Cu≤0.25
G23Cr2Ni2Si1Mo	—	0.20~0.25	1.20~1.50	0.20~0.40	0.020	0.015	1.35~1.75	0.25~0.35	2.20~2.60	Cu≤0.25

① 高碳铬轴承钢的氧含量在钢坯或钢材上测定。

② 渗碳轴承钢的钢中残余元素含量（不大于）：P、S 和 Ni、Cu 的含量已列于表中；其余的残余元素含量：Al = 0.050%、Ti = 0.0050%、Ca = 0.0010%、H = 0.0020%。

③ 高碳铬轴承钢的钢中残余元素含量（不大于）：Ni 和 Cu 的含量已列于表中；O、P、S、Ti 含量对三个不同等级而有差别。优质钢—O = 0.0012%、P = 0.025%、S = 0.020%、Ti = 0.0050%；高级优质钢（后缀字母 A）—O = 0.0009%、P = 0.020%、S = 0.020%、Ti = 0.0030%、Ca = 0.0010%；特级优质钢（后缀字母 E）—O = 0.0006%、P = 0.015%、S = 0.010%、Ti = 0.0015%、Ca = 0.0010%；（但牌号 GCr15SiMn、GCr15SiMo、GCr18Mo 的 Ti 含量，允许在三个等级基础上增加 0.0005%）。其余的残余元素含量（质量分数），三个等级钢材均相同：Al = 0.050%、As = 0.04%、（As + Sn + Sb）= 0.075%、Pb = 0.002%。

B）高碳铬轴承钢的热处理与硬度（表 2-1-53 和表 2-1-54）

表 2-1-53　高碳铬轴承钢的热处理与硬度（一）

钢号和代号		软化退火			球化退火			
GB	ISC	温度/℃	冷却介质	硬度 HBW	加热温度/℃	等温温度/℃	冷却介质	硬度 HBW
G8Cr15	B00151	780~810	炉冷	≤245	780~800	690~720	空冷	179~207
GCr15	B00150	780~810	炉冷	≤245	780~800	690~720	空冷	179~207
GCr15SiMn	B01150	780~810	炉冷	≤245	780~800	690~720	空冷	179~217
GCr15SiMo	B03150	790~810	炉冷	≤245	780~800	690~720	空冷	179~217
GCr18Mo	B02180	810~820	炉冷	≤245	780~800	690~720	空冷	179~207

注：表中数据系推荐值。

表 2-1-54　高碳铬轴承钢的热处理与硬度（二）

钢号和代号		淬　火			回　火		高温回火	
GB	ISC	温度/℃	冷却介质	硬度 HRC	温度/℃	硬度 HRC	温度/℃	硬度 HBW
G8Cr15	B00151	820~860	油冷	62~66	150~180	61~65	650~700	229~285
GCr15	B00150	820~860	油冷	62~66	150~180	61~65	650~700	229~285
GCr15SiMn	B01150	815~840	油冷	≥64	170~190	≥62	650~700	229~285
GCr15SiMo	B03150	820~860	油冷	≥65	150~200	≥62	650~700	229~285
GCr18Mo	B02180	850~870	油冷	≥60	150~200	≥60	650~700	229~285

注：表中数据系推荐值。

C）渗碳轴承钢的力学性能与热处理（表 2-1-55 和表 2-1-56）

表 2-1-55   渗碳轴承钢的力学性能

钢号和代号		试样毛坯	R_m/MPa	A(%)	Z(%)	KU_2/J
GB	ISC	尺寸/mm	≥			
G20CrMo	B10200	15	880	12	45	63
G20CrNiMo	B12200	15	1180	9	45	63
G20CrNi2Mo	B12210	25	980	13	45	63
G20Cr2Ni4	B11200	15	1180	10	45	63
G10CrNi3Mo	B12100	15	1080	9	45	63
G20Cr2Mn2Mo	B10210	15	1280	9	40	55
G23Cr2Ni2Si1Mo	—	15	1180	10	40	55

注：1. 表中所列的力学性能为钢材的纵向性能，其性能数据适用于公称直径≤80mm 的钢材。

2. 公称直径81～100mm 的钢材，允许其断后伸长率 A、断面收缩率 Z 和冲击吸收能量 KU_2 较表中的规定分别降低1%（绝对值）、5%（绝对值）及5%。

3. 公称直径101～150mm 的钢材，允许其断后伸长率 A、断面收缩率 Z 和冲击吸收能量 KU_2 较表中的规定分别降低3%（绝对值）、15%（绝对值）及15%。

4. 公称直径>150mm 的钢材，其力学性能指标由供需双方协商。

表 2-1-56   渗碳轴承钢的热处理

钢号和代号		淬火			回火	
		温度/℃		冷却	温度	冷却
GB	ISC	第1次淬火	第2次淬火	介质	/℃	介质
G20CrMo	B10200	860～900	770～810	油冷	150～200	空冷
G20CrNiMo	B12200	860～900	770～810	油冷	150～200	空冷
G20CrNi2Mo	B12210	860～900	780～820	油冷	150～200	空冷
G20Cr2Ni4	B11200	850～890	770～810	油冷	150～200	空冷
G10CrNi3Mo	B12100	860～900	770～810	油冷	180～200	空冷
G20Cr2Mn2Mo	B10210	860～900	790～830	油冷	180～200	空冷
G23Cr2Ni2Si1Mo	—	860～900	790～830	油冷	150～200	空冷

（3）中国 GB 标准碳素轴承钢和高碳铬不锈轴承钢的钢号与化学成分［GB/T 28417—2012］［GB/T 3086—2019］（表 2-1-57）

表 2-1-57   碳素轴承钢和高碳铬不锈轴承钢的钢号与化学成分（质量分数）（%）

钢号和代号		C	Si	Mn	P≤	S≤	Cr	Mo	Ni	Cu	其 他
GB	ISC										
碳素轴承钢［GB/T 28417—2012］											
G55	B30550	0.52～0.60	0.15～0.35	0.60～0.90	0.025	0.015	≤0.20	≤0.10	≤0.20	≤0.30	Al≤0.050
G55Mn	B31550	0.52～0.60	0.15～0.35	0.90～1.20	0.025	0.015	≤0.20	≤0.10	≤0.20	≤0.30	Ti≤0.003
G70Mn	B31700	0.65～0.75	0.15～0.35	0.80～1.10	0.025	0.015	≤0.20	≤0.10	≤0.20	≤0.30	O≤0.0012 +其他元素[②]
高碳铬不锈轴承钢［GB/T 3086—2019］											
G95Cr18 (9Cr18)[①]	B21800	0.90～1.00	≤0.80	≤0.80	0.035	0.020	17.0～19.0	—	≤0.25	≤0.25	—
G102Cr18Mo (9Cr18Mo)[①]	B21810	0.95～1.10	≤0.80	≤0.80	0.035	0.020	16.0～18.0	0.40～0.70	≤0.25	≤0.25	—
G65Cr14Mo	B21410	0.60～0.70	≤0.80	≤0.80	0.035	0.020	13.0～15.0	0.50～0.80	≤0.25	≤0.25	—

① GB/T 3086—1982 标准的牌号。

② 其他元素：Ca≤0.001%，Pb≤0.002%，Sn≤0.003%，Sb≤0.005%，As≤0.040%。

（4）中国轴承钢的性能特点与用途（表 2-1-58）

表 2-1-58 轴承钢的性能特点与用途

钢 号	性 能 特 点	用 途 举 例
高碳铬轴承钢		
GCr15	高碳铬轴承钢的代表钢种，综合力学性能良好，淬透性高，淬火与回火后具有高而均匀的硬度，良好的耐磨性和高的接触疲劳寿命，热加工变形性能和可加工性均好，但焊接性差，对白点形成较敏感，有回火脆性倾向	用于制造壁厚 12mm、外径 250mm 的各种轴承套圈，也用作尺寸范围较宽的滚动体，如钢球、圆锥滚子、滚针等；还用于制造模具、精密量具，以及其他要求高耐磨、高弹性极限和高接触疲劳强度的机器零件
GCr15SiMn	在 GCr15 钢的基础上适当增加硅、锰含量，其淬透性、弹性极限和耐磨性均有明显提高，冷加工塑性变形中等，可加工性稍差，焊接性不好，对白点形成较敏感，有回火脆性倾向	用于制造大尺寸的轴承套圈、钢球、圆锥滚子、圆柱滚子、球面滚子等，轴承零件的工作温度≤180℃；还用于制造模具、量具、丝锥及其他要求硬度高且耐磨的零部件
GCr15SiMo	在 GCr15 钢的基础上提高硅含量，并添加钼而开发的新型轴承钢，综合力学性能良好，淬透性高，耐磨性好，接触疲劳寿命高，其他性能与 GCr15SiMn 钢相近	用于制造大尺寸的轴承套圈、滚珠、滚柱，还用于制造模具、精密量具，以及其他要求硬度高且耐磨的零部件
GCr18Mo	相当于瑞典轴承钢 SKF24，是在 GCr15 钢的基础上加入钼，并适当提高铬含量，从而提高了钢的淬透性。其他性能与 GCr15 钢相近	用于制造各种轴承套圈，壁厚从 ≤16mm 增加到 ≤20mm，扩大了使用范围；其他用途和 GCr15 钢基本相同
渗碳轴承钢		
G20CrMo	渗碳后表面硬度较高，耐磨性较好，而心部硬度低，韧性好，冷变形塑性、可加工性及焊接性均良好，无回火脆性	用于制作汽车、拖拉机的承受冲击载荷的滚子轴承，也用作汽车齿轮、活塞杆、螺栓及其他重要渗碳零件等
G20CrNiMo	有良好的塑性、韧性和强度，渗碳或碳氮共渗后表面有相当高的硬度，耐磨性好，接触疲劳寿命明显优于 GCr15 钢，而心部碳含量低，有足够的韧性承受冲击载荷	是制作耐冲击载荷轴承的良好材料。用作承受冲击载荷的汽车轴承和中小型轴承，也用作汽车、拖拉机的齿轮及牙轮钻头的牙爪和牙轮体
G20CrNi2Mo	渗碳后表面硬度高，耐磨性好，具有中等表面硬化性，心部韧性好，能承受较高冲击载荷，钢的冷热加工塑性较好，可加工成棒、板、无缝管等	用于制作承受较高冲击载荷的滚子轴承，如发动机主轴承、铁路货车轴承套圈和滚子，也可用作汽车齿轮、活塞杆、万向接头轴、圆头螺栓等
G10CrNi3Mo	渗碳后表面碳含量高，具有高硬度，耐磨性好，而心部碳含量低，韧性好，可承受冲击载荷，焊接性较好	用于制作承受冲击载荷较高的大型滚子轴承，如轧钢机大型轴承等
G20Cr2Ni4	是常用的渗碳钢，渗碳后表面硬度相当高，耐磨性好，接触疲劳寿命高，而心部韧性好，可承受强烈冲击载荷，焊接性中等；有回火脆性倾向，白点敏感性大	用于制作耐冲击载荷的大型滚子轴承，如轧钢机和矿山机械的大型轴承；也用于制作承受冲击载荷大、安全性要求高的中小型轴承。还用作其他大截面渗碳件，如大型齿轮、轴等
G20Cr2Mn2Mo	渗碳后表面硬度高，而心部韧性好，可承受强烈冲击载荷。与 G20Cr2Ni4A 钢相比，渗碳速度快，但渗碳层易形成粗大碳化物，不能以扩散消除	用于制作高冲击载荷条件下工作的特大型轴承，如轧钢机和矿山机械的特大型轴承；也用于制作承受冲击载荷大、安全性要求高的中小型轴承及轴承部件

（续）

钢　　号	性　能　特　点	用　途　举　例
高碳铬不锈轴承钢		
G95Cr18 G102Cr18Mo	是用作轴承钢的高碳马氏体不锈钢，淬火后具有较高的硬度和耐磨性，在大气、水以及某些酸、盐类水溶液中具有优良的不锈、耐蚀性能	用于制造在海水、河水、蒸馏水，以及海洋性腐蚀介质中工作的轴承，工作温度可达 253～350℃；还可用作某些仪器、仪表的微型轴承
G65Cr14Mo	是用作轴承钢的奥氏体不锈钢，具有优良的耐蚀性，热加工和冷加工的性能优良，焊接性好，过热敏感性低	用于制造耐腐蚀的轴承套圈、钢球及保持器等；还可用作防磁轴承，经渗氮处理后，可用于高温、高真空、低载荷、高转速条件下工作的轴承
碳素轴承钢		
G55 G55Mn G70Mn	碳素轴承钢主要参考 ISO 683-17 标准，其中钢号 G55 近似 C56E2（ISO）性能，G55Mn 和 G70Mn 分别近似 56Mn4 和 70Mn4（ISO）性能	用于制造汽车轮毂轴承单元，采用直径 150～200mm 热轧棒材。钢材以热轧状态交货，要求采用淬火试样断口检验宏观非金属夹杂物

B. 专业用钢和优良品种

2.1.9　船舶和海洋工程用结构钢［GB 712—2011］

（1）中国 GB 标准一般强度级船舶和海洋工程用结构钢

A）一般强度级船用结构钢的钢材等级与化学成分（表 2-1-59）

表 2-1-59　一般强度级船用结构钢的钢材等级与化学成分（质量分数）（%）

钢材等级/牌号 GB	钢材等级/牌号 ISC	C	Si	Mn	P≤	S≤	Al$_S$	其　他
A	U51222	≤0.21	≤0.50	≤0.50	0.035	0.035	—	Cr, Ni, Cu
B	U51212	≤0.21	≤0.35	≤0.80	0.035	0.035	—	Cr, Ni, Cu
D	U51218	≤0.21	≤0.35	≤0.60	0.030	0.030	≤0.015	Cr, Ni, Cu
E	U51188	≤0.18	≤0.35	≤0.70	0.025	0.025	≤0.015	Cr, Ni, Cu

注：1. A 级型钢的碳含量上限可到 $w(C) \leq 0.23\%$。

　　2. B 级钢材做冲击试验时，锰含量下限可到 $w(Mn) = 0.60\%$。

　　3. 对于厚度大于 25mm 的 D 级和 E 级钢材，可测定全铝（Al$_t$）含量代替酸溶铝（Al$_S$）含量，此时全铝含量应≥0.02%。经船级社同意，也可使用其他细化晶粒元素。

　　4. 细化晶粒元素 Al、Nb、V、Ti 可单独或以任一组合形式加入钢中。当单独加入时，其含量应符合本表的规定；若混合加入两种或两种以上细化晶粒元素时，表中细晶元素含量下限的规定不适用，同时要求 Nb + V + Ti≤0.12%。

　　5. A、B、D、E 级钢材的碳当量（CE）为 $C + \dfrac{Mn}{6} \leq 0.40\%$。

　　6. 为改善钢的性能，添加其他微量元素，应在质检证明书中注明。

　　7. 钢中其他元素含量：Cr≤0.30%，Ni≤0.30%，Cu≤0.35%。

B）一般强度级船用结构钢的力学性能（表 2-1-60）

（2）中国 GB 标准高强度级船舶和海洋工程用结构钢

A）高强度级船用结构钢的钢材等级与化学成分（表 2-1-61）

表 2-1-60　一般强度级船用结构钢的力学性能

钢材等级 /牌号	拉伸试验			冲击试验						
	R_m/MPa	R_{eH}/MPa	A（%）	试验温度 /℃	厚度≤50mm		厚度 50～70mm		厚度 70～100mm	
					纵向	横向	纵向	横向	纵向	横向
	≥				KV≥					
A	400～520	235	22	20	—	—	34	24	41	27
B	400～520	235	22	0	27	20	34	24	41	27
D	400～520	235	22	−20	27	20	34	24	41	27
E	400～520	235	22	−40	27	20	34	24	41	27

注：1. 拉伸试验取横向试样。经船级社同意，A 级型钢的 R_m 可超上限。

2. 当屈服不明显时，可测定 $R_{p0.2}$ 代替 R_{eH}。

3. 冲击试验取纵向试样，但供方应保证横向冲击值。厚度大于 50mm 的 A 级钢材，经细化晶粒处理并以正火状态交货时，可不做冲击试验。

4. 厚度大于 25mm 的 B 级钢，以 TMCP 状态交货的 A 级钢，经船级社同意，可不做冲击试验。

表 2-1-61　高强度级船用结构钢的钢材等级与化学成分（质量分数）（%）

钢材等级/牌号		C	Si	Mn	P≤	S≤	Nb	V	Ti	Al_S	其　他
GB	ISC										
AH32	L34402	≤0.18	≤0.50	0.90～1.60	0.030	0.030	0.02～0.05	0.05～0.10	≤0.02	≤0.015	Ni≤0.40 Cr、Mo、Cu
DH32	L34404	≤0.18	≤0.50	0.90～1.60	0.025	0.025	0.02～0.05	0.05～0.10	≤0.02	≤0.015	
EH32	L34405	≤0.18	≤0.50	0.90～1.60	0.025	0.025	0.02～0.05	0.05～0.10	≤0.02	≤0.015	
FH32	L34407	≤0.16	≤0.50	0.90～1.60	0.020	0.020	0.02～0.05	0.05～0.10	≤0.02	≤0.015	Ni≤0.80 N≤0.009 Cr、Mo、Cu
AH36	L34902	≤0.18	≤0.50	0.90～1.60	0.030	0.030	0.02～0.05	0.05～0.10	≤0.02	≤0.015	Ni≤0.40 Cr、Mo、Cu
DH36	L34904	≤0.18	≤0.50	0.90～1.60	0.025	0.025	0.02～0.05	0.05～0.10	≤0.02	≤0.015	
EH36	L34905	≤0.18	≤0.50	0.90～1.60	0.025	0.025	0.02～0.05	0.05～0.10	≤0.02	≤0.015	
FH36	L34907	≤0.16	≤0.50	0.90～1.60	0.020	0.020	0.02～0.05	0.05～0.10	≤0.02	≤0.015	Ni≤0.080 N≤0.009 Cr、Mo、Cu
AH40	L35102	≤0.18	≤0.50	0.90～1.60	0.030	0.030	0.02～0.05	0.05～0.10	≤0.02	≤0.015	Ni≤0.40 Cr、Mo、Cu
DH40	L35104	≤0.18	≤0.50	0.90～1.60	0.025	0.025	0.02～0.05	0.05～0.10	≤0.02	≤0.015	
EH40	L35105	≤0.18	≤0.50	0.90～1.60	0.025	0.025	0.02～0.05	0.05～0.10	≤0.02	≤0.015	
FH40	L35107	≤0.16	≤0.50	0.90～1.60	0.020	0.020	0.02～0.05	0.05～0.10	≤0.02	≤0.015	Ni≤0.80 N≤0.009 Cr、Mo、Cu

注：1. 当 AH32～EH40 级钢材的厚度≤12.5mm 时锰含量的最小值可为 0.70%。

2. 对于厚度大于 25mm 的 D 级和 E 级钢材，可测定全铝（Al_t）含量代替酸溶铝（Al_S）含量，此时全铝含量应≥0.02%。经船级社同意，也可使用其他细化晶粒元素。

3. 细化晶粒元素 Al、Nb、V、Ti 可单独或以任一组合形式加入钢中。当单独加入时，其含量应符合本表的规定；若混合加入两种或两种以上细化晶粒元素时，表中细晶元素含量下限的规定不适用，同时要求 Nb + V + Ti ≤0.12%。

4. 当 F 级钢中含铝时，N≤0.012%。

5. 为改善钢的性能，添加其他微量元素，应在质检证明书中注明。

6. 钢中其他元素含量：Cr≤0.20%，Mo≤0.08%，Cu≤0.35%。

B）高强度级船用结构钢的碳当量（表 2-1-62）

以 TMCP 状态交货的高强度级船用结构钢，碳当量应符合下列规定：

表 2-1-62　高强度级船用结构钢的碳当量

钢材等级/牌号	碳当量 CE（%）		
	厚度≤50mm	厚度>50~100mm	厚度>100~150mm
AH32、DH32、EH32、FH32	≤0.36	≤0.38	≤0.40
AH36、DH36、EH36、FH36	≤0.38	≤0.40	≤0.42
AH40、DH40、EH40、FH40	≤0.40	≤0.42	≤0.45

注：1. 以 TMCP 状态交货的高强度级船用结构钢的碳当量。

2. 碳当量计算公式：$CE = C + (Mn/6) + [(Cr + Mo + V)]/5 + [(Ni + Cu)/15]$。

3. 根据需要，可用裂纹敏感系数 Pcm 代替碳当量，其数值应符合船级社接受的有关标准。裂纹敏感系数计算公式：$Pcm = C + (Si/30) + (Mn/20) + (Cu/20) + (Ni/60) + (Cr/20) + (Mo/15) + (V/10) + 5B$

C）高强度级船用结构钢的力学性能（表 2-1-63）

表 2-1-63　高强度级船用结构钢的力学性能

钢材等级/牌号	拉伸试验				KV_2/J（下列厚度 t 时）					
	R_m/MPa	R_{eH}/MPa	A（%）	试验温度/℃	$t \leqslant 50mm$		$t > 50 \sim 70mm$		$t > 70 \sim 100mm$	
					纵向	横向	纵向	横向	纵向	横向
	≥				≥					
AH32	450~570	315	22	0	31	22	38	26	46	31
DH32	450~570	315	22	-20	31	22	38	26	46	31
EH32	450~570	315	22	-40	31	22	38	26	46	31
FH32	450~570	315	22	-60	31	22	38	26	46	31
AH36	490~630	355	21	0	34	24	41	27	50	34
DH36	490~630	355	21	-20	34	24	41	27	50	34
EH36	490~630	355	21	-40	34	24	41	27	50	34
FH36	490~630	355	21	-60	34	24	41	27	50	34
AH40	510~660	390	20	0	41	27	46	31	55	37
DH40	510~660	390	20	-20	41	27	46	31	55	37
EH40	510~660	390	20	-40	41	27	46	31	55	37
FH40	510~660	390	20	-60	41	27	46	31	55	37

注：1. 拉伸试验取横向试样。经船级社同意，A 级型钢的抗拉强度可超上限。

2. 当屈服不明显时，可测定 $R_{p0.2}$ 代替 R_{eH}。

3. 冲击试验取纵向试样，但供方应保证横向冲击值。厚度大于 50mm 的 A 级钢，经细化晶粒处理并以正火状态交货时，可不做冲击试验。

4. 以 TMCP 状态交货的 A 级钢，经船级社同意，可不做冲击试验。

（3）中国 GB 标准超高强度级船舶和海洋工程用结构钢

A）超高强度级船用结构钢的钢材等级与化学成分（表 2-1-64）

表 2-1-64　超高强度级船用结构钢的钢材等级与化学成分（质量分数）（%）

钢材等级/牌号	C	Si	Mn	P≤	S≤	N	其 他
AH420	≤0.21	≤0.55	≤1.70	0.030	0.030	≤0.020	Al，Nb，V，Ti
DH420	≤0.20	≤0.55	≤1.70	0.025	0.025	≤0.020	Al，Nb，V，Ti
EH420	≤0.20	≤0.55	≤1.70	0.025	0.025	≤0.020	Al，Nb，V，Ti
FH420	≤0.18	≤0.55	≤1.60	0.020	0.020	≤0.020	Al，Nb，V，Ti
AH460	≤0.21	≤0.55	≤1.70	0.030	0.030	≤0.020	Al，Nb，V，Ti
DH460	≤0.20	≤0.55	≤1.70	0.025	0.025	≤0.020	Al，Nb，V，Ti
EH460	≤0.20	≤0.55	≤1.70	0.025	0.025	≤0.020	Al，Nb，V，Ti

（续）

钢材等级/牌号	C	Si	Mn	P≤	S≤	N	其 他
FH460	≤0.18	≤0.55	≤1.60	0.020	0.020	≤0.020	Al、Nb、V、Ti
AH500	≤0.21	≤0.55	≤1.70	0.030	0.030	≤0.020	Al、Nb、V、Ti
DH500	≤0.20	≤0.55	≤1.70	0.025	0.025	≤0.020	Al、Nb、V、Ti
EH500	≤0.20	≤0.55	≤1.70	0.025	0.025	≤0.020	Al、Nb、V、Ti
FH500	≤0.18	≤0.55	≤1.60	0.020	0.020	≤0.020	Al、Nb、V、Ti
AH550	≤0.21	≤0.55	≤1.70	0.030	0.030	≤0.020	Al、Nb、V、Ti
DH550	≤0.20	≤0.55	≤1.70	0.025	0.025	≤0.020	Al、Nb、V、Ti
EH550	≤0.20	≤0.55	≤1.70	0.025	0.025	≤0.020	Al、Nb、V、Ti
FH550	≤0.18	≤0.55	≤1.60	0.020	0.020	≤0.020	Al、Nb、V、Ti
AH620	≤0.21	≤0.55	≤1.70	0.030	0.030	≤0.020	Al、Nb、V、Ti
DH620	≤0.20	≤0.55	≤1.70	0.025	0.025	≤0.020	Al、Nb、V、Ti
EH620	≤0.20	≤0.55	≤1.70	0.025	0.025	≤0.020	Al、Nb、V、Ti
FH620	≤0.18	≤0.55	≤1.60	0.020	0.020	≤0.020	Al、Nb、V、Ti
AH690	≤0.21	≤0.55	≤1.70	0.030	0.030	≤0.020	Al、Nb、V、Ti
DH690	≤0.20	≤0.55	≤1.70	0.025	0.025	≤0.020	Al、Nb、V、Ti
EH690	≤0.20	≤0.55	≤1.70	0.025	0.025	≤0.020	Al、Nb、V、Ti
FH690	≤0.18	≤0.55	≤1.60	0.020	0.020	≤0.020	Al、Nb、V、Ti

注：1. 为改善钢的性能，添加其他合金化元素及细化晶粒元素（Al、Nb、V、Ti），应符合船级社认可或公认的有关标准规定。

2. 应采用裂纹敏感系数 Pcm 代替碳当量，其数值应符合船级社接受的有关标准。

B）超高强度级船用结构钢的力学性能（表2-1-65）

表2-1-65　高强度级船用结构钢的力学性能

钢材等级/牌号	抗 拉 试 验			冲 击 试 验		
	R_m/MPa	R_{eH}/MPa	A（%）	试验温度 /℃	纵向	横向
	≥				KV_2/J　≥	
AH420	530~680	420	18	0	42	28
DH420	530~680	420	18	−20	42	28
EH420	530~680	420	18	−40	42	28
FH420	530~680	420	18	−60	42	28
AH460	570~720	460	17	0	46	31
DH460	570~720	460	17	−20	46	31
EH460	570~720	460	17	−40	46	31
FH460	570~720	460	17	−60	46	31
AH500	610~770	500	16	0	50	33
DH500	610~770	500	16	−20	50	33
EH500	610~770	500	16	−40	50	33
FH500	610~770	500	16	−60	50	33
AH550	670~830	550	16	0	55	37
DH550	670~830	550	16	−20	55	37
EH550	670~830	550	16	−40	55	37
FH550	670~830	550	16	−60	55	37
AH620	720~890	620	15	0	62	41
DH620	720~890	620	15	−20	62	41

（续）

钢材等级/ 牌号	抗拉试验			冲击试验		
	R_m/MPa	R_{eH}/MPa	A（%）	试验温度 /℃	纵向	横向
	≥				KV_2/J　≥	
EH620	720~890	620	15	-40	62	41
FH620	720~890	620	15	-60	62	41
AH690	770~940	690	14	0	69	46
DH690	770~940	690	14	-20	69	46
EH690	770~940	690	14	-40	69	46
FH690	770~940	690	14	-60	69	46

注：1. 拉伸试验取横向试样。经船级社同意，A 级型钢的抗拉强度可超上限。

　　2. 当屈服不明显时，可测定 $R_{p0.2}$ 代替 R_{eH}。

　　3. 冲击试验取纵向试样，但供方应保证横向冲击性能。

2.1.10　船舶和海洋工程用热轧球扁钢和船用锚链圆钢〔GB/T 9945—2012〕〔GB/T 18669—2012〕

（1）中国 GB 标准船舶和海洋工程用热轧球扁钢〔GB/T 9945—2012〕

船舶和海洋工程用热轧球扁钢分为一般强度钢和高强度钢两类，见表 2-1-66。表中两类钢的钢材等级（数字代号）的化学成分，与船舶和海洋工程用结构钢相同，参见表 2-1-59 和表 2-1-61（此处热轧球扁钢的化学成分从略）。

A）热轧球扁钢的分类与钢材等级（表 2-1-66）

表 2-1-66　热轧球扁钢的分类与钢材等级

分　类	钢材等级或牌号[1],[2]
一般强度钢	A（U51222）、B（U51212）、D（U51218）、E（U51118）
高强度钢	AH32（L34402）、AH36（L34902）、AH40（L35102）、DH32（L34404）、DH36（L34904）、DH40（L35104）、EH32（L34405）、EH36（L34905）、EH40（L35105）

① 括号内为统一数字代号（ISC）。

② 钢的化学成分见表 2-1-59（GB/712—2011）。

B）热轧球扁钢的力学性能（表 2-1-67）

表 2-1-67　热轧球扁钢的力学性能

钢材等级/ 牌号	拉伸试验			冲击试验[1]		
	R_m/MPa	R_{eH}/MPa	A（%）	试验温度 /℃	纵向	横向
			≥		KV_2/J　≥	
一般强度钢						
A	400~520	235	22	—	—	—
B	400~520	235	22	0	27	20
D	400~520	235	22	-20	27	20
E	440~520	235	22	-40	27	20
高强度钢						
AH32	440~570	315	22	0	31	22
DH32	440~570	315	22	-20	31	22
EH32	440~570	315	22	-40	31	22
AH36	490~620	355	21	0	34	24

（续）

钢材等级/牌号	拉 伸 试 验			冲 击 试 验①		
	R_m/MPa	R_{eH}/MPa	A（%）	试验温度 /℃	纵向	横向
	≥				KV_2/J ≥	
高强度钢						
DH36	490~620	355	21	-40	34	24
EH36	490~620	355	21	-40	34	24
AH40	510~660	390	20	0	41	27
DH40	510~660	390	20	-20	41	27
EH40	510~660	390	20	-40	41	27

① 冲击试验采用标准试样（10mm×10mm×55mm），当采用小尺寸试样时，其试验结果有所变化，见表2-1-68。

C）热轧球扁钢采用小尺寸试样的冲击吸收能量（表2-1-68）

表2-1-68　热轧球扁钢采用小尺寸试样的冲击吸收能量

钢材等级/牌号	试样尺寸①/mm	KV_2/J		钢材等级/牌号	试样尺寸①/mm	KV_2/J	
		纵向	横向			纵向	横向
B D	10×7.5	≥22	≥17	AH36 DH36	10×7.5	≥28	≥20
E	10×5.0	≥18	≥13	EH36	10×5.0	≥23	≥16
AH32 DH32	10×7.5	≥26	≥18	AH40 DH40	10×7.5	≥34	≥23
EH32	10×5.0	≥21	≥15	EH40	10×5.0	≥27	≥18

① 冲击试验采用小尺寸试样（10mm×7.5mm×55mm）和（10mm×5.0mm×55mm）时，其试验结果符合本表规定。

（2）中国GB标准船用锚链圆钢〔GB/T 18669—2012〕

A）船用锚链圆钢的牌号与化学成分（表2-1-69）

表2-1-69　船用锚链圆钢的牌号与化学成分（质量分数）（%）

牌号	C	Si	Mn	P≤	S≤	Al_S	其他
CM490	0.17~0.24	0.15~0.55	1.10~1.60	0.035	0.030	≤0.015	—
CM690	0.27~0.33	0.15~0.55	1.30~1.90	0.035	0.030	≤0.015	V≤0.10，Nb≤0.05，Ti≤0.02

注：1. 可测定全铝（Al_t）含量代替酸溶铝，此时全铝（Al_t）含量≥0.020%。
　　2. 钢中残余元素含量：Cr≤0.30%，Ni≤0.30%，Cu≤0.25%。
　　3. 钢中可以单独或以任一组合方式加入微量元素，其含量应填入质量说明书。单独加入时，其含量应符合本表规定；混合加入两种或两种以上元素时，其总含量不得大于0.12%。

B）船用锚链圆钢的力学性能和工艺性能（表2-1-70）

表2-1-70　船用锚链圆钢的力学性能和工艺性能

牌号	拉 伸 试 验				冲击试验	弯曲试验(180°) a—试样厚度 d—弯心直径	试料状态
	R_m/MPa	R_{eH}/MPa	A（%）	Z（%）	KV_2/J		
		≥					
CM490	490~690	295	22	—	27（0℃）	d=1.5a	热轧或热处理
CM690	≥690	410	17	40	60（0℃） 35（-20℃）	—	热处理

注：1. 直径≥25mm圆钢弯曲试验，如试样不经切削，则弯心直径应较本表所列数据再加一个"a"。
　　2. 试料热处理制度为：正火、正火+回火、淬火+回火，任选一种。
　　3. 冲击试验温度应在订货时注明，未注明时做0℃冲击试验。

2.1.11 桥梁用结构钢 ［GB/T 714—2015］

（1）中国 GB 标准桥梁用结构钢的钢号与化学成分（表 2-1-71 和表 2-1-72）

表 2-1-71 桥梁用结构钢的钢号与化学成分（质量分数）（%）（一）

钢号和代号 GB	ISC	C	Si	Mn	P≤	S≤	Nb	V	Ti	Al$_S$②	Mo	其他③
\multicolumn{13}{c}{热轧或正火钢①}												
Q345q-C	L13453	≤0.18	≤0.55	0.90 ~ 1.60	0.030	0.025	0.005 ~ 0.060	0.010 ~ 0.080	0.006 ~ 0.030	0.010 ~ 0.045	—	Ni≤0.30 +④
Q345q-D	L13454	≤0.18	≤0.55	0.90 ~ 1.60	0.025	0.020						
Q345q-E	L13455	≤0.18	≤0.55	0.90 ~ 1.60	0.020	0.010						
Q370q-C	L13703	≤0.18	≤0.55	1.00 ~ 1.60	0.030	0.025	0.005 ~ 0.060	0.010 ~ 0.080	0.006 ~ 0.030	0.010 ~ 0.045	—	
Q370q-D	L13704	≤0.18	≤0.55	1.00 ~ 1.60	0.025	0.020						
Q370q-E	L13705	≤0.18	≤0.55	1.00 ~ 1.60	0.020	0.010						
\multicolumn{13}{c}{热机械轧制钢①}												
Q345q-C	L13453	≤0.14	≤0.55	0.90 ~ 1.60	0.030	0.025	0.010 ~ 0.090	0.010 ~ 0.080	0.006 ~ 0.030	0.010 ~ 0.045	—	Ni≤0.30 +④
Q345q-D	L13454	≤0.14	≤0.55	0.90 ~ 1.60	0.025	0.020						
Q345q-E	L13455	≤0.14	≤0.55	0.90 ~ 1.60	0.020	0.010						
Q370q-D	L13704	≤0.14	≤0.55	1.00 ~ 1.60	0.025	0.020	0.010 ~ 0.090	0.010 ~ 0.080	0.006 ~ 0.030	0.010 ~ 0.045	—	
Q370q-E	L13705	≤0.14	≤0.55	1.00 ~ 1.60	0.020	0.010						
Q420q-D	L14204	≤0.11	≤0.55	1.00 ~ 1.70	0.025	0.020	0.010 ~ 0.090	0.010 ~ 0.080	0.006 ~ 0.030	0.010 ~ 0.045	0.20	
Q420q-E	L14205	≤0.11	≤0.55	1.00 ~ 1.70	0.020	0.010					0.25	
Q420q-F	L14206	≤0.11	≤0.55	1.00 ~ 1.70	0.015	0.006	0.010 ~ 0.090	0.010 ~ 0.080	0.06 ~ 0.030	0.010 ~ 0.045	0.30	Ni≤0.70 +⑤
Q460q-D	L14604	≤0.11	≤0.55	1.00 ~ 1.70	0.025	0.020	0.010 ~ 0.090	0.010 ~ 0.080	0.006 ~ 0.030	0.010 ~ 0.045	0.20	Ni≤0.30 +⑥
Q460q-E	L14605	≤0.11	≤0.55	1.00 ~ 1.70	0.020	0.010					0.25	
Q460q-F	L14206	≤0.11	≤0.55	1.00 ~ 1.70	0.015	0.006	0.010 ~ 0.090	0.010 ~ 0.080	0.006 ~ 0.030	0.010 ~ 0.045	0.30	Ni≤0.70 +⑤
Q500q-D	L15004	≤0.11	≤0.55	1.00 ~ 1.70	0.025	0.020	0.010 ~ 0.090	0.010 ~ 0.080	0.006 ~ 0.030	0.010 ~ 0.045	0.20	Ni≤0.30 +⑥
Q500q-E	L15005	≤0.11	≤0.55	1.00 ~ 1.70	0.020	0.010					0.25	
Q500q-F	L15006	≤0.11	≤0.55	1.00 ~ 1.70	0.015	0.006	0.010 ~ 0.090	0.010 ~ 0.080	0.006 ~ 0.030	0.010 ~ 0.045	0.30	Ni≤0.70 +⑤

① 钢中 Al、Nb、V、Ti 可单独或组合加入。单独加入时，应符合表中规定；组合加入时，应至少保证一种合金元素含量达到表中下限规定，且 Al + Nb + V + Ti≥0.22%。

② 表中为酸溶铝含量。当采用全铝（Al$_t$）含量计算时，全铝含量（质量分数）为 Al$_t$ = 0.015% ~ 0.050%。

③ 表中残余元素 B≤0.0005%，H≤0.0002%，若供方能保证此含量，可不进行检验分析。

④ Cr≤0.30%，Ni≤3.0%，N≤0.0080%，Cu≤0.30%，+B，+H。

⑤ Cr≤0.80%，N≤0.0080%，Cu≤0.30%，+B，+H。

⑥ Cr≤0.50%，N≤0.0080%，Cu≤0.30%，+B，+H。

表 2-1-72　桥梁用结构钢的钢号与化学成分（质量分数）（%）（二）

钢号和代号 GB	ISC	C	Si	Mn	Nb	V	Ti	Al_s②	Cr	Ni	Mo	其他③、④
调质钢①												
Q500q-D	L15004	≤0.11	≤0.55	0.80~1.70	0.005~ 0.060	0.010~ 0.080	0.006~ 0.030	0.010~ 0.045	≤0.80	≤0.70	≤0.30	Cu≤0.30 N≤0.0080 +B，+H
Q500q-E	L15005	≤0.11	≤0.55	0.80~1.70					≤0.80	≤0.70	≤0.30	
Q500q-F	L15006	≤0.11	≤0.55	0.80~1.70					≤0.80	≤0.70	≤0.30	
Q550q-D	L15504	≤0.12	≤0.55	0.80~1.70	0.005~ 0.060	0.010~ 0.080	0.006~ 0.030	0.010~ 0.045	≤0.80	≤0.70	≤0.30	
Q550q-E	L15505	≤0.12	≤0.55	0.80~1.70					≤0.80	≤0.70	≤0.30	
Q550q-F	L15506	≤0.12	≤0.55	0.80~1.70					≤0.80	≤0.70	≤0.30	
Q620q-D	L16204	≤0.14	≤0.55	0.80~1.70	0.005~ 0.090	0.010~ 0.080	0.006~ 0.030	0.010~ 0.045	0.40~0.80	0.25~1.00	0.20~0.50	Cu0.15~ 0.55 N≤0.0080 +B，+H
Q620q-E	L16205	≤0.14	≤0.55	0.80~1.70					0.40~0.80	0.25~1.00	0.20~0.50	
Q620q-F	L16206	≤0.14	≤0.55	0.80~1.70					0.40~0.80	0.25~1.00	0.20~0.50	
Q690q-D	L16904	≤0.15	≤0.55	0.80~1.70	0.005~ 0.090	0.010~ 0.080	0.006~ 0.030	0.010~ 0.045	0.40~1.00	0.25~1.20	0.20~0.60	
Q690q-E	L16905	≤0.15	≤0.55	0.80~1.70					0.40~1.00	0.25~1.20	0.20~0.60	
Q690q-F	L16906	≤0.15	≤0.55	0.80~1.70					0.40~1.00	0.25~1.20	0.20~0.60	
耐大气腐蚀钢①、⑤、⑥												
Q345qNH-D	L53454	≤0.11	0.15~0.50	1.10~1.50	0.010~ 0.100	0.010~ 0.100	0.006~ 0.030	0.015~ 0.050	0.40~0.70	0.30~0.40	≤0.10	Cu0.25~ 0.50 N≤0.0080 +B，+H
Q345qNH-E	L53455	≤0.11	0.15~0.50	1.10~1.50					0.40~0.70	0.30~0.40	≤0.10	
Q345qNH-F	L53456	≤0.11	0.15~0.50	1.10~1.50					0.40~0.70	0.30~0.40	≤0.10	
Q370qNH-D	L53704	≤0.11	0.15~0.50	1.10~1.50	0.010~ 0.100	0.010~ 0.100	0.006~ 0.030	0.015~ 0.050	0.40~0.70	0.30~0.40	≤0.15	
Q370qNH-E	L53705	≤0.11	0.15~0.50	1.10~1.50					0.40~0.70	0.30~0.40	≤0.15	
Q370qNH-F	L53706	≤0.11	0.15~0.50	1.10~1.50					0.40~0.70	0.30~0.40	≤0.15	
Q420qNH-D	L54204	≤0.11	0.15~0.50	1.10~1.50	0.010~ 0.100	0.010~ 0.100	0.006~ 0.030	0.015~ 0.050	0.40~0.70	0.30~0.40	≤0.20	
Q420qNH-E	L54205	≤0.11	0.15~0.50	1.10~1.50					0.40~0.70	0.30~0.40	≤0.20	
Q420qNH-F	L54206	≤0.11	0.15~0.50	1.10~1.50					0.40~0.70	0.30~0.40	≤0.20	
Q460qNH-D	L54604	≤0.11	0.15~0.50	1.10~1.50	0.010~ 0.100	0.010~ 0.100	0.006~ 0.030	0.015~ 0.050	0.40~0.70	0.30~0.40	≤0.20	
Q460qNH-E	L54605	≤0.11	0.15~0.50	1.10~1.50					0.40~0.70	0.30~0.40	≤0.20	
Q460qNH-F	L54606	≤0.11	0.15~0.50	1.10~1.50					0.40~0.70	0.30~0.40	≤0.20	
Q500qNH-D	L55004	≤0.11	0.15~0.50	1.10~1.50	0.010~ 0.100	0.010~ 0.100	0.006~ 0.030	0.015~ 0.050	0.45~0.70	0.30~0.45	≤0.25	Cu0.25~0.55 N≤0.0080 +B，+H
Q500qNH-E	L55005	≤0.11	0.15~0.50	1.10~1.50					0.45~0.70	0.30~0.45	≤0.25	
Q500qNH-F	L55006	≤0.11	0.15~0.50	1.10~1.50					0.45~0.70	0.30~0.45	≤0.25	
Q550qNH-D	L55504	≤0.11	0.15~0.50	1.10~1.50	0.010~ 0.100	0.010~ 0.100	0.006~ 0.030	0.015~ 0.050	0.45~0.70	0.30~0.45	≤0.25	
Q550qNH-E	L55505	≤0.11	0.15~0.50	1.10~1.50					0.45~0.70	0.30~0.45	≤0.25	
Q550qNH-F	L55506	≤0.11	0.15~0.50	1.10~1.50					0.45~0.70	0.30~0.45	≤0.25	

① 钢中 Al、Nb、V、Ti 可单独或组合加入。单独加入时，应符合表中规定；组合加入时，应至少保证一种合金元素含量达到表中下限规定，且 Al + Nb + V + Ti≤0.22% 。

② 表中为酸溶铝含量。当采用全铝（Al_t）含量计算时，全铝含量为 Al_t = 0.015% ~ 0.050% 。

③ 钢中磷、硫含量（质量分数：）D 级钢：P≤0.025% ，S≤0.020% ；E 级钢：P≤0.020% ，S≤0.010% ；F 级钢：P≤0.015% ，S≤0.006% 。

④ 表中残余元素 B≤0.0005% ，H≤0.0002% ，若供方能保证此含量，可不进行检验分析。

⑤ 耐大气腐蚀钢为控制硫化物形态，要进行 Ca 处理。

⑥ 耐大气腐蚀钢以板卷形态交货时，Mn 含量下限可降至 0.50% 。

（2）中国 GB 标准桥梁用结构钢的力学性能（表 2-1-73）

表 2-1-73 桥梁用结构钢的力学性能

钢号和等级		拉 伸 试 验[1]					冲 击 试 验[3]	
钢号	质量等级	$R_{eL}^{[2]}$/MPa			R_m/MPa	$A(\%)$	试验温度/℃	KV/J
		在下列厚度时/mm						
		≤50	>50~100	>100~150				
		≥			≥			≥
Q345q	C	345	335	305	490	20	0	120
	D						−20	
	E						−40	
Q370q	C	370	360	—	510	20	0	120
	D						−20	
	E						−40	
Q420q	C	420	410	—	540	19	−20	120
	D						−40	
	E						−60	47
Q460q	C	460	450	—	570	18	−20	120
	D						−40	
	E						−60	47
Q500q	C	500	480	—	630	18	−20	120
	D						−40	
	E						−60	47
Q550q	C	550	530	—	660	16	−20	120
	D						−40	
	E						−60	47
Q620q	C	620	580	—	720	15	−20	120
	D						−40	
	E						−60	47
Q690q	C	690	650	—	770	14	−20	120
	D						−40	
	E						−60	47

① 表中拉伸试验取横向试样。

② 当被检验的钢材屈服现象不明显时，可采用 $R_{p0.2}$ 代替 R_{eL}。

③ 表中冲击试验取纵向试样。

（3）中国 GB 标准桥梁用结构钢各牌号的碳当量和焊接裂纹敏感性指数（表 2-1-74）

表 2-1-74 桥梁用结构钢各牌号的碳当量和焊接裂纹敏感性指数（质量分数）

交货状态	钢 号	碳当量 CE(质量分数)(%) ≤在下列厚度时/mm			Pcm[1](%) ≤
		≤50	>50~100	>100~150	
热轧或正火	Q345q	0.43	0.45	按协议	0.20
	Q370q	0.44	0.46		0.20
热机械轧制	Q345q	0.38	0.40	—	0.20
	Q370q	0.38	0.40		0.20
	Q420q	—	—		0.22
	Q460q	—	—		0.23

（续）

交货状态	钢 号	碳当量 CE（质量分数）（%）≤在下列厚度时/mm			Pcm[①]（%）≤
		≤50	>50～100	>100～150	
调质	Q500q	0.50	0.55	按协议	0.25
	Q550q	0.52	0.57	按协议	0.25
	Q620q	0.55	0.60	按协议	0.25
	Q690q	0.60	0.65	按协议	0.25

注：1. 耐大气腐蚀钢各牌号的碳当量可在本表列示的基础上，由供需双方商定。

2. 除耐大气腐蚀钢外，各牌号当碳含量≤0.12%时，采用焊接裂纹敏感性指数（Pcm）代替碳当量评估钢材的焊接性能，其计算结果应符合本表 Pcm 的规定。

Pcm 采用以下公式计算：

Pcm（%）= C + Si/30 + Mn/20 + Cu/20 + Ni/60 + Cr/20 + Mo/15 + V/10 + 5B

① 焊接裂纹敏感性指数。

2.1.12　锅炉和压力容器用钢板 ［GB 713—2014］

（1）中国 GB 标准锅炉和压力容器用钢板的钢号与化学成分（表2-1-75）

表 2-1-75　锅炉和压力容器用钢板的钢号与化学成分（质量分数）（%）

钢号和代号		C[①]	Si	Mn	P ≤	S ≤	Cr	Mo	Ni	Nb	其 他[②]
GB	ISC										
Q245R	U50245	≤0.20	≤0.35	0.50～1.10	0.025	0.010	≤0.30	≤0.08	≤0.30[③]	≤0.050	V≤0.050 Ti≤0.030
Q345R	U50345	≤0.20	≤0.55	1.20～1.70	0.025	0.015	≤0.30	≤0.08	≤0.30[③]	≤0.050	Al_t≥0.020 Cu≤0.30
Q370R	U50370	≤0.18	≤0.55	1.20～1.70	0.020	0.010	≤0.30	≤0.08	≤0.30[③]	0.015～0.050	V≤0.050 Ti≤0.030 Cu≤0.30
Q420R	L14205	≤0.20	≤0.55	1.30～1.70	0.020	0.010	≤0.30	≤0.08	0.20～0.50	0.015～0.050	V≤0.10 Ti≤0.030 Cu≤0.30
07Cr2AlMoR	A33078	≤0.09	0.20～0.50	0.40～0.90	0.020	0.010	2.00～2.40	0.30～0.50	≤0.30	—	Al_t0.30～0.50 Cu≤0.30
12Cr1MoVR	A31137	0.08～0.15	0.15～0.40	0.40～0.70	0.025	0.010	0.90～1.20	0.25～0.35	≤0.30		V0.15～0.30 Cu≤0.30
12Cr2Mo1R	A30127	0.08～0.15	≤0.50	0.30～0.60	0.020	0.010	2.00～2.50	0.90～1.10	≤0.30		Cu≤0.20
12Cr2Mo1VR	A31127	0.11～0.15	≤0.10	0.30～0.60	0.010	0.005	2.00～2.50	0.90～1.10	≤0.25	≤0.07	V0.25～0.35 Ti≤0.030 Co≤0.015 B≤0.002 Cu≤0.20
13MnNiMoR	A55137	≤0.15	0.15～0.50	1.20～1.60	0.020	0.010	0.20～0.40	0.20～0.40	0.60～1.00	0.005～0.020	Cu≤0.30
14Cr1MoR	A30147	≤0.17	0.50～0.80	0.40～0.65	0.020	0.010	1.15～1.50	0.45～0.65	≤0.30	—	Cu≤0.30
15CrMoR	A30157	0.08～0.18	0.15～0.40	0.40～0.70	0.025	0.010	0.80～1.20	0.45～0.60	≤0.30		Cu≤0.30
18MnMoNbR	A05189	≤0.21	0.15～0.50	1.20～1.60	0.020	0.010	≤0.30	0.45～0.65	≤0.30	0.025～0.050	Cu≤0.30

① 经供需双方协议，并在合同中注明，碳含量下限可不作要求。

② 未注明铝含量的，不作要求。

③ Cr + Mo + Ni + Cu≤0.70% 。

（2）中国锅炉和压力容器用钢板的力学性能和工艺性能（表 2-1-76）

表 2-1-76　锅炉和压力压力容器用钢板的力学性能和工艺性能

牌　号	钢板公称厚度/mm	拉伸试验			冲击试验		弯曲试验(180°) a—试样厚度 D—弯心直径	交货状态
		R_m/MPa	R_{eL}/MPa	A(%)	试验温度/℃	KV_2/J		
			≥	≥		≥		
Q245R	3 ~ 16	400 ~ 520	245	25	0	34	D = 1.5a	热轧、控轧或正火
	>16 ~ 36	400 ~ 520	235	25	0	34	D = 1.5a	
	>36 ~ 60	400 ~ 520	225	25	0	34	D = 1.5a	
	>60 ~ 100	390 ~ 510	205	24	0	34	D = 2a	热轧、控轧或正火
	>100 ~ 150	380 ~ 500	185	24	0	34	D = 2a	
	>150 ~ 250	370 ~ 490	175	24	0	34	D = 2a	
Q345R	3 ~ 16	510 ~ 640	345	21	0	41	D = 2a	热轧、控轧或正火
	>16 ~ 36	500 ~ 630	325	21	0	41	D = 3a	
	>36 ~ 60	490 ~ 620	315	21	0	41	D = 3a	
	>60 ~ 100	490 ~ 620	305	20	0	41	D = 3a	热轧、控轧或正火
	>100 ~ 150	480 ~ 610	285	20	0	41	D = 3a	
	>150 ~ 250	470 ~ 600	265	20	0	41	D = 3a	
Q370R	10 ~ 16	530 ~ 630	370	20	−20	47	D = 2a	正火
	>16 ~ 36	530 ~ 630	360	20	−20	47	D = 3a	
	>36 ~ 60	520 ~ 620	340	20	−20	47	D = 3a	正火
	>60 ~ 100	510 ~ 610	330	20	−20	47	D = 3a	
Q420R	10 ~ 20	590 ~ 720	420	18	−20	60	D = 3a	正火
	>20 ~ 30	570 ~ 700	400	18	−20	60	D = 3a	
07Cr2AlMoR	6 ~ 36	420 ~ 580	260	21	20	47	D = 3a	正火 + 回火
	>36 ~ 60	410 ~ 570	250	21	20	47	D = 3a	
12Cr1MoVR	6 ~ 60	440 ~ 590	245	19	20	47	D = 3a	正火 + 回火
	>60 ~ 100	430 ~ 580	235	19	20	47	D = 3a	
12Cr2Mo1R	6 ~ 200	520 ~ 680	310	19	20	47	D = 3a	正火 + 回火
12Cr2Mo1VR	6 ~ 200	520 ~ 760	415	17	−20	60	D = 3a	正火 + 回火
13MnNiMoR	30 ~ 100	570 ~ 720	390	18	0	47	D = 3a	正火 + 回火
	>100 ~ 150	570 ~ 720	380	18	0	47	D = 3a	
14Cr1MoR	6 ~ 100	520 ~ 680	310	19	20	47	D = 3a	正火 + 回火
	>100 ~ 200	510 ~ 670	300	19	20	47	D = 3a	
15CrMoR	6 ~ 60	450 ~ 590	295	19	20	47	D = 3a	正火 + 回火
	>60 ~ 100	450 ~ 590	275	19	20	47	a = 3a	
	>100 ~ 200	440 ~ 580	255	19	20	47	D = 3a	
18MnMoNbR	30 ~ 60	570 ~ 720	400	18	0	47	D = 3a	正火 + 回火
	>60 ~ 100	570 ~ 720	390	18	0	47	D = 3a	

2.1.13　压力容器用碳素钢和低合金钢板 ［GB 30814—2014］

（1）中国 GB 标准压力容器用碳素钢和低合金钢板的钢号与化学成分（表 2-1-77）

表 2-1-77　压力容器用碳素钢和低合金钢板的钢号与化学成分（质量分数）（%）

钢号和代号 GB	ISC	C	Si	Mn	P≤	S≤	Cr	Ni	Mo	V	其他
Q205HD $t=12.5\sim50\text{mm}$[1]	U32055	≤0.25	≤0.40	≤0.90	0.020	0.020	≤0.30	≤0.30	—	—	$Al_S≥0.015$ (B≤0.001) Cu≤0.25[2]
Q230HD $t≤40\text{mm}$[1]	U32305	≤0.25	≤0.40	≤0.90	0.020	0.020	≤0.30	≤0.30	—	—	$Al_S≥0.015$ (B≤0.001) Cu≤0.30[2]
$t>40\text{mm}$[1]		≤0.25	0.15~0.40	≤0.90	0.020	0.020	≤0.30	≤0.30	—	—	
Q250HD $t=12.5\sim50\text{mm}$	U32505	0.22~0.24	≤0.40	0.85~1.20	0.020	0.020	≤0.30	≤0.30	≤0.12	≤0.02	$Al_S≥0.015$ (B≤0.001) Cu≤0.30[2] Nb≤0.02
$t=50\sim100\text{mm}$		0.25~0.27	0.15~0.40	0.85~1.20	0.020	0.020	≤0.30	≤0.30	≤0.12	≤0.02	
Q275HD $t=12.5\sim50\text{mm}$	U32755	0.25~0.26	≤0.40	0.85~1.20	0.020	0.020	≤0.30	≤0.30	≤0.12	—	$Al_S≥0.015$ (B≤0.001) Cu≤0.30[2]
$t=50\sim100\text{mm}$		0.28~0.29	0.15~0.40	0.85~1.20	0.020	0.020	≤0.30	≤0.30	≤0.12	—	
Q345HD-1 $t≤40\text{mm}$	L13455	≤0.23	≤0.40	≤1.35	0.020	0.020	≤0.30	≤0.30	≤0.12	0.01~0.15	$Al_S≥0.015$ (B≤0.001) Nb0.005~0.050 Cu≤0.35
$t>40\text{mm}$		≤0.23	0.15~0.40	≤1.35	0.020	0.020	≤0.30	≤0.30	≤0.12	0.01~0.15	
Q345HD-2 $t=12.5\sim100\text{mm}$	L13455	≤0.20	0.15~0.50	0.75~1.35	0.020	0.020	0.40~0.70	0.05~0.50	—	0.01~0.10	$Al_S≥0.015$ (B≤0.001) Cu0.20~0.40
Q420HD $t=12.5\sim50\text{mm}$	L14206	≤0.18	0.15~0.50	0.90~1.50	0.020	0.015	≤0.30	≤0.60	≤0.12	≤0.07	$Al_S≥0.015$ (B≤0.001) Nb≤0.04,Cu≤0.35 Nb+V≤0.08
$t=50\sim100\text{mm}$		≤0.18	0.15~0.50	0.90~1.50	0.020	0.015	≤0.30	≤0.60	≤0.12	≤0.07	

① t—钢板厚度（下同）。

② Cu + Ni + Cr + Mo≤1.00%。

（2）中国压力容器用碳素钢和低合金钢板的力学性能（表 2-1-78）

表 2-1-78　压力容器用碳素钢和低合金钢板的力学性能

钢　号[1]	拉伸试验				冲击试验	
	R_{eH}/MPa ≥	R_m /MPa	$A(\%)$		试验温度 /℃	KV_2/J ≥
			$A_{50}^{②}$	$A_{200}^{②}$		
			≥			
Q205HD, $t≤50\text{mm}$	205	380~515	27	23	0	60
Q230HD, $t=50\sim250\text{mm}$	230	415~550	21	18	0	60
Q250HD, $t=50\sim200\text{mm}$	250	400~550	21	18	−20	47
$t>200\sim250\text{mm}$	220	400~550	21	18	−20	47

（续）

钢　号[1]	拉 伸 试 验				冲 击 试 验	
	R_{eH}/MPa ≥	R_m /MPa	A(%)		试验温度 /℃	KV_2/J ≥
			$A_{50}^{②}$	$A_{200}^{②}$		
			≥			
Q275HD $t = 50 \sim 200mm$	275	485 ~ 620	21	17	-20	47
Q345HD-1 $t = 50 \sim 100mm$	345	≥450	19	16	-20	47
Q345HD-2 $t = 50 \sim 100mm$	345	≥485	19	—	-20	34
$t = 100 \sim 150mm$	315	≥460	19	—	-20	34
$t = 150 \sim 200mm$	290	≥435	19	—	-20	34
Q420HD $t = 50 \sim 100mm$	420	585 ~ 705	20	—	-30	47

① t—钢板厚度。

② 试样标距：A_{50}—标距 50mm；A_{200}—标距 200mm。

（3）Q275HD 和 Q420HD 钢板高温拉伸试验的力学性能（表 2-1-79）

表 2-1-79　Q275HD 和 Q420HD 钢板高温拉伸试验的力学性能

钢号	钢板厚度 /mm	拉伸试验	高温拉伸性能/MPa ≥					
			100℃	150℃	200℃	250℃	300℃	350℃
Q275HD	≤150	上屈服强度 R_{eH}	240	230	225	215	205	195
		抗拉强度 R_m	440	440	440	440	440	440
Q420HD	≤250	上屈服强度 R_{eH}	380	360	345	335	325	310
		抗拉强度 R_m	530	530	530	530	530	515

2.1.14　低温压力容器用钢板［GB 3531—2014］

（1）中国 GB 标准低温压力容器用钢板的钢号与化学成分（表 2-1-80）

表 2-1-80　低温压力容器用钢板的钢号与化学成分

钢号和代号[1],[2]		C	Si	Mn	P≤	S≤	Ni	Nb	$Al_s^{③}$	其　他[4]
GB	ISC									
16MnDR	L20173	≤0.20	0.15 ~ 0.50	1.20 ~ 1.60	0.020	0.010	≤0.40	—	≥0.015	—
15MnNiDR	L28153	≤0.18	0.15 ~ 0.50	1.20 ~ 1.60	0.020	0.008	0.20 ~ 0.60	—	≥0.015	V≤0.05
15MnNiNbDR	L28153	≤0.18	0.15 ~ 0.50	1.20 ~ 1.60	0.020	0.008	0.30 ~ 0.70	0.015 ~ 0.040	—	—
09MnNiDR	L28093	≤0.12	0.15 ~ 0.50	1.20 ~ 1.60	0.020	0.008	0.30 ~ 0.80	≤0.040	≥0.015	—
08Ni3DR	A60088	≤0.10	0.15 ~ 0.35	0.30 ~ 0.80	0.015	0.005	3.25 ~ 3.70	—	—	Mo≤0.12 V≤0.05
06Ni9DR	A60068	≤0.08	0.15 ~ 0.35	0.30 ~ 0.80	0.008	0.004	8.50 ~ 10.0	—	—	Mo≤0.10 V≤0.01

① 这类钢适用于制造 -196 ~ -20℃ 的低温压力容器用 5 ~ 120mm 的钢板。

② 为改善钢板性能，各钢号允许添加微量合金元素，如 V、Ti、Nb 等，Nb + Ti + V ≤ 0.12%。

③ 钢中全铝 Al_t 含量应 ≥0.020%，或酸溶铝 Al_s 含量 ≥0.015% 可代替全铝含量。

④ 作为残余元素时的含量（质量分数）：Cr≤0.25%，Mo≤0.08%，Cu≤0.25%。

（2）中国低温压力容器用钢板的力学性能和工艺性能（表2-1-81）

表2-1-81　低温压力容器用钢板的力学性能和工艺性能

牌 号	钢板公称厚度/mm	拉 伸 试 验			冲 击 试 验		弯曲试验（180°）a—试样厚度 D—弯心直径	交货状态
		R_m/MPa	$R_{eL}^{①}$/MPa	A(%)	试验温度/℃	KV_2/J		
			≥	≥		≥		
16MnDR	6~16	490~620	315	21	-40	47	D=2a	正火或正火+回火
	>16~36	470~600	295	21	-40	47	D=3a	
	>36~60	460~590	285	21	-40	47	D=3a	
	>60~100	450~580	275	21	-30	47	D=3a	正火或正火+回火
	>100~120	440~570	265	21	-30	47	D=3a	
15MnNiDR	6~16	490~620	325	20	-45	60	D=3a	正火或正火+回火
	>16~36	480~610	315	20	-45	60	D=3a	
	>36~60	470~600	305	20	-45	60	D=3a	
15MnNiNbDR	10~16	530~630	370	20	-50	60	D=3a	正火或正火+回火
	>16~36	530~630	360	20	-50	60	D=3a	
	>36~60	520~620	350	20	-50	60	D=3a	
09MnNiDR	6~16	440~570	300	23	-70	60	D=2a	正火或正火+回火
	>16~36	430~560	280	23	-70	60	D=2a	
	>36~60	430~560	270	23	-70	60	D=2a	正火或正火+回火
	>60~120	420~550	260	23	-70	60	D=2a	
08Ni3DR	6~60	490~620	320	21	-100	60	D=3a	正火+回火或淬火+回火
	>60~100	480~610	300	21	-100	60	D=3a	
06Ni9DR	5~30	680~820	560	18	-196	100	D=3a	淬火+回火
	>30~50	680~820	550	18	-196	100	D=3a	

① 当屈服现象不明显时，可测定 $R_{p0.2}$ 代替 R_{eL}。

2.1.15　风力发电塔用结构钢板 ［GB/T 28410—2012］

（1）中国GB标准风力发电塔用结构钢板的钢号与化学成分（表2-1-82）

表2-1-82　风力发电塔用结构钢板的钢号与化学成分（质量分数）（%）

钢号	C	Si	Mn	P≤	S≤	Cr	Mo	Ni	V	其 他①	
Q235FT-B	≤0.18	≤0.50	0.50~1.40	0.030	0.025	≤0.30	≤0.10	≤0.30	≤0.06		
Q235FT-C	≤0.18	≤0.50	0.50~1.40	0.030	0.025	≤0.30	≤0.10	≤0.30	≤0.06	Al$_S$≥0.015 Nb≤0.05，Ti≤0.05 Cu≤0.30，N≤0.012	
Q235FT-D	≤0.18	≤0.50	0.50~1.40	0.025	0.020	≤0.30	≤0.10	≤0.30	≤0.06		
Q235FT-E	≤0.18	≤0.50	0.50~1.40	0.025	0.020	≤0.30	≤0.10	≤0.30	≤0.06		
Q275FT-C	≤0.18	≤0.50	0.50~1.50	0.025	0.020	≤0.30	≤0.10	≤0.30	≤0.06		
Q275FT-D	≤0.18	≤0.50	0.50~1.50	0.025	0.015	≤0.30	≤0.10	≤0.30	≤0.06		
Q275FT-E	≤0.18	≤0.50	0.50~1.50	0.025	0.015	≤0.30	≤0.10	≤0.30	≤0.06	Al$_S$≥0.015 Ti≤0.05 Cu≤0.30	Nb≤0.05 N≤0.010
Q275FT-F	≤0.18	≤0.50	0.50~1.50	0.025	0.015	≤0.30	≤0.10	≤0.30	≤0.06		
Q345FT-C	≤0.20	≤0.50	0.90~1.65	0.025	0.015	≤0.30	≤0.20	≤0.50	≤0.12		Nb≤0.06 N≤0.012
Q345FT-D	≤0.20	≤0.50	0.90~1.65	0.025	0.015	≤0.30	≤0.20	≤0.50	≤0.12		

（续）

钢 号	C	Si	Mn	P≤	S≤	Cr	Mo	Ni	V	其 他[①]	
Q345FT-E	≤0.20	≤0.50	0.90~1.65	0.020	0.010	≤0.30	≤0.20	≤0.50	≤0.12		N≤0.010
Q345FT-F	≤0.20	≤0.50	0.90~1.65	0.020	0.010	≤0.30	≤0.20	≤0.50	≤0.12	Al$_S$≥0.015 Nb≤0.06 Ti≤0.05 Cu≤0.30	
Q420FT-C	≤0.20	≤0.50	1.00~1.70	0.025	0.015	≤0.30	≤0.20	≤0.50	≤0.15		N≤0.012
Q420FT-D	≤0.20	≤0.50	1.00~1.70	0.025	0.015	≤0.30	≤0.20	≤0.50	≤0.15		
Q420FT-E	≤0.20	≤0.50	1.00~1.70	0.020	0.010	≤0.30	≤0.20	≤0.50	≤0.15		N≤0.010
Q420FT-F	≤0.20	≤0.50	1.00~1.70	0.020	0.010	≤0.30	≤0.20	≤0.50	≤0.15		
Q460FT-C	≤0.20	≤0.60	1.00~1.70	0.025	0.015	≤0.60	≤0.30	≤0.80	≤0.15		N≤0.012
Q460FT-D	≤0.20	≤0.60	1.00~1.70	0.025	0.015	≤0.60	≤0.30	≤0.80	≤0.15	Al$_S$≥0.015 Nb≤0.07 Ti≤0.05 Cu≤0.55	
Q460FT-E	≤0.20	≤0.60	1.00~1.70	0.020	0.010	≤0.60	≤0.30	≤0.80	≤0.15		N≤0.010
Q460FT-F	≤0.20	≤0.60	1.00~1.70	0.020	0.010	≤0.60	≤0.30	≤0.80	≤0.15		
Q550FT-D	≤0.20	≤0.60	≤1.80	0.020	0.010	≤0.80	≤0.50	≤0.80	≤0.15		N≤0.012
Q550FT-E	≤0.20	≤0.60	≤1.80	0.020	0.010	≤0.80	≤0.50	≤0.80	≤0.15		N≤0.010
Q620FT-D	≤0.20	≤0.60	≤1.80	0.020	0.010	≤0.80	≤0.50	≤0.80	≤0.15	Al$_S$≥0.015 Nb≤0.07 Ti≤0.05 Cu≤0.80	N≤0.012
Q620FT-E	≤0.20	≤0.60	≤1.80	0.020	0.010	≤0.50	≤0.50	≤0.80	≤0.15		N≤0.010
Q690FT-D	≤0.20	≤0.60	≤1.80	0.020	0.010	≤0.80	≤0.50	≤0.80	≤0.15		N≤0.012
Q690FT-E	≤0.20	≤0.60	≤1.80	0.020	0.010	≤0.80	≤0.50	≤0.80	≤0.15		N≤0.010

（2）中国风力发电塔用结构钢板的力学性能和工艺性能（表2-1-83）

表2-1-83　风力发电用结构钢板的力学性能和工艺性能

钢 号	钢板等级	横向 R_{eL}/MPa ≥			R_m/MPa	A(%)	KV_2[①]/J	180°弯曲试验[②]	
		钢板厚度/mm						钢板厚度/mm	
		≤16	>16~40	>40~100		≥		≤16	>16~100
Q235FT	B,C,D	235	225	215	360~510	24	47	$D=2a$	$D=3a$
	E		225	215		24	34	$D=2a$	$D=3a$
Q275FT	C,D	275	265	255	410~560	21	47	$D=2a$	$D=3a$
	E,F		265	255		21	34	$D=2a$	$D=3a$
Q345FT	C,D	345	335	325	470~630	21	47	$D=2a$	$D=3a$
	E,F		335	325		21	34	$D=2a$	$D=3a$
Q420FT	C,D	420	400	390	520~680	19	47	$D=2a$	$D=3a$
	E,F		400	390		19	34	$D=2a$	$D=3a$
Q460FT	C,D	460	440	420	550~720	17	47	$D=2a$	$D=3a$
	E,F		440	420		17	34	$D=2a$	$D=3a$

（续）

钢　号	钢板等级	横向 R_{eL}/MPa ≥ 钢板厚度/mm			R_m/MPa	$A(\%)$	$KV_2^{①}$/J	180°弯曲试验[②] 钢板厚度/mm	
		≤16	>16~40	>40~100		≥		≤16	>16~100
Q550FT	D	550	550	530	670~830	16	47	$D=2a$	$D=3a$
	E		550	530		16	34	$D=2a$	$D=3a$
Q620FT	D	620	620	600	710~880	15	47	$D=2a$	$D=3a$
	E		620	600		15	34	$D=2a$	$D=3a$
Q690FT	D	690	690	670	770~940	14	47	$D=2a$	$D=3a$
	E		690	670		14	34	$D=2a$	$D=3a$

注：1. 当屈服现象不明显时，可采用 $R_{p0.2}$ 代替 R_{eL}。

2. 当钢板厚度 >60mm 时，断后伸长率 A 可降低 1%。

3. 冲击试验采用纵向试样。

① 冲击试验温度（对应不同钢板等级）：B 为 20℃，C 为 0℃，D 为 20℃，E 为 40℃，F 为 50℃。

② 弯曲试验：a—试样厚度，D—弯心直径。

2.1.16　汽车用高强度冷连轧钢板和钢带［GB 20564.1~11］

（1）中国 GB 标准汽车用高强度冷连轧钢板和钢带的钢号与化学成分（表2-1-84 和表2-1-85）

表 2-1-84　汽车用高强度冷连轧钢板和钢带的钢号与化学成分（一）（质量分数）（%）

钢　号	C	Si	Mn	P≤	S≤	Ti	Al_t≥	其　他
1. 烘烤硬化钢（BH 钢）［GB 20564.1—2017］								
CR140 BH	≤0.02	≤0.05	≤0.50	0.04	0.025	—	0.010	Nb≤0.10[①]
CR180 BH	≤0.04	≤0.10	≤0.80	0.08	0.025	—	0.010	—
CR220 BH	≤0.06	≤0.30	≤1.00	0.10	0.025	—	0.010	—
CR260 BH	≤0.08	≤0.50	≤1.20	0.12	0.025	—	0.010	—
CR300 BH	≤0.10	≤0.50	≤1.50	0.12	0.025	—	0.010	—
2. 双相钢（DP 钢）［GB 20564.2—2017］								
CR260/450 DP	≤0.15	≤0.60	≤2.50	0.040	0.015	—	0.010	②
CR290/490 DP	≤0.15	≤0.60	≤2.50	0.040	0.015	—	0.010	②
CR340/590 DP	≤0.15	≤0.60	≤2.50	0.040	0.015	—	0.010	②
CR420/780 DP	≤0.18	≤0.60	≤2.50	0.040	0.015	—	0.010	②
CR500/780 DP	≤0.18	≤0.60	≤2.50	0.040	0.015	—	0.010	②
CR550/980 DP	≤0.23	≤0.60	≤3.00	0.040	0.015	—	0.010	②
CR700/980 DP	≤0.23	≤0.60	≤3.00	0.040	0.015	—	0.010	②
CR820/1180 DP	≤0.23	≤0.60	≤3.00	0.040	0.015	—	0.010	②
3. 高强度无间隙原子钢（IF 钢）［GB 20564.3—2017］								
CR180 IF	≤0.01	≤0.30	≤0.80	0.08	0.025	≤0.12	0.010	Nb≤0.09[③]
CR220 IF	≤0.01	≤0.50	≤1.40	0.10	0.025	≤0.12	0.010	Nb≤0.09[③]
CR260 IF	≤0.01	≤0.80	≤2.00	0.12	0.025	≤0.12	0.010	Nb≤0.09[③]

（续）

钢 号	C	Si	Mn	P≤	S≤	Ti	Al$_t$≥	其 他
4. 低合金高强度钢（LA钢）［GB 20564.4—2010］								
CR260 LA	≤0.10	≤0.50	≤0.60	0.025	0.025	≤0.15	0.015	④
CR300 LA	≤0.10	≤0.50	≤1.00	0.025	0.025	≤0.15	0.015	Nb≤0.09④
CR340 LA	≤0.10	≤0.50	≤1.10	0.025	0.025	≤0.15	0.015	Nb≤0.09④
CR380 LA	≤0.10	≤0.50	≤1.60	0.025	0.025	≤0.15	0.015	Nb≤0.09④
CR420 LA	≤0.10	≤0.50	≤1.60	0.025	0.025	≤0.15	0.015	Nb≤0.09④
5. 各向同性钢（IS钢）［GB 20564.5—2010］								
CR220 IS	≤0.07	≤0.50	≤0.50	0.05	0.025	≤0.05	0.015	④
CR260 IS	≤0.07	≤0.50	≤0.50	0.05	0.025	≤0.05	0.015	④
CR300 IS	≤0.08	≤0.50	≤0.70	0.08	0.025	≤0.05	0.015	④
6. 相变诱导塑性钢（TR钢）［GB 20564.6—2010］								
CR380/590 TR	≤0.30	≤2.20	≤2.50	0.12	0.015	—	0.015~2.00	⑤
CR400/690 TR	≤0.30	≤2.20	≤2.50	0.12	0.015	—	0.015~2.00	⑤
CR420/780 TR	≤0.30	≤2.20	≤2.50	0.12	0.015	—	0.015~2.00	⑤
CR450/980 TR	≤0.30	≤2.20	≤2.50	0.12	0.015	—	0.015~2.00	⑤

① 可用 Ti 部分或全部代替 Nb，此时 Ti 和（或）Nb 的总含量≤0.10%。
② 根据需要可添加 Cr、Mo、B 等合金元素。
③ Nb 和 Ti 可以单独添加或组合添加，V 和 B 也可以添加，但 Ti + Nb + V + B≤0.22%。
④ 可以添加 V 和 B，也可用 Nb 或 B 代替 Ti，但 Ti + Nb + V + B≤0.22%。
⑤ 允许添加其他元素，如 Ni、Cr、Mo、Cu 等，但 Ni + Cr + Mo≤1.50%，Cu≤0.20%。

表2-1-85 汽车用高强度冷连轧钢板和钢带的钢号与化学成分（二）（质量分数）（%）

钢 号	C	Si	Mn	P≤	S≤	Al$_t$≥	其 他
7. 马氏体钢（MS钢）［GB 20564.7—2010］							
CR500/780 MS	≤0.30	≤2.20	≤3.00	0.020	0.025	0.010	
CR700/900 MS	≤0.30	≤2.20	≤3.00	0.020	0.025	0.010	
CR700/980 MS	≤0.30	≤2.20	≤3.00	0.020	0.025	0.010	
CR860/1100 MS	≤0.30	≤2.20	≤3.00	0.020	0.025	0.010	Cr + Ni + Mo≤1.50①
CR950/1180 MS	≤0.30	≤2.20	≤3.00	0.020	0.025	0.010	Cu≤0.20
CR1030/1300 MS	≤0.30	≤2.20	≤3.00	0.020	0.025	0.010	
CR1050/1400 MS	≤0.30	≤2.20	≤3.00	0.020	0.025	0.010	
CR1200/1500 MS	≤0.30	≤2.20	≤3.00	0.020	0.025	0.010	
8. 复相钢（CF钢）［GB 20564.8—2015］							
CR350/590 CF	≤0.18	≤1.80	≤2.20	0.080	0.015	≤2.00	允许添加其他合金元素，如 Nb、V、Ti、Cr、Mo、B 等
CR500/780 CF	≤0.24	≤1.80	≤2.20	0.080	0.015	≤2.00	
CR700/980 CF	≤0.28	≤1.80	≤2.20	0.080	0.015	≤2.00	
9. 淬火配分钢（QP钢）［GB 20564.9—2016］							
CR550/980 QP	≤0.30	≤2.00	≤3.00	0.10	0.015	0.015~2.00	允许添加其他合金元素，如 Ni、Cr、Mo、Nb、Cu 等
CR650/980 QP	≤0.30	≤2.00	≤3.00	0.10	0.015	0.015~2.00	
CR700/1180 QP	≤0.30	≤2.00	≤3.00	0.10	0.015	0.015~2.00	

（续）

钢 号	C	Si	Mn	P≤	S≤	Al$_t$≥	其 他
10. 孪晶诱导塑性钢（TW 钢）[GB 20564.10—2017]							
CR400/950 TW	≤1.00	≤2.00	≤32.00	0.080	0.015	≤4.00	允许添加 Nb、V、Ti、Cr、Mo、B 等
11. 碳锰钢（S 钢）[GB 20564.11—2017]							
CR205 S	≤0.15	—	≤1.50	0.035	0.035	0.015	—
CR235 S	≤0.17	—	≤2.00	0.035	0.035	0.015	—
CR255 S	≤0.20	—	≤2.00	0.035	0.035	0.015	—
CR295 S	≤0.20	—	≤2.00	0.035	0.035	0.015	—
CR325 S	≤0.20	—	≤2.00	0.035	0.035	0.015	—

① 允许添加其他合金元素，如 Ni、Cr、Mo、Cu 等。

（2）烘烤硬化钢（BH 钢）冷连轧钢板和钢带的力学性能和工艺性能（表 2-1-86）

表 2-1-86　烘烤硬化钢（BH 钢）冷连轧钢板和钢带的力学性能和工艺性能

钢 号	R_{eL}[1]/MPa	R_m/MPa	A_{80}[2],[3]（%）	r_{90}[4]	n_{90}[4]	BH_2[5]/MPa
			≥			
CR140 BH	140~200	270~340	36	1.8	0.20	30
CR180 BH	180~230	290~360	34	1.6	0.17	30
CR220 BH	220~270	320~400	32	1.5	0.16	30
CR260 BH	260~320	360~440	29	—	—	30
CR300 BH	300~360	390~480	26	—	—	30

① 当屈服现象不明显时，可采用 $R_{p0.2}$ 代替 R_{eL}。
② 试样为 GB/T 228 中的 P6 试样，采用横向试样。
③ 厚度≤0.7mm 时，断后伸长率 A_{80} 最小值可以降低 2%（绝对值）。
④ 厚度≥1.5mm 且 <2.00mm 时，塑性应变比 r_{90} 允许降低 0.2，厚度 <2.00mm 时，塑性应变比 r_{90} 和应变硬化指数 n_{90} 不作要求。
⑤ 烘烤硬化值。

（3）双相钢（DP 钢）冷连轧钢板和钢带的力学性能（表 2-1-87）

表 2-1-87　双相钢（DP 钢）冷连轧钢板和钢带的力学性能

钢 号	R_{eL}[1]/MPa	R_m/MPa	A_{80}[2],[3]（%）	n_{90}[4]
		≥		
CR260/450 DP	260~340	450	27	0.16
CR290/490 DP	290~390	490	24	0.15
CR340/590 DP	340~440	590	21	0.14
CR420/780 DP	420~550	780	15	—
CR500/780 DP	500~650	780	10	—
CR550/980 DP	550~760	980	10	—
CR700/980 DP	700~950	980	8	—
CR820/1180 DP	820~1150	1180	8	—

① 当屈服现象不明显时，可采用 $R_{p0.2}$，否则采用 R_{eL}。
② 试样为 GB/T 228 中的 p6 试样，采用横向试样。
③ 厚度≤0.7mm 时，断后伸长率 A_{80} 最小值可以降低 2%（绝对值）。
④ 应变硬化指数。

（4）高强度无间隙原子钢（IF 钢）冷连轧钢板和钢带的力学性能和工艺性能（表 2-1-88）

表 2-1-88　高强度无间隙原子钢（IF 钢）冷连轧钢板和钢带的力学性能和工艺性能

钢　号	$R_{eL}^{①}$/MPa	R_m/MPa	$A_{80}^{②,③}$（%）	$r_{90}^{④}$	$n_{90}^{④}$
			≥		
CR180 IF	180～240	340	34	1.7	0.19
CR220 IF	220～280	360	32	1.5	0.17
CR260 IF	260～320	380	28	—	—

① 当屈服现象不明显时，可采用规定塑性延伸强度 $R_{p0.2}$，否则采用 R_{eL}。
② 试样为 GB/T 228 中的 P6 试样，采用横向试样。
③ 厚度≤0.7mm 时，断后伸长率 A_{80} 最小值可以降低 2%（绝对值）。
④ 产品厚度≥1.5mm 且≤2.0mm 时，塑性应变比 r_{90} 允许降低 0.2；产品厚度≥2.0mm 时，塑性应变比 r_{90} 和应变硬化指数 n_{90} 不作要求。

（5）低合金高强度钢（LA 钢）冷连轧钢板和钢带的力学性能（表 2-1-89）

表 2-1-89　低合金高强度钢（LA 钢）冷连轧钢板和钢带的力学性能

钢　号	$R_{p0.2}^{①}$/MPa	R_m/MPa	$A_{80}^{②,③}$（%）≥
CR260 LA	260～330	350～430	26
CR300 LA	300～380	380～480	23
CR340 LA	340～420	410～510	21
CR380 LA	380～480	440～560	19
CR420 LA	420～520	470～590	17

① 当屈服现象明显时，可采用下屈服强度 R_{eL}。
② 试样为 GB/T 228 中的 P6 试样，采用横向试样。
③ 产品公称厚度 >0.5mm 且≤0.7mm，断后伸长率最小值可以降低 2%（绝对值）；当产品公称厚度≤0.5mm 时，断后伸长率 A_{80} 允许降低 4%（绝对值）。

（6）各向同性钢（IS 钢）冷连轧钢板和钢带的力学性能（表 2-1-90）

表 2-1-90　各种同性钢（IS 钢）冷连轧钢板和钢带的力学性能

钢　号	$R_{p0.2}^{①}$/MPa	R_m/MPa	$A_{80}^{②,③}$（%）	$r_{90}^{④}$ ≤	$n_{90}^{④}$ ≥
CR220 IS	220～270	300～420	34	1.4	0.18
CR260 IS	260～310	320～440	32	1.4	0.17
CR300 IS	300～350	340～460	30	1.4	0.16

① 当屈服现象不明显时，可采用 $R_{p0.2}$，否则采用 R_{eL}。
② 试样为 GB/T 228 中的 P6 试样，采用横向试样。
③ 产品公称厚度 >0.5mm 且≤0.7mm 时，断后伸长率 A_{80} 最小值可以降低 2%；当产品公称厚度≤0.5mm 时，断后伸长率 A_{80} 允许降低 4%。
④ 塑性应变比 r_{90} 和应变硬化指数 n_{90} 的规定值只适用于厚度≥0.5mm 的产品。

（7）相变诱导塑性钢（TR 钢）冷连轧钢板和钢带的力学性能（表 2-1-91）

表 2-1-91　相变诱导塑性钢（TR 钢）冷连轧钢板和钢带的力学性能

钢　号	$R_{p0.2}^{①}$/MPa	R_m/MPa	$A_{80}^{②,③}$（%）	$n_{90}^{④}$
			≥	
CR380/590 TR	380～480	590	26	0.20
CR400/690 TR	400～520	690	24	0.19
CR420/780 TR	420～580	780	20	0.15
CR450/980 TR	450～700	980	14	0.14

① 当屈服现象明显时，则采用 R_{eL}。
② 试样为 GB/T 228 中的 P6 试样，采用横向试样。
③ 产品公称厚度 >0.5mm 且≤0.7mm 时，断后伸长率 A_{80} 最小值可以降低 2%；当产品公称厚度≤0.5mm 时，断后伸长率 A_{80} 允许降低 4%。
④ 塑性应变比 r_{90} 和应变硬化指数 n_{90} 的规定值只适用于厚度≥0.5mm 的产品。

（8）马氏体钢（MS 钢）冷连轧钢板和钢带的力学性能（表 2-1-92）

表 2-1-92　马氏体钢（MS 钢）冷连轧钢板和钢带的力学性能

钢　号	$R_{p0.2}^{①}$/MPa	R_m/MPa	$A_{80}^{②}$（%）
		≥	
CR500/780 MS	500~700	780	3
CR700/900 MS	700~1000	900	2
CR700/980 MS	700~960	980	2
CR860/1100 MS	860~1100	1100	2
CR950/1180 MS	950~1200	1180	2
CR1030/1300 MS	1030~1300	1300	2
CR1050/1400 MS	1150~1400	1400	2
CR1200/1500 MS	1200~1500	1500	2

① 当屈服现象明显时，可采用 R_{eL}。

② 试样为 GB/T 228 中的 P6 试样，采用横向试样。

（9）复相钢（CF 钢）冷连轧钢板和钢带的力学性能（表 2-1-93）

表 2-1-93　复相钢（CF 钢）冷连轧钢板和钢带的力学性能

钢号	$R_{p0.2}^{①}$/MPa	R_m/MPa	$A_{80}^{②}$（%）	$HB_2^{③}$/MPa
		≥		≥
CR350/590 CF	350~500	590	16	30
CR500/780 CF	500~700	780	10	30
CR700/980 CF	700~900	980	7	30

① 当屈服现象明显时，则采用 R_{eL}。

② 试样为 GB/T 228 中的 P6 试样，采用横向试样。

③ 如需方要求 A_{80} 数值，由供需双方商定。

（10）淬火配分钢（QP 钢）和孪晶诱导塑性钢（TW 钢）冷连轧钢板和钢带的力学性能（表 2-1-94）

表 2-1-94　淬火配分钢（QP 钢）和孪晶诱导塑性钢（TW 钢）冷连轧钢板和钢带的力学性能

钢　号	$R_{eL}^{①}$/MPa	R_m/MPa	$A_{80}^{②}$（%）
		≥	
淬火配分钢（QP 钢）			
CR550/980 QP	550~750	980	18
CR650/980 QP	650~850	980	15
CR700/1180 QP	700~1000	1180	13
孪晶诱导塑性钢（TW 钢）			
CR400/950 TW	400~850	950	45

① 当屈服现象不明显时，可采用 $R_{p0.2}$ 代替 R_{eL}。

② 试样为 GB/T 228 中的 P6 试样，采用横向试样。

（11）碳锰钢（S 钢）冷连轧钢板和钢带的力学性能（表 2-1-95）

表 2-1-95　碳锰钢（S 钢）冷连轧钢板和钢带的力学性能

钢　号	$R_{eH}^{①}$/MPa	R_m/MPa	$A_{80}^{②}$（%）
CR205 S	≥205	370~490	≥28
CR235 S	≥235	390~510	≥26
CR255 S	≥265	440~560	≥23
CR295 S	≥295	490~610	≥20
CR325 S	≥325	540~680	≥18

① 当屈服现象不明显时，可采用 $R_{p0.2}$ 代替 R_{eH}。

② 试样为 GB/T 228 中的 P6 试样，采用横向试样。产品公称厚度 >0.7mm 时，断后伸长率 A_{80} 最小值可以降低 2%（绝对值）。

2.1.17 汽车大梁用热轧钢板和钢带 [GB 3273—2015]

（1）中国 GB 标准汽车大梁用热轧钢板和钢带的钢号与化学成分（表2-1-96）

表2-1-96 汽车大梁用热轧钢板和钢带的钢号与化学成分（质量分数）（%）

钢 号	C	Si	Mn	P ≤	S ≤	Al$_S$
370L	≤0.12	≤0.50	≤0.60	0.025	0.015	0.015
420L	≤0.12	≤0.50	≤1.50	0.025	0.015	0.015
440L	≤0.18	≤0.50	≤1.50	0.025	0.015	0.015
510L	≤0.20	≤0.50	≤1.60	0.025	0.015	0.015
550L	≤0.20	≤0.50	≤1.70	0.025	0.015	0.015
600L	≤0.12	≤0.50	≤1.80	0.025	0.015	0.015
650L	≤0.12	≤0.50	≤1.90	0.025	0.015	0.015
700L	≤0.12	≤0.60	≤2.00	0.025	0.015	0.015
750L	≤0.12	≤0.60	≤2.10	0.025	0.015	0.015
800L	≤0.12	≤0.60	≤2.20	0.025	0.015	0.015

注：1. 各牌号的残余元素含量：Cr≤0.30%，Ni≤0.30%，Cu≤0.30%。
2. 当加入 Nb、Ti、V 等微量合金元素足够量时，Al 含量可不作要求。
3. 表中为酸溶铝（Al$_S$）含量。当采用全铝（Al$_t$）含量时，Al$_t$≥0.020%。

（2）中国汽车大梁用热轧钢板和钢带的力学性能（表2-1-97）

表2-1-97 汽车大梁用热轧钢板和钢带的力学性能

钢 号	R_{eL}/MPa ≥	R_m/MPa	A(%) 在下列厚度≥		180°冷弯试验 D—弯曲压头直径	
			<3.0mm	≥3.5mm	a≤12.0mm	a>12.0mm
370L	245	370～480	23	28	D=0.5a	D=a
420L	300	420～540	21	26	D=0.5a	D=a
440L	330	440～570	21	26	D=0.5a	D=a
510L	355	510～650	20	24	D=a	D=2a
550L	400	550～700	19	23	D=a	D=2a
600L	500	600～760	15	18	D=1.5a	D=2a
650L	550	650～820	13	16	D=1.5a	D=2a
700L	600	700～880	12	14	D=2a	D=2.5a
750L	650	750～950	11	13	D=2a	D=2.5a
800L	700	800～1000	10	12	D=2a	D=2.5a

注：1. 拉伸试验和弯曲试验均采用横向试样。
2. 屈服现象不明显时，采用 $R_{p0.2}$ 代替 R_{eL}。
3. 若 700L、750L、800L 牌号，厚度≥8.0mm 时，规定的最小屈服强度 R_{eL} 允许下降20MPa。
4. 冷弯试验的弯曲试样宽度 b≥35mm，a 为弯曲试样厚度。

2.1.18 建筑结构用钢板 [GB/T 19879—2015]

（1）中国 GB 标准建筑结构用钢板的钢号与化学成分（表2-1-98）

表 2-1-98　建筑结构用钢板的钢号与化学成分（质量分数）（%）

钢号	质量等级	C	Si	Mn	P ≤	S ≤	V[①]	Nb[①]	Ti[①]	Al$_S$[②] ≥	Cr	其　他
Q235GJ	B，C	≤0.20	≤0.35	0.60~1.30	0.025	0.015	—	—	—	0.015	≤0.30	Ni≤0.30，Cu≤0.30 Mo≤0.08
	D，E	≤0.18	≤0.35	0.60~1.30	0.020	0.010						
Q345GJ	B，C	≤0.20	≤0.55	≤1.60	0.025	0.015	0.150	0.070	0.035	0.015	≤0.30	Ni≤0.30，Cu≤0.30 Mo≤0.20
	D，E	≤0.18	≤0.55	≤1.60	0.020	0.010						
Q390GJ	B，C	≤0.20	≤0.55	≤1.70	0.025	0.015	0.200	0.070	0.030	0.015	≤0.30	Ni≤0.70，Cu≤0.30 Mo≤0.50
	D，E	≤0.18	≤0.55	≤1.70	0.020	0.010						
Q420GJ	B，C	≤0.20	≤0.55	≤1.70	0.025	0.015	0.200	0.070	0.030	0.015	≤0.80	Ni≤1.00，Cu≤0.30 Mo≤0.50
	D，E	≤0.18	≤0.55	≤1.70	0.020	0.010						
Q460GJ	B，C	≤0.20	≤0.55	≤1.70	0.025	0.015	0.200	0.110	0.030	0.015	≤1.20	Ni≤1.20，Cu≤0.50 Mo≤0.50
	D，E	≤0.18	≤0.55	≤1.70	0.020	0.010						
Q500GJ[③]	C	≤0.18	≤0.60	≤1.80	0.025	0.015	0.120	0.110	0.030	0.015	≤1.20	Ni≤1.20，Cu≤0.50 Mo≤0.60
	D，E	≤0.18	≤0.60	≤1.80	0.020	0.010						
Q550GJ[③]	C	≤0.18	≤0.60	≤2.00	0.025	0.015	0.120	0.110	0.030	0.015	≤1.20	Ni≤2.00，Cu≤0.50 Mo≤0.60
	D，E	≤0.18	≤0.60	≤2.00	0.020	0.010						
Q620GJ[③]	C	≤0.18	≤0.60	≤2.00	0.025	0.015	0.120	0.110	0.030	0.015	≤1.20	Ni≤2.00，Cu≤0.50 Mo≤0.60
	D，E	≤0.18	≤0.60	≤2.00	0.020	0.010						
Q690GJ[③]	C	≤0.18	≤0.60	≤2.00	0.025	0.015	0.120	0.110	0.030	0.015	≤1.20	Ni≤2.00，Cu≤0.50 Mo≤0.60
	D，E	≤0.18	≤0.60	≤2.00	0.020	0.010						

① 当 V、Ti、Nb 组合加入时，对于 Q235GJ、Q345GJ，其 V + Ti + Nb≤0.15%；对于 Q390GJ、Q420GJ、Q460GJ，其 V + Ti + Nb≤0.22%。

② 表中为酸溶铝含量。允许采用全铝（Al_t）代替酸溶铝（Al_S），此时全铝含量 Al_t≥0.020%。如果钢中添加 V、Ti、Nb 或其中一种元素，其含量≥0.015%时，则规定的铝含量下限值不适用。

③ 当添加硼时，Q550GJ、Q620GJ、Q690GJ 及淬火回火状态的钢中氢含量≤0.003%。

（2）中国 GB 标准建筑结构用钢板的碳当量和焊接裂纹敏感性指数（表 2-1-99）

表 2-1-99　建筑结构用钢板的碳当量和焊接裂纹敏感性指数

钢号	交货状态	碳当量 CE（质量分数）（%）下列为规定的厚度/mm				焊接裂纹敏感性指数 Pcm（%）下列为规定的厚度/mm			
		≤50	>50~100	>100~150	>150~200	≤50	>50~100	>100~150	>150~200
		≤				≤			
Q235GJ	WAR，WCR，N	0.34	0.36	0.38	—	0.24	0.26	0.27	—
Q345GJ	WAR，WCR，N	0.42	0.44	0.46	0.47	0.26	0.29	0.30	0.30
	TMCP	0.38	0.40	—		0.24	0.26	—	
Q390GJ	WCR，N，NT	0.45	0.47	0.49		0.28	0.30	0.31	
	TMCP，TMCP + T	0.40	0.43	—		0.26	0.27		
Q420GJ	WCR，N，NT	0.48	0.50	0.52		0.30	0.33	0.34	
	QT	0.44	0.47	0.49		0.28	0.30	0.31	
	TMCP，TMCP + T	0.40	双方协商	—		0.26	双方协商		
Q460GJ	WCR，N，NT	0.52	0.54	0.56		0.32	0.34	0.35	
	QT	0.45	0.48	0.50		0.28	0.30	0.31	
	TMCP，TMCP + T	0.42	双方协商	—		0.27	双方协商	—	
Q500GJ	QT	0.52	—			双方协商			
	TMCP，TMCP + T	0.47				0.28			

（续）

钢号	交货状态	碳当量 CE（质量分数）（%）下列为规定的厚度/mm				焊接裂纹敏感性指数 Pcm（%）下列为规定的厚度/mm			
		≤50	>50~100	>100~150	>150~200	≤50	>50~100	>100~150	>150~200
		≤				≤			
Q550GJ	QT	0.54	—	—	—	双方协商	—	—	—
	TMCP，TMCP+T	0.47	—	—	—	0.29	—	—	—
Q620GJ	QT	0.58	—	—	—	双方协商	—	—	—
	TMCP，TMCP+T	0.48	—	—	—	0.30	—	—	—
Q690GJ	QT	0.60	—	—	—	双方协商	—	—	—
	TMCP，TMCP+T	0.50	—	—	—	0.30	—	—	—

注：1. 可采用焊接裂纹敏感性指数（Pcm）代替碳当量评估钢材的焊接性能，其计算结果应符合本表规定。
　　　用于计算碳当量的公式：
$$CE(\%) = C + Mn/6 + (Cr + Mo + V)/5 + (Ni + Cu)/15$$
　　2. 交货状态代号：WAR—热轧；WCR—冷轧；N—正火；NT—正火 + 回火；TMCP—热机械控制扎制；TMCP + T—热机械控制扎制 + 回火；QT—淬火 + 回火（包括在线直接淬火 + 回火）。

（3）中国 GB 标准建筑结构用钢板的力学性能（表 2-1-100）

表 2-1-100　建筑结构用钢板的力学性能

钢号和等级		拉 伸 试 验						冲击试验[①]		180°弯曲试验	
钢号	质量等级	R_m/MPa 在下列厚度时/mm			R_{eL}/R_m 在下列厚度时/mm		A（%）≥	试验温度/℃	KV/J ≥	d—弯心直径，a—试样厚度 在以下公称厚度 t 时	
		≤100	>100~150	>150~200	6~150	>150~200				t≤16mm	t>16mm
Q235GJ	B	400~510	380~510	—	≤0.80	—	23	20	47	$d=2a$	$d=3a$
	C							0			
	D							−20			
	E							−40			
Q345GJ	B	490~610	470~610	470~610	≤0.80	≤0.80	22	20	47	$d=2a$	$d=3a$
	C							0			
	D							−20			
	E							−40			
Q390GJ	B	510~660	490~610		≤0.83		20	20	47	$d=2a$	$d=3a$
	C							0			
	D							−20			
	E							−40			
Q420GJ	B	530~680	510~660	—	≤0.83	—	20	20	47	$d=2a$	$d=3a$
	C							0			
	D							−20			
	E							−40			
Q460GJ	B	570~720	550~720	—	≤0.83	—	18	20	47	$d=2a$	$d=3a$
	C							0			
	D							−20			
	E							−40			

（续）

钢号和等级		拉 伸 试 验						冲击试验①		180°弯曲试验	
钢 号	质量等级	R_m/MPa 在下列厚度时/mm			R_{eL}/R_m 在下列厚度时/mm		A（%）≥	试验温度/℃	KV/J ≥	d—弯心直径，a—试样厚度 在以下公称厚度 t 时	
		≤100	>100~150	>150~200	6~150	>150~200				$t≤16$mm	$t>16$mm
Q500GJ	C	610~770			≤0.85	≤0.85	17	0	55	$d=3a$	
	D							−20	47		
	E							−40	31		
Q550GJ	C	670~830			≤0.85	≤0.85	17	0	55	$d=3a$	
	D							−20	47		
	E							−40	31		
Q620GJ	C	730~900			≤0.85	≤0.85	17	0	55	$d=3a$	
	D							−20	47		
	E							−40	31		
Q690GJ	C	770~910			≤0.85	≤0.85	14	0	55	$d=3a$	
	D							−20	47		
	E							−40	31		

① 钢板的夏比冲击试验结果，按每一组 3 个试样的算术平均值计算，允许其中 1 个试样值低于规定值，但不得低于规定值的 70%。

（4）中国 GB 标准建筑结构用钢板不同厚度时的屈服强度（表 2-1-101）

表 2-1-101　建筑结构用钢板不同厚度时的屈服强度

钢号和等级		$R_{eL}^①$/MPa 在下列厚度时/mm					钢号和等级		$R_{eL}^①$/MPa 在下列厚度时/mm	
钢号	质量等级	6~16	>16~50	>50~100	>100~150	>150~200	钢号	质量等级	12~20	20~40
Q235GJ	B，C	≥235	235~345	225~335	215~325	—	Q500GJ	C	≥500	500~610
	D，E							D，E		
Q345GJ	B，C	≥345	345~455	335~445	325~435	305~415	Q550GJ	C	≥550	550~690
	D，E							D，E		
Q390GJ	B，C	≥390	390~510	380~500	370~490	—	Q620GJ	C	≥620	620~770
	D，E							D，E		
Q420GJ	B，C	≥420	420~550	410~540	400~530	—	Q690GJ	C	≥690	690~860
	D，E							D，E		
Q460GJ	B，C	≥460	460~600	450~590	440~580	—				
	D，E									

① 当屈服现象不明显时，可采用 $R_{p0.2}$。

2.1.19　建筑用低屈服强度钢板［GB/T 28905—2012］

（1）中国 GB 标准建筑用低屈服强度钢板的钢号与化学成分（表 2-1-102）

表 2-1-102　建筑用低屈服强度钢板的钢号与化学成分（质量分数）（%）

钢 号	C	Si	Mn	P ≤	S ≤	N
LY100	≤0.03	≤0.10	≤0.40	0.025	0.015	≤0.006
LY160	≤0.08	≤0.10	≤0.50	0.025	0.015	≤0.006
LY225	≤0.10	≤0.10	≤0.60	0.020	0.015	≤0.006

注：1. 由供方选择，根据需要可添加 Nb、V、Ti、B 等其他元素。

　　2. 钢中残余元素含量 Cr≤0.30%，Ni≤0.30%，Cu≤0.30%。

（2）建筑用低屈服强度钢板的力学性能（表 2-1-103）

表 2-1-103　建筑用低屈服强度钢板的力学性能

钢　号	拉伸试验				冲击试验	
	R_{eL}/MPa	R_m/MPa	R_{eL}/R_m ≤	A（%）	试验温度 /℃	KV_2/J
LY100	80 ~ 120	200 ~ 300	0.60	≥50	0	≥27
LY160	140 ~ 180	220 ~ 300	0.80	≥45	0	≥27
LY225	205 ~ 245	300 ~ 400	0.80	≥40	0	≥27

2.1.20　耐火结构用钢板和钢带［GB/T 28415—2012］

（1）中国 GB 标准耐火结构用钢板和钢带的钢号与化学成分（表 2-1-104）

表 2-1-104　耐火结构用钢板和钢带的钢号与化学成分（质量分数）（%）

钢　号	C	Si	Mn	P ≤	S ≤	Cr	Mo	V	Al$_S$	其　他
Q235FR-B	≤0.20	≤0.35	≤1.30	0.025	0.015	≤0.75	≤0.50	—	≥0.015	Nb≤0.04
Q235FR-C	≤0.20	≤0.35	≤1.30	0.025	0.015	≤0.75	≤0.50	—	≥0.015	Ti≤0.05
Q235FR-D	≤0.18	≤0.35	≤1.30	0.020	0.015	≤0.75	≤0.50	—	≥0.015	Nb≤0.04
Q235FR-E	≤0.18	≤0.35	≤1.30	0.020	0.015	≤0.75	≤0.50	—	≥0.015	Ti≤0.05
Q345FR-B	≤0.20	≤0.55	≤1.60	0.025	0.015	≤0.75	≤0.90	≤0.15	≥0.015	Nb≤0.10
Q345FR-C	≤0.20	≤0.55	≤1.60	0.025	0.015	≤0.75	≤0.90	≤0.15	≥0.015	Ti≤0.05
Q345FR-D	≤0.18	≤0.55	≤1.60	0.020	0.015	≤0.75	≤0.90	≤0.15	≥0.015	Nb≤0.10
Q345FR-E	≤0.18	≤0.55	≤1.60	0.020	0.015	≤0.75	≤0.90	≤0.15	≥0.015	Ti≤0.05
Q390FR-C	≤0.20	≤0.55	≤1.60	0.025	0.015	≤0.75	≤0.90	≤0.20	≥0.015	Nb≤0.10
Q390FR-D	≤0.18	≤0.55	≤1.60	0.020	0.015	≤0.75	≤0.90	≤0.20	≥0.015	Ti≤0.05
Q390FR-E	≤0.18	≤0.55	≤1.60	0.020	0.015	≤0.75	≤0.90	≤0.20	≥0.015	
Q420FR-C	≤0.20	≤0.55	≤1.60	0.025	0.015	≤0.75	≤0.90	≤0.20	≥0.015	Nb≤0.10
Q420FR-D	≤0.18	≤0.55	≤1.60	0.020	0.015	≤0.75	≤0.90	≤0.20	≥0.015	Ti≤0.05
Q420FR-E	≤0.18	≤0.55	≤1.60	0.020	0.015	≤0.75	≤0.90	≤0.20	≥0.015	
Q460FR-C	≤0.20	≤0.55	≤1.60	0.025	0.015	≤0.75	≤0.90	≤0.20	≥0.015	Nb≤0.10
Q460FR-D	≤0.18	≤0.55	≤1.60	0.020	0.015	≤0.75	≤0.90	≤0.20	≥0.015	Ti≤0.05
Q460FR-E	≤0.18	≤0.55	≤1.60	0.020	0.015	≤0.75	≤0.90	≤0.20	≥0.015	

注：1. 可用全铝（Al$_t$）含量代替酸溶铝（Al$_S$）含量，全铝（Al$_t$）含量应不小于 0.020%。

2. 为改善钢板的性能，可添加本表以外的其他微量合金元素。

（2）中国耐火结构用钢板和钢带各牌号的碳当量（表 2-1-105）

表 2-1-105　耐火结构用钢板和钢带各牌号的碳当量（质量分数）（%）

钢　号	交货状态	规定厚度下的碳当量 CE ≤		Pcm[①]	钢　号	交货状态	规定厚度下的碳当量 CE ≤		Pcm[①]
		钢板厚度 t/mm					钢板厚度 t/mm		
		≤63	>63 ~ 100	63 ~ 100mm			≤63	>63 ~ 100	t = 63 ~ 100mm
Q235FR	AR，CR	0.36	0.36	—	Q390FR	TMCP	0.46	0.47	≤20
	N，NR	0.36	0.36	—		TMCP + T	0.46	0.47	≤20
Q235FR	TMCP	0.32	0.32	≤20	Q420FR	AR，CR	0.45	0.48	—
Q345FR	AR，CR	0.44	0.47	—		N，NR	0.48	0.50	—
	N，NR	0.45	0.48	—	Q420FR	TMCP	0.46	0.47	≤20
Q345FR	TMCP	0.44	0.45	≤20		TMCP + T	0.46	0.47	≤20
	TMCP + T	0.44	0.45	≤20	Q460FR	N，Q + T	协议	协议	协议
Q390FR	AR，CR	0.45	0.48	—	Q460FR	TMCP	协议	协议	协议
	N，NR	0.46	0.48	—		TMCP + T	协议	协议	协议

注：1. 交货状态的代号：AR—热轧；CR—控轧；N—正火；NR—正火控轧；Q + T—淬火 + 回火（调质）；TMCP—热机械轧制；TMCP + T—热机械轧制 + 回火。

2. 经供需双方协商，可用焊接裂纹敏感性指数 Pcm 代替碳当量 CE。关于碳当量计算公式和焊接裂纹敏感性指数计算公式，见下节（2.1.21 节）：石油天然气输送管件用钢板。

① 规定厚度下的焊接裂纹敏感性指数。

（3）中国耐火结构用钢板和钢带的力学性能（表 2-1-106）

表 2-1-106　耐火结构用钢板和钢带的力学性能

钢　号	钢板等级	$R_{eH}^{①}$/MPa			$R_m^{②}$/MPa	$A^{②}$（%）	$R_{eH}/R_m^{③}$	冲击试验^{②}	
		钢板厚度/mm					≤	试验温度/℃	KV_2/J
		≤16	>16~63	>63~100	≥				≥
Q235FR	B，C	≥235	235~355	225~345	400	23	0.80	20/0	34
	D，E		235~355	225~345		23	0.80	-20/-40	34
Q345FR	C，D	≥345	345~465	335~455	490	22	0.83	20/0	34
	E，F		345~465	335~455		22	0.83	-20/-40	34
Q390FR	C	≥390	390~510	380~500	490	21	0.85	0	34
	E，F		390~510	380~500		21	0.85	-20/-40	34
Q420FR	C	≥420	420~550	410~540	520	19	0.85	0	34
	E，F		420~550	410~540		19	0.85	-20/-40	34
Q460FR	C	≥460	460~600	450~590	550	19	0.85	0	34
	E，F		460~600	450~590		19	0.85	-20/-40	34

① 当屈服现象不明显时，可采用 $R_{p0.2}$ 代替 R_{eH}。

② 拉伸试验取横向试样，冲击试验取纵向试样。

③ 产品厚度≤12mm 时，可不作屈强比 R_{eH}/R_m 要求。

2.1.21　石油天然气输送管件用钢板［GB/T 30060—2013］

（1）中国 GB 标准石油天然气输送管件用钢板的钢号与化学成分（表 2-1-107）

表 2-1-107　石油天然气输送管件用钢板的钢号与化学成分（质量分数）（%）

钢　号	C	Si	Mn	P ≤	S ≤	Cr	Ni	Mo	V	其　他
Q245PF	≤0.20	≤0.35	≤1.30	0.025	0.015	≤0.35	≤0.50	≤0.25	≤0.06	Al_t≤0.060 Nb≤0.10 Cu≤0.35 N≤0.010
Q290PF	≤0.20	≤0.35	≤1.30	0.025	0.015	≤0.35	≤0.50	≤0.25	≤0.06	
Q320PF	≤0.20	≤0.35	≤1.40	0.025	0.015	≤0.35	≤0.50	≤0.25	≤0.06	
Q360PF	≤0.20	≤0.35	≤1.50	0.020	0.015	≤0.35	≤0.50	≤0.25	≤0.06	
Q390PF	≤0.18	≤0.40	≤1.50	0.020	0.015	≤0.35	≤0.50	≤0.25	≤0.06	
Q415PF	≤0.18	≤0.40	≤1.70	0.020	0.010	≤0.35	≤0.50	≤0.25	≤0.06	
Q450PF	≤0.18	≤0.40	≤1.70	0.020	0.010	≤0.35	≤0.50	≤0.25	≤0.06	Al_t≥0.060 Nb≤0.10，Ti≤0.04 Cu≤0.35，N≤0.010
Q485PF	≤0.18	≤0.40	≤1.80	0.020	0.010	≤0.35	≤0.50	≤0.30	≤0.06	
Q555PF	≤0.18	≤0.40	≤1.90	0.020	0.010	≤0.45	≤0.50	≤0.30	≤0.06	

注：1. 碳含量比规定最大值每降低 0.01%，锰含量则允许比规定最大值提高 0.05%。

　　2. 对于 Q245PF~Q360PF，最高锰含量不允许超过 1.50%；对于 Q390PF 和 Q415PF，最高锰含量不允许超过 1.75%；对于 Q485PF 和 Q555PF，最高锰含量不允许超过 2.00%。

（2）石油天然气输送管件用钢板的碳当量（CE）和焊接裂纹敏感指数（Pcm）（表 2-1-108）

A）碳当量（CE）：各号的碳当量应符合表 2-1-108 的规定。碳当量由熔炼分析成分并采用式（1）计算：

$$CE = C + \frac{Mn}{6} + \frac{Cr + Mo + V}{5} + \frac{Ni + Cu}{15} \cdots\cdots\cdots\cdots\cdots\cdots\cdots\cdots\cdots\cdots\cdots\cdots (1)$$

B）焊接裂纹敏感指数（Pcm）：当钢中碳含量≤0.12%时，采用焊接裂纹敏感指数代替碳当量来评估钢材的可焊性。焊接裂纹敏感指数由熔炼分析成分并采用式（2）计算：

$$Pcm = C + \frac{Si}{30} + \frac{Mn}{20} + \frac{Cu}{20} + \frac{Ni}{60} + \frac{Cr}{20} + \frac{Mo}{15} + \frac{V}{10} + 5B \cdots\cdots\cdots\cdots\cdots\cdots\cdots (2)$$

表 2-1-108　石油天然气输送管件用钢板的碳当量和焊接裂纹敏感指数

钢　号	CE（%）	Pcm[1]（%）	钢　号	CE（%）	Pcm[1]（%）
	≤	≤		≤	≤
Q245PF	0.43	0.21	Q415PF	0.43	0.21
Q290PF	0.43	0.21	Q450PF	0.43	0.21[2]
Q320PF	0.43	0.21	Q485PF	0.45	0.23[2]
Q360PF	0.43	0.21	Q555PF	0.50	0.25
Q390PF	0.43	0.21	—	—	—

① 焊接裂纹敏感指数。

② 对于 Q450PF 和 Q485PF，经供需双方协商，焊接裂纹敏感指数 Pcm 可以提高到≤0.25%。

（3）石油天然气输送管件用钢板的力学性能和工艺性能（表 2-1-109）

表 2-1-109　石油天然气输送管件用钢板的力学性能和工艺性能

钢　号	$R_{t0.5}$/MPa	R_m/MPa	$R_{t0.5}/R_m$≤	A（%）	KV_2/J	180°弯曲试验 a—试样厚度 d—弯心直径	HV_{10} ≤
				≥			
Q245PF	245～445	415～755	0.90	23	50（-30℃）	d=2a	240
Q290PF	290～495	415～755	0.90	22	55（-30℃）	d=2a	240
Q320PF	320～525	435～755	0.90	21	60（-30℃）	d=2a	240
Q360PF	360～530	460～755	0.90	21	60（-30℃）	d=2a	240
Q390PF	390～545	490～755	0.90	19	60（-30℃）	d=2a	240
Q415PF	415～565	520～755	0.93	19	60（-30℃）	d=2a	240
Q450PF	450～600	535～755	0.93	18	60（-30℃）	d=2a	245
Q485PF	485～630	570～760	0.93	16	60（-30℃）	d=2a	260
Q555PF	555～700	625～825	0.93	16	60（-30℃）	d=2a	265

注：1. 采用横向试样。经供需双方协商，可以采用其他冲击试验温度。

　　2. 对于厚度小于 12mm 钢板的夏比（V 型缺口）冲击试验，应采用辅助试样。即：钢板厚度为 6～8mm 的钢板，试样尺寸为 10mm×5mm×55mm，其试验结果应不低于本表规定值的 50%。钢板厚度为 >8mm 至 <12mm 的钢板，试样尺寸为 10mm×7.5mm×55mm，其试验结果应不低于本表规定值的 75%。

　　3. 表中的硬度，是试样毛坯经淬火加回火处理后的硬度。

2.1.22　石油天然气输送管线用钢热轧宽带 ［GB/T 14164—2013］

（1）中国 GB 标准石油天然气输送管线用钢热轧宽带的牌号与化学成分

A）石油天然气输送管线用钢热轧宽带——质量等级 PSL1 的牌号与化学成分（表 2-1-110）

表 2-1-110　石油天然气输送管线用钢热轧宽带——质量等级 PSL1 的牌号与化学成分（质量分数）（%）

牌　号	C	Si	Mn	P ≤	S ≤	B	其　他
L175/A25	≤0.21	≤0.35	≤0.60	0.030	0.030	—	—
L175P/A25P	≤0.21	≤0.35	≤0.60	0.045～0.080	0.030	≤0.001	—
L210/A	≤0.22	≤0.35	≤0.90	0.030	0.030	≤0.001	—
L245/B	≤0.26	≤0.35	≤1.20	0.030	0.030	≤0.001	Nb+V≤0.06 Nb+Ti+V≤0.15
L290/X42	≤0.26	≤0.35	≤1.30	0.030	0.030	≤0.001	Nb+Ti+V≤0.15
L320/X46	≤0.26	≤0.35	≤1.40	0.030	0.030	≤0.001	
L360/X52	≤0.26	≤0.35	≤1.40	0.030	0.030	≤0.001	
L390/X56	≤0.26	≤0.40	≤1.40	0.030	0.030	≤0.001	Nb+Ti+V≤0.15
L415/X60	≤0.26	≤0.40	≤1.40	0.030	0.030	≤0.001	
L450/X65	≤0.26	≤0.40	≤1.45	0.030	0.030	≤0.001	
L485/X70	≤0.26	≤0.40	≤1.65	0.030	0.030	≤0.001	

注：1. 牌号有米制和英制两种表示方法：例如，L415/X60，其中，L—输送管线（Line），415—$R_{t0.5}$值（米制/MPa）；X—管线钢，60—$R_{t0.5}$值（英制/ksi）。

　　2. 钢中残余元素含量（质量分数）：Cr≤0.50%，Ni≤0.50%，Mo≤0.15%，Cu≤0.50%。

B) 石油天然气输送管线用钢热轧宽带——质量等级 PSL2 的牌号与化学成分（表 2-1-111）

表 2-1-111 石油天然气输送管线用钢热轧宽带——质量等级 **PSL2** 的牌号与化学成分（质量分数）（%）

牌 号[①]	C[②]	Si	Mn[③]	P ≤	S ≤	V	Nb	Ti	其 他
L245R/BR	≤0.24	≤0.40	≤1.20	0.025	0.015	—	—	≤0.04	
L290R/X42R	≤0.24	≤0.40	≤1.20	0.025	0.015	≤0.06	≤0.05	≤0.04	
L245N/BN	≤0.24	≤0.40	≤1.20	0.025	0.015	—	—	≤0.04	Nb + Ti + V ≤ 0.15 Cu ≤ 0.50[④]
L290N/X42N	≤0.24	≤0.40	≤1.20	0.025	0.015	≤0.06	≤0.05	≤0.04	
L320N/X46N	≤0.24	≤0.40	≤1.40	0.025	0.015	≤0.07	≤0.05	≤0.04	
L360N/X52N	≤0.24	≤0.45	≤1.40	0.025	0.015	≤0.10	≤0.05	≤0.04	
L390N/X56N	≤0.24	≤0.45	≤1.40	0.025	0.015	≤0.10	≤0.05	≤0.04	
L415N/X60N	≤0.24	≤0.45	≤1.40	0.025	0.015	≤0.10	≤0.05	≤0.04	Nb + Ti + V ≤ 0.15 Cu ≤ 0.50[⑦]
L245M/BM	≤0.22	≤0.45	≤1.20	0.025	0.015	≤0.05	≤0.05	≤0.04	Cu ≤ 0.50[④]
L290M/X42M	≤0.22	≤0.45	≤1.30	0.025	0.015	≤0.05	≤0.05	≤0.04	Cu ≤ 0.50[④]
L320M/X46M	≤0.22	≤0.45	≤1.30	0.025	0.015	≤0.05	≤0.05	≤0.04	Cu ≤ 0.50[④]
L360M/X52M	≤0.22	≤0.45	≤1.40	0.025	0.015	[⑤]	[⑤]	[⑤]	Cu ≤ 0.50[④]
L390M/X56M	≤0.22	≤0.45	≤1.40	0.025	0.015	[⑤]	[⑤]	[⑤]	Cu ≤ 0.50[④]
L415M/X60M	≤0.12	≤0.45	≤1.60	0.025	0.015	[⑤]	[⑤]	[⑤]	Cu ≤ 0.50[⑥]
L450M/X65M	≤0.12	≤0.45	≤1.60	0.025	0.015	[⑤]	[⑤]	[⑤]	Cu ≤ 0.50[⑥]
L485M/X70M	≤0.12	≤0.45	≤1.70	0.025	0.015	[⑤]	[⑤]	[⑤]	Cu ≤ 0.50[⑥]
L555M/X80M	≤0.12	≤0.45	≤1.85	0.025	0.015	[⑤]	[⑤]	[⑤]	Cu ≤ 0.50[⑦]
L625M/X90M	≤0.10	≤0.55	≤2.10	0.020	0.010	[⑤]	[⑤]	[⑤]	Cu ≤ 0.50[⑦]
L690M/X100M	≤0.10	≤0.55	≤2.10	0.020	0.010	[⑤]	[⑤]	[⑤]	B≤0.001[⑧], Cu≤0.50[⑦]
L830M/X120M	≤0.10	≤0.55	≤2.10	0.020	0.010	[⑤]	[⑤]	[⑤]	B≤0.001[⑧], Cu≤0.50[⑦]

① 牌号有米制和英制两种表示方法（同 PSL1）。钢号后缀字母表示交货状态：R—热轧；N—正火轧制；M—热机械轧制（TMCP）。

② 碳含量大于 0.12% 时，适用碳当量（CE），若碳含量不大于 0.12% 时，适用焊接裂纹敏感指数（Pcm）。

③ 若碳含量比其规定的上限值低时，每降低 0.01%，则允许锰含量比其规定值提高 0.05%，但对于下列：
L390/X56 至 L450/X65，其锰含量应≤1.75%；L485/X70 至 L555/X80，其锰含量应≤2.00%；
L625M/X90M 至 L830M/X120M，其锰含量应≤2.20%。

④ 钢中残余元素含量：Cr≤0.30%，Ni≤0.30%，Mo≤0.15%（Cu 含量已列于表中）。

⑤ Nb + Ti + V ≤0.15%。

⑥ 钢中残余元素含量：Cr≤0.50%，Ni≤0.50%，Mo≤0.50%（Cu 含量已列于表中）。

⑦ 钢中残余元素含量：Cr≤0.50%，Ni≤1.00%，Mo≤0.50%（Cu 含量已列于表中）。

⑧ 一般情况不得有意加入硼，表中为残余硼含量。

（2）石油天然气输送管线用钢热轧宽带——质量等级 PSL2 的碳当量（CE）和焊接裂纹敏感指数（Pcm）（表 2-1-112）

A) 碳当量（CE）：各钢号的碳当量应符合表 2-1-112 的规定。碳当量由熔炼分析成分并采用公式（1）计算（碳当量 CE 的计算公式见上节（2.1.21 节）：石油天然气输送管线用热轧钢带钢板的计算式（1），此处从略）。

B) 焊接裂纹敏感指数（Pcm）：当钢中碳含量≤0.12% 时，采用焊接裂纹敏感指数代替碳当量来评估钢材的可焊性。焊接裂纹敏感指数由熔炼分析成分并采用公式（2）计算（焊接裂纹敏感指数 Pcm 的计算公式见上节（2.1.21 节）：石油天然气输送管件用钢板的计算式（2），此处从略）。

表 2-1-112　石油天然气输送管线用钢热轧宽带——质量等级 PSL2 的碳当量和焊接裂纹敏感指数

牌　号	CE（%）	Pcm[①]（%）	牌　号	CE（%）	Pcm[①]（%）
L245R/BR	≤0.43	≤0.25	L320M/X46M	≤0.43	≤0.25
L290R/X42R	≤0.43	≤0.25	L360M/X52M	≤0.43	≤0.25
L245N/BN	≤0.43	≤0.25	L390M/X56M	≤0.45	≤0.25
L290N/X42N	≤0.43	≤0.25	L415M/X60M	—	≤0.25
L320N/X46N	≤0.43	≤0.25	L450M/X65M	—	≤0.25
L360N/X52N	≤0.43	≤0.25	L485M/X70M	—	≤0.25
L390N/X56N	≤0.43	≤0.25	L555M/X80M	—	≤0.25
L415N/X60N	（协商）	（协商）	L625M/X90M	—	≤0.25
L245M/BM	≤0.43	≤0.25	L690M/X100M	—	≤0.25
L290M/X42M	≤0.43	≤0.25	L830M/X120M	—	≤0.25

① 焊接裂纹敏感指数。

（3）油气输送管线用钢热轧宽带的力学性能和工艺性能

A）油气输送管线用钢热轧宽带——质量等级 PSL1 的力学性能和工艺性能（表 2-1-113）

表 2-1-113　油气输送管线用钢热轧宽带——质量等级 PSL1 的力学性能和工艺性能

牌　号	拉 伸 试 验[①],[②]			V 型冲击试验	弯曲试验	HV_{10}
	$R_{t0.5}$/MPa	R_m/MPa	$A^{③}$（%）	KV_2/J	180°，横向 a—试样厚度 d—弯心直径	≤
	≥					
L175/A25	175	310	27	—	$d=2a$	—
L175P/A25P	175	310	27	—	$d=2a$	—
L210/A	210	335	25	—	$d=2a$	—
L245/B	245	415	21	45（−10℃）	$d=2a$	240
L290/X42	290	415	21	60（−10℃）	$d=2a$	240
L320/X46	320	435	20	60（−10℃）	$d=2a$	240
L360/X52	360	460	19	80（−10℃）	$d=2a$	240
L390/X56	390	490	18	80（−10℃）	$d=2a$	240
L415/X60	415	520	17	80（−10℃）	$d=2a$	240
L450/X65	450	535	17	80（−10℃）	$d=2a$	245
L485/X70	485	570	16	100（−10℃）	$d=2a$	265

① 由供需双方协商确定合适的拉伸性能范围要求，以保证钢管成品拉伸性能符合标准要求。

② 拉伸试样由需方确定试样方向，一般情况下拉伸试样方向为对应钢管横向。

③ 在未规定采用何种标距时，以标距为 50mm、宽度为 38mm 的试样仲裁。

B）油气输送管线用钢热轧宽带——质量等级 PSL2 的力学性能和工艺性能（表 2-1-114）

表 2-1-114　油气输送管线用钢热轧宽带——质量等级 PSL2 的力学性能和工艺性能

牌　号	拉 伸 试 验[①]				冲击试验	弯曲试验	HV_{10}
	$R_{t0.5}^{②}$/MPa	R_m/MPa	$R_{t0.5}^{④}/R_m$ ≤	$A^{③}$（%） ≥	KV_2/J ≥	180°，横向 a—试样厚度 d—弯心直径	≤
L245R/BR	245~450	415~760	0.91	21	45（−10℃）	$d=2a$	240
L245N/BN	245~450	415~760	0.91	21	45（−10℃）	$d=2a$	240
L245M/BM	245~450	415~760	0.91	21	45（−10℃）	$d=2a$	240
L290R/X42R	290~495	415~760	0.91	21	60（−10℃）	$d=2a$	240
L290N/X42N	290~495	415~760	0.91	21	60（−10℃）	$d=2a$	240
L290M/X42M	290~495	415~760	0.91	21	60（−10℃）	$d=2a$	240

（续）

牌　号	拉 伸 试 验[1]				冲击试验	弯曲试验	HV_{10}
	$R_{t0.5}^{[2]}$/MPa	R_m/MPa	$R_{t0.5}^{[4]}/R_m$ ≤	$A^{[3]}$（%） ≥	KV_2/J ≥	180°，横向 a—试样厚度 d—弯心直径	≤
L320N/X46N	320~525	435~760	0.91	20	60（-10℃）	$d=2a$	240
L320M/X46M	320~525	435~760	0.91	20	60（-10℃）	$d=2a$	240
L360N/X52N	360~530	460~760	0.93	19	80（-10℃）	$d=2a$	240
L360M/X52M	360~530	460~760	0.93	19	80（-10℃）	$d=2a$	240
L390N/X56N	390~545	490~760	0.93	18	80（-10℃）	$d=2a$	240
L390M/X56M	390~545	490~760	0.93	18	80（-10℃）	$d=2a$	240
L415N/X60N	415~565	520~760	0.93	17	80（-10℃）	$d=2a$	240
L415M/X60M	415~565	520~760	0.93	17	80（-10℃）	$d=2a$	240
L450M/X65M	450~600	535~760	0.93	17	80（-10℃）	$d=2a$	245
L485M/X70M	485~635	570~760	0.93	16	100（-10℃）	$d=2a$	260
L555M/X80M	555~705	625~825	0.93	15	120（-10℃）	$d=2a$	265
L625M/X90M	625~775	695~915	0.95	（协商）	（协商）	（协商）	（协商）
L690M/X100M	690~840	760~990	0.97	（协商）	（协商）	（协商）	（协商）
L830M/X120M	830~1050	915~1145	0.99	（协商）	（协商）	（协商）	（协商）

① 由供需双方协商确定合适的拉伸性能范围和屈强比要求，以保证钢管成品拉伸性能符合标准要求。
② 对于 L625/X90 及以上级别的钢带，适用 $R_{p0.2}$。
③ 在未规定采用何种标距时，以标距为 50mm、宽度为 38mm 的试样仲裁。
④ 经需方要求，供需双方可规定钢带的屈强比。

2.1.23　合金结构钢热轧钢带［YB/T 4373—2014］

中国 YB 标准合金结构钢热轧钢带的钢号与化学成分见表 2-1-115。

表 2-1-115　合金结构钢热轧钢带的钢号与化学成分（质量分数）（%）

钢号和代号		C	Si	Mn	P ≤	S ≤	Cr	Ni	V	其　他
GB	ISC									
65	U20652	0.62~0.70	0.17~0.37	0.50~0.80	0.035	0.035	≤0.25	≤0.25	—	Cu≤0.25
65Mn	U21652	0.62~0.70	0.17~0.37	0.90~1.20	0.035	0.035	≤0.25	≤0.25	—	Cu≤0.25
70	U20702	0.67~0.75	0.17~0.37	0.50~0.80	0.035	0.035	≤0.25	≤0.25	—	Cu≤0.25
85	U20852	0.82~0.90	0.17~0.37	0.50~0.80	0.035	0.035	≤0.25	≤0.25	—	Cu≤0.25
55CrMnA	A22553	0.52~0.60	0.17~0.37	0.65~0.95	0.025	0.025	0.65~0.95	≤0.35	—	Cu≤0.25
50CrVA	A23503	0.46~0.54	0.17~0.37	0.50~0.80	0.025	0.025	0.80~1.10	≤0.35	0.10~0.20	Cu≤0.25
55SiCrA （55CrSiA）	A21553	0.51~0.59	1.20~1.60	0.50~0.80	0.025	0.025	0.50~0.80	≤0.35	—	Cu≤0.25
60Si2Mn	A11602	0.56~0.64	1.50~2.00	0.70~1.20	0.035	0.035	≤0.35	≤0.35	—	Cu≤0.25
60Si2MnA	A11603	0.56~0.64	1.60~2.00	0.70~1.20	0.025	0.025	≤0.35	≤0.35	—	Cu≤0.25
60Si2CrA	A21603	0.56~0.64	1.40~1.80	0.40~0.70	0.025	0.025	0.90~1.20	≤0.35	0.10~0.20	Cu≤0.25
62Si2MnA	A11623	0.60~0.66	1.60~2.00	0.60~0.90	0.025	0.025	≤0.35	≤0.35	—	Cu≤0.25

注：交货状态：合金结构钢热轧钢带以不切边热轧状态交货。可对钢带进行拉伸试验、冲击试验和对钢带作硬度检测，
　　其具体要求由供需双方协商确定。

2.1.24　碳素结构钢和低合金结构钢与优质碳素结构钢热轧钢带［GB/T 3524—2015］［GB/T 8749—2008］

（1）中国 GB 标准碳素结构钢和低合金结构钢热轧钢带［GB/T 3524—2015］

A）碳素结构钢和低合金结构钢热轧钢带的钢号与化学成分（表 2-1-116 和表 2-1-117）

表 2-1-116　碳素结构钢热轧钢带的钢号与化学成分（质量分数）（%）

钢号和代号		C	Si	Mn	P ≤	S ≤	Cr	Ni	其　他
GB	ISC								
Q195	U11952	≤0.12	≤0.30	≤0.50	0.035	0.040	≤0.30	≤0.30	Cu≤0.30
Q215A	U12152	≤0.15	≤0.35	≤1.20	0.045	0.050	≤0.30	≤0.30	Cu≤0.30
Q215B	U12155	≤0.15	≤0.35	≤1.20	0.045	0.045	≤0.30	≤0.30	Cu≤0.30
Q235A	U12352	≤0.22	≤0.35	≤1.40	0.045	0.050	≤0.30	≤0.30	Cu≤0.30
Q235B	U12355	≤0.20	≤0.35	≤1.40	0.045	0.045	≤0.30	≤0.30	Cu≤0.30
Q235C	U12358	≤0.17	≤0.35	≤1.40	0.040	0.040	≤0.30	≤0.30	Cu≤0.30
Q235D	U12359	≤0.17	≤0.35	≤1.40	0.035	0.035	≤0.30	≤0.30	Cu≤0.30
Q275A	U12752	≤0.24	≤0.35	≤1.50	0.045	0.050	≤0.30	≤0.30	Cu≤0.30
Q275B	U12755	0.21~0.22[①]	≤0.35	≤1.50	0.045	0.050	≤0.30	≤0.30	Cu≤0.30
Q275C	U12758	≤0.20	≤0.35	≤1.50	0.040	0.040	≤0.30	≤0.30	Cu≤0.30
Q275D	U12759	≤0.20	≤0.35	≤1.50	0.035	0.035	≤0.30	≤0.30	Cu≤0.30

① Q275B 的碳含量，根据钢材厚度作调整：厚度≤40mm，C≤0.21%；厚度＞40mm，C≤0.22%。

表 2-1-117　低合金结构钢热轧钢带的钢号与化学成分（质量分数）（%）

钢号和代号		C	Si	Mn	P ≤	S ≤	V	Nb	Ti	其　他
GB	ISC									
Q345A	L03451	≤0.20	≤0.50	≤1.70	0.035	0.035	≤0.15	≤0.07	≤0.20	Cu≤0.30 N≤0.012
Q345B	L03452	≤0.20	≤0.50	≤1.70	0.035	0.035	≤0.15	≤0.07	≤0.20	
Q345C	L03453	≤0.20	≤0.50	≤1.70	0.030	0.030	≤0.15	≤0.07	≤0.20	Al_S≥0.015
Q345D	L03454	≤0.18	≤0.50	≤1.70	0.030	0.025	≤0.15	≤0.07	≤0.20	Cu≤0.30
Q345E	L03455	≤0.18	≤0.50	≤1.70	0.025	0.020	≤0.15	≤0.07	≤0.20	N≤0.012
Q390A	L03901	≤0.20	≤0.50	≤1.70	0.035	0.035	≤0.20	≤0.07	≤0.20	Cu≤0.30 N≤0.015
Q390B	L03902	≤0.20	≤0.50	≤1.70	0.035	0.035	≤0.20	≤0.07	≤0.20	
Q390C	L03903	≤0.20	≤0.50	≤1.70	0.030	0.030	≤0.20	≤0.07	≤0.20	Al_S≥0.015
Q390D	L03904	≤0.20	≤0.50	≤1.70	0.030	0.025	≤0.20	≤0.07	≤0.20	Cu≤0.30
Q390E	L03905	≤0.20	≤0.50	≤1.70	0.025	0.020	≤0.20	≤0.07	≤0.20	N≤0.015
Q420A	L04201	≤0.20	≤0.50	≤1.70	0.035	0.035	≤0.20	≤0.07	≤0.20	Cu≤0.30 N≤0.015
Q420B	L04202	≤0.20	≤0.50	≤1.70	0.035	0.035	≤0.20	≤0.07	≤0.20	
Q420C	L04203	≤0.20	≤0.50	≤1.70	0.030	0.030	≤0.20	≤0.07	≤0.20	Al_S≥0.015
Q420D	L04204	≤0.20	≤0.50	≤1.70	0.030	0.025	≤0.20	≤0.07	≤0.20	Cu≤0.30
Q420E	L04205	≤0.20	≤0.50	≤1.70	0.025	0.020	≤0.20	≤0.07	≤0.20	N≤0.015
Q460C	L04603	≤0.20	≤0.60	≤1.80	0.030	0.030	≤0.20	≤0.11	≤0.20	Al_S≥0.015
Q460D	L04604	≤0.20	≤0.60	≤1.80	0.030	0.025	≤0.20	≤0.11	≤0.20	Cu≤0.55 B≤0.004
Q460E	L04605	≤0.20	≤0.60	≤1.80	0.025	0.020	≤0.20	≤0.11	≤0.20	N≤0.015

注：1. 型材及棒材 P、S 含量可提高 0.005%，其中 A 级上限为 0.045%。

　　2. 当细化晶粒元素组合加入时 20（Nb + V + Ti）≤0.22%，20（Mo + Cr）≤0.30%。

B）碳素结构钢和低合金结构钢热轧钢带的力学性能（表2-1-118）

表2-1-118 碳素结构钢和低合金结构钢热轧钢带的力学性能

钢 号	R_m /MPa	R_{eL} /MPa	A （%）	180°冷弯试验 a—试样厚度 d—弯心直径
		≥		
Q195	315～430	(195)[①]	33	$d=0$
Q215	335～450	215	31	$d=0.5a$
Q235	375～500	235	26	$d=1.0a$
Q275	415～540	275	22	$d=1.5a$
Q345	470～630	345	21	$d=2a$
Q390	490～650	390	20	$d=2a$
Q420	520～680	420	19	$d=2a$
Q460	550～720	460	17	$d=2a$

① Q195 的屈服强度仅供参考，不作交货条件。

（2）中国 GB 标准优质碳素结构钢热轧钢带 ［GB/T 8749—2008］

A）优质碳素结构钢热轧钢带的钢号与化学成分（表2-1-119）

表2-1-119 优质碳素结构钢热轧钢带的钢号与化学成分（质量分数）（%）

钢号和代号		C	Si	Mn	P ≤	S ≤	Cr	Ni	其 他
GB	ISC								
08	U20082	0.05～0.11	0.17～0.37	0.35～0.65	0.035	0.035	≤0.10	≤0.30	Cu≤0.25
08Al	U22082	0.05～0.12	≤0.03	0.35～0.65	0.035	0.035	≤0.10	≤0.30	Al0.02～0.07 Cu≤0.25
10	U20102	0.07～0.13	0.17～0.37	0.35～0.65	0.035	0.035	≤0.15	≤0.30	Cu≤0.25
15	U20152	0.12～0.18	0.17～0.37	0.35～0.65	0.035	0.035	≤0.25	≤0.30	Cu≤0.25
20	U20202	0.17～0.23	0.17～0.37	0.35～0.65	0.035	0.035	≤0.25	≤0.30	Cu≤0.25
25	U20252	0.22～0.29	0.17～0.37	0.50～0.80	0.035	0.035	≤0.25	≤0.30	Cu≤0.25
30	U20302	0.27～0.34	0.17～0.37	0.50～0.80	0.035	0.035	≤0.25	≤0.30	Cu≤0.25
35	U20352	0.32～0.39	0.17～0.37	0.50～0.80	0.035	0.035	≤0.25	≤0.30	Cu≤0.25
40	U20402	0.37～0.44	0.17～0.37	0.50～0.80	0.035	0.035	≤0.25	≤0.30	Cu≤0.25
45	U20452	0.42～0.50	0.17～0.37	0.50～0.80	0.035	0.035	≤0.25	≤0.30	Cu≤0.25

B）优质碳素结构钢热轧钢带的力学性能（表2-1-120）

表2-1-120 碳素结构钢和低合金结构钢热轧钢带的力学性能

钢 号	R_m /MPa	A （%）	180°横向冷弯试验（d—弯心直径）下列试样厚度 a	
	≥		$a≤6mm$	$a>6mm$
08	290	35	$d=0$	$d=0.5a$
08Al	325	33	$d=0$	$d=0.5a$
10	335	32	$d=0.5a$	$d=a$
15	370	30	$d=a$	$d=1.5a$
20	410	25	$d=2a$	$d=2.5a$
25	450	24	$d=2.5a$	$d=3a$
30	490	22	$d=2.5a$	$d=3a$
35	530	20	$d=2.5a$	$d=3a$
40	570	19	—	—
45	600	17	—	—

注：1. 本表适用于宽度≤600mm、厚度≤12mm 的钢带。产品以热轧状态交货。

2. 用于冷轧原料钢带，其冷弯试验由供需双方协商。其力学性能不作为交货条件。

3. 表中未包含的牌号，其钢带力学性能由供需双方协商。

4. 拉伸试验取横向试样，若由于受钢宽度限制不能取横向试样时，可取纵向试样，其钢带力学性能由供需双方协商。

2.1.25　优质碳素钢冷轧钢板和钢带 ［GB/T 13237—2013］

（1）中国 GB 标准优质碳素结构钢冷轧钢板和钢带的钢号与化学成分（表 2-1-121）

表 2-1-121　优质碳素结构钢冷轧钢板和钢带的钢号与化学成分（质量分数）（%）

钢号和代号		C	Si	Mn	P ≤	S ≤	Cr	Ni	其 他
GB	ISC								
08Al	U22082	≤0.10	≤0.03	≤0.45	0.030	0.030	≤0.10	≤0.30	Al_S0.015~0.065[①] Cu≤0.25
08	U20082	0.05~0.11	0.17~0.37	0.35~0.65	0.035	0.035	≤0.25	≤0.30	Cu≤0.25
10	U20102	0.07~0.13	0.17~0.37	0.35~0.65	0.035	0.035	≤0.25	≤0.30	Cu≤0.25
15	U20152	0.12~0.18	0.17~0.37	0.35~0.65	0.035	0.035	≤0.25	≤0.30	Cu≤0.25
20	U20202	0.17~0.23	0.17~0.37	0.35~0.65	0.035	0.035	≤0.25	≤0.30	Cu≤0.25
25	U20252	0.22~0.29	0.17~0.37	0.50~0.80	0.035	0.035	≤0.25	≤0.30	Cu≤0.25
30	U20302	0.27~0.34	0.17~0.37	0.50~0.80	0.035	0.035	≤0.25	≤0.30	Cu≤0.25
35	U20352	0.32~0.39	0.17~0.37	0.50~0.80	0.035	0.035	≤0.25	≤0.30	Cu≤0.25
40	U20402	0.37~0.44	0.17~0.37	0.50~0.80	0.035	0.035	≤0.25	≤0.30	Cu≤0.25
45	U20452	0.42~0.50	0.17~0.37	0.50~0.80	0.035	0.035	≤0.25	≤0.30	Cu≤0.25
50	U20502	0.47~0.55	0.17~0.37	0.50~0.80	0.035	0.035	≤0.25	≤0.30	Cu≤0.25
55	U20552	0.52~0.60	0.17~0.37	0.50~0.80	0.035	0.035	≤0.25	≤0.30	Cu≤0.25
60	U20602	0.57~0.65	0.17~0.37	0.50~0.80	0.035	0.035	≤0.25	≤0.30	Cu≤0.25
65	U20652	0.62~0.70	0.17~0.37	0.50~0.80	0.035	0.035	≤0.25	≤0.30	Cu≤0.25
70	U20702	0.67~0.75	0.17~0.37	0.50~0.80	0.035	0.035	≤0.25	≤0.30	Cu≤0.25

① 可用全铝（Al_t）含量代替酸溶铝（Al_S）含量，全铝（Al_t）含量应 >0.020%~0.070%。

（2）优质碳素结构钢冷轧钢板和钢带的力学性能和弯曲试验（表 2-1-122 和表 2-1-123）

表 2-1-122　优质碳素结构钢冷轧钢板和钢带的力学性能

钢　号	R_m/MPa	A_{80}（%）　≥ 以下公称厚度（t）时/mm					
		$t≤0.6$	$t>0.6~1.0$	$t>1.0~1.5$	$t>1.5~2.0$	$t>2.0~2.5$	$t>2.5$
08Al	275~410	21	24	26	27	28	30
08	275~410	21	24	26	27	28	30
10	295~430	21	24	26	27	28	30
15	335~470	19	21	23	24	25	26
20	355~500	18	20	22	23	24	25
25	375~490	18	20	21	22	23	24
30	390~510	16	18	19	21	21	22
35	410~530	15	16	18	19	19	20
40	430~550	14	15	17	18	18	19
45	450~570	—	14	15	16	16	17
50	470~590	—	—	13	14	14	15
55	490~610	—	—	11	12	12	13
60	510~630	—	—	10	10	10	11
65	530~650	—	—	8	8	8	9
70	550~670	—	—	6	6	6	7

注：1. 本表适用于宽度 ≥600mm、厚度 ≤4mm 的钢板和钢带。

　　2. 拉伸试验取横向试样。

　　3. 经需方同意，钢号 25~70 钢板和钢带的抗拉强度上限允许比规定值提高 50MPa。

　　4. 断后伸长率 A_{80} 的试样尺寸：长度 L_0 = 80mm，宽度 b = 20mm。

表 2-1-123　优质碳素结构钢冷轧钢板和钢带的弯曲试验

钢　号	180°弯曲试验 a—试样厚度，d—弯心直径 在以下公称厚度（t）时		钢号	180°弯曲试验 a—试样厚度，d—弯心直径 在以下公称厚度（t）时	
	$t \leqslant 2.0mm$	$t > 2.0mm$		$t \leqslant 2.0mm$	$t > 2.0mm$
08Al	0	$d = 1a$	15	0	$d = 1a$
08	0	$d = 1a$	20	0	$d = 1a$
10	0	$d = 1a$	25	0	$d = 1a$

注：弯曲试验取横向试样，试样宽度 $b = 20mm$。

2.1.26　优质碳素钢热轧厚钢板和钢带 ［GB/T 711—2017］

（1）中国 GB 标准优质碳素结构钢热轧厚钢板和钢带的钢号与化学成分（表2-1-124）

表 2-1-124　优质碳素结构钢热轧厚钢板和钢带的钢号与化学成分（质量分数）（%）

钢号和代号		C	Si	Mn	P ≤	S ≤	Cr	Ni	其　他
GB	ISC								
08	U20082	0.05 ~ 0.11	0.17 ~ 0.37	0.35 ~ 0.65	0.035	0.030	≤0.10	≤0.30	Cu≤0.25
08Al	U22082	0.11	0.03	0.45	0.035	0.030	≤0.10	≤0.30	Al_S 0.015 ~ 0.065[①] Cu≤0.25
10	U20102	0.07 ~ 0.13	0.17 ~ 0.37	0.35 ~ 0.65	0.035	0.030	≤0.15	≤0.30	Cu≤0.25
15	U20152	0.12 ~ 0.18	0.17 ~ 0.37	0.35 ~ 0.65	0.035	0.030	≤0.20	≤0.30	Cu≤0.25
20	U20202	0.17 ~ 0.23	0.17 ~ 0.37	0.35 ~ 0.65	0.035	0.030	≤0.20	≤0.30	Cu≤0.25
25	U20252	0.22 ~ 0.29	0.17 ~ 0.37	0.50 ~ 0.80	0.035	0.030	≤0.20	≤0.30	Cu≤0.25
30	U20302	0.27 ~ 0.34	0.17 ~ 0.37	0.50 ~ 0.80	0.035	0.030	≤0.20	≤0.30	Cu≤0.25
35	U20352	0.32 ~ 0.39	0.17 ~ 0.37	0.50 ~ 0.80	0.035	0.030	≤0.20	≤0.30	Cu≤0.25
40	U20402	0.37 ~ 0.44	0.17 ~ 0.37	0.50 ~ 0.80	0.035	0.030	≤0.20	≤0.30	Cu≤0.25
45	U20452	0.42 ~ 0.50	0.17 ~ 0.37	0.50 ~ 0.80	0.035	0.030	≤0.20	≤0.30	Cu≤0.25
50	U20502	0.47 ~ 0.55	0.17 ~ 0.37	0.50 ~ 0.80	0.035	0.030	≤0.20	≤0.30	Cu≤0.25
55	U20552	0.52 ~ 0.60	0.17 ~ 0.37	0.50 ~ 0.80	0.035	0.030	≤0.20	≤0.30	Cu≤0.25
60	U20602	0.57 ~ 0.65	0.17 ~ 0.37	0.50 ~ 0.80	0.035	0.030	≤0.20	≤0.30	Cu≤0.25
65	U20652	0.62 ~ 0.70	0.17 ~ 0.37	0.50 ~ 0.80	0.035	0.030	≤0.20	≤0.30	Cu≤0.25
70	U20702	0.67 ~ 0.75	0.17 ~ 0.37	0.50 ~ 0.80	0.035	0.030	≤0.20	≤0.30	Cu≤0.25
20Mn	U21202	0.17 ~ 0.23	0.17 ~ 0.37	0.70 ~ 1.00	0.035	0.030	≤0.20	≤0.30	Cu≤0.25
25Mn	U21252	0.22 ~ 0.29	0.17 ~ 0.37	0.70 ~ 1.00	0.035	0.030	≤0.20	≤0.30	Cu≤0.25
30Mn	U21302	0.27 ~ 0.34	0.17 ~ 0.37	0.70 ~ 1.00	0.035	0.030	≤0.20	≤0.30	Cu≤0.25
35Mn	U21352	0.32 ~ 0.39	0.17 ~ 0.37	0.70 ~ 1.00	0.035	0.030	≤0.25	≤0.30	Cu≤0.25
40Mn	U21402	0.37 ~ 0.44	0.17 ~ 0.37	0.70 ~ 1.00	0.035	0.030	≤0.20	≤0.30	Cu≤0.25
45Mn	U21502	0.42 ~ 0.50	0.17 ~ 0.37	0.70 ~ 1.00	0.035	0.030	≤0.25	≤0.30	Cu≤0.25
50Mn	U21502	0.47 ~ 0.55	0.17 ~ 0.37	0.70 ~ 1.00	0.035	0.030	≤0.20	≤0.30	Cu≤0.25
55Mn	U21552	0.52 ~ 0.60	0.17 ~ 0.37	0.70 ~ 1.00	0.035	0.030	≤0.20	≤0.30	Cu≤0.25
60Mn	U21602	0.57 ~ 0.65	0.17 ~ 0.37	0.70 ~ 1.00	0.035	0.030	≤0.20	≤0.30	Cu≤0.25
65Mn	U21652	0.62 ~ 0.70	0.17 ~ 0.37	0.90 ~ 1.20	0.035	0.030	≤0.20	≤0.30	Cu≤0.25
70Mn	U21702	0.67 ~ 0.75	0.17 ~ 0.37	0.90 ~ 1.20	0.035	0.030	≤0.25	≤0.30	Cu≤0.25

① 表中为酸溶铝（Al_S）含量。允许采用全铝（Al_t）代替酸溶铝（Al_S）此时全铝含量 $Al_t = 0.020\% ~ 0.070\%$。

（2）优质碳素结构钢热轧厚钢板和钢带的力学性能和工艺性能（表2-1-125、表2-1-126 和表2-1-127）

表 2-1-125　优质碳素结构钢热轧厚钢板和钢带的力学性能

钢　号	交货状态[①]	R_m/MPa	A（%）	钢号	交货状态[①]	R_m/MPa	A（%）
		≥				≥	
08	热轧或热处理	325	33	65[②]	热处理	695	10
08Al		325	33	70[②]		715	9
10		335	32	20Mn	热轧或热处理	450	24
15	热轧或热处理	370	30	25Mn		490	22
20		410	28	30Mn		540	20
25		450	24	35Mn	热轧或热处理	560	18
30	热轧或热处理	490	22	40Mn		590	17
35		530	20	45Mn		620	15
40		570	19	50Mn	热轧或热处理	650	13
45	热轧或热处理	600	17	55Mn		675	12
50		625	16	60Mn[②]	热处理	695	11
55[②]		645	13	65Mn[②]		735	9
60[②]	热处理	675	12	70Mn[②]		785	8

① 热处理指正火、退火或高温回火。

② 经供需双方协议，也可以热轧状态交货，并以热处理样坯测定力学性能。样坯尺寸为 $a \times 3a \times 3a$（a 为钢板厚度）。

表 2-1-126　优质碳素结构钢热轧厚钢板和钢带的冲击试验

钢号	KV_2[①]/J ≥		钢号	KV_2[①]/J ≥	
	20℃	−20℃		20℃	−20℃
10	34	27	20	34	27
15	34	27			

① KV_2 为 3 个试样的平均值。

表 2-1-127　优质碳素结构钢热轧厚钢板和钢带的弯曲试验

钢号	180°弯曲试验 a—试样厚度，d—弯心直径 在以下公称厚度（t）时		钢号	180°弯曲试验 a—试样厚度，d—弯心直径 在以下公称厚度（t）时	
	$t \leqslant 2.0$mm	$t > 2.0$mm		$t \leqslant 2.0$mm	$t > 2.0$mm
08	0	$d = 1a$	20	$d = 1a$	$d = 2a$
08Al	0	$d = 1a$	25	$d = 2a$	$d = 3a$
10	0	$d = 1a$	30	$d = 2a$	$d = 3a$
15	$0.5a$	$d = 1.5a$	35	$d = 2a$	$d = 3a$

注：如供方能保证合格，可不作弯曲试验。

2.1.27　家电用冷轧钢板和钢带［GB/T 30068—2013］

（1）中国 GB 标准家电用冷轧钢板和钢带的牌号、化学成分与用途（表 2-1-128）

表 2-1-128　家电用冷轧钢板和钢带的钢号、化学成分与用途（质量分数）（%）

牌号	C	Si	Mn	P ≤	S ≤	用途举例
JD1	≤0.15	≤0.05	≤0.70	0.030	0.025	结构用。如冰箱侧板、空调器侧板等
JD2	≤0.15	≤0.06	≤0.60	0.025	0.025	一般用。如冰箱面板、洗衣机与冰箱背板、控制器等
JD3	≤0.12	≤0.06	≤0.50	0.025	0.025	冲压用。如微波炉等小家电、空调器面板等
JD4	≤0.10	≤0.05	≤0.45	0.025	0.025	深冲压用。如深冲压部件

（2）家电用冷轧钢板和钢带的力学性能（表2-1-129）

表2-1-129　家电用冷轧钢板和钢带的力学性能

牌　号	R_{eL}/MPa	R_m/MPa	A（%）		HR30T	HV
			A_{50}	A_{80}	参考值	
			≥		≥	
JD1	260~360	340	30	26	50	93
JD2	200~300	300	32	30	45	86
JD3	150~240	270	38	33	40	81
JD4	120~190	260	38	36	30	77

注：1. 拉伸试验取横向试样。无明显屈服时采用 $R_{p0.2}$。

　　2. 当板带公称厚度≤0.4mm时，屈服强度上限值可增加30MPa。公称厚度＞1.5mm时，屈服强度下限值可降低20MPa。

　　3. 通常情况下，硬度采用HV。如需方要求HR30T，可在订货时协商。HV或HR30T与HRB的换算，可以查硬度换算表，或GB/T 30068—2013的附录D。

（3）家电用冷轧钢板和钢带的表面质量（表2-1-130）

表2-1-130　家电用冷轧钢板和钢带的表面质量

级别标号	名　称	特　征
FB	较高级精美质量	适用于内部件，不存在影响成形性及涂、镀附着力的缺陷，如小汽包、小划痕、小辊印、轻微划伤及氧化色等允许存在
FC	高级精美质量	适用于具有普遍表面质量要求的外覆盖件和具有较高表面质量要求的内部件，钢板两面中较好的一面必须在FB表面质量要求的基础上对缺陷进一步限制，无目视可见明显的缺陷，另一面应达到FB表面质量要求
FD	超高级精美质量	适用于具有较高表面质量要求的外覆盖件，钢板两面中较好的一面必须在FB表面质量要求的基础上对缺陷进一步限制，即不影响涂、镀后的外观质量，另一面应达到FB表面质量要求

（4）家电用冷轧钢板和钢带的牌号说明

这类冷轧钢板和钢带的牌号由JD和数字（1、2、3、4）组成，表示各牌号的用途（见表2-1-128）。牌号还有几种标号：1. 按表面质量分：FB、FC、FD（见表2-1-130）；2. 按表面结构分：B——光亮表面，D——麻面；3. 按涂油种类分：GL——普通防锈油轻涂油，GM——普通防锈油中涂油，GH——普通防锈油重涂油，LM——高级润滑防锈油中涂油，LH——高级润滑防锈油重涂油，CL——易清洗防锈油轻涂油，UO——不涂油。

2.1.28　搪瓷用热轧钢板和钢带［GB/T 25832—2019］

（1）中国GB标准日用搪瓷钢

A）日用搪瓷钢的牌号与化学成分（表2-1-131）

表2-1-131　日用搪瓷钢的牌号与化学成分[①]（质量分数）（%）

牌　号	C	Si	Mn	P ≤	S[②] ≤	Al_S[③]
Q130RT	0.008	0.03	0.40	0.020	0.025	≥0.015
Q210RT	0.12	0.05	0.70	0.020	0.025	≥0.015
Q245RT	0.12	0.05	1.20	0.020	0.025	≥0.015
Q300RT	0.12	0.05	1.40	0.020	0.025	≥0.015
Q330RT	0.16	0.05	1.50	0.020	0.025	≥0.015
Q360RT	0.16	0.05	1.60	0.020	0.025	≥0.015

① 为了改善钢的性能，可加入其他合金元素。

② 经供需双方协商，S含量上限可为0.035%。

③ 酸溶铝（Al_S）含量可以用测定全铝（Al_t）含量代替，此时全铝含量应≥0.020%。如加入Nb、V、Ti等其他元素时，Al含量下限可不作要求。

B）日用搪瓷钢的力学性能（表2-1-132）

表 2-1-132 日用搪瓷钢的力学性能

牌 号	拉伸试验[1],[2]		
	R_{eL}/MPa	R_m/MPa	A_{50} (%) ≥
Q130RT	130~240	270~380	33
Q210RT	≥210	300~420	28
Q245RT	≥245	340~460	26
Q300RT	≥300	370~490	24
Q330RT	≥330	400~520	22
Q360RT	≥360	440~560	22

① 拉伸试验取纵向试样，试样宽度为12.5mm。

② 当屈服现象不明显时，可采用$R_{p0.2}$代替R_{eL}。

（2）中国 GB 标准化工设备用搪瓷钢

A）化工设备用搪瓷钢的牌号与化学成分（表2-1-133）

表 2-1-133 化工设备用搪瓷钢的牌号与化学成分[1]（质量分数）（%）

牌 号		C	Si	Mn	P ≤	S[2] ≤	Al_S[3]	Ti	Ti/C[4]
强度级别	质量等级								
Q245GT	B、C、D	≤0.12	≤0.30	≤1.20	0.020	0.015	≥0.015	0.06~0.20	≥1.0
Q295GT	B、C、D	≤0.12	≤0.30	≤1.40	0.020	0.015	≥0.015	0.06~0.20	≥1.0
Q345GT	B、C、D	≤0.16	≤0.30	≤1.50	0.020	0.015	≥0.015	0.06~0.20	≥1.0

① 为了改善钢的性能，可添加其他合金元素。

② S不作为残余元素时，S含量上限可为0.025%。

③ 酸溶铝（Al_S）含量可以用测定全铝（Al_t）含量代替，此时全铝含量应不小于0.020%。

④ 经供需双方协商，在保证钢板搪瓷性能的情况下，也可使用其他合金元素。此时 Ti 和 Ti/C 的要求不适用。

B）化工设备用搪瓷钢的力学性能（表2-1-134）

表 2-1-134 化工设备用搪瓷钢的力学性能

牌 号		拉伸试验[1]			冲击试验[1]	180°弯曲试验[1],[2]	
强度级别	质量等级	R_{eL}[3]/MPa	R_m/MPa	A(%)	KV_2/J	下列厚度时	
						<16mm	≥16mm
Q245GT	B	≥245	400~520	≥26	31（20℃）	$d=1.5a$	$d=2a$
	C	≥245	400~520	≥26	31（0℃）	$d=1.5a$	$d=2a$
	D	≥245	400~520	≥26	31（-20℃）	$d=1.5a$	$d=2a$
Q295GT	B	≥295	460~580	≥24	34（20℃）	$d=2a$	$d=3a$
	C	≥295	460~580	≥24	34（0℃）	$d=2a$	$d=3a$
	D	≥295	460~580	≥24	34（-20℃）	$d=2a$	$d=3a$
Q345GT	B	≥345	510~630	≥22	34（20℃）	$d=2a$	$d=3a$
	C	≥345	510~630	≥22	34（0℃）	$d=2a$	$d=3a$
	D	≥345	510~630	≥22	34（-20℃）	$d=2a$	$d=3a$

① 拉伸试验、冲击试验和弯曲试验均取横向试样。

② 弯曲试验：a—试样厚度，d—弯心直径。

③ 无明显屈服时，可测量$R_{p0.2}$代替R_{eL}。

（3）中国 GB 标准环保设备用搪瓷钢

A）环保设备用搪瓷钢的牌号与化学成分（表2-1-135）

表 2-1-135　环保设备用搪瓷钢的牌号与化学成分[1]（质量分数）（%）

牌　号	C	Si	Mn	P	S	Al$_S$[2]	Ti[3]	Ti/C[3]
	≤							≥
Q260HT	0.03	0.10	0.35	0.060	0.025	0.010~0.055	0.08~0.20	5.0
Q310HT	0.06	0.10	1.20	0.060	0.025	0.010~0.055	0.08~0.20	2.1
Q345HT	0.08	0.10	1.40	0.060	0.025	0.010~0.055	0.08~0.20	2.1
Q410HT	0.08	0.10	1.50	0.060	0.025	0.010~0.055	0.08~0.20	2.1
Q480HT	0.10	0.10	1.50	0.060	0.025	0.010~0.055	0.08~0.25	2.1

① 为了改善钢的性能，可添加其他元素。

② 酸溶铝（Al$_S$）含量可以用测定全铝（Al$_t$）含量代替，此时全铝含量应≥0.015%。

③ 经供需双方协商，在保证钢板搪瓷性能的情况下，也可使用其他元素。此时 Ti 和 Ti/C 的要求不适用。

B）环保设备用搪瓷钢的力学性能（表 2-1-136）

表 2-1-136　环保设备用搪瓷钢的力学性能

牌　号	拉伸试验[1]			180°弯曲试验[1],[2]	
强度级别	R_{eL}[3]/MPa	R_m/MPa	A（%）	下列厚度时	
				<16mm	≥16mm
Q260HT	≥260	≥300	≥19	d=1.5a	d=2a
Q310HT	≥310	≥350	≥19	d=2a	d=3a
Q345HT	≥345	≥400	≥18	d=2a	d=3a
Q410HT	≥410	≥490	≥18	d=2a	d=3a
Q480HT	≥480	≥560	≥15	d=2a	d=3a

① 拉伸试验和弯曲试验均取横向试样。

② 弯曲试验：a—试样厚度，d—弯心直径。

③ 无明显屈服时，可测量 $R_{p0.2}$ 代替 R_{eL}。

2.1.29　冷低碳钢板和钢带 ［GB/T 5213—2019］

（1）中国 GB 标准冷轧低碳钢板和钢带的钢号与化学成分（表 2-1-137）

表 2-1-137　冷轧低碳钢板和钢带的牌号与化学成分（质量分数）（%）

牌号	C	Mn	P	S	Al$_t$[1]	Ti[2]
			≤	≤		
DC01	≤0.12	≤0.60	0.030	0.030	≥0.020	—
DC03	≤0.10	≤0.45	0.025	0.025	≥0.020	—
DC04	≤0.08	≤0.40	0.025	0.025	≥0.020	—
DC05	≤0.06	≤0.35	0.020	0.020	≥0.015	—
DC06	≤0.02	≤0.30	0.020	0.020	≥0.015	≤0.20[3]
DC07	≤0.01	≤0.25	0.020	0.020	≥0.015	≤0.20[3]

① 对于牌号 DC01、DC03 和 DC04，当 C≤0.01% 时，Al$_t$≥0.015%。

② 牌号 DC01、DC03、DC04 和 DC05 也可以添加 Nb、Ti 或其他合金元素。

③ 可以用 Nb 代替部分 Ti，此时 Nb 和 Ti 的总含量应≤0.20%。

（2）中国 GB 标准冷轧低碳钢板及钢带的力学性能（表 2-1-138）

表 2-1-138　冷轧低碳钢板及钢带的力学性能

牌号	R_{eL}[1]或 $R_{p0.2}$/MPa	R_m/MPa	A$_{80}$[2]（%）			r_{90}值[3]	n_{90}值[3]
	≤		公称厚度/mm			≥	≥
			0.30~0.50	>0.50~0.70	>0.70		
DC01	280[4]	270~410	24	26	28	—	—
DC03	240	270~370	30	32	34	1.3	—
DC04	210	270~350	34	36	38	1.6	0.18
DC05	180	270~330	35	38	40	1.9	0.20

（续）

牌号	R_{eL}[①]或 $R_{p0.2}$/MPa ≤	R_m/MPa	A_{80}[②]（%）公称厚度/mm			r_{90}值[③] ≥	n_{90}值[③] ≥
			0.30~0.50	>0.50~0.70	>0.70		
DC06	170	270~330	37	39	41	2.1	0.22
DC07	150	250~310	40	42	44	2.5	0.23

① 无明显屈服时采用 $R_{p0.2}$，否则采用 R_{eL}。当厚度 >0.50mm 且 ≤0.70mm 时，R_{eL} 上限值可以增加 20MPa；当厚度 ≤0.50mm 时，R_{eL} 上限值可以增加 40MPa。
② 公称厚度 ≤0.30mm 的钢板及钢带的断后伸长率由供需双方协商确定。
③ r_{90} 值和 n_{90} 值的要求仅适用于厚度 ≥0.50mm 的产品。当厚度 >2.0mm 时，r_{90} 值可以降低 0.2。
④ DC01 的屈服强度上限值的有效期仅为从生产完成之日起 8 天内。

2.1.30　高强度结构用调质钢板［GB/T 16270—2009］

（1）中国 GB 标准高强度结构用调质钢板的牌号与化学成分（表 2-1-139）

表 2-1-139　高强度结构用调质钢板的牌号与化学成分

牌号	化学成分[①,②]（%）≤													CE[③] 产品厚度/mm		
	C	Si	Mn	P	S	Cu	Cr	Ni	Mo	B	V	Nb	Ti	≤50	>50~100	>100~150
Q460C Q460D	0.20	0.80	1.70	0.025	0.015	0.50	1.50	2.00	0.70	0.0050	0.12	0.06	0.05	0.47	0.48	0.50
Q460E Q460F				0.020	0.010											
Q500C Q500D	0.20	0.80	1.70	0.025	0.015	0.50	1.50	2.00	0.70	0.0050	0.12	0.06	0.05	0.47	0.70	0.70
Q500E Q500F				0.020	0.010											
Q550C Q550D	0.20	0.80	1.70	0.025	0.015	0.50	1.50	2.00	0.70	0.0050	0.12	0.06	0.05	0.65	0.77	0.83
Q550E Q550F				0.020	0.010											
Q620C Q620D	0.20	0.80	1.70	0.025	0.015	0.50	1.50	2.00	0.70	0.0050	0.12	0.06	0.05	0.65	0.77	0.83
Q620E Q620F				0.020	0.010											
Q690C Q690D	0.20	0.80	1.80	0.025	0.015	0.50	1.50	2.00	0.70	0.0050	0.12	0.06	0.05	0.65	0.77	0.83
Q690E Q690F				0.020	0.010											
Q800C Q800D	0.20	0.80	2.00	0.025	0.015	0.50	1.50	2.00	0.70	0.0050	0.12	0.06	0.05	0.72	0.82	—
Q800E Q800F				0.020	0.010											
Q890C Q890D	0.20	0.80	2.00	0.025	0.015	0.50	1.50	2.00	0.70	0.0050	0.12	0.06	0.05	0.72	0.82	—
Q890E Q890F				0.020	0.010											

（续）

牌号	化学成分[1],[2]（%）≤													CE[3]		
														产品厚度/mm		
	C	Si	Mn	P	S	Cu	Cr	Ni	Mo	B	V	Nb	Ti	≤50	>50~100	>100~150
Q960C Q960D	0.20	0.80	2.00	0.025	0.015	0.50	1.50	2.00	0.70	0.0050	0.12	0.06	0.05	0.82	—	—
Q960E Q960F				0.020	0.010											

① 根据需要生产厂可添加其中一种或几种合金元素，最大值应符合表中规定，其含量应在质量证明书中报告。
② 钢中至少应添加 Nb、Ti、V、Al 中的一种细化晶粒元素，其中至少一种元素的最小量为 0.015%（对于 Al 为 Al_S）。也可用 Al_t 替代 Al_S，此时最小量为 0.018%。
③ CE = C + Mn/6 +（Cr + Mo + V）/5 +（Ni + Cu）/15。根据需方要求，经供需双方协商并在合同中注明，可以提供碳当量 CE，CE = C +（Mn + Mo）/10 +（Cr + Cu）/20 + Ni/40。

（2）中国 GB 标准高强度结构用调质钢板的力学性能（表 2-1-140）

表 2-1-140　高强度结构用调质钢板的力学性能

牌号	拉 伸 试 验[1]							冲 击 试 验[1]			
	$R_{eH}^{[2]}$/MPa ≥			R_m/MPa			断后伸长率 A（%）	$KV_2^{[3]}$（纵向）/J≥			
	厚度/mm			厚度/mm				试验温度/℃			
	≤50	>50~100	>100~150	≤50	>50~100	>100~150		0	-20	-40	-60
Q460C Q460D Q460E Q460F	460	440	400	550~720		500~670	17	47	47	34	34
Q500C Q500D Q500E Q500F	500	480	440	590~770		540~720	17	47	47	34	34
Q550C Q550D Q550E Q550F	550	530	490	640~820		590~770	16	47	47	34	34
Q620C Q620D Q620E Q620F	620	580	560	700~890		650~830	15	47	47	34	34
Q690C Q690D Q690E Q690F	690	650	630	770~940	760~930	710~900	14	47	47	34	34
Q800C Q800D Q800E Q800F	800	740	—	840~1000	800~1000	—	13	34	34	27	27
Q890C Q890D Q890E Q890F	890	830	—	940~1100	880~1100	—	11	34	34	27	27

2-94　　第2章　中外结构用钢

（续）

牌号	拉伸试验[1]						断后伸长率 A（%）	冲击试验[1]			
	$R_{eH}^{[2]}$/MPa ≥			R_m/MPa				$KV_2^{[3]}$（纵向）/J ≥			
	厚度/mm			厚度/mm				试验温度/℃			
	≤50	>50~100	>100~150	≤50	>50~100	>100~150		0	−20	−40	−60
Q960C Q960D Q960E Q960F	960	—	—	980~1150	—	—	10	34	34	27	27

① 拉伸试验适用于横向试样，冲击试验适用于纵向试样。
② 当屈服现象不明显时，采用 $R_{p0.2}$。
③ 夏比摆锤冲击吸收能量 KV_2，按一组3个试样的算术平均值计算，允许其中一个试样单个值低于表中规定值，但不得低于规定值的70%。

2.1.31　超高强度结构用热处理钢板 ［GB/T 28909—2012］

（1）中国GB标准超高强度结构用热处理钢板的钢号与化学成分（表2-1-141）

表2-1-141　超高强度结构用热处理钢板的钢号与化学成分（质量分数）（%）

钢号	C	Si	Mn	P ≤	S ≤	Cr	Ni	Mo	V	其他
Q1030D	≤0.20	≤0.80	≤1.60	0.020	0.010	≤1.60	≤4.00	≤0.70	≤0.14	
Q1030E	≤0.20	≤0.80	≤1.60	0.020	0.010	≤1.60	≤4.00	≤0.70	≤0.14	
Q1100D	≤0.20	≤0.80	≤1.60	0.020	0.010	≤1.60	≤4.00	≤0.70	≤0.14	Al_S≥0.015
Q1100E	≤0.20	≤0.80	≤1.60	0.020	0.010	≤1.60	≤4.00	≤0.70	≤0.14	Nb≤0.08
Q1200D	≤0.25	≤0.80	≤1.60	0.020	0.010	≤1.60	≤4.00	≤0.70	≤0.14	B≤0.006
Q1200E	≤0.25	≤0.80	≤1.60	0.020	0.010	≤1.60	≤4.00	≤0.70	≤0.14	Cu≤0.30
Q1300D	≤0.25	≤0.80	≤1.60	0.020	0.010	≤1.60	≤4.00	≤0.70	≤0.14	
Q1300E	≤0.25	≤0.80	≤1.60	0.020	0.010	≤1.60	≤4.00	≤0.70	≤0.14	

注：1. 在保证钢板性能的前提下，表中规定的 Cr、Ni、Mo 等合金元素可任意组合加入，具体含量应在质量证明书中注明。
2. Cu 作为合金元素时，其含量不大于 0.80%。
3. 当采用全铝（Al_t）含量计算时，Al_t 应≥0.020%。

（2）超高强度结构用热处理钢板的力学性能（表2-1-142）

表2-1-142　超高强度结构用热处理钢板的力学性能

牌号/强度级别	拉伸试验				冲击试验	
	$R_{p0.2}$/MPa ≥	R_m/MPa 下列厚度时		A（%）≥	温度/℃	KV_2/J ≥
		≤30mm	>30~50mm			
Q1030D Q1030E	1030	1150~1500	1050~1400	10	−20 −40	27 27
Q1100D Q1100E	1100	1200~1550	—	9	−20 −40	27 27
Q1200D Q1200E	1200	1250~1600	—	9	−20 −40	27 27
Q1300D Q1300E	1300	1350~1700	—	8	−20 −40	27 27

注：1. 拉伸试验取横向试样。
2. 冲击试验取纵向试样。

2.1.32　连续热镀锌钢板和钢带［GB/T 2518—2008］

（1）中国 GB 标准连续热镀锌钢板和钢带的牌号与化学成分（表2-1-143）

表 2-1-143　连续热镀锌钢板和钢带的牌号与化学成分（质量分数）（%）

牌　号	C	Si	Mn	P	S	Al_t	其　他
			≤				
DX51D+Z，DX51D+ZF							
DX52D+Z，DX52D+ZF							
DX53D+Z，DX53D+ZF	0.12	0.50	0.60	0.10	0.045	—	Ti≤0.30
DX54D+Z，DX54D+ZF							
DX56D+Z，DX56D+ZF							
DX57D+Z，DX57D+ZF							
S220GD+Z，S220GD+ZF							
S250GD+Z，S250GD+ZF							
S280GD+Z，S280GD+ZF	0.20	0.60	1.70	0.10	0.045	—	—
S320GD+Z，S320GD+ZF							
S350GD+Z，S350GD+ZF							
S550GD+Z，S550GD+ZF							
HX180YD+Z，HX180YD+ZF	0.01	0.10	0.70	0.06	0.025	0.02	
HX220YD+Z，HX220YD+ZF	0.01	0.10	0.90	0.08	0.025	0.02	Ti≤0.12
HX260YD+Z，HX260YD+ZF	0.01	0.10	1.60	0.10	0.025	0.02	
HX180BD+Z，HX180BD+ZF	0.04	0.50	0.70	0.06	0.025	0.02	
HX220BD+Z，HX220BD+ZF	0.06	0.50	0.70	0.08	0.025	0.02	—
HX260BD+Z，HX260BD+ZF	0.11	0.50	0.70	0.10	0.025	0.02	
HX300BD+Z，HX300BD+ZF	0.11	0.50	0.70	0.12	0.025	0.02	
HX260LAD+Z，HX260LAD+ZF	0.11	0.50	0.60	0.025	0.025	0.015	
HX300LAD+Z，HX300LAD+ZF	0.11	0.50	1.00	0.025	0.025	0.015	Ti≤0.15
HX340LAD+Z，HX340LAD+ZF	0.11	0.50	1.00	0.025	0.025	0.015	Nb≤0.09
HX380LAD+Z，HX380LAD+ZF	0.11	0.50	1.40	0.025	0.025	0.015	
HX420LAD+Z，HX420LAD+ZF	0.11	0.50	1.40	0.025	0.025	0.015	
HC260/450DPD+Z，HC260/450DPD+ZF	0.14		2.00				
HC300/500DPD+Z，HC300/500DPD+ZF							Cr+Mo≤1.00
HC340/600DPD+Z，HC340/600DPD+ZF	0.17	0.80	2.20	0.080	0.015	2.00	Nb+Ti≤0.15 V≤0.20
HC450/780DPD+Z，HC450/780DPD+ZF	0.18		2.50				B≤0.005
HC600/980DPD+Z，HC600/980DPD+ZF	0.23						
HC430/690TRD+Z，HC430/690TRD+ZF	0.32	2.20	2.50	0.120	0.015	2.00	Cr+Mo≤0.6，Nb+Ti≤0.2 V≤0.20，B≤0.005
HC470/780TRD+Z，HC470/780TRD+ZF							
HC350/600CPD+Z，HC350/600CPD+ZF	0.18						Cr+Mo≤1.00，Nb+Ti≤0.15 V≤0.20，B≤0.005
HC500/780CPD+Z，HC500/780CPD+ZF		0.80	2.20	0.080	0.015	2.00	
HC700/980CPD+Z，HC700/980CPD+ZF	0.23						Cr+Mo≤1.20，Nb+Ti≤0.15 V≤0.22，B≤0.005

（2）中国 GB 标准连续热镀锌钢板及钢带的力学性能（表 2-1-144）

表 2-1-144　连续热镀锌钢板及钢带的力学性能

牌　号	R_{eL} 或 $R_{p0.2}$ [①,②] /MPa	R_m /MPa	A[③]（%）≥	r_{90} ≥	n_{90} ≥	烘烤硬化值 BH_2/MPa ≥	钢种特性
DX51D + Z，DX51D + ZF	—	270 ~ 500	22	—	—		低碳钢
DX52D + Z[⑥]，DX52D + ZF[⑥]	140 ~ 300	270 ~ 420	26	—	—		
DX53D + Z，DX53D + ZF	140 ~ 260	270 ~ 380	30	—	—		无间隙原子钢
DX54D + Z	120 ~ 220	260 ~ 350	36	1.6	0.18		
DX54D + ZF			34	1.4	0.18		
DX56D + Z	120 ~ 180	260 ~ 350	39	1.9[④]	0.21		
DX56D + ZF			37	1.7[④,⑤]	0.20[⑤]		
DX57D + Z	120 ~ 170	260 ~ 350	41	2.1[④]	0.22		
DX57D + ZF			39	1.9[④,⑤]	0.21[⑤]		
S220GD + Z，S220GD + ZF	≥220	≥300[⑦]	20			—	结构钢
S250GD + Z，S250GD + ZF	≥250	≥330[⑦]	19				
S280GD + Z，S280GD + ZF	≥280	≥360[⑦]	18	—			
S320GD + Z，S320GD + ZF	≥320	≥390[⑦]	17				
S350GD + Z，S350GD + ZF	≥350	≥420[⑦]	16				
S550GD + Z，S550GD + ZF	≥550	≥560	—				
HX180YD + Z	180 ~ 240	340 ~ 400	34	1.7[④]	0.18		无间隙原子钢
HX180YD + ZF			32	1.5[④]	0.18		
HX220YD + Z	220 ~ 280	340 ~ 410	32	1.5[④]	0.17		
HX220YD + ZF			30	1.3[④]	0.17		
HX260YD + Z	260 ~ 320	380 ~ 440	30	1.4[④]	0.16		
HX260YD + ZF			28	1.2[④]	0.16		
HX180BD + Z	180 ~ 240	300 ~ 360	34	1.5[④]	0.16	30	烘烤硬化钢
HX180BD + ZF			32	1.3[④]	0.16	30	
HX220BD + Z	220 ~ 280	340 ~ 400	32	1.2[④]	0.15	30	
HX220BD + ZF			30	1.0[④]	0.15	30	
HX260BD + Z	260 ~ 320	360 ~ 440	28	—	—	30	
HX260BD + ZF			26	—	—	30	
HX300BD + Z	300 ~ 360	400 ~ 480	26	—	—	30	
HX300BD + ZF			24	—	—	30	
HX260LAD + Z	260 ~ 330	350 ~ 430	26			—	低合金钢
HX260LAD + ZF			24	—	—		
HX300LAD + Z	300 ~ 380	380 ~ 480	23				
HX300LAD + ZF			21				
HX340LAD + Z	340 ~ 420	410 ~ 510	21				
HX340LAD + ZF			19				

（续）

牌　号	R_{eL} 或 $R_{p0.2}$ [①][②] /MPa	R_m /MPa	A [③]（%） ≥	r_{90} ≥	n_{90} ≥	烘烤硬化值 BH_2/MPa ≥	钢种特性
HX380LAD + Z	380 ~ 480	440 ~ 560	19	—	—		合金钢
HX380LAD + ZF			17				
HX420LAD + Z	420 ~ 520	470 ~ 590	17				
HX420LAD + ZF			15				
HC260/450DPD + Z	260 ~ 340	≥450	27		0.16	30	双向钢
HC260/450DPD + ZF			25			30	
HC300/500DPD + Z	300 ~ 380	≥500	23		0.15	30	
HC300/500DPD + ZF			21			30	
HC340/600DPD + Z	340 ~ 420	≥600	20	—	0.14	30	
HC340/600DPD + ZF			18			30	
HC450/780DPD + Z	450 ~ 560	≥780	14			30	
HC450/780DPD + ZF			12			30	
HC600/980DPD + Z	600 ~ 750	≥980	10			30	
HC600/980DPD + ZF			8			30	
HC430/690TRD + Z	430 ~ 550	≥690	23		0.18	40	相变诱导塑性钢
HC430/690TRD + ZF			21			40	
HC470/780TRD + Z	470 ~ 600	≥780	21		0.16	40	
HC470/780TRD + ZF			18			40	
HC350/600CPD + Z	350 ~ 500	≥600	16	—		30	复相钢
HC350/600CPD + ZF			14				
HC500/780CPD + Z	500 ~ 700	≥780	10			30	
HC500/780CPD + ZF			8			30	
HC700/980CPD + Z	700 ~ 900	≥980	7			30	
HC700/980CPD + ZF			5			30	

① 无明显屈服时采用 $R_{p0.2}$，否则采用 R_{eL}。
② 试样为 GB/T 228 中的 P6 试样，试样方向为横向。
③ 当产品公称厚度≥0.5mm，但＜0.7mm 时，断后伸长率允许下降2%；当产品公称厚度＜0.5mm 时，断后伸长率允许下降4%。
④ 当产品公称厚度＞1.5mm，r_{90} 允许下降0.2。
⑤ 当产品公称厚度≤0.7mm 时，r_{90} 允许下降0.2，n_{90} 允许下降0.01。
⑥ 屈服强度值仅适用于光整的 FB、FC 级表面的钢板及钢带。
⑦ 抗拉强度可要求140MPa 的范围值。

2.1.33 改善成形性热轧高屈服强度钢板和钢带 ［GB/T 31922—2015］

（1）中国 GB 标准改善成形性热轧高屈服强度钢板和钢带的钢号与化学成分（表2-1-145）

表 2-1-145 改善成形性热轧高屈服强度钢板和钢带的钢号与化学成分

钢 号	C	Mn	P ≤	S[1] ≤	Cr	Ni	Mo	V + Nb + Ti[2]	其 他[3],[4]
HSF325	≤0.15	≤1.65	0.025	0.025	≤0.15	≤0.20	≤0.06	≤0.22	
HSF355	≤0.15	≤1.65	0.025	0.025	≤0.15	≤0.20	≤0.06	≤0.22	
HSF420	≤0.15	≤1.65	0.025	0.025	≤0.15	≤0.20	≤0.06	≤0.22	Cu≤0.20, Al_t≥0.015
HSF490	≤0.15	≤1.65	0.025	0.025	≤0.15	≤0.20	≤0.06	≤0.22	
HSF560	≤0.15	≤1.65	0.025	0.025	≤0.15	≤0.20	≤0.06	≤0.22	

① 钢中的硫化物夹杂将会影响产品的冷成形性，制造方可以添加微合金元素，如 Ce 或 Ca 以改善硫化物的形状，或者对此类钢进行低硫处理。

② 钢中应含有 V、Nb、Ti 元素的一种或几种组合，但 V、Nb、Ti 元素的不超过 0.22%。

③ 钢中也可添加表中未规定的微合金元素，但需在保质书中注明。

④ 表中为全铝（Al_t）含量。

（2）中国 GB 标准改善成形性热轧高屈服强度钢板和钢带的力学性能（表 2-1-146）

表 2-1-146 改善成形性热轧高屈服强度钢板和钢带的力学性能[1]

钢 号	R_{eH}[2]/MPa	R_m[3]/MPa	A（%）[4] ≥			
			t<3mm		3mm≤t≤6mm	
	≥		A	B	C	A
HSF325	325	410	22	20	25	24
HSF355	355	420	21	19	24	23
HSF420	420	480	18	16	21	20
HSF490	490	540	15	13	18	17
HSF560	560	610	12	10	15	14

① 拉伸试验取横向试样，b 为试样厚度，L_o 为试样标距，t 为钢材厚度。

② 当屈服现象不明显时，可采用规定总延伸强度 $R_{t0.5}$，或规定 $R_{p0.2}$ 表示。

③ 抗拉强度为参考值。

④ 对于厚度小于 3mm 的钢板和钢带，使用 L_o=50mm 或 L_o=80mm 的试样；对于厚度≥3mm 至≤6mm 的钢板和钢带，使用 L_o=5.65$\sqrt{S_o}$ 或 L_o=50mm 的试样。在有争议情况进行仲裁时，采用 L_o=50mm 的试样。A 为 L_o=50mm，b=25mm，B 为 L_o=80mm，b=20mm，C 为 L_o=5.65$\sqrt{S_o}$。

2.1.34 船舶用碳钢和碳锰钢无缝钢管 ［GB/T 5312—2009］

（1）中国 GB 标准船舶用碳钢和碳锰钢无缝钢管的钢级与化学成分（表 2-1-147）

表 2-1-147 船舶用碳钢和碳锰钢无缝钢管的钢级与化学成分

钢级	C	Si	Mn	S	P	残余元素				
						Cr	Mo	Ni	Cu	总量
320	≤0.16	—	0.40~0.70	≤0.020	≤0.025	≤0.25	≤0.10	≤0.30	≤0.30	≤0.70
360	≤0.17	≤0.35	0.40~0.80							
410	≤0.21	≤0.35	0.40~1.20							
460	≤0.22	≤0.35	0.80~1.20							
490	≤0.23	≤0.35	0.80~1.50							

注：1. 锅炉及过热器用无缝钢管管壁的工作温度应不超过450℃。

2. 承压管系用无缝钢管在钢级后面分别加 "Ⅰ""Ⅱ"或 "Ⅲ"表示；锅炉及过热器用无缝钢管在钢级后面加 "G"表示。

（2）中国船舶用碳钢和碳锰钢无缝钢管的纵向力学性能（表 2-1-148）

表 2-1-148 船舶用碳钢和碳锰钢无缝钢管的纵向力学性能

钢级	R_m/MPa	R_{eL}/MPa	A（%）	交 货 状 态
320	320~440	≥195	≥25	
360	360~480	≥215	≥24	正火。热轧钢管的终轧温度不低于
410	410~530	≥235	≥22	A_{r3} 时，视为正火
460	460~580	≥265	≥21	
490	490~610	≥285	≥21	

（3）中国船舶用碳钢和碳锰钢无缝钢管的高温力学性能（表 2-1-149）

表 2-1-149　船舶用碳钢和碳锰钢无缝钢管的高温力学性能

钢级	高温 $R_{p0.2}$/MPa ≥								
	50℃	100℃	150℃	200℃	250℃	300℃	350℃	400℃	450℃
320	172	168	158	147	125	100	91	88	87
360	192	187	176	165	145	122	111	109	107
410	217	210	199	188	170	149	137	134	132
460	241	234	223	212	195	177	162	159	156
490	256	249	237	226	210	193	177	174	171

（4）承压管系用无缝钢管各等级的设计压力和设计温度（表 2-1-150）

表 2-1-150　承压管系用无缝钢管各等级的设计压力和设计温度

等　级	Ⅰ级		Ⅱ级		Ⅲ级	
介质	设计压力/MPa	设计温度/℃	设计压力/MPa	设计温度/℃	设计压力/MPa	设计温度/℃
	>		—		≥	
蒸汽和热油	1.6	300	0.7 ~ 1.6	170 ~ 300	0.7	170
燃油	1.6	150	0.7 ~ 1.6	60 ~ 150	0.7	60
其他介质	4.0	300	1.6 ~ 4.0	200 ~ 300	1.6	200

注：1. 当管系的设计压力和设计温度其中一个参数达到表中Ⅰ级规定时，即定为Ⅰ级管；当管系的设计压力和设计温度两个参数均满足表中Ⅱ级规定时，即定为Ⅱ级管。

　　2. 其他介质是指空气、水、润滑油和液压油等。

　　3. Ⅲ级管系用无缝钢管，可根据船检部门认可的国家标准制造。

2.1.35　低中压和高压锅炉用无缝钢管 ［GB 3087—2008］［GB 5310—2017］

（1）中国 GB 标准低中压锅炉用无缝钢管 ［GB 3087—2008］

A）中国低中压锅炉用无缝钢管的钢号与化学成分（表 2-1-151）

表 2-1-151　低中压锅炉用无缝钢管的钢号与化学成分（质量分数）（%）

钢号和代号		C	Si	Mn	P ≤	S ≤	其　他[①]
GB	ISC						
10	U20102	0.07 ~ 0.13	0.17 ~ 0.37	0.35 ~ 0.65	0.035	0.035	Cr≤0.15
20	U20202	0.17 ~ 0.23	0.17 ~ 0.37	0.35 ~ 0.65	0.035	0.035	Cr≤0.25

① 其他残余元素含量：Ni≤0.30%；Cu≤0.25%。

B）中国低中压锅炉用无缝钢管的常温和高温力学性能（表 2-1-152 和表 2-1-153）

表 2-1-152　低中压锅炉用无缝钢管的常温纵向力学性能

牌　号	R_m/MPa	R_{eL}/MPa 壁厚/mm		A（%）
	MPa	≤16	>16	
10	335 ~ 475	≥205	≥195	≥24
20	410 ~ 550	≥245	≥235	≥20

注：1. 当需方在合同中注明钢管用于中压锅炉过热蒸汽管时，供方应保证钢管的高温规定非比例延伸强度（$R_{p0.2}$）符合表 2-1-153 的规定，但供方可不做检验。

　　2. 根据需方要求，经供需双方协商，并在合同中注明试验温度，钢管可做高温拉伸试验，其对应温度下的高温规定非比例延伸强度（$R_{p0.2}$）应符合表 2-1-153 规定。

　　3. 热轧（挤压、扩）钢管以热轧或正火状态交货，热轧状态交货钢管的终轧温度应不低于相变临界温度 A_{r3}。根据需方要求，经供需双方协商，并在合同中注明，热轧（挤压、扩）钢管可采用正火状态交货。当热扩管终轧温度不低于相变临界温度 A_{r3}，且钢管是经过空冷时，则应认为钢管是经过正火的。冷拔（轧）钢管应以正火状态交货。

表 2-1-153　低中压锅炉用无缝钢管在高温下的规定非比例延伸强度最小值

牌　号	试样状态	$R_{p0.2}$/MPa 试验温度/℃					
		200	250	300	350	400	450
10	供货状态	165	145	122	111	109	107
20		188	170	149	137	134	132

（2）中国 GB 标准高压锅炉用无缝钢管 ［GB/T 5310—2017］

A）中国高压锅炉用无缝钢管的钢号与化学成分（表 2-1-154 和表 2-1-155）

表 2-1-154 高压锅炉用无缝钢管的牌号与化学成分（质量分数）（%）

牌号	C	Si	Mn	P ≤	S ≤	Cr	Mo	Ni	V	B	其他②⑤
优质碳素结构钢①											
20G	0.17~0.23	0.17~0.37	0.35~0.65	0.025	0.015	—	—	—	—	—	③
20MnG	0.17~0.23	0.17~0.37	0.70~1.00	0.025	0.015	—	—	—	—	—	—
25MnG	0.22~0.27	0.17~0.37	0.70~1.00	0.025	0.015	—	—	—	—	—	—
合金结构钢①											
15MoG	0.12~0.20	0.17~0.37	0.40~0.80	0.025	0.015	—	0.25~0.35	—	—	—	—
20MoG	0.15~0.25	0.17~0.37	0.40~0.80	0.025	0.015	—	0.44~0.65	—	—	—	—
12CrMoG	0.08~0.15	0.17~0.37	0.40~0.70	0.025	0.015	0.40~0.70	0.40~0.55	—	—	—	—
15CrMoG	0.12~0.18	0.17~0.37	0.40~0.70	0.025	0.015	0.80~1.10	0.40~0.55	—	—	—	—
12Cr2MoG	0.08~0.15	≤0.50	0.40~0.60	0.025	0.015	2.00~2.50	0.90~1.13	—	—	—	—
12Cr1MoVG	0.08~0.15	0.17~0.37	0.40~0.70	0.025	0.010	0.90~1.20	0.25~0.35	—	0.15~0.30	—	—
12Cr2MoWVTiB	0.08~0.15	0.45~0.75	0.45~0.65	0.025	0.015	1.60~2.10	0.50~0.65	—	0.28~0.42	0.0020~0.0080	W 0.30~0.55 Ti 0.08~0.18
07Cr2MoW2VNbB	0.04~0.10	≤0.50	0.10~0.60	0.025	0.010	1.90~2.60	0.05~0.30	—	0.20~0.30	0.0005~0.0060	W 1.45~1.75, +⑥
12Cr3MoVSiTiB	0.09~0.15	0.60~0.90	0.50~0.80	0.025	0.015	2.50~3.00	1.00~1.20	—	0.25~0.35	0.0050~0.0110	Ti 0.22~0.38
15Ni1MnMoNbCu	0.10~0.17	0.25~0.50	0.80~1.20	0.025	0.015	—	0.25~0.50	1.00~1.30	—	—	Cu 0.50~0.80, +⑦
10Cr9Mo1VNb	0.08~0.12	0.20~0.50	0.30~0.60	0.020	0.010	8.00~9.50	0.85~1.05	≤0.40	0.18~0.25	—	Nb 0.06~0.10, +⑧
10Cr9MoW2VNbBN	0.07~0.13	≤0.50	0.30~0.60	0.020	0.010	8.50~9.50	0.30~0.60	≤0.40	0.15~0.25	0.0010~0.0060	W 1.50~2.00, +⑨
10Cr11MoW2VNbCu1BN	0.07~0.14	≤0.50	≤0.70	0.020	0.010	10.0~11.5	0.25~0.60	≤0.50	0.15~0.30	0.0005~0.0050	W 1.50~2.50, +⑩

不锈耐热钢①

牌号											
11Cr9Mo1W1VNbBN	0.09~0.13	0.10~0.50	0.30~0.60	0.020	0.010	8.50~9.50	0.90~1.10	≤0.40	0.18~0.25	0.0003~0.0060	W0.90~1.10, +①
07Cr19Ni10	0.04~0.10	≤0.75	≤2.00	0.030	0.015	18.0~20.0	—	8.00~11.0	—	—	—
10Cr18Ni9NbCu3BN	0.07~0.13	≤0.30	≤1.00	0.030	0.010	17.0~19.0	—	7.50~10.5	—	0.0010~0.0100	Al₁0.003~0.030, +⑫
07Cr25Ni21	0.04~0.10	≤0.75	≤2.00	0.030	0.015	24.0~26.0	—	19.0~22.0	—	—	—
07Cr25Ni21NbN	0.04~0.10	≤0.75	≤2.00	0.030	0.015	24.0~26.0	—	19.0~22.0	—	—	Nb 0.20~0.60, N 0.150~0.350
07Cr19Ni11Ti	0.04~0.10	≤0.75	≤2.00	0.030	0.015	17.0~20.0	—	9.00~13.0	—	—	Ti 4×C~0.60
07Cr18Ni11Nb	0.04~0.10	≤0.75	≤2.00	0.030	0.015	17.0~19.0	—	9.00~13.0	—	—	Nb 8×C~1.10
08Cr18Ni11NbFG④	0.06~0.10	≤0.75	≤2.00	0.030	0.015	17.0~19.0	—	10.0~12.0	—	—	Nb 8×C~1.10

① 除非冶炼需要，未经需方同意，不应在钢中有意添加本表中未提及的元素。制造厂应采取措施，以防止废钢和其他材料混入从而削弱钢材的力学性能。
② 表中为全铝（Al_t）含量。
③ 20G 钢中全铝（Al_t）含量≤0.015%，不作为交货要求，但需在保质书中注明。
④ 牌号08Cr18Ni11NbFG 的后缀字母"FG"，表示细晶粒（表2-1-155）。
⑤ 表中各牌号的残余元素含量见下表（表2-1-155）。
⑥ Nb 0.02~0.08, Al_t ≤0.030, N≤0.030
⑦ Nb 0.015~0.045, Al_t ≤0.050, N≤0.020
⑧ Al_t ≤0.020, N 0.030~0.070
⑨ Nb 0.04~0.09, Al_t ≤0.020, N 0.030~0.070
⑩ Cu 0.30~1.70, Nb 0.04~0.10, Al_t ≤0.020, N 0.040~0.100
⑪ Nb 0.06~0.10, Al_t ≤0.020, N 0.040~0.090
⑫ Cu 2.50~3.50, Nb 0.30~0.60, N 0.050~0.120

表 2-1-155 钢中的残余元素含量

钢 类	残余元素（质量分数）（%）						
	Cu	Cr	Ni	Mo	V[①]	Ti	Zr
	≥						
优质碳素结构钢	0.20	0.25	0.25	0.15	0.08	—	—
合金结构钢	0.20	0.30	0.30	—	0.08	[②]	[②]
不锈（耐热）钢	0.25	—	—	—	—	—	—

① 15Ni1MnMoNbCu 的残余 V 含量应不超过 0.02%。

② 10Cr9Mo1VNbN、10Cr9MoW2VNbBN、10Cr11MoW2VNbCu1BN 和 11Cr9Mo1W1VNbBN 的残余 Ti 含量应不超过 0.01%，残余 Zr 含量应不超过 0.01%。

B）中国高压锅炉用无缝钢管的热处理制度（表 2-1-156）

表 2-1-156 高压锅炉用无缝钢管的热处理制度

牌 号	正火温度（淬火温度）/℃	回火温度（固溶处理）/℃	说 明
20G[①]	880~940	—	
20MnG[①]	880~940	—	
25MnG[①]	880~940	—	
15MoG[②]	890~950	—	—
20MoG[②]	890~950	—	
12CrMoG[②]	900~960	670~730	
15CrMoG[②]	900~960	680~730	
12Cr2MoG[②]	900~960（≥900）	700~750	S≤30mm 的钢管正火加回火。S>30mm 的钢管淬火加回火或正火加回火，但正火后应进行快速冷却
12Cr1MoVG[②]	980~1020（950~990）	720~730	
12Cr2MoWVTiB	980~1060	760~790	
07Cr2MoW2VNbB	1040~1080	750~780	—
12Cr3MoVSiTiB	1040~1090	720~790	
15Ni1MnMoNbCu	800~980（≥900）	610~680	S≤30mm 的钢管正火加回火。S>30mm 的钢管淬火加回火或正火加回火，但正火后应进行快速冷却
10Cr9Mo1VNbN	1040~1080（≥1040）	750~780	
10Cr9MoW2VNbBN	1040~1080（≥1040）	760~780	S>70mm 的钢管可淬火加回火
10Cr11MoW2VNbCu1BN			
11Cr9Mo1W1VNbBN	1040~1080（≥1040）	750~780	
07Cr19Ni10	—	（≥1040）	
10Cr18Ni9NbCu3BN		（≥1100）	急冷
07Cr25Ni21NbN[③]			
07Cr25Ni21		（≥1040）	

（续）

牌　号	正火温度（淬火温度）/℃	回火温度（固溶处理）/℃	说　　明
07Cr19Ni11Ti③	—	（≥1050）	热轧（挤压、扩）钢管
		（≥1100）	冷拔（轧）钢管，急冷
07Cr18Ni11Nb③		（≥1050）	热轧（挤压、扩）钢管
		（≥1100）	冷拔（轧）钢管，急冷
08Cr18Ni11NbFG		（≥1180）	冷加工之前软化热处理：软化热处理温度应至少比固溶处理温度高50℃；最终冷加工之后固溶处理，急冷

① 热轧（挤压、扩）钢管终轧温度在相变临界温度 A_{r3} 至表中规定温度上限的范围内，且钢管是经过空冷时，则应认为钢管是经过正火的。

② $D \geqslant 457mm$ 的热扩钢管，当钢管终轧温度在相变临界温度 A_{r3} 至表中规定温度上限的范围内，且钢管是经过空冷时，则应认为钢管是经过正火的；其余钢管在需方同意的情况下，并在合同中注明，可采用符合前述规定的在线正火。

③ 根据需方要求，牌号为 07Cr25Ni21NbN、07Cr19Ni11Ti 和 07Cr18Ni11Nb 的钢管在固溶处理后可接着进行低于初始固溶处理温度的稳定化热处理，稳定化热处理的温度由供需双方协商。

C）中国高压锅炉用无缝钢管的室温力学特性（表2-1-157）

表2-1-157　高压锅炉用无缝钢管的室温力学性能

牌　号	R_m /MPa	R_{eL} 或 $R_{p0.2}$ /MPa	A（%） 纵向	A（%） 横向	KV_2/J 纵向	KV_2/J 横向	HBW	HV	HRC 或 (HRB)
	—		≥				≤		
20G	410～550	245	24	22	40	27	—	—	—
20MnG	415～560	240	22	20	40	27	—	—	—
25MnG	485～640	275	20	18	40	27	—	—	—
15MoG	450～600	270	22	20	40	27	—	—	—
20MoG	415～665	220	22	20	40	27	—	—	—
12CrMoG	410～560	205	21	19	40	27	—	—	—
15CrMoG	440～640	295	21	19	40	27	—	—	—
12Cr2MoG	450～600	280	22	20	40	27	—	—	—
12Cr1MoVG	470～640	255	21	19	40	27	—	—	—
12Cr2MoWVTiB	540～735	345	18	—	40		—	—	—
07Cr2MoW2VNbB	≥510	400	22	18	40	27	220	230	(97)
12Cr3MoVSiTiB	610～805	440	16	—	40		—	—	—
15Ni1MnMoNbCu	620～780	440	19	17	40	27	—	—	—

（续）

牌　　号	R_m /MPa	R_{eL} 或 $R_{p0.2}$ /MPa	A（%） 纵向	A（%） 横向	KV_2/J 纵向	KV_2/J 横向	HBW	HV	HRC 或 （HRB）
	—		≥				≤		
10Cr9Mo1VNbN	≥585	415	20	16	40	27	250	265	25
10Cr9MoW2VNbBN	≥620	440	20	16	40	27	250	265	25
10Cr11MoW2VNbCu1BN	≥620	400	20	16	40	27	250	265	25
11Cr9Mo1W1VNbBN	≥620	440	20	16	40	27	238	250	23
07Cr19Ni10	≥515	205	35	—	—	—	192	200	（90）
10Cr18Ni9NbCu3BN	≥590	235	35	—	—	—	219	230	（95）
07Cr25Ni21	≥515	205	35	35	—	—	140~192	150~200	（85~100）
07Cr25Ni21NbN	≥655	295	30	—	—	—	256	—	（100）
07Cr19Ni11Ti	≥515	205	35	—	—	—	192	200	（90）
07Cr18Ni11Nb	≥520	205	35	—	—	—	192	200	（90）
08Cr18Ni11NbFG	≥550	205	35	—	—	—	192	200	（90）

注：1. $D \geq 76$mm，且 $S \geq 14$mm 的钢管应做冲击试验。

2. 表中的冲击吸收能量为全尺寸试样夏比 V 型缺口冲击吸收能量要求值。当采用小尺寸冲击试样时，小尺寸试样的最小夏比 V 型缺口冲击吸收能量要求值应为全尺寸试样冲击吸收能量要求值乘以一个递减系数。如试样尺寸（高度 × 宽度）：10mm × 7.5mm，递减系数为 0.75；10mm × 5mm，递减系数为 0.50。

3. 表中规定了硬度值的钢管，其硬度试验应符合：$S \geq 5.0$mm 的钢管，应做布氏硬度试验或洛氏硬度试验：$S <$ 5.0mm 的钢管，应做洛氏硬度试验；根据需方要求，经供需双方协商，并在合同中注明，钢管可做维氏硬度试验代替布氏硬度试验或洛氏硬度试验。当合同规定了钢管维氏硬度试验时，其值应符合表中的规定。根据需方要求，经供需双方协商，表中未做硬度要求的钢管可做硬度试验，其值由供需双方协商确定。

4. 根据需方要求，经供需双方协商，并在合同中注明试验温度，供方可做钢管的高温规定非比例延伸强度（$R_{p0.2}$）试验。当合同规定了钢管高温规定非比例延伸强度试验时，其值应符合表 2-1-158 的规定。

5. 成品钢管的 100000h 持久强度推荐数据参见表 2-1-159。

6. 钢管应逐根进行液压试验。液压试验压力按下式计算，最大试验压力为 20MPa。在试验压力下，稳压时间应 ≥ 10s，钢管不允许出现渗漏现象。

$$p = 2SR/D$$

式中　p——试验压力（MPa），当 $p < 7$MPa 时，修约到最接近的 0.5MPa，当 $p \geq 7$MPa 时，修约到最接近的 1MPa；

　　　　S——钢管壁厚（mm）；

　　　　D——钢管公称外径或计算外径（mm）；

　　　　R——允许应力，优质碳素结构钢和合金结构钢为表中规定屈服强度的 80%，不锈钢和耐热钢为表中规定屈服强度的 70%（MPa）。

7. 供方可用涡流探伤或漏磁探伤代替液压试验。涡流探伤时，对比样管人工缺陷应符合 GB/T 7735 中验收等级 B 的规定；漏磁探伤时，对比样管外表面纵向人工缺陷应符合 GB/T 12606 中验收等级 L2 的规定。

8. $D > 400$mm 或 $S > 40$mm 的钢管应做弯曲试验。弯曲试验分别为正向弯曲（靠近钢管外表面的试样表面受拉变形）和反向弯曲（靠近钢管内表面的试样表面受拉变形）。弯曲试验的弯心直径为 25mm。试样应在室温下弯曲 180°。弯曲试验后，试样弯曲受拉表面及侧面不允许出现目视可见的裂缝或裂口。

D) 中国高压锅炉用无缝钢管的高温规定非比例延伸强度（表2-1-158）

表 2-1-158 高压锅炉用无缝钢管的高温规定非比例延伸强度

牌 号	高温规定非比例延伸强度（在下列温度下/℃）$R_{p0.2}$/MPa ≥										
	100	150	200	250	300	350	400	450	500	550	600
20G	—	—	215	196	177	157	137	98	49	—	—
20MnG	219	214	208	197	183	175	168	156	151	—	—
25MnG	252	245	237	226	210	201	192	179	172	—	—
15MoG	—	—	225	205	180	170	160	155	150	—	—
20MoG	207	202	199	187	182	177	169	160	150	—	—
12CrMoG	193	187	181	175	170	165	159	150	140	—	—
15CrMoG	—	—	269	256	242	228	216	205	198	—	—
12Cr2MoG	192	188	186	185	185	185	185	181	173	159	—
12Cr1MoVG	—	—	—	—	230	225	219	211	201	187	—
12Cr2MoWVTiB	—	—	—	—	360	357	352	343	328	305	274
07Cr2MoW2VNbB	379	371	363	361	359	352	345	338	330	299	266
12Cr3MoVSiTiB	—	—	—	—	403	397	390	379	364	342	—
15Ni1MnMoNbCu	422	412	402	392	382	373	343	304	—	—	—
10Cr9Mo1VNbN	384	378	377	377	376	371	358	337	306	260	198
10Cr9MoW2VNbBN[1]	419	411	406	402	397	389	377	359	333	297	251
10Cr11MoW2VNbCu1BN[1]	618	603	586	574	562	550	533	511	478	433	371
11Cr9Mo1W1VNbBN	413	396	384	377	373	368	362	348	326	295	256
07Cr19Ni10	170	154	144	135	129	123	119	114	110	105	101
10Cr18Ni9NbCu3BN	203	189	179	170	164	159	155	150	146	142	138
07Cr25Ni21	181	167	157	149	144	139	135	132	128	—	—
07Cr25Ni21NbN[1]	245	224	209	200	193	189	184	180	175	—	—
07Cr19Ni11Ti	184	171	160	150	142	136	132	128	126	123	122
07Cr18Ni11Nb	189	177	166	158	150	145	141	139	139	133	130
08Cr18Ni11NbFG	185	174	166	159	153	148	144	141	138	135	132

[1] 表中所列牌号 10Cr9MoW2VNbBN、10Cr11MoW2VNbCu1BN 和 07Cr25Ni21NbN 的数据为材料在该温度下的抗拉强度。

E) 中国高压锅炉用无缝钢管的100000h 持久强度推荐数据（表2-1-159）

表2-1-159　高压锅炉用无缝钢管的100000h 持久强度推荐数据

100000h 持久强度推荐数据/MPa

牌号	温度/℃																																			
	400	410	420	430	440	450	460	470	480	490	500	510	520	530	540	550	560	570	580	590	600	610	620	630	640	650	660	670	680	690	700	710	720	730	740	750
20G	128	116	104	93	83	74	65	58	51	45	39	—	—	—	—	—	—	—	—	—	—	—	—	—	—	—	—	—	—	—	—	—	—	—	—	—
20MnG	—	—	—	110	100	87	75	64	55	46	39	31	—	—	—	—	—	—	—	—	—	—	—	—	—	—	—	—	—	—	—	—	—	—	—	—
25MnG	—	—	—	120	103	88	75	64	55	46	39	31	—	—	—	—	—	—	—	—	—	—	—	—	—	—	—	—	—	—	—	—	—	—	—	—
15MoG	—	—	—	—	—	245	209	174	143	117	93	74	59	47	38	31	—	—	—	—	—	—	—	—	—	—	—	—	—	—	—	—	—	—	—	—
20MoG	—	—	—	—	—	—	—	—	145	124	105	85	71	59	50	40	—	—	—	—	—	—	—	—	—	—	—	—	—	—	—	—	—	—	—	—
12CrMoG	—	—	—	—	—	—	—	—	144	130	113	95	—	—	—	—	—	—	—	—	—	—	—	—	—	—	—	—	—	—	—	—	—	—	—	—
15CrMoG	—	—	—	—	—	—	—	—	—	168	145	124	106	91	75	61	—	—	—	—	—	—	—	—	—	—	—	—	—	—	—	—	—	—	—	—
12Cr2MoG	—	—	—	—	—	172	165	154	143	133	122	112	101	91	81	72	64	56	49	42	36	31	25	22	18	—	—	—	—	—	—	—	—	—	—	—
12Cr1MoVG	—	—	—	—	—	—	—	—	—	—	184	169	153	138	124	110	98	85	75	64	55	—	—	—	—	—	—	—	—	—	—	—	—	—	—	—
12Cr2Mo-WVTiB	—	—	—	—	—	—	—	—	—	—	—	—	—	—	176	162	147	132	118	105	92	80	69	59	50	—	—	—	—	—	—	—	—	—	—	—
07Cr2MoW-2VNbB	—	—	—	—	—	—	—	—	—	—	—	184	171	158	145	134	122	111	101	90	80	69	58	43	28	14	—	—	—	—	—	—	—	—	—	—
12Cr3Mo-VSiTiB	—	—	—	—	—	—	—	—	—	—	—	—	—	—	148	135	122	110	98	88	78	69	61	54	47	—	—	—	—	—	—	—	—	—	—	—
15Ni1MnMo-NbCu	373	349	325	300	273	245	210	175	139	104	69	—	—	—	—	—	—	—	—	—	—	—	—	—	—	—	—	—	—	—	—	—	—	—	—	—
10Cr9Mo1VNbN	—	—	—	—	—	—	—	—	—	—	—	—	—	—	166	153	140	128	116	103	93	83	73	63	53	44	—	—	—	—	—	—	—	—	—	—
10Cr9Mo-W2VNbBN	—	—	—	—	—	—	—	—	—	—	—	—	—	—	—	—	170	156	148	129	116	103	91	79	68	57	—	—	—	—	—	—	—	—	—	—
10Cr11Mo-W2VNbCu1BN	—	—	—	—	—	—	—	—	—	—	—	—	—	—	—	—	157	143	128	114	101	89	76	66	55	47	—	—	—	—	—	—	—	—	—	—
11Cr9Mo-1W1VNbBN	—	—	—	—	—	—	—	—	—	—	—	—	—	187	181	170	160	148	135	122	106	89	71	—	—	—	—	—	—	—	—	—	—	—	—	—
07Cr19Ni10	—	—	—	—	—	—	—	—	—	—	—	—	—	—	—	—	—	—	—	—	96	88	81	74	68	63	57	52	47	44	40	37	34	31	28	26

钢号																					
10Cr18Ni9Nb-Cu3BN	39	45	50	57	64	71	79	87	97	107	117	124	131	137	—	—	—	—	—	—	—
07Cr25Ni21	15	16	18	20	22	24	27	30	34	37	41	46	52	58	65	73	—	—	—	—	—
07Cr25Ni-21NbN	37	42	46	51	56	62	69	76	85	94	103	116	129	144	160	177	167	150	139	127	115
07Cr19Ni11Ti	22	24	26	29	32	35	38	41	46	50	55	61	66	72	80	89	98	—	123	118	108
07Cr18Ni11Nb	28	31	34	38	43	48	54	60	66	74	82	91	100	110	121	132	—	—	—	—	—
08Cr18Ni11-NbFG	33	37	43	48	53	59	66	73	81	90	99	111	122	132	148	161	—	—	—	—	—

2.1.36　锅炉和热交换器用焊接钢管 [GB/T 28413—2012]

(1) 中国 GB 标准锅炉和热交换器用焊接钢管的钢号与化学成分（表 2-1-160）

表 2-1-160　锅炉和热交换器用焊接钢管的钢号与化学成分（质量分数）（%）

钢号和代号①		C	Si	Mn	P ≤	S ≤	Cr	Mo	Ni	其　他
GB	ISC									
10	U20102	0.07~0.13	0.17~0.37	0.35~0.65	0.035	0.035	≤0.15	—	≤0.30	Cu≤0.25
20	U20202	0.17~0.23	0.17~0.37	0.35~0.65	0.035	0.035	≤0.25	—	≤0.30	Cu≤0.25
Q245R	U50245	≤0.20	≤0.35	0.50~1.00	0.025	0.015	—	—	—	Al_t≥0.020②
Q345R	L13454	≤0.20	≤0.55	1.20~1.60	0.025	0.015	—	—	—	Al_t≥0.020②
Q370R	L13704	≤0.18	≤0.55	1.20~1.60	0.025	0.015	—	—	—	Nb 0.015~0.050
18MnMoNbR	A05189	≤0.22	0.15~0.50	1.20~1.60	0.020	0.010	—	0.45~0.65	—	Nb 0.025~0.050
13MnNiMoR	A55137	≤0.15	0.15~0.50	1.20~1.60	0.020	0.010	0.20~0.40	0.20~0.40	0.60~1.00	Nb 0.005~0.020
15CrMoR	A30157	0.12~0.18	0.15~0.40	0.40~0.70	0.025	0.010	0.80~1.20	0.45~0.60	—	—
14Cr1MoR	A30147	0.05~0.17	0.50~0.80	0.40~0.65	0.020	0.010	1.15~1.50	0.45~0.65	—	—
12Cr2Mo1R	A30127	0.08~0.15	≤0.50	0.30~0.60	0.020	0.010	2.00~2.50	0.90~1.10	—	—
12Cr1MoVR	A30127	0.08~0.15	0.15~0.40	0.40~0.70	0.025	0.010	0.90~1.20	0.25~0.35	0.25~0.35	V0.15~0.30

① 除 10、20 钢外，经供需双方协商，其他钢号的碳含量下限不作规定，并在合同中注明。
② 如钢中加入 V、Nb、Ti 等元素，Al 含量的下限不适用。

(2) 锅炉和热交换器用焊接钢管的力学性能（表 2-1-161）

表 2-1-161　锅炉和热交换器用焊接钢管的力学性能

钢号	R_{eL}/MPa 下列壁厚/mm ≥			R_m/MPa 下列壁厚/mm			A (%) ≥	冲击试验 温度	冲击试验 $KV_2^{①}$/J ≥
	≤16	>16~36	>36~60	≤16	>16~36	>36~60			
10	205	205	205	335~475	335~475	335~475	28	0℃	31
20	245	245	245	410~550	410~550	410~550	24	0℃	31
Q245R	245	235	225	400~520	400~520	400~520	25	0℃	31
Q345R	345	325	315	510~640	500~630	490~620	21	0℃	34
Q370R	370	360	340	530~630	530~630	520~620	20	−20℃	34
18MnMoNbR	—	—	400	—	—	520~720	17	0℃	41
13MnNiMoR	—	—	390	—	—	570~720	18	0℃	41
15CrMoR	295	295	295	450~590	450~590	450~590	19	20℃	31
14Cr1MoR	310	310	310	520~680	520~680	520~680	19	20℃	34
12Cr2Mo1R	310	310	310	520~680	520~680	520~680	19	20℃	34
12Cr1MoVR	245	245	245	440~590	440~590	440~590	19	20℃	34

① 3 个试样的平均值。允许其中有 1 个试样的值（单个值）低于规定值（但应不低于规定值的 70%）。

(3) 锅炉和热交换器用焊接钢管的高温力学性能

锅炉和热交换器用焊接钢管的高温力学性能（表 2-1-162）

表 2-1-162 锅炉和热交换器用焊接钢管的高温力学性能

钢 号	钢管壁厚 /mm	$R_{p0.2}/\text{MPa} \geqslant$ 下列试验温度							
		200℃	250℃	300℃	350℃	400℃	450℃	500℃
10	—	165	145	122	111	109	107	—
20	—	188	170	149	137	134	132	—
Q245R	>20~36	186	167	153	139	129	121	—
	>36~60	178	161	147	133	125	116	—
Q345R	>20~36	255	235	215	200	190	180	—
	>36~60	240	220	200	185	175	165	—
Q370R	>20~36	290	275	260	245	230	—	—
	>36~60	280	270	255	240	225	—	—
18MnMoNbR	30~60	360	355	350	340	310	275	—
13MnNiMoR	30~60	355	350	345	335	305	—	—
15CrMoR	>20~60	240	225	210	200	189	179	174
14Cr1MoR	>20~60	255	245	230	220	210	195	176
12Cr2Mo1R	>20~60	260	255	250	245	240	230	215
12Cr1MoVR	>20~60	200	190	176	167	157	150	142

2.1.37　高压化肥设备用无缝钢管　[GB 6479—2013]

（1）中国 GB 标准高压化肥设备用无缝钢管的钢号与化学成分　（表2-1-163）

表2-1-163　高压化肥设备用无缝钢管的钢号与化学成分　（质量分数）（%）

钢号和代号		C	Si	Mn	P ≤	S ≤	Cr	Ni	Mo	V	其他
GB	ISC										
Q345B[①]	L03452	0.12~0.20	0.20~0.50	1.20~1.70	0.025	0.015	≤0.30	≤0.30	≤0.10	≤0.15	
Q345C[①,②]	L03453	0.12~0.20	0.20~0.50	1.20~1.70	0.025	0.015	≤0.30	≤0.30	≤0.10	≤0.15	Nb≤0.07
Q345D[①,②]	L03454	0.12~0.18	0.20~0.50	1.20~1.70	0.025	0.015	≤0.30	≤0.30	≤0.10	≤0.15	Cu≤0.20
Q345E[①,②]	L03455	0.12~0.18	0.20~0.50	1.20~1.70	0.025	0.010	≤0.30	≤0.30	≤0.10	≤0.15	
10	U20102	0.07~0.13	0.17~0.37	0.35~0.65	0.025	0.015	≤0.15	≤0.25	—	—	
20	U20202	0.17~0.23	0.17~0.37	0.35~0.65	0.025	0.015	≤0.25	≤0.25	≤0.15	≤0.08	
12CrMo	A30122	0.08~0.15	0.17~0.37	0.40~0.70	0.025	0.015	0.40~0.70	≤0.30	0.40~0.55	—	
15CrMo	A30152	0.12~0.18	0.17~0.37	0.40~0.70	0.025	0.015	0.80~1.10	≤0.30	0.40~0.55	—	Cu≤0.20
12Cr2Mo	A30132	0.08~0.15	≤0.50	0.40~0.60	0.025	0.015	2.00~2.50	≤0.30	0.90~1.15	—	
12Cr5Mo	S45110	≤0.15	≤0.50	≤0.60	0.025	0.015	4.00~6.00	≤0.60	0.40~0.60	—	
10MoWVNb	A66102	0.07~0.13	0.50~0.80	0.50~0.80	0.025	0.015	≤0.30	≤0.30	0.60~0.90	0.30~0.50	Cu≤0.20 W 0.50~0.90 Nb 0.06~0.12
12SiMoVNb	A66112	0.08~0.14	0.50~0.80	0.60~0.90	0.025	0.015	≤0.30	≤0.30	0.90~1.10	0.30~0.50	Cu≤0.20 Nb 0.04~0.08

① 当需要加入细化晶粒元素时，对 Q345B、C、D、E 钢中至少含有 Al、Nb、V、Ti 其中的一种。Ti 含量≤0.20%。

② 钢中全铝 Alt≥0.020%，或钢中酸溶铝 Als≥0.015%。

（2）中国高压化肥设备用无缝钢管的力学性能（表 2-1-164）

表 2-1-164　高压化肥设备用无缝钢管的力学性能

钢　号	抗拉强度 R_m /MPa	R_{eL} 或 $R_{p0.2}$ /MPa			A (%)		冲击试验		
		钢管壁厚 S/mm					试验 温度/℃	纵向	横向
		≤16	>16~40	>40	纵向	横向		KV_2/J	≥
		≥			≥				
Q345B	490~670	345	335	325	21	19	20	40	27
Q345C	490~670	345	335	325	21	19	0	40	27
Q345D	490~670	345	335	325	21	19	-20	40	27
Q345E	490~670	345	335	325	21	19	-40	40	27
10	335~490	205	195	185	24	22	—	—	—
20	410~550	245	235	225	24	22	0	40	27
12CrMo	410~560	205	195	185	21	19	20	40	27
15CrMo	440~640	295	285	275	21	19	20	40	27
12Cr2Mo	450~600	280	280	280	20	18	20	40	27
12Cr5Mo	390~690	195	185	175	22	20	20	40	27
10MoWVNb	470~670	295	285	275	19	17	20	40	27
12SiMoVNb	≥470	315	305	295	19	17	20	40	27

注：12Cr2Mo 钢管，其 D≤30mm 且 S≤3mm 时，其下屈服强度（或规定塑性延伸强度）允许降低 10MPa。

（3）中国高压化肥设备用无缝钢管的热处理制度（表 2-1-165）

表 2-1-165　高压化肥设备用无缝钢管的热处理制度

钢　号	ISC	类别	正火温度/℃	回火温度/℃	其　他
Q345B	L03452	正火	880~940	—	1. 热轧钢管终轧温度在 Ar_3 至本表规定的温度范围内，且钢管经过空冷，则认为钢管是经过正火的
Q345C	L03453	正火	880~940	—	
Q345D	L03454	正火	880~940	—	
Q345E	L03455	正火	880~940	—	
10	U20102	正火	880~940	—	2. 壁厚 S>14mm 者，还可以正火+回火，回火温度高于 600℃
20	U20202	正火	880~940	—	
12CrMo	A30122	正火+回火	900~960	670~730	—
15CrMo	A30152	正火+回火	900~960	680~750	—
12Cr2Mo	A30132	S≤30mm 正火+回火	900~960	700~750	正火后应快冷
		S>30mm 淬火+回火	淬火>900	700~750	（正火+回火），正火后应快冷
12Cr5Mo	S45110	完全退火	—	—	完全退火或等温退火
10MoWVNb	A66102	正火+回火	970~990	730~750	或 800~820℃高温退火
12SiMoVNb	A66112	正火+回火	980~1020	710~750	—

2.1.38　石油裂化用无缝钢管 ［GB 9948—2013］

（1）中国 GB 标准石油裂化用无缝钢管的钢号与化学成分（表 2-1-166）

表 2-1-166   石油裂化用无缝钢管的钢号与化学成分（质量分数）（%）

钢号和代号[1]		C	Si	Mn	P ≤	S ≤	Cr	Mo	Ni	其 他
GB	ISC									
10	U20102	0.07 ~ 0.13	0.17 ~ 0.37	0.35 ~ 0.65	0.035	0.035	≤0.15	≤0.15	≤0.30	V≤0.08 Cu≤0.20
20	U20202	0.17 ~ 0.23	0.17 ~ 0.37	0.35 ~ 0.65	0.035	0.035	≤0.25	≤0.15	≤0.30	V≤0.08 Cu≤0.20
12Cr1Mo	A30121	0.08 ~ 0.15	0.50 ~ 1.00	0.30 ~ 0.60	0.025	0.015	1.00 ~ 1.50	0.45 ~ 0.65	≤0.30	Cu≤0.20
12Cr1MoV	A31132	0.08 ~ 0.15	0.17 ~ 0.37	0.40 ~ 0.70	0.025	0.010	0.90 ~ 1.20	0.25 ~ 0.35	≤0.30	Cu≤0.20
12CrMo	A30122	0.08 ~ 0.15	0.17 ~ 0.37	0.40 ~ 0.70	0.025	0.015	0.40 ~ 0.70	0.40 ~ 0.55	≤0.30	Cu≤0.20
12Cr2Mo	A30132	0.08 ~ 0.15	≤0.50	0.40 ~ 0.60	0.025	0.015	2.00 ~ 2.50	0.90 ~ 1.15	≤0.30	Cu≤0.20
12Cr5Mo I [1] 12Cr5Mo NT[2]	A30124	≤0.15	≤0.50	0.30 ~ 0.60	0.025	0.015	4.00 ~ 6.00	0.45 ~ 0.60	≤0.60	Cu≤0.20
12Cr9Mo I [1] 12Cr9Mo NT[2]	A30125	≤0.15	0.25 ~ 1.00	0.30 ~ 0.60	0.025	0.015	8.00 ~ 10.0	0.90 ~ 1.10	≤0.60	Cu≤0.20
15CrMo	A30152	0.12 ~ 0.18	0.17 ~ 0.37	0.40 ~ 0.70	0.025	0.015	0.80 ~ 1.10	0.40 ~ 0.55	≤0.30	Cu≤0.20
022Cr17Ni12Mo2	S31603	≤0.030	≤1.00	≤2.00	0.030	0.015	16.0 ~ 18.0	2.00 ~ 3.00	10.0 ~ 14.0	—
07Cr18Ni11Nb	S34779	0.04 ~ 0.10	≤1.00	≤2.00	0.030	0.015	17.0 ~ 19.0	—	9.00 ~ 12.0	Nb8C ~ 1.10
07Cr19Ni10	S30409	0.04 ~ 0.10	≤1.00	≤2.00	0.030	0.015	18.0 ~ 20.0	—	8.00 ~ 11.0	—
07Cr19Ni11Ti	S32169	0.04 ~ 0.10	≤0.75	≤2.00	0.030	0.015	17.0 ~ 20.0	—	9.00 ~ 13.0	Ti4C ~ 0.60

① I—完全退火或等温退火。

② NT—正火或回火。

（2）石油裂化用无缝钢管的力学性能（表 2-1-167）

表 2-1-167   石油裂化用无缝钢管的力学性能

钢 号	R_m/MPa	$R_{eL}^{①}$/MPa	A(%)		KV_2/J		HBW
			纵向	横向	纵向	横向	
			≥				≤
10	335 ~ 475	205	25	23	40	27	—
20	410 ~ 550	245	24	22	40	27	—
12CrMo	410 ~ 560	205	21	19	40	27	156
15CrMo	440 ~ 640	295	21	19	40	27	170
12Cr1Mo	415 ~ 560	205	22	20	40	27	163
12Cr1MoV	470 ~ 640	255	21	19	40	27	179
12Cr2Mo	450 ~ 600	280	22	20	40	27	163
12Cr5Mo I	415 ~ 590	205	22	20	40	27	163

（续）

钢 号	R_m/MPa	$R_{eL}^{①}$/MPa	A（%）		KV_2/J		HBW
			纵向	横向	纵向	横向	
		≥					≤
12Cr5Mo NT	480～640	280	20	18	40	27	—
12Cr9Mo Ⅰ	460～640	210	20	18	40	27	179
12Cr9Mo NT	590～740	390	18	16	40	27	—
07Cr19Ni10	≥520	205	35		—	—	187
07Cr18Ni11Nb	≥520	205	35		—	—	187
07Cr19Ni11Ti	≥520	205	35		—	—	187
022Cr17Ni12Mo2	≥485	170	35		—	—	187

① 下屈服强度 R_{eL} 或 $R_{p0.2}$。

（3）石油裂化用无缝钢管的热处理制度（表 2-1-168）

表 2-1-168　石油裂化用无缝钢管的热处理制度

钢 号	类别	正火温度/℃	回火温度/℃	其 他
10	正火	880～940	—	—
20	正火	880～940	—	—
12CrMo	正火＋回火	900～960	670～730	—
15CrMo	正火＋回火	900～960	680～730	—
12Cr1Mo	正火＋回火	900～960	680～750	—
12Cr1MoV	正火＋回火	980～1020	720～760	壁厚＞30mm 者也可 950～990℃ 淬火 ＋720～760℃回火
12Cr2Mo	正火＋回火	900～960	700～750	壁厚＞30mm 者也可 ≥900℃ 淬火 ＋700～750℃回火
12Cr5Mo NT	正火＋回火	930～980	730～770	—
12Cr9Mo NT	正火＋回火	890～950	720～800	—
12Cr5Mo I	退火	—	—	完全退火或等温退火
12Cr9Mo I	退火	—	—	完全退火或等温退火
07Cr19Ni10	固溶处理	—	—	≥1040℃
07Cr18Ni11Nb	固溶处理	—	—	≥1050℃急冷（热轧、挤压管） ≥1100℃急冷（冷拔、冷轧管）
07Cr19Ni11Ti	固溶处理	—	—	≥1050℃急冷（热轧、挤压管） ≥1100℃急冷（冷拔、冷轧管）
022Cr17Ni12Mo2	固溶处理	—	—	≥1040℃急冷

注：1. 热轧（挤压）钢管终轧温度在临界温度 Ar_3 至表中规定温度上限的范围内，且经过空冷时，则应认为钢管已经过正火。

　　2. 热扩钢管终轧温度在临界温度 Ar_3 至表中规定温度上限的范围内，且经过空冷时，则应认为钢管已经过正火。其余钢管在需方同意下，可采用符合前述规定的在线正火。

2.1.39　结构用直缝埋弧焊接钢管 ［GB/T 30063—2013］

（1）中国 GB 标准结构用直缝埋弧焊接钢管的钢号与化学成分（表 2-1-169）

表 2-1-169　结构用直缝埋弧焊接钢管的钢号与化学成分（质量分数）（%）

钢号和代号		C	Si	Mn	P ≤	S ≤	Ni	Mo	V	其　他
GB	ISC									
Q235B	U12355	≤0.20	≤0.35	≤1.40	0.045	0.045	≤0.30	—	—	Cr≤0.30，Cu≤0.30
Q235C	U12358	≤0.17	≤0.35	≤1.40	0.040	0.040	≤0.30	—	—	Cr≤0.30，Cu≤0.30
Q345B	L03452	≤0.20	≤0.50	≤1.70	0.035	0.035	≤0.50	≤0.10	≤0.15	①
Q345C	L03453	≤0.20	≤0.50	≤1.70	0.030	0.030	≤0.50	≤0.10	≤0.15	Al_S≥0.015 + ①
Q390B	L03902	≤0.20	≤0.50	≤1.70	0.035	0.035	≤0.10	≤0.10	≤0.20	②
Q390C	L03903	≤0.20	≤0.50	≤1.70	0.030	0.030	≤0.10	≤0.10	≤0.20	Al_S≥0.015 + ②
Q420B	L04202	≤0.20	≤0.50	≤1.70	0.035	0.035	≤0.80	≤0.20	≤0.20	②
Q420C	L04203	≤0.20	≤0.50	≤1.70	0.030	0.030	≤0.80	≤0.20	≤0.20	Al_S≥0.015 + ②
Q460C	L04603	≤0.20	≤0.60	≤1.80	0.030	0.030	≤0.80	≤0.20	≤0.20	Al_S≥0.015 + ③
Q460D	L04604	≤0.20	≤0.60	≤1.80	0.030	0.025	≤0.80	≤0.20	≤0.20	

① Nb≤0.07%，Ti≤0.20%，Cr≤0.30%，Cu≤0.30%，N≤0.012%。
② Nb≤0.07%，Ti≤0.20%，Cr≤0.30%，Cu≤0.30%，N≤0.015%。
③ Nb≤0.11%，Ti≤0.20%，Cr≤0.30%，Cu≤0.30%，N≤0.015%，B≤0.004%。

（2）中国 GB 标准结构用直缝埋弧焊接钢管的力学性能（表 2-1-170）

表 2-1-170　结构用直缝埋弧焊接钢管的力学性能

钢　号	R_{eL}/MPa			R_m/MPa	A（%）	R_m③/MPa	$KV_2$①/J	
	钢管壁厚/mm							
	≤16	>16 ~ 40	>40 ~ 60				试验温度/℃	3 个试样平均值②
	≥				≥			
Q235B	235	225	215	370 ~ 500	22	370	+20 或 0	27
Q235C	235	225	215	370 ~ 500	22	370	+20 或 0	27
Q345B	345	335	325	470 ~ 630	18	470	+20 或 0	34
Q345C	345	335	325	470 ~ 630	18	470	+20 或 0	34
Q390B	390	370	350	490 ~ 650	18	490	+20 或 0	34
Q390C	390	370	350	490 ~ 650	18	490	+20 或 0	34
Q420B	420	400	380	520 ~ 680	17	520	+20 或 0	34
Q420C	420	400	380	520 ~ 680	17	520	+20 或 0	34
Q460C	460	440	420	550 ~ 720	15	550	0 或 - 20	34
Q460D	460	440	420	550 ~ 720	15	550	0 或 - 20	34

① 全尺寸试样为 10mm × 10mm × 55mm，如果无法截取全尺寸试样，允许使用小尺寸试样（宽度为 7.5mm 和 5.0mm），其试验结果应分别不小于表中规定值的 75% 和 50%。
② 允许其中有 1 个试样（单个值）不低于规定平均值的 70%。
③ 焊接接头抗拉强度。

2.1.40　结构用无缝钢管［GB/T 8162—2018］

（1）中国 GB 标准结构用无缝钢管的钢材类别与钢号（表 2-1-171 和表 2-1-172）

表 2-1-171　结构用无缝钢管的钢材类别与钢号

钢材类别	钢　号	化学成分
优质碳素结构钢	10、15、20、25、35、45、20Mn、25Mn	见表 2-1-21
低合金高强度结构钢	Q345、Q390、Q420、Q460、Q500、Q620、Q690	见表 2-1-172
合金结构钢	40Mn2、45Mn2、27SiMn、40MnB、45MnB、20Mn2B、20Cr、30Cr、35Cr、40Cr、45Cr、50Cr、38CrSi、20CrMo、35CrMo、42CrMo、38CrMoAl、50CrVA、20CrMn、20CrMnSi、30CrMnSi、35CrMnSiA、20CrMnTi、30CrMnTi、12CrNi2、12CrNi3、12CrNi4、40CrNiMoA、45CrNiMoVA	见表 2-1-28

表 2-1-172 低合金高强度结构钢的化学成分（质量分数）（%）

牌号	质量等级	C	Si	Mn	P	S	Nb	V	Ti	Cr	Ni	Cu	N①	Mo	B	Al$_s$②
					≤											≥
Q345	A	0.20	0.50	1.70	0.035	0.035	—	—	—	0.30	0.50	0.20	0.012	0.10	—	—
	B				0.035	0.035										
	C				0.030	0.030	0.07	0.15	0.20							0.015
	D	0.18			0.030	0.025										
	E				0.025	0.020										
Q390	A	0.20	0.50	1.70	0.035	0.035	0.07	0.20	0.20	0.30	0.50	0.20	0.015	0.10	—	—
	B				0.035	0.035										
	C				0.030	0.030										
	D				0.030	0.025										0.015
	E				0.025	0.020										
Q420	A	0.20	0.50	1.70	0.035	0.035	0.07	0.20	0.20	0.30	0.80	0.20	0.015	0.20	—	—
	B				0.035	0.035										
	C				0.030	0.030										
	D				0.030	0.025										0.015
	E				0.025	0.020										
Q460	C	0.20	0.60	1.80	0.030	0.030	0.11	0.20	0.20	0.30	0.80	0.20	0.015	0.20	0.005	0.015
	D				0.025	0.025										
	E				0.025	0.020										
Q500	C	0.18	0.60	1.80	0.025	0.020	0.11	0.20	0.20	0.60	0.80	0.20	0.015	0.20	0.005	0.015
	D				0.025	0.015										
	E				0.020	0.010										
Q550	C	0.18	0.60	2.00	0.025	0.020	0.11	0.20	0.20	0.80	0.80	0.20	0.015	0.30	0.005	0.015
	D				0.025	0.015										
	E				0.020	0.010										
Q620	C	0.18	0.60	2.00	0.025	0.020	0.11	0.20	0.20	1.00	0.80	0.20	0.015	0.30	0.005	0.015
	D				0.025	0.015										
	E				0.020	0.010										
Q690	C	0.18	0.60	2.00	0.025	0.020	0.11	0.20	0.20	1.00	0.80	0.20	0.015	0.30	0.005	0.015
	D				0.025	0.015										
	E				0.020	0.010										

注：1. 除 Q345A、Q345B 牌号外，钢中应至少含有细化晶粒元素 Al、Nb、V、Ti 中的一种。根据需要，供方可添加其
中一种或几种细化晶粒元素，最大值应符合表中规定。组合加入时，Nb + V + Ti≤0.22% 。

　　2. 对于 Q345、Q390、Q420 和 Q460 牌号，Mo + Cr≤0.30% 。

　　3. 各牌号的 Cr、Ni 作为残余元素时，Cr、Ni 含量应各不大于 0.30% ；当需要加入时，其含量应符合表中规定或由
供方双方协商确定。

① 如供方能保证氮元素含量符合表中规定，可不进行氮含量分析。如果钢中加入 Al、Nb、V、Ti 等具有固氮作用的合
金元素，氮元素含量不作限制，固氮元素含量应在质量证明书中注明。

② 当采用全铝时，全铝含量 Al$_t$≥0.020% 。

（2）中国碳素结构钢和低合金高强度钢无缝钢管的力学性能（表 2-1-173）

表 2-1-173　碳素结构钢和低合金高强度钢无缝钢管的力学性能

牌　号	质量等级	R_m/MPa	$R_{eL}^{①}$/MPa			A（%）	冲击试验[②]	
			壁厚/mm				温度/℃	KV_2/J
			≤16	>16~30	>30			
			≥					≥
10	—	≥335	205	195	185	24	—	—
15	—	≥375	225	215	205	22	—	—
20	—	≥410	245	235	225	20	—	—
25	—	≥450	275	265	255	18	—	—
35	—	≥510	305	295	285	17	—	—
45	—	≥590	335	325	315	14	—	—
20Mn	—	≥450	275	265	255	20	—	—
25Mn	—	≥490	295	285	275	18	—	—
Q345	A	470~630	345	325	295	20	—	
	B						+20	
	C						0	34
	D					21	−20	
	E						−40	27
Q390	A	490~650	390	370	350	18	—	
	B						+20	
	C						0	34
	D					19	−20	
	E						−40	27
Q420	A	520~680	420	400	380	18	—	
	B						+20	
	C						0	34
	D					19	−20	
	E						−40	27
Q460	C	550~720	460	440	420	17	0	34
	D						−20	
	E						−40	27
Q500	C	610~770	500	480	440	17	0	55
	D						−20	47
	E						−40	31
Q550	C	670~830	550	530	490	16	0	55
	D						−20	47
	E						−40	31
Q620	C	710~880	620	590	550	15	0	55
	D						−20	47
	E						−40	31
Q690	C	770~940	690	660	620	14	0	55
	D						−20	47
	E						−40	31

① 拉伸试验时，如不能测定 R_{eL}，可测定 $R_{p0.2}$ 代替 R_{eL}。

② 如合同中无特殊规定，拉伸试验试样可沿钢管纵向或横向截取。如有分歧时，拉伸试验应以沿钢管纵向截取的试样作为仲裁试样。

（3）中国合金结构钢无缝钢管的力学性能（表 2-1-174）

表 2-1-174 合金结构钢无缝钢管的力学性能

牌 号	推荐的热处理制度[①]					拉伸性能[②]			HBW[⑧]
	淬火（正火）			回 火		R_m /MPa	R_{eL}[⑦] /MPa	A （%）	
	温度/°C		冷却剂	温度 /°C	冷却剂				
	第1次	第2次				≥			≤
40Mn2	840	—	水、油	540	水、油	885	735	12	217
45Mn2	840	—	水、油	550	水、油	885	735	10	217
27SiMn	920	—	水	450	水、油	980	835	12	217
40MnB[③]	850	—	油	500	水、油	980	785	10	207
45MnB[③]	840	—	油	500	水、油	1030	835	9	217
20Mn2B[③]、[④]	880	—	油	200	水、空	980	785	10	187
20Cr[④]、[⑤]	880	800	水、油	200	水、空	835	540	10	179
						785	490	10	179
30Cr	860	—	油	500	水、油	885	685	11	187
35Cr	860	—	油	500	水、油	930	735	11	207
40Cr	850	—	油	520	水、油	980	785	9	207
45Cr	840	—	油	520	水、油	1030	835	9	217
50Cr	830	—	油	520	水、油	1080	930	9	229
38CrSi	900	—	油	600	水、油	980	835	12	255
20CrMo[④]、[⑤]	880	—	水、油	500	水、油	885	685	11	197
						845	635	12	197
35CrMo	850	—	油	550	水、油	980	835	12	229
42CrMo	850	—	油	560	水、油	1080	930	12	217
38CrMoAl[④]	940	—	水、油	640	水、油	980	835	12	229
						930	785	14	229
50CrVA	860	—	油	500	水、油	1275	1130	10	255
20CrMn	850	—	油	200	水、空	930	735	10	187
20CrMnSi[⑥]	880	—	油	480	水、油	785	635	12	207
30CrMnSi[④]、[⑥]	880	—	油	520	水、油	1080	885	8	229
						980	835	10	229
35CrMnSiA[⑥]	880	—	油	230	水、空	1620	—	9	229
20CrMnTi[⑤]、[⑥]	880	870	油	200	水、空	1080	835	10	217
30CrMnTi[⑤]、[⑥]	880	850	油	200	水、空	1470	—	9	229
12CrNi2	860	780	水、油	200	水、空	785	590	12	207
12CrNi3	860	780	油	200	水、空	930	685	11	217
12Cr2Ni4	860	780	油	200	水、空	1080	835	10	269
40CrNiMoA	850	—	油	600	水、油	980	835	12	269
45CrNiMoVA	860	—	油	460	油	1470	1325	7	269

① 表中所列热处理温度允许调整范围：淬火 ±15℃，低温回火 ±20℃，高温回火 ±50℃。

② 拉伸试验时，可截取横向或纵向试样，有异议时，以纵向试样为仲裁依据。

③ 含硼钢在淬火前可先正火，正火温度应不高于其淬火温度。

④ 按需方指定的一组数据交货，当需方未指定时，可按其中任一组数据交货。

⑤ 含铬锰钛钢第一次淬火可用正火代替。

⑥ 于 280~320℃ 等温淬火。

⑦ 拉伸试验时，如不能测定 R_{eL}，可测定 $R_{p0.2}$ 代替 R_{eL}。

⑧ 钢管退火或高温回火交货状态布氏硬度。

2.1.41 机械结构用冷拔或冷轧精密焊接钢管 ［GB/T 31315—2014］

（1）中国 GB 标准机械结构用冷拔或冷轧精密焊接钢管的钢号与化学成分（表 2-1-175）

表 2-1-175　机械结构用冷拔或冷轧精密焊接钢管的钢号与化学成分（质量分数）（%）

钢号和代号		C	Si	Mn	P ≤	S ≤	Cr	Ni	Mo	其　他
GB	ISC									
Q195	U11952	≤0.12	≤0.30	≤0.50	0.035	0.040	≤0.30	≤0.30	—	Cu≤0.30
Q215A	U12152	≤0.15	≤0.35	≤1.20	0.045	0.050	≤0.30	≤0.30	—	Cu≤0.30
Q215B	U12155	≤0.15	≤0.35	≤1.20	0.045	0.045	≤0.30	≤0.30	—	Cu≤0.30
Q235A	U12352	≤0.22	≤0.35	≤1.40	0.045	0.050	≤0.30	≤0.30	—	Cu≤0.30
Q235B	U12355	≤0.20	≤0.35	≤1.40	0.045	0.045	≤0.30	≤0.30	—	Cu≤0.30
Q275A	U12752	≤0.24	≤0.35	≤1.50	0.045	0.050	≤0.30	≤0.30	—	Cu≤0.30
Q275B	U12755	≤0.22[①]	≤0.35	≤1.50	0.045	0.045	≤0.30	≤0.30	—	Cu≤0.30
Q345B	L03452	≤0.20	≤0.50	≤1.70	0.035	0.035	≤0.30	≤0.50	≤0.10	②
Q345C	L03452	≤0.20	≤0.50	≤1.70	0.030	0.030	≤0.30	≤0.50	≤0.10	Al_S≥0.015 + ②

① 厚度≤40mm 的钢材，C≤0.21%。

② Nb≤0.07%，Ti≤0.20%，V≤0.15%，Cu≤0.30%，N≤0.012%。

（2）中国机械结构用冷拔或冷轧精密焊接钢管的力学性能（表 2-1-176 和表 2-1-177）

表 2-1-176　机械结构用冷拔或冷轧精密焊接钢管的力学性能（一）

交货状态代号[①]	+C		+LC		+SR		
	R_m/MPa	A（%）	R_m/MPa	A（%）	R_m/MPa	$R_{eL}^{②}$/MPa	A（%）
钢号	≥		≥		≥		
Q195	420	6	370	10	370	260	18
Q215	450	6	400	10	400	290	16
Q235	490	6	440	10	440	325	14
Q275	560	5	510	8	510	375	12
Q345	640	4	590	6	590	435	10

① 交货状态代号：+C—冷拔或冷轧（硬态）；+LC—冷拔或冷轧（软态）；+SR—冷拔或冷轧后消除应力退火。

② 钢管外径≤30mm，壁厚≤3mm 者，其屈服强度下限可降低 10MPa。

表 2-1-177　机械结构用冷拔或冷轧精密焊接钢管的力学性能（二）

交货状态代号[①]	+A		+N		
	R_m/MPa	A（%）	R_m/MPa	$R_{eL}^{②}$/MPa	A（%）
钢号	≥			≥	
Q195	290	28	300～400	195	28
Q215	300	26	315～430	215	26
Q235	315	25	340～480	235	25
Q275	390	22	410～550	275	22
Q345	450	22	490～630	345	22

① 交货状态代号：+A—退火态；+N—正火态。

② 钢管外径≤30mm，壁厚≤3mm 者，其屈服强度下限可降低 10MPa。

2.1.42 起重机臂架用无缝钢管 ［GB 30584—2014］

（1）中国 GB 标准起重机臂架用无缝钢管的钢号与化学成分（表 2-1-178）

表 2-1-178　起重机臂架用无缝钢管的钢号与化学成分（质量分数）（%）

钢 号	C	Si	Mn	P ≤	S ≤	Cr	Ni	Mo	W	V	Al$_t$	其 他
BJ450	≤0.22	≤0.50	≤1.80	0.025	0.015	≤0.30	≤0.80	≤0.20	—	0.08 ~ 0.20	0.015 ~ 0.060	Nb≤0.11 Ti≤0.20 Cu≤0.35
BJ770	≤0.18	≤0.50	≤1.80	0.025	0.015	≤0.80	≤0.80	≤0.50	≤0.80	0.03 ~ 0.15	0.015 ~ 0.060	
BJ890	≤0.19	≤0.50	≤1.80	0.025	0.015	≤1.00	≤1.50	≤0.80	≤0.90	0.03 ~ 0.15	0.015 ~ 0.060	

（2）起重机臂架用无缝钢管的力学性能（表 2-1-179）

表 2-1-179　起重机臂架用无缝钢管的力学性能

钢号	拉 伸 试 验						冲 击 试 验			
	R_{eL} /MPa		R_m /MPa		A（%）		KV$_2$/J（-20℃）			
							纵向		横向	
	壁厚/mm						壁厚/mm			
	≤20	>20 ~ 40	≤20	>20 ~ 40	纵向	横向	≤20	>20 ~ 40	≤20	>20 ~ 40
	≥						≥			
BJ450	450	430	600 ~ 750	560 ~ 710	19	17	27	27	—	—
BJ770	770	700	820 ~ 1000	770 ~ 950	15	13	55	45	35	30
BJ890	890	850	960 ~ 1110	920 ~ 1070	14	12	55	45	35	30

注：钢管壁厚≥40mm 时，其拉伸性能的测试由供需双方协商确定。

2.1.43　大容积气瓶用无缝钢管 ［GB 28884—2012］

（1）中国 GB 标准大容积气瓶用无缝钢管的钢号与化学成分（表 2-1-180）

表 2-1-180　大容积气瓶用无缝钢管的钢号与化学成分（质量分数）（%）

钢号和代号[①]		C	Si	Mn	P ≤	S ≤	Cr	Mo	Ni	其 他
GB	ISC									
30CrMoE-1 (4130X)	A30316	0.25 ~ 0.35	0.15 ~ 0.35	0.40 ~ 0.90	0.020	0.010	0.80 ~ 1.10	0.15 ~ 0.25	≤0.30	Cu≤0.20
30CrMoE-2	A30306	0.26 ~ 0.34	0.17 ~ 0.37	0.40 ~ 0.70	0.020	0.010	0.80 ~ 1.10	0.15 ~ 0.25	≤0.30	Cu≤0.20
42CrMoE-1 (4142)	A30436	0.40 ~ 0.45	0.15 ~ 0.35	0.75 ~ 1.00	0.020	0.010	0.80 ~ 1.10	0.15 ~ 0.25	≤0.30	Cu≤0.20
42CrMoE-2	A30426	0.38 ~ 0.45	0.17 ~ 0.37	0.50 ~ 0.80	0.020	0.010	0.90 ~ 1.20	0.15 ~ 0.25	≤0.30	Cu≤0.20

① 括号内为旧钢号。

（2）大容积气瓶用无缝钢管的力学性能（表 2-1-181）

表 2-1-181　大容积气瓶用无缝钢管的力学性能

钢 号[①]	R_m/MPa	R_{eL}[②] /MPa	A（%）	R_{eL}/R_m（%）	KV$_2$/J（-40℃）≥		硬 度 HBW
	≥				平均值	单个值	
30CrMoE	720	485	20	≤86	40	32	≤269
42CrMoE	930	760	16	—	40	32	≤330

① 钢号 30CrMoE 的力学性能等同于 4130X；钢号 42CrMoE 的力学性能等同于 4142。

② 采用 R_{eL} 或 $R_{p0.2}$。

2.1.44 低压流体输送用焊接钢管 ［GB/T 3091—2015］

（1）中国 GB 标准低压流体输送用焊接钢管的钢号与化学成分（表 2-1-182）

表 2-1-182 低压流体输送用焊接钢管的钢号与化学成分（质量分数）（%）

钢号和代号		C	Si	Mn	P ≤	S ≤	其 他
GB	ISC						
Q195	U11952	≤0.12	≤0.30	≤0.50	0.035	0.040	Cr≤0.30 Ni≤0.30 Cu≤0.30
Q215A	U12152	≤0.15	≤0.35	≤1.20	0.045	0.050	
Q215B	U12155	≤0.15	≤0.35	≤1.20	0.045	0.045	
Q235A	U12352	≤0.22	≤0.35	≤1.40	0.045	0.050	
Q235B	U12355	≤0.20	≤0.35	≤1.40	0.045	0.045	
Q275A	U12752	≤0.24	≤0.35	≤1.50	0.045	0.050	
Q275B ≤0.40mm >0.40mm	U12755	≤0.21 ≤0.22	≤0.35	≤1.50	0.045	0.045	
Q345A	L03451	≤0.20	≤0.55	≤1.70	0.035	0.035	① + ②
Q345B	L03452	≤0.20	≤0.55	≤1.70	0.035	0.035	

① V≤0.15%，Nb≤0.07%，Ti≤0.20%。

② 残余元素含量：Cr≤0.30%，Ni≤0.50%，Mo≤0.10%，Cu≤0.30%。

（2）低压流体输送用焊接钢管的力学性能（表 2-1-183）

表 2-1-183 低压流体输送用焊接钢管的力学性能

钢 号	$R_{eL}^{①}$/MPa ≥		R_m/MPa ≥	$A^{①}$ （%） ≥	
	t≤16mm	t>16mm		D≤168.3mm	D>168.3mm
Q195②	195	185	315	15	20
Q215A，Q215B	215	205	335	15	20
Q235A，Q235B	235	225	370	15	20
Q275A，Q275B	275	265	410	13	18
Q345A，Q345B	345	325	470	13	18

① t—壁厚，D—外径。

② Q195 的 R_{eL} 不作交货条件，仅供参考。

2.1.45 弹簧钢热轧钢带 ［YB/T 4372—2014］

（1）中国 YB 标准弹簧钢热轧钢带的钢号与化学成分（表 2-1-184）

表 2-1-184 弹簧钢热轧钢带的钢号与化学成分（质量分数）（%）

钢号和代号		C	Si	Mn	P ≤	S ≤	Cr	Ni	其 他
GB	ISC								
65	U20652	0.62~0.70	0.17~0.37	0.50~0.80	0.035	0.035	≤0.25	≤0.25	Cu≤0.25
65Mn	U21652	0.62~0.70	0.17~0.37	0.90~1.20	0.035	0.035	≤0.25	≤0.25	Cu≤0.25
70	U20702	0.67~0.75	0.17~0.37	0.50~0.80	0.035	0.035	≤0.25	≤0.25	Cu≤0.25
85	U20852	0.82~0.90	0.17~0.37	0.50~0.80	0.035	0.035	≤0.25	≤0.25	Cu≤0.25
60Si2Mn	A11602	0.56~0.64	1.50~2.00	0.70~1.20	0.035	0.035	≤0.35	≤0.35	Cu≤0.25
60Si2MnA	A11603	0.56~0.64	1.60~2.00	0.70~1.20	0.025	0.025	≤0.35	≤0.35	Cu≤0.25
62Si2MnA	A11623	0.60~0.66	1.60~2.00	0.60~0.90	0.025	0.025	≤0.35	≤0.35	Cu≤0.25

（续）

钢号和代号		C	Si	Mn	P ≤	S ≤	Cr	Ni	其　他
GB	ISC								
60Si2CrVA	A21603	0.56~0.64	1.40~1.80	0.40~0.70	0.025	0.025	0.90~1.20	≤0.35	V0.10~0.20 Cu≤0.25
55SiCrA (55CrSiA)	A21553	0.51~0.59	1.20~1.60	0.50~0.80	0.025	0.025	0.50~0.80	≤0.35	Cu≤0.25
55CrMnA	A22553	0.52~0.60	0.17~0.37	0.65~0.95	0.025	0.025	0.65~0.95	≤0.35	Cu≤0.25
50CrVA	A23503	0.46~0.54	0.17~0.37	0.50~0.80	0.025	0.025	0.80~1.10	≤0.35	V0.10~0.20 Cu≤0.25

（2）弹簧钢热轧钢带的力学性能

根据需方要求，可对钢带的拉伸性能进行测定，具体要求由供需双方协商确定。钢带一般以不切边状态交货，根据需方要求，也可供其他特殊状态的钢带。

2.1.46　油淬火-回火弹簧钢丝 ［GB/T 18983—2017］

（1）中国 GB 标准油淬火-回火弹簧钢丝的标号与化学成分（表 2-1-185）

表 2-1-185　油淬火-回火弹簧钢丝的标号与化学成分（质量分数）（%）

代　号	C	Si	Mn	P ≤	S ≤	Cr	Ni	其　他
FDC	0.60~0.75	0.17~0.37	0.90~1.20	0.030	0.030	≤0.25	≤0.35	Cu≤0.25
TDC	0.60~0.75	0.17~0.37	0.90~1.20	0.030	0.030	≤0.25	≤0.35	Cu≤0.25
VDC	0.60~0.75	0.17~0.37	0.90~1.20	0.030	0.030	≤0.25	≤0.35	Cu≤0.25
FDCrV	0.46~0.54	0.17~0.37	0.50~0.80	0.025	0.020	0.80~1.10	≤0.35	V0.10~0.20 Cu≤0.25
TDCrV	0.46~0.54	0.17~0.37	0.50~0.80	0.025	0.020	0.80~1.10	≤0.35	
VDCrV	0.46~0.54	0.17~0.37	0.50~0.80	0.025	0.020	0.80~1.10	≤0.35	
FDSiMn	0.56~0.64	1.50~2.00	0.70~1.00	0.025	0.020	—	≤0.35	Cu≤0.25
TDSiMn	0.56~0.64	1.50~2.00	0.70~1.00	0.025	0.020	—	≤0.35	Cu≤0.25
FDSiCr	0.51~0.59	1.20~1.60	0.50~0.80	0.025	0.020	0.50~0.80	≤0.35	Cu≤0.25
TDSiCr	0.51~0.59	1.20~1.60	0.50~0.80	0.025	0.020	0.50~0.80	≤0.35	Cu≤0.25
VDSiCr	0.51~0.59	1.20~1.60	0.50~0.80	0.025	0.020	0.50~0.80	≤0.35	Cu≤0.25
VDSiCrV	0.62~0.70	1.20~1.60	0.50~0.80	0.025	0.020	0.50~0.80	≤0.35	V0.10~0.20 Cu≤0.12

（2）中国 GB 标准油淬火-回火弹簧钢丝的分类、代号与直径范围（表 2-1-186）

表 2-1-186　油淬火-回火弹簧钢丝的分类、代号与直径范围

分　类		静态级	耐中疲劳级	耐高疲劳级
抗拉强度	低强度	FDC	TDC	VDC
	中强度	FDCrV，FDSiMn	TDSiMn	VDCrV
	高强度	FDSiCr	TDSiCr-A	VDSiCr
	超高强度	—	TDSiCr-B，TDSiCr-C	VDSiCrV
直径范围/mm		0.50~18.00	0.50~18.00①	0.50~10.00

注：1. 静态级钢丝适用于一般用途弹簧，以代号 FD 表示。

2. 耐中疲劳级钢丝适用于一般强度离合器弹簧、悬架弹簧等，以代号 TD 表示。

3. 耐高疲劳级钢丝适用于剧烈运动场合的弹簧，例如阀门弹簧等，以代号 VD 表示。

① TDSiCr-B 和 TDSiCr-C 的直径范围为 8.0~18.0mm。

（3）中国 GB 标准油淬火-回火弹簧钢丝的力学性能

A）静态级和耐中疲劳级弹簧钢丝的力学性能（表 2-1-187）

表 2-1-187　静态级和耐中疲劳级弹簧钢丝的力学性能

直径范围 /mm	R_m/MPa						Z（%）$\geqslant$	
	FDC TDC	FDCrV-A TDCrV-A	FDSiMn TDSiMn	FDSiCr TDSiCr-A	TDSiCr-B	TDSiCr-C	FD	TD
0.50～0.80	1800～2100	1800～2100	1850～2100	2000～2250	—	—	—	—
>0.80～1.00	1800～2060	1780～2080	1850～2100	2000～2250	—	—	—	—
>1.00～1.30	1800～2010	1750～2010	1850～2100	2000～2250	—	—	45	45
>1.30～1.40	1750～1950	1750～1990	1850～2100	2000～2250	—	—	45	45
>1.40～1.60	1740～1890	1710～1950	1850～2100	2000～2250	—	—	45	45
>1.60～2.00	1720～1890	1710～1890	1820～2000	2000～2250	—	—	45	45
>2.00～2.50	1670～1820	1670～1830	1800～1950	1970～2140	—	—	45	45
>2.50～2.70	1640～1790	1660～1820	1780～1930	1950～2120	—	—	45	45
>2.70～3.00	1620～1770	1630～1780	1760～1910	1930～2100	—	—	45	45
>3.00～3.20	1600～1750	1610～1760	1740～1890	1910～2080	—	—	40	45
>3.20～3.50	1580～1730	1600～1750	1720～1870	1900～2060	—	—	40	45
>3.50～4.00	1550～1700	1560～1710	1710～1860	1870～2030	—	—	40	45
>4.00～4.20	1540～1690	1540～1690	1700～1850	1860～2020	—	—	40	45
>4.20～4.50	1520～1670	1520～1670	1690～1840	1850～2000	—	—	40	45
>4.50～4.70	1510～1660	1510～1660	1680～1830	1840～1990	—	—	40	45
>4.70～5.00	1500～1560	1500～1650	1670～1820	1830～1980	—	—	40	45
>5.00～5.60	1470～1620	1460～1610	1660～1810	1800～1950	—	—	35	40
>5.60～6.00	1460～1610	1440～1590	1650～1800	1780～1930	—	—	35	40
>6.00～6.50	1440～1590	1420～1570	1640～1790	1760～1910	—	—	35	40
>6.50～7.00	1430～1580	1400～1550	1630～1780	1740～1890	—	—	35	40
>7.00～8.00	1400～1550	1380～1530	1620～1770	1710～1860	—	—	35	40
>8.00～9.00	1380～1530	1370～1520	1610～1760	1700～1850	1750～1850	1850～1950	30	35
>9.00～10.00	1360～1510	1350～1500	1600～1750	1660～1810	1750～1850	1850～1950	30	35
>10.00～12.00	1320～1470	1320～1470	1580～1730	1660～1810	1750～1850	1850～1950	30	35
>12.00～14.00	1280～1430	1300～1450	1560～1710	1620～1770	1750～1850	1850～1950	30	35
>14.00～15.00	1270～1420	1290～1440	1550～1700	1620～1770	1750～1850	1850～1950	30	35
>15.00～17.00	1250～1400	1270～1430	1540～1690	1580～1730	1750～1850	1850～1950	30	35

注：1. 一盘（或一轴）内弹簧钢丝抗拉强度允许的波动范围为：FD 级钢丝不应超过 70MPa，D 级钢丝不应超过 60MPa。

2. 公称直径 >1.00mm 的钢丝应测定断面收缩率 Z。

3. FDSiMn 和 TDSiMn 的钢丝直径 ≤5mm 时，要求断面收缩率 $Z \geqslant 35\%$；直径 >5.00～14.0mm 时，要求断面收缩率 $Z \geqslant 30\%$。

B）耐高疲劳级弹簧钢丝的力学性能（表 2-1-188）

表 2-1-188　耐高疲劳级弹簧钢丝的力学性能

直径范围/mm	R_m/MPa				Z（%）$\geqslant$
	VDC	VDCrV	VDSiCr	VDSiCrV	
0.50～0.80	1700～2000	1750～1950	2080～2230	2230～2380	—
>0.80～1.00	1700～1950	1730～1930	2080～2230	2230～2380	—

（续）

直径范围/mm	R_m/MPa				Z（%）$\geqslant$
	VDC	VDCrV	VDSiCr	VDSiCrV	
>1.00~1.30	1700~1900	1700~1900	2080~2230	2230~2380	45
>1.30~1.40	1700~1850	1680~1860	2080~2230	2210~2360	45
>1.40~1.60	1670~1820	1660~1860	2050~2180	2210~2360	45
>1.60~2.00	1650~1800	1640~1800	2010~2110	2160~2310	45
>2.00~2.50	1630~1780	1620~1770	1960~2060	2100~2250	45
>2.50~2.70	1610~1760	1610~1760	1940~2040	2060~2210	45
>2.70~3.00	1590~1740	1600~1750	1930~2030	2060~2210	45
>3.00~3.20	1570~1720	1580~1730	1920~2020	2060~2210	45
>3.20~3.50	1550~1700	1560~1710	1910~2010	2010~2160	45
>3.50~4.00	1530~1680	1540~1690	1890~1990	2010~2160	45
>4.00~4.20	1510~1660	1520~1670	1860~1960	1960~2110	45
>4.20~4.50	1510~1660	1520~1670	1860~1960	1960~2110	45
>4.50~4.70	1490~1640	1500~1650	1830~1930	1960~2110	45
>4.70~5.00	1490~1640	1500~1650	1830~1930	1960~2110	45
>5.00~5.60	1470~1620	1480~1630	1800~1900	1910~2060	40
>5.60~6.00	1450~1600	1470~1620	1790~1890	1910~2060	40
>6.00~6.50	1420~1570	1440~1590	1760~1860	1910~2060	40
>6.50~7.00	1400~1550	1420~1570	1740~1840	1860~2010	40
>7.00~8.00	1370~1520	1410~1560	1710~1810	1860~2010	40
>8.00~9.00	1350~1500	1390~1540	1690~1790	1810~1960	35
>9.00~10.00	1340~1490	1370~1520	1670~1770	1810~1960	35

注：1. 一盘（或一轴）内弹簧钢丝抗拉强度允许的波动范围为：VD级钢丝不应超过50MPa。

　　2. 公称直径 >1.00mm 的钢丝应测定断面收缩率 Z。

2.1.47　非机械弹簧用碳素弹簧钢丝［YB/T 5220—2014］

（1）中国 YB 标准非机械弹簧钢丝的钢号与化学成分（表2-1-189）

表2-1-189　非机械弹簧钢丝的钢号与化学成分（质量分数）（%）

钢号和代号		C	Si	Mn	P $\leqslant$	S $\leqslant$	Cr	Ni	其　他
GB	ISC								
65	U20652	0.62~0.70	0.17~0.37	0.50~0.80	0.030	0.030	≤0.25	≤0.35	Cu≤0.25
65Mn	U21652	0.62~0.70	0.17~0.37	0.90~1.20	0.030	0.030	≤0.25	≤0.35	Cu≤0.25
70	U20702	0.67~0.75	0.17~0.37	0.50~0.80	0.030	0.030	≤0.25	≤0.35	Cu≤0.25
70Mn	U21702	0.67~0.75	0.17~0.37	0.90~1.20	0.030	0.030	≤0.25	≤0.35	Cu≤0.25
75	U20752	0.72~0.80	0.17~0.37	0.50~0.80	0.030	0.030	≤0.25	≤0.35	Cu≤0.25
80	U20802	0.77~0.85	0.17~0.37	0.50~0.80	0.030	0.030	≤0.25	≤0.35	Cu≤0.25
85	U20852	0.82~0.90	0.17~0.37	0.50~0.80	0.030	0.030	≤0.25	≤0.35	Cu≤0.25

（2）中国非机械弹簧钢丝的力学性能

非机械弹簧钢丝的抗拉强度应根据公称直径计算得出，钢丝的抗拉强度和组别见表2-1-190。

表 2-1-190　钢丝的抗拉强度和组别

组　别	直径范围/mm	R_m/MPa	组　别	直径范围/mm	R_m/MPa
A1	5.00 ~ 9.00	1180 ~ 1380	A6	0.30 ~ 1.80	>2180 ~ 2380
A2	3.20 ~ 8.00	>1380 ~ 1580	A7	0.30 ~ 1.20	>2380 ~ 2580
A3	1.60 ~ 6.00	>1580 ~ 1780	A8	0.30 ~ 0.90	>2580 ~ 2780
A4	0.60 ~ 4.00	>1780 ~ 1980	A9	0.20 ~ 0.80	>2780 ~ 2980
A5	0.30 ~ 3.00	>1980 ~ 2180	—	—	—

2.1.48　冷镦钢丝 ［GB/T 5953.1、2—2009，5953.3—2012］

（1）中国 GB 标准处理型冷镦钢丝 ［GB/T 5953.1—2009］

热处理冷镦钢丝交货状态的力学性能（表 2-1-191）

表 2-1-191　处理型冷镦钢丝交货状态的力学性能

牌　号[①]	钢丝公称直径/mm	SALD			SA		
		R_m/MPa	Z[②]（%）	HRB	R_m/MPa	Z[②]（%）	HRB
表面硬化型钢丝的力学性能							
ML10	≤6.00	420 ~ 620	≥55	—	300 ~ 450	≥60	≤75
	>6.00 ~ 12.00	380 ~ 560	≥55	—			
	>12.00 ~ 25.00	350 ~ 500	≥50	≤81			
ML15 ML15Mn ML18 ML18Mn ML20	≤6.00	440 ~ 640	≥55	—	350 ~ 500	≥60	≤80
	>6.00 ~ 12.00	400 ~ 580	≥55	—			
	>12.00 ~ 25.00	380 ~ 530	≥50	≤83			
ML20Mn ML16CrMn ML20MnA ML22Mn ML15Cr ML20Cr ML18CrMo	≤6.00	440 ~ 640	≥55	—	370 ~ 520	≥60	≤82
	>6.00 ~ 12.00	420 ~ 600	≥55	—			
	>12.00 ~ 25.00	400 ~ 550	≥50	≤85			
ML20CrMoA ML20CrNiMo	≤25.00	480 ~ 680	≥45	≤93	420 ~ 620	≥58	≤91
调质型碳素钢丝的力学性能							
ML25 ML25Mn ML30Mn ML30 ML35	≤6.00	490 ~ 690	≥55	—	380 ~ 560	≥60	≤86
	>6.00 ~ 12.00	470 ~ 650	≥55	—			
	>12.00 ~ 25.00	450 ~ 600	≥50	≤89			
ML40 ML35Mn	≤6.00	550 ~ 730	≥55	—	430 ~ 580	≥60	≤87
	>6.00 ~ 12.00	500 ~ 670	≥55	—			
	>12.00 ~ 25.00	450 ~ 600	≥50	≤89			
ML45 ML42Mn	≤6.00	590 ~ 760	≥55	—	450 ~ 600	≥60	≤89
	>6.00 ~ 12.00	570 ~ 720	≥55	—			
	>12.00 ~ 25.00	470 ~ 620	≥50	≤96			
调质型合金钢丝							
ML30CrMnSi	≤6.00	600 ~ 750	≥50	—	460 ~ 660	≥55	≤93
	>6.00 ~ 12.00	580 ~ 730		—			
	>12.00 ~ 25.00	550 ~ 700		≤95			

（续）

牌　号[1]	钢丝公称直径/mm	SALD			SA		
		R_m/MPa	Z[2]（%）	HRB	R_m/MPa	Z[2]（%）	HRB
调质型合金钢丝							
ML38CrA ML40Cr	≤6.00	530～730	≥50	—	430～600	≥55	≤89
	>6.00～12.00	500～650		—			
	>12.00～25.00	480～630		≤91			
ML30CrMo ML35CrMo	≤6.00	580～780	≥40	—	450～620	≥55	≤91
	>6.00～12.00	540～700	≥35	—			
	>12.00～25.00	500～650	≥35	≤92			
ML42CrMo ML40CrNiMo	≤6.00	590～790	≥50		480～730	≥55	≤97
	>6.00～12.00	560～760					
	>12.00～25.00	540～690		≤95			
含硼钢丝							
ML20B	≤25	≤600	≥55	≤89	≤550	≥65	≤85
ML28B		≤620	≥55	≤90	≤570	≥65	≤87
ML35B		≤630	≥55	≤91	≤580	≥65	≤88
ML20MnB		≤630	≥55	≤91	≤580	≥65	≤88
ML30MnB		≤660	≥55	≤93	≤610	≥65	≤90
ML35MnB		≤680	≥55	≤94	≤630	≥65	≤91
ML40MnB		≤680	≥55	≤94	≤630	≥65	≤91
ML15MnVB		≤660	≥55	≤93	≤610	≥65	≤90
ML20MnVB		≤630	≥55	≤91	≤580	≥65	≤88
ML20MnTiB		≤630	≥55	≤91	≤580	≥65	≤88

注：1. 公称直径 >25.00mm 的钢丝力学性能由供需双方协商确定。钢丝以直条或磨光状态交货时，力学性能允许有10%的波动。表中未列出牌号的力学性能由供需双方协商确定。
　　2. SALD—冷拉 + 球化退火 + 轻拉状态；SA—冷拉 + 球化退火状态。
[1] 牌号的化学成分可参考表 2-1-38。
[2] 直径 <3.00mm 的钢丝断面收缩率 Z 仅供参考。

（2）中国非热处理型冷镦钢丝［GB/T 5953.2—2009］
非热处理型冷镦钢丝的力学性能见表 2-1-192。

表 2-1-192　非热处理型冷镦钢丝的力学性能

牌　号[1]	钢丝公称直径 d/mm	R_m/MPa	Z（%）	HRB[2]
HD 工艺钢丝				
ML04Al ML08Al ML10Al	≤3.00	≥460	≥50	—
	>3.00～4.00	≥360	≥50	—
	>4.00～5.00	≥330	≥50	—
	>5.00～25.00	≥280	≥50	≤85
ML15Al ML15	≤3.00	≥590	≥50	—
	>3.00～4.00	≥490	≥50	—
	>4.00～5.00	≥420	≥50	—
	>5.00～25.00	≥400	≥50	≤89
ML18MnAl	≤3.00	≥850	≥35	—
ML20Al	>3.00～4.00	≥690	≥40	—
ML20	>4.00～5.00	≥570	≥45	—
ML22MnAl	>5.00～25.00	≥480	≥45	≤97

（续）

牌　号[1]	钢丝公称直径 d/mm	R_m/MPa	Z（%）	HRB[2]
SALD 工艺钢丝				
ML04Al ML08Al ML10Al	—	300 ~ 450	≥70	≤76
ML15Al ML15	—	340 ~ 500	≥65	≤81

注：1. 钢丝公称直径 >20mm 时，断面收缩率可降低 5%。

　　2. HD—冷拉；SALD—冷拉 + 球化退火 + 轻拉。

① 牌号的化学成分可参考表 2-1-38。

② 硬度值仅供参考。

（3）中国非调质型冷镦钢丝 ［GB/T 5953.3—2012］

A）非调质型冷镦钢丝的牌号与化学成分（表 2-1-193）

表 2-1-193　非调质型冷镦钢丝的牌号与化学成分（质量分数）（%）

牌号	C	Si	Mn	P≤	S≤	Nb	V	其他
MFT8	0.16 ~ 0.26	≤0.30	1.20 ~ 1.60	0.025	0.015	≤0.10	≤0.08	Ni≤0.20
MFT9	0.18 ~ 0.26	≤0.30	1.20 ~ 1.60	0.025	0.015	≤0.10	≤0.08	Cu≤0.20
MFT10	0.08 ~ 0.14	0.20 ~ 0.35	1.90 ~ 2.30	0.025	0.015	≤0.20	≤0.10	N≤0.08

B）非调质型冷镦钢丝的力学性能（表 2-1-194）

表 2-1-194　非调质型冷镦钢丝的力学性能

牌　号	R_m/MPa	$R_{p0.2}$/MPa	A（%）	Z（%）	HRC
			≥		
MFT8	810	640	12	52	22
MFT9	900	720	10	48	28
MFT10	1040	940	8	48	32

2.1.49　冷镦钢热轧盘条 ［GB/T 28906—2012］

（1）中国 GB 标准冷镦钢热轧盘条的牌号与化学成分（表 2-1-195）

表 2-1-195　冷镦钢热轧盘条的牌号与化学成分（质量分数）（%）

牌号和代号		C	Si	Mn	P≤	S≤	Cr	Al_t	其他
GB	ISC								
非热处理型盘条									
ML04Al	U40048	≤0.06	≤0.10	0.20 ~ 0.40	0.030	0.030	≤0.20	≥0.020	
ML06Al	U40068	≤0.08	≤0.10	0.30 ~ 0.60	0.030	0.030	≤0.20	≥0.020	
ML08Al	U40088	0.05 ~ 0.10	≤0.10	0.30 ~ 0.60	0.030	0.030	≤0.20	≥0.020	
ML10	U40102	0.08 ~ 0.13	0.10 ~ 0.30	0.30 ~ 0.60	0.030	0.030	≤0.20	—	
ML10Al	U40108	0.08 ~ 0.13	≤0.10	0.30 ~ 0.60	0.030	0.030	≤0.20	≥0.020	
ML12	U40122	0.10 ~ 0.15	0.10 ~ 0.30	0.30 ~ 0.60	0.030	0.030	≤0.20	—	Ni≤0.20
ML12Al	U40128	0.10 ~ 0.15	≤0.10	0.30 ~ 0.60	0.030	0.030	≤0.20	≥0.020	Cu≤0.20
ML15	U40152	0.13 ~ 0.18	0.10 ~ 0.30	0.30 ~ 0.60	0.030	0.030	≤0.20	—	
ML15Al	U40158	0.13 ~ 0.18	≤0.10	0.30 ~ 0.60	0.030	0.030	≤0.20	≥0.020	
ML20	U40202	0.18 ~ 0.23	0.10 ~ 0.30	0.30 ~ 0.60	0.030	0.030	≤0.20	—	
ML20Al	U40208	0.18 ~ 0.23	≤0.10	0.30 ~ 0.60	0.030	0.030	≤0.20	≥0.020	

（续）

牌号和代号 GB	ISC	C	Si	Mn	P≤	S≤	Cr	Al$_t$	其 他
表面硬化型盘条①									
ML18MnAl	U41198	0.15~0.20	≤0.10	0.60~0.90	0.025	0.025	≤0.20	≥0.020	
ML20MnAl	U41208	0.18~0.23	≤0.10	0.70~1.00	0.025	0.025	≤0.20	≥0.020	Ni≤0.20
ML15Cr	A20154	0.13~0.18	0.10~0.30	0.60~0.90	0.025	0.025	0.90~1.20	≥0.020	Cu≤0.20
ML20Cr	A20204	0.18~0.23	0.10~0.30	0.60~0.90	0.025	0.025	0.90~1.20	≥0.020	
调质型盘条									
ML25	U40252	0.23~0.28	0.10~0.25	0.30~0.60	0.025	0.025	≤0.20	≥0.020	Ni≤0.20
ML30	U40302	0.28~0.33	0.10~0.25	0.30~0.60	0.025	0.025	≤0.20	≥0.020	Cu≤0.20
ML35	U40352	0.33~0.38	0.10~0.25	0.30~0.60	0.025	0.025	≤0.20	≥0.020	
ML40	U40402	0.38~0.43	0.10~0.25	0.30~0.60	0.025	0.025	≤0.20	≥0.020	
ML45	U40452	0.43~0.48	0.10~0.25	0.30~0.60	0.025	0.025	≤0.20	≥0.020	
ML25Mn	U41252	0.23~0.28	0.10~0.25	0.60~0.90	0.025	0.025	≤0.20	≥0.020	
ML30Mn	U41302	0.28~0.33	0.10~0.25	0.60~0.90	0.025	0.025	≤0.20	≥0.020	
ML35Mn	U41352	0.33~0.38	0.10~0.25	0.60~0.90	0.025	0.025	≤0.20	≥0.020	
ML40Mn	U41402	0.38~0.43	0.10~0.25	0.60~0.90	0.025	0.025	≤0.20	≥0.020	Ni≤0.20
ML45Mn	U41452	0.43~0.48	0.10~0.25	0.60~0.90	0.025	0.025	≤0.20	≥0.020	Cu≤0.20
ML30Cr	A20304	0.28~0.33	0.10~0.30	0.60~0.90	0.025	0.025	0.90~1.20	≥0.020	
ML35Cr	A20354	0.33~0.38	0.10~0.30	0.60~0.90	0.025	0.025	0.90~1.20	≥0.020	
ML40Cr	A20404	0.38~0.43	0.10~0.30	0.60~0.90	0.025	0.025	0.90~1.20	≥0.020	
ML45Cr	A20454	0.43~0.48	0.10~0.30	0.60~0.90	0.025	0.025	0.90~1.20	≥0.020	
ML20CrMo	A30204	0.18~0.23	0.10~0.30	0.60~0.90	0.025	0.025	0.90~1.20	≥0.020	
ML25CrMo	A30254	0.23~0.28	0.10~0.30	0.60~0.90	0.025	0.025	0.90~1.20	≥0.020	Mo 0.15~0.30
ML30CrMo	A30304	0.28~0.33	0.10~0.30	0.60~0.90	0.025	0.025	0.90~1.20	≥0.020	
ML35CrMo	A30354	0.33~0.38	0.10~0.30	0.60~0.90	0.025	0.025	0.90~1.20	≥0.020	Ni≤0.20
ML40CrMo	A30404	0.38~0.43	0.10~0.30	0.60~0.90	0.025	0.025	0.90~1.20	≥0.020	Cu≤0.20
ML45CrMo	A30454	0.43~0.48	0.10~0.30	0.60~0.90	0.025	0.025	0.90~1.20	≥0.020	
含硼调质型盘条									
ML20B	A70204	0.18~0.23	0.10~0.30	0.60~0.90	0.025	0.025	≤0.20	≥0.020	
ML25B	A70254	0.23~0.28	0.10~0.30	0.60~0.90	0.025	0.025	≤0.20	≥0.020	
ML30B	A70304	0.28~0.33	0.10~0.30	0.60~0.90	0.025	0.025	≤0.20	≥0.020	
ML35B	A70354	0.33~0.38	0.10~0.30	0.60~0.90	0.025	0.025	≤0.20	≥0.020	B 0.0008~0.0035
ML15MnB	A71154	0.14~0.20	0.10~0.30	1.20~1.60	0.025	0.025	≤0.20	≥0.020	
ML20MnB	A71204	0.18~0.23	0.10~0.30	0.80~1.10	0.025	0.025	≤0.20	≥0.020	Ni≤0.20
ML25MnB	A71254	0.23~0.28	0.10~0.30	0.90~1.20	0.025	0.025	≤0.20	≥0.020	Cu≤0.20
ML30MnB	A71304	0.28~0.33	0.10~0.30	0.90~1.20	0.025	0.025	≤0.20	≥0.020	
ML35MnB	A71354	0.33~0.38	0.10~0.30	1.10~1.40	0.025	0.025	≤0.20	≥0.020	
ML40MnB	A71404	0.38~0.43	0.10~0.30	1.10~1.40	0.025	0.025	≤0.20	≥0.020	
ML15MnVB	A73154	0.13~0.18	0.10~0.30	1.20~1.60	0.025	0.025	≤0.20	≥0.020	B 0.0008~0.0035 V0.07~0.12
ML20MnVB	A73204	0.18~0.23	0.10~0.30	1.20~1.60	0.025	0.025	≤0.20	≥0.020	Ni≤0.20 Cu≤0.20
ML20MnTiB	A74204	0.18~0.23	0.10~0.30	1.30~1.60	0.025	0.025	≤0.20	≥0.020	B 0.0008~0.0035 Ni≤0.20 Cu≤0.20

① 非热处理型 ML10、ML10Al、ML12、ML12Al、ML15、ML15Al、ML20、ML20Al 的八个牌号，也适用表面硬化型盘条。

（2）中国 GB 标准非热处理型冷镦钢热轧盘条的力学性能（表 2-1-196）

表面硬化型和调质型冷镦钢（包括含硼钢）热轧盘条一般不做力学性能验收，如需方要求时，其热轧状态或热处理试样的力学性能由供需双方协商确定，并在合同中注明。

表 2-1-196 非热处理型冷镦钢热轧盘条的力学性能

牌　号	R_m/MPa	A（%）	钢号	R_m/MPa	Z（%）
	≥			≥	
ML04Al	440	60	ML12Al	510	52
ML06Al	460	60	ML15	530	50
ML08Al	470	60	ML15Al	530	50
ML10	490	55	ML20	580	45
ML10Al	490	55	ML20Al	580	45
ML12	510	52	—	—	—

2.1.50 预应力钢丝和钢绞线用热轧盘条 ［GB/T 24238—2017］

（1）中国 GB 标准预应力钢丝和钢绞线用热轧盘条的钢号与化学成分（表 2-1-197）

表 2-1-197 预应力钢丝和钢绞线用热轧盘条的钢号与化学成分（质量分数）（%）

钢　号	C	Si	Mn	P≤	S≤	Cr	Ni	其　他
YL72B	0.70 ~ 0.75	0.10 ~ 0.30	0.60 ~ 0.90	0.025	0.025	≤0.10	≤0.10	Cu≤0.20
YL77B	0.75 ~ 0.80	0.10 ~ 0.30	0.60 ~ 0.90	0.025	0.025	≤0.35	≤0.10	Cu≤0.20
YL82B	0.80 ~ 0.85	0.10 ~ 0.30	0.60 ~ 0.90	0.025	0.025	≤0.35	≤0.10	V≤0.15，Cu≤0.20
YL87B	0.85 ~ 0.90	0.10 ~ 0.30	0.60 ~ 0.90	0.025	0.025	≤0.35	≤0.10	Cu≤0.20

注：1. 未经需方同意，供方不应有意向钢中添加（本表规定范围以外的）其他合金元素。

2. 如需要更改规定的化学元素含量（或增减化学元素）时，可由供需双方协商确定。

3. 经供需双方协商，可降低碳含量下限 0.01% 或提高碳含量上限 0.01%。

4. 若用于镀锌，钢中硅含量由供需双方协商确定。

5. 经供需双方协商，不是有意添加铬元素的钢，其 Cr + Ni + Cu≤0.30%。

6. 钢号 YL87B 的钒含量，由供方根据需要确定。

（2）中国预应力钢丝和钢绞线用热轧盘条的力学性能（表 2-1-198）

表 2-1-198 预应力钢丝和钢绞线用热轧盘条的力学性能

钢　号	R_m/MPa	Z（%）	钢号	R_m/MPa	Z（%）
	直径 5.5 ~ 10.0mm			直径 10.5 ~ 16.0mm	
YL72B	990 ~ 1110	≥30	YL72B	970 ~ 1090	≥25
YL77B	1120 ~ 1250	≥30	YL77B	1100 ~ 1230	≥25
YL82B	1150 ~ 1300	≥30	YL82B	1130 ~ 1290	≥25
YL87B	协议	≥30	YL87B	协议	≥25

注：1. 表中性能值为盘条自然时效数值。

2. 直径为 5.5 ~ 10.0mm 的小规格盘条，时效期 15 天；直径为 10.5 ~ 16.0mm 的盘条，时效期 20 天。

2.1.51　预应力混凝土用钢丝［GB/T 5223—2014］

（1）中国预应力混凝土用钢丝的分类和代号

a. 钢丝按加工状态分为两类：WCD——冷拉钢丝；WLR——低松弛钢丝。

b. 钢丝按外形分为三种：P——光圆钢丝；H——螺旋肋钢丝；I——刻痕钢丝。

c. 钢丝宜选用符合 GB/T 24238—2009 规定的牌号制造：如 YL72A、YL72B、YL77A、YL77B、YL82A、YL82B、YL87A、YL87B，各牌号的化学成分见表 2-1-187。

（2）中国预应力混凝土用钢丝的力学性能

A）压力管道用无涂（镀）层冷拉钢丝的力学性能（表 2-1-199）

表 2-1-199　压力管道用无涂（镀）层冷拉钢丝的力学性能

公称直径 d_n/mm	公称抗拉强度 R_m/MPa	最大力的特征值 F_m/kN	最大力的最大值 $F_{m.max}$/kN	0.2%屈服力 $F_{p0.2}$/kN	每 210mm 扭矩的扭转次数 N	Z（%）
					≥	
4.00		18.48	20.99	13.86	10	35
6.00	1470	41.56	47.21	31.17	8	30
8.00		73.88	83.93	55.41	7	30
4.00		19.73	22.24	14.80	10	35
6.00	1570	44.38	50.03	33.29	8	30
8.00		78.91	88.96	59.18	7	30
4.00		20.99	23.50	15.74	10	35
6.00	1670	47.21	52.86	35.41	8	30
8.00		83.93	93.99	62.95	6	30
4.00		22.25	24.76	16.69	10	35
6.00	1770	50.04	55.69	37.53	8	30
7.00		68.11	75.81	51.08	6	30

注：1. 公称直径的规格（mm）分为：4.00、5.00、6.00、7.00、8.00。表中仅选其一部分。

　　2. 这类冷拉钢丝的氢脆敏感性能：当载荷为最大力70%时，断裂时间应≥75h。

　　3. 这类冷拉钢丝的应力松弛性能：初始力为最大力70%时，1000h 应力松弛率应≤7.5%。

B）消除应力的光圆钢丝与螺旋肋钢丝的力学性能（表 2-1-200）

消除应力的刻痕钢丝的力学性能，除弯曲次数外，其他性能同表 2-1-199。消除应力的刻痕钢丝，其所有规格的弯曲次数均应不小于 3 次。

表 2-1-200　消除应力的光圆钢丝与螺旋肋钢丝的力学性能

公称直径 d_n/mm	公称抗拉强度 R_m/MPa	最大力的特征值 F_m/kN	最大力的最大值 $F_{m.max}$/kN	0.2%屈服力 $F_{p0.2}$/kN	反复弯曲性能	
				≥	弯曲次数/（次/180°）	弯曲半径 R/mm
4.00		18.48	20.99	16.22	≥3	10
6.00		41.56	47.21	36.47	≥4	15
7.50	1470	64.94	73.78	56.99	≥4	20
9.50		104.19	118.37	91.44	≥4	25
12.00		166.26	188.88	145.90	—	—

（续）

公称直径 d_n/mm	公称抗拉强度 R_m/MPa	最大力的特征值 F_m/kN	最大力的最大值 $F_{m.max}$/kN	0.2%屈服力 $F_{p0.2}$/kN $\geq$	反复弯曲性能	
					弯曲次数/ （次/180°）	弯曲半径 R/mm
4.00	1570	19.73	22.24	17.47	≥3	10
6.00		44.38	50.03	39.06	≥4	15
7.50		69.36	78.20	61.04	≥4	20
9.50		111.28	125.46	97.93	≥4	25
12.00		177.57	200.19	156.28	—	
4.00	1670	20.99	23.50	18.47	≥3	10
6.00		47.21	52.86	41.54	≥4	15
7.50		73.78	82.62	64.93	≥4	20
9.00		106.25	118.97	93.50	≥4	25
4.00	1770	22.25	24.76	19.58	≥3	10
6.00		50.04	55.69	44.03	≥4	15
7.50		78.20	87.70	68.81	≥4	20
4.00	1870	23.38	25.89	20.57	≥3	10
6.00		52.58	58.23	46.27	≥4	15
7.00		71.57	79.27	62.98	≥4	20

注：1. 公称直径的规格（mm）分为：4.00、4.80、5.00、6.00、6.25、7.00、7.50、8.00、9.00、9.50、10.00、11.00、12.00；有的规格（mm）分为：4.00、5.00、6.00、7.00、7.50。表中仅选其一部分。

2. 这类消除应力钢丝的最大力总伸长率（$L_0=200mm$）A_{gt}应≥3.5%。

3. 这类消除应力钢丝的应力松弛性能：初始力为最大力70%时，1000h应力松弛率应≥2.5%；初始力为最大力80%时，1000h应力松弛率应≤4.5%。

2.1.52   建筑用钢筋和盘条［GB/T 13788，GB 1499，GB/T 34206，GB/T 33959 等］

（1）中国建筑用钢筋和盘条的牌号与化学成分（表2-1-201 和表2-1-202）

表 2-1-201　建筑用钢筋和盘条的牌号与化学成分（质量分数）（%）（一）

牌号或 强度级别	盘条牌号	C	Si	Mn	P ≤	S ≤	其 他
钢筋混凝土用冷轧带肋钢筋（GB/T 13788—2017）[1]							
CRB 550	Q235	0.14~0.22	≤0.30	0.30~0.65	0.045	0.045	—
CRB 650	Q235	0.14~0.22	≤0.30	0.30~0.65	0.045	0.045	—
CRB 800	24MnTi	0.19~0.27	0.17~0.37	1.20~1.60	0.045	0.045	Ti 0.01~0.05
	20MnSi	0.17~0.25	0.40~0.80	1.20~1.60	0.045	0.045	—
CRB 600H	—	≤0.28	≤0.80	≤1.60	0.045	0.045	—
钢筋混凝土用热轧光圆钢筋（GB 1499.1—2017）							
HPB 300		≤0.25	≤0.55	≤1.50	0.045	0.045	
钢筋混凝土用热轧带肋钢筋（GB 1499.2—2018）[2]							
HRB 400	—	≤0.25	≤0.80	≤1.60	0.045	0.045	CE≤0.54[3]
HRBF 400							

（续）

牌号或 强度级别	盘条牌号	C	Si	Mn	P ≤	S ≤	其 他
钢筋混凝土用热轧带肋钢筋 （GB 1499.2—2018）[②]							
HRB 400E	—	≤0.25	≤0.80	≤1.60	0.045	0.045	CE≤0.54[③]
HRBF 400E	—						
HRB 500	—	≤0.25	≤0.80	≤1.60	0.045	0.045	CE≤0.55[③]
HRBF 500	—						
HRB 500E	—	≤0.25	≤0.80	≤1.60	0.045	0.045	CE≤0.55[③]
HRBF 500E	—						
HRB 600	—	≤0.28	≤0.80	≤1.60	0.045	0.045	CE≤0.58[③]
预应力混凝土用螺纹钢筋 （GB/T 20065—2016）							
PSB 785	—	—	—	—	0.035	0.035	除磷、硫外，其他化学成分由钢厂选定，但必须满足规定的力学性能
PSB 830	—	—	—	—	0.035	0.035	
PSB 930	—	—	—	—	0.035	0.035	
PSB 1080	—	—	—	—	0.035	0.035	
PSB 1200	—	—	—	—	0.035	0.035	
预应力混凝土钢棒用热轧盘条 （GB/T 24587—2009）							
—	30MnSi	0.28~0.33	0.70~1.10	0.90~1.30	0.025	0.025	Cr≤0.25
—	30Si2Mn	0.28~0.33	1.55~1.85	0.60~0.90	0.025	0.025	Ni≤0.25
—	35Si2Mn	0.34~0.38	1.55~1.85	0.60~0.90	0.025	0.025	Cu≤0.20
—	35Si2Cr	0.34~0.38	1.55~1.85	0.40~0.70	0.025	0.025	Cr 0.30~0.60，Ni≤0.25，Cu≤0.20
—	40Si2Mn	0.38~0.43	1.45~1.85	0.80~1.20	0.025	0.025	Cr≤0.25，Ni≤0.25 Cu≤0.20
—	48Si2Mn	0.46~0.51	1.45~1.85	0.80~1.20	0.025	0.025	
—	45Si2Cr	0.43~0.48	1.55~1.95	0.40~0.70	0.025	0.025	Cr 0.30~0.60 Ni≤0.25，Cu≤0.20
冷轧带肋钢筋用热轧盘条 （GB/T 28899—2012）							
CRB 550	CRW·Q235	0.14~0.22	≤0.30	0.30~0.65	0.045	0.045	—
CRB 650		0.14~0.22	≤0.30	0.30~0.65	0.045	0.045	—
CRB 800	CRW·24MnTi	0.19~0.27	0.17~0.37	1.20~1.60	0.045	0.045	Ti 0.01~0.05
	CRW·20MnSi	0.17~0.25	0.40~0.80	1.20~1.60	0.045	0.045	—
CRB 970	CRW·41MnSiV	0.37~0.45	0.60~1.10	1.00~1.40	0.045	0.045	V 0.05~0.12
	CRW·60	0.57~0.65	0.17~0.37	0.50~0.80	0.035	0.035	—
	CRW·65	0.62~0.78	0.17~0.37	0.50~0.80	0.035	0.035	—
钢筋混凝土用耐蚀钢筋 （GB/T 33953—2017）							
HRB 400a HRB 400a E	—	≤0.21	≤0.80	≤1.60	0.060~0.150	0.030	Cu 0.20~0.60
HRB 500a HRB 500a E	—	≤0.21	≤0.80	≤1.60	0.060~0.150	0.030	Cu 0.20~0.60

（续）

牌号或强度级别	盘条牌号	C	Si	Mn	P ≤	S ≤	其 他
钢筋混凝土用耐蚀钢筋（GB/T 33953—2017）							
HRB 400c HRB 400c E	—	≤0.21	≤0.80	≤1.60	0.030	0.030	Cr 0.25 ~ 0.70 Ni≤0.65
HRB 500c HRB 500c E	—	≤0.21	≤0.80	≤1.60	0.030	0.030	Cr 0.25 ~ 0.70 Ni≤0.65

① GB/T 13788—2017 标准中未列出 CRB 680H 和 CRB 800H 的化学成分。

② 钢筋混凝土用热轧带肋钢筋的氮含量应≤0.012%。若钢中有足够数量的氮结合元素，氮含量可适当放宽。

③ 碳当量计算公式：CE = C + Mn/6 + (Cr + Mo + V)/5 + (Ni + Cu)/15。

表 2-1-202　建筑用钢筋和盘条的牌号与化学成分（质量分数）（%）（二）

牌号或强度级别	盘条牌号	C≤	Si≤	Mn≤	P≤	S≤	Cr	Mo	Ni	其 他
海洋工程混凝土用高耐蚀性合金钢筋（GB/T 34206—2017）										
HRB 400M HRB 400MF	—	0.08	0.80	2.50	0.020	0.020	7.50 ~ 10.0	0.80 ~ 1.80	—	V 0.03 ~ 0.15 Cu≤0.30 Sn≤0.30
HRB 500M HRB 500MF	—	0.08	0.80	2.50	0.020	0.020				
钢筋混凝土用不锈钢钢筋（GB/T 33959—2017）①										
S30408	06Cr19Ni10	0.08	1.00	2.00	0.045	0.030	18.00 ~ 20.0	—	8.00 ~ 11.0	
S30453	022Cr19Ni10N	0.030	1.00	2.00	0.045	0.030	18.0 ~ 20.0	—	8.00 ~ 11.0	N 0.10 ~ 0.16
S31608	06Cr17Ni12Mo2	0.08	1.00	2.00	0.045	0.030	16.0 ~ 18.0	2.00 ~ 3.00	10.0 ~ 14.0	
S31653	022Cr17Ni12Mo2N	0.030	1.00	2.00	0.045	0.020	16.0 ~ 18.0	2.00 ~ 3.00	10.0 ~ 13.0	N 0.10 ~ 0.16
S22253	022Cr22Ni5Mo3N	0.030	1.00	2.00	0.030	0.030	21.0 ~ 23.0	2.50 ~ 3.50	4.50 ~ 6.50	N 0.08 ~ 0.20
S23043	022Cr23Ni4MoCuN	0.030	1.00	2.50	0.035	0.030	21.50 ~ 24.50	0.05 ~ 0.60	3.00 ~ 3.50	Cu 0.05 ~ 0.60 N0.08 ~ 0.20
S22553	022Cr25Ni6Mo2N	0.030	1.00	2.00	0.035	0.030	24.00 ~ 26.00	1.20 ~ 2.50	5.50 ~ 6.50	N 0.10 ~ 0.20
S25073	022Cr25Ni7Mo4N	0.030	0.80	1.20	0.035	0.020	24.00 ~ 26.00	3.00 ~ 5.00	6.00 ~ 8.00	Cu≤0.50 N 0.24 ~ 0.32
S11203	022Cr12	0.030	1.00	1.00	0.040	0.030	11.00 ~ 13.50	—	(≤0.60)②	—

① 数字代号开头：S3 为奥氏体型不锈钢，S2 为奥氏体-铁素体型不锈钢，S1 为铁素体型不锈钢。

② 括号内数字为允许的元素含量。

（2）中国建筑用冷轧和热轧钢筋的力学性能

A）冷轧带肋钢筋的力学性能和工艺性能（GB/T 13788—2018）（表 2-1-203）

表 2-1-203 冷轧带肋钢筋的力学性能和工艺性能

分 类	牌 号	$R_{p0.2}$/MPa	R_m/MPa	A/A_{100}（%）	A_{gt}（%）	弯曲性能		应力松弛性能
						反复弯曲次数 N	冷弯试验[①]180°	应力松弛率[③]（初始应力 $0.7R_m$）
		≥						
普通钢筋混凝土用	CRB 550	500	550	11.0（A）	2.5	—	$D = 3d$	—
	CRB 600H	540	600	14.0（A）	5.0	—	$D = 3d$	—
	CRB 680H[②]	600	680	14.0（A）	5.0	4	$D = 3d$	≤5
预应力混凝土用	CRB 650	585	650	4.0(A_{100})	2.5	3	—	≤8
	CRB 800	720	800	4.0(A_{100})	2.5	3	—	≤8
	CRB 800H	720	800	7.0(A_{100})	4.0	4	—	≤5

① D 为弯心直径，d 为钢筋公称直径。

② 当该牌号钢筋作为普通钢筋混凝土用钢筋使用时，对反复弯曲和应力松弛不做要求；当该牌号钢筋作为预应力混凝土用钢筋使用时应进行反复弯曲试验代替180°弯曲试验，并检测松弛率。

③ 1000h 的应力松弛率。

B）热轧光圆钢筋的力学性能（GB 1499.1—2017）（表 2-1-204）

表 2-1-204 热轧光圆钢筋的力学性能

牌 号	R_{eL}/MPa	R_m/MPa	A（%）	A_{gt}（%）	冷弯试验 180° a—试样厚度 d—弯心直径
	≥				
HPB 300	300	420	25	10.0	$d = a$

C）热轧带肋钢筋的力学性能（GB 1499.2—2018）（表 2-1-205）

表 2-1-205 热轧带肋钢筋的力学性能

牌 号	R_{eL}/MPa	R_m/MPa	A(%)	A_{gt}（%）	$R_m^{\circ}/R_{eL}^{\circ}$	R_{eL}°/R_{eL}
	≥				≤	
HRB 400 HRBF 400	400	540	16	7.5	—	—
HRB 400 E HRBF 400 E	400	540	—	9.0	1.25	1.30
HRB 500 HRBF 500	500	630	15	7.5	—	—
HRB 500 E HRBF 500 E	500	630	—	9.0	1.25	1.30
HRB 600	600	730	14	7.5	—	—

注：R_m° 为钢筋实测的抗拉强度；R_{eL}° 为钢筋实测的下屈服强度。

（3）中国预应力混凝土用钢筋或盘条的力学性能

A）预应力混凝土用螺纹钢筋的力学性能（GB/T 20065—2016）（表 2-1-206）

表 2-1-206　预应力混凝土用螺纹钢筋的力学性能

钢　号	$R_{eL}^{①}$/MPa	R_m/MPa	$A^{②}$（%）	$A_{gt}^{③}$（%）	应力松弛性能	
					初始应力	应力松弛率 $V_t^{②}$（%）≤
	≥					
PSB 785	785	980	8	3.5	$0.7R_m$	4.0
PSB 830	830	1030	7	3.5	$0.7R_m$	4.0
PSB 930	930	1080	7	3.5	$0.7R_m$	4.0
PSB 1080	1080	1230	6	3.5	$0.7R_m$	4.0
PSB 1200	1200	1330	6	3.5	$0.7R_m$	4.0

① 当屈服现象不显明时，可采用 $R_{p0.2}$。
② 1000h 后的应力松弛率。
③ 最大力下总延伸率。

B）预应力混凝土钢棒用热轧盘条的力学性能（GB/T 24587—2009）

根据需方要求，盘条可以进行力学性能检测，检测项目和性能指标由供需双方协商确定。

C）冷轧带肋钢筋用热轧盘条的力学性能和工艺性能（GB/T 28899—2012）（表 2-1-207）

表 2-1-207　冷轧带肋钢筋用热轧盘条的力学性能和工艺性能

牌　号	R_m/MPa	$A^{①}$（%）	180°冷弯试验[②] d—弯心直径 a—试样直径
	≥		
CRW · Q235	440	26	$d=0.5a$
CRW · 20MnSi	510	17	$d=3a$
CRW · 24MnTi	510	17	$d=3a$
CRW · 41MnSiV	700	13	$d=4a$
CRW · 60	700	13	$d=4a$
CRW · 65	700	13	$d=4a$

① 当盘条直径≥12mm 时，断后伸长率 A 则降低 1%。
② 直径 >12mm 的盘条，冷弯性能由供需双方协商确定。

（4）中国耐蚀钢筋和不锈钢钢筋的力学性能

A）钢筋混凝土用耐蚀钢筋的力学性能（GB/T 33953—2017）（表 2-1-208）

表 2-1-208　钢筋混凝土用耐蚀钢筋的力学性能

牌　号	R_{eL}/MPa	R_m/MPa	A（%）	$A_{gt}^{①}$（%）	$R_m^{°}/R_{eL}^{°}$	$R_{eL}^{°}/R_{eL}$
	≥					≤
HRB 400a HRB 400c	400	540	16	7.5	—	—
HRB 400aE HRB 400cE	400	540	—	9.0	1.25	1.30
HRB 500a HRB 500c	500	630	15	7.5	—	—

（续）

牌　号	R_{eL}/MPa	R_m/MPa	A（%）	$A_{gt}^{①}$（%）	$R_m^{\circ}/R_{eL}^{\circ}$	R_{eL}°/R_{eL}
	≥					≤
HRB 500a E HRB 500c E	500	630	—	9.0	1.25	1.30

注：R_m° 为钢筋实测的抗拉强度；R_{eL}° 为钢筋实测的下屈服强度。

① 最大力总延伸率。

B）海洋工程混凝土用高耐蚀性合金钢筋的力学性能（GB/T 34206—2017）（表 2-1-209）

表 2-1-209　海洋工程混凝土用高耐蚀性合金钢筋的力学性能

牌号	R_{eL}/MPa	R_m/MPa	A（%）	$A_{gt}^{①}$（%）	$R_m^{\circ}/R_{eL}^{\circ}$	R_{eL}°/R_{eL}
	≥			≥	≥	≤
HRB400 M	400	540	16	7.5	—	—
HRB400 ME	400	540	16	9.0	1.25	1.30
HRB500 M	500	630	15	7.5	—	—
HRB500 ME	500	630	15	9.0	1.25	1.30

注：R_m° 为钢筋实测的抗拉强度；R_{eL}° 为钢筋实测的下屈服强度。

① 最大力总延伸率。

C）钢筋混凝土用不锈钢钢筋的力学性能（GB/T 33959—2017）（表 2-1-210）

表 2-1-210　钢筋混凝土用不锈钢钢筋的力学性能

牌　号	R_{eL}/MPa	R_m/MPa	A（%）	$A_{gt}^{①}$（%）
	≥			
HPB300S	300	420	25	10.0
HPB400S	400	540	16	7.5
HPB500S	500	630	15	7.5

注：钢筋混凝土用不锈钢钢筋的力学性能是按照钢筋牌号表示的，表中：HPB300S——热轧光圆不锈钢钢筋；HPB400S 和 HPB500S——热轧带肋不锈钢钢筋。

① 最大力总延伸率。

2.1.53　钢筋混凝土用余热处理钢筋 ［GB/T 13014—2013］

（1）中国 GB 标准钢筋混凝土用余热处理钢筋的钢号与化学成分（表 2-1-211）

表 2-1-211　钢筋混凝土用余热处理钢筋的钢号与化学成分（质量分数）（%）

牌　号	C	Si	Mn	P≤	S≤	Cr	Ni	其　他
RRB400	≤0.30	≤1.00	≤1.60	0.045	0.045	≤0.30	≤0.30	
RRB500	≤0.30	≤1.00	≤1.60	0.045	0.045	≤0.30	≤0.30	Cr + Ni + Cu≤0.60 Cu≤0.20，N≤0.012
RRB400W	≤0.25	≤0.80	≤1.60	0.045	0.045	≤0.30	≤0.30	

（2）钢筋混凝土用余热处理钢筋的力学性能（表 2-1-212）

表 2-1-212　钢筋混凝土用余热处理钢筋的力学性能

牌　号	拉伸试验				180°弯曲试验[3]	
	$R_{eL}^{[2]}$/MPa	R_m/MPa	A（%）	$A_{gt}^{[4]}$（%）	下列公称直径/mm	
	≥				8 ~ 25	28 ~ 40
RRB400	400	540	14	5.0	$d=4a$	$d=5a$
RRB500	500	630	15	5.0	$d=6a$	—
RRB400W[1]	430	570	16	7.5	$d=4a$	$d=5a$

① 牌号 RRB400W 的碳当量 CE = 0.50%。
② 无明显屈服时，可测量 $R_{p0.2}$ 代替下屈服强度 R_{eL}。
③ 弯曲试验：a—公称直径，d—弯心直径。
④ 最大力总伸长率。

2.2　国际标准化组织（ISO）

A. 通用结构用钢

2.2.1　一般用途结构钢

（1）ISO 标准一般用途结构钢（S 系列）［ISO 630-2（2011）］
A）一般用途结构钢（S 系列）的钢号与化学成分（表 2-2-1）

表 2-2-1　一般用途结构钢（S 系列）的钢号与化学成分（质量分数）（%）

钢　号[1]	钢材厚度/mm	C[2]	Si	Mn	P[3] ≤	S[3],[4] ≤	Cu[5]	其　他[6]	脱氧方法[7]
S235-B	≤40	≤0.17	—	≤1.40	0.035	0.035	≤0.55	N≤0.012	FN
	>40	≤0.20	—	≤1.40	0.035	0.035	≤0.55		FN
S235-C	16 ~ 40	≤0.17	—	≤1.40	0.030	0.030	≤0.55	N≤0.012	FN
	>40	≤0.17	—	≤1.40	0.030	0.030	≤0.55		FN
S235-D	16 ~ 40	≤0.17	—	≤1.40	0.025	0.025	≤0.55	—	FF
	>40	≤0.17	—	≤1.40	0.025	0.025	≤0.55		FF
S275-B	≤40	≤0.21	—	≤1.50	0.035	0.035	≤0.55	N≤0.012	FN
	>40	≤0.22	—	≤1.50	0.035	0.035	≤0.55		FN
S275-C	16 ~ 40	≤0.18	—	≤1.50	0.030	0.030	≤0.55	N≤0.012	FN
	>40	≤0.18	—	≤1.50	0.030	0.030	≤0.55		FN
S275-D	16 ~ 40	≤0.18	—	≤1.50	0.025	0.025	≤0.55	—	FF
	>40	≤0.18	—	≤1.50	0.025	0.025	≤0.55		FF
S355-B	16 ~ 40	≤0.24	≤0.55	≤1.60	0.035	0.035	≤0.55	N≤0.012	FN
	>40	≤0.24	≤0.55	≤1.60	0.035	0.035	≤0.55		FN
S355-C	≤40	≤0.20	≤0.55	≤1.60	0.030	0.030	≤0.55	N≤0.012	FN
	>40	≤0.22	≤0.55	≤1.60	0.030	0.030	≤0.55		FN
S355-D	≤40	≤0.20	≤0.55	≤1.60	0.025	0.025	≤0.55	—	FF
	>40	≤0.22	≤0.55	≤1.60	0.025	0.025	≤0.55		FF
S450-C[8]	≤40	≤0.20	≤0.55	≤1.70	0.030	0.030	≤0.55	N≤0.012[8]	FF
	>40	≤0.22	≤0.55	≤1.70	0.030	0.030	≤0.55		FF

① 后缀字母 B、C、D 为质量等级代号。
② 对于标称厚度 >100mm 的截面，C 含量由协议规定。
③ 对于型钢和棒材，P 和 S 的含量可增加 0.005%。
④ 对于型钢和棒材，S 的含量取最大值。经双方同意，可将 S 含量增加 0.015%，以提高可切削加工性能。若对钢材进行改善硫化物形态的处理，允许 Ca 含量 >0.0020%。
⑤ 在热成形过程中，Cu >0.40% 时会引起热脆性。
⑥ 如果钢中全铝含量下限为 0.015% 或酸溶铝下限为 0.013%，则此氮含量不适用。
⑦ 代号：FN——非沸腾钢；FF——完全脱氧钢。
⑧ 仅适用于长条材。允许添加 Nb≤0.05%，Ti≤0.05%，V≤0.13%。

B）一般用途结构钢（S 系列）的碳当量（表2-2-2）

表 2-2-2 一般用途结构钢（S 系列）的碳当量

钢　号	质量等级	碳当量 CE（%）					脱氧方法①
		≤30	>30～40	>40～150	>150～250	>250～400	
S235	B，C	0.35	0.35	0.38	0.40	—	FN
	D	0.35	0.35	0.38	0.40	0.40	FF
S275	B，C	0.40	0.40	0.42	0.44	—	FN
	D	0.40	0.40	0.42	0.44	0.44	FF
S355	B，C	0.45	0.47	0.47	0.49	—	FN
	D	0.45	0.47	0.47	0.49	0.49	FF
S450	C	0.47	0.49	0.49	—	—	FF

① 代号：FN—非沸腾钢；FF—完全脱氧钢。

C）一般用途结构钢（S 系列）的力学性能（表2-2-3～表2-2-5）

表 2-2-3 一般用途结构钢（S 系列）的拉伸性能（一）

钢　号	质量等级	R_{eH}/MPa ≥								
		≤16	>16～40	>40～63	>63～80	>80～100	>100～150	>150～200	>200～250	>250～400
S235	B，C	235	225	215	215	215	195	185	175	—
	D	235	225	215	215	215	195	185	175	165
S275	B，C	275	265	255	245	235	225	215	205	—
	D	275	265	255	245	235	225	215	205	195
S355	B，C	355	345	335	325	315	295	285	275	—
	D	355	345	335	325	315	295	285	275	265
S450	C	450	430	410	390	380	380	—	—	—

表 2-2-4 一般用途结构钢（S 系列）的拉伸性能（二）

钢号	质量等级	$R_m^①$/MPa				$A^①$（%）≥						
		≥3～100	>100～150	>150～250	>250～400	试样②	≥3～40	>40～63	>63～100	>100～150	>150～250	>250～400
S235	B，C	360～510	350～500	340～490	—	L	26	25	24	22	21	21
	D	360～510	350～500	340～490	330～480	T	24	23	22	22	21	21
S275	B，C	410～560	400～540	380～540	—	L	23	22	21	19	18	18
	D	410～560	400～540	380～540	380～540	T	21	20	19	19	17	17
S355	B，C	470～630	450～600	450～600	—	L	22	21	20	18	17	17
	D	470～630	450～600	450～600	450～600	T	20	19	18	18	17	17
S450	C	550～720	530～700	—	—	L	17	17	17	17	—	—

① 试样标距的数据：$L_0 = 5.65\sqrt{S_0}$。

② 试样取向代号：L—纵向，T—横向。

表 2-2-5 一般用途结构钢（S 系列）的冲击性能

钢　号	质量等级	试验温度	KV/J ≥		
			下列厚度时/mm		
			≤150①	>150～250②	>250～400③
S235	B	20℃	27	27	—
	C	0℃	27	27	—
	D	-20℃	27	27	27
S275	B	20℃	27	27	—
	C	0℃	27	27	—
	D	-20℃	27	27	27

（续）

钢　号	质量等级	试验温度	KV/J ≥		
			下列厚度时/mm		
			≤150①	>150~250②	>250~400③
S355	B	20℃	27	27	—
	C	0℃	27	27	—
	D	-20℃	27	27	27
S450④	C	0℃	27	—	—

① 适用于标称厚度≤12mm 的产品。
② 对于标称厚度>100mm 的截面，应另行商定。
③ 适用于钢板等扁平产品。
④ 适用于长条型产品。

（2）ISO 标准一般用途结构钢（SG 系列）[ISO 630-2（2011）]
A）一般用途结构钢（SG 系列）的钢号与化学成分（表2-2-6）

表 2-2-6　一般用途结构钢（SG 系列）的钢号与化学成分（质量分数）（%）

钢　号	质量等级	C	Si	Mn	P ≤	S ≤	Cr	Cu	V	其　他
SG205	A	—	≤0.55	—	0.040	0.050	—	—	—	—
	B	≤0.20	≤0.55	≤1.40	0.040	0.050	—	—	—	—
	C	≤0.17	≤0.55	≤1.40	0.040	0.050	—	—	—	—
	D	≤0.17	≤0.55	≤1.40	0.040	0.050	—	—	—	—
SG250	A	—	≤0.55	—	0.040	0.050	—	—	—	—
	B	≤0.22	≤0.55	≤1.50	0.040	0.050	—	—	—	—
	C	≤0.20	≤0.55	≤1.50	0.040	0.050	—	—	—	—
	D	≤0.20	≤0.55	≤1.50	0.040	0.050	—	—	—	—
SG285	A	—	≤0.55	—	0.040	0.050	—	—	—	—
	B	≤0.24	≤0.55	≤1.60	0.040	0.050	—	—	—	—
	C	≤0.22	≤0.55	≤1.60	0.040	0.050	—	—	—	—
	D	≤0.22	≤0.55	≤1.60	0.040	0.050	—	—	—	—
SG345	A	—	≤0.55	—	0.040	0.050	≤0.35	≤0.60	≤0.15	Nb≤0.05 Ti≤0.04 +①
	B	≤0.24	≤0.55	≤1.70	0.040	0.050	≤0.35	≤0.60	≤0.15	
	C	≤0.22	≤0.55	≤1.70	0.040	0.050	≤0.35	≤0.60	≤0.15	
	D	≤0.22	≤0.55	≤1.70	0.040	0.050	≤0.35	≤0.60	≤0.15	

① 其他元素含量：Ni≤0.45%，Mo≤0.15%，V + Nb≤0.15%。

B）一般用途结构钢（SG 系列）的碳当量和"S 系列"相同（见表2-2-2）
C）一般用途结构钢（SG 系列）的力学性能（表2-2-7 和表2-2-8）

表 2-2-7　一般用途结构钢（SG 系列）的拉伸性能

钢　号	质量等级	R_{eH}/MPa ≥					R_m /MPa	A（%） ≥		
		下列厚度时/mm						下列厚度时/mm		
		≤16	>16~40	>40~100	>100~200	>200		试样①	≤50②	≤200②
SG205	A，B	205	195	185	175	165	335~495	21	26	24
	C，D	205	195	185	175	165	335~495	21	26	24
SG250	A，B	260	240	230	220	210	400~560	18	23	20
	C，D	260	240	230	220	210	400~560	18	23	20

（续）

钢 号	质量等级	R_{eH}/MPa ≥					R_m /MPa	$A(\%)$ ≥		
		下列厚度时/mm						下列厚度时/mm		
		≤16	>16~40	>40~100	>100~200	>200		试样[①]	≤50[②]	≤200[②]
SG285	A，B	285	275	265	255	245	490~650	17	21	19
	C，D	285	275	265	255	245	490~650	17	21	19
SG345	A，B	345	335	325	315	305	540~695	17	19	17
	C，D	345	335	325	315	305	540~695	17	19	17

① 试样标距的数据：$L_0 = 5.65\sqrt{S_0}$。
② 试样取向：纵向。

表2-2-8 一般用途结构钢（SG系列）的冲击性能

钢 号	质量等级	标称厚度[①] /mm	KV/J ≥		
			下列温度时/℃		
			-20	0	+20
SG205	B	200	—	—	27
	C	200	—	27	—
	D	200	27	—	—
SG250	B	200	—	—	27
	C	200	—	27	—
	D	200	27	—	—

钢 号	质量等级	标称厚度[①] /mm	KV/J ≥	
			温度	冲击值
SG285	B	200	20℃	27
	C	200	0℃	27
	D	200	-20℃	27
SG345	B	200	20℃	27
	C	200	0℃	27
	D	200	-20℃	27

① 经供需双方商定，也适用于标称厚度250mm的产品。

2.2.2 细晶粒结构钢

（1）ISO标准细晶粒结构钢（正火或正火-热轧态）[ISO 630-3（2012）]

A）细晶粒结构钢（正火或正火-热轧态）的钢号与化学成分（表2-2-9）

表2-2-9 细晶粒结构钢（正火或正火-热轧态）的钢号与化学成分（质量分数）（%）

钢 号[①]	质量等级	C	Si	Mn	P[②] ≤	S[②,③] ≤	Cr	Ni	Mo	V	其 他[④,⑤]
S275N	D	≤0.18	≤0.40	0.50~1.50	0.030	0.025	≤0.30	≤0.30	≤0.10	≤0.05	Nb≤0.05，Ti≤0.05 Al≤0.02，Cu≤0.55 N≤0.015
	E	≤0.16	≤0.40	0.50~1.50	0.025	0.020	≤0.30	≤0.30	≤0.10	≤0.05	
S355N	D	≤0.20	≤0.50	0.90~1.65	0.030	0.025	≤0.30	≤0.50	≤0.10	≤0.12	
	E	≤0.18	≤0.50	0.90~1.65	0.025	0.020	≤0.30	≤0.50	≤0.10	≤0.12	
S420N	D	≤0.20	≤0.60	1.00~1.70	0.030	0.025	≤0.30	≤0.80	≤0.10	≤0.20	Nb≤0.05，Ti≤0.05 Al≤0.02，Cu≤0.55 N≤0.025
	E	≤0.20	≤0.60	1.00~1.70	0.025	0.020	≤0.30	≤0.80	≤0.10	≤0.20	
S460N[⑥]	D	≤0.20	≤0.60	1.00~1.70	0.030	0.025	≤0.30	≤0.80	≤0.10	≤0.20	
	E	≤0.20	≤0.60	1.00~1.70	0.025	0.020	≤0.30	≤0.80	≤0.10	≤0.20	

① 牌号S×××N为正火状态产品（下同）。
② 对于长条型产品，P和S含量允许提高0.005%。
③ 对于某些用途（如铁道等），经供需双方商定，S≤0.010%。
④ 如果钢中固定氮的其他元素足够多时，表中全铝的含量不适用。
⑤ 在热成形过程中，Cu>0.40%时会引起热脆性。
⑥ V+Nb+Ti≤0.22%，Mo+Cr≤0.30%。

B) 细晶粒结构钢（正火态）的碳当量（表 2-2-10）

表 2-2-10　细晶粒结构钢（正火态）的碳当量

钢　号	质量等级	碳当量 CE（%）		
		下列厚度时/mm		
		≤63	>63～100	>100～250
S275N	D，E	0.40	0.40	0.42
S355N	D，E	0.43	0.45	0.45
S420N	D，E	0.48	0.50	0.52
S460N	D，E	0.53	0.54	0.55

C) 细晶粒结构钢（正火或正火-热轧态）的力学性能（表 2-2-11 和表 2-2-12）

表 2-2-11　细晶粒结构钢（正火或正火-热轧态）的拉伸性能（一）

钢　号	质量等级	R_{eH}（$R_{p0.2}$）/MPa　≥							
		下列厚度时/mm							
		≤16	>16～40	>40～63	>63～80	>80～100	>100～150	>150～200	>200～250
S275N	D，E	275	265	255	245	235	225	215	205
S355N	D，E	355	345	335	325	315	295	285	275
S420N	D，E	420	400	390	370	360	340	330	320
S460N	D，E	460	440	430	410	400	380	370	370

表 2-2-12　细晶粒结构钢（正火或控轧态）的拉伸性能（二）

钢　号	质量等级	R_m/MPa			A（%）　≥					
		下列厚度时/mm			下列厚度时/mm					
		≤100	>100～200	>200～250	≤16	>16～40	>40～63	>63～80	>80～200	>200～250
S275N	D，E	370～510	350～480	350～480	24	24	24	23	23	23
S355N	D，E	470～630	450～600	450～600	22	22	22	21	21	21
S420N	D，E	520～680	500～650	500～650	19	19	19	18	18	18
S460N	D，E	540～720	530～710	510～690	17	17	17	17	17	16

（2）ISO 标准细晶粒结构钢（热机械轧制态）[ISO 630-3（2012）]

A) 细晶粒结构钢（热机械轧制态）的钢号与化学成分（表 2-2-13）

表 2-2-13　细晶粒结构钢（热机械轧制态）的钢号与化学成分（质量分数）（%）

钢号[1]	质量等级	C	Si	Mn	P[2] ≤	S[2,3] ≤	Cr	Ni	Mo	V	其　他[4,5]
S275M[6]	D	≤0.13	≤0.50	≤1.50	0.030	0.025	≤0.30	≤0.30	≤0.10	≤0.08	Nb≤0.05，Ti≤0.05 Al≤0.02，Cu≤0.55 N≤0.015
	E	≤0.13	≤0.50	≤1.50	0.025	0.020	≤0.30	≤0.30	≤0.10	≤0.08	
S355M[6]	D	≤0.14	≤0.50	≤1.60	0.030	0.025	≤0.30	≤0.50	≤0.10	≤0.10	
	E	≤0.14	≤0.50	≤1.60	0.025	0.020	≤0.30	≤0.50	≤0.10	≤0.10	
S420M[7]	D	≤0.16	≤0.50	≤1.70	0.030	0.025	≤0.30	≤0.80	≤0.20	≤0.12	Nb≤0.05，Ti≤0.05 Al≤0.02，Cu≤0.55 N≤0.025
	E	≤0.16	≤0.50	≤1.70	0.025	0.020	≤0.30	≤0.80	≤0.20	≤0.12	
S460M[7]	D	≤0.16	≤0.60	≤1.70	0.030	0.025	≤0.30	≤0.80	≤0.20	≤0.12	
	E	≤0.16	≤0.60	≤1.70	0.025	0.020	≤0.30	≤0.80	≤0.20	≤0.12	

① 牌号 S×××M 为热机械轧制产品（下同）。

② 对于长条型产品，P 和 S 含量允许提高 0.005%。

③ 对于某些用途（如铁道等），经供需双方商定，S≤0.010%。

④ 表中为全铝。如果钢中固定氮的其他元素足够多时，表中全铝的含量不适用。

⑤ 在热成形过程中，Cu>0.40% 时会引起热脆性。

⑥ 对于长条型产品的碳含量，S275M 的 C≤0.15%，S355M 的 C≤0.16%。

⑦ 对于长条型产品的碳含量，S420M 和 S460M 的 C≤0.18%。

B）细晶粒结构钢（热机械轧制态）的碳当量（表2-2-14）

表2-2-14　细晶粒结构钢（热机械轧制态）的碳当量

钢　号	质量等级	碳当量 CE（%）				
		下列厚度时/mm				
		≤16	>16~40	>40~63	>63~120	>120~150
S275M	D，E	0.34	0.34	0.35	0.38	0.38
S355M	D，E	0.39	0.39	0.40	0.45	0.45
S420M	D，E	0.43	0.45	0.46	0.47	0.47
S460M	D，E	0.45	0.46	0.47	0.48	0.48

C）细晶粒结构钢（热机械轧制态）的力学性能（表2-2-15 和表2-2-16）

表2-2-15　细晶粒结构钢（热机械轧制态）的拉伸性能（一）

钢　号	质量等级	R_{eH}（$R_{p0.2}$）/MPa ≥					
		下列厚度时/mm					
		≤16	>16~40	>40~63	>63~80	>80~100	>100~120
S275M	D，E	275	265	255	245	245	240
S355M	D，E	355	345	335	325	325	320
S420M	D，E	420	400	390	380	370	365
S460M	D，E	460	440	430	410	400	385

表2-2-16　细晶粒结构钢（热机械轧制态）的拉伸性能（二）

钢号	质量等级	$R_m^{①}$/MPa					$A^{①}$（%）≥
		下列厚度时/mm					
		≤40	40~63	63~80	80~100	100~120	
S275M	D，E	370~530	360~520	350~510	350~510	350~510	24
S355M	D，E	470~630	450~610	440~600	440~600	430~590	22
S420M	D，E	520~680	500~660	480~640	470~630	460~620	19
S460M	D，E	540~720	530~710	510~690	500~680	490~660	17

① 标距：$L_0 = 5.65\sqrt{S_0}$。

2.2.3　高屈服强度结构钢

（1）ISO 标准高屈服强度结构钢（S 系列，调质态）［ISO 630-4（2012）］

A）高屈服强度结构钢（S 系列）的钢号与化学成分（表2-2-17）

表2-2-17　高屈服强度结构钢（S 系列）的钢号与化学成分（质量分数）（%）

钢　号	质量等级	C	Si	Mn	P ≤	S ≤	Cr	Ni	Mo	Cu	其　他
S460Q S500Q S550Q	D	≤0.20	≤0.80	≤1.70	0.025	0.015	≤1.50	≤2.00	≤0.70	≤0.50	Nb≤0.06，Ti≤0.05 V≤0.12，Zr≤0.15 N≤0.015，B≤0.005 Al_S≤0.015①
	E，F	≤0.20	≤0.80	≤1.70	0.020	0.010	≤1.50	≤2.00	≤0.70	≤0.50	
S620Q S690Q S890Q	D	≤0.20	≤0.80	≤1.70	0.025	0.015	≤1.50	≤2.00	≤0.70	≤0.50	
	E，F	≤0.20	≤0.80	≤1.70	0.020	0.010	≤1.50	≤2.00	≤0.70	≤0.50	
S960Q	D，E	≤0.20	≤0.80	≤1.70	0.020	0.010	≤1.50	≤2.00	≤0.70	≤0.50	

① 表中为酸溶铝含量，如改用全铝，其含量为 0.018%。

B) 高屈服强度结构钢（S 系列）的碳当量（表 2-2-18）

表 2-2-18　高屈服强度结构钢（S 系列）的碳当量

钢　号	质量等级	碳当量 CE（%）		
		下列厚度时/mm		
		≤50	50～100	100～150
S460Q	D，E，F	0.47	0.48	0.50
S500Q	D，E，F	0.47	0.70	0.70
S550Q	D，E，F	0.65	0.77	0.83
S620Q	D，E，F	0.65	0.77	0.83
S690Q	D，E，F	0.65	0.77	0.83
S890Q	D，E，F	0.72	0.82	—
S960Q	D，E	0.82	—	—

C) 高屈服强度调质结构钢（S 系列）的力学性能（表 2-2-19 和表 2-2-20）

表 2-2-19　高屈服强度调质结构钢（S 系列）的拉伸性能

钢　号	质量等级	R_{eH}（$R_{p0.2}$）/MPa　≥			R_m/MPa			$A^{①}$（%）≥
		下列厚度时/mm			下列厚度时/mm			
		3～50	50～100	100～150	3～50	50～100	100～150	
S460Q	D，E，F	460	440	400	550～720	550～720	500～670	17
S500Q	D，E，F	500	480	440	590～770	590～770	540～720	17
S550Q	D，E，F	550	530	490	640～820	640～820	590～770	16
S620Q	D，E，F	620	580	560	700～890	700～890	650～830	15
S690Q	D，E，F	690	650	630	770～940	760～930	710～900	14
S890Q	D，E，F	890	830	—	940～1100	880～1100	—	11
S960Q	D，E	960	—	—	980～1150	—	—	10

① 试样标距：$L_0 = 5.65\sqrt{S_0}$。

表 2-2-20　高屈服强度调质结构钢（S 系列）的冲击性能

钢　号	质量等级	$KV^{①}$/J　≥			
		下列温度时			
		0℃	-20℃	-40℃	-60℃
S460Q，S500Q S550Q	D	40	30	—	—
	E	50	40	30	—
	F	60	50	40	30
S620Q，S690Q S890Q，S960Q	D	40	30	—	—
	E	50	40	30	—
	F	60	50	40	30

① 除非另有规定，通常每种质量等级的测试温度都与确定的能量值相对应。

（2）ISO 标准高屈服强度钢（SG 系列，调质态）［ISO 630-4（2012）］

A) 高屈服强度结构钢（SG 系列）的钢号与化学成分（表 2-2-21）

表 2-2-21　高屈服强度结构钢（SG 系列）的钢号与化学成分（质量分数）（%）

钢　号	质量等级	C	Si	Mn	P ≤	S ≤	Cr	Ni	Mo	Cu	其　他
SG460Q	A，C，D	0.18	≤0.55	≤1.60	0.035	0.035	—	—	—	—	—
SG500Q	A，C，D	0.22	≤0.55	≤2.00	0.035	0.040	—	—	≤0.05	—	Nb≤0.05，V≤0.11
SG700Q	A，D，E	0.21	≤0.80	≤2.00	0.035	0.035	≤2.00	≤1.50	≤0.60	—	①

① Nb≤0.06%，V≤0.10%，Ti≤0.10%，B≤0.006%，Zr≤0.15%。

B）高屈服强度调质结构钢（SG 系列）的碳当量（表 2-2-22）

表 2-2-22 高屈服强度调质结构钢（SG 系列）的碳当量

钢　号	质量等级	碳当量 CE（%）	
		下列厚度时/mm	
		≤50	>50~100
SG460Q	A，C，D	0.44	0.47
SG500Q	A，C，D	0.47	0.50
SG700Q	A，D，E	0.60	0.63

C）高屈服强度调质结构钢（SG 系列）的力学性能（表 2-2-23 和表 2-2-24）

表 2-2-23 高屈服强度结构钢（SG 系列）的力学性能（Ⅰ）

钢　号	质量等级	R_{eH}/MPa　≥				R_m/MPa	$A(\%)$　≥		
		下列厚度时/mm					下列厚度时/mm		
		≤16	>16~40	>40~100	>100~150		试样[1]	≤50[2]	≤200[2]
SG460Q	A，C，D	460	450	420	—	570~720	15	20	15
SG500Q	A，C，D	500	500	500	—	600~760	17	19	17
SG700Q	A，D，E	690	690	620	620	760~930	14	16	14

① 试样标距的数据：$L_0 = 5.65\sqrt{S_0}$。

② 试样取向：纵向。

表 2-2-24 高屈服强度结构钢（SG 系列）的冲击性能

钢　号	质量等级	KV/J　≥			厚度/mm ≤
		下列温度时/℃			
		0	-20	-40	
SG460Q	A	—	—	—	100
	C	27	—	—	100
	D	—	27	—	100
SG500Q	A	—	—	—	100
	C	27	—	—	100
	D	—	27	—	100
SG700Q	A	—	—	—	150
	D	—	27	—	150
	E	—	—	27	150

2.2.4 耐候钢（抗大气腐蚀钢）

（1）ISO 标准耐候钢（S 系列）［ISO 630-5（2014）］

A）耐候钢（S 系列）的钢号与化学成分（表 2-2-25）

表 2-2-25 耐候钢（S 系列）的钢号与化学成分（质量分数）（%）

钢号	质量等级	C	Si	Mn	P ≤	S ≤	Cr	Cu	N[2]	其　他	脱氧方法[4]
S235W[1]	C	≤0.13	≤0.40	0.20~0.60	0.035	0.035	0.40~0.80	0.25~0.55	≤0.009	Ni≤0.65	FN
	D	≤0.13	≤0.40	0.20~0.60	0.035	0.030	0.40~0.80	0.25~0.55	—	Ni≤0.65[3]	FF
S355W[1]	C	≤0.16	≤0.50	0.50~1.50	0.035	0.035	0.40~0.80	0.25~0.55	≤0.009	Ni≤0.65，Mo≤0.30 Zr≤0.15	FN
	D	≤0.16	≤0.50	0.50~1.50	0.030	0.030	0.40~0.80	0.25~0.55	—	Ni≤0.65，Mo≤0.30 Zr≤0.15[3]	FF
	D1	≤0.16	≤0.50	0.50~1.50	0.030	0.030	0.40~0.80	0.25~0.55	—		FF

（续）

钢 号	质量等级	C	Si	Mn	P ≤	S ≤	Cr	Cu	N[2]	其他	脱氧方法[4]
S355WP[1]	C	≤0.12	≤0.75	≤1.00	0.06 ~ 0.15	0.035	0.30 ~ 1.25	0.25 ~ 0.55	≤0.009	Ni≤0.65	FN
	D	≤0.12	≤0.75	≤1.00	0.06 ~ 0.15	0.030	0.30 ~ 1.25	0.25 ~ 0.55	—	Ni≤0.65[3]	FF

① 各钢号的碳当量：S235W—≤0.44，S355W—≤0.52，S355WP—≤0.52。
② 如果钢中全铝的含量为 0.020% 时，表中的氮含量不适用。
③ 这些钢号应至少含有下列元素之一：Al_t≤0.020%，Nb≤0.015%，Ti = 0.02% ~ 0.10%，V = 0.02% ~ 0.12%。
④ FN—非沸腾钢；FF—完全脱氧钢。

B) 耐候钢（S 系列）的力学性能（表 2-2-26 ~ 表 2-2-28）

表 2-2-26 耐候钢（S 系列）的拉伸性能（一）

钢 号	质量等级	R_{eH}/MPa ≥						R_m/MPa		
		下列厚度时/mm						下列厚度时/mm		
		≤16	>16 ~ 40	>40 ~ 63	>63 ~ 80	>80 ~ 100	>100 ~ 150	≤3.0	>3.0 ~ 100	>100 ~ 150
S235W	C, D	235	225	215	215	215	195	360 ~ 510	360 ~ 510	350 ~ 500
S355W	C, D	355	345	335	325	315	295	510 ~ 680	470 ~ 630	450 ~ 600
	D1	355	345	335	325	315	295	510 ~ 680	470 ~ 630	450 ~ 600
S355WP	C, D	355	345	—	—	—	—	510 ~ 680	470 ~ 630	—

表 2-2-27 耐候钢（S 系列）的拉伸性能（二）

钢 号	质量等级	试样取向[1]	A(%) ≥ （下列公称厚度时/mm）						
			$L_0 = 80mm$			$L_0 = 5.65 \sqrt{S_0}$			
			1.5 ~ 2.0	2.0 ~ 2.5	2.5 ~ 3.0	3.0 ~ 40	40 ~ 63	63 ~ 100	100 ~ 150
S235W	C, D	L	19	20	21	26	25	24	22
		T	17	18	19	24	23	22	22
S355W	C, D	L	16	17	18	22	21	20	18
	D1	T	14	15	16	20	19	18	18
S355WP	C, D	L	16	17	18	22	—	—	—
		T	14	15	16	20	—	—	—

① 试样取向代号：L—纵向，T—横向。

表 2-2-28 耐候钢（S 系列）的冲击性能

钢 号	质量等级	KV[1]/J ≥	
		下列温度时/℃	
		0	-20
S235W	C	27	—
	D	—	27
S355W	C	27	—
	D	—	27
	D1		40
S355WP	C	27	—
	D	—	27

（2）ISO 标准耐候钢（SG 系列）［ISO 630-5（2014）］
A）耐候钢（SG 系列）的钢号与化学成分（表 2-2-29）

表 2-2-29　耐候钢（SG 系列）的钢号与化学成分（质量分数）（%）

钢　号[①]	质量等级	C	Si	Mn	P ≤	S ≤	Cr	Ni	Cu	其　他
SG245W1	A~C	≤0.18	0.15~0.65	≤1.25	0.035	0.035	0.45~0.75	0.05~0.30	0.30~0.50	—
SG245W2	A~C	≤0.18	≤0.55	≤1.25	0.035	0.035	0.30~0.55	—	0.20~0.35	—
SG345W	A~D	≤0.20	0.15~0.65	0.75~1.25	0.040	0.050	0.40~0.70	≤0.50	0.20~0.40	V 0.01~0.10
SG345WP	A~D	≤0.15	—	≤1.00	0.015	0.050	—	—	≤0.20	—
SG365W1	A~C	≤0.18	0.15~0.65	≤1.40	0.035	0.035	0.45~0.75	0.05~0.30	0.30~0.50	—
SG365W2	A~C	≤0.18	≤0.55	≤1.40	0.035	0.035	0.30~0.55	—	0.20~0.35	—
SG400W	B	≤0.15	0.15~0.55	≤2.00	0.020	0.006	0.45~0.75	0.05~0.30	0.30~0.50	N≤0.006
SG400W1	C	≤0.18	0.15~0.65	≤1.40	0.035	0.035	0.45~0.75	0.05~0.30	0.30~0.50	—
SG400W2	C	≤0.18	≤0.55	≤1.40	0.035	0.035	0.30~0.55	—	0.20~0.35	—
SG500W	C	≤0.11	0.15~0.55	≤2.00	0.020	0.006	0.45~0.75	0.05~0.30	0.30~0.50	N≤0.006
SG700W	D	≤0.11	0.15~0.55	≤2.00	0.015	0.006	0.45~1.20	0.05~2.00	0.30~1.50	Mo≤0.60，V≤0.05 N≤0.006，B≤0.005

① 这些钢号应至少含有下列元素之一：Al$_t$≤0.020%（或 Al$_S$≤0.015%），Nb≤0.015%，Ti 0.02%~0.10%，V 0.02%~0.15%。

B）耐候钢（SG 系列）的力学性能（表 2-2-30 ~ 表 2-2-32）

表 2-2-30　耐候钢（SG 系列）的拉伸性能（一）

钢　号	质量等级	R_{eH}/MPa ≥					
		下列厚度时/mm					
		≤16	16~40	40~65	65~100	100~125	125~200
SG245W1	A~C	245	235	215	215	205	195
SG245W2	A~C	245	235	215	215	205	195
SG345W	A~D	345	345	345	345	315	290
SG345WP	A~D	345	315	290	290	—	—
SG365W1	A~C	365	355	335	325	305	295
SG365W2	A~C	365	355	335	325	305	295
SG400W	B	400	400	400	400	—	—
SG400W1	C	460	450	430	420	—	—
SG400W2	C	460	450	430	420	—	—
SG500W	C	500	500	500	500	—	—
SG700W	D	700	700	700	—	—	—

表 2-2-31　耐候钢（SG 系列）的拉伸性能（二）

钢　号	质量等级	R_m/MPa						A（%） ≥		
		下列厚度时/mm						下列厚度时/mm		
		≤16	16~40	40~65	65~100	100~125	125~200	试样[①]	≤50[②]	≤200[②]
SG245W1	A~C	400~540	400~540	400~540	400~540	400~540	400~540	18	23	17
SG245W2	A~C	400~540	400~540	400~540	400~540	400~540	400~540	18	23	17
SG345W	A~D	≥485	≥485	≥485	≥485	≥460	≥435	17	21	18
SG345WP	A~D	≥480	≥460	≥435	≥435	—	—	15	18	21
SG365W1	A~C	490~610	490~610	490~610	490~610	490~610	490~610	17	21	15

（续）

钢　号	质量等级	R_m/MPa						$A(\%)$　$\geqslant$		
		下列厚度时/mm						下列厚度时/mm		
		≤16	16~40	40~65	65~100	100~125	125~200	试样[①]	≤50[②]	≤200[②]
SG365W2	A~C	490~610	490~610	490~610	490~610	490~610	490~610	17	21	15
SG400W	B	490~640	490~640	490~640	490~640	—	—	17	21	15
SG400W1	C	570~720	570~720	570~720	570~720	—	—	16	20	—
SG400W2	C	570~720	570~720	570~720	570~720	—	—	16	20	—
SG500W	C	570~720	570~720	570~720	570~720	—	—	16	20	—
SG700W	D	780~930	780~930	780~930	—	—	—	14	16	—

① 试样标距的数据：$L_0 = 5.65\sqrt{S_0}$。

② 试样取向：纵向。

表 2-2-32　耐候钢（SG 系列）的冲击性能

钢　号	质量等级	KV/J　$\geqslant$		
		下列温度时/℃		
		-20	0	+20
SG245W1，SG245W2 SG345W，SG345WP SG365W1，SG365W2	A	—	—	—
	B	—	—	27
	C	—	27	—
	D	27	—	—
SG400W SG400W1，SG400W2 SG500W，SG700W	A	—	—	—
	B	—	—	27
	C	—	27	—
	D	27	—	—

2.2.5　表面硬化结构钢（含渗氮结构钢）

（1）ISO 标准表面硬化结构钢 ［ISO 683-3（2014）］

A）表面硬化结构钢的钢号与化学成分（表 2-2-33）

表 2-2-33　表面硬化结构钢的钢号与化学成分（质量分数）（%）

钢　号	C	Si	Mn	P ≤	S ≤	Cr	Ni	Mo	其　他
表面硬化非合金钢									
C10E	0.07~0.13	0.15~0.40	0.30~0.60	0.025	0.035	0.40	0.40	0.10	Cu≤0.30
C10R	0.07~0.13	0.15~0.40	0.30~0.60	0.025	0.020~0.040	0.40	0.40	0.10	Cu≤0.30
C15E	0.12~0.18	0.15~0.40	0.30~0.60	0.025	0.035	0.40	0.40	0.10	Cu≤0.30
C15R	0.12~0.18	0.15~0.40	0.30~0.60	0.025	0.020~0.040	0.40	0.40	0.10	Cu≤0.30
C16E	0.12~0.18	0.15~0.40	0.60~0.90	0.025	0.035	0.40	0.40	0.10	Cu≤0.30
C16R	0.12~0.18	0.15~0.40	0.60~0.90	0.025	0.020~0.040	0.40	0.40	0.10	Cu≤0.30
22Mn6	0.18~0.25	0.10~0.40	1.30~1.65	0.025	0.035	0.40	0.40	0.10	Cu≤0.30

（续）

钢 号	C	Si	Mn	P ≤	S ≤	Cr	Ni	Mo	其 他
						表面硬化合金钢			
17Cr3	0.14~0.20	0.15~0.40	0.60~0.90	0.025	0.035	0.70~1.00	—	—	Cu≤0.40
17CrS3	0.14~0.20	0.15~0.40	0.60~0.90	0.025	0.020~0.040	0.70~1.00	—	—	Cu≤0.40
20Cr4	0.17~0.23	0.15~0.40	0.60~0.90	0.025	0.035	0.90~1.20	—	—	Cu≤0.40
20CrS4	0.17~0.23	0.15~0.40	0.60~0.90	0.025	0.020~0.040	0.90~1.20	—	—	Cu≤0.40
28Cr4	0.24~0.31	≤0.40	0.60~0.90	0.025	0.035	0.90~1.20	—	—	Cu≤0.40
28CrS4	0.24~0.31	≤0.40	0.60~0.90	0.025	0.020~0.040	0.90~1.20	—	—	Cu≤0.40
16MnCr5	0.14~0.19	0.15~0.40	1.00~1.30	0.025	0.035	0.80~1.10	—	—	Cu≤0.40
16MnCrS5	0.14~0.19	0.15~0.40	1.00~1.30	0.025	0.020~0.040	0.80~1.10	—	—	Cu≤0.40
16MnCrB5[2]	0.14~0.19	0.15~0.40	1.00~1.30	0.025	0.035	0.80~1.10	—	—	Cu≤0.40 B0.0008~0.0050
20MnCr5	0.17~0.22	0.15~0.40	1.10~1.40	0.025	0.035	1.00~1.30	—	—	Cu≤0.40
20MnCrS5	0.17~0.22	0.15~0.40	1.10~1.40	0.025	0.020~0.040	1.00~1.30	—	—	Cu≤0.40
18CrMo4	0.15~0.21	0.15~0.40	0.60~0.90	0.025	0.035	0.90~1.20	—	0.15~0.25	Cu≤0.40
18CrMoS4	0.15~0.21	0.15~0.40	0.60~0.90	0.025	0.020~0.040	0.90~1.20	—	0.15~0.25	Cu≤0.40
24CrMo4	0.20~0.27	0.10~0.40	0.60~0.90	0.025	0.035	0.90~1.20	—	0.15~0.30	Cu≤0.40
24CrMoS4	0.20~0.27	0.10~0.40	0.60~0.90	0.025	0.020~0.040	0.90~1.20	—	0.15~0.30	Cu≤0.40
22CrMoS3-5	0.19~0.24	0.10~0.40	0.70~1.00	0.025	0.020~0.040	0.70~1.00	—	0.40~0.50	Cu≤0.40
20MoCr4	0.17~0.23	0.10~0.40	0.70~1.00	0.025	0.035	0.30~0.60	—	0.40~0.50	Cu≤0.40
20MoCrS4	0.17~0.23	0.10~0.40	0.70~1.00	0.025	0.020~0.040	0.30~0.60	—	0.40~0.50	Cu≤0.40
16NiCr4	0.13~0.19	0.15~0.40	0.70~1.00	0.025	0.035	0.60~1.00	0.80~1.10	—	Cu≤0.40
16NiCrS4	0.13~0.19	0.15~0.40	0.70~1.00	0.025	0.020~0.040	0.60~1.00	0.80~1.10	—	Cu≤0.40
18NiCr5-4	0.16~0.21	0.15~0.40	0.60~0.90	0.025	0.035	0.90~1.20	1.20~1.50	—	Cu≤0.40
17CrNi6-6	0.14~0.20	0.15~0.40	0.50~0.90	0.025	0.035	1.40~1.70	1.40~1.70	—	Cu≤0.40
15NiCr13	0.12~0.18	0.15~0.40	0.35~0.65	0.025	0.035	0.60~0.90	3.00~3.50	—	Cu≤0.40
20NiCrMo2-2	0.17~0.23	0.15~0.40	0.65~0.95	0.025	0.035	0.35~0.70	0.40~0.70	0.15~0.25	Cu≤0.40
20NiCrMoS2-2	0.17~0.23	0.15~0.40	0.65~0.95	0.025	0.020~0.040	0.35~0.70	0.40~0.70	0.15~0.25	Cu≤0.40
17NiCrMo6-4	0.14~0.20	0.15~0.40	0.60~0.90	0.025	0.035	0.80~1.10	1.20~1.50	0.15~0.25	Cu≤0.40
18CrNiMo7-6	0.15~0.21	0.15~0.40	0.50~0.90	0.025	0.035	1.50~1.80	1.40~1.70	0.25~0.35	Cu≤0.40

B) 表面硬化结构钢的硬度（表2-2-34）

表 2-2-34 表面硬化结构钢的硬度

钢 号	下列状态的硬度[①]HBW				
	S ≤	A ≤	TH	FP	N
表面硬化非合金钢					
C10E，C10R	—	131	—	—	85～140
C15E，C15R	—	143	—	—	95～150
C16E，C16R	—	156	—	—	100～155
22Mn6	—	197	149～197	—	—
表面硬化合金钢					
17Cr3，17CrS3	—	174	—	—	—
20Cr4，20CrS4	—	197	149～197	—	—
28Cr4，28CrS4	255	217	166～217	156～207	—
16MnCr5，16MnCrS5 16MnCrB5	—	207	156～207	140～187	138～187
20MnCr5，20MnCrS5	255	217	170～217	152～201	140～201
18CrMo4，18CrMoS4	—	207	156～207	140～187	—
24CrMo4，24CrMoS4	255	212	—	—	—
22CrMoS3-5	255	217	170～217	152～201	—
20MoCr4，20MoCrS4	255	207	156～207	140～187	—
16NiCr4，16NiCrS4	255	217	166～217	156～207	—
18NiCr5-4	255	223	170～223	156～207	—
17CrNi6-6	255	229	175～229	156～207	—
15NiCr13	255	229	179～229	166～217	—
20NiCrMo2-2 20NiCrMoS2-2	—	212	161～212	149～194	—
17NiCrMo6-4	255	229	179～229	149～201	—
18CrNiMo7-6	255	229	179～229	159～207	—

① 状态代号：S—改善剪切性能处理；A—软化退火；TH—产品硬度范围；FP—组织为铁素体＋珠光体；N—正火。

C) 表面硬化结构钢（H 等级）的标定淬透性数据（表2-2-35）

表 2-2-35 表面硬化结构钢（H 等级）的标定淬透性数据

钢 号	奥氏体化温度[①]/℃	硬度上下限	硬度值 HRC（距淬火端距离/mm）												
			1.5	3	5	7	9	11	13	15	20	25	30	35	40
17Cr3，17CrS3	880	上限	47	44	40	33	29	27	25	24	23	21	—	—	—
		下限	39	35	25	20	—	—	—	—	—	—	—	—	—
20Cr4，20CrS4	900	上限	49	48	46	42	38	36	34	32	29	27	26	24	23
		下限	41	38	31	26	23	21	—	—	—	—	—	—	—
28Cr4，28CrS4	850	上限	53	52	51	49	45	42	39	36	33	30	29	28	27
		下限	45	43	39	29	25	22	20	—	—	—	—	—	—
16MnCr5，16MnCrS5 16MnCrB5	900	上限	47	46	44	41	39	37	35	33	31	30	29	28	27
		下限	39	36	31	28	24	21	—	—	—	—	—	—	—

（续）

钢 号	奥氏体化温度[①]/℃	硬度上下限	硬度值 HRC（距淬火端距离/mm）												
			1.5	3	5	7	9	11	13	15	20	25	30	35	40
20MnCr5，20MnCrS5	900	上限	49	49	48	46	43	42	41	39	37	35	34	33	32
		下限	41	39	36	33	30	28	26	25	23	21	—	—	—
18CrMo4，18CrMoS4	900	上限	47	46	45	42	39	37	35	34	31	29	28	27	26
		下限	39	37	34	30	27	24	22	21	—	—	—	—	—
24CrMo4，24CrMoS4	900	上限	52	52	51	50	48	46	43	41	37	35	33	32	31
		下限	44	43	40	37	34	32	29	27	23	21	20	—	—
22CrMoS3-5	900	上限	50	49	48	47	45	43	41	40	37	35	34	33	32
		下限	42	41	37	33	31	28	26	25	23	22	21	20	—
20MoCr4，20MoCrS4	910	上限	49	47	44	41	38	35	33	31	28	26	25	24	24
		下限	41	37	31	27	24	22	—	—	—	—	—	—	—
16NiCr4，16NiCrS4	880	上限	47	46	44	42	40	38	36	34	32	30	29	28	28
		下限	39	36	33	29	27	25	23	22	20	—	—	—	—
18NiCr5-4	880	上限	49	48	46	44	42	39	37	36	34	32	31	31	30
		下限	41	39	35	32	29	27	25	24	21	20	—	—	—
17CrNi6-6	870	上限	47	47	46	45	43	42	41	39	37	35	34	34	33
		下限	39	38	36	35	32	30	28	27	24	22	21	20	20
15NiCr13	850	上限	46	46	46	46	45	44	43	41	38	35	34	34	33
		下限	38	37	36	34	31	29	27	26	24	22	22	21	21
20NiCrMo2-2 20NiCrMoS2-2	900	上限	49	48	45	42	36	33	31	30	27	25	24	24	23
		下限	41	37	31	25	22	20	—	—	—	—	—	—	—
17NiCrMo6-4	900	上限	48	48	47	46	45	44	42	41	38	36	35	34	33
		下限	40	39	37	34	30	28	27	26	24	23	22	21	—
18CrNiMo7-6	860	上限	48	48	48	48	47	47	46	46	44	43	42	41	41
		下限	40	40	39	38	37	36	35	34	32	31	30	29	29

① 端淬试验温度波动范围 ±5℃。

（2）ISO 标准渗氮结构钢 ［ISO 683-5（2017）］

A）渗氮结构钢的钢号与化学成分（表 2-2-36）

表 2-2-36 渗氮结构钢的钢号与化学成分（质量分数）（%）

钢 号	C	Si	Mn	P ≤	S ≤	Cr	Mo	Al	其 他
20CrMoV5-7	0.16~0.24	≤0.40	0.40~0.80	0.025	0.035	1.20~1.50	0.65~0.80	≤0.30	V 0.25~0.35
34CrAlMo5-10	0.30~0.37	≤0.40	0.40~0.70	0.025	0.035	1.00~1.30	0.15~0.25	0.80~1.20	—
32CrAlMo7-10	0.28~0.35	≤0.40	0.40~0.70	0.025	0.035	1.50~1.80	0.20~0.40	0.80~1.20	—
41CrAlMo7-10	0.38~0.45	≤0.40	0.40~0.70	0.025	0.035	1.50~1.80	0.20~0.35	0.80~1.20	—
34CrAlNi7-10	0.30~0.37	≤0.40	0.40~0.70	0.025	0.035	1.50~1.80	0.15~0.25	0.80~1.20	Ni 0.85~1.15
31CrMoV9	0.27~0.34	≤0.40	0.40~0.70	0.025	0.035	2.30~2.70	0.15~0.25	—	V 0.10~0.20
31CrMo12	0.28~0.35	≤0.40	0.40~0.70	0.025	0.035	2.80~3.30	0.30~0.50	—	Ni≤0.30
33CrMoV12-9	0.29~0.36	≤0.40	0.40~0.70	0.025	0.035	2.80~3.30	0.70~1.00	—	V 0.15~0.25
24CrMo13-6	0.20~0.27	≤0.40	0.40~0.70	0.025	0.035	3.00~3.50	0.50~0.70	—	—
40CrMoV13-9	0.36~0.43	≤0.40	0.40~0.70	0.025	0.035	3.00~3.50	0.80~1.10	—	V 0.15~0.25
8CrMo16-5	0.04~0.12	≤0.40	0.85~1.20	0.025	0.035	3.70~4.30	0.40~0.60	—	Cu≤0.25

B）渗氮结构钢的力学性能（表 2-2-37 和表 2-2-38）

表 2-2-37　渗氮结构钢的力学性能（一）

（直径 16～100mm，厚度 8～60mm）

钢 号	直径 $d=16\sim40$mm，厚度 $t=8\sim20$mm				直径 $d=40\sim100$mm，厚度 $t=20\sim60$mm				退火硬度 HBW $\leqslant$
	R_{eH} /MPa $\geqslant$	R_m /MPa	A （%）	KV_2 /J	R_{eH} /MPa $\geqslant$	R_m /MPa	A （%）	KV_2 /J	
			$\geqslant$				$\geqslant$		
20CrMoV5-7	800	900～1100	14	35	800	900～1100	14	35	240
34CrAlMo5-10	600	800～1000	14	35	600	800～1000	14	35	248
32CrAlMo7-10	750	950～1150	11	25	720	900～1100	13	25	248
41CrAlMo7-10	835	1030～1230	10	25	835	980～1190	10	25	248
34CrAlNi7-10	680	900～1100	10	30	650	850～1050	12	30	248
31CrMoV9	900	1100～1300	9	25	800	1000～1200	10	30	248
31CrMo12	835	1030～1230	10	25	785	980～1180	11	30	248
33CrMoV12-9	950	1150～1350	11	30	850	1050～1250	12	35	248
24CrMo13-6	800	1000～1200	10	25	750	950～1150	11	30	248
40CrMoV13-9	750	950～1150	11	25	720	900～1100	13	25	248
8CrMo16-5	700	800～1000	14	35	700	800～1000	14	35	220

表 2-2-38　渗氮结构钢的力学性能（二）

（直径 100～250mm，厚度 60～160mm）

钢 号	直径 $d=100\sim160$mm，厚度 $t=60\sim100$mm				直径 $d=160\sim250$mm，厚度 $t=100\sim160$mm			
	R_{eH} /MPa $\geqslant$	R_m /MPa	A （%）	KV_2 /J	R_{eH} /MPa $\geqslant$	R_m /MPa	A （%）	KV_2 /J
			$\geqslant$				$\geqslant$	
20CrMoV5-7	800	900～1100	14	35	—	—	—	—
34CrAlMo5-10	—	—	—	—	—	—	—	—
32CrAlMo7-10	670	850～1050	14	30	625	800～1000	15	30
41CrAlMo7-10	735	930～1130	12	30	675	880～1080	12	30
34CrAlNi7-10	600	800～1000	13	35	600	800～1000	13	35
31CrMoV9	700	900～1100	11	35	650	850～1050	12	40
31CrMo12	735	930～1130	12	30	675	880～1080	12	30
33CrMoV12-9	750	950～1150	12	40	700	900～1100	13	45
24CrMo13-6	700	900～1100	12	30	650	850～1050	13	30
40CrMoV13-9	700	870～1070	14	30	625	800～1000	15	30
8CrMo16-5	700	800～1000	14	35	—	—	—	—

2.2.6　非合金调质结构钢

（1）ISO 标准非合金调质结构钢的钢号与化学成分［ISO 683-1（2018）］（表 2-2-39）

表 2-2-39　非合金调质结构钢的钢号与化学成分[①,②]（质量分数）（%）

钢 号	C	Si	Mn[③]	P $\leqslant$	S $\leqslant$	Cr	Ni	Mo	其 他
优质非合金钢[④]									
C25	0.22～0.29	0.10～0.40	0.40～0.70	0.045	0.045	≤0.40	≤0.40	≤0.10	Cu≤0.30
C30	0.27～0.34	0.10～0.40	0.50～0.80	0.045	0.045	≤0.40	≤0.40	≤0.10	Cu≤0.30
C35	0.32～0.39	0.10～0.40	0.50～0.80	0.045	0.045	≤0.40	≤0.40	≤0.10	Cu≤0.30
C40	0.37～0.44	0.10～0.40	0.50～0.80	0.045	0.045	≤0.40	≤0.40	≤0.10	Cu≤0.30
C45	0.42～0.50	0.10～0.40	0.50～0.80	0.045	0.045	≤0.40	≤0.40	≤0.10	Cu≤0.30
C50	0.47～0.55	0.10～0.40	0.60～0.90	0.045	0.045	≤0.40	≤0.40	≤0.10	Cu≤0.30
C55	0.52～0.60	0.10～0.40	0.60～0.90	0.045	0.045	≤0.40	≤0.40	≤0.10	Cu≤0.30
C60	0.57～0.65	0.10～0.40	0.60～0.90	0.045	0.045	≤0.40	≤0.40	≤0.10	Cu≤0.30

（续）

钢 号	C	Si	Mn③	P ≤	S ≤	Cr	Ni	Mo	其 他
					特殊用途非合金钢④				
C25E	0.22~0.29	0.10~0.40	0.40~0.70	0.025	0.035	≤0.40	≤0.40	≤0.10	Cu≤0.30
C25R					0.020~0.040				
C30E	0.27~0.34	0.10~0.40	0.50~0.80	0.025	0.035	≤0.40	≤0.40	≤0.10	Cu≤0.30
C30R					0.020~0.040				
C35E	0.32~0.39	0.10~0.40	0.50~0.80	0.025	0.035	≤0.40	≤0.40	≤0.10	Cu≤0.30
C35R					0.020~0.040				
C40E	0.37~0.44	0.10~0.40	0.50~0.80	0.025	0.035	≤0.40	≤0.40	≤0.10	Cu≤0.30
C40R					0.020~0.040				
C45E	0.42~0.50	0.10~0.40	0.50~0.80	0.025	0.035	≤0.40	≤0.40	≤0.10	Cu≤0.30
C45R					0.020~0.040				
C50E	0.47~0.55	0.10~0.40	0.60~0.90	0.025	0.035	≤0.40	≤0.40	≤0.10	Cu≤0.30
C50R					0.020~0.040				
C55E	0.52~0.60	0.10~0.40	0.60~0.90	0.025	0.035	≤0.40	≤0.40	≤0.10	Cu≤0.30
C55R					0.020~0.040				
C60E	0.57~0.65	0.10~0.40	0.60~0.90	0.025	0.035	≤0.40	≤0.40	≤0.10	Cu≤0.30
C60R					0.020~0.040				
23Mn6	0.19~0.26	0.10~0.40	1.30~1.65	0.025	0.035	≤0.40	≤0.40	≤0.10	Cu≤0.30
28Mn6	0.25~0.32	0.10~0.40	1.30~1.65	0.025	0.035	≤0.40	≤0.40	≤0.10	Cu≤0.30
36Mn6	0.33~0.40	0.10~0.40	1.30~1.65	0.025	0.035	≤0.40	≤0.40	≤0.10	Cu≤0.30
42Mn6	0.39~0.46	0.10~0.40	1.30~1.65	0.025	0.035	≤0.40	≤0.40	≤0.10	Cu≤0.30

① 未经买方同意，不得在钢中有意添加本表中未列明的元素。为了防止从废料或其他材料中混入那些影响淬透性、力学性能和使用性能的元素，应采取预防措施。

② 对于淬透性有特定要求的钢类等级，除磷和硫外，在热分析时，允许有一定的偏差（在规定的偏差范围内）其中，允许碳含量±0.01%。

③ 为改善钢的切削加工性能，若采用改变硫化物形态和使 Ca>0.002% 时，对于长形钢材则 Mn 含量上限，可提高0.015%。

④ 这类钢中 Cr+Ni+Mo≤0.63%。

（2）非合金调质结构钢的力学性能和硬度（表2-2-40 和表2-2-41）

表2-2-40 非合金调质结构钢的力学性能和硬度（一）

钢 号	直径 d≤16mm，厚度 t≤8mm					HBW ≤	
	R_{eH} /MPa ≥	R_m /MPa	A (%) ≥	Z (%) ≥	KV_2 /J	S①	A①
			优质非合金钢				
C25	370	550~700	19	—	—	—	—
C30	400	600~750	18	—	—	—	—
C35	430	630~780	17	40	—	—	—
C40	460	650~800	16	35	—	—	—
C45	490	700~850	14	35	—	255	—
C50	520	750~900	13	—	—	255	—
C55	550	800~950	12	30	—	255	—
C60	580	850~1000	11	25	—	255	—

（续）

钢 号	直径 $d \leqslant 16$mm，厚度 $t \leqslant 8$mm					HBW $\geqslant$	
	R_{eH} /MPa $\geqslant$	R_m /MPa	A (%)	Z (%)	KV_2 /J	S[1]	A[1]
					$\geqslant$		
特殊用途非合金钢							
C25E，C25R	370	550 ~ 700	19	—	35	—	—
C30E，C30R	400	600 ~ 750	18	—	30	—	—
C35E，C35R	430	630 ~ 780	17	40	25	—	—
C40E，C40R	460	650 ~ 800	16	35	20	—	—
C45E，C45R	490	700 ~ 850	14	35	15	255	207
C50E，C50R	520	750 ~ 900	13	30	—	255	217
C55E，C55R	550	800 ~ 950	12	30	—	255	229
C60E，C60R	580	850 ~ 1000	11	25	—	255	241
23Mn6	550	700 ~ 850	15	—	—	—	—
28Mn6	590	800 ~ 950	13	40	25	255	223
36Mn6	640	850 ~ 1000	12	—	20	255	229
42Mn6	690	900 ~ 1050	12	—	25	255	229

① 热处理代号：S—改善延展处理；A—软化退火。

表 2-2-41 非合金调质结构钢的力学性能（二）

钢 号	直径 $d = 16 \sim 40$mm，厚度 $t = 8 \sim 20$mm					直径 $d = 40 \sim 100$mm，厚度 $t = 20 \sim 60$mm				
	R_{eH} /MPa $\geqslant$	R_m /MPa	A (%)	Z (%)	KV_2 /J	R_{eH} /MPa $\geqslant$	R_m /MPa	A (%)	Z (%)	KV_2 /J
					$\geqslant$					$\geqslant$
优质非合金钢										
C25	320	500 ~ 650	21	—	—	—	—	—	—	—
C30	350	550 ~ 700	20	—	—	300	500 ~ 650	21	—	—
C35	380	600 ~ 750	19	45	—	320	550 ~ 700	20	50	—
C40	400	630 ~ 780	18	40	—	350	600 ~ 750	19	45	—
C45	430	650 ~ 800	16	40	—	370	630 ~ 780	17	45	—
C50	460	700 ~ 850	15	—	—	400	650 ~ 800	16	—	—
C55	490	750 ~ 900	14	35	—	420	700 ~ 850	15	40	—
C60	520	800 ~ 950	13	30	—	450	750 ~ 900	14	35	—
特殊用途非合金钢										
C25E，C25R	320	500 ~ 650	21	—	35	—	—	—	—	—
C30E，C30R	350	550 ~ 700	20	—	30	300	500 ~ 650	21	—	30
C35E，C35R	380	600 ~ 750	19	45	25	320	550 ~ 700	20	50	25
C40E，C40R	400	630 ~ 780	18	40	20	350	600 ~ 750	19	45	20
C45E，C45R	430	650 ~ 800	16	40	15	370	630 ~ 780	17	45	15
C50E，C50R	460	700 ~ 850	15	—	—	400	650 ~ 800	16	40	—
C55E，C55R	490	750 ~ 900	14	35	—	420	700 ~ 850	15	40	—
C60E，C60R	520	800 ~ 950	13	30	—	450	750 ~ 900	14	35	—
23Mn6	440	650 ~ 800	18	—	30	400	600 ~ 750	18	—	30
28Mn6	490	700 ~ 850	15	45	30	440	650 ~ 800	16	50	30
36Mn6	540	750 ~ 900	14	—	25	460	700 ~ 850	15	—	25
42Mn6	590	800 ~ 950	14	—	30	480	750 ~ 900	15	—	30

（3）非合金调质结构钢（H 等级）的标准淬透性数据（表 2-2-42 和表 2-2-43）

表 2-2-42　非合金调质结构钢（H 等级）的标准淬透性数据（一）

钢　号	淬火温度 /℃	硬度 上下限	硬度值 HRC															
			距淬火端距离/mm															
			1	2	3	4	5	6	7	8	9	10	11	13	15	20	25	30
C35E C35R	840~880	上限	58	57	55	53	49	41	34	31	28	27	26	25	24	23	20	
		下限	48	40	33	24	22	20	—	—	—	—	—	—	—	—	—	—
C40E C40R	830~870	上限	60	60	59	57	54	47	39	34	31	30	29	28	27	26	25	24
		下限	51	46	35	27	25	24	23	22	21	20	—	—	—	—	—	—
C45E C45R	820~860	上限	62	61	61	60	57	51	44	37	34	33	32	31	30	29	28	27
		下限	55	51	37	30	28	27	26	25	24	23	22	21	20	—	—	—
C50E C50R	810~850	上限	63	62	61	60	58	55	50	43	36	35	34	33	32	31	29	28
		下限	56	53	44	34	31	30	30	29	28	27	26	25	24	23	20	—
C55E C55R	805~845	上限	65	64	63	62	60	57	52	45	37	36	35	34	33	32	30	29
		下限	58	55	47	37	33	32	31	30	29	28	27	26	25	24	22	20
C60E C60R	800~840	上限	67	66	65	63	62	59	54	47	39	37	36	35	34	33	31	30
		下限	60	57	50	39	35	33	32	31	30	29	28	27	26	25	23	21

表 2-2-43　非合金调质结构钢（H 等级）的标准淬透性数据（二）

钢　号	淬火温度 /℃	硬度 上下限	硬度值 HRC													
			距淬火端距离/mm													
			1.5	3	5	7	9	11	13	15	20	25	30	35	40	45	50
23Mn6	840~900	上限	51	48	44	37	33	30	28	26	25	23	—	—	—	—
		下限	42	38	28	22	—	—	—	—	—	—	—	—	—	—
28Mn6	830~870	上限	54	53	50	48	44	41	38	35	31	29	27	26	25	25	24
		下限	45	42	36	27	21	—	—	—	—	—	—	—	—	—
36Mn6	820~860	上限	59	58	57	54	49	45	41	38	35	33	31	30	30	30	30
		下限	51	48	42	35	27	23	20	—	—	—	—	—	—	—
42Mn6	830~880	上限	62	61	60	59	57	54	50	45	37	34	32	31	30	29	28
		下限	55	53	49	39	33	29	27	26	23	22	20	—	—	—

2.2.7　合金调质结构钢

（1）ISO 标准合金调质结构钢的钢号与化学成分 ［ISO 683-2（2016）］（表 2-2-44）

表 2-2-44　合金调质结构钢的钢号与化学成分[1],[2]（质量分数）（%）

钢　号	C	Si	Mn[3]	P ≤	S	Cr	Ni	Mo	其　他
34Cr4	0.30~0.37	0.10~0.40	0.60~0.90	0.025	0.035	0.90~1.20	—	—	Cu≤0.40
34CrS4					0.020~0.040				
37Cr4	0.34~0.41	0.10~0.40	0.60~0.90	0.025	0.035	0.90~1.20	—	—	Cu≤0.40
37CrS4					0.020~0.040				
41Cr4	0.38~0.45	0.10~0.40	0.60~0.90	0.025	0.035	0.90~1.20	—	—	Cu≤0.40
41CrS4					0.020~0.040				
25CrMo4	0.22~0.29	0.10~0.40	0.60~0.90	0.025	0.035	0.90~1.20	—	0.15~0.30	Cu≤0.40
25CrMoS4					0.020~0.040				

（续）

钢 号	C	Si	Mn③	P ≤	S	Cr	Ni	Mo	其 他
34CrMo4	0.30~0.37	0.10~0.40	0.60~0.90	0.025	0.035	0.90~1.20	—	0.15~0.30	Cu≤0.40
34CrMoS4					0.020~0.040				
42CrMo4	0.38~0.45	0.10~0.40	0.60~0.90	0.025	0.035	0.90~1.20		0.15~0.30	Cu≤0.40
42CrMoS4					0.020~0.040				
50CrMo4	0.46~0.54	0.10~0.40	0.50~0.80	0.025	0.035	0.90~1.20		0.15~0.30	Cu≤0.40
41CrNiMo2	0.37~0.44	0.10~0.40	0.70~1.00	0.025	0.035	0.40~0.60	0.40~0.70	0.15~0.30	Cu≤0.40
41CrNiMoS2					0.020~0.040				
51CrV4	0.47~0.55	0.10~0.40	0.60~1.00	0.025	0.025	0.80~1.10	—	—	V 0.10~0.25 Cu≤0.40
36CrNiMo4	0.32~0.40	0.10~0.40	0.50~0.80	0.025	0.035	0.90~1.20	0.90~1.20	0.15~0.30	Cu≤0.40
34CrNiMo6	0.30~0.38	0.10~0.40	0.50~0.80	0.025	0.035	1.30~1.70	1.30~1.70	0.15~0.30	Cu≤0.40
30CrNiMo8	0.26~0.34	0.10~0.40	0.50~0.80	0.025	0.035	1.80~2.20	1.80~2.20	0.30~0.50	Cu≤0.40
含硼调质结构钢①									
20MnB5	0.17~0.23	≤0.40	1.10~1.40	0.025	0.035	—	—	—	
30MnB5	0.27~0.33	≤0.40	1.15~1.45	0.025	0.035	—	—	—	
39MnB5	0.36~0.42	≤0.40	1.15~1.45	0.025	0.035	—	—	—	B 0.0008~0.0050 Cu≤0.40
27MnCrB5-2	0.24~0.30	≤0.40	1.10~1.40	0.025	0.035	0.30~0.60	—	—	
33MnCrB5-2	0.30~0.36	≤0.40	1.20~1.50	0.025	0.035	0.30~0.60	—	—	
39MnCrB6-2	0.36~0.42	≤0.40	1.40~1.70	0.025	0.035	0.30~0.60	—	—	

① 未经买方同意，不得在钢中有意添加本表中未列明的元素。为了防止从废料或其他材料中混入那些影响淬透性、力学性能和使用性能的元素，应采取预防措施。

② 对于淬透性有特定要求的钢类等级，除磷和硫外，在热分析时，允许有一定的偏差（在规定的偏差范围内）其中，允许碳含量±0.01%。

③ 为改善钢的切削加工性能，若采用改变硫化物形态和使 Ca > 0.002% 时，对于长形钢材则 Mn 含量上限，可提高 0.015%。

（2）合金调质结构钢的力学性能（表 2-2-45 和表 2-2-46）

表 2-2-45 合金调质结构钢的力学性能（一）
（直径 16~40mm，厚度 8~20mm）

钢 号	直径 d≤16mm，厚度 t≤8mm					直径 d = 16~40mm，厚度 t = 8~20mm				
	R_{eH} /MPa ≥	R_m /MPa	A (%) ≥	Z (%) ≥	KV_2 /J ≥	R_{eH} /MPa ≥	R_m /MPa	A (%) ≥	Z (%) ≥	KV_2 /J ≥
34Cr4, 34CrS4	700	900~1100	12	35	—	590	800~950	14	40	40
37Cr4, 37CrS4	750	950~1150	11	35	—	630	850~1000	13	40	35
41Cr4, 41CrS4	800	1000~1200	11	30	—	660	900~1100	12	35	35
25CrMo4, 25CrMoS4	700	900~1100	12	50	—	600	800~950	14	55	50
34CrMo4, 34CrMoS4	800	1000~1200	11	45	—	650	900~1100	12	50	40
42CrMo4, 42CrMoS4	900	1100~1300	10	40	—	750	1000~1200	11	45	35
50CrMo4	900	1100~1300	9	40	—	780	1000~1200	10	45	30
41CrNiMo2 41CrNiMoS2	840	1000~1200	10	—	—	740	900~1100	11	—	—
51CrV4	900	1100~1300	9	40	—	800	1000~1300	10	45	30

（续）

钢　号	直径 d≤16mm，厚度 t≤8mm					直径 d=16~40mm，厚度 t=8~20mm				
	R_{eH}/MPa ≥	R_m/MPa	A(%)	Z(%)	KV_2/J	R_{eH}/MPa	R_m/MPa	A(%)	Z(%)	KV_2/J
			≥					≥		
36CrNiMo4	900	1100~1300	10	—	—	800	1000~1200	11	—	—
34CrNiMo6	1000	1200~1400	9	40	—	900	1100~1300	10	45	45
30CrNiMo8	850	1030~1230	12	40	—	850	1030~1230	12	40	30
含硼调质结构钢										
20MnB5	700	900~1050	14	55	—	600	750~900	15	55	60
30MnB5	800	950~1150	13	50	—	650	800~950	13	50	60
39MnB5	900	1050~1250	12	50	—	700	850~1000	12	50	60
27MnCrB5-2	800	1000~1250	14	55	—	750	900~1150	14	55	60
33MnCrB5-2	850	1050~1300	13	50	—	800	950~1200	13	50	50
39MnCrB6-2	900	1100~1350	12	50	—	850	1050~1250	12	50	40

表 2-2-46　合金调质结构钢的力学性能（二）

（直径 40~160mm，厚度 20~100mm）

钢　号	直径 d=40~100mm，厚度 t=20~60mm					直径 d=100~160mm，厚度 t=60~100mm				
	R_{eH}/MPa ≥	R_m/MPa	A(%)	Z(%)	KV_2/J	R_{eH}/MPa	R_m/MPa	A(%)	Z(%)	KV_2/J
			≥					≥		
34Cr4，34CrS4	460	700~850	15	45	40	—	—	—	—	—
37Cr4，37CrS4	510	750~950	14	40	35	—	—	—	—	—
41Cr4，41CrS4	560	800~950	14	40	35	—	—	—	—	—
25CrMo4，25CrMoS4	450	700~850	15	60	50	400	650~800	16	60	45
34CrMo4，34CrMoS4	550	800~950	14	55	45	500	750~900	15	55	45
42CrMo4，42CrMoS4	650	900~1100	12	50	35	550	800~950	13	50	35
50CrMo4	700	900~1100	12	50	30	650	850~1000	13	50	30
41CrNiMo2 41CrNiMoS2	640	800~950	12	—	—	540	750~900	13	—	—
51CrV4	700	900~1100	12	50	30	650	850~1000	13	50	30
36CrNiMo4	700	900~1100	12	—	—	600	800~950	13	—	—
34CrNiMo6	800	1000~1200	11	50	45	700	900~1100	12	55	45
30CrNiMo8	800	980~1180	12	45	35	800	980~1180	12	50	45
含硼调质结构钢										
20MnB5	—	—	—	—	—	—	—	—	—	—
30MnB5	—	—	—	—	—	—	—	—	—	—
39MnB5	—	—	—	—	—	—	—	—	—	—
27MnCrB5-2	700	800~1000	15	55	65	—	—	—	—	—
33MnCrB5-2	750	900~1100	13	50	50	—	—	—	—	—
39MnCrB6-2	800	1000~1200	12	50	40	—	—	—	—	—

（3）合金调质结构钢的退火硬度（表2-2-47）

表 2-2-47 合金调质结构钢的退火硬度

钢 号	HBW ≤		钢 号	HBW ≤	
	S[①]	A[①]		S[①]	A[①]
34Cr4，34CrS4	255	223	36CrNiMo4	[②]	248
37Cr4，37CrS4	255	235	34CrNiMo6	[②]	248
41Cr4，41CrS4	255	241	30CrNiMo8	[②]	248
25CrMo4，25CrMoS4	255	212	20MnB5	[③]	[④]
34CrMo4，34CrMoS4	255	223	30MnB5	[③]	[④]
42CrMo4，42CrMoS4	255	241	39MnB5	[③]	[④]
50CrMo4	[②]	248	27MnCrB5-2	[③]	[④]
41CrNiMo2，41CrNiMoS2	255	217	33MnCrB5-2	255	[④]
51CrV4	[②]	248	39MnCrB6-2	255	[④]

① 热处理代号：S—改善延展处理；A—软化退火。

② 当要求剪切性能时，应进行软化退火处理。

③ 未经处理的情况下，即可剪切。

④ 对含硼钢不适用。

（4）合金调质结构钢（H 等级）的标准淬透性数据（表2-2-48）

表 2-2-48 合金调质结构钢（H 等级）的标准淬透性数据

钢 号 (+H)	淬火温度 /℃	硬度 上下限	硬度值 HRC （距淬火端距离/mm）													
			1.5	3	5	7	9	11	13	15	20	25	30	35	40	45	50
34Cr4，34CrS4	830~870	上限	57	57	56	54	52	49	46	44	39	37	35	34	33	32	31
		下限	49	48	45	41	35	32	29	27	23	21	20	—	—	—	—
37Cr4，37CrS4	825~865	上限	59	59	58	57	55	52	50	48	42	39	37	36	35	34	33
		下限	51	50	48	44	39	36	33	31	26	24	20	—	—	—	—
41Cr4 41CrS4	820~860	上限	61	61	60	59	58	56	54	52	46	42	40	38	37	36	35
		下限	53	52	50	47	41	37	34	32	29	26	23	21	—	—	—
25CrMo4 25CrMoS4	840~880	上限	52	52	51	50	48	46	43	41	37	35	33	32	31	31	31
		下限	44	43	40	37	34	32	29	27	23	21	20	—	—	—	—
34CrMo4 34CrMoS4	830~870	上限	57	57	57	56	55	54	53	52	48	45	43	41	40	40	39
		下限	49	49	48	45	42	39	36	34	30	28	27	26	25	24	24
42CrMo4，42CrMoS4	820~860	上限	61	61	61	60	60	59	59	58	56	53	51	48	47	46	45
		下限	53	53	52	51	49	43	40	37	34	32	31	30	30	29	29
50CrMo4	820~860	上限	65	65	64	64	63	63	63	62	61	60	58	57	55	54	54
		下限	58	58	57	55	54	53	51	48	45	41	39	38	37	36	36
41CrNiMo2 41CrNiMoS2	830~860	上限	60	60	60	59	58	57	55	54	48	42	40	38	37	37	36
		下限	53	53	52	50	47	42	38	35	30	28	26	25	24	24	23
51CrV4	820~860	上限	65	65	64	64	63	62	62	61	60	58	57	55	54	53	53
		下限	57	56	55	54	53	52	50	48	44	41	37	35	34	33	32
36CrNiMo4	820~850	上限	59	59	58	58	57	57	57	56	55	54	53	52	51	50	49
		下限	51	50	49	49	48	47	46	45	43	41	39	38	36	34	33
34CrNiMo6	830~860	上限	58	58	58	58	57	57	57	57	57	57	57	57	57	57	57
		下限	50	50	50	50	49	48	48	48	48	47	47	47	46	45	44

（续）

钢　号（+H）	淬火温度/℃	硬度上下限	硬度值 HRC（距淬火端距离/mm）													
			1.5	3	5	7	9	11	13	15	20	25	30	35	40	45	50
30CrNiMo8	830~860	上限	56	56	56	56	55	55	55	55	55	54	54	54	54	54	54
		下限	48	48	48	48	47	47	47	47	46	45	45	44	44	43	43
含硼调质结构钢																	
20MnB5	880~920	上限	50	49	49	49	47	45	43	41	33	27	—	—	—	—	—
		下限	42	41	40	37	30	22	—	—	—	—	—	—	—	—	—
30MnB5	860~900	上限	56	55	55	54	53	51	50	47	40	37	33	—	—	—	—
		下限	47	46	45	44	42	39	36	31	22	—	—	—	—	—	—
39MnB5	840~880	上限	60	60	59	58	57	57	55	53	48	41	37	33	31	—	—
		下限	52	51	50	49	47	44	41	35	28	24	20	—	—	—	—
27MnCrB5-2	880~920	上限	55	55	55	54	54	53	52	51	47	44	40	37	—	—	—
		下限	47	46	45	44	43	41	39	36	30	24	20	—	—	—	—
33MnCrB5-2	860~900	上限	57	57	57	57	57	56	55	54	53	50	47	45	—	—	—
		下限	48	47	47	46	45	44	43	41	36	31	25	20	—	—	—
39MnCrB6-2	840~880	上限	59	59	59	59	58	58	58	58	57	57	56	55	54	—	—
		下限	51	51	51	51	50	50	50	49	47	45	40	35	32	—	—

2.2.8　易切削结构钢

（1）ISO 标准易切削结构钢的钢号与化学成分［ISO 683-4（2016）］（表 2-2-49）

表 2-2-49　易切削结构钢的钢号与化学成分（质量分数）（%）

钢　号	C	Si[①]	Mn	P[②] ≤	S ≤	其　他[③]
非热处理型						
9S20	≤0.13	≤0.05	0.60~1.20	0.11	0.15~0.25	—
11SMn30	≤0.14	≤0.05	0.90~1.30	0.11	0.27~0.33	—
11SMnPb30						Pb 0.20~0.35
11SMn37	≤0.14	≤0.05	1.00~1.50	0.11	0.34~0.40	—
11SMnPb37						Pb 0.20~0.35
表面硬化型						
10S20	0.07~0.13	≤0.40	0.70~1.10	0.060	0.15~0.25	—
10SPb20						Pb 0.20~0.35
15SMn13	0.12~0.18	≤0.40	0.90~1.30	0.060	0.08~0.18	—
17SMn20	0.14~0.20	≤0.40	1.20~1.60	0.060	0.15~0.25	—
调质型						
35S20	0.32~0.39	≤0.40	0.70~1.10	0.060	0.15~0.25	—
35SPb20						Pb 0.20~0.35
36SMn14	0.32~0.39	≤0.40	1.30~1.70	0.060	0.10~0.18	—
36SMnPb14						Pb 0.20~0.35
35SMn20	0.32~0.39	≤0.40	0.90~1.40	0.060	0.15~0.25	—
35SMnPb20						Pb 0.20~0.35
38SMn28	0.35~0.40	≤0.40	1.20~1.50	0.060	0.24~0.33	—
38SMnPb28						Pb 0.20~0.35

（续）

钢　号	C	Si[1]	Mn	P[2] ≤	S ≤	其　他[3]
调质型						
44SMn28	0.40 ~ 0.48	≤0.40	1.30 ~ 1.70	0.060	0.24 ~ 0.33	—
44SMnPb28						Pb 0.20 ~ 0.35
46S20	0.42 ~ 0.50	≤0.40	0.70 ~ 1.10	0.060	0.15 ~ 0.25	—
46SPb20						Pb 0.20 ~ 0.35

① 由于硅对切削加工性有不利的影响，在保证基本性能后，硅的含量可以控制在 Si = 0.10% ~ 0.40%，不必达到上限值。
② 经供需双方协商，磷含量允许 P = 0.06% ~ 0.11% 或 P≤0.05% 两类。
③ 为了改善切削加工性，经供需双方商定，允许添加 Ca、Se、Te 等元素。否则，不允许添加任何元素。

（2）ISO 标准非热处理型易切削结构钢的力学性能与硬度（表2-2-50）

表2-2-50　非热处理型易切削结构钢的力学性能与硬度

钢　号	直径 /mm	R_m /MPa	HBW ≤	钢　号	直径 /mm	R_m /MPa	HBW ≤
9S20	≤16	330 ~ 520	154	11SMn30 11SMnPb30 11SMn37 11SMnPb37	5 ~ 10	380 ~ 570	169
	16 ~ 40	330 ~ 520	154		10 ~ 16	380 ~ 570	169
	40 ~ 63	320 ~ 520	154		16 ~ 40	380 ~ 570	169
	63 ~ 100	310 ~ 470	140		40 ~ 63	370 ~ 570	169
					63 ~ 100	360 ~ 520	154

（3）ISO 标准表面硬化型易切削结构钢的力学性能与硬度（表2-2-51）

表2-2-51　表面硬化型易切削结构钢的力学性能与硬度

钢　号	直径 /mm	R_m /MPa	HBW ≤	钢　号	直径 /mm	R_m /MPa	HBW ≤
10S20 10SPb20	5 ~ 10	360 ~ 530	156	15SMn13	40 ~ 63	430 ~ 580	172
	10 ~ 16	360 ~ 530	156		63 ~ 100	420 ~ 540	160
	16 ~ 40	360 ~ 530	156	17SMn20	5 ~ 10	430 ~ 610	181
	40 ~ 63	360 ~ 530	156		10 ~ 16	430 ~ 600	178
	63 ~ 100	350 ~ 490	146		16 ~ 40	430 ~ 600	178
15SMn13	5 ~ 10	430 ~ 610	181		40 ~ 63	430 ~ 580	172
	10 ~ 16	430 ~ 600	178		63 ~ 100	420 ~ 540	160
	16 ~ 40	430 ~ 600	178	—	—	—	—

（4）ISO 标准调质型易切削结构钢的力学性能与硬度（表2-2-52）

表2-2-52　调质型易切削结构钢的力学性能与硬度

钢　号	直径 /mm	未处理		调质处理		
		R_m /MPa	HBW[1] ≤	R_e/MPa ≥	R_m /MPa	A（%） ≥
35S20 35SPb20	5 ~ 10	550 ~ 720	210	430	630 ~ 780	15
	10 ~ 16	550 ~ 700	204	430	630 ~ 780	15
	16 ~ 40	520 ~ 680	198	380	600 ~ 750	16
	40 ~ 63	520 ~ 670	196	320	550 ~ 700	17
	63 ~ 100	500 ~ 650	190	320	550 ~ 700	17

（续）

钢　号	直径 /mm	未　处　理		调 质 处 理		
		R_m /MPa	HBW[①] ≤	R_e/MPa ≥	R_m /MPa	A（%） ≥
36SMn14 36SMnPb14	5~10	580~770	225	480	700~850	14
	10~16	580~770	225	460	700~850	14
	16~40	560~750	219	420	670~820	15
	40~63	560~740	216	400	640~790	16
	63~100	550~740	216	360	570~720	17
35SMn20 35SMnPb20	5~10	580~770	225	—	—	—
	10~16	580~770	225	40	620~820	14
	16~40	560~750	219	365	590~790	16
	40~63	560~740	216	335	540~740	17
	63~100	550~740	216	—	—	—
38SMn28 38SMnPb28	5~10	580~780	228	480	700~850	15
	10~16	580~750	219	460	700~850	15
	16~40	560~730	213	420	700~850	15
	40~63	560~730	213	400	700~850	16
	63~100	550~700	204	380	630~800	16
44SMn28 44SMnPb28	5~10	630~900	(266)	520	700~850	16
	10~16	630~850	(252)	480	700~850	16
	16~40	630~820	241	420	700~850	16
	40~63	620~790	231	410	700~850	16
	63~100	610~780	228	400	700~850	16
46S20 46SPb20	5~10	590~800	234	490	700~850	12
	10~16	590~780	228	490	700~850	12
	16~40	590~760	222	430	650~800	13
	40~63	580~730	213	370	630~780	14
	63~100	560~710	207	370	630~780	14

① 如括号数值有争议，抗拉强度 R_m 为决定因素。

2.2.9　冷镦和冷挤压用钢

（1）ISO 标准冷镦和冷挤压用钢的钢号与化学成分 [ISO 4954（2018）]（表 2-2-53）

（本标准还包括奥氏体型不锈钢 13 个牌号，本节从略）

表 2-2-53　冷镦和冷挤压用钢的钢号与化学成分（质量分数）（%）

钢　号	C	Si	Mn	P ≤	S ≤	Cr	Ni	Mo	Cu	其　他
				非热处理型[①]						
C2C	≤0.03	≤0.10	0.20~0.40	0.020	0.025	≤0.30	≤0.30	≤0.10	≤0.30	Al 0.020~0.060
C4C	0.02~0.06	≤0.10	0.25~0.40	0.020	0.025	≤0.30	≤0.30	≤0.10	≤0.30	Al 0.020~0.060
C8C	0.06~0.10	≤0.10	0.25~0.45	0.020	0.025	≤0.30	≤0.30	≤0.10	≤0.30	Al 0.020~0.060
C10C	0.08~0.12	≤0.10	0.30~0.50	0.025	0.025	≤0.30	≤0.30	≤0.10	≤0.30	Al 0.020~0.060
C10GC	0.08~0.12	0.15~0.25	0.30~0.50	0.025	0.025	≤0.30	≤0.30	≤0.10	≤0.30	—
C15C	0.13~0.17	≤0.10	0.35~0.60	0.025	0.025	≤0.30	≤0.30	≤0.10	≤0.30	Al 0.020~0.060

（续）

钢　号	C	Si	Mn	P ≤	S ≤	Cr	Ni	Mo	Cu	其　他
非热处理型①										
C15GC	0.13~0.17	0.15~0.25	0.35~0.60	0.025	0.025	≤0.30	≤0.30	≤0.10	≤0.30	—
C17C	0.15~0.19	≤0.10	0.65~0.85	0.025	0.025	≤0.30	≤0.30	≤0.10	≤0.30	Al 0.020~0.060
C17GC	0.15~0.19	0.15~0.25	0.65~0.85	0.025	0.025	≤0.30	≤0.30	≤0.10	≤0.30	—
C20C	0.18~0.22	≤0.10	0.70~0.90	0.025	0.025	≤0.30	≤0.30	≤0.10	≤0.30	Al 0.020~0.060
C20GC	0.18~0.22	0.15~0.25	0.70~0.90	0.025	0.025	≤0.30	≤0.30	≤0.10	≤0.30	—
C25C	0.23~0.27	≤0.10	0.80~1.00	0.025	0.025	≤0.30	≤0.30	≤0.10	≤0.30	Al 0.020~0.060
C25GC	0.23~0.27	0.15~0.25	0.80~1.00	0.025	0.025	≤0.30	≤0.30	≤0.10	≤0.30	—
表面硬化型（非合金钢）②										
C10E2C	0.08~0.12	≤0.30	0.30~0.60	0.025	0.025	—	—	—	≤0.25	Al 0.020~0.060
C15E2C	0.13~0.17	≤0.30	0.30~0.60	0.025	0.025	—	—	—	≤0.25	Al 0.020~0.060
C17E2C	0.15~0.19	≤0.30	0.60~0.90	0.025	0.025	—	—	—	≤0.25	Al 0.020~0.060
C20E2C	0.18~0.22	≤0.30	0.30~0.60	0.025	0.025	—	—	—	≤0.25	Al 0.020~0.060
表面硬化型（合金钢）										
18MnB4	0.16~0.20	≤0.30	0.90~1.20	0.025	0.025	—	—	—	≤0.25	B 0.0008~0.005
22MnB4	0.20~0.24	≤0.30	0.90~1.20	0.025	0.025	—	—	—	≤0.25	B 0.0008~0.005
17Cr3	0.12~0.20	≤0.30	0.60~0.90	0.025	0.025	0.70~1.25	—	—	≤0.25	—
17CrS3	0.12~0.20	≤0.30	0.60~0.90	0.025	0.020~0.040	0.70~1.25	—	—	≤0.25	—
20Cr4	0.17~0.23	≤0.30	0.60~0.90	0.025	0.025	0.90~1.20	—	—	≤0.25	—
20CrS4	0.17~0.23	≤0.30	0.60~0.90	0.025	0.020~0.040	0.90~1.20	—	—	≤0.25	—
16MnCr5	0.14~0.19	≤0.30	1.00~1.30	0.025	0.025	0.80~1.10	—	—	≤0.25	—
16MnCrS5	0.14~0.19	≤0.30	1.00~1.30	0.025	0.020~0.040	0.80~1.10	—	—	≤0.25	—
16MnCrB5	0.14~0.19	≤0.30	1.00~1.30	0.025	0.025	0.80~1.10	—	—	≤0.25	B 0.0008~0.005
20MnCrS5	0.17~0.22	≤0.30	1.10~1.40	0.025	0.020~0.040	1.00~1.30	—	—	≤0.25	—
12CrMo4	0.10~0.15	≤0.30	0.60~0.90	0.025	0.025	0.90~1.20	—	0.15~0.25	≤0.25	—
18CrMo4	0.15~0.21	≤0.30	0.60~0.90	0.025	0.025	0.90~1.20	—	0.15~0.25	≤0.25	—
18CrMoS4	0.15~0.21	≤0.30	0.60~0.90	0.025	0.020~0.040	0.90~1.20	—	0.15~0.25	≤0.25	—
20MoCr4	0.17~0.23	≤0.30	0.70~1.00	0.025	0.025	0.30~0.60	—	0.40~0.50	≤0.25	—
20MoCr4	0.17~0.23	≤0.30	0.70~1.00	0.025	0.020~0.040	0.30~0.60	—	0.40~0.50	≤0.25	—
10NiCr5-4	0.07~0.12	≤0.30	0.60~0.90	0.025	0.025	0.90~1.20	1.20~1.50	—	≤0.25	—
12NiCr3-2	0.09~0.15	≤0.30	0.30~0.60	0.025	0.025	0.40~0.70	0.50~0.80	—	≤0.25	—
17NiCr6-6	0.14~0.20	≤0.30	0.50~0.90	0.025	0.025	1.40~1.70	1.40~1.70	—	≤0.25	—
20NiCrMo2-2	0.17~0.23	≤0.30	0.65~0.95	0.025	0.025	0.35~0.70	0.40~0.70	0.15~0.25	≤0.25	—
20NiCrMoS2-2	0.17~0.23	≤0.30	0.65~0.95	0.025	0.020~0.040	0.35~0.70	0.40~0.70	0.15~0.25	≤0.25	—

（续）

钢　号	C	Si	Mn	P ≤	S ≤	Cr	Ni	Mo	Cu	其　他
表面硬化型（合金钢）										
20NiCrMo7	0.17 ~ 0.23	≤0.30	0.40 ~ 0.70	0.025	0.025	0.35 ~ 0.65	1.60 ~ 2.00	0.20 ~ 0.30	≤0.25	—
20NiCrMoS6-4	0.16 ~ 0.23	≤0.30	0.50 ~ 0.90	0.025	0.020 ~ 0.040	0.60 ~ 0.90	1.40 ~ 1.70	0.25 ~ 0.35	≤0.25	—
调质型（非合金钢）										
C30EC	0.27 ~ 0.33	≤0.30	0.50 ~ 0.80	0.025	0.025	—	—	—	≤0.25	—
C30RC	0.27 ~ 0.33	≤0.30	0.50 ~ 0.80	0.025	0.020 ~ 0.035	—	—	—	≤0.25	—
C35EC	0.32 ~ 0.39	≤0.30	0.50 ~ 0.80	0.025	0.025	—	—	—	≤0.25	—
C35RC	0.32 ~ 0.39	≤0.30	0.50 ~ 0.80	0.025	0.020 ~ 0.035	—	—	—	≤0.25	—
C45EC	0.42 ~ 0.50	≤0.30	0.50 ~ 0.80	0.025	0.025	—	—	—	≤0.25	—
C45RC	0.42 ~ 0.50	≤0.30	0.50 ~ 0.80	0.025	0.020 ~ 0.035	—	—	—	≤0.25	—
调质型（合金钢）										
37Mo2	0.35 ~ 0.40	≤0.30	0.60 ~ 0.90	0.025	0.025	—	—	0.20 ~ 0.30	≤0.25	—
38Cr2	0.35 ~ 0.42	≤0.30	0.50 ~ 0.80	0.025	0.025	0.40 ~ 0.60	—	—	≤0.25	—
46Cr2	0.42 ~ 0.50	≤0.30	0.50 ~ 0.80	0.025	0.025	0.40 ~ 0.60	—	—	≤0.25	—
34Cr4	0.30 ~ 0.37	≤0.30	0.60 ~ 0.90	0.025	0.035	0.90 ~ 1.20	—	—	≤0.25	—
37Cr4	0.34 ~ 0.41	≤0.30	0.60 ~ 0.90	0.025	0.035	0.90 ~ 1.20	—	—	≤0.25	—
41Cr4	0.38 ~ 0.45	≤0.30	0.60 ~ 0.90	0.025	0.035	0.90 ~ 1.20	—	—	≤0.25	—
41CrS4	0.38 ~ 0.45	≤0.30	0.60 ~ 0.90	0.025	0.020 ~ 0.040	0.90 ~ 1.20	—	—	≤0.25	—
25CrMo4	0.22 ~ 0.29	≤0.30	0.60 ~ 0.90	0.025	0.035	0.90 ~ 1.20	—	0.15 ~ 0.30	≤0.25	—
25CrMoS4	0.22 ~ 0.29	≤0.30	0.60 ~ 0.90	0.025	0.020 ~ 0.040	0.90 ~ 1.20	—	0.15 ~ 0.30	≤0.25	—
34CrMo4	0.30 ~ 0.37	≤0.30	0.60 ~ 0.90	0.025	0.035	0.90 ~ 1.20	—	0.15 ~ 0.30	≤0.25	—
37CrMo4	0.35 ~ 0.40	≤0.30	0.60 ~ 0.90	0.025	0.035	0.90 ~ 1.20	—	0.15 ~ 0.30	≤0.25	—
42CrMo4	0.38 ~ 0.45	≤0.30	0.60 ~ 0.90	0.025	0.035	0.90 ~ 1.20	—	0.15 ~ 0.30	≤0.25	—
42CrMoS4	0.38 ~ 0.45	≤0.30	0.60 ~ 0.90	0.025	0.020 ~ 0.040	0.90 ~ 1.20	—	0.15 ~ 0.30	≤0.25	—
41CrNiMo2	0.37 ~ 0.44	≤0.30	0.70 ~ 1.00	0.025	0.035	0.40 ~ 0.60	0.40 ~ 0.70	0.15 ~ 0.30	≤0.25	—
41CrNiMoS2	0.37 ~ 0.44	≤0.30	0.70 ~ 1.00	0.025	0.020 ~ 0.040	0.40 ~ 0.60	0.40 ~ 0.70	0.15 ~ 0.30	≤0.25	—
34CrNiMo6	0.30 ~ 0.38	≤0.30	0.50 ~ 0.80	0.025	0.025	1.30 ~ 1.70	1.30 ~ 1.70	0.15 ~ 0.30	≤0.25	—
41CrNiMo7-3-2	0.38 ~ 0.44	≤0.30	0.60 ~ 0.90	0.025	0.025	0.70 ~ 0.90	1.65 ~ 2.00	0.15 ~ 0.30	≤0.25	—
调质型（含硼合金钢）										
17B2	0.15 ~ 0.20	≤0.30	0.60 ~ 0.90	0.025	0.025	≤0.30	—	—	≤0.25	B 0.0008 ~ 0.005
23B2	0.20 ~ 0.25	≤0.30	0.60 ~ 0.90	0.025	0.025	≤0.30	—	—	≤0.25	B 0.0008 ~ 0.005
28B2	0.25 ~ 0.30	≤0.30	0.60 ~ 0.90	0.025	0.025	≤0.30	—	—	≤0.25	B 0.0008 ~ 0.005
33B2	0.30 ~ 0.35	≤0.30	0.60 ~ 0.90	0.025	0.025	≤0.30	—	—	≤0.25	B 0.0008 ~ 0.005

（续）

钢 号	C	Si	Mn	P ≤	S ≤	Cr	Ni	Mo	Cu	其 他
						调质型（含硼合金钢）				
38B2	0.35 ~ 0.40	≤0.30	0.60 ~ 0.90	0.025	0.025	≤0.30	—	—	≤0.25	B 0.0008 ~ 0.005
23MnB3	0.21 ~ 0.25	≤0.15	0.80 ~ 1.00	0.015	0.015	0.25 ~ 0.35			≤0.25	B 0.0008 ~ 0.005
17MnB4	0.15 ~ 0.20	≤0.30	0.90 ~ 1.20	0.025	0.025	≤0.30			≤0.25	B 0.0008 ~ 0.005
20MnB4	0.18 ~ 0.23	≤0.30	0.90 ~ 1.20	0.025	0.025	≤0.30			≤0.25	B 0.0008 ~ 0.005
23MnB4	0.20 ~ 0.25	≤0.30	0.90 ~ 1.20	0.025	0.025	≤0.30			≤0.25	B 0.0008 ~ 0.005
27MnB4	0.25 ~ 0.30	≤0.30	0.90 ~ 1.20	0.025	0.025	≤0.30			≤0.25	B 0.0008 ~ 0.005
30MnB4	0.27 ~ 0.32	≤0.30	0.80 ~ 1.10	0.025	0.025	≤0.30			≤0.25	B 0.0008 ~ 0.005
36MnB4	0.33 ~ 0.38	≤0.30	0.80 ~ 1.10	0.025	0.025	≤0.30			≤0.25	B 0.0008 ~ 0.005
20MnB5	0.17 ~ 0.23	≤0.30	1.10 ~ 1.40	0.025	0.025	≤0.30			≤0.25	B 0.0008 ~ 0.005
23MnB5	0.20 ~ 0.26	≤0.30	1.10 ~ 1.40	0.025	0.025	≤0.30			≤0.25	B 0.0008 ~ 0.005
26MnB5	0.23 ~ 0.29	≤0.30	1.20 ~ 1.50	0.025	0.025	≤0.30			≤0.25	B 0.0008 ~ 0.005
34MnB5	0.31 ~ 0.37	≤0.30	1.20 ~ 1.50	0.025	0.025	≤0.30			≤0.25	B 0.0008 ~ 0.005
37MnB5	0.35 ~ 0.40	≤0.30	1.15 ~ 1.45	0.025	0.025	≤0.30			≤0.25	B 0.0008 ~ 0.005
30MoB1	0.28 ~ 0.32	≤0.30	0.80 ~ 1.00	0.025	0.025	≤0.30	—	0.08 ~ 0.12	≤0.25	B 0.0008 ~ 0.005
32CrB4	0.30 ~ 0.34	≤0.30	0.60 ~ 0.90	0.025	0.025	0.90 ~ 1.20			≤0.25	B 0.0008 ~ 0.005
36CrB4	0.34 ~ 0.38	≤0.30	0.70 ~ 1.00	0.025	0.025	0.90 ~ 1.20			≤0.25	B 0.0008 ~ 0.005
31CrMoB2-1	0.28 ~ 0.33	≤0.30	0.90 ~ 1.20	0.025	0.025	0.40 ~ 0.55	—	0.10 ~ 0.15	≤0.25	B 0.0008 ~ 0.005

① 规定 3 种元素的总含量：Cr + Ni + Mo = 0.50%。

② 表面硬化型包括非合金钢（C10E2C、C15E2C、C17E2C、C20E2C）和合金钢两类别。

（2）ISO 标准非热处理型冷镦和冷挤压用钢的力学性能（表 2-2-54）

表 2-2-54　非热处理型冷镦和冷挤压用钢的力学性能

钢 号	直径 /mm	交货状态①（产品包括：盘条、棒材、线材和钢丝）												
		AR 或 AR + PE		AC 或 AC + PE		AR + C		AR + C + AC		AR + C + AC + LC		AC + C	
		R_m /MPa ≤	Z (%) ≥	R_m /MPa ≤	Z (%) ≥	R_m /MPa ≤	Z (%) ≥	R_m /MPa ≤	Z (%) ≥	R_m /MPa ≤	Z (%) ≥	R_m /MPa ≤	Z (%) ≥
C2C	2 ~ 5	—	—	—	—	—	—	310	80	350	75	—	—
	5 ~ 10	360	75	—	—	450	70	300	80	340	75	—	—
	10 ~ 40	360	75	—	—	440	70	300	80	340	75	—	—
	40 ~ 100	360	75	—	—	440	68	300	80	340	75	—	—
C4C	2 ~ 5	—	—	—	—	—	—	320	77	360	73	—	—
	5 ~ 10	390	70	330	75	470	66	310	77	350	73	410	70
	10 ~ 40	390	70	330	75	460	66	300	77	350	73	400	70
	40 ~ 100	390	70	330	75	—	—	—	—	—	—	—	—
C8C	2 ~ 5	—	—	—	—	—	—	350	72	390	68	—	—
	5 ~ 10	410	65	360	70	490	63	340	72	380	68	450	65
	10 ~ 40	410	65	360	70	480	63	340	72	380	68	440	65
	40 ~ 100	410	65	360	70	—	—	—	—	—	—	—	—
C10C C10GC	2 ~ 5	—	—	—	—	—	—	370	72	410	68	—	—
	5 ~ 10	430	60	380	70	520	58	360	72	400	68	470	63
	10 ~ 40	430	60	380	70	510	58	360	72	400	68	460	63
	40 ~ 100	430	60	380	70	—	—	—	—	—	—	—	—

（续）

钢　号	直径/mm	交货状态[①]（产品包括：盘条、棒材、线材和钢丝）										
		AR 或 AR+PE		AC 或 AC+PE		AR+C		AR+C+AC		AR+C+AC+LC		AC+C	
		R_m/MPa	Z(%)	R_m/MPa	Z(%)	R_m/MPa	Z(%)	R_m/MPa	Z(%)	R_m/MPa	Z(%)	R_m/MPa	Z(%)
		≤	≥	≤	≥	≤	≥	≤	≥	≤	≥	≤	≥
C15C C15GC	2~5	—	—	—	—	—	—	390	70	430	66	—	—
	5~10	460	58	400	68	550	56	380	70	420	66	490	63
	10~40	460	58	400	68	540	56	380	70	420	66	480	63
	40~100	460	58	400	68	—	—	—	—	—	—	—	—
C17C C17GC	2~5	—	—	—	—	—	—	430	67	470	63	—	—
	5~10	520	58	440	65	610	56	420	67	460	63	530	60
	10~40	520	58	440	65	600	56	420	67	460	63	520	60
	40~100	520	58	440	65	—	—	—	—	—	—	—	—
C20C C20GC	2~5	—	—	—	—	—	—	470	67	510	63	—	—
	5~10	560	55	480	65	650	53	460	67	500	63	570	60
	10~40	560	55	480	65	640	53	460	67	500	63	560	60
	40~100	560	55	480	65	—	—	—	—	—	—	—	—
C25C	2~5	—	—	—	—	—	—	500	65	540	60	—	—
	5~10	590	50	510	60	680	50	490	65	530	60	600	55
	10~40	590	50	510	60	670	50	490	65	530	60	590	55
	40~100	590	50	510	60	—	—	—	—	—	—	—	—
C25GC	2~5	—	—	—	—	570	45	—	—	440	55	—	—
	5~10	590	50	—	—	470	45	—	—	440	55	440	55
	10~40	590	50	—	—	470	45	—	—	440	55	440	55
	40~100	590	50	—	—	—	—	—	—	—	—	—	—

① 交货状态代号：AR—热轧态；PE—去氧化皮；AC—球化处理；C—冷拔；LC—精整。

（3）ISO 标准表面硬化型冷镦和冷挤压用钢的力学性能（表2-2-55～表2-2-57）

表2-2-55　表面硬化型冷镦和冷挤压用钢的力学性能（非合金钢）

钢　号	直径/mm	交货状态[①]（产品包括：盘条、棒材、线材和钢丝）										
		AR 或 AR+PE		AC 或 AC+PE		AR+C		AR+C+AC		AR+C+AC+LC		AC+C	
		R_m/MPa	Z(%)	R_m/MPa	Z(%)	R_m/MPa	Z(%)	R_m/MPa	Z(%)	R_m/MPa	Z(%)	R_m/MPa	Z(%)
		≤	≥	≤	≥	≤	≥	≤	≥	≤	≥	≤	≥
C10E2C	2~5	—	—	—	—	—	—	390	67	430	65	—	—
	5~10	450	58	400	65	540	56	380	67	420	65	490	62
	10~40	450	58	400	65	530	56	380	67	420	65	480	62
	40~100	450	58	400	65	—	—	—	—	—	—	—	—
C15E2C	2~5	—	—	—	—	—	—	420	67	460	65	—	—
	5~10	480	58	430	65	570	56	410	67	450	65	520	62
	10~40	480	58	430	65	560	56	410	67	450	65	510	62
	40~100	480	58	430	65	—	—	—	—	—	—	—	—
C17E2C	2~5	—	—	—	—	—	—	440	67	480	65	—	—
	5~10	530	58	450	65	630	56	430	67	470	65	550	62
	10~40	530	58	450	65	620	56	430	67	470	65	540	62
	40~100	530	58	450	65	—	—	—	—	—	—	—	—

（续）

钢　号	直径 /mm	交货状态[1]（产品包括：盘条、棒材、线材和钢丝）											
		AR 或 AR + PE		AC 或 AC + PE		AR + C		AR + C + AC		AR + C + AC + LC		AC + C	
		R_m /MPa	Z (%)	R_m /MPa	Z (%)	R_m /MPa	Z (%)	R_m /MPa	Z (%)	R_m /MPa	Z (%)	R_m /MPa	Z (%)
		≤	≥	≤	≥	≤	≥	≤	≥	≤	≥	≤	≥
C20E2C	2 ~ 5	—	—	—	—	—	—	460	67	500	65	—	—
	5 ~ 10	530	58	470	65	640	56	450	67	490	65	580	62
	10 ~ 40	530	58	470	65	630	56	450	67	490	65	570	62
	40 ~ 100	530	58	470	65								

[1] 见表 2-2-54 中[1]。

表 2-2-56　表面硬化型冷镦和冷挤压用钢的力学性能（含硼合金钢）

钢　号	直径 /mm	交货状态[1]（产品包括：盘条、棒材、线材和钢丝）											
		AR 或 AR + PE		AC 或 AC + PE		AR + C		AR + C + AC		AR + C + AC + LC		AC + C	
		R_m /MPa	Z (%)	R_m /MPa	Z (%)	R_m /MPa	Z (%)	R_m /MPa	Z (%)	R_m /MPa	Z (%)	R_m /MPa	Z (%)
		≤	≥	≤	≥	≤	≥	≤	≥	≤	≥	≤	≥
18MnB4	2 ~ 5	—	—	—	—	—	—	500	64	540	62	—	—
	5 ~ 10	580	55	500	64	680	53	480	64	520	62	600	59
	10 ~ 40	580	55	500	64	670	53	480	64	520	62	590	59
22MnB4	2 ~ 5	—	—	—	—	—	—	520	64	560	62	—	—
	5 ~ 10	600	55	520	64	720	53	500	64	540	62	630	59
	10 ~ 40	600	55	520	62	710	53	500	64	540	62	620	59

[1] 见表 2-2-54 中[1]。

表 2-2-57　表面硬化型冷镦和冷挤压用钢的力学性能（合金钢）

钢　号	直径 /mm	交货状态[1]（产品包括：盘条、棒材、线材和钢丝）									
		AC		FP	AR + C + AC		AR + C + LC		AC + C	
		R_m /MPa	Z (%)	HBW	R_m /MPa	Z (%)	R_m /MPa	Z (%)	R_m /MPa	Z (%)
		≤	≥		≤	≥	≤	≥	≤	≥
17Cr3 17CrS3	2 ~ 5	—	—	—	520	62	560	60	—	—
	5 ~ 10	520	60	140 ~ 187	500	62	540	60	630	57
	10 ~ 40	520	60	140 ~ 187	500	62	540	60	620	57
20Cr4 20CrS4	2 ~ 5	—	—	—						
	5 ~ 10	—	—		540	60	580	60	640	55
	10 ~ 40	640	60		540	60	580	60	640	55
16MnCr5 16MnCrS5 16MnCrB5	2 ~ 5	—	—		550	64	590	62	—	—
	5 ~ 10	550	62	140 ~ 187	530	64	570	62	660	59
	10 ~ 40	550	62	140 ~ 187	530	64	570	62	650	59
20MnCrS5	2 ~ 5	—	—		570	62	610	62	—	—
	5 ~ 10	570	60	152 ~ 201	550	62	590	60	680	57
	10 ~ 40	570	60	152 ~ 201	550	62	590	60	670	57
12CrMo4	2 ~ 5	—	—		500				—	—
	5 ~ 10	500	62	135 ~ 185	480	64	520	62	—	—
	10 ~ 40	500	62	135 ~ 185	480	64	520	62	—	—

（续）

钢　　号	直径/mm	交货状态[1]（产品包括：盘条、棒材、线材和钢丝）								
		AC		FP	AR + C + AC		AR + C + LC		AC + C	
		R_m/MPa	Z(%)	HBW	R_m/MPa	Z(%)	R_m/MPa	Z(%)	R_m/MPa	Z(%)
		≤	≥		≤	≥	≤	≥	≤	≥
18CrMo4 18CrMoS4	2~5	—	—	—	550	62	590	60	—	—
	5~10	550	60	140~187	530	62	570	60	660	57
	10~40	550	60	140~187	530	62	570	60	650	57
20MoCr4 20MoCr4	2~5	—	—	—	560	62	600	60	—	—
	5~10	560	60	140~187	540	62	580	60	670	57
	10~40	560	60	140~187	540	62	580	60	660	57
10NiCr5-4	2~5	—	—	—	520	64	560	62	—	—
	5~10	520	62	137~187	500	64	540	62	640	59
	10~40	520	62	137~187	500	64	540	62	630	59
12NiCr3-2	2~5	—	—	—	500	64	540	62	—	—
	5~10	500	62	130~180	480	64	520	62	620	59
	10~40	500	62	130~180	480	64	520	62	610	59
17NiCr6-6	2~5	—	—	—	600	62	640	60	—	—
	5~10	600	60	156~207	580	62	620	60	720	57
	10~40	600	60	156~207	580	62	620	60	710	57
20NiCrMo2-2 20NiCrMoS2-2	2~5	—	—	—	590	62	630	60	—	—
	5~10	590	60	149~194	570	62	610	60	720	57
	10~40	590	60	149~194	570	62	610	60	710	57
20NiCrMo7	2~5	—	—	—	—	—	—	—	—	—
	5~10	—	—	—	680	60	—	—	700	55
	10~40	—	—	—	680	60	—	—	700	55
20NiCrMoS6-4	2~5	—	—	—	610	60	650	58	—	—
	5~10	610	58	149~201	590	60	630	58	730	55
	10~40	610	58	149~201	590	60	630	58	720	55

[1] 见表2-2-54中[1]。

（4）ISO 标准调质型冷镦和冷挤压用钢的力学性能（表2-2-58~表2-2-60）

表2-2-58　调质型冷镦和冷挤压用钢的力学性能（非合金钢）

钢　　号	直径/mm	交货状态[1]（产品包括：盘条、棒材、线材和钢丝）							
		AC 或 AC + PE		AR + C + AC		AR + C + AC + LC		AC + C	
		R_m/MPa	Z(%)	R_m/MPa	Z(%)	R_m/MPa	Z(%)	R_m/MPa	Z(%)
		≤	≥	≤	≥	≤	≥	≤	≥
C30EC C30RC	2~5	—	—	—	—	620	55	—	—
	5~10	—	—	—	—	620	55	620	55
	10~40	590		—	—	620	55	620	55
C35EC C35RC	2~5	—	—	550	62	590	60	—	—
	5~10	560	60	540	62	580	60	670	—
	10~40	560	60	540	62	580	60	660	—

（续）

钢　号	直径/mm	交货状态①（产品包括：盘条、棒材、线材和钢丝）							
		AC 或 AC + PE		AR + C + AC		AR + C + AC + LC		AC + C	
		R_{m}/MPa	Z/（%）	R_{m}/MPa	Z/（%）	R_{m}/MPa	Z/（%）	R_{m}/MPa	Z/（%）
		≤	≥	≤	≥	≤	≥	≤	≥
C45EC C45RC	2 ~ 5	—	—	590	62	630	60	—	—
	5 ~ 10	600	60	580	62	630	60	720	
	10 ~ 40	600	60	580	62	630	60	710	

① 见表 2-2-54 中①。

表 2-2-59　调质型冷镦和冷挤压用钢的力学性能（合金钢）

钢　号	直径/mm	交货状态①（产品包括：盘条、棒材、线材和钢丝）					
		AC 或 AC + PE		AC + C + AC		AC + C + AC + LC	
		R_{m}/MPa	Z/（%）	R_{m}/MPa	Z/（%）	R_{m}/MPa	Z/（%）
		≤	≥	≤	≥	≤	≥
37Mo2	2 ~ 5	—	—	560	61	600	59
	5 ~ 40	570	59	550	61	590	59
38Cr2	2 ~ 5			590	62	630	60
	5 ~ 40	600	60	580	62	620	60
46Cr2	2 ~ 5			610	60	650	58
	5 ~ 40	620	58	600	60	640	58
34Cr4	2 ~ 5	—	—	570	64	610	62
	5 ~ 40	580	62	580	64	600	62
37Cr4	2 ~ 5	—	—	580	62	620	60
	5 ~ 40	590	60	570	62	610	60
41Cr4 41CrS4	2 ~ 5	—	—	610	60	650	58
	5 ~ 40	620	58	600	60	640	58
25CrMo4 25CrMoS4	2 ~ 5	—	—	570	62	610	60
	5 ~ 40	580	60	560	62	600	60
34CrMo4	2 ~ 5	—	—	590	62	630	60
	5 ~ 40	600	60	580	62	620	60
37CrMo4	2 ~ 5	—	—	610	62	650	60
	5 ~ 40	620	60	600	62	640	60
42CrMo4 42CrMoS4	2 ~ 5	—	—	620	60	660	58
	5 ~ 40	630	58	610	60	650	58
41CrNiMo2 41CrNiMoS2	2 ~ 5	—	—	640	60	680	55
	5 ~ 40	—	—	640	60	680	55
34CrNiMo6	2 ~ 5	—	—	710	60	750	58
	5 ~ 40	720	58	700	60	740	58
41CrNiMo7-3-2	2 ~ 5	—	—	710	60	750	58
	5 ~ 40	720	58	700	60	740	58

① 见表 2-2-55 中①。

表 2-2-60 调质型冷镦和冷挤压用钢的力学性能（含硼合金钢）

钢 号	直径/mm	交货状态① （产品包括：盘条、棒材、线材和钢丝）											
		AR 或 AR + PE		AC 或 AC + PE		AR + C		AR + C + AC		AR + C + AC + LC		AC + C	
		R_m/MPa ≤	Z（%） ≥	R_m/MPa ≤	Z（%） ≥	R_m/MPa ≤	Z（%） ≥	R_m/MPa ≤	Z（%） ≥	R_m/MPa ≤	Z（%） ≥	R_m/MPa ≤	Z（%）
17B2	2 ~ 5	—	—	—	—	—	—	450	70	490	68	—	—
	5 ~ 10	540	60	450	68	630	55	440	70	480	68	550	63
	10 ~ 25	540	60	450	68	620	55	440	70	480	68	540	63
23B2	2 ~ 5	—	—	—	—	—	—	480	68	520	66	—	—
	5 ~ 10	600	60	490	66	690	55	470	68	510	66	580	61
	10 ~ 25	600	60	490	66	680	55	470	68	510	66	570	61
28B2	2 ~ 5	—	—	—	—	—	—	510	66	550	64	—	—
	5 ~ 10	630	60	520	64	720	55	500	66	540	64	610	59
	10 ~ 25	630	60	520	64	710	55	500	66	540	64	600	59
33B2	2 ~ 5	—	—	—	—	—	—	540	64	580	62	—	—
	5 ~ 10	—	—	550	62	—	—	530	64	570	62	640	57
	10 ~ 40	—	—	550	62	—	—	530	64	570	62	630	57
38B2	2 ~ 5	—	—	—	—	—	—	560	64	600	62	—	—
	5 ~ 10	—	—	570	62	—	—	550	64	590	62	660	57
	10 ~ 40	—	—	570	62	—	—	550	64	590	62	650	57
23MnB3	2 ~ 5	—	—	—	—	—	—	510	66	550	64	—	—
	5 ~ 10	600	60	520	64	700	55	500	66	540	64	620	59
	10 ~ 25	600	60	520	64	690	55	500	66	540	64	610	59
17MnB4	2 ~ 5	—	—	—	—	—	—	470	69	510	69	—	—
	5 ~ 10	570	60	480	67	660	55	460	69	500	69	570	62
	10 ~ 25	570	60	480	67	650	55	460	69	500	69	560	62
20MnB4	2 ~ 5	—	—	—	—	—	—	490	68	530	68	—	—
	5 ~ 10	580	60	500	66	680	55	480	68	520	68	600	61
	10 ~ 25	580	60	500	66	670	55	480	68	520	68	590	61
23MnB4	2 ~ 5	—	—	—	—	—	—	510	66	550	66	—	—
	5 ~ 10	600	60	520	64	700	55	500	66	540	66	620	59
	10 ~ 25	600	60	520	64	690	55	500	66	540	66	610	59
27MnB4	2 ~ 5	—	—	—	—	—	—	530	65	570	63	—	—
	5 ~ 40	—	—	540	63	—	—	520	65	560	63	640	58
30MnB4	2 ~ 5	—	—	—	—	—	—	560	65	600	63	—	—
	5 ~ 40	—	—	570	63	—	—	550	65	590	63	670	58
36MnB4	2 ~ 5	—	—	—	—	—	—	590	64	630	62	—	—
	5 ~ 40	—	—	600	62	—	—	580	64	620	62	700	57
20MnB5	2 ~ 5	—	—	—	—	—	—	—	—	630	55	—	—
	5 ~ 40	—	—	—	—	—	—	—	—	630	55	630	55
23MnB5	2 ~ 5	—	—	—	—	—	—	—	—	640	55	—	—
	5 ~ 40	—	—	—	—	—	—	—	—	640	55	640	55

（续）

钢　号	直径/mm	交货状态① （产品包括：盘条、棒材、线材和钢丝）											
		AR 或 AR + PE		AC 或 AC + PE		AR + C		AR + C + AC		AR + C + AC + LC		AC + C	
		R_m/MPa ≤	Z(%) ≥	R_m/MPa ≤	Z(%) ≥	R_m/MPa ≤	Z(%) ≥	R_m/MPa ≤	Z(%) ≥	R_m/MPa ≤	Z(%) ≥	R_m/MPa ≤	Z(%)
26MnB5	2 ~ 5	—	—	—	—	—	—	—	—	650	55	—	—
	5 ~ 40	—	—	—	—	—	—	—	—	650	55	650	55
34MnB5	2 ~ 5	—	—	—	—	—	—	—	—	680	55	—	—
	5 ~ 40	—	—	—	—	—	—	—	—	680	55	680	55
37MnB5	2 ~ 5	—	—	—	—	—	—	610	64	650	62	—	—
	5 ~ 40	—	—	620	62	—	—	600	64	640	62	720	57
30MoB1	2 ~ 5	—	—	—	—	—	—	530	64	570	62	—	—
	5 ~ 40	—	—	530	62	—	—	530	64	550	62	630	57
32CrB4	2 ~ 5	—	—	—	—	—	—	550	64	590	62	—	—
	5 ~ 40	—	—	550	62	—	—	530	64	570	62	670	57
36CrB4	2 ~ 5	—	—	—	—	—	—	570	63	610	61	—	—
	5 ~ 40	—	—	570	61	—	—	550	63	590	61	690	56
31CrMoB2-1	2 ~ 5	—	—	—	—	—	—	570	63	610	61	—	—
	5 ~ 40	—	—	570	61	—	—	550	63	590	61	690	56

① 见表 2-2-54 中①。

2. 2. 10　弹簧钢和轴承钢

（1）ISO 标准弹簧钢的钢号与化学成分及力学性能、淬透性数据［ISO 683-14（2004）］

A）热轧弹簧钢的钢号与化学成分（表2-2-61）。

表 2-2-61　热轧弹簧钢的钢号与化学成分（质量分数）（%）

钢　号	C	Si	Mn	P ≤	S ≤	Cr	其　他	残余元素
38Si7	0. 35 ~ 0. 42	1. 50 ~ 1. 80	0. 50 ~ 0. 80	0. 030	0. 030	—	—	
46Si7	0. 42 ~ 0. 50	1. 50 ~ 2. 00	0. 50 ~ 0. 80	0. 030	0. 030	—	—	
60Si8	0. 56 ~ 0. 64	1. 80 ~ 2. 20	0. 70 ~ 1. 00	0. 030	0. 030	—	—	
56SiCr7	0. 52 ~ 0. 60	1. 60 ~ 2. 00	0. 70 ~ 1. 00	0. 030	0. 030	0. 20 ~ 0. 40	—	
61SiCr7	0. 57 ~ 0. 65	1. 60 ~ 2. 00	0. 70 ~ 1. 00	0. 030	0. 030	0. 20 ~ 0. 40	—	
55SiCr6-3	0. 51 ~ 0. 59	1. 20 ~ 1. 60	0. 50 ~ 0. 80	0. 030	0. 030	0. 50 ~ 0. 80	—	
55SiCrV6-3	0. 51 ~ 0. 59	1. 20 ~ 1. 60	0. 50 ~ 0. 80	0. 030	0. 030	0. 50 ~ 0. 80	V 0. 10 ~ 0. 20	Cu + 10Sn ≤ 0. 60
55Cr3	0. 52 ~ 0. 59	≤ 0. 40	0. 70 ~ 1. 00	0. 030	0. 030	0. 70 ~ 1. 00	—	
60Cr3	0. 55 ~ 0. 65	≤ 0. 40	0. 70 ~ 1. 10	0. 030	0. 030	0. 70 ~ 1. 00	—	
60CrMo3-3	0. 56 ~ 0. 64	≤ 0. 40	0. 70 ~ 1. 00	0. 030	0. 030	0. 70 ~ 1. 00	Mo 0. 25 ~ 0. 35	
51CrV4	0. 47 ~ 0. 55	≤ 0. 40	0. 70 ~ 1. 10	0. 030	0. 030	0. 90 ~ 1. 20	V 0. 10 ~ 0. 25	
52CrMnV4	0. 48 ~ 0. 56	≤ 0. 40	0. 70 ~ 1. 00	0. 030	0. 030	0. 90 ~ 1. 20	Mo 0. 15 ~ 0. 25 V 0. 10 ~ 0. 20	

B）热轧弹簧钢的力学性能（表 2-2-62）

表 2-2-62 热轧弹簧钢的力学性能

钢 号	状 态	R_m/MPa	$R_{p0.2}$/MPa	A（%）	Z（%）	KU/J	HBW①
			≥				≤
38Si7	—	—	—	—	—	—	217
46Si7	—	—	—	—	—	—	248
60Si8	淬火 + 回火	1450 ~ 1750	1300	6	25	13	248
56SiCr7	淬火 + 回火	1500 ~ 1800	1350	6	25	8	248
61SiCr7	淬火 + 回火	1550 ~ 1850	1400	5.5	20	8	248
55SiCr6-3	淬火 + 回火	1450 ~ 1750	1300	6	25	8	248
55SiCrV6-3	淬火 + 回火	1650 ~ 1950	1600	5	35	8	248
55Cr3	淬火 + 回火	1400 ~ 1700	1250	3	20	5	248
60Cr3	—	—	—	—	—	—	248
60CrMo3-3	淬火 + 回火	1450 ~ 1750	1300	6	30	8	248
51CrV4	淬火 + 回火	1350 ~ 1650	1200	6	30	8	248
52CrMoV4	淬火 + 回火	1450 ~ 1750	1300	6	35	10	248

① 软化退火硬度。

C）保证淬透性弹簧钢（H 等级）的淬透性数据（表 2-2-63）。

表 2-2-63 保证淬透性弹簧钢（H 等级）的淬透性数据

钢 号	淬火温度①/℃	硬度上下限	硬度值 HRC（距淬火端距离/mm）													
			1.5	3	5	7	9	11	13	15	20	25	30	35	40	45	50
38Si7	880	上限	61	58	51	44	40	37	34	32	29	27	26	25	25	25	24
		下限	54	48	38	31	27	24	19	—	—	—	—	—	—	—	—
46Si7	880	上限	63	60	53	46	42	39	36	34	31	29	28	27	27	26	25
		下限	56	50	40	33	29	26	23	21	—	—	—	—	—	—	—
60Si8	850	上限	65	65	65	64	62	60	58	53	44	40	37	35	34	33	32
		下限	59	58	53	46	37	34	32	31	28	27	25	24	24	24	24
56SiCr7	850	上限	65	65	64	63	62	60	57	54	47	42	39	37	36	36	35
		下限	60	58	55	50	44	40	37	35	32	30	28	26	25	24	24
61SiCr7	850	上限	68	68	67	65	63	61	60	58	51	46	43	41	39	39	38
		下限	60	59	57	54	48	45	42	39	35	32	31	30	29	28	28
55SiCr6-3	850	上限	66	66	66	65	65	64	64	63	59	55	49	44	40	37	35
		下限	57	56	56	55	53	52	50	46	36	32	29	28	27	26	25
55SiCrV6-3	860	上限	67	66	65	63	62	60	57	55	47	43	40	38	37	36	35
		下限	57	56	55	50	44	40	37	35	32	30	28	26	25	24	24
55Cr3	850	上限	65	65	64	63	63	62	61	60	57	52	48	45	42	40	39
		下限	57	56	55	54	52	48	43	39	33	30	28	27	26	25	24
60Cr3	850	上限	66	66	65	65	64	63	62	62	60	57	52	48	45	44	43
		下限	59	59	57	56	53	50	45	41	35	32	30	29	28	27	26
60CrMo3-3	850	上限	65	65	65	65	65	65	65	64	64	63	63	63	63	63	63
		下限	60	60	60	60	60	60	60	59	58	56	54	50	46	43	41
51CrV4	850	上限	65	65	64	64	63	62	62	61	60	58	57	55	54	53	53
		下限	57	56	55	54	53	52	50	48	44	41	37	35	34	33	32
52CrMoV4	850	上限	65	65	64	64	63	63	63	62	62	62	62	61	61	61	60
		下限	57	56	56	56	54	52	51	50	48	47	46	46	45	44	44

① 加热温度的波动范围 ±5℃。

D) 弹簧钢扁平材和棒材的尺寸效应与硬度（表 2-2-64）

表 2-2-64　弹簧钢扁平材和棒材的尺寸效应与硬度

钢　号	贝氏体组织比例较大时[①,②]			贝氏体组织比例较小时[①,②]			退火硬度 HBW	
	淬火后心部硬度 HRC≥	最大尺寸/mm		淬火后心部硬度 HRC≥	最大尺寸/mm		改善切削性能硬度	软化退火硬度
		扁平材（厚度）	棒材（直径）		扁平材（厚度）	棒材（直径）		
38Si7	—	—	—	—	—	—	280	217
46Si7	—	—	—	—	—	—	280	248
60Si8	54	11	17	56	9	15	280	248
56SiCr7	54	13	20	56	11	18	280	248
61SiCr7	54	16	25	56	14	22	280	248
55SiCr6-3	54	20	33	56	18	30	280	248
55SiCrV6-3	54	22	35	56	18	30	280	248
55Cr3	54	14	21	56	10	18	280	248
60Cr3	54	商订	商订	56	商订	商订	280	248
60CrMo3-3	54	55	85	56	51	80	280	248
51CrV4	54	25	40	56	20	30	280	248
52CrMoV4	54	35	55	56	29	45	280	248

① 数值来源：2/3 淬透性范围的淬透性曲线。

② 用于检测最大尺寸的热处理制度：淬火温度830℃，油冷。

（2）ISO 标准轴承钢的钢号、化学成分、硬度与淬透性［ISO 683-17（2014）］

A）各类轴承钢的钢号与化学成分（表 2-2-65）

表 2-2-65　各类轴承钢的钢号与化学成分（质量分数）（%）

钢　号	数字代号	C	Si	Mn	P ≤	S ≤	Cr	Mo	Ni	其　他
整体淬火轴承钢										
100Cr6	B1	0.93~1.05	0.15~0.35	0.25~0.45	0.025	0.015	1.35~1.60	≤0.10	—	
100CrMnSi4-4	B2	0.93~1.05	0.45~0.75	0.90~1.20	0.025	0.015	0.90~1.20	≤0.10	—	
100CrMnSi6-4	B3	0.93~1.05	0.45~0.75	1.00~1.20	0.025	0.015	1.40~1.65	≤0.10	—	Al≤0.050 Cu≤0.30 O≤0.015[①] + Ca，Ti
100CrMnSi6-6	B4	0.93~1.05	0.45~0.75	1.40~1.70	0.025	0.015	1.40~1.65	≤0.10	—	
100CrMo7	B5	0.93~1.05	0.15~0.35	0.25~0.45	0.025	0.015	1.65~1.95	0.15~0.30	—	
100CrMo7-3	B6	0.93~1.05	0.15~0.35	0.60~0.80	0.025	0.015	1.65~1.95	0.20~0.35	—	
100CrMo7-4	B7	0 93~1.05	0.15~0.35	0.60~0.80	0.025	0.015	1.65~1.95	0.40~0.50	—	
100CrMnMoSi8-4-6	B8	0.93~1.05	0.40~0.60	0.80~1.10	0.025	0.015	1.80~2.05	0.50~0.60	—	
表面硬化轴承钢										
20Cr3	B20	0.17~0.23	≤0.40	0.60~1.00	0.025	0.015	0.60~1.00	—	—	
20Cr4	B21	0.17~0.23	≤0.40	0.60~0.90	0.025	0.015	0.90~1.20	—	—	
20MnCr4-2	B22	0.17~0.23	≤0.40	0.65~1.10	0.025	0.015	0.40~0.75	—	—	Al≤0.050 Cu≤0.30 O≤0.020[①] + Ca，Ti
17MnCr5	B23	0.14~0.19	≤0.40	1.00~1.30	0.025	0.015	0.80~1.10	—	—	
19MnCr5	B24	0.17~0.22	≤0.40	1.10~1.40	0.025	0.015	1.00~1.30	—	—	
15CrMo4	B25	0.12~0.18	≤0.40	0.60~0.90	0.025	0.015	0.90~1.20	0.15~0.25	—	
20CrMo4	B26	0.17~0.23	≤0.40	0.60~0.90	0.025	0.015	0.90~1.20	0.15~0.25	—	
20MnCrMo4-2	B27	0.17~0.23	≤0.40	0.65~1.10	0.025	0.015	0.40~0.75	0.10~0.20	—	

（续）

钢　号	数字代号	C	Si	Mn	P ≤	S ≤	Cr	Mo	Ni	其　他
表面硬化轴承钢										
20MnNiCrMo3-2	B28	0.17 ~ 0.23	≤0.40	0.60 ~ 0.95	0.025	0.015	0.35 ~ 0.70	0.15 ~ 0.25	0.40 ~ 0.70	Al≤0.050 Cu≤0.30 O≤0.020[①] + Ca，Ti
20NiCrMo7	B29	0.17 ~ 0.23	≤0.40	0.40 ~ 0.70	0.025	0.015	0.35 ~ 0.65	0.20 ~ 0.30	1.60 ~ 2.00	
18CrNiMo7-6	B30	0.15 ~ 0.21	≤0.40	0.50 ~ 0.90	0.025	0.015	1.50 ~ 1.80	0.25 ~ 0.35	1.40 ~ 1.70	
18NiCrMo14-6	B31	0.15 ~ 0.20	≤0.40	0.40 ~ 0.70	0.025	0.015	1.30 ~ 1.60	0.15 ~ 0.25	3.25 ~ 3.75	
16NiCrMo16-5	B32	0.14 ~ 0.18	≤0.40	0.25 ~ 0.55	0.025	0.015	1.00 ~ 1.40	0.20 ~ 0.30	3.80 ~ 4.30	
高频加热淬火轴承钢										
C56E	B40	0.52 ~ 0.60	≤0.40	0.60 ~ 0.90	0.025	0.015	—	—	—	Al≤0.050 Cu≤0.30 O≤0.020 + Ca，Ti
56Mn4	B41	0.52 ~ 0.60	≤0.40	0.90 ~ 1.20	0.025	0.015	—	—	—	
70Mn4	B42	0.65 ~ 0.75	≤0.40	0.80 ~ 1.10	0.025	0.015	—	—	—	
43CrMo4	B43	0.40 ~ 0.46	≤0.40	0.60 ~ 0.90	0.025	0.015	0.90 ~ 1.20	0.15 ~ 0.30	—	
不锈轴承钢										
X47Cr14	B50	0.43 ~ 0.50	≤1.00	≤1.00	0.040	0.015	12.5 ~ 14.5	—	—	—
X65Cr14	B51	0.60 ~ 0.70	≤1.00	≤1.00	0.040	0.015	12.5 ~ 14.5	≤0.75	—	—
X108CrMo17	B52	0.95 ~ 1.20	≤1.00	≤1.00	0.040	0.015	16.0 ~ 18.0	0.40 ~ 0.80	—	—
X40CrMoVN16-2	—	0.37 ~ 0.45	≤0.60	≤0.60	0.025	0.015	15.0 ~ 16.5	1.50 ~ 1.90	≤0.30	V 0.20 ~ 0.40 N 0.16 ~ 0.25
X89CrMoV18-1	B53	0.85 ~ 0.95	≤1.00	≤1.00	0.040	0.015	17.0 ~ 19.0	0.90 ~ 1.30		V 0.07 ~ 0.12
高温轴承钢										
33CrMoV12-9	—	0.29 ~ 0.36	0.10 ~ 0.40	0.40 ~ 0.70	0.025	0.015	2.80 ~ 3.30	0.70 ~ 1.20	≤0.30	V 0.15 ~ 0.25 Cu≤0.10
80MoCrV42-16	B60	0.77 ~ 0.85	≤0.40	0.15 ~ 0.35	0.025	0.015	3.90 ~ 4.30	4.00 ~ 4.50	—	V 0.90 ~ 1.10 W≤0.25 Cu≤0.30
13MoCrNi42-16-14	B61	0.10 ~ 0.15	0.10 ~ 0.25	0.15 ~ 0.35	0.015	0.010	3.90 ~ 4.30	4.00 ~ 4.50	3.20 ~ 3.60	V 1.00 ~ 1.30 W≤0.15 Cu≤0.10
X82WMoCrV6-5-4	B62	0.78 ~ 0.86	≤0.40	≤0.40	0.025	0.015	3.90 ~ 4.30	4.70 ~ 5.20	—	V 1.70 ~ 2.00 Cu≤0.30 W6.00 ~ 6.70
X75WCrV18-4-1	B63	0.70 ~ 0.80	≤0.40	≤0.40	0.025	0.015	3.90 ~ 4.30	≤0.60	—	V 1.00 ~ 1.25 Cu≤0.30 W 17.5 ~ 19.0

① 氧元素含量用于铸造分析或生产商自行决定的产品分析。

B）各类轴承钢的一般交货条件的硬度（表2-2-66）

表 2-2-66　各类轴承钢一般交货条件的硬度

钢　号	数字代号	不同状态交货条件的硬度① HBW ≤					
		+S	+A	+TH	+AC	+AC+C	+FP
整体淬火轴承钢							
100Cr6	B1	②	—	—	207	24①、③、④、⑨	—
100CrMnSi4-4	B2	②	—	—	217		
100CrMnSi6-4	B3	②	—	—	217	251④、⑨	
100CrMnSi6-6	B4	②	—	—	217	251④、⑨	
100CrMo7	B5	②	—	—	217	251④、⑨	
100CrMo7-3	B6	②	—	—	230		
100CrMo7-4	B7	②	—	—	230	260⑨	
100CrMnMoSi8-4-6	B8	②	—	—	230	—	
表面硬化轴承钢							
20Cr3	B20	⑤	207	156~207	170	⑥	—
20Cr4	B21	⑤	207	156~207	170	⑥	140~187
20MnCr4-2	B22	255	207	163~207	170	⑥	
17MnCr5	B23	⑤	207	156~207	170	⑥	140~187
19MnCr5	B24	255	217	170~217	179	⑥	152~201
15CrMo4	B25	255	207	156~207	170	⑥	137~184
20CrMo4	B26	255	207	163~207	170	⑥	146~193
20MnCrMo4-2	B27	255	207	156~207	170	⑥	146~193
20MnNiCrMo3-2	B28	⑤	212	163~212	170	⑥	149~194
20NiCrMo7	B29	255	229	174~229	170	⑥	154~207
18CrNiMo7-6	B30	255	229	179~229	179	⑥	159~207
18NiCrMo14-6	B31	255			241	⑥	
16NiCrMo16-5	B32	255			241	⑥	
高频加热表面淬火轴承钢							
C56E	B40	255⑦	229				
56Mn4	B41	255⑦	229				
70Mn4	B42	255⑦	241				
43CrMo4	B43	255⑦	241				
不锈轴承钢							
X47Cr14	B50	⑧	—	—	248	⑥	
X65Cr14	B51	⑧	—	—	255	⑥	
X108CrMo17	B52	⑧	—	—	255	⑥	
X40CrMoVN16-2	—	⑧	—	—	255	⑥	
X89CrMoV18-1	B53	⑧	—	—	255	⑥	
高温轴承钢							
33CrMoV12-9	—	⑧	—	—	255	⑥	
80MoCrV42-16	B60	⑧	—	—	248	⑥	
13MoCrNi42-16-14	B61	⑧	269	—	—	⑥	
X82WMoCrV6-5-4	B62	⑧	—	—	248	⑥	
X75WCrV18-4-1	B63	⑧	—	—	269	⑥	

① 状态代号：+S—用于冷剪切的热处理；+A—退火；+TH—调整硬度热处理；+AC—球化退火；+AC+C—用于碳化物球化与冷加工的退火；+FP—用于调整铁素体和珠光体组织及硬度的恒温处理。

② 若需要该硬度值及组织作为交货条件，可由供需双方协定。

③ 滚针轴承用钢丝的硬度应达到 331HBW，若需要最大维氏硬度值（HV）应由供需双方商定。

④ 冷轧管的硬度应达到 321HBW。

⑤ 在非热处理状态，该钢号即具有可剪切性。

⑥ 根据冷加工程度不同，硬度值比 +AC 状态超出约 50HBW，必要时可由供需双方协定。

⑦ 根据铸态的化学成分和尺寸，+A 状态可能是必要的。

⑧ 可剪切性通常只用于 +AC 状态，或 +A 状态（仅适用于 13MoCrNi42-16-14 钢）。

⑨ 直径 <13mm 的银亮钢产品的硬度 <320HBW。

C）表面硬化轴承钢和高频加热表面淬火轴承钢的淬透性数据（表2-2-67）

表2-2-67　表面硬化轴承钢和高频加热表面淬火轴承钢的淬透性数据

钢号（+H）	数字代号	淬火温度/℃	硬度值上下限	硬度值 HRC 距水冷端不同距离处/mm														
				1.5	3	5	7	9	11	13	15	20	25	30	35	40	45	50
20Cr3	B20	900±5	上限	48	46	41	34	31	29	27	25	22	—	—	—	—	—	—
			下限	40	34	27	22	20	—	—	—	—	—	—	—	—	—	—
20Cr4	B21	900±5	上限	49	48	46	42	38	36	34	32	29	27	26	24	23	—	—
			下限	41	38	31	26	23	21	—	—	—	—	—	—	—	—	—
20MnCr4-2	B22	900±5	上限	49	48	46	42	39	37	34	33	32	30	28	26	24	—	—
			下限	41	38	32	28	24	—	—	—	—	—	—	—	—	—	—
17MnCr5	B23	900±5	上限	47	46	44	41	39	37	35	33	31	30	29	28	27		
			下限	39	36	31	28	24	21	—								
19MnCr5	B24	900±5	上限	49	49	48	46	43	42	41	39	37	35	34	33	32		
			下限	41	39	36	33	30	28	26	24	21						
15CrMo4	B25	900±5	上限	46	45	41	38	34	31	29	28	26	25	24	24	23	23	22
			下限	39	36	29	24	21	20	—								
20CrMo4	B26	900±5	上限	48	48	47	44	41	39	37	35	33	31	30	30	29	29	28
			下限	40	39	35	31	28	25	24	23	20						
20MnCrMo4-2	B27	900±5	上限	48	46	40	34	29	27	25	24	21						
			下限	41	37	27	22	—	—									
20MnNiCrMo3-2	B28	900±5	上限	49	48	45	42	36	33	31	30	26	24	23				
			下限	41	37	31	25	22	20	—								
20NiCrMo7	B29	900±5	上限	48	47	45	42	39	36	34	32	29	26	25	24	24	24	24
			下限	40	38	34	30	27	25	23	22	20	—					
18CrNiMo7-6	B30	860±5	上限	48	48	48	48	47	47	46	46	44	43	42	41	41	—	—
			下限	40	40	39	38	37	36	35	34	32	31	30	29	29		
18NiCrMo14-6	B31	830±5	上限	48	47	47	46	46	46	46	46	46	46	45	45	44	44	43
			下限	40	39	39	38	38	38	38	37	37	36	34	33	32	31	30
16NiCrMo16-5	B32	830±5	上限	48	47	47	46	46	46	46	46	46	46	45	45	44	44	43
			下限	40	39	39	38	38	38	38	37	37	36	34	33	32	31	30
43CrMo4	B43	830±5	上限	61	61	61	60	60	59	59	58	56	53	51	48	47	46	45
			下限	53	53	52	51	49	43	40	37	34	32	31	30	30	29	29

注：高频加热表面淬火轴承钢：C56E + H(B40)，56Mn4 + H(B41)，70Mn4 + H(B42)的硬度值范围可由供需双方商定。

B. 专业用钢和优良品种

2.2.11　建筑用改良结构钢［ISO 630-6（2014）］

（1）ISO 标准建筑用改良结构钢的钢号与化学成分（表2-2-68）

表2-2-68　建筑用改良结构钢的钢号与化学成分（质量分数）（%）

钢号	钢材厚度/mm	C	Si	Mn	P ≤	S ≤	Cr	Ni	Mo	Cu	Nb + Ti + V
SA235	6～50	≤0.20	≤0.35	0.50～1.50	0.030	0.045	≤0.35	≤0.45	≤0.15	≤0.60	≤0.15
	50～140	≤0.22									

（续）

钢号	钢材厚度 /mm	C	Si	Mn	P ≤	S ≤	Cr	Ni	Mo	Cu	Nb + Ti + V
SA325	6 ~ 50	≤0.18	≤0.55	0.50 ~ 1.65	0.030	0.045	≤0.35	≤0.45	≤0.15	≤0.60	≤0.15
	50 ~ 140	≤0.20									
SA345	6 ~ 50	≤0.23	≤0.55	0.50 ~ 1.65	0.030	0.045	≤0.35	≤0.45	≤0.15	≤0.60	≤0.15
	50 ~ 140	≤0.23									
SA440	6 ~ 50	≤0.18	≤0.55	0.50 ~ 1.65	0.030	0.045	≤0.35	≤0.45	≤0.15	≤0.60	≤0.15
	50 ~ 140	≤0.20									

注：经供需双方商定，允许对表中合金元素的含量作适当调整；并采用硫含量的下限值。

（2）ISO 标准建筑用改良结构钢的碳当量（表 2-2-69）

表 2-2-69　建筑用改良结构钢的碳当量

钢　号	碳当量 CE（%）≤		Pcm[①]（%） ≤
	下列厚度时/mm		
	6 ~ 50	50 ~ 140	
SA235	0.35	0.35	0.26
SA325	0.46	0.48	0.29
SA345	0.45	0.47	0.28
SA440	0.47	0.49	0.30

① 焊接裂纹系数。

（3）ISO 标准建筑用改良结构钢的力学性能（表 2-2-70 和表 2-2-71）

表 2-2-70　建筑用改良结构钢的拉伸性能

钢　号	R_{eH}/MPa				R_m/MPa	A（%）≥
	下列厚度时/mm					
	6 ~ 12	12 ~ 16	16 ~ 40	40 ~ 140		$L_0 = 5.65\sqrt{S_0}$
SA235	235 ~ 355	235 ~ 355	235 ~ 355	215 ~ 335	400 ~ 510	21
SA325	325 ~ 445	325 ~ 445	325 ~ 445	295 ~ 415	490 ~ 610	20
SA345	345 ~ 450	345 ~ 450	345 ~ 450	345 ~ 450	≥450	19
SA440	460 ~ 580	460 ~ 580	440 ~ 560	420 ~ 540	520 ~ 700	16

表 2-2-71　建筑用改良结构钢的冲击性能

钢　号	质量等级	试验温度	KV/J ≥
SA235	C，C +	0℃	27
SA325	C，C +	0℃	27
SA345	C，C +	0℃	27
SA440	C，C +	0℃	27

2.2.12　石油和天然气输送管线用钢管 ［ISO 3183（2012/AMD.1-2017）］

（1）ISO 标准石油和天然气输送管线用钢管（分类等级 PSL1）

A）石油和天然气输送管线用钢管（分类等级 PSL1）的钢号与化学成分（表 2-2-72）

表 2-2-72 石油和天然气输送管线用钢管（分类等级 PSL1）的钢号与化学成分（质量分数）（%）

钢 号[1]	C	Mn	P ≤	S ≤	Nb + Ti + V	其 他[2]
无缝钢管——PSL1						
L175/A25	≤0.21	≤0.60	0.030	0.030	—	Cu≤0.50
L175P/A25P	≤0.21	≤0.60	0.045~0.080	0.030	—	Cu≤0.50
L210/A	≤0.22	≤0.90	0.030	0.030	—	Cu≤0.50
L245/B	≤0.28	≤1.20	0.030	0.030	≤0.15	Nb + V≤0.06 Cu≤0.50
L290/X42	≤0.28	≤1.30	0.030	0.030	≤0.15	Cu≤0.50
L320/X46	≤0.28	≤1.40	0.030	0.030	≤0.15	Cu≤0.50
L360/X52	≤0.28	≤1.40	0.030	0.030	≤0.15	Cu≤0.50
L390/X56	≤0.28	≤1.40	0.030	0.030	≤0.15	Cu≤0.50
L415/X60	≤0.28	≤1.40	0.030	0.030	≤0.15	Cu≤0.50
L450/X65	≤0.28	≤1.40	0.030	0.030	≤0.15	Cu≤0.50
L485/X70	≤0.28	≤1.40	0.030	0.030	≤0.15	Cu≤0.50
焊接钢管——PSL1						
L175/A25	≤0.21	≤0.60	0.030	0.030	≤0.15	Cu≤0.50
L175P/A25P	≤0.21	≤0.60	0.045~0.080	0.030	≤0.15	Cu≤0.50
L210/A	≤0.22	≤0.90	0.030	0.030	≤0.15	Cu≤0.50
L245/B	≤0.26	≤1.20	0.030	0.030	≤0.15	Nb + V≤0.06 Cu≤0.50
L290/X42	≤0.26	≤1.30	0.030	0.030	≤0.15	Cu≤0.50
L320/X46	≤0.26	≤1.40	0.030	0.030	≤0.15	Cu≤0.50
L360/X52	≤0.26	≤1.40	0.030	0.030	≤0.15	Cu≤0.50
L390/X56	≤0.26	≤1.40	0.030	0.030	≤0.15	Cu≤0.50
L415/X60	≤0.26	≤1.40	0.030	0.030	≤0.15	Cu≤0.50
L450/X65	≤0.26	≤1.45	0.030	0.030	≤0.15	Cu≤0.50
L485/X70	≤0.26	≤1.65	0.030	0.030	≤0.15	Cu≤0.50

① 钢号有两种表示方法：例如：L415/X60，其中：L—输送管线（Line），415—$R_{t0.5}$值（MPa）；X—管线钢，60—$R_{t0.5}$值（ksi）。代号：$R_{t0.5}$—屈服强度（米制或英制单位）。

② 钢中残余元素含量：Cr≤0.50%，Ni≤0.50%，Mo≤0.15%。

B）石油和天然气输送管线用钢管（分类等级 PSL1）的力学性能（表 2-2-73）

表 2-2-73 石油和天然气输送管线用钢管（分类等级 PSL1）的力学性能

钢 号	无缝管和焊接管的母体钢		焊接态钢管[1]
	$R_{t0.5}$/MPa	R_m/MPa	R_m/MPa
	≥		
L175/A25	175	310	310
L175P/A25P	175	310	310
L210/A	210	335	335
L245/B	245	415	415
L290/X42	290	415	415
L320/X46	320	435	435
L360/X52	360	460	460
L390/X56	390	490	490
L415/X60	415	520	520
L450/X65	450	535	535
L485/X70	485	570	570

① 经电阻焊、激光束焊接、电弧焊或埋弧焊钢管。

（2）ISO 标准石油和天然气输送管线用钢管（分类等级 PSL2）

A）石油和天然气输送管线用钢管（分类等级 PSL2）的钢号与化学成分（表 2-2-74）

表 2-2-74 石油和天然气输送管线用钢管（分类等级 PSL2）的钢号与化学成分（质量分数）（%）

钢　号	C	Si	Mn	P ≤	S ≤	V	Nb	Ti	其　他
无缝钢管和焊接钢管——PSL2									
L245R/BR	≤0.24	≤0.40	≤1.20	0.025	0.015	—	—	≤0.04	Nb + V ≤ 0.06
L290R/X42R	≤0.24	≤0.40	≤1.20	0.025	0.015	≤0.06	≤0.05	≤0.04	Cu ≤ 0.50
L245N/BN	≤0.24	≤0.40	≤1.20	0.025	0.015	—	—	≤0.04	Nb + V ≤ 0.06
L290N/X42N	≤0.24	≤0.40	≤1.20	0.025	0.015	≤0.06	≤0.05	≤0.04	Cu ≤ 0.50
L320N/X46N	≤0.24	≤0.40	≤1.40	0.025	0.015	≤0.07	≤0.05	≤0.04	Cu ≤ 0.50 + ①
L360N/X52N	≤0.24	≤0.45	≤1.40	0.025	0.015	≤0.10	≤0.05	≤0.04	Cu ≤ 0.50 + ①
L390N/X56N	≤0.24	≤0.45	≤1.40	0.025	0.015	≤0.10	≤0.05	≤0.04	Cu ≤ 0.50 + ①
L415N/X60N	≤0.24	≤0.45	≤1.40	0.025	0.015	≤0.10	≤0.05	≤0.04	Cu ≤ 0.50 + ①
L245Q/BQ	≤0.18	≤0.45	≤1.40	0.025	0.015	≤0.05	≤0.04	≤0.04	Cu ≤ 0.50
L290Q/X42Q	≤0.18	≤0.45	≤1.40	0.025	0.015	≤0.05	≤0.04	≤0.04	Cu ≤ 0.50
L320Q/X46Q	≤0.18	≤0.45	≤1.40	0.025	0.015	≤0.05	≤0.05	≤0.04	Cu ≤ 0.50
L360Q/X52Q	≤0.18	≤0.45	≤1.50	0.025	0.015	≤0.05	≤0.05	≤0.04	Cu ≤ 0.50
L390Q/X56Q	≤0.18	≤0.45	≤1.50	0.025	0.015	≤0.07	≤0.05	≤0.04	Cu ≤ 0.50 + ①
L415Q/X60Q	≤0.18	≤0.45	≤1.70	0.025	0.015	—	—	—	Cu ≤ 0.50 + ①
L450Q/X65Q	≤0.18	≤0.45	≤1.70	0.025	0.015	—	—	—	Cu ≤ 0.50 + ①
L485Q/X70Q	≤0.18	≤0.45	≤1.80	0.025	0.015	—	—	—	Cu ≤ 0.50 + ①
L555Q/X80Q	≤0.18	≤0.45	≤1.90	0.025	0.015	—	—	—	Cu ≤ 0.50 + ①
L625Q/X90Q	≤0.16	≤0.45	≤1.90	0.020	0.010	—	—	—	Cu ≤ 0.50 + ①
L690Q/X100Q	≤0.16	≤0.45	≤1.90	0.020	0.010	—	—	—	B ≤ 0.001 Cu ≤ 0.50 + ①
焊接钢管——PSL2									
L245M/BM	≤0.22	≤0.45	≤1.20	0.025	0.015	≤0.05	≤0.05	≤0.04	Cu ≤ 0.50
L290M/X42M	≤0.22	≤0.45	≤1.30	0.025	0.015	≤0.05	≤0.05	≤0.04	Cu ≤ 0.50
L320M/X46M	≤0.22	≤0.45	≤1.30	0.025	0.015	≤0.05	≤0.05	≤0.04	Cu ≤ 0.50
L360M/X52M	≤0.22	≤0.45	≤1.40	0.025	0.015	—	—	—	Cu ≤ 0.50 + ①
L390M/X56M	≤0.22	≤0.45	≤1.40	0.025	0.015	—	—	—	Cu ≤ 0.50 + ①
L415M/X60M	≤0.12	≤0.45	≤1.60	0.025	0.015	—	—	—	Cu ≤ 0.50 + ①
L450M/X65M	≤0.12	≤0.45	≤1.60	0.025	0.015	—	—	—	Cu ≤ 0.50 + ①
L485M/X70M	≤0.12	≤0.45	≤1.70	0.025	0.015	—	—	—	Cu ≤ 0.50 + ①
L555M/X80M	≤0.12	≤0.45	≤1.85	0.025	0.015	—	—	—	Cu ≤ 0.50 + ①
L625M/X90M	≤0.10	≤0.55	≤2.10	0.020	0.010	—	—	—	Cu ≤ 0.50 + ①
L690M/X100M	≤0.10	≤0.55	≤2.10	0.020	0.010	—	—	—	B ≤ 0.001, Cu ≤ 0.50 + ①
L830M/X120M	≤0.10	≤0.55	≤2.10	0.020	0.010	—	—	—	B ≤ 0.001, Cu ≤ 0.50 + ①

注：1. 钢号有两种表示方法，同 PSL1。钢号后缀字母表示交货状态：R—热轧态；N—正火态；Q—淬火回火态；M—
热机械轧制（TMCP）。

2. 钢中残余元素含量：Cr ≤ 0.50%，Ni ≤ 0.50%，Mo ≤ 0.15%，Cu ≤ 0.50%。

① Nb + Ti + V ≤ 0.15。

B）石油和天然气输送管线用钢管（分类等级 PSL2）的碳当量（表 2-2-75 和表 2-2-76）

表 2-2-75　石油和天然气输送管线用钢管的碳当量（一）（无缝钢管和焊接钢管——PSL2）

钢　号	CE（%）	Pcm[①]（%）	钢　号	CE（%）	Pcm[①]（%）
	≤			≤	
L245R/BR	0.43	0.25	L320Q/X46Q	0.43	0.25
L290R/X42R	0.43	0.25	L360Q/X52Q	0.43	0.25
L245N/BN	0.43	0.25	L390Q/X56Q	0.43	0.25
L290N/X42N	0.43	0.25	L415Q/X60Q	0.43	0.25
L320N/X46N	0.43	0.25	L450Q/X65Q	0.43	0.25
L360N/X52N	0.43	0.25	L485Q/X70Q	0.43	0.25
L390N/X56N	0.43	0.25	L555Q/X80Q	（按协议）	（按协议）
L415N/X60N	（按协议）	（按协议）	L625Q/X90Q	（按协议）	（按协议）
L245Q/BQ	0.43	0.25	L690Q/X100Q	（按协议）	（按协议）
L290Q/X42Q	0.43	0.25	—	—	—

① 焊接裂纹系数。

表 2-2-76　石油和天然气输送管线用钢管的碳当量（二）（焊接钢管——PSL2）

钢　号	CE（%）	Pcm[①]（%）	钢号	CE（%）	Pcm[①]（%）
	≤			≤	
L245M/BM	0.43	0.25	L450M/X65M	0.43	0.25
L290M/X42M	0.43	0.25	L485M/X70M	0.43	0.25
L320M/X46M	0.43	0.25	L555M/X80M	0.43	0.25
L360M/X52M	0.43	0.25	L625M/X90M	—	0.25
L390M/X56M	0.43	0.25	L690M/X100M	—	0.25
L415M/X60M	0.43	0.25	L830M/X120M	—	0.25

① 焊接裂纹系数。

C）石油和天然气输送管线用钢管（分类等级 PSL2）的力学性能（表 2-2-77）

表 2-2-77　石油和天然气输送管线用钢管（分类等级 PSL2）的力学性能

钢　号	无缝管和焊接管的母体钢			焊接态钢管[①]
	$R_{t0.5}$/MPa	R_m/MPa	$R_{t0.5}/R_m \geqslant$	R_m/MPa $\geqslant$
L245R/BR L245N/BN	245~450	415~655	0.93	415
L245Q/BQ L245M/BM	245~450	415~655	0.93	415
L290R/X42R L290N/X42N	290~495	415~655	0.93	415
L290Q/X42Q L290M/X42M	290~495	415~655	0.93	415
L320N/X46N L320Q/X46Q L320M/X46M	320~525	435~656	0.93	435
L360N/X52N L360Q/X52Q L360M/X52M	360~530	460~760	0.93	460

（续）

钢　号	无缝管和焊接管的母体钢			焊接态钢管[1]
	$R_{t0.5}$/MPa	R_m/MPa	$R_{t0.5}/R_m$ ≥	R_m/MPa ≥
L390N/X56N L390Q/X56Q L390M/X56M	390 ~ 545	490 ~ 760	0.93	490
L415N/X60N L415Q/X60Q L415M/X60M	415 ~ 565	520 ~ 760	0.93	520
L450Q/X65Q L450M/X65M	450 ~ 600	535 ~ 760	0.93	535
L485Q/X70Q L485M/X70M	485 ~ 635	570 ~ 760	0.93	570
L555Q/X80Q L555M/X80M	555 ~ 705	625 ~ 825	0.93	625
L625M/X90M	625 ~ 775	695 ~ 915	0.95	695
L625Q/X90Q	625 ~ 775	695 ~ 915	0.97	—
L690M/X100M	690 ~ 840	760 ~ 990	0.97	760
L690Q/X100Q	690 ~ 840	760 ~ 990	0.97	—
L830M/X120M	830 ~ 1050	915 ~ 1145	0.97	915

① 经电阻焊、激光束焊接、电弧焊或埋弧焊钢管。

2.2.13　低合金高强度钢棒材和型钢 ［ISO 4951-2、3（2001）］

（1）ISO 标准低合金高强度钢棒材和型钢（正火或热轧态）［ISO 4951-2（2001）］

A）低合金高强度钢棒材和型钢（正火或热轧态）的钢号与化学成分（表 2-2-78）

表 2-2-78　低合金高强度钢棒材和型钢（正火或热轧态）的钢号与化学成分（质量分数）（%）

钢　号	质量 等级	C	Si	Mn	P ≤	S ≤	V	Nb	Ti	Al_t	其　他[1]
E355	CC	≤0.18	≤0.50	0.90 ~ 1.65	0.035	0.035	0.01 ~ 0.20	0.005 ~ 0.050	≤0.03	≥0.020	Cu≤0.35
	DD	≤0.18	≤0.50	0.90 ~ 1.65	0.030	0.030	0.01 ~ 0.20	0.005 ~ 0.050	≤0.03	≥0.020	Ni≤0.50
E420	CC	≤0.20	≤0.60	1.00 ~ 1.70	0.035	0.035	0.01 ~ 0.20	0.005 ~ 0.050	≤0.03	≥0.020	Cu≤0.70
	DD	≤0.20	≤0.60	1.00 ~ 1.70	0.030	0.030	0.01 ~ 0.20	0.005 ~ 0.050	≤0.03	≥0.020	Ni≤0.80
E460	CC	≤0.20	≤0.60	1.00 ~ 1.70	0.035	0.035	0.01 ~ 0.20	0.005 ~ 0.050	≤0.03	≥0.020	Cu≤0.70
	DD	≤0.20	≤0.60	1.00 ~ 1.70	0.030	0.030	0.01 ~ 0.20	0.005 ~ 0.050	≤0.03	≥0.020	Ni≤0.80

① 各钢号的残余元素还有（质量分数）：Cr≤0.30%，Mo≤0.10%。

B）低合金高强度钢棒材和型钢（正火或热轧态）的拉伸性能（表 2-2-79 和表 2-2-80）

表 2-2-79　低合金高强度钢棒材和型钢（正火或热轧态）的拉伸性能（一）

钢　号	质量等级	R_{eH}/MPa ≥					
		下列厚度时/mm					
		≤16	16 ~ 40	40 ~ 63	63 ~ 80	80 ~ 100	100 ~ 150
E355	CC	355	345	335	325	315	295
	DD	355	345	335	325	315	295

（续）

钢 号	质量等级	R_{eH}/MPa ≥					
		下列厚度时/mm					
		≤16	16~40	40~63	63~80	80~100	100~150
E420	CC	420	400	390	370	360	340
	DD	420	400	390	370	360	340
E460	CC	460	440	430	410	400	380
	DD	460	440	430	410	400	380

表 2-2-80　低合金高强度钢棒材和型钢（正火或热轧态）的拉伸性能（二）

钢 号	质量等级	R_m/MPa		A（%）≥	KV/J ≥	
		下列厚度时/mm			下列温度时/℃	
		≤100	100~150		0	20
E355	CC	470~630	450~610	22	40	—
	DD	470~630	450~100	22	—	40
E420	CC	520~680	500~660	19	40	—
	DD	520~680	500~660	19	—	40
E460	CC	560~720	—	17	40	—
	DD	560~720	—	17	—	40

（2）ISO 标准低合金高强度钢棒材和型钢（热机械加工状态）［ISO 4951-3（2001）］

A）低合金高强度钢棒材和型钢（热机械加工状态）的钢号与化学成分（表 2-2-81）

表 2-2-81　低合金高强度钢棒材和型钢（热机械加工状态）的钢号与化学成分（质量分数）（%）

钢 号	质量等级	C	Si	Mn	P ≤	S ≤	V	Nb	Ti	Al_t	其 他[①]
E355	M	≤0.16	≤0.50	≤1.60	0.035	0.030	0.01~0.10	0.005~0.050	≤0.05	≥0.020	Ni≤0.30
	M L	≤0.16	≤0.50	≤1.60	0.030	0.025	0.01~0.10	0.005~0.050	≤0.05	≥0.020	N≤0.015
E420	M	≤0.18	≤0.50	≤1.70	0.035	0.030	0.01~0.12	0.005~0.050	≤0.05	≥0.020	Ni≤0.60
	M L	≤0.18	≤0.50	≤1.70	0.030	0.025	0.01~0.12	0.005~0.050	≤0.05	≥0.020	N≤0.020
E460	M	≤0.18	≤0.60	≤1.70	0.035	0.030	0.01~0.12	0.005~0.050	≤0.05	≥0.020	Ni≤0.70
	M L	≤0.18	≤0.60	≤1.70	0.030	0.025	0.01~0.12	0.005~0.050	≤0.05	≥0.020	N≤0.025

① 各钢号的残余元素还有（质量分数）：Mo≤0.20%，Cr + Mo + Cu≤0.60%。

B）低合金高强度钢棒材和型钢（热机械加工状态）的拉伸性能（表 2-2-82）

表 2-2-82　低合金高强度钢棒材和型钢（热机械加工状态）的拉伸性能

钢 号	质量等级	R_{eH}/MPa ≥			R_m/MPa	A（%）≥	KV/J ≥	
		下列厚度时/mm					下列温度时/℃	
		≤16	16~40	40~150			0	20
E355	M	355	345	335	450~610	22	47	—
	M L	355	345	335	450~610	22	—	47
E420	M	420	400	390	500~660	19	47	—
	M L	420	400	390	500~660	19	—	47
E460	M	460	440	430	530~720	17	47	—
	M L	460	440	430	530~720	17	—	47

注：厚度≥150mm 的产品，由供需双方商定。

2.2.14　低合金高强度钢板材［ISO 4950-2、3（1995/AMD 1—2003）］

（1）ISO 标准低合金高强度钢板材（正火或正火 + 回火态）［ISO 4950-2（1995/AMD 1—2003）］

A）低合金高屈服强度钢板材（正火或正火 + 回火态）的钢号与化学成分（表 2-2-83）

表 2-2-83　低合金高屈服强度钢板材（正火或正火 + 回火态）**的钢号与化学成分**（质量分数）（%）

钢号	质量等级	C	Si	Mn[①]	P ≤	S ≤	Nb[②]	Ti[②]	V[②]	其他[③,④]
E255	DD	≤0.18	≤0.50	0.90 ~ 1.60	0.030	0.030	0.015 ~ 0.060	0.02 ~ 0.20	0.02 ~ 0.10	Al$_t$≥0.020 Cr≤0.25，Ni≤0.30 Mo≤0.10，Cu≤0.35
E255	E	≤0.18	≤0.50	0.90 ~ 1.60	0.025	0.025	0.015 ~ 0.060	0.02 ~ 0.20	0.02 ~ 0.10	Al$_t$≥0.020 Cr≤0.25，Ni≤0.30 Mo≤0.10，Cu≤0.35
E460	CC	≤0.20	≤0.50	1.00 ~ 1.70	0.040	0.040	0.015 ~ 0.060	0.02 ~ 0.20	0.02 ~ 0.20	Al$_t$≥0.020 Cr≤0.70，Ni≤1.00 Mo≤0.40，Cu≤0.70
E460	DD	≤0.20	≤0.50	1.00 ~ 1.70	0.030	0.030	0.015 ~ 0.060	0.02 ~ 0.20	0.02 ~ 0.20	Al$_t$≥0.020 Cr≤0.70，Ni≤1.00 Mo≤0.40，Cu≤0.70
E460	E	≤0.20	≤0.50	1.00 ~ 1.70	0.025	0.025	0.015 ~ 0.060	0.02 ~ 0.20	0.02 ~ 0.20	Al$_t$≥0.020 Cr≤0.70，Ni≤1.00 Mo≤0.40，Cu≤0.70

① 厚度≤6mm 的产品，其锰含量可降低 0.2%。

② 钢中应至少含有一种细化晶粒元素，其含量如表中所示。若将几种元素组合使用，则其中至少一种元素的含量不小于规定值的下限值。

③ 由于钢的化学成分将影响焊接特性，如果用户有要求时，生产厂应适当添加有利于焊接性能的合金元素。

④ 经供需双方商定，允许铜含量≤0.30%。

B）低合金高屈服强度钢板材（正火或控轧态）的力学性能（表 2-2-84 和表 2-2-85）

表 2-2-84　低合金高屈服强度钢板材（正火或控轧态）**的力学性能（一）**

钢　号	质量等级	R_{eH}（$R_{p0.2}$）/MPa ≥ 下列厚度时/mm						
		≤16	16 ~ 35	35 ~ 50	50 ~ 70	70 ~ 100	100 ~ 125	125 ~ 150
E255	DD	355	345	335	325	305	295	285
E255	E	355	345	335	325	305	295	285
E460	CC	460	450	440	420	—	—	—
E460	DD	460	450	440	420	400	390	380
E460	E	460	450	440	420	400	390	380

表 2-2-85　低合金高屈服强度钢板材（正火或控轧态）**的力学性能（二）**

钢号	质量等级	R_m[①]/MPa ≥ 下列厚度时/mm				A(%) ≥	KV[②]/J ≥ 下列温度时					
							0℃		−20℃		−50℃	
		≤70	70 ~ 100	100 ~ 125	125 ~ 150		L	T	L	T	L	T
E255	DD	470 ~ 630	450 ~ 610	440 ~ 600	430 ~ 590	22	—	—	39	21	—	—
E255	E	470 ~ 630	450 ~ 610	440 ~ 600	430 ~ 590	22	—	—	—	—	27	16
E460	CC	550 ~ 720	—	—	450	17	39	—	—	—	—	—
E460	DD	550 ~ 720	530 ~ 700	520 ~ 690	510 ~ 680	17	—	—	39	21	—	—
E460	E	550 ~ 720	530 ~ 700	520 ~ 690	510 ~ 680	17	—	—	—	—	27	16

① 宽钢带仅适用抗拉强度下限值。

② 冲击吸收能量 KV 分别采用纵向（L）试样和横向（T）试样测定，取 3 个试样的平均值。

（2）ISO 标准低合金高强度钢板材（调质态）［ISO 4950-3（1995/AMD 1—2003）］

A）低合金高强度钢板材（调质态）的钢号与化学成分（表 2-2-86）

表 2-2-86 低合金高强度钢板材（调质态）的钢号与化学成分（质量分数）（%）

钢号	质量等级	C	Si	Mn①	P ≤	S ≤	Nb①	Ti①	V①②	Cu	其 他③
E460	DD	≤0.20	≤0.55	0.70~1.70	0.035	0.035	≤0.060	≤0.20	≤0.10	≤1.50	
	E	≤0.20	≤0.55	0.70~1.70	0.030	0.030	≤0.060	≤0.20	≤0.10	≤1.50	
E550	DD	≤0.20	0.10~0.80	≤1.70	0.035	0.035	≤0.060	≤0.20	≤0.10	≤1.50	Cr≤2.00, Ni≤2.00
	E	≤0.20	0.10~0.80	≤1.70	0.030	0.030	≤0.060	≤0.20	≤0.10	≤1.50	Mo≤1.00, Zr≤0.15①
E690	DD	≤0.20	0.10~0.80	≤1.70	0.035	0.035	≤0.060	≤0.20	≤0.10	≤1.50	
	E	≤0.20	0.10~0.80	≤1.70	0.030	0.030	≤0.060	≤0.20	≤0.10	≤1.50	

① 钢中应至少含有一种细化晶粒元素，或者可添加铝，全铝含量≥0.020%。

② 没有残余应力条件下，允许其含量≤0.20%。

③ 各钢号还含有微量元素氮和硼：N≤0.020%，B≤0.005%。

B）低合金高强度钢板材（调质态）的力学性能（表 2-2-87）

表 2-2-87 低合金高屈服强度钢板材（调质态）的力学性能

钢 号	质量等级	R_{eH} ($R_{p0.2}$)/MPa ≥		R_m/MPa	$A^①$ (%) ≥	KV/J ≥	
		下列厚度时/mm				下列温度时/℃	
		≤50	50~70			-20	-50
E460	DD	460	440	570~720	17	39	—
	E	460	440	570~720	17	—	27
E550	DD	550	530	650~830	16	39	—
	E	550	530	650~830	16	—	27
E690	DD	690	670	770~940	14	39	—
	E	690	670	770~940	14	—	27

① 取 3 个试样的平均值。

2.2.15 高屈服强度钢热轧薄板 ［ISO 4996（2014）］

（1）ISO 标准高屈服强度钢热轧薄板的钢号与化学成分（表 2-2-88）

表 2-2-88 高屈服强度钢热轧薄板的钢号与化学成分（质量分数）（%）

钢号	C	Si	Mn	P ≤	S ≤	Cr	Ni	Mo	其他
HS 355	≤0.20	≤0.50	≤1.60	0.035	0.035	≤0.15	≤0.20	≤0.06	Cu≤0.20
HS 390	≤0.20	≤0.50	≤1.60	0.035	0.035	≤0.15	≤0.20	≤0.06	Cu≤0.20
HS 420	≤0.20	≤0.50	≤1.70	0.035	0.035	≤0.15	≤0.20	≤0.06	Cu≤0.20
HS 460	≤0.20	≤0.50	≤1.70	0.035	0.035	≤0.15	≤0.20	≤0.06	Cu≤0.20
HS 490	≤0.20	≤0.50	≤1.70	0.035	0.035	≤0.15	≤0.20	≤0.06	Cu≤0.20

注：1. Cr + Ni + Mo + Cu≤0.50%。

2. Cr + Mo≤0.16%。

（2）ISO 标准高屈服强度钢热轧薄板的力学性能（表 2-2-89）

表 2-2-89 高屈服强度钢热轧薄板的力学性能

钢 号	$R_e^①$ /MPa	R_m /MPa	A (%) ≥			
			厚度 <3mm		厚度 >3~6mm	
	≥		$L_0 = 50mm$	$L_0 = 80mm$	$L_0 = 5.65\sqrt{S_0}$	$L_0 = 50mm$
HS 355	355	430	18	16	22	21
HS 390	390	460	16	14	20	19

（续）

钢 号	$R_e^{①}$ /MPa	R_m /MPa	A（%） ≥			
			厚度<3mm		厚度>3~6mm	
	≥		$L_0=50mm$	$L_0=80mm$	$L_0=5.65\sqrt{S_0}$	$L_0=50mm$
HS 420	420	490	14	12	19	18
HS 460	460	530	12	10	17	16
HS 490	490	570	10	8	15	14

① R_e 代表 R_{eL} 或 R_{eH}。

2.2.16 冷作成形用高强度钢宽幅钢板 ［ISO 6930-1、2（2001/2004）］

（1）ISO 标准冷作成形用高强度钢宽幅钢板（热机械加工状态）［ISO 6930-1（2001）］

A）冷作成形用高强度钢宽幅钢板（热机械加工状态）的钢号与化学成分（表2-2-90）

表2-2-90　冷作成形用高强度钢宽幅钢板（热机械加工状态）的钢号与化学成分（质量分数）（%）

钢 号	C	Si	Mn	P ≤	S ≤	V	Nb	Ti	Al$_t$ ≥	其 他
FeE 315	≤0.12	≤0.50	≤1.30	0.025	0.020	≤0.20	≤0.09	≤0.15	0.015	
FeE 355	≤0.12	≤0.50	≤1.50	0.025	0.020	≤0.20	≤0.09	≤0.15	0.015	
FeE 420	≤0.12	≤0.50	≤1.60	0.015	0.015	≤0.20	≤0.09	≤0.15	0.015	V+Nb+Ti≤0.22
FeE 460	≤0.12	≤0.50	≤1.60	0.025	0.015	≤0.20	≤0.09	≤0.15	0.015	
FeE 500	≤0.12	≤0.50	≤1.70	0.025	0.015	≤0.20	≤0.09	≤0.15	0.015	
FeE 550	≤0.12	≤0.50	≤1.80	0.025	0.015	≤0.20	≤0.09	≤0.15	0.015	
FeE 600	≤0.12	≤0.50	≤1.90	0.015	0.015	≤0.20	≤0.09	≤0.22	0.015	Mo≤0.50，B≤0.005 V+Nb+Ti≤0.22
FeE 650	≤0.12	≤0.50	≤2.00	0.025	0.015	≤0.20	≤0.09	≤0.22	0.015	
FeE 700	≤0.12	≤0.50	≤2.10	0.025	0.015	≤0.20	≤0.09	≤0.22	0.015	

B）冷作成形用高强度钢宽幅钢板的力学性能（热机械加工状态）（表2-2-91）

表2-2-91　冷作成形用高强度钢宽幅钢板的力学性能（热机械加工状态）

钢 号	R_{eH}/MPa	R_m/MPa	$A^{①}$（%）
	≥		
FeE 315	315	390	24
FeE 355	355	430	23
FeE 420	420	480	19
FeE 460	460	520	17
FeE 500	500	550	14
FeE 550	550	600	14
FeE 600	600	650	13
FeE 650	650	700	12
FeE 700	700	750	12

① $L_0=5.65\sqrt{S_0}$。

（2）ISO 标准冷作成形用高强度钢宽幅钢板（正火或轧制状态）［ISO 6930-2（2004）］

A）冷作成形用高强度钢宽幅钢板（正火或轧制状态）的钢号与化学成分（表2-2-92）

表 2-2-92 冷作成形用高强度钢宽幅钢板（正火或轧制状态）的钢号与化学成分（质量分数）（%）

钢 号	C	Si	Mn	P ≤	S ≤	V	Nb	Ti	Al_t ≥	其 他
FeE 260	≤0.16	≤0.50	≤1.20	0.025	0.020	≤0.10	≤0.09	≤0.15	0.015	
FeE 315	≤0.16	≤0.50	≤1.40	0.025	0.020	≤0.10	≤0.09	≤0.15	0.015	
FeE 355	≤0.18	≤0.55	≤1.65	0.025	0.015	≤0.10	≤0.09	≤0.15	0.015	(V+Nb+Ti)
FeE 420	≤0.20	≤0.55	≤1.65	0.025	0.015	≤0.10	≤0.09	≤0.15	0.015	≤0.22
FeE 490	≤0.20	≤0.55	≤1.65	0.025	0.015	≤0.10	≤0.09	≤0.15	0.015	
FeE 550	≤0.20	≤0.55	≤1.65	0.025	0.015	≤0.10	≤0.09	≤0.15	0.015	

B）冷作成形用高强度钢宽幅钢板的力学性能（正火或轧制状态）（表 2-2-93）

表 2-2-93 冷作成形用高强度钢宽幅钢板的力学性能（正火或轧制状态）

钢 号	R_{eH}/MPa ≥	R_m/MPa	A(%) ≥ $L_0=5.65\sqrt{S_0}$	$L_0=200mm$
FeE 260N	260	370~490	30	—
FeE 315N	315	430~500	27	20
FeE 315AR		≥390		
FeE 355N	355	470~610	25	18
FeE 355AR		≥430		
FeE 420N	420	530~670	23	15
FeE 420AR		≥490		
FeE 490AR	490	≥550	18	12
FeE 550AR	550	≥600	15	10

2.2.17 改善成形性能的高屈服强度钢冷轧薄板［ISO 13887（2017）］

（1）ISO 标准改善成形性能的高屈服强度钢冷轧薄板的钢号与化学成分（表 2-2-94）

表 2-2-94 改善成形性能的高屈服强度钢冷轧薄板的钢号与化学成分（质量分数）（%）

钢 号	C	Si	Mn	P ≤	S ≤	Cr[1]	Ni[1]	Mo[1]	其 他[1,2]
260Y	≤0.08	≤0.50	≤0.60	0.025	0.025	≤0.15	≤0.20	≤0.06	
300Y	≤0.10	≤0.50	≤0.90	0.025	0.025	≤0.15	≤0.20	≤0.06	V≤0.008
340Y	≤0.11	≤0.50	≤1.20	0.025	0.025	≤0.15	≤0.20	≤0.06	Nb≤0.008
380Y	≤0.11	≤0.50	≤1.20	0.025	0.025	≤0.15	≤0.20	≤0.06	Ti≤0.008
420Y	≤0.11	≤0.50	≤1.40	0.025	0.025	≤0.15	≤0.20	≤0.06	Cu≤0.20
490Y	≤0.16	≤0.60	≤1.65	0.025	0.025	≤0.15	≤0.20	≤0.06	
550Y	≤0.16	≤0.60	≤1.65	0.025	0.025	≤0.15	≤0.20	≤0.06	

[1] Cr+Ni+Mo+Cu≤0.50%。

[2] 允许含微量元素，如 V+Nb+Ti≤0.22% 或 P≤0.30%。

（2）ISO 标准改善成形性能的高屈服强度钢冷轧薄板的力学性能（表 2-2-95）

表 2-2-95 改善成形性能的高屈服强度钢冷轧薄板的力学性能

钢 号	R_{eL}/MPa	R_m/MPa	A(%) $L_0=50mm$	$L_0=80mm$
		≥		
260Y	260	350	28	26
300Y	300	380	26	24

（续）

钢　号	R_{eL}/MPa	R_m/MPa	A（%）	
			$L_0 = 50mm$	$L_0 = 80mm$
	≥			
340Y	340	410	24	22
380Y	380	450	22	20
420Y	420	490	20	18
490Y	490	550	16	14
550Y	550	620	12	10

2.2.18　结构用耐候钢热轧宽板和棒材〔ISO 4952（2006）〕

（1）ISO 标准结构用耐候钢热轧宽板和棒材的钢号与化学成分（表2-2-96）

表2-2-96　结构用耐候钢热轧宽板和棒材的钢号与化学成分（质量分数）（%）

钢号	质量等级	C	Si	Mn	P ≤	S ≤	Cr	Ni	V	其　他
S235W	A	≤0.13	0.10~0.40	0.20~0.60	0.040	0.035	0.40~0.80	≤0.65	0.02~0.15	Nb 0.015~0.060
	B	≤0.13	0.10~0.40	0.20~0.60	0.040	0.035	0.40~0.80	≤0.65	0.02~0.15	Ti 0.02~0.10
	C	≤0.13	0.10~0.40	0.20~0.60	0.040	0.035	0.40~0.80	≤0.65	0.02~0.15	Al_t ≥0.020
	D	≤0.13	0.10~0.40	0.20~0.60	0.040	0.035	0.40~0.80	≤0.65	0.02~0.15	Cu 0.25~0.55
S355W	A	≤0.19	≤0.50	0.50~1.50	0.040	0.035	0.40~0.80	≤0.65	0.02~0.15	Nb 0.015~0.060
	B	≤0.19	≤0.50	0.50~1.50	0.040	0.035	0.40~0.80	≤0.65	0.02~0.15	Ti 0.02~0.10
	C	≤0.19	≤0.50	0.50~1.50	0.040	0.035	0.40~0.80	≤0.65	0.02~0.15	Mo≤0.15
	D	≤0.19	≤0.50	0.50~1.50	0.040	0.035	0.40~0.80	≤0.65	0.02~0.15	Al_t ≥0.020
										Cu 0.25~0.55
										Zr≤0.15
S355WP	A	≤0.12	0.20~0.75	≤1.00	0.06~0.15	0.035	0.30~1.25	≤0.65	0.02~0.15	
	B	≤0.12	0.20~0.75	≤1.00	0.06~0.15	0.035	0.30~1.25	≤0.65	0.02~0.15	
	C	≤0.12	0.20~0.75	≤1.00	0.06~0.15	0.035	0.30~1.25	≤0.65	0.02~0.15	
	D	≤0.12	0.20~0.75	≤1.00	0.06~0.15	0.035	0.30~1.25	≤0.65	0 02~0.15	
S390WP	A	≤0.12	0.15~0.65	≤1.40	0.07~0.12	0.035	0.30~1.25	≤0.65	0.02~0.15	
	B	≤0.12	0.15~0.65	≤1.40	0.07~0.12	0.035	0.30~1.25	≤0.65	0.02~0.15	
	C	≤0.12	0.15~0.65	≤1.40	0.07~0.12	0.035	0.30~1.25	≤0.65	0.02~0.15	Nb 0.015~0.060
	D	≤0.12	0.15~0.65	≤1.40	0.07~0.12	0.035	0.30~1.25	≤0.65	0.02~0.15	Ti 0.02~0.10
S415W	A	≤0.20	0.15~0.65	0.50~1.35	0.040	0.035	0.40~0.80	≤0.65	0.02~0.15	Al_t ≥0.020
	B	≤0.20	0.15~0.65	0.50~1.35	0.040	0.035	0.40~0.80	≤0.65	0.02~0.15	Cu 0.25~0.55
	C	≤0.20	0.15~0.65	0.50~1.35	0.040	0.035	0.40~0.80	≤0.65	0.02~0.15	
	D	≤0.20	0.15~0.65	0.50~1.35	0.040	0.035	0.40~0.80	≤0.65	0.02~0.15	
S460W	A	≤0.20	0.15~0.65	≤1.40	0.040	0.035	0.40~0.80	≤0.65	0.02~0.15	
	B	≤0.20	0.15~0.65	≤1.40	0.040	0.035	0.40~0.80	≤0.65	0.02~0.15	
	C	≤0.20	0.15~0.65	≤1.40	0.040	0.035	0.40~0.80	≤0.65	0.02~0.15	
	D	≤0.20	0.15~0.65	≤1.40	0.040	0.035	0.40~0.80	≤0.65	0.02~0.15	

（2）ISO 标准结构用耐候钢热轧宽板和棒材的力学性能（表2-2-97）

表 2-2-97　结构用耐候钢热轧宽板和棒材的力学性能

钢号	质量等级	R_{eH}/MPa ≥			R_m/MPa	$A^{①,②}$（%）≥			$KV^{③}$/J ≥		
		下列厚度时/mm				下列厚度时/mm			下列温度时		
		≤16	16~40	40~63		≤16	16~40	40~63	+20℃	0℃	-20℃
S235W	A	235	225	215	360~520④	26	26	25	—	—	—
	B	235	225	215	360~520④	26	26	25	27	—	—
	C	235	225	215	360~520④	26	26	25	—	27	—
	D	235	225	215	360~520④	26	26	25	—	—	27
S355WP	A	355⑤	—	—	470~630	21⑤			—	—	—
	D	355⑤	—	—	470~630	21⑤			—	—	27
S355W	A	355	345	335	470~630	22	22	21	—	—	—
	B	355	345	335	470~630	22	22	21	27	—	—
	C	355	345	335	470~630	22	22	21	—	27	—
	D	355	345	335	470~630	22	22	21	—	—	27
S390WP	A	390⑤	—	—	490~650	20⑤			—	—	—
	B	390⑤	—	—	490~650	20⑤			27	—	—
	C	390⑤	—	—	490~650	20⑤			—	27	—
	D	390⑤	—	—	490~650	20⑤			—	—	27
S410W	A	415	405	395	520~680	18	18	17	—	—	—
	B	415	405	395	520~680	18	18	17	27	—	—
	C	415	405	395	520~680	18	18	17	—	27	—
	D	415	405	395	520~680	18	18	17	—	—	27
S460W	A	460	450	440	570~730	17	17	16	—	—	—
	B	460	450	440	570~730	17	17	16	27	—	—
	C	460	450	440	570~730	17	17	16	—	27	—
	D	460	450	440	570~730	17	17	16	—	—	27

① 试样标距的数据：$L_0 = 5.65\sqrt{S_0}$。

② 对于横向试样（板材和宽度≥600mm 的宽板），这些数值应减少 2%。

③ 表中为 3 个试样的平均值，其中单个试样不小于平均值的 70%。

④ 如经供需双方商定，抗拉强度可采用 400~560MPa。

⑤ 此数值仅适用于厚度不超过 12mm 的产品。

2.2.19　结构用耐候钢热连轧薄板［ISO 5952（2011）］

（1）ISO 标准结构用耐候钢热连轧薄板的钢号与化学成分（表 2-2-98）

表 2-2-98　结构用耐候钢热连轧薄板的钢号与化学成分（质量分数）（%）

钢号①	C	Si	Mn	P ≤	S ≤	Cr	Ni	Cu	其他
HAS 235W-B	≤0.13	0.10~0.40	0.20~0.60	0.040	0.035	0.40~0.80	≤0.65	0.25~0.55	—
HAS 235W-D	≤0.13	0.10~0.40	0.20~0.60	0.040	0.035	0.40~0.80	≤0.65	0.25~0.55	Al₁≥0.020
HAS 245W-B	≤0.18	0.15~0.65	≤1.25	0.035	0.035	0.45~0.75	0.05~0.30	0.30~0.50	②
HAS 245W-D	≤0.18	0.15~0.65	≤1.25	0.035	0.035	0.45~0.75	0.05~0.30	0.30~0.50	Al₁≥0.020②
HAS 355W1-A	≤0.12	0.20~0.75	≤1.00	0.06~0.15	0.035	0.30~1.25	≤0.65	0.25~0.55	
HAS 355W1-D	≤0.12	0.20~0.75	≤1.00	0.06~0.15	0.035	0.30~1.25	≤0.65	0.25~0.55	Al₁≥0.020
HAS 355W2-C	≤0.16	≤0.50	0.50~1.50	0.035	0.035	0.40~0.80	≤0.65	0.25~0.55	Mo≤0.30 Zr≤0.15

（续）

钢　号[①]	C	Si	Mn	P ≤	S ≤	Cr	Ni	Cu	其　他
HAS 355W2-D	≤0.16	≤0.50	0.50~1.50	0.035	0.035	0.40~0.80	≤0.65	0.25~0.55	Al_t≥0.020 Mo≤0.30 Zr≤0.15
HAS 365W-B	≤0.18	0.15~0.65	≤1.40	0.035	0.035	0.45~0.75	0.05~0.30	0.30~0.50	②
HAS 365W-D	≤0.18	0.15~0.65	≤1.40	0.035	0.035	0.45~0.75	0.05~0.30	0.30~0.50	Al_t≥0.020[②]

① 钢号后缀字母：A、B、C、D 为质量等级。其中：D 为铝镇静钢，其余为沸腾钢。

② 元素的含量总和：Mo + Nb + Ti + V + Zr≤0.15%。

（2）ISO 标准结构用耐候钢热连轧薄板的力学性能（表 2-2-99）

表 2-2-99　结构用耐候钢热连轧薄板的力学性能

钢号	质量等级	R_e/MPa ≥	R_m/MPa		A（%）≥					
			下列厚度时		厚度 <3mm		厚度 ≥3~<6mm		厚度 ≥6mm	
			<3 mm	≥3 mm	L_0= 50mm	L_0= 80mm	L_0= 5.65$\sqrt{S_0}$	L_0= 50mm	L_0= 5.65$\sqrt{S_0}$	L_0= 200mm
HSA 235W	B, D	235	360~510	340~470	20	18	24	22	24	17
HAS 245W	B, D	245	400~540		20	18	24	22	24	17
HAS 355W1	A, D	355	519~680	490~630	15	15	20	19	24	18
HAS 355W2	C, D	355	519~680	490~630	18	15	20	22	24	18
HAS 365W	B, D	365	490~610		15	12	17	19	21	15

2.2.20　连续热镀锌与铝硅合金薄钢板和连续电镀锡薄钢板〔ISO 4998，4999（2014），5000（2019），5950（2012）〕

（1）ISO 标准连续热镀锌冷轧碳素钢薄板〔ISO 4998（2014）〕

A）连续热镀锌冷轧碳素钢薄板的牌号与化学成分（表 2-2-100）

表 2-2-100　连续热镀锌冷轧碳素钢薄板的牌号与化学成分（质量分数）（%）

牌号	C	Mn	P ≤	S ≤	Cr	Ni	V	Nb	Ti	其　他
220	≤0.25	≤1.70	0.050	0.035	≤0.15	≤0.20	≤0.008	≤0.008	≤0.008	
250	≤0.25	≤1.70	0.100	0.035	≤0.15	≤0.20	≤0.008	≤0.008	≤0.008	
280	≤0.25	≤1.70	0.100	0.035	≤0.15	≤0.20	≤0.008	≤0.008	≤0.008	
320	≤0.25	≤1.70	0.050	0.035	≤0.15	≤0.20	≤0.008	≤0.008	≤0.008	Mo≤0.06，Cu≤0.20
350	≤0.25	≤1.70	0.200	0.035	≤0.15	≤0.20	≤0.008	≤0.008	≤0.008	
380	≤0.25	≤1.70	0.050	0.035	≤0.15	≤0.20	≤0.008	≤0.008	≤0.008	
550	≤0.25	≤1.70	0.050	0.035	≤0.15	≤0.20	≤0.008	≤0.008	≤0.008	

注：1. Cr + Ni + Mo + Cu≤0.50%。

　　2. Cr + Mo≤0.16%。

B）连续热镀锌冷轧碳素钢薄板的力学性能（表 2-2-101）

表 2-2-101　连续热镀锌冷轧碳素钢薄板的力学性能

牌　号	R_{eL}/MPa	R_m/MPa	A（%）	
			$L_0 = 50mm$	$L_0 = 80mm$
	≥		≥	
220	220	310	20	18
250	250	360	18	16
280	280	380	16	14
320	320	430	14	12
350	350	450	12	10
380	380	540	12	10
550	550	570	—	—

（2）ISO 标准连续热镀铅冷轧碳素钢薄板的钢号与化学成分［ISO 4999（2014）］

A）连续热镀铅冷轧碳素钢薄板的牌号与化学成分（表 2-2-102）

表 2-2-102　连续热镀铅冷轧碳素钢薄板的牌号与化学成分（质量分数）（%）

牌　号	C	Mn	P ≤	S ≤	Cr	Ni	V	Nb	Ti	其　他
冲压用等级										
T0 01	≤0.15	≤0.60	0.035	0.035	≤0.15	≤0.20	≤0.008	≤0.008	—	
T0 02	≤0.10	≤0.50	0.025	0.035	≤0.15	≤0.20	≤0.008	≤0.008	—	
T0 03	≤0.08	≤0.45	0.030	0.030	≤0.15	≤0.20	≤0.008	≤0.008	≤0.008	Mo≤0.06，Cu≤0.20
T0 04	≤0.06	≤0.50	0.025	0.035	≤0.15	≤0.20	≤0.008	≤0.008	≤0.008	
T0 05	≤0.02	≤0.25	0.020	0.020	≤0.15	≤0.20	≤0.008	≤0.008	≤0.15	
结构用等级										
TRC 220	≤0.15	≤1.20	0.035	0.035	≤0.15	≤0.20	≤0.008	≤0.008		
TRC 250	≤0.20	≤1.40	0.035	0.035	≤0.15	≤0.20	≤0.008	≤0.008		Mo≤0.06，Cu≤0.20
TRC 320	≤0.20	≤1.50	0.035	0.035	≤0.15	≤0.20	≤0.008	≤0.008		
TRC 550	≤0.20	≤1.50	0.035	0.035	≤0.15	≤0.20	≤0.008	≤0.008		

B）连续热镀铅冷轧碳素钢薄板的力学性能（表 2-2-103 和表 2-2-104）

表 2-2-103　连续热镀铅冷轧碳素钢薄板的力学性能（冲压用等级）

牌号和等级		R_m/MPa ≥	A（%）　≥		$r^{①}$ ≥	$n^{①}$ ≥
牌　号	等　级		$L_0 = 50mm$	$L_0 = 80mm$		
T0 01	一般用途	—	—	—	—	—
T0 02	冲压	430	24	23	—	—
T0 03	深冲	410	26	25	—	—
T0 04	深冲（铝脱氧）	410	29	28	—	—
T0 05	超深冲	350	37	36	1.4	0.17

① r 为冲压性指数，n 为延展性指数。

表 2-2-104　连续热镀铅冷轧碳素钢薄板的力学性能（结构用等级）

牌　号	R_{eL}/MPa ≥	R_m/MPa ≥	A（%）　≥		镀层弯曲试验180°	
			$L_0 = 50mm$	$L_0 = 80mm$	厚＜3mm	厚≥3mm
TRC 220	220	300	22	20	1a	2a
TRC 250	250	330	20	18	1a	2a

（续）

牌　号	$R_{eL}/MPa \geqslant$	$R_m/MPa \geqslant$	A（%）　　≥		镀层弯曲试验180°	
			$L_0 = 50mm$	$L_0 = 80mm$	厚<3mm	厚≥3mm
TRC 320	320	400	16	14	3a	3a
TRC 550	550	—				

注：a—弯心直径。

（3）ISO 标准连续热镀铝硅合金冷轧碳素钢薄板［ISO 5000（2019）］

A）连续热镀铝硅合金冷轧碳素钢薄板的牌号与化学成分（表2-2-105）

表 2-2-105　连续热镀铝硅合金冷轧碳素钢薄板的牌号与化学成分（质量分数）（%）

牌号	C	Mn	P≤	S≤	Cr	Ni	V	Nb	Ti	其他
01	0.15	0.60	0.050	0.035	≤0.15	≤0.20	≤0.008	≤0.008	≤0.008	
02	0.10	0.50	0.040	0.035	≤0.15	≤0.20	≤0.008	≤0.008	≤0.008	Mo≤0.06
03	0.08	0.45	0.030	0.030	≤0.15	≤0.20	≤0.008	≤0.008	≤0.008	Cu≤0.20
04	0.06	0.45	0.030	0.030	≤0.15	≤0.20	≤0.008	≤0.008	≤0.008	
05	0.02	0.25	0.020	0.020	≤0.15	≤0.20	≤0.008	≤0.008	≤0.008	

B）连续热镀铝硅合金冷轧碳素钢薄板的力学性能（表2-2-106）

表 2-2-106　连续热镀铝硅合金冷轧碳素钢薄板的力学性能

牌号和等级		$R_{eL}/MPa \geqslant$	$R_m/MPa \geqslant$	A（%）≥		冲压性指数	延展性指数
牌　号	等　级			$L_0 = 50mm$	$L_0 = 80mm$	$r \geqslant$	$n \geqslant$
01	一般用途	—	—	—	—		
02	冲压	340	430	30	31		
03	深冲	300	410	34	35		
04	深冲（铝脱氧）	270	410	36	37		
05	超深冲	250	380	38	38	1.4	0.17

（4）ISO 标准连续电镀锡冷轧碳素钢薄板的钢号与化学成分［ISO 5950（2012）］

A）连续热镀锡冷轧碳素钢薄板的牌号与化学成分（表2-2-107）

表 2-2-107　连续电镀锡冷轧碳素钢薄板的牌号与化学成分（质量分数）（%）

牌　号	C	Mn	P≤	S≤	Cr	Ni	Mo	V	Ti	其　他
01	0.15	0.60	0.030	0.035	≤0.15	≤0.20	≤0.06	≤0.008	≤0.008	
02	0.10	0.50	0.030	0.035	≤0.15	≤0.20	≤0.06	≤0.008	≤0.008	Nb≤0.008，Cu≤0.20
03	0.08	0.45	0.020	0.030	≤0.15	≤0.20	≤0.06	≤0.008	≤0.008	
04	0.06	0.45	0.020	0.030	≤0.15	≤0.20	≤0.06	≤0.008	≤0.008	

B）连续热镀锡冷轧碳素钢薄板的力学性能（表2-2-108）

表 2-2-108　连续热镀锡冷轧碳素钢薄板的力学性能

牌号和等级		$R_m/MPa \geqslant$	A（%）　　≥	
牌　号	等　级		$L_0 = 50mm$	$L_0 = 80mm$
01	一般用途	—	—	—
02	冲压	370	31	30
03	深冲	350	35	34
04	深冲（铝脱氧）	340	37	36

2.2.21 结构用热轧和冷轧碳素钢薄板 ［ISO 4995（2014）］［ISO 4997（2015）］

（1）ISO 标准结构用热轧碳素钢薄板 ［ISO 4995（2014）］

A）结构用热轧碳素钢薄板的钢号与化学成分（表 2-2-109）

表 2-2-109　结构用热轧碳素钢薄板的钢号与化学成分（质量分数）（%）

钢　号	C	Si	Mn	P ≤	S ≤	Cr	Ni	Mo	V	其　他
HR 235	≤0.17	（未规定）	≤1.20	0.035	0.035	≤0.15	≤0.20	≤0.06	≤0.008	Nb≤0.008
HR 275	≤0.20	（未规定）	≤1.20	0.035	0.035	≤0.15	≤0.20	≤0.06	≤0.008	Ti≤0.008
HR 355	≤0.20	≤0.55	≤1.50	0.035	0.035	≤0.15	≤0.20	≤0.06	≤0.008	Cu≤0.20

B）结构用冷轧碳素钢薄板的力学性能（表 2-2-110）

表 2-2-110　结构用冷轧碳素钢薄板的力学性能

钢　号	R_e/MPa ≥		R_m/MPa ≥	A（%）≥			
				厚度 <3mm		厚度 >3～6mm	
	R_{eH}	R_{eL}		$L_0 = 50mm$	$L_0 = 80mm$	$L_0 = 5.65\sqrt{S_0}$	$L_0 = 50mm$
HR 235	235	215	330	20	18	23	22
HR 275	275	255	370	17	15	20	18
HR 355	355	335	450	15	13	19	16

（2）ISO 标准结构用冷轧碳素钢薄板 ［ISO 4997（2015）］

A）结构用冷轧碳素钢薄板的钢号与化学成分（表 2-2-111）

表 2-2-111　结构用冷轧碳素钢薄板的钢号与化学成分（质量分数）（%）

钢　号	C	Mn	P ≤	S ≤	Cr	Ni	Mo	V	其　他
CR 220	≤0.15	≤1.20	0.035	0.035	≤0.15	≤0.20	≤0.06	≤0.008	Nb≤0.008，Ti≤0.008
CR 250	≤0.25	≤1.40	0.035	0.035	≤0.15	≤0.20	≤0.06	≤0.008	Cu≤0.20
CR 320	≤0.25	≤1.50	0.035	0.035	≤0.15	≤0.20	≤0.06	≤0.008	Nb≤0.008，Ti≤0.008
CR 550	≤0.25	≤1.50	0.035	0.035	≤0.15	≤0.20	≤0.06	≤0.008	Cu≤0.20

注：Cr + Ni + Mo + Cu≤0.50%，其中 Cr + Mo≤0.16%。

B）结构用冷轧碳素钢薄板的力学性能（表 2-2-112）

表 2-2-112　结构用冷轧碳素钢薄板的力学性能

钢　号	$R_e^{①}$/MPa ≥	R_m/MPa ≥	A≥（%）	
			$L_0 = 50mm$	$L_0 = 80mm$
CR 220	220	300	22	20
CR 250	250	330	20	18
CR 320	320	400	16	14
CR 550	550	—	（未规定）	（未规定）

① R_e 代表 R_{eL} 或 R_{eH}。

2.2.22 结构用热轧超厚板卷 ［ISO 13976（2016）］

（1）ISO 标准结构用热轧超厚板卷的钢号与化学成分（表 2-2-113）

表 2-2-113　结构用热轧超厚板卷的钢号与化学成分（质量分数）（%）

钢 号	C	Si	Mn	P≤	S≤	Cr	Mo	Ni	V	其 他
HR 185	≤0.16	≤0.40	≤1.50	0.030	0.035	≤0.15	≤0.06	≤0.20	≤0.008	
HR 235	≤0.18	≤0.40	≤1.50	0.030	0.035	≤0.15	≤0.06	≤0.20	≤0.008	Cu≤0.20
HR 275	≤0.18	≤0.40	≤1.50	0.030	0.035	≤0.15	≤0.06	≤0.20	≤0.008	Nb≤0.008
HR 295	≤0.21	≤0.55	≤1.50	0.030	0.035	≤0.15	≤0.06	≤0.20	≤0.008	Ti≤0.008
HR 325	≤0.18	≤0.55	≤1.60	0.030	0.035	≤0.15	≤0.06	≤0.20	≤0.008	N≤0.015
HR 355	≤0.22	≤0.55	≤1.50	0.030	0.035	≤0.15	≤0.06	≤0.20	≤0.008	

（2）ISO 标准优质热轧超厚板卷的力学性能（表 2-4-114）

表 2-2-114　优质热轧超厚板卷的力学性能

钢 号	$R_e^{①}$/MPa	R_m/MPa	A（%）≥			
			$L_0^{②}=5.65\sqrt{S_0}$	$L_0^{②}=50mm$（下列厚度时/mm）		
	≥	≥		0～12	>12～19	>19～25
HR 185	185	290	19	20	23	26
HR 235	235	400	19	20	23	26
HR 275	275	410	16	17	20	22
HR 295	295	470	15	16	19	21
HR 325	325	490	15	16	19	21
HR 355	355	490	15	16	19	21

① R_e 代表 R_{eL} 或 R_{eH}。

② 试样标距的数据。

2.2.23　不同温度使用的承压扁平钢材［ISO 9328-2～6（2018）］

（1）ISO 标准压力容器用钢板——确定高温性能的非合金钢和合金钢钢板的钢号与化学成分［ISO 9328-2（2018）］（表 2-2-115）

表 2-2-115　压力容器用钢板——确定高温性能的非合金钢和合金钢钢板的钢号与化学成分

（质量分数）（%）

钢 号	C	Si	Mn	P≤	S≤	Cr	Mo	Ni	V	其 他③
A. 根据 EN 标准的化学成分①										
P235GH④	≤0.16	≤0.35	0.60～1.20	0.025	0.010	≤0.30	≤0.08	≤0.30	≤0.02	Al_t≥0.020 N≤0.012
P265GH④	≤0.20	≤0.40	0.80～1.40	0.025	0.010	≤0.30	≤0.08	≤0.30	≤0.02	Cu≤0.30，Nb≤0.02
P295GH④	0.08～0.20	≤0.40	0.90～1.50	0.025	0.010	≤0.30	≤0.08	≤0.30	≤0.02	Ti≤0.03
P355GH④	0.10～0.22	≤0.60	1.10～1.70	0.025	0.010	≤0.30	≤0.08	≤0.30	≤0.02	
16Mo3	0.12～0.20	≤0.35	0.40～0.90	0.025	0.010	≤0.30	0.25～0.35	≤0.30	—	
18MnMo4-5	≤0.20	≤0.40	0.90～1.50	0.015	0.005	≤0.30	0.45～0.60	≤0.30	—	+Al，N≤0.012 Cu≤0.30
20MnMoNi4-5	0.15～0.23	≤0.40	1.00～1.50	0.020	0.010	≤0.30	0.45～0.60	0.40～0.80	≤0.02	—
15NiCuMo Nb5-6-4	≤0.17	0.25～0.50	0.80～1.20	0.025	0.010	≤0.30	0.25～0.50	1.00～1.30	—	Al_t≥0.015，N≤0.020 Cu 0.50～0.80 Nb 0.015～0.045

（续）

钢　号	C	Si	Mn	P ≤	S ≤	Cr	Mo	Ni	V	其　他[3]
A. 根据 EN 标准的化学成分[1]										
13CrMo4-5	0.08 ~ 0.18	≤0.35	0.40 ~ 1.00	0.025	0.010	0.70 ~ 1.15	0.40 ~ 0.60	—	—	+ Al，N≤0.012 Cu≤0.30
13CrMoSi 5-5	≤0.17	0.50 ~ 0.80	0.40 ~ 0.65	0.015	0.005	1.00 ~ 1.50	0.45 ~ 0.65	≤0.30	—	
10CrMo9-10	0.08 ~ 0.14	≤0.50	0.40 ~ 0.80	0.020	0.010	2.00 ~ 2.50	0.90 ~ 1.10	—	—	
12CrMo9-10	0.10 ~ 0.15	≤0.30	0.30 ~ 0.80	0.015	0.010	2.00 ~ 2.50	0.90 ~ 1.10	≤0.30	—	Al 0.010 ~ 0.040 N≤0.012，Cu≤0.25
X12CrMo5	0.10 ~ 0.15	≤0.50	0.30 ~ 0.60	0.020	0.005	4.00 ~ 6.00	0.45 ~ 0.65	≤0.30	—	+ Al，N≤0.012 Cu≤0.30
13CrMoV9-10	0.11 ~ 0.15	≤0.10	0.30 ~ 0.60	0.015	0.005	2.00 ~ 2.50	0.90 ~ 1.10	≤0.25	0.25 ~ 0.35	+ Al，B≤0.002 Cu≤0.20，Nb≤0.07 Ti≤0.03，Ca≤0.015
12CrMoV12-10	0.10 ~ 0.15	≤0.15	0.30 ~ 0.60	0.015	0.005	2.75 ~ 3.25	0.90 ~ 1.10	≤0.25	0.20 ~ 0.30	+ Al，N≤0.012 B≤0.003，Cu≤0.25 Nb≤0.07，Ti≤0.03 Ca≤0.015
X10CrMo VNb9-1	0.08 ~ 0.12	≤0.50	0.30 ~ 0.60	0.020	0.005	8.00 ~ 9.50	0.85 ~ 1.05	≤0.30	0.18 ~ 0.25	Al_t≥0.040，Cu≤0.30，N 0.030 ~ 0.070，Nb 0.06 ~ 0.10
B. 根据 ASTM/ASME 标准的化学成分[2]										
PT410GH[5]	≤0.20	≤0.40	0.40 ~ 1.40	0.020	0.020	≤0.30	≤0.12	≤0.40	≤0.03	Al_t≥0.020，B≤0.001 Cu≤0.40，Nb≤0.02 Ti≤0.03
PT450GH[5]	≤0.20	≤0.40	0.60 ~ 1.60	0.020	0.020	≤0.30	≤0.12	≤0.40	≤0.03	
PT480GH[5]	≤0.20	≤0.55	0.60 ~ 1.60	0.020	0.020	≤0.30	≤0.12	≤0.40	≤0.03	
19MnMo4-5	≤0.25	≤0.40	0.95 ~ 1.30	0.020	0.020	≤0.30	0.45 ~ 0.60	≤0.40	≤0.03	
19MnMo5-5	≤0.25	≤0.40	0.95 ~ 1.50	0.020	0.020	≤0.30	0.45 ~ 0.60	≤0.40	≤0.03	
19MnMo6-5	≤0.25	≤0.40	1.15 ~ 1.50	0.020	0.020	≤0.30	0.45 ~ 0.60	≤0.40	≤0.03	B≤0.001，Cu≤0.40 Nb≤0.02，Ti≤0.03
19MnMoNi5-5	≤0.25	≤0.40	0.95 ~ 1.50	0.020	0.020	≤0.30	0.45 ~ 0.60	0.40 ~ 0.70	≤0.02	
19MnMoNi6-5	≤0.25	≤0.40	1.15 ~ 1.50	0.020	0.020	≤0.20	0.45 ~ 0.60	0.40 ~ 0.70	≤0.02	
14CrMo4-5	≤0.17	≤0.40	0.40 ~ 0.65	0.020	0.020	0.80 ~ 1.15	0.45 ~ 0.65	≤0.40	≤0.03	
14CrMoSi5-6	≤0.17	0.50 ~ 0.80	0.40 ~ 0.65	0.020	0.020	1.00 ~ 1.50	0.45 ~ 0.60	≤0.40	≤0.03	Cu≤0.40，Nb≤0.02 Ti≤0.03
13CrMo9-10	≤0.17	≤0.50	0.30 ~ 0.60	0.020	0.020	2.00 ~ 2.50	0.90 ~ 1.10	≤0.40	≤0.03	
14CrMo9-10	≤0.17	≤0.50	0.30 ~ 0.60	0.015	0.015	2.00 ~ 2.50	0.90 ~ 1.10	≤0.40	≤0.03	

（续）

钢 号	C	Si	Mn	P ≤	S ≤	Cr	Mo	Ni	V	其 他[3]
B. 根据 ASTM/ASME 标准的化学成分[2]										
14CrMoV9-10	≤0.17	≤0.10	0.30~0.60	0.015	0.010	2.00~2.50	0.90~1.10	≤0.40	0.25~0.35	B≤0.003, Cu≤0.40 Nb≤0.07, Ti≤0.035
13CrMoV12-10	≤0.17	≤0.15	0.30~0.60	0.015	0.010	2.75~3.25	0.90~1.10	≤0.40	0.20~0.30	Ca≤0.015, RE≤0.015
X9CrMoVNb9-1	0.08~0.12	≤0.50	0.30~0.60	0.020	0.010	8.00~9.50	0.85~1.05	≤0.40	0.18~0.25	Al_t≤0.040, Cu≤0.40, Nb 0.06~0.10, Ti≤0.03

① EN—欧洲 EN 标准（下同）。

② ASTM—美国材料与试验协会；ASME—美国机械工程师协会。

③ Al_t—全铝；+Al—Al: N≥2；RE—稀土元素。

④ 元素的含量总和：Cr + Ni + Mo + Cu≤0.70%。

⑤ 元素的含量总和：Cr + Ni + Mo + Cu≤1.00%。

（2）ISO 标准压力容器用钢板——可焊接的细晶粒钢（正火状态）钢板的钢号与化学成分［ISO 9328-3 (2018)］（表 2-2-116）

表 2-2-116   压力容器用钢板——可焊接的细晶粒钢（正火状态）钢板的钢号与化学成分（质量分数）（%）

钢 号	C	Si	Mn	P ≤	S ≤	Cr	Mo	Ni	V	其 他
A. 根据 EN 标准的化学成分										
P275NH[2]	≤0.16	≤0.40	0.80~1.50[1]	0.025	0.010	≤0.30	≤0.08	≤0.50	≤0.05	
P275NL1[2]	≤0.16	≤0.40	0.80~1.50[1]	0.025	0.008	≤0.30	≤0.08	≤0.50	≤0.05	
P275NL2[2]	≤0.16	≤0.40	0.80~1.50[1]	0.020	0.005	≤0.30	≤0.08	≤0.50	≤0.05	
P355N[3]	≤0.18	≤0.50	1.10~1.70	0.025	0.010	≤0.30	≤0.08	≤0.50	≤0.10	
P355NH[3]	≤0.18	≤0.50	1.10~1.70	0.025	0.010	≤0.30	≤0.08	≤0.50	≤0.10	
P355NL1[3]	≤0.18	≤0.50	1.10~1.70	0.025	0.008	≤0.30	≤0.08	≤0.50	≤0.10	Al_t≥0.020, N≤0.012
P355NL2[3]	≤0.18	≤0.50	1.10~1.70	0.020	0.005	≤0.30	≤0.08	≤0.50	≤0.10	Cu≤0.30, Nb≤0.05
P420NH[4]	≤0.20	≤0.60	1.10~1.70	0.025	0.015	≤0.30	≤0.10	≤0.80	≤0.20	Ti≤0.03
P420NL1[4]	≤0.20	≤0.60	1.10~1.70	0.025	0.015	≤0.30	≤0.10	≤0.80	≤0.20	
P420NL2[4]	≤0.20	≤0.60	1.10~1.70	0.020	0.010	≤0.30	≤0.10	≤0.80	≤0.20	
P460NH[4],[5]	≤0.20	≤0.60	1.10~1.70	0.025	0.015	≤0.30	≤0.10	≤0.80	≤0.20	
P460NL1[4],[5]	≤0.20	≤0.60	1.10~1.70	0.025	0.015	≤0.30	≤0.10	≤0.80	≤0.20	
P460NL2[4],[5]	≤0.20	≤0.60	1.10~1.70	0.020	0.010	≤0.30	≤0.10	≤0.80	≤0.20	
B. 根据 ASME 标准的化学成分										
PT400N[6]	≤0.18[7]	≤0.40	≤1.40	0.020	0.020	≤0.30	≤0.12	≤0.50	≤0.05	
PT400NH[6]	≤0.18[7]	≤0.40	≤1.40	0.020	0.020	≤0.30	≤0.12	≤0.50	≤0.05	
PT400NL1[6]	≤0.15	≤0.40	0.70~1.50	0.015	0.010	≤0.30	≤0.12	≤0.50	≤0.05	Al_t≥0.020, Cu≤0.40
PT440N[6]	≤0.18[7]	≤0.55	≤1.60	0.020	0.020	≤0.30	≤0.12	≤0.50	≤0.10	B≤0.0010, Nb≤0.05
PT440NH[6]	≤0.18[7]	≤0.55	≤1.60	0.020	0.020	≤0.30	≤0.12	≤0.50	≤0.10	Ti≤0.03
PT440NL1[6]	≤0.16	≤0.55	0.70~1.60	0.015	0.010	≤0.30	≤0.12	≤0.50	≤0.10	

（续）

钢　号	C	Si	Mn	P ≤	S ≤	Cr	Mo	Ni	V	其　他
					B. 根据 ASME 标准的化学成分					
PT490N[⑥]	≤0.18[⑦]	0.15~0.55	≤1.60	0.020	0.020	≤0.30	≤0.12	≤0.50	≤0.10	Al_t≥0.020, Cu≤0.40
PT490NH[⑥]	≤0.18[⑦]	0.15~0.55	≤1.60	0.020	0.020	≤0.30	≤0.12	≤0.50	≤0.10	B≤0.0010, Nb≤0.05
PT520N[⑥]	≤0.20	0.15~0.55	≤1.60	0.020	0.020	≤0.30	≤0.12	≤0.50	≤0.10	Ti≤0.03
PT520NH[⑥]	≤0.20	0.15~0.55	≤1.60	0.020	0.020	≤0.30	≤0.12	≤0.50	≤0.10	

① 对于厚度 <6mm 的钢材，允许 Mn 含量下限为 0.60%。

② 元素的含量总和：Cr + Mo + Cu≤0.45%；Nb + V + Ti≤0.05%。

③ 元素的含量总和：Cr + Mo + Cu≤0.45%；Nb + V + Ti≤0.12%。

④ 元素的含量总和：Nb + V + Ti≤0.22%。

⑤ 若 $w(Cu)≥0.30\%$，则 $w(Ni)≥\frac{1}{2}w(Cu)$。

⑥ 元素的含量总和：Cr + Ni + Mo + Cu≤1.00%。

⑦ 若经供需双方协商同意，碳含量可调整为 C≤0.20%。

（3）ISO 标准压力容器用钢板——规定低温性能的镍合金钢钢板的钢号与化学成分 ［ISO 9328-4（2018）］（表 2-2-117）

表 2-2-117　压力容器用钢板——规定低温性能的镍合金钢钢板的钢号与化学成分（质量分数）（%）

钢　号	C	Si	Mn	P ≤	S ≤	Cr	Mo	Ni	V	其　他
					A. 根据 EN 标准的化学成分					
11MnNi5-3	≤0.14	≤0.50	0.70~1.50	0.025	0.010	—	—	0.30~0.80[①]	≤0.05	Al_t≥0.020, Nb≤0.05
13MnNi6-3	≤0.16	≤0.50	0.85~1.70	0.025	0.010	—	—	0.30~0.80[①]	≤0.05	Cr + Cu + Mo≤0.50
15MnNi6	≤0.18	≤0.35	0.80~1.50	0.025	0.010			1.30~1.70	≤0.05	
12Ni14	≤0.15	≤0.35	0.30~0.80	0.020	0.005			3.25~3.75	≤0.05	
X12Ni5	≤0.15	≤0.35	0.30~0.80	0.020	0.005			4.75~5.25	≤0.05	Cr + Cu + Mo≤0.50
X8Ni9	≤0.10	≤0.35	0.30~0.80	0.020	0.005	≤0.10		8.50~10.0	≤0.05	
X6Ni7	≤0.10	≤0.30	0.30~0.80	0.015	0.005	≤0.30		6.50~8.00	≤0.01	
X7Ni9	≤0.10	≤0.35	0.30~0.80	0.015	0.005	≤0.10		8.50~10.0	≤0.01	
					B. 根据 ASME 标准的化学成分					
14Ni9	≤0.17	≤0.30	≤0.70	0.015	0.015	≤0.30	≤0.12	2.10~2.50	≤0.05	
13Ni14	≤0.15	≤0.30	≤0.70	0.015	0.015	≤0.30	≤0.12	3.25~3.75	≤0.05	
14Ni14	≤0.17	≤0.30	≤0.70	0.015	0.015	≤0.30	≤0.12	3.25~3.75	≤0.05	Cu≤0.40, Nb≤0.02
X9Ni5	≤0.13	≤0.30	≤0.70	0.015	0.015	≤0.30	≤0.12	4.75~6.00	≤0.05	Ti≤0.03
X9Ni7	≤0.12	≤0.30	≤1.20	0.015	0.015	≤0.30	≤0.12	6.00~7.50	≤0.05	
X9Ni9	≤0.12	≤0.30	≤0.90	0.015	0.015	≤0.30	≤0.12	8.50~9.50	≤0.05	

① 对于厚度 <40mm 的钢材，允许 Ni 含量下限为 0.15%。

（4）ISO 标准压力容器用钢板——可焊接的细晶粒钢（控轧状态）钢板的钢号与化学成分 ［ISO 9328-5（2018）］（表 2-2-118）

表 2-2-118　压力容器用钢板——可焊接的细晶粒钢（控轧状态）钢板的钢号与化学成分（质量分数）（%）

钢　号	C	Si	Mn	P ≤	S ≤	Cr	Mo	Ni	V	其　他
					A. 根据 EN 标准的化学成分					
P355 M[①]	≤0.14	≤0.50	≤1.60	0.025	0.010	—	≤0.20	≤0.50	≤0.10	Al_t≥0.020, N≤0.020,
P355 M L1[①]	≤0.14	≤0.50	≤1.60	0.020	0.008	—	≤0.20	≤0.50	≤0.10	Nb≤0.05, Ti≤0.05
P355 M L2[①]	≤0.14	≤0.50	≤1.60	0.020	0.005	—	≤0.20	≤0.50	≤0.10	

（续）

钢　号	C	Si	Mn	P ≤	S ≤	Cr	Mo	Ni	V	其　他
A.　根据 EN 标准的化学成分										
P420 M[①]	≤0.16	≤0.50	≤1.70	0.025	0.010	—	≤0.20	≤0.50	≤0.10	
P420 M L1[①]	≤0.16	≤0.50	≤1.70	0.020	0.008	—	≤0.20	≤0.50	≤0.10	
P420 M L2[①]	≤0.16	≤0.50	≤1.70	0.020	0.005	—	≤0.20	≤0.50	≤0.10	Al_t ≥ 0.020，N≤0.020
P460 M[①]	≤0.16	≤0.60	≤1.70	0.025	0.020	—	≤0.20	≤0.50	≤0.10	Nb≤0.05，Ti≤0.05
P460 M L1[①]	≤0.16	≤0.60	≤1.70	0.020	0.015	—	≤0.20	≤0.50	≤0.10	
P460 M L2[①]	≤0.16	≤0.60	≤1.70	0.020	0.015	—	≤0.20	≤0.50	≤0.10	
B.　根据 ASME 标准的化学成分										
PT440 M	≤0.18	≤0.55	≤1.60	0.020	0.020	≤0.30	≤0.20	≤0.50	≤0.10	
PT440 M L1	≤0.16	≤0.55	0.70~1.60	0.015	0.010	≤0.30	≤0.20	≤0.50	≤0.10	
PT440 M L3	≤0.16	≤0.55	0.70~1.60	0.015	0.010	≤0.30	≤0.20	≤0.50	≤0.10	
PT490 M	≤0.18	≤0.55	≤1.60	0.020	0.020	≤0.30	≤0.20	≤0.50	≤0.10	
PT490 M L1	≤0.16	≤0.55	0.70~1.60	0.015	0.010	≤0.30	≤0.20	≤0.50	≤0.10	Al_t ≥0.020，Nb≤0.05
PT490 M L3	≤0.16	≤0.55	0.70~1.60	0.015	0.010	≤0.30	≤0.20	≤0.50	≤0.10	Ti≤0.05，Cu≤0.40
PT520 M	≤0.18	≤0.55	≤1.60	0.020	0.020	≤0.30	≤0.20	≤0.50	≤0.10	B≤0.0010
PT520 M L1	≤0.16	≤0.55	0.70~1.60	0.015	0.010	≤0.30	≤0.20	≤0.50	≤0.10	
PT520M L3	≤0.16	≤0.55	0.70~1.60	0.015	0.010	≤0.30	≤0.20	≤0.50	≤0.10	
PT550 M	≤0.18	≤0.55	≤1.60	0.020	0.020	≤0.30	≤0.20	≤0.50	≤0.10	
PT550 M L1	≤0.18	≤0.55	0.70~1.60	0.015	0.010	≤0.30	≤0.20	≤0.50	≤0.10	

① 元素的含量总和：Cr + Mo + Cu≤0.60%，Nb + V + Ti≤0.15%。

（5）ISO 标准压力容器用钢板——可焊接的细晶粒钢（调质状态）钢板的钢号与化学成分［ISO 9328-6（2018）］（表 2-2-119）

表 2-2-119　压力容器用钢板——可焊接的细晶粒钢（调质状态）钢板的钢号与化学成分（质量分数）（%）

钢　号	C	Si	Mn	P ≤	S ≤	Cr	Mo	Ni	V	其　他
A.　根据 EN 标准的化学成分										
P355 Q	≤0.16	≤0.40	≤1.50	0.025	0.010	≤0.30	≤0.25	≤0.50	≤0.06	
P355 QH	≤0.16	≤0.40	≤1.50	0.025	0.010	≤0.30	≤0.25	≤0.50	≤0.06	
P355 Q L1	≤0.16	≤0.40	≤1.50	0.020	0.008	≤0.30	≤0.25	≤0.50	≤0.06	
P355 Q L2	≤0.16	≤0.40	≤1.50	0.020	0.005	≤0.30	≤0.25	≤0.50	≤0.06	Nb≤0.05，Ti≤0.03
P460 Q	≤0.18	≤0.50	≤1.70	0.025	0.010	≤0.50	≤0.50	≤1.00	≤0.08	Zr≤0.05，Cu≤0.30
P460 QH	≤0.18	≤0.50	≤1.70	0.025	0.010	≤0.50	≤0.50	≤1.00	≤0.08	B≤0.005，N≤0.015
P460 Q L1	≤0.18	≤0.50	≤1.70	0.020	0.008	≤0.50	≤0.50	≤1.00	≤0.08	
P460 Q L2	≤0.18	≤0.50	≤1.70	0.020	0.005	≤0.50	≤0.50	≤1.00	≤0.08	
P500 Q	≤0.18	≤0.60	≤1.70	0.025	0.010	≤1.00	≤0.70	≤1.50	≤0.08	
P500 QH	≤0.18	≤0.60	≤1.70	0.025	0.010	≤1.00	≤0.70	≤1.50	≤0.08	Nb≤0.05，Ti≤0.05
P500 Q L1	≤0.18	≤0.60	≤1.70	0.020	0.008	≤1.00	≤0.70	≤1.50	≤0.08	Zr≤0.15，Cu≤0.30
P500 Q L2	≤0.18	≤0.60	≤1.70	0.020	0.005	≤1.00	≤0.70	≤1.50	≤0.08	B≤0.005，N≤0.015
P690 Q	≤0.20	≤0.80	≤1.70	0.025	0.010	≤1.50	≤0.70	≤2.50	≤0.12	
P690 QH	≤0.20	≤0.80	≤1.70	0.025	0.010	≤1.50	≤0.70	≤2.50	≤0.12	Nb≤0.06，Ti≤0.05
P690 Q L1	≤0.20	≤0.80	≤1.70	0.020	0.008	≤1.50	≤0.70	≤2.50	≤0.12	Zr≤0.15，Cu≤0.30
P690 Q L2	≤0.20	≤0.80	≤1.70	0.020	0.005	≤1.50	≤0.70	≤2.50	≤0.12	B≤0.005，N≤0.015

（续）

钢　号	C	Si	Mn	P ≤	S ≤	Cr	Mo	Ni	V	其　他
B. 根据 ASME 标准的化学成分										
PT440 Q L2	≤0.16	≤0.55	0.70~1.60	0.015	0.010	≤0.30	≤0.25	≤0.50	≤0.06	
PT490 Q	≤0.18	≤0.55	≤1.60	0.020	0.020	≤0.30	≤0.25	≤0.50	≤0.06	
PT490 QH	≤0.18	≤0.55	≤1.60	0.020	0.020	≤0.30	≤0.25	≤0.50	≤0.06	
PT490 Q L2	≤0.18	≤0.55	0.70~1.60	0.015	0.010	≤0.30	≤0.25	≤0.50	≤0.06	
PT520 Q	≤0.18	≤0.55	≤1.60	0.020	0.020	≤0.30	≤0.25	≤0.50	≤0.06	
PT520 QH	≤0.18	≤0.55	≤1.60	0.020	0.020	≤0.30	≤0.25	≤0.50	≤0.06	
PT520 Q L2	≤0.18	≤0.55	0.70~1.60	0.015	0.010	≤0.30	≤0.25	≤0.50	≤0.06	$Al_t \geq 0.020$
PT550 Q	≤0.18	≤0.75	≤1.60	0.020	0.020	≤0.30	≤0.50	≤0.50	≤0.08	Nb≤0.05，Ti≤0.03
PT550 QH	≤0.18	≤0.75	≤1.60	0.020	0.020	≤0.30	≤0.50	≤0.50	≤0.08	B≤0.005，Cu≤0.40
PT550 Q L2	≤0.18	≤0.50	0.70~1.60	0.015	0.010	≤0.30	≤0.50	≤1.00	≤0.08	
PT570 Q	≤0.18	≤0.75	≤1.60	0.020	0 020	≤0.30	≤0.50	≤1.00	≤0.08	
PT570 QH	≤0.18	≤0.75	≤1.60	0.020	0.020	≤0.30	≤0.50	≤1.00	≤0.08	
PT610 Q	≤0.18	≤0.75	≤1.60	0.030	0.030	≤0.30	≤0.50	≤1.00	≤0.08	
PT610 QH	≤0.18	≤0.75	≤1.60	0.030	0.030	≤0.30	≤0.50	≤1.00	≤0.08	

2.2.24　机械用弹簧钢丝［ISO 8458-2，3（2002）］

（1）ISO 标准机械用非合金弹簧钢丝［ISO 8458-2（2002）］

A）油淬火回火机械用非合金弹簧钢丝的牌号与化学成分（表 2-2-120）

表 2-2-120　油淬火回火机械用非合金弹簧钢丝的牌号与化学成分（质量分数）（%）

牌　号	C	Si	Mn	P≤	S≤	Cu	附　注
SL	0.35~1.00	0.10~0.30	0.30~1.20	0.030	0.030	≤0.20	1. 钢丝直径允许偏差级别应在合同中注明
SM	0.35~1.00	0.10~0.30	0.30~1.20	0.030	0.030	≤0.20	
SH	0.35~1.00	0.10~0.30	0.30~1.20	0.030	0.030	≤0.20	
DH	0.45~1.00	0.10~0.30	0.30~1.20	0.020	0.025	≤0.12	2. 钢丝圆度不得大于钢丝直径公差之半
DM	0.45~1.00	0.10~0.30	0.30~1.20	0.020	0.025	≤0.12	

B）油淬火回火机械用非合金弹簧钢丝的拉伸性能（表 2-2-121）

表 2-2-121　油淬火回火机械用非合金弹簧钢丝的拉伸性能

标称直径/mm	R_m/MPa				
	下列各牌号				
	Type SL	Type SM	Type SH	Type DH	Type DM
0.05			—		2800~3520
0.08			2780~3100		2800~3480
0.10			2710~3020		2800~3380
0.12	—	—	2660~2960	—	2800~3320
0.16			2570~2860		2800~3200
0.20			2500~2790		2800~3110
0.25			2420~2710		2720~3010
0.30	—	2370~2650	2370~2650	2660~2940	2660~2940
0.36	—	2310~2580	2310~2580	2590~2890	2590~2890

（续）

标称直径/mm	R_m/MPa				
	下列各牌号				
	Type SL	Type SM	Type SH	Type DH	Type DM
0.40	—	2270 ~ 2550	2270 ~ 2550	2560 ~ 2830	2570 ~ 2830
0.45	—	2240 ~ 2500	2240 ~ 2500	2510 ~ 2780	2570 ~ 2780
0.50	—	2200 ~ 2470	2200 ~ 2470	2480 ~ 2740	2480 ~ 2740
0.56	—	2170 ~ 2430	2170 ~ 2430	2440 ~ 2700	2440 ~ 2700
0.60	—	2140 ~ 2400	2140 ~ 2400	2410 ~ 2670	2410 ~ 2670
0.65	—	2120 ~ 2370	2120 ~ 2370	2380 ~ 2640	2380 ~ 2640
0.70	—	2090 ~ 2350	2090 ~ 2350	2360 ~ 2610	2360 ~ 2610
0.80	—	2050 ~ 2300	2050 ~ 2300	2310 ~ 2560	2310 ~ 2560
0.85	—	2030 ~ 2280	2030 ~ 2280	2290 ~ 2530	2290 ~ 2530
0.90	—	2010 ~ 2260	2010 ~ 2260	2270 ~ 2510	2270 ~ 2510
0.95	—	2000 ~ 2240	2000 ~ 2240	2250 ~ 2490	2250 ~ 2490
1.00	1720 ~ 1970	1980 ~ 2220	1980 ~ 2220	2230 ~ 2470	2230 ~ 2470
1.10	1690 ~ 1940	1950 ~ 2190	1950 ~ 2190	2200 ~ 2430	2200 ~ 2430
1.20	1670 ~ 1910	1920 ~ 2160	1920 ~ 2160	2170 ~ 2400	2170 ~ 2400
1.30	1640 ~ 1890	1900 ~ 2130	1900 ~ 2130	2140 ~ 2370	2140 ~ 2370
1.40	1620 ~ 1860	1870 ~ 2100	1870 ~ 2100	2110 ~ 2340	2110 ~ 2340
1.50	1600 ~ 1840	1850 ~ 2080	1850 ~ 2080	2090 ~ 2310	2090 ~ 2310
1.60	1590 ~ 1820	1830 ~ 2050	1830 ~ 2050	2060 ~ 2290	2060 ~ 2290
1.70	1570 ~ 1800	1810 ~ 2030	1810 ~ 2030	2040 ~ 2260	2040 ~ 2260
1.80	1550 ~ 1780	1790 ~ 2010	1790 ~ 2010	2020 ~ 2240	2020 ~ 2240
1.90	1540 ~ 1760	1770 ~ 1990	1770 ~ 1990	2000 ~ 2220	2000 ~ 2220
2.00	1520 ~ 1750	1760 ~ 1970	1760 ~ 1970	1980 ~ 2200	1980 ~ 2200
2.25	1490 ~ 1710	1720 ~ 1930	1720 ~ 1930	1940 ~ 2150	1940 ~ 2150
2.40	1470 ~ 1690	1700 ~ 1910	1700 ~ 1910	1920 ~ 2130	1920 ~ 2130
2.60	1450 ~ 1660	1670 ~ 1880	1670 ~ 1880	1890 ~ 2100	1890 ~ 2100
2.80	1420 ~ 1640	1650 ~ 1850	1650 ~ 1850	1860 ~ 2070	1860 ~ 2070
3.00	1410 ~ 1620	1630 ~ 1830	1630 ~ 1830	1840 ~ 2040	1840 ~ 2040
3.20	1390 ~ 1600	1610 ~ 1810	1610 ~ 1810	1820 ~ 2020	1820 ~ 2020
3.40	1370 ~ 1580	1590 ~ 1780	1590 ~ 1780	1790 ~ 1990	1790 ~ 1990
3.60	1350 ~ 1560	1570 ~ 1760	1570 / 1760	1770 ~ 1970	1770 ~ 1970
3.80	1340 ~ 1540	1550 ~ 1740	1550 ~ 1740	1750 ~ 1950	1750 ~ 1950
4.00	1320 ~ 1520	1530 ~ 1730	1530 ~ 1730	1740 ~ 1930	1740 ~ 1930
4.50	1290 ~ 1490	1500 ~ 1680	1500 ~ 1680	1690 ~ 1880	1690 ~ 1880
5.00	1260 ~ 1450	1460 ~ 1650	1460 ~ 1650	1660 ~ 1830	1660 ~ 1830
5.60	1230 ~ 1420	1430 ~ 1610	1430 ~ 1610	1620 ~ 18 00	1620 ~ 1800
6.00	1210 ~ 1390	1400 ~ 1580	1400 ~ 1580	1590 ~ 1770	1590 ~ 1770
6.50	1180 ~ 1370	1380 ~ 1550	1380 ~ 1550	1560 ~ 1740	1560 ~ 1740
7.00	1160 ~ 1340	1350 ~ 1530	1350 ~ 1530	1540 ~ 1710	1540 ~ 1710
7.50	1140 ~ 1320	1330 ~ 1500	1330 ~ 1500	1510 ~ 1680	1510 ~ 1680
8.00	1120 ~ 1300	1310 ~ 1480	1310 ~ 1480	1490 ~ 1660	1490 ~ 1660
8.50	1110 ~ 1280	1290 ~ 1460	1290 ~ 1460	1470 ~ 1630	1470 ~ 1630

（续）

标称直径/mm	R_m/MPa				
	下列各牌号				
	Type SL	Type SM	Type SH	Type DH	Type DM
9.00	1090 ~ 1260	1270 ~ 1440	1270 ~ 1440	1450 ~ 1610	1450 ~ 1610
9.50	1070 ~ 1250	1260 ~ 1420	1260 ~ 1420	1430 ~ 1590	1430 ~ 1590
10.00	1060 ~ 1230	1240 ~ 1400	1240 ~ 1400	1410 ~ 1570	1410 ~ 1570
11.00		1210 ~ 1370	1210 ~ 1370	1380 ~ 1530	1380 ~ 1530
12.00		1180 ~ 1340	1180 ~ 1340	1350 ~ 1500	1350 ~ 1500
13.00		1160 ~ 1310	1160 ~ 1310	1320 ~ 1470	1320 ~ 1470
14.00		1130 ~ 1280	1130 ~ 1280	1290 ~ 1440	1290 ~ 1440
15.00	—	1110 ~ 1260	1110 ~ 1260	1270 ~ 1410	1270 ~ 1410
16.00		1090 ~ 1230	1090 ~ 1230	1240 ~ 1390	1240 ~ 1390
17.00		1070 ~ 1210	1070 ~ 1210	1220 ~ 1360	1220 ~ 1360
18.00		1050 ~ 1190	1050 ~ 1190	1200 ~ 1340	1200 ~ 1340
19.00		1030 ~ 1170	1030 ~ 1170	1180 ~ 1320	1180 ~ 1320
20.00		1020 ~ 1150	1020 ~ 1150	1160 ~ 1300	1160 ~ 1300

（2）ISO 标准机械用合金弹簧钢丝 ［ISO 8458-3（2002）］

A）油淬火回火机械用合金弹簧钢丝的牌号与化学成分（表 2-2-122）

表 2-2-122 油淬火回火机械用合金弹簧钢丝的牌号与化学成分（质量分数）（%）

牌号 Type	C	Si	Mn	P≤	S≤	Cr	V	其 他
FDC	0.60 ~ 0.75	0.10 ~ 0.35	0.50 ~ 1.20	0.030	0.030	—	—	Cu≤0.20
FDCrV-A	0.47 ~ 0.55	0.10 ~ 0.40	0.60 ~ 1.20	0.030	0.030	0.80 ~ 1.10	0.15 ~ 0.25	Cu≤0.20
FDCrV-B	0.62 ~ 0.72	0.15 ~ 0.30	0.50 ~ 0.90	0.030	0.030	0.40 ~ 0.60	0.15 ~ 0.25	Cu≤0.20
FDSiCr	0.50 ~ 0.60	1.20 ~ 1.60	0.50 ~ 0.90	0.030	0.030	0.50 ~ 0.80	—	Cu≤0.20
TDC	0.60 ~ 0.75	0.10 ~ 0.35	0.50 ~ 1.20	0.020	0.025	—	—	Cu≤0.12
TDCrV-A	0.47 ~ 0.55	0.10 ~ 0.40	0.60 ~ 1.20	0.025	0.025	0.80 ~ 1.10	0.15 ~ 0.25	Cu≤0.12
TDCrV-B	0.62 ~ 0.72	0.15 ~ 0.30	0.50 ~ 0.90	0.025	0.025	0.40 ~ 0.60	0.15 ~ 0.25	Cu≤0.12
TDSiCr	0.50 ~ 0.60	1.20 ~ 1.60	0.50 ~ 0.90	0.025	0.025	0.50 ~ 0.80	—	Cu≤0.12
VDC	0.60 ~ 0.75	0.10 ~ 0.35	0.50 ~ 1.20	0.025	0.025	—	—	Cu≤0.12
VDCrV-A	0.47 ~ 0.55	0.10 ~ 0.40	0.60 ~ 1.20	0.025	0.025	0.80 ~ 1.10	0.15 ~ 0.25	Cu≤0.12
VDCrV-B	0.62 ~ 0.72	0.15 ~ 0.30	0.50 ~ 0.90	0.025	0.025	0.40 ~ 0.60	0.15 ~ 0.25	Cu≤0.12
VDSiCr	0.50 ~ 0.60	1.20 ~ 1.60	0.50 ~ 0.90	0.025	0.025	0.50 ~ 0.80	—	Cu≤0.12

B）油淬火回火机械用合金弹簧钢丝的拉伸性能（表 2-2-123 和表 2-2-124）

表 2-2-123 油淬火回火机械用合金弹簧钢丝的拉伸性能（静态时）

公称直径/mm	R_m/MPa				Z（%） ≥
	下列各牌号				
	FDC	FDCrV-A	FDCrV-B	FDSiCr	
≤0.50	1800 ~ 2100	1800 ~ 2100	1900 ~ 2200	2000 ~ 2025	—
>0.50 ~ 0.80	1800 ~ 2100	1800 ~ 2100	1900 ~ 2200	2000 ~ 2025	—
>0.80 ~ 1.00	1800 ~ 2060	1780 ~ 2080	1860 ~ 2160	2000 ~ 2025	—
>1.00 ~ 1.30	1800 ~ 2010	1750 ~ 2010	1850 ~ 2100	2000 ~ 2025	45

（续）

公称直径/mm	R_m/MPa				Z（%）≥
	下列各牌号				
	FDC	FDCrV - A	FDCrV - B	FDSiCr	
>1. 30 ~ 1. 40	1750 ~ 1950	1750 ~ 1990	1840 ~ 2070	2000 ~ 2025	45
>1. 40 ~ 1. 60	1740 ~ 1890	1710 ~ 1950	1820 ~ 2030	2000 ~ 2025	45
>1. 60 ~ 2. 00	1720 ~ 1890	1710 ~ 1890	1790 ~ 1970	2000 ~ 2025	45
>2. 00 ~ 2. 50	1670 ~ 1820	1670 ~ 1830	1750 ~ 1900	1970 ~ 2140	45
>2. 50 ~ 2. 70	1640 ~ 1790	1660 ~ 1820	1720 ~ 1870	1950 ~ 2120	45
>2. 70 ~ 3. 00	1620 ~ 1770	1630 ~ 1780	1700 ~ 1850	1930 ~ 2100	45
>3. 00 ~ 3. 20	1600 ~ 1750	1610 ~ 1760	1680 ~ 1830	1910 ~ 2080	40
>3. 20 ~ 3. 50	1580 ~ 1730	1600 ~ 1750	1660 ~ 1810	1900 ~ 2060	40
>3. 50 ~ 4. 00	1550 ~ 1700	1560 ~ 1710	1620 ~ 1770	1870 ~ 2030	40
>4. 00 ~ 4. 20	1540 ~ 1690	1540 ~ 1680	1610 ~ 1760	1860 ~ 2020	40
>4. 20 ~ 4. 50	1520 ~ 1670	1520 ~ 1670	1590 ~ 1740	1850 ~ 2000	40
>4. 50 ~ 4. 70	1510 ~ 1660	1510 ~ 1660	1580 ~ 1730	1840 ~ 1990	40
>4. 70 ~ 5. 00	1500 ~ 1650	1500 ~ 1650	1560 ~ 1710	1830 ~ 1980	40
>5. 00 ~ 5. 60	1470 ~ 1620	1460 ~ 1610	1540 ~ 1690	1800 ~ 1950	35
>5. 60 ~ 6. 00	1460 ~ 1610	1440 ~ 1590	1520 ~ 1670	1780 ~ 1930	35
>6. 00 ~ 6. 50	1440 ~ 1590	1420 ~ 1570	1510 ~ 1660	1760 ~ 1910	35
>6. 50 ~ 7. 00	1430 ~ 1580	1400 ~ 1550	1500 ~ 1650	1740 ~ 1890	35
>7. 00 ~ 8. 00	1400 ~ 1550	1380 ~ 1530	1480 ~ 1630	1710 ~ 1860	35
>8. 00 ~ 8. 50	1380 ~ 1530	1370 ~ 1520	1470 ~ 1620	1700 ~ 1850	30
>8. 50 ~ 10. 0	1360 ~ 1510	1350 ~ 1500	1450 ~ 1600	1660 ~ 1810	30
>10. 0 ~ 12. 0	1320 ~ 1470	1320 ~ 1470	1430 ~ 1580	1620 ~ 1770	30
>12. 0 ~ 14. 0	1280 ~ 1430	1300 ~ 1450	1420 ~ 1570	1580 ~ 1730	30
>14. 0 ~ 15. 0	1270 ~ 1420	1290 ~ 1440	1410 ~ 1560	1570 ~ 1720	—
>15. 0 ~ 17. 0	1250 ~ 1400	1270 ~ 1420	1400 ~ 1550	1550 ~ 1700	—

表 2-2-124　油淬火回火机械用合金弹簧钢丝的拉伸性能（动态时）

公称直径/mm	R_m/MPa				Z（%）≥
	下列各牌号				
	TCD VDC	TDCrV - A VDCrV - A[①]	TDCrV - B VDCrV - B[②]	TDSiCr VDSiCr	
≤0. 50	1700 ~ 2000	1750 ~ 1950	1910 ~ 2060	1960 ~ 2230	—
>0. 50 ~ 0. 80	1700 ~ 2000	1750 ~ 1950	1910 ~ 2060	1960 ~ 2230	—
>0. 80 ~ 1. 00	1700 ~ 1950	1700 ~ 1950	1910 ~ 2060	1960 ~ 2230	—
>1. 00 ~ 1. 30	1700 ~ 1850	1700 ~ 1900	1860 ~ 2010	1960 ~ 2230	45
>1. 30 ~ 1. 40	1700 ~ 1850	1670 ~ 1860	1820 ~ 1970	1960 ~ 2230	45
>1. 40 ~ 1. 60	1700 ~ 1850	1670 ~ 1860	1820 ~ 1970	1960 ~ 2210	45
>1. 60 ~ 2. 00	1650 ~ 1800	1620 ~ 1800	1770 ~ 1920	1960 ~ 2260	45
>2. 00 ~ 2. 50	1600 ~ 1750	1620 ~ 1770	1720 ~ 1860	1900 ~ 2060	45
>2. 50 ~ 2. 70	1600 ~ 1750	1620 ~ 1770	1660 ~ 1810	1860 ~ 2010	45
>2. 70 ~ 3. 00	1600 ~ 1750	1620 ~ 1770	1660 ~ 1810	1860 ~ 2010	45

（续）

公称直径/mm	R_m/MPa				Z（%）
	下列各牌号				
	TDC VDC	TDCrV-A VDCrV-A[1]	TDCrV-B VDCrV-B[2]	TDSiCr VDSiCr	≥
>3.00~3.20	1570~1720	1570~1720	1620~1770	1860~2010	45
>3.20~3.50	1550~1700	1570~1720	1620~1770	1860~2010	45
>3.50~4.00	1500~1650	1570~1720	1570~1720	1810~1960	45
>4.00~4.20	1500~1650	1520~1670	1520~1670	1810~1960	45
>4.20~4.50	1500~1650	1520~1670	1520~1670	1810~1960	45
>4.50~4.70	1490~1640	1470~1620	1520~1670	1760~1910	45
>4.70~5.00	1490~1640	1470~1620	1520~1670	1760~1910	45
>5.00~5.60	1470~1620	1470~1620	1470~1620	1760~1910	40
>5.60~6.00	1470~1620	1470~1620	1470~1620	1710~1860	40
>6.00~6.50	1420~1570	1420~1570	1420~1570	1710~1860	40
>6.50~7.00	1420~1570	1420~1570	1420~1570	1660~1810	40
>7.00~8.00	1370~1520	1370~1520	1370~1520	1660~1810	40
>8.00~9.00	1340~1490	1370~1520	1340~1490	1620~1770	35
>9.00~10.00	1340~1490	1370~1520	1340~1490	1620~1770	35

① 直径≤1.60mm 时，可规定其抗拉强度 R_m 下限为 1620MPa。

② 直径≤2.50mm 时，可规定其抗拉强度 R_m 下限为 1660MPa。

2.2.25 钢筋混凝土用钢筋 ［ISO 6935-1、2（2007/2015）］

（1）ISO 标准钢筋混凝土用光圆钢筋 ［ISO 6935-1（2007）］

A）钢筋混凝土用光圆钢筋的牌号与化学成分（表 2-2-125）

表 2-2-125 钢筋混凝土用光圆钢筋的牌号与化学成分（质量分数）（%）

牌 号	C	Si	Mn	P≤	S≤	其 他[2]
B240 A-P[1]				0.060	0.060	
B240 B-P[1]	—	—	—	0.060	0.060	—
B240 C-P[1]				0.060	0.060	
B300 A-P[1]				0.060	0.060	
B300 B-P[1]				0.060	0.060	
B300 C-P[1]				0.060	0.060	
B240 D-P[1]	—	—	—	0.050	0.050	—
B300 D-P[1]				0.050	0.050	
B420 D-P	≤0.30	≤0.55	≤1.50	0.040	0.040	N≤0.012
B420 DWP	≤0.30	≤0.55	≤1.50	0.040	0.040	CE≤0.56

① 根据产品的化学成分，C≤0.25%，Si≤0.60%，Mn≤1.65%。

② 经供需双方商议，允许添加的元素，如 Cr、Mo、Ni、Cu、V、Nb、Ti、Zr 等。

B）钢筋混凝土用光圆钢筋的力学性能（表 2-2-126）

表 2-2-126 钢筋混凝土用光圆钢筋的力学性能

等 级	牌 号	R_{eH}/MPa	R_m/MPa	R_m/R_{eH} ≤	A_5（%） ≥
A	B240 A-P	≥240	（未规定）	1.02	20
	B300 A-P	≥300		1.02	16

（续）

等 级	牌 号	R_{eH}/MPa	R_m/MPa	R_m/R_{eH} ≤	A_5（%） ≥
B	B240 B-P	≥240	（未规定）	1.08	20
B	B300 B-P	≥300		1.08	16
C	B240 C-P	≥240	（未规定）	1.15	20
C	B300 C-P	≥300		1.15	16
D	B240 D-P	≥240	≥520	1.25	22
D	B300 D-P	≥300	≥600	1.25	19
D	B420 D-P	420~540	—	1.25	16
D	B420 DWP	420~540	—	1.25	16

（2）ISO 标准钢筋混凝土用带肋钢筋 ［ISO 6935-2（2015）］

A）钢筋混凝土用带肋钢筋的牌号与化学成分（表2-2-127）

表 2-2-127　钢筋混凝土用带肋钢筋的牌号与化学成分（质量分数）（%）

牌 号	C	Si	Mn	P≤	S≤	其 他[2]
B300 A-R[1]				0.060	0.060	
B300 B-R[1]	—	—	—	0.060	0.060	—
B300 C-R[1]				0.060	0.060	
B400 A-R[1]				0.060	0.060	
B400 B-R[1]	—	—	—	0.060	0.060	—
B400 C-R[1]				0.060	0.060	
B500 A-R[1]				0.060	0.060	
B500 B-R[1]				0.060	0.060	—
B500 C-R[1]				0.060	0.060	
B600 A-R[1]				0.060	0.060	
B600 B-R[1]				0.060	0.060	—
B600 C-R[1]				0.060	0.060	
B400 AWR[1]	≤0.22	≤0.60	≤1.60	0.050	0.050	
B400 BWR[1]	≤0.22	≤0.60	≤1.60	0.050	0.050	
B400 CWR[1]	≤0.22	≤0.60	≤1.60	0.050	0.050	
B500 AWR[1]	≤0.22	≤0.60	≤1.60	0.050	0.050	N≤0.012
B500 BWR[1]	≤0.22	≤0.60	≤1.60	0.050	0.050	CE≤0.50
B500 CWR[1]	≤0.22	≤0.60	≤1.60	0.050	0.050	
B450 AWR[1]	≤0.22			0.050	0.050	
B450 CWR[1]	≤0.22			0.050	0.050	
B300 D-R[1]	—			0.050	0.050	—
B300 DWR	≤0.27	≤0.55	≤1.50	0.040	0.040	N≤0.012 CE≤0.49
B350 DWR	≤0.27	≤0.55	≤1.60	0.040	0.040	N≤0.012 CE≤0.51
B400 DWR	≤0.29	≤0.55	≤1.80	0.040	0.040	N≤0.012
B420 DWR	≤0.30	≤0.55	≤1.50	0.040	0.040	CE≤0.56
B500 DWP	≤0.32	≤0.55	≤1.80	0.040	0.040	N≤0.012 CE≤0.61

① 根据产品的化学成分，C≤0.25%，Si≤0.60%，Mn≤1.65%。

② 经供需双方商议，允许添加的元素，如 Cr、Mo、Ni、Cu、V、Nb、Ti、Zr 等。

B）钢筋混凝土用带肋钢筋的力学性能（表 2-2-128）

表 2-2-128　钢筋混凝土用带肋钢筋的力学性能

等　　级	牌　号	R_{eH}/MPa ≥	R_m/R_{eH} ≤	$A^{①}$（%）≥	$A_{gt}^{①}$ ≥
A	B300 A-R	300	1.02	16	2
	B400 A-R B400 AWR	400	1.02	14	
	B500 A-R B500 AWR	500	1.02	14	
	B600 A-R	600	1.02	10	
	B450 AWR	450	1.05	—	2.5
B	B300 B-R	300	1.08	16	5
	B400 B-R B400 BWR	400	1.08	14	
	B500 B-R B500 BWR	500	1.08	14	
	B600 B-R	600	1.08	10	
C	B300 C-R	300	1.15	16	7
	B400 C-R B400 CWR	400	1.15	14	
	B500 C-R B500 CWR	500	1.15	14	
	B600 C-P	600	1.15	10	
	B450 CWP	450	1.15	—	7.5
D	B300 D-R B300 DWR	$300^{②}$	1.25	$17^{①}$	8
	B350 DWR	$350^{②}$	1.25	$17^{①}$	
	B400 DWR	$400^{②}$	1.25	$17^{①}$	
	B420 DWR	$420^{②}$	1.25	$16^{①}$	
	B500 DWR	$500^{②}$	1.25	$13^{①}$	

① 对于直径大于 32mm 等级 D 的钢筋，需规定下限值。因为直径每增加 3mm，断后伸长率 A 可减少 2%。经供需双方商定选择 A 或 A_{gt}，如未指定，应选 A_{gt}。

② R_{eH} 的最大值为 $1.3R_{eH}$。

2.3　欧洲标准化委员会（欧洲标准）

A. 通用结构用钢

2.3.1　非合金结构钢

（1）EN 欧洲标准结构用非合金钢的钢号与化学成分［EN 10025-2（2019）］（表 2-3-1）

表 2-3-1　结构用非合金钢的钢号与化学成分（质量分数）（%）

钢号	数字代号	脱氧状况^{①}	C ≤（下列厚度/mm）			Si	Mn	$P^{②}$ ≤	$S^{②,③}$ ≤	N ≤	其他^{⑦}
			≤16	>16~40	>40						
结构用非合金钢											
S235JR	1.0038	FN	0.17	0.17	0.20	—	≤1.40	0.035	0.035	0.012	Cu≤0.55
S235J0	1.0114	FN	0.17	0.17	0.17	—	≤1.40	0.030	0.030	0.012	Cu≤0.55

（续）

钢 号	数字代号	脱氧状况[1]	C≤（下列厚度/mm）			Si	Mn	P[2]≤	S[2,3]≤	N≤	其他[7]
			≤16	>16~40	>40						
结构用非合金钢											
S235J2	1.0117	FF	0.17	0.17	0.17	—	≤1.40	0.025	0.025	—	Cu≤0.55
S275JR	1.0044	FN	0.21	0.21	0.22	—	≤1.50	0.035	0.035	0.012	Cu≤0.55
S275J0	1.0143	FN	0.18	0.18	0.18[4]	—	≤1.50	0.030	0.030	0.012	Cu≤0.55
S275J2	1.0145	FF	0.18	0.18	0.18[4]	—	≤1.50	0.025	0.025	—	Cu≤0.55
S355JR	1.0045	FN	0.24	0.24	0.24	≤0.55	≤1.60	0.035	0.035	0.012	Cu≤0.55
S355J0	1.0553	FN	0.20	0.20[5]	0.22	≤0.55	≤1.60	0.030	0.030	0.012	Cu≤0.55
S355J2	1.0577	FF	0.20	0.20[5]	0.22	≤0.55	≤1.60	0.025	0.025	—	Cu≤0.55
S355K2	1.0596	FF	0.20	0.20[5]	0.22	≤0.55	≤1.60	0.025	0.025	—	Cu≤0.55
S460JR[6]	1.0507	FF	0.20	0.20[5]	0.22	≤0.55	≤1.70	0.030	0.030	0.025	Cu≤0.55 Nb≤0.05 V≤0.13 Ti≤0.05
S460J0[6]	1.0538	FF	0.20	0.20[5]	0.22	≤0.55	≤1.70	0.030	0.030	0.025	
S460J2[6]	1.0552	FF	0.20	0.20[5]	0.22	≤0.55	≤1.70	0.030	0.030	0.025	
S460K2[6]	1.0581	FF	0.20	0.20[5]	0.22	≤0.55	≤1.70	0.030	0.030	0.025	
S500J0[6]	1.0502	FF	0.20	0.20	0.22	≤0.55	≤1.70	0.030	0.030	0.025	
工程用非合金钢											
S185	1.0038	—	—	—	—	—	—	—	—	—	—
E295	1.0114	FN	—	—	—	—	—	0.045	0.045	0.012[7]	—
E335	1.0117	FN	—	—	—	—	—	0.045	0.045	0.012[7]	—
E360	1.0044	FN	—	—	—	—	—	0.045	0.045	0.012[7]	—

① 代号：FN—非镇静钢；FF—完全镇静钢。
② 长形钢材的 P、S 含量均可提高 0.005%。
③ 为改善钢的切削加工性能，若通过处理改变硫化物形态和 Ca>0.002% 时，对于长形钢材则 S 含量可提高 0.015%。
④ 公称厚度>150mm 的，C≤0.20%。
⑤ 公称厚度>30mm 的，C≤0.22%。
⑥ 仅用于长形钢材。
⑦ 如果钢中全铝≥0.020% 时，或有其他强氮化物形成元素存在，则表中的 N 含量不适用，将作调整。

（2）EN 欧洲标准非合金钢的碳当量 CE（表 2-3-2）

表 2-3-2　非合金钢的碳当量 CE

钢 号	数字代号	碳当量 CE[1]（%）　　≤				
		下列厚度　/mm				
		≤30	>30~40	>40~150	>150~250	>250~400
S235JR	1.0038	0.35	0.35	0.38	0.40	0.40
S235J0	1.0114					
S235J2	1.0117					
S275JR	1.0044	0.40	0.40	0.42	0.44	0.44
S275J0	1.0143					
S275J2	1.0145					
S335JR	1.0045	0.45	0.47	0.47	0.49	0.49
S355J0	1.0553					
S355J2	1.0577					
S355K2	1.0596					

（续）

钢　号	数字代号	碳当量 CE[①] （%）　≤				
		下列厚度　/mm				
		≤30	>30～40	>40～150	>150～250	>250～400
S460JR[②]	1.0507	0.47	0.49	0.49	—	—
S460J0[②]	1.0538					
S460J2[②]	1.0552					
S460K2[②]	1.0581					
S500J0[②]	1.0502	0.49	0.49	0.49	—	—

① 碳当量 $CE = C + \dfrac{Mn}{6} + \dfrac{Si}{24} + \dfrac{Ni}{40} + \dfrac{Cr}{5} + \dfrac{Mo}{4} + \dfrac{V}{14}$。

② 用于长形钢材，碳当量 CE≤0.54%。

（3）EN 欧洲标准结构用非合金钢的室温力学性能（表 2-3-3 和表 2-3-4）

表 2-3-3　结构用非合金钢的室温力学性能（一）

钢　号	数字代号	$R_{eH}^{①}$/MPa　≥									R_m/MPa				
		下列厚度/mm									下列厚度/mm				
		≤16	>16～40	>40～63	>63～80	>80～100	>100～150	>150～200	>200～250	>250～400	<3	≥3～100	>100～150	>150～250	>250～400
S235JR	1.0038	235	225	215	215	215	195	185	175	165	360～510	360～510	350～500	340～490	330～480
S235J0	1.0114														
S235J2	1.0117														
S275JR	1.0044	275	265	255	245	235	225	215	205	195	430～580	410～560	400～540	380～540	380～540
S275J0	1.0143														
S275J2	1.0145														
S355JR	1.0045	355	345	335	325	315	295	285	275	265	510～680	470～630	450～600	450～600	450～600
S355J0	1.0553														
S355J2	1.0577														
S355K2	1.0596														
S460JR[②]	1.0507	460	440	420	400	390	390	—	—	—		550～720	530～700	—	—
S460J0[②]	1.0538														
S460J2[②]	1.0552														
S460K2[②]	1.0581														
S500J0[②]	1.0502	500	480	460	450	450	450	—	—	—		580～760	550～720	—	—

① 对于宽度≥600mm 的钢板、钢带和宽幅板材，应采用轧制方向的横向制作试样。对于所有的其他产品，试样则采用轧制方向的纵向。

② 仅用于长形钢材。

表 2-3-4　结构用非合金钢的室温力学性能（二）

钢　号	数字代号	试样取向 L—纵向 T—横向	$A^{①}$（%）　≥ $L_0=80mm$ 下列厚度/mm					$A^{①}$（%）　≥ $L_0=5.65\sqrt{S_0}$ 下列厚度/mm					
			≤1	>1~ 1.5	>1.5~ 2	>2~ 2.5	>2.5~ 3	≥3~ 40	>40~ 63	>63~ 100	>100~ 150	>150~ 250	>250~ 400
S235JR	1.0038	L	17	18	19	20	21	26	25	24	22	21	21
S235J0	1.0114	T	15	16	17	18	19	24	23	22	22	21	21
S235J2	1.0117												
S275JR	1.0044	L	15	16	17	18	19	23	22	21	19	18	18
S275J0	1.0143	T	13	14	15	16	17	21	20	19	19	18	18
S275J2	1.0145												
S355JR	1.0045	L	14	15	16	17	18	22	21	20	18	17	17
S355J0	1.0553	T	12	13	14	15	16	20	19	18	18	17	17
S355J2	1.0577												
S355K2	1.0596												
S460JR[②]	1.0507	L	—	—	—	—	—	17	17	17	17	—	—
S460J0[②]	1.0538												
S460J2[②]	1.0552												
S460K2[②]	1.0581												
S500J0[②]	1.0502	L	—	—	—	—	—	15	15	15	15	—	—

① 对于宽度≥600mm 的钢板、钢带和宽幅板材，应采用轧制方向的横向制作试样。对于所有的其他产品，试样则采用轧制方向的纵向。对于热轧花纹板的板材，断后伸长率 A 只适用于基板，不适用于热轧花纹板。
② 仅用于长形钢材。

（4）EN 欧洲标准工程用非合金钢的室温力学性能（表2-3-5 和表2-3-6）

表 2-3-5　工程用非合金钢的室温力学性能（一）

钢　号	数字代号	$R_{eH}^{①}$/MPa　≥ 下列厚度/mm								$R_m^{①}$/MPa 下列厚度/mm			
		≤16	>16~ 40	>40~ 63	>63~ 80	>80~ 100	>100~ 150	>150~ 200	>200~ 250	<3	≥3~ 100	>100~ 150	>150~ 250
S185	1.0038	185	175	175	175	175	165	155	145	310~540	290~510	280~500	270~490
E295[②]	1.0114	295	285	275	265	255	245	235	225	490~660	470~610	450~610	440~610
E335[②]	1.0117	335	325	315	305	295	275	265	255	590~770	570~710	550~710	540~710
E360[②]	1.0044	360	355	345	335	325	305	295	285	690~900	670~830	650~830	640~830

① 对于宽度≥600mm 的钢板、钢带和宽幅板材，应采用轧制方向的横向制作试样。对于所有的其他产品，试样则采用轧制方向的纵向。对于热轧花纹板的板材，断后伸长率只适用于基板，不适用于热轧花纹板。
② 仅用于长形钢材。

表 2-3-6　工程用非合金钢的室温力学性能（二）

钢　号	数字代号	试样取向 L—纵向 T—横向	$A^{①}(\%)\geqslant$ $L_0=80mm$ 下列厚度/mm					$A^{①}(\%)\geqslant$ $L_0=5.65\sqrt{S_0}$ 下列厚度/mm				
			≤1	>1~1.5	>1.5~2	2~2.5	2.5~3	≥3~40	>40~63	>63~100	>100~150	>150~250
S185	1.0038	L	10	11	12	13	14	18	17	16	15	15
		T	8	9	10	11	12	16	15	14	13	13
E295[②]	1.0114	L	12	13	14	15	16	20	19	18	16	15
		T	10	11	12	13	14	18	17	16	15	14
E335[②]	1.0117	L	8	9	10	11	12	16	15	14	12	11
		T	6	7	8	9	10	14	13	12	11	10
E360[②]	1.0044	L	4	5	6	7	8	11	10	9	8	7
		T	3	4	5	6	7	10	9	8	7	6

①、②同表 2-3-5。

2.3.2　细晶粒结构钢

（1）EN 欧洲标准常规轧制的细晶粒结构钢［EN 10025-3（2019）］

A）细晶粒结构钢（常规轧制）的钢号与化学成分（表 2-3-7）

表 2-3-7　细晶粒结构钢（常规轧制）的钢号与化学成分（质量分数）（%）

钢　号[①]	数字代号	C	Si	Mn	P[②] ≤	S[②,③] ≤	Cr[⑤]	Ni	Mo[⑤]	V	其他[④,⑤]
S275 N	1.0490	≤0.18	≤0.40	0.50~1.50	0.030	0.025	0.30	0.30	0.10	0.05	
S275 N L	1.0491	≤0.16	≤0.40	0.50~1.50	0.025	0.020	0.30	0.30	0.10	0.05	
S355 N	1.0545	≤0.20	≤0.50	0.90~1.65	0.030	0.025	0.30	0.30	0.10	0.12	Al_t≥0.020
S355 N L	1.0546	≤0.18	≤0.50	0.90~1.65	0.025	0.020	0.30	0.30	0.10	0.12	Nb≤0.05
S420 N	1.8902	≤0.20	≤0.60	1.00~1.70	0.030	0.025	0.30	0.30	0.10	0.20	Ti≤0.05
S420 N L	1.8912	≤0.20	≤0.60	1.00~1.70	0.025	0.020	0.30	0.30	0.10	0.20	Cu≤0.55
S460 N	1.8901	≤0.20	≤0.60	1.00~1.70	0.030	0.025	0.30	0.30	0.10	0.20	N≤0.015
S460 N L	1.8903	≤0.20	≤0.60	1.00~1.70	0.025	0.020	0.30	0.30	0.10	0.20	

① 钢号后缀字母 N 表示常规轧制。

② 长形钢材的 P、S 含量均可提高 0.005%。

③ 用于铁路的钢材，允许 S 含量≤0.010%。

④ 如果有其他强氮化物形成元素存在时，则表中的全铝含量下限不适用，将作调整。

⑤ Nb+Ti+V≤0.22%，Mo+Cr≤0.30%。

B）细晶粒结构钢（常规轧制）的碳当量 CE（表 2-3-8）

表 2-3-8　细晶粒结构钢（常规轧制）的碳当量 CE

钢　号	数字代号	碳当量 CE(%) ≤ 下列厚度/mm			钢　号	数字代号	碳当量 CE(%) ≤ 下列厚度/mm		
		≤63	>63~100	>100~250			≤63	>63~100	>100~250
S275 N	1.0490	0.40	0.40	0.42	S420 N	1.8902	0.48	0.50	0.52
S275 N L	1.0491	0.40	0.40	0.42	S420 N L	1.8912	0.48	0.50	0.52
S355 N	1.0545	0.43	0.45	0.45	S460 N	1.8901	0.53	0.54	0.55
S355 N L	1.0546	0.43	0.45	0.45	S460 N L	1.8903	0.53	0.54	0.55

C）细晶粒结构钢（常规轧制）的室温力学性能（表 2-3-9 和表 2-3-10）

表 2-3-9 细晶粒结构钢（常规轧制）的室温力学性能（一）

钢 号	数字代号	$R_{eH}^{①}$/MPa ≥ 下列厚度/mm								$R_m^{①}$/MPa ≥ 下列厚度/mm		
		≤16	>16~40	>40~63	>63~80	>80~100	>100~150	>150~200	>200~250	<100	≥100~200	≥200~250
S275 N S275 N L	1.0490 1.0491	275	265	255	245	235	225	215	205	370~510	350~480	350~480
S355 N S355 N L	1.0545 1.0546	355	345	335	325	315	295	285	275	470~630	450~600	450~600
S420 N S420 N L	1.8902 1.8912	420	400	390	370	360	340	330	320	520~680	500~650	500~650
S460 N S460 N L	1.8901 1.8903	460	440	430	410	400	380	370	370	530~720	530~710	510~690

① 对于宽度≥600mm 的钢板、钢带和宽幅板材，应采用轧制方向的横向制作试样。对于所有的其他产品，试样则采用轧制方向的纵向。

表 2-3-10 细晶粒结构钢（常规轧制）的室温力学性能（二）

钢 号	数字代号	$A^{①}$(%) ≥ $L_0=5.65\sqrt{S_0}$ 下列厚度/mm						KV/J ≥ 下列温度/℃						
		≤16	>16~40	>40~63	>63~80	>80~200	>200~250	+20	0	-10	-20	-30	-40	-50
S275 N	1.0490	24	24	24	23	23	23	55	47	43	40	—		
S355 N	1.0545	22	22	22	21	21	21	55	47	43	40	—		
S275 N L	1.0491	24	24	24	23	23	23	63	55	51	47	40	31	27
S355 N L	1.0546	22	22	22	21	21	21	63	55	51	47	40	31	27
S420 N	1.8902	19	19	19	18	18	18	55	47	43	40			
S460 N	1.8901	17	17	17	17	17	16	55	47	43	40			
S420 N L	1.8912	19	19	19	18	18	18	63	55	51	47	40	31	27
S460 N L	1.8903	17	17	17	17	17	16	63	55	51	47	40	31	27

① 同表 2-3-5。

（2）EN 欧洲标准热机械轧制的细晶粒结构钢 [EN 10025-4（2019）]

A）细晶粒结构钢（热机械轧制）的钢号与化学成分（表 2-3-11）

表 2-3-11 细晶粒结构钢（热机械轧制）的钢号与化学成分（质量分数）（%）

钢 号[①]	数字代号	C	Si	Mn	P[②] ≤	S[②,③] ≤	Cr	Ni	Mo	V	其 他[④]
S275 M	1.8818	≤0.13[⑤]	≤0.50	≤1.50	0.025	0.025	≤0.30	≤0.30	≤0.10	≤0.08	Al_t≥0.020 Nb≤0.05 Ti≤0.05 Cu≤0.55 N≤0.015
S275 M L	1.8819		≤0.50	≤1.50	0.025	0.020	≤0.30	≤0.30	≤0.10	≤0.08	
S355 M	1.8823	≤0.14[⑤]	≤0.50	≤1.60	0.025	0.025	≤0.30	≤0.50	≤0.10	≤0.10	
S355 M L	1.8834		≤0.50	≤1.60	0.025	0.020	≤0.30	≤0.50	≤0.10	≤0.10	
S420 M	1.8825	≤0.16[⑥]	≤0.50	≤1.70	0.030	0.025	≤0.30	≤0.80	≤0.20	≤0.12	Al_t≥0.020 Nb≤0.05 Ti≤0.05 Cu≤0.55 N≤0.025
S420 M L	1.8836		≤0.50	≤1.70	0.025	0.020	≤0.30	≤0.80	≤0.20	≤0.12	
S460 M	1.8827	≤0.16[⑥]	≤0.60	≤1.70	0.030	0.025	≤0.30	≤0.80	≤0.20	≤0.12	
S460 M L	1.8838		≤0.60	≤1.70	0.025	0.020	≤0.30	≤0.80	≤0.20	≤0.12	
S500 M	1.8929	≤0.16	≤0.60	≤1.70	0.030	0.025	≤0.30	≤0.80	≤0.20	≤0.12	
S500 M L	1.8939		≤0.60	≤1.70	0.025	0.020	≤0.30	≤0.80	≤0.20	≤0.12	

① 钢号后缀字母 M 表示热机械轧制。
② 长形钢材的 P、S 含量均可提高 0.005%。
③ 用于铁路的钢材，允许 S 含量≤0.010%。
④ 如果有其他强氮化物形成元素存在时，则表中的全铝含量下限不适用，将作调整。
⑤ 长形钢材 S275 级的 C 含量≤0.15%；S355 级的 C 含量≤0.16%。
⑥ 长形钢材 S420 和 S460 级的 C 含量≤0.18%。

B）细晶粒结构钢（热机械轧制）的碳当量 CE（表 2-3-12）

表 2-3-12 细晶粒结构钢（热机械轧制）的碳当量 CE

钢 号	数字代号	CE（%）≤				钢号	数字代号	CE（%）≤			
		下列厚度/mm						下列厚度/mm			
		≤16	>16~40	>40~63	>63~150			≤16	>16~40	>40~63	>63~150
S275 M	1.8818	0.34	0.34	0.35	0.38	S420 M L	1.8836	0.43	0.45	0.46	0.47
S275 M L	1.8819	0.34	0.34	0.35	0.38	S460 M	1.8827	0.45	0.46	0.47	0.48
S355 M	1.8823	0.39	0.39	0.40	0.45	S460 M L	1.8838	0.45	0.46	0.47	0.48
S355 M L	1.8834	0.39	0.39	0.40	0.45	S500 M	1.8929	0.47	0.47	0.47	0.48
S420 M	1.8825	0.43	0.45	0.46	0.47	S500 M L	1.8939	0.47	0.47	0.47	0.48

C）细晶粒结构钢（热机械轧制）的室温力学性能（表 2-3-13）

表 2-3-13 细晶粒结构钢（热机械轧制）的室温力学性能

钢 号	数字代号	$R_{eH}^{①}$/MPa ≥						R_m/MPa ≥					$A^{②}$（%）≥
		下列厚度/mm						下列厚度/mm					$L_0=5.65\sqrt{S_0}$
		≤16	>16~40	>40~63	>63~80	>80~100	>100~150	≤40	>40~63	>63~80	>80~100	>100~150	
S275 M S275 M L	1.8818 1.8819	275	265	255	245	245	240	370~530	360~520	350~510	350~510	350~510	24
S355 M S355 M L	1.8923 1.8934	355	345	335	325	325	320	470~630	450~610	440~600	440~600	435~590	22
S420 M S420 M L	1.8925 1.8936	420	400	390	380	370	365	520~680	500~660	480~640	470~630	460~620	19
S460 M S460 M L	1.8927 1.8938	460	440	430	410	400	385	540~720	530~710	510~690	500~680	490~660	17
S500 M S500 M L	1.8929 1.8939	500	480	460	450	450	450	580~760	580~760	580~760	560~750	560~750	15

① 对于宽度≥600mm 的钢板、钢带和宽幅板材，应采用轧制方向的横向制作试样。对于所有的其他产品，试样则采用轧制方向的纵向。

② 对于厚度 <3mm 的板材，试样标距为 $L_0=80$mm。

D）细晶粒结构钢（热机械轧制）的室温冲击性能（表 2-3-14）

表 2-3-14 细晶粒结构钢（热机械轧制）的室温冲击性能

钢 号	数字代号	试样取向①	KV_2/J ≥						
			下列温度/℃						
			+20	0	-10	-20	-30	-40	-50
S275 M	1.8818	L	55	47	43	40	—	—	—
S355 M	1.8823								
S420 M	1.8925	T	31	27	24	20	—	—	—
S275 M L	1.8819	L	63	55	51	47	40	31	27
S355 M L	1.8834								
S420 M L	1.8934	T	40	34	30	27	23	20	16
S460 M	1.8927	L	55	47	43	40	—	—	—
S500 M	1.8929	T	31	27	24	20	—	—	—
S460 M L	1.8938	L	63	55	51	47	40	31	27
S500 M L	1.8939	T	40	34	30	27	23	20	16

① 试样取向：L—纵向（沿轧制方向）；T—横向（垂直于轧制方向）。

2.3.3　焊接结构用耐候钢

（1）EN 欧洲标准焊接结构用耐候钢的钢号与化学成分［EN 10025-5（2019）］（表 2-3-15）

表 2-3-15　焊接结构用耐候钢的钢号与化学成分（质量分数）（%）

钢　号[①]	数字代号	C	Si	Mn	P[②]	S[②]≤	Cr	Ni[④]≤	Cu	其　他	碳当量CE≤
S235 J0W	1.8960	≤0.13	≤0.40	0.20 ~ 0.60	≤0.035	0.035	0.40 ~ 0.80[⑤]	0.65	0.25 ~ 0.55	N≤0.12[⑥]	0.44
S235 J2W	1.8961	≤0.13	≤0.40	0.20 ~ 0.60	≤0.035	0.030	0.40 ~ 0.80[⑤]	0.65	0.25 ~ 0.55	③，⑥	
S355 J0WP	1.8945	≤0.12	≤0.75	≤1.00	0.06 ~ 0.15	0.035	0.30 ~ 1.25	0.65	0.25 ~ 0.55	N≤0.12[⑥]	
S355 J2WP	1.8946	≤0.12	≤0.75	≤1.00	0.06 ~ 0.15	0.030	0.30 ~ 1.25	0.65	0.25 ~ 0.55	②，⑥	
S355 J0W	1.8959	≤0.16	≤0.50	0.50 ~ 1.50	≤0.035	0.035	0.40 ~ 0.80[⑤]	0.65	0.25 ~ 0.55	N≤0.12[⑥]	
S355 J2W	1.8965	≤0.16	≤0.50	0.50 ~ 1.50	≤0.030	0.030	0.40 ~ 0.80[⑤]	0.65	0.25 ~ 0.55	②，⑥	
S355 K2W	1.8967	≤0.16	≤0.50	0.50 ~ 1.50	≤0.030	0.030	0.40 ~ 0.80[⑤]	0.65	0.25 ~ 0.55	②，⑥	
S355 J4W	1.8787	≤0.16	≤0.50	0.50 ~ 1.50	≤0.030	0.025	0.40 ~ 0.80[⑤]	0.65	0.25 ~ 0.55	②，⑥	
S355 J5W	1.8991	≤0.16	≤0.50	0.50 ~ 1.50	≤0.030	0.025	0.40 ~ 0.80[⑤]	0.65	0.25 ~ 0.55	②，⑥	
S420 J0W	1.8943	≤0.20	≤0.65	0.50 ~ 1.35	≤0.035	0.035	0.40 ~ 0.80[⑤]	0.65	0.25 ~ 0.55	N≤0.12[⑥]	0.52
S420 J2W	1.8949	≤0.20	≤0.65	0.50 ~ 1.35	≤0.030	0.030	0.40 ~ 0.80[⑤]	0.65	0.25 ~ 0.55	N≤0.25[③,⑥]	
S420 K2W	1.8997	≤0.20	≤0.65	0.50 ~ 1.35	≤0.030	0.030	0.40 ~ 0.80[⑤]	0.65	0.25 ~ 0.55	N≤0.25[③,⑥]	
S420 J4W	1.8954	≤0.20	≤0.65	0.50 ~ 1.35	≤0.030	0.025	0.40 ~ 0.80[⑤]	0.65	0.25 ~ 0.55	N≤0.25[③,⑥]	
S420 J5W	1.8992	≤0.20	≤0.65	0.50 ~ 1.35	≤0.030	0.025	0.40 ~ 0.80[⑤]	0.65	0.25 ~ 0.55	N≤0.25[③,⑥]	
S460 J0W	1.8966	≤0.20	≤0.65	0.50 ~ 1.40	≤0.035	0.035	0.40 ~ 0.80[⑤]	0.65	0.25 ~ 0.55	N≤0.12[⑥]	
S460 J2W	1.8980	≤0.20	≤0.65	0.50 ~ 1.40	≤0.030	0.030	0.40 ~ 0.80[⑤]	0.65	0.25 ~ 0.55	N≤0.25[③,⑥]	
S460 K2W	1.8990	≤0.20	≤0.65	0.50 ~ 1.40	≤0.030	0.030	0.40 ~ 0.80[⑤]	0.65	0.25 ~ 0.55	N≤0.25[③,⑥]	
S460 J4W	1.8981	≤0.20	≤0.65	0.50 ~ 1.40	≤0.030	0.025	0.40 ~ 0.80[⑤]	0.65	0.25 ~ 0.55	N≤0.25[③,⑥]	
S460 J5W	1.8993	≤0.20	≤0.65	0.50 ~ 1.40	≤0.030	0.025	0.40 ~ 0.80[⑤]	0.65	0.25 ~ 0.55	N≤0.25[③,⑥]	

① 各钢号的脱氧状况：钢号后缀"J0"的为非镇静钢，其余均为完全镇静钢。

② 对长形钢材，P 和 S 含量可提高 0.005% 。

③ 该钢号至少应含有以下的其中一种元素：Nb 0.015% ~ 0.060% ，V 0.02% ~ 0.12% ，Ti 0.02% ~ 0.10% ，全铝 Al_t ≥ 0.020% 。如果这些元素组合使用，至少有一种元素应保持其含量的最低值。

④ 除含 Ni 元素外，还含有下列元素：Mo 0.30% ，Zr 0.15% 。

⑤ 如果 Si 元素含量 Si≥0.15% ，Cr 元素含量（质量分数，）可以降至 Cr≤0.37% 。

⑥ 如果钢中全铝 Al_t ≥0.020%时，或有其他强氮化物形成元素存在，则表中的氮含量不适用，将作调整。

（2）EN 欧洲标准焊接结构用耐候钢的力学性能（表 2-3-16 和表 2-3-17）

表 2-3-16　焊接结构用耐候钢的力学性能（一）

钢　号EN	数字代号	R_{eH}[①]/MPa ≥						R_m/MPa		
		下列厚度/mm						下列厚度/mm		
		≤16	>16 ~ 40	>40 ~ 63	>63 ~ 80	>80 ~ 100	>100 ~ 150	<3	≥3 ~ <100	≥100 ~ ≤150
S235 J0W	1.8960	235	225	215	215	215	195	360 ~ 510	360 ~ 510	350 ~ 500
S235 J2W	1.8961									
S355 J0WP	1.8945	335	345	—	—	—	—	510 ~ 680	470 ~ 650	—
S355 J2WP	1.8946									

（续）

钢 号 EN	数字代号	$R_{eH}^{①}$/MPa ≥						R_m/MPa		
		下列厚度/mm						下列厚度/mm		
		≤16	>16 ~ 40	>40 ~ 63	>63 ~ 80	>80 ~ 100	>100 ~ 150	<3	≥3 ~ <100	≥100 ~ ≤150
S355 J0W	1.8959									
S355 J2W	1.8965									
S355 K2W	1.8967	355	345	335	325	315	295	510 ~ 680	470 ~ 650	450 ~ 600
S355 J4W	1.8787									
S355 J5W	1.8991									
S420 J0W	1.8943									
S420 J2W	1.8949									
S420 K2W	1.8997	420	400	390	380	370	365	520 ~ 680	500 ~ 660	460 ~ 620
S420 J4W	1.8954									
S420 J5W	1.8992									
S460 J0W	1.8966									
S460 J2W	1.8980									
S460 K2W	1.8990	460	440	430	430	400	385	540 ~ 720	530 ~ 710	490 ~ 660
S460 J4W	1.8981									
S460 J5W	1.8993									

① 对于宽度≥600mm 的板、带材和宽幅板，试样应采用横向（T）轧制方向。对于所有其他产品，试样则采用与轧制方向平行的纵向（L）。

表 2-3-17　焊接结构用耐候钢的室温力学性能（二）

钢 号 EN	数字代号	试样取向 L—纵向 T—横向	$A^{①}$（%）≥ $L_0 = 80mm$			$A^{①}$（%）≥ $L_0 = 5.65\sqrt{S_0}$				KV_2 ≥	
			下列厚度/mm			下列厚度/mm				温度/℃	J
			>1.5 ~ 2	>2 ~ 2.5	>2.5 ~ 3	≥3 ~ 40	>40 ~ 63	>63 ~ 100	>100 ~ 150		
S235 J0W	1.8960	L	19	20	21	26	25	24	22	0	27
S235 J2W	1.8961	T	17	18	19	24	23	22	22	−20	27
S355 J0WP	1.8945	L	16	17	18	22	—	—	—	0	27
S355 J2WP	1.8946	T	14	15	16	20	—	—	—	−20	27
S355 J0W	1.8959									0	27
S355 J2W	1.8965									−20	27
S355 K2W	1.8967	L	16	17	18	22	21	20	18	−20	40
S355 J4W	1.8787	T	14	15	16	20	19	18	18	−40	27
S355 J5W	1.8991									−50	27
S420 J0W	1.8943									0	27
S420 J2W	1.8949									−20	27
S420 K2W	1.8997	L	15	15	15	19	18	17	16	−20	40
S420 J4W	1.8954	T	13	13	13	17	16	15	14	−40	27
S420 J5W	1.8992									−50	27
S460 J0W	1.8966									0	27
S460 J2W	1.8980									−20	27
S460 K2W	1.8990	L	14	14	14	17	16	15	14	−20	40
S460 J4W	1.8981	T	12	12	12	15	14	13	12	−40	27
S460 J5W	1.8993									−50	27

① 对于宽度≥600mm 的板、带材和宽幅板，试样应采用横向（T）轧制方向。对于所有其他产品，试样则采用与轧制方向平行的纵向（L）。

2.3.4　表面硬化结构钢（含渗氮结构钢）

（1）EN 欧洲标准表面硬化结构钢［EN ISO 683-3（2019）］见 2.2.5 节。

（2）EN 欧洲标准渗氮结构钢［EN 10085（2002/2017 确认）］

A）渗氮结构钢的钢号与化学成分（表 2-3-18）

表 2-3-18　渗氮结构钢的钢号与化学成分（质量分数）（%）

钢号	数字代号	C	Si	Mn	P ≤	S ≤	Cr	Mo	Al	其他
24CrMo13-6	1.8516	0.20~0.27	≤0.40	0.40~0.70	0.025	0.035	3.00~3.50	0.50~0.70	—	—
31CrMo12	1.8515	0.28~0.35	≤0.40	0.40~0.70	0.025	0.035	2.80~3.30	0.30~0.50	—	—
32CrAlMo7-10	1.8505	0.28~0.35	≤0.40	0.40~0.70	0.025	0.035	1.50~1.80	0.20~0.40	0.80~1.20	—
31CrMoV9	1.8519	0.27~0.34	≤0.40	0.40~0.70	0.025	0.035	2.30~2.70	0.15~0.25	—	V 0.10~0.20
33CrMoV12-9	1.8522	0.29~0.36	≤0.40	0.40~0.70	0.025	0.035	2.80~3.30	0.70~1.00	—	V 0.15~0.25
34CrAlNi7-10	1.8550	0.30~0.37	≤0.40	0.40~0.70	0.025	0.035	1.50~1.80	0.15~0.25	0.80~1.20	Ni 0.85~1.15
41CrAlMo7-10	1.8509	0.38~0.45	≤0.40	0.40~0.70	0.025	0.035	1.50~1.80	0.20~0.35	0.80~1.20	—
40CrMoV13-9	1.8523	0.36~0.43	≤0.40	0.40~0.70	0.025	0.035	3.00~3.50	0.80~1.10	—	V 0.15~0.25
34CrAlMo5-10	1.8507	0.30~0.37	≤0.40	0.40~0.70	0.025	0.035	1.00~1.30	0.15~0.25	0.80~1.20	—

B）渗氮结构钢的室温力学性能（表 2-3-19 和表 2-3-20）

表 2-3-19　渗氮结构钢的室温力学性能（一）（淬火回火状态）

钢号	数字代号	R_e[①]/MPa ≥				R_m/MPa				淬火回火后 HV[②]	软化退火后 HBW
		下列厚度/mm				下列厚度/mm					
		>16~40	>40~100	>100~160	>160~250	>16~40	>40~100	>100~160	>160~250		
24CrMo13-6	1.8516	800	750	700	650	1000~1200	950~1150	900~1100	850~1050	—	248
31CrMo12	1.8515	835	785	735	675	1030~1230	980~1180	930~1130	880~1080	800	248
32CrAlMo7-10	1.8505	835	835	735	675	1030~1230	980~1180	930~1130	880~1080	—	248
31CrMoV9	1.8519	900	800	700	650	1100~1300	1000~1200	900~1100	850~1050	800	248
33CrMoV12-9	1.8522	950	850	750	700	1150~1350	1050~1250	950~1150	900~1100	—	248
34CrAlNi7-10	1.8550	680	650	600	600	900~1100	850~1050	800~1000	800~1000	950	248
41CrAlMo7-10	1.8509	750	720	670	625	950~1150	900~1100	850~1050	800~1000	950	248
40CrMoV13-9	1.8523	750	720	700	625	950~1150	900~1100	870~1070	800~1000	—	248
34CrAlMo5-10	1.8507	600	600	—	—	800~1000	800~1000	—	—	950	248

① 或采用 $R_{p0.2}$。
② HV 是氮化表面的硬度值，仅供参考。

表 2-3-20　渗氮结构钢的室温力学性能（二）（淬火回火状态）

钢号	数字代号	A(%) ≥				KV[①]/J ≥			
		下列厚度/mm				下列厚度/mm			
		>16~40	>40~100	>100~160	>160~250	>16~40	>40~100	>100~160	>160~250
24CrMo13-6	1.8516	10	11	12	13	25	30	30	30
31CrMo12	1.8515	10	11	12	12	25	30	30	30
32CrAlMo7-10	1.8505	10	10	12	12	25	25	30	30
31CrMoV9	1.8519	9	10	11	12	25	30	35	40

（续）

钢　号	数字代号	A（%）≥				$KV^①$/J ≥			
		下列厚度/mm				下列厚度/mm			
		>16 ~ 40	>40 ~ 100	>100 ~ 160	>160 ~ 250	>16 ~ 40	>40 ~ 100	>100 ~ 160	>160 ~ 250
33CrMoV12-9	1.8522	11	12	12	13	30	35	40	45
34CrAlNi7-10	1.8550	10	12	13	13	30	30	35	35
41CrAlMo7-10	1.8509	11	13	14	15	25	25	30	30
40CrMoV13-9	1.8523	11	13	14	15	25	25	30	30
34CrAlMo5-10	1.8507	14	14	—	—	25	35	—	—

① 室温的冲击性能。

2.3.5　调质结构钢（非合金钢和合金钢）[EN ISO 683-1（2018）和 ISO 683-2（2016）]

见 2.2.6 节和 2.2.7 节。

2.3.6　易切削结构钢 [EN ISO 683-4（2018）]

见 2.2.8 节。

2.3.7　冷镦和冷挤压用钢

（1）EN 欧洲标准非热处理型冷镦和冷挤压用钢 [EN 10263-2（2017）]

（EN 10263-5 标准还包括用于冷镦和冷挤压的不锈钢 19 个牌号，本节从略。）

A）冷镦和冷挤压用钢（非热处理型）的钢号与化学成分（表 2-3-21）

表 2-3-21　冷镦和冷挤压用钢（非热处理型）的钢号与化学成分① （质量分数）（%）

钢　号	数字代号	C	Si	Mn	P ≤	S ≤	其　他②
C2C	1.0314	≤0.03	≤0.10	0.20 ~ 0.40④	0.020	0.025	Al 0.020 ~ 0.060
C4C	1.0303	0.02 ~ 0.06	≤0.10	0.25 ~ 0.40	0.020	0.025	Al 0.020 ~ 0.060
C8C	1.0213	0.06 ~ 0.10	≤0.10	0.25 ~ 0.45	0.020	0.025	Al 0.020 ~ 0.060
C10C	1.0214	0.08 ~ 0.12	≤0.10③	0.30 ~ 0.50	0.025	0.025	Al 0.020 ~ 0.060
C15C	1.0234	0.13 ~ 0.17	≤0.10③	0.35 ~ 0.60	0.025	0.025	Al 0.020 ~ 0.060
C17C	1.0434	0.15 ~ 0.19	≤0.10③	0.65 ~ 0.85	0.025	0.025	Al 0.020 ~ 0.060
C20C	1.0411	0.18 ~ 0.22	≤0.10③	0.70 ~ 0.90④	0.025	0.025	Al 0.020 ~ 0.060
8MnSi7	1.5113	≤0.10	0.90 ~ 1.10	1.60 ~ 1.80	0.025	0.025	Al≤0.020
7MnB8⑤	1.5519⑤	0.06 ~ 0.09	0.15 ~ 0.25	1.85 ~ 1.95	0.015	0.025	Al 0.020 ~ 0.040

① 未经买方同意，不得在钢中有意添加本表中未列明的元素。为了防止从废料或其他材料中混入那些元素，应采取预防措施。但允许一定含量的残余元素存在。

② 铝允许被另一种或具有类似效果的元素所取代。

③ 对于 C10C、C15C、C17C、C20C 等牌号用于热镀锌时，其硅含量可确定为 Si = 0.15% ~ 0.25%，在这种情况下，表 2-3-22 所示的力学性能可能会受到一定影响。

④ 对于 C2C 和 C20C 牌号，需要时可以确定较低的锰含量，Mn ≤0.20%。

⑤ 对于 7MnB8（1.5519）牌号，还可以添加以下元素：Cr≤0.20%，Mo≤0.05%，Ni≤0.25%，V = 0.03% ~ 0.05%，Ti = 0.06% ~ 0.10%，B = 0.0015% ~ 0.0030%。

B）冷镦和冷挤压用钢（非热处理型）的力学性能（表 2-3-22）

表 2-3-22　冷镦和冷挤压用钢（非热处理型）的力学性能

钢号①	直径/mm	交货状态② （产品包括：盘条、棒材、线材和钢丝）											
		U 或 U+PE		AC 或 AC+PE		U+C		U+C+AC		U+C+AC+LC		AC+C	
		R_m/MPa ≤	Z(%) ≥	R_m/MPa ≤	Z(%) ≥	R_m/MPa ≤	Z(%) ≥	R_m/MPa ≤	Z(%) ≥	R_m/MPa ≤	Z(%) ≥	R_m/MPa ≤	Z(%) ≥
C2C (1.0314)	2~5	—	—	—	—	—	—	310	80	350	75	—	—
	5~10	360	75	—	—	450	70	300	80	340	75	—	—
	10~40	360	75	—	—	440	70	300	80	340	75	—	—
	40~100	360	75	—	—	440	68	300	80	340	75	—	—
C4C (1.0303)	2~5	—	—	—	—	—	—	320	77	360	73	—	—
	5~10	390	70	330	75	470	66	310	77	350	73	410	70
	10~40	390	70	330	75	460	66	300	77	350	73	400	70
	40~100	390	70	330	75	—	—	—	—	—	—	—	—
C8C (1.0213)	2~5	—	—	—	—	—	—	350	72	390	68	—	—
	5~10	410	65	360	70	490	63	340	72	380	68	450	65
	10~40	410	65	360	70	480	63	340	72	380	68	440	65
	40~100	410	65	360	70	—	—	—	—	—	—	—	—
C10C (1.0214)	2~5	—	—	—	—	—	—	370	72	410	68	—	—
	5~10	430	60	380	70	520	58	360	72	400	68	470	63
	10~40	430	60	380	70	510	58	360	72	400	68	460	63
	40~100	430	60	380	70	—	—	—	—	—	—	—	—
C15C (1.0234)	2~5	—	—	—	—	—	—	390	70	430	66	—	—
	5~10	460	58	400	68	550	56	380	70	420	66	490	63
	10~40	460	58	400	68	540	56	380	70	420	66	480	63
	40~100	460	58	400	68	—	—	—	—	—	—	—	—
C17C (1.0434)	2~5	—	—	—	—	—	—	430	67	470	63	—	—
	5~10	520	58	440	65	610	56	420	67	460	63	530	60
	10~40	520	58	440	65	600	56	420	67	460	63	520	60
	40~100	520	58	440	65	—	—	—	—	—	—	—	—
C20C (1.0411)	2~5	—	—	—	—	—	—	470	67	510	63	—	—
	5~10	560	55	480	65	650	53	460	67	500	63	570	60
	10~40	560	55	480	65	640	53	460	67	500	63	560	60
	40~100	560	55	480	65	—	—	—	—	—	—	—	—
8MnSi7 (1.5113)	5~10	540	60	—	—	800							
	10~25	520	60	—	—	800							
7MnB8 (1.5519)	5~10	650	60	—	—	800							
	10~40	600	55	—	—	800							
	40~100	600	55	—	—	800							

① 括号内为数字代号。

② 交货状态代号：U—热轧态；PE—去皮；AC—球化处理；C—冷拔；LC—精整。

（2）EN 欧洲标准表面硬化型冷镦和冷挤压用钢［EN 10263-3（2017）］

A）冷镦和冷挤压用钢（表面硬化型）的钢号与化学成分（表 2-3-23）

表 2-3-23　冷镦和冷挤压用钢（表面硬化型）的钢号与化学成分[①]（质量分数）（%）

钢　号	数字代号	C	Si	Mn	P ≤	S ≤	Cr	Ni	Mo	其　他
表面硬化型（非合金钢）[②]										
C10E2C	1.1122	0.08 ~ 0.12	≤0.30	0.30 ~ 0.60	0.025	0.025	—	—	—	Cu≤0.25
C15E2C	1.1132	0.13 ~ 0.17	≤0.30	0.30 ~ 0.60	0.025	0.025	—	—	—	Cu≤0.25
C17E2C	1.1147	0.15 ~ 0.19	≤0.30	0.60 ~ 0.90	0.025	0.025	—	—	—	Cu≤0.25
C20E2C	1.1152	0.18 ~ 0.22	≤0.30	0.30 ~ 0.60	0.025	0.025	—	—	—	Cu≤0.25
表面硬化型（合金钢）[②]										
15B2[③]	1.5501	0.13 ~ 0.16	≤0.30	0.60 ~ 0.90	0.025	0.025	—	—	—	Cu≤0.25
18B2[③]	1.5503	0.16 ~ 0.20	≤0.30	0.60 ~ 0.90	0.025	0.025	—	—	—	Cu≤0.25
18MnB4[③]	1.5521	0.16 ~ 0.20	≤0.30	0.90 ~ 1.20	0.025	0.025	—	—	—	Cu≤0.25
22MnB4[③]	1.5522	0.20 ~ 0.24	≤0.30	0.90 ~ 1.20	0.025	0.025	—	—	—	Cu≤0.25
17Cr3	1.7016	0.14 ~ 0.20	≤0.30	0.60 ~ 0.90	0.025	0.025	0.70 ~ 1.00	—	—	Cu≤0.25
17CrS3	1.7014	0.14 ~ 0.20	≤0.30	0.60 ~ 0.90	0.025	0.020 ~ 0.040	0.70 ~ 1.00	—	—	Cu≤0.25
16MnCr5	1.7131	0.14 ~ 0.19	≤0.30	1.00 ~ 1.30	0.025	0.025	0.80 ~ 1.10	—	—	Cu≤0.25
16MnCrS5	1.7139	0.14 ~ 0.19	≤0.30	1.00 ~ 1.30	0.025	0.020 ~ 0.040	0.80 ~ 1.10	—	—	Cu≤0.25
16MnCrB5[③]	1.7169	0.14 ~ 0.19	≤0.30	1.00 ~ 1.30	0.025	0.025	0.80 ~ 1.10	—	—	Cu≤0.25
20MnCrS5	1.7149	0.17 ~ 0.22	≤0.30	1.10 ~ 1.40	0.025	0.020 ~ 0.040	1.00 ~ 1.30	—	—	Cu≤0.25
12CrMo4	1.7201	0.10 ~ 0.15	≤0.30	0.60 ~ 0.90	0.025	0.025	0.90 ~ 1.20	—	0.15 ~ 0.25	Cu≤0.25
18CrMo4	1.7243	0.15 ~ 0.21	≤0.30	0.60 ~ 0.90	0.025	0.025	0.90 ~ 1.20	—	0.15 ~ 0.25	Cu≤0.25
18CrMoS4	1.7244	0.15 ~ 0.21	≤0.30	0.60 ~ 0.90	0.025	0.020 ~ 0.040	0.90 ~ 1.20	—	0.15 ~ 0.25	Cu≤0.25
20MoCr4	1.7321	0.17 ~ 0.23	≤0.30	0.70 ~ 1.00	0.025	0.025	0.30 ~ 0.60	—	0.40 ~ 0.50	Cu≤0.25
20MoCrS4	1.7323	0.17 ~ 0.23	≤0.30	0.70 ~ 1.00	0.025	0.020 ~ 0.040	0.30 ~ 0.60	—	0.40 ~ 0.50	Cu≤0.25
10NiCr5-4	1.5805	0.07 ~ 0.12	≤0.30	0.90 ~ 1.20	0.025	0.025	0.90 ~ 1.20	1.20 ~ 1.50	—	Cu≤0.25
12NiCr3-2	1.5701	0.09 ~ 0.15	≤0.30	0.30 ~ 0.60	0.025	0.025	0.40 ~ 0.70	0.50 ~ 0.80	—	Cu≤0.25
17NiCr6-6	1.5918	0.14 ~ 0.20	≤0.30	0.50 ~ 0.90	0.025	0.025	1.40 ~ 1.70	1.40 ~ 1.70	—	Cu≤0.25
20NiCrMo2-2	1.6523	0.17 ~ 0.23	≤0.30	0.65 ~ 0.95	0.025	0.025	0.35 ~ 0.70	0.40 ~ 0.70	0.15 ~ 0.25	Cu≤0.25
20NiCrMoS2-2	1.6526	0.17 ~ 0.23	≤0.30	0.65 ~ 0.95	0.025	0.020 ~ 0.040	0.35 ~ 0.70	0.40 ~ 0.70	0.15 ~ 0.25	Cu≤0.25
20NiCrMoS6-4	1.6571	0.16 ~ 0.23	≤0.30	0.50 ~ 0.90	0.025	0.020 ~ 0.040	0.60 ~ 0.90	1.40 ~ 1.70	0.25 ~ 0.35	Cu≤0.25

① 未经买方同意，不得在钢中有意添加本表中未列明的元素。为了防止从废料或其他材料中混入那些元素，应采取预防措施。但允许一定含量的残余元素存在。

② 为了提高冷镦的性能，可以加入铝：0.020% ~ 0.050%。

③ 15B2、18B2、18MnB4、22MnB4、16MnCrB5 的硼元素含量为 B = 0.0008% ~ 0.005%。

B）冷镦和冷挤压用钢（表面硬化型）的力学性能（表 2-3-24 ~ 表 2-3-26）

表 2-3-24　冷镦和冷挤压用钢的力学性能（表面硬化型，非合金钢）

钢号①	直径/mm	交货状态②（产品包括：盘条、棒材、线材和钢丝）											
		U 或 U+PE		AC 或 AC+PE		U+C		U+C+AC		U+C+AC+LC		AC+C	
		R_m/MPa ≤	Z(%) ≥	R_m/MPa ≤	Z(%) ≥	R_m/MPa ≤	Z(%) ≥	R_m/MPa ≤	Z(%) ≥	R_m/MPa ≤	Z(%) ≥	R_m/MPa ≤	Z(%) ≥
C10E2C (1.1122)	2~5	—	—	—	—	—	—	390	67	430	65	—	—
	5~10	450	58	400	65	540	56	380	67	420	65	490	62
	10~40	450	58	400	65	530	56	380	67	420	65	480	62
	40~100	450	58	400	65	—	—	—	—	—	—	—	—
C15E2C (1.1132)	2~5	—	—	—	—	—	—	420	67	460	65	—	—
	5~10	480	58	430	65	570	56	410	67	450	65	520	62
	10~40	480	58	430	65	560	56	410	67	450	65	510	62
	40~100	480	58	430	65	—	—	—	—	—	—	—	—
C17E2C (1.1147)	2~5	—	—	—	—	—	—	440	67	480	65	—	—
	5~10	530	58	450	65	630	56	430	67	470	65	550	62
	10~40	530	58	450	65	620	56	430	67	470	65	540	62
	40~100	530	58	450	65	—	—	—	—	—	—	—	—
C20E2C (1.1152)	2~5	—	—	—	—	—	—	460	67	500	65	—	—
	5~10	530	58	470	65	640	56	450	67	490	65	580	62
	10~40	530	58	470	65	630	56	450	67	490	65	570	62
	40~100	530	58	470	65	—	—	—	—	—	—	—	—

① 括号内为数字代号。
② 交货状态代号：U—热轧态；PE—去皮；AC—球化处理；C—冷拔；LC—精整。

表 2-3-25　冷镦和冷挤压用钢的力学性能（表面硬化型，含硼合金钢）

钢号①	直径/mm	交货状态②（产品包括：盘条、棒材、线材和钢丝）											
		U		AC 或 AC+PE		U+C		U+C+AC		U+C+AC+LC		AC+C	
		R_m/MPa ≤	Z(%) ≥	R_m/MPa ≤	Z(%) ≥	R_m/MPa ≤	Z(%) ≥	R_m/MPa ≤	Z(%) ≥	R_m/MPa ≤	Z(%) ≥	R_m/MPa ≤	Z(%) ≥
15B2 (1.5501)	2~5	—	—	—	—	—	—	440	67	480	65	—	—
	5~10	500	58	450	65	590	56	430	67	470	65	540	62
	10~40	500	58	450	65	580	56	430	67	470	65	530	62
18B2 (1.5503)	2~5	—	—	—	—	—	—	450	67	490	65	—	—
	5~10	520	58	460	64	610	56	440	67	480	65	550	62
	10~40	520	58	460	64	600	56	440	67	480	65	540	62
18MnB4 (1.5521)	2~5	—	—	—	—	—	—	500	64	540	62	—	—
	5~10	580	55	500	64	680	53	480	64	520	62	600	59
	10~40	580	55	500	64	670	53	480	64	520	62	590	59
22MnB4 (1.5522)	2~5	—	—	—	—	—	—	520	64	560	62	—	—
	5~10	600	55	520	62	720	53	500	64	540	62	630	59
	10~40	600	55	520	62	710	53	500	64	540	62	620	59

① 括号内为数字代号。
② 交货状态代号：U—热轧态；PE—去皮；AC—球化处理；C—冷拔；LC—精整。

表 2-3-26 冷镦和冷挤压用钢的力学性能（表面硬化型，合金钢）

钢 号	数字代号	直径/mm	交货状态① （产品包括：盘条、棒材、线材和钢丝）								
			AC			U+C+AC		U+C+AC+LC		AC+C	
			R_m/MPa ≤	Z(%) ≥	FP HBW	R_m/MPa ≤	Z(%) ≥	R_m/MPa ≤	Z(%) ≥	R_m/MPa ≤	Z(%) ≥
17Cr3 17CrS3	1.7016 1.7014	2~5	—	—	—	520	62	560	60	—	—
		5~10	520	60	140~187	500	62	540	60	630	57
		10~40	520	60	140~187	500	62	540	60	620	57
16MnCr5 16MnCrS5 16MnCrB5	1.7131 1.7139 1.7160	2~5	—	—	—	550	64	590	62	—	—
		5~10	550	62	140~187	530	64	570	62	660	59
		10~40	550	62	140~187	530	64	570	62	650	59
20MnCrS5	1.7149	2~5	—	—	—	570	62	610	60	—	—
		5~10	570	60	152~201	550	62	590	60	680	57
		10~40	570	60	152~201	550	62	590	60	670	57
12CrMo4	1.7201	2~5	—	—	—	500	—	—	—	—	—
		5~10	500	62	135~185	480	64	520	62	—	—
		10~40	500	62	135~185	480	64	520	62	—	—
18CrMo4 18CrMoS4	1.7243 1.7244	2~5	—	—	—	550	62	590	60	—	—
		5~10	550	60	140~187	530	62	570	60	660	57
		10~40	550	60	140~187	530	62	570	60	650	57
20MoCr4 20MoCr4	1.7321 1.7323	2~5	—	—	—	560	62	600	60	—	—
		5~10	560	60	140~187	540	62	580	60	670	57
		10~40	560	60	140~187	540	62	580	60	660	57
10NiCr5-4	1.5801	2~5	—	—	—	520	64	560	62	—	—
		5~10	520	62	137~187	500	64	540	62	640	59
		10~40	520	62	137~187	500	64	540	62	350	59
12NiCr3-2	1.5701	2~5	—	—	—	500	64	540	62	—	—
		5~10	500	62	130~180	480	64	520	62	620	59
		10~40	500	62	130~180	480	64	520	62	610	59
17NiCr6-6	1.5918	2~5	—	—	—	600	62	640	60	—	—
		5~10	600	60	156~207	580	62	620	60	720	57
		10~40	600	60	156~207	580	62	620	60	710	57
20NiCrMo2-2 20NiCrMoS2-2	1.6523 1.6526	2~5	—	—	—	590	62	630	60	—	—
		5~10	590	60	149~194	570	62	610	60	720	57
		10~40	590	60	149~194	570	62	610	60	710	57
20NiCrMoS6-4	1.6571	2~5	—	—	—	610	60	650	58	—	—
		5~10	610	58	149~201	590	60	630	58	730	55
		10~40	610	58	149~201	590	60	630	58	720	55

① 交货状态代号：U—热轧态；AC—球化处理；FP—铁素体-珠光体组织及硬度；C—冷拔；LC—精整。

（3）EN 欧洲标准调质型冷镦和冷挤压用钢［EN 10263-4（2017）］

A）冷镦和冷挤压用钢（调质型）的钢号与化学成分（表2-3-27）

表 2-3-27　冷镦和冷挤压用钢（调质型）的钢号与化学成分[①]（质量分数）（%）

钢　号	数字代号	C[②]	Si[③]	Mn	P ≤	S ≤	Cr	Ni	Mo	其　他
调质型非合金钢[④]										
C35EC	1.1172	0.32~0.39	≤0.30	0.50~0.80	0.025	0.025	—	—	—	Cu≤0.25
C35RC	1.1060	0.32~0.39	≤0.30	0.50~0.80	0.025	0.020~0.035	—	—	—	Cu≤0.25
C45EC	1.1192	0.42~0.50	≤0.30	0.50~0.80	0.025	0.025	—	—	—	Cu≤0.25
C45RC	1.1061	0.42~0.50	≤0.30	0.50~0.80	0.025	0.020~0.035	—	—	—	Cu≤0.25
调质型合金钢[④]										
37Mo2	1.5418	0.35~0.40	≤0.30	0.60~0.90	0.025	0.025	—	—	0.20~0.30	Cu≤0.25
38Cr2	1.7003	0.35~0.42	≤0.30	0.50~0.80	0.025	0.025	0.40~0.60	—	—	Cu≤0.25
46Cr2	1.7006	0.42~0.50	≤0.30	0.50~0.80	0.025	0.025	0.40~0.60	—	—	Cu≤0.25
34Cr4	1.7033	0.30~0.37	≤0.30	0.60~0.90	0.025	0.025	0.90~1.20	—	—	Cu≤0.25
37Cr4	1.7034	0.34~0.41	≤0.30	0.60~0.90	0.025	0.025	0.90~1.20	—	—	Cu≤0.25
41Cr4	1.7035	0.38~0.45	≤0.30	0.60~0.90	0.025	0.025	0.90~1.20	—	—	Cu≤0.25
41CrS4	1.7039	0.38~0.45	≤0.30	0.60~0.90	0.025	0.020~0.040	0.90~1.20	—	—	Cu≤0.25
25CrMo4	1.7218	0.22~0.29	≤0.30	0.60~0.90	0.025	0.025	0.90~1.20	—	0.15~0.30	Cu≤0.25
25CrMoS4	1.7213	0.22~0.29	≤0.30	0.60~0.90	0.025	0.020~0.040	0.90~1.20	—	0.15~0.30	Cu≤0.25
34CrMo4	1.7220	0.30~0.37	≤0.30	0.60~0.90	0.025	0.025	0.90~1.20	—	0.15~0.30	Cu≤0.25
37CrMo4	1.7202	0.35~0.40	≤0.30	0.60~0.90	0.025	0.025	0.90~1.20	—	0.15~0.30	Cu≤0.25
42CrMo4	1.7225	0.38~0.45	≤0.30	0.60~0.90	0.025	0.025	0.90~1.20	—	0.15~0.30	Cu≤0.25
42CrMoS4	1.7227	0.38~0.45	≤0.30	0.60~0.90	0.025	0.020~0.040	0.90~1.20	—	0.15~0.30	Cu≤0.25
34CrNiMo6	1.6582	0.30~0.38	≤0.30	0.50~0.80	0.025	0.025	1.30~1.70	1.30~1.70	0.15~0.30	Cu≤0.25
41CrNiMo7-3-2	1.6563	0.38~0.44	≤0.30	0.60~0.90	0.025	0.025	0.70~0.90	1.65~2.00	0.15~0.30	Cu≤0.25
调质型含硼合金钢[⑤]										
17B2	1.5502	0.15~0.20	≤0.30	0.60~0.90	0.025	0.025	≤0.30	—	—	Cu≤0.25
23B2	1.5508	0.20~0.25	≤0.30	0.60~0.90	0.025	0.025	≤0.30	—	—	Cu≤0.25
28B2	1.5510	0.25~0.30	≤0.30	0.60~0.90	0.025	0.025	≤0.30	—	—	Cu≤0.25
33B2	1.5514	0.30~0.35	≤0.30	0.60~0.90	0.025	0.025	≤0.30	—	—	Cu≤0.25
38B2	1.5515	0.35~0.40	≤0.30	0.60~0.90	0.025	0.025	≤0.30	—	—	Cu≤0.25
17MnB4	1.5520	0.15~0.20	≤0.30	0.90~1.20	0.025	0.025	≤0.30	—	—	Cu≤0.25
23MnB3	1.5507	0.21~0.25	≤0.15	0.80~1.00	0.015	0.015	0.25~0.35	—	—	Cu≤0.25
20MnB4	1.5525	0.18~0.23	≤0.30	0.90~1.20	0.025	0.025	≤0.30	—	—	Cu≤0.25
23MnB4	1.5535	0.20~0.25	≤0.30	0.90~1.20	0.025	0.025	≤0.30	—	—	Cu≤0.25
27MnB4	1.5536	0.25~0.30	0.15~0.30	0.90~1.20	0.025	0.025	≤0.30	—	—	Cu≤0.25
30MnB4	1.5526	0.27~0.32	≤0.30	0.80~1.10	0.025	0.025	≤0.30	—	—	Cu≤0.25
36MnB4	1.5537	0.33~0.38	≤0.30	0.80~1.10	0.025	0.025	≤0.30	—	—	Cu≤0.25
37MnB5	1.5538	0.35~0.40	≤0.30	1.15~1.45	0.025	0.025	≤0.30	—	—	Cu≤0.25
30MoB1	1.5408	0.28~0.32	≤0.30	0.80~1.00	0.025	0.025	≤0.30	—	0.08~0.12	Cu≤0.25
32CrB4	1.7076	0.30~0.34	≤0.30	0.60~0.90	0.025	0.025	0.90~1.20	—	—	Cu≤0.25
36CrB4	1.7077	0.34~0.38	≤0.30	0.70~1.00	0.025	0.025	0.90~1.20	—	—	Cu≤0.25
31CrMoB2-1	1.7272	0.28~0.33	≤0.30	0.90~1.20	0.025	0.025	0.40~0.55	—	0.10~0.15	Cu≤0.25

① 未经买方同意，不得在钢中有意添加本表中未列明的元素。为了防止从废料或其他材料中混入那些元素，应采取预防措施。但允许一定含量的残余元素存在。

② 如有需要，碳含量的上下限变化范围可以控制为 4 个百分点（C=0.04%）。例如由 0.33%~0.37%。

③ 如有需要，可以商定较低的硅含量，但应考虑该元素对性能的某些影响，如对淬硬性的影响。

④ 为了提高冷镦的性能，可以加入铝：Al=0.020%~0.050%。

⑤ 调质型含硼合金钢的硼含量为 B=0.0008%~0.0050%。

B）标准调质型冷镦和冷挤压用钢的力学性能（表2-3-28～表2-3-30）

表2-3-28 冷镦和冷挤压用钢的力学性能（调质型，非合金钢）

钢号	数字代号	直径/mm	交货状态①（产品包括：盘条、棒材、线材和钢丝）							
			AC 或 AC + PE		U + C + AC		U + C + AC + LC		AC + C	
			R_m/MPa ≤	Z（%）≥	R_m/MPa ≤	Z（%）≥	R_m/MPa ≤	Z（%）≥	R_m/MPa ≤	Z（%）≥
C35EC C35RC	1.1172 1.1060	2~5	—	—	550	62	590	60	—	—
		5~10	560	60	540	62	580	60	670	—
		10~40	560	60	540	62	580	60	660	—
C45EC C45RC	1.1192 1.1061	2~5	—	—	590	62	630	60	—	—
		5~10	600	60	580	62	620	60	720	—
		10~40	600	60	580	62	620	60	710	—

① 交货状态代号：AC—球化处理；PE—去皮；U—热轧态；C—冷拔；LC—精整。

表2-3-29 冷镦和冷挤压用钢的力学性能（调质型，合金型）

钢号	数字代号	直径/mm	交货状态①（产品包括：盘条、棒材、线材和钢丝）					
			AC 或 AC + PE		AC + C + AC		AC + C + AC + LC	
			R_m/MPa ≤	Z（%）≥	R_m/MPa ≤	Z（%）≥	R_m/MPa ≤	Z（%）≥
37Mo2	1.5418	2~5	—	—	560	61	600	59
		5~40	570	59	550	61	590	59
38Cr2	1.7003	2~5	—	—	590	62	630	60
		5~40	600	60	580	62	620	60
46Cr2	1.7006	2~5	—	—	610	60	650	58
		5~40	620	58	600	60	640	58
34Cr4	1.7033	2~5	—	—	570	64	610	62
		5~40	580	62	560	64	600	62
37Cr4	1.7034	2~5	—	—	580	62	620	60
		5~40	590	60	570	62	610	60
41Cr4 41CrS4	1.7035 1.7039	2~5	—	—	610	60	650	58
		5~40	620	58	600	60	640	58
25CrMo4 25CrMoS4	1.7218 1.7213	2~5	—	—	570	62	610	60
		5~40	580	60	560	62	600	60
34CrMo4	1.7220	2~5	—	—	590	62	630	60
		5~40	600	60	580	62	620	60
37CrMo4	1.7202	2~5	—	—	610	62	650	60
		5~40	620	60	600	62	640	60
42CrMo4 42CrMoS4	1.7225 1.7227	2~5	—	—	620	60	660	58
		5~40	630	58	610	60	650	58
34CrNiMo6	1.6582	2~5	—	—	710	60	750	58
		5~40	720	58	700	60	740	58
41CrNiMo7-3-2	1.6563	2~5	—	—	710	60	750	58
		5~40	720	58	700	60	740	58

① 交货状态代号：AC—球化处理；PE—去皮；C—冷拔；LC—精整。

表 2-3-30　冷镦和冷挤压用钢的力学性能（调质型，含硼合金钢）

钢　号	数字代号	直径/mm	交货状态① （产品包括：盘条、棒材、线材和钢丝）												
			U 或 U+PE		AC 或 AC+PE		U+C		U+C+AC		U+C+AC+LC		AC+C	
			R_m/MPa	Z(%)	R_m/MPa	Z(%)	R_m/MPa	Z(%)	R_m/MPa	Z(%)	R_m/MPa	Z(%)	R_m/MPa	Z(%)
			≤	≥	≤	≥	≤	≥	≤	≥	≤	≥	≤	≥
17B2	1.5502	2~5	—	—	—	—	—	—	450	70	490	68	—	—
		5~10	540	60	460	68	630	55	440	70	480	68	550	63
		10~25	540	60	460	68	620	55	440	70	480	68	540	63
23B2	1.5508	2~5	—	—	—	—	—	—	480	68	520	66	—	—
		5~10	600	60	490	66	690	55	470	68	510	66	580	61
		10~25	600	60	490	66	680	55	470	68	510	66	570	61
28B2	1.5510	2~5	—	—	—	—	—	—	510	66	550	64	—	—
		5~10	630	60	520	64	720	55	500	66	540	64	610	59
		10~25	630	60	520	64	710	55	500	66	540	64	600	59
17MnB4	1.5520	2~5	—	—	—	—	—	—	470	69	510	—	—	—
		5~10	570	60	480	67	660	55	460	69	500	67	570	62
		10~25	570	60	480	67	650	55	460	69	500	67	560	62
23MnB3	1.5507	2~5	—	—	—	—	—	—	510	66	550	64	—	—
		5~10	600	60	520	64	700	55	500	66	540	64	620	59
		10~25	600	60	520	64	690	55	500	66	540	64	610	59
20MnB4	1.5525	2~5	—	—	—	—	—	—	490	68	530	68	—	—
		5~10	580	60	500	66	680	55	480	68	520	68	600	61
		10~25	580	60	500	66	670	55	480	68	520	68	590	61
23MnB4	1.5535	2~5	—	—	—	—	—	—	510	66	550	64	—	—
		5~10	600	60	520	64	700	55	500	66	540	64	620	59
		10~25	600	60	520	64	690	55	500	66	540	64	610	59
27MnB4	1.5526	2~5	—	—	—	—	—	—	530	65	570	63	—	—
		5~40	—	—	540	63	—	—	520	65	560	63	640	58
30MnB4	1.5526	2~5	—	—	—	—	—	—	560	65	600	63	—	—
		5~40	—	—	570	63	—	—	550	65	590	63	670	58
36MnB4	1.5537	2~5	—	—	—	—	—	—	590	64	630	62	—	—
		5~40	—	—	600	62	—	—	580	64	620	62	700	57
37MnB5	1.5538	2~5	—	—	—	—	—	—	610	64	650	62	—	—
		5~40	—	—	620	62	—	—	600	64	640	62	720	57
30MoB1	1.5408	2~5	—	—	—	—	—	—	530	64	570	62	—	—
		5~40	—	—	530	62	720	53	510	64	550	62	630	57
32CrB4	1.7076	2~5	—	—	—	—	—	—	550	64	590	62	—	—
		5~40	—	—	550	62	—	—	530	64	570	62	670	57
36CrB4	1.7077	2~5	—	—	—	—	—	—	570	63	610	61	—	—
		5~40	—	—	570	61	—	—	550	63	590	61	690	56
31CrMoB2-1	1.7272	2~5	—	—	—	—	—	—	570	63	610	61	—	—
		5~40	—	—	570	61	—	—	550	63	590	61	690	56

① 见表 2-3-28。

2.3.8 弹簧钢和轴承钢 ［ISO 683-14（2004）］［EN ISO 683-17（2014）］

见 2.2.10 节。

B. 专业用钢和优良品种

2.3.9 固定海上作业平台用可焊接结构钢板材 ［EN 10225-1（2019）］

（1）EN 欧洲标准固定海上作业平台用可焊接结构钢板材的钢号与化学成分（表 2-3-31）

表 2-3-31　固定海上作业平台用可焊接结构钢板材的钢号与化学成分（质量分数）（%）

钢号[①,②]	数字代号	C	Si	Mn	P ≤	S ≤	Cr	Ni	Mo	Al[③]	其他
常规轧制钢板											
S355N LO (S355G7+N S355G9+N)	1.8808 (1.8808+N 1.8811+N)	≤0.14	0.15~0.55	1.00~1.65	0.020	0.010	≤0.25	≤0.70	≤0.08	0.015~0.055	V≤0.060, Nb≤0.050[④] Ti≤0.025, Cu≤0.30 N≤0.010
热机械轧制钢板											
S355M LO (S355G7+M S355G9+M)	1.8811 (1.8808+M 1.8811+M)	≤0.14	≤0.55	1.00~1.65	0.020	0.010	≤0.25	≤0.70	≤0.08	0.015~0.055	V≤0.060, Nb≤0.050[④] Ti≤0.025, Cu≤0.30 N≤0.010
S420M LO (S420G1+M)	1.8830 (1.8830+M)	≤0.14	≤0.55	≤1.65	0.020	0.010	≤0.25	≤0.70	≤0.25	0.015~0.055	V≤0.080, Nb≤0.050[⑤] Ti≤0.025, Cu≤0.30 N≤0.010
S460M LO (S460G1+M)	1.8878 (1.8878+M)	≤0.14	≤0.55	≤1.70	0.020	0.010	≤0.25	≤0.70	≤0.25	0.015~0.055	V≤0.080, Nb≤0.050[⑥] Ti≤0.025, Cu≤0.30 N≤0.010
S500M LO	1.8660	≤0.14	≤0.55	≤2.00	0.020	0.010	≤0.30	≤1.00	≤0.25	0.015~0.055	V≤0.080, Nb≤0.050[⑥] Ti≤0.025, Cu≤0.30 N≤0.010
调质处理钢板											
S420Q LO (S420G1+QT)	1.8666 (1.8830+QT)	≤0.14	≤0.55	≤1.65	0.020	0.010	≤0.25	≤0.70	≤0.25	0.015~0.055	V≤0.080, Nb≤0.050[⑤] Ti≤0.025, Cu≤0.30 N≤0.010
S460Q LO (S460G1+QT)	1.8667 (1.8878+QT)	≤0.14	≤0.55	≤1.70	0.020	0.010	≤0.25	≤0.70	≤0.25	0.015~0.055	V≤0.080, Nb≤0.050[⑥] Ti≤0.025, Cu≤0.30 N≤0.010
S500Q LO	1.8661	≤0.14	≤0.55	≤1.70	0.020	0.010	≤0.30	≤1.00	≤0.25	0.015~0.055	V≤0.080, Nb≤0.050[⑥] Ti≤0.025, Cu≤0.40 N≤0.010
S550Q LO	1.8662	≤0.16	≤0.55	≤1.70	0.015	0.005	≤0.40	≤1.00	≤0.60	0.015~0.10	
S620Q LO	1.8663	≤0.20	≤0.55	≤1.70	0.015	0.005	≤1.00	≤2.00	≤0.60	0.015~0.10	V≤0.080, Nb≤0.050[⑥] Ti≤0.025, Cu≤0.40 N≤0.010
S690Q LO	1.8664	≤0.20	≤0.55	≤1.70	0.015	0.005	≤1.00	≤2.00	≤0.60	0.015~0.10	

① 括号内为旧牌号。
② 钢中下列元素的残留含量：As≤0.030%，Sb≤0.010%，Sn≤0.020%，Pb≤0.010%，Bi≤0.010%，Ca≤0.005%，B≤0.0008%。
③ 当钢中铝（全铝）氮比 $Al_t/N \geq 2:1$，如果加入其他固定 N 的元素，则此 Al_t/N 比以及 Al 含量的下限值均不适用。
④ 规定 Nb+V ≤0.06%，Nb+V+Ti≤0.08%。
⑤ 规定 Nb+V ≤0.09%，Nb+V+Ti≤0.11%。
⑥ 规定 Nb+V ≤0.12%，Nb+V+Ti≤0.13%。

（2）EN 欧洲标准固定海上作业平台用可焊接结构钢板材的碳当量（表 2-3-32）

表 2-3-32　固定海上作业平台用可焊接结构钢板材的碳当量

钢　号	数字代号	CE(%) ≤ 下列厚度/mm		钢　号	数字代号	CE(%) ≤ 下列厚度/mm	
		≤75	>75~120			≤100	>100~150
S355N LO	1.8808	0.43	0.43	S420Q LO	1.8666	0.42	0.42
S355M LO	1.8811	0.39	0.40	S460Q LO	1.8667	0.43	0.43
S420M LO	1.8830	0.42	0.42	S500Q LO	1.8661	0.44	—
S460M LO	1.8878	0.43	0.43	S550Q LO	1.8662	0.47	0.55
S500M LO	1.8660	0.47	0.47	S620Q LO	1.8663	0.65	0.75
				S690Q LO	1.8664	0.65	0.75

（3）EN 欧洲标准固定海上作业平台用可焊接结构钢板材（常规轧制钢板）的力学性能（表 2-3-33 和表 2-3-34）

表 2-3-33　固定海上作业平台用可焊接结构钢板材（常规轧制钢板）的力学性能（一）

钢　号 EN	数字代号	R_{eH}/MPa ≥ 下列厚度/mm						
		≤16	>16~25	>25~40	>40~63	>63~100	>100~150	≥150~200
S355N LO (S355G7+N S355G9+N)	1.8808 (1.8808+N 1.8811+N)	355	355	345	335	325	320	300

表 2-3-34　固定海上作业平台用可焊接结构钢板材（常规轧制钢板）的力学性能（二）

钢　号 EN	数字代号	R_m/MPa 下列厚度/mm			R_e/R_m	$A^{[1]}$(%) ≥ $L_0=5.65\sqrt{S_0}$	$KV^{[1]}$ 温度/℃	$KV^{[1]}$ J ≥
		≤100	>100~150	>150~200				
S355N LO (S355G7+N S355G9+N)	1.8808 (1.8808+N 1.8811+N)	470~630	460~620	450~600	0.87	22	-40	50

[1] 对于公称厚度 >40mm 者，还需要进行夏比 V 型缺口试样验证。

（4）EN 欧洲标准固定海上作业平台用可焊接结构钢板材（热机械轧制钢板）的力学性能（表 2-3-35 和表 2-3-36）

表 2-3-35　固定海上作业平台用可焊接结构钢板材（热机械轧制钢板）的力学性能（一）

钢　号 EN	数字代号	R_{eH}/MPa ≥ 下列厚度/mm					
		≤16	>16~25	>25~40	>40~63	>63~80	>80~120
S355M LO (S355G7+M S355G9+M)	1.8811 (1.8808+M 1.8811+M)	355	355	345	335	325	325
S420M LO (S420G1+M)	1.8830 (1.8830+M)	420	400	390	380	380	380
S460M LO (S460G1+M)	1.8878 (1.8878+M)	460	440	420	415	405	400
S500M LO	1.8660	500	480	460	455	445	440

表 2-3-36　固定海上作业平台用可焊接结构钢板材（热机械轧制钢板）的力学性能（二）

钢 号 EN	数字 代号	R_m/MPa		R_e/R_m	$A^{①}$（%）$\geqslant$ $L_0 = 5.65\sqrt{S_0}$	$KV^{①}$	
		下列厚度/mm					
		$\leqslant 40$	$>40 \sim 120$			温度/℃	J $\geqslant$
S355M LO（S355G7 + M S355G9 + M）	1.8811（1.8808 + M 1.8811 + M）	470 ~ 630	470 ~ 630	0.93	22	−40	50
S420M LO（S420G1 + M）	1.8830（1.8830 + M）	500 ~ 660	480 ~ 640	0.93	19	−40	60
S460M LO（S460G1 + M）	1.8878（1.8878 + M）	520 ~ 700	500 ~ 675	0.93	17	−40	60
S500M LO	1.8660	560 ~ 740	540 ~ 715	0.95	15	−40	60

① 对于公称厚度 >40mm 者，还需要进行夏比 V 型缺口试样验证。

（5）EN 欧洲标准固定海上作业平台用可焊接结构钢板材（调质处理钢板）的力学性能（表 2-3-37 和表 2-3-38）

表 2-3-37　固定海上作业平台用可焊接结构钢板材（调质处理钢板）的力学性能（一）

钢 号 EN	数字代号	R_{eH}/MPa $\geqslant$						
		下列厚度/mm						
		$\leqslant 16$	$>16 \sim 25$	$>25 \sim 40$	$>40 \sim 63$	$>63 \sim 80$	$>80 \sim 100$	$>100 \sim 150$
S420Q LO（S420G1 + QT）	1.8666（1.8830 + QT）	420	400	390	390	380	380	370
S460Q LO（S460G1 + QT）	1.8667（1.8878 + QT）	460	440	420	415	405	400	380
S500Q LO	1.8661	500	480	460	455	445	440	420
S550Q LO	1.8662	550	530	510	490	485	480	475
S620Q LO	1.8663	620	620	620	620	620	620	620
S690Q LO	1.8664	690	690	690	690	690	690	690

表 2-3-38　固定海上作业平台用可焊接结构钢板材（调质处理钢板）的力学性能（二）

钢 号 EN	数字代号	R_m/MPa			R_e/R_m $\leqslant$	$A^{①}$（%）$\geqslant$ $L_0 = 5.65\sqrt{S_0}$	$KV^{①}$	
		下列厚度/mm						
		$\leqslant 40$	$>40 \sim 100$	$>100 \sim 150$			温度/℃	J $\geqslant$
S420Q LO（S420G1 + QT）	1.8666（1.8830 + QT）	500 ~ 660	480 ~ 640	470 ~ 630	0.93	19	−40	60
S460Q LO（S460G1 + QT）	1.8667（1.8878 + QT）	520 ~ 700	515 ~ 675	480 ~ 640	0.93	17	−40	60
S500Q LO	1.8661	560 ~ 740	540 ~ 715	520 ~ 690	0.93	15	−40	60
S550Q LO	1.8662	590 ~ 750	570 ~ 730	540 ~ 710	0.93	15	−40	60
S620Q LO	1.8663	720 ~ 890	720 ~ 890	720 ~ 890	—	14	−40	60
S690Q LO	1.8664	770 ~ 940	770 ~ 940	770 ~ 940	—	14	−40	60

① 对于公称厚度 >40mm 者，还需要进行夏比 V 型缺口试样验证。

2.3.10　固定海上作业平台用可焊接结构钢型材［EN 10225-2 ~ 4（2019）］

（1）EN 欧洲标准固定海上作业平台用可焊接结构钢通用型材［EN 10225-2（2019）］

此类型材包括 H、I、Z 型钢、U 型槽钢、角钢和三通等，其厚度≤63mm；不包括空心型钢。

A）固定海上作业平台用可焊接结构钢通用型材的钢号与化学成分（表 2-3-39）

表 2-3-39   固定海上作业平台用可焊接结构钢通用型材的钢号与化学成分（质量分数）（%）

钢 号[①,②]	数字代号	C	Si	Mn	P ≤	S ≤	Cr	Ni	Mo	Al[③]	其 他
常规轧制型材											
S355N LO (S355G11 + N)	1.8808 (1.8808 + N)	≤0.14	≤0.55	1.00 ~ 1.65	0.025	0.015	≤0.25	≤0.70	≤0.08	0.015 ~ 0.055	V≤0.060，Nb≤0.050[④] Ti≤0.025，Cu≤0.30 N≤0.010
S355N LO (S355G12 + N)	1.8809 (1.8809 + N)	≤0.14	≤0.55	1.00 ~ 1.65	0.020	0.007	≤0.25	≤0.70	≤0.08	0.015 ~ 0.055	
热机械轧制型材											
S355MO (S355G4 + M)	1.8803 (1.8803 + M)	≤0.14	≤0.50	≤1.65	0.035	0.030	—	≤0.30	≤0.20	0.015 ~ 0.055	V≤0.10，Nb≤0.050 Ti≤0.050，Cu≤0.35 N≤0.015
S355M LO (S355G11 + N)	1.8811 (1.8806 + N)	≤0.14	≤0.55	1.00 ~ 1.65	0.025	0.015	≤0.25	≤0.70	≤0.08	0.015 ~ 0.055	V≤0.060，Nb≤0.050[④] Ti≤0.025，Cu≤0.30 N≤0.010
S355M L1O (S355G11 + N)	1.8665 (1.8809 + N)	≤0.14	≤0.55	1.00 ~ 1.65	0.020	0.007	≤0.25	≤0.70	≤0.08	0.015 ~ 0.055	
S420M LO (S420G3 + N)	1.8830 (1.8851 + M)	≤0.14	≤0.55	≤1.65	0.025	0.015	≤0.25	≤0.70	≤0.25	0.015 ~ 0.055	V≤0.080，Nb≤0.050[⑤] Ti≤0.025，Cu≤0.30 N≤0.010
S420M L1O (S420G4 + M)	1.8859 (1.8859 + M)	≤0.14	≤0.55	≤1.65	0.020	0.007	≤0.25	≤0.70	≤0.25	0.015 ~ 0.055	
S460M LO (S460G3 + M)	1.8878 (1.8883 + M)	≤0.16	≤0.55	≤1.70	0.025	0.015	≤0.25	≤0.70	≤0.25	0.015 ~ 0.055	V≤0.080，Nb≤0.050[⑥] Ti≤0.025，Cu≤0.30 N≤0.010
S460M L1O (S460G4 + M)	1.8889 (1.8889 + M)	≤0.16	≤0.55	≤1.70	0.020	0.007	≤0.25	≤0.70	≤0.25	0.015 ~ 0.055	

①~⑥见表 2-3-31。

B）固定海上作业平台用可焊接结构钢通用型材的碳当量（表 2-3-40）

表 2-3-40   固定海上作业平台用可焊接结构钢通用型材的碳当量

钢 号	数字代号	CE（%） ≤	钢 号	数字代号	CE（%） ≤
S355N LO	1.8808	0.43	S420M LO	1.8830	0.43
S355N L1O	1.8809	0.43	S420M L1O	1.8859	0.43
S355MO	1.8803	0.43	S460M LO	1.8878	0.45
S355M LO	1.8811	0.43	S460M L1O	1.8889	0.45
S355M L1O	1.8665	0.43	—	—	—

C）固定海上作业平台用可焊接结构钢通用型材（常规轧制）的力学性能（表 2-3-41）

表 2-3-41   固定海上作业平台用可焊接结构钢通用型材（常规轧制）的力学性能

钢 号	数字代号	R_e/MPa ≥ 下列厚度/mm				R_m/MPa 厚度≤63mm	R_e/R_m ≤	A（%） ≥ $L_0 = 5.65\sqrt{S_0}$	KV	
		≤16	>16 ~ 25	>25 ~ 40	>40 ~ 63				温度/℃	J ≥
S355MO (S355G4 + M)	1.8803 (1.8803 + M)	355	345	345	—	450 ~ 610	0.87	22	-20	50 （纵向）
S355M LO (S355G11 + N)	1.8811 (1.8806 + N)	355	355	345	335	470 ~ 630	0.87	22	-40	50 （纵向）

D) 固定海上作业平台用可焊接结构钢通用型材（热机械轧制）的力学性能（表 2-3-42）

表 2-3-42　固定海上作业平台用可焊接结构钢通用型材（热机械轧制）的力学性能

钢　号	数字代号	R_e/MPa ≥				R_m/MPa 厚度≤63mm	R_e/R_m ≤	$A(\%)$ ≥ $L_0 = 5.65\sqrt{S_0}$	KV	
		下列厚度/mm							温度/℃	J ≥
		≤16	>16~25	>25~40	>40~63					
S355MO (S355G4 + M)	1.8803 (1.8803 + M)	355	345	345	—	450~610	0.87	22	-20	50（纵向）
S355M LO (S355G11 + N)	1.8811 (1.8806 + N)	355	355	345	335	470~630	0.87	22	-40	50（纵向）
S355M L1O (S355G11 + N)	1.8665 (1.8809 + N)	355	355	345	335	470~630	0.87	22	-40	50（横向）
S420M LO (S420G3 + N)	1.8830 (1.8851 + M)	420	400	390	380	500~660	0.90	19	-40	50（纵向）
S420M L1O (S420G4 + M)	1.8859 (1.8859 + M)	420	400	390	380	500~660	0.90	19	-40	50（横向）
S460M LO (S460G3 + M)	1.8878 (1.8883 + M)	460	440	420	415	520~700	0.90	17	-40	50（纵向）
S460M L1O (S460G4 + M)	1.8889 (1.8889 + M)	460	440	420	415	520~700	0.90	17	-40	50（横向）

（2）EN 欧洲标准固定海上作业平台用可焊接结构钢冷弯空心型钢 ［EN 10225-4 （2019）］

A) 固定海上作业平台用可焊接结构钢冷弯空心型钢的钢号与化学成分（表 2-3-43）

表 2-3-43　固定海上作业平台用可焊接结构钢冷弯空心型钢的钢号与化学成分（质量分数）（%）

钢　号[①,②]	数字代号	C	Si	Mn	P ≤	S ≤	Cr	Ni	Mo	Al[③]	其　他
常规轧制型钢											
S355N LHCO (S355G13 + N)	1.8673 (1.1182 + N)	≤0.18	≤0.55	1.00~1.65	0.020	0.010	≤0.25	≤0.70	≤0.08	0.015~0.055	V≤0.060，Nb≤0.050[④] Ti≤0.025，Cu≤0.30 N≤0.010
热机械轧制型钢											
S355M LHCO	1.8674	≤0.12	≤0.50	≤1.65	0.020	0.010	≤0.25	≤1.00	≤0.08	0.015~0.055	V≤0.20，Nb≤0.060[⑤] Ti≤0.15，Cu≤0.30 N≤0.010
S420M LHCO	1.8675	≤0.12	≤0.50	≤1.65	0.020	0.010	≤0.25	≤1.00	≤0.25	0.015~0.055	V≤0.20，Nb≤0.080[⑤] Ti≤0.15，Cu≤0.30 N≤0.010
S460M LHCO	1.8676	≤0.12	≤0.50	≤1.70	0.020	0.010	≤0.25	≤1.00	≤0.25	0.015~0.055	
S500M LHCO	1.8677	≤0.12	≤0.50	≤1.80	0.020	0.010	≤0.30	≤1.00	≤0.25	0.015~0.055	V≤0.20，Nb≤0.10[⑤] Ti≤0.15，Cu≤0.30 N≤0.010
S550M LHCO	1.8678	≤0.12	≤0.50	≤1.80	0.020	0.010	≤0.30	≤1.00	≤0.50	0.015~0.055	

（续）

钢　号[①][②]	数字代号	C	Si	Mn	P ≤	S ≤	Cr	Ni	Mo	Al[③]	其　他
热机械轧制型钢											
S600M LHCO	1.8679	≤0.12	≤0.50	≤1.90	0.020	0.010	≤0.30	≤1.00	≤0.50	0.015 ~ 0.055	V≤0.20，Nb≤0.10[⑤] Ti≤0.22，Cu≤0.30 N≤0.010
S650M LHCO	1.8680	≤0.12	≤0.50	≤2.00	0.020	0.010	≤0.30	≤1.00	≤0.50	0.015 ~ 0.055	V≤0.20，Nb≤0.10[⑥] Ti≤0.22，Cu≤0.30 N≤0.010
S700M LHCO	1.8681	≤0.12	≤0.50	≤2.10	0.020	0.010	≤0.30	≤1.00	≤0.50	0.015 ~ 0.055	

① 括号内为旧牌号。
② 钢中下列元素的残留量（质量分数）不得超过规定：As≤0.030%，Sb≤0.010%，Sn≤0.020%，Pb≤0.010%，Bi≤0.010%，Ca≤0.005%，B≤0.0005%。
③ 钢中铝（全铝）氮比 Al_t/N≥2∶1，如果加入其他固定 N 的元素，则此 Al_t/N 以及 Al_t 含量的下限值均不适用。
④ 规定 Nb + V≤0.06%，Nb + V + Ti≤0.08%。
⑤ 规定 Nb + V≤0.20%，Nb + V + Ti≤0.22%。
⑥ 规定 Nb + V≤0.22%，Nb + V + Ti≤0.24%。

B）固定海上作业平台用可焊接结构钢冷弯空心型钢的碳当量（表 2-3-44）

表 2-3-44　固定海上作业平台用可焊接结构钢冷弯空心型钢的碳当量

钢　号	数字代号	CE(%) ≤		钢　号	数字代号	CE(%) ≤	
		不同壁厚/mm				不同壁厚/mm	
		≤40	>40 ~ 50			≤40	>40 ~ 50
S355N LHCO (S355G13 + N)	1.8673 (1.1182 + N)	0.43	0.45	S500M LHCO	1.8677	0.47	0.47
				S550M LHCO	1.8678	0.47	0.47
S355M LHCO	1.8674	0.39	0.39	S600M LHCO	1.8679	0.47	0.47
S420M LHCO	1.8675	0.44	0.44	S650M LHCO	1.8680	0.47	0.47
S460M LHCO	1.8676	0.46	0.46	S700M LHCO	1.8681	0.47	0.47

C）固定海上作业平台用可焊接结构钢冷弯空心型钢（常规轧制）的力学性能（表 2-3-45）

表 2-3-45　固定海上作业平台用可焊接结构钢冷弯空心型钢（常规轧制）的力学性能

钢　号	数字代号	R_{eH}/MPa ≥			R_m/ MPa		R_e/R_m ≤	$A(\%)$ ≥ $L_0 = 5.65\sqrt{S_0}$	KV	
		下列壁厚/mm			下列壁厚/mm					
		≤16	>16 ~ 40	>40 ~ 50.8	≤16	>40 ~ 50.8			温度/℃	J ≥
S355N LHCO (S355G13 + N)	1.8673 (1.1182 + N)	355	345	335	460 ~ 620	440 ~ 610	0.93	20	-40	50

D）固定海上作业平台用可焊接结构钢冷弯空心型钢（热机械轧制）的力学性能（表 2-3-46）

表 2-3-46　固定海上作业平台用可焊接结构钢冷弯空心型钢（热机械轧制）的力学性能

钢　号	数字代号	R_{eH}/MPa ≥		R_m/MPa 壁厚≤40mm	R_e/R_m ≤	$A(\%)$ ≥ $L_0 = 5.65\sqrt{S_0}$	KV	
		下列壁厚/mm						
		≤16	>16 ~ 40				温度/℃	J ≥
S355M LHCO	1.8674	355	345	450 ~ 610	0.94	20	-40	50
S420M LHCO	1.8675	420	400	500 ~ 660	0.95	19	-40	60
S460M LHCO	1.8676	460	440	530 ~ 710	0.95	17	-40	60

（续）

钢　号	数字代码	$R_{eH}/MPa \geqslant$		R_m/MPa	$R_e/R_m \leqslant$	$A(\%) \geqslant$ $L_0 = 5.65\sqrt{S_0}$	KV	
		下列壁厚/mm		壁厚≤40mm			温度/℃	J ≥
		≤16	>16~40					
S500M LHCO	1.8677	500	480	580~760	0.95	15	−40	60
S550M LHCO	1.8678	550	530	600~760	0.95	14	−40	60
S600M LHCO	1.8679	600	580	650~820	0.95	13	−40	60
S650M LHCO	1.8680	650	630	700~880	0.96	12	−40	60
S700M LHCO	1.8681	700	680	750~950	0.96	10	−40	60

2.3.11　高屈服强度冷轧钢板和钢带（冷成形用）［EN 10268（2006 + A1 2011）］

（1）EN 欧洲标准冷成形用高屈服强度冷轧钢板和钢带的钢号与化学成分（表 2-3-47）

表 2-3-47　冷成形用高屈服强度冷轧钢板和钢带的钢号与化学成分（质量分数）（%）

钢　号	数字代号	C	Si	Mn	P ≤	S ≤	Al ≥	Ti	Nb	其　他[1]
HC180Y[2]	1.0922	≤0.01	≤0.30	≤0.70	0.060	0.025	0.010	≤0.12	≤0.09	+V，+B
HC180B	1.0395	≤0.06	≤0.50	≤0.70	0.060	0.030	0.015	—	—	+V，+B
HC220Y[2]	1.0925	≤0.01	≤0.30	≤0.90	0.080	0.025	0.010	≤0.12	≤0.09	+V，+B
HC220 I[3]	1.0346	≤0.07	≤0.50	≤0.60	0.050	0.025	0.015	≤0.05	—	+V，+B
HC220B	1.0396	≤0.08	≤0.50	≤0.70	0.085	0.025	0.015	—	—	+V，+B
HC260Y[2]	1.0928	≤0.01	≤0.30	≤1.60	0.100	0.025	0.010	≤0.12	≤0.09	+V，+B
HC260 I[3]	1.0349	≤0.07	≤0.50	≤1.20	0.100	0.025	0.015	≤0.05	—	+V，+B
HC260B	1.0400	≤0.08	≤0.50	≤1.00	0.100	0.030	0.015	—	—	+V，+B
HC260 LA	1.0480	≤0.10	≤0.50	≤1.00	0.030	0.025	0.015	≤0.15	≤0.09	+V，+B
HC300 I[3]	1.0447	≤0.08	≤0.50	≤0.70	0.080	0.025	0.015	≤0.05	—	+V，+B
HC300B	1.0444	≤0.10	≤0.50	≤1.00	0.120	0.030	0.015	—	—	+V，+B
HC300 LA	1.0489	≤0.12	≤0.50	≤1.40	0.025	0.025	0.015	≤0.15	≤0.09	+V，+B
HC340 LA	1.0548	≤0.12	≤0.50	≤1.50	0.030	0.025	0.015	≤0.15	≤0.09	+V，+B
HC380 LA	1.0550	≤0.12	≤0.50	≤1.60	0.030	0.025	0.015	≤0.15	≤0.09	+V，+B
HC420 LA	1.0556	≤0.14	≤0.50	≤1.60	0.030	0.025	0.015	≤0.15	≤0.09	+V，+B
HC460 LA	1.0574	≤0.14	≤0.60	≤1.80	0.030	0.025	0.015	≤0.15	≤0.09	+V，+B
HC500 LA	1.0573	≤0.14	≤0.60	≤1.80	0.030	0.025	0.015	≤0.15	≤0.09	+V，+B

① 添加的微量元素，在标准规定的范围内可单独加入，也可组合使用。除了 Ti 和 Nb 外，也可加入 V 和 B。这 4 种元素的总含量 V + Ti + Nb + B≤0.22%。

② 表中凡是后缀代号"Y"的牌号，Ti 和 Nb 可按规定比例替换。

③ 表中凡是后缀代号"I"的牌号，Ti 可按规定比例由 Nb 与 B 替换。

（2）EN 欧洲标准冷成形用高屈服强度冷轧钢板和钢带的力学性能（表 2-3-48）

表 2-3-48　冷成形用高屈服强度冷轧钢板和钢带的力学性能

钢　号	数字代号	$R_{p0.2}/MPa$	R_m/MPa	$A_{80}(\%) \geqslant$	r[1]	n[1] ≥
HC180Y	1.0922	180~230	330~400	35	≥1.7	0.19
HC180B	1.0395	180~230	290~360	34	≥1.6	0.17
HC220Y	1.0925	220~270	340~420	33	≥1.6	0.18
HC220 I	1.0346	220~270	300~380	34	≤1.4	0.18
HC220B	1.0396	220~270	320~400	32	≥1.5	0.16
HC260Y	1.0928	260~320	380~440	31	≥1.4	0.17
HC260 I	1.0349	260~310	320~400	32	≤1.4	0.17

（续）

钢　号	数字代号	$R_{p0.2}$/MPa	R_m/MPa	A_{80}（%）　≥	r[①]	n[①]　≥
HC260B	1.0400	260～320	360～440	29	—	—
HC260 LA	1.0480	260～330	350～430	26	—	—
HC300 I	1.0447	300～350	340～440	30	≤1.4	—
HC300B	1.0444	300～360	390～480	26	—	—
HC300 LA	1.0489	300～380	380～480	23	—	—
HC340 LA	1.0548	340～420	410～510	21	—	—
HC380 LA	1.0550	380～480	440～580	19	—	—
HC420 LA	1.0556	420～520	470～600	17	—	—
HC460 LA	1.0574	460～580	510～660	13	—	—
HC500 LA	1.0573	500～620	550～710	12	—	—

① r 为塑性应变比，n 为应变硬化指数。

2.3.12　压力容器用可焊接细晶粒钢扁平材［EN 10028-3、5、6（2017）］

（1）EN 欧洲标准压力容器用可焊接细晶粒钢（正火态）扁平材［EN 10028-3（2017）］

A）压力容器用可焊接细晶粒钢（正火态）扁平材的钢号与化学成分（表2-3-49）

表2-3-49　压力容器用可焊接细晶粒钢（正火态）扁平材的钢号与化学成分（质量分数）（%）

钢　号	数字代号	C	Si	Mn	P ≤	S ≤	Cr	Ni	Mo	V	N	其　他
P275 NH	1.0487	≤0.16	≤0.40	0.80～1.50	0.025	0.010	≤0.30	≤0.50	≤0.08	≤0.05	≤0.012	
P275 N L1	1.0488	≤0.16	≤0.40	0.80～1.50	0.025	0.008	≤0.30	≤0.50	≤0.08	≤0.05	≤0.012	
P275 N L2	1.1104	≤0.16	≤0.40	0.80～1.50	0.020	0.005	≤0.30	≤0.50	≤0.08	≤0.05	≤0.012	
P355 N	1.0562	≤0.18	≤0.50	1.00～1.70	0.025	0.010	≤0.30	≤0.50	≤0.08	≤0.10	≤0.012	
P355 NH	1.0565	≤0.18	≤0.50	1.00～1.70	0.025	0.010	≤0.30	≤0.50	≤0.08	≤0.10	≤0.012	Al_t≥0.020
P355 N L1	1.0566	≤0.18	≤0.50	1.00～1.70	0.025	0.008	≤0.30	≤0.50	≤0.08	≤0.10	≤0.012	Nb≤0.05
P355 N L2	1.1106	≤0.18	≤0.50	1.00～1.70	0.020	0.005	≤0.30	≤0.50	≤0.08	≤0.10	≤0.012	Ti≤0.03
P420 NH	1.8932	≤0.20	≤0.60	1.00～1.70	0.025	0.010	≤0.30	≤0.80	≤0.10	≤0.20	≤0.020	Cu≤0.30
P420 N L1	1.8912	≤0.20	≤0.60	1.00～1.70	0.025	0.008	≤0.30	≤0.80	≤0.10	≤0.20	≤0.020	Nb+Ti+V≤0.05
P420 N L2	1.8913	≤0.20	≤0.60	1.00～1.70	0.020	0.005	≤0.30	≤0.80	≤0.10	≤0.20	≤0.020	
P460 NH	1.8935	≤0.20	≤0.60	1.00～1.70	0.025	0.010	≤0.30	≤0.80	≤0.10	≤0.20	≤0.025	
P460 N L1	1.8915	≤0.20	≤0.60	1.00～1.70	0.025	0.008	≤0.30	≤0.80	≤0.10	≤0.20	≤0.025	
P460 N L2	1.8918	≤0.20	≤0.60	1.00～1.70	0.020	0.005	≤0.30	≤0.80	≤0.10	≤0.20	≤0.025	

B）EN 欧洲标准压力容器用可焊接细晶粒钢（正火态）扁平材的碳当量（表2-3-50）

表2-3-50　压力容器用可焊接细晶粒钢（正火态）扁平材的碳当量

钢　号	数字代号	CE（%）≤			钢　号	数字代号	CE（%）≤		
		不同厚度/mm					不同厚度/mm		
		≤60	>60～100	>100～250			≤60	>60～100	>100～250
P275 NH	1.0487	0.40	0.40	0.42	P420 NH	1.8932	0.48	0.48	0.52
P275 N L1	1.0488	0.40	0.40	0.42	P420 N L1	1.8912	0.48	0.48	0.52
P275 N L2	1.1104	0.40	0.40	0.42	P420 N L2	1.8913	0.48	0.48	0.52
P355 N	1.0562	0.43	0.45	0.45	P460 NH	1.8935	0.53	0.54	0.54
P355 NH	1.0565	0.43	0.45	0.45	P460 N L1	1.8915	0.53	0.54	0.54
P355 N L1	1.0566	0.43	0.45	0.45	P460 N L2	1.8918	0.53	0.54	0.54
P355 N L2	1.1106	0.43	0.45	0.45	CE = C + Mn/6 + (Cr + Mo + V)/5 + (Ni + Cu)/15				

C）压力容器用可焊接细晶粒钢（正火态）扁平材的力学性能（表2-3-51和表2-3-52）

表 2-3-51　压力容器用可焊接细晶粒钢（正火态）扁平材的力学性能（一）

钢　号	数字代号	$R_{eH}/MPa \geqslant$					
		下列厚度/mm					
		≤16	>16~40	>40~60	>60~100	>100~150	>150~250
P275 NH	1.0487	275	265	255	235	225	215
P275 N L1	1.0488	275	265	255	235	225	215
P275 N L2	1.1104	275	265	255	235	225	215
P355 N	1.0562	355	345	335	315	305	295
P355 NH	1.0565	355	345	335	315	305	295
P355 N L1	1.0566	355	345	335	315	305	295
P355 N L2	1.1106	355	345	335	315	305	295
P420 NH	1.8932	420	405	395	370	350	340
P420 N L1	1.8912	420	405	395	370	350	340
P420 N L2	1.8913	420	405	395	370	350	340
P460 NH	1.8935	460	445	430	400	380	370
P460 N L1	1.8915	460	445	430	400	380	370
P460 N L2	1.8918	460	445	430	400	380	370

表 2-3-52　压力容器用可焊接细晶粒钢（正火态）扁平材的力学性能（二）

钢　号	数字代号	R_m/MPa					$A(\%) \geqslant$	
		下列厚度/mm						
		≤16	>16~60	>60~100	>100~150	>150~250	16~60	>60~250
P275 NH	1.0487	390~510	390~510	370~490	360~480	350~630	24	23
P275 N L1	1.0488	390~510	390~510	370~490	360~480	350~630	24	23
P275 N L2	1.1104	390~510	390~510	370~490	360~480	350~630	24	23
P355 N	1.0562	490~630	490~630	470~610	460~600	450~590	22	21
P355 NH	1.0565	490~630	490~630	470~610	460~600	450~590	22	21
P355 N L1	1.0566	490~630	490~630	470~610	460~600	450~590	22	21
P355 N L2	1.1106	490~630	490~630	470~610	460~600	450~590	22	21
P420 NH	1.8932	540~690	540~690	510~665	500~650	490~640	19	16
P420 N L1	1.8912	540~690	540~690	510~665	500~650	490~640	19	16
P420 N L2	1.8913	540~690	540~690	510~665	500~650	490~640	19	16
P460 NH	1.8935	570~730	570~720	540~710	520~690	510~690	19	16
P460 N L1	1.8915	570~730	570~720	540~710	520~690	510~690	19	16
P460 N L2	1.8918	570~730	570~720	540~710	520~690	510~690	19	16

（2）EN 欧洲标准压力容器用可焊接细晶粒钢（控轧态）扁平材［EN 10028-5（2017）］

A）压力容器用可焊接细晶粒钢（控轧态）扁平材的钢号与化学成分（表2-3-53）

表 2-3-53　压力容器用可焊接细晶粒钢（控轧态）扁平材的钢号与化学成分（质量分数）（%）

钢　号	数字代号	C	Si	Mn	P ≤	S ≤	Ni	Mo	V	N	其　他
P355 M	1.8821	≤0.14	≤0.50	≤1.60	0.025	0.010	≤0.50	≤0.20	≤0.10	≤0.015	$Al_t \geqslant 0.020$
P355 M L1	1.8832	≤0.14	≤0.50	≤1.60	0.020	0.008	≤0.50	≤0.20	≤0.10	≤0.015	Nb≤0.05，Ti≤0.05 Cr + Mo + Cu≤0.60

（续）

钢 号	数字代号	C	Si	Mn	P ≤	S ≤	Ni	Mo	V	N	其 他
P355 M L2	1.8833	≤0.14	≤0.50	≤1.60	0.020	0.005	≤0.50	≤0.20	≤0.10	≤0.015	
P420 M	1.8824	≤0.16	≤0.50	≤1.70	0.025	0.010	≤0.50	≤0.20	≤0.10	≤0.020	
P420 M L1	1.8835	≤0.16	≤0.50	≤1.70	0.020	0.008	≤0.50	≤0.20	≤0.10	≤0.020	$Al_t \geqslant 0.020$,
P420 M L2	1.8828	≤0.16	≤0.50	≤1.70	0.020	0.005	≤0.50	≤0.20	≤0.10	≤0.020	Nb≤0.05，Ti≤0.05
P460 M	1.8826	≤0.16	≤0.60	≤1.70	0.025	0.010	≤0.50	≤0.20	≤0.10	≤0.020	Cr＋Mo＋Cu≤0.60
P460 M L1	1.8837	≤0.16	≤0.60	≤1.70	0.020	0.008	≤0.50	≤0.20	≤0.10	≤0.020	
P460 M L2	1.8831	≤0.16	≤0.60	≤1.70	0.020	0.005	≤0.50	≤0.20	≤0.10	≤0.020	

B）压力容器用可焊接细晶粒钢（控轧态）扁平材的碳当量（表2-3-54）

表2-3-54 压力容器用可焊接细晶粒钢（控轧态）扁平材的碳当量

钢 号	CE[①]（%） ≤		
	下列厚度/mm		
	≤16	>16~40	>40~63
P355 M/M L1/M L2	0.39	0.39	0.40
P420 M/M L1/M L2	0.43	0.45	0.46
P460 M/M L1/M L2	0.45	0.46	0.47

① CE = C + Mn/6 + (Cr + Mo + V)/5 + (Ni + Cu)/15。

C）压力容器用可焊接细晶粒钢（控轧态）扁平材的力学性能（表2-3-55a 和表2-3-55b）

表2-3-55a 压力容器用可焊接细晶粒钢（控轧态）扁平材的力学性能（一）

钢 号	数字代号	R_{eH}/MPa ≥			R_m/MPa	A（%）≥
		下列厚度/mm				
		≤16	>16~40	>40~63		
P355 M	1.8821	355	355	345	450~610	22
P355 M L1	1.8832	355	355	345	450~610	22
P355 M L2	1.8833	355	355	345	450~610	22
P420 M	1.8824	420	400	390	500~660	19
P420 M L1	1.8835	420	400	390	500~660	19
P420 M L2	1.8828	420	400	390	500~660	19
P460 M	1.8826	460	440	430	530~720	17
P460 M L1	1.8837	460	440	430	530~720	17
P460 M L2	1.8831	460	440	430	530~720	17

表2-3-55b 压力容器用可焊接细晶粒钢（控轧态）扁平材的力学性能（二）

钢 号	标称厚度/mm	KV/J ≥				
		下列温度/℃				
		-50	-40	-20	0	+20
P355 M/P420 M /P460 M	≤63	—	—	27[①]	40	60
P355 M L1/P420 M L1/P460 M L1	≤63	—	27[①]	40	60	—
P355 M L2/P420 M L2 /P460 M L2	≤63	27[①]	40	60	80	—

① 若要求最低冲击吸收能量 KV 为 40J，应由供需双方事先商定。

（3）EN 欧洲标准压力容器用可焊接细晶粒钢（调质态）扁平材［EN 10028-6（2017）］

A）压力容器用可焊接细晶粒钢（调质态）扁平材的钢号与化学成分（表 2-3-56）

表 2-3-56　压力容器用可焊接细晶粒钢（调质态）扁平材的钢号与化学成分（质量分数）（%）

钢号	数字代号	C	Si	Mn	P ≤	S ≤	Cr	Ni	Mo	V	其他
P355 Q	1.8866	≤0.16	≤0.40	≤1.50	0.025	0.010	≤0.30	≤0.50	≤0.25	≤0.06	Nb≤0.05 Ti≤0.03 Zr≤0.05 B≤0.005 Cu≤0.30 N≤0.015
P355 QH	1.8867	≤0.16	≤0.40	≤1.50	0.025	0.010	≤0.30	≤0.50	≤0.25	≤0.06	
P355 Q L1	1.8868	≤0.16	≤0.40	≤1.50	0.020	0.008	≤0.30	≤0.50	≤0.25	≤0.06	
P355 Q L2	1.8869	≤0.16	≤0.40	≤1.50	0.020	0.005	≤0.30	≤0.50	≤0.25	≤0.06	
P460 Q	1.8870	≤0.18	≤0.50	≤1.70	0.025	0.010	≤0.50	≤1.00	≤0.50	≤0.08	
P460 QH	1.8871	≤0.18	≤0.50	≤1.70	0.025	0.010	≤0.50	≤1.00	≤0.50	≤0.08	
P460 Q L1	1.8872	≤0.18	≤0.50	≤1.70	0.020	0.008	≤0.50	≤1.00	≤0.50	≤0.08	
P460 Q L2	1.8864	≤0.18	≤0.50	≤1.70	0.020	0.005	≤0.50	≤1.00	≤0.50	≤0.08	
P500 Q	1.8873	≤0.18	≤0.60	≤1.70	0.025	0.010	≤1.00	≤1.50	≤0.70	≤0.08	Nb≤0.05 Ti≤0.05 Zr≤0.15 B≤0.005 Cu≤0.30 N≤0.015
P500 QH	1.8874	≤0.18	≤0.60	≤1.70	0.025	0.010	≤1.00	≤1.50	≤0.70	≤0.08	
P500 Q L1	1.8875	≤0.18	≤0.60	≤1.70	0.020	0.008	≤1.00	≤1.50	≤0.70	≤0.08	
P500 Q L2	1.8865	≤0.18	≤0.60	≤1.70	0.020	0.005	≤1.00	≤1.50	≤0.70	≤0.08	
P690 Q	1.8879	≤0.20	≤0.80	≤1.70	0.025	0.010	≤1.50	≤2.50	≤0.70	≤0.12	
P690 QH	1.8880	≤0.20	≤0.80	≤1.70	0.025	0.010	≤1.50	≤2.50	≤0.70	≤0.12	
P690 Q L1	1.8881	≤0.20	≤0.80	≤1.70	0.020	0.008	≤1.50	≤2.50	≤0.70	≤0.12	
P690 Q L2	1.8888	≤0.20	≤0.80	≤1.70	0.020	0.005	≤1.50	≤2.50	≤0.70	≤0.12	

B）压力容器用可焊接细晶粒钢（调质态）扁平材的力学性能和高温力学性能（表 2-3-57a ~ 表 2-3-57c）

表 2-3-57a　压力容器用可焊接细晶粒钢（调质态）扁平材的力学性能（一）

钢号	数字代号	$R_{eH}^{①}$/MPa ≥			R_m/MPa		A（%）≥
		下列壁厚/mm			下列壁厚/mm		
		≤50	>50 ~ 100	>100 ~ 200	≤100	>100 ~ 200	
P355 Q	1.8866	355	335	315	490 ~ 630	450 ~ 590	22
P355 QH	1.8867	355	335	315	490 ~ 630	450 ~ 590	22
P355 Q L1	1.8868	355	335	315	490 ~ 630	450 ~ 590	22
P355 Q L2	1.8869	355	335	315	490 ~ 630	450 ~ 590	22
P460 Q	1.8870	460	440	400	550 ~ 720	500 ~ 670	19
P460 QH	1.8871	460	440	400	550 ~ 720	500 ~ 670	19
P460 Q L1	1.8872	460	440	400	550 ~ 720	500 ~ 670	19
P460 Q L2	1.8864	460	440	400	550 ~ 720	500 ~ 670	19
P500 Q	1.8873	500	480	440	590 ~ 770	540 ~ 720	17
P500 QH	1.8874	500	480	440	590 ~ 770	540 ~ 720	17
P500 Q L1	1.8875	500	480	440	590 ~ 770	540 ~ 720	17
P500 Q L2	1.8865	500	480	440	590 ~ 770	540 ~ 720	17
P690 Q	1.8879	690	670	630	770 ~ 940	720 ~ 900	14
P690 QH	1.8880	690	670	630	770 ~ 940	720 ~ 900	14
P690 Q L1	1.8881	690	670	630	770 ~ 940	720 ~ 900	14
P690 Q L2	1.8888	690	670	630	770 ~ 940	720 ~ 900	14

① 当钢材的屈服强度 R_{eH} 不明显时，可采用 $R_{p0.2}$ 测定。

表 2-3-57b   压力容器用可焊接细晶粒钢（调质态）扁平材的力学性能（二）

钢 号	标称厚度 / mm	KV/J				
		下列温度/℃				
		−50	−40	−20	0	+20
P355 Q/P460 Q / P500 Q/P690 Q	≤200	—	—	27①	40	60
P355 Q L1/P460 Q L1 / P500 L1/P690 Q L1	≤200	—	27①	40	60	—
P355 Q L2/P460 Q L2 / P500 Q L2/P690 Q L2	≤200	27①	40	60	80	—

① 若要求最低冲击吸收能量 KV 为 40J，应由供需双方事先商定。

表 2-3-57c   压力容器用可焊接细晶粒钢（调质态）扁平材的规定非比例延伸强度高温力学性能

钢 号	数字代号	$R_{p0.2}$/MPa ≥					
		下列温度/℃					
		50	100	150	200	250	300
P355 QH	1.8867	340	310	285	260	235	215
P460 QH	1.8871	445	425	405	380	360	340
P500 QH	1.8874	490	470	450	420	400	380
P690 QH	1.8880	670	645	615	595	575	570

2.3.13   高温和低温压力容器用钢扁平材［EN 10028-2，4（2017）］

（1）EN 欧洲标准高温压力容器用钢扁平材［EN 10028-2（2017）］

A）高温压力容器用钢扁平材的钢号与化学成分（表 2-3-58）

表 2-3-58   高温压力容器用钢扁平材的钢号与化学成分（质量分数）（%）

钢 号	数字代号	C	Si	Mn	P ≤	S ≤	Cr	Ni	Mo	Cu	其 他
非合金钢											
P235GH	1.0345	≤0.16	≤0.35	0.60 ~ 1.20	0.025	0.010	≤0.30	≤0.30	≤0.08	≤0.30	
P265GH	1.0425	≤0.20	≤0.40	0.80 ~ 1.40	0.025	0.010	≤0.30	≤0.30	≤0.08	≤0.30	Al_t ≥0.020，V≤0.02 Nb≤0.03，Ti≤0.03 N≤0.012 Cr+Mo+Ni+Cu≤0.70
P295GH	1.0481	0.08 ~ 0.20	≤0.40	0.90 ~ 1.50	0.025	0.010	≤0.30	≤0.30	≤0.08	≤0.30	
P355GH	1.0473	0.10 ~ 0.22	≤0.60	1.10 ~ 1.70	0.025	0.010	≤0.30	≤0.30	≤0.08	≤0.30	
CrMo 合金钢											
13CrMo4-5	1.7335	0.08 ~ 0.18	≤0.35	0.40 ~ 1.00	0.025	0.010	0.70 ~ 1.15	—	0.40 ~ 0.60	≤0.30	N≤0.012
13CrMoSi5-5	1.7336	≤0.17	0.50 ~ 0.80	0.40 ~ 0.65	0.015	0.005	1.00 ~ 1.50	≤0.30	0.40 ~ 0.65	≤0.30	N≤0.012
10CrMo9-10	1.7380	0.08 ~ 0.14	≤0.50	0.40 ~ 0.80	0.020	0.010	2.00 ~ 2.50	—	0.90 ~ 1.10	≤0.30	N≤0.012
12CrMo9-10	1.7375	0.10 ~ 0.15	≤0.30	0.30 ~ 0.60	0.015	0.010	2.00 ~ 2.50	≤0.30	0.90 ~ 1.10	≤0.25	N≤0.012
X12CrMo5	1.7362	0.10 ~ 0.15	≤0.50	0.30 ~ 0.60	0.020	0.005	4.00 ~ 6.00	≤0.30	0.45 ~ 0.65	≤0.30	N≤0.012

（续）

钢 号	数字代号	C	Si	Mn	P ≤	S ≤	Cr	Ni	Mo	Cu	其 他
其他合金钢											
16Mo3	1.5415	0.12 ~ 0.20	≤0.35	0.40 ~ 0.90	0.025	0.010	≤0.30	≤0.30	0.25 ~ 0.35	≤0.30	N≤0.012
18MnMo4-5	1.5414	≤0.20	≤0.40	0.90 ~ 1.50	0.015	0.005	≤0.30	≤0.30	0.45 ~ 0.60	≤0.30	N≤0.012
20MnMoNi4-5	1.6311	0.15 ~ 0.23	≤0.40	1.00 ~ 1.50	0.020	0.010	≤0.20	0.40 ~ 0.80	0.45 ~ 0.60	≤0.20	V≤0.02, N≤0.012
15NiCuMoNb5-6-4	1.6368	≤0.17	0.25 ~ 0.50	0.80 ~ 1.20	0.025	0.010	≤0.30	1.00 ~ 1.30	0.25 ~ 0.50	0.50 ~ 0.80	Nb 0.015 ~ 0.045 Al≥0.015, N≤0.020
13CrMoV9-10	1.7703	0.10 ~ 0.15	≤0.10	0.30 ~ 0.60	0.015	0.005	2.00 ~ 2.50	≤0.25	0.90 ~ 1.10	≤0.20	V 0.25 ~ 0.35, Ti≤0.03 Nb≤0.07, Ca≤0.015 B≤0.002, N≤0.012
12CrMoV12-10	1.7767	0.10 ~ 0.15	≤0.15	0.30 ~ 0.60	0.015	0.005	2.75 ~ 3.25	≤0.25	0.90 ~ 1.10	≤0.25	V 0.20 ~ 0.30, Ti≤0.03 Nb≤0.07, Ca≤0.015 B≤0.003, N≤0.012
X10CrMoVNb9-1	1.4903	0.08 ~ 0.12	≤0.50	0.30 ~ 0.60	0.020	0.005	8.00 ~ 9.50	≤0.30	0.85 ~ 1.05	≤0.30	Nb 0.07 ~ 0.10 V 0.18 ~ 0.25, Al≥0.040 N0.030 ~ 0.070

B）高温压力容器用钢（非合金钢）扁平材的力学性能（表 2-3-59a 和表 2-3-59b）

表 2-3-59a 高温压力容器用钢（非合金钢）扁平材的力学性能（一）

钢 号	数字代号	交货状态[①]	公称厚度 /mm	R_{eH}/MPa ≥	R_m /MPa
P235GH	1.0345	+ N	≤16	235	360 ~ 480
			>16 ~ 40	225	360 ~ 480
			>40 ~ 60	215	360 ~ 480
			>60 ~ 100	200	360 ~ 480
			>100 ~ 150	185	350 ~ 480
			>150 ~ 250	170	340 ~ 480
265GH	1.0425	+ N	≤16	265	410 ~ 530
			>16 ~ 40	255	410 ~ 530
			>40 ~ 60	245	410 ~ 530
			>60 ~ 100	215	410 ~ 530
			>100 ~ 150	200	400 ~ 530
			>150 ~ 250	185	390 ~ 530
P295GH	1.0481	+ N	≤16	295	460 ~ 580
			>16 ~ 40	290	460 ~ 580
			>40 ~ 60	285	460 ~ 580
			>60 ~ 100	260	460 ~ 580
			>100 ~ 150	235	440 ~ 570
			>150 ~ 250	220	430 ~ 570

（续）

钢 号	数字代号	交货状态[1]	公称厚度 /mm	R_{eH}/MPa ≥	R_m /MPa
P355GH	1.0473	+N	≤16	355	510~650
			>16~40	345	510~650
			>40~60	335	510~650
			>60~100	315	490~630
			>100~150	295	480~630
			>150~250	280	470~630

① N—正火。

表 2-3-59b 高温压力容器用钢扁平材（非合金钢）的力学性能（二）

钢 号	数字代号	交货状态[1]	公称厚度 /mm	A（%） ≥	KV/J ≥ 下列温度/℃		
					−20	0	+20
P235GH	1.0345	+N	≤16~250	24	27	34	40
P265GH	1.0425	+N	≤16~250	22	27	34	40
P295GH	1.0481	+N	≤16~250	21	27	34	40
P355GH	1.0473	+N	≤16~250	20	27	34	40

① N—正火。

C）高温压力容器用钢（CrMo 合金钢）扁平材的力学性能（表 2-3-60a 和表 2-3-60b）

表 2-3-60a 高温压力容器用钢（CrMo 合金钢）扁平材的力学性能（一）

钢 号	数字代号	交货状态[1]	公称厚度/mm	R_{eH}/MPa ≥	R_m/MPa
13CrMo4-5	1.7335	+NT	≤16	300	450~600
		+NT	>16~60	290	450~600
			>60~100	270	440~590
		+NT 或 +QT	>100~150	255	430~580
		+QT	>150~250	245	420~570
13CrMoSi5-5	1.7336	+NT	≤60	310	510~690
			>60~100	300	480~660
		+QT	≤60	400	510~690
			>60~100	390	500~680
			>100~250	380	490~670
10CrMo9-10	1.7380	+NT	≤16	310	480~630
			>16~40	300	480~630
			>40~60	290	480~630
		+NT 或 +QT	>60~100	280	470~620
			>100~150	260	460~610
		+QT	>150~250	250	450~600
12CrMo9-10	1.7375	+NT 或 +QT	≤250	355	540~690
X12CrMo5	1.7362	+NT	≤60	320	510~690
			>60~150	300	480~660
		+QT	>150~250	300	450~630

① NT—正火+回火；QT—正火+回火。

表 2-3-60b　高温压力容器用钢（CrMo 合金钢）扁平材的力学性能（二）

钢　号	数字代号	交货状态①	公称厚度/mm	A（%）　≥	KV/J　≥		
					下列温度/℃		
					-20	0	+20
13CrMo4-5	1.7335	+ NT	≤16~60	19	②	②	31
		+ NT 或 + QT	>60~150	19	②	②	27
		+ QT	>150~250	19	②	②	27
13CrMoSi5-5	1.7336	+ NT	≤60~100	20	②	27	34
		+ QT	≤60~250	20	27	34	40
10CrMo9-10	1.7380	+ NT	≤16~60	18	②	②	31
		+ NT 或 + QT	≤60~150	17	②	②	27
		+ QT	>150~250	17	②	②	27
12CrMo9-10	1.7375	+ NT 或 + QT	≤16~250	18	27	40	70
X12CrMo5	1.7362	+ NT	≤60~150	20	27	34	40
		+ QT	>150~250	20	27	34	40

① NT—正火 + 回火；QT—淬火 + 回火。
② 由供需双方商定。

D）高温压力容器用钢（其他合金钢）扁平材的力学性能（表 2-3-61a 和表 2-3-61b）

表 2-3-61a　高温压力容器用钢（其他合金钢）扁平材的力学性能（一）

钢　号	数字代号	交货状态①	公称厚度/mm	R_{eH}/MPa　≥	R_m/MPa
16Mo3	1.5415	+ N	≤16	275	440~590
			>16~40	270	
			>40~60	260	
			>60~100	240	430~580
			>100~150	220	420~580
			>150~250	210	410~570
18MnMo4-5	1.5414	+ NT	≤60	345	510~650
			>60~150	325	510~650
		+ QT	>150~250	210	480~620
20MnMoNi4-5	1.6311	+ QT	≤40	470	590~750
			>40~60	460	590~730
			>60~100	450	570~710
			>100~150	440	
			>150~250	400	560~700
15NiCuMoNb5-6-4	1.6368	+ NT	≤40	460	610~780
			>40~60	440	610~780
			>60~100	430	600~760
		+ NT 或 + QT	>100~150	420	590~740
		+ QT	>150~250	410	580~740
13CrMoV9-10	1.7703	+ NT	≤60	455	600~780
			>60~150	435	590~770
		+ QT	>150~250	415	580~760

（续）

钢　号	数字代号	交货状态[①]	公称厚度/mm	R_{eH}/MPa ≥	R_m /MPa
12CrMoV12-10	1.7767	+ NT	≤60	455	600 ~ 780
			>60 ~ 150	435	590 ~ 770
		+ QT	>150 ~ 250	415	580 ~ 760
X10CrMoVNb9-1	1.4903	+ NT	≤60	445	580 ~ 760
			>60 ~ 150	435	550 ~ 730
		+ QT	>150 ~ 250	435	520 ~ 700

① NT—正火 + 回火；QT—淬火 + 回火。

表 2-3-61b　高温压力容器用钢（其他合金钢）扁平材的力学性能（二）

钢　号	数字代号	交货状态[①]	公称厚度/mm	A(%)　≥	KV/J ≥ 下列温度/℃		
					−20	0	+20
16Mo3	1.5415	+ NT	≤16 ~ 250	22	②	②	31
18MnMo4-5	1.5414	+ NT	≤60	20	27	34	40
		+ NT 或 + QT	>60 ~ 150	20	27	34	40
		+ QT	>150 ~ 250	20	27	34	40
20MnMoNi4-5	1.6311	+ QT	≤40 ~ 250	18	27	40	50
15NiCuMoNb5-6-4	1.6368	+ NT	≤40 ~ 100	16	27	34	40
		+ NT 或 + QT	>100 ~ 150	16	27	34	40
		+ QT	>150 ~ 250	16	27	34	40
13CrMoV9-10	1.7703	+ NT	≤40 ~ 150	18	27	34	40
		+ QT	>150 ~ 250	18	27	34	40
12CrMoV12-10	1.7767	+ NT	≤60 ~ 150	18	27	34	40
		+ QT	>150 ~ 250	18	27	34	40
X10CrMoVNb9-1	1.4903	+ NT	≤60 ~ 150	18	27	34	40
		+ QT	>150 ~ 250	18	27	34	40

① NT—正火 + 回火；QT—淬火 + 回火。
② 由供需双方商定。

E）高温压力容器用钢扁平材的规定总延伸强度高温力学性能（表 2-3-62a ~ 表 2-3-62c）

表 2-3-62a　高温压力容器用钢（非合金钢）扁平材的规定总延伸强度高温力学性能

钢　号	数字代号	公称厚度 /mm	$R_{p0.2}$/MPa　≥ 下列温度/℃							
			50	100	150	200	250	300	350	400
P355 GH	1.0345	≤16	227	214	198	182	167	153	142	133
		>16 ~ 40	218	205	190	174	160	147	136	128
		>40 ~ 60	208	196	181	167	153	140	130	122
		>60 ~ 100	193	182	169	155	142	130	121	114
		>100 ~ 150	179	168	156	143	131	121	112	105
		>150 ~ 250	164	155	143	132	121	111	103	97

（续）

钢 号	数字代号	公称厚度 /mm	$R_{p0.2}$/MPa ≥ 下列温度/℃							
			50	100	150	200	250	300	350	400
P265 GH	1.0425	≤16	256	241	223	205	188	173	160	150
		>16~40	247	232	215	197	181	166	154	145
		>40~60	237	223	206	190	174	160	148	139
		>60~100	208	196	181	167	153	140	130	122
		>100~150	193	182	169	155	142	130	121	114
		>150~250	179	168	156	143	131	121	112	105
P295 GH	1.0481	≤16	285	268	249	228	209	192	178	167
		>16~40	280	264	244	225	206	189	175	165
		>40~60	276	259	240	221	202	186	172	162
		>60~100	251	237	219	201	184	170	157	148
		>100~150	227	214	198	182	167	153	142	133
		>150~250	213	200	185	170	156	144	133	125
P355 GH	1.0473	≤16	343	323	299	275	252	232	214	202
		>16~40	334	314	291	267	245	225	208	196
		>40~60	324	305	282	259	238	219	202	190
		>60~100	305	287	265	244	224	206	190	179
		>100~150	285	268	249	228	209	192	178	167
		>150~250	271	255	236	217	199	183	169	159

表 2-3-62b 高温压力容器用钢（CrMo 合金钢）扁平材的规定总延伸强度高温力学性能

钢 号[1]	数字代号	公称厚度 /mm	$R_{p0.2}$/MPa ≥ 下列温度/℃									
			50	100	150	200	250	300	350	400	450	500
13CrMo4-5	1.7335	≤16	294	285	269	252	234	216	222	186	175	164
		>16~60	285	275	260	243	226	209	194	180	169	159
		>60~100	265	256	242	227	210	195	180	168	157	148
		>100~150	250	242	229	214	199	184	170	159	148	139
		>150~250	235	223	215	211	199	184	170	159	148	139
13CrMoSi5-5 + NT	1.7336 + NT[1]	≤60	299	283	268	255	244	233	223	218	206	—
		>60~100	289	274	260	247	236	225	216	211	199	—
13CrMoSi5-5 + QT	1.7336 + QT[1]	≤60	384	364	352	344	339	335	330	322	309	—
		>60~100	375	355	343	335	330	327	322	314	301	—
		>100~250	365	345	334	326	322	318	314	306	293	—
10CrMo9-10	1.7380	≤16	288	266	254	248	243	236	225	212	197	185
		>16~40	279	257	246	240	235	228	218	205	191	179
		>40~60	270	249	238	232	227	221	211	198	185	177
		>60~100	260	240	230	224	220	213	204	191	178	167
		>100~150	250	237	228	222	219	213	204	191	178	167
		>150~250	240	227	219	213	210	208	204	191	178	167
12CrMo9-10	1.7375	≤250	341	323	311	303	298	295	292	287	279	—
X12CrMo5	1.7362	≤60	310	299	295	294	293	291	285	273	253	222
		>60~250	290	281	277	275	275	273	267	256	237	208

[1] NT—正火 + 回火；QT—淬火 + 回火。

表 2-3-62c　高温压力容器用钢（其他合金钢）扁平材的规定总延伸强度高温力学性能

钢 号	数字代号	公称厚度/mm	$R_{p0.2}$/MPa　≥									
			下列温度/℃									
			50	100	150	200	250	300	350	400	450	500
16Mo3	1.5415	≤16	273	264	250	233	213	194	175	159	147	141
		>16~40	268	259	245	228	209	190	172	156	145	139
		>40~60	258	250	236	220	202	183	165	150	139	134
		>60~100	238	230	218	203	186	169	153	139	129	123
		>100~150	218	211	200	186	171	155	140	127	118	113
		>150~250	208	202	19	178	163	148	134	121	113	108
18MnMo4-5	1.5414	≤60	330	320	315	310	295	285	265	235	215	—
		>60~150	320	310	305	300	285	275	255	225	205	—
		>150~250	310	300	295	290	275	265	245	220	200	—
20MnMoNi4-5	1.6311	≤40	460	448	439	432	424	415	402	384	—	—
		>40~60	450	438	430	423	415	406	394	375	—	—
		>60~100	441	429	420	413	406	398	385	367	—	—
		>100~150	431	419	411	404	397	389	377	359	—	—
		>150~250	392	381	374	367	361	353	342	327		—
15NiCuMoNb5-6-4	1.6368	≤40	447	429	415	403	391	380	366	351	331	—
		>40~60	427	410	397	385	374	363	350	335	317	—
		>60~100	418	401	388	377	366	355	342	328	309	—
		>100~150	408	392	379	368	357	347	335	320	302	—
		>150~250	398	382	370	359	349	338	327	313	295	—
13CrMoV9-10	1.7703	≤60	410	395	380	375	370	365	362	360	350	—
		>60~250	405	390	370	365	360	355	352	350	340	—
12CrMoV12-10	1.7767	≤60	410	395	380	375	370	365	362	360	350	—
		>60~250	405	390	370	365	360	355	352	350	340	—
X10CrMoVNb9-1	1.4903	≤60	432	415	401	392	385	379	373	364	349	324
		>60~250	423	406	392	383	376	371	365	356	341	316

（2）EN 欧洲标准低温压力容器用钢扁平材［EN 10028-4（2017）］

A）低温压力容器用镍钢扁平材的钢号与化学成分（表 2-3-63）

表 2-3-63　低温压力容器用镍钢扁平材的钢号与化学成分（质量分数）（%）

钢 号	数字代号	C	Si	Mn	P ≤	S ≤	Ni	V	其 他
11MnNi5-3	1.6212	≤0.14	≤0.50	0.70~1.50	0.025	0.010	0.30~0.80	≤0.05	Al_t≥0.020
13MnNi6-3	1.6217	≤0.16	≤0.50	0.85~1.70	0.025	0.010	0.30~0.85	≤0.05	Nb≤0.05
15NiMn6	1.6228	≤0.18	≤0.35	0.80~1.50	0.025	0.010	1.30~1.70	≤0.05	—
12Ni14	1.5637	≤0.15	≤0.35	0.30~0.80	0.020	0.005	3.25~3.75	≤0.05	—
X12Ni5	1.5680	≤0.15	≤0.35	0.30~0.80	0.020	0.005	4.75~5.25	≤0.05	—
X8Ni9	1.5662	≤0.10	≤0.35	0.30~0.80	0.020	0.005	8.50~10.0	≤0.05	Mo≤0.10
X7Ni9	1.5663	≤0.10	≤0.35	0.30~0.80	0.015	0.005	8.50~10.0	≤0.01	Mo≤0.10

B）低温压力容器用钢扁平材的力学性能（表 2-3-64）

表 2-3-64 低温压力容器用钢扁平材的力学性能

钢　号	数字代号	交货状态[1]	公称厚度/mm	R_{eH}/MPa ≥	R_m/MPa	A（%）≥
11MnNi5-3	1.6212	+ N （+ NT）	≤30	285	420~530	22
			>30~50	275		
			>50~80	265		
13MnNi6-3	1.6217	+ N （+ NT）	≤30	355	490~610	22
			>30~50	345		
			>50~80	335		
15NiMn6	1.6228	+ N 或 + NT，或 + QT	≤30	355	490~640	22
			>30~50	345		
			>50~80	335		
12Ni14	1.5637	+ N 或 + NT，或 + QT	≤30	355	490~640	22
			>30~50	345		
			>50~80	335		
X12Ni5	1.5680	+ N 或 + NT，或 + QT	≤30	390	530~710	20
			>30~50	380		
X8Ni9 + NT640	1.5662 + NT640	+ N 和 + NT	≤30	490	640~840	18
			>30~125	480		
X8Ni9 + QT640	1.5662 + QT640	+ QT	≤30	490	640~840	18
			>30~125	480		
X8Ni9 + QT680	1.5662 + QT680	+ QT	≤30	585	680~820	18
			>30~125	575		
X7Ni9	1.5663	+ QT	≤30	585	680~820	18
			>30~125	575		

① N—正火；NT—正火 + 回火；QT—淬火 + 回火。

C）低温压力容器用钢扁平材的冲击吸收能量（表 2-3-65）

表 2-3-65 低温压力容器用钢扁平材的冲击吸收能量

钢　号	数字代号	热处理[1]状态	公称厚度/mm	试样取向	KV/J ≥ 下列温度/℃											
					-196	-170	-150	-120	-100	-80	-60	-50	-40	-20	0	20
11MnNi5-3	1.6212	+ N （+ NT）	≤80	L	—	—	—	—	—	—	40	45	50	55	60	70
				T	—	—	—	—	—	—	27	30	35	45	50	50
13MnNi6-3	1.6217	+ N （+ NT）	≤80	L	—	—	—	—	—	—	40	45	50	55	60	70
				T	—	—	—	—	—	—	27	30	35	45	50	50
15NiMn6	1.6228	+ N 或 + NT，或 + QT	≤60	L	—	—	—	—	40	45	50	60	65	65	65	
				T	—	—	—	—	—	27	35	35	40	45	50	50
12Ni14	1.5637	+ N 或 + NT，或 + QT	≤60	L	—	—	—	—	40	45	50	50	55	55	60	65
				T	—	—	—	—	—	27	30	35	35	35	45	50	50

（续）

钢　号	数字代号	热处理①状态	公称厚度/mm	试样取向	KV/J ≥ 下列温度/℃											
					−196	−170	−150	−120	−100	−80	−60	−50	−40	−20	0	20
X12Ni5	1.5680	+N 或+NT, 或+QT	≤50	L	—	—	—	40	50	60	60	65	65	70	70	70
				T	—	—	—	27	30	40	45	45	45	55	60	60
X8Ni9+NT640	1.5662+NT640	+N 和+NT	≤50	L	50	60	70	80	90	100	100	100	100	100	100	100
		+QT	≤125	T	40	45	50	50	50	70	70	70	70	70	70	70
X8Ni9+QT640	1.5662+QT640	+N 和+NT	≤125	L	50	60	70	80	90	100	100	100	100	100	100	100
		+QT	≤125	T	40	45	50	50	50	70	70	70	70	70	70	70
X8Ni9+QT680	1.5662+QT680	+QT	≤125	L	70	80	90	100	110	120	120	120	120	120	120	120
				T	50	60	70	80	90	100	100	100	100	100	100	100
X7Ni9	1.5663	+QT	≤125	L	100	110	120	120	120	120	120	120	120	120	120	120
				T	80	80	90	100	100	100	100	100	100	100	100	100

① N—正火；NT—正火+回火；QT—淬火+回火。

2.3.14　储气罐焊接用钢板和钢带 [EN 10120（2017）]

（1）EN 欧洲标准储气罐焊接用钢板和钢带的钢号与化学成分（表2-3-66）

表 2-3-66　储气罐焊接用钢板和钢带的钢号与化学成分（质量分数）（%）

钢　号	数字代号	C	Si	Mn	P ≤	S ≤	Nb	Ti	Al$_t$	其　他
P245 NB	1.0111	≤0.16	≤0.25	≤0.30	0.025	0.015	≤0.05	≤0.03	≥0.020	N≤0.009
P265 NB	1.0423	≤0.19	≤0.25	≤0.40	0.025	0.015	≤0.05	≤0.03	≥0.020	N≤0.009
P310 NB	1.0437	≤0.20	≤0.50	≤0.70	0.025	0.015	≤0.05	≤0.03	≥0.020	N≤0.009
P355 NB	1.0557	≤0.20	≤0.50	≤0.70	0.025	0.015	≤0.05	≤0.03	≥0.020	N≤0.009
NCT600XB	1.0950	≤0.15	≤0.75	≤2.50	0.040	0.015	Nb+Ti≤0.15		≥0.015	Cr+Mo≤1.00

（2）EN 欧洲标准储气罐焊接用钢板和钢带的力学性能（表2-3-67）

表 2-3-67　储气罐焊接用钢板和钢带的力学性能

钢　号	数字代号	R_{eH}/MPa ≥	R_m/MPa	A（%） 下列厚度/mm		正火温度/℃
				<3①	3~5②	
P245 NB	1.0111	245	360~450	≥35	≥1.7	900~940
P265 NB	1.0423	265	410~500	≥34	≥1.6	890~930
P310 NB	1.0437	310	460~550	≥33	≥1.6	890~930
P355 NB	1.0557	355	510~620	≥34	≤1.4	880~920
NCT600XB	1.0950	340	≥400	≥32	≥1.5	880~920

① $L_0=80mm$。

② $L_0=5.65\sqrt{S_0}$。

2.3.15　经热处理的冷轧窄钢带 [EN 10132-2~4（2000/R2017）]

（1）EN 欧洲标准经热处理的冷轧窄钢带（表面硬化钢）[EN 10132-2（2000/R2017）]

A）经热处理的冷轧窄钢带（表面硬化钢）的钢号与化学成分（表 2-3-68）

表 2-3-68　经热处理的冷轧窄钢带（表面硬化钢）的钢号与化学成分（质量分数）（%）

钢　号	数字代号	C	Si	Mn	P ≤	S ≤	Cr
C10 E	1.1121	0.07 ~ 0.13	≤0.40	0.30 ~ 0.60	0.035	0.035	≤0.40
C15 E	1.1141	0.12 ~ 0.18	≤0.40	0.30 ~ 0.60	0.035	0.035	≤0.40
16MnCr5	1.7131	0.14 ~ 0.19	≤0.40	1.00 ~ 1.30	0.035	0.035	0.80 ~ 1.10
17Cr3	1.7016	0.14 ~ 0.20	≤0.40	0.60 ~ 0.90	0.035	0.035	0.70 ~ 1.00

B）经热处理的冷轧窄钢带（表面硬化钢）的力学性能（表 2-3-69）

表 2-3-69　经热处理的冷轧窄钢带（表面硬化钢）的力学性能

钢　号	数字代号	退火态（+A）或退火和去皮（+LC）				冷轧态（+CR）	
		$R_{p0.2}$/MPa	R_m/MPa	A_{80} (%)	HV	R_m/MPa	HV
		≤	≥		≤	≤	≤
C10 E	1.1121	345	430	26	135	830	250
C15 E	1.1141	360	450	25	140	870	250
16MnCr5	1.7131	420	550	21	170	①	①
17Cr3	1.7016	420	550	21	170	①	①

① 由供需双方商定。

（2）EN 欧洲标准经热处理的冷轧窄钢带（调质钢）的钢号与化学成分 ［EN 10132-3（2000）］

A）经热处理的冷轧窄钢带（调质钢）的钢号与化学成分（表 2-3-70）

表 2-3-70　经热处理的冷轧窄钢带（调质钢）的钢号与化学成分（质量分数）（%）

钢　号	数字代号	C	Si	Mn	P ≤	S ≤	Cr	Ni	Mo
C22E	1.1151	0.17 ~ 0.24	≤0.40	0.40 ~ 0.70	0.035	0.035	≤0.40	≤0.40	≤0.10
C30E	1.1178	0.27 ~ 0.34	≤0.40	0.50 ~ 0.80	0.035	0.035	≤0.40	≤0.40	≤0.10
C35E	1.1181	0.32 ~ 0.39	≤0.40	0.50 ~ 0.80	0.035	0.035	≤0.40	≤0.40	≤0.10
C40E	1.1186	0.37 ~ 0.44	≤0.40	0.50 ~ 0.80	0.035	0.035	≤0.40	≤0.40	≤0.10
C45E	1.1191	0.42 ~ 0.50	≤0.40	0.50 ~ 0.80	0.035	0.035	≤0.40	≤0.40	≤0.10
C50E	1.1206	0.47 ~ 0.55	≤0.40	0.60 ~ 0.90	0.035	0.035	≤0.40	≤0.40	≤0.10
C55E	1.1203	0.52 ~ 0.60	≤0.40	0.60 ~ 0.90	0.035	0.035	≤0.40	≤0.40	≤0.10
C60E	1.1221	0.57 ~ 0.65	≤0.40	0.60 ~ 0.90	0.035	0.035	≤0.40	≤0.40	≤0.10
25Mn	1.1177	0.23 ~ 0.28	≤0.40	0.95 ~ 1.15	0.035	0.035	≤0.40	≤0.40	≤0.10
25CrMo4	1.7218	0.22 ~ 0.29	≤0.40	0.60 ~ 0.90	0.035	0.035	0.90 ~ 1.20	—	0.15 ~ 0.30
34CrMo4	1.7220	0.30 ~ 0.37	≤0.40	0.60 ~ 0.90	0.035	0.035	0.90 ~ 1.20	—	0.15 ~ 0.30
42CrMo4	1.7225	0.38 ~ 0.45	≤0.40	0.60 ~ 0.90	0.035	0.035	0.90 ~ 1.20	—	0.15 ~ 0.30

B）经热处理的冷轧窄钢带（调质钢）的力学性能（表 2-3-71）

表 2-3-71　经热处理的冷轧窄钢带（调质钢）的力学性能

钢　号	数字代号	退火态（+A）或退火和去皮（+LC）				冷轧态（+CR）		调质态（+QT）	
		$R_{p0.2}$/MPa	R_m/MPa	A_{80} (%)	HV	R_m/MPa	HV	R_m/MPa	HV
		≤	≥			≤			
C22E	1.1151	400	500	22	155	900	265	—	—
C30E	1.1178	420	520	20	165	920	270	—	—

（续）

钢　号	数字代号	退火态（+A）或退火和去皮（+LC）				冷轧态（+CR）		调质态（+QT）	
		$R_{p0.2}$/MPa	R_m/MPa	A_{80}（%）	HV	R_m/MPa	HV	R_m/MPa	HV
		≤		≥		≤			
C35E	1.1181	430	540	19	170	930	275	—	—
C40E	1.1186	440	550	18	170	970	280	—	—
C45E	1.1191	455	570	18	180	1020	290	—	—
C50E	1.1206	465	580	17	180	1050	295	1050~1650	325~505
C55E	1.1203	480	600	17	185	1070	300	1100~1700	340~520
C60E	1.1221	495	620	17	195	1100	305	1150~1750	345~530
25Mn	1.1177	460	590	20	180	①	①	—	—
25CrMo4	1.7218	440	580	19	175	①	①	990~1400	305~435
34CrMo4	1.7220	460	600	16	185	①	①	1020~1500	315~465
42CrMo4	1.7225	480	620	15	195	①	①	1100~1600	340~490

① 由供需双方商定。

（3）EN 欧洲标准经热处理的冷轧窄钢带（弹簧钢及其他钢类）的钢号与化学成分［EN 10132-4（2000）］

A）经热处理的冷轧窄钢带（弹簧钢及其他钢类）的钢号与化学成分（表2-3-72）

表 2-3-72　经热处理的冷轧窄钢带（弹簧钢及其他钢类）的钢号与化学成分（质量分数）（%）

钢　号	数字代号	C	Si	Mn	P ≤	S ≤	Cr	Ni	Mo	其他
C55S	1.1204	0.52~0.60	0.15~0.35	0.60~0.90	0.025	0.025	≤0.40	≤0.40	≤0.10	—
C60S	1.1211	0.57~0.65	0.15~0.35	0.60~0.90	0.025	0.025	≤0.40	≤0.40	≤0.10	—
C67S	1.1231	0.65~0.73	0.15~0.35	0.60~0.90	0.025	0.025	≤0.40	≤0.40	≤0.10	—
C75S	1.1248	0.70~0.80	0.15~0.35	0.60~0.90	0.025	0.025	≤0.40	≤0.40	≤0.10	—
C85S	1.1269	0.80~0.90	0.15~0.35	0.40~0.70	0.025	0.025	≤0.40	≤0.40	≤0.10	—
C90S	1.1217	0.85~0.95	0.15~0.35	0.40~0.70	0.025	0.025	≤0.40	≤0.40	≤0.10	—
C100S	1.1274	0.95~1.05	0.15~0.35	0.30~0.60	0.025	0.025	≤0.40	≤0.40	≤0.10	—
C125S	1.1224	1.20~1.30	0.15~0.35	0.30~0.60	0.025	0.025	≤0.40	≤0.40	≤0.10	—
48Si7	1.5021	0.45~0.52	1.60~2.00	0.50~0.80	0.025	0.025	≤0.40	≤0.40	≤0.10	—
56Si7	1.5026	0.52~0.60	1.60~2.00	0.60~0.90	0.025	0.025	≤0.40	≤0.40	≤0.10	—
51CrV4	1.8159	0.47~0.55	≤0.40	0.70~1.10	0.025	0.025	0.90~1.20	≤0.40	≤0.10	V 0.10~0.25
80CrV2	1.2235	0.75~0.85	0.15~0.35	0.30~0.60	0.025	0.025	0.40~0.60	≤0.40	≤0.10	V 0.15~0.25
75Ni8	1.5634	0.72~0.78	0.15~0.35	0.30~0.50	0.025	0.025	≤0.15	1.80~2.10	≤0.10	—
125Cr2	1.2002	1.20~1.30	0.15~0.35	0.25~0.50	0.025	0.025	0.40~0.60	≤0.40	≤0.10	—
102Cr6	1.2067	0.95~1.10	0.15~0.35	0.20~0.40	0.025	0.025	1.35~1.60	≤0.40	≤0.10	—

B）经热处理的冷轧窄钢带（弹簧钢及其他钢类）的力学性能（表2-3-73）

表 2-3-73　经热处理的冷轧窄钢带（弹簧钢及其他钢类）的力学性能

钢　号	数字代号	退火态（+A）或退火和去皮（+LC）				冷轧态（+CR）		调质态（+QT）	
		$R_{p0.2}$/MPa	R_m/MPa	A_{80}（%）	HV	R_m/MPa	HV	R_m/MPa	HV
		≤		≥		≤			
C55S	1.1204	480	600	17	185	1070	300	1100~1700	340~520
C60S	1.1211	495	620	17	195	1100	305	1150~1750	345~530

（续）

钢　号	数字代号	退火态（+A）或退火和去皮（+LC）				冷轧态（+CR）		调质态（+QT）	
		$R_{p0.2}$ /MPa	R_m /MPa	A_{80}（%）	HV	R_m /MPa	HV	R_m /MPa	HV
		≤		≥				≤	
C67S	1.1231	510	640	16	200	1140	315	1200~1900	370~580
C75S	1.1248	510	640	15	200	1170	320	1200~1900	370~580
C85S	1.1269	535	670	15	210	1190	325	1200~2000	370~600
C90S	1.1217	545	680	14	215	1200	325	1200~2100	370~600
C100S	1.1274	550	690	13	220	1200	325	1200~2100	370~630
C125S	1.1224	600	740	11	230	1200	325	1200~2100	370~630
48Si7	1.5021	580	720	13	225	—		1200~1700	370~520
56Si7	1.5026	600	740	12	230	—		1200~1700	370~520
51CrV4	1.8159	550	700	13	220	—		1200~1800	370~550
80CrV2	1.2235	580	720	12	225	—		1200~1800	370~550
75Ni8	1.5634	540	680	13	210	—		1200~1800	370~550
125Cr2	1.2002	590	750	11	235	—		1300~2100	405~630
102Cr6	1.2067	590	750	11	235	—		1300~2100	405~630

2.3.16　高温、低温和室温用非合金钢和合金钢承压焊接钢管［EN 10217-1～4（2019）］

（1）EN 欧洲标准高温用非合金钢和合金钢承压焊接钢管［EN 10217-2（2019）］

A）高温用非合金钢和合金钢承压焊接钢管的钢号与化学成分（表2-3-74）

表 2-3-74　高温用非合金钢和合金钢承压焊接钢管的钢号与化学成分（质量分数）（%）

钢　号	数字代号	C	Si	Mn	P ≤	S ≤	Cr	Ni	Mo	Al_t	其　他[②]
P195 GH	1.0348	≤0.13	≤0.35	≤0.70	0.025	0.020	≤0.30	≤0.30	≤0.08	≥0.020[①]	Nb≤0.10，Ti≤0.03 V≤0.02，Cu≤0.30
P355 GH	1.0345	≤0.16	≤0.35	≤1.20	0.025	0.020	≤0.30	≤0.30	≤0.08	≥0.020[①]	
P265 GH	1.0425	≤0.20	≤0.40	≤1.40	0.025	0.020	≤0.30	≤0.30	≤0.08	≥0.020[①]	
16Mo3	1.5415	0.12~0.20	≤0.35	0.40~0.90	0.025	0.020	≤0.30	≤0.30	0.25~0.35	≤0.040	—

① 当铝氮比 Al_t/N≥2 时，如果加入其他固定 N 的元素（Nb、Ti、V），则此 Al_t 含量的下限值不适用。

② Cr+Mo+Ni+Cu≤0.70%。

B）高温用非合金钢和合金钢承压焊接钢管的低于室温力学性能和高温力学性能（表 2-3-75 和表 2-3-76）

表 2-3-75　高温用非合金钢和合金钢承压焊接钢管的低于室温力学性能（壁厚≤16mm）

钢　号	数字代号	R_{eH} 或 $R_{p0.2}$/MPa ≥	R_m/MPa	A[①]（%）≥		KV/J ≥				
						纵　向			横　向	
				纵　向	横　向	20℃	0℃	−10℃	20℃	0℃
P195 GH	1.0348	195	320~440	27	25	—	40	28	—	27
P355 GH	1.0345	235	360~500	25	23	—	40	28	—	27
P265 GH	1.0425	265	410~570	23	21	—	40	28	—	27
16Mo3	1.5415	280	450~600	22	20	40	—	—	27	—

① 壁厚<3mm 的钢管，供需双方应事先商定其断后伸长率 A。

表 2-3-76　高温用非合金钢承压焊接钢管的高温力学性能（壁厚≤16mm）

钢 号	数字代号	$R_{p0.2}$/MPa　≥						
		下列温度/℃						
		100	150	200	250	300	350	400
P195 GH	1.0348	175	165	150	130	113	102	94
P355 GH	1.0345	198	187	170	150	132	120	112
P265 GH	1.0425	226	213	192	171	154	141	134
16Mo3	1.5415	243	237	224	205	173	159	156

（2）EN 欧洲标准室温用非合金钢承压焊接钢管［EN 10217-1（2019）］

A）室温用非合金钢承压焊接钢管的钢号与化学成分（表 2-3-77）

表 2-3-77　室温用非合金钢承压焊接钢管的钢号与化学成分（质量分数）（%）

钢　号[1]	数字代号	C	Si	Mn	P ≤	S ≤	Cr	Ni	Mo	Al_t	其 他[2]
P195 TR1	1.0107	≤0.13	≤0.35	≤0.70	0.025	0.020	≤0.30	≤0.30	≤0.08	—	
P195 TR2	1.0108	≤0.13	≤0.35	≤0.70	0.025	0.015	≤0.30	≤0.30	≤0.08	≥0.020	Nb≤0.10
P235 TR1	1.0254	≤0.16	≤0.35	≤1.20	0.025	0.020	≤0.30	≤0.30	≤0.08	—	Ti≤0.04
P235 TR2	1.0255	≤0.16	≤0.35	≤1.20	0.025	0.015	≤0.30	≤0.30	≤0.08	≥0.020	V≤0.02
P265 TR1	1.0258	≤0.20	≤0.40	≤1.40	0.025	0.020	≤0.30	≤0.30	≤0.08	—	Cu≤0.30
P265 TR2	1.0259	≤0.20	≤0.40	≤1.40	0.025	0.015	≤0.30	≤0.30	≤0.08	≥0.020	

① 对于不需要特殊检验其质量的 TR1 和 TR2，除非特意添加某些元素，一般无需提供这些元素的含量。

② Cr + Mo + Ni + Cu≤0.70%。

B）室温用非合金钢承压焊接钢管的力学性能（表 2-3-78a 和表 2-3-78b）

表 2-3-78a　室温用非合金钢承压焊接钢管的力学性能（TR1 等级钢）

钢　号	数字代号	R_{eH}/MPa ≥		R_m/MPa	A(%) ≥	
		壁厚/mm				
		≤16	>16～40		纵向	横向
P195 TR1	1.0107	195	185	320～440	27	25
P235 TR1	1.0254	235	225	360～500	25	23
P265 TR1	1.0258	265	255	410～570	21	19

表 2-3-78b　室温用非合金钢承压焊接钢管的力学性能（TR2 等级钢）

钢　号	数字代号	R_{eH}/MPa ≥		R_m/MPa	A[1] （%） ≥		KV/J ≥		
							纵向		横向
		厚≤16mm	>16～40mm		纵向	横向	0℃	-10℃	0℃
P195 TR2	1.0108	195	185	320～440	27	25	40	28	27
P235 TR2	1.0255	235	225	360～500	25	23	40	28	27
P265 TR2	1.0259	265	255	410～570	21	19	40	28	27

① 壁厚＜3mm 的钢管，供需双方应事先商定其断后伸长率 A。

（3）EN 欧洲标准低温用非合金钢承压焊接钢管［EN 10217-4（2019）］

A）低温用非合金钢承压焊接钢管的钢号与化学成分（表 2-3-79）

表 2-3-79　低温用非合金钢承压焊接钢管的钢号与化学成分（质量分数）（%）

钢号	数字代号	C	Si	Mn	P ≤	S ≤	Cr	Ni	Mo	Al$_t$	其 他
P215 NL	1.0451	≤0.15	≤0.35	≤0.40	0.025	0.020	≤0.30	≤0.30	≤0.08	≥0.020①	Nb≤0.10, Ti≤0.03
P265 NL	1.0453	≤0.20	≤0.40	≤0.60	0.025	0.020	≤0.30	≤0.30	≤0.08	≥0.020①	V≤0.02, Cu≤0.30

① 当铝氮比 Al$_t$/N ≥2 时，如果加入其他固定 N 的元素（Nb、Ti、V），则此 Al$_t$ 含量的下限值不适用。

B）低温用非合金钢承压焊接钢管的力学性能（表 2-3-80）

表 2-3-80　低温用非合金钢承压焊接钢管的力学性能（壁厚≤16mm）

钢　号	数字代号	R_{eH} 或 $R_{p0.2}$/MPa ≥	R_m/MPa	A(%) ≥		KV/J ≥					
				纵向	横向	纵向（下列温度/℃）			横向（下列温度/℃）		
						-40	-20	+20	-40	-20	+20
P215 NL①	1.0451	215	360~480	25	23	40	45	55	—	—	—
P265 NL②	1.0453	265	410~570	24	22	40	45	50	27	30	35

① 用于壁厚≤10mm 的焊接圆钢管。
② 用于壁厚≤16mm 的焊接圆钢管。

2.3.17　高温、低温和室温用非合金钢和合金钢承压无缝钢管［EN 10216-1、2、4（2014）］

（1）EN 欧洲标准高温用非合金钢和合金钢承压无缝钢管［EN 10216-2（2013）］

A）高温用非合金钢和合金钢承压无缝钢管的钢号与化学成分（表 2-3-81）

表 2-3-81　高温用非合金钢和合金钢承压无缝钢管的钢号与化学成分（质量分数）（%）

钢　号	数字代号	C	Si	Mn	P ≤	S ≤	Cr	Mo	V	Al$_t$	其 他
P195 GH	1.0348	≤0.13	≤0.35	≤0.70	0.025	0.010	≤0.30	≤0.08	≤0.02	≥0.020	Nb≤0.10 Ti≤0.40 Ni≤0.30 Cu≤0.30
P355 GH	1.0345	≤0.16	≤0.35	≤1.20	0.025	0.010	≤0.30	≤0.08	≤0.02	≥0.020	Nb≤0.20, Ti≤0.40
P265 GH	1.0425	≤0.20	≤0.40	≤1.40	0.025	0.010	≤0.30	≤0.08	≤0.02	≥0.020	Ni≤0.30, Cu≤0.30
20MnNb6	1.0471	≤0.22	0.15~0.35	1.00~1.50	0.025	0.010	—	—	—	≤0.060	Nb 0.015~0.10 Cu≤0.30
16Mo3	1.5415	0.12~0.20	≤0.35	0.40~0.90	0.025	0.010	≤0.30	0.25~0.35	—	≤0.040	Ni≤0.30
8MoB5-4	1.5450	0.06~0.10	0.10~0.35	0.60~0.80	0.025	0.010	≤0.20	0.40~0.50	—	≤0.060	Ti≤0.06, Cu≤0.30 B 0.002~0.006
14MoV6-3	1.7715	0.10~0.15	0.15~0.35	0.40~0.70	0.025	0.010	0.30~0.60	0.50~0.70	0.22~0.28	≤0.060	Ni≤0.30, Cu≤0.30
10CrMo5-5	1.7338	≤0.15	0.50~1.00	0.30~0.60	0.025	0.010	1.00~1.50	0.45~0.65	—	≤0.040	Ni≤0.30, Cu≤0.30
13CrMo4-5	1.7335	0.10~0.17	≤0.35	0.40~0.70	0.025	0.010	0.70~1.15	0.40~0.60	—	≤0.040	Ni≤0.30, Cu≤0.30
10CrMo9-10	1.7380	0.08~0.14	≤0.50	0.30~0.70	0.025	0.010	2.00~2.50	0.90~1.10	—	≤0.040	Ni≤0.30, Cu≤0.30

（续）

钢　号	数字代号	C	Si	Mn	P ≤	S ≤	Cr	Mo	V	Al$_t$	其　他
11CrMo9-10	1.7383	0.08 ~ 0.15	≤0.50	0.40 ~ 0.80	0.025	0.010	2.00 ~ 2.50	0.90 ~ 1.10	—	≤0.040	Ni≤0.30, Cu≤0.30
25CrMo4	1.7218	0.22 ~ 0.29	≤0.40	0.60 ~ 0.90	0.025	0.010	0.90 ~ 1.20	0.15 ~ 0.30	—	≤0.040	Ni≤0.30, Cu≤0.30
20CrMoV 13-5-5	1.7779	0.17 ~ 0.23	0.15 ~ 0.35	0.30 ~ 0.50	0.025	0.010	3.00 ~ 3.30	0.50 ~ 0.60	0.45 ~ 0.55	≤0.040	Ni≤0.30, Cu≤0.30
15NiCuMoNb 5-6-4	1.6368	≤0.17	0.25 ~ 0.50	0.80 ~ 1.20	0.025	0.010	≤0.30	0.25 ~ 0.50	—	≤0.050	Ni 1.00 ~ 1.30 Cu 0.50 ~ 0.80 Nb 0.015 ~ 0.045
7CrWVMo Nb9-6	1.8201	0.04 ~ 0.10	≤0.50	0.10 ~ 0.60	0.030	0.010	1.90 ~ 2.60	0.05 ~ 0.30	0.20 ~ 0.30	≤0.030	W 1.45 ~ 1.75 + ①
7CrMoVTi B10-10	1.7378	0.05 ~ 0.10	0.15 ~ 0.45	0.30 ~ 0.70	0.020	0.010	2.20 ~ 2.60	0.90 ~ 1.10	0.20 ~ 0.30	≤0.020	Ti 0.05 ~ 0.10 B 0.0015 ~ 0.0070
X11CrMo5 +1 X11CrMo 5 + NT1 X11CrMo 5 + NT2	1.7362 +1 1.7362 + NT1 1.7362 + NT2	0.08 ~ 0.15	0.15 ~ 0.50	0.30 ~ 0.60	0.025	0.010	4.00 ~ 6.00	0.45 ~ 0.65	—	≤0.040	Cu≤0.30
X11CrMo 9-1 +1 X11CrMo 9-1 + NT1	1.7386 +1 1.7386 + NT1	0.08 ~ 0.15	0.25 ~ 1.00	0.30 ~ 0.60	0.025	0.010	8.00 ~ 10.0	0.90 ~ 1.10	—	≤0.040	Cu≤0.30
X10CrMo VNb9-1	1.4903	0.08 ~ 0.12	0.20 ~ 0.50	0.30 ~ 0.60	0.020	0.005	8.00 ~ 9.50	0.85 ~ 1.05	0.18 ~ 0.25	≤0.020	Ni≤0.40, + ②
X10CrWMo VNb9-2	1.4901	0.07 ~ 0.13	≤0.50	0.30 ~ 0.60	0.020	0.010	8.50 ~ 9.50	0.30 ~ 0.60	0.15 ~ 0.25	≤0.020	W 1.50 ~ 2.00 Ni≤0.30, + ③
X11CrMoW VNb9-1-1	1.4905	0.09 ~ 0.13	0.15 ~ 0.50	0.30 ~ 0.60	0.020	0.010	8.50 ~ 9.50	0.90 ~ 1.10	0.18 ~ 0.25	≤0.020	W 0.90 ~ 1.10 Ni 0.10 ~ 0.40, + ④
X20CrMo V11-1	1.4922	0.17 ~ 0.23	0.15 ~ 0.50	≤1.00	0.020	0.010	10.0 ~ 12.5	0.80 ~ 1.20	0.25 ~ 0.35	≤0.040	Ni 0.30 ~ 0.80 Cu≤0.30

① Nb 0.02 ~ 0.08, Ti 0.005 ~ 0.008, N≤0.015, B 0.0010 ~ 0.0060。

② Ti≤ 0.01, Nb 0.06 ~ 0.10, Cu≤0.30, Zr≤0.01, N 0.030 ~ 0.070。

③ Nb 0.04 ~ 0.09, Ti≤ 0.01, Zr≤0.01, N 0.030 ~ 0.070, B 0.0010 ~ 0.0060。

④ Nb 0.06 ~ 0.10, Ti≤0.01, Zr≤ 0.01, N 0.050 ~ 0.090, B 0.0005 ~ 0.0050。

B) 高温用非合金钢和合金钢承压无缝钢管的力学性能和高温力学性能（表 2-3-82 和表 2-3-83）

表 2-3-82　高温用非合金钢和合金钢承压无缝钢管的力学性能

钢　号	数字代号	R_{eH}/MPa ≥				R_m/MPa	$A^{①}$（%）≥		KV/J ≥		
		下列壁厚/mm					$L^{②}$	$T^{②}$	温度/℃	$L^{②}$	$T^{②}$
		≤16	>16~40	>40~60	>60~100						
P195 GH	1.0348	195	—	—	—	320~440	27	25	0 / -10	40 / 28	27 / —
P355 GH	1.0345	235	225	215	—	360~500	25	23	0 / -10	40 / 28	27 / —
P265 GH	1.0425	265	255	245	—	410~570	23	21	0 / -10	40 / 28	27 / —
20MnNb6	1.0471	355	345	335	—	500~650	22	20	0	40	27
16Mo3	1.5415	280	270	260	—	450~600	22	20	20	40	27
8MoB5-4	1.5450	400	—	—	—	540~690	19	17	20	40	27
14MoV6-3	1.7715	320	320	310	—	460~610	20	18	20	40	27
10CrMo5-5	1.7338	275	275	265	—	410~560	22	20	20	40	27
13CrMo4-5	1.7335	290	290	280	—	440~590	22	20	20	40	27
10CrMo9-10	1.7380	280	280	270	—	480~630	22	20	20	40	27
11CrMo9-10	1.7383	355	355	355	—	540~680	20	18	20	40	27
25CrMo4	1.7218	345	345	345	—	540~690	18	15	20	40	27
20CrMoV13-5-5	1.7779	590	590	590	—	740~880	16	14	20	40	27
15NiCuMoNb5-6-4	1.6368	440	440	440	440	610~780	19	17	20	40	27
7CrWVMoNb9-6	1.8201	400	400	400	—	510~740	20	18	20	40	27
7CrMoVTiB10-10	1.7378	450	430	430	—	565~840	17	15	20	40	27
X11CrMo5 + 1	1.7362 + 1	175	175	175	175	430~580	22	20	20	40	27
X11CrMo5 + NT1	1.7362 + NT1	280	280	280	280	480~640	20	18	20	40	27
X11CrMo5 + NT2	1.7362 + NT2	390	390	390	390	570~740	18	16	20	40	27
X11CrMo9-1 + 1	1.7386 + 1	210	210	210	—	460~640	20	18	20	40	27
X11CrMo9-1 + NT1	1.7386 + NT1	390	390	390	—	590~740	18	16	20	40	27
X10CrMoVNb9-1	1.4903	450	450	450	450	630~830	19	17	20	40	27
X10CrWMoVNb9-2	1.4901	440	440	440	440	620~850	19	17	20	40	27
X11CrMoWVNb9-1-1	1.4905	450	450	450	450	620~850	19	17	20	40	27
X20CrMoV11-1	1.4922	490	490	490	490	690~840	17	14	20	40	27

① 壁厚＜3mm 的钢管，供需双方应事先商定其断后伸长率 A。

② L—横向；T—纵向。

表 2-3-83　高温用非合金钢和合金钢承压无缝钢管的高温力学性能

钢　号	数字代号	钢管壁厚≤/mm	$R_{p0.2}$/MPa ≥										
			下列温度/℃										
			100	150	200	250	300	350	400	450	500	550	600
P195 GH	1.0348	16	175	165	150	130	113	102	94	—	—	—	—
P355 GH	1.0345	60	198	187	170	150	132	120	112	108	—	—	—
P265 GH	1.0425	60	226	213	192	171	154	141	134	128	—	—	—

（续）

钢　号	数字代号	钢管壁厚≤/mm	$R_{p0.2}$/MPa ≥ 下列温度/℃										
			100	150	200	250	300	350	400	450	500	550	600
20MnNb6	1.0471	60	312	292	264	241	219	200	186	174	—	—	—
16Mo3	1.5415	60	243	237	224	205	173	159	156	150	146	—	—
8MoB5-4	1.5450	16	368	368	368	368	368	368	368	—	—	—	—
14MoV6-3	1.7715	60	282	276	267	241	225	216	209	203	200	197	—
10CrMo5-5	1.7338	60	240	228	219	208	165	156	148	144	143	—	—
13CrMo4-5	1.7335	60	264	253	245	236	192	182	174	168	166	—	—
10CrMo9-10	1.7380	60	249	241	234	224	219	212	207	193	180	—	—
11CrMo9-10	1.7383	60	323	312	304	296	289	280	275	257	239	—	—
25CrMo4	1.7218	60	—	315	305	295	285	265	225	185	—	—	—
20CrMoV13-5-5	1.7779	60	—	575	570	560	50	510	470	720	370	—	—
15NiCuMoNb5-6-4	1.6368	60	422	412	402	392	382	373	343	304	—	—	—
7CrWVMoNb9-6	1.8201	60	379	370	363	361	359	351	345	338	330	299	266
7CrMoVTiB10-10	1.7378	50	397	383	373	366	359	352	345	336	324	301	248
X11CrMo5+1	1.7362+1	100	156	150	148	147	145	142	137	129	116	—	—
X11CrMo5+NT1	1.7362+NT1	100	245	237	230	223	216	206	196	181	167	—	—
X11CrMo5+NT2	1.7362+NT2	100	366	350	334	332	309	299	269	280	265	—	—
X11CrMo9-1+1	1.7386+1	60	187	186	178	176	175	171	164	153	142	120	—
X11CrMo9-1+NT1	1.7386+NT1	100	363	348	334	330	326	322	316	311	290	236	—
X10CrMoVNb9-1	1.4903	100	410	395	380	370	360	350	340	320	300	272	215
X10CrWMoVNb9-2	1.4901	100	420	412	405	400	392	382	372	360	340	300	248
X11CrMoWVNb9-1-1	1.4905	100	412	401	390	383	376	367	356	342	319	287	231
X20CrMoV11-1	1.4922	100	—	—	430	415	390	380	360	330	290	250	—

（2）EN 欧洲标准室温用非合金钢承压无缝钢管［EN 10216-1（2013）］

A）室温用非合金钢承压无缝钢管的钢号与化学成分（表 2-3-84）

表 2-3-84　室温用非合金钢承压无缝钢管的钢号与化学成分[①]（质量分数）（%）

钢　号	数字代号	C	Si	Mn	P ≤	S ≤	Cr[②]	Ni[②]	Mo[②]	Al_t	其　他[③]
P195 TR1	1.0107	≤0.13	≤0.35	≤0.70	0.025	0.020	≤0.30	≤0.30	≤0.08	—	
P195 TR2	1.0108	≤0.13	≤0.35	≤0.70	0.025	0.020	≤0.30	≤0.30	≤0.08	≥0.020	Nb≤0.10
P235 TR1	1.0254	≤0.16	≤0.35	≤1.20	0.025	0.020	≤0.30	≤0.30	≤0.08	—	Ti≤0.04
P235 TR2	1.0255	≤0.16	≤0.35	≤1.20	0.025	0.020	≤0.30	≤0.30	≤0.08	≥0.020	V≤0.02
P265 TR1	1.0258	≤0.20	≤0.40	≤1.40	0.025	0.020	≤0.30	≤0.30	≤0.08	—	Cu≤0.30
P265 TR2	1.0259	≤0.20	≤0.40	≤1.40	0.025	0.020	≤0.30	≤0.30	≤0.08	≥0.020	

① 未经买方同意，不得在钢中有意添加本表中未列明的元素。为了防止从废料或其他材料中混入那些影响淬透性、力学性能和使用性能的元素，应采取预防措施。

② Cr + Mo + Ni + Cu≤0.70%。

③ 如果有其他强氮化物形成元素存在时，则表中的全铝 Al_t 含量下限不适用，将作调整。

B）室温用非合金钢承压无缝钢管的力学性能（表 2-3-85a 和表 2-3-85b）

表 2-3-85a　室温用非合金钢承压无缝钢管的力学性能（TR1 等级钢）

钢　号	数字代号	R_{eH}/MPa　≥			R_m/MPa	A（%）　≥	
		下列壁厚/mm				纵向	横向
		≤16	>16 ~ 40	>40 ~ 60			
P195 TR1	1.0107	195	185	175	320 ~ 440	27	25
P235 TR1	1.0254	235	225	215	360 ~ 500	25	23
P265 TR1	1.0259	265	255	245	410 ~ 570	21	19

表 2-3-85b　室温用非合金钢承压焊接圆钢管的力学性能（TR2 等级钢）

钢　号	数字代号	R_{eH}/MPa　≥			R_m/MPa	$A^{①}$（%）　≥		KV/J　≥		
		下列壁厚/mm				纵向	横向	纵向		横向
		≤16	>16 ~ 40	>40 ~ 60				0℃	-10℃	0℃
P195 TR2	1.0108	195	185	175	320 ~ 440	27	25	40	28	27
P235 TR2	1.0255	235	225	215	360 ~ 500	25	23	40	28	27
P265 TR2	1.0259	265	255	245	410 ~ 570	21	19	40	28	27

① 壁厚 < 3mm 的钢管，供需双方应事先商定其断后伸长率 A。

（3）EN 欧洲标准低温用非合金钢和合金钢承压无缝钢管［EN 10216-4（2013）］

A）低温用非合金钢和合金钢承压无缝钢管的钢号与化学成分（表 2-3-86）

表 2-3-86　低温用非合金钢和合金钢承压无缝钢管的钢号与化学成分（质量分数）（%）

钢　号	数字代号	C	Si	Mn	P ≤	S ≤	Cr	Ni	V	Al_t ≥	其　他
P215NL	1.0451	≤0.15	≤0.35	0.40 ~ 1.20	0.025	0.010	≤0.30	≤0.30	≤0.02	0.020	
P255QL	1.0452	≤0.17	≤0.35	0.40 ~ 1.20	0.025	0.010	≤0.30	≤0.30	≤0.02	0.020	Mo≤0.08，Nb≤0.10 Ti≤0.04，Cu≤0.30
P265NL	1.0453	≤0.20	≤0.40	0.60 ~ 1.40	0.025	0.010	≤0.30	≤0.30	≤0.02	0.020	
26CrMo4-2	1.7219	0.22 ~ 0.29	≤0.35	0.50 ~ 0.80	0.025	0.010	0.90 ~ 1.20	—	—	—	Mo 0.15 ~ 0.30 Cu≤0.30
11MnNi5-3	1.6212	≤0.14	≤0.50	0.70 ~ 1.50	0.025	0.010	—	0.30 ~ 0.80	≤0.05	0.020	Nb≤0.05，Cu≤0.30
13MnNi6-3	1.6217	≤0.16	≤0.50	0.85 ~ 1.70	0.025	0.010	—	0.30 ~ 0.85	≤0.05	0.020	Nb≤0.05，Cu≤0.30
12Ni14	1.5637	≤0.15	0.15 ~ 0.35	0.30 ~ 0.80	0.025	0.005	—	3.25 ~ 3.75	≤0.05	—	Cu≤0.30
X12Ni5	1.5680	≤0.15	≤0.35	0.30 ~ 0.80	0.020	0.005	—	4.50 ~ 5.30	≤0.05	—	Cu≤0.30
X10Ni9	1.5682	≤0.13	0.15 ~ 0.35	0.30 ~ 0.80	0.020	0.005	—	8.50 ~ 9.50	≤0.05	—	Mo≤0.10，Cu≤0.30

B）低温用非合金钢承压无缝钢管的力学性能（表 2-3-87a 和表 2-3-87b）

表 2-3-87a　低温用非合金钢承压无缝钢管的力学性能（壁厚≤40mm）

钢　号	数字代号	R_{eH} 或 $R_{p0.2}$/MPa ≥	R_m/MPa	A（%）≥ 纵向	A（%）≥ 横向
P215NL	1.0451	215	360～480	25	23
P255QL	1.0452	255	360～490	23	21
P265NL	1.0453	265	410～570	24	22
26CrMo4-2	1.7219	440	560～740	18	16
11MnNi5-3	1.6212	285	410～530	24	22
13MnNi6-3	1.6217	355	490～610	22	20
12Ni14	1.5637	345	440～620	22	20
X12Ni5	1.5680	390	510～710	21	19
X10Ni9	1.5682	510	690～840	20	18

表 2-3-87b　低温用非合金钢承压无缝钢管的冲击性能（壁厚≤40mm）

钢　号	数字代号	钢管壁厚/mm	取样方向①	KV/J ≥ 下列温度/℃ −196	−120	−110	−100	−90	−60	−50	−40	−20	+20
P215NL	1.0451	≤10	L	—	—	—	—	—	—	—	40	45	55
P255QL	1.0452	≤25	L	—	—	—	—	—	—	40	45	50	60
			T	—	—	—	—	—	—	27	30	35	40
	1.0452	25～40	L	—	—	—	—	—	—	—	40	45	55
			T								27	30	35
P265NL	1.0453	≤25	L	—	—	—	—	—	—	—	40	45	50
			T								27	30	35
26CrMo4-2	1.7219	≤40	L	—	—	—	—	—	40	40	45	50	60
			T						27	27	30	35	40
11MnNi5-3	1.6212	≤40	L	—	—	—	—	—	40	45	50	55	70
			T						27	30	35	40	45
13MnNi6-3	1.6217	≤40	L	—	—	—	—	—	40	45	50	55	70
			T						27	30	35	40	45
12Ni14	1.5637	≤25	L	—	—	—	40	45	50	55	55	60	65
			T				27	30	35	35	40	45	45
	1.5637	25～40	L	—	—	—	—	40	45	50	50	55	65
			T					27	30	35	35	40	45
X12Ni5	1.5680	≤25	L	—	40	45	50	55	65	65	65	70	70
			T		27	30	35	35	45	45	45	50	50
	1.5680	25～40	L	—	—	40	45	50	60	65	65	65	70
			T			27	30	35	40	45	45	45	50
X10Ni9	1.5682	≤40	L	40	50	50	60	60	70	70	70	70	70
			T	27	35	35	40	40	50	50	50	50	50

① L—纵向，T—横向。

2.3.18 细晶粒钢承压焊接钢管和无缝钢管 ［EN 10217-3（2019）］［EN 10216-3（2013）］

（1）EN 欧洲标准细晶粒钢承压焊接钢管 ［EN 10217-3（2019）］

A）细晶粒钢承压焊接钢管的钢号与化学成分（表 2-3-88）

表 2-3-88 细晶粒钢承压焊接钢管的钢号与化学成分（质量分数）（%）

钢 号	数字代号	C	Si	Mn	P ≤	S ≤	Cr	Ni	Mo	V	其 他
P275 N L1	1.0488	≤0.16	≤0.40	0.50~1.50	0.025	0.020	≤0.30	≤0.50	≤0.08	≤0.05	Al_t≥0.020 Nb≤0.05，Ti≤0.03
P275 N L2	1.1104	≤0.16	≤0.40	0.50~1.50	0.025	0.015	≤0.30	≤0.50	≤0.08	≤0.05	Cu≤0.30，N≤0.020 Nb+Ti+V≤0.05
P355 N	1.0562	≤0.20	≤0.50	0.90~1.70	0.025	0.020	≤0.30	≤0.50	≤0.08	≤0.10	
P355 NH	1.0565	≤0.20	≤0.50	0.90~1.70	0.025	0.020	≤0.30	≤0.50	≤0.08	≤0.10	Al_t≥0.020 Nb≤0.05，Ti≤0.03
P355 N L1	1.0566	≤0.18	≤0.50	0.90~1.70	0.025	0.020	≤0.30	≤0.50	≤0.08	≤0.10	Cu≤0.30，N≤0.020 Nb+Ti+V≤0.12
P355 N L2	1.1106	≤0.18	≤0.50	0.90~1.70	0.020	0.015	≤0.30	≤0.50	≤0.08	≤0.10	
P460 N	1.8905	≤0.20	≤0.60	1.00~1.70	0.025	0.020	≤0.30	≤0.80	≤0.10	≤0.20	
P460 NH	1.8935	≤0.20	≤0.60	1.00~1.70	0.025	0.020	≤0.30	≤0.80	≤0.10	≤0.20	Al_t≥0.020 Nb≤0.05，Ti≤0.03
P460 N L1	1.8915	≤0.20	≤0.60	1.00~1.70	0.025	0.020	≤0.30	≤0.80	≤0.10	≤0.20	Cu≤0.30，N≤0.020 Nb+Ti+V≤0.22
P460 N L2	1.8918	≤0.20	≤0.60	1.00~1.70	0.020	0.015	≤0.30	≤0.80	≤0.10	≤0.20	

B）细晶粒钢承压焊接钢管的力学性能（表 2-3-89）

表 2-3-89 细晶粒钢承压焊接钢管的力学性能

钢 号	数字代号	R_{eH}/MPa ≥			R_m/MPa		A（%）≥	
		下列壁厚/mm			下列壁厚/mm		下列壁厚/mm	
		≤12	>12~20	>20~40	≤20	>20~40	L[①]	T[①]
P275 N L1	1.0488	275	275	275	390~530	390~510	24	22
P275 N L2	1.1104	275	275	275	390~530	390~510	24	22
P355 N	1.0562	355	355	345	490~650	490~630	22	20
P355 NH	1.0565	355	355	345	490~650	490~630	22	20
P355 N L1	1.0566	355	355	345	490~650	490~630	22	20
P355 N L2	1.1106	355	355	345	490~650	490~630	22	20
P460 N	1.8905	460	450	440	560~730	560~730	19	17
P460 NH	1.8935	460	450	440	560~730	560~730	19	17
P460 N L1	1.8915	460	450	440	560~730	560~730	19	17
P460 N L2	1.8918	460	450	440	560~730	560~730	19	17

① L—纵向，T—横向。

（2）EN 欧洲标准细晶粒钢承压无缝钢管［EN 10216-3（2013）］

A）细晶粒钢承压无缝钢管的钢号与化学成分（表 2-3-90）

表 2-3-90　细晶粒钢承压无缝钢管的钢号与化学成分（质量分数）（%）

钢号	数字代号	C	Si	Mn	P ≤	S ≤	Cr	Ni	Mo	V	其　他
P275 N L1	1.0488	≤0.16	≤0.40	0.50~1.50	0.025	0.008	≤0.30	≤0.50	≤0.08	≤0.05	Al_t≥0.020
P275 N L2	1.1104	≤0.16	≤0.40	0.50~1.50	0.025	0.005	≤0.30	≤0.50	≤0.08	≤0.05	Nb≤0.05，Ti≤0.04 Cu≤0.30，N≤0.020 Nb+Ti+V≤0.05
P355 N	1.0562	≤0.20	≤0.50	0.90~1.70	0.025	0.020	≤0.30	≤0.50	≤0.08	≤0.10	Nb≤0.05，Ti≤0.04
P355 NH	1.0565	≤0.20	≤0.50	0.90~1.70	0.025	0.010	≤0.30	≤0.50	≤0.08	≤0.10	Zr≤0.15，B≤0.005
P355 N L1	1.0566	≤0.18	≤0.50	0.90~1.70	0.025	0.008	≤0.30	≤0.50	≤0.08	≤0.10	Cu≤0.30，N≤0.020
P355 N L2	1.1106	≤0.18	≤0.50	0.90~1.70	0.020	0.005	≤0.30	≤0.50	≤0.08	≤0.10	Nb+Ti+V≤0.12
P460 N	1.0562	≤0.20	≤0.50	1.00~1.70	0.025	0.020	≤0.30	≤0.80	≤0.10	≤0.20	Nb≤0.05，Ti≤0.04
P460 NH	1.8935	≤0.20	≤0.60	1.00~1.70	0.025	0.010	≤0.30	≤0.80	≤0.10	≤0.20	Zr≤0.15，B≤0.005
P460 N L1	1.8915	≤0.20	≤0.60	1.00~1.70	0.025	0.008	≤0.30	≤0.80	≤0.10	≤0.20	Cu≤0.70，N≤0.020
P460 N L2	1.8918	≤0.20	≤0.60	1.00~1.70	0.020	0.005	≤0.30	≤0.80	≤0.10	≤0.20	Nb+Ti+V≤0.22
P620 Q	1.8876	≤0.20	≤0.60	1.00~1.70	0.020	0.020	≤0.30	≤0.80	≤0.10	≤0.20	Nb≤0.05，Ti≤0.04
P620 QH	1.8877	≤0.20	≤0.60	1.00~1.70	0.020	0.020	≤0.30	≤0.80	≤0.10	≤0.20	Zr≤0.15，B≤0.005
P620 QL	1.8890	≤0.20	≤0.60	1.00~1.70	0.020	0.015	≤0.30	≤0.80	≤0.10	≤0.20	Cu≤0.30，N≤0.020 Nb+Ti+V≤0.22
P690 Q	1.8879	≤0.20	≤0.80	1.20~1.70	0.020	0.020	≤1.50	≤2.50	≤0.70	≤0.12	Nb≤0.06，Ti≤0.05
P690 QH	1.8880	≤0.20	≤0.80	1.20~1.70	0.025	0.015	≤1.50	≤2.50	≤0.70	≤0.12	Zr≤0.15，B≤0.005
P690 Q L1	1.8881	≤0.20	≤0.80	1.20~1.70	0.020	0.015	≤1.50	≤2.50	≤0.70	≤0.12	Cu≤0.30，N≤0.020
P690 Q L2	1.8888	≤0.20	≤0.80	1.20~1.70	0.020	0.010	≤1.50	≤2.50	≤0.70	≤0.12	

B）细晶粒钢承压无缝钢管的力学性能（表 2-3-91a 和表 2-3-91b）

表 2-3-91a　细晶粒钢承压无缝钢管的力学性能（一）

钢　号	数字代号	热处理状态[1]	R_{eH} 或 $R_{p0.2}$/MPa　≥						
			下列壁厚/mm						
			≤12	>12~20	>20~40	>40~50	>50~65	>65~80	>80~100
P275 N L1	1.0488	+N	275	275	275	265	255	245	235
P275 N L2	1.1104	+N	275	275	275	265	255	245	235
P355 N	1.0562	+N	355	355	345	335	325	315	305
P355 NH	1.0565	+N	355	355	345	335	325	315	305
P355 N L1	1.0566	+N	355	355	345	335	325	315	305
P355 N L2	1.1106	+N	355	355	345	335	325	315	305
P460 N	1.0562	+N	460	450	440	425	410	400	390
P460 NH	1.8935	+N	460	450	440	425	410	400	390
P460 N L1	1.8915	+N	460	450	440	425	410	400	390
P460 N L2	1.8918	+N	460	450	440	425	410	400	390
P620 Q	1.8876	+QT	620	620	580	540	500	—	—
P620 QH	1.8877	+QT	620	620	580	540	500	—	—
P620 Q L	1.8890	+QT	620	620	580	540	500	—	—

（续）

钢 号	数字代号	热处理状态①	R_{eH} 或 $R_{p0.2}$/MPa ≥						
			下列壁厚/mm						
			≤12	>12~20	>20~40	>40~50	>50~65	>65~80	>80~100
P690 Q	1.8879	+QT	690	690	650	615	580	540	500
P690 QH	1.8880	+QT	690	690	650	615	580	540	500
P690 Q L1	1.8881	+QT	690	690	650	615	580	540	500
P690 Q L2	1.8888	+QT	690	690	690	650	615	580	540

① 热处理状态：N—正火态，QT—淬火回火。

表 2-3-91b 细晶粒钢承压无缝钢管的力学性能（二）

钢 号	数字代号	热处理状态①	R_m/MPa				A(%) ≥	
			下列壁厚/mm				L②	T②
			≤20	>20~40	>40~65	>65~100		
P275 N L1	1.0488	+N	390~530	390~510	390~510	360~480	24	22
P275 N L2	1.1104	+N	390~530	390~510	390~510	360~480	24	22
P355 N	1.0562	+N	490~650	490~630	490~630	450~590	22	20
P355 NH	1.0565	+N	490~650	490~630	490~630	450~590	22	20
P355 N L1	1.0566	+N	490~650	490~630	490~630	450~590	22	20
P355 N L2	1.1106	+N	490~650	490~630	490~630	450~590	22	20
P460 N	1.0562	+N	560~730	560~730	560~730	490~690	19	17
P460 NH	1.8935	+N	560~730	560~730	560~730	490~690	19	17
P460 N L1	1.8915	+N	560~730	560~730	560~730	490~690	19	17
P460 N L2	1.8918	+N	560~730	560~730	560~730	490~690	19	17
P620 Q	1.8876	+QT	740~930	690~860	630~800	—	16	14
P620 QH	1.8877	+QT	740~930	690~860	630~800	—	16	14
P620 Q L	1.8890	+QT	740~930	690~860	630~800	—	16	14
P690 Q	1.8879	+QT	770~960	720~900	670~850	620~800	16	14
P690 QH	1.8880	+QT	770~960	720~900	670~850	620~800	16	14
P690 Q L1	1.8881	+QT	770~960	720~900	670~850	620~800	16	14
P690 Q L2	1.8888	+QT	770~960	770~960	700~880	680~860	16	14

① 热处理状态：N—正火态，QT—淬火回火。

② 取样方向：L—纵向，T—横向。

2.3.19 机械和一般工程用焊接圆钢管［EN 10296-1（2003）］

（1）EN 欧洲标准机械和一般工程用（非合金钢）焊接圆钢管

A）非合金钢焊接圆钢管的钢号和化学成分（表 2-3-92）

表 2-3-92 机械和一般工程用（非合金钢）焊接圆钢管的钢号与化学成分（质量分数）（%）

钢 号	数字代号	C	Si	Mn	P ≤	S ≤	其 他
E155	1.0033	≤0.11	≤0.35	≤0.70	0.045	0.045	—
E190	1.0031	≤0.10	≤0.35	≤0.70	0.045	0.045	①
E195	1.0034	≤0.15	≤0.35	≤0.70	0.045	0.045	—
E220	1.0215	≤0.14	≤0.35	≤0.70	0.045	0.045	①
E235	1.0308	≤0.17	≤0.35	≤1.20	0.045	0.045	—

（续）

钢　号	数字代号	C	Si	Mn	P ≤	S ≤	其 他
E260	1.0220	≤0.16	≤0.35	≤1.20	0.045	0.045	①
E275	1.0225	≤0.21	≤0.35	≤1.40	0.045	0.045	—
E320	1.0237	≤0.20	≤0.35	≤1.40	0.045	0.045	①
E355	1.0580	≤0.22	≤0.55	≤1.60	0.045	0.045	②
E370	1.0261	≤0.21	≤0.55	≤1.60	0.045	0.045	①，②

① 厚度 $t > 6mm$ 时，C 含量上限值可增加 0.01% 。

② 是否需要添加 Nb、V 和 Ti，由供方决定。

B）非合金钢焊接圆钢管的力学性能（表 2-3-93）

表 2-3-93　机械和一般工程用焊接圆钢管的力学性能（部分非合金钢 + CR[①]）

钢　号	数字代号	R_{eH}/MPa	R_m/MPa	A（%）≥	
		≥		纵　向	横　向
E190	1.0031	190	270	26[②]	24
E220	1.0215	220	310	23[②]	21
E260	1.0220	260	340	21[②]	19
E320	1.0237	320	410	19[②]	17
E370	1.0261	370	450	15	13

① 后缀字母：+ CR—焊接态。

② 外径 $D \leq 76.1mm$ 和外径（D）和壁厚 T 之比 $D/T \leq 20$ 的钢管，断后伸长率 $A \geq 17\%$ 。

（2）EN 欧洲标准机械和一般工程用（耐冲击低合金钢）焊接圆钢管

A）耐冲击低合金钢焊接圆钢管的钢号和化学成分（表 2-3-94）

表 2-3-94　机械和一般工程用（耐冲击低合金钢）焊接圆钢管的钢号与化学成分[①]（质量分数）（%）

钢　号	数字代号	C	Si	Mn	P≤	S≤	V≤	Ti≤	Nb≤	Al_t[②]	其 他
E275 K2	1.0456	≤0.20	≤0.40	0.50 ~ 1.40	0.035	0.030	0.05	0.030	0.050	≥0.020	Cr≤0.30，Ni≤0.30 Mo≤0.10，Cu≤0.35[③] N≤0.015
E355 K2	1.0920	≤0.20	≤0.50	0.90 ~ 1.65	0.035	0.030	0.12	0.030	0.050	≥0.020	Cr≤0.30，Ni≤0.50 Mo≤0.10，Cu≤0.35[③] N≤0.015
E460 K2	1.8991	≤0.20	≤0.60	1.00 ~ 1.70	0.035	0.030	0.20	0.030	0.050	≥0.020	Cr≤0.30，Ni≤0.80 Mo≤0.10，Cu≤0.70[③] N≤0.025

① 如果钢中有其他强氮化物形成元素存在，则表中的 N 含量不适用，将作调整。

② 如果钢中存在其他氮化物形成元素，$Al_t \geq 0.020$ 不适用。

③ 若铜含量 Cu > 0.30% 时，则 Ni 含量应超过铜含量的 1/2 以上。

B）耐冲击低合金钢焊接圆钢管的力学性能（表 2-3-95）

表 2-3-95　机械和一般工程用（耐冲击低合金钢）焊接圆钢管的力学性能

钢　号	数字代号	R_{eH}/MPa ≥		R_m/MPa ≥	A[①]（%）≥		KV/J ≥ （−20℃）
		下列壁厚/mm			纵　向	横　向	
		$t \leq 16$	$t > 16$				
E275 K2	1.0456	275	265	370	24[②]	22	40
E355 K2	1.0920	355	345	470	22[②]	20	40
E460 K2	1.8991	460	550	550	17	15	40

① 壁厚 $t < 3mm$ 的钢管，供需双方应事先商定其断后伸长率 A 。

② 外径 $D \leq 76.1mm$ 和 $D/T \leq 20$ 的钢管，断后伸长率 $A \geq 17\%$ 。

（3）EN 欧洲标准机械和一般工程用（控轧低合金钢）焊接圆钢管

A）控轧低合金钢焊接圆钢管的钢号和化学成分（表2-3-96）

表 2-3-96　机械和一般工程用（控轧低合金钢）焊接圆钢管的钢号与化学成分[①]　（质量分数）（%）

钢 号	数字代号	C	Si	Mn	P≤	S≤	V≤	Ti≤	Nb≤	Al$_t$[②]	其 他
E275 M	1.8895	≤0.13	≤0.50	≤1.50	0.035	0.030	0.08	0.050	0.050	0.020	Ni≤0.30
E355 M	1.8896	≤0.14	≤0.50	≤1.50	0.035	0.030	0.10	0.050	0.050	0.020	Mo≤0.20[③]
E420 M	1.8897	≤0.16	≤0.50	≤1.70	0.035	0.030	0.12	0.050	0.050	0.020	N≤0.020
E460 M	1.8898	≤0.16	≤0.60	≤1.70	0.035	0.030	0.12	0.050	0.050	0.020	Ni≤0.30 Mo≤0.20[③] N≤0.025

① 如果钢中有其他强氮化物形成元素存在，则表中的氮含量不适用，将作调整。

② 如果钢中有其他氮化物形成元素存在，Al$_t$≥0.020 不适用。

③ Cr + Mo + Cu≤0.60%。

B）控轧低合金钢焊接圆钢管的力学性能（表2-3-97）

表 2-3-97　机械和一般工程用焊接圆钢管的力学性能（控轧低合金钢）

钢 号	数字代号	R_{eH}/MPa ≥ 下列壁厚/mm		R_m/MPa ≥	A[①]（%）≥		KV/J ≥ (−20℃)
		t≤16	t>16~40		纵向	横向	
E275 M	1.8895	275	265	360	24[②]	22	40
E355 M	1.8896	355	345	450	22[②]	20	40
E420 M	1.8897	420	400	500	19[②]	17	40
E460 M	1.8898	460	440	530	17	15	40

① 壁厚 t<3mm 的钢管，供需双方应事先商定其断后伸长率 A。

② 外径≤76.1mm 和 D/T≤20 的钢管，伸长率 A≥17%。

2.3.20　机械和一般工程用无缝圆钢管［EN 10297-1（2003/R2017）］

（1）EN 欧洲标准机械和一般工程用（非合金钢）无缝圆钢管

A）非合金钢无缝圆钢管的钢号和化学成分（表2-3-98）

表 2-3-98　机械和一般工程用（非合金钢）无缝圆钢管的钢号与化学成分（质量分数）（%）

钢 号	数字代号	C	Si	Mn	P≤	S≤	其 他
E235	1.0308	≤0.17	≤0.35	≤1.20	0.030	0.035	—
E275	1.0225	≤0.21	≤0.35	≤1.40	0.030	0.035	—
E315	1.0236	≤0.21	≤0.30	≤1.50	0.030	0.035	—
E355[①]	1.0580	≤0.22	≤0.55	≤1.60	0.030	0.035	—
E470	1.0536	0.16~0.21	0.10~0.55	1.30~1.70	0.030	0.035	Al≥0.010 Nb≤0.07，N≤0.020 V 0.08~0.15

① 是否需要添加 Nb、V 和 Ti，由供方决定。

B）非合金钢无缝圆钢管的力学性能（表2-3-99a 和表2-3-99b）

表 2-3-99a   机械和一般工程用（非合金钢）无缝圆钢管的力学性能（一）

钢 号	数字代号	交货状态[1]	$R_{eH}^{①}$/MPa ≥				
			下列壁厚/mm				
			≤16	>16~40	>40~65	>65~80	>80~100
E235	1.0308	AR 或 N	235	225	215	205	195
E275	1.0225	AR 或 N	275	265	255	245	235
E315	1.0236	AR 或 N	315	305	295	280	270
E355[1]	1.0580	AR 或 N	355	345	335	315	295
E470	1.0536	AR	470	430	—	—	—

① 交货状态：AR—轧态，N—正火态。

表 2-3-99b   机械和一般工程用（非合金钢）无缝圆钢管的力学性能（二）

钢 号	数字代号	R_m/MPa ≥				A（%） ≥	
		下列壁厚/mm				L[1]	T[1]
		≤16	>16~40	>40~65	>65~100		
TE235	1.0308	360	360	360	340	25	23
E275	1.0225	410	410	410	380	22	20
E315	1.0236	450	450	450	420	21	19
E355	1.0580	490	490	490	470	20	18
E470	1.0536	650	600	—	—	17	15

① L—纵向，T—横向。

（2）EN 欧洲标准机械和一般工程用（耐冲击低合金钢）无缝圆钢管

A）耐冲击低合金钢无缝圆钢管的钢号和化学成分（表 2-3-100）

表 2-3-100   机械和一般工程用（耐冲击低合金钢）无缝圆钢管的钢号与化学成分（质量分数）（%）

钢号	数字代号	C	Si	Mn	P≤	S≤	V	Ti≤	Nb≤	$Al_t^{①}$ ≥	其 他
E275K2	1.0456	≤0.20	≤0.40	0.50~1.40	0.030	0.030	≤0.05	0.03	0.05	0.020	Cr≤0.30，Ni≤0.30 Mo≤0.10，Cu≤0.35[2] N≤0.015
E355K2	1.0920	≤0.20	≤0.50	0.90~1.65	0.030	0.030	≤0.12	0.05	0.05	0.020	Cr≤0.30，Ni≤0.50 Mo≤0.10，Cu≤0.35[2] N≤0.015
E420J2	1.0599	0.16~0.22	0.10~0.50	1.30~1.70	0.030	0.035	0.08~0.15[2]	0.05	0.07[2]	0.010	Cr≤0.30，Ni≤0.40 Mo≤0.08，Cu≤0.30[2] N≤0.020
E460K2	1.8891	≤0.20	≤0.60	1.00~1.70	0.030	0.030	≤0.20[2]	0.05	0.05[2]	0.020	Cr≤0.30，Ni≤0.80 Mo≤0.10，Cu≤0.70[2] N≤0.020
E590K2	1.0644	0.16~0.22	0.10~0.50	1.30~1.70	0.030	0.035	0.08~0.15[2]	0.05	0.07[2]	0.010	Cr≤0.30，Ni≤0.40 Mo≤0.08，Cu≤0.30 N≤0.020
E730K2	1.8893	≤0.20	≤0.50	1.40~1.70	0.025	0.025	≤0.12	0.05	0.05	0.020	Cr≤0.30，Ni≤0.70 Mo≤0.45，Cu≤0.20[2] N≤0.020

① 如果钢中有其他强氮化物形成元素存在，则表中的铝含量不适用，将作调整。

② Nb + V≤0.20% 。

B）耐冲击低合金钢无缝圆钢管的力学性能（表 2-3-101a 和表 2-3-101b）

表 2-3-101a　机械和一般工程用（耐冲击低合金钢）无缝圆钢管的力学性能（一）

钢　号	数字代号	交货状态①	R_{eH}/MPa　≥					KV/J　≥（-20℃）	
			下列壁厚/mm					L②	T②
			≤16 ~	>16 ~ 40	>40 ~ 65	>65 ~ 80	>80 ~ 100		
E275K2	1.0456	+ N	275	265	255	245	235	40	27
E355K2	1.0920	+ N	355	345	335	315	295	40	27
E420J2	1.0599	+ N	420	400	390	370	360	27	20
E460K2	1.8891	+ N	460	440	430	410	390	40	27
E590K2	1.0644	+ QT	590	540	480	455	420	40	27
E730K2	1.8893	+ QT	730	670	620	580	540	40	27

① 交货状态：N—正火态，QT—淬火回火。

② L—纵向，T—横向。

表 2-3-101b　机械和一般工程用（耐冲击低合金钢）无缝圆钢管的力学性能（二）

钢　号	数字代号	R_m/MPa　≥				A（%）　≥	
		下列壁厚/mm				L①	T①
		≤16 ~	>16 ~ 40	>40 ~ 65	>65 ~ 100		
E275K2	1.0456	410	410	410	380	22	20
E355K2	1.0920	490	490	470	470	20	18
E420J2	1.0599	600	560	530	500	19	17
E460K2	1.8891	550	550	550	520	19	17
E590K2	1.0644	700	650	570	520	16	14
E730K2	1.8893	790	750	700	680	15	13

① L—纵向，T—横向。

（3）EN 欧洲标准机械和一般工程用（优质非合金钢和合金调质钢）无缝圆钢管

A）优质非合金钢和合金调质钢无缝圆钢管的钢号和化学成分（表 2-3-102）

表 2-3-102　机械和一般工程用（优质非合金钢和合金调质钢）无缝圆钢管
的钢号与化学成分（质量分数）（%）

钢　号	数字代号	C	Si	Mn	P≤	S≤	Cr	Ni	Mo	其　他
优质非合金钢										
C22E	1.1151	0.17 ~ 0.24	≤0.40	0.40 ~ 0.70	0.035	0.035	≤0.40	≤0.40	≤0.10	Cr + Mo + Cu≤0.63
C35E	1.1181	0.32 ~ 0.39	≤0.40	0.50 ~ 0.80	0.035	0.035	≤0.40	≤0.40	≤0.10	Cr + Mo + Cu≤0.63
C45E	1.1191	0.42 ~ 0.50	≤0.40	0.50 ~ 0.80	0.035	0.035	≤0.40	≤0.40	≤0.10	Cr + Mo + Cu≤0.63
C60E	1.1221	0.57 ~ 0.65	≤0.40	0.60 ~ 0.90	0.035	0.035	≤0.40	≤0.40	≤0.10	Cr + Mo + Cu≤0.63
38Mn6	1.1127	0.34 ~ 0.42	0.15 ~ 0.35	1.40 ~ 1.65	0.035	0.035	≤0.40	≤0.40	≤0.10	Cr + Mo + Cu≤0.63
合金调质钢										
41Cr4	1.7035	0.38 ~ 0.45	≤0.40	0.60 ~ 0.90	0.035	0.035	0.90 ~ 1.20	—	—	—
25CrMo4	1.7218	0.22 ~ 0.29	≤0.40	0.60 ~ 0.90	0.035	0.035	0.90 ~ 1.20	—	0.15 ~ 0.30	—
30CrMo4	1.7216	0.27 ~ 0.34	≤0.35	0.35 ~ 0.60	0.035	0.035	0.80 ~ 1.15	—	0.15 ~ 0.30	—
34CrMo4	1.7220	0.30 ~ 0.37	≤0.40	0.60 ~ 0.90	0.035	0.035	0.90 ~ 1.20	—	0.15 ~ 0.30	—
42CrMo4	1.7225	0.38 ~ 0.45	≤0.40	0.60 ~ 0.90	0.035	0.035	0.90 ~ 1.20	—	0.15 ~ 0.30	—
36CrNiMo4	1.6511	0.32 ~ 0.40	≤0.40	0.50 ~ 0.80	0.035	0.035	0.90 ~ 1.20	0.90 ~ 1.20	0.15 ~ 0.30	—

（续）

钢　号	数字代号	C	Si	Mn	P≤	S≤	Cr	Ni	Mo	其　他
					合金调质钢					
30CrNiMo8	1.6580	0.26～0.34	≤0.40	0.30～0.60	0.035	0.035	1.80～2.20	1.80～2.20	0.30～0.50	—
41NiCrMo-7-3-2	1.6563	0.38～0.44	≤0.30	0.60～0.90	0.025	0.025	0.70～0.90	1.65～2.00	0.15～0.30	Cu≤0.25

B）优质非合金钢无缝圆钢管的力学性能（表 2-3-103～表 2-3-105）

表 2-3-103　机械和一般工程用（优质非合金钢）无缝圆钢管的力学性能（正火态）

钢　号	数字代号	R_{eH}/MPa ≥			R_m/MPa ≥			A（%）≥					
		下列壁厚/mm			下列壁厚/mm			下列壁厚/mm					
								≤16		>16～40		>40～80	
		≤16	>16～40	>40～80	≤16	>16～40	>40～80	L[1]	T[1]	L[1]	T[1]	L[1]	T[1]
C22E	1.1151	240	210	210	430	410	410	24	22	25	23	25	23
C35E	1.1181	300	270	270	550	520	520	18	16	19	17	19	17
C45E	1.1191	340	305	305	620	580	580	14	12	16	14	16	14
C60E	1.1221	390	350	340	710	670	670	10	8	11	9	11	9
38Mn6	1.1127	400	380	360	670	620	570	14	12	15	13	16	14

① L—纵向，T—横向。

表 2-3-104　机械和一般工程用（优质非合金钢）无缝圆钢管的力学性能（淬火回火态）

钢　号	数字代号	R_{eH}/MPa ≥				R_m/MPa ≥				A（%）≥							
		下列壁厚/mm				下列壁厚/mm				下列壁厚/mm							
										≤8		>8～20		>20～50		>50～80	
		≤8	>8～20	>20～50	>50～80	≤8	>8～20	>20～50	>50～80	L[1]	T[1]	L[1]	T[1]	L[1]	T[1]	L[1]	T[1]
C22E	1.1151	340	290	270	260	500	470	440	420	20	18	22	20	22	20	22	20
C35E	1.1181	430	380	320	290	630	600	550	500	17	15	19	17	20	18	20	18
C45E	1.1191	490	430	370	340	700	650	630	600	14	12	16	14	17	15	17	15
C60E	1.1221	580	520	450	420	850	800	750	710	11	9	13	11	14	12	14	12
38Mn6	1.1127	620	570	470	400	850	750	650	550	13	11	14	12	15	13	16	14

① L—纵向，T—横向。

表 2-3-105　机械和一般工程用（优质非合金钢）无缝圆钢管的冲击性能（淬火回火态）

钢　号	数字代号	KV/J ≥					
		（-20℃）下列壁厚/mm					
		≤8	>8～20		>20～60		>60～100	
		L[1]	T[1]	L[1]	T[1]	L[1]	T[1]
C22E	1.1151	50	50	32	40	27	40	27
C35E	1.1181	35	35	22	35	22	35	22
C45E	1.1191	25	25	14	25	14	25	14
38Mn6	1.1127	36	40	25	40	25	—	—

① L—纵向，T—横向。

C）合金调质钢无缝圆钢管的力学性能（表 2-3-106 和表 2-3-107）

表 2-3-106　机械和一般工程用（合金调质钢）无缝圆钢管的力学性能（淬火回火态）

钢　号	数字代号	R_{eH}/MPa ≥				R_m/MPa ≥				A（%）≥							
		下列壁厚/mm															
		≤8	>8~20	>20~50	>50~80	≤8	>8~20	>20~50	>50~80	≤8		>8~20		>20~50		>50~80	
										L[1]	T[1]	L[1]	T[1]	L[1]	T[1]	L[1]	T[1]
41Cr4	1.7035	800	660	560	—	1000	900	800	—	11	9	12	10	14	12	—	—
25CrMo4	1.7218	700	600	450	400	900	800	700	650	12	10	14	12	15	13	16	14
30CrMo4	1.7216	750	630	520	480	950	850	750	700	12	10	13	11	14	12	15	13
34CrMo4	1.7220	800	650	550	500	1000	900	800	750	11	9	12	10	14	12	15	13
42CrMo4	1.7225	900	750	650	550	1100	1000	900	800	10	8	11	9	12	10	13	11
36CrNiMo4	1.6511	900	800	700	600	1100	1000	900	800	10	8	11	9	12	10	13	11
30CrNiMo8	1.6580	1050	1050	900	800	1250	1250	1100	1000	9	7	9	7	10	8	11	9
41NiCrMo-7-3-2	1.6563	950	870	800	750	1150	1050	1000	900	9	7	10	8	11	9	12	10

① L—纵向，T—横向。

表 2-3-107　机械和一般工程用（合金调质钢）无缝圆钢管的冲击性能（淬火回火态）

钢　号	数字代号	KV/J ≥					
		（-20℃）下列壁厚/mm					
		≤8	>8~20		>20~60		>60~100	
		L[1]	L[1]	T[1]	L[1]	T[1]	L[1]	T[1]
41Cr4	1.7035	30	35	22	35	22	—	—
25CrMo4	1.7218	45	50	32	50	32	45	27
30CrMo4	1.7216	40	45	27	45	27	45	27
34CrMo4	1.7220	35	40	25	45	27	45	27
42CrMo4	1.7225	30	35	22	35	22	35	22
36CrNiMo4	1.6511	35	40	25	45	27	45	27
30CrNiMo8	1.6580	30	30	20	35	22	45	27
41NiCrMo7-3-2	1.6563	35	40	25	45	27	45	27

① L—纵向，T—横向。

（4）EN 欧洲标准机械和一般工程用（表面硬化钢）无缝圆钢管

A）表面硬化钢无缝圆钢管的钢号和化学成分（表 2-3-108）

表 2-3-108　机械和一般工程用（表面硬化钢）无缝圆钢管的钢号和化学成分（质量分数）

钢　号	数字代号	C	Si≤	Mn	P≤	S	Cr	Ni	Mo
C10E	1.1121	0.07~0.13	0.40	0.30~0.60	0.035	≤0.035	—	—	—
C15E	1.1141	0.12~0.18	0.40	0.30~0.60	0.035	≤0.035	—	—	—
C15R	1.1140	0.12~0.18	0.40	0.30~0.60	0.035	0.020~0.040	—	—	—
16MnCr5	1.7131	0.14~0.19	0.40	1.00~1.30	0.035	≤0.035	0.80~1.10	—	—
16MnCrS5	1.7139	0.14~0.19	0.40	1.00~1.30	0.035	0.020~0.040	0.80~1.10	—	—
20CrNiMo2-2	1.6523	0.17~0.23	0.40	0.65~0.95	0.035	≤0.035	0.35~0.70	0.40~0.70	0.15~0.25
20NiCrMoS2-2	1.6526	0.17~0.23	0.40	0.65~0.95	0.035	0.020~0.040	0.35~0.70	0.40~0.70	0.15~0.25

B）表面硬化钢无缝圆钢管的硬度（表 2-3-109）

表 2-3-109 机械和一般工程用（表面硬化钢）无缝圆钢管的硬度

钢 号	数字代号	HBW		
		+ A[1]	+ TH[1]	+ FP[1]
C10E	1. 1121	131	—	—
C15E	1. 1141	143	—	—
C15R	1. 1140	143	—	—
16MnCr5	1. 7131	207	156 ~ 207	140 ~ 187
16MnCrS5	1. 7139	207	156 ~ 207	140 ~ 187
20CrNiMo2-2	1. 6523	212	161 ~ 212	149 ~ 194
20NiCrMoS2-2	1. 6526	212	161 ~ 212	149 ~ 194

① 代号：A—退火；TH—调整硬度范围热处理；FP—用于调整铁素体和珠光体组织及硬度的恒温处理。

2.3.21 非合金钢和细晶粒钢热精加工结构空心型材〔EN 10210-1（2006）〕

（1）EN 欧洲标准非合金钢热精加工结构空心型材

A）非合金钢热精加工结构空心型材的钢号与化学成分（表 2-3-110）

表 2-3-110 非合金钢热精加工结构空心型材的钢号与化学成分（质量分数）（%）（热轧态）

钢 号	数字代号	型材壁厚/mm	C	Si	Mn	P≤	S≤	其 他[1,2]	脱氧类型[3]
S235 JRH	1. 0039	≤40	≤0. 17	—	≤1. 40	0. 040	0. 040	N≤0. 009	FN
		>40 ~ 120	≤0. 20	—	≤1. 40	0. 040	0. 040	N≤0. 009	
S275 J0H	1. 0149	≤40	≤0. 20	—	≤1. 50	0. 035	0. 035	N≤0. 009	FN
		>40 ~ 120	≤0. 22	—	≤1. 50	0. 035	0. 035	N≤0. 009	
S275 J2H	1. 0138	≤40	≤0. 20	—	≤1. 50	0. 030	0. 030	—	FF
		>40 ~ 120	≤0. 22	—	≤1. 50	0. 030	0. 030	—	
S355 J0H	1. 0547	≤120	≤0. 22	≤0. 55	≤1. 60	0. 035	0. 035	N≤0. 009	FN
S355 J2H	1. 0576	≤120	≤0. 22	≤0. 55	≤1. 60	0. 030	0. 030	—	FF
S355 K2H	1. 0512	≤120	≤0. 22	≤0. 55	≤1. 60	0. 030	0. 030	—	FF

① 允许超过标称的 N 含量，当 N 含量每增加 0.001%，则 P 含量上限值随同降低 0.005%。

② 如果全铝含量下限值为 Al_t = 0.020%，且 Al/N > 2:1，或者钢中有其他强氮化物形成元素存在，则表中的 N 含量不适用，将作调整。

③ FN—不允许沸腾钢；FF—全镇静钢，含与氮化合的元素。

B）非合金钢（结构空心型材）的碳当量 CE（表 2-3-111）

表 2-3-111 非合金钢（结构空型材）的碳当量 CE

钢 号	数字代号	CE[1]（%）≤			
		下列厚度/mm			
		≤16	>16 ~ 40	>40 ~ 65	>65 ~ 120
S235 JRH	1. 0039	0. 37	0. 39	0. 41	0. 44
S275 J0H	1. 0149	0. 41	0. 43	0. 45	0. 48
S275 J2H	1. 0138	0. 41	0. 43	0. 45	0. 48
S355 J0H	1. 0547	0. 45	0. 47	0. 50	0. 53
S355 J2H	1. 0576	0. 45	0. 47	0. 50	0. 53
S355 K2H	1. 0512	0. 45	0. 47	0. 50	0. 53

① 碳当量 $CE = C + \dfrac{Mn}{6} + \dfrac{Si}{24} + \dfrac{Ni}{40} + \dfrac{Cr}{5} + \dfrac{Mo}{4} + \dfrac{V}{14}$。

C）非合金钢结构空心型材的力学性能（表 2-3-112a 和表 2-3-112b）

表 2-3-112a 非合金钢结构空心型材的力学性能（一）

钢 号	数字代号	R_{eH}/MPa ≥						R_m/MPa		
		下列厚度/mm						下列厚度/mm		
		≤16	>16~40	>40~63	>63~80	>80~100	>100~120	<3	≥3~100	≥100~120
S235JRH	1.0039	235	225	215	215	215	195	360~510	360~510	350~500
S275 J0H	1.0149	275	265	255	245	235	225	430~580	410~560	400~540
S275 J2H	1.0138									
S355 J0H	1.0547	355	345	335	325	315	295	510~680	470~630	450~600
S355 J2H	1.0576									
S355 K2H	1.0512									

表 2-3-112b 非合金钢结构空心型材的力学性能（二）

钢 号	数字代号	A（%）≥ $L_0 = 5.65\sqrt{S_0}$				KV ≥/J		
		下列厚度/mm				下列温度/℃		
		≤40	>40~63	>63~100	>100~120	+20	0	-20
S235JRH	1.0039	26	25	24	22	—	—	27
S275 J0H	1.0149	23	22	21	19	—	27	—
S275 J2H	1.0138					27	—	—
S355 J0H	1.0547	22	21	20	18	—	27	—
S355 J2H	1.0576					27	—	—
S355 K2H	1.0512					40	—	—

（2）EN 欧洲标准细晶粒钢热精加工结构空心型材

A）细晶粒钢热精加工结构空心型材的钢号与化学成分（表 2-3-113）

表 2-3-113 细晶粒钢热精加工结构空心型材的钢号与化学成分（质量分数）（%）（正火态）

钢 号[1]	数字代号	C	Si	Mn	P ≤	S ≤	Nb	V	N[2]	Al_t	其 他[3]
S275 NH	1.0493	≤0.20	≤0.40	0.50~1.40	0.035	0.030	≤0.050	≤0.08	≤0.015	≤0.020	Cr≤0.30，Mo≤0.10 Ni≤0.30，Ti≤0.03 Cu≤0.35
S275 NLH	1.0497	≤0.20	≤0.40	0.50~1.40	0.030	0.025	≤0.050	≤0.08	≤0.015	≤0.020	
S355NH	1.0539	≤0.20	≤0.50	0.90~1.65	0.035	0.030	≤0.050	≤0.12	≤0.020	≤0.020	Cr≤0.30，Mo≤0.10 Ni≤0.50，Ti≤0.03 Cu≤0.35
S355 NLH	1.0549	≤0.18	≤0.50	0.90~1.65	0.030	0.025	≤0.050	≤0.12	≤0.020	≤0.020	
S420 NH	1.8750	≤0.22	≤0.60	1.00~1.70	0.035	0.030	≤0.050	≤0.20	≤0.025	≤0.020	Cr≤0.30，Mo≤0.10 Ni≤0.80，Ti≤0.03 Cu≤0.70
S420 NLH	1.8751	≤0.22	≤0.60	1.00~1.70	0.030	0.025	≤0.050	≤0.20	≤0.025	≤0.020	
S460 NH	1.8953	≤0.22	≤0.60	1.00~1.70	0.035	0.030	≤0.050	≤0.20	≤0.025	≤0.020	Cr≤0.30，Mo≤0.10 Ni≤0.80，Ti≤0.03 Cu≤0.70
S460 NLH	1.8956	≤0.22	≤0.60	1.00~1.70	0.030	0.025	≤0.050	≤0.20	≤0.025	≤0.020	

① 型材壁厚≤65mm。

② 如果钢中有其他强氮化物形成元素存在，则表中的 N 含量不适用，将作调整。

③ Cr + Ni + Mo + Cu≤0.70%。

B) 细晶粒钢（结构空心型材）的碳当量 CE（表 2-3-114）

表 2-3-114 细晶粒钢（结构空心型材）的碳当量 CE

钢 号	数字代号	CE[1]（%） ≤		钢 号	数字代号	CE[1]（%） ≤	
		下列厚度/mm				下列厚度/mm	
		≤16	>16~65			≤16	>16~65
S275 NH	1.0493	0.40	0.40	S420 NH	1.8750	0.50	0.52
S275 NLH	1.0497			S420 NLH	1.8751		
S355 NH	1.0539	0.43	0.45	S460 NH	1.8953	0.53	0.55
S355 NLH	1.0549			S460 NLH	1.8956		

[1] 碳当量 $CE = C + \dfrac{Mn}{6} + \dfrac{Si}{24} + \dfrac{Ni}{40} + \dfrac{Cr}{5} + \dfrac{Mo}{4} + \dfrac{V}{14}$。

C) 细晶粒钢热精加工结构空心型材的力学性能（表 2-3-115）

表 2-3-115 细晶粒钢热精加工结构空心型材的力学性能

钢 号	数字代号	R_{eH}/MPa ≥			R_m[1]/MPa	A[1]（%） ≥		KV/J ≥	
		下列厚度/mm						下列温度/℃	
		≤16	>16~40	>40~65		纵向	横向	-40	-20
S275 NH	1.0493	275	265	255	370~510	24	22	—	40[2]
S275 NLH	1.0497	275	265	255	370~510	24	22	27	—
S355NH	1.0539	355	345	335	470~630	22	20	—	40[2]
S355 NLH	1.0549	355	345	335	470~630	22	20	27	—
S420 NH	1.8750	420	400	390	520~680	19	17	—	40[2]
S420 NLH	1.8751	420	400	390	520~680	19	17	27	—
S460 NH	1.8953	460	440	430	540~720	17	15	—	40[2]
S460 NLH	1.8956	460	440	430	540~720	17	15	27	—

[1] 标称型材厚度≤65mm 时试样测试值。

[2] 测试值相当于 -30℃时 27J。

2.3.22 非合金钢和细晶粒钢冷成形结构空心型材 ［EN 10219-1（2006）］

（1）EN 欧洲标准非合金钢冷成形结构空心型材

A) 非合金钢（热轧态）冷成形结构空心型材的钢号与化学成分（表 2-3-116）

表 2-3-116 非合金钢（热轧态）冷成形结构空心型材的钢号与化学成分（质量分数）（%）

钢 号	数字代号	脱氧类型[1]	C	Si	Mn	P≤	S≤	其他[2]	CE
S235 JRH	1.0039	FF	≤0.17	—	≤1.40	0.040	0.040	N≤0.009	0.35
S275 J0H	1.0149	FF	≤0.20	—	≤1.50	0.035	0.035	N≤0.009	0.40
S275 J2H	1.0138	FF	≤0.20	—	≤1.50	0.030	0.030	—	0.40
S355 JRH	1.0547	FF	≤0.22	≤0.55	≤1.60	0.035	0.035	N≤0.009	0.45
S355 J2H	1.0576	FF	≤0.22	≤0.55	≤1.60	0.030	0.030	—	0.45
S355 K2H	1.0512	FF	≤0.22	≤0.55	≤1.60	0.030	0.030	—	0.45

[1] FF—完全镇静钢，含有足够数量氮化合物的元素（例如 Al_t≥0.020 或 Al_S=0.015%）。

[2] 如果全铝含量下限值为 $Al_t = 0.020\%$，且 Al/N > 2:1，或者钢中有其他强氮化物形成元素存在，则 N 将被记入检文件中。

B) 非合金钢（冷成形结构空心型材）的碳当量 CE（表 2-3-117）

表 2-3-117 非合金钢（冷成形结构空心型材）的碳当量 CE

钢　号	数字代号	CE[1]（%）≤	钢　号	数字代号	CE[1]（%）≤
S235 JRH	1.0039	0.35	S355 JRH	1.0547	0.45
S275 J0H	1.0149	0.40	S355 J2H	1.0576	0.45
S275 J2H	1.0138	0.40	S355 K2H	1.0512	0.45

① 型材截面厚度≤40mm。

C）非合金钢（热轧态）冷成形结构空心型材的力学性能（表 2-3-118）

表 2-3-118 非合金钢（热轧态）冷成形结构空心型材的力学性能

钢　号	数字代号	R_{eH}/MPa ≥		R_m[1]/MPa ≥		A[1]（%）≥	KV[1]/J ≥		
		下列厚度/mm		下列厚度/mm		下列厚度/mm	下列温度/℃		
		≤16	>16~40	≤3	>3~40	≤40	-20	0	20
S235 JRH	1.0039	235	225	360~510	360~510	24	—	—	27
S275 J0H	1.0149	275	265	430~580	410~560	20	—	27	—
S275 J2H	1.0138	275	265	430~580	410~560	20	27	—	—
S355 JRH	1.0547	355	345	510~680	470~630	20	—	—	27
S355 J2H	1.0576	355	345	510~680	470~630	20	27	—	—
S355 K2H	1.0512	355	345	510~680	470~630	20	40[2]	—	—

① 对于型材截面尺寸 D/T<15（圆形）和$(B+H)/2T$<12、5（正方形和长方形），其 A 下限值减去2。

② 该数值相当于 -30℃时的 27J。

（2）EN 欧洲标准细晶粒钢冷成形结构空心型材

A）细晶粒钢（正火态）冷成形结构空心型材的钢号与化学成分（表 2-3-119）

表 2-3-119 细晶粒钢（正火态）冷成形结构空心型材[1]的钢号与化学成分（质量分数）（%）

钢　号[2]	数字代号	C	Si	Mn	P≤	S≤	Nb	V	N	Al$_t$[3]	其　他
S275 NH	1.0493	≤0.20	≤0.40	0.50~1.40	0.035	0.030	≤0.050	≤0.05	≤0.015	≤0.020	Cr≤0.30，Mo≤0.10 Ni≤0.30，Ti≤0.03 Cu≤0.35[4]
S275 NLH	1.0497	≤0.20	≤0.40	0.50~1.40	0.030	0.025	≤0.050	≤0.05	≤0.015	≤0.020	
S355NH	1.0539	≤0.20	≤0.50	0.90~1.65	0.035	0.030	≤0.050	≤0.12	≤0.015	≤0.020	Cr≤0.30，Mo≤0.10 Ni≤0.50，Ti≤0.03 Cu≤0.35[4]
S355 NLH	1.0549	≤0.18	≤0.50	0.90~1.65	0.030	0.025	≤0.050	≤0.12	≤0.015	≤0.020	
S460 NH	1.8953	≤0.20	≤0.60	1.00~1.70	0.035	0.030	≤0.050	≤0.20	≤0.025	≤0.020	Cr≤0.30，Mo≤0.10 Ni≤0.80，Ti≤0.03 Cu≤0.70[4]
S460 NLH	1.8956	≤0.20	≤0.60	1.00~1.70	0.030	0.025	≤0.050	≤0.20	≤0.025	≤0.020	

① 型材截面厚度≤40mm。

② 各钢号的脱氧程度均为 GF，表示含强氮化物形成元素的完全镇静钢，其充分的含量促使晶粒细化。

③ 如果钢中有其他强氮化物形成元素存在，则表中的铝含量不适用，将作调整。

④ 如果铜含量 Cu>0.30%，则 $Ni \geqslant \frac{1}{2} Cu$。

B）细晶粒钢（控轧态）冷成形结构空心型材的钢号与化学成分（表 2-3-120）

表 2-3-120　细晶粒钢（控轧态）冷成形结构空心型材[1]的钢号与化学成分（质量分数）（%）

钢　号[2]	数字代号	C	Si	Mn	P≤	S≤	Nb	V	N	Al_t[3]	其　他
S275 MH	1.8843	≤0.13	≤0.50	≤1.50	0.035	0.030	≤0.050	≤0.08	≤0.015	≤0.020	Ni≤0.30，Mo≤0.20 Ti≤0.050
S275 MLH	1.8844	≤0.13	≤0.50	≤1.50	0.030	0.025	≤0.050	≤0.08	≤0.015	≤0.020	Cr + Mo + Cu≤0.60
S355 MH	1.8845	≤0.14	≤0.50	≤1.50	0.035	0.030	≤0.050	≤0.10	≤0.015	≤0.020	Ni≤0.30，Mo≤0.20 Ti≤0.050
S355 MLH	1.8846	≤0.14	≤0.50	≤1.50	0.030	0.025	≤0.050	≤0.10	≤0.015	≤0.020	Cr + Mo + Cu≤0.60
S420 MH	1.8847	≤0.16	≤0.50	≤1.70	0.035	0.030	≤0.050	≤0.12	≤0.025	≤0.020	Ni≤0.30，Mo≤0.20 Ti≤0.050
S420 MLH	1.8848	≤0.16	≤0.50	≤1.70	0.030	0.025	≤0.050	≤0.12	≤0.025	≤0.020	Cr + Mo + Cu≤0.60
S460 MH	1.8849	≤0.16	≤0.60	≤1.70	0.035	0.030	≤0.050	≤0.12	≤0.025	≤0.020	Ni≤0.30，Mo≤0.20 Ti≤0.050
S460 MLH	1.8850	≤0.16	≤0.60	≤1.70	0.030	0.025	≤0.050	≤0.12	≤0.025	≤0.020	Cr + Mo + Cu≤0.60

① 型材截面厚度≤40mm。

② 各钢号的脱氧程度均为 GF，表示含强氮化物形成元素的完全镇静钢，其充分的含量促使晶粒细化。

③ 如果钢中有其他强氮化物形成元素存在，则表中的铝含量不适用，将作调整。

C）细晶粒钢（冷成形结构空心型材）的碳当量（表 2-3-121）

表 2-3-121　细晶粒钢冷成形结构空心型材[1]的碳当量 CE

钢　号	数字代号	CE(%) ≤	钢　号	数字代号	CE(%) ≤
S275 NH	1.0493	0.40	S355 MLH	1.8846	0.39
S275 NLH	1.0497	0.40	S420 MH	1.8847	0.43
S275 MH	1.8843	0.34	S420 MLH	1.8848	0.43
S275 MLH	1.8844	0.34	S460 NH	1.8953	0.53
S355 NH	1.0539	0.43	S460 NLH	1.8956	0.53
S355 NLH	1.0549	0.43	S460 MH	1.8849	0.46
S355 MH	1.8845	0.39	S460 MLH	1.8850	0.46

① 型材截面厚度≤40mm。

D）细晶粒钢（正火态）冷成形结构空心型材的力学性能（表 2-3-122）

表 2-3-122　细晶粒钢（正火态）冷成形结构空心型材的力学性能

钢　号	数字代号	R_{eH}/MPa ≥		R_m /MPa	A[1] （%） ≥	KV/J ≥	
		下列厚度/mm		厚≤40mm	厚≤40mm	下列温度/℃	
		≤16	>16~40			-50	-20
S275 NH	1.0493	275	265	370~510	24	—	40[2]
S275 NLH	1.0497	275	265	370~510	24	27	—
S355 NH	1.0539	355	345	470~630	22	—	40[2]
S355 NLH	1.0549	355	345	470~630	22	27	—
S460 NH	1.8953	460	440	540~720	17	—	40[2]
S460 NLH	1.8956	460	440	540~720	17	27	—

① 对于型材截面尺寸 D/T<15（圆形）和 $(B + H)/2T$<12、5（正方形和长方形），其断后伸长率 A 下限值减去 2。

② 该数值相当于 -30℃时的 27J。

E）细晶粒钢（控轧态）冷成形结构空心型材的力学性能（表 2-3-123）

表 2-3-123 细晶粒钢（控轧态）冷成形结构空心型材的力学性能

钢 号	数字代号	R_{eH}/MPa ≥		R_m/MPa	A[①]（%）≥	KV/J ≥	
		下列厚度/mm				下列温度/℃	
		≤16	>16~40	厚≤40mm	厚≤40mm	−50	−20
S275 MH	1.8843	275	265	360~510	24	—	40[②]
S275 MLH	1.8844	275	265	360~510	24	27	—
S355 MH	1.8845	355	345	450~610	22	—	40[②]
S355 MLH	1.8846	355	345	450~610	22	27	—
S420 MH	1.8847	420	400	500~660	19	—	40[②]
S420 MLH	1.8848	420	400	500~660	19	27	—
S460 MH	1.8849	460	440	530~720	17	—	40[②]
S460 MLH	1.8850	460	440	530~720	17	27	—

① 对于型材截面尺寸 $D/T<15$（圆形）和 $(B+H)/2T<12、5$（正方形和长方形），其断后伸长率 A 下限值减去 2。

② 该数值相当于 −30℃时的 27J。

2.3.23 机械用弹簧钢丝 ［EN 10270-1（2011 + A1 2017）］［EN 10270-2（2011）］

（1）EN 欧洲标准索氏体冷拉碳素弹簧钢丝 ［EN 10270-1（2011 + A1 2017）］

A）索氏体冷拉碳素弹簧钢丝的钢号与化学成分（表 2-3-124）

表 2-3-124 索氏体冷拉碳素弹簧钢丝的钢号与化学成分（质量分数）（%）

钢 号	C[①]	Si	Mn[②]	P≤	S≤	其 他
SL	0.35~1.00	0.10~0.30	0.40~1.20	0.035	0.035	Cu≤0.20
SM	0.35~1.00	0.10~0.30	0.40~1.20	0.035	0.035	Cu≤0.20
SH	0.35~1.00	0.10~0.30	0.40~1.20	0.035	0.035	Cu≤0.20
DM	0.45~1.00	0.10~0.30	0.40~1.20	0.020	0.025	Cu≤0.12
DH	0.45~1.00	0.10~0.30	0.40~1.20	0.020	0.025	Cu≤0.12

① 表中 C 含量范围较大，是为了适应所有规格的要求。对于某一规格，C 含量应严格控制在一定范围内。

② 表中 Mn 含量范围较大，是为了适应不同工艺和规格的要求。对于某一规格，Mn 含量应严格控制在一定范围内。

B）索氏体冷拉碳素弹簧钢丝的分类（表 2-3-125）

表 2-3-125 索氏体冷拉碳素弹簧钢丝的分类

抗拉强度	用于静载荷	用于动载荷	选 用 范 围
低抗拉强度	SL	—	1. 在静应力状态或突发性动载荷条件下使用的弹簧，应选用 S 级钢丝
中等抗拉强度	SM	DM	2. 在其他条件下，如频繁或强烈动载荷条件下工作的弹簧，以及制作旋绕比
高抗拉强度	SH	DH	较小或弯曲半径很小的弹簧，应选用 D 级钢丝

（2）EN 欧洲标准油淬火回火冷拉弹簧钢丝 ［EN 10270-2（2011）］

A）油淬火回火冷拉弹簧钢丝的钢号与化学成分（表 2-3-126）

表 2-3-126 油淬火回火冷拉弹簧钢丝的钢号与化学成分（质量分数）（%）

钢 号	C	Si	Mn[①]	P≤	S≤	Cr[②]	V[③]	其 他
VDC	0.60~0.75	0.15~0.30	0.50~1.00	0.020	0.020	—	—	Cu≤0.06
VDCrV	0.62~0.72	0.15~0.30	0.50~0.90	0.025	0.020	0.40~0.60	0.15~0.25	Cu≤0.06
VDSiCr	0.50~0.60	1.20~1.60	0.50~0.90	0.020	0.020	0.50~0.80	—	Cu≤0.06
VDSiCrV	0.50~0.70	1.20~1.65	0.40~0.90	0.020	0.020	0.50~1.00	0.10~0.25	Cu≤0.06

（续）

钢　号	C	Si	Mn①	P≤	S≤	Cr②	V③	其　他
TDC	0.60～0.75	0.10～0.35	0.50～1.20	0.020	0.020	—	—	Cu≤0.10
TDCrV	0.62～0.72	0.15～0.30	0.50～0.90	0.025	0.020	0.40～0.60	0.15～0.25	Cu≤0.10
TDSiCr	0.50～0.60	1.20～1.60	0.50～0.90	0.025	0.020	0.50～0.80	—	Cu≤0.10
TDSiCrV	0.50～0.70	1.20～1.65	0.40～0.90	0.020	0.020	0.50～1.00	0.10～0.25	Cu≤0.10
FDC	0.60～0.75	0.10～0.35	0.50～1.20	0.030	0.025	—	—	Cu≤0.12
FDCrV	0.62～0.72	0.15～0.30	0.50～0.90	0.030	0.025	0.40～0.60	0.15～0.25	Cu≤0.12
FDSiCr	0.50～0.60	1.20～1.60	0.50～0.90	0.030	0.025	0.50～0.80	—	Cu≤0.12
FDSiCrV	0.50～0.70	1.20～1.65	0.40～0.90	0.030	0.025	0.50～1.00	0.10～0.25	Cu≤0.12

① Mn 含量可以控制在一定范围，但锰含量不能低于 0.20% 。

② 粗钢丝（直径大于 8.5mm），为了适当的硬度，Cr 含量可以达到 0.30% 。

③ 为增加疲劳强度，V 含量限制在 0.05%～0.15% 。

B）油淬火回火冷拉弹簧钢丝的分类（表 2-3-127）

表 2-3-127　油淬火回火冷拉弹簧钢丝的分类

抗拉强度	用于静载荷	用于中等疲劳	用于高疲劳
低抗拉强度	FDC	TDC	VDC
中等抗拉强度	FDCrV	TDCrV	VDCrV
高抗拉强度	FDSiCr	TDSiCr	VDSiCr
极高抗拉强度	FDSiCrV	TDSiCrV	VDSiCrV
直径范围/mm	0.50～17.0	0.50～10.0	0.50～10.0

2.4　法　　　国

A. 通用结构用钢

2.4.1　非合金结构钢［NF EN 10025-2（2019）］

见 2.3.1 小节。

2.4.2　细晶粒结构钢［NF EN 10025-3（2019）］

见 2.3.2 小节。

2.4.3　表面硬化结构钢［NF EN ISO 683-3（2019）］

见 2.3.4 小节。

2.4.4　调质结构钢［NF EN ISO 683-1（2018）NF EN ISO 683-2（2016）］

见 2.2.6 小节［ISO 683-1（2018）和 ISO 683-2（2016）］。

2.4.5　易切削结构钢［NF EN ISO 683-4（2018）］

见 2.2.8 小节［ISO 683-4（2016）］。

2.4.6　轴承钢［NF EN ISO 683-17（2014）］

见 2.2.10 小节 ISO 683-17（2014）部分。

B. 专业钢材和优良品种

2.4.7 普通压力容器用钢棒与板带材 ［NF EN 10207（2017）］

见 2.11.7 小节 ［BS EN 10207（2017）］。

2.4.8 高温压力容器用可焊接钢棒 ［NF EN 10273（2016）］

见 2.11.8 小节 ［BS EN 10273（2016）］。

2.4.9 弹簧钢丝 ［NF EN 10270-1（2011＋A1 2017）］

见 2.11.9 小节 ［BS EN 10270-1（2011＋A1 2017）］。

2.4.10 结构钢热连轧钢带 ［NF A36-102-1993］

法国 NF 标准结构钢热连轧钢带的钢号与化学成分见表 2-4-1。

表 2-4-1 结构钢热连轧钢带的钢号与化学成分（质量分数）（%）

钢 号	旧钢号	C	Si	Mn	P ≤	S ≤	Cr	Mo	Ni	其 他
碳 素 结 构 钢										
C01RR	XC 01	≤0.010	≤0.030	≤0.40	0.025	0.010	≤0.080	≤0.040	≤0.080	Al 0.020~0.060
C02RR	XC 02	≤0.020	≤0.030	≤0.25	0.020	0.020	≤0.080	≤0.040	≤0.080	Al 0.020~0.060
C05RR	Fd 4	≤0.060	≤0.030	≤0.35	0.025	0.020	≤0.080	≤0.040	≤0.080	Al 0.020~0.060
C08RR	Fd 2	≤0.10	≤0.040	0.15~0.45	0.025	0.020	≤0.080	≤0.040	≤0.080	Al 0.015~0.060
C10RR	XC 10	0.06~0.12	≤0.040	0.30~0.60	0.025	0.020	≤0.080	≤0.040	≤0.080	Al 0.015~0.060
C12RR	XC 12	0.10~0.14	0.15~0.35	0.30~0.60	0.025	0.020	≤0.080	≤0.040	≤0.080	Al≤0.030
C18RR	XC 18	0.17~0.24	0.15~0.35	0.40~0.70	0.025	0.020	≤0.080	≤0.040	≤0.080	Al≤0.030
C35RR	XC 35	0.32~0.39	0.15~0.35	0.50~0.80	0.025	0.020	≤0.35	≤0.10	≤0.40	Al≤0.030
C40RR	XC 40	0.37~0.42	0.15~0.35	0.50~0.80	0.025	0.020	≤0.35	≤0.10	≤0.40	Al≤0.030
C45RR	XC 45	0.42~0.48	0.15~0.35	0.50~0.80	0.025	0.020	≤0.30	≤0.10	≤0.40	Al≤0.030
C50RR	XC 50	0.47~0.52	0.15~0.35	0.50~0.80	0.025	0.020	≤0.30	≤0.10	≤0.40	Al≤0.030
C55RR	XC 55	0.52~0.58	0.15~0.35	0.50~0.80	0.025	0.020	≤0.30	≤0.10	≤0.40	Al≤0.030
C60RR	XC 60	0.57~0.65	0.15~0.35	0.50~0.80	0.025	0.020	≤0.30	≤0.10	≤0.40	Al≤0.030
C68RR	XC 68	0.65~0.73	0.15~0.35	0.50~0.80	0.025	0.020	≤0.30	≤0.10	≤0.40	Al≤0.030
C75RR	XC 75	0.70~0.80	0.15~0.35	0.50~0.80	0.025	0.020	≤0.30	≤0.10	≤0.40	Al≤0.030
C90RR	XC 90	0.85~0.95	0.15~0.30	0.40~0.70	0.025	0.020	≤0.30	≤0.10	≤0.40	Al≤0.030
C100RR	XC 100	0.95~1.05	0.15~0.30	0.30~0.60	0.025	0.020	≤0.30	≤0.10	≤0.40	Al≤0.030
C125RR	XC 125	1.20~1.30	0.15~0.30	0.30~0.60	0.025	0.020	≤0.30	≤0.10	≤0.40	Al≤0.030

（续）

合 金 结 构 钢

钢　号	旧钢号	C	Si	Mn	P ≤	S ≤	Cr	Mo	Ni	其　他
15Cr2RR	15C2	0.12 ~ 0.17	0.10 ~ 0.40	0.40 ~ 0.60	0.025	0.020	0.40 ~ 0.70	≤0.10	≤0.10	—
16MnCr5RR	16MC5	0.14 ~ 0.19	0.10 ~ 0.40	1.00 ~ 1.30	0.025	0.020	0.80 ~ 1.10	≤0.10	≤0.20	—
20MnB5RR	20MB5	0.16 ~ 0.22	0.10 ~ 0.40	1.10 ~ 1.40	0.025	0.020	0.15 ~ 0.25	≤0.10	≤0.20	B 0.0008 ~ 0.005
25B3RR	25B3	0.22 ~ 0.28	0.10 ~ 0.40	0.60 ~ 0.90	0.025	0.020	0.15 ~ 0.25	≤0.10	≤0.20	B 0.0008 ~ 0.005
25Mn4RR	25M4	0.23 ~ 0.28	0.15 ~ 0.30	0.95 ~ 1.15	0.025	0.020	≤0.20	≤0.10	≤0.20	—
30MnB5RR	30MB5	0.27 ~ 0.33	0.10 ~ 0.40	1.10 ~ 1.40	0.025	0.020	0.15 ~ 0.25	≤0.10	≤0.20	B 0.0008 ~ 0.005
34CrMo4RR	34CD4	0.31 ~ 0.38	0.15 ~ 0.40	0.60 ~ 0.90	0.025	0.020	0.90 ~ 1.20	0.15 ~ 0.30	≤0.20	—
35B3RR	35B3	0.32 ~ 0.39	0.10 ~ 0.40	0.60 ~ 0.90	0.025	0.020	0.15 ~ 0.25	≤0.10	≤0.20	B 0.0008 ~ 0.005
42CrMo4RR	42CD4	0.38 ~ 0.45	0.15 ~ 0.40	0.60 ~ 0.90	0.025	0.020	0.90 ~ 1.20	0.15 ~ 0.30	≤0.20	—
50CrV4RR	50CV4	0.47 ~ 0.55	0.15 ~ 0.40	0.70 ~ 1.10	0.025	0.020	0.90 ~ 1.20	≤0.10	≤0.20	V 0.10 ~ 0.25
55Si7RR	55S7	0.51 ~ 0.60	1.60 ~ 2.00	0.60 ~ 0.90	0.025	0.020	≤0.45	≤0.10	≤0.20	—
75Ni8RR	75N8	0.72 ~ 0.78	0.15 ~ 0.30	0.30 ~ 0.50	0.025	0.020	≤0.15	≤0.10	1.90 ~ 2.10	—
100Cr6RR	100C6	0.95 ~ 1.10	0.15 ~ 0.35	0.20 ~ 0.40	0.025	0.020	1.35 ~ 1.60	≤0.10	≤0.20	—

2.4.11　锚链用钢［NF A35-566（1983）］

法国 NF 标准锚链用钢的钢号与化学成分见表 2-4-2。

表 2-4-2　锚链用钢的钢号与化学成分（质量分数）（％）

钢　号	C	Si	Mn	P ≤	S ≤	Cr	Ni	Mo	其　他
XC18	0.16 ~ 0.22	0.10 ~ 0.25	0.40 ~ 0.70	0.035	0.035	—	—	—	Al≥0.020
XC25	0.23 ~ 0.29	0.10 ~ 0.25	0.40 ~ 0.70	0.035	0.035	—	—	—	Al≥0.020
21B3	0.18 ~ 0.24	0.20 ~ 0.35	0.60 ~ 0.90	0.035	0.035	—	—	—	B≥0.0008

（续）

钢 号	C	Si	Mn	P ≤	S ≤	Cr	Ni	Mo	其 他
20M5	0.16 ~ 0.22	0.10 ~ 0.35	1.10 ~ 1.40	0.035	0.035	—	—	—	Al≥0.020
20MB5	0.16 ~ 0.22	0.10 ~ 0.35	1.10 ~ 1.40	0.035	0.035	—	—	—	Al≥0.020 B≥0.0008
25MS5	0.24 ~ 0.30	0.30 ~ 0.55	1.10 ~ 1.60	0.035	—	—	—	—	Al≥0.020
23D5	0.20 ~ 0.26	0.10 ~ 0.35	0.50 ~ 0.80	0.030	0.025	—	—	0.45 ~ 0.60	Al≥0.020
20NC6	0.16 ~ 0.21	0.10 ~ 0.35	0.60 ~ 0.90	0.030	0.025	0.90 ~ 1.20	1.20 ~ 1.50	—	Al≥0.020
20NCD2	0.17 ~ 0.23	0.10 ~ 0.35	0.65 ~ 0.95	0.030	0.025	0.40 ~ 0.65	0.40 ~ 0.70	0.15 ~ 0.25	Al≥0.020
22NCD2	0.20 ~ 0.25	0.10 ~ 0.35	0.65 ~ 0.95	0.030	0.025	0.40 ~ 0.65	0.40 ~ 0.70	0.15 ~ 0.25	Al≥0.020
23NCDB2	0.20 ~ 0.25	0.10 ~ 0.35	0.65 ~ 0.95	0.030	0.025	0.40 ~ 0.65	0.40 ~ 0.70	0.15 ~ 0.25	Al≥0.020 B≥0.0008
23MNCD5	0.20 ~ 0.26	0.10 ~ 0.35	1.10 ~ 1.40	0.030	0.025	0.40 ~ 0.60	0.40 ~ 0.70	0.20 ~ 0.30	Al≥0.020
25MNCD6	0.23 ~ 0.28	0.10 ~ 0.35	1.40 ~ 1.70	0.020	0.020	0.40 ~ 0.60	0.40 ~ 0.70	0.20 ~ 0.30	Al≥0.020
25MNCDV5	0.23 ~ 0.28	0.10 ~ 0.35	1.10 ~ 1.40	0.020	0.020	0.40 ~ 0.60	0.40 ~ 0.70	0.20 ~ 0.30	V 0.15 ~ 0.25 Al≥0.020
25MNCDV6	0.23 ~ 0.28	0.10 ~ 0.35	1.40 ~ 1.70	0.020	0.020	0.40 ~ 0.60	0.40 ~ 0.70	0.20 ~ 0.30	V 0.15 ~ 0.25 Al≥0.020
25MNDC6	0.23 ~ 0.28	0.10 ~ 0.35	1.40 ~ 1.70	0.020	0.020	0.20 ~ 0.40	0.90 ~ 1.10	0.40 ~ 0.55	Al≥0.020

2.4.12　锅炉和压力容器用钢板〔NF A36-210（1988）〕

法国 NF 标准锅炉和压力容器用钢板的钢号与化学成分见表 2-4-3。

表 2-4-3　锅炉和压力容器用钢板的钢号与化学成分（质量分数）（%）

钢 号	C	Si	Mn	P ≤	S ≤	Cr	Mo	Ni	其 他
16MND5	≤0.20	0.10 ~ 0.40	1.15 ~ 1.55	0.015	0.012	≤0.30	0.45 ~ 0.55	0.40 ~ 0.80	—
14MNDV5	≤0.16	0.10 ~ 0.40	1.15 ~ 1.65	0.015	0.012	≤0.30	0.40 ~ 0.65	0.40 ~ 0.90	V 0.04 ~ 0.08
18 MND5	≤0.20	0.10 ~ 0.30	1.15 ~ 1.60	0.015	0.012	≤0.25	0.45 ~ 0.55	0.50 ~ 0.80	V≤0.03
12CD9.10	≤0.16	0.10 ~ 0.40	0.30 ~ 0.60	0.015	0.012	2.00 ~ 2.50	0.90 ~ 1.10	≤0.30	—
12CD12.10	≤0.16	0.10 ~ 0.40	0.30 ~ 0.60	0.015	0.012	2.75 ~ 3.25	0.90 ~ 1.10	≤0.30	V≤0.03

2.5 德 国

A. 通用结构用钢

2.5.1 非合金结构钢 ［DIN EN 10025-2 （2019）］

见 2.3.1 小节。

2.5.2 焊接结构用耐候钢 ［DIN EN 10025-5 （2019）］

见 2.3.3 小节。

2.5.3 表面硬化结构钢 ［DIN EN ISO 683-3 （2019）］

见 2.3.4 小节。

2.5.4 调质结构钢 ［DIN EN ISO 683-1 （2018）］

见 2.2.6 小节和 2.2.7 小节 ［ISO 683-1 （2018） 和 ISO 683-2 （2016）］。

2.5.5 易切削结构钢 ［DIN EN ISO 683-4 （2018）］

见 2.2.8 小节 ［ISO 683-4 （2016）］。

2.5.6 轴承钢 ［DIN EN ISO 683-17 （2014）］

见 2.2.10 小节 ［DIN EN ISO 683-17 （2014）］ 部分。

B. 专业用钢和优良品种

2.5.7 普通压力容器用钢棒与板带材 ［DIN EN 10207 （2017）］

见 2.11.7 小节。

2.5.8 高温压力容器用可焊接钢棒 ［DIN EN 10273 （2016）］

见 2.11.8 小节。

2.5.9 弹簧钢丝 ［DIN EN 10270-1 （2011 + A1 2017）］

见 2.11.9 小节。

2.6 印 度

A. 通用结构用钢

2.6.1 普通用途非合金钢

印度 IS 标准普通用途非合金钢 ［IS 1570-1 （1978/2019 确认）］

A）普通用途非合金钢（钢号用抗拉强度表示）的力学性能（表 2-6-1）

表 2-6-1　普通用途非合金钢（钢号用抗拉强度表示）的力学性能

钢　号	旧钢号	R_m /MPa	R_{eL} /MPa	A （%）
		≥		
Fe290	St30	290	170	27
Fe310	St32	310	180	26
Fe330	St34	330	200	26
Fe360	St37	360	220	25
Fe410	St42	410	250	23
Fe490	St50	490	290	21
Fe540	St55	540	320	20
Fe620	St63	620	380	15
Fe690	St70	690	410	12
Fe770	St78	770	460	10
Fe870	St88	870	520	8

B）普通用途非合金钢（钢号用屈服强度表示）的力学性能（表 2-6-2）

表 2-6-2　普通用途非合金钢（钢号用屈服强度表示）的力学性能

钢　号	R_m /MPa	R_{eL} /MPa	A （%）
	≥		
FeE220	290	220	27
FeE230	310	230	26
FeE250	330	250	26
FeE270	360	270	25
FeE310	410	310	23
FeE370	490	370	21
FeE400	540	400	20
FeE460	620	460	15
FeE520	690	520	12
FeE580	770	580	10
FeE650	870	650	8

2.6.2　低合金高强度钢

（1）印度 IS 标准低合金高强度钢的钢号与化学成分［IS 2062（2011/2016 确认）］（表 2-6-3）

表2-6-3 低合金高强度钢的钢号与化学成分（质量分数）（%）

钢 号[1]	C	Si[2]	Mn	P ≤	S ≤	Cu	Al[2]	其 他[3],[4]	碳当量 CE[5]
E250A（Fe410W）	≤0.23	≤0.40	≤1.50	0.045	0.045	0.20~0.35	≥0.020		0.42
E250BR，BO（Fe410W）	≤0.22	≤0.40	≤1.50	0.045	0.045	0.20~0.35	≥0.020		0.41
E250C（Fe410W）	≤0.20	≤0.40	≤1.50	0.040	0.040	0.20~0.35	≥0.020		0.39
E275A	≤0.23	≤0.40	≤1.50	0.045	0.045	0.20~0.35	≥0.020		0.43
E275BR，BO	≤0.22	≤0.40	≤1.50	0.045	0.045	0.20~0.35	≥0.020		0.42
E275C	≤0.20	≤0.40	≤1.50	0.040	0.040	0.20~0.35	≥0.020		0.41
E300A（Fe440）	≤0.20	≤0.45	≤1.50	0.045	0.045	0.20~0.35	≥0.020		0.44
E300BR，BO（Fe440）	≤0.20	≤0.45	≤1.50	0.045	0.045	0.20~0.35	≥0.020		0.44
E300C（Fe440）	≤0.20	≤0.45	≤1.50	0.045	0.045	0.20~0.35	≥0.020		0.44
E350A（Fe490）	≤0.22	≤0.45	≤1.55	0.045	0.045	0.20~0.35	≥0.020		0.47
E350BR，BO（Fe490）	≤0.20	≤0.45	≤1.55	0.045	0.045	0.20~0.35	≥0.020	Nb+V+Ti≤0.25 N≤0.012	0.47
E350C（Fe490）	≤0.20	≤0.45	≤1.55	0.045	0.045	0.20~0.35	≥0.020		0.45
E410A（Fe540）	≤0.20	≤0.45	≤1.60	0.045	0.045	0.20~0.35	≥0.020		0.50
E410BR，BO（Fe540）	≤0.20	≤0.45	≤1.60	0.045	0.045	0.20~0.35	≥0.020		0.50
E410C（Fe540）	≤0.20	≤0.45	≤1.60	0.040	0.040	0.20~0.35	≥0.020		0.50
E450A（Fe570，Fe590）	≤0.22	≤0.45	≤1.65	0.045	0.045	0.20~0.35	≥0.020		0.52
E450BR（Fe570，Fe590）	≤0.22	≤0.45	≤1.65	0.045	0.045	0.20~0.35	≥0.020		0.52
E550A	≤0.22	≤0.50	≤1.65	0.025	0.020	0.20~0.35	≥0.020		0.54
E550BR	≤0.22	≤0.50	≤1.65	0.025	0.020	0.20~0.35	≥0.020		0.54
E600A	≤0.22	≤0.50	≤1.70	0.025	0.020	0.20~0.35	≥0.020		0.54
E600BR	≤0.22	≤0.50	≤1.70	0.025	0.020	0.20~0.35	≥0.020		0.54
E650A	≤0.22	≤0.50	≤1.70	0.025	0.020	0.20~0.35	≥0.020		0.55
E650BR	≤0.22	≤0.50	≤1.70	0.025	0.020	0.20~0.35	≥0.020		0.55

① 括号内为旧钢号。

② 若用铝脱氧时，$Al_t ≥ 0.020\%$。若用硅脱氧时 $Si ≤ 0.10\%$。若经供需双方协商，采用铝和硅脱氧时 $Si ≤ 0.03\%$，$Al_t ≥ 0.010\%$。

③ 表中未列出残余元素含量，如有需要时，可由供需双方协商规定。

④ 在微合金化钢中，氮含量可降低至 $N = 0.009\%$。

⑤ 碳当量 $CE = C + \dfrac{Mn}{6} + \dfrac{Ni}{15} + \dfrac{Cr}{5} + \dfrac{Mo}{5} + \dfrac{Cu}{15} + \dfrac{V}{5}$。

（2）印度 IS 标准低合金高强度钢的力学性能（表2-6-4）

表2-6-4　低合金高强度钢的力学性能

钢　号	R_m /MPa	R_{eH}/MPa			A (%)	KV_2/J		弯曲试验（180°） 弯心直径 d 下列试样厚度 a/mm	
		下列厚度时/mm				下列温度时			
		≤20	>20~40	>40		室温	-20℃	≤25	>25
					≥				
E250A (Fe410W)	410	250	240	230	23	—	—	d=3a	d=2a
E250B (Fe410W)	410	250	240	230	23	27	27	d=2a	d=3a
E250C (Fe410W)	410	240	240	230	23	27	27	d=2a	d=3a
E300 (Fe440)	440	300	290	280	22	50	30	d=2a	d=3a
E350 (Fe490)	490	350	330	320	22	50	25	d=2a	d=3a
E410 (Fe540)	540	410	390	380	20	50	25	d=2a	d=3a
E450 (Fe570)	570	450	430	420	20	45	20	d=2a	d=3a
E450 (Fe590)	590	450	430	420	20	45	20	d=2a	d=3a

2.6.3　微合金化结构钢和耐候钢

（1）印度 IS 标准微合金化结构钢（中、高强度钢）[IS 8500（1997/2000 确认）]

A）微合金化结构钢的钢号与化学成分（表2-6-5）

表2-6-5　微合金化结构钢的钢号与化学成分（质量分数）（%）

钢　号	C	Si	Mn	P≤		S≤		其　他	碳当量 CE
				型钢	扁平材	型钢	扁平材		
Fe440	≤0.20	≤0.45	≤1.30	0.050	0.040	0.050	0.040		≤0.40
Fe440B	≤0.20	≤0.45	≤1.30	0.050	0.040	0.050	0.040		≤0.40
Fe490	≤0.20	≤0.45	≤1.50	0.050	0.040	0.050	0.040		≤0.42
Fe490B	≤0.20	≤0.45	≤1.50	0.050	0.040	0.050	0.040		≤0.42
Fe540	≤0.20	≤0.45	≤1.60	0.050	0.040	0.050	0.040	Nb+V+Ti+B≤0.25	≤0.44
Fe540B	≤0.20	≤0.45	≤1.60	0.050	0.040	0.050	0.040		≤0.44
Fe570	≤0.22	≤0.45	≤1.60	0.050	0.040	0.050	0.040		≤0.46
Fe570B	≤0.22	≤0.45	≤1.60	0.050	0.040	0.050	0.040		≤0.46
Fe590	≤0.22	≤0.45	≤1.80	0.050	0.040	0.050	0.040		≤0.48
Fe590B	≤0.22	≤0.45	≤1.80	0.050	0.040	0.050	0.040		≤0.48

B）微合金化结构钢的力学性能（表2-6-6）

表 2-6-6　微合金化结构钢的力学性能

钢　号	R_m /MPa	$R_{eL}^{①}$/MPa			A (%)	弯曲试验180° a—试样厚度 d—弯心直径		KV/J　≥	
		下列厚度/mm				下列厚度/mm		下列温度时	
		≤16	>16~40	>40~63		≤16	12~25	室温	−20℃
		≥							
Fe440	440	300	290	280	22	$d=2a$	$d=3a$	—	—
Fe440B	440	300	290	280	22	$d=2a$	$d=3a$	50	30
Fe490	490	350	330	320	22	$d=2a$	$d=3a$	—	—
Fe490B	490	350	330	320	22	$d=2a$	$d=3a$	50	25
Fe540	540	410	390	380	20	$d=2a$	$d=3a$	—	—
Fe540B	540	410	390	380	20	$d=2a$	$d=3a$	50	25
Fe570	570	450	430	420	20	$d=2a$	$d=3a$	—	—
Fe570B	570	450	430	420	20	$d=2a$	$d=3a$	45	20
Fe590	590	450	430	420	20	$d=2a$	$d=3a$	—	—
Fe590B	590	450	430	420	20	$d=2a$	$d=3a$	45	20

① 厚度 >63mm 的钢材由供需双方商定。

（2）印度 IS 标准耐候钢［IS 11587（1986/2017 确认）］

A）耐候钢的钢号与化学成分（表2-6-7）

表 2-6-7　耐候钢的钢号与化学成分（质量分数）（%）

钢　号	C	Si	Mn	P	S ≤	Cr	Cu	其　他	碳当量 $CE^{①}$
WR-Fe480A	≤0.12	0.25~0.75	≤0.60	0.070~0.150	0.050	0.30~1.25	0.25~0.55	Ni≤0.65	0.54
WR-Fe480B	0.10~0.19	0.15~0.50	0.90~1.25	≤0.040	0.050	0.40~0.70	0.25~0.40	V0.02~0.10	0.54
WR-Fe500	≤0.17	≤0.40	≤1.00	0.070~0.150	0.050	0.70~1.00	0.25~0.55	V≤0.10	0.54

① 碳当量 $CE = C + \dfrac{Mn}{6} + \dfrac{Ni}{15} + \dfrac{Cr}{5} + \dfrac{Mo}{5} + \dfrac{Cu}{15} + \dfrac{V}{5}$。

B）耐候钢的力学性能（表2-6-8）

表 2-6-8　耐候钢的力学性能

钢　号	R_m /MPa	R_{eL}/MPa（下列厚度/mm）				A (%)
		≤12	>12~25	>25~40	>40~50	
		≥				
WR-Fe480A	480	345	325	325	—	21
WR-Fe480B	480	345	345	345	340	21
WR-Fe500	500	355	—	—	—	20

2.6.4　碳素结构钢

（1）印度 IS 标准碳素结构钢的钢号与化学成分［IS 1570-2（1978/2016 确认）］（表2-6-9）

表 2-6-9　碳素结构钢的钢号与化学成分（质量分数）（%）

钢 号	C	Si[①]	Mn	P[②] ≤	S[②] ≤	其 他[③]
2C2	≤0.05	≤0.10	≤0.40	0.050	0.050	—
4C2（C04）	≤0.08	≤0.10	≤0.40	0.050	0.050	—
5C4（C05）	≤0.10	≤0.10	≤0.50	0.050	0.050	—
7C4（C07）	≤0.12	≤0.10	≤0.50	0.050	0.050	—
10C4（C10）	≤0.15	≤0.10	0.30~0.60	0.050	0.050	—
14C6（C14）	0.10~0.18	≤0.10	0.40~0.70	0.050	0.050	—
15C4（C15）	≤0.20	≤0.10	0.30~0.60	0.050	0.050	—
15C8（C15Mn75）	0.10~0.20	≤0.10	0.60~0.90	0.050	0.050	—
20C8（C20）	0.15~0.25	≤0.10	0.60~0.90	0.050	0.050	—
25C4（C25）	0.20~0.30	≤0.10	0.30~0.60	0.050	0.050	—
25C8（C25Mn75）	0.20~0.30	≤0.10	0.60~0.90	0.050	0.050	—
30C8（C30）	0.25~0.35	≤0.10	0.60~0.90	0.050	0.050	—
35C4（C35）	0.30~0.40	≤0.10	0.30~0.60	0.050	0.050	—
35C8（C35Mn75）	0.30~0.40	≤0.10	0.60~0.90	0.050	0.050	—
40C8（C40）	0.35~0.45	≤0.10	0.60~0.90	0.050	0.050	—
45C8（C45）	0.40~0.50	≤0.10	0.60~0.90	0.050	0.050	—
50C4（C50）	0.45~0.55	≤0.10	0.30~0.60	0.050	0.050	—
50C8	0.45~0.55	≤0.10	0.60~0.90	0.050	0.050	—
50C12（C50Mn1）	0.45~0.55	≤0.10	1.10~1.40	0.050	0.050	—
55C4（C55）	0.50~0.60	≤0.10	0.30~0.60	0.050	0.050	—
55C8（C55Mn75）	0.50~0.60	≤0.10	0.60~0.90	0.050	0.050	—
60C4（C60）	0.55~0.65	≤0.10	0.30~0.60	0.050	0.050	—
60C6	0.55~0.65	≤0.10	0.50~0.80	0.050	0.050	—
65C6（C65）	0.60~0.70	≤0.10	0.50~0.80	0.050	0.050	—
70C6（C70）	0.65~0.75	≤0.10	0.50~0.80	0.050	0.050	—
75C6（C75）	0.70~0.80	≤0.10	0.50~0.80	0.050	0.050	—
80C6（C80）	0.75~0.85	≤0.10	0.50~0.80	0.050	0.050	—
85C6（C85）	0.80~0.90	≤0.10	0.50~0.80	0.050	0.050	—
98C6（C98）	0.90~1.05	≤0.10	0.50~0.80	0.050	0.050	—
113C6（C113）	1.05~1.20	≤0.10	0.50~0.80	0.050	0.050	—

① 若用铝脱氧时，Al_t≥0.020%。若用硅脱氧时，Si≤0.10%。若经供需双方协商，采用铝和硅脱氧时 Si≤0.03%，Al_t≥0.010%。

② 磷和硫含量根据不同要求而确定，并用代号 P 标出：P25—P≤0.025%，S≤0.025%；P35—P≤0.035%，S≤0.035%；P50—P≤0.050%，S≤0.050%；未标出时，P≤0.055%，S≤0.055%。

③ 用铝或铝和硅脱氧时，N≤0.012%。

（2）印度 IS 标准碳素结构钢（热轧或正火状态）棒材和锻件的力学性能（表 2-6-10）

表 2-6-10　碳素结构钢（热轧或正火状态）棒材和锻件的力学性能

钢　号[1]	R_m/MPa	A（%）	钢　号[1]	R_m/MPa	A（%）
7C4（C07）	320～400	≥27	35C4（C35）	520～620	≥20
10C4（C10）	340～400	≥26	35C8（C35Mn75）	550～650	≥20
14C6（C14）	370～450	≥26	40C8（C40）	580～680	≥18
15C4（C15）	370～490	≥25	45C8（C45）	630～710	≥15
15C8（C15Mn75）	420～500	≥25	50C4（C50）	660～780	≥13
20C8（C20）	440～520	≥24	50C12（C50Mn1）	≥720	≥11
25C4（C25）	440～50	≥23	55C8（C55Mn75）	≥720	≥13
25C8（C25Mn75）	470～570	≥22	60C4（C60）	≥720	≥11
30C8（C30）	500～600	≥21	65C6（C65）	≥720	≥10

① 括号内为旧钢号。

（3）印度 IS 标准碳素结构钢（冷拉）棒材和锻件的力学性能（表 2-6-11）

表 2-6-11　碳素结构钢（冷拉）棒材和锻件的力学性能

钢号[1]	直径/mm							
	≤20		>20～40		>40～63		>63	
	R_m/MPa	A（%）	R_m/MPa	A（%）	R_m/MPa	A（%）	R_m/MPa	A（%）
	≥							
10C4（C10）	490	11	450	13	410	15	360	18
15C28（C15Mn75）	540	11	510	13	470	15	430	18
20C8（C20）	540	10	510	12	470	15	430	18
30C8（C30）	610	9	570	10	530	12	490	15
40C8（C40）	640	8	610	9	570	10	540	12
50C4（C50）	670	7	630	8	610	9	590	10
55C8（C55Mn75）	730	7	690	8	670	9	630	10

① 括号内为旧钢号。

2.6.5　合金结构钢（含弹簧钢、保证淬透性钢）

（1）印度 IS 标准合金结构钢［IS 1570-4（1988/2018 确认）］

合金结构钢的钢号与化学成分见表 2-6-12。

表 2-6-12　合金结构钢的钢号与化学成分（质量分数）（%）

钢　号	C	Si	Mn	Cr	Ni	Mo	其　他
36Si7	0.33～0.40	1.50～2.00	0.80～1.00	—	—	—	—
55Si7	0.50～0.60	1.50～2.00	0.80～1.00	—	—	—	—
60Si7	0.55～0.65	1.50～2.00	0.80～1.00	—	—	—	—
65Si7	0.60～0.70	1.50～2.00	0.80～1.00	—	—	—	—
11C15	≤0.16	0.10～0.35	1.30～1.70	—	—	—	—
20C15	0.16～0.24	0.10～0.35	1.30～1.70	—	—	—	—
27C15	0.22～0.32	0.10～0.35	1.30～1.70	—	—	—	—
37C15	0.32～0.42	0.10～0.35	1.30～1.70	—	—	—	—
47C15	0.42～0.50	0.10～0.35	1.30～1.70	—	—	—	—
35Mn6Mo3	0.30～0.40	0.10～0.35	1.30～1.80	—	—	0.20～0.35	—

（续）

钢 号	C	Si	Mn	Cr	Ni	Mo	其 他
35Mn6Mo4	0.30 ~ 0.40	0.10 ~ 0.35	1.30 ~ 1.80	—	—	0.35 ~ 0.55	—
10Mo6	≤0.15	0.15 ~ 0.25	0.40 ~ 0.70	≤0.25	≤0.30	0.45 ~ 0.65	—
20Mo6	0.15 ~ 0.25	0.15 ~ 0.35	0.40 ~ 0.70	≤0.25	≤0.30	0.45 ~ 0.65	—
33Mo6	0.25 ~ 0.40	0.10 ~ 0.35	0.40 ~ 0.70	≤0.25	≤0.30	0.45 ~ 0.65	—
15Cr3	0.12 ~ 0.18	0.15 ~ 0.35	0.40 ~ 0.60	0.50 ~ 0.80	—	—	—
16Mn5Cr4	0.14 ~ 0.19	0.10 ~ 0.35	1.00 ~ 1.30	0.80 ~ 1.10	—	—	—
20Mn5Cr5	0.17 ~ 0.22	0.10 ~ 0.35	1.00 ~ 1.40	1.00 ~ 1.30	—	—	—
55Cr3	0.50 ~ 0.60	0.10 ~ 0.35	0.60 ~ 0.80	0.60 ~ 0.80	—	—	—
40Cr4	0.35 ~ 0.45	0.10 ~ 0.35	0.60 ~ 0.90	0.90 ~ 1.20	—	—	—
50Cr4	0.45 ~ 0.55	0.10 ~ 0.35	0.60 ~ 0.90	0.90 ~ 1.20	—	—	—
103Cr4	0.95 ~ 1.10	0.10 ~ 0.35	0.25 ~ 0.45	0.90 ~ 1.20	—	—	—
105Cr5	0.90 ~ 1.20	0.10 ~ 0.35	0.40 ~ 0.80	1.00 ~ 1.60	—	—	—
103Cr6	0.95 ~ 1.10	0.10 ~ 0.35	0.25 ~ 0.45	1.40 ~ 1.60	—	—	—
50Cr4V2	0.45 ~ 0.55	0.10 ~ 0.35	0.50 ~ 0.80	0.90 ~ 1.20	—	—	V0.15 ~ 0.30
42Cr6V1	0.38 ~ 0.46	0.10 ~ 0.35	0.50 ~ 0.80	1.40 ~ 1.70	—	—	V0.07 ~ 0.12
60Cr4V2	0.55 ~ 0.65	0.10 ~ 0.35	0.80 ~ 1.10	0.90 ~ 1.20	—	—	V≥0.15
21Cr4Mo2	≤0.26	0.10 ~ 0.35	0.60 ~ 0.90	0.90 ~ 1.20	—	0.15 ~ 0.30	—
42Cr4Mo2	0.38 ~ 0.45	0.10 ~ 0.35	0.60 ~ 0.90	0.90 ~ 1.20	—	0.15 ~ 0.30	—
07Cr4Mo6	≤0.12	0.15 ~ 0.60	0.40 ~ 0.70	0.70 ~ 1.10	≤0.30	0.45 ~ 0.65	—
15Cr13Mo6	0.10 ~ 0.20	0.15 ~ 0.35	0.40 ~ 0.70	2.90 ~ 3.40	≤0.30	0.45 ~ 0.65	—
25Cr13Mo6	0.20 ~ 0.30	0.10 ~ 0.35	0.40 ~ 0.70	2.90 ~ 3.40	≤0.30	0.45 ~ 0.65	—
40Cr5Mo6	0.35 ~ 0.45	0.10 ~ 0.35	0.40 ~ 0.70	1.00 ~ 1.50	≤0.40	0.50 ~ 0.70	—
10Cr20Mo6	≤0.15	≤0.50	0.40 ~ 0.70	4.00 ~ 6.00	≤0.30	0.45 ~ 0.65	—
20Cr2Mo6	0.15 ~ 0.25	≤0.50	0.40 ~ 0.70	4.00 ~ 6.00	≤0.30	0.45 ~ 0.65	—
35Cr5Mo6V2	0.25 ~ 0.45	0.10 ~ 0.35	0.40 ~ 0.70	1.00 ~ 1.50	≤0.30	0.50 ~ 0.80	V0.20 ~ 0.30
40Cr13Mo10V2	0.35 ~ 0.45	0.10 ~ 0.35	0.40 ~ 0.70	3.00 ~ 3.50	≤0.30	0.90 ~ 1.10	V0.15 ~ 0.25
40Cr7Al10Mo2	0.35 ~ 0.45	0.10 ~ 0.45	0.40 ~ 0.70	1.50 ~ 1.80	≤0.30	0.10 ~ 0.25	Al0.90 ~ 1.30
40Ni14	0.35 ~ 0.45	0.10 ~ 0.35	0.50 ~ 0.80	≤0.30	3.20 ~ 3.60	—	—
16Ni3Cr2	0.12 ~ 0.20	0.15 ~ 0.35	0.60 ~ 1.00	0.40 ~ 0.80	0.60 ~ 1.00	—	—
16Ni4Cr3	0.12 ~ 0.20	0.15 ~ 0.35	0.60 ~ 1.00	0.60 ~ 1.00	0.80 ~ 1.20	—	—
13Ni13Cr3	0.10 ~ 0.15	0.15 ~ 0.35	0.40 ~ 0.70	0.60 ~ 1.00	3.00 ~ 3.50	—	—
15Ni13Cr3Mo2	0.12 ~ 0.18	0.15 ~ 0.35	0.30 ~ 0.60	0.60 ~ 1.10	3.00 ~ 3.75	0.10 ~ 0.25	—
35Ni5Cr2	0.30 ~ 0.40	0.10 ~ 0.35	0.60 ~ 0.90	0.45 ~ 0.75	1.00 ~ 1.50	—	—
30Ni16Cr5	0.26 ~ 0.34	0.10 ~ 0.35	0.40 ~ 0.70	1.10 ~ 1.40	3.90 ~ 4.30	—	—
15Ni5Cr4Mo1	0.12 ~ 0.18	0.15 ~ 0.35	0.60 ~ 1.00	0.75 ~ 1.25	1.00 ~ 1.50	0.08 ~ 0.15	—
15Ni7Cr4Mo2	0.12 ~ 0.18	0.15 ~ 0.35	0.60 ~ 1.00	0.75 ~ 1.25	1.50 ~ 2.00	0.10 ~ 0.20	—
40Ni6Cr4Mo2	0.35 ~ 0.45	0.10 ~ 0.35	0.40 ~ 0.70	0.90 ~ 1.30	1.20 ~ 1.60	0.10 ~ 0.20	—
40Ni6Cr4Mo3	0.35 ~ 0.45	0.10 ~ 0.35	0.40 ~ 0.70	0.90 ~ 1.30	1.25 ~ 1.75	0.20 ~ 0.35	—
16Ni6Cr7Mo3	0.14 ~ 0.19	0.15 ~ 0.35	0.40 ~ 0.60	1.50 ~ 1.80	1.40 ~ 1.70	0.25 ~ 0.35	—
20Ni7Cr2Mo2	0.17 ~ 0.22	0.15 ~ 0.35	0.45 ~ 0.65	0.40 ~ 0.60	1.65 ~ 2.00	0.20 ~ 0.30	—

（续）

钢 号	C	Si	Mn	Cr	Ni	Mo	其 他
31Ni10Cr3Mo6	0.27 ~ 0.35	0.10 ~ 0.35	0.40 ~ 0.70	0.50 ~ 0.80	2.25 ~ 2.75	0.40 ~ 0.70	—
40Ni10Cr3Mo6	0.36 ~ 0.44	0.10 ~ 0.35	0.40 ~ 0.70	0.50 ~ 0.80	2.25 ~ 2.75	0.40 ~ 0.70	—
16Ni8Cr6Mo2	0.12 ~ 0.20	0.15 ~ 0.35	0.40 ~ 0.70	1.40 ~ 1.70	1.80 ~ 2.20	0.15 ~ 0.25	—
20Ni7Mo2	0.17 ~ 0.22	0.15 ~ 0.35	0.45 ~ 0.65	—	1.65 ~ 2.00	0.20 ~ 0.30	—
20Ni2Cr2Mo2	0.18 ~ 0.23	0.15 ~ 0.35	0.70 ~ 0.90	0.40 ~ 0.60	0.40 ~ 0.70	0.15 ~ 0.25	—
18C10BT	0.15 ~ 0.20	0.15 ~ 0.35	0.80 ~ 1.10	0.10 ~ 0.30	—	—	B 0.0005 ~ 0.0030
XT160Cr48	1.50 ~ 1.70	0.10 ~ 0.35	0.25 ~ 0.50	11.0 ~ 13.0	—	≤0.80	V≤0.80
35C8BT	0.31 ~ 0.36	0.10 ~ 0.35	0.60 ~ 1.00	0.10 ~ 0.30	—	(+ Mo)	B 0.0005 ~ 0.0030 (+ V)
21C10BT	0.18 ~ 0.23	0.15 ~ 0.35	0.80 ~ 1.10	—	—	—	B 0.0005 ~ 0.0030
26C10BT	0.23 ~ 0.29	0.15 ~ 0.35	0.90 ~ 1.20	—	—	—	B 0.0005 ~ 0.0030
34C14BT	0.32 ~ 0.37	0.15 ~ 0.35	1.20 ~ 1.50	—	—	—	B 0.0005 ~ 0.0030
38C4BT	0.35 ~ 0.40	0.15 ~ 0.35	0.30 ~ 0.50	0.95 ~ 1.15	—	—	B 0.0005 ~ 0.0030
30Cr4Mo2	0.28 ~ 0.33	0.10 ~ 0.35	0.40 ~ 0.80	0.80 ~ 1.10	—	0.15 ~ 0.28	—
15Cr6Ni6	0.12 ~ 0.18	0.15 ~ 0.35	0.40 ~ 0.60	1.40 ~ 1.70	1.40 ~ 1.70	—	—

注：磷、硫含量按合同规定。

（2）印度 IS 标准合金结构钢产品（钢板、棒材、型钢、锻件）热轧或冷拉状态的力学性能（表 2-6-13）

表 2-6-13　合金结构钢产品（钢板、棒材、型钢、锻件）热轧或冷拉状态的力学性能

钢 号	R_m/MPa	$R_{p0.2}$/MPa	A（%）	r[①]/mm
		≥		
热轧或正火状态				
11C15	460 ~ 560	270	26	100
	430 ~ 530	250	26	> 100 ~ 150
20C15	540 ~ 640	350	20	15
	540 ~ 640	320	20	30
	510 ~ 610	310	20	60
	510 ~ 610	290	20	100
	490 ~ 590	280	20	> 100 ~ 150
27C15	570 ~ 670	350	20	30
	570 ~ 670	340	20	45
	570 ~ 670	320	20	60
	540 ~ 640	300	20	100
	540 ~ 640	290	20	> 100 ~ 150
冷拉状态				
20C15	≥790	—	8	20
	≥740	—	10	> 20 ~ 40
	≥690	—	12	> 40 ~ 63

① r 为限定等圆断面半径。等圆是指半径相同的圆。限定等圆断面的原文是 Limiting ruling section，是国外钢材标准的力学性能表中常见的项目之一。

（3）印度 IS 标准合金结构钢产品（钢管）的力学性能（表 2-6-14）

表 2-6-14 合金结构钢产品（钢管）的力学性能

钢 号	状 态	R_m/MPa	$R_{p0.2}$/MPa	A
		≥		（%）
20C15	退火	470	270	9～10
	调质或冷拉及回火	550	450	9～10
		630	510	9～10
		710	590	9～10
27C15	调质或冷拉及回火	550	450	9～10
		630	510	9～10
40Cr4 50Cr4	调质	1090	890	9～10
21Cr4Mo2	正火及回火，调质或冷拉及回火	550	450	9～10
		630	510	9～10
	调质或冷拉及回火	710	590	9～10
		790	640	9～10
	调质	1190	990	9～10
42Cr4Mo2	调质或冷拉及回火	710	590	9～10
30Ni16Cr5	调质	1090	890	9～10
		1190	990	9～10
		1290	1090	9～10
31Ni10Cr3Mo6		1190	990	9～10
		1390	1190	9～10

（4）印度 IS 标准合金结构钢产品（棒材、锻件）调质状态的力学性能（表 2-6-15）

表 2-6-15 合金结构钢产品（棒材、锻件）调质状态的力学性能

钢 号	R_m/MPa	$R_{p0.2}$/MPa	A（%）	KV/J	HBW	$r^{[1]}$/mm
		≥				
20C15	590～740	390	18	48	170～217	63
	690～840	450	16	48	201～248	30
27C15	590～740	390	18	48	170～217	100
	690～840	450	16	48	201～248	63
37C15	590～740	390	18	48	170～217	150
	690～840	490	18	48	201～248	100
	790～940	550	16	48	229～277	30
	890～1040	650	15	41	255～311	15
35Mn6Mo3	690～840	490	14	55	201～248	150
	790～940	550	12	50	229～277	100
	890～1040	650	12	50	255～311	63
	990～1140	750	10	48	285～341	30
35Mn6Mo4	790～940	550	16	55	229～277	150
	890～1040	650	15	55	255～311	100
	990～1140	750	13	48	285～341	63
40Cr4	690～840	490	14	55	201～248	100
	790～940	550	12	50	229～277	63
	890～1040	650	11	50	255～311	30

（续）

钢　号	R_m /MPa	$R_{p0.2}$/MPa	A （%）	KV/J	HBW	$r^{[1]}$/mm
		≥				
42Cr4Mo2	700~850	490	13	55	201~248	150
	800~950	550	12	50	229~277	100
	900~1050	650	11	50	255~311	63
	1000~1150	750	10	48	285~341	30
15Cr13Mo6 25Cr13Mo6	690~840	490	14	55	201~248	150
	790~940	550	12	50	229~277	150
	890~1040	650	11	50	255~311	150
	990~1140	750	10	48	285~341	150
	1090~1240	830	9	41	311~363	100
40Cr13Mo10V2	≥1540	1240	8	14	≥444	63
	≥1340	1050	8	21	≥363	63
	≥1540	1240	8	14	≥444	30
42Cr6V1	880~1030	690	12	68	265~310	100
	980~1180	780	11	58	295~350	30
	1080~1280	880	10	49	320~380	15
40Cr7Al10Mo2	690~840	490	18	55	201~248	150
	790~940	550	16	55	229~277	100
	890~1040	650	15	48	255~311	63
40Ni14	790~940	550	16	55	229~277	100
	890~1040	650	15	55	255~311	63
35Ni5Cr2	690~840	490	14	55	201~248	150 （空淬）
	790~940	550	12	50	229~277	100 （空淬）
	890~1040	650	10	50	255~311	63 （空淬）
30Ni16Cr5	≥1540	1240	8	14	≥444	150 （油淬）
40Ni6Cr4Mo2	790~940	550	16	55	229~277	150
	890~1040	650	15	55	255~311	100
	990~1140	750	13	48	285~341	63
	1090~1240	830	11	41	311~363	30
40Ni6Cr4Mo3	790~940	550	16	55	229~277	150
	890~1040	650	15	55	255~311	150
	990~1140	750	13	48	285~341	100
	1090~1240	830	11	41	311~363	63
	1190~1340	930	10	30	341~401	30
	≥1540	1240	6	11	≥444	30
31Ni10Cr3Mo6	890~1040	650	15	55	255~311	150
	990~1140	750	12	48	285~341	150
	1090~1240	830	11	41	311~363	100
	1190~1340	930	10	35	341~401	63
	≥1540	1240	8	14	≥444	63
40Ni10Cr3Mo6	990~1140	750	12	48	285~341	150
	1090~1240	830	11	41	311~363	150
	1190~1340	930	10	35	341~401	150
	≥1540	1240	8	14	≥444	100

① 见表2-6-13 表注①。

（5）印度 IS 标准合金结构钢产品（表面硬化钢心部）加工后和淬火状态的力学性能（表 2-6-16）

表 2-6-16　合金结构钢产品（表面硬化钢心部）加工后和淬火状态的力学性能

钢　号	R_m /MPa	A (%)	KV /J
	≥		
11C15	590	17	55
15Cr3	590	13	48
16Ni3Cr2	690	15	41
16Mn5Cr4	790	10	35
16Ni4Cr3	840	12	41
13Ni13Cr3	840	12	48
20Mn5Cr5	990	8	38
15Ni5Cr4Mo1	990	9	41
15Ni7Cr4Mo2	1080	9	35
15Ni13Cr3Mo2	1080	8	35
16Ni8Cr6Mo2	1340	9	35

（6）印度 IS 标准合金结构钢的淬透性数据（表 2-6-17）

表 2-6-17　合金结构钢的淬透性数据

钢　号	淬透性带范围	距淬火端下列距离（mm）处的硬度 HRC[①]												
		1.58 (1/16)	3.10 (2/16)	4.76 (3/16)	6.35 (4/16)	7.95 (5/16)	9.52 (6/16)	11.11 (7/16)	12.7 (8/16)	14.29 (9/16)	15.87 (10/16)	19.05 (12/16)	22.22 (14/16)	25.4 (16/16)
18C10BT	上限	46	45	42	38	37	35	32	30	—	—	—	—	—
	下限	39	37	32	22	20	14	12	10	—	—	—	—	—
21C10BT	上限	48	47	46	44	40	35	32	27	22	20	—	—	—
	下限	41	40	38	30	—	—	—	—	—	—	—	—	—
35C8BT	上限	58	56	55	54	52	49	46	38	36	30	27	26	25
	下限	51	50	46	43	37	26	22	20	19	18	—	—	—
26C10BT	上限	52	51	50	48	46	45	42	35	32	28	22	—	—
	下限	45	44	43	41	34	25	—	—	—	—	—	—	—
34C14BT	上限	58	57	56	55	54	53	52	51		46	45	43	38
	下限	50	50	49	48	43	37	33	26		22	21	20	—
38C4BT	上限	60	50	58	57	56	55	54	53	50	48	44	38	—
	下限	52	52	51	50	48	44	40	36	34	30	24	20	—

① 距淬火端距离带括号的为英寸。

2.6.6　易切削结构钢

（1）印度 IS 标准易切削结构钢的钢号与化学成分［IS 1570-3（1979/2019 确认）］（表 2-6-18）

表 2-6-18　易切削结构钢的钢号与化学成分（质量分数）（%）

钢　号	C	Si	Mn	P ≤	S
10C8S10（10S11）	≤0.15	0.05 ~ 0.30	0.60 ~ 0.90	0.060	0.08 ~ 0.13
14C14S14（14Mn1S14）	0.10 ~ 0.18	0.05 ~ 0.30	1.20 ~ 1.50	0.060	0.10 ~ 0.18
25C12S14（25Mn1C14）	0.20 ~ 0.30	≤0.25	1.00 ~ 1.50	0.060	0.10 ~ 0.18
40C10S18（40S18）	0.35 ~ 0.45	≤0.25	0.80 ~ 1.20	0.060	0.14 ~ 0.22
11C10S25（11S25）	0.08 ~ 0.15	≤0.10	0.80 ~ 1.20	0.060	0.20 ~ 0.30
40C15S12（40Mn2S12）	0.35 ~ 0.45	≤0.25	1.30 ~ 1.70	0.060	0.08 ~ 0.13

注：1. 本钢类分为镇静钢和半镇静钢，镇静钢的硅含量≥0.10%。

2. 根据需要，可添加铅和其他元素。

(2) 印度 IS 标准易切削结构钢（热轧或正火状态）棒材和锻件的力学性能（表 2-6-19）

表 2-6-19 易切削结构钢（热轧或正火状态）棒材和锻件的力学性能

钢 号[1]	R_m/MPa	A（%）	钢 号[1]	R_m/MPa	A（%）
10C8S10（10S11）	370～490	≥24	40C10S18（40S18）	550～650	≥17
14C14S14（14Mn1S14）	440～540	≥22	11C10S25（11S25）	370～490	≥22
25C12S14（25Mn1C14）	500～600	≥20	40C15S12（40Mn2S12）	600～700	≥15

[1] 括号内为旧钢号。

(3) 印度 IS 标准易切削结构钢（冷拉）棒材和锻件的力学性能（表 2-6-20）

表 2-6-20 易切削结构钢（冷拉）棒材和锻件的力学性能

钢 号[1]	直 径/mm							
	≤20		>20～40		>40～63		>63	
	R_m/MPa	A（%）	R_m/MPa	A（%）	R_m/MPa	A（%）	R_m/MPa	A（%）
	≥							
10C8S10（10S11）	500	10	460	10	420	13	370	17
14C14S14（14Mn1S14）	550	10	520	11	480	12	440	15
25C12S14（25Mn1C14）	620	8	560	10	520	11	500	13
40C10S18（40S18）	640	8	600	10	560	11	550	11
11C10S25（11S25）	500	8	440	11	400	13	570	13
40C15S12（40Mn2S12）	680	7	640	8	620	10	600	11

[1] 括号内为旧钢号

2.6.7 冷镦和冷挤压用钢

(1) 印度 IS 标准冷镦和冷挤压用钢的钢号与化学成分 [IS 11169-1（1984/2019 确认）]

A) 非热处理型冷镦和冷挤压用钢的钢号与化学成分（表 2-6-21）

表 2-6-21 非热处理型冷镦和冷挤压用钢的钢号与化学成分（质量分数）（%）

钢 号[1]	C	Si	Mn	P ≤	S ≤	Cr	Ni	Mo	其 他[2]
4C2（C04）	≤0.08	—	≤0.40	0.035	0.035	≤0.15	≤0.15	≤0.05	
5C4（C05）	≤0.10	—	≤0.50	0.035	0.035	≤0.15	≤0.15	≤0.05	
7C4（C07）	≤0.12	—	≤0.50	0.035	0.035	≤0.15	≤0.15	≤0.05	
10C4（C10）	≤0.15	—	0.30～0.60	0.035	0.035	≤0.15	≤0.15	≤0.05	
14C6（C14）	0.10～0.18	—	0.40～0.70	0.035	0.035	≤0.15	≤0.15	≤0.05	Cu≤0.15
15C4（C15）	≤0.20	—	0.40～0.70	0.035	0.035	≤0.15	≤0.15	≤0.05	Sn≤0.02
15C8（C15Mn75）	0.10～0.20	—	0.60～0.90	0.035	0.035	≤0.15	≤0.15	≤0.05	V≤0.05
20C8（C20）	0.15～0.25	—	0.60～0.90	0.035	0.035	≤0.15	≤0.15	≤0.05	
25C4（C25）	0.20～0.30	—	0.30～0.60	0.035	0.035	≤0.15	≤0.15	≤0.05	
25C8（C25Mn75）	0.20～0.30	—	0.60～0.90	0.035	0.035	≤0.15	≤0.15	≤0.05	

[1] 括号内为旧钢号。

[2] Cr + Ni + Mo + Cu + V + Sn≤0.40%。

B) 调质型冷镦和冷挤压用钢的钢号与化学成分（表 2-6-22）

表 2-6-22 调质型冷镦和冷挤压用钢的钢号与化学成分（质量分数）（%）

钢 号[1]	C	Si	Mn	P ≤	S ≤	Cr	Ni	Mo	其 他[2]
20C8（C20）	0.15～0.25	—	0.60～0.90	0.035	0.035	≤0.15	≤0.15	≤0.05	Cu≤0.15
25C8（C25）	0.20～0.30	—	0.60～0.90	0.035	0.035	≤0.15	≤0.15	≤0.05	Sn≤0.02
30C8（C30）	0.25～0.35	0.10～0.35	0.60～0.90	0.035	0.035	≤0.15	≤0.15	≤0.05	V≤0.05

（续）

钢 号①	C	Si	Mn	P ≤	S ≤	Cr	Ni	Mo	其 他②
35C8（C35Mn75）	0.30~0.40	0.15~0.35	0.60~0.90	0.035	0.035	≤0.15	≤0.15	≤0.05	
40C8（C40）	0.35~0.45	0.10~0.35	0.60~0.90	0.035	0.035	≤0.15	≤0.15	≤0.05	
45C8（C45）	0.40~0.50	0.10~0.35	0.60~0.90	0.035	0.035	≤0.15	≤0.15	≤0.05	
20C15（20Mn2）	0.16~0.24	0.10~0.35	1.30~1.70	0.035	0.035	≤0.15	≤0.15	≤0.05	
27C15（27Mn2）	0.22~0.32	0.10~0.35	1.30~1.70	0.035	0.035	≤0.15	≤0.15	≤0.05	
37C15（27Mn2）	0.32~0.42	0.10~0.35	1.30~1.70	0.035	0.035	≤0.15	≤0.15	≤0.05	
35Mn6Mo3（35Mn2Mo28）	0.30~0.40	0.10~0.35	1.30~1.80	0.035	0.035	≤0.15	≤0.15	0.20~0.35	
35Mn6Mo4（35Mn2Mo45）	0.30~0.40	0.10~0.35	1.30~1.80	0.035	0.035	≤0.15	≤0.15	0.35~0.55	Cu≤0.15 Sn≤0.02 V≤0.05
40Cr4（40Cr1）	0.35~0.45	0.10~0.35	0.60~0.90	0.035	0.035	0.90~1.20	≤0.15	≤0.05	
40Cr4Mo3（40Cr1Mo28）	0.35~0.45	0.10~0.35	0.50~0.80	0.035	0.035	0.90~1.20	≤0.15	0.20~0.35	
25Cr13Mo6（25Cr3Mo55）	0.20~0.30	0.10~0.35	0.40~0.70	0.035	0.035	2.90~3.40	≤0.15	0.45~0.65	
40Ni14（40Ni3）	0.35~0.45	0.10~0.35	0.50~0.80	0.035	0.035	≤0.30	3.20~3.60	≤0.05	
35Ni5Cr2（35Ni1Cr60）	0.30~0.40	0.10~0.35	0.60~0.90	0.035	0.035	0.45~0.75	1.00~1.50	≤0.05	
30Ni13Cr5（30Ni4Cr1）	0.26~0.34	0.10~0.35	0.40~0.70	0.035	0.035	1.10~1.40	3.90~4.30	≤0.05	
21C10BT③	0.18~0.28	0.15~0.30	0.80~1.10	0.035	0.035	≤0.15	≤0.15	≤0.05	Cu≤0.15 Sn≤0.02 V≤0.05 B 0.0005~0.003
26C10BT③	0.23~0.29	0.15~0.30	0.90~1.20	0.035	0.035	≤0.15	≤0.15	≤0.05	
34C14BT③	0.32~0.37	0.15~0.30	1.20~1.50	0.035	0.035	≤0.15	≤0.15	≤0.05	
38CrMn2BT③	0.35~0.40	0.15~0.30	0.30~0.50	0.035	0.035	0.95~1.15	≤0.15	≤0.05	

① 括号内为旧钢号。

② Cr + Ni + Mo + Cu + V + Sn≤0.40%。

③ 后缀字母 BT 表示含硼钢。

C）表面硬化型冷镦和冷挤压用钢的钢号与化学成分（表2-6-23）

表2-6-23 表面硬化型冷镦和冷挤压用钢的钢号与化学成分（质量分数）（%）

钢 号①	C	Si	Mn	P ≤	S ≤	Cr	Ni	Mo	其 他②
10C4（C10）	≤0.15	0.05~0.35	0.30~0.60	0.035	0.035	≤0.15	≤0.15	≤0.05	
14C6（C14）	0.10~0.18	0.05~0.35	0.40~0.70	0.035	0.035	≤0.15	≤0.15	≤0.05	
11C15（11Mn2）	≤0.16	0.10~0.35	1.30~1.70	0.035	0.035	≤0.15	≤0.15	≤0.05	
15C8（15Mn75）	0.10~0.20	0.10~0.35	0.60~0.90	0.035	0.035	≤0.15	≤0.15	≤0.05	
15Cr3（15Cr65）	0.12~0.18	0.10~0.35	0.40~0.60	0.035	0.035	0.50~0.80	≤0.15	≤0.05	Cu≤0.15 Sn≤0.02 V≤0.05
16Mn5Cr4（17Mn1Cr95）	0.14~0.19	0.10~0.35	1.00~1.30	0.035	0.035	0.80~1.10	≤0.15	≤0.05	
20MnCr5（20MnCr1）	0.17~0.22	0.10~0.35	1.00~1.40	0.035	0.035	1.00~1.30	≤0.15	≤0.05	
16Ni3Cr2（16Ni80Cr60）	0.12~0.20	0.10~0.35	0.60~1.00	0.035	0.035	0.40~0.80	0.60~1.00	≤0.05	
16Ni4Cr3（16Ni1Cr80）	0.12~0.20	0.10~0.35	0.60~1.00	0.035	0.035	0.60~1.00	0.80~1.20	≤0.05	

（续）

钢 号[1]	C	Si	Mn	P ≤	S ≤	Cr	Ni	Mo	其 他[2]
13Ni14Cr3 (13Ni3Cr80)	0.10~0.15	0.10~0.35	0.40~0.70	0.035	0.035	0.60~1.00	3.00~3.50	≤0.05	
15Ni5Cr5 (15Ni4Cr1)	0.12~0.18	0.10~0.35	0.40~0.70	0.035	0.035	1.00~1.40	3.80~4.30	≤0.05	
20Ni7Mo2 (20Ni2Mo25)	0.17~0.22	0.10~0.35	0.45~0.70	0.035	0.035	≤0.15	1.65~2.00	0.20~0.30	Cu≤0.15 Sn≤0.02 V≤0.05
20NiCrMo2 (20Ni55Cr50Mo20)	0.18~0.23	0.10~0.35	0.70~0.90	0.035	0.035	0.40~0.60	0.40~0.70	0.15~0.25	
15Ni5Cr4Mo1 (15NiCr1Mo12)	0.12~0.18	0.10~0.35	0.60~1.00	0.035	0.035	0.75~1.25	1.00~1.50	0.08~0.15	
15Ni7Cr4Mo2 (15Ni2Cr1Mo15)	0.12~0.18	0.10~0.35	0.60~1.00	0.035	0.035	0.75~1.25	1.50~2.00	0.10~0.20	
16Ni8Cr6Mo2 (16NiCr2Mo20)	0.12~0.20	0.10~0.35	0.40~0.70	0.035	0.035	1.40~1.70	1.80~2.20	0.15~0.25	

① 括号内为旧钢号。

② Cr + Ni + Mo + Cu + V + Sn≤0.40%。

（2）印度 IS 标准冷镦和冷挤压用钢的硬度

A）非热处理型冷镦和冷挤压用钢退火状态的硬度（表 2-6-24）

表 2-6-24   非热处理型冷镦和冷挤压用钢退火状态的硬度

钢 号[1]	HBW ≤	钢 号[1]	HBW ≤
4C2 （C04）	120	15C4 （C15）	140
5C4 （C05）	120	15C8 （C15Mn75）	140
7C4 （C07）	120	20C8 （C20）	150
10C4 （C10）	130	25C4 （C25）	150
14C6 （C14）	140	25C8 （C25Mn75）	150

① 括号内为旧钢号。

B）调质型冷镦和冷挤压用钢退火状态的硬度（表 2-6-25）

表 2-6-25   调质型冷镦和冷挤压用钢退火状态的硬度

钢 号[1]	HBW ≤	钢 号[1]	HBW ≤
20C8 （C20）	150	45C8 （C45）	170
25C8 （C25Mn75）	150	20C15 （20Mn2）	170
30C8 （C30）	160	27C15 （27Mn2）	190
35C8 （C35Mn75）	160	37C15 （27Mn2）	190
40C8 （C40）	170	40Cr4 （40Cr1）	200
40Ni14 （40Ni3）	190	—	—
35Mn6Mo3 (35Mn2Mo28)	190	25Cr13Mo6 (25Cr3Mo55)	190
35Mn6Mo4 (35Mn2Mo45)	190	35Ni5Cr2 (35Ni1Cr60)	190
40Cr4Mo3 (40Cr1Mo28)	200	30Ni13Cr5 (30Ni4Cr1)	200
21C10BT[2]	160	34C14BT[2]	190
26C10BT[2]	160	38CrMn2BT[2]	200

① 括号内为旧钢号。

② 后缀字母 BT 表示含硼钢。

C）表面硬化型冷镦和冷挤压用钢退火状态的硬度（表2-6-26）

表2-6-26　表面硬化型冷镦和冷挤压用钢退火状态的硬度

钢 号[1]	HBW ≤	钢 号[1]	HBW ≤
10C4（C10）	130	11C15（11Mn2）	170
14C6（C14）	140	15C8（15Mn75）	170
15Cr3（15Cr65）	140	16Mn5Cr4 （17Mn1Cr95）	160
20MnCr5 （20MnCr1）	170	20Ni7Mo2 （20Ni2Mo25）	180
16Ni3Cr2 （16Ni80Cr60）	160	20NiCrMo2 （20Ni55Cr50Mo20）	180
16Ni4Cr3 （16Ni1Cr80）	180	15Ni5Cr4Mo1 （15NiCr1Mo12）	180
13Ni14Cr3 （13Ni3Cr80）	180	15Ni7Cr4Mo2 （15Ni2Cr1Mo15）	180
15Ni5Cr5 （15Ni4Cr1）	200	16Ni8Cr6Mo2 （16NiCr2Mo20）	190

[1] 括号内为旧钢号。

（3）印度 IS 标准冷镦和冷挤压用钢的力学性能

A）通用型冷镦和冷挤压用钢调质状态的力学性能（表2-6-27）

表2-6-27　通用型冷镦和冷挤压用钢调质状态的力学性能

钢 号[1]	R_m/MPa	$R_{p0.2}$/MPa ≥	A（%） ≥	r[2]/mm
20C8（C20）	540~690	370	20	16
	490~640	290	22	40
	—	—	—	100
25C8（C25Mn75）	380~730	390	18	16
	540~690	330	20	40
	—	—	—	100
35C8（C35Mn75）	620~770	420	17	16
	580~730	365	19	40
	540~690	325	20	100
40C8（C40）	660~810	450	16	16
	620~770	390	18	40
	580~730	340	19	100
45C8（C45）	700~850	460	14	16
	660~810	410	16	40
	620~770	375	17	100
40Cr4（40Cr1）	1000~1200	800	11	16
	900~1180	680	12	40
	800~930	570	14	100
40Cr4Mo3 （40Cr1Mo28）	1100~1300	900	10	16
	1000~1200	730	11	40
	900~1100	700	12	100

[1] 括号内为旧钢号。

[2] 见表2-6-13 中表注[1]。

B）表面硬化型冷镦和冷挤压用钢调质状态（心部）的力学性能（表2-6-28）

表 2-6-28　表面硬化型冷镦和冷挤压用钢调质状态（心部）的力学性能

钢　号[1]	R_m/MPa ≥	A（%） ≥	KV/J ≥	$r^{[2]}$/mm
10C4（C10）	500	17	55	15
14C6（C14）	500	17	55	15 ~ 30
11C15（11Mn2）	600	17	55	30
15Cr3（15Cr65）	600	13	48	30
16Mn5Cr4（17Mn1Cr95）	800	10	35	30
20MnCr5（20MnCr1）	1000	8	38	30
16Ni3Cr2（16Ni80Cr60）	700	15	41	30
16Ni4Cr3（16Ni1Cr80）	850	12	41	30
	800	—	—	60
	750	—	—	90
13Ni14Cr3（13Ni3Cr80）	850	12	48	60
	800	—	—	100
15Ni5Cr5（15Ni4Cr1）	1350	9	35	30
	1200	—	—	60
	1150	—	—	90
20Ni7Mo2（20Ni2Mo25）	850	12	62	30
	700	—	—	60
20Ni7CrMo2（20Ni55Cr50Mo20）	900	11	41	30
	800	—	—	60
	700	—	—	90
15Ni5Cr4Mo1（15NiCr1Mo12）	1000	9	41	30
	950	—	—	90
15Ni7Cr4Mo2（15Ni2Cr1Mo15）	1100	9	35	30
	1000	—	—	60
	950	—	—	90
16Ni8Cr6Mo2（16NiCr2Mo20）	1350	9	35	30
	1200	—	—	60
	1150	—	—	90

① 括号内为旧钢号。

② 见表 2-6-13 中表注①。

2.6.8　轴承钢

（1）印度 IS 标准高碳铬轴承钢［IS 4398（1994/2019 确认）］

高碳铬轴承钢的钢号与化学成分见表2-6-29。

表 2-6-29　高碳铬轴承钢的钢号与化学成分（质量分数）（%）

钢　号	C	Si	Mn	P ≤	S ≤	Cr	Ni	Mo	Cu	其　他
104Cr6	0.98 ~ 1.10	0.15 ~ 0.35	0.25 ~ 0.45	0.025	0.025	1.30 ~ 1.40	≤0.25	≤0.10	≤0.30	
103Cr6	0.95 ~ 1.10	0.15 ~ 0.35	0.60 ~ 0.80	0.025	0.025	1.50 ~ 1.70	≤0.25	≤0.10	≤0.30	V ≤ 0.05
103Cr4Mn4	0.95 ~ 1.10	0.40 ~ 0.70	0.90 ~ 1.15	0.030	0.025	0.90 ~ 1.20	≤0.25	≤0.10	≤0.30	Ti ≤ 0.00045
98Cr6Mn4	0.90 ~ 1.05	0.50 ~ 0.70	1.00 ~ 1.20	0.030	0.025	1.40 ~ 1.65	≤0.25	≤0.10	≤0.30	

（2）印度 IS 标准渗碳轴承钢 ［IS 5489（1975/2019 确认）］

渗碳轴承钢的钢号与化学成分见表 2-6-30。

表 2-6-30　渗碳轴承钢的钢号与化学成分（质量分数）（%）

钢　号	C	Si	Mn	P ≤	S ≤	Cr	Ni	Mo	其　他
14Cr6	0.10~0.18	0.15~0.35	0.40~0.70	0.025	0.025	≤0.20	—	—	Cu≤0.25 V≤0.05
28Cr6	0.25~0.32	0.15~0.35	0.40~0.70	0.025	0.025	≤0.20	—	—	
17Mn5Cr4	0.14~0.19	0.15~0.35	1.00~1.30	0.025	0.025	0.80~1.10	—	—	
20Ni7Mo2	0.17~0.22	0.15~0.35	0.40~0.70	0.025	0.025	≤0.20	1.65~2.00	0.20~0.30	
20NiCr2Mo2	0.18~0.23	0.20~0.35	0.70~0.90	0.025	0.025	0.40~0.60	0.40~0.70	0.15~0.25	

B. 专业用钢和优良品种

2.6.9　船体用结构钢 ［IS 3039（1988/2017 确认）］

（1）印度 IS 标准船体用结构钢的钢号与化学成分（表 2-6-31）

表 2-6-31　船体用结构钢的钢号与化学成分（质量分数）（%）

钢　号	C	Si	Mn	P ≤	S ≤	其　他[1]
Grade I	≤0.23	0.10~0.35	(2.5×C)	0.040	0.040	Al_S≥0.010
Grade II	≤0.21	0.10~0.35	0.70~1.40	0.040	0.040	—
Grade III	≤0.18	0.10~0.35	0.70~1.50	0.040	0.040	Al_S≥0.015

[1] Al 脱氧时，全铝 Al_t≥0.020%。

（2）印度 IS 标准船体用结构钢的力学性能（表 2-6-32）

表 2-6-32　船体用结构钢的力学性能

钢　号	R_m/MPa	R_{eL}/MPa ≥		A (%) ≥ $(L_0=5.65\sqrt{S_0})$
		下列厚度/mm		
		≤0.25	>25~50	
Grade I	400~490	230	220	22
Grade II	400~490	235	235	22
Grade III	400~490	235	235	22

2.6.10　工程和汽车用调质结构钢 ［IS 5517（1993/2019 确认）］

（1）印度 IS 标准工程和汽车用调质结构钢的钢号与化学成分（表 2-6-33）

表 2-6-33　工程和汽车用调质结构钢的钢号与化学成分（质量分数）（%）

钢　号	C	Si	Mn	P ≤	S	Cr	Ni	Mo	其　他[1]
30C8	0.25~0.35	0.10~0.35	0.60~0.90	0.035	≤0.035	≤0.25	≤0.25	≤0.05	V≤0.05
35C8	0.30~0.40	0.10~0.35	0.60~0.90	0.035	≤0.035	≤0.25	≤0.25	≤0.05	V≤0.05
40C8	0.35~0.45	0.10~0.35	0.60~0.90	0.035	≤0.035	≤0.25	≤0.25	≤0.05	V≤0.05
45C8	0.40~0.50	0.10~0.35	0.60~0.90	0.035	≤0.035	≤0.25	≤0.25	≤0.05	V≤0.05
50C8	0.45~0.55	0.10~0.35	0.60~0.90	0.035	≤0.035	≤0.25	≤0.25	≤0.05	V≤0.05
55C8	0.50~0.60	0.10~0.35	0.60~0.90	0.035	≤0.035	≤0.25	≤0.25	≤0.05	V≤0.05

（续）

钢 号	C	Si	Mn	P ≤	S	Cr	Ni	Mo	其 他[1]
40C10Si18	0.35~0.45	≤0.25	0.80~1.20	0.060	0.14~0.22	≤0.25	≤0.25	≤0.05	V≤0.05
40C15Si12	0.35~0.45	≤0.25	1.30~1.70	0.060	0.08~0.15	≤0.25	≤0.25	≤0.05	V≤0.05
20C15	0.16~0.24	0.10~0.35	1.30~1.70	0.035	≤0.035	≤0.25	≤0.25	≤0.05	V≤0.05
27C15	0.22~0.32	0.10~0.35	1.30~1.70	0.035	≤0.035	≤0.25	≤0.25	≤0.05	V≤0.05
37C15	0.32~0.42	0.10~0.35	1.30~1.70	0.035	≤0.035	≤0.25	≤0.25	≤0.05	V≤0.05
35Mn6Mo3	0.30~0.40	0.10~0.35	1.30~1.80	0.035	≤0.035	≤0.25	≤0.25	0.20~0.35	V≤0.05
35Mn6Mo4	0.30~0.40	0.10~0.35	1.30~1.80	0.035	≤0.035	≤0.25	≤0.25	0.35~0.55	V≤0.05
37Mn5Si5	0.33~0.41	0.10~1.40	1.10~1.40	0.035	≤0.035	≤0.25	≤0.25	≤0.05	V≤0.05
42Cr6V1	0.37~0.47	0.15~0.35	0.50~0.80	0.035	≤0.035	1.40~1.70	≤0.25	≤0.05	V 0.07~0.12
58Cr4V1	0.51~0.63	0.15~0.35	0.80~1.10	0.035	≤0.035	0.90~1.20	≤0.25	≤0.05	V 0.07~0.12
50Cr4V2	0.45~0.55	0.15~0.40	0.70~1.10	0.035	≤0.035	0.90~1.20	≤0.25	0.20~0.35	V 0.10~0.20
45CrSi9	0.40~0.50	2.75~3.25	0.30~0.60	0.035	≤0.035	8.50~9.50	≤0.25	≤0.05	V≤0.05
46V1S3	0.42~0.50	≤0.60	0.60~1.00	0.035	0.045~0.065	≤0.25	≤0.25	≤0.05	V 0.08~0.13
55Cr3	0.50~0.60	0.10~0.35	0.60~0.80	0.035	≤0.035	0.60~0.80	≤0.25	≤0.05	V≤0.05
55Si6Cr3	0.50~0.60	1.20~1.60	0.50~0.80	0.035	≤0.035	0.50~0.80	≤0.25	≤0.05	V≤0.05
40Cr4	0.35~0.45	0.10~0.35	0.60~0.90	0.035	≤0.035	0.90~1.20	≤0.25	≤0.05	V≤0.05
42Cr4Mo2	0.38~0.45	0.10~0.35	0.60~0.90	0.035	≤0.035	0.90~1.20	≤0.25	0.15~0.30	V≤0.05
15Cr13Mo6	0.10~0.20	0.10~0.35	0.40~0.70	0.035	≤0.035	2.90~3.40	≤0.25	0.45~0.65	V≤0.05
25Cr13Mo6	0.20~0.30	0.10~0.35	0.40~0.70	0.035	≤0.035	2.90~3.40	≤0.25	0.45~0.65	V≤0.05
40Cr13Mo10V2	0.35~0.45	0.10~0.35	0.40~0.70	0.035	≤0.035	3.00~3.50	≤0.25	0.90~1.10	V 0.15~0.25
40Cr7Al10Mo2	0.35~0.45	0.10~0.35	0.40~0.70	0.035	≤0.035	1.50~1.80	≤0.25	0.10~0.25	Al 0.90~1.30 V≤0.05
40Ni14	0.33~0.45	0.10~0.35	0.50~0.80	0.035	≤0.035	≤0.30	3.20~3.60	≤0.05	V≤0.05
35Ni5Cr2	0.30~0.40	0.10~0.35	0.60~0.90	0.035	≤0.035	0.45~0.75	1.00~1.50	≤0.05	V≤0.05
30Ni13Cr5	0.26~0.34	0.10~0.35	0.40~0.70	0.035	≤0.035	1.00~1.40	3.90~4.30	≤0.05	V≤0.05
40Ni6Cr4Mo2	0.35~0.45	0.10~0.35	0.40~0.70	0.035	≤0.035	0.90~1.30	1.20~1.60	0.10~0.20	V≤0.05
40Ni6Cr4Mo3	0.35~0.45	0.10~0.35	0.40~0.70	0.035	≤0.035	0.90~1.30	1.25~1.75	0.20~0.35	V≤0.05
31Ni10Cr3Mo6	0.27~0.35	0.10~0.35	0.40~0.70	0.035	≤0.035	0.50~0.80	2.25~2.75	0.40~0.70	V≤0.05
40Ni10Cr3Mo6	0.36~0.44	0.10~0.35	0.40~0.70	0.035	≤0.035	0.50~0.80	2.25~2.75	0.40~0.70	V≤0.05

① 各钢号的残余元素和微量元素含量：Cu≤0.35%，B≤0.0003%，Sn≤0.05%。

（2）印度 IS 标准工程和汽车用调质结构钢的力学性能（表 2-6-34）

表 2-6-34　工程和汽车用调质结构钢的力学性能

钢 号	R_m /MPa	$R_{p0.2}$/MPa	A（%） ≥	KV[1]/J	r[2]/mm
30C8	600~750	400	18	55	30
35C8	600~750	400	18	55	63
40C8	600~750	380	18	41	63
	700~850	480	17	35	30
45C8	600~750	380	17	41	100
	700~850	480	15	35	30

（续）

钢 号	R_m /MPa	$R_{p0.2}$/MPa	A（%）	$KV^{①}$/J	$r^{②}$/mm
			≥		
50C8	700~850	460	15	—	63
	800~950	540	13	—	30
55C8	700~850	460	15	—	63
	800~950	540	13	—	30
40C10Si18	600~750	380	18	41	60
	700~850	480	17	48	30
40C15Si12	700~850	500	18	35	60
20C15	600~750	440	18	48	30
	700~850	500	16	48	15
27C15	600~750	440	18	48	63
	700~850	500	16	48	30
37C15	600~750	440	18	48	100
	700~850	540	18	48	60
	800~950	600	16	48	30
	900~1050	700	15	41	15
35Mn6Mo3	700~850	540	18	55	150
	800~950	600	16	55	100
	900~1050	700	15	55	60
	1000~1150	800	13	48	30
37Mn5Si5	800~950	550	14	34	100
	900~1050	650	12	27	40
	1000~1150	800	11	21	16
55Cr6V2	780~980	590	13	34	250
	900~1080	690	12	34	100
	980~1180	780	10	34	40
	1080~1270	880	9	34	16
58Cr4V1	980~1180	735	12	41	250
	1080~1270	885	10	34	100
	1180~1370	980	8	27	40
	1320~1570	1080	7	21	16
42Cr4V1	780~880	540	14	55	160
	880~1030	685	12	48	100
	980~1180	785	11	41	40
	1080~1270	885	12	34	16
45CrSi9	880~1030	685	—	—	—
35Mn6Mo4	800~950	600	16	55	150
	900~1050	700	16	55	100
	1000~1150	800	15	48	63
55Cr3	900~1050	660	12	35	100
	1000~1150	740	10	17	63
55Si6Cr3	1400~1600	1200	6	—	16

（续）

钢　号	R_m /MPa	$R_{p0.2}$/MPa	A（%）	$KV^{①}$/J	$r^{②}$/mm
			≥		
40Cr4	700~850	540	18	55	100
	800~950	600	16	55	63
	900~1050	700	15	55	30
42Cr4Mo2	700~850	490	13	55	150
	800~950	550	12	50	100
	900~1050	650	11	50	63
	1000~1150	750	10	48	30
15Cr13Mo6	700~850	540	18	55	150
25Cr13Mo6	800~950	600	16	55	150
	900~1050	700	15	55	150
	1000~1150	800	13	48	150
	1100~1250	880	12	41	100
	≥1500	1300	8	14	63
40Cr13Mo10V2	≥1350	1120	8	21	63
	≥1550	1300	8	14	30
40Cr7Al10Mo2	700~850	540	18	55	150
	800~950	600	16	55	100
	900~1050	700	15	48	63
40Ni14	800~950	600	16	55	100
	900~1050	700	15	55	63
35Ni5Cr2	700~850	540	18	55	150
	800~950	600	16	55	100
30Ni13Cr5	≥1550	1300	8	14	63（空淬） 150（油淬）
40Ni6Cr4Mo2	800~950	600	16	55	150
	900~1050	700	15	55	100
	1000~1150	800	13	48	63
	1100~1250	880	11	41	30
40Ni6Cr4Mo3	800~950	600	16	55	150
	900~1050	700	15	55	150
	1000~1150	800	13	48	100
	1100~1250	880	11	41	63
	1200~1350	1000	10	30	30
	≥1500	1300	6	11	30
31Ni10Cr3Mo6	900~1050	700	15	55	150
	1000~1150	800	12	48	150
	1100~1250	880	11	41	100
	1200~1350	1000	10	35	63
	≥1500	1300	8	14	63
40Ni10Cr3Mo6	1000~1150	800	12	48	150
	1100~1250	880	11	41	150
	1200~1350	1000	10	35	150
	≥1550	1300	8	14	100

① 冲击试验用于细晶粒钢。

② 见表 2-6-13 表注①。

（3）印度 IS 标准工程和汽车用调质结构钢的硬度（表 2-6-35）

表 2-6-35　工程和汽车用调质结构钢的硬度

钢　号	退火硬度 HBW ≤	轧制后硬度 HBW ≥	钢　号	退火硬度 HBW ≤	轧制后硬度 HBW ≥
30C8	187	240	50Cr4V2	250	（按协议）
35C8	197	240	58Cr4V1	250	（按协议）
40C8	207	240	55Cr3	220	≤250
45C8	207	240	55Si6Cr3	220	250
50C8	210	240	40Cr4	241	250
55C8	220	250	42Cr4Mo2	241	250
40C10Si18	200	240	15Cr13Mo6	200	240
40C15Si12	200	240	25Cr13Mo6	230	（按协议）
20C15	200	240	40Cr13Mo10V2	230	（按协议）
27C15	200	240	40Cr7Al10Mo2	230	（按协议）
37C15	220	250	40Ni14	229	≤250
35Mn6Mo3	220	250	35Ni5Cr2	229	250
35Mn6Mo4	220	250	30Ni13Cr5	250	（按协议）
37Mn5Si5	220	250	40Ni6Cr4Mo2	241	250
42Cr4V1	220	250	40Ni6Cr4Mo3	241	（按协议）
45CrSi9	240	250	31Ni10Cr3Mo6	269	（按协议）
46V1S3	220	250	40Ni10Cr3Mo6	269	（按协议）

2.6.11　汽车和机械部件用表面硬化结构钢［IS 4432（1988/2019 确认）］

（1）印度 IS 标准汽车和机械部件用表面硬化结构钢的钢号与化学成分（表 2-6-36）

表 2-6-36　汽车和机械部件用表面硬化结构钢的钢号与化学成分（质量分数）（%）

钢　号	C	Si	Mn	P ≤	S	Cr	Ni	Mo	其他[1]
10C4	≤0.15	0.15~0.35	0.30~0.60	0.045	≤0.045	≤0.30	≤0.30	≤0.05	Cu≤0.25
15C8	0.10~0.20	0.15~0.35	0.60~0.90	0.035	≤0.035	≤0.30	≤0.30	≤0.05	Cu≤0.25
10C8S10	≤0.15	0.15~0.35	0.60~0.90	0.035	0.08~0.13[2]	≤0.30	≤0.30	≤0.05	Cu≤0.25
11C10S25	0.08~0.18	0.10~0.35	0.60~0.90	0.045	0.20~0.30[2]	≤0.30	≤0.30	≤0.05	Cu≤0.25
14C14S14	0.10~0.18	0.10~0.35	0.60~0.90	0.045	0.10~0.18[2]	≤0.30	≤0.30	≤0.05	Cu≤0.25
15Cr3	0.12~0.18	0.15~0.35	0.40~0.60	0.035	≤0.035	0.50~0.80	≤0.30	≤0.05	Cu≤0.25
16Mn5Cr4	0.14~0.19	0.15~0.35	1.00~1.30	0.035	≤0.035	0.80~1.10	≤0.30	≤0.05	Cu≤0.25
20Mn5Cr5	0.17~0.22	0.15~0.35	1.00~1.40	0.035	≤0.035	1.00~1.30	≤0.30	≤0.05	Cu≤0.25
14CrNi6	0.12~0.17	0.15~0.40	0.40~0.60	0.035	≤0.035	1.40~1.70	≤0.30	≤0.05	Cu≤0.25
15Ni5Cr4Mo1	0.12~0.18	0.15~0.35	0.60~1.00	0.035	≤0.035	0.75~1.25	1.00~1.50	0.08~0.15	Cu≤0.25
15Ni7Cr4Mo2	0.12~0.18	0.15~0.35	0.60~1.00	0.035	≤0.035	0.75~1.25	1.50~2.00	0.10~0.20	Cu≤0.25
16Ni3Cr2	0.12~0.20	0.15~0.35	0.60~0.90	0.035	≤0.035	0.40~0.80	0.60~1.00	≤0.05	Cu≤0.25
20Ni7Mo2	0.17~0.22	0.15~0.35	0.40~0.65	0.035	≤0.035	≤0.30	1.65~2.00	0.20~0.30	Cu≤0.25
20Ni2Cr2Mo2	0.18~0.23	0.15~0.35	0.70~0.90	0.035	≤0.035	0.40~0.60	0.40~0.70	0.15~0.25	Cu≤0.25
20Ni7Cr2Mo2	0.17~0.22	0.15~0.35	0.40~0.65	0.035	≤0.035	0.40~0.60	1.65~2.00	0.20~0.30	Cu≤0.25
13Ni13Cr3	0.10~0.15	0.15~0.35	0.40~0.70	0.035	≤0.035	0.60~1.00	3.00~3.50	≤0.05	Cu≤0.25
21Ni4Mo2	≤0.26	0.10~0.35	0.60~0.90	0.035	≤0.035	0.90~1.20	≤0.30	0.20~0.30	Cu≤0.25

① 各钢号还含有钒元素：V≤0.05%。

② 取值范围与≤无关。

（2）印度 IS 标准汽车和机械部件用表面硬化结构钢（心部）的力学性能（表 2-6-37）

表 2-6-37　汽车和机械部件用表面硬化结构钢（心部）的力学性能

钢　号	钢材直径	R_m/MPa	$R_{p0.2}$/MPa	A（%）	Z（%）
			≥		
10C4	16mm	550～800	330	13	40
	30mm	600～650	300	16	45
15C8	16mm	600～850	400	12	35
	30mm	550～800	330	14	40
10C8S10	16mm	600～850	400	12	35
11C10S25	30mm	550～800	330	14	40
14C14S14	16mm	650～900	430	12	35
15Cr3	30mm	600～900	360	14	40
16Mn5Cr4	16mm	850～1100	620	9	30
	30mm	800～1050	600	10	40
	63mm	650～950	450	11	40
20Mn5Cr5	16mm	1000～1300	750	7	25
	30mm	1000～1300	700	8	30
	63mm	800～1100	550	10	35
14CrNi6	16mm	1050～1350	720	8	35
	30mm	970～1300	700	9	40
	63mm	800～1100	550	11	40
15Ni5Cr4Mo1	16mm	1050～1350	720	8	35
	30mm	1000～1350	700	9	35
	63mm	900～1200	600	11	40
15Ni7Cr4Mo2	16mm	1100～1400	750	9	40
	30mm	1050～1400	730	10	40
	63mm	800～1100	550	12	45
16Ni3Cr2	16mm	1100～1400	750	8	35
	30mm	1050～1400	720	9	40
	63mm	900～1200	600	11	45
20Ni7Mo2	16mm	800～1150	550	8	35
	30mm	700～1000	500	9	35
	63mm	650～950	450	10	40
20Ni2Cr2Mo2	16mm	850～1200	600	8	35
	30mm	800～1150	550	9	35
	63mm	750～1050	520	10	40
20Ni7Cr2Mo2	16mm	950～1350	650	8	35
	30mm	850～1200	600	9	35
	63mm	800～1150	550	10	40
13Ni13Cr3	16mm	1000～1300	720	8	35
	30mm	900～1250	650	9	35
	63mm	850～1200	600	10	40
21Ni4Mo2	16mm	1100～1400	750	8	35
	30mm	1000～1350	700	9	40
	63mm	950～1250	650	10	40

（3）印度 IS 标准汽车和机械部件用表面硬化结构钢的硬度（表 2-6-38）

表 2-6-38　汽车和机械部件用表面硬化结构钢的硬度

钢　号	退火硬度 HBW ≤	轧制后硬度 HBW ≥	切削加工硬度 HBW
10C4	131	—	90 ~ 145
15C8	150	180	105 ~ 170
10C8S10	150	180	105 ~ 170
11C10S25	150	180	105 ~ 170
14C14S14	150	180	105 ~ 170
15Cr3	174	202	120 ~ 180
16Mn5Cr4	207	235	150 ~ 202
20Mn5Cr5	217	249	160 ~ 210
14CrNi6	217	235	160 ~ 210
15Ni5Cr4Mo1	229	263	170 ~ 220
15Ni7Cr4Mo2	229	263	170 ~ 220
16Ni3Cr2	207	249	150 ~ 202
20Ni7Mo2	217	249	160 ~ 210
20Ni2Cr2Mo2	217	249	170 ~ 220
20Ni7Cr2Mo2	229	263	170 ~ 220
13Ni13Cr3	217	235	160 ~ 210
21Ni4Mo2	217	249	160 ~ 210

2.6.12　结构和凸缘用热轧钢板 [IS 5986（2011）]

（1）印度 IS 标准结构和凸缘用热轧钢板的钢号与化学成分（表 2-6-39）

表 2-6-39　结构和凸缘用热轧钢板的钢号与化学成分（质量分数）（%）

钢　号[①]	C	Mn	P ≤	S ≤	Cu[②]	N	其　他[②]	碳当量 CE[③]
165（Fe 290）	≤0.12	≤0.60	0.040	0.040	0.20 ~ 0.35	≤0.009		—
205（Fe 330）	≤0.15	≤0.80	0.040	0.040	0.20 ~ 0.35	≤0.009		—
235（Fe 360）	≤0.17	≤1.00	0.040	0.040	0.20 ~ 0.35	≤0.009		—
255（Fe 410）	≤0.20	≤1.30	0.040	0.040	0.20 ~ 0.35	≤0.009		0.42
325（Fe 490）	≤0.20	≤1.30	0.040	0.040	0.20 ~ 0.35	≤0.009	Nb + V + Ti + B ≤0.20	0.42
355（Fe 510）	≤0.20	≤1.50	0.035	0.035	0.20 ~ 0.35	≤0.009		0.45
420	≤0.20	≤1.50	0.035	0.035	0.20 ~ 0.35	≤0.009		0.45
495	≤0.20	≤1.50	0.035	0.035	0.20 ~ 0.35	≤0.009		0.45
560	≤0.20	≤1.50	0.035	0.035	0.20 ~ 0.35	≤0.009		0.45

① 括号内为旧钢号。

② 允许加入的含量。

③ 碳当量 $CE = C + \dfrac{Mn}{6} + \dfrac{Ni}{15} + \dfrac{Cr}{5} + \dfrac{Mo}{5} + \dfrac{Cu}{15} + \dfrac{V}{5}$。

（2）印度 IS 标准结构和凸缘用热轧钢板的力学性能（表 2-6-40）

表 2-6-40　结构和凸缘用热轧钢板的力学性能

钢　号	R_m/MPa	R_e/MPa $\geqslant$	$A^{①}$（%）　$\geqslant$
165（Fe 290）	290～400	165	30
205（Fe 330）	330～440	205	28
235（Fe 360）	360～470	235	26
255（Fe 410）	410～520	255	24
325（Fe 490）	420～530	325	19
355（Fe 510）	420～530	355	18
420	480～590	420	15
495	540～650	495	12
560	610～720	560	10

① 试样标距的数据：$L_0 = 5.65\sqrt{S_0}$。

2.6.13　热轧碳素钢板和钢带 ［IS 1079（2017）］

（1）印度 IS 标准热轧碳素钢板和钢带的钢号与化学成分（表 2-6-41）

表 2-6-41　热轧碳素钢板和钢带的钢号与化学成分（质量分数）（%）

钢号和类型	C	$Si^{①}$	Mn	P$\leqslant$	S$\leqslant$	$Al_t{}^{②}$	其他[②],[③]
一般用途钢							
HR0	$\leqslant$0.25	$\geqslant$0.10	$\leqslant$2.00	0.080	0.050	0.010～0.020	N$\leqslant$0.012
HR1	$\leqslant$0.15	$\geqslant$0.10	$\leqslant$0.60	0.050	0.035	0.010～0.020	N$\leqslant$0.012
HR2	$\leqslant$0.10	$\geqslant$0.10	$\leqslant$0.45	0.040	0.035	0.010～0.020	N$\leqslant$0.007
HR3	$\leqslant$0.08	$\geqslant$0.10	$\leqslant$0.40	0.035	0.030	0.010～0.020	N$\leqslant$0.007
HR4	$\leqslant$0.08	$\geqslant$0.10	$\leqslant$0.35	0.030	0.030	0.010～0.020	N$\leqslant$0.007
深冲压用钢							
ISH270 C	$\leqslant$0.08	$\geqslant$0.10	$\leqslant$0.45	0.035	0.035	0.010～0.020	N$\leqslant$0.007
ISH270 D	$\leqslant$0.06	$\geqslant$0.10	$\leqslant$0.40	0.030	0.030	0.010～0.020	N$\leqslant$0.007
ISH270 E	$\leqslant$0.08	$\geqslant$0.10	$\leqslant$0.35	0.025	0.025	0.010～0.020	N$\leqslant$0.007

① 用 Al 脱氧时，Si$\geqslant$0.10%，Al$\geqslant$0.020%；用 Al + Si 脱氧时，Si$\geqslant$0.03%，Al$\geqslant$0.010%。
② 已标定无时效特性的钢类，N$\leqslant$0.007%，对于未标定无时效特性的钢类，N$\leqslant$0.012%。
③ 钢中还可以添加 Nb、V、Ti 等，每种元素各$\leqslant$0.20%；B$\leqslant$0.006%。允许有残留元素，如：Cr、Ni、Mo 等。

（2）热轧碳素钢板和钢带（一般用途钢）的力学性能（表 2-6-42）

表 2-6-42　热轧碳素钢板及钢带（一般用途钢）的力学性能

钢　号[①]	R_m/MPa $\geqslant$	$A^{②}$（%）　$\geqslant$			
		板厚$\leqslant$3mm		板厚>3mm	
		L_0=80mm	L_0=50mm	$L_0=5.65\sqrt{S_0}$	L_0=80mm
HR1	440	23	28	28	29
HR2	420	25	30	30	21
HR3	400	28	33	33	34
HR4	380	31	36	36	37

① HR0 的 R_m 和 A 由供需双方协商。
② 试验采用横向试样，L_0 为试样标距。

（3）热轧碳素钢板和钢带（深冲压用钢）的力学性能（表 2-6-43 和表 2-6-44）

表 2-6-43　热轧碳素钢板及钢带（深冲压用钢）的力学强度

钢号和类型	R_m/MPa	$R_{eL}^{①}$/MPa（下列厚度/mm）		
		< 2.0	2.0 ~ 3.2	> 3.2
		≥		
ISH270 C	270 ~ 420	170	170	170
ISH270 D	270 ~ 440	170	170	165
ISH270 E	270 ~ 380	165	155	145

① 当屈服现象不明显时，可采用 $R_{p0.2}$，否则采用 R_{eL}。

表 2-6-44　热轧碳素钢板及钢带（深冲压用钢）的断后伸长率

钢号和类型	断后伸长率 $A^{①}$（%）　≥（下列厚度/mm 和试样标距）				
	$t < 2.2$	$t ≤ 3.2$	$t > 3.2$	$t ≤ 3.0$	$t > 3.0$
	$L_0 = 50mm$			$L_0 = 80mm$	$L_0 = 5.65\sqrt{S_0}$
ISH270 C	26	26	31	25	30
ISH270 D	29	29	34	28	33
ISH270 E	32	32	37	31	36

① 试验采用横向试样，L_0 为试样标距。

2.6.14　冷连轧碳素钢板和钢带 ［IS 513-1 （2016）］

（1）印度 IS 标准冷连轧碳素钢板和钢带的钢号与化学成分（表 2-6-45）

表 2-6-45　冷连轧碳素钢板和钢带的钢号与化学成分（质量分数）（%）

钢号和类型	C	$Si^{①}$	Mn	P ≤	S ≤	$Al_t^{②}$	其 他^{②,③}
一般用途钢							
CR0	≤ 0.25	≥ 0.10	≤ 1.70	0.050	0.035	0.020 ~ 0.070	N ≤ 0.012
CR1	≤ 0.15	≥ 0.10	≤ 1.00	0.050	0.035	0.020 ~ 0.070	N ≤ 0.012
CR2	≤ 0.12	≥ 0.10	≤ 0.50	0.040	0.035	0.020 ~ 0.070	N ≤ 0.007
CR3	≤ 0.10	≥ 0.10	≤ 0.45	0.025	0.030	0.020 ~ 0.070	N ≤ 0.007
CR4	≤ 0.08	≥ 0.10	≤ 0.40	0.020	0.030	0.020 ~ 0.070	N ≤ 0.007
CR5	≤ 0.06	≥ 0.10	≤ 0.25	0.020	0.020	0.020 ~ 0.070	N ≤ 0.007
深冲压用钢							
ISC270 C	≤ 0.12	≥ 0.10	≤ 0.50	0.040	0.035	0.020 ~ 0.070	N ≤ 0.007
ISC270 D	≤ 0.10	≥ 0.10	≤ 0.45	0.025	0.030	0.020 ~ 0.070	N ≤ 0.007
ISC270 E	≤ 0.08	≥ 0.10	≤ 0.40	0.020	0.030	0.020 ~ 0.070	N ≤ 0.007
ISC270 F	≤ 0.06	≥ 0.10	≤ 0.25	0.020	0.020	0.020 ~ 0.070	N ≤ 0.007
ISC260 G	≤ 0.01	≥ 0.10	≤ 0.20	0.020	0.020	0.020 ~ 0.070	N ≤ 0.007
高强度无间隙原子钢							
ISC340 P	≤ 0.01	≥ 0.10	≤ 0.80	0.080	0.025	0.020 ~ 0.070	N ≤ 0.007
ISC370 P	≤ 0.01	≥ 0.10	≤ 1.00	0.100	0.025	0.020 ~ 0.070	N ≤ 0.007
ISC390 P	≤ 0.01	≥ 0.10	≤ 1.60	0.100	0.025	0.020 ~ 0.070	N ≤ 0.007
ISC440 P	≤ 0.01	≥ 0.10	≤ 1.60	0.120	0.025	0.020 ~ 0.070	N ≤ 0.007
烘烤硬化钢							
ISC270 B	≤ 0.04	≥ 0.10	≤ 0.80	0.080	0.020	0.020 ~ 0.070	N ≤ 0.007
ISC300 B	≤ 0.04	≥ 0.10	≤ 0.80	0.080	0.020	0.020 ~ 0.070	N ≤ 0.007

（续）

钢号和类型	C	Si[1]	Mn	P≤	S≤	Al$_t$[2]	其他[2,3]
烘烤硬化钢							
ISC320 B	≤0.04	≥0.10	≤0.80	0.080	0.020	0.020~0.070	N≤0.007
ISC340 B	≤0.04	≥0.10	≤1.00	0.100	0.020	0.020~0.070	N≤0.007
ISC360 B	≤0.04	≥0.10	≤1.20	0.100	0.020	0.020~0.070	N≤0.007
ISC390 B	≤0.04	≥0.10	≤1.20	0.120	0.020	0.020~0.070	N≤0.007
ISC440 B	≤0.04	≥0.10	≤1.40	0.120	0.020	0.020~0.070	N≤0.007
高磷钢							
ISC280 R	≤0.10	≥0.10	≤0.60	0.100	0.030	0.020~0.070	N≤0.007
ISC320 R	≤0.10	≥0.10	≤0.80	0.100	0.030	0.020~0.070	N≤0.007
ISC360 R	≤0.12	≥0.10	≤1.00	0.100	0.030	0.020~0.070	N≤0.007
ISC400 R	≤0.12	≥0.10	≤1.20	0.100	0.030	0.020~0.070	N≤0.007
C Mn 钢							
ISC340 W	≤0.12	≥0.10	≤0.90	0.050	0.030	0.020~0.070	N≤0.007
ISC370 W	≤0.15	≥0.10	≤1.30	0.050	0.030	0.020~0.070	N≤0.007
ISC390 W	≤0.20	≥0.10	≤1.50	0.050	0.030	0.020~0.070	N≤0.007
ISC440 W	≤0.20	≥0.10	≤1.50	0.050	0.030	0.020~0.070	N≤0.007

① 用 Al 脱氧时，Si≥0.10%；用 Al + Si 脱氧时，Si≥0.03%，Al≥0.01%。
② 已标定无时效特性的钢类，氮含量≤0.007%，对于未标定无时效特性的钢类，氮含量≤0.012%。
③ 钢中允许有残留合金元素，如：铬、镍、钼、铌、钒、钛、钙、硼等，硼含量应≤0.006%。

（2）冷连轧碳素钢板和钢带（一般用途钢）的力学性能（表2-6-46）

表2-6-46 冷连轧碳素钢板和钢带（一般用途钢）的力学性能和工艺性能

钢 号	R_{eH}[1]/MPa	R_m/MPa	A[2]（%） ≥		塑性应变比 r_{90}[3]	应变硬化指数 n_{90}[3]
	≥		$L_0=50mm$	$L_0=80mm$	≥	
CR1	280	410	27	28	—	—
CR2	240	370	30	31	—	—
CR3	220	350	34	35	1.3	0.16
CR4	210	350	36	37	1.4	0.19
CR5	190	350	38	40	1.7	0.22

① 当屈服现象不明显时，可采用 $R_{p0.2}$，否则采用 R_{eH}。
② 试验采用横向试样，L_0 为试样标距。
③ 产品厚度大于 2.0mm 时，塑性应变比 r_{90} 和应变硬化指数 n_{90} 不作要求。

（3）冷连轧碳素钢板及钢带（其他钢类）的力学性能（表2-6-47）

表2-6-47 冷连轧碳素钢板及钢带（其他钢类）的力学性能

钢号和类型[1]	R_m/MPa≥	R_{eL}/MPa（下列厚度/mm）		
		>40~80	>80~100	>100
ISC270 C	270	145~265	135~255	125~245
ISC270 D	270	135~225	125~215	115~205
ISC270 E	270	130~205	120~295	110~185
ISC270 F	270	120~385	110~175	100~165
ISC270 G	270	110~175	100~165	90~165
ISC340 P	340	165~255	155~245	145~235

（续）

钢号和类型[①]	R_m /MPa ≥	R_{eL}/MPa （下列厚度/mm）		
		>40 ~ 80	>80 ~ 100	>100
ISC370 P	370	175 ~ 265	165 ~ 255	155 ~ 245
ISC390 P	390	205 ~ 305	195 ~ 295	185 ~ 285
ISC440 P	440	245 ~ 355	235 ~ 345	225 ~ 335
ISC270 B	270	135 ~ 255	125 ~ 215	115 ~ 205
ISC340 B	340	185 ~ 285	175 ~ 275	165 ~ 265
ISC440 B	440	265 ~ 375	255 ~ 365	245 ~ 355
ISC340 W	340	185 ~ 285	175 ~ 275	165 ~ 265
ISC370 W	370	205 ~ 305	195 ~ 295	185 ~ 285
ISC390 W	390	245 ~ 355	235 ~ 345	225 ~ 335
ISC440 W	440	285 ~ 395	275 ~ 380	265 ~ 370

2.6.15　冷轧低碳高强度钢板［IS 14491（1997/2001 确认）］

（1）印度 IS 标准冷轧低碳高强度钢板的钢号与化学成分（表 2-6-48）

表 2-6-48　冷轧低碳高强度钢板的钢号与化学成分（质量分数）（%）

钢号	C	Si	Mn	P[①] ≤	S ≤	Al	其他[①]
260Y	≤0.08	≤0.50	≤0.60	0.12	0.025	≥0.020	N≤0.012
300Y	≤0.10	≤0.50	≤0.90	0.12	0.025	≥0.020	N≤0.012
340Y	≤0.12	≤0.50	≤1.20	0.12	0.025	≥0.020	N≤0.012
380Y	≤0.12	≤0.50	≤1.20	0.12	0.025	≥0.020	N≤0.012
420Y	≤0.12	≤0.50	≤1.40	0.12	0.025	≥0.020	N≤0.012
490Y	≤0.16	≤0.60	≤1.65	0.12	0.025	≥0.020	N≤0.012
550Y	≤0.16	≤0.60	≤1.65	0.12	0.025	≥0.020	N≤0.012

① 允许 P≤0.12%，或 Nb + V + Ti≤0.20%。

（2）印度 IS 标准冷轧低碳高强度钢板的力学性能（表 2-6-49）

表 2-6-49　冷轧低碳高强度钢板的力学性能

钢　号	R_m/MPa	R_{eL}/MPa	A（%）≥		弯曲试验（180°） a—试样厚度 D—弯心直径
	≥		$L_0 = 50mm$	$L_0 = 80mm$	
260Y	350	260	28	26	$D = 0.5a$
300Y	380	300	26	24	$D = 0.5a$
340Y	410	340	24	22	$D = 0.5a$
380Y	450	380	22	20	$D = 1a$
420Y	490	420	20	18	$D = 1a$
490Y	550	490	16	14	$D = 1a$
550Y	600	550	12	10	$D = 1a$

2.6.16　焊接钢管用热轧钢带［IS 10748（2004/2014 确认）］

（1）印度 IS 标准焊接钢管用热轧钢带的钢号与化学成分（表 2-6-50）

表 2-6-50 焊接钢管用热轧钢带的钢号与化学成分（质量分数）（%）

钢 号	C	Si	Mn	P ≤	S ≤	N	其 他	碳当量[3]CE
Grade 1	≤0.10	①，②	≤0.50	0.040	0.040	≤0.012		—
Grade 2	≤0.12	①，②	≤0.60	0.040	0.040	≤0.012		—
Grade 3	≤0.16	①，②	≤1.20	0.040	0.040	≤0.012	Nb + V + Ti≤0.20	
Grade 4	≤0.20	①，②	≤1.30	0.040	0.040	≤0.012		0.45
Grade 5	≤0.25	①，②	≤1.30	0.040	0.040	≤0.012		0.45

① 半镇静钢的硅含量，Si≤0.08%。

② Si 单独脱氧，Si≥0.08%；Si + Al 脱氧，Si≥0.03%，Al≥0.010%。

③ 碳当量 $CE = C + \dfrac{Mn}{6} + \dfrac{Ni}{15} + \dfrac{Cr}{5} + \dfrac{Mo}{5} + \dfrac{Cu}{15} + \dfrac{V}{5}$。

（2）印度 IS 标准焊接钢管用热轧钢带的力学性能（表 2-6-51）

表 2-6-51 焊接钢管用热轧钢带的力学性能

钢 号	R_m/MPa	R_{eL}/MPa	A（%）≥ $(L_0 = 5.65\sqrt{S_0})$	弯曲试验（180°） a—试样厚度 D—弯心直径
	≥			
Grade 1	290	170	30	$D = 1a$
Grade 2	330	210	28	$D = 2a$
Grade 3	410	240	25	$D = 2a$
Grade 4	430	275	20	$D = 3a$
Grade 5	490	310	15	$D = 3a$

2.6.17 焊接气瓶用高强度钢热轧钢板和钢带 [IS 15914（2011）]

（1）印度 IS 标准焊接气瓶用高强度钢热轧钢板和钢带的钢号与化学成分（表 2-6-52）

表 2-6-52 焊接气瓶用高强度钢热轧钢板和钢带的钢号与化学成分（质量分数）（%）

钢 号	C	Si	Mn	P ≤	S ≤	Al	其 他[①]
HS 235	≤0.16	≤0.25	≤0.30	0.025	0.025	≥0.015	N≤0.009
HS 265	≤0.18	≤0.30	≤0.40	0.025	0.025	≥0.015	N≤0.009
HS 295	≤0.19	≤0.35	≤0.50	0.025	0.025	≥0.015	N≤0.009
HS 345	≤0.20	≤0.40	≤0.70	0.025	0.025	≥0.015	N≤0.009

① 若经供需双方商定，钢中允许添加本表未规定的合金元素。

（2）印度 IS 标准焊接气瓶用高强度钢热轧钢板和钢带的力学性能（表 2-6-53）

表 2-6-53 焊接气瓶用高强度钢热轧钢板和钢带的力学性能

钢 号	R_m/MPa	R_{eL}/MPa ≥	A（%）≥ $(L_0 = 5.65\sqrt{S_0})$	热处理奥氏体化温度/℃
HS 235	360 ~ 460	235	30	920 ~ 960
HS 265	410 ~ 510	265	28	890 ~ 930
HS 295	430 ~ 560	295	25	890 ~ 930
HS 345	490 ~ 610	345	20	880 ~ 920

2.6.18 中低温压力容器用钢 [IS 2041（2009/2018 确认）]

（1）印度 IS 标准中低温压力容器用钢的钢号与化学成分（表 2-6-54）

表 2-6-54   中低温压力容器用钢的钢号与化学成分（质量分数）（%）

钢 号[1]	C	Si	Mn	P ≤	S ≤	Nb	V	Ti	Nb + V + Ti	其 他[2]
R220	≤0.21	0.15 ~ 0.35	0.60 ~ 1.50	0.035	0.035	—	—	—	—	Al$_t$≥0.020
R260	≤0.25	0.15 ~ 0.35	0.85 ~ 1.50	0.035	0.035	—	—	—	—	N≤0.012
R275	≤0.16	≤0.40	0.80 ~ 1.50	0.025	0.015	≤0.05	≤0.05	≤0.03	≤0.09	
R355	≤0.18	≤0.50	1.10 ~ 1.70	0.025	0.015	≤0.05	≤0.10	≤0.03	≤0.12	
H235	≤0.16	≤0.35	0.60 ~ 1.20	0.025	0.015	≤0.02	≤0.02	≤0.03	≤0.06	Al$_t$≥0.020
H265	≤0.20	≤0.40	0.80 ~ 1.40	0.025	0.015	≤0.02	≤0.02	≤0.03	≤0.06	Cu≤0.35，N≤0.012
H295	≤0.20	≤0.40	0.90 ~ 1.50	0.025	0.015	≤0.02	≤0.02	≤0.03	≤0.06	
H355	≤0.22	≤0.60	1.10 ~ 1.70	0.025	0.015	≤0.02	≤0.02	≤0.03	≤0.06	

① 各钢号的碳当量 CE≤0.50%。

② 残余元素含量：Cr≤0.30%，Ni≤0.50%，Mo≤0.08%，Cr + Cu + Mo≤0.45%。

（2）印度 IS 标准中低温压力容器用钢的力学性能（表 2-6-55 和表 2-6-56）

表 2-6-55   中低温压力容器用钢的力学性能（一）

钢 号	R_m /MPa	R_{eL}/MPa ≥ （下列厚度/mm）				A （%） ≥ ($L_0 = 5.65 \sqrt{S_0}$)
		≤0.16	>16 ~ 40	>40 ~ 60	>60 ~ 100	
R220	410 ~ 540	220	220	220	220	21
R260	490 ~ 620	260	260	260	260	21
R275	390 ~ 510	275	265	255	235	23
R355	490 ~ 640	355	345	335	315	21
H235	360 ~ 480	235	225	215	200	24
H265	410 ~ 530	265	255	245	215	22
H295	460 ~ 580	295	290	285	260	21
H355	510 ~ 650	355	345	335	315	20

表 2-6-56   中低温压力容器用钢的力学性能（二）

钢 号	KV_2/J ≥ （下列温度）				300℃时 $R_{p0.2}$ /MPa ≥
	+20℃	0℃	−20℃	−40℃	
R220	50	40	27	20	—
R260	50	40	27	20	—
R275	80	70	50	40	—
R355	80	79	50	40	—
H235	40	34	27	—	153
H265	40	34	27	—	173
H295	40	34	27	—	192
H355	40	34	27	—	232

2.6.19   高中温压力容器与锅炉用钢 ［IS 2002（2009/2018 确认）］

（1）印度 IS 标准高中温压力容器与锅炉用钢的钢号与化学成分（表 2-6-57）

表 2-6-57 高中温压力容器与锅炉用钢的钢号与化学成分（质量分数）（%）

钢 号[1]	C	Si	Mn	P ≤	S ≤	其 他
Grade 1	≤0.18	0.15~0.35	0.50~1.20	0.035	0.035	Al_t≥0.020
Grade 2	≤0.20	0.15~0.35	0.50~1.20	0.035	0.035	Cu≤0.10
Grade 3	≤0.22	0.15~0.35	0.50~1.20	0.035	0.035	N≤0.012

① 各钢号的碳当量 CE≤0.44%。

（2）印度 IS 标准高中温压力容器与锅炉用钢的力学性能（表 2-6-58）

表 2-6-58 高中温压力容器与锅炉用钢的力学性能

钢 号	R_m/MPa（下列厚度/mm）			R_{eL}/MPa ≥（下列厚度/mm）					A[1]（%）≥	
	≤60	>60~100	>100~150	≤16	>16~40	>40~60	>60~100	>100~150	≤60	>60~350
Grade 1	360~480	360~480	350~480	235	225	215	200	185	24	23
Grade 2	410~530	410~530	400~530	265	255	245	215	200	22	21
Grade 3	460~580	450~570	440~570	290	285	280	255	230	21	20

① 试样标距的数据：$L_0 = 5.65\sqrt{S_0}$。

2.6.20 机械部件用表面淬火钢 [IS 3930（1994/2019 确认）]

（1）印度 IS 标准机械部件用表面淬火钢的钢号与化学成分（表 2-6-59）

表 2-6-59 机械部件用表面淬火钢的钢号与化学成分（质量分数）（%）

钢 号	C	Si	Mn	P ≤	S	Cr	Ni	Mo	其 他[1]
30C8	0.27~0.35	0.10~0.35	0.60~0.90	0.035	≤0.035	≤0.25	≤0.25	≤0.05	V≤0.05
35C8	0.32~0.40	0.10~0.35	0.60~0.90	0.035	≤0.035	≤0.25	≤0.25	≤0.05	V≤0.05
45C8	0.42~0.50	0.10~0.35	0.60~0.90	0.035	≤0.035	≤0.25	≤0.25	≤0.05	V≤0.05
55C8	0.50~0.57	0.10~0.35	0.40~0.70	0.035	≤0.035	≤0.25	≤0.25	≤0.05	V≤0.05
37Mn6	0.32~0.40	0.10~0.35	1.30~1.70	0.035	≤0.035	≤0.25	≤0.25	≤0.05	V≤0.05
47Mn6	0.42~0.50	0.10~0.35	1.30~1.70	0.035	≤0.035	≤0.25	≤0.25	≤0.05	V≤0.05
40Mn15S12	0.35~0.45	≤0.25	1.30~1.70	0.035	0.08~0.15	≤0.25	≤0.25	≤0.05	V≤0.05
35Mn6Mo3	0.32~0.40	0.10~0.35	1.30~1.80	0.035	≤0.035	≤0.25	≤0.25	0.20~0.35	V≤0.05
35Mn6Mo4	0.32~0.40	0.10~0.35	1.30~1.80	0.035	≤0.035	≤0.25	≤0.25	0.35~0.55	V≤0.05
40Cr4	0.35~0.45	0.10~0.35	0.60~0.90	0.035	≤0.035	0.90~1.20	≤0.25	≤0.25	V≤0.05
50Cr4	0.45~0.55	0.10~0.35	0.60~0.90	0.035	≤0.035	0.90~1.20	≤0.25	≤0.25	V≤0.05
50Cr4V2	0.46~0.54	0.10~0.35	0.50~0.80	0.035	≤0.035	0.90~1.20	≤0.25	≤0.25	V0.15~0.30
42Cr4Mo2	0.38~0.45	0.10~0.35	0.50~0.80	0.035	≤0.035	0.90~1.20	≤0.25	0.15~0.30	V≤0.05
40Ni14	0.33~0.45	0.10~0.35	0.50~0.80	0.035	≤0.035	≤0.30	3.20~3.60	≤0.05	V≤0.05
35Ni5Cr2	0.32~0.40	0.10~0.35	0.60~0.90	0.035	≤0.035	0.45~0.75	1.00~1.50	≤0.05	V≤0.05
40Ni6Cr4Mo2	0.35~0.45	0.10~0.35	0.40~0.70	0.035	≤0.035	0.90~1.30	1.20~1.60	0.10~0.20	V≤0.05
40Ni6Cr4Mo3	0.35~0.45	0.10~0.35	0.40~0.70	0.035	≤0.035	0.90~1.30	1.25~1.75	0.20~0.35	V≤0.05
31Ni10Cr3Mo6	0.27~0.35	0.10~0.35	0.40~0.70	0.035	≤0.035	0.50~0.80	2.25~2.75	0.40~0.70	V≤0.05

① 各钢号的残余元素含量：Cu≤0.35%，Sn≤0.05%。

（2）印度 IS 标准机械部件用表面淬火钢（调质状态）的力学性能（表 2-6-60）

表 2-6-60　机械部件用表面淬火钢（调质状态）的力学性能

钢 号	R_m/MPa	$R_{p0.2}$/MPa	A（%）	KV/J	$r^{①}$/mm
		≥			
30C8	600～750	400	18	55	30
35C8	600～750	400	18	55	63
45C8	600～750	370	17	41	100
	650～800	410	16	35	63
	700～850	430	15	35	30
55C8	650～800	410	15	28	63
	700～850	430	14	28	30
37Mn6	600～750	440	18	48	100
	700～850	490	16	41	63
	800～950	540	14	41	30
47Mn6	700～850	430	16	41	100
	750～900	470	15	41	63
	800～950	490	14	35	30
40Mn15S12	700～850	500	18	35	63
	800～950	560	16	28	30
35Mn6Mo3	700～850	525	17	50	150
	800～950	585	15	50	100
	850～1000	680	13	50	63
	925～1075	755	12	42	30
35Mn6Mo4	800～950	585	15	50	150
	900～1050	680	13	50	100
	1000～1150	755	12	42	63
40Cr4	700～850	540	15	50	100
	800～950	560	14	50	63
	900～1050	660	13	50	30
50Cr4	800～950	480	13	28	150
50Cr4V2	780～930	480	13	21	250
	830～980	640	13	21	160
	880～1080	685	12	21	100
	980～1180	780	10	21	40
42Cr4Mo2	700～850	490	13	50	150
	800～950	550	12	50	100
	850～1000	650	11	42	63
	925～1075	750	10	42	30
40Ni14	800～950	560	16	55	100
	900～1050	660	15	55	63
35Ni5Cr2	700～850	500	18	55	150
	800～950	560	16	55	100
40Ni6Cr4Mo2	800～950	560	15	55	150
	850～1000	680	13	55	100
	925～1075	740	12	48	63
	1000～1150	830	12	48	30

（续）

钢　号	R_m/MPa	$R_{p0.2}$/MPa	A（%）	KV/J	$r^{①}$/mm
			≥		
40Ni6Cr4Mo3	850～1000	670	13	50	150
	925～1075	740	12	42	100
	1000～1150	830	12	42	63
	1080～1240	925	11	55	30
31Ni10Cr3Mo6	850～1000	670	13	50	150
	925～1075	740	12	42	150
	1000～1150	830	12	42	150
	1080～1240	880	11	35	100
	1150～1300	1000	10	28	63
	≥1550	1125	5	9	63

① 见表 6-2-13 表注①。

2.6.21　汽车用钢管［IS 3074（2005/2018 确认）］

（1）印度 IS 标准汽车用钢管的钢号与化学成分（表 2-6-61）

表 2-6-61　汽车用钢管的钢号与化学成分（质量分数）（%）

钢　号	C	Si	Mn	P ≤	S ≤	Cr	Mo	其　他
冷拔无缝钢管用钢（CDS）								
CDS-1	≤0.20	—	0.30～0.60	0.040	0.040	—	—	—
CDS-2	0.10～0.18	—	0.40～0.70	0.040	0.040	—	—	—
CDS-3	0.10～0.20	—	0.60～0.90	0.040	0.040	—	—	—
CDS-4	0.30～0.40	—	0.60～0.90	0.040	0.040	—	—	—
CDS-5	0.45～0.55	—	0.60～0.90	0.040	0.040	—	—	—
CDS-6	0.16～0.24	0.10～0.35	1.30～1.70	0.040	0.040	—	—	—
CDS-7	≤0.26	0.10～0.35	0.50～0.80	0.040	0.040	0.90～1.20	0.20～0.35	—
CDS-8	0.35～0.45	0.10～0.35	0.50～0.80	0.040	0.040	0.90～1.20	0.20～0.35	—
CDS-9	0.10～0.20	0.10～0.35	0.60～1.00	0.040	0.040	0.40～0.80	—	Ni 0.60～1.00
电阻焊或高频感应焊接钢管用钢（ERW/HFIW）								
ERW-1	≤0.12	—	≤0.60	0.040	0.040	—	—	—
ERW-2	≤0.25	—	≤1.20	0.040	0.040	—	—	—
ERW-3	≤0.35	—	≤1.30	0.040	0.040	—	—	—
冷拔电阻焊或高频感应焊接钢管用钢（CEW）								
CEW-1	≤0.12	—	≤0.60	0.040	0.040	—	—	—
CEW-2	≤0.25	—	≤0.60	0.040	0.040	—	—	—
CEW-3	≤0.25	—	≤0.60	0.040	0.040	—	—	—

（2）印度 IS 标准汽车用钢管的力学性能

A）汽车用冷拔无缝钢管用钢的力学性能（表 2-6-62）

表 2-6-62　汽车用冷拔无缝钢管用钢的力学性能

钢 号	状态[①]	R_m/MPa	R_{eL}/MPa	压碎试验（%）	钢 号	状态[①]	R_m/MPa	R_{eL}/MPa	压碎试验（%）
		≥					≥		
CDS-1	A	430	370	25	CDS-5	A	690	590	—
	B	310	160	50		B	510	330	25
	C	310	160	—		C	510	330	
CDS-2	A	430	370	25	CDS-6	A	630	510	
	B	310	160	50		B	470	270	25
	C	310	160	—		C	470	270	
CDS-3	A	430	370	25	CDS-7	A	710	590	590
	D	330	180	—		D	550	390	390
CDS-4	A	570	460	25	CDS-8	E	710	590	—
	B	430	270	50	CDS-9	F	640	440	50
	C	430	270		—	—	—	—	—

① 状态代号：A—拉拔或拉拔并回火；B—拉拔并正火或退火；C—拉拔并钎焊或焊接；D—随后退火、钎焊或焊接；E—拉拔或热处理；F—油淬火回火。

B）汽车用电阻焊或高频感应焊接钢管用钢的力学性能（表2-6-63）

表 2-6-63　汽车用电阻焊或高频感应焊接钢管用钢的力学性能

钢 号	R_m/MPa	R_{eL}/MPa	A（%）≥ $(L_0=5.65\sqrt{S_0})$	钢 号	R_m/MPa	R_{eL}/MPa	A（%）≥ $(L_0=5.65\sqrt{S_0})$
	≥				≥		
ERW-1	310	160	20	ERW-3	430	270	10
ERW-2	380	240	15	状态D[①]	380	240	
状态D[①]	330	180					

① 状态 D—随后退火、钎焊或焊接。

C）汽车用冷拔电阻焊或高频感应焊接钢管用钢的力学性能（表2-6-64）

表 2-6-64　汽车用冷拔电阻焊或高频感应焊接钢管用钢的力学性能

钢 号	状态[①]	R_m/MPa	R_{eL}/MPa	压碎试验（%）	钢 号	状态[①]	R_m/MPa	R_{eL}/MPa	压碎试验（%）
		≥					≥		
CEW-1	A	430	370	25	CEW-2	B	430	270	50
	B	310	160	50		D	430	270	—
	D	330	180	—	CEW-3	A	590	430	25
CEW-2	A	550	450	25		B	470	340	50

① 状态代号：A—拉拔或拉拔并回火；B—正火或退火；D—随后退火、钎焊或焊接。

2.6.22　天然气管道用钢［IS 1979（1985/2018 确认）］

（1）印度 IS 标准天然气管道用钢的钢号与化学成分（表2-6-65）

表 2-6-65　天然气管道用钢的钢号与化学成分（质量分数）（%）

钢 号	C	Mn	P≤	S≤	Nb	V	Ti
无缝钢管							
YSt-290	≤0.29	≤1.25	0.040	0.050	—	—	—
YSt-320	≤0.31	≤1.35	0.040	0.050	—	—	—
YSt-360	≤0.31	≤1.35	0.040	0.050	—	—	—
YSt-390	≤0.26	≤1.35	0.040	0.050	0.005	0.02	0.03
YSt-410	≤0.26	≤1.35	0.040	0.050	0.005	0.02	0.03
YSt-450				（由供需双方商定）			
YSt-480				（由供需双方商定）			

（续）

钢　号	C	Mn	P≤	S≤	Nb	V	Ti
			焊接钢管				
YSt-290	≤0.28	≤1.25	0.040	0.050	—	—	—
YSt-320	≤0.30	≤1.35	0.040	0.050	—	—	—
YSt-360	≤0.30	≤1.35	0.040	0.050	—	—	—
YSt-390	≤0.26	≤1.35	0.040	0.050	—	—	—
YSt-410	≤0.26	≤1.35	0.040	0.050	0.005	0.02	0.03
YSt-450	≤0.26	1.40	0.040	0.050	0.005	0.02	0.03
YSt-480	≤0.23	1.60	0.040	0.050	—	—	—

（2）印度 IS 标准天然气管道用钢的力学性能（表 2-6-66）

表 2-6-66　天然气管道用钢的力学性能

钢　号	R_m/MPa	R_{eL}/MPa≥	钢号	R_m/MPa	R_{eL}/MPa≥
YSt-290	≥410	290	YSt-410	520~540	410
YSt-320	≥430	320	YSt-450	530~550	450
YSt-360	450~500	360	YSt-480	≥565	480
YSt-390	490~520	390	—	—	—

2.6.23　工程用碳钢锻件和合金结构钢锻件［IS 2004（1991/2018 确认）］［IS 4367（1991/ 2019 确认）］

（1）印度 IS 标准工程用碳钢锻件［IS 2004（1991/ 2018 确认）］

A）工程用碳钢锻件的钢号与化学成分（表 2-6-67）

表 2-6-67　工程用碳钢锻件的钢号与化学成分（质量分数）（%）

钢　号	分　类	C	Si	Mn	P≤	S≤
14C6	Class 1	0.10~0.18	0.15~0.35	0.40~0.70	0.040	0.040
15C6	Class 1A	0.10~0.20	0.15~0.35	0.60~0.90	0.040	0.040
20C6	Class 2	0.15~0.25	0.15~0.35	0.60~0.90	0.040	0.040
25C6	Class 2A	0.20~0.30	0.15~0.35	0.60~0.90	0.040	0.040
30C6	Class 3	0.25~0.35	0.15~0.35	0.60~0.90	0.040	0.040
35C6	Class 3A	0.30~0.40	0.15~0.35	0.60~0.90	0.040	0.040
45C6	Class 4	0.40~0.50	0.15~0.35	0.60~0.90	0.040	0.040
55C6	Class 5	0.50~0.60	0.15~0.35	0.60~0.90	0.040	0.040
65C6	Class 6	0.60~0.70	0.15~0.35	0.50~0.80	0.040	0.040

B）工程用碳钢锻件的力学性能和硬度（表 2-6-68）

表 2-6-68　工程用碳钢锻件的力学性能和硬度

钢　号	分　类	R_m/MPa ≥	R_{eL}/MPa ≥	A（%）≥ ($L_0 = 5.65\sqrt{S_0}$)	HBW ≥	正火温度 /℃
14C6	Class 1	370	200	26	100	880~910
15C6	Class 1A	410	220	25	110	880~910
20C6	Class 2	430	230	24	120	880~910
25C6	Class 2A	460	250	22	130	880~910
30C6	Class 3	490	270	21	140	860~890
35C6	Class 3A	540	280	20	155	850~880
45C6	Class 4	620	320	15	175	830~860
55C6	Class 5	710	350	13	200	810~840
65C6	Class 6	740	370	10	210	800~830

（2）印度 IS 标准工程用合金结构钢锻件［IS 4367（1991/ 2019 确认）］

A）工程用合金结构钢锻件的钢号与化学成分（表2-6-69）

表2-6-69　工程用合金结构钢锻件的钢号与化学成分（质量分数）（%）

钢　号	C	Si	Mn	P[①]≤	S[①]≤	Cr	Ni	Mo	其　他
20C15	0.16 ~ 0.24	0.10 ~ 0.35	1.30 ~ 1.70	0.030	0.030	—	—	—	Al 0.02 ~ 0.05[②]
15Cr3	0.12 ~ 0.18	0.10 ~ 0.35	0.40 ~ 0.60	0.030	0.030	0.50 ~ 0.80	—	—	Al 0.02 ~ 0.05[②]
16Mn5Cr4	0.14 ~ 0.19	0.10 ~ 0.35	1.00 ~ 1.30	0.030	0.030	0.80 ~ 1.10	—	—	Al 0.02 ~ 0.05[②]
20Mn5Cr5	0.18 ~ 0.22	0.10 ~ 0.35	1.00 ~ 1.40	0.030	0.030	1.00 ~ 1.30	—	—	Al 0.02 ~ 0.05[②]
21Cr4Mo2	≤0.26	0.10 ~ 0.35	0.50 ~ 0.80	0.030	0.030	0.90 ~ 1.20	—	0.15 ~ 0.30	Al 0.02 ~ 0.05[②]
07Cr4Mo6	≤0.12	0.15 ~ 0.60	0.40 ~ 0.70	0.030	0.030	0.70 ~ 1.10	≤0.30	0.45 ~ 0.65	Al 0.02 ~ 0.05[②]
10Cr9Mo10	≤0.15	≤0.50	0.40 ~ 0.70	0.030	0.030	2.00 ~ 2.50	≤0.30	0.90 ~ 1.10	Al 0.02 ~ 0.05[②]
13Ni13Cr3	0.10 ~ 0.15	0.10 ~ 0.35	0.40 ~ 0.70	0.030	0.030	0.60 ~ 1.00	3.00 ~ 3.50	—	Al 0.02 ~ 0.05[②]
15Ni16Cr5	0.12 ~ 0.18	0.10 ~ 0.35	0.40 ~ 0.70	0.030	0.030	1.10 ~ 1.40	3.80 ~ 4.30	—	Al 0.02 ~ 0.05[②]
15Ni5Cr4Mo1	0.12 ~ 0.18	0.10 ~ 0.35	0.60 ~ 0.70	0.030	0.030	0.75 ~ 1.25	1.00 ~ 1.50	0.08 ~ 0.15	Al 0.02 ~ 0.05[②]
15Ni7Cr4Mo2	0.12 ~ 0.18	0.10 ~ 0.35	0.40 ~ 0.70	0.030	0.030	0.75 ~ 1.25	1.50 ~ 2.00	0.10 ~ 0.25	Al 0.02 ~ 0.05[②]
16Ni8Cr6Mo2	0.12 ~ 0.20	0.10 ~ 0.35	0.40 ~ 0.70	0.030	0.030	1.40 ~ 1.70	1.80 ~ 2.20	0.15 ~ 0.25	Al 0.02 ~ 0.05[②]
36Si7	0.33 ~ 0.40	1.50 ~ 2.00	0.80 ~ 1.00	0.030	0.030	—	—	—	Al 0.02 ~ 0.05[②]
37C15	0.32 ~ 0.42	0.10 ~ 0.35	1.30 ~ 1.70	0.030	0.030	—	—	—	Al 0.02 ~ 0.05[②]
35Mn6Mo3	0.30 ~ 0.40	0.10 ~ 0.35	1.30 ~ 1.80	0.030	0.030	—	—	0.20 ~ 0.35	Al 0.02 ~ 0.05[②]
40Cr4	0.35 ~ 0.45	0.10 ~ 0.35	0.60 ~ 0.90	0.030	0.030	0.90 ~ 1.20	—	—	Al 0.02 ~ 0.05[②]
40Cr4Mo3	0.35 ~ 0.45	0.10 ~ 0.35	0.50 ~ 0.80	0.030	0.030	0.90 ~ 1.20	—	0.20 ~ 0.35	Al 0.02 ~ 0.05[②]
35Ni5Cr2	0.30 ~ 0.40	0.10 ~ 0.35	0.40 ~ 0.70	0.030	0.030	0.45 ~ 0.75	1.00 ~ 1.50	—	Al 0.02 ~ 0.05[②]
40Ni6Cr4Mo3	0.35 ~ 0.45	0.10 ~ 0.35	0.40 ~ 0.70	0.030	0.030	0.90 ~ 1.30	1.25 ~ 1.75	0.20 ~ 0.35	Al 0.02 ~ 0.05[②]
40Ni10Cr5Mo6	0.36 ~ 0.44	0.10 ~ 0.35	0.40 ~ 0.70	0.030	0.030	0.50 ~ 0.80	2.25 ~ 2.75	0.40 ~ 0.70	Al 0.02 ~ 0.05[②]
25Cr13Mo6	0.20 ~ 0.30	0.10 ~ 0.35	0.40 ~ 0.70	0.030	0.030	2.90 ~ 3.40	≤0.30	0.45 ~ 0.65	Al 0.02 ~ 0.05[②]
55Si7	0.50 ~ 0.60	1.50 ~ 2.00	0.80 ~ 1.00	0.030	0.030	—	—	—	Al 0.02 ~ 0.05[②]
50Cr4V2	0.45 ~ 0.55	0.10 ~ 0.45	0.50 ~ 0.80	0.030	0.030	0.90 ~ 1.20	—	—	V 0.15 ~ 0.30 Al 0.02 ~ 0.05[②]
20Ni2Cr2Mo2	0.18 ~ 0.23	0.20 ~ 0.35	0.70 ~ 0.90	0.030	0.030	0.40 ~ 0.60	0.40 ~ 0.70	0.15 ~ 0.25	Al 0.02 ~ 0.05[②]
37Mn5Si5	0.33 ~ 0.41	1.10 ~ 1.40	1.10 ~ 1.40	0.030	0.030	—	—	—	Al 0.02 ~ 0.05[②]

① 根据不同使用要求，硫和磷含量可调整为：P≤0.035%，S = 0.020% ~ 0.035%。

② 用铝脱氧时的铝含量。

B）工程用合金结构钢锻件的力学性能和硬度（表2-6-70）

表2-6-70　工程用合金结构钢锻件的力学性能和硬度

钢　号	状　态[①]	R_m/MPa	R_{eL}/MPa≥	A[②]（%）≥	KV/J ≥	HBW[③]
20C15	H + T	600 ~ 700	400	18	50	178 ~ 221
		700 ~ 850	460	16	50	208 ~ 252
37C15	—	600 ~ 750	440	18	50	178 ~ 221
		700 ~ 850	540	18	48	208 ~ 252
		800 ~ 950	600	16	48	235 ~ 280
15Cr3	RQ + SR	≥600	—	13	48	170[③]
16Mn5Cr4	—	≥800		10	35	207[③]
20Mn5Cr5	—	≥1000		8	38	217[③]
13Ni13Cr3	—	≥850	—	12	48	229[③]

（续）

钢　号	状　态[1]	R_m/MPa	R_{eL}/MPa≥	A[2]（%）≥	KV/J ≥	HBW[3]
15Ni16Cr5	—	≥1350	—	9	35	241[3]
15Ni5Cr4Mo1	—	≥1000	—	9	41	217[3]
15Ni7Cr4Mo2	—	≥1100	—	9	35	217[3]
16Ni8Cr6Mo2	—	≥1350	—	9	35	249[3]
20Ni2Cr2Mo2	—	≥900	—	11	41	213[3]
36Si7	H + T	800 ~ 950	—	—	—	235 ~ 280
37Mn5Si5	—	780 ~ 930	590	14	—	217[3]
55Si7	—	1300 ~ 1500				380 ~ 440
35Mn6Mo3	—	700 ~ 850	540	18	55	208 ~ 252
		800 ~ 950	600	16	55	235 ~ 280
		900 ~ 1050	700	15	50	268 ~ 311
		1000 ~ 1150	800	13	45	295 ~ 341
40Cr4	—	700 ~ 850	540	18	55	208 ~ 252
		800 ~ 950	600	16	55	235 ~ 280
		900 ~ 1050	700	15	50	208 ~ 311
07Cr4Mo6	N + T	380 ~ 550	225	18	60	170[3]
10Cr9Mo10	—	410 ~ 500	245	18	55	187[3]
		520 ~ 680	310	18	50	
21Cr4Mo2	—	650 ~ 800	420	18	60	190 ~ 235
		700 ~ 850	460	15	55	208 ~ 252
		800 ~ 950	580	14	50	235 ~ 290
40Cr4Mo3	—	700 ~ 850	540	18	55	208 ~ 252
		800 ~ 950	600	16	55	235 ~ 280
		900 ~ 1050	700	15	50	266 ~ 311
		1000 ~ 1150	800	13	45	295 ~ 341
25Cr13Mo6	—	900 ~ 1050	700	15	55	266 ~ 311
		1000 ~ 1150	800	13	48	295 ~ 341
		1100 ~ 1250	880	12	41	325 ~ 370
		≥1550	1300	8	15	≤450
35Ni5Cr2	—	700 ~ 850	540	18	55	208 ~ 252
		800 ~ 950	600	16	55	235 ~ 280
		900 ~ 1050	700	15	50	266 ~ 311
40Ni6Cr4Mo3	—	900 ~ 1050	700	15	55	266 ~ 311
		1000 ~ 1150	800	13	48	295 ~ 341
		1100 ~ 1250	880	11	41	325 ~ 370
		1200 ~ 1350	1000	10	30	355 ~ 399
40Ni10Cr5Mo6	—	1000 ~ 1150	800	12	48	295 ~ 341
		1100 ~ 1250	880	11	41	325 ~ 370
		1200 ~ 1350	1000	10	35	355 ~ 399
		≥1550	1300	8	15	≤450
50Cr4V2	—	900 ~ 1050	700	12	45	266 ~ 325
		1000 ~ 1150	800	10	45	295 ~ 355

① H + T 为淬火 + 回火；N + T 为正火 + 回火；RQ + SR 为精整 + 淬火 + 消除应力退火。

② 试样 $L_0 = 5.65 \sqrt{S_0}$。

③ 软化退火硬度。

2.6.24　工程用碳钢线材和热轧碳钢钢带［IS 7887（1992/2012 确认）］［IS 11513（2011）］

（1）印度 IS 标准工程用碳钢线材的钢号与化学成分［IS 7887（1992/2012 确认）］（表 2-6-71）

表 2-6-71　工程用碳钢线材的钢号与化学成分（质量分数）（%）

钢　号	C	Si[①,②]	Mn	P≤	S≤	其　他[①,②]
Grade 1	≤0.06	≤0.10	≤0.35	0.050	0.050	Al_t≥0.020
Grade 2	≤0.08	≤0.10	0.25～0.40	0.050	0.050	Al_t≥0.020
Grade 3	≤0.10	≤0.10	≤0.70	0.050	0.050	Al_t≥0.020
Grade 4	0.08～0.13	≤0.10	0.30～0.60	0.050	0.050	Al_t≥0.020
Grade 4M	0.08～0.13	≤0.10	0.60～0.90	0.050	0.050	Al_t≥0.020
Grade 5	0.10～0.15	≤0.10	0.30～0.60	0.050	0.050	Al_t≥0.020
Grade 6	0.13～0.18	≤0.10	0.30～0.60	0.050	0.050	Al_t≥0.020
Grade 6M	0.13～0.18	≤0.10	0.60～0.90	0.050	0.050	Al_t≥0.020
Grade 7	0.15～0.20	≤0.10	0.30～0.60	0.050	0.050	Al_t≥0.020
Grade 7M	0.15～0.20	≤0.10	0.60～0.90	0.050	0.050	Al_t≥0.020
Grade 8	0.18～0.23	≤0.10	0.30～0.60	0.050	0.050	Al_t≥0.020
Grade 8M	0.18～0.23	≤0.10	0.60～0.90	0.050	0.050	Al_t≥0.020
Grade 9	0.20～0.25	≤0.10	0.30～0.60	0.050	0.050	Al_t≥0.020
Grade 10	0.22～0.28	≤0.10	0.30～0.60	0.050	0.050	Al_t≥0.020
Grade 10M	0.22～0.28	≤0.10	0.60～0.90	0.050	0.050	Al_t≥0.020

① 用铝脱氧时的硅含量 Si≤0.10%，全铝含量 Al_t≥0.020%。

② 若经供需双方协商，采用（铝＋硅）脱氧时的硅含量 Si≤0.03%，全铝含量 Al_t≥0.010%。

（2）热轧碳钢钢带（冷轧用）的钢号与化学成分［IS 11513（2011）］（表 2-6-72）

表 2-6-72　热轧碳钢钢带（冷轧用）的钢号与化学成分（质量分数）（%）

钢　号	等级	C	Si[①,②]	Mn	P≤	S≤	其　他[①,②]
CR0	H	≤0.25	≥0.10	≤1.70	0.050	0.045	
CR1	O	≤0.15	≥0.10	≤0.60	0.040	0.040	
CR2	D	≤0.12	≥0.10	≤0.50	0.035	0.035	
CR3	DD	≤0.10	≥0.10	≤0.45	0.030	0.030	Al_t≥0.020
CR4	EDD	≤0.08	≥0.10	≤0.40	0.025	0.025	N≤0.007，Cu 0.20～0.35
CR5	IF	≤0.06	≥0.10	≤0.25	0.020	0.020	
CR6	MA	≤0.16	≥0.10	≤1.60	0.025	0.025	
CR7	HS	≤0.12	≥0.10	≤1.40	0.025	0.025	

① 用铝脱氧时的硅含量≤0.10%，全铝含量≥0.020%。

② 若经供需双方协商，采用铝＋硅脱氧时的硅含量≤0.03%，全铝含量≥0.010%。

2.6.25　叠板式弹簧用钢［IS 3885-1、2（1992/2017 确认）］

（1）印度 IS 标准铁道车辆用叠板式弹簧用钢（扁平产品）的钢号与化学成分［IS 3885-1（1992/2017 确认）］（表 2-6-73）

表 2-6-73　铁道车辆用叠板式弹簧用钢（扁平产品）的钢号与化学成分（质量分数）（%）

钢　号	类　别[①]	C	Si	Mn	P≤	S≤	退火硬度 HBW≤
55C6	Grade 1	0.50～0.60	0.15～0.35	0.50～0.65	0.050	0.050	240
75C6	Grade 2	0.70～0.80	0.15～0.35	0.50～0.80	0.050	0.050	240
40Si7	Grade 3	0.35～0.45	1.50～2.00	0.80～1.00	0.030	0.030	245
55Si7	Grade 4	0.50～0.60	1.50～2.00	0.80～1.00	0.030	0.030	245

① 淬火介质：Grade 1，3—水淬，其余油淬。

（2）印度 IS 标准铁道车辆用叠板式弹簧用钢（带肋和槽型产品）的钢号与化学成分［IS 3885-2（1992/2017 确认）］（表 2-6-74）

表 2-6-74 铁道车辆用叠板式弹簧用钢（带肋和槽型产品）的钢号与化学成分（质量分数）（%）

钢 号	类别①	C	Si	Mn	P≤	S≤	Cr	V	其他	退火硬度 HBW≤
55C6	Grade 1	0.50 ~ 0.60	0.15 ~ 0.35	0.50 ~ 0.65	0.050	0.050	—	—	—	240
75C6	Grade 2	0.70 ~ 0.80	0.15 ~ 0.35	0.50 ~ 0.80	0.050	0.050	—	—	—	240
40Si7	Grade 3	0.35 ~ 0.45	1.50 ~ 2.00	0.80 ~ 1.00	0.030	0.030	—	—	—	245
55Si7	Grade 4	0.50 ~ 0.60	1.50 ~ 2.00	0.80 ~ 1.00	0.030	0.030	—	—	—	245
50Cr4V2	Grade 5	0.45 ~ 0.55	0.15 ~ 0.35	0.50 ~ 0.80	0.030	0.030	0.90 ~ 1.20	0.15 ~ 0.30	—	245
60Cr4V2	Grade 6	0.55 ~ 0.60	0.15 ~ 0.35	0.80 ~ 1.00	0.030	0.030	0.90 ~ 1.20	0.15 ~ 0.30	—	255
51Cr4MoV	Grade 7	0.48 ~ 0.56	0.15 ~ 0.40	0.70 ~ 1.10	0.030	0.030	0.90 ~ 1.20	0.07 ~ 0.12	Mo 0.15 ~ 0.25	255

① 淬火介质：Grade 1，3—水淬，其余油淬。

2.6.26 弹簧钢丝［IS 4454-1、2（2001/ 2015 确认）］

（1）印度 IS 标准冷拉非合金弹簧钢丝的钢号与化学成分［IS 4454-1（2001/ 2015 确认）］（表2-6-75）

表 2-6-75 冷拉非合金弹簧钢丝的钢号与化学成分（质量分数）（%）

钢 号	C	Si	Mn	P≤	S≤	Cu	其他
SL	0.35 ~ 1.00	0.10 ~ 0.30	0.30 ~ 1.20	0.030	0.030	≤0.20	N≤0.010, P+S≤0.055
SM	0.35 ~ 1.00	0.10 ~ 0.30	0.30 ~ 1.20	0.030	0.030	≤0.20	Nb+V+Ti≤0.20
SH	0.35 ~ 1.00	0.10 ~ 0.30	0.30 ~ 1.20	0.030	0.030	≤0.20	Cr+Ni+Cu≤0.35
DM	0.45 ~ 1.00	0.10 ~ 0.30	0.30 ~ 1.50	0.025	0.020	≤0.12	N≤0.010, P+S≤0.040
DH	0.45 ~ 1.00	0.10 ~ 0.30	0.30 ~ 1.50	0.025	0.020	≤0.12	Nb+V+Ti≤0.20 Cr+Ni+Cu≤0.25

（2）印度 IS 标准油淬火-回火弹簧钢丝的钢号与化学成分［IS 4454-2（2001/ 2015 确认）］（表2-6-76）

表 2-6-76 油淬火-回火弹簧钢丝的钢号与化学成分（质量分数）（%）

钢 号	C	Si	Mn	P≤	S≤	Cr	V	其 他
FDC	0.53 ~ 0.88	0.10 ~ 0.35	0.50 ~ 1.20	0.030	0.030	—	—	Cu≤0.20
TDC	0.53 ~ 0.88	0.10 ~ 0.35	0.50 ~ 1.20	0.025	0.025	—	—	Cu≤0.12
VDC	0.60 ~ 0.75	0.10 ~ 0.35	0.50 ~ 1.20	0.025	0.025	—	—	Cu≤0.12
FDCrV- A	0.47 ~ 0.55	0.10 ~ 0.40	0.60 ~ 1.20	0.030	0.030	0.80 ~ 1.10	0.10 ~ 0.25	Cu≤0.20
TDCrV- A	0.47 ~ 0.55	0.10 ~ 0.40	0.60 ~ 1.20	0.025	0.025	0.80 ~ 1.10	0.10 ~ 0.25	Cu≤0.12
VDCrV- A	0.47 ~ 0.55	0.10 ~ 0.40	0.60 ~ 1.20	0.025	0.025	0.80 ~ 1.10	0.10 ~ 0.25	Cu≤0.12
FDCrV- B	0.62 ~ 0.72	0.15 ~ 0.30	0.50 ~ 0.90	0.030	0.030	0.40 ~ 0.60	0.10 ~ 0.25	Cu≤0.20
TDCrV- B	0.62 ~ 0.72	0.15 ~ 0.30	0.50 ~ 0.90	0.025	0.025	0.40 ~ 0.60	0.10 ~ 0.25	Cu≤0.12
VDCrV- B	0.62 ~ 0.72	0.15 ~ 0.30	0.50 ~ 0.90	0.025	0.025	0.40 ~ 0.60	0.10 ~ 0.25	Cu≤0.12
FDSiCr	0.50 ~ 0.60	1.20 ~ 1.60	0.50 ~ 0.90	0.030	0.030	0.50 ~ 0.80	—	Cu≤0.20
TDSiCr	0.50 ~ 0.60	1.20 ~ 1.60	0.50 ~ 0.90	0.025	0.025	0.50 ~ 0.80	—	Cu≤0.12
VDSiCr	0.50 ~ 0.60	1.20 ~ 1.60	0.50 ~ 0.90	0.025	0.025	0.50 ~ 0.80	—	Cu≤0.12

2.7 日 本

A. 通用结构用钢

2.7.1 普通结构用碳素钢

（1）日本 JIS 标准普通结构用碳素钢的钢号与化学成分［JIS G3101（2015）/AMD-1（2017）］（表2-7-1）

表 2-7-1 普通结构用碳素钢的钢号与化学成分（质量分数）（%）

钢号	C	Mn	P≤	S≤	钢材品种
SS330	—	—	0.050	0.050	钢板、薄板、钢带卷、扁平材和棒材
SS400	—	—	0.050	0.050	钢板、薄板、钢带卷、扁平材和棒材
SS490	—	—	0.050	0.050	
SS540	≤0.30	1.60	0.040	0.040	钢板、薄板、盘管钢带、型钢、扁平材（厚度≤40mm）和棒材（直径≤40mm）

注：1. 硅含量未规定。

2. 根据需要，可以添加表中未规定的合金元素。

（2）日本 JIS 标准普通结构用碳素钢的力学性能（表 2-7-2 和表 2-7-3）

表 2-7-2 普通结构用碳素钢的力学性能（一）

钢号	R_{eL}/MPa ≥				R_m/MPa	冷弯试验[1]弯曲角度：180°
	下列厚度（或直径/mm）					
	≤16	16~40	40~100	>100		
SS330	205	195	175	165	330~430	$r=0.5a$
SS400	245	235	215	205	400~510	$r=1.5a$
SS490	280	275	255	245	490~610	$r=2.0a$
SS540	400	390	—	—	≥540	$r=2.0a$

[1] r—弯曲内侧半径；a—钢材厚度或直径。

表 2-7-3 普通结构用碳素钢的力学性能（二）

钢号	A（%）≥（钢板、钢带、扁钢）				A（%）≥（棒材、角钢）	
	下列厚度/mm				下列直径（或厚度）/mm	
	≤5	>5~16	>16~40	>40	≤25	>25
SS330	26	21	26	28	25	30
SS400	21	17	21	23	20	24
SS490	19	15	19	21	18	21
SS540	16	13	17	—	13	17

注：厚度 >90mm 的钢材，按厚度每增加 25mm，A 减 1%，但最多只减 3%。

2.7.2 低合金高强度钢和耐候钢

（1）日本低合金高强度钢（非标准）

A）低合金高强度钢的钢号与化学成分（表 2-7-4）

表 2-7-4 低合金高强度钢的钢号与化学成分（质量分数）（%）

钢 号	C	Si	Mn	Cr	Ni	Mo	Cu	V	其 他
Cup-Ten	0.12	0.60	0.60	0.40~0.80	—	—	0.20~0.60	—	P0.06~0.12
Cup-Ten 60	0.18	0.55	1.20	0.40~1.20	—	0.35	—	0.10	—
FTW-52	0.18	0.55	1.50	—	—	—	—	—	—
FTW-60	0.17	0.55	1.50	—	—	—	—	—	—
FTW-70	0.18	0.55	1.50	0.50	0.50	0.40	0.40	—	B0.004
HI-Z	0.18	0.15~0.35	0.60~0.20	0.40~0.80	0.70~1.00	0.40~0.60	0.15~0.50	0.03~0.10	B 0.002~0.006
HI-Z Super	0.15	0.25	1.20	0.50	1.00	0.50	0.15~0.50	0.05	—

（续）

钢　号	C	Si	Mn	Cr	Ni	Mo	Cu	V	其　他
HI-YAW-TEN	0.12	0.25～0.75	0.20～0.50	0.40～1.00	0.65	—	0.25～0.50	—	Ti 0.15 P 0.06～0.12
HTP-52W	0.18	0.30～0.50	0.90～1.50	0.10	0.25	—	0.25	—	—
NK-HITEN 50	0.18	0.55	1.50	—	—	—	—	—	—
NK-HITEN 60	0.18	0.55	1.50	0.40	—	0.30	—	0.15	—
NK-HITEN 70	0.18	0.55	1.20	0.80	1.00	0.60	0.15～0.50	—	—
NK-HITEN 80	0.18	0.15～0.35	1.00	0.80	1.00	0.60	0.15～0.50	0.10	B 0.006
NK-HITEN 100	0.18	0.15～0.35	1.00	0.80	1.00	0.60	0.15～0.50	0.10	—
River Ace 60	0.18	0.55	1.50	—	—	—	—	—	—
River Ace 70	0.18	0.35	1.20	0.70	1.00	0.40	0.40	—	B 0.005
River Ace 80	0.18	0.15～0.35	1.00	0.80	1.00	0.60	0.50	0.08	B 0.006
Welten 50	0.18	0.25～0.45	0.90～1.30	—	—	—	—	—	—
Welten 60	0.16	0.55	1.30	0.40	0.60	—	—	0.15	—
Welten 80	0.18	0.15～0.35	0.60～1.20	0.40～0.80	1.50	0.60	0.15～0.50	0.10	B 0.006
Welten 80C	0.18	0.15～0.35	0.60～1.20	1.30	—	0.60	0.15～0.50	—	B 0.006
Welten 100N	0.18	0.15～0.35	0.60～1.20	0.40～0.80	1.50	0.60	0.15～0.50	0.10	—
YAW-TEN 50	0.12	0.35	0.60～0.90	—	—	—	—	—	Ti 0.15 P 0.06～0.12
YAW-TEN 60	0.16	0.15～0.35	0.60～1.40	0.40～0.60	—	—	0.25～0.50	—	Ti 0.15 P 0.06～0.12
ZIRTEN	0.12	0.35～0.65	0.30～0.80	0.40～0.80	—	—	0.25～0.50	—	—

注：表中的单项值均为含量的上限。

B）低合金高强度钢的力学性能（表2-7-5）

表 2-7-5　低合金高强度钢的力学性能

钢　号	钢材厚度 （或直径）≤ /mm	R_m /MPa	R_{eL} /MPa	A （%）	钢　号	钢材厚度 （或直径）≤ /mm	R_m /MPa	R_{eL} /MPa	A （%）
		≥					≥		
Cup-Ten	—	480	343	19	NK-HITEN 100	35	951	882	12
Cup-Ten 60	—	951	450	15	River Ace 60	50	588	451	20
FTW-52	50	510	343	22	River Ace 70	35	686	671	22
FTW-60	38	588	490	20	River Ace 80	50	784	686	20
FTW-70	38	686	568	21	Welten 50	50	490	323	22
HI-Z	50	784	686	30	Welten 60	50	588	451	20
HI-Z Super	32	951	882	16	Welten 80	50	784	686	20
HI-YAW-TEN	—	—	390	—	Welten 80C	40	784	686	20
HTP-52W	100	510	323	22	Welten 100N	32	784	882	20
NK-HITEN 50	100	490	323	20	YAW-TEN 50	—	490	343	22
NK-HITEN 60	50	588	451	20	YAW-TEN 60	—	—	460	—
NK-HITEN 70	50	686	568	21	ZIRTEN	50	461	343	24
NK-HITEN 80	50	784	686	20					

（2）日本 JIS 标准焊接结构用耐候钢［JIS G3114（2016）］

A）焊接结构用耐候钢的钢号与化学成分，见表2-7-6。

表 2-7-6　焊接结构用耐候钢的钢号与化学成分（质量分数）（%）

钢 号[1]	C	Si	Mn	P ≤	S ≤	Cr	Cu	其 他[2],[3]
SMA400AW SMA400BW SMA400CW	≤0.18	0.15~0.65	≤1.25	0.035	0.035	0.45~0.75	0.30~0.50	Ni 0.05~0.30
SMA400AP SMA400BP SMA400CP	≤0.18	≤0.55	≤1.25	0.035	0.035	0.30~0.55	0.20~0.35	—
SMA490AW SMA490BW SMA490CW	≤0.18	0.15~0.65	≤1.40	0.035	0.035	0.45~0.75	0.30~0.50	Ni 0.05~0.30
SMA490AP SMA490BP SMA490CP	≤0.18	≤0.55	≤1.40	0.035	0.035	0.30~0.55	0.20~0.35	—
SMA570W	≤0.18	0.15~0.65	≤1.40	0.035	0.035	0.45~0.75	0.30~0.50	Ni 0.05~0.30
SMA570P	≤0.18	≤0.55	≤1.40	0.035	0.035	0.30~0.55	0.20~0.35	—

① 钢号后缀字母：W—在钢材腐蚀性能稳定后不涂漆使用；P—通常在钢制件使用前涂漆。

② 其他元素还列出：Mo + Nb + Ti + V ≤ 0.15%。

③ 标准中规定碳当量 CE = 0.44（厚度 ≤ 50mm），或 CE = 0.47（厚度 50~100mm）。

B）焊接结构用耐候钢的力学性能（表2-7-7和表2-7-8）

表 2-7-7　焊接结构用耐候钢的力学性能（一）

钢 号	$R_{p0.2}$ 或 R_{eL}/MPa ≥ 下列厚度 t/mm						R_m /MPa
	< 16	≥16~40	>40~75	>75~100	>100~160	>160~200	
SMA400AW SMA400AP	245	235	215	215	205	195	400~540
SMA400BW SMA400BP	245	235	215	215	205	195	400~540
SMA400CW SMA400CP	245	235	215	215	—	—	400~540
SMA490AW SMA490AP	365	355	335	325	305	295	490~610
SMA490BW SMA490BP	365	355	335	325	305	295	490~610
SMA490CW SMA490CP	365	355	335	325	—	—	490~610
SMA570W SMA490P	460	450	430	420	—	—	570~720

表 2-7-8　焊接结构用耐候钢的力学性能（二）

钢　号	A（%）　≥				$KV^{③}$/J
	下列厚度 t/mm				
	≤5	5～16	16～50	<40	
SMA400AW	22	17	21	23	≥27
SMA400AP					—
SMA400BW	22	17	21	23	≥27
SMA400BP					—
SMA400CW	22	17	21	23	≥27
SMA400CP					—
SMA490AW	19	15	19	21	≥27
SMA490AP					—
SMA490BW	19	15	19	21	≥27
SMA490BP					—
SMA490CW	19	15	19	21	≥47
SMA490CP					—
SMA570W	—	19	26①	20②	≥47
SMA570P					—

① 钢材厚度 $t>16$mm 时。

② 钢材厚度 $t>20$mm 时。

③ 试验温度为 0℃ 或由供需双方协商。

（3）日本 JIS 标准高耐候性轧制钢材 ［JIS G3125（2015）］

A）高耐候性轧制钢材的钢号与化学成分，见表 2-7-9。

表 2-7-9　高耐候性轧制钢材的钢号与化学成分（质量分数）（%）

钢　号	C	Si	Mn	P	S	Cr	Ni	Cu
SPA-H	≤0.12	0.20～0.75	≤0.60	0.070～0.150	≤0.035	0.30～1.25	≤0.65	0.25～0.55
SPA-C	≤0.12	0.20～0.75	≤0.60	0.070～0.150	≤0.035	0.30～1.25	≤0.65	0.25～0.55

B）高耐候性轧制钢材的力学性能（表 2-7-10）

表 2-7-10　高耐候性轧制钢材的力学性能

钢　号①	钢材尺寸	R_m/MPa	R_{eL}/MPa	A（%）	弯曲试验（180°）
		≥			r—内侧半径 a—厚度
SPA-H	板带厚度≤6.0mm	355	490	22	$r=0.5a$
	板带厚度>6.0mm 及型材	355	490	15	$r=1.5a$
SPA-C	—	315	450	26	$r=0.5a$

① SPA-H—热轧钢板、钢带和型钢；SPA-C—冷轧钢板和钢带（厚 0.6～2.3mm）。

2.7.3　机械结构用碳素钢

（1）日本 JIS 标准机械结构用碳素钢的钢号与化学成分 ［JIS G4051（2016/AMD1 2018）］（表 2-7-11）

表 2-7-11　机械结构用碳素钢的钢号与化学成分（质量分数）（%）

钢　号	C	Si	Mn	P ≤	S ≤	Cr	Ni	Cu	其　他
S10C	0.08~0.13	0.15~0.35	0.30~0.60	0.030	0.035	≤0.20	≤0.20	≤0.30	
S12C	0.10~0.15	0.15~0.35	0.30~0.60	0.030	0.035	≤0.20	≤0.20	≤0.30	
S15C	0.13~0.18	0.15~0.35	0.30~0.60	0.030	0.035	≤0.20	≤0.20	≤0.30	
S17C	0.15~0.20	0.15~0.35	0.30~0.60	0.030	0.035	≤0.20	≤0.20	≤0.30	
S20C	0.18~0.23	0.15~0.35	0.30~0.60	0.030	0.035	≤0.20	≤0.20	≤0.30	
S22C	0.20~0.25	0.15~0.35	0.30~0.60	0.030	0.035	≤0.20	≤0.20	≤0.30	
S25C	0.22~0.28	0.15~0.35	0.30~0.60	0.030	0.035	≤0.20	≤0.20	≤0.30	
S28C	0.25~0.31	0.15~0.35	0.60~0.90	0.030	0.035	≤0.20	≤0.20	≤0.30	
S30C	0.27~0.33	0.15~0.35	0.60~0.90	0.030	0.035	≤0.20	≤0.20	≤0.30	
S33C	0.30~0.36	0.15~0.35	0.60~0.90	0.030	0.035	≤0.20	≤0.20	≤0.30	
S35C	0.32~0.38	0.15~0.35	0.60~0.90	0.030	0.035	≤0.20	≤0.20	≤0.30	
S38C	0.35~0.41	0.15~0.35	0.60~0.90	0.030	0.035	≤0.20	≤0.20	≤0.30	Cr + Ni≤0.35
S40C	0.37~0.43	0.15~0.35	0.60~0.90	0.030	0.035	≤0.20	≤0.20	≤0.30	
S43C	0.40~0.46	0.15~0.35	0.60~0.90	0.030	0.035	≤0.20	≤0.20	≤0.30	
S45C	0.42~0.48	0.15~0.35	0.60~0.90	0.030	0.035	≤0.20	≤0.20	≤0.30	
S48C	0.45~0.51	0.15~0.35	0.60~0.90	0.030	0.035	≤0.20	≤0.20	≤0.30	
S50C	0.47~0.53	0.15~0.35	0.60~0.90	0.030	0.035	≤0.20	≤0.20	≤0.30	
S53C	0.50~0.56	0.15~0.35	0.60~0.90	0.030	0.035	≤0.20	≤0.20	≤0.30	
S55C	0.52~0.58	0.15~0.35	0.60~0.90	0.030	0.035	≤0.20	≤0.20	≤0.30	
S58C	0.55~0.61	0.15~0.35	0.60~0.90	0.030	0.035	≤0.20	≤0.20	≤0.30	
S60C	0.55~0.65	0.15~0.35	0.60~0.90	0.030	0.035	≤0.20	≤0.20	≤0.30	
S65C	0.60~0.70	0.15~0.35	0.60~0.90	0.030	0.035	≤0.20	≤0.20	≤0.30	
S70C	0.65~0.75	0.15~0.35	0.60~0.90	0.030	0.035	≤0.20	≤0.20	≤0.30	
S75C	0.70~0.80	0.15~0.35	0.60~0.90	0.030	0.035	≤0.20	≤0.20	≤0.30	
S09CK	0.07~0.12	0.15~0.35	0.30~0.60	0.025	0.025	≤0.20	≤0.20	≤0.25	
S15CK	0.13~0.18	0.15~0.35	0.30~0.60	0.025	0.025	≤0.20	≤0.20	≤0.25	Cr + Ni≤0.30
S20CK	0.18~0.23	0.15~0.35	0.30~0.60	0.025	0.025	≤0.20	≤0.20	≤0.25	

注：在引用 ISO 681-1 的基础上，对 JIS G4051（2005）进行修订。

（2）日本 JIS 标准机械结构用碳素钢的力学性能（表 2-7-12）

新修订的 2016 版标准，未列出力学性能。在 JIS G4051（2005）标准的附录"解说"中列出了机械结构用碳素钢的力学性能，摘录如下，供参考。

表 2-7-12　机械结构用碳素钢的力学性能

钢　号	状态	R_m/MPa	R_{eL}/MPa	A(%)	Z(%)	A_K/(J/cm²)	HBW
		≥					
S10C	正火	310	205	33	—	—	109~156
S12C S15C	正火	370	235	30	—	—	111~167
S17C S20C	正火	400	245	25	—	—	116~174
S22C S25C	正火	440	465	27	—	—	123~183

（续）

钢 号	状态	R_m/MPa	R_{eL}/MPa	A(%)	Z(%)	A_K/(J/cm²)	HBW
				≥			
S28C	正火	470	285	25	—	—	137～197
S30C	调质	540	335	23	57	108	152～212
S33C	正火	510	305	23	—	—	149～207
S35C	调质	570	390	22	55	98	167～235
S38C	正火	540	325	22	—	—	156～217
S40C	调质	610	440	20	50	88	179～255
S43C	正火	570	345	20	—	—	167～229
S45C	调质	690	490	17	45	78	201～269
S48C	正火	610	365	18	—	—	179～235
S50C	调质	740	540	15	40	69	212～277
S53C	正火	650	390	15	—	—	183～225
S55C	调质	780	590	14	35	59	229～285
S58C	正火	650	390	15	—	—	183～225
	调质	780	590	14	35	59	229～285
S09CK	调质	390	245	23	55	137	121～179
S15CK	调质	490	345	20	50	118	143～235
S20CK	调质	540	390	18	45	98	159～241

2.7.4 合金结构钢

（1）日本 JIS 标准合金结构钢的钢号与化学成分［JIS G4053（2016/AMD1 2018）］（表2-7-13）

表2-7-13 合金结构钢的钢号与化学成分（质量分数）（%）

钢 号	C	Si	Mn	P≤	S≤	Cr	Ni	Mo	其 他
Mn 钢, CrMn 钢									
SMn420	0.17～0.23	0.15～0.35	1.20～1.50	0.030	0.030	≤0.35	≤0.25	—	Cu≤0.30
SMn433	0.30～0.36	0.15～0.35	1.20～1.50	0.030	0.030	≤0.35	≤0.25	—	Cu≤0.30
SMn438	0.35～0.41	0.15～0.35	1.35～1.65	0.030	0.030	≤0.35	≤0.25	—	Cu≤0.30
SMn443	0.40～0.46	0.15～0.35	1.35～1.65	0.030	0.030	≤0.35	≤0.25	—	Cu≤0.30
SMnC420	0.17～0.23	0.15～0.35	1.20～1.50	0.030	0.030	0.35～0.70	≤0.25	—	Cu≤0.30
SMnC443	0.40～0.46	0.15～0.35	1.35～1.65	0.030	0.030	0.35～0.70	≤0.25	—	Cu≤0.30
Cr 钢									
SCr415	0.13～0.18	0.15～0.35	0.60～0.90	0.030	0.030	0.90～1.20	≤0.25	—	Cu≤0.30
SCr420	0.18～0.23	0.15～0.35	0.60～0.90	0.030	0.030	0.90～1.20	≤0.25	—	Cu≤0.30
SCr430	0.28～0.33	0.15～0.35	0.60～0.90	0.030	0.030	0.90～1.20	≤0.25	—	Cu≤0.30
SCr435	0.33～0.38	0.15～0.35	0.60～0.90	0.030	0.030	0.90～1.20	≤0.25	—	Cu≤0.30
SCr440	0.38～0.43	0.15～0.35	0.60～0.90	0.030	0.030	0.90～1.20	≤0.25	—	Cu≤0.30
SCr445	0.43～0.48	0.15～0.35	0.60～0.90	0.030	0.030	0.90～1.20	≤0.25	—	Cu≤0.30

（续）

钢 号	C	Si	Mn	P≤	S≤	Cr	Ni	Mo	其 他
					CrMo 钢				
SCM415	0.13~0.18	0.15~0.35	0.60~0.90	0.030	0.030	0.90~1.20	≤0.25	0.15~0.25	Cu≤0.30
SCM418	0.16~0.21	0.15~0.35	0.60~0.90	0.030	0.030	0.90~1.20	≤0.25	0.15~0.25	Cu≤0.30
SCM420	0.18~0.23	0.15~0.35	0.60~0.90	0.030	0.030	0.90~1.20	≤0.25	0.15~0.25	Cu≤0.30
SCM421	0.17~0.23	0.15~0.35	0.70~1.00	0.030	0.030	0.90~1.20	≤0.25	0.15~0.25	Cu≤0.30
SCM425	0.23~0.28	0.15~0.35	0.60~0.90	0.030	0.030	0.90~1.20	≤0.25	0.15~0.30	Cu≤0.30
SCM430	0.28~0.33	0.15~0.35	0.60~0.90	0.030	0.030	0.90~1.20	≤0.25	0.15~0.30	Cu≤0.30
SCM432	0.27~0.37	0.15~0.35	0.30~0.60	0.030	0.030	1.00~1.50	≤0.25	0.15~0.30	Cu≤0.30
SCM435	0.33~0.38	0.15~0.35	0.60~0.90	0.030	0.030	0.90~1.20	≤0.25	0.15~0.30	Cu≤0.30
SCM440	0.38~0.43	0.15~0.35	0.60~0.90	0.030	0.030	0.90~1.20	≤0.25	0.15~0.30	Cu≤0.30
SCM445	0.43~0.48	0.15~0.35	0.60~0.90	0.030	0.030	0.90~1.20	≤0.25	0.15~0.30	Cu≤0.30
SCM822	0.20~0.25	0.15~0.35	0.60~0.90	0.030	0.030	0.90~1.20	≤0.25	0.35~0.45	Cu≤0.30
					NiCr 钢				
SNC236	0.32~0.40	0.15~0.35	0.50~0.80	0.030	0.030	0.50~0.90	1.00~1.50	—	Cu≤0.30
SNC415	0.12~0.18	0.15~0.35	0.35~0.65	0.030	0.030	0.20~0.50	2.00~2.50	—	Cu≤0.30
SNC631	0.27~0.35	0.15~0.35	0.35~0.65	0.030	0.030	0.60~1.00	2.50~3.00	—	Cu≤0.30
SNC815	0.12~0.18	0.15~0.35	0.35~0.65	0.030	0.030	0.60~1.00	3.00~3.50	—	Cu≤0.30
SNC836	0.32~0.40	0.15~0.35	0.35~0.65	0.030	0.030	0.60~1.00	3.00~3.50	—	Cu≤0.30
					NiCrMo 钢				
SNCM220	0.17~0.23	0.15~0.35	0.60~0.90	0.030	0.030	0.40~0.60	0.40~0.70	0.15~0.25	Cu≤0.30
SNCM240	0.38~0.43	0.15~0.35	0.70~1.00	0.030	0.030	0.40~0.60	0.40~0.70	0.15~0.30	Cu≤0.30
SNCM415	0.12~0.18	0.15~0.35	0.40~0.70	0.030	0.030	0.40~0.60	1.60~2.00	0.15~0.30	Cu≤0.30
SNCM420	0.17~0.23	0.15~0.35	0.40~0.70	0.030	0.030	0.40~0.60	1.60~2.00	0.15~0.30	Cu≤0.30
SNCM431	0.27~0.35	0.15~0.35	0.60~0.90	0.030	0.030	0.60~1.00	1.60~2.00	0.15~0.30	Cu≤0.30
SNCM439	0.36~0.43	0.15~0.35	0.60~0.90	0.030	0.030	0.60~1.00	1.60~2.00	0.15~0.30	Cu≤0.30
SNCM447	0.44~0.50	0.15~0.35	0.60~0.90	0.030	0.030	0.60~1.00	1.60~2.00	0.15~0.30	Cu≤0.30
SNCM616	0.13~0.20	0.15~0.35	0.80~1.20	0.030	0.030	1.40~1.80	2.80~3.20	0.40~0.60	Cu≤0.30
SNCM625	0.20~0.30	0.15~0.35	0.35~0.60	0.030	0.030	1.00~1.50	3.00~3.50	0.15~0.30	Cu≤0.30
SNCM630	0.25~0.35	0.15~0.35	0.35~0.60	0.030	0.030	2.50~3.50	2.50~3.50	0.30~0.70	Cu≤0.30
SNCM815	0.12~0.18	0.15~0.35	0.30~0.60	0.030	0.030	0.70~1.00	4.00~4.50	0.15~0.30	Cu≤0.30
					CrMoAl 钢				
SACM645	0.40~0.50	0.15~0.50	≤0.60	0.030	0.030	1.30~1.70	≤0.25	0.15~0.30	Al 0.70~1.20 Cu≤0.30

注：在引用 ISO 681-1 和 ISO 681-2 的基础上，对 JIS G4053（2005）进行修订。

（2）日本 JIS 标准合金结构钢的力学性能（表 2-7-14）

新修订的 JIS G4053（2016）标准，是对 1979 年的各类合金结构钢标准［JIS G4102，G4103，G4104，G4105，G4106］作综合修订，但未列出新的力学性能表。现将上述老标准的各类合金结构钢（并添加 Cr-Mo-Al 钢）的力学性能，摘录如下，供参考。

表 2-7-14　合金结构钢的力学性能

钢　号	状　态	R_m/MPa	R_{eL}/MPa	$A(\%)$	$Z(\%)$	A_K/(J/cm^2)	HBW
				⩾			
Mn 钢，CrMn 钢							
SMn420	淬火 + 回火	690	—	14	30	49	201 ~ 311
SMn433	淬火 + 回火	690	540	20	55	98	201 ~ 277
SMn438	淬火 + 回火	740	590	18	50	78	212 ~ 285
SMn443	淬火 + 回火	780	635	17	45	78	229 ~ 302
SMnC420	淬火 + 回火	830	—	13	30	49	235 ~ 321
SMnC443	淬火 + 回火	930	785	13	40	49	269 ~ 321
Cr 钢							
SCr415	淬火 + 回火	780		15	40	59	217 ~ 302
SCr420	淬火 + 回火	830	—	14	35	49	235 ~ 321
SCr430	淬火 + 回火	780	635	18	55	88	229 ~ 293
SCr435	淬火 + 回火	880	735	15	50	69	235 ~ 321
SCr440	淬火 + 回火	930	785	13	45	59	269 ~ 331
SCr445	淬火 + 回火	980	835	12	40	49	285 ~ 352
CrMo 钢							
SCM415	淬火 + 回火	830	—	16	40	69	235 ~ 321
SCM418	淬火 + 回火	880	—	16	40	69	248 ~ 331
SCM420	淬火 + 回火	930		14	40	59	262 ~ 352
SCM421	淬火 + 回火	980		14	35	59	285 ~ 375
SCM430	淬火 + 回火	830	685	18	55	108	241 ~ 302
SCM432	淬火 + 回火	880	735	16	50	88	255 ~ 321
SCM435	淬火 + 回火	930	785	15	50	78	269 ~ 332
SCM440	淬火 + 回火	980	835	12	45	59	285 ~ 352
SCM445	淬火 + 回火	1030	885	12	40	39	302 ~ 363
SCM822	淬火 + 回火	1030	—	12	30	59	302 ~ 415
NiCr 钢							
SNC236	淬火 + 回火	740	590	22	50	118	217 ~ 277
SNC415	淬火 + 回火	780	—	17	45	88	235 ~ 241
SNC631	淬火 + 回火	830	685	18	50	118	248 ~ 303
SNC815	淬火 + 回火	980	—	12	45	78	285 ~ 388
SNC836	淬火 + 回火	930	785	15	45	78	269 ~ 321
NiCrMo 钢							
SNCM220	淬火 + 回火	830	—	17	40	59	248 ~ 341
SNCM240	淬火 + 回火	880	785	17	50	69	255 ~ 311
SNCM415	淬火 + 回火	880		16	45	69	255 ~ 341
SNCM420	淬火 + 回火	980	—	15	40	69	293 ~ 375
SNCM431	淬火 + 回火	830	685	20	55	98	248 ~ 302
SNCM439	淬火 + 回火	980	885	16	45	69	293 ~ 352
SNCM447	淬火 + 回火	1030	930	14	40	59	302 ~ 368
SNCM616	淬火 + 回火	1180	—	14	40	78	341 ~ 415

（续）

钢 号	状 态	R_m/MPa	R_{eL}/MPa	A(%)	Z(%)	A_K/(J/cm²)	HBW
				≥			
NiCrMo 钢							
SNCM625	淬火＋回火	930	835	18	50	78	269～321
SNCM630	淬火＋回火	1080	885	15	45	78	302～352
SNCM815	淬火＋回火	1080	—	12	40	69	311～375
CrMoAl 钢							
SACM645	淬火＋回火	830	685	15	50	98	241～302

2.7.5　保证淬透性结构钢（H 钢）

（1）日本 JIS 标准保证淬透性结构钢（H 钢）的钢号与化学成分［JIS G4052（2016）］（表 2-7-15）

表 2-7-15　保证淬透性结构钢（H 钢）的钢号与化学成分（质量分数）（%）

钢 号	C	Si	Mn	P ≤	S ≤	Cr	Ni	Mo	Cu
Mn 钢，CrMn 钢									
SMn420H	0.16～0.23	0.15～0.35	1.15～1.55	0.030	0.030	≤0.35	≤0.25	—	≤0.30
SMn433H	0.29～0.36	0.15～0.35	1.15～1.55	0.030	0.030	≤0.35	≤0.25	—	≤0.30
SMn438H	0.34～0.41	0.15～0.35	1.30～1.70	0.030	0.030	≤0.35	≤0.25	—	≤0.30
SMn443H	0.39～0.46	0.15～0.35	1.30～1.70	0.030	0.030	≤0.35	≤0.25	—	≤0.30
SMnC420H	0.16～0.23	0.15～0.35	1.15～1.55	0.030	0.030	0.35～0.70	≤0.25	—	≤0.30
SMnC443H	0.39～0.46	0.15～0.35	1.30～1.70	0.030	0.030	0.35～0.70	≤0.25	—	≤0.30
Cr 钢									
SCr415H	0.12～0.18	0.15～0.35	0.55～0.95	0.030	0.030	0.85～1.25	≤0.25	—	≤0.30
SCr420H	0.17～0.23	0.15～0.35	0.55～0.95	0.030	0.030	0.85～1.25	≤0.25	—	≤0.30
SCr430H	0.27～0.34	0.15～0.35	0.55～0.95	0.030	0.030	0.85～1.25	≤0.25	—	≤0.30
SCr435H	0.32～0.39	0.15～0.35	0.55～0.95	0.030	0.030	0.85～1.25	≤0.25	—	≤0.30
SCr440H	0.37～0.44	0.15～0.35	0.55～0.95	0.030	0.030	0.85～1.25	≤0.25	—	≤0.30
CrMo 钢									
SCM415H	0.12～0.18	0.15～0.35	0.55～0.95	0.030	0.030	0.85～1.25	≤0.25	0.15～0.30	≤0.30
SCM418H	0.15～0.21	0.15～0.35	0.55～0.95	0.030	0.030	0.85～1.25	≤0.25	0.15～0.30	≤0.30
SCM420H	0.17～0.23	0.15～0.35	0.55～0.95	0.030	0.030	0.85～1.25	≤0.25	0.15～0.30	≤0.30
SCM425H	0.23～0.28	0.15～0.35	0.55～0.95	0.030	0.030	0.85～1.25	≤0.25	0.15～0.30	≤0.30
SCM435H	0.32～0.39	0.15～0.35	0.55～0.95	0.030	0.030	0.85～1.25	≤0.25	0.15～0.35	≤0.30
SCM440H	0.37～0.44	0.15～0.35	0.55～0.95	0.030	0.030	0.85～1.25	≤0.25	0.15～0.35	≤0.30
SCM445H	0.42～0.49	0.15～0.35	0.55～0.95	0.030	0.030	0.85～1.25	≤0.25	0.15～0.35	≤0.30
SCM822H	0.19～0.25	0.15～0.35	0.55～0.95	0.030	0.030	0.85～1.25	≤0.25	0.35～0.45	≤0.30
NiCr 钢									
SNC415H	0.11～0.18	0.15～0.35	0.30～0.70	0.030	0.030	0.20～0.55	1.95～2.50	—	≤0.30
SNC631H	0.26～0.35	0.15～0.35	0.30～0.70	0.030	0.030	0.55～1.05	2.45～3.00	—	≤0.30
SNC815H	0.11～0.18	0.15～0.35	0.30～0.70	0.030	0.030	0.65～1.05	2.95～3.50	—	≤0.30
NiCrMo 钢									
SNCM220H	0.17～0.23	0.15～0.35	0.60～0.95	0.030	0.030	0.35～0.65	0.35～0.75	0.15～0.30	≤0.30
SNCM420H	0.17～0.23	0.15～0.35	0.40～0.70	0.030	0.030	0.35～0.65	1.55～2.00	0.15～0.30	≤0.30

（2）日本 JIS 标准保证淬透性结构钢的淬透性数据（表 2-7-16）

表 2-7-16　保证淬透性结构钢的淬透性数据

钢号	硬度上下限	硬度值 HRC（距淬火端距离/mm）															热处理/℃	
		1.5	3	5	7	9	11	13	15	20	25	30	35	40	45	50	正火	淬火
SMn420H	上限	48	46	42	36	30	27	25	24	21	—	—	—	—	—	—	925	925
	下限	40	36	21	—	—	—	—	—	—	—	—	—	—	—	—		
SMn433H	上限	57	56	53	49	42	36	33	30	27	27	24	23	22	21	21	900	870
	下限	50	46	34	26	23	20	—	—	—	—	—	—	—	—	—		
SMn438H	上限	59	59	57	54	51	46	41	39	35	33	31	30	29	28	27	870	845
	下限	52	49	43	34	28	24	22	21	—	—	—	—	—	—	—		
SMn443H	上限	62	61	60	59	57	54	50	45	37	34	32	31	30	29	28	870	845
	下限	55	53	49	39	33	29	27	26	23	22	20	—	—	—	—		
SMnC420H	上限	48	48	45	41	37	33	31	29	26	24	23	—	—	—	—	925	925
	下限	40	39	33	27	23	20	—	—	—	—	—	—	—	—	—		
SMnC443H	上限	62	62	61	60	59	58	56	55	50	46	42	41	40	39	38	870	845
	下限	55	54	53	51	48	44	39	35	29	26	25	24	23	22	21		
SCr415H	上限	46	45	41	35	31	28	27	26	23	20	—	—	—	—	—	925	925
	下限	39	34	26	21	—	—	—	—	—	—	—	—	—	—	—		
SCr420H	上限	48	48	46	40	36	34	32	31	29	27	26	24	23	23	22	925	925
	下限	40	37	32	28	25	22	21	—	—	—	—	—	—	—	—		
SCr430H	上限	56	55	53	51	48	45	42	39	35	33	31	30	28	26	25	900	870
	下限	49	46	42	37	33	30	28	26	21	—	—	—	—	—	—		
SCr435H	上限	58	57	56	55	53	51	47	44	39	37	35	34	33	32	31	870	845
	下限	51	49	46	42	37	32	29	27	23	21	—	—	—	—	—		
SCr440H	上限	60	60	59	58	57	55	54	52	46	41	39	34	37	36	35	870	845
	下限	53	52	50	48	45	41	37	34	29	26	24	22	—	—	—		
SCM415H	上限	46	45	42	38	34	31	29	28	26	25	24	24	23	23	22	925	925
	下限	39	36	29	24	21	20	—	—	—	—	—	—	—	—	—		
SCM418H	上限	47	47	45	41	38	35	33	32	30	28	27	27	26	26	25	925	925
	下限	39	37	31	27	24	22	21	20	—	—	—	—	—	—	—		
SCM420H	上限	48	48	47	44	42	39	37	35	33	31	30	30	29	29	28	925	925
	下限	40	39	35	31	28	25	24	23	20	20	—	—	—	—	—		
SCM425H	上限	52	52	51	50	48	46	43	41	37	35	33	32	31	31	31	900	870
	下限	44	43	40	37	34	32	29	27	23	21	20	—	—	—	—		
SCM435H	上限	58	58	57	56	55	54	53	51	48	45	43	41	39	38	37	870	845
	下限	51	50	49	47	45	42	39	37	32	30	28	27	27	26	26		
SCM440H	上限	60	60	60	59	58	58	57	56	55	53	51	49	47	46	44	870	845
	下限	53	53	52	51	50	48	46	43	38	35	33	33	32	31	30		
SCM445H	上限	63	63	62	62	61	61	61	60	59	58	27	56	55	55	54	870	845
	下限	56	55	55	54	53	52	52	51	47	43	39	37	35	35	34		
SCM822H	上限	50	55	50	49	48	46	43	41	39	39	37	36	36	36	36	925	925
	下限	43	42	41	39	36	32	29	27	24	24	23	22	22	21	21		

（续）

钢 号	硬度上下限	硬度值 HRC（距淬火端距离/mm）															热处理/℃	
		1.5	3	5	7	9	11	13	15	20	25	30	35	40	45	50	正火	淬火
SNC415H	上限	45	44	39	35	31	28	26	24	21	—	—	—	—	—	—	925	925
	下限	37	32	24	—	—	—	—	—	—	—	—	—	—	—	—		
SNC631H	上限	57	57	56	56	55	55	55	54	53	51	49	47	45	44	43	900	870
	下限	49	48	47	46	45	43	41	39	35	31	29	28	27	26	26		
SNC815H	上限	46	46	46	46	45	44	43	41	38	35	34	34	33	33	32	870	845
	下限	38	37	36	34	31	29	27	26	24	22	22	22	21	21	21		
SNCM220H	上限	48	47	44	40	35	32	30	29	26	24	23	23	23	22	22	925	925
	下限	41	37	30	25	22	20											
SNCM420H	上限	48	47	46	42	39	36	34	32	29	26	25	24	24	24	24	925	925
	下限	41	38	34	30	27	25	23	22									

2.7.6　易切削结构钢

日本 JIS 标准易切削结构钢的钢号与化学成分［JIS G4804（2008）］见表 2-7-17。

表 2-7-17　易切削结构钢的钢号与化学成分（质量分数）（%）

钢 号	C	Si	Mn	P	S	其 他
SUM21	≤0.13	①	0.70 ~ 1.00	0.07 ~ 0.12	0.16 ~ 0.23	—
SUM22	≤0.13	①	0.70 ~ 1.00	0.07 ~ 0.12	0.24 ~ 0.33	—
SUM22 L②	≤0.13	①	0.70 ~ 1.00	0.07 ~ 0.12	0.24 ~ 0.33	Pb 0.10 ~ 0.35③
SUM23	≤0.09	①	0.75 ~ 1.05	0.04 ~ 0.09	0.26 ~ 0.35	—
SUM23 L	≤0.09	①	0.75 ~ 1.05	0.04 ~ 0.09	0.26 ~ 0.35	Pb 0.10 ~ 0.35③
SUM24 L	≤0.15	①	0.85 ~ 1.15	0.04 ~ 0.09	0.26 ~ 0.35	Pb 0.10 ~ 0.35③
SUM25	≤0.15	①	0.90 ~ 1.40	0.07 ~ 0.12	0.30 ~ 0.40	—
SUM31	0.14 ~ 0.20	①	1.00 ~ 1.30	≤0.040	0.08 ~ 0.13	—
SUM31 L	0.14 ~ 0.20	①	1.00 ~ 1.30	≤0.040	0.08 ~ 0.13	Pb 0.10 ~ 0.35③
SUM32	0.12 ~ 0.20	①	0.60 ~ 1.10	≤0.040	0.10 ~ 0.20	—
SUM41	0.32 ~ 0.39	①	1.35 ~ 1.65	≤0.040	0.08 ~ 0.13	—
SUM42	0.37 ~ 0.45	①	1.35 ~ 1.65	≤0.040	0.08 ~ 0.13	—
SUM43	0.40 ~ 0.48	①	1.35 ~ 1.65	≤0.040	0.24 ~ 0.33	—

① 易切削结构钢的 Si 含量一般不作规定，必要时可由供需双方协商规定 Si 含量，如 Si≤0.15%，Si = 0.10% ~ 0.20%，Si = 0.15% ~ 0.35% 等。

② 根据供需双方协议，SUM22 L 的 Mn 含量允许为 Mn = 0.70% ~ 1.10%。

③ 根据需方要求，含铅钢的 Pb 含量可调整为 Pb = 0.07% ~ 0.35%。

2.7.7　冷镦和冷挤压用钢

（1）日本 JIS 标准冷镦用碳素钢盘条的钢号与化学成分［JIS G3507-1（2010）］（表 2-7-18）

表 2-7-18   冷镦用碳素钢盘条的钢号与化学成分（质量分数）（%）

钢 号	C	Si	Mn	P ≤	S ≤	其 他①
沸 腾 钢						
SWRCH6R	≤0.08	—	≤0.60	0.040	0.040	—
SWRCH8R	≤0.10	—	≤0.60	0.040	0.040	—
SWRCH10R	0.08 ~ 0.13	—	0.30 ~ 0.60	0.040	0.040	—
SWRCH12R	0.10 ~ 0.15	—	0.30 ~ 0.60	0.040	0.040	—
SWRCH15R	0.13 ~ 0.18	—	0.30 ~ 0.60	0.040	0.040	—
SWRCH17R	0.15 ~ 0.20	—	0.30 ~ 0.60	0.040	0.040	—
铝 镇 静 钢						
SWRCH6A	≤0.08	≤0.10	≤0.60	0.030	0.035	Al≥0.02
SWRCH8A	≤0.10	≤0.10	≤0.60	0.030	0.035	Al≥0.02
SWRCH10A	0.08 ~ 0.13	≤0.10	0.30 ~ 0.60	0.030	0.035	Al≥0.02
SWRCH12A	0.10 ~ 0.15	≤0.10	0.30 ~ 0.60	0.030	0.035	Al≥0.02
SWRCH15A	0.13 ~ 0.18	≤0.10	0.30 ~ 0.60	0.030	0.035	Al≥0.02
SWRCH16A	0.13 ~ 0.18	≤0.10	0.60 ~ 0.90	0.030	0.035	Al≥0.02
SWRCH18A	0.15 ~ 0.20	≤0.10	0.60 ~ 0.90	0.030	0.035	Al≥0.02
SWRCH19A	0.15 ~ 0.20	≤0.10	0.70 ~ 1.00	0.030	0.035	Al≥0.02
SWRCH20A	0.18 ~ 0.23	≤0.10	0.30 ~ 0.60	0.030	0.035	Al≥0.02
SWRCH22A	0.18 ~ 0.23	≤0.10	0.70 ~ 1.00	0.030	0.035	Al≥0.02
SWRCH25A	0.22 ~ 0.28	≤0.10	0.30 ~ 0.60	0.030	0.035	Al≥0.02
镇 静 钢						
SWRCH10K	0.08 ~ 0.13	0.10 ~ 0.35	0.30 ~ 0.60	0.030	0.035	—
SWRCH12K	0.10 ~ 0.15	0.10 ~ 0.35	0.30 ~ 0.60	0.030	0.035	—
SWRCH15K	0.13 ~ 0.18	0.10 ~ 0.35	0.30 ~ 0.60	0.030	0.035	—
SWRCH16K	0.13 ~ 0.18	0.10 ~ 0.35	0.60 ~ 0.90	0.030	0.035	—
SWRCH17K	0.15 ~ 0.20	0.10 ~ 0.35	0.30 ~ 0.60	0.030	0.035	—
SWRCH18K	0.15 ~ 0.20	0.10 ~ 0.35	0.60 ~ 0.90	0.030	0.035	—
SWRCH20K	0.18 ~ 0.23	0.10 ~ 0.35	0.30 ~ 0.60	0.030	0.035	—
SWRCH22K	0.18 ~ 0.23	0.10 ~ 0.35	0.70 ~ 1.00	0.030	0.035	—
SWRCH24K	0.19 ~ 0.25	0.10 ~ 0.35	1.35 ~ 1.65	0.030	0.035	—
SWRCH25K	0.22 ~ 0.28	0.10 ~ 0.35	0.60 ~ 0.90	0.030	0.035	—
SWRCH27K	0.22 ~ 0.29	0.10 ~ 0.35	1.20 ~ 1.50	0.030	0.035	—
SWRCH30K	0.27 ~ 0.33	0.10 ~ 0.35	0.60 ~ 0.90	0.030	0.035	—
SWRCH33K	0.30 ~ 0.36	0.10 ~ 0.35	0.60 ~ 0.90	0.030	0.035	—
SWRCH35K	0.32 ~ 0.38	0.10 ~ 0.35	0.60 ~ 0.90	0.030	0.035	—
SWRCH38K	0.35 ~ 0.41	0.10 ~ 0.35	0.60 ~ 0.90	0.030	0.035	—
SWRCH40K	0.37 ~ 0.43	0.10 ~ 0.35	0.60 ~ 0.90	0.030	0.035	—
SWRCH41K	0.36 ~ 0.44	0.10 ~ 0.35	1.35 ~ 1.65	0.030	0.035	—
SWRCH43K	0.40 ~ 0.46	0.10 ~ 0.35	0.60 ~ 0.90	0.030	0.035	—
SWRCH45K	0.42 ~ 0.48	0.10 ~ 0.35	0.60 ~ 0.90	0.030	0.035	—
SWRCH48K	0.45 ~ 0.51	0.10 ~ 0.35	0.60 ~ 0.90	0.030	0.035	—
SWRCH50K	0.47 ~ 0.53	0.10 ~ 0.35	0.60 ~ 0.90	0.030	0.035	—

① 钢中残余元素含量：Cr≤0.20%，Ni≤0.20%，Cu≤0.30%。

（2）日本 JIS 标准冷镦用碳素钢钢丝［JIS G3507-2（2005）］

A）冷镦用碳素钢钢丝的钢号与化学成分（表 2-7-19）

表 2-7-19　冷镦用碳素钢钢丝的钢号与化学成分（质量分数）（%）

钢 号	C	Si	Mn	P≤	S≤	其 他[①]
SWCH6R	≤0.08	—	≤0.60	0.040	0.040	—
SWCH8R	≤0.10	—	≤0.60	0.040	0.040	—
SWCH10R	0.08~0.13	—	0.30~0.60	0.040	0.040	—
SWCH12R	0.10~0.15	—	0.30~0.60	0.040	0.040	—
SWCH15R	0.13~0.18	—	0.30~0.60	0.040	0.040	—
SWCH17R	0.15~0.20	—	0.30~0.60	0.040	0.040	—
SWCH6A	≤0.08	≤0.10	≤0.60	0.030	0.035	Al≥0.02
SWCH8A	≤0.10	≤0.10	≤0.60	0.030	0.035	Al≥0.02
SWCH10A	0.08~0.13	≤0.10	0.30~0.60	0.030	0.035	Al≥0.02
SWCH12A	0.10~0.15	≤0.10	0.30~0.60	0.030	0.035	Al≥0.02
SWCH15A	0.13~0.18	≤0.10	0.30~0.60	0.030	0.035	Al≥0.02
SWCH16A	0.13~0.18	≤0.10	0.60~0.90	0.030	0.035	Al≥0.02
SWCH18A	0.15~0.20	≤0.10	0.60~0.90	0.030	0.035	Al≥0.02
SWCH19A	0.15~0.20	≤0.10	0.70~1.00	0.030	0.035	Al≥0.02
SWCH20A	0.18~0.23	≤0.10	0.30~0.60	0.030	0.035	Al≥0.02
SWCH22A	0.18~0.23	≤0.10	0.70~1.00	0.030	0.035	Al≥0.02
SWCH25A	0.22~0.28	≤0.10	0.30~0.60	0.030	0.035	Al≥0.02
SWCH10K	0.08~0.13	0.10~0.35	0.30~0.60	0.030	0.035	—
SWCH12K	0.10~0.15	0.10~0.35	0.30~0.60	0.030	0.035	—
SWCH15K	0.13~0.18	0.10~0.35	0.30~0.60	0.030	0.035	—
SWCH16K	0.13~0.18	0.10~0.35	0.60~0.90	0.030	0.035	—
SWCH17K	0.15~0.20	0.10~0.35	0.30~0.60	0.030	0.035	—
SWCH18K	0.15~0.20	0.10~0.35	0.60~0.90	0.030	0.035	—
SWCH20K	0.18~0.23	0.10~0.35	0.30~0.60	0.030	0.035	—
SWCH22K	0.18~0.23	0.10~0.35	0.70~1.00	0.030	0.035	—
SWCH24K	0.19~0.25	0.10~0.35	1.35~1.65	0.030	0.035	—
SWCH25K	0.22~0.28	0.10~0.35	0.30~0.60	0.030	0.035	—
SWCH27K	0.22~0.29	0.10~0.35	1.20~1.50	0.030	0.035	—
SWCH30K	0.27~0.33	0.10~0.35	0.60~0.90	0.030	0.035	—
SWCH33K	0.30~0.36	0.10~0.35	0.60~0.90	0.030	0.035	—
SWCH35K	0.32~0.38	0.10~0.35	0.60~0.90	0.030	0.035	—
SWCH38K	0.35~0.41	0.10~0.35	0.60~0.90	0.030	0.035	—
SWCH40K	0.37~0.43	0.10~0.35	0.60~0.90	0.030	0.035	—
SWCH41K	0.36~0.44	0.10~0.35	1.35~1.65	0.030	0.035	—
SWCH43K	0.40~0.46	0.10~0.35	0.60~0.90	0.030	0.035	—
SWCH45K	0.42~0.48	0.10~0.35	0.60~0.90	0.030	0.035	—
SWCH48K	0.45~0.51	0.10~0.35	0.60~0.90	0.030	0.035	—
SWCH50K	0.47~0.53	0.10~0.35	0.60~0.90	0.030	0.035	—

① 钢中残余元素含量：Cr≤0.20%，Ni≤0.20%，Cu≤0.30%。

B）日本 JIS 标准冷镦用碳素钢钢丝经 D 工序和 DA 工序的力学性能

① 经 D 工序的钢丝力学性能见表 2-7-20。

表 2-7-20　经 D 工序的冷镦用碳素钢钢丝的钢号与力学性能

钢　号	钢丝直径 /mm	R_m/MPa	Z（%）≥	A（%）≥	HRB ≤	钢　号	钢丝直径 /mm	R_m/MPa	Z（%）≥	A（%）≥	HRB ≤
SWCH6 R	≤3	540	45	—	—	SWCH17 R	≤3	690	45	—	—
SWCH8 R	>3~4	440	45	—	85	SWCH16 A SWCH18 A	>3~4	590	45	—	—
SWCH10 R						SWCH20 A	>4~5	490	45	—	95
SWCH6 A	>4~5	390	45	—	85	SWCH15 K	>5	410	45	7	95
SWCH8 A						SWCH19 A	>3~4	640	45	—	—
SWCH10 A	>5	340	45	11	85	SWCH16 K					
SWCH12 R	≤3	590	45	—	—	SWCH17 K	>4~5	540	45	—	95
SWCH15 R						SWCH18 K					
SWCH12 A	>3~4	490	45	—	90	SWCH20 K	>5~30	440	45	7	95
SWCH15 A	>4~5	410	45	—	90	SWCH22 A	>3~4	690	45	—	—
SWCH10 K						SWCH22 K	>4~5	570	45	—	98
SWCH12 K	>5	360	45	10	90	SWCH25 K	>5	470	45	6	98

注：1. D 工序是将盘条冷拉精加工。

　　2. 表中的断后伸长率 A 和硬度 HRB 为参考值。

② 经 DA 工序的钢丝力学性能见表 2-7-21。

表 2-7-21　经 DA 工序的冷镦用碳素钢钢丝的钢号与力学性能

钢　号	R_m/MPa	Z（%）≥	A（%）≥	HRB ≤	钢　号	R_m/MPa	Z（%）≥	A（%）≥	HRB ≤
SWCH6 R SWCH8 R	290	55	15	80	SWCH17 K SWCH18 K	410	55	13	86
SWCH6 A SWCH8 A	290	55	15	80	SWCH20 K	410	55	13	86
SWCH10 R SWCH10 A	290	55	14	83	SWCH22 A SWCH22 K	440	55	12	88
SWCH12 R SWCH15 R	340	55	14	83	SWCH25 K	440	55	12	88
SWCH12 A SWCH15 A	340	55	14	83	SWCH24 K SWCH27 K	470	55	12	92
SWCH10 A SWCH12 A	340	55	14	83	SWCH30 K SWCH33 K	620	55	12	92
SWCH17 R SWCH15 K	370	55	13	85	SWCH35 K	620	55	12	92
SWCH16 A SWCH18 A	370	55	13	85	SWCH38 K SWCH40 K	670	55	11	94
SWCH20 A	370	55	13	85	SWCH43 K	670	55	11	94
SWCH19 A SWCH16 K	410	55	13	86	SWCH41 K SWCH45 K	710	55	10	97
					SWCH48 K SWCH50 K	710	55	10	97

注：1. DA 工序是将盘条冷拉后进行退火，然后再冷拉精加工。

　　2. 表中的断后伸长率 A 和硬度 HRB 为参考值。

　　3. 对于 SWCH27 以下的低碳钢丝，若成品是用于热处理的钢丝，其抗拉强度 R_m 的下限经协商后允许低于本表的规定值。

2.7.8 弹簧钢和轴承钢

（1）日本 JIS 标准弹簧钢的钢号与化学成分［JIS G4801（2011）］（表 2-7-22）

表 2-7-22 弹簧钢的钢号与化学成分（质量分数）（%）

钢 号	C	Si	Mn	P≤	S≤	Cr	其 他
SUP6	0.56~0.64	1.50~1.80	0.70~1.00	0.030	0.030	—	Cu≤0.30
SUP7	0.56~0.64	1.80~2.20	0.70~1.00	0.030	0.030	—	Cu≤0.30
SUP9	0.52~0.60	0.15~0.35	0.65~0.95	0.030	0.030	0.65~0.95	Cu≤0.30
SUP9A	0.56~0.64	0.15~0.35	0.70~1.00	0.030	0.030	0.70~1.00	Cu≤0.30
SUP10	0.47~0.55	0.15~0.35	0.65~0.95	0.030	0.030	0.80~1.10	V 0.15~0.25 Cu≤0.30
SUP11A	0.56~0.64	0.15~0.35	0.70~1.00	0.030	0.030	0.70~1.00	B≥0.0005 Cu≤0.30
SUP12	0.51~0.59	1.20~1.60	0.60~0.90	0.030	0.030	0.60~0.90	Cu≤0.30
SUP13	0.56~0.64	0.15~0.35	0.70~1.00	0.030	0.030	0.70~0.90	Mo 0.25~0.35 Cu≤0.30

（2）日本 JIS 标准冷轧弹簧钢带的钢号与化学成分［JIS G4802（2011）］（表 2-7-23）

表 2-7-23 冷轧弹簧钢带的钢号与化学成分（质量分数）（%）

钢 号	C	Si	Mn	P≤	S≤	Cr	Ni	其 他
S50C-CSP	0.47~0.53	0.15~0.35	0.60~0.90	0.030	0.035	≤0.20	≤0.20	Cu≤0.30
S55C-CSP	0.52~0.58	0.15~0.35	0.60~0.90	0.030	0.035	≤0.20	≤0.20	Cr+Ni≤0.35
S60C-CSP	0.55~0.65	0.15~0.35	0.60~0.90	0.030	0.035	≤0.20	≤0.20	Cu≤0.30
S65C-CSP	0.60~0.70	0.15~0.35	0.60~0.90	0.030	0.035	≤0.20	≤0.20	Cu≤0.30
S70C-CSP	0.65~0.75	0.15~0.35	0.60~0.90	0.030	0.035	≤0.20	≤0.20	Cu≤0.30
SK85-CSP	0.80~0.90	≤0.35	≤0.50	0.030	0.030	≤0.30	≤0.25	Cu≤0.25
SK95-CSP	0.90~1.00	≤0.35	≤0.50	0.030	0.030	≤0.30	≤0.25	Cu≤0.25
SUP10-CSP	0.47~0.55	0.15~0.35	0.65~0.95	0.035	0.035	0.80~1.10	—	V 0.15~0.25 Cu≤0.30

（3）日本 JIS 标准高碳铬轴承钢的钢号与化学成分［JIS G4805（2019）］（表 2-7-24）

表 2-7-24 高碳铬轴承钢的钢号与化学成分（质量分数）（%）

钢 号	C	Si	Mn	P≤	S≤	Cr	Ni	Mo
SUJ2	0.95~1.10	0.15~0.35	≤0.50	0.025	0.025	1.30~1.60	≤0.25	≤0.08
SUJ3	0.95~1.10	0.40~070	0.90~1.15	0.025	0.025	0.90~1.20	≤0.25	≤0.08
SUJ4	0.95~1.10	0.15~0.35	≤0.50	0.025	0.025	1.30~1.60	≤0.25	0.10~0.25
SUJ5	0.95~1.10	0.40~070	0.90~1.15	0.025	0.025	0.90~1.20	≤0.25	0.10~0.25

注：各钢号的铜含量（质量分数）：Cu≤0.25%，但线材 Cu≤0.20%。

（4）日本 JIS 标准弹簧钢和高碳铬轴承钢的力学性能与硬度

A）弹簧钢的热处理和力学性能与硬度（表 2-7-25）

表 2-7-25   弹簧钢的热处理和力学性能与硬度

钢　号	热处理温度/℃		$R_{\rm m}$/MPa	$R_{\rm eL}$/MPa	A（%）	Z（%）	HBW
	淬火（油冷）	回火	≥				
S50C-CSP	830～860	480～530	1230	1080	9	20	363～429
S55C-CSP	830～860	490～540	1230	1080	9	20	363～429
S60C-CSP	830～860	460～510	1230	1080	9	20	363～429
S65C-CSP	830～860	460～520	1230	1080	9	20	363～429
S70C-CSP	840～870	470～540	1230	1080	10	30	363～429
SK85-CSP	830～860	460～520	1230	1080	9	20	363～429
SK95-CSP	830～860	510～570	1230	1080	9	20	363～429
SUP10-CSP	830～860	510～570	1230	1080	10	30	363～429

B）冷轧弹簧钢带和高碳铬轴承钢不同热处理状态的硬度（表 2-7-26）

表 2-7-26   冷轧弹簧钢带和高碳铬轴承钢不同热处理状态的硬度

钢　号	不同热处理状态的硬度[1]					
	A 状态 HV	R 状态 HV	H 状态 HV	B 状态 HV	球化退火后	
					HBW	HV
冷轧弹簧钢带						
S50C-CSP	≤180	230～270	—	360～440	—	—
S55C-CSP	≤180	230～270	350～450	360～440	—	—
S60C-CSP	≤190	230～270	350～500	360～440	—	—
S65C-CSP	≤190	230～270	—	—	—	—
S70C-CSP	≤190	230～270	350～550	—	—	—
SK5-CSP	≤190	230～270	350～600	—	—	—
SK4-CSP	≤200	230～270	400～600	—	—	—
SUP10-CSP	≤190	230～270	—	—	—	—
高碳铬轴承钢						
SUJ 2	—	—	—	—	≤201	≤218
SUJ 3	—	—	—	—	≤207	≤223
SUJ 4	—	—	—	—	≤201	≤218
SUJ 5	—	—	—	—	≤207	≤223

　① A—退火，R—冷轧，H—淬火回火，B—奥氏体等温淬火。

B. 专业用钢和优良品种

2.7.9   焊接结构用碳钢和碳锰钢 ［JIS G3106（2015/AMD1 2017）］

（1）日本 JIS 标准焊接结构用碳钢和碳锰钢轧材

A）焊接结构用碳钢和碳锰钢轧材的钢号与化学成分（表 2-7-27）

表 2-7-27   焊接结构用碳钢和碳锰钢轧材的钢号与化学成分（质量分数）（%）

钢　号	钢材厚度 /mm	C	Si	Mn	P≤	S≤	碳当量 CE[1],[2]
SM400A	≤50	≤0.23	—	≥2.5×C	0.035	0.035	0.44
	>50～200	≤0.25	—	≥2.5×C	0.035	0.035	0.47
SM400B	≤50	≤0.20	≤0.35	0.60～1.50	0.035	0.035	0.44
	>50～200	≤0.22	≤0.35	0.60～1.50	0.035	0.035	0.47

（续）

钢　号	钢材厚度/mm	C	Si	Mn	P≤	S≤	碳当量CE[①,②]
SM400C	≤100	≤0.18	≤0.35	0.60~1.50	0.035	0.035	0.47
SM490A	≤50	≤0.20	≤0.55	≤1.65	0.035	0.035	0.44
SM490A	>50~200	≤0.22	≤0.55	≤1.65	0.035	0.035	0.47
SM490B	≤50	≤0.18	≤0.55	≤1.65	0.035	0.035	0.44
SM490B	>50~200	≤0.20	≤0.55	≤1.65	0.035	0.035	0.47
SM490C	≤100	≤0.18	≤0.55	≤1.65	0.035	0.035	0.47
SM490YA	≤100	≤0.20	≤0.55	≤1.65	0.035	0.035	0.47
SM490YB	≤100	≤0.20	≤0.55	≤1.65	0.035	0.035	0.47
SM520B	≤100	≤0.20	≤0.55	≤1.65	0.035	0.035	0.47
SM520C	≤100	≤0.20	≤0.55	≤1.65	0.035	0.035	0.47
SM570	≤100	≤0.18	≤0.55	≤1.70	0.035	0.035	0.47

① 本标准规定碳当量 CE = 0.44%（厚度≤50mm），或 CE = 0.47%（厚度 50~100mm）。

② 碳当量 $CE = C + \dfrac{Mn}{6} + \dfrac{Si}{24} + \dfrac{Ni}{40} + \dfrac{Cr}{5} + \dfrac{Mo}{4} + \dfrac{V}{14}$。

B）焊接结构用碳钢和碳锰钢轧材的力学性能（表 2-7-28 和表 2-7-29）

表 2-7-28　焊接结构用碳钢和碳锰钢轧材的力学性能（一）

钢　号	$R_{p0.2}$ 或 R_{eL}/MPa ≥						R_m/MPa	
	下列厚度 t/mm							
	≤16	>16~40	>40~75	>75~100	>100~160	>160~200	<100	100~200
SM400A SM400B SM400C	245	235	215	215	205	195	400~510	400~510
SM490A SM490B SM490C	325	315	295	295	285	275	490~610	490~610
SM490YA SM490YB	365	355	335	325	—	—	490~610	—
SM520B SM520C	365	355	335	325	—	—	520~640	—
SM570	460	450	430	420	—	—	570~720	—

注：轧材品种含型钢、扁钢、钢带。

表 2-7-29　焊接结构用碳钢和碳锰钢轧材的力学性能（二）

钢　号	A（%）≥				KV（0℃）/J	弯曲试验（180°）r—内侧半径 a—厚度
	下列厚度 t/mm					
	≤5[①]	>5~16[②]	>16~50[②]	>40[③]		
SM400A SM400B SM400C	23	18	22	24	— ≥27 ≥47	r = 1.0a
SM490A SM490B SM490C	22	17	21	23	— ≥27 ≥47	r = 1.0a

（续）

钢　号	A（%）≥				KV（0℃）/J	弯曲试验（180°）r—内侧半径 a—厚度
	下列厚度 t/mm					
	≤5①	>5~16②	>16~50②	>40③		
SM490YA	19	15	19	21	—	r = 1.5a
SM490YB	19	15	19	21	≥27	
SM520B	19	15	19	21	≥27	r = 1.5a
SM520C	19	15	19	21	≥47	
SM570	19	26	20④	—	≥47⑤	—

① 5 号试样。

② 1 号试样。

③ 4 号试样。

④ 钢材厚度 $t = 20$mm 时。

⑤ 试验温度为 -5℃时。

（2）日本 JIS 标准焊接结构用碳钢和碳锰钢钢板

A）焊接结构用碳钢和碳锰钢钢板的钢号与化学成分（表 2-7-30）

表 2-7-30　焊接结构用碳钢和碳锰钢钢板的钢号与化学成分（质量分数）（%）

钢　号	钢材厚度/mm	C	Si	Mn	P ≤	S ≤	碳当量 CE
SM400A	>200~450	≤0.25	—	≥2.5×C	0.035	0.035	0.47
SM400B	>200~250	≤0.22	≤0.35	≥0.60	0.035	0.035	0.47
SM400C	>100~250	≤0.18	≤0.35	①	0.035	0.035	0.47
SM490A	>200~300	≤0.22	≤0.55	①	0.035	0.035	0.47
SM490B	>200~250	≤0.20	≤0.55	①	0.035	0.035	0.47
SM490C	>100~250	≤0.18	≤0.55	①	0.035	0.035	0.47
SM490YA	>100~150	≤0.20	≤0.55	①	0.035	0.035	0.47
SM490YB	>100~150	≤0.20	≤0.55	①	0.035	0.035	0.47
SM520B	>100~150	≤0.20	≤0.55	①	0.035	0.035	0.47
SM520C	>100~150	≤0.20	≤0.55	①	0.035	0.035	0.47
SM570	>100~150	≤0.18	≤0.55	①	0.035	0.035	0.47

① Mn 含量上限值由供需双方商定。

B）焊接结构用碳钢和碳锰钢钢板的力学性能（表 2-7-31）

表 2-7-31　焊接结构用碳钢和碳锰钢钢板的力学性能

钢　号	钢材厚度①/mm	$R_{p0.2}$ 或 R_{eL}/MPa ≥	R_m/MPa	A(%) ≥
SM400A	>200~450	195	400~510	21
SM400B	>200~250	195	400~510	21
SM400C	>100~160	205	400~510	24
	>160~250	195	400~510	24
SM490A	>200~300	275	490~610	20
SM490B	>200~250	275	490~610	20
SM490C	>100~160	285	490~610	23
	>160~250	275	490~610	23

（续）

钢　号	钢材厚度[1] /mm	$R_{p0.2}$ 或 R_{eL}/MPa ≥	R_m /MPa	$A(\%)$ ≥
SM490YA	>100~150	315	490~610	21
SM490YB	>100~150	315	490~610	21
SM520B	>100~150	315	520~640	21
SM520C	>100~150	315	520~640	21
SM570	>100~150	410	570~720	20

① 厚度≥100mm 的钢板，厚度每增加 25mm，其断后伸长率 A 减 1%，但最多减 3%。

2.7.10　汽车结构用高强度钢热轧和冷轧钢板及钢带［JIS G3134，G3113，G3135（2018）］

（1）日本 JIS 标准汽车结构用高强度钢热轧钢板及钢带的力学性能［JIS G3134（2018）］（表 2-7-32）

表 2-7-32　汽车结构用高强度钢热轧钢板及钢带的力学性能

钢　号[1]	R_{eL}/MPa	R_m/MPa	$A(\%)$（下列厚度/mm）				弯曲试验[2]（180°）（下列厚度/mm）	
	≥		1.6~2.0	2.0~2.5	2.5~3.25	3.25~6.0	1.60~3.25	3.25~6.0
SPFH 490	325	490	22	23	24	25	$r=0.5\,a$	$r=1.0\,a$
SPFH 540	355	540	21	22	23	24	$r=1.0\,a$	$r=1.5a$
SPFH 590	420	590	19	20	21	22	$r=1.5\,a$	$r=1.5\,a$
SPFH 540Y	295	540	—	24	25	26	$r=1.0\,a$	$r=1.5\,a$
SPFH 590Y	325	590	—	22	23	24	$r=1.5\,a$	$r=1.5\,a$

① 钢的化学成分由供需双方商定。

② 弯曲试验代号：r—内侧半径，a—厚度。

（2）日本 JIS 标准汽车结构用碳素钢热轧钢板及钢带的力学性能［JIS G3113（2018）］（表 2-7-33 和表 2-7-34）

表 2-7-33　汽车结构用碳素钢热轧钢板及钢带的力学性能（一）

钢　号[1]	R_m/MPa ≥	R_{eL}/MPa ≥（下列厚度/mm）			弯曲试验[2]（180°）（下列厚度/mm）	
		1.6~2.0	>2.0~2.5	>2.5~3.25	1.60~3.25	>3.25~6.0
SAPH 310	310	—	—	—	—	$r=1.0\,a$
SAPH 370	370	225	225	215	$r=0.5\,a$	$r=1.0\,a$
SAPH 400	400	255	235	235	$r=1.0\,a$	$r=1.0\,a$
SAPH 440	440	305	295	275	$r=1.0\,a$	$r=1.5\,a$

① 钢的化学成分：P≤0.040%，S≤0.040%，其余成分由供需双方商定。

② 弯曲试代号：r—内侧半径，a—厚度。

表 2-7-34　汽车结构用碳素钢热轧钢板及钢带的力学性能（二）

钢　号	$A(\%)$ ≥（下列厚度/mm）					
	1.6~2.0	>2.0~2.5	>2.5~3.15	>3.15~4.0	>4.0~6.3	>6.3~14
SAPH 310	33	34	26	36	37	38
SAPH 370	32	33	35	36	37	38
SAPH 400	31	32	34	35	36	37
SAPH 440	29	20	32	33	34	35

（3）日本 JIS 标准汽车结构用高强度钢冷轧钢板及钢带的力学性能 ［JIS G3135 （2018）］（表 2-7-35）

表 2-7-35 汽车结构用高强度钢冷轧钢板及钢带的力学性能

钢 号[①]	R_{eL}/MPa	R_m /MPa	A （%） ≥ （下列厚度/mm）	
	≥		0.6 ~ 1.0	>1.0 ~ 2.3
SPFC 340	340	175	34	35
SPFC 370	370	205	32	33
SPFC 390	390	235	30	31
SPFC 440	440	265	26	27
SPFC 490	490	295	23	24
SPFC 540	540	325	20	21
SPFC 590	590	355	17	18
SPFC 490Y	490	225	24	25
SPFC 540Y	540	245	21	22
SPFC 590Y	590	265	18	19
SPFC 780Y	780	365	13	14
SPFC 980Y	980	490	6	7
SPFC 340H	340	185	34	35

① 钢的化学成分由供需双方商定。

2.7.11 压力容器用碳锰钢板 ［JIS G3115 （2016）］

（1）日本 JIS 标准压力容器用碳锰钢板的钢号与化学成分（表 2-7-36）

表 2-7-36 压力容器用碳锰钢板的钢号与化学成分（质量分数）（%）

钢 号	C	Si	Mn	P ≤	S ≤
SPV 235					
≤100mm	≤0.18	≤0.35	≤1.40	0.020	0.020
>100mm	≤0.20	≤0.35	≤1.40	0.020	0.020
SPV 315	≤0.18	≤0.55	≤1.60	0.020	0.020
SPV 355	≤0.20	≤0.55	≤1.60	0.020	0.020
SPV 410	≤0.18	≤0.75	≤1.60	0.020	0.020
SPV 450	≤0.18	≤0.75	≤1.60	0.020	0.020
SPV 490	≤0.18	≤0.75	≤1.60	0.020	0.020

（2）日本 JIS 标准压力容器用碳锰钢板的碳当量（表 2-7-37 和表 2-7-38）

表 2-7-37 压力容器用碳锰钢板的碳当量（一）

钢 号	状态	碳当量 CE （%） （下列厚度/mm）		
		≤50	>50 ~ 100	>100 ~ 150
SPV 315	热轧	0.39	0.41	0.43
SPV 355	热轧	0.40	0.42	0.44
SPV 410	热轧	0.43	0.45	—

表 2-7-38 压力容器用碳锰钢板的碳当量（二）

钢 号	状态	碳当量 CE （%） （下列厚度/mm）				
		≤50	>50 ~ 75	>75 ~ 100	>100 ~ 125	>125 ~ 150
SPV 450	淬火回火	0.44	0.46	0.49	0.52	0.54
SPV 490	淬火回火	0.45	0.47	0.50	0.53	0.55

（3）日本 JIS 标准压力容器用碳锰钢板的力学性能（表2-7-39）

表 2-7-39　压力容器用碳锰钢板的力学性能

钢号	力学性能							弯曲试验（180°）	
	R_{eL} 或 $R_{p0.2}$/MPa（下列厚度/mm）			R_m/MPa	A（%）≥（下列厚度/mm）			r—内侧半径，a—厚度（下列厚度/mm）	
	>6~50	>50~100	>100~200		<16	≥16	≥40	<50	≥50
SPV 235	≥235	≥215	≥195	410~510	17	21	24	$r=1.0a$	$r=1.5a$
SPV 315	≥315	≥295	≥275	490~610	16	20	23	$r=1.5a$	$r=1.5a$
SPV 355	≥355	≥335	≥315	520~640	14	18	21	$r=1.5a$	$r=1.5a$
SPV 410	≥410	≥390	≥370	550~670	12	16	18	$r=1.5a$	$r=1.5a$
SPV 450	≥450	≥430	≥410	570~700	19	26	20	$r=1.5a$	$r=1.5a$
SPV 490	≥490	≥470	≥450	610~740	18	25	19	$r=1.5a$	$r=1.5a$

注：表中数据适用于厚度≤75mm 的钢板。

2.7.12　锅炉和压力容器用碳素钢板［JIS G3118，G3103（2017/2019）］

（1）日本 JIS 标准中、常温压力容器用碳素钢板［JIS G3118（2017）］

A）中、常温压力容器用碳素钢板的钢号与化学成分（表2-7-40）

表 2-7-40　中、常温压力容器用碳素钢板的钢号与化学成分（质量分数）（%）

钢号	钢材厚度/mm	C	Si	Mn[①]	P≤	S≤	碳当量 CE ≤（下列板厚/mm）	
							≤50	>50~100
SGV410	≤12.5	≤0.21	0.15~0.40	0.85~1.20	0.020	0.020	—	—
	>12.5~50	≤0.23	0.15~0.40	0.85~1.20	0.020	0.020		
	>50~100	≤0.25	0.15~0.40	0.85~1.20	0.020	0.020		
	>100~200	≤0.27	0.15~0.40	0.85~1.20	0.020	0.020		
SGV450	≤12.5	≤0.24	0.15~0.40	0.85~1.20	0.020	0.020	0.38	0.40
	>12.5~50	≤0.26	0.15~0.40	0.85~1.20	0.020	0.020		
	>50~100	≤0.28	0.15~0.40	0.85~1.20	0.020	0.020		
	>100~200	≤0.29	0.15~0.40	0.85~1.20	0.020	0.020		
SGV480	≤12.5	≤0.27	0.15~0.40	0.85~1.20	0.020	0.020	0.39	0.41
	>12.5~50	≤0.28	0.15~0.40	0.85~1.20	0.020	0.020		
	>50~100	≤0.30	0.15~0.40	0.85~1.20	0.020	0.020		
	>100~200	≤0.31	0.15~0.40	0.85~1.20	0.020	0.020		

① 钢板厚度≤12.5mm 时，允许 Mn = 0.60%~0.90%。

B）中、常温压力容器用碳素钢板的力学性能（表2-7-41）

表 2-7-41　中、常温压力容器用碳素钢板的力学性能

钢号	力学性能			弯曲试验（180°）			
	R_m/MPa	R_{eL}/MPa	A[①]（%）	r—内侧半径，a—厚度（下列板厚/mm）			
	≥			<25	≥25~50	>50~100	>100~200
SGV 410	410~490	225	21~25	$r=0.5a$	$r=0.75a$	$r=1.0a$	$r=1.25a$
SGV 450	450~540	245	19~23	$r=0.75a$	$r=1.0a$	$r=1.0a$	$r=1.25a$
SGV 480	480~590	265	17~21	$r=1.0a$	$r=1.0a$	$r=1.25a$	$r=1.5a$

① 采用1A 号试样时，厚度 <8mm 的钢板，厚度每减少1mm，断后伸长率 A 减1%；采用 10 号试样时，厚度≥20mm 的钢板，厚度每增加3mm，断后伸长率 A 减 0.5%，但最多减1%。

（2）日本 JIS 标准锅炉和压力容器用碳素钢板与含钼钢板［JIS G3103（2019）］

A）锅炉和压力容器用碳素钢板与含钼钢板的钢号与化学成分（表 2-7-42）

表 2-7-42　锅炉和压力容器用碳素钢板与含钼钢板的钢号与化学成分（质量分数）（%）

钢 号	钢材厚度/mm	C	Si	Mn	P ≤	S ≤	Mo	其他[④]
SB410[①,②]	≤25	≤0.24	0.15~0.40	≤0.90	0.020	0.020	≤0.12	
	>25~50	≤0.27	0.15~0.40	≤0.90	0.020	0.020	≤0.12	
	>50~100	≤0.29	0.15~0.40	≤0.90	0.020	0.020	≤0.12	
	>100~200	≤0.30	0.15~0.40	≤0.90	0.020	0.020	≤0.12	
SB450[①,②]	≤25	≤0.28	0.15~0.40	≤0.90	0.020	0.020	≤0.12[③]	
	>25~50	≤0.31	0.15~0.40	≤0.90	0.020	0.020	≤0.12[③]	
	>50~200	≤0.33	0.15~0.40	≤0.90	0.020	0.020	≤0.12[③]	
SB480[①,②]	≤25	≤0.31	0.15~0.40	≤1.20	0.020	0.020	≤0.12[③]	Cr≤0.30 Ni≤0.40 Cu≤0.40 Nb、Ti、V、B
	>25~50	≤0.33	0.15~0.40	≤1.20	0.020	0.020	≤0.12[③]	
	>50~200	≤0.35	0.15~0.40	≤1.20	0.020	0.020	≤0.12[③]	
SB450M	≤25	≤0.18	0.15~0.40	≤0.90	0.020	0.020	0.45~0.60	
	>25~50	≤0.21	0.15~0.40	≤0.90	0.020	0.020	0.45~0.60	
	>50~100	≤0.23	0.15~0.40	≤0.90	0.020	0.020	0.45~0.60	
	>100~150	≤0.25	0.15~0.40	≤0.90	0.020	0.020	0.45~0.60	
SB480M	≤25	≤0.20	0.15~0.40	≤0.90	0.020	0.020	0.45~0.60	
	>25~50	≤0.23	0.15~0.40	≤0.90	0.020	0.020	0.45~0.60	
	>50~100	≤0.25	0.15~0.40	≤0.90	0.020	0.020	0.45~0.60	
	>100~150	≤0.27	0.15~0.40	≤0.90	0.020	0.020	0.45~0.60	

① 对于 SB410、SB450、SB480，标称的 C 含量每降低 0.01%，标称的 Mn 含量可提高 0.06%，但不得超过 Mn 含量上限值（1.50%）。

② 对于 SB410、SB450、SB480，Cr＋Mo≤0.32%；Cr＋Ni＋Mo＋Cu≤1.00%。

③ 根据供需双方协定，SB450、SB480 的 Mn 含量可为 0.30%。

④ 钢中其他元素含量：Nb≤0.02%、Ti≤0.03%、V≤0.03%、B≤0.0010%。

B）锅炉和压力容器用碳素钢板与含钼钢板的力学性能（表 2-7-43）

表 2-7-43　锅炉和压力容器用碳素钢板与含钼钢板的力学性能

钢 号	力 学 性 能			弯曲试验[①]（180°）			
				r——内侧半径，a——厚度（下列板厚/mm）			
	R_m/MPa	R_{eL}/MPa	A[②]（%）	≤25	>25~50	>50~100	>100~200
SB410	410~550	≥225	21~25	r=0.5a	r=0.75a	r=1.0a	r=1.25a
SB450	450~590	≥245	19~23	r=0.75a	r=1.0a	r=1.0a	r=1.25a
SB480	480~620	≥265	17~21	r=1.0a	r=1.0a	r=1.25a	r=1.5a
SB450M	450~590	≥225	19~23	r=0.5a	r=0.75a	r=1.0a	r=1.0a[①]
SB480M	480~620	≥275	17~21	r=0.75a	r=1.0a	r=1.0a	r=1.25a[①]

① 厚度≤50mm 的钢板，采用 1A 号试样；厚度＞50mm 的钢板，采用 10 号试样。

② 采用 1A 号试样时，厚度＜8mm 的钢板，厚度每减少 1mm，断后伸长率 A 减 1%；采用 10 号试样时，厚度≥90mm 的钢板，厚度每增加 12.5mm，断后伸长率 A 减 0.5%，但最多减 3%。

2.7.13　锅炉和压力容器用合金钢板［JIS G3119，G3120，G3124（2019/2017）］

（1）日本 JIS 标准锅炉和压力容器用 MnMo 钢与 NiMo 钢钢板［JIS G3119（2019）］

A）锅炉和压力容器用 MnMo 钢与 NiMo 钢钢板的钢号与化学成分（表 2-7-44）

表 2-7-44 锅炉和压力容器用 MnMo 钢与 NiMo 钢钢板的钢号与化学成分（质量分数）（%）

钢　号	钢材厚度 /mm	C	Si	Mn	P ≤	S ≤	Mo	Ni	其　他[1]
SBV1A	≤25	≤0.20	0.15~0.40	0.95~1.30	0.020	0.020	0.45~0.60	—	
	25~50	≤0.23	0.15~0.40	0.95~1.30	0.020	0.020	0.45~0.60	—	
	50~150	≤0.25	0.15~0.40	0.95~1.30	0.020	0.020	0.45~0.60	—	
SBV1B	≤25	≤0.20	0.15~0.40	1.15~1.50	0.020	0.020	0.45~0.60	—	
	25~50	≤0.23	0.15~0.40	1.15~1.50	0.020	0.020	0.45~0.60	—	
	50~150	≤0.25	0.15~0.40	1.15~1.50	0.020	0.020	0.45~0.60	—	Cr≤0.30 Nb，Ti，V，B
SBV2	≤25	≤0.20	0.15~0.40	1.15~1.50	0.020	0.020	0.45~0.60	0.40~0.70	
	25~50	≤0.23	0.15~0.40	1.15~1.50	0.020	0.020	0.45~0.60	0.40~0.70	
	50~150	≤0.25	0.15~0.40	1.15~1.50	0.020	0.020	0.45~0.60	0.40~0.70	
SBV3	≤25	≤0.20	0.15~0.40	1.15~1.50	0.020	0.020	0.45~0.60	0.70~1.00	
	25~50	≤0.23	0.15~0.40	1.15~1.50	0.020	0.020	0.45~0.60	0.70~1.00	
	50~150	≤0.25	0.15~0.40	1.15~1.50	0.020	0.020	0.45~0.60	0.70~1.00	

① 钢中其他元素含量：Nb≤0.020%，Ti≤0.030%，V≤0.030%，B≤0.0010%。

B）锅炉和压力容器用 MnMo 钢与 NiMo 钢钢板的力学性能（表 2-7-45）

表 2-7-45 锅炉和压力容器用 MnMo 钢与 NiMo 钢钢板的力学性能

钢　号	力学性能			弯曲试验（180°）		
	R_m/MPa	R_{eL}/MPa	A[1]（%）	r—内侧半径，a—厚度（下列板厚/mm）		
				≤25	>25~50	>50~150
SB410	520~660	≥315	15~19	r=a	r=1.25a	r=1.5a
SB450	550~690	≥345	15~18	r=1.25a	r=1.5a	r=1.75a
SB480	550~690	≥345	17~20	r=1.25a	r=1.5a	r=1.75a
SB450M	550~690	≥345	17~20	r=1.25a	r=1.5a	r=1.75a

① 采用 1A 号试样时，厚度<8mm 的钢板，厚度每减少 1mm，断后伸长率 A 减 1%；采用 10 号试样时，厚度≥20mm 的钢板，厚度每增加 3mm，断后伸长率 A 减 0.5%，但最多减 1%。

（2）日本 JIS 标准压力容器用调质型合金钢板［JIS G3120（2018）］

A）压力容器用调质型合金钢板的钢号与化学成分（表 2-7-46）

表 2-7-46 压力容器用调质型合金钢板的钢号与化学成分（质量分数）（%）

钢　号	C	Si	Mn	P ≤	S ≤	Cr	Ni	Mo	其　他[1]
SQV1A	≤0.25	0.15~0.40	1.15~1.50	0.020	0.020	≤0.30	≤0.40	0.45~0.60	Nb，Ti，V，B
SQV1B	≤0.25	0.15~0.40	1.15~1.50	0.020	0.020	≤0.30	≤0.40	0.45~0.60	Nb，Ti，V，B
SQV2A	≤0.25	0.15~0.40	1.15~1.50	0.020	0.020	≤0.30	0.40~0.70	0.45~0.60	Nb，Ti，V，B
SQV2B	≤0.25	0.15~0.40	1.15~1.50	0.020	0.020	≤0.30	0.40~0.70	0.45~0.60	Nb，Ti，V，B
SQV3A	≤0.25	0.15~0.40	1.15~1.50	0.020	0.020	≤0.30	0.70~1.00	0.45~0.60	Nb，Ti，V，B
SQV3B	≤0.25	0.15~0.40	1.15~1.50	0.020	0.020	≤0.30	0.70~1.00	0.45~0.60	Nb，Ti，V，B

① 钢中其他元素含量：Nb≤0.02%，Ti≤0.03%，V≤0.03%，B≤0.0010%。

B）压力容器用调质型合金钢板的力学性能（表 2-7-47）

表 2-7-47　压力容器用调质型合金钢板的力学性能

钢　号	R_{eL}/MPa ≥	R_m/MPa	$A^{①}$（%）≥	KV/J（0℃）≥		弯曲试验[②]（180°）
				平均值	个别值	
SQV1A	345	550~690	18	40	34	$r = 1.75a$
SQV1B	480	620~790	16	47	40	$r = 1.75a$
SQV2A	345	550~690	18	40	34	$r = 1.75a$
SQV2B	480	620~790	16	47	40	$r = 1.75a$
SQV3A	345	550~690	18	40	34	$r = 1.75a$
SQV3B	480	620~790	16	47	40	$r = 1.75a$

① 钢板厚度<20mm 者，采用 1A 号试样；厚度>40mm 者，采用 10 号试样；厚度 20~40mm 者，采用 1A 号或 10 号试样均可。

② 弯曲试验：r—内侧半径，a—厚度。

（3）日本 JIS 标准中、常温压力容器用高强度钢钢板［JIS G3124（2017）］

A）中、常温压力容器用高强度钢钢板的钢号与化学成分（表 2-7-48）

表 2-7-48　中、常温压力容器用高强度钢钢板的钢号与化学成分（质量分数）（%）

钢　号	C	Si	Mn	P ≤	S ≤	Mo	Cu	其　他[①]	碳当量 CE ≤（下列板厚/mm）	
									6~75	>75~150
SEV245	≤0.20	0.15~0.60	0.80~1.60	0.030	0.030	≤0.35	≤0.40	V≤0.10 Nb≤0.05	0.53	0.60
SEV295	≤0.19	0.15~0.60	0.80~1.60	0.030	0.030	0.10~0.40	≤0.70		0.56	0.61
SEV345	≤0.19	0.15~0.60	0.80~1.70	0.030	0.030	0.15~0.50	≤0.70		0.60	0.62

① 根据需要，可添加 Cr、Ni 等元素。

B）中、常温压力容器用高强度钢板的力学性能（表 2-7-49 和表 2-7-50）

表 2-7-49　中、常温压力容器用高强度钢板的力学性能（一）

钢　号	$R_{p0.2}$ 或 R_{eL}/MPa ≥（下列厚度/mm）				R_m/MPa（下列厚度/mm）		
	6~50	>50~100	>100~125	>125~150	50~100	>100~125	>125~150
SEV 245	370	355	345	335	500~640	490~630	540~690
SEV 295	420	400	390	380	530~680	520~670	590~740
SEV 345	430	430	420	410	580~730	570~720	—

表 2-7-50　中、常温压力容器用高强度钢板的力学性能（二）

钢　号	A（%）	KV/J（0℃）≥		弯曲试验（180°）r—内侧半径，a—厚度（下列厚度/mm）		
		平均值	个别值	≤25	>25~50	>50~150
SEV 245	16~20	31	25	$r = 1.0a$	$r = 1.25a$	$r = 1.5a$
SEV 295	15~19	31	25	$r = 1.25a$	$r = 1.5a$	$r = 1.75a$
SEV 345	14~18	31	25	$r = 1.25a$	$r = 1.5a$	$r = 1.75a$

2.7.14　低温压力容器用碳素钢板和镍合金钢板［JIS G3126，G3127（2015/2013）］

（1）日本 JIS 标准低温压力容器用碳素钢板［JIS G3126（2015）］

A）低温压力容器用碳素钢板的钢号与化学成分（表 2-7-51）

表 2-7-51 低温压力容器用碳素钢板的钢号与化学成分（质量分数）（%）

钢 号	C	Si	Mn	P ≤	S ≤	碳当量 CE	最低使用温度/℃
SLA 235A	≤0.15	≤0.30	0.70~1.50	0.015	0.010	—	-30
SLA 235B	≤0.15	≤0.30	0.70~1.50	0.015	0.010	—	-45
SLA 325A	≤0.16	≤0.55	0.80~1.60	0.015	0.010	≤0.38	-45
SLA 325B	≤0.16	≤0.55	0.80~1.60	0.015	0.010	≤0.38	-60
SLA 365	≤0.18	≤0.55	0.80~1.60	0.015	0.010	≤0.38	-60
SLA 410	≤0.18	≤0.55	0.80~1.60	0.015	0.010	≤0.39	-60

B) 低温压力容器用碳素钢板的力学性能（表 2-7-52 和表 2-7-53）

表 2-7-52 低温压力容器用碳素钢板的力学性能

钢 号	力 学 性 能						弯曲试验（180°）
	R_{eL} 或 $R_{p0.2}$/MPa ≥		R_m/MPa	A（%）≥			r—内侧半径
	（下列厚度/mm）			（下列厚度/mm）			a—厚度
	<40	≥40		6~<16	≥16	≥40	
SLA 235A	235	215	400~510	18	22	24	$r=1.0a$
SLA 235B	235	215	400~510	18	22	24	$r=1.0a$
SLA 325A	325	325	440~560	22	30	22	$r=1.5a$
SLA 325B	325	325	440~560	22	30	22	$r=1.5a$
SLA 365	365	365	490~610	20	28	20	$r=1.5a$
SLA 410	410	410	520~640	18	26	18	$r=1.5a$

表 2-7-53 低温压力容器用碳素钢板的低温冲击吸收能量

钢 号	试验温度/℃				KV[1]/J
	（下列试样和板厚/mm）[2]				
	A >6~8.5	B >8.5~12	C >12~20	C >20	
SLA 235A	-5	-5	-5	-10	
SLA 235B	-30	-20	-15	-30	
SLA 325A	-40	-30	-25	-35	冲击吸收能量
SLA 325B	-60	-50	-45	-55	最高值的1/2
SLA 365	-60	-50	-45	-55	
SLA 410	-60	-50	-45	-55	

① 试样取轧制方向，取 3 个试样的平均值。

② 试样尺寸：A 试样 10mm×5mm（厚×宽，下同），B 试样 10mm×7.5mm；C 试样 10mm×10mm。

（2）日本 JIS 标准低温压力容器用镍合金钢板［JIS G3127（2013）］

A) 低温压力容器用镍合金钢板的钢号与化学成分（表 2-7-54）

表 2-7-54 低温压力容器用镍合金钢板的钢号与化学成分（质量分数）（%）

钢号[1]	C	Si	Mn	P ≤	S ≤	Ni	最低使用温度/℃
SL2N255	≤0.17	≤0.30	≤0.70	0.015	0.015	2.10~2.50	-70
SL3N255	≤0.15	≤0.30	≤0.70	0.015	0.015	3.25~3.75	-101
SL3N275	≤0.17	≤0.30	≤0.70	0.015	0.015	3.25~3.75	-101
SL3N440	≤0.15	≤0.30	≤0.70	0.015	0.015	3.25~3.75	-110
SL5N590	≤0.13	≤0.30	≤1.50	0.015	0.015	4.75~6.00	-130
SL7N590	≤0.12	≤0.30	≤1.20	0.015	0.015	6.00~7.50	-196
SL9N520	≤0.12	≤0.30	≤0.90	0.015	0.015	8.50~9.50	-196
SL9N590	≤0.12	≤0.30	≤0.90	0.015	0.015	8.50~9.50	-196

① 各钢号必要时可添加本表以外的合金元素。

B）低温压力容器用镍合金钢板的力学性能（表2-7-55和表2-7-56）

表 2-7-55　低温压力容器用镍合金钢板的力学性能

钢 号	力 学 性 能					弯曲试验（180°）	
	R_m/MPa	R_{eL} 或 $R_{p0.2}$ /MPa ≥	A（%）≥ （下列厚度/mm）			r—内侧半径，a—厚度 （下列厚度/mm）	
			>6 ~ <16	≥16	≥20	<25	≥25
SL2N255	450 ~ 590	255	24	29	24	$r = 0.5a$	$r = a$
SL3N255	450 ~ 590	255	24	29	24	$r = 0.5a$	$r = a$
SL3N275	480 ~ 620	275	22	26	22	$r = a$	$r = a$
SL3N440	540 ~ 690	440	21	25	21	$r = a$	$r = 1.5a$
SL5N590	690 ~ 830	590	21	25	21	$r = a$	$r = 1.5a$
SL7N590	690 ~ 830	590	21	25	21	$r = a$	$r = 1.5a$
SL9N520	690 ~ 830	520	21	25	21	$r = a$	$r = 1.5a$
SL9N590	690 ~ 830	590	21	25	21	$r = a$	$r = 1.5a$

表 2-7-56　低温压力容器用镍合金钢板的低温冲击吸收能量

钢 号	试验温度 /℃	夏比冲击吸收能（平均值）[1] KV/J ≥ （下列试样和板厚/mm）[2]			夏比冲击吸收能（单个值）KV/J ≥ （下列试样和板厚/mm）[2]		
		A >6 ~ 8.5	B >8.5 ~ 11	C >11	A >6 ~ 8.5	B >8.5 ~ 11	C >11
SL2N255	−70	11	17	21	10	14	17
SL3N255	−101	11	17	21	10	14	17
SL3N275	−101	11	17	21	10	14	17
SL3N440	−110	14	22	27	11	17	21
SL5N590	−130	21	29	41	18	25	34
SL7N590	−196	21	29	41	18	25	34
SL9N520	−196	18	25	34	14	22	27
SL9N590	−196	21	29	41	18	25	34

① 试样取轧制方向，V形缺口，取3个试样的平均值。

② 试样尺寸：A试样10mm×5mm（厚×宽，下同），B试样10mm×7.5mm；C试样10mm×10mm。

2.7.15　高温压力容器用铬钼合金钢板［JIS G4109，G4110（2013/2015）］

（1）日本 JIS 标准高温压力容器用铬钼合金钢板［JIS G4109（2013）］

A）高温压力容器用铬钼合金钢板的钢号与化学成分（表2-7-57）

表 2-7-57　高温压力容器用铬钼合金钢板的钢号与化学成分（质量分数）（%）

钢 号	C	Si	Mn	P ≤	S ≤	Cr	Mo
SCMV1	≤0.21	≤0.40	0.55 ~ 0.80	0.020	0.020	0.50 ~ 0.80	0.45 ~ 0.60
SCMV2	≤0.17	≤0.40	0.40 ~ 0.65	0.020	0.020	0.80 ~ 1.15	0.45 ~ 0.60
SCMV3	≤0.17	0.50 ~ 0.80	0.40 ~ 0.65	0.020	0.020	0 ~ 1.50	0.45 ~ 0.65
SCMV4	≤0.17	≤0.50	0.30 ~ 0.60	0.020	0.020	2.00 ~ 2.50	0.90 ~ 1.10
SCMV5	≤0.17	≤0.50	0.30 ~ 0.60	0.020	0.020	2.75 ~ 3.25	0.90 ~ 1.10
SCMV6	≤0.15	≤0.50	0.30 ~ 0.60	0.020	0.020	4.00 ~ 6.00	0.45 ~ 0.65

注：厚度大于150mm钢板的化学成分，根据机械性能，用途供需双方商定。

B）高温压力容器用铬钼合金钢板（强度1组和2组）的力学性能（表2-7-58和表2-7-59）

表 2-7-58 高温压力容器用铬钼合金钢板的力学性能（强度 1 组）

钢 号	R_{eL} /MPa ≥	R_m /MPa	$A^{①}$(%) ≥ (下列厚度/mm)		断面收缩率 Z(%)≥	弯曲试验(180°)^{③} r—内侧半径,a—厚度 (下列厚度/mm)			
			>40 (10 号试样)	≤50 (1 号试样)		≤25	>25~50	>50~100	>100
SCMV1-1^{②}	225	380~550	22	18	—	$r=0.75a$	$r=a$	$r=a$	$r=1.25a$
SCMV2-1^{②}	225	380~550	22	18	—	$r=0.75a$	$r=a$	$r=a$	$r=1.25a$
SCMV3-1^{②}	235	410~590	22	19	—	$r=0.75a$	$r=a$	$r=a$	$r=1.25a$
SCMV4-1^{③}	205	410~590	18	—	45	$r=1.0a$	$r=1.25a$	$r=1.5a$	$r=1.75a$
SCMV5-1^{③}	205	410~590	18	—	45	$r=1.0a$	$r=1.25a$	$r=1.5a$	$r=1.75a$
SCMV6-1^{③}	205	410~590	18	—	45	$r=1.0a$	$r=1.25a$	$r=1.5a$	$r=1.75a$

① 采用 10 号试样时，厚度≥90mm 的钢板，厚度每增加 12.5mm，断后伸长率 A 减 0.5%，但最多减 3%。

② SCMV1、SCMV2 和 SCMV3 厚度小于 8mm 的钢板，采用 1A 试样时，厚度每减少 1mm，断后伸长率 A 减 1%。厚度小于 20mm 的钢板，采用 1A 试样时，适用表中的断后伸长率 A。

③ SCMV4、SCMV5 和 SCMV6 未规定试样厚度。

表 2-7-59 高温压力容器用铬钼合金钢板的力学性能（强度 2 组）

钢 号	R_{eL} /MPa ≥	R_m /MPa	$A^{①}$(%) ≥ (下列厚度/mm)		断面收缩率 Z(%)≥	弯曲试验(180°)^{③} r—内侧半径,a—厚度 (下列厚度/mm)			
			>40 (10 号试样)	≤50 (1 号试样)		≤25	>25~50	>50~100	>100
SCMV1-2	315	480~620	22	18	—	$r=0.75a$	$r=1.0a$	$r=1.0a$	$r=1.25a$
SCMV2-2^{②}	275	450~590	22	19	—	$r=0.75a$	$r=1.0a$	$r=1.0a$	$r=1.25a$
SCMV3-2^{②}	315	520~690	22	18	—	$r=0.75a$	$r=1.0a$	$r=1.0a$	$r=1.25a$
SCMV4-2^{②}	315	520~690	—	18	45	$r=1.0a$	$r=1.25a$	$r=1.5a$	$r=1.75a$
SCMV5-2^{②}	315	520~690	—	18	45	$r=1.0a$	$r=1.25a$	$r=1.5a$	$r=1.75a$
SCMV6-2^{②}	315	520~690	—	18	45	$r=1.0a$	$r=1.25a$	$r=1.5a$	$r=1.75a$

① 采用 10 号试样时，厚度≥90mm 的钢板，厚度每增加 12.5mm，断后伸长率 A 减 0.5%，但最多减 3%。

② SCMV2、SCMV2 和 SCMV3 厚度小于 8mm 的钢板，采用 1A 试样时，厚度每减少 1mm，断后伸长率 A 减 1%。厚度小于 20mm 的钢板，采用 1A 试样时，适用表中的断后伸长率 A。

③ SCMV4、SCMV5 和 SCMV6 未规定试样厚度。

（2）日本 JIS 标准高温压力容器用高强度铬钼合金钢板［JIS G4110（2015）］

A）高温压力容器用高强度铬钼合金钢板的钢号与化学成分（表 2-7-60）

表 2-7-60 高温压力容器用高强度铬钼合金钢板的钢号与化学成分（质量分数）（%）

钢 号	C	Si	Mn	P ≤	S ≤	Cr	Mo	V	其 他
SCMQ4E	≤0.17	≤0.50	0.30~0.60	0.015	0.015	2.00~2.50	0.90~1.10	≤0.03	Ni≤0.40，Nb≤0.02 Cu≤0.40
SCMQ4V	≤0.17	≤0.10	0.30~0.60	0.015	0.010	2.00~2.50	0.90~1.10	0.25~0.35	Ni≤0.40，Ti≤0.035
SCMQ5V	≤0.17	≤0.10	0.30~0.60	0.015	0.010	2.75~3.25	0.90~1.10	0.20~0.30	Nb≤0.07，Cu≤0.40

注：对于 SCMQ4V 和 SCMQ5V，必要时还可加入以下合金元素：Ca≤0.015%，B≤0.003%，La + Ce≤0.015%。

B）高温压力容器用高强度铬钼合金钢板的力学性能（表 2-7-61 和表 2-7-62）

表 2-7-61　高温压力容器用高强度铬钼合金钢板的力学性能[1]（一）

钢　号	R_{eL} 或 $R_{p0.2}$/MPa	R_m/MPa	A[2]（%）	Z（%）
SCMQ4E	≥380	580~760	≥18	≥45
SCMQ4V	≥415	580~760	≥18	≥45
SCMQ5V	≥415	580~760	≥18	≥45

[1] 表中数据适用于厚度 6~300mm 的钢板。

[2] 采用 10 号试样时，厚度≥90mm 的钢板，厚度每增加 12.5mm，断后伸长率 A 减少 0.5%，但最多减少 3%。

表 2-7-62　高温压力容器用高强度铬钼合金钢板的力学性能（二）

钢号	KV/J（-18℃）≥		弯曲试验（180°）			
			r—内侧半径，a—厚度（下列厚度/mm）			
	平均值	个别值	6~25	>25~50	>50~150	>150
SCMQ4E	54	47	$r=1.25a$	$r=1.5a$	$r=1.75a$	$r=2.0a$
SCMQ4V	54	47	$r=1.25a$	$r=1.5a$	$r=1.75a$	$r=2.0a$
SCMQ5V	54	47	$r=1.25a$	$r=1.5a$	$r=1.75a$	$r=2.0a$

2.7.16　热镀锌薄钢板和板卷［JIS G3302（2019）］

（1）日本 JIS 标准热镀锌薄钢板和板卷的热轧板材

A）热镀锌薄钢板和板卷（热轧板材）的钢号与化学成分（表 2-7-63）

表 2-7-63　热镀锌薄钢板和板卷（热轧板材）的钢号与化学成分（质量分数）（%）

钢　号[1]	C	Mn	P ≤	S ≤	钢　号[1]	C	Mn	P ≤	S ≤
SGHC	≤0.15	≤0.80	0.050	0.050	SGH440	≤0.25	≤2.00	0.20	0.050
SGH340	≤0.25	≤1.70	0.20	0.050	SGH490	≤0.30	≤2.00	0.20	0.050
SGH400	≤0.25	≤1.70	0.20	0.050	SGH540	≤0.30	≤2.50	0.20	0.050

[1] 硅含量未作规定。根据需要，可以添加表中未规定的合金元素。

B）热镀锌薄钢板和板卷（热轧板材）的力学性能（表 2-7-64）

表 2-7-64　热镀锌薄钢板和板卷（热轧板材）的力学性能

钢　号[1]	R_m/MPa	R_{eL}[2]/MPa	A(%) ≥ （下列厚度/mm）				
	≥		>1.6~2.0	>2.0~2.5	>2.5~3.2	>3.2~4.0	>4.0~6.0
SGH340	340	245	20	20	20	20	20
SGH400	400	295	18	18	18	18	18
SGH440	440	335	18	18	18	18	18
SGH490	490	365	16	16	16	16	16
SGH540	540	400	16	16	16	16	16

[1] SGHC 无力学性能数据。其参考值为：R_m≥270MPa，R_{eL}≥205MPa。

[2] R_{eL} 或 $R_{p0.2}$。

（2）日本 JIS 标准热镀锌薄钢板和板卷的冷轧板材

A）热镀锌薄钢板和板卷（冷轧板材）的钢号与化学成分（表 2-7-65）

表 **2-7-65**　热镀锌薄钢板和板卷（冷轧板材）的钢号与化学成分（质量分数）（%）

钢号[1]	C	Mn	P ≤	S ≤	钢号[1]	C	Mn	P ≤	S ≤
SGCC	≤0.15	≤0.80	0.050	0.050	SGC340	≤0.25	≤1.70	0.20	0.050
SGCH	≤0.18	≤1.20	0.080	0.050	SGC400	≤0.25	≤1.70	0.20	0.050
SGCD1	≤0.12	≤0.60	0.040	0.040	SGC440	≤0.25	≤2.00	0.20	0.050
SGCD2	≤0.10	≤0.45	0.030	0.030	SGC490	≤0.30	≤2.00	0.20	0.050
SGCD3	≤0.08	≤0.45	0.030	0.030	SGC570	≤0.30	≤2.50	0.20	0.050
SGCD4	≤0.06	≤0.45	0.030	0.030	根据需要，可以添加表中未规定的合金元素				

① 硅含量未作规定。

B）热镀锌薄钢板和板卷（冷轧板材）的力学性能（表2-7-66）

表 **2-7-66**　热镀锌薄钢板和板卷（冷轧板材）的力学性能

钢　号[1]	R_m/MPa	$R_{eL}^{[2]}$/MPa	$A(\%)$　≥ (下列厚度/mm)					
	≥		>0.25~0.40	>0.40~0.60	>0.60~1.0	>1.0~1.6	>1.6~2.5	>2.5
SGCD1	270	—	32	34	36	37	38	—
SGCD2	270	—	—	36	38	39	40	—
SGCD3	270	—	—	—	40	41	42	—
SGCD4	270	—	—	—	42	43	44	—
SGC340	340	245	20	20	20	20	20	20
SGC400	400	295	18	18	18	18	18	18
SGC440	440	335	18	18	18	18	18	18
SGC490	490	365	16	16	16	16	16	16
SGC570	570	460	—	—	—	—	—	—

① SGCC 和 SGCH 无力学性能数据。SGCC 的参考值为：$R_m \geq 270$MPa，$R_{eL} \geq 205$MPa。

② R_{eL} 或 $R_{p0.2}$。

2.7.17　热镀锌-铝合金薄钢板和板卷 ［JIS G3317，G3321（2019）］

（1）日本 JIS 标准热镀锌-5%铝合金薄钢板和板卷 ［JIS G3317（2019）］

A）热镀锌-5%铝合金薄钢板和板卷（热轧板材）的钢号与化学成分及力学性能（表2-7-67）

表 **2-7-67**　热镀锌-5%铝合金薄钢板和板卷（热轧板材）的钢号
与化学成分及力学性能（质量分数）（%）

钢　号[1]	C	Mn	P ≤	S ≤	$R_{eL}^{[2]}$/MPa	R_m/MPa	$A(\%)$
					≥		
SZAHC	≤0.15	≤0.80	0.050	0.050	205	270	—
SZAH340	≤0.25	≤1.70	0.20	0.050	245	340	20
SZAH400	≤0.25	≤1.70	0.20	0.050	295	400	18
SZAH440	≤0.25	≤2.00	0.20	0.050	335	440	18
SZAH490	≤0.30	≤2.00	0.20	0.050	365	490	16
SZAH540	≤0.30	≤2.50	0.20	0.050	400	540	16

① 硅含量未作规定。根据需要，可以添加表中未规定的合金元素。

② R_{eL} 或 $R_{p0.2}$。

B）热镀锌-5%铝合金薄钢板和板卷（冷轧板材）的钢号与化学成分（表2-7-68）

表 2-7-68　热镀锌-5%铝合金薄钢板和板卷（冷轧板材）的钢号与化学成分（质量分数）（%）

钢号[1]	C	Mn	P ≤	S ≤	钢号[1]	C	Mn	P ≤	S ≤
SZACC	≤0.15	≤0.80	0.050	0.050	SZAC340	≤0.25	≤1.70	0.20	0.050
SZACH	≤0.18	≤1.20	0.080	0.050	SZAC400	≤0.25	≤1.70	0.20	0.050
SZACD1	≤0.12	≤0.60	0.040	0.040	SZAC440	≤0.25	≤2.00	0.20	0.050
SZACD2	≤0.10	≤0.45	0.030	0.030	SZAC490	≤0.30	≤2.00	0.20	0.050
SZACD3	≤0.08	≤0.45	0.030	0.030	SZAC570	≤0.30	≤2.50	0.20	0.050
SZACD4	≤0.06	≤0.45	0.030	0.030	根据需要，可以添加表中未规定的合金元素				

① 硅含量未作规定。

C）热镀锌-5%铝合金薄钢板和板卷（冷轧板材）的力学性能（表 2-7-69）

表 2-7-69　热镀锌-5%铝合金薄钢板和板卷（冷轧钢材）的力学性能

钢号[1]	R_m/MPa ≥	$R_{eL}^{[2]}$/MPa ≥	A(%) ≥ (下列厚度/mm)				
			>1.6~2.0	>2.0~2.5	>2.5~3.2	>3.2~4.0	>4.0~6.0
SZACD1	270	—	32	34	36	37	38
SZACD2	270	—	—	36	38	39	40
SZACD3	270	—	—	—	40	41	42
SZACD4	270	—	—	—	42	43	44
SZAC340	340	245	20	20	20	20	20
SZAC400	400	295	18	18	18	18	18
SZAC440	440	335	18	18	18	18	18
SZAC490	490	365	16	16	16	16	16
SZAC570	570	460					

① SZACC 和 SZACH 无力学性能数据。SZACC 的参考值为：R_m≥270MPa，R_{eL}≥205MPa。

② R_{eL} 或 $R_{p0.2}$。

（2）日本 JIS 标准热镀 55%铝-锌合金薄钢板和板卷［JIS G3321（2019）］

A）热镀 55%铝-锌合金薄钢板和板卷（热轧板材）的钢号与化学成分及力学性能（表 2-7-70）

表 2-7-70　热镀 55%铝-锌合金薄钢板和板卷（热轧板材）的钢号与化学成分及力学性能（质量分数）（%）

钢号[1]	C	Mn	P ≤	S ≤	$R_{eL}^{[2]}$/MPa	R_m/MPa ≥	A（%）
SGLHC	≤0.15	≤0.80	0.050	0.050	205	270	—
SGLH400	≤0.25	≤1.70	0.20	0.050	295	400	18
SGLH490	≤0.30	≤2.00	0.20	0.050	365	490	16

① 硅含量未作规定。

② R_{eL} 或 $R_{p0.2}$。

B）热镀 55%铝-锌合金薄钢板和板卷（冷轧板材）的钢号与化学成分（表 2-7-71）

表 2-7-71　热镀 55%铝-锌合金薄钢板和钢卷（冷轧板材）的钢号与化学成分（质量分数）（%）

钢号[1]	C	Mn	P ≤	S ≤	钢号[1]	C	Mn	P ≤	S ≤
SGLCC	≤0.15	≤0.80	0.050	0.050	SGLC440	≤0.25	≤2.00	0.02	0.050
SGLCD	≤0.10	≤0.45	0.030	0.030	SGLC490	≤0.30	≤2.00	0.20	0.050
SGLCDD	≤0.08	≤0.45	0.030	0.030	SGLC570	≤0.30	≤2.50	0.20	0.050
SGLC400	≤0.25	≤1.70	0.02	0.050	根据需要可添加本表以外的其他合金元素				

① 硅含量未作规定。

C）热镀 55％ 铝-锌合金薄钢板和板卷冷轧板材的力学性能（表 2-7-72）

表 2-7-72 热镀 55％ 铝-锌合金薄钢板和板卷冷轧板材的力学性能

钢 号[①]	R_m/MPa	$R_{eL}^{②}$/ MPa	A（％）≥（下列厚度/mm）				
	≥		>0.25~0.40	>0.40~0.60	>0.60~1.0	>1.0~1.6	>1.6~2.3
SGLCD	270	—	—	27	31	32	33
SGLCDD	270	—	—	29	32	34	35
SGLC400	400	295	16	17	18	18	18
SGLC440	440	335	14	15	16	18	18
SGLC490	490	365	12	13	14	16	16
SGLC570	570	560	—	—	—	—	—

① SGLCC 无力学性能数据。其参考值为：R_m≥270MPa，R_{eL}≥205MPa。

② R_{eL} 或 $R_{p0.2}$。

2.7.18 液压缸和气缸与高压气罐用钢管、钢板及钢带［JIS G3473，G3116（2018/2013）］

（1）日本 JIS 标准液压缸和气缸用碳素钢管［JIS G3473（2018）］

A）液压缸和气缸用碳素钢管的钢号与化学成分（表 2-7-73）

表 2-7-73 液压缸和气缸用碳素钢管的钢号与化学成分（质量分数）（％）

钢 号[①]	C	Si	Mn	P ≤	S ≤
STC370	≤0.25	≤0.35	0.30~0.90	0.040	0.040
STC440	≤0.25	≤0.35	0.30~0.90	0.040	0.040
STC510A	≤0.25	≤0.35	0.30~0.90	0.040	0.040
STC510B	≤0.18	≤0.55	≤1.50	0.040	0.040
STC540[②]	≤0.25	≤0.55	≤1.60	0.040	0.040
STC590A	≤0.25	≤0.35	0.30~0.90	0.040	0.040
STC590B	≤0.25	≤0.55	≤1.50	0.040	0.040

① 根据需要，各钢号可以添加表中未规定的合金元素。

② 添加 Nb 或 V≤0.15％；或 Nb + V≤0.15％。

B）液压缸和气缸用碳素钢管的力学性能（表 2-7-74）

表 2-7-74 液压缸和气缸用碳素钢管的力学性能

钢 号	R_m/MPa	R_{eL}/MPa	A（％）	薄壁管的断后伸长率[①]A（％）≥（下列厚度/mm）				
	≥			>3~4	>4~5	>5~6	>6~7	>7~8
STC370	370	215	30	24	26	27	28	30
STC440	440	305	10	4	6	7	8	10
STC510A	510	380	10	4	6	7	8	10
STC510B	510	380	15	9	10	12	14	15
STC540	540	390	20	14	16	17	18	20
STC590A	590	490	10	4	6	7	8	10
STC590B	590	490	15	9	10	12	14	15

① 适用于厚度 <8mm 的薄壁钢管。

（2）日本 JIS 标准高压气罐用钢板和钢带［JIS G3116（2013）］

A）高压气罐用钢板和钢带的钢号与化学成分（表 2-7-75）

表 2-7-75 高压气罐用钢板和钢带的钢号与化学成分（质量分数）（%）

钢 号[①]	C	Si	Mn	P ≤	S ≤
SG255	≤0.20	—	≤0.30	0.020	0.020
SG295	≤0.20	≤0.35	≤1.00	0.020	0.020
SG325	≤0.20	≤0.55	≤1.50	0.020	0.020
SG365	≤0.20	≤0.55	≤1.50	0.020	0.020

① 若有需要，各钢号可添加本表以外的合金元素。

B）高压气罐用钢板和钢带的力学性能（表 2-7-76）

表 2-7-76 高压气罐用钢板和钢带的力学性能

钢 号	力 学 性 能			弯 曲 试 验	
	R_m/MPa	R_{eL}/MPa	A（%）	弯曲角度	r—内侧半径 a—厚度
	≥				
SG 255	400	255	28	180°	$r = 1.0a$
SG 295	440	295	26	180°	$r = 1.5a$
SG 325	490	325	22	180°	$r = 1.5a$
SG 365	540	365	20	180°	$r = 1.5a$

注：试样取轧制方向。

2.7.19 机械结构用碳素钢管和合金钢管 ［JIS G3445，G3441（2016）］

（1）日本 JIS 标准机械结构用碳素钢管 ［JIS G3445（2016）］

A）机械结构用碳素钢管的钢号与化学成分（表 2-7-77）

表 2-7-77 机械结构用碳素钢管的钢号与化学成分（质量分数）（%）

钢 号[①]	等级	C	Si	Mn	P ≤	S ≤
STKM 11	A	≤0.12	≤0.35	≤0.60	0.040	0.040
STKM 12	A，B，C	≤0.20	≤0.35	≤0.60	0.040	0.040
STKM 13	A，B，C	≤0.25	≤0.35	0.30~0.90	0.040	0.040
STKM 14	A，B，C	≤0.30	≤0.35	0.30~1.00	0.040	0.040
STKM 15[②]	A，C	0.25~0.35	≤0.35	0.30~1.00	0.040	0.040
STKM 16	A，C	0.35~0.45	≤0.40	0.40~1.00	0.040	0.040
STKM 17	A，C	0.45~0.55	≤0.40	0.40~1.00	0.040	0.040
STKM 18	A，B，C	≤0.18	≤0.55	≤1.50	0.040	0.040
STKM 19	A，C	≤0.25	≤0.55	≤1.50	0.040	0.040
STKM 20[③]	A	≤0.25	≤0.55	≤1.60	0.040	0.040

① 若有需要，各钢号可添加本表以外的合金元素。
② 对于电阻焊钢管，C 含量下限可以由供需双方商定。
③ 该钢号可以添加 Nb 和 V，Nb + V≤0.15%。

B）机械结构用碳素钢管的力学性能（表 2-7-78）

表 2-7-78 机械结构用碳素钢管的力学性能

钢 号	R_{eL}/MPa	R_m/MPa	A(%) ≥ (下列取样方向①)				弯曲试验 D—钢管外径	
	≥		L1②	H1②	L2②	H2②	弯曲角度	内侧半径 r
STKM 11A	—	290	35	30	33	28	180°	r = 4D
STKM 12A	175	340	35	30	33	28	90°	r = 6D
STKM 12B	275	390	25	20	23	18	90°	r = 6D
STKM 12C	355	470	20	15	18	14	—	—
STKM 13A	215	370	30	25	25	23	90°	r = 6D
STKM 13B	305	440	20	15	18	14	90°	r = 6D
STKM 13C	380	510	15	10	14	9	—	—
STKM 14A	245	410	25	20	23	18	90°	r = 6D
STKM 14B	355	500	15	10	14	9	90°	r = 8D
STKM 14C	410	550	15	10	14	9	—	—
STKM 15A	275	470	22	17	20	16	90°	r = 6D
STKM 15C	430	580	12	17	11	6	—	—
STKM 16A	325	510	20	15	18	14	90°	r = 8D
STKM 16C	460	620	12	7	11	6	—	—
STKM 17A	345	550	20	15	18	14	90°	r = 8D
STKM 17C	480	650	10	5	9	4	—	—
STKM 18A	275	440	25	20	23	18	90°	r = 6D
STKM 18B	315	490	23	18	21	17	90°	r = 8D
STKM 18C	380	510	15	10	14	9	—	—
STKM 19A	315	490	23	18	21	17	90°	r = 6D
STKM 19C	410	550	15	10	14	9	—	—
STKM 20A	390	540	23	18	21	17	90°	r = 6D

① 取样方向代号：L—沿管轴方向；H—垂直于管轴方向。

② 试样代号：L1—11, 12 号试样；H1—5 号试样；L2, H2—4 号试样。

（2）日本 JIS 标准机械结构用合金钢管 [JIS G3441 (2016)]

机械结构用合金钢管的钢号与化学成分见表 2-7-79。

表 2-7-79 机械结构用合金钢管的钢号与化学成分（质量分数）（%）

钢 号	C	Si	Mn	P ≤	S ≤	Cr	Ni	Mo	其 他
Mn 钢，CrMn 钢									
SMn420TK	0.17 ~ 0.23	0.15 ~ 0.35	1.20 ~ 1.50	0.030	0.030	≤0.35	≤0.25	—	Cu≤0.30
SMn433TK	0.30 ~ 0.36	0.15 ~ 0.35	1.20 ~ 1.50	0.030	0.030	≤0.35	≤0.25	—	Cu≤0.30
SMn438TK	0.35 ~ 0.41	0.15 ~ 0.35	1.35 ~ 1.65	0.030	0.030	≤0.35	≤0.25	—	Cu≤0.30
SMn443TK	0.40 ~ 0.46	0.15 ~ 0.35	1.35 ~ 1.65	0.030	0.030	≤0.35	≤0.25	—	Cu≤0.30
SMnC420TK	0.17 ~ 0.23	0.15 ~ 0.35	1.20 ~ 1.50	0.030	0.030	0.35 ~ 0.70	≤0.25	—	Cu≤0.30
SMnC443TK	0.40 ~ 0.46	0.15 ~ 0.35	1.35 ~ 1.65	0.030	0.030	0.35 ~ 0.70	≤0.25	—	Cu≤0.30
Cr 钢									
SCr415TK	0.13 ~ 0.18	0.15 ~ 0.35	0.60 ~ 0.90	0.030	0.030	0.90 ~ 1.20	≤0.25	—	Cu≤0.30
SCr420TK	0.18 ~ 0.23	0.15 ~ 0.35	0.60 ~ 0.90	0.030	0.030	0.90 ~ 1.20	≤0.25	—	Cu≤0.30
SCr430TK	0.28 ~ 0.33	0.15 ~ 0.35	0.60 ~ 0.90	0.030	0.030	0.90 ~ 1.20	≤0.25	—	Cu≤0.30
SCr435TK	0.33 ~ 0.38	0.15 ~ 0.35	0.60 ~ 0.90	0.030	0.030	0.90 ~ 1.20	≤0.25	—	Cu≤0.30
SCr440TK	0.38 ~ 0.43	0.15 ~ 0.35	0.60 ~ 0.90	0.030	0.030	0.90 ~ 1.20	≤0.25	—	Cu≤0.30
SCr445TK	0.43 ~ 0.48	0.15 ~ 0.35	0.60 ~ 0.90	0.030	0.030	0.90 ~ 1.20	≤0.25	—	Cu≤0.30

（续）

钢　号	C	Si	Mn	P ≤	S ≤	Cr	Ni	Mo	其　他
CrMo 钢									
SCM415TK	0.13 ~ 0.18	0.15 ~ 0.35	0.60 ~ 0.90	0.030	0.030	0.90 ~ 1.20	≤0.25	0.15 ~ 0.25	Cu ≤ 0.30
SCM418TK	0.16 ~ 0.21	0.15 ~ 0.35	0.60 ~ 0.90	0.030	0.030	0.90 ~ 1.20	≤0.25	0.15 ~ 0.25	Cu ≤ 0.30
SCM420TK	0.18 ~ 0.23	0.15 ~ 0.35	0.60 ~ 0.90	0.030	0.030	0.90 ~ 1.20	≤0.25	0.15 ~ 0.25	Cu ≤ 0.30
SCM421TK	0.17 ~ 0.23	0.15 ~ 0.35	0.70 ~ 1.00	0.030	0.030	0.90 ~ 1.20	≤0.25	0.15 ~ 0.25	Cu ≤ 0.30
SCM425TK	0.23 ~ 0.28	0.15 ~ 0.35	0.60 ~ 0.90	0.030	0.030	0.90 ~ 1.20	≤0.25	0.15 ~ 0.30	Cu ≤ 0.30
SCM430TK	0.28 ~ 0.33	0.15 ~ 0.35	0.60 ~ 0.90	0.030	0.030	0.90 ~ 1.20	≤0.25	0.15 ~ 0.30	Cu ≤ 0.30
SCM432TK	0.27 ~ 0.37	0.15 ~ 0.35	0.30 ~ 0.60	0.030	0.030	1.00 ~ 1.50	≤0.25	0.15 ~ 0.30	Cu ≤ 0.30
SCM435TK	0.33 ~ 0.38	0.15 ~ 0.35	0.60 ~ 0.90	0.030	0.030	0.90 ~ 1.20	≤0.25	0.15 ~ 0.30	Cu ≤ 0.30
SCM440TK	0.38 ~ 0.43	0.15 ~ 0.35	0.60 ~ 0.90	0.030	0.030	0.90 ~ 1.20	≤0.25	0.15 ~ 0.30	Cu ≤ 0.30
SCM445TK	0.43 ~ 0.48	0.15 ~ 0.35	0.60 ~ 0.90	0.030	0.030	0.90 ~ 1.20	≤0.25	0.15 ~ 0.30	Cu ≤ 0.30
SCM822TK	0.20 ~ 0.25	0.15 ~ 0.35	0.60 ~ 0.90	0.030	0.030	0.90 ~ 1.20	≤0.25	0.35 ~ 0.45	Cu ≤ 0.30
NiCr 钢									
SNC236TK	0.32 ~ 0.40	0.15 ~ 0.35	0.50 ~ 0.80	0.030	0.030	0.50 ~ 0.90	1.00 ~ 1.50	—	Cu ≤ 0.30
SNC415TK	0.12 ~ 0.18	0.15 ~ 0.35	0.35 ~ 0.65	0.030	0.030	0.20 ~ 0.50	2.00 ~ 2.50	—	Cu ≤ 0.30
SNC631TK	0.27 ~ 0.35	0.15 ~ 0.35	0.35 ~ 0.65	0.030	0.030	0.60 ~ 1.00	2.50 ~ 3.00	—	Cu ≤ 0.30
SNC815TK	0.12 ~ 0.18	0.15 ~ 0.35	0.35 ~ 0.65	0.030	0.030	0.60 ~ 1.00	3.00 ~ 3.50	—	Cu ≤ 0.30
SNC836TK	0.32 ~ 0.40	0.15 ~ 0.35	0.35 ~ 0.65	0.030	0.030	0.60 ~ 1.00	3.00 ~ 3.50	—	Cu ≤ 0.30
NiCrMo 钢									
SNCM220TK	0.17 ~ 0.23	0.15 ~ 0.35	0.60 ~ 0.90	0.030	0.030	0.40 ~ 0.60	0.40 ~ 0.70	0.15 ~ 0.25	Cu ≤ 0.30
SNCM240TK	0.38 ~ 0.43	0.15 ~ 0.35	0.70 ~ 1.00	0.030	0.030	0.40 ~ 0.60	0.40 ~ 0.70	0.15 ~ 0.30	Cu ≤ 0.30
SNCM415TK	0.12 ~ 0.18	0.15 ~ 0.35	0.40 ~ 0.70	0.030	0.030	0.40 ~ 0.60	1.60 ~ 2.00	0.15 ~ 0.30	Cu ≤ 0.30
SNCM420TK	0.17 ~ 0.23	0.15 ~ 0.35	0.40 ~ 0.70	0.030	0.030	0.40 ~ 0.60	1.60 ~ 2.00	0.15 ~ 0.30	Cu ≤ 0.30
SNCM431TK	0.27 ~ 0.35	0.15 ~ 0.35	0.60 ~ 0.90	0.030	0.030	0.60 ~ 1.00	1.60 ~ 2.00	0.15 ~ 0.30	Cu ≤ 0.30
SNCM439TK	0.36 ~ 0.43	0.15 ~ 0.35	0.60 ~ 0.90	0.030	0.030	0.60 ~ 1.00	1.60 ~ 2.00	0.15 ~ 0.30	Cu ≤ 0.30
SNCM447TK	0.44 ~ 0.50	0.15 ~ 0.35	0.60 ~ 0.90	0.030	0.030	0.60 ~ 1.00	1.60 ~ 2.00	0.15 ~ 0.30	Cu ≤ 0.30
SNCM616TK	0.13 ~ 0.20	0.15 ~ 0.35	0.80 ~ 1.20	0.030	0.030	1.40 ~ 1.80	2.80 ~ 3.20	0.40 ~ 0.60	Cu ≤ 0.30
SNCM625TK	0.20 ~ 0.30	0.15 ~ 0.35	0.35 ~ 0.60	0.030	0.030	1.00 ~ 1.50	3.00 ~ 3.50	0.15 ~ 0.30	Cu ≤ 0.30
SNCM630TK	0.25 ~ 0.35	0.15 ~ 0.35	0.35 ~ 0.60	0.030	0.030	2.50 ~ 3.50	2.50 ~ 3.50	0.30 ~ 0.70	Cu ≤ 0.30
SNCM815TK	0.12 ~ 0.18	0.15 ~ 0.35	0.30 ~ 0.60	0.030	0.030	0.70 ~ 1.00	4.00 ~ 4.50	0.15 ~ 0.30	Cu ≤ 0.30
CrMoAl 钢									
SACM645TK	0.40 ~ 0.50	0.15 ~ 0.50	≤0.60	0.030	0.030	1.30 ~ 1.70	≤0.25	0.15 ~ 0.30	Al 0.70 ~ 1.20 Cu ≤ 0.30

2.7.20 管道用碳素钢管和合金钢管 [JIS G3454, G3456, G3458, G3460 (2019/2018)]

（1）日本 JIS 标准承压管道用碳素钢管 [JIS G3454 (2017/AMD1 2019)]

A) 承压管道用碳素钢管的钢号与化学成分（表2-7-80）

表 2-7-80 承压管道用碳素钢管的钢号与化学成分（质量分数）（%）

钢　号①	C	Si	Mn	P ≤	S ≤
STPG370	≤0.25	≤0.35	0.30 ~ 0.90	0.040	0.040
STPG410	≤0.30	≤0.35	0.30 ~ 1.00	0.040	0.040

① 如有需要，可添加本表未列出的其他元素。

B) 承压管道用碳素钢管的力学性能（表2-7-81）

表 2-7-81 承压管道用碳素钢管的力学性能

钢　号	R_{eL}/MPa	R_m/MPa	$A(\%)\geqslant$（下列取样方向①）				弯曲试验 D—钢管外径	
	≥		L1②	H1②	L2②	H2②	弯曲角度	内侧半径 r
STPG370	215	370	30	25	28	23	180°	$r = 4D$
STPG410	245	410	25	20	2419	28	180°	$r = 4D$

① 取样方向代号：L—沿管轴方向；H—垂直于管轴方向。

② 试样代号：L1—11，12 号试样；H1—5 号试样；L2，H2—4 号试样。

（2）日本 JIS 标准高温管道用碳素钢管 [JIS G3456 (2019)]

A) 高温管道用碳素钢管的钢号与化学成分（表2-7-82）

表 2-7-82 高温管道用碳素钢管的钢号与化学成分（质量分数）（%）

钢　号	C	Si	Mn	P ≤	S ≤
STPT370	≤0.25	0.15 ~ 0.35	0.30 ~ 0.90	0.035	0.035
STPT410	≤0.30	0.15 ~ 0.35	0.30 ~ 1.00	0.035	0.035
STPT480	≤0.33	0.15 ~ 0.35	0.30 ~ 1.00	0.035	0.035

B) 高温管道用碳素钢管的力学性能（表2-7-83）

表 2-7-83 高温管道用碳素钢管的力学性能

钢　号	R_{eL}/MPa	R_m/MPa	$A(\%)\geqslant$（下列取样方向①）				弯曲试验 D—钢管外径	
	≥		L1②	H1②	L2②	H2②	弯曲角度	内侧半径 r
STPT370	215	370	30	25	28	23	90° 180°	$r = 4D$ $r = 6D$
STPT410	245	410	25	20	24	19	90° 180°	$r = 4D$ $r = 6D$
STPT480	275	480	25	20	22	17	90° 180°	$r = 4D$ $r = 6D$

① 取样方向代号：L—沿管轴方向；H—垂直于管轴方向。

② 试样代号：L1—11,12 号试样；H1—5 号试样；L2,H2—4 号试样。

（3）日本 JIS 标准高温管道用合金钢管 [JIS G3458 (2018)]

A) 高温管道用合金钢管的钢号与化学成分（表2-7-84）

表 2-7-84　高温管道用合金钢管的钢号与化学成分（质量分数）（%）

钢　号[①]	C	Si	Mn	P ≤	S ≤	Cr	Mo
STPA12	0.10~0.20	0.10~0.50	0.30~0.80	0.035	0.035	—	0.45~0.65
STPA20	0.10~0.20	0.10~0.50	0.30~0.60	0.035	0.035	0.50~0.80	0.40~0.65
STPA22	≤0.15	≤0.50	0.30~0.60	0.035	0.035	0.80~1.25	0.45~0.65
STPA23	≤0.15	0.50~1.00	0.30~0.60	0.035	0.035	1.00~1.50	0.45~0.65
STPA24	≤0.15	≤0.50	0.30~0.60	0.035	0.035	1.90~2.60	0.87~1.13
STPA25	≤0.15	≤0.50	0.30~0.60	0.035	0.035	4.00~6.00	0.45~0.65
STPA26	≤0.15	0.25~1.00	0.30~0.60	0.035	0.035	8.00~10.0	0.90~1.10

① 如有需要，可添加本表未列出的其他元素。

B）高温管道用合金钢管的力学性能（表 2-7-85）

表 2-7-85　高温管道用合金钢管的力学性能

钢　号	R_{eL}/MPa	R_m/MPa	$A(\%)$ ≥ （下列取样方向[①]）			
	≥		L1[②]	H1[②]	L2[②]	H2[②]
STPA12	205	380	30	25	24	19
STPA20	205	410	30	25	24	19
STPA22	205	410	30	25	24	19
STPA23	205	410	30	25	24	19
STPA24	205	410	30	25	24	19
STPA25	205	410	30	25	24	19
STPA26	205	410	30	25	24	19

① 取样方向代号：L—沿管轴方向；H—垂直于管轴方向。

② 试样代号：L1—11，12 号试样；H1—5 号试样；L2，H2—4 号试样。

（4）日本 JIS 标准低温管道用碳素钢管［JIS G3460（2018）］

A）低温管道用碳素钢管的钢号与化学成分（表 2-7-86）

表 2-7-86　低温管道用碳素钢管的钢号与化学成分（质量分数）（%）

钢　号[①]	C	Si	Mn	P ≤	S ≤	Ni
STPL380	≤0.25	≤0.35	≤1.35	0.035	0.035	—
STPL450	≤0.18	0.15~0.35	0.30~0.60	0.030	0.030	3.20~3.80
STPL690	≤0.13	0.15~0.35	≤0.90	0.030	0.030	8.50~9.50

① 如有需要，可添加本表未列出的其他元素。

B）低温管道用碳素钢管的力学性能（表 2-7-87）

表 2-7-87　低温管道用碳素钢管的力学性能

钢　号	R_{eL}/MPa	R_m/MPa	$A(\%)$ ≥ （下列取样方向[①]）			
	≥		L1[②]	H1[②]	L2[②]	H2[②]
STPL380	205	380	35	25	20	22
STPL450	205	450	30	20	24	16
STPL690	520	690	21	15	16	10

①、②见表 2-7-85。

2.7.21 低碳钢线材和高碳钢线材［JIS G3505，G3506（2017）］

（1）日本 JIS 标准低碳钢线材［JIS G3505（2017）］

低碳钢线材的牌号与化学成分见表 2-7-88。

表 2-7-88 低碳钢线材的牌号与化学成分（质量分数）（%）

牌　号	C	Mn	P≤	S≤
SWRM6	≤0.08	≤0.60	0.040	0.040
SWRM8	≤0.10	≤0.60	0.040	0.040
SWRM10	0.08～0.13	0.30～0.60	0.040	0.040
SWRM12	0.10～0.15	0.30～0.60	0.040	0.040
SWRM15	0.13～0.18	0.30～0.60	0.040	0.040
SWRM17	0.15～0.20	0.30～0.60	0.040	0.040
SWRM20	0.18～0.23	0.30～0.60	0.040	0.040
SWRM22	0.20～0.25	0.30～0.60	0.040	0.040

注：1. 允许添加本表未指定的合金元素。

　　2. 硅含量未作规定。

（2）日本 JIS 标准高碳钢线材［JIS G3506（2017）］

高碳钢线材的牌号与化学成分见表 2-7-89。

表 2-7-89 高碳钢线材的牌号与化学成分（质量分数）（%）

牌　号①	C	Si	Mn	P≤	S≤
SWRH27	0.24～0.31	0.15～0.35	0.30～0.60	0.030	0.035
SWRH32	0.29～0.36	0.15～0.35	0.30～0.60	0.030	0.030
SWRH37	0.34～0.41	0.15～0.35	0.30～0.60	0.030	0.030
SWRH42A SWRH42B	0.39～0.46	0.15～0.35	0.30～0.60 0.60～0.90	0.030	0.030
SWRH47A SWRH47B	0.44～0.51	0.15～0.35	0.30～0.60 0.60～0.90	0.030	0.030
SWRH52A SWRH52B	0.49～0.56	0.15～0.35	0.30～0.60 0.60～0.90	0.030	0.035
SWRH57A SWRH57B	0.54～0.61	0.15～0.35	0.30～0.60 0.60～0.90	0.030	0.030
SWRH62A SWRH62B	0.59～0.66	0.15～0.35	0.30～0.60 0.60～0.90	0.030	0.030
SWRH67A SWRH67B	0.64～0.71	0.15～0.35	0.30～0.60 0.60～0.90	0.030	0.030
SWRH72A SWRH72B	0.69～0.76	0.15～0.35	0.30～0.60 0.60～0.90	0.030	0.030
SWRH77A SWRH77B	0.74～0.81	0.15～0.35	0.30～0.60 0.60～0.90	0.030	0.030
SWRH82A SWRH82B	0.79～0.86	0.15～0.35	0.30～0.60 0.60～0.90	0.030	0.030

① 允许添加本表未指定的合金元素。

2.7.22　建筑结构用钢材［JIS G3136，G3138，G3475（2012/2016）］

（1）日本 JIS 标准建筑结构用热轧材［JIS G3136（2012）］

A）建筑结构用热轧材的钢号与化学成分（表 2-7-90）

表 2-7-90　建筑结构用热轧材的钢号与化学成分（质量分数）（%）

钢　号[1]	钢材厚度 /mm	C	Si	Mn	P ≤	S ≤	碳当量 CE
SN400A	6 ~ 100	≤0.24	—	—	0.050	0.050	—
SN400B	6 ~ 50	≤0.20	≤0.35	0.60 ~ 1.50	0.030	0.015	≤0.36
	>50 ~ 100	≤0.22	≤0.35	0.60 ~ 1.50	0.030	0.015	≤0.36
SN400C	16 ~ 50	≤0.20	≤0.35	0.60 ~ 1.50	0.020	0.008	≤0.36
	>50 ~ 100	≤0.22	≤0.35	0.60 ~ 1.50	0.020	0.008	≤0.36
SN490B	6 ~ 50	≤0.18	≤0.55	≤1.65	0.030	0.015	(0.44、0.46)[2]
	>50 ~ 100	≤0.20	≤0.55	≤1.65	0.030	0.015	
SN490C	16 ~ 50	≤0.18	≤0.55	≤1.65	0.020	0.008	(0.44、0.46)[2]
	>50 ~ 100	≤0.20	≤0.55	≤1.65	0.020	0.008	

[1] 热轧材包括型钢、角钢、槽钢、异型钢与球形扁钢。

[2] 厚度 <40mm 的钢材，CE≤0.44%；厚度 >40 ~ 100mm 的钢材，CE≤0.46%。

B）建筑结构用热轧材的力学性能（表 2-7-91）

表 2-7-91　建筑结构用热轧材的力学性能

钢　号	R_m/MPa	R_{eL} 或 $R_{p0.2}$/MPa （下列厚度/mm）					A（%） （下列厚度/mm）		
		6 ~ <12	12 ~ <16	16	>16 ~ 40	>40 ~ 100	6 ~ 16	>16 ~ 40	>40 ~ 100
							≥		
SN400A	400 ~ 510	≥235	≥235	≥235	≥235	≥215	17	21	23
SN400B	400 ~ 510	≥235	235 ~ 355	235 ~ 355	235 ~ 355	215 ~ 355	18	22	24
SN400C	400 ~ 510	—	—	235 ~ 355	235 ~ 355	215 ~ 355	18	22	24
SN490B	490 ~ 610	≥325	325 ~ 445	325 ~ 445	325 ~ 445	295 ~ 415	17	21	23
SN490C	490 ~ 610	—	—	325 ~ 445	325 ~ 445	295 ~ 415	17	21	23

（2）日本 JIS 标准建筑结构用棒材及钢筋［JIS G3138（2005）］

A）建筑结构用棒材及钢筋的钢号与化学成分（表 2-7-92）

表 2-7-92　建筑结构用棒材及钢筋的钢号与化学成分（质量分数）（%）

钢　号	钢材厚度/mm	C	Si	Mn	P≤	S≤	碳当量 CE
SNR400A	6 ~ 100	≤0.24	—	—	0.050	0.050	—
SNR400B	6 ~ 50	≤0.20	≤0.35	0.60 ~ 1.40	0.030	0.030	≤0.36
	>50 ~ 100	≤0.22	≤0.35	0.60 ~ 1.40	0.030	0.030	≤0.36
SNR490B	6 ~ 50	≤0.18	≤0.55	≤1.60	0.030	0.030	(0.44、0.46)[1]
	>50 ~ 100	≤0.20	≤0.55	≤1.60	0.030	0.030	

[1] 厚度 <40mm 的钢材，CE≤0.44%；厚度 >40 ~ 100mm 的钢材，CE≤0.46%。

B）建筑结构用棒材及钢筋的力学性能（表 2-7-93）

表 2-7-93　建筑结构用棒材及钢筋的力学性能

钢 号	R_m/MPa ≥	R_{eL} 或 $R_{p0.2}$/MPa 直径或对边宽度/mm			A (%) 直径或对边宽度/mm ≥		KV	
		6 ~ <12	12 ~ 40	>40 ~ 100	6 ~ 25	>25 ~ 100	温度	/J≥
SNR400A	400 ~ 510	≥235	≥235	≥215	20	22	—	
SNR400B	400 ~ 510	≥235	235 ~ 355	215 ~ 335	21	22	0℃	27
SNR490B	490 ~ 610	≥325	325 ~ 445	395 ~ 415	20	21	0℃	27

（3）日本 JIS 标准建筑结构用碳素钢管［JIS G3475（2014/AMD 2016）］

A）建筑结构用碳素钢管的钢号与化学成分（表 2-7-94）

表 2-7-94　建筑结构用碳素钢管的钢号与化学成分（质量分数）（%）

钢号[1]	C	Si	Mn	P ≤	S ≤	N	碳当量 CE
STKN400W	≤0.25	—	—	0.030	0.030	≤0.006	0.36
STKN400B	≤0.25	≤0.35	≤1.40	0.030	0.015	≤0.006	0.44
STKN490B	≤0.22	≤0.55	≤1.60	0.030	0.015	≤0.006	0.44

[1] 如需要时，各钢号可添加本表以外的元素。

B）建筑结构用碳素钢管的力学性能（表 2-7-95）

表 2-7-95　建筑结构用碳素钢管的力学性能

钢 号	钢管厚度/mm	R_m/MPa	R_{eL}/MPa	A (%)
STKN400W	<100	400 ~ 540	≥235	≥23
STKN400B	< 12	400 ~ 540	≥235	—
	12 ~ 40	400 ~ 540	235 ~ 385	23 ~ 27
	>40 ~ 100	400 ~ 540	215 ~ 365	23 ~ 27
STKN490B	< 12	490 ~ 640	≥325	—
	12 ~ 40	490 ~ 640	325 ~ 475	23 ~ 27
	>40 ~ 100	490 ~ 640	295 ~ 445	23 ~ 27

2.7.23　钢筋混凝土用钢筋［JIS G3112，G3109，G3137（2010/2008）］

（1）日本 JIS 标准钢筋混凝土用圆钢筋和变形钢筋［JIS G3112（2010）］

A）钢筋混凝土用圆钢筋和变形钢筋的牌号与化学成分（表 2-7-96）

表 2-7-96　钢筋混凝土用圆钢筋和变形钢筋的牌号与化学成分（质量分数）（%）

牌 号[1]	C	Si	Mn	P ≤	S ≤	碳当量[2] CE
SR235	—	—	—	0.050	0.050	—
SR295	—	—	—	0.050	0.050	—
SD295A	—	—	—	0.050	0.050	—
SD295B	≤0.27	≤0.55	≤1.50	0.040	0.040	—
SD345	≤0.27	≤0.55	≤1.60	0.040	0.040	≤0.50
SD390	≤0.29	≤0.55	≤1.80	0.040	0.040	≤0.55
SD490	≤0.32	≤0.55	≤1.80	0.040	0.040	≤0.60

[1] 牌号 SR—圆钢筋，SD—变形钢筋。各钢号必要时可添加本表以外的合金元素。

[2] 碳当量 CE = C + Mn/6。

B) 钢筋混凝土用圆钢筋和变形钢筋的力学性能（表2-7-97）

表 2-7-97　钢筋混凝土用圆钢筋和变形钢筋的力学性能

钢　号	力　学　性　能			弯　曲　试　验	
	R_{eL}/MPa ≥	R_m/MPa	A（%）	圆钢筋公称直径或变形钢筋标号	（弯曲180°）r—内侧半径 a—厚度
SR235	235	380～520	20～22	直径＜16mm	$r=1.5a$
SR295	295	440～600	18～19	直径＜16mm 直径＞16mm	$r=1.5a$ $r=2a$
SD295A	295	440～600	16～17	标号＜16 标号＞16	$r=1.5a$ $r=2a$
SD295B	295	≥440	16～17	标号＜16 标号＞16	$r=1.5a$ $r=2a$
SD345	345	≥490	18～19	标号＜16 标号＞16	$r=1.5a$ $r=2a$
SD390	390	≥560	16～17	标号＜41 标号51	$r=2.5a$ $r=2.5a$
SD490	490	≥620	12～13	标号＜25 标号＞25	$r=2.5a$ $r=3.0a$

注：1. 变形钢筋标号16，其公称直径 $d=15.9$mm。
　　2. 变形钢筋标号25，其公称直径 $d=25.4$mm。
　　3. 变形钢筋标号41，其公称直径 $d=41.3$mm。
　　4. 变形钢筋标号51，其公称直径 $d=50.8$mm。

（2）日本 JIS 标准钢筋混凝土用预应力圆钢筋和变形钢筋〔JIS G3109（2008）〕

钢筋混凝土用预应力圆钢筋和变形钢筋的牌号、化学成分与力学性能见表2-7-98。

表 2-7-98　钢筋混凝土用预应力圆钢筋和变形钢筋的牌号、化学成分（质量分数）与力学性能

等级/牌号[1]	化学成分[2]			力学性能			松弛率（%）
	P（%）	S（%）	Cu（%）	R_{eL}/MPa	R_m/MPa	A（%）	
	≤			≥			≤
钢筋混凝土用预应力圆钢筋[3]							
Grade A2/SBPR 785/1030	0.030	0.035	0.30	785	1030	5	4.0
Grade B1/SBPR 930/1080	0.030	0.035	0.30	930	1080	5	4.0
Grade B2/SBPR 930/1180	0.030	0.035	0.30	930	1180	5	4.0
Grade C1/SBPR 1080/1230	0.030	0.035	0.30	1080	1230	5	4.0
钢筋混凝土用预应力变形钢筋[4]							
Grade A2/SBPD 785/1030	0.030	0.035	0.30	785	1030	5	4.0
Grade B1/SBPD 930/1080	0.030	0.035	0.30	930	1080	5	4.0
Grade B2/SBPD 930/1180	0.030	0.035	0.30	930	1180	5	4.0
Grade C1/SBPD 1080/1230	0.030	0.035	0.30	1080	1230	5	4.0

① SBPR—圆钢筋的牌号，SBPD—变形钢筋的牌号。
② C、Si、Mn 含量未规定。
③ 圆钢筋的标号：9.2mm，11mm，13mm，（15mm），17mm，（19mm），（21mm），23mm，26mm，（29mm），32mm，36mm，40mm。有括号的为非优选标号。
④ 变形钢筋的标号：D17mm，D19mm，D20mm，D22mm，D23mm，D25mm，D26mm，D32mm，36mm。

（3）日本 JIS 标准小直径钢筋混凝土用预应力变形钢筋［JIS G3137（2008）］

小直径钢筋混凝土用预应力变形钢筋的牌号、化学成分与力学性能见表 2-7-99。

表 2-7-99　小直径钢筋混凝土用预应力变形钢筋的牌号、化学成分（质量分数）与力学性能

牌　号	化学成分[1]			力学性能			
	P（%）	S（%）	Cu（%）	R_{eL}/MPa	R_m/MPa	A（%）	松弛率[2]（%）
	≤			≥			≤
等级：Grade B1[3]							
SBPD N 930/1080	0.030	0.035	0.30	930	1080	5	4.0
SBPD L 930/1080	0.030	0.035	0.30	930	1080	5	2.5
等级：Grade C1[3]							
SBPD N 1080/1230	0.030	0.035	0.30	1080	1230	5	4.0
SBPD L 1080/1230	0.030	0.035	0.30	1080	1230	5	2.5
等级：Grade D1[3]							
SBPD N 1275/1420	0.030	0.035	0.30	1275	1420	5	4.0
SBPD L 1275/1420	0.030	0.035	0.30	1275	1420	5	2.5

[1] C、Si、Mn 含量未规定。

[2] 松弛率：SBPD N—正常值，SBPD L—较低值。

[3] 标号：直径有 7.1mm，9.0mm，10.0mm，10.7mm，11.2mm，12.6mm。

2.8　韩　国

A. 通用结构用钢

2.8.1　普通结构用碳素钢

（1）韩国 KS 标准普通结构用碳素钢的钢号与化学成分［KS D3503（2008）］（表 2-8-1）

表 2-8-1　普通结构用碳素钢的钢号与化学成分（质量分数）（%）

钢　号	旧钢号	C	Si[1]	Mn	P≤	S≤
SS330	SS34	—	—	—	0.050	0.050
SS400	SS41	—	—	—	0.050	0.050
SS490	SS50	—	—	—	0.050	0.050
SS540	SS55	≤0.30	—	1.60	0.040	0.040
SS590	—	≤0.30	—	1.60	0.040	0.040

[1] Si 含量一般不规定。

（2）韩国 KS 标准普通结构用碳素钢的力学性能（表 2-8-2）

表 2-8-2　普通结构用碳素钢的力学性能

钢　号	R_{eH}/MPa[1] ≥			R_m/MPa	钢材厚度或直径/mm	A[2]（%）≥	弯曲试验（180°） r—内侧半径 a—厚度或直径
	钢材厚度或直径/mm						
	≤16	>16~40	>40				
SS330	205	195	175	330~430	板、带、扁钢： ≤5 >5~16 16~50 >40	26 21 26 28	$r=0.5a$
	205	195	175	330~430	棒材、角钢： ≤25 >25	25 30	$r=0.5a$

（续）

钢　号	R_{eH}/MPa[1] ≥			R_m/MPa	钢材厚度或直径/mm	A[2]（%）≥	弯曲试验（180°） r—内侧半径 a—厚度或直径
	钢材厚度或直径/mm						
	≤16	>16~40	>40				
SS400	245	235	215	400~510	板、带、扁钢： ≤5 >5~16 16~50 >40	21 17 21 23	$r = 1.5a$
SS400	245	235	215	400~510	棒材、角钢： ≤25 >25	20 24	$r = 1.5a$
SS490	280	275	255	490~605	板、带、扁钢： ≤5 >5~16 16~50 >40	19 15 19 21	$r = 2.0a$
SS490	280	275	255	490~605	棒材、角钢： ≤25 >25	18 21	$r = 2.0a$
SS540	400	390	—	≥540	板、带、扁钢： ≤5 >5~16 16~40	16 13 17	$r = 2.0a$
SS540	400	390	—	≥540	棒材、角钢： ≤25 >25	13 17	$r = 2.0a$

① 钢材厚度或直径 >100mm，屈服强度：SS330 为 165MPa，SS400 为 206MPa，SS490 为 245MPa。

② 厚度 >90mm 的钢材，按厚度每增加 25mm，其断后伸长率 A 减去 1%，但最多只减 3% 为止。

2.8.2　低合金高强度钢和耐候钢

（1）韩国 KS 标准焊接结构用高屈服强度钢板［KS D3611（2002/2006 再确认）］

A）焊接结构用高屈服强度钢板的钢号与化学成分（表 2-8-3）

表 2-8-3　焊接结构用高屈服强度钢板的钢号与化学成分（质量分数）（%）

钢　号	旧钢号	C	Si	Mn	P ≤	S ≤	Cr	Ni	Mo	V	其　他
SHY685	SHY 70	≤0.18	≤0.55	≤1.50	0.030	0.025	≤1.20	—	≤0.60	≤0.10	Cu≤0.50 B≤0.005
SHY685N	SHY 70N	≤0.18	≤0.55	≤1.50	0.030	0.025	≤0.80	0.30~ 1.50	≤0.60	≤0.10	Cu≤0.50 B≤0.005
SHY685NS	SHY 70NS	≤0.14	≤0.55	≤1.50	0.015	0.015	≤0.80	0.30~ 1.50	≤0.60	≤0.05	Cu≤0.50 B≤0.005

B）焊接结构用高屈服强度钢板的力学性能（表 2-8-4）

表 2-8-4　焊接结构用高屈服强度钢板的力学性能

钢 号	钢材厚度 /mm	力 学 性 能					弯曲试验（180°） r—内侧半径 a—厚度
		R_m/MPa	R_{eL}/MPa ≥	A（%）≥ （下列厚度/mm）			
				6～16	>16	>40	
SHY685	≤50	785～935	685	16	24	16	厚度≤32mm r = 1.5a
	>50～100	765～915	670	16	24	16	
SHY685N	≤50	785～935	685	16	24	16	
	>50～100	765～915	670	16	24	16	
SHY685NS	≤50	785～935	685	16	24	16	厚度>32mm r = 2.0a
	>50～100	765～915	670	16	24	16	

（2）韩国 KS 标准焊接结构用耐候钢［KS D3529（2008）］

A）焊接结构用耐候钢的钢号与化学成分，见表 2-8-5。

表 2-8-5　焊接结构用耐候钢的钢号与化学成分（质量分数）（%）

钢 号	旧钢号	C	Si	Mn	P ≤	S ≤	Cr	Ni	Cu	其 他
SMA400AW SMA400BW SMA400CW	SMA 41AW SMA 41BW SMA 41CW	≤0.18	0.15～ 0.65	≤1.25	0.035	0.035	0.45～ 0.75	0.05～ 0.30	0.30～ 0.50	
SMA400AP SMA400BP SMA400CP	SMA 41AP SMA 41BP SMA 41CP	≤0.18	≤0.55	≤1.25	0.035	0.035	0.30～ 0.55	—	0.20～ 0.35	
SMA490AW SMA490BW SMA490CW	SMA 49AW SMA 49BW SMA 49CW	≤0.18	0.15～ 0.65	≤1.40	0.035	0.035	0.45～ 0.75	0.05～ 0.30	0.30～ 0.50	Mo + Nb + Ti + V + Zr≤0.15
SMA490AP SMA490BP SMA490CP	SMA 49AP SMA 49BP SMA 49CP	≤0.18	≤0.55	≤1.40	0.035	0.035	0.30～ 0.55	—	0.20～ 0.35	
SMA570W	SMA 58W	≤0.18	0.15～ 0.65	≤1.40	0.035	0.035	0.45～ 0.75	0.05～ 0.30	0.30～ 0.50	
SMA570P	SMA 58P	≤0.18	≤0.55	≤1.40	0.035	0.035	0.30～ 0.55	—	0.20～ 0.35	

B）焊接结构用耐候钢的力学性能（表 2-8-6）

表 2-8-6　焊接结构用耐候钢的力学性能

钢 号	R_{eL}强度/MPa ≥ 钢材厚度/mm			R_m/MPa	钢材厚度 /mm	A(%) ≥	KV_2 (0℃)/J	弯曲试验（180°） r—内侧半径 a—厚度
	<16	16～40	>40					
SMA400AW SMA400BW SMA400CW	245	235	215	400～540	<16 >16 >40	17 21 23	— ≥27 ≥47	r = 1.0a
SMA400AP SMA400BP SMA400CP	245	235	215	400～540	<16 >16 >40	17 21 23	— ≥27 ≥47	r = 1.0a

（续）

钢　号	R_{eL}强度/MPa　≥			R_m/MPa	钢材厚度/mm	$A(\%)$ ≥	KV_2 (0℃)/J	弯曲试验（180°）r—内侧半径 a—厚度
	钢材厚度/mm							
	<16	16~40	>40					
SMA490AW SMA490BW SMA490CW	365	355	335	490~600	<16 >16 >40	15 19 21	— ≥27 ≥47	$r = 1.0a$
SMA490AP SMA490BP SMA490CP	365	355	335	490~600	<16 >16 >40	15 19 21	— ≥27 ≥47	$r = 1.0a$
SMA570W SMA570P	460	450	430	570~720	<16 >16 >20	19 26 20	≥47 (-5℃) ≥47 (-5℃)	$r = 1.5a$

2.8.3　碳素结构钢

（1）韩国 KS 标准机械结构用碳素钢的钢号与化学成分［KS D3752（2007）］（表 2-8-7）

表 2-8-7　机械结构用碳素钢的钢号与化学成分（质量分数）（%）

钢　号[1]	C	Si	Mn	P ≤	S ≤	Cr	Ni	其　他
SM9CK	0.07~0.12	0.10~0.35	0.30~0.60	0.025	0.025	≤0.20[1]	≤0.20[1]	Cu≤0.25
SM15CK	0.13~0.18	0.15~0.35	0.30~0.60	0.025	0.025	≤0.20[1]	≤0.20[1]	Cu≤0.25
SM20CK	0.18~0.23	0.15~0.35	0.30~0.60	0.025	0.025	≤0.20[1]	≤0.20[1]	Cu≤0.25
SM10C	0.08~0.13	0.15~0.35	0.30~0.60	0.030	0.035	≤0.20	≤0.20	Cu≤0.25
SM12C	0.10~0.15	0.15~0.35	0.30~0.60	0.030	0.035	≤0.20	≤0.20	Cu≤0.25
SM15C	0.13~0.18	0.15~0.35	0.30~0.60	0.030	0.035	≤0.20	≤0.20	Cu≤0.25
SM17C	0.15~0.20	0.15~0.35	0.30~0.60	0.030	0.035	≤0.20	≤0.20	Cu≤0.25
SM20C	0.18~0.23	0.15~0.35	0.30~0.60	0.025	0.025	≤0.20	≤0.20	Cu≤0.25
SM22C	0.20~0.25	0.15~0.35	0.30~0.60	0.030	0.035	≤0.20	≤0.20	Cu≤0.25
SM25C	0.22~0.28	0.15~0.35	0.30~0.60	0.030	0.035	≤0.20	≤0.20	Cu≤0.25
SM28C	0.25~0.31	0.15~0.35	0.60~0.90	0.030	0.035	≤0.20	≤0.20	Cu≤0.25
SM30C	0.27~0.33	0.15~0.35	0.60~0.90	0.030	0.035	≤0.20	≤0.20	Cu≤0.25
SM33C	0.30~0.36	0.15~0.35	0.60~0.90	0.030	0.035	≤0.20	≤0.20	Cu≤0.25
SM35C	0.32~0.38	0.15~0.35	0.60~0.90	0.030	0.035	≤0.20	≤0.20	Cu≤0.25
SM38C	0.35~0.41	0.15~0.35	0.60~0.90	0.030	0.035	≤0.20	≤0.20	Cu≤0.25
SM40C	0.37~0.43	0.15~0.35	0.60~0.90	0.030	0.035	≤0.20	≤0.20	Cu≤0.25
SM43C	0.40~0.46	0.15~0.35	0.60~0.90	0.030	0.035	≤0.20	≤0.20	Cu≤0.25
SM45C	0.42~0.48	0.15~0.35	0.60~0.90	0.030	0.035	≤0.20	≤0.20	Cu≤0.25
SM48C	0.45~0.51	0.15~0.35	0.60~0.90	0.030	0.035	≤0.20	≤0.20	Cu≤0.25
SM50C	0.47~0.53	0.15~0.35	0.60~0.90	0.030	0.035	≤0.20	≤0.20	Cu≤0.25
SM53C	0.50~0.56	0.15~0.35	0.60~0.90	0.030	0.035	≤0.20	≤0.20	Cu≤0.25
SM55C	0.52~0.58	0.15~0.35	0.60~0.90	0.030	0.035	≤0.20	≤0.20	Cu≤0.25
SM58C	0.55~0.61	0.15~0.35	0.60~0.90	0.030	0.035	≤0.20	≤0.20	Cu≤0.25

①　钢号 SM9CK、SM15CK、SM20CK 的 Cr + Ni≤0.30%；表中其余钢号的 Cr + Ni≤0.35% 。

（2）韩国 KS 标准机械结构用碳素钢的力学性能（表 2-8-8）

表 2-8-8 机械结构用碳素钢的力学性能

钢 号	热 处 理/℃				状态	R_m/MPa	R_{eL}/MPa	A（%）	Z（%）	a_{KV} /（J/cm²）	HBW
	正火	退火	淬火	回火		≥					
SM10C	900～950	900	—	—	正火	310	205	33	—	—	109～156
					退火	—	—	—	—	—	109～149
SM12C SM15C	880～930	880	—	—	正火	370	235	30	—	—	111～167
					退火	—	—	—	—	—	111～149
SM17C SM20C	870～920	860	—	—	正火	400	245	28	—	—	116～174
					退火	—	—	—	—	—	114～153
SM22C SM25C	860～910	850	—	—	正火	400	265	27	—	—	123～183
					退火	—	—	—	—	—	121～156
SM28C SM30C	850～900	840	850～900 水冷	550～650 急冷	正火	470	285	25	—	—	137～177
					退火	—	—	—	—	—	126～156
					调质①	540	335	23	57	108	152～212
SM33C SM35C	840～890	830	840～890 水冷	550～650 急冷	正火	510	305	23	—	—	149～207
					退火	—	—	—	—	—	126～163
					调质②	570	390	22	55	98	167～235
SM38C SM40C	830～880	820	830～880 水冷	550～650 急冷	正火	540	325	22	—	—	156～217
					退火	—	—	—	—	—	131～163
					调质③	610	440	20	50	88	179～255
SM43C SM45C	820～870	810	820～870 水冷	550～650 急冷	正火	570	345	20	—	—	167～229
					退火	—	—	—	—	—	137～170
					调质④	690	490	17	45	78	201～269
SM48C SM50C	810～860	800	810～860 水冷	550～650 急冷	正火	610	365	18	—	—	179～235
					退火	—	—	—	—	—	143～187
					调质⑤	740	540	15	40	69	212～277
SM53C SM55C	800～850	790	800～850 水冷	550～650 急冷	正火	650	390	15	—	—	183～255
					退火	—	—	—	—	—	149～192
					调质⑥	780	590	14	35	59	229～285
SM58C	800～850	790	800～850 水冷	550～650 急冷	正火	650	390	15	—	—	183～255
					退火	—	—	—	—	—	149～192
					调质⑥	780	590	14	35	59	229～285
SM9CK	900～950	900	1 次 880～920 油（水）冷 2 次 750～800 水冷	150～200 空冷	退火	—	—	—	—	—	109～149
					调质	390	245	23	55	137	121～179
SM15CK	880～930	880	1 次 870～920 油（水）冷 2 次 750～800 水冷	150～200 空冷	退火	—	—	—	—	—	111～149
					调质	490	345	20	50	118	143～235
SM20CK	870～900	860	1 次 870～920 油（水）冷 2 次 750～800 水冷	150～200 空冷	退火	—	—	—	—	—	114～153
					调质	540	390	18	45	98	159～241

① 有效直径：30mm。

② 有效直径：32mm。

③ 有效直径：35mm。

④ 有效直径：37mm。

⑤ 有效直径：40mm。

⑥ 有效直径：42mm。

2.8.4 合金结构钢

（1）韩国 KS 标准合金结构钢的钢号与化学成分［KS D3707，D3867，D3756］（表 2-8-9）

表 2-8-9 合金结构钢的钢号与化学成分（质量分数）（%）

钢 号	C	Si	Mn	P ≤	S ≤	Cr	Ni	Mo	其 他
Cr 钢 ［KS D3707（1982）］									
SCr415	0.13~0.18	0.15~0.35	0.60~0.85	0.030	0.030	0.90~1.20	≤0.25	—	Cu≤0.30
SCr420	0.18~0.23	0.15~0.35	0.60~0.85	0.030	0.030	0.90~1.20	≤0.25	—	Cu≤0.30
SCr430	0.28~0.33	0.15~0.35	0.60~0.85	0.030	0.030	0.90~1.20	≤0.25	—	Cu≤0.30
SCr435	0.33~0.38	0.15~0.35	0.60~0.85	0.030	0.030	0.90~1.20	≤0.25	—	Cu≤0.30
SCr440	0.38~0.43	0.15~0.35	0.60~0.85	0.030	0.030	0.90~1.20	≤0.25	—	Cu≤0.30
SCr445	0.43~0.48	0.15~0.35	0.60~0.85	0.030	0.030	0.90~1.20	≤0.25	—	Cu≤0.30
Ni-Cr 钢 ［KS D3867（2015）］									
SNC236	0.32~0.40	0.15~0.35	0.50~0.80	0.030	0.030	0.50~0.90	1.00~1.50	—	Cu≤0.30
SNC415	0.13~0.18	0.15~0.35	0.35~0.65	0.030	0.030	0.20~0.50	2.00~2.50	—	Cu≤0.30
SNC631	0.27~0.35	0.15~0.35	0.35~0.65	0.030	0.030	0.60~1.00	2.50~3.00	—	Cu≤0.30
SNC815	0.12~0.18	0.15~0.35	0.35~0.65	0.030	0.030	0.70~1.00	3.00~3.50	—	Cu≤0.30
SNC836	0.32~0.40	0.15~0.35	0.35~0.65	0.030	0.030	0.60~1.00	3.00~3.50	—	Cu≤0.30
Ni-Cr-Mo 钢 ［KS D3867（2015）］									
SNCM220	0.17~0.23	0.15~0.35	0.60~0.90	0.030	0.030	0.40~0.65	0.40~0.70	0.15~0.30	Cu≤0.30
SNCM240	0.38~0.43	0.15~0.35	0.70~1.00	0.030	0.030	0.40~0.65	0.40~0.70	0.15~0.30	Cu≤0.30
SNCM415	0.12~0.18	0.15~0.35	0.40~0.70	0.030	0.030	0.40~0.65	1.60~2.00	0.15~0.30	Cu≤0.30
SNCM420	0.17~0.23	0.15~0.35	0.40~0.70	0.030	0.030	0.40~0.65	1.60~2.00	0.15~0.30	Cu≤0.30
SNCM431	0.27~0.35	0.15~0.35	0.60~0.90	0.030	0.030	0.60~1.00	1.60~2.00	0.15~0.30	Cu≤0.30
SNCM439	0.36~0.43	0.15~0.35	0.60~0.90	0.030	0.030	0.60~1.00	1.60~2.00	0.15~0.30	Cu≤0.30
SNCM447	0.44~0.50	0.15~0.35	0.60~0.90	0.030	0.030	0.60~1.00	1.60~2.00	0.15~0.30	Cu≤0.30
SNCM616	0.13~0.20	0.15~0.35	0.80~1.20	0.030	0.030	1.40~1.80	2.80~3.20	0.40~0.60	Cu≤0.30
SNCM625	0.20~0.30	0.15~0.35	0.35~0.60	0.030	0.030	1.00~1.50	3.00~3.50	0.15~0.30	Cu≤0.30
SNCM630	0.25~0.35	0.15~0.35	0.35~0.60	0.030	0.030	2.50~3.50	2.50~3.50	0.50~0.70	Cu≤0.30
SNCM815	0.12~0.18	0.15~0.35	0.30~0.60	0.030	0.030	0.70~1.00	4.00~4.50	0.15~0.30	Cu≤0.30
Cr-Mo 钢 ［KS D3867（2015）］									
SCM415	0.13~0.18	0.15~0.35	0.60~0.85	0.030	0.030	0.90~1.20	≤0.25	0.15~0.30	Cu≤0.30
SCM418	0.16~0.21	0.15~0.35	0.60~0.85	0.030	0.030	0.90~1.20	≤0.25	0.15~0.30	Cu≤0.30
SCM420	0.18~0.23	0.15~0.35	0.60~0.85	0.030	0.030	0.90~1.20	≤0.25	0.15~0.30	Cu≤0.30
SCM421	0.17~0.23	0.15~0.35	0.70~1.00	0.030	0.030	0.90~1.20	≤0.25	0.15~0.30	Cu≤0.30
SCM430	0.28~0.33	0.15~0.35	0.60~0.85	0.030	0.030	0.90~1.20	≤0.25	0.15~0.30	Cu≤0.30
SCM432	0.27~0.37	0.15~0.35	0.30~0.60	0.030	0.030	1.00~1.50	≤0.25	0.15~0.30	Cu≤0.30
SCM435	0.33~0.38	0.15~0.35	0.60~0.85	0.030	0.030	0.90~1.20	≤0.25	0.15~0.30	Cu≤0.30
SCM440	0.38~0.43	0.15~0.35	0.60~0.85	0.030	0.030	0.90~1.20	≤0.25	0.15~0.30	Cu≤0.30
SCM445	0.43~0.48	0.15~0.35	0.60~0.85	0.030	0.030	0.90~1.20	≤0.25	0.15~0.30	Cu≤0.30
SCM822	0.20~0.25	0.15~0.35	0.60~0.85	0.030	0.030	0.90~1.20	≤0.25	0.35~0.45	Cu≤0.30
Mn 钢，Cr-Mn 钢 ［KS D3867（2015）］									
SMn420	0.17~0.23	0.15~0.35	1.20~1.50	0.030	0.030	≤0.35	≤0.25	—	Cu≤0.30
SMn433	0.30~0.36	0.15~0.35	1.20~1.50	0.030	0.030	≤0.35	≤0.25	—	Cu≤0.30
SMn438	0.35~0.41	0.15~0.35	1.35~1.65	0.030	0.030	≤0.35	≤0.25	—	Cu≤0.30
SMn443	0.40~0.46	0.15~0.35	1.35~1.65	0.030	0.030	≤0.35	≤0.25	—	Cu≤0.30
SMnC420	0.17~0.23	0.15~0.35	1.20~1.50	0.030	0.030	0.35~0.70	≤0.25	—	Cu≤0.30
SMnC443	0.40~0.46	0.15~0.35	1.35~1.65	0.030	0.030	0.35~0.70	≤0.25	—	Cu≤0.30
Cr-Mo-Al 钢 ［KS D3756（1980/2005）］									
SACM645	0.40~0.50	0.15~0.50	≤0.60	0.030	0.030	1.30~1.70	—	0.15~0.30	Cu≤0.30

（2）韩国 KS 标准合金结构钢的力学性能（表 2-8-10）

表 2-8-10　合金结构钢的力学性能

钢　号	热处理/℃		R_m /MPa	R_{eL} /MPa	A (%)	Z (%)	a_{KV} /(J/cm²)	HBW
	淬火	回火			≥			
Cr 钢〔KS D3707（1982）〕								
SCr415	1 次 850~900 油冷 2 次 800~850 油冷（水冷）或 925 保温后 850~900 油冷	150~200 空冷	780	—	15	40	50	217~302
SCr420	1 次 850~900 油冷 2 次 800~850 油冷或 925 保温后 850~900 油冷	150~200 空冷	830	—	14	35	49	235~321
SCr430	830~880 油冷	520~620 急冷	780	635	18	55	88	229~293
SCr435	830~880 油冷	520~620 急冷	880	735	15	50	69	255~321
SCr440	830~880 油冷	520~620 急冷	930	785	13	45	59	269~331
SCr445	830~880 油冷	520~620 急冷	980	835	12	40	49	285~352
Ni-Cr 钢〔KS D3867（2015）〕								
SNC236	820~880 油冷	550~650 急冷	740	590	22	50	118	217~277
SNC415	1 次 850~900 油冷 2 次 740~790 水冷或 780~830 油冷	150~200 空冷	780	—	17	45	88	235~241
SNC631	820~880 油冷	550~650 急冷	830	685	18	50	118	248~302
SNC815	1 次 830~880 油冷 2 次 750~800 油冷	150~200 空冷	980	—	12	45	78	285~388
SNC836	820~880 油冷	550~650 急冷	930	785	15	45	78	269~321
Ni-Cr-Mo 钢〔KS D3867（2015）〕								
SNCM220	1 次 850~900 油冷 2 次 800~850 油冷	150~200 空冷	830	—	17	40	59	248~341
SNCM240	820~870 油冷	580~680 急冷	880	785	17	50	69	255~311
SNCM415	1 次 850~900 油冷 2 次 780~830 油冷	150~200 空冷	880	—	16	45	69	255~341
SNCM420	1 次 850~900 油冷 2 次 770~820 油冷	150~200 空冷	980	—	15	40	69	293~375
SNCM431	820~870 油冷	570~670 急冷	830	685	20	55	98	248~302
SNCM439	820~870 油冷	580~680 急冷	980	885	16	45	69	293~352
SNCM447	820~870 油冷	580~680 急冷	1030	930	14	40	59	302~368
SNCM616	1 次 850~900 空冷（油冷） 2 次 770~830 空冷（油冷）	100~200 空冷	1180	—	14	40	78	341~415
SNCM625	820~870 油冷	570~670 急冷	930	835	18	50	78	269~321
SNCM630	850~950 空冷（油冷）	550~650 急冷	1080	885	15	45	78	302~352
SNCM815	1 次 830~880 油冷 2 次 750~800 油冷	150~200 空冷	1080	—	12	40	69	311~375
Cr-Mo 钢〔KS D3867（2015）〕								
SCM415	1 次 850~900 油冷 2 次 800~850 油冷或 925 保温后 850~900 油冷	150~200 空冷	830	—	16	40	69	235~321

（续）

钢号	热处理/℃		R_m /MPa	R_{eL} /MPa	A (%)	Z (%)	a_{KV} /(J/cm^2)	HBW
	淬火	回火	≥					
Cr-Mo 钢 [KS D3867 (2015)]								
SCM418	1 次 850~900 油冷 2 次 800~850 油冷或 925 保温后 850~900 油冷	150~200 空冷	880	—	15	40	69	248~331
SCM420	1 次 850~900 油冷 2 次 800~850 油冷或 925 保温后 850~900 油冷	150~200 空冷	930	—	14	40	59	262~352
SCM421	1 次 850~900 油冷 2 次 800~850 油冷或 925 保温后 850~900 油冷	150~200 空冷	980	—	14	35	59	285~375
SCM430	830~880 油冷	530~630 急冷	830	685	18	55	108	241~302
SCM432	830~880 油冷	530~630 急冷	880	735	16	50	88	255~321
SCM435	830~880 油冷	530~630 急冷	930	785	15	50	78	269~332
SCM440	830~880 油冷	530~630 急冷	980	835	12	45	59	285~352
SCM445	830~880 油冷	530~630 空冷	1030	885	12	40	39	302~363
SCM822	1 次 850~900 油冷 2 次 800~850 油冷或 925 保温后 850~900 油冷	150~200 空冷	1030	—	12	30	59	302~415
Mn 钢，Cr-Mn 钢 [KS D3867 (2015)]								
SMn420	1 次 850~900 油冷 2 次 780~830 油冷	150~200 空冷	690	—	14	30	49	201~311
SMn433	830~880 水冷	550~650 急冷	690	540	20	55	98	201~277
SMn438	830~880 油冷	550~650 急冷	740	590	18	50	78	212~285
SMn443	830~880 油冷	550~650 急冷	780	635	17	45	78	229~302
SMnC420	1 次 850~900 油冷 2 次 780~830 油冷	150~200 空冷	830	—	13	30	49	235~321
SMnC443	830~880 油冷	550~650 急冷	930	785	13	40	49	269~321
Cr-Mo-Al 钢 [KS D3756 (1982)]								
SACM645	880~830 油冷	680~720 急冷	830	685	15	50	98	241~302

2.8.5   保证淬透性结构钢 (H 钢)

（1）韩国 KS 标准保证淬透性结构钢的钢号与化学成分 [KS D3754 (1980/1995 再确认)]（表2-8-11）

表 2-8-11   保证淬透性结构钢的钢号与化学成分（质量分数）（%）

钢号[①]	旧钢号	C	Si	Mn	P ≤	S ≤	Cr	Ni	其他
Cr-H 钢									
SCr415H	SCr21H	0.12~0.18	0.15~0.35	0.55~0.90	0.030	0.030	0.85~1.25	≤0.25	Cu≤0.30
SCr420H	SCr22H	0.17~0.23	0.15~0.35	0.55~0.90	0.030	0.030	0.85~1.25	≤0.25	Cu≤0.30
SCr430H	SCr2H	0.27~0.34	0.15~0.35	0.55~0.90	0.030	0.030	0.85~1.25	≤0.25	Cu≤0.30
SCr435H	SCr3H	0.32~0.39	0.15~0.35	0.55~0.90	0.030	0.030	0.85~1.25	≤0.25	Cu≤0.30
SCr440H	SCr4H	0.37~0.44	0.15~0.35	0.55~0.90	0.030	0.030	0.85~1.25	≤0.25	Cu≤0.30
NiCr-H 钢									
SNC415H	SNC21H	0.11~0.18	0.15~0.35	0.30~0.70	0.030	0.030	0.20~0.55	1.95~2.50	Cu≤0.30
SNC631H	SNC2H	0.26~0.35	0.15~0.35	0.30~0.70	0.030	0.030	0.55~1.05	2.45~3.00	Cu≤0.30
SNC815H	SNC22H	0.11~0.18	0.15~0.35	0.30~0.70	0.030	0.030	0.65~1.05	2.95~3.50	Cu≤0.30

（续）

钢 号[①]	旧钢号	C	Si	Mn	P ≤	S ≤	Cr	Ni	其 他
				NiCrMo-H 钢					
SNCM220H	SNCM21H	0.17~0.23	0.15~0.35	0.60~0.95	0.030	0.030	0.35~0.65	0.35~0.75	Mo 0.15~0.35 Cu≤0.30
SNCM420H	SNCM23H	0.17~0.23	0.15~0.35	0.40~0.70	0.030	0.030	0.35~0.65	1.55~2.00	Mo 0.15~0.35 Cu≤0.30
				CrMo-H 钢					
SCM415H	SCM21H	0.12~0.18	0.15~0.35	0.55~0.90	0.030	0.030	0.85~1.25	≤0.25	Mo 0.15~0.35 Cu≤0.30
SCM418H	—	0.15~0.21	0.15~0.35	0.55~0.90	0.030	0.030	0.85~1.25	≤0.25	Mo 0.15~0.35 Cu≤0.30
SCM420H	SCM22H	0.17~0.23	0.15~0.35	0.55~0.90	0.030	0.030	0.85~1.25	≤0.25	Mo 0.15~0.35 Cu≤0.30
SCM435H	SCM3H	0.32~0.39	0.15~0.35	0.55~0.90	0.030	0.030	0.85~1.25	≤0.25	Mo 0.15~0.35 Cu≤0.30
SCM440H	SCM4H	0.37~0.44	0.15~0.35	0.55~0.90	0.030	0.030	0.85~1.25	≤0.25	Mo 0.15~0.35 Cu≤0.30
SCM445H	SCM5H	0.42~0.49	0.15~0.35	0.55~0.90	0.030	0.030	0.85~1.25	≤0.25	Mo 0.15~0.35 Cu≤0.30
SCM822H	SCM24H	0.19~0.25	0.15~0.35	0.55~0.90	0.030	0.030	0.85~1.25	≤0.25	Mo 0.15~0.35 Cu≤0.30
				Mn-H，CrMn-H 钢					
SMn420H	SMn21H	0.16~0.23	0.15~0.35	1.15~1.55	0.030	0.030	≤0.35	≤0.25	Cu≤0.30
SMn433H	SMn1H	0.29~0.36	0.15~0.35	1.15~1.55	0.030	0.030	≤0.35	≤0.25	Cu≤0.30
SMn438H	SMn2H	0.34~0.41	0.15~0.35	1.30~1.70	0.030	0.030	≤0.35	≤0.25	Cu≤0.30
SMn443H	SMn3H	0.39~0.46	0.15~0.35	1.30~1.70	0.030	0.030	≤0.35	≤0.25	Cu≤0.30
SMnC420H	SMnC21H	0.16~0.23	0.15~0.35	1.15~1.55	0.030	0.030	0.35~0.70	≤0.25	Cu≤0.30
SMnC443H	SMnC3H	0.39~0.46	0.15~0.35	1.30~1.70	0.030	0.030	0.35~0.70	≤0.25	Cu≤0.30

（2）韩国 KS 标准保证淬透性结构钢的淬透性数据（表 2-8-12）

表 2-8-12　保证淬透性结构钢的淬透性数据

钢　号	硬度值 上下限	硬度值 HRC（至淬火端下列距离/mm 处）															热处理/℃	
		1.5	3	5	7	9	11	13	15	20	25	30	35	40	45	50	正火	淬火
SCr415H	上限	46	45	41	35	31	28	27	26	23	20	—	—	—	—	—	925	925
	下限	39	34	26	21	—	—	—	—	—	—							
SCr420H	上限	48	48	46	40	36	34	32	31	29	27	26	24	23	23	22	925	925
	下限	40	37	32	28	25	22	21	—	—	—							
SCr430H	上限	56	55	53	51	48	45	41	39	35	33	31	30	28	26	25	900	870
	下限	49	46	42	37	33	30	27	26	21	—							
SCr435H	上限	58	57	56	55	53	51	47	44	39	37	35	34	33	32	31	870	845
	下限	51	49	46	42	37	32	29	27	23	21							
SCr440H	上限	60	60	59	58	57	55	54	52	46	41	39	37	37	36	35	870	845
	下限	53	52	50	48	45	41	37	34	29	26	24	22					
SNC415H	上限	45	44	39	35	31	28	26	24	21	—	—	—	—	—	—	925	925
	下限	37	32	24	—	—	—	—	—	—	—							
SNC631H	上限	57	57	56	56	55	55	55	54	53	51	49	47	45	44	43	900	870
	下限	49	48	47	46	45	43	41	39	35	31	29	28	27	26	26		
SNC815H	上限	46	46	46	46	45	44	43	41	38	35	34	34	33	33	32	925	845
	下限	38	37	36	34	31	29	27	26	24	22	22	21	21	21	21		

（续）

钢　号	硬度值上下限	硬度值 HRC（至淬火端下列距离/mm 处）														热处理/℃	
		1.5	3	5	7	9	11	13	15	20	25	30	35	40	45	50	正火	淬火
SNCM220H	上限	48	47	44	40	35	32	30	29	26	24	23	23	23	22	22	925	925
	下限	41	37	30	25	22	20	—	—	—	—	—	—	—	—	—		
SNCM420H	上限	48	47	46	42	39	36	34	32	29	26	25	24	24	24	24	925	925
	下限	41	38	34	30	27	25	23	22	—	—	—	—	—	—	—		
SCM420H	上限	48	48	47	44	42	39	37	35	33	31	30	30	29	29	28	925	925
	下限	40	39	35	31	28	25	24	23	20	20	—	—	—	—	—		
SCM435H	上限	58	58	57	56	55	54	53	51	48	45	43	41	39	38	37	870	845
	下限	51	50	49	47	45	42	39	37	32	30	28	27	27	26	26		
SCM440H	上限	60	60	60	59	58	58	57	56	55	53	51	49	47	46	44	870	845
	下限	53	53	52	51	50	48	46	43	38	35	35	33	32	31	30		
SCM445H	上限	63	63	62	62	61	61	61	60	59	58	57	56	55	55	54	870	845
	下限	56	55	55	54	53	52	52	51	47	43	39	37	36	35	34		
SCM822H	上限	50	50	50	49	48	46	43	41	39	39	37	36	36	36	36	925	925
	下限	43	42	41	39	36	32	29	27	24	24	23	22	22	21	21		
SMn420H	上限	48	46	42	36	30	27	25	24	21	—	—	—	—	—	—	925	925
	下限	40	36	21	—	—	—	—	—	—	—	—	—	—	—	—		
SMn433H	上限	57	56	53	49	42	36	33	30	27	27	24	23	22	21	21	900	870
	下限	50	46	34	26	23	20	—	—	—	—	—	—	—	—	—		
SMn438H	上限	59	59	57	54	51	46	41	39	35	33	31	30	29	28	27	870	845
	下限	52	49	43	34	28	24	22	21	—	—	—	—	—	—	—		
SMn443H	上限	62	61	60	59	57	54	50	45	37	34	32	31	30	29	28	870	845
	下限	55	53	49	39	33	29	27	26	23	22	20	—	—	—	—		
SMn420H	上限	48	48	45	41	37	33	31	29	26	24	23	—	—	—	—	—	925
	下限	40	39	33	27	23	20	—	—	—	—	—	—	—	—	—		
SMn443H	上限	62	62	61	60	59	58	56	55	50	46	42	41	40	39	38	870	845
	下限	55	54	53	51	48	44	39	35	29	26	25	24	23	22	21		

2.8.6　易切削结构钢

韩国 KS 标准易切削结构钢的钢号与化学成分［KS D3567（2002）］（表2-8-13）

表 2-8-13　易切削结构钢的钢号与化学成分（质量分数）（%）

钢　号	C	Si	Mn	P	S	其　他
SUM11	0.08 ~ 0.13	①	0.30 ~ 0.60	≤0.040	0.08 ~ 0.13	—
SUM12	0.08 ~ 0.13	①	0.60 ~ 0.90	≤0.040	0.08 ~ 0.13	—
SUM21	≤0.13	①	0.70 ~ 1.00	0.07 ~ 0.12	0.16 ~ 0.23	—
SUM22	≤0.13	①	0.70 ~ 1.00	0.07 ~ 0.12	0.24 ~ 0.33	—
SUM22L	≤0.13	①	0.70 ~ 1.00	0.07 ~ 0.12	0.24 ~ 0.33	Pb 0.10 ~ 0.35
SUM23	≤0.09	①	0.75 ~ 1.05	0.04 ~ 0.09	0.26 ~ 0.35	—
SUM23L	≤0.09	①	0.75 ~ 1.05	0.04 ~ 0.09	0.26 ~ 0.35	Pb 0.10 ~ 0.35
SUM24L	≤0.15	①	0.85 ~ 1.15	0.04 ~ 0.09	0.26 ~ 0.35	Pb 0.10 ~ 0.35
SUM25	≤0.15	①	0.90 ~ 1.40	0.07 ~ 0.12	0.30 ~ 0.40	—
SUM31	0.14 ~ 0.20	①	1.00 ~ 1.30	≤0.040	0.08 ~ 0.13	—
SUM31L	0.14 ~ 0.20	①	1.00 ~ 1.30	≤0.040	0.08 ~ 0.13	Pb 0.10 ~ 0.35
SUM32	0.12 ~ 0.20	①	0.60 ~ 1.10	≤0.040	0.10 ~ 0.20	—
SUM41	0.32 ~ 0.39	①	1.35 ~ 1.65	≤0.040	0.08 ~ 0.13	—
SUM42	0.37 ~ 0.45	①	1.35 ~ 1.65	≤0.040	0.08 ~ 0.13	—
SUM43	0.40 ~ 0.48	①	1.35 ~ 1.65	≤0.040	0.24 ~ 0.33	—

① 易切削结构钢的 Si 含量一般不作规定，必要时可由供需双方协商规定含量范围，如 $w(Si) \leqslant 0.15\%$，$w(Si) = 0.10\% \sim 0.20\%$，$w(Si) = 0.15\% \sim 0.35\%$ 等。

2.8.7 冷镦钢

（1）韩国 KS 标准冷镦用碳素钢线材（盘条）的钢号与化学成分［KS D7033（2008）］（表 2-8-14）

表 2-8-14　冷镦用碳素钢线材（盘条）的钢号与化学成分（质量分数）（%）

钢 号	C	Si	Mn	P ≤	S ≤	其 他[①]
沸 腾 钢						
SWCH6R	≤0.08	—	≤0.60	0.040	0.040	Cu≤0.30
SWCH8R	≤0.10	—	≤0.60	0.040	0.040	Cu≤0.30
SWCH10R	0.08~0.13	—	0.30~0.60	0.040	0.040	Cu≤0.30
SWCH12R	0.10~0.15	—	0.30~0.60	0.040	0.040	Cu≤0.30
SWCH15R	0.13~0.18	—	0.30~0.60	0.040	0.040	Cu≤0.30
SWCH17R	0.15~0.20	—	0.30~0.60	0.040	0.040	Cu≤0.30
铝 镇 静 钢						
SWCH6A	≤0.08	≤0.10	≤0.60	0.030	0.035	Al≥0.02，Cu≤0.30
SWCH8A	≤0.10	≤0.10	≤0.60	0.030	0.035	Al≥0.02，Cu≤0.30
SWCH10A	0.08~0.13	≤0.10	0.30~0.60	0.030	0.035	Al≥0.02，Cu≤0.30
SWCH12A	0.10~0.15	≤0.10	0.30~0.60	0.030	0.035	Al≥0.02，Cu≤0.30
SWCH15A	0.13~0.18	≤0.10	0.30~0.60	0.030	0.035	Al≥0.02，Cu≤0.30
SWCH16A	0.13~0.18	≤0.10	0.60~0.90	0.030	0.035	Al≥0.02，Cu≤0.30
SWCH18A	0.15~0.20	≤0.10	0.60~0.90	0.030	0.035	Al≥0.02，Cu≤0.30
SWCH19A	0.15~0.20	≤0.10	0.70~1.00	0.030	0.035	Al≥0.02，Cu≤0.30
SWCH20A	0.18~0.23	≤0.10	0.30~0.60	0.030	0.035	Al≥0.02，Cu≤0.30
SWCH22A	0.18~0.23	≤0.10	0.70~1.00	0.030	0.035	Al≥0.02，Cu≤0.30
SWCH25A	0.22~0.28	≤0.10	0.30~0.60	0.030	0.035	Al≥0.02，Cu≤0.30
镇 静 钢						
SWCH10K	0.08~0.13	0.10~0.35	0.30~0.60	0.030	0.035	Cu≤0.30
SWCH12K	0.10~0.15	0.10~0.35	0.30~0.60	0.030	0.035	Cu≤0.30
SWCH15K	0.13~0.18	0.10~0.35	0.30~0.60	0.030	0.035	Cu≤0.30
SWCH16K	0.13~0.18	0.10~0.35	0.60~0.90	0.030	0.035	Cu≤0.30
SWCH17K	0.15~0.20	0.10~0.35	0.30~0.60	0.030	0.035	Cu≤0.30
SWCH18K	0.15~0.20	0.10~0.35	0.60~0.90	0.030	0.035	Cu≤0.30
SWCH20K	0.18~0.23	0.10~0.35	0.30~0.60	0.030	0.035	Cu≤0.30
SWCH22K	0.18~0.23	0.10~0.35	0.70~1.00	0.030	0.035	Cu≤0.30
SWCH24K	0.19~0.25	0.10~0.35	1.35~1.65	0.030	0.035	Cu≤0.30
SWCH25K	0.22~0.28	0.10~0.35	0.30~0.60	0.030	0.035	Cu≤0.30
SWCH27K	0.22~0.29	0.10~0.35	1.20~1.50	0.030	0.035	Cu≤0.30
SWCH30K	0.27~0.33	0.10~0.35	0.60~0.90	0.030	0.035	Cu≤0.30
SWCH33K	0.30~0.36	0.10~0.35	0.60~0.90	0.030	0.035	Cu≤0.30
SWCH35K	0.32~0.38	0.10~0.35	0.60~0.90	0.030	0.035	Cu≤0.30
SWCH38K	0.35~0.41	0.10~0.35	0.60~0.90	0.030	0.035	Cu≤0.30
SWCH40K	0.37~0.43	0.10~0.35	0.60~0.90	0.030	0.035	Cu≤0.30
SWCH41K	0.36~0.44	0.10~0.35	1.35~1.65	0.030	0.035	Cu≤0.30
SWCH43K	0.40~0.46	0.10~0.35	0.60~0.90	0.030	0.035	Cu≤0.30
SWCH45K	0.42~0.48	0.10~0.35	0.60~0.90	0.030	0.035	Cu≤0.30
SWCH48K	0.45~0.51	0.10~0.35	0.60~0.90	0.030	0.035	Cu≤0.30
SWCH50K	0.47~0.53	0.10~0.35	0.60~0.90	0.030	0.035	Cu≤0.30

① 钢中其他元素含量：Cr≤0.20%，Ni≤0.20%。

（2）韩国 KS 标准冷镦用碳素钢钢丝的力学性能

A）经 D 工序的冷镦用碳素钢钢丝的力学性能（表 2-8-15）

表 2-8-15　经 D 工序的冷镦用碳素钢钢丝的力学性能

钢　号	钢丝直径 /mm	R_m /MPa	Z (%)	A (%)	HRB	钢　号	钢丝直径 /mm	R_m /MPa	Z (%)	A (%)	HRB
SWCH6R	≤3	≥540	≥45	—	—	SWCH16A	≤3	≥690	≥45	—	—
SWCH8R						SWCH17R	>3~4	≥590	≥45	—	—
SWCH10R	>3~4	≥440	≥45	—	—	SWCH18A					
SWCH6A	>4~5	≥390	≥45	—	—	SWCH20A	>4~5	≥490	≥45	—	—
SWCH8A						SWCH15K	>5	≥410	≥45	≥7	≤95
SWCH10A	>5	≥340	≥45	≥11	≤85						
SWCH12R	≤3	≥590	≥45	—	—	SWCH19A	>3~4	≥640	≥45	—	—
SWCH15R						SWCH16K					
SWCH12A	>3~4	≥490	≥45	—	—	SWCH17K	>4~5	≥540	≥45	—	—
SWCH15A	>4~5	≥410	≥45	—	—	SWCH18K					
SWCH10K						SWCH20K	>5~30	≥440	≥45	≥7	≤95
SWCH12K	>5	≥360	≥45	≥10	≤90	SWCH22A	>3~4	≥690	≥45	—	—
						SWCH22K	>4~5	≥570	≥45	—	—
						SWCH25K	>5	≥470	≥45	≥6	≤98

注：1. D 工序是将线材（盘条）冷拉精加工。

2. 表中的断后伸长率 A 和硬度 HRB 为参考值。

B）经 DA 工序的冷镦用碳素钢钢丝的力学性能（表 2-8-16）

表 2-8-16　经 DA 工序的冷镦用碳素钢钢丝的力学性能

钢　号	R_m /MPa	Z (%)	A (%)	HRB	钢　号	R_m /MPa	Z (%)	A (%)	HRB
SWCH6R					SWCH17K				
SWCH8R	≥290	≥55	≥15	≤80	SWCH18K	≥410	≥55	≥13	≤86
SWCH10R					SWCH20K				
SWCH6A					SWCH22A				
SWCH8A	≥290	≥55	≥15	≤80	SWCH22K	≥440	≥55	≥12	≤88
SWCH10A					SWCH25K				
SWCH12R	≥340	≥55	≥14	≤83	SWCH24K	≥470	≥55	≥12	≤92
SWCH15R					SWCH27K				
SWCH12A	≥340	≥55	≥14	≤83	SWCH30K				
SWCH15A					SWCH33K	≥620	≥55	≥12	≤92
SWCH10A	≥340	≥55	≥14	≤83	SWCH35K				
SWCH12A					SWCH38K				
SWCH17R	≥370	≥55	≥13	≤85	SWCH40K	≥670	≥55	≥11	≤64
SWCH15K					SWCH43K				
SWCH16A					SWCH41K				
SWCH18A	≥370	≥55	≥13	≤85	SWCH45K	≥710	≥55	≥10	≤97
SWCH20A					SWCH48K				
SWCH16A	≥410	≥55	≥13	≤86	SWCH50K	≥710	≥55	≥10	≤97
SWCH19A									

注：1. DA 工序是将线材（盘条）冷拉后进行退火，然后再冷拉精加工。

2. 表中的伸长率和硬度为参考值。

3. 对于 SWCH27 以下的低碳钢丝，若成品是用于热处理的钢丝，其抗拉强度的下限经协商后允许低于本表的规定值。

2.8.8 弹簧钢和轴承钢

（1）韩国 KS 标准弹簧钢的钢号与化学成分［KS D3701（2002）］（表 2-8-17）

表 2-8-17 弹簧钢的钢号与化学成分（质量分数）（%）

钢 号	C	Si	Mn	P ≤	S ≤	Cr	其 他
SPS6	0.56 ~ 0.64	1.50 ~ 1.80	0.70 ~ 1.00	0.030	0.030	—	Cu≤0.30
SPS7	0.56 ~ 0.64	1.80 ~ 2.20	0.70 ~ 1.00	0.030	0.030	—	Cu≤0.30
SPS9	0.52 ~ 0.60	0.15 ~ 0.35	0.60 ~ 0.95	0.030	0.030	0.65 ~ 0.95	Cu≤0.30
SPS9A	0.56 ~ 0.64	0.15 ~ 0.35	0.70 ~ 1.00	0.030	0.030	0.70 ~ 1.00	V 0.15 ~ 0.25 Cu≤0.30
SPS10	0.47 ~ 0.55	0.15 ~ 0.35	0.65 ~ 0.95	0.030	0.030	0.80 ~ 1.10	B≤0.0005 Cu≤0.30
SPS11A	0.56 ~ 0.64	0.15 ~ 0.35	0.70 ~ 1.00	0.030	0.030	0.70 ~ 1.00	Cu≤0.30
SPS12	0.51 ~ 0.59	1.20 ~ 1.60	0.60 ~ 0.90	0.030	0.030	0.60 ~ 0.90	Cu≤0.30
SPS13	0.56 ~ 0.64	0.15 ~ 0.35	0.70 ~ 1.00	0.030	0.030	0.70 ~ 0.90	Mo 0.25 ~ 0.35 Cu≤0.30

（2）韩国 KS 标准弹簧钢的热处理与力学性能（表 2-8-18）

表 2-8-18 弹簧钢的热处理与力学性能

钢 号	热处理/℃		力学性能				硬 度 HBW
	淬 火	回 火	R_m/MPa	R_{eL}/MPa	A（%）	Z（%）	
			≥				
SPS 6	830 ~ 860 油冷	480 ~ 530	1230	1080	9	20	363 ~ 429
SPS 7	830 ~ 860 油冷	490 ~ 540	1230	1080	9	20	363 ~ 429
SPS 9	830 ~ 860 油冷	460 ~ 510	1230	1080	9	20	363 ~ 429
SPS 9A	830 ~ 860 油冷	460 ~ 520	1230	1080	9	20	363 ~ 429
SPS 10	840 ~ 870 油冷	470 ~ 540	1230	1080	10	30	363 ~ 429
SPS 11A	830 ~ 860 油冷	460 ~ 520	1230	1080	9	20	363 ~ 429
SPS 12	830 ~ 860 油冷	510 ~ 570	1230	1080	9	20	363 ~ 429
SPS 13	830 ~ 860 油冷	510 ~ 570	1230	1080	10	30	363 ~ 429

（3）韩国 KS 标准高碳铬轴承钢的钢号、化学成分与硬度［KS D3525（1995）］（表 2-8-19）

表 2-8-19 高碳铬轴承钢的钢号、化学成分与硬度（质量分数）（%）

钢 号	C	Si	Mn	P ≤	S ≤	Cr	Mo	HBW
STB1	0.95 ~ 1.10	0.15 ~ 0.35	≤0.50	0.025	0.025	0.90 ~ 1.20	—	≤201
STB2	0.95 ~ 1.10	0.15 ~ 0.35	≤0.50	0.025	0.025	1.30 ~ 1.60	—	≤201
STB3	0.95 ~ 1.10	0.40 ~ 0.70	0.90 ~ 1.15	0.025	0.025	0.90 ~ 1.20	—	≤207
STB4	0.95 ~ 1.10	0.15 ~ 0.35	≤0.50	0.025	0.025	1.30 ~ 1.60	0.10 ~ 0.25	≤201
STB5	0.95 ~ 1.10	0.40 ~ 0.70	0.90 ~ 1.15	0.025	0.025	0.90 ~ 1.20	0.10 ~ 0.25	≤207

注：1. 各钢号的残余元素：Ni≤0.25%，Cu≤0.25%，但线材 Cu≤0.20%。

2. STB1、STB2、STB3 的残余元素：Mo≤0.08%。

3. 各钢号可添加本表以外的元素，但总含量≤0.25%。

4. 表中为球化退火后硬度。

B. 专业用钢和优良品种

2.8.9　铁塔用高强度钢〔KS D3781 (2007)〕

（1）韩国 KS 标准铁塔用高强度钢的钢号与化学成分（表 2-8-20）

表 2-8-20　铁塔用高强度钢的钢号与化学成分

钢　号	C	Si	Mn	P ≤	S ≤	Nb + V	B
SH590P	≤0.12	≤0.40	≤2.00	0.040	0.040	≤0.15	≤0.0002
SH590S	≤0.18	≤0.40	≤1.80	0.040	0.040	≤0.15	—

（2）韩国 KS 标准铁塔用高强度钢的力学性能（表 2-8-21）

表 2-8-21　铁塔用高强度钢的力学性能

钢　号	R_m /MPa	R_{eL} /MPa	A（%）（下列厚度/mm） 6 ~ 16	A（%）（下列厚度/mm） >16
SH590P	590 ~ 740	≥440	≥19	≥26
SH590S	≥590	≥440	≥13	≥17

2.8.10　中温压力容器用钢板〔KS D3521 (2008)〕

（1）韩国 KS 标准压力容器用碳素钢板的钢号与化学成分（表 2-8-22）

表 2-8-22　压力容器用碳素钢板的钢号与化学成分（质量分数）（%）

钢　号	旧钢号	C	Si	Mn	P ≤	S ≤	碳当量 CE
SPPV 235	SPPV 24						
≤100mm		≤0.18	≤0.35	≤1.40	0.030	0.030	—
>100mm		≤0.20	≤0.35	≤1.40	0.030	0.030	—
SPPV 315	SPPV 32	≤0.18	≤0.55	≤1.60	0.030	0.030	—
SPPV 355	SPPV 36	≤0.20	≤0.55	≤1.60	0.030	0.030	—
SPPV 410	—	≤0.18	≤0.75	≤1.60	0.030	0.030	—
SPPV 450	SPPV 46	≤0.18	≤0.75	≤1.60	0.030	0.030	0.44 ~ 0.46[1]
SPPV 490	SPPV 50	≤0.18	≤0.75	≤1.60	0.030	0.030	0.45 ~ 0.47[2]

① 钢材厚度≤50mm，CE≤0.44%；>50 ~ ≤75mm，CE≤0.46%。

② 钢材厚度≤50mm，CE≤0.45%；>50 ~ ≤75mm，CE≤0.47%。

（2）韩国 KS 标准压力容器用碳素钢板的力学性能（表 2-8-23）

表 2-8-23　压力容器用碳素钢板的力学性能

钢　号	力学性能 屈服强度/MPa ≥ （下列厚度/mm 时） >6 ~ 50	力学性能 >50 ~ 100	力学性能 >100 ~200	R_m /MPa	A（%）≥ （下列厚度/mm） <16	A（%）≥ ≥16	A（%）≥ ≥40	弯曲试验（180°） r—内侧半径，a—厚度（下列厚度/mm） <50	弯曲试验（180°） ≥50
SPPV 235	235	215	195	400 ~ 510	17	21	24	$r = 1.0a$	$r = 1.5a$
SPPV 315	315	295	275	570 ~ 610	16	20	23	$r = 1.5a$	$r = 1.5a$
SPPV 355	355	335[1]	315	520 ~ 640	14	18	21	$r = 1.5a$	$r = 1.5a$
SPPV 410	410	390[1]	370	560 ~ 670	12	16	18	$r = 1.5a$	$r = 1.5a$
SPPV 450	450	430[1]	410	570 ~ 700	19	26	20	$r = 1.5a$	$r = 1.5a$
SPPV 490	490	470[1]	450	610 ~ 740	18	25	19	$r = 1.5a$	$r = 1.5a$

① 表中数据适用于厚度≤75mm 的钢板。

2.8.11 中、常温压力容器用高强度钢板［KS D3610（1991/2006 确认）］

（1）韩国 KS 标准中、常温压力容器用高强度钢板的钢号与化学成分（表2-8-24）

表2-8-24 中、常温压力容器用高强度钢板的钢号与化学成分（质量分数）（%）

钢 号	旧钢号	C	Si	Mn	P ≤	S ≤	Mo	V	其 他
SEV 245	SEV 25	≤0.20	0.15 ~ 0.60	0.80 ~ 1.60	0.035	0.035	≤0.35	≤0.10	Cu≤0.35 Nb≤0.05
SEV 295	SEV 30	≤0.19	0.15 ~ 0.60	0.80 ~ 1.60	0.035	0.035	0.10 ~ 0.40	≤0.10	Cu≤0.35 Nb≤0.05
SEV 345	SEV 35	≤0.19	0.15 ~ 0.60	0.80 ~ 1.70	0.035	0.035	0.15 ~ 0.50	≤0.10	Cu≤0.35 Nb≤0.05

注：本表适用于厚度 6 ~ 150mm 的钢板。

（2）韩国 KS 标准中、常温压力容器用高强度钢板的力学性能（表2-8-25）

表2-8-25 中、常温压力容器用高强度钢板的力学性能

钢 号	钢板厚度 /mm	力 学 性 能				高温 R_{eL}/MPa ≥						
		R_m/MPa	R_{eL}/MPa	A（%）	KV_2 或 KU_2[①]/J	试验温度/℃						
		≥				100	150	200	250	300	350	400
SEV 245	≤50	510 ~ 650	375	16	31.4	31	335	315	295	275	255	245	225
	>50 ~ 100	510 ~ 650	355	20	31.4	31							
	>100 ~ 125	500 ~ 640	345	20	31.4	31	335	315	295	275	255	245	225
	>125 ~ 150	490 ~ 630	335	20	31.4	31							
SEV 295	≤50	540 ~ 690	425	15	31.4	31	385	365	345	325	305	295	275
	>50 ~ 100	540 ~ 690	405	19	31.4	31							
	>100 ~ 125	530 ~ 680	395	19	31.4	31	385	365	345	325	305	295	275
	>125 ~ 150	520 ~ 670	380	19	31.4	31							
SEV 345	≤50	590 ~ 735	430	14	31.4	31	395	385	375	365	355	345	315
	>50 ~ 100	590 ~ 735	430	18	31.4	31							
	>100 ~ 125	580 ~ 725	425	18	31.4	31	395	385	375	365	355	345	315
	>125 ~ 150	570 ~ 715	410	18	31.4	31							

① 试验温度为0℃，取3个试样的平均值。

2.8.12 低温和高温压力容器用钢板［KS D3541，D3543（2008/2004）］

（1）韩国 KS 标准低温压力容器用碳素钢板的钢号与化学成分［KS D3541（2008）］（表2-8-26）

表2-8-26 低温压力容器用碳素钢板的钢号与化学成分（质量分数）（%）

钢 号	C	Si	Mn	P ≤	S ≤	碳当量 CE	最低使用温度/℃
SLA1 235	≤0.15	0.15 ~ 0.30	0.70 ~ 1.50	0.035	0.035	≤0.38	−30
SLA1 325	≤0.16	0.15 ~ 0.55	0.80 ~ 1.60	0.035	0.035	≤0.38	−45
SLA1 360	≤0.18	0.15 ~ 0.55	0.80 ~ 1.60	0.035	0.035	≤0.38	−60

（2）韩国 KS 标准高温压力容器用合金钢板的钢号与化学成分［KS D3543（2009）］（表2-8-27）

表 2-8-27　高温压力容器用合金钢板的钢号与化学成分（质量分数）（%）

钢 号	C	Si	Mn	P ≤	S ≤	Cr	Mo
SCMV1	≤0.21	≤0.40	0.55~0.80	0.030	0.030	0.50~0.80	0.45~0.60
SCMV2	≤0.17	≤0.40	0.40~0.65	0.030	0.030	0.80~1.15	0.45~0.60
SCMV3	≤0.17	0.50~0.80	0.40~0.65	0.030	0.030	1.00~1.50	0.45~0.65
SCMV4	≤0.17	≤0.50	0.30~0.60	0.030	0.030	2.00~2.50	0.90~1.10
SCMV5	≤0.17	≤0.50	0.30~0.60	0.030	0.030	2.75~3.25	0.90~1.10
SCMV6	≤0.15	≤0.50	0.30~0.60	0.030	0.030	4.00~6.00	0.45~0.65

2.8.13　锅炉和压力容器用碳素钢板与含钼合金钢板［KS D3560（2007）］

（1）韩国 KS 标准锅炉和压力容器用碳素钢板与含钼合金钢板的钢号与化学成分（表 2-8-28）

表 2-8-28　锅炉和压力容器用碳素钢板与含钼合金钢板的钢号与化学成分（质量分数）（%）

钢 号	旧钢号	钢材尺寸/mm	C	Si	Mn	P ≤	S ≤	Mo
SBB 410	SBB 42	≤25	≤0.24	0.15~0.40	≤0.90	0.030	0.030	—
		>25~50	≤0.27	0.15~0.40	≤0.90	0.030	0.030	—
		>50~200	≤0.30	0.15~0.40	≤0.90	0.030	0.030	—
SBB 450	SBB 46	≤25	≤0.28	0.15~0.40	≤0.90	0.030	0.030	—
		>25~50	≤0.31	0.15~0.40	≤0.90	0.030	0.030	—
		>50~200	≤0.33	0.15~0.40	≤0.90	0.030	0.030	—
SBB 450M	SBB 46M	≤25	≤0.18	0.15~0.40	≤0.90	0.030	0.030	0.45~0.60
		>25~50	≤0.21	0.15~0.40	≤0.90	0.030	0.030	0.45~0.60
		>50~100	≤0.23	0.15~0.40	≤0.90	0.030	0.030	0.45~0.60
		>100~150	≤0.25	0.15~0.40	≤0.90	0.030	0.030	0.45~0.60
SBB 480	SBB 49	≤25	≤0.31	0.15~0.40	≤0.90	0.030	0.030	—
		>25~50	≤0.33	0.15~0.40	≤0.90	0.030	0.030	—
		>50~200	≤0.35	0.15~0.40	≤0.90	0.030	0.030	—
SBB 480M	SBB 49M	≤25	≤0.20	0.15~0.40	≤0.90	0.030	0.030	0.45~0.60
		>25~50	≤0.23	0.15~0.40	≤0.90	0.030	0.030	0.45~0.60
		>50~100	≤0.25	0.15~0.40	≤0.90	0.030	0.030	0.45~0.60
		>100~150	≤0.27	0.15~0.40	≤0.90	0.030	0.030	0.45~0.60

（2）韩国 KS 标准锅炉和压力容器用碳素钢板与含钼合金钢板的力学性能（表 2-8-29）

表 2-8-29　锅炉和压力容器用碳素钢板与含钼合金钢板的力学性能

钢 号	力 学 性 能			弯曲试验（180°）			
	R_m/MPa	R_{eL}/MPa	A（%）	r—内侧半径，a—厚度（下列厚度/mm）			
	≥	≥	≥	<25	≥25~50	>50~100	>100~200
SBB 410	415~550	225	21~25	r=0.5a	r=0.75a	r=1.0a	r=1.25a
SBB 450	450~590	245	19~23	r=0.75a	r=1.0a	r=1.0a	r=1.25a
SBB 450M	480~620	265	17~21	r=0.5a	r=0.75a	r=0.75a	r=1.0a[①]
SBB 480	450~590	255	19~23	r=1.0a	r=1.0a	r=1.25a	r=1.5a
SBB 480M	480~620	275	17~21	r=0.75a	r=1.0a	r=1.0a	r=1.25a[①]

① 钢板厚度为≥100~150mm。

2.8.14　钢管用热轧碳素钢带［KS D3555（2008）］

（1）韩国 KS 标准钢管用热轧碳素钢带的钢号与化学成分（表2-8-30）

表 2-8-30　钢管用热轧碳素钢带的钢号与化学成分（质量分数）（%）

钢　号	C	Si	Mn	P ≤	S ≤
HRS 1	≤0.10	≤0.35①	≤0.50	0.040	0.040
HRS 2	≤0.18	≤0.35	≤0.60	0.040	0.040
HRS 3	≤0.25	≤0.35	0.30~0.90	0.040	0.040
HRS 4	≤0.30	≤0.35	0.30~1.00	0.040	0.040

① 若需方要求，可由双方协议 Si≤0.04%。

（2）韩国 KS 标准钢管用热轧碳素钢带的力学性能（表2-8-31）

表 2-8-31　钢管用热轧碳素钢带的力学性能

钢　号	力 学 性 能					弯曲试验（180°）	
	R_m/MPa ≥	A（%）≥ （下列厚度/mm）				r—内侧半径，a—厚度 （下列厚度/mm）	
		>1.2~1.6	>1.6~3.0	>3.0~6.0	>6.0~13.0	<3.0	≥3.0~13.0
HRS 1	275	30	32	35	37	成叠	$r=0.5a$
HRS 2	345	25	27	30	32	$r=1.0a$	$r=1.5a$
HRS 3	415	20	22	25	27	$r=1.5a$	$r=2.0a$
HRS 4	490	15	18	20	22	$r=1.5a$	$r=2.0a$

注：表中数据不适用钢带两头的不正常部分。

2.8.15　锅炉与热交换器用合金钢管［KS D3572（2008）］

（1）韩国 KS 标准锅炉与热交换器用合金钢管的钢号与化学成分（表2-8-32）

表 2-8-32　锅炉与热交换器用合金钢管的钢号与化学成分（质量分数）（%）

钢　号	C	Si	Mn	P ≤	S ≤	Cr	Mo
STHA 12	0.10~0.20	0.10~0.50	0.30~0.80	0.035	0.035	—	0.45~0.65
STHA 13	0.15~0.25	0.10~0.50	0.30~0.80	0.035	0.035	—	0.45~0.65
STHA 20	0.10~0.20	0.10~0.50	0.30~0.60	0.035	0.035	0.50~0.80	0.40~0.65
STHA 22	≤0.15	≤0.50	0.30~0.60	0.035	0.035	0.80~1.25	0.45~0.65
STHA 23	≤0.15	0.50~1.00	0.30~0.60	0.030	0.030	1.00~1.50	0.45~0.65
STHA 24	≤0.15	≤0.50	0.30~0.60	0.030	0.030	1.90~2.60	0.87~1.13
STHA 25	≤0.15	≤0.50	0.30~0.60	0.030	0.030	4.00~6.00	0.45~0.65
STHA 26	≤0.15	0.25~1.00	0.30~0.60	0.030	0.030	8.00~10.0	0.90~1.10

（2）韩国 KS 标准锅炉与热交换器用合金钢管的力学性能（表2-8-33）

表 2-8-33　锅炉与热交换器用合金钢管的力学性能

钢　号	力 学 性 能					HRB①
	R_m/MPa ≥	R_{eL}/MPa ≥	A（%）（下列外径/mm）≥			
			<10	≥1.0~20	≥20	
STHA 12	285	205	22	25	30	≤80
STHA 13	415	205	22	25	30	≤81
STHA 20	415	205	22	25	30	≤85
STHA 22	415	205	22	25	30	≤85
STHA 23	415	205	22	25	30	≤85
STHA 24	415	205	22	25	30	≤85
STHA 25	415	205	22	25	30	≤85
STHA 26	415	205	22	25	30	≤85

① 硬度取3处平均值。

2.8.16　机械结构用碳素钢管［KS D3517（2008）］

（1）韩国 KS 标准机械结构用碳素钢管的钢号与化学成分（表2-8-34）

表 2-8-34　机械结构用碳素钢管的钢号与化学成分（质量分数）（%）

钢　号	旧钢号	C	Si	Mn	P ≤	S ≤
STKM11A	11A	≤0.12	≤0.35	≤0.60	0.040	0.040
STKM12A	12A	≤0.20	≤0.35	≤0.60	0.040	0.040
STKM12B	12B	≤0.20	≤0.35	≤0.60	0.040	0.040
STKM12C	12C	≤0.20	≤0.35	≤0.60	0.040	0.040
STKM13A	13A	≤0.25	≤0.35	0.30～0.90	0.040	0.040
STKM13B	13B	≤0.25	≤0.35	0.30～0.90	0.040	0.040
STKM13C	13C	≤0.25	≤0.35	0.30～0.90	0.040	0.040
STKM14A	14A	≤0.30	≤0.35	0.30～1.00	0.040	0.040
STKM14B	14B	≤0.30	≤0.35	0.30～1.00	0.040	0.040
STKM14C	14C	≤0.30	≤0.35	0.30～1.00	0.040	0.040
STKM15A	15A	0.25～0.35	≤0.35	0.30～1.00	0.040	0.040
STKM15C	15C	0.25～0.35	≤0.35	0.30～1.00	0.040	0.040
STKM16A	16A	0.35～0.45	≤0.40	0.40～1.00	0.040	0.040
STKM16C	16C	0.35～0.45	≤0.40	0.40～1.00	0.040	0.040
STKM17A	17A	0.45～0.55	≤0.40	0.40～1.00	0.040	0.040
STKM17C	17C	0.45～0.55	≤0.40	0.40～1.00	0.040	0.040
STKM18A	18A	≤0.18	≤0.55	≤1.50	0.040	0.040
STKM18B	18B	≤0.18	≤0.55	≤1.50	0.040	0.040
STKM18C	18C	≤0.18	≤0.55	≤1.50	0.040	0.040
STKM19A	19A	≤0.25	≤0.55	≤1.50	0.040	0.040
STKM19C	19C	≤0.25	≤0.55	≤1.50	0.040	0.040
STKM20A[①]	20A	≤0.25	≤0.55	≤1.50	0.040	0.040

① 可以添加 Nb 或 V≤0.15% 。

（2）韩国 KS 标准机械结构用碳素钢管的力学性能（表2-8-35）

表 2-8-35　机械结构用碳素钢管的力学性能

钢　号	力 学 性 能				弯曲试验（90°）	扁平试验
	R_m/MPa	R_{eL}/MPa	A（%）　≥		D—钢管外径	平板间距离（H）
	≥		（纵向）	（横向）		D—钢管外径
STKM11A	295	—	35	30	4D（180°）	$H = D/2$
STKM12A	345	180	35	30	6D	$H = 2D/3$
STKM12B	395	275	25	20	6D	$H = 2D/3$
STKM12C	470	355	20	15	—	—
STKM13A	375	215	30	25	6D	$H = 2D/3$
STKM13B	440	305	20	15	6D	$H = 3D/4$
STKM13C	510	385	15	10	—	—
STKM14A	415	245	25	20	6D	$H = 3D/4$
STKM14B	500	355	15	10	8D	$H = 7D/8$
STKM14C	550	415	15	10	—	—

（续）

钢 号	力 学 性 能				弯曲试验（90°）	扁平试验
	R_m/MPa	R_{eL}/MPa	A（%） ≥		D—钢管外径	平板间距离（H）
	≥		（纵向）	（横向）		D—钢管外径
STKM15A	470	275	22	17	6D	$H=3D/4$
STKM15C	580	430	2	7	—	—
STKM16A	510	325	20	15	8D	$H=7D/8$
STKM16C	620	460	12	7	—	—
STKM17A	550	345	20	15	8D	$H=7D/8$
STKM17C	650	480	10	5	—	—
STKM18A	440	275	25	20	6D	$H=7D/8$
STKM18B	490	315	23	18	8D	$H=7D/8$
STKM18C	510	385	15	10	—	—
STKM19A	490	315	23	18	6D	$H=7D/8$
STKM19C	550	415	15	10	—	—
STKM20A	540	395	23	18	6D	$H=7D/8$

2.8.17 机械结构用合金钢管［KS D3574（2008）］

（1）韩国 KS 标准机械结构用合金钢管的钢号与化学成分（表2-8-36）

表 2-8-36 机械结构用合金钢管的钢号与化学成分（质量分数）（%）

钢 号[①]	C	Si	Mn	P ≤	S ≤	Cr	Mo
SCr420 TK	0.18～0.23	0.15～0.35	0.60～0.85	0.030	0.030	0.90～1.20	—
SCM415 TK	0.13～0.18	0.15～0.35	0.60～0.85	0.030	0.030	0.90～1.20	0.15～0.30
SCM418 TK	0.16～0.21	0.15～0.35	0.60～0.85	0.030	0.030	0.90～1.20	0.15～0.30
SCM420 TK	0.18～0.23	0.15～0.35	0.60～0.85	0.030	0.030	0.90～1.20	0.15～0.30
SCM430 TK	0.28～0.33	0.15～0.35	0.60～0.85	0.030	0.030	0.90～1.20	0.15～0.30
SCM435 TK	0.33～0.38	0.15～0.35	0.60～0.85	0.030	0.030	0.90～1.20	0.15～0.30
SCM440 TK	0.38～0.43	0.15～0.35	0.60～0.85	0.030	0.030	0.90～1.20	0.15～0.30

① 各钢号的残余元素含量：Ni≤0.25%，Cu≤0.30%。

（2）韩国 KS 标准机械结构用合金钢管的热处理与力学性能（表2-8-37）

表 2-8-37 机械结构用合金钢管的热处理与力学性能

钢 号	热处理温度/℃ 及冷却		力 学 性 能					HBW
	退火	淬火	R_m/MPa	R_{eL}/MPa	A(%)	Z(%)	a_K/(J/cm²)	
			≥					
SCr420 TK	150～200 空冷	850～900 油冷 800～850 油冷	835	—	14	35	50	235～321
SCM415 TK	150～200 空冷	850～900 油冷 800～850 油冷	835	—	16	40	70	235～321
SCM418 TK	150～200 空冷	850～900 油冷 800～850 油冷	885	—	15	40	70	248～331
SCM420 TK	150～200 空冷	850～900 油冷 800～850 油冷	935	—	14	40	60	262～352
SCM430 TK	530～630 急冷	830～880 油冷	835	690	18	55	108	241～302

（续）

钢 号	热处理温度/℃及冷却		力 学 性 能					HBW
	退火	淬火	R_m/MPa	R_{eL}/MPa	A(%)	Z(%)	a_K/(J/cm²)	
			≥					
SCM435 TK	530~630 急冷	830~880 油冷	935	785	15	50	78	269~331
SCM440 TK	530~630 急冷	830~880 油冷	980	835	12	45	60	285~352

2.8.18 碳素钢线材 ［KS D3554，D3559（2002/2007）］

（1）韩国 KS 标准低（中）碳素钢线材的钢号与化学成分 ［KS D3554（2002）］（表 2-8-38）

表 2-8-38 低（中）碳素钢线材的钢号与化学成分（质量分数）（%）

钢 号	C	Si①	Mn	P ≤	S ≤
MSWR 6	≤0.08	—	≤0.60	0.045	0.045
MSWR 8	≤0.10	—	≤0.60	0.045	0.045
MSWR 10	0.08~0.13	—	0.30~0.60	0.045	0.045
MSWR 12	0.10~0.15	—	0.30~0.60	0.045	0.045
MSWR 15	0.13~0.18	—	0.30~0.60	0.045	0.045
MSWR 17	0.15~0.20	—	0.30~0.60	0.045	0.045
MSWR 20	0.18~0.23	—	0.30~0.60	0.045	0.045
MSWR 22	0.20~0.25	—	0.30~0.60	0.045	0.045

① Si 含量可由双方协议确定。

（2）韩国 KS 标准高（中）碳素钢线材的钢号与化学成分 ［KS D3559（2007）］（表 2-8-39）

表 2-8-39 高（中）碳素钢线材的钢号与化学成分（质量分数）（%）

钢 号	C	Si	Mn	P ≤	S ≤
HSWR 27	0.24~0.31	0.15~0.35	0.30~0.60	0.030	0.030
HSWR 32	0.29~0.36	0.15~0.35	0.30~0.60	0.030	0.030
HSWR 37	0.34~0.41	0.15~0.35	0.30~0.60	0.030	0.030
HSWR 42A	0.39~0.46	0.15~0.35	0.30~0.60	0.030	0.030
HSWR 42B	0.39~0.46	0.15~0.35	0.60~0.90	0.030	0.030
HSWR 47A	0.41~0.51	0.15~0.35	0.30~0.60	0.030	0.030
HSWR 47B	0.41~0.51	0.15~0.35	0.60~0.90	0.030	0.030
HSWR 52A	0.49~0.56	0.15~0.35	0.30~0.60	0.030	0.030
HSWR 52B	0.49~0.56	0.15~0.35	0.60~0.90	0.030	0.030
HSWR 57A	0.54~0.61	0.15~0.35	0.30~0.60	0.030	0.030
HSWR 57B	0.54~0.61	0.15~0.35	0.60~0.90	0.030	0.030
HSWR 62A	0.59~0.66	0.15~0.35	0.30~0.60	0.030	0.030
HSWR 62B	0.59~0.66	0.15~0.35	0.60~0.90	0.030	0.030
HSWR 67A	0.64~0.71	0.15~0.35	0.30~0.60	0.030	0.030
HSWR 67B	0.64~0.71	0.15~0.35	0.60~0.90	0.030	0.030
HSWR 72A	0.69~0.76	0.15~0.35	0.30~0.60	0.030	0.030
HSWR 72B	0.69~0.76	0.15~0.35	0.60~0.90	0.030	0.030
HSWR 77A	0.74~0.81	0.15~0.35	0.30~0.60	0.030	0.030
HSWR 77B	0.74~0.81	0.15~0.35	0.60~0.90	0.030	0.030
HSWR 82A	0.79~0.86	0.15~0.35	0.30~0.60	0.030	0.030
HSWR 82B	0.79~0.86	0.15~0.35	0.60~0.90	0.030	0.030

2.9 俄 罗 斯

A. 通用结构用钢

2.9.1 普通碳素钢

（1）俄罗斯ГOCT标准普通碳素钢的钢号与化学成分［ГOCT 380（2005）］（表2-9-1）

表 2-9-1　普通碳素钢的钢号与化学成分（质量分数）（%）

钢 号[1]	C	Si	Mn	P ≤	S ≤	其 他[2]
Ст0	≤0.23	—	—	0.070	0.060	—
Ст1кп ×	0.06 ~ 0.12	≤0.05	0.25 ~ 0.50	0.040	0.050	—
Ст1пс ×	0.06 ~ 0.12	0.05 ~ 0.15	0.25 ~ 0.50	0.040	0.050	—
Ст1сp ×	0.06 ~ 0.12	0.15 ~ 0.30	0.25 ~ 0.50	0.040	0.050	—
Ст2кп ×	0.09 ~ 0.15	≤0.05	0.25 ~ 0.50	0.040	0.050	—
Ст2пс ×	0.09 ~ 0.15	0.05 ~ 0.15	0.25 ~ 0.50	0.040	0.050	—
Ст2сp ×	0.09 ~ 0.15	0.15 ~ 0.30	0.25 ~ 0.50	0.040	0.050	—
Ст3кп ×	0.14 ~ 0.22	≤0.05	0.30 ~ 0.60	0.040	0.050	—
Ст3пс ×	0.14 ~ 0.22	0.05 ~ 0.15	0.40 ~ 0.65	0.040	0.050	—
Ст3сp ×	0.14 ~ 0.22	0.15 ~ 0.30	0.40 ~ 0.65	0.040	0.050	—
Ст3Гпс ×	0.14 ~ 0.22	≤0.15	0.80 ~ 1.10	0.040	0.050	—
Ст3Гсp ×	0.14 ~ 0.20	0.15 ~ 0.30	0.80 ~ 1.10	0.040	0.050	—
Ст4кп ×	0.18 ~ 0.27	≤0.05	0.40 ~ 0.70	0.040	0.050	—
Ст4пс ×	0.18 ~ 0.27	0.05 ~ 0.15	0.40 ~ 0.70	0.040	0.050	—
Ст4сp ×	0.18 ~ 0.27	0.15 ~ 0.30	0.40 ~ 0.70	0.040	0.050	—
Ст5пс ×	0.28 ~ 0.37	0.05 ~ 0.15	0.50 ~ 0.80	0.040	0.050	—
Ст5сp ×	0.28 ~ 0.37	0.15 ~ 0.30	0.50 ~ 0.80	0.040	0.050	—
Ст5Гпс ×	0.22 ~ 0.30	≤0.15	0.80 ~ 1.20	0.040	0.050	—
Ст6пс ×	0.38 ~ 0.49	0.05 ~ 0.15	0.50 ~ 0.80	0.040	0.050	—
Ст6сp ×	0.38 ~ 0.49	0.15 ~ 0.30	0.50 ~ 0.80	0.040	0.050	—

① 钢号末位的"×"用于成品钢材，例如：Ст5пс 1 表示 1 类钢材，依此类推。

② 残余元素含量：Cr≤0.30%，Ni≤0.30%，Cu≤0.30%，As≤0.08%，N≤0.008%。

（2）普通碳素钢各类钢材的保证条件

ГOCT 380（2005）标准仅适用于普通碳素钢的半成品，对于力学和工艺等性能的要求则在有关成品钢材的相应标准中规定。本标准对钢板分为 6 类，对棒材和型钢分为五类。各类钢材的保证条件见表 2-9-2。

表 2-9-2　普通碳素钢各类钢材的保证条件

分 类	保 证 条 件
1 类钢材	保证抗拉强度、屈服强度、断面收缩率、冷弯性能
2 类钢材	同 1 类钢材的保证条件，并保证化学成分
3 类钢材	同 1 类 +2 类钢材的保证条件，还保证 +20℃的冲击韧度（V 形缺口试样）
4 类钢材	同 1 类 +2 类钢材的保证条件，还保证 −20℃的冲击韧度（V 形缺口试样）
5 类钢材	同 1 类 +2 类钢材的保证条件，还保证时效条件下（钢板仍为 −20℃）的冲击韧度
6 类钢材	仅对钢板，同 1 类 +2 类钢材的保证条件，还保证 −40℃的冲击韧度（V 形缺口试样）

2.9.2 低合金高强度钢

（1）俄罗斯 ΓOCT 标准低合金高强度钢的钢号与化学成分 ［ΓOCT 19281（2014）］（表 2-9-3）

表 2-9-3   低合金高强度钢的钢号与化学成分（质量分数）（%）

强度等级	C	Si	Mn	P ≤	S ≤	Cr	Ni	Cu	V	其 他[1]
265	≤0.14	≤0.60	≤1.60	0.030	0.035	≤0.30	≤0.30	≤0.30	≤0.15	N≤0.012
295	≤0.14	≤0.60	≤1.60	0.030	0.035	≤0.30	≤0.30	≤0.30	≤0.15	N≤0.012
315	≤0.18	≤0.60	≤1.80	0.030	0.035	≤0.30	≤0.30	≤0.30	≤0.15	N≤0.012
325	≤0.20	≤0.90	≤1.80	0.030	0.035	≤0.60	≤0.30	≤0.30	≤0.10	N≤0.012
345	≤0.22	≤0.90	≤1.90	0.030	0.035	≤0.60	≤0.30	≤0.30	≤0.10	N≤0.030
355	≤0.22	≤0.90	≤1.90	0.030	0.035	≤0.60	≤0.30	≤0.30	≤0.10	N≤0.030
375	≤0.22	≤0.90	≤1.90	0.030	0.035	≤0.90	≤0.30	≤0.30	≤0.10	N≤0.030
390	≤0.22	≤1.10	≤1.90	0.030	0.035	≤0.90	≤0.30	≤0.30	≤0.10	N≤0.030
440	≤0.22	≤1.10	≤1.90	0.030	0.035	≤0.90	≤0.30	≤0.30	≤0.15	N≤0.030

① 各强度等级的钢中其他元素的含量：Al≤0.05%，Nb≤0.05%，Ti≤0.04%。

（2）俄罗斯 ΓOCT 标准低合金高强度钢的力学性能（表 2-9-4）

表 2-9-4   低合金高强度钢的力学性能

强度等级	轧材厚度[1] /mm	R_e[2] /MPa ≥	R_m[2] /MPa ≥	A[2]（%）≥	180°冷弯试验 d—弯芯直径 a—试样厚度
265	≤160（≤100）	265	430	21	$d=2a$
295	≤100（≤100）	295	430	21	$d=2a$
315	≤60（≤140）	315	450（440）	21	$d=2a$
325	≤60（≤60）	325	430（450）	21	$d=2a$
345	≤32（≤20）	345	490（460）	21	$d=2a$
355	≤20（≤140）	355	490（480）	21	$d=2a$
375	≤50（≤20）	375	510	20（21）	$d=2a$
390	≤50（≤20）	390	510（530）	19	$d=2a$
440	≤32（≤16）	440	590	19	$d=2a$

① 括号内的数值为型材和异型材的轧制厚度，无括号数值为厚板和普通宽带钢的轧制厚度。

② 型材和异型材的力学性能（R_e、R_m、A）除括号内标注之外，其余同厚板和普通宽带钢。

2.9.3 优质碳素结构钢

俄罗斯 ΓOCT 标准优质碳素结构钢的钢号与化学成分 ［ΓOCT 1050（2013）］ 见表 2-9-5。

表 2-9-5   优质碳素结构钢的钢号与化学成分（质量分数）（%）

钢 号	C	Si	Mn	P ≤	S ≤	Cr	Ni	Cu	其 他[1]
低碳钢[1]									
05кп	≤0.06	≤0.03	≤0.40	0.030	0.035	≤0.10	≤0.30	≤0.30	
08кп	0.05~0.11	≤0.03	0.25~0.50	0.030	0.035	≤0.10	≤0.30	≤0.30	N≤0.012 As≤0.08
08пс	0.05~0.11	0.05~0.17	0.35~0.65	0.030	0.035	≤0.10	≤0.30	≤0.30	
08	0.05~0.12	0.17~0.37	0.35~0.65	0.030	0.035	≤0.10	≤0.30	≤0.30	

（续）

钢 号	C	Si	Mn	P ≤	S ≤	Cr	Ni	Cu	其 他[1]
				低碳钢[1]					
10кп	0.07 ~ 0.14	≤0.07	0.25 ~ 0.50	0.030	0.035	≤0.15	≤0.30	≤0.30	
10пс	0.07 ~ 0.14	0.05 ~ 0.17	0.35 ~ 0.65	0.030	0.035	≤0.15	≤0.30	≤0.30	
10	0.07 ~ 0.14	0.17 ~ 0.37	0.35 ~ 0.65	0.030	0.035	≤0.15	≤0.30	≤0.30	
15кп	0.12 ~ 0.19	≤0.07	0.25 ~ 0.50	0.030	0.035	≤0.25	≤0.30	≤0.30	N≤0.012
15пс	0.12 ~ 0.19	0.05 ~ 0.17	0.35 ~ 0.65	0.030	0.035	≤0.25	≤0.30	≤0.30	As≤0.08
15	0.12 ~ 0.19	0.17 ~ 0.37	0.35 ~ 0.65	0.030	0.035	≤0.25	≤0.30	≤0.30	
20кп	0.17 ~ 0.24	≤0.07	0.25 ~ 0.50	0.030	0.035	≤0.25	≤0.30	≤0.30	
20пс	0.17 ~ 0.24	0.05 ~ 0.17	0.35 ~ 0.65	0.030	0.035	≤0.25	≤0.30	≤0.30	
20	0.17 ~ 0.24	0.17 ~ 0.37	0.35 ~ 0.65	0.030	0.035	≤0.25	≤0.30	≤0.30	
				中、高碳钢[1]					
25	0.22 ~ 0.30	0.17 ~ 0.37	0.50 ~ 0.80	0.030	0.035	≤0.25	≤0.30	≤0.30	
30	0.27 ~ 0.35	0.17 ~ 0.37	0.50 ~ 0.80	0.030	0.035	≤0.25	≤0.30	≤0.30	
35	0.32 ~ 0.40	0.17 ~ 0.37	0.50 ~ 0.80	0.030	0.035	≤0.25	≤0.30	≤0.30	
40	0.37 ~ 0.46	0.17 ~ 0.37	0.50 ~ 0.80	0.030	0.035	≤0.25	≤0.30	≤0.30	
45	0.42 ~ 0.50	0.17 ~ 0.37	0.50 ~ 0.80	0.030	0.035	≤0.25	≤0.30	≤0.30	
50	0.47 ~ 0.55	0.17 ~ 0.37	0.50 ~ 0.80	0.030	0.035	≤0.25	≤0.30	≤0.30	N≤0.012
50A	0.47 ~ 0.55	0.17 ~ 0.37	0.50 ~ 0.80	0.025	0.025	≤0.25	≤0.30	≤0.30	As≤0.08
55	0.52 ~ 0.60	0.17 ~ 0.37	0.50 ~ 0.80	0.030	0.035	≤0.25	≤0.30	≤0.30	
58（55пп）	0.55 ~ 0.65	0.10 ~ 0.30	≤0.20	0.030	0.035	≤0.25	≤0.30	≤0.30	
60	0.57 ~ 0.65	0.17 ~ 0.37	0.50 ~ 0.80	0.030	0.035	≤0.25	≤0.30	≤0.30	
60пп	0.62 ~ 0.70	0.17 ~ 0.37	0.50 ~ 0.80	0.030	0.035	≤0.25	≤0.30	≤0.30	
				CMn 钢					
15Г	0.12 ~ 0.19	0.17 ~ 0.37	0.70 ~ 1.00	0.030	0.035	≤0.25	≤0.30	≤0.30	
20Г	0.17 ~ 0.24	0.17 ~ 0.37	0.70 ~ 1.00	0.030	0.035	≤0.25	≤0.30	≤0.30	
25Г	0.22 ~ 0.30	0.17 ~ 0.37	0.70 ~ 1.00	0.030	0.035	≤0.25	≤0.30	≤0.30	
30Г	0.27 ~ 0.35	0.17 ~ 0.37	0.70 ~ 1.00	0.030	0.035	≤0.25	≤0.30	≤0.30	
35Г	0.32 ~ 0.40	0.17 ~ 0.37	0.70 ~ 1.00	0.030	0.035	≤0.25	≤0.30	≤0.30	
40Г	0.37 ~ 0.46	0.17 ~ 0.37	0.70 ~ 1.00	0.030	0.035	≤0.25	≤0.30	≤0.30	
45Г	0.42 ~ 0.50	0.17 ~ 0.37	0.70 ~ 1.00	0.030	0.035	≤0.25	≤0.30	≤0.30	W≤0.20
50Г	0.47 ~ 0.55	0.17 ~ 0.37	0.70 ~ 1.00	0.030	0.035	≤0.25	≤0.30	≤0.30	Ti≤0.03
10Г2	0.07 ~ 0.15	0.17 ~ 0.37	1.20 ~ 1.60	0.030	0.035	≤0.30	≤0.30	≤0.30	
30Г2	0.26 ~ 0.35	0.17 ~ 0.37	1.40 ~ 1.80	0.030	0.035	≤0.30	≤0.30	≤0.30	
35Г2	0.31 ~ 0.39	0.17 ~ 0.37	1.40 ~ 1.80	0.030	0.035	≤0.30	≤0.30	≤0.30	
40Г2	0.36 ~ 0.44	0.17 ~ 0.37	1.40 ~ 1.80	0.030	0.035	≤0.30	≤0.30	≤0.30	
45Г2	0.41 ~ 0.49	0.17 ~ 0.37	1.40 ~ 1.80	0.030	0.035	≤0.30	≤0.30	≤0.30	
50Г2	0.46 ~ 0.55	0.17 ~ 0.37	1.40 ~ 1.80	0.030	0.035	≤0.30	≤0.30	≤0.30	

① 当钢中 As≥0.015% 时，此含 N 值不适用。

2.9.4　合金结构钢

俄罗斯 ГОСТ 标准合金结构钢的钢号与化学成分 [ГОСТ 4543 (2016)] 见表 2-9-6。

表 2-9-6　合金结构钢的钢号与化学成分（质量分数）（%）

钢　号	C	Si	Mn	P ≤	S ≤	Cr	Ni	Mo	V	其　他
07Х3ГН-МЮА	0.06 ~ 0.10	0.17 ~ 0.37	0.80 ~ 1.20	0.035	0.035	2.00 ~ 3.40	0.90 ~ 1.30	0.20 ~ 0.30	—	Al 0.010 ~ 0.030
12ХН	0.09 ~ 0.15	0.17 ~ 0.37	0.30 ~ 0.60	0.035	0.035	0.40 ~ 0.70	0.50 ~ 0.80	—	—	—
12ХН2	0.09 ~ 0.16	0.17 ~ 0.37	0.30 ~ 0.60	0.035	0.035	0.60 ~ 0.90	1.50 ~ 1.90	—	—	—
12ХН3А	0.09 ~ 0.16	0.17 ~ 0.37	0.30 ~ 0.60	0.035	0.035	0.60 ~ 0.90	2.75 ~ 3.15	—	—	—
12Х2Н4А	0.09 ~ 0.15	0.17 ~ 0.37	0.30 ~ 0.60	0.035	0.035	1.25 ~ 1.65	3.25 ~ 3.65	—	—	—
13ХФА	0.11 ~ 0.17	0.17 ~ 0.37	0.40 ~ 0.65	0.035	0.035	0.50 ~ 0.70	—	—	0.04 ~ 0.09	Al 0.020 ~ 0.060
14ХГН	0.13 ~ 0.18	0.17 ~ 0.37	0.70 ~ 1.00	0.035	0.035	0.80 ~ 1.10	0.80 ~ 1.10	—	—	—
15Х	0.12 ~ 0.18	0.17 ~ 0.37	0.40 ~ 0.70	0.035	0.035	0.70 ~ 1.00	—	—	—	—
15ХА	0.12 ~ 0.17	0.17 ~ 0.37	0.40 ~ 0.70	0.035	0.035	0.70 ~ 1.00	—	—	—	—
15ХМ	0.11 ~ 0.18	0.17 ~ 0.37	0.40 ~ 0.70	0.035	0.035	0.80 ~ 1.10	—	0.40 ~ 0.55	—	—
15ХР	0.12 ~ 0.18	0.17 ~ 0.37	0.30 ~ 0.60	0.035	0.035	0.70 ~ 1.00	—	—	—	B 0.0020 ~ 0.0050
15ХФ	0.12 ~ 0.18	0.17 ~ 0.37	0.40 ~ 0.70	0.035	0.035	0.80 ~ 1.10	—	—	0.06 ~ 0.12	—
15Н2М	0.10 ~ 0.18	0.17 ~ 0.37	0.40 ~ 0.70	0.035	0.035	—	1.50 ~ 1.90	0.20 ~ 0.30	—	—
15ХГН2ТА	0.13 ~ 0.18	0.17 ~ 0.37	0.70 ~ 1.00	0.035	0.035	0.70 ~ 1.00	1.40 ~ 1.80	—	—	Ti 0.03 ~ 0.09
15Х2ГМФ	0.13 ~ 0.18	0.17 ~ 0.37	0.90 ~ 1.20	0.035	0.035	1.95 ~ 2.20	≤0.70	0.20 ~ 0.27	0.08 ~ 0.13	—
17ХГ	0.16 ~ 0.21	0.17 ~ 0.37	0.90 ~ 1.10	0.035	0.035	0.70 ~ 0.0	—	—	—	—
18ХГ	0.15 ~ 0.21	0.17 ~ 0.37	0.90 ~ 1.20	0.035	0.035	0.90 ~ 1.20	—	—	—	—
18ХГТ	0.17 ~ 0.23	0.17 ~ 0.37	0.80 ~ 1.10	0.035	0.035	1.00 ~ 1.30	—	—	—	Ti 0.03 ~ 0.09
18Х2Н4МА	0.14 ~ 0.20	0.17 ~ 0.37	0.25 ~ 0.55	0.035	0.035	1.35 ~ 1.65	4.00 ~ 4.44	0.30 ~ 0.40	—	—
19ХГН	0.16 ~ 0.21	0.17 ~ 0.37	0.70 ~ 1.00	0.035	0.035	0.80 ~ 1.10	0.80 ~ 1.10	—	—	—
20Х	0.17 ~ 0.23	0.17 ~ 0.37	0.50 ~ 0.80	0.035	0.035	0.70 ~ 1.00	—	—	—	—
20ХМ	0.15 ~ 0.25	0.17 ~ 0.37	0.40 ~ 0.70	0.035	0.035	0.80 ~ 1.10	—	0.15 ~ 0.25	—	—
20ХН	0.17 ~ 0.23	0.17 ~ 0.37	0.40 ~ 0.70	0.035	0.035	0.45 ~ 0.75	1.00 ~ 1.40	—	—	—
20ХН3А	0.17 ~ 0.24	0.17 ~ 0.37	0.30 ~ 0.60	0.035	0.035	0.60 ~ 0.90	2.75 ~ 3.45	—	—	—
20Х2Н4А	0.16 ~ 0.22	0.17 ~ 0.37	0.30 ~ 0.60	0.035	0.035	1.25 ~ 1.65	3.25 ~ 3.65	—	—	—
20Н2М	0.17 ~ 0.25	0.17 ~ 0.37	0.40 ~ 0.70	0.035	0.035	—	1.50 ~ 1.90	0.20 ~ 0.30	—	—
20ХГР	0.18 ~ 0.24	0.17 ~ 0.37	0.70 ~ 1.00	0.035	0.035	0.75 ~ 1.05	—	—	—	B 0.0008 ~ 0.0050
20ХГСА	0.17 ~ 0.23	0.90 ~ 1.20	0.80 ~ 1.10	0.035	0.035	0.80 ~ 1.10	—	—	—	—
20ХМФА	0.20 ~ 0.24	0.17 ~ 0.37	0.50 ~ 0.80	0.035	0.035	0.55 ~ 0.70	—	0.15 ~ 0.25	0.03 ~ 0.08	—
20ХНР	0.10 ~ 0.23	0.17 ~ 0.37	0.60 ~ 0.90	0.035	0.035	0.70 ~ 1.10	0.80 ~ 1.10	—	—	B 0.0008 ~ 0.0050
20ХН2М	0.15 ~ 0.22	0.17 ~ 0.37	0.40 ~ 0.70	0.035	0.035	0.40 ~ 0.60	1.60 ~ 2.00	0.20.30	—	—
20ХН4ФА	0.17 ~ 0.24	0.17 ~ 0.37	0.25 ~ 0.55	0.035	0.035	0.70 ~ 1.10	3.75 ~ 4.15	—	0.10 ~ 0.18	—
20ХФР	0.17 ~ 0.21	0.17 ~ 0.30	0.40 ~ 0.60	0.035	0.035	0.40 ~ 0.60	≤0.20	≤0.05	0.02 ~ 0.04	Al 0.020 ~ 0.040 Ti 0.02 ~ 0.04 B 0.0010 ~ 0.0020
20ХГНМ	0.16 ~ 0.23	0.17 ~ 0.37	0.70 ~ 1.00	0.035	0.035	0.40 ~ 0.70	0.40 ~ 0.70	0.15 ~ 0.25	—	—
20ХГНР	0.16 ~ 0.23	0.17 ~ 0.37	0.70 ~ 1.00	0.035	0.035	0.70 ~ 1.10	0.80 ~ 1.10	—	—	B 0.0008 ~ 0.0050
20ХГНТР	0.18 ~ 0.24	0.17 ~ 0.37	0.80 ~ 1.10	0.035	0.035	0.40 ~ 0.70	0.40 ~ 0.70	—	—	Ti 0.03 ~ 0.09 B 0.0008 ~ 0.0050
25ХГМ	0.37 ~ 0.43	0.17 ~ 0.37	0.90 ~ 1.20	0.035	0.035	0.90 ~ 1.20	—	0.15 ~ 0.25	—	—
25ХГСА	0.23 ~ 0.29	0.80 ~ 1.20	0.80 ~ 1.10	0.035	0.035	0.80 ~ 1.10	—	—	—	—

（续）

钢 号	C	Si	Mn	P≤	S≤	Cr	Ni	Mo	V	其 他
25ХГТ	0.22~0.28	0.17~0.37	0.80~1.10	0.035	0.035	1.00~1.30	—	—	—	Ti 0.03~0.09
25Х2Н4МА	0.21~0.28	0.17~0.37	0.25~0.55	0.035	0.035	1.35~1.65	4.00~4.40	0.30~0.40	—	—
25ХГНМТ	0.23~0.29	0.17~0.37	0.50~0.80	0.035	0.035	0.40~0.60	0.80~1.10	0.40~0.60	—	Ti 0.04~0.09
26ХГ2МФ	0.25~0.30	0.17~0.37	1.50~2.00	0.035	0.035	1.30~1.70	—	0.5~0.65	0.08~0.12	Al 0.010~0.040
27ХГР	0.25~0.31	0.17~0.37	0.70~1.00	0.035	0.035	0.70~1.00	—	—	—	B 0.0008~0.0050
30Х	0.24~0.31	0.17~0.37	0.50~0.80	0.035	0.035	0.80~1.10	—	—	—	—
30ХМ	0.26~0.34	0.17~0.37	0.40~0.70	0.035	0.035	0.80~1.10	—	0.15~0.25	—	—
30ХМА	0.26~0.33	0.17~0.37	0.40~0.70	0.035	0.035	0.80~1.10	—	0.15~0.25	—	—
30ХР	0.29~0.35	0.17~0.37	0.50~0.80	0.035	0.035	0.50~0.80	—	—	—	Al 0.015~0.045 Ti 0.020~0.045 B 0.0010~0.0030
30ХРА	0.27~0.33	0.17~0.37	0.50~0.80	0.035	0.035	1.00~1.30	—	—	—	B 0.0008~0.0050
30ХН3А	0.27~0.33	0.17~0.37	0.30~0.60	0.035	0.035	0.60~0.90	2.75~3.15	—	—	—
30ХГС	0.28~0.35	0.90~1.20	0.80~1.10	0.035	0.035	0.80~1.10	—	—	—	—
30ХГСА	0.28~0.34	0.90~1.20	0.80~1.10	0.035	0.035	0.80~1.10	—	—	—	—
30ХГТ	0.24~0.32	0.17~0.37	0.80~1.10	0.035	0.035	1.00~1.30	—	—	—	Ti 0.0~30.09
30ХН2МА	0.27~0.34	0.17~0.37	0.30~0.60	0.035	0.035	0.60~0.90	1.25~1.65	0.20~0.30	—	—
30Х3МФ	0.27~0.34	0.17~0.37	0.30~0.60	0.035	0.035	2.30~2.70	—	0.20~0.30	0.08~0.12	—
30ХГСН2А	0.27~0.34	0.90~1.20	1.00~1.30	0.035	0.035	0.90~1.20	1.40~1.80	—	—	—
30ХН2МФА	0.27~0.34	0.17~0.37	0.30~0.60	0.035	0.035	0.60~0.90	2.00~2.40	0.20~0.30	0.10~0.18	—
332ХГМА	0.31~0.34	0.30~0.45	0.75~0.95	0.035	0.035	0.95~1.10	—	0.30~0.40	—	Al 0.015~0.045
33ХС	0.29~0.37	1.00~1.40	0.30~0.60	0.035	0.035	1.30~1.60	—	—	—	—
34Х2Н2М (34ХН1М)	0.30~0.40	0.17~0.37	0.50~0.80	0.035	0.035	1.30~1.70	1.30~1.70	0.10~0.30	—	—
34ХН3М	0.30~0.40	0.17~0.37	0.50~0.80	0.035	0.035	0.70~1.10	2.75~3.25	0.25~0.40	—	—
35Х	0.31~0.39	0.17~0.37	0.50~0.80	0.035	0.035	0.80~1.10	—	—	—	—
35ХМ	0.32~0.40	0.17~0.37	0.40~0.70	0.035	0.035	0.80~1.10	—	0.15~0.25	—	—
35ХГР	0.33~0.37	0.17~0.37	1.00~1.30	0.035	0.035	0.45~0.65	—	—	—	Al 0.015~0.045 Ti 0.002~0.045 B 0.0010~0.0020
35ХГСА	0.32~0.39	1.10~1.40	0.80~1.10	0.035	0.035	1.10~1.40	—	—	—	—
36Х2Н2- МФА	0.33~0.40	0.17~0.37	0.25~0.50	0.035	0.035	1.30~1.70	1.30~1.70	0.30~0.40	0.10~0.18	—
38ХА	0.35~0.42	0.17~0.37	0.50~0.80	0.035	0.035	0.80~1.10	—	—	—	—
38ХМ	0.35~0.42	0.17~0.37	0.35~0.65	0.035	0.035	0.90~1.30	—	0.20~0.30	—	—
38ХС	0.34~0.42	1.10~1.40	0.30~0.60	0.035	0.035	1.30~1.60	—	—	—	—
38ХГМ	0.34~0.40	0.17~0.37	0.60~0.90	0.035	0.035	0.80~1.10	—	0.15~0.25	—	—
38ХГН	0.35~0.42	0.17~0.37	0.80~1.10	0.035	0.035	0.50~0.80	0.70~1.00	—	—	—
38ХФР	0.34~0.42	0.17~0.37	0.50~0.80	0.035	0.035	0.70~1.00	—	0.02~0.08	0.04~0.10	Al 0.020~0.045 Ti 0.020~0.045 B 0.0010~0.0020
38ХН3МА	0.33~0.40	0.17~0.37	0.25~0.50	0.035	0.035	0.80~1.20	2.75~3.25	0.20~0.30	—	—

（续）

钢 号	C	Si	Mn	P≤	S≤	Cr	Ni	Mo	V	其 他
38X2МЮА	0.35~0.42	0.20~0.45	0.30~0.60	0.035	0.035	1.35~1.65	—	0.15~0.25	—	Al 0.70~1.10
38X2H2МА	0.33~0.40	0.17~0.37	0.25~0.50	0.035	0.035	1.30~1.70	1.30~1.70	0.20~0.30	—	
38XH3МФА	0.33~0.40	0.17~0.37	0.25~0.50	0.035	0.035	1.20~1.50	3.00~3.50	0.25~0.45	0.10~0.18	
40X	0.36~0.44	0.17~0.37	0.50~0.80	0.035	0.035	0.80~1.10	—	—	—	
40XH	0.36~0.44	0.17~0.37	0.50~0.80	0.035	0.035	0.45~0.75	1.00~1.40	—	—	
40XC	0.37~0.45	1.20~1.60	0.30~0.60	0.035	0.035	1.30~1.60	—	—	—	
40XФА	0.37~0.44	0.17~0.37	0.50~0.80	0.035	0.035	0.80~1.10	—	—	0.10~0.18	
40ГР	0.37~0.45	0.17~0.37	0.70~1.00	0.035	0.035	—	—	—	—	B 0.0008~0.0050
40ГТР	0.37~0.42	0.17~0.37	0.90~1.20	0.035	0.035					Al 0.015~0.045 Ti 0.020~0.045 B 0.0010~0.0030
40ХГМА	0.37~0.42	0.17~0.40	0.60~0.90	0.035	0.035	0.90~1.20	≤0.50	0.15~0.25	≤0.06	Al≤0.030
40ХМФА	0.37~0.44	0.17~0.37	0.40~0.70	0.035	0.035	0.80~1.10	—	0.20~0.30	0.10~0.18	
40ХФР	0.39~0.45	0.17~0.37	0.50~0.80	0.035	0.035	0.70~1.00	—	0.03~0.06	0.04~0.10	Al 0.015~0.045 Ti 0.04~0.10 B 0.0010~0.0030
40XH2МА	0.37~0.44	0.17~0.37	0.50~0.80	0.035	0.035	0.60~0.90	1.25~1.65	0.15~0.25	—	
40X2H2МА	0.36~0.42	0.17~0.37	0.30~0.60	0.035	0.035	1.25~1.65	1.35~1.75	0.20~0.30	—	
40Г1ТР	0.37~0.42	0.17~0.37	0.90~1.20	0.035	0.035	—				Al 0.020~0.050 Ti 0.02~0.05 B 0.0010~0.0030
40ХГНМ	0.37~0.43	0.17~0.37	0.50~0.80	0.035	0.035	0.60~0.90	0.70~1.10	0.15~0.25	—	
40ХГТР	0.38~0.45	0.17~0.37	0.80~1.00	0.035	0.035	0.80~1.10	—			Ti 0.03~0.09 B 0.0080~0.0050
40ГМФР	0.36~0.44	0.17~0.37	0.90~1.20	0.035	0.035	0.20~0.50	—	0.08~0.16	0.06~0.10	Al 0.020~0.045 Ti 0.020~0.045 B 0.0010~0.0030
45X	0.41~0.49	0.17~0.37	0.50~0.80	0.035	0.035	0.80~1.10	—	—	—	
45XH	0.41~0.49	0.17~0.37	0.50~0.80	0.035	0.035	0.45~0.75	1.00~1.40	—	—	
45ХГМА	0.42~0.50	0.17~0.37	0.50~0.80	0.035	0.035	1.00~1.30	—	0.25~0.35	—	
45XH2МФА	0.42~0.50	0.17~0.37	0.50~0.80	0.035	0.035	0.80~1.10	1.30~1.80	0.20~0.30	0.10~0.18	
45XH4МФА	0.42~0.50	0.17~0.37	0.50~0.80	0.035	0.035	1.20~1.50	3.70~4.20	0.50~0.80	0.30~0.50	
45ХГСНМА	0.43~0.47	1.20~1.40	0.40~0.60	0.035	0.035	1.20~1.40	1.40~1.60	0.37~0.50	≤0.02	Al≤0.025 Ti≤0.02
45ГТ	0.44~0.52	0.10~0.22	0.90~1.20	0.035	0.035	—	—	—	—	Ti 0.06~0.12
50X	0.46~0.54	0.17~0.37	0.50~0.80	0.035	0.035	0.80~1.10	—	—	—	
50XH	0.46~0.54	0.17~0.37	0.50~0.80	0.035	0.035	0.45~0.75	1.00~1.40	—	—	

2.9.5 冷镦和冷冲压用钢

（1）俄罗斯 ГOCT 标准冷镦用钢的钢号与化学成分 ［ГOCT 10702（2016）］（表2-9-7）

表 2-9-7　冷镦用钢的钢号与化学成分（质量分数）（%）

钢 号	C	Si	Mn	P ≤	S ≤	Cr	Ni	Mo	其 他[①]
12XH	0.09 ~ 0.15	0.17 ~ 0.37	0.30 ~ 0.60	0.035	0.035	0.40 ~ 0.70	0.50 ~ 0.80	≤0.15	Cu≤0.30
15XГHM	0.13 ~ 0.18	0.17 ~ 0.37	0.70 ~ 1.10	0.035	0.035	0.40 ~ 0.70	0.40 ~ 0.70	0.15 ~ 0.25	Cu≤0.30
16XCH	0.13 ~ 0.20	0.60 ~ 0.90	0.30 ~ 0.60	0.035	0.035	0.80 ~ 1.10	0.60 ~ 0.90	≤0.15	Cu≤0.20
19XГH	0.16 ~ 0.21	0.17 ~ 0.37	0.70 ~ 1.00	0.035	0.035	0.80 ~ 1.10	0.80 ~ 1.10	≤0.10	Cu≤0.30
20Г2	0.18 ~ 0.26	0.17 ~ 0.37	1.30 ~ 1.60	0.035	0.035	≤0.25	≤0.25	≤0.20	Cu≤0.20
38XГHM	0.37 ~ 0.43	0.17 ~ 0.37	0.50 ~ 0.80	0.035	0.035	0.40 ~ 0.60	0.40 ~ 0.70	0.15 ~ 0.25	Cu≤0.30

① 各牌号均允许留存下列残余元素，其含量为：W≤0.05%，V≤0.05%，Ti≤0.3%。

（2）俄罗斯ГOCT标准冷冲压用热轧低碳钢板的钢号与化学成分 ［ГOCT 4041（2017）］

冷冲压用热轧低碳钢板的钢号与化学成分见表2-9-8。

表 2-9-8　冷冲压用热轧低碳钢板的钢号与化学成分（质量分数）（%）

钢 号	C	Si	Mn	P≤	S≤	Cr	Ni	Al	其 他[①]
08кп	≤0.10	≤0.03	0.25 ~ 0.45	0.025	0.030	≤0.10	≤0.15	—	Cu≤0.20
08пс	≤0.09	≤0.04	0.25 ~ 0.45	0.025	0.030	≤0.10	≤0.15	≤0.05	Cu≤0.20
25пс	0.22 ~ 0.27	≤0.07	0.25 ~ 0.50	0.040	0.040	≤0.25	≤0.25	≤0.05	Cu≤0.30
08Ю	≤0.10	≤0.03	0.25 ~ 0.45	0.025	0.030	≤0.10	≤0.15	0.02 ~ 0.08	Cu≤0.20
08ЮА	≤0.10	≤0.03	0.20 ~ 0.40	0.020	0.025	≤0.10	≤0.15	0.02 ~ 0.08	Cu≤0.20
10ЮА	0.07 ~ 0.14	≤0.07	0.25 ~ 0.45	0.025	0.025	≤0.10	≤0.15	0.02 ~ 0.08	Cu≤0.20
15ЮА	0.12 ~ 0.18	≤0.07	0.25 ~ 0.45	0.020	0.025	≤0.10	≤0.15	0.02 ~ 0.08	Cu≤0.20
20ЮА	0.16 ~ 0.22	≤0.07	0.25 ~ 0.45	0.020	0.025	≤0.10	≤0.15	0.02 ~ 0.08	Cu≤0.20

① 钢中As和N含量不应超过ГOCT 1050的规定。

2.9.6　弹簧钢

俄罗斯ГOCT标准弹簧钢的钢号与化学成分 ［ГOCT 14959（2016）］见表2-9-9。

表 2-9-9　弹簧钢的钢号与化学成分（质量分数）（%）

钢 号	C	Si	Mn	P≤	S≤	Cr	Ni	Cu	其 他
65	0.62 ~ 0.70	0.17 ~ 0.37	0.50 ~ 0.80	0.035	0.035	≤0.25	≤0.25	≤0.20	—
70	0.67 ~ 0.75	0.17 ~ 0.37	0.50 ~ 0.80	0.035	0.035	≤0.25	≤0.25	≤0.20	—
75	0.72 ~ 0.80	0.17 ~ 0.37	0.50 ~ 0.80	0.035	0.035	≤0.25	≤0.25	≤0.20	—
80	0.77 ~ 0.85	0.17 ~ 0.37	0.50 ~ 0.80	0.035	0.035	≤0.25	≤0.25	≤0.20	—
85	0.82 ~ 0.90	0.17 ~ 0.37	0.50 ~ 0.80	0.035	0.035	≤0.25	≤0.25	≤0.20	—
60Г	0.57 ~ 0.65	0.17 ~ 0.37	0.70 ~ 1.00	0.035	0.035	≤0.25	≤0.25	≤0.20	—
65Г	0.62 ~ 0.70	0.17 ~ 0.37	0.90 ~ 1.20	0.035	0.035	≤0.25	≤0.25	≤0.20	—
70Г	0.67 ~ 0.75	0.17 ~ 0.37	0.90 ~ 1.20	0.035	0.035	≤0.25	≤0.25	≤0.20	—
75Г	0.72 ~ 0.80	0.17 ~ 0.37	0.90 ~ 1.20	0.035	0.035	≤0.25	≤0.25	≤0.20	—
80Г	0.77 ~ 0.85	0.17 ~ 0.37	0.90 ~ 1.20	0.035	0.035	≤0.25	≤0.25	≤0.20	—
85Г	0.82 ~ 0.90	0.17 ~ 0.37	0.90 ~ 1.20	0.035	0.035	≤0.25	≤0.25	≤0.20	—
40C2A	0.38 ~ 0.42	1.50 ~ 1.80	0.60 ~ 0.80	0.025	0.025	≤0.15	≤0.20	≤0.20	—
50XГ	0.46 ~ 0.54	0.17 ~ 0.37	0.70 ~ 1.00	0.035	0.035	0.90 ~ 1.20	≤0.25	≤0.20	—
50XГА	0.47 ~ 0.52	0.17 ~ 0.37	0.80 ~ 1.00	0.025	0.025	0.95 ~ 1.20	≤0.25	≤0.20	—

（续）

钢　号	C	Si	Mn	P≤	S≤	Cr	Ni	Cu	其　他
50ХФА	0.46～0.54	0.17～0.37	0.50～0.80	0.025	0.025	0.80～1.10	≤0.25	≤0.20	V 0.10～0.20
50ХГФА	0.48～0.55	0.17～0.37	0.80～1.00	0.025	0.025	0.95～1.20	≤0.25	≤0.20	V 0.15～0.25
51ХФА	0.47～0.55	0.15～0.30	0.30～0.60	0.025	0.025	0.75～1.10	≤0.25	≤0.20	V 0.15～0.25
55С2	0.52～0.60	1.50～2.00	0.60～0.90	0.035	0.035	≤0.30	≤0.25	≤0.20	—
55С2А	0.53～0.58	1.50～2.00	0.60～0.90	0.025	0.025	≤0.30	≤0.25	≤0.20	—
55ХГР	0.52～0.60	0.17～0.37	0.90～1.20	0.035	0.035	0.90～1.20	≤0.25	≤0.20	B 0.001～0.003
55С2ГФ	0.52～0.60	1.50～2.00	0.95～1.25	0.035	0.035	≤0.30	≤0.25	≤0.20	V 0.10～0.15
60С2	0.57～0.65	1.50～2.00	0.60～0.90	0.035	0.035	≤0.30	≤0.25	≤0.20	—
60С2А	0.58～0.63	1.60～2.00	0.60～0.90	0.025	0.025	≤0.30	≤0.25	≤0.20	—
60С2Г	0.55～0.65	1.80～2.20	0.70～1.00	0.035	0.035	≤0.30	≤0.25	≤0.20	S+P≤0.060
60ХФА	0.55～0.65	0.17～0.37	0.50～0.80	0.025	0.025	0.80～1.30	≤0.30	≤0.30	V 0.10～0.20
60С2ХА	0.56～0.64	1.40～1.80	0.40～0.70	0.025	0.025	0.70～1.00	≤0.25	≤0.20	—
60С2Н2А	0.56～0.64	1.40～1.80	0.40～0.70	0.025	0.025	≤0.30	1.40～1.70	≤0.20	—
60С2ХФА	0.56～0.64	1.40～1.80	0.40～0.70	0.025	0.025	0.90～1.20	≤0.25	≤0.20	V 0.10～0.20
65С2ГВА (65С2ВА)	0.61～0.69	1.50～2.00	0.70～1.00	0.025	0.025	≤0.30	≤0.25	—	W 0.80～1.20
70С3А	0.66～0.74	2.40～2.80	0.60～0.90	0.025	0.025	≤0.30	≤0.25	≤0.20	—
70С2ХА	0.65～0.75	1.40～1.70	0.40～0.60	0.025	0.025	0.20～0.40	≤0.25	≤0.20	—

B. 专业用钢和优良品种

2.9.7　桥梁结构用钢［ГОСТ Р55374（2012）］

（1）俄罗斯 ГОСТ 标准桥梁结构用钢的钢号与化学成分（表 2-9-10）

表 2-9-10　桥梁结构用钢的钢号与化学成分（质量分数）（%）

钢　号	C	Si	Mn	P≤	S≤	Cr	Ni	Cu	其　他[1]
09Г2СД	≤0.12	0.50～0.80	1.30～1.70	0.015	0.010	≤0.30	≤0.30	0.15～0.30	Al 0.020～0.050
10ХСНД	≤0.12	0.80～1.10	0.50～0.80	0.015	0.010	0.60～0.90	0.50～0.80	0.40～0.60	N≤0.008
15ХСНД	0.12～0.18	0.40～0.70	0.40～0.70	0.015	0.010	0.60～0.90	0.30～0.60	0.20～0.40	Ca≤0.005
14ХГНДЦ[2]	0.12～0.18	0.20～0.40	0.70～1.10	0.015	0.010	0.80～1.10	0.50～0.80	0.40～0.70	As≤0.080

[1] 还允许在钢中添加 Ti=0.005%～0.035%。

[2] Zr=0.003%～0.010%。

（2）俄罗斯 ГОСТ 标准桥梁结构用钢的力学性能（表 2-9-11 和表 2-9-12）

表 2-9-11　桥梁结构用钢的力学性能

强度等级	钢　号	钢材厚度 /mm	R_e/MPa ≥	R_m/MPa	A(%) ≥
С325	09Г2СД	4～50	325	450～615	21
С345	15ХСНД	8～50	345	490～685	21
	14ХГНДЦ	8～50	345	490～685	21
С390	10ХСНД	8～50	390	530～685	19

表 2-9-12　桥梁结构用钢的冲击性能（kgf/cm²）

强度等级	钢 号	钢材厚度/mm	正常试验条件					特殊试验条件	
			K_{CU} ≥			K_{CV} ≥		K_{CU} ≥	
			1	2	3	2	3	1 和 2	3
			下列温度/℃			下列温度/℃		下列温度/℃	
			-40	-60	-70	-20	-40	+20	-20
C325	09Г2СД	4~50	39	29	29	39	29	29	29
C345	15ХСНД	8~50	39	29	29	39	29	29	29
	14ХГНДЦ	8~50	39	29	29	39	29	29	29
C390	10ХСНД	8~50	39	29	29	39	29	29	29

注：1kgf = 9.80665N。

2.9.8　铁道用钢（钢轨钢）［ГОСТ Р51045（2014）］

俄罗斯 ГОСТ 标准工业运输用钢轨钢的钢号与化学成分［ГОСТ Р51045（2014）］见表 2-9-13。

表 2-9-13　工业运输用钢轨钢的钢号与化学成分（质量分数）（%）

钢 号	C	Si	Mn	P≤	S≤	Cr	V	N	其 他[①]
76Ф	0.71~0.84	0.18~0.60	0.75~1.25	0.025	0.025	≤0.30	0.03~0.15	—	Al≤0.005
76ХФ	0.71~0.82	0.25~0.60	0.75~1.25	0.025	0.025	0.20~0.80	0.03~0.15	—	Al≤0.005
76АФ	0.71~0.82	0.25~0.60	0.75~1.25	0.025	0.025	≤0.30	0.05~0.15	0.008~0.020	Al≤0.005
76ХАФ	0.71~0.82	0.25~0.60	0.75~1.25	0.025	0.025	0.20~0.80	0.05~0.15	0.008~0.020	Al≤0.005
76ХСФ	0.71~0.82	0.40~0.80	0.75~1.25	0.025	0.025	0.50~1.25	0.05~0.15	—	Al≤0.005
78ХСФ	0.74~0.82	0.30~1.00	0.75~1.15	0.025	0.025	0.40~0.60	0.05~0.15	—	Al≤0.005
90АФ	0.83~0.95	0.25~0.60	0.75~1.25	0.025	0.025	≤0.30	0.08~0.15	0.010~0.020	Al≤0.005
90ХАФ	0.83~0.95	0.25~0.60	0.75~1.25	0.025	0.025	0.20~0.80	0.08~0.15	0.010~0.020	Al≤0.005

① 其他元素含量：Ni≤0.30%，Cu≤0.30%，Ti≤0.015%。

2.9.9　造船钢板［ГОСТ Р52927（2008）］

俄罗斯 ГОСТ 标准造船钢板的钢号与化学成分见表 2-9-14。

表 2-9-14　造船钢板的钢号与化学成分（质量分数）（%）

钢 号	C	Si	Mn	P≤	S≤	Ni	Nb	V	Al	其 他
A，B	≤0.21	0.15~0.35	0.60~1.00	0.025	0.025	≤0.40	—	—	0.020~0.060	
D	≤0.21	0.15~0.35	0.60~1.00	0.025	0.025	≤0.40	—	—	0.020~0.060	Cr≤0.30 Cu≤0.35
E	≤0.18	0.15~0.35	0.60~1.00	0.025	0.025	≤0.40	—	—	0.020~0.060	
A27S	≤0.18	0.15~0.35	0.60~1.00	0.025	0.025	≤0.40	0.02~0.05	0.05~0.10	0.020~0.060	
D27S	≤0.18	0.15~0.35	0.60~1.00	0.025	0.025	≤0.40	0.02~0.05	0.05~0.10	0.020~0.060	Cr≤0.30 Cu≤0.35
E27S	≤0.18	0.15~0.35	0.60~1.00	0.025	0.025	≤0.40	0.02~0.05	0.05~0.10	0.020~0.060	
A32	≤0.18	0.15~0.50	0.90~1.60	0.025	0.025	≤0.40	0.02~0.05	0.05~0.10	0.020~0.060	
D32	≤0.18	0.15~0.50	0.90~1.60	0.025	0.025	≤0.40	0.02~0.05	0.05~0.10	0.020~0.060	Cr≤0.30 Mo≤0.08
E32	≤0.18	0.15~0.50	0.90~1.60	0.025	0.025	≤0.40	0.02~0.05	0.05~0.10	0.020~0.060	Cu≤0.35
A36	≤0.18	0.15~0.50	0.90~1.60	0.015	0.020	≤0.40	0.02~0.05	0.05~0.10	0.020~0.060	
D36	≤0.18	0.15~0.50	0.90~1.60	0.015	0.020	≤0.40	0.02~0.05	0.05~0.10	0.020~0.060	Cr≤0.30 Mo≤0.08
E36	≤0.18	0.15~0.50	0.90~1.60	0.015	0.020	≤0.40	0.02~0.05	0.05~0.10	0.020~0.060	Cu≤0.35

（续）

钢号	C	Si	Mn	P ≤	S ≤	Ni	Nb	V	Al	其他
A40	≤0.18	0.15~0.50	0.90~1.60	0.015	0.020	≤0.40	0.02~0.05	0.05~0.10	0.020~0.060	Cr≤0.30
D40	≤0.18	0.15~0.50	0.90~1.60	0.015	0.020	≤0.40	0.02~0.05	0.05~0.10	0.020~0.060	Mo≤0.08
E40	≤0.18	0.15~0.50	0.90~1.60	0.015	0.020	≤0.40	0.02~0.05	0.05~0.10	0.020~0.060	Cu≤0.35
A40S	≤0.12	0.80~1.10	0.50~0.80	0.015	0.020	0.50~0.80	0.02~0.05	0.05~0.10	0.020~0.060	Cr 0.60~0.90
D40S	≤0.12	0.80~1.10	0.50~0.80	0.015	0.020	0.50~0.80	0.02~0.05	0.05~0.10	0.020~0.060	Mo≤0.08
E40S	≤0.12	0.80~1.10	0.50~0.80	0.015	0.020	0.50~0.80	0.02~0.05	0.05~0.10	0.020~0.060	Cu 0.40~0.60

2.9.10 锅炉和压力容器用钢板［ГOCT 5520（2017）］

俄罗斯ГOCT标准锅炉和压力容器用钢板的钢号与化学成分见表2-9-15。

表2-9-15 锅炉和压力容器用钢板的钢号与化学成分（质量分数）（%）

钢 号	C	Si	Mn	P ≤	S ≤	Cr	Ni	Mo	V	其 他
非合金钢										
15K	0.12~0.20	0.15~0.30	0.35~0.65	0.035	0.025	≤0.30	≤0.30	≤0.08	≤0.05	Cu≤0.30
16K	0.12~0.20	0.17~0.37	0.45~0.75	0.035	0.025	≤0.30	≤0.30	≤0.08	≤0.05	Cu≤0.30
18K	0.14~0.22	0.17~0.37	0.55~0.85	0.035	0.025	≤0.30	≤0.30	≤0.08	≤0.05	Cu≤0.30
20K	0.16~0.24	0.17~0.37	0.35~0.65	0.035	0.025	≤0.30	≤0.30	≤0.08	≤0.05	Cu≤0.30
22K	0.19~0.26	0.17~0.40	0.70~1.00	0.035	0.025	≤0.30	≤0.30	≤0.08	≤0.05	Cu≤0.30
16ГC	0.12~0.18	0.40~0.70	0.90~1.20	0.035	0.025	≤0.30	≤0.30	≤0.08	≤0.05	Cu≤0.30
17ГC	0.14~0.20	0.40~0.60	1.00~1.40	0.035	0.025	≤0.30	≤0.30	≤0.08	≤0.05	Cu≤0.30
17Г1C	0.15~0.20	0.40~0.60	1.15~1.60	0.035	0.025	≤0.30	≤0.30	≤0.08	≤0.05	Cu≤0.30
合金钢										
09Г2C	≤0.12	0.50~0.80	1.30~1.70	0.035	0.025	≤0.30	≤0.30	≤0.08	≤0.05	Cu≤0.30
10Г2C1	≤0.12	0.80~1.10	1.30~1.65	0.035	0.025	≤0.30	≤0.30	≤0.08	≤0.05	Cu≤0.30
10X2M	0.08~0.12	0.17~0.37	0.40~0.70	0.020	0.025	≤0.30	2.00~2.50	0.60~0.80	≤0.05	Cu≤0.20
12XM	≤0.16	0.17~0.37	0.40~0.70	0.025	0.025	0.80~1.10	≤0.30	0.40~0.55	≤0.05	Cu≤0.20
12X1MФ	0.08~0.15	0.17~0.37	0.40~0.70	0.025	0.025	0.90~1.20	≤0.30	0.25~0.35	0.15~0.30	Cu≤0.20

2.9.11 建筑用结构钢轧材［ГOCT 27772（2015）］

俄罗斯ГOCT标准建筑用结构钢轧材的钢号与化学成分见表2-9-16。

表2-9-16 建筑用结构钢轧材的钢号与化学成分（质量分数）（%）

钢 号	C	Si	Mn	P ≤	S ≤	Cr	Ni	Ti	Al	其 他
C235	≤0.22	≤0.05	≤0.60	0.040	0.040	≤0.30	≤0.30	—	—	Cu≤0.30
C245	≤0.22	0.06~0.16	≤1.00	0.040	0.025	≤0.30	≤0.30	—	≤0.02	Cu≤0.30
C255	≤0.17	0.15~0.30	≤1.00	0.035	0.025	≤0.30	≤0.30	≤0.030	0.02~0.05	Cu≤0.30
C345	≤0.15	≤0.80	1.30~1.70	0.030	0.025	≤0.30	≤0.30	≤0.035	0.015~0.06	Cu≤0.30
C345K	≤0.12	0.17~0.37	≤0.60	0.020~0.120	0.025	0.50~0.80	0.30~0.60	≤0.035	0.08~0.15	Cu 0.30~0.50
C355	≤0.14	0.15~0.80	1.00~1.80	0.025	0.025	≤0.30	≤0.30	≤0.035	0.02~0.06	Cu≤0.30

（续）

钢 号	C	Si	Mn	P ≤	S ≤	Cr	Ni	Ti	Al	其 他
C355-1	≤0.15	0.40~0.70	0.60~0.90	0.017	0.025	0.60~0.90	≤0.30	≤0.035	0.02~0.06	Cu 0.20~0.40
C355K	≤0.15	0.40~0.60	0.80~1.10	0.020	0.015	0.50~0.70	0.50~0.70	0.010~0.035	0.02~0.06	Cu 0.40~0.70 Zr≤0.010
C355П	≤0.10	0.15~0.35	0.60~0.90	0.020	0.015	≤0.80	≤0.30	0.010~0.035	0.02~0.06	Mo 0.08~0.20 Nb 0.02~0.09 V≤0.90 Cu≤0.30
C390	≤0.12	0.15~0.50	1.30~1.70	0.017	0.010	≤0.30	≤0.30	≤0.035	0.02~0.06	V≤0.12 Nb≤0.09 Cu≤0.30
C390-1	≤0.12	0.80~1.10	0.60~0.90	0.017	0.010	0.60~0.90	0.50~0.80	0.010~0.035	0.02~0.06	Cu 0.40~0.60
C440	≤0.12	0.15~0.50	1.30~1.70	0.017	0.010	≤0.30	≤0.30	0.010~0.035	0.02~0.06	V≤0.09 Nb≤0.09 Cu≤0.30
C550	≤0.10	0.15~0.35	1.30~1.95	0.015	0.007	≤0.30	0.15~0.35	0.010~0.035	0.02~0.06	Mo≤0.35 V≤0.10 Nb 0.03~0.10 Cu≤0.30
C590	≤0.10	0.15~0.35	1.30~1.95	0.015	0.004	≤0.30	0.10~0.30	0.010~0.035	0.02~0.06	Mo≤0.35 V≤0.10 Nb 0.03~0.10 Cu 0.10~0.30

2.9.12 高温结构用钢 ［ГOCT 20072（1974/2015 确认）］

俄罗斯 ГOCT 标准高温结构用钢的钢号与化学成分见表2-9-17。

表2-9-17 高温结构用钢的钢号与化学成分（质量分数）（%）

钢 号	C	Si	Mn	P ≤	S ≤	Cr	Mo	V	其 他
12X1MФ	0.05~0.15	0.17~0.37	0.40~0.70	0.030	0.025	0.90~1.20	0.25~0.35	0.15~0.3	W≤0.60，Ti≤0.03 Ni≤0.60，Cu≤0.20
12X8MФ	0.08~0.15	≤0.60	≤0.50	0.030	0.025	7.00~8.50	≤0.20	0.30~0.50	
12MX	0.09~0.16	0.17~0.37	0.40~0.70	0.030	0.025	0.40~0.70	0.40~0.60	≤0.05	
15X5	≤0.15	≤0.50	≤0.50	0.030	0.025	4.50~6.00	≤0.20	≤0.05	
15X5M	≤0.15	≤0.50	≤0.50	0.030	0.025	4.50~6.00	0.45~0.60	≤0.05	
15X5MФ	≤0.15	≤0.50	≤0.50	0.030	0.025	4.50~6.00	≤0.20	0.40~0.60	W 0.30~0.70，Ti≤0.03 Ni≤0.60，Cu≤0.20
18X3MB	0.15~0.20	0.17~0.37	0.25~0.50	0.030	0.025	2.50~3.00	0.50~0.70	0.05~0.15	W 0.50~0.80，Ti≤0.03 Ni≤0.30，Cu≤0.20
20X1M1Ф1БР	0.18~0.25	≤0.37	0.50~0.80	0.030	0.030	1.00~1.50	0.80~1.10	0.70~1.00	Ti≤0.06，Nb 0.05~0.15 Ce 0.05~0.10，B 0.005 Ni≤0.30，Cu≤0.20

（续）

钢　号	C	Si	Mn	P ≤	S ≤	Cr	Mo	V	其　他
20Х1М1Ф1ТР	0.17 ~ 0.24	≤0.37	≤0.50	0.030	0.030	0.90 ~ 1.40	0.80 ~ 1.10	0.70 ~ 1.00	W≤0.20，Ti≤0.05 B 0.005，Ni≤0.30 Cu≤0.20
20Х3МВФ	0.15 ~ 0.23	0.17 ~ 0.37	0.25 ~ 0.50	0.030	0.025	2.80 ~ 3.30	0.35 ~ 0.55	0.60 ~ 0.85	W 0.30 ~ 0.50，Ti≤0.03 Ni≤0.30，Cu≤0.20
25Х1М1Ф	0.22 ~ 0.29	0.17 ~ 0.37	0.40 ~ 0.70	0.030	0.025	1.50 ~ 1.80	0.60 ~ 0.80	0.15 ~ 0.30	W≤0.20，Ti≤0.05 Ni≤0.30，Cu≤0.20
25Х1МФ	0.22 ~ 0.29	0.17 ~ 0.37	0.40 ~ 0.70	0.030	0.025	1.50 ~ 1.80	0.25 ~ 0.35	0.15 ~ 0.30	

2.9.13　热镀锌钢板［ГОСТ Р52246（2016）］

（1）俄罗斯 ГОСТ 标准热镀锌钢板的钢号与化学成分（表2-9-18）

表 2-9-18　热镀锌钢板的钢号与化学成分（质量分数）（%）

牌　号	C	Mn	P ≤	S ≤	Al	其　他
01	≤0.15	≤0.60	0.050	0.050	≤0.07	—
02	≤0.12	≤0.60	0.040	0.040	≤0.07	—
03	≤0.12	≤0.50	0.030	0.030	≤0.07	—
04	≤0.10	≤0.45	0.030	0.030	0.02 ~ 0.07	—
05	≤0.08	≤0.45	0.030	0.030	0.02 ~ 0.07	Ti≤0.30
06	≤0.02	≤0.25	0.020	0.020	0.02 ~ 0.07	Ti≤0.30
07	≤0.02	≤0.25	0.020	0.020	0.02 ~ 0.07	Ti≤0.30
220，250	≤0.22	≤0.65	0.040	0.040	≤0.07	—
280，320，350	≤0.25	≤0.85	0.060	0.040	≤0.07	—
390，420，450	≤0.25	≤1.50	0.010	0.040	≤0.07	—

（2）俄罗斯 ГОСТ 标准热镀锌钢板的力学性能（表2-9-19）

表 2-9-19　热镀锌钢板的力学性能

牌　号	R_e /MPa ≥	R_m /MPa	A（%） ≥ （下列厚度/mm）			
			<0.7	0.7 ~ 1.5	1.5 ~ 2.0	>2.0
01	—	—	—	—	—	—
02	—	270 ~ 500	20	22	22	22
03	—	270 ~ 420	24	26	28	28
04	260	270 ~ 380	28	30	32	—
05	220	260 ~ 350	34	36	38	—
06	180	260 ~ 350	35	37	39	—
07	170	260 ~ 350	37	39	41	—
220	220	≥300	18	20	20	20
250	250	≥330	17	19	19	19
280	280	≥360	16	18	18	18
320	320	≥390	15	17	17	17
350	350	≥420	14	16	16	16
390	390	≥450	13	15	15	15
420	420	≥480	12	14	14	14
450	450	≥510	11	13	13	13

2.9.14 海底管道用低合金钢管 ［ГOCT 31444 （2012）］

（1）俄罗斯 ГOCT 标准海底管道用低合金钢管（分类等级 N 和 Q）

海底管道用低合金钢管（分类等级 N 和 Q）的钢号与化学成分见表 2-9-20。

表 2-9-20 海底管道用低合金钢管（分类等级 N 和 Q）的钢号与化学成分（质量分数）（%）（厚度≤25.0mm）

钢 号	C	Si	Mn	P ≤	S ≤	V	Nb	Ti	B	其 他
245N MKП245N	≤0.14	≤0.40	≤1.35	0.020	0.010	—	—	≤0.04	≤0.0005	Nb+V≤0.06 Cu≤0.50
290N MKП290N	≤0.14	≤0.40	≤1.35	0.020	0.010	≤0.05	≤0.05	≤0.04	≤0.0005	Cu≤0.50
320N MKП320N	≤0.14	≤0.40	≤1.40	0.020	0.010	≤0.07	≤0.05	≤0.04	≤0.0005	Cu≤0.50
360N MKП360N	≤0.16	≤0.45	≤1.65	0.020	0.010	≤0.10	≤0.05	≤0.04	≤0.0005	Cu≤0.50
245Q MKП245Q	≤0.14	≤0.40	≤1.35	0.020	0.010	≤0.04	≤0.04	≤0.04	≤0.0005	Nb+V≤0.06 Cu≤0.50
290Q MKП290Q	≤0.14	≤0.40	≤1.35	0.020	0.010	≤0.04	≤0.04	≤0.04	≤0.0005	Cu≤0.50
320Q MKП320Q	≤0.15	≤0.45	≤1.40	0.020	0.010	≤0.05	≤0.05	≤0.04	≤0.0005	Cu≤0.50
360Q MKП360Q	≤0.16	≤0.45	≤1.65	0.020	0.010	≤0.07	≤0.05	≤0.04	≤0.0005	Cu≤0.50
390Q MKП390Q	≤0.16	≤0.45	≤1.65	0.020	0.010	≤0.07	≤0.05	≤0.04	≤0.0005	Cu≤0.50
415Q MKП415Q	≤0.16	≤0.45	≤1.65	0.020	0.010	≤0.08	≤0.05	≤0.04	≤0.0005	Cu≤0.50
450Q MKП450Q	≤0.16	≤0.45	≤1.65	0.020	0.010	≤0.09	≤0.05	≤0.06	≤0.0005	Cu≤0.50
485Q MKП485Q	≤0.17	≤0.45	≤1.75	0.020	0.010	≤0.10	≤0.05	≤0.06	≤0.0005	Cu≤0.50
555Q MKП555Q	≤0.17	≤0.45	≤1.85	0.020	0.010	≤0.10	≤0.06	≤0.06	≤0.0005	Cu≤0.50

（2）俄罗斯 ГOCT 标准海底管道用低合金钢管（分类等级 M）

海底管道用低合金钢管（分类等级 M）的钢号与化学成见表 2-9-21。

表 2-9-21 海底管道用低合金钢管（分类等级 M）的钢号与化学成分（质量分数）（%）（厚度≤25.0mm）

钢 号	C	Si	Mn	P ≤	S ≤	V	Nb	Ti	B	其 他
245M MKП245M	≤0.12	≤0.40	≤1.25	0.020	0.010	≤0.04	≤0.05	≤0.04	≤0.0005	Nb+V≤0.06 Cu≤0.50
290M MKП290M	≤0.12	≤0.40	≤1.25	0.020	0.010	≤0.04	≤0.04	≤0.04	≤0.0005	Cu≤0.50
320M MKП320M	≤0.12	≤0.40	≤1.25	0.020	0.010	≤0.05	≤0.05	≤0.04	≤0.0005	Cu≤0.50

（续）

钢号	C	Si	Mn	P ≤	S ≤	V	Nb	Ti	B	其 他
360M МКП360М	≤0. 12	≤0. 45	≤1. 65	0. 020	0. 010	≤0. 05	≤0. 05	≤0. 04	≤0. 0005	Cu≤0. 50
390M МКП390М	≤0. 12	≤0. 45	≤1. 65	0. 020	0. 010	≤0. 06	≤0. 06	≤0. 04	≤0. 0005	Cu≤0. 50
415M МКП415М	≤0. 12	≤0. 45	≤1. 65	0. 020	0. 010	≤0. 08	≤0. 08	≤0. 06	≤0. 0005	Cu≤0. 50
450M МКП450М	≤0. 12	≤0. 45	≤1. 65	0. 020	0. 010	≤0. 10	≤0. 08	≤0. 06	≤0. 0005	Cu≤0. 50
485M МКП485М	≤0. 12	≤0. 45	≤1. 70	0. 020	0. 010	≤0. 10	≤0. 08	≤0. 06	≤0. 0005	Cu≤0. 50
555M МКП555М	≤0. 12	≤0. 45	≤1. 85	0. 020	0. 010	≤0. 10	≤0. 08	≤0. 06	≤0. 0005	Cu≤0. 50

2. 9. 15　油料输送管线用冷拔无缝钢管［ГОСТ 19277（2016）］

（1）俄罗斯 ГОСТ 标准油料输送管线用冷拔无缝钢管的钢号与化学成分（表2-9-22）

表 2-9-22　油料输送管线用冷拔无缝钢管的钢号与化学成分（质量分数）（%）

钢　号	C	Si	Mn	P ≤	S ≤	Cr	Ni	Mo	Ti	其 他
20A	0. 17 ~ 0. 21	0. 17 ~ 0. 21	0. 35 ~ 0. 65	0. 025	0. 025	≤0. 25	≤0. 25	≤0. 15	—	Cu≤0. 25
30ХССА	0. 28 ~ 0. 34	0. 90 ~ 1. 20	0. 80 ~ 1. 10	0. 025	0. 025	0. 80 ~ 1. 10	≤0. 30	≤0. 15	—	Cu≤0. 25
30ХССА- ВД	0. 28 ~ 0. 34	0. 90 ~ 1. 20	0. 80 ~ 1. 10	0. 011[①]	0. 015[①]	0. 80 ~ 1. 10	≤0. 30	≤0. 15	—	Cu≤0. 25
08Х18Н10Т	≤0. 08	≤0. 80	≤2. 00	0. 020	0. 035	17. 0 ~ 19. 0	9. 00 ~ 11. 0	≤0. 15	5 × C ~ 0. 70	Cu≤0. 25
12Х18Н10Т	≤0. 12	≤0. 80	≤2. 00	0. 020	0. 035	17. 0 ~ 19. 0	9. 00 ~ 11. 0	≤0. 15	5(C - 0. 02) ~ 0. 70	Cu≤0. 25
08Х18Н10Т- ВД	≤0. 08	≤0. 80	1. 00 ~ 2. 00	0. 015	0. 015	17. 0 ~ 19. 0	9. 00 ~ 11. 0	≤0. 15	5 × C ~ 0. 60	Cu≤0. 25
12Х18Н10Т- ВД	≤0. 12	≤0. 80	≤2. 00	0. 015	0. 015	17. 0 ~ 19. 0	9. 00 ~ 11. 0	≤0. 15	5(C - 0. 02) ~ 0. 70	Cu≤0. 25

①　也可以调整其含量：P≤0. 025%，S≤0. 025%。

（2）俄罗斯 ГОСТ 标准油料输送管线用冷拔无缝钢管的力学性能（表2-9-23）

表 2-9-23　油料输送管线用冷拔无缝钢管的力学性能

钢　号	R_e /MPa≥	A (%) ≥	钢号	R_e /MPa≥	A (%) ≥
20A	392	22	12Х18Н10Т	549	40
30ХССА	490	18	08Х18Н10Т- ВД	549	40
30ХССА- ВД	490	18	12Х18Н10Т- ВД	549	40
08Х18Н10Т	549	40	—	—	—

2. 9. 16　石油和天然气输送管道用无缝钢管与焊接钢管［ГОСТ 31443（2012）］

（1）俄罗斯 ГОСТ 标准石油和天然气输送管道用钢管（分类等级 УТП-1）

石油和天然气输送管道用钢管（分类等级 УТП-1）的钢号与化学成分见表2-9-24。

表 2-9-24　石油和天然气输送管道用钢管（分类等级 УТП-1）的钢号与化学成分（质量分数）（%）
（厚度≤25.0mm）

钢　号	C	Mn	P ≤	S ≤	Cr	Ni	Mo	V + Nb + Ti	其　他
无缝钢管——УТП-1									
КП175	≤0.21	≤0.60	0.030	0.030	≤0.50	≤0.50	≤0.15	—	Cu≤0.50
КП210	≤0.22	≤0.90	0.030	0.030	≤0.50	≤0.50	≤0.15	—	Cu≤0.50
КП245	≤0.28	≤1.20	0.030	0.030	≤0.50	≤0.50	≤0.15	≤0.15	Nb + V≤0.06 Cu≤0.50
КП290	≤0.28	≤1.30	0.030	0.030	≤0.50	≤0.50	≤0.15	≤0.15	Cu≤0.50
КП320	≤0.28	≤1.40	0.030	0.030	≤0.50	≤0.50	≤0.15	≤0.15	Cu≤0.50
КП360	≤0.28	≤1.40	0.030	0.030	≤0.50	≤0.50	≤0.15	≤0.15	Cu≤0.50
КП390	≤0.28	≤1.40	0.030	0.030	≤0.50	≤0.50	≤0.15	≤0.15	Cu≤0.50
КП415	≤0.28	≤1.40	0.030	0.030	≤0.50	≤0.50	≤0.15	≤0.15	Cu≤0.50
КП450	≤0.28	≤1.40	0.030	0.030	≤0.50	≤0.50	≤0.15	≤0.15	Cu≤0.50
КП485	≤0.28	≤1.40	0.030	0.030	≤0.50	≤0.50	≤0.15	≤0.15	Cu≤0.50
焊接钢管——УТП-1									
КП175	≤0.21	≤0.60	0.030	0.030	≤0.50	≤0.50	≤0.15	—	Cu≤0.50
КП210	≤0.22	≤0.90	0.030	0.030	≤0.50	≤0.50	≤0.15	—	Cu≤0.50
КП245	≤0.26	≤1.20	0.030	0.030	≤0.50	≤0.50	≤0.15	≤0.15	Nb + V≤0.06 Cu≤0.50
КП290	≤0.26	≤1.30	0.030	0.030	≤0.50	≤0.50	≤0.15	≤0.15	Cu≤0.50
КП320	≤0.26	≤1.40	0.030	0.030	≤0.50	≤0.50	≤0.15	≤0.15	Cu≤0.50
КП360	≤0.26	≤1.40	0.030	0.030	≤0.50	≤0.50	≤0.15	≤0.15	Cu≤0.50
КП390	≤0.26	≤1.40	0.030	0.030	≤0.50	≤0.50	≤0.15	≤0.15	Cu≤0.50
КП415	≤0.26	≤1.40	0.030	0.030	≤0.50	≤0.50	≤0.15	≤0.15	Cu≤0.50
КП450	≤0.26	≤1.45	0.030	0.030	≤0.50	≤0.50	≤0.15	≤0.15	Cu≤0.50
КП485	≤0.26	≤1.65	0.030	0.030	≤0.50	≤0.50	≤0.15	≤0.15	Cu≤0.50

（2）俄罗斯 ГОСТ 标准石油和天然气输送管道用钢管（分类等级 УТП-2）

石油和天然气输送管道用钢管（分类等级 УТП-2）的钢号与化学成分见表 2-9-25。

表 2-9-25　石油和天然气输送管道用钢管（分类等级 УТП-2）的钢号与化学成分（质量分数）（%）
（厚度≤25.0mm）

钢　号	C	Si	Mn	P ≤	S ≤	V	Nb	Ti	V + Nb + Ti	其　他
无缝钢管——УТП-2										
КП245П	≤0.24	≤0.40	≤1.20	0.025	0.015	—	—	≤0.04	≤0.15	Nb + V≤0.06 Cu≤0.50
КП290П	≤0.24	≤0.40	≤1.20	0.025	0.015	≤0.06	≤0.05	≤0.04	≤0.15	Cu≤0.50
КП245Н	≤0.24	≤0.40	≤1.20	0.025	0.015	—	—	≤0.04	≤0.15	Nb + V≤0.06 Cu≤0.50
КП290Н	≤0.24	≤0.40	≤1.20	0.025	0.015	≤0.06	≤0.05	≤0.04	≤0.15	Cu≤0.50
КП320Н	≤0.24	≤0.40	≤1.40	0.025	0.015	≤0.07	≤0.05	≤0.04	≤0.15	Cu≤0.50
КП360Н	≤0.24	≤0.45	≤1.40	0.025	0.015	≤0.10	≤0.05	≤0.04	≤0.15	Cu≤0.50
КП390Н	≤0.24	≤0.45	≤1.40	0.025	0.015	≤0.10	≤0.05	≤0.04	≤0.15	Cu≤0.50

（续）

钢　号	C	Si	Mn	P ≤	S ≤	V	Nb	Ti	V + Nb + Ti	其　他
无缝钢管——УТП-2										
КП415Н	≤0.24	≤0.45	≤1.40	0.025	0.015	≤0.10	≤0.05	≤0.04	≤0.15	Cu≤0.50
КП245Т	≤0.22	≤0.45	≤1.40	0.025	0.015	≤0.05	≤0.05	≤0.04	≤0.15	Nb+V≤0.06 Cu≤0.50
КП290Т	≤0.22	≤0.45	≤1.40	0.025	0.015	≤0.05	≤0.05	≤0.04	≤0.15	Cu≤0.50
КП320Т	≤0.22	≤0.45	≤1.40	0.025	0.015	≤0.05	≤0.05	≤0.04	≤0.15	Cu≤0.50
КП360Т	≤0.22	≤0.45	≤1.50	0.025	0.015	≤0.05	≤0.05	≤0.04	≤0.15	Cu≤0.50
КП390Т	≤0.22	≤0.45	≤1.50	0.025	0.015	≤0.07	≤0.05	≤0.04	≤0.15	Cu≤0.50
КП415Т	≤0.22	≤0.45	≤1.70	0.025	0.015	≤0.05	≤0.05	≤0.04	≤0.15	Cu≤0.50
КП450Т	≤0.22	≤0.45	≤1.70	0.025	0.015	≤0.05	≤0.05	≤0.04	≤0.15	Cu≤0.50
КП485Т	≤0.22	≤0.45	≤1.80	0.025	0.015	≤0.05	≤0.05	≤0.04	≤0.15	Cu≤0.50
КП555Т	≤0.22	≤0.45	≤1.80	0.025	0.015	≤0.07	≤0.05	≤0.04	≤0.15	Cu≤0.50
焊接钢管——УТП-2										
КП245М	≤0.23	≤0.45	≤1.20	0.025	0.015	≤0.05	≤0.05	≤0.04	≤0.15	Nb+V≤0.06 Cu≤0.50
КП290М	≤0.23	≤0.45	≤1.30	0.025	0.015	≤0.05	≤0.05	≤0.04	≤0.15	Cu≤0.50
КП320М	≤0.23	≤0.45	≤1.30	0.025	0.015	≤0.05	≤0.05	≤0.04	≤0.15	Cu≤0.50
КП360М	≤0.22	≤0.45	≤1.40	0.025	0.015	≤0.05	≤0.05	≤0.04	≤0.15	Cu≤0.50
КП390М	≤0.22	≤0.45	≤1.40	0.025	0.015	≤0.05	≤0.05	≤0.04	≤0.15	Cu≤0.50
КП415М	≤0.12	≤0.45	≤1.60	0.025	0.015	≤0.05	≤0.05	≤0.04	≤0.15	Cu≤0.50
КП450М	≤0.12	≤0.45	≤1.60	0.025	0.015	≤0.05	≤0.05	≤0.04	≤0.15	Cu≤0.50
КП485М	≤0.12	≤0.45	≤1.70	0.025	0.015	≤0.05	≤0.05	≤0.04	≤0.15	Cu≤0.50
КП555М	≤0.12	≤0.45	≤1.85	0.025	0.015	≤0.05	≤0.05	≤0.04	≤0.15	Cu≤0.50

2.9.17　钢筋混凝土用热轧钢筋　［ГОСТ Р52544（2006）］

俄罗斯ГОСТ标准钢筋混凝土用热轧钢筋的钢号与化学成分见表2-9-26。

表2-9-26　钢筋混凝土用热轧钢筋的钢号与化学成分（质量分数）（%）

牌　号	C	Si	Mn	P ≤	S ≤	N ≤	Cu	碳当量 CE ≤
A550C	≤0.22	≤0.90	≤1.60	0.050	0.050	≤0.012	≤0.50	0.50
B500C	≤0.24	≤0.95	≤1.70	0.055	0.055	≤0.013	≤0.55	0.52

2.10　南　　非

2.10.1　非合金结构钢　［SANS 50025-2（2009）］

南非SANS标准热轧非合金结构钢的钢号与化学成分见表2-10-1。

表2-10-1　热轧非合金结构钢的钢号与化学成分（质量分数）（%）

钢　号	数字代号	脱氧状况[1]	C≤（下列厚度/mm）			Si	Mn	P[2] ≤	S[2,3] ≤	N ≤	其　他[4]
			≤16	>16~40	>40						
非合金结构钢（用于长形与扁平钢材）[5]											
S235JR	1.0038	FN	0.17	0.17	0.20	—	≤1.40	0.035	0.035	0.012	Cu≤0.55
S235J0	1.0114	FN	0.17	0.17	0.17	—	≤1.40	0.030	0.030	0.012	Cu≤0.55
S235J2	1.0117	FF	0.17	0.17	0.17	—	≤1.40	0.025	0.025	—	Cu≤0.55
S275JR	1.0044	FN	0.21	0.21	0.22	—	≤1.50	0.035	0.035	0.012	Cu≤0.55
S275J0	1.0143	FN	0.18	0.18	0.18[7]	—	≤1.50	0.030	0.030	0.012	Cu≤0.55

（续）

钢 号	数字代号	脱氧状况①	C≤ （下列厚度/mm）			Si	Mn	P②≤	S②,③≤	N≤	其 他④
			≤16	>16~40	>40						
非合金结构钢（用于长形与扁平钢材）⑤											
S275J2	1.0145	FF	0.18	0.18	0.18⑦	—	≤1.50	0.025	0.025	—	Cu≤0.55
S355JR	1.0045	FN	0.24	0.24	0.24	≤0.55	≤1.60	0.035	0.035	0.012	Cu≤0.55
S355J0	1.0553	FN	0.20	0.20⑧	0.22	≤0.55	≤1.60	0.030	0.030	0.012	Cu≤0.55
S355J2	1.0577	FF	0.20	0.20⑧	0.22	≤0.55	≤1.60	0.025	0.025	—	Cu≤0.55
S355K2	1.0596	FF	0.20	0.20⑧	0.22	≤0.55	≤1.60	0.025	0.025	—	Cu≤0.55
S460J0⑥	1.0538	FF	0.20	0.20⑤	0.22	≤0.55	≤1.70	0.030	0.030	0.025	+Nb，Ti，V Cu≤0.55
非合金结构钢（用于长形钢材）⑥											
S185	1.0038	—	—	—	—	—	—	—	—	—	—
E295	1.0114	FN	—	—	—	—	—	0.045	0.045	0.012⑦	—
E335	1.0117	FN	—	—	—	—	—	0.045	0.045	0.012⑦	—
E360	1.0044	FN	—	—	—	—	—	0.045	0.045	0.012⑦	—

① FN—不能使用沸腾钢；FF—完全镇静钢。由生产厂方选择工艺。

② 长形钢材的 P、S 含量均可提高 0.005%。

③ 为改善钢的切削加工性能，若通过处理改变硫化物形态和 Ca>0.002% 时，对于长形钢材则 S 含量可提高 0.015%。

④ 如果钢中全铝 Al_t≥0.020% 时，或有其他强氮化物形成元素存在，则表中的 N 含量不适用，将作调整。

⑤ 要求冲击性能的钢材。

⑥ 不要求冲击性能的钢材。

⑦ 公称厚度 >150mm 的，N≤0.20%。

⑧ 公称厚度 >30mm 的，C≤0.22%。

2.10.2 碳素钢热轧和冷轧薄钢板［SANS 10111，10130（2011）］

南非 SANS 标准碳素钢热轧和冷轧薄钢板的钢号与化学成分见表 2-10-2。

表 2-10-2 碳素钢热轧和冷轧薄钢板的钢号与化学成分（质量分数）（%）

钢 号	C	Si①	Mn	P≤	S≤
碳素钢热轧薄钢板和钢带 SANS 10111（2011）					
DD11	≤0.12	—	≤0.60	0.045	0.045
DD12	≤0.10	—	≤0.45	0.035	0.035
DD13	≤0.08	—	≤0.40	0.030	0.030
DD14	≤0.08	—	≤0.35	0.025	0.025
碳素钢冷轧扁平材 SANS 10130（2011）					
DC01	≤0.20	—	≤0.90	0.040	0.020
DC03	≤0.26	—	≤1.15	0.040	0.020
DC04	≤0.28	—	≤1.25	0.040	0.020
DC05	≤0.20	—	≤0.90	0.040	0.020
DC06	≤0.26	—	≤1.15	0.040	0.020
DC07	≤0.28	—	≤1.25	0.040	0.020

① Si 含量由供需双方商定。

2.10.3 细晶粒结构钢［SANS 50025-3/4（2009）］

（1）南非 SANS 标准细晶粒结构钢（常规轧制）的钢号与化学成分［SANS 50025-3（2009）］（表 2-10-3）

表 2-10-3　细晶粒结构钢（常规轧制）的钢号与化学成分（质量分数）（%）

钢　号[①]	数字代号	C	Si	Mn	P[②]≤	S[②]≤	Nb	Ti	V	Al_t≥	其　他
S275 N	1.0490	≤0.18	≤0.40	0.50~1.50	0.030	0.025	0.05	0.05	0.05	0.020	
S275 N L	1.0491	≤0.16	≤0.40	0.50~1.50	0.025	0.020	0.05	0.05	0.05	0.020	
S355 N	1.0545	≤0.20	≤0.50	0.90~1.65	0.030	0.025	0.05	0.05	0.12	0.020	Cr≤0.30
S355 N L	1.0546	≤0.18	≤0.50	0.90~1.65	0.025	0.020	0.05	0.05	0.12	0.020	Ni≤0.30
S420 N	1.8902	≤0.20	≤0.60	1.00~1.70	0.030	0.025	0.05	0.05	0.20	0.020	Mo≤0.10
S420 N L	1.8912	≤0.20	≤0.60	1.00~1.70	0.025	0.020	0.05	0.05	0.20	0.020	Cu≤0.55
S460 N	1.8901	≤0.20	≤0.60	1.00~1.70	0.030	0.025	0.05	0.05	0.20	0.020	N≤0.015
S460 N L	1.8903	≤0.20	≤0.60	1.00~1.70	0.025	0.020	0.05	0.05	0.20	0.020	

① 钢号后缀字母 N 表示常规轧制。

② 长形钢材的 P、S 含量均可提高 0.005%。

（2）南非 SANS 标准细晶粒结构钢（热机械轧制）的钢号与化学成分［SANS 50025-4（2009）］（表 2-10-4）

表 2-10-4　细晶粒结构钢（热机械轧制）的钢号与化学成分（质量分数）（%）

钢　号[①]	数字代号	C	Si	Mn	P[②]≤	S[②③]≤	Cr	Ni	Mo	V	其　他[④]
S275 M	1.8818	≤0.13[⑤]	≤0.50	≤1.50	0.025	0.025	≤0.30	≤0.30	≤0.10	≤0.08	
S275 M L	1.8819		≤0.50	≤1.50	0.025	0.020	≤0.30	≤0.30	≤0.10	≤0.08	
S355 M	1.8823	≤0.14[⑤]	≤0.50	≤1.60	0.025	0.025	≤0.30	≤0.50	≤0.10	≤0.10	
S355 M L	1.8834		≤0.50	≤1.60	0.025	0.020	≤0.30	≤0.50	≤0.10	≤0.10	Al_t≥0.020，
S420 M	1.8825	≤0.16[⑥]	≤0.50	≤1.70	0.030	0.025	≤0.30	≤0.80	≤0.20	≤0.12	Nb≤0.05，
S420 M L	1.8836		≤0.50	≤1.70	0.025	0.020	≤0.30	≤0.80	≤0.20	≤0.12	Ti≤0.05，
S460 M	1.8827	≤0.16[⑥]	≤0.60	≤1.70	0.030	0.025	≤0.30	≤0.80	≤0.20	≤0.12	Cu≤0.55，
S460 M L	1.8838		≤0.60	≤1.70	0.025	0.020	≤0.30	≤0.80	≤0.20	≤0.12	N≤0.015
S500 M	1.8929	≤0.16	≤0.60	≤1.70	0.030	0.025	≤0.30	≤0.80	≤0.20	≤0.12	
S500 M L	1.8939		≤0.60	≤1.70	0.025	0.020	≤0.30	≤0.80	≤0.20	≤0.12	

① 钢号后缀字母 M 表示热机械轧制。

② 长形钢材的 P、S 含量均可提高 0.005%。

③ 用于铁路的钢材，允许 S 含量≤0.010%。

④ 如果有其他强氮化物形成元素存在时，则表中的铝含量下限不适用，将作调整。

⑤ 长形钢材 S275 级的 C 含量≤0.15%；S355 级的 C 含量≤0.16%。

⑥ 长形钢材 S420 和 S460 级的 C 含量≤0.18%。

2.10.4　冲压用冷轧碳素钢薄板［SANS 3574（2011）］

（1）南非 SANS 标准冲压用冷轧碳素钢薄板的钢号与化学成分（表 2-10-5）

表 2-10-5　冲压用冷轧碳素钢薄板的钢号与化学成分（质量分数）（%）

钢　号	C	Mn	P≤	S≤	Ti[①]	用　途
CR1	≤0.15	≤0.60	0.050	0.035	—	一般用途
CR2	≤0.10	≤0.50	0.040	0.035	—	冲压用
CR3	≤0.08	≤0.45	0.030	0.030	—	深冲压用
CR4	≤0.06	≤0.45	0.030	0.030	—	深冲压用（铝脱氧无时效）
CR5	≤0.02	≤0.25	0.020	0.020	≤0.15	超深冲压用

① Ti 可以部分或全部由 Nb 或 V 代替。

（2）南非 SANS 标准冲压用冷轧碳素钢薄板的力学性能（表 2-10-6）

表 2-10-6　冲压用冷轧碳素钢薄板的力学性能

钢 号	R_e/MPa	R_m/MPa	A（%）$\geqslant$		塑性应变比 r_{90}	表面硬化指数 n_{90}
	$\geqslant$		$L_0 = 50mm$	$L_0 = 80mm$	$\geqslant$	
CR1	280	410	$27^①/28^②$	28	—	—
CR2	240	370	$33^①/34^②$	31	—	—
CR3	220	350	$35^①/36^②$	35	1.3	0.16
CR4	210	350	$37^①/38^②$	37	1.4	0.19
CR5	196	350	$39^①/40^②$	38	1.7	0.22

① 板厚≤0.6mm。

② 板厚＞0.6mm。

2.10.5　低碳钢焊接钢管 ［SANS 719（2011）］

（1）南非 SANS 标准低碳钢焊接钢管的钢号与化学成分（表 2-10-7）

表 2-10-7　低碳钢焊接钢管的钢号与化学成分（质量分数）（%）

钢 号	C	$Si^①$	Mn	P $\leqslant$	S $\leqslant$
A	≤0.20	≤0.04	≤0.90	0.040	0.020
B	≤0.26	≤0.04	≤1.15	0.040	0.020
C	≤0.28	≤0.04	≤1.25	0.040	0.020
D	≤0.28	≤0.04	≤1.60	0.040	0.035

① 也可取 Si = 0.125% ~ 0.25%。

（2）南非 SANS 标准低碳钢焊接钢管的力学性能（表 2-10-8）

表 2-10-8　低碳钢焊接钢管的力学性能

钢 号	R_e/MPa	R_m/MPa	A（%）
		$\geqslant$	
A	207	331	①
B	241	414	①
C	290	414	①
D	290	414	①

① 采用 9.266 除以抗拉强度的实际数值。

2.10.6　焊接结构用耐候钢 ［SANS 50025-5（2009）］

南非 SANS 标准焊接结构用耐候钢的钢号与化学成分（表 2-10-9）

表 2-10-9　焊接结构用耐候钢的钢号与化学成分（质量分数）（%）

钢　号^①	数字代号	C	Si	Mn	$P^②$	$S^② \leqslant$	Cr	$Ni^④ \leqslant$	Cu	其他	碳当量 CE $\leqslant$
S235 J0W	1.8960	≤0.13	≤0.40	0.20 ~ 0.60	≤0.035	0.035	$0.40 ~ 0.80^⑤$	0.65	0.25 ~ 0.55	$N≤0.12^⑥$	0.44
S235 J2W	1.8961	≤0.13	≤0.40	0.20 ~ 0.60	≤0.035	0.030	$0.40 ~ 0.80^⑤$	0.65	0.25 ~ 0.55	$—^{③,⑥}$	
S355 J0WP	1.8945	≤0.12	≤0.75	≤1.00	0.06 ~ 0.15	0.035	0.30 ~ 1.25	0.65	0.25 ~ 0.55	$N≤0.12^⑥$	0.52
S355 J2WP	1.8946	≤0.12	≤0.75	≤1.00	0.06 ~ 0.15	0.030	0.30 ~ 1.25	0.65	0.25 ~ 0.55	$—^{③,⑥}$	
S355 J0W	1.8959	≤0.16	≤0.50	0.50 ~ 1.50	≤0.035	0.035	$0.40 ~ 0.80^⑤$	0.65	0.25 ~ 0.55	$N≤0.12^⑥$	0.52
S355 J2W	1.8965	≤0.16	≤0.50	0.50 ~ 1.50	≤0.030	0.030	$0.40 ~ 0.80^⑤$	0.65	0.25 ~ 0.55	$—^{③,⑥}$	
S355 K2W	1.8967	≤0.16	≤0.50	0.50 ~ 1.50	≤0.030	0.030	$0.40 ~ 0.80^⑤$	0.65	0.25 ~ 0.55	$—^{③,⑥}$	
S355 J4W	1.8787	≤0.16	≤0.50	0.50 ~ 1.50	≤0.030	0.025	$0.40 ~ 0.80^⑤$	0.65	0.25 ~ 0.55	$—^{③,⑥}$	
S355 J5W	1.8991	≤0.16	≤0.50	0.50 ~ 1.50	≤0.030	0.025	$0.40 ~ 0.80^⑤$	0.65	0.25 ~ 0.55	$—^{③,⑥}$	

（续）

钢　号[①]	数字代号	C	Si	Mn	P[②]	S[②] ≤	Cr	Ni[④] ≤	Cu	其　他	碳当量 CE ≤
S420 J0W	1.8943	≤0.20	≤0.65	0.50~1.35	≤0.035	0.035	0.40~0.80[⑤]	0.65	0.25~0.55	N≤0.12[⑥]	
S420 J2W	1.8949	≤0.20	≤0.65	0.50~1.35	≤0.030	0.030	0.40~0.80[⑤]	0.65	0.25~0.55	N≤0.25[③,⑥]	
S420 K2W	1.8997	≤0.20	≤0.65	0.50~1.35	≤0.030	0.030	0.40~0.80[⑤]	0.65	0.25~0.55	N≤0.25[③,⑥]	0.52
S420 J4W	1.8954	≤0.20	≤0.65	0.50~1.35	≤0.030	0.025	0.40~0.80[⑤]	0.65	0.25~0.55	N≤0.25[③,⑥]	
S420 J5W	1.8992	≤0.20	≤0.65	0.50~1.35	≤0.030	0.025	0.40~0.80[⑤]	0.65	0.25~0.55	N≤0.25[③,⑥]	
S460 J0W	1.8966	≤0.20	≤0.65	0.50~1.40	≤0.035	0.035	0.40~0.80[⑤]	0.65	0.25~0.55	N≤0.12[⑥]	
S460 J2W	1.8980	≤0.20	≤0.65	0.50~1.40	≤0.030	0.030	0.40~0.80[⑤]	0.65	0.25~0.55	N≤0.25[③,⑥]	
S460 K2W	1.8990	≤0.20	≤0.65	0.50~1.40	≤0.030	0.030	0.40~0.80[⑤]	0.65	0.25~0.55	N≤0.25[③,⑥]	0.52
S460 J4W	1.8981	≤0.20	≤0.65	0.50~1.40	≤0.030	0.025	0.40~0.80[⑤]	0.65	0.25~0.55	N≤0.25[③,⑥]	
S460 J5W	1.8993	≤0.20	≤0.65	0.50~1.40	≤0.030	0.025	0.40~0.80[⑤]	0.65	0.25~0.55	N≤0.25[③,⑥]	

① 各钢号的脱氧状况：钢号后缀 "J0" 的为非镇静钢，其余均为完全镇静钢。

② 对长形钢材，P 和 S 含量可提高 0.005%。

③ 该钢号至少应含有以下的其中一种元素：Nb = 0.015% ~ 0.060%，V = 0.02 ~ 0.12，Ti = 0.02% ~ 0.10%，$Al_t \geqslant$ 0.020%。如果这些元素组合使用，至少有一种元素应保持其含量的最低值。

④ 除含 Ni 元素外，还含有下列元素：Mo≤0.30%，Zr≤0.15%。

⑤ 如果 Si 元素含量 Si≥0.15%，Cr 元素含量可以降至 Cr≤0.37%。

⑥ 如果钢中全铝 $Al_t \geqslant$ 0.020%时，或有其他强氮化物形成元素存在，则表中的氮含量不适用，将作调整。

2.10.7　高屈服强度调质结构钢扁平材［SANS 50025-6（2009）］

（1）南非 SANS 标准高屈服强度调质结构钢扁平材的钢号与化学成分（表 2-10-10）

表 2-10-10　高屈服强度调质结构钢扁平材的钢号与化学成分（质量分数）（%）

钢　号	C	Si	Mn	P ≤	S ≤	Cr	Ni	Mo	V	其　他
S460 Q S460 QL S460 QL1	≤0.20	≤0.80	≤1.70	0.025 0.020 0.020	0.015 0.010 0.010	≤1.50	≤2.00	≤0.70	≤0.12	
S500 Q S500 QL S500 QL1	≤0.20	≤0.80	≤1.70	0.025 0.020 0.020	0.015 0.010 0.010	≤1.50	≤2.00	≤0.70	≤0.12	
S550 Q S550 QL S550 QL1	≤0.20	≤0.80	≤1.70	0.025 0.020 0.020	0.015 0.010 0.010	≤1.50	≤2.00	≤0.70	≤0.12	
S620 Q S620 QL S620 QL1	≤0.20	≤0.80	≤1.70	0.025 0.020 0.020	0.015 0.010 0.010	≤1.50	≤2.00	≤0.70	≤0.12	Nb≤0.06，Ti≤0.05 Zr≤0.15，Cu≤0.50 N≤0.015，B≤0.0050
S690 Q S690 QL S690 QL1	≤0.20	≤0.80	≤1.70	0.025 0.020 0.020	0.015 0.010 0.010	≤1.50	≤2.00	≤0.70	≤0.12	
S890 Q S890 QL S890 QL1	≤0.20	≤0.80	≤1.70	0.025 0.020 0.020	0.015 0.010 0.010	≤1.50	≤2.00	≤0.70	≤0.12	
S960 Q S960 QL	≤0.20	≤0.80	≤1.70	0.025 0.020 0.020	0.015 0.010 0.010	≤1.50	≤2.00	≤0.70	≤0.12	

（2）南非 SANS 标准高屈服强度调质结构钢扁平材的力学性能（表2-10-11）

表2-10-11　高屈服强度调质结构钢扁平材的力学性能

钢　号	相当于欧标 EN 数字代号	$R_e/\text{MPa} \geqslant$（下列厚度/mm）			$R_m/\text{MPa} \geqslant$（下列厚度/mm）			$A^{①}(\%) \geqslant$
		≥3 ~ 50	>50 ~ 100	>100 ~ 150	≥3 ~ 50	>50 ~ 100	>100 ~ 150	
S460 Q S460 QL S460 QL1	1.8908 1.8906 1.8915	460	440	400	550 ~ 720	550 ~ 720	500 ~ 670	17
S500 Q S500 QL S500 QL1	1.8924 1.8909 1.8984	500	480	440	590 ~ 770	590 ~ 770	540 ~ 720	17
S550 Q S550 QL S550 QL1	1.8904 1.8926 1.8986	550	530	490	640 ~ 820	640 ~ 820	590 ~ 770	16
S620 Q S620 QL S620 QL1	1.8914 1.8927 1.8987	620	580	560	700 ~ 890	700 ~ 890	650 ~ 830	15
S690 Q S690 QL S690 QL1	1.8931 1.8928 1.8988	690	650	630	710 ~ 940	760 ~ 930	710 ~ 900	14
S890 Q S890 QL S890 QL1	1.8940 1.8983 1.8925	890	830	—	940 ~ 1100	880 ~ 1100	—	11
S960 Q S960 QL	1.8941 1.8933	960	—	—	980 ~ 1150	—	—	10

① $L_0 = 5.65 \sqrt{S_0}$。

2.10.8　高温压力容器用非合金钢和合金钢扁平材 ［SANS 50028-2（2009）］

（1）南非 SANS 标准高温压力容器用非合金钢和合金钢扁平材的钢号与化学成分（表2-10-12）

表2-10-12　高温压力容器用非合金钢和合金钢扁平材的钢号与化学成分（质量分数）（%）

钢　号	数字代号	C	Si	Mn	P ≤	S ≤	Cr	Ni	Mo	Cu	其　他
非合金钢											
P235GH	1.0345	≤0.16	≤0.35	0.60 ~ 1.20	0.025	0.010	≤0.30	≤0.30	≤0.08	≤0.30	$Al_t \geqslant 0.020$，$V \leqslant 0.02$ $Nb \leqslant 0.03$，$Ti \leqslant 0.03$ $N \leqslant 0.012$ $Cr + Mo + Ni + Cu$ $\leqslant 0.70$
P265GH	1.0425	≤0.20	≤0.40	0.80 ~ 1.40	0.025	0.010	≤0.30	≤0.30	≤0.08	≤0.30	
P295GH	1.0481	0.08 ~ 0.20	≤0.40	0.90 ~ 1.50	0.025	0.010	≤0.30	≤0.30	≤0.08	≤0.30	
P355GH	1.0473	0.10 ~ 0.22	≤0.60	1.10 ~ 1.70	0.025	0.010	≤0.30	≤0.30	≤0.08	≤0.30	
CrMo 合金钢											
13CrMo4-5	1.7335	0.08 ~ 0.18	≤0.35	0.40 ~ 1.00	0.025	0.010	0.70 ~ 1.15	—	0.40 ~ 0.60	≤0.30	$N \leqslant 0.012$
13CrMoSi5-5	1.7336	≤0.17	0.50 ~ 0.80	0.40 ~ 0.65	0.015	0.005	1.00 ~ 1.50	≤0.30	0.40 ~ 0.65	≤0.30	$N \leqslant 0.012$

（续）

钢　号	数字代号	C	Si	Mn	P ≤	S ≤	Cr	Ni	Mo	Cu	其　他
CrMo 合金钢											
10CrMo9-10	1.7380	0.08 ~ 0.14	≤0.50	0.40 ~ 0.80	0.020	0.010	2.00 ~ 2.50	—	0.90 ~ 1.10	≤0.30	N≤0.012
12CrMo9-10	1.7375	0.10 ~ 0.15	≤0.30	0.30 ~ 0.80	0.015	0.010	2.00 ~ 2.50	≤0.30	0.90 ~ 1.10	≤0.25	N≤0.012
X12CrMo5	1.7362	0.10 ~ 0.15	≤0.50	0.30 ~ 0.60	0.020	0.005	4.00 ~ 6.00	≤0.30	0.45 ~ 0.65	≤0.30	N≤0.012
其他合金钢											
16Mo3	1.5415	0.12 ~ 0.20	≤0.35	0.40 ~ 0.90	0.025	0.010	≤0.30	≤0.30	0.25 ~ 0.35	≤0.30	N≤0.012
18MnMo4-5	1.5414	≤0.20	≤0.40	0.90 ~ 1.50	0.015	0.005	≤0.30	≤0.30	0.45 ~ 0.60	≤0.30	N≤0.012
20MnMoNi4-5	1.6311	0.15 ~ 0.23	≤0.40	1.00 ~ 1.50	0.020	0.010	≤0.20	0.40 ~ 0.80	0.45 ~ 0.60	≤0.20	V≤0.02，N≤0.012
15NiCuMoNb5-6-4	1.6368	≤0.17	0.25 ~ 0.50	0.80 ~ 1.20	0.025	0.010	≤0.30	1.00 ~ 1.30	0.50 ~ 0.50	0.50 ~ 0.80	Nb 0.015 ~ 0.045 Al≥0.015，N≤0.020
13CrMoV9-10	1.7703	0.10 ~ 0.15	≤0.10	0.30 ~ 0.60	0.015	0.005	2.00 ~ 2.50	≤0.25	0.90 ~ 1.10	≤0.20	V 0.25 ~ 0.35，Ti≤0.03 Nb≤0.07，Ca≤0.015 B≤0.002，N≤0.012
12CrMoV12-10	1.7767	0.10 ~ 0.15	≤0.15	0.30 ~ 0.60	0.015	0.005	2.75 ~ 3.25	≤0.25	0.90 ~ 1.10	≤0.25	V 0.20 ~ 0.30，Ti≤0.03 Nb≤0.07，Ca≤0.015 B≤0.003，N≤0.012
X10CrMoVNb9-1	1.4903	0.08 ~ 0.12	≤0.50	0.30 ~ 0.60	0.020	0.005	8.00 ~ 9.50	≤0.30	0.85 ~ 1.05	≤0.30	Nb 0.07 ~ 0.10 V 0.18 ~ 0.25，Al≥0.040 N≤0.030 ~ 0.070

（2）南非 SANS 标准高温压力容器用钢（非合金钢和合金钢）扁平材的力学性能（表2-10-13a 和表2-10-13b）

表2-10-13a　高温压力容器用钢（非合金钢）扁平材的力学性能（一）

钢　号	数字代号	交货状态[①]	公称厚度/mm	R_{eH}/MPa ≥	R_m/MPa
P235GH	1.0345	+N	≤16	235	360 ~ 480
			>16 ~ 40	225	360 ~ 480
			>40 ~ 60	215	360 ~ 480
			>60 ~ 100	200	360 ~ 480
			>100 ~ 150	185	350 ~ 480
			>150 ~ 250	170	340 ~ 480
P265GH	1.0425	+N	≤16	265	410 ~ 530
			>16 ~ 40	255	410 ~ 530
			>40 ~ 60	245	410 ~ 530
			>60 ~ 100	215	410 ~ 530
			>100 ~ 150	200	400 ~ 530
			>150 ~ 250	185	390 ~ 530

（续）

钢 号	数字代号	交货状态[1]	公称厚度/mm	R_{eH}/MPa ≥	R_m/MPa
P295GH	1.0481	+ N	≤16	295	460 ~ 580
			>16 ~ 40	290	460 ~ 580
			>40 ~ 60	285	460 ~ 580
			>60 ~ 100	260	460 ~ 580
			>100 ~ 150	235	440 ~ 570
			>150 ~ 250	220	430 ~ 570
P355GH	1.0473	+ N	≤16	355	510 ~ 650
			>16 ~ 40	345	510 ~ 650
			>40 ~ 60	335	510 ~ 650
			>60 ~ 100	315	490 ~ 630
			>100 ~ 150	295	480 ~ 630
			>150 ~ 250	280	470 ~ 630

① + N 为正火。

表 2-10-13b　高温压力容器用钢（非合金钢）扁平材的力学性能（二）

钢 号	数字代号	交货状态[1]	公称厚度/mm	A[2]（%）≥	KV/J ≥ 下列温度/℃		
					−20	0	+20
P235GH	1.0345	+ N	≤16 ~ 250	24	27	34	40
P265GH	1.0425	+ N	≤16 ~ 250	22	27	34	40
P295GH	1.0481	+ N	≤16 ~ 250	21	27	34	40
P355GH	1.0473	+ N	≤16 ~ 250	20	27	34	40

① + N 为正火。

② 厚度 <3mm 的扁平材，供需双方应事先商定其断后伸长率 A。

（3）南非 SANS 标准高温压力容器用钢（CrMo 合金钢）扁平材的力学性能（表 2-10-14a 和表 2-10-14b）

表 2-10-14a　高温压力容器用钢（CrMo 合金钢）扁平材的力学性能（一）

钢 号	数字代号	交货状态[1]	公称厚度/mm	R_{eH}/MPa ≥	R_m/MPa
13CrMo4-5	1.7335	+ NT	≤16	300	450 ~ 600
		+ NT	>16 ~ 60	290	450 ~ 600
		+ NT	>60 ~ 100	270	440 ~ 590
		+ NT 或 + QT	>100 ~ 150	255	430 ~ 580
		+ QT	>150 ~ 250	245	420 ~ 570
13CrMoSi5-5	1.7336	+ NT	≤60	310	510 ~ 690
		+ NT	>60 ~ 100	300	480 ~ 660
		+ QT	≤60	400	510 ~ 690
		+ QT	>60 ~ 100	390	500 ~ 680
		+ QT	>100 ~ 250	380	490 ~ 670
10CrMo9-10	1.7380	+ NT	≤16	310	480 ~ 630
		+ NT	>16 ~ 40	300	480 ~ 630
		+ NT	>40 ~ 60	290	480 ~ 630
		+ NT 或 + QT	>60 ~ 100	280	470 ~ 620
		+ QT	>100 ~ 150	260	460 ~ 610
		+ QT	>150 ~ 250	250	450 ~ 600

（续）

钢 号	数字代号	交货状态[①]	公称厚度/mm	R_{eH}/MPa ≥	R_m/MPa
12CrMo9-10	1.7375	+ NT 或 + QT	≤250	355	540～690
X12CrMo5	1.7362	+ NT	≤60	320	510～690
			>60～150	300	480～660
		+ QT	>150～250	300	450～630

① NT—正火 + 回火；QT—淬火 + 回火。

表 2-10-14b   高温压力容器用钢（CrMo 合金钢）扁平材的力学性能（二）

钢 号	数字代号	交货状态[①]	公称厚度/mm	A（%）≥	KV/J ≥ 下列温度/℃		
					-20	0	+20
13CrMo4-5	1.7335	+ NT	≤16～60	19	②	②	31
		+ NT 或 + QT	>60～150	19	②	②	27
		+ QT	>150～250	19	②	②	27
13CrMoSi5-5	1.7336	+ NT	≤60～100	20	②	27	34
		+ QT	≤60～250	20	27	34	40
10CrMo9-10	1.7380	+ NT	≤16～60	18	②	②	31
		+ NT 或 + QT	≤60～150	17	②	②	27
		+ QT	>150～250	17	②	②	27
12CrMo9-10	1.7375	+ NT 或 + QT	≤16～250	18	27	40	70
X12CrMo5	1.7362	+ NT	≤60～150	20	27	34	40
		+ QT	>150～250	20	27	34	40

① NT—正火 + 回火；QT—淬火 + 回火。
② 由供需双方商定。

（4）南非 SANS 标准高温压力容器用钢（其他合金钢）扁平材的力学性能（表 2-10-15a 和表 2-10-15b）

表 2-10-15a   高温压力容器用钢（其他合金钢）扁平材的力学性能（一）

钢号	数字代号	交货状态[①]	公称厚度/mm	R_{eH}/MPa ≥	R_m/MPa
16Mo3	1.5415	+ N	≤16	275	440～590
			>16～40	270	
			>40～60	260	
			>60～100	240	430～580
			>100～150	220	420～580
			>150～250	210	410～570
18MnMo4-5	1.5414	+ NT	≤60	345	510～650
			>60～150	325	
		+ QT	>150～250	210	480～620

（续）

钢 号	数字代号	交货状态①	公称厚度/mm	R_{eH}/MPa ≥	R_m/MPa
20MnMoNi4-5	1.6311	+QT	≤40	470	590~750
			>40~60	460	590~730
			>60~100	450	570~710
			>100~150	440	
			>150~250	400	560~700
15NiCuMoNb5-6-4	1.6368	+NT	≤40	460	610~780
			>40~60	440	610~780
			>60~100	430	6000~760
		+NT 或 +QT	>100~150	420	590~740
		+QT	>150~250	410	580~740
13CrMoV9-10	1.7703	+NT	≤60	455	600~780
			>60~150	435	590~770
		+QT	>150~250	415	580~760
12CrMoV12-10	1.7767	+NT	≤60	455	600~780
			>60~150	435	590~770
		+QT	>150~250	415	580~760
X10CrMoVNb9-1	1.4903	+NT	≤60	445	580~760
			>60~150	435	550~730
		+QT	>150~250	435	520~700

① NT—正火 + 回火；QT—淬火 + 回火。

表 2-10-15b　高温压力容器用钢（其他合金钢）扁平材的力学性能（二）

钢 号	数字代号	交货状态①	公称厚度/mm	A（%）≥	KV/J ≥ 下列温度/℃		
					-20	0	+20
16Mo3	1.5415	+NT	≤16~250	22	②	②	31
18MnMo4-5	1.5414	+NT	≤60	20	27	34	40
		+NT 或 +QT	>60~150	20	27	34	40
		+QT	>150~250	20	27	34	40
20MnMoNi4-5	1.6311	+QT	≤40~250	18	27	40	50
15NiCuMoNb5-6-4	1.6368	+NT	≤40~100	16	27	34	40
		+NT 或 +QT	>100~150	16	27	34	40
		+QT	>150~250	16	27	34	40
13CrMoV9-10	1.7703	+NT	≤40~150	18	27	34	40
		+QT	>150~250	18	27	34	40
12CrMoV12-10	1.7767	+NT	≤60~150	18	27	34	40
		+QT	>150~250	18	27	34	40
X10CrMoVNb9-1	1.4903	+NT	≤60~150	18	27	34	40
		+QT	>150~250	18	27	34	40

① NT—正火 + 回火；QT—淬火 + 回火。
② 供需双方协商。

2.10.9 低温压力容器用镍钢扁平材 [SANS 50028-4 (2009)]

（1）南非 SANS 标准低温压力容器用镍钢扁平材的钢号与化学成分（表 2-10-16）

表 2-10-16 低温压力容器用镍钢扁平材的钢号与化学成分（质量分数）（%）

钢 号	数字代号	C	Si	Mn	P ≤	S ≤	Ni	V	其 他
11MnNi5-3	1.6212	≤0.14	≤0.50	0.70~1.50	0.025	0.010	0.30~0.80	≤0.05	Al$_t$≥0.020
13 MnNi6-3	1.6217	≤0.16	≤0.50	0.85~1.70	0.025	0.010	0.30~0.85	≤0.05	Nb≤0.05
15NiMn6	1.6228	≤0.18	≤0.35	0.80~1.50	0.025	0.010	1.30~1.70	≤0.05	—
12Ni14	1.5637	≤0.15	≤0.35	0.30~0.80	0.020	0.005	3.25~3.75	≤0.05	—
X12Ni5	1.5680	≤0.15	≤0.35	0.30~0.80	0.020	0.005	4.75~5.25	≤0.05	—
X8Ni9	1.5662	≤0.10	≤0.35	0.30~0.80	0.020	0.005	8.50~10.0	≤0.05	Mo≤0.10
X7Ni9	1.5663	≤0.10	≤0.35	0.30~0.80	0.015	0.005	8.50~10.0	≤0.01	

（2）南非 SANS 标准低温压力容器用镍钢扁平材的力学性能（表 2-10-17）

表 2-10-17 低温压力容器用镍钢扁平材的力学性能

钢 号	数字代号	交货状态[①]	公称厚度/mm	R_{eH}/MPa ≥	R_m/MPa	A(%) ≥
11MnNi5-3	1.6212	+N (+NT)	≤30	285	420~530	22
			>30~50	275		
			>50~80	265		
13MnNi6-3	1.6217	+N (+NT)	≤30	355	490~610	22
			>30~50	345		
			>50~80	335		
15NiMn6	1.6228	+N 或 +NT，或 +QT	≤30	355	490~640	22
			>30~50	345		
			>50~80	335		
12Ni14	1.5637	+N 或 +NT，或 +QT	≤30	355	490~640	22
			>30~50	345		
			>50~80	335		
X12Ni5	1.5680	+N 或 +NT，或 +QT	≤30	390	530~710	20
			>30~50	380		
X8Ni9 +NT640	1.5662 +NT640	+N 和 +NT	≤30	490	640~840	18
			>30~125	480		
X8Ni9 +QT640	1.5662 +QT640	+QT	≤30	490	640~840	18
			>30~125	480		
X8Ni9 +QT680	1.5662 +QT680	+QT	≤30	585	680~820	18
			>30~125	575		
X7Ni9	1.5663	+QT	≤30	585	680~820	18
			>30~125	575		

① N—正火；NT—正火 + 回火；QT—淬火 + 回火。

2.10.10 钢筋混凝土结构用钢筋 [SANS 920 (2011)]

（1）南非 SANS 标准钢筋混凝土结构用钢筋的牌号与化学成分（表 2-10-18）

表 2-10-18 钢筋混凝土结构用钢筋的牌号与化学成分（质量分数）（%）

牌 号[①]	C	Si	Mn	P ≤	S ≤	其他
Mild steel	≤0.30	②	②	0.060	0.060	N≤0.008[③]
High yield stress steel	≤0.50	②	②	0.060	0.050	—

① Mild steel—中碳钢；High yield stress steel—高屈服强度钢。

② 在保证力学性能条件下，其含量由供方确定。

③ 仅适用于氧气吹炼操作。

（2）南非 SANS 标准钢筋混凝土结构用钢筋的力学性能（表 2-10-19）

表 2-10-19 钢筋混凝土结构用钢筋的力学性能

牌 号	特性强度[①] /MPa ≥	A（%）≥ $L_0 = 5.65\sqrt{S_0}$	180°冷弯试验 d—弯心直径 a—试样直径
Mild steel	250	22	$d = 2a$
High yield stress steel	450	14	$d = 3a$

① 原文为 Characteristic strength。

2.11 英 国

A. 通用结构用钢

2.11.1 细晶粒结构钢［BS EN 10025-3（2019）］

见 2.3.2 小节。

2.11.2 表面硬化结构钢［BS EN ISO 683-3（2018）］

见 2.2.5 小节［ISO 683-3（2014）］。

2.11.3 调质结构钢［BS EN ISO 683-1（2018）和 BS EN683-2（2016）］

见 2.2.6 小节和 2.2.7 小节［ISO 683-1（2018）和 ISO 683-2（2016）］。

2.11.4 易切削结构钢［BS EN ISO 683-4（2018）］

见 2.2.8 小节［ISO 683-4（2018）］。

2.11.5 轴承钢［BS EN ISO 683-17（2014）］

见 2.2.10 小节［ISO 683-17（2014）］部分。

B. 专业用钢和优良品种

2.11.6 热轧与冷轧碳钢和碳锰钢钢板及钢带［BS 1449（1991/2015 确认）］

（1）英国 BS 标准热轧与冷轧碳钢和碳锰钢钢板及钢带的钢号与化学成分（表 2-11-1）

表 2-11-1 热轧与冷轧碳钢和碳锰钢钢板及钢带的钢号与化学成分（质量分数）（%）

钢 号	C	Si	Mn	P ≤	S ≤
1 HR，HS 1 CR，CS	≤0.08	—	≤0.45	0.025	0.030
2 HR，HS 2 CR，CS	≤0.08	—	≤0.45	0.030	0.035

（续）

钢　号	C	Si	Mn	P ≤	S ≤
3 HR，HS 3 CR，CS	≤0.10	—	≤0.50	0.040	0.040
4 HR，HS 4 CR，CS	≤0.12	—	≤0.60	0.050	0.050
14 HR，HS 14 CS	≤0.15	—	≤0.60	0.050	0.050
15 HR，HS 15 CS	≤0.20	—	≤0.90	0.060	0.050
10 HS 10 CS	0.08~0.15	0.10~0.35	0.60~0.90	0.045	0.045
12 HS 12 CS	0.10~0.15	—	0.40~0.60	0.050	0.050
17 HS 17 CS	0.15~0.20	—	0.40~0.60	0.050	0.050
20 HS 20 CS	0.15~0.25	0.05~0.35	1.30~1.70	0.045	0.045
22 HS 22 CS	0.20~0.25	—	0.40~0.60	0.050	0.050
30 HS 30 CS	0.25~0.35	0.05~0.35	0.50~0.90	0.045	0.045
40 HS 40 CS	0.35~0.45	0.05~0.35	0.50~0.90	0.045	0.045
50 HS 50 CS	0.45~0.55	0.05~0.35	0.50~0.90	0.045	0.045
60 HS 60 CS	0.55~0.65	0.05~0.35	0.50~0.90	0.045	0.045
70 HS 70 CS	0.65~0.75	0.05~0.35	0.50~0.90	0.045	0.045
80 HS 80 CS	0.75~0.85	0.05~0.35	0.50~0.90	0.045	0.045
95 HS 95 CS	0.90~1.00	0.05~0.35	0.30~0.60	0.040	0.040
34/20 HR，HS 34/20 CR，CS	≤0.15	—	≤1.20	0.050	0.050
37/23 HR，HS 37/23 CR，CS	≤0.20	—	≤1.20	0.050	0.050
40/30 HR，HS 40/30 CS	≤0.15	—	≤1.20	0.040	0.040
43/25 HR，HS	≤0.25	—	≤1.20	0.050	0.050
43/35 HR，HS 43/35 CS	≤0.15	—	≤1.20	0.040	0.040
46/40 HR，HS 46/40 CS	≤0.15	—	≤1.20	0.040	0.040

（续）

钢 号	C	Si	Mn	P ≤	S ≤
50/35 HR，HS	≤0.20	—	≤1.50	0.050	0.050
50/45 HR，HS 50/45 CS	≤0.20	—	≤1.50	0.040	0.040
60/55 HS 60/55 CS	≤0.20	—	≤1.50	0.040	0.040
40F30 HR，HS 40F30 CS	≤0.12	—	≤1.20	0.030	0.035
43F35 HR，HS 43F35 CS	≤0.12	—	≤1.20	0.030	0.035
46F40 HR，HS 46F40 CS	≤0.12	—	≤1.20	0.030	0.035
50F45 HR，HS 50F45 CS	≤0.12	—	≤1.20	0.030	0.035
60F55 HS 60F55 CS	≤0.12	—	≤1.20	0.030	0.035
68F62 HS	≤0.12	—	≤1.50	0.030	0.035
75F70 HS	≤0.12	—	≤1.50	0.030	0.035

（2）英国 BS 标准热轧与冷轧碳钢和碳锰钢钢板及钢带的力学性能（表 2-11-2）

表 2-11-2　热轧与冷轧碳钢和碳锰钢钢板及钢带的力学性能

钢 号	R_m/MPa	R_e/MPa ≥	A（%）	HBW	品种及规格[1]
1 HR	≥290	170	25~34	—	热轧宽幅钢板、钢带，t≤16mm
1 HS	≥290	170	32~34	—	热轧钢板、钢带，t≤16mm
1 CR	≥280	140	29~38	—	冷轧宽幅钢板、钢带，t≤16mm，用于搪瓷板材
1 CS	≥270	140	34~38	—	冷轧薄钢板、钢带，t≤3mm
2 HR	≥290	170	25~34	—	热轧宽幅钢板、钢带，t≤16mm
2 HS	≥290	170	32~34	—	热轧钢板、钢带，t≤16mm
2 CR	≥280	140	27~36	—	冷轧宽幅钢板、钢带，t≤16mm，用于搪瓷板材
2 CS	≥270	140	34~36	—	冷轧薄钢板、钢带，t≤3mm
3 HR	≥290	170	21~28	—	热轧宽幅钢板、钢带，t≤16mm
3 HS	≥290	170	26~28	—	热轧钢板、钢带，t≤16mm
3 CR	≥280	140	25~34	—	冷轧钢板、钢带，t≤16mm
3 CS	≥280	140	32~34	—	冷轧薄钢板、钢带，t≤3mm
4 HR	≥280	170	18~25	—	热轧宽幅钢板、钢带，t≤16mm
4 HS	≥280	170	23~25	—	热轧钢板、钢带，t≤16mm
4 CR	≥280	140	—	—	冷轧宽幅钢板、钢带，t=0.1~16mm，用于搪瓷板材
4 CS	≥280	140	28~30	—	冷轧薄钢板、钢带，t≤3mm
14 HR	≥280	170	18~25	—	热轧宽幅钢板、钢带，t≤16mm
14 HS	≥280	170	23~25	—	热轧钢板、钢带，t≤16mm
15 HR	≥280	170	—	—	热轧宽幅钢板、钢带，t≤16mm

（续）

钢　号	R_m/MPa	R_e/MPa ≥	A（%）	HBW	品种及规格[1]
15 HS	≥280	170	—	—	热轧钢板、钢带，$t \leqslant 16mm$
10HS	—	—	—	114 HV	钢板、钢带，热轧后退火，$t \leqslant 16mm$
10CS	—	—	—	190~285	钢板、钢带，冷轧后硬化处理，$t \leqslant 16mm$
12 HS	≥310	170	26~28	—	热轧薄钢板、钢带
12 CS	310~410	170	23~25	—	冷轧钢板、钢带，$t \leqslant 16mm$
17 HS	≥350	200	23~25	—	热轧薄钢板、钢带
17 CS	≥340	190	24~26	—	冷轧钢板、钢带
20 HS	≥540	350	16~18	—	热轧钢板、钢带，$t \leqslant 16mm$
20 CS	≥420	230	18~20	—	钢板、钢带，冷轧后退火，$t \leqslant 16mm$
22 HS	≥400	230	22~24	—	热轧钢板、钢带，$t \leqslant 16mm$
22 CS	≥370	200	23~25	—	钢板、钢带，冷轧后退火
30 HS	≥500	280	16~18	—	热轧钢板、钢带，$t \leqslant 16mm$
30 CS	≥380	230	18~20	—	冷轧钢板、钢带，$t \leqslant 16mm$
40 HS	≥540	300	14~16	—	热轧钢板、钢带，$t \leqslant 16mm$
40 CS	≥420	250	16~18	0~147	钢板、钢带，冷轧后退火，$t \leqslant 16mm$
50 HS	—	—	—	0~219	热轧钢板、钢带，$t \leqslant 16mm$
50 CS	—	—	—	0~219	钢板、钢带，冷轧后正火，$t \leqslant 16mm$
60 HS	—	—	—	0~257	热轧钢板、钢带，$t \leqslant 16mm$
60 CS	—	—	—	0~166	钢板、钢带，冷轧后正火，$t \leqslant 16mm$
70 HS	—	—	—	238~285	钢板、钢带，正火，$t \leqslant 16mm$
70 CS	—	—	—	352~518	钢板、钢带，淬回火，$t \leqslant 16mm$
80 HS	—	—	—	257~304	钢板、钢带，正火，$t \leqslant 16mm$
80 CS	—	—	—	257~304	钢板、钢带，正火，$t \leqslant 16mm$
95 HS	—	—	—	314~333S	钢板、钢带，正火，$t \leqslant 16mm$
95 CS	—	—	—	314~333	钢板、钢带，正火，$t \leqslant 16mm$
34/20 HR	≥340	200	21~29	—	热轧宽幅钢板、钢带，$t \leqslant 16mm$
34/20 HS	≥340	200	21~29	—	热轧钢板、钢带，$t \leqslant 8mm$
34/20 CR	≥340	200	21~29	—	冷轧低强度宽幅钢板、钢带，$t = 0.1~16mm$
34/20 CS	≥340	200	21~29	—	冷轧钢板、钢带，$t \leqslant 16mm$
37/23 HR	≥370	230	20~28	—	热轧宽幅钢板、钢带，$t \leqslant 16mm$
37/23 HS	≥370	230	20~28	—	热轧钢板、钢带，$t \leqslant 8mm$
37/23 CR	≥370	230	20~28	—	冷轧低强度宽幅钢板、钢带，$t = 0.1~16mm$
37/23 CS	≥370	230	20~28	—	冷轧钢板、钢带，$t \leqslant 16mm$
40/30 HR	≥400	300	18~26	—	热轧宽幅钢板、钢带，$t \leqslant 16mm$
40/30 HS	≥400	300	18~26	—	热轧钢板、钢带，$t \leqslant 8mm$
40/30 CS	≥400	300	18~26	—	冷轧钢板、钢带，$t \leqslant 16mm$
43/25 HR	≥430	250	16~25	—	热轧宽幅钢板、钢带，$t \leqslant 16mm$
43/25 HS	≥430	250	16~25	—	热轧钢板、钢带，$t \leqslant 8mm$
43/35 HR	≥430	350	16~23	—	热轧宽幅钢板、钢带，$t \leqslant 16mm$
43/35 HS	≥430	350	16~23	—	热轧钢板、钢带，$t \leqslant 8mm$
43/35 CS	≥430	350	16~23	—	冷轧钢板、钢带，$t \leqslant 16mm$
46/40 HR	≥460	400	12~20	—	热轧宽幅钢板、钢带，$t \leqslant 16mm$
46/40 HS	≥460	400	12~20	—	热轧钢板、钢带，$t \leqslant 8mm$
46/40 CS	≥460	400	12~20	—	冷轧钢板、钢带，$t \leqslant 16mm$
50/35 HR	≥500	350	12~20	—	热轧宽幅钢板、钢带，$t \leqslant 16mm$
50/35 HS	≥500	350	12~20	—	热轧钢板、钢带，$t \leqslant 8mm$

（续）

钢　号	R_m/MPa	R_e/MPa ≥	A（%）	HBW	品种及规格[1]
50/45 HR	≥500	450	12～20	—	热轧宽幅钢板、钢带，$t \leq 16$mm
50/45 HS	≥500	450	12～20	—	热轧钢板、钢带，$t \leq 8$mm
50/45 CS	≥500	450	12～20	—	冷轧钢板、钢带，$t \leq 16$mm
60/55 HS	—	—	—	—	热轧钢板、钢带，$t \leq 8$mm
60/55 CS	≥600	550	10～17	—	冷轧钢板、钢带，$t \leq 16$mm
40F30 HR	≥400	300	20～28	—	热轧宽幅钢板、钢带，$t \leq 16$mm
40F30 HS	≥400	300	20～28	—	热轧钢板、钢带，$t \leq 8$mm
40F30 CS	≥400	300	20～28	—	冷轧钢板、钢带，$t \leq 16$mm
43F35 HR	≥430	350	18～25	—	热轧宽幅钢板、钢带，$t \leq 16$mm
43F35 HS	≥430	350	18～25	—	热轧钢板、钢带，$t \leq 8$mm
43F35 CS	≥430	350	18～25	—	冷轧钢板、钢带，$t \leq 16$mm
46F40 HR	≥460	400	14～22	—	热轧宽幅钢板、钢带，$t \leq 16$mm
46F40 HS	≥460	400	14～22	—	热轧钢板、钢带，$t \leq 8$mm
46F40 CS	≥460	400	14～22	—	冷轧钢板、钢带，$t \leq 16$mm
50F45 HR	≥500	450	14～22	—	热轧宽幅钢板、钢带，$t \leq 16$mm
50F45 HS	≥500	450	14～22	—	热轧钢板、钢带，$t \leq 8$mm
50F45 CS	≥500	450	14～22	—	冷轧钢板、钢带，$t \leq 16$mm
60F55 HS	≥600	550	11～19	—	热轧钢板、钢带，$t \leq 8$mm
60F55 CS	≥600	550	11～19	—	冷轧钢板、钢带，$t \leq 16$mm
68F62 HS	≥680	620	10～18	—	热轧钢板、钢带，$t \leq 8$mm
75F70 HS	≥750	700	8～15	—	热轧钢板、钢带，$t \leq 8$mm

① t—钢板厚度。

2. 11. 7　普通压力容器用钢棒与板带材 ［BS EN 10207（2017）］

（1）英国 BS 标准普通压力容器用钢棒与板带材的钢号与化学成分（表 2-11-3）

表 2-11-3　普通压力容器用钢棒与板带材的钢号与化学成分（质量分数）（%）

牌　号	数字代号	C	Si	Mn	P ≤	S ≤	Al	N	交货状态
P235 SL	1.0112	≤0.16	≤0.35	0.40～1.20	0.025	0.025	≤0.020	≤0.010	热轧
P265 S	1.0130	≤0.20	≤0.40	0.50～1.50	0.025	0.025	≤0.020	≤0.010	热轧或正火
P275 SL	1.1100	≤0.16	≤0.40	0.50～1.50	0.025	0.025	≤0.020	≤0.010	热轧或正火

（2）英国 BS 标准普通压力容器用钢棒与板带材的力学性能（表 2-11-4）

表 2-11-4　普通压力容器用钢棒与板带材的力学性能

钢　号	数字代号	R_{eH}/MPa ≥ （下列壁厚/mm）			R_m/MPa	A（%）≥ $L_0 = 80$mm		$L_0 = 5.65\sqrt{S_0}$		KV ≥	
		≤16	>16～40	>40～60		2～2.5[1]	>2.5～3[1]	3～40[1]	>40～60[1]	温度/℃	J
P235 SL	1.0112	235	225	215	360～480	20	21	26	25	-20	28
P265 S	1.0130	265	255	245	410～530	17	18	22	23	-20	28
P275 SL	1.1100	275	265	255	390～510	19	20	24	21	-50	28

① 厚度或直径。

2. 11. 8　高温压力容器用可焊接钢棒 ［BS EN 10273（2016）］

（1）英国 BS EN 标准高温压力容器用可焊接钢棒的钢号与化学成分（表 2-11-5）

表 2-11-5　高温压力容器用可焊接钢棒的钢号与化学成分（质量分数）（%）

牌号	数字代号	C	Si	Mn	P≤	S≤	Cr	Ni	Mo	V	其他
P235 GH	1.0345	≤0.16	≤0.35	0.60~1.20	0.025	0.010	≤0.30	≤0.30	≤0.08	≤0.02	Al≤0.020, Nb≤0.02; Ti≤0.03, N≤0.012; Cu≤0.30①
P250 GH	1.0460	0.18~0.23	≤0.40	0.30~0.90	0.025	0.015	≤0.30	≤0.30	≤0.08	≤0.02	Al≤0.020, Nb≤0.02; Ti≤0.03, N≤0.012; Cu≤0.30①
P265 GH	1.0425	≤0.20	≤0.40	0.80~1.40	0.025	0.010	≤0.30	≤0.30	≤0.08	≤0.02	Al≤0.020, Nb≤0.02; Ti≤0.03, N≤0.012; Cu≤0.30①
P295 GH	1.0481	0.08~0.20	≤0.40	0.90~1.50	0.025	0.010	≤0.30	≤0.30	≤0.08	≤0.02	Al≤0.020, Nb≤0.02; Ti≤0.03, N≤0.012; Cu≤0.30①
P355 GH	1.0473	0.10~0.22	≤0.60	1.10~1.70	0.025	0.010	≤0.30	≤0.30	≤0.08	≤0.02	Al≤0.020, Nb≤0.04; Ti≤0.03, N≤0.012; Cu≤0.30①
P275 NH	1.0487	≤0.16	≤0.40	0.80~1.40	0.025	0.010	≤0.30	≤0.50	≤0.08	≤0.05②	Al≤0.020, Nb≤0.05; Ti≤0.03, N≤0.012; Cu≤0.30
P355 NH	1.0565	≤0.18	≤0.50	1.10~1.70	0.025	0.010	≤0.30	≤0.50	≤0.08	≤0.10③	Cu≤0.30
P460 NH	1.8935	≤0.20	≤0.60	1.10~1.70	0.025	0.010	≤0.30	≤0.80	≤0.10	≤0.20④	Al≤0.020, Nb≤0.05; Ti≤0.03, N≤0.012; Cu≤0.70
P355 QH	1.8867	≤0.16	≤0.40	≤1.50	0.025	0.010	≤0.30	≤0.50	≤0.25	≤0.06	Al≤0.020, Nb≤0.05; Ti≤0.03, N≤0.015; Zr≤0.05, Cu≤0.30; B≤0.0050
P460 QH	1.8871	≤0.18	≤0.50	≤1.70	0.025	0.010	≤0.50	≤1.00	≤0.50	≤0.08	Al≤0.020, Nb≤0.05; Ti≤0.03, N≤0.015; Zr≤0.05, Cu≤0.30; B≤0.0050
P500 QH	1.8874	≤0.18	≤0.60	≤1.70	0.025	0.010	≤1.00	≤1.50	≤0.70	≤0.08	Al≤0.020, Nb≤0.05; Ti≤0.05, N≤0.015; Zr≤0.15, Cu≤0.30; B≤0.0050
P690 QH	1.8880	≤0.20	≤0.80	≤1.70	0.025	0.010	≤1.50	≤2.50	≤0.70	≤0.12	Al≤0.020, Nb≤0.05; Ti≤0.05, N≤0.015; Zr≤0.15, Cu≤0.30; B≤0.0050
16Mo3	1.5415	0.12~0.20	≤0.35	0.40~0.90	0.025	0.010	≤0.30	≤0.30	0.25~0.35	—	N≤0.012
13CrMo4-5	1.7335	0.08~0.18	≤0.35	0.40~1.00	0.025	0.010	0.70~1.15	—	0.40~0.60	—	N≤0.012
10CrMo9-10	1.7380	0.08~0.14	≤0.50	0.40~0.80	0.020	0.010	2.00~2.50	—	0.90~1.10	—	N≤0.012
13CrMo9-10	1.7383	0.08~0.15	≤0.50	0.40~0.80	0.020	0.010	2.00~2.50	—	0.90~1.10	—	N≤0.012

① Cr + Mo + Cu = 0.70%。
② Nb + Ti + V = 0.05%。
③ Nb + Ti + V = 0.12%。
④ Nb + Ti + V = 0.22%。

（2）英国 BS EN 标准高温压力容器用可焊接钢棒的力学性能（表2-11-6）

表 2-11-6　高温压力容器用可焊接钢棒的力学性能

钢　号	数字代号	交货状态[①]	钢材直径或厚度/mm	$R_{eH}^{②}$/MPa ≥	R_m/MPa	A（%）≥
P235 GH	1.0345	+ N	≤16	235	360 ~ 480	25
			>16 ~ 40	225		
			>40 ~ 60	215		
			>60 ~ 100	200	360 ~ 480	24
			>100 ~ 150	185	350 ~ 480	24
P250 GH	1.0460	+ N	≤50	250	410 ~ 540	25
			>50 ~ 100	240		
			>100 ~ 150	230		
P265 GH	1.0425	+ N	≤16	265	410 ~ 530	23
			>16 ~ 40	255		
			>40 ~ 60	245		
			>60 ~ 100	215	410 ~ 530	22
			>100 ~ 150	200	400 ~ 530	22
P295 GH	1.0481	+ N	≤16	295	460 ~ 580	22
			>16 ~ 40	290		
			>40 ~ 60	285		
			>60 ~ 100	260	460 ~ 580	21
			>100 ~ 150	235	440 ~ 570	21
P355 GH	1.0473	+ N	≤16	355	510 ~ 650	21
			>16 ~ 40	345		
			>40 ~ 60	335		
			>60 ~ 100	315	490 ~ 630	20
			>100 ~ 150	295	480 ~ 630	20
P275 NH	1.0487	+ N	16	275	390 ~ 510	24
			>16 ~ 35	275		
			>35 ~ 50	265		
			>50 ~ 70	255		
			>70 ~ 100	235	370 ~ 490	23
			>100 ~ 150	225	350 ~ 470	23
P355 NH	1.0565	+ N	16	355	490 ~ 630	22
			>16 ~ 35	355		
			>35 ~ 50	345		
			>50 ~ 70	325		
			>70 ~ 100	315	470 ~ 610	21
			>100 ~ 150	295	450 ~ 590	21
P460 NH	1.8935	+ N	16	460	570 ~ 720	17
			>16 ~ 35	450		
			>35 ~ 50	440		
			>50 ~ 70	420		
			>70 ~ 100	400	540 ~ 710	16
			>100 ~ 150	380	520 ~ 690	16

（续）

钢　号	数字代号	交货状态[1]	钢材直径或厚度/mm	$R_{eH}^{[2]}$/MPa ≥	R_m/MPa	A（%）≥
P355 QH	1.8867	+ QT	≤50	355	490~630	22
			>50~100	335		
			>100~150	315	450~590	22
P460 QH	1.8871	+ QT	≤50	460	550~720	19
			>50~100	440		
			>100~150	400	500~670	19
P500 QH	1.8874	+ QT	≤50	500	590~770	17
			>50~100	480		
			>100~150	440	540~720	17
P690 QH	1.8880	+ QT	≤50	690	770~940	14
			>50~100	670		
			>100~150	630	720~900	14
16Mo3	1.5415	+ NT	≤16	275	440~590	24
			>16~40	270		
			>40~60	260	440~590	23
			>60~100	240	430~580	22
			>100~150	220	420~570	19
13CrMo4-5	1.7335	+ NT	≤16	300	450~600	22
			>16~60	295		
		+ NT 或 QA/QL	>60~100	275	440~590	19
		+ QL	>100~150	255	430~580	19
10CrMo9-10	1.7380	+ NT	≤16	310	480~630	18
			>16~40	300		
			>40~60	290		
		+ NT 或 QA/QL	>60~100	270	470~620	17
			>100~150	250	460~610	17
13CrMo9-10	1.7383	+ NT 或 QA/QL	≤60	310	520~670	18
		+ QL	>60~100	310	520~670	17

① N—正火，QT—淬火 + 回火，NT—正火 + 回火，QA、QL—空冷/液冷。

② 当屈服现象不明显时，采用 $R_{p0.2}$。

（3）英国 BS EN 标准高温压力容器用可焊接钢棒的冲击性能（表 2-11-7）

表 2-11-7　高温压力容器用可焊接钢棒的冲击性能

钢　号	KV/J ≥			钢　号	KV/J ≥		
	下列温度/℃				下列温度/℃		
	−20	0	+20		−20	0	+20
P235 GH，P250 GH，P265 GH P295 GH，P335 GH	27	40	60	P335 QH，P460 QH P500 QH，P690 QH	40	60	80
P275 NH，P355 NH P460 NH	40	47	55	16Mo3，13CrMo4-5 10CrMo9-10，13CrMo9-10	①	①	40

① 由供需双方商定。

2.11.9　弹簧钢丝 ［BS EN 10270-1（2011 + A1 2017）］

（1）英国 BS EN 标准回火索氏体冷拉碳素弹簧钢丝的牌号与化学成分（表 2-11-8）

表 2-11-8　回火索氏体冷拉碳素弹簧钢丝的牌号与化学成分（质量分数）（%）

牌　号	$C^①$	Si	$Mn^②$	P ≤	S ≤	其　他
S L	0.35 ~ 1.00	0.10 ~ 0.30	0.40 ~ 1.20	0.035	0.035	Cu≤0.20
SM	0.35 ~ 1.00	0.10 ~ 0.30	0.40 ~ 1.20	0.035	0.035	Cu≤0.20
SH	0.35 ~ 1.00	0.10 ~ 0.30	0.40 ~ 1.20	0.035	0.035	Cu≤0.20
DM	0.45 ~ 1.00	0.10 ~ 0.30	0.40 ~ 1.20	0.020	0.025	Cu≤0.12
DH	0.45 ~ 1.00	0.10 ~ 0.30	0.40 ~ 1.20	0.020	0.025	Cu≤0.12

① 表中碳含量范围较大，是为了适应所有规格的要求。对于某一规格，碳含量应严格控制在一定范围内。
② 表中锰含量范围较大，是为了适应不同工艺和规格的要求。对于某一规格，锰含量应严格控制在一定范围内。

（2）回火索氏体冷拉碳素弹簧钢丝的分类（表 2-11-9）

表 2-11-9　回火索氏体冷拉碳素弹簧钢丝的分类

抗拉强度	用于静载荷	用于动载荷	选用范围
低抗拉强度	SL	—	1. 在静应力状态或突发性动载荷条件下使用的弹簧，应选用 S 级钢丝
中等抗拉强度	SM	DM	2. 在其他条件下，如频繁或强烈动载荷条件下工作的弹簧，以及制作旋绕比较小或弯曲半径很小的弹簧，应选用 D 级钢丝
高抗拉强度	SH	DH	

2.11.10　钢筋混凝土结构用钢筋与钢丝 ［BS 4449，4482（2005/A3：2016）］［BS 4482（2005/2017 确认）］

（1）英国 BS 标准钢筋混凝土结构用可焊接钢筋［BS 4449（2005/A3：2016）］

A）钢筋混凝土结构用钢筋的牌号与化学成分（表 2-11-10）

表 2-11-10　钢筋混凝土结构用钢筋的牌号与化学成分（质量分数）（%）

牌　号	C	P ≤	S ≤	Cu	N	碳当量 CE
B500 A B500 B	≤0.22	0.050	0.050	≤0.50	≤0.012	0.50
B500 C	≤0.22	0.050	0.050	≤0.50	≤0.012	0.50

B）钢筋混凝土结构用钢筋的力学性能（表 2-11-11）

表 2-11-11　钢筋混凝土结构用钢筋的力学性能

等级牌号	R_m/MPa ≥	R_m/R_e	A（%）　≥
B500 A	500	1.05	2.5
B500 B	500	1.05	5.0
B500 C	500	1.15 ~ 1.35	7.5

（2）英国 BS 标准用于钢筋混凝土结构的钢丝［BS 4482（2005/2017 确认）］

A）钢筋混凝土结构用钢钢丝的牌号与化学成分（表 2-11-12）

表 2-11-12　钢筋混凝土结构用钢丝的牌号与化学成分（质量分数）（%）

等级牌号	C	P ≤	S ≤	Cu	N	碳当量 CE
250 500	≤0.22	0.050	0.050	≤0.80	≤0.012	0.42

B）钢筋混凝土结构用钢钢丝的力学性能（表 2-11-13）

表 2-11-13　钢筋混凝土结构用钢钢丝的力学性能

公称直径/mm	等级牌号	R_m/MPa　≥	强屈比 R_m/R_e	$A(\%)$　≥
≤12	250	250	1.15	5.0
8	500	500	1.02	1.0
8	500	500	1.05	2.5

2.12　美　　国

A. 通用结构用钢

2.12.1　碳素结构钢和碳锰结构钢

（1）美国 ASTM 标准和 UNS 系统一般用途碳素钢棒材的钢号与化学成分 ［ASTM A29/A29M（2016）］（表 2-12-1）

表 2-12-1　一般用途碳素钢棒材的钢号与化学成分（质量分数）（%）

钢　号[①,②] ASTM	钢　号[①,②] UNS	C	Mn	P　≤	S　≤	其　他
1005	G10050	≤0.06	≤0.35	0.030	0.050	③、④
1006	G10060	≤0.08	0.25～0.40	0.030	0.050	③、④
1008	G10080	≤0.10	0.30～0.50	0.030	0.050	③、④
1010	G10100	0.08～0.13	0.30～0.60	0.030	0.050	③、④
1011	G10110	0.08～0.13	0.60～0.90	0.030	0.050	③、④
1012	G10120	0.10～0.15	0.30～0.60	0.030	0.050	③、④
1013	G10130	0.11～0.16	0.50～0.80	0.030	0.050	③、④
1015	G10150	0.13～0.18	0.30～0.60	0 030	0.050	③、④
1016	G10160	0.13～0.18	0.60～0.90	0.030	0.050	③、④
1017	G10170	0.15～0.20	0.30～0.60	0.030	0.050	③、④
1018	G10180	0.15～0.20	0.60～0.90	0.030	0.050	③、④
1019	G10190	0.15～0.20	0.70～1.00	0.030	0.050	③、④
1020	G10200	0.18～0.23	0.30～0.60	0.030	0.050	③、④
1021	G10210	0.18～0.23	0.60～0.90	0.030	0.050	③、④
1022	G10220	0.18～0.23	0.70～1.00	0 030	0.050	③、④
1023	G10230	0.20～0.25	0.30～0.60	0.030	0.050	③、④
1025	G10250	0.22～0.28	0.30～0.60	0.030	0.050	③、④
1026	G10260	0.22～0.28	0.60～0.90	0.030	0.050	③、④
1029	G10290	0.25～0.31	0.60～0.90	0.030	0.050	③、④
1030	G10300	0.28～0.34	0.60～0.90	0.030	0.050	③、④
1034	G10340	0.32～0.38	0.50～0.80	0.030	0.050	③、④
1035	G10350	0.32～0.38	0.60～0.90	0.030	0.050	③、④
1037	G10370	0.32～0.38	0.70～1.00	0.030	0.050	③、④
1038	G10380	0.35～0.42	0.60～0.90	0.030	0.050	③、④
1039	G10390	0.37～0 44	0.70～1.00	0.030	0.050	③、④
1040	G10400	0.37～0.44	0.60～0.90	0.030	0.050	③、④

（续）

| 钢　号①,② | | C | Mn | P≤ | S≤ | 其 他 |
ASTM	UNS					
1042	G10420	0.40~0.47	0.60~0.90	0.030	0.050	③, ④
1043	G10430	0.40~0.47	0.70~1.00	0.030	0.050	③, ④
1044	G10440	0.43~0.50	0.30~0.60	0.030	0.050	③, ④
1045	G10450	0.43~0.50	0.60~0.90	0.030	0.050	③, ④
1046	G10460	0.43~0.50	0.70~1.00	0.030	0.050	③, ④
1049	G10490	0.46~0.53	0.60~0.90	0.030	0.050	③, ④
1050	G10500	0.48~0.55	0.60~0.90	0.030	0.050	③, ④
1053	G10530	0.48~0.55	0.70~1.00	0.030	0.050	③, ④
1055	G10550	0.50~0.60	0.60~0.90	0.030	0.050	③, ④
1059	G10590	0.55~0.65	0.50~0.80	0.030	0.050	③, ④
1060	G10600	0.55~0.65	0.60~0.90	0.030	0.050	③, ④
1064	G10640	0.60~0.70	0.50~0.80	0.030	0.050	③, ④
1065	G10650	0.60~0.70	0.60~0.90	0.030	0.050	③, ④
1069	G10690	0.65~0.70	0.40~0.70	0.030	0.050	③, ④
1070	G10700	0.65~0.70	0.60~0.90	0.030	0.050	③, ④
1071	—	0.65~0.70	0.75~1.05	0.030	0.050	③, ④
1074	G10740	0.70~0.80	0.50~0.80	0.030	0.050	③, ④
1075	G10750	0.70~0.80	0.40~0.70	0.030	0.050	③, ④
1078	G10780	0.72~0.85	0.30~0.60	0.030	0.050	③, ④
1080	G10800	0.75~0.88	0.60~0.90	0.030	0.050	③, ④
1084	G10840	0.80~0.93	0.60~0.90	0.030	0.050	③, ④
1086	G10860	0.80~0.93	0.30~0.50	0.030	0.050	③, ④
1090	G10900	0.85~0.98	0.60~0.90	0.030	0.050	③, ④
1095	G10950	0.90~1.03	0.30~0.50	0.030	0.050	③, ④

① ASTM 标准质量等级的冷加工碳素钢棒材可参考 ASTM A108（2013）。其钢号及化学成分与本表相同。

② ASTM 标准特殊质量等级的热加工碳素钢棒材可参考 ASTM A576-90b（R2012），其钢号及化学成分与本表相同。

③ 要求规定 Si 含量时，通常按下列四档选定：Si≤0.10%，0.10%~0.20%，0.20%~0.40%，0.30%~0.60%。

④ 要求规定 Cu 含量时，则 Cu≤0.20%。

（2）美国 ASTM 标准和 UNS 系统碳锰结构钢（较高锰含量碳素钢）棒材的钢号与化学成分［ASTM A29/A29M（2016）］（表 2-12-2）

表 2-12-2　碳锰结构钢（较高锰含量碳素钢）棒材的钢号与化学成分（质量分数）（%）

| 钢　号 | | C | Mn | P ≤ | S ≤ | 从前的钢号系列 |
ASTM	UNS					
1513	G15130	0.10~0.16	1.10~1.40	0.040	0.050	—
1518	—	0.15~0.21	1.10~1.40	0.040	0.050	—
1522	G15220	0.18~0.24	1.10~1.40	0.040	0.050	—
1524	G15240	0.19~0.22	1.35~1.65	0.040	0.050	1024
1525	G15250	0.23~0.29	0.80~1.10	0.040	0.050	—
1526	G15260	0.22~0.29	1.10~1.40	0.040	0.050	—
1527	G15270	0.22~0.29	1.20~1.50	0.040	0.050	1027
1536	G15360	0.30~0.37	1.20~1.50	0.040	0.050	1036

（续）

钢 号		C	Mn	P≤	S≤	从前的钢号系列
ASTM	UNS					
1541	G15410	0.36 ~ 0.44	1.35 ~ 1.65	0.040	0.050	1041
1547	G15470	0.43 ~ 0.52	1.35 ~ 1.65	0.040	0.050	—
1548	G15480	0.44 ~ 0.52	1.10 ~ 1.40	0.040	0.050	1048
1551	G15510	0.45 ~ 0.56	0.85 ~ 1.15	0.040	0.050	1051
1552	G15520	0.47 ~ 0.55	1.20 ~ 1.50	0.040	0.050	1052
1561	G15610	0.55 ~ 0.65	0.75 ~ 1.05	0040	0.050	1061
1566	G15660	0.60 ~ 0.71	0.85 ~ 1.15	0.040	0.050	1066
1572	G15720	0.65 ~ 0.76	1.00 ~ 1.30	0.040	0.050	1072

注：1. ASTM 标准特殊质量等级的热加工碳素钢棒材可参考 ASTM A576（2000），其钢号及化学成分与本表相同。

2. 要求规定 Si 含量时，通常按下列四档选定：Si≤0.10%、0.10% ~ 0.20%、0.20% ~ 0.40%、0.30% ~ 0.60%。

3. 要求规定 Cu 含量时，则 Cu≤0.20%。

（3）美国 ASTM 标准商业质量等级 M 系列碳素钢棒材的钢号与化学成分［ASTM A29/29M（2016）］（表 2-12-3）

表 2-12-3 商业质量等级 M 系列碳素钢棒材的钢号与化学成分（质量分数）（%）

钢号/代号		C	Si[①]	Mn[②]	P ≤	S ≤
ASTM	UNS					
M1008	G10080	≤0.10	—	0.25 ~ 0.60	0.040	0.050
M1010	G10100	0.07 ~ 0.14	—	0.25 ~ 0.60	0.040	0.050
M1012	G10120	0.09 ~ 0.16	—	0.25 ~ 0.60	0.040	0.050
M1015	G10150	0.12 ~ 0.19	—	0.25 ~ 0.60	0.040	0.050
M1017	G10170	0.14 ~ 0.21	—	0.25 ~ 0.60	0.040	0.050
M1020	G10200	0.17 ~ 0.24	—	0.25 ~ 0.60	0.040	0.050
M1023	G10230	0.19 ~ 0.27	—	0.25 ~ 0.60	0.040	0.050
M1025	G10250	0.20 ~ 0.30	—	0.25 ~ 0.60	0.040	0.050
M1031	G10310	0.26 ~ 0.36	—	0.25 ~ 0.60	0.040	0.050
M1044	G10440	0.40 ~ 0.50	—	0.25 ~ 0.60	0.040	0.050

① 商业质量等级的碳素钢，一般不规定 Si 含量，也可由供需双方商定。

② 如果用户不反对，一般 Mn 含量可超过 0.60%，而达到≤0.75%，此时 Mn 含量每增加 0.05%，则 C 含量相应减少 0.01%。

2.12.2 低合金高强度钢

美国 ASTM 标准中有关低合金高强度钢的标准较多，以下是根据 ASTM 多种标准选编的钢种数据。除了分项选编［ASTM A572/572M］，［ASTM A1008/1008M］，［ASTM A1011/1011M］外，还在本节"ASTM 标准其他低合金高强度钢"项目中，选编了以下 15 类标准：

1）ASTM A242/A242M，　2）ASTM A529/A529M，　3）ASTM A588/A588M　4）ASTM A606

5）ASTM A607　　　　　6）ASTM A618/A618M　7）ASTM A633/A633M　8）ASTM A656/A656M

9）ASTM A690/A690M　10）ASTM A709/A709M　11）ASTM A715（1998）12）ASTM A808/A808M

13）ASTM A812/A812M　14）ASTM A841/A841M　15）ASTM A871/A871M

（1）美国 ASTM 标准含铌钒等微量元素的低合金高强度钢［ASTM A572/572M（2018）］

A）含铌钒等微量元素的低合金高强度钢的牌号与化学成分（表 2-12-4）

表 2-12-4　含铌钒等微量元素的低合金高强度钢的牌号与化学成分（质量分数）（%）

牌　号 ASTM[1]	类型	钢材厚度或直径/mm	C	Si	Mn	P ≤	S ≤	Nb	V	其 他
Grade 290（42）	Type 1	150	≤0.21	0.15~0.40	≤1.35	0.030	0.030	0.005~0.050	—	—
	Type 2	150	≤0.21	0.15~0.40	≤1.35	0.030	0.030	—	0.01~0.15	—
	Type 3	150	≤0.21	0.15~0.40	≤1.35	0.030	0.030	0.005~0.050	0.01~0.15	（Nb+V）0.02~0.15
	Type 5	150	≤0.21	0.15~0.40	≤1.35	0.030	0.030	—	≤0.06	Ti 0.006~0.040 N 0.003~0.015
Grade 345（50）	Type 1	100[2]	≤0.23	0.15~0.40	≤1.35	0.030	0.030	0.005~0.050	—	—
	Type 2	100[2]	≤0.23	0.15~0.40	≤1.35	0.030	0.030	—	0.01~0.15	—
	Type 3	100[2]	≤0.23	0.15~0.40	≤1.35	0.030	0.030	0.005~0.050	0.01~0.15	（Nb+V）0.02~0.15
	Type 5	100[2]	≤0.23	0.15~0.40	≤1.35	0.030	0.030	—	≤0.06	Ti 0.006~0.040 N 0.003~0.015
Grade 380（55）	Type 1	50[3]	≤0.25	0.15~0.40	≤1.35	0.030	0.030	0.005~0.050	—	—
	Type2	50[3]	≤0.25	0.15~0.40	≤1.35	0.030	0.030	—	0.01~0.15	—
	Type 3	50[3]	≤0.25	0.15~0.40	≤1.35	0.030	0.030	0.005~0.050	0.01~0.15	（Nb+V）0.02~0.15
	Type 5	50[3]	≤0.25	0.15~0.40	≤1.35	0.030	0.030	—	≤0.06	Ti 0.006~0.040 N 0.003~0.015
Grade 415（60）	Type 1	32[3]	≤0.26	≤0.40	≤1.35	0.030	0.030	0.005~0.050	—	—
	Type 2	32[3]	≤0.26	≤0.40	≤1.35	0.030	0.030	—	0.01~0.15	—
	Type 3	32[3]	≤0.26	≤0.40	≤1.35	0.030	0.030	0.005~0.050	0.01~0.15	（Nb+V）0.02~0.15
	Type 5	32[3]	≤0.26	≤0.40	≤1.35	0.030	0.030	—	≤0.06	Ti 0.006~0.040 N 0.003~0.015
Grade 450（65）	Type 1	>13~32	≤0.23	≤0.40	≤1.65	0.030	0.030	0.005~0.050	—	—
	Type 2	>13~32	≤0.23	≤0.40	≤1.65	0.030	0.030	—	0.01~0.15	—
	Type 3	>13~32	≤0.23	≤0.40	≤1.65	0.030	0.030	0.005~0.050	0.01~0.15	（Nb+V）0.02~0.15
	Type 5	>13~32	≤0.23	≤0.40	≤1.65	0.030	0.030	—	≤0.06	Ti 0.006~0.040 N 0.003~0.015
Grade 450（65）	Type 1	≤13	≤0.26	≤0.40	≤1.35	0 030	0.030	0.005~0.050	—	—
	Type 2	≤13	≤0.26	≤0.40	≤1.35	0.030	0.030	—	0.01~0.15	—
	Type 3	≤13	≤0.26	≤0.40	≤1.35	0.030	0.030	0.005~0.050	0.01~0.15	（Nb+V）0.02~0.15
	Type 5	≤13	≤0.26	≤0.40	≤1.35	0.030	0.030	—	≤0.06	Ti 0.006~0.040 N 0.003~0.015

① 括号内为美国常用的英制单位的牌号。
② 棒材直径允许≤275mm。
③ 棒材直径允许≤90mm。

B）含铌钒等微量元素的低合金高强度钢的力学性能（表 2-12-5）

表 2-12-5　含铌钒等微量元素的低合金高强度钢的力学性能

ASTM 牌号	R_m/MPa	R_{eL}/MPa	A[1]（%）	
			试样-1	试样-2
	≥			
Grade 290（42）	415	290	20	24
Grade 345（50）	450	345	18	21

（续）

ASTM 牌号	R_m/MPa	R_{eL}/MPa	$A^①$ （%）	
			试样-1	试样-2
		≥		
Grade 380 （55）	485	380	17	20
Grade 415 （60）	520	415	16	18
Grade 450 （65）	550	450	15	17

① 试样-1 的标距 200mm，试样-2 的标距 50mm。

（2）美国 ASTM 标准改良成型性能的低合金高强度钢冷轧薄钢板和带材 ［ASTM A1008/1008M （2018）］

A）改良成形性能的低合金高强度钢冷轧薄钢板和带材的牌号与化学成分（表 2-12-6）

表 2-12-6　改良成形性能的低合金高强度钢冷轧薄钢板和带材的牌号与化学成分（质量分数）（%）

牌号 ASTM^①	类型	C	Mn	P ≤	S ≤	V	Nb	Ti	其他
CS, DS 系列及其他类别^②									
CS	Type A	≤0.10	≤0.60	0.025	0.035	≤0.008	≤0.008	≤0.025	—
	Type B	0.02～0.15	≤0.60	0.025	0.035	≤0.008	≤0.008	≤0.025	—
	Type C	≤0.08	≤0.60	0.10	0.035	≤0.008	≤0.008	≤0.025	—
DS	Type A	≤0.08	≤0.50	0.020	0.020	≤0.008	≤0.008	≤0.025	Al≥0.01
	Type B	0.02～0.08	≤0.50	0.020	0.020	≤0.008	≤0.008	≤0.025	Al≥0.02
DDS	—	≤0.06	≤0.50	0.020	0.020	≤0.008	≤0.008	≤0.025	Al≥0.01
EDDS	—	≤0.02	≤0.40	0.020	0.020	≤0.10	≤0.10	≤0.15	Al≥0.01，Ni≤0.10
SFS	—	^{③}	^{③}	0.020	0.020	≤0.008	≤0.008	≤0.025	Mo≤0.03，Cu≤0.10
SS 系列^②									
Grade 170 （25）	—	≤0.20	≤0.60	0.035	0.035	≤0.008	≤0.008	≤0.025	—
Grade 205 （30）	—	≤0.20	≤0.60	0.035	0.035	≤0.008	≤0.008	≤0.025	—
Grade 230 （33）	Type 1	≤0.20	≤0.60	0.035	0.035	≤0.008	≤0.008	≤0.025	—
	Type 2	≤0.15	≤0.60	0.20	0.035	≤0.008	≤0.008	≤0.025	—
Grade 275 （40）	Type 1	≤0.20	≤1.35	0.035	0.035	≤0.008	≤0.008	≤0.025	—
	Type 2	≤0.15	≤0.60	0.20	0.035	≤0.008	≤0.008	≤0.025	—
Grade 310 （45）	—	≤0.20	≤1.35	0.070	≤0.025	≤0.008	≤0.008	≤0.008	Si≤0.60，Al≥0.08 N≤0.030
Grade 340 （50）	—	≤0.20	≤1.35	0.035	0.035	≤0.008	≤0.008	≤0.025	—
Grade 410 （60）	—	≤0.20	≤1.35	0.035	0.035	≤0.008	≤0.008	≤0.025	—
Grade 480 （70）	—	≤0.20	≤1.35	0.035	0.035	≤0.008	≤0.008	≤0.025	—
Grade 550 （80）	—	≤0.20	≤1.35	0.035	0.035	≤0.008	≤0.008	≤0.025	—
HSLAS 系列^②									
Grade 310 （45）	Class 1	≤0.22	≤1.65	0.040	0.040	≥0.005	≥0.005	≥0.005	—
	Class 2	≤0.15	≤1.65	0.040	0.040	≥0.005	≥0.005	≥0.005	—
Grade 340 （50）	Class 1	≤0.23	≤1.65	0.040	0.040	≥0.005	≥0.005	≥0.005	—
	Class 2	≤0.15	≤1.65	0.040	0.040	≥0.005	≥0.005	≥0.005	—
Grade 380 （55）	Class 1	≤0.25	≤1.65	0.040	0.040	≥0.005	≥0.005	≥0.005	—
	Class 2	≤0.15	≤1.65	0.040	0.040	≥0.005	≥0.005	≥0.005	—

（续）

牌 号		C	Mn	P≤	S≤	V	Nb	Ti	其 他
ASTM[1]	类型								
HSLAS 系列[2]									
Grade 410（60）	Class 1	≤0.26	≤1.65	0.040	0.040	≥0.005	≥0.005	≥0.005	—
	Class 2	≤0.15	≤1.65	0.040	0.040	≥0.005	≥0.005	≥0.005	—
Grade 450（65）	Class 1	≤0.26	≤1.65	0.040	0.040	≥0.005	≥0.005	≥0.005	N≤0.012[4]
	Class 2	≤0.15	≤1.65	0.040	0.040	≥0.005	≥0.005	≥0.005	N≤0.020[4]
Grade 480（70）	Class 1	≤0.26	≤1.65	0.040	0.040	≥0.005	≥0.005	≥0.005	N≤0.012[4]
	Class 2	≤0.15	≤1.65	0.040	0.040	≥0.005	≥0.005	≥0.005	N≤0.020[4]
HSLAS-F 系列[4]									
Grade 340（50）	—	≤0.15	≤1.65	0.020	0.025	≥0.005	≥0.005	≥0.005	[4]
Grade 410（60）	—	≤0.15	≤1.65	0.020	0.025	≥0.005	≥0.005	≥0.005	[4]
Grade 480（70）	—	≤0.15	≤1.65	0.020	0.025	≥0.005	≥0.005	≥0.005	[4]
Grade 550（80）	—	≤0.15	≤1.65	0.020	0.025	≥0.005	≥0.005	≥0.005	[4]
其他系列[2]									
SHS	—	≤0.12	≤1.50	0.12	0.030	0.008	0.008	0.008	[4]
BHS	—	≤0.12	≤1.50	0.12	0.030	0.008	0.008	0.008	[4]

① 括号内为美国常用的英制单位的牌号。
② 残余元素含量：Cr≤0.15%，Ni≤0.20%，Mo≤0.06%，Cu≤0.20%（已标出者除外）。
③ C 和 Mn 含量见 ASTM A568/A568M 表 X2.1 或表 X2.2。
④ 用户可对氮含量进行选择。根据微合金化原理，还应考虑与氮相关的其他元素含量（如钒、钛等）。

B）改良成形性能的低合金高强度钢冷轧薄钢板和带材的力学性能（表 2-12-7a ~ 表 2-12-7c）

表 2-12-7a   改良成形性能的低合金高强度钢冷轧薄钢板和带材的力学性能

（CS，DS 系列及其他类别）

ASTM 牌号	R_{eL}/MPa	A（%）	r_m[1]值	n[2]值
	≥			
CS Type A	140 ~ 275	30	—	—
CS Type B	140 ~ 275	30	—	—
CS Type C	140 ~ 275	30	—	—
DS Type A	150 ~ 240	36	1.3 ~ 1.7	0.17 ~ 0.22
DS Type B	150 ~ 240	36	1.3 ~ 1.7	0.17 ~ 0.22
DDS	115 ~ 200	38	1.4 ~ 1.8	0.20 ~ 0.25
EDDS	105 ~ 170	40	1.7 ~ 2.1	0.23 ~ 0.27

① 平均塑性应变率 r_m。
② 应变硬化指数 n。

表 2-12-7b   改良成形性能的低合金高强度钢冷轧薄钢板和带材的力学性能

（SS，HSLAS，HSLAS-F 系列）

牌 号		R_m/MPa	R_{eL}/MPa	A[2]（%）
ASTM[1]	类 型	≥		
SS 系列				
Grade 170（25）	—	290	170	26
Grade 205（30）	—	310	205	24

（续）

牌　号		R_m/MPa	R_{eL}/MPa	$A^{②}$（%）
ASTM[①]	类　型	≥		
SS 系列				
Grade 230（33）	Type 1	330	230	22
	Type 2	330	230	22
Grade 275（40）	Type 1	360	275	20
	Type 2	360	275	20
Grade 310（45）	—	410	310	20
Grade 340（50）	—	450	340	18
Grade 410（60）	—	520	410	12
Grade 480（70）	—	585	480	6
Grade 550（80）	—	620	550	—
HSLAS 系列				
Grade 310（45）	Class 1	410	310	22
	Class 2	380	310	22
Grade 340（50）	Class 1	450	340	20
	Class 2	410	340	20
Grade 380（55）	Class 1	480	380	18
	Class 2	450	380	18
Grade 410（60）	Class 1	520	410	16
	Class2	480	410	16
Grade 450（65）	Class 1	550	450	15
	Class 2	520	450	15
Grade 480（70）	Class 1	585	480	14
	Class 2	550	480	14
HSLAS-F 系列				
Grade 340（50）	—	410	340	22
Grade 410（60）	—	480	410	18
Grade 480（70）	—	550	480	18
Grade 550（80）	—	620	550	14

① 括号内为美国常用的英制单位的牌号。

② 试样标距为 50mm。

表 2-12-7c　改良成形性能的低合金高强度钢冷轧薄钢板和带材的力学性能（SHS，BHS 系列）

牌　号		R_m/MPa	R_{eL}/MPa	$A^{②}$（%）
ASTM[①]	类　型	≥		
SHS 系列				
Grade 180（26）	—	300	180	32
Grade 210（31）	—	320	210	30
Grade 240（35）	—	340	240	26
Grade 280（41）	—	370	280	24
Grade 300（44）	—	390	300	22

（续）

牌　号		R_m/MPa	R_{eL}/MPa	$A^{[2]}$（%）
ASTM[1]	类　型	≥		
BHS 系列				
Grade 180（26）	—	300	180	30
Grade 210（31）	—	320	210	28
Grade 240（35）	—	340	240	24
Grade 280（41）	—	370	280	22
Grade 300（44）	—	390	300	20

[1] 括号内为美国常用的英制单位的牌号。

[2] 试样标距为50mm。

（3）美国 ASTM 标准改良成形性能的低合金高强度钢热轧薄钢板和带材［ASTM A1011/1011M（2017）］

A）改良成形性能的低合金高强度钢热轧薄钢板和带材的牌号与化学成分（表2-12-8）

表 2-12-8 改良成形性能的低合金高强度钢热轧薄钢板和带材的牌号与化学成分（质量分数）（%）

牌　号		C	Mn	P≤	S≤	V	Nb	Ti	其　他
ASTM[1]	类型								
CS，DS，SFS 系列[2]									
CS	Type A	≤0.10	≤0.60	0.030	0.035	≤0.008	≤0.008	≤0.025	—
	Type B	0.02~0.15	≤0.60	0.030	0.035	≤0.008	≤0.008	≤0.025	—
	Type C	≤0.08	≤0.60	0.30	0.035	≤0.008	≤0.008	≤0.025	—
	Type D	≤0.10	≤0.70	0.030	0.035	≤0.008	≤0.008	≤0.025	—
DS	Type A	≤0.08	≤0.50	0.020	0.030	≤0.008	≤0.008	≤0.025	Al≥0.01
	Type B	0.02~0.08	≤0.50	0.020	0.030	≤0.008	≤0.008	≤0.025	Al≥0.01
SFS	—	[3]	[3]	0.020	0.030	≤0.008	≤0.008	≤0.025	Al≥0.01
SS 系列[2]									
Grade 205（30）	—	≤0.25	≤0.90	0.035	0.040	≤0.008	≤0.008	≤0.025	—
Grade 230（33）	—	≤0.25	≤0.90	0.035	0.040	≤0.008	≤0.008	≤0.025	—
Grade 250（36）	Type 1	≤0.25	≤0.90	0.035	0.040	≤0.008	≤0.008	≤0.025	—
	Type 2	≤0.25	≤1.35	0.035	0.040	≤0.008	≤0.008	≤0.025	—
Grade 275（40）	—	≤0.25	≤0.90	0.035	0.040	≤0.008	≤0.008	≤0.025	—
Grade 310（45）	Type 1	≤0.25	≤1.35	0.035	0.040	≤0.008	≤0.008	≤0.025	—
	Type 2	0.02~0.08	0.30~1.00	0.030	0.025	≤0.008	≤0.008	≤0.025	Al 0.02~0.08 Si≤0.60 N 0.010~0.030
Grade 340（50）	—	≤0.25	≤1.35	0.035	0.040	≤0.008	≤0.008	≤0.025	—
Grade 380（55）	—	≤0.25	≤1.35	0.035	0.040	≤0.008	≤0.008	≤0.025	—
Grade 410（60）	—	≤0.25	≤1.35	0.035	0.040	≤0.008	≤0.008	≤0.025	—
Grade 480（70）	—	≤0.25	≤1.35	0.035	0.040	≤0.008	≤0.008	≤0.025	—
Grade 550（80）	—	≤0.25	≤1.35	0.035	0.040	≤0.008	≤0.008	≤0.025	—
HSLAS 系列[2]									
Grade 310（45）	Class 1	≤0.22	≤1.35	0.040	0.040	≥0.005	≥0.005	≥0.005	—
	Class 2	≤0.15	≤1.35	0.040	0.040	≥0.005	≥0.005	≥0.005	

（续）

牌　号		C	Mn	P≤	S≤	V	Nb	Ti	其　他
ASTM[1]	类型								
HSLAS 系列[2]									
Grade 340 （50）	Class 1	≤0.23	≤1.35	0.040	0.040	≥0.005	≥0.005	≥0.005	—
	Class 2	≤0.15	≤1.35	0.040	0.040	≥0.005	≥0.005	≥0.005	—
Grade 380 （55）	Class 1	≤0.25	≤1.35	0.040	0.040	≥0.005	≥0.005	≥0.005	—
	Class 2	≤0.15	≤1.35	0.040	0.040	≥0.005	≥0.005	≥0.005	—
Grade 410 （60）	Class 1	≤0.26	≤1.50	0.040	0.040	≥0.005	≥0.005	≥0.005	—
	Class 2	≤0.15	≤1.50	0.040	0.040	≥0.005	≥0.005	≥0.005	—
Grade 450 （65）	Class 1	≤0.26	≤1.50	0.040	0.040	≥0.005	≥0.005	≥0.005	N≤0.012[4]
	Class 2	≤0.15	≤1.50	0.040	0.040	≥0.005	≥0.005	≥0.005	N≤0.020[4]
Grade 480 （70）	Class 1	≤0.26	≤1.65	0.040	0.040	≥0.005	≥0.005	≥0.005	Mo≤0.16 N≤0.012[4]
	Class 2	≤0.15	≤1.65	0.040	0.040	≥0.005	≥0.005	≥0.005	Mo≤0.16 N≤0.020[4]
HSLAS-F 系列[2]									
Grade 340 （50）	—	≤0.15	≤1.65	0.020	0.025	≥0.005	≥0.005	≥0.005	[4]
Grade 410 （60）		≤0.15	≤1.65	0.020	0.025	≥0.005	≥0.005	≥0.005	[4]
Grade 480 （70）		≤0.15	≤1.65	0.020	0.025	≥0.005	≥0.005	≥0.005	Mo≤0.16[4]
Grade 550 （80）		≤0.15	≤1.65	0.020	0.025	≥0.005	≥0.005	≥0.005	Mo≤0.16[4]
UHSS 系列[2]									
Grade 620 （90）	Type 1	≤0.15	≤2.00	0.020	0.025	≥0.005	≥0.005	≥0.005	Mo≤0.40[4]
	Type 2	≤0.15	≤2.00	0.020	0.025	≥0.005	≥0.005	≥0.005	Cr≤0.30，Ni≤0.50 Mo≤0.40，Cu≤0.60[4]
Grade 690 （100）	Type 1	≤0.15	≤2.00	0.020	0.025	≥0.005	≥0.005	≥0.005	Mo≤0.40[4]
	Type 2	≤0.15	≤2.00	0.020	0.025	≥0.005	≥0.005	≥0.005	Cr≤0.30，Ni≤0.50 Mo≤0.40，Cu≤0.60[4]

① 括号内为美国常用的英制单位的牌号。

② 残余元素含量：Cr≤0.15%，Ni≤0.20%，Mo≤0.06%，Cu≤0.20%（已标出者除外）。

③ C、Mn 含量见 ASTM A568/568M 中表 X2.1 或 X.2。

④ 用户可对氮含量进行选择。根据微合金化原理，还应考虑与氮相关的其他元素含量（如钒、钛等）。

B）改良成形性能的低合金高强度钢热轧薄钢板和带材的力学性能（表 2-12-9a ~ 表 2-12-9c）

表 2-12-9a　改良成形性能的低合金高强度钢热轧薄钢板和带材的力学性能（CS，DS 系列）

ASTM 牌　号	R_{eL}/MPa	$A^{①}$（%）≥	ASTM 牌　号	R_{eL}/MPa	$A^{①}$（%）≥
CS Type A	205 ~ 340	25	CS Type D	205 ~ 340	25
CS Type B	205 ~ 340	25	DS Type A	205 ~ 310	28
CS Type C	205 ~ 340	25	DS Type B	205 ~ 310	28

① 试样标距为 50mm。

表 2-12-9b　改良成形性能的低合金高强度钢热轧薄钢板和带材的力学性能（SS 系列）

牌　号		R_m/MPa	R_{eL}/MPa	$A^{②}$（%）（下列厚度/mm）			$A^{③}$（%）
ASTM[1]	类型			2.5 ~ 6.0	1.6 ~ 2.5	0.65 ~ 1.6	
				≥			
Grade 205 （30）	—	≥340	≥205	25	24	21	19

（续）

牌 号		R_m/MPa	R_{eL}/MPa	$A^{②}$（%）（下列厚度/mm）			$A^{③}$（%）
				2.5～6.0	1.6～2.5	0.65～1.6	
ASTM^{①}	类型			≥			
Grade 230（33）	—	≥360	≥230	23	22	18	18
Grade 250（36）	Type 1	≥365	≥250	22	21	17	17
	Type 2	400～550	≥250	21	20	16	16
Grade 275（40）	—	≥380	≥275	21	20	15	16
Grade 310（45）	Type 1	≥410	≥310	19	18	13	14
	Type 2	≥410	310～410	20	19	14	15
Grade 340（50）	—	≥450	≥340	17	16	11	12
Grade 380（55）	—	≥480	≥380	15	14	9	10
Grade 410（60）	—	≥520	≥410	14	13	8	9
Grade 480（70）	—	≥585	≥480	13	12	7	8
Grade 550（80）	—	≥620	≥550	12	11	6	7

① 括号内为美国常用的英制单位的牌号。

② 试样标距为50mm。

③ 试样标距为200mm。

表 2-12-9c　改良成形性能的低合金高强度钢热轧薄钢板和带材的力学性能

（HSLAS，HSLAS-F，UHSS 系列）

牌 号		R_m/MPa	R_{eL}/MPa	$A^{②}$（%）≥（下列厚度/mm）	
ASTM^{①}	类型	≥		>2.5	≤2.5
HSLAS 系列					
Grade 310（45）	Class 1	410	310	25	23
	Class 2	380	310	25	23
Grade 340（50）	Class 1	450	340	22	20
	Class 2	410	340	22	20
Grade 380（55）	Class 1	480	380	20	18
	Class 2	450	380	20	18
Grade 410（60）	Class 1	520	410	18	16
	Class 2	480	410	18	16
Grade 450（65）	Class 1	550	450	16	14
	Class 2	520	450	16	14
Grade 480（70）	Class 1	585	480	14	12
	Class 2	550	480	14	12
HSLAS-F 系列					
Grade 340（50）	—	410	340	24	22
Grade 410（60）	—	480	410	22	20
Grade 480（70）	—	550	480	20	18
Grade 550（80）	—	620	550	18	18
UHSS 系列					
Grade 620（90）	Type 1	690	620	16	14
	Type 2	760	690	14	12
Grade 690（100）	Type 1	690	620	16	14
	Type 2	760	690	14	12

① 括号内为美国常用的英制单位的牌号。

② 试样标距为50mm。

（4）美国 ASTM 标准其他低合金高强度钢

A）ASTM 标准其他低合金高强度钢的牌号与化学成分（表 2-12-10）

表 2-12-10　其他低合金高强度钢的牌号与化学成分[①]（质量分数）（%）

ASTM 标准号	牌号[②]（或类型）	UNS 编号或类型	C	Si	Mn	P	S	Cu	V	其 他
A242	Type 1	K11510	0.15	—[③]	1.00	0.15	0.05	≥0.20	—[③]	+Ti, Zr, Cr, Ni[③]
	Type 2	K12010	0.20	—[③]	1.35	0.04	0.05	≥0.20	—[③]	—
	—	K12810	0.28	0.30	1.10~1.60	0.04	0.05	≥0.20	—	—
A529	Gr.345（50）	K02703	0.27	0.40	1.35	0.04	0.05	≥0.20		
	Gr.380（55）	—	0.27	0.40	1.35	0.04	0.05	≥0.20		
A588	Gr.A	K11430	0.19	0.30~0.65	0.80~1.25	0.04	0.05	0.25~0.40	0.02~0.10	Cr 0.40~0.65 Ni 0.40
	Gr.B	K12043	0.20	0.15~0.50	0.75~1.35	0.04	0 05	0.20~0.40	0.01~0.10	Cr 0.40~0.70 Ni 0.50
	Gr.C	K11538	0.15	0.15~0.40	0.80~1.35	0.04	0.05	0 20~0.50	0.01~0.10	Cr 0.30~0.50 Ni 0.25~0.50
	Gr.K	—	0.17	0.55~0.50	0.50~1.20	0.04	0.05	0.30~0.50	—	Cr 0.40~0.70 Ni 0.40, Mo0.10 Nb 0.005~0.050
A606	Gr.310（45）	—	0.22	—	1.25	—	0.04	≥0.20	—	—
	Gr.345（50）	—	0.22	—	1.25	—	0.04		—	—
A607	Gr.310（45）	—	0.22	—	1.35	0.04	0.05	≥0.20	—	—
	Gr.345（50）	—	0.23	—	1.35	0.04	0.05	≥0.20	—	—
	Gr.380（55）	—	0.25	—	1.35	0.04	0.05	≥0.20	—	—
	Gr.415（60）	—	0.26	—	1.50	0.04	0.05	≥0.20	—	—
	Gr.450（65）	—	0.26	—	1.50	0.04	0.05	≥0.20	—	—
	Gr.550（70）	—	0.26	—	1.65	0.04	0.05	≥0.20	—	—
A618	Gr.Ia	—	0.15	—	1.00	0.07~0.15	0.025	0.20	—	—
	Gr.Ib	—	0.20	(0.50)	1.35	0.025	0.025	0.20[⑤]	—	(Cr 0.50)
	Gr.II	K12600	0.22	0.30	0.85~1.25	0.025	0.025	0.20	0.02	—
	Gr.III	K12700	0.23	0.30	1.35	0.025	0.025	—	0.02	Nb 0.005
A633	Gr.A(板厚 t) $t \leqslant 40mm$ $t>40~100$	K01802	0.18	0.15~0.50	1.00~1.35 1.00~1.35	0.030	0.030	—	—	Nb 0.005
	Gr.C(板厚 t) $t \leqslant 40mm$ $t>40~100$	K12000	0.20	0.15~0.50	1.15~1.50 1.15~1.50	0.030	0.030	—	—	Nb 0.01~0.05
	Gr.D(板厚 t) $t \leqslant 40mm$ $t>40~100$	K02003	0.20	0.15~0.50	0.70~1.35 1.00~1.60	0.030	0.030	0.35	—	Cr 0.25 Ni 0.25 Mo 0.08
	Gr.E(板厚 t) $t \leqslant 40mm$ $t>40~100$	K12002	0.22	0.15~0.50	1.15~1.50 1.15~1.50	0.030	0.030	—	0.04~0.11	Nb 0.01~0.05 N 0.01~0.03 Al≥0.018

（续）

ASTM 标准号	牌号[2]（或类型）	UNS 编号或类型	C	Si	Mn	P	S	Cu	V	其 他
A656	Type 3	—	0.18	0.60	1.65	0.025	0.035	—	0.08	Nb 0.08 ~ 0.10 N 0.02
	Type 7	—	0.18	0.60	1.65	0.025	0.035	—	0.05 ~ 0.15	Nb 0.10, N 0.02
A690	—	K12249	0.22	0.10	0.60 ~ 0.90	0.08 ~ 0.15	0.05	≥0.50	—	Ni 0.40 ~ 0.75
A709	Gr. 250(36)板材 t/mm	t≤20 t20 ~ 40	0.25 0.25	0.40	— 0.80 ~ 1.20	0.04	0.05	0.20	—	—
	Gr. 250(36)板材 t/mm	t40 ~ 65 t65 ~ 100	0.26 0.27	0.15 ~ 0.40	0.80 ~ 1.20 0.85 ~ 1.20	0.04	0.05	0.20	—	—
	Gr. 250(36)棒材 d/mm	d≤20	0.26	0.40	—	0.04	0.05	0.20	—	—
	Gr. 250(36)棒材 d/mm	d20 ~ 40 d40 ~ 100	0.27 0.28	0.40	0.60 ~ 0.90	0.04	0.05	0.20	—	—
A709	Gr. 345(50)	Type 1	0.23	0.15 ~ 0.40	1.35	0.04	0.05	—	0.01 ~ 0.15	Nb 0.005 ~ 0.050
	Gr. 345(50)	Type 2	0.23	0.15 ~ 0.40	1.35	0.04	0.05	—	0.01 ~ 0.15	—
	Gr. 345(50)	Type 3	0.23	0.15 ~ 0.40	1.35	0.04	0.05	—	0.01 ~ 0.15	Nb 0.005 ~ 0.050 (V + Nb)0.02 ~ 0.15
	Gr. 345(50)	Type 5	0.23	0.15 ~ 0.40	1.35	0.04	0.05	—	0.06	Ti 0.006 ~ 0.040 N 0.003 ~ 0.015
	Gr. 345S（50S）	—	0.23	0.40	0.50 ~ 1.60	0.035	0.045	0.60	0.15	Cr 0.35, Ni 0.45 Mo 0.15, Nb 0.05 (V + Nb) 0.15
	Gr. 345W（50W）	Type A	0.19	0.30 ~ 0.65	0.80 ~ 1.25	0.04	0.05	0.25 ~ 0.40	0.02 ~ 0.10	Cr 0.40 ~ 0.65 Ni 0.40
	Gr. 345W（50W）	Type B	0.20	0.15 ~ 0.50	0.75 ~ 1.35	0.04	0.05	0.20 ~ 0.40	0.01 ~ 0.10	Cr 0.40 ~ 0.70 Ni 0.50
	Gr. HPS 345W（HPS 50W）	—	0.11	0.30 ~ 0.50	1.10 ~ 1.35 1.10 ~ 1.50	0.02	0.06	0.25 ~ 0.40	0.04 ~ 0.08	Cr 0.45 ~ 0.70 Ni 0.25 ~ 0.40 Al 0.010 ~ 0.040 N 0.015
	Gr. HPS 485W（HPS 70W）	—	0.11	0.30 ~ 0.50	1.10 ~ 1.35 1.10 ~ 1.50	0.02	0.06	0.25 ~ 0.40	0.04 ~ 0.08	Cr 0.45 ~ 0.70 Ni 0.25 ~ 0.40 Mo 0.02 ~ 0.08 Al 0.010 ~ 0.040 N 0.015
	Gr. HPS 690W（HPS 100W）	—	0.08	0.15 ~ 0.35	0.95 ~ 1.50	0.015	0.06	0.90 ~ 1.20	0.04 ~ 0.08	Cr 0.45 ~ 0.65 Ni 0.65 ~ 0.90 Mo 0.40 ~ 0.65 Al 0.020 ~ 0.050 N 0.015
A715	—	K71509	0.15	—	1.65	0.025	0.035	—	—	+ V, Ti, Nb

（续）

ASTM标准号	牌号[2]（或类型）	UNS编号或类型	C	Si	Mn	P	S	Cu	V	其　他
A808	—	K11852	0.12	0.15 ~ 0.50	1.65	0.035	0.04	—	0.10	(V + Nb)0.15 Nb 0.02 ~ 0.10
A812	Gr. 450(65)	—	0.23	0 15 ~ 0.50	1.40	0.035	0.04	—	—	(V + Nb)0.02 ~ 0.15 Nb 0.05
	Gr. 550(80)	—	0.23	0 15 ~ 0.5 0	1.50	0.035	0.04	—	—	(V + Nb)0.02 ~ 0.15 Cr 0.35, N 0.015
A841	Gr. A 板材 t /mm	t≤40 t>40	0.20	0.15 ~ 0.50	0.70 ~ 1.35 1.00 ~ 1.60	0.03	0.03	0.35	0.06	Cr 0.25, Ni 0.25 Mo 0.08, Nb 0.03 Al 0.020[4]
	Gr. B 板材 t /mm	t≤40 t>40	0.15	0.15 ~ 0.50	0.70 ~ 1.35 1.00 ~ 1.60	0.03	0.025	0.35	0.06	Cr 0.25, Ni 0.60 Mo 0.30, Nb 0.03 Al 0.020[4]
	Gr. C 板材 t/mm	t≤40 t>40	0.10	0.15 ~ 0.50	0.70 ~ 1.60 1.00 ~ 1.60	0.03	0.015	0.35	0.06	Cr 0.25, Ni 0.25 Mo 0.08, Nb 0.06 Ti 0.006 ~ 0.020
	Gr. D	—	0.09	0.05 ~ 0.25	1.00 ~ 2.00	0.010	0.005	0.50	0.02	Cr 0.30, Mo 0.40 Ni 1.0 ~ 5.0, Nb 0.05 Ti 0.006 ~ 0.030 B 0.0005 ~ 0.0020
	Gr. E	—	0.07	0.05 ~ 0.30	0.70 ~ 1.60	0.015	0.005	0.35	0.06	Cr 0.30, Ni 0.60 Mo 0.30, Nb 0.08 B 0.0007, Al 0.020[4]
	Gr. F	—	0.10	0.10 ~ 0.45	1.10 ~ 1.70	0.02	0.008	0.40	0.09	Cr 0.30, Ni 0.85 Mo 0.50, Nb 0.10 B 0.0007, Al 0.020[4]
A871	Type I	Gr. 60 Gr. 65	0.19	0.30 ~ 0.65	0.80 ~ 1.35	0.04	0.05	0.25 ~ 0.40	0.02 ~ 0.10	Cr 0.40 ~ 0.70 Ni 0.40
	Type II	Gr. 60 Gr. 65	0.20	0.15 ~ 0.50	0.75 ~ 1.35	0.04	0.05	0.20 ~ 0.40	0.01 ~ 0.10	Cr 0.40 ~ 0.70 Ni 0.50
	Type III	Gr. 60 Gr. 65	0.15	0.15 ~ 0.40	0.80 ~ 1.35	0.04	0.05	0.20 ~ 0.50	0.01 ~ 0.10	Cr 0.30 ~ 0.50 Ni 0.25 ~ 0.50
	Type IV	Gr. 60 Gr. 65	0.17	0.25 ~ 0.50	0.50 ~ 1.20	0.04	0.05	0.30 ~ 0.50	—	Cr 0.40 ~ 0.70 Ni 0.40 Nb 0.005 ~ 0.050

① 表中单项值均为最大值（已标明者除外）。

② 表中 Gr. 是 Grade 的缩写。括号内为英制单位的牌号。

③ 可适量添加。

④ 根据协议，可添加适量 Ti。

⑤ 如果 Cr≤0.50% 和 Si≤0.50%，则 Cu 的含量可取消。

B）ASTM 标准其他低合金高强度钢的力学性能（表 2-12-11）

表 2-12-11 其他低合金高强度钢的力学性能

ASTM 标准号	牌 号[①] （或类型）	钢材厚度 t/mm	R_m/MPa	R_{eL}/MPa	A[②]（%）	180°冷弯试验[③]	
						纵向	横向
A242	Type 1	$t \leqslant 20$	≥480	≥345	≥21	—	—
		$t > 20 \sim 40$	≥460	≥315	≥21	—	—
		$t > 40 \sim 100$	≥435	≥290	≥21	—	—
A529	Gr. 345（50）	板材	≥450	≥345	≥18	—	—
	Gr. 380（55）	板材	485 ~ 690	≥380	≥21	—	—
A588	Gr. A，Gr. B Gr. C，Gr. K	$t \leqslant 100$	≥485	≥345	≥21	④	—
		$t > 100 \sim 125$	≥460	≥315	≥21	④	—
		$t > 125 \sim 200$	≥435	≥290	≥21	④	—
A606	Gr. 310（45）	冷轧薄板	≥450	≥310	≥22	a	$(2 \sim 3)a$
	Gr. 345（50）	热轧薄板	≥480	≥340	≥22	a	$(2 \sim 3)a$
	Gr. 345（50）	热轧薄板 （轧后退火）	≥450	≥310	≥22	a	$(2 \sim 3)a$
A607	Gr. 310（45）	薄板	≥410	≥310	≥22	a	$1.5a$
	Gr. 345（50）	薄板	≥450	≥345	22 ~ 25	a	$1.5a$
	Gr. 380（55）	薄板	≥480	≥380	20 ~ 22	$1.5a$	$2a$
	Gr. 415（60）	薄板	≥520	≥415	18 ~ 20	$2a$	$3a$
	Gr. 450（65）	薄板	≥550	≥450	16 ~ 18	$2.5a$	$3.5a$
	Gr. 485（70）	薄板	≥590	≥485	15 ~ 16	$3a$	$4a$
A618	Gr. Ia，Gr. Ib	管壁 $t \leqslant 19$	485（70）	345（50）	≥22	$1 \sim 2a$	—
	Gr. Ia，Gr. Ib	$t > 19 \sim 38$	460（67）	315（46）	≥22	$1 \sim 2a$	—
	Gr. Ⅱ	管壁 $t \leqslant 19$	485（70）	345（50）	≥22	$1 \sim 2a$	—
	Gr. Ⅱ	$t > 19 \sim 38$	460（67）	315（46）	≥22	$1 \sim 2a$	—
	Gr. Ⅲ	管材	450（65）	345（50）	≥22	$1 \sim 2a$	—
A633	Gr. A	$t \leqslant 65$	430 ~ 570	290（42）	≥23	④	
		$t > 65 \sim 100$	430 ~ 570	290（42）	≥23	④	
	Gr. C	$t \leqslant 65$	485 ~ 620	345（50）	≥23	④	
		$t > 65 \sim 100$	485 ~ 620	315（46）	≥23	④	
	Gr. D	$t \leqslant 65$	485 ~ 620	345（50）	≥23	④	
		$t > 65 \sim 100$	485 ~ 620	315（46）	≥23	④	
	Gr. E	$t > 65 \sim 100$	550 ~ 690	415（60）	≥23	④	
		$t > 100 \sim 150$	515 ~ 655	380（55）	≥23	④	
A656	Gr. 345（50）	$t \leqslant 50$	≥415	≥345	≥23	④	
	Gr. 415（60）	$t \leqslant 40$	≥485	≥415	≥20	④	
	Gr. 485（70）	$t \leqslant 25$	≥550	≥485	≥17	④	
	Gr. 550（80）	$t \leqslant 20$	≥620	≥550	≥15	④	
A690	—	$t \leqslant 100$	≥485	345（50）	—	$2a$	
A709	Gr. 250（36）	$t \leqslant 100$	400 ~ 580	≥250	≥23	—	—
	Gr. 345(50) Gr. 345S(50S)	$t \leqslant 100$	≥450	≥345	≥21	—	—
	Gr. 345W （50W）	$t \leqslant 100$	≥485	≥345	≥21	—	—

（续）

ASTM 标准号	牌 号[①]（或类型）	钢材厚度 t/mm	R_m/MPa	R_{eL}/MPa	A[②]（%）	180°冷弯试验[③] 纵向	180°冷弯试验[③] 横向
A709	Gr. HPS 345W（HPS 50W）	$t \leqslant 100$	≥485	≥345	≥21	—	—
	Gr. HPS 485W（HPS 70W）	$t \leqslant 100$	585~760	≥485	≥19	—	—
	Gr. HPS 690W	$t \leqslant 65$	760~895	≥690	≥19	—	—
	（HPS 100W）	$t > 65 \sim 100$	690~895	≥620	≥19	—	—
A715	Gr. 345（50）	薄板	≥415	≥345	22~24	0	a
	Gr. 415（60）	薄板	≥485	≥415	20~22	0	a
	Gr. 485（70）	薄板	≥550	≥485	18~20	a	$1.5a$
	Gr. 550（80）	薄板	≥620	≥550	16~18	a	$1.5a$
A808	—	$t \leqslant 40$	≥450	≥345	≥22	—	—
	—	$t > 40 \sim 50$	≥450	≥315	≥22		
	—	$t > 50 \sim 65$	≥415	≥290	≥22		
A812	Gr. 450（65）	薄板	≥585	≥450	13~15	—	—
	Gr. 550（80）	薄板	≥690	≥550	11~13		
A841	Gr. A Class 1	$t \leqslant 40 \sim 65$	480~620	≥345	≥22		
		$t > 65$	450~585	≥310	≥22		
	Gr. A Class 2	$t \leqslant 40 \sim 65$	550~620	≥415	≥22		
		$t > 65$	515~655	≥380	≥22		
	Gr. B Class 1	$t \leqslant 40 \sim 65$	480~620	≥345	≥22	—	—
		$t > 65$	450~585	≥310	≥22		
	Gr. B Class 2	$t \leqslant 40 \sim 65$	550~620	≥415	≥22		
		$t > 65$	515~655	≥380	≥22		
	Gr. C Class 1	$t \leqslant 40 \sim 65$	480~620	≥345	≥22		
		$t > 65$	450~585	≥310	≥22		
	Gr. C Class 2	$t \leqslant 40 \sim 65$	550~620	≥415	≥22		
		$t > 65$	515~655	≥380	≥22		
	Gr. D Class 3	$t \leqslant 40$	1000~1170	≥690	≥20	—	—
	Gr. E Class 4	$t \leqslant 40$	580~715	≥485	≥20		
	Class 5	$t \leqslant 40$	605~745	≥515	≥19		
	Gr. F Class 6	$t \leqslant 40$	565~705	≥485	≥20		
	Class 7	$t \leqslant 40$	590~730	≥515	≥19		
	Gr. F Class 8	$t \leqslant 40$	620~760	≥550	≥18		
A871	Type Ⅰ Gr. 415（60）	板材	≥520	≥415	≥18	—	—
	Gr. 450（65）		≥550	≥450	≥17		
	Type Ⅱ Gr. 415（60）	板材	≥520	≥415	≥18	—	—
	Gr. 450（65）		≥550	≥450	≥17		

（续）

ASTM 标准号	牌号① （或类型）	钢材厚度 t/mm	R_m/MPa	R_{eL}/MPa	$A^②$ （%）	180°冷弯试验③ 纵向	180°冷弯试验③ 横向
A871	Type Ⅲ Gr. 415 （60） Gr. 450 （65）	板材	≥520 ≥550	≥415 ≥450	≥18 ≥17	—	—
	Type Ⅳ Gr. 415 （60） Gr. 450 （65）	板材	≥520 ≥550	≥415 ≥450	≥18 ≥17	—	—

① 括号内的数字，表示英制单位。

② 断后伸长率 A 的试样标距为 50mm。

③ 表中所列为弯心直径（d），以钢材厚度（a）的倍数表示。

④ 在 ASTM A6/A6M 标准规定范围内，可满足任何附加条件。

2.12.3 合金结构钢

（1）美国 SAE、AISI 标准和 UNS 系统合金结构钢的钢号与化学成分 ［SAE J1249 （2000/2008 确认）］ （表 2-12-12）

表 2-12-12 AISI、SAE 标准和 UNS 系统合金结构钢的钢号与化学成分（质量分数）（%）

钢号 AISI	钢号 SAE	钢号 UNS	C	Si	Mn	P ≤	S ≤	Cr	Ni	Mo	其 他
A2317	2317	—	0.15~0.20	0.20~0.35	0.40~0.60	0.040	0.040	—	3.25~3.75	—	—
A2330	2330	—	0.28~0.33	0.20~0.35	0.60~0.80	0.040	0.040	—	3.25~3.75	—	—
2335	2335	—	0.33~0.38	0.20~0.35	0.60~0.80	0.040	0.040	—	3.25~3.75	—	—
A2340	2340	—	0.38~0.43	0.20~0.35	0.70~0.90	0.040	0.040	—	3.25~3.75	—	—
A2345	2345	—	0.43~0.48	0.20~0.35	0.70~0.90	0.040	0.040	—	3.25~3.75	—	—
E2512	2512	—	0.09~0.14	0.20~0.35	0.45~0.60	0.025	0.025	—	4.75~5.25	—	—
E2515	2515	—	0.12~0.17	0.20~0.35	0.40~0.60	0.040	0.040	—	4.75~5.25	—	—
E2517	2517	—	0.15~0.20	0.20~0.35	0.45~0.60	0.025	0.025	—	4.75~5.25	—	—
A3115	3115	—	0.13~0.18	0.20~0.35	0.40~0.60	0.040	0.040	0.55~0.75	1.10~1.40	—	—
A3120	3120	—	0.17~0.22	0.20~0.35	0.60~0.80	0.040	0.040	0.55~0.75	1.10~1.40	—	—
A3130	3130	—	0.28~0.33	0.20~0.35	0.60~0.80	0.040	0.040	0.55~0.75	1.10~1.40	—	—
3135	3135	—	0.33~0.38	0.20~0.35	0.60~0.80	0.040	0.040	0.55~0.75	1.10~1.40	—	—
3140	3140	G13400	0.38~0.43	0.20~0.35	0.70~0.90	0.040	0.040	0.55~0.75	1.10~1.40	—	—
A3141	X3140	—	0.38~0.43	0.20~0.35	0.70~0.90	0.040	0.040	0.70~0.90	1.10~1.40	—	—
A3145	3145	—	0.43~0.48	0.20~0.35	0.70~0.90	0.040	0.040	0.70~0.90	1.10~1.40	—	—
A3150	3150	—	0.48~0.53	0.20~0.35	0.70~0.90	0.040	0.040	0.70~0.90	1.10~1.40	—	—
—	3215	—	0.10~0.20	0.15~0.30	0.30~0.60	0.050	0.050	0.90~1.25	1.50~2.00	—	—
—	3220	—	0.15~0.25	0.15~0.30	0.30~0.60	0.050	0.050	0.90~1.25	1.50~2.00	—	—
—	3230	—	0.25~0.35	0.15~0.30	0.30~0.60	0.040	0.050	0.90~1.25	1.50~2.00	—	—
A3240	3240	—	0.35~0.45	0.15~0.30	0.30~0.60	0.040	0.040	0.90~1.25	1.50~2.00	—	—
—	3245	—	0.40~0.50	0.15~0.30	0.30~0.60	0.040	0.040	0.90~1.25	1.50~2.00	—	—
—	3250	—	0.45~0.55	0.15~0.30	0.30~0.60	0.040	0.040	0.90~1.25	1.50~2.00	—	—
E3310	3310	—	0.08~0.13	0.20~0.35	0.45~0.60	0.025	0.025	1.40~1.75	3.25~3.75	—	—
—	3312	—	0.08~0.13	0.20~0.35	0.15~0.60	0.025	0.025	1.40~1.75	3.25~3.75	—	—

（续）

钢　号			C	Si	Mn	P ≤	S ≤	Cr	Ni	Mo	其　他
AISI	SAE	UNS									
E3316	3316	—	0.14 ~ 0.19	0.20 ~ 0.35	0.45 ~ 0.60	0.025	0.025	1.40 ~ 1.75	3.25 ~ 3.75	—	—
—	3325	—	0.20 ~ 0.30	0.15 ~ 0.30	0.30 ~ 0.50	0.040	0.050	1.25 ~ 1.75	3.25 ~ 3.75	—	—
—	3335	—	0.30 ~ 0.40	0.15 ~ 0.30	0.30 ~ 0.60	0.040	0.050	1.25 ~ 1.75	3.25 ~ 3.75	—	—
—	3340	—	0.35 ~ 0.45	0.15 ~ 0.30	0.30 ~ 0.60	0.040	0.050	1.25 ~ 1.75	3.25 ~ 3.75	—	—
—	3415	—	0.10 ~ 0.20	0.15 ~ 0.30	0.30 ~ 0.60	0.040	0.050	0.60 ~ 0.95	2.75 ~ 3.25	—	—
—	3435	—	0.30 ~ 0.40	0.15 ~ 0.30	0.30 ~ 0.60	0.040	0.050	0.60 ~ 0.95	2.75 ~ 3.25	—	—
—	3450	—	0.45 ~ 0.55	0.15 ~ 0.30	0.30 ~ 0.60	0.040	0.050	0.60 ~ 0.95	2.75 ~ 3.25	—	—
—	4012	G40120	0.09 ~ 0.14	0.15 ~ 0.30	0.75 ~ 1.00	0.035	0.040	—	—	0.15 ~ 0.25	—
4017	4017	—	0.15 ~ 0.20	0.20 ~ 0.35	0.70 ~ 0.90	0.040	0.040	—	—	0.20 ~ 0.30	—
4023	4023	G40230	0.20 ~ 0.25	0.15 ~ 0.35	0.70 ~ 0.90	0.035	0.040	—	—	0.20 ~ 0.30	—
—	4024	G40240	0.20 ~ 0.25	0.15 ~ 0.35	0.70 ~ 0.90	0.035	0.035 ~ 0.040[①]	—	—	0.20 ~ 0.30	—
4027	4027	G40270	0.25 ~ 0.30	0.15 ~ 0.35	0.70 ~ 0.90	0.035	0.040	—	—	0.20 ~ 0.30	—
4028	4028	G40280	0.25 ~ 0.30	0.15 ~ 0.35	0.70 ~ 0.90	0.035	0.035 ~ 0.050[①]	—	—	0.20 ~ 0.30	—
—	4032	G40320	0.30 ~ 0.35	0.15 ~ 0.35	0.70 ~ 0.90	0.035	0.040	—	—	0.20 ~ 0.30	—
4037	4037	G40370	0.35 ~ 0.40	0.15 ~ 0.35	0.70 ~ 0.90	0.035	0.040	—	—	0.20 ~ 0.30	—
—	4042	G40420	0.40 ~ 0.45	0.15 ~ 0.35	0.70 ~ 0.90	0.035	0.040	—	—	0.20 ~ 0.30	—
4047	4047	G40470	0.45 ~ 0.50	0.15 ~ 0.35	0.70 ~ 0.90	0.035	0.040	—	—	0.20 ~ 0.30	—
4053	—		0.50 ~ 0.56	0.20 ~ 0.35	0.70 ~ 1.00	0.040	0.040	—	—	0.20 ~ 0.30	—
—	4063	G40630	0.60 ~ 0.67	0.20 ~ 0.35	0.75 ~ 1.00	0.040	0.040	—	—	0.20 ~ 0.30	—
A4068	4068	—	0.63 ~ 0.70	0.20 ~ 0.35	0.75 ~ 1.00	0.040	0.040	—	—	0.20 ~ 0.30	—
4118	—	G41180	0.18 ~ 0.23	0.15 ~ 0.35	0.70 ~ 0.90	0.035	0.040	0.10 ~ 0.60	—	0.08 ~ 0.15	—
A4119	4119	—	0.17 ~ 0.22	0.15 ~ 0.35	0.70 ~ 0.90	0.040	0.040	0.40 ~ 0.60	—	0.20 ~ 0.30	—
4120	4120	G41200	0.18 ~ 0.23	0.15 ~ 0.35	0.90 ~ 1.20	0.035	0.040	0.40 ~ 0.60	—	0.13 ~ 0.20	—
4121	4121	G41210	0.18 ~ 0.23	0.15 ~ 0.35	0.75 ~ 1.00	0.035	0.040	0.45 ~ 0.65	—	0.20 ~ 0.30	—
A4125	4125	—	0.23 ~ 0.28	0.20 ~ 0.35	0.70 ~ 0.90	0.040	0.040	0.40 ~ 0.60	—	0.20 ~ 0.30	—
4130	4130	G41300	0.28 ~ 0.33	0.15 ~ 0.35	0.40 ~ 0.60	0.035	0.040	0.80 ~ 1.10	—	0.15 ~ 0.25	—
TS4130	—	—	0.28 ~ 0.33	0.20 ~ 0.35	0.45 ~ 0.65	0.040	0.040	0.90 ~ 1.20	—	0.08 ~ 0.15	—
4131	4131	G41310	0.28 ~ 0.33	0.15 ~ 0.35	0.50 ~ 0.70	0.035	0.040	0.90 ~ 1.20	—	0.15 ~ 0.25	—
TS4132	—	—	0.30 ~ 0.35	0.20 ~ 0.35	0.45 ~ 0.65	0.040	0.040	0.90 ~ 1.20	—	0.08 ~ 0.15	—
E4132	—	—	0.30 ~ 0.35	0.20 ~ 0.35	0.40 ~ 0.60	0.025	0.025	0.80 ~ 1.10	—	0.18 ~ 0.25	—
—	4135	G41350	0.33 ~ 0.38	0.15 ~ 0.35	0.70 ~ 0.90	0.035	0.040	0.80 ~ 1.10	—	0.15 ~ 0.25	—
TS4135	—	—	0.33 ~ 0.38	0.20 ~ 0.38	0.75 ~ 1.10	0.025	0.025	0.90 ~ 1.20	—	0.08 ~ 0.15	—
E4135	—	—	0.33 ~ 0.38	0.20 ~ 0.35	0.70 ~ 0.90	0.025	0.025	0.80 ~ 1.10	—	0.18 ~ 0.25	—
4137	4137	G41370	0.35 ~ 0.40	0.15 ~ 0.35	0.70 ~ 0.90	0.025	0.040	0.80 ~ 1.10	—	0.15 ~ 0.25	—
TS4137	—	—	0.35 ~ 0.40	0.20 ~ 0.35	0.75 ~ 1.00	0.040	0.040	0.90 ~ 1.20	—	0.08 ~ 0.15	—
E4137	—	—	0.35 ~ 0.40	0.20 ~ 0.35	0.70 ~ 0.90	0.025	0.025	0.80 ~ 1.10	—	0.18 ~ 0.25	—
4140	4140	G41400	0.38 ~ 0.43	0.15 ~ 0.35	0.75 ~ 1.00	0.035	0.040	0.80 ~ 1.10	—	0.15 ~ 0.25	—
TS4140	—	—	0.38 ~ 0.43	0.20 ~ 0.35	0.80 ~ 1.05	0.040	0.040	0.90 ~ 1.20	—	0.08 ~ 0.15	—
4142	—	G41420	0.40 ~ 0.45	0.15 ~ 0.35	0.75 ~ 1.00	0.035	0.040	0.80 ~ 1.10	—	0.15 ~ 0.25	—
TS4142	—	—	0.40 ~ 0.45	0.20 ~ 0.35	0.80 ~ 1.05	0.040	0.040	0.90 ~ 1.20	—	0.08 ~ 0.15	—

（续）

钢 号			C	Si	Mn	P ≤	S ≤	Cr	Ni	Mo	其 他
AISI	SAE	UNS									
4145	4145	G41450	0.43~0.48	0.15~0.35	0.75~1.00	0.035	0.040	0.80~1.10	—	0.15~0.25	—
TS4145	—	—	0.43~0.48	0.20~0.35	0.80~1.05	0.040	0.040	0.90~1.20	—	0.08~0.15	—
4147	—	G41470	0.45~0.50	0.15~0.35	0.75~1.00	0.035	0.040	0.80~1.10	—	0.15~0.25	—
TS4147	—	—	0.45~0.50	0.20~0.35	0.80~1.05	0.040	0.040	0.90~1.20	—	0.08~0.15	—
4150	4150	G41500	0.48~0.53	0.15~0.35	0.75~1.00	0.035	0.040	0.80~1.10	—	0.15~0.25	—
TS4150	—	—	0.48~0.53	0.20~0.35	0.80~1.05	0.040	0.040	0.90~1.20	—	0.08~0.15	—
4161	4161	G41610	0.56~0.64	0.15~0.35	0.75~1.00	0.035	0.040	0.70~0.90	—	0.25~0.35	—
42B35	—	—	0.32~0.39	0.20~0.35	0.70~1.00	0.040	0.040	0.40~0.65	—	0.08~0.15	—
42B40	—	—	0.37~0.45	0.20~0.35	0.70~1.00	0.040	0.040	0.40~0.65	—	0.08~0.15	—
42B45	—	—	0.42~0.50	0.20~0.35	0.70~1.00	0.040	0.040	0.40~0.65	—	0.08~0.15	—
42B50	—	—	0.47~0.55	0.20~0.35	0.75~1.00	0.040	0.040	0.40~0.65	—	0.08~0.15	—
—	43BV12	—	0.08~0.13	0.20~0.35	0.75~1.0	—	—	0.40~0.60	1.65~2.00	0.20~0.30	V≤0.03 B 0.0005~0.003
—	43BV14	—	0.10~0.15	0.25~0.35	0.45~0.65	—	—	0.40~0.60	1.65~2.00	0.08~0.15	V≥0.03 B 0.0005~0.003
—	4317	—	0.15~0.20	0.20~0.35	0.45~0.65	0.040	0.040	0.40~0.60	1.65~2.00	0.20~0.30	—
4320	4320	G43200	0.17~0.22	0.15~0.35	0.45~0.65	0.035	0.040	0.40~0.60	1.65~2.00	0.20~0.30	—
4337	4320	G43370	0.35~0.40	0.20~0.35	0.60~0.80	0.040	0.040	0.70~0.90	1.65~2.00	0.20~0.30	—
E4337	—	G43376	0.35~0.40	0.20~0.35	0.65~0.85	0.025	0.025	0.70~0.90	1.65~2.00	0.20~0.30	—
4340	4340	G43400	0.38~0.43	0.15~0.35	0.60~0.80	0.035	0.040	0.70~0.90	1.65~2.00	0.20~0.30	—
E4340	E4340	G43406	0.38~0.43	0.15~0.35	0.65~0.85	0.025	0.025	0.70~0.90	1.65~2.00	0.20~0.30	—
—	4419	G44190	0.18~0.23	0.15~0.30	0.45~0.65	0.035	0.040	—	—	0.45~0.60	—
—	4422	G44220	0.20~0.25	0.15~0.35	0.70~0.90	0.035	0.040	—	—	0.35~0.45	—
—	4427	G44270	0.24~0.29	0.15~0.30	0.70~0.90	0.035	0.040	—	—	0.35~0.45	—
—	4520	G45200	0.18~0.23	0.15~0.30	0.45~0.65	0.035	0.040	—	—	0.45~0.60	—
—	4608	—	0.06~0.11	≥0.025	0.25~0.45	0.040	0.040	—	1.40~1.75	0.15~0.25	—
—	46B12	—	0.10~0.15	0.20~0.35	0.45~0.65	0.040	0.040	—	1.65~2.00	0.20~0.30	—
4613	—	—	0.10~0.15	0.20~0.35	0.45~0.65	0.040	0.040	—	1.65~2.00	0.25~0.35	B≥0.0005
—	4615	G46150	0.13~0.18	0.15~0.35	0.45~0.65	0.035	0.040	—	1.65~2.00	0.20~0.30	—
—	4617	G46170	0.15~0.20	0.15~0.35	0.45~0.65	0.035	0.040	—	1.65~2.00	0.20~0.30	—
E4617	E4617	—	0.15~0.20	0.20~0.35	0.45~0.65	0.025	0.025	—	1.65~2.00	0.20~0.30	—
4618	—	—	0.15~0.20	0.20~0.35	0.45~0.65	0.040	0.040	—	1.65~2.00	0.25~0.35	—
4620	4620	G46200	0.17~0.22	0.15~0.35	0.45~0.65	0.035	0.040	—	1.65~2.00	0.20~0.30	—
—	X4620	—	0.18~0.23	0.20~0.35	0.50~0.70	0.040	0.040	—	1.65~2.00	0.20~0.30	—
E4620	—	—	0.17~0.22	0.20~0.35	0.45~0.65	0.025	0.025	—	1.65~2.00	0.20~0.27	—
—	4621	G46210	0.18~0.23	0.15~0.35	0.70~0.90	0.035	0.040	—	1.65~2.00	0.20~0.30	—
—	4626	G46260	0.24~0.29	0.15~0.35	0.45~0.65	0.035	0.040	—	0.70~1.00	0.15~0.25	—
A4640	4640	—	0.38~0.43	0.20~0.35	0.60~0.80	0.040	0.040	—	1.65~2.00	0.20~0.30	—
E4640	—	—	0.38~0.43	0.20~0.35	0.60~0.80	0.025	0.025	—	1.65~2.00	0.20~0.27	—

(续)

钢 号			C	Si	Mn	P ≤	S ≤	Cr	Ni	Mo	其 他
AISI	SAE	UNS									
4715	4715	G47150	0.13~0.18	0.15~0.35	0.70~0.90	0.035	0.046	0.45~0.65	0.70~1.00	0.45~0.65	—
—	4718	G47180	0.15~0.21	—	0.70~0.90	—	—	0.35~0.55	0.90~1.20	0.30~0.40	
4720	4720	G47200	0.17~0.22	0.20~0.35	0.50~0.70	0.035	0.040	0.35~0.55	0.90~1.20	0.15~0.25	—
—	4812	—	0.10~0.15	0.20~0.35	0.40~0.60	0.040	0.040	—	3.25~3.75	0.20~0.30	—
4815	4815	G48150	0.13~0.18	0.15~0.35	0.40~0.60	0.035	0.040	—	3.25~3.75	0.20~0.30	—
—	4817	G48170	0.15~0.20	0.15~0.35	0.40~0.60	0.035	0.040	—	3.25~3.75	0.20~0.30	—
4820	4820	G48200	0.18~0.23	0.15~0.35	0.50~0.70	0.035	0.040	—	3.25~3.75	0.20~0.30	—
—	5015	G50150	0.12~0.17	0.15~0.30	0.30~0.50	0.040	0.040	0.30~0.50	—	—	—
50B15	—	—	0.12~0.18	0.20~0.35	0.70~1.00	0.040	0.040	0.50~0.60	—	—	B≥0.0005
50B20	—	—	0.17~0.23	0.20~0.35	0.70~1.00	0.040	0.040	0.35~0.60	—	—	B≥0.0005
50B30	—	—	0.27~0.34	0.20~0.35	0.70~1.00	0.040	0.040	0.35~0.60	—	—	B≥0.0005
50B35	—	—	0.32~0.39	0.20~0.35	0.70~1.00	0.040	0.040	0.35~0.60	—	—	B≥0.0005
—	50B40	G50401	0.38~0.43	0.15~0.35	0.75~1.00	0.035	0.040	0.40~0.60	—	—	B 0.0005~0.003
—	50B44	G50441	0.43~0.48	0.15~0.35	0.75~1.00	0.035	0.040	0.40~0.60	—	—	B 0.0005~0.003
—	5045	—	0.43~0.48	0.2~0.35	0.70~0.90	0.040	0.040	0.55~0.75	—	—	—
—	5046	G50460	0.43~0.48	0.15~0.35	0.75~1.00	0.035	0.040	0.20~0.35	—	—	—
50B46	50B46	G50461	0.44~0.49	0.15~0.35	0.75~1.00	0.035	0.040	0.20~0.35	—	—	B 0.0005~0.003
—	50B50	G50501	0.48~0.53	0.15~0.35	0.75~1.00	0.035	0.040	0.40~0.60	—	—	B 0.0005~0.003
TS50B50	—	—	0.48~0.53	0.20~0.35	0.75~1.00	0.040	0.040	0.40~0.60	—	—	B≥0.0005
—	50B60	G50601	0.56~0.64	0.15~0.35	0.75~1.00	0.035	0.040	0.40~0.60	—	—	B 0.0005~0.003
TS50B60	—	—	0.55~0.65	0.20~0.35	0.75~1.00	0.040	0.040	0.40~0.60	—	—	B≥0.0005
—	5060	G50600	0.56~0.64	0.15~0.35	0.75~1.00	0.035	0.040	0.40~0.60	—	—	—
—	5115	G51150	0.13~0.18	0.15~0.35	0.70~0.90	0.035	0.040	0.70~0.90	—	—	—
—	5117	G51170	0.15~0.20	0.20~0.35	0.70~0.90	0.035	0.040	0.70~0.90	—	—	—
5120	5120	G51200	0.17~0.22	0.15~0.35	0.70~0.90	0.035	0.040	0.70~0.90	—	—	—
5130	5130	G51300	0.28~0.33	0.15~0.35	0.70~0.90	0.035	0.040	0.80~1.10	—	—	—
5132	5132	G51320	0.30~0.35	0.15~0.35	0.60~0.80	0.035	0.040	0.75~1.00	—	—	—
—	5135	G51350	0.33~0.38	0.15~0.35	0.60~0.80	0.035	0.040	0.80~1.05	—	—	—
5140	5140	G51440	0.38~0.43	0.15~0.35	0.70~0.90	0.035	0.040	0.70~0.90	—	—	—
—	5145	G51450	0.43~0.49	0.15~0.30	0.70~0.90	0.035	0.040	0.70~0.90	—	—	—
—	5147	G51470	0.46~0.51	0.15~0.35	0.70~0.95	0.035	0.040	0.85~1.15	—	—	—
5150	5150	G51500	0.48~0.53	0.70~0.90	0.70~0.90	0.035	0.040	0.70~0.90	—	—	—
—	5152	—	0.48~0.55	0.20~0.35	0.70~0.90	0.040	0.040	0.90~1.20	—	—	—
—	5155	G51550	0.51~0.59	0.15~0.35	0.70~0.90	0.035	0.040	0.70~0.90	—	—	—

（续）

钢 号			C	Si	Mn	P ≤	S ≤	Cr	Ni	Mo	其 他
AISI	SAE	UNS									
5160	5160	G51600	0.56~0.64	0.15~0.35	0.75~1.00	0.035	0.040	0.70~0.90	—	—	—
51B60	51B60	G51601	0.56~0.64	0.15~0.35	0.75~1.00	0.035	0.040	0.70~0.90	—	—	B≥0.0005
5195	5195	—	0.90~1.03	0.15~0.35	0.75~1.00	0.025	0.025	0.70~0.90	≤0.25	≤0.10	—
—	6115	—	0.10~0.20	0.15~0.30	0.30~0.60	0.040	0.050	0.8~1.10	—	—	V≥0.15
—	6117	—	0.15~0.20	0.20~0.35	0.70~0.90	0.040	0.040	0.70~0.90	—	—	V≥0.10
—	6118	G61180	0.16~0.21	0.15~0.35	0.50~0.70	0.035	0.040	0.50~0.70	—	—	V≥0.10~0.15
—	6120	G61200	0.17~0.22	0.20~0.35	0.70~0.90	0.040	0.040	0.70~0.90	—	—	V≥0.10
—	6125	—	0.20~0.30	0.15~0.30	0.60~0.90	0.040	0.050	0.80~1.10	—	—	V≥0.15
—	6130	—	0.25~0.35	0.15~0.30	0.60~0.90	0.040	0.050	0.80~1.10	—	—	V≥0.15
—	6135	—	0.30~0.40	0.15~0.30	0.60~0.90	0.040	0.050	0.80~1.10	—	—	V≥0.15
—	6140	—	0.35~0.45	0.15~0.30	0.60~0.90	0.040	0.050	0.80~1.10	—	—	V≥0.15
—	6145	—	0.43~0.48	0.20~0.35	0.70~0.90	0.040	0.050	0.80~1.10	—	—	V≥0.15
6150	6150	G61500	0.48~0.53	0.15~0.35	0.70~0.90	0.035	0.050	0.80~1.10	—	—	V≥0.15
6152	—	—	0.48~0.55	0.20~0.35	0.70~0.90	0.040	0.040	0.80~1.10	—	—	V≥0.10
—	6195	—	0.90~1.05	0.15~0.30	0.20~0.45	0.030	0.035	0.8~1.10	—	—	V≥0.15
—	7260	—	0.50~0.70	0.15~0.30	≤0.30	0.035	0.040	0.50~1.00	—	—	W 1.50~2.00
80B20	—	—	0.17~0.23	0.20~0.35	0.45~0.70	0.040	0.040	0.15~0.35	0.20~0.40	0.08~0.15	B≥0.0005
80B25	—	—	0.21~0.28	0.20~0.35	0.50~0.75	0.040	0.040	0.15~0.35	0.20~0.40	0.08~0.15	B≥0.0005
80B30	—	—	0.27~0.34	0.20~0.35	0.55~0.80	0.040	0.040	0.15~0.35	0.20~0.40	0.08~0.15	B≥0.0005
80B35	—	—	0.32~0.39	0.20~0.35	0.65~0.95	0.040	0.040	0.15~0.35	0.20~0.40	0.08~0.15	B≥0.0005
80B37	—	—	0.35~0.40	0.20~0.35	0.75~1.00	0.040	0.040	0.15~0.35	0.20~0.40	0.08~0.15	B≥0.0005
80B40	—	—	0.37~0.45	0.20~0.35	0.70~1.00	0.040	0.040	0.15~0.35	0.20~0.40	0.08~0.15	B≥0.0005
TS80B40	—	—	0.37~0.45	0.20~0.35	0.70~1.00	0.040	0.040	0.20~0.35	0.20~0.40	0.08~0.15	B≥0.0005
80B45	—	—	0.42~0.50	0.20~0.35	0.70~1.00	0.040	0.040	0.15~0.35	0.20~0.42	0.08~0.15	B≥0.0005
TS80B45	—	—	0.43~0.48	0.20~0.35	0.70~1.00	0.040	0.040	0.20~0.35	0.20~0.40	0.08~0.15	B≥0.0005
80B50	—	—	0.47~0.55	0.20~0.35	0.70~1.00	0.040	0.040	0.25~0.50	0.20~0.40	0.08~0.15	B≥0.0005
80B55	—	—	0.50~0.60	0.20~0.35	0.70~1.00	0.040	0.040	0.30~0.55	0.20~0.40	0.08~0.15	B≥0.0005
80B60	—	—	0.55~0.65	0.20~0.35	0.70~1.00	0.040	0.040	0.30~0.55	0.20~0.40	0.08~0.15	B≥0.0005
—	8115	G81150	0.13~0.18	0.15~0.35	0.70~0.90	0.035	0.040	0.30~0.55	0.20~0.40	0.08~0.15	—
8117	8117	—	0.14~0.20	0.20~0.35	0.70~1.00	0.040	0.040	0.30~0.55	0.20~0.40	0.08~0.15	—
TS8117	—	—	0.15~0.20	0.20~0.35	0.70~0.90	0.040	0.040	0.30~0.50	0.20~0.40	0.08~0.15	—
8120	8120	—	0.17~0.23	0.20~0.35	0.70~1.00	0.040	0.040	0.30~0.55	0.20~0.40	0.08~0.15	—
TS8120	—	—	0.18~0.23	0.20~0.35	0.70~0.90	0.040	0.040	0.30~0.50	0.20~0.40	0.08~0.15	—
8122	—	—	0.20~0.25	0.20~0.35	0.70~0.90	0.040	0.040	0.30~0.50	0.20~0.40	0.08~0.15	—
8123	—	—	0.20~0.25	0.20~0.35	0.70~0.90	0.040	0.050	0.30~0.50	0.20~0.40	0.08~0.15	—
8125	—	—	0.21~0.28	0.20~0.35	0.70~1.00	0.040	0.040	0.30~0.55	0.20~0.40	0.08~0.15	—
TS8125	—	—	0.23~0.28	0.20~0.35	0.70~0.90	0.040	0.040	0.30~0.50	0.20~0.40	0.08~0.15	—

（续）

钢 号			C	Si	Mn	P ≤	S ≤	Cr	Ni	Mo	其 他
AISI	SAE	UNS									
TS8126	—	—	0.23~0.28	0.20~0.35	0.70~0.90	0.040	0.050	0.30~0.50	0.20~0.40	0.08~0.15	—
8127	8127	—	0.24~0.31	0.20~0.35	0.70~1.00	0.040	0.050	0.30~0.55	0.20~0.40	0.08~0.15	—
TS8127	—	—	0.25~0.30	0.20~0.35	0.70~0.90	0.040	0.050	0.30~0.50	0.20~0.40	0.08~0.15	—
8128	—	—	0.25~0.30	0.20~0.35	0.70~0.90	0.040	0.050	0.30~0.50	0.20~0.40	0.08~0.15	—
8130	8130	—	0.27~0.31	0.20~0.35	0.70~1.00	0.040	0.050	0.30~0.55	0.20~0.40	0.08~0.15	—
TS8130	—	—	0.28~0.33	0.20~0.35	0.70~0.90	0.040	0.040	0.30~0.50	0.20~0.40	0.08~0.15	—
8132	8132	—	0.29~0.36	0.20~0.35	0.70~1.00	0.040	0.040	0.30~0.55	0.20~0.40	0.08~0.15	—
TS8132	—	—	0.30~0.35	0.20~0.35	0.70~0.90	0.040	0.040	0.30~0.50	0.20~0.40	0.08~0.15	—
81B35	—	—	0.32~0.39	0.20~0.35	0.70~0.90	0.040	0.040	0.30~0.55	0.20~0.40	0.08~0.15	B≥0.0005
8135	8135	—	0.32~0.39	0.20~0.35	0.70~1.00	0.040	0.040	0.30~0.55	0.20~0.40	0.08~0.15	—
TS8135	—	—	0.33~0.38	0.20~0.35	0.70~0.90	0.040	0.040	0.30~0.50	0.20~0.40	0.08~0.15	—
8137	8137	—	0.34~0.42	0.20~0.35	0.70~1.00	0.040	0.040	0.30~0.55	0.20~0.40	0.08~0.15	—
TS8137	—	—	0.35~0.40	0.20~0.35	0.70~0.90	0.040	0.040	0.30~0.50	0.20~0.40	0.08~0.15	—
8140	8140	—	0.37~0.45	0.20~0.35	0.70~1.00	0.040	0.040	0.30~0.50	0.20~0.40	0.08~0.15	—
TS8140	—	—	0.38~0.43	0.20~0.35	0.70~0.90	0.040	0.040	0.30~0.50	0.20~0.40	0.08~0.15	—
81B40	—	—	0.37~0.45	0.20~0.35	0.70~1.00	0.040	0.040	0.30~0.55	0.20~0.40	0.08~0.15	B≥0.0005
TS81B40	—	—	0.38~0.43	0.20~0.35	0.75~1.05	0.040	0.040	0.35~0.55	0.20~0.40	0.08~0.15	B≥0.0005
8142	8142	—	0.39~0.47	0.20~0.35	0.70~1.00	0.040	0.040	0.30~0.55	0.20~0.40	0.08~0.15	—
TS8142	—	—	0.40~0.45	0.20~0.35	0.70~0.90	0.040	0.040	0.30~0.50	0.20~0.40	0.08~0.15	—
8145	8145	—	0.42~0.50	0.20~0.35	0.70~1.00	0.040	0.040	0.35~0.55	0.20~0.40	0.08~0.15	—
TS8145	—	—	0.43~0.48	0.20~0.35	0.70~1.00	0.040	0.040	0.35~0.50	0.20~0.40	0.08~0.15	—
—	81B45	G81451	0.42~0.50	0.20~0.35	0.70~0.90	0.040	0.040	0.35~0.55	0.20~0.40	0.08~0.15	B≥0.0005
TS81B45	—	—	0.43~0.48	0.20~0.35	0.70~1.00	0.040	0.040	0.35~0.55	0.20~0.40	0.08~0.15	B≥0.0005
8147	8147	—	0.44~0.52	0.20~0.35	0.70~1.00	0.040	0.040	0.35~0.55	0.20~0.40	0.08~0.15	—
TS8147	—	—	0.45~0.50	0.20~0.35	0.70~0.90	0.040	0.040	0.30~0.50	0.20~0.40	0.08~0.15	—
8150	8150	—	0.47~0.55	0.20~0.35	0.75~1.05	0.040	0.040	0.35~0.60	0.20~0.40	0.08~0.15	—
TS8150	—	—	0.48~0.53	0.20~0.35	0.75~1.00	0.040	0.040	0.35~0.55	0.20~0.40	0.08~0.15	—
81B50	81B50	—	0.47~0.55	0.20~0.35	0.70~1.05	0.040	0.040	0.35~0.60	0.20~0.40	0.08~0.15	B≥0.0005

（续）

钢　号			C	Si	Mn	P ≤	S ≤	Cr	Ni	Mo	其　他
AISI	SAE	UNS									
8155	8155	—	0.50 ~ 0.60	0.20 ~ 0.35	0.70 ~ 1.05	0.040	0.040	0.35 ~ 0.60	0.20 ~ 0.40	0.08 ~ 0.15	—
TS8155	—	—	0.51 ~ 0.58	0.20 ~ 0.35	0.75 ~ 1.05	0.040	0.040	0.35 ~ 0.55	0.20 ~ 0.40	0.08 ~ 0.15	—
8160	8160	—	0.55 ~ 0.65	0.20 ~ 0.35	0.70 ~ 1.00	0.040	0.040	0.35 ~ 0.60	0.20 ~ 0.40	0.08 ~ 0.15	—
TS8160	—	—	0.55 ~ 0.62	0.20 ~ 0.35	0.75 ~ 1.00	0.040	0.040	0.35 ~ 0.55	0.20 ~ 0.40	0.08 ~ 0.15	—
8165	—	—	0.60 ~ 0.70	0.20 ~ 0.35	0.75 ~ 1.00	0.040	0.040	0.35 ~ 0.55	0.20 ~ 0.40	0.08 ~ 0.15	—
8615	8615	G86150	0.13 ~ 0.18	0.13 ~ 0.18	0.75 ~ 0.90	0.035	0.040	0.40 ~ 0.60	0.40 ~ 0.70	0.15 ~ 0.25	—
TS8615	—	—	0.13 ~ 0.18	0.20 ~ 0.35	0.70 ~ 0.90	0.040	0.040	0.55 ~ 0.75	0.40 ~ 0.70	0.08 ~ 0.15	—
8617	8617	G86170	0.15 ~ 0.20	0.15 ~ 0.35	0.70 ~ 0.90	0.035	0.040	0.40 ~ 0.60	0.40 ~ 0.70	0.15 ~ 0.25	—
TS8617	—	—	0.15 ~ 0.20	0.20 ~ 0.35	0.70 ~ 0.90	0.040	0.040	0.55 ~ 0.75	0.40 ~ 0.70	0.08 ~ 0.15	—
8620	8620	G86200	0.18 ~ 0.23	0.15 ~ 0.35	0.70 ~ 0.90	0.035	0.040	0.40 ~ 0.60	0.40 ~ 0.70	0.15 ~ 0.25	—
TS8620	—	—	0.18 ~ 0.23	0.20 ~ 0.35	0.70 ~ 0.90	0.040	0.040	0.55 ~ 0.75	0.40 ~ 0.70	0.08 ~ 0.15	—
8622	8622	G86220	0.22 ~ 0.25	0.15 ~ 0.35	0.70 ~ 0.90	0.035	0.040	0.40 ~ 0.60	0.40 ~ 0.70	0.15 ~ 0.25	—
TS8622	—	—	0.20 ~ 0.35	0.20 ~ 0.35	0.70 ~ 0.90	0.040	0.040	0.55 ~ 0.75	0.40 ~ 0.70	0.08 ~ 0.15	—
8625	8625	G86250	0.23 ~ 0.28	0.15 ~ 0.35	0.70 ~ 0.90	0.035	0.040	0.40 ~ 0.60	0.40 ~ 0.70	0.15 ~ 0.25	—
TS8625	—	—	0.23 ~ 0.28	0.20 ~ 0.35	0.70 ~ 0.90	0.040	0.040	0.55 ~ 0.75	0.40 ~ 0.70	0.08 ~ 0.15	—
—	8627	G86270	0.25 ~ 0.30	0.15 ~ 0.35	0.70 ~ 0.90	0.035	0.040	0.40 ~ 0.60	0.40 ~ 0.70	0.15 ~ 0.25	—
TS8627	—	—	0.25 ~ 0.30	0.20 ~ 0.35	0.70 ~ 0.90	0.040	0.040	0.55 ~ 0.75	0.40 ~ 0.70	0.08 ~ 0.15	—
8630	8630	G86300	0.28 ~ 0.33	0.15 ~ 0.35	0.70 ~ 0.90	0.035	0.040	0.40 ~ 0.60	0.40 ~ 0.70	0.15 ~ 0.25	—
TS8630	—	—	0.28 ~ 0.33	0.20 ~ 0.35	0.70 ~ 0.90	0.040	0.040	0.55 ~ 0.75	0.40 ~ 0.70	0.08 ~ 0.15	—
—	8632	—	0.30 ~ 0.35	0.20 ~ 0.35	0.70 ~ 0.90	0.040	0.040	0.40 ~ 0.60	0.40 ~ 0.70	0.15 ~ 0.25	—

（续）

钢 号			C	Si	Mn	P ≤	S ≤	Cr	Ni	Mo	其 他
AISI	SAE	UNS									
TS8632	—	—	0.30 ~ 0.35	0.20 ~ 0.35	0.70 ~ 0.90	0.040	0.040	0.55 ~ 0.75	0.40 ~ 0.70	0.08 ~ 0.15	—
—	8635	—	0.33 ~ 0.38	0.20 ~ 0.35	0.75 ~ 1.00	0.040	0.040	0.40 ~ 0.60	0.40 ~ 0.70	0.15 ~ 0.25	—
TS8635	—	—	0.33 ~ 0.38	0.20 ~ 0.35	0.75 ~ 1.00	0.040	0.040	0.55 ~ 0.75	0.40 ~ 0.70	0.08 ~ 0.15	—
8637	8637	G86370	0.35 ~ 0.40	0.15 ~ 0.35	0.75 ~ 1.00	0.035	0.040	0.40 ~ 0.60	0.40 ~ 0.70	0.15 ~ 0.25	—
TS8637	—	—	0.35 ~ 0.40	0.20 ~ 0.35	0.75 ~ 1.00	0.040	0.040	0.55 ~ 0.75	0.40 ~ 0.70	0.08 ~ 0.15	—
8640	8640	G86400	0.38 ~ 0.43	0.15 ~ 0.35	0.75 ~ 1.00	0.035	0.040	0.40 ~ 0.60	0.40 ~ 0.70	0.15 ~ 0.25	—
TS8640	—	—	0.38 ~ 0.43	0.20 ~ 0.35	0.75 ~ 1.00	0.040	0.040	0.55 ~ 0.75	0.40 ~ 0.70	0.08 ~ 0.15	—
—	8641	—	0.38 ~ 0.43	0.20 ~ 0.35	0.75 ~ 1.00	0.041	0.040 ~ 0.060[①]	0.40 ~ 0.60	0.40 ~ 0.70	0.15 ~ 0.25	—
TS8641	—	—	0.30 ~ 0.43	0.20 ~ 0.35	0.75 ~ 1.00	0.035	0.040	0.55 ~ 0.75	0.40 ~ 0.70	0.08 ~ 0.15	—
—	8642	—	0.40 ~ 0.45	0.20 ~ 0.35	0.75 ~ 1.00	0.035	0.040	0.40 ~ 0.60	0.40 ~ 0.70	0.15 ~ 0.25	—
TS8642	—	—	0.40 ~ 0.45	0.20 ~ 0.35	0.75 ~ 1.00	0.040	0.040	0.55 ~ 0.75	0.40 ~ 0.70	0.08 ~ 0.15	—
8645	8645	G86450	0.43 ~ 0.48	0.15 ~ 0.35	0.75 ~ 1.00	0.035	0.040	0.40 ~ 0.60	0.40 ~ 0.70	0.15 ~ 0.25	—
TS8645	—	—	0.43 ~ 0.48	0.20 ~ 0.35	0.75 ~ 1.00	0.040	0.040	0.55 ~ 0.75	0.40 ~ 0.70	0.08 ~ 0.15	—
—	86B45	G86451	0.43 ~ 0.48	0.15 ~ 0.35	0.75 ~ 1.00	0.035	0.040	0.40 ~ 0.60	0.40 ~ 0.70	0.15 ~ 0.25	B 0.0005 ~ 0.003
TS86B45	—	—	0.43 ~ 0.48	0.20 ~ 0.35	0.75 ~ 1.00	0.040	0.040	0.55 ~ 0.75	0.40 ~ 0.70	0.08 ~ 0.15	B ≥ 0.0005
—	8647	—	0.45 ~ 0.50	0.20 ~ 0.35	0.75 ~ 1.00	0.040	0.040	0.40 ~ 0.60	0.40 ~ 0.70	0.15 ~ 0.25	—
TS8647	—	—	0.45 ~ 0.50	0.20 ~ 0.35	0.75 ~ 1.00	0.040	0.040	0.55 ~ 0.75	0.40 ~ 0.70	0.08 ~ 0.15	—
—	8650	G86500	0.48 ~ 0.53	0.15 ~ 0.35	0.75 ~ 1.00	0.035	0.040	0.40 ~ 0.60	0.40 ~ 0.70	0.15 ~ 0.25	—
8650	—	—	0.48 ~ 0.53	0.20 ~ 0.35	0.75 ~ 1.00	0.040	0.040	0.55 ~ 0.75	0.40 ~ 0.70	0.08 ~ 0.15	—
—	8653	—	0.50 ~ 0.56	0.20 ~ 0.35	0.75 ~ 1.00	0.040	0.040	0.50 ~ 0.80	0.40 ~ 0.70	0.15 ~ 0.25	—

（续）

钢 号			C	Si	Mn	P ≤	S ≤	Cr	Ni	Mo	其 他
AISI	SAE	UNS									
TS8653	—	—	0.49 ~ 0.55	0.20 ~ 0.35	0.75 ~ 1.00	0.040	0.040	0.65 ~ 0.85	0.40 ~ 0.70	0.08 ~ 0.15	—
—	8655	G86550	0.51 ~ 0.59	0.15 ~ 0.35	0.75 ~ 1.00	0.035	0.040	0.40 ~ 0.60	0.40 ~ 0.70	0.15 ~ 0.25	—
TS8655	—	—	0.50 ~ 0.60	0.20 ~ 0.35	0.75 ~ 1.00	0.040	0.040	0.55 ~ 0.75	0.40 ~ 0.70	0.08 ~ 0.15	—
—	8660	G86600	0.56 ~ 0.64	0.15 ~ 0.35	0.75 ~ 1.00	0.035	0.040	0.40 ~ 0.60	0.40 ~ 0.70	0.15 ~ 0.25	—
8660	—	—	0.55 ~ 0.65	0.20 ~ 0.35	0.75 ~ 1.00	0.040	0.040	0.55 ~ 0.75	0.40 ~ 0.70	0.08 ~ 0.15	—
—	8715	—	0.13 ~ 0.18	0.20 ~ 0.35	0.75 ~ 0.90	0.040	0.040	0.40 ~ 0.60	0.40 ~ 0.70	0.20 ~ 0.30	—
—	8717	—	0.15 ~ 0.20	0.20 ~ 0.35	0.70 ~ 0.90	0.040	0.040	0.40 ~ 0.60	0.40 ~ 0.70	0.20 ~ 0.30	—
—	8719	—	0.18 ~ 0.23	0.20 ~ 0.35	0.60 ~ 0.80	0.040	0.040	0.40 ~ 0.60	0.40 ~ 0.70	0.20 ~ 0.30	—
8720	8720	G87200	0.18 ~ 0.23	0.15 ~ 0.35	0.70 ~ 0.90	0.035	0.040	0.40 ~ 0.60	0.40 ~ 0.70	0.20 ~ 0.30	—
—	8735	G87350	0.23 ~ 0.28	0.23 ~ 0.35	0.75 ~ 1.00	0.040	0.040	0.40 ~ 0.60	0.40 ~ 0.70	0.20 ~ 0.30	—
—	8740	G87400	0.38 ~ 0.43	0.20 ~ 0.35	0.75 ~ 1.00	0.035	0.040	0.40 ~ 0.60	0.40 ~ 0.70	0.20 ~ 0.30	—
—	8742	G87420	0.40 ~ 0.45	0.20 ~ 0.35	0.75 ~ 1.00	0.040	0.040	0.40 ~ 0.60	0.40 ~ 0.70	0.20 ~ 0.30	—
—	8745	—	0.43 ~ 0.48	0.20 ~ 0.35	0.75 ~ 1.00	0.040	0.040	0.40 ~ 0.60	0.40 ~ 0.70	0.20 ~ 0.30	—
8747	—	—	0.45 ~ 0.50	0.20 ~ 0.35	0.75 ~ 1.00	0.040	0.040	0.40 ~ 0.60	0.40 ~ 0.70	0.20 ~ 0.30	—
—	8750	—	0.48 ~ 0.53	0.20 ~ 0.35	0.75 ~ 1.00	0.040	0.040	0.40 ~ 0.60	0.40 ~ 0.70	0.20 ~ 0.30	—
8822	8822	G88220	0.20 ~ 0.25	0.15 ~ 0.35	0.75 ~ 1.00	0.035	0.040	0.40 ~ 0.60	0.40 ~ 0.70	0.20 ~ 0.40	—
—	9250	—	0.45 ~ 0.55	1.18 ~ 2.20	0.60 ~ 0.90	0.040	0.040	—	—	—	—
—	9254	G92540	0.51 ~ 0.59	1.20 ~ 1.60	0.60 ~ 0.90	0.035	0.040	0.60 ~ 0.80	—	—	—
—	9255	G92550	0.51 ~ 0.59	1.80 ~ 2.20	0.70 ~ 0.95	0.040	0.040	—	—	—	—
9259	9259	G92590	0.56 ~ 0.64	0.70 ~ 1.10	0.75 ~ 1.00	0.035	0.040	—	—	—	—

（续）

钢 号			C	Si	Mn	P ≤	S ≤	Cr	Ni	Mo	其 他
AISI	SAE	UNS									
9260	9260	G92600	0.56 ~ 0.64	1.80 ~ 2.20	0.75 ~ 1.00	0.035	0.040	—	—	—	—
—	9261	—	0.55 ~ 0.65	1.80 ~ 2.20	0.75 ~ 1.00	0.040	0.040	0.10 ~ 0.25	—	—	—
—	9262	G92620	0.55 ~ 0.65	1.80 ~ 2.20	0.75 ~ 1.00	0.040	0.040	0.25 ~ 0.40	—	—	—
E9310	9310	G93106	0.08 ~ 0.13	0.15 ~ 0.35	0.45 ~ 0.65	0.025	0.025	1.00 ~ 1.40	3.00 ~ 3.50	0.08 ~ 0.15	
E9314	9314	—	0.11 ~ 0.14	0.20 ~ 0.35	0.40 ~ 0.70	0.025	0.025	1.00 ~ 1.40	3.00 ~ 3.50	0.08 ~ 0.15	
E9315	9315	—	0.13 ~ 0.18	0.20 ~ 0.35	0.45 ~ 0.65	0.025	0.025	1.00 ~ 1.40	3.00 ~ 3.50	0.08 ~ 0.15	
E9317	9317	—	0.15 ~ 0.20	0.20 ~ 0.35	0.45 ~ 0.65	0.025	0.025	1.00 ~ 1.40	3.00 ~ 3.50	0.08 ~ 0.15	
—	94B15	G94151	0.13 ~ 0.18	0.15 ~ 0.35	0.75 ~ 1.00	0.035	0.040	0.30 ~ 0.50	0.30 ~ 0.60	0.08 ~ 0.15	B 0.0005 ~ 0.003
—	94B17	G94171	0.15 ~ 0.20	0.15 ~ 0.35	0.75 ~ 1.00	0.035	0.040	0.30 ~ 0.50	0.30 ~ 0.60	0.08 ~ 0.15	B 0.0005 ~ 0.003
94B20	—	—	0.17 ~ 0.22	0.20 ~ 0.35	0.75 ~ 1.00	0.040	0.040	0.30 ~ 0.50	0.30 ~ 0.60	0.08 ~ 0.15	B 0.0005 ~ 0.003
—	94B30	G94301	0.28 ~ 0.32	0.15 ~ 0.35	0.75 ~ 1.00	0.035	0.040	0.30 ~ 0.50	0.30 ~ 0.60	0.08 ~ 0.15	B 0.0005 ~ 0.003
—	9437	—	0.35 ~ 0.40	0.20 ~ 0.35	0.90 ~ 1.20	0.040	0.040	0.30 ~ 0.50	0.30 ~ 0.60	0.08 ~ 0.15	—
—	9440	—	0.38 ~ 0.43	0.20 ~ 0.35	0.90 ~ 1.20	0.040	0.040	0.30 ~ 0.50	0.30 ~ 0.60	0.08 ~ 0.15	
—	94B40	G94401	0.38 ~ 0.43	0.20 ~ 0.35	0.75 ~ 1.00	0.040	0.040	0.30 ~ 0.50	0.30 ~ 0.60	0.08 ~ 0.15	B 0.0005 ~ 0.003
—	9442	—	0.40 ~ 0.45	0.20 ~ 0.35	0.90 ~ 1.20	0.040	0.040	0.30 ~ 0.50	0.30 ~ 0.60	0.08 ~ 0.15	—
—	9445	—	0.43 ~ 0.48	0.20 ~ 0.35	0.90 ~ 1.20	0.040	0.040	0.30 ~ 0.50	0.30 ~ 0.60	0.08 ~ 0.15	
—	9447	—	0.45 ~ 0.50	0.20 ~ 0.35	0.90 ~ 1.20	0.040	0.040	0.30 ~ 0.50	0.30 ~ 0.60	0.08 ~ 0.15	—
—	9747	—	0.45 ~ 0.50	0.20 ~ 0.35	0.50 ~ 0.80	0.040	0.040	0.10 ~ 0.25	0.40 ~ 0.70	0.15 ~ 0.35	—
—	9763	—	0.60 ~ 0.67	0.20 ~ 0.35	0.50 ~ 0.80	0.040	0.040	0.10 ~ 0.25	0.40 ~ 0.70	0.15 ~ 0.35	
—	9840	G98400	0.38 ~ 0.43	0.20 ~ 0.35	0.70 ~ 0.90	0.040	0.040	0.70 ~ 0.90	0.85 ~ 1.15	0.20 ~ 0.30	—

（续）

钢　号			C	Si	Mn	P≤	S≤	Cr	Ni	Mo	其　他
AISI	SAE	UNS									
—	9845	—	0.43 ~ 0.48	0.20 ~ 0.35	0.70 ~ 0.90	0.040	0.040	0.70 ~ 0.90	0.85 ~ 1.15	0.20 ~ 0.30	
—	9850	G98500	0.48 ~ 0.53	0.20 ~ 0.35	0.70 ~ 0.90	0.040	0.040	0.70 ~ 0.90	0.85 ~ 1.15	0.20 ~ 0.30	—
标准渗氮钢			0.38 ~ 0.43	0.20 ~ 0.40	0.50 ~ 0.70	—	—	1.40 ~ 1.80	—	0.30 ~ 0.40	Al 0.95 ~ 1.30
轴承钢	50100	G50986	0.95 ~ 1.10	0.20 ~ 0.35	0.25 ~ 0.45	0.040	0.040	0.40 ~ 0.60			
E51100	51100	G51986	0.95 ~ 1.10	0.20 ~ 0.35	0.25 ~ 0.45	0.025	0.025	0.90 ~ 1.15			
E52100	52100	G52986	0.95 ~ 1.10	0.20 ~ 0.35	0.25 ~ 0.45	0.025	0.025	1.30 ~ 1.60			
—	71360	—	0.50 ~ 0.70	0.15 ~ 0.30	≤0.30	0.035	0.040	3.00 ~ 4.00			W 12.0 ~ 15.0
—	E71400	G71406	0.38 ~ 0.43	0.15 ~ 0.30	0.50 ~ 0.70	0.025	0.025	1.40 ~ 1.80			V 0.3 ~ 0.4 Al 0.95 ~ 1.3
—	71660	—	0.50 ~ 0.70	0.15 ~ 0.30	≤0.30	0.035	0.040	3.00 ~ 4.00			W 15.0 ~ 18.0

① S 含量为一个取值范围，不受表头≤的约束。

（2）美国 ASTM 标准的质量等级合金结构钢的钢号与化学成分 ［ASTM A29/A29M （2016）］（表 2-12-13）

表 2-12-13　质量等级合金结构钢的钢号与化学成分（质量分数）（%）

UNS 编号	牌号[2]	C	Si[1]	Mn	P ≤	S ≤	Cr[4]	Ni[4]	Mo[4]
G13300	1330	0.28 ~ 0.33	0.15 ~ 0.35	1.60 ~ 1.90	0.035	0.040	—	—	—
G13350	1335	0.33 ~ 0.38	0.15 ~ 0.35	1.60 ~ 1.90	0.035	0.040	—	—	—
G13400	1340	0.38 ~ 0.43	0.15 ~ 0.35	1.60 ~ 1.90	0.035	0.040	—	—	—
G13450	1345	0.43 ~ 0.48	0.15 ~ 0.35	1.60 ~ 1.90	0.035	0.040	—	—	—
G40120	4012	0.09 ~ 0.14	0.15 ~ 0.35	0.75 ~ 1.00	0.035	0.040	—	—	0.15 ~ 0.25
G40230	4023	0.20 ~ 0.25	0.15 ~ 0.35	0.70 ~ 0.90	0.035	0.040	—	—	0.20 ~ 0.30
G40240[3]	4024	0.20 ~ 0.25	0.15 ~ 0.35	0.70 ~ 0.90	0.035	0.035 ~ 0.050[5]	—	—	0.20 ~ 0.30
G40270	4027	0.25 ~ 0.30	0.15 ~ 0.35	0.70 ~ 0.90	0.035	0.040	—	—	0.20 ~ 0.30
G40280[3]	4028	0.25 ~ 0.30	0.15 ~ 0.35	0.70 ~ 0.90	0.035	0.035 ~ 0.050[5]	—	—	0.20 ~ 0.30
G40320	4032	0.30 ~ 0.35	0.15 ~ 0.35	0.70 ~ 0.90	0.035	0.040	—	—	0.20 ~ 0.30
G40370	4037	0.35 ~ 0.40	0.15 ~ 0.35	0.70 ~ 0.90	0.035	0.040	—	—	0.20 ~ 0.30
G40420	4042	0.40 ~ 0.45	0.15 ~ 0.35	0.70 ~ 0.90	0.035	0.040	—	—	0.20 ~ 0.30
G40470	4047	0.45 ~ 0.50	0.15 ~ 0.35	0.70 ~ 0.90	0.035	0.040	—	—	0.20 ~ 0.30

（续）

UNS 编号	牌 号[②]	C	Si[①]	Mn	P ≤	S ≤	Cr[④]	Ni[④]	Mo[④]
G41180	4118	0.18~0.23	0.15~0.35	0.70~0.90	0.035	0.040	0.40~0.60	—	0.08~0.15
G41200	4120	0.18~0.23	0.15~0.35	0.90~1.20	0.035	0.040	0.40~0.60	—	0.13~0.20
G41210	4121	0.18~0.23	0.15~0.35	0.75~1.00	0.035	0.040	0.40~0.65	—	0.20~0.30
G4130	4130	0.28~0.33	0.15~0.35	0.40~0.60	0.035	0.040	0.80~1.10	—	0.15~0.25
G4135	4135	0.33~0.38	0.15~0.35	0.70~0.90	0.035	0.040	0.80~1.10	—	0.15~0.25
G4137	4137	0.35~0.40	0.15~0.35	0.70~0.90	0.035	0.040	0.80~1.10	—	0.15~0.25
G4140	4140	0.38~0.43	0.15~0.35	0.75~1.00	0.035	0.040	0.80~1.10	—	0.15~0.25
G41420	4142	0.40~0.45	0.15~0.35	0.75~1.00	0.035	0.040	0.80~1.10	—	0.15~0.25
G4140	4145	0.43~0.48	0.15~0.35	0.75~1.00	0.035	0.040	0.80~1.10	—	0.15~0.25
G41470	4147	0.45~0.50	0.15~0.35	0.75~1.00	0.035	0.040	0.80~1.10	—	0.15~0.25
G41500	4150	0.48~0.53	0.15~0.35	0.75~1.00	0.035	0.040	0.80~1.10	—	0.15~0.25
G41610	4161	0.56~0.64	0.15~0.35	0.75~1.00	0.035	0.040	0.70~0.90	—	0.25~0.35
G43200	4320	0.17~0.22	0.15~0.35	0.45~0.65	0.035	0.040	0.40~0.60	1.65~2.00	0.20~0.30
G43400	4340	0.38~0.43	0.15~0.35	0.60~0.80	0.035	0.040	0.70~0.90	1.65~2.00	0.20~0.30
G43406	E4340	0.38~0.43	0.15~0.35	0.65~0.85	0.025	0.025	0.70~0.90	1.65~2.00	0.20~0.30
G44190	4419	0.18~0.23	0.15~0.35	0.45~0.65	0.035	0.040	—	—	0.45~0.60
G44220	4422	0.20~0.25	0.15~0.35	0.70~0.90	0.035	0.040	—	—	0.35~0.45
G44270	4427	0.24~0.29	0.15~0.35	0.70~0.90	0.035	0.040	—	—	0.35~0.45
G61500	4615	0.13~0.18	0.15~0.35	0.45~0.65	0.035	0.040	—	1.65~2.00	0.20~0.30
G46200	4620	0.17~0.22	0.15~0.35	0.45~0.65	0.035	0.040	—	1.65~2.00	0.20~0.30
G46210	4621	0.18~0.23	0.15~0.35	0.70~0.90	0.035	0.040	—	1.65~2.00	0.20~0.30
G46260	4626	0.24~0.29	0.15~0.35	0.45~0.65	0.035	0.040	—	0.70~1.00	0.15~0.25
G47150	4715	0.13~0.18	0.15~0.35	0.70~0.90	0.035	0.040	0.45~0.65	0.70~1.00	0.45~0.60
G47180	4718	0.16~0.21	0.15~0.35	0.70~0.90	0.035	0.040	0.35~0.55	0.90~1.20	0.30~0.40
G47200	4720	0.17~0.22	0.15~0.35	0.50~0.70	0.035	0.040	0.35~0.55	0.90~1.20	0.15~0.25
G48150	4815	0.13~0.18	0.15~0.35	0.40~0.60	0.035	0.040	—	3.25~3.75	0.20~0.30
G48170	4817	0.15~0.20	0.15~0.35	0.40~0.60	0.035	0.040	—	3.25~3.75	0.20~0.30
G48200	4820	0.18~0.23	0.15~0.35	0.50~0.70	0.035	0.040	—	3.25~3.75	0.20~0.30
G50150	5015	0.12~0.17	0.15~0.35	0.30~0.50	0.035	0.040	0.30~0.50	—	—
G50460	5046	0.43~0.48	0.15~0.35	0.75~1.00	0.035	0.040	0.20~0.35	—	—
G51150	5115	0.13~0.18	0.15~0.35	0.70~0.90	0.035	0.040	0.70~0.90	—	—
G51200	5120	0.17~0.22	0.15~0.35	0.70~0.90	0.035	0.040	0.70~0.90	—	—
G51300	5130	0.28~0.33	0.15~0.35	0.70~0.90	0.035	0.040	0.80~1.10	—	—
G51320	5132	0.30~0.35	0.15~0.35	0.60~0.80	0.035	0.040	0.75~1.00	—	—
G51350	5135	0.33~0.38	0.15~0.35	0.60~0.80	0.035	0.040	0.80~1.05	—	—
G51400	5140	0.38~0.43	0.15~0.35	0.70~0.90	0.035	0.040	0.70~0.90	—	—
G51450	5145	0.43~0.48	0.15~0.35	0.70~0.90	0.035	0.040	0.70~0.90	—	—
G51470	5147	0.46~0.51	0.15~0.35	0.70~0.95	0.035	0.040	0.85~1.15	—	—
G51500	5150	0.48~0.53	0.15~0.35	0.70~0.90	0.035	0.040	0.70~0.90	—	—
G51550	5155	0.51~0.59	0.15~0.35	0.70~0.90	0.035	0.040	0.70~0.90	—	—
G51600	5160	0.56~0.64	0.15~0.35	0.75~1.00	0.035	0.040	0.70~0.90	—	—

（续）

UNS 编号	牌号②	C	Si①	Mn	P≤	S≤	Cr④	Ni④	Mo④
G50986	E50100	0.98~1.10	0.15~0.35	0.25~0.45	0.025	0.025	0.40~0.60	—	—
G51986	E51100	0.98~1.10	0.15~0.35	0.25~0.45	0.025	0.025	0.90~1.15	—	—
G52986	E52100	0.98~1.10	0.15~0.35	0.25~0.45	0.025	0.025	1.30~1.60	—	—
G52100	52100	0.93~1.05	0.15~0.35	0.25~0.45	0.025	0.025	1.35~1.60	—	—
G61180	6118	0.16~0.21	0.15~0.35	0.50~0.70	0.035	0.040	0.50~0.70	—	（V 0.10~0.15）
G61500	6150	0.48~0.53	0.15~0.35	0.70~0.90	0.035	0.040	0.80~1.10	—	（V≥0.15）
G81150	8115	0.13~0.18	0.15~0.35	0.70~0.90	0.035	0.040	0.30~0.50	0.20~0.40	0.08~0.15
G86150	8615	0.13~0.18	0.15~0.35	0.70~0.90	0.035	0.040	0.40~0.60	0.40~0.70	0.15~0.25
G86170	8617	0.15~0.20	0.15~0.35	0.70~0.90	0.035	0.040	0.40~0.60	0.40~0.70	0.15~0.25
G86200	8620	0.18~0.23	0.15~0.35	0.70~0.90	0.035	0.040	0.40~0.60	0.40~0.70	0.15~0.25
G86220	8622	0.20~0.25	0.15~0.35	0.70~0.90	0.035	0.040	0.40~0.60	0.40~0.70	0.15~0.25
G86250	8625	0.23~0.28	0.15~0.35	0.70~0.90	0.035	0.040	0.40~0.60	0.40~0.70	0.15~0.25
G86270	8627	0.25~0.30	0.15~0.35	0.70~0.90	0.035	0.040	0.40~0.60	0.40~0.70	0.15~0.25
G86300	8630	0.28~0.33	0.15~0.35	0.70~0.90	0.035	0.040	0.40~0.60	0.40~0.70	0.15~0.25
G86370	8637	0.35~0.40	0.15~0.35	0.75~1.00	0.035	0.040	0.40~0.60	0.40~0.70	0.15~0.25
G86400	8640	0.38~0.43	0.15~0.35	0.75~1.00	0.035	0.040	0.40~0.60	0.40~0.70	0.15~0.25
G86420	8642	0.40~0.45	0.15~0.35	0.75~1.00	0.035	0.040	0.40~0.60	0.40~0.70	0.15~0.25
G86450	8645	0.43~0.48	0.15~0.35	0.75~1.00	0.035	0.040	0.40~0.60	0.40~0.70	0.15~0.25
G86500	8650	0.48~0.55	0.15~0.35	0.75~1.00	0.035	0.040	0.40~0.60	0.40~0.70	0.15~0.25
G86550	8655	0.51~0.59	0.15~0.35	0.75~1.00	0.035	0.040	0.40~0.60	0.40~0.70	0.15~0.25
G86600	8660	0.56~0.54	0.15~0.35	0.75~1.00	0.035	0.040	0.40~0.60	0.40~0.70	0.15~0.25
G87200	8720	0.18~0.23	0.15~0.35	0.70~0.90	0.035	0.040	0.40~0.60	0.40~0.70	0.20~0.30
G87400	8740	0.38~0.43	0.15~0.35	0.75~1.00	0.035	0.040	0.40~0.60	0.40~0.70	0.20~0.30
G88220	8822	0.20~0.25	0.15~0.35	0.75~1.00	0.035	0.040	0.40~0.60	0.40~0.70	0.30~0.40
G92540	9254	0.51~0.59	1.20~1.60	0.60~0.80	0.035	0.040	0.60~0.80	—	—
G92550	9255	0.51~0.59	1.80~2.20	0.70~0.95	0.035	0.040	—	—	—
G92590	9259	0.56~0.64	0.70~1.10	0.75~1.00	0.035	0.040	0.45~0.65	—	—
G92600	9260	0.56~0.64	1.80~2.20	0.75~1.00	0.035	0.040	—	—	—
G93106	E9310	0.08~0.13	0.15~0.30	0.45~0.65	0.035	0.040	1.00~1.40	3.00~3.50	0.08~0.15
	标准等级硼钢⑥								
G50441	50B44	0.43~0.48	0.15~0.35	0.75~1.00	0.035	0.040	0.20~0.60	—	—
G50461	50B46	0.44~0.49	0.15~0.35	0.75~1.00	0.035	0.040	0.20~0.35	—	—
G50501	50B50	0.48~0.53	0.15~0.35	0.75~1.00	0.035	0.040	0.40~0.60	—	—
G50601	50B60	0.56~0.64	0.15~0.35	0.75~1.00	0.035	0.040	0.40~0.60	—	—
G51601	51B60	0.56~0.64	0.15~0.35	0.75~1.00	0.035	0.040	0.70~0.90	—	—
G81451	81B45	0.43~0.48	0.15~0.35	0.75~1.00	0.035	0.040	0.35~0.55	0.20~0.40	0.08~0.15
G94171	94B17	0.15~0.20	0.15~0.35	0.75~1.00	0.035	0.040	0.30~0.50	0.30~0.60	0.08~0.15
G94301	94B30	0.28~0.33	0.15~0.35	0.75~1.00	0.035	0.040	0.30~0.50	0.30~0.60	0.08~0.15

① 用于某些冷成形部件的钢材，用户可要求 Si≤0.10%。
② 若钢中含 Pb=0.15%~0.35% 时，应在该牌号第2、3位数字间加字母"L"，如41L40。
③ 属于含硫易切削钢。
④ 以下元素作为残余元素时，其含量：Cr≤0.20%，Ni 0.25%，Mo 0.05%，Cu 0.35%。
⑤ S 含量为一个取值范围，不受表头≤的约束。
⑥ 硼钢中含 B=0.0005%~0.0050%。对不允许含 Ti 的钢，B 含量上限值可达0.0050%。

2.12.4 保证淬透性结构钢

（1）美国 ASTM 标准保证淬透性的碳素结构钢（H 钢）[ASTM A304（2016）]

A）保证淬透性的碳素结构钢（H 钢）的钢号与化学成分（表 2-12-14）

表 2-12-14　保证淬透性的碳素结构钢（H 钢）的钢号与化学成分（质量分数）（%）

钢　号		C	Mn	P ≤	S ≤	其　他
ASTM	UNS					
1038H	H10380	0.34 ~ 0.43	0.50 ~ 1.00	0.040	0.050	—
1045H	H10450	0.42 ~ 0.51	0.50 ~ 1.00	0.040	0.050	—
1522H	H15220	0.17 ~ 0.25	1.00 ~ 1.50	0.040	0.050	—
1524H	H15240	0.18 ~ 0.26	1.25 ~ 1.75	0.040	0.050	—
1526H	H15260	0.21 ~ 0.30	1.00 ~ 1.50	0.040	0.050	—
1541H	H15410	0.35 ~ 0.45	1.25 ~ 1.75	0.040	0.050	—
15B21H	H15211	0.17 ~ 0.24	0.70 ~ 1.20	0.040	0.050	B≥0.0005
15B35H	H15311	0.31 ~ 0.39	0.70 ~ 1.20	0.040	0.050	B≥0.0005
15B37H	H15371	0.30 ~ 0.39	1.00 ~ 1.50	0.040	0.050	B≥0.0005
15B41H	H15411	0.35 ~ 0.45	1.25 ~ 1.75	0.040	0.050	B≥0.0005
15B48H	H15481	0.43 ~ 0.53	1.00 ~ 1.50	0.040	0.050	B≥0.0005
15B62H	H15621	0.54 ~ 0.67	1.00 ~ 1.50	0.040	0.050	B≥0.0005

B）保证淬透性的碳素结构钢（H 钢）的淬透性数据

由于版面所限，将碳素结构钢（H 钢）的淬透性数据分成两个表排列（表 2-12-15a 和表 2-12-15b）

表 2-12-15a　保证淬透性的碳素结构钢（H 钢）的淬透性数据（一）

钢　号	硬度上下限	硬度值 HRC（距淬火端距离[①]/mm）											
		25	38	51	64	76	89	102	114	127	140	152	165
1038H	上限	58	56	55	53	49	43	37	33	30	29	28	27
	下限	51	42	34	29	26	24	23	22	22	21	21	20
1045H	上限	62	61	59	56	52	46	38	34	33	32	32	31
	下限	55	52	42	34	31	29	28	27	26	26	25	25
1522H	上限	50	48	47	46	45	42	39	37	34	32	30	28
	下限	48	41	32	27	22	21	20	—	—	—	—	—
1524H	上限	51	49	48	47	45	43	39	38	35	34	32	30
	下限	42	42	—	34	29	25	22	20	—	—	—	—
1526H	上限	53	50	49	47	46	42	39	37	33	31	30	28
	下限	44	42	38	33	26	25	21	20	—	—	—	—
1541H	上限	60	59	59	58	57	56	55	53	52	50	48	46
	下限	53	52	50	47	44	41	38	35	32	29	27	26
15B21H	上限	48	47	46	44	40	35	27	20				
	下限	41	40	38	30	20	—	—	—				
15B35H	上限	56	56	55	54	53	51	47	41		30		27
	下限	51	50	49	48	39	28	24	22		20		
15B37H	上限	58	56	55	54	53	52	51	50		45		40
	下限	50	50	49	48	43	37	33	26		22		21

（续）

钢 号	硬度上下限	硬度值 HRC（距淬火端距离①/mm）											
		25	38	51	64	76	89	102	114	127	140	152	165
15B41H	上限	60	59	59	58	58	57	57	56	55	55	54	53
	下限	53	52	52	51	51	50	49	48	44	37	32	28
15B48H	上限	63	62	62	61	60	59	58	57	56	55	53	51
	下限	56	56	55	54	53	52	42	34	31	30	29	28
15B62H	上限	—	—	—	—	65	65	64	64	64	63	63	63
	下限	60	60	60	60	59	58	57	52	43	39	32	35

① 因该标准采用英制单位，本表中距淬火端距离（mm）是由英制单位（in）换算的，并取整数。

表 2-12-15b 保证淬透性的碳素结构钢（H 钢）的淬透性数据（二）

钢 号	硬度上下限	硬度值 HRC（距淬火端距离①/mm）											
		178	191	203	229	254	305	356	407	457	508	559	610
1038H	上限	27	26	26	25	25	24	23	21	—	—	—	—
	下限	—	—	—	—	—	—	—	—	—	—	—	—
1045H	上限	31	30	30	29	29	28	27	26	25	23	22	21
	下限	25	24	24	23	22	21	20	—	—	—	—	—
1522H	上限	27	—	25	23	22	20						
	下限	—	—	—	—	—	—						
1524H	上限	29	28	27	26	25	23	22	20	—	—	—	—
	下限	—	—	—	—	—	—	—	—	—	—	—	—
1526H	上限	27	26	26	24	24	23	22	21	20	—	—	—
	下限	—	—	—	—	—	—	—	—	—	—	—	—
1541H	上限	44	41	39	35	33	32	31	30	30	29	28	26
	下限	25	24	23	23	22	21	20	—	—	—	—	—
15B21H	上限	27	22	20									
	下限	—	—	—									
15B35H	上限	—	26	—	25	—	24	—	22	—	20	—	
	下限	—	—	—	—	—	—	—	—	—	—	—	
15B37H	上限	—	33	—	29	—	27	—	25	—	23	—	21
	下限	—	—	—	—	—	—	—	—	—	—	—	—
15B41H	上限	52	51	50	49	46	42	39	36	34	33	31	31
	下限	26	25	25	24	23	22	21	21	20	—	—	—
15B48H	上限	48	45	41	38	34	32	31	30	29	29	28	28
	下限	27	27	26	26	25	24	23	22	21	20		
15B62H	上限	62	62	61	60	58	54	48	43	40	37	35	34
	下限	35	34	33	33	32	31	30	30	29	28	27	25

① 因该标准采用英制单位，本表中距淬火端距离（mm）是由英制单位（in）换算的，取整数。

C）保证淬透性的碳素结构钢（H 钢）的端淬试验温度（表 2-12-16）

表 2-12-16 保证淬透性的碳素结构钢（H 钢）的端淬试验温度

钢 号		热处理温度[1]/℃		钢 号		热处理温度[1]/℃	
ASTM	UNS	正火	淬火	ASTM	UNS	正火	淬火
1038H	H03850	870	845	15B21H	H15211	930	930
1045H	H10450	870	845	15B35H	H15311	870	845
1522H	H15220	930	930	15B37H	H15371	870	845
1524H	H15240	900	870	15B41H	H15411	870	845
1526H	H15260	900	870	15B48H	H15481	870	845
1541H	H15410	870	845	15B62H	H15621	870	845

① 本表中热处理温度是由华氏温度换算的，取整数。

（2）美国 ASTM 标准保证淬透性的合金结构钢（H 钢）［ASTM A304（2016）］

A）保证淬透性的合金结构钢（H 钢）的钢号与化学成分（表 2-12-17）

表 2-12-17 保证淬透性的合金结构钢（H 钢）的钢号与化学成分（质量分数）（%）

钢号/代号		C	Si	Mn	Cr	Ni	Mo
ASTM	UNS						
1330H	H13300	0.27~0.33	0.15~0.35	1.45~2.05	—	—	—
1335H	H13350	0.32~0.38	0.15~0.35	1.45~2.05	—	—	—
1340H	H13400	0.37~0.44	0.15~0.35	1.45~2.05	—	—	—
1345H	H13450	0.42~0.49	0.15~0.35	1.45~2.05	—	—	—
4027H	H40270	0.24~0.30	0.15~0.35	0.60~1.00			0.20~0.30
4028H[1]	H40280	0.24~0.30	0.15~0.35	0.60~1.00			0.20~0.30
4032H	H40320	0.29~0.35	0.15~0.35	0.60~1.00			0.20~0.30
4037H	H40370	0.34~0.41	0.15~0.35	0.60~1.00			0.20~0.30
4042H	H40420	0.39~0.46	0.15~0.35	0.60~1.00			0.20~0.30
4047H	H40470	0.44~0.51	0.15~0.35	0.60~1.00	—		0.20~0.30
4118H	H41180	0.17~0.23	0.15~0.35	0.60~1.00	0.30~0.70		0.08~0.15
4130H	H41300	0.27~0.33	0.15~0.35	0.30~0.70	0.75~1.20		0.15~0.25
4135H	H41350	0.32~0.38	0.15~0.35	0.60~1.00	0.75~1.20		0.15~0.25
4137H	H41370	0.34~0.41	0.15~0.35	0.60~1.00	0.75~1.20		0.15~0.25
4140H	H41400	0.37~0.44	0.15~0.35	0.65~1.10	0.75~1.20		0.15~0.25
4142H	H41420	0.39~0.46	0.15~0.35	0.65~1.10	0.75~1.20		0.15~0.25
4145H	H41450	0.42~0.49	0.15~0.35	0.65~1.10	0.75~1.20		0.15~0.25
4147H	H41470	0.44~0.51	0.15~0.35	0.65~1.10	0.75~1.20		0.15~0.25
4150H	H41500	0.47~0.54	0.15~0.35	0.65~1.10	0.75~1.20		0.15~0.25
4161H	H41610	0.55~0.65	0.15~0.35	0.65~1.10	0.65~0.95		0.25~0.35
4320H	H43200	0.17~0.23	0.15~0.35	0.40~0.70	0.35~0.65	1.55~2.00	0.20~0.30
4340H	H43400	0.37~0.44	0.15~0.35	0.55~0.90	0.65~0.95	1.55~2.00	0.20~0.30
E4340H	H43406	0.37~0.44	0.15~0.35	0.60~0.95	0.65~0.95	1.55~2.00	0.20~0.30
4419H	H44190	0.17~0.23	0.15~0.35	0.35~0.75	—		0.45~0.60
4620H	H46200	0.17~0.23	0.15~0.35	0.35~0.75	—	1.55~2.00	0.20~0.30
4621H	H46210	0.17~0.23	0.15~0.35	0.60~1.00	—	1.55~2.00	0.20~0.30
4626H	H46260	0.23~0.29	0.15~0.35	0.40~0.70		0.65~1.05	0.15~0.25
4718H	H47180	0.15~0.21	0.15~0.35	0.60~0.95	0.30~0.60	0.85~1.25	0.30~0.40

（续）

钢号/代号		C	Si	Mn	Cr	Ni	Mo
ASTM	UNS						
4720H	H47200	0.17 ~ 0.23	0.15 ~ 0.35	0.45 ~ 0.75	0.30 ~ 0.60	0.85 ~ 1.25	0.15 ~ 0.25
4815H	H48150	0.12 ~ 0.18	0.15 ~ 0.35	0.30 ~ 0.70	—	3.20 ~ 3.80	0.20 ~ 0.30
4817H	H48170	0.14 ~ 0.20	0.15 ~ 0.35	0.30 ~ 0.70	—	3.20 ~ 3.80	0.20 ~ 0.30
4820H	H48200	0.17 ~ 0.23	0.15 ~ 0.35	0.40 ~ 0.80	—	3.20 ~ 3.80	0.20 ~ 0.30
5046H	H50460	0.43 ~ 0.50	0.15 ~ 0.35	0.65 ~ 1.10	0.13 ~ 0.43	—	—
5120H	H51200	0.17 ~ 0.23	0.15 ~ 0.35	0.60 ~ 1.00	0.60 ~ 1.00	—	—
5130H	H51300	0.27 ~ 0.33	0.15 ~ 0.35	0.60 ~ 1.00	0.75 ~ 1.20	—	—
5132H	H51320	0.29 ~ 0.35	0.15 ~ 0.35	0.50 ~ 0.90	0.65 ~ 1.10	—	—
5135H	H51350	0.32 ~ 0.38	0.15 ~ 0.35	0.50 ~ 0.90	0.70 ~ 1.15	—	—
5140H	H51400	0.37 ~ 0.44	0.15 ~ 0.35	0.60 ~ 1.00	0.60 ~ 1.00	—	—
5145H	H51450	0.42 ~ 0.49	0.15 ~ 0.35	0.60 ~ 1.00	0.60 ~ 1.00	—	—
5147H	H51470	0.45 ~ 0.52	0.15 ~ 0.35	0.60 ~ 1.05	0.80 ~ 1.25	—	—
5150H	H51500	0.47 ~ 0.54	0.15 ~ 0.35	0.60 ~ 1.00	0.60 ~ 1.00	—	—
5155H	H51550	0.50 ~ 0.60	0.15 ~ 0.35	0.60 ~ 1.00	0.60 ~ 1.00	—	—
5160H	H51600	0.55 ~ 0.65	0.15 ~ 0.35	0.65 ~ 1.10	0.60 ~ 1.00	—	—
6118H[2]	H61180	0.15 ~ 0.21	0.15 ~ 0.35	0.40 ~ 0.80	0.40 ~ 0.80	—	—
6150H[3]	H61500	0.47 ~ 0.54	0.15 ~ 0.35	0.60 ~ 1.00	0.75 ~ 1.20	—	—
8617H	H86170	0.14 ~ 0.20	0.15 ~ 0.35	0.60 ~ 0.95	0.35 ~ 0.65	0.35 ~ 0.75	0.15 ~ 0.25
8620H	H86200	0.17 ~ 0.23	0.15 ~ 0.35	0.60 ~ 0.95	0.35 ~ 0.65	0.35 ~ 0.75	0.15 ~ 0.25
8622H	H86220	0.19 ~ 0.25	0.15 ~ 0.35	0.60 ~ 0.95	0.35 ~ 0.65	0.35 ~ 0.75	0.15 ~ 0.25
8625H	H86250	0.22 ~ 0.28	0.15 ~ 0.35	0.60 ~ 0.95	0.35 ~ 0.65	0.35 ~ 0.75	0.15 ~ 0.25
8627H	H86270	0.24 ~ 0.30	0.15 ~ 0.35	0.60 ~ 0.95	0.35 ~ 0.65	0.35 ~ 0.75	0.15 ~ 0.25
8630H	H86300	0.27 ~ 0.33	0.15 ~ 0.35	0.60 ~ 0.95	0.35 ~ 0.65	0.35 ~ 0.75	0.15 ~ 0.25
8637H	H86370	0.34 ~ 0.41	0.15 ~ 0.35	0.70 ~ 1.05	0.35 ~ 0.65	0.35 ~ 0.75	0.15 ~ 0.25
8640H	H86400	0.37 ~ 0.44	0.15 ~ 0.35	0.70 ~ 1.05	0.35 ~ 0.65	0.35 ~ 0.75	0.15 ~ 0.25
8642H	H86420	0.39 ~ 0.46	0.15 ~ 0.35	0.70 ~ 1.05	0.35 ~ 0.65	0.35 ~ 0.75	0.15 ~ 0.25
8645H	H86450	0.42 ~ 0.49	0.15 ~ 0.35	0.70 ~ 1.05	0.35 ~ 0.65	0.35 ~ 0.75	0.15 ~ 0.25
8650H	H86500	0.47 ~ 0.54	0.15 ~ 0.35	0.70 ~ 1.05	0.35 ~ 0.65	0.35 ~ 0.75	0.15 ~ 0.25
8655H	H86550	0.50 ~ 0.60	0.15 ~ 0.35	0.70 ~ 1.05	0.35 ~ 0.65	0.35 ~ 0.75	0.15 ~ 0.25
8660H	H86600	0.55 ~ 0.65	0.15 ~ 0.35	0.70 ~ 1.05	0.35 ~ 0.65	0.35 ~ 0.75	0.15 ~ 0.25
8720H	H87200	0.17 ~ 0.23	0.15 ~ 0.35	0.60 ~ 0.95	0.35 ~ 0.65	0.35 ~ 0.75	0.20 ~ 0.30
8740H	H87400	0.37 ~ 0.44	0.15 ~ 0.35	0.70 ~ 1.05	0.35 ~ 0.65	0.35 ~ 0.75	0.20 ~ 0.30
8822H	H88220	0.19 ~ 0.25	0.15 ~ 0.35	0.70 ~ 1.05	0.35 ~ 0.65	0.35 ~ 0.75	0.30 ~ 0.40
9260H	H92600	0.55 ~ 0.65	0.15 ~ 0.35	0.65 ~ 1.10	—	—	—
9310H	H93100	0.07 ~ 0.13	0.15 ~ 0.35	0.40 ~ 0.70	1.00 ~ 1.45	2.95 ~ 3.55	0.08 ~ 0.15

注：钢号 E4340 的 P、S≤0.025%。

① S = 0.035% ~ 0.050%。

② V = 0.10% ~ 0.15%。

③ V≥0.15%。

B）保证淬透性的含硼合金结构钢（H 钢）的钢号与化学成分（表 2-12-18）

表 2-12-18 保证淬透性的含硼合金结构钢（H 钢）的钢号与化学成分（质量分数）（%）

钢 号		C	Si	Mn	Cr	Ni	Mo	B
ASTM	UNS							
50B40H	H50401	0.37 ~ 0.44	0.15 ~ 0.35	0.65 ~ 1.10	0.30 ~ 0.70	—	—	≥0.0005
50B44H	H50441	0.42 ~ 0.49	0.15 ~ 0.35	0.65 ~ 1.10	0.30 ~ 0.70	—	—	≥0.0005
50B46H	H50461	0.43 ~ 0.50	0.15 ~ 0.35	0.65 ~ 1.10	0.13 ~ 0.43	—	—	≥0.0005
50B50H	H50501	0.47 ~ 0.54	0.15 ~ 0.35	0.65 ~ 1.10	0.30 ~ 0.70	—	—	≥0.0005
50B60H	H50601	0.55 ~ 0.65	0.15 ~ 0.35	0.65 ~ 1.10	0.30 ~ 0.70	—	—	≥0.0005
51B60H	H51601	0.55 ~ 0.65	0.15 ~ 0.35	0.65 ~ 1.10	0.60 ~ 1.00	—	—	≥0.0005
81B45H	H81451	0.42 ~ 0.49	0.15 ~ 0.35	0.70 ~ 1.05	0.30 ~ 0.60	0.15 ~ 0.45	0.08 ~ 0.15	≥0.0005
86B30H	H86301	0.27 ~ 0.33	0.15 ~ 0.35	0.60 ~ 0.95	0.35 ~ 0.65	0.35 ~ 0.75	0.15 ~ 0.25	≥0.0005
86B45H	H86451	0.42 ~ 0.49	0.15 ~ 0.35	0.70 ~ 1.05	0.35 ~ 0.65	0.35 ~ 0.75	0.15 ~ 0.25	≥0.0005
94B15H	H94151	0.12 ~ 0.18	0.15 ~ 0.35	0.70 ~ 1.05	0.25 ~ 0.55	0.25 ~ 0.65	0.08 ~ 0.15	≥0.0005
94B17H	H94171	0.14 ~ 0.20	0.15 ~ 0.35	0.70 ~ 1.05	0.25 ~ 0.55	0.25 ~ 0.65	0.08 ~ 0.15	≥0.0005
94B30H	H94301	0.27 ~ 0.33	0.15 ~ 0.35	0.70 ~ 1.05	0.25 ~ 0.55	0.25 ~ 0.65	0.08 ~ 0.15	≥0.0005

C）保证淬透性的合金结构钢（H 钢）的淬透性数据

由于版面所限，将合金结构钢（H 钢）的淬透性数据分成两个表排列（表 2-12-19a 和表 2-12-19b）

表 2-12-19a 保证淬透性的合金结构钢（H 钢）的淬透性数据（一）

钢 号		硬 度 值 HRC（距淬火端下列距离/mm 处）											
ASTM	UNS	1.6	3.2	4.8	6.4	7.9	9.5	11.1	12.7	14.3	15.9	17.5	19.1
1330H	H13300	58 ~ 49	58 ~ 47	55 ~ 44	53 ~ 40	52 ~ 35	50 ~ 31	48 ~ 28	45 ~ 26	43 ~ 25	42 ~ 23	40 ~ 22	39 ~ 21
1335H	H13350	58 ~ 51	57 ~ 49	56 ~ 47	55 ~ 44	54 ~ 38	52 ~ 34	50 ~ 31	48 ~ 29	46 ~ 27	44 ~ 26	42 ~ 25	41 ~ 24
1340H	H13400	60 ~ 53	60 ~ 52	59 ~ 51	58 ~ 49	57 ~ 46	56 ~ 40	55 ~ 35	54 ~ 33	52 ~ 31	51 ~ 29	50 ~ 28	48 ~ 27
1345H	H13450	63 ~ 56	63 ~ 56	62 ~ 55	61 ~ 54	61 ~ 51	60 ~ 44	60 ~ 38	59 ~ 35	59 ~ 33	57 ~ 32	56 ~ 31	55 ~ 30
4027H	H40270	52 ~ 45	50 ~ 40	48 ~ 31	40 ~ 25	34 ~ 22	30 ~ 20	≥28	≥26	≥25	≥25	≥24	≥23
4032H	H40320	57 ~ 50	54 ~ 45	51 ~ 36	46 ~ 29	39 ~ 25	34 ~ 23	31 ~ 22	29 ~ 21	28 ~ 20	≥26	≥26	≥25
4037H	H40370	59 ~ 52	57 ~ 49	54 ~ 42	51 ~ 35	45 ~ 30	38 ~ 26	34 ~ 23	32 ~ 22	30 ~ 21	29 ~ 20	≥28	≥27
4042H	H40420	62 ~ 55	60 ~ 52	58 ~ 48	55 ~ 40	50 ~ 32	45 ~ 29	39 ~ 27	36 ~ 26	34 ~ 25	33 ~ 24	32 ~ 24	31 ~ 23
4047H	H40470	64 ~ 57	62 ~ 55	60 ~ 50	57 ~ 44	55 ~ 34	52 ~ 32	47 ~ 30	43 ~ 28	40 ~ 26	38 ~ 27	37 ~ 26	35 ~ 26
4118H	H41180	48 ~ 41	46 ~ 36	41 ~ 27	36 ~ 23	31 ~ 20	≥28	≥27	≥25	≥24	≥23	≥22	≥21
4130H	H41300	56 ~ 49	55 ~ 46	53 ~ 42	51 ~ 38	49 ~ 34	47 ~ 31	44 ~ 29	42 ~ 27	40 ~ 26	38 ~ 26	36 ~ 25	35 ~ 25
4135H	H41350	58 ~ 51	58 ~ 50	57 ~ 49	56 ~ 48	56 ~ 47	55 ~ 45	54 ~ 42	53 ~ 40	52 ~ 38	51 ~ 36	50 ~ 34	49 ~ 33
4137H	H41370	59 ~ 52	59 ~ 51	58 ~ 50	58 ~ 49	47 ~ 49	57 ~ 48	56 ~ 45	55 ~ 43	55 ~ 40	54 ~ 39	53 ~ 37	52 ~ 36
4140H	H41400	60 ~ 53	60 ~ 53	60 ~ 51	59 ~ 50	58 ~ 50	58 ~ 48	57 ~ 47	57 ~ 44	56 ~ 42	56 ~ 40	55 ~ 39	
4142H	H41420	62 ~ 55	62 ~ 55	62 ~ 54	61 ~ 53	61 ~ 53	61 ~ 52	60 ~ 51	60 ~ 50	60 ~ 49	59 ~ 47	59 ~ 46	58 ~ 44
4145H	H41450	63 ~ 56	63 ~ 55	62 ~ 55	62 ~ 55	62 ~ 54	61 ~ 53	61 ~ 52	61 ~ 52	60 ~ 51	60 ~ 50	60 ~ 49	59 ~ 48
4147H	H41470	64 ~ 57	64 ~ 57	64 ~ 56	64 ~ 56	63 ~ 56	63 ~ 55	63 ~ 55	63 ~ 54	63 ~ 54	62 ~ 53	62 ~ 52	62 ~ 51
4150H	H41500	65 ~ 59	65 ~ 59	65 ~ 59	65 ~ 59	65 ~ 58	65 ~ 57	65 ~ 56	64 ~ 55	64 ~ 55	64 ~ 54	63 ~ 53	
4161H	H41610	65 ~ 60	65 ~ 60	65 ~ 60	65 ~ 60	65 ~ 60	65 ~ 60	65 ~ 60	65 ~ 60	65 ~ 59	65 ~ 59	64 ~ 59	
E4320H	H4320	48 ~ 41	47 ~ 38	45 ~ 35	43 ~ 32	41 ~ 29	38 ~ 27	36 ~ 25	34 ~ 23	33 ~ 22	31 ~ 21	30 ~ 20	29 ~ 20
4340H	H43400	60 ~ 53	60 ~ 53	60 ~ 53	60 ~ 53	60 ~ 53	60 ~ 53	60 ~ 53	60 ~ 53	60 ~ 63	60 ~ 53	60 ~ 53	60 ~ 52
E4340H	H43406	60 ~ 53	60 ~ 53	60 ~ 53	60 ~ 53	60 ~ 53	60 ~ 53	60 ~ 53	60 ~ 52	60 ~ 52	60 ~ 52	59 ~ 51	59 ~ 51
4419H	H44190	48 ~ 40	46 ~ 33	41 ~ 27	34 ~ 23	30 ~ 21	28 ~ 20	≥27	≥25	≥25	≥24	≥24	≥23

（续）

钢　　号		硬　度　值　HRC（距淬火端下列距离/mm 处）										
ASTM	UNS	1.6	3.2	4.8	6.4	7.9	9.5	11.1	12.7	14.3	15.9	17.5	19.1
4620H	H46200	48~41	45~35	42~27	39~24	34~21	≥31	≥29	≥27	≥26	≥25	≥24	≥23
4621H	H46210	48~41	47~36	46~34	44~30	41~27	37~25	34~23	32~22	30~20	≥28	≥27	≥26
4626H	H46260	51~45	48~36	41~29	33~24	29~21	≥27	≥25	≥24	≥23	≥22	≥22	≥21
4718H	H47180	47~40	47~40	46~38	43~33	40~29	37~27	36~26	33~24	32~23	31~22	30~22	29~21
4720H	H47200	48~41	47~39	43~31	39~27	36~23	32~21	≥29	≥28	≥27	≥27	≥26	≥24
4815H	H48150	45~38	44~37	44~34	42~30	41~27	39~24	37~22	35~21	33~20	≥31	≥30	≥29
4817H	H48170	46~39	46~38	45~35	44~32	42~29	41~27	39~25	37~23	35~22	33~21	32~20	31~20
4820H	H48200	48~41	48~40	47~39	46~38	45~34	43~31	42~29	40~27	39~26	37~25	36~24	35~29
50B40H	H50401	60~53	60~53	59~52	59~51	58~50	58~48	57~44	57~39	56~34	55~31	53~29	51~28
50B44H	H50441	63~56	63~56	63~56	62~55	62~55	61~54	61~52	60~48	60~43	59~38	57~31	56~30
5046H	H50460	63~56	62~55	60~45	56~32	52~28	46~27	39~26	35~25	34~24	33~24	33~23	32~23
50B60H	H50601	≥60	≥60	≥60	≥60	≥60	≥59	≥57	65~53	65~47	64~42	64~39	64~37
5120H	H51200	48~40	46~34	41~28	36~23	33~20	≤30	≤28	≤27	≤26	≤24	≤23	≤22
5130H	H51300	56~49	55~46	53~42	51~39	49~35	47~32	45~30	42~28	40~26	38~25	37~23	36~22
5132H	H51320	57~50	56~47	54~43	52~40	50~35	48~32	45~29	42~27	40~25	38~24	37~23	36~22
5135H	H51350	58~51	57~49	56~47	55~43	54~38	52~35	50~32	47~30	45~28	43~27	41~25	40~24
5140H	H51400	60~53	59~52	58~50	57~48	56~43	54~38	52~35	50~33	48~31	46~30	45~29	43~28
5145H	H51450	63~56	62~55	61~53	60~51	59~48	58~42	57~38	56~35	55~33	53~32	52~31	50~30
5147H	H51470	64~57	64~56	63~55	62~54	62~53	61~52	61~49	60~45	60~40	59~37	59~35	58~34
5150H	H51500	65~59	65~58	64~57	63~56	62~53	61~49	60~42	59~38	58~36	56~34	55~33	53~32
5155H	H51550	≥60	65~59	64~58	64~57	63~55	63~52	62~47	62~41	61~37	60~36	59~35	57~34
5160H	H51600	≥60	≥60	≥60	≥59	65~58	64~56	64~52	63~47	62~42	61~39	60~37	59~36
51B60H	H51601	≥60	≥60	≥60	≥60	≥60	≥59	≥58	≥57	≥54	≥50	≥44	65~41
6118H	H61180	46~39	44~36	38~28	33~24	30~22	28~20	≤27	≤26	≤26	≤25	≤25	≤24
6150H	H61500	65~59	65~58	64~57	64~56	63~55	63~53	62~50	61~47	61~43	60~41	59~39	58~38
81B45H	H81451	63~56	63~56	63~56	63~56	63~56	63~54	62~53	62~51	61~48	60~44	60~41	59~39
8617H	H86170	46~39	44~33	41~27	38~24	34~20	≤31	≤28	≤27	≤26	≤25	≤24	≤23
8620H	H86200	48~41	47~37	44~32	41~27	37~23	34~21	≤32	≤30	≤29	≤28	≤27	≤26
8622H	H86220	50~43	49~39	47~34	44~30	40~26	37~24	34~22	32~20	≤31	≤30	≤29	≤28
8625H	H86250	52~45	51~41	48~36	46~32	43~29	40~27	37~25	35~23	33~22	32~21	31~20	≤30
8627H	H86270	54~47	52~43	50~38	48~35	45~32	43~29	40~27	38~26	38~24	34~24	33~23	32~22
8630H	H86300	56~49	55~46	54~43	52~39	50~35	47~32	44~29	41~28	39~27	37~26	35~25	34~24
86B30H	H86301	56~49	55~49	55~48	55~48	54~48	54~48	53~48	53~47	52~46	52~44	52~42	51~40
8637H	H86370	59~52	58~51	58~50	57~48	56~45	55~42	54~39	53~36	51~34	49~32	47~31	46~30
8640H	H86400	60~53	60~53	60~52	59~51	59~49	58~46	57~42	55~39	54~36	52~34	50~32	49~31
8642H	H86420	62~55	62~54	62~53	61~52	61~50	60~48	59~45	58~42	57~29	55~37	54~34	52~33
8645H	H86450	63~56	63~56	63~55	63~54	62~52	61~50	61~48	60~45	59~41	58~39	56~37	55~35
86B45H	H86451	63~56	63~56	62~55	62~54	62~54	61~53	61~52	60~52	60~51	60~51	59~50	59~50
8650H	H86500	65~59	65~58	65~57	64~57	64~56	63~54	63~53	62~50	61~47	60~44	60~41	59~39
8655H	H86550	≥60	≥59	≥59	≥58	≥57	≥56	≥55	≥54	≥52	65~49	65~46	64~43
8660H	H86600	≥60	≥60	≥60	≥60	≥60	≥59	≥58	≥57	≥55	≥53	≥50	≥47
8720H	H87200	48~41	47~38	45~35	42~30	38~26	35~24	33~22	31~21	30~20	≤29	≤28	≤27

（续）

钢　号		硬　度　值　HRC（距淬火端下列距离/mm 处）											
ASTM	UNS	1.6	3.2	4.8	6.4	7.9	9.5	11.1	12.7	14.3	15.9	17.5	19.1
8740H	H87400	60~53	60~53	60~52	60~51	59~49	58~46	57~43	56~40	55~37	53~35	52~34	50~32
8822H	H88220	50~43	49~42	48~39	46~33	43~29	40~27	37~25	35~24	34~24	33~23	32~23	31~22
9260H	H92600	≥60	≥60	65~57	64~53	63~46	62~41	60~38	58~36	55~36	52~35	49~34	47~34
9310H	H91300	43~36	43~35	43~34	42~34	42~32	42~31	42~30	41~29	40~28	40~27	39~27	38~26
94B15H	H94151	45~38	45~38	44~37	44~36	43~32	42~38	40~25	38~23	36~21	34~20	≤33	≤31
94B17H	H94171	46~39	46~39	45~38	45~37	44~34	43~29	42~26	41~24	40~23	38~21	36~20	≤34
94B30H	H94301	56~49	56~49	55~48	55~48	54~47	54~46	53~44	53~42	52~39	52~37	51~34	51~32

表 2-12-19b　保证淬透性的合金结构钢（H 钢）的淬透性数据（二）

钢　号		硬　度　值　HRC（距淬火端下列距离/mm 处）											
ASTM	UNS	20.6	22.2	23.8	25.4	28.6	31.7	34.9	38.1	41.3	44.4	47.6	50.8
1330H	H13300	38~20	≤37	≤36	≤35	≤34	≤33	≤32	≤31	≤31	≤31	≤30	≤30
1335H	H13350	40~23	39~22	38~22	37~21	35~20	≤34	≤33	≤32	≤31	≤31	≤30	≤30
1340H	H13400	46~26	44~25	42~25	41~24	39~23	38~23	37~22	36~22	35~21	35~21	34~20	34~20
1345H	H13450	54~29	53~29	52~28	51~28	49~27	48~27	47~26	46~26	45~26	45~26	45~24	45~24
4027H	H40270	≥23	≥22	≥22	≥21	≥21	≥20	—	—	—	—	—	—
4032H	H40320	≥24	≥24	≥23	≥23	≥23	≥22	≥22	≥21	≥21	≥20	—	—
4037H	H40370	≥26	≥26	≥26	≥25	≥25	≥25	≥25	≥24	≥24	≥24	≥23	≥23
4042H	H40420	30~23	30~23	29~22	29~22	28~21	28~21	28~20	27~20	≤27	≤27	≤26	≤26
4047H	H40470	34~25	33~25	33~25	32~24	31~24	30~24	30~23	30~23	30~22	29~22	29~21	29~21
4118H	H41180	≥21	≥20	—	—	—	—	—	—	—	—	—	—
4130H	H41300	34~24	34~24	33~23	33~23	32~22	32~21	32~20	≤31	≤31	≤30	≤30	≤29
4135H	H41350	48~32	47~31	46~30	45~30	44~29	42~28	41~27	40~27	39~27	38~26	38~26	37~26
4137H	H41370	51~35	50~34	49~33	48~33	46~32	45~31	44~30	43~30	42~30	42~29	41~29	41~29
4140H	H41400	55~38	54~37	54~36	53~35	52~34	51~33	49~33	48~32	47~32	46~31	45~31	44~30
4142H	H41420	58~42	57~41	57~40	56~39	55~37	54~36	53~35	53~34	52~34	51~34	51~33	50~33
4145H	H41450	59~46	59~45	58~43	58~42	57~40	57~38	56~37	55~36	55~35	55~35	55~34	54~34
4147H	H41470	61~49	61~48	60~46	60~45	59~44	59~40	58~39	57~38	57~37	57~37	56~37	56~36
4150H	H41500	63~51	62~50	62~48	62~47	61~45	60~43	59~41	59~40	58~39	58~38	58~38	58~38
4161H	H41610	64~58	64~58	64~57	64~56	64~55	63~53	63~50	63~48	63~45	63~43	63~42	63~41
4320H	H4320	≥28	≥27	≥27	≥26	≥25	≥25	≥24	≥24	≥24	≥24	≥24	≥24
4340H	H43400	60~52	59~52	59~52	59~51	58~51	58~50	58~49	57~48	57~47	57~46	57~45	57~44
E4340H	H43406	59~50	58~49	58~49	58~48	58~47	58~46	57~45	57~44	57~43	56~42	56~41	56~40
4419H	H44190	≥23	≥22	≥22	≥21	≥21	≥20	—	—	—	—	—	—
4620H	H46200	≥22	≥22	≥22	≥21	≥21	≥20	—	—	—	—	—	—
4621H	H46210	≥26	≥25	≥25	≥24	≥24	≥23	≥23	≥22	≥22	≥22	≥21	≥21
4626H	H46260	≥21	≥20	—	—	—	—	—	—	—	—	—	—
4718H	H47180	29~21	28~21	27~20	27~20	≥27	≥26	≥26	≥26	≥26	≥24	≥24	≥24
4720H	H47200	≥24	≥23	≥23	≥22	≥21	≥21	≥20	—	—	—	—	—
4815H	H48150	≥28	≥28	≥27	≥27	≥26	≥25	≥24	≥24	≥24	≥23	≥23	≥23
4817H	H48170	≥30	≥29	≥28	≥28	≥27	≥26	≥25	≥25	≥25	≥25	≥24	≥24
4820H	H48200	34~22	33~22	32~21	31~21	29~20	28~20	≥28	≥27	≥27	≥26	≥26	≥25
50B40H	H50401	49~27	47~26	44~26	41~25	33~23	36~21	≥35	≥34	≥33	≥32	≥30	≥29
50B44H	H50441	54~29	52~29	50~28	46~27	44~26	40~24	38~23	37~21	36~20	≥35	≥34	≥33

（续）

钢 号		硬 度 值 HRC（距淬火端下列距离/mm 处）											
ASTM	UNS	20.6	22.2	23.8	25.4	28.6	31.7	34.9	38.1	41.3	44.4	47.6	50.8
5046H	H50460	32~22	31~22	31~21	30~21	29~20	≥28	≥27	≥26	≥25	≥24	≥23	≥23
50B60H	H50601	63~36	63~35	63~34	62~34	60~33	58~31	57~30	53~29	57~28	49~27	47~28	44~25
5120H	H51200	≤21	≤21	≤20	—	—	—	—	—	—	—	—	—
5130H	H51300	35~21	34~20	≤34	≤33	≤32	≤31	≤30	≤29	≤27	≤26	≤25	≤24
5132H	H51320	35~21	34~20	≤34	≤33	≤32	≤31	≤30	≤29	≤28	≤27	≤26	≤25
5135H	H51350	39~23	38~22	37~21	37~21	36~20	≤35	≤34	≤33	≤32	≤32	≤31	≤30
5140H	H51400	42~27	40~27	39~26	38~25	37~24	36~23	35~21	34~20	≤34	≤33	≤33	≤32
5145H	H51450	48~30	47~29	45~28	45~28	42~26	41~25	39~24	38~23	37~22	37~21	≤36	≤35
5147H	H51470	58~33	57~32	57~32	56~31	55~30	54~29	53~27	52~26	51~25	50~24	49~22	48~21
5150H	H51500	51~31	50~31	48~30	47~30	45~29	43~28	42~27	41~26	40~25	39~24	39~23	38~22
5155H	H51550	55~34	52~33	51~33	49~32	47~31	45~31	44~30	43~29	42~28	41~27	41~26	40~25
5160H	H51600	58~35	56~35	54~34	52~34	48~33	47~32	46~31	45~30	44~29	43~28	43~28	42~27
51B60H	H51601	65~40	64~39	64~38	63~37	61~36	59~34	57~33	55~31	53~30	51~28	49~27	47~25
6118H	H61180	≤24	≤23	≤23	≤22	≤22	≤21	≤21	≤20	—	—	—	—
6150H	H61500	57~37	55~36	54~35	52~35	50~34	48~32	47~31	46~30	45~29	44~27	43~20	42~25
81B45H	H81451	58~38	57~37	57~36	56~35	55~34	53~32	52~31	50~30	49~29	47~28	45~28	43~27
8617H	H86170	≤23	≤22	≤22	≤21	≤21	≤20	—	—	—	—	—	—
8620H	H86200	≤25	≤25	≤24	≤24	≤23	≤23	≤23	≤23	≤22	≤22	≤22	≤22
8622H	H86220	≤27	≤26	≤26	≤25	≤25	≤24	≤24	≤24	≤24	≤24	≤24	≤24
8625H	H86250	≤29	≤28	≤28	≤27	≤27	≤26	≤26	≤26	≤26	≤25	≤25	≤25
8627H	H86270	31~21	30~21	30~20	29~20	≤28	≤28	≤28	≤27	≤27	≤27	≤27	≤27
8630H	H86300	33~23	33~22	32~22	31~21	30~21	30~20	29~20	≤29	≤29	≤29	≤29	≤29
86B30H	H86301	51~39	50~38	50~36	49~35	48~34	47~32	45~31	44~29	43~28	41~27	40~26	39~25
8637H	H86370	44~29	43~27	41~27	40~26	39~25	37~25	36~24	36~24	35~24	35~24	35~23	35~23
8640H	H86400	47~30	45~29	44~28	42~28	41~28	39~28	38~25	38~25	37~24	37~24	37~24	37~24
8642H	H86420	50~32	49~31	48~30	46~29	44~28	42~28	41~27	40~27	40~26	39~26	39~26	39~26
8645H	H86450	54~34	52~33	51~32	49~31	47~30	45~29	43~28	42~28	42~27	41~27	41~27	41~27
86B45H	H86451	59~49	59~48	58~46	58~45	58~42	58~39	57~37	57~35	57~34	57~32	56~32	56~31
8650H	H86500	58~37	58~36	57~35	56~34	55~33	53~32	52~31	50~31	49~30	47~30	46~29	45~29
8655H	H86550	64~41	63~40	63~39	62~38	61~37	60~35	59~34	58~24	57~33	56~33	55~32	53~32
8660H	H86600	≥45	≥44	≥43	65~42	64~40	64~39	63~38	62~37	62~36	61~36	60~35	60~35
8720H	H87200	≤26	≤26	≤25	≤25	≤24	≤24	≤23	≤23	≤23	≤23	≤22	≤22
8740H	H87400	49~31	48~31	46~30	45~29	43~28	42~28	41~27	40~27	39~27	39~27	38~26	38~26
8822H	H88220	31~22	30~22	30~21	29~21	29~20	≤28	≤27	≤27	≤27	≤27	≤27	≤27
9260H	H92600	45~33	43~33	42~32	40~32	38~31	37~31	36~30	36~30	35~29	35~29	35~28	34~28
9310H	H93100	37~26	36~26	36~26	35~26	35~26	35~25	34~25	34~25	34~25	34~25	33~24	33~24
94B15H	H94151	≤30	≤29	≤28	≤27	≤26	≤25	≤24	≤23	≤23	≤22	≤22	≤22
94B17H	H94171	≤33	≤32	≤31	≤30	≤28	≤27	≤26	≤25	≤24	≤24	≤23	≤23
94B30H	H94301	50~30	49~29	48~28	46~27	44~25	42~24	40~23	38~23	37~22	35~21	34~21	34~20

D）保证淬透性的合金结构钢（H 钢）的端淬试验温度（表 2-12-20）

表 2-12-20   保证淬透性的合金结构钢（H 钢）的端淬试验温度

钢 号 ASTM	热处理温度①/℃		钢 号 ASTM	热处理温度①/℃	
	正火	淬火		正火	淬火
1330H	900	870	5130H	900	870
1335H	870	845	5132H	870	840
1340H	870	845	5135H	900	870
1345H	870	845	5140H	870	845
4027H	900	870	5145H	870	845
4032H	900	870	5147H	870	845
4037H	870	845	5150H	870	845
4042H	870	845	5155H	870	845
4047H	870	845	5160H	870	845
4118H	930	930	51B60H	870	845
4130H	900	870	6118H	930	930
4135H	870	845	6150H	900	870
4137H	870	845	81B45H	870	845
4140H	870	845	8617H	930	930
4142H	870	845	8620H	930	930
4145H	870	845	8622H	930	930
4147H	870	845	8625H	900	870
4150H	870	845	8627H	900	870
4161H	870	845	8630H	900	870
4320H	930	930	86B30H	900	870
4340H	870	845	8637H	870	845
E4340H	870	845	8640H	870	845
4419H	930	930	8642H	870	845
4620H	930	930	8645H	870	845
4621H	930	930	86B45H	870	845
4626H	930	930	8650H	870	845
4718H	930	930	8655H	870	845
4720H	930	930	8660H	870	845
4815H	930	845	8720H	930	930
4817H	930	845	8740H	870	845
4820H	930	845	8820H	930	930
50B40H	870	815	9260H	900	870
50B44H	870	845	9310H	930	845
5046H	870	845	94B15H	930	930
50B46H	870	845	94B17H	930	930
50B60H	870	845	94B30H	900	870
5120H	930	930			

① 热处理温度系由华氏温度（℉）换算的。

2.12.5   易切削结构钢

（1）美国 ASTM 标准和 UNS 系统易切削结构钢的钢号与化学成分［ASTM A29/A29M（2016）］（表 2-12-21）

（2）美国 SAE 标准和 UNS 系统机动车用易切削结构钢的钢号与化学成分［SAE J403（2014）］（表 2-12-22）

表 2-12-21　易切削结构钢的钢号与化学成分（质量分数）（%）

钢　号 ASTM	钢　号 UNS	C	Mn	P ≤	S ≤	其　他①
硫系易切削结构钢						
1108	G11080	0.08~0.13	0.50~0.80	0.030	0.08~0.13	②
1109	G11090	0.08~0.13	0.60~0.90	0.030	0.08~0.13	②
1110	G11100	0.08~0.13	0.30~0.60	0.030	0.08~0.13	②
1116	G11160	0.14~0.20	1.10~1.40	0.030	0.16~0.23	②
1117	G11170	0.14~0.20	1.00~1.30	0.030	0.08~0.13	②
1118	G11180	0.14~0.20	1.30~1.60	0.030	0.08~0.13	②
1119	G11190	0.14~0.20	1.00~1.30	0.030	0.24~0.33	②
1132	G11320	0.27~0.34	1.35~1.65	0.030	0.08~0.13	②
1137	G11370	0.32~0.39	1.35~1.65	0.030	0.08~0.13	②
1139	G11380	0.35~0.43	1.35~1.65	0.030	0.13~0.20	②
1140	G11400	0.37~0.44	0.70~1.00	0.030	0.08~0.13	②
1141	G11410	0.37~0.45	1.35~1.65	0.030	0.08~0.13	②
1144	G11440	0.40~0.48	1.35~1.65	0.030	0.24~0.33	②
1145	G11450	0.42~0.49	0.70~1.00	0.030	0.04~0.07	②
1146	G11460	0.42~0.49	0.70~1.00	0.030	0.08~0.13	②
1151	G11510	0.48~0.55	0.70~1.00	0.030	0.08~0.13	②
硫磷复合易切削结构钢						
1211	G12110	≤0.13	0.60~0.90	0.07~0.12	0.10~0.15	②
1212	G12120	≤0.13	0.70~1.00	0.07~0.12	0.16~0.23	②
1213	G12130	≤0.13	0.70~1.00	0.07~0.12	0.24~0.33	②
1215	G12150	≤0.09	0.75~1.05	0.04~0.09	0.26~0.35	②
铅硫复合易切削结构钢						
12L13	G12134	≤0.13	0.70~1.00	0.07~0.12	0.24~0.33	Pb 0.15~0.35
12L14	G12144	≤0.15	0.85~1.15	0.04~0.09	0.26~0.35	Pb 0.15~0.35
12L15	G12154	≤0.09	0.75~1.05	0.04~0.09	0.26~0.35	Pb 0.15~0.35

① 为提高钢的切削加工性能，经供需双方商定，可添加微量元素 Bi、Ce、Se、Te 等。

② 由于 Si 可降低钢的切削加工性能，通常易切削钢的 Si 含量较低，钢号 1108、1109、1110 的 Si≤0.10%，其余钢号均 Si≤0.20%。

表 2-12-22　机动车用易切削结构钢的钢号与化学成分（质量分数）（%）

钢　号 SAE	钢　号 UNS	C	Mn	P ≤	S ≤	其　他
硫系易切削结构钢						
1117	G11170	0.14~0.20	1.00~1.30	0.030	0.08~0.13	①
1118	G11180	0.14~0.20	1.30~1.60	0.030	0.08~0.13	①
1126	G11260	0.23~0.29	0.70~1.00	0.030	0.08~0.13	①
1132	G11320	0.27~0.34	1.35~1.65	0.030	0.08~0.13	①
1137	G11370	0.32~0.39	1.35~1.65	0.030	0.08~0.13	①、②
1138	G11380	0.34~0.40	0.70~1.00	0.030	0.08~0.13	①、②
1140	G11400	0.37~0.44	0.70~1.00	0.030	0.08~0.13	①、②
1141	G11410	0.37~0.45	1.35~1.65	0.030	0.08~0.13	①、②
11V41	G11411	0.37~0.45	1.35~1.65	0.030	0.08~0.13	①、②
1144	G11440	0.40~0.48	1.35~1.65	0.030	0.24~0.33	①、②
1146	G11460	0.42~0.49	0.70~1.00	0.030	0.08~0.13	①、②
1151	G11510	0.48~0.55	0.70~1.00	0.030	0.08~0.13	①、②

（续）

钢　号		C	Mn	P ≤	S ≤	其　他
SAE	UNS					
硫磷复合易切削结构钢						
1212	G12120	≤0.13	0.70 ~ 1.00	0.07 ~ 0.12	0.16 ~ 0.23	①, ②
1213	G12130	≤0.13	0.70 ~ 1.00	0.07 ~ 0.12	0.24 ~ 0.33	①, ②
1215	G12150	≤0.09	0.75 ~ 1.05	0.04 ~ 0.09	0.26 ~ 0.35	①, ②
12L14	G12144	≤0.15	0.85 ~ 1.15	0.04 ~ 0.09	0.26 ~ 0.35	Pb 0.15 ~ 0.35 ①, ②

① 通常易切削钢的 Si 含量较低，若要求规定 Si 含量时，可在 a, c 两类中选定一种：
　a 类——主要对圆钢，Si≤0.10%，0.10% ~ 0.20%，0.15% ~ 0.35%，0.20% ~ 0.40%，0.30% ~ 0.60%。
　c 类——主要对直径较小的棒材、线材等，Si≤0.10%，0.10% ~ 0.20%，0.15% ~ 0.35%。
② 易切削钢的残余元素含量可在 A、B、C、D 四类中选定一种：
　A 类：Cr≤0.15%，Ni≤0.20%，Mo≤0.06%，Cu≤0.20%。
　B 类：Cr≤0.20%，Ni≤0.25%，Mo≤0.06%，Cu≤0.35%。
　C 类：Cr≤0.30%，Ni≤0.40%，Mo≤0.12%，Cu≤0.40%。
　D 类：未规定。

2.12.6　弹簧钢

（1）美国 ASTM，AISI 等标准弹簧用钢丝与合金丝

A）阀门弹簧用 CrSi 和 CrSiV 合金钢丝的钢号与化学成分［ASTM A877/A877M（2017）］（表 2-12-23）

表 2-12-23　阀门弹簧用 CrSi 和 CrSiV 合金钢丝的钢号与化学成分（质量分数）（%）

钢号	C	Si	Mn	P≤	S≤	Cr	V
Grade A	0.51 ~ 0.59	1.20 ~ 1.60	0.50 ~ 0.80	0.025	0.025	0.60 ~ 0.80	—
Grade B	0.55 ~ 0.70	1.20 ~ 1.65	0.50 ~ 0.80	0.025	0.025	0.50 ~ 0.80	0.08 ~ 0.25
Grade C	0.50 ~ 0.70	1.80 ~ 2.20	0.50 ~ 0.70	0.020	0.020	0.85 ~ 1.05	0.05 ~ 0.15 Ni 0.20 ~ 0.40
Grade D	0.50 ~ 0.70	1.80 ~ 2.20	0.70 ~ 1.00	0.020	0.020	0.80 ~ 1.00	0.05 ~ 0.15 Mo 0.05 ~ 0.15

B）阀门弹簧用 CrSi 和 CrSiV 合金钢丝的力学性能（表 2-12-24）

表 2-12-24　阀门弹簧用 CrSi 和 CrSiV 合金钢丝的力学性能

钢丝直径 /mm	Grade A		Grade B		Grade C、D	
	R_m/MPa	Z(%) ≥	R_m/MPa	Z(%) ≥	R_m/MPa	Z(%) ≥
0.5	2100 ~ 2280	—	2200 ~ 2380	—	—	—
1.0	2070 ~ 2240	—	2170 ~ 2340	—	—	—
1.5	2030 ~ 2210	—	2140 ~ 2300	—	—	—
2.0	2000 ~ 2140	45	2100 ~ 2240	40	2080 ~ 2180	45
3.0	1930 ~ 2070	45	2070 ~ 2200	40	2080 ~ 2180	45
3.75	1900 ~ 2030	40	2030 ~ 2170	35	2080 ~ 2180	45
4.5	1830 ~ 1970	40	2000 ~ 2140	35	2035 ~ 2130	45
5.0	1810 ~ 1950	40	1970 ~ 2100	35	1980 ~ 2090	40
5.7	1800 ~ 1930	40	1930 ~ 2070	35	1980 ~ 2090	40
6.3	1760 ~ 1900	40	1900 ~ 2030	35	1930 ~ 2035	40
7.9	1730 ~ 1860	40	1860 ~ 2000	35	1880 ~ 1985	40
9.5	1690 ~ 1830	40	1830 ~ 1970	35	—	—

C）不锈钢弹簧钢丝的牌号与化学成分［ASTM A313/A313M（2016）］（表 2-12-25）

表 2-12-25　不锈钢弹簧钢丝的牌号与化学成分（质量分数）（%）

UNS 编号	牌号	C	Si	Mn	P≤	S≤	Cr	Ni	N	其 他
奥氏体型不锈钢										
S24100	XM-28	≤0.15	≤1.00	≤2.00	0.060	0.030	16.5~19.0	0.50~2.50	0.20~0.45	—
S30200	302	≤0.12	≤1.00	≤2.00	0.045	0.030	17.0~19.0	8.0~10.0	≤0.10	—
S30400	304	≤0.08	≤1.00	≤2.00	0.045	0.030	18.0~20.0	8.0~10.5	≤0.10	—
S30500	305	≤0.12	≤1.00	≤2.00	0.045	0.030	17.0~19.0	10.5~13.0	—	—
S31600	316	≤0.07	≤1.00	≤2.00	0.045	0.030	16.5~18.0	10.5~13.5	≤0.10	Mo 2.00~2.05
S32100	321	≤0.08	≤1.00	≤2.00	0.045	0.030	17.0~19.0	9.0~12.0	—	Ti≥5C
S34700	347	≤0.08	≤1.00	≤2.00	0.045	0.030	17.0~19.0	9.0~13.0	—	Nb+Ta≥10C
S30151	—	0.07~0.09	1.20~1.80	1.50~2.00	0.025	0.010	16.0~18.0	7.0~9.0	0.07~0.11	Mo 0.50~1.00 Cu≤0.40
S20230	—	0.02~0.06	≤1.00	2.0~6.0	0.045	0.030	17.0~19.0	2.0~4.5	0.13~0.25	Mo≤1.00 Cu 2.00~4.00
S20430	—	≤0.15	≤1.00	6.5~9.0	0.060	0.030	15.5~17.5	1.5~3.5	0.05~0.25	Cu 2.0~4.0
沉淀硬化型不锈钢										
S17700	631	≤0.09	≤1.00	≤1.00	0.040	0.030	16.0~18.0	6.5~7.8	—	Al 0.75~1.50
S45500	XM-16	≤0.05	≤0.50	≤0.50	0.040	0.030	11.0~12.5	7.5~9.5	—	Mo≤0.50 Cu 1.50~2.50 Ti 0.80~1.40 (Nb+Ta)0.10~0.50
奥氏体—铁素体型不锈钢										
S32205	—	≤0.030	≤1.00	≤2.00	0.030	0.020	22.0~23.0	4.5~6.5	—	—

D）沉淀硬化型不锈钢弹簧钢丝的抗拉强度（表 2-12-26）

表 2-12-26　沉淀硬化型不锈钢弹簧钢丝的抗拉强度

牌号 631/S17700			牌号 631/S17700		
钢丝直径[①] /mm	R_m/MPa		钢丝直径[①] /mm	R_m/MPa	
	冷拔态	沉淀硬化处理[②]		冷拔态	沉淀硬化处理[②]
>0.25~0.38	≥2035	2310~2515	>2.69~3.30	≥1625	1875~2080
>0.35~0.51	≥2000	2275~2280	>3.30~3.50	≥1585	1795~2000
>0.51~0.74	≥1965	2240~2245	>3.50~3.71	≥1570	1780~1985
>0.74~1.04	≥1895	2205~2415	>3.71~4.11	≥1560	1765~1970
>1.04~1.30	≥1860	2315~2345	>4.11~4.57	≥1545	1750~1960
>1.30~1.55	≥1825	2100~2310	>4.57~5.26	≥1530	1740~1945
>1.55~1.80	≥1770	2050~2255	>5.26~5.72	≥1505	1710~1915
>1.80~2.18	≥1760	2015~2200	>5.72~7.77	≥1470	1670~1875
>2.18~2.29	≥1690	1945~2150	>7.77~11.2	≥1425	1620~1825
>2.29~2.54	≥1670	1925~2130	>11.2~15.88	≥1400	1585~1795
>2.54~2.69	≥1640	1890~2095			

（续）

牌号 XM-16/S45500			牌号 XM-16/S45500		
钢丝直径[1]	R_m/MPa		钢丝直径[1]	R_m/MPa	
/mm	冷拔态	沉淀硬化处理[2]	/mm	冷拔态	沉淀硬化处理[2]
>0.25~1.02	≥1690	2205~2415	>2.16~2.41	≥1450	1965~2170
>1.02~1.27	≥1620	2135~2345	>2.41~2.79	≥1380	1915~2125
>1.27~1.52	≥1550	2100~2310	>2.79~3.17	≥1345	1875~2080
>1.52~1.90	≥1515	2035~2240	>3.17~3.81	≥1310	1825~2035
>1.90~2.16	≥1480	2000~2205	>3.81~12.7	≥1240	1795~2000

① 钢丝直径（mm）按英寸换算的。

② 沉淀硬化处理 CH-900。

E）美国 ASTM 和其他标准弹簧用钢丝与合金钢丝的化学成分和主要性能（表 2-12-27）

表 2-12-27 ASTM 和其他标准弹簧用钢丝与合金钢丝的化学成分和主要性能

类别	规格与牌号	主要化学成分（质量分数）（%）	拉伸性能		扭转性能		HRC	容许的工作温度/℃	特性与用途
			R_m/MPa	E/GPa	设计应力[1]（下限值）（%）	刚性模量 G/GPa			
高碳钢	ASTM A228	C 0.70~1.00 Mn 0.20~0.60	1600~3000	210	45	80	41~60	120	琴钢丝，具有高而均匀的强度。用于高质量弹簧
高碳钢	ASTM A227	C 0.45~0.85 Mn 0.30~1.30 Si 0.10~0.35	Class I 1010~2240 Class II 1370~2520	210	40	80	31~52	120	用于承受中等载荷且成本较低的弹簧
高碳钢	ASTM A679	C 0.65~1.00 Mn 0.20~1.30 Si 0.15~0.35	1650~2650	210	45	80	41~60	120	高强度钢丝。用于较高质量的弹簧
高碳钢	ASTM A229	C 0.55~0.85 Mn 0.30~1.20 Si 0.15~0.35	Class I 1120~2250 Class II 1320~2450	210	45	80	42~55	120	一般用途弹簧。制作前需热处理
高碳钢	ASTM A230	C 0.60~0.75 Mn 0.60~0.90 Si 0.15~0.35	1450~1850	210	45	80	45~49	120	用作阀门弹簧。制作前需热处理
合金钢	ASTM A231 A232	C 0.48~0.53 Cr 0.80~1.10 V≤0.35 Mn 0.70~0.90 Si 0.15~0.35	1320~2260	210	45	80	41~55	220	CrV 钢，用于受冲击载荷和较高工作温度的弹簧 A232 标准用作阀门弹簧
不锈钢	AISI 302	C≤0.15 Cr 17.0~19.0 Ni 8.0~10.0 Mn≤2.00 Si≤1.00	895~2450	190	30~40	69	35~45	290	18-8 型不锈钢。用于一般用途的耐蚀与耐热弹簧
不锈钢	AISI 316	C≤0.08 Cr 16.0~18.0 Ni 10.0~14.0 Mo 2.0~3.0 N≤0.10	860~1895	190	40	69	35~45	290	具有良好的耐热性，其耐蚀性比 302 钢好。用于较高质量的弹簧

（续）

类别	规格与牌号	主要化学成分（质量分数）（%）	拉伸性能		扭转性能		HRC	容许的工作温度/℃	特性与用途
			R_m/MPa	E/GPa	设计应力[1]（下限值）（%）	刚性模量G/GPa			
不锈钢	AISI 631	C≤0.08 Cr 16.0~18.0 Ni 6.50~7.80 Al 0.75~1.50	1400~2035（CH-900 状态）[2]	200	45	76	38~57	340	17-7PH 型不锈钢。用作高强度耐蚀弹簧。制作后需进行沉淀硬化处理
不锈钢	ASTM A286	Ni 26 Cr 15 Fe 53	1100~1580	200	35	72	35~42	510	用于要求在高温时有良好耐蚀性的弹簧。制作后需进行沉淀硬化处理
耐热合金	Inconel 600	Ni 76 Cr 15.8 Fe 7.2	1170~1590	215	40	76	35~45	370	高温时有良好耐蚀性
耐热合金	Inconel 718	Ni 52.5 Cr 18.6 Fe 18.5	1450~1720	200	40	77	45~50	590	高温时有良好耐蚀性。制作后需进行沉淀硬化处理
耐热合金	Inconel X-750	Ni 73 Cr 15 Fe 6.75	≥1070	215	40	83	34~39	400~600	高温时有良好耐蚀性。制作后需进行沉淀硬化处理

[1] 对于螺旋型压缩弹簧或拉伸弹簧，其扭转设计应力可取下限的 75%。

[2] 不锈钢沉淀硬化处理 CH-900。

（2）美国 ASTM，AISI 等标准弹簧用钢带与合金带

A）一般弹簧用高碳冷轧钢带的钢号与化学成分［ASTM A682/A682M（2005）］（表 2-12-28）

表 2-12-28　一般弹簧用高碳冷轧钢带的钢号与化学成分（质量分数）（%）

UNS 编号	钢号	C	Si	Mn	P ≤	S ≤
G10300	1030	0.28~0.34	0.15~0.30	0.60~0.90	0.030	0.035
G10350	1035	0.32~0.38	0.15~0.30	0.60~0.90	0.030	0.035
G10400	1040	0.37~0.44	0.15~0.30	0.60~0.90	0.030	0.035
G10450	1045	0.43~0.50	0.15~0.30	0.60~0.90	0.030	0.035
G10500	1050	0.48~0.55	0.15~0.30	0.60~0.90	0.030	0.035
G10550	1055	0.50~0.60	0.15~0.30	0.60~0.90	0.030	0.035
G10600	1060	0.55~0.65	0.15~0.30	0.60~0.90	0.030	0.035
G10640	1064	0.60~0.70	0.15~0.30	0.50~0.80	0.030	0.035
G10650	1065	0.60~0.70	0.15~0.30	0.60~0.90	0.030	0.035
G10700	1070	0.65~0.75	0.15~0.30	0.60~0.90	0.030	0.035
G10740	1074	0.70~0.80	0.15~0.30	0.50~0.80	0.030	0.035
G10800	1080	0.75~0.88	0.15~0.30	0.60~0.90	0.030	0.035
G10850	1085	0.80~0.93	0.15~0.30	0.70~1.00	0.030	0.035
G10860	1086	0.80~0.93	0.15~0.30	0.30~0.50	0.030	0.035
G10950	1095	0.90~1.03	0.15~0.30	0.30~0.50	0.030	0.035

B）弹簧用沉淀硬化型不锈钢钢板和钢带的钢号与化学成分［ASTM A693（2003）］（表 2-12-29）

表 2-12-29　弹簧用沉淀硬化型不锈钢钢板和钢带的钢号与化学成分（质量分数）（%）

钢号/代号 ASTM	钢号/代号 UNS	C	Si	Mn	P≤	S≤	Cr	Ni	Mo	其他
630	S17400	≤0.07	≤1.00	≤1.00	0.040	0.030	15.00~17.50	3.0~5.0	—	Cu 3.00~5.00 (Nb+Ta) 0.15~0.45
631	S17700	≤0.09	≤1.00	≤1.00	0.040	0.030	16.00~18.00	6.5~7.7	—	Al 0.75~1.50
632	S15700	≤0.09	≤1.00	≤1.00	0.040	0.030	14.00~16.00	6.5~7.7	2.00~3.00	Al 0.75~1.50
633	S35000	0.07~0.11	0.50	0.50~1.25	0.040	0.030	16.00~17.00	4.00~5.00	2.50~3.20	N 0.07~0.13
634	S35500	0.10~0.15	0.50	0.50~1.25	0.040	0.030	15.00~16.00	4.00~5.00	2.50~3.20	(Nb+Ta) 0.10~0.50
635	S17600	≤0.08	≤1.00	≤1.00	0.040	0.030	16.00~17.50	6.00~7.50	—	Ti 0.40~1.20 Al≤0.40
XM-9	S36200	≤0.05	≤0.30	≤0.50	0.030	0.030	14.00~14.50	6.5~7.0	≤0.30	Ti 0.60~0.90 Al≤0.10
XM-12	S15500	≤0.07	≤1.00	≤1.00	0.040	0.030	14.00~15.50	3.50~5.50	—	Cu 2.50~4.50 (Nb+Ta) 0.15~0.45
XM-13	S13800	≤0.05	≤0.10	≤0.20	0.010	0.030	12.3~13.2	7.50~8.50	2.00~2.50	Al 0.90~1.35 N≤0.01
XM-16	S45500	≤0.05	≤0.50	≤0.50	0.040	0.030	11.0~12.50	7.50~9.50	≤0.50	Cu 1.50~2.50 (Nb+Ta) 0.1~0.5 Ti 0.80~1.40
XM-25	S45000	≤0.05	≤1.00	≤1.00	0.030	0.030	14.00~16.00	5.00~7.00	0.50~1.00	Cu 1.25~1.75 Nb≤8C
—	S46500	≤0.02	≤0.25	≤0.25	0.015	0.010	11.0~12.5	10.8~11.2	0.75~1.25	Ti 1.50~1.80 N≤0.01

C）美国其他标准弹簧用冷轧带材的化学成分和主要性能（表 2-12-30）

表 2-12-30　美国其他标准弹簧用冷轧带材的化学成分和主要性能

类别	规格与牌号	主要化学成分（质量分数）（%）	拉伸性能 R_m/MPa	拉伸性能 E/GPa	HRC	容许的工作温度/℃	特性与用途
高碳钢	AISI 1050	C 0.47~1.55 Mn 0.60~0.90	回火后 1100~1930	210	回火后 38~50	120	制作一般用途的弹簧
	AISI 1074	C 0.69~0.80 Mn 0.50~0.80	回火后 1100~2210	210	回火后 38~50	120	传统钢种，广泛用于各种板簧
	AISI 1095	C 0.90~1.04 Mn 0.30~0.50	1650~2650	210	41~60	120	高强度钢丝。用于较高质量的弹簧
	AMS 6455F[①]	C 0.48~0.53 Cr 0.80~1.10 V≤0.15	1380~1720	210	42~48	220	CrV 钢，用于受冲击载荷和在较高温度工作的弹簧
	AISI 9254 AMS 6451A[①]	C 0.51~0.59 Cr 0.60~0.80 Si 1.20~1.60	1720~2240	210	47~51	245	CrSi 钢，用于受冲击载荷和在较高温度工作的弹簧。制作后需热处理

（续）

类别	规格与牌号	主要化学成分（质量分数）（%）	拉伸性能		HRC	容许的工作温度/℃	特性与用途
			R_m/MPa	E/GPa			
不锈钢	AISI 301	C≤0.15 Cr 16.0~18.0 Ni 6.0~8.0	1655~2650	190	48~52	150	冷轧达到高屈服强度。用于一般耐蚀弹簧
	AISI 302	C≤0.15 Cr 17.0~19.0 Ni 8.0~10.0 Mn≤2.00	1280~1590	190	42~48	290	18-8 型不锈钢。制作一般用途的耐蚀与耐热弹簧
不锈钢	AISI 316	C≤0.08 Cr 16.0~18.0 Ni 10.0~14.0 Mo 2.0~3.0	1170~1590	190	38~48	290	具有良好的耐热性，其耐蚀性比 302 钢好。用于较高质量的弹簧
不锈钢	AISI 631	C≤0.07 Cr 16.0~18.0 Ni 6.50~7.75 Al 0.75~1.50	≥1655 （CH900[②]状态）	200	≥46	340	17-7PH 型不锈钢。用作高强度耐蚀弹簧。制作后需进行沉淀硬化处理
	ASTM A286	Ni 26 Cr 15 Fe 53	1100~1580	200	30~40	510	高温时有良好的耐蚀性。弹簧制作后需进行沉淀硬化处理
耐热合金	Inconel 600	Ni 76 Cr 15.8 Fe 7.2	1000~1170	215	≥30	370	高温时有良好的耐蚀性。制作较高温度工作的弹簧
	Inconel 718	Ni 52.5 Cr 18.6 Fe 18.5	1240~1470	200	≥36	590	高温时有良好的耐蚀性。制作后需进行沉淀硬化处理
	Inconel X-750	Ni 73 Cr 15 Fe 6.75	≥1030	215	≥30	400~590	高温时有良好的耐蚀性。制作后需进行沉淀硬化处理

① AMS——美国联邦规格。

② 不锈钢沉淀硬化处理 CH900。

2.12.7　轴承钢

（1）美国 ASTM 标准各类轴承钢

A）高淬透性耐磨轴承钢的钢号与化学成分［ASTM A485（2014）］（表 2-12-31）

表 2-12-31　高淬透性耐磨轴承钢的钢号与化学成分（质量分数）（%）

钢　号	C	Si	Mn	P≤	S≤	Cr	Mo	Ni	其　他
1 Grade 1	0.90~1.05	0.45~0.75	0.95~1.25	0.025	0.015	0.90~1.20	≤0.10	≤0.25	Cu≤0.30
2 Grade 2	0.85~1.00	0.50~0.80	1.40~1.70	0.025	0.015	1.40~1.80	≤0.10	≤0.25	Al≤0.050
3 Grade 3	0.95~1.10	0.15~0.35	0.65~0.90	0.025	0.015	1.10~1.500	0.20~0.30	≤0.25	O_2≤0.0015
4 Grade 4	0.95~1.00	0.15~0.35	1.05~1.35	0.025	0.015	1.10~1.500	0.45~0.60	≤0.25	+ Ca，Ti

（续）

钢　号	C	Si	Mn	P≤	S≤	Cr	Mo	Ni	其　他
B1（100Cr6）	0.93~1.05	0.15~0.35	0.25~0.45	0.025	0.015	1.35~1.60	≤0.10	—	
B2（100CrMnSi4-4）	0.93~1.05	0.45~0.75	0.90~1.20	0.025	0.015	0.90~1.20	≤0.10	—	
B3（100CrMnSi6-4）	0.93~1.05	0.45~0.75	1.00~1.20	0.025	0.015	1.40~1.65	≤0.10	—	Cu≤0.30 Al≤0.050 O≤0.015 + Ca, Ti[1]
B4（100CrMnSi6-6）	0.93~1.05	0.45~0.75	1.40~1.70	0.025	0.015	1.40~1.65	≤0.10	—	
B5（100CrMo7）	0.93~1.05	0.15~0.35	0.25~0.45	0.020	0.010	1.65~1.95	0.15~0.30	—	
86（100CrMo7-3）	0.93~1.05	0.15~0.35	0.60~0.80	0.025	0.015	1.65~1.95	0.20~0.35	—	
B7（100CrMo7-4）	0.93~1.05	0.15~0.35	0.60~0.80	0.025	0.015	1.65~1.95	0.40~0.50	—	
B8（100CrMnMoSi8-4-6）	0.93~1.05	0.40~0.60	0.80~1.10	0.025	0.015	1.80~2.05	0.50~0.60	—	

① 按照供需双方协定，可添加适量的 Ti 和 Ca 元素。

B）高碳耐磨轴承钢的钢号与化学成分［ASTM A295（2014）］（表2-12-32）

表2-12-32　高碳耐磨轴承钢的钢号与化学成分（质量分数）（%）

钢　号	C	Si	Mn	P≤	S≤	Cr	Mo	Ni	其　他
52100	0.93~1.05	0.15~0.35	0.25~0.45	0.025	0.015	1.35~1.60	≤0.10	≤0.25	
5195	0.90~1.03	0.15~0.35	0.75~1.00	0.025	0.015	0.70~0.90	≤0.10	≤0.25	Cu≤0.30 Al≤0.050 O≤0.0015 + Ca, Ti[1]
K19526	0.89~1.01	0.15~0.35	0.50~0.80	0.025	0.015	0.40~0.60	0.08~0.15	≤0.25	
1070M	0.65~0.75	0.15~0.35	0.80~1.10	0.025	0.015	≤0.20	≤0.10	≤0.25	
5160	0.56~0.64	0.15~0.35	0.75~1.00	0.025	0.015	0.70~0.90	≤0.10	≤0.25	

① 按照供需双方协定，可添加适量的 Ti 和 Ca 元素。

C）耐磨渗碳轴承钢的钢号与化学成分［ASTM A534（2017）］（表2-12-33）

表2-12-33　耐磨渗碳轴承钢的钢号与化学成分（质量分数）（%）

钢　号	C	Si	Mn	P≤	S≤	Cr	Mo	Ni	其　他
4118H	0.17~0.23	0.15~0.35	0.60~1.00	0.025	0.015	0.30~0.70	0.08~0.15	—	
4320H	0.17~0.23	0.15~0.35	0.40~0.70	0.025	0.015	0.35~0.65	0.20~0.30	1.55~2.00	
4620H	0.17~0.23	0.15~0.35	0.35~0.75	0.025	0.015	—	0.20~0.30	1.55~2.00	
4720H	0.17~0.23	0.15~0.35	0.45~0.75	0.020	0.010	0.30~0.60	0.15~0.25	0.85~1.25	
4817H	0.14~0.20	0.15~0.35	0.30~0.70	0.025	0.015	—	0.20~0.30	3.20~3.80	
4820H	0.17~0.23	0.15~0.35	0.40~0.80	0.025	0.015	—	0.20~0.30	3.20~3.80	
5120H	0.17~0.23	0.15~0.35	0.60~1.00	0.025	0.015	0.60~1.00	—	—	
8617H	0.14~0.20	0.15~0.35	0.60~0.95	0.025	0.015	0.35~0.65	0.15~0.25	0.35~0.75	
8620H	0.17~0.23	0.15~0.35	0.60~0.95	0.025	0.015	0.35~0.65	0.15~0.25	0.35~0.75	
9310H	0.07~0.13	0.15~0.35	0.40~0.70	0.020	0.010	1.00~1.45	0.08~0.15	2.95~3.55	Cu≤0.30 Al≤0.050 O≤0.0020 + Ca, Ti[1]
ISO 20Cr3 + H[2]	0.17~0.23	≤0.40	0.60~1.00	0.025	0.015	0.60~1.00	—	—	
ISO 20Cr4 + H[2]	0.17~0.23	≤0.40	0.60~0.90	0.025	0.015	0.90~1.20	—	—	
ISO 20MnCr4-2 + H[2]	0.17~0.23	≤0.40	0.65~1.10	0.025	0.015	0.40~0.75	—	—	
ISO 17MnCr5 + H[2]	0.14~0.19	≤0.40	1.00~1.30	0.025	0.015	0.80~1.10	—	—	
ISO 19MnCr5 + H[2]	0.17~0.22	≤0.40	1.10~1.40	0.025	0.015	1.00~1.30	—	—	
ISO 15CrMo4 + H[2]	0.12~0.18	≤0.40	0.90~1.20	0.025	0.015	0.90~1.20	0.15~0.25	—	
ISO 20CrMo4 + H[2]	0.17~0.23	≤0.40	0.90~1.20	0.025	0.015	0.90~1.20	0.15~0.25	—	
ISO 20MnCrMo4-2 + H[2]	0.17~0.23	≤0.40	0.65~1.10	0.025	0.015	0.40~0.75	0.10~0.20	—	
ISO 20NiCrMo3-2 + H[2]	0.17~0.23	≤0.40	0.60~0.95	0.025	0.015	0.35~0.70	0.15~0.25	0.40~0.70	
ISO 20NiCrMo7 + H[2]	0.17~0.23	≤0.40	0.40~0.70	0.025	0.015	0.35~0.65	0.20~0.30	1.60~2.00	
ISO 18CrNiMo7-6 + H[2]	0.15~0.21	≤0.40	0.60~0.90	0.020	0.010	1.50~1.80	0.25~0.35	1.40~1.70	
ISO 18NiCrMo14-6 + H[2]	0.15~0.20	≤0.40	0.40~0.70	0.025	0.015	1.30~1.60	0.15~0.25	3.25~3.75	
ISO 16NiCrMo16-5 + H[2]	0.14~0.20	≤0.40	0.25~0.55	0.025	0.015	1.00~1.40	0.20~0.30	3.80~4.30	

① 按照供需双方协定，可添加适量的 Ti 和 Ca 元素。

② 见 ISO 683-17（2017）中 table 3、5。

D）中碳耐磨轴承钢的钢号与化学成分［ASTM A866（2018）］（表 2-12-34）

表 2-12-34　中碳耐磨轴承钢的钢号与化学成分（质量分数）（%）

钢　号	C	Si	Mn	P ≤	S ≤	Cr	Mo	Ni	其　他
1030	0.28~0.34	0.15~0.35	0.60~0.90	0.025	0.025	—	—	—	
1040	0.37~0.44	0.15~0.35	0.60~0.90	0.025	0.025	—	—	—	
1050	0.48~0.55	0.15~0.35	0.60~0.90	0.025	0.025	—	—	—	
1541	0.36~0.44	0.15~0.35	1.35~1.65	0.025	0.025	—	—	—	Cu≤0.30
1552	0.47~0.55	0.15~0.35	1.20~1.50	0.025	0.025	—	—	—	Al≤0.050
4130	0.28~0.33	0.15~0.35	0.40~0.60	0.025	0.025	0.80~1.10	0.15~0.25	—	O≤0.0020
4140	0.38~0.43	0.15~0.35	0.75~1.00	0.025	0.025	0.80~1.10	0.15~0.25	—	+Ca, Ti[1]
4150	0.48~0.53	0.15~0.35	0.75~1.00	0.025	0.025	0.80~1.10	0.15~0.25	—	
5140	0.38~0.43	0.15~0.35	0.70~0.90	0.025	0.025	0.70~0.90	—	—	
5150	0.48~0.53	0.15~0.35	0.70~0.90	0.025	0.025	0.70~0.90	—	—	
6150	0.48~0.53	0.15~0.35	0.70~0.90	0.025	0.025	0.80~1.10	—	V≥0.15	
ISO C56E2[2]	0.52~0.60	≤0.40	0.60~0.90	0.025	0.015	—	—	—	Cu≤0.30
ISO 56Mn4[2]	0.52~0.60	≤0.40	0.90~1.20	0.025	0.015	—	—	—	Al≤0.050
ISO 70Mn4[2]	0.65~0.75	≤0.40	0.80~1.10	0.025	0.015	—	—	—	O≤0.0020
ISO 43CrMo4[2]	0.40~0.46	≤0.40	0.60~0.90	0.025	0.015	0.90~1.20	0.15~0.30	—	+Ca, Ti[1]

① 按照供需双方协定，可添加适量的 Ti 和 Ca 元素。

② 见 ISO 683-17（2017）中 table3。

E）耐磨不锈轴承钢的钢号与化学成分［ASTM A756-09（2014）］（表 2-12-35）

表 2-12-35　耐磨不锈轴承钢的钢号与化学成分（质量分数）（%）

钢　号	C	Si	Mn	P ≤	S ≤	Cr	Mo	Ni	其　他
440C	0.95~1.20	≤1.00	≤1.00	0.040	0.030	16.0~18.0	0.40~0.65	≤0.75	Cu≤0.50 O≤0.0020 Al≤0.050, +①
X30CrMoN15-1	0.25~0.35	≤1.00	≤1.00	0.030	0.025	14.0~16.0	0.85~1.10	0.30~0.50	N 0.30~0.50 O≤0.0020, +①
B50（X47Cr14）	0.43~0.50	≤1.00	≤1.00	0.040	0.015	12.5~14.5	—	—	O≤0.0020, +①
B51（X65Cr14）	0.60~0.70	≤1.00	≤1.00	0.040	0.015	12.5~14.5	—	≤0.75	
B52（X106CrMo17）	0.95~1.20	≤1.00	≤1.00	0.040	0.015	16.0~18.0	0.40~0.80	—	O≤0.0020, +①
B55（X89CrMoV18-1）	0.85~0.95	≤1.00	≤1.00	0.040	0.015	17.0~19.0	0.90~1.30	—	

① 按照供需双方协定，可添加适量的 Ti 和 Ca 元素。

F）特殊质量滚珠与滚柱轴承钢的钢号与化学成分［ASTM A535（1992）］（表 2-12-36）

表 2-12-36　特殊质量滚珠与滚柱轴承钢①的钢号与化学成分（质量分数）（%）

钢　号	C	Si	Mn	P ≤	S ≤	Cr	Mo	Ni	其　他
3310	0.08~0.13	0.15~0.35	0.45~0.65	0.015	0.015	1.40~1.75	—	3.25~3.75	②
4320	0.17~0.22	0.15~0.35	0.45~0.65	0.015	0.015	0.40~0.60	0.20~0.30	1.65~2.00	Cu≤0.35%
4620	0.17~0.22	0.15~0.35	0.45~0.65	0.015	0.015	—	0.20~0.30	1.65~2.00	②
4720	0.17~0.22	0.15~0.35	0.50~0.70	0.015	0.015	0.35~0.55	0.15~0.25	0.90~1.20	Cu≤0.35%
4820	0.18~0.23	0.15~0.35	0.50~0.70	0.015	0.015	—	0.20~0.30	3.25~3.75	②
52100	0.95~1.10	0.15~0.35	0.25~0.45	0.015	0.015	1.30~1.60	—	—	②
52100 Mod.1	0.90~1.05	0.45~0.75	0.95~1.25	0.015	0.015	0.90~1.20	—	—	②
52100 Mod.2	0.85~1.00	0.50~0.80	1.40~1.70	0.015	0.015	1.40~1.80	—	—	②
52100 Mod.3	0.95~1.00	0.15~0.35	0.65~0.90	0.015	0.015	1.10~1.50	0.20~0.30	—	②

（续）

钢 号	C	Si	Mn	P ≤	S ≤	Cr	Mo	Ni	其 他
52100 Mod. 4	0.95~1.10	0.15~0.35	1.05~1.35	0.015	0.015	1.10~1.50	0.45~0.60	—	②
8620	0.18~0.23	0.15~0.35	0.70~0.90	0.015	0.015	0.40~0.60	0.15~0.25	0.40~0.70	Cu≤0.35%
9310	0.08~0.13	0.15~0.35	0.45~0.65	0.015	0.015	1.00~1.40	0.08~0.15	3.00~3.50	Cu≤0.35%

① 这类轴承钢采用 AISI/SAE 钢号系列，仅对 P，S 含量及个别 Si 含量作了调整。

② 如果没有具体规定，应允许钢中有下列元素（残余含量）存在：Cu≤0.35%，Cr≤0.20%，Mo≤0.10%，Ni≤0.25%。

（2）轴承钢脱碳层与表面缺陷深度的统一规定 ［ASTM A295（2014），A534（2014），A756（2014），A866（2017）］

A）对滚珠和滚柱用盘条与棒材脱碳层和表面缺陷深度的规定（表2-12-37）

表2-12-37 对滚珠和滚柱用盘条与棒材脱碳层与表面缺陷深度的规定

钢材尺寸[①] /mm	脱碳层与表面缺陷深度（每边不大于）/mm	
	热轧材或经退火的热轧材	经退火的冷加工材
≤6.50	0.13	0.08
>6.50~12.5	0.15	0.10
>12.5~19.0	0.20	0.15
>19.0~25.0	0.25	0.20

① 钢材尺寸系根据英寸换算为 mm。

B）对轴承用棒材与管材脱碳层和表面缺陷深度的规定（表2-12-38）

表2-12-38 对轴承用棒材与管材脱碳层与表面缺陷深度的规定

钢材尺寸[①] /mm	脱碳层与表面缺陷深度（每边不大于）/mm				
	热轧棒材	经热轧后退火的		经冷加工后退火的	
		棒材	管材	棒材	管材
≤25.4	0.31	0.38	0.31	0.31	0.21
>25.4~50.8	0.43	0.56	0.51	0.38	0.36
>50.8~76.2	0.64	0.76	0.76	0.64	0.48
>76.2~101.6	0.89	1.14	0.89	—	0.61
>101.6~127.0	1.40	1.65	1.02	—	0.71

① 钢材尺寸系根据英寸换算为 mm。

B. 专业用钢和优良品种

2.12.8 船舶用结构钢 ［ASTM A131/A131M（2019）］

（1）美国 ASTM 标准一般强度级船舶用结构钢

A）一般强度级船用结构钢的钢材等级与化学成分（表2-12-39）

表2-12-39 一般强度级船用结构钢的钢材等级与化学成分（质量分数）（%）

钢材等级	C	Si	Mn	P ≤	S ≤	Al$_S$	其 他	碳当量 CE
A	≤0.21	≤0.50	2.5×C	0.035	0.035	—	Cr，Ni，Cu	≤0.40
B	≤0.21	≤0.35	≤0.60	0.035	0.035	—	Cr，Ni，Cu	≤0.40
D	≤0.21	0.10~0.35	≤0.60	0.030	0.035	≤0.015	Cr，Ni，Cu	≤0.40
E	≤0.18	0.10~0.35	≤0.70	0.025	0.035	≤0.015	Cr，Ni，Cu	≤0.40

注：1. A 级型钢的碳含量上限可到 C≤0.23%。

2. B 级钢材做冲击试验时，锰碳含量下限可到 C=0.60%。

3. 对于厚度大于 25mm 的 D 级和 E 级钢材，可测定全铝（Al$_t$）含量代替酸溶铝（Al$_S$）含量，此时全铝含量应≥0.02%。经船级社同意，也可使用其他细化晶粒元素。

4. A、B、D、E 级钢材的碳当量（CE）为 $C+\dfrac{Mn}{6}$≤0.40%。

5. 为改善钢的性能，添加其他微量元素，应在质检证明书中注明。

6. 钢中残余元素含量：Cr≤0.30%，Ni≤0.30%，Cu≤0.35%。

B）一般强度级船用结构钢的力学性能（表 2-12-40 和表 2-12-41）

表 2-12-40　一般强度级船用结构钢的力学性能（一）

钢材等级	UNS 编号	R_m/MPa	R_e/MPa	厚度 t/mm	A_{50mm}（%）	A_{200mm}（%）
					≥	
A	K02300	400~520	≥235	≤5	22	14
				>5~10		16
B	K02102	400~520	≥235	>10~15	22	17
				>15~20		18
D	K02101	400~520	≥235	>20~25	22	19
				>25~30		20
E	K01801	400~520	≥235	>30~40	22	21
				>40~50		22

注：拉伸试验取横向试样。经船级社同意，A 级型钢的抗拉强度可超上限。

表 2-12-41　一般强度级船用结构钢的力学性能（二）

钢材等级	试验温度/℃	KV/J（下列厚度/t）					
		t≤50mm		t>50~70mm		t>70~100mm	
		纵向	横向	纵向	横向	纵向	横向
		≥					
A	20	—	—	34	24	41	27
B	0	27	20	34	24	41	27
D	-20	27	20	34	24	41	27
E	-40	27	20	34	24	41	27

注：1. 当屈服不明显时，可测定 $R_{p0.2}$ 代替 R_{eH}。
　　2. 冲击试验取纵向试样，但供方应保证横向冲击值。厚度大于 50mm 的 A 级钢材，经细化晶粒处理并以正火状态交货时，可不做冲击试验。
　　3. 厚度大于 25mm 的 B 级钢，以 TMCP 状态交货的 A 级钢，经船级社同意，可不做冲击试验。

（2）美国 ASTM 标准高强度级船舶用结构钢

A）高强度级船用结构钢的钢材等级与化学成分（表 2-12-42）

表 2-12-42　高强度级船用结构钢的钢材等级与化学成分（质量分数）（%）

钢材等级	C	Si	Mn	P ≤	S ≤	Nb	V	Ti	Al$_S$	其 他
AH32	≤0.18	0.10~0.50	0.90~1.60	0.035	0.035	0.02~0.05	0.05~0.10	≤0.02	≤0.015	Ni≤0.40 Cr, Mo, Cu
DH32	≤0.18	0.10~0.50	0.90~1.60	0.035	0.035	0.02~0.05	0.05~0.10	≤0.02	≤0.015	Ni≤0.40 Cr, Mo, Cu
EH32	≤0.18	0.10~0.50	0.90~1.60	0.035	0.035	0.02~0.05	0.05~0.10	≤0.02	≤0.015	Ni≤0.40 Cr, Mo, Cu
FH32	≤0.16	0.10~0.50	0.90~1.60	0.025	0.025	0.02~0.05	0.05~0.10	≤0.02	≤0.015	Ni≤0.40 N≤0.009 Cr, Mo, Cu
AH36	≤0.18	0.10~0.50	0.90~1.60	0.035	0.035	0.02~0.05	0.05~0.10	≤0.02	≤0.015	Ni≤0.40 Cr, Mo, Cu
DH36	≤0.18	0.10~0.50	0.90~1.60	0.035	0.035	0.02~0.05	0.05~0.10	≤0.02	≤0.015	Ni≤0.40 Cr, Mo, Cu

（续）

钢材等级	C	Si	Mn	P ≤	S ≤	Nb	V	Ti	Al_S	其 他
EH36	≤0.18	0.10~0.50	0.90~1.60	0.035	0.035	0.02~0.05	0.05~0.10	≤0.02	≤0.015	Ni≤0.40 Cr, Mo, Cu
FH36	≤0.16	0.10~0.50	0.90~1.60	0.025	0.025	0.02~0.05	0.05~0.10	≤0.02	≤0.015	Ni≤0.40 N≤0.009 Cr, Mo, Cu
AH40	≤0.18	0.10~0.50	0.90~1.60	0.035	0.035	0.02~0.05	0.05~0.10	≤0.02	≤0.015	Ni≤0.40 Cr, Mo, Cu
DH40	≤0.18	0.10~0.50	0.90~1.60	0.035	0.035	0.02~0.05	0.05~0.10	≤0.02	≤0.015	Ni≤0.40 Cr, Mo, Cu
EH40	≤0.18	0.10~0.50	0.90~1.60	0.035	0.035	0.02~0.05	0.05~0.10	≤0.02	≤0.015	Ni≤0.40 Cr, Mo, Cu
FH40	≤0.16	0.10~0.50	0.90~1.60	0.025	0.025	0.02~0.05	0.05~0.10	≤0.02	≤0.015	Ni≤0.40 N≤0.009 Cr, Mo, Cu

注：1. 对于厚度大于 25mm 的 D 级和 E 级钢材，可测定全铝（Al_t）含量代替酸溶铝（Al_S）含量，此时全铝含量应≥
　　 0.02%。经船级社同意，也可使用其他细化晶粒元素。
　　 2. 为改善钢的性能，添加其他微量元素，应在质检证明书中注明。
　　 3. 钢中其他元素含量：Cr≤0.20%，Mo≤0.08%，Cu≤0.35%。

B）高强度级船用结构钢的碳当量
以细晶粒处理并以正火状态交货的高强度级船用结构钢的碳当量应符合表 2-12-43 的规定。

表 2-12-43　高强度级船用结构钢的碳当量[①]

钢材等级	碳当量 CE（%）	
	厚度≤50mm	厚度 50~100mm
AH32、DH32、EH32、FH32	≤36	≤38
AH36、DH36、EH36、FH36	≤38	≤40
EH40、DH40、EH40、FH40	≤40	≤42

① 碳当量计算公式：$CE = C + (Mn/6) + [(Cr + Mo + V)]/5 + [(Ni + Cu)/15]$。

C）高强度级船用结构钢的力学性能（表 2-12-44 和表 2-12-45）

表 2-12-44　高强度级船用结构钢的力学性能（一）

钢材等级	R_m/MPa	R_{eH}/MPa	厚度 t/mm	A_{50mm}（%）	A_{200mm}（%）
				≥	
AH32	440~590	≥315	≤5	20	14
			>5~10		16
DH32	440~590	≥315	>10~15	20	17
			>15~20		18
EH32	440~590	≥315	>20~25	20	19
			>25~30		20
FH32	440~590	≥315	>30~40	20	21
			>40~50		22
AH36	490~620	≥335	≤5	20	13
			>5~10		15

（续）

钢材等级	R_m/MPa	R_{eH}/MPa	厚度 t/mm	A_{50mm}（%）	A_{200mm}（%）
				≥	
DH36	490~620	≥335	≥10~15	20	16
			≥15~20		17
EH36	490~620	≥335	≥20~25	20	18
			≥25~30		19
FH36	490~620	≥335	≥30~40	20	20
			≥40~50		21
AH40	510~650	≥390	≤5	20	12
			≥5~10		14
DH40	510~650	≥390	≥10~15	20	15
			≥15~20		16
EH40	510~650	≥390	≥20~25	20	17
			≥25~30		18
FH40	510~650	≥390	≥30~40	20	19
			≥40~50		20

注：1. 拉伸试验取横向试样。经船级社同意，A 级型钢的抗拉强度 R_m 可超上限。

　　2. 当屈服不明显时，可测定 $R_{P0.2}$ 代替 R_{eH}。

表 2-12-45　高强度级船用结构钢的力学性能（二）

钢材等级	试验温度/℃	KV_2/J（下列厚度 t）					
		$t≤50mm$		$t>50~70mm$		$t>70~100mm$	
		纵向	横向	纵向	横向	纵向	横向
		≥					
AH32	0	31	22	38	26	46	31
AH36	0	34	24	41	27	50	34
AH40	0	39	26	46	31	55	37
DH32	-20	31	22	38	26	46	31
DH36	-20	34	24	41	27	50	34
DH40	-20	39	26	46	31	55	37
EH32	-40	31	22	38	26	46	31
EH36	-40	34	24	41	27	50	34
EH40	-40	39	26	46	31	55	37
FH32	-60	31	22	38	26	46	31
FH36	-60	34	24	41	27	50	34
FH40	-60	39	26	46	31	55	37

注：1. 冲击试验取纵向试样，但供方应保证横向冲击值。厚度大于 50mm 的 A 级钢，经细化晶粒处理并以正火状态交货时，可不做冲击试验。

　　2. 以细晶粒处理并以正火状态交货的 A 级钢，经船级社同意，可不做冲击试验。

2.12.9　桥梁用结构钢［ASTM A709/A709M（2018）］

（1）美国 ASTM 标准桥梁用结构钢的牌号与化学成分（表 2-12-46）

表 2-12-46　桥梁用结构钢的牌号与化学成分（质量分数）（%）

钢材牌号[①] Grade	品种[③]	C	Si	Mn	P ≤	S ≤	Cr	Ni	Cu	V	其他
250（36）	板材 t/mm $t \leqslant 20$ $t > 20 \sim 40$ $t > 40 \sim 65$ $t > 65 \sim 100$	≤0.25 ≤0.25 ≤0.26 ≤0.27	≤0.40 ≤0.40 0.15～0.40 0.15～0.40	— 0.80～1.20 0.80～1.20 0.85～1.20	0.040 0.040 0.040 0.040	0.050 0.050 0.050 0.050	—	—	≤0.20 ≤0.20 ≤0.20 ≤0.20	—	—
250（36）	型材	≤0.26	≤0.40	—	0.040	0.050			≤0.20		—
250（36）	棒材 d/mm $d \leqslant 20$ $d > 20 \sim 40$ $d > 40 \sim 100$	≤0.26 ≤0.27 ≤0.28	≤0.40 ≤0.40 ≤0.40	— 0.60～0.90 0.60～0.90	0.040 0.040 0.040	0.050 0.050 0.050			≤0.20 ≤0.20 ≤0.20		
345（50）[②]	Type 1	≤0.23	0.15～0.40	≤1.35	0.040	0.050				0.01～0.15	Nb 0.005～0.050
	Type 2	≤0.23	0.15～0.40	≤1.35	0.040	0.050				0.01～0.15	—
	Type 3	≤0.23	0.15～0.40	≤1.35	0.040	0.050				0.01～0.15	Nb 0.005～0.050 V + Nb 0.02～0.15
345S（50S）	—	≤0.23	≤0.40	0.50～1.60	0.035	0.045	≤0.35	≤0.45	≤0.60	≤0.15	Mo≤0.15, Nb≤0.05 V + Nb≤0.15
345CR（50CR）	—	≤0.03	≤1.00	≤1.50	0.040	0.010	10.5～12.5	≤1.50	—	—	N≤0.030
345W（50W）	Type A	≤0.19	0.30～0.65	0.80～1.25	0.040	0.050	0.40～0.65	≤0.40	0.25～0.40	0.02～0.10	—
	Type B	≤0.20	0.15～0.50	0.75～1.35	0.040	0.050	0.40～0.70	≤0.50	0.20～0.40	0.01～0.10	—
HPS 345W[④] （HPS 50W）	—	≤0.11	0.30～0.50	1.10～1.35 1.10～1.50	0.020	0.006	0.45～0.70	0.25～0.40	0.25～0.40	0.04～0.08	Al 0.010～0.040 N≤0.015
HPS 485W[④] （HPS 70W）	—	≤0.11	0.30～0.50	1.10～1.35 1.10～1.50	0.020	0.006	0.45～0.70	0.25～0.40	0.25～0.40	0.04～0.08	Mo 0.02～0.08 Al 0.010～0.040 N≤0.015
HPS 690W （HPS 100W）	—	≤0.08	0.15～0.35	0.95～1.50	0.015	0.006	0.40～0.65	0.65～0.90	0.90～1.20	0.04～0.08	Mo 0.40～0.65 Al 0.020～0.050 N≤0.015
QST345 （QST50） QST345S （QST50S）	—	≤0.12	≤0.40	≤1.60	≤0.030	≤0.030	≤0.25	≤0.25	≤0.45	≤0.06	Mo≤0.07 Nb≤0.05
QTS450 （QTS65）	—	≤0.12	≤0.40	≤1.60	0.030	≤0.030	≤0.25	≤0.25	≤0.35	≤0.08	Mo≤0.07 Nb≤0.05
QTS485 （QTS70Q）	—	≤0.12	≤0.40	≤1.60	0.030	≤0.030	≤0.25	≤0.25	≤0.45	≤0.09	Mo≤0.07 Nb≤0.05

① 括号内为英制牌号。

② 本标准中牌号 345（50）未列出 Type 4。

③ 板材 t—厚度，棒材 d—直径。

④ 根据板材厚度 t 确定 Mn 含量，上行为 $t \leqslant 65$mm，下行为 $t > 65$mm。

（2）美国 ASTM 标准桥梁用结构钢的力学性能（表 2-12-47）

表 2-12-47　桥梁用结构钢的力学性能

钢材牌号[①] Grade	板材厚度[②] t/mm	型材厚度[②] t/mm	R_m/MPa	R_e/MPa	A（%）			
					板材和棒材		型材	
					A_{200mm}	A_{50mm}	A_{200mm}	A_{50mm}
					≥			
250（36）	≤100	≤75	400~550	250	20	23	20	21
		>75	≥400	250	—	—	20	19
345（50）	≤100	√	≥450	345	18	21	18	21
QST345（QST50）	—	√	≥450	345			18	21
345S（50S）	≤100	√	≥450	345			18	21
QST50S（QST50S）	—	√	≥450	345			18	21
345W（50W）	≤100	√	≥485	345	18	21	18	21
HPS 345W（HPS 50W）	≤100	√	≥485	345	18	21	—	—
345CR（50CR）	≤50	—	≥485	345	18	21	—	—
QST450（QST65）	—	√	≥550	450			15	17
QST485（QST70）	—	√	≥620	485			14	16
HPS 485W（HPS 70W）	≤100	—	585~760	≥485	—	19	—	—
HPS 690W（HPS 100W）	≤65	—	760~895	690	—	19	—	—
	>65~100	—	690~895	620	—	19	—	—

① 括号内为英制牌号。
② —为不可用；√所有厚度可用。

2.12.10　制造板材、带材、管材、线材、棒材、异型材与锻件用碳素钢和 C-Mn 钢 ［SAE J403（2014）］

（1）美国 SAE 标准制造板材、管材、线材、棒材、锻件用碳素钢的钢号与化学成分（表 2-12-48）

表 2-12-48　制造板材、管材、线材、棒材、锻件用碳素钢的钢号与化学成分（质量分数）（%）

钢号/代号		C	Si[①]	Mn	扁平材≤		长形材≤	
SAE	UNS				P	S	P	S
1002	G10020	0.02~0.04	a，b	≤0.35	0.030	0.035	0.040	0.050
1003	G10030	0.02~0.06	a，b	≤0.35	0.030	0.035	0.040	0.050
1004	G10040	0.02~0.08	a，b	≤0.35	0.030	0.035	0.040	0.050
1005	G10050	≤0.06	a，b	≤0.35	0.030	0.035	0.040	0.050
1006	G10060	≤0.08	a，b	0.25~0.40	0.030	0.035	0.040	0.050
1007	G10070	0.02~0.10	a，b	≤0.50	0.030	0.035	0.040	0.050
1008	G10080	≤0.10	a，b	0.30~0.50	0.030	0.035	0.040	0.050
1009	G10090	≤0.15	a，b	≤0.60	0.030	0.035	0.040	0.050
1010	G10100	0.08~0.13	a，b	0.30~0.60	0.030	0.035	0.040	0.050
1012	G10120	0.10~0.15	a，b	0.30~0.60	0.030	0.035	0.040	0.050
1013	G10130	0.11~0.16	a，b	0.30~0.60	0.030	0.035	0.040	0.050
1015	G10150	0.13~0.18	a，b	0.30~0.60	0.030	0.035	0.040	0.050
1016	G10160	0.13~0.18	a，b	0.60~0.90	0.030	0.035	0.040	0.050
1017	G10170	0.15~0.20	a，b	0.30~0.60	0.030	0.035	0.040	0.050

（续）

钢号/代号		C	Si①	Mn	扁平材≤		长形材≤	
SAE	UNS				P	S	P	S
1018	G10180	0.15~0.20	a，b	0.60~0.90	0.030	0.035	0.040	0.050
1019	G10190	0.15~0.20	a，b	0.70~1.00	0.030	0.035	0.040	0.050
1020	G10200	0.18~0.23	a，b	0.30~0.60	0.030	0.035	0.040	0.050
1021	G10210	0.18~0.23	a，b	0.60~0.90	0.030	0.035	0.040	0.050
1022	G10220	0.18~0.23	a，b	0.70~1.00	0.030	0.035	0.040	0.050
1023	G10230	0.20~0.25	a，b	0.30~0.60	0.030	0.035	0.040	0.050
1025	G10250	0.22~0.28	a，b	0.30~0.60	0.030	0.035	0.040	0.050
1026	G10260	0.22~0.28	a，b	0.60~0.90	0.030	0.035	0.040	0.050
1029	G10290	0.25~0.31	a，b	0.60~0.90	0.030	0.035	0.040	0.050
1030	G10300	0.28~0.34	a，b	0.60~0.90	0.030	0.035	0.040	0.050
1033	G10330	0.30~0.36	a，b	0.70~1.00	0.030	0.035	0.040	0.050
1035	G10350	0.32~0.38	a，b	0.60~0.90	0.030	0.035	0.040	0.050
1037	G10370	0.32~0.38	a，b	0.70~1.00	0.030	0.035	0.040	0.050
1038	G10380	0.35~0.42	a，b	0.60~0.90	0.030	0.035	0.040	0.050
1039	G10390	0.37~0.44	a，b	0.70~1.00	0.030	0.035	0.040	0.050
1040	G10400	0.37~0.44	a，b	0.60~0.90	0.030	0.035	0.040	0.050
1042	G10420	0.40~0.47	a，b	0.60~0.90	0.030	0.035	0.040	0.050
1043	G10430	0.40~0.47	a，b	0.70~1.00	0.030	0.035	0.040	0.050
1044	G10440	0.43~0.50	a，b	0.30~0.60	0.030	0.035	0.040	0.050
1045	G10450	0.43~0.50	a，b	0.60~0.90	0.030	0.035	0.040	0.050
1046	G10460	0.43~0.50	a，b	0.70~1.00	0.030	0.035	0.040	0.050
1049	G10490	0.46~0.53	a，b	0.60~0.90	0.030	0.035	0.040	0.050
1050	G10500	0.48~0.55	a，b	0.60~0.90	0.030	0.035	0.040	0.050
1053	G10530	0.48~0.55	a，b	0.70~1.00	0.030	0.035	0.040	0.050
1055	G10550	0.50~0.60	a，b	0.60~0.90	0.030	0.035	0.040	0.050
1060	G10600	0.55~0.65	a，b	0.60~0.90	0.030	0.035	0.040	0.050
1065	G10650	0.60~0.70	a，b	0.60~0.90	0.030	0.035	0.040	0.050
1070	G10700	0.65~0.70	a，b	0.60~0.90	0.030	0.035	0.040	0.050
1074	G10740	0.70~0.80	a，b	0.50~0.80	0.030	0.035	0.040	0.050
1075	G10750	0.70~0.80	a，b	0.40~0.70	0.030	0.035	0.040	0.050
1078	G10780	0.72~0.85	a，b	0.30~0.60	0.030	0.035	0.040	0.050
1080	G10800	0.75~0.88	a，b	0.60~0.90	0.030	0.035	0.040	0.050
1084	G10840	0.80~0.93	a，b	0.60~0.90	0.030	0.035	0.040	0.050
1085	G10850	0.80~0.93	a，b	0.70~1.00	0.030	0.035	0.040	0.050
1086	G10860	0.80~0.93	a，b	0.30~0.50	0.030	0.035	0.040	0.050
1090	G10900	0.85~0.98	a，b	0.60~0.90	0.030	0.035	0.040	0.050
1095	G10950	0.90~1.03	a，b	0.30~0.50	0.030	0.035	0.040	0.050

① 此类钢一般未规定 Si 含量，若要求规定 Si 含量时，可在 a，b 两类中选定一种：
　a 类—主要对圆钢，Si≤0.10%，0.10%~0.20%，0.15%~0.35%，0.20%~0.40%，0.30%~0.60%。
　b 类—主要对直径较小的棒材、线材等，Si≤0.10%，0.07%~0.15%，0.10%~0.20%，0.15%~0.35%。

（2）美国 SAE 标准制造板材、带材、管材、线材、棒材、异型材用 C-Mn 钢的钢号与化学成分（表2-12-49）

表2-12-49　制造板材、带材、管材、线材、异形材用 C-Mn 钢的钢号与化学成分（质量分数）（%）

钢号/代号		C	Si①	Mn	扁平材≤		长形材≤	
SAE	UNS				P	S	P	S
1515	G15150	0.13 ~ 0.18	a, b	1.10 ~ 1.40	0.030	0.035	0.040	0.050
1521	G15210	0.18 ~ 0.23	a, b	1.10 ~ 1.40	0.030	0.035	0.040	0.050
1522	G15220	0.18 ~ 0.24	a, b	1.10 ~ 1.40	0.030	0.035	0.040	0.050
1524	G15240	0.19 ~ 0.22	a, b	1.35 ~ 1.65	0.030	0.035	0.040	0.050
1526	G15260	0.22 ~ 0.29	a, b	1.10 ~ 1.40	0.030	0.035	0.040	0.050
1527	G15270	0.22 ~ 0.29	a, b	1.20 ~ 1.50	0.030	0.035	0.040	0.050
1536	G15360	0.30 ~ 0.37	a, b	1.20 ~ 1.50	0.030	0.035	0.040	0.050
1541	G15410	0.36 ~ 0.44	a, b	1.35 ~ 1.65	0.030	0.035	0.040	0.050
1547	G15470	0.43 ~ 0.51	a, b	1.35 ~ 1.65	0.030	0.035	0.040	0.050
1548	G15480	0.44 ~ 0.52	a, b	1.10 ~ 1.40	0.030	0.035	0.040	0.050
1552	G15520	0.47 ~ 0.55	a, b	1.20 ~ 1.50	0.030	0.035	0.040	0.050
1566	G15660	0.60 ~ 0.71	a, b	0.85 ~ 1.15	0.030	0.035	0.040	0.050

① Si 含量与表 2-12-48 相同。

2.12.11　高中温压力容器用碳素钢板［ASTM A515/A 515M，A516/A516M（2017）］

（1）美国 ASTM 标准压力容器用碳素钢板的化学成分

A）中低温压力容器用碳素钢板的牌号与化学成分［ASTM A516/A516M（2010）］（表2-12-50）

表2-12-50　中低温压力容器用碳素钢板的牌号与化学成分（质量分数）（%）

化学成分	牌　号①			
	Grade 380 （Grade 55）	Grade 415 （Grade 60）	Grade 450 （Grade 65）	Grade 485 （Grade 70）
C（下列厚度/mm）				
≤12.5	0.18	0.21	0.24	0.27
>12.5 ~ 50	0.20	0.23	0.26	0.28
>50 ~ 100	0.22	0.25	0.28	0.30
>100 ~ 200	0.24	0.27	0.29	0.31
>200	0.26	0.27	0.29	0.31
Mn（下列厚度/mm）				
≤12.5	0.60 ~ 0.90	0.60 ~ 0.90	0.85 ~ 1.20	0.85 ~ 1.20
>12.5	0.60 ~ 1.20	0.85 ~ 1.20	0.85 ~ 1.20	0.85 ~ 1.20
Si	0.15 ~ 0.40	0.15 ~ 0.40	0.15 ~ 0.40	0.15 ~ 0.40
P≤	0.025	0.025	0.025	0.025
S≤	0.025	0.025	0.025	0.025

① 牌号全称为 A516Grade×××，括号内为英制牌号。

B) 高温压力容器用碳素钢板的牌号与化学成分 [ASTM A515/A515M (2017)]（表 2-12-51）

表 2-12-51　高温压力容器用碳素钢板的牌号与化学成分（质量分数）（%）

化学成分	牌　号[1]		
	Grade 415 （Grade 60）	Grade 450 （Grade 65）	Grade 485 （Grade 70）
C（下列厚度/mm）			
≤25	0.24	0.28	0.31
25～50	0.27	0.31	0.33
50～100	0.29	0.33	0.35
100～200	0.31	0.33	0.35
>200	0.31	0.33	0.35
Si	0.15～0.40	0.15～0.40	0.15～0.40
Mn	0.90	0.90	1.20
P≤	0.025	0.025	0.035
S≤	0.025	0.025	0.035

① 牌号全称为 A515 Grade ×××，括号内为英制牌号。

（2）美国 ASTM 标准压力容器用碳素钢板的力学性能（表 2-12-52）

表 2-12-52　压力容器用碳素钢板的力学性能

牌号[1]	R_m/MPa	$R_{p0.2}$/MPa	A（%）	Z（%）
		≥		
中低温压力容器用碳素钢板 [ASTM A516/A516M (2010)]				
Grade 380 （Grade 55）	380～515	205	23	27
Grade 415 （Grade 60）	415～550	220	21	25
Grade 450 （Grade 650）	450～585	240	19	23
Grade 485 （Grade 70）	485～620	260	17	21
高温压力容器用碳素钢板 [ASTM A515/A515M (2017)]				
Grade 415 （Grade 60）	415～550	220	21	25
Grade 450 （Grade 65）	450～585	240	19	23
Grade 485 （Grade 70）	485～620	260	17	21

① 括号内为英制牌号。

2.12.12　中低温压力容器用合金钢板 [ASTM A738/A738M (2016)，A553/A553M (2010)]

（1）美国 ASTM 标准低温压力容器用 8% Ni 和 9% Ni 合金钢板 [ASTM A553/A553M (2010)]

A) 低温压力容器用 8% Ni 和 9% Ni 合金钢板的牌号与化学成分（表 2-12-53）

表 2-12-53　低温压力容器用 8%Ni 和 9%Ni 合金钢板的牌号与化学成分（质量分数）（%）

牌号/代号		C	Si	Mn	P	S	Ni
ASTM	UNS				≤	≤	
Type I	K81340	≤0.13	0.15～0.40	≤0.90	0.015	0.015	8.50～9.50
Type II	K71340	≤0.13	0.15～0.40	≤0.90	0.015	0.015	7.80～8.50

B）低温压力容器用8%Ni和9%Ni合金钢板的力学性能（表2-12-54）

表 2-12-54　低温压力容器用8%Ni和9%Ni合金钢板的力学性能

牌号/代号		R_m/MPa	$R_{p0.2}$/MPa	A（%）
ASTM	UNS		$\geqslant$	
Type I	K81340	690~825	585	20
Type II	K71340	690~825	585	20

（2）美国ASTM标准中低温压力容器用合金钢板［ASTM A738/A738M（2019）］

A）中低温压力容器用合金钢板的牌号（钢材等级）与化学成分（表2-12-55）

表 2-12-55　中低温压力容器用合金钢板的牌号（钢材等级）与化学成分（质量分数）（%）

钢材等级	厚度/mm	C	Si	Mn	P ≤	S ≤	Cr	Ni	Mo	V	其 他
Grade A	≤40 >40~65 >65	≤0.24	0.15~0.50	≤1.50 ≤1.50 ≤1.60	0.025	0.025	≤0.25	≤0.50	≤0.08 ≤0.08 —	≤0.07	Nb≤0.04 Nb+V≤0.08
Grade B	≤40 >40~65 >65	≤0.20	0.15~0.55	0.90~1.50 0.90~1.50 0.90~1.60	0.025	0.025	≤0.30	≤0.60	≤0.20 ≤0.30 —	≤0.07	
Grade C	≤40 >40~65 >65	≤0.20	0.15~0.50	≤1.50 ≤1.50 ≤1.60	0.025	0.025	≤0.25	≤0.50	≤0.08 ≤0.08 —	≤0.05	
Grade D	≤40 >40~65 >65	≤0.10	0.15~0.50	1.00~1.60 — —	0.015	0.006	≤0.25	≤0.60	≤0.30 — —	≤0.08	Nb≤0.05 Nb+V≤0.12 B≤0.0007
Grade E	≤40 >40~65 >65	≤0.12	0.15~0.50	1.10~1.60 1.10~1.60 —	0.015	0.006	≤0.30	≤0.70	≤0.35 — —	≤0.09	Al_t≤0.020 Al_S≤0.015

注：各等级合金的铜含量Cu≤0.35%。

B）中低温压力容器用合金钢板的力学性能（表2-12-56）

表 2-12-56　中低温压力容器用合金钢板的力学性能

钢材等级	厚度/mm	R_m/MPa	$R_{p0.2}$/MPa	A（%）
			$\geqslant$	
Grade A	≤40 >40~50 >50~65 >65~100 >100	515~655 515~655 515~655 515~615 515~655	310 310 310 310 310	20
Grade B	≤40 >40~50 >50~65 >65~100 >100	585~705 585~705 585~705 585~705 585~705 585~705	415 415 415 415 415	20
Grade C	≤40 >40~50 >50~65 >65~100 >100	550~690 550~690 550~690 515~655 485~620	415 415 415 380 315	22

（续）

钢材等级	厚度/mm	R_m/MPa	$R_{p0.2}$/MPa	A（%）
			≥	
Grade D	≤40	585～724	485	20
	>40～50	—	—	—
	>40～65	—	—	—
	>65～100	—	—	—
	>100	—	—	—
Grade E	≤40	620～760	515	20
	>40～50	—	515	—
	>50～65	620～760	—	—
	>65～100	—	—	—
	>100	—	—	—

2.12.13　低温用阀门和其他部件的合金钢板［ASTM A522/A522M（2014/2019 确认）］

（1）美国 ASTM 标准低温用阀门和其他部件的 8%Ni 和 9%Ni 合金钢板的牌号与化学成分（表2-12-57）

表2-12-57　低温用阀门和其他部件的 8%Ni 和 9%Ni 合金钢板的牌号与化学成分（质量分数）（%）

牌号	C	Si	Mn	P ≤	S ≤	Ni
Type Ⅰ	≤0.13	0.15～0.30	≤0.90	0.025	0.025	8.50～9.50
Type Ⅱ	≤0.13	0.15～0.30	≤0.90	0.025	0.025	7.50～8.50

（2）低温用阀门和其他部件的 8%Ni 和 9%Ni 合金钢板的力学性能（表2-12-58）

表2-12-58　低温用阀门和其他部件的 8%Ni 和 9%Ni 合金钢板的力学性能

牌　号	R_m/MPa	$R_{p0.2}$/MPa	A（%）	Z（%）	KV/J 标准试样 10mm×10mm		
	≥				温度/℃	纵向	横向
Type Ⅰ	690	515	22	45	-195	≥34	≥27
Type Ⅱ	690	515	22	45	-170	≥34	≥27

2.12.14　压力容器用不同强度碳素钢板［ASTM A285/A285M（2017），A612/A612M（2012/2019 确认）］

（1）美国 ASTM 标准压力容器用不同强度碳素钢板的牌号与化学成分（表2-12-59）

表2-12-59　压力容器用不同强度碳素钢板的钢号与化学成分（质量分数）（%）

牌号/代号[①]		C	Si	Mn	P ≤	S ≤	其　他
ASTM	UNS						
压力容器用中低强度碳素钢板 ASTM A285/A285M（2017）							
Grade A	K01700	≤0.17	—	≤0.90（≤0.98）[②]	0.025	0.025	—
Grade B	K02200	≤0.22	—	≤0.90（≤0.98）[②]	0.025	0.025	—
Grade C	K02801	≤0.28	—	≤0.90（≤0.98）[②]	0.025	0.025	—
压力容器用高强度碳素钢板　ASTM A612/A612M（2019）							
—	K02900[②]	≤0.25（≤0.29）	0.15～0.50（0.13～0.55）	1.00～1.50（0.92～1.62）	0.025	0.025	[③]

① 此牌号属于钢材等级，UNS 代号仅作参考。

② 括号内为产品分析值。

③ 其他元素含量：Cr≤0.25%，Ni≤0.25%，Mo≤0.08%，V≤0.08%，Cu≤0.35%。

（2）美国 ASTM 标准压力容器用不同强度碳素钢板的力学性能（表 2-12-60）

表 2-12-60　压力容器用不同强度碳素钢板的力学性能

牌号/代号		R_m /MPa	$R_{p0.2}$/MPa	$A^{[1]}$（%）	
ASTM	UNS			试样-1	试样-2
				≥	
压力容器用中低强度碳素钢板　ASTM A285/A285M（2017）					
Grade A	K01700	310～450	165	27	30
Grade B	K02200	345～485	185	25	28
Grade C	K02801	380～515	205	23	27
压力容器用高强度碳素钢板　ASTM A612/A612M（2012/2019 确认）					
K02900　厚度≤12.5mm		570～725	345	16	22
K02900　厚度＞12.5～50mm		560～695	345	16	22

[1] 试样-1 的标距 200mm，试样-2 的标距 50mm。

2.12.15　压力容器用高强度合金钢板［ASTM A517/A517M（2017）］

（1）美国 ASTM 标准压力容器用高强度合金钢板的牌号与化学成分（表 2-12-61）

表 2-12-61　压力容器用高强度合金钢板的牌号与化学成分（质量分数）（%）

牌号/钢材等级	C	Si	Mn	P ≤	S ≤	Cr	Ni	Mo	V	其他
Grade A	0.15～0.21	0.40～0.80	0.80～1.10	0.025	0.025	0.50～0.80	—	0.18～0.28	—	Zr 0.05～0.15 B≤0.0025
Grade B	0.15～0.21	0.15～0.35	0.70～1.10	0.025	0.025	0.40～0.65	—	0.15～0.25	0.03～0.08	Ti 0.01～0.04 B 0.0005～0.0050
Grade E	0.12～0.20	0.10～0.40	0.40～0.70	0.025	0.025	1.40～2.00	—	0.40～0.60	—	Ti 0.01～0.10 B 0.001～0.005
Grade F	0.10～0.20	0.15～0.35	0.60～1.00	0.025	0.025	0.40～0.65	0.70～1.00	0.40～0.60	0.03～0.08	Ti≤0.10 Cu 0.15～0.50 B 0.0005～0.0060
Grade H	0.12～0.21	0.15～0.35	0.95～1.30	0.025	0.025	0.40～0.65	0.30～0.70	0.20～0.30	0.03～0.08	Ti≤0.10 B≤0.0005
Grade P	0.12～0.21	0.20～0.35	0.45～0.70	0.025	0.025	0.85～1.20	1.20～1.50	0.45～0.60	—	Ti≤0.10 B 0.001～0.005
Grade Q	0.14～0.21	0.15～0.35	0.95～1.30	0.025	0.025	1.00～1.50	1.20～1.50	0.40～0.60	0.03～0.08	—
Grade S	0.10～0.20	0.15～0.40	1.10～1.50	0.025	0.025	—	—	0.10～0.35	—	Nb≤0.06,Ti≤0.06

（2）美国 ASTM 标准压力容器用高强度合金钢板的力学性能（表 2-12-62）

表 2-12-62　压力容器用高强度合金钢板的力学性能

钢板厚度 t /mm	R_m /MPa	$R_{p0.2}$/MPa	$A^{[1]}$（%）	Z（%）	
				矩形试样	圆形试样
			≥		
≤65	795～930	690	16	35	—
＞65～150	725～930	620	14	45	45

[1] 试样标距为 50mm。

2.12.16　压力容器用 MnMo 和 MnMoNi 合金钢板 ［ASTM A302/A302M（2017），A533/A533M（2009c）］

（1）美国 ASTM 标准用于特殊锅炉及容器的 MnMo 和 MnMoNi 合金钢板 ［ASTM A302/A302M（2017）］

A）用于特殊锅炉及容器的 MnMo 和 MnMoNi 合金钢板的牌号与化学成分（表 2-12-63）

表 2-12-63　用于特殊锅炉及容器的 MnMo 和 MnMoNi 合金钢板的牌号与化学成分（质量分数）（%）

牌　号/ 钢材等级	C[①]	Si	Mn	P ≤	S ≤	Ni	Mo
Grade A	0.20 ~ 0.25	0.15 ~ 0.40	0.95 ~ 1.30	0.025	0.025	—	0.45 ~ 0.60
Grade B	0.20 ~ 0.25	0.15 ~ 0.40	1.15 ~ 1.50	0.025	0.025	—	0.45 ~ 0.60
Grade C	0.20 ~ 0.25	0.15 ~ 0.40	1.15 ~ 1.50	0.025	0.025	0.40 ~ 0.70	0.45 ~ 0.60
Grade D	0.20 ~ 0.25	0.15 ~ 0.40	1.15 ~ 1.50	0.025	0.025	0.70 ~ 1.00	0.45 ~ 0.60

① 钢板厚度≤25mm 时，C≤0.20%；板厚 25 ~ 50mm 时，C≤0.23%；板厚 >50mm 时，C≤0.25%。

B）用于特殊锅炉及容器的 MnMo 和 MnMoNi 合金钢板的力学性能（表 2-12-64）

表 2-12-64　用于特殊锅炉及容器的 MnMo 和 MnMoNi 合金钢板的力学性能

牌号/ 钢材等级	R_m /MPa	$R_{p0.2}$/MPa	A[①]（%）	
			试样-1	试样-2
			≥	
Grade A	515 ~ 655	310	15	19
Grade B	550 ~ 690	345	15	18
Grade C	550 ~ 690	345	17	20
Grade D	550 ~ 690	345	17	20

① 试样-1 的标距为 200mm，试样-2 的标距为 50mm。

（2）美国 ASTM 标准适用于淬火加回火状态使用的 MnMo 和 MnMoNi 合金钢板 ［ASTM A353/A533M（2016）］

A）适用于淬火加回火状态使用的 MnMo 和 MnMoNi 合金钢板的牌号与化学成分（表 2-12-65）

表 2-12-65　适用于淬火加回火状态使用的 MnMo 和 MnMoNi 合金钢板的牌号与化学成分（质量分数）（%）

牌　号/ 钢材类型	C[①]	Si	Mn	P ≤	S ≤	Ni	Mo	其　他
Type A	≤0.25	0.15 ~ 0.40	1.15 ~ 1.50	0.025	0.025	—	0.45 ~ 0.60	—
Type B	≤0.25	0.15 ~ 0.40	1.15 ~ 1.50	0.025	0.025	0.40 ~ 0.70	0.45 ~ 0.60	—
Type C	≤0.25	0.15 ~ 0.40	1.15 ~ 1.50	0.025	0.025	0.70 ~ 1.00	0.45 ~ 0.60	—
Type D	≤0.25	0.15 ~ 0.40	1.15 ~ 1.50	0.025	0.025	0.20 ~ 0.40	0.45 ~ 0.60	—
Type E	≤0.20	0.15 ~ 0.40	1.15 ~ 1.70	0.020	0.015	0.60 ~ 1.00	0.25 ~ 0.60	Cr≤0.60

① 钢板厚度≤25mm 时，C≤0.20%；板厚 25 ~ 50mm 时，C≤0.23%；板厚 >50mm 时，C≤0.25%。

B）适于淬火加回火状态使用的 MnMo 和 MnMoNi 合金钢板的力学性能

上表所列的 5 类钢板（Type A，B，C，D，E），根据 ASTM A20/A20M 标准（压力容器用钢板的通用要求）的规定，再按钢板厚度和抗拉强度，各分为 3 组（Class 1，2，3），其力学性能见表 2-12-66。

表 2-12-66　压力容器用不同强度碳素钢板的力学性能

牌　号		钢板厚度 /mm	R_m /MPa	$R_{p0.2}$/MPa	A[①]（%）
钢材类型	组别			≥	
Type A，B，C，D	Class 1	≤300	550 ~ 690	345	18
Type E	Class 1	≤150	550 ~ 690	345	18
Type A，B，C，D	Class 2	≤300	620 ~ 795	485	16
Type E	Class 2	≤80	620 ~ 795	485	16
Type A，B，C.D	Class 3	≤65	690 ~ 860	570	16
Type E	Class 3	≤50	690 ~ 860	570	16

① 试样标距为 50mm。

2.12.17 压力容器用 CrMo 和 CrMoV 合金钢板〔ASTM A387/A387M（2017），A542/A542M（2019）〕

（1）美国 ASTM 标准用于锅炉及高温压力容器的 CrMo 和 CrMoV 合金钢板〔ASTM A387/A387M（2017）〕
A）用于锅炉及高温压力容器的 CrMo 和 CrMoV 合金钢板的牌号与化学成分（表 2-12-67）

表 2-12-67 用于锅炉及高温压力容器的 CrMo 和 CrMoV 合金钢板的牌号与化学成分（质量分数）（%）

牌 号 钢材等级	UNS 编号	C	Si	Mn	P ≤	S ≤	Cr	Mo	其 他
Grade 2	S50460	0.05 ~ 0.21	0.15 ~ 0.40	0.55 ~ 0.80	0.025	0.025	0.50 ~ 0.80	0.45 ~ 0.60	—
Grade 12	K11757	0.05 ~ 0.17	0.15 ~ 0.40	0.40 ~ 0.65	0.025	0.025	0.80 ~ 1.15	0.45 ~ 0.60	—
Grade 11	K11789	0.05 ~ 0.17	0.50 ~ 0.80	0.40 ~ 0.65	0.025	0.025	1.00 ~ 1.50	0.45 ~ 0.60	—
Grade 22	K21590	0.05 ~ 0.15	≤0.50	0.30 ~ 0.60	0.025	0.025	2.00 ~ 2.50	0.90 ~ 1.10	—
Grade 22L	K21590	≤0.10	≤0.50	0.30 ~ 0.60	0.025	0.025	2.00 ~ 2.50	0.90 ~ 1.10	—
Grade 21	K31545	0.05 ~ 0.15	≤0.50	0.30 ~ 0.60	0.025	0.025	2.75 ~ 3.25	0.90 ~ 1.10	—
Grade 21L	K31545	≤0.10	≤0.50	0.30 ~ 0.60	0.025	0.025	2.75 ~ 3.25	0.90 ~ 1.10	—
Grade 5	S50200	≤0.15	≤0.50	0.30 ~ 0.60	0.025	0.025	4.00 ~ 6.00	0.45 ~ 0.65	—
Grade 9	K90941	≤0.15	≤1.00	0.30 ~ 0.60	0.025	0.025	8.00 ~ 10.0	0.90 ~ 1.10	V≤0.04
Grade 91	K91560	0.08 ~ 0.12	0.20 ~ 0.50	0.30 ~ 0.60	0.020	0.010	8.00 ~ 9.50	0.85 ~ 1.05	V 0.18 ~ 0.25[①]

① 还含有：Ni≤0.40%，B = 0.06% ~ 0.10%，Nb = 0.06% ~ 0.10%，N = 0.03% ~ 0.07%，Al≤0.02%，Ti≤0.01%，Zr≤0.01%。

B）用于锅炉及高温压力容器的 CrMo 和 CrMoV 合金钢板的力学性能

上表所列的 10 种钢板，根据 ASTM A20/A20M 标准（压力容器用钢板的通用要求）的规定，再按不同热处理，各分为两组（Class 1，2），其力学性能见表 2-12-68。

表 2-12-68 用于锅炉及高温压力容器的 CrMo 和 CrMoV 合金钢板的力学性能

牌 号		R_m /MPa	$R_{p0.2}$/MPa	$A^{①}$（%）		Z（%）
钢材等级	组 别			试样-1	试样-2	
				≥		
Grade 2，12	Class 1	380 ~ 550	230	18	22	—
Grade 5，9	Class 1	415 ~ 585	205	—	18	45
Grade 11	Class 1	415 ~ 585	240	19	22	—
Grade 21，21L	Class 1	415 ~ 585	205	—	18	45
Grade 22，22L	Class 1	415 ~ 585	205	—	18	45
Grade 2	Class 2	485 ~ 620	310	18	22	—
Grade 5，9	Class 2	515 ~ 690	310	—	18	45
Grade 11	Class 2	515 ~ 690	310	18	22	—
Grade 12	Class 2	450 ~ 585	275	19	22	—
Grade 21，22	Class 2	515 ~ 690	310	—	18	45
Grade 91	Class 2	585 ~ 760	415	—	18	—

① 试样-1 的标距为 200mm，试样-2 的标距为 50mm。

（2）美国 ASTM 标准适于淬火加回火状态使用的 CrMo 和 CrMoV 合金钢板〔ASTM A542/A542M（2009）〕
A）适于淬火加回火状态使用的 CrMo 和 CrMoV 合金钢板的牌号与化学成分（表 2-12-69）

表 2-12-69 适于淬火加回火状态使用的 CrMo 和 CrMoV 合金钢板的牌号与化学成分（质量分数）（%）

牌 号 钢材等级	UNS 编号	C	Si	Mn	P ≤	S ≤	Cr	Mo	V	其 他
Grade A	K21590	≤0.15	≤0.50	0.30 ~ 0.60	0.025	0.025	2.00 ~ 2.50	0.90 ~ 1.10	≤0.03	Ni≤0.40，Cu≤0.40
Grade B	K21590	0.11 ~ 0.15	≤0.50	0.30 ~ 0.60	0.015	0.015	2.00 ~ 2.50	0.90 ~ 1.10	≤0.02	Ni≤0.25，Cu≤0.25
Grade C	K31830	0.10 ~ 0.15	≤0.13	0.30 ~ 0.60	0.025	0.025	2.75 ~ 3.25	0.90 ~ 1.10	0.20 ~ 0.30	Ni≤0.25，Cu≤0.25 Ti 0.015 ~ 0.035 B 0.001 ~ 0.003

（续）

牌　号	UNS 编号	C	Si	Mn	P ≤	S ≤	Cr	Mo	V	其　他
钢材等级										
Grade D	K31830	0.11~0.15	≤0.10	0.30~0.60	0.015	0.010	2.00~2.50	0.90~1.10	0.25~0.35	Ni≤0.25，Cu≤0.20 Ti≤0.030 Nb≤0.07 B≤0.0020
Grade E	K31390	0.10~0.15	≤0.15	0.30~0.60	0.025	0.010	2.75~3.25	0.90~1.10	0.20~0.30	Ni≤0.25，Cu≤0.25 Nb 0.015~0.070

B）适于淬火加回火状态使用的 CrMo 和 CrMoV 合金钢板的力学性能

上表所列的 5 种钢板，根据 ASTM A20/A20M 标准（压力容器用钢板的通用要求）的规定，再按不同热处理，其中 Grade A、B、C、D 分为 5 组（Class 1~4，4a），Grade E 分为 2 组（Class 4，4a），其力学性能见表 2-12-70。

表 2-12-70　适于淬火加回火状态使用的 CrMo 和 CrMoV 合金钢板的力学性能

牌　号		R_m /MPa	$R_{p0.2}$/MPa	$A^{①}$（%）
钢材等级	组别		≥	
Grade A，B	Class 1	725~860	585	14
Grade A，B	Class 2	795~930	690	13
Grade A，B	Class 3	655~795	515	20
Grade A，B	Class 4	585~760	380	20
Grade A，B	Class 4a	585~760	415	18
Grade C，D	Class 1	725~860	585	14
Grade C，D	Class 2	795~930	690	13
Grade C，D	Class 3	655~795	515	20
Grade C，D，E	Class 4	585~760	380	20
Grade C，D，E	Class 4a	585~760	415	18

① 试样的标距为 50mm。

2.12.18　压力容器用 CrMoW 和 CrNiMo 合金钢板［ASTM A1017/A1017M（2017），A543/A543M（2009/2014 确认）］

（1）美国 ASTM 标准用于锅炉及高温压力容器的 CrMoW 合金钢板［ASTM A1017/A1017M（2011）］

A）用于锅炉及高温压力容器的 CrMoW 合金钢板的牌号与化学成分（表 2-12-71）

表 2-12-71　用于锅炉及高温压力容器的 CrMoW 合金钢板的牌号与化学成分（质量分数）（%）

牌　号	UNS 编号	C	Si	Mn	P ≤	S ≤	Cr	Mo	W	V	其　他
钢材等级											
Grade 23	—	0.04~0.10	≤0.50	0.10~0.60	0.030	0.010	1.90~2.60	0.05~0.30	1.45~1.75	0.20~0.30	①
Grade 911	K91061	0.09~0.13	0.10~0.50	0.30~0.60	0.020	0.010	8.50~9.50	0.90~1.10	0.90~1.10	0.18~0.25	②

（续）

牌号 钢材等级	UNS 编号	C	Si	Mn	P ≤	S ≤	Cr	Mo	W	V	其　他
Grade 92	—	0.07 ~ 0.13	≤0.50	0.30 ~ 0.60	0.020	0.010	8.50 ~ 9.50	0.30 ~ 0.60	1.50 ~ 2.00	0.15 ~ 0.25	③
Grade 122	K92930	0.07 ~ 0.14	≤0.50	≤0.70	0.020	0.010	10.0 ~ 11.5	0.25 ~ 0.60	1.50 ~ 2.50	0.15 ~ 0.30	④

① Ni≤0.40，Nb 0.02 ~ 0.08，V 0.20 ~ 0.33，W 1.45 ~ 1.75，Ti 0.005 ~ 0.060，Al≤0.03，B 0.001 ~ 0.006，N ≤0.015。

② Ni≤0.40，Nb 0.06 ~ 0.10，V 0.18 ~ 0.25，W 0.90 ~ 1.10，Al≤0.02，B 0.0003 ~ 0.006，N 0.04 ~ 0.09，Ti≤0.01，Zr≤0.01。

③ Ni≤0.40，Nb 0.04 ~ 0.09，V 0.15 ~ 0.25，W 1.50 ~ 2.00，Al≤0.02，B 0.001 ~ 0.006，N 0.03 ~ 0.07，Ti≤0.01，Zr≤0.01。

④ Ni≤0.50，Cu 0.30 ~ 0.70，Nb 0.04 ~ 0.10，V 0.15 ~ 0.30，W 1.50 ~ 2.50，Al≤0.02，B≤0.005，N 0.04 ~ 0.10，Ti≤0.01，Zr≤0.01。

B）用于锅炉及高温压力容器的 CrMoW 合金钢板的力学性能（表2-12-72）

表2-12-72　用于锅炉及高温压力容器的 CrMoW 合金钢板的力学性能

牌号 钢材等级	UNS 编号	R_m /MPa	$R_{p0.2}$/MPa	A[①]（%）
			≥	
Grade 23	—	510 ~ 690	400	20
Grade 911	K91061	620 ~ 840	440	18
Grade 92	—	≥620	400	20
Grade 122	K92930	620 ~ 840	440	20

① 试样的标距为50mm。

（2）美国 ASTM 标准适于淬火加回火状态使用的 CrNiMo 合金钢板［ASTM A543/A543M（2009/2014 确认）］

A）适于淬火加回火状态使用的 CrNiMo 合金钢板的牌号与化学成分（表2-12-73）

表2-12-73　适于淬火加回火状态使用的 CrNiMo 合金钢板的牌号与化学成分（质量分数）（%）

牌　号 钢材类型	C	Si	Mn	P ≤	S ≤	Cr	Ni	Mo
Type B	≤0.20	0.15 ~ 0.40	≤0.40	0.020	0.020	1.00 ~ 1.90	2.25 ~ 4.00	0.20 ~ 0.65
Type C	≤0.18	0.15 ~ 0.40	≤0.40	0.020	0.020	1.00 ~ 1.90	2.00 ~ 3.50	0.20 ~ 0.65

B）适于淬火加回火状态使用的 CrNiMo 合金钢板的力学性能

上表所列的2种钢板，根据 ASTM A20/A20M 标准（压力容器用钢板的通用要求）的规定，再按不同热处理，各分为3组（Class 1，2，3），其力学性能见表2-12-74。

表 2-12-74　适于淬火加回火状态使用的 **CrNiMo** 合金钢板的力学性能

牌　号		R_m	$R_{p0.2}$/MPa	$A^{①}$（%）
钢材等级	组别	/MPa	≥	
	Class 1	725 ~ 860	585	14
Type B	Class 2	795 ~ 930	690	14
	Class 3	620 ~ 795	485	16
	Class 1	725 ~ 860	585	14
Type C	Class 2	795 ~ 930	690	14
	Class 3	620 ~ 795	485	16

① 试样的标距为 50mm。

2.12.19　承压装备部件用碳素钢和合金钢锻材［ASTM A541/A541M-05（R2015）］

（1）美国 ASTM 标准承压装备部件用碳素钢和合金钢锻材的牌号与化学成分（表 2-12-75）

表 2-12-75　承压装备部件用碳素钢和合金钢锻材的牌号与化学成分（质量分数）（%）

牌　号	C	Si	Mn	P ≤	S ≤	Cr	Ni	Mo	V	其　他
Grade 1	≤0.35	≤0.35	0.40 ~ 0.90	0.025	0.025	≤0.25	≤0.40	≤0.10	≤0.05	—
Grade 1A	≤0.30	≤0.40	0.70 ~ 1.35	0.025	0.025	≤0.25	≤0.40	≤0.10	≤0.05	—
Grade 1C	≤0.18	≤0.35	≤1.30	0.025	0.025	≤0.15	≤0.25	≤0.05	0.02 ~ 0.12	—
Grade 2	≤0.27	≤0.35	0.50 ~ 0.90	0.025	0.025	0.25 ~ 0.45	0.50 ~ 1.00	0.55 ~ 0.70	≤0.05	—
Grade 3	≤0.25	≤0.35	1.20 ~ 1.50	0.025	0.025	≤0.25	0.40 ~ 1.00	0.45 ~ 0.60	≤0.05	—
Grade 3V	0.10 ~ 0.15	≤0.10	0.30 ~ 0.60	0.020	0.020	2.80 ~ 3.30	—	0.90 ~ 1.10	0.20 ~ 0.30	Ti 0.015 ~ 0.035 B 0.001 ~ 0.003
Grade 3VCb	0.10 ~ 0.15	≤0.10	0.30 ~ 0.60	0.020	0.010	2.70 ~ 3.30	≤0.25	0.90 ~ 1.10	0.20 ~ 0.30	Ti ≤0.015，Cu ≤0.25 Nb 0.015 ~ 0.070 Ca 0.0005 ~ 0.015
Grade 4N	≤0.23	≤0.30	0.20 ~ 0.40	0.025	0.025	1.25 ~ 2.00	2.80 ~ 3.90	0.40 ~ 0.60	≤0.03	—
Grade 5	≤0.23	≤0.30	0.20 ~ 0.40	0.025	0.025	1.25 ~ 2.00	2.80 ~ 3.90	0.40 ~ 0.60	≤0.08	—
Grade 11 Class 4	0.10 ~ 0.20	0.50 ~ 1.00	0.30 ~ 0.80	0.025	0.025	1.00 ~ 1.50	≤0.50	0.45 ~ 0.65	≤0.05	—
Grade 22 Class 3	0.11 ~ 0.15	≤0.50	0.30 ~ 0.60	0.015	0.015	2.00 ~ 2.50	≤0.50	0.90 ~ 1.10	≤0.02	—
Grade 22 Class 4，5	0.05 ~ 0.15	≤0.50	0.30 ~ 0.60	0.025	0.025	2.00 ~ 2.50	≤0.50	0.90 ~ 1.10	≤0.05	—
Grade 22V	0.11 ~ 0.15	≤0.10	0.30 ~ 0.60	0.015	0.010	2.00 ~ 2.50	≤0.25	0.90 ~ 1.10	0.25 ~ 0.35	Ti ≤0.03，Nb ≤0.07 Cu ≤0.20，B ≤0.002 Ca ≤0.015

（2）承压装备部件用碳素钢和合金钢锻材的新旧牌对照（表2-12-76）

表2-12-76 承压装备部件用碳素钢和合金钢锻材的新旧牌对照

现行牌号	以前牌号	现行牌号	以前牌号	现行牌号	以前牌号
Grade 1	Class 1	Grade 4N Class 1	Class 7	Grade 22 Class 3	Class 22B
Grade 1A	Class 1A	Grade 4N Class 2	Class 7A	Grade 22 Class 4	Class 22C
Grade 1C	Class 4	Grade 4N Class 3	Class 7B	Grade 22 Class 5	Class 22D
Grade 2 Class 1	Class 2	Grade 5 Class 1	Class 8	Grade 22V	Class 22V
Grade 2 Class 2	Class 2A	Grade 5 Class 2	Class 8A	Grade 3V	Class 3V
Grade 3 Class 1	Class 3	Grade 11 Class 4	Class 11C	Grade 3VCb	—
Grade 3 Class 2	Class 3A	—	—	—	—

（3）承压装备部件用碳素钢和合金钢锻材的力学性能（表2-12-77）

表2-12-77 承压装备部件用碳素钢和合金钢锻材的力学性能

牌 号	R_m /MPa	$R_{p0.2}$/MPa	A（%）	Z（%）
		≥		
Grade 1	485~655	250	20	38
Grade 1A	485~655	250	20	38
Grade 1C	550~725	345	18	38
Grade 2 Class 1	550~725	345	18	38
Grade 2 Class 2	620~795	450	16	35
Grade 3 Class 1	550~725	345	18	38
Grade 3 Class 2	620~795	450	16	35
Grade 4N Class 1	725~895	585	18	48
Grade 4N Class 2	795~965	690	16	45
Grade 4N Class 3	620~795	485	20	48
Grade 5 Class 1	725~895	585	18	48
Grade 5 Class 2	795~965	690	16	45
Grade 11 Class 4	550~725	345	18	38
Grade 22 Class 3	585~760	380	18	45
Grade 22 Class 4	725~895	585	16	45
Grade 22 Class 5	795~965	690	15	40
Grade 22V	585~760	415	18	45
Grade 3V	585~760	415	18	45
Grade 3VCb	585~760	415	18	45

2.12.20 薄壁压力容器用碳素钢和合金钢锻材［ASTM A372/A372M（2016）］

（1）美国 ASTM 标准薄壁压力容器用碳素钢和合金钢锻材的牌号与化学成分（表2-12-78）

表2-12-78 薄壁压力容器用碳素钢和合金钢锻材的牌号与化学成分（质量分数）（%）

牌 号	C	Si	Mn	P ≤	S ≤	Cr	Mo	其 他
Grade A	≤0.30	0.15~0.35	≤1.00	0.015	0.010	—	—	—
Grade B	≤0.35	0.15~0.35	≤1.35	0.015	0.010	—	—	—
Grade C	≤0.48	0.15~0.35	≤1.65	0.015	0.010	—	—	—
Grade D	0.40~0.50	0.15~0.35	1.40~1.80	0.015	0.010	—	0.17~0.27	—

（续）

牌　号	C	Si	Mn	P ≤	S ≤	Cr	Mo	其　他
Grade E Class 55，65，70	0.25~0.35	0.15~0.35	0.40~0.90	0.015	0.010	0.80~1.15	0.15~0.25	—
Grade F Class 55，65，70	0.30~0.40	0.15~0.35	0.70~1.00	0.015	0.010	0.80~1.15	0.15~0.25	—
Grade G Class 55，65，70	0.25~0.35	0.15~0.35	0.70~1.00	0.015	0.010	0.40~0.65	0.15~0.25	—
Grade H Class 55，65，70	0.30~0.40	0.15~0.35	0.75~1.05	0.015	0.010	0.40~0.65	0.15~0.25	—
Grade J Class 55，65，70，110	0.35~0.50	0.15~0.35	0.75~1.05	0.015	0.010	0.80~1.15	0.15~0.25	—
Grade K	≤0.18	0.15~0.35	0.10~0.40	0.015	0.010	1.00~1.80	0.20~0.60	Ni 2.00~3.30
Grade L	0.38~0.43	0.15~0.35	0.60~0.80	0.015	0.010	0.70~0.90	0.20~0.30	Ni 1.65~2.00
Grade M Class 85，100	≤0.23	≤0.30	0.20~0.40	0.015	0.010	1.50~2.00	0.40~0.60	Ni 2.80~3.90 V≤0.08
Grade N Class 100，120，140	≤0.35	≤0.35	≤0.90	0.015	0.015	0.80~2.00	0.20~0.40	Ni 1.5~2.25 V≤0.20
Grade P Class 100，120，140	≤0.40	≤0.35	≤0.90	0.015	0.015	0.80~2.00	0.30~0.50	Ni 2.3~3.3 V≤0.20

（2）美国薄壁压力容器用碳素钢和合金钢锻材的力学性能（表2-12-79）

表 2-12-79　薄壁压力容器用碳素钢和合金钢锻材的力学性能

牌　号	R_m/MPa	$R_{p0.2}$/MPa ≥	A[1]（%）≥	HBW ≥
Grade A	415~585	240	20	121
Grade B	515~690	310	18	156
Grade C	620~795	380	15	187
Grade D	725~895	450	15	217
Grade E，F，G（Class 55）	545~760	380	20	179
Grade E，F，G（Class 65）	725~695	450	19	217
Grade E，F，G（Class 70）	825~1000	485	18	248
Grade H J（Class 55）	545~760	380	20	179
Grade H J（Class 65）	725~695	450	19	217
Grade H J（Class 70）	825~1000	485	18	248
Grade J（Class 90）	825~1000	620	18	248
Grade J（Class 110）	930~1100	760	15	277
Grade K	690~860	550	20	207
Grade L	1070~1240	930	12	311
Grade M（Class 85）	725~895	585	18	217
Grade M（Class 100）	825~1000	690	16	248
Grade N，P（Class 100）	795~965	690	16	248
Grade N，P（Class 120）	930~1105	825	14	277
Grade N，P（Class 140）	1070~1240	965	13	311

① 试样标距为50mm。

（3）美国薄壁压力容器用碳素钢和合金钢锻材的冷弯性能（表2-12-80）

表2-12-80　薄壁压力容器用碳素钢和合金钢锻材的冷弯性能

牌　号	类　型	弯心直径	冷弯角度
Grade A	—	2T	180°
Grade B	—	2T	180°
Grade C	—	3T	180°
Grade D	—	4T	150°
Grade E，F，G	Class 55	4T	150°
Grade E，F，G	Class 65	4T	150°
Grade E，F，G	Class 70	4T	150°
Grade H J	Class 55	4T	150°
Grade H J	Class 65	4T	150°
Grade H J	Class 70	4T	150°
Grade J	Class 90	4T	150°
Grade J	Class 110	6T	150°
Grade K	—	4T	150°
Grade L	—	6T	150°
Grade M	Class 85	4T	150°
Grade M	Class 100	4T	150°
Grade N，P	Class 100	6T	150°
Grade N，P	Class 120，140	6T	150°

注：T—试样的公称厚度。

2.12.21　高温用碳素钢无缝钢管（公称管）[ASTM A106/A106M（2019）]

（1）美国ASTM标准高温用碳素钢无缝钢管的牌号与化学成分（表2-12-81）

表2-12-81　高温用碳素钢无缝钢管的牌号与化学成分（质量分数）（%）

牌号/代号[①]		C	Si	Mn	P ≤	S ≤	其　他
ASTM	UNS						
Grade A	K02501	≤0.25	≤0.10	0.27～0.93	0.035	0.035	[②]
Grade B	K03006	≤0.30	≤0.10	0.29～1.06	0.035	0.035	[②]
Grade C	K03501	≤0.35	≤0.10	0.29～1.06	0.035	0.035	[②]

① ASTM 牌号属于钢材等级，UNS 代号仅作参考。

② 其他元素含量：Cr≤0.40%，Ni≤0.40%，Mo≤0.15%，V≤0.08%，Cu≤0.40%。

（2）美国高温用碳素钢无缝钢管的力学性能（表2-12-82）

表2-12-82　高温用碳素钢无缝钢管的力学性能

牌　号	R_m/MPa	$R_{p0.2}$/MPa	A[①]（%）	
			纵向	横向
	≥			
Grade A	330	205	28	20
Grade B	415	240	22	12
Grade C	485	275	20	12

① 采用标准圆形试样测定。

2.12.22　低温用碳素钢和合金钢无缝钢管与焊接钢管[ASTM A334/A334M-04（R2010/2014确认）]

（1）美国低温用碳素钢和合金钢无缝钢管与焊接钢管的牌号与化学成分（表2-12-83）

表 2-12-83　低温用碳素钢和合金钢无缝钢管与焊接钢管的牌号与化学成分（质量分数）（%）

牌号/代号[①]		C	Si	Mn	P ≤	S ≤	Ni	其　他
ASTM	UNS							
Grade 1	K03008	≤0.30	—	0.40 ~ 1.06	0.025	0.025	—	—
Grade 3	K31918	≤0.19	0.18 ~ 0.37	0.31 ~ 0.84	0.025	0.025	3.18 ~ 3.82	—
Grade 6	K03006	≤0.30	≤0.10	0.29 ~ 1.06	0.025	0.025	—	—
Grade 7	K21903	≤0.19	0.13 ~ 0.32	≤0.90	0.025	0.025	2.03 ~ 2.57	—
Grade 8	K81340	≤0.13	0.13 ~ 0.32	≤0.90	0.025	0.025	8.40 ~ 9.60	—
Grade 9	K22035	≤0.20	—	0.40 ~ 1.06	0.025	0.025	1.60 ~ 2.24	Cu 0.75 ~ 1.25
Grade 11	K93601	≤0.10	≤0.35	≤0.60	0.025	0.025	35.0 ~ 37.0	Cr≤0.50 Mo≤0.50 Co≤0.50

① 牌号属于钢材等级，UNS 代号仅作参考。

（2）美国低温用碳素钢和合金钢无缝钢管与焊接钢管的力学性能（表 2-12-84）

A）低温用碳素钢和合金钢无缝钢管与焊接管的力学性能（表 2-12-84）

表 2-12-84　低温用碳素钢和合金钢无缝钢管与焊接管的力学性能

牌　号	R_m/MPa	$R_{p0.2}$/MPa	A[①]（%）		HRB	HBW
			试样-1[②]	试样-2[③]		
	≥				≤	
Grade 1	380	205	35	28	85	163
Grade 3	450	240	30	22	90	190
Grade 6	415	240	30	22	90	190
Grade 7	450	240	30	22	90	190
Grade 8	690	520	22	16	90	190
Grade 9	435	315	28	—	—	—
Grade 11	450	240	18	—	90	190

① 试标标距为 50mm。

② 用于所有小尺寸试样的断后伸长率 A。

③ 采用标准圆试样的断后伸长率 A。

B）低温用碳素钢和合金钢无缝钢管与焊接管的冲击性能（表 2-12-85）

表 2-12-85　低温用碳素钢和合金钢无缝钢管与焊接管的冲击性能

牌　号[①]	试验温度/℃	KV_2/J ≥							
		试样-1[②]		试样-2[③]		试样-3[④]		试样-4[⑤]	
		均值	单值	均值	单值	均值	单值	均值	单值
Grade 1	-45	18	14	14	11	9	7	5	4
Grade 3	-100	18	14	14	11	9	7	5	4
Grade 6	-45	18	14	14	11	9	7	5	4
Grade 7	-75	18	14	14	11	9	7	5	4
Grade 8	-195	18	14	14	11	9	7	5	4
Grade 9	-75	18	14	14	11	9	7	5	4

① 表中的均值是 3 个试样的平均值，单值是单个试样的测定值。Grade 11 不作冲击试验。

② 试样尺寸为 10mm × 10mm。

③ 试样尺寸为 10mm × 7.5mm。

④ 试样尺寸为 10mm × 5mm。

⑤ 试样尺寸为 10mm × 2.5mm。

2.12.23　机械用碳素钢和合金钢无缝钢管［ASTM A519/A519M-06（R2017）］

（1）美国 ASTM 标准机械用低碳钢无缝钢管的钢号与化学成分（表2-12-86）

表 2-12-86　机械用低碳钢无缝钢管的钢号与化学成分（质量分数）（%）

钢　号[①]	C	Mn	P ≤	S ≤
MT 1010	0.05 ~ 0.15	0.30 ~ 0.60	0.040	0.050
MT 1015	0.10 ~ 0.20	0.30 ~ 0.60	0.040	0.050
MT X 1015	0.10 ~ 0.20	0.60 ~ 0.90	0.040	0.050
MT 1020	0.15 ~ 0.25	0.30 ~ 0.60	0.040	0.050
MT X 1020	0.15 ~ 0.25	0.70 ~ 1.00	0.040	0.050

① MT—机械用钢管。

（2）美国 ASTM 标准机械用其他碳素钢无缝钢管的钢号与化学成分（表2-12-87）

表 2-12-87　机械用其他碳素钢无缝钢管的钢号与化学成分（质量分数）（%）

钢　号	C	Mn	P ≤	S ≤
1008	≤0.10	0.30 ~ 0.50	0.040	0.050
1010	0.08 ~ 0.13	0.30 ~ 0.60	0.040	0.050
1012	0.10 ~ 0.15	0.30 ~ 0.60	0.040	0.050
1015	0.13 ~ 0.18	0.30 ~ 0.60	0.040	0.050
1016	0.13 ~ 0.18	0.60 ~ 0.90	0.040	0.050
1017	0.15 ~ 0.20	0.30 ~ 0.60	0.040	0.050
1018	0.15 ~ 0.20	0.60 ~ 0.90	0.040	0.050
1019	0.15 ~ 0.20	0.70 ~ 1.00	0.040	0.050
1020	0.18 ~ 0.23	0.30 ~ 0.60	0.040	0.050
1021	0.18 ~ 0.23	0.60 ~ 0.90	0.040	0.050
1022	0.18 ~ 0.23	0.70 ~ 1.00	0.040	0.050
1025	0.22 ~ 0.28	0.30 ~ 0.60	0.040	0.050
1026	0.22 ~ 0.28	0.60 ~ 0.90	0.040	0.050
1030	0.28 ~ 0.34	0.60 ~ 0.90	0.040	0.050
1035	0.32 ~ 0.38	0.60 ~ 0.90	0.040	0.050
1040	0.37 ~ 0.44	0.60 ~ 0.90	0.040	0.050
1045	0.43 ~ 0.50	0.60 ~ 0.90	0.040	0.050
1050	0.48 ~ 0.55	0.60 ~ 0.90	0.040	0.050
1518	0.15 ~ 0.21	1.10 ~ 1.40	0.040	0.050
1524	0.19 ~ 0.25	1.30 ~ 1.65	0.040	0.050
1541	0.36 ~ 0.44	1.30 ~ 1.65	0.040	0.050

（3）美国 ASTM 标准机械用硫系和磷系易切削钢无缝钢管的钢号与化学成分（表2-12-88）

表 2-12-88　机械用硫系和磷系易切削钢无缝钢管的钢号与化学成分（质量分数）（%）

钢　号	C	Mn	P	S	Pb
1118	0.14 ~ 0.20	1.30 ~ 1.60	≤0.040	0.08 ~ 0.13	—
11L18	0.14 ~ 0.20	1.30 ~ 1.60	≤0.040	0.08 ~ 0.13	0.15 ~ 0.35
1132	0.27 ~ 0.34	1.35 ~ 1.65	≤0.040	0.06 ~ 0.09	—
1137	0.32 ~ 0.39	1.35 ~ 1.65	≤0.040	0.08 ~ 0.13	—
1141	0.37 ~ 0.45	1.35 ~ 1.65	≤0.040	0.08 ~ 0.13	—

（续）

钢　号	C	Mn	P	S	Pb
1144	0.40 ~ 0.48	1.35 ~ 1.65	≤0.040	0.24 ~ 0.33	—
1213	≤0.13	0.70 ~ 1.00	0.07 ~ 0.12	0.24 ~ 0.33	—
12L14	≤0.15	0.85 ~ 1.15	0.04 ~ 0.09	0.26 ~ 0.35	0.15 ~ 0.35
1215	≤0.09	0.75 ~ 1.05	0.04 ~ 0.09	0.26 ~ 0.35	—

（4）美国 ASTM 标准机械用合金钢无缝钢管的钢号与化学成分（表2-12-89）

表 2-12-89　机械用合金钢无缝钢管的钢号与化学成分（质量分数）（%）

牌号	C	Si	Mn	P ≤	S ≤	Cr	Ni	Mo	其　他
1330	0.28 ~ 0.33	0.15 ~ 0.35	1.60 ~ 1.90	0.040	0.040	0.20	0.25	0.06	Cu≤0.35
1335	0.33 ~ 0.38	0.15 ~ 0.35	1.60 ~ 1.90	0.040	0.040	0.20	0.25	0.06	Cu≤0.35
1340	0.38 ~ 0.43	0.15 ~ 0.35	1.60 ~ 1.90	0.040	0.040	0.20	0.25	0.06	Cu≤0.35
1345	0.43 ~ 0.48	0.15 ~ 0.35	1.60 ~ 1.90	0.040	0.040	0.20	0.25	0.06	Cu≤0.35
3140	0.38 ~ 0.43	0.15 ~ 0.35	0.70 ~ 0.90	0.040	0.040	0.55 ~ 0.75	1.10 ~ 1.40	—	
E3310	0.08 ~ 0.13	0.15 ~ 0.35	0.45 ~ 0.60	0.025	0.025	1.40 ~ 1.75	3.25 ~ 3.75	—	
4012	0.09 ~ 0.14	0.15 ~ 0.35	0.75 ~ 1.00	0.040		—	—	0.15 ~ 0.25	
4023	0.20 ~ 0.25	0.15 ~ 0.35	0.70 ~ 0.90	0.040	0.040	0.20	0.25	0.20 ~ 0.30	Cu≤0.35
4024	0.20 ~ 0.25	0.15 ~ 0.35	0.70 ~ 0.90	0.040	0.035 ~ 0.050[①]	—	—	0.20 ~ 0.30	—
4027	0.25 ~ 0.30	0.15 ~ 0.35	0.70 ~ 0.90	0.040	0.040	0.20	0.25	0.20 ~ 0.30	Cu≤0.35
4028	0.25 ~ 0.30	0.15 ~ 0.35	0.70 ~ 0.90	0.040	0.035 ~ 0.050[①]	—	—	0.20 ~ 0.30	
4037	0.35 ~ 0.40	0.15 ~ 0.35	0.70 ~ 0.90	0.040	0.040	0.20	0.25	0.20 ~ 0.30	Cu≤0.35
4042	0.40 ~ 0.45	0.15 ~ 0.35	0.70 ~ 0.90	0.040	0.040	—	—	0.20 ~ 0.30	
4047	0.45 ~ 0.50	0.15 ~ 0.35	0.70 ~ 0.90	0.040	0.040	0.20	0.25	0.20 ~ 0.30	Cu≤0.35
4063	0.60 ~ 0.67	0.15 ~ 0.35	0.75 ~ 1.00	0.040	0.040	—	—	0.20 ~ 0.30	
4118	0.18 ~ 0.23	0.15 ~ 0.35	0.70 ~ 0.90	0.040	0.040	0.40 ~ 0.60	0.25	0.08 ~ 0.15	Cu≤0.35
4130	0.28 ~ 0.33	0.15 ~ 0.35	0.40 ~ 0.60	0.040	0.040	0.80 ~ 1.10	0.25	0.15 ~ 0.25	Cu≤0.35
4135	0.33 ~ 0.38	0.15 ~ 0.35	0.70 ~ 0.90	0.040	0.040	0.80 ~ 1.10	0.25	0.15 ~ 0.25	Cu≤0.35
4137	0.35 ~ 0.40	0.15 ~ 0.35	0.70 ~ 0.90	0.040	0.040	0.80 ~ 1.10	0.25	0.15 ~ 0.25	Cu≤0.35
4140	0.38 ~ 0.43	0.15 ~ 0.35	0.75 ~ 1.00	0.040	0.040	0.80 ~ 1.10	0.25	0.15 ~ 0.25	Cu≤0.35
4142	0.40 ~ 0.45	0.15 ~ 0.35	0.75 ~ 1.00	0.040	0.040	0.80 ~ 1.10	0.25	0.15 ~ 0.25	Cu≤0.35
4145	0.43 ~ 0.48	0.15 ~ 0.35	0.75 ~ 1.00	0.040	0.040	0.80 ~ 1.10	0.25	0.15 ~ 0.25	Cu≤0.35
4147	0.45 ~ 0.50	0.15 ~ 0.35	0.75 ~ 1.00	0.040	0.040	0.80 ~ 1.10	—	0.15 ~ 0.25	
4150	0.48 ~ 0.53	0.15 ~ 0.35	0.75 ~ 1.00	0.040	0.040	0.80 ~ 1.10	0.25	0.15 ~ 0.25	Cu≤0.35
4320	0.17 ~ 0.22	0.15 ~ 0.35	0.45 ~ 0.65	0.040	0.040	0.40 ~ 0.60	1.65 ~ 2.00	0.20 ~ 0.30	Cu≤0.35
4337	0.35 ~ 0.40	0.15 ~ 0.35	0.60 ~ 0.80	0.040	0.040	0.70 ~ 0.90	1.65 ~ 2.00	0.20 ~ 0.30	
E4337	0.35 ~ 0.40	0.15 ~ 0.35	0.65 ~ 0.85	0.025	0.025	0.70 ~ 0.90	1.65 ~ 2.00	0.20 ~ 0.30	
4340	0.38 ~ 0.43	0.15 ~ 0.35	0.60 ~ 0.80	0.040	0.040	0.70 ~ 0.90	1.65 ~ 2.00	0.20 ~ 0.30	Cu≤0.35
E4340	0.38 ~ 0.43	0.15 ~ 0.35	0.65 ~ 0.85	0.025	0.025	0.70 ~ 0.90	1.65 ~ 2.00	0.20 ~ 0.30	Cu≤0.35
4422	0.20 ~ 0.25	0.15 ~ 0.35	0.70 ~ 0.90	0.040	0.040	—	—	0.35 ~ 0.45	

（续）

牌号	C	Si	Mn	P ≤	S ≤	Cr	Ni	Mo	其 他
4427	0.24 ~ 0.29	0.15 ~ 0.35	0.70 ~ 0.90	0.040	0.040	—	—	0.35 ~ 0.45	—
4520	0.18 ~ 0.23	0.15 ~ 0.35	0.45 ~ 0.65	0.040	0.040	—	—	0.45 ~ 0.60	—
4615	0.13 ~ 0.18	0.15 ~ 0.35	0.45 ~ 0.65	0.040	0.040	0.20	1.65 ~ 2.00	0.20 ~ 0.30	Cu ≤ 0.35
4617	0.15 ~ 0.20	0.15 ~ 0.35	0.45 ~ 0.65	0.040	0.040	0.20	1.65 ~ 2.00	0.20 ~ 0.30	Cu ≤ 0.35
4620	0.17 ~ 0.22	0.15 ~ 0.35	0.45 ~ 0.65	0.040	0.040	0.20	1.65 ~ 2.00	0.20 ~ 0.30	Cu ≤ 0.35
4621	0.18 ~ 0.23	0.15 ~ 0.35	0.70 ~ 0.90	0.040	0.040	—	1.65 ~ 2.00	0.20 ~ 0.30	—
4718	0.16 ~ 0.21	0.15 ~ 0.35	0.70 ~ 0.90	0.040	0.040	0.35 ~ 0.55	0.90 ~ 1.20	0.30 ~ 0.40	—
4720	0.17 ~ 0.22	0.15 ~ 0.35	0.50 ~ 0.70	0.040	0.040	0.35 ~ 0.55	0.90 ~ 1.20	0.15 ~ 0.25	—
4815	0.13 ~ 0.18	0.15 ~ 0.35	0.40 ~ 0.60	0.040	0.040	—	3.25 ~ 3.75	0.20 ~ 0.30	—
4817	0.15 ~ 0.20	0.15 ~ 0.35	0.40 ~ 0.60	0.040	0.040	—	3.25 ~ 3.75	0.20 ~ 0.30	—
4820	0.18 ~ 0.23	0.15 ~ 0.35	0.50 ~ 0.70	0.040	0.040	0.20	3.25 ~ 3.75	0.20 ~ 0.30	Cu ≤ 0.35
5015	0.12 ~ 0.17	0.15 ~ 0.35	0.30 ~ 0.50	0.040	0.040	0.30 ~ 0.50	—	—	—
5046	0.43 ~ 0.50	0.15 ~ 0.35	0.75 ~ 1.00	0.040	0.040	0.20 ~ 0.35	—	—	—
5115	0.13 ~ 0.18	0.15 ~ 0.35	0.70 ~ 0.90	0.040	0.040	0.70 ~ 0.90	0.25	0.06	Cu ≤ 0.35
5120	0.17 ~ 0.22	0.15 ~ 0.35	0.70 ~ 0.90	0.040	0.040	0.70 ~ 0.90	0.25	0.06	Cu ≤ 0.35
5130	0.28 ~ 0.33	0.15 ~ 0.35	0.70 ~ 0.90	0.040	0.040	0.80 ~ 1.10	0.25	0.06	Cu ≤ 0.35
5132	0.30 ~ 0.35	0.15 ~ 0.35	0.60 ~ 0.80	0.040	0.040	0.75 ~ 1.00	0.25	0.06	Cu ≤ 0.35
5135	0.33 ~ 0.38	0.15 ~ 0.35	0.60 ~ 0.80	0.040	0.040	0.80 ~ 1.05	—	—	—
5140	0.38 ~ 0.43	0.15 ~ 0.35	0.70 ~ 0.90	0.040	0.040	0.70 ~ 0.90	0.25	0.06	Cu ≤ 0.35
5145	0.43 ~ 0.48	0.15 ~ 0.30	0.70 ~ 0.90	0.040	0.040	0.70 ~ 0.90	—	—	—
5147	0.46 ~ 0.51	0.15 ~ 0.35	0.70 ~ 0.95	0.040	0.040	0.85 ~ 1.15	—	—	—
5150	0.48 ~ 0.53	0.15 ~ 0.35	0.70 ~ 0.90	0.040	0.040	0.70 ~ 0.90	0.25	0.06	Cu ≤ 0.35
5155	0.50 ~ 0.60	0.15 ~ 0.35	0.70 ~ 0.90	0.040	0.040	0.70 ~ 0.90	—	—	—
5160	0.55 ~ 0.65	0.15 ~ 0.35	0.75 ~ 1.00	0.040	0.040	0.70 ~ 0.90	0.25	0.06	Cu ≤ 0.35
52100	0.93 ~ 1.05	0.15 ~ 0.35	0.25 ~ 0.45	0.025	0.015	1.35 ~ 1.65	—	0.10	
E50100	0.95 ~ 1.10	0.15 ~ 0.35	0.25 ~ 0.45	0.025	0.025	0.40 ~ 0.60	—	—	—
E51100	0.95 ~ 1.10	0.15 ~ 0.35	0.25 ~ 0.45	0.025	0.025	0.90 ~ 1.15	—	—	—
E52100	0.95 ~ 1.10	0.15 ~ 0.35	0.25 ~ 0.45	0.025	0.025	1.30 ~ 1.60	0.25	0.06	Cu ≤ 0.35
6118	0.16 ~ 0.21	0.15 ~ 0.35	0.50 ~ 0.70	0.040	0.040	0.50 ~ 0.70	—	—	V 0.10 ~ 0.15
6120	0.17 ~ 0.22	0.15 ~ 0.35	0.70 ~ 0.90	0.040	0.040	0.70 ~ 0.90	—	—	V ≤ 0.10
6150	0.48 ~ 0.53	0.15 ~ 0.35	0.70 ~ 0.90	0.040	0.040	0.80 ~ 1.10	0.25	0.06	V ≤ 0.15 Cu ≤ 0.35
E7140	0.38 ~ 0.43	0.15 ~ 0.40	0.50 ~ 0.70	0.025	0.025	1.40 ~ 1.80	—	0.30 ~ 0.40	Al 0.95 ~ 1.30
8115	0.13 ~ 0.18	0.15 ~ 0.35	0.70 ~ 0.90	0.040	0.040	0.30 ~ 0.50	0.20 ~ 0.40	0.08 ~ 0.15	—
8615	0.13 ~ 0.18	0.15 ~ 0.35	0.70 ~ 0.90	0.040	0.040	0.40 ~ 0.60	0.40 ~ 0.70	0.15 ~ 0.25	Cu ≤ 0.35
8617	0.15 ~ 0.20	0.15 ~ 0.35	0.70 ~ 0.90	0.040	0.040	0.40 ~ 0.60	0.40 ~ 0.70	0.15 ~ 0.25	Cu ≤ 0.35
8620	0.18 ~ 0.23	0.15 ~ 0.35	0.70 ~ 0.90	0.040	0.040	0.40 ~ 0.60	0.40 ~ 0.70	0.15 ~ 0.25	Cu ≤ 0.35
8622	0.20 ~ 0.25	0.15 ~ 0.35	0.70 ~ 0.90	0.040	0.040	0.40 ~ 0.60	0.40 ~ 0.70	0.15 ~ 0.25	Cu ≤ 0.35
8625	0.23 ~ 0.28	0.15 ~ 0.35	0.70 ~ 0.90	0.040	0.040	0.40 ~ 0.60	0.40 ~ 0.70	0.15 ~ 0.25	Cu ≤ 0.35

（续）

牌号	C	Si	Mn	P ≤	S ≤	Cr	Ni	Mo	其 他
8627	0.25~0.30	0.15~0.35	0.70~0.90	0.040	0.040	0.40~0.60	0.40~0.70	0.15~0.25	Cu≤0.35
8630	0.28~0.33	0.15~0.35	0.70~0.90	0.040	0.040	0.40~0.60	0.40~0.70	0.15~0.25	Cu≤0.35
8637	0.35~0.40	0.15~0.35	0.75~1.00	0.040	0.040	0.40~0.60	0.40~0.70	0.15~0.25	Cu≤0.35
8640	0.38~0.43	0.15~0.35	0.75~1.00	0.040	0.040	0.40~0.60	0.40~0.70	0.15~0.25	Cu≤0.35
8642	0.40~0.45	0.15~0.35	0.75~1.00	0.040	0.040	0.40~0.60	0.40~0.70	0.15~0.25	—
8645	0.43~0.48	0.15~0.35	0.75~1.00	0.040	0.040	0.40~0.60	0.40~0.70	0.15~0.25	Cu≤0.35
8650	0.48~0.53	0.15~0.35	0.75~1.00	0.040	0.040	0.40~0.60	0.40~0.70	0.15~0.25	—
8655	0.50~0.60	0.15~0.35	0.75~1.00	0.040	0.040	0.40~0.60	0.40~0.70	0.15~0.25	Cu≤0.35
8660	0.55~0.65	0.15~0.35	0.75~1.00	0.040	0.040	0.40~0.60	0.40~0.70	0.15~0.25	—
8720	0.18~0.23	0.15~0.35	0.70~0.90	0.030	0.040	0.40~0.60	0.40~0.70	0.20~0.30	Cu≤0.35
8735	0.33~0.38	0.15~0.35	0.75~1.00	0.040	0.040	0.40~0.60	0.40~0.70	0.20~0.30	—
8740	0.38~0.43	0.15~0.35	0.75~1.00	0.035	0.040	0.40~0.60	0.40~0.70	0.20~0.30	—
8742	0.40~0.45	0.15~0.35	0.75~1.00	0.030	0.040	0.40~0.60	0.40~0.70	0.20~0.30	Cu≤0.35
8822	0.20~0.25	0.15~0.35	0.75~1.00	0.030	0.040	0.40~0.60	0.40~0.70	0.30~0.40	Cu≤0.35
9255	0.50~0.60	1.80~2.20	0.70~0.95	0.035	0.040	—	—	—	—
9260	0.55~0.65	1.80~2.20	0.75~1.00	0.030	0.040	0.20	0.25	0.06	Cu≤0.35
9262	0.55~0.65	1.80~2.20	0.75~1.00	0.040	0.040	0.25~0.40	—	—	—
E9310	0.08~0.13	0.15~0.35	0.45~0.65	0.025	0.025	1.00~1.40	3.00~3.50	0.08~0.15	—
9840	0.38~0.43	0.15~0.35	0.70~0.90	0.035	0.040	0.70~0.90	0.85~1.15	0.20~0.30	—
9850	0.48~0.53	0.15~0.35	0.70~0.90	0.035	0.040	0.70~0.90	0.85~1.15	0.20~0.30	—
含硼钢									
50B40	0.38~0.43	0.15~0.35	0.75~1.00	0.040	0.040	0.40~0.60	—	—	
50B44	0.43~0.48	0.15~0.35	0.75~1.00	0.040	0.040	0.40~0.60	—	—	
50B46	0.44~0.50	0.15~0.35	0.75~1.00	0.040	0.040	0.20~0.35	—	—	
50B50	0.48~0.53	0.15~0.35	0.75~1.00	0.040	0.040	0.40~0.60	—	—	
50B60	0.55~0.65	0.15~0.35	0.75~1.00	0.040	0.040	0.40~0.60	—	—	
51B60	0.55~0.65	0.15~0.35	0.75~1.00	0.040	0.040	0.70~0.90	—	—	B≤0.0005
81B45	0.43~0.48	0.15~0.35	0.75~1.00	0.040	0.040	0.35~0.55	0.20~0.40	0.08~0.15	
86B45	0.43~0.48	0.15~0.35	0.75~1.00	0.040	0.040	0.40~0.60	0.40~0.70	0.15~0.25	
94B15	0.13~0.18	0.15~0.35	0.75~1.00	0.040	0.040	0.30~0.50	0.30~0.60	0.08~0.15	
94B17	0.15~0.20	0.15~0.35	0.75~1.00	0.040	0.040	0.30~0.50	0.30~0.60	0.08~0.15	
94B30	0.28~0.33	0.15~0.35	0.75~1.00	0.040	0.040	0.30~0.50	0.30~0.60	0.08~0.15	
94B40	0.38~0.43	0.15~0.35	0.75~1.00	0.040	0.040	0.30~0.50	0.30~0.60	0.08~0.15	

① 范围值不受≤限值。

（5）美国 ASTM 标准机械用碳素钢和合金钢无缝钢管的力学性能（表2-12-90）

表2-12-90　机械用碳素钢和合金钢无缝钢管的力学性能

钢 号	状 态[①]	R_m/MPa	R_e/MPa	A（%）	HRB[②]	钢 号	状 态[①]	R_m/MPa	R_e/MPa	A（%）	HRB[②]
		≥						≥			
1020	HR	345	220	25	55	1025	HR	380	240	25	60
	CW	485	415	5	75		CW	515	450	5	80
	SR	450	345	10	72		SR	485	380	8	75
	A	330	195	30	50		A	365	205	25	57
	N	380	235	22	60		N	380	250	22	60

（续）

钢 号	状 态[1]	R_m/MPa	R_e/MPa	A（%）	HRB[2]	钢 号	状 态[1]	R_m/MPa	R_e/MPa	A（%）	HRB[2]
			≥						≥		
1035	HR	450	275	20	72	1118	SR	485	390	8	75
	CW	585	515	5	88		A	345	205	25	55
	SR	515	450	8	80		N	380	240	20	60
	A	415	230	25	67	1137	HR	485	275	20	75
	N	450	275	20	72		CW	550	450	5	85
1045	HR	515	310	15	80		SR	515	415	8	80
	CW	620	550	5	90		A	450	240	22	72
	SR	550	485	8	85		N	485	295	15	75
	A	450	240	20	72	4130	HR	620	485	20	89
	N	515	330	15	80		SR	725	585	10	95
1050	HR	550	345	10	85		A	515	380	30	81
	SR	565	485	6	86		N	620	415	20	89
	A	470	260	18	74	4140	HR	825	620	15	100
	N	540	345	12	82		SR	825	690	10	100
1118	HR	345	240	25	55		A	550	415	25	85
	CW	515	415	5	80		N	825	620	20	100

① HR—热轧，CW—冷加工，SR—消除应力处理，A—退火，N—正火。

② 退火和正火的管材硬度为最大值，其余硬度为最小值。

2.12.24　机械用碳素钢和合金钢焊接钢管［ASTM A513/A513M（2019）］

（1）美国 ASTM 标准机械用低碳钢焊接钢管的钢号与化学成分（表2-12-91）

表 2-12-91　机械用低碳钢焊接钢管的钢号与化学成分（质量分数）（%）

钢号[1]	C	Si[2]	Mn	P ≤	S ≤
MT 1010	0.02 ~ 0.15	—	0.30 ~ 0.60	0.035	0.035
MT 1015	0.10 ~ 0.20	—	0.30 ~ 0.60	0.035	0.035
MT X 1015	0.10 ~ 0.20	—	0.60 ~ 0.90	0.035	0.035
MT 1020	0.15 ~ 0.25	—	0.30 ~ 0.60	0.035	0.035
MT X 1020	0.15 ~ 0.25	—	0.70 ~ 1.00	0.035	0.035

① MT—机械用钢管。

② 低碳钢，一般不规定 Si 含量，也可由供需双方商定。

（2）美国 ASTM 标准机械用其他碳素钢和合金钢焊接钢管的钢号与化学成分（表2-12-92）

表 2-12-92　机械用其他碳素钢和合金钢焊接钢管的钢号与化学成分（质量分数）（%）

钢号	C	Si	Mn	P ≤	S ≤	Cr	Mo	其 他
1006	≤0.08	—	≤0.45	0.030	0.035			
1008	≤0.10	—	≤0.50	0.035	0.035			
1009	≤0.15	—	≤0.60	0.035	0.035			
1010	0.08 ~ 0.13	—	0.30 ~ 0.60	0.035	0.035			
1012	0.10 ~ 0.15	—	0.30 ~ 0.60	0.035	0.035			
1015	0.13 ~ 0.18	—	0.30 ~ 0.60	0.035	0.035			
1016	0.13 ~ 0.18	—	0.60 ~ 0.90	0.035	0.035			
1017	0.15 ~ 0.20	—	0.30 ~ 0.60	0.035	0.035			

（续）

钢号	C	Si	Mn	P ≤	S ≤	Cr	Mo	其 他
1018	0.15~0.20	—	0.60~0.90	0.035	0.035	—	—	—
1019	0.15~0.20	—	0.70~1.00	0.035	0.035	—	—	—
1020	0.18~0.23	—	0.30~0.60	0.035	0.035	—	—	—
1021	0.18~0.23	—	0.60~0.90	0.035	0.035	—	—	—
1022	0.18~0.23	—	0.70~1.00	0.035	0.035	—	—	—
1023	0.20~0.25	—	0.30~0.60	0.035	0.035	—	—	—
1024	0.18~0.23	—	1.30~1.65	0.035	0.035	—	—	—
1025	0.22~0.28	—	0.30~0.60	0.035	0.035	—	—	—
1026	0.22~0.28	—	0.60~0.90	0.035	0.035	—	—	—
1027	0.22~0.29	—	1.20~1.55	0.035	0.035	—	—	—
1030	0.28~0.33	—	0.60~0.90	0.035	0.035	—	—	—
1033	0.30~0.36	—	0.70~1.00	0.035	0.035	—	—	—
1035	0.32~0.38	—	0.60~0.90	0.035	0.035	—	—	—
1040	0.37~0.44	—	0.60~0.90	0.040	0.050	—	—	—
1050	0.48~0.55	—	0.60~0.90	0.040	0.050	—	—	—
1060	0.55~0.65	—	0.60~0.90	0.040	0.050	—	—	—
1340	0.38~0.43	0.15~0.35	1.60~1.90	0.035	0.040	—	—	—
1524	0.19~0.25	—	1.30~1.65	0.040	0.050	—	—	—
4118	0.18~0.23	0.15~0.35	0.70~0.90	0.035	0.040	0.40~0.60	0.08~0.15	—
4130	0.28~0.33	0.15~0.35	0.40~0.60	0.035	0.040	0.80~1.10	0.15~0.25	—
4140	0.38~0.43	0.15~0.35	0.75~1.00	0.035	0.040	0.80~1.10	0.15~0.25	—
5130	0.28~0.33	0.15~0.35	0.70~0.90	0.035	0.040	0.80~1.10	—	—
8620	0.18~0.23	0.15~0.35	0.70~0.90	0.035	0.040	0.40~0.60	0.15~0.25	Ni 0.40~0.70
8630	0.28~0.33	0.15~0.35	0.70~0.90	0.035	0.040	0.40~0.60	0.15~0.25	Ni 0.40~0.70

（3）美国 ASTM 标准机械用碳素钢和合金钢圆形焊接钢管的力学性能（表 2-12-93a ~ 表 2-12-93d）

表 2-12-93a　机械用碳素钢和合金钢圆形焊接钢管的力学性能（焊接态管材）

钢号	R_m/MPa	R_e/MPa	A（%）	HRB	钢号	R_m/MPa	R_e/MPa	A（%）	HRB
	≥			≥		≥			≥
1008	290	205	15	50	1030	425	310	10	70
1009	290	205	15	50	1035	455	345	10	75
1010	310	220	15	55	1040	645	345	10	75
1015	330	240	15	58	1340	495	379	10	80
1020	360	260	12	62	1524	455	345	10	75
1021	370	275	12	62	4130	495	380	10	80
1025	385	275	12	65	4140	620	485	10	85
1026	425	310	12	68	—	—	—	—	—

表 2-12-93b　机械用碳素钢和合金钢圆形焊接钢管的力学性能（正火态管材）

钢号	R_m/MPa	R_e/MPa	A（%）	HRB	钢号	R_m/MPa	R_e/MPa	A（%）	HRB
	≥			≤		≥			≤
1008	260	160	30	65	1030	415	275	25	85
1009	260	160	30	65	1035	450	310	20	88
1010	275	170	30	65	1040	450	310	20	90
1015	310	205	30	70	1340	480	345	20	100
1020	345	240	25	75	1524	450	310	20	88
1021	345	240	25	78	4130	480	345	20	100
1025	379	255	25	80	4140	620	450	20	105
1026	414	275	25	85					

表 2-12-93c　机械用碳素钢和合金钢圆形焊接钢管的力学性能（减径拉拔和芯棒拉拔管材）

钢号	R_m/MPa	R_e/MPa	A（%）	HRB	钢号	R_m/MPa	R_e/MPa	A（%）	HRB
	≥			≥		≥			≥
减径拉拔管材					芯棒拉拔管材				
1008	330	260	8	65	1010	415	345	5	73
1009	330	260	8	65	1015	450	380	5	77
1010	345	275	8	65	1020	480	415	5	80
1015	380	310	8	67	1021	495	425	5	80
1020	415	345	8	70	1025	515	450	5	82
1021	425	360	7	70	1026	550	480	5	85
1025	450	380	7	72	1030	585	515	5	87
1026	480	380	7	77	1035	620	550	5	90
1030	480	425	7	78	1040	620	550	5	90
1035	550	480	7	82	1340	655	585	5	90
芯棒拉拔管材					1524	620	550	5	90
1008	415	345	5	73	4130	655	585	5	90
1009	415	345	5	73	4140	760	690	5	90

表 2-12-93d　机械用碳素钢和合金钢圆形焊接钢管的力学性能（消除应力的芯棒拉拔管材）

钢号	R_m/MPa	R_e/MPa	A（%）	HRB	钢号	R_m/MPa	R_e/MPa	A（%）	HRB
	≥			≥		≥			≥
1008	380	310	12	68	1030	550	485	10	81
1009	380	310	12	68	1035	585	515	10	85
1010	380	310	12	68	1040	585	515	10	85
1015	415	345	12	72	1340	620	550	10	87
1020	450	380	10	75	1524	585	515	10	85
1021	470	400	10	75	4130	620	550	10	87
1025	480	415	10	77	4140	725	655	10	90
1026	515	450	10	80	—	—	—	—	—

2.12.25　锅炉与过热器用 C-Mo 钢和中碳钢无缝钢管〔ASTM A209M-03（R2017），A210M-02（R2017）〕

（1）美国 ASTM 标准锅炉与过热器用 C-Mo 钢和中碳钢无缝钢管的牌号与化学成分（表 2-12-94）

表 2-12-94　锅炉与过热器用 **C-Mo** 钢和中碳钢无缝钢管的牌号与化学成分（质量分数）（%）

牌　号[①]	UNS 编号	C	Si	Mn	P ≤	S ≤	Mo
C-Mo 钢							
Grade T1	K11522	0.10~0.20	0.10~0.50	0.30~0.80	0.035	0.035	0.44~0.65
Grade T1a	K12023	0.15~0.25	0.10~0.50	0.30~0.80	0.035	0.035	0.44~0.65
Grade T1b	K11422	≤0.14	0.10~0.50	0.30~0.80	0.035	0.035	0.44~0.65
中碳钢							
Grade A-1	K02707	≤0.27	≤0.10	≤0.93	0.035	0.035	—
Grade C	K03501	≤0.35	≤0.10	0.29~1.06	0.035	0.035	—

① 此牌号属于钢材等级，UNS 代号仅作参考。

（2）美国 ASTM 标准锅炉与过热器用 C-Mo 钢和中碳钢无缝钢管的力学性能（表 2-12-95）

表 2-12-95　锅炉与过热器用 **C-Mo** 钢和中碳钢无缝钢管的力学性能

牌　号	R_m/MPa	R_{eL}/MPa	A（%）	HBW	HRB
	≥			≤	
C-Mo 钢					
Grade T1	380	205	30	146	80
Grade T1a	365	195	30	153	81
Grade T1b	415	220	30	137	77
中碳钢					
Grade A-1	415	255	30	143	79
Grade C	485	275	30	179	89

2.12.26　锅炉、过热器与热交换器用合金钢无缝钢管 ［ASTM A213/A213M（2017）］

（1）美国 ASTM 标准锅炉、过热器与热交换器用中低合金钢无缝管的钢号与化学成分（表 2-12-96）

表 2-12-96　锅炉、过热器与热交换器用中低合金钢无缝管的钢号与化学成分（质量分数）（%）

钢号/代号 ASTM	UNS	C	Si	Mn	P ≤	S ≤	Cr	Ni	Mo	其 他
Grade T2	K11547	0.10~0.20	0.10~0.30	0.30~0.61	0.025	0.025	0.50~0.81	—	0.44~0.65	—
Grade T5	K41545	≤0.15	≤0.15	0.30~0.60	0.025	0.025	4.00~6.00	—	0.45~0.65	—
Grade T5b	K51545	≤0.15	1.00~2.00	0.30~0.60	0.025	0.025	4.00~6 00	—	0.45~0.65	—
Grade T5c	K41245	≤0.12	≤0.50	0.30~0.60	0.025	0.025	4.00~6.00	—	0.45~0.65	Ti 4C~0.70
Grade T9	K90941	≤0.15	0.25~1.00	0.30~0.60	0.025	0.025	8.00~10.00	—	0.90~1.10	—
Grade T11	K11597	0.05~0.15	0.50~1.00	0.30~0.60	0.025	0.025	1.00~1.50	—	0.44~0.65	—
Grade T12	K11562	0.05~0.15	≤0.50	0.30~0.61	0.025	0.025	0.80~1.25	—	0.44~0.65	—
Grade T17	K12047	0.15~0.25	0.15~0.35	0.30~0.61	0.025	0.025	0.80~1.25	—	—	V≤0.15
Grade T21	K31545	0.05~0.15	0.50~1.00	0.30~0.60	0.025	0.025	2.65~3.35	—	0.80~1.06	—
Grade T22	K21590	0.05~0.15	≤0.50	0.30~0.60	0.025	0.025	1.90~2.60	—	0.87~1.13	—
Grade T23	K40712	0.04~0.10	≤0.50	0.10~0.60	0.030	0.010	1.90~2.60	≤0.40	0.05~0.30	①
Grade T24	K30736	0.05~0.10	0.15~0.45	0.30~0.70	0.020	0.010	2.20~2.60	—	0.90~1.10	②
Grade T36	K21001	0.10~0.17	0.25~0.50	0.80~1.20	0.030	0.025	≤0.30	1.00~1.30	0.25~0.50	③

（续）

钢号/代号		C	Si	Mn	P	S	Cr	Ni	Mo	其他
ASTM	UNS				≤	≤				
Grade T91	K90901	0.07 ~ 0.14	0.20 ~ 0.50	0.30 ~ 0.60	0.020	0.010	8.0 ~ 9.5	≤0.40	0.85 ~ 1.05	④
Grade T92	K92460	0.07 ~ 0.13	≤0.50	0.30 ~ 0.60	0.020	0.010	8.5 ~ 9.5	≤0.40	0.30 ~ 0.60	⑤
T115	K91060	0.08 ~ 0.13	0.15 ~ 0.45	0.20 ~ 0.50	0.020	0.010	10.0 ~ 11.5	≤0.25	0.40 ~ 0.60	⑥
Grade T122	K91271	0.07 ~ 0.14	≤0.50	≤0.70	0.020	0.010	10.0 ~ 11.5	≤0.50	0.25 ~ 0.60	⑦
Grade T911	K91061	0.09 ~ 0.13	0.10 ~ 0.50	0.30 ~ 0.60	0.020	0.010	8.5 ~ 9.5	≤0.40	0.90 ~ 1.10	⑧

① W 1.45 ~ 1.75，V 0.20 ~ 0.30，Nb 0.02 ~ 0.08，Ti 0.005 ~ 0.060，Al≤0.03，B 0.001 ~ 0.006，N≤0.015。

② V 0.20 ~ 0.30，Ti 0.06 ~ 0.10，Al≤0.02，B 0.0015 ~ 0.007，N≤0.012。

③ Cu 0.50 ~ 0.80，Nb 0.015 ~ 0.045，V≤0.02，Al≤0.05，N≤0.02。

④ V 0.18 ~ 0.25，Nb 0.06 ~ 0.10，Al≤0.02，N 0.030 ~ 0.070，Ti≤0.01，Zr≤0.01。

⑤ W 1.50 ~ 2.00，V 0.15 ~ 0.25，Al≤0.02，Nb 0.04 ~ 0.09，B 0.001 ~ 0.006，N 0.030 ~ 0.070，Ti≤0.01，Zr≤0.01。

⑥ V 0.18 ~ 0.25，Nb 0.02 ~ 0.06，N 0.030 ~ 0.070，Al≤0.02，B≤0.001。

⑦ W 1.50 ~ 2.50，V 0.15 ~ 0.30，Al≤0.02，Cu 0.30 ~ 1.70，Nb 0.04 ~ 0.10，B 0.0005 ~ 0.0050，N 0.040 ~ 0.100，Ti≤0.01，Zr≤0.01。

⑧ W 0.90 ~ 1.10，V 0.18 ~ 0.25，Al≤0.02，Nb 0.06 ~ 0.10，B 0.0003 ~ 0.0060，N 0.040 ~ 0.090，Ti≤0.01，Zr≤0.01。

（2）锅炉、过热器与热交换器用中低合金钢无缝管的力学性能（表2-12-97）

表 2-12-97　锅炉、过热器与热交换器用中低合金钢无缝管的力学性能

钢号/代号		R_m/MPa	R_{eL}/MPa	A（%）	HBW (HV)	HRB (HRC)
ASTM	UNS		≥		≤	
Grade T2①	K11547	415	205	30	179	89
Grade T5①	K41545	415	205	30	179	89
Grade T5b	K51545	415	205	30	179 (190)	89
Grade T5c①	K41245	415	205	30	179	89
Grade T9	K90941	415	205	30	179 (190)	89
Grade T11①	K11597	415	205	30	179	89
Grade T12	K11562	415	220	30	163 (170)	85
Grade T17①	K12047	415	205	30	179	89
Grade T21①	K31545	415	205	30	179	89
Grade T22①	K21590	415	205	30	179	89
Grade T23	K40712	510	400	20	220 (230)	97
Grade T24	K30736	585	415	20	250 (265)	(25)
Grade T36/K21001	Class 1	620	440	15	250 (265)	(25)
	Class 1	660	460	15	250 (265)	(25)

（续）

钢号/代号		R_m/MPa	R_{eL}/MPa	A（%）	HBW (HV)	HRB (HRC)
ASTM	UNS			≥		≤
T91	K90901	585	415	20	190~250 (196~265)	90~（25）
T92	K92460	620	440	20	250	90~（25）
T113	K91060	620	450	20	190~250 (196~265)	90~（25）
T122	K91271	620	400	20	250 (265)	（25）
T911	K91061	620	440	20	163 (170)	85

① Grade T2、Grade T5 非 ASTM 213/A213M-17 数据。

2.12.27 锅炉与过热器用碳素钢和合金钢焊接钢管［ASTM A178/178M 2002（R2012），A250/250M 2005（R2014）］

（1）美国 ASTM 标准锅炉与过热器用碳素钢焊接钢管［ASTM A178/178M-02（R2012）］

A）锅炉与过热器用碳素钢焊接钢管的牌号与化学成分（表2-12-98）

表2-12-98 锅炉与过热器用碳素钢焊接钢管的牌号与化学成分（质量分数）（%）

牌号/代号		C	Si	Mn	P ≤	S ≤
ASTM	UNS					
Grade A	K01200	0.06~0.18	—	0.27~0.63	0.035	0.035
Grade C	K03503	≤0.35	—	≤0.80	0.035	0.035
Grade D①	K02709	≤0.27	≤0.10	1.00~1.50	0.030	0.015

① Grade D 为 C-Mn 钢。

B）锅炉与过热器用碳素钢焊接钢管的力学性能（表2-12-99）

表2-12-99 锅炉与过热器用碳素钢焊接钢管的力学性能

牌号/代号		R_m/MPa	R_{eL}/MPa	A（%）
ASTM	UNS		≥	
Grade A	K01200	325	180	35
Grade C	K03503	415	255	30
Grade D	K02709	485	275	30

（2）美国 ASTM 标准锅炉与过热器用合金钢焊接钢管［ASTM A250/250M-05（R2014）］

A）锅炉与过热器用合金钢焊接钢管的牌号与化学成分（表2-12-100）

表2-12-100 锅炉与过热器用合金钢焊接钢管的牌号与化学成分（质量分数）（%）

牌号/代号		C	Si	Mn	P ≤	S ≤	Cr	Mo
ASTM	UNS							
Grade T1	K11522	0.10~0.20	0.10~0.50	0.30~0.80	0.025	0.025	—	0.44~0.65
Grade T1a	K12023	0.15~0.25	0.10~0.50	0.30~0.80	0.025	0.025	—	0.44~0.65
Grade T1b	K11422	≤0.14	0.10~0.50	0.30~0.80	0.025	0.025	—	0.44~0.65
Grade T2	K11547	0.10~0.20	0.10~0.30	0.30~0.61	0.025	0.020	0.50~0.81	0.44~0.65
Grade T11	K11597	0.05~0.15	0.50~1.00	0.30~0.60	0.025	0.020	1.00~1.50	0.44~0.65
Grade T12	K11562	0.05~0.15	≤0.50	0.30~0.61	0.030	0.020	0.80~1.25	0.44~0.65
Grade T22	K21590	≤0.15	≤0.50	0.30~0.60	0.025	0.020	1.90~2.60	0.87~1.13

B）锅炉与过热器用合金钢焊接钢管的力学性能（表 2-12-101）

表 2-12-101　锅炉与过热器用合金钢焊接钢管的力学性能

牌号/代号		R_m/MPa	R_{eL}/MPa	A（%）	HBW	HRB
ASTM	UNS	≥			≤	
Grade T1	K11522	380	205	30	146	80
Grade T1a	K12023	415	220	30	153	81
Grade T1b	K11422	365	195	30	137	77
Grade T2	K11547	415	205	30	163	85
Grade T11	K11597	415	205	30	163	85
Grade T12	K11562	415	220	30	163	85
Grade T22	K21590	415	205	30	163	85

2.12.28　钢筋混凝土结构用光面钢筋 ［ASTM A615/A615M（2013）］

（1）美国 ASTM 标准钢筋混凝土结构用光面钢筋（棒材）的标号、公称重量与公称尺寸（表 2-12-102）

表 2-12-102　钢筋混凝土结构用光面钢筋（棒材）的标号、公称重量与公称尺寸

钢筋（棒材）标号[1],[2]	公称重量[3] /（kg/m）	公称直径[3] /mm	公称截面积[3] /mm²	公称周长[3] /mm
10（3）	0.560（0.376）	9.5（0.375）	71（0.11）	29.9（1.176）
13（4）	0.994（0.668）	12.7（0.500）	129（0.20）	39.9（1.571）
16（5）	1.552（1.043）	15.9（0.625）	199（0.31）	49.9（1.963）
19（6）	2.235（1.502）	19.1（0.750）	284（0.44）	59.8（2.356）
22（7）	3.042（2.235）	22.2（0.875）	387（0.60）	69.8（2.749）
25（8）	3.973（2.670）	25.4（1.000）	510（0.79）	79.8（3.142）
29（9）	5.060（3.400）	28.7（1.128）	645（1.00）	90.0（3.544）
32（10）	6.404（4.303）	32.3（1.270）	819（1.27）	101.3（3.990）
36（11）	7.907（5.313）	35.8（1.410）	1006（1.56）	112.5（4.430）
43（14）	11.38（7.65）	43.0（1.693）	1452（2.25）	135.1（5.32）
57（18）	20.24（13.60）	57.3（2.257）	2581（4.00）	180.1（7.09）

① 钢筋（棒材）标号（米制）是以公称直径（mm）为基础，按整数的修约规则取整数，例如公称直径 15.7mm 的钢筋，其型号为 16。

② 括号内的标号为美国常用的英制标号，是以公称直径（英制）的英寸为基础，取整数。

③ 括号内为英制单位，公称重量英制单位（lb/ft），公称直径英制单位（in）公称截面积英制单位（in²），公称周长英制单位（in）。本表各项的米制数值系根据英制单位换算的。

（2）钢筋混凝土结构用光面钢筋的化学成分与力学性能（表 2-12-103 和表 2-12-104）

表 2-12-103　钢筋混凝土用光面钢筋的化学成分与力学性能（一）

牌　号	化学成分（质量分数）（%）	R_m/MPa	R_{eL}/MPa
		≥	
Grade 280（40）		420	300
Grade 420（60）	规定：P≤0.060，其余 C、Si、Mn、S 按协议交货	620	420
Grade 520（75）		690	520
Grade 550（80）		725	550

表 2-12-104 钢筋混凝土用光面钢筋的化学成分与力学性能 (二)

牌号	化学成分	$A^①$ (%) ≥						
		下列 "钢筋标号" 测定^②						
		10	13, 16	19	22	25	29, 32, 36	43, 57
Grade 280 (40)	见表 2-12-103	—	12	12	—	—	—	—
Grade 420 (60)		9	9	9	8	7	7	7
Grade 520 (75)		7	7	7	—	—	—	—
Grade 550 (80)		7	7	7	7	6	6	6

① 试样标距为 200mm。

② 钢筋标号的说明见表 2-12-102。

(3) 钢筋混凝土结构用光面钢筋的冷弯性能 (表 2-12-105)

表 2-12-105 钢筋混凝土结构用光面钢筋的冷弯性能

牌号	180°冷弯试验				
	下列 "钢筋标号" 的弯心直径				
	10, 13, 16	19	22, 25	29, 32, 36	43, 57
Grade 280 (40)	$3\frac{1}{2}d$	—	$5d$	$7d$	$9d$
Grade 420 (60)	$3\frac{1}{2}d$	$5d$	$5d$	$7d$	$9d$
Grade 520 (75)	—	$5d$	$5d$	$7d$	$9d$
Grade 550 (80)	$5d$	$5d$	$5d$	$7d$	$9d$

注：d—试样的公称直径。除非另有协议，试验弯曲到 180°。

2.12.29 钢筋混凝土结构用低合金钢变形钢筋与电镀锌钢筋 [ASTM A706/A706M (2016)，A767/A767M (2019)]

(1) 美国 ASTM 标准钢筋混凝土结构用低合金钢变形钢筋与光面钢筋 [ASTM A706/A706M (2016)]

A) 低合金钢变形钢筋和光面钢筋的标号、公称重量与公称尺寸 (表 2-12-106)

表 2-12-106 低合金钢变形钢筋和光面钢筋的标号、公称重量与公称尺寸

钢筋标号^①	公称重量^②/(kg/m)	公称直径^②/mm	公称截面积^②/mm^2	公称周长^②/mm
10 (3)	0.560	9.5	71	29.9
13 (4)	0.994	12.7	129	39.9
16 (5)	1.552	15.9	199	49.9
19 (6)	2.235	19.1	284	59.8
22 (7)	3.042	22.2	387	69.8
25 (8)	3.973	25.4	510	79.8
29 (9)	5.060	28.7	645	90.0
32 (10)	6.404	32.3	819	101.3
36 (11)	7.907	35.8	1006	112.5
43 (14)	11.38	43.0	1452	135.1
57 (18)	20.24	57.3	2581	180.1

① 钢筋标号是以公称直径 (mm) 为基础，按修约规则取整数，例如公称直径 19.5mm 的钢筋，其标号为 20。

② 公称重量与公称尺寸的英制单位数值与上节的 ASTM A615/A615M 标准相同。

B）低合金钢变形钢筋与光面钢筋的牌号、化学成分及碳当量（表 2-12-107）

表 2-12-107　低合金钢变形钢筋与光面钢筋的牌号、化学成分及碳当量

牌号	化学成分（质量分数）（%）		碳当量
	熔炼分析值	产品分析值	
Grade 420（60） Grade 550（80）	C≤0.30，Si≤0.50 Mn≤1.50 P≤0.035，S≤0.045	C≤0.33，Si≤0.55 Mn≤1.56 P≤0.043，S≤0.053	CE≤0.55% CE＝%C＋（%Mo/6）＋（%Cu/40）＋（%Ni/20）＋（%Cr/10）＋（%V/10）＋（%Mo/50）
	可添加 V、Nb、Ti、Zr、Cu、Ni、Cr、Mo		

C）低合金钢变形钢筋与光面钢筋的力学性能和冷弯性能（表 2-12-108 和表 2-12-109）

表 2-12-108　低合金钢变形钢筋与光面钢筋的力学性能

牌号	R_m/MPa	R_{eL}/MPa	A（%），由下列钢筋标号测定		
	≥		10，13，16，19	22，25，29，32，36	43，57
Grade 420（60）	550	420~540	≥14	≥12	≥10
Grade 550（80）	690	550~675	≥12	≥12	≥10

注：断后伸长率采用标距为 200mm 的试样测定。

表 2-12-109　低合金钢变形钢筋与光面钢筋的冷弯性能

标准号与牌号	180°冷弯试验 下列钢筋标号的弯心直径			
	10，13，16	19，22，25	29，32，36	43，57
Grade 420（60）	$3d$	$4d$	$6d$	$8d$
Grade 550（80）	$3\frac{1}{2}d$	$5d$	$7d$	$9d$

注：d—试样的公称直径。

（2）美国 ASTM 标准钢筋混凝土结构用电镀锌钢筋［ASTM A767/A767M（2019）］

A）材质与钢筋标号：电镀锌钢筋的材质和光圆钢筋或低合金变形钢筋一致。

钢筋标号有 10（3）、13（4）、16（5）、19（6）、22（7）、25（8）、29（9）、32（10）、36（11）、43（14）至 57（18），其公称重量、公称尺寸与光面钢筋相同（见上述 ASTM A615/A615M 标准）。

B）电镀锌钢筋的牌号、屈服强度与冷弯性能（表 2-12-110）

表 2-12-110　电镀锌钢筋的牌号、屈服强度与冷弯性能

标准号与牌号	R_m/MPa	180°，冷弯试验，下列钢筋标号的弯心直径					
	≥	10，13，16	19	22，25	29，32	36	43，57
Grade 280（40）	280	$6d$	$6d$	$6d$	—	—	—
Grade 350（50）	350	$6d$	$6d$	$8d$	—	—	—
Grade 420（60）	420	$6d$	$6d$	$8d$	$8d$	$8d$	$10d$
Grade 520（75）	520	—	$6d$	$8d$	$8d$	$8d$	$10d$
Grade 550（80）	550	$6d$	$6d$	$8d$	$8d$	$8d$	$10d$

注：d—试样的公称直径。

C）电镀锌钢筋镀锌层的重量（表 2-12-111）

表 2-12-111　电镀锌钢筋镀锌层的重量

标准号与等级	镀锌层重量 /（mg/cm²）	标准号与等级	镀锌层重量 /（mg/cm²）
A767 Class I 钢筋标号 10（3） 钢筋标号 13（4）和更大号	≥92 ≥107	A767 Class II 钢筋标号 10（3）和更大号标	≥62

2.12.30 钢筋混凝土结构用钢丝与钢绞线 ［ASTM A1064／A1064M（2018a），A779／A779M（2016）］

（1）美国 ASTM 标准钢筋混凝土结构用光面钢丝 ［ASTM A1064／A1064M（2018a）］

A）钢丝的标号与公称尺寸：分为国际单位制钢丝标号和英制单位钢丝标号，两者并不完全成对照关系，其标号与公称尺寸见表 2-12-112 和表 2-12-113。

表 2-12-112　国际单位制钢丝标号与公称尺寸

钢丝标号[1]	公称直径 /mm（in）	公称截面积 /mm²（in²）	钢丝标号[1]	公称直径 /mm（in）	公称截面积 /mm²（in²）
MW 5	2.52（0.099）	5（0.008）	MW 60	8.74（0.344）	60（0.093）
MW 10	3.57（0.140）	10（0.016）	MW 65	9.10（0.358）	65（0.101）
MW 15	4.37（0.172）	15（0.023）	MW 70	9.44（0.372）	70（0.109）
MW 20	5.05（0.199）	20（0.031）	MW 80	10.1（0.397）	80（0.124）
MW 25	5.64（0.222）	25（0.039）	MW 90	10.7（0.421）	90（0.140）
MW 30	6.18（0.243）	30（0.047）	MW 100	11.3（0.444）	100（0.155）
MW 35	6.68（0.263）	35（0.054）	MW 120	12.4（0.487）	120（0.186）
MW 40	7.14（0.281）	40（0.062）	MW 130	12.9（0.507）	130（0.202）
MW 45	7.57（0.298）	45（0.070）	MW 200	16.0（0.628）	200（0.310）
MW 50	7.98（0.314）	50（0.078）	MW 290	19.2（0.757）	290（0.450）
MW 55	8.37（0.329）	55（0.085）	—	—	—

[1] 国际单位制钢丝的标号适用于通常采用国际单位制的建筑设计，其尺寸标号与公称截面积相联系。

表 2-12-113　英制单位钢丝标号与公称尺寸

钢丝标号[1]	公称直径 /in（mm）	公称截面积 /in²（mm²）	钢丝标号[1]	公称直径 /in（mm）	公称截面积 /in²（mm²）
W 0.5	0.080（2.03）	0.005（3.23）	W 11	0.374（9.50）	0.110（71.0）
W 1.2	0.124（3.14）	0.012（7.74）	W 12	0.391（9.93）	0.120（77.4）
W 1.4	0.134（3.39）	0.014（9.03）	W 14	0.422（10.7）	0.140（90.3）
W 2	0.160（4.05）	0.020（12.9）	W 16	0.451（11.5）	0.160（103）
W 2.5	0.178（4.53）	0.025（16.1）	W 18	0.479（12.2）	0.180（116）
W 2.9	0.192（4.88）	0.029（18.7）	W 20	0.505（12.8）	0.200（129）
W 3.5	0.211（5.36）	0.035（22.6）	W 22	0.529（13.4）	0.220（142）
W 4	0.226（5.73）	0.040（25.8）	W 24	0.533（14.0）	0.240（155）
W 4.5	0.239（6.08）	0.045（29.0）	W 26	0.575（14.6）	0.260（168）
W 5	0.252（6.41）	0.050（32.3）	W 28	0.597（15.2）	0.280（181）
W 5.5	0.265（6.72）	0.055（35.5）	W 30	0.618（15.7）	0.300（194）
W 6	0.276（7.02）	0.060（38.7）	W 31	0.628（15.0）	0.310（200）
W 8	0.319（8.11）	0.080（51.6）	W 45	0.757（19.2）	0.450（290）
W 10	0.357（9.06）	0.100（64.5）	—	—	—

[1] 英制单位钢丝的标号适用于采用英制单位的建筑设计，其标号也与截面积相关。

例如：美国有采用英制单位的传统。

B）钢筋混凝土结构用光面钢丝的力学性能与冷弯性能（表 2-12-114）

表 **2-12-114**　钢筋混凝土结构用光面钢丝的力学性能

标　号		R_m/MPa	R_{eL}/MPa	Z(%)	180°冷弯试验 下列钢丝标号的弯心直径（d）	
		≥			MW45〔W7〕 和更小标号	大于 MW45〔W7〕 的标号
一般用钢丝、MW7.7〔W1.2〕和更大标号焊接结构用钢丝	Grade 450①	515	450	30②	d	$2d$
	Grade 485	550	485	30②		
	Grade 500	568	500	30②		
	Grade 515	585	515	30②		
	Grade 533	603	533	30②		
	Grade 550	620	550	30②		
小于 MW7.7〔W1.2〕标号焊接结构用钢丝	Grade 385	485	385	30②		

① Grade 450 一般用钢丝无此标号。

② 抗拉强度 R_m >690MPa 的钢丝，其断面收缩率 Z≥25%。

（2）美国 ASTM 标准预应力混凝土结构用未涂层的钢绞线〔ASTM A779/A779M（2016）〕

A）预应力混凝土结构用未涂层的钢绞线的品种、公称尺寸与重量（表 2-12-115）

表 **2-12-115**　预应力混凝土用未涂层的钢绞线的品种、公称尺寸与重量

牌　号①	公称直径/mm(in)	公称面积/mm²(in²)	公称重量/(kg/1000m)(lb/1000ft)
Grade 1860（270）	12.7（0.5）	112（0.174）	890（600）
Grade 1800（260）	15.2（0.6）	165（0.256）	1295（873）
Grade 1700（245）	18.0（0.7）	223（0.346）	1750（1176）

① 括号内为英制牌号。

B）预应力混凝土结构用未涂层的钢绞线的化学成分与力学性能（表 2-12-116）

表 **2-12-116**　预应力混凝土用未涂层的钢绞线的化学成分（质量分数）与力学性能

牌　号①	化学成分（%）		力 学 性 能		
	P ≤	S ≤	绞线破断强度 /kN（lbf）	屈服强度	
				初始载荷 kN（lbf）	伸长1%时的 最小载荷 kN（lbf）
Grade 1860（270）	0.040	0.050	≥209（47000）	20.9（4700）	182（40900）
Grade 1800（260）	0.040	0.050	≥300（67440）	30.0（6740）	261（58700）
Grade 1700（245）	0.040	0.050	≥380（85430）	38.0（8540）	330（74300）

① 括号内为英制牌号。

2.13 中国台湾地区

A. 通用结构用钢

2.13.1 一般结构用碳素钢

（1）中国台湾地区 CNS 标准一般结构用碳素钢的钢号与化学成分〔CNS 2473（2014）〕（表2-13-1）

表 2-13-1 一般结构用碳素钢的钢号与化学成分（质量分数）（%）

钢 号	C	Si[①]	Mn	P ≤	S ≤	B	应用范围
SS330	—	—	—	0.050	0.050	≤0.0008	厚薄板、带、棒材、扁钢
SS400	—	—	—	0.050	0.050	≤0.0008	厚薄板、带、棒材、扁钢、型材
SS490	—	—	—	0.050	0.050	≤0.0008	
SS540	≤0.30	—	1.60	0.040	0.040	≤0.0008	厚薄板、带、棒材、扁钢、型材（厚度、直径或边长≤40mm）

① Si 含量一般不规定。

（2）中国台湾地区 CNS 标准一般结构用碳素钢的力学性能（表2-13-2）

表 2-13-2 一般结构用碳素钢的力学性能

钢号	力 学 性 能							弯曲试验
	R_{eL}/MPa				R_m/MPa	厚度或直径 /mm	A （%）≥	弯曲角度：180° r—内侧半径 a—厚度或直径
	厚度或直径/mm							
	≤16	>16~40	>40~100	>100				
SS330	205	195	175	165	330~430	钢板、带、扁钢： ≤5	26	r = 0.5a
						>5~16	21	
						>16~50	26	
						>40	28	
	205	195	175	165	330~430	棒材、角钢： ≤25	25	r = 0.5a
						>25	28	
SS400	245	235	215	205	400~510	钢板、带、扁钢： ≤5	21	r = 1.5a
						>5~16	17	
						>16~50	21	
						>40	23	
	245	235	215	205	400~510	棒材、角钢： ≤25	20	r = 1.5a
						>25	22	
SS490	280	275	255	245	490~610	钢板、带、扁钢： ≤5	19	r = 2.0a
						>5~16	15	
						>16~50	19	
						>40	21	
	280	275	255	245	490~605	棒材、角钢： ≤25	18	r = 2.0a
						>25	29	

（续）

钢号	力学性能								弯曲试验
	R_{eL}/MPa				R_m/MPa	厚度或直径/mm	A/(%)≥		弯曲角度：180° r—内侧半径 a—厚度或直径
	厚度或直径/mm								
	≤16	>16~40	>40~100	>100					
SS540	400	390	—	—	≥540	钢板、带、扁钢： ≤5 >5~16 >16~40	16 13 17		$r=2.0a$
	400	390	—	—	≥540	棒材、角钢： ≤25 >25	13 16		$r=2.0a$

注：1. 当钢材厚度或直径>100mm时，SS330的R_{eL}≥165MPa，SS400的R_{eL}≥205MPa，SS490的R_{eL}≥245MPa。

2. 厚度>90mm的钢材，按厚度每增加25mm，其断后伸长率A减1%，但最多只减3%。

2.13.2 耐候钢

（1）中国台湾地区CNS标准焊接结构用耐候钢［CNS 4269（2014）］

A）焊接结构用耐候钢的钢号与化学成分（表2-13-3）

表2-13-3 焊接结构用耐候钢的钢号与化学成分（质量分数）（%）

钢 号	C	Si	Mn	P ≤	S ≤	Cr	Ni	Cu	其 他
SMA400AW	≤0.18	0.15~0.65	≤1.25	0.035	0.035	0.45~0.75	0.05~0.30	0.30~0.50	
SMA400BW	≤0.18	0.15~0.65	≤1.25	0.035	0.035	0.45~0.75	0.05~0.30	0.30~0.50	B≤0.0008
SMA400CW	≤0.18	0.15~0.65	≤1.25	0.035	0.035	0.45~0.75	0.05~0.30	0.30~0.50	
SMA400AP	≤0.18	≤0.55	≤1.25	0.035	0.035	0.30~0.55	—	0.20~0.35	
SMA400BP	≤0.18	≤0.55	≤1.25	0.035	0.035	0.30~0.55	—	0.20~0.35	B≤0.0008
SMA400CP	≤0.18	≤0.55	≤1.25	0.035	0.035	0.30~0.55	—	0.20~0.35	
SMA490AW	≤0.18	0.15~0.65	≤1.40	0.035	0.035	0.45~0.75	0.05~0.30	0.30~0.50	
SMA490BW	≤0.18	0.15~0.65	≤1.40	0.035	0.035	0.45~0.75	0.05~0.30	0.30~0.50	B≤0.0008
SMA490CW	≤0.18	0.15~0.65	≤1.40	0.035	0.035	0.45~0.75	0.05~0.30	0.30~0.50	
SMA490AP	≤0.18	≤0.55	≤1.40	0.035	0.035	0.30~0.55	—	0.20~0.35	
SMA490BP	≤0.18	≤0.55	≤1.40	0.035	0.035	0.30~0.55	—	0.20~0.35	B≤0.0008
SMA490CP	≤0.18	≤0.55	≤1.40	0.035	0.035	0.30~0.55	—	0.20~0.35	
SMA570W	≤0.18	0.15~0.65	≤1.40	0.035	0.035	0.45~0.75	0.05~0.30	0.30~0.50	B≤0.0008
SMA570P	≤0.18	≤0.55	≤1.40	0.035	0.035	0.30~0.55	—	0.20~0.35	

注：1. 必要时，可添加本表以外的元素，但Mo+Nb+Ti+V+Zr≤0.15%。

2. 碳当量CE：钢材厚度≤50mm，CE≤0.44%；厚度>50~100mm，CE≤0.47%。

B）焊接结构用耐候钢的力学性能（表2-13-4和表2-13-5）

表2-13-4 焊接结构用耐候钢的力学性能（一）

钢 号	R_{eL}或$R_{p0.2}/MPa$ ≥						R_m/MPa
	厚度/mm						
	<16	16~40	40~75	75~100	100~160	160~200	
SMA400AW SMA400BW	245	235	215	215	205	195	400~540

（续）

钢 号	R_{eL} 或 $R_{p0.2}$/MPa ≥						R_m/MPa
	厚度/mm						
	<16	16~40	40~75	75~100	100~160	160~200	
SMA400AP SMA400BP	245	235	215	215	205	195	400~540
SMA400CW SMA400CP	245	235	215	215	—	—	400~540
SMA490AW SMA490BW	365	355	335	325	305	295	490~610
SMA490AP SMA490BP	365	355	335	325	305	295	490~610
SMA490CW SMA490CP	365	355	335	325	—	—	490~610
SMA570W	460	450	430	420	—	—	570~720
SMA570P	460	450	430	420	—	—	570~720

表 2-13-5　焊接结构用耐候钢的力学性能（二）

钢 号	A（%） ≥				KV（0℃） /J ≥	弯曲试验（180°） r—内侧半径 a—厚度
	厚度/mm					
	<5	<16	≥16	>40		
SMA400AW SMA400BW SMA400CW	22	17	21	23	— 27 47	$r=1.0a$
SMA400AP SMA400BP SMA400CP	22	17	21	23	— 27 47	$r=1.0a$
SMA490AW SMA490BW SMA490CW	19	15	19	21	— 27 47	$r=1.5a$
SMA490AP SMA490BP SMA490CP	19	15	19	21	— 27 47	$r=1.5a$
SMA570W	—	19	26	20	47 （-5℃）	$r=1.5a$
SMA570P	—	19	26	20	47 （-5℃）	$r=1.5a$

（2）中国台湾地区 CNS 标准高耐候性轧制钢材［CNS 4620（2014）］

A）高耐候性轧制钢材的钢号与化学成分（表 2-13-6）

表 2-13-6　高耐候性轧制钢材的钢号与化学成分（质量分数）（%）

钢 号	C	Si	Mn	P	S	Cr	Ni	其 他
SPA-H	≤0.12	0.25~0.75	0.20~0.50	0.070~0.150	≤0.040	0.30~1.25	≤0.65	Cu 0.25~0.65
SPA-C	≤0.12	0.25~0.75	0.20~0.50	0.070~0.150	≤0.040	0.30~1.25	≤0.65	B≤0.008

B）高耐候性轧制钢材的力学性能（表 2-13-7）

表 2-13-7　高耐候性轧制钢材的力学性能

钢　号	钢材尺寸	力学性能			180°弯曲试验
		R_{eL}/MPa	R_m/MPa	A（%）	r—内侧半径
		≥			a—厚度
SPA-H	板带厚度≤6.0mm	355	490	22	r=0.5a
	板带厚度>6.0mm 及型材	355	490	15	r=1.5a
SPA-C	—	315	450	26	r=1.0a

2.13.3　机械结构用碳素钢

（1）中国台湾地区 CNS 标准机械结构用碳素钢的钢号与化学成分 ［CNS 3828（2014）］（表 2-13-8）

表 2-13-8　机械结构用碳素钢的钢号与化学成分（质量分数）（%）

钢号	C	Si	Mn	P ≤	S ≤	Cr[2]	Ni[2]	其　他[1]
S10C	0.08～0.13	0.15～0.35	0.30～0.60	0.030	0.035	≤0.20	≤0.20	Cu≤0.20
S12C	0.10～0.15	0.15～0.35	0.30～0.60	0.030	0.035	≤0.20	≤0.20	Cu≤0.20
S15C	0.13～0.18	0.15～0.35	0.30～0.60	0.030	0.035	≤0.20	≤0.20	Cu≤0.20
S17C	0.15～0.20	0.15～0.35	0.30～0.60	0.030	0.035	≤0.20	≤0.20	Cu≤0.20
S20C	0.18～0.23	0.15～0.35	0.30～0.60	0.030	0.035	≤0.20	≤0.20	Cu≤0.20
S22C	0.20～0.25	0.15～0.35	0.30～0.60	0.030	0.035	≤0.20	≤0.20	Cu≤0.20
S25C	0.22～0.28	0.15～0.35	0.30～0.60	0.030	0.035	≤0.20	≤0.20	Cu≤0.20
S28C	0.25～0.31	0.15～0.35	0.60～0.90	0.030	0.035	≤0.20	≤0.20	Cu≤0.20
S30C	0.27～0.33	0.15～0.35	0.60～0.90	0.030	0.035	≤0.20	≤0.20	Cu≤0.20
S33C	0.30～0.36	0.15～0.35	0.60～0.90	0.030	0.035	≤0.20	≤0.20	Cu≤0.20
S35C	0.32～0.38	0.15～0.35	0.60～0.90	0.030	0.035	≤0.20	≤0.20	Cu≤0.20
S38C	0.35～0.41	0.15～0.35	0.60～0.90	0.030	0.035	≤0.20	≤0.20	Cu≤0.20
S40C	0.37～0.43	0.15～0.35	0.60～0.90	0.030	0.035	≤0.20	≤0.20	Cu≤0.20
S43C	0.40～0.46	0.15～0.35	0.60～0.90	0.030	0.035	≤0.20	≤0.20	Cu≤0.20
S45C	0.42～0.48	0.15～0.35	0.60～0.90	0.030	0.035	≤0.20	≤0.20	Cu≤0.20
S48C	0.45～0.51	0.15～0.35	0.60～0.90	0.030	0.035	≤0.20	≤0.20	Cu≤0.20
S50C	0.47～0.53	0.15～0.35	0.60～0.90	0.030	0.035	≤0.20	≤0.20	Cu≤0.20
S53C	0.50～0.56	0.15～0.35	0.60～0.90	0.030	0.035	≤0.20	≤0.20	Cu≤0.20
S55C	0.52～0.58	0.15～0.35	0.60～0.90	0.030	0.035	≤0.20	≤0.20	Cu≤0.20
S58C	0.55～0.61	0.15～0.35	0.60～0.90	0.030	0.035	≤0.20	≤0.20	Cu≤0.20
S09CK	0.07～0.12	0.15～0.35	0.30～0.60	0.025	0.025	≤0.20	≤0.20	Cu≤0.25
S15CK	0.13～0.18	0.15～0.35	0.30～0.60	0.025	0.025	≤0.20	≤0.20	Cu≤0.25
S20CK	0.18～0.23	0.15～0.35	0.30～0.60	0.025	0.025	≤0.20	≤0.20	Cu≤0.25

① 各钢号的硼含量 B≤0.0008%，铜含量经供需双方协商允许 Cu≤0.30%（S09CK、S15CK、S20CK 除外）。铬和镍含量：Cr + Ni≤0.35%。

② 表中 S09CK、S15CK、S20CK 钢号的铜含量 Cu≤0.25%，Ni≤0.20%，铬和镍含量 Cr + Ni≤0.30%。

（2）中国台湾地区 CNS 标准机械结构用碳素钢的力学性能硬度（表 2-13-9）

表2-13-9 机械结构用碳素钢的力学性能与硬度（2014 标准中未见规定，以下为参考值）

钢 号	状 态	R_{eL}/MPa	R_m/MPa	$A(\%)$	$Z(\%)$	冲击韧度 A_K /(J/cm²)	HBW
		≥					
S10C	正火	205	310	33	—	—	109~156
S12C S15C	正火	235	370	33	—	—	111~167
S17C S20C	正火	245	400	28	—	—	116~174
S22C S25C	正火	265	440	27	—	—	123~183
S28C	正火	285	470	25	—	—	137~197
S30C	调质①	335	540	23	57	108	152~212
S33C	正火	305	510	23	—	—	149~207
S35C	调质①	390	570	23	55	98	167~235
S38C	正火	325	540	22	—	—	156~217
S40C	调质②	440	610	20	50	88	179~255
S43C	正火	345	570	20	—	—	167~229
S45C	调质②	490	690	17	45	78	201~269
S48C	正火	365	610	18	—	—	179~235
S50C	调质②	540	740	15	40	69	212~277
S53C	正火	390	650	15	—	—	183~255
S55C	调质③	590	780	14	35	59	229~285
S58C	正火	390	650	15	—	—	183~255
S58C	调质③	590	780	14	35	59	229~285
S09CK	调质	245	390	23	55	137	121~179
S15CK	调质	345	490	20	50	118	143~235
S20CK	调质	390	540	18	45	98	159~241

① 有效直径：30~32mm。

② 有效直径：35~37mm。

③ 有效直径：40~42mm。

2.13.4 机械结构用合金钢

（1）中国台湾地区机械结构用合金钢的钢号与化学成分［CNS 3229（2018）］（表2-13-10）

表2-13-10 机械结构用合金钢的钢号与化学成分（质量分数）（%）

钢号	C	Si	Mn	P ≤	S ≤	Cr	Ni	Mo	其 他
			Mn 合金钢						
SMn 420	0.17~0.23	0.15~0.35	1.20~1.50	0.030	0.030	≤0.35	≤0.25	①	Cu≤0.30
SMn 433	0.30~0.36	0.15~0.35	1.20~1.50	0.030	0.030	≤0.35	≤0.25	①	Cu≤0.30
SMn 438	0.35~0.41	0.15~0.35	1.35~1.65	0.030	0.030	≤0.35	≤0.25	①	Cu≤0.30
SMn 443	0.40~0.46	0.15~0.35	1.35~1.65	0.030	0.030	≤0.35	≤0.25	①	Cu≤0.30
			Cr-Mn 合金钢						
SMnC 420	0.17~0.23	0.15~0.35	1.20~1.50	0.030	0.030	0.35~0.70	≤0.25	①	Cu≤0.30
SMnC 443	0.40~0.46	0.15~0.35	1.35~1.65	0.030	0.030	0.35~0.70	≤0.25	①	Cu≤0.30

（续）

钢号	C	Si	Mn	P≤	S≤	Cr	Ni	Mo	其 他
Cr 合金钢									
SCr 415	0.13~0.18	0.15~0.35	0.60~0.90	0.030	0.030	0.90~1.20	≤0.25	①	Cu≤0.30
SCr 420	0.18~0.23	0.15~0.35	0.60~0.90	0.030	0.030	0.90~1.20	≤0.25	①	Cu≤0.30
SCr 430	0.28~0.33	0.15~0.35	0.60~0.90	0.030	0.030	0.90~1.20	≤0.25	①	Cu≤0.30
SCr 435	0.33~0.38	0.15~0.35	0.60~0.90	0.030	0.030	0.90~1.20	≤0.25	①	Cu≤0.30
SCr 440	0.38~0.43	0.15~0.35	0.60~0.90	0.030	0.030	0.90~1.20	≤0.25	①	Cu≤0.30
SCr 445	0.43~0.48	0.15~0.35	0.60~0.90	0.030	0.030	0.90~1.20	≤0.25	①	Cu≤0.30
Cr-Mo 合金钢									
SCM 415	0.13~0.18	0.15~0.35	0.60~0.90	0.030	0.030	0.90~1.20	≤0.25	0.15~0.25	Cu≤0.30
SCM 418	0.16~0.21	0.15~0.35	0.60~0.90	0.030	0.030	0.90~1.20	≤0.25	0.15~0.25	Cu≤0.30
SCM 420	0.18~0.23	0.15~0.35	0.60~0.90	0.030	0.030	0.90~1.20	≤0.25	0.15~0.25	Cu≤0.30
SCM 421	0.17~0.23	0.15~0.35	0.70~1.00	0.030	0.030	0.90~1.20	≤0.25	0.15~0.25	Cu≤0.30
SCM 421	0.23~0.28	0.15~0.35	0.60~0.90	0.030	0.030	0.90~1.20	≤0.25	0.15~0.30	Cu≤0.30
SCM 430	0.28~0.33	0.15~0.35	0.60~0.90	0.030	0.030	0.90~1.20	≤0.25	0.15~0.30	Cu≤0.30
SCM 432	0.27~0.37	0.15~0.35	0.60~0.90	0.030	0.030	1.00~1.50	≤0.25	0.15~0.30	Cu≤0.30
SCM 435	0.33~0.38	0.15~0.35	0.60~0.90	0.030	0.030	0.90~1.20	≤0.25	0.15~0.30	Cu≤0.30
SCM 440	0.38~0.43	0.15~0.35	0.60~0.90	0.030	0.030	0.90~1.20	≤0.25	0.15~0.30	Cu≤0.30
SCM 445	0.43~0.48	0.15~0.35	0.60~0.90	0.030	0.030	0.90~1.20	≤0.25	0.15~0.30	Cu≤0.30
SCM 822	0.20~0.25	0.15~0.35	0.60~0.90	0.030	0.030	0.90~1.20	≤0.25	0.35~0.45	Cu≤0.30
Cr-Mo-Al 合金钢									
SACM 645	0.40~0.50	0.15~0.50	≤0.60	0.030	0.030	1.30~1.70	≤0.25	0.15~0.30	Al 0.70~1.20 Cu≤0.30
Ni-Cr 合金钢									
SNC 236	0.32~0.40	0.15~0.35	0.50~0.80	0.030	0.030	0.50~0.90	1.00~1.50	①	Cu≤0.30
SNC 415	0.12~0.18	0.15~0.35	0.35~0.65	0.030	0.030	0.20~0.50	2.00~2.50	①	Cu≤0.30
SNC 631	0.27~0.35	0.15~0.35	0.35~0.65	0.030	0.030	0.60~1.00	2.50~3.00	①	Cu≤0.30
SNC 815	0.12~0.18	0.15~0.35	0.35~0.65	0.030	0.030	0.70~1.00	3.00~3.50	①	Cu≤0.30
SNC 836	0.32~0.40	0.15~0.35	0.35~0.65	0.030	0.030	0.60~1.00	3.00~3.50	①	Cu≤0.30
Ni-Cr-Mo 合金钢									
SNCM 220	0.17~0.23	0.15~0.35	0.60~0.90	0.030	0.030	0.40~0.60	0.40~0.70	0.15~0.25	Cu≤0.30
SNCM 240	0.38~0.43	0.15~0.35	0.70~1.00	0.030	0.030	0.40~0.60	0.40~0.70	0.15~0.30	Cu≤0.30
SNCM 415	0.12~0.18	0.15~0.35	0.40~0.70	0.030	0.030	0.40~0.60	1.60~2.00	0.15~0.30	Cu≤0.30
SNCM 420	0.17~0.23	0.15~0.35	0.40~0.70	0.030	0.030	0.40~0.65	1.60~2.00	0.15~0.30	Cu≤0.30
SNCM 431	0.27~0.35	0.15~0.35	0.60~0.90	0.030	0.030	0.60~1.00	1.60~2.00	0.15~0.30	Cu≤0.30
SNCM 439	0.36~0.43	0.15~0.35	0.60~0.90	0.030	0.030	0.60~1.00	1.60~2.00	0.15~0.30	Cu≤0.30
SNCM 447	0.44~0.50	0.15~0.35	0.60~0.90	0.030	0.030	0.60~1.00	1.60~2.00	0.15~0.30	Cu≤0.30
SNCM 616	0.13~0.20	0.15~0.35	0.80~1.20	0.030	0.030	1.40~1.80	2.80~3.20	0.40~0.60	Cu≤0.30
SNCM 625	0.20~0.30	0.15~0.35	0.35~0.60	0.030	0.030	1.00~1.50	3.00~3.50	0.15~0.30	Cu≤0.30
SNCM 630	0.25~0.35	0.15~0.35	0.35~0.60	0.030	0.030	2.50~3.50	2.50~3.50	0.50~0.70	Cu≤0.30
SNCM 815	0.12~0.18	0.15~0.35	0.30~0.60	0.030	0.030	0.70~1.00	4.00~4.50	0.15~0.30	Cu≤0.30

① 不允许有意加入 Mo 元素。

（2）中国台湾地区 CNS 标准机械结构用合金钢的力学性能

A) Mn 和 Cr-Mn 合金钢的力学性能与硬度（表 2-13-11）

表 2-13-11　Mn 和 Cr-Mn 合金钢的力学性能与硬度

钢　号	状　态	R_{eL}/MPa	R_m/MPa	$A(\%)$	$Z(\%)$	冲击韧度 A_K /(J/cm²)	HBW
						≥	
SMn420	淬火回火	—	690	14	30	49	201 ~ 311
SMn433	淬火回火	540	690	20	55	98	201 ~ 277
SMn438	淬火回火	590	740	18	50	78	212 ~ 285
SMn443	淬火回火	635	780	17	45	78	229 ~ 302
SMnC420	淬火回火	—	830	13	30	49	235 ~ 321
SMnC443	淬火回火	785	930	13	40	49	269 ~ 321

注：表中的力学性能与硬度为参考值（2018 标准中未规定）。

B) Cr 合金钢的力学性能与硬度（表 2-13-12）

表 2-13-12　Cr 合金钢的力学性能与硬度

钢号	状　态	R_{eL}/MPa	R_m/MPa	$A(\%)$	$Z(\%)$	冲击韧度 A_K /(J/cm²)	HBW
						≥	
SCr415	淬火回火	—	780	15	40	59	217 ~ 302
SCr420	淬火回火	—	830	14	35	49	235 ~ 321
SCr430	淬火回火	635	780	18	55	88	229 ~ 352
SCr435	淬火回火	735	880	15	50	69	255 ~ 321
SCr440	淬火回火	785	930	13	45	59	269 ~ 321
SCr445	淬火回火	835	980	12	40	49	285 ~ 352

注：表中的力学性能与硬度为参考值（2018 标准中未规定）。

C) Cr-Mo 和 Cr-Mo-Al 合金钢的力学性能与硬度（见表 2-13-13）

表 2-13-13　Cr-Mo 和 Cr-Mo-Al 合金钢的力学性能与硬度

钢　号	状　态	R_{eL}/MPa	R_m/MPa	$A(\%)$	$Z(\%)$	冲击韧度 A_K /(J/cm²)	HBW
						≥	
SCM415	淬火回火	—	830	16	40	69	235 ~ 321
SCM418	淬火回火	—	880	15	40	69	248 ~ 331
SCM420	淬火回火	—	930	14	40	59	262 ~ 352
SCM421	淬火回火	—	980	14	35	59	285 ~ 375
SCM430	淬火回火	685	830	18	55	108	241 ~ 302
SCM432	淬火回火	735	880	16	50	88	255 ~ 321
SCM435	淬火回火	785	930	15	50	78	269 ~ 332
SCM440	淬火回火	835	980	12	45	59	285 ~ 352
SCM445	淬火回火	885	1030	12	40	39	302 ~ 363
SCM822	淬火回火	—	1030	12	30	59	302 ~ 415
SACM45	淬火回火	685	830	15	50	98	241 ~ 302

注：表中的力学性能与硬度为参考值（2018 标准中未规定）。

D）Ni-Cr 合金钢的力学性能与硬度（表 2-13-14）

表 2-13-14　Ni-Cr 合金钢的力学性能与硬度

钢　号	状　态	R_{eL}/MPa	R_m/MPa	$A(\%)$	$Z(\%)$	冲击韧度 A_K /(J/cm^2)	HBW
		≥					
SNC236	淬火回火	590	740	22	50	118	217~227
SNC415	淬火回火	—	780	17	45	88	235~241
SNC631	淬火回火	685	830	18	50	118	248~302
SNC815	淬火回火	—	980	12	45	78	285~388
SNC836	淬火回火	785	930	15	45	78	269~321

注：表中的力学性能与硬度为参考值（2018 标准中未规定）。

E）Ni-Cr-Mo 合金钢的力学性能与硬度（表 2-13-15）

表 2-13-15　Ni-Cr-Mo 合金钢的力学性能与硬度

钢　号	状　态	R_{eL}/MPa	R_m/MPa	$A(\%)$	$Z(\%)$	冲击韧度 A_K /(J/cm^2)	HBW
		≥					
SNCM220	淬火回火	—	830	17	40	59	248~341
SNCM240	淬火回火	785	880	17	50	69	255~311
SNCM415	淬火回火	—	880	16	45	69	255~341
SNCM420	淬火回火	—	980	15	40	69	293~375
SNCM431	淬火回火	685	830	20	55	98	248~302
SNCM439	淬火回火	885	980	16	45	69	293~352
SNCM447	淬火回火	930	1030	14	40	59	302~368
SNCM616	淬火回火	—	1180	14	40	78	341~415
SNCM625	淬火回火	835	930	18	50	78	269~321
SNCM630	淬火回火	885	1080	15	45	78	302~352
SNCM815	淬火回火	—	1080	12	40	69	311~375

注：表中的力学性能与硬度为参考值（2018 标准中未规定）。

2.13.5　保证淬透性结构钢（H 钢）

（1）中国台湾地区 CNS 标准保证淬透性结构钢的钢号与化学成分 ［CNS 11999（1987/2017 确认）］（表 2-13-16）

表 2-13-16　保证淬透性结构钢的钢号与化学成分（质量分数）（%）

钢　号	C	Si	Mn	P≤	S≤	Cr	Ni	Mo	其　他
Mn-H 钢，CrMn-H 钢									
SMn420H	0.16~0.23	0.15~0.35	1.15~1.55	0.030	0.030	≤0.35	≤0.25	—	Cu≤0.30
SMn433H	0.29~0.36	0.15~0.35	1.15~1.55	0.030	0.030	≤0.35	≤0.25	—	Cu≤0.30
SMn438H	0.34~0.41	0.15~0.35	1.30~1.70	0.030	0.030	≤0.35	≤0.25	—	Cu≤0.30
SMn443H	0.39~0.46	0.15~0.35	1.30~1.70	0.030	0.030	≤0.35	≤0.25	—	Cu≤0.30
SMnC420H	0.16~0.23	0.15~0.35	1.15~1.55	0.030	0.030	0.35~0.70	≤0.25	—	Cu≤0.30
SMnC443H	0.39~0.46	0.15~0.35	1.30~1.70	0.030	0.030	0.35~0.70	≤0.25	—	Cu≤0.30

（续）

钢号	C	Si	Mn	P≤	S≤	Cr	Ni	Mo	其他
				Cr- H 钢					
SCr415H	0.12~0.18	0.15~0.35	0.55~0.90	0.030	0.030	0.85~1.25	≤0.25	—	Cu≤0.30
SCr420H	0.17~0.23	0.15~0.35	0.55~0.90	0.030	0.030	0.85~1.25	≤0.25	—	Cu≤0.30
SCr430H	0.27~0.34	0.15~0.35	0.55~0.90	0.030	0.030	0.85~1.25	≤0.25	—	Cu≤0.30
SCr435H	0.32~0.39	0.15~0.35	0.55~0.90	0.030	0.030	0.85~1.25	≤0.25	—	Cu≤0.30
SCr440H	0.37~0.44	0.15~0.35	0.55~0.90	0.030	0.030	0.85~1.25	≤0.25	—	Cu≤0.30
				NiCr- H 钢					
SNC415H	0.11~0.18	0.15~0.35	0.30~0.70	0.030	0.030	0.20~0.55	1.95~2.50	—	Cu≤0.30
SNC631H	0.26~0.35	0.15~0.35	0.30~0.70	0.030	0.030	0.55~1.05	2.45~3.00	—	Cu≤0.30
SNC815H	0.11~0.18	0.15~0.35	0.30~0.70	0.030	0.030	0.65~1.05	2.95~3.50	—	Cu≤0.30
				NiCrMo- H 钢					
SNCM220H	0.17~0.23	0.15~0.35	0.60~0.95	0.030	0.030	0.35~0.65	0.35~0.75	0.15~0.35	Cu≤0.30
SNCM420H	0.17~0.23	0.15~0.35	0.40~0.70	0.030	0.030	0.35~0.65	1.55~2.00	0.15~0.35	Cu≤0.30
				CrMo- H 钢					
SCM415H	0.12~0.18	0.15~0.35	0.55~0.90	0.030	0.030	0.85~1.25	≤0.25	0.15~0.35	Cu≤0.30
SCM418H	0.15~0.21	0.15~0.35	0.55~0.90	0.030	0.030	0.85~1.25	≤0.25	0.15~0.35	Cu≤0.30
SCM420H	0.17~0.23	0.15~0.35	0.55~0.90	0.030	0.030	0.85~1.25	≤0.25	0.15~0.35	Cu≤0.30
SCM435H	0.32~0.39	0.15~0.35	0.55~0.90	0.030	0.030	0.85~1.25	≤0.25	0.15~0.35	Cu≤0.30
SCM440H	0.37~0.44	0.15~0.35	0.55~0.90	0.030	0.030	0.85~1.25	≤0.25	0.15~0.35	Cu≤0.30
SCM445H	0.42~0.49	0.15~0.35	0.55~0.90	0.030	0.030	0.85~1.25	≤0.25	0.15~0.35	Cu≤0.30
SCM822H	0.19~0.25	0.15~0.35	0.55~0.90	0.030	0.030	0.85~1.25	≤0.25	0.15~0.35	Cu≤0.30

（2）中国台湾地区 CNS 标准保证淬透性结构钢（H 钢）的淬透性数据（表 2-13-17）

表 2-13-17　保证淬透性结构钢（H 钢）的淬透性数据

钢　号	硬度值上下限	硬度值 HRC（至水冷端的下列距离/mm）														热处理温度/℃	
		1.5	3	5	7	9	11	13	15	20	25	30	35	40	45	50	正火	淬火
SMn420H	上限	48	46	42	36	30	27	25	24	21	—	—	—	—	—	—	925	925
	下限	40	36	21	—	—	—	—	—	—	—	—	—	—	—	—		
SMn433H	上限	57	56	53	49	42	36	33	30	27	25	24	23	22	21	21	900	870
	下限	50	46	34	26	32	20	—	—	—	—	—	—	—	—	—		
SMn438H	上限	59	59	57	54	51	46	41	39	35	33	31	30	29	28	27	870	845
	下限	52	49	43	34	28	24	22	21	—	—	—	—	—	—	—		
SMn443H	上限	62	61	60	59	57	54	50	45	37	34	32	31	30	29	28	870	845
	下限	55	53	49	39	33	29	27	26	23	22	20	—	—	—	—		
SMnC420H	上限	48	48	45	41	37	33	31	29	26	24	23	—	—	—	—	925	925
	下限	40	39	33	27	23	20	—	—	—	—	—	—	—	—	—		
SMnC443H	上限	62	62	61	60	59	58	56	55	50	46	42	41	40	39	38	870	845
	下限	55	54	53	51	48	44	39	35	29	26	25	24	23	22	21		
SCr415H	上限	46	45	41	35	31	28	27	26	23	20	—	—	—	—	—	925	925
	下限	39	34	26	21	—	—	—	—	—	—	—	—	—	—	—		
SCr420H	上限	48	48	46	40	36	34	32	31	29	27	26	24	23	23	22	925	925
	下限	40	37	32	28	25	22	21	—	—	—	—	—	—	—	—		

（续）

钢 号	硬度值上下限	硬度值 HRC（至水冷端的下列距离/mm）														热处理温度/℃	
		1.5	3	5	7	9	11	13	15	20	25	30	35	40	45	50	正火	淬火
SCr430H	上限	56	55	53	51	48	45	42	39	35	33	31	30	28	26	25	900	870
	下限	49	46	42	37	33	30	28	26	21	—	—	—	—	—	—		
SCr435H	上限	58	57	56	55	53	51	47	44	39	37	35	34	33	32	31	870	845
	下限	51	49	46	42	37	32	29	27	23	21	—	—	—	—	—		
SCr440H	上限	60	60	59	58	57	55	54	52	46	41	39	37	37	36	35	870	845
	下限	53	52	50	48	45	41	37	34	29	26	24	22	—	—	—		
SNC415H	上限	45	44	39	35	31	28	26	24	21	—	—	—	—	—	—	925	925
	下限	37	32	24	—	—	—	—	—	—	—	—	—	—	—	—		
SNC631H	上限	57	57	56	56	55	55	55	54	53	51	49	47	45	44	43	900	870
	下限	49	48	47	46	45	43	41	39	35	31	29	28	27	26	26		
SNC815H	上限	46	46	46	46	45	44	43	41	38	35	34	34	33	33	32	925	845
	下限	38	37	36	34	31	29	27	26	24	22	22	22	21	21	21		
SNCM220H	上限	48	47	44	40	35	32	30	29	26	24	23	23	23	22	22	925	925
	下限	41	37	30	25	22	20	—	—	—	—	—	—	—	—	—		
SNCM420H	上限	48	47	46	42	39	36	34	32	29	26	25	24	24	24	24	925	925
	下限	41	38	34	30	27	25	24	23	20	20	—	—	—	—	—		
SCM415H	上限	46	45	42	38	34	31	29	28	26	25	24	24	23	23	22	925	925
	下限	39	36	29	24	21	20	—	—	—	—	—	—	—	—	—		
SCM418H	上限	47	47	45	41	38	35	33	32	30	28	27	27	26	26	25	925	925
	下限	39	37	31	27	24	22	21	20	—	—	—	—	—	—	—		
SCM420H	上限	48	48	47	44	42	39	37	35	33	31	30	30	29	29	28	925	925
	下限	40	39	35	31	28	25	24	23	20	20	—	—	—	—	—		
SCM435H	上限	58	58	57	56	55	54	53	51	48	45	43	41	39	38	37	870	845
	下限	51	50	49	47	45	42	39	37	32	30	28	27	27	26	26		
SCM440H	上限	60	60	60	59	58	58	57	56	55	53	51	49	47	46	44	870	845
	下限	53	53	52	51	50	48	45	43	38	35	33	33	32	31	30		
SCM445H	上限	63	63	62	62	61	61	61	60	59	58	57	56	55	55	54	870	845
	下限	56	55	55	54	53	52	52	51	47	43	39	37	35	35	34		
SCM822H	上限	50	50	50	49	48	46	43	41	39	38	37	36	36	36	36	925	925
	下限	43	42	41	39	36	32	29	27	24	24	23	22	22	21	21		

2.13.6 易切削结构钢

中国台湾地区 CNS 标准易切削结构钢的钢号与化学成分［CNS 4004（2003/2017 确认）］（表 2-13-18）

表 2-13-18 易切削结构钢的钢号与化学成分（质量分数）（%）

钢 号	C	Si	Mn	P	S	其 他
SUM11	0.08 ~ 0.13	①	0.30 ~ 0.60	≤0.040	0.08 ~ 0.13	—
SUM12	0.08 ~ 0.13	①	0.60 ~ 0.90	≤0.040	0.08 ~ 0.13	—
SUM21	≤0.13	①	0.70 ~ 1.00	0.07 ~ 0.12	0.16 ~ 0.23	—
SUM22	≤0.13	①	0.70 ~ 1.00	0.07 ~ 0.12	0.24 ~ 0.33	—
SUM22L	≤0.13	①	0.70 ~ 1.00	0.07 ~ 0.12	0.24 ~ 0.33	Pb 0.10 ~ 0.35

（续）

钢　号	C	Si	Mn	P	S	其　他
SUM23	≤0.09	①	0.75 ~ 1.05	0.04 ~ 0.09	0.26 ~ 0.35	—
SUM23L	≤0.09	①	0.75 ~ 1.05	0.04 ~ 0.09	0.26 ~ 0.35	Pb 0.10 ~ 0.35
SUM24L	≤0.15	①	0.85 ~ 1.15	0.04 ~ 0.09	0.26 ~ 0.35	Pb 0.10 ~ 0.35
SUM25	≤0.15	①	0.90 ~ 1.40	0.07 ~ 0.12	0.30 ~ 0.40	—
SUM31	0.14 ~ 0.20	①	1.00 ~ 1.30	≤0.040	0.08 ~ 0.13	—
SUM31L	0.14 ~ 0.20	①	1.00 ~ 1.30	≤0.040	0.08 ~ 0.13	Pb 0.10 ~ 0.35
SUM32	0.12 ~ 0.20	①	0.60 ~ 1.10	≤0.040	0.10 ~ 0.20	—
SUM41	0.32 ~ 0.39	①	1.35 ~ 1.65	≤0.040	0.08 ~ 0.13	—
SUM42	0.37 ~ 0.45	①	1.35 ~ 1.65	≤0.040	0.08 ~ 0.13	—
SUM43	0.40 ~ 0.48	①	1.35 ~ 1.65	≤0.040	0.24 ~ 0.33	—

　① 表中为硫系和硫-铅复合易切削结构钢，钢中的 Si 含量一般不作规定，必要时可由供需双方协商规定含量，如 Si ≤ 0.10%、Si 0.10% ~ 0.20%、Si 0.15% ~ 0.35% 等。

2.13.7　冷镦和冷锻用钢

　（1）中国台湾地区 CNS 标准冷镦和冷锻用碳素钢盘条的钢号与化学成分［CNS 8694（1988/2017 确认）］（表 2-13-19）

表 2-13-19　冷镦和冷锻用碳素钢盘条的钢号与化学成分（质量分数）（%）

钢　号①	C	Si	Mn	P ≤	S ≤	其　他②
非 镇 静 钢						
SWRCH6R	≤0.08	—	≤0.60	0.040	0.040	—
SWRCH8R	≤0.10	—	≤0.60	0.040	0.040	—
SWRCH10R	0.08 ~ 0.13	—	0.30 ~ 0.60	0.040	0.040	—
SWRCH12R	0.10 ~ 0.15	—	0.30 ~ 0.60	0.040	0.040	—
SWRCH15R	0.13 ~ 0.18	—	0.30 ~ 0.60	0.040	0.040	—
SWRCH17R	0.15 ~ 0.20	—	0.30 ~ 0.60	0.040	0.040	—
铝 镇 静 钢						
SWRCH6A	≤0.08	≤0.10	≤0.60	0.030	0.035	Al ≥ 0.02
SWRCH8A	≤0.10	≤0.10	≤0.60	0.030	0.035	Al ≥ 0.02
SWRCH10A	0.08 ~ 0.13	≤0.10	0.30 ~ 0.60	0.030	0.035	Al ≥ 0.02
SWRCH12A	0.10 ~ 0.15	≤0.10	0.30 ~ 0.60	0.030	0.035	Al ≥ 0.02
SWRCH15A	0.13 ~ 0.18	≤0.10	0.30 ~ 0.60	0.030	0.035	Al ≥ 0.02
SWRCH16A	0.13 ~ 0.18	≤0.10	0.60 ~ 0.90	0.030	0.035	Al ≥ 0.02
SWRCH18A	0.15 ~ 0.20	≤0.10	0.60 ~ 0.90	0.030	0.035	Al ≥ 0.02
SWRCH19A	0.15 ~ 0.20	≤0.10	0.70 ~ 1.00	0.030	0.035	Al ≥ 0.02
SWRCH20A	0.18 ~ 0.23	≤0.10	0.30 ~ 0.60	0.030	0.035	Al ≥ 0.02
SWRCH22A	0.18 ~ 0.23	≤0.10	0.70 ~ 1.00	0.030	0.035	Al ≥ 0.02
镇 静 钢						
SWRCH10K	0.08 ~ 0.13	0.10 ~ 0.35	0.30 ~ 0.60	0.030	0.035	—
SWRCH12K	0.10 ~ 0.15	0.10 ~ 0.35	0.30 ~ 0.60	0.030	0.035	—
SWRCH15K	0.13 ~ 0.18	0.10 ~ 0.35	0.30 ~ 0.60	0.030	0.035	—

（续）

钢 号[1]	C	Si	Mn	P ≤	S ≤	其 他[2]
镇 静 钢							
SWRCH16K	0.13 ~ 0.18	0.10 ~ 0.35	0.60 ~ 0.90	0.030	0.035	—
SWRCH17K	0.15 ~ 0.20	0.10 ~ 0.35	0.30 ~ 0.60	0.030	0.035	—
SWRCH18K	0.15 ~ 0.20	0.10 ~ 0.35	0.60 ~ 0.90	0.030	0.035	—
SWRCH20K	0.18 ~ 0.23	0.10 ~ 0.35	0.30 ~ 0.60	0.030	0.035	—
SWRCH22K	0.18 ~ 0.23	0.10 ~ 0.35	0.70 ~ 1.00	0.030	0.035	—
SWRCH24K	0.19 ~ 0.25	0.10 ~ 0.35	1.35 ~ 1.65	0.030	0.035	—
SWRCH25K	0.22 ~ 0.28	0.10 ~ 0.35	0.30 ~ 0.60	0.030	0.035	—
SWRCH27K	0.22 ~ 0.29	0.10 ~ 0.35	1.20 ~ 1.50	0.030	0.035	—
SWRCH30K	0.27 ~ 0.33	0.10 ~ 0.35	0.60 ~ 0.90	0.030	0.035	—
SWRCH33K	0.30 ~ 0.36	0.10 ~ 0.35	0.60 ~ 0.90	0.030	0.035	—
SWRCH35K	0.32 ~ 0.38	0.10 ~ 0.35	0.60 ~ 0.90	0.030	0.035	—
SWRCH38K	0.35 ~ 0.41	0.10 ~ 0.35	0.60 ~ 0.90	0.030	0.035	—
SWRCH40K	0.37 ~ 0.43	0.10 ~ 0.35	0.60 ~ 0.90	0.030	0.035	—
SWRCH41K	0.36 ~ 0.44	0.10 ~ 0.35	1.35 ~ 1.65	0.030	0.035	—
SWRCH43K	0.40 ~ 0.46	0.10 ~ 0.35	0.60 ~ 0.90	0.030	0.035	—
SWRCH45K	0.42 ~ 0.48	0.10 ~ 0.35	0.60 ~ 0.90	0.030	0.035	—
SWRCH48K	0.45 ~ 0.51	0.10 ~ 0.35	0.60 ~ 0.90	0.030	0.035	—
SWRCH50K	0.47 ~ 0.53	0.10 ~ 0.35	0.60 ~ 0.90	0.030	0.035	—

① 钢号末尾字母：R—非镇静钢；A—铝镇静钢；K—镇静钢。

② 钢中残余元素含量：Cr≤0.20%，Ni≤0.20%，Cu≤0.30%。

（2）中国台湾地区 CNS 标准冷镦和冷锻用碳素钢钢丝经 D 工序和 DA 工序的力学性能 ［CNS 10939 （1994/2017 确认）］

A）经 D 工序的碳素钢钢丝的钢号与力学性能（表 2-13-20）

表 2-13-20　经 D 工序的碳素钢钢丝的钢号与力学性能

钢 号	钢丝直径 /mm	R_m/MPa	Z（%）	A（%）	HRB ≤	钢 号	钢丝直径 /mm	R_m/MPa	Z（%）	A（%）	HRB ≤
			≥						≥		
SWCH6R	≤3	540	45	—	—	SWCH17R	≤3	690	45	—	—
SWCH8R SWCH10R	>3 ~ 4	440	45	—	—	SWCH16A SWCH18A	>3 ~ 4	590	45	—	—
SWCH6A SWCH8A	>4 ~ 5	390	45	—	—	SWCH20A	>4 ~ 5	490	45	—	—
						SWCH15K	>5	410	45	7	92
SWCH10A	>5	340	45	11	85	SWCH19A	>3 ~ 4	640	45	—	—
SWCH12R	≤3	590	45	—	—	SWCH16K SWCH17K	>4 ~ 5	540	45	—	—
SWCH15R SWCH12A	>3 ~ 4	490	45	—	—	SWCH18K SWCH20K	>5 ~ 30	440	45	7	95
SWCH15A	>4 ~ 5	410	45	—	—	SWCH22A	>3 ~ 4	690	45	—	—
SWCH10K SWCH12K	>5	360	45	10	90	SWCH22K	>4 ~ 5	570	45	—	—
						SWCH25K	>5	470	45	6	98

注：1. D 工序是将盘条冷拉精加工。

　　2. 表中的断后伸长率 A 和硬度 HRB 为参考值。

B）经 DA 工序的碳素钢钢丝的钢号与力学性能（表 2-13-21 ）

表 2-13-21   经 DA 工序的碳钢钢丝的钢号与力学性能

钢 号	R_m/MPa	$Z(\%)$	$A(\%)$	HRB	钢 号	R_m/MPa	$Z(\%)$	$A(\%)$	HRB
	≥			≤		≥			≤
SWCH6R SWCH8R	290	55	15	80	SWCH17K SWCH18K	410	55	13	86
SWCH6A SWCH8A	290	55	15	80	SWCH20K	410	55	13	86
SWCH10R SWCH10A	290	55	14	83	SWCH22A SWCH22K	440	55	12	88
SWCH12R SWCH15R	340	55	14	83	SWCH25K	440	55	12	88
SWCH12A SWCH15A	340	55	14	83	SWCH24K SWCH27K	470	55	12	92
SWCH10A SWCH12A	340	55	14	83	SWCH30K SWCH33K	620	55	12	92
SWCH17R SWCH15K	370	55	13	85	SWCH35K	620	55	12	92
SWCH16A SWCH18A	370	55	13	85	SWCH38K SWCH40K	670	55	11	94
SWCH20A	370	55	13	85	SWCH43K	670	55	11	94
SWCH19A SWCH16K	410	55	13	86	SWCH41K SWCH45K	710	55	10	97
					SWCH48K SWCH50K	710	55	10	97

注: 1. DA 工序是将盘条冷拉后进行球化退火, 然后再冷拉精加工。

2. 表中的断后伸长率和硬度为参考值。

3. 对于 SWCH27 以下的低碳钢丝, 若成品是用于热处理的钢丝, 其抗拉强度的下限经协商后允许低于本表的规定值。

2.13.8 弹簧钢和轴承钢

(1) 中国台湾地区 CNS 标准弹簧钢的钢号与化学成分 [CNS 2905 (1997/2013 确认)] (表 2-13-22)

表 2-13-22   弹簧钢的钢号与化学成分 (质量分数) (%)

钢 号	C	Si	Mn	P ≤	S ≤	Cr	其 他
SUP3	0.75 ~ 0.90	0.15 ~ 0.35	0.30 ~ 0.60	0.035	0.035	—	Cu ≤ 0.30
SUP6	0.56 ~ 0.64	1.50 ~ 1.80	0.70 ~ 1.00	0.035	0.035	—	Cu ≤ 0.30
SUP7	0.56 ~ 0.64	1.80 ~ 2.20	0.70 ~ 1.00	0.035	0.035	—	Cu ≤ 0.30
SUP9	0.52 ~ 0.60	0.15 ~ 0.35	0.65 ~ 0.95	0.035	0.035	0.65 ~ 0.95	Cu ≤ 0.30
SUP9A	0.56 ~ 0.64	0.15 ~ 0.35	0.70 ~ 1.00	0.035	0.035	0.70 ~ 1.00	Cu ≤ 0.30
SUP10	0.47 ~ 0.55	0.15 ~ 0.35	0.65 ~ 0.95	0.035	0.035	0.80 ~ 1.10	V 0.15 ~ 0.25 Cu ≤ 0.30
SUP11A	0.56 ~ 0.64	0.15 ~ 0.35	0.70 ~ 1.00	0.035	0.035	0.70 ~ 1.00	B ≥ 0.0005 Cu ≤ 0.30
SUP12	0.51 ~ 0.59	1.20 ~ 1.60	0.60 ~ 0.90	0.035	0.035	0.60 ~ 0.90	Cu ≤ 0.30
SUP13	0.56 ~ 0.64	0.15 ~ 0.35	0.70 ~ 1.00	0.035	0.035	0.70 ~ 0.90	Mo 0.25 ~ 0.35 Cu ≤ 0.30

(2) 中国台湾地区 CNS 标准高碳铬轴承钢的钢号与化学成分 [CNS 3014 (2001/2013 确认)] (表 2-13-23)

表 2-13-23　高碳铬轴承钢的钢号与化学成分（质量分数）（%）

钢　号[①,②]	C	Si	Mn	P ≤	S ≤	Cr	Mo
SUJ1	0.95 ~ 1.10	0.15 ~ 0.35	≤0.50	0.025	0.025	0.90 ~ 1.20	≤0.08
SUJ2	0.95 ~ 1.10	0.15 ~ 0.35	≤0.50	0.025	0.025	1.30 ~ 1.60	≤0.08
SUJ3	0.95 ~ 1.10	0.40 ~ 0.70	0.90 ~ 1.15	0.025	0.025	0.90 ~ 1.20	≤0.08
SUJ4	0.95 ~ 1.10	0.15 ~ 0.35	≤0.50	0.025	0.025	1.30 ~ 1.60	0.10 ~ 0.25
SUJ5	0.95 ~ 1.10	0.40 ~ 0.70	0.90 ~ 1.15	0.025	0.025	0.90 ~ 1.20	0.10 ~ 0.25

① 各钢号的残余元素含量：Ni≤ 0.25%，Cu≤0.25%，但线材 Cu≤0.20%。

② 各钢号可添加本表以外的元素，但其含量≤0.25%。

（3）中国台湾地区 CNS 标准弹簧钢和高碳铬轴承钢的力学性能与硬度（表2-13-24）

表 2-13-24　弹簧钢和高碳铬轴承钢的力学性能与硬度

钢　号	热处理温度/℃和冷却 淬火	回火	R_{eL}/MPa ≥	R_m/MPa ≥	A（%）≥	Z（%）≥	HBW（参考值）
弹簧钢							
SUP3	830 ~ 860 油冷	450 ~ 500	835	1080	8	—	340 ~ 401
SUP6	830 ~ 860 油冷	480 ~ 530	1080	1230	9	20	363 ~ 429
SUP7	830 ~ 860 油冷	490 ~ 540	1080	1230	9	20	363 ~ 429
SUP9	830 ~ 860 油冷	460 ~ 510	1080	1230	9	20	363 ~ 429
SUP9A	830 ~ 860 油冷	460 ~ 520	1080	1230	9	20	363 ~ 429
SUP10	840 ~ 870 油冷	470 ~ 540	1080	1230	10	30	363 ~ 429
SUP11A	830 ~ 860 油冷	460 ~ 520	1080	1230	9	20	363 ~ 429
SUP12	830 ~ 860 油冷	510 ~ 570	1080	1230	9	20	363 ~ 429
SUP13	830 ~ 860 油冷	510 ~ 570	1080	1230	10	30	363 ~ 429
高碳铬轴承钢							
SUJ1	（球化退火）	—	—	—	—	—	≤201
SUJ2	（球化退火）	—	—	—	—	—	≤201
SUJ3	（球化退火）	—	—	—	—	—	≤201
SUJ4	（球化退火）	—	—	—	—	—	≤201
SUJ5	（球化退火）	—	—	—	—	—	≤201

B. 专业用钢和优良品种

2.13.9　桥梁用高屈服强度钢板［CNS 2947（2014/2017 确认）］

（1）中国台湾地区 CNS 标准桥梁用高屈服强度钢板的钢号与化学成分（表2-13-25）

表 2-13-25　桥梁用高屈服强度钢板的钢号与化学成分（质量分数）（%）

钢　号[①]	C ≤	Si	Mn ≤	P ≤	S ≤	Cr	Ni	其　他	焊接裂缝敏感指数[①]Pcm
SBHS 500	≤0.11	≤0.55	≤2.00	0.020	0.006	—		N≤0.006	≤0.20（板厚≤100mm）
SBHS 500W	≤0.11	0.15 ~ 0.55	≤2.00	0.020	0.006	0.45 ~ 0.75	0.05 ~ 0.30	Cu0.30 ~ 0.50 N≤0.006	≤0.20（板厚≤100mm）
SBHS 700	≤0.11	≤0.55	≤2.00	0.015	0.006	—		Mo≤0.60，V≤0.05 B≤0.005，N≤0.006	≤0.30（板厚≤50mm）
SBHS 700W	≤0.11	0.15 ~ 0.55	≤2.00	0.015	0.006	0.45 ~ 1.20	0.05 ~ 2.00	Cu 0.30 ~ 1.50 Mo≤0.60，V≤0.05 B≤0.005，N≤0.006	≤0.32（板厚 50 ~ 75mm）

① 焊接裂缝敏感指数计算式：Pcm = C + Si/30 + Mn/20 + Cu/20 + Ni/60 + Cr/20 + Mo/15 + V/10 + 5B。

（2）中国台湾地区桥梁用高屈服强度钢板的力学性能（表2-13-26）

表 2-13-26　桥梁用高屈服强度钢板的力学性能

钢　号	$R_{eL}^{①}$/MPa ≥	R_m/MPa	A（%）≥ 钢板厚度[②]/mm 6 ~ 16	>16	>20	试验温度/℃	KV/J ≥
SBHS 500	500	570 ~ 720	19	26	20	-5	100
SBHS 500W	500	570 ~ 720	19	26	20	-5	100
SBHS 700	700	780 ~ 930	16	24	16	-40	100
SBHS 700W	700	780 ~ 930	16	24	16	-40	100

① R_{eL} 或 $R_{p0.2}$。

② 板厚 >20mm 采用 4 号试样，其余采用 5 号试样。

2. 13. 10 建筑结构用钢板 ［CNS 13812（2014）］

（1）中国台湾地区 CNS 标准建筑结构用钢板的钢号与化学成分（表 2-13-27）

表 2-13-27 建筑结构用钢板的钢号与化学成分（质量分数）（%）

钢 号[1]	钢板厚度 /mm	C	Si	Mn	P ≤	S ≤	B	碳当量 CE
SN 400A	6 ~ 100	≤0. 24	—	—	0. 050	0. 050	≤0. 0008	
SN 400B	6 ~ 50	≤0. 20	≤0. 35	0. 60 ~ 1. 50	0. 030	0. 015	≤0. 0008	CE≤0. 36
	> 50 ~ 100	≤0. 22	≤0. 35	0. 60 ~ 1. 50	0. 030	0. 015	≤0. 0008	（板厚 <40mm）
SN 400C	6 ~ 50	≤0. 20	≤0. 35	0. 60 ~ 1. 50	0. 020	0. 008	≤0. 0008	CE≤0. 36
	> 50 ~ 100	≤0. 22	≤0. 35	0. 60 ~ 1. 50	0. 020	0. 008	≤0. 0008	（板厚 40 ~ 100mm）
SN 490B	6 ~ 50	≤0. 18	≤0. 55	≤1. 65	0. 030	0. 015	≤0. 0008	CE≤0. 44
	> 50 ~ 100	≤0. 20	≤0. 55	≤1. 65	0. 030	0. 015	≤0. 0008	（板厚 <40mm）
SN 490C	6 ~ 50	≤0. 18	≤0. 55	≤1. 65	0. 020	0. 008	≤0. 0008	CE≤0. 46
	> 50 ~ 100	≤0. 20	≤0. 55	≤1. 65	0. 020	0. 008	≤0. 0008	（板厚 40 ~ 100mm）

注：必要时，可添加本表以外的合金元素。但若添加的元素属于碳当量计算式中的元素，则应进行化学分析。

（2）中国台湾地区建筑结构用钢板的力学性能（表 2-13-28 和表 2-13-29）

表 2-13-28 建筑结构用钢板的力学性能（一）

钢号	R_{eL}/MPa 钢板厚度/mm					R_m /MPa
	6 ~ <12	12 ~ <16	16	>16 ~ 40	>40 ~ 100	
SN 400A	≥235	≥235	≥235	≥235	≥215	400 ~ 510
SN 400B	≥235	235 ~ 255	235 ~ 255	235 ~ 255	215 ~ 235	400 ~ 510
SN 400C	—	—	235 ~ 255	235 ~ 255	215 ~ 235	400 ~ 510
SN 490B	≥325	325 ~ 445	325 ~ 445	295 ~ 415	490 ~ 610	
SN 490C	—		325 ~ 445	325 ~ 445	295 ~ 415	490 ~ 610

表 2-13-29 建筑结构用钢板的力学性能（二）

钢 号	R_{eL}/R_m （%） ≥ 钢板厚度[1]/mm				A （%） ≥ 钢板厚度[1]/mm			KV/J≥ (0℃)
	6 ~ <16	16	>16 ~ 40	>40 ~ 100	6 ~ 16	>16 ~ 40	>40 ~ 100	
SN 400A	—	—	—	—	17	21	23	27
SN 400B	80	80	80	80	18	22	24	27
SN 400C	—	80	80	80	18	22	24	27
SN 490B	80	80	80	80	17	21	23	27
SN 490C	—	80	80	80	17	21	23	27

① 钢板厚度 >40 ~ 100mm 采用 4 号试样，其余采用 1A 号试样。

2. 13. 11 建筑结构用碳素钢管 ［CNS 15727（2014）］

（1）中国台湾地区 CNS 标准建筑结构用碳素钢管的钢号与化学成分（表 2-13-30）

表 2-13-30 建筑结构用碳素钢管的钢号与化学成分（质量分数）（%）

钢 号[1]	C	Si	Mn	P ≤	S ≤	N[2] ≤	B ≤	碳当量 CE
STKN 400W	≤0. 25	—	—	0. 030	0. 030	≤0. 006	0. 0008	≤0. 36
STKN 400B	≤0. 25	≤0. 35	≤1. 40	0. 030	0. 030	≤0. 006	0. 0008	≤0. 36
STKN 490B	≤0. 22	≤0. 55	≤1. 60	0. 030	0. 030	≤0. 006	0. 0008	≤0. 44

① 必要时，可添加本表以外的合金元素。

② 表中为钢管冷加工状态的 N 含量。当添加 Al 等固氮元素时，则全部氮含量 N≤0. 009%。

（2）中国台湾地区建筑结构用碳素钢管的力学性能（表2-13-31）

表2-13-31　建筑结构用碳素钢管的钢号与化学成分（质量分数）（%）

钢　号	钢管厚度 /mm	R_m /MPa	R_{eL} /MPa	$R_{eL}/R_m^{①}$ （%） ≤	A（%） ≥	KV/J （0℃）[②] ≥	压扁试验 （D—外径） $H^{③}$ /mm	焊接部位 R_m/MPa ≥
STKN 400W	≤100	400~540	≥235	—	23	—	2D/3	400
STKN 400B	≤12	400~540	≥235	—	23	27	2D/3	400
	>12~40	400~540	235~385	80	23	27	2D/3	400
	>40~100	400~540	215~365	80	23	27	2D/3	400
STKN 490B	≤12	490~640	≥325	—	23	27	7D/8	490
	>12~40	490~640	325~475	80	23	27	7D/8	490
	>40~100	490~640	295~445	80	23	27	7D/8	490

① 焊接钢管的 R_{eL}/R_m≤85%。

② 经供需双方协商，也可使用更低的试验温度。

③ 压扁试验：H—两平行面的距离。

2.13.12　焊接结构用碳素钢和碳锰钢〔CNS 2947（2014）〕

（1）中国台湾地区 CNS 标准焊接结构用碳素钢和碳锰钢的钢号与化学成分（表2-13-32）

表2-13-32　焊接结构用碳素钢和碳锰钢的钢号与化学成分（质量分数）（%）

钢　号	钢材厚度 /mm	C	Si	Mn	P ≤	S ≤	B ≤	碳当量[①] CE≤
SM400A	≤50	≤0.23	—	≥2.5×C	0.035	0.035	0.0008	0.38
	>50~200	≤0.25	—	≥2.5×C	0.035	0.035	0.0008	0.40
SM400B	≤50	≤0.20	≤0.35	0.60~1.50	0.035	0.035	0.0008	0.38
	>50~200	≤0.22	≤0.35	0.60~1.50	0.035	0.035	0.0008	0.40
SM400C	≤100	≤0.18	≤0.35	0.60~1.50	0.035	0.035	0.0008	0.40
SM490A	≤50	≤0.20	≤0.55	≤1.65	0.035	0.035	0.0008	0.38
	>50~200	≤0.22	≤0.55	≤1.65	0.035	0.035	0.0008	0.40
SM490B	≤50	≤0.18	≤0.55	≤1.65	0.035	0.035	0.0008	0.38
	>50~200	≤0.18	≤0.55	≤1.65	0.035	0.035	0.0008	0.40
SM490C	≤100	≤0.18	≤0.55	≤1.65	0.035	0.035	0.0008	0.40
SM490YA	≤100	≤0.20	≤0.55	≤1.65	0.035	0.035	0.0008	0.40
SM490YB	≤100	≤0.20	≤0.55	≤1.65	0.035	0.035	0.0008	0.40
SM520YB	≤100	≤0.20	≤0.55	≤1.65	0.035	0.035	0.0008	0.42
SM520YC	≤100	≤0.20	≤0.55	≤1.65	0.035	0.035	0.0008	0.42
SM570	≤100	≤0.18	≤0.55	≤1.70	0.035	0.035	0.0008	0.47

① 本标准对控轧钢板的碳当量规定，厚度<50mm，CE≤0.38%（但 SM520YB、SM520YC 则 CE≤0.40%）；厚度50~100mm，CE=0.40%（但 SM520YB、SM520YC 则 CE≤0.42%）。

（2）中国台湾地区 CNS 标准焊接结构用碳素钢和碳锰钢的力学性能（表2-13-33）

表2-13-33　焊接结构用碳素钢和碳锰钢的力学性能

钢　号	R_{eL}/MPa ≥ 钢材厚度/mm						R_m/MPa 钢材厚度/mm		KV/J （0℃）	厚度 /mm	A （%） ≥
	≤16	>16~40	>40~75	>75~100	>100~160	>160~200	<100	100~200			
SM400A	245	235	215	215	205	195	400~510	400~510	—	≤5[①]	23
SM400B	245	235	215	215	205	195	400~510	400~510	≥27	>5~16[②]	18
										>16~50[②]	22
SM400C	245	235	215	215	—	—	400~510	400~510	≥47	>40[③]	24

（续）

钢　号	R_{eL}/MPa≥						R_m/MPa		KV/J (0℃)	厚度 /mm	A (%) ≥
	钢材厚度/mm						钢材厚度/mm				
	≤16	>16~40	>40~75	>75~100	>100~160	>160~200	<100	100~200			
SM490A	325	315	295	295	285	275	490~610	490~610	—	<5	22
										5~16	17
SM490B	325	315	295	295	285	275	490~610	490~610	≥27	16~50	21
SM490C	325	315	295	295	—	—	490~610	490~610	≥47	>40	23
SM490YA	365	355	335	325	—	—	490~610	—	—	<5	19
										5~16	15
SM490YB	365	355	335	325	—	—	490~610	—	≥27	16~50	19
										>40	21
SM520B	365	355	335	325	—	—	520~640	—	≥27	<5	19
										5~16	15
SM520C	365	355	335	325	—	—	520~640	—	≥47	16~50	19
										>40	21
SM570	460	450	430	420	—	—	570~720	—	≥47[④]	<16	19
										>16	26
										>20	20

① 5 号试样。

② 1 号试样。

③ 4 号试样。

④ 在 -5℃ 时测定的数值。

2.13.13 紧固件用合金钢棒材 ［CNS 4443/2013 确认，10439/2012 确认］

（1）中国台湾地区 CNS 标准特殊用途螺栓用合金钢棒材 ［CNS 4443（1997/2013 确认）］

A）特殊用途螺栓用合金钢棒材的钢号与化学成分（表 2-13-34）

表 2-13-34　特殊用途螺栓用合金钢棒材的钢号与化学成分（质量分数）（%）

钢号[①,②]	C	Si	Mn	P≤	S≤	Cr	Ni	Mo	其　他
SNB21-1~5	0.36~0.44	0.20~0.35	0.45~0.70	0.025	0.025	0.80~1.15	—	0.50~0.65	V 0.25~0.35
SNB22-1~5	0.39~0.46	0.20~0.35	0.65~1.10	0.025	0.025	0.75~1.20		0.15~0.25	
SNB23-1~5	0.37~0.44	0.20~0.35	0.60~0.95	0.025	0.025	0.65~0.95	1.55~2.00	0.20~0.30	
SNB24-1~5	0.37~0.44	0.20~0.35	0.70~0.90	0.025	0.025	0.70~0.95	1.65~2.00	0.30~0.40	

① 此类合金钢棒材适用于核电站或其他用途的螺栓、螺柱、螺母、垫圈等。

② 钢号 SNB21-1~5 包括 SNB21-1、SNB21-2、SNB21-3、SNB21-4、SNB21-5 共 5 个牌号。其他钢号亦各包括 5 个牌号。

B）特殊用途螺栓用合金钢棒材的力学性能与硬度（表 2-13-35）

表 2-13-35　特殊用途螺栓用合金钢棒材的力学性能与硬度

钢　号	钢材直径/mm	R_{eL}/MPa	R_m/MPa	A (%)	Z (%)	KV/J≥ （-12℃）		HBW
		≥				平均值	个别值	
SNB21-1	<100	1030	1140	10	35	①	①	321~429
SNB21-2	<100	960	1070	11	40	①	①	311~401
SNB21-3	<75	890	1000	12	40	①	①	293~352
	75~100	890	1000					302~375

（续）

钢 号	钢材直径/mm	R_{eL}/MPa	R_m/MPa	A (%)	Z (%)	KV/J≥ (−12℃)		HBW
				≥		平均值	个别值	
SNB21-4	<75	825	930	13	45	①	①	269~331
	75~100	825	930					277~352
SNB21-5	<50	715	820	15	50	①	①	241~285
	50~150	685	790					248~302
	150~200	685	790					255~311
SNB22-1	<38	1030	1140	10	35	①	①	321~401
SNB22-2	<75	960	1070	11	40	①	①	311~401
SNB22-3	<50	890	1000	12	40	①	①	293~363
	50~100	890	1000					302~375
SNB22-4	<25	825	930	13	45	47	40	269~341
	25~100	825	930			①	①	277~363
SNB22-5	<50	715	820	15	50	47	40	248~292
	50~100	685	790			①	①	255~302
SNB23-1	<75	1030	1140	10	35	①	①	321~415
	75~150	1030	1140					331~429
	150~200	1030	1140					341~444
SNB23-2	<75	690	1070	11	40	40	34	311~388
	75~150	690	1070			①	①	311~401
	150~200	690	1070			①	①	321~415
SNB23-3	<75	890	1000	12	40	40	34	293~363
	75~150	890	1000			40	34	302~375
	150~200	890	1000			①	①	311~388
SNB23-4	<75	825	930	13	45	47	40	269~341
	75~150	825	930			47	40	277~352
	150~200	825	930			①	①	285~363
SNB23-5	<150	715	820	15	50	47	40	248~311
	150~200	685	790			47	40	255~321
	200~240	685	790			①	①	262~321
SNB24-1	<150	1030	1140	10	35	34	27	321~415
	150~200	1030	1140			①	①	331~429
SNB24-2	<175	690	1070	11	40	40	34	311~401
	175~240	690	1070			①	①	321~415
SNB24-3	<75	890	1000	12	40	40	34	293~363
	75~150	890	1000			40	34	302~388
	150~200	890	1000			①	①	311~388

（续）

钢　号	钢材直径/mm	R_{eL}/MPa	R_m/MPa	A（%）	Z（%）	KV/J≥（-12℃）		HBW
		≥				平均值	个别值	
SNB24-4	<75	825	930	13	45	47	40	269~341
	75~150	825	930			47	40	277~352
	150~200	825	930			47	40	285~363
	200~240	825	930			①	①	293~363
SNB24-5	<150	715	825	15	50	47	40	248~311
	150~200	685	790			47	40	255~321
	200~240	685	790			47	40	262~321

① 应做冲击试验，并报告冲击吸收能量 KV。

（2）中国台湾地区 CNS 标准高温螺栓用合金钢棒材［CNS 10439（2005/2012 确认）］

A）高温螺栓用合金钢棒材的钢号与化学成分（表2-13-36）

表 2-13-36　高温螺栓用合金钢棒材的钢号与化学成分（质量分数）（%）

钢号①	C	Si	Mn	P ≤	S ≤	Cr	Mo	其　他
SNB5-1	≤0.13	≤1.00	≤1.00	0.040	0.030	4.00~6.00	0.40~0.65	—
SNB7-2②	0.38~0.48	0.20~0.35	0.75~1.00	0.040	0.040	0.80~1.10	0.15~0.25	—
SNB16-3	0.36~0.44	0.20~0.35	0.45~0.70	0.040	0.040	0.80~1.15	0.50~0.65	V 0.25~0.35

① 此类合金钢棒材适用于高温压力容器、阀门、凸缘与接头等螺栓材料。

② SNB7-2：当直径≥50mm 时，其碳含量（质量分数）可调整为 C 0.38%~0.50%。

B）高温螺栓用合金钢棒材的力学性能与硬度（表2-13-37）

表 2-13-37　高温螺栓用合金钢棒材的力学性能与硬度

钢号	钢材直径/mm	R_m/MPa	R_{eL}/MPa	A（%）	Z（%）
		≥			
SNB 5-1	<100	690	550	16	50
SNB7-2	<63	860	725	16	50
	63~100	800	655	16	50
	100~120	690	520	18	50
SNB16-3	<63	860	725	18	50
	63~100	760	655	17	50
	100~120	690	590	16	50

2.13.14　中、常温压力容器用碳素钢板［CNS 8969（1995/2017 确认）］

（1）中国台湾地区 CNS 标准中、常温压力容器用碳素钢板的钢号与化学成分（表2-13-38）

表 2-13-38　中、常温压力容器用碳素钢板的钢号与化学成分（质量分数）（%）

钢　号①	钢材厚度/mm	C	Si	Mn②	P ≤	S ≤
SGV410	≤12.5	≤0.21	0.15~0.30	0.60~0.90	0.035	0.040
	>12.5~50	≤0.23		0.85~1.20		
	>50~100	≤0.25	0.15~0.30	0.85~1.20	0.035	0.040
	>100~200	≤0.27				

（续）

钢 号[①]	钢材厚度/mm	C	Si	Mn[②]	P ≤	S ≤
SGV450	≤12.5	≤0.24	0.15 ~ 0.30	0.85 ~ 1.20	0.035	0.040
	>12.5 ~ 50	≤0.26				
	>50 ~ 100	≤0.28	0.15 ~ 0.30	0.85 ~ 1.20	0.035	0.040
	>100 ~ 200	≤0.29				
SGV480	≤12.5	≤0.27	0.15 ~ 0.30	0.85 ~ 1.20	0.035	0.040
	>12.5 ~ 50	≤0.28				
	>50 ~ 100	≤0.30	0.15 ~ 0.30	0.85 ~ 1.20	0.035	0.040
	>100 ~ 200	≤0.31				

① 本表适用于厚度 6 ~ 200mm 的钢板。

② 若供需双方协定 C≤0.18% 时，则 Mn 的上限值为 Mn = 1.60%。

（2）中国台湾地区 CNS 标准中、常温压力容器用碳素钢板的力学性能（表2-13-39）

表 2-13-39 中、常温压力容器用碳素钢板的力学性能

钢号	力 学 性 能			弯 曲 试 验（180°）			
	R_{eL}/MPa	R_m/MPa	$A^{①}$（%）	r—内侧半径，a—厚度（在下列厚度/mm 时）			
	≥			< 25	≥25 ~ 50	≥50 ~ 100	≥100 ~ 200
SGV 410	225	410 ~ 490	21 ~ 25	r = 0.5a	r = 0.75a	r = 1.0a	r = 1.25a
SGV 450	245	450 ~ 540	19 ~ 23	r = 0.75a	r = 1.0a	r = 1.0a	r = 1.25a
SGV 480	265	480 ~ 590	17 ~ 21	r = 1.0a	r = 1.0a	r = 1.25a	r = 1.5a

① 采用 1 号试样时，厚度 <8mm 的钢板，厚度每减少 1mm，断后伸长率 A 减 1%；厚度 ≥20mm 的钢板，厚度每增加 3mm，断后伸长率 A 减 0.5%，但最多减 1%。

2.13.15 中、常温压力容器用高强度钢板［CNS 11107（1995/2017 确认）］

（1）中国台湾地区 CNS 标准中、常温压力容器用高强度钢板的钢号与化学成分（表2-13-40）

表 2-13-40 中、常温压力容器用高强度钢板的钢号与化学成分（质量分数）（%）

钢 号	C	Si	Mn	P ≤	S ≤	Mo	V	其 他	碳当量 CE
SEV 245	≤0.20	0.15 ~ 0.60	0.80 ~ 1.60	0.035	0.035	≤0.35	≤0.10	Cu≤0.35 Nb≤0.05	≤0.53 ≤0.60
SEV 295	≤0.19	0.15 ~ 0.60	0.80 ~ 1.60	0.035	0.035	0.10 ~ 0.40	≤0.10	Cu≤0.35 Nb≤0.05	≤0.56 ≤0.61
SEV 345	≤0.19	0.15 ~ 0.60	0.80 ~ 1.70	0.035	0.035	0.15 ~ 0.50	≤0.10	Cu≤0.35 Nb≤0.05	≤0.60 ≤0.62

注：1. 本表适用于厚度 6 ~ 150mm 的钢板。

    2. 必要时可单独或混合添加本表以外的元素，如 Cr、Ni 等。

    3. 碳当量 CE：上行为板厚 ≤75mm，下行为板厚 >75 ~ 150mm。

（2）中国台湾地区 CNS 标准中、常温压力容器用高强度钢板的室温力学性能（表2-13-41）

表 2-13-41 中、常温压力容器用高强度钢板的室温力学性能

钢 号	钢板厚度/mm	R_{eL}/MPa	R_m/MPa	$A^{①}$（%）	$KV^{①}$/J（0℃）
		≥		≥	
SEV 245	≤50	370	510 ~ 650	16	31（25）
	>50 ~ 100	355	510 ~ 650	20	31（25）
	>100 ~ 125	345	500 ~ 640	20	31（25）
	>125 ~ 150	335	490 ~ 630	20	31（25）

（续）

钢　号	钢板厚度/mm	R_{eL}/MPa	R_m/MPa	$A^{①}$（%）	$KV^{①}$/J（0℃）
		≥		≥	
SEV 295	≤50	420	540～695	15	31（25）
	>50～100	400	540～685	15	31（25）
	>100～125	390	530～680	19	31（25）
	>125～150	380	520～670	19	31（25）
SEV 345	≤50	430	590～740	14	31（25）
	>50～100	430	590～740	18	31（25）
	>100～125	420	580～730	18	31（25）
	>125～150	410	570～720	18	31（25）

① 试验温度为0℃，取3个试样的平均值；括号内为单个试样数值。

（3）中国台湾地区 CNS 标准中、常温压力容器用高强度钢板的弯曲性能与高温力学性能（表 2-13-42）

表 2-13-42   中、常温压力容器用高强度钢板的弯曲性能与高温力学性能

钢号	弯曲试验（180°）		高温屈服强度/MPa ≥							
	钢板厚度/mm	r—内侧半径 a—厚度	试验温度/℃							
			100	150	200	250	300	350	375	400
SEV 245	≤25	r = 1.0a	333	314	294	275	255	245	235	226
	>25～50	r = 1.25a								
	>50～150	r = 1.5a								
SEV 295	≤25	r = 1.25a	382	363	343	324	304	294	284	275
	>25～50	r = 1.5a								
	>50～150	r = 1.75a								
SEV 345	≤25	r = 1.25a	392	382	373	365	353	343	324	314
	>25～50	r = 1.5a								
	>50～150	r = 1.75a								

2.13.16   锅炉和压力容器用碳钢与钼合金钢板 ［CNS 8696（2014）］

（1）中国台湾地区 CNS 标准锅炉和压力容器用碳钢与钼合金钢板的钢号与化学成分（表 2-13-43）

表 2-13-43   锅炉和压力容器用碳钢与钼合金钢板的钢号与化学成分（质量分数）（%）

钢　号	钢板厚度/mm	C	Si	Mn	P ≤	S ≤	Mo	B
SB 410	≤25	≤0.24	0.15～0.40	≤0.90	0.020	0.020	—	≤0.0008
	>25～50	≤0.27						
	>50～100	≤0.29	0.15～0.40	≤0.90	0.020	0.020	—	≤0.0008
	>100～200	≤0.30						
SB 450	≤25	≤0.28	0.15～0.40	≤0.90	0.020	0.020	—	≤0.0008
	>25～50	≤0.31						
	>50～200	≤0.33						
SB 480	≤25	≤0.31	0.15～0.40	≤1.20	0.020	0.020	—	≤0.0008
	>25～50	≤0.33						
	>50～200	≤0.35						

（续）

钢　号	钢板厚度/mm	C	Si	Mn	P≤	S≤	Mo	B
SB 450M	≤25	≤0.18	0.15~0.40	≤0.90	0.020	0.020	0.45~0.60	≤0.0008
	>25~50	≤0.21						
	>50~100	≤0.23	0.15~0.40	≤0.90	0.020	0.020	0.45~0.60	≤0.0008
	>100~200	≤0.25						
SB 480M	≤25	≤0.20	0.15~0.40	≤0.90	0.020	0.020	0.45~0.60	≤0.0008
	>25~50	≤0.23						
	>50~100	≤0.25	0.15~0.40	≤0.90	0.020	0.020	0.45~0.60	≤0.0008
	>100~150	≤0.27						

注：1. SB 410、SB 450、SB 480 适用于 6~200mm 钢板；SB 450M、SB 480M 适用于 6~150mm 钢板。

　　2. 各钢号的残余元素含量：Cr≤0.30%，Ni≤0.40%，Cu≤0.40%，Mo≤0.12%，V≤0.03%，Ti≤0.03%，Nb≤0.02%（SB 450M、SB 480M 的 Mo 含量已示于表中）。

　　3. 当碳含量规定值降低 0.01% 时，锰含量规定值可提高 0.06%，但不得超过 1.50%。

（2）中国台湾地区锅炉和压力容器用碳素钢板与钼合金钢板的力学性能（表 2-13-44）

表 2-13-44　锅炉和压力容器用碳素钢板与钼合金钢板的力学性能

钢　号	力　学　性　能			弯　曲　试　验（180°）			
	R_{eL}/MPa	R_m/MPa	A（%）	r—内侧半径，a—厚度（下列厚度/mm）			
				≤25	>25~50	>50~100	>100~200
SB 410	≥225	415~550	21~25	r=0.5a	r=0.75a	r=1.0a	r=1.25a
SB 450	≥245	450~590	19~23	r=0.75a	r=1.0a	r=1.0a	r=1.25a
SB 480	≥265	480~620	17~21	r=1.0a	r=1.0a	r=1.25a	r=1.5a
SB 450M	≥255	450~590	19~23	r=0.5a	r=0.75a	r=0.75a	r=1.0a[①]
SB 480M	≥275	480~620	17~21	r=0.75a	r=1.0a	r=1.0a	r=1.25a[①]

① 钢板厚度≥100~150mm 的弯曲试验。

2.13.17　锅炉和压力容器用铬钼合金钢板 ［CNS 10716（1995/2017 确认）］

（1）中国台湾地区 CNS 标准锅炉和压力容器用铬钼合金钢板的钢号与化学成分（表 2-13-45）

表 2-13-45　锅炉和压力容器用铬钼合金钢板的钢号与化学成分（质量分数）（%）

钢　号	C	Si	Mn	P≤	S≤	Cr	Mo
SCMV1	≤0.21	≤0.40	0.55~0.80	0.030	0.030	0.50~0.80	0.45~0.60
SCMV2	≤0.17	≤0.40	0.40~0.65	0.030	0.030	0.80~1.15	0.45~0.60
SCMV3	≤0.17	0.50~0.80	0.40~0.65	0.030	0.030	1.00~1.50	0.45~0.65
SCMV4	≤0.17	≤0.50	0.30~0.60	0.030	0.030	2.00~2.50	0.90~1.10
SCMV5	≤0.17	≤0.50	0.30~0.60	0.030	0.030	2.75~3.25	0.90~1.10
SCMV6	≤0.15	≤0.50	0.30~0.60	0.030	0.030	4.00~6.00	0.45~0.65

注：钢板厚度 >150mm 时，为保证标准规定的力学性能，供需双方可对化学成分另行协议。

（2）中国台湾地区 CNS 标准锅炉和压力容器用 Cr-Mo 合金钢板的力学性能

需方应提出按钢板的强度分组—Ⅰ（表 2-13-46）或强度分组—Ⅱ（表 2-13-47）交货，Cr-Mo 合金钢板力学性能的强度分组如下：

表 2-13-46　锅炉和压力容器用 **Cr-Mo** 合金钢板的力学性能（强度分组—Ⅰ）

钢　号	力　学　性　能				弯 曲 试 验（180°）			
	R_m/MPa	R_{eL}/MPa	A（%）	试样号	r—内侧半径，a—厚度（下列厚度/mm）			
					≤25	>25~50	>50~100	>100~200
SCMV1	380~550	≥225	≥18	1A	$r=0.75a$	$r=1.0a$	$r=1.0a$	$r=1.25a$
			≥22	10				
SCMV2	380~550	≥225	≥19	1A	$r=0.75a$	$r=1.0a$	$r=1.0a$	$r=1.25a$
			≥22	10				
SCMV3	410~590	≥235	≥19	1A	$r=1.0a$	$r=1.25a$	$r=1.5a$	$r=1.75a$
			≥22	10				
SCMV4	410~590	≥205	≥18	10	$r=1.0a$	$r=1.25a$	$r=1.5a$	$r=1.75a$
SCMV5	410~590	≥205	≥18	10	$r=1.0a$	$r=1.25a$	$r=1.5a$	$r=1.75a$
SCMV6	410~590	≥205	≥18	10	$r=1.0a$	$r=1.25a$	$r=1.5a$	$r=1.75a$

注：1. 当钢板厚度 >20mm 时，用 1A 号拉伸试样，断后伸长率 A 规定值按其厚度每增加 3mm（不足 3mm 时以 3mm 计之），减去 0.5%，但总减少量≤3%。

　　2. 当钢板厚度 >90mm 时，用 10 号拉伸试样，断后伸长率 A 规定值按其厚度每增加 12.5mm（不足 12.5mm 时以 12.5mm 计之），减去 0.5%，但总减少量≤3%。

　　3. SCMV4、SCMV5、SCMV6 的断面收缩率 Z≥45%。

表 2-13-47　锅炉和压力容器用 **Cr-Mo** 合金钢板的力学性能（强度分组—Ⅱ）

钢　号	力　学　性　能				弯 曲 试 验（180°）			
	R_m/MPa	R_{eL}/MPa	A（%）	试样号	r—内侧半径，a—厚度（在下列厚度时/mm）			
		≥			≤25	>25~50	>50~100	>100~200
SCMV1	480~620	315	18	1A	$r=0.75a$	$r=1.0a$	$r=1.0a$	$r=1.25a$
			22	10				
SCMV2	450~590	275	18	1A	$r=0.75a$	$r=1.0a$	$r=1.0a$	$r=1.25a$
			22	10				
SCMV3	520~690	315	18	1A	$r=1.0a$	$r=1.25a$	$r=1.5a$	$r=1.75a$
			22	10				
SCMV4	520~690	315	18	10	$r=1.0a$	$r=1.25a$	$r=1.5a$	$r=1.75a$
SCMV5	520~690	315	18	10	$r=1.0a$	$r=1.25a$	$r=1.5a$	$r=1.75a$
SCMV6	520~690	315	18	10	$r=1.0a$	$r=1.25a$	$r=1.5a$	$r=1.75a$

注：1. 当钢板厚度 >20mm 时，用 1A 号拉伸试样，断后伸长率 A 规定值按其厚度每增加 3mm（不足 3mm 时以 3mm 计之），减去 0.5%，但总减少量≤3%。

　　2. 当钢板厚度 >90mm 时，用 10 号拉伸试样，断后伸长率 A 规定值按其厚度每增加 12.5mm（不足 12.5mm 时以 12.5mm 计之），减去 0.5%，但总减少量≤3%。

　　3. SCMV4、SCMV5、SCMV6 的断面收缩率 Z≥45%。

2.13.18　锅炉和压力容器用锰钼与锰镍钼合金钢板 ［CNS 8971（1995/2017 确认）］

（1）中国台湾地区 CNS 标准锅炉和压力容器用锰钼与锰镍钼合金钢板的钢号与化学成分（表 2-13-48）

表2-13-48　锅炉和压力容器用锰钼与锰镍钼合金钢板的钢号与化学成分（质量分数）（%）

钢　号	钢材厚度/mm	C	Si	Mn	P ≤	S ≤	Mo	Ni
SBV1A	≤25	≤0.20	0.15~0.30	0.95~1.30	0.035	0.040	0.45~0.60	—
	25~50	≤0.23	0.15~0.30	0.95~1.30	0.035	0.040	0.45~0.60	—
	50~100	≤0.25	0.15~0.30	0.95~1.30	0.035	0.040	0.45~0.60	—
SBV1B	≤25	≤0.20	0.15~0.30	1.15~1.50	0.035	0.040	0.45~0.60	—
	25~50	≤0.23	0.15~0.30	1.15~1.50	0.035	0.040	0.45~0.60	—
	50~100	≤0.25	0.15~0.30	1.15~1.50	0.035	0.040	0.45~0.60	—
SBV2	≤25	≤0.20	0.15~0.30	1.15~1.50	0.035	0.040	0.45~0.60	0.40~0.70
	25~50	≤0.23	0.15~0.30	1.15~1.50	0.035	0.040	0.45~0.60	0.40~0.70
	50~100	≤0.25	0.15~0.30	1.15~1.50	0.035	0.040	0.45~0.60	0.40~0.70
SBV3	≤25	≤0.20	0.15~0.30	1.15~1.50	0.035	0.040	0.45~0.60	0.70~1.00
	25~50	≤0.23	0.15~0.30	1.15~1.50	0.035	0.040	0.45~0.60	0.70~1.00
	50~100	≤0.25	0.15~0.30	1.15~1.50	0.035	0.040	0.45~0.60	0.70~1.00

注：本表的钢号适用于厚度6~150mm的钢板。

（2）中国台湾地区CNS标准锅炉和压力容器用锰钼与锰镍钼合金钢板的力学性能（表2-13-49）

表2-13-49　锅炉和压力容器用锰钼与锰镍钼合金钢板的力学性能

牌　号	力　学　性　能				弯　曲　试　验（180°）		
	R_{eL}/MPa	R_m/MPa	A（%）	试样号	r—内侧半径，a—厚度（下列厚度时/mm）		
					≤25	>25~50	>50~150
SBV1A	≥315	520~660	≥15	1A	$r=1.0a$	$r=1.25a$	$r=1.5a$
			≥19	10			
SBV1B	≥345	550~690	≥15	1A	$r=1.25a$	$r=1.5a$	$r=1.75a$
			≥18	10			
SBV2	≥345	550~690	≥17	1A	$r=1.25a$	$r=1.5a$	$r=1.75a$
			≥20	10			
SBV3	≥345	550~690	≥17	1A	$r=1.25a$	$r=1.5a$	$r=1.75a$
			≥20	10			

注：1. 当钢板厚度<50mm时，用1A号试样，厚度≥50mm时，用10号试样，但厚度≥40mm时，也可用10号试样。
2. 当钢板厚度<8mm用1A号拉伸试样时，断后伸长率A规定值按其厚度每增加1mm，减去1%。
3. 当钢板厚度>20mm用1A号拉伸试样时，断后伸长率A规定值按其厚度每增加3mm（不足3mm时以3mm计之），减去0.5%，但总减少量≤3%。
4. 当钢板厚度>90mm用10号拉伸试样时，断后伸长率A规定值按其厚度每增加12.5mm（不足12.5mm时以12.5mm计之），减去0.5%，但总减少量≤3%。

2.13.19　汽车结构用热轧钢板与钢带 [CNS 9274（2018）]

（1）中国台湾地区CNS标准汽车结构用热轧钢板与钢带的钢号、化学成分与力学性能（表2-13-50）

表2-13-50　汽车结构用热轧钢板与钢带的钢号、化学成分（质量分数）与力学性能

钢　号[①]	化学成分[②]（%）		力　学　性　能			
	P≤	S≤	R_m/MPa≥	R_{eL}/MPa　≥（下列厚度/mm）		
				≤6	>6~8	>8~14
SAPH 310	0.040	0.040	310	185	185	175
SAPH 370	0.040	0.040	370	225	225	215

（续）

钢号[1]	化学成分[2]（%）		R_m/MPa ≥	力学性能		
	P≤	S≤		R_{eL}/MPa ≥（下列厚度/mm）		
				≤6	>6~8	>8~14
SAPH 400	0.040	0.040	400	255	235	235
SAPH 440	0.040	0.040	440	305	295	275

① 这类钢板和钢带的适用厚度为≥1.6mm 至14mm 以下。

② 该标准中仅规定 P、S 含量。

（2）中国台湾地区 CNS 标准汽车结构用热轧钢板与钢带的断后伸长率与弯曲性能（表 2-13-51）

表 2-13-51　汽车结构用热轧钢板与钢带的断后伸长率与弯曲性能

钢号	拉伸试验						弯曲试验（180°）	
	A[1]（%）　≥（下列厚度/mm）						r—内侧半径，a—厚度（在下列厚度时/mm）	
	>1.6~2.0	>2.0~2.5	>2.5~3.15	>3.15~4.0	>4.0~6.3	>6.3	<2.0	≥2.0
SAPH 310	33	34	36	38	40	41	成叠	r = 1.0a
SAPH 370	32	33	35	36	37	38	r = 0.5a	r = 1.0a
SAPH 400	31	32	34	35	36	37	r = 1.0a	r = 1.0a
SAPH 440	29	30	32	33	34	35	r = 1.0a	r = 1.5a

① 厚度 >6.3mm 的板带材使用 1A 号试样，其余厚度者均使用 5 号试样。

2.13.20　冲压或普通成形用热轧低碳钢板与钢带［CNS 4622（2018）］

（1）中国台湾地区 CNS 标准冲压或普通成形用热轧低碳钢板与钢带的钢号与化学成分（表 2-13-52）

表 2-13-52　冲压或普通成形用热轧低碳钢板与钢带的钢号与化学成分（质量分数）（%）

钢号	C	Si[1]	Mn	P≤	S≤	应用范围
SPHC	≤0.12	—	≤0.60	0.045	0.035	一般成形用，适用厚度 1.2~14mm
SPHD	≤0.10	—	≤0.45	0.035	0.035	冲压加工用，适用厚度 1.2~14mm
SPHE	≤0.08	—	≤0.40	0.030	0.030	深冲加工用，适用厚度 1.2~8mm
SPHF	≤0.08	—	≤0.35	0.025	0.025	加工用，适用厚度 1.4~8mm

① 本标准中未规定 Si 含量。

（2）中国台湾地区 CNS 标准冲压或普通成形用热轧低碳钢板与钢带的力学性能（表 2-13-53）

表 2-13-53　冲压或普通成形用热轧低碳钢板与钢带的力学性能

钢号	力学性能[1]							弯曲试验（180°）	
	R_m/MPa≥	A（%）≥（下列厚度/mm）						r—内侧半径，a—厚度（在下列厚度时/mm）	
		>1.2~1.6	>1.6~2.0	>2.0~2.5	>2.5~3.2	>3.2~4.0	>4.0	<3.2	≥3.2
SPHC	270	27	29	29	29	31	31	成叠	r = 0.5a
SPHD	270	30	32	33	35	37	39	—	—
SPHE	270	32	34	35	37	39	41	—	—
SPHF	270	37	38	39	39	40	42	—	—

① 5 号试样，按轧制方向制取。

2.13.21　钢管用热轧碳素钢带［CNS 4624（1993/2017 确认）］

（1）中国台湾地区 CNS 标准钢管用热轧碳素钢带的钢号与化学成分（表 2-13-54）

表 2-13-54 钢管用热轧碳素钢带的钢号与化学成分（质量分数）（%）

钢号	C	Si	Mn	P ≤	S ≤	适用厚度
SPHT 1	≤0.10	≤0.35①	≤0.50	0.040	0.040	≥1.2mm 至 ≤13mm
SPHT 2	≤0.18	≤0.35	≤0.60	0.040	0.040	≥1.2mm 至 ≤13mm
SPHT 3	≤0.25	≤0.35	0.30~0.90	0.040	0.040	≥1.6mm 至 ≤13mm
SPHT 4	≤0.30	≤0.35	0.30~1.00	0.040	0.040	≥1.6mm 至 ≤13mm

① 若需方要求，可由双方协议 $w(\text{Si}) \leqslant 0.04\%$。

（2）中国台湾地区 CNS 标准钢管用热轧碳素钢带的力学性能（表 2-13-55）

表 2-13-55 钢管用热轧碳素钢带的力学性能

钢号	力学性能①,②					弯曲试验（180°）	
	R_m/MPa ≥	A（%）≥（在下列厚度时/mm）				r—内侧半径，a—厚度（在下列厚度时/mm）	
		>1.2~1.6	>1.6~3.0	>3.0~6.0	>6.0~13.0	<3.2	≥3.2
SPHT 1	270	30	32	35	37	成叠	$r=0.5a$
SPHT 2	340	25	27	30	32	$r=1.0a$	$r=1.5a$
SPHT 3	410	20	22	25	27	$r=1.5a$	$r=2.0a$
SPHT 4	490	15	18	20	22	$r=1.5a$	$r=2.0a$

① 表中数据不适用钢带头尾两端的不正常部分。
② 5 号试样，按轧制方向制取。

2.13.22 一般结构用碳素钢管 ［CNS 4435（2014）］

（1）中国台湾地区 CNS 标准一般结构用碳素钢管的钢号与化学成分（表 2-13-56）

表 2-13-56 一般结构用碳素钢管的钢号与化学成分（质量分数）（%）

钢号	C	Si	Mn	P ≤	S ≤	B
STK290	—	—	—	0.050	0.050	≤0.0008
STK400	≤0.25	—	—	0.040	0.040	≤0.0008
STK490	≤0.18	≤0.55	≤1.65	0.035	0.035	≤0.0008
STK500	≤0.24	≤0.35	0.30~1.30	0.040	0.040	≤0.0008
STK540	≤0.23	≤0.55	≤1.50	0.040	0.040	≤0.0008

注：需要时，可加入表中以外的元素。

（2）中国台湾地区 CNS 标准一般结构用碳素钢管的力学性能（表 2-13-57）

表 2-13-57 一般结构用碳素钢管的力学性能

钢号	力学性能			弯曲试验	扁平试验
	R_m/MPa	R_{eL}/MPa	焊接部位 R_m/MPa	（弯曲角度90°）内侧半径	平板间距离（H）D—钢管外径
	≥			≤50mm	
STK290	290	—	290	6D	$H=2D/3$
STK400	400	235	400	6D	$H=2D/3$
STK490	490	215	490	6D	$H=7D/8$
STK500	500	355	500	8D	$H=7D/8$
STK540	540	390	540	6D	$H=7D/8$

注：弯曲角度以弯曲开始位置为基准。

2.13.23 石油和天然气工业管线用 A 级钢管 ［CNS 14401-1（2000/2017 确认）］

（1）中国台湾地区 CNS 标准石油和天然气工业管线用无缝和焊接钢管-A 级管

A）石油和天然气工业管线用无缝钢管-A 级管的牌号与化学成分（表 2-13-58）

表 2-13-58   石油和天然气工业气管线用无缝钢管-A 级管的牌号与化学成分[①]（质量分数）（%）

牌号/等级	C	Mn	P ≤	S ≤	其他
L175，C1-Ⅰ	≤0.21	0.30～0.60	0.030	0.030	—
L175，C1-Ⅱ	≤0.21	0.30～0.60	0.045～0.080	0.030	—
L210	≤0.22	≤0.90	0.030	0.030	—
L245	≤0.27	≤1.15	0.030	0.030	③
L290　非扩管	≤0.29	≤1.25	0.030	0.030	③
冷扩管	≤0.29	≤1.25			
L320　非扩管	≤0.31	≤1.35	0.030	0.030	③
冷扩管	≤0.29	≤1.25			
L360　非扩管	≤0.31	≤1.35	0.030	0.030	③
冷扩管	≤0.29	≤1.25			
L390	≤0.26	≤1.35	0.030	0.030	③
L415	≤0.26	≤1.35	0.030	0.030	③
L450	—②	—②	—②	—②	③
L485	—②	—②	—②	—②	③
L555	—②	—②	—②	—②	③

① 该标准中未规定 Si 含量。L175，C1-Ⅱ为磷含量较高的牌号。

② 按照供需双方协议规定。

③ 其他合金元素含量：V + Ti + Nb≤0.15%。

B）石油和天然气工业管线用焊接钢管-A 级管的牌号与化学成分（表 2-13-59）

表 2-13-59   石油和天然气工业管线用焊接钢管-A 级管的牌号与化学成分[①]（质量分数）（%）

牌号/等级	C	Mn	P≤	S≤	其他
L175，C1-Ⅰ	≤0.21	0.30～0.60	0.030	0.030	—
L175，C1-Ⅱ	≤0.21	0.30～0.60	0.045～0.080	0.030	—
L210	≤0.21	≤0.90	0.030	0.030	—
L245	≤0.26	≤1.15	0.030	0.030	②
L290	≤0.28	≤1.25	0.030	0.030	②
L320　非扩管	≤0.30	≤1.25	0.030	0.030	②
冷扩管	≤0.28				
L360　非扩管	≤0.30	≤1.25	0.030	0.030	②
冷扩管	≤0.28				
L390	≤0.26	≤1.35	0.030	0.030	②
L415	≤0.26	≤1.35	0.030	0.030	②
L450	≤0.26	≤1.40	0.030	0.030	②
L485	≤0.23	≤1.60	0.030	0.030	②
L555	≤0.18	≤1.80	0.030	0.030	②

① 该标准中未规定 Si 含量。L175，C1-Ⅱ为磷含量较高的牌号。

② 其他合金元素含量：V + Ti + Nb≤0.15%。

（2）中国台湾地区 CNS 标准石油和天然气工业管线用无缝和焊接钢管-A 级管的力学性能（表 2-13-60）

表 2-13-60　石油和天然气工业管线用无缝和焊接钢管-A 级管的力学性能

牌　号	$R_{p0.5}$/MPa	R_m/MPa	A（%）	KV/J ≥ (0℃)	
	≥		≥	平均值	单个值
L175	175	≥315	27	68	27
L210	210	≥335	25	68	27
L245	245	≥415	21	68	27
L290	290	≥415	21	68	27
L320	320	≥435	20	68	27
L360	360	≥460	19	68	27
L390	390	≥490	18	68	27
L415	415	≥520	17	68	27
L450	450	≥535	17	68	27
L485	485	≥570	16	68	27
L555	555	625～825	15	68	27

注：表中数值适用于钢管的横向试样。当采用纵向试样时，断后伸长率 A 应提高 2%。

2.13.24　石油和天然气工业管线用 B 级钢管［CNS 14401-2（2000/2017 确认）］

（1）中国台湾地区 CNS 标准石油和天然气工业管线用无缝和焊接钢管-B 级管的牌号与化学成分（表 2-13-61）

表 2-13-61　石油和天然气工业管线用无缝和焊接钢管-B 级管的牌号与化学成分（质量分数）（%）

牌号[①]	C	Si	Mn	P ≤	S ≤	V	Nb	Ti	其他[①]	碳当量 CE ≤
正火的无缝钢管和焊接钢管										
L245 NB	≤0.16	≤0.40	≤1.10	0.025	0.020	—	—	—	N≤0.012	0.42
L290 NB	≤0.17	≤0.40	≤1.20	0.025	0.020	≤0.05	≤0.05	≤0.04	N≤0.012	0.42
L360 NB	≤0.20	≤0.45	≤1.60	0.025	0.020	≤0.10	≤0.05	≤0.04	N≤0.012，③	0.42
L415 NB	≤0.21	≤0.45	≤1.60	0.025	0.020	≤0.15	≤0.05	≤0.04	N≤0.012，③，④	—
淬火回火的无缝钢管										
L360 QB	≤0.16	≤0.45	≤1.40	0.025	0.020	≤0.05	≤0.05	≤0.04	N≤0.012，③	0.42
L415 QB	≤0.16	≤0.45	≤1.60	0.025	0.020	≤0.08	≤0.05	≤0.04	N≤0.012，③，④	0.43
L450 QB	≤0.16	≤0.45	≤1.60	0.025	0.020	≤0.09	≤0.05	≤0.06	N≤0.012，③，④	0.45
L485 QB	≤0.16	≤0.45	≤1.70	0.025	0.020	≤0.10	≤0.05	≤0.06	N≤0.012，③，④	0.45
L555 QB	≤0.16	≤0.45	≤1.80	0.025	0.020	≤0.15	≤0.05	≤0.06	②，③	—
热机械轧制的焊接钢管										
L245 MB	≤0.16	≤0.45	≤1.50	0.025	0.020	≤0.04	≤0.04	—	N≤0.012	0.40
L290 MB	≤0.16	≤0.45	≤1.50	0.025	0.020	≤0.04	≤0.04	—	N≤0.012	0.40
L360 MB	≤0.16	≤0.45	≤1.60	0.025	0.020	≤0.05	≤0.05	≤0.04	N≤0.012	0.41
L415 MB	≤0.16	≤0.45	≤1.60	0.025	0.020	≤0.08	≤0.05	≤0.06	N≤0.012，③，④	0.42
L450 MB	≤0.16	≤0.45	≤1.60	0.025	0.020	≤0.10	≤0.05	≤0.06	N≤0.012，③，④	0.43
L485 MB	≤0.16	≤0.45	≤1.70	0.025	0.020	≤0.10	≤0.06	≤0.06	N≤0.012，③，④	0.43
L555 MB	≤0.16	≤0.45	≤1.80	0.025	0.020	≤0.10	≤0.06	≤0.06	N≤0.012，③，④	—

① 各牌号的其他元素有：Cr≤0.25%，Ni≤0.30%，Mo≤0.10%，Cu≤0.30%，Al＝0.015%～0.060%（L555 QB 除外）。

② L555 QB 的其他元素：Cr≤0.50%，Ni≤0.60%，Mo≤0.35%，Cu≤0.30%，Al＝0.015%～0.060%。

③ V＋Nb＋Ti≤0.15%。

④ 若经供需双方协议，表中牌号的钼含量 Mo≤0.35%。

（2）中国台湾地区 CNS 标准石油和天然气工业管线用无缝和焊接钢管-B 级管的力学性能（表 2-13-62）

表 2-13-62　石油和天然气工业管线用无缝和焊接钢管-B 级管的力学性能

牌　号	$R_{p0.5}$/MPa	R_m/MPa	A（%）	冲击吸收能量 $KV^{①}$/J　≥（下列钢管外径/mm）（0℃）								
				<510	>510~610	>610~720	>720~820	>820~920	>920~1020	>1020~1120	>1120~1220	>1220~1430
		≥										
L245 NB L245 MB	245~440	415	22	40	40	40	40	40	40	40	40	40
L290 NB L290 MB	290~440	415	21	40	40	40	40	40	40	40	40	42
L360 NB L360 QB L360 MB	360~510	460	20	40	40	40	40	40	40	40	40	42
L415 NB L415 QB L415 MB	415~565	520	18	40	40	40	40	40	40	40	40	42
L450 QB L450 MB	450~570	535	18	40	40	40	40	40	40	42	43	47
L485 QB L485 MB	485~605	570	18	40	41	45	48	51	53	56	58	63
L555 QB L555 MB	555~675	625	18	48	55	61	66	72	77	82	87	96

① 表中数值适用于外径≤1430mm 和厚度≤25mm 的钢管。

2.13.25　高压管道用碳素钢管［CNS 6335（2012/2017 确认）］

（1）中国台湾地区 CNS 标准高压管道用碳素钢管的钢号与化学成分（表 2-13-63）

表 2-13-63　高压管道用碳素钢管的钢号与化学成分（质量分数）（%）

钢　号	C	Si	Mn	P ≤	S ≤
STS 370	≤0.25	0.10~0.35	0.30~1.10	0.035	0.035
STS 410	≤0.30	0.10~0.35	0.30~1.40	0.035	0.035
STS 480	≤0.33	0.10~0.35	0.30~1.50	0.035	0.035

（2）中国台湾地区 CNS 标准高压管道用碳素钢管的力学性能（表 2-13-64）

表 2-13-64　高压管道用碳素钢管的力学性能

钢　号	R_m/MPa	R_{eL}/MPa	A（%）≥			
			11 号试样	5 号试样	4 号试样	
	≥		纵向	横向	纵向	横向
STS 370	370	215	30	25	28	23
STS 410	410	245	25	20	24	19
STS 480	480	275	25	20	22	17

注：本表规定的断后伸长率 A 对外径≤40mm 的钢管不适用。

2.13.26　机械结构用碳素钢管［CNS 4437（1995/2017 确认）］

（1）中国台湾地区 CNS 标准机械结构用碳素钢管的钢号与化学成分（表 2-13-65）

表 **2-13-65**　机械结构用碳素钢管的钢号与化学成分（质量分数）（%）

钢 号	C	Si	Mn	P ≤	S ≤
STKM 11A	≤0.12	≤0.35	≤0.60	0.040	0.040
STKM 12A	≤0.20	≤0.35	≤0.60	0.040	0.040
STKM 12B	≤0.20	≤0.35	≤0.60	0.040	0.040
STKM 12C	≤0.20	≤0.35	≤0.60	0.040	0.040
STKM 13A	≤0.25	≤0.35	0.30~0.90	0.040	0.040
STKM 13B	≤0.25	≤0.35	0.30~0.90	0.040	0.040
STKM 13C	≤0.25	≤0.35	0.30~0.90	0.040	0.040
STKM 14A	≤0.30	≤0.35	0.30~1.00	0.040	0.040
STKM 14B	≤0.30	≤0.35	0.30~1.00	0.040	0.040
STKM 14C	≤0.30	≤0.35	0.30~1.00	0.040	0.040
STKM 15A	0.25~0.35	≤0.35	0.30~1.00	0.040	0.040
STKM 15C	0.25~0.35	≤0.35	0.30~1.00	0.040	0.040
STKM 16A	0.35~0.45	≤0.40	0.40~1.00	0.040	0.040
STKM 16C	0.35~0.45	≤0.40	0.40~1.00	0.040	0.040
STKM 17A	0.45~0.55	≤0.40	0.40~1.00	0.040	0.040
STKM 17C	0.45~0.55	≤0.40	0.40~1.00	0.040	0.040
STKM 18A	≤0.18	≤0.55	≤1.50	0.040	0.040
STKM 18B	≤0.18	≤0.55	≤1.50	0.040	0.040
STKM 18C	≤0.18	≤0.55	≤1.50	0.040	0.040
STKM 19A	≤0.25	≤0.55	≤1.50	0.040	0.040
STKM 19C	≤0.25	≤0.55	≤1.50	0.040	0.040
STKM 20A[①]	≤0.25	≤0.55	≤1.60	0.040	0.040

① 可添加 Nb 和 V，Nb + V≤0.15%。

（2）中国台湾地区 CNS 标准机械结构用碳素钢管的力学性能（表 2-13-66）

表 **2-13-66**　机械结构用碳素钢管的力学性能

钢 号	力 学 性 能				弯曲试验	扁平试验
	R_m/MPa	R_{eL}/MPa	A（%）≥		内侧半径[①]	平板间距离（H）
	≥	≥	（纵向）	（横向）	D—钢管外径	D—钢管外径
STKM 11A	290	—	35	30	4D（180°）	H = D/2
STKM 12A	340	175	35	30	6D（90°）	H = 2D/3
STKM 12B	390	275	25	20	6D（90°）	H = 2D/3
STKM 12C	470	355	20	15	—	—
STKM 13A	370	215	30	25	6D（90°）	H = 2D/3
STKM 13B	440	305	20	15	6D（90°）	H = 3D/4
STKM 13C	510	380	15	10	—	—
STKM 14A	410	245	25	20	6D（90°）	H = 3D/4
STKM 14B	500	355	15	10	8D（90°）	H = 7D/8
STKM 14C	550	410	15	10	—	—
STKM 15A	470	275	22	17	6D（90°）	H = 3D/4
STKM 15C	580	430	12	7	—	—
STKM 16A	510	325	20	15	8D（90°）	H = 7D/8

（续）

钢　号	力学性能				弯曲试验	扁平试验
	R_m/MPa	R_{eL}/MPa	A（%）≥		内侧半径①	平板间距离（H）
	≥		（纵向）	（横向）	D—钢管外径	D—钢管外径
STKM 16C	620	460	12	7	—	—
STKM 17A	550	345	20	15	8D（90°）	H＝7D/8
STKM 17C	650	480	10	5	—	—
STKM 18A	440	275	25	20	6D（90°）	H＝7D/8
STKM 18B	490	315	23	18	8D（90°）	H＝7D/8
STKM 18C	510	380	15	10	—	—
STKM 19A	490	315	23	18	6D（90°）	H＝7D/8
STKM 19C	550	410	15	10	—	—
STKM 20A	540	390	23	18	6D（90°）	H＝7D/8

① 括号内为弯曲角度，其角度以弯曲开始位置为基准。

2.13.27　低温用碳素钢管［CNS 6333（1995/2017 确认）］

（1）中国台湾地区 CNS 标准低温用碳素钢管的钢号与化学成分（表 2-13-67）

表 2-13-67　低温用碳素钢管的钢号与化学成分（质量分数）（%）

钢号	C	Si	Mn	P ≤	S ≤	Ni
STPL 380①	≤0.25	≤0.35	≤1.35	0.035	0.035	—
STPL 450	≤0.18	0.10~0.35	0.30~0.60	0.030	0.030	3.20~3.80
STPL 690	≤0.13	0.10~0.35	≤0.90	0.030	0.030	8.50~9.50

① 若因冲击试验条件的影响，STPL 380 的酸溶铝含量应大于 0.010%（全铝含量应大于 0.015%）。

（2）中国台湾地区 CNS 标准低温用碳素钢管的力学性能（表 2-13-68）

表 2-13-68　低温用碳素钢管的力学性能

钢　号	R_m/MPa	R_{eL}/MPa	A（%）≥			
			11 号试样	5 号试样	4 号试样	
	≥		纵向	横向	纵向	横向
STPL 380	380	205	35	25	30	22
STPL 450	450	245	30	20	24	16
STPL 690	690	520	21	15	16	10

注：本表规定的断后伸长率 A，对外径≤40mm 的钢管不适用。

2.13.28　高碳钢线材［CNS 3696（1999/2017 确认）］

中国台湾地区 CNS 标准高碳钢线材的钢号与化学成分见表 2-13-69。

表 2-13-69　高碳钢线材的钢号与化学成分（质量分数）（%）

钢　号	C①	Si	Mn	P ≤	S ≤
SWRH27	0.24~0.31	0.15~0.35	0.30~0.60	0.030	0.030
SWRH32	0.29~0.36	0.15~0.35	0.30~0.60	0.030	0.030
SWRH37	0.34~0.41	0.15~0.35	0.30~0.60	0.030	0.030
SWRH42A	0.39~0.46	0.15~0.35	0.30~0.60	0.030	0.030
SWRH42B	0.39~0.46	0.15~0.35	0.60~0.90	0.030	0.030
SWRH47A	0.44~0.51	0.15~0.35	0.30~0.60	0.030	0.030

（续）

钢 号	C[①]	Si	Mn	P ≤	S ≤
SWRH47B	0.44~0.51	0.15~0.35	0.60~0.90	0.030	0.030
SWRH52A	0.49~0.56	0.15~0.35	0.30~0.60	0.030	0.030
SWRH52B	0.49~0.56	0.15~0.35	0.60~0.90	0.030	0.030
SWRH57A	0.54~0.61	0.15~0.35	0.30~0.60	0.030	0.030
SWRH57B	0.54~0.61	0.15~0.35	0.60~0.90	0.030	0.030
SWRH62A	0.59~0.66	0.15~0.35	0.30~0.60	0.030	0.030
SWRH62B	0.59~0.66	0.15~0.35	0.60~0.90	0.030	0.030
SWRH67A	0.64~0.71	0.15~0.35	0.30~0.60	0.030	0.030
SWRH67B	0.64~0.71	0.15~0.35	0.60~0.90	0.030	0.030
SWRH72A	0.69~0.76	0.15~0.35	0.30~0.60	0.030	0.030
SWRH72B	0.69~0.76	0.15~0.35	0.60~0.90	0.030	0.030
SWRH77A	0.74~0.81	0.15~0.35	0.30~0.60	0.030	0.030
SWRH77B	0.74~0.81	0.15~0.35	0.60~0.90	0.030	0.030
SWRH82A	0.79~0.86	0.15~0.35	0.30~0.60	0.030	0.030
SWRH82B	0.79~0.86	0.15~0.35	0.60~0.90	0.030	0.030

① 表中 C 含量可由供需双方协议，将原规定的成分上下限各缩减 0.01%。

2.13.29 弹簧用油回火高碳钢钢丝 ［CNS 4442（1994/2017 确认）］

（1）中国台湾地区 CNS 标准弹簧用油回火高碳钢钢丝的种类和钢号（表2-13-70）

表 2-13-70 弹簧用油回火高碳钢钢丝的种类和钢号

种类代号	选用的钢号及碳含量（质量分数）	其他化学成分
SWO-A	SWRH57（A/B）C=0.54%~0.61% SWRH62（A/B）C=0.59%~0.66% SWRH67（A/B）C=0.64%~0.71% SWRH72（A/B）C=0.69%~0.76%	同高碳钢线材 （表2-13-69）
SWO-B	SWRH67（A/B）C=0.64%~0.71% SWRH72（A/B）C=0.69%~0.76% SWRH77（A/B）C=0.74%~0.81% SWRH82（A/B）C=0.79%~0.86%	同高碳钢线材 （表2-13-69）

（2）中国台湾地区 CNS 标准弹簧用油回火高碳钢钢丝的抗拉强度（表2-13-71）

表 2-13-71 弹簧用油回火高碳钢钢丝的抗拉强度

钢材直径/mm	R_m/MPa SWO-A	SWO-B	钢材直径/mm	R_m/MPa SWO-A	SWO-B
2.00	1570~1720	1720~1860	5.50	1320~1470	1470~1620
2.30	1570~1720	1720~1860	6.00	1320~1470	1470~1620
2.60	1570~1720	1720~1860	6.50	1320~1470	1470~1620
2.90	1520~1670	1670~1810	7.00	1230~1370	1370~1520
3.20	1470~1620	1620~1770	8.00	1230~1370	1370~1520
3.50	1470~1620	1620~1770	9.00	1230~1370	1370~1520
4.00	1420~1570	1570~1720	10.0	1180~1320	1320~1470
4.50	1370~1520	1520~1670	11.0	1180~1320	1320~1470
5.00	1370~1470	1520~1670	12.0	1180~1320	1320~1470

2.13.30 钢筋混凝土用钢筋［CNS 560（2018）］

（1）中国台湾地区 CNS 标准钢筋混凝土用钢筋的牌号与化学成分（表2-13-72）

表2-13-72 钢筋混凝土用钢筋的牌号与化学成分（质量分数）（%）

牌 号	C	Si	Mn	P ≤	S ≤	碳当量 CE
光面钢筋						
SR 240	—	—	—	0.060	0.060	—
SR 300	—	—	—	0.060	0.060	—
竹节钢筋						
SD 280	—	—	—	0.060	0.060	—
SD 420	≤0.34	≤0.55	≤1.60	0.060	0.050	0.59
SD 280W	≤0.33	≤0.55	≤1.56	0.043	0.053	0.55
SD 420W	≤0.33	≤0.55	≤1.56	0.043	0.053	0.55
SD 490W	≤0.33	≤0.55	≤1.56	0.043	0.053	0.55
SD 550W	≤0.33	≤0.55	≤1.56	0.043	0.053	0.55
SD 690W	—	—	—	0.075	—	—

注：碳当量计算公式：CE = （C + Mn/6 + Cu/40 + Ni/20 + Cr/10 - Mo/50 - V/10）。

（2）中国台湾地区 CNS 标准钢筋混凝土用钢筋的力学性能（表2-13-73）

表2-13-73 钢筋混凝土用钢筋的力学性能

牌 号	R_{eL}/MPa	R_m/MPa ≥	$A^{[1]}$（%）试样号	≥（横向）	弯曲角度180° D—钢管外径/mm	
光面钢筋						
SR 240	≥240	380	2	20	3D	
			14A	22		
SR 300	≥300	480	2	18	4D	
			14A	19		
竹节钢筋						
SD 280	≥380	420	2	18	D<16	3.5D
			14A	19	D>19	5D
SD 280W	280~380	420	2	18	D<16	3D
					D 19~25	4D
	280~380	420	14A	19	D 29~36	6D
					D>39	8D
SD 420	≥420	620	2	13	D<16	3.5D
					D 19~25	5D
	≥420	620	14A	14	D 29~36	7D
					D>39	9D
SD 420W	420~540	550	2	13	D<16	3D
					D 19~25	4D
	420~540	550	14A	14	D 29~36	6D
					D>39	8D

（续）

牌　号	力 学 性 能				弯曲试验	
	R_{eL}/MPa	R_m/MPa	$A^①$（%） ≥		弯曲角度180°	
		≥	试样号	（横向）	D—钢管外径/mm	
竹节钢筋						
SD 490W	490～615	620	2	13	$D < 16$	$3D$
					$D\ 19～25$	$4D$
	490～615	620	14A	14	$D\ 29～36$	$6D$
					$D > 39$	$8D$
SD 550W	550～675	690	2	12	$D < 16$	$3.5D$
					$D\ 19～25$	$5D$
	550～675	690	14A	13	$D\ 29～36$	$7D$
					$D > 39$	$9D$
SD 690W	690～815	860	2	10	$D < 16$	$3.5D$
					$D\ 19～25$	$5D$
	690～815	860	14A	10	$D\ 29～36$	$7D$
					$D > 39$	$9D$

① 除 SD 690W 外，表中断后伸长率 A 适用于钢管外径 $D < 36$mm 的竹节钢筋，若 $D > 39$mm 者，断后伸长率 A 应降低 2%。

2.13.31　钢筋混凝土用预应力钢筋 ［CNS 9272（2016）］

（1）中国台湾地区 CNS 标准钢筋混凝土用预应力钢筋的牌号与化学成分（表 2-13-74）

表 2-13-74　钢筋混凝土用预应力钢筋的牌号与化学成分

牌　号	旧牌号	P ≤	S ≤	Cu ≤
光面钢筋				
SBPR 785/1030	SBPR 80/105	0.030	0.035	0.30
SBPR 930/1080	SBPR 95/110	0.030	0.035	0.30
SBPR 930/1180	SBPR 95/120	0.030	0.035	0.30
SBPR 1080/1230	SBPR 110/125	0.030	0.035	0.30
竹节钢筋				
SBPD 785/1030	SBPD 80/105	0.030	0.035	0.30
SBPD 930/1080	SBPD 95/110	0.030	0.035	0.30
SBPD 930/1180	SBPD 95/120	0.030	0.035	0.30
SBPD 1080/1230	SBPD 110/125	0.030	0.035	0.30

（2）中国台湾地区钢筋混凝土用预应力钢筋的力学性能（表 2-13-75）

表 2-13-75　钢筋混凝土用预应力钢筋的力学性能

牌　号	R_{eL}/MPa	R_m/MPa	A（%）	松弛率（%）
	≥	≥		
光面钢筋				
SBPR 785/1030	785	1030	5	4.0
SBPR 930/1080	930	1080	5	4.0
SBPR 930/1180	930	1180	5	4.0
SBPR 1080/1230	1080	1230	5	4.0
竹节钢筋				
SBPD 785/1030	785	1030	5	4.0
SBPD 930/1080	930	1080	5	4.0
SBPD 930/1180	930	1180	5	4.0
SBPD 1080/1230	1080	1230	5	4.0

第3章 中外不锈钢、耐热钢和特殊合金

3.1 中 国

A. 通用钢材和合金

3.1.1 不锈钢棒

（1）中国 GB 标准不锈钢棒的钢号与化学成分［GB/T 1220—2007］（表 3-1-1）

表 3-1-1 不锈钢棒的钢号与化学成分[①]（质量分数）（%）

钢号和代号 GB	ISC[⑤]	C	Si	Mn	P	S	Cr	Ni	Mo	其 他
奥 氏 体 型										
12Cr17Mn6Ni5N	S35350	0.15	1.00	5.50 ~ 7.50	0.050	0.030	16.00 ~ 18.00	3.50 ~ 5.50	—	N 0.05 ~ 0.25
12Cr18Mn9Ni5N	S35450	0.15	1.00	7.50 ~ 10.00	0.050	0.030	17.00 ~ 19.00	4.00 ~ 6.00	—	N 0.05 ~ 0.25
12Cr17Ni7	S30110	0.15	1.00	2.00	0.045	0.030	16.00 ~ 18.00	6.00 ~ 8.00	—	N ≤ 0.10
12Cr18Ni9	S30210	0.15	1.00	2.00	0.045	0.030	17.00 ~ 19.00	8.00 ~ 10.00	—	N ≤ 0.10
Y12Cr18Ni9	S30317	0.15	1.00	2.00	0.20	≥ 0.15	17.00 ~ 19.00	8.00 ~ 10.00	—	—
Y12Cr18Ni9Se	S30327	0.15	1.00	2.00	0.20	0.060	17.00 ~ 19.00	8.00 ~ 10.00	—	Se ≥ 0.15
06Cr19Ni10	S30408	0.08	1.00	2.00	0.045	0.030	18.00 ~ 20.00	8.00 ~ 11.00	—	—
022Cr19Ni10	S30403	0.030	1.00	2.00	0.045	0.030	18.00 ~ 20.00	8.00 ~ 12.00	—	—
06Cr18Ni9Cu3	S30488	0.08	1.00	2.00	0.045	0.030	17.00 ~ 19.00	8.50 ~ 10.50	—	Cu 3.00 ~ 4.00
06Cr19Ni10N	S30458	0.08	1.00	2.00	0.045	0.030	18.00 ~ 20.00	8.00 ~ 11.00	—	N 0.10 ~ 0.16
06Cr19Ni9NbN	S30478	0.08	1.00	2.00	0.045	0.030	18.00 ~ 20.00	7.50 ~ 10.50	—	N 0.15 ~ 0.30 Nb ≤ 0.15
022Cr19Ni10N	S30453	0.030	1.00	2.00	0.045	0.030	18.00 ~ 20.00	8.00 ~ 11.00	—	N 0.10 ~ 0.16
10Cr18Ni12	S30510	0.12	1.00	2.00	0.045	0.030	17.00 ~ 19.00	10.50 ~ 13.00	—	—
06Cr23Ni13	S30908	0.08	1.00	2.00	0.045	0.030	22.00 ~ 24.00	12.00 ~ 15.00	—	—
06Cr25Ni20	S31008	0.08	1.50	2.00	0.045	0.030	24.00 ~ 26.00	19.00 ~ 22.00	—	—
06Cr17Ni12Mo2	S31608	0.08	1.00	2.00	0.045	0.030	16.00 ~ 18.00	10.00 ~ 14.00	2.00 ~ 3.00	—
022Cr17Ni12Mo2	S31603	0.030	1.00	2.00	0.045	0.030	16.00 ~ 18.00	10.00 ~ 14.00	2.00 ~ 3.00	—
06Cr17Ni12Mo2Ti	S31668	0.08	1.00	2.00	0.045	0.030	16.00 ~ 18.00	10.00 ~ 14.00	2.00 ~ 3.00	Ti ≥ 5 × C
06Cr17Ni12Mo2N	S31658	0.08	1.00	2.00	0.045	0.030	16.00 ~ 18.00	10.00 ~ 13.00	2.00 ~ 3.00	N 0.10 ~ 0.16
022Cr17Ni12Mo2N	S31653	0.030	1.00	2.00	0.045	0.030	16.00 ~ 18.00	10.00 ~ 13.00	2.00 ~ 3.00	N 0.10 ~ 0.16
06Cr18Ni12Mo2Cu2	S31688	0.08	1.00	2.00	0.045	0.030	17.00 ~ 19.00	10.00 ~ 14.00	1.20 ~ 2.75	Cu 1.00 ~ 2.50
022Cr18Ni14Mo2Cu2	S31683	0.030	1.00	2.00	0.045	0.030	17.00 ~ 19.00	12.00 ~ 16.00	1.20 ~ 2.75	Cu 1.00 ~ 2.50
06Cr19Ni13Mo3	S31708	0.08	1.00	2.00	0.045	0.030	18.00 ~ 20.00	11.00 ~ 15.00	3.00 ~ 4.00	—
022Cr19Ni13Mo3	S31703	0.030	1.00	2.00	0.045	0.030	18.00 ~ 20.00	11.00 ~ 15.00	3.00 ~ 4.00	—
03Cr18Ni16Mo5	S31794	0.04	1.00	2.50	0.045	0.030	16.00 ~ 19.00	15.00 ~ 17.00	4.00 ~ 6.00	—
06Cr18Ni11Ti	S32168	0.08	1.00	2.00	0.045	0.030	17.00 ~ 19.00	9.00 ~ 12.00	—	Ti 5 × C ~ 0.70
06Cr18Ni11Nb	S34778	0.08	1.00	2.00	0.045	0.030	17.00 ~ 19.00	9.00 ~ 12.00	—	Nb 10 × C ~ 1.10
06Cr18Ni13Si4[②]	S38148	0.08	3.00 ~ 5.00	2.00	0.045	0.030	15.00 ~ 20.00	11.50 ~ 15.00	—	—

（续）

钢号和代号		C	Si	Mn	P	S	Cr	Ni	Mo	其　他
GB	ISC[⑤]									
奥氏体-铁素体型										
14Cr18Ni11Si4AlTi	S21860	0.10 ~ 0.18	3.40 ~ 4.00	0.80	0.035	0.030	17.50 ~ 19.50	10.00 ~ 12.00	—	Ti 0.40 ~ 0.70 Al 0.10 ~ 0.30
022Cr19Ni5Mo3Si2N	S21953	0.030	1.30 ~ 2.00	1.00 ~ 2.00	0.035	0.030	18.00 ~ 19.50	4.50 ~ 5.50	2.50 ~ 3.00	N 0.05 ~ 0.12
022Cr22Ni5Mo3N	S22253	0.030	1.00	2.00	0.030	0.020	21.00 ~ 23.00	4.50 ~ 6.50	2.50 ~ 3.50	N 0.08 ~ 0.20
022Cr23Ni5Mo3N	S22053	0.030	1.00	2.00	0.030	0.020	22.00 ~ 23.00	4.50 ~ 6.50	3.00 ~ 3.50	N 0.14 ~ 0.20
022Cr25Ni6Mo2N	S22553	0.030	1.00	2.00	0.030	0.030	24.00 ~ 26.00	5.50 ~ 6.50	1.20 ~ 2.50	N 0.10 ~ 0.20
03Cr25Ni6Mo3Cu2N	S25554	0.04	1.00	1.50	0.035	0.030	24.00 ~ 27.00	4.50 ~ 6.50	2.90 ~ 3.90	Cu 1.50 ~ 2.50 N 0.10 ~ 0.25
铁素体型										
06Cr13Al	S11348	0.08	1.00	1.00	0.040	0.030	11.50 ~ 14.50	(0.60)	—	Al 0.10 ~ 0.30
022Cr12	S11203	0.030	1.00	1.00	0.040	0.030	11.00 ~ 13.50	(0.60)	—	
10Cr17	S11710	0.12	1.00	1.00	0.040	0.030	16.00 ~ 18.00	(0.60)	—	
Y10Cr17	S11717	0.12	1.00	1.25	0.060	≥0.15	16.00 ~ 18.00	(0.60)	(0.60)	
10Cr17Mo	S11790	0.12	1.00	1.00	0.040	0.030	16.00 ~ 18.00	(0.60)	0.75 ~ 1.25	
008Cr27Mo[③]	S12791	0.010	0.40	0.40	0.030	0.020	25.00 ~ 27.50	—	0.75 ~ 1.50	N 0.015
008Cr30Mo2[③]	S13091	0.010	0.40	0.40	0.030	0.020	28.50 ~ 32.00	—	1.50 ~ 2.50	N 0.015
马氏体型										
12Cr12	S40310	0.15	0.50	1.00	0.040	0.030	11.50 ~ 13.00	(0.60)	—	
06Cr13	S41008	0.08	1.00	1.00	0.040	0.030	11.50 ~ 13.50	(0.60)	—	
12Cr13[④]	S41010	0.08 ~ 0.15	1.00	1.00	0.040	0.030	11.50 ~ 13.50	(0.60)	—	
Y12Cr13	S41617	0.15	1.00	1.25	0.060	≥0.15	12.00 ~ 14.00	(0.60)	(0.60)	
20Cr13	S42020	0.16 ~ 0.25	1.00	1.00	0.040	0.030	12.00 ~ 14.00	(0.60)	—	
30Cr13	S42030	0.26 ~ 0.35	1.00	1.00	0.040	0.030	12.00 ~ 14.00	(0.60)	—	
Y30Cr13	S42037	0.26 ~ 0.35	1.00	1.25	0.060	≥0.15	12.00 ~ 14.00	(0.60)	—	
40Cr13	S42040	0.36 ~ 0.45	0.60	0.80	0.040	0.030	12.00 ~ 14.00	(0.60)	—	
14Cr17Ni2	S43110	0.11 ~ 0.17	0.80	0.80	0.040	0.030	16.00 ~ 18.00	1.50 ~ 2.50	—	
17Cr16Ni12	S43120	0.12 ~ 0.22	1.00	1.50	0.040	0.030	15.00 ~ 17.00	1.50 ~ 2.50	—	
68Cr17	S44070	0.60 ~ 0.75	1.00	1.00	0.040	0.030	16.00 ~ 18.00	(0.60)	(0.75)	
85Cr17	S44080	0.75 ~ 0.95	1.00	1.00	0.040	0.030	16.00 ~ 18.00	(0.60)	(0.75)	
108Cr17	S44096	0.95 ~ 1.20	1.00	1.00	0.040	0.030	16.00 ~ 18.00	(0.60)	(0.75)	
Y108Cr17	S44097	0.95 ~ 1.20	1.00	1.25	0.060	≥0.15	16.00 ~ 18.00	(0.60)	(0.75)	
95Cr18	S44090	0.90 ~ 1.00	0.80	0.80	0.040	0.030	17.00 ~ 19.00	—	—	
13Cr13Mo	S45710	0.18 ~ 0.18	0.60	1.00	0.040	0.030	11.50 ~ 14.00	(0.60)	0.30 ~ 0.60	

（续）

钢号和代号		C	Si	Mn	P	S	Cr	Ni	Mo	其　他
GB	ISC[5]									
马氏体型										
32Cr13Mo	S45830	0.28 ~ 0.35	0.80	1.00	0.040	0.030	12.00 ~ 14.00	(0.60)	0.50 ~ 1.00	—
102Cr17Mo	S45990	0.95 ~ 1.10	0.80	0.80	0.040	0.030	16.00 ~ 18.00	—	0.40 ~ 0.70	—
90Cr18MoV	S46990	0.85 ~ 0.95	0.80	0.80	0.040	0.030	17.00 ~ 19.00	—	1.00 ~ 1.30	V 0.07 ~ 0.12
沉淀硬化型										
05Cr15Ni5Cu4Nb	S51550	0.07	1.00	1.00	0.040	0.030	14.00 ~ 15.50	3.50 ~ 5.50	—	Cu 2.50 ~ 4.50 Nb 0.15 ~ 0.45
05Cr17Ni4Cu4Nb	S51740	0.07	1.00	1.00	0.040	0.030	15.00 ~ 17.50	3.00 ~ 5.00	—	Cu 3.00 ~ 5.00 Nb 0.15 ~ 0.45
07Cr17Ni7Al	S51770	0.09	1.00	1.00	0.040	0.030	16.00 ~ 18.00	6.50 ~ 7.75	—	Al 0.75 ~ 1.50
07Cr15Ni7Mo2Al	S51570	0.09	1.00	1.00	0.040	0.030	14.00 ~ 16.00	6.50 ~ 7.75	2.00 ~ 3.00	Al 0.75 ~ 1.50

① 表中所列的化学成分，除标明范围或最小值外，其余均为最大值。括号内数值为可加入或允许含有含量的最大值。

② 必要时，可添加本表以外的合金元素。

③ 允许含有 $w(\text{Ni}) \le 0.50\%$，$w(\text{Cu}) \le 0.20\%$，而 $w(\text{Ni} + \text{Cu}) \le 0.50\%$；必要时，可添加本表以外的合金元素。

④ 相对于 GB/T 20878—2007 的牌号，作了成分调整。

⑤ ISC 为统一数字代号，余同。

（2）中国 GB 标准不锈钢棒或试样的热处理与力学性能

A）奥氏体型不锈钢棒或试样的热处理与力学性能（表 3-1-2）

表 3-1-2　奥氏体型不锈钢棒或试样的热处理与力学性能

钢　号	热处理温度/℃ 及冷却	力 学 性 能				硬　度		
		$R_{p0.2}$ /MPa	R_m /MPa	A (%)	Z (%)	HBW	HRB	HV
		≥				≤		
12Cr17Mn6Ni5N	固溶 1010 ~ 1120，快冷	275	520	40	45	241	100	253
12Cr18Mn8Ni5N	固溶 1010 ~ 1120，快冷	275	520	40	45	207	95	218
12Cr17Ni7	固溶 1010 ~ 1150，快冷	205	520	40	60	187	90	200
12Cr18Ni9	固溶 1010 ~ 1150，快冷	205	520	40	60	187	90	200
Y12Cr18Ni9	固溶 1010 ~ 1150，快冷	205	520	40	50	187	90	200
Y12Cr18Ni9Se	固溶 1010 ~ 1150，快冷	205	520	40	50	187	90	200
06Cr19Ni10	固溶 1010 ~ 1150，快冷	205	520	40	60	187	90	200
022Cr19Ni10	固溶 1010 ~ 1150，快冷	175	480	40	60	187	90	200
06Cr18Ni9Cu3	固溶 1010 ~ 1150，快冷	175	480	40	60	187	90	200
06Cr19Ni10N	固溶 1010 ~ 1150，快冷	275	550	35	50	217	95	220
06Cr19Ni9NbN	固溶 1010 ~ 1150，快冷	345	685	35	50	250	100	260
022Cr19Ni10N	固溶 1010 ~ 1150，快冷	245	550	40	50	217	95	220
10Cr18Ni12	固溶 1010 ~ 1150，快冷	175	520	40	60	187	90	200
06Cr23Ni13	固溶 1030 ~ 1150，快冷	205	520	40	60	187	90	200
06Cr25Ni20	固溶 1030 ~ 1180，快冷	205	520	40	60	187	90	200
06Cr17Ni12Mo2	固溶 1010 ~ 1150，快冷	205	520	40	60	187	90	200
022Cr17Ni12Mo2	固溶 1010 ~ 1150，快冷	175	480	40	60	187	90	200
06Cr17Ni12Mo2Ti	固溶 1010 ~ 1100，快冷	205	530	40	55	187	90	200

（续）

钢　　号	热处理温度/℃ 及冷却	力学性能				硬度		
		$R_{p0.2}$ /MPa	R_m /MPa	A (%)	Z (%)	HBW	HRB	HV
		≥				≤		
06Cr17Ni12Mo2N	固溶 1010～1150，快冷	275	550	35	50	217	95	220
022Cr17Ni12Mo2N	固溶 1010～1150，快冷	245	550	40	50	217	95	220
06Cr18Ni12Mo2Cu2	固溶 1010～1150，快冷	205	520	40	60	217	90	200
022Cr18Ni14Mo2Cu2	固溶 1010～1150，快冷	175	480	40	60	217	90	200
06Cr19Ni13Mo3	固溶 1010～1150，快冷	205	520	40	60	217	90	200
022Cr19Ni13Mo3	固溶 1010～1150，快冷	175	480	40	60	217	90	200
03Cr18Ni16Mo5	固溶 1030～1180，快冷	175	480	40	60	217	90	200
06Cr18Ni11Ti	固溶 920～1150，快冷	205	520	40	50	217	90	200
06Cr18Ni11Nb	固溶 980～1150，快冷	205	520	40	50	217	90	200
06Cr18Ni13Si4	固溶 1010～1150，快冷	205	520	40	60	207	95	218

注：1. 本表仅适用于直径、边长、厚度或对边距离≤180mm 的钢棒；>180mm 的钢棒，可改锻成 180mm 的样坯检验，或供需双方协商，规定允许降低其力学性能数值。

　　2. 规定非比例延伸强度 $R_{p0.2}$ 和硬度，仅当需方要求时（合同中注明）才进行测定，供方可根据钢棒的尺寸或状态任选一种方法测定硬度。

　　3. 本表的断面收缩率 Z 数据对扁钢不适用，但需方有要求时，由供需双方商定。

　　4. 钢号 06Cr17Ni12Mo2Ti 当需方有要求时（应在合同中注明），可进行稳定化处理，其热处理温度为850～930℃。

B）奥氏体-铁素体型和铁素体型不锈钢棒或试样的热处理与力学性能（表 3-1-3）

表 3-1-3　奥氏体-铁素体型和铁素体型不锈钢棒或试样的热处理与力学性能

钢　　号	热处理温度/℃ 及冷却	力学性能				硬度		
		$R_{p0.2}$ /MPa	R_m /MPa	A (%)	Z (%)	HBW	HRB	HV
		≥				≤		
奥氏体-铁素体型								
14Cr18Ni11Si4AlTi	固溶 930～1050，快冷	440	715	25	40	—	—	—
022Cr19Ni5Mo3Si2N	固溶 920～1150，快冷	390	590	20	40	—	30	300
022Cr22Ni5Mo3N	固溶 950～1200，快冷	450	620	25		290		
022Cr23Ni5Mo3N	固溶 950～1200，快冷	450	655	25		290		
022Cr25Ni6Mo2N	固溶 950～1200，快冷	450	620	20		260		
03Cr25Ni6Mo3Cu2N	固溶 1000～1200，快冷	550	750	25		290		
铁　素　体　型								
06Cr13Al	退火 780～830，空冷或缓冷	175	410	20	60	183	—	—
022Cr12	退火 700～820，空冷或缓冷	195	360	22	60	183	—	—
10Cr17	退火 780～850，空冷或缓冷	205	450	22	50	183	—	—
Y10Cr17	退火 680～820，空冷或缓冷	205	450	22	50	183	—	—
10Cr17Mo	退火 780～850，空冷或缓冷	205	450	22	60	183	—	—
008Cr27Mo	退火 900～1050，快冷	245	410	20	45	219	—	—
008Cr30Mo2	退火 900～1050，快冷	295	450	20	45	228	—	—

注：1. 本表仅适用于直径、边长、厚度或对边距离≤75mm 的钢棒；大于 75mm 的钢棒，可改锻成 75mm 的样坯检验，或供需双方协商，规定允许降低其力学性能数值。

　　2. 规定非比例延伸强度 $R_{p0.2}$ 和硬度，仅当需方要求时（合同中注明）才进行测定，供方可根据钢棒的尺寸或状态任选一种方法测定硬度。

　　3. 本表的断面收缩率 Z 数据对扁钢不适用，但需方有要求时，由供需双方商定。

　　4. 直径或对边距离≤16mm 的圆钢、六角钢、八角钢和边长或厚度≤12mm 的方钢、扁钢不作冲击试验。

C）马氏体型不锈钢棒或试样的热处理与力学性能（表3-1-4和表3-1-5）

表 3-1-4 马氏体型不锈钢棒或试样的热处理与力学性能

钢 号	淬火回火后的力学性能					硬 度	
	$R_{p0.2}$ /MPa	R_m /MPa	A （%）	Z （%）	KU_2 /J	HBW	HRC
	≥				≥		
12Cr12	390	≥590	25	55	118	170	—
06Cr13	345	≥490	24	60	—	—	—
12Cr13	345	≥540	25	55	78	159	—
Y12Cr13	345	≥540	25	55	78	159	—
20Cr13	540	≥640	20	50	63	192	—
30Cr13	540	≥735	12	40	24	217	—
Y30Cr13	—	≥735	12	40	24	217	—
40Cr13	—	—	—	—	—	—	50
14Cr17Ni2	—	≥1080	10	—	39	—	—
17Cr16Ni2	700	900～1050	12	45	—	—	—
	600	8850～950	14	45	—	—	—
68Cr17	—	—	—	—	—	—	54
85Cr17	—	—	—	—	—	—	56
108Cr17	—	—	—	—	—	—	58
Y108Cr17	—	—	—	—	—	—	58
95Cr18	—	—	—	—	—	—	55
13Cr13Mo	490	≥690	20	60	78	192	—
32Cr13Mo	—	—	—	—	—	—	50
102Cr17Mo	—	—	—	—	—	—	55
90Cr18MoV	—	—	—	—	—	—	55

注：1. 本表仅适用于直径、边长、厚度或对边距离≤75mm的钢棒；大于75mm的钢棒，可改锻成75mm的样坯检验，或供需双方协商，规定允许降低其力学性能数值。

    2. 规定非比例延伸强度$R_{p0.2}$和硬度，仅当需方要求时（合同中注明）才进行测定，供方可根据钢棒的尺寸或状态任选一种方法测定硬度。

    3. 本表的断面收缩率Z数据对扁钢不适用，但需方有要求时，由供需双方商定。

表 3-1-5 马氏体型不锈钢棒或试样的热处理与退火后的硬度

钢 号	热处理温度/℃ 及冷却			退火后的 硬度
	退 火	淬 火	回 火	HBW ≤
12Cr12	800～900 缓冷或约750 快冷	950～1000 油冷	700～750 快冷	200
06Cr13	800～900 缓冷或约750 快冷	950～1000 油冷	700～750 快冷	183
12Cr13	800～900 缓冷或约750 快冷	950～1000 油冷	700～750 快冷	200
Y12Cr13	800～900 缓冷或约750 快冷	950～1000 油冷	700～750 快冷	200
20Cr13	800～900 缓冷或约750 快冷	920～980 油冷	650～750 快冷	223
30Cr13	800～900 缓冷或约750 快冷	920～980 油冷	650～750 快冷 或 200～300 空冷	235
Y30Cr13	800～900 缓冷或约750 快冷	920～980 油冷	650～750 快冷 或 200～300 空冷	235
40Cr13	800～900 缓冷或约750 快冷	1050～1100 油冷	200～300 空冷	235
14Cr17Ni2	680～700 高温回火空冷	950～1050 油冷	275～350 空冷	285

（续）

钢　号	热处理温度/℃ 及冷却			退火后的硬度
	退　火	淬　火	回　火	HBW ≤
17Cr16Ni2	680～800 炉冷或空冷	950～1050 油冷或空冷	I. 600～650 空冷 II. 750～800 + 650～700 空冷	285
68Cr17	800～920 缓冷	1010～1070 油冷	100～180 快冷	255
85Cr17	800～920 缓冷	1010～1070 油冷	100～180 快冷	255
108Cr17	800～920 缓冷	1010～1070 油冷	100～180 快冷	269
Y108Cr17	800～920 缓冷	1010～1070 油冷	100～180 快冷	269
95Cr18	800～920 缓冷	1000～1050 油冷	200～300 油、空冷	255
13Cr13Mo	800～900 缓冷或约 750 快冷	970～1020 油冷	650～750 快冷	200
32Cr13Mo	800～900 缓冷或约 750 快冷	1025～1075 油冷	200～300 油、空冷	207
102Cr17Mo	800～920 缓冷	1000～1050 油冷	200～300 空冷	269
90Cr18MoV	800～920 缓冷	1050～1075 油冷	100～200 空冷	269

D）沉淀硬化型不锈钢棒或试样的热处理与力学性能（表 3-1-6）

表 3-1-6　沉淀硬化型不锈钢棒或试样的热处理与力学性能

钢　号	热处理制度		力学性能				硬　度	
	种类	工艺条件	$R_{p0.2}$/MPa	R_m/MPa	A（%）	Z（%）	HBW	HRB
			≥					
05Cr15Ni5Cu4Nb	固溶处理	1020～1060℃，快冷	—	—	—	—	≤363	≤38
	沉淀硬化 480℃时效	经固溶处理后，470～490℃空冷	1180	1310	10	35	≥375	≥40
	沉淀硬化 550℃时效	经固溶处理后，540～560℃空冷	1000	1070	12	45	≥331	≥35
	沉淀硬化 580℃时效	经固溶处理后，570～590℃空冷	850	1000	13	45	≥302	≥31
	沉淀硬化 620℃时效	经固溶处理后，610～630℃空冷	725	930	16	50	≥277	≥28
05Cr17Ni4Cu4Nb	固溶处理	1020～1060℃，快冷	—	—	—	—	≤363	≤38
	沉淀硬化 480℃时效	经固溶处理后，470～490℃空冷	1180	1310	10	35	≥375	≥40
	沉淀硬化 550℃时效	经固溶处理后，540～560℃空冷	1000	1070	12	45	≥331	≥35
	沉淀硬化 580℃时效	经固溶处理后，570～590℃空冷	860	1000	13	45	≥302	≥31
	沉淀硬化 620℃时效	经固溶处理后，610～630℃空冷	725	930	16	50	≥277	≥28
07Cr17Ni7Al	固溶处理	1000～1100℃，快冷	380	1030	20	—	≤229	—
	沉淀硬化 510℃时效	经固溶处理后，（955±10）℃保持 10min，空冷到室温，在 24h 内冷却到（-73±6）℃，保持 8h，再加热到（510±10）℃，保持 1h 后，空冷	1030	1230	4	10	≥388	—
	沉淀硬化 565℃时效	经固溶处理后，（760±10）℃保持 90min，在 1h 内冷却到 15℃以下，保持 30min，再加热到（565±10）℃，保持 90min，空冷	960	1140	5	25	≥363	—
07Cr15Ni7Mo2Al	固溶处理	1000～1100℃，快冷	—	—	—	—	≤269	—
	沉淀硬化 510℃时效	经固溶处理后，（955±10）℃保持 10min，空冷到室温，在 24h 内冷却到（-73±6）℃，保持 8h，再加热到（10±10）℃，保持 1h 后，空冷	1210	1320	6	20	≥388	—
	沉淀硬化 565℃时效	经固溶处理后，（760±10）℃保持 90min，在 1h 内冷却到 15℃以下，保持 30min，再加热到（565±10）℃，保持 90min，空冷	1100	1210	7	25	≥375	—

（3）中国不锈钢的性能特点与用途（表3-1-7）

表3-1-7 不锈钢的性能特点与用途

钢号和代号		性能特点与用途举例
GB	ISC	
奥 氏 体 型		
12Cr17Mn6Ni5N	S35350	节镍钢种，性能与12Cr17Ni7相近，可代替12Cr17Ni7。在固溶态无磁性，冷加工后具有轻微磁性。主要用于制造旅馆装备、厨房用具、水池、交通车辆等
12Cr18Mn8Ni5N	S35450	节镍钢种，是Cr-Mn-Ni-N型最典型、发展比较完善的钢种。在800℃以下具有很好的抗氧化性，且保持较高的强度，可代替12Cr18Ni9。主要用于制作800℃以下经受弱介质腐蚀和承受载荷的零件，如炊具、餐具等
12Cr17Ni7	S30110	属于最易冷变形强化的亚稳定奥氏体型钢，经冷加工后有高的强度和硬度，并仍保留足够的塑性、韧性，在大气条件下具有较好的耐蚀性。主要用于以冷加工状态承受较高载荷，又希望减轻设备质量和不生锈的设备和部件，如铁道车辆、装饰板、传送带、紧固件等
12Cr18Ni9	S30210	历史最悠久的奥氏体型钢，在固溶态具有良好的塑性、韧性和冷加工性能，在氧化性酸和大气、蒸汽等介质中耐蚀性较好，经冷加工后有高的强度，但伸长率比12Cr17Ni7稍差。主要用于对耐蚀性和强度要求不太高的结构件和焊接件，如建筑物外表装饰材料，也可用于无磁部件和低温装置的部件。但在敏化态或焊后，具有晶间腐蚀倾向，不宜用作焊接结构材料
Y12Cr18Ni9	S30317	在12Cr18Ni9基础上提高P、S含量，从而提高可加工性；还可加入不大于$w(\mathrm{Mo})$0.60%，具有耐烧蚀性。最适用于快速切削（如自动车床）制作辊、轴、螺栓、螺母等
Y12Cr18Ni9Se	S30327	在12Cr18Ni9基础上添加Se，并提高一定的P、S含量，从而提高可加工性。用于小切削量加工，也适用于热加工或冷顶锻，如制作铆钉、螺钉等
06Cr19Ni10	S30408	在12Cr18Ni9钢基础上演变的钢种，性能与12Cr18Ni9钢近似，但耐蚀性较好，是应用量最大、使用范围最广的钢种之一。适用于制造深冲成形件和输酸管道、容器、结构件等，可用作薄截面的焊接件，也可制作无磁、低温设备和部件
022Cr19Ni10	S30403	为了克服06Cr19Ni10钢在某些使用条件下存在严重的晶间腐蚀倾向而发展的超低碳奥氏体型钢，其敏化态的耐晶间腐蚀性能显著优于06Cr19Ni10钢，除强度稍低外，其他性能基本相同。主要用于焊接后不能进行固溶处理的设备、容器、管道及各种零部件
06Cr18Ni9Cu3	S30488	在06Cr19Ni10钢基础上为改善其冷成形而发展的钢种，加入Cu，可使钢的冷作硬化倾向减小，冷作硬化率降低，可在较小的成形力下获得最大的冷变形。主要用于制作冷镦紧固件、深拉与冷冲等冷成形零件
06Cr19Ni10N	S30458	在06Cr19Ni10钢基础上添加N，提高强度和加工硬化倾向，而塑性不降低，还改善钢的耐点蚀、耐晶间腐蚀性能，可使材料的厚度减薄。用作要求较高强度和减轻重量，并有一定耐蚀性的设备或结构部件
06Cr19Ni9NbN	S30478	在06Cr19Ni10钢基础上添加N和Nb，提高钢的耐点蚀、耐晶间腐蚀性，具有与06Cr19Ni10钢相类似的特性和用途。适于制造要求高强度且耐晶间腐蚀性能的焊接设备和部件
022Cr19Ni10N	S30453	06Cr19Ni10的超低碳钢。由于添加N，具有06Cr19Ni10钢相似特性与用途，但耐晶间腐蚀性能更好，用于焊接设备构件
10Cr18Ni12	S30510	在12Cr18Ni9钢基础上，提高钢中Ni含量而发展的钢种，加工硬化性低。适用于旋压加工，特殊拉拔、冷镦等
06Cr23Ni13	S30908	高Cr-Ni奥氏体型钢，其耐蚀性、耐热性均比06Cr19Ni10钢好。可用作耐蚀部件，但大多作耐热钢使用

（续）

钢号和代号		性能特点与用途举例
GB	ISC	
奥 氏 体 型		
06Cr25Ni20	S31008	高 Cr-Ni 奥氏体型钢，在氧化性介质中具有良好的高温力学性能，抗氧化性比 06Cr23Ni13 钢好，耐点蚀和耐应力腐蚀性能优于 18-8 型不锈钢。适用于浓硝酸中耐蚀部件，但大多作为耐热钢使用
06Cr17Ni12Mo2	S31608	在 10Cr18Ni12 钢基础上加入 Mo，使钢具有良好的耐还原性介质（如硫酸、磷酸、醋酸等）和耐点蚀性能，在海水和其他各种介质中，耐蚀性优于 06Cr19Ni10 钢。主要用作在稀的还原性介质中和耐点蚀的结构件与零部件
022Cr17Ni12Mo2	S31603	06Cr17Ni12Mo2 的超低碳钢，具有良好的敏化态耐晶间腐蚀性能。适用于制造厚截面尺寸的焊接部件和设备，如石油化工、化肥、造纸、印染及核工业用设备的耐蚀材料
06Cr17Ni12Mo2Ti	S31668	为改善 06Cr17Ni12Mo2 钢的晶间腐蚀而发展的钢种，有良好的耐晶间腐蚀性能，其他性能与 06Cr17Ni12Mo2 钢相类似。用于制造要求焊后无晶间腐蚀倾向的耐低温稀硫酸、磷酸及有机酸的设备
06Cr17Ni12Mo2N	S31658	在 06Cr17Ni12Mo2 钢中加入 N，提高强度而不降低塑性，使材料的使用厚度减薄。用作要求耐蚀性较好、强度较高的部件
022Cr17Ni12Mo2N	S31653	06Cr17Ni12Mo2N 的超低碳钢，比 06Cr17Ni12Mo2N 耐晶间腐蚀性能好。主要用于化肥、造纸、制药、高压设备等方面，制造耐蚀性较好、又有较高强度的零部件
06Cr18Ni12Mo2Cu2	S31688	在 06Cr17Ni12Mo2 钢基础上中加入 Cu，其耐蚀性、耐点蚀性好。主要用作耐硫酸材料，也可用作焊接结构件和管道、容器等
022Cr18Ni14Mo2Cu2	S31683	06Cr18Ni12Mo2Cu 钢的超低碳钢，改善了耐晶间腐蚀性能。用途与 06Cr18Ni12Mo2Cu 钢相类似
06Cr19Ni13Mo3	S31708	耐点蚀性和抗蠕变性能优于 06Cr17Ni12Mo2 钢，用作造纸、印染设备，石油化工及耐有机酸腐蚀的装备等
022Cr19Ni13Mo3	S31703	06Cr19Ni13Mo3 的超低碳钢，比 06Cr19Ni13Mo3 耐晶间腐蚀性能好。用途与 06Cr19Ni13Mo3 钢基本相同
03Cr18Ni16Mo5	S31794	高 Mo 奥氏体型钢，耐点蚀性能优于 022Cr17Ni12Mo2 钢和 06Cr17Ni12Mo2Ti 钢，在硫酸、甲酸、醋酸的介质中的耐蚀性，比一般含 $w(Mo) < 0.4\%$ 的常用 Cr-Ni 钢更好。主要用作处理含氯离子溶液的热交换器、醋酸设备、磷酸设备、漂白装置等，以及在 022Cr17Ni12Mo2 和 06Cr17Ni12Mo2Ti 钢不适用的环境中使用
06Cr18Ni11Ti	S32168	钛稳定化奥氏体型钢，添加 Ti 可提高耐晶间腐蚀性能，并具有良好的高温力学性能。可用超低碳奥氏体型钢代替，除专用于高温和抗氢腐蚀条件外，一般情况不推荐使用
06Cr18Ni11Nb	S34778	铌稳定化奥氏体型钢，添加 Nb 可提高耐晶间腐蚀性能，在多种酸、碱、盐介质中的耐蚀性与 06Cr18Ni11Ti 钢相同，焊接性好。既可作耐蚀材料，又可作耐热钢使用。主要用于火电厂、石油化工、合成纤维、食品、造纸等领域，如制作容器、管道、热交换器、轴类等，也可作焊接材料使用
06Cr18Ni13Si4	S38148	在 06Cr18Ni9 中增加 Ni，添加 Si，提高耐应力腐蚀断裂性能。用于制造在浓硝酸和氯离子环境下工作的设备和部件
奥氏体-铁素体型		
14Cr18Ni11Si4AlTi	S21860	含 Si 可使钢的强度和耐浓硝酸腐蚀性能提高。用于制作抗高温、浓硝酸介质的零件和设备，如高压釜、排酸阀门等，还可用作在腐蚀介质中工作的焊接部件

（续）

钢号和代号		性能特点与用途举例
GB	ISC	
奥氏体-铁素体型		
022Cr19Ni5Mo3Si2N	S21953	在瑞典 3RE60 钢基础上，加入 $w(N)=0.05\%\sim0.10\%$ 发展成为耐氯化物应力腐蚀的专用不锈钢，耐点蚀性能与 022Cr17Ni12Mo2 相当。适于含氯离子的环境，用于制造炼油、化肥、造纸、石油、化工等工业用热交换器和冷凝器等，也可代替 022Cr19Ni10 和 022Cr17Ni12Mo2 钢在易发生应力腐蚀破裂的环境中使用
022Cr22Ni5Mo3N	S22253	在瑞典 SKF 2205 钢基础上研制的，是目前各国应用最普遍的双相不锈钢，其对含硫化氢、二氧化碳、氯化物的环境具有阻抗性，可进行冷、热加工及成形，焊接性良好。适用于作结构材料，代替 022Cr19Ni10 和 022Cr17Ni12Mo2 钢使用，常用作油井管、化工储罐、热交换器、冷凝冷却器等易产生点蚀和应力腐蚀的受压设备
022Cr23Ni5Mo3N	S22053	是从 022Cr22Ni5Mo3N 钢派生出来的双相钢，特性与用途同 022Cr22Ni5Mo3N 钢，但使用区间更窄
022Cr25Ni6Mo2N	S22553	在 0Cr26Ni5Mo2（旧钢号）基础上调整钼、碳含量，添加氮，具有高强度、耐氯化物应力腐蚀、可焊接等特点，是目前耐点蚀最好的钢种，可代替 0Cr26Ni5Mo2 钢使用。主要用于化工、化肥、石化等工业用热交换器、蒸发器等
03Cr25Ni6Mo3Cu2N	S25554	在英国 Ferralium alloy 255 合金基础上研制的，具有良好的力学性能和耐局部腐蚀性能，尤其是耐磨损性能优于一般的奥氏体型钢，是海水环境中的理想材料。适于作船舰的螺旋推进器、轴、潜艇密封件等，也适于在化工、石化、天然气、造纸等工业使用
铁 素 体 型		
06Cr13Al	S11348	低铬纯铁素体、非淬硬性钢，具有一定的不锈性和抗氧化性，其塑性、韧性和冷成形性均优于铬含量较高的铁素体钢。主要用于其他钢种（如 12Cr13 或 10Cr17）因空气可淬硬而不适用的装备，如石油精炼装置、压力容器衬里、汽轮机叶片和复合钢板等
022Cr12	S11203	比 06Cr13 碳含量低，焊接部位弯曲性能、加工性能、耐高温氧化性能好。用作汽车排气处理装置、锅炉燃烧室、喷嘴等
10Cr17	S11710	耐蚀性良好、力学性能和热导率高的通用钢种，在大气、水蒸气等介质中具有不锈性，但当介质中含有较高氯离子时，则不锈性较差。主要用于生产硝酸、硝铵的化工设备，如吸收塔、热交换器、储槽等；该钢薄板主要用于建筑内部装饰、办公设备、厨房器具、汽车装饰、气体燃烧器等 但由于该钢的脆性转变温度在室温以上，且有缺口敏感性，不适用制作室温以下承受载荷的设备和部件，且通常使用的钢材截面尺寸一般不允许超过 4mm
Y10Cr17	S11717	在 10Cr17 钢基础上改善可加工性。主要用于大切削量自动车床加工零件，如螺栓，螺母等
10Cr17Mo	S11790	在 10Cr17 钢中添加 Mo，提高钢的耐点蚀、耐缝隙腐蚀，并提高强度，其抗盐溶液的腐蚀性优于 10Cr17 钢。主要用于汽车轮毂、紧固件，以及汽车外部装饰材料
008Cr27Mo	S12791	高纯铁素体不锈钢中发展最早的钢种，C、N 降至极低，耐蚀性很好，性能与 008Cr30Mo2 类似。适于用作既要求耐蚀性又要求软磁性的材料，如制造要求耐离子应力腐蚀和点腐蚀条件下工作的设备和构件
008Cr30Mo2	S13091	高纯铁素体不锈钢。脆性转变温度低，耐卤离子应力腐蚀破裂性能好，耐蚀性与纯镍相当，并具有良好的韧性、加工成形性和焊接性。主要用于化工加工业（如醋酸、乳酸等有机酸，苛性钠浓缩工程）成套设备，食品工业、石油精炼、电力工业、水处理和污染控制等用热交换器、压力容器、罐体等

（续）

钢号和代号		性能特点与用途举例
GB	ISC	

马 氏 体 型

钢号和代号		性能特点与用途举例
12Cr12	S40310	在一定温度下能承受高应力，在淡水、蒸汽条件下可耐腐蚀。用作汽轮机叶片及高应力部件等
06Cr13	S41008	其耐蚀性、耐锈蚀性及焊接性能均优于12Cr13至40Cr13，还具有较高韧性、塑性和冷变形性能。用作受水蒸气、碳酸氢铵母液、热态含硫石油等腐蚀的设备的衬里，也用作要求较高韧性及受冲击载荷的零件
12Cr13	S41010	半马氏体型钢，经淬火回火后具有较高的强度、韧性，良好的耐蚀性和可加工性。主要用于要求较高韧性、一定的不锈性并承受冲击载荷的零部件，如刃具、叶片、紧固件、水压机阀、热裂解抗硫腐蚀设备等，也可制作在常温条件耐弱腐蚀介质的设备和部件
Y12Cr13	S41617	是不锈钢中可加工性最好的钢种。适用于自动车床加工的零件和标准件，如螺栓、螺母等
20Cr13	S45830	其主要性能与12Cr13钢相近，其强度和硬度稍高，而韧性和耐蚀性略低。主要用于制作承受高应力载荷的零件，如汽轮机叶片、热油泵轴和轴套、叶轮、水压机阀片等，也用于造纸工业和医疗器械、家庭用具、餐具等
30Cr13	S42020	淬火后比12Cr13和20Cr13钢具有更高的强度、硬度和淬透性。在室温对稀硝酸和弱有机酸有一定耐蚀性，但不及12Cr13和20Cr13钢。主要用于高强度部件，以及在承受高应力载荷并在一定腐蚀介质中工作的磨损件，如在300℃以下工作的刀具、弹簧，400℃以下工作的轴、螺栓、阀门、轴承等，也用作测量器械、医用工具
Y30Cr13	S42030	改善3Cr13可加工性的钢种。适用于自动车床加工的零件和标准件
40Cr13	S42037	其强度、硬度比30Cr13钢高，而韧性和耐蚀性略低，焊接性较差，其他性能与30Cr13钢相近。主要用作较高硬度及高耐磨性的部件，如外科医疗器械、轴承、阀门、阀片、弹簧等
14Cr17Ni2	S43110	热处理后具有较高的强度和硬度，对氧化酸类及有机盐类的水溶液有良好的耐蚀性。一般用于既要求高力学性能的可淬硬性，又要求有较高的耐硝酸及有机酸腐蚀的零件、容器和设备，如轴类、活塞杆、泵、阀等的部件，及弹簧和紧固件等
17Cr16Ni12	S43120	其加工性能比14Cr17Ni2钢有明显改善，适于制作要求较高强度、韧性和良好耐蚀性的零部件，以及在潮湿介质中承受应力的部件
68Cr17	S44070	高铬马氏体钢，比20Cr13钢有较高的淬火硬度，在淬火回火状态具有高的强度和硬度，并有不锈、耐蚀性能。一般用作要求有不锈性或耐稀氧化性酸、有机酸和盐类腐蚀的零部件，如刀具、量具、轴类、杆类、阀门、钩件等
85Cr17	S44080	具有可淬硬性的不锈钢。在硬化状态下，比68Cr17钢硬度高，而比108Cr17韧性好，其他性能与用途类似于68Cr17钢。用作刀具、阀门、阀座等
108Cr17	S44096	具有可淬硬性的不锈钢，是目前所有不锈钢和耐热钢中硬度最高的钢种。性能与用途类似于68Cr17钢。主要用于制造作喷嘴、轴承等
Y108Cr17	S44097	在108Cr17钢基础上改善可加工性的钢种。适用于自动车床加工标准件
95Cr18	S44090	高碳马氏体钢，淬火后具有很高的硬度和耐磨性，并且较Cr17型马氏体钢的耐蚀性能有所改善，在大气、水及某些酸类和盐类的水溶液中有优良的不锈耐蚀性。其他性能与Cr17型钢相类似。由于钢中极易形成不均匀碳化物，需在生产时予以注意。主要用作要求耐蚀、高强度和耐磨损的部件，如轴、泵、阀件、杆类、弹簧、紧固件等
13Cr13Mo	S45710	在12Cr13钢基础上加Mo，其耐蚀性和强度均比12Cr13好。用于制造要求韧性较高并受冲击载荷的零件，如汽轮机叶片、水压机部件，以及耐高温的零部件等

（续）

钢号和代号		性能特点与用途举例
GB	ISC	
马 氏 体 型		
32Cr13Mo	S45830	在 30Cr13 钢基础上加 Mo，改善了强度和硬度，并增强二次硬化效应，提高耐蚀性。用作要求较高硬度及高耐磨性的热油泵轴、阀片、阀门轴承、医疗器械、弹簧等零件
102Cr17Mo	S45990	高碳铬不锈钢，基本性能和用途与95Cr18 钢相近，但热强性和耐回火性更好。用作承受摩擦并在腐蚀介质中工作的零件，如量具、不锈切片机械刃具及剪切工具、手术刀片、高耐磨设备零件等
90Cr18MoV	S46990	
沉 淀 硬 化 型		
05Cr15Ni5Cu4Nb	S51550	在 05Cr17Ni4Cu4Nb 钢基础上发展的马氏体沉淀硬化钢，具有高强度、高的横向韧性和良好的可锻性，其耐蚀性比一般马氏体不锈钢好，而与05Cr17Ni4Cu4Nb 钢相当。主要用作要求高强度、良好韧性，并要求优良耐蚀性的零部件，如高强度锻件、高压系统阀门部件、飞机部件等
05Cr17Ni4Cu4Nb	S51740	马氏体沉淀硬化钢，其强度可通过改变热处理工艺予以调整，耐蚀性优于 Cr13 型及95Cr18、14Cr17Ni2 钢，抗腐蚀疲劳及抗水滴冲蚀性能优于 Cr13 型钢，焊接工艺简便，易于加工制造，但较难进行深度冷成形。主要用作既要求不锈性又要求耐弱酸、碱、盐腐蚀的高强度部件，如汽轮机末级动叶片，以及在腐蚀环境中工作温度低于300℃的结构件等
07Cr17Ni7Al	S51770	添加铝的半奥氏体沉淀硬化型钢，成分接近 18-8 型奥氏体钢，具有良好的冶金和制造加工性能，可用热处理方法，得到不同强度、塑性、韧性的配合。用于350℃ 以下长期工作的结构件、容器、管道、弹簧、垫圈等 该钢的热处理工艺复杂，在国内外有被马氏体时效钢取代的趋势，但目前仍在广泛使用
07Cr15Ni7Mo2Al	S51570	半奥氏体沉淀硬化型钢，以 $w(Mo)=2\%$ 取代 $w(Cr)=2\%$，使之耐还原性酸腐蚀性能有所改善，其综合性能优于 07Cr17Ni7Al 钢。用于宇航、航空、石油和能源工业等方面，制作要求高强度和一定耐蚀性的容器、零部件及结构件等

3.1.2 耐热钢棒

（1）中国 GB 标准耐热钢棒的钢号与化学成分［GB/T 1221—2007］（表3-1-8）

表 3-1-8   耐热钢棒的钢号与化学成分[1]（质量分数）（%）

钢号和代号		C	Si	Mn	P ≤	S ≤	Cr	Ni	Mo	其 他
GB	ISC									
奥 氏 体 型										
53Cr21Mo9Ni4N	S35650	0.48 ~ 0.58	≤0.35	8.00 ~ 10.00	0.040	0.030	20.00 ~ 22.00	3.25 ~ 4.50	—	N 0.35 ~ 0.50
26Cr18Mn12Si2N	S35750	0.22 ~ 0.30	1.40 ~ 2.20	10.50 ~ 12.50	0.050	0.030	17.00 ~ 19.00	—	—	N 0.22 ~ 0.33
22Cr20Mn10Ni2Si2N	S35850	0.17 ~ 0.26	1.80 ~ 2.70	8.50 ~ 11.00	0.050	0.030	18.00 ~ 21.00	2.00 ~ 3.00	—	N 0.20 ~ 0.30
06Cr19Ni10	S30408	0.08	1.00	2.00	0.045	0.030	18.00 ~ 20.00	8.00 ~ 11.00	—	—
22Cr21Ni12N	S30850	0.15 ~ 0.28	0.75 ~ 1.25	1.00 ~ 1.60	0.040	0.030	20.00 ~ 22.00	10.50 ~ 12.50	—	N 0.15 ~ 0.30

（续）

钢号和代号		C	Si	Mn	P ≤	S ≤	Cr	Ni	Mo	其　他
GB	ISC									
奥 氏 体 型										
16Cr23Ni13	S30920	0.20	1.00	2.00	0.040	0.030	22.00 ~ 24.00	12.00 ~ 15.00	—	—
06Cr23Ni13	S30908	0.08	1.00	2.00	0.045	0.030	22.00 ~ 24.00	12.00 ~ 15.00	—	—
20Cr25Ni20	S31020	0.25	1.50	2.00	0.040	0.030	24.00 ~ 26.00	19.00 ~ 22.00	—	—
06Cr25Ni20	S31008	0.08	1.50	2.00	0.045	0.030	24.00 ~ 26.00	19.00 ~ 22.00	—	—
06Cr17Ni12Mo2	S31608	0.08	1.00	2.00	0.045	0.030	16.00 ~ 18.00	10.00 ~ 14.00	2.00 ~ 3.00	—
06Cr19Ni13Mo3	S31708	0.08	1.00	2.00	0.045	0.030	18.00 ~ 20.00	11.00 ~ 15.00	3.00 ~ 4.00	—
06Cr18Ni11Ti	S32168	0.08	1.00	2.00	0.045	0.030	17.00 ~ 19.00	9.00 ~ 12.00	—	Ti 5C ~ 0.70
45Cr14Ni14W2Mo	S32590	0.40 ~ 0.50	0.80	0.70	0.040	0.030	13.00 ~ 15.00	13.00 ~ 15.00	0.25 ~ 0.40	W 2.00 ~ 2.75
12Cr16Ni35	S33010	0.15	1.50	2.00	0.040	0.030	14.00 ~ 17.00	33.00 ~ 37.00	—	—
06Cr18Ni11Nb	S34778	0.08	1.00	2.00	0.045	0.030	17.00 ~ 19.00	9.00 ~ 12.00	—	Nb 10C ~ 1.10
06Cr18Ni13Si4[2]	S38148	0.08	3.00 ~ 5.00	2.00	0.045	0.030	15.00 ~ 20.00	11.50 ~ 15.00	—	—
16Cr20Ni14Si2	S38240	0.20	1.50 ~ 2.50	≤1.50	0.040	0.030	19.00 ~ 22.00	12.00 ~ 15.00	—	—
16Cr25Ni20Si2	S38340	0.20	1.50 ~ 2.50	≤1.50	0.040	0.030	24.00 ~ 27.00	18.00 ~ 21.00	—	—
铁 素 体 型										
06Cr13Al	S11348	0.08	1.00	1.00	0.040	0.030	11.50 ~ 14.50	(0.60)	—	Al 0.10 ~ 0.30
022Cr12	S11203	0.030	1.00	1.00	0.040	0.030	11.00 ~ 13.00	(0.60)	—	—
10Cr17	S11710	0.12	1.00	1.00	0.040	0.030	16.00 ~ 18.00	(0.60)	—	—
16Cr25N	S12550	0.20	1.00	1.50	0.040	0.030	23.00 ~ 27.00	(0.60)	—	N ≤ 0.25 (Cu 0.30)
马 氏 体 型										
12Cr13[3]	S41010	0.08 ~ 0.15	1.00	1.00	0.040	0.030	11.50 ~ 13.50	(0.60)	—	—
20Cr13	S42020	0.16 ~ 0.25	1.00	1.00	0.040	0.030	12.00 ~ 14.00	—	—	—
14Cr17Ni2	S43110	0.11 ~ 0.17	0.80	0.80	0.040	0.030	16.00 ~ 18.00	1.50 ~ 2.50	—	—
17Cr16Ni2	S43120	0.12 ~ 0.22	1.00	1.50	0.040	0.030	15.00 ~ 17.00	1.50 ~ 2.50	—	—

（续）

钢号和代号		C	Si	Mn	P ≤	S ≤	Cr	Ni	Mo	其　他
GB	ISC									
马氏体型										
12Cr5Mo	S45110	0.15	0.50	0.60	0.040	0.030	4.00 ~ 6.00	(0.60)	0.40 ~ 0.60	—
12Cr12Mo	S45610	0.10 ~ 0.15	0.50	0.30 ~ 0.50	0.040	0.030	11.50 ~ 13.00	0.30 ~ 0.60	0.30 ~ 0.60	(Cu 0.30)
13Cr13Mo	S45710	0.08 ~ 0.18	0.60	1.00	0.040	0.030	11.50 ~ 14.00	(0.60)	0.30 ~ 0.60	(Cu 0.30)
14Cr11MoV	S46010	0.11 ~ 0.18	0.50	0.60	0.035	0.030	10.00 ~ 11.50	0.60	0.50 ~ 0.70	V 0.25 ~ 0.40
18Cr12MoVNbN	S46250	0.15 ~ 0.20	0.50	0.50 ~ 1.00	0.035	0.030	10.00 ~ 13.00	(0.60)	0.30 ~ 0.90	V 0.10 ~ 0.40 Nb 0.20 ~ 0.60 N 0.05 ~ 0.10
15Cr12WMoV	S47010	0.12 ~ 0.18	0.50	0.50 ~ 0.90	0.035	0.030	11.00 ~ 13.00	0.40 ~ 0.80	0.50 ~ 0.70	W 0.70 ~ 1.10 V 0.15 ~ 0.30
22Cr12NiWMoV	S47220	0.20 ~ 0.25	0.50	0.50 ~ 1.00	0.040	0.030	11.00 ~ 13.00	0.50 ~ 1.00	0.75 ~ 1.25	W 0.75 ~ 1.25 V 0.20 ~ 0.40
13Cr11Ni2W2MoV	S47310	0.10 ~ 0.16	0.60	0.60	0.035	0.030	10.50 ~ 12.00	1.40 ~ 1.80	0.35 ~ 0.50	W 1.50 ~ 2.00 V 0.18 ~ 0.30
18Cr11NiMoNbVN[③]	S47450	0.15 ~ 0.20	0.50	0.50 ~ 0.80	0.030	0.025	10.00 ~ 12.00	0.30 ~ 0.60	0.60 ~ 0.90	V 0.20 ~ 0.30 Al 0.30 Nb 0.20 ~ 0.60 N 0.04 ~ 0.09
42Cr9Si2	S48040	0.35 ~ 0.50	2.00 ~ 3.00	0.70	0.035	0.030	8.00 ~ 10.00	0.60	—	—
45Cr9Si3	S48045	0.40 ~ 0.50	3.00 ~ 3.50	0.60	0.030	0.030	7.50 ~ 9.50	0.60	—	—
40Cr10Si2Mo	S48140	0.35 ~ 0.45	1.90 ~ 2.60	0.70	0.035	0.030	9.00 ~ 10.50	0.60	0.70 ~ 0.90	—
80Cr20Si2Ni	S48380	0.75 ~ 0.85	1.75 ~ 2.25	0.20 ~ 0.60	0.030	0.030	19.00 ~ 20.50	1.15 ~ 1.65		
沉淀硬化型										
05Cr17Ni4Cu4Nb	S51740	0.07	1.00	1.00	0.040	0.030	15.00 ~ 17.00	3.00 ~ 5.00	3.00 ~ 5.00	Nb 0.15 ~ 0.45
07Cr17Ni7Al	S51770	0.09	1.00	1.00	0.040	0.030	16.00 ~ 18.00	6.50 ~ 7.75	—	Al 0.75 ~ 1.50
06Cr15Ni25Ti2MoAlVB	S51520	0.08	1.00	2.00	0.040	0.030	13.50 ~ 16.00	24.00 ~ 27.00	1.00 ~ 1.50	Al 0.35 Ti 1.90 ~ 2.35 V 0.10 ~ 0.50 B 0.001 ~ 0.010

① 表中所列的化学成分，除标明范围或最小值外，其余均为最大值。括号内数值为可加入或允许含有含量的最大值。

② 必要时可添加除了规定的元素以外的合金元素。

③ 相对于 GB/T 20878—2007 的牌号，作了成分调整。

（2）中国 GB 标准耐热钢棒材的热处理与力学性能

A）奥氏体型和铁素体型耐热钢棒或试样的热处理与力学性能（表3-1-9）

表 3-1-9　奥氏体型和铁素体型耐热钢棒或试样的热处理与力学性能

钢　号	热处理温度/℃及冷却	力学性能				硬度
		$R_{p0.2}$ [4] /MPa	R_m /MPa	A (%)	Z [5] (%)	HBW
		≥				
奥 氏 体 型 [1]						
53Cr21Mo9Ni4N	固溶 1100～1200，快冷 时效 730～780，空冷	560	885	8	—	≥302
26Cr18Mn12Si2N	固溶 1100～1150，快冷	390	685	35	45	≤248
22Cr20Mn10Ni2Si2N	固溶 1100～1150，快冷	390	635	35	45	≤248
06Cr19Ni10	固溶 1010～1150，快冷	205	520	40	60	≤187
22Cr21Ni12N	固溶 1050～1150，快冷 时效 750～800，空冷	430	820	26	20	≤269
16Cr23Ni13	固溶 1030～1150，快冷	205	560	45	50	≤201
06Cr23Ni13	固溶 1030～1150，快冷	205	520	40	60	≤187
20Cr25Ni20	固溶 1030～1180，快冷	205	590	40	50	≤201
06Cr25Ni20	固溶 1030～1180，快冷	205	520	40	50	≤187
06Cr17Ni12Mo2	固溶 1010～1150，快冷	205	520	40	60	≤187
06Cr19Ni13Mo3	固溶 1010～1150，快冷	205	520	40	60	≤187
06Cr18Ni11Ti	固溶 920～1150，快冷	205	520	40	60	≤187
45Cr14Ni14W2Mo	退火 820～850，快冷	315	705	20	35	≤248
12Cr16Ni35	固溶 1030～1180，快冷	205	560	40	50	≤201
06Cr18Ni11Nb [3]	固溶 980～1150，快冷	205	520	40	50	≤187
06Cr18Ni13Si4	固溶 1010～1150，快冷	205	520	40	50	≤207
16Cr20Ni14Si2	固溶 1080～1130，快冷	295	590	35	50	≤187
16Cr25Ni20Si2	固溶 1080～1130，快冷	295	590	35	50	≤187
铁 素 体 型 [2]						
06Cr13Al	退火 780～830，空冷或缓冷	175	410	20	60	≤183
022Cr12	退火 700～820，空冷或缓冷	195	360	22	60	≤183
10Cr17	退火 780～850，空冷或缓冷	205	450	22	50	≤183
16Cr25N	退火 780～880，快冷	275	510	20	40	≤201

① 表中奥氏体型不锈钢的数据（除 53Cr21Mo9Ni4N 和 26Cr18Mn12Si2N 外），仅适用于直径、边长及对边距离或厚度
　 ≤180mm 的钢棒；大于 180mm 的钢棒，可改锻成 180mm 的样坯检验，或供需双方协商，规定允许降低其力学性能
　 数值。53Cr21Mo9Ni4N 和 26Cr18Mn12Si2N 的数据仅适用于直径、边长及对边距离或厚度≤25mm 的钢棒，大于
　 25mm 的钢棒，可改锻成 25mm 的样坯检验。

② 表中铁素体型不锈钢的数据仅适用于直径、边长及对边距离或厚度≤75mm 的钢棒；大于 75mm 的钢棒，可改锻成
　 75mm 的样坯检验，或供需双方协商，规定允许降低其力学性能数值。

③ 该钢号当需方有要求时（应在合同中注明），可进行稳定化处理，其热处理温度为 850～930℃。

④ 规定非比例延伸强度 $R_{p0.2}$ 和硬度，仅当需方要求时（合同中注明）才进行测定，供方可根据钢棒的尺寸或状态任选
　 一种方法测定硬度。

⑤ 本表的断面收缩率 Z 数据对扁钢不适用，但需方有要求时，由供需双方商定。

B）马氏体型耐热钢棒或试样的热处理与力学性能及硬度（表 3-1-10 和表 3-1-11）

表 3-1-10　马氏体型耐热钢棒或试样的热处理与力学性能及硬度

钢　号	热处理状态	淬火回火后的力学性能					硬　度
		$R_{p0.2}$ /MPa ≥	R_m /MPa	A (%)	Z (%)	KU_2 /J	HBW
						≥	
12Cr13	淬火＋回火	345	≥540	22	55	78	≥159
20Cr13	淬火＋回火	440	≥640	20	50	63	≥192
14Cr17Ni2	淬火＋回火	—	≥1080	10	—	39	—
17Cr16Ni2	淬火＋回火	700	900～1050	12	45	25 (KV)	—
12Cr5Mo	淬火＋回火	390	≥590	18	—	—	—
12Cr12Mo	淬火＋回火	550	≥685	18	60	78	217～248
13Cr13Mo	淬火＋回火	490	≥690	26	60	78	≥192
14Cr11MoV	淬火＋回火	490	≥685	16	55	47	—
18Cr12MoVNbN	淬火＋回火	685	≥835	15	30	—	≤321
15Cr12WMoV	淬火＋回火	585	≥735	15	45	47	—
23Cr12NiMoWV	淬火＋回火	735	≥885	10	25	—	≤341
13Cr11Ni2W2MoV	淬火＋回火 Ⅰ	735	≥885	15	55	71	269～321
	淬火＋回火 Ⅱ	885	≥1080	12	50	55	311～388
18Cr11NiMoNbVN	淬火＋回火	760	≥930	12	32	20 (KV)	277～331
42Cr9Si2	淬火＋回火	590	≥885	19	50	—	—
45Cr9Si3	淬火＋回火	685	≥930	15	35	—	≥269
40Cr10Si2Mo	淬火＋回火	685	≥885	10	35	—	—
80Cr20Si2Ni	淬火＋回火	685	≥885	10	15	8	≥262

注：1. 本表仅适用于直径、边长、厚度或对边距离≤75mm 的钢棒；大于 75mm 的钢棒，可改锻成 75mm 的样坯检验，或供需双方协商，规定允许降低其力学性能数值。

　　2. 规定非比例延伸强度 $R_{p0.2}$ 和硬度，仅当需方要求时（合同中注明）才进行测定，供方可根据钢棒的尺寸或状态任选一种方法测定硬度。

　　3. 本表断面收缩率 Z 数据对扁钢不适用，但需方有要求时，由供需双方商定。

表 3-1-11　马氏体型耐热钢棒或试样的热处理与退火后的硬度

钢　号	热处理温度/℃ 及冷却			退火后的 硬度 HBW
	退　火	淬　火	回　火	
12Cr13	800～900 缓冷 或约 750 快冷	950～1000 油冷	700～750 快冷	≤200
20Cr13	800～900 缓冷 或约 750 快冷	920～980 油冷	700～750 快冷	≤223
14Cr17Ni2	680～700 高温回火 空冷	950～1000 油冷	275～350 空冷	—
17Cr16Ni2	680～800 炉冷 或空冷	950～1050 油冷 或空冷	（Ⅰ）600～650 空冷	≤295
			（Ⅱ）750～800 + 650～700 空冷①	
12Cr5Mo	—	900～950 油冷	600～700 空冷	≤200
12Cr12Mo	800～900 缓冷 或约 750 快冷	950～1000 油冷	700～750 快冷	≤255

（续）

钢 号	热处理温度/℃ 及冷却			退火后的硬度 HBW
	退 火	淬 火	回 火	
13Cr13Mo	830～900 缓冷 或约 750 快冷	970～1020 油冷	650～750 快冷	≤200
14Cr11MoV	—	1050～1100 空冷	720～740 空冷	≤200
18Cr12MoVNbN	850～950 缓冷	1100～1170 油冷 或空冷	≥600 空冷	≤269
15Cr12WMoV	—	1000～1050 油冷	680～700 空冷	—
22Cr12NiWMoV	830～900 缓冷	1020～1070 油冷 或空冷	≥600 空冷	≤269
13Cr11Ni2W2MoV	—	（Ⅰ）1000～1202 正火	660～710 油冷 或空冷	≤269
	—	（Ⅱ）1000～1020 油冷 或空冷	540～600 油冷 或空冷	≤269
18Cr11NiMoNbVN	800～900 缓冷 或 700～770 快冷	≥1090 油冷	≥600 空冷	≤255
42Cr9Si2	—	1020～1040 油冷	700～780 油冷	≤269
45Cr9Si3	800～900 缓冷	900～1080 油冷	700～850 快冷	—
40Cr10Si2Mo	—	1010～1040 油冷	720～760 空冷	≤269
80Cr20Si2Ni	800～900 缓冷 或约 720 空冷	1030～1080 油冷	700～800 快冷	≤321

① 当该钢号镍含量在规定成分的下限时，允许采用 620～720℃下回火制度。

C）沉淀硬化型耐热钢棒或试样的热处理与力学性能（表 3-1-12 和表 3-1-13）

表 3-1-12　沉淀硬化型耐热钢棒或试样的热处理与力学性能

钢 号	热处理状态			力学性能				硬 度	
	类 型		组别	$R_{p0.2}$ /MPa	R_m /MPa	A （%）	Z （%）	HBW	HRC
				≥					
05Cr17Ni4Cu4Nb	固溶处理		0	—	—	—	—	≤363	≤38
	沉淀硬化	480℃时效	1	1180	1310	10	40	≥375	≥40
		550℃时效	2	1000	1070	12	45	≥331	≥35
		580℃时效	3	865	1000	13	45	≥302	≥31
		620℃时效	4	725	730	16	50	≥277	≥28
07Cr17Ni7Al	固溶处理		0	380	1030	20	—	≤229	—
	沉淀硬化	510℃时效	1	1030	1230	4	10	≥388	
		565℃时效	2	960	1140	5	25	≥363	
06Cr15Ni25 Ti2MoAlVB	固溶 + 时效处理			590	900	15	18	≥248	

表 3-1-13　沉淀硬化型耐热钢棒或试样的热处理制度

钢 号	类 型		组别	工 艺 条 件
05Cr17Ni4Cu4Nb	固溶处理		0	1020～1060℃，快冷
	沉淀硬化	480℃时效	1	经固溶处理后，470～490℃ 空冷
		550℃时效	2	经固溶处理后，540～560℃ 空冷
		580℃时效	3	经固溶处理后，570～590℃ 空冷
		620℃时效	4	经固溶处理后，610～630℃ 空冷

（续）

钢　号	类　型	组别	工 艺 条 件
07Cr17Ni7Al	固溶处理	0	1000～1100℃，快冷
	沉淀硬化 510℃时效	1	经固溶处理后，（955±10）℃保持10min，空冷至室温，在24h内冷却到（-73±6）℃，保持8h，再加热到（510±10）℃，保持1h后，空冷
	565℃时效	2	经固溶处理后，（760±10）℃保持90min，在1h内冷却到15℃以下，保持30min，再加热到（565±10）℃保持90min，空冷
06Cr15Ni25 Ti2MoAlVB	固溶+时效处理		固溶885～915℃或965～995℃，快冷，时效700～760℃，16h，空冷或缓冷

（3）中国耐热钢的性能特点与用途（表3-1-14）

表 3-1-14　耐热钢的性能特点与用途

钢号和代号 GB	ISC	性能特点与用途举例
		奥 氏 体 型
53Cr21Mo9Ni4N	S35650	Cr-Mn-Ni-N型奥氏体阀门钢。用于制作以经受高温强度为主的汽油机与柴油机用排气阀
26Cr18Mn12Si2N	S35750	有较高的高温强度和一定的抗氧化性，并且有较好的抗硫及抗增碳性。用作吊挂支架、渗碳炉构件，加热炉传送带、料盘、炉爪等
22Cr20Mn10Ni2Si2N	S35850	特性和用途同26Cr18Mn12Si2N，还可用作盐浴坩埚和加热炉管道等
06Cr19Ni10	S30408	通用耐氧化钢，可承受870℃以下反复加热。适用于一般化工设备，核工业用设备等
22Cr21Ni12N	S30850	Cr-Ni-N型耐热钢。用作以抗氧化为主的汽油机与柴油机用排气阀
16Cr23Ni13	S30920	承受980℃以下反复加热的抗氧化钢。用作加热炉部件、重油燃烧器等
06Cr23Ni13	S30908	耐蚀性比06Cr19Ni10钢好。可承受980℃以下反复加热，大多用于制造炉用部件，也可用作耐蚀部件
20Cr25Ni20	S31020	承受1035℃以下反复加热的抗氧化钢。主要用于制造炉用耐热部件、喷嘴、燃烧室部件等
06Cr25Ni20	S31008	抗氧化性比06Cr23Ni13钢好，可承受1035℃以下反复加热。用于炉用部件、汽车排气净化装置部件
06Cr17Ni12Mo2	S31608	具有优良的高温蠕变强度。用作热交换器部件、高温耐蚀螺栓等
06Cr19Ni13Mo3	S31708	耐点蚀和抗蠕变性能优于06Cr17Ni12Mo2。用于制作造纸、印染设备、石油化工及耐有机酸腐蚀的装备、热交换用部件等
06Cr18Ni11Ti	S32168	用作在400～900℃腐蚀条件下使用的部件，也用于高温用焊接结构部件
45Cr14Ni14W2Mo	S32590	中碳奥氏体型阀门钢，在700℃以下有较高的热强性，在800℃以下有良好的抗氧化性。用于制造在700℃以下工作的内燃机、柴油机重载荷进、排气阀和紧固件，500℃以下工作的航空发动机及其他产品零件，也可作为渗碳钢使用
12Cr16Ni35	S33010	抗渗碳、易渗氮的钢种，可在1035℃以下反复加热。用于炉用材料、石油裂解装置等
06Cr18Ni11Nb	S34778	用作在400～900℃腐蚀条件下使用的部件，也用于高温用焊接结构部件
06Cr18Ni13Si4	S38148	具有与06Cr25Ni20相当的抗氧化性。用于含氮离子环境，如汽车排气净化装置等
16Cr20Ni14Si2	S38240	具有较高的高温强度及抗氧化性，对含硫气氛较敏感，在600～800℃有析出相的脆化倾向。用作承受应力的各种炉用构件
16Cr25Ni20Si2	S38340	

（续）

钢号和代号		性能特点与用途举例
GB	ISC	
铁 素 体 型		
06Cr13Al	S11348	钢的冷却硬化小。主要用作燃气轮机压缩机叶片、退火箱、淬火台架等
022Cr12	S11203	钢的碳含量低，加工性能、焊接部位的弯曲性能、耐高温氧化性能好。用作汽车排气处理装置、锅炉燃烧室、喷嘴等
10Cr17	S11710	用作900℃以下耐氧化部件、热交换器、炉用构件、油喷嘴等
16Cr25N	S12550	耐高温腐蚀性强，在1080℃以下不产生易剥落的氧化皮。常用于抗硫气氛的燃烧室、退火箱、玻璃模具、阀、搅拌杆等
马 氏 体 型		
12Cr13	S41010	在450℃左右有较好的热强性和抗氧化性。常用作800℃以下抗氧化用零部件、汽轮机中温段叶片
20Cr13	S42020	淬火状态的硬度高，耐蚀性良好。用作汽轮机叶片
14Cr17Ni2	S43110	具有高的强度和硬度，用于制造耐热零部件，如弹簧、紧固件、容器和设备，也可用作耐硝酸、有机酸腐蚀的轴类、活塞杆、泵、阀等零部件
17Cr16Ni2	S43120	改善14Cr17Ni2钢的加工性能，可代替14Cr17Ni2钢使用
12Cr5Mo	S45110	在中高温有好的力学性能，并在650℃以下有较高的抗氧化性和抗石油裂化过程中的腐蚀。用作再热蒸汽管、石油裂解管、锅炉吊架、蒸汽轮机气缸衬套、泵的零件、阀、活塞杆、高压加氢设备部件、紧固件等
12Cr12Mo	S45610	强度高于12Cr13钢。用作汽轮机的动、静叶片、喷嘴块、密封环等
13Cr13Mo	S45710	比12Cr13钢耐蚀性高的高强度钢。用作汽轮机叶片，高温、高压蒸汽用机械部件
14Cr11MoV	S46010	有较高的热强性，良好的减振性及组织稳定性。用于540℃以下汽轮机叶片和增压器叶片等
18Cr12MoVNbN	S46250	用作高温结构部件，如汽轮机叶片、盘、叶轮轴、螺栓等
15Cr12WMoV	S47010	有较高的抗氧化性和热强性，良好的减振性与组织稳定性。用于汽轮机叶片、紧固件、转子及轮盘等
22Cr12NiWMoV	S47220	性能与用途类似于13Cr11Ni2W2MoV钢。用作高温结构部件，如汽轮机叶片、轮盘、叶轮轴、螺栓等
13Cr11Ni2W2MoV	S47310	具有良好的韧性和抗氧化性能，在淡水和湿空气中有较好的耐蚀性。用于制造耐热零部件，也可用作耐蚀部件
18Cr11NiMoNbVN	S47450	具有良好的强韧性、抗蠕变性能和抗松弛性能。主要用作汽轮机高温紧固件和动叶片
42Cr9Si2	S48040	在650℃以下有较高的热强性和抗燃气腐蚀性，750℃以下有抗氧化性。用作内燃机进气阀、轻载荷发动机的排气阀
45Cr9Si3	S48045	
40Cr10Si2Mo	S48140	在750℃以下有较好的抗氧化性、热强性及抗氧化性比43Cr9Si钢高。用于制作中高载荷汽车发动机进、排气阀，鱼雷、火箭部件、预燃烧室等
80Cr20Si2Ni	S48380	具有较好的抗氧化性和抗燃气腐蚀性，用作以耐磨为主的进气阀、排气阀、阀座等
沉 淀 硬 化 型		
05Cr17Ni4Cu4Nb	S51740	添加Cu和Nb的马氏体沉淀硬化型钢。用作燃气轮机压缩机叶片、燃气轮机发动机周围材料等
07Cr17Ni7Al	S51770	添加Al的半奥氏体沉淀硬化型钢。用作高温弹簧、膜片、固定器、波纹管等
06Cr15Ni25Ti2MoAlVB	S51520	奥氏体沉淀硬化型钢种，高的缺口强度，在温度低于980℃时抗氧化性能与06Cr25Ni20钢相当。主要用作700℃工作环境，要求具有高强度和优良耐蚀部件或设备，如汽轮机转子、叶片、骨架、燃烧室部件和螺栓等

3.1.3　阀门用钢及合金棒材

（1）中国 GB 标准内燃机气阀用钢及合金棒材的牌号与化学成分［GB/T 12773—2008］（表3-1-15）

表 3-1-15　内燃机气阀用钢及合金棒材的牌号与化学成分（质量分数）（%）

牌号①	C	Si	Mn	P ≤	S ≤	Cr	Ni	Mo	N	其他②
马 氏 体 型										
40Cr10Si2Mo （4Cr10Si2Mo）	0.35 ~ 0.45	1.90 ~ 2.60	≤0.70	0.035	0.030	9.00 ~ 10.5	≤0.60	0.70 ~ 0.90	—	—
42Cr9Si2 （4Cr9Si2）	0.35 ~ 0.50	2.00 ~ 3.00	≤0.70	0.035	0.030	8.00 ~ 10.0	≤0.60	—		
45Cr9Si3	0.40 ~ 0.50	2.70 ~ 3.30	≤0.80	0.040	0.030	8.00 ~ 10.0	≤0.60	—		
51Cr8Si2	0.47 ~ 0.55	1.00 ~ 2.00	0.20 ~ 0.60	0.030	0.030	7.50 ~ 9.50	≤0.60	—		
83Cr20Si2Ni （8Cr20Si2Ni）	0.75 ~ 0.90	1.75 ~ 2.60	≤0.80	0.030	0.030	19.0 ~ 20.5	1.15 ~ 1.70			
85Cr18Mo2V	0.80 ~ 0.90	≤1.00	≤1.50	0.040	0.030	16.5 ~ 18.5	—		—	V 0.30 ~ 0.60
86Cr18W2VRe	0.82 ~ 0.92	≤1.00	≤1.50	0.035	0.030	16.5 ~ 18.5	—		—	V 0.30 ~ 0.60
奥 氏 体 型 及 高 温 合 金										
2Cr21Ni12N （2Cr21Ni12N）	0.15 ~ 0.25	0.75 ~ 1.25	1.00 ~ 1.60	0.035	0.030	20.5 ~ 22.5	10.5 ~ 12.5		0.15 ~ 0.30	—
33Cr23Ni8Mn3N	0.28 ~ 0.38	0.50 ~ 1.00	1.50 ~ 3.50	0.040	0.030	22.0 ~ 24.0	7.00 ~ 9.00	≤0.50	0.25 ~ 0.35	W≤0.50
45Cr14Ni14W2Mo （4Cr14Ni14W2Mo）	0.40 ~ 0.50	≤0.80	≤0.70	0.035	0.030	13.0 ~ 15.0	13.0 ~ 15.0	0.25 ~ 0.40		W 2.00 ~ 2.75
50Cr21Mn9Ni4Nb2WN	0.45 ~ 0.55	≤0.45	8.00 ~ 10.0	0.050	0.030	20.0 ~ 22.0	3.50 ~ 5.00		0.40 ~ 0.60	W 0.80 ~ 1.50 +③
53Cr21Mn9Ni4N （5Cr21Mn9Ni4N）	0.48 ~ 0.58	≤0.35	8.00 ~ 10.00	0.040	0.030	20.0 ~ 22.0	3.25 ~ 4.50		0.35 ~ 0.50	N 0.35 ~ 0.50 C + N≥0.90
55Cr21Mn8Ni2N	0.50 ~ 0.60	≤0.25	7.00 ~ 10.0	0.040	0.030	19.5 ~ 21.5	1.50 ~ 2.75		0.20 ~ 0.40	
61Cr21Mn10Mo1V1-Nb1N	0.57 ~ 0.65	≤0.25	9.50 ~ 11.5	0.050	0.030	20.0 ~ 22.0	≤1.50	0.75 ~ 1.25	0.40 ~ 0.60	V 0.50 ~ 1.00 Nb 1.00 ~ 1.20
GH4751	0.03 ~ 0.10	≤0.50	≤0.50	0.015	0.015	14.0 ~ 17.0	余量	≤0.50	—	Al 0.90 ~ 1.50 +④
GH4080A	0.04 ~ 0.10	≤1.00	≤1.00	0.030	0.015	18.0 ~ 21.0	余量			Al 1.00 ~ 1.80 +⑤

① 括号内为旧牌号。

② 各牌号的残余元素铜含量 $w(Cu)$≤0.30%。

③ Nb 1.80 ~ 2.50，C + N≥0.90。

④ Nb 0.70 ~ 1.20，Ti 2.00 ~ 2.60，Fe 5.00 ~ 9.00。

⑤ Ti 1.80 ~ 2.70，Co≤2.00，B≤0.008，Fe≤3.00。

（2）中国 GB 标准内燃机气阀用钢及合金试样的热处理与室温力学性能（表3-1-16）

表 3-1-16　内燃机气阀用钢及合金试样的热处理与室温力学性能

钢　号	热处理温度/℃ 及冷却	室温力学性能				硬　度	
		$R_{p0.2}$ /MPa	R_m /MPa	A （%）	Z （%）	HBW	HRC
		≥					
马　氏　体　型							
40Cr10Si2Mo （4Cr10Si2Mo）	1000~1050 油冷 + 700~780 空冷	680	880	10	35	266~325	—
42Cr9Si2 （4Cr9Si2）	1000~1050 油冷 + 700~780 空冷	590	880	19	50	266~325	—
45Cr9Si3	1000~1050 油冷 + 720~820 空冷	700	900	14	40	266~325	—
51Cr8Si2	1000~1050 油冷 + 650~750 空冷	685	885	14	35	≥260	—
83Cr20Si2Ni （8Cr20Si2Ni）	1050~1080 油冷 + 700~800 空冷	650	880	10	15	≥295	—
85Cr18Mo2V	1050~1080 油冷 + 700~820 空冷	800	1000	7	12	290~325	—
86Cr18W2VRe	1050~1080 油冷 + 700~820 空冷	800	1000	7	12	290~325	—
奥　氏　体　型　及　高　温　合　金							
2Cr21Ni12N （2Cr21Ni12N）	1100~1200 固溶 + 700~800 空冷	430	820	26	20	—	—
33Cr23Ni8Mn3N	1150~1200 固溶 + 780~820 空冷	550	850	20	30	—	≥25
45Cr14Ni14W2Mo （4Cr14Ni14W2Mo）	1100~1200 固溶 + 720~800 空冷	395	70	25	35	—	—
50Cr21Mn9Ni4Nb2WN	1160~1200 固溶 + 760~850 空冷	580	950	12	15	—	≥28
53Cr21Mn9Ni4N （5Cr21Mn9Ni4N）	1140~1200 固溶 + 760~815 空冷	580	950	8	10	—	≥28
55Cr21Mn8Ni2N	1140~1180 固溶 + 760~815 空冷	550	900	8	10	—	≥28
61Cr21Mn10Mo1V1Nb1N	1100~1200 固溶 + 720~800 空冷	800	1000	8	10	—	≥32
GH4751	①	750	1100	12	20	—	≥32
GH4080A	②	725	1100	15	25	—	≥32

① 热处理工艺：1100~1150℃ 固溶 + 840℃ ×24h 空冷 + 700℃ ×2h 空冷。

② 热处理工艺：1000~1080℃ 固溶 + （690~710）℃ ×16h 空冷。

（3）中国 GB 标准内燃机气阀用钢及合金棒材的交货硬度（表3-1-17）

表 3-1-17　内燃机气阀用钢及合金棒材的交货硬度

类别	钢　号	交货状态	硬度 HBW≤	类别	钢　号	交货状态	硬度 HBW≤
马氏体型	40Cr10Si2Mo	退火	269	奥氏体型及高温合金	20Cr21Ni12N	固溶	300
		调质	协商		33Cr23Ni8Mn3N	固溶	350
	42Cr9Si2	退火	269		45Cr14Ni14W2Mo	固溶	295
		调质	协商		50Cr21Mn9Ni4Nb2WN	固溶	385
	45Cr9Si3①	退火	269		53Cr21Mn9Ni4N	固溶	380
	51Cr8Si2①	退火	269		55Cr21Mn8Ni2N	固溶	385
	83Cr20Si2Ni①	退火	321		61Cr21Mn10Mo1V1Nb1N	固溶	385
	85Cr18Mo2V①	退火	300		GH4751	固溶	325
	86Cr18W2VRe①	退火	300		GH4080A	固溶	325

① 要求按调质状态供货时，其交货硬度由供需双方协商确定，并在合同中注明。

（4）中国 GB 标准内燃机气阀用钢及合金的高温力学性能

A）内燃机气阀用钢及合金的高温短时抗拉强度（表 3-1-18）

表 3-1-18　内燃机气阀用钢及合金的高温短时抗拉强度

钢　号	热处理状态	高温短时抗拉强度 R_m/MPa（在下列温度时）						
		500℃	550℃	600℃	650℃	700℃	750℃	800℃
马 氏 体 型								
40Cr10Si2Mo	淬火＋回火	550	420	300	220	(130)	—	—
42Cr9Si2	淬火＋回火	500	360	240	150	—	—	—
45Cr9Si3	淬火＋回火	500	360	250	170	(110)	—	—
51Cr8Si2	淬火＋回火	500	360	230	160	(105)	—	—
83Cr20Si2Ni	淬火＋回火	550	400	300	230	180	—	—
85Cr18Mo2V	淬火＋回火	550	400	300	230	180	(140)	—
86Cr18W2VRe	淬火＋回火	550	400	300	230	180	(140)	—
奥 氏 体 型 及 高 温 合 金								
20Cr21Ni12N	固溶＋时效	600	550	500	440	370	300	240
33Cr23Ni8Mn3N	固溶＋时效	600	570	530	470	400	340	280
45Cr14Ni14W2Mo	固溶＋时效	600	550	500	410	350	270	180
50Cr21Mn9Ni4Nb2WN	固溶＋时效	680	650	610	550	480	410	340
53Cr21Mn9Ni4N	固溶＋时效	650	600	550	500	450	370	300
55Cr21Mn8Ni2N	固溶＋时效	640	590	540	490	440	360	290
61Cr21Mn10Mo1V1Nb1N	固溶＋时效	800	780	750	680	600	500	400
GH4751	固溶＋时效	1000	980	930	850	770	650	510
GH4080A	固溶＋时效	1050	1030	1000	930	820	680	500

注：带括号的数值表示该材料不推荐在此温度条件下使用。

B）内燃机气阀用钢及合金的高温短时屈服强度（表 3-1-19）

表 3-1-19　内燃机气阀用钢及合金的高温短时屈服强度

钢　号	热处理状态	高温短时屈服强度 $R_{p0.2}$/MPa（在下列温度时）						
		500℃	550℃	600℃	650℃	700℃	750℃	800℃
马氏体型								
40Cr10Si2Mo	淬火 + 回火	450	350	260	180	(100)	—	—
42Cr9Si2	淬火 + 回火	400	300	230	110	—	—	—
45Cr9Si3	淬火 + 回火	400	300	240	120	(80)	—	—
51Cr8Si2	淬火 + 回火	400	300	220	110	(75)	—	—
83Cr20Si2Ni	淬火 + 回火	500	370	280	170	120	—	—
85Cr18Mo2V	淬火 + 回火	500	370	280	170	120	(80)	—
86Cr18W2VRe	淬火 + 回火	500	370	280	170	120	(80)	—
奥氏体型及高温合金								
20Cr21Ni12N	固溶 + 时效	250	230	210	200	180	160	130
33Cr23Ni8Mn3N	固溶 + 时效	270	250	220	210	190	180	170
45Cr14Ni14W2Mo	固溶 + 时效	250	230	210	190	170	140	100
50Cr21Mn9Ni4Nb2WN	固溶 + 时效	350	330	310	285	260	240	220
53Cr21Mn9Ni4N	固溶 + 时效	350	330	300	270	250	230	200
55Cr21Mn8Ni2N	固溶 + 时效	300	280	250	230	220	200	170
61Cr21Mn10Mo1V1Nb1N	固溶 + 时效	500	480	450	430	400	380	350
GH4751	固溶 + 时效	725	710	690	680	650	560	425
GH4080A	固溶 + 时效	700	650	650	600	600	500	450

注：带括号的数值，表示该材料不推荐在此温度条件下使用。

3.1.4　高温合金

（1）中国 GB 标准变形高温合金［GB/T 14992—2005］

A）变形高温合金的牌号与化学成分（表 3-1-20）

表 3-1-20 中列出 Fe 或 FeNi［w(Ni) < 50%］为主要元素的变形高温合金、Ni 为主要元素的变形高温合金和 Co 为主要元素的变形高温合金。有关高温合金产品（板材、管材和棒材）的力学性能，见本章 3.1.26 及以后几节。

B）部分变形高温合金的性能特点与用途（表 3-1-21）

（2）中国 GB 标准铸造高温合金［GB/T 14992—2005］

A）铸造高温合金的牌号与化学成分（表 3-1-22）

表中列出了等轴晶高温合金、定向凝固柱晶高温合金和单晶高温合金。

表3-1-20 变形高温合金的牌号与化学成分（质量分数）（%）

牌号和代号 GB	ISC	C	Cr	Ni	Mo	W	Al	Nb	Ti	Fe	Si ≤	Mn ≤	P ≤	S ≤	其 他
						Fe 或 FeNi（Ni<50%）为主要元素的变形高温合金									
GH1015	H10150	≤0.08	19.00~22.00	34.00~39.00	2.50~3.20	4.80~5.80	—	1.10~1.60	—	余量	0.60	1.50	0.020	0.015	B≤0.010, Ce≤0.050 Cu 0.250
GH1016①	H10160	≤0.08	19.00~22.00	32.00~36.00	2.60~3.30	5.00~6.00	—	0.90~1.40	—	余量	0.60	1.80	0.020	0.015	B≤0.010, Ce≤0.050 V 0.100~0.300
GH1035②	H10350	0.06~0.12	20.00~23.00	35.00~40.00	5.50~7.00	2.50~3.50	≤0.50	1.20~1.70	0.70~1.20	余量	0.80	0.70	0.030	0.020	Ce≤0.050
GH1040③	H10400	≤0.12	15.00~17.50	24.00~27.00	—	—	—	—	—	余量	0.50~1.00	1.00~2.00	0.030	0.020	Cu≤0.200 N 0.10~0.20
GH1131④	H11310	≤0.10	19.00~22.00	25.00~30.00	2.80~3.50	4.80~6.00	—	0.70~1.30	—	余量	0.80	1.20	0.020	0.020	B≤0.005
GH1139⑤	H11390	≤0.12	23.00~26.00	15.00~18.00	—	—	—	—	—	余量	1.00	5.00~7.00	0.035	0.020	B≤0.010
GH1140	H11400	0.06~0.12	20.00~23.00	35.00~40.00	2.00~2.50	1.40~1.80	0.20~0.60	—	0.70~1.20	余量	0.80	0.70	0.025	0.015	Ce≤0.050
GH2035A	H20351	0.05~0.11	20.00~23.00	35.00~40.00	—	2.50~3.50	0.20~0.70	—	0.80~1.30	余量	0.80	0.70	0.030	0.020	Mg≤0.010, B 0.010 Ce≤0.050
GH2036	H20360	0.34~0.40	11.50~13.50	7.00~9.00	1.10~1.40	—	—	0.25~0.50	≤0.12	余量	0.30~0.80	7.50~9.50	0.035	0.030	V 1.250~1.550
GH2038	H20380	≤0.10	10.00~12.50	18.00~21.00	—	—	≤0.50	—	2.30~2.80	余量	1.00	1.00	0.030	0.020	B≤0.008
GH2130	H21300	≤0.08	12.00~16.00	35.00~40.00	—	1.40~2.20	—	—	2.40~3.20	余量	0.60	0.50	0.015	0.015	B≤0.020 Ce≤0.020
GH2132	H21320	≤0.08	13.50~16.00	24.00~27.00	1.00~1.50	—	≤0.40	—	1.75~2.35	余量	1.00	1.00~2.00	0.030	0.020	V 0.100~0.500 B 0.001~0.010
GH2135	H21350	≤0.08	14.00~16.00	33.00~36.00	1.70~2.20	1.70~2.20	2.00~2.80	—	2.10~2.50	余量	0.50	0.40	0.020	0.020	B≤0.015 Ce≤0.030
GH2150	H21500	≤0.08	14.00~16.00	45.00~50.00	4.50~6.00	2.50~3.50	0.80~1.30	0.90~1.40	1.80~2.40	余量	0.40	0.40	0.015	0.015	B≤0.010, Zr≤0.050 Ce≤0.020, Cu 0.070
GH2302	H23020	≤0.08	12.00~16.00	38.00~42.00	1.50~2.50	3.50~4.50	1.80~2.30	—	2.30~2.80	余量	0.60	0.60	0.020	0.010	B≤0.010, Zr≤0.050 Ce≤0.020

（续）

牌号和代号 GB	牌号和代号 ISC	C	Cr	Ni	Mo	W	Al	Nb	Ti	Fe	Si ≤	Mn ≤	P ≤	S ≤	其他
Fe 或 FeNi (Ni<50%) 为主要元素的变形高温合金															
GH2696	H26960	≤0.10	10.00~12.50	21.00~25.00	1.00~1.60	—	≤0.80	—	2.60~3.20	余量	0.60	0.60	0.020	0.010	B≤0.020
GH2706	H27060	≤0.06	14.50~17.50	39.00~44.00	—	—	≤0.40	2.50~3.30	1.50~2.00	余量	0.35	0.35	0.020	0.015	B≤0.006 Cu≤0.300
GH2747	H27470	≤0.10	15.00~17.00	44.00~46.00	—	—	2.90~3.90	—	—	余量	1.00	1.00	0.025	0.020	Ce≤0.030
GH2761	H27610	0.02~0.07	12.00~14.00	42.00~45.00	1.40~1.90	2.80~3.30	1.40~1.85	—	3.20~3.65	余量	0.40	0.50	0.020	0.008	B≤0.015, Ce≤0.030 Cu≤0.200
GH2901	H29010	0.02~0.06	11.00~14.00	40.00~45.00	5.00~6.50	—	≤0.30	—	2.80~3.10	余量	0.40	0.50	0.020	0.008	B 0.010~0.020 Cu≤0.200
GH2903	H29030	≤0.05	—	36.00~39.00	—	—	0.70~1.15	2.70~3.50	1.35~1.75	余量	0.20	0.20	0.015	0.015	Co 14.00~17.00 B 0.005~0.010
GH2907	H29070	≤0.06	≤1.00	35.00~40.00	—	—	≤0.20	4.30~5.20	1.30~1.80	余量	0.70~0.35	1.00	0.015	0.015	Co 12.00~16.00 B≤0.012, Cu≤0.500
GH2909	H29090	≤0.06	≤1.00	35.00~40.00	—	—	≤0.15	4.30~5.20	1.30~1.80	余量	0.25~0.50	1.00	0.015	0.015	Co 12.00~16.00 B≤0.012, Cu≤0.500
GH2984	H29840	≤0.08	18.00~20.00	40.00~45.00	0.90~1.30	2.00~2.40	0.20~0.50	—	0.90~1.30	余量	0.50	0.50	0.010	0.010	—
Ni 为主要元素的变形高温合金															
GH3007	H30070	≤0.12	20.00~35.00	余量	—	—	—	—	—	≤8.00	1.00	0.50	0.040	0.040	Cu 0.500~2.000
GH3030	H30300	≤0.12	19.00~22.00	余量	—	—	≤0.15	—	0.15~0.35	≤1.50	0.80	0.70	0.030	0.020	Cu 0.200
GH3039	H30390	≤0.08	19.00~22.00	余量	1.80~2.30	—	0.35~0.75	0.90~1.30	0.35~0.75	≤3.00	0.80	0.40	0.020	0.012	—
GH3044	H30440	≤0.10	23.50~26.50	余量	≤1.50	13.00~16.00	≤0.50	—	0.30~0.70	≤4.00	0.80	0.50	0.013	0.013	Cu≤0.070
GH3128	H31280	≤0.05	19.00~22.00	余量	7.50~9.00	7.50~9.00	0.40~0.80	—	0.40~0.80	≤2.00	0.80	0.50	0.013	0.013	B≤0.005, Zr≤0.060 Ce≤0.050
GH3170	H31700	≤0.06	18.00~22.00	余量	—	17.00~21.00	≤0.50	—	—	—	0.80	0.50	0.013	0.013	Co 15.00~22.00 La≤0.100, B≤0.005 Zr 0.100~0.200

牌号	统一数字代号	C	Cr	Ni	Mo	W	Al	Nb	Ti	Fe	Si	Mn	P	S	其他
GH3536	H35360	0.05~0.15	20.50~23.00	余量	8.00~10.00	0.20~1.00	≤0.5	—	≤0.15	17.00~20.00	1.00	1.00	0.025	0.015	Co 0.50~2.50, B≤0.010, Cu≤0.500
GH3600	H36000	≤0.15	14.00~17.00	≥72.00	—	—	≤0.35	≤1.00	≤0.50	6.00~10.00	0.50	1.00	0.040	0.015	Cu≤0.500
GH3625	H36250	≤0.10	20.00~23.00	余量	8.00~10.00	—	≤0.40	3.15~4.15	≤0.40	≤5.00	0.50	0.50	0.015	0.015	Cu≤0.070, Ce≤1.00
GH3652	H36520	≤0.10	26.50~28.50	余量	—	—	2.80~3.50	—	—	≤1.00	0.80	0.30	0.020	0.020	Ce≤0.030
GH4033	H40330	0.03~0.08	19.00~22.00	余量	—	—	0.60~1.00	—	2.40~2.80	≤4.00	0.65	0.40	0.015	0.007	B≤0.010, Ce≤0.020
GH4037	H40370	0.03~0.10	13.00~16.00	余量	2.00~4.00	5.00~7.00	1.70~2.30	—	1.80~2.30	≤5.00	0.40	0.50	0.015	0.010	V 0.100~0.500, B≤0.020, Ce≤0.020, Cu 0.070
GH4049	H40490	0.04~0.10	9.50~11.00	余量	4.50~5.50	5.00~6.00	3.70~4.40	—	1.40~1.90	≤1.50	0.50	0.50	0.010	0.010	Co 14.00~16.00 + ⑦
GH4080A	H40801	0.04~0.10	18.00~21.00	余量	—	—	1.00~1.80	—	1.80~2.70	≤1.50	0.80	0.40	0.020	0.015	Co≤2.00, B≤0.008, Cu≤0.200
GH4090	H40900	≤0.13	18.00~21.00	余量	—	—	1.00~2.00	—	2.00~3.00	≤1.50	0.80	0.40	0.020	0.015	Co 15.00~21.00, B≤0.020, Cu≤0.200, Zr≤0.150
GH4093	H40930	≤0.13	18.00~21.00	余量	—	—	1.00~2.00	—	2.00~3.00	≤1.00	1.00	1.00	0.015	0.015	Co 15.00~21.00, B≤0.020, Cu≤0.200
GH4098	H40980	≤0.10	17.50~19.50	余量	3.50~5.00	5.50~7.00	2.50~3.00	≤1.50	1.00~1.50	≤3.00	0.30	0.30	0.015	0.015	Co 5.00~8.00, B≤0.005, Cu≤0.070, Ce≤0.020
GH4099	H40990	≤0.08	17.00~20.00	余量	3.50~4.50	5.00~7.00	1.70~2.40	—	1.00~1.50	≤2.00	0.50	0.40	0.015	0.015	Co 5.00~8.00, B≤0.005, Ce≤0.020, Mg≤0.010
GH4105	H41050	0.12~0.17	14.00~15.70	余量	4.50~5.50	—	4.50~4.90	—	1.18~1.50	≤1.00	0.25	0.40	0.015	0.010	Co 18.00~22.00 + ⑧

（续）

Ni 为主要元素的变形高温合金

牌号和代号 GB	牌号和代号 ISC	C	Cr	Ni	Mo	W	Al	Nb	Ti	Fe	Si ≤	Mn ≤	P ≤	S ≤	其他
GH4133	H41330	≤0.07	19.00~22.00	余量	—	—	0.70~1.20	1.15~1.65	2.50~3.00	≤1.50	0.65	0.35	0.015	0.007	B≤0.010, Ce 0.010 Cu≤0.070
GH4133B	H41332	≤0.06	19.00~22.00	余量	—	—	0.75~1.15	1.30~1.70	2.50~3.00	≤1.50	0.65	0.35	0.015	0.007	Mg 0.001~0.010 B≤0.010+⑨
GH4141	H41410	0.06~0.12	18.00~20.00	余量	9.00~10.50	—	1.40~1.80	—	3.00~3.50	≤5.00	0.50	0.50	0.015	0.015	Co 10.00~12.00 Zr≤0.070, Cu≤0.500
GH4145	H41450	≤0.08	14.00~17.00	≥70.00	—	—	0.40~1.00	0.70~1.20	2.25~2.75	5.00~9.00	0.50	1.00	0.015	0.010	Cu≤1.00
GH4163	H41630	0.04~0.08	19.00~21.00	余量	5.60~6.10	—	0.30~0.60	—	1.90~2.40	≤0.70	0.40	0.60	0.015	0.007	Co 19.00~21.00 B≤0.005, Cu≤0.200
GH4169	H41690	≤0.08	17.00~21.00	50.00~55.00	2.80~3.30	—	0.20~0.80	4.75~5.50	0.65~1.15	余量	0.35	0.35	0.015	0.015	Co≤1.00, Mg≤0.010 B≤0.006, Cu≤0.300
GH4199	H41990	≤0.10	19.00~21.00	余量	4.00~6.00	9.00~11.00	2.10~2.60	—	1.10~1.60	≤4.00	0.55	0.50	0.015	0.015	Mg≤0.050
GH4202	H42020	≤0.08	17.00~20.00	余量	4.00~5.00	4.00~5.00	1.00~1.50	—	2.20~2.80	≤4.00	0.60	0.50	0.015	0.010	B≤0.008, Cu≤0.070
GH4220	H42200	≤0.08	9.00~12.00	余量	5.00~7.00	5.00~6.50	3.90~4.80	—	2.20~2.90	≤3.00	0.35	0.50	0.015	0.009	B≤0.010 Ce≤0.010
GH4413	H44130	0.04~0.10	13.00~16.00	余量	2.50~4.00	5.00~7.00	2.40~2.90	—	1.70~2.20	≤5.00	0.60	0.50	0.015	0.009	Co 14.00~15.50 Mg≤0.010+⑩
GH4500	H45000	≤0.12	18.00~20.00	余量	3.00~5.00	—	2.75~3.25	—	2.75~3.25	≤4.00	0.75	0.75	0.015	0.015	Mg≤0.005, B≤0.020 V 0.200~1.000 Ce≤0.020, Cu≤0.070
GH4586	H45860	≤0.08	18.00~20.00	余量	7.00~9.00	2.00~4.00	1.50~1.70	—	3.20~3.50	≤5.00	0.50	0.10	0.010	0.010	Co 15.00~20.00 B 0.003~0.008 Zr≤0.060, Cu≤0.100
GH4648	H46480	≤0.10	32.00~35.00	余量	2.30~3.30	4.30~5.30	0.50~1.10	0.50~1.10	0.50~1.10	≤4.00	0.40	0.50	0.015	0.010	Co 10.00~12.00 La≤0.015, Mg≤0.015 B≤0.005 B≤0.008 Ce≤0.030

牌号	代号	(1)	(2)	(3)	(4)	(5)	(6)	(7)	(8)	(9)	(10)	(11)	(12)	(13)	备注
GH4698	H46980	≤0.08	13.00~16.00	余量	2.80~3.20	—	1.30~1.70	1.80~2.20	2.35~2.75	≤2.00	0.60	0.40	0.015	0.007	Mg≤0.008, B≤0.005, Ce≤0.005, Zr≤0.050, Cu≤0.070
GH4708	H47080	0.05~0.10	17.50~20.00	余量	4.00~6.00	5.50~7.50	1.90~2.30	—	1.00~1.40	≤4.00	0.40	0.50	0.015	0.015	Co≤0.50, B≤0.008, Ce≤0.030
GH4710	H47100	≤0.10	16.50~19.50	余量	2.50~3.50	1.00~2.00	2.00~3.00	—	4.50~5.50	≤1.00	0.15	0.15	0.015	0.010	Co 13.50~16.00 +①
GH4738	H47380	0.03~0.10	18.00~21.00	余量	3.50~5.00	—	1.20~1.60	—	2.75~3.25	≤2.00	0.15	0.10	0.015	0.015	Co 12.00~15.00 +⑫
GH4742	H47420	0.04~0.08	13.00~15.00	余量	4.50~5.50	—	2.40~2.80	2.40~2.80	2.40~2.80	≤1.00	0.30	0.40	0.015	0.010	Co 9.00~11.00, La≤0.100, B≤0.010, Ce≤0.010

Co 为主要元素的变形高温合金

牌号	代号	(1)	(2)	(3)	(4)	(5)	(6)	(7)	(8)	(9)	(10)	(11)	(12)	(13)	备注
GH5188	H51880	0.05~0.15	20.00~24.00	20.00~24.00	—	13.00~16.00	—	—	—	≤3.00	0.20~0.50	1.25	0.020	0.015	La 0.030~0.120, B≤0.015, Cu≤0.070
GH5605	H56050	0.05~0.15	19.00~21.00	9.00~11.00	—	14.00~16.00	—	—	—	≤3.00	0.40	1.00~2.00	0.040	0.030	Co余量
GH5941	H59410	≤0.10	19.00~23.00	19.00~23.00	—	17.00~19.00	—	—	—	≤1.50	0.50	1.50	0.020	0.015	Cu≤0.500, Co余量
GH6159	H61590	≤0.04	18.00~20.00	余量	6.00~8.00	—	0.10~0.30	0.25~0.75	2.50~3.25	8.00~10.00	0.20	0.20	0.020	0.010	Co 34.00~38.00, B≤0.030
GH6783⑥	H67830	≤0.03	2.50~3.50	26.00~30.00	—	—	5.00~6.00	2.50~3.50	≤0.40	24.00~27.00	0.50	0.50	0.015	0.005	B 0.003~0.012, Cu≤0.500, Co余量

① $w(N)$ 为 0.130%~0.250%。
② 加钛或加铌，但两者不得同时加入。
③ $w(N)$ 为 0.100%~0.200%。
④ $w(N)$ 为 0.150%~0.300%。
⑤ $w(N)$ 为 0.300%~0.450%。
⑥ $w(Ta)$ ≤0.050%。
⑦ V 0.200~0.500, B≤0.025, Ce≤0.025, Cu≤0.070。
⑧ B 0.003~0.010, Zr 0.070~0.150, Cu≤0.200。
⑨ Zr 0.010~0.100, Ce≤0.010, Cu≤0.070。
⑩ V 0.250~0.800, B≤0.020, Ce≤0.020, Cu≤0.070。
⑪ B 0.010~0.030, Zr≤0.060, Ce≤0.020, Cu≤0.100。
⑫ B 0.003~0.010, Zr 0.020~0.080, Cu≤0.100。

表 3-1-21　部分变形高温合金的性能特点与用途

类型	牌号	性能特点	用途举例
固溶强化型铁基合金	GH1015	在各个温度下具有良好的强度和塑性组合,并有高的热强性、良好的热疲劳性和抗氧化性;其冲压、焊接等工艺性能良好。在长期使用中有时效现象	用于950℃以下工作的涡轮发动机燃烧室和加力燃烧室等零件
	GH1016	有良好的抗氧化性、塑性,较高的热强性和良好的热疲劳性,其冲压、焊接的工艺性能良好。在长期使用中有时效现象	用于950℃以下工作的涡轮发动机燃烧室和加力燃烧室等零件
	GH1035	有良好的抗氧化性、塑性和冲击性能	用于涡轮发动机的燃烧室、加力燃烧室及其他板材部件
	GH1040	在900~1000℃下短时使用可达足够高的瞬时强度;热加工塑性好	用于700℃以下的涡轮盘、轴和紧固件
	GH1131	在900℃下长期使用,有较高的强度和良好的综合性能,在1000℃下短时使用可达足够的瞬时强度;热加工塑性良好,易于焊接、冷成形和可加工性	用于900℃工作的涡轮发动机的燃烧室及加力燃烧室零件,以及700~1000℃短时工作零件等
	GH1140	有良好的抗氧化性和热疲劳性,高的塑性和一定的热强性;并有良好的冲击、焊接等工艺性能	用于工作温度800~900℃的涡轮发动机的燃烧室和加力燃烧室零部件
时效硬化型铁基合金	GH2018	有良好的热、冷加工性能,在固溶状态下有良好的工艺性能,在完全热处理后有高的高温强度	用于工作温度800℃以下的涡轮发动机燃烧室、加力燃烧室及其他高温部件
	GH2036	合金成分简单,组织稳定,在600~650℃有较好的物理和力学性能;并有良好的可加工性;合金的膨胀系数大	用于650℃的涡轮盘、环形件和紧固件
	GH2038	在700℃以下使用有足够的热强性,并有良好的可加工性和焊接性	用于700℃以下的涡轮盘、轴和叶片材料
	GH2130	有良好的热加工塑性,在800℃以下长期使用其组织和性能稳定,高温强度相当于GH4037	用于800℃以下的增压涡轮和燃气涡轮叶片材料
	GH2132	综合性能好,屈服极限高,有良好的热加工塑性和可加工性	用于700℃以下的涡轮盘、环形件、冲压焊接件和紧固零件材料
	GH2135	有较好的热强性、热加工塑性良好,但疲劳性能差,可加工性较差。表面渗铝后可提高抗氧化性	用于700~750℃的涡轮盘、工作叶片及其他高温部件
	GH2136	在700℃以下使用有良好的综合性能,长期使用组织稳定,有较好的抗氧化性,并且线胀系数较小,易于焊接成形	用于650~700℃的涡轮盘材料
	GH2302	热强性高,冷热加工塑性好,缺口敏感性小,其主要性能相当于GH4037。表面渗铝可提高抗氧化性	用于工作温度800~850℃的燃气涡轮叶片,和700~750℃的燃气轮机叶片等材料

（续）

类型	牌号	性能特点	用途举例
固溶强化型镍基合金	GH3030	合金组织稳定，时效倾向小。有良好的抗氧化性，并有较好的加工工艺性和焊接性	用于800℃以下的燃烧室、加力燃烧室。该合金可用 GH1140 代替
	GH3039	在800℃以下使用有足够的持久强度、良好的冷热疲劳性能和抗氧化性能；长期使用组织稳定，并易于焊接、冷冲压成形	用于850℃以下的火焰筒及加力燃烧室等材料
	GH3044	有较高的强度、塑性及冷热疲劳性能，并有优良的抗氧化性能和良好的冲压、焊接等工艺性	用于航空发动机的燃烧室和加力燃烧室零部件
	GH3128	综合性能好，持久寿命高，并有良好的抗氧化性、较好的组织稳定性及良好的焊接性	用于工作温度为950℃的涡轮发动机的燃烧室和加力燃烧室等零部件
时效硬化型镍基合金	GH4033	在750℃有满意的高温强度，在900℃以下有良好的抗氧化性能，并有良好的热加工和机械加工性能，易于锻轧成材	用于工作温度为700℃的涡轮叶片和750℃的涡轮盘等材料
	GH4037	在850℃以下使用有高的强度和组织稳定性，以及良好的综合性能。塑性好，疲劳强度高，冷热加工性能尚好，有缺口敏感性	用于800～850℃工作的涡轮叶片材料
	GH4043	在850℃以下使用组织稳定，有足够的强度和良好的综合性能，抗氧化性能与 GH4037 相当	用于工作温度在800～850℃的排气阀座后卡圈零件和燃气涡轮叶片
	GH4049	在950℃以下有较高的高温强度，缺口敏感性小，有良好的抗氧化性和疲劳强度，但热加工塑性较差。经真空自耗或电渣重熔可改善其热加工塑性	用于900℃的燃气涡轮工作叶片及其他受力较大的高温部件
	GH4133	在 GH4033 基础上进一步合金化，有良好的综合性能。同 GH4033 相比，晶粒均匀细小，屈服强度高（80～100MPa），蠕变和疲劳性能提高。有较好的热加工性能，易于成形	用于700～750℃工作的涡轮盘或叶片材料
	GH4169	在650℃以下有屈服强度高、塑性好的特点，并有较高的耐蚀、耐辐照和抗氧化性能。焊接性好，易于成形	用于深冷下（−253～−196℃）的高强度结构材料，以及350～700℃工作的抗氧化热强材料、反应堆中的抗辐照结构材料

表 3-1-22　铸造高温合金的牌号与化学成分（质量分数）（%）

等轴晶高温合金

牌号和代号 GB	牌号和代号 ISC	C	Cr	Ni	Mo	Co	W	Al	Ti	Fe	Si ≤	Mn ≤	P ≤	S ≤	其他
K211	C72110	0.10~0.20	19.50~20.50	45.00~47.00	—	—	7.50~8.50	—	—	余量	0.40	0.50	0.040	0.040	B 0.030~0.050
K213	C72130	≤0.10	14.00~16.00	34.00~38.00	—	—	4.00~7.00	1.50~2.00	3.00~4.00	余量	0.50	0.50	0.015	0.015	B 0.050~0.100
K214	C72140	≤0.10	11.00~13.00	40.00~45.00	—	—	6.50~8.00	1.80~2.40	4.20~5.00	余量	0.50	0.50	0.015	0.015	B 0.100~0.150
K401	C74010	≤0.10	14.00~17.00	余量	≤0.30	—	7.00~10.00	4.50~5.50	1.50~2.00	≤0.20	0.80	0.80	0.015	0.010	B 0.030~0.100
K402	C74020	0.13~0.20	10.50~13.50	余量	4.50~5.50	—	6.00~8.00	4.50~5.30	2.00~2.70	≤2.00	0.04	0.04	0.015	0.015	B 0.015 Ce≤0.015
K403	C74030	0.11~0.18	10.00~12.00	余量	3.80~4.50	4.50~6.00	4.80~5.50	5.30~5.90	2.30~2.90	≤2.00	0.50	0.50	0.020	0.010	Ce≤0.010 B 0.012~0.022 Zr 0.030~0.080
K405	C74050	0.10~0.18	9.50~11.00	余量	3.50~4.20	9.50~10.50	4.50~5.20	5.00~5.80	2.00~2.90	≤0.50	0.30	0.50	0.020	0.010	Ce≤0.010 B 0.015~0.026 Zr 0.030~0.100
K406	C74060	0.10~0.20	14.00~17.00	余量	4.50~6.00	—	—	3.25~4.00	2.00~3.00	≤1.00	0.30	0.10	0.020	0.010	B 0.050~0.100 Zr 0.030~0.080
K406C	C74061	0.03~0.08	18.00~19.00	余量	4.50~6.00	—	—	3.25~4.00	2.00~3.00	≤1.00	0.30	0.10	0.020	0.010	Zr 0.030
K407	C74070	≤0.12	20.00~35.00	余量	—	—	—	—	—	≤8.00	1.00	0.50	0.040	0.040	Cu 0.500~2.000
K408	C74080	0.10~0.20	14.90~17.00	余量	4.50~6.00	—	—	2.50~3.50	1.80~2.50	8.00~12.50	0.60	0.60	0.015	0.020	B 0.060~0.080 Ce≤0.010
K409	C74090	0.08~0.13	7.50~8.50	余量	5.75~6.25	9.50~10.50	≤0.10	5.75~6.25	0.80~1.20	≤0.35	0.25	0.20	0.015	0.015	Nb≤0.10 Ta 4.00~4.50 +①

牌号	代号	C	Cr	Ni	Mo	Co	W	Al	Ti	Fe	Mn	Si	S	P	其他
K412	C74120	0.11~0.16	14.00~18.00	余量	3.00~4.50	—	4.50~6.50	1.60~2.20	1.60~2.30	≤8.00	0.60	0.60	0.015	0.009	V≤0.300 B 0.005~0.010
K417	C74170	0.13~0.22	8.50~9.50	余量	2.50~3.50	14.00~16.00	—	4.80~5.70	4.50~5.00	≤1.00	0.50	0.50	0.015	0.010	V 0.600~0.900 B 0.012~0.022 Zr 0.050~0.090
K417G	C74171	0.13~0.22	8.50~9.50	余量	2.50~3.50	9.00~11.00	—	4.80~5.70	4.10~4.70	≤1.00	0.20	0.20	0.015	0.010	V 0.600~0.900 B 0.012~0.024 Zr 0.050~0.090
K417L	C74171	0.05~0.22	11.00~15.00	余量	2.50~3.50	3.00~5.00	—	4.00~5.70	3.00~5.00	—	—	—	0.010	0.006	B 0.003~0.012
K418	C74180	0.08~0.16	11.50~13.50	余量	3.80~4.80	—	—	5.50~6.40	0.50~1.00	≤1.00	0.50	0.50	0.015	0.010	Nb 1.80~2.50 B 0.008~0.020 Zr 0.060~0.150
K418B	C74181	0.03~0.07	11.00~13.00	余量	3.80~5.20	≤1.00	—	5.50~6.50	0.40~1.00	≤0.50	0.25	0.50	0.015	0.015	Nb 1.50~2.50 B 0.005~0.015 + ②
K419	C74190	0.09~0.14	5.50~6.50	余量	1.70~2.30	11.00~13.00	9.50~10.50	5.20~5.70	1.00~1.50	≤0.50	0.50	0.20	—	0.015	Nb 2.50~3.30 Mg≤0.003 + ③
K419H	C74191	0.09~0.14	5.50~6.50	余量	1.70~2.30	11.00~13.00	9.50~10.70	5.20~5.70	1.00~1.50	≤0.50	0.20	0.20	—	0.015	Nb 2.25~2.75 Cu≤0.100 + ④
K423	C74230	0.12~0.18	14.50~16.50	余量	7.60~9.00	9.00~10.50	≤0.20	3.90~4.40	3.40~3.80	≤0.50	0.20	0.20	0.010	0.010	Nb≤0.25, Hf≤0.250 B 0.004~0.008
K423A	C74231	0.12~0.18	14.00~15.50	余量	6.80~8.30	8.20~9.50	≤0.20	3.90~4.40	3.40~3.80	≤0.50	0.20	0.20	0.010	0.010	Nb≤0.25 B 0.005~0.015
K424	C74240	0.14~0.20	8.50~10.50	余量	2.70~3.40	—	1.00~1.80	5.00~5.70	4.20~4.70	≤2.00	0.40	0.40	0.015	0.015	Nb 0.50~1.00 B≤0.015 + ⑤
K430	C74300	≤0.12	19.00~22.00	75.00	—	—	—	≤0.15	—	≤1.50	1.20	1.20	0.030	0.020	Cu≤0.200
K438	C74380	0.10~0.20	15.70~16.30	余量	1.50~2.00	8.00~9.00	2.40~2.80	3.20~3.70	3.00~3.50	≤0.50	0.20	0.30	0.015	0.015	Nb 0.60~1.10 Ta 1.50~2.00 + ⑥
K438G	C74381	0.13~0.20	15.30~16.30	余量	1.40~2.00	8.00~9.00	2.30~2.90	3.50~4.50	3.20~4.00	—	0.20	0.01	0.005	0.010	Nb 0.40~1.10 Cu≤0.100 B 0.050~0.150

（续）

等轴晶高温合金

牌号和代号 GB	牌号和代号 ISC	C	Cr	Ni	Mo	Co	W	Al	Ti	Fe	Si ≤	Mn ≤	P ≤	S ≤	其 他
K441	C74410	0.02~0.10	15.00~17.00	余量	1.50~3.00	—	12.00~15.00	3.10~4.00	—	—	—	—	0.015	0.010	B 0.001~0.010
K461	C74610	0.12~0.17	15.00~17.00	余量	3.60~5.00	≤0.50	2.10~2.50	2.10~2.80	2.10~3.00	6.00~7.50	0.20~2.00	0.30	0.020	0.020	B 0.100~0.130
K477	C74770	0.05~0.09	14.00~15.25	余量	3.90~4.50	14.00~16.00	—	4.00~4.60	3.00~3.70	≤1.00	0.50	0.20	0.015	0.010	B 0.012~0.020 Zr≤0.040 Ce≤0.100
K480	C74800	0.15~0.19	13.70~14.30	余量	3.70~4.30	9.00~10.00	3.70~4.30	2.80~3.20	4.80~5.20	≤0.35	0.10	0.50	0.015	0.010	Nb 0.10，Ta 0.10 Hf≤0.100+⑦
K491	C74910	≤0.02	9.50~10.50	余量	2.75~3.25	9.50~10.50	—	5.25~5.75	5.00~5.50	≤0.50	0.10	0.10	0.010	0.010	Mg≤0.005，Zr≤0.040 B 0.080~0.120
K4002	C74002	0.13~0.17	8.00~10.00	余量	≤0.50	9.00~11.00	9.00~11.00	5.25~5.75	1.25~1.75	≤0.50	0.20	0.20	0.010	0.010	Ta 2.25~2.75 Hf 1.300~1.700+⑧
K4130	C74130	≤0.01	20.00~23.00	余量	9.00~10.50	≤1.00	≤0.20	0.70~0.90	2.40~2.80	≤0.50	0.60	0.60	—	—	Nb≤0.25
K4163	C74163	0.04~0.08	19.50~21.00	余量	5.60~6.10	18.50~21.00	≤0.20	0.40~0.60	2.00~2.40	0.70	0.40	0.60	—	0.007	Nb≤0.25，B≤0.005 Cu 0.200
K4169	C74169	0.02~0.08	17.00~21.00	50.00~55.00	2.80~3.30	≤1.00	—	0.30~0.70	0.65~1.15	余量	0.35	0.35	0.010	0.015	Nb 4.40~5.40 Ta≤0.10，B≤0.006 Zr≤0.050，Cu≤0.300
K4202	C74202	≤0.08	17.00~20.00	余量	4.00~5.00	—	4.00~5.00	1.00~1.50	2.20~2.80	≤4.00	0.60	0.50	0.015	0.010	B≤0.015 Ce≤0.010
K4242	C74242	0.27~0.35	20.00~23.00	余量	10.00~11.00	9.55~11.00	≤0.20	≤0.20	≤0.30	≤0.75	0.20~0.45	0.20~0.50	—	—	Nb≤0.25
K4536	C74536	≤0.10	20.50~23.00	余量	8.00~10.00	0.50~2.50	0.20~1.00	—	—	17.00~20.00	1.00	1.00	0.040	0.030	B≤0.010
K4537	C74537	0.07~0.12	15.00~16.00	余量	1.20~1.70	9.00~10.00	4.70~5.20	2.70~3.20	3.20~3.70	≤0.50	—	—	0.015	0.015	Nb 1.70~2.20 B 0.010~0.020，+⑨
K4648	C74648	0.03~0.10	32.00~35.00	余量	2.30~3.50	—	4.30~5.50	0.70~1.30	0.70~1.30	≤0.50	0.30	—	—	0.010	Nb 0.70~1.30 B≤0.008，Ce≤0.030
K4708	C74708	0.05~0.10	17.50~20.50	余量	4.00~6.00	—	5.50~7.50	1.90~2.30	1.00~1.40	≤4.00	0.60	0.50	0.015	0.015	B≤0.008 Ce≤0.030
K605	C76050	≤0.40	19.00~21.00	9.00~11.00	—	余量	14.00~16.00	—	—	≤3.00	0.40	1.00~2.00	0.040	0.030	B≤0.030

合金	代号	C	Cr	Co	W	Ni	Al	Ti	Mo	Fe	Mn	Si	S	P	其他
K610	C76100	0.15~0.25	25.00~28.00	3.00~3.70	4.50~5.50	余量	≤0.50	—	—	≤1.50	0.50	0.60	0.025	0.025	—
K612	C76120	1.70~1.95	27.00~31.00	≤1.50	≤2.50	余量	8.00~10.00	1.00	—	≤2.50	1.50	1.50	—	—	—
K640	C76400	0.45~0.55	24.5~26.50	≤1.50	—	余量	7.00~8.00	—	0.05~0.30	≤2.00	1.00	1.00	0.040	0.040	—
K640M	C76401	0.45~0.55	24.50~26.50	9.50~11.50	0.10~0.50	余量	7.00~8.00	0.70~1.20	—	≤2.00	1.00	1.00	0.040	0.040	B 0.080~0.040 Zr 0.100~0.300 Ta 0.10~0.50
K6188	C76188	0.15	20.00~24.00	20.00~24.00	—	余量	13.00~16.00	—	—	3.00	0.20~0.50	1.50	0.020	0.015	B≤0.015 La 0.020~0.120
K825	C78250	0.02~0.08	余量	39.50~42.50	—	余量	1.40~1.80	0.20~0.40	0.20~0.40	—	0.50	0.50	0.015	0.010	V 0.200~0.400 N≤0.030
定向凝固柱晶高温合金															
DZ 404	C74044	0.10~0.16	9.00~10.00	余量	3.50~4.20	5.50~6.50	5.10~5.80	5.60~6.40	1.60~2.20	≤1.00	0.50	0.50	0.020	0.010	B 0.012~0.025 Zr≤0.020，+⑩
DZ 405	C74054	0.07~0.15	9.50~11.00	余量	3.50~4.20	9.50~10.50	4.50~5.50	5.00~6.00	2.00~3.00	—	0.50	0.50	0.020	0.010	B 0.010~0.020 Zr≤0.100
DZ 417G	C74174	0.13~0.22	8.50~9.50	余量	2.50~3.50	9.00~11.00	—	4.80~5.70	4.10~4.70	≤0.50	0.20	0.20	0.010	0.008	V 0.600~0.900
DZ 422	C74224	0.12~0.16	8.00~10.00	余量	—	9.00~11.00	11.50~12.50	4.75~5.25	1.75~2.25	≤0.20	0.15	0.20	0.010	0.015	B 0.012~0.024，+⑪
DZ 422B	C74214	0.12~0.14	8.00~10.00	余量	—	9.00~11.00	11.50~12.50	4.75~5.25	1.75~2.25	≤0.25	0.12	0.12	0.020	0.010	Nb 0.75~1.25 Hf 1.40~1.80，+⑫
DZ 438G	C74384	0.08~0.14	15.50~16.40	余量	1.50~2.00	8.00~9.00	2.40~2.80	3.50~4.30	3.50~4.30	≤0.30	0.15	0.15	0.005	0.015	Nb 0.75~1.25 Hf 0.80~1.10，+⑬
DZ 4002	C74004	0.13~0.17	8.00~10.00	余量	≤0.50	9.00~11.00	9.00~11.00	5.25~5.75	1.25~1.75	≤0.50	0.20	0.20	0.020	0.010	Ta 1.50~2.00 Nb 0.40~1.00，+⑭
DZ 4125	C74254	0.07~0.12	8.40~9.40	余量	1.50~2.50	9.50~10.50	6.50~7.50	4.80~5.40	0.70~1.20	≤0.30	0.15	0.15	0.010	0.010	Ta 2.25~2.75 Hf 1.30~1.70，+⑮
DZ 4125L	C74264	0.06~0.14	8.20~9.80	余量	1.50~2.50	9.20~10.80	6.20~7.80	4.30~5.30	2.00~2.80	≤0.20	0.15	0.15	0.001	0.010	Ta 3.50~4.10 Hf 1.20~1.80，+⑯
DZ 640M	C76404	0.45~0.55	24.50~26.50	9.50~11.50	0.10~0.50	余量	7.00~8.00	0.70~1.20	0.05~0.30	≤2.00	1.00	1.00	0.040	0.040	B 0.005~0.015，+⑰ Zr 0.100~0.300，+⑱

（续）

单晶高温合金

牌号和代号		C	Cr	Ni	Mo	Co	W	Al	Ti	Fe ≤	Si ≤	Mn ≤	P ≤	S ≤	其 他
GB	ISC														
DD 402	C74025	≤0.006	7.00~8.00	余量	0.30~0.70	4.30~4.90	7.60~8.40	5.45~5.75	0.80~1.20	≤0.20	0.040	0.020	0.005	0.002	Ta 5.80~6.20, Nb≤0.15, +⑲
DD 403	C74035	≤0.010	9.00~10.00	余量	3.50~4.50	4.50~5.50	5.00~6.00	5.50~6.20	1.70~2.40	≤0.50	0.200	0.200	0.010	0.002	⑳
DD 404	C74045	≤0.01	8.50~9.50	余量	1.40~2.00	7.00~8.00	5.50~6.50	3.40~4.00	3.90~4.70	≤0.50	0.200	0.200	0.010	0.010	Ta 3.50~4.80, Nb 0.35~0.70, +㉑
DD 406	C74065	0.001~0.04	3.80~4.80	余量	1.50~2.50	8.50~9.50	7.00~9.00	5.20~6.20	≤0.10	≤0.30	0.200	0.150	0.018	0.004	Ta 6.00~8.50, Nb≤1.20, +㉒
DD 408	C74085	<0.03	15.50~16.50	余量	—	8.00~9.00	5.60~6.40	3.60~4.20	3.60~4.20	≤0.50	0.150	0.150	0.010	0.010	Ta 0.70~1.20, +㉓ (Al+Ti) 7.50~7.90

① B 0.010~0.020, Zr 0.050~0.100。
② Zr 0.050~0.150, Cu≤0.500。
③ V≤0.100, B 0.050~0.100, Zr 0.030~0.080, Cu≤0.400。
④ B 0.050~0.100, Zr 0.030~0.080, V≤0.100。
⑤ Zr≤0.020, Ce≤0.020, V 0.500~1.000。
⑥ B 0.005~0.015, Zr 0.050~0.150。
⑦ Mg≤0.010, V≤0.100, B 0.010~0.020, Zr 0.020~0.100, Cu≤0.100, W+Mo≤7.70。
⑧ Mg≤0.003, V≤0.100, B 0.010~0.020, Zr 0.030~0.080, Cu≤0.100。
⑨ Zr 0.030~0.070, N≤0.200。
⑩ Pb≤0.001, Sb≤0.001, As≤0.005, Sn≤0.002, Bi≤0.0001。
⑪ Pb≤0.0005, Sb≤0.001, As≤0.005, Sn≤0.002, Bi≤0.0001。
⑫ B 0.010~0.020, Zr≤0.050, Pb≤0.0005, Bi≤0.00005, Cu≤0.100。
⑬ B 0.010~0.020, Zr≤0.050, Pb≤0.0003, Cu≤0.100, Se≤0.0001, Te≤0.0001, Ti≤0.00005。
⑭ B 0.005~0.015, Pb≤0.001, Sb≤0.001, Sn≤0.002, Bi≤0.0001, Al+Ti≤7.30。
⑮ B 0.010~0.020, Zr 0.030~0.080, V≤0.100, Cu≤0.100。
⑯ B 0.010~0.020, Zr≤0.080, Pb≤0.0005, Sb≤0.001, As≤0.001, Sn 0.001, Bi≤0.00005, Ag≤0.0005。
⑰ Zr≤0.050, Pb≤0.0005, Sb≤0.001, As≤0.001, Sn 0.001, Bi≤0.00005, Ag≤0.0005。
⑱ Pb≤0.0005, Sb≤0.001, As≤0.001, Sn≤0.001, Bi≤0.00005。
⑲ Hf≤0.0075, Ga≤0.002, Ti≤0.00003, Se≤0.0005, Sn≤0.0003, As≤0.0005, Bi≤0.00003, Ag≤0.0005, Yb≤0.100, Cu≤0.050, Zn≤0.050, Mg≤0.0005, As≤0.0010, Sn≤0.0010, [N]≤0.0012, [O]≤0.0010, B≤0.003, Zr≤0.0075, Pb≤0.0002, Sb≤0.0005, Sn≤0.0005, Bi≤0.0005, Ag≤0.0005。
⑳ Cu≤0.100, Mg≤0.003, [N]≤0.0012, [O]≤0.0012, Pb≤0.0005, Zr≤0.0075, Pb≤0.0005, B≤0.005, Bi≤0.00005, Ag≤0.0005。
㉑ Cu≤0.100, Mg≤0.003, [N]≤0.0015, [O]≤0.0015, Zr≤0.010, Zr≤0.050, Pb≤0.0005, Sb≤0.002, As≤0.001, Sn≤0.001, Bi≤0.00005, Ag≤0.0005。
㉒ Hf 0.050~0.150, Re 1.600~2.400, Pb≤0.0005, Sn≤0.001, As≤0.001, B≤0.005, Zr≤0.007, Pb≤0.001, As≤0.005, Sn≤0.002, Bi≤0.0001。
㉓ Cu≤0.100, Mg≤0.003, [N]≤0.0012, [O]≤0.0010, B≤0.003, Sn≤0.001, Bi≤0.0005, Ag≤0.0001。

B）部分铸造高温合金的室温与高温力学性能（表 3-1-23）

表 3-1-23　部分铸造高温合金的室温与高温力学性能

类型	牌号	试样状态	瞬时拉伸性能					高温持久性能			
			试验温度①/℃	R_m/MPa	$R_{p0.2}$/MPa	A_5（%）	Z（%）	试验温度①/℃	应力① σ/MPa	断裂时间/h	A_5（%）
				≥					≥		
时效硬化型铁基合金	K211	900℃保温5h，空冷	—	—	—	—	—	800	140 或120	（100）②（200）②	—
	K213	1100℃保温4h，空冷	700 或750	640 600	—	6.0 4.0	10.0 8.0	700 或750	500 380	40 80	—
	K214	1100℃保温5h，空冷	—	—	—	—	—	850	250	60	—
	K232	1100℃保温（3~5）h，空冷；800℃保温16h，空冷	20	700	—	4.0	6.0	750	400	50	—
时效硬化型镍基合金	K273	铸态	650	500	—	5.0	—	650	430	80	—
	K401	1120℃保温10h，空冷	—	—	—	—	—	850	250	60	—
	K403	（1210±10）℃保温4h，空冷或铸态	800	800	—	2.0	3.0	750 975	660 200	50 40	—
	K405	铸态	900	650	—	6.0	8.0	750 或720 900 或950	700 320 220 或240	45 23 30 80 23	—
	K406	（980±10）℃保温5h，空冷	800	680	—	4.0	8.0	850	250 或280	100 50	—
	K409	（1080±10）℃保温4h，空冷；（900±10）℃，10h，空冷	—	—	—	—	—	760 980	600 206	23 30	—
	K412	1150℃保温7h，空冷	—	—	—	—	—	800	250	40	—
	K417	铸态	900	650	—	6.0	8.0	900 或950	320 240	70 40	—
	K417G	铸态						750	700	30	2.5
	K418	铸态	20 或800	770 770	770	3.0 4.0	6.0	750 或800	620 500	40 45	（3.0）② （3.0）②
	K419	铸态	—	—	—	—	—	750 950	700 260	45 80	—
	K438	1120℃保温2h，空冷；800℃保温24h，空冷	800	800	—	3.0	3.0	815 850	430 370	70 70	—
	K640	铸态	—	—	—	—	—	816	211	15	6.0

① 表中加"或"，表示检验时可选择其中一组。

② 带括号的为参考数据。

C）部分铸造高温合金的抗氧化性能（表 3-1-24）

表 3-1-24　部分铸造高温合金的抗氧化性能

类型	牌　号	试验条件	试验温度/℃	保温时间/h	氧化增重/[g/(m²·h)]	备　注	
时效硬化型铁基合金	K211	空气	900	100	0.050	—	
			1000	100	0.075		
			1100	100	0.21		
	K213	未涂层	850	100	10.19 ~ 11.04	—	
		渗 Cr-Al	850	100	0.51 ~ 0.90		
		渗 Cr	850	100	0.29 ~ 0.40		
		镀 Ni + 渗 Cr-Al	850	100	0.12 ~ 0.40		
		镀 Ni + 渗 Cr	850	100	0.19 ~ 0.26		
	K214	基材	900	100	0.169	—	
		固体渗铝	900	100	0.0565		
		真空蒸镀、扩散渗铝	900	100	0.0270		
		基材	1000	100	0.316		
		固体渗铝	1000	100	0.038		
	K232	空气（精铸试样）	800	100	0.0164	—	
			900	100	0.0686		
			1000	100	0.2149		
			1100	100	0.9199		
时效硬化型镍基合金	K401	空气	950	100	0.06	—	
			950	1000	0.0095		
	K403	铸态、静态氧化	1000	100	0.037	—	
		热处理，静态氧化	1000	100	0.040		
		热处理加渗铝，高温盐雾	1000	100	0.037		
	K405	空气	950	100	0.04	—	
			1000	100	0.04		
			1100	100	0.14		
	K406	空气，精铸试样 980℃、5h，空冷	1000	100	0.327	—	
	K409	空气	900	100	0.03	铝-硅涂层	0.005
			1000	100	0.04		0.02
			1100	50	0.26		0.069
	K412	空气	1000	—	—	可抗氧化	
	K417	基材	800	100	0.18	—	
			900	100	1.45		
			1000	100	1.70	渗铝	0.27
			1050	100	2.08		0.74
			1100	100	1.84 ~ 21.00		1.74
	K417G	铸态	850	100	1.248	—	—
		料浆渗铝	850	100	0.309		
		铸态	900	100	1.240		
		料浆渗铝	900	100	0.633		
		铸态	1000	100	3.260		
		料浆渗铝	1000	100	0.746		
		粉末渗铝	1000	100	0.680		

（续）

类型	牌 号	试验条件	试验温度/℃	保温时间/h	氧化增重/ [g/ (m² · h)]	备 注	
时效硬化型镍基合金	K418	空气，基材	1050	100	0.036 ~ 0.045	—	—
		气体渗铝	1050	100	0.025 ~ 0.030		
		复合渗铝	1050	100	0.017 ~ 0.026		
	K419	空气，基材	950	—	—	氧化速度 / [g/ (m · h)]	0.05
		渗铝					0.02
		基材	1000	—	—		0.10
		渗铝					0.22
		渗铝	1050	—	—		0.027
		渗铝	1100	—	—		0.063

注：表中为参考数据。

D）部分铸造高温合金的性能特点与用途（表3-1-25）

表 3-1-25 部分铸造高温合金的性能特点与用途

类型	牌号	性能特点	用途举例
时效硬化型铁基合金	K211	具有较高的高温强度，铸造性能良好，可在非真空下熔炼和铸造	用作800℃以下涡轮发动机的导向器叶片材料
	K213	在750℃以下有良好的综合性能和组织稳定性。其铸造工艺性能好	用于750℃以下长期使用的增压器涡轮和燃气轮机叶片材料
	K214	合金成分较简单，性能与K401等镍基铸造合金相近。表面渗铝可提高抗氧化性	用于制作900℃以下工作的燃气涡轮导向叶片
	K232	是在变形合金GH2302基础上发展的铸造合金	用于750℃以下长期工作的燃气轮机导向叶片以及其他精铸零件
时效硬化型镍基合金	K401	具有较高的高温强度和良好的铸造工艺性能。该合金相当于前苏联的AHB-300合金	用于900℃以下的涡轮导向叶片
	K403	具有较高的高温强度，铸造性能好，长期使用中组织稳定	用于900~1000℃工作的燃气涡轮导向叶片和800℃以下工作的涡轮叶片等零件
	K405	中温、高温持久性能高，叶片性能与试棒性能比较接近，组织稳定；铸造性能好	用于950℃以下工作的燃气涡轮叶片
	K406	有良好的抗氧化、抗腐蚀性能，高温下长期工作时组织和性能稳定；铸造性能好。在磨削加工中有时会出现磨削裂纹	用于750~850℃的燃气涡轮叶片、导向叶片和其他高温受力部件
	K409	以钽、钼强化基体，并以大量铝进行沉淀硬化，合金组织稳定，有较好的强度和塑性	用于900~950℃长期使用的燃气涡轮工作叶片和导向叶片
	K412	有较高的高温强度和良好铸造工艺性能。可在真空下或非真空浇铸，也可用电渣熔铸零件	用于900℃以下的涡轮发动机和燃气轮机的导向叶片
	K417	具有密度小，高温强度高、塑性好的特点，组织比较稳定，缺口敏感性小	用于950℃以下工作的空心涡轮叶片和导向叶片
	K417G	是在K417合金的基础上改进发展的，其使用性能与K417相近，除了具有K417的以上特点外，在长期使用状态下组织稳定	用于900℃长期工作的燃气轮机涡轮转子、叶片等
	K418	成分简单，密度小，综合性能好，组织稳定，并有良好的铸造性能，但耐热腐蚀性稍差	用于850~950℃工作的增压器涡轮，以及导向叶片和燃气轮机动、静叶片
	K419	高温强度高，综合性能好，组织稳定，并有良好的铸造性能，缺口敏感性小	用于850~1000℃工作的涡轮叶片和1050℃工作的导向叶片
	K438	有良好的耐热腐蚀性能，较高的高温强度，组织稳定性好。该合金相当于英、美等国的IN738合金	用于工业和海上燃气轮机涡轮叶片和导向叶片等

（3）中国 GB 标准粉末冶金高温合金和弥散强化高温合金〔GB/T 14992—2005〕

A）粉末冶金高温合金的牌号与化学成分（表3-1-26）

表 3-1-26 粉末冶金高温合金的牌号与化学成分（质量分数）（%）

牌号和代号 GB	ISC	C	Cr	Mo	Co	W	Al	Ti	Fe ≤	Si ≤	Mn ≤	P ≤	S ≤	其 他
FGH 4095	P52495	0.04 ~ 0.09	12.0 ~ 14.0	3.30 ~ 3.70	7.00 ~ 9.00	3.30 ~ 3.70	3.30 ~ 3.70	2.30 ~ 2.70	0.50	0.20	0.15	0.015	0.015	B 0.006 ~ 0.015 +①
FGH 4096	P52496	0.02 ~ 0.05	15.0 ~ 16.0	3.80 ~ 4.20	12.5 ~ 13.5	3.80 ~ 4.20	2.00 ~ 2.40	3.50 ~ 3.90	0.50	0.20	0.15	0.015	0.015	B 0.006 ~ 0.015 +②
FGH 4097	P52497	0.02 ~ 0.06	8.00 ~ 10.0	3.50 ~ 4.20	15.0 ~ 16.0	4.80 ~ 5.90	4.85 ~ 5.25	1.60 ~ 2.00	0.50	0.20	0.15	0.015	0.009	B 0.006 ~ 0.015 +③

注：Ni 为余量。
① Nb 3.30 ~ 3.70，Zr 0.03 ~ 0.07，Ta≤0.02。
② Ce 0.005 ~ 0.010，Nb 0.60 ~ 1.00，Zr 0.025 ~ 0.050，Ta≤0.02。
③ Ce 0.005 ~ 0.010，Nb 2.40 ~ 2.80，Zr 0.010 ~ 0.015，Mg 0.002 ~ 0.050，Hf 0.10 ~ 0.40。

B）弥散强化高温合金的牌号与化学成分（表3-1-27）

表 3-1-27 弥散强化高温合金的牌号与化学成分（质量分数）（%）

牌号和代号 GB	ISC	C ≤	Cr	Ni	Mo	W	Al	Ti	Fe	S≤	其 他
MGH 2756	H92756	0.10	18.5 ~ 21.5	≤0.50	—	—	3.75 ~ 5.75	0.20 ~ 0.60	余量	—	Y₂O₃ 0.30 ~ 0.70
MGH 2757	H92757	0.20	9.00 ~ 15.0	≤1.00	0.20 ~ 1.50	1.00 ~ 3.00	—	0.30 ~ 2.50	余量	—	Y₂O₃ 0.20 ~ 1.00
MGH 2754	H92754	0.05	18.5 ~ 21.5	余量	—	—	0.25 ~ 0.55	0.40 ~ 0.70	≤1.20	0.005	Y₂O₃ 0.50 ~ 0.70 [O]≤0.50
MGH 2755	H92755	0.10	25.0 ~ 35.0	余量	—	—	—	—	≤4.00		Y₂O₃ 0.10 ~ 2.00
MGH 2758	H92758	0.05	28.0 ~ 32.0	余量	—	—	0.25 ~ 0.55	0.40 ~ 0.70	≤1.20	0.005	Cu 0.50 ~ 1.50 Y₂O₃ 0.50 ~ 0.70 [O]≤0.50

（4）中国 GB 标准焊接用高温合金丝〔GB/T 14992—2005〕

焊接用高温合金丝的牌号与化学成分（表3-1-28）

表 3-1-28 焊接用高温合金丝的牌号与化学成分（质量分数）（%）

牌号和代号 GB	ISC	C	Cr	Ni	Mo	W	Al	Ti	Fe	Si	Mn	P ≤	S ≤	其 他
HGH 1035	W51035	0.06 ~ 0.12	20.0 ~ 23.0	35.0 ~ 40.0	—	2.50 ~ 3.50	≤0.50	0.70 ~ 1.20	余量	≤0.80	≤0.70	0.020	0.020	Cu≤0.20 Ce≤0.050
HGH 1040	W51040	≤0.10	15.0 ~ 17.5	24.0 ~ 27.0	5.50 ~ 7.00	—	—	—	余量	0.50 ~ 1.00	1.00 ~ 2.00	0.030	0.020	Cu≤0.20 N 0.10 ~ 0.20
HGH 1068	W51068	≤0.10	14.0 ~ 16.0	21.0 ~ 23.0	2.00 ~ 3.00	7.00 ~ 8.00	—	—	余量	≤0.20	5.00 ~ 6.00	0.010	0.010	Ce≤0.020
HGH 1131	W51131	≤0.10	19.0 ~ 22.0	25.0 ~ 30.0	2.80 ~ 3.50	4.80 ~ 6.00	—	—	余量	≤0.80	≤1.20	0.020	0.020	Nb 0.70 ~ 1.30 B≤0.005 N 0.15 ~ 0.30

（续）

牌号和代号 GB	牌号和代号 ISC	C	Cr	Ni	Mo	W	Al	Ti	Fe	Si	Mn	P ≤	S ≤	其 他
HGH 1139	W51139	≤0.12	23.0~26.0	14.0~18.0	—	—	—	—	余量	≤1.00	5.00~7.00	0.030	0.025	Cu≤0.20 B≤0.010 N 0.25~0.45
HGH 1140	W51140	0.06~0.12	20.0~23.0	35.0~40.0	2.00~2.50	1.40~1.80	0.20~0.60	0.70~1.20	余量	≤0.80	≤0.70	0.020	0.015	—
HGH 2036	W52036	0.34~0.40	11.5~13.5	7.00~9.00	1.10~1.40		—	≤0.12	余量	0.30~0.80	7.50~9.50	0.035	0.030	V 1.25~1.55 Nb 0.25~0.50
HGH 2038	W52038	≤0.10	10.0~12.5	18.0~21.0	—	—	≤0.50	2.30~2.80	余量	≤1.00	≤1.00	0.030	0.020	Cu≤0.20 B≤0.008
HGH 2042	W52042	≤0.05	11.5~13.0	34.5~36.5		—	0.90~1.20	2.70~3.20	余量	≤0.60	0.80~1.30	0.020	0.020	Cu≤0.20
HGH 2132	W52132	≤0.08	13.5~16.0	24.5~27.0	1.00~1.50		≤0.35	1.75~2.35	余量	0.40~1.00	1.00~2.00	0.020	0.015	V 0.10~0.50 B 0.001~0.010
HGH 2135	W52135	≤0.06	14.0~16.0	33.0~36.0	1.70~2.20	1.70~2.20	2.40~2.80	2.10~2.50	余量	≤0.50	≤0.40	0.020	0.020	Ce≤0.030 B≤0.015
HGH 2150	W52150	≤0.06	14.0~16.0	45.0~50.0	4.50~6.00	2.50~3.50	0.80~1.30	1.80~2.40	余量	≤0.40	≤0.40	0.015	0.015	Nb 0.90~1.40 Zr≤0.050 Cu≤0.07 Ce≤0.020 B≤0.010
HGH 3030	W53030	≤0.12	19.0~22.0	余量	—	—	≤0.15	0.15~0.35	≤1.00	≤0.80	≤0.70	0.015	0.010	Cu≤0.20
HGH 3039	W53039	≤0.08	19.0~22.0	余量	1.80~2.30		0.35~0.75	0.35~0.75	≤3.00	≤0.80	≤0.40	0.020	0.012	Nb 0.90~1.30 Cu≤0.20
HGH 3041	W53041	≤0.25	20.0~23.0	72.0~78.0	—	—	≤0.06	—	≤1.70	≤0.60	0.20~1.50	0.035	0.030	Cu≤0.20
HGH 3044	W53044	≤0.10	23.5~26.5	余量	—	13.0~16.0	≤0.50	0.30~0.70	≤4.00	≤0.80	≤0.50	0.013	0.013	Cu≤0.20
HGH 3113	W53113	≤0.08	14.5~16.5	余量	15.0~17.0	3.00~4.50	—	—	4.00~7.00	≤1.00	≤1.00	0.015	0.015	V≤0.35 Cu≤0.20
HGH 3128	W53128	≤0.05	19.0~22.0	余量	7.50~9.00	7.50~9.00	0.40~0.80	0.40~0.80	≤2.00	≤0.80	≤0.50	0.013	0.013	Zr≤0.060 Ce≤0.050 B≤0.005
HGH 3367	W53367	≤0.06	14.0~16.0	余量	14.0~16.0	—	—	—	≤4.00	≤0.30	1.00~2.00	0.015	0.010	—
HGH 3533	W53533	≤0.08	17.0~20.0	余量	7.00~9.00	7.00~9.00	≤0.40	2.30~2.90	≤3.00	≤0.30	≤0.60	0.010	0.010	—
HGH 3536	W53536	0.05~0.15	20.5~23.0	余量	8.00~10.0	0.20~1.00	—	—	17.0~20.0	≤1.00	≤1.00	0.025	0.025	Co 0.50~2.50 B≤0.010
HGH 3600	W53600	≤0.10	14.0~17.0	≥72.0	—	—	—	—	—	≤0.50	≤1.00	0.020	0.015	Co≤1.00 Cu≤0.50 Fe 6.00~10.0

（续）

牌号和代号		C	Cr	Ni	Mo	W	Al	Ti	Fe	Si	Mn	P ≤	S ≤	其 他
GB	ISC													
HGH 4033	W54033	≤0.06	19.0 ~ 22.0	余量	—	—	0.60 ~ 1.00	2.40 ~ 2.80	≤1.00	≤0.65	≤0.35	0.015	0.007	Cu≤0.07 Ce≤0.010 B≤0.010
HGH 4145	W54145	≤0.08	14.0 ~ 17.0	余量	—	—	0.40 ~ 1.00	2.50 ~ 2.75	5.00 ~ 9.00	≤0.50	≤1.00	0.020	0.010	Nb 0.70 ~ 1.20 Cu≤0.20
HGH 4169	W54169	≤0.08	17.0 ~ 21.0	50.0 ~ 55.0	2.80 ~ 3.30	—	0.20 ~ 0.60	0.65 ~ 1.15	余量	≤0.30	≤0.35	0.015	0.015	Nb 4.75 ~ 5.50 B≤0.006
HGH 4356	W54356	≤0.08	17.0 ~ 20.0	余量	4.00 ~ 5.00	4.00 ~ 5.00	1.00 ~ 1.50	2.20 ~ 2.80	≤4.00	≤0.50	≤1.00	0.015	0.010	Ce≤0.010 B≤0.010
HGH 4642	W54642	≤0.04	14.0 ~ 16.0	余量	12.0 ~ 14.0	2.00 ~ 4.00	0.60 ~ 0.90	1.30 ~ 1.60	≤4.00	≤0.35	≤0.60	0.010	0.010	Ce≤0.020
HGH 4648	W54648	≤0.10	32.0 ~ 35.0	余量	2.30 ~ 3.30	4.30 ~ 5.30	0.50 ~ 1.10	0.50 ~ 1.10	≤4.00	≤0.40	≤0.50	0.015	0.010	Nb 0.50 ~ 1.10 Ce≤0.030 B≤0.008

3.1.5　耐蚀合金牌号

（1）中国 GB 标准变形耐蚀合金的牌号与化学成分 ［GB/T 15007—2017］（表 3-1-29）

表 3-1-29　变形耐蚀合金的牌号与化学成分（质量分数）（%）

牌号和代号		C	Cr	Ni	Mo	Cu	Al	Ti	Fe	Si	Mn	P ≤	S ≤	其 他
GB	ISC													
NS1101	H08800	≤0.10	19.0 ~ 23.0	30.0 ~ 35.0	—	≤0.75	0.15 ~ 0.60	0.15 ~ 0.60	≥39.5	≤1.00	≤1.50	0.030	0.015	—
NS1102	H08810	0.05 ~ 0.10	19.0 ~ 23.0	30.0 ~ 35.0	—	≤0.75	0.15 ~ 0.60	0.15 ~ 0.60	≥39.5	≤1.00	≤1.50	0.030	0.015	—
NS1103	H01103	≤0.030	24.0 ~ 26.5	34.0 ~ 37.0	—	—	0.15 ~ 0.45	0.15 ~ 0.60	余量	0.30 ~ 0.70	0.50 ~ 1.50	0.030	0.030	—
NS1104	H08811	0.06 ~ 0.10	19.0 ~ 23.0	30.0 ~ 35.0	—	≤1.0	0.15 ~ 0.60	0.15 ~ 0.60	≥39.5	≤1.00	≤1.50	0.030	0.030	（Al + Ti） 0.85 ~ 1.20
NS1105	H08330	≤0.08	17.0 ~ 20.0	34.0 ~ 37.0	—	≤1.0	—	—	余量	0.75 ~ 1.50	≤2.00	0.030	0.030	Sn≤0.025 Pb≤0.005
NS1106	H08332	0.05 ~ 0.10	17.0 ~ 20.0	42.0 ~ 44.0	12.5 ~ 13.5	—	—	—	余量	≤0.70	≤2.00	0.030	0.030	Sn≤0.025 Pb≤0.005
NS1301	H01301	≤0.05	19.0 ~ 21.0	42.0 ~ 44.0	12.5 ~ 13.5	—	—	—	余量	≤0.70	≤1.00	0.030	0.030	—
NS1401	H01401	≤0.030	25.0 ~ 27.0	34.0 ~ 37.0	2.0 ~ 3.0	3.0 ~ 4.0	—	0.40 ~ 0.90	余量	≤0.70	≤1.00	0.030	0.030	—
NS1402	H08825	≤0.05	19.0 ~ 23.5	38.0 ~ 46.0	2.5 ~ 3.5	1.5 ~ 3.0	≤0.20	0.60 ~ 1.20	≥22.0	≤0.50	≤1.00	0.030	0.030	—

（续）

牌号和代号 GB	ISC	C	Cr	Ni	Mo	Cu	Al	Ti	Fe	Si	Mn	P ≤	S ≤	其 他
NS1403	H08020	≤0.07	19.0 ~ 21.0	32.0 ~ 38.0	2.0 ~ 3.0	3.0 ~ 4.0	—	—	余量	≤1.00	≤2.00	0.030	0.030	Nb[①] 8C ~ 1.00
NS1404	H08028	≤0.030	26.0 ~ 28.0	30.0 ~ 34.0	3.0 ~ 4.0	0.6 ~ 1.4	—	—	余量	≤1.00	≤2.50	0.030	0.030	—
NS1405	H08535	≤0.030	24.0 ~ 27.0	29.0 ~ 36.5	2.5 ~ 4.0	≤1.50	—	—	余量	≤0.50	≤1.00	0.030	0.030	—
NS1501	H01501	≤0.030	≤0.010	22.0 ~ 24.0	余量	—	—	—	34.0 ~ 36.0	—	≤1.00	1.00	0.030	W 7.0 ~ 8.0 N 0.17 ~ 0.24
NS1502	H08120	0.02 ~ 0.10	23.0 ~ 27.0	35.0 ~ 39.0	≤2.5	≤0.50	≤0.40	≤0.20	余量	≤1.00	≤1.50	0.040	0.030	W≤2.5，Co≤3.0 Nb 0.4 ~ 0.9 N 0.15 ~ 0.30 B≤0.010
NS1601	H01601	≤0.015	26.0 ~ 28.0	30.0 ~ 32.0	6.0 ~ 7.0	0.50 ~ 1.5	—	—	余量	≤0.30	≤2.00	0.020	0.010	N 0.15 ~ 0.25
NS1602	H01602	≤0.015	31.0 ~ 35.0	余量	0.50 ~ 2.0	0.30 ~ 1.20	—	—	30.0 ~ 33.0	≤0.50	≤2.00	0.020	0.010	0.35 ~ 0.60
NS2401	H09925	≤0.030	19.5 ~ 22.5	42.0 ~ 46.0	2.5 ~ 3.5	1.5 ~ 3.0	0.1 ~ 0.5	1.9 ~ 2.4	≥22.0	≤0.50	≤1.00	0.030	0.030	Nb≤0.5
NS3101	H03101	≤0.06	28.0 ~ 31.0	余量	—	—	≤0.30	—	≤1.0	≤0.50	≤1.20	0.020	0.020	—
NS3102	H06600	≤0.15	14.0 ~ 17.0	≥72.0	—	≤0.50	—	—	6.0 ~ 10.0	≤0.50	≤1.00	0.030	0.015	—
NS3103	H06601	≤0.10	21.0 ~ 25.0	58.0 ~ 63.0	—	≤1.00	1.00 ~ 1.70	—	余量	≤0.50	≤1.00	0.030	0.015	—
NS3104	H03104	≤0.030	35.0 ~ 38.0	余量	—	—	0.20 ~ 0.50	—	≤1.0	≤0.50	≤1.00	0.030	0.020	—
NS3105	H06690	≤0.05	27.0 ~ 31.0	≥58.0	—	≤0.50	—	—	7.0 ~ 11.0	≤0.50	≤0.50	0.030	0.015	—
NS3201	H10001	≤0.05	≤1.00	余量	26.0 ~ 30.0	—	—	—	4.0 ~ 6.0	≤1.00	≤1.00	0.030	0.030	Co≤2.5 Nb 0.20 ~ 0.40
NS3202	H10665	≤0.020	≤1.00	余量	26.0 ~ 30.0	—	—	—	≤2.0	≤0.10	≤1.00	0.040	0.030	Co≤1.0
NS3203	H10675	≤0.01	1.0 ~ 3.0	≥65.0	27.0 ~ 32.0	≤0.20	≤0.50	≤0.20	1.0 ~ 3.0	≤0.10	≤3.00	0.030	0.010	Ta≤0.20，Zr≤0.10 （Ni + Mo）94 ~ 98 W≤3.0，Co≤3.00 Nb≤0.20，V≤0.20
NS3204	H10269	≤0.010	0.5 ~ 1.5	≥65.0	26.0 ~ 30.0	≤0.50	0.1 ~ 0.50	—	1.0 ~ 6.0	≤0.05	≤1.5	0.040	0.010	Co≤2.5

（续）

牌号和代号		C	Cr	Ni	Mo	Cu	Al	Ti	Fe	Si	Mn	P ≤	S ≤	其　他
GB	ISC													
NS3301	H03301	≤0.030	14.0~17.0	余量	2.0~3.0	—	—	0.40~0.90	≤8.0	≤0.70	≤1.00	0.030	0.020	—
NS3302	H03302	≤0.030	17.0~19.0	余量	16.0~18.0	—	—	—	≤1.0	≤0.70	≤1.00	0.030	0.030	—
NS3303	H03303	≤0.08	14.5~16.5	余量	15.0~17.0	—	—	—	4.0~7.0	≤1.00	≤1.00	0.040	0.030	
NS3304	H10276	≤0.010	14.5~16.5	余量	15.0~17.0	—	—	—	4.0~7.0	≤0.08	≤1.00	0.040	0.030	W 3.0~4.5 Co≤2.5, V≤0.35
NS3305	H06455	≤0.015	14.0~18.0	余量	14.0~17.0	—	—	≤0.70	≤3.0	≤0.08	≤1.00	0.040	0.030	Co≤2.0
NS3306	H06625	≤0.10	20.0~23.0	余量	8.0~10.0	—	≤0.40	≤0.40	≤5.0	≤0.50	≤0.50	0.015	0.015	Co≤1.0 Nb 3.15~4.15
NS3307	H03307	≤0.030	19.0~21.0	余量	15.0~17.0	≤0.10	—	—	≤5.0	≤0.40	0.50~1.50	0.020	0.020	Co≤1.0
NS3308	H06022	≤0.015	20.0~22.5	余量	12.5~14.5	—	—	—	2.0~6.0	≤0.08	≤0.50	0.020	0.020	W 2.5~3.5 Co≤2.5, V≤0.35
NS3309	H06686	≤0.010	19.0~23.0	余量	15.0~17.0	—	—	0.02~0.25	≤5.0	≤0.08	≤0.75	0.040	0.020	W 3.0~4.4
NS3310	H06950	≤0.015	19.0~21.0	余量	8.0~10.0	≤0.50	≤0.40	—	15.0~20.0	≤1.00	≤1.00	0.040	0.015	W≤1.0, Co≤2.5 Nb≤0.5
NS3311	H06059	≤0.010	22.0~24.0	余量	15.0~16.5	≤0.50	0.10~0.40	—	≤1.5	≤0.10	≤0.50	0.015	0.010	Co≤0.3
NS3312	H06002	0.05~0.15	20.5~23.0	余量	8.0~10.0	—	—	—	17.0~20.0	≤1.00	≤1.00	0.04	0.03	W 0.20~1.00 Co 0.50~2.50
NS3313	H06230	0.05~0.15	20.0~24.0	余量	1.0~3.0	—	≤0.50	—	≤3.0	0.25~0.75	0.30~1.00	0.030	0.015	W 13.0~15.0 Co≤5.0, B≤0.015 La 0.005~0.050
NS3401	H03401	≤0.030	19.0~21.0	余量	2.0~3.0	1.0~2.0	—	0.40~0.90	≤7.0	≤0.70	≤1.00	0.030	0.030	—
NS3402	N06007	≤0.05	21.0~23.5	余量	5.5~7.5	1.5~2.5	—	—	18.0~21.0	≤1.0	1.0~2.0	0.040	0.030	W≤1.0, Co≤2.5 Nb[1] 1.75~2.50
NS3403	H06985	≤0.015	21.0~23.5	余量	6.0~8.0	1.5~2.5	—	—	18.0~21.0	≤1.0	≤1.0	0.040	0.030	W≤1.5, Co≤5.0 Nb[1]≤0.50
NS3404	H06030	≤0.030	28.0~31.5	余量	4.0~6.0	1.0~2.4	—	—	13.0~17.0	≤0.80	≤1.50	0.04	0.020	W 1.5~4.0,Co≤5.0 Nb[1]0.30~1.50

（续）

牌号和代号 GB	ISC	C	Cr	Ni	Mo	Cu	Al	Ti	Fe	Si	Mn	P ≤	S ≤	其 他
NS3405	H06200	≤0.010	22.0~24.0	余量	15.0~17.0	1.3~1.9	≤0.50	—	≤3.0	≤0.08	≤0.50	0.025	0.010	Co≤2.0
NS4101	H04101	≤0.05	19.0~21.0	余量	—		0.40~1.00	2.25~2.75	5.0~9.0	≤0.80	≤1.00	0.030	0.030	Nb 0.70~1.20
NS4102	H07750	≤0.08	14.0~17.0	≥70.0②	—	≤0.50	0.40~1.00	2.25~2.75	5.0~9.0	≤0.50	≤1.00	—	0.010	Co≤1.0 Nb①0.70~1.20
NS4103	H07751	≤0.10	14.0~17.0	≥70.0②	—	≤0.50	0.90~1.50	2.0~2.60	5.0~9.0	≤0.50	≤1.00	—	0.010	Nb①0.70~1.20
NS4301①	H07718	≤0.08	17.0~21.0	50.0~55.0②	2.8~3.3	≤0.30	0.20~0.80	0.65~1.15	余量	≤0.35	≤0.35	0.015	0.015	Co≤1.0 Nb①4.75~5.50 B≤0.006
NS5200	H02200	≤0.15	—	≥99.0		≤0.25			≤0.40	≤0.35	≤0.35		0.010	—
NS5201	H02201	≤0.020	—	≥99.0		≤0.25			≤0.40	≤0.35	≤0.35		0.010	—
NS6400	H04400	≤0.30	—	≥63.0		28.0~34.0			≤2.5	≤0.50	≤2.00		0.024	—
NS6500	H05500	≤0.25	—	≥63.0		27.0~33.0	2.30~3.15	0.35~0.85	≤2.0	≤0.50	≤1.50		0.010	—

① Nb 为 Nb + Ta。

② Ni 为 Ni + Co。

（2）中国 GB 标准焊接用变形耐蚀合金的牌号与化学成分 ［GB/T 15007—2017］（表3-1-30）

表 3-1-30　焊接用变形耐蚀合金的牌号与化学成分（质量分数）（%）

牌号和代号 GB	ISC	C	Cr	Ni	Mo	Cu	Al	Ti	Fe	Si	Mn	P ≤	S ≤	其 他
HNS1402	W58825	≤0.05	19.5~23.5	38.0~46.0	2.5~3.5	1.5~3.0	≤0.20	0.6~1.2	≥22.0	≤0.50	≤1.0	≤0.020	≤0.015	—
HNS1403	W58020	≤0.07	—	32.0~38.0	2.0~3.0	3.0~4.0			余量	≤1.00	≤2.0	≤0.020	≤0.015	Nb①8C~1.00
HNS3101	W53101	≤0.06	28.0~31.0	余量	—	—	≤0.30		≤1.0	≤0.50	≤1.2	≤0.020	≤0.015	—
HNS3103②	W56601	≤0.10	21.0~25.0	58.0~63.0	—	≤1.0	1.0~1.7		余量	≤0.50	≤1.0	≤0.03	≤0.015	—
HNS3106②	W56082	≤0.10	18.0~22.0	≥67.0		≤0.50		≤0.75	≤3.0	≤0.50	2.5~3.5	≤0.03	≤0.015	Nb 2.0~3.0
HNS3152②	W56052	≤0.04	28.0~31.5	余量	≤0.50	≤0.30	≤1.10	≤1.0	7.0~11.0	≤0.50	≤1.0	≤0.02	≤0.015	Nb≤0.10
HNS3154②	W56054	≤0.04	28.0~31.5	余量	≤0.50	≤0.30	≤1.10	≤1.0	7.0~11.0	≤0.50	≤1.0	≤0.02	≤0.015	Co≤1.2 Nb≤0.50

（续）

牌号和代号		C	Cr	Ni	Mo	Cu	Al	Ti	Fe	Si	Mn	P ≤	S ≤	其 他
GB	ISC													
HNS3201	W10001	≤0.05	≤1.0	余量	26.0~30.0	≤0.50	—	—	4.0~6.0	≤1.0	≤1.0	0.00	0.015	Co≤2.5 V0.20~0.10
HNS3202	W10665	≤0.02	≤1.0	余量	26.0~30.0	≤0.50	—	—	≤2.0	≤1.0	≤1.0	0.00	0.015	Co≤1.0 V0.20~0.10
HNS3304②	W50276	≤0.02	14.5~16.5	余量	15.0~17.0	≤0.50	—	—	4.0~7.0	≤0.08	≤1.0	0.04	0.03	W3.0~4.5 Co≤2.5 V≤0.35
HNS3306②	W56625	≤0.10	20.0~23.0	≥58.0	8.0~10.0	≤0.50	≤0.40	≤0.40	≤5.0	≤0.50	≤0.50	0.02	0.015	Nb3.15~4.15
HNS3312②	W56600	0.05~0.15	20.5~23.0	余量	8.0~10.0	≤0.50	—	—	17.0~20.0	≤1.0	≤1.0	0.04	0.03	W0.2~1.0 Co0.50~2.50
HNS5206②	W55206	≤0.15	—	≥93.0	—	≤0.25	≤1.5	2.0~3.5	≤1.0	≤0.75	≤1.0	0.03	0.015	—
HNS6406②	W56406	≤0.15	—	62.0~69.0	—	余量	≤1.25	1.5~3.0	≤2.5	≤1.25	≤4.0	0.02	0.015	—

① Nb 为 Nb + Ta。

② 表中未注明的其他元素的总量应≤0.50%。

（3）中国 GB 标准铸造耐蚀合金的牌号与化学成分 ［GB/T 15007—2017］（表3-1-31）

表3-1-31　铸造耐蚀合金的牌号与化学成分（质量分数）（%）

牌号和代号		C	Cr	Ni	Mo	Fe	Si	Mn	P ≤	S ≤	其 他
GB	ISC										
ZNS1301	C71301	≤0.050	19.5~23.5	38.0~44.0	2.5~3.5	余量	≤1.0	≤1.0	0.030	0.030	Nb0.6~1.2
ZNS3101	C73101	≤0.40	14.0~17.0	余量	—	≤11.0	≤3.0	≤1.5	0.030	0.030	—
ZNS3201	C73201	≤0.12	≤1.00	余量	26.0~30.0	4.0~6.0	≤1.00	≤1.00	0.040	0.030	V0.20~0.60
ZNS3202	C73202	≤0.07	≤1.00	余量	30.0~33.0	≤3.00	≤1.00	≤1.00	0.040	0.040	—
ZNS3301	C73301	≤0.12	15.5~17.0	余量	16.0~18.0	4.5~7.5	≤1.00	≤1.00	0.040	0.030	W3.75~5.25 V0.20~0.40
ZNS3302	C73302	≤0.07	17.0~20.0	余量	17.0~20.0	≤3.0	≤1.00	≤1.00	0.040	0.030	—
ZNS3303	C73303	≤0.020	15.0~17.5	余量	15.0~17.5	≤2.0	≤0.80	≤1.00	0.030	0.030	W≤1.0
ZNS3304	C73304	≤0.020	15.0~16.5	余量	15.0~16.5	≤1.50	≤0.50	≤1.00	0.020	0.020	—
ZNS3305	C73305	≤0.05	20.00~22.50	余量	12.5~14.5	2.0~6.0	≤0.80	≤1.00	0.025	0.025	W2.5~3.5 V≤0.35
ZNS4301	C74301	≤0.06	20.0~23.0	余量	8.0~10.0	≤5.0	≤1.00	≤1.00	0.015	0.015	Nb3.15~4.15

（4）变形耐蚀合金的主要特性和用途（表3-1-32）

表3-1-32　变形耐蚀合金的主要特性和用途

数字编号	牌号	主 要 特 性	用 途 举 例
GB/T 15007—2017			
NS1101	H08800	抗氧化性介质腐蚀，高温抗渗碳性良好	用于化工、石油化工和食品处理，核工程，用作热交换器及蒸汽发生器管、合成纤维的加热管以及电加热元件护套

（续）

数字编号 GB/T 15007—2017	牌号	主 要 特 性	用 途 举 例
NS1102	H08810	抗氧化性介质腐蚀，抗高温渗碳，热强度高	合成纤维工程中的加热管、炉管及耐热构件等多晶硅冷氢化反应器、加热器、换热器
NS1103	H01103	耐高温高压水的应力腐蚀及苛性介质应力腐蚀	核电站的蒸汽发生器管
NS1104	H08811	抗氧化性介质腐蚀，抗高温渗碳，热强度高	热交换器、加热管、炉管及耐热构件等
NS1105	H08330	抗氧化性介质腐蚀，抗高温渗碳，热强度高	加热管、炉管及耐热构件等
NS1106	H08332	抗氧化性介质腐蚀，抗高温渗碳，热强度高	加热管、炉管及耐热构件等
NS1301	H01301	在含卤素离子氧化-还原复合介质中耐点腐蚀	湿法冶金、制盐、造纸及合成纤维工业的含氯离子环境
NS1401	H01401	耐氧化-还原介质腐蚀及氯化物介质的应力腐蚀	硫酸及含有多种金属离子和卤族离子的硫酸装置
NS1402	H08825	耐氧化物应力腐蚀及氧化-还原性复合介质腐蚀	热交换器及冷凝器、含多种离子的硫酸环境；油气集输管道用复合管内衬；高压空冷器
NS1403	H08020	耐氧化-还原性复合介质腐蚀	硫酸环境及含有卤族离子及金属离子的硫酸溶液中应用，如湿法冶金及硫酸工业装置
NS1404	H08028	抗氯化物、磷酸、硫酸腐蚀	烟气脱硫系统、造纸工业、磷酸生产、有机酸和酯合成；油气田用油井管
NS1405	H08535	耐强氧化性酸、氯化物、氢氟酸腐蚀	硫酸设备、硝酸-氢氟酸酸洗设备、热交换器
NS2401	H09925	与 NS1402 合金耐腐蚀性能相当，但通过时效强化可以获得更好的强度，具有较好的抗 H_2S 应力腐蚀能力	油气田井下及地面工器具及海工装备泵、阀及高强度管道系统
NS3101	H03101	抗强氧化性及含氟离子高温硝酸腐蚀，无磁	高温硝酸环境及强腐蚀条件下的无磁构件
NS3102	H06600	耐高温氧化物介质腐蚀，耐应力腐蚀和碱腐蚀	热处理及化学加工工业装置、核电和汽车工程
NS3103	H06601	抗强氧化性介质腐蚀，高温强度高	强腐蚀性核工程废物烧结处理炉、热处理炉、辐射管、煤化工高温部件
NS3104	H03104	耐强氧化性介质及高温硝酸、氢氟酸混合介质腐蚀	核工业中靶件及元件的溶解器
NS3105	H06690	抗氯化物及高温高压水应力腐蚀，耐强氧化性介质及 HNO_a-HF 混合腐蚀	核电站热交换器、蒸发器管、隔板、核工程化工后处理耐蚀构件
NS3201	H10001	耐还原性介质腐蚀	热浓盐酸及氯化氢气体装置及部件
NS3202	H10665	耐强还原性介质腐蚀，改善抗晶间腐蚀性	盐酸及中等浓度硫酸环境（特别是高温下）的装置
NS3203	H10675	耐强还原性介质腐蚀	盐酸及中等浓度硫酸环境（特别是高温下）的装置
NS3204	H10629	耐强还原性介质腐蚀	盐酸及中等浓度硫酸环境（特别是高温下）的装置
NS3301	H03301	耐高温氟化氢、氯化氢气体及氟气腐蚀易形焊接	化工、核能及有色冶金中高温氟化氢炉管及容器
NS3302	H03302	耐含氯离子的氧化-还原介质腐蚀，耐点腐蚀	湿氯、亚硫酸、次氯酸、硫酸、盐酸及氯化物溶液装置
NS3303	H03303	耐卤族及其化合物腐蚀	强腐蚀性氧化-还原复合介质及高温海水中应用装置

（续）

数字编号 GB/T 15007—2017	牌号	主 要 特 性	用 途 举 例
NS3304	H10276	耐氧化性氯化物水溶液及湿氯、次氯酸盐腐蚀	强腐蚀性氧化-还原复合介质及高温海水中的焊接构件、核电主泵电机屏蔽套、烟气脱硫装备
NS3305	H06455	耐含氯离子的氧化-还原复合腐蚀，组织热稳定性好	湿氯、次氯酸、硫酸、盐酸、混合酸、氯化物装置，焊后直接应用
NS3306	H06625	耐氧化-还原复合介质、耐海水腐蚀，缝隙腐蚀和且热强度高，耐高温氧化	用于航空航天工程，燃气轮机，化学加工，石油和天然气开采，污染控制，海洋和核工程
NS3307	H03307	焊接材料，焊接覆盖面大，耐苛刻环境腐蚀	多种高铬钼镍基合金的焊接及与不锈钢的焊接
NS3308	H06022	耐含氯离子的氧化性溶液腐蚀	用于醋酸、磷酸制造、核燃料回收、热交换器，堆焊阀门
NS3309	H06686	在酸性氯化物环境中具有最佳的抗局部腐蚀性和良好的耐氧化性、还原性和混合性	用于污染控制、废物处理和工业应用领域的腐蚀性腐蚀环境
NS3310	H06950	耐酸性气体腐蚀，抗硫化物应力腐蚀	用于含有二氧化碳，氯离子和高硫化氢的酸性气体环境中的管件
NS3311	H06059	耐硝酸、磷酸、硫酸和盐酸腐蚀，抗氯离子应力腐蚀	用于含氯化物的有机化工工业、造纸工业、脱硫装置
NS3312	H06002	优秀的抗高温氧化，优良的高温持久蠕变性	用于航空、海洋和陆地基地燃气涡轮发动机燃烧室和其他制造组件，也用于热处理和核工程
NS3313	H06230	优秀的抗高温氧化，优良的高温持久蠕变性	用于航空、海洋和陆地基地燃气涡轮发动机燃烧室和其他制造组件
NS3401	H03401	耐含氟、氯离子的酸性介质的冲刷冷凝腐蚀	用于化工及湿法冶金凝器和炉管、容器
NS3402	H06007	具有优良的耐腐蚀，耐所有的浓度和温度的盐酸耐氯化氢、硫酸、醋酸、磷酸，应力腐蚀开裂	用于含有硫酸和磷酸的化工设备
NS3403	H06985	优异的耐盐酸和其他强还原物质，较高的热稳定性和耐应力腐蚀开裂性能	用于含有硫酸和磷酸的化工设备
NS3404	H06030	耐强氧化性的复杂介质和磷酸腐蚀	用于磷酸、硫酸、硝酸及核燃料制造、后处理等设备中
NS3405	H06200	耐氧化性、还原性的硫酸、盐酸、氢氟酸的腐蚀	用于化工设备中的反应器、热交换器、阀门、泵等
NS4101	H04101	抗强氧化性介质腐蚀，可沉淀硬化，耐腐蚀冲击	用于硝酸等氧化性酸中工作的球阀及承载构件
NS4102	H07750	优良的高温拉伸、长期持久、蠕变性能	用于燃气轮机工程、模具、紧固件、弹簧和汽车零部件
NS4103	H07751	优良的高温拉伸、长期持久、蠕变性能	用于内燃机排气阀
NS4301	H07718	高温下具有高强度和高耐腐蚀性	用于航空航天、燃气轮机、石油和天然气的提取、核工程
NS5200	H02200	良好力学性能和耐腐蚀性能	用于烧碱和合成纤维及食品处理
NS5201	H02201	良好力学性能和耐腐蚀性能	用于烧碱和合成纤维及食品处理
NS6400	H04400	具有高强度和优良的耐海水介质、稀氢氟酸和硫酸的酸和碱性能	用于海洋和海洋工程、盐生产、给水加热器管、化工和油气加工
NS6500	H05500	具有更高强度和优良的耐海水介质、稀氢氟酸和硫酸的酸和碱性能	用于泵轴、油井工具、刮刀、弹簧、紧固件和船舶螺旋桨轴

（5）焊接用变形耐蚀合金的常用焊接方法、主要特性和用途（表3-1-33）

表3-1-33　焊接用变形耐蚀合金的常用焊接方法、主要特性和用途

数字编号 GB/T 15007—2017	牌号	常用焊接方法	主要特性	用　途
HNS1402	W58825	适用于钨极气体保护焊、金属极气体保护焊	焊缝金属具有高强度，在较宽的温度范围内，具有抗局部腐蚀，如点蚀和缝隙腐蚀	可用于焊接 NS1402 镍基合金、奥氏体不锈钢，也可用于钢的表面堆焊和复合金属的焊接
HNS3103	W56601	适用于钨极气体保护焊、金属极气体保护焊和埋弧焊	焊缝金属具有可在温度1150℃或较低温度下的暴露与硫化氢或二氧化硫等环境下应用	适用于 NS3103 镍基合金和钢的表面堆焊
HNS3106	W56082	适用于钨极气体保护焊、金属极气体保护焊、埋弧焊、电渣焊和等离子	焊缝金属具有耐高温氧化、持久、蠕变性能	可用于焊接 NS3102、NS3103、NS3105、NS1101、NS1102、NS1104、NS1105、NS1106 等合金，也用于钢的表面进行堆焊、异种钢的焊接
HNS3152	W56052	适用于钨极气体保护焊、金属极气体保护焊和埋弧焊	焊缝金属可以在应用中使用耐氧化酸	适用于核电用 NS3105 合金，M4107-M4108-M4109、16MND5-18MND5、M1111 等合金的焊接。提供更大的抗应力腐蚀环境开裂，也可用在大多数的低合金钢和不锈钢表面覆层
HNS3154	W56054	适用于钨极气体保护焊、金属极气体保护焊、埋弧焊和电渣焊	焊缝金属耐酸腐蚀性好。这种成分的焊缝特别能抵抗塑性开裂（DDC）和氧化物夹杂	适用于核电用 NS3105 合金，M4107-M4108-M4109、16MND5-18MND5、M1111 等合金的焊接。提供更大的抗应力腐蚀环境开裂，也可用在大多数的低合金钢和不锈钢表面覆层
HNS3304	W50276	适用于钨极气体保护焊、金属极气体保护焊和埋弧焊	焊缝金属在许多腐蚀介质中具有优异的耐腐蚀性，特别是耐点蚀和缝隙腐蚀	可用于 NS3304 合金和镍-铬-钼合金，它应用与堆焊钢，异种钢焊接的应用包括焊接 C-276 合金与其他镍合金，不锈钢和低合金钢
HNS3306	W56625	适用于钨极气体保护焊、金属极气体保护焊、埋弧焊、电渣焊和等离子等方法	焊缝金属具有高强度，在较宽的温度范围内，具有抗局部腐蚀，如点蚀和缝隙腐蚀	可用于焊接 NS3306、NS1402、NS1403 等合金及奥氏体不锈钢，也可用于钢的表面堆焊和复合金属的焊接
HNS3312	W56600		焊缝金属具有优异的强度和抗氧化性	可用于焊接 NS3312 和类似的镍-铬-钼合金，也用于钢的表面堆焊或异种钢焊接
HNS5206	W55206	适用于钨极气体保护焊、金属极气体保护焊和埋弧焊	焊缝金属具有良好的耐腐蚀性，特别是在碱性溶液中	可用于焊接 NS5200 和 NS5201 合金，也可用于钢材表面堆焊
HNS6406	W56406		焊缝金属具有良好的强度和抗腐蚀，适用于很多环境，如海水，盐，还原酸	可用于焊接 NS6400 和 NS6550 合金，也可用于钢的表面堆焊

B. 专业用钢和优良品种

3.1.6 不锈钢和耐热钢［GB/T 20878（2007）］

中国 GB 标准不锈钢和耐热钢的钢号系列及其化学成分（表 3-1-34）

表 3-1-34　不锈钢和耐热钢的钢号系列及其化学成分[①]（质量分数）（%）

序号	钢号[②]和代号 GB	ISC	C	Si	Mn	P ≤	S ≤	Cr	Ni	Mo	其他
					奥氏体型						
1	12Cr17Mn6Ni5N	S35350	≤0.15	≤1.00	5.50~7.50	0.050	0.030	16.00~18.00	3.50~5.50	—	N 0.05~0.25
2	10Cr17Mn9Ni4N	S35950	≤0.12	≤0.80	8.00~10.50	0.035	0.025	16.00~18.00	3.50~4.50	—	N 0.15~0.25
3	12Cr18Mn9Ni5N	S35450	≤0.15	≤1.00	7.50~10.00	0.050	0.030	17.00~19.00	4.00~6.00	—	N 0.05~0.25
4	20Cr13Mn9Ni4	S35020	0.15~0.25	≤0.80	8.00~10.00	0.035	0.025	12.00~14.00	3.70~5.00	—	—
5	20Cr15Mn15Ni2N	S35550	0.15~0.25	≤1.00	14.00~16.00	0.030	0.030	14.00~16.00	1.50~3.00	—	N 0.05~0.30
6	53Cr21Mn9Ni4N *	S35650	0.48~0.58	≤0.35	8.00~10.00	0.040	0.030	20.00~22.00	3.25~4.50	—	N 0.35~0.50
7	26Cr18Mn12Si2N *	S35750	0.22~0.30	1.40~2.20	10.50~12.50	0.050	0.030	17.00~19.00	—	—	N 0.22~0.33
8	22Cr20Mn10Ni2Si2N *	S35850	0.17~0.26	1.80~2.70	8.50~11.00	0.050	0.030	18.00~21.00	2.00~3.00	—	N 0.20~0.30
9	12Cr17Ni17	S30110	≤0.15	≤1.00	≤2.00	0.045	0.030	16.00~18.00	6.00~8.00	—	N≤0.10
10	022Cr17Ni7	S30103	≤0.030	≤1.00	≤2.00	0.045	0.030	16.00~18.00	5.00~8.00	—	N≤0.20
11	022Cr17Ni7N	S30153	≤0.030	≤1.00	≤2.00	0.045	0.030	16.00~18.00	5.00~8.00	—	N 0.07~0.20
12	17Cr18Ni9	S30220	0.13~0.21	≤1.00	≤2.00	0.035	0.025	17.00~19.00	8.00~10.50	—	—
13	12Cr18Ni9 *	S30210	≤0.15	≤1.00	≤2.00	0.045	0.030	17.00~19.00	8.00~10.00	—	N≤0.10
14	12Cr18Ni9Si3 *	S30240	≤0.15	2.00~3.00	≤2.00	0.045	0.030	17.00~19.00	8.00~10.00	—	N≤0.10
15	Y12Cr18Ni9	S30317	≤0.15	≤1.00	≤2.00	0.20	≥0.15	17.00~19.00	8.00~10.00	(0.60)	—
16	Y12Cr18Ni9Se	S30327	≤0.15	≤1.00	≤2.00	0.20	0.060	17.00~19.00	8.00~10.00	—	Se≥0.15
17	06Cr19Ni10 *	S30408	≤0.08	≤1.00	≤2.00	0.045	0.030	18.00~20.00	8.00~11.00	—	—
18	022Cr19Ni10	S30403	≤0.030	≤1.00	≤2.00	0.045	0.030	18.00~20.00	8.00~12.00	—	—
19	07Cr19Ni10	S30409	0.04~0.10	≤1.00	≤2.00	0.045	0.030	18.00~20.00	8.00~11.00	—	—
20	05Cr19Ni10Si2CeN	S30450	0.04~0.06	1.00~2.00	≤2.00	0.045	0.030	18.00~19.00	9.00~10.00	—	Ce 0.03~0.08 N 0.12~0.18
21	06Cr18Ni9Cu2	S30480	≤0.08	≤1.00	≤2.00	0.045	0.030	17.00~19.00	8.00~10.50	—	Cu 1.00~3.00
22	06Cr18Ni9Cu3	S30488	≤0.08	≤1.00	≤2.00	0.045	0.030	17.00~19.00	8.50~10.50	—	Cu 3.00~4.00
23	06Cr19Ni10N	S30458	≤0.08	≤1.00	≤2.00	0.045	0.030	18.00~20.00	8.00~11.00	—	N 0.10~0.16
24	06Cr19Ni9NbN	S30478	≤0.08	≤1.00	≤2.00	0.045	0.030	18.00~20.00	7.50~10.50	—	Nb≤0.15 N 0.10~0.30
25	022Cr19Ni10N	S30453	≤0.030	≤1.00	≤2.00	0.045	0.030	18.00~20.00	8.00~11.00	—	N 0.10~0.16
26	10Cr18Ni12	S30510	≤0.12	≤1.00	≤2.00	0.045	0.030	17.00~19.00	10.50~13.00	—	—

（续）

序号	钢号②和代号 GB	ISC	C	Si	Mn	P ≤	S ≤	Cr	Ni	Mo	其他
					奥氏体型						
27	06Cr18Ni12	S30508	≤0.08	≤1.00	≤2.00	0.045	0.030	16.50~19.00	11.00~13.50	—	—
28	06Cr16Ni18	S30608	≤0.08	≤1.00	≤2.00	0.045	0.030	15.00~17.00	17.00~19.00	—	—
29	06Cr20Ni11	S30808	≤0.08	≤1.00	≤2.00	0.045	0.030	19.00~21.00	10.00~12.00	—	—
30	22Cr21Ni12N*	S30850	0.15~0.28	0.75~1.25	1.00~1.60	0.040	0.030	20.00~22.00	10.50~12.50	—	N 0.15~0.30
31	16Cr23Ni13*	S30920	≤0.20	≤1.00	≤2.00	0.040	0.030	22.00~24.00	12.00~15.00	—	—
32	06Cr23Ni13*	S30908	≤0.08	≤1.00	≤2.00	0.045	0.030	22.00~24.00	12.00~15.00	—	—
33	14Cr23Ni18	S31010	≤0.18	≤1.00	≤2.00	0.035	0.025	22.00~25.00	17.00~20.00	—	—
34	20Cr25Ni20*	S31020	≤0.25	≤1.50	≤2.00	0.040	0.030	24.00~26.00	19.00~22.00	—	—
35	06Cr25Ni20*	S31008	≤0.08	≤1.50	≤2.00	0.045	0.030	24.00~26.00	19.00~22.00	—	—
36	022Cr25Ni22Mo2N	S31053	≤0.030	≤0.40	≤2.00	0.035	0.015	24.00~26.00	21.00~23.00	2.00~3.00	N 0.10~0.16
37	015Cr20Ni18Mo6CuN	S31252	≤0.020	≤0.80	≤2.00	0.030	0.010	19.50~20.50	17.50~18.50	6.00~6.50	Cu 0.50~1.00 N 0.18~0.22
38	06Cr17Ni12Mo2*	S31608	≤0.08	≤1.00	≤2.00	0.045	0.030	16.00~18.00	10.00~14.00	2.00~3.00	
39	022Cr17Ni12Mo2	S31603	≤0.030	≤1.00	≤2.00	0.045	0.030	16.00~18.00	10.00~14.00	2.00~3.00	
40	07Cr17Ni12Mo2*	S31609	0.04~0.10	≤1.00	≤2.00	0.045	0.030	16.00~18.00	10.00~14.00	2.00~3.00	
41	06Cr17Ni12Mo2Ti*	S31668	≤0.08	≤1.00	≤2.00	0.045	0.030	16.00~18.00	10.00~14.00	2.00~3.00	Ti≥5C
42	06Cr17Ni12Mo2Nb	S31678	≤0.08	≤1.00	≤2.00	0.045	0.030	16.00~18.00	10.00~14.00	2.00~3.00	Nb 10×C~1.10, N≤0.10
43	06Cr17Ni12Mo2N	S31658	≤0.08	≤1.00	≤2.00	0.045	0.030	16.00~18.00	10.00~13.00	2.00~3.00	N 0.10~0.16
44	022Cr17Ni12Mo2N	S31653	≤0.030	≤1.00	≤2.00	0.045	0.030	16.00~18.00	10.00~13.00	2.00~3.00	N 0.10~0.16
45	06Cr18Ni12Mo2Cu2	S31688	≤0.08	≤1.00	≤2.00	0.045	0.030	17.00~19.00	10.00~14.00	1.20~2.75	Cu 1.00~2.50
46	022Cr18Ni14Mo2Cu2	S31683	≤0.030	≤1.00	≤2.00	0.045	0.030	17.00~19.00	12.00~16.00	1.20~2.75	Cu 1.00~2.50
47	022Cr18Ni15Mo3N	S31693	≤0.030	≤1.00	≤2.00	0.025	0.010	17.00~19.00	14.00~16.00	2.35~4.20	Cu≤0.50 N 0.10~0.20
48	015Cr21Ni26Mo5Cu2	S31782	≤0.020	≤1.00	≤2.00	0.045	0.030	19.00~23.00	23.00~28.00	4.00~5.00	Cu 1.00~2.00 N≤0.10
49	06Cr19Ni13Mo3	S31708	≤0.08	≤1.00	≤2.00	0.045	0.030	18.00~20.00	11.00~15.00	3.00~4.00	—
50	022Cr19Ni13Mo3*	S31703	≤0.030	≤1.00	≤2.00	0.045	0.030	18.00~20.00	11.00~15.00	3.00~4.00	—
51	022Cr18Ni14Mo3	S31793	≤0.030	≤1.00	≤2.00	0.025	0.010	17.00~19.00	13.00~15.00	2.25~3.50	Cu≤0.50 N≤0.10
52	03Cr18Ni16Mo5	S31794	≤0.04	≤1.00	≤2.00	0.045	0.030	16.00~19.00	15.00~17.00	4.00~6.00	—
53	022Cr19Ni16Mo5N	S31723	≤0.030	≤1.00	≤2.00	0.045	0.030	17.00~20.00	13.50~17.50	4.00~5.00	N 0.10~0.20
54	022Cr19Ni13Mo4N	S31753	≤0.030	≤1.00	≤2.00	0.045	0.030	18.00~20.00	11.00~15.00	3.00~4.00	N 0.10~0.20
55	06Cr18Ni11Ti*	S32168	≤0.08	≤1.00	≤2.00	0.045	0.030	17.00~19.00	9.00~12.00	—	Ti 5C~0.70

（续）

序号	钢号②和代号 GB	ISC	C	Si	Mn	P ≤	S ≤	Cr	Ni	Mo	其他
					奥氏体型						
56	07Cr19Ni11Ti	S32169	0.04 ~ 0.10	≤0.75	≤2.00	0.030	0.030	17.00 ~ 20.00	9.00 ~ 13.00	—	Ti 4C ~ 0.60
57	45Cr14Ni14-W2Mo*	S32590	0.40 ~ 0.50	≤0.80	≤0.70	0.040	0.030	13.00 ~ 15.00	13.00 ~ 15.00	0.25 ~ 0.40	W 2.00 ~ 2.75
58	015Cr24Ni22Mo8Mn3CuN	S32652	≤0.020	≤0.50	2.00 ~ 4.00	0.030	0.005	24.00 ~ 25.00	21.00 ~ 23.00	7.00 ~ 8.00	Cu 0.30 ~ 0.60 N 0.45 ~ 0.55
59	24Cr18Ni8W2*	S32720	0.21 ~ 0.28	0.30 ~ 0.80	≤0.70	0.030	0.025	17.00 ~ 19.00	7.50 ~ 8.50	—	W 2.00 ~ 2.50
60	12Cr16Ni35*	S33010	≤0.15	≤1.50	≤2.00	0.040	0.030	14.00 ~ 17.00	33.00 ~ 37.00	—	—
61	022Cr24Ni17Mo5Mn6NbN	S34553	≤0.080	≤1.00	5.00 ~ 7.00	0.030	0.010	23.00 ~ 25.00	16.00 ~ 18.00	4.00 ~ 5.00	Nb ≤0.10 N 0.40 ~ 0.60
62	06Cr18Ni11Nb*	S34778	≤0.08	≤1.00	≤2.00	0.045	0.030	17.00 ~ 19.00	9.00 ~ 12.00	—	Nb 10C ~ 1.10
63	07Cr18Ni11Nb*	S34779	0.04 ~ 0.10	≤1.00	≤2.00	0.045	0.030	17.00 ~ 19.00	9.00 ~ 12.00	—	Nb 8C ~ 1.10
64	06Cr18Ni13Si4③	S38148	≤0.08	3.00 ~ 5.00	≤2.00	0.045	0.030	15.00 ~ 20.00	11.50 ~ 15.00		
65	16Cr20Ni14Si2*	S38240	≤0.20	1.60 ~ 2.50	≤1.50	0.040	0.030	19.00 ~ 22.00	12.00 ~ 15.00		
66	16Cr25Ni20Si2*	S38340	≤0.20	1.50 ~ 2.50	≤1.50	0.040	0.030	24.00 ~ 27.00	18.00 ~ 21.00		
					奥氏体-铁素体型						
67	14Cr18Ni11-Si4AlTi	S21860	0.10 ~ 0.18	3.40 ~ 4.00	≤0.80	0.035	0.030	17.50 ~ 19.50	10.00 ~ 12.00	—	Ti 0.40 ~ 0.70 Al 0.10 ~ 0.30
68	022Cr19Ni5Mo3Si2N	S21953	≤0.030	1.30 ~ 2.00	1.00 ~ 2.00	0.035	0.030	18.00 ~ 19.50	4.50 ~ 5.50	2.50 ~ 3.00	N 0.05 ~ 0.12
69	12Cr21Ni5Ti	S22160	0.09 ~ 0.14	≤0.80	≤0.80	0.035	0.030	20.00 ~ 22.00	4.80 ~ 5.80	—	Ti 5(C - 0.02) ~ 0.80
70	022Cr22Ni5Mo3N	S22253	≤0.030	≤1.00	≤2.00	0.030	0.020	21.00 ~ 23.00	4.50 ~ 5.50	2.50 ~ 3.50	N 0.08 ~ 0.20
71	022Cr23Ni5Mo3N	S22053	≤0.030	≤1.00	≤2.50	0.030	0.020	22.00 ~ 23.00	4.50 ~ 6.50	3.00 ~ 3.50	N 0.14 ~ 0.20
72	022Cr23Ni4MoCuN	S23043	≤0.030	≤1.00	≤2.00	0.035	0.030	21.00 ~ 24.00	3.00 ~ 5.50	0.05 ~ 0.60	Cu 0.05 ~ 0.60 N 0.05 ~ 0.20
73	022Cr25Ni6Mo2N	S22553	≤0.030	≤1.00	≤2.00	0.030	0.030	24.00 ~ 26.00	5.50 ~ 6.50	1.20 ~ 2.50	N 0.10 ~ 0.20
74	022Cr25Ni7Mo3WCuN	S22583	≤0.030	≤1.00	≤0.75	0.030	0.030	24.00 ~ 26.00	5.50 ~ 7.50	2.50 ~ 3.50	W 0.10 ~ 0.50 Cu 0.20 ~ 0.80 N 0.10 ~ 0.30
75	03Cr25Ni6Mo3Cu2N	S25554	≤0.04	≤1.00	≤1.50	0.035	0.030	24.00 ~ 27.00	4.50 ~ 6.50	2.90 ~ 3.90	Cu 1.50 ~ 2.50 N 0.10 ~ 0.25
76	022Cr25Ni7Mo4N	S25073	≤0.030	≤1.00	≤1.20	0.035	0.030	24.00 ~ 26.00	6.00 ~ 8.00	3.00 ~ 5.00	Cu ≤0.50 N 0.24 ~ 0.32
77	022Cr25Ni7Mo4WCuN	S27603	≤0.030	≤1.00	≤1.00	0.030	0.010	24.00 ~ 26.00	6.00 ~ 8.00	3.00 ~ 4.00	W 0.50 ~ 1.00 +③

（续）

序号	钢号②和代号		C	Si	Mn	P ≤	S ≤	Cr	Ni	Mo	其 他
	GB	ISC									
铁素体型											
78	06Cr13Al*	S11348	≤0.08	≤1.00	≤1.00	0.040	0.030	11.50~14.50	(0.60)	—	Al 0.10~0.30
79	06Cr11Ti	S11168	≤0.08	≤1.00	≤1.00	0.045	0.030	10.50~11.70	(0.60)	—	Ti 6C~0.75
80	022Cr11Ti*	S11163	≤0.030	≤1.00	≤1.00	0.040	0.020	10.50~11.70	(0.60)	—	Ti≥8 (C+N) +④
81	022Cr11NbTi*	S11173	≤0.030	≤1.00	≤1.00	0.040	0.020	10.50~11.70	(0.60)	—	⑤
82	022Cr12Ni*	S11213	≤0.030	≤1.00	≤1.50	0.040	0.015	10.50~12.50	0.30~1.00	—	N≤0.030
83	022Cr12*	S11203	≤0.030	≤1.00	≤1.00	0.040	0.030	11.00~13.50	(0.60)	—	—
84	10Cr15	S11510	≤0.12	≤1.00	≤1.00	0.040	0.030	14.00~16.00	(0.60)	—	—
85	10Cr17*	S11710	≤0.12	≤1.00	≤1.00	0.040	0.030	16.00~18.00	(0.60)	—	—
86	Y10Cr17	S11717	≤0.12	≤1.00	≤1.25	0.060	≥0.15	16.00~18.00	(0.60)	(0.60)	—
87	022Cr18Ti	S11863	≤0.030	≤0.75	≤1.00	0.040	0.030	16.00~18.00	(0.60)	—	Ti 或 Nb 0.10~1.00
88	10Cr17Mo	S11790	≤0.12	≤1.00	≤1.00	0.040	0.030	16.00~18.00	(0.60)	0.75~1.25	—
89	10Cr17MoNb	S11770	≤0.12	≤1.00	≤1.00	0.040	0.030	16.00~18.00	—	0.75~1.25	Nb 5C~0.80
90	019Cr18MoTi	S11862	≤0.025	≤1.00	≤1.00	0.040	0.030	16.00~19.00	(0.60)	0.75~1.50	⑥
91	022Cr18NbTi	S11873	≤0.010	≤1.00	≤1.00	0.040	0.015	17.50~18.50	(0.60)	—	Ti 0.10~0.60 Nb≥0.30+3C
92	019Cr19Mo2NbTi	S11972	≤0.025	≤1.00	≤1.00	0.040	0.030	17.50~19.50	≤1.00	1.75~2.50	⑦
93	16Cr25N*	S12550	≤0.20	≤1.00	≤1.00	0.040	0.030	23.00~27.00	(0.60)	—	Cu (0.30) N≤0.25
94	008Cr27Mo③	S12791	≤0.010	≤0.40	≤0.40	0.040	0.020	25.00~27.00	—	0.75~1.50	⑧
95	008Cr30Mo2③	S13091	≤0.010	≤0.40	≤0.40	0.030	0.020	28.50~32.00	—	1.50~2.50	Ni≤0.50 ⑨
马氏体型											
96	12Cr12*	S40310	≤0.15	≤0.50	≤1.00	0.040	0.030	11.50~13.00	(0.60)	—	—
97	06Cr13	S41008	≤0.08	≤1.00	≤1.00	0.040	0.030	11.50~13.50	(0.60)	—	—
98	12Cr13*	S41010	≤0.15	≤1.00	≤1.00	0.040	0.030	11.50~13.50	(0.60)	—	—
99	04Cr13Ni5Mo	S41595	≤0.05	≤0.50	0.60~1.00	0.030	0.030	11.50~14.00	3.50~5.50	0.50~1.00	—
100	Y12Cr13	S41617	≤0.15	≤1.00	≤1.25	0.060	≥0.15	12.00~14.00	(0.60)	(0.60)	—
101	20Cr13*	S42020	0.16~0.25	≤1.00	≤1.00	0.040	0.030	12.00~14.00	(0.60)	—	—
102	30Cr13	S42030	0.26~0.35	≤1.00	≤1.00	0.040	0.030	12.00~14.00	(0.60)	—	—
103	Y30Cr13	S42037	0.26~0.35	≤1.00	≤1.25	0.060	≥0.15	12.00~14.00	(0.60)	(0.60)	—
104	40Cr13	S42040	0.36~0.45	≤0.60	≤0.80	0.040	0.030	12.00~14.00	(0.60)	—	—
105	Y25Cr13Ni2	S41427	0.20~0.30	≤0.50	0.80~1.20	0.08~0.12	0.15~0.25	12.00~14.00	1.50~2.00	(0.60)	—
106	14Cr17Ni2*	S43110	0.11~0.17	≤0.80	≤0.80	0.040	0.030	16.00~18.00	1.00~2.50	—	—

（续）

序号	钢号②和代号		C	Si	Mn	P ≤	S ≤	Cr	Ni	Mo	其他
	GB	ISC									
马氏体型											
107	17Cr16Ni2*	S43120	0.12 ~ 0.22	≤1.00	≤1.00	0.040	0.030	15.00 ~ 17.00	1.50 ~ 2.50	—	—
108	68Cr17	S44070	0.60 ~ 0.75	≤1.00	≤1.00	0.040	0.030	16.00 ~ 18.00	(0.60)	(0.75)	—
109	85Cr17	S44080	0.75 ~ 0.95	≤1.00	≤1.00	0.040	0.030	16.00 ~ 18.00	(0.60)	(0.75)	—
110	108Cr17	S44096	0.95 ~ 1.20	≤1.00	≤1.00	0.040	0.030	16.00 ~ 18.00	(0.60)	(0.75)	—
111	Y108Cr17	S44097	0.95 ~ 1.20	≤1.00	≤1.25	0.060	≥0.15	16.00 ~ 18.00	(0.60)	(0.75)	—
112	95Cr18	S44090	0.90 ~ 1.00	≤0.80	≤0.80	0.040	0.030	17.00 ~ 19.00	(0.60)	—	—
113	12Cr5Mo*	S45110	0.15	≤0.50	≤0.60	0.040	0.030	4.00 ~ 6.00	(0.60)	0.40 ~ 0.60	—
114	12Cr12Mo*	S45610	0.10 ~ 0.15	≤0.50	0.30 ~ 0.50	0.040	0.030	11.50 ~ 13.00	0.30 ~ 0.60	0.30 ~ 0.60	Cu (0.30)
115	13Cr13Mo*	S45710	0.08 ~ 0.18	≤0.60	≤1.00	0.040	0.030	11.50 ~ 14.00	(0.60)	0.30 ~ 0.60	Cu (0.30)
116	32Cr13Mo	S45830	0.28 ~ 0.35	≤0.80	≤1.00	0.040	0.030	12.00 ~ 14.00	(0.60)	0.50 ~ 1.00	—
117	102Cr17Mo	S45990	0.95 ~ 1.10	≤0.80	≤0.80	0.040	0.030	16.00 ~ 18.00	(0.60)	0.40 ~ 0.70	—
118	90Cr18MoV	S46990	0.85 ~ 0.95	≤0.80	≤0.80	0.040	0.030	17.00 ~ 19.00	(0.60)	1.00 ~ 1.30	V 0.07 ~ 0.12
119	14Cr11MoV*	S46010	0.11 ~ 0.18	≤0.50	≤0.60	0.035	0.030	10.00 ~ 11.50	0.60	0.50 ~ 0.70	V 0.25 ~ 0.40
120	158Cr12MoV*	S46110	1.45 ~ 1.70	≤0.40	≤0.35	0.030	0.025	11.00 ~ 12.50	—	0.40 ~ 0.60	V 0.15 ~ 0.30
121	21Cr12MoV*	S46020	0.18 ~ 0.24	0.10 ~ 0.50	0.30 ~ 0.80	0.030	0.025	11.00 ~ 12.50	0.30 ~ 0.60	0.80 ~ 1.20	V 0.25 ~ 0.35 Cu ≤0.30
122	18Cr12MoVNbN*	S46250	0.15 ~ 0.20	≤0.50	0.50 ~ 1.00	0.035	0.030	10.00 ~ 13.00	(0.60)	0.30 ~ 0.90	V 0.10 ~ 0.40 Nb 0.20 ~ 0.60 N 0.05 ~ 0.10
123	15Cr12WMoV*	S47010	0.12 ~ 0.18	≤0.50	0.50 ~ 0.90	0.035	0.030	11.00 ~ 13.00	0.40 ~ 0.80	0.50 ~ 0.70	W 0.70 ~ 1.10 V 0.15 ~ 0.30
124	22Cr12NiWMoV*	S47220	0.20 ~ 0.25	≤0.50	0.50 ~ 1.00	0.040	0.030	11.00 ~ 13.00	0.50 ~ 1.00	0.75 ~ 1.25	W 0.75 ~ 1.25 V 0.20 ~ 0.40
125	13Cr11Ni2W2 MoV*	S47310	0.10 ~ 0.16	≤0.60	≤0.60	0.035	0.030	10.50 ~ 12.00	1.40 ~ 1.80	0.35 ~ 0.50	W 1.50 ~ 2.00 V 0.18 ~ 0.30
126	14Cr12Ni2WMo VNb*	S47410	0.11 ~ 0.17	≤0.60	≤0.60	0.030	0.025	11.00 ~ 12.00	1.80 ~ 2.20	0.80 ~ 1.20	W 0.70 ~ 1.00 V 0.20 ~ 0.30 Nb 0.15 ~ 0.30
127	10Cr12Ni3Mo2VN	S47250	0.08 ~ 0.13	≤0.40	0.50 ~ 0.90	0.030	0.025	11.00 ~ 12.50	2.00 ~ 3.00	1.50 ~ 2.00	V 0.25 ~ 0.40 N 0.020 ~ 0.04
128	18Cr11NiMo NbVN*	S47450	0.15 ~ 0.20	≤0.50	0.50 ~ 0.80	0.020	0.015	10.00 ~ 12.00	0.30 ~ 0.60	0.60 ~ 0.90	V 0.20 ~ 0.30 + ⑩

（续）

序号	钢号②和代号		C	Si	Mn	P ≤	S ≤	Cr	Ni	Mo	其　他
	GB	ISC									
					马氏体型						
129	13Cr14Ni3W2VB*	S47710	0.10 ~ 0.16	≤0.60	≤0.60	0.030	0.030	13.00 ~ 15.00	2.80 ~ 3.40	—	W 1.60 ~ 2.20 + ⑪
130	42Cr9Si2	S48040	0.35 ~ 0.50	2.00 ~ 3.00	≤0.70	0.035	0.030	8.00 ~ 10.00	≤0.60	—	—
131	45Cr9Si3	S48045	0.40 ~ 0.60	3.00 ~ 3.50	≤0.60	0.030	0.030	7.50 ~ 9.50	≤0.60	—	—
132	40Cr10Si2Mo*	S48140	0.35 ~ 0.45	1.90 ~ 2.60	≤0.70	0.035	0.030	9.00 ~ 10.50	≤0.60	0.70 ~ 0.90	—
133	80Cr20Si2Ni*	S48380	0.75 ~ 0.85	1.75 ~ 2.25	0.20 ~ 0.60	0.030	0.030	19.00 ~ 20.50	1.15 ~ 1.65	—	—
					沉淀硬化型						
134	04Cr13Ni8Mo2Al	S51380	≤0.05	≤0.10	≤0.20	0.010	0.008	12.30 ~ 13.20	7.50 ~ 8.50	2.00 ~ 3.00	Al 0.90 ~ 1.35
135	022Cr12Ni9Cu2NbTi*	S51290	≤0.030	≤0.50	≤0.50	0.040	0.030	11.00 ~ 12.50	7.50 ~ 9.50	≤0.50	Cu 1.50 ~ 2.50
136	05Cr15Ni5Cu4Nb	S51550	≤0.07	≤1.00	≤1.00	0.040	0.030	14.00 ~ 15.50	3.50 ~ 5.50	—	Cu 2.50 ~ 4.50 Nb 0.15 ~ 0.45
137	05Cr17Ni4Cu4Nb	S51740	≤0.07	≤1.00	≤1.00	0.040	0.030	15.00 ~ 17.50	3.00 ~ 5.00	—	Cu 3.00 ~ 5.00 Nb 0.15 ~ 0.45
138	07Cr17Ni7Al*	S51770	≤0.09	≤1.00	≤1.00	0.040	0.030	16.00 ~ 18.00	6.50 ~ 7.75	—	Al 0.75 ~ 1.50
139	07Cr15Ni7Mo2Al*	S51570	≤0.09	≤1.00	≤1.00	0.040	0.030	14.00 ~ 16.00	6.50 ~ 7.75	2.00 ~ 3.00	Al 0.75 ~ 1.50
140	07Cr12Ni4Mn5Mo3Al	S51240	≤0.09	≤0.80	4.40 ~ 5.30	0.030	0.025	11.00 ~ 12.00	4.00 ~ 5.00	2.70 ~ 3.30	Al 0.50 ~ 1.00
141	09Cr17Ni5Mo3N	S51750	0.07 ~ 0.08	≤0.50	0.50 ~ 1.25	0.040	0.030	16.00 ~ 17.00	4.00 ~ 5.00	2.50 ~ 3.20	N 0.07 ~ 0.13
142	06Cr17Ni7AlTi*	S51778	≤0.08	≤1.00	≤1.00	0.040	0.030	16.00 ~ 17.50	6.00 ~ 7.50	—	Al ≤0.40 Ti 0.40 ~ 1.20
143	06Cr15Ni25Ti2MoAlVB*	S51525	≤0.08	≤1.00	≤2.00	0.040	0.030	13.50 ~ 16.00	24.00 ~ 27.00	1.00 ~ 1.50	Al ≤0.35 + ⑫

注：必要时，可添加本表以外的合金元素；S 含量标明≥者不受≤的限制。

① 表中所列成分，带括号的为合金元素允许添加的最大值。

② 右上角带"＊"的钢号为耐热钢或可作耐热钢使用。

③ Cu 0.50 ~ 1.00，Cr + 3.3Mo + 16N≥40，N 0.20 ~ 0.30。

④ Ti 0.15 ~ 0.50，Nb≤0.10，N≤0.030。

⑤ （Ti + Nb 8）[（C + N）+ 0.08] ~ 0.75，Ti≥0.05，N≤0.030。

⑥ Ti、Nb、Zr 或其组合 8（C + N） ~ 0.80，N≤0.025。

⑦ （Ti + Nb）[0.20 + 4（C + N）] ~ 0.80，N≤0.025。

⑧ Ni≤0.50，Cu≤0.20，Ni + Cu≤0.50，N≤0.015。

⑨ Cu≤0.20，Ni + Cu≤0.50，N≤0.015。

⑩ Al≤0.30，Nb 0.20 ~ 0.60，Cu≤0.10，N 0.04 ~ 0.09。

⑪ Ti≤0.05，B≤0.004，V 0.18 ~ 0.28。

⑫ Ti 1.90 ~ 2.35，B 0.001 ~ 0.010，V 0.10 ~ 0.50。

3.1.7　不锈钢冷轧、热轧钢板和钢带 [GB/T 3280, 4237—2015]

（1）中国 GB 标准不锈钢冷轧钢板和钢带的钢号与化学成分 [GB/T 3280—2015]（见表3-1-35）

表 3-1-35　不锈钢冷轧钢板和钢带的钢号与化学成分（质量分数）（%）

钢号和代号 GB	ISC	C	Si	Mn	P ≤	S ≤	Cr	Ni	Mo	其 他
奥氏体型										
022Cr17Ni7[①]	S30103	≤0.030	≤1.00	≤2.00	0.045	0.030	16.00~18.00	6.00~8.00	—	N≤0.20
12Cr17Ni7	S30110	≤0.15	≤1.00	≤2.00	0.045	0.030	16.00~18.00	6.00~8.00	—	N≤0.10
022Cr17Ni7N[①]	S30153	≤0.030	≤1.00	≤2.00	0.045	0.030	16.00~18.00	6.00~8.00	—	N 0.07~0.20
12Cr18Ni9	S30210	≤0.15	≤0.75	≤2.00	0.045	0.030	17.00~19.00	8.00~10.00	—	N≤0.10
12Cr18Ni9Si3	S30240	≤0.15	2.00~3.00	≤2.00	0.045	0.030	17.00~19.00	8.00~10.00	—	N≤0.10
022Cr19Ni10[①]	S30403	≤0.030	≤0.75	≤2.00	0.045	0.030	17.50~19.50	8.00~12.00	—	N≤0.10
06Cr19Ni10[①]	S30408	≤0.07	≤0.75	≤2.00	0.045	0.030	17.50~19.50	8.00~10.50	—	N≤0.10
07Cr19Ni10	S30409	0.04~0.10	≤0.75	≤2.00	0.045	0.030	18.00~20.00	8.00~10.50	—	—
05Cr19Ni10Si2N	S30450	0.04~0.06	1.00~2.00	≤0.80	0.045	0.030	18.00~19.00	9.00~10.00	—	Ce 0.03~0.08 N 0.12~0.18
022Cr18Ni10N[①]	S30453	≤0.030	≤0.75	≤2.00	0.045	0.030	18.00~20.00	8.00~12.00	—	N 0.10~0.16
06Cr19Ni9N[①]	S30458	≤0.08	≤0.75	≤2.00	0.045	0.030	18.00~20.00	8.00~10.50	—	N 0.10~0.16
06Cr19Ni9NbN	S30478	≤0.08	≤1.00	≤2.50	0.045	0.030	18.00~20.00	7.50~10.50	—	Nb≤0.15 N 0.15~0.30
10Cr18Ni12	S30510	≤0.12	≤0.75	≤2.00	0.045	0.030	17.00~19.00	10.50~13.00	—	—
06Cr21Ni11Si2CeN	S30859	0.05~0.10	1.40~2.00	≤0.80	0.040	0.030	20.00~22.00	10.00~12.00	—	Ce 0.03~0.08 N 0.14~0.20
06Cr23Ni13	S30908	≤0.08	≤1.50	≤2.00	0.045	0.030	22.00~24.00	12.00~15.00	—	—
06Cr25Ni20	S31008	≤0.08	≤1.50	≤2.00	0.045	0.030	24.00~26.00	19.00~22.00	—	—
022Cr25Ni22Mo2N[①]	S31053	≤0.020	≤0.50	≤2.00	0.030	0.010	24.00~26.00	20.50~23.50	1.60~2.00	N 0.09~0.15
015Cr20Ni18Mo6CuN	S31252	≤0.020	≤0.80	≤1.00	0.030	0.010	19.50~20.50	17.50~18.50	6.00~6.50	N 0.18~0.25
022Cr17Ni12Mo2[①]	S31603	≤0.030	≤0.75	≤2.00	0.045	0.030	16.00~18.00	10.00~14.00	2.00~3.00	N≤0.10

牌号	统一数字代号	C	Si	Mn	P	S	Cr	Ni	Mo	其他
06Cr17Ni12Mo2①	S31608	≤0.08	≤0.75	≤2.00	0.045	0.030	16.00~18.00	10.00~14.00	2.00~3.00	N≤0.10
07Cr17Ni12Mo2①	S31609	0.04~0.10	≤0.75	≤2.00	0.045	0.030	16.00~18.00	10.00~14.00	2.00~3.00	—
022Cr17Ni12Mo2N①	S31653	≤0.030	≤0.75	≤2.00	0.045	0.030	16.00~18.00	10.00~14.00	2.00~3.00	N 0.10~0.16
06Cr17Ni12Mo2N①	S31658	≤0.08	≤0.75	≤2.00	0.045	0.030	16.00~18.00	10.00~14.00	2.00~3.00	N 0.10~0.16
06Cr17Ni12Mo2Ti①	S31668	≤0.08	≤0.75	≤2.00	0.045	0.030	16.00~18.00	10.00~14.00	2.00~3.00	Ti≥5C
06Cr17Ni12Mo2Nb	S31678	≤0.08	≤0.75	≤2.00	0.045	0.030	16.00~18.00	10.00~14.00	2.00~3.00	Nb 10C~1.10, N≤0.10
06Cr18Ni12Mo2Cu2	S31688	≤0.08	≤1.00	≤2.00	0.045	0.030	17.00~19.00	10.00~14.00	1.20~2.75	Cu 1.00~2.50
022Cr19Ni13Mo3①	S31703	≤0.030	≤0.75	≤2.00	0.045	0.030	18.00~20.00	11.00~15.00	3.00~4.00	N≤0.10
06Cr19Ni13Mo3①	S31708	≤0.08	≤0.75	≤2.00	0.045	0.030	18.00~20.00	11.00~15.00	3.00~4.00	N≤0.10
022Cr19Ni16Mo5N	S31723	≤0.030	≤0.75	≤2.00	0.045	0.030	17.00~20.00	13.50~17.50	4.00~5.00	N 0.10~0.20
022Cr19Ni13Mo4N	S31753	≤0.030	≤0.75	≤2.00	0.045	0.030	18.00~20.00	11.00~15.00	3.00~4.00	N 0.10~0.22
015Cr21Ni26Mo5Cu2	S31782	≤0.020	≤1.00	≤2.00	0.045	0.030	19.00~23.00	23.00~28.00	4.00~5.00	Cu 1.00~2.00, N≤0.10
06Cr18Ni11Ti①	S32168	≤0.08	≤0.75	≤2.00	0.045	0.030	17.00~19.00	9.00~12.00	—	Ti≥5C, N≤0.10
07Cr19Ni11Ti①	S32169	0.04~0.10	≤0.75	≤2.00	0.045	0.030	17.00~19.00	9.00~12.00	—	Ti 4(C+N)~0.70
015Cr24Ni22Mo8Mn3CuN	S32652	≤0.020	≤0.50	2.00~4.00	0.030	0.005	24.00~25.00	21.00~23.00	7.00~8.00	Cu 0.30~0.60, N 0.45~0.55
022Cr24Ni17Mo5Mn6NbN	S34558	≤0.030	≤1.00	5.00~7.00	0.030	0.010	23.00~25.00	16.00~18.00	4.00~5.00	Nb≤0.10, N 0.40~0.60
06Cr18Ni11Nb①	S34778	≤0.08	≤0.75	≤2.00	0.045	0.030	17.00~19.00	9.00~13.00	—	Nb 10C~1.00
07Cr18Ni11Nb①	S34779	0.04~0.10	≤0.75	≤2.00	0.045	0.030	17.00~19.00	9.00~13.00	—	Nb 8C~1.00
022Cr21Ni25Mo7N	S38367	≤0.030	≤1.00	≤2.00	0.040	0.030	20.00~22.00	23.50~25.50	6.00~7.00	Cu≤0.75, N 0.18~0.25
015Cr20Ni25Mo7CuN	S38926	≤0.020	≤0.50	≤2.00	0.030	0.010	19.00~21.00	24.00~26.00	6.00~7.00	Cu 0.50~1.50, N 0.15~0.25
奥氏体-铁素体型										
14Cr18Ni11Si4AlTi	S21860	0.10~0.18	3.40~4.00	≤0.80	0.035	0.030	17.50~19.50	10.00~12.00	—	Ti 0.40~0.70, Al 0.10~0.30
022Cr19Ni5Mo3Si2N	S21953	≤0.030	1.30~2.00	1.00~2.00	0.030	0.030	18.00~19.50	4.50~5.50	2.50~3.00	N≤0.05~0.10
022Cr23Ni5Mo3N	S22053	≤0.030	≤1.00	≤2.00	0.030	0.030	22.00~23.00	4.50~6.50	3.00~3.50	N 0.14~0.20
022Cr27Mn5Ni2N	S22152	≤0.030	≤1.00	4.00~6.00	0.040	0.030	19.50~21.50	1.00~3.00	≤0.60	Cu≤1.00, N 0.05~0.17
022Cr21Ni5Mo2N	S22153	≤0.030	≤1.00	≤2.00	0.030	0.020	19.50~22.50	3.00~4.00	1.50~2.00	N 0.14~0.20

（续）

钢号和代号 GB	ISC	C	Si	Mn	P≤	S≤	Cr	Ni	Mo	其他
奥氏体-铁素体型										
12Cr21Ni5Ti	S22160	0.09~0.14	≤0.80	≤0.80	0.035	0.030	20.00~22.00	4.80~5.80	—	Ti 5(C-0.2)~0.80
022Cr21Mn3Ni3Mo2N	S22193	≤0.030	≤1.00	2.00~4.00	0.040	0.030	19.00~22.00	2.00~4.00	1.00~2.00	N 0.14~0.20
022Cr22Mn3Ni2MoN	S22253	≤0.030	≤1.00	2.00~3.00	0.040	0.020	20.50~23.50	1.00~2.00	0.10~1.00	Cu≤0.50, N 0.15~0.27
022Cr22Ni5Mo5N	S22293	≤0.030	≤1.00	≤2.00	0.030	0.020	21.00~23.00	4.50~6.50	2.50~3.50	N 0.08~0.20
03Cr22Mn5Ni2MoCuN	S22294	≤0.04	≤1.00	4.00~6.00	0.040	0.030	21.00~22.00	1.35~1.70	0.10~0.80	Cu 0.10~0.80, N 0.20~0.25
022Cr24Ni4N	S22353	≤0.030	≤1.00	≤2.00	0.040	0.010	21.50~24.00	1.00~2.80	≤0.45	N 0.18~0.26
022Cr24Ni4Mn5Mo2CuN	S22493	≤0.030	≤0.70	2.50~4.00	0.035	0.005	23.00~25.00	3.00~4.50	1.00~2.00	Cu 0.10~0.80, N 0.20~0.30
022Cr25Ni6Mo2N	S22553	≤0.030	≤1.00	≤2.00	0.030	0.030	24.00~26.00	5.50~6.50	1.50~2.50	N 0.10~0.20
022Cr23Ni4MoCuN[①]	S23043	≤0.030	≤1.00	≤2.50	0.040	0.040	21.50~24.50	3.00~5.50	0.05~0.60	Cu 0.05~0.60, N 0.05~0.20
022Cr25Ni7Mo4N	S25073	≤0.030	≤0.80	≤1.20	0.035	0.020	24.00~26.00	6.00~8.00	3.00~5.00	Cu≤0.50, N 0.24~0.32
03Cr25Ni6Mo3Cu2N	S25554	≤0.04	≤1.00	≤1.50	0.040	0.030	24.00~27.00	4.50~6.50	2.90~3.90	Cu 1.50~2.50, N 0.10~0.25
022Cr25Ni7Mo4WCuN[①]	S27603	≤0.030	≤1.00	≤1.00	0.030	0.010	24.00~26.00	6.00~8.00	3.00~4.00	W 0.50~1.00, Cu 0.50~1.00, N 0.20~0.30
铁素体型										
022Cr11Ti	S11163	≤0.030	≤1.00	≤1.00	0.040	0.020	10.50~11.75	≤0.60	—	Ti 0.15~0.50, Ti≥8(C+N), Nb≤0.10, N≤0.030
022Cr11NbTi	S11173	≤0.030	≤1.00	≤1.00	0.040	0.020	10.50~11.70	≤0.60	—	(Ti+Nb)[8(C+N)+0.08]~0.75, Ti≥0.05, N≤0.030
022Cr12	S11203	≤0.030	≤1.00	≤1.00	0.040	0.030	11.00~13.50	≤0.60	—	—
022Cr12Ni	S11213	≤0.030	≤1.00	≤1.50	0.040	0.015	10.50~12.50	0.30~1.00	—	N≤0.030
06Cr13Al	S11348	≤0.08	≤1.00	≤1.00	0.040	0.030	11.50~14.50	≤0.60	—	Al 0.10~0.30

牌号	统一数字代号	C	Si	Mn	P	S	Cr	Ni	Mo	其他
10Cr15	S11510	≤0.12	≤1.00	≤1.00	0.040	0.030	14.00~16.00	≤0.60	—	—
022Cr15NbTi	S11573	≤0.030	≤1.20	≤1.20	0.040	0.030	14.00~16.00	≤0.60	≤0.50	(Ti+Nb) 0.30~0.80
10Cr17①	S11710	≤0.12	≤1.00	≤1.00	0.040	0.030	16.00~18.00	≤0.75	—	—
022Cr17NbTi	S11763	≤0.030	≤0.75	≤1.00	0.035	0.030	16.00~19.00	—	—	(Ti+Nb) 0.10~1.00
10Cr17Mo	S11790	≤0.12	≤1.00	≤1.00	0.040	0.030	16.00~18.00	—	0.75~1.25	—
019Cr18MoTi	S11862	≤0.025	≤1.00	≤1.00	0.040	0.030	16.00~19.00	—	0.75~1.50	Ti、Nb、Zr或其组合：8(C+N)~0.80 N≤0.025
022Cr18Ti①	S11863	≤0.030	≤1.00	≤1.00	0.040	0.030	17.00~19.00	≤0.50	—	Ti 或 Nb 0.10~1.00
022Cr18Ti①	S11863	≤0.030	≤1.00	≤1.00	0.040	0.030	17.00~19.00	≤0.50	—	Ti[0.20+4(C+N)]~1.10 Al≤0.15，N≤0.03
022Cr18Nb	S11873	≤0.030	≤1.00	≤1.00	0.040	0.015	17.50~18.50	—	—	Ti 0.10~0.60 Nb≥0.30+3C
019Cr18CuNb	S11882	≤0.025	≤1.00	≤1.00	0.040	0.030	16.00~20.00	≤0.60	—	Nb 8(C+N)~0.80 Cu 0.30~0.80，N≤0.025
019Cr10Mo2NbTi	S11972	≤0.025	≤1.00	≤1.00	0.040	0.030	17.50~19.50	≤1.00	1.75~2.50	(Ti+Nb)[0.20+4(C+N)]~0.80 N≤0.035
022Cr18NbTi	S11973	≤0.030	≤1.00	≤1.00	0.040	0.030	17.00~19.00	≤0.50	—	(Ti+Nb)[0.20+4(C+N)]~0.75 N≤0.030
019Cr21CoTi	S12182	≤0.025	≤1.00	≤1.00	0.030	0.030	20.50~23.00	—	—	Ti、Nb、Zr或其组合：8(C+N)~0.80 N≤0.025
019Cr23Mo2Ti	S12361	≤0.025	≤1.00	≤1.00	0.040	0.030	21.00~24.00	—	1.50~2.50	Ti、Nb、Zr或其组合：8(C+N)~0.80 N≤0.025
019Cr23MoTi	S12362	≤0.025	≤1.00	≤1.00	0.040	0.030	21.00~24.00	—	0.70~1.50	Ti、Nb、Zr或其组合：8(C+N)~0.80 N≤0.025

（续）

钢号和代号 GB	ISC	C	Si	Mn	P≤	S≤	Cr	Ni	Mo	其他
铁素体型										
022Cr27Ni2Mo4NbTi	S12763	≤0.030	≤1.00	≤1.00	0.040	0.030	25.00~28.00	1.00~3.50	3.00~4.00	(Ti+Nb)0.20~1.00 Ti+Nb≥6(C+N) N≤0.040
008Cr27Mo①	S12791	≤0.010	≤0.40	≤0.40	0.030	0.020	25.00~27.50	—	0.75~1.50	Ni+Cu≤0.50,N≤0.015
022Cr29Mo4NbTi	S12963	≤0.030	≤1.00	≤1.00	0.040	0.030	28.00~30.00	≤1.00	3.60~4.20	(Ti+Nb)0.20~1.00 Ti+Nb≥6(C+N) N≤0.045
008Cr30Mo2①	S13091	≤0.010	≤0.40	≤0.40	0.030	0.020	28.50~32.00	≤0.50	1.50~2.50	Ni+Cu≤0.50,N≤0.015
马氏体型										
12Cr12	S40310	≤0.15	≤0.50	≤1.00	0.040	0.030	11.50~13.00	≤0.60	—	—
06Cr13	S41008	≤0.08	≤1.00	≤1.00	0.040	0.030	11.50~13.00	≤0.60	—	—
12Cr13	S41010	≤0.15	≤1.00	≤1.00	0.040	0.030	11.50~13.50	≤0.60	—	—
04Cr13Ni5Mo	S41595	≤0.05	≤0.60	0.50~1.00	0.030	0.030	11.50~14.00	3.50~5.50	0.50~1.00	—
20Cr13	S42020	0.16~0.25	≤1.00	≤1.00	0.040	0.030	12.00~14.00	≤0.60	—	—
30Cr13	S42030	0.26~0.35	≤1.00	≤1.00	0.040	0.030	12.00~14.00	≤0.60	—	—
40Cr13	S42040	0.36~0.45	≤0.80	≤0.80	0.040	0.030	12.00~14.00	≤0.60	—	—
17Cr16Ni2①	S44030	0.12~0.20	≤1.00	≤1.00	0.025	0.015	15.00~18.00	2.00~3.00	—	—
68Cr17	S44070	0.60~0.75	≤1.00	≤1.00	0.040	0.030	16.00~18.00	≤0.60	—	—
50Cr15MoV	S46050	0.45~0.55	≤1.00	≤1.00	0.040	0.015	14.00~15.00	—	0.50~0.80	V 0.10~0.20
沉淀硬化型										
04Cr13Ni8Mo2Al①	S51380	≤0.05	≤0.10	≤0.20	0.010	0.008	12.30~13.25	7.50~8.50	2.00~2.50	Al 0.90~1.35,N 0.01
022Cr12Ni9Cu2NbTi①	S51290	≤0.05	≤0.50	≤0.50	0.040	0.030	11.00~12.50	7.50~9.50	≤0.50	Ti 0.80~1.40 (Ti+Nb)0.10~0.50
07Cr17Ni7Al	S51770	≤0.09	≤1.00	≤1.00	0.040	0.030	16.00~18.00	6.50~7.75	—	Al 0.75~1.50
07Cr15Ni7Mo2Al	S51570	≤0.09	≤1.00	≤1.00	0.040	0.030	14.00~16.00	6.50~7.75	2.00~3.00	Al 0.75~1.50
09Cr17Ni5Mo3N①	S51750	0.07~0.10	≤0.50	0.50~1.25	0.040	0.030	16.00~17.00	4.00~5.00	2.50~3.20	N 0.07~0.13
06Cr17Ni7AlTi	S51778	≤0.08	≤1.00	≤1.00	0.040	0.030	16.00~17.00	6.00~7.50	—	Ti 0.40~1.20,Al 0.40

① 相对于 GB/T 20878—2007 的牌号，作了成分调整。

（2）中国 GB 标准不锈钢热轧钢板和钢带的钢号［GB/T 4237—2015］

不锈钢热轧钢板和钢带的钢号见表 3-1-36a ~ 表 3-1-36d。各钢号的化学成分与不锈钢冷轧钢板和钢带相同（表 3-1-35），故从略。

表 3-1-36a　不锈钢热轧钢板和钢带的钢号（奥氏体型）

钢　号	ISC[①]	钢　号	ISC[①]	钢　号	ISC[①]
022Cr17Ni7	S30103	06Cr21Ni11Si2CeN	S30859	022Cr19Ni13Mo3	S31703
12Cr17Ni7	S30110	06Cr23Ni13	S30908	06Cr19Ni13Mo3	S31708
022Cr17Ni7N	S30153	06Cr25Ni20	S31008	022Cr19Ni16Mo5N	S31723
12Cr18Ni9	S30210	022Cr25Ni22Mo2N	S31053	022Cr19Ni13Mo4N	S31753
12Cr18Ni9Si3	S30240	015Cr20Ni18Mo6CuN	S31252	015Cr21Ni26Mo5Cu2	S31782
022Cr19Ni10	S30403	022Cr17Ni12Mo2	S31603	06Cr18Ni11Ti	S32168
06Cr19Ni10	S30408	06Cr17Ni12Mo2	S31608	07Cr19Ni11Ti	S32169
07Cr19Ni10	S30409	07Cr17Ni12Mo2	S31609	015Cr24Ni22Mo8Mn3CuN	S32652
05Cr19Ni10Si2N	S30450	022Cr17Ni12Mo2N	S31653	022Cr24Ni17Mo5Mn6NbN	S34558
022Cr18Ni10N	S30453	06Cr17Ni12Mo2N	S31658	06Cr18Ni11Nb	S34778
06Cr19Ni9N	S30458	06Cr17Ni12Mo2Ti	S31668	07Cr18Ni11Nb	S34779
06Cr19Ni9NbN	S30478	06Cr17Ni12Mo2Nb	S31678	022Cr21Ni25Mo7N	S38367
10Cr18Ni12	S30510	06Cr18Ni12Mo2Cu2	S31688	015Cr20Ni25Mo7CuN	S38926

① ISC—统一数字代号（下同）。

表 3-1-36b　不锈钢热轧钢板和钢带的钢号（奥氏体-铁素体型）

钢　号	ISC	钢　号	ISC	钢　号	ISC
14Cr18Ni11Si4AlTi	S21860	022Cr21Mn3Ni3Mo2N	S22193	022Cr25Ni6Mo2N	S22553
022Cr19Ni5Mo3Si2N	S21953	022Cr22Mn3Ni2MoN	S22253	022Cr23Ni4MoCuN	S23043
022Cr23Ni5Mo3N	S22053	022Cr22Ni5Mo5N	S22293	022Cr25Ni7Mo4N	S25073
022Cr27Mn5Ni2N	S22152	03Cr22Mn5Ni2MoCuN	S22294	03Cr25Ni6Mo3Cu2N	S25554
022Cr21Ni5Mo2N	S22153	022Cr24Ni4N	S22353	022Cr25Ni7Mo4WCuN	S27603
12Cr21Ni5Ti	S22160	022Cr24Ni4Mn5Mo2CuN	S22493	—	—

表 3-1-36c　不锈钢热轧钢板和钢带的钢号（铁素体型）

钢　号	ISC	钢　号	ISC	钢　号	ISC
022Cr11Ti	S11163	022Cr17NbTi	S11763	019Cr21CoTi	S12182
022Cr11NbTi	S11173	10Cr17Mo	S11790	019Cr23Mo2Ti	S12361
022Cr12	S11203	019Cr18MoTi	S11862	019Cr23MoTi	S12362
022Cr12Ni	S11213	022Cr18Ti	S11863	022Cr27Ni2Mo4NbTi	S12763
06Cr13Al	S11348	022Cr18Nb	S11873	008Cr27Mo	S12791
10Cr15	S11510	019Cr18CuNb	S11882	022Cr29Mo4NbTi	S12963
022Cr15NbTi	S11573	019Cr10Mo2NbTi	S11972	008Cr30Mo2	S13091
10Cr17	S11710	022Cr18NbTi	S11973	—	—

表3-1-36d 不锈钢热轧钢板和钢带的钢号（马氏体型和沉淀硬化型）

钢 号	ISC	钢 号	ISC	钢 号	ISC
马氏体型		马氏体型		沉淀硬化型	
12Cr12	S40310	40Cr13	S42040	04Cr13Ni8Mo2Al	S51380
06Cr13	S41008	17Cr16Ni2	S44030	022Cr12Ni9Cu2NbTi	S51290
12Cr13	S41010	68Cr17	S44070	07Cr17Ni7Al	S51770
04Cr13Ni5Mo	S41595	50Cr15MoV	S46050	07Cr15Ni7Mo2Al	S5157
20Cr13	S42020	—	—	09Cr19Ni5Mo3N	S51750
30Cr13	S42030	—	—	06Cr17Ni7AlTi	S51778

（3）中国GB标准不锈钢冷轧、热轧钢板和钢带的热处理与力学性能

经热处理的各类型钢板和钢带的力学性能分别作如下规定，其中各类型钢板和钢带的规定非比例延伸强度 $R_{p0.2}$ 和硬度，以及退火状态的铁素体型和马氏体型钢的弯曲性能，仅当需方要求（并在合同中注明）时才进行测定。对于列出的几种硬度值，可根据钢板和钢带的尺寸或状态选择其中一种方法测试硬度。

A）经固溶处理的奥氏体型不锈钢冷轧、热轧钢板和钢带的热处理与力学性能（表3-1-37）

表3-1-37 经固溶处理的奥氏体型不锈钢冷轧、热轧钢板和钢带的热处理与力学性能

数字代号 SIC	钢 号	热处理温度/℃ （水冷或快冷）	力学性能			硬 度		
			$R_{p0.2}$ /MPa	R_m /MPa	A[①] (%)	HBW	HRB	HV
			≥			≤		
S30103	022Cr17Ni7	≥1040	220	550	45	241	100	242
S30110	12Cr17Ni7	≥1040	205	515	40	217	95	220
S30153	022Cr17Ni7N	≥1040	240	550	45	241	100	242
S30210	12Cr18Ni9	≥1040	205	515	40	201	92	210
S30240	12Cr18Ni9Si3	≥1040	205	515	40	217	95	220
S30403	022Cr19Ni10	≥1040	180	485	40	201	92	210
S30408	06Cr19Ni10	≥1040	205	515	40	201	92	210
S30409	07Cr19Ni10	≥1095	205	515	40	201	92	210
S30450	05Cr19Ni10Si2CeN	≥1040	290	600	40	217	95	220
S30453	022Cr19Ni10N	≥1040	205	515	40	217	95	220
S30458	06Cr19Ni10N	≥1040	240	550	30	217	95	220
S30478	06Cr19Ni9NbN	≥1040	345	620	30	241	100	242
S305010	10Cr18Ni12	≥1040	170	485	40	183	88	200
S30859	08Cr21Ni11Si2CeN	≥1040	310	600	40	217	95	220
S30908	06Cr23Ni13	≥1040	205	515	40	217	95	220
S31008	06Cr25Ni20	≥1040	205	515	40	217	95	220
S31053	022Cr25Ni22Mo2N	≥1040	270	580	25	217	95	220
S31252	015Cr20Ni18Mo6CuN	≥1150	310	690	35	223	96	225
S31603	022Cr17Ni12Mo2	≥1040	180	485	40	217	95	220
S31608	06Cr17Ni12Mo2	≥1040	205	515	40	217	95	220
S31609	07Cr17Ni12Mo2	≥1040	205	515	40	217	95	220
S31653	022Cr17Ni12Mo2N	≥1040	205	515	40	217	95	220
S31658	06Cr17Ni12Mo2N	≥1040	240	550	35	217	95	220

（续）

数字代号 SIC	钢　　号	热处理温度/℃ （水冷或快冷）	力学性能			硬　度		
			$R_{p0.2}$ /MPa	R_m /MPa	$A^{①}$ （%）	HBW	HRB	HV
			≥			≤		
S31668	06Cr17Ni12Mo2Ti	≥1040	205	515	40	217	95	220
S31678	06Cr17Ni12Mo2Nb	≥1040	205	515	30	217	95	220
S31688	06Cr18Ni12Mo2Cu2	1010~1150	205	520	40	187	90	200
S31703	022Cr19Ni13Mo3	≥1040	205	515	40	217	95	220
S31708	06Cr19Ni13Mo3	≥1040	205	515	35	217	95	220
S31723	022Cr19Ni16Mo5N	≥1040	240	550	40	223	96	225
S31753	022Cr19Ni13Mo4N	≥1040	240	550	40	217	95	220
S31782	015Cr21Ni26Mo5Cu2	1030~1180	220	490	35	—	90	200
S31768	06Cr18Ni11Ti	≥1040	205	515	40	217	95	220
S32169	07Cr19Ni11Ti	≥1095	205	515	40	217	95	220
S32652	015Cr24Ni22Mo8Mn3CuN	≥1150	430	750	40	250	—	252
S34553	022Cr24Ni17Mo5Mn6NbN	1120~1170	415	795	35	241	100	242
S34778	06Cr18Ni11Nb	≥1150	205	515	40	201	92	210
S34779	07Cr18Ni11Nb	≥1095	205	515	40	201	92	210
S38367	022Cr21Ni25Mo7N	≥1105	310	690	30	—	100	258
S38926	015Cr20Ni25Mo7Cu2N	≥1100	295	650	35	—	—	—

① 厚度 >3mm 时，采用标距 50mm 试样。

B）不同冷作硬化状态的不锈钢钢板和钢带的力学性能

未列出的钢号以冷作硬化状态交货时，其力学性能与硬度由供需双方商定，并在合同中注明。

① $\frac{1}{4}$H 状态的钢材力学性能见表 3-1-38。

表 3-1-38　　$\frac{1}{4}$H 状态的钢材力学性能

数字代号 SIC	钢　　号	$R_{p0.2}$/MPa	R_m/MPa	A（%）		
				厚度/mm		
				<0.4	0.4~<0.8	≥0.8
				≥		
S30103	022Cr17Ni7	515	860	25	25	25
S30110	12Cr17Ni7	515	860	25	25	25
S30153	022Cr17Ni7N	515	860	25	25	25
S30210	12Cr18Ni9	515	860	10	10	12
S30403	022Cr19Ni10	515	860	8	8	10
S30408	06Cr19Ni10	515	860	10	10	12
S30453	022Cr19Ni10N	515	860	10	10	12
S30458	06Cr19Ni10N	515	860	12	12	12
S31603	022Cr17Ni12Mo2	515	860	8	8	8
S31608	06Cr17Ni12Mo2	515	860	10	10	10
S31658	06Cr17Ni12Mo2Ti	515	860	12	12	12

② $\frac{1}{2}$H 状态和 $\frac{3}{4}$H 状态的钢材力学性能见表 3-1-39。

表 3-1-39　$\frac{1}{2}$H 状态和 $\frac{3}{4}$H 状态的钢材力学性能

数字代号 SIC	钢　号	$R_{p0.2}$/MPa	R_m/MPa	A（%）		
				厚度/mm		
				<0.4	0.4 ~ <0.8	≥0.8
				≥		
$\frac{1}{2}$H 状态的钢材						
S30103	022Cr17Ni7	690	930	20	20	20
S30110	12Cr17Ni7	760	1035	15	18	18
S30153	022Cr17Ni7N	690	930	20	20	20
S30210	12Cr18Ni9	760	1035	9	10	10
S30403	022Cr19Ni10	760	1035	5	6	6
S30408	06Cr19Ni10	760	1035	6	7	7
S30453	022Cr19Ni10N	760	1035	6	7	7
S30458	06Cr19Ni10N	760	1035	6	8	8
S31603	06Cr17Ni12Mo2	760	1035	5	6	6
S31608	022Cr17Ni12Mo2	760	1035	6	7	7
S31658	06Cr17Ni12Mo2N	760	1035	6	8	8
$\frac{3}{4}$H 状态的钢材						
S30110	12Cr17Ni7	930	1205	10	12	12
S30210	12Cr18Ni9	930	1205	5	6	6

③ H 状态和 2H 状态的钢材力学性能见表 3-1-40。

表 3-1-40　H 状态和 2H 状态的钢材力学性能

数字代号 SIC	钢　号	$R_{p0.2}$/MPa	R_m/MPa	A（%）		
				厚度/mm		
				<0.4	0.4 ~ <0.8	≥0.8
				≥		
H 状态的钢材						
S30110	12Cr17Ni7	965	1275	8	9	9
S30210	12Cr18Ni9	965	1275	3	4	4
2H 状态的钢材						
S30110	12Cr17Ni7	1790	1860	—	—	—

C）经固溶处理的奥氏体-铁素体型不锈钢冷轧、热轧钢板和钢带的热处理与力学性能（表 3-1-41）

表 3-1-41　经固溶处理的奥氏体-铁素体型不锈钢冷轧、热轧钢板和钢带的热处理与力学性能

数字代号 SIC	钢　号	热处理温度/℃（水冷或快冷）	$R_{p0.2}$/MPa	R_m/MPa	A（%）	HBW	HRB
			≥			≤	
S21860	14Cr18Ni11Si4AlTi	1000 ~ 1050	—	715	25	—	—
S21953	022Cr19Ni5Mo3Si2N	950 ~ 1050 水冷	440	630	25	290	31
S22053	022Cr22Ni5Mo3N	1040 ~ 1100 水冷[①]	450	655	25	293	31

（续）

数字代号 SIC	钢　号	热处理温度/℃ （水冷或快冷）	$R_{p0.2}$ /MPa	R_m /MPa	A （%）	HBW	HRB
			≥			≤	
S22152	022Cr21Mn5Ni2N	≥1040	450	620	25	—	25
S22153	022Cr21Ni3Mo2N	≥1010	450	655	25	293	31
S22160	12Cr21Ni5Ti	950～1050	—	635	20	—	—
S22193	022Cr21Mn3Ni3Mo2N	≥1020	450	620	25	293	31
S22253	022Cr22Mn3Ni2MoN	≥1020	450	655	30	293	31
S22293	022Cr23Ni5Mo3N	1040～1100	450	620	25	293	31
S22294	03Cr22Mn5Ni2MoCuN	≥1020	450	650	30	290	—
S22353	022Cr23Ni2N	≥1020	450	650	30	290	—
S22493	022Cr24Ni4Mn3Mo2CuN	≥1040	540	740	25	290	—
S22553	022Cr25Ni6Mo2N	1025～1125	450	640	25	295	31
S23043	022Cr23Ni4MoCuN	950～1050	400	600	25	290	31
S25073	022Cr25Ni7Mo4N	1050～1100 水冷	550	795	15	310	32
S25554	03Cr25Ni6Mo3Cu2N	1050～1100	550	760	15	302	32
S27603	022Cr25Ni7Mo4WCuN	1025～1125	550	750	25	270	—

① 钢卷在连续退火线水冷或快冷。

D）经退火的铁素体型不锈钢冷轧、热轧钢板和钢带的热处理与力学性能（表3-1-42）

表 3-1-42　经退火的铁素体型不锈钢冷轧、热轧钢板和钢带的热处理与力学性能[①]

数字代号 SIC	钢号	热处理温度/℃ （快冷或缓冷）	$R_{p0.2}$ /MPa	R_m /MPa	A （%）	HBW	HRB	HV	冷弯试验[②] 180°
			≥			≤			
S11163	022Cr11Ti	800～900	170	380	20	179	88	200	$D=2a$
S11173	022Cr11NbTi	800～900	170	380	20	179	88	200	$D=2a$
S11203	022Cr12	700～820	195	360	22	183	88	200	$D=2a$
S11213	022Cr12Ni	700～820	280	450	18	180	88	200	—
S11348	06Cr13Al	700～820	170	415	20	179	88	200	$D=2a$
S11510	10Cr15	780～830	205	450	22	183	89	200	$D=2a$
S11573	022Cr15NbTi	780～1050	205	450	22	183	89	200	$D=2a$
S11710	10Cr17	780～800 空冷	205	420	22	183	89	200	$D=2a$
S11763	022Cr17Ti	780～950	175	360	22	183	88	200	$D=2a$
S11790	10Cr17Mo	780～850	240	450	22	183	89	200	$D=2a$
S11862	019Cr18MoTi	800～1050 快冷	245	410	20	217	96	230	$D=2a$
S11863	022Cr18Ti	780～950	205	415	22	183	89	200	$D=2a$
S11873	022Cr18Nb	800～1050 快冷	250	430	18	180	88	200	$D=2a$
S11882	019Cr18CuNb	780～950	205	390	22	192	90	200	$D=2a$
S11972	019Cr19Mo2NbTi	800～1050 快冷	275	415	20	217	96	230	$D=2a$
S11973	022Cr18NbTi	780～950	205	415	22	183	89	200	$D=2a$
S12182	019Cr21CuTi	800～1050 快冷	205	390	22	192	90	200	$D=2a$
S12361	019Cr23Mo2Ti	850～1050 快冷	245	410	20	217	96	200	$D=2a$
S12362	019Cr23MoTi	850～1050 快冷	245	410	20	217	96	230	$D=2a$
S12763	022Cr27Ni2Mo4NbTi	950～1150 快冷	450	585	18	241	100	248	$D=2a$
S12791	008Cr27Mo	900～1050 快冷	275	450	22	187	90	200	$D=2a$
S12963	022Cr29Mo4NbTi	950～1150 快冷	415	550	18	255	25[③]	257	$D=2a$
S13091	008Cr30Mo2	800～1050 快冷	295	450	22	207	95	220	$D=2a$

① 厚度 >3mm 时，采用标距 50mm 试样。

② D—弯芯直径；a—钢板厚度。

③ HRC 硬度值。

E）马氏体型不锈钢冷轧、热轧钢板和钢带的热处理与力学性能（表 3-1-43a 和表 3-1-43b）

表 3-1-43a　马氏体型不锈钢冷轧、热轧钢板和钢带的热处理与力学性能

数字代号 SIC	钢　号	热处理类型[1]	$R_{p0.2}$ /MPa	R_m /MPa	A (%)	HBW	HRB[2]	HV	冷弯试验[3] 180°
			≥			≤			
S40310	12Cr12	退火	205	485	20	217	96	210	$D = 2a$
S41008	06Cr13	退火	205	415	22	183	89	200	$D = 2a$
S41010	12Cr13	退火	205	450	20	217	96	210	$D = 2a$
S41595	04Cr13Ni5Mo	—	620	795	15	302	(32)	—	—
S42020	20Cr13	退火	225	520	18	223	97	234	—
S42030	30Cr13	退火 淬火＋回火	225	540	18	235	99	247	—
S42040	40Cr13	退火 淬火＋回火	225	590	15	—	—	—	—
S43120	17Cr16Ni2	淬火＋回火（Ⅰ）	690	880 ~ 1080	12	262 ~ 326	—	—	—
		淬火＋回火（Ⅱ）	1050	1350	10	388	—	—	—
S44070	68Cr17	退火 淬火＋回火	245	590	15	255	(25)	269	—
S46050	50Cr15MoV	退火	—	≤850	—	280	100	280	—

① 热处理制度见表 3-1-43b。

② 括号内为 HRC 硬度值。

③ D—弯芯直径；a—钢板厚度。

表 3-1-43b　马氏体型不锈钢的热处理制度

数字代号 SIC	钢　号	热处理温度/℃，及冷却		
		退　火	淬　火	回　火
S40310	12Cr12	约 750 快冷，或 800 ~ 900 缓冷	—	—
S41008	06Cr13	约 750 快冷，或 800 ~ 900 缓冷	—	—
S41010	12Cr13	约 750 快冷，或 800 ~ 900 缓冷	—	—
S41595	04Cr13Ni5Mo	—	—	—
S42020	20Cr13	约 750 快冷，或 800 ~ 900 缓冷	—	—
S42030	30Cr13	约 750 快冷，或 800 ~ 900 缓冷	980 ~ 1040 快冷	150 ~ 400 空冷
S42040	40Cr13	约 750 快冷，或 800 ~ 900 缓冷	1050 ~ 1100 油冷	200 ~ 300 空冷
S43120	17Cr16Ni2	—	1010 ± 10 油冷	650 ± 5 空冷
		—	1000 ~ 1030 油冷	300 ~ 380 空冷
S44070	68Cr17	约 750 快冷，或 800 ~ 900 缓冷	1010 ~ 1070 快冷	150 ~ 400 空冷
S46050	50Cr15MoV	770 ~ 830 缓冷		

F）经固溶与时效处理的沉淀硬化型不锈钢冷轧钢板和钢带的力学性能（表 3-1-44 和表 3-1-45）

表 3-1-44　经固溶处理的沉淀硬化型不锈钢冷轧钢板和钢带的力学性能

数字代号 SIC	钢　号	钢材厚度 /mm	$R_{p0.2}$ /MPa	R_m /MPa	A[1] (%)	HRC[2]	HBW
			≥			≤	
S51380	04Cr13Ni8Mo2Al	0.10 ~ <8.0	—	—	—	38	363
S51290	022Cr12Ni9Cu2NbTi	0.30 ~ <8.0	1105	1205	3	36	331
S51770	07Cr17Ni7Al	0.10 ~ <0.30	450	1035	—		
		0.30 ~ <8.0	380	1035	20	(92)	—

（续）

数字代号 SIC	钢　号	钢材厚度 /mm	$R_{p0.2}$ /MPa	R_m /MPa	$A^{①}$ （%）	HRC^{②}	HBW
			≥			≤	
S51570	07Cr15Ni7Mo2Al	0.10 ~ <8.0	450	1035	25	（100）	—
S51750	09Cr19Ni5Mo3N	0.10 ~ <0.30	585	1380	8	30	—
		0.30 ~ 8.0	585	1380	12	30	—
S51778	06Cr17Ni7AlTi	0.10 ~ <1.50	515	825	4	32	—
		1.50 ~ 8.0	515	825	5	32	—

① 厚度 >3mm 时，采用标距 50mm 试样。

② 括号内为 HRB 硬度值。

表 3-1-45　经时效处理的沉淀硬化型不锈钢冷轧钢板和钢带的力学性能

数字代号 SIC	钢　号	钢材厚度 /mm	热处理 温度^{①} /℃	$R_{p0.2}$ /MPa	R_m /MPa	$A^{②}$ （%）	HRC	HBW
				≥			≤	
S51380	04Cr13Ni8Mo2Al	0.10 ~ <0.50	510 ±6	1410	1515	6	45	—
		0.50 ~ 5.0		1410	1515	8	45	—
		5.0 ~ 8.0		1410	1515	10	45	—
		0.10 ~ <0.50	538 ±6	1310	1380	6	43	—
		0.50 ~ 5.0		1310	1380	8	43	—
		5.0 ~ 8.0		1310	1380	10	43	—
S51290	022Cr12Ni9Cu2NbTi	0.10 ~ <0.50	510 ±6	1410	1525	—	44	—
		0.50 ~ <1.50	或	1410	1525	3	44	—
		1.50 ~ 8.0	482 ±6	1410	1525	4	44	—
S51770	07Cr17Ni7Al	0.10 ~ <0.30	760 ±15	1035	1240	3	38	—
		0.30 ~ <5.0	15 ±3	1035	1240	5	38	—
		5.0 ~ 8.0	566 ±6	965	1170	7	43	352
		0.10 ~ <0.30	954 ±8	1310	1450	1	44	—
		0.30 ~ <5.0	− 73 ±6	1310	1450	3	44	—
		5.0 ~ 8.0	510 ±6	1240	1380	6	43	401
S51570	07Cr15Ni7Mo2Al	0.10 ~ <0.30	760 ±15	1170	1310	3	40	—
		0.30 ~ <5.0	15 ±3	1170	1310	5	40	—
		5.0 ~ 8.0	566 ±6	1170	1310	4	40	375
		0.10 ~ <0.30	954 ±8	1380	1550	2	46	—
		0.30 ~ <5.0	− 73 ±6	1380	1550	4	46	—
		5.0 ~ 8.0	510 ±6	1380	1550	4	45	429
		0.10 ~ 1.20	冷轧	1205	1380	1	41	—
		0.10 ~ 1.20	冷轧 + 482	1580	1655	1	46	—
S51750	09Cr19Ni5Mo3N	0.10 ~ <0.30	454 ±8	1035	1275	6	42	—
		0.30 ~ 5.0		1035	1275	8	42	—
		0.10 ~ <0.30	540 ±8	1000	1140	6	36	—
		0.30 ~ 5.0		1000	1140	8	36	—

（续）

数字代号 SIC	钢 号	钢材厚度 /mm	热处理 温度[1] /℃	$R_{p0.2}$ /MPa	R_m /MPa	A[2] （%）	HRC	HBW
				≥			≤	
S51778	06Cr17Ni7AlTi	0.10 ~ <0.80	510 ± 8	1170	1310	3	39	—
		0.80 ~ <1.50		1170	1310	4	39	—
		1.50 ~ 8.0		1170	1310	5	39	—
		0.10 ~ <0.80	538 ± 8	1105	1240	3	37	—
		0.80 ~ <1.50		1105	1240	4	37	—
		1.50 ~ 8.0		1105	1240	5	37	—
		0.10 ~ <0.80	566 ± 8	1035	1170	3	35	—
		0.80 ~ <1.50		1035	1170	4	35	—
		1.50 ~ 8.0		1035	1170	5	35	—

① 供方应向需方提供推荐性的热处理制度，供参考。

② 适用于沿宽度方向的试验，垂直于轧制方向且平行于钢板表面；厚度 >3mm 时使用 A_{50} 试样。

G）经固溶与时效处理的沉淀硬化型不锈钢热轧钢板和钢带的力学性能（表 3-1-46 和表 3-1-47）

表 3-1-46   经固溶处理的沉淀硬化型不锈钢热轧钢板和钢带的力学性能

数字代号 SIC	钢 号	钢材厚度 /mm	$R_{p0.2}$ /MPa	R_m /MPa	A （%）	HRC[1]	HBW
			≥			≤	
S51380	04Cr13Ni8Mo2Al	2.0 ~ 102	—	—	—	38	363
S51290	022Cr12Ni9Cu2NbTi	2.0 ~ 102	1105	1205	3	36	331
S51770	07Cr17Ni7Al	2.0 ~ 102	380	1035	20	(92)	—
S51570	07Cr15Ni7Mo2Al	2.0 ~ 102	450	1035	25	(100)	—
S51750	09Cr19Ni5Mo3N	2.0 ~ 102	585	1380	12	30	—
S51778	06Cr17Ni7AlTi	2.0 ~ 102	515	825	4	32	—

① 括号内为 HRB 硬度值。

表 3-1-47   经时效处理的沉淀硬化型不锈钢热轧钢板和钢带的力学性能

数字代号 SIC	钢 号	钢材厚度 /mm	热处理 温度[1] /℃	$R_{p0.2}$ /MPa	R_m /MPa	A[2] （%）	HRC	HBW
				≥			≤	
S51380	04Cr13Ni8Mo2Al	2 ~ <5	510 ± 5	1410	1515	8	45	—
		5 ~ <16		1410	1515	10	45	—
		16 ~ 100		1410	1515	10	45	429
		2 ~ <5	540 ± 5	1310	1380	8	43	—
		5 ~ <16		1310	1380	10	43	—
		16 ~ 100		1310	1380	10	43	401
S51290	022Cr12Ni9Cu2NbTi	≥2	480 ± 6 或 510 ± 5	1410	1525	4	44	
S51770	07Cr17Ni7Al	2 ~ <5	760 ± 15 15 ± 3 566 ± 6	1035	1240	6	38	—
		5 ~ 16		965	1170	7	38	352
		2 ~ <5	954 ± 8 -73 ± 6 510 ± 6	1310	1450	4	44	—
		5 ~ 16		1240	1380	6	43	401

（续）

数字代号 SIC	钢 号	钢材厚度 /mm	热处理温度[1] /℃	$R_{p0.2}$ /MPa	R_m /MPa	A[2] (%)	HRC	HBW
				≥			≤	
S51570	07Cr15Ni7Mo2Al	2 ~ <5 5 ~ 16	760 ± 15 15 ± 3 566 ± 6	1170 1170	1310 1310	35 4	40 40	— 375
		2 ~ <5 5 ~ 16	954 ± 8 -73 ± 6 510 ± 6	1380 1380	1550 1550	4 4	46 46	— 429
S51750	09Cr19Ni5Mo3N	2 ~ 5	454 ± 10	1035	1275	8	42	—
		2 ~ 5	540 ± 10	1000	1140	8	36	—
S51778	06Cr17Ni7AlTi	2 ~ <3 ≥3	510 ± 10	1170 1170	1310 1310	5 8	39 39	— 363
		2 ~ <3 ≥3	540 ± 10	1105 1105	1240 1240	5 8	37 38	— 352
		2 ~ <3 ≥3	565 ± 10	1035 1035	1170 1170	5 8	35 36	— 331

① 供方应向需方提供推荐性的热处理制度，供参考。

② 适用于沿宽度方向的试验，垂直于轧制方向且平行于钢板表面。

H) 沉淀硬化型不锈钢固溶处理状态的冷弯性能（表3-1-48）

表 3-1-48　沉淀硬化型不锈钢固溶处理状态的冷弯性能

数字代号 SIC	钢 号	冷轧钢板和钢带		热轧钢板和钢带	
		钢材厚度 /mm	冷弯试验[1] 180°	钢材厚度 /mm	冷弯试验[1] 180°
S51290	022Cr12Ni9Cu2NbTi	0.1 ~ 5.0	$D = 6a$	2.0 ~ 5.0	$D = 6a$
S51770	07Cr17Ni7Al	0.10 ~ <5.0 5.0 ~ 7.0	$D = a$ $D = 3a$	2.0 ~ <5.0 5.0 ~ 7.0	$D = a$ $D = 3a$
S51570	07Cr15Ni7Mo2Al	0.10 ~ <5.0 5.0 ~ 7.0	$D = a$ $D = 3a$	2.0 ~ <5.0 5.0 ~ 7.0	$D = a$ $D = 3a$
S51750	09Cr19Ni5Mo3N	0.1 ~ 5.0	$D = 2a$	2.0 ~ 5.0	$D = 2a$

① D—弯芯直径；a—钢板厚度。

I) 沉淀硬化型不锈钢冷轧、热轧钢板和钢带的热处理制度（表3-1-49）

表 3-1-49　沉淀硬化型不锈钢冷轧、热轧钢板和钢带的热处理制度

数字代号 SIC	钢 号	热处理制度	
		固溶处理	沉淀硬化处理
S51380	04Cr13Ni8Mo2Al	927℃ ±15℃，按要求冷却至 60℃以下	510℃ ±6℃，保温 4h，空冷 538℃ ±6℃，保温 4h，空冷
S51290	022Cr12Ni9Cu2NbTi	829℃ ±15℃，水冷	480℃ ±6℃，保温 4h，空冷 510℃ ±6℃，保温 4h，空冷
S51770	07Cr17Ni7Al	1065℃ ±15℃，水冷	954℃ ±8℃，保温 10min，快冷至室温，24h 内冷至 -73℃ ±6℃，保温 8h，在空气中升至室温，再加热到 510℃ ±6℃，保温 1h，空冷
		1065℃ ±15℃，水冷	760℃ ±15℃，保温 90min，1h 内冷却至 15℃ ±3℃，保温 30min，再加热到 566℃ ±6℃，保温 90min，空冷

（续）

数字代号 SIC	钢 号	热处理制度	
		固溶处理	沉淀硬化处理
S51570	07Cr15Ni7Mo2Al	1040℃ ±15℃，水冷	954℃ ±8℃，保温 10min，快冷至室温，24h 内冷至 -73℃ ±6℃，保温 8h，在空气中升至室温，再加热到 510℃ ±6℃，保温 1h，空冷
		1040℃ ±15℃，水冷	760℃ ±15℃，保温 90min，1h 内冷却至 15℃ ±3℃，保温 30min，再加热到 566℃ ±6℃，保温 90min，空冷
141	09Cr19Ni5Mo3N	930℃ ± 15℃，水冷，在 -75℃ 及以下温度保持 3h 以上	455℃ ±8℃，保温 3h，空冷 540℃ ±8℃，保温 3h，空冷
142	06Cr17Ni7AlTi	1038℃ ±15℃，水冷	510℃ ±8℃，保温 30min，空冷 538℃ ±8℃，保温 30min，空冷 566℃ ±8℃，保温 30min，空冷

3.1.8 耐热钢板和钢带 ［GB/T 4238—2015］

（1）中国 GB 标准耐热钢板和钢带的钢号与化学成分（见表 3-1-50）

表 3-1-50 耐热钢板和钢带的钢号与化学成分[1]（质量分数）（%）

钢号和代号 GB	ISC	C	Si	Mn	P≤	S≤	Cr	Ni	Mo	其 他
奥氏体型										
12Cr18Ni9[1]	S30210	≤0.15	≤0.75	≤2.00	0.045	0.030	17.00 ~ 19.00	8.00 ~ 11.00	—	N≤0.10
12Cr18Ni9Si3	S30240	≤0.15	2.00 ~ 3.00	≤2.00	0.045	0.030	17.00 ~ 19.00	8.00 ~ 10.00	—	N≤0.10
06Cr19Ni10[1]	S30408	≤0.08	≤0.75	≤2.00	0.045	0.030	17.50 ~ 19.50	8.00 ~ 10.50	—	N≤0.10
07Cr19Ni10	S30409	0.04 ~ 0.10	≤0.75	≤2.00	0.045	0.030	18.00 ~ 20.00	8.00 ~ 10.50	—	—
06Cr19Ni10Si2CeN	S30450	0.04 ~ 0.06	1.00 ~ 2.00	≤0.80	0.045	0.030	18.00 ~ 19.00	9.00 ~ 10.00	—	N 0.12 ~ 0.18 Ce 0.03 ~ 0.08
06Cr20Ni11[1]	S30808	≤0.08	≤0.75	≤2.00	0.045	0.030	19.00 ~ 21.00	10.00 ~ 12.00	—	—
08Cr21Ni11Si2CeN	S30859	0.05 ~ 0.10	0.40 ~ 2.00	≤0.80	0.040	0.030	20.00 ~ 22.00	10.00 ~ 12.00	—	N 0.14 ~ 0.20 Ce 0.03 ~ 0.08
16Cr23Ni13[1]	S30920	≤0.20	≤0.75	≤2.00	0.045	0.030	22.00 ~ 24.00	12.00 ~ 15.00	—	—
06Cr23Ni13[1]	S30908	≤0.08	≤0.75	≤2.00	0.045	0.030	22.00 ~ 24.00	12.00 ~ 15.00	—	—
20Cr25Ni20[1]	S31020	≤0.25	≤1.50	≤2.00	0.045	0.030	24.00 ~ 26.00	19.00 ~ 22.00	—	—
06Cr25Ni20	S31008	≤0.08	≤1.50	≤2.00	0.045	0.030	24.00 ~ 26.00	19.00 ~ 22.00	—	—
06Cr17Ni12Mo2[1]	S31608	≤0.08	≤0.75	≤2.00	0.045	0.030	16.00 ~ 18.00	10.00 ~ 14.00	2.00 ~ 3.00	N≤0.10
07Cr17Ni12Mo2[1]	S31609	0.04 ~ 0.10	≤0.75	≤2.00	0.045	0.030	16.00 ~ 18.00	10.00 ~ 14.00	2.00 ~ 3.00	—
06Cr19Ni13Mo3	S31708	≤0.08	≤0.75	≤2.00	0.045	0.030	18.00 ~ 20.00	11.00 ~ 15.00	3.00 ~ 4.00	N≤0.10
06Cr18Ni11Ti	S32168	≤0.08	≤0.75	≤2.00	0.045	0.030	17.00 ~ 19.00	9.00 ~ 12.00	—	Ti≤5C

（续）

钢号和代号		C	Si	Mn	P≤	S≤	Cr	Ni	Mo	其 他
GB	ISC									
奥氏体型										
07Cr19Ni11Ti[①]	S32169	0.04 ~ 0.10	≤0.75	≤2.00	0.045	0.030	17.00 ~ 19.00	9.00 ~ 12.00	—	Ti 4（C + N）~ 0.70
12Cr16Ni35	S33010	≤0.15	≤1.50	≤2.00	0.045	0.030	14.00 ~ 17.00	33.00 ~ 37.00	—	—
06Cr18Ni11Nb[①]	S34778	≤0.08	≤0.75	≤2.00	0.045	0.030	17.00 ~ 19.00	9.00 ~ 13.00	—	Nb 10C ~ 1.00
07Cr18Ni11Nb[①]	S34779	0.04 ~ 0.10	≤0.75	≤2.00	0.045	0.030	17.00 ~ 19.00	9.00 ~ 13.00	—	Nb 8C ~ 1.00
16Cr20Ni14Si2	S38240	≤0.20	1.50 ~ 2.50	≤1.50	0.040	0.030	19.00 ~ 22.00	12.00 ~ 15.00	—	—
16Cr25Ni20Si2	S38340	≤0.20	1.50 ~ 2.50	≤1.50	0.045	0.030	24.00 ~ 27.00	18.00 ~ 21.00	—	—
铁素体型										
06Cr13Al	S11348	≤0.08	≤1.00	≤1.00	0.040	0.030	11.50 ~ 14.50	≤0.60	—	Al 0.10 ~ 0.30
022Cr11Ti[①]	S11163	≤0.030	≤1.00	≤1.00	0.040	0.030	10.50 ~ 11.70	≤0.60	—	Ti 0.15 ~ 0.50 Nb≤0.10, N≤0.030
022Cr11NbTi	S11173	≤0.030	≤1.00	≤1.00	0.040	0.030	10.50 ~ 11.70	≤0.60	—	（Ti + Nb）［0.08 + 8（C + N）］~ 0.75 Ti≥0.05, N≤0.030
10Cr17	S11710	≤0.12	≤1.00	≤1.00	0.040	0.030	16.00 ~ 18.00	≤0.75	—	—
16Cr25N[①]	S12550	≤0.20	≤1.00	≤1.00	0.040	0.030	23.00 ~ 27.00	≤0.75	—	N≤0.25
马氏体型										
12Cr12	S40310	≤0.15	≤0.50	≤1.00	0.040	0.030	11.50 ~ 13.00	≤0.60	—	—
12Cr13[①]	S41010	≤0.15	≤1.00	≤1.00	0.040	0.030	11.50 ~ 13.50	≤0.75	≤0.50	—
22Cr12NiMoWV[①]	S47220	0.20 ~ 0.25	≤0.50	0.50 ~ 1.00	0.025	0.025	11.00 ~ 12.50	0.50 ~ 1.00	0.90 ~ 1.25	V 0.20 ~ 0.30 W 0.90 ~ 1.25
沉淀硬化型										
022Cr12Ni9Cu2NbTi[①]	S51290	≤0.05	≤0.50	≤0.50	0.040	0.030	11.00 ~ 12.50	7.50 ~ 9.50	≤0.50	Cu 1.50 ~ 2.50 Ti 0.80 ~ 1.40 （Nb + Ta）0.10 ~ 0.50
05Cr17Ni4CuNb	S51740	≤0.07	≤1.00	≤1.00	0.040	0.030	15.00 ~ 17.50	3.00 ~ 5.00	—	Cu 3.00 ~ 5.00 Nb 0.15 ~ 0.45
07Cr17Ni4Al	S51770	≤0.09	≤1.00	≤1.00	0.040	0.030	16.00 ~ 18.00	6.50 ~ 7.75	—	Al 0.75 ~ 1.50
07Cr15Ni7Mo2Al	S51570	≤0.09	≤1.00	≤1.00	0.040	0.030	14.00 ~ 16.00	6.50 ~ 7.75	2.00 ~ 3.00	Al 0.75 ~ 1.50
06Cr17Ni7AlTi	S51778	≤0.08	≤1.00	≤1.00	0.040	0.030	16.00 ~ 17.50	6.00 ~ 7.50	—	Al≤0.40 Ti 0.40 ~ 1.20
06Cr15Ni25Ti2MoAlVB	S51525	≤0.08	≤1.00	≤2.00	0.040	0.030	13.50 ~ 16.00	24.00 ~ 27.00	1.00 ~ 1.50	Al≤0.35 + ②

① 相对于 GB/T 20878—2007 的牌号，作了化学成分调整。

② Ti 1.90 ~ 2.35, V 0.10 ~ 0.50, B 0.001 ~ 0.010。

（2）中国 GB 耐热钢板和钢带的力学性能

A）经固溶处理的奥氏体型耐热钢板和钢带的力学性能（表 3-1-51 和表 3-1-52）

表 3-1-51 奥氏体型耐热钢板和钢带的力学性能

钢号和代号		$R_{p0.2}$ /MPa	R_m /MPa	$A^①$ （%）	HBW	HRB	HV
GB	ISC	≥			≤		
12Cr18Ni9	S30210	205	515	40	201	92	210
12Cr18Ni9Si3	S30240	205	515	40	217	95	220
06Cr19Ni10	S30408	205	515	40	201	92	210
07Cr19Ni10	S30409	205	515	40	201	92	210
06Cr19Ni10Si2CeN	S30450	290	800	40	217	95	220
06Cr20Ni11	S30808	205	515	40	183	88	200
08Cr21Ni11Si2CeN	S30859	310	600	40	217	95	220
16Cr23Ni13	S30920	205	515	40	217	95	220
06Cr23Ni13	S30908	205	515	40	217	95	220
20Cr25Ni20	S31020	205	515	40	217	95	220
06Cr25Ni20	S31008	205	515	40	217	95	220
06Cr17Ni12Mo2	S31608	205	515	40	217	95	220
07Cr17Ni12Mo2	S31609	205	515	40	217	95	220
06Cr19Ni13Mo3	S31708	205	515	40	217	95	220
06Cr18Ni11Ti	S32168	205	515	40	217	95	220
07Cr19Ni11Ti	S32169	205	515	40	217	95	220
12Cr16Ni35	S33010	205	560	—	201	95	220
06Cr18Ni11Nb	S34778	205	515	40	201	92	220
07Cr18Ni11Nb	S34779	205	515	40	201	92	220
16Cr20Ni14Si2	S38240	220	540	40	217	95	220
16Cr25Ni20Si2	S38340	220	540	35	217	95	220

① 厚度≤3mm 时，采用 A_{50} 试样。

表 3-1-52 奥氏体型耐热钢板和钢带的固溶处理制度

钢 号	固溶处理		钢 号	固溶处理	
	温度/℃	冷却		温度/℃	冷却
12Cr18Ni9	1040	水或快冷	07Cr17Ni12Mo2	1040	水或快冷
12Cr18Ni9Si3	1040	水或快冷	06Cr19Ni13Mo3	1040	水或快冷
06Cr19Ni10	1040	水或快冷	06Cr18Ni11Ti	1095	水或快冷
07Cr19Ni10	1040	水或快冷	07Cr19Ni11Ti	1040	水或快冷
06Cr19Ni10Si2CeN	1050~1100	水或快冷	12Cr16Ni35	1030~1180	快冷
06Cr20Ni11	1040	水或快冷	06Cr18Ni11Nb	1040	水或快冷
16Cr23Ni13	1040	水或快冷	07Cr18Ni11Nb	1040	水或快冷
06Cr23Ni13	1040	水或快冷	16Cr20Ni14Si2	1060~1130	水或快冷
20Cr25Ni20	1040	水或快冷	16Cr25Ni20Si2	1060~1130	水或快冷
06Cr25Ni20	1040	水或快冷	08Cr21Ni11Si2CeN	1040	水或快冷
06Cr17Ni12Mo2	1040	水或快冷			

B) 经退火的铁素体型耐热钢板和钢带的力学性能（表 3-1-53a 和表 3-1-53b）

表 3-1-53a 经退火的铁素体型耐热钢板和钢带的力学性能与硬度

钢号和代号		$R_{p0.2}$ /MPa	R_m /MPa	$A^{①}$ (%)	HBW	HRB	HV	弯曲试验	
GB	ISC							弯曲角度	D—弯曲压头直径 a—钢板厚度
		≥			≤				
06Cr13Al	S11348	170	415	20	179	88	200	180°	$D = 2a$
022Cr11Ti	S11163	270	380	20	179	92	200	180°	$D = 2a$
022Cr11NbTi	S11173	270	380	20	179	92	200	180°	$D = 2a$
10Cr17	S11710	205	420	22	183	89	200	180°	$D = 2a$
16Cr25N	S12550	275	510	20	201	95	210	135°	—

① 厚度≤3mm 时，采用 A_{50} 试样。

表 3-1-53b 铁素体型耐热钢板和钢带的热处理制度

钢号	退火处理		钢号	退火处理	
	温度/℃	冷却		温度/℃	冷却
06Cr13Al	780 ~ 830	快冷或缓冷	10Cr17	780 ~ 850	快冷或缓冷
022Cr11Ti	800 ~ 900	快冷或缓冷	16Cr25N	780 ~ 880	快冷
022Cr11NbTi	800 ~ 900	快冷或缓冷			

C) 经退火的马氏体型耐热钢板和钢带的力学性能（表 3-1-54a 和表 3-1-54b）

表 3-1-54a 经退火的马氏体型耐热钢板和钢带的力学性能

钢号和代号		$R_{p0.2}$ /MPa	R_m /MPa	$A^{①}$ (%)	HBW	HRB	HV	弯曲试验	
GB	ISC							弯曲角度	D—弯曲压头直径 a—钢板厚度
		≥			≤				
12Cr12	S40310	205	485	25	217	88	210	180°	$D = 2a$
12Cr13	S41010	205	450	20	217	96	210	180°	$D = 2a$
22Cr12NiMoWV	S47220	275	510	20	200	95	210	—	$a \geqslant 3mm$ $D = a$

① 厚度≤3mm 时，采用 A_{50} 试样。

表 3-1-54b 马氏体型耐热钢板和钢带的热处理制度

钢号	退火处理		钢号	退火处理	
	温度/℃	冷却		温度/℃	冷却
12Cr12	750	快冷	12Cr13	750	快冷
	或 800 ~ 900	缓冷		或 800 ~ 900	缓冷
22Cr12NiMoWV	未规定		—	—	—

D) 经固溶处理的沉淀硬化型耐热钢板和钢带的力学性能（表 3-1-55a）

表 3-1-55a 经固溶处理的沉淀硬化型耐热钢板和钢带的力学性能

钢号和代号		处理温度 /℃	钢材厚度 /mm	$R_{p0.2}$ /MPa	R_m /MPa	$A^{①}$ (%)	HBW	HRC
GB	ISC						≤	
022Cr12Ni9Cu2NbTi	S51290	829 ± 15 水冷	0.30 ~ 100	≤1105	≤1205	≥3	331	36
05Cr17Ni4Cu4Nb	S51740	1050 ± 25 水冷	0.40 ~ 100	≤1105	≤1255	≥3	363	36
07Cr17Ni4Al	S51770	1065 ± 15 水冷	0.10 ~ <0.30	≤450	≤1035	—	—	—
			0.30 ~ 100	≤380	≤1035	≥20	—	92

（续）

钢号和代号		处理温度	钢材厚度	$R_{p0.2}$	R_m	$A^{①}$	HBW	HRC
GB	ISC	/℃	/mm	/MPa	/MPa	（%）	≤	
07Cr15Ni7Mo2Al	S51570	1040 ± 15 水冷	0.10 ~ 100	≤450	≤1035	≥25	—	100
06Cr17Ni7AlTi	S51778	1038 ± 15 空冷	0.10 ~ <0.80	≤515	≤825	≥3	—	32
			0.80 ~ <1.50	≤515	≤825	≥4	—	32
			1.50 ~ 100	≤515	≤825	≥5	—	32
06Cr15Ni25Ti2MoAlVB	S51525	885 ~ 915 快冷	<2	—	≥725	≥25	192	91
		或 965 ~ 995 快冷	≥2	≥590	≥900	≥15	248	101

① 厚度≤3mm 时，采用 A_{50} 试样。

E）经时效处理的沉淀硬化型耐热钢板和钢带的力学性能（表 3-1-55b）

表 3-1-55b　经时效处理的沉淀硬化型耐热钢板和钢带的力学性能

钢号和代号		处理温度	钢材厚度	$R_{p0.2}$/MPa	R_m/MPa	$A^{①}$（%）	HBW	HRC
GB	ISC	/℃	/mm	≥				
022Cr12Ni9Cu2NbTi	S51290	510 ± 10	0.10 ~ <0.75	1410	1525	—	≥44	—
		或 480 ± 6	0.75 ~ <1.50	1410	1525	3	≥44	—
			1.5 ~ 16	1410	1525	4	≥44	—
05Cr17Ni4Cu4Nb	S51740	482 ± 10	0.1 ~ <5.0	1170	1310	5	—	40 ~ 48
			5.0 ~ <16	1170	1310	8	388 ~ 477	40 ~ 48
			16 ~ 100	1170	1310	10	388 ~ 477	40 ~ 48
		496 ± 10	0.1 ~ <5.0	1070	1170	5	—	38 ~ 46
			5.0 ~ <16	1070	1170	8	375 ~ 477	38 ~ 47
			16 ~ 100	1070	1170	10	375 ~ 477	38 ~ 47
		522 ± 10	0.1 ~ <5.0	1000	1070	5	—	35 ~ 43
			5.0 ~ <16	1000	1070	8	321 ~ 415	33 ~ 42
			16 ~ 100	1000	1070	12	321 ~ 415	33 ~ 42
		579 ± 10	0.1 ~ <5.0	860	1000	5	—	31 ~ 40
			5.0 ~ <16	860	1000	9	293 ~ 375	29 ~ 38
			16 ~ 100	860	1000	13	293 ~ 375	29 ~ 38
		593 ± 10	0.1 ~ <5.0	790	965	5	—	31 ~ 40
			5.0 ~ <16	790	965	10	293 ~ 375	29 ~ 38
			16 ~ 100	790	965	14	293 ~ 375	29 ~ 38
		621 ± 10	0.1 ~ <5.0	725	930	8	—	28 ~ 38
			5.0 ~ <16	725	930	10	269 ~ 352	26 ~ 36
			16 ~ 100	725	930	16	269 ~ 352	26 ~ 36
		760 ± 10	0.1 ~ <5.0	515	790	9	255 ~ 331	26 ~ 36
		或 621 ± 10	5.0 ~ <16	515	790	11	248 ~ 321	24 ~ 34
			16 ~ 100	515	790	18	248 ~ 321	24 ~ 34
07Cr17Ni4Al	S51770	760 ± 15	0.05 ~ <0.30	1035	1240	3	—	≥38
		15 ± 3	0.30 ~ <5.0	1035	1240	5	—	≥38
		566 ± 6	5.0 ~ 16	965	1170	7	≥352	≥38
		954 ± 8	0.05 ~ <0.30	1310	1450	1	—	≥44
		−73 ± 6	0.30 ~ <5.0	1310	1450	3	—	≥44
		510 ± 6	5.0 ~ 16	1240	1380	6	≥401	≥43

（续）

钢号和代号		处理温度	钢材厚度	$R_{p0.2}$/MPa	R_m/MPa	$A^{①}$（%）	HBW	HRC
GB	ISC	/℃	/mm	≥				
07Cr15Ni7Mo2Al	S51570	760 ± 15	0.05 ~ <0.30	1170	1310	3	—	≥40
		15 ± 3	0.30 ~ <5.0	1170	1310	5	—	≥40
		566 ± 6	5.0 ~ 16	1170	1310	4	≥275	≥40
		954 ± 8	0.05 ~ <0.30	1380	1550	2	—	≥46
		− 73 ± 6	0.30 ~ <5.0	1380	1550	4	—	≥46
		510 ± 6	5.0 ~ 16	1380	1550	4	≥429	≥45
06Cr17Ni7AlTi	S51778	510 ± 8	0.10 ~ <0.80	1170	1310	3	—	≥39
			0.80 ~ <1.50	1170	1310	4	—	≥39
			1.50 ~ 16	1170	1310	5	—	≥39
		538 ± 8	0.10 ~ <0.80	1105	1240	3	—	≥37
			0.80 ~ <1.50	1105	1240	4	—	≥37
			1.50 ~ 16	1105	1240	5	—	≥37
		566 ± 8	0.10 ~ <0.80	1035	1170	3	—	≥35
			0.80 ~ <1.50	1035	1170	4	—	≥35
			1.50 ~ 16	1035	1170	5	—	≥35
06Cr15Ni25Ti2MoAlVB	S51525	700 ~ 760	2.0 ~ <8.0	590	900	15	≥101	≥248

① 厚度≤3mm 时，采用 A_{50} 试样。

3.1.9　汽轮机叶片用钢 ［GB/T 8732—2014］

（1）中国 GB 标准汽轮机叶片用钢的钢号与化学成分（表3-1-56）

表 3-1-56　汽轮机叶片用钢的钢号与化学成分（质量分数）（%）

钢号和代号		C	Si	Mn	P≤	S≤	Cr	Ni	Mo	V	其 他
GB	ISC										
12Cr13①	S41010	0.01 ~ 0.15	≤0.60	≤0.60	0.030	0.020	11.50 ~ 13.50	≤0.60	—	—	Cu≤0.30
20Cr13①	S42020	0.16 ~ 0.24	≤0.60	≤0.60	0.030	0.020	12.00 ~ 14.00	—	—	—	Cu≤0.30
12Cr12Mo①	S45610	0.10 ~ 0.15	≤0.50	0.30 ~ 0.60	0.030	0.020	11.50 ~ 13.00	0.30 ~ 0.60	0.30 ~ 0.60	—	Cu≤0.30
14Cr11MoV①	S46010	0.11 ~ 0.18	≤0.50	≤0.60	0.030	0.020	10.00 ~ 11.50	≤0.60	0.50 ~ 0.70	0.25 ~ 0.40	Cu≤0.30
15Cr12WMoV①	S47010	0.12 ~ 0.18	≤0.50	0.50 ~ 0.90	0.030	0.020	11.00 ~ 13.00	0.40 ~ 0.80	0.50 ~ 0.70	0.15 ~ 0.30	W 0.70 ~ 1.10 Cu≤0.30
21Cr12MoV①	S46020	0.18 ~ 0.24	0.10 ~ 0.50	0.30 ~ 0.80	0.030	0.020	11.00 ~ 12.50	0.30 ~ 0.80	0.80 ~ 1.20	0.25 ~ 0.35	Cu≤0.30
18Cr11NiMoNbVN	S47450	0.15 ~ 0.20	≤0.50	0.50 ~ 0.80	0.020	0.015	10.00 ~ 12.00	0.30 ~ 0.60	0.60 ~ 0.90	0.20 ~ 0.30	Nb 0.20 ~ 0.60 Al≤0.03 + ③
22Cr12NiWMoV①	S47220	0.20 ~ 0.25	≤0.50	0.50 ~ 1.00	0.030	0.020	11.00 ~ 12.50	0.50 ~ 1.00	0.90 ~ 1.25	0.20 ~ 0.30	W 0.90 ~ 1.25 Cu≤0.30
05Cr17Ni4Cu4Nb②	S51740	≤0.055	≤1.00	≤0.50	0.030	0.020	15.00 ~ 16.00	3.80 ~ 4.50	—	—	Cu 3.00 ~ 3.70 + ④

（续）

钢号和代号		C	Si	Mn	P≤	S≤	Cr	Ni	Mo	V	其 他
GB	ISC										
14Cr12Ni2WMoV	S47210	0.11 ~ 0.16	0.10 ~ 0.35	0.40 ~ 0.80	0.025	0.020	10.50 ~ 12.50	2.20 ~ 2.50	1.00 ~ 1.40	0.15 ~ 0.35	W 1.00 ~ 1.40 Al≤0.05
14Cr12Ni3Mo2VN	S47350	0.10 ~ 0.17	≤0.30	0.50 ~ 0.90	0.020	0.015	11.00 ~ 12.75	2.00 ~ 3.00	1.50 ~ 2.00	0.25 ~ 0.40	Cu≤0.15 + ⑤
14Cr11W2MoNiVNbN[②]	S47550	0.12 ~ 0.16	≤0.15	0.30 ~ 0.70	0.015	0.015	10.00 ~ 11.00	0.35 ~ 0.65	0.35 ~ 0.50	0.14 ~ 0.20	W 1.50 ~ 1.90 + ⑥

① 钢号的化学成分与 GB/T 20878—2007 稍有差异。

② 除非有特殊要求，允许仅分析 Nb。

③ Cu≤0.10，N 0.04 ~ 0.09。

④（Na + Ta）0.15 ~ 0.35，Al≤0.05，Ti≤0.05，N≤0.05。

⑤ Al≤0.04，Ti≤0.02，N 0.01 ~ 0.05。

⑥（Nb + Ta）0.05 ~ 0.11，Cu≤0.10，N 0.04 ~ 0.08。

（2）中国 GB 标准汽轮机叶片用钢推荐的热处理制度和硬度

钢材的交货状态为退火或高温回火，其推荐的热处理制度和硬度见表 3-1-57。

表 3-1-57　汽轮机叶片用钢推荐的热处理制度和硬度

钢　号		推荐的热处理制度		硬度 HBW ≤
现用钢号	旧钢号	退火温度/℃（缓冷）	高温回火温度/℃（快冷）	
12Cr13	1Cr13	800 ~ 900	700 ~ 770	200
20Cr13	2Cr13	800 ~ 900	700 ~ 770	223
12Cr12Mo	1Cr12Mo	800 ~ 900	700 ~ 770	255
14Cr11MoV	1Cr11MoV	800 ~ 900	700 ~ 770	200
15Cr12W1MoV	1Cr12W1MoV	800 ~ 900	700 ~ 770	223
21Cr12MoV	2Cr12MoV	880 ~ 930	750 ~ 770	255
18Cr11NiMoNbVN	2Cr11NiMoNbVN	800 ~ 900	700 ~ 770	255
22Cr12NiWMoV	2Cr12NiMo1W1V	860 ~ 930	750 ~ 770	255
05Cr17Ni4Cu4Nb	0Cr17Ni4Cu4Nb	740 ~ 850	660 ~ 680	361
14Cr12Ni2WMoV	1Cr12Ni2W1Mo1V	860 ~ 930	650 ~ 750	287
14Cr12Ni3Mo2VN	1Cr12Ni3Mo2VN	860 ~ 930	650 ~ 750	287
14Cr11W2MoNiVNbN	1Cr11MoNiW2VNbN	860 ~ 930	650 ~ 750	287

（3）中国 GB 标准汽轮机叶片用钢的热处理与力学性能（表 3-1-58）

表 3-1-58　汽轮机叶片用钢的热处理与力学性能

钢　号		热处理制度		$R_{p0.2}$ /MPa	R_m /MPa	A (%)	Z (%)	KV_2 /J	试样硬度 HBW
		淬火温度/℃ 及冷却	回火温度/℃ 及冷却	≥					
12Cr13	—	980 ~ 1040 油	660 ~ 770 空	440	620	20	60	35	192 ~ 241
20Cr13	Ⅰ组	950 ~ 1020 空，油	660 ~ 770 油，水，空	490	665	16	50	27	212 ~ 262
	Ⅱ组	980 ~ 1030 油	640 ~ 720 空	590	735	15	50	27	229 ~ 277
12Cr12Mo	—	950 ~ 1000 油	650 ~ 710 空	550	685	18	60	78	217 ~ 255
14Cr11MoV	Ⅰ组	1000 ~ 1050 空，油	700 ~ 750 空	490	685	16	56	27	212 ~ 262
	Ⅱ组	1000 ~ 1030 油	660 ~ 700 空	590	735	15	50	27	229 ~ 277

（续）

钢　号		热处理制度		$R_{p0.2}$ /MPa	R_m /MPa	A (%)	Z (%)	KV_2 /J	试样硬度 HBW
		淬火温度/℃ 及冷却	回火温度/℃ 及冷却				≥		
15Cr12WMoV	Ⅰ组	1000～1050 油	680～740 空	590	735	15	45	27	229～293
	Ⅱ组	1000～1050 油	660～700 空	635	785	15	45	27	248～293
18Cr11NiMoNbVN	—	≥1090 油	≥640 空	760	930	12	32	20	277～331
22Cr12NiWMoV	—	980～1040 油	650～750 空	760	930	12	32	11	277～311
21Cr12MoV	Ⅰ组	1020～1070 油	≥650 空	700	900～1050	13	35	20	265～310
	Ⅱ组	1020～1050 油	700～750 空	590～755	930	15	50	27	241～285
14Cr12Ni2WMoV		1000～1050 油	≥640 空，二次	735	920	13	40	48	277～331
14Cr12Ni3Mo2VN[①]		990～1030 油	≥560 空，二次	860	1100	13	40	54	331～363
14Cr11W2MoNiVNbN		≥1100 油	≥620 空	760	930	14	32	20	277～331
05Cr17Ni4Cu4Nb	Ⅰ组	1025～1055 油，空冷[②]	645～655 4h，空	590～800	900	16	55	—	262～302
	Ⅱ组		565～575	890～980	950～1020	16	55	—	293～341
	Ⅲ组	810～820 0.5h，空冷[②]	600～610	755～890	890～1030	16	55	—	277～321

① 14Cr12Ni3Mo2VN 钢仅在需方要求时，检验 $R_{p0.2}$≥760MPa。

② 以不小于 14℃/min 冷却到室温。

3.1.10　弹簧用不锈钢冷轧钢带　[YB/T 5310—2010]

A）弹簧用不锈钢冷轧钢带的钢号与化学成分（表 3-1-59）

表 3-1-59　弹簧用不锈钢冷轧钢带的钢号与化学成分（质量分数）（%）

钢号和代号		C	Si	Mn	P≤	S≤	Cr	Ni	其　他	类型[①]
GB	ISC									
12Cr17Mn6Ni5N	S35350	≤0.15	≤1.00	5.50～7.50	0.050	0.030	16.0～18.0	3.50～5.50	N 0.05～0.25	A
12Cr17Ni17	S30110	≤0.15	≤1.00	≤2.00	0.045	0.030	16.0～18.0	6.00～8.00	N≤0.10	A
06Cr19Ni10	S30408	≤0.08	≤0.75	≤2.00	0.045	0.030	18.0～20.0	8.00～10.5	N≤0.10	A
06Cr17Ni12Mo2	S31608	≤0.08	≤1.00	≤2.00	0.045	0.030	16.0～18.0	10.0～14.0	Mo 2.00～3.00 N≤0.10	A
10Cr17	S11710	≤0.12	≤1.00	≤1.00	0.040	0.030	16.0～18.0	≤0.75	—	F
20Cr13	S42020	0.16～0.25	≤1.00	≤1.00	0.040	0.030	12.0～14.0	(≤0.60)		M
30Cr13	S42030	0.26～0.35	≤1.00	≤1.00	0.040	0.030	12.0～14.0	(≤0.60)		M
40Cr13	S42040	0.36～0.45	≤0.80	≤0.80	0.040	0.030	12.0～14.0	(≤0.60)		M
07Cr17Ni7Al	S51770	≤0.09	≤1.00	≤1.00	0.040	0.030	16.0～18.0	6.50～7.75	Al 0.75～1.50	H

① 类型代号：A—奥氏体型，F—铁素体型，M—马氏体型，H—沉淀硬化型。

B）弹簧用不锈钢冷轧钢带交货状态（冷轧或退火状态）的硬度和冷弯性能（表 3-1-60a）

表 3-1-60a　弹簧用不锈钢冷轧钢带交货状态（冷轧或退火状态）的硬度和冷弯性能

钢号和代号		交货状态	冷轧或退火状态	
GB	ISC		HV	冷弯[①]90°
12Cr17Mn6Ni5N	S35350	1/4H	≥250	—
		1/2H	≥310	—
		3/4H	≥370	—
		H	≥430	—
12Cr17Ni17	S30110	1/2H	≥310	$d=4a$
		3/4H	≥370	$d=5a$
		H	≥430	—
		EH	≥490	—
		S EH	≥530	—
06Cr19Ni10	S30408	1/4H	≥210	$d=3a$
		1/2H	≥250	$d=4a$
		3/4H	≥310	$d=5a$
		H	≥370	—
06Cr17Ni12Mo2	S31608	1/4H	≥200	—
		1/2H	≥250	—
		3/4H	≥300	—
		H	≥350	—
10Cr17	S11710	退火	≤210	—
		冷轧	≤300	—
20Cr13	S42020	退火	≤240	—
		冷轧	≤290	—
30Cr13	S42030	退火	≤240	—
		冷轧	≤320	—
40Cr13	S42040	退火	≤250	—
		冷轧	≤320	—

① d—弯心直径，a—钢带厚度。

C）弹簧用不锈钢冷轧钢带经固溶处理和沉淀硬化处理的硬度和冷弯性能（表 3-1-60b）

表 3-1-60b　弹簧用不锈钢冷轧钢带经固溶处理和沉淀硬化处理的硬度和冷弯性能

钢号和代号		交货状态	固溶处理状态		沉淀硬化处理状态	
GB	ISC		HV	冷弯[①]90°	热处理	HV
07Cr17Ni7Al	S51770	固溶	≤200	$d=a$	固溶+565℃时效	≥450
					固溶+510℃时效	≥450
		$\frac{1}{2}$H	≥350	$d=3a$	$\frac{1}{2}$H+475℃时效	≥380
		$\frac{3}{4}$H	≥400	—	$\frac{3}{4}$H+475℃时效	≥450
		H	≥450	—	H+475℃时效	≥530

① d—弯心直径，a—钢带厚度。

D）弹簧用不锈钢冷轧钢带的力学性能

钢带厚度小于 0.40mm 时，可用抗拉强度值代替硬度值，其强度值见表 3-1-61。

表 3-1-61 弹簧用不锈钢冷轧钢带的力学性能

钢号和代号		交货状态	冷轧或固溶处理状态			沉淀硬化处理状态		
GB	ISC		$R_{p0.2}$/MPa	R_m/MPa	A（%）	热处理	$R_{p0.2}$/MPa	R_m/MPa
12Cr17Ni17	S30110	$\frac{1}{2}$H	≥510	≥930	≥10	—	—	—
		$\frac{3}{4}$H	≥745	≥1130	≥5	—	—	—
		H	≥1030	≥1320	—	—	—	—
		EH	≥1275	≥1570	—	—	—	—
		SEH	≥1450	≥1740	—	—	—	—
06Cr19Ni10	S30408	$\frac{1}{4}$H	≥335	≥650	≥10	—	—	—
		$\frac{1}{2}$H	≥470	≥780	≥5	—	—	—
		$\frac{3}{4}$H	≥665	≥930	≥3	—	—	—
		H	≥880	≥1130		—	—	—
07Cr17Ni7Al	S51770	固溶	—	≤1030	≥20	固溶 + 565℃时效	≥960	≥1140
		固溶	—	≤1030	≥20	固溶 + 510℃时效	≥1030	≥1230
		$\frac{1}{2}$H	—	≥1080	≥5	$\frac{1}{2}$H + 475℃时效	≥880	≥1230
		$\frac{3}{4}$H	—	≥1180	—	$\frac{3}{4}$H + 475℃时效	≥1080	≥1420
		H	—	≥1420	—	H + 475℃时效	≥1320	≥1720

3.1.11 船舶用不锈钢无缝钢管和焊接钢管 ［GB/T 31928，31929—2015］

（1）中国 GB 标准船舶用不锈钢无缝钢管的钢号与化学成分 ［GB/T 31928—2015］（表 3-1-62）

表 3-1-62 船舶用不锈钢无缝钢管的钢号与化学成分（质量分数）（%）

钢号和代号		C	Si	Mn	P ≤	S ≤	Cr	Ni	Mo	其 他
GB	ISC									
奥氏体型[①]										
06Cr19Ni10	S30408	≤0.08	≤1.00	≤2.00	0.035	0.030	18.00 ~ 20.00	8.00 ~ 11.00	—	
022Cr19Ni10	S30403	≤0.030	≤1.00	≤2.00	0.035	0.030	18.00 ~ 20.00	8.00 ~ 12.00	—	
06Cr17Ni12Mo2	S31608	≤0.08	≤1.00	≤2.00	0.035	0.030	16.00 ~ 18.00	10.00 ~ 14.00	2.00 ~ 3.00	
022Cr17Ni12Mo2	S31603	≤0.030	≤1.00	≤2.00	0.035	0.030	16.00 ~ 18.00	10.00 ~ 14.00	2.00 ~ 3.00	
06Cr17Ni12Mo2Ti	S31668	≤0.08	≤1.00	≤2.00	0.035	0.030	16.00 ~ 18.00	10.00 ~ 14.00	2.00 ~ 3.00	Ti≥5C

（续）

钢号和代号		C	Si	Mn	P ≤	S ≤	Cr	Ni	Mo	其　他
GB	ISC									
奥氏体型[①]										
06Cr19Ni13Mo3	S31708	≤0.08	≤1.00	≤2.00	0.035	0.030	18.00 ~ 20.00	11.00 ~ 15.00	3.00 ~ 4.00	—
022Cr19Ni13Mo3	S31703	≤0.030	≤1.00	≤2.00	0.035	0.030	18.00 ~ 20.00	11.00 ~ 15.00	3.00 ~ 4.00	—
06Cr18Ni11Ti	S32168	≤0.08	≤1.00	≤2.00	0.035	0.030	17.00 ~ 19.00	9.00 ~ 12.00		Ti 5C ~ 0.70
06Cr18Ni11Nb	S34778	≤0.08	≤1.00	≤2.00	0.035	0.030	17.00 ~ 19.00	9.00 ~ 12.00	—	Nb 10C ~ 1.10
奥氏体-铁素体型										
022Cr22Ni5Mo3N	S22253	≤0.030	≤1.00	≤2.00	0.030	0.020	21.00 ~ 23.00	4.50 ~ 5.50	2.50 ~ 3.50	N 0.08 ~ 0.20
022Cr23Ni5Mo3N	S22053	≤0.030	≤1.00	≤2.50	0.030	0.020	22.00 ~ 23.00	4.50 ~ 6.50	3.00 ~ 3.50	N 0.14 ~ 0.20
03Cr25Ni6Mo3Cu2N	S25554	≤0.04	≤1.00	≤1.50	0.035	0.020	24.00 ~ 27.00	4.50 ~ 6.50	2.90 ~ 3.90	Cu 1.50 ~ 2.50 N 0.10 ~ 0.25
022Cr25Ni7Mo4N	S25073	≤0.030	≤0.80	≤1.20	0.035	0.020	24.00 ~ 26.00	6.00 ~ 8.00	3.00 ~ 5.00	Cu ≤0.50 N 0.24 ~ 0.32

① 奥氏体型不锈钢的 P 含量较 GB/T 20878 标准有所调整。

（2）中国 GB 标准船舶用不锈钢焊接钢管的钢号　［GB/T 31929—2015］

船舶用不锈钢焊接钢管的钢号见表 3-1-63。各钢号的化学成分与船舶用不锈钢无缝钢管相同（见表 3-1-62），故从略。其力学性能见表 3-1-64。

表 3-1-63　不锈钢焊接钢管的钢号

钢　号	ISC	钢　号	ISC	钢　号	ISC
奥氏体型		奥氏体型		奥氏体-铁素体型	
06Cr19Ni10	S30408	06Cr19Ni13Mo3	S31708	022Cr22Ni5Mo3N	S22253
022Cr19Ni10	S30403	022Cr19Ni13Mo3	S31703	022Cr23Ni5Mo3N	S22053
06Cr17Ni12Mo2	S31608	06Cr18Ni11Ti	S32168	03Cr25Ni6Mo3Cu2N	S25554
022Cr17Ni12Mo2	S31603	06Cr18Ni11Nb	S34778	022Cr25Ni7Mo4N	S25073
06Cr17Ni12Mo2Ti	S31668	—	—	—	—

（3）中国 GB 标准船舶用不锈钢无缝钢管和焊接钢管的力学性能与热处理制度（表 3-1-64）

表 3-1-64　船舶用不锈钢无缝钢管和焊接钢管的力学性能与热处理制度

钢号和代号		处理温度/℃ 与冷却	R_m/MPa	$R_{p0.2}$/MPa	A（%）	HBW	HRC
GB	ISC			≥		≤	
06Cr19Ni10	S30408	1010 ~ 1150，急冷	520 ~ 720	205	35	—	—
022Cr19Ni10	S30403	1010 ~ 1150，急冷	480 ~ 680	175	35	—	—
06Cr17Ni12Mo2	S31608	1010 ~ 1150，急冷	520 ~ 720	205	35	—	—
022Cr17Ni12Mo2	S31603	1010 ~ 1150，急冷	480 ~ 680	175	35	—	—
06Cr17Ni12Mo2Ti	S31668	1000 ~ 1100，急冷	520 ~ 720	205	35	—	—
06Cr19Ni13Mo3	S31708	1010 ~ 1150，急冷	520 ~ 720	205	35	—	—
022Cr19Ni13Mo3	S31703	1010 ~ 1150，急冷	480 ~ 680	205	35	—	—

（续）

钢号和代号		处理温度/℃与冷却	R_m/MPa	$R_{p0.2}$/MPa	A（%）	HBW	HRC
GB	ISC			≥		≤	
06Cr18Ni11Ti	S32168	920～1150，急冷	520～720	205	35	—	—
06Cr18Ni11Nb	S34778	980～1150，急冷	520～720	205	35	—	—
022Cr22Ni5Mo3N	S22253	1020～1100，急冷	≥620	450	25	290	30
022Cr23Ni5Mo3N	S22053	1020～1100，急冷	≥620	450	25	290	30
03Cr25Ni6Mo3Cu2N	S25554	≥1040，急冷	≥690	490	25	297	31
022Cr25Ni7Mo4N	S25073	1025～1125，急冷	≥790	550	20	300	32

3.1.12　机械结构用不锈钢无缝钢管和焊接钢管［GB/T 14975，12770—2012］

（1）中国 GB 标准机械结构用不锈钢无缝钢管［GB/T 14975—2012］

A）机械结构用不锈钢无缝钢管的钢号与化学成分（表3-1-65）

表3-1-65　机械结构用不锈钢无缝钢管的钢号与化学成分（质量分数）（%）

钢号和代号		C	Si	Mn	P ≤	S ≤	Cr	Ni	Mo	其　他
GB	ISC									
奥氏体型										
12Cr18Ni9	S30210	≤0.15	≤1.00	≤2.00	0.040	0.030	17.0～19.0	8.00～10.0	—	N≤0.10
06Cr19Ni10	S30408	≤0.08	≤1.00	≤2.00	0.040	0.030	18.0～20.0	8.00～11.0	—	
022Cr19Ni10	S30403	≤0.030	≤1.00	≤2.00	0.040	0.030	18.0～20.0	8.00～12.0	—	
06Cr19Ni10N	S30458	≤0.08	≤1.00	≤2.00	0.040	0.030	18.0～20.0	8.00～11.0	—	N 0.10～0.16
06Cr19Ni9NbN	S30478	≤0.08	≤1.00	≤2.50	0.040	0.030	18.0～20.0	7.50～10.5	—	Nb≤0.15 N 0.15～0.30
022Cr19Ni10N	S30453	≤0.030	≤1.00	≤2.00	0.040	0.030	18.0～20.0	8.00～11.0	—	N 0.10～0.16
06Cr23Ni13	S30908	≤0.08	≤1.00	≤2.00	0.040	0.030	22.0～24.0	12.0～15.0	—	
06Cr25Ni20	S31008	≤0.08	≤1.50	≤2.00	0.040	0.030	24.0～26.0	19.0～22.0	—	
015Cr20Ni18Mo6CuN	S31252	≤0.020	≤0.80	≤1.00	0.030	0.010	19.5～20.5	17.5～18.5	6.00～6.50	Cu 0.50～1.00 N 0.18～0.22
06Cr17Ni12Mo2	S31608	≤0.08	≤1.00	≤2.00	0.040	0.030	16.0～18.0	10.0～14.0	2.00～3.00	
022Cr17Ni12Mo2	S31603	≤0.030	≤1.00	≤2.00	0.040	0.030	16.0～18.0	10.0～14.0	2.00～3.00	
07Cr17Ni12Mo2	S31609	0.04～0.10	≤1.00	≤2.00	0.040	0.030	16.0～18.0	10.0～14.0	2.00～3.00	—
06Cr17Ni12Mo2Ti	S31668	≤0.08	≤1.00	≤2.00	0.040	0.030	16.0～18.0	10.0～14.0	2.00～3.00	Ti 5C～0.70
06Cr17Ni12Mo2N	S31658	≤0.08	≤1.00	≤2.00	0.040	0.030	16.0～18.0	10.0～13.0	2.00～3.00	N 0.10～0.16
022Cr17Ni12Mo2N	S31653	≤0.030	≤1.00	≤2.00	0.040	0.030	16.0～18.0	10.0～13.0	2.00～3.00	N 0.10～0.16
06Cr18Ni12Mo2Cu2	S31688	≤0.08	≤1.00	≤2.00	0.040	0.030	17.0～19.0	10.0～14.0	1.20～2.75	Cu 1.00～2.50
022Cr18Ni14Mo2Cu2	S31683	≤0.030	≤1.00	≤2.00	0.040	0.030	17.0～19.0	12.0～16.0	1.20～2.75	Cu 1.00～2.50
015Cr21Ni26Mo5Cu2	S39042	≤0.020	≤1.00	≤2.00	0.045	0.030	19.0～23.0	23.0～28.0	4.00～5.00	Cu 1.00～2.00 N≤0.10
06Cr19Ni13Mo3	S31708	≤0.08	≤1.00	≤2.00	0.040	0.030	18.0～20.0	11.0～15.0	3.00～4.00	
022Cr19Ni13Mo3	S31703	≤0.030	≤1.00	≤2.00	0.040	0.030	18.0～20.0	11.0～15.0	3.00～4.00	
06Cr18Ni11Ti	S32168	≤0.08	≤1.00	≤2.00	0.040	0.030	17.0～19.0	9.00～12.0	—	Ti 5C～0.70

（续）

钢号和代号		C	Si	Mn	P ≤	S ≤	Cr	Ni	Mo	其 他
GB	ISC									
奥氏体型										
07Cr19Ni11Ti	S32169	0.04 ~ 0.10	≤0.75	≤2.00	0.030	0.030	17.0 ~ 20.0	9.00 ~ 13.0	—	Ti 4C ~ 0.60
06Cr18Ni11Nb	S34778	≤0.08	≤1.00	≤2.00	0.040	0.030	17.0 ~ 19.0	9.00 ~ 12.0	—	Nb 10C ~ 1.10
07Cr18Ni11Nb	S34779	0.04 ~ 0.10	≤1.00	≤2.00	0.040	0.030	17.0 ~ 19.0	9.00 ~ 12.0	—	Nb 8C ~ 1.10
16Cr25Ni20Si2	S38340	≤0.20	1.50 ~ 2.50	≤1.50	0.040	0.030	24.0 ~ 27.0	18.0 ~ 21.0	—	
铁素体型										
06Cr3Al	S11348	≤0.08	≤1.00	≤1.00	0.040	0.030	11.5 ~ 14.5	(0.60)	—	Al 0.10 ~ 0.30
10Cr15	S11510	≤0.12	≤1.00	≤1.00	0.040	0.030	14.0 ~ 16.0	(0.60)	—	
10Cr17	S11710	≤0.12	≤1.00	≤1.00	0.040	0.030	16.0 ~ 18.0	(0.60)	—	
022Cr18Ti	S11863	≤0.030	≤0.75	≤1.00	0.040	0.030	16.0 ~ 19.0	(0.60)	—	Ti 或 Nb 0.10 ~ 1.00
019Cr19Mo2NbTi	S11972	≤0.025	≤1.00	≤1.00	0.040	0.030	17.5 ~ 19.5	≤1.00	1.75 ~ 2.50	(Ti + Nb) [0.20 + 4 (C + N)] ~ 0.80 N ≤ 0.035
马氏体型										
06Cr13	S41008	≤0.08	≤1.00	≤1.00	0.040	0.030	11.5 ~ 13.5	(0.60)	—	
12Cr13	S41010	≤0.15	≤1.00	≤1.00	0.040	0.030	11.5 ~ 13.5	(0.60)	—	
20Cr13	S42020	0.16 ~ 0.25	≤1.00	≤1.00	0.040	0.030	12.0 ~ 14.0	(0.60)	—	

注：表中奥氏体型除 015Cr20Ni18Mo6CuN、015Cr21Ni26Mo5Cu2、07Cr19Ni11Ti、16Cr25Ni20Si2 外，其他钢号的 P、S 含量比 GB/T 20878 标准加严了要求。

B）机械结构用不锈钢无缝钢管的热处理与力学性能（表3-1-66）

表3-1-66　机械结构用不锈钢无缝钢管的热处理与力学性能

钢 号	热处理制度（推荐的）	R_m/MPa	$R_{p0.2}$/MPa	A（%）	HBW	HV
		≥			≤	
12Cr18Ni9	1010 ~ 1150℃，水冷或快冷	520	205	35	192	200
06Cr19Ni10	1010 ~ 1150℃，水冷或快冷	520	205	35	192	200
022Cr19Ni10	1010 ~ 1150℃，水冷或快冷	480	175	35	192	200
06Cr19Ni10N	1010 ~ 1150℃，水冷或快冷	550	275	35	192	200
06Cr19Ni9NbN	1010 ~ 1150℃，水冷或快冷	685	345	35	—	—
022Cr19Ni10N	1010 ~ 1150℃，水冷或快冷	550	245	40	192	200
06Cr23Ni13	1030 ~ 1150℃，水冷或快冷	520	205	40	192	200
06Cr25Ni20	1030 ~ 1180℃，水冷或快冷	520	205	40	192	200
015Cr20Ni18Mo6CuN	≥1150℃，水冷或快冷	655	310	35	220	230
06Cr17Ni12Mo2	1010 ~ 1150℃，水冷或快冷	520	205	35	192	200
022Cr17Ni12Mo2	1010 ~ 1150℃，水冷或快冷	480	175	35	192	200
07Cr17Ni12Mo2	≥1040℃，水冷或快冷	515	205	35	192	200

（续）

钢 号	热处理制度（推荐的）	R_m/MPa	$R_{p0.2}$/MPa	A（%）	HBW	HV
		≥	≥	≥	≤	≤
06Cr17Ni12Mo2Ti	1000～1100℃，水冷或快冷	530	205	35	192	200
06Cr17Ni12Mo2N	1010～1150℃，水冷或快冷	550	275	35	192	200
022Cr17Ni12Mo2N	1010～1150℃，水冷或快冷	550	245	40	192	200
06Cr18Ni12Mo2Cu2	1010～1150℃，水冷或快冷	520	205	35	—	—
022Cr18Ni14Mo2Cu2	1010～1150℃，水冷或快冷	480	180	35	—	—
015Cr21Ni26Mo5Cu2	≥1100℃，水冷或快冷	490	215	35	192	200
06Cr19Ni13Mo3	1010～1150℃，水冷或快冷	520	205	35	192	200
022Cr19Ni13Mo3	1010～1150℃，水冷或快冷	480	175	35	192	200
06Cr18Ni11Ti	920～1150℃，水冷或快冷	520	205	35	192	200
07Cr19Ni11Ti	冷拔（轧）≥1100℃，热轧（挤、扩）≥1050℃，水冷或快冷	520	205	35	192	200
06Cr18Ni11Nb	980～1150℃，水冷或快冷	520	205	35	192	200
07Cr18Ni11Nb	冷拔（轧）≥1100℃，热轧（挤、扩）≥1050℃，水冷或快冷	520	205	35	192	200
16Cr25Ni20Si2	1030～1180℃，水冷或快冷	520	205	40	192	200
06Cr3Al	780～830℃，空冷或缓冷	415	205	20	207	—
10Cr15	780～850℃，空冷或缓冷	415	240	20	190	—
10Cr17	780～850℃，空冷或缓冷	410	245	20	190	—
022Cr18Ti	780～950℃，空冷或缓冷	415	205	20	190	—
019Cr19Mo2NbTi	800～1050℃，空冷	415	275	20	217	230
06Cr13	800～900℃，缓冷或750℃，空冷	370	180	22	—	—
12Cr13	800～900℃，缓冷或750℃，空冷	410	205	20	207	—
20Cr13	800～900℃，缓冷或750℃，空冷	470	215	19	—	—

注：1. 热处理状态钢管的纵向力学性能（R_m，A）应符合本表规定。

    2. 根据需方要求，并经供需双方协商，可测定 $R_{p0.2}$，应在合同中注明。

    3. 根据需方要求，并经供需双方协商，管壁≥1.7mm 的钢管，可进行硬度试验。

（2）中国 GB 标准机械结构用不锈钢焊接钢管［GB/T 12770—2012］

A）机械结构用不锈钢焊接钢管的钢号与化学成分（表 3-1-67）

表 3-1-67　机械结构用不锈钢焊接钢管的钢号与化学成分（质量分数）（%）

钢号和代号		C	Si	Mn	P ≤	S ≤	Cr	Ni	Mo	其 他
GB	ISC									
奥氏体型										
12Cr18Ni9	S30210	≤0.15	≤0.75	≤2.00	0.040	0.030	17.00～19.00	8.00～10.00	—	N≤0.10
06Cr18Ni10	S30408	≤0.08	≤0.75	≤2.00	0.040	0.030	18.00～20.00	8.00～11.00	—	—
022Cr19Ni10	S30403	≤0.030	≤0.75	≤2.00	0.040	0.030	18.00～20.00	8.00～12.00	—	—
06Cr25Ni20	S31008	≤0.08	≤1.50	≤2.00	0.040	0.030	24.00～26.00	19.00～22.00	—	—
06Cr17Ni12Mo2	S31608	≤0.08	≤0.75	≤2.00	0.040	0.030	16.00～18.00	10.00～14.00	2.00～3.00	—
022Cr17Ni14Mo2	S31603	≤0.030	≤0.75	≤2.00	0.040	0.030	16.00～18.00	10.00～14.00	2.00～3.00	—
06Cr18Ni11Ti	S32168	≤0.08	≤0.75	≤2.00	0.040	0.030	17.00～19.00	9.00～12.00	—	Ti 5C～0.70
06Cr18Ni11Nb	S34778	≤0.08	≤0.75	≤2.00	0.040	0.030	17.00～19.00	9.00～13.00	—	Nb 10C～1.10

（续）

钢号和代号		C	Si	Mn	P ≤	S ≤	Cr	Ni	Mo	其 他
GB	ISC									
奥氏体-铁素体型										
022Cr22Ni5Mo3N	S22253	≤0.030	≤1.00	≤2.00	0.030	0.020	21.00~23.00	4.50~6.50	2.50~3.50	—
022Cr23Ni5Mo3N	S22053	≤0.030	≤1.00	≤2.00	0.030	0.020	22.00~23.00	4.50~6.50	3.00~3.50	—
022Cr25Ni7Mo4N	S25073	≤0.030	≤0.80	≤1.20	0.035	0.020	24.00~26.00	6.00~8.00	3.00~5.00	Cu≤0.50
铁素体型										
022Cr18Ti	S11863	≤0.030	≤0.75	≤1.00	0.040	0.030	16.00~19.00	(0.60)	—	Ti 或 Nb 0.10~1.00
019Cr19Mo2NbTi	S11972	≤0.025	≤0.75	≤1.00	0.040	0.030	17.50~19.50	≤1.00	1.75~2.50	(Ti+Nb)[0.20+4(C+N)]~0.80 N≤0.035
06Cr13Al	S11348	≤0.08	≤0.75	≤1.00	0.040	0.030	11.50~14.50	(0.60)	—	Al 0.10~0.30
022Cr11Ti	S11163	≤0.030	≤0.75	≤1.00	0.040	0.020	10.50~11.70	(0.60)	—	Ti 8(C+N) Ti 0.15~0.50 N≤0.030
022Cr12Ni	S11213	≤0.030	≤0.75	≤1.50	0.040	0.015	10.50~12.50	0.30~1.00	—	N≤0.030
马氏体型										
06Cr13	S41008	≤0.08	≤1.00	≤1.00	0.040	0.030	11.5~13.5	(0.60)	—	—

注：1. 本标准钢号的化学成分与 GB/T 20878—2007 稍有变化。

2. 括号内为允许添加的最大含量。

B）机械结构用不锈钢焊接钢管的热处理与力学性能（表3-1-68）

表3-1-68 机械结构用不锈钢焊接钢管的热处理与力学性能

钢 号	热处理制度（推荐的）	$R_{p0.2}$/MPa	R_m/MPa	A （%）	
				热处理状态	非热处理状态
		≥			
12Cr18Ni9	1010~1150℃水冷或快冷	210	520	35	25
06Cr19Ni10	1010~1150℃水冷或快冷	210	520	35	25
022Cr19Ni10	1010~1150℃水冷或快冷	180	480	35	25
06Cr25Ni20	1030~1180℃水冷或快冷	210	520	35	25
06Cr17Ni12Mo2	1010~1150℃水冷或快冷	210	520	35	25
022Cr17Ni12Mo2	1010~1150℃水冷或快冷	180	480	35	25
06Cr18Ni11Ti	920~1150℃水冷或快冷	210	520	35	25
06Cr18Ni11Nb	980~1150℃水冷或快冷	210	520	35	25
022Cr22Ni5Mo3N	1020~1100℃水冷	450	620	25	—
022Cr23Ni5Mo3N	1020~1100℃水冷	485	655	25	—
022Cr25Ni7Mo4N	1025~1125℃水冷	550	800	15	—
022Cr18Ti	780~950℃空冷或缓冷	180	360	20	—
019Cr19Mo2NbTi	800~1050℃空冷	240	410	20	—
06Cr13Al	780~830℃空冷或缓冷	177	410	20	—
022Cr11Ti	800~900℃空冷或缓冷	275	400	18	—
022Cr12Ni	700~820℃空冷或缓冷	275	400	18	—
06Cr13	750℃空冷；或800~900℃缓冷	210	410	20	—

注：焊接钢管的 $R_{p0.2}$，仅在需方要求并在合同中注明时才给予保证。

3.1.13　流体输送用不锈钢无缝钢管和焊接钢管［GB/T 14976—2012 和 GB/T 12771—2008］

（1）中国 GB 标准流体输送用不锈钢无缝钢管［GB/T 14976—2012］

A）流体输送用不锈钢无缝钢管的钢号与化学成分（表 3-1-69）

表 3-1-69　流体输送用不锈钢无缝钢管的钢号与化学成分（质量分数）（%）

钢号和代号		C	Si	Mn	P ≤	S ≤	Cr	Ni	Mo	其　他
GB	ISC									
奥氏体型										
12Cr18Ni9	S30210	≤0.15	≤1.00	≤2.00	0.035	0.030	17.00 ~ 19.00	8.00 ~ 10.00	—	N≤0.10
06Cr19Ni10	S30408	≤0.08	≤1.00	≤2.00	0.035	0.030	18.00 ~ 20.00	8.00 ~ 11.00	—	—
022Cr19Ni10	S30403	≤0.030	≤1.00	≤2.00	0.035	0.030	18.00 ~ 20.00	8.00 ~ 12.00	—	—
06Cr19Ni10N	S30458	≤0.08	≤1.00	≤2.00	0.035	0.030	18.00 ~ 20.00	8.00 ~ 11.00	—	N 0.10 ~ 0.16
06Cr19Ni9NbN	S30478	≤0.08	≤1.00	≤2.00	0.035	0.030	18.00 ~ 20.00	7.50 ~ 10.50	—	Nb≤0.15 N 0.15 ~ 0.30
022Cr19Ni10N	S30453	≤0.030	≤1.00	≤2.00	0.035	0.030	18.00 ~ 20.00	8.00 ~ 11.00	—	N 0.10 ~ 0.16
06Cr23Ni13	S30908	≤0.08	≤1.00	≤2.00	0.035	0.030	22.00 ~ 24.00	12.00 ~ 15.00	—	—
06Cr25Ni20	S31008	≤0.08	≤1.50	≤2.00	0.035	0.030	24.00 ~ 26.00	19.00 ~ 22.00	—	—
06Cr17Ni12Mo2	S31608	≤0.08	≤1.00	≤2.00	0.035	0.030	16.00 ~ 18.50	10.00 ~ 14.00	2.00 ~ 3.00	—
022Cr17Ni14Mo2	S31603	≤0.030	≤1.00	≤2.00	0.035	0.030	16.00 ~ 18.00	10.00 ~ 14.00	2.00 ~ 3.00	—
07Cr17Ni12Mo2Ti	S31609	0.04 ~ 0.10	≤1.00	≤2.00	0.035	0.030	16.00 ~ 18.50	10.00 ~ 14.00	2.00 ~ 3.00	—
06Cr17Ni12Mo2Ti	S31668	≤0.08	≤1.00	≤2.00	0.035	0.030	16.00 ~ 18.00	10.00 ~ 14.00	2.00 ~ 3.00	Ti 5C ~ 0.70
06Cr17Ni12Mo2N	S31658	≤0.08	≤1.00	≤2.00	0.035	0.030	16.00 ~ 18.00	10.00 ~ 13.00	2.00 ~ 3.00	N 0.10 ~ 0.16
022Cr17Ni12Mo2N	S31653	≤0.030	≤1.00	≤2.00	0.035	0.030	16.00 ~ 18.00	10.00 ~ 13.00	2.00 ~ 3.00	N 0.10 ~ 0.16
06Cr18Ni12Mo2Cu2	S31688	≤0.08	≤1.00	≤2.00	0.035	0.030	17.00 ~ 19.00	11.00 ~ 14.00	1.20 ~ 2.75	Cu 1.00 ~ 2.50
022Cr18Ni14Mo2Cu2	S31683	≤0.030	≤1.00	≤2.00	0.035	0.030	17.00 ~ 19.00	12.00 ~ 16.00	1.20 ~ 2.75	Cu 1.00 ~ 2.50
06Cr19Ni13Mo3	S31708	≤0.08	≤1.00	≤2.00	0.035	0.030	18.00 ~ 20.00	11.00 ~ 15.00	3.00 ~ 4.00	—
022Cr19Ni13Mo3	S31703	≤0.030	≤1.00	≤2.00	0.035	0.030	18.00 ~ 20.00	11.00 ~ 15.00	3.00 ~ 4.00	—

（续）

钢号和代号		C	Si	Mn	P ≤	S ≤	Cr	Ni	Mo	其 他
GB	ISC									
奥氏体型										
06Cr18Ni11Ti	S32168	≤0.08	≤1.00	≤2.00	0.035	0.030	17.00 ~ 19.00	9.00 ~ 12.00	—	Ti 5C ~ 0.70
07Cr19Ni11Ti	S32169	0.04 ~ 0.10	≤0.75	≤2.00	0.035	0.030	17.00 ~ 20.00	9.00 ~ 13.00	—	Ti 5C ~ 0.60
06Cr18Ni11Nb	S34778	≤0.08	≤1.00	≤2.00	0.035	0.030	17.00 ~ 19.00	9.00 ~ 12.00	—	Nb 10C ~ 1.10
07Cr18Ni11Nb	S34779	0.04 ~ 0.10	≤1.00	≤2.00	0.035	0.030	17.00 ~ 19.00	9.00 ~ 12.00	—	Nb 10C ~ 1.10
铁素体型										
06Cr13Al	S11348	≤0.08	≤1.00	≤1.00	0.035	0.030	11.50 ~ 14.50	(0.60)	—	Al 0.10 ~ 0.30
10Cr15	S11510	≤0.12	≤1.00	≤1.00	0.035	0.030	14.00 ~ 16.00	(0.60)	—	—
10Cr17	S11710	≤0.12	≤1.00	≤1.00	0.035	0.030	16.00 ~ 18.00	(0.60)	—	—
022Cr18Ti	S11863	≤0.030	≤0.75	≤1.00	0.035	0.030	16.00 ~ 19.00	(0.60)	—	Ti 或 Nb 0.10 ~ 1.00
019Cr19Mo2NbTi	S11972	≤0.025	≤1.00	≤1.00	0.035	0.030	17.50 ~ 19.50	≤1.00	1.75 ~ 2.50	(Ti + Nb)[0.20 + 4(C + N)] ~ 0.80 N ≤ 0.035
马氏体型										
06Cr13	S41008	≤0.08	≤1.00	≤1.00	0.035	0.030	11.50 ~ 13.50	(0.60)	—	—
12Cr13	S41010	≤0.15	≤1.00	≤1.00	0.035	0.030	11.50 ~ 13.50	(0.60)	—	—

注：括号内为允许添加的最大含量。

B）流体输送用不锈钢无缝钢管的热处理与力学性能（表3-1-70）

表 3-1-70　流体输送用不锈钢无缝钢管的热处理与力学性能

钢　号	热处理制度 （推荐的）	R_m/MPa	$R_{p0.2}$/MPa	A（%）	密度 /（kg/dm³）
		≥			
12Cr18Ni9	1010 ~ 1150℃，水冷或快冷	520	205	35	7.93
06Cr19Ni10	1010 ~ 1150℃，水冷或快冷	520	205	35	7.93
022Cr19Ni10	1010 ~ 1150℃，水冷或快冷	480	175	35	7.90
06Cr19Ni10N	1010 ~ 1150℃，水冷或快冷	550	205	35	7.93
06Cr19Ni9NbN	1010 ~ 1150℃，水冷或快冷	685	345	35	7.98
022Cr19Ni10N	1010 ~ 1150℃，水冷或快冷	550	245	40	7.93
06Cr23Ni13	1030 ~ 1150℃，水冷或快冷	520	205	40	7.98
06Cr25Ni20	1030 ~ 1180℃，水冷或快冷	520	205	40	7.98
06Cr17Ni12Mo2	1010 ~ 1150℃，水冷或快冷	520	205	35	8.00

（续）

钢　号	热处理制度 （推荐的）	R_m/MPa	$R_{p0.2}$/MPa	A（%）	密度 /（kg/dm³）
			≥		
022Cr17Ni14Mo2	1010～1150℃，水冷或快冷	480	175	35	8.00
07Cr17Ni12Mo2Ti	≥1040℃，水冷或快冷	515	205	35	7.98
06Cr17Ni12Mo2Ti	1000～1100℃，水冷或快冷	530	205	35	7.90
06Cr17Ni12Mo2N	1010～1150℃，水冷或快冷	550	275	35	8.00
022Cr17Ni12Mo2N	1010～1150℃，水冷或快冷	550	245	40	8.04
06Cr18Ni12Mo2Cu2	1010～1150℃，水冷或快冷	520	205	35	7.96
022Cr18Ni14Mo2Cu2	1010～1150℃，水冷或快冷	480	180	35	7.96
06Cr19Ni13Mo3	1010～1150℃，水冷或快冷	520	205	35	8.00
022Cr19Ni13Mo3	1010～1150℃，水冷或快冷	480	175	35	7.98
06Cr18Ni11Ti	920～1150℃，水冷或快冷	520	205	35	8.03
07Cr19Ni11Ti	冷拔（轧）≥1100℃，热轧（挤、扩）≥1050℃，水冷或快冷	520	205	35	7.93
06Cr18Ni11Nb	980～1150℃，水冷或快冷	520	205	35	8.03
07Cr18Ni11Nb	冷拔（轧）≥1100℃，热轧（挤、扩）≥1050℃，水冷或快冷	520	205	35	8.00
06Cr13Al	780～830℃，空冷或缓冷	415	205	20	7.75
10Cr15	780～850℃，空冷或缓冷	415	240	20	7.70
10Cr17	780～850℃，空冷或缓冷	415	240	20	7.70
022Cr18Ti	780～850℃，空冷或缓冷	415	205	20	7.70
019Cr19Mo2NbTi	8000～1050℃，空冷	415	275	20	7.75
06Cr13	8000～900℃，缓冷或750℃，空冷	370	180	22	7.75
12Cr13	8000～900℃，缓冷或750℃，空冷	415	205	20	7.70

（2）中国 GB 标准流体输送用不锈钢焊接钢管［GB/T 12771—2008］

A）流体输送用不锈钢焊接钢管的钢号与化学成分（表 3-1-71）

表 3-1-71　流体输送用不锈钢焊接钢管的钢号与化学成分（质量分数）（%）

钢号和代号		C	Si	Mn ≤	P ≤	S ≤	Cr	Ni	Mo	其　他
GB	ISC									
奥氏体型										
12Cr18Ni9	S30210	≤0.15	≤0.75	≤2.00	0.040	0.030	17.00～19.00	8.00～10.00	—	N≤0.15
06Cr19Ni10	S30408	≤0.07	≤0.75	≤2.00	0.040	0.030	18.00～20.00	8.00～11.00	—	—
022Cr19Ni10	S30403	≤0.030	≤0.75	≤2.00	0.040	0.030	18.00～20.00	8.00～12.00	—	—
06Cr25Ni20	S31008	≤0.08	≤1.50	≤2.00	0.040	0.030	24.00～26.00	19.00～22.00	—	—
06Cr17Ni12Mo2	S31608	≤0.08	≤0.75	≤2.00	0.040	0.030	16.00～18.00	10.00～14.00	2.00～3.00	—
022Cr17Ni14Mo2	S31603	≤0.030	≤0.75	≤2.00	0.040	0.030	16.00～18.00	10.00～14.00	2.00～3.00	—
06Cr18Ni10Ti	S32168	≤0.08	≤0.75	≤2.00	0.040	0.030	17.00～19.00	9.00～12.00	—	Ti 5C～0.70
06Cr18Ni11Nb	S34778	≤0.08	≤0.75	≤2.00	0.040	0.030	17.00～19.00	9.00～13.00	—	Nb 10C～1.10
铁素体型										
022Cr18Ti	S11863	≤0.030	≤0.75	≤1.00	0.040	0.030	16.00～19.00	(0.60)	—	Ti 或 Nb 0.10～1.00

（续）

钢号和代号		C	Si	Mn	P ≤	S ≤	Cr	Ni	Mo	其 他
GB	ISC									
铁素体型										
019Cr19Mo2NbTi	S11972	≤0.025	≤0.75	≤1.00	0.040	0.030	17.50 ~ 19.50	≤1.00	1.75 ~ 2.50	(Ti + Nb)[0.20 + 4(C + N)] ~0.80 N≤0.035
0Cr13Al	S11348	≤0.08	≤0.75	≤1.00	0.040	0.030	11.50 ~ 14.50	(0.60)	—	Al 0.10 ~ 0.30
022Cr11Ti	S11163	≤0.030	≤0.75	≤1.00	0.040	0.020	10.50 ~ 11.70	(0.60)	—	Ti 8(C + N) Ti 0.15 ~ 0.50 N≤0.030
022Cr12Ni	S11213	≤0.030	≤0.75	≤1.50	0.040	0.015	10.50 ~ 12.50	0.30 ~ 1.00	—	N≤0.030
马氏体型										
06Cr13	S41008	≤0.08	≤1.00	≤1.00	0.035	0.030	11.50 ~ 13.50	(0.60)	—	—

注：括号内为允许添加的最大含量。

B）流体输送用不锈钢焊接钢管的热处理与力学性能（表3-1-72）

表3-1-72　流体输送用不锈钢焊接钢管的热处理与力学性能

钢　号	热处理制度（推荐的）	$R_{p0.2}$/MPa	R_m/MPa	A（%）	
				①	②
		≥			
12Cr18Ni9	1010 ~ 1150℃水冷或快冷	210	520	35	25
06Cr19Ni10	1010 ~ 1150℃水冷或快冷	210	520	35	25
022Cr19Ni10	1010 ~ 1150℃水冷或快冷	180	480	35	25
06Cr25Ni20	1030 ~ 1180℃水冷或快冷	210	520	35	25
06Cr17Ni12Mo2	1010 ~ 1150℃水冷或快冷	210	520	35	25
022Cr17Ni12Mo2	1010 ~ 1150℃水冷或快冷	180	480	35	25
06Cr18Ni11Ti	920 ~ 1150℃水冷或快冷	210	520	35	25
06Cr18Ni11Nb	980 ~ 1150℃水冷或快冷	210	520	35	25
022Cr18Ti	780 ~ 950℃空冷或缓冷	180	360	20	—
019Cr19Mo2NbTi	800 ~ 1050℃空冷	240	410	20	—
06Cr13Al	780 ~ 830℃空冷或缓冷	177	410	20	—
022Cr11Ti	830 ~ 950℃空冷	275	400	18	—
022Cr12Ni	830 ~ 950℃空冷	275	400	18	—
06Cr13	750℃空冷或 800 ~ 900℃缓冷	210	410	20	—

注：焊接钢管的 $R_{p0.2}$ 仅在需方要求并在合同中注明时才给予保证。
① 热处理状态。
② 非热处理状态。

3.1.14　给水加热器用铁素体不锈钢焊接钢管 ［GB/T 30065—2013］

（1）中国 GB 标准给水加热器用铁素体不锈钢焊接钢管的钢号与化学成分（表3-1-73）

表 3-1-73　给水加热器用铁素体不锈钢焊接钢管的钢号与化学成分（质量分数）（%）

钢号和代号		C	Si	Mn	P ≤	S ≤	Cr	Ni	Mo	其　他
GB	ISC									
06Cr11Ti	S11168	≤0.08	≤1.00	≤1.00	0.030	0.020	10.50 ~ 11.70	(0.50)	—	Ti 6C ~ 0.75
019Cr18MoTi	S11862	≤0.025	≤1.00	≤1.00	0.030	0.020	16.00 ~ 19.00	(0.60)	0.75 ~ 1.50	Ti、Nb、Zr 或其组合 8(C + N) ~ 0.80 N≤0.025
022Cr18Ti	S11863	≤0.030	≤0.75	≤1.00	0.030	0.020	16.00 ~ 19.00	(0.60)	—	Ti 或 Nb 0.10 ~ 1.00
022Cr18NbTi	S11873	≤0.030	≤1.00	≤1.00	0.030	0.015	17.50 ~ 18.50	(0.60)	—	Ti 0.10 ~ 0.60 Nb≥0.30 + 3C
019Cr19Mo2NbTi	S11972	≤0.025	≤1.00	≤1.00	0.030	0.020	17.50 ~ 19.50	≤1.00	1.75 ~ 2.50	(Ti + Nb)[0.20 + 4(C + N)] ~ 0.80 N≤0.030
019Cr22CuNbTi	S12273	≤0.025	≤1.00	≤1.00	0.030	0.015	20.00 ~ 23.00	(0.60)	—	Ti、Nb、Zr 或其组合 8(C + N) ~ 0.80 Cu 0.30 ~ 0.80 N≤0.025
019Cr22Mo	S12292	≤0.025	≤1.00	≤1.00	0.030	0.020	21.00 ~ 24.00	≤0.60	0.70 ~ 1.50	N≤0.025
019Cr22Mo2	S12293	≤0.025	≤1.00	≤1.00	0.030	0.020	21.00 ~ 24.00	≤0.60	1.50 ~ 2.50	N≤0.025
019Cr24Mo2NbTi	S12472	≤0.025	≤0.60	≤0.40	0.030	0.020	23.00 ~ 25.00	≤0.60	2.00 ~ 3.00	Ti + Nb≤0.20 + 4(C + N) Cu≤0.60, N≤0.025
008Cr27Mo	S12791	≤0.010	≤0.40	≤0.40	0.020	0.020	25.00 ~ 27.00	≤0.50	0.75 ~ 1.50	Cu≤0.20, N≤0.015 Nb 0.05 ~ 0.20
019Cr25Mo4Ni4NbTi	S12573	≤0.025	≤0.75	≤1.00	0.030	0.020	24.50 ~ 26.00	3.50 ~ 4.50	3.50 ~ 4.50	(Ti + Nb)[0.20 + 4(C + N)] ~ 0.80 N≤0.030
022Cr27Mo4Ni2NbTi	S12773	≤0.030	≤1.00	≤1.00	0.030	0.020	25.00 ~ 28.00	1.00 ~ 3.50	3.00 ~ 4.00	(Ti + Nb)[6(C + N)] ~ 1.00 N≤0.030
008Cr29Mo4	S12990	≤0.010	≤0.20	≤0.30	0.025	0.020	28.00 ~ 30.00	≤0.15	3.50 ~ 4.20	Cu≤0.15, N≤0.020
008Cr29Mo4Ni2	S12991	≤0.010	≤0.20	≤0.30	0.025	0.020	28.00 ~ 30.00	2.00 ~ 2.50	3.50 ~ 4.20	Cu≤0.15, N≤0.020
022Cr29Mo4NbTi	S12973	≤0.030	≤1.00	≤1.00	0.030	0.020	28.00 ~ 30.00	≤1.00	3.60 ~ 4.20	(Ti + Nb)6(C + N) ~ 1.00 N≤0.030

注：括号内为允许添加的最大含量。

（2）给水加热器用铁素体不锈钢焊接钢管的力学性能与硬度（表 3-1-74）

表 3-1-74　给水加热器用铁素体不锈钢焊接钢管的力学性能与硬度

钢号和代号		R_m/MPa	$R_{p0.2}$/MPa	A（%）	HBW	HV
GB	ISC	≥			≤	
06Cr11Ti	S11168	380	170	20	207	220
019Cr18MoTi	S11862	410	245	20	207	220
022Cr18Ti	S11863	380	170	20	190	200
022Cr18NbTi	S11873	430	250	18	180	200
019Cr19Mo2NbTi	S11972	415	275	20	207	220
019Cr22CuNbTi	S12273	390	205	22	192	200
019Cr22Mo	S12292	410	245	22	217	230
019Cr22Mo2	S12293	410	245	25	217	230
019Cr24Mo2NbTi	S12472	410	245	25	217	230
008Cr27Mo	S12791	450	275	20	241	251
019Cr25Mo4Ni4NbTi	S12573	620	515	20	270	279
022Cr27Mo4Ni2NbTi	S12773	585	450	20	265	266
008Cr29Mo4	S12990	550	415	20	241	251
008Cr29Mo4Ni2	S12991	550	415	20	241	251
022Cr29Mo4NbTi	S12973	515	415	18	241	251

3.1.15　锅炉、热交换器用不锈钢无缝钢管［GB 13296—2013］

（1）中国 GB 标准锅炉、热交换器用不锈钢无缝钢管的钢号与化学成分（表 3-1-75）

表 3-1-75　锅炉、热交换器用不锈钢无缝钢管的钢号与化学成分（质量分数）（%）

钢号和代号		C	Si	Mn	P ≤	S ≤	Cr	Ni	Mo	其 他
GB	ISC									
奥氏体型										
12Cr18Ni9	S30210	≤0.15	≤1.00	≤2.00	0.035	0.03	17.00 ~ 19.00	8.00 ~ 10.00	—	N≤0.10
06Cr19Ni10	S30408	≤0.08	≤1.00	≤2.00	0.035	0.030	18.00 ~ 20.00	8.00 ~ 11.00	—	—
022Cr19Ni10	S30403	≤0.030	≤1.00	≤2.00	0.035	0.030	18.00 ~ 20.00	8.00 ~ 12.00	—	—
07Cr19Ni10	S30409	0.04 ~ 0.10	≤1.00	≤2.00	0.035	0.030	18.00 ~ 20.00	8.00 ~ 11.00	—	—
06Cr19Ni10N	S30458	≤0.08	≤1.00	≤2.00	0.035	0.030	18.00 ~ 20.00	8.00 ~ 11.00		N0.10 ~ 0.16
022Cr18Ni10N	S30453	≤0.030	≤1.00	≤2.00	0.035	0.030	18.00 ~ 20.00	8.00 ~ 11.00		N0.10 ~ 0.16
16Cr23Ni13	S30920	≤0.20	≤1.00	≤2.00	0.035	0.030	22.00 ~ 24.00	12.00 ~ 15.00	—	—
06Cr23Ni13	S30980	≤0.08	≤1.00	≤2.00	0.035	0.030	22.00 ~ 24.00	12.00 ~ 15.00	—	—
20Cr25Ni20	S31020	≤0.25	≤1.50	≤2.00	0.035	0.030	24.00 ~ 26.00	19.00 ~ 22.00	—	—

（续）

钢号和代号		C	Si	Mn	P ≤	S ≤	Cr	Ni	Mo	其 他
GB	ISC									
奥氏体型										
06Cr25Ni20	S31008	≤0.08	≤1.00	≤2.00	0.035	0.030	24.00 ~ 26.00	19.00 ~ 22.00	—	—
06Cr17Ni12Mo2	S31608	≤0.08	≤1.00	≤2.00	0.035	0.030	16.00 ~ 18.00	10.00 ~ 14.00	2.00 ~ 3.00	—
220Cr17Ni12Mo2	S31603	≤0.030	≤1.00	≤2.00	0.035	0.030	16.00 ~ 18.00	10.00 ~ 14.00	2.00 ~ 3.00	—
07Cr17Ni12Mo2	S31609	0.04 ~ 0.10	≤1.00	≤2.00	0.035	0.030	16.00 ~ 18.00	10.00 ~ 14.00	2.00 ~ 3.00	—
06Cr17Ni12Mo2Ti	S31668	≤0.08	≤1.00	≤2.00	0.035	0.030	16.00 ~ 18.00	10.00 ~ 14.00	2.00 ~ 3.00	Ti≥5C
06Cr17Ni12Mo2N	S31658	≤0.08	≤1.00	≤2.00	0.035	0.030	16.00 ~ 18.00	10.00 ~ 13.00	2.00 ~ 3.00	N0.10 ~ 0.16
022Cr17Ni12Mo2N	S31653	≤0.030	≤1.00	≤2.00	0.035	0.030	16.00 ~ 18.00	10.00 ~ 13.00	2.00 ~ 3.00	N0.10 ~ 0.16
06Cr18Ni12Mo2Cu2	S31688	≤0.08	≤1.00	≤2.00	0.035	0.030	17.00 ~ 19.00	10.00 ~ 14.00	1.20 ~ 2.75	Cu 1.00 ~ 2.50
022Cr18Ni14Mo2Cu2	S31683	≤0.030	≤1.00	≤2.00	0.035	0.030	17.00 ~ 19.00	12.00 ~ 16.00	1.20 ~ 2.75	Cu 1.00 ~ 2.50
015Cr21Ni26Mo5Cu2	S39042	≤0.020	≤1.00	≤2.00	0.030	0.020	19.00 ~ 21.00	4.00 ~ 5.00	4.00 ~ 5.00	Cu 1.20 ~ 2.00 N≤0.10
06Cr19Ni13Mo3	S31708	≤0.08	≤1.00	≤2.00	0.035	0.030	18.00 ~ 20.00	11.00 ~ 15.00	3.00 ~ 4.00	—
022Cr19Ni13Mo3	S31703	≤0.030	≤1.00	≤2.00	0.035	0.030	18.00 ~ 20.00	11.00 ~ 15.00	3.00 ~ 4.00	—
06Cr18Ni10Ti	S32168	≤0.08	≤1.00	≤2.00	0.035	0.030	17.00 ~ 19.00	9.00 ~ 12.00	—	Ti 5C ~ 0.70
07Cr18Ni11Ti	S32169	0.04 ~ 0.10	0.75	≤2.00	0.030	0.030	17.00 ~ 20.00	9.00 ~ 13.00	—	Ti 4C ~ 0.60
06Cr18Ni11Nb	S34778	≤0.08	≤1.00	≤2.00	0.035	0.030	17.00 ~ 19.00	9.00 ~ 12.00	—	Nb 10C ~ 1.10
07Cr18Ni11Nb	S34779	0.04 ~ 0.10	≤1.00	≤2.00	0.035	0.030	17.00 ~ 19.00	9.00 ~ 12.00	—	Nb 8C ~ 1.10
06Cr18Ni13Si4	S38148	≤0.08	3.00 ~ 5.00	≤2.00	0.035	0.030	15.00 ~ 20.00	11.50 ~ 15.00	—	N≤0.015
铁素体型										
10Cr17	S11710	≤0.12	≤1.00	≤1.00	0.030	0.030	16.00 ~ 18.00	≤0.60	—	—
008Cr27Mo	S12791	≤0.010	≤0.40	≤0.40	0.030	0.020	25.00 ~ 27.50	—	0.75 ~ 1.50	（Cu≤0.20）[①] Ni + Cu≤0.50 N≤0.015
马氏体型										
06Cr13	S41008	≤0.08	≤1.00	≤1.00	0.035	0.030	11.50 ~ 13.50	≤0.60	—	—

注：本标准有些牌号的化学成分与 GB/T 20878—2007 相比有变化。

① 允许添加的最大元素含量。

（2）锅炉、热交换器用不锈钢无缝钢管的热处理与力学性能（表3-1-76）

表3-1-76 锅炉、热交换器用不锈钢无缝钢管的热处理与力学性能

钢号和代号		热处理制度	R_m/MPa	$R_{p0.2}$/MPa	A（%）	HBW	HV
GB	ISC		≥			≤	
12Cr18Ni9	S30210	1010～1150℃，急冷	520	205	35	187	200
06Cr19Ni10	S30408	1010～1150℃，急冷	520	205	35	187	200
022Cr19Ni10	S30403	1010～1150℃，急冷	480	175	35	187	200
07Cr19Ni10	S30409	1010～1150℃，急冷	520	205	35	187	200
06Cr19Ni10N	S30458	1010～1150℃，急冷	550	240	35	217	220
022Cr18Ni10N	S30453	1010～1150℃，急冷	515	205	35	217	220
16Cr23Ni13	S30920	1030～1150℃，急冷	520	205	35	187	200
06Cr23Ni13	S30980	1030～1150℃，急冷	520	205	35	187	200
20Cr25Ni20	S31020	1030～1180℃，急冷	520	205	35	187	200
06Cr25Ni20	S31008	1030～1180℃，急冷	520	205	35	187	200
06Cr17Ni12Mo2	S31608	1010～1150℃，急冷	520	205	35	187	200
220Cr17Ni12Mo2	S31603	1010～1150℃，急冷	480	175	40	187	200
07Cr17Ni12Mo2	S31609	≥1040，急冷	520	205	35	187	200
06Cr17Ni12Mo2Ti	S31668	1000～1100℃，急冷	530	205	35	187	200
06Cr17Ni12Mo2N	S31658	1010～1150℃，急冷	550	240	35	217	220
022Cr17Ni12Mo2N	S31653	1010～1150℃，急冷	515	205	35	217	220
06Cr18Ni12Mo2Cu2	S31688	1010～1150℃，急冷	520	205	35	187	200
022Cr18Ni14Mo2Cu2	S31683	1010～1150℃，急冷	480	180	35	187	200
015Cr21Ni26Mo5Cu2	S39042	1065～1150℃，急冷	490	220	35	187	200
06Cr19Ni13Mo3	S31708	1010～1150℃，急冷	520	205	35	187	200
022Cr19Ni13Mo3	S31703	1010～1150℃，急冷	480	175	35	187	200
06Cr18Ni10Ti	S32168	920～1150℃，急冷	520	205	35	187	200
07Cr18Ni11Ti	S32169	热轧（挤压）≥1050℃冷拔（轧）≥1100℃，急冷	520	205	35	187	200
06Cr18Ni11Nb	S34778	980～1150℃，急冷	520	205	35	187	200
07Cr18Ni11Nb	S34779	热轧（挤压）≥1050℃冷拔（轧）≥1100℃，急冷	520	205	35	187	200
06Cr18Ni13Si4	S38148	1010～1150℃，急冷	520	205	35	207	218
10Cr17	S11710	780～850℃，空冷或缓冷	410	245	20	183	—
008Cr27Mo	S12791	900～1050℃，急冷	410	245	20	219	
06Cr13	S41008	750℃空冷或800～900℃缓冷	410	210	20	183	

3.1.16 安全级热交换器用奥氏体不锈钢无缝钢管［GB/T 30073—2013］

（1）中国GB标准安全级热交换器用奥氏体不锈钢无缝钢管的钢号与化学成分（表3-1-77）

表3-1-77 安全级热交换器用奥氏体不锈钢无缝钢管的钢号与化学成分（质量分数）（%）

钢号和代号		C	Si	Mn	P ≤	S ≤	Cr	Ni	Mo	其 他
GB	ISC									
06Cr19Ni10	S30408	≤0.08	≤0.75	≤2.00	0.030	0.015	18.0～20.0	8.00～11.0	—	Cu≤1.00，B≤0.0018
022Cr19Ni10	S30403	≤0.030	≤0.75	≤2.00	0.030	0.015	18.0～20.0	9.00～12.0	—	Cu≤1.00，B≤0.0018
022Cr19Ni10N	S30453	≤0.035	≤1.00	≤2.00	0.030	0.015	18.5～20.0	9.00～10.0	—	Cu≤1.00，B≤0.0018 N≤0.08

（续）

钢号和代号 GB	ISC	C	Si	Mn	P ≤	S ≤	Cr	Ni	Mo	其　他
06Cr17Ni12Mo2	S31608	≤0.07	≤0.75	≤2.00	0.030	0.015	17.0～19.0	10.0～14.0	2.00～2.50	Cu≤1.00，B≤0.0018
022Cr17Ni12Mo2	S31603	≤0.030	≤0.75	≤2.00	0.030	0.015	17.0～19.0	10.0～14.0	2.00～2.50	Cu≤1.00，B≤0.0018
022Cr17Ni12Mo2N	S31653	≤0.035	≤1.00	≤2.00	0.030	0.015	17.0～18.0	11.5～12.5	2.25～2.75	Cu≤1.00，B≤0.0018 N≤0.08
06Cr18Ni11Ti	S32168	≤0.08	≤1.00	≤2.00	0.030	0.015	17.0～19.0	9.00～12.0	—	Ti 5C～0.70 Cu≤1.00，B≤0.0018

（2）安全级热交换器用奥氏体不锈钢无缝钢管的热处理与力学性能（表3-1-78）

表3-1-78　安全级热交换器用奥氏体不锈钢无缝钢管的热处理与力学性能

钢号和代号 GB	ISC	室温拉伸试验			350℃拉伸试验	
		R_m/MPa	$R_{p0.2}$/MPa	A（%）	R_m/MPa	$R_{p0.2}$/MPa
		≥			≥	
06Cr19Ni10	S30408	520	210	45	394	125
022Cr19Ni10	S30403	490	175	45	350	105
022Cr18Ni10N	S30453	520	220	45	394	125
06Cr17Ni12Mo2	S31608	520	210	45	445	130
220Cr17Ni12Mo2	S31603	480	175	45	355	105
022Cr17Ni12Mo2N	S31653	520	220	45	400	130
06Cr18Ni10Ti	S32168	520	210	35	394	125

3.1.17　热交换器和冷凝器用铁素体不锈钢焊接钢管［GB/T 30066—2013］

（1）中国 GB 标准热交换器和冷凝器用铁素体不锈钢焊接钢管的钢号与化学成分（表3-1-79）

表3-1-79　热交换器和冷凝器用铁素体不锈钢焊接钢管的钢号与化学成分（质量分数）（%）

钢号和代号 GB	ISC	C	Si	Mn	P ≤	S ≤	Cr	Ni	Mo	其　他
06Cr11Ti	S11168	≤0.08	≤1.00	≤1.00	0.030	0.020	10.50～11.70	(0.50)	—	Ti 6C～0.75
022Cr11Ti	S11163	≤0.030	≤1.00	≤1.00	0.030	0.020	10.50～11.70	(0.60)	—	Ti≥8（C+N） Ti 0.15～0.50 Nb≤0.10，N≤0.030
022Cr12Ni	S11213	≤0.030	≤1.00	≤1.50	0.030	0.015	10.50～12.50	0.30～1.00	—	N≤0.030
06Cr13	S11306	≤0.06	≤1.00	≤1.00	0.030	0.020	11.50～13.50	(0.60)	—	—
06Cr14Ni2MoTi	S11468	≤0.08	≤1.00	≤1.00	0.030	0.020	13.50～15.50	1.00～2.50	0.20～1.20	Ti 0.30～0.50
04Cr17Nb	S11775	≤0.05	≤1.00	≤1.00	0.030	0.015	16.00～18.00	—	—	Nb 12C～1.00
022Cr18Ti	S11863	≤0.030	≤0.75	≤1.00	0.030	0.020	16.00～19.00	(0.60)	—	Ti 或 Nb 0.10～1.00
022Cr18NbTi	S11873	≤0.030	≤1.00	≤1.00	0.030	0.015	17.50～18.50	(0.60)	—	Ti 0.10～0.60 Nb≥0.30+3C

（续）

钢号和代号 GB	钢号和代号 ISC	C	Si	Mn	P ≤	S ≤	Cr	Ni	Mo	其 他
022Cr19NbTi	S11973	≤0.030	≤1.00	≤1.00	0.030	0.020	18.00～20.00	≤0.50	—	（Ti＋Nb）［0.20＋4（C＋N）］～0.80 N≤0.030＋①
019Cr22CuNbTi	S12273	≤0.025	≤1.00	≤1.00	0.030	0.015	20.00～23.00	（0.60）	—	（Ti＋Nb）10（C＋N）～0.80 Cu 0.30～0.80，N≤0.025
019Cr18MoTi	S11862	≤0.025	≤1.00	≤1.00	0.030	0.020	16.00～19.00	（0.60）	0.75～1.50	Ti、Nb、Zr 或其组合 8（C＋N）～0.80 N≤0.025
019Cr19Mo2NbTi	S11972	≤0.025	≤1.00	≤1.00	0.030	0.020	17.50～19.50	≤1.00	1.75～2.50	（Ti＋Nb）［0.20＋4（C＋N）］～0.80 N≤0.030
019Cr22Mo	S12292	≤0.025	≤1.00	≤1.00	0.030	0.020	21.00～24.00	≤0.60	0.7～1.50	N≤0.025
019Cr22Mo2	S12293	≤0.025	≤1.00	≤1.00	0.030	0.020	21.00～24.00	≤0.60	1.50～2.50	N≤0.025
019Cr24Mo2NbTi	S12472	≤0.025	≤0.60	≤0.40	0.030	0.020	23.00～25.00	≤0.60	2.00～3.00	Ti＋Nb≥0.20＋4（C＋N） Cu≤0.60，N≤0.025
008Cr27Mo	S12791	≤0.010	≤0.40	≤0.40	0.020	0.020	25.00～27.00	≤0.50	0.75～1.50	Nb 0.05～0.20 Cu≤0.20，N≤0.015
019Cr25Mo4Ni4NbTi	S12573	≤0.025	≤0.75	≤1.00	0.030	0.020	24.50～26.00	3.50～4.50	3.50～4.50	（Ti＋Nb）［0.20＋4（C＋N）］～0.80 N≤0.030
022Cr27Mo4Ni2NbTi	S12773	≤0.030	≤1.00	≤1.00	0.030	0.020	25.00～28.00	1.00～3.50	3.00～4.00	（Ti＋Nb）②≥6（C＋N） N≤0.030
008Cr29Mo4	S12990	≤0.010	≤0.20	≤0.30	0.025	0.020	28.00～30.00	（0.15）	3.50～4.20	Cu≤0.15，N≤0.020②
008Cr29Mo4Ni2	S12991	≤0.010	≤0.20	≤0.30	0.025	0.020	28.00～30.00	2.00～2.50	3.50～4.20	Cu≤0.15，N≤0.020②
022Cr29Mo4NbTi	S12973	≤0.030	≤1.00	≤1.00	0.030	0.020	28.00～30.00	≤1.00	3.60～4.20	Ti＋Nb≥6（C＋N） N≤0.030＋③
012Cr28Ni4Mo2Nb	S12871	≤0.015	≤0.50	≤0.50	0.020	0.005	28.00～29.00	3.00～4.00	1.80～2.50	Nb 0.15～0.50 N≤0.020＋④
008Cr30Mo2⑤	S13091	≤0.010	≤0.40	≤0.40	0.030	0.020	28.50～32.00	（≤0.50⑥）	1.50～2.50	Ni＋Cu≤0.50 Cu≤0.20，N≤0.015

注：括号内为允许添加的最大含量。
① Ti 0.07～0.30；Nb 0.10～0.60。
② C＋N≤0.025。
③ （Ti＋Nb）0.20～1.00。
④ C＋N≤0.030。
⑤ 除表中规定的元素外，还可以根据需要加入 Cu、V、Ti 或 Nb。
⑥ 指 Ni＋Cu。

（2）热交换器和冷凝器用铁素体不锈钢焊接钢管的热处理与力学性能（表3-1-80）

表 3-1-80 热交换器和冷凝器用铁素体不锈钢焊接钢管的热处理与力学性能

钢号和代号		热处理制度	R_m/MPa	$R_{p0.2}$/MPa	A (%)	HBW	HV
GB	ISC		≥			≤	
06Cr11Ti	S11168	≥700℃，快冷	380	170	20	207	220
022Cr11Ti	S11163	800~900℃，快冷	360	175	20	190	200
022Cr12Ni	S11213	700~820℃，快冷	450	280	18	180	200
06Cr13	S11306	780~830℃，快冷	415	205	20	207	220
06Cr14Ni2MoTi	S11468	≥650℃，快冷	550	380	16	180	200
04Cr17Nb	S11775	790~850℃，快冷	420	230	23	180	200
022Cr18Ti	S11863	780~960℃，快冷	360	175	20	190	200
022Cr18NbTi	S11873	870~930℃，快冷	430	250	18	180	200
022Cr19NbTi	S11973	≥650℃，快冷	415	205	22	207	220
019Cr22CuNbTi	S12273	800~1050℃，快冷	390	205	22	192	200
019Cr18MoTi	S11862	800~1050℃，快冷	410	245	20	207	220
019Cr19Mo2NbTi	S11972	820~1050℃，快冷	415	275	20	207	220
019Cr22Mo	S12292	800~1050℃，快冷	410	245	25	217	230
019Cr22Mo2	S12293	800~1050℃，快冷	410	245	25	217	230
019Cr24Mo2NbTi	S12472	800~1050℃，快冷	410	245	25	217	230
008Cr27Mo	S12791	900~1050℃，快冷	450	275	20	241	251
019Cr25Mo4Ni4NbTi	S12573	≥1000℃，快冷	620	515	20	270	279
022Cr27Mo4Ni2NbTi	S12773	950~1100℃，快冷	585	450	20	265	266
008Cr29Mo4	S12990	950~1100℃，快冷	550	415	20	241	251
008Cr29Mo4Ni2	S12991	950~1050℃，快冷	550	415	20	241	251
022Cr29Mo4NbTi	S12973	950~1100℃，快冷	515	415	18	241	251
012Cr28Ni4Mo2Nb	S12871	950~1050℃，快冷	600	500	16	240	251
008Cr30Mo2	S13091	800~1050℃，快冷	450	295	22	207	220

3.1.18 承压用不锈钢焊接钢管 [GB/T 30813—2014]

（1）中国 GB 标准承压用奥氏体不锈钢焊接钢管的钢号与化学成分（表 3-1-81）

表 3-1-81 承压用奥氏体不锈钢焊接钢管的钢号与化学成分（质量分数）（%）

钢号和代号		C	Si	Mn	P ≤	S ≤	Cr	Ni	Mo	其 他[1]
GB	ISC									
06Cr19Ni10	S30408	≤0.08	≤0.75	≤2.00	0.030	0.015	18.0~20.0	8.00~11.00	—	Cu≤1.00
022Cr19Ni10	S30403	≤0.030	≤0.75	≤2.00	0.030	0.015	18.0~20.0	9.00~12.00	—	Cu≤1.00
022Cr19Ni10N	S30453	≤0.035	≤0.75	≤2.00	0.030	0.015	18.5~20.0	9.00~10.00	—	Cu≤1.00 N≤0.08
06Cr18Ni11Ti	S32168	≤0.08	≤0.75	≤2.00	0.030	0.015	17.0~19.0	9.00~12.00	—	Ti 5C~ 0.70 Cu≤1.00
06Cr17Ni12Mo2	S31608	≤0.07	≤0.75	≤2.00	0.030	0.015	17.0~19.0	10.00~14.00	2.00~2.50	Cu≤1.00
022Cr17Ni12Mo2	S31603	≤0.030	≤0.75	≤2.00	0.030	0.015	17.0~19.0	10.00~14.00	2.00~2.50	Cu≤1.00
022Cr17Ni12Mo2N	S31653	≤0.035	≤0.75	≤2.00	0.030	0.015	17.0~18.0	11.50~12.50	2.25~2.75	Cu≤1.00 N≤0.08

① 根据需方要求，经供需双方协商，可规定钢中下列元素含量（质量分数）Co≤0.20%，B≤0.0018%，（Nb+Ta）
≤0.15%。

（2）承压用不锈钢焊接钢管的力学性能（表3-1-82）

表3-1-82　承压用不锈钢焊接钢管的力学性能

钢号和代号		R_m/MPa	$R_{p0.2}$/MPa	A（%）		KV_2/J
GB	ISC			纵向	横向	
				≥		
06Cr19Ni10	S30408	520	210	45	394	125
022Cr19Ni10	S30403	490	175	45	350	105
022Cr18Ni10N	S30453	520	210	45	394	125
06Cr18Ni10Ti	S32168	540	220	35	394	125
06Cr17Ni12Mo2	S31608	520	210	45	445	130
022Cr17Ni12Mo2	S31603	490	175	45	355	105
022Cr17Ni12Mo2N	S31653	520	220	45	400	130

注：钢管以固溶处理状态交货，固溶处理温度为1050～1150℃，急冷。

3.1.19　不锈钢极薄壁无缝钢管［GB/T 3089—2008］

（1）中国GB标准不锈钢极薄壁无缝钢管的钢号与化学成分（表3-1-83）

表3-1-83　不锈钢极薄壁无缝钢管的钢号与化学成分（质量分数）（%）

钢号和代号		C	Si	Mn	P ≤	S ≤	Cr	Ni	Mo	其他
GB	ISC									
022Cr17Ni12Mo2	S31603	≤0.030	≤1.00	≤2.00	0.045	0.030	16.0～18.0	10.00～14.00	2.00～3.00	—
022Cr19Ni10	S30403	≤0.030	≤1.00	≤2.00	0.045	0.030	18.0～20.0	8.00～12.00		—
06Cr17Ni12Mo2Ti	S31668	≤0.08	≤1.00	≤2.00	0.045	0.030	16.0～18.0	10.00～14.00	2.00～3.00	Ti≥5C
06Cr18Ni11Ti	S32168	≤0.08	≤1.00	≤2.00	0.045	0.030	17.0～19.0	9.00～12.00		Ti 5C～0.70
06Cr19Ni10	S30408	≤0.08	≤1.00	≤2.00	0.045	0.030	18.0～20.0	8.00～11.00		—

（2）不锈钢极薄壁无缝钢管的力学性能（表3-1-84）

表3-1-84　不锈钢极薄壁无缝钢管的力学性能

钢号和代号[1]		R_m/MPa	A（%）	钢号和代号[1]		R_m/MPa	A（%）
GB	ISC			GB	ISC		
		≥				≥	
022Cr17Ni12Mo2 (00Cr17Ni14Mo2)	S31603	480	40	06Cr18Ni10Ti (0Cr18Ni10Ti)	S32168	520	40
022Cr19Ni10 (00Cr19Ni10)	S30403	440	40	06Cr19Ni10 (0Cr18Ni9)	S30408	520	40
06Cr17Ni12Mo2Ti (0Cr17Ni12Mo3Ti)	S31668	540	35	注：弯曲度：以热处理状态交货、其外径≤32.4mm的钢管，每米弯曲度不大于5mm；其外径大于32.4mm的钢管，对弯曲度不作要求			

[1] 括号内为旧钢号。

3.1.20　奥氏体-铁素体型双相不锈钢无缝钢管和焊接钢管［GB/T 21833—2008 和 GB/T 2183 2.1，2—2018］

（1）中国GB标准奥氏体-铁素体型双相不锈钢无缝钢管的钢号与化学成分［GB/T 21833—2008］（表3-1-85）

表 3-1-85　奥氏体-铁素体型双相不锈钢无缝钢管的钢号与化学成分（质量分数）（%）

牌号和代号 GB	ISC	C	Si	Mn	P ≤	S ≤	Cr	Ni	Mo	其 他
022Cr19Ni5Mo3Si2N	S21953	≤0.030	1.40 ~ 2.00	1.20 ~ 2.00	0.030	0.030	18.0 ~ 19.0	4.30 ~ 5.20	2.50 ~ 3.00	N 0.05 ~ 0.10
022Cr22Ni5Mo3N	S22253	≤0.030	≤1.00	≤2.00	0.030	0.020	21.0 ~ 23.0	4.50 ~ 6.50	2.50 ~ 3.50	N 0.08 ~ 0.20
022Cr23Ni4MoCuN	S23043	≤0.030	≤1.00	≤2.50	0.035	0.030	21.5 ~ 24.5	3.00 ~ 5.50	0.05 ~ 0.60	Cu 0.05 ~ 0.60 N 0.05 ~ 0.20
022Cr23Ni5Mo3N	S22053	≤0.030	≤1.00	≤2.00	0.030	0.020	22.0 ~ 23.0	4.50 ~ 6.50	3.00 ~ 3.50	N 0.14 ~ 0.20
022Cr24Ni7Mo4CuN	S25203	≤0.030	≤0.80	≤1.50	0.035	0.020	23.0 ~ 25.0	5.50 ~ 8.00	3.00 ~ 5.00	Cu 0.50 ~ 3.00 N 0.20 ~ 0.35
022Cr25Ni6Mo2N	S22553	≤0.030	≤1.00	≤2.00	0.030	0.020	24.0 ~ 26.0	5.50 ~ 6.50	1.20 ~ 2.00	N 0.14 ~ 0.20
022Cr25Ni7Mo3WCuN	S22583	≤0.030	≤0.75	≤1.00	0.030	0.030	24.0 ~ 26.0	5.50 ~ 7.50	2.50 ~ 3.50	W 0.10 ~ 0.50 Cu 0.20 ~ 0.80 N 0.10 ~ 0.30
022Cr25Ni7Mo4N	S25073	≤0.030	≤0.80	≤1.20	0.035	0.020	24.0 ~ 26.0	6.00 ~ 8.00	3.00 ~ 5.00	Cu≤0.50, N 0.24 ~ 0.32
03Cr25Ni6Mo3Cu2N	S25554	≤0.04	≤1.00	≤1.50	0.035	0.030	24.0 ~ 27.0	4.50 ~ 6.50	2.90 ~ 3.90	Cu 1.50 ~ 2.50 N 0.10 ~ 0.25
022Cr25Ni7Mo4WCuN	S27603	≤0.030	≤1.00	≤1.00	0.030	0.010	24.0 ~ 26.0	6.00 ~ 8.00	3.00 ~ 4.00	PRE≥40[1] +[2]
06Cr26Ni4Mo2	S22693	≤0.08	≤0.75	≤1.00	0.035	0.030	23.0 ~ 28.0	2.50 ~ 5.00	1.00 ~ 2.00	—
12Cr21Ni5Ti	S22160	0.09 ~ 0.14	≤0.80	≤0.80	0.035	0.030	20.0 ~ 22.0	4.80 ~ 5.80	—	Ti 5(C - 0.02) - 0.80

注：本标准有些牌号的化学成分与 GB/T 20878—2007 相比有变化。

① PRE: Cr% + 3.3Mo% + 16N% ≥40%。

② W 0.50 ~ 1.00，Cu 0.50 ~ 1.00，N 0.20 ~ 0.30。

（2）奥氏体-铁素体型双相不锈钢无缝钢管的热处理与力学性能（表 3-1-86）

表 3-1-86　奥氏体-铁素体型双相不锈钢无缝钢管的热处理与力学性能

牌号和代号 GB	ISC	推荐的热处理制度/℃		R_m/MPa ≥	$R_{p0.2}$/MPa ≥	A（%）≥	HBW[1] ≤	HRC[1] ≤
022Cr19Ni5Mo3Si2N	S21953	980 ~ 1040	急冷	630	440	30	290	30
022Cr22Ni5Mo3N	S22253	1020 ~ 1400	急冷	620	450	25	290	30
022Cr23Ni4MoCuN	S23043	925 ~ 1050	急冷 D≤25mm	690	450	25	—	—
		925 ~ 1050	急冷 D>25mm	600	400	25	290	30
022Cr23Ni5Mo3N	S22053	1020 ~ 1100	急冷	655	485	25	290	30
022Cr24Ni7Mo4CuN	S25203	1080 ~ 1120	急冷	770	550	25	310	—
022Cr25Ni6Mo2N	S22553	1050 ~ 1100	急冷	690	450	25	280	—
022Cr25Ni7Mo3WCuN	S22583	1020 ~ 1100	急冷	690	450	25	290	30

（续）

牌号和代号		推荐的热处理制度/℃		R_m/MPa	$R_{p0.2}$/MPa	A（%）	HBW[①]	HRC[①]
GB	ISC			≥			≤	
022Cr25Ni7Mo4N	S25073	1025 ~ 1125	急冷	800	550	15	300	32
03Cr25Ni6Mo3Cu2N	S25554	≥1040	急冷	760	550	15	297	31
022Cr25Ni7Mo4WCuN	S27603	1100 ~ 1140	急冷	750	550	25	300	—
06Cr26Ni4Mo2	S22693	925 ~ 955	急冷	620	485	20	271	28
12Cr21Ni5Ti	S22160	950 ~ 1100	急冷	590	345	20	—	—

① 表中未规定硬度的牌号，可提供硬度实测数据，不作交货条件。

（3）中国 GB 标准奥氏体-铁素体型双相不锈钢焊接钢管的钢号与化学成分［GB/T 21832.1，2—2018］（表3-1-87）

表 3-1-87　奥氏体-铁素体型双相不锈钢焊接钢管的钢号与化学成分（质量分数）（%）

牌号和代号		C	Si	Mn	P ≤	S ≤	Cr	Ni	Mo	其　他
GB	ISC									
022Cr19Ni5Mo3Si2N	S21953	≤0.030	1.30 ~ 2.00	1.00 ~ 2.00	0.035	0.030	18.0 ~ 19.5	4.50 ~ 5.50	2.50 ~ 3.00	N 0.05 ~ 0.10
022Cr22Ni5Mo3N	S22253	≤0.030	≤1.00	≤2.00	0.030	0.020	21.0 ~ 23.0	4.50 ~ 6.50	2.50 ~ 3.50	N 0.08 ~ 0.20
022Cr23Ni5Mo3N	S22053	≤0.030	≤1.00	≤2.00	0.030	0.020	22.0 ~ 23.0	4.50 ~ 6.50	3.00 ~ 3.50	N 0.14 ~ 0.20
022Cr23Ni4MoCuN	S23043	≤0.030	≤1.00	≤2.50	0.035	0.030	21.5 ~ 24.5	3.00 ~ 5.50	0.05 ~ 0.60	Cu 0.05 ~ 0.60 N 0.05 ~ 0.20
022Cr25Ni6Mo2N	S22553	≤0.030	≤1.00	≤2.00	0.030	0.030	24.0 ~ 26.0	5.50 ~ 6.50	1.20 ~ 2.50	N 0.10 ~ 0.20
022Cr25Ni7Mo3WCuN	S22583	≤0.030	≤0.75	≤1.00	0.030	0.030	24.0 ~ 26.0	5.50 ~ 7.50	2.50 ~ 3.50	W 0.10 ~ 0.50, Cu 0.20 ~ 0.80 N 0.10 ~ 0.30
03Cr25Ni6Mo3Cu2N	S25554	≤0.04	≤1.00	≤1.50	0.035	0.030	24.0 ~ 27.0	4.50 ~ 6.50	2.90 ~ 3.90	Cu 1.50 ~ 2.50 N 0.10 ~ 0.25
022Cr25Ni7Mo4N	S25073	≤0.030	≤0.80	≤1.20	0.035	0.030	24.0 ~ 26.0	6.00 ~ 8.00	3.00 ~ 5.00	Cu≤0.50 N 0.24 ~ 0.32
022Cr25Ni7Mo4WCuN	S27603	≤0.030	≤1.00	≤1.00	0.030	0.010	24.0 ~ 26.0	6.00 ~ 8.00	3.00 ~ 4.00	W 0.50 ~ 1.00 Cu 0.50 ~ 1.00, N 0.20 ~ 0.30 Cr + 3.3Mo + 16N≥40

（4）奥氏体-铁素体型双相不锈钢焊接钢管的推荐热处理制度及力学性能（表3-1-88）

表 3-1-88　奥氏体-铁素体型双相不锈钢焊接钢管的推荐热处理制度及力学性能

牌号和代号		推荐热处理制度/℃		R_m/MPa	$R_{p0.2}$/MPa	A（%）	HBW	HRC
GB	ISC			≥			≤	
022Cr19Ni5Mo3Si2N	S21953	980 ~ 1040	急冷	630	440	30	290	30
022Cr22Ni5Mo3N	S22253	1020 ~ 1100	急冷	620	450	25	290	30
022Cr23Ni5Mo3N	S22053	1020 ~ 1100	急冷	655	485	25	290	30
022Cr23Ni4MoCuN	S23043	925 ~ 1050	D[①] ≤25mm 急冷	690[①]	450[①]	25[①]	—[①]	—[①]
			D[①] >25mm 急冷	600	400	25	290	30

（续）

牌号和代号		推荐热处理制度/℃		R_m/MPa	$R_{p0.2}$/MPa	A（%）	HBW	HRC
GB	ISC			≥			≤	
022Cr25Ni6Mo2N	S22553	1050～1100	急冷	690	450	25	280	—
022Cr25Ni7Mo3WCuN	S22583	1020～1100	急冷	690	450	25	290	30
03Cr25Ni6Mo3Cu2N	S25554	≥1040	急冷	760	550	15	297	31
022Cr25Ni7Mo4N	S25073	1025～1125	急冷	800	550	15	300	32
022Cr25Ni7Mo4WCuN	S27603	1100～1140	急冷	750	550	25	300	—

注：表中数据摘自 GB/T 21832.2—2018，适用于流体输送用管；适用于热交换器用管的 GB/T 21832.1—2018（除 022Cr23Ni4MoCuN 外），其余数值同本表。

① GB/T 21832.1 独有的数据。

3.1.21　奥氏体-铁素体型双相不锈钢棒材 ［GB/T 31303—2014］

（1）中国 GB 标准奥氏体-铁素体型双相不锈钢棒材的钢号与化学成分（表3-1-89）

表3-1-89　奥氏体-铁素体型双相不锈钢棒材的钢号与化学成分（质量分数）（%）

钢号和代号		C	Si	Mn	P ≤	S ≤	Cr	Ni	Mo	其 他
GB	ISC									
03Cr21Ni1MoCuN	S21014	≤0.04	≤1.00	4.00～6.00	0.040	0.030	21.0～22.0	1.35～1.70	0.10～0.80	Cu 0.10～0.80，Ti≤0.05 N 0.20～0.25
022Cr19Ni5Mo3Si2N （00Cr18Ni5Mo3Si2）①	S21953	≤0.030	1.40～2.00	1.20～2.00	0.030	0.030	18.0～19.5	4.50～5.20	2.50～3.00	Cu≤0.50，Ti≤0.05 N 0.05～0.12
022Cr23Ni4MoCuN （00Cr23Ni4N）①	S23043	≤0.030	≤1.00	≤2.50	0.035	0.030	21.5～24.5	3.00～5.50	0.05～0.60	Cu 0.05～0.60 N 0.05～0.20
022Cr20Ni3Mo2N	S20033	≤0.030	≤1.00	≤2.00	0.030	0.030	19.5～22.5	1.50～2.00	3.00～4.00	Cu≤0.50，Ti≤0.05 N 0.14～0.20
022Cr22Ni5Mo3N （00Cr22Ni5Mo3N）①	S22253	≤0.030	≤1.00	≤2.00	0.030	0.020	21.0～23.0	4.50～6.50	2.50～3.50	Cu≤0.50，Ti≤0.05 N 0.08～0.20
022Cr23Ni5Mo3N （00Cr23Ni5Mo3N）①	S22053	≤0.030	≤1.00	≤2.00	0.030	0.020	22.0～23.0	4.50～6.50	3.00～3.50	Cu≤0.50，Ti ≤0.05 N 0.14～0.20
022Cr24Ni7Mo4CuN	S25203	≤0.030	≤0.80	≤1.50	0.035	0.020	23.0～25.0	5.50～8.00	3.00～5.00	Cu 0.50～3.00，Ti≤0.05 N 0.20～0.35
022Cr25Ni6Mo2N	S22553	≤0.030	≤1.00	≤2.00	0.030	0.030	24.0～26.0	5.50～6.50	1.20～2.00	Cu≤0.50，Ti≤0.05 N 0.14～0.20
022Cr25Ni7Mo3WCuN	S22583	≤0.030	≤0.75	≤1.00	0.030	0.030	24.0～26.0	5.50～7.50	2.50～3.50	W 0.10～0.50，Cu 0.20～0.80 Ti≤0.05，N 0.10～0.30
022Cr25Ni7Mo4N （00Cr25Ni7Mo4N）①	S25073	≤0.030	≤0.80	≤1.20	0.035	0.020	24.0～26.0	6.00～8.00	3.00～5.00	Cu≤0.50，Ti≤0.05 N 0.24～0.32
03Cr25Ni6Mo3Cu2N	S25554	≤0.04	≤1.00	≤1.50	0.035	0.030	24.0～27.0	4.50～6.50	2.90～3.90	Cu 1.50～2.50，Ti≤0.05 N 0.10～0.25
022Cr25Ni7Mo4WCuN②	S27603	≤0.030	≤1.00	≤1.00	0.030	0.010	24.0～26.0	6.00～8.00	3.00～4.00	W 0.50～1.00，Cu 0.50～1.00 Ti≤0.05，N 0.20～0.30
06Cr26Ni4Mo2 （0Cr26Ni5Mo2）①	S22693	≤0.08	≤0.75	≤1.00	0.035	0.030	23.0～28.0	2.50～5.00	1.00～2.00	Cu≤0.50 Ti≤0.05
022Cr29Ni5Mo2N	S29503	≤0.030	≤0.60	≤2.00	0.035	0.010	26.0～29.0	1.00～2.50	3.50～5.20	Cu≤0.50，Ti≤0.05 N 0.15～0.35
12Cr21Ni5Ti （1Cr21Ni5Ti）①	S22160	0.09～0.14	≤0.80	≤0.80	0.035	0.030	20.0～22.0	4.80～5.80	—	Ti 5（C－0.02）～0.80 Cu≤0.5

注：不含 Ti 的钢种，残余 Ti≤0.05%；不含铜的钢种，残余 Cu≤0.05%。

① 旧牌号。

② 其他：Cr% +3.3Mo% +16N% ≥40%。

（2）奥氏体-铁素体型双相不锈钢棒材的力学性能（表3-1-90）

表 3-1-90　奥氏体-铁素体型双相不锈钢棒材的力学性能

钢号和代号[①]		R_m /MPa	$R_{p0.2}$ /MPa	A （%）	Z （%）	HBW ≤
GB	ISC	≥				
03Cr21Ni1MoCuN	S21014	650	450	30	50	290
022Cr19Ni5Mo3Si2N （00Cr18Ni5Mo3Si2）	S21953	590	390	20	40	290
022Cr23Ni4MoCuN （00Cr23Ni4N）	S23043	600	400	25	45	290
022Cr20Ni3Mo2N	S20033	620	450	25	45	290
022Cr22Ni5Mo3N （00Cr22Ni5Mo3N）	S22253	620	450	25	45	290
022Cr23Ni5Mo3N （00Cr23Ni5Mo3N）	S22053	655	450	25	45	290
022Cr24Ni7Mo4CuN	S25203	770	550		45	310
022Cr25Ni6Mo2N	S22553	620	450	20	40	280
022Cr25Ni7Mo3WCuN	S22583	690	450	25	45	290
022Cr25Ni7Mo4N （00Cr25Ni7Mo4N）	S25073	800	550	20	40	310
03Cr25Ni6Mo3Cu2N	S25554	750	550	25	45	290
022Cr25Ni7Mo4WCuN	S27603	750	550	25	45	310
06Cr26Ni4Mo2 （0Cr26Ni5Mo2）	S22693	620	485	20	40	271
022Cr29Ni5Mo2N	S29503	690	485	15	30	290
12Cr21Ni5Ti （1Cr21Ni5Ti）	S22160	590	345	20	40	280

① 括号内为旧钢号。

3.1.22　装饰用不锈钢焊接钢管 ［YB/T 5363—2016］

（1）中国 YB 标准装饰用不锈钢焊接钢管的钢号与化学成分（表3-1-91）

表 3-1-91　装饰用不锈钢焊接钢管的钢号与化学成分（质量分数）（%）

类型	钢号和代号		C	Si	Mn	P	S	Ni	Cr	其 他
	YB	ISC								
奥氏体型	12Cr17Ni7	S30110	≤0.15	≤1.00	≤2.00	≤0.045	≤0.030	6.00~8.00	16.00~18.00	N≤0.10
	06Cr19Ni10	S30408	≤0.08	≤0.75	≤2.00	≤0.045	≤0.030	8.00~11.00	18.00~20.00	—
	06Cr17Ni12Mo2	S31608	≤0.08	≤0.75	≤2.00	≤0.045	≤0.030	10.00~14.00	16.00~18.00	Mo 2.00~3.00
铁素体型	022Cr12	S11203	≤0.030	≤1.00	≤1.00	≤0.040	≤0.030	≤0.60	11.00~13.50	—
	022Cr18Ti	S11863	≤0.030	≤0.75	≤1.00	≤0.040	≤0.030	≤0.60	16.00~19.00	Ti 或 Nb 0.10~1.00

（2）装饰用不锈钢焊接钢管的力学性能（表 3-1-92）

表 3-1-92　装饰用不锈钢焊接钢管的力学性能

统一数字代号	牌号	$R_{p0.2}$/MPa	R_m/MPa	A（%）
		≥		
S30110	12Cr17Ni7	205	515	35
S30408	06Cr19Ni10	205	515	35
S31608	06Cr17Ni12Mo2	205	515	35
S11203	022Cr12	195	360	20
S11863	022Cr18Ti	175	360	20

3.1.23　不锈钢盘条［GB/T 4356—2016］

（1）中国 GB 标准不锈钢盘条的牌号与化学成分（表 3-1-93 ~ 表 3-1-97）

表 3-1-93　奥氏体不锈钢盘条的牌号与化学成分（质量分数）（%）

牌号和代号		C	Si	Mn	P	S	Ni	Cr	其　他
GB	ISC								
12Cr17Mn6Ni5N	S35350	≤0.15	≤1.00	5.50 ~ 7.50	≤0.050	≤0.030	3.50 ~ 5.50	16.00 ~ 18.00	N 0.05 ~ 0.25
12Cr18Mn9Ni5N	S35450	≤0.15	≤1.00	7.50 ~ 10.00	≤0.050	≤0.030	4.00 ~ 6.00	17.00 ~ 19.00	N 0.05 ~ 0.25
20Cr15Mn15Ni2N	S35550	0.15 ~ 0.25	≤1.00	14.00 ~ 16.00	≤0.050	≤0.030	1.50 ~ 3.00	14.00 ~ 16.00	N 0.15 ~ 0.30
12Cr18Ni9	S30210	≤0.15	≤1.00	≤2.00	≤0.045	≤0.030	8.00 ~ 10.00	17.00 ~ 19.00	N≤0.10
Y12Cr18Ni9	S30317	≤0.15	≤1.00	≤2.00	≤0.20	≥0.15	8.00 ~ 10.00	17.00 ~ 19.00	Mo≤0.60
Y12Cr18Ni9Cu3		≤0.15	≤1.00	≤3.00	≤0.20	≥0.15	8.00 ~ 10.00	17.00 ~ 19.00	Cu 1.50 ~ 3.50
06Cr19Ni10[1]	S30408	≤0.08	≤1.00	≤2.00	≤0.045	≤0.030	8.00 ~ 11.00	18.00 ~ 20.00	—
07Cr19Ni10	S30409	0.04 ~ 0.10	≤1.00	≤2.00	≤0.045	≤0.030	8.00 ~ 11.00	18.00 ~ 20.00	—
022Cr19Ni10	S30403	≤0.030	≤1.00	≤2.00	≤0.045	≤0.030	8.00 ~ 12.00	18.00 ~ 20.00	—
06Cr18Ni9Cu2	S30480	≤0.08	≤1.00	≤2.00	≤0.045	≤0.030	8.00 ~ 10.50	17.00 ~ 19.00	Cu 1.00 ~ 3.00
06Cr19Ni9Cu2		≤0.08	≤1.00	≤2.00	≤0.045	≤0.030	8.00 ~ 10.50	18.00 ~ 20.00	Cu 1.00 ~ 3.00
06Cr18Ni9Cu3	S30488	≤0.08	≤1.00	≤2.00	≤0.045	≤0.030	8.50 ~ 10.00	17.00 ~ 19.00	Cu 3.00 ~ 4.00
06Cr19Ni10N	S30458	≤0.08	≤1.00	≤2.00	≤0.045	≤0.030	8.00 ~ 11.00	18.00 ~ 20.00	N 0.10 ~ 0.16
06Cr16Ni18	S30608	≤0.08	≤1.00	≤2.00	≤0.045	≤0.030	17.00 ~ 19.00	15.00 ~ 17.00	—
06Cr17Ni12Mo2	S31608	≤0.08	≤1.00	≤2.00	≤0.045	≤0.030	10.00 ~ 14.00	16.00 ~ 18.00	Mo 2.00 ~ 3.00
022Cr17Ni12Mo2	S31603	≤0.030	≤1.00	≤2.00	≤0.045	≤0.030	10.00 ~ 14.00	16.00 ~ 18.00	Mo 2.00 ~ 3.00
06Cr19Ni13Mo3	S31708	≤0.08	≤1.00	≤2.00	≤0.045	≤0.030	11.00 ~ 15.00	18.00 ~ 20.00	Mo 3.00 ~ 4.00
022Cr19Ni13Mo3	S31703	≤0.030	≤1.00	≤2.00	≤0.045	≤0.030	11.00 ~ 15.00	18.00 ~ 20.00	Mo 3.00 ~ 4.00
10Cr18Ni9Ti[2]	S32160	≤0.12	≤1.00	≤2.00	≤0.035	≤0.030	8.00 ~ 11.00	17.00 ~ 19.00	Ti 5(C -0.02) ~ 0.80
06Cr18Ni11Ti	S32168	≤0.08	≤1.00	≤2.00	≤0.045	≤0.030	9.00 ~ 12.00	17.00 ~ 19.00	Ti 5C ~ 0.70
06Cr18Ni12	S30508	≤0.08	≤1.00	≤2.00	≤0.045	≤0.030	11.00 ~ 13.50	16.50 ~ 19.00	—
10Cr18Ni12	S30510	≤0.12	≤1.00	≤2.00	≤0.045	≤0.030	10.50 ~ 13.00	17.00 ~ 19.00	—
06Cr23Ni13	S30908	≤0.08	≤1.00	≤2.00	≤0.045	≤0.030	12.00 ~ 15.00	22.00 ~ 24.00	—
06Cr25Ni20	S31008	≤0.08	≤1.50	≤2.00	≤0.045	≤0.030	19.00 ~ 22.00	24.00 ~ 26.00	—
06Cr18Ni11Nb	S34778	≤0.08	≤1.00	≤2.00	≤0.045	≤0.030	9.00 ~ 12.00	17.00 ~ 19.00	Nb 10C ~ 1.10

① 此钢号允许 Cu≤1.00%。

② 不推荐使用此牌号。

表 3-1-94　奥氏体-铁素体型不锈钢牌号与化学成分（质量分数）（%）

牌号和代号 GB	ISC	C	Si	Mn	P	S	Ni	Cr	Mo	其他
022Cr23Ni5Mo3N	S22053	≤0.030	≤1.00	≤2.00	≤0.030	≤0.020	4.50~6.50	22.00~23.00	3.00~3.50	N 0.14~0.20
03Cr25Ni6Mo3Cu2N	S25554	≤0.04	≤1.00	≤1.50	≤0.035	≤0.030	4.50~6.50	24.00~27.00	2.90~3.90	N 0.10~0.25 Cu 1.50~2.50

表 3-1-95　铁素体不锈钢牌号及化学成分（质量分数）（%）

牌号和代号 GB	ISC	C	Si	Mn	P	S	Ni	Cr	其他
022Cr12	S11203	≤0.030	≤1.00	≤1.00	≤0.040	≤0.030	≤0.60	11.00~13.50	—
10Cr17	S11710	≤0.12	≤1.00	≤1.00	≤0.040	≤0.030	≤0.60	16.00~18.00	—
Y10Cr17	S11717	≤0.12	≤1.00	≤1.25	≤0.060	≥0.15	≤0.60	16.00~18.00	Mo≤0.60
10Cr17Mo	S11790	≤0.12	≤1.00	≤1.00	≤0.040	≤0.030	≤0.60	16.00~18.00	Mo 0.75~1.25
06Cr11Ti	S11168	≤0.08	≤1.00	≤1.00	≤0.045	≤0.030	≤0.60	10.50~11.70	Ti 6C~0.75
04Cr11Nb		≤0.06	≤1.00	≤1.00	≤0.045	≤0.040	≤0.50	10.50~11.70	Nb 10C~0.75
022Cr11NiTiNb		≤0.030	≤1.00	≤1.00	≤0.040	≤0.030	0.75~1.00	10.50~11.70	N≤0.040，Ti≥0.05 Nb 10（C+N）~0.80

表 3-1-96　马氏体型不锈钢牌号及化学成分

牌号和代号 GB	ISC	C	Si	Mn	P	S	Ni	Cr	Mo	其他
06Cr13	S41008	≤0.08	≤1.00	≤1.00	≤0.040	≤0.030	≤0.60	11.50~13.50	—	—
12Cr13[1]	S41010	0.08~0.15	≤1.00	≤1.00	≤0.040	≤0.030	≤0.60	11.50~13.50	—	—
Y12Cr13	S41617	≤0.15	≤1.00	≤1.25	≤0.060	≥0.15	≤0.60	12.00~14.00	≤0.60	—
13Cr13Mo	S45710	0.08~0.18	≤0.60	≤1.00	≤0.040	≤0.030	≤0.60	11.50~14.00	0.30~0.60	—
20Cr13	S42020	0.16~0.25	≤1.00	≤1.00	≤0.040	≤0.030	≤0.60	12.00~14.00	—	—
30Cr13	S42030	0.26~0.35	≤1.00	≤1.00	≤0.040	≤0.030	≤0.60	12.00~14.00	—	—
Y30Cr13	S42037	0.26~0.35	≤1.00	≤1.25	≤0.060	≥0.15	≤0.60	12.00~14.00	≤0.60	—
32Cr13Mo	S45830	0.28~0.35	≤0.80	≤1.00	≤0.040	≤0.030	≤0.60	12.00~14.00	0.50~1.00	—
40Cr13	S42040	0.36~0.45	≤0.60	≤0.80	≤0.040	≤0.030	≤0.60	12.00~14.00	—	—
14Cr17Ni2	S43110	0.11~0.17	≤0.80	≤0.80	≤0.040	≤0.030	1.50~2.50	16.00~18.00	—	—
13Cr11Ni2W2MoV	S47310	0.10~0.16	≤0.60	≤0.60	≤0.035	≤0.030	1.40~1.80	10.50~12.00	0.35~0.50	W 1.50~2.00 V 0.18~0.30
Y25Cr13Ni2	S41427	0.20~0.30	≤0.50	0.80~1.20	0.08~0.12	0.15~0.25	1.50~2.00	12.00~14.00	≤0.60	—
68Cr17	S44070	0.60~0.75	≤1.00	≤1.00	≤0.040	≤0.030	≤0.60	16.00~18.00	≤0.75	—
85Cr17	S44080	0.75~0.95	≤1.00	≤1.00	≤0.040	≤0.030	≤0.60	16.00~18.00	≤0.75	—
95Cr18	S44090	0.90~1.00	≤0.80	≤0.80	≤0.040	≤0.030	≤0.60	17.00~19.00	—	—
108Cr17	S44096	0.95~1.20	≤1.00	≤1.00	≤0.040	≤0.030	≤0.60	16.00~18.00	≤0.75	—
Y108Cr17	S44097	0.95~1.20	≤1.00	≤1.25	≤0.060	≥0.15	≤0.60	16.00~18.00	≤0.75	—
102Cr17Mo	S45990	0.95~1.10	≤0.80	≤0.80	≤0.040	≤0.030	≤0.60	16.00~18.00	0.40~0.70	—
90Cr18MoV	S46990	0.85~0.95	≤0.80	≤0.80	≤0.040	≤0.030	≤0.60	17.00~19.00	1.00~1.30	V 0.07~0.12

[1] 相对于 GB/T 20878 调整成分牌号。

表 3-1-97　沉淀硬化型不锈钢牌号及化学成分

牌号和代号		C	Si	Mn	P	S	Ni	Cr	其 他
GB	ISC								
05Cr17Ni4Cu4Nb	S51740	≤0.07	≤1.00	≤1.00	≤0.040	≤0.030	3.00~5.00	15.00~17.50	Cu 3.00~5.00 Nb 0.15~0.45
07Cr17Ni7Al	S51770	≤0.09	≤1.00	≤1.00	≤0.040	≤0.030	6.50~7.75	16.00~18.00	Al 0.75~1.50
022Cr12Ni9Cu2NbTi	S51290	≤0.030	≤0.50	≤0.50	≤0.040	≤0.030	7.50~9.50	11.00~12.50	Cu 1.50~2.50 Ti 0.80~1.40 Nb 0.10~0.50 Mo≤0.50

（2）中国 GB 标准奥氏体不锈钢盘条固溶状态的力学性能（表 3-1-98）

表 3-1-98　奥氏体不锈钢盘条固溶状态的力学性能

牌号	组别[2]	R_m/MPa	A（%）	Z（%）
12Cr18Ni9	1	≤650	≥40	≥60
	2	≤750	≥40	≥50
Y12Cr18Ni9[1]	1	≤650	≥40	≥50
	2	≤680	≥40	≥50
06Cr19Ni10	1	≤620	≥40	≥60
	2	≤700	≥40	≥50
022Cr19Ni10	1	≤620	≥40	≥60
	2	≤700	≥40	≥50
06Cr18Ni9Cu2	1	≤580	≥40	≥60
	2	≤650	≥40	≥60
06Cr18Ni9Cu3	1	≤580	≥40	≥60
	2	≤650	≥40	≥60
06Cr17Ni12Mo2	1	≤650	≥40	≥60
	2	≤680	≥40	≥60
022Cr17Ni12Mo2	1	≤620	≥40	≥60
	2	≤650	≥40	≥60
10Cr18Ni9Ti	1	≤650	≥40	≥60
	2	≤680	—	—

① 断后伸长率仅供参考，不作判定依据。当 S≥0.25% 时，断面收缩率应为 ≥40%。

② 2 组是指非完全固溶。

（3）中国 GB 标准铁素体型和马氏体型不锈钢盘条的热处理与硬度（表 3-1-99）

表 3-1-99　铁素体型和马氏体型不锈钢盘条的热处理与硬度

类型	牌号	退火/℃	HBW≤
铁素体	10Cr17	780~850 空冷或缓冷	183
	Y10Cr17	680~820 空冷或缓冷	183
	10Cr17Mo	780~850 空冷或缓冷	183
马氏体	06Cr13	800~900 缓冷或约 750 快冷	183
	12Cr13	800~900 缓冷或约 750 快冷	200
	Y12Cr13	800~900 缓冷或约 750 快冷	200
	13Cr13Mo	830~900 缓冷或约 750 快冷	200

（续）

类型	牌号	退火/℃	HBW≤
马氏体	20Cr13	800~900 缓冷或约 750 快冷	223
	30Cr13	800~900 缓冷或约 750 快冷	235
	Y30Cr13	800~900 缓冷或约 750 快冷	235
	32Cr13Mo	800~900 缓冷或约 750 快冷	207
	40Cr13	800~900 缓冷或约 750 快冷	230
	14Cr17Ni2	650~700 空冷	285
	13Cr11Ni2W2MoV	780~850 缓冷	269
	Y25Cr13Ni2	640~720 缓冷	285
	68Cr17	800~920 缓冷	255
	85Cr17	800~920 缓冷	255
	95Cr18	800~920 缓冷	255
	108Cr17	800~920 缓冷	269
	Y108Cr17	800~920 缓冷	269
	102Cr17Mo	800~900 缓冷	269
	90Cr18MoV	800~920 缓冷	269

3.1.24 不锈钢钢丝 ［GB/T 4240—2019］

（1）中国 GB 标准不锈钢钢丝的钢号与化学成分（表 3-1-100）

表 3-1-100 不锈钢钢丝的钢号与化学成分（质量分数）（%）

钢号和代号		C	Si	Mn	P≤	S	Cr	Ni	Mo	其 他
GB	ISC									
奥氏体钢										
12Cr17Mn6Ni5N	S35350	≤0.15	≤1.00	5.50~7.50	0.050	≤0.030	16.00~18.00	3.50~5.50	—	N 0.05~0.25
12Cr18Mn9Ni5N	S35450	≤0.15	≤1.00	7.50~10.0	0.050	≤0.030	17.00~19.00	4.00~6.00	—	N 0.05~0.25
Y06Cr17Mn6Ni6Cu2	S36987	≤0.08	≤1.00	5.00~6.50	0.045	0.18~0.35	16.00~18.00	5.00~6.50	—	Cu≤1.75~2.25
12Cr18Ni9	S30210	≤0.15	≤1.00	≤2.00	0.045	≤0.030	17.00~19.00	8.00~10.00	—	N0.10
Y12Cr18Ni9	S30317	≤0.15	≤1.00	≤2.00	0.20	≥0.15	17.00~19.00	8.00~10.00	≤0.60	—
Y12Cr18Ni9Cu3	S30387	≤0.15	≤1.00	≤3.00	0.20	≥0.15	17.00~19.00	8.00~10.00	—	Cu 1.50~3.50
06Cr19Ni10	S30408	≤0.08	≤1.00	≤2.00	0.045	≤0.030	18.00~20.00	8.00~11.00	—	—
022Cr19Ni10	S30403	≤0.030	≤1.00	≤2.00	0.045	≤0.030	18.00~20.00	8.00~12.00	—	—
07Cr19Ni10	S30409	0.04~0.10	≤1.00	≤2.00	0.045	≤0.030	18.00~20.00	8.00~11.00	—	—
10Cr18Ni12	S30510	≤0.12	≤1.00	≤2.00	0.045	≤0.030	17.00~19.00	10.50~13.00	—	—
06Cr20Ni11	S30808	≤0.08	≤1.00	≤2.00	0.045	≤0.030	19.00~21.00	10.00~12.00	—	—

（续）

钢号和代号		C	Si	Mn	P≤	S	Cr	Ni	Mo	其 他
GB	ISC									
奥氏体钢										
16Cr23Ni13	S30920	≤0.20	≤1.00	≤2.00	0.040	≤0.030	22.00 ~ 24.00	12.00 ~ 15.00	—	—
06Cr23Ni13	S30908	≤0.08	≤1.00	≤2.00	0.045	≤0.030	22.00 ~ 24.00	12.00 ~ 15.00	—	—
06Cr25Ni20	S31008	≤0.08	≤1.50	≤2.00	0.045	≤0.030	24.00 ~ 26.00	19.00 ~ 22.00	—	—
20Cr25Ni20Si2	S31449	≤0.25	1.50 ~ 3.00	≤2.00	0.045	≤0.030	23.00 ~ 26.00	19.00 ~ 22.00	—	—
06Cr17Ni12Mo2	S31608	≤0.08	≤1.00	≤2.00	0.045	≤0.030	16.00 ~ 18.00	10.00 ~ 14.00	2.00 ~ 3.00	—
022Cr17Ni12Mo2	S31603	≤0.030	≤1.00	≤2.00	0.045	≤0.030	16.00 ~ 18.00	10.00 ~ 14.00	2.00 ~ 3.00	—
06Cr17Ni12Mo2Ti	S31668	≤0.08	≤1.00	≤2.00	0.045	≤0.030	16.00 ~ 18.00	10.00 ~ 14.00	2.00 ~ 3.00	Ti≥5C
06Cr19Ni13Mo3	S31708	≤0.08	≤1.00	≤2.00	0.045	≤0.030	18.00 ~ 20.00	11.00 ~ 15.00	3.00 ~ 4.00	—
06Cr18Ni11Ti	S32168	≤0.08	≤1.00	≤2.00	0.045	≤0.030	17.00 ~ 19.00	19.00 ~ 12.00	—	Ti 5C ~ 0.70
奥氏体-铁素体										
022Cr23Ni5Mo3N	S22053	≤0.030	≤1.00	≤2.00	0.030	≤0.020	22.00 ~ 23.00	4.50 ~ 6.50	3.00 ~ 3.50	N 0.14 ~ 0.20
铁素体钢										
06Cr13Al	S11348	≤0.08	≤1.00	≤1.00	0.040	≤0.030	11.50 ~ 14.50	≤0.60	—	Al 0.10 ~ 0.30
06Cr11Ti	S11168	≤0.08	≤1.00	≤1.00	0.040	≤0.030	10.50 ~ 11.70	≤0.60	—	Ti 6C ~ 0.75
04Cr11Nb	S11178	≤0.06	≤1.00	≤1.00	0.040	≤0.030	10.50 ~ 11.70	≤0.50	—	Nb 10C ~ 0.75
10Cr17	S11710	≤0.12	≤1.00	≤1.00	0.040	≤0.030	16.00 ~ 18.00	≤0.60	—	—
Y10Cr17	S11717	≤0.12	≤1.00	≤1.25	0.060	≥0.15	16.00 ~ 18.00	≤0.60	0.60	—
10Cr17Mo	S11790	≤0.12	≤1.00	≤1.00	0.040	≤0.030	16.00 ~ 18.00	≤0.60	0.75 ~ 1.25	—
10Cr17MoNb	S11770	≤0.12	≤1.00	≤1.00	0.040	≤0.030	16.00 ~ 18.00	—	0.75 ~ 1.25	Nb 5C ~ 0.80
026Cr24	S12404	≤0.035	≤0.80	≤0.80	0.035	≤0.030	23.00 ~ 25.00	≤0.60	≤0.50	Cu≤0.50 N≤0.50
马氏体钢										
06Cr13	S41008	≤0.08	≤1.00	≤1.00	0.040	≤0.030	11.50 ~ 13.50	≤0.60	—	—
12Cr13①	S41010	0.08 ~ 0.15	≤1.00	≤1.00	0.040	≤0.030	11.50 ~ 13.50	≤0.60	—	—

（续）

钢号和代号		C	Si	Mn	P≤	S	Cr	Ni	Mo	其　他
GB	ISC									
马氏体钢										
Y12Cr13	S41617	≤0.15	≤1.00	≤1.25	0.060	≥0.15	12.00 ~ 14.00	≤0.60	≤0.60	—
20Cr13	S42020	0.16 ~ 0.25	≤1.00	≤1.00	0.040	≤0.030	12.00 ~ 14.00	≤0.60	—	—
30Cr13	S42030	0.26 ~ 0.35	≤1.00	≤1.00	0.040	≤0.030	12.00 ~ 14.00	≤0.60		—
32Cr13Mo	S45830	0.28 ~ 0.35	≤0.80	≤1.00	0.040	≤0.030	12.00 ~ 14.00	≤0.60	0.50 ~ 1.00	—
Y30Cr13	S42037	0.26 ~ 0.35	≤1.00	≤1.25	0.060	≥0.15	12.00 ~ 14.00	≤0.60	≤0.60	—
40Cr13	S42040	0.36 ~ 0.45	≤0.60	≤0.80	0.040	≤0.030	12.00 ~ 14.00	≤0.60		—
12Cr12Ni2	S41410	0.15	≤1.00	≤1.00	0.040	≤0.030	11.50 ~ 13.50	1.25 ~ 2.50		—
Y16Cr17Ni2	S41717	0.12 ~ 0.20	≤1.00	≤1.50	0.040	0.15 ~ 0.30	15.00 ~ 18.00	2.00 ~ 3.00	≤0.60	—
14Cr17Ni2	S43110	0.11 ~ 0.17	≤0.80	≤0.80	0.040	≤0.030	16.00 ~ 18.00	1.50 ~ 2.50		—

① 相对于 GB/T 20878 调整成分的牌号。

（2）中国 GB 标准不锈钢软态钢丝的力学性能（表3-1-101）

表 3-1-101　不锈钢软态钢丝的力学性能

牌　号	公称直径	R_m	$A^{①}$（%）
12Cr17Mn6Ni5N 12Cr18Mn9Ni5N 12Cr18Ni9 Y12Cr18Ni9 07Cr19Ni10 16Cr23Ni13 20Cr25Ni20Si2	0.05 ~ 0.10 >0.10 ~ 0.30 >0.30 ~ 0.60 >0.60 ~ 1.00 >1.00 ~ 3.00 >3.00 ~ 6.00 >6.00 ~ 10.0 >10.0 ~ 16.0	700 ~ 1000 660 ~ 950 640 ~ 920 620 ~ 900 620 ~ 880 600 ~ 850 580 ~ 830 550 ~ 800	≥15 ≥20 ≥20 ≥25 ≥30 ≥30 ≥30 ≥30
Y06Cr17Mn6Ni6Cu2 Y12Cr18Ni9Cu3，06Cr19Ni10 022Cr19Ni10，10Cr18Ni12 06Cr20Ni11，06Cr23Ni13 06Cr25Ni20，06Cr17Ni12Mo2 022Cr17Ni12Mo2，06Cr17Ni12Mo2Ti 06Cr19Ni13Mo3，06Cr18Ni11Ti	0.05 ~ 0.10 >0.10 ~ 0.30 >0.30 ~ 0.60 >0.60 ~ 1.00 >1.00 ~ 3.00 >3.00 ~ 6.00 >6.00 ~ 10.0 >10.0 ~ 16.0	650 ~ 930 620 ~ 900 600 ~ 870 580 ~ 850 570 ~ 830 550 ~ 800 520 ~ 770 500 ~ 750	≥15 ≥20 ≥20 ≥25 ≥30 ≥30 ≥30 ≥30
022Cr23Ni5Mo3N	1.00 ~ 3.00 >3.00 ~ 16.0	700 ~ 1000 650 ~ 950	≥20 ≥30
06Cr13Al，06Cr11Ti 04Cr11Nb	1.00 ~ 3.00 >3.00 ~ 16.0	480 ~ 700 460 ~ 680	≥20 ≥20
10Cr17，Y10Cr17 10Cr17Mo，10Cr17MoNb	1.00 ~ 3.00 >3.00 ~ 16.0	480 ~ 650 450 ~ 650	≥15 ≥15

（续）

牌　号	公称直径	R_m	$A^{①}$（%）
026Cr24	1.00~3.00 >3.00~16.0	480~680 450~650	≥20 ≥30
06Cr13，12Cr13 Y12Cr13	1.00~3.00 >3.00~16.0	470~650 450~650	≥20 ≥20
20Cr13	1.00~3.00 >3.00~16.0	500~750 480~700	≥15 ≥15
30Cr13，32Cr13Mo，Y30Cr13 40Cr13，12Cr12Ni2 Y16Cr17Ni2，14Cr17Ni2	1.00~2.00 >2.00~16.0	600~850 600~850	≥10 ≥15

① 易切削钢丝和公称直径小于 1.00mm 的钢丝，断后伸长率 A 供参考，不作判定依据。

（3）中国 GB 标准不锈钢轻拉钢丝的力学性能（表 3-1-102）

表 3-1-102　不锈钢轻拉钢丝的力学性能

牌　号	公称直径/mm	R_m/MPa
12Cr17Mn6Ni5N，12Cr18Mn9Ni5N，Y06Cr17Mn6Ni6Cu2，12Cr18Ni9 Y12Cr18Ni9，Y12Cr18Ni9Cu3，06Cr19Ni10，022Cr19Ni10，07Cr19Ni10 10Cr18Ni12，06Cr20Ni11，16Cr23Ni13，06Cr23Ni13 06Cr25Ni20，20Cr25Ni20Si2，06Cr17Ni12Mo2，022Cr17Ni12Mo2 06Cr17Ni12Mo2Ti，06Cr19Ni13Mo3，06Cr18Ni11Ti	0.30~1.00 >1.00~3.00 >3.00~6.00 >6.00~10.0 >10.0~16.0	850~1200 830~1150 800~1100 770~1050 750~1030
06Cr13Al，06Cr11Ti 04Cr11Nb，10Cr17，Y10Cr17 10Cr17Mo，10Cr17MoNb	0.30~3.00 >3.00~6.00 >6.00~16.0	530~780 500~750 480~730
06Cr13，12Cr13 Y12Cr13，20Cr13	1.00~3.00 >3.00~6.00 >6.00~16.0	600~850 580~820 550~800
30Cr13，32Cr13Mo Y30Cr13，Y16Cr17Ni2	1.00~3.00 >3.00~6.00 >6.00~16.0	650~950 600~900 600~850

（4）中国 GB 标准不锈钢冷拉钢丝的力学性能（表 3-1-103）

表 3-1-103　不锈钢冷拉钢丝的力学性能

牌　号	公称直径/mm	R_m/MPa
12Cr17Mn6Ni5N，12Cr18Mn9Ni5N 12Cr18Ni9，06Cr19Ni10，07Cr19Ni10 10Cr18Ni12，06Cr17Ni12Mo2，06Cr18Ni11Ti	0.10~1.00 >1.00~3.00 >3.00~6.00 >6.00~12.0	1200~1500 1150~1450 1100~1400 950~1250

3.1.25　冷顶锻用不锈钢钢丝［GB/T 4232—2019］

（1）中国 GB 标准冷顶锻用不锈钢钢丝的牌号与化学成分（表 3-1-104）

表 3-1-104　冷顶锻用不锈钢钢丝的牌号与化学成分（质量分数）（%）

代号	牌　号	C	Si	Mn	P	S	Cr	Ni	Mo	Cu	其　他
奥氏体型											
S36155	ML04Cr17Mn7Ni5CuN	0.05	0.80	6.40 ~ 7.50	0.045	0.015	16.00 ~ 17.50	4.00 ~ 5.00	—	0.70 ~ 1.30	N 0.10 ~ 0.25
S36055	ML04Cr16Mn8Ni2Cu3N	0.05	0.80	7.50 ~ 9.00	0.045	0.030	15.50 ~ 17.50	1.50 ~ 3.00	0.60	2.30 ~ 3.00	N 0.10 ~ 0.25
S30408	ML06Cr19Ni10	0.08	1.00	2.00	0.045	0.030	18.00 ~ 20.00	8.00 ~ 11.00	—	—	—
S30403	ML022Cr19Ni10	0.030	1.00	2.00	0.045	0.030	18.00 ~ 20.00	8.00 ~ 12.00	—	—	—
S30489	ML06Cr19Ni10Cu	0.08	1.00	2.00	0.045	0.030	18.00 ~ 20.00	8.00 ~ 11.00	—	0.70 ~ 1.00	—
S30480	ML06Cr18Ni9Cu2	0.08	1.00	2.00	0.045	0.030	17.00 ~ 19.00	8.00 ~ 10.50	—	1.00 ~ 3.00	—
S30483	ML022Cr18Ni9Cu3	0.030	1.00	2.00	0.045	0.030	17.00 ~ 19.00	8.00 ~ 10.00	—	3.00 ~ 4.00	—
S30504	ML03Cr18Ni12	0.04	1.00	2.00	0.045	0.030	17.00 ~ 19.00	10.50 ~ 13.00	—	1.00	—
S31608	ML06Cr17Ni12Mo2	0.08	1.00	2.00	0.045	0.030	16.00 ~ 18.00	10.00 ~ 14.00	2.00 ~ 3.00	—	—
S31603	ML022Cr17Ni12Mo2	0.030	1.00	2.00	0.045	0.030	16.00 ~ 18.00	10.00 ~ 14.00	2.00 ~ 3.00	—	—
S31683	ML022Cr18Ni14Mo2Cu2	0.030	1.00	2.00	0.045	0.030	17.00 ~ 19.00	12.00 ~ 16.00	1.20 ~ 2.75	1.00 ~ 2.50	—
S32168	ML06Cr18Ni11Ti	0.08	1.00	2.00	0.045	0.030	17.00 ~ 19.00	9.00 ~ 12.00	—	—	Ti 5C ~ 0.70
S38404	ML03Cr16Ni18	0.04	1.00	2.00	0.045	0.030	15.00 ~ 17.00	17.00 ~ 19.00	—	—	—
铁素体型											
S11168	ML06Cr11Ti	0.08	1.00	1.00	0.040	0.030	10.50 ~ 11.70	0.60	—	—	Ti 6C ~ 0.75
S11178	ML04Cr11Nb	0.06	1.00	1.00	0.040	0.030	10.50 ~ 11.70	0.50	—	—	Nb 10C ~ 0.75
S11172	ML022Cr11NiNbTi	0.030	1.00	1.00	0.040	0.030	10.50 ~ 11.70	0.75 ~ 1.00	—	—	N≤0.040, Ti≥0.05 Nb 10（C + N）~ 0.80
S11510	ML10Cr15	0.12	1.00	1.00	0.040	0.030	14.00 ~ 16.00	0.60	—	—	—
S11715	ML04Cr17	0.05	1.00	1.00	0.040	0.030	16.00 ~ 18.00	—	—	—	—
S11798	ML06Cr17Mo	0.08	1.00	1.00	0.040	0.030	16.00 ~ 18.00	1.00	0.90 ~ 1.30	—	—

（续）

代号	牌　号	C	Si	Mn	P	S	Cr	Ni	Mo	Cu	其　他
					马氏体型						
S41010	ML12Cr13[①]	0.08 ~ 0.15	1.00	1.00	0.040	0.030	11.50 ~ 13.50	0.60	—	—	—
S42020	ML20Cr13	0.16 ~ 0.25	1.00	1.00	0.040	0.030	12.00 ~ 14.00	0.60	—	—	—
S42030	ML30Cr13	0.26 ~ 0.35	1.00	1.00	0.040	0.030	12.00 ~ 14.00	0.60	—	—	—
S42090	ML22Cr14NiMo	0.15 ~ 0.30	1.00	1.00	0.040	0.030	13.50 ~ 15.00	0.35 ~ 0.85	0.40 ~ 0.85	—	—
S43110	ML14Cr17Ni2	0.11 ~ 0.17	0.80	0.80	0.040	0.030	16.00 ~ 18.00	1.50 ~ 2.50	—	—	—

注：表中未规定范围者均为最大值。

① 相对于 GB/T 20878 调整成分的牌号。

（2）中国 GB 标准冷顶锻用不锈钢软态钢丝的力学性能（表 3-1-105）

表 3-1-105　冷顶锻用不锈钢软态钢丝的力学性能

牌　号	公称直径 /mm	R_m/MPa	$Z^①$（%）	$A^①$（%）
			≥	
ML04Cr17Mn7Ni5CuN	0.80 ~ 3.00	700 ~ 900	65	20
	> 3.00 ~ 11.0	650 ~ 850	65	30
ML04Cr16Mn8Ni2Cu3N	0.80 ~ 3.00	650 ~ 850	65	20
	> 3.00 ~ 11.0	620 ~ 820	65	30
ML06Cr19Ni10	0.80 ~ 3.00	580 ~ 740	65	30
ML022Cr19Ni10	> 3.00 ~ 11.0	550 ~ 710	65	40
ML06Cr19Ni10Cu	0.80 ~ 3.00	570 ~ 730	65	30
	> 3.00 ~ 11.0	540 ~ 700	65	40
ML06Cr18Ni9Cu2	0.80 ~ 3.00	560 ~ 720	65	30
	> 3.00 ~ 11.0	520 ~ 680	65	40
ML022Cr18Ni9Cu3	0.80 ~ 3.00	480 ~ 640	65	30
ML03Cr18Ni12	> 3.0 ~ 11.0	450 ~ 610	65	40
ML06Cr17Ni12Mo2	0.80 ~ 3.00	560 ~ 720	65	30
ML022Cr17Ni12Mo2	> 3.00 ~ 11.0	500 ~ 660	65	40
ML022Cr18Ni14Mo2Cu2	0.80 ~ 3.00	540 ~ 700	65	30
	> 3.00 ~ 11.0	500 ~ 660	65	40
ML06Cr18Ni11Ti	1.00 ~ 3.00	580 ~ 730	60	25
	> 3.00 ~ 11.0	550 ~ 700	60	30
ML03Cr16Ni18	0.80 ~ 3.00	480 ~ 640	65	30
	> 3.00 ~ 11.0	440 ~ 600	65	40
ML06Cr11Ti				
ML04Cr11Nb				
ML022Cr11NiNbTi	0.80 ~ 3.00	480 ~ 700	20	15
ML10Cr15	> 3.0 ~ 11.0	460 ~ 680	20	15
ML04Cr17				
ML06Cr17Mo				

（续）

牌　号	公称直径/mm	R_m/MPa	$Z^{[1]}$（%）	$A^{[1]}$（%）
			≥	
ML12Cr13	0.80～3.00	440～640	55	—
	>3.00～11.0	400～600	55	15
ML20Cr13	0.80～3.00	600～750	55	—
ML30Cr13	>3.00～11.0	550～700	55	15
ML22Cr14NiMo	0.80～3.00	540～780	55	—
	>3.00～11.0	500～740	55	15
ML14Cr17Ni2	0.80～3.00	560～800	55	—
	>3.00～11.0	540～780	55	15

① 直径小于3.00mm的钢丝，断面收缩率Z和断后伸长率A仅作参考，不作判定依据。

（3）中国GB标准冷顶锻用不锈钢轻拉钢丝的力学性能（表3-1-106）

表3-1-106　冷顶锻用不锈钢轻拉钢丝的力学性能

序号	牌　号	公称直径/mm	R_m/MPa	$Z^{[1]}$（%）	$A^{[1]}$（%）
				≥	
1	ML04Cr17Mn7Ni5CuN	0.80～3.00	800～1000	55	15
		>3.00～20.0	750～950	55	20
2	ML04Cr16Mn8Ni2Cu3N	0.80～3.00	760～960	55	15
		>3.00～20.0	720～920	55	20
3	ML06Cr19Ni10	0.80～3.00	640～800	55	20
		>3.00～20.0	590～750	55	25
4	ML022Cr19Ni10	0.80～3.00	640～820	55	20
		>3.00～20.0	630～790	55	25
5	ML06Cr19Ni10Cu	0.80～3.00	600～780	55	20
		>3.00～20.0	570～730	55	25
6	ML06Cr18Ni9Cu2	0.80～3.00	590～760	55	20
		>3.00～20.0	550～710	55	25
7	ML022Cr18Ni9Cu3	0.80～3.00	520～680	55	20
8	ML03Cr18Ni12	>3.00～20.0	480～640	55	25
9	ML06Cr17Ni12Mo2	0.80～3.00	600～760	55	20
		>3.00～20.0	550～710	55	25
10	ML022Cr17Ni12Mo2	0.80～3.00	580～740	55	20
11	ML022Cr18Ni14Mo2Cu2	>3.00～20.0	550～710	55	25
12	ML06Cr18Ni11Ti	1.00～3.00	650～800	55	15
		>3.00～14.0	550～700	55	20
13	ML03Cr16Ni18	0.80～3.00	520～680	55	20
		>3.0～20.0	480～640	55	25
14	ML06Cr11Ti	0.80～3.00	≤650	55	—
15	ML04Cr11Nb	>3.00～20.0	≤650	55	10
16	ML022Cr11NiNbTi	0.80～3.00	530～700	15	10
		>3.00～20.0	520～680	15	10
17	ML10Cr15	0.80～3.00	≤700	55	—
		>3.00～20.0	≤700	55	10

（续）

序号	牌　号	公称直径 /mm	R_m/MPa	$Z^{①}$（%）	$A^{①}$（%）
				≥	
18	ML04Cr17	0.80~3.00	≤700	55	—
		>3.00~20.0	≤700	55	10
19	ML06Cr17Mo	0.80~3.00	≤720	55	—
		>3.00~20.0	≤720	55	10
20	ML12Cr13	0.80~3.00	≤740	50	—
		>3.00~20.0	≤740	50	10
21	ML20Cr13	0.80~3.00	≤800	50	—
22	ML30Cr13	>3.00~20.0	≤800	50	10
23	ML22Cr14NiMo	0.80~3.00	≤780	50	—
		>3.00~20.0	≤780	50	10
24	ML14Cr17Ni2	0.80~3.00	≤850	50	—
		>3.00~20.0	≤850	50	10

① 直径小于 3.00mm 的钢丝，断面收缩率 Z 和断后伸长率 A 仅作参考，不作判定依据。

3.1.26　高温合金热轧板和冷轧板 ［GB/T 14995—2010 和 GB/T 14996—2010］

（1）中国 GB 标准高温合金热轧板和冷轧板的牌号与化学成分（表 3-1-107）

表 3-1-107　高温合金热轧板和冷轧板的牌号与化学成分（质量分数）（%）

牌号和代号 GB	牌号和代号 ISC	C	Cr	Ni	Mo	W	Al	Ti	Si	Mn	P	S	其　他
									≤				
GH1035	H10350	0.06~0.12	20.00~23.00	35.00~40.00	—	2.50~3.50	≤0.50	0.70~1.20	0.80	0.70	0.030	0.020	Nb 1.20~1.70，Ce≤0.05 Cu≤0.25，Fe 余量
GH1131	H11310	≤0.10	19.00~22.00	25.00~30.00	2.80~3.50	4.80~6.00	—	—	0.80	1.20	0.020	0.020	Nb 0.70~1.30 B 0.005，N 0.15~0.30 Cu≤0.25，Fe 余量
GH1140	H11400	0.06~0.12	20.00~23.00	35.00~40.00	2.00~2.50	1.40~1.80	0.20~0.60	0.70~1.20	0.80	0.70	0.025	0.015	Ce≤0.05 Cu≤0.25，Fe 余量
GH2018	H20180	≤0.06	18.00~21.00	40.00~44.00	3.70~4.30	1.80~2.20	0.35~0.75	1.80~2.20	0.60	0.50	0.020	0.015	B 0.015，Zr≤0.05 Ce≤0.02 Cu≤0.25，Fe 余量
GH2132	H21320	≤0.08	13.50~16.00	24.00~27.00	1.00~1.50		≤0.40	1.75~2.35	1.00	2.00	0.020	0.015	V 0.10~0.50 B 0.005~0.010 Cu≤0.25，Fe 余量
GH2302	H23020	≤0.08	12.00~16.00	38.00~42.00	1.50~2.50	3.50~4.50	1.80~2.30	2.30~2.80	0.60	0.60	0.020	0.010	B≤0.010，Zr≤0.05 Ce≤0.020 Cu≤0.25，Fe 余量
GH3030	H30300	≤0.12	19.00~22.00	余量	—	—	≤0.15	0.15~0.35	0.80	0.70	0.015	0.010	Pb≤0.001 Cu≤0.20，Fe≤1.00
GH3039	H30390	≤0.08	19.00~22.00	余量	1.80~2.30		0.35~0.75	0.35~0.75	0.80	0.40	0.020	0.012	Nb 0.90~1.30 Cu≤0.20，Fe≤3.00
GH3044	H30440	≤0.10	23.50~26.50	余量	≤1.50	13.00~16.00	≤0.50	0.30~0.70	0.80	0.50	0.013	0.013	Cu≤0.25 Fe≤4.00
GH3128	H31280	≤0.05	19.00~22.00	余量	7.50~9.00	7.50~9.00	0.40~0.80	0.40~0.80	0.80	0.50	0.013	0.013	B≤0.005，Zr≤0.06＋②
GH4033①	H40330	0.03~0.08	19.00~22.00	余量	—	—	0.60~1.00	2.40~2.80	0.65	0.35	0.015	0.007	Sb、As≤0.025＋③

（续）

牌号和代号		C	Cr	Ni	Mo	W	Al	Ti	Si	Mn	P	S	其 他
GB	ISC								≤				
GH4099	H40990	≤0.08	17.00 ~ 20.00	余量	3.50 ~ 4.50	5.00 ~ 7.00	1.70 ~ 2.40	1.00 ~ 1.50	0.50	0.40	0.015	0.015	Co 5.00 ~ 8.00 + ④
GH4145①	H41450	≤0.08	14.00 ~ 17.00	Ni + Co ≥70.00	—	—	0.40 ~ 1.00	2.25 ~ 2.75	0.35	0.35	0.015	0.010	(Nb + Ta)0.70 ~ 1.20 + ⑤

① 该牌号仅用于冷轧板。
② Ce≤0.05，Cu≤0.25，Fe≤2.00。
③ Bi≤0.001，Cu≤0.07，Sn≤0.0012，Fe≤1.00，Pb≤0.01，B≤0.01，Ce≤0.01。
④ B≤0.005，Ce≤0.02，Mg≤0.010，Cu≤0.25，Fe≤2.00。
⑤ Co≤1.00，Cu≤0.50，Fe 5.00 ~ 9.00。

（2）中国 GB 标准高温合金热轧板的热处理与力学性能［GB/T 14995—2010］（表 3-1-108）

表 3-1-108　高温合金热轧板的热处理与力学性能

牌　号	热处理制度	试验温度 /℃	R_m/MPa	A（%）	Z（%）
			≥		
GH1035	（1100 ~ 1140℃，空冷）①	室温	590	35.0	②
		700	345	35.0	②
GH1131	（1130 ~ 1170℃，空冷）①	室温	735	34.0	②
		900	180	40.0	②
		1000	110	43.0	②
GH1140	（1050 ~ 1090℃，空冷）①	室温	635	40.0	45.0
		800	245	40.0	50.0
GH2018	（1100 ~ 1150℃，空冷）① + 时效 800 ± 10℃ × 16h，空冷	室温	930	15.0	②
		800	430	15.0	②
GH2132	（980 ~ 1000℃，空冷）① + 时效 700 ~ 720℃ × 12 ~ 16h，空冷	室温	880	20.0	②
		650	735	15.0	②
		550	785	16.0	②
GH2302	（1100 ~ 1130℃，空冷）① 交货状态 + 时效 800 ± 10℃ × 16h，空冷	室温	685	30.0	②
		800	540	6.0	②
GH3030	（980 ~ 1020℃，空冷）①	室温	685	30.0	②
		700	295	30.0	②
GH3039	（1050 ~ 1090℃，空冷）①	室温	735	40.0	45.0
		800	245	40.0	50.0
GH3044	（1120 ~ 1180℃，空冷）①	室温	735	40.0	②
		900	185	30.0	②
GH3128	（1140 ~ 1180℃，空冷）① 交货状态 + 固溶 （1200 ± 10℃，空冷）	室温	735	40.0	②
		950	175	40.0	②
GH4099	（1080 ~ 1140℃，空冷）① + 时效 （900 ± 10℃ × 5h，空冷）	900	295	23.0	—

注：需方有特殊要求作高温持久性能试验时，其要求由供需双方协定。
① 成品板材（交货状态）推荐的固溶处理制度。
② 实测。

（3）中国 GB 标准高温合金冷轧板的热处理与力学性能［GB/T 14996—2010］（表 3-1-109）

表 3-1-109 高温合金冷轧板的热处理与力学性能

牌　号	热处理制度	试验温度 /℃	R_m/MPa ≥	A（%） ≥
GH1035	（1100～1140℃，空冷）[1]	室温	590	35.0
		700	345	35.0
GH1131	（1130～1170℃，空冷）[1]	室温	735	34.0
		900	180	40.0
		1000	110	43.0
GH1140	（1050～1090℃，空冷）[1]	室温	635	40.0
		800	225	40.0
GH2018	（1100～1150℃，空冷）[1]＋时效（800℃±10℃×16h，空冷）	室温	930	15.0
		800	430	15.0
GH2132	（980～1000℃，空冷）[1]＋时效［700～720℃×（12～16h），空冷］	室温	880	20.0
		650	735	15.0
		550	785	16.0
GH2302	（1100～1130℃，空冷）[1]	室温	685	30.0
	交货状态＋时效［（800℃±10℃）×16h，空冷］	800	540	6.0
GH3030	（980～1020℃，空冷）[1]	室温	685	30.0
		700	295	30.0
GH3039	（1050～1090℃，空冷）[1]	室温	735	40.0
		800	245	40.0
GH3044	（1120～1180℃，空冷）[1]	室温	735	40.0
		900	185	30.0
GH3128	（1140～1180℃，空冷）[1]	室温	735	40.0
	交货状态＋固溶（1200℃±10℃，空冷）	950	175	40.0
GH4033	（1120～1180℃，空冷）[1]＋时效［（750℃±10℃）×4h，空冷］	室温	885	13.0
		700	685	13.0
GH4099	（1080～1140℃，空冷）[1]	室温	1130	35.0
	交货状态＋时效［（900℃±10℃）×5h，空冷］	900	295	23.0
GH4145	板厚1[2]（1070～1090℃，空冷）[1]	室温	≤930	30.0
	板厚2[3]（1070～1090℃，空冷）[1]	室温	≤930	35.0
	板厚3[4]交货状态＋时效［（750℃±10℃）×8h，空冷，炉冷到（620℃±10℃）×10h，空冷］	室温	≥1170	18.0

注：需方有特殊要求作高温持久性能试验时，其要求由供需双方协定。

[1] 成品板材（交货状态）推荐的固溶处理制度。

[2] 板厚1≤0.60mm。

[3] 板厚2＞0.60mm。

[4] 板厚3为0.50～4.0mm。

3.1.27　一般用途高温合金管［GB/T 15062—2008］

（1）中国 GB 标准一般用途高温合金管的牌号与化学成分（表 3-1-110）

表 3-1-110　一般用途高温合金管的牌号与化学成分（质量分数）（%）

牌号和代号 GB	ISC	C	Cr	Ni	Mo	W	Al	Nb	Ti	Fe	Si ≤	Mn ≤	P ≤	S ≤	其 他
GH1140[1]	H11400	0.06 ~ 0.12	20.00 ~ 23.00	35.00 ~ 40.00	2.00 ~ 2.50	1.40 ~ 1.80	0.20 ~ 0.60	—	0.70 ~ 1.20	余量	0.80	0.70	0.025	0.015	Ce≤0.050
GH3030	H30300	≤0.12	19.00 ~ 22.00	余量	—	—	≤0.15	—	0.15 ~ 0.35	≤1.5	0.80	0.70	0.030	0.020	Cu≤0.20
GH3039[2]	H30390	≤0.08	19.00 ~ 22.00	余量	1.80 ~ 2.30	—	0.35 ~ 0.75	0.90 ~ 1.30	0.35 ~ 0.75	≤3.0	0.80	0.40	0.020	0.012	—
GH3044[3]	H30440	≤0.10	23.50 ~ 26.50	余量	≤1.50	13.0 ~ 16.0	≤0.50	—	0.30 ~ 0.70	≤4.0	0.80	0.50	0.013	0.013	Ca≤0.05
GH3536	H35360	0.05 ~ 0.15	20.50 ~ 23.00	余量	8.00 ~ 10.00	0.20 ~ 1.00	≤0.50	—	≤0.15	17.0 ~ 20.0	1.00	1.00	0.025	0.015	Co 0.50 ~ 2.50 B≤0.010 Cu≤0.30
GH4163[4]	H41630	0.04 ~ 0.08	19.00 ~ 21.00	余量	5.60 ~ 6.30	—	0.30 ~ 0.60	—	1.90 ~ 2.40	≤0.70	0.40	0.60	0.015	0.007	Co 19.0 ~ 21.0 B≤0.005 Cu≤0.20

① GH1140 合金，当采用电弧炉冶炼时，$w(Al+Ti)$≤1.55%；当电弧炉（非真空感应炉）加电渣或真空冶炼时，$w(Al+Ti)$≤1.75%。

② GH3039 合金中允许有 Ce 存在，Ce 按计算量加入，不作分析。

③ GH3044 合金中 Ca 按计算量加入，不作分析。

④ GH4163 合金的 $w(Al+Ti)$=2.40% ~2.80%，还含 $w(Pb)$≤0.0020%，$w(Ag)$≤0.0005%，$w(Bi)$≤0.0001%。

（2）中国 GB 标准一般用途高温合金管成品化学成分允许偏差（表 3-1-111）

表 3-1-111　一般用途高温合金管成品化学成分允许偏差（质量分数）（%）

元素	规定元素的范围	允许偏差 下偏差	允许偏差 上偏差	元素	规定元素的范围	允许偏差 下偏差	允许偏差 上偏差
C	≤0.10	—	—	Al	≤5.0	0.02	0.02
	>0.10 ~ 0.25	0.01	0.01		>5.0	0.10	0.10
	>0.25	0.02	0.02	Ti	≤0.50	0.03	0.03
Si	≤0.05	0.01	0.01		>0.50 ~ 1.00	0.04	0.04
	>0.05 ~ 0.25	0.02	0.02		>1.00 ~ 2.00	0.05	0.05
	>0.25 ~ 0.50	0.03	0.03		>2.00 ~ 3.50	0.07	0.07
	>0.50 ~ 1.00	0.05	0.05		>3.50 ~ 5.00	0.10	0.10
Mn	≤1.00	0.03	0.03	Co	≤0.20	0.02	0.02
	>1.00 ~ 3.00	0.04	0.04		>0.20 ~ 1.00	0.03	0.03
	>3.00	0.07	0.07		>1.00 ~ 5.00	0.05	0.05
P	全范围	—	0.005	Nb	≤5.0	0.02	0.02
S	全范围	—	0.003		>5.0	0.10	0.10
V	全范围	0.02	0.02	W	≤5.0	0.05	0.05
Cr	>5.0 ~ 15.0	0.15	0.15		>5.0	0.10	0.10
	>15.0 ~ 25.0	0.25	0.25	Mo	≤5.0	0.02	0.02
Fe	≤5.0	0.05	0.05		>5.0	0.10	0.10
	>5.0 ~ 10.0	0.10	0.10	Cu	≤0.20	0.02	0.02
	>10.0 ~ 15.0	0.15	0.15		>0.20 ~ 0.50	0.03	0.03
	>15.0 ~ 30.0	0.30	0.30		>0.50 ~ 5.00	0.04	0.04
	>30.0 ~ 50.0	0.45	0.45				
Ni	>20.0 ~ 30.0	0.25	0.25				
	>30.0 ~ 40.0	0.30	0.30				
	>40.0 ~ 60.0	0.35	0.35				
	>60.0 ~ 80.0	0.45	0.45				

（3）中国 GB 标准一般用途高温合金管的力学性能

一般用途高温合金管（除 GH4163 外）在交货状态下的热处理与室温力学性能见表 3-1-112a；GH4163 合金管材在交货状态下，试样的时效处理与高温力学性能见表 3-1-112b；GH4163 合金管坯的试样经热处理后的高温蠕变性能见表 3-1-112c。

表 3-1-112a　一般用途高温合金管的热处理与室温力学性能

钢号和代号		交货状态推荐的	R_{m}/MPa	$R_{\mathrm{p0.2}}$/MPa	A（%）
GB	ISC	热处理制度	≥		
GH1140	H11400	1050~1080℃ 水冷	590	—	35
GH3030	H30300	980~1020℃ 水冷	590	—	35
GH3039	H30390	1050~1080℃ 水冷	635	—	35
GH3044	H30440	1120~1210℃ 空冷	685	—	30
GH3536	H35360	1130~1170℃，30min 保温，快冷	690	310	25

表 3-1-112b　GH4163 高温合金管材的试样的时效处理与高温力学性能

钢号和代号		交货状态 + 时效热处理	管材壁厚/mm	试验温度/℃	R_{m}/MPa	$R_{\mathrm{p0.2}}$/MPa	A（%）
GB	ISC				≥		
GH4163	H41630	交货状态 + 时效：(800±10)℃，8h，空冷	<0.5	780	540	—	—
			≥0.5	780	540	400	9

表 3-1-112c　GH4163 高温合金管坯的试样经热处理后的蠕变性能

钢号和代号		热处理制度	试验温度/℃	R_{m}/MPa	$A_{\mathrm{gt}}^{①}$（%）
GB	ISC				
GH4163	H41630	固溶：(1150±10)℃，保温 1.5~2.5h 空冷 + 时效：(800±10)℃，8h，空冷	780	≥120	≤0.10

① 50h 内总塑性变形率。

3.1.28　高温合金冷拉棒材［GB/T 14994—2008］

（1）中国 GB 标准高温合金冷拉棒材的牌号与化学成分（表 3-1-113）

表 3-1-113　高温合金冷拉棒材的牌号与化学成分（质量分数）（%）

牌号和代号		C	Cr	Ni	Mo	Al	Ti	Cu	Fe	Si ≤	Mn ≤	P ≤	S ≤	其他
GB	ISC													
GH1040	H10400	≤0.12	15.00~17.50	24.00~27.00	5.50~7.00	—	—	≤0.20	余量	0.50~1.00	1.00~2.00	0.030	0.020	N 0.10~0.20
GH2036	H20360	0.34~0.40	11.50~13.50	7.00~9.00	1.10~1.40	—	≤0.12	—	余量	0.30~0.80	7.50~9.50	0.035	0.030	Nb 0.25~0.50 V 1.25~1.55
GH2132	H21320	≤0.08	13.50~16.00	24.00~27.00	1.00~1.50	≤0.40	1.80~2.35	—	余量	1.00	1.00~2.00	0.030	0.020	V 0.10~0.50 B 0.001~0.010
GH2696	H26960	≤0.10	10.00~12.50	21.00~25.00	1.00~1.60	≤0.80	2.60~3.20	—	余量	0.60	0.60	0.020	0.010	B≤0.020
GH3030	H30300	≤0.12	19.00~22.00	余量	—	≤0.15	0.15~0.35	≤0.20	≤1.50	0.80	0.70	0.030	0.020	Pb≤0.001
GH4033①	H40330	0.03~0.08	19.00~22.00	余量	—	0.60~1.00	2.40~2.80	≤0.007	≤4.00	0.65	0.35	0.015	0.007	B≤0.010 Ce≤0.020

（续）

牌号和代号		C	Cr	Ni	Mo	Al	Ti	Cu	Fe	Si ≤	Mn ≤	P ≤	S ≤	其 他
GB	ISC													
GH4080A[②]	H40801	0.04 ~ 0.10	18.00 ~ 21.00	余量	—	1.00 ~ 1.80	1.80 ~ 2.70	≤0.20	≤1.50	0.80	0.40	0.020	0.015	Co≤2.00 B≤0.008
GH4090[③]	H40900	≤0.13	18.00 ~ 21.00	余量	—	1.00 ~ 2.00	2.00 ~ 3.00	≤0.20	≤1.50	0.80	0.40	0.020	0.015	Co 15.0 ~ 21.0 B≤0.020，Zr≤0.15
GH4169	H41690	≤0.08	17.00 ~ 21.00	50.00 ~ 55.00	2.80 ~ 3.30	0.20 ~ 0.80	0.65 ~ 1.15	≤0.30	余量	0.35	0.35	0.015	0.015	Co≤1.00，Mg≤0.010 Nb 4.75 ~ 5.50 B≤0.006

① GH4033 合金还含 Pb≤0.001%，As≤0.0025%，Bi≤0.001%，Sb≤0.0025%，Sn≤0.0012%。

② GH4080A 合金还含 Pb≤0.002%，Ag≤0.0005%，Bi≤0.001%。

③ GH4090 合金还含 Pb≤0.002%，Ag≤0.0005%，Bi≤0.001%。

（2）中国 GB 标准高温合金冷拉棒材的冶炼方法（表 3-1-114）

表 3-1-114　高温合金冷拉棒材的冶炼方法

牌 号	各 种 冶 炼 方 法 代 号										
	A	B	C	D	E	F	G	H	I	J	K
GH1040	●	●		●	●						
GH2036	●	●			●						
GH2132		●	●		●			●	●		
GH2696		●	●		●	●		●	●		
GH3030	●				●						
GH4033	●	●			●						
GH4080A					●			●	●		
GH4090					●			●	●		
GH4169								●	●	●	●

注：1. 表中冶炼方法代号：A—电弧炉；B—电弧炉 + 电渣重熔；C—电弧炉 + 真空电弧重熔；D—非真空感应炉；E—非真空感应炉 + 电渣重熔；F—非真空感应炉 + 真空电弧重熔；G—真空感应炉；H—真空感应炉 + 电渣重熔；I—真空感应炉 + 真空电弧重熔；J—真空感应炉 + 电渣重熔 + 真空电弧重熔；K—真空感应炉 + 真空电弧重熔 + 电渣重熔。

2. 航空、航天用材料不推荐采用电弧炉单炼。

（3）中国 GB 标准高温合金冷拉棒材的热处理与力学性能

A）高温合金冷拉棒材推荐的热处理制度（表 3-1-115）

表 3-1-115　高温合金冷拉棒材推荐的热处理制度

牌　号	组别	固溶处理	时效处理
GH1040	—	1200℃，1h，空冷	700℃，16h，空冷
GH2036	—	1140 ~ 1145℃，80min，流动水冷却	670℃，12 ~ 14h，升温至 770 ~ 800℃，10 ~ 12h，空冷
GH2132	—	980 ~ 1000℃，1 ~ 2h，油冷	700 ~ 720℃，16h，空冷
GH2696	Ⅰ	—	750℃，16h，炉冷至 650℃，16h，空冷
	Ⅱ	—	750℃，16h，炉冷至 650℃，16h，空冷
	Ⅲ	1100℃，1 ~ 2h，油冷	780℃，16h，空冷
	Ⅳ	1100 ~ 1120℃，3 ~ 5h，油冷	840 ~ 850℃，3 ~ 5h，空冷，700 ~ 730℃，16 ~ 25h，空冷
GH3030	—	980 ~ 1000℃，1 ~ 2h，水冷或空冷	—
GH4033	—	1080℃，8h，空冷	700℃，16h，空冷
GH4080A	—	1080℃，15 ~ 45min，空冷或水冷	700℃，16h，空冷，或 750℃，4h，空冷
GH4090	—	1080℃，1 ~ 8h，空冷或水冷	750℃，4h，空冷
GH4169	—	950 ~ 980℃，1h，空冷	720℃，8h；以（50±10）℃炉冷到 620℃，8h；空冷

B）高温合金冷拉棒材热处理后的力学性能（表 3-1-116）

表 3-1-116　高温合金冷拉棒材热处理后的力学性能

牌　号	瞬时拉伸性能					室温 KV_2 /J	硬度 HBW	高温持久性能			
	试验温度 /℃	R_m /MPa	$R_{p0.2}$ /MPa	A （%）	Z （%）			试验温度 /℃	应力 σ /MPa	时间 /h	A （%）
		≥							≥		
GH1040	800	295	—	—	—	—	—	—	—	—	—
GH2036	室温	835	590	15	20	27	311 ~ 276	650	375 （345）	35 （100）	5 （3）
GH2132[①]	室温	900	590	15	20	—	341 ~ 247	650	450 （350）	23 （100）	—
GH2696	室温 Ⅰ	1250	1050	10	45	—	302 ~ 229	600	570	实测	—
	室温 Ⅱ	1300	1100	10	30	—	229 ~ 143	600	570	实测	—
	室温 Ⅲ	980	685	10	12	24	341 ~ 285	600	570	50	—
	室温 Ⅳ	930	635	10	12	24	341 ~ 285	600	570	50	—
GH3030	室温	685	—	30	—	—	—	—	—	—	—
GH4033	700	685	—	15	20	—	—	700	430 （410）	60 （80）	—
GH4080A	室温	1000	620	20	—	—	≥285	750	340	30	—
GH4090	650	820	590	8	—	—	—	870	140	30	—
GH4169[②]	室温	1270	1030	12	15	—	≥345	650	690	30	—
	650	1000	860	12	15	—	—	650	690	23	4

① GH2132 合金若按表 3-1-115 中的热处理制度热处理，其性能不合格，则可调整时效温度至不高于 760℃，保温 16h，重新检验。GH2132 合金高温持久试验拉至 23h 试样不断，则可采用逐步增加应力的方法进行，间隔 8 ~ 16h，以 35MPa 递增加载。如果试样断裂时间小于 48h，断后伸长率 A 应不小于 5%；如果试样断裂时间大于 48h，断后伸长率 A 应不小于 3%。

② GH4169 合金高温持久试验拉至 23h 试样不断，可采用逐步增加应力的方法进行，23h 后，每隔 8 ~ 16h，以 35MPa 递增加载至试样断裂，试验结果应符合本表的规定。

3.1.29　转动部件用高温合金热轧棒材 ［GB/T 14993—2008］

（1）中国 GB 标准转动部件用高温合金热轧棒材的牌号与化学成分（表 3-1-117）

表 3-1-117　转动部件用高温合金热轧棒材的牌号与化学成分（质量分数）（%）

牌号和代号		C	Cr	Ni	Mo	Al	Ti	W	Fe	Si ≤	Mn ≤	P ≤	S ≤	其　他
GB	ISC													
GH2130	H21300	≤0.08	12.00 ~ 16.00	35.00 ~ 40.00	—	1.40 ~ 2.20	2.40 ~ 3.20	5.00 ~ 6.50	余量	0.60	0.50	0.015	0.015	B 0.020，Cu≤0.250 Ce 0.020
GH2150A	H21500	≤0.10	14.00 ~ 16.00	43.00 ~ 47.00	4.00 ~ 5.20	0.90 ~ 1.40	1.90 ~ 2.40	2.50 ~ 3.50	余量	0.30	0.60	0.015	0.010	Nb 0.80 ~ 1.50 Zr≤0.050，B≤0.008 Cu≤0.070，Ce≤0.100
GH4033[①]	H40330	0.03 ~ 0.08	19.00 ~ 22.00	余量		0.60 ~ 1.00	2.40 ~ 2.80		≤4.00	0.65	0.35	0.015	0.007	B≤0.010 Ce≤0.020

（续）

牌号和代号		C	Cr	Ni	Mo	Al	Ti	W	Fe ≤	Si ≤	Mn ≤	P ≤	S ≤	其他
GB	ISC													
GH4037[①]	H40370	0.03 ~ 0.10	13.00 ~ 16.00	余量	2.00 ~ 4.00	1.70 ~ 2.30	1.80 ~ 2.30	5.00 ~ 7.00	≤5.00	0.40	0.50	0.015	0.010	V 0.100 ~ 0.500 B≤0.020，Ce≤0.020
GH4049[①]	H40490	0.04 ~ 0.10	9.50 ~ 11.00	余量	4.50 ~ 5.50	3.70 ~ 4.40	1.40 ~ 1.90	5.00 ~ 7.00	≤1.50	0.50	0.50	0.010	0.010	Co 14.0 ~ 16.0 V 0.200 ~ 0.500 B≤0.025，Ce≤0.020
GH4133B[①]	H41330	≤0.06	19.00 ~ 22.00	余量	—	0.75 ~ 1.15	2.65 ~ 3.00	—	≤1.50	0.65	0.35	0.015	0.007	Nb 1.30 ~ 1.70 + [②]

① 其他含量：Cu≤0.070%，Pb≤0.001%，Bi≤0.0001%，Sn≤0.0012%，Sb≤0.0025%，As≤0.0025%。

② 其他含量：Zr 0.010 ~ 0.050，Mg 0.001 ~ 0.010，B≤0.010，Ce≤0.010。

（2）中国 GB 标准转动部件用高温合金热轧棒材的冶炼方法（表3-1-118）

表 3-1-118   转动部件用高温合金热轧棒材的冶炼方法

牌号和代号		冶炼方法代号					牌号和代号		冶炼方法代号				
GB	ISC	A	B	C	D	E	GB	ISC	A	B	C	D	E
GH2130	H21300	—	—	—	●	●	GH4037	H40370	—	—	●	●	●
GH2302	H23020	—	—	—	—	●	GH4043	H40430	—	—	—	●	●
GH4033	H40330	●	●	●	●	●	GH4049	H40490	—	—	—	—	●

注：表中冶炼方法代号：A—电弧炉＋电渣重熔；B—电弧炉＋真空自耗；C—非真空感应炉＋电渣重熔；D—真空感应炉＋电渣重熔；E—真空感应炉＋真空自耗。

（3）中国 GB 标准转动部件用高温合金热轧棒材的热处理与力学性能（表3-1-119）

表 3-1-119   转动部件用高温合金热轧棒材的热处理与力学性能

牌号	试样热处理制度	组别	力学性能					高温持久性能			室温硬度 HBW
			试验温度 /℃	R_m /MPa	$R_{p0.2}$ /MPa	$A(\%)$	$Z(\%)$	KU_2/J	试验温度 /℃	应力 σ /MPa	断裂时间 /h	
						≥					≥	
H2130	(1180±10)℃，保温 2h，空冷＋(1050±10)℃，保温 4h，空冷＋(800±10)℃，保温 16h，空冷	Ⅰ	800	665	—	3.0	8.0	—	850	195	40	269 ~ 341
		Ⅱ	800	665	—	3.0	8.0	—	800	245	100	
GH2150A	1000 ~ 1130℃，保温 2 ~ 3h，油冷＋(780 ~ 830)℃，保温 5h，空冷＋(650 ~ 730)℃，保温 16h，空冷	—	室温	1130	685	12	14.0	27	600	785	60	293 ~ 363
GH4033[①]	(1180±10)℃，保温 8h，空冷＋(700±10)℃，保温 16h，空冷	Ⅰ	700	685	—	15	20.0	—	700	430	60	255 ~ 321
		Ⅱ	700	685	—	15	20.0	—	700	410	80	
GH4037[②]	(1180±10)℃，保温 2h，空冷＋(1050±10)℃，保温 4h，空冷＋(800±10)℃，保温 16h，空冷	Ⅰ	800	665	—	5.0	8.0	—	850	196	50	269 ~ 341
		Ⅱ	800	665	—	5.0	8.0	—	800	245	100	

（续）

牌　号	试样热处理制度	组别	力学性能						高温持久性能			室温硬度 HBW
			试验温度 /℃	R_m /MPa	$R_{p0.2}$ /MPa	A（%）	Z（%）	KU_2/J	试验温度 /℃	应力 σ /MPa	断裂时间 /h	
				≥							≥	
GH4049[③]	（1180±10）℃，保温2h，空冷+ （1050±10）℃，保温4h，空冷+ （800±10）℃，保温8h，空冷	I	900	570	—	7.0	11.0	—	900	245	40	302~363
		II	900	570	—	7.0	11.0	—	900	215	80	
GH4133B	（1080±10）℃，保温8h，空冷+ （750±10）℃，保温16h，空冷	I	室温	1080	735	16	18.0	31	750	392	50	262~352
		II	750	750	实测	12	15.0	—	750	345	50	

注：1. GH4033、GH4049合金的高温持久性能Ⅱ检验组别为复检时采用。

2. GH2130、GH4037合金的高温持久性能检验组别，当需方有要求时应在合同中注明，否则由供方任意选取。

3. GH4133B合金的力学性能检验组别，在订货时应注明；不注明时按Ⅰ组供货。

4. 直径<20mm棒材的力学性能指标按上述规定。直径<16mm棒材的冲击，<14mm棒材的持久，<10mm棒材的高温拉伸，在中间坯上取试样。

① 直径45~55mm棒材，硬度255~311HBW；高温持久性能每10炉应有一根试样拉至断裂，实测断后伸长率和断面收缩率。

② 每5~10炉取一个高温持久试样，按Ⅱ组条件拉断，实测断后伸长率和断面收缩率。

③ 每10~20炉取一个高温持久试样，按Ⅱ组条件拉断。如200h未拉断，则一次加应力至245MPa拉断，实测断后伸长率和断面收缩率。

3.1.30　耐蚀合金热轧板［YB/T 5353—2012］

（1）中国GB标准耐蚀合金热轧板的牌号与化学成分（表3-1-120）

表 3-1-120　耐蚀合金热轧板的牌号与化学成分（质量分数）（%）

牌号和代号		C	Cr	Ni	Mo	Ti	Fe	Si	Mn	P ≤	S ≤	其　他
GB	ISC											
NS1101	H08800	≤0.10	19.0~23.0	30.0~35.0	—	0.15~0.60	余量	≤1.00	≤1.50	0.030	0.015	Cu≤0.75 Al 0.15~0.60
NS1102	H08810	0.05~0.10	19.0~23.0	30.0~35.0	—	0.15~0.60	余量	≤1.00	≤1.50	0.030	0.015	Cu≤0.75 Al 0.15~0.60
NS1104[①]	H08811	0.06~0.10	19.0~23.0	30.0~35.0	—	0.15~0.60	余量	≤1.00	≤1.50	0.030	0.015	Cu≤0.75 Al 0.15~0.60
NS1301	H01301	≤0.05	19.0~21.0	42.0~44.0	12.5~13.5	—	余量	≤0.70	≤1.00	0.030	0.030	—
NS1401	H01401	≤0.030	25.0~27.0	34.0~37.0	2.0~3.0	0.40~0.90	余量	≤0.70	≤1.00	0.030	0.030	Cu 3.0~4.0
NS1402	H08825	≤0.05	19.5~23.5	38.0~46.0	2.5~3.5	0.60~1.20	余量[②]	≤0.50	≤1.00	0.030	0.030	Cu 1.5~3.0 Al≤0.20
NS1403	H08820	≤0.07	19.0~21.0	32.0~38.0	2.0~3.0	—	余量	≤1.00	≤2.00	0.030	0.030	Cu 3.0~4.0 Nb 8C~1.00
NS3101	H03101	≤0.06	28.0~31.0	余量	—	—	≤1.0	≤0.50	≤1.20	0.020	0.020	Al≤0.30
NS3102	H06600	≤0.15	14.0~17.0	余量	—	6.0~10.0		≤0.50	≤1.00	0.030	0.015	Cu 0.50

（续）

牌号和代号		C	Cr	Ni	Mo	Ti	Fe	Si	Mn	P ≤	S ≤	其他
GB	ISC											
NS3103	H03103	≤0.10	21.0 ~ 25.0	余量	—	—	10.0 ~ 15.0	≤0.50	≤1.00	0.030	0.015	Cu≤1.00 Al 1.00 ~ 1.70
NS3104	H03104	≤0.030	35.0 ~ 38.0	余量	—	—	≤1.0	≤0.50	≤1.00	0.030	0.020	Al 0.20 ~ 0.50
NS3201	H10001	≤0.05	≤1.00	余量	26.0 ~ 30.0		4.0 ~ 6.0	≤1.00	≤1.00	0.030	0.030	Co≤2.5 V 0.20 ~ 0.40
NS3202	H10665	≤0.020	≤1.00	余量	26.0 ~ 30.0		≤2.0	≤0.10	≤1.00	0.040	0.030	Co≤1.0
NS3301	H03301	≤0.030	14.0 ~ 17.0	余量	2.0 ~ 3.0	0.40 ~ 0.90	≤8.0	≤0.70	≤1.00	0.030	0.020	—
NS3303	H03303	≤0.08	14.5 ~ 16.5	余量	15.0 ~ 17.0		4.0 ~ 7.0	≤1.00	≤1.00	0.040	0.030	W 3.0 ~ 4.5 Co≤2.5, V≤0.35
NS3304	H10276	≤0.020	14.5 ~ 16.5	余量	15.0 ~ 17.0		4.0 ~ 7.0	≤0.08	≤1.00	0.040	0.030	W 3.0 ~ 4.5 Co≤2.5, V≤0.35
NS3305	H06455	≤0.015	14.0 ~ 18.0	余量	14.0 ~ 17.0	≤0.70	≤3.0	≤0.08	≤1.00	0.040	0.030	Co≤2.0
NS3306	H06625	≤0.10	20.0 ~ 23.0	余量	8.0 ~ 10.0	≤0.40	≤5.0	≤0.50	≤0.50	0.015	0.015	Nb 3.15 ~ 4.15 Co≤1.0, Al≤0.40

注：本标准代替 YB/T 5353—2006 和 GB/T 15009—1994。

① （Al + Ti） 0.85% ~ 1.20%。

② NS1402 合金按算术差值确定，Fe≥22.0%。

（2）耐蚀合金热轧板材的热处理制度和室温力学性能（表3-1-121）

表3-1-121　耐蚀合金热轧板材的热处理制度和室温力学性能

牌号和代号		推荐的热处理温度/℃	R_m/MPa	$R_{p0.2}$/MPa	A （%）
GB	ISC		≥		
NS1101	H08800	1000 ~ 1060	520	205	30
NS1102	H08810	1100 ~ 1170	450	170	30
NS1104	H08811	1120 ~ 1170	450	170	30
NS1301	H01301	1160 ~ 1210	590	240	30
NS1401	H01401	1000 ~ 1050	540	215	35
NS1402	H08825	940 ~ 1050	586	241	30
NS1403	H08020	980 ~ 1100	551	241	30
NS3101	H03101	1050 ~ 1100	570	245	40
NS3102	H06600	1000 ~ 1060	550	240	30
NS3103	H03103	1100 ~ 1160	550	195	30
NS3104	H03104	1080 ~ 1130	520	195	30
NS3201	H10001	1140 ~ 1190	690	310	40
NS3202	H10665	1040 ~ 1090	760	350	40
NS3301	H03301	1050 ~ 1100	540	195	35
NS3303	H03303	1160 ~ 1210	690	315	30
NS3304	H10276	1150 ~ 1200	690	283	40
NS3305	H06455	1050 ~ 1100	690	276	40
NS3306	H06625	1100 ~ 1150	690	276	30

3.1.31　耐蚀合金冷轧板［YB/T 5354—2012］

（1）中国 GB 标准耐蚀合金冷轧板的牌号（表 3-1-122）

表 3-1-122　耐蚀合金冷轧板的牌号

合金类型	牌号与统一数字代号（ISC）
铁基耐蚀合金	NS1101（H08800），NS1102（H08810），NS1104（H08811），NS1301（H01301），NS1401（H01410），NS1402（H08825），NS1403（H08020）
镍基耐蚀合金	NS3101（H03101），NS3102（H06600），NS3103（H03103），NS3104（H03104），NS3201（H10001），NS3202（H10665），NS3301（H03301），NS3303（H03303），NS3304（H10276），NS3305（H06455），NS3306（H06625）

注：1. 耐蚀合金冷轧板牌号的化学成分同热轧板，见表 3-1-120。括号内为统一数字代号（ISC）。
　　2. 本标准代替 YB/T 5354—2006 和 GB/T 15010—1994。

（2）耐蚀合金冷轧板的热处理制度和室温力学性能（表 3-1-123）

表 3-1-123　耐蚀合金冷轧板的热处理制度和室温力学性能

牌号和代号		推荐的热处理温度	R_m/MPa	$R_{p0.2}$/MPa	A（%）
GB	ISC	/℃	≥		
NS1101	H08800	1000 ~ 1060	520	205	30
NS1102	H08810	1100 ~ 1170	450	170	30
NS1104	H08811	1120 ~ 1170	450	170	30
NS1301	H01301	1160 ~ 1210	590	240	30
NS1401	H01401	1000 ~ 1050	540	215	35
NS1402	H08825	940 ~ 1050	586	241	30
NS1403	H08020	980 ~ 1100	551	241	30
NS3101	H03101	1050 ~ 1100	570	245	40
NS3102	H06600	1000 ~ 1060	550	240	30
NS3103	H03103	1100 ~ 1160	550	195	30
NS3104	H03104	1080 ~ 1130	520	195	30
NS3201	H10001	1140 ~ 1190	690	310	40
NS3202	H10665	1040 ~ 1090	760	350	40
NS3301	H03301	1050 ~ 1100	540	195	35
NS3303	H03303	1160 ~ 1210	690	315	30
NS3304	H10276	1150 ~ 1200	690	283	40
NS3305	H06455	1050 ~ 1100	690	276	40
NS3306	H06625	1100 ~ 1150	690	276	30

3.1.32　耐蚀合金冷轧带［YB/T 5355—2012］

（1）中国 GB 标准耐蚀合金冷轧带的牌号（表 3-1-124 和表 3-1-125）

表 3-1-124　耐蚀合金冷轧带的牌号

合金类型	牌号与统一数字代号（ISC）
铁基耐蚀合金	NS1101（H08800），NS1102（H08810），NS1104（H08811），NS1402（H08825），NS1403（H08020），NS1404（H08031）
镍基耐蚀合金	NS3101（H03101），NS3102（H06600），NS3105（H06690），NS3201（H10001），NS3202，（H10665），NS3303（H03303），NS3304（H10276），NS3306（H06625），NS3308（H06022）

注：1. 耐蚀合金冷轧带牌号的化学成分（除牌号 NS1404、NS3105、NS3308 外）见表 3-1-120。括号内为统一数字代号（ISC）。
　　2. 其中 NS1404、NS3105、NS3308 牌号的化学成分见表 3-1-125。
　　3. 本标准代替 YB/T 5355—2006 和 GB/T 15012—1994。

表 3-1-125   耐蚀合金冷轧带 NS1404、NS3105、NS3308 牌号的化学成分

牌号	C	Cr	Ni	Mo	Si	Mn	P	S	其 他
					≤				
NS1404	≤0.015	26.0~28.0	30.0~32.0	6.0~7.0	0.30	2.00	0.020	0.010	Cu 1.0~1.4 Fe 余量
NS3105	≤0.05	27.0~31.0	余量	—	0.50	0.50	0.030	0.015	Cu≤0.50 Fe 7.0~11.0
NS3308	≤0.015	20.0~22.5	余量	12.5~14.5	0.08	0.50	0.020	0.020	W 2.5~3.5，Co≤2.5 V≤0.35，Fe 2.5~3.5

（2）耐蚀合金冷轧带的力学性能（表 3-1-126）

表 3-1-126   耐蚀合金冷轧带的力学性能

牌号和代号 GB	牌号和代号 ISC	状态	R_m/MPa	$R_{p0.2}^{①}$/MPa	$A^{②}$（%）	HRB[③]
			≥			
NS1101	H08800	固溶	520	205	30	—
NS1102	H08810	固溶	450	170	30	—
NS1104[④]	H08811	固溶	450	170	30	—
NS1402	H08825	固溶	586	241	30	≤95
NS1403	H08020	固溶	551	241	30	（≤217HV）
NS1404	H08031	固溶	650	276	40	—
NS3101	H03101	固溶	570	245	45	—
		$\frac{1}{2}$H	805	—	10	—
NS3102	H06600	固溶	550	240	30	—
		$\frac{1}{4}$H	—	—	—	88~94
		$\frac{1}{2}$H	—	—	—	93~98
NS3105	H06690	$\frac{3}{4}$H	—	—	—	97HRB~25HRC
		H	860	620	2	—
NS3201	H10001	固溶	795	345	45	≤100
NS3202	H10665	固溶	760	350	40	≤100
NS3303	H03303	固溶	690	315	30	—
NS3304	H10276	固溶	690	285	30	≤100
NS3306	H06625	退火	830	415	30	—
		固溶	690	276	30	≤100
NS3308	H08800	固溶	690	310	45	≤100

注：厚度不大于 0.10mm 的冷轧带，仅提供力学性能的实测数据，不作考核依据。

① 仅在需方要求时才测定 $R_{p0.2}$。

② 厚度小于 0.25mm 的冷轧带不适用。

③ 硬度值仅供参考。

④ NS1104 合金只适用于厚度不小于 2.92mm 的冷轧带。

（3）耐蚀合金冷轧带的推荐固溶处理温度（表3-1-127）

表3-1-127　耐蚀合金冷轧带的推荐固溶处理温度

牌号	数字代号	固溶处理温度/℃	牌号	数字代号	固溶处理温度/℃
NS1101	H08800	1000 ~ 1060	NS3105	H06690	1000 ~ 1050
NS1102	H08810	1100 ~ 1170	NS3201	H10001	1140 ~ 1190
NS1104	H08811	1150 ~ 1200	NS3202	H10665	1140 ~ 1190
NS1402	H08825	1000 ~ 1050	NS3303	H03303	1160 ~ 1210
NS1403	H08020	1000 ~ 1050	NS3304	H10276	1150 ~ 1200
NS1404	H08031	1100 ~ 1180	NS3306	H06625	1100 ~ 1150
NS3101	H03101	1050 ~ 1100	NS3308	H08800	1100 ~ 1150
NS3102	H06600	1000 ~ 1050	—	—	—

3.1.33　热交换器用耐蚀合金无缝管 ［GB/T 30059—2013］

（1）中国GB标准热交换器用耐蚀合金无缝管的牌号与化学成分（表3-1-128）

表3-1-128　热交换器用耐蚀合金无缝管的牌号与化学成分（质量分数）（%）

牌号和代号 GB	牌号和代号 ISC	C	Cr	Ni	Mo	Ti	Fe	Si	Mn	P ≤	S ≤	其　他
NS1101	H08800	≤0.10	19.0 ~ 23.0	30.0 ~ 35.0	—	0.15 ~ 0.60	余量	≤1.00	≤1.50	0.030	0.015	Cu≤0.75 Al 0.15 ~ 0.60
NS1102	H08810	0.05 ~ 0.10	19.0 ~ 23.0	30.0 ~ 35.0	—	0.15 ~ 0.60	余量	≤1.00	≤1.50	0.030	0.015	Cu≤0.75 Al 0.15 ~ 0.60
NS1103	H01103	≤0.030	24.0 ~ 26.5	34.0 ~ 37.0	—	0.15 ~ 0.60	余量	0.30 ~ 0.70	0.50 ~ 1.50	0.030	0.030	Al 0.15 ~ 0.45
NS1401	H01401	≤0.030	25.0 ~ 27.0	34.0 ~ 37.0	2.0 ~ 3.0	0.40 ~ 0.90	余量	≤0.70	≤1.00	0.030	0.030	Cu 3.0 ~ 4.0
NS1402	H08825	≤0.05	19.5 ~ 23.5	38.0 ~ 46.0	2.5 ~ 3.5	0.60 ~ 1.20	≥22.0	≤0.50	≤1.00	0.030	0.030	Cu 1.5 ~ 3.0 Al≤0.20
NS3102	H06600	≤0.15	14.0 ~ 17.0	余量	—	—	6.0 ~ 10.0	≤0.50	≤1.00	0.030	0.015	Cu≤0.50
NS3105	H06690	≤0.05	27.0 ~ 31.0	余量	—	—	7.0 ~ 11.0	≤0.50	≤0.50	0.030	0.015	Cu≤0.50
NS3306	H06625	≤0.10	20.0 ~ 23.0	余量	8.0 ~ 10.0	≤0.40	≤5.0	≤0.50	≤0.50	0.015	0.015	Nb 3.15 ~ 4.15 Co≤1.0，Al≤0.40

（2）热交换器用耐蚀合金无缝管的固溶处理与力学性能（表3-1-129）

表3-1-129　热交换器用耐蚀合金无缝管的固溶处理与力学性能

牌号和代号 GB	牌号和代号 ISC	推荐的固溶处理制度 /℃	R_m/MPa	$R_{p0.2}$/MPa	A（%）
			≥	≥	≥
NS1101	H08800	1000 ~ 1060，急冷	517	207	30
NS1102	H08810	1000 ~ 1070，急冷	448	172	30
NS1103	H01103	980 ~ 1050，急冷	515	205	30
NS1401	H01401	1000 ~ 1050，急冷	540	215	35
NS1402	H08825	960 ~ 1070，急冷	586	241	30
NS3102	H06600	1000 ~ 1050，急冷	552	241	30
NS3105	H06690	1000 ~ 1100，急冷	586	241	30
NS3306	H06625	960 ~ 1030，急冷	690	276	30

注：本表适用于固溶处理状态交货的合金无缝管纵向力学性能。

3.2　国际标准化组织 (ISO)

A. 通用钢材和合金

3.2.1　不锈钢

(1) ISO 标准通用不锈钢的钢号与化学成分 [ISO15510 (2014)] (表 3-2-1)

表 3-2-1　通用不锈钢的钢号与化学成分 (质量分数) (%)

钢　号	C ≤	Si ≤	Mn ≤	P① ≤	S① ≤	Cr	Ni	Mo	N	其　他
奥氏体型										
X1CrNi 25-21	≤0.020	≤0.25	≤2.00	0.025	0.010	24.0~26.0	20.0~22.0	≤0.20	≤0.11	—
X1CrNiMoCuN 20-18-7	≤0.020	≤0.70	≤1.00	0.035	0.015	19.5~20.5	17.5~18.5	6.00~7.00	0.18~0.25	Cu 0.50~1.00
X1CrNiMoCuN 24-22-8	≤0.020	≤0.50	2.00~4.00	0.030	0.005	23.~25.0	21.0~23.0	7.00~8.00	0.45~0.55	Cu 0.30~0.6
X1CrNiMoCuN 25-25-5	≤0.020	≤0.70	≤2.00	0.030	0.010	24.0~26.0	24.0~27.0	4.70~5.70	0.17~0.25	Cu 1.00~2.00
X1CrNiMoCuNW 24-22-6	≤0.020	≤0.70	2.00~4.00	0.030	0.010	23.~25.0	21.0~23.0	5.50~6.50	0.30~0.50	W 1.50~2.50 Cu 1.00~2.00
X1CrNiMoN 25-22-2	≤0.020	≤0.70	≤2.00	0.025	0.010	24.0~26.0	21.0~23.0	2.00~2.50	0.10~0.16	—
X1CrNiSi 18-15-4	≤0.015	3.70~4.50	≤2.00	0.025	0.010	16.5~18.5	14.0~16.0	≤0.70	≤0.10	—
X1NiCrMoCu 22-20-5-2	≤0.020	≤1.00	≤2.00	0.040	0.030	19.0~21.0	21.0~23.0	4.00~5.00	≤0.10	Cu 1.00~2.00
X1NiCrMoCu 25-20-5	≤0.020	≤0.75	≤2.00	0.035	0.015	19.0~22.0	23.5~26.0	4.00~5.00	≤0.15	Cu 1.00~2.00
X1NiCrMoCu 31-27-4	≤0.020	≤0.70	≤2.00	0.035	0.010	26.0~28.0	30.0~32.0	3.00~4.00	≤0.10	Cu 0.70~1.50
X1NiCrMoCuN 25-20-7	≤0.020	≤0.75	≤2.00	0.035	0.015	19.0~21.0	24.0~26.0	6.00~7.00	0.15~0.25	Cu 0.50~1.50
X1NiCrMnMoN 34-27-6-5	≤0.020	≤0.50	4.00~6.00	0.025	0.010	26.0~28.0	33.0~35.0	5.00~6.00	0.30~0.50	Cu ≤0.50
X2CrMnNiN 17-7-5	≤0.030	≤1.00	6.00~8.00	0.045	0.015	16.0~17.5	3.50~5.50	—	0.15~0.25	Cu ≤1.00
X2CrNi 18-9	≤0.030	≤1.00	≤2.00	0.045	0.030	17.5~19.5	8.00~10.5	—	≤0.10	—
X2CrNi 19-11	≤0.030	≤1.00	≤2.00	0.045	0.030	18.0~20.0	10.0~12.0	—	≤0.10	—
X2CrNiCu 19-10	≤0.030	≤1.00	≤2.00	0.045	0.015	18.5~20.0	9.00~10.0	—	≤0.08	Cu ≤1.00
X2CrNiMnMoN 25-18-6-5	≤0.030	≤1.00	5.00~7.00	0.030	0.015	24.0~26.0	16.0~19.0	4.00~5.00	0.30~0.60	Nb≤0.15
X2CrNiMo 17-12-2	≤0.030	≤1.00	≤2.00	0.045	0.030	16.5~18.5	10.0~13.0	2.00~3.00	≤0.10	—

牌号	C	Si	Mn	P	S	Cr	Ni	Mo	N	其他
X2CrNiMo 17-12-3	≤0.030	≤1.00	≤2.00	0.045	0.030	16.5~18.5	10.5~13.0	2.50~3.00	≤0.10	—
X2CrNiMo 17-14-3	≤0.030	≤1.00	≤2.00	0.045	0.030	16.0~18.0	12.0~15.0	2.00~3.00	≤0.10	—
X2CrNiMo 18-14-3	≤0.030	≤1.00	≤2.00	0.045	0.030	17.0~19.0	12.5~15.0	2.50~3.00	≤0.10	—
X2CrNiMo 19-14-4	≤0.030	≤1.00	≤2.00	0.045	0.030	17.5~20.0	12.0~15.0	3.00~4.00	≤0.10	—
X2CrNiMoCu 18-14-2-2	≤0.030	≤1.00	≤2.00	0.045	0.030	17.0~19.0	12.0~16.0	1.20~2.75	—	Cu 1.00~2.00
X2CrNiMoN 17-11-2	≤0.030	≤1.00	≤2.00	0.045	0.030	16.5~18.5	10.0~12.5	2.00~3.00	0.12~0.22	—
X2CrNiMoN 17-12-3	≤0.030	≤1.00	≤2.00	0.045	0.030	16.5~18.5	10.5~13.0	2.50~3.00	0.12~0.22	—
X2CrNiMoN 17-13-5	≤0.030	≤1.00	≤2.00	0.045	0.015	16.5~18.5	12.5~14.5	4.00~5.00	0.12~0.22	—
X2CrNiMoN 18-12-4	≤0.030	≤1.00	≤2.00	0.045	0.030	17.5~20.0	11.0~14.0	3.00~4.00	0.10~0.20	—
X2CrNiMoN 18-15-5	≤0.030	≤1.00	≤2.00	0.045	0.030	17.0~20.0	13.5~17.5	4.00~5.00	0.10~0.20	—
X2CrNiN 18-7	≤0.030	≤1.00	≤2.00	0.045	0.015	16.0~18.5	6.00~8.00	—	0.10~0.20	—
X2CrNiN 18-9	≤0.030	≤1.00	≤2.00	0.045	0.030	17.5~19.5	8.00~10.0	—	0.12~0.22	—
X2NiCrAlTi 32-20	≤0.030	≤0.70	≤1.00	0.020	0.015	20.0~23.0	32.0~35.0	—	—	Al 0.15~0.25　Ti 8(C+N)≤0.60
X2NiCrMoN 25-21-7	≤0.030	≤1.00	≤2.00	0.040	0.030	20.0~22.0	23.5~25.5	6.00~7.00	0.18~0.25	Cu≤0.75
X3CrNiMnCu 15-8-5-3	≤0.030	≤1.00	7.00~9.00	0.040	0.010	14.0~16.0	4.50~6.00	≤0.80	0.02~0.06	Cu 2.00~4.00
X3CrNiCu 18-9-4	≤0.040	≤1.00	≤2.00	0.045	0.030	17.0~19.0	8.00~10.5	—	≤0.10	Cu 3.00~4.00
X3CrNiCu 19-9-2	≤0.035	≤1.00	1.50~2.00	0.045	0.015	18.0~19.0	8.00~9.00	—	≤0.10	Cu 1.50~2.00
X3CrNiCuMo 17-11-3-2	≤0.040	≤1.00	≤2.00	0.045	0.015	16.5~17.5	10.0~11.0	2.00~2.50	≤0.10	Cu 3.00~3.50
X3CrNiMo 18-12-3	≤0.050	≤1.00	≤2.00	0.045	0.030	16.5~18.5	10.5~13.0	2.50~3.00	≤0.10	—
X3CrNiMo 17-12-3	≤0.035	≤1.00	≤2.00	0.045	0.015	17.0~18.2	11.5~12.5	2.25~2.75	0.08	—
X3CrNi 18-16-5	≤0.040	≤2.50	≤2.50	0.045	0.030	16.0~19.0	15.0~17.0	4.00~6.00	—	Cu≤1.00
X3CrNiMoBN 17-13-3	≤0.040	≤0.75	≤2.00	0.035	0.015	16.0~18.0	12.0~14.0	2.00~3.00	0.10~0.18	B 0.0015~0.005
X3NiCr 18-16	≤0.040	≤1.00	≤2.00	0.045	0.030	15.0~17.0	17.0~19.0	—	≤0.10	—
X4CrNiMoN 25-14-1	≤0.060	≤1.50	≤2.00	0.045	0.030	23.0~26.0	12.0~16.0	0.50~1.20	0.25~0.40	—
X4NiCrCuMo 35-20-4-3	≤0.070	≤1.00	≤2.00	0.045	0.035	19.0~21.0	32.0~38.0	2.00~3.00	—	Cu 3.00~4.00　Nb 8C≤1.00
X5CrNi 17-7	≤0.070	≤1.00	≤2.00	0.045	0.030	16.0~18.0	6.00~8.00	—	≤0.10	—
X5CrNi18-10	≤0.070	≤1.00	≤2.00	0.045	0.030	17.0~19.5	8.00~10.5	—	≤0.10	—
X5CrNiCu 19-8-2	0.03~0.08	≤0.50	1.50~4.00	0.045	0.015	18.0~19.0	5.50~8.90	—	0.03~0.11	Cu 1.30~2.00

（续）

奥氏体型

钢　号	C	Si	Mn	P① ≤	S① ≤	Cr	Ni	Mo	N	其　他
X5CrNiMo 17-12-2	≤0.08	≤1.00	≤2.00	0.045	0.030	16.5~18.5	10.0~13.0	2.00~3.00	≤0.10	—
X5CrNiN 19-9	≤0.08	≤1.00	≤2.50	0.045	0.030	18.0~20.0	7.00~10.5	—	0.10~0.25	—
X5CrNiAlTi 31-20	0.03~0.08	≤0.70	≤1.50	0.015	0.010	19.0~22.0	30.0~32.5	—	≤0.03	Al 0.20~0.50, Ti 0.20~0.50 Co≤0.50, Cu≤0.50 Nb≤0.10, Al+Ti≤0.70 (Ni+Co)30.0~32.5
X6CrMnNiCuN 18-12-4	0.02~0.10	≤1.00	10.5~12.5	0.050	0.015	17.0~19.0	3.50~4.50	≤0.50	0.20~0.30	Cu 1.50~3.00
X6CrMnNiN 18-13-3	≤0.080	≤1.00	11.5~14.5	0.060	0.030	17.0~19.0	2.30~3.70	—	0.20~0.40	—
X6CrNi 18-12	≤0.080	≤1.00	≤2.00	0.045	0.030	17.0~19.0	10.5~13.0	—	≤0.10	—
X6CrNi 23-13	0.04~0.08	≤0.70	≤2.00	0.035	0.015	22.0~24.0	12.0~15.0	—	≤0.10	—
X6CrNi 25-20	0.04~0.10	≤0.70	≤2.00	0.035	0.015	24.0~26.0	19.0~22.0	—	≤0.10	—
X6CrNiCu 17-8-2	≤0.080	≤1.70	≤3.00	0.045	0.030	15.0~18.0	6.00~9.00	—	—	Cu 1.00~3.00
X6CrNiCu 18-9-2	≤0.080	≤1.00	≤2.00	0.045	0.030	17.0~19.0	8.00~10.5	—	—	Cu 1.00~3.00
X6CrNiCu 19-9-1	≤0.080	≤1.00	≤2.00	0.045	0.030	18.0~20.0	8.00~10.5	—	—	Cu 0.70~1.30
X6CrNiCuS 18-9-2	≤0.080	≤1.00	≤2.00	0.045	≥0.15	17.0~19.0	8.00~10.0	≤0.60	≤0.10	Cu 1.40~1.80
X6CrNiCuSiMo 19-10-3-2	≤0.08	0.50~2.50	≤2.00	0.045	0.030	17.0~20.5	8.50~11.5	0.50~1.50	—	Cu 1.50~3.50
X6CrNiMnCu 17-8-4-2	≤0.08	≤1.70	3.00~5.00	0.045	0.030	15.0~18.0	6.00~9.00	—	—	Cu 1.00~3.00
X6CrNiMo 19-13-4	≤0.08	≤1.00	≤2.00	0.045	0.030	18.0~20.0	11.0~15.0	3.00~4.00	≤0.10	—
X6CrNiMoCu 18-12-2-2	≤0.08	≤1.00	≤2.00	0.045	0.030	17.0~19.0	10.0~14.0	1.20~2.75	—	Cu 1.00~2.50
X6CrNiMoN 17-12-3	≤0.08	≤1.00	≤2.00	0.045	0.030	16.0~18.0	10.0~14.0	2.00~3.00	0.10~0.22	—
X6CrNiMoNb 17-12-2	≤0.08	≤1.00	≤2.00	0.045	0.030	16.5~18.5	10.5~13.5	2.00~2.50	—	Nb 10C~1.00
X6CrNiMoS 17-12-3	≤0.08	≤1.00	≤2.00	0.045	≥0.10	16.0~18.0	10.0~14.0	2.00~3.00	—	—
X6CrNiMoTi 17-12-2	≤0.08	≤1.00	≤2.00	0.045	0.030	16.5~18.5	10.5~13.5	2.00~2.50	—	Ti 5C~0.70
X6CrNiNb 18-10	≤0.08	≤1.00	≤2.00	0.045	0.030	17.0~19.0	9.00~12.0	—	—	Nb 10C~1.00
X6CrNiSi 18-13-4	≤0.08	3.00~5.00	≤2.00	0.045	0.030	15.0~20.0	11.5~15.0	—	—	—

牌号	C	Si	Mn	P	S	Cr	Ni	Mo	N	其他
X6CrNiSiMo 19-13-3-3-1	≤0.08	2.50~4.00	≤2.00	0.045	0.030	17.0~20.5	11.0~14.0	0.50~1.50	—	Cu 1.50~3.50
X6CrNiSiNCo 19-10	0.04~0.08	1.00~2.00	≤1.00	0.045	0.015	18.0~20.0	9.00~11.0	—	0.12~0.20	Ce 0.03~0.08
X6CrNiTi 18-10	≤0.08	≤1.00	≤2.00	0.045	0.015	17.0~19.0	9.00~12.0	—	—	Ti 5C~0.70
X6CrNiTiB 18-10	0.04~0.08	≤1.00	≤2.00	0.035	0.015	17.0~19.0	9.00~12.0	—	—	Ti 5C~0.70 B 0.0015~0.0050
X6NiCrSiNCe 35-25	0.04~0.08	1.20~2.00	≤2.00	0.040	0.015	24.0~26.0	34.0~36.0	—	0.12~0.20	Ce 0.03~0.08
X7CrNi 18-9	0.04~0.10	≤1.00	≤2.00	0.045	0.030	17.5~19.5	8.00~11.0	—	—	—
X7CrNiNb 18-10	0.04~0.08	≤1.00	≤2.00	0.045	0.030	17.0~19.0	9.00~12.0	—	≤0.110	Nb 10C~1.00
X7CrNiSiNCe 21-11	0.05~0.10	1.40~2.00	≤0.80	0.040	0.030	20.0~22.0	10.0~12.0	—	0.14~0.20	Ce 0.03~0.08
X7CrNiTi 18-10	0.04~0.08	≤1.00	≤2.00	0.045	0.030	17.0~19.0	9.00~12.0	—	—	Ti 5C~0.70
X7NiCrAlTi 33-21	0.05~0.10	≤1.00	≤1.50	0.045	0.015	19.0~23.0	30.0~35.0	—	—	Ti 0.15~0.60,Al 0.15~0.60 Cu≤0.75,Fe≤39.5
X8CrMnCuN 17-8-3	≤0.10	≤2.00	6.50~8.50	0.040	0.030	15.0~18.0	≤3.00	≤1.00	0.15~0.30	Cu 2.00~3.50
X8CrMnNi 19-6-3	≤0.10	≤1.00	5.00~8.00	0.045	0.015	17.0~20.5	2.00~4.50	—	≤0.30	—
X8CrNi 25-21	≤0.10	≤1.50	≤2.00	0.045	0.030	24.0~26.0	19.0~22.0	—	≤0.10	—
X8CrNiNb 16-13	0.04~0.10	0.30~0.60	≤1.50	0.035	0.015	15.0~17.0	12.0~14.0	—	—	Nb 10C~1.20
X8NiCrAlTi 32-20	0.05~0.10	≤0.70	≤1.50	0.015	0.010	19.0~22.0	(Ni+Co) 30.0~34.0	—	≤0.03	Ti 0.20~0.65,Al 0.20~0.65 Co≤0.50,Cu≤0.50
X8NiCrAlTi 32-21	≤0.10	≤1.00	≤1.50	0.015	0.015	19.0~23.0	30.0~34.0	—	—	Ti 0.15~0.60 Al 0.15~0.60,Cu≤0.70
X8NiCrAlTi 33-21	0.06~0.10	≤1.00	≤1.50	0.040	0.015	19.0~23.0	30.0~35.0	—	—	Ti 0.15~0.60,Al 0.15~0.60 (Ti+Al)0.85~1.20 Cu≤0.75,Fe≤39.5
X9CrMnNiCu 17-8-5-2	≤0.10	≤1.00	5.50~9.50	0.070	0.010	16.5~18.5	4.50~5.50	—	≤0.15	Cu 1.00~2.50
X9CrNi 18-9	0.03~0.15	≤1.00	≤2.00	0.045	0.030	17.0~19.0	8.00~10.0	—	≤0.10	—
X10CrNi 18-8	0.05~0.15	≤2.00	≤2.00	0.045	0.030	16.0~19.0	6.00~9.50	≤0.80	≤0.10	—

（续）

奥氏体型

钢　号	C	Si	Mn	P① ≤	S① ≤	Cr	Ni	Mo	N	其　他
X10CrNiMoMnNbVB 15-10-1	0.06~0.15	0.20~1.00	5.50~7.00	0.035	0.015	14.0~16.0	9.00~11.0	0.80~1.20	≤0.10	Nb 0.75~1.25, V0.15~0.40 B 0.003~0.009
X10CrNiS 18-9	≤0.120	≤1.00	≤2.00	0.060	≥0.15	17.0~19.0	8.00~10.0	—	≤0.10	Cu≤1.00
X11CrNiMnN 19-8-6	0.07~0.15	≤1.00	5.00~7.50	0.030	0.015	17.5~19.5	6.50~8.50	—	0.20~0.30	—
X12CrMnNiN 17-7-5	≤0.150	≤1.00	5.50~7.50	0.045	0.030	16.0~18.0	3.50~5.50	—	0.05~0.25	—
X12CrMnNiN 18-9-5	≤0.150	≤1.00	7.50~10.0	0.060	0.030	17.0~19.0	4.00~6.00	—	0.15~0.30	—
X12CrNi 17-7	≤0.15	≤1.00	≤2.00	0.045	0.030	16.0~18.0	6.00~8.00	—	—	—
X12CrNiCoMoWMnNNb 21-20-20-3-3-2	0.08~0.16	≤1.00	1.00~2.00	0.035	0.015	20.0~22.5	19.0~21.0	2.50~3.50	0.10~0.20	Co 18.5~21.0, W 2.00~3.00 Nb 0.75~1.25
X12CrNiCuS 18-9-3	≤0.150	≤1.00	≤3.00	0.20	≥0.15	17.0~19.0	8.00~10.0	—	—	Cu 1.50~3.50
X12CrNiSe 18-9	≤0.150	≤1.00	≤2.00	0.20	0.060	17.0~19.0	8.00~10.0	—	—	Se≤0.15
X12CrNiSi 18-9-3	≤0.150	2.00~3.00	≤2.00	0.045	0.030	17.0~19.0	8.00~10.0	—	—	Cu 0.50~1.50
X13CrMnNiN 18-13-2	≤0.150	≤1.00	11.0~14.0	0.045	0.030	16.5~19.0	0.50~2.50	—	0.20~0.45	—
X13NiCrSi 35-16	≤0.150	1.50~2.50	≤2.00	0.040	0.030	14.0~17.0	33.0~37.0	—	—	—
X15CrNiSi 20-12	≤0.200	1.50~2.50	≤2.00	0.045	0.030	19.0~21.0	11.0~13.0	—	≤0.10	—
X15CrNiSi 25-21	≤0.200	≤1.00	≤2.00	0.045	0.015	24.0~26.0	19.0~22.0	—	≤0.10	—
X18CrNi 23-13	≤0.200	≤1.00	≤2.00	0.045	0.030	22.0~24.0	12.0~15.0	—	≤0.10	—
X20CrNiN 22-11	0.15~0.25	≤1.00	1.00~1.60	0.040	0.030	20.5~22.5	10.0~12.0	—	0.15~0.30	—
X23CrNi 25-21	≤0.250	≤1.50	≤2.00	0.040	0.030	24.0~26.0	19.0~22.0	—	—	—

奥氏体-铁素体型

钢　号	C	Si	Mn	P① ≤	S① ≤	Cr	Ni	Mo	N	其　他
X30CrNiMoPB20-11-2	0.25~0.35	≤1.00	≤1.20	0.16~0.25	0.030	19.0~21.0	10.0~12.0	1.80~2.50	—	B 0.001~0.010
X40CrNiWSi15-14-3-2	0.35~0.45	1.50~2.50	≤0.60	0.040	0.030	14.0~16.0	13.0~15.0	—	—	W 2.00~3.00
X53CrMnNiN21-9-4	0.48~0.58	≤0.35	8.00~10.0	0.040	0.030	20.0~22.0	3.25~4.50	—	0.35~0.50	—
X2CrMnNiMoN 21-5-3	≤0.030	≤1.00	4.00~6.00	0.035	0.030	19.5~21.5	1.50~3.50	0.10~0.60	0.05~0.20	Cu≤1.00
X2CrMnNiN 21-5-1	≤0.040	≤1.00	4.00~6.00	0.040	0.015	21.0~22.0	1.35~1.70	0.10~0.80	0.20~0.25	Cu 0.10~0.80

牌号	C	Si	Mn	P	S	Cr	Ni	Mo	N	其他元素
X2CrNiMMoCuN 24-4-3-2	≤0.030	≤0.70	2.50~4.00	0.035	0.005	23.0~25.0	3.00~4.50	1.00~2.00	0.20~0.30	Cu 0.10~0.80
X2CrNiMoCoN 28-8-5-1	≤0.030	≤0.50	≤1.50	0.035	0.010	26.0~29.0	5.50~9.50	4.00~5.00	0.30~0.50	Co 0.50~2.00,Cu≤1.00
X2CrNiMoCuN 25-6-3	≤0.030	≤0.70	≤2.00	0.035	0.015	24.0~26.0	5.00~7.50	3.00~4.00	0.20~0.30	Cu 1.00~2.50
X2CrNiMoCuWN 25-7-4	≤0.030	≤1.00	≤1.00	0.030	0.010	24.0~26.0	6.00~8.00	3.00~4.00	0.20~0.30	Cu 0.50~1.00,W 0.50~1.00
X2CrNiMoN 22-5-3	≤0.030	≤1.00	≤2.00	0.035	0.015	21.0~23.0	4.50~6.50	2.50~3.50	0.10~0.22	—
X2CrNiMoN 25-7-3	≤0.030	≤1.00	≤1.50	0.040	0.030	24.0~26.0	5.50~7.50	2.50~3.50	0.08~0.30	—
X2CrNiMoN 25-7-4	≤0.030	≤1.00	≤2.00	0.035	0.015	24.0~26.0	6.00~8.00	3.00~4.50	0.24~0.35	—
X2CrNiMoN 29-7-2	≤0.030	≤0.80	0.80~1.50	0.030	0.030	28.0~30.0	5.80~7.50	1.50~2.06	0.30~0.40	Cu≤0.80
X2CrNiMoN 31-8-4	≤0.030	≤0.80	≤1.50	0.035	0.010	29.0~33.0	6.00~9.00	3.00~5.00	0.40~0.60	Cu≤1.00
X2CrNiMoSiMnN 19-5-3-3-2	≤0.030	1.40~2.00	1.20~2.00	0.035	0.030	18.0~19.0	4.30~5.20	2.50~3.00	0.05~0.10	—
X2CrNiN22-2	≤0.030	≤1.00	≤2.00	0.040	0.010	21.5~24.0	1.00~2.90	≤0.45	0.16~0.26	—
X2CrNiCuN23-2-2	≤0.045	≤1.00	1.00~3.00	0.040	0.030	21.5~24.0	1.00~3.00	≤0.50	0.12~0.20	Cu 1.60~3.00
X2CrNiN23-4	≤0.030	≤1.00	≤2.00	0.035	0.015	22.0~24.0	3.50~5.50	0.10~0.60	0.05~0.20	Cu 0.10~0.60
X3CrNiMoCuN 26-6-3-2	≤0.040	≤1.00	≤1.50	0.040	0.030	24.0~27.0	4.50~6.50	2.90~3.90	0.10~0.25	Cu 1.50~2.50
X3CrNiMoN 27-5-2	≤0.050	≤1.00	≤2.00	0.035	0.015	25.0~28.0	4.50~6.50	1.30~2.00	0.05~0.20	—
X6CrNiMo 26-4-2	≤0.080	≤0.75	≤1.00	0.040	0.030	23.0~28.0	2.50~5.00	1.00~2.00	—	—
铁素体型										
X1CrMo 26-1	≤0.010	≤0.40	≤0.40	0.030	0.020	25.0~27.5	—	0.75~1.50	≤0.015	—
X1CrMo 30-2	≤0.010	≤0.40	≤0.40	0.030	0.020	28.5~32.0	—	1.50~2.50	≤0.015	—
X1CrNb 15	≤0.020	≤1.00	≤1.00	0.035	0.015	14.0~16.0	—	—	≤0.020	Nb 0.20~0.60
X2Cr 12	≤0.030	≤1.00	≤1.00	0.040	0.030	11.0~13.5	—	—	—	—
X2CrCuTi 18	≤0.025	≤1.00	≤1.00	0.040	0.030	16.0~20.0	—	—	≤0.025	Cu 0.30~0.80 Ti 8(C+N)≤0.40
X2CrMnNiTi 12	≤0.030	≤1.00	1.00~2.50	0.015	0.015	11.0~13.0	0.30~1.00	—	≤0.025	Ti 6C ≤0.35
X2CrMo 19	≤0.025	≤1.00	≤1.00	0.040	0.030	17.0~20.0	—	0.40~0.80	≤0.025	(Ti+Nb+Zr) 8(C+N)≤0.80
X2CrMo 23-1	≤0.025	≤1.00	≤1.00	0.040	0.030	21.0~24.0	—	0.70~1.50	≤0.025	—
X2CrMo 23-2	≤0.025	≤1.00	≤1.00	0.040	0.030	21.0~24.0	—	1.50~2.50	≤0.025	—

（续）

铁素体型

钢　号	C	Si	Mn	P① ≤	S① ≤	Cr	Ni	Mo	N	其　他
X2CrMoNbTi 18-1	≤0.025	≤1.00	≤1.00	0.040	0.030	16.0~19.0	—	0.75~1.50	≤0.025	(Ti+Nb+Zr) 8(C+N)≤0.80
X2CrMoNi 27-4-2	≤0.030	≤1.00	≤1.00	0.040	0.030	25.0~28.0	1.00~3.50	3.00~4.00	≤0.040	Ti+Nb≥0.20 + 6(C+N)≤1.00
X2CrMoTi 18-2	≤0.025	≤1.00	≤1.00	0.040	0.015	17.0~20.0	—	1.75~2.50	≤0.030	Ti 4(C+N)+0.15 ≤0.75
X2CrMoTiS 18-2	≤0.030	≤1.00	≤0.50	0.040	0.15~0.35	17.5~19.0	—	2.00~2.50	—	Ti 0.30~0.80 C+N≤0.040
X2CrNb 17	≤0.030	≤0.75	≤1.00	0.040	0.030	16.0~19.0	—	—	—	Nb或Ti 0.10~1.00
X2CrNbCu 21	≤0.030	≤1.00	≤1.00	0.040	0.015	20.0~21.5	—	—	≤0.030	Nb 0.20~1.00 Cu 0.10~1.00
X2CrNbTi 20	≤0.030	≤1.00	≤1.00	0.040	0.015	18.5~20.5	—	—	≤0.030	Nb≤1.00 Ti 4(C+N)+0.15≤0.80
X2CrNi 12	≤0.030	≤1.00	≤2.00	0.040	0.015	10.5~12.5	0.30~1.10	—	≤0.030	—
X2CrTi 12	≤0.030	≤1.00	≤1.00	0.040	0.030	10.5~12.5	≤0.50	—	≤0.030	Ti 6(C+N)≤0.65
X2CrTi 17	≤0.025	≤0.50	≤0.50	0.040	0.015	16.0~18.0	—	—	≤0.015	Ti [4(C+N)+0.20]≤1.00
X2CrTi 21	≤0.030	≤1.00	≤1.00	0.050	0.050	19.0~22.0	≤0.50	≤0.50	—	Ti [4(C+N)+0.20]≤1.00 Cu≤0.50,Al ≤0.50
X2CrTi 24	≤0.030	≤1.00	≤1.00	0.050	0.050	22.0~25.0	≤0.50	≤0.50	—	Ti [4(C+N)+0.20]≤1.00 Cu≤0.50,Al ≤0.50
X2CrTiCu 22	≤0.025	≤1.00	≤1.00	0.040	0.030	20.0~23.0	—	—	≤0.025	Cu 0.30~0.80 Ti 8(C+N)≤0.80
X2CrTiNb 18	≤0.030	≤1.00	≤1.00	0.040	0.015	17.5~18.5	—	—	—	Ti 0.10~0.80 Nb(0.30+3C) ≤1.00

牌号	C	Si	Mn	P	S	Cr	Ni	Mo	N	其他
X3CrNb17	≤0.050	≤1.00	≤1.00	0.040	0.015	16.0~18.0	—	—	≤0.030	Nb 12C ≤1.00
X3CrTi17	≤0.050	≤1.00	≤1.00	0.040	0.030	16.0~19.0	—	—	≤0.030	Ti 0.15~0.75
X5CrNiMoTi 15-2	≤0.080	≤1.00	≤1.00	0.040	0.015	13.5~15.5	1.00~2.50	0.20~1.20	≤0.030	Ti 0.30~0.50
X6Cr 13	≤0.080	≤1.00	≤1.00	0.040	0.030	11.5~14.0	≤0.75	—	—	—
X6Cr 17	≤0.080	≤1.00	≤1.00	0.040	0.030	16.0~18.0	—	—	—	—
X6CrAl 13	≤0.080	≤1.00	≤1.00	0.040	0.030	11.5~14.0	—	—	—	Al 0.10~0.30
X6CrMo 17-1	≤0.080	≤1.00	≤1.00	0.040	0.030	16.0~18.0	—	0.75~1.40	—	—
X6CrMoNb 17-1	≤0.080	≤1.00	≤1.00	0.040	0.015	16.0~18.0	—	0.80~1.40	≤0.040	Nb 5C ≤1.00
X6CrMoS 17	≤0.080	≤1.50	≤1.50	0.040	0.15~0.35	16.0~18.0	—	0.20~0.60	—	—
X6CrNi 17-1	≤0.080	≤1.00	≤1.00	0.040	0.015	16.0~18.0	1.20~1.60	—	—	—
X6CrNiTi 12	≤0.080	≤1.50	≤2.00	0.040	0.015	10.5~12.5	0.50~1.50	—	≤0.030	Ti 0.05~0.35
X7CrS 17	≤0.090	≤1.50	≤1.50	0.040	≥0.15	16.0~18.0	—	≤0.60	—	—
X8CrAl 19-3	≤0.100	≤1.00	≤1.50	0.040	0.030	17.0~21.0	—	—	—	Al 2.00~4.00
X10Cr 15	≤0.120	≤1.00	≤1.00	0.040	0.030	14.0~16.0	≤1.00	—	—	—
X10CrAlSi 13	≤0.120	0.70~1.40	≤1.00	0.040	0.015	12.0~14.0	≤1.00	—	—	Al 0.70~1.20
X10CrAlSi 18	≤0.120	0.70~1.40	≤1.00	0.040	0.015	17.0~19.0	≤1.00	—	—	Al 0.70~1.20
X10CrAlSi 25	≤0.120	0.70~1.40	≤1.00	0.040	0.015	23.0~26.0	≤1.00	—	—	Al 1.20~1.70
X15CrN 26	≤0.200	≤1.00	≤1.00	0.040	0.030	24.0~28.0	≤1.00	—	0.15~0.25	—
马氏体型										
X2CrNiMoV 13-5-2	≤0.030	≤0.50	≤0.50	0.040	0.015	11.5~13.5	4.50~6.50	1.50~2.50	≤0.030	V 0.10~0.50,Ti≤0.01
X3CrNiMo 13-4	≤0.050	≤0.70	0.50~1.00	0.040	0.015	12.0~14.0	3.50~4.50	0.30~1.00	—	—
X4CrNiMo 16-5-1	≤0.060	≤0.70	≤1.50	0.040	0.015	15.0~17.0	4.00~6.00	0.80~1.50	≤0.020	—
X12Cr 13	0.08~0.15	≤1.00	≤1.50	0.040	0.030	11.5~13.5	≤0.75	—	—	—
X12CrS 13	0.08~0.15	≤1.00	≤1.50	0.040	≥0.15	12.0~14.0	—	≤0.60	—	—
X13CrMo 13	0.08~0.18	≤0.60	≤1.00	0.040	0.030	11.5~14.0	—	0.30~0.60	—	—
X13CrPb 13	≤0.150	≤1.00	≤1.00	0.040	0.030	11.5~13.5	—	—	—	Pb 0.05~0.30
X14CrS 17	0.10~0.17	≤1.00	≤1.50	0.040	≥0.15	16.0~18.0	—	≤0.60	—	—

（续）

马氏体型

钢号	C	Si	Mn	P⊕≤	S⊕≤	Cr	Ni	Mo	N	其他
X15Cr 13	0.12~0.17	≤1.00	≤1.00	0.040	0.015	12.0~14.0	—	—	—	—
X17CrNi 16-2	0.12~0.22	≤1.00	≤1.50	0.040	0.030	15.0~17.0	1.50~2.50	—	—	—
X18CrMnMoNbVN 12	0.15~0.20	≤0.50	0.50~1.50	0.040	0.030	10.0~13.0	≤0.60	0.30~0.90	0.05~0.10	Nb 0.2~0.60, V 0.10~0.40
X20Cr13	0.16~0.25	≤1.00	≤1.50	0.040	0.030	12.0~14.0	—	—	—	—
X22CrMoV 12-1	0.18~0.24	≤0.50	0.40~0.90	0.025	0.015	11.0~12.5	0.30~0.80	0.80~1.20	—	V 0.25~0.35
X23CrMoWMnNiV 12-1-1	0.20~0.25	≤0.50	0.50~1.00	0.040	0.025	11.0~12.5	0.50~1.00	0.75~1.25	—	W 0.75~1.25, V 0.20~0.30
X30Cr 13	0.26~0.35	≤1.00	≤1.50	0.040	0.030	12.0~14.0	—	—	—	—
X33Cr 16	0.25~0.40	≤1.00	≤1.00	0.040	0.030	15.0~17.0	—	—	—	—
X33CrPb 13	0.26~0.40	≤1.00	≤1.00	0.040	0.030	12.0~14.0	—	—	—	Pb 0.05~0.30
X33CrS 13	0.25~0.40	≤1.00	≤1.50	0.060	≥0.15	12.0~14.0	≤0.60	≤0.60	—	—
X38CrMo 14	0.36~0.42	≤1.00	≤1.00	0.040	0.015	13.0~14.5	—	0.60~1.00	—	—
X39Cr 13	0.36~0.42	≤1.00	≤1.00	0.040	0.030	12.5~14.5	—	—	—	—
X39CrMo 17-1	0.33~0.45	≤1.00	≤1.50	0.040	0.015	15.5~17.0	≤1.00	0.80~1.30	—	—
X40CrMoVN 16-2	0.35~0.50	≤1.00	≤1.00	0.040	0.015	14.0~16.0	≤0.50	1.00~2.00	0.10~0.30	V≤1.50
X46Cr 13	0.43~0.50	≤1.00	≤1.00	0.040	0.030	12.5~14.5	—	—	—	—
X46CrS 13	0.43~0.50	≤1.00	≤2.00	0.040	0.15~0.35	12.5~14.0	—	—	—	—
X50CrMoV 15	0.45~0.55	≤1.00	≤1.00	0.040	0.015	14.0~15.0	—	0.50~0.80	≤0.15	V 0.10~0.20
X52Cr 13	0.48~0.55	≤1.00	≤1.00	0.040	0.030	12.5~14.5	—	—	—	—
X55CrMo 14	0.48~0.60	≤1.00	≤1.00	0.040	0.015	13.0~15.0	—	0.50~0.80	—	V≤0.10

牌号	C	Si	Mn	P	S	Cr	Ni	Mo	N	其他
X60Cr 13	0.56~0.65	≤1.00	≤1.00	0.040	0.030	12.5~14.5	—	—	—	—
X68Cr 17	0.60~0.75	≤1.00	≤1.00	0.040	0.030	16.0~18.0	≤0.60	≤0.75	—	—
X80CrSiNi 20-2	0.75~0.85	1.75~2.25	0.20~0.60	0.030	0.030	19.0~20.5	1.15~1.65	—	—	—
X85Cr 17	0.75~0.95	≤1.00	≤1.00	0.040	0.030	16.0~18.0	≤0.60	≤0.75	—	—
X110Cr 17	0.95~1.20	≤1.00	≤1.00	0.040	0.030	16.0~18.0	≤0.60	≤0.75	—	—
X110CrS 17	0.95~1.20	≤1.00	≤1.25	0.040	≥0.15	16.0~18.0	≤0.60	≤0.75	—	—
沉淀硬化型										
X1CrNiMoAlTi 12-10-2	≤0.015	≤0.10	≤0.10	0.010	0.005	11.5~12.5	9.20~10.2	1.85~2.15	≤0.02	Al 0.80~1.10，Ti 0.28~0.40
X1CrNiMoAlTi 12-9-2	≤0.015	≤0.10	≤0.10	0.010	0.005	11.5~12.5	8.50~9.50	1.85~2.15	≤0.01	Al 0.60~0.80，Ti 0.28~0.37
X2CrNiMoCuAlTi 12-9-4-3	≤0.030	≤0.70	≤1.00	0.030	0.015	11.0~13.0	8.00~10.0	3.50~5.00	—	Cu 1.50~3.50，Al 0.15~0.50，Ti 0.50~1.20
X3CrNiMoAl 13-8-3	≤0.050	≤0.10	≤0.20	0.010	0.008	12.3~13.2	7.50~8.50	2.00~3.00	≤0.01	Al 0.90~1.35
X4NiCrMoTiMnSiB 26-14-3-2	≤0.060	0.40~1.00	0.40~1.00	0.040	0.030	12.0~15.0	24.0~28.0	2.00~3.50	—	Ti 1.80~2.10，Al ≤0.35，B 0.001~0.010
X5CrNiCuNb 16-4	≤0.070	≤0.70	≤1.50	0.040	0.030	15.0~17.0	3.00~5.00	≤0.60	—	Cu 3.00~5.00，Nb 0.15~0.45
X5CrNiMoCuNb 14-5	≤0.070	≤0.60	≤1.00	0.040	0.015	13.0~15.0	5.00~6.00	1.20~2.00	—	Cu 1.20~2.00，Nb 0.15~0.60
X6NiCrTiMoVB 25-15-2	≤0.080	≤1.00	≤2.00	0.040	0.030	13.5~16.0	24.0~27.0	1.00~1.50	—	Ti 1.90~2.35，Al ≤0.35，V 0.10~0.50，B 0.001~0.010
X7CrNiAl 17-7	≤0.090	≤1.00	≤1.00	0.040	0.015	16.0~18.0	6.50~7.80	—	—	Al 0.70~1.50
X8CrNiMoAl 15-7-2	≤0.10	≤1.00	≤1.20	0.040	0.015	14.0~16.0	6.50~7.80	2.00~3.00	—	Al 0.75~1.50
X9CrNiMoN 17-5-3	0.07~0.11	≤0.50	0.50~1.25	0.040	0.030	16.0~17.0	4.00~5.00	2.50~3.20	0.07~0.13	—

① P，S 的值除注明≥或范围值者，均为≤。

（2）ISO 标准通用不锈钢的钢号系列与所参照的各种不锈钢标准的数字代号对照

国际标准［ISO/TS 15510（2014）］系参照欧洲 EN 标准、美国标准与 UNS 数字系列、中国 GB 标准及日本 JIS 标准等制订的，仅列出各钢号的化学成分。新版标准中还有与各钢号相对应的"数字系列"和"品种代号"。

"数字系列"由 3 组数字与单个后缀字母组成，其中：4 位数字参照欧洲 EN 标准，3 位数字参照美国标准与 UNS 的相应数字系列，2 位数字是碳与主要元素含量的代号（参见本书第 1 章有关 ISO 钢号的表示方法），后缀字母代表引用来源，如：I——ISO 标准，E——EN 标准，U——美国标准与 UNS 数字系列，C——中国标准，J——JIS 标准，X——参照多种标准。

"品种代号"由 3 个字母和 2 位数字组成，其中：第 1 个字母代表类型，如奥氏体型、铁素体等；第 2 个字母表示含有的主要元素，如 M——含 Mo 钢，P——无 Mo 钢，N——含 Ni 或 Co 钢等，后面的 2 位数字表示 Cr + Mo +（Ni、Mn、Co）的总含量（%），后缀字母代表碳含量性质，用 A、B、C、…、X、Y、Z 表示，A——碳含量很低，Z——碳含量最高。

ISO 标准通用不锈钢的钢号系列与所参照的其他标准的不锈钢数字代号对照见表 3-2-2。

表 3-2-2　ISO 标准通用不锈钢的钢号系列与所参照的其他标准的不锈钢数字代号对照

No.	ISO 标准			ASTM /UNS 数字编号	欧洲 EN 标准 数字代号	中国 GB 标准 ISC（数字代号）	日本 JIS 标准 钢 号
	钢 号	数字系列	品种代号				
奥氏体型							
1	X1CrNi 25-21	4335-310-02-J	AP46A	S31002	1.4335	—	—
2	X1CrNiMoCuN 20-18-7	4547-312-54-I	AM45A	S31254	1.4547	S31252	SUS 312L
3	X1CrNiMoCuN 24-22-8	4652-326-54-I	AM54A	S32654	1.4652	S32652	—
4	X1CrNiMoCuN 25-25-5	4537-310-92-E	AN55A	—	1.4537		
5	X1CrNiMoCuNW 24-22-6	4659-312-66-I	AM52B	S31266	1.4659		
6	X1CrNiMoN 25-22-2	4466-310-50-E	AM49A	S31050	1.4466	S31053	
7	X1CrNiSi 18-15-4	4361-306-00-E	AP33A	—	1.4361		
8	X1NiCrMoCu 22-20-5-2	4656-089-04-I	AN47A	N08904	(1.4656)	S39042	
9	X1NiCrMoCu 25-20-5	4539-089-04-I	AN50A	N08904	1.4539	S39042	SUS 890 L
10	X1NiCrMoCu 31-27-4	4563-080-28-I	AN62A	N08028	1.4563		
11	X1NiCrMoCuN 25-20-7	4529-089-26-I	AN52A	N08926	1.4529		
12	X1NiCrMnMoN 34-27-6-5	4479-089-36-U	AN72A	N08936	(1.4479)		
13	X2CrMnNiN 17-7-5	4371-201-53-I	AP29B	S20153	1.4371	—	
14	X2CrNi 18-9	4307-304-03-I	AP27B	S30403	1.4307	S30403	SUS 304 L
15	X2CrNi 19-11	4306-304-03-I	AP30A	S30403	1.4306	S30403	SUS 304 L
16	X2CrNiCu 19-10	4650-304-75-E	AP29A	—	1.4650	S30403	SUS 304 L
17	X2CrNiMnMoN 25-18-6-5	4565-345-65-I	AM54B	S34565	1.4565	S34553	
18	X2CrNiMo 17-12-2	4404-316-03-I	AM31A	S31603	1.4404	S31603	SUS 316 L
19	X2CrNiMo 17-12-3	4432-316-03-I	AM32A	S31603	1.4432	S31603	SUS 316 L
20	X2CrNiMo 17-14-3	4435-316-03-X	AM34C	—	(1.44××)	—	SUS 316 L
21	X2CrNiMo 18-14-3	4435-316-91-I	AM35A		1.4435	S31603	SUS 316 L
22	X2CrNiMo 19-14-4	4438-317-03-I	AM37A	S31703	1.4438	S31703	SUS 317 L
23	X2CrNiMoCu 18-14-2-2	4647-316-75-X	AM34A	—	(1.4647)	S31683	SUS 316 J1 L
24	X2CrNiMoN 17-11-2	4406-316-53-I	AM30B	S31653	1.4406	S31653	SUS 316 LN
25	X2CrNiMoN 17-12-3	4429-316-53-I	AM32B	S31653	1.4429	S31653	SUS 316 LN
26	X2CrNiMoN 17-13-5	4439-317-26-E	AM35B	S31726	1.4439	S31723	—
27	X2CrNiMoN 18-12-4	4434-317-53-I	AM34B	S31753	1.4434	S31753	SUS 317 LN

（续）

No.	ISO 标准			ASTM /UNS 数字编号	欧洲 EN 标准 数字代号	中国 GB 标准 ISC（数字代号）	日本 JIS 标准 钢号
	钢 号	数字系列	品种代号				
奥氏体型							
28	X2CrNiMoN 18-15-5	4483-317-26-I	AM38A	S31726	1.4483	S31723	—
29	X2CrNiN 18-7	4318-301-53-I	AP25A	S30153	1.4318	S30153	SUS 301 L
30	X2CrNiN 18-9	4311-304-53-I	AP27A	S30453	1.4311	S30453	SUS 304 LN
31	X2NiCrAlTi 32-20	4558-088-90-E	AN52B	—	1.4558	—	—
32	X2NiCrMoN 25-21-7	4478-083-67-U	AN53A	N08367	(1.4478)	—	—
33	X3CrNiMnCu 15-8-5-3	4615-201-75-E	AP28C	—	(1.4615)	—	—
34	X3CrNiCu 18-9-4	4567-304-30-I	AP27F	S30430	(1.4567)	S30488	SUS XM7
35	X3CrNiCu 19-9-2	4560-304-75E	AP28D	—	1.4560	—	—
36	X3CrNiCuMo 17-11-3-2	4578-316-76-E	AM30F	—	1.4578	—	—
37	X3CrNiMo 17-12-3	4436-316-00-I	AM32F	S31600	1.4436	S31608	SUS 316
38	X3CrNiMo 18-12-3	4449-316-76-E	AM33F	—	1.4449	—	—
39	X3CrNi 18-16-5	4476-317-92-X	AM39F	—	(1.4476)	S31794	SUS 317 J1
40	X3CrNiMoBN 17-13-3	4910-316-77-E	AM33G	—	1.4910	—	—
41	X3NiCr 18-16	4389-304-00-I	AN34F	S38400	1.4389	S38408	SUS 384
42	X4CrNiMoN 25-14-1	4496-309-51-J	AM40F	—	1.4496	—	SUS 317 J2
43	X4NiCrCuMo 35-20-4-3	4657-080-20-U	AN58F	N08020	(1.4657)	—	—
44	X5CrNi 17-7	4319-301-00-I	AP24H	S30100	(1.4319)	S30110	SUS 301
45	X5CrNi18-10	4301-304-00-I	AP28E	S30400	1.4301	S30408	SUS 304
46	X5CrNiCu 19-8-2	4640-304-76-E	AP28L	—	1.4640	—	—
47	X5CrNiMo 17-12-2	4401-316-00-I	AM31I	S31600	1.4401	S31608	SUS316
48	X5CrNiN 19-9	4315-304-51-I	AP28F	S30451	1.4315	S30458	SUS 304N1 SUS 304N2
49	X5CrNiAlTi 31-20	4958-308-77-E	AN51J	—	1.4958	—	—
50	X6CrMnNiCuN 18-12-4	4646-204-76-E	AP34H	—	1.4646	—	—
51	X6CrMnNiN 18-13-3	4378-204-00-X	AP34I	—	1.4378	—	—
52	X6CrNi 18-12	4303-305-00-I	AP30I	S30500	1.4303	S30510	SUS 305
53	X6CrNi 23-13	4950-309-08-E	AP36J	S30908	1.4950	S30908	SUS 309S
54	X6CrNi 25-20	4951-310-08-I	AP45L	S31008	1.4951	S31008	SUS 310S
55	X6CrNiCu 17-8-2	4567-304-76-I	AP25J	S30480	1.4567	S30480	SUS 304 J1
56	X6CrNiCu 18-9-2	4567-304-98-X	AP27J	—	(1.4567)	S30480	SUS 304 J3
57	X6CrNiCu 19-9-1	4649-304-76-J	AP28I	—	(1.4649)	S30488	SUS 304Cu
58	X6CrNiCuS 18-9-2	4570-303-31-I	AP27I	S30331	1.4570	—	—
59	X6CrNiCuSiMo 19-10-3-2	4660-315-77-I	AM30J	—	(1.4660)	—	SUS 315 J1
60	X6CrNiMnCu 17-8-4-2	4617-201-76-J	AP29I	—	(1.4617)	—	SUS 304 J2
61	X6CrNiMo 19-13-4	4445-317-00-U	AM36I	S31700	1.4445	S31708	SUS 317
62	X6CrNiMoCu 18-12-2-2	4665-316-76-J	AM32I	—	(1.4665)	—	SUS 316 J1
63	X6CrNiMoN 17-12-3	4495-316-51-J	AM32H	S31651	1.4495	S31658	SUS 316N
64	X6CrNiMoNb 17-12-2	4580-316-40-I	AM31G	S31640	1.4580	S31678	—
65	X6CrNiMoS 17-12-3	4494-316-74-J	AM32K	—	(1.4494)	—	SUS 316F
66	X6CrNiMoTi 17-12-2	4571-316-35-I	AM31F	S31635	1.4571	S31668	SUS 316Ti

（续）

No.	ISO 标准			ASTM /UNS 数字编号	欧洲 EN 标准 数字代号	中国 GB 标准 ISC（数字代号）	日本 JIS 标准 钢号
	钢　号	数字系列	品种代号				
				奥氏体型			
67	X6CrNiNb 18-10	4550-347-00-I	AP28H	S34700	1.4550	S34778	SUS 347
68	X6CrNiSi 18-13-4	4884-305-00-X	AP31H	S30500	(1.4884)	838148	SUS XM15 J1
69	X6CrNiSiCuMo 19-13-3-3-1	4648-315-77-I	AM33I	—	(1.4648)	—	SUS 315 J2
70	X6CrNiSiNCo 19-10	4818-304-15-E	AP29J	S30415	1.4818	S30415	—
71	X6CrNiTi 18-10	4541-321-00-I	AP28G	S32100	1.4541	S32168	SUS 321
72	X6CrNiTiB 18-10	4941-321-09-I	AP28J	S32109	1.4941	S32169	—
73	X6NiCrSiNCe 35-25	4854-353-15-E	AN60J	S35315	1.4854	—	—
74	X7CrNi 18-9	4948-304-09-I	AP27L	S30409	1.4948	S30409	SUS 304H
75	X7CrNiNb 18-10	4912-347-09-I	AP28K	S34709	1.4912	S34779	SUS 347H
76	X7CrNiSiNCe 21-11	4835-308-15-U	AP32N	S30815	1.4835	—	—
77	X7CrNiTi 18-10	4940-321-09-I	AP28O	S32109	1.4940	S32169	SUS 321H
78	X7NiCrAlTi 33-21	4959-088-10-U	AN54L	N08810	1.4959	—	NCF 800H
79	X8CrMnCuN 17-8-3	4597-204-76-I	AP25L	—	1.4597	—	—
80	X8CrMnNi 19-6-3	4376-201-00-E	AP28P	—	1.4376	—	—
81	X8CrNi 25-21	4845-310-08-E	AP46L	S31008	1.4845	S31008	SUS 310S
82	X8CrNiNb 16-13	4961-347-77-E	AP29L	—	1.4961	—	—
83	X8NiCrAlTi 32-20	4959-088-77-E	AN52L	—	1.4959	—	—
84	X8NiCrAlTi 32-21	4876-088-00-I	AN53L	N08800	1.4876	—	NCF 800
85	X8NiCrAlTi 33-21	4959-088-11-U	AN54M	N08811	1.4959	—	—
86	X9CrMnNiCu 17-8-5-2	4618-201-76-E	AP30L	—	(1.4618)	—	—
87	X9CrNi 18-9	4325-302-00-E	AP27N	S30200	1.4325	S30210	SUS 303
88	X10CrNi 18-8	4310-301-00-I	AP26L	S30100	1.4310	S30110	—
89	X10CrNiMoMnNbVB 15-10-1	4982-215-00-E	AM32P	S21500	1.4982	—	—
90	X10CrNiS 18-9	4305-303-00-I	AP27M	S30300	1.4305	S30317	SUS 303
91	X11CrNiMnN 19-8-6	4369-202-91-I	AP33L	—	1.4369	—	—
92	X12CrMnNiN 17-7-5	4372-201-00-I	AP29O	S20100	1.4372	S35350	SUS 201
93	X12CrMnNiN 18-9-5	4373-202-00-I	AP32O	S20200	1.4373	S35450	SUS 202
94	X12CrNi 17-7	4310-301-09-X	AP24N	S30100	(1.43××)	—	SUS 301
95	X12CrNiCoMoWMnNNb 21-20-20-3-3-2	4971-314-79-I	AN64R		1.4971		SUH 661
96	X12CrNiCuS 18-9-3	4667-303-76-J	AP27Q	—	(1.4667)	—	SUH 330Cu
97	X12CrNiSe 18-9	4625-303-23-X	AP27O	S30323	(1.4625)	S30327	SUH 330Se
98	X12CrNiSi 18-9-3	4326-302-15-I	AP27P	S30215	1.4326	S30240	SUS 302B
99	X13CrMnNiN 18-13-2	4020-241-00-X	AP33M	—	1.4020	—	—
100	X13NiCrSi 35-16	4864-088-77-X	AN51O		1.4864	S33010	SUH 330
101	X15CrNiSi 20-12	4828-305-09-I	AP32R	—	1.4828	—	—
102	X15CrNiSi 25-21	4841-314-00-E	AP46R	S31400	1.4841	—	—
103	X18CrNi 23-13	4833-309-08-I	AP36R	S30908	1.4833	S30908	SUH 309
104	X20CrNiN 22-11	4824-308-09-J	AP33Q	—	(1.4824)	S30850	SUH 37
105	X23CrNi 25-21	4845-310-09-X	AP46O	S31008	1.4845	S31020	SUH 310

（续）

No.	ISO 标准			ASTM /UNS 数字编号	欧洲 EN 标准 数字代号	中国 GB 标准 ISC（数字代号）	日本 JIS 标准 钢号
	钢 号	数字系列	品种代号				
奥氏体型							
106	X30CrNiMoPB20-11-2	4879-317-77-J	AM33R	—	(1.4879)	—	SUH 38
107	X40CrNiWSi15-14-3-2	4867-316-77-J	AP29P	—	(1.4867)	—	SUH 31
108	X53CrMnNiN21-9-4	4890-202-09-X	AP34V	—	(1.4890)	S35650	SUH 35
奥氏体-铁素体型							
109	X2CrCuNiN 23-2-2	4669-322-76-E	DP25A	—	1.4669	—	—
110	X2CrMnNiMoN 21-5-3	4482-320-01-X	DM29A	—	1.4482	—	—
111	X2CrMnNiN 21-5-1	4162-321-01-E	DP27F	S32101	1.4162	—	—
112	X2CrNiMMoCuN 24-4-3-2	4662-824-41-X	DM32A	—	1.4662	—	—
113	X2CrNiMoCoN 28-8-5-1	4658-327-07-U	DM42A	S32707	1.4658	—	—
114	X2CrNiMoCuN 25-6-3	4507-325-20-I	DM34A	S32550	1.4507	S25554	—
115	X2CrNiMoCuWN 25-7-4	4501-327-60-I	DM36B	S32760	1.4501	S27603	—
116	X2CrNiMoN 22-5-3	4462-318-03-I	DM30A	S31803	1.4462	S22053	SUS 329 J3 L
117	X2CrNiMoN 25-7-3	4481-312-60-J	DM35A	S31260	(1.4481)	S22583	SUS 329 J4 L
118	X2CrNiMoN 25-7-4	4410-327-50-I	DM36A	S32750	1.4410	S25073	—
119	X2CrNiMoN 29-7-2	4477-329-06-E	DM38A	S32906	1.4477	—	—
120	X2CrNiMoN 31-8-4	4485-332-07-U	DM43A	S33207	(1.4485)	—	—
121	X2CrNiMoSiMnN 19-5-3-3-2	4424-315-00-I	DM29B	S31500	1.4424	—	—
122	X2CrNiN 22-2	4062-322-02-U	DP24A	S321010	1.4062	—	—
123	X2CrNiN 23-4	4362-323-04-I	DP27B	S32304	1.4362	S23043	—
124	X3CrNiMoCuN 26-6-3-2	4507-325-50-X	DM35F	S32550	1.4507	S25554	—
125	X3CrNiMoN 27-5-2	4460-312-00-I	DM34F	S31200	1.4460	S22553	—
126	X6CrNiMo 26-4-2	4480-329-00-U	DM32F	S32900	(1.4480)	—	SUS 329 J1
铁素体型							
127	X1CrMo 26-1	4131-446-92-C	FM27A	S44627	(1.4131)	S12791	SUS XM27
128	X1CrMo 30-2	4135-447-92-C	FM32A	S44700	(1.4135)	S13091	SUS 447 J1
129	X1CrNb 15	4595-429-71-I	FP15A	—	1.4595	—	—
130	X2Cr 12	4030-410-90-X	FP12A	—	(1.4030)	S11203	SUH 410 L
131	X2CrCuTi 18	4664-430-75-J	FP18A	—	(1.4664)	—	SUS 430 J1 L
132	X2CrMnNiTi 12	4600-410-70-E	FP12D	—	1.4600	—	—
133	X2CrMo 19	4609-436-77-J	FM19B	—	(1.4609)	—	SUS 436 J1 L
134	X2CrMo 23-1	4128-445-92-J	FM24B	—	(1.4128)	—	SUS 445 J1
135	X2CrMo 23-2	4129-445-92-J	FM25A	—	1.4129	—	SUS 445 J2
136	X2CrMoNbTi 18-1	4513-436-00-J	FM19A	S43600	(1.4513)	S11862	SUS 436 L
137	X2CrMoNi 27-4-2	4750-446-60-U	FM31A	S44660	(1.4750)	—	—
138	X2CrMoTi 18-2	4521-444-00-I	FM20B	S44400	1.4521	S11972	SUS 444
139	X2CrMoTiS 18-2	4523-182-35-I	FM20C	S18235	1.4523	—	—
140	X2CrNb 17	4510-430-36-X	FP17B	—	1.4510	S11863	SUS 430 LX
141	X2CrNbCu 21	4621-445-00-E	FP21B	S44500	(1.4621)	—	—
142	X2CrNbTi 20	4607-445-00-E	FP20A	—	1.4607	—	—
143	X2CrNi 12	4003-410-77-I	FP12C	S41003	1.4003	S11213	—

（续）

No.	ISO 标准			ASTM /UNS 数字编号	欧洲 EN 标准 数字代号	中国 GB 标准 ISC（数字代号）	日本 JIS 标准 钢号
	钢　号	数字系列	品种代号				
铁素体型							
144	X2CrTi 12	4512-409-10-I	FP12B	S40900	1.4512	S11163	SUH 409 L
145	X2CrTi 17	4520-430-70-I	FP17A	—	1.4520	—	SUS 430 LX
146	X2CrTi 21	4611-445-70-E	FP21A		1.4607		
147	X2CrTi 24	4613-446-70-E	FP24A		1.4613		
148	X2CrTiCu 22	4621-443-30-J	FP22A	—	(1.4621)	—	SUS 443 J1
149	X2CrTiNb 18	4509-439-40-X	FP18B	S43940	1.4509	S11873	SUS 430 LX
150	X3CrNb17	4511-430-71-I	FP17G	—	1.4511	—	SUS 430 LX
151	X3CrTi17	4510-430-35-I	FP17F	S43035	1.4510	S11863	SUS 430 LX
152	X5CrNiMoTi 15-2	4589-420-70-E	FM16H		1.4589		
153	X6Cr 13	4000-410-08-I	FP13G	S41008	1.4000	S41008	SUS 410S
154	X6Cr 17	4016-430-00-I	FP17I	S43000	1.4016	S11710	SUS 430
155	X6CrAl 13	4002-405-00-I	FP13H	S40500	1.4002	S11348	SUS 405
156	X6CrMo 17-1	4113-434-00-I	FM18I	S43400	1.4113	S11790	SUS 434
157	X6CrMoNb 17-1	4526-436-00-I	FM18J	S43600	1.4526	S11770	—
158	X6CrMoS 17	4105-430-20-X	FM17K	—	1.4105		
159	X6CrNi 17-1	4017-430-91-E	FP17H	—	1.4017		
160	X6CrNiTi 12	4516-409-75-I	FP13F	S40975	1.4516		
161	X7CrS 17	4004-430-20-I	FP17L	S43020	(1.4004)	S11717	SUS 430F
162	X8CrAl 19-3	4764-442-72-J	FP19N	—	(1.4764)	—	SUH 21
163	X10Cr 15	4012-429-00-X	FP15L	S42900	1.4012	S11510	SUS 429
164	X10CrAlSi 13	4724-405-77-I	FP13L		1.4724		
165	X10CrAlSi 18	4742-430-77-I	FP18N		1.4742		
166	X10CrAlSi 25	4762-445-72-I	FP25N		1.4762		
167	X15CrN 26	4749-446-99-I	FP26R	S44600	1.4749	S12550	SUH 446
马氏体型							
168	X2CrNiMoV 13-5-2	4415-415-92-E	MM15A	—	1.4415	—	
169	X3CrNiMo 13-4	4313-415-00-I	MM14A	S41500	1.4313	S41595	SUSF 6NM
170	X4CrNiMo 16-5-1	4418-431-77-E	MM17A	—	1.4418		
171	X12Cr 13	4006-410-00-I	MP13B	S41000	1.4006	S41010	SUS 410
172	X12CrS 13	4005-416-00-I	MP13C	S41600	1.4005	S41617	SUS 416
173	X13CrMo 13	4419-410-92-C	MM13G	—	(1.4419)	S45710	SUS 410 J1
174	X13CrPb 13	4642-416-72-J	MP13A	—	(1.4642)	—	SUS 410 F2
175	X14CrS 17	4019-430-20-I	MP17F	S43020	(1.4019)	S11717	—
176	X15Cr 13	4024-410-09-E	MP13F		1.4024		SUS 410
177	X17CrNi 16-2	4057-431-00-X	MP16G	S43100	1.4057	S43120	SUS 431
178	X18CrMnMoNbVN 12	4916-600-77-J	MM12G	—	(1.4916)	S46250	SUH 600
179	X20Cr13	4021-420-00-I	MP13I	S42000	1.4021	S42020	SUS 420 J1
180	X22CrMoV 12-1	4923-420-77-E	MM13H	—	1.4923	—	
181	X23CrMoWMnNiV 12-1-1	4929-422-00-I	MM13J	S42200	(1.4929)		SUH 616

（续）

No.	ISO 标准			ASTM /UNS 数字编号	欧洲 EN 标准 数字代号	中国 GB 标准 ISC(数字代号)	日本 JIS 标准 钢号
	钢　号	数字系列	品种代号				
马氏体型							
182	X30Cr 13	4028-420-00-I	MP13M	S42000	1.4028	S42030	SUS 420 J2
183	X33Cr 16	4058-429-99-J	MP16O	—	(1.4058)	—	SUS 429 J1
184	X33CrPb 13	4643-420-72-J	MP13O	—	(1.4643)	—	SUS 420 F2
185	X33CrS 13	4029-420-20-I	MP13N	S42020	1.4029	S42037	SUS 420 F
186	X38CrMo 14	4419-420-97-E	MM14P	—	1.4419	S45830	—
187	X39Cr 13	4031-420-00-I	MP13P	S42000	1.4031	S42040	—
188	X39CrMo 17-1	4122-434-09-I	MM18R		1.4122	—	—
189	X40CrMoVN 16-2	4123-431-77-E	MM18T		1.4123	—	—
190	X46Cr 13	4034-420-00-I	MP13Q	420000	1.4034	S42040	—
191	X46CrS 13	4035-420-74-E	MP13R		1.4035	—	—
192	X50CrMoV 15	4116-420-77-E	MM15U		1.4116	—	—
193	X52Cr 13	4038-420-00-I	MP13U	S42000	1.4038	—	—
194	X55CrMo 14	4110-420-69-E	MM14U	—	1.4110	—	—
195	X60Cr 13	4039-420-09-I	MP13V		(1.4039)	—	—
196	X68Cr 17	4040-440-02-X	MP17U	S44002	(1.4040)	S42070	SUS 440A
197	X80CrSiNi 20-2	4766-440-77-X	MP20U	—	(1.4766)	S48380	SUH 4
198	X85Cr 17	4041-440-03-X	MP17V	S44003	1.4041	S42080	SUS 440B
199	X110Cr 17	4023-440-04-I	MP17W	S44004	(1.4023)	S44096	SUS 440C
200	X110CrS 17	4025-440-74-X	MP17Z	—	(1.4025)	S44097	SUS 440F
沉淀硬化型							
201	X1CrNiMoAlTi 12-10-2	4596-455-77-E	PM24A	—	1.4596	—	—
202	X1CrNiMoAlTi 12-9-2	4530-455-77-E	PM23A	—	1.4530	—	—
203	X2CrNiMoCuAlTi 12-9-4-3	4645-469-10-U	PM25A	(S46910)	(1.4645)	—	—
204	X3CrNiMoAl 13-8-3	4534-138-00-X	PP24H	S13800	1.4534	—	—
205	X4NiCrMoTiMnSiB 26-14-3-2	4644-662-20-U	PP43J	(S66220)	(1.4644)	—	—
206	X5CrNiCuNb 16-4	4542-174-00-I	PP20I	S17400	1.4542	S51740	SUS 630
207	X5CrNiMoCuNb 14-5	4594-155-92-E	PM21I	—	1.4549	—	—
208	X6NiCrTiMoVB 25-15-2	4980-662-86-X	PM42J	(S66286)	1.4980	S51525	SUH 660
209	X7CrNiAl 17-7	4568-177-00-I	PP24L	S17700	1.4568	S51770	SUS 631
300	X8CrNiMoAl 15-7-2	4532-157-00-I	PM24M	S15700	1.4532	S51570	—
301	X9CrNiMoN 17-5-3	4457-350-00-X	PM25M	(S35000)	(1.4457)	S51750	—

3.2.2　耐热钢和热强钢及耐热合金

（1）ISO 标准耐热钢和热强钢的钢号与化学成分［ISO 4955（2016）］（表 3-2-3）

表 3-2-3　耐热钢和热强钢的钢号与化学成分（质量分数）（%）

钢 号	ISO 标准 数字系列①	C	Si	Mn	P ≤	S ≤	Cr	Ni	其 他
奥氏体型耐热钢									
X6CrNiSiNCe19-10	4818-304-15-E	0.04 ~ 0.08	1.00 ~ 2.00	≤1.00	0.045	0.015	18.0 ~ 20.0	9.0 ~ 11.0	N 0.12 ~ 0.20 Ce 0.03 ~ 0.08
X15CrNiSi20-12	4828-305-09-I	≤0.20	1.50 ~ 2.50	≤2.00	0.045	0.030	19.0 ~ 21.0	11.0 ~ 13.0	N≤0.10
X7CrNiSiNCe21-11	4835-308-15-U	0.05 ~ 0.10	1.40 ~ 2.00	≤0.80	0.040	0.030	20.0 ~ 22.0	10.0 ~ 12.0	N 0.14 ~ 0.20 Ce 0.03 ~ 0.08
X18CrNi23-13	4833-309-08-I	≤0.20	≤1.00	≤2.00	0.045	0.030	22.0 ~ 24.0	12.0 ~ 15.0	N≤0.10
X8CrNi25-21	4845-310-08-E	≤0.10	≤1.50	≤2.00	0.045	0.015	24.0 ~ 26.0	19.0 ~ 22.0	N≤0.10
X15CrNiSi25-21	4841-314-00-E	≤0.20	1.50 ~ 2.50	≤2.00	0.045	0.015	24.0 ~ 26.0	19.0 ~ 22.0	N≤0.10
X8NiCrAlTi32-21	4876-088-00-I	0.05 ~ 0.10	≤1.00	≤1.50	0.015	0.015	19.0 ~ 23.0	30.0 ~ 34.0	Al 0.15 ~ 0.60 Ti 0.15 ~ 0.60 Cu≤0.70
X6NiCrSiNCe35-25	4854-353-15-E	0.04 ~ 0.08	1.20 ~ 2.00	≤2.00	0.040	0.015	24.0 ~ 26.0	34.0 ~ 36.0	N 0.12 ~ 0.20 Ce 0.03 ~ 0.08
奥氏体型热强钢									
X10CrNiMoMnNbVB 15-10-1	4982-215-00-E	0.05 ~ 0.15	0.20 ~ 1.00	5.50 ~ 7.00	0.035	0.015	14.0 ~ 16.0	9.0 ~ 11.0	Mo 0.80 ~ 1.20 +②
X7CrNi18-9	4948-304-09-I	0.04 ~ 0.10	≤1.00	≤2.00	0.045	0.030	17.0 ~ 19.0	8.0 ~ 11.0	—
X7CrNiTi18-10	4940-321-09-I	0.04 ~ 0.10	≤1.00	≤2.00	0.045	0.030	17.0 ~ 19.0	9.0 ~ 12.0	Ti 5C ~ 0.80
X7CrNiNb19-10	4912-347-09-I	0.04 ~ 0.10	≤1.00	≤2.00	0.045	0.030	17.0 ~ 19.0	9.0 ~ 12.0	Nb 10C ~ 1.20③
X8CrNiNb16-13	4961-347-77-E	0.04 ~ 0.10	0.30 ~ 0.60	≤1.50	0.035	0.015	15.0 ~ 17.0	12.0 ~ 14.0	Nb 10C ~ 1.20③
X6CrNiMo17-13-2	4918-316-09-E	0.04 ~ 0.08	≤0.75	≤2.00	0.035	0.015	16.0 ~ 18.0	12.0 ~ 14.0	Mo 2.00 ~ 2.50 N≤0.10
X7NiCrWCuCoNbNB 25-23-3-3-3-2	4990-310-35-U	0.04 ~ 0.10	≤0.40	≤0.60	0.025	0.015	21.5 ~ 23.5	23.5 ~ 26.5	Co 1.00 ~ 2.00 +④
铁素体型耐热钢									
X10CrAlSi7	4713-503-72-E	≤0.12	0.50 ~ 1.00	≤1.00	0.040	0.015	6.00 ~ 8.00	—	Al 0.50 ~ 1.00
X2CrTi12	4512-409-10-I	≤0.03	≤1.00	≤1.00	0.040	0.015	10.5 ~ 12.5	—	Ti 6(C+N) ~ 0.65
X6Cr13	4000-410-08-I	≤0.08	≤1.00	≤1.00	0.040	0.030	12.0 ~ 14.0	≤1.00	—
X10CrAlSi13	4724-405-77-I	≤0.12	0.70 ~ 1.40	≤1.00	0.040	0.015	12.0 ~ 14.0	≤1.00	Al 0.70 ~ 1.20
X6Cr17	4016-430-00-I	≤0.08	≤1.00	≤1.00	0.040	0.015	16.0 ~ 18.0	≤1.00	—
X3CrTi17	4510-430-35-I	≤0.05	≤1.00	≤1.00	0.040	0.015	16.0 ~ 18.0	—	Ti[4(C+N) +0.15] ~ 0.80⑤
X2CrTiNb18	4509-439-40-I	≤0.03	≤1.00	≤1.00	0.040	0.015	17.5 ~ 18.5	—	Ti 0.10 ~ 0.60 Nb(3C +0.30) ~ 1.00③

（续）

ISO 标准		C	Si	Mn	P ≤	S ≤	Cr	Ni	其他
钢号	数字系列[①]								
铁素体型耐热钢									
X2CrMoTi18-2	4521-444-00-I	≤0.025	≤1.00	≤1.00	0.040	0.015	17.0~20.0	—	Mo 1.75~2.50 Ti[4(C+N)+0.15]~0.80[⑤] N≤0.03
X10CrAlSi18	4742-430-77-I	≤0.12	0.70~1.40	≤1.00	0.040	0.015	17.0~19.0	≤1.00	Al 0.70~1.20
X10CrAlSi25	4762-445-72-I	≤0.12	0.70~1.40	≤1.00	0.040	0.015	23.0~26.0	≤1.00	Al 1.20~1.70
X15CrN26	4749-446-00-I	≤0.20	≤1.00	≤1.00	0.040	0.030	24.0~28.0	≤1.00	N 0.15~0.25
马氏体型热强钢									
X18CrMnMoNbVN12	4916-600-77-I	0.15~0.20	≤0.50	0.50~1.00	0.040	0.030	10.0~13.0	≤0.60	Mo 0.30~0.90 Nb 0.20~0.60 V 0.10~0.40
X22CrMoV12-1	4923-422-77-E	0.18~0.24	≤0.50	0.40~0.90	0.025	0.015	11.0~12.5	0.30~0.80	Mo 0.80~1.20 V 0.25~0.35
沉淀硬化型耐热合金									
X6NiCrTiMoVB25-15-2	4980-662-86-X	≤0.08	≤1.00	≤2.00	0.040	0.030	13.5~16.0	24.0~27.0	[⑥]
NiCr19Fe19Nb5Mo3	4668-077-10-I	0.02~0.08	≤0.35	≤0.35	0.015	0.015	17.0~21.0	50.0~55.0	[⑦]
NiCr20TiAl	4952-070-80-I	0.04~0.10	≤1.00	≤1.00	0.020	0.015	18.0~21.0	≥65.0	[⑧]

① 系 ISO 4995:2016 标准的数字系统。

② V 0.15~0.40,Nb 0.75~1.25,N≤0.10,B 0.003~0.009。

③ 系(Nb+Ta)含量。

④ W 3.00~4.00,Cu 2.50~3.50,Nb 0.40~0.60,N 0.20~0.30,B 0.002~0.008。

⑤ Ti 可以和 Nb 或 Zr 置换$\left(Nb = Zr = \frac{7}{4} Ti \right)$。

⑥ Mo 1.00~1.50,Ti 1.90~2.35,V 0.10~0.50,Al ≤0.35,B 0.003~0.010。

⑦ Mo 2.80~3.30,Al 0.30~0.70,(Nb+Ta)4.70~5.50,Ti 0.60~1.20,Co≤1.00,Cu≤0.30,B 0.002~0.006。

⑧ Al 1.00~1.80,Ti 1.80~2.70,Co≤1.00,Cu≤0.20,B≤0.008,Fe≤1.50。

（2）ISOS 标准耐热钢和热强钢的力学性能

A）耐热钢和热强钢扁平材的力学性能（表3-2-4）

表 3-2-4 耐热钢和热强钢扁平材的力学性能

钢 号	产品交货状态			$R_{p0.2}$/MPa	$R_{p1.0}$/MPa	R_m/MPa	$A^{①}$（%） ≥		
	产品厚度 a/mm	热处理状态	HBW ≤	≥			产品厚度 a/mm		
							0.5≤a<3	a≥3	
							纵/横向	纵向	横向
奥氏体型耐热钢									
X6CrNiSiNCe19-10	0.5≤a≤12	固溶	210	290	330	600~800	30	40	40
X15CrNiSi20-12	0.5≤a≤12	固溶	223	230	270	550~750	28	40	40

（续）

钢　号	产品交货状态		HBW ≤	$R_{p0.2}$/MPa	$R_{p1.0}$/MPa	R_m/MPa	A[①]（%）≥		
	产品厚度 a/mm	热处理状态		≥			产品厚度 a/mm		
							0.5 ≤ a < 3	a ≥ 3	
							纵/横向	纵向	横向
奥氏体型耐热钢									
X7CrNiSiNCe21-11	0.5 ≤ a ≤ 12	固溶	210	310	345	650~850	37	35	35
X18CrNi23-13	0.5 ≤ a ≤ 12	固溶	192	210	250	500~700	33	35	35
X8CrNi25-21	0.5 ≤ a ≤ 12	固溶	192	210	250	500~700	33	35	35
X15CrNiSi25-21	0.5 ≤ a ≤ 12	固溶	223	230	270	550~750	28	30	30
X8NiCrAlTi32-21	0.5 ≤ a ≤ 12	固溶	192	170	210	450~680	28	30	30
X6NiCrSiNCe35-25	0.5 ≤ a ≤ 12	固溶	210	300	340	650~850	40	40	40
奥氏体型热强钢									
X10CrNiMoMnNbVB 15-10-1	0.5 ≤ a ≤ 12								
X7CrNi18-9	0.5 ≤ a ≤ 12	固溶	192	195	230	500~700	37	40	40
X7CrNiTi18-10	0.5 ≤ a ≤ 12	固溶	215	190	230	500~720	40	40	40
X7CrNiNb18-10	0.5 ≤ a ≤ 12	固溶	192	205	240	510~710	28	30	30
X8CrNiNb16-13	0.5 ≤ a ≤ 12	固溶	—	200	240	500~750	30	30	35
X6CrNiMo17-13-2	0.5 ≤ a ≤ 12	—	—	—	—	—	—	—	—
X7NiCrWCuCoNbNB 25-23-3-3-3-2	0.5 ≤ a ≤ 12	—	—	—	—	—	—	—	—
铁素体型耐热钢									
X10CrAlSi7	0.5 ≤ a ≤ 12	退火	192	220	—	420~620	—	20	15
X2CrTi12	0.5 ≤ a ≤ 12	退火	—	210	—	380~560	25	25	25
X6Cr13	0.5 ≤ a ≤ 12	退火	197	230	—	400~630	18	20	18
X10CrAlSi13	0.5 ≤ a ≤ 12	退火	192	250	—	450~650	13	15	15
X6Cr17	0.5 ≤ a ≤ 12	退火	197	250	—	430~630	18	20	18
X3CrTi17	0.5 ≤ a ≤ 12	退火	—	230	—	420~600	23	23	23
X2CrTiNb18	0.5 ≤ a ≤ 12	退火	—	230	—	430~630	18	18	18
X2CrMoTi18-2	0.5 ≤ a ≤ 12	退火	—	280	300	420~620	20	20	20
X10CrAlSi18	0.5 ≤ a ≤ 12	退火	212	270	—	500~700	13	15	15
X10CrAlSi25	0.5 ≤ a ≤ 12	退火	223	280	—	520~720	13	15	15
X15CrN26	0.5 ≤ a ≤ 12	退火	212	280	—	500~700	13	15	15
马氏体型热强钢									
X18CrMnMoNbVN12	0.5 ≤ a ≤ 12	—	—	—	—	—	—	—	—
X22CrMoV12-1	0.5 ≤ a ≤ 12	淬火回火	—	600	—	800~950	—	14	14
沉淀硬化型耐热合金									
X6NiCrTiMoVB 25-15-2	0.5 ≤ a ≤ 12	沉淀硬化	—	590	—	900~1150	—	15	15
NiCr19Fe19Nb5Mo3	0.5 ≤ a ≤ 12	沉淀硬化	—	1030	—	≥1230	—	12	12
NiCr20TiAl	0.5 ≤ a ≤ 12	沉淀硬化	—	600	—	≥1000	—	18	18

① 未标示数值的可由供需双方商定。

B）耐热钢和热强钢长形材的力学性能（表3-2-5）

表 3-2-5　耐热钢和热强钢长形材的力学性能

牌 号	产品交货状态				HBW[②] ≤	$R_{p0.2}$ /MPa ≥	$R_{p1.0}$ /MPa ≥	R_m /MPa	A（%）≥
	产品厚度[①] d/mm			热处理状态					
	棒材	线材型材	锻件						
奥氏体型耐热钢									
X6CrNiSiNCe19-10-1				固溶	210	290	330	600～800	40
X15CrNiSi20-12				固溶	223	230	270	550～750	30
X7CrNiSiNCe21-11				固溶	210	310	345	650～850	40
X18CrNi23-13	$5 \le d \le 160$	$1.5 \le d \le 25$	$d \le 100$	固溶	192	210	250	500～700	35
X8CrNi25-21				固溶	192	210	250	500～700	35
X15CrNiSi25-21				固溶	223	230	270	550～750	30
X8NiCrAlTi32-21				固溶	192	170	210	450～680	30
X6NiCrSiNCe35-25				固溶	210	300	340	650～850	40
奥氏体型热强钢									
X10CrNiMoMnNbVB 15-10-1	$5 \le d \le 100$	—	—	固溶	—	510	—	650～850	25
X7CrNi18-9				固溶	192	195	230	500～700	30
X7CrNiTi18-10	$5 \le d \le 160$	$1.5 \le d \le 25$	$d \le 100$	固溶	215	190	230	500～720	40
X7CrNiNb18-10				固溶	192	205	240	510～710	30
X8CrNiNb16-13	$5 \le d \le 100$	—	—	固溶		205	245	510～690	30
X6CrNiMo17-13-2	$5 \le d \le 160$	$1.5 \le d \le 25$	$d \le 100$	固溶		205	245	490～690	30
X7NiCrWCuCoNbNB 25-23-3-3-3-2	—	$3.0 \le d \le 14$	—	固溶	185	310	355	650～850	35
铁素体型耐热钢									
X10CrAlSi7				退火	192	220	—	420～620	20
X2CrTi12				退火	—	210	—	380～560	—
X6Cr13				退火	197	230	—	400～630	20
X10CrAlSi13				退火	192	250	—	450～650	15
X6Cr17				退火	197	250	—	430～630	20
X3CrTi17	$5 \le d \le 25$	$1.5 \le d \le 25$	$5 \le d \le 15$	退火	—	230	—	420～600	—
X2CrTiNb18				退火		230	—	430～630	18
X2CrMoTi18-2				退火		280	—	420～620	20
X10CrAlSi18				退火	212	270	—	500～700	15
X10CrAlSi25				退火	223	280	—	520～720	10
X15CrN26				退火	212	280	—	500～700	15
马氏体型热强钢									
X18CrMnMoNbVN12	$5 \le d \le 160$	—	—	淬火回火	—	685	—	≥830	12
X22CrMoV12-1	$5 \le d \le 160$	—	—			600		900～950	14
沉淀硬化型耐热合金									
X6NiCrTiMoVB 25-15-2	$5 \le d \le 160$	—	—	沉淀硬化	—	590	—	900～1150	15
NiCr19Fe19Nb5Mo3	$5 \le d \le 160$	—	—	沉淀硬化		1030	—	≥1230	12
NiCr20TiAl	$5 \le d \le 160$	—	—			600	—	≥1000	18

① 对于其他尺寸，力学性能由供需双方商议。

② 对于薄材，不适用 HBW 试验，经供需双方协商后可使用 HRB 或 HV 硬度试验。

（3）ISO 标准耐热钢和热强钢的高温力学性能（表3-2-6）

表 3-2-6　耐热钢和热强钢的高温力学性能

牌号 （数字系列）	热处理状态	持久时间/h	1%塑性应变的蠕变强度/MPa （在下列温度时）/℃						蠕变破断强度/MPa （在下列温度时）/℃						最高使用温度/℃
			500	600	700	800	900	1000	500	600	700	800	900	1000	
奥氏体型耐热钢															
X6CrNiSiNCe19-10 （4818-304-15-E）	固溶处理	1000	—	147	61	25	9	(2.5)	—	238	105	46	18	(7)	1050
		10000	—	126	42	15	8	(1.7)	—	157	63	25	10	(4)	
		100000	—	80	26	9	3	(1.0)	—	88	35	14	5	(1.5)	
X15CrNiSi20-12 （4828-305-09-I）	固溶处理	1000	—	120	50	20	8	—	—	190	75	35	15	—	1000
		10000	—	80	25	10	4	—	—	120	36	18	8.5	—	
		100000								65	16	7.5	3		
X7CrNiSiNCe21-11 （4835-308-15-U）	固溶处理	1000	—	170	66	31	15.5	(8)	—	238	105	50	24	(12)	1150
		10000	—	126	45	19	10	(5)	—	157	63	27	13	(7)	
		100000	—	80	26	11	6	(3)	—	88	35	15	8	(4)	
X18CrNi23-13 （4833-309-08-I）	固溶处理	1000	—	100	40	18	8	—	—	190	75	35	15	—	1000
		10000	—	70	25	10	5	—	—	120	36	18	7.5	—	
		100000								65	16	7.5	3		
X8CrNi25-21 （4845-310-08-E）	固溶处理	1000	—	100	45	18	10	—	—	170	80	35	15	—	1050
		10000	—	90	30	10	4	—	—	130	40	18	8.5	—	
		100000								80	18	7	3		
X15CrNiSi25-21 （4841-314-00-E）	固溶处理	1000	—	105	50	23	10	3	—	170	90	40	20	5	1150
		10000	—	95	35	10	4	—	—	130	40	20	10	—	
		100000								80	18	7	3		
X8NiCrAlTi32-21 （4876-088-00-I）	固溶处理	1000	—	130	70	30	13	—	—	200	90	45	20	—	1100
		10000	—	90	40	15	5	—	—	152	68	30	10	—	
		100000								114	48	21	8	—	
X6NiCrSiNCe35-25 （4854-353-15-E）	固溶处理	1000	—	150	60	26	12.5	6.5	—	200	84	41	22	12	1170
		10000	—	88	34	15	8	4.5	—	127	56	28	15	8	
		100000	—	52	21	9.7	5.1	3.0	—	80	36	18	9.2	4.8	
奥氏体型热强钢															
X10CrNiMoMnNbVB 15-10-1 （4982-215-00-E）	固溶处理	1000	—	—	—	—	—	—	—	—	—	—	—	—	—
		10000	—	—	—	—	—	—	—	—	—	—	—	—	
		100000	—	—	—	—	—	—	—	—	—	—	—	—	
X7CrNi18-9 （4948-304-09-I）	固溶处理	1000	—	100	45	15	—	—	—	178	83	—	—	—	800
		10000	—	80	30	—	—	—	—	122	48	—	—	—	
		100000	—	—	—	—	—	—	—	—	—	—	—	—	
X7CrNiTi18-10 （4940-321-09-I）	固溶处理	1000	—	110	45	15	—	—	—	200	88	30	—	—	850
		10000	—	85	30	10	—	—	—	142	48	15	—	—	
		100000	—	—	—	—	—	—	—	—	—	—	—	—	
X7CrNiNB18-10 （4912-347-09-I）	固溶处理	1000	—	140	65	25	—	—	—	210	110	—	—	—	850
		10000	—	110	45	—	—	—	—	159	61	—	—	—	
		100000	—	—	—	—	—	—	—	—	—	—	—	—	

（续）

牌 号 （数字系列）	热处理 状态	持久时间/h	1%塑性应变的蠕变强度/MPa （在下列温度时）/℃						蠕变破断强度/MPa （在下列温度时）/℃						最高使用温度/℃
			500	600	700	800	900	1000	500	600	700	800	900	1000	
奥氏体型热强钢															
X7CrNiNB18-10 （4912-347-09-I）	固溶处理	1000	—	140	65	25	—	—	—	210	110	—	—	—	850
		10000	—	110	45	—	—	—	—	159	61	—	—	—	
		100000	—	—	—	—	—	—	—	—	—	—	—	—	
X8CrNiNb16-13 （4961-347-77-E）	固溶处理	1000	—	—	—	—	—	—	—	—	—	—	—	—	—
		10000	—	113	78	49	34	—	—	157	103	64	44		
		100000	—	78	49	26	16	—	—	108	64	34	20		
		200000	—	—	—	—	—	—		94	53	27	15		
X6CrNiMo17-13-2 （4918-316-09-E）	固溶处理	1000	—	—	—	—	—	—	—	—	—	—	—	—	—
		10000	—	—	—	—	—	—	—	—	—	—	—	—	
		100000	—	—	—	—	—	—	—	—	—	—	—	—	
X7NiCrWCuCoNbNB 25-23-3-3-3-2 （4990-310-35-U）	固溶处理	1000	—	—	—	—	—	—	—	—	—	—	—	—	750
		10000	—	—	—	—	—	—	500	310	145	50	—	—	
		100000	—	165	73	24	—	—	405	230	95	25	—	—	
铁素体型耐热钢															
X10CrAlSi7 （4713-503-72-E）	退火	1000	80	15	8.5	3.7	1.8	—	160	30	17	7.5	3.6	—	800
		10000	50	10	4.7	2.1	1.0	—	100	20	9.5	4.3	1.9	—	
X2CrTi12 （4512-409-10-I）	退火	1000	80	15	8.5	3.7	1.8	—	160	30	17	7.5	3.6	—	650
		10000	50	10	4.7	2.1	1.0	—	100	20	9.5	4.3	1.9	—	
		100000	—	—	—	—	—	—	55	20	5	2.3	1.0	—	
X6Cr13 （4000-410-08-I）	退火	1000	80	15	8.5	3.7	1.8	—	160	30	17	7.5	3.6	—	800
		10000	50	10	4.7	2.1	1.0	—	100	20	9.5	4.3	1.9	—	
		100000	—	—	—	—	—	—	55	20	5	2.3	1.0	—	
X10CrAlSi13 （4724-405-77-I）	退火	1000	80	15	8.5	3.7	1.8	—	160	30	17	7.5	3.6	—	750
		10000	50	10	4.7	2.1	1.0	—	100	20	9.5	4.3	1.9	—	
		100000	—	—	—	—	—	—	55	20	5	2.3	1.0	—	
X6Cr17 （4016-430-00-I）	退火	1000	80	15	8.5	3.7	1.8	—	160	30	17	7.5	3.6	—	850
		10000	50	10	4.7	2.1	1.0	—	100	20	9.5	4.3	1.9	—	
		100000	—	—	—	—	—	—	55	20	5	2.3	1.0	—	
X3CrTi17 （4510-430-35-I）	退火	1000	80	15	8.5	3.7	1.8	—	160	30	17	7.5	3.6	—	900
		10000	50	10	4.7	2.1	1.0	—	100	20	9.5	4.3	1.9	—	
		100000	—	—	—	—	—	—	55	20	5	2.3	1.0	—	
X2CrTiNb18 （4509-439-40-X）	退火	1000	80	15	8.5	3.7	1.8	—	160	30	17	7.5	3.6	—	900
		10000	50	10	4.7	2.1	1.0	—	100	20	9.5	4.3	1.9	—	
		100000	—	—	—	—	—	—	55	20	5	2.3	1.0	—	
X2CrMoTi18-2 （4512-444-00-I）	退火	1000	80	15	8.5	3.7	1.8	—	160	30	17	7.5	3.6	—	900
		10000	50	10	4.7	2.1	1.0	—	100	20	9.5	4.3	1.9	—	
		100000	—	—	—	—	—	—	55	20	5	2.3	1.0	—	
X10CrAlSi18 （4742-430-77-I）	退火	1000	80	15	8.5	3.7	1.8	—	160	30	17	7.5	3.6	—	850
		10000	50	10	4.7	2.1	1.0	—	100	20	9.5	4.3	1.9	—	
		100000	—	—	—	—	—	—	55	20	5	2.3	1.0	—	

（续）

牌　号（数字系列）	热处理状态	持久时间/h	1%塑性应变的蠕变强度/MPa（在下列温度时）/℃						蠕变破断强度/MPa（在下列温度时）/℃						最高使用温度/℃
			500	600	700	800	900	1000	500	600	700	800	900	1000	
铁素体型耐热钢															
X10CrAlSi25 (4762-445-72-I)	退火	1000	80	15	8.5	3.7	1.8	—	160	30	17	7.5	3.6	—	1000
		10000	50	10	4.7	2.1	1.0	—	100	20	9.5	4.3	1.9	—	
		100000	—	—	—	—	—	—	55	20	5	2.3	1.0	—	
X15CrN26	退火	1000	80	15	8.5	3.7	1.8	—	160	30	17	7.5	3.6	—	1150
		10000	50	10	4.7	2.1	1.0	—	100	20	9.5	4.3	1.9	—	
马氏体型热强钢															
X18CrMnMoNbVN12 (4916-600-77-I)	退火	10000	374	133					417	155	—	—	—	—	1000
		100000	298						349	65	—	—	—	—	
		200000	—	—					330	49					
X22CrMoV12-1 (4923-422-77-E)	退火	10000	80	15	8.5	3.7	1.8		160	30	17	7.5	3.6		1150
		100000	50	10	4.7	2.1	1.0		100	20	9.5	4.3	1.9		
沉淀硬化型耐热合金															
X6NiCrTiMoVB 25-15-2 (4980-662-86-X)	沉淀硬化	10000	580	320					600	365	—	—	—	—	1150
		100000	495	220					545	250	—	—	—	—	
NiCr19Fe19Nb5Mo3 (4668-077-18-I)	沉淀硬化	10000	957	580	200	19			940	620	248	36	—	—	1150
		100000	867	430	88	6.1			860	505	132	12	—	—	

3.2.3　阀门用钢与镍基合金

（1）ISO 标准阀门用钢和镍基合金的牌号与化学成分〔ISO 683-15（1992/2013 确认）〕（表 3-2-7）

表 3-2-7　阀门用钢和镍基合金的牌号与化学成分（质量分数）（%）

牌　号	C	Si	Mn	P ≤	S ≤	Cr	Ni	N	其　他
马氏体型钢									
X50CrSi 8-2	0.45 ~ 0.55	1.00 ~ 2.00	≤0.60	0.030	0.030	7.50 ~ 9.50	≤0.60	—	—
X45CrSi 9-3	0.40 ~ 0.50	2.00 ~ 3.30	≤0.80	0.040	0.030	8.00 ~ 10.0	≤0.60	—	—
X85CrMoV 18-2	0.80 ~ 0.90	≤1.00	≤1.50	0.040	0.030	16.5 ~ 18.5		—	Mo 2.00 ~ 2.50 V 0.30 ~ 0.60
奥氏体型钢									
X55CrMnNiN 20-8	0.50 ~ 0.60	≤0.25	7.00 ~ 10.0	0.050	0.030	19.5 ~ 21.5	1.50 ~ 2.75	0.20 ~ 0.40	—
X55CrMnNiN 21-9	0.48 ~ 0.58	≤0.25	8.00 ~ 10.0	0.050	0.030	20.0 ~ 22.0	3.25 ~ 4.50	0.35 ~ 0.50	—
X50CrMnNi-NbN 21-9	0.45 ~ 0.55	≤0.45	8.00 ~ 10.0	0.050	0.030	20.0 ~ 22.0	3.50 ~ 5.50	0.40 ~ 0.60	W 0.8 ~ 1.50 （Nb + Ta） 1.80 ~ 2.50
X53CrMnNi-NbN 21-9	0.48 ~ 0.58	≤0.45	8.00 ~ 10.0	0.050	0.030	20.0 ~ 22.0	3.25 ~ 4.50	0.38 ~ 0.50	（Nb + Ta） 2.00 ~ 3.00 C + N≥0.90
X33CrMnNiN 23-3	0.28 ~ 0.38	0.50 ~ 1.00	1.50 ~ 3.50	0.050	0.030	22.0 ~ 24.0	7.00 ~ 9.00	0.25 ~ 0.35	Mo ≤0.50 W ≤0.50

（续）

牌　号	C	Si	Mn	P ≤	S ≤	Cr	Ni	N	其　他
						镍基合金			
NiCr15Fe7TiAl	0.03 ~ 0.10	≤0.50	≤0.50	0.015	0.015	14.0 ~ 17.0	余量	—	①
NiFe25Cr20NbTi	≤0.10	≤1.00	≤1.00	0.030	0.015	18.0 ~ 21.0	余量	—	②
NiCr20TiAl	0.04 ~ 0.10	≤1.00	≤1.00	0.020	0.015	18.0 ~ 21.0	≥65	—	③

① Al 1.10 ~ 1.35，（Nb + Ta）0.70 ~ 1.20，Ti 2.00 ~ 2.60，Fe 5.00 ~ 9.00。
② Al 0.30 ~ 1.0，Ti 1.00 ~ 2.00，（Nb + Ta）1.00 ~ 2.00，B≤0.008，Fe 23.0 ~ 28.0。
③ Al 1.00 ~ 1.80，Ti 1.80 ~ 2.70，Co≤2.00，Cu≤0.20，Fe≤3.00，B≤0.008。

（2）ISO 标准阀门用钢和镍基合金的室温力学性能与热处理
A）阀门用钢和镍基合金的室温力学性能（表 3-2-8）

表 3-2-8　阀门用钢和镍基合金的室温力学性能

牌　号	热处理状态①	R_m/MPa	$R_{p0.2}$/MPa	A（%）	Z（%）	HRC（HBW）
			≥			
			马氏体型钢			
X50CrSi 8-2	Q + T	900 ~ 1100	685	14	40	（266 ~ 325）
X45CrSi 9-3	Q + T	900 ~ 1100	700	14	40	（266 ~ 325）
X85CrMoV 18-2	Q + T	1000 ~ 1200	800	7	12	（296 ~ 355）
			奥氏体型钢			
X55CrMnNiN 20-8	S + P	900 ~ 1150	550	8	10	28
X55CrMnNiN 21-9	S + P	950 ~ 1200	580	8	10	30
X50CrMnNiNbN 21-9	S + P	950 ~ 1150	580	12	15	30
X53CrMnNiNbN 21-9	S + P	950 ~ 1150	580	8	10	30
X33CrMnNiN 23-3	S + P	850 ~ 1100	550	20	30	25
			镍基合金			
NiCr15Fe7TiAl	S + P	1100 ~ 1300	750	12	20	32
NiFe25Cr20NbTi	S + P	900 ~ 1100	500	25	30	28
NiCr20TiAl	S + P	1100 ~ 1400	725	15	25	32

① 热处理状态代号：Q—淬火；T—回火；S—固溶处理；P—时效处理。

B）阀门用钢和镍基合金的热处理制度（表 3-2-9）

表 3-2-9　阀门用钢和镍基合金的热处理制度

牌　号	热加工温度/℃		退火 + 淬火或固溶处理①		回火或时效处理①	
	开始	终止	温度/℃	冷却	温度/℃	冷却
			马氏体型钢			
X50CrSi 8-2	1100	900	A = 780 ~ 820 Q = 1000 ~ 1050	空/水油	T = 720 ~ 820	空/水
X45CrSi 9-3	1100	900	A = 780 ~ 820 Q = 1000 ~ 1050	空/水油	T = 720 ~ 820	空/水
X85CrMoV 18-2	1100	900	A = 820 ~ 860 Q = 1050 ~ 1080	空/水油	T = 720 ~ 820	空/水

（续）

牌　号	热加工温度/℃		退火 + 淬火或固溶处理[①]		回火或时效处理[①]	
	开始	终止	温度/℃	冷却	温度/℃	冷却
奥氏体型钢						
X55CrMnNiN 20-8	1100	950	S = 1140 ~ 1180	水	P =（760 ~ 815）×4 ~ 8 h	空冷
X55CrMnNiN 21-9	1150	950	S = 1140 ~ 1180	水	P =（760 ~ 815）×4 ~ 8 h	空冷
X50CrMnNiNbN 21-9	1150	950	S = 1160 ~ 1200	水	P =（760 ~ 815）×4 ~ 8 h	空冷
X53CrMnNiNbN 21-9	1150	980	S = 1160 ~ 1200	水	P =（760 ~ 815）×6 h	空冷
X33CrMnNiN 23-3	1150	980	S = 1150 ~ 1170	水	P =（800 ~ 830）×8 h	空冷
镍基合金						
NiCr15Fe7TiAl	1150	940	S = 1050 ~ 1150	空冷	P = 840 ×24h + 700 ×2h	空冷
NiFe25Cr20NbTi	1150	1050	S = 1000 ~ 1080	空/水	P =（690 ~ 710）×16 h	空冷
NiCr20TiAl	1150	1050	S = 1000 ~ 1080	空/水	P =（690 ~ 710）×16 h	空冷

① 热处理状态代号：A—软化退火；Q—淬火；T—回火；S—固溶处理；P—时效处理。

（3）ISO 标准阀门用钢和镍基合金的高温力学性能（表 3-2-10）

表 3-2-10　阀门用钢和镍基合金的高温力学性能[①]

牌　号	热处理状态[②]	高温抗拉强度/MPa（在下列温度时）/℃							高温 0.2% 塑性应变的伸长应力/MPa（在下列温度时）/℃						
		500	550	600	650	700	750	800	500	550	600	650	700	750	800
马氏体型钢															
X50CrSi8-2	Q + T	500	360	230	160	105	—	—	400	300	220	110	75	—	—
X45CrSi9-3	Q + T	500	360	250	170	110	—	—	400	300	240	120	80	—	—
X85CrMoV18-2	Q + T	550	400	300	230	180	140	—	500	370	280	170	120	80	—
奥氏体型钢															
X55CrMnNiN20-8	S + P	640	590	540	490	440	360	290	300	280	250	230	220	200	170
X53CrMnNiN21-9	S + P	650	600	550	500	450	370	300	350	330	300	270	250	230	200
X53CrMnNiNLN21-9	S + P	680	650	610	550	480	410	340	350	330	310	285	260	240	220
X53CrMnNiNbN21-9	S + P	680	650	600	510	450	380	320	340	320	310	280	260	235	220
X33CrNiMnN23-8	S + P	600	570	530	470	400	340	280	270	250	220	210	190	180	170

（续）

牌 号	热处理状态[2]	高温抗拉强度/MPa（在下列温度时）/℃							高温0.2%塑性应变的伸长应力/MPa（在下列温度时）/℃						
		500	550	600	650	700	750	800	500	550	600	650	700	750	800
镍基合金															
NiCr15Fe7TiAl	S + P	1000	980	930	850	770	650	510	725	710	690	660	650	560	425
NiFe25Cr20NbTi	S + P	800	800	190	740	640	500	340	450	450	450	450	430	380	250
NiCr20TiAl	S + P	1050	1030	1000	930	820	680	500	700	650	650	600	600	500	450

① 表中非标准规定值。
② 状态代号：Q—淬火；S—固溶处理；P—时效处理。

B. 专业用钢和优良品种

3.2.4 不锈钢：棒材、线材和型材 [ISO 16143-2（2014）]

（1）ISO 标准奥氏体型不锈钢棒材、线材和型材的钢号与化学成分（表3-2-11）

表 3-2-11 奥氏体型不锈钢棒材、线材和型材的钢号与化学成分（质量分数）（%）

ISO 标准		C	Si	Mn	P ≤	S[①] ≤	Cr	Ni[②]	Mo	N	其他[①]
钢 号	数字系列										
X1CrNi 25-21	4335-310-02-I	≤0.020	≤0.25	≤2.00	0.025	0.010	24.0 ~ 26.0	20.0 ~ 22.0	≤0.20	≤0.10	—
X1CrNiMoCuN 20-18-7	4547-312-54-I	≤0.020	≤0.70	≤1.00	0.035	0.015	19.5 ~ 20.5	17.5 ~ 18.5	6.00 ~ 7.00	0.18 ~ 0.25	Cu 0.50 ~ 1.00
X1CrNiMoCuN 24-22-8	4652-326-54-I	≤0.020	≤0.50	2.00 ~ 4.00	0.030	0.005	23.0 ~ 25.0	21.0 ~ 23.0	7.00 ~ 8.00	0.45 ~ 0.55	Cu 0.30 ~ 0.60
X1CrNiMoCuNW 24-22-6	4659-312-66-I	≤0.020	≤0.70	2.00 ~ 4.00	0.030	0.010	23.0 ~ 25.0	21.0 ~ 23.0	5.50 ~ 6.50	0.35 ~ 0.50	Cu 1.00 ~ 2.00 W 1.50 ~ 2.50
X1CrNiMoN 25-22-2	4466-310-50-E	≤0.020	≤0.70	≤2.00	0.025	0.010	24.0 ~ 26.0	21.0 ~ 23.0	2.00 ~ 2.50	0.10 ~ 0.16	—
X1NiCrMoCu 25-20-5	4539-089-04-I	≤0.020	≤0.75	≤2.00	0.035	0.015	19.0 ~ 22.0	23.5 ~ 26.0	4.00 ~ 5.00	≤0.15	Cu 1.20 ~ 2.00
X1NiCrMoCu 31-27-4	4563-080-28-I	≤0.020	≤0.70	≤2.00	0.030	0.010	26.0 ~ 28.0	30.0 ~ 32.0	3.00 ~ 4.00	≤0.10	Cu 0.70 ~ 1.50
X1NiCrMoCuN 25-20-7	4529-089-26-I	≤0.020	≤0.75	≤2.00	0.035	0.015	19.0 ~ 21.0	24.0 ~ 26.0	6.00 ~ 7.00	0.15 ~ 0.25	Cu 0.50 ~ 1.50
X2CrNi 18-9	4307-304 -03-I	≤0.030	≤1.00	≤2.00	0.045	0.030	17.5 ~ 19.5	8.00 ~ 10.0 (10.5)	—	≤0.10	—
X2CrNi 19-11	4306-304-03-I	≤0.030	≤1.00	≤2.00	0.045	0.030	18.0 ~ 20.0	10.0 ~ 12.0 (13.0)	—	≤0.10	—

（续）

ISO 标准		C	Si	Mn	P ≤	S[①] ≤	Cr	Ni[②]	Mo	N	其　他[①]
钢　号	数字系列										
X2CrNiMnMoN 25-18-6-5	4565-345-65-I	≤0.030	≤1.00	5.00 ~ 7.00	0.030	0.015	24.0 ~ 26.0	16.0 ~ 19.0	4.00 ~ 5.00	0.30 ~ 0.60	Nb≤0.15
X2CrNiMo 17-12-2	4404-316-03-I	≤0.030	≤1.00	≤2.00	0.045	0.030	16.5 ~ 18.5	10.0 ~ 13.0 (14.5)	2.00 ~ 3.00	≤0.10	—
X2CrNiMo 17-12-3	4432-316-03-I	≤0.030	≤1.00	≤2.00	0.045	0.030	16.5 ~ 18.5	10.5 ~ 13.0 (14.5)	2.50 ~ 3.00	≤0.10	—
X2CrNiMo 18-14-3	4435-316-91-I	≤0.030	≤1.00	≤2.00	0.045	0.015	17.0 ~ 19.0	12.5 ~ 15.0	2.50 ~ 3.00	≤0.10	—
X2CrNiMoN 17-12-3	4429-316-53-I	≤0.030	≤1.00	≤2.00	0.045	0.030	16.5 ~ 18.5	10.5 ~ 13.0 (14.0)	2.50 ~ 3.00	0.12 ~ 0.22	
X2CrNiMoN 17-13-5	4439-317-26-E	≤0.030	≤1.00	≤2.00	0.045	0.015	16.5 ~ 18.5	12.5 ~ 14.5	4.00 ~ 5.00		
X2CrNiMoN 18-12-4	4434-317-53-I	≤0.030	≤1.00	≤2.00	0.045	0.030	16.5 ~ 19.5	10.5 ~ 14.0 (15.0)	3.00 ~ 4.00	0.10 ~ 0.20	
X2CrNiN 18-9	4311-304-53-I	≤0.030	≤1.00	≤2.00	0.045	0.030	17.5 ~ 19.5	8.00 ~ 10.0	—	0.12 ~ 0.22	—
X3CrNiMnCu 15-8-5-3	4615-201-75-E	≤0.030	≤1.00	7.00 ~ 9.00	0.040	0.010	14.0 ~ 16.0	4.50 ~ 6.00	≤0.80	0.02 ~ 0.05	Cu 2.00 ~ 4.00
X3CrNiCu 18-9-4	4567-304-30-I	≤0.04	≤1.00	≤2.00	0.045	0.030	17.0 ~ 19.0	8.00 ~ 10.5	—	≤0.10	Cu 3.00 ~ 4.00
X3CrNiMo 17-12-3	4436-316-00-I	≤0.05	≤1.00	≤2.00	0.045	0.030	16.5 ~ 18.5	10.5 ~ 13.0 (14.0)	2.50 ~ 3.00	≤0.10	—
X5CrNi 18-10	4301-304-00-I	≤0.07	≤1.00	≤2.00	0.045	0.030	17.5 ~ 19.5	8.00 ~ 10.5	—	≤0.10	
X5CrNiMo 17-12-2	4401-316-00-I	≤0.07	≤1.00	≤2.00	0.045	0.030	16.5 ~ 18.5	10.0 ~ 13.0 (14.0)	2.00 ~ 3.00	≤0.10	
X5CrNiN 19-9	4315-304-51-I	≤0.08	≤1.00	≤2.50	0.045	0.030	18.0 ~ 20.0	7.00 ~ 10.5	—	0.10 ~ 0.30	（Nb≤0.15）
X6CrNi 18-12	4303-305-00-I	≤0.08	≤1.00	≤2.00	0.045	0.030	17.0 ~ 19.0	10.5 ~ 13.0	—	≤0.10	—
X6CrNiCuS 18-9-2	4570-303-51-I	≤0.08	≤1.00	≤2.00	0.045	≥0.15	17.0 ~ 19.0	8.00 ~ 10.0	≤0.60	≤0.10	Cu 1.40 ~ 1.80

（续）

ISO 标准		C	Si	Mn	P ≤	S[1] ≤	Cr	Ni[2]	Mo	N	其　他[1]
钢　号	数字系列										
X6CrNiMoTi 17-12-2	4571-316-35-I	≤0.08	≤1.00	≤2.00	0.045	0.030	16.5 ~ 18.5	10.5 ~ 13.5	2.00 ~ 2.50	—	Ti 5C ~ 0.70
X6CrNiNb 18-10	4550-347-00-I	≤0.08	≤1.00	≤2.00	0.045	0.030	17.0 ~ 19.0	9.00 ~ 12.0 (13.0)	—	—	Nb 10 C ~ 1.00
X6CrNiTi 18-10	4541-321-00-I	≤0.08	≤1.00	≤2.00	0.045	0.030	17.0 ~ 19.0	9.00 ~ 12.0 (13.0)	—	—	Ti 5C ~ 0.70
X8CrMnCuN 17-8-3	4597-204-76-I	≤0.10	≤2.00	6.50 ~ 9.00	0.040	0.030	16.0 ~ 18.0	≤2.00	≤1.00	0.15 ~ 0.30	Cu 2.00 ~ 3.50

① S 的值除注明≥者外，均适合≤。
② 括号内的数值为可以增加到的最大含量。

（2）ISO 标准奥氏体型不锈钢棒材、线材和型材的室温力学性能（表 3-2-12）

表 3-2-12　奥氏体型不锈钢棒材、线材和型材的室温力学性能（固溶处理＋退火）

ISO 标准		厚度或 直径/mm	$R_{p0.2}$ /MPa	$R_{p1.0}$ /MPa	R_m /MPa	A（%）≥		KV/J≥		抗晶间腐蚀倾向	
钢　号	数字系列		≥			纵向	横向	纵向	横向	交货 状态	敏化 状态
奥氏体型（无 Mo）											
X10CrNi 18-8	4310-301-00-I	棒材	—	—	500 ~ 700	—	—	—	—	无	无
X2CrNi 18-9	4307-304-03-I	≤160	180	220	480 ~ 680	40	—	100	—	有	有
		> 160 ~ 250				—	35	—	60		
X10CrNiS 18-9	4305-303-00-I	≤160	190	①	500 ~ 700	35	—	—	—	无	无
X2CrNiN 18-9	4311-304-53-I	≤160	270	310	550 ~ 750	40	—	100	—	有	有
		> 160 ~ 250				—	30	—	60		
X3CrNiCu 18-9-4	4567-304-30-I	棒材	—	—	450 ~ 650	—	—	—	—	有	有
X6CrNiCuS 18-9-2	4570-303-51-I	≤160	185	220	500 ~ 710	35	—	—	—	无	无
X5CrNiN 19-9	4315-304-51-I	≤40	270	310	550 ~ 750	40	—	100	—	有	无
X5CrNi 18-10	4301-304-00-I	≤160	200	240	510 ~ 710	40	—	100	—	有	无
		> 160 ~ 250				—	35	—	60		
X6CrNiTi 18-10	4541-321-00-I	≤160	200	240	510 ~ 710	40	—	100	—	有	有
		> 160 ~ 250				—	30	—	60		
X6CrNiNb 18-10	4550-347-00-I	≤160	205	240	510 ~ 740	40	—	100	—	有	有
		> 160 ~ 250				—	35	—	60		
X2CrNi 19-11	4306-304-03-I	≤160	180	220	480 ~ 680	40	—	100	—	有	有
		> 160 ~ 250	—	—		—	35	—	60		
X6CrNi 18-12	4303-305-00-I	≤160	190	225	480 ~ 680	45	—	100	—	有	无
		> 160 ~ 250				—	35	—	60		
X8CrMnCuN 17-8-3	4597-204-76-I	≤160	270	305	560 ~ 760	40	—	100	—	有	无
X3CrNiMnCu 15-8-5-3	4615-201-75-E	≤160	175	210	400 ~ 600	45	—	100	—	有	无
X12CrMnNiN 18-9-5	4373-202-00-I	≤10	350	380	700 ~ 900	35	—	—	—	有	无
X11CrNiMnN 19-8-6	4369-202-91-I	≤15	340	370	750 ~ 950	35	—	—	—	有	无
X1CrNi 25-21	4335-310-02-I	棒材	—	—	470 ~ 670	—	—	—	—	有	有

（续）

ISO标准		厚度或直径/mm	$R_{p0.2}$/MPa	$R_{pl.0}$/MPa	R_m/MPa	A（%）≥		KV/J≥		抗晶间腐蚀倾向	
钢　号	数字系列		≥			纵向	横向	纵向	横向	交货状态	敏化状态
奥氏体型（含 Mo）											
X2CrNiMo 17-12-2	4404-316-03-I	≤160	205	245	520～720	40	—	100	—	有	有
		>160～250					30	—	60		
X5CrNiMo 17-12-2	4401-316-00-I	≤160	205	245	520～720	40	—	100	—	有	无
		>160～250					30	—	60		
X6CrNiMoTi 17-12-2	4571-316-35-I	≤160	205	245	520～720	40	—	100	—	有	有
		>160～250					30	—	60		
X2CrNiMo 17-12-3	4432-316-03-I	≤160	205	245	520～720	40	—	100	—	有	有
		>160～250					30	—	60		
X3CrNiMo 17-12-3	4436-316-00-I	≤160	205	245	520～720	40	—	100	—	有	无
		>160～250					30	—	60		
X2CrNiMoN 17-12-3	4429-316-53-I	≤160	280	315	580～800	40	—	100	—	有	有
		>160～250					30	—	60		
X2CrNiMo 18-14-3	4435-316-91-I	≤160	200	235	500～700	40	—	100	—	有	有
		>160～250					30	—	60		
X2CrNiMoN 18-12-4	4434-317-53-I	棒材			540～740					有	有
X2CrNiMoN 17-13-5	4439-317-26-E	≤160	280	315	580～800	35	—	100	—	有	有
		>160～250					30	—	60		
X1CrNiMoCuN 20-18-7	4547-312-54-I	≤160	300	340	650～850	35	—	100	—	有	有
		>160～250					30	—	60		
X1CrNiMoN 25-22-2	4466-310-50-E	≤160	250	290	540～740	35	—	100	—	有	有
		>160～250					30	—	60		
X1CrNiMoCuNW 24-22-6	4659-312-66-I	≤160	420	460	800～1000	50	—	90	—	有	有
X1CrNiMoCuN 24-22-8	4652-326-54-I	≤50	430	470	750～1050	40	—	90	—	有	有
X2CrNiMnMoN 25-18-6-5	4565-345-65-I	≤160	420	460	800～1000	35	—	100	—	有	有
奥氏体型（高 Ni/Co）											
X1NiCrMoCu 25-20-5	4539-089-04-I	≤160	220	260	530～730	35	—	100	—	有	有
		>160～250					30	—	60		
X1NiCrMoCuN 25-20-7	4529-089-26-I	≤160	300	340	650～850	40	—	100	—	有	有
		>160～250					35	—	60		
X1NiCrMoCu 31-27-4	4563-080-28-I	≤160	220	259	500～750	35	—	100	—	有	有
		>160～250					30	—	60		

① 硬度 HBW 262。

（3）ISO 标准奥氏体-铁素体型不锈钢棒材、线材和型材的室温力学性能（表3-2-13）

表3-2-13　奥氏体-铁素体型不锈钢棒材、线材和型材的室温力学性能（固溶处理 + 退火）

ISO标准		厚度或直径/ mm	HBW	$R_{p0.2}$/MPa	R_m/MPa	A（%）	KV/J	抗晶间腐蚀倾向	
钢　号	数字系列							交货状态	敏化状态
				≥					
X2CrNiN 22-2	4062-322-02-U	≤160	290	380	650	30	40	有	有
X2CrMnNiN 21-5-1	4162-321-01-E	≤160	290	400	650	25	60	有	有

（续）

ISO 标准		厚度或直径/ mm	HBW	$R_{p0.2}$ /MPa	R_m/MPa	A（%）	KV/J	抗晶间腐蚀倾向	
钢 号	数字系列							交货状态	敏化状态
				≥					
X2CrNiN 23-4	4362-323-04-I	≤160	260	400	600	25	100	有	有
X2CrNiMoN 22-5-3	4462-318-03-I	≤160	290	450	650	25	100	有	有
X2CrNiMMoCuN 24-4-3-2	4662-824-41-X	≤160	290	450	650	25	60	有	有
X3CrNiMoN 27-5-2	4460-312-00-I	≤160	260	450	620	20	85	有	有
X2CrNiMoCuN 25-6-3	4507-325-20-I	≤160	270	500	700	25	100	有	有
X2CrNiMoN 25-7-4	4410-327-50-E	≤160	290	530	730	25	100	有	有
X2CrNiMoCuWN 25-7-4	4501-327-60-I	≤160	290	530	730	25	100	有	有
X2CrNiMoCoN 28-8-5-1	4658-327-07-U	≤5	300	650	800	25	100	有	有

（4）ISO 标准铁素体型不锈钢棒材、线材和型材的室温力学性能（表 3-2-14）

表 3-2-14　铁素体型不锈钢棒材、线材和型材的室温力学性能（退火）

ISO 标准		厚度或直径 /mm	HBW	$R_{p0.2}$/MPa	R_m/MPa	A（%）	抗晶间腐蚀倾向	
钢 号	数字系列						交货状态	敏化状态
				≥				
X6Cr 13	4000-410-08-I	≤25	200	230	400	20	无	无
X6Cr 17	4016-430-00-I	≤75	200	240	400	20	有	无
X7CrS 17	4004-430-20-I	≤75	262	250	430	20	无	无
X3CrNb 17	4511-430-71-I	≤100	—	230	420	20	有	有
X2CrTiNb 18	4509-439-40-X	≤50	200	200	420	28	有	有
X6CrMo 17-1	4113-434-00-I	①			440	—	有	无
X2CrMoTi S18-2	4523-182-35-I	≤160	200	280	430	15	有	无

① 按 ISO 3651 进行试验。

（5）ISO 标准马氏体型不锈钢棒材、线材和型材的室温力学性能（表 3-2-15）

表 3-2-15　马氏体型不锈钢棒材、线材和型材的室温力学性能（热处理）

ISO 标准		厚度或直径/mm	热处理①	HBW	$R_{p0.2}$ /MPa≥	R_m/MPa		A（%）≥		KV/J ≥	
钢 号	数字系列					低限	高限	纵向	横向	纵向	横向
X12Cr13	4006-410-00-I	—	+ A	223	—	—	730	—	—	—	—
		≤75	+ QT	—	345	540	—	15	—	25	—
X12CrS13	4005-416-00-I	—	+ A	262	—	—	880	—	—	—	—
		≤160	+ QT	—	450	650	—	12	—	—	—
X20Cr13	4021-420-00-I	—	+ A	—	—	—	900	—	—	—	—
		≤160	+ QT1	—	500	700	850	13	—	25	—
		≤160	+ QT2	—	600	800	950	12	—	20	—
X30Cr13	4028-420-00-I	—	+ A	245	—	—	800	—	—	—	—
		≤75	+ QT	—	540	740	—	12	—	12	—
X17CrNi16-2	4057-431-00-X	—	+ A	295	—	—	950	—	—	—	—
		≤160	+ QT1	—	600	800	950	14	—	20	—
		≤160	+ QT2	—	700	900	1050	12	—	15	—

（续）

ISO 标准		厚度或直径/mm	热处理[①]	HBW	$R_{p0.2}$ /MPa≥	R_m/MPa		A（%）≥		KV/J ≥	
钢　号	数字系列					低限	高限	纵向	横向	纵向	横向
X14CrS 17	4019-430-20-I	—	+ A	262	—	—	880	—	—	—	—
		≤160	+ QT	—	500	650	850	12	—	—	—
X110Cr 17	4023-440-04-I	≤160	+ A	285	—	—	900	—	—	—	—
X50CrMoV 15	4116-420-77-E	—	+ A	280	—	—	900	—	—	—	—
X3CrNiMo 13-4	4313-415-00-I	—	+ A	320	—	—	1100	—	—	—	—
		≤160	+ QT1	—	520	700	900	15	—	20	—
		> 160 ~ 250						—	12	—	50
		≤160	+ QT2	—	620	780	980	15	—	20	—
		> 160 ~ 250						—	12	—	50
		≤160	+ QT3	—	800	900	1100	12	—	50	—
		> 160 ~ 250						—	10	—	40
X4CrNiMo 16-5-1	4418-431-77-E	—	+ A	320	—	—	1100	—	—	—	—
		≤160	+ QT1	—	550	760	760	16	—	90	—
		> 160 ~ 250						—	14	—	70
		≤160	+ QT2	—	700	900	1100	16	—	80	—
		> 160 ~ 250						—	14	—	60
X39CrMo 17-1	4122-434-09-I	—	+ A	280	—	—	900	—	—	—	—
		≤160	+ QT	—	550	750	950	12	—	10	—

① A—退火；QT—淬火 + 回火。

（6）ISO 标准沉淀硬化型不锈钢棒材、线材和型材的室温力学性能（表3-2-16）

表 3-2-16　沉淀硬化型不锈钢棒材、线材和型材的室温力学性能（热处理）

ISO 标准		HBW	热处理[①]	$R_{p0.2}$ /MPa≥	R_m /MPa	A（%）≥	KV/J ≥
钢号	数字系列						
X5CrNiCuNb 16-4	4542-174-00-I	363	+ AT	—	≤1200	—	—
		—	+ P1	725	≥930	16	40
		—	+ P2	860	≥1000	13	
		—	+ P3	1000	≥1070	12	
		—	+ P4	1175	≥1310	10	
X7CrNiAl 17-7	4568-177-00-I	—	+ AT		≤500		

① 热处理代号：AT—软化退火；P—沉淀硬化。

3.2.5　不锈钢：扁平材 ［ISO 16143-1（2014）］

（1）ISO 标准不锈钢扁平材的钢号与化学成分（表3-2-17）

表 3-2-17　不锈钢扁平材的钢号与化学成分（质量分数）（%）

ISO 标准		C	Si	Mn	P ≤	S ≤	Cr	Ni	Mo	N	其　他
钢　号	数字系列										
奥氏体型											
X1CrNi 25-21	4335-310-02-I	≤0.020	≤0.25	≤2.00	0.025	0.010	24.0 ~ 26.0	20.0 ~ 22.0	≤0.20	≤0.10	—

（续）

ISO 标准		C	Si	Mn	P ≤	S ≤	Cr	Ni	Mo	N	其 他
钢 号	数字系列										
奥氏体型											
X1CrNiMoCuN 20-18-7	4547-312-54-I	≤0.020	≤0.70	≤1.00	0.035	0.015	19.5~20.5	17.5~18.5	6.00~7.00	0.18~0.25	Cu 0.50~1.00
X1CrNiMoCuN 24-22-8	4652-326-54-I	≤0.020	≤0.50	2.00~4.00	0.030	0.005	23.0~25.0	21.0~23.0	7.00~8.00	0.45~0.55	Cu 0.30~0.60
X1CrNiMoCuNW 24-22-6	4659-312-66-I	≤0.020	≤0.70	2.00~4.00	0.030	0.010	23.0~25.0	21.0~23.0	5.50~6.50	0.35~0.50	Cu 1.00~2.00 W 1.50~2.50
X1CrNiMoN 25-22-2	4466-310-50-E	≤0.020	≤0.70	≤2.00	0.025	0.010	24.0~26.0	21.0~23.0	2.00~2.50	0.10~0.16	—
X1NiCrMoCu 25-20-5	4539-089-04-I	≤0.020	≤0.75	≤2.00	0.035	0.015	19.0~22.0	23.5~26.0	4.00~5.00	≤0.15	Cu 1.20~2.00
X1NiCrMoCu 25-20-7	4529-089-26-I	≤0.020	≤0.75	≤2.00	0.035	0.015	19.0~21.0	24.0~26.0	6.00~7.00	0.15~0.25	Cu 0.50~1.50
X1NiCrMoCu 31-27-4	4563-080-28-I	≤0.020	≤0.70	≤2.00	0.030	0.010	26.0~28.0	30.0~32.0	3.00~4.00	≤0.10	Cu 0.70~1.50
X2CrMnNiN 17-7-5	4371-201-53-I	≤0.030	≤1.00	6.00~8.00	0.045	0.015	16.0~17.5	3.50~5.50	—	0.15~0.25	Cu≤1.00
X2CrNi18-9	4307-304-03-I	≤0.030	≤1.00	≤2.00	0.045	0.030	17.5~19.5	8.00~10.0	—	≤0.10	—
X2CrNi 19-11	4306-304-03-I	≤0.030	≤1.00	≤2.00	0.045	0.030	18.0~20.0	10.0~12.0	—	≤0.10	—
X2CrNiMnMoN 25-18-6-5	4565-345-65-I	≤0.030	≤1.00	5.00~7.00	0.030	0.015	24.0~26.0	16.0~19.0	4.00~5.00	0.30~0.60	Nb≤0.15
X2CrNiMo 17-12-2	4404-316-03-I	≤0.030	≤1.00	≤2.00	0.045	0.030	16.5~18.5	10.0~13.0	2.00~3.00	≤0.10	—
X2CrNiMo 17-12-3	4432-316-03-I	≤0.030	≤1.00	≤2.00	0.045	0.030	16.5~18.5	10.5~13.0	2.50~3.00	≤0.10	—
X2CrNiMo 17-14-3	4435-316-03-X	≤0.030	≤1.00	≤2.00	0.045	0.030	16.0~18.0	12.0~15.0	2.00~3.00	—	—
X2CrNiMo 18-14-3	4435-316-91-I	≤0.030	≤1.00	≤2.00	0.045	0.015	17.0~19.0	12.5~15.0	2.50~3.00	≤0.10	—
X2CrNiMo 19-14-4	4438-317-03-I	≤0.030	≤1.00	≤2.00	0.045	0.030	17.5~20.0	12.0~15.0	3.00~4.00	≤0.10	—
X2CrNiMoN 17-12-3	4429-316-53-I	≤0.030	≤1.00	≤2.00	0.045	0.030	16.5~18.5	10.5~13.0	2.50~3.00	0.12~0.22	—
X2CrNiMoN 17-13-5	4439-317-26-E	≤0.030	≤1.00	≤2.00	0.045	0.015	16.5~18.5	12.5~14.5	4.00~5.00	0.12~0.22	—
X2CrNiMoN 18-12-4	4434-317-53-I	≤0.030	≤1.00	≤2.00	0.045	0.030	16.5~19.5	10.5~14.0	3.00~4.00	0.10~0.20	—
X2CrNiN 18-7	4318-301-53-I	≤0.030	≤1.00	≤2.00	0.045	0.015	16.0~18.5	6.00~8.00	—	0.10~0.20	—

（续）

ISO 标准		C	Si	Mn	P ≤	S ≤	Cr	Ni	Mo	N	其　他
钢　号	数字系列										
奥氏体型											
X2CrNiN 18-9	4311-304-53-I	≤0.030	≤1.00	≤2.00	0.045	0.030	17.5 ~ 19.5	8.00 ~ 10.0	—	0.12 ~ 0.22	—
X2NiCrMoN 25-21-7	4478-083-67-U	≤0.030	≤1.00	≤2.00	0.040	0.030	20.0 ~ 22.0	23.5 ~ 25.5	6.00 ~ 7.00	0.18 ~ 0.25	Cu≤0.75
X3CrNiMo 17-12-3	4436-316-00-I	≤0.05	≤1.00	≤2.00	0.045	0.030	16.5 ~ 18.5	10.5 ~ 13.0	2.50 ~ 3.00	≤0.10	—
X5CrNi 17-7	4319-301-00-I	≤0.07	≤1.00	≤2.00	0.045	0.030	16.0 ~ 18.0	6.00 ~ 8.00	—	≤0.10	—
X5CrNi18-10	4301-304-00-I	≤0.07	≤1.00	≤2.00	0.045	0.030	17.5 ~ 19.5	8.00 ~ 10.5	—	≤0.10	—
X5CrNiMo 17-12-2	4401-316-00-I	≤0.08	≤1.00	≤2.00	0.045	0.030	16.0 ~ 18.0	10.0 ~ 13.0	2.00 ~ 3.00	≤0.10	—
X6CrNi18-12	4303-305-00-I	≤0.08	≤1.00	≤2.00	0.045	0.030	17.0 ~ 19.0	10.5 ~ 13.0		≤0.10	—
X6CrNiCu 17-8-2	4567-304-76-I	≤0.08	≤1.70	≤3.00	0.045	0.030	15.0 ~ 18.0	6.00 ~ 9.00	—	—	Cu 1.00 ~ 3.00
X6CrNiMoTi 17-12-2	4571-316-35-I	≤0.08	≤1.00	≤2.00	0.045	0.030	16.5 ~ 18.5	10.5 ~ 13.5	2.00 ~ 2.50	—	Ti 5C ~ 0.70
X6CrNiNb 18-10	4550-347-00-I	≤0.08	≤1.00	≤2.00	0.045	0.030	17.0 ~ 19.0	9.00 ~ 12.0	—	—	Nb 10C ~ 1.00
X6CrNiTi 18-10	4541-321-00-I	≤0.08	≤1.00	≤2.00	0.045	0.030	17.0 ~ 19.0	9.00 ~ 12.0	—	—	Ti 5C ~ 0.70
X8CrMnCuN 17-8-3	4597-204-76-I	≤0.10	≤2.00	6.50 ~ 8.50	0.040	0.030	15.0 ~ 18.0	≤3.00	≤1.00	0.10 ~ 0.30	Cu 2.00 ~ 3.50
X9CrMnNiCu 17-8-5-2	4618-201-76-E	≤0.10	≤1.00	5.50 ~ 9.50	0.070	0.010	16.5 ~ 18.5	4.50 ~ 5.50	—	≤0.15	Cu 1.00 ~ 2.50
X10CrNi 18-8	4310-301-00-I	0.05 ~ 0.15	≤2.00	≤2.00	0.045	0.030	16.0 ~ 19.0	6.00 ~ 9.50	≤0.80	≤0.10	—
X11CrNiMnN 19-8-6	4369-202-91-I	0.07 ~ 0.15	0.50 ~ 1.00	5.00 ~ 7.50	0.030	0.015	17.5 ~ 19.5	6.50 ~ 8.50	—	0.20 ~ 0.30	—
X12CrMnNiN 17-7-5	4372-201-00-I	≤0.15	≤1.00	5.50 ~ 7.50	0.045	0.030	16.0 ~ 18.0	3.50 ~ 5.50	—	0.05 ~ 0.25	—
X12CrNi 17-7	4310-301-09-X	≤0.15	≤1.00	≤2.00	0.045	0.030	16.0 ~ 18.0	6.00 ~ 8.00	—	—	—
X12CrNiSi 18-9-3	4326-302-15-I	≤0.15	2.00 ~ 3.00	≤2.00	0.045	0.030	17.0 ~ 19.0	8.00 ~ 10.0	—	—	—
奥氏体-铁素体型											
X2CrMnNiN 21-5-1	4162-321-01-E	≤0.040	≤1.00	4.00 ~ 6.00	0.040	0.015	21.0 ~ 22.0	1.35 ~ 1.90	0.10 ~ 0.80	0.20 ~ 0.25	Cu 0.10 ~ 0.80

（续）

ISO标准		C	Si	Mn	P ≤	S ≤	Cr	Ni	Mo	N	其 他
钢 号	数字系列										
奥氏体-铁素体型											
X2CrNiMMoCuN 24-4-3-2	4662-824-41-X	≤0.030	≤0.70	2.50 ~ 4.00	0.035	0.005	23.0 ~ 25.0	3.00 ~ 4.50	1.00 ~ 2.00	0.20 ~ 0.30	Cu 0.10 ~ 0.80
X2CrNiMoCuN 25-6-3	4507-325-20-I	≤0.030	≤0.70	≤2.00	0.035	0.015	24.0 ~ 26.0	5.00 ~ 7.50	2.50 ~ 4.00	0.15 ~ 0.30	Cu 1.00 ~ 2.50
X2CrNiMoCuWN 25-7-4	4501-327-60-I	≤0.030	≤1.00	≤2.00	0.035	0.015	24.0 ~ 26.0	6.00 ~ 8.00	3.00 ~ 4.50	0.24 ~ 0.35	—
X2CrNiMoN 22-5-3	4462-318-03-I	≤0.030	≤1.00	≤2.00	0.035	0.015	21.0 ~ 23.0	4.50 ~ 6.50	2.50 ~ 3.50	0.10 ~ 0.22	—
X2CrNiMoN 25-7-3	4481-312-60-J	≤0.030	≤1.00	≤1.50	0.040	0.030	24.0 ~ 26.0	5.50 ~ 7.50	2.50 ~ 3.50	0.08 ~ 0.30	—
X2CrNiMoN 25-7-4	4410-327-50-E	≤0.030	≤1.00	≤2.00	0.035	0.015	24.0 ~ 26.0	6.00 ~ 8.00	3.00 ~ 4.50	0.24 ~ 0.35	—
X2CrNiN 22-2	4062-322-02-U	≤0.030	≤1.00	≤2.00	0.040	0.010	21.5 ~ 24.0	1.00 ~ 2.90	≤0.45	0.16 ~ 0.28	—
X2CrNiN 23-4	4362-323-04-I	≤0.030	≤1.00	≤2.00	0.035	0.015	22.0 ~ 24.0	3.50 ~ 5.50	0.10 ~ 0.60	0.05 ~ 0.20	Cu 0.10 ~ 0.60
铁素体型											
X1CrMo 30-2	4135-447-92-C	≤0.010	≤0.40	≤0.40	0.030	0.020	28.5 ~ 32.0	—	1.50 ~ 2.50	≤0.015	—
X2CrCuTi 18	4664-430-75-J	≤0.025	≤1.00	≤1.00	0.040	0.030	16.0 ~ 20.0	—	—	≤0.025	Cu 0.30 ~ 0.80 Ti 8 (C + N) ≤0.40
X2CrMo 19	4609-436-77-J	≤0.025	≤1.00	≤1.00	0.040	0.030	17.0 ~ 20.0	—	0.40 ~ 0.80	≤0.025	(Ti + Nb + Zr) 8 (C + N) ≤0.80
X2CrMo 23-1	4128-445-92-J	≤0.025	≤1.00	≤1.00	0.040	0.030	21.0 ~ 24.0	—	0.70 ~ 1.50	≤0.025	—
X2CrMoNbTi 18-1	4513-436-00-J	≤0.025	≤1.00	≤1.00	0.040	0.030	16.0 ~ 19.0	—	0.75 ~ 1.50	≤0.025	(Ti + Nb + Zr) 8 (C + N) ≤0.80
X2CrMoTi 18-2	4521-444-00-I	≤0.025	≤1.00	≤1.00	0.040	0.015	17.0 ~ 20.0	—	1.75 ~ 2.50	≤0.030	Ti 4 (C + N) + 0.15 ≤0.80
X2CrNb 17	4510-430-36-X	≤0.030	≤0.75	≤1.00	0.040	0.030	16.0 ~ 19.0	—	—	—	Nb 或 Ti 0.10 ~ 1.00
X2CrNbCu 21	4621-445-00-E	≤0.030	≤1.00	≤1.00	0.040	0.015	20.0 ~ 21.5	—	—	≤0.030	Nb 0.20 ~ 1.00 Cu 0.10 ~ 1.00
X2CrNbCu 22	4621-443-30-J	≤0.025	≤1.00	≤1.00	0.040	0.030	20.0 ~ 23.0	—	—	≤0.025	Ti 8 (C + N) ≤0.80 Cu 0.30 ~ 0.80

（续）

ISO 标准		C	Si	Mn	P ≤	S ≤	Cr	Ni	Mo	N	其　他
钢　号	数字系列										
铁素体型											
X2CrNi12	4003-410-77-I	≤0.030	≤1.00	≤2.00	0.040	0.015	10.5 ~ 12.5	0.30 ~ 1.10	—	≤0.030	—
X2CrTi12	4512-409-10-I	≤0.030	≤1.00	≤1.00	0.040	0.030	10.5 ~ 12.5	≤0.50	—	—	Ti 6(C+N) ≤0.65
X2CrTiNb 18	4509-439-40-X	≤0.030	≤1.00	≤1.00	0.040	0.015	17.5 ~ 18.5	—	—	—	Ti 0.10 ~ 0.80 Nb (0.30 +3C) ≤1.00
X3CrNb17	4511-430-71-I	≤0.05	≤1.00	≤1.00	0.040	0.015	16.0 ~ 18.0	—	—	—	Nb 12C ~ 1.00
X3CrTi17	4510-430-35-I	≤0.05	≤1.00	≤1.00	0.040	0.030	16.0 ~ 19.0	—	—	—	Ti 0.15 ~ 0.75
X6Cr 13	4000-410-08-I	≤0.080	≤1.00	≤1.00	0.040	0.030	11.5 ~ 14.0	≤0.75	—	—	—
X6Cr17	4016-430-00-I	≤0.08	≤1.00	≤1.00	0.040	0.030	16.0 ~ 18.0	—	—	—	—
X6CrMoNb 17-1	4526-436-00-I	≤0.08	≤1.00	≤1.00	0.040	0.015	16.0 ~ 18.0	—	0.80 ~ 1.40	0.040	Nb 5C ≤1.00
X6CrNi 17-1	4017-430-91-E	≤0.08	≤1.00	≤1.00	0.040	0.015	16.0 ~ 18.0	1.20 ~ 1.60	—	—	—
马氏体型											
X3CrNiMo 13-4	4313-415-00-I	≤0.05	≤0.70	0.50 ~ 1.00	0.040	0.015	12.0 ~ 14.0	3.50 ~ 4.50	0.30 ~ 1.00	—	—
X4CrNiMo 16-5-1	4418-431-77-E	≤0.06	≤0.70	≤1.50	0.040	0.015	15.0 ~ 17.0	4.00 ~ 6.00	0.80 ~ 1.50	≥0.020	—
X12Cr 13	4006-410-00-I	0.08 ~ 0.15	≤1.00	≤1.50	0.040	0.030	11.5 ~ 13.5	≤0.75	—	—	—
X20Cr13	4021-420-00-I	0.16 ~ 0.25	≤1.00	≤1.50	0.040	0.030	12.0 ~ 14.0	—	—	—	—
X30Cr 13	4028-420-00-I	0.26 ~ 0.35	≤1.00	≤1.50	0.040	0.030	12.0 ~ 14.0	—	—	—	—
X38CrMo 14	4419-420-97-E	0.36 ~ 0.42	≤1.00	≤1.00	0.040	0.015	13.0 ~ 14.5	—	0.60 ~ 1.00	—	—
X39Cr13	4031-420-00-I	0.36 ~ 0.42	≤1.00	≤1.00	0.040	0.030	12.5 ~ 14.5	—	—	—	—
X46Cr 13	4034-420-00-I	0.43 ~ 0.50	≤1.00	≤1.00	0.040	0.030	12.5 ~ 14.5	—	—	—	—
X50CrMoV 15	4116-420-77-E	0.45 ~ 0.55	≤1.00	≤1.00	0.040	0.015	14.0 ~ 15.0	—	0.50 ~ 0.80	—	V 0.10 ~ 0.20

（续）

ISO 标准		C	Si	Mn	P ≤	S ≤	Cr	Ni	Mo	N	其 他
钢 号	数字系列										
沉淀硬化型											
X5CrNiCuNb 16-4	4542-174-00-I	≤0.07	≤1.00	≤1.50	0.040	0.030	15.0 ~ 17.0	3.00 ~ 5.00	≤0.60	—	Cu 3.00 ~ 5.00 Nb 0.15 ~ 0.45
X7CrNiAl 17-7	4568-177-00-I	≤0.09	≤0.70	≤1.00	0.040	0.015	16.0 ~ 18.0	6.50 ~ 7.80	—	—	Al 0.70 ~ 1.50

（2）ISO 标准奥氏体型不锈钢扁平材的室温力学性能（表 3-2-18）

表 3-2-18 奥氏体型不锈钢扁平材的室温力学性能（固溶处理 + 退火）

ISO 标准 钢 号 （数字系列）	产品 形态[①]	厚度/mm ≤	$R_{p0.2}$/MPa ≥	$R_{p1.0}$/MPa ≥	R_m/MPa	A(%) ≥	KV/J≥ 纵向	KV/J≥ 横向	抗晶间腐蚀倾向 交货状态	抗晶间腐蚀倾向 敏化状态
奥氏体型（无 Mo）										
X5CrNi 17-7 (4319-301-00-I)	C	6	205	235	≥520	40	—	—	有	无
	H	9	205	235	≥520	40				
	P	75	205	235	≥520	40				
X12CrNi 17-7 (4310-301-09-X)	C	6	205	—	≥520	40	—	—	有	无
	H	9	205	—	≥520	40				
	P	75	205	—	≥520	40				
X2CrNiN 18-7 (4318-301-53-I)	C	8	350	380	650 ~ 850	40	—	—	有	有
	H	13.5	350	370	630 ~ 830	40	90	60		
	P	75	330	370	630 ~ 830	45	90	60		
X6CrNiCu 17-8-2 (4567-304-76-I)	C	8	155	—	≥450	40	—	—	无	无
	H	13.5	155	—	≥450	40				
	P	75	155	—	≥450	40				
X10CrNi 18-8 (4310-301-00-I)	C	8	250	280	600 ~ 800	40	—	—	无	无
	H	13.5	250	270	600 ~ 800	40				
X2CrNi 18-9 (4307-304-03-I)	C（AT1）	8	220	250	520 ~ 720	45	—	—	有	有
	C（AT2）		175	—	500 ~ 700		—	—		
	H	13.5	200	240	520 ~ 720	45	100	60	有	
	P	75	200	240	500 ~ 700	45	100	60		
X12CrNiSi 18-9-3 (4326-302-15-I)	C	8	205	—	≥520	40	—	—	无	无
	H	13.5	205	—	≥520	40				
	P	75	205	—	≥520	40				
X2CrNiN 18-9 (4311-304-53-I)	C	8	290	320	550 ~ 750	40	—	—	有	有
	H	13.5	270	310	550 ~ 750	40	100	60		
	P	75	270	310	530 ~ 730	40	100	60		
X5CrNi 18-10 (4301-304-00-I)	C	8	230	260	540 ~ 740	45	—	—	有	无
	H	13.5	210	250	540 ~ 740	45	100	60		
	P	75	210	250	520 ~ 720	45	100	60		

（续）

ISO 标准 钢 号 （数字系列）	产品 形态[①]	厚度/mm≤	$R_{p0.2}$/MPa ≥	$R_{p1.0}$/MPa ≥	R_m/MPa	$A(\%)$ ≥	KV/J≥ 纵向	KV/J≥ 横向	抗晶间腐蚀倾向 交货状态	抗晶间腐蚀倾向 敏化状态
奥氏体型（无 Mo）										
X6CrNiTi 18-10 (4541-321-00-I)	C	8	220	250	520～720	40	—	—	有	有
	H	13.5	200	240	520～720	40	100	60		
	P	75	200	240	500～700	40	100	60		
X6CrNiNb 18-10 (4550-347-00-I)	C	8	220	250	520～720	40	—	—	有	有
	H	13.5	200	240	520～720	40	100	60		
	P	75	200	240	500～700	40	100	60		
X2CrNi 19-11 (4306-304-03-I)	C	8	220	250	520～720	45	—	—	有	有
	H	13.5	200	240	520～720	45	100	60		
	P	75	200	240	500～700	45	100	60		
X6CrNi 18-12 (4303-305-00-I)	C	6	175	205	≥480	40	—	—	有	无
	H	9	175	205	≥480	40	—	—		
	P	75	175	205	≥480	40	—	—		
X8CrMnCuN 17-8-3 (4597-204-76-I)	C	8	300	330	580～780	40	—	—	有	无
	H	13.5	300	330	580～780	40	100	60		
X12CrMnNiN 17-7-5 (4372-201-00-I)	C	8	350	380	680～880	45	—	—	有	无
	H	13.5	330	370	680～880	45	100	60		
	P	75	330	370	680～880	40	100	60		
X2CrMnNiN 17-7-5 (4371-201-53-I)	C	8	300	330	650～850	45	—	—	有	有
	H	13.5	280	320	650～850	45	100	60		
	P	75	280	320	630～830	35	100	60		
X9CrMnNiCu 17-8-5-2 (4618-201-76-E)	C	8	230	250	540～850	45	100	60	有	有
	H	13.5	230	250	520～830	45	100	60		
	P	75	210	240	520～830	45	100	60		
X11CrNiMnN 19-8-6 (4369-202-91-I)	C	4	340	370	750～950	35	—	—	有	有
X1CrNi 25-21 (4335-310-02-I)	P	75	200	240	470～670	40	100	60	有	有
奥氏体型（含 Mo）										
X2CrNiMo 17-12-2 (4404-316-03-I)	C（AT1）	8	240	270	520～720	40	—	—	有	有
	C（AT2）	8	175	—	500～700	40	—	—		
	H	13.5	220	260	520～720	40	100	60	有	有
	P	75	220	—	500～700	40	100	60		
X5CrNiMo 17-12-2 (4401-316-00-I)	C（AT1）	8	240	270	520～720	40	—	—	有	有
	C（AT2）	8	205	—	500～700	40	—	—		
	H	13.5	220	260	520～720	40	100	60	有	无
	P	75	220	—	500～700	40	100	60		
X6CrNiMoTi 17-12-2 (4571-316-35-I)	C	8	240	270	530～730	40	—	—	有	有
	H	13.5	220	260	530～730	40	100	60		
	P	75	220	260	510～710	40	100	60		

（续）

ISO 标准 钢 号 （数字系列）	产品 形态[①]	厚度/mm≤	$R_{p0.2}$/MPa ≥	$R_{p1.0}$/MPa ≥	R_m/MPa	$A(\%)$ ≥	KV/J≥ 纵向	KV/J≥ 横向	抗晶间腐蚀倾向 交货状态	抗晶间腐蚀倾向 敏化状态
奥氏体型（含 Mo）										
X2CrNiMo 17-12-3 （4432-316-03-I）	C	8	240	270	530～730	40	—	—	有	有
	H	13.5	220	260	530～730	40	100	60		
	P	75	220	260	510～710	40	100	60		
X3CrNiMo 17-12-3 （4436-316-00-I）	C	8	240	270	530～730	40	—	—	有	无
	H	13.5	220	260	530～730	40	100	60		
	P	75	220	260	510～710	40	100	60		
X2CrNiMoN 17-12-3 （4429-316-53-I）	C	8	300	330	580～780	35	—	—	有	有
	H	13.5	280	320	580～780	35	100	60		
	P	75	280	320	580～780	40	100	60		
X2CrNiMo 17-14-3 （4435-316-03-X）	C	8	175	—	≥480	40	—	—	有	有
	H	13.5	175	—	≥480	40				
	P	75	175	—	≥480	40				
X2CrNiMo 18-14-3 （4435-316-91-I）	C	8	240	270	550～750	40	—	—	有	有
	H	13.5	220	260	550～750	40	100	60		
	P	75	220	260	520～720	40	100	60		
X2CrNiMoN 17-13-5 （4439-317-26-E）	C	8	290	320	580～780	35	—	—	有	有
	H	13.5	270	310	580～780	35	100	60		
	P	75	270	310	580～780	40	100	60		
X2CrNiMo 19-14-4 （4438-317-03-I）	C	8	240	270	550～750	35	—	—	有	有
	H	13.5	220	260	550～750	35	100	60		
	P	75	220	260	520～720	40	100	60		
X1CrNiMoCuN 20-18-7 （4547-312-54-I）	C	8	320	350	650～850	35	—	—	有	有
	H	13.5	300	340	650～850	35	100	60		
	P	75	300	340	650～850	40	100	60		
X1CrNiMoN 25-22-2 （4466-310-50-E）	P	75	250	290	540～740	40	100	60	有	有
X1CrNiMoCuNW 24-22-6 （4659-312-66-I）	P	75	420	460	800～1000	40	100	60	有	有
X1CrNiMoCuN 24-22-8 （4652-326-54-I）	C	8	430	470	750～950	40	—	—	有	有
	H	13.5	430	470	750～950	40	100	60		
	P	75	430	470	750～950	40	100	60		
X2CrNiMnMoN 25-18-6-5 （4565-345-65-I）	C	8	420	460	800～1000	35	120	90	有	有
	H	13.5	420	460	800～1000	35	120	90		
	P	75	420	460	800～1000	35	120	90		
奥氏体型（高 Ni/Co）										
X1NiCrMoCu 25-20-5 （4539-089-04-I）	C	8	240	270	530～730	35	—	—	有	有
	H	13.5	220	260	530～730	35	100	60		
	P	75	220	260	510～710	35	100	60		

（续）

ISO 标准 钢 号（数字系列）	产品形态[①]	厚度/mm≤	$R_{p0.2}$/MPa ≥	$R_{p1.0}$/MPa ≥	R_m/MPa	A(%) ≥	KV/J≥ 纵向	KV/J≥ 横向	抗晶间腐蚀倾向 交货状态	抗晶间腐蚀倾向 敏化状态
奥氏体型（高 Ni/Co）										
X1NiCrMoCu 25-20-7 (4529-089-26-I)	P	75	300	340	650~850	40	100	60	有	有
X2NiCrMoN 25-21-7 (4478-083-67-U)	C	8	275	305	≥640	40	—	—	有	有
	H	13.5	275	305	≥640	40	100	60		
	P	75	275	305	≥640	40	100	60		
X1NiCrMoCu 25-20-7 (4529-089-26-I)	P	75	300	340	650~850	40	100	60	有	有
X1NiCrMoCu 31-27-4 (4563-080-28-I)	P	75	220	260	500~700	40	100	60	有	有

① 产品形态代号：C—冷轧钢带；H—热轧钢带；P—热轧钢板；AT—仅固溶处理。

（3）ISO 标准奥氏体-铁素体型不锈钢扁平材的室温力学性能（表 3-2-19）

表 3-2-19 奥氏体-铁素体型不锈钢扁平材的室温力学性能（固溶处理 +退火）

ISO 标准 钢 号（数字系列）	产品形态[①]	厚度/mm≤	$R_{p0.2}$/MPa≥	R_m/MPa	A（%）≥	KV/J≥ 纵向	KV/J≥ 横向	抗晶间腐蚀倾向 交货状态	抗晶间腐蚀倾向 敏化状态
X2CrNiN 22-2 (4062-322-02-U)	C	6.4	530	700~900	20	80	80	有	有
	H	10	480	680~900	30	80	80		
	P	75	400	650~850	30	80	60		
X2CrMnNiN 21-5-1 (4162-321-01-E)	C	6.4	530	700~900	20	80	80	有	有
	H	10	480	680~900	30	80	80		
	P	75	450	650~850	30	60	60		
X2CrNiN 23-4 (4362-323-04-I)	C	6	420	≥600	20	—	—	有	有
	H	12	400	≥600	20	100	60		
	P	75	400	≥630	25	100	60		
X2CrNiMoN 22-5-3 (4462-318-03-I)	C	6	480	≥660	20	—	—	有	有
	H	12	460	≥660	20	100	60		
	P	75	460	≥640	20	100	60		
X2CrNiMMoCuN 24-4-3-2 (4662-824-41-X)	C	6.4	550	750~900	20	80	80	有	有
	H	13	550	750~900	20	80	80		
	P	75	480	680~900	20	60	60		
X2CrNiMoCuN 25-6-3 (4507-325-20-I)	C	8	550	≥750	17	—	—	有	有
	H	13.5	530	≥750	17	100	60		
	P	75	530	≥750	25	100	60		
X2CrNiMoN 25-7-3 (4481-312-60-J)	C	6	450	≥620	18	—	—	有	有
	H	9	430	≥620	18	—	—		
	P	75	450	≥620	18	—	—		

（续）

ISO 标准 钢　号 （数字系列）	产品 形态①	厚度/mm ≤	$R_{p0.2}$ /MPa≥	R_m /MPa	A（%）≥	KV/J≥		抗晶间腐蚀倾向	
						纵向	横向	交货 状态	敏化 状态
X2CrNiMoN 25-7-4 （4410-327-50-E）	C	6	550	≥750	15	—	—	有	有
	H	12	530	≥750	15	100	60		
	P	75	530	≥730	20	100	60		
X2CrNiMoCuWN 25-7-4 （4501-327-60-I）	P	75	830	≥730	25	100	60	有	有

① 产品形态代号：C—冷轧钢带；H—热轧钢带；P—热轧钢板。

（4）ISO 标准铁素体型不锈钢扁平材的室温力学性能（表 3-2-20）

表 3-2-20　铁素体型不锈钢扁平材的室温力学性能（退火）

ISO 标准 钢　号 （数字系列）	产品形态①	厚度/mm≤	$R_{p0.2}$/MPa	R_m/MPa	A（%）	抗晶间腐蚀倾向	
			≥			交货 状态	敏化 状态
X2CrTi12 （4512-409-10-I）	C（AT1）	6	220	280	25	无	无
	C（AT2）		175	360			
	C（AT1）	12	200	380	15	无	无
	C（AT2）		175	360			
X2CrTi12 （4512-409-10-I）	C	6	320	450	20	无	无
	H	12	320	450	20		
	P	25	280	430	20		
X6Cr 13 （4000-410-08-I）	C	8	240	400	19	无	无
	H	13.5	220	400	19		
	P	25	220	400	19		
X6Cr 17 （4016-430-00-I）	C（AT1）	6	250	450	20	有	无
	C（AT2）		205	420		有	无
	H（AT1）	12	230	450	20	有	无
	H（AT2）		205	420		有	无
	P	25	230	430	20	有	无
X2CrNb 17 （4510-430-36-X）	C	6	320	360	22	有	有
	H	12	320	360	22		
	P	25	280	360	22		
X2CrTi12 （4512-409-10-I）	C（AT1）	6	240	420	23	有	有
	C（AT2）		175	360			
	H（AT1）	12	220	420	23	有	有
	H（AT2）		175	360			
X2CrNb 17 （4510-430-36-X）	C	6	230	420	23	有	有
X6CrNi 17-1 （4017-430-91-E）	C	8	330	500	12	有	无
X2CrCuTi 18 （4664-430-75-J）	C	6	205	390	22	有	有

（续）

ISO 标准 钢 号 （数字系列）	产品形态①	厚度/mm≤	$R_{p0.2}$/MPa	R_m/MPa	A（%）	抗晶间腐蚀倾向 交货状态	抗晶间腐蚀倾向 敏化状态
			≥				
X2CrTiNb 18 （4509-439-40-X）	C	8	230	430	18	有	有
X2CrNbCu 21 （4621-445-00-E）	C	6	230	400	22	有	有
	H	13	230	400	22		
X2CrTICu 22 （4621-443-30-I）	C	6	205	390	22	有	有
	H	13	205	390	22		
X6CrMoNb 17-1 （4526-436-00-I）	C	8	200	480	25	有	有
X2CrMo 19 （4609-436-77-J）	C	8	245	410	20	有	有
X2CrMoNbTi 18-1 （4513-436-00-J）	C	8	245	410	20	有	有
X2CrMoTi 18-2 （4521-444-00-I）	C	8	300	420	20	有	有
	H	13.5	300	420	20		
	P	12	280	420	20		
X2CrMo 23-1 （4128-445-92-J）	C	8	245	410	20	有	有
X1CrMo 30-2 （4135-447-92-C）	C	8	295	450	22	有	有

① 产品形态代号：C—冷轧钢带；H—热轧钢带；P—热轧钢板；AT—固溶处理。

（5）ISO 标准马氏体型不锈钢扁平材的室温力学性能（表 3-2-21）

表 3-2-21　马氏体型不锈钢扁平材的室温力学性能（热处理）

ISO 标准 钢 号 （数字系列）	产品形态①	厚度/mm≤	热处理②	HBW≤	$R_{p0.2}$/MPa≥	R_m/MPa 低限	R_m/MPa 高限	A（%） ≥	KV/J	热处理后硬度 HRC	热处理后硬度 HV
X12Cr 13 （4006-410-00-I）	C	8	+A	200	—	440	600	20	—	—	—
	H	13	+A	200	—	440	600	20	—	—	—
	P	75	+QT1	—	400	550	750	15	—	—	—
	P	75	+QT2	—	450	650	850	15	—	—	—
X20Cr 13 （4021-420-00-I）	C	3	+QT	—	—	—	—	—	—	44~50	440~530
	C	8	+A	225	—	520	700	15	—	—	—
	H	13.5	+A	225	—	520	700	15	—	—	—
	P	75	+QT1	—	450	650	850	12	—	—	—
			+QT2	—	550	750	950	10	—	—	—
X30Cr 13 （4028-420-00-I）	C	3	+QT	—	—	—	—	—	—	45~51	450~550
	C	8	+A	235	—	540	740	15	—	—	—
	H	13.5	+A	235	—	540	740	15	—	—	—
	P	75	+QT1	—	600	800	1000	10	—	—	—

（续）

ISO 标准 钢 号 （数字系列）	产品 形态①	厚度 /mm≤	热处理②	HBW≤	$R_{p0.2}$ /MPa≥	R_m /MPa		A （%）	KV/J	热处理 后硬度	
						低限	高限	≥		HRC	HV
X39Cr 13 (4031-420-00-I)	C	3	+ QT	—				—	—	47 ~ 53	480 ~ 580
	C	8	+ A	240	—	—	760	12	—	—	—
	H	13.5	+ A	240			746	12	—	—	—
X46Cr 13 (4034-420-00-I)	C	8	+ A	245	—		780	12	—	—	—
	H	13	+ A	245			780	12	—	—	—
X38CrMo 14 (4419-420-97-E)	C	3	+ QT	—				—	—	46 ~ 52	450 ~ 560
	C	4	+ A	235	—	—	760	15	—	—	—
	H	6.5	+ A	235			746	15	—	—	—
X50CrMoV 15 (4116-420-77-E)	C	8	+ A	280	—	—	850	12	—	—	—
	H	13	+ A	280			850	12	—	—	—
X3CrNiMo 13-4 (4313-415-00-I)	P	75	+ QT1	—	630	780	930	15	70	—	—
	P	75	+ QT2		800	900	1100	11	70	—	—
X4CrNiMo 16-5-1 (4418-431-77-E)	P	75	+ QT1	—	660	840	1100	14	55	—	—

① 产品形态代号：C—冷轧钢带；H—热轧钢带；P—热轧钢板。
② 热处理工艺代号：A—退火；QT—淬火 + 回火。

（6）ISO 标准沉淀硬化型不锈钢扁平材的室温力学性能（表 3-2-22）

表 3-2-22　沉淀硬化型不锈钢扁平材的室温力学性能（热处理）

ISO 标准 钢 号 （数字系列）	产品形态①	厚度/mm≤	热处理②	$R_{p0.2}$ /MPa≥	R_m/MPa		A（%） ≥
					低限	高限	
X5CrNiCuNb 16-4 (4542-174-00-I)	C	8	+ AT	—	—	1275	5
			+ P 1300	1150	1300	—	3
			+ P 900	700	900	—	6
X5CrNiCuNb 16-4 (4542-174-00-I)	P	50	+ P 1070	1000	1070	1270	8
			+ P 950	800	950	1150	10
			+ P 850	600	850	1050	12
			+ SR 630	—	1050		
X7CrNiAl 17-7 (4568-177-00-I)	C	8	+ AT	—	—	1030	19
			+ P 1300	1200	1300		
			+ P 1450	1310	1450	—	2

① 产品形态代号：C—冷轧钢带；P—热轧钢板。
② + AT—固溶处理；+ P—沉淀硬化；+ SR—消除应力退火。

3.2.6　压力容器用不锈钢钢板和钢带 [ISO 9328-7 (2018)]

(1) ISO 标准压力容器用不锈钢钢板和钢带的钢号与化学成分（表3-2-23）

表3-2-23　压力容器用不锈钢钢板和钢带的钢号与化学成分（质量分数）（%）

钢　号	数字系列	C	Si	Mn	P ≤	S ≤	Cr	Ni	Mo	N	其　他
ISO标准											
铁素体型											
X2CrMoTi 17-1	—	≤0.025	≤1.00	≤1.00	0.040	0.015	16.0~18.0	—	0.80~1.40	≤0.030	Ti 0.30~0.60
X2CrMoTi 18-2	—	≤0.025	≤1.00	≤1.00	0.040	0.015	17.0~20.0	—	1.80~2.50	≤0.030	Ti[4(C+N)+0.15]~0.80①
X2CrNi 12	—	≤0.030	≤1.00	≤1.50	0.040	0.015	10.5~12.5	0.30~1.10	—	≤0.030	—
X2CrTi 17	—	≤0.025	≤0.50	≤0.50	0.040	0.015	16.0~18.0	—	—	≤0.015	Ti 0.30~0.60
X2CrTiNb 18	4509-439-40-X	≤0.030	≤1.00	≤1.00	0.040	0.015	17.5~18.5	—	—	—	Ti 0.10~0.60 Nb[3C+0.30]~1.00
X3CrTi 17	—	≤0.05	≤1.00	≤1.00	0.040	0.015	16.0~18.0	—	—	—	Ti[4(C+N)+0.15]~0.80①
X6CrMoNb 17-1	—	≤0.08	≤1.00	≤1.00	0.040	0.015	16.0~18.0	—	0.80~1.40	≤0.040	Nb[7(C+N)+0.10]~1.00
X6CrNiTi 12	—	≤0.08	≤1.00	≤1.00	0.040	0.015	10.5~12.5	0.50~1.50	—	—	Ti 0.05~0.35
X2CrCuNbTiV22-1②③	—	0.030	≤1.00	≤0.80	0.040	0.015	20.0~24.0	—	—	≤0.030	Ti 0.10~0.70 Nb 0.10~0.70
马氏体型											
X3CrNiMo 13-4	—	≤0.05	≤0.70	0.50~1.00	0.040	0.015	12.0~14.0	3.50~4.50	0.30~1.00	≥0.020	—
X4CrNiMo 16-5-1	4418-431-77-E	≤0.06	≤0.70	≤1.50	0.040	0.015	15.0~17.0	4.00~6.00	0.80~1.50	≥0.020	—
奥氏体型											
X1CrNi 25-21	4335-310-02-I	≤0.020	≤0.25	≤2.00	0.025	0.010	24.0~26.0	20.0~22.0	≤0.20	≤0.10	—
X1CrNiMoCuN 20-18-7	—	≤0.020	≤0.70	≤1.00	0.030	0.010	19.5~20.5	17.5~18.5	6.00~7.00	0.18~0.25	Cu 0.50~1.00
X1CrNiMoCu 25-25-5	4537-310-92-E	≤0.020	≤0.70	≤2.00	0.030	0.010	24.0~26.0	24.0~27.0	4.70~5.70	0.17~0.25	Cu 1.00~2.00
X1CrNiSi18-15-4	—	≤0.015	3.7~4.5	≤2.00	0.025	0.010	16.5~18.5	14.0~16.0	≤0.20	≤0.10	—
X1CrNiMoN 25-22-2	4466-310-50-E	≤0.020	≤0.70	≤2.00	0.025	0.010	24.0~26.0	21.0~23.0	2.00~2.50	0.10~0.16	—
X1NiCrMoCu 25-20-5	—	≤0.020	≤0.70	≤2.00	0.030	0.010	19.0~21.0	24.0~26.0	4.00~5.00	≤0.15	Cu 1.20~2.00
X1NiCrMoCu 31-27-4	4563-080-28-I	≤0.020	≤0.70	≤2.00	0.030	0.010	26.0~28.0	30.0~32.0	3.00~4.00	≤0.10	Cu 0.70~1.50
X1NiCrMoCuN 25-20-7	—	≤0.020	≤0.50	≤2.00	0.030	0.010	19.0~21.0	24.0~26.0	6.00~7.00	0.15~0.25	Cu 0.50~1.50

牌号	数字代号	C	Si	Mn	P	S	Cr	Ni	Mo	N	其他
X2CrMnNiN 17-7-5	—	≤0.030	≤1.00	6.00~8.00	0.045	0.015	16.0~17.0	3.50~5.50	—	0.15~0.20	—
X2CrNi 18-9	4307-304-03-I	≤0.030	≤1.00	≤2.00	0.045	0.015	17.5~19.5	8.00~10.5	—	≤0.10	—
X2CrNi 19-11	4306-304-03-I	≤0.030	≤1.00	≤2.00	0.045	0.015	18.0~20.0	10.0~12.0	—	≤0.10	—
X2CrNiMo 17-12-2	—	≤0.030	≤1.00	≤2.00	0.045	0.015	16.5~18.5	10.5~13.5	2.00~2.50	≤0.10	—
X2CrNiMoN 17-11-2	4432-316-03-I	≤0.030	≤1.00	≤2.00	0.045	0.015	16.5~18.5	10.0~12.5	2.00~2.50	0.12~0.22	—
X2CrNiMo 17-12-3	—	≤0.030	≤1.00	≤2.00	0.045	0.015	16.5~18.5	10.5~13.0	2.50~3.00	≤0.10	—
X2CrNiMo 18-14-3	—	≤0.030	≤1.00	≤2.00	0.045	0.015	16.5~18.5	12.5~15.0	2.50~3.00	≤0.10	—
X2CrNiMo 18-15-4	—	≤0.030	≤1.00	≤2.00	0.045	0.015	17.0~19.0	13.0~16.0	3.00~4.00	≤0.10	—
X2CrNiMoN 17-12-2	—	≤0.030	≤1.00	≤2.00	0.045	0.015	17.5~19.5	10.0~12.5	2.00~3.00	0.12~0.22	—
X2CrNiMoN 17-12-3	—	≤0.030	≤1.00	≤2.00	0.045	0.015	16.5~18.5	11.0~14.0	2.50~3.00	0.12~0.22	—
X2CrNiMoN 17-13-5	4439-317-26-E	≤0.030	≤1.00	≤2.00	0.045	0.015	16.5~18.5	12.5~14.5	4.00~5.00	0.12~0.22	—
X2CrNiMoN 18-12-4	—	≤0.030	≤1.00	≤2.00	0.045	0.015	16.5~18.5	10.5~14.0	3.00~4.00	0.10~0.20	—
X2CrNiN 18-10	—	≤0.030	≤1.00	≤2.00	0.045	0.015	17.5~19.5	8.00~11.5	—	0.12~0.22	—
X2CrNiN 18-7	—	≤0.030	≤1.00	≤2.00	0.045	0.015	16.5~18.5	6.00~8.00	—	0.10~0.20	—
X2CrNiMoN 21-9-1 ②	—	≤0.030	≤1.00	≤2.00	0.045	0.015	19.5~21.5	8.0~9.5	0.50~1.50	0.14~0.25	Cu≤1.00
X3CrNiMo 17-12-3	4436-316-00-I	≤0.05	≤1.00	≤2.00	0.045	0.015	16.5~18.5	10.5~13.0	2.50~3.00	≤0.10	—
X5CrNi 18-10	4301-304-00-I	≤0.07	≤1.00	≤2.00	0.045	0.015	17.5~19.5	8.00~10.5	—	≤0.10	—
X5CrNiMo 17-12-2	—	≤0.07	≤1.00	≤2.00	0.045	0.015	16.5~18.5	10.5~13.0	2.00~2.50	≤0.10	—
X5CrNiN 19-9	—	≤0.06	≤1.00	≤2.00	0.045	0.015	18.0~20.0	8.00~11.0	—	0.12~0.22	—
X6CrNiMoNb 17-12-2	—	≤0.08	≤1.00	≤2.00	0.045	0.015	16.5~18.5	10.5~13.5	2.00~2.50	—	Nb 10C~1.00
X6CrNiMoTi 17-12-2	4571-316-35-I	≤0.08	≤1.00	≤2.00	0.045	0.015	16.5~18.5	10.5~13.5	2.00~2.50	—	Ti 5C~0.70
X6CrNiNb 18-10	4550-347-00-I	≤0.08	≤1.00	≤2.00	0.045	0.015	17.0~19.0	9.00~12.0	—	—	Nb 10C~1.00
X6CrNiTi 18-10	—	≤0.08	≤1.00	≤2.00	0.045	0.015	17.0~19.0	9.00~12.0	—	—	Ti 5C~0.70
X9CrMnNiCu 17-8-5-2	—	≤0.10	≤1.00	5.50~9.50	0.070	0.010	16.5~18.5	4.50~5.50	—	≤0.15	Cu 1.00~2.50

（续）

ISO标准 钢号	ISO标准 数字系列	C	Si	Mn	P ≤	S ≤	Cr	Ni	Mo	N	其他
奥氏体型热强钢											
X3CrNiMoBN 17-13-3	4910-316-77-E	≤0.04	≤0.75	≤2.00	0.035	0.015	16.0~18.0	12.0~14.0	2.00~3.00	0.10~0.18	B 0.0015~0.0050
X5NiCrAlTi 31-20(+RA)④	—	0.03~0.08	≤0.70	≤1.50	0.015	0.010	19.0~22.0	(Ni+Co) 30.0~32.5	—	≤0.030	Nb≤0.10, Ti 0.20~0.50 Cu≤0.50, Al 0.20~0.50 Al+Ti≤0.70, Co≤0.50
X6CrNi 18-10	—	0.04~0.08	≤1.00	≤2.00	0.035	0.015	17.0~19.0	8.00~11.0	—	≤0.10	—
X6CrNi 23-13	4950-309-08-E	0.04~0.08	≤0.70	≤2.00	0.035	0.015	22.0~24.0	12.0~15.0	—	≤0.10	—
X6CrNi 25-20	—	0.04~0.08	≤0.70	≤2.00	0.035	0.015	24.0~26.0	19.0~22.0	—	≤0.10	—
X6CrNiTiB 18-10	4941-321-09-I	0.04~0.08	≤1.00	≤2.00	0.035	0.015	17.0~19.0	9.00~12.0	—	—	Ti 5C~0.70 B 0.0015~0.0050
X8CrNiNb 16-13	4961-347-77-E	0.04~0.10	0.30~0.60	≤1.50	0.035	0.015	15.0~17.0	12.0~14.0	—	—	Nb 10C~1.20
X8NiCrAlTi 32-21	—	0.05~0.10	≤0.70	≤1.50	0.015	0.010	19.0~22.0	(Ni+Co) 30.0~34.0	—	≤0.03	Cu≤0.50, Ti 0.25~0.65 Co≤0.50, Al≤0.25~0.65
奥氏体-铁素体型											
X2CrNiMoCuN 25-6-3	4507-325-20-I	≤0.030	≤0.70	≤2.00	0.035	0.015	24.0~26.0	6.00~8.50	3.00~4.00	0.20~0.30	Cu 1.00~2.50
X2CrNiMoCuWN 25-7-4	—	≤0.030	≤1.00	≤2.00	0.035	0.015	24.0~26.0	6.00~8.00	3.00~4.00	0.20~0.30	W 0.50~1.00 Cu 0.50~1.00
X2CrNiMoN 22-5-3	4410-327-50-E	≤0.030	≤1.00	≤2.00	0.035	0.015	21.0~23.0	4.50~6.50	2.50~3.50	0.10~0.22	—
X2CrNiMoN 25-7-4	4410-327-50-E	≤0.030	≤1.00	≤2.00	0.035	0.015	24.0~26.0	6.00~8.00	3.00~4.00	0.24~0.35	—
X2CrNiN 22-2②②	—	≤0.030	≤1.00	≤2.00	0.040	0.010	21.0~23.8	1.50~2.90	≤0.45	0.16~0.28	—
X2CrNiN 23-4	4362-323-04-I	≤0.030	≤1.00	≤2.00	0.035	0.015	22.0~24.0	3.50~5.50	0.10~0.60	0.05~0.20	Cu 0.10~0.60
X2CrMnNiN 25-5-1②	4162-321-01-E	≤0.040	≤1.00	4.0~6.0	0.035	0.005	21.0~22.0	1.35~1.90⑤	0.10~0.80	0.20~0.25	Cu 0.10~0.80
X2CrNiMnMoCuN 24-4-4-3-2②	—	0.030	≤0.70	2.5~4.0	0.035	0.005	23.0~25.0	3.0~4.5	1.00~2.00	0.20~0.30	Cu 0.10~0.80

① Ti 可以部分由 Nb 和（或）Zr 代替，Ti 相当于 $\frac{7}{4}$ Nb 或 $\frac{7}{4}$ Zr。

② 美国专利钢。

③ 其他元素 V0.03%~0.50%，Cu0.30%~0.80%，(Ti+Nb)(C+N)~0.80%。

④ RA—再结晶退火。

⑤ 此专利钢要求 Ni≤1.70。

（2）ISO 标准压力容器用铁素体型不锈钢钢板和钢带的室温力学性能（表 3-2-24）

表 3-2-24 压力容器用铁素体型不锈钢钢板和钢带的室温力学性能（退火和抗晶间腐蚀处理）

钢号 （数字系列）	产品 形态[①]	厚度 /mm ≤	$R_{p0.2}$/MPa ≥		R_m /MPa	A_{80} （%） （纵+横）≥	A （%） （纵+横）≥	KV_2 /J ≥ （纵向）	抗晶间腐蚀倾向[③]	
			纵向	横向					交货 状态	焊接 状态
X2CrTi 12	C	8	280	320	450~650	20	20	无	无	无
	H	13.5	280	320						
	P	25	250	280		18	18			
X6CrNiTi 12	C	8	280	320	450~650	23	23	50	无	无
	H	13.5	280	320						
	P	25	250	280		20	20			
X2CrTi 17	C	4	180	200	380~530	24	24	②	有	有
X3CrTi 17	C	4	230	240	420~600	23	23	②	有	有
X2CrMoTi 17-1	C	4	200	220	400~550	23	23	②	有	有
X2CrMoTi 18-2	C	4	300	320	420~640	20	20	②	有	—
X6CrMoNb 17-1	C	4	280	300	480~560	25	25	②	有	有
X2CrTiNb 18 （509-439-40-X）	C	4	230	250	430~630	18	18	②	有	有
X2CrCuNbTiV 22-1	C	4	280	300	430~630	22	22	27	有	有

① 产品形态代号：C— 冷轧钢带；H—热轧钢带；P—热轧钢板。

② 按 ISO 9328-1 进行试验。

③ 按 ISO 3651-2 进行试验。

（3）ISO 标准压力容器用马氏体型不锈钢钢板和钢带的室温与低温力学性能（表 3-2-25）

表 3-2-25 压力容器用马氏体型不锈钢钢板和钢带的室温与低温力学性能（热处理）

ISO 标准		产品 形态[①]	厚度 /mm ≤	$R_{p0.2}$ /MPa ≥	R_m /MPa	A(%) ≥ （纵+横）	KV_2/J ≥	
钢 号	数字系列						20℃（纵）	-20℃（横）
X3CrNiMo 13-4	—	P	75	650	480~980	14	70	40
X4CrNiMo 16-5-1	4418-431-77-E	P	75	680	840~980	14	55	40

① 产品形态代号：P—热轧钢板。

（4）ISO 标准压力容器用奥氏体型不锈钢钢板和钢带的室温与低温力学性能（表 3-2-26）

表 3-2-26 压力容器用奥氏体型不锈钢钢板和钢带的室温与低温力学性能（固溶处理 + 退火）

钢号 （数字系列）	产品 形态[①]	厚度 /mm ≤	$R_{p0.2}$ /MPa （纵向）≥	$R_{p1.0}$ /MPa （纵向）≥	R_m /MPa	A_{80} （%） （纵向）≥	A （%）	KV_2/J ≥			抗晶间腐蚀倾向[②]	
								20℃ 纵向	横向	-20℃ 横向	交货 状态	敏化 状态
奥 氏 体 型 耐 蚀 钢												
X2CrNiN 18-7	C	8	350	380	650~850	35	40	90	60	60	有	有
	H	13.5	330	370								
	P	75	330	370								
X2CrNi 18-9 （4307-304-03-I）	C	8	220	250	520~700	45	45	100	60	60	有	有
	H	13.5	200	240								
	P	75	200	240	500~700							
X2CrNi 19-11 （4306-304-03-I）	C	8	220	250	520~700	45	45	100	60	60	有	有
	H	13.5	200	240								
	P	75	200	240	500~700							

（续）

钢　号 （数字系列）	产品 形态[1]	厚度 /mm ≤	$R_{p0.2}$ /MPa （纵向）≥	$R_{p1.0}$ /MPa ≥	R_m /MPa	A_{80} （%） （纵向）≥	A （%） 	$KV_2/J≥$ 20℃ 纵向	 20℃ 横向	 -20℃ 横向	抗晶间腐蚀倾向[2] 交货 状态	 敏化 状态
					奥 氏 体 型 耐 蚀 钢							
X5CrNiN 19-9	C	8	290	320	550~750	40	40	100	60	60	（有）[3]	无
	H	13.5	270	310								
	P	75	270	310								
X2CrNiN 18-10	C	8	290	320	550~750	40	40	100	60	60	有	有
	H	13.5	270	310								
	P	75	270	310								
X5CrNi 18-10 （4301-304-00-I）	C	8	230	260	540~750	45[2]	45[2]	100	60	60	（有）[3]	无[4]
	H	13.5	210	250	520~720							
	P	75	210	250								
X6CrNiTi 18-10 （4541-321-00-I）	C	8	220	250	520~720	40	40	100	60	60	有	有
	H	13.5	200	240								
	P	75	200	240	500~700							
X6CrNiNb 18-10 （4550-347-00-I）	H	13.5	200	240	520~720	40	40	100	60	40	有	有
	P	75	200	240	500~700							
X1CrNi25-21 （4335-310-02-I）	P	75	200	240	470~670	40	40	100	60	60	有	有
X2CrNiMo 17-12-2	C	8	240	270	530~660	40	40	100	60	—	有	有
	H	13.5	220	260								
	P	75	220	260	520~670	45	45					
X2CrNiMoN 17-11-2	C	8	300	330	580~780	40	40	100	60	60	有	有
	H	13.5	280	320								
	P	75	280	320	510~710							
X1CrNiMoN 25-22-2 （4466-310-50-E）	P	75	250	290	540~740	40	40	100	60	60	有	有
X5CrNiMo 17-12-2	C	8	240	270	530~680	40	40	100	60	60	（有）[3]	无
	H	13.5	220	260								
	P	75	220	260	520~670	45	45					
X6CrNiMoTi 17-12-2 （4571-316-35-I）	C	8	240	270	540~690	40	40	100	60	60	有	有
	H	13.5	220	260								
	P	75	220	260	520~670							
X6CrNiMoNb 17-12-2 （4580-316-40-I）	P	75	220	260	520~670	40	40	100	60	—	有	有
X2CrNiMo 17-12-3 （4432-316-03-I）	C	8	240	270	550~700	40	40	100	60	60	有	有
	H	13.5	220	260								
	P	75	220	260	520~670	45	45					
X2CrNiMoN 17-13-3	C	8	300	330	580~780	35	35	100	60	60	有	有
	H	13.5	280	320								
	P	75	280	320	580~780	40	40					

（续）

钢 号 （数字系列）	产品 形态[①]	厚度 /mm ≤	$R_{p0.2}$ /MPa （纵向）≥	$R_{p1.0}$ /MPa （纵向）≥	R_m /MPa	A_{80} （%） （纵向）≥	A （%）≥	$KV_2/J≥$ 20℃ 纵向	横向	-20℃ 横向	抗晶间腐蚀倾向[②] 交货 状态	敏化 状态
奥氏体型耐蚀钢												
X3CrNiMo 17-12-3 （4436-316-00-I）	C	8	240	270	550~700	40	40	100	60	60	（有）[③]	无[④]
	H	13.5	220	260								
	P	75	220	260	530~730	40	40	60	60	60		
X2CrNiMo 18-14-3	C	8	240	270	550~700	40	40	100	60	60	有	有
	H	13	220	260	550~700							
	P	75	220	260	520~670	45	45					
X2CrNiMoN 18-12-4	C	8	290	320	570~770	35	35	100	60	60	有	有
	H	13	270	310								
	P	75	270	310	540~740	40	40					
X2CrNiMo 18-15-4	C	8	240	270	550~700	35	35	100	60	60	有	有
	H	13	220	260								
	P	75	220	260	520~720	40	40					
X2CrNiMoN 17-13-5 （4439-317-26-E）	C	8	290	320	580~780	35	35	100	60	60	有	有
	H	13	270	310								
	P	75	270	310		40	40					
X1NiCrMoCu 31-27-4 （4563-080-28-I）	P	75	220	260	500~700	40	40	100	60	60	有	有
X1NiCrMoCu 25-20-5	C	8	240	270	530~730	35	35	100	60	60	有	有
	H	13	220	260								
	P	75	220	260	520~720	40	40					
X1CrNiMoCu 25-25-5 （4537-310-92-E）	P	75	290	330	600~800	40	40	100	60	60	有	有
X1CrNiMoCuN 20-18-7	C	8	320	350	650~850	35	35	100	60	60	有	有
	H	13	300	340								
	P	75	300	340		40	40					
X1NiCrMoCuN 25-20-7	P	75	300	340	650~850	40	40	100	60	60	有	有
X2CrMnNiN 17-7-5	C	8	330	380	650~850	40	45	100	60	60	有	有
	H	13.5	300	370								
	P	75	300	370								
X9CrMnNiCu 17-8-5-2 （4618-201-76-E）	C	8	230	250	540~850	45	45	100	60	60	有	无
	H	13.5	230	250	520~830							
	P	75	210	240	520~830							
奥氏体型热强钢												
X3CrNiMoBN 17-13-3 （4910-316-77-E）	C	8	300	330	580~780	35	40	100	60	—	有	有
	H	13.5	260	300	550~750							
	P	75	260	300								
X6CrNiTiB 18-10 （4941-321-09-I）	C	8	220	250	510~710	40	40	100	60	—	有	有
	H	13.5	200	240								
	P	75	200	240	490~690							

（续）

钢 号 （数字系列）	产品 形态[①]	厚度 /mm ≤	$R_{p0.2}$ /MPa （纵向）≥	$R_{p1.0}$ /MPa	R_m /MPa	A_{80} （%） （纵向）≥	A （%）	KV_2/J ≥			抗晶间腐蚀倾向[②]	
								20℃		-20℃	交货 状态	敏化 状态
								纵向	横向	横向		
奥氏体型热强钢												
X6CrNi 18-10	C	8	230	260	530~740	45[⑤]	45[⑤]	100	60	—	无	无
	H	13.5	210	250	510~710	45	45					
	P	75	190	230								
X6CrNi 23-13 （4950-309-08-E）	C	8	220	250	530~730	35	35	100	60		无	无
	H	13.5	200	240	510~710							
	P	75	200	240								
X6CrNi 25-20	C	8	220	250	530~730	35	35	100	60		无	无
	H	13.5	200	240	510~710							
	P	75	200	240								
X5NiCrAlTi 31-20 （4958-308-77-E）	P	75	170	200	500~750	30	30	120	80		有	无
X5NiCrAlTi 31-20（+RA）[⑥]	P	75	210	240	500~750	30	30	120	80		有	无
X8NiCrAlTi 32-21	P	75	170	200	500~750	30	30	120	80		有	无
X8CrNiNb 16-13 （4961-347-77-E）	P	75	200	240	510~690	35	35	100	60		有	有

① 产品形态代号：C—冷轧钢带；H—热轧钢带；P—热轧钢板。

② 按 ISO 3561-2 进行试验。

③ 通常厚度到达 6mm。

④ 厚度到达 6mm 且在焊接状态下给出。

⑤ 拉伸整平材料此值降低 5%。

⑥ RA—再结晶退火。

（5）ISO 标准压力容器用奥氏体-铁素体型不锈钢钢板和钢带的室温与低温力学性能（表 3-2-27）

表 3-2-27　奥氏体-铁素体型不锈钢钢板和钢带的室温和低温力学性能（固溶处理 + 退火）

钢 号 （数字系列）	产品 形态[①]	厚度 /mm ≤	$R_{p0.2}$ /MPa （纵）[②]≥	$R_{p1.0}$ /MPa （横）[③]≥	R_m /MPa	A_{80} （%） （纵+横）≥	A （%）	KV_2/J ≥			抗晶间腐蚀倾向[④]	
								20℃		-40℃	交货 状态	敏化 状态
								纵向	横向	横向		
X2CrNiN 23-4 （4362-323-04-I）	C	8	405	420	630~850	20	20	120	90	40	有	有
	H	13.5	385	400		20	20					
	P	75	385	400	600~800	25	25					
X2CrNiN 22-2	C	6.4	515	530	700~900	20	30	80	80	50	有	有
	H	13.5	465	480	680~900	30	30					
	P	75	435	435	650~850	30	30	60	60	27[⑤]		
X2CrNiMoN 22-5-3	C	8	485	500	700~950	20	20	150	100	40	有	有
	H	13.5	445	460		25	25					
	P	75	445	460	640~840	25	25					
X2CrNiMoCuN 25-6-3 （4507-325-20-I）	C	8	495	510	690~940	20	20	150	90	40	有	有
	H	13.5	475	490		20	20					
	P	75	475	490	690~890	25	25					
X2CrNiMoN 25-7-4 （4410-327-50-E）	C	8	535	550	750~1000	20	20	150	90	40	有	有
	H	13.5	515	530		20	20					
	P	75	515	530	730~930	20	20					

（续）

钢 号 （数字系列）	产品 形态[①]	厚度 /mm ≤	$R_{p0.2}$ /MPa （纵）[②]	$R_{p1.0}$ /MPa （横）[③]	R_m /MPa	A_{80} （%）	A （%）	KV_2/J ≥ 20℃ 纵向	横向	−40℃ 横向	抗晶间腐蚀倾向[④] 交货 状态	敏化 状态
				≥		（纵＋横）≥						
X2CrNiMoCuWN 25-7-4	P	75	515	530	730～930	25	25	150	90	40	有	有
X2CrMnNiN 21-5-1 （4162-301-01-E）	C	6.4	535	530	700～900	25	30	80	80	50	有	有
	H	10	465	480	680～900	30	30	80	80	50		
	P	75	435	450	650～850	30	30	60	40	27		
X2CrNiMnMoCuN 24-4-3-2	C	6.4	550	550	750～900	20	25	80	80	40	有	有
	H	13	550	550	750～900	—	25	80	80	40		
	P	50	480	480	680～900	—	25	60	60	40		

① 产品形态代号：C—冷轧钢带；H—热轧钢带；P—热轧钢板。
② 钢板宽度 <300mm。
③ 钢板宽度 ≥300mm。
④ 由 ISO 3561-2 进行试验。
⑤ 厚度小于 12mm。

（6）ISO 标准压力容器用不锈钢板和钢带的热处理制度与抗晶间腐蚀倾向（表 3-2-28）

表 3-2-28 压力容器用不锈钢板和钢带的热处理制度与抗晶间腐蚀倾向

牌 号	热处理制度				抗晶间腐蚀倾向	
	工艺	代号	温度/℃	冷却介质	交货状态	敏化状态
铁 素 体 型						
X2CrNi12	退火	A	700～750	水，空冷	无	无
X6CrNiTi12	退火	A	790～850	水，空冷	无	无
X2CrTi17	退火	A	820～880	水，空冷	有	有
X3CrTi17	退火	A	770～830	水，空冷	有	有
X2CrMoTi17-1	退火	A	790～850	水，空冷	有	有
X2CrMoTi18-2	退火	A	820～880	水，空冷	有	—
X6CrMoNb17-1	退火	A	800～860	水，空冷	有	有
X2CrTiNb18	退火	A	870～930	水，空冷	有	有
X2CrCuNbTiV22-1	退火	A	870～930	水，空冷	有	有
马 氏 体 型						
X3CrNiMo13-4	淬火 回火	QT	950～1050 560～640	油，水，空淬	—	—
X4CrNiMo16-5-1	淬火 回火	QT	900～1000 570～650	油，水，空淬	—	—
奥 氏 体 型 耐 蚀 钢						
X2CrNiN18-7	固溶处理	S	1020～1100	水，强风冷	有	有
X2CrNi18-9	固溶处理	S	1000～1100	水，强风冷	有	有
X2CrNi19-11	固溶处理	S	1000～1100	水，强风冷	有	有
X5CrNiN19-9	固溶处理	S	1000～1100	水，强风冷	（有）[①]	无
X2CrNiN18-10	固溶处理	S	1000～1100	水，强风冷	有	有
X5CrNi18-10	固溶处理	S	1000～1100	水，强风冷	（有）[①]	（有）[②]
X6CrNiTi18-10	固溶处理	S	1000～1100	水，强风冷	有	有
X6CrNiNb18-10	固溶处理	S	1020～1200	水，强风冷	有	有
X1CrNi25-21	固溶处理	S	1030～1110	水，强风冷	有	有
X2CrNiMo17-12-2	固溶处理	S	1030～1100	水，强风冷	有	有

（续）

牌　号	热处理制度				抗晶间腐蚀倾向	
	工艺	代号	温度/℃	冷却介质	交货状态	敏化状态
奥 氏 体 型 耐 蚀 钢						
X2CrNiMoN17-11-2	固溶处理	S	1030～1100	水，强风冷	有	有
X1CrNiMoN25-22-2	固溶处理	S	1070～1150	水，强风冷	有	有
X5CrNiMo17-12-2	固溶处理	S	1030～1100	水，强风冷	(有)①	有
X6CrNiMoTi17-12-2	固溶处理	S	1030～1100	水，强风冷	有	有
X6CrNiMoNb17-12-2	固溶处理	S	1030～1100	水，强风冷	有	有
X2CrNiMo17-12-3	固溶处理	S	1030～1110	水，强风冷	有	有
X2CrNiMoN17-13-3	固溶处理	S	1030～1110	水，强风冷	(有)①	有
X3CrNiMo17-13-3	固溶处理	S	1030～1110	水，强风冷	有	有
X2CrNiMo18-14-3	固溶处理	S	1030～1100	水，强风冷	有	有
X2CrNiMoN18-12-4	固溶处理	S	1070～1150	水，强风冷	有	有
X2CrNiMo18-15-4	固溶处理	S	1070～1150	水，强风冷	有	有
X2CrNiMoN17-13-5	固溶处理	S	1060～1140	水，强风冷	有	有
X1NiCrMoCu31-27-4	固溶处理	S	1070～1150	水，强风冷	有	有
X1NiCrMoCu25-20-5	固溶处理	S	1060～1140	水，强风冷	(有)①	有
X1CrNiMoCuN25-25-5	固溶处理	S	1120～1180	水，强风冷	有	有
X1CrNiMoCuN20-18-7	固溶处理	S	1140～1200	水，强风冷	有	有
X1NiCrMoCuN25-20-7	固溶处理	S	1120～1180	水，强风冷	有	有
X2CrMnNiN17-7-5	固溶处理	S	1000～1100	水，强风冷	有	有
X9CrMnNiCu17-8-5-2	固溶处理	S	1000～1100	水，强风冷	有	无
X1CrNiSi18-15-4	固溶处理	S	1100～1160	水，强风冷	有	有
X2CrNiMoN21-9-1	固溶处理	S	1030～1110	水，强风冷	有	有
奥 氏 体 型 热 强 钢						
X3CrNiMoBN17-13-3	固溶处理	S	1020～1100	水，强风冷	有	有
X6CrNiTiB18-10	固溶处理	S	1050～1100	水，强风冷	有	有
X6CrNi18-10	固溶处理	S	1050～1100	水，强风冷	无	无
X6CrNi23-13	固溶处理	S	1050～1150	水，强风冷	无	无
X6CrNi25-20	固溶处理	S	1050～1150	水，强风冷	无	无
X5NiCrAlTi31-20	固溶处理	S	1100～1200	水，强风冷	无	无
X5NiCrAlTi31-20（+RA）	再结晶退火	RA	920～1000	水，空冷	有	无
X8NiCrAlTi32-21	固溶处理	S	1100～1200	水，强风冷	有	无
X8CrNiNb16-13	固溶处理	S	1050～1110	水，强风冷	有	有
奥 氏 体-铁 素 体 型						
X2CrNiN23-4	固溶处理	S	1000±50	水，强风冷	有	有
X2CrNiMoN22-5-3	固溶处理	S	1060±40	水，强风冷	有	有
X2CrNiN22-2	固溶处理	S	1040±60	水，强风冷	有	有
特 殊 类 型						
X2CrNiMoCuN25-6-3	固溶处理	S	1080±40	水，强风冷	有	有
X2CrNiMoN25-7-4	固溶处理	S	1080±40	水，强风冷	有	有
X2CrNiMoCuWN25-7-4	固溶处理	S	1080±40	水，强风冷	有	有
X2CrMNiN21-5-1	固溶处理	S	1050±30	水，强风冷	有	有
X2CrNiMnMoCuN24-4-3-2	固溶处理	S	1060±60	水，强风冷	有	有

① 见表3-2-26中③。

② 见表3-2-26中④。

3.2.7 承压用不锈钢棒材和锻件 ［ISO 9327-5（1999/2013 确认）］

（1）ISO 标准承压用不锈钢棒材和锻件的钢号与化学成分（表3-2-29）

表 3-2-29 承压用不锈钢棒材和锻件的钢号与化学成分（质量分数）（%）

ISO 钢号		C	Si	Mn	P ≤	S ≤	Cr	Ni	Mo	其 他
ISO 4949	ISO 2604-1									
奥氏体型										
X2CrNi 18-9	F46	≤0.030	≤1.00	≤2.00	0.045	0.030	17.0 ~ 19.0	9.00 ~ 12.0	—	—
X2CrNiN 18-10	—	≤0.030	≤1.00	≤2.00	0.045	0.030	17.0 ~ 19.0	8.50 ~ 11.5	—	N 0.12 ~ 0.22
X5CrNi 18-9	F47	≤0.07	≤1.00	≤2.00	0.045	0.030	17.0 ~ 19.0	8.00 ~ 11.0	—	—
X7CrNi 18-9	F48	0.04 ~ 0.10	≤1.00	≤2.00	0.045	0.030	17.0 ~ 19.0	8.00 ~ 11.0	—	—
X6CrNiNb 18-10	F50	≤0.08	≤1.00	≤2.00	0.045	0.030	17.0 ~ 19.0	9.00 ~ 12.0	—	Nb 10C ~ 1.00
X6CrNiTi 18-10	F53	≤0.08	≤1.00	≤2.00	0.045	0.030	17.0 ~ 19.0	9.00 ~ 12.0	—	Ti 5C ~ 0.80
X7CrNiTi 18-10	F54	0.04 ~ 0.10	≤1.00	≤2.00	0.045	0.030	17.0 ~ 19.0	9.00 ~ 12.0	—	Ti 5C ~ 0.80
X7CrNiNb 18-10	F51	0.04 ~ 0.10	≤1.00	≤2.00	0.045	0.030	17.0 ~ 19.0	9.00 ~ 12.0	—	Nb 10C ~ 1.20
X2CrNiMo 17-12	F59	≤0.030	≤1.00	≤2.00	0.045	0.030	16.5 ~ 18.5	11.0 ~ 14.0	2.00 ~ 2.50	—
X2CrNiMoN 17-12	—	≤0.030	≤1.00	≤2.00	0.045	0.030	16.5 ~ 18.5	10.5 ~ 13.5	2.00 ~ 2.50	N 0.12 ~ 0.22
X2CrNiMo 17-13	F59	≤0.030	≤1.00	≤2.00	0.045	0.030	16.5 ~ 18.5	11.5 ~ 14.5	2.50 ~ 3.00	—
X2CrNiMoN 17-13	—	≤0.030	≤1.00	≤2.00	0.045	0.030	16.5 ~ 18.5	11.5 ~ 14.5	2.50 ~ 3.00	N 0.12 ~ 0.22
X5CrNiMo 17-12	F62	≤0.07	≤1.00	≤2.00	0.045	0.030	16.5 ~ 18.5	10.5 ~ 13.5	2.00 ~ 3.00	—
X5CrNiMo 17-13	F62	≤0.07	≤1.00	≤2.00	0.045	0.030	16.5 ~ 18.5	11.0 ~ 14.0	2.50 ~ 3.00	—
X7CrNiMo 17-12	F64	0.04 ~ 0.10	≤1.00	≤2.00	0.045	0.030	16.5 ~ 18.5	10.5 ~ 13.5	2.00 ~ 2.50	—
X6CrNiMoTi 17-12	F66	≤0.08	≤1.00	≤2.00	0.045	0.030	16.5 ~ 18.5	11.0 ~ 14.0	2.00 ~ 2.50	Ti 5C ~ 0.80
X6CrNi 25-21	F68	≤0.08	≤1.50	≤2.00	0.045	0.030	24.0 ~ 26.0	19.0 ~ 22.0	—	—
X2NiCrMoCu 25-20-5	—	≤0.025	≤2.00	≤1.00	0.030	0.020	19.0 ~ 22.0	24.0 ~ 27.0	4.00 ~ 5.00	Cu 1.20 ~ 2.00 （N≤0.15）[①]
奥氏体-铁素体型										
X2CrNiN 23-4	—	≤0.030	≤2.00	≤1.00	0.035	0.020	22.0 ~ 24.0	3.50 ~ 5.00	≤0.60	Cu≤0.60 N 0.05 ~ 0.20
X2CrNiMoN 22-5-3	—	≤0.030	≤2.00	≤1.00	0.035	0.020	21.0 ~ 23.0	4.50 ~ 6.50	2.50 ~ 3.50	N 0.08 ~ 0.20

① 允许的含量。

（2）ISO 标准承压用不锈钢棒材和锻件的力学性能（表3-2-30）

表 3-2-30 承压用不锈钢棒材和锻件的力学性能（室温）

ISO 钢号		厚度 /mm ≤	$R_{p0.2}$ /MPa ≥	$R_{p1.0}$ /MPa ≥	R_m /MPa	$A^{①}$（%）≥		$KV^{②}$/J ≥	
ISO/TR 4949	ISO 2604-1					X	Y	X-Y	Y-X
奥氏体型									
X2CrNi 18-9	F46	250	180	215	480 ~ 680	30	30	85	55
X2CrNiN 18-10	—	250	270	305	550 ~ 750	30	30	85	55
X5CrNi 18-9	F47	250	195	230	500 ~ 700	30	30	85	55
X7CrNi 18-9	F48	250	195	230	490 ~ 690	30	30	85	55
X6CrNiNb 18-10	F50	450	205	240	510 ~ 710	30	30	85	55
X6CrNiTi 18-10	F53	450	200	235	510 ~ 710	30	30	85	55
X7CrNiTi 18-10	F54	450	175	210	490 ~ 690	30	30	85	55

（续）

ISO 钢号		厚度 /mm ≤	$R_{p0.2}$ /MPa	$R_{p1.0}$ /MPa	R_m /MPa	$A^{①}$（%）≥		$KV^{②}$/J ≥	
ISO/TR 4949	ISO 2604-1		≥			X	Y	X-Y	Y-X
奥氏体型									
X7CrNiNb 18-10	F51	450	205	240	510~710	30	30	85	55
X2CrNiMo 17-12	F59	250	190	225	490~690	30	30	85	55
X2CrNiMoN 17-12	—	160	280	315	580~780	30	30	85	55
X2CrNiMo 17-13	F59	250	190	225	490~690	30	30	85	55
X2CrNiMoN 17-13	—	160	280	315	580~780	30	30	85	55
X5CrNiMo 17-12	F62	250	205	240	510~710	30	30	85	55
X5CrNiMo 17-13	F62	250	205	240	510~710	30	30	85	55
X7CrNiMo 17-12	F64	250	205	240	510~710	30	30	85	55
X6CrNiMoTi 17-12	F66	450	205	240	510~710	30	30	85	55
X6CrNi 25-21	F68	160	210	250	500~700	30	30	85	55
X2NiCrMoCu 25-20-5	—	160	220	225	520~720	30	30	85	55
奥氏体-铁素体型									
X2CrNiN 23-4		160	400	—	600~820	25	20	85	55
X2CrNiMoN 22-5-3		250	450	—	600~860	25	20	85	55

① 断后伸长率的试样取向：X—正应变方向（晶粒流动的主要方向）；Y—相当于 X 的垂直方向。
② 冲击试样缺口对应为材料的纵向或横向时，其缺口对应特征的符号分别为 X-Y 或 Y-X。

3.2.8 石油和天然气工业在油气开采中抗硫化氢（H_2S）腐蚀开裂的不锈钢和耐蚀合金 ［ISO 15156-3（2015）］

（1）ISO 标准油气开采中抗 H_2S 腐蚀开裂的奥氏体型不锈钢的牌号与化学成分（表3-2-31）

表3-2-31   油气开采中抗 H_2S 腐蚀开裂的奥氏体型不锈钢的牌号与化学成分（质量分数）（%）

美国 UNS 数字编号[①]	C	Si	Mn	P ≤	S ≤	Cr	Ni	Mo	其 他
奥氏体型不锈钢									
S20100	≤0.15	≤1.00	5.5~7.5	0.060	0.030	16.0~18.0	3.50~5.50	—	N≤0.25
S20200	≤0.15	≤1.00	7.50~10.0	0.060	0.030	17.0~19.0	4.00~6.00	—	N≤0.25
S20500	0.12~0.25	≤1.00	14.0~15.0	0.060	0.030	16.0~18.0	1.00~1.75	—	N 0.32~0.40
S20910	≤0.06	≤1.00	4.0~6.0	0.045	0.030	20.5~23.5	11.5~13.5	1.50~3.00	V 0.10~0.30 Nb 0.10~0.30 N 0.20~0.40
S30200	≤0.15	≤1.00	≤2.00	0.045	0.030	17.0~19.0	8.0~10.0	—	N≤0.10
S30400	≤0.08	≤1.00	≤2.00	0.045	0.030	18.0~20.0	8.0~11.0	—	—
S30403	≤0.035	≤1.00	≤2.00	0.045	0.030	18.0~20.0	8.0~12.0	—	—
S30500	≤0.12	≤1.00	≤2.00	0.045	0.030	17.0~19.0	10.5~13.0	—	—
S30800	≤0.08	≤1.00	≤2.00	0.045	0.030	19.0~21.0	10.0~12.0	—	—
S30900	≤0.20	≤1.00	≤2.00	0.045	0.030	22.0~24.0	12.0~15.0	—	—
S31000	≤0.25	≤1.50	≤2.00	0.045	0.030	24.0~26.0	19.0~22.0	—	—
S31600	≤0.08	≤1.00	≤2.00	0.045	0.030	16.0~18.0	10.0~14.0	2.00~3.00	—
S31603	≤0.035	≤1.00	≤2.00	0.045	0.030	16.0~18.0	10.0~14.0	2.00~3.00	—

（续）

美国 UNS 数字编号[①]	C	Si	Mn	P ≤	S ≤	Cr	Ni	Mo	其 他
奥氏体型不锈钢									
S31635	≤0.08	≤0.75	≤2.00	0.045	0.030	16.0~18.0	10.0~14.0	2.00~3.00	Ti5（C+N）~0.70 N≤0.10
S31700	≤0.08	≤1.00	≤2.00	0.045	0.030	18.0~20.0	11.0~15.0	3.0~4.0	—
S32100	≤0.08	≤1.00	≤2.00	0.045	0.030	17.0~19.0	9.0~12.0	—	Ti5（C+N）~0.70 N≤0.10
S34700	≤0.08	≤1.00	≤2.00	0.045	0.030	17.0~20.0	9.0~13.0	—	Nb 10C~1.10
S38100	≤0.08	1.5~2.5	≤2.00	0.030	0.030	17.0~19.0	17.5~18.5	—	—
J92500	≤0.03	≤2.00	≤1.50	0.040	0.040	17.0~21.0	8.00~12.0	—	—
J92600	≤0.08	≤2.00	≤1.50	0.040	0.040	18.0~21.0	8.00~11.0	≤0.50	—
J92800	≤0.03	≤1.50	≤1.50	0.040	0.040	17.0~21.0	9.00~13.0	2.00~3.00	—
J92843	0.28~0.35	≤1.00	0.75~1.50	0.040	0.040	18.0~21.0	8.00~11.0	1.00~1.75	W 1.00~1.75, Cu≤0.50 Ti 0.15~0.30 （Nb+Ta）0.30~0.70
J92900	≤0.08	≤2.00	≤1.50	0.040	0.040	18.0~21.0	9.00~12.0	2.00~3.00	—
高合金奥氏体型不锈钢和耐蚀合金									
S31254	≤0.020	≤0.80	≤1.00	0.030	0.010	19.5~20.5	17.5~18.5	6.00~6.50	Cu 0.50~1.00 N 0.18~0.22
S32166	≤0.030	≤1.00	≤2.00	0.035	0.020	23.0~25.0	21.0~24.0	5.00~7.00	N 0.35~0.60 Cu≤0.50
S32200	≤0.030	≤0.50	≤1.00	0.030	0.005	20.0~23.0	23.0~27.0	2.50~3.50	Cu 0.30~3.00
S32654	≤0.020	≤0.50	2.00~4.00	0.030	0.005	24.0~25.0	21.0~23.0	7.00~8.00	Cu 0.30~0.60 N 0.45~0.55
J93254	≤0.025	≤1.00	≤1.20	0.045	0.010	19.5~20.5	17.5~19.5	6.00~7.00	Cu 0.50~1.00 N 0.18~0.24
J95370	≤0.030	≤0.50	8.00~9.00	0.030	0.010	24.0~25.0	17.0~18.0	4.00~5.00	N 0.70~0.80 B 0.003~0.007 W≤0.10, Cu≤0.50
N08007	≤0.07	≤1.50	≤1.50	0.040	0.040	19.0~22.0	27.0~30.5	2.00~3.00	Cu 3.00~4.00 Fe 26.0~32.0
N08020	≤0.07	≤1.00	≤2.00	0.045	0.035	19.0~21.0	32.0~38.0	2.00~3.00	Nb 8C~1.00 Cu 3.0~4.0 Fe 25.6~30.9
N08320	≤0.05	≤1.00	≤2.50	0.040	0.030	21.0~23.0	25.0~27.0	4.00~6.00	Ti≥4C Fe 34.0~39.0
N08367	≤0.030	≤1.00	≤2.00	0.040	0.030	20.0~22.0	23.5~25.5	6.00~7.00	Cu≤0.75 N 0.18~0.25 Fe 36.0~40.0
N08904	≤0.020	≤1.00	≤2.00	0.040	0.030	19.0~23.0	23.0~28.0	4.00~5.00	Cu 1.00~2.00 N≤0.10, Fe 32.0~40.0
N08925	≤0.020	≤0.50	≤1.00	0.045	0.030	19.0~21.0	24.0~26.0	6.00~7.00	N 0.10~0.20 Fe 40.0~47.0
N08926	≤0.020	≤0.50	≤2.00	0.030	0.010	19.0~21.0	24.0~26.0	6.00~7.00	N 0.15~0.25 Fe 41.0~48.0

① 牌号前缀字母：S—不锈钢轧制材；J—不锈铸钢；N—耐蚀合金。

（2）ISO 标准油气开采中抗 H_2S 腐蚀开裂的铁素体型和双相不锈钢的牌号与化学成分（表3-2-32）

表 3-2-32　油气开采中抗 H_2S 腐蚀开裂的铁素体型和双相不锈钢的牌号与化学成分（质量分数）（%）

美国 UNS 数字编号[①]	C	Si	Mn	P ≤	S ≤	Cr	Ni	Mo	其 他
铁素体型不锈钢									
S40500	≤0.08	≤1.00	≤1.00	0.040	0.030	11.5 ~ 14.5	≤0.50	—	Al 0.10 ~ 0.30
S40900	≤0.08	≤1.00	≤1.00	0.045	0.030	10.5 ~ 11.7	≤0.50	—	Ti 6C ~ 0.75
S43000	≤0.12	≤1.00	≤1.00	0.040	0.030	16.0 ~ 18.0	—	—	—
S43400	≤0.12	≤1.00	≤1.00	0.040	0.030	16.0 ~ 18.0	—	0.75 ~ 1.25	—
S43600	≤0.12	≤1.00	≤1.00	0.040	0.030	16.0 ~ 18.0	—	0.75 ~ 1.25	Nb 5C ~ 0.80
S44200	≤0.20	≤1.00	≤1.00	0.040	0.040	18.0 ~ 23.0	≤0.60		
S44400	≤0.025	≤1.00	≤1.00	0.040	0.030	17.5 ~ 19.5	≤1.00	1.75 ~ 2.50	(Ti + Nb)[0.20 + 4(C + N)] ~ 0.80,N ≤ 0.035
S44500	≤0.020	≤1.00	≤1.00	0.040	0.012	19.0 ~ 21.0	≤0.60	—	Cu 0.30 ~ 0.60,N ≤ 0.030 Nb 10(C + N) ~ 0.80
S44600	≤0.20	≤1.00	≤1.50	0.040	0.030	23.0 ~ 27.0	≤0.75	—	N ≤ 0.25
S44627	≤0.01	≤1.00	≤0.40	0.020	0.020	25.0 ~ 27.5	≤0.50	0.75 ~ 1.50	Cu ≤ 0.20, Nb 0.05 ~ 0.20 Ni + Cu ≤ 0.50,N ≤ 0.015
S44635	≤0.025	≤0.75	≤1.00	0.040	0.030	24.5 ~ 26.0	3.5 ~ 4.5	3.5 ~ 4.5	Ti + Nb[0.20 + 4(C + N)] ~ 0.80,N ≤ 0.035
S44660	≤0.030	≤1.00	≤1.00	0.040	0.030	25.0 ~ 28.0	1.0 ~ 3.5	3.0 ~ 4.0	Ti + Nb ≥ 6(C + N) 且 0.20 ~ 1.00,N ≤ 0.040
S44700	≤0.010	≤0.20	≤0.30	0.025	0.020	28.0 ~ 30.0	≤0.15	3.5 ~ 4.2	Cu ≤ 0.15,N ≤ 0.020 C + N ≤ 0.025
S44735	≤0.030	≤1.00	≤1.00	0.040	0.030	28.0 ~ 30.0	≤1.00	3.60 ~ 4.20	(Ti + Nb)6(C + N) ~ 1.00 Ti + Nb ≥ 0.20,N ≤ 0.045
S44800	≤0.010	≤0.20	≤0.30	0.025	0.020	28.0 ~ 30.0	2.00 ~ 2.50	3.50 ~ 4.20	Cu ≤ 0.15 C + N ≤ 0.025
双相不锈钢									
S31200	≤0.030	≤1.00	≤2.00	0.045	0.030	24.0 ~ 26.0	5.50 ~ 6.50	1.20 ~ 2.00	N 0.14 ~ 0.20
S31260	≤0.030	≤0.75	≤1.00	0.030	0.030	24.0 ~ 26.0	5.50 ~ 7.50	2.50 ~ 3.50	Cu 0.20 ~ 0.80, W 0.10 ~ 0.50 N 0.10 ~ 0.30
S31803	≤0.030	≤1.00	≤2.00	0.030	0.020	21.0 ~ 23.0	4.50 ~ 6.50	2.50 ~ 3.50	N 0.08 ~ 0.20
S32404	≤0.04	≤1.00	≤2.00	0.030	0.010	20.5 ~ 22.5	5.50 ~ 8.50	2.00 ~ 3.00	Cu 1.00 ~ 2.00 W ≤ 0.03,N ≤ 0.20

（续）

美国 UNS 数字编号[①]	C	Si	Mn	P ≤	S ≤	Cr	Ni	Mo	其 他
双相不锈钢									
S32520	≤0.030	≤0.80	≤1.50	0.035	0.020	24.0~26.0	5.50~8.00	3.00~5.00	Cu 0.50~2.00 N 0.20~0.35
S32550	≤0.04	≤1.00	≤1.50	0.040	0.030	24.0~27.0	4.50~6.50	2.00~4.00	Cu 1.50~2.50 N 0.10~0.25
S32750	≤0.030	≤0.80	≤1.20	0.035	0.020	24.0~26.0	6.00~8.00	3.00~4.00	Cu≤0.50 N 0.24~0.32
S32760	≤0.030	≤1.00	≤1.00	0.030	0.010	24.0~26.0	6.00~8.00	3.00~4.00	Cu 0.50~1.00 W 0.50~1.00 N 0.20~0.30 Cr+3.3Mo+16N≥40.0
S32803	≤0.010	≤0.50	≤0.50	0.020	0.0035	28.0~29.0	3.00~4.00	1.80~2.50	Nb 0.15~0.50,N≤0.020 C+N≤0.030
S32900	≤0.20	≤0.75	≤1.00	0.040	0.030	23.0~28.0	2.50~5.00	1.00~2.00	—
S32950	≤0.030	≤0.60	≤2.00	0.035	0.010	26.0~29.0	3.50~5.20	1.00~2.00	N 0.15~0.35
S39274	≤0.030	≤0.80	≤1.00	0.030	0.020	24.0~26.0	≤8.00	2.50~3.50	Cu 0.20~0.80 W 1.50~2.50 N 0.24~0.32
S39277	≤0.025	≤0.80	≤0.80	0.025	0.002	24.0~26.0	6.50~8.00	≤4.00	N 0.23~0.33
J93370	≤0.04	≤1.00	≤1.00	0.040	0.040	24.5~26.5	4.75~6.00	3.00~4.50	Cu 2.75~3.25
J93345	≤0.08	≤1.50	≤1.00	0.040	0.025	22.5~25.5	8.00~11.0	3.00~4.50	N 0.10~0.30
J93380	≤0.030	≤1.00	≤1.00	0.030	0.025	24.0~26.0	6.50~8.50	3.00~4.00	Cu 0.50~1.00 W 0.50~1.00 N 0.20~0.30 Cr+3.3Mo+16N≥40.0
J93404	≤0.030	≤1.00	≤1.50	0.040	0.040	24.0~26.0	6.00~8.00	4.00~5.00	N 0.10~0.30

① 见表3-2-31。

（3）ISO 标准油气开采中抗 H_2S 腐蚀开裂的马氏体型和沉淀硬化型不锈钢的牌号与化学成分（表3-2-33）

表 3-2-33　油气开采中抗 H_2S 腐蚀开裂的马氏体型和沉淀硬化型不锈钢的牌号与化学成分（质量分数）（%）

美国 UNS 数字编号[①]	C	Si	Mn	P ≤	S ≤	Cr	Ni	Mo	其 他
马氏体型不锈钢									
S41000	≤0.15	≤1.00	≤1.00	0.040	0.030	11.5~13.5	≤0.75	—	—
S41425	≤0.05	≤0.50	0.50~1.00	0.020	0.005	12.0~15.0	4.00~7.00	1.50~2.00	Cu≤0.30 N 0.06~0.12
S41426	≤0.030	≤0.50	≤0.50	0.020	0.005	11.5~13.5	4.50~6.50	1.50~3.00	Ti 0.01~0.50 V≤0.50
S41427	≤0.030	≤0.50	≤1.00	0.020	0.005	11.5~13.5	4.50~6.00	1.50~2.50	Ti≤0.01 V 0.01~0.50

（续）

美国 UNS 数字编号[①]	C	Si	Mn	P ≤	S ≤	Cr	Ni	Mo	其 他
马氏体型不锈钢									
S41429	≤0.10	≤1.00	≤0.75	0.030	0.030	10.5~14.0	2.00~3.00	0.40~0.80	N≤0.05
S41500	≤0.05	≤0.60	0.50~1.00	0.030	0.030	11.5~14.0	3.50~5.50	0.50~1.00	—
S42000	≥0.15	≤1.00	≤1.00	0.040	0.030	12.0~14.0	—	—	—
S42400	≤0.06	0.30~0.60	0.50~1.00	0.030	0.030	12.0~14.0	3.50~4.50	0.30~0.70	—
S42500	0.08~0.20	≤1.00	≤1.00	0.020	0.010	14.0~16.0	1.00~2.00	0.30~0.70	N≤0.20
J91150	≤0.15	≤1.50	≤1.00	0.040	0.040	11.5~14.0	≤1.00	≤0.50	—
J91151	≤0.15	≤1.00	≤1.00	0.040	0.040	11.5~14.0	≤1.00	0.15~1.00	—
J91540	≤0.06	—	≤1.00	0.040	0.030	11.5~14.0	3.50~4.50	0.40~1.00	—
（420M）	0.15~0.22	≤1.00	≤1.00	0.020	0.010	12.0~14.0	≤0.50	—	Cu≤0.25
J90941	≤0.15	0.25~1.00	0.30~0.60	0.025	0.025	8.00~10.0	—	0.90~1.10	—
（L80-13Cr）	0.15~0.22	≤1.00	0.25~1.00	0.020	0.010	12.0~14.0	≤0.50	—	Cu≤0.25
沉淀硬化型不锈钢									
S66286	≤0.08	≤1.00	≤2.00	0.040	0.030	13.5~16.0	24.0~27.0	1.00~1.50	Ti 1.90~2.35 Al≤0.35 V 0.10~0.50 B 0.001~0.010
S15500	≤0.07	≤1.00	≤1.00	0.040	0.030	14.0~15.5	3.50~5.50	—	Cu 2.50~4.50 Nb 0.15~0.45
S15700	≤0.09	≤1.00	≤1.00	0.040	0.030	14.0~16.0	6.50~7.75	2.00~3.00	Al 0.75~1.50
S17400	≤0.07	≤1.00	≤1.00	0.040	0.030	15.0~17.5	3.00~5.00	—	Cu 3.00~5.00 Nb 0.15~0.45
S45000	≤0.05	≤1.00	≤1.00	0.030	0.030	14.0~16.0	5.00~7.00	0.50~1.00	Cu 1.25~1.75 Nb≥8C

① 见表3-2-31。

（4）ISO 标准油气开采中抗 H_2S 腐蚀开裂的耐蚀合金的牌号与化学成分（表3-2-34）

表3-2-34　油气开采中抗 H_2S 腐蚀开裂的耐蚀合金的牌号与化学成分（质量分数）（%）

美国 UNS 数字编号[①]	C	Si	Mn	P ≤	S ≤	Cr	Ni	Mo	其 他
固溶镍基合金									
N06002	0.05~0.15	≤1.00	≤1.00	0.040	0.030	20.5~23.0	余量	8.00~10.0	Co 0.50~2.50 W 0.20~1.00 Fe 17.0~20.0
N06007	≤0.05	≤1.00	1.00~2.00	0.040	0.030	21.0~23.5	余量	5.50~7.50	Cu 1.50~2.50 Nb 1.75~2.50 Co≤2.50，W≤1.00 Fe 18.0~21.0
N06022	≤0.015	≤0.08	≤0.50	0.020	0.020	20.0~22.5	余量	12.5~14.5	Co≤2.50 Fe 2.00~6.00
N06030	≤0.030	≤0.80	≤1.50	0.040	0.020	28.0~31.5	余量	4.00~6.00	Cu 1.00~2.40 W 1.50~4.00 Nb 0.30~1.50 Co≤5.00，V≤0.04 Fe 13.0~17.0

（续）

美国 UNS 数字编号[①]	C	Si	Mn	P ≤	S ≤	Cr	Ni	Mo	其 他
固溶镍基合金									
N06059	≤0.010	≤0.10	≤0.50	0.015	0.005	22.0~24.0	余量	15.0~16.5	Al 0.10~0.40 Co≤0.30，Fe≤1.50
N06060	≤0.030	≤0.50	≤1.50	0.030	0.005	19.0~22.0	54.0~60.0	12.0~14.0	W≤1.25，Cu≤1.00 Nb≤1.25，Fe余量
N06110	≤0.015	—	—	—	—	22.0~33.0	余量	8.00~12.0	Co≤12.0，W≤4.00 Al≤1.50，Nb≤2.00 Ti≤1.50
N06250	≤0.020	≤0.09	≤1.00	0.030	0.005	20.0~23.0	50.0~53.0	10.1~12.0	W≤1.00，Cu≤1.00 Fe余量
N06255	≤0.030	≤1.00	≤1.00	0.030	0.030	23.0~26.0	47.0~52.0	6.00~9.00	Co≤1.20，Al≤0.40 Ti≤0.69，Fe余量
N06625	≤0.10	≤0.50	≤0.50	0.015	0.015	20.0~23.0	余量	8.00~10.0	Nb 3.15~4.15 Ti≤0.40，Fe≤5.00
N06686	≤0.010	≤0.08	≤0.75	0.040	0.020	19.0~23.0	余量	15.0~17.0	W 3.00~4.40 Ti 0.02~0.25 Fe≤5.00
N06950	≤0.015	≤1.00	≤1.00	0.040	0.015	19.0~21.0	≥50.0	8.00~10.0	Co≤2.50，Cu≤0.50 W≤1.00，V≤0.04 Nb+Ta≤0.50 Fe 15.0~20.0
N06952	≤0.030	≤1.00	≤1.00	0.030	0.030	23.0~27.0	48.0~56.0	6.00~8.00	Cu 0.50~1.50 Ti 0.60~1.50，Fe余量
N06975	≤0.030	≤1.00	≤1.00	0.030	0.030	23.0~26.0	47.0~52.0	5.00~7.00	Cu 0.70~1.20 Ti 0.70~1.50，Fe余量
N06985	≤0.05	≤1.00	≤1.00	0.040	0.030	21.0~23.5	余量	6.00~8.00	Co≤5.00，W≤1.50 Cu 1.50~2.50 Nb+Ta≤0.50 Fe18.0~21.0
N07022	≤0.010	≤0.08	≤0.50	0.025	0.015	20.0~21.4	余量	15.5~17.5	Co≤1.00，W≤0.50 Cu≤0.50，Al≤0.50 Fe≤1.80
N08007	≤0.07	≤1.50	≤1.50	—	—	19.0~22.0	27.0~30.5	2.00~3.00	Cu3.00~4.00 Fe余量
N08020	≤0.07	≤1.00	≤2.00	0.045	0.035	19.0~21.0	32.0~38.0	2.00~3.00	Cu 3.00~4.00 Nb 8C~1.00 Fe余量
N08024	≤0.030	≤0.50	≤1.00	0.035	0.035	22.5~25.0	35.0~40.0	3.50~5.00	Cu 0.50~1.50 Nb 0.15~0.35 Fe余量

（续）

美国 UNS 数字编号[①]	C	Si	Mn	P ≤	S ≤	Cr	Ni	Mo	其 他
固溶镍基合金									
N08026	≤0.030	≤0.50	≤1.00	0.030	0.030	22.0 ~ 26.0	33.0 ~ 37.2	5.00 ~ 6.70	Cu 2.00 ~ 4.00 Fe 余量
N08028	≤0.030	≤1.00	≤2.50	0.030	0.030	26.0 ~ 28.0	29.5 ~ 32.5	3.00 ~ 4.00	Cu 0.60 ~ 1.40 Fe 余量
N08032	≤0.010	≤0.30	≤0.40	0.015	0.002	≤22.0	≤32.0	≤4.30	Fe 余量
N08042	≤0.030	≤0.50	≤1.00	0.030	0.030	20.0 ~ 23.0	40.0 ~ 44.0	5.00 ~ 7.00	Cu 1.50 ~ 3.00 Ti 0.60 ~ 1.20, Fe 余量
N08135	≤0.030	≤0.75	≤1.00	0.030	0.030	20.5 ~ 23.5	33.0 ~ 38.0	4.00 ~ 5.00	W 0.20 ~ 0.80 Cu≤0.70, Fe 余量
N08535	≤0.030	≤0.50	≤1.00	0.030	0.030	24.0 ~ 27.0	29.0 ~ 36.5	2.50 ~ 4.00	Cu≤1.50, Fe 余量
N08825	≤0.05	≤0.50	≤1.00	0.030	0.030	19.5 ~ 23.5	38.0 ~ 46.0	2.50 ~ 3.50	Cu 1.50 ~ 3.00 Ti 0.60 ~ 1.20 Al≤0.20, Fe 余量
N08826	≤0.05	≤1.00	≤1.00	0.030	0.030	19.5 ~ 23.5	38.0 ~ 46.0	2.50 ~ 3.50	Cu 1.50 ~ 3.00 Nb 0.60 ~ 1.20 Fe≥22.0
N08932	≤0.020	≤0.50	≤2.00	0.025	0.010	24.0 ~ 26.0	24.0 ~ 26.0	4.70 ~ 5.70	Fe 余量
N10002	≤0.08	≤1.00	≤1.00	0.040	0.030	14.5 ~ 16.5	余量	15.0 ~ 17.0	W 3.00 ~ 4.50, V≤0.35 Co ≤2.50 Fe 4.00 ~ 7.00
N10279	≤0.020	≤1.00	≤0.08	0.030	0.030	14.5 ~ 16.5	余量	15.0 ~ 17.0	W 3.00 ~ 4.50, V≤0.35 Co≤2.50, Fe 4.00 ~ 7.00
CW12MW	≤0.12	≤1.00	≤1.00	0.040	0.030	15.5 ~ 17.5	余量	16.0 ~ 18.0	W 3.75 ~ 5.250 V 0.20 ~ 0.40 Fe 4.50 ~ 7.50
CW6MC	≤0.06	≤1.00	≤1.00	0.015	0.015	20.0 ~ 23.0	余量	8.00 ~ 10.0	Nb 3.15 ~ 4.50 V≤1.00, Fe≤5.00
沉淀硬化镍基合金									
N06025	≤0.10	≤0.50	≤0.50	0.015	0.015	20.0 ~ 23.0	余量	8.00 ~ 10.0	Nb 3.15 ~ 4.15, Al≤0.40 Ti≤0.40, Fe≤5.00
N07022	≤0.010	≤0.08	≤0.50	0.025	0.015	20.0 ~ 21.4	余量	15.5 ~ 17.4	Co≤1.00, Al≤0.50 Cu≤0.50, Fe≤1.80 B≤0.006
N07031	0.03 ~ 0.06	≤0.20	≤0.20	0.015	0.015	22.0 ~ 23.0	55.0 ~ 58.0	1.70 ~ 2.30	Al 1.00 ~ 1.70 Ti 2.10 ~ 2.60 Cu 0.60 ~ 1.20, Fe 余量 B 0.003 ~ 0.007

（续）

美国 UNS 数字编号[①]	C	Si	Mn	P ≤	S ≤	Cr	Ni	Mo	其 他
						沉淀硬化镍基合金			
N07048	≤0.015	≤0.10	≤1.00	0.020	0.010	21.0 ~ 23.5	余量	5.00 ~ 7.00	Al 0.40 ~ 0.90 Cu 1.50 ~ 2.20 Co≤2.00，Nb≤0.50 Ti 1.50 ~ 2.00，Fe≤5.00
N07090	≤0.13	≤1.50	≤1.00	—	—	18.0 ~ 21.0	余量	—	Co 15.0 ~ 21.0 Al 0.80 ~ 2.00 Ti 1.80 ~ 3.00，Fe≤5.00
N07626	≤0.05	≤0.50	≤0.50	0.020	0.015	20.0 ~ 23.0	余量	8.00 ~ 10.0	Al 0.40 ~ 0.80，Co≤1.00 Nb 4.50 ~ 5.50 Ti≤0.60，Cu≤0.50 N≤0.05，Fe≤5.00
N07716	≤0.030	≤0.20	≤0.20	0.015	0.010	19.0 ~ 22.0	57.0 ~ 63.0	7.00 ~ 9.50	Nb 2.75 ~ 4.00 Ti 1.00 ~ 1.60 Al≤0.35，Fe 余量
N07718	≤0.08	≤0.35	≤0.35	0.015	0.015	17.0 ~ 21.0	50.0 ~ 55.0	2.80 ~ 3.30	Al 0.20 ~ 0.80，Co≤1.00 Nb 4.75 ~ 5.50 Ti 0.65 ~ 1.15 Cu≤0.30，Fe 余量
N07725	≤0.030	≤0.20	≤0.35	0.015	0.010	19.0 ~ 22.5	55.0 ~ 59.0	7.00 ~ 9.50	Nb 2.75 ~ 4.00 Ti 1.00 ~ 1.70 Al≤0.35，Fe 余量
N07773	≤0.030	≤0.50	≤1.00	0.030	0.010	18.0 ~ 27.0	45.0 ~ 60.0	2.50 ~ 5.50	Nb 2.50 ~ 4.00，Ti≤2.00 Al≤2.00，Fe 余量
N07924	≤0.020	≤0.20	≤0.20	0.030	0.005	20.5 ~ 22.5	≥52.0	5.50 ~ 7.50	Nb 2.75 ~ 3.50 Ti 1.00 ~ 2.00 Cu 1.00 ~ 4.00 Co≤3.00，Al≤0.75 N≤0.20，Fe 7.00 ~ 13.0
N09777	≤0.030	≤0.50	≤1.00	0.030	0.010	14.0 ~ 18.0	34.0 ~ 42.0	2.50 ~ 5.50	Nb≤0.10，Al≤0.35 Fe 余量
N09925	≤0.030	≤0.50	≤1.00	—	0.030	19.5 ~ 23.5	38.0 ~ 46.0	2.50 ~ 3.50	Cu 1.50 ~ 3.00 Al 0.10 ~ 0.50 Ti 1.90 ~ 2.40 Nb≤0.50，Fe≥22.0
N09935	≤0.030	≤0.50	≤1.00	0.025	0.001	19.5 ~ 22.0	34.0 ~ 38.0	2.00 ~ 5.00	Nb 0.20 ~ 1.00 Ti 1.80 ~ 2.50 Cu 1.00 ~ 2.00，Co≤1.00 Al≤0.50，Fe 余量

（续）

美国 UNS 数字编号①	C	Si	Mn	P ≤	S ≤	Cr	Ni	Mo	其　他
沉淀硬化镍基合金									
N09945	0.005 ~ 0.04	≤0.50	≤1.00	0.030	0.030	19.5 ~ 23.0	45.0 ~ 55.0	3.00 ~ 4.00	Nb 250 ~ 4.50, Ti 0.50 ~ 2.50 Cu 1.50 ~ 3.00 Al 0.01 ~ 0.70, Fe 余量
N05500	≤0.025	≤0.50	≤1.50				63.0 ~ 70.0	—	Al 2.30 ~ 3.15, Cu 余量 Ti 0.35 ~ 0.55, Fe≤2.00
N07750	≤0.08	≤0.50	≤1.00	—	0.010	14.0 ~ 17.0	≥70	—	Nb 0.70 ~ 1.20 Ti 2.25 ~ 2.75 Al 0.40 ~ 1.00, Cu≤0.50 Fe 5.00 ~ 9.00
钴 基 合 金									
R30003	≤0.15	—	1.50 ~ 2.50	—	—	19.0 ~ 21.0	15.0 ~ 16.0	6.00 ~ 8.00	Co 39.0 ~ 41.0 Be≤1.00, Fe 余量
R30004	0.17 ~ 0.25	—	1.35 ~ 1.80	≤		19.0 ~ 21.0	12.0 ~ 14.0	2.00 ~ 2.80	Co 41.0 ~ 44.0, Fe 余量 W 2.30 ~ 3.30 Be≤0.06
R30035	≤0.025	≤0.15	≤0.15	0.015	0.010	19.0 ~ 21.0	33.0 ~ 37.0	9.00 ~ 10.5	Ti≤1.00, Fe≤1.00 Co 余量
R30159	≤0.04	≤0.20	≤0.20	0.020	0.010	18.0 ~ 20.0	余量	5.00 ~ 7.00	Co 34.0 ~ 38.0, B≤0.030 Ti 2.50 ~ 3.25, Fe 8.00 ~ 10.0
R30260	≤0.05	0.20 ~ 0.60	0.40 ~ 1.10	—	—	11.7 ~ 12.3	余量	3.70 ~ 4.30	Co 41.0 ~ 42.0 W 3.60 ~ 4.20 Ti 0.80 ~ 1.20 Be 0.20 ~ 0.30 Fe 9.80 ~ 10.4
R31233	0.02 ~ 0.10	0.05 ~ 1.00	0.10 ~ 1.50	0.030	0.020	23.5 ~ 27.5	7.00 ~ 11.0	4.00 ~ 6.00	W 1.00 ~ 5.00 N 0.03 ~ 0.12 Fe 1.00 ~ 5.00, Co 余量
R30605	0.05 ~ 0.15	≤1.00	≤2.00	—	—	19.0 ~ 21.0	9.00 ~ 11.0	—	W≤13.0, Fe≤3.00 Co 余量

① 牌号前缀字母 N—耐蚀合金；CW—耐高温镍基铸件；R—耐高温合金。

3.2.9　石油和天然气工业用不锈钢和耐蚀合金无缝管 ［ISO13680（2010）］

（1）ISO 标准石油和天然气工业用不锈钢和耐蚀合金无缝管的牌号与化学成分（表3-2-35）

表 3-2-35 石油和天然气工业用不锈钢和耐蚀合金无缝管的牌号与化学成分（质量分数）（%）

ISO 标准牌号	ASTM/UNS 数字编号	C	Si	Mn	P≤	S≤	Cr	Ni	Mo	Cu	其 他
马 氏 体 型											
13-5-2	S41426	≤0.030	≤0.50	≤0.50	0.020	0.005	11.5 ~ 13.5	4.50 ~ 6.50		—	Ti 0.01 ~ 0.50，V≤0.50
马氏体-铁素体型											
13-1-0	—	≤0.030	—	—	—	—	≤13.0	≤0.50	—	—	N≤0.01
奥氏体-铁素体型											
22-5-3	S31803	≤0.030	≤1.00	≤2.00	0.030	0.020	21.0 ~ 23.0	4.50 ~ 6.50	2.50 ~ 3.50	—	N 0.08 ~ 0.20 PRE = 35 ~ 40[1]
25-7-3	S31260	≤0.030	≤0.75	≤1.00	0.030	0.030	24.0 ~ 26.0	5.50 ~ 7.50	2.50 ~ 3.50	0.20 ~ 0.80	W 0.10 ~ 0.50 N 0.10 ~ 0.30 PRE = 37.5 ~ 40[1]
奥氏体/铁素体超级双相钢											
25-7-4	S32750	≤0.030	≤0.80	≤1.20	0.035	0.020	24.0 ~ 26.0	6.00 ~ 8.00	3.00 ~ 4.00		N 0.24 ~ 0.32 PRE = 40 ~ 45[1]
25-7-4	S32760	≤0.030	≤1.00	≤1.00	0.030	0.010	24.0 ~ 26.0	6.00 ~ 8.00	3.00 ~ 4.00	0.50 ~ 1.00	W 0.50 ~ 1.00 N 0.20 ~ 0.30 PRE = 40 ~ 45[1]
25-7-4	S39274	≤0.030	≤0.80	≤1.00	0.030	0.020	24.0 ~ 26.0	6.00 ~ 8.00	2.50 ~ 3.50	0.20 ~ 0.80	W 1.50 ~ 2.50 N 0.24 ~ 0.32 PRE = 40 ~ 45[1]
26-6-3	—	≤0.040	—	—	—	—	≤25.5	≤4.75	≤2.50	—	N≤1.17，PRE = 40.0[1]
奥氏体 Fe 基合金											
27-31-4	N08208	≤0.030	≤1.00	≤2.50	0.030	0.030	26.0 ~ 28.0	29.5 ~ 32.5	3.00 ~ 4.00	0.60 ~ 1.40	—
25-32-3	N08535	≤0.030	≤0.50	≤1.00	0.030	0.030	24.0 ~ 26.0	29.0 ~ 36.5	2.50 ~ 4.00	≤1.50	—
22-35-4	N08135	≤0.030	≤0.75	≤1.00	0.030	0.030	20.5 ~ 23.5	33.0 ~ 38.0	4.00 ~ 5.00	≤0.70	W 0.20 ~ 0.80
奥氏体 Ni 基合金											
21-42-3	N08825	≤0.050	≤0.50	≤1.00	0.030	0.030	19.5 ~ 23.5	38.0 ~ 46.0	2.50 ~ 3.50	1.50 ~ 3.00	Ti 0.60 ~ 1.20，Al≤0.20
22-50-7	N06985	≤0.015	≤1.00	≤1.00	0.030	0.030	21.0 ~ 23.5	余量	6.00 ~ 8.00	1.50 ~ 2.50	Co≤5.00，W≤1.50 Cu 1.50 ~ 2.50，Nb≤0.50 Fe 18.0 ~ 21.0
25-50-6	N06255	≤0.030	≤0.03	≤1.00	0.030	0.030	23.0 ~ 25.0	47.0 ~ 52.0	6.00 ~ 9.00	≤1.20	W≤3.00，Ti≤0.69
25-50-6	N06975	≤0.030	≤1.00	≤1.00	0.030	0.030	23.0 ~ 26.0	47.0 ~ 52.0	5.00 ~ 7.00	0.70 ~ 1.20	Ti 0.70 ~ 1.50

（续）

ISO标准牌号	ASTM/UNS数字编号	C	Si	Mn	P≤	S≤	Cr	Ni	Mo	Cu	其　他
奥氏体Ni基合金											
20-54-9	N06950	≤0.015	≤1.00	≤1.00	0.040	0.015	19.0~21.0	≥50.0	8.00~10.0	≤0.50	Co≤2.50, W≤1.00 V≤0.04, Nb≤0.50 Fe 15.0~20.0
15-60-16	N10276	≤0.020	≤0.08	≤1.00	0.030	0.030	14.5~16.5	余量	15.0~17.0	—	W3.00~4.00 Co≤2.50, V≤0.35 Fe 4.00~7.00
22-52-11	—	≤0.020					≤21.5	≤52.0	≤11.0	—	—

① PRE = Cr + 3.3(Mo + 0.5W) + 16N。

（2）ISO标准石油和天然气工业用不锈钢和耐蚀合金无缝管的室温力学性能（表3-2-36）

表3-2-36　石油和天然气工业用不锈钢和耐蚀合金无缝管的室温力学性能

ISO标准牌号	ASTM/UNS数字编号	产品级别	交货状态①	$R_{p0.2}^{②}$/MPa	$R_m^{②}$/MPa	A（%）	标称硬度 HRC
					≥		≤
13-5-2	S41426	80	QT	552~655	621	—	27
		95	QT	655~724	724	—	27
22-5-3	S31803	65	SA	448~621	621	25	26
		110	CH	755~965	862	11	36
		125	CH	862~1000	896	10	36
25-7-3	S31260	75	SA	517~689	621	25	26
		110	CH	758~965	862	11	36
		125	CH	862~1000	896	10	36
	S32750	80	SA	552~724	758	20	28
		90	SA	621~724	793	20	30
		110	CH	758~965	862	12	36
		125	CH	862~1000	896	10	36
25-7-4	S32760	80	SA	552~724	758	20	28
		90	SA	621~724	793	20	30
		110	CH	758~965	862	12	36
		125	CH	862~1000	896	10	36
	S39274	80	SA	552~724	758	20	28
		90	SA	621~724	793	20	30
		110	CH	758~965	862	12	36
		125	CH	862~1000	896	10	36
27-31-4	N08208	110	CH	758~965	793	11	33
		125	CH	862~1000	896	10	35
25-32-3	N08535	110	CH	758~965	793	11	33
		125	CH	862~1000	896	10	35
22-35-4	N08135	110	CH	758~965	793	11	33
21-42-3	N08825	110	CH	758~965	793	11	35
		125	CH	862~1000	896	10	35

（续）

ISO 标准 牌号	ASTM/UNS 数字编号	产品 级别	交货 状态①	$R_{p0.2}^②$/MPa	$R_m^②$/MPa	A（%）	标称硬度 HRC
				≥	≥	≥	≤
22-50-7	N06985	110	CH	758～965	793	11	35
		125	CH	862～1000	896	10	37
25-50-6	N06255	110	CH	758～965	793	11	35
		125	CH	862～1000	896	10	37
	N06975	110	CH	758～965	793	11	35
		125	CH	862～1000	896	10	37
20-54-9	N06950	110	CH	758～965	793	11	35
		125	CH	862～1034	896	10	37
15-60-16	N10276	110	CH	758～965	793	11	35
		125	CH	862～1034	896	10	37
		140	CH	965～1103	1000	9	38

① 交货状态代号：QT—淬火＋回火；SA—软化退火；CH—冷作硬化。
② 表中的 $R_{p0.2}$ 和 R_m 是由英制单位换算的。

3.2.10　奥氏体不锈钢承压无缝钢管［ISO9329-4（1997/2012 确认）］

（1）ISO 标准奥氏体不锈钢承压无缝钢管的钢号与化学成分（表 3-2-37）

表 3-2-37　奥氏体不锈钢承压无缝钢管的钢号与化学成分（质量分数）（%）

牌　号	C	Si	Mn	P ≤	S ≤	Cr	Ni	Mo	其　他
X2CrNi18-10	≤0.030	≤1.00	≤2.00	0.040	0.030	17.0～19.0	9.00～12.0	—	—
X5CrNi18-9	≤0.07	≤1.00	≤2.00	0.040	0.030	17.0～19.0	8.00～11.0	—	—
X7CrNi18-9	0.04～0.07	≤1.00	≤2.00	0.040	0.030	17.0～19.0	8.00～11.0	—	—
X6CrNiNb18-11	≤0.08	≤1.00	≤2.00	0.040	0.030	17.0～19.0	9.00～13.0	—	Nb 10C≤1.00
X7CrNiNb18-11	0.04～0.10	≤1.00	≤2.00	0.040	0.030	17.0～19.0	9.00～13.0	—	Nb 10C≤1.20
X6CrNiTi18-10	≤0.08	≤1.00	≤2.00	0.040	0.030	17.0～19.0	9.00～12.0	—	Ti 5C≤0.80
X7CrNiTi18-10	0.40～0.10	≤1.00	≤2.00	0.040	0.030	17.0～19.0	9.00～12.0	—	Nb 5C≤0.80
X2CrNiMo17-12	≤0.030	≤1.00	≤2.00	0.040	0.030	16.5～18.5	11.0～14.0	2.00～2.50	—
X2CrNiMo17-13	≤0.030	≤1.00	≤2.00	0.040	0.030	16.5～18.5	11.5～14.5	2.50～3.00	—
X5CrNiMo17-12	≤0.07	≤1.00	≤2.00	0.040	0.030	16.5～18.5	10.5～13.5	2.00～2.50	—
X7CrNiMo17-12	0.04～0.10	≤1.00	≤2.00	0.040	0.030	16.5～18.5	10.5～13.5	2.00～2.50	—
X7CrNiMoB17-12	0.04～0.10	≤1.00	≤2.00	0.040	0.030	16.5～18.5	10.5～13.5	2.00～2.50	B 0.001～0.005
X6CrNiMoTi17-12	≤0.08	≤1.00	≤2.00	0.040	0.030	16.5～18.5	11.0～14.0	2.00～2.50	Ti 5C≤0.80
X6CrNiMoNb17-12	≤0.08	≤1.00	≤2.00	0.040	0.030	16.5～18.5	11.0～14.0	2.00～2.50	Nb 10C≤1.00
X5CrNiMo17-13	≤0.07	≤1.00	≤2.00	0.040	0.030	16.5～18.5	11.0～14.0	2.50～3.00	—
X2CrNiN18-10	≤0.030	≤1.00	≤2.00	0.040	0.030	17.0～19.0	8.50～11.5	—	N 0.12～0.22
X2CrNiMoN17-13	≤0.030	≤1.00	≤2.00	0.040	0.030	16.5～18.5	11.5～14.5	2.50～3.00	N 0.12～0.22

（2）奥氏体不锈钢承压无缝钢管的力学性能与热处理（表3-2-38）

表3-2-38 奥氏体不锈钢承压无缝钢管的热处理与力学性能

钢 号	热处理制度		R_m /MPa	$R_{p0.2}$	$R_{p1.0}$	$A^{②}$（%）≥		$KV^{②}$/J ≥	
	加热温度 /℃	冷却 条件[①]		MPa ≥		L	T	L	T
X2CrNi18-10	1000~1100	w, a	480~680	180	215	40	35	85	55
X5CrNi18-9	1000~1100	w, a	500~700	195	230	40	35	85	55
X7CrNi18-9	1050~1120	w, a	490~690	195	230	40	35	85	55
X6CrNiNb18-11	1020~1120	w, a	510~740	205	240	40	35	85	55
X7CrNiNb18-11	1050~1120	w, a	510~740	205	240	40	35	85	55
X6CrNiTi18-10	1020~1120	w, a	490~690	175	210	40	35	85	55
X7CrNiTi18-10	1050~1120	w, a	490~690	175	210	40	35	85	55
X2CrNiMo17-12	1020~1120	w, a	490~690	190	225	40	35	85	55
X2CrNiMo17-13	1020~1120	w, a	490~690	190	225	40	35	85	55
X5CrNiMo17-12	1020~1120	w, a	510~710	205	240	40	35	85	55
X7CrNiMo17-12	1050~1120	w, a	510~710	205	240	40	35	85	55
X7CrNiMoB17-12	1050~1120	w, a	510~710	205	240	40	35	85	55
X6CrNiMoTi17-12	1020~1120	w, a	510~710	210	245	40	35	85	55
X6CrNiMoNb17-12	1050~1120	w, a	510~740	215	250	40	35	85	55
X5CrNiMo17-13	1020~1120	w, a	510~710	205	240	40	35	85	55
X2CrNiN18-10	1000~1120	w, a	580~780	270	305	40	35	85	55
X2CrNiMoN17-13	1020~1120	w, a	580~780	280	315	40	35	85	55

① 冷却条件：w—水冷；a—强冷风。

② 试样：L—纵向；T—横向。

（3）奥氏体不锈钢承压直缝焊管的高温条件屈服应力（表3-2-39）

表3-2-39 奥氏体不锈钢承压直缝焊管的高温条件屈服应力

钢 号	$R_{p0.2}^{③}$/MPa≥ （在下列温度时）/℃						$R_{p1.0}^{③}$/MPa≥ （在下列温度时）/℃						限定温度[①] /℃
	150	200	300	400	500	600	150	200	300	400	500	600	
X2CrNi18-10	116	104	88	81	76	72	150	137	122	110	106	100	250
X5CrNi18-9	126	114	98	89	84	79	160	147	132	120	115	109	300[②]
X7CrNi18-9	126	114	98	89	84	79	160	147	132	120	115	109	（不适用）[②]
X6CrNiNb18-11	162	153	139	129	124	121	192	182	166	159	155	151	400
X7CrNiNb18-11	162	153	139	129	124	121	192	182	166	159	155	151	（不适用）[②]
X6CrNiTi18-10	149	144	135	124	116	108	179	172	158	148	140	135	400
X7CrNiTi18-10	123	117	110	100	90	88	155	147	133	126	118	115	（不适用）[②]
X2CrNiMo17-12	130	120	101	90	84	79	161	149	133	123	115	110	400
X2CrNiMo17-13	130	120	101	90	84	79	161	149	133	123	115	110	400
X5CrNiMo17-12	144	132	113	101	95	90	172	159	143	133	125	119	300[②]
X7CrNiMo17-12	144	132	113	101	95	90	172	159	143	133	125	119	（不适用）[②]
X7CrNiMoB17-12	144	132	113	101	95	90	172	159	143	133	125	119	（不适用）[②]
X6CrNiMoTi17-12	(148)	(137)	(117)	(105)	(99)	(93)	(183)	(169)	(147)	(142)	(133)	(127)	400
X6CrNiMoNb17-12	(153)	(141)	(121)	(109)	(102)	(97)	(186)	(172)	(155)	(145)	(136)	(130)	400
X5CrNiMo17-13	144	132	113	101	95	90	172	159	143	133	125	119	300[②]
X2CrNiN18-10	169	155	135	123	115	110	201	182	163	149	140	131	400
X2CrNiMoN17-13	178	164	146	136	129	124	208	192	172	161	152	144	400

① 在该温度100000h以内不发生晶间腐蚀。

② 仅适用于壁厚≤6mm的钢管。

③ 无括号值取自各种各样的TC17/SC18文档；括号内值为最近应用合适的值。

3.2.11　奥氏体不锈钢承压直缝焊管［ISO 9330-6（1997/2012 确认）］

（1）ISO 标准奥氏体不锈钢承压直缝焊管的钢号与化学成分（表3-2-40）

表 3-2-40　奥氏体不锈钢承压直缝焊管的钢号与化学成分（质量分数）（%）

钢 号	C	Si	Mn	P ≤	S ≤	Cr	Ni	Mo	其他
X2CrNi18-10	≤0.030	≤1.00	≤2.00	0.045	0.030	17.0～19.0	9.00～12.0	—	—
X5CrNi18-9	≤0.07	≤1.00	≤2.00	0.045	0.030	17.0～19.0	8.00～11.0	—	—
X6CrNiNb18-10	≤0.08	≤1.00	≤2.00	0.045	0.030	17.0～19.0	9.00～12.0	—	Nb 10C≤1.00
X6CrNiTi18-10	≤0.08	≤1.00	≤2.00	0.045	0.030	17.0～19.0	9.00～12.0	—	Ti 5C≤0.80
X2CrNiMo17-12	≤0.030	≤1.00	≤2.00	0.045	0.030	16.5～18.5	11.0～14.0	2.00～2.50	—
X2CrNiMo17-13	≤0.030	≤1.00	≤2.00	0.045	0.030	16.5～18.5	11.5～14.5	2.50～3.00	—
X5CrNiMo17-12	≤0.07	≤1.00	≤2.00	0.045	0.030	16.5～18.5	10.5～13.5	2.00～2.50	—
X6CrNiMoTi17-12	≤0.08	≤1.00	≤2.00	0.045	0.030	16.5～18.5	11.0～14.0	2.00～2.50	Ti 5C≤0.80
X6CrNiMoNb17-12	≤0.08	≤1.00	≤2.00	0.045	0.030	16.5～18.5	11.0～14.0	2.00～2.50	Nb 10C≤1.00
X5CrNiMo17-13	≤0.07	≤1.00	≤2.00	0.045	0.030	16.5～18.5	11.0～14.0	2.50～3.00	—
X2CrNiN18-10	≤0.030	≤1.00	≤2.00	0.040	0.030	17.0～19.0	8.50～11.5	—	N 0.12～0.22
X2CrNiMoN17-13	≤0.030	≤1.00	≤2.00	0.045	0.030	16.5～18.5	11.5～14.5	2.50～3.00	—

（2）奥氏体不锈钢承压直缝焊管的热处理与力学性能（表3-2-41）

表 3-2-41　奥氏体不锈钢承压直缝焊管的热处理与力学性能

钢 号	热处理制度 加热温度/℃	热处理制度 冷却条件[1]	R_m /MPa	$R_{P0.2}$ MPa ≥	$R_{p1.0}$	$A^{[2]}$（%）≥ L	$A^{[2]}$（%）≥ T	$KV^{[2]}$/J≥ L	$KV^{[2]}$/J≥ T
X2CrNi18-10	1000～1100	w，a	480～680	180	215	40	35	85	55
X5CrNi18-9	1000～1100	w，a	500～700	195	230	40	35	85	55
X6CrNiNb18-10	1020～1120	w，a	510～740	205	240	35	30	85	55
X6CrNiTi18-10	1020～1120	w，a	510～740	200	235	35	30	85	55
X2CrNiMo17-12	1020～1120	w，a	490～690	190	225	40	35	85	55
X2CrNiMo17-13	1020～1120	w，a	490～690	190	225	40	35	85	55
X5CrNiMo17-12	1020～1120	w，a	510～710	205	240	40	35	85	55
X6CrNiMoTi17-12	1020～1120	w，a	510～710	210	245	35	30	85	55
X6CrNiMoNb17-12	1020～1120	w，a	510～740	215	250	35	30	85	55
X5CrNiMo17-13	1020～1120	w，a	510～710	205	240	40	30	85	55
X2CrNiN18-10	1000～1100	w，a	550～750	270	305	35	30	85	55
X2CrNiMoN17-13	1020～1120	w，a	580～780	280	315	35	30	85	55

① 冷却条件：w—水冷；a—强冷风。

② 试样：L—纵向；T—横向。

（3）奥氏体不锈钢承压直缝焊管的高温条件屈服应力（表3-2-42）

表 3-2-42　奥氏体不锈钢承压直缝焊管的高温条件屈服应力

钢 号	$R_{p0.2}$/MPa≥（在下列温度时）/℃ 150	200	300	400	500	600	$R_{p1.0}$/MPa≥（在下列温度时）/℃ 150	200	300	400	500	600	限定温度[1] /℃
X2CrNi18-10	116	104	88	81	76	72	150	137	122	110	106	100	250
X5CrNi18-9	126	114	98	89	84	79	160	147	132	120	115	109	300[2]
X6CrNiNb18-11	162	153	139	129	124	121	192	182	166	159	155	151	400
X6CrNiTi18-10	149	144	135	124	116	108	179	172	158	148	140	135	400
X2CrNiMo17-12	130	120	101	90	84	79	161	149	133	123	115	110	400
X2CrNiMo17-13	130	120	101	90	84	79	161	149	133	123	115	110	400
X5CrNiMo17-12	144	132	113	101	95	90	172	159	143	133	125	119	300[2]
X6CrNiMoTi17-12	(148)	(137)	(117)	(105)	(99)	(93)	(183)	(169)	(152)	(142)	(133)	(127)	400
X6CrNiMoNb17-12	(153)	(141)	(121)	(109)	(102)	(97)	(186)	(172)	(155)	(145)	(136)	(130)	400
X5CrNiMo17-13	144	132	113	101	95	90	172	159	143	133	125	119	300[2]
X2CrNiN18-10	169	155	135	123	115	110	201	182	163	149	140	131	400
X2CrNiMoN17-13	178	164	146	136	129	124	208	192	172	161	152	144	400

① 在该温度 100000h 以内不发生晶间腐蚀。

② 仅适用于壁厚≤6mm 的钢管。

3.2.12　冷镦和冷挤压用不锈钢［ISO 4954（2018）］

（1）ISO 标准冷镦和冷挤压不锈钢的钢号与化学成分（表3-2-43）

第 3 章　中外不锈钢、耐热钢和特殊合金

表 3-2-43　冷镦和冷挤压不锈钢的钢号与化学成分（质量分数）（%）

钢　号	数字代号	C	Si	Mn	P	S	Cr	Ni	Mo	其　他
奥氏体型										
X10CrNi 18-8	4310-301-00-I	0.05~0.15	2.00	2.00	0.045	0.015	16.0~19.0	6.0~9.5	0.80	N0.10, Cu0.10
X2CrNi 18-9	4307-304-03-I	0.030	1.00	2.00	0.045	0.030	17.5~19.5	8.0~10.0	—	N0.10, Cu0.10
X6CrNiCu 18-9-2	4567-304-98-X	0.08	1.00	2.00	0.045	0.030	17.0~19.0	8.0~10.5	—	N0.10, Cu 1.00~3.00
X3CrNiCu 18-9-4	4567-304-30-I	0.04	1.00	1.00	0.045	0.030	17.0~19.0	8.5~10.5①	—	N0.10, Cu 3.00~4.00
X3CrNiCu 19-9-2	4560-304-75-E	0.035	1.00	1.50~2.00	0.045	0.015	18.0~19.0	8.0~9.0	—	N0.10, Cu 1.50~2.00
X5CrNi 18-10	4301-304-00-I	0.07	1.00	2.00	0.045	0.030	17.5~19.5	8.0~10.5	—	N0.10, Cu1.00
X6CrNiTi 18-10	4541-321-00-I	0.08	1.00	2.00	0.045	0.030	17.0~19.0	9.0~12.0	—	Cu 1.00, Ti 5C~0.70
X2CrNi 19-11	4306-304-03-I	0.030	1.00	2.00	0.045	0.030	18.0~20.0	10.0~12.0	—	N 0.10, Cu 1.00
X6CrNi 18-12	4303-305-00-I	0.08	1.00	2.00	0.045	0.030	17.0~19.0②	10.5~13.0	—	N 0.10
X3NiCr 18-16	4839-384-00-I	0.04③	1.00	2.00	0.045	0.030	15.0~17.0	17.0~19.0	—	—
含 Mo 奥氏体型										
X2CrNiMo 17-12-2	4404-316-03-I	0.030	1.00	2.00	0.045	0.030	16.5~18.5	10.0~13.0	2.00~3.00	N0.10, Cu1.00
X5CrNiMo 17-12-2	4401-316-00-I	0.07	1.00	2.00	0.045	0.030	16.5~18.5	10.0~13.0	2.00~3.00	N0.10, Cu1.00
X6CrNiMoTi 17-12-2	4571-316-35-I	0.08	1.00	2.00	0.045	0.030	16.5~18.5	10.5~13.5	2.00~2.50	Cu1.00, Ti5C~0.70
X2CrNiMo 17-12-3	4432-316-03-I	0.030	1.00	2.00	0.045	0.015	16.5~18.5	10.5~13.0	2.50~3.00	N0.10, Cu1.00
X3CrNiMo 17-13-3	4436-316-00-I	0.05	1.00	2.00	0.045	0.015	16.5~18.5	10.5~13.0	2.50~3.00	N0.10
X2CrNiMoN 17-13-3	4429-316-53-I	0.030	1.00	2.00	0.045	0.015	16.5~18.5	10.5~13.0	2.50~3.00	N0.12~0.22, Cu≤1.0
X3CrNiCuMo 17-11-3-2	4578-316-76-E	0.04	1.00	2.00	0.045	0.015	16.5~17.5	10.0~11.0	2.00~2.50	N0.10, Cu 3.00~3.50
X6NiCrTiMoVB 25-15-2	4980-662-86-X	0.08	1.00	2.00	0.040	0.030	13.5~16.0	24.0~27.0	1.00~1.50	Ti1.90~2.35, Al 0.35 V0.10~0.50, B0.001~0.010
奥氏体-铁素体型										
X2CrNiMoN 22-5-3	4462-318-03-I	0.030	1.00	2.00	0.035	0.015	21.0~23.0	4.5~6.5	2.50~3.50	N 0.10~0.22
铁素体型										
X6Cr 17	4016-430-00-I	0.08④	1.00	1.00	0.040	0.030	16.0~18.0	—	—	—
X6CrMo 17-1	4113-434-00-I	0.08	1.00	1.00	0.040	0.030	16.0~18.0	—	0.75~1.40	—
马氏体型										
X12Cr 13	4006-410-00-I	0.08~0.15	1.00	1.50	0.040	0.030	11.5~13.5	0.75	—	—

注：表中元素含量单值为最大值。

① 订货如有要求，允许 Ni 的含量为 8.0%。

② 允许 Cr16.5~19.0。

③ 允许 C≤0.08。

④ 为了改善冷作性能，在订货方同意的情况下，推荐使用碳含量的最大值 C=0.04%。

（2）ISO 标准冷镦和冷挤压不锈钢在指定交货条件下的力学性能（表3-2-44）

表3-2-44 冷镦和冷挤压不锈钢在指定交货条件下的力学性能

钢 号	数字代号	直径/mm	交货条件							
			+AT 或 +AT+PE		+AT+C		+AT+C+AT		+AT+C+AT+LC	
			R_m/MPa≤	Z(%)≥	R_m/MPa≤	Z(%)≥	R_m/MPa≤	Z(%)≥	R_m/MPa≤	Z(%)≥
奥氏体型										
X10CrNi18-8	4310-301-00-I	>2~5	—	—	—	—	720	65	760	60
		>5~10	660	65	890	—	680	65	730	60
		>10~25	660	65	850	—	660	65	—	—
		>25~50	660	65	—	—	—	—	—	—
X2CrNi18-9	4307-304-03-I	>0.8~2	—	—	—	—	710	68	760	63
		>2~5	—	—	—	—	680	68	730	63
		>5~10	630	68	800	—	630	68	680	63
		>10~25	630	68	760	—	630	68	—	—
		>25~50	630	68	740	—	630	68	—	—
X6CrNiCu18-9-2	4567-304-98-X	>0.8~2	—	—	—	—	710	60	760	63
		>2~5	—	—	—	—	700	60	630	63
		>5~10	—	—	—	—	650	65	680	63
		>10~25	—	—	—	—	650	65	680	63
		>25~50	—	—	—	—	—	—	—	—
X3CrNiCu18-9-4	4567-304-30-I	0.8~2	—	—	—	—	630	68	680	63
		>2~5	—	—	—	—	600	68	650	63
		>5~10	590	68	740	—	590	68	640	63
		>10~25	590	68	700	—	590	68	—	—
		>25~50	590	68	—	—	—	—	—	—
X3CrNiCu19-9-2	4560-304-75-E	>2~5	—	—	—	—	630	68	680	63
		>5~10	610	68	790	—	610	68	660	63
		>10~25	610	68	750	—	610	68	—	—
		>25~50	610	68	—	—	—	—	—	—
X5CrNi18-10	4301-304-00-I	>0.8~2	—	—	—	—	710	60	760	60
		>2~5	—	—	—	—	700	60	750	60
		>5~10	650	65	820	—	650	65	700	60
		>10~25	650	65	780	—	650	65	680	63
		>25~50	650	65	—	—	—	—	—	—
X6CrNiTi18-10	4541-321-00-I	>2~5	—	—	—	—	720	65	770	60
		>5~10	680	65	850	—	680	65	730	60
		>10~25	680	65	810	—	680	65	—	—
		>25~50	680	65	—	—	—	—	—	—
X2CrNi19-11	4306-304-03-I	>2~5	—	—	—	—	680	68	730	63
		>5~10	630	68	780	—	630	68	680	63
		>10~25	630	68	740	—	630	68	—	—
		>25~50	630	68	—	—	—	—	—	—

（续）

钢　号	数字代号	直径/mm	+AT 或 +AT+PE		+AT+C		+AT+C+AT		+AT+C+AT+LC	
			R_m/MPa ≤	Z(%) ≥	R_m/MPa ≤	Z(%) ≥	R_m/MPa ≤	Z(%) ≥	R_m/MPa ≤	Z(%) ≥
奥氏体型										
X6CrNi18-12	4303-305-00-I	>0.8~2	—	—	—	—	680	65	740	60
		>2~5	—	—	—	—	670	65	720	60
		>5~10	650	65	800	—	650	65	700	60
		>10~25	650	65	770	—	650	65	680	63
		>25~50	650	65	—	—	—	—	—	—
X3NiCr18-16	4839-384-00-I	>0.8~2	—	—	—	—	640	68	690	63
		>2~5	—	—	—	—	600	68	640	63
		>5~10	—	—	—	—	—	—	640	63
		>10~25	—	—	—	—	—	—	640	63
		>25~50	—	—	—	—	—	—	—	—
X2CrNiMo17-12-2	4404-316-03-I	>0.8~2	—	—	—	—	710	68	760	63
		>2~5	—	—	—	—	670	68	720	63
		>5~10	650	68	780	—	650	68	700	63
		>10~25	650	68	750	—	650	68	700	63
		>25~50	650	68	—	—	—	—	—	—
X5CrNiMo17-12-2	4401-316-00-I	>0.8~2	—	—	—	—	710	68	760	63
		>2~5	—	—	—	—	690	65	740	60
		>5~10	660	65	830	—	670	65	720	60
		>10~25	660	65	790	—	660	65	720	60
		>25~50	660	65	—	—	—	—	—	—
X6CrNiMoTi17-12-2	4571-316-35-I	>2~5	—	—	—	—	720	65	770	60
		>5~10	680	65	850	—	680	65	730	60
		>10~25	680	65	810	—	680	65	—	—
		>25~50	680	65	—	—	—	—	—	—
X2CrNiMo17-12-3	4432-316-03-I	>2~5	—	—	—	—	670	68	720	63
		>5~10	650	68	780	—	650	68	700	63
		>10~25	650	68	750	—	650	68	—	—
		>25~50	650	68	—	—	—	—	—	—
X3CrNiMo17-13-3	4436-316-00-I	>2~5	—	—	—	—	690	65	740	60
		>5~10	660	65	830	—	670	65	720	60
		>10~25	660	65	790	—	660	65	—	—
		>25~50	660	65	—	—	—	—	—	—

（续）

钢　号	数字代号	直径/mm	+ AT 或 + AT + PE		+ AT + C		+ AT + C + AT		+ AT + C + AT + LC	
			R_m/MPa≤	Z(%)≥	R_m/MPa≤	Z(%)≥	R_m/MPa≤	Z(%)≥	R_m/MPa≤	Z(%)≥
奥氏体型										
X2CrNiMoN17-13-3	4429-316-53-I	>2～5	—	—	—	—	820	60	870	55
		>5～10	780	60	940	—	800	60	850	55
		>10～25	780	60	910	—	780	60	—	—
		>25～50	780	60	—	—	—	—	—	—
X3CrNiCuMo 17-11-3-2	4578-316-76-E	>2～5	—	—	—	—	630	68	680	63
		>5～10	610	68	760	—	610	68	660	63
		>10～25	610	68	720	—	610	68	—	—
		>25～50	610	68	—	—	—	—	—	—
X6NiCrTiMoVB 25-15-2	4980-662-86-X	>0.8～2	—	—	—	—	780	65	830	60
		>2～5	—	—	—	—	730	65	780	60
		>5～10	—	—	—	—	—	—	780	60
		>10～25	—	—	—	—	—	—	780	60
		>25～50	—	—	—	—	—	—	—	—
奥氏体-铁素体型										
X2CrNiMoN22-5-3	4462-318-03-I	>2～5	880	55	—	—	950	55	1010	50
		>5～10	880	55	1020	—	900	55	970	50
		>10～25	880	55	1000	—	880	55	—	—
铁素体型										
X6Cr17	4016-430-00-I	>0.8～2	—	—	—	—	—	—	700	61
		>2～5	—	—	—	—	560	63	620	61
		>5～10	560	63	660	60	560	63	600	61
		>10～25	560	63	640	60	560	63	600	61
X6CrMo17-1	4113-434-00-I	>0.8～2	—	—	—	—	—	—	740	61
		>2～5	—	—	—	—	600	60	660	58
		>5～10	600	60	710	57	600	60	640	58
		>10～25	600	60	690	57	600	60	640	58
X12Cr13	4006-410-00-I	>0.8～2	—	—	—	—	—	—	740	58
		>2～5	—	—	—	—	600	60	660	58
		>5～10	600	60	720	57	600	60	640	58
		>10～25	600	60	700	57	600	60	640	58
		>25～100	600	60	—	—	—	—	—	—

注：+ AT—固溶处理；+ AT + PE—固溶处理 + 剥片；+ AT + C—固溶处理 + 冷拉；+ AT + C + AT—固溶处理 + 冷拉 + 固溶处理；+ AT + C + AT + LC—固溶处理 + 冷拉 + 固溶处理 + 光整。

3.2.13　不锈钢钢丝［ISO 16143-3（2014）］

（1）ISO标准不锈钢丝的钢号与化学成分（表3-2-45）

表3-2-45　不锈钢钢丝的钢号与化学成分（质量分数）（%）

ISO标准 钢号	ISO标准 数字系列	C	Si	Mn	P ≤	S	Cr	Ni	Mo	N	其他
X1CrNi 25-21	4335-310-02-I	≤0.020	≤0.25	≤2.00	0.025	≤0.010	24.0~26.0	20.0~22.0	≤0.20	≤0.11	—
X1CrNiMoCuN 20-18-7	4547-312-54-I	≤0.020	≤0.70	≤1.00	0.035	≤0.015	19.5~20.5	17.5~18.5	6.00~7.00	0.18~0.25	Cu 0.50~1.00
X1CrNiMoN 25-22-2	4466-310-50-E	≤0.020	≤0.70	≤2.00	0.025	≤0.010	24.0~26.0	21.0~23.0	2.00~2.50	0.10~0.16	—
X1NiCrMoCu 25-20-5	4539-089-04-I	≤0.020	≤0.75	≤2.00	0.035	≤0.015	19.0~22.0	23.5~26.0	4.00~5.00	≤0.15	Cu 1.20~2.00
X1NiCrMoCu 31-27-4	4563-080-28-I	≤0.020	≤0.70	≤2.00	0.030	≤0.010	26.0~28.0	30.0~32.0	3.00~4.00	≤0.10	Cu 0.70~1.50
X1NiCrMoCuN 25-20-7	4529-089-26-I	≤0.020	≤0.75	≤2.00	0.035	≤0.015	19.0~21.0	24.0~26.0	6.00~7.00	0.15~0.25	Cu 0.50~1.50
X2CrNi 18-9	4307-304-03-I	≤0.030	≤1.00	≤2.00	0.045	≤0.030	17.5~19.5	8.00~10.0	—	≤0.10	—
X2CrNi 19-11	4306-304-03-I	≤0.030	≤1.00	≤2.00	0.045	≤0.030	18.0~20.0	10.0~12.0	—	≤0.10	—
X2CrNiMo 17-12-2	4404-316-03-I	≤0.030	≤1.00	≤2.00	0.045	≤0.030	16.5~18.5	10.0~13.0	2.00~3.00	≤0.10	—
X2CrNiMo 17-12-3	4432-316-03-I	≤0.030	≤1.00	≤2.00	0.045	≤0.030	16.5~18.5	10.5~13.0	2.50~3.00	≤0.10	—
X2CrNiMo 18-14-3	4435-316-91-I	≤0.030	≤1.00	≤2.00	0.045	≤0.015	17.0~19.0	10.5~13.0	2.50~3.00	≤0.10	—
X2CrNiMoN 18-12-4	4434-317-53-I	≤0.030	≤1.00	≤2.00	0.045	≤0.030	16.5~19.5	10.5~14.0	3.00~4.00	0.10~0.20	—
X3CrNiCu 18-9-4	4567-304-30-I	≤0.04	≤1.00	≤2.00	0.045	≤0.030	17.0~19.0	8.00~10.5	—	≤0.10	Cu 3.00~4.00
X3CrNiMo 17-12-3	4436-316-00-I	≤0.05	≤1.00	≤2.00	0.045	≤0.030	16.5~18.5	10.5~13.0	2.50~3.00	≤0.10	—
X5CrNi 18-10	4301-304-00-I	≤0.07	≤1.00	≤2.00	0.045	≤0.030	17.5~19.5	8.00~10.5	—	≤0.10	—
X5CrNiMo 17-12-2	4401-316-00-I	≤0.07	≤1.00	≤2.00	0.045	≤0.030	16.5~18.5	10.0~13.0	2.00~3.00	≤0.10	—
X5CrNiN 19-9	4315-304-51-I	≤0.07	≤1.00	≤2.50	0.045	≤0.030	18.0~20.0	7.00~10.5	—	0.10~0.30	(Nb≤0.15)[1]
X6CrNi 18-12	4303-305-00-I	≤0.08	≤1.00	≤2.00	0.045	≤0.030	17.0~19.0	10.5~13.0	—	≤0.10	—
X6CrNiCuS 18-9-2	4570-303-31-I	≤0.08	≤1.00	≤0.80	0.045	≥0.15	17.0~19.0	8.00~10.0	≤0.60	≤0.10	Cu 1.40~1.80
X6CrNiMoTi 17-12-2	4571-316-35-I	≤0.08	≤1.00	≤2.00	0.045	≤0.030	16.5~18.5	10.5~13.5	2.00~2.50	—	Ti 5C~0.70
X6CrNiTi 18-10	4541-321-00-I	≤0.08	≤1.00	≤2.00	0.045	≤0.030	17.0~19.0	9.00~12.0	—	—	Ti 5C~0.70
X7CrNi 18-9	4948-304-09-I	0.04~1.00	≤1.00	≤2.00	0.045	≤0.030	17.0~19.0	8.00~11.0	—	≤0.10	—
X7CrNiSiNCe 21-11	4835-308-15-U	0.05~1.00	1.40~2.00	≤0.80	0.040	≤0.030	20.0~22.0	10.0~12.0	—	0.14~0.20	Ce 0.03~0.08
X8CrMnCuN 17-8-3	4597-204-76-I	≤0.10	≤2.00	6.50~9.00	0.040	≤0.030	15.0~18.0	≤3.00	≤1.00	0.10~0.30	Cu 2.00~3.50
X8CrNi 25-21	4845-310-08-E	≤0.10	≤1.50	≤2.00	0.045	≤0.030	24.0~26.0	19.0~22.0	—	≤0.10	—
X8NiCrAlTi 32-21	4876-088-00-I	≤0.10	≤1.00	≤1.50	0.015	≤0.015	19.0~23.0	30.0~34.0	—	—	Al 0.15~0.60 Ti 0.15~0.60 Cu≤0.70

奥氏体型

奥氏体型

钢号	代号										
X10CrNi 18-8	4310-301-00-I	0.05~0.15	≤2.00	≤2.00	0.045	≤0.030	16.0~19.0	6.00~9.50	≤0.80	≤0.10	—
X10CrNiS 18-9	4305-303-00-I	≤0.12	≤1.00	≤2.00	0.060	≥0.15	17.0~19.0	8.00~10.0	—	≤0.10	Cu≤1.00
X11CrNiMnN 19-8-6	4369-202-91-I	0.07~0.15	0.50~1.00	5.00~7.50	0.030	≤0.015	17.5~19.5	6.50~8.50	—	0.20~0.30	—
X12CrMnNiN 18-9-5	4373-202-00-I	≤0.15	≤1.00	7.50~10.0	0.060	≤0.030	17.0~19.0	4.00~6.00	—	0.15~0.30	—
X18CrNi 23-13	4833-309-08-I	≤0.20	≤1.00	≤2.00	0.045	≤0.030	22.0~24.0	12.0~15.0	—	≤0.10	—

奥氏体-铁素体型

钢号	代号										
X2CrMnNiN 21-5-1	4162-321-01-E	≤0.040	≤1.00	4.00~6.00	0.040	≤0.015	21.0~22.0	1.35~1.90	0.10~0.80	0.20~0.25	Cu 0.10~0.80
X2CrNiMoCoN 28-8-5-1	4658-327-07-U	≤0.030	≤0.50	≤1.50	0.035	≤0.010	26.0~29.0	5.50~9.50	4.00~5.00	0.30~0.50	Co 0.50~2.00
X2CrNiMoN 22-5-3	4462-318-03-I	≤0.030	≤1.00	≤2.00	0.035	≤0.015	21.0~23.0	4.50~6.50	2.50~3.50	0.10~0.22	Cu≤1.00
X2CrNiMoN 25-7-4	4410-327-50-E	≤0.030	≤1.00	≤2.00	0.035	≤0.015	24.0~26.0	6.00~8.00	3.00~4.50	0.24~0.35	—
X2CrNiN 23-4	4362-323-04-I	≤0.030	≤1.00	≤2.00	0.035	≤0.015	22.0~24.5	3.50~5.50	0.10~0.60	0.05~0.20	Cu 0.10~0.60

铁素体型

钢号	代号										
X2CrMoTiS 18-2	4523-182-35-I	≤0.030	≤1.00	≤0.50	0.040	≤0.030	17.5~19.0	—	2.00~2.50	—	Ti 0.30~0.80
X3CrNb 17	4511-430-71-I	≤0.05	≤1.00	≤1.00	0.040	≤0.015	16.0~18.0	—	—	≤0.030	C+N≤0.040
X6Cr 17	4016-430-00-I	≤0.08	≤1.00	≤1.00	0.040	≤0.030	16.0~18.0	—	—	—	—
X6CrMo 17-1	4113-434-00-I	≤0.08	≤1.00	≤1.50	0.040	≤0.030	16.0~18.0	—	0.90~1.40	—	Nb 12C~1.00
X7CrS 17	4004-430-20-I	≤0.09	≤1.50	≤1.50	0.040	≥0.15	16.0~18.0	—	≤0.60	—	—
X15CrN 26	4749-446-99-I	≤0.20	≤1.00	≤1.00	0.040	≤0.030	24.0~28.0	≤1.00	—	0.15~0.25	—

马氏体型

钢号	代号										
X12Cr 13	4006-410-00-I	0.08~0.15	≤1.00	≤1.50	0.040	≤0.030	11.5~13.5	≤0.75	—	—	—
X12CrS 13	4005-416-00-I	0.08~0.15	≤1.00	≤1.50	0.040	≥0.15	12.0~14.0	—	—	—	—
X14CrS 17	4019-430-20-I	0.10~0.17	≤1.00	≤1.50	0.040	≥0.15	16.0~18.0	—	—	—	—
X17CrNi 16-2	4057-431-00-X	0.12~0.22	≤1.00	≤1.50	0.040	≤0.030	15.0~17.0	1.50~2.50	—	—	—
X20Cr 13	4021-420-00-I	0.16~0.25	≤1.00	≤1.50	0.040	≤0.030	12.0~14.0	—	—	—	—
X30Cr 13	4028-420-00-I	0.26~0.35	≤1.00	≤1.50	0.040	≤0.030	12.0~14.0	—	—	—	—

沉淀硬化型

钢号	代号										
X5CrNiCuNb 16-4	4542-174-00-I	≤0.07	≤1.00	≤1.50	0.040	≤0.030	15.0~17.0	3.00~5.00	≤0.60	—	Cu 3.00~5.00 Nb 0.15~0.45
X7CrNiAl 17-7	4568-177-00-I	≤0.09	≤0.70	≤1.00	0.040	≤0.015	16.0~18.0	6.50~7.80	—	—	Al 0.70~1.50

① 括号内数值为允许的添加量。

（2）ISO 标准不锈钢钢丝的力学性能（表3-2-46）

表3-2-46　不锈钢钢丝的力学性能（固溶处理+退火或退火）

ISO 标准		钢丝直径	R_m/MPa	A（%）
钢　号	数字系列	d/mm	≥	
奥氏体型（+AT)[1]				
所有奥氏体型钢，其中：X3CrNiCu18-9-4 和 X8CrMnCuN17-8-3 除外	—	>0.050~0.10	1100	20
		>0.10~0.20	1070	20
		>0.20~0.50	1020	30
		>0.50~1.00	970	30
		>1.00~3.00	920	30
		>3.00~5.00	870	35
		>5.00~16.0	820	35
X3CrNiCu18-9-4 X8CrMnCuN17-8-3	4567-304-30-I 4597-204-75-I	>0.50~1.00	850	30
		>1.00~3.00	820	30
		>3.00~5.00	780	35
		>5.00~16.0	750	35
奥氏体-铁素体（双相）型（+AT)[1]				
所有奥氏体-铁素体型钢，其中：X2CrNiMoCuN17-8-3 除外	—	>0.50~1.00	1050	20
		>1.00~3.00	1000	20
		>3.00~5.00	950	25
		>5.00~16.0	900	25
X2CrNiMoCuN17-8-3	4658-327-07-U	0.50~1.00	1150	20
		>1.00~3.00	1100	20
		>3.00~5.00	1050	25
		>5.00~16.0	1000	25
铁素体型（+A)[1]				
所有铁素体型钢	—	>0.50~1.00	850	15
		>1.00~3.00	800	15
		>3.00~5.00	760	15
		>5.00~16.0	740	20
马氏体型（+A)[1]				
X12Cr 13 X12CrS 13	4006-410-00-I 4005-416-00-I	>0.50~1.00	950	10
		>1.00~3.00	900	10
		>3.00~5.00	840	10
		>5.00~16.0	800	15
X20Cr 13 X30Cr 13 X17CrNi 16-2 X14CrS 17	4021-420-00-I 4028-420-00-I 4057-431-00-X 4019-430-20-I	>0.50~1.00	1000	10
		>1.00~3.00	950	10
		>3.00~5.00	920	10
		>5.00~16.0	850	15
沉淀硬化型（+AT)[1]				
X5CrNiCuNb 16-4 X7CrNiAl 17-7	4542-174-00-I 4568-177-00-I	—	850	—

①热处理代号：A—退火；AT—固溶处理+退火。

3.2.14　弹簧用不锈钢钢丝 ［ISO 6931-1（2016）］

（1）ISO 弹簧用不锈钢钢丝的钢号与化学成分（表3-2-47）

表 3-2-47 弹簧用不锈钢丝的钢号与化学成分（质量分数）（%）

钢号	ISO标准 数字系列	C	Si	Mn	P ≤	S ≤	Cr	Ni	Mo	其他
				奥氏体型						
X10CrNi 18-8	4310-301-00-I	0.05~0.15	≤2.00	≤2.00	0.045	0.015	16.0~19.0	6.00~9.50	≤0.80	N≤0.10
X9CrNi 18-9	4325-302-00-E	0.030~0.15	≤1.00	≤2.00	0.045	0.030	16.0~19.0	8.00~10.0	—	N≤0.10
X5CrNiN 19-9	4315-304-51-I	≤0.08	≤1.00	≤2.50	0.045	0.030	16.0~20.0	7.00~10.5	—	N 0.10~0.30, Nb≤0.015
X5CrNi 18-10	4301-304-00-I	≤0.07	≤1.50	≤2.00	0.045	0.015	17.5~19.5	8.00~10.5	—	N≤0.10
X5CrNiMo 17-12-2	4401-316-00-I	≤0.07	≤1.00	≤2.00	0.045	0.015	16.5~18.5	10.0~13.0	2.00~3.00	N≤0.10
X1NiCrMoCu 25-20-5	4539-089-04-I	≤0.020	≤0.75	≤2.00	0.035	0.015	19.0~22.0	23.0~26.0	4.00~5.00	Cu 1.20~2.00, N≤0.15
				奥氏体-铁素体型（双相钢）						
X2CrNiMoN 22-5-3	4462-318-03-I	≤0.030	≤1.00	≤2.00	0.035	0.015	21.0~23.0	4.50~6.50	2.50~3.50	N 0.10~0.22
				沉淀硬化型						
X7CrNiAl 17-7	4568-177-00-I	≤0.09	≤0.70	≤1.00	0.040	0.015	16.0~18.0	7.00~8.50	—	Al 0.70~1.50

（2）ISO标准弹簧用不锈钢丝的抗拉强度（表3-2-48）

表 3-2-48 弹簧用不锈钢丝的抗拉强度

硬拉状态抗拉强度/MPa

标称直径 d /mm	4310-301-00-I NS	4310-301-00-I HS	4325-302-00-E / 4315-304-51-I NS	4301-304-00-I NS	4301-304-00-I HS	4401-316-00-I NS	4539-089-04-I NS	4462-318-03-I HS	4462-318-03-I NS	4568-177-00-I NS
d<0.20	2200~2530	2350~2710	2150~2400	2000	2150~2300	1725~1990	1600~1840	2370~2730	2150~2480	1975~2280
0.20<d≤0.30	2150~2480	2300~2650	2050~2300	1975	2050~2300	1700~1960	1550~1790	2370~2730	2100~2420	1900~2250
0.30<d≤0.40	2100~2420	2250~2590	2050~2300	1925	2050~2220	1670~1930	1550~1790	2370~2730	2000~2300	1925~2220
0.40<d≤0.50	2050~2360	2200~2530	1950~2200	1900	1950~2190	1650~1900	1500~1750	2370~2730	2000~2300	1900~2190
0.50<d≤0.65	2000~2300	2150~2480	1900~2150	1850	1950~2150	1625~1870	1500~1670	2370~2730	1900~2190	1850~2130
0.65<d≤0.80	1950~2250	2100~2420	1850~2100	1800	1900~2150	1600~1840	1450~1670	2230~2570	1900~2190	1825~2100
0.80<d≤1.00	1900~2190	2050~2360	1850~2100	1775	1850~2070	1575~1820	1450~1670	2140~2470	1800~2070	1800~2070
1.00<d≤1.25	1850~2130	2000~2300	1750~2000	1725	1850~2050	1550~1790	1400~1610	2090~2410	1800~2070	1750~2020
1.25<d≤1.50	1800~2070	1950~2250	1700~1950	1675	1750~1990	1500~1730	1350~1560	2090~2410	1700~1960	1700~1960
1.50<d≤1.75	1750~2020	1900~2190	1650~1900	1625	1750~1930	1450~1670	1350~1560	2000~2300	1700~1960	1650~1900
1.75<d≤2.00	1700~1960	1850~2130	1650~1800	1575	1650~1820	1400~1610	1300~1500	2000~2300	1700~1960	1600~1840
2.00<d≤2.50	1650~1900	1750~2020	1550~1700	1525	1650~1760	1350~1560	1300~1500	1900~2190	1550~1790	1550~1790
2.50<d≤3.00	1600~1840	1700~1960	1450~1700	1475	1550~1700	1300~1500	1300~1500	1860~2140	1550~1790	1500~1730
3.00<d≤3.50	1550~1790	1650~1900	1450~1700	1425	1450~1700	1300~1500	1300~1500	1850~2050	1550~1790	1450~1670
3.50<d≤4.25	1500~1730	1600~1840	1350~1600	1400	1450~1700	1225~1410	1250~1440	1750~1950	1450~1670	1400~1610
4.25<d≤5.00	1450~1670	1550~1790	1350~1600	1350	1350~1600	1200~1380	1250~1440	1700~1900	1450~1670	1350~1560
5.00<d≤6.00	1400~1610	1500~1730	1350~1600	1300	1350~1500	1150~1330	1250~1440	1700~1900	1350~1560	1300~1500
6.00<d≤7.00	1350~1560	1450~1670	1270~1520	1250	1300~1440	1125~1300	1200~1380	—	1350~1560	1250~1440
7.00<d≤8.50	1300~1500	1400~1610	1130~1380	1200	1300~1380	1075~1240	1150~1330	—	—	1250~1440
8.50<d≤10.00	1250~1440	1350~1560	980~1230	1175	1250~1360	1050~1210	—	—	—	1250~1440

注：NS—正常抗拉强度；HS—高强度。

（3）ISO 标准弹簧用不锈钢丝的弹性模量与切变弹性模量（表3-2-49）

表 3-2-49　弹簧用不锈钢丝的弹性模量与切变弹性模量

ISO 标准		弹性模量/GPa		切变弹性模量/GPa	
钢　号	数字系列	交货状态[1] （C）	处理状态[2] （C + T）	交货状态[1] （C）	处理状态[2] （C + T）
X10CrNi18-8	4310-301-00-I	180	185	70	73
X9CrNi18-9	4325-302-00-E	180	185	70	73
X5CrNiN19-9	4315-304-51-I	170	180	65	68
X5CrNi18-10	4301-304-00-I	185	190	65	68
X5CrNiMo17-12-2	4401-316-00-I	175	180	68	71
X1NiCrMoCu25-20-5	4539-089-04-I	180	185	68	71
X2CrNiMoN22-5-3	4462-318-03-I	200	205	77	79
X7CrNiAl17-7	4568-177-00-I	190	200	73	78

① C—硬拉或冷轧。

② C + T—（硬拉或冷拉）+ 回火。

（4）ISO 标准弹簧用不锈钢丝的热处理（表3-2-50）

表 3-2-50　弹簧用不锈钢丝的热处理

ISO 标准		回火温度 /℃	保温时间	冷却介质	类　型
钢　号	数字系列				
X10CrNi18-8	4310-301-00-I	250 ~ 425	30min ~ 4h	空冷	奥氏体型
X9CrNi18-9	4325-302-00-E	350 ~ 400	30min ~ 1h	空冷	奥氏体型
X5CrNiN19-9	4315-304-51-I	350 ~ 400	30min ~ 1h	空冷	奥氏体型
X5CrNi18-10	4301-304-00-I	250 ~ 425	30min ~ 4h	空冷	奥氏体型
X5CrNiMo17-12-2	4401-316-00-I	250 ~ 425	30min ~ 4h	空冷	奥氏体型
X1NiCrMoCu25-20-5	4539-089-04-I	250 ~ 425	30min ~ 4h	空冷	奥氏体型
X2CrNiMoN22-5-3	4462-318-03-I	350 ~ 400	1 ~ 3h	空冷	双相钢
X7CrNiAl17-7	4568-177-00-I	450 ~ 490	1h 以上	空冷	沉淀硬化型

3.2.15　弹簧用不锈钢窄钢带［ISO 6931-2（2005/2013 确认）］

（1）ISO 标准弹簧用不锈钢窄钢带的钢号与化学成分（表3-2-51）

表 3-2-51　弹簧用不锈钢窄钢带的钢号与化学成分（质量分数）（%）

钢　号	C	Si	Mn	P ≤	S ≤	Cr	Ni	Mo	N	其　他
奥氏体型[1]										
X5CrNi18-9	≤0.07	≤1.00	≤2.00	0.045	0.030	17.0 ~ 19.5	8.00 ~ 10.5	—	≤0.11	—
X10CrNi18-8	0.05 ~ 0.15	≤2.00	≤2.00	0.045	0.030	16.0 ~ 19.0	6.00 ~ 9.50	≤0.80	≤0.11	—
X12CrMnNiN17-7-5	≤0.15	≤1.00	5.50 ~ 7.50	0.045	0.030	16.0 ~ 18.0	3.50 ~ 5.50	—	0.05 ~ 0.25	—
X5CrNiMo17-12-2	≤0.07	≤1.00	≤2.00	0.045	0.030	16.5 ~ 18.5	10.0 ~ 13.0	2.00 ~ 3.00	≤0.11	—
X11CrNiMnN19-8-6	0.07 ~ 0.15	≤1.00	5.0 ~ 7.0	0.030	0.015	17.5 ~ 19.5	6.50 ~ 8.50	—	0.20 ~ 0.30	—
铁素体型										
X6Cr17	≤0.08[2]	≤1.00	≤1.00	0.040	0.030	16.0 ~ 18.0	—	—	—	—
马氏体型										
X20Cr13	0.16 ~ 0.25	≤1.00	≤1.50	0.040	0.030	12.0 ~ 14.0	—	—	—	—
X30Cr13	0.26 ~ 0.35	≤1.00	≤1.50	0.040	0.030	12.0 ~ 14.0	—	—	—	—
X39Cr13	0.36 ~ 0.42	≤1.00	≤1.00	0.040	0.030	12.5 ~ 14.5	—	—	—	—
沉淀硬化型										
X7CrNiAl17-7	≤0.09	≤0.70	≤1.00	0.040	0.015	16.0 ~ 18.0	6.5 ~ 7.8[3]	—	—	Al 0.70 ~ 1.50

① 对于奥氏体型钢，硫含量可根据不同需要进行调整（推荐意见）。例如，为改善弹簧的疲劳强度，$w(S) ≤ 0.015\%$；为改善切削性能 $w(S) = 0.015\% ~ 0.030\%$；为改善焊接性能，$w(S) = 0.008\% ~ 0.020\%$；为改善抛光质量，$w(S) ≤ 0.015\%$。

② 对于某些用途，碳含量可调整为 $w(C) ≤ 0.12\%$。

③ 此钢种用于冷变形时，Ni 含量可调整为 $w(Ni) = 7.0\% ~ 8.3\%$。

（2）ISO 标准弹簧用不锈钢窄钢带的强度等级、硬度和弹性模量

A）弹簧用不锈钢窄钢带冷加工状态的强度等级（表3-2-52）

表3-2-52 弹簧用不锈钢窄钢带冷加工状态的强度等级

代 号	R_m/MPa	代 号	R_m/MPa
+ C700	700 ~ 850	+ C1300	1300 ~ 1500
+ C850	850 ~ 1000	+ C1500	1500 ~ 1700
+ C1000	1000 ~ 1150	+ C1700	1700 ~ 1900
+ C1150	1150 ~ 1300	+ C1900	1900 ~ 2200

注：1. 这类钢带可选择按强度等级交货或按硬度交货。

2. 强度等级代号可添加在钢号后。

B）弹簧用不锈钢窄钢带强度等级与断后伸长率的关系（表3-2-53）

表3-2-53 弹簧用不锈钢窄钢带强度等级与断后伸长率的关系

钢 号	与强度等级相对应的断后伸长率 A_{80}（%） ≥							
	+ C700	+ C850	+ C1000	+ C1150	+ C1300	+ C1500	+ C1700	+ C1900
奥氏体型								
X5CrNi18-9	25	12	5	3	1	—	—	—
X10CrNi18-8	35	25	20	15	10	5	2	1
X12CrMnNiN17-7-5	40	25	13	5	2	1	—	—
X5CrNiMo17-12-2	20	10	4	1	—	—	—	—
X11CrNiMnN19-8-6	35	12	9	8	2	1	—	—
铁素体型								
X6Cr17	2	1						

注：表中的数值是钢在软化退火状态测定的。

C）弹簧用不锈钢窄钢带冷加工或热处理状态的硬度类别（表3-2-54）

表3-2-54 弹簧用不锈钢窄钢带冷加工或热处理状态的硬度类别

类 型	钢 号	交货的 HV	硬度容差	类 型	钢 号	交货的 HV	硬度容差
奥氏体型	X5CrNi18-9	220 ~ 450	± 25HV	铁素体型	X6Cr17	200 ~ 300	± 25HV
	X10CrNi18-8	250 ~ 450	± 25HV	马氏体型	X20Cr13	190 ~ 240	（A）
		451 ~ 600	± 30HV			480 ~ 520	（QT）
	X12CrMnNiN17-7-5	250 ~ 450	± 25HV		X30Cr13	190 ~ 240	（A）
		451 ~ 500	± 30HV			500 ~ 540	（QT）
	X5CrNiMo17-12-2	220 ~ 400	± 25HV		X39Cr13	200 ~ 250	（A）
	X11CrNiMnN19-8-6	300 ~ 450	± 25HV			520 ~ 560	（QT）
		451 ~ 475	± 30HV	A—退火；QT—淬火 + 回火			

D）弹簧用不锈钢窄钢带的弹性模量（表3-2-55）

表3-2-55 弹簧用不锈钢窄钢带的弹性模量

类 型	钢 号	E/GPa		类 型	钢 号	E/GPa	
		I[①]	II[②]			I[①]	II[②]
奥氏体型	X5CrNi18-9	185	195	铁素体型	X6Cr17	210	—
	X10CrNi18-8	185	195	马氏体型	X20Cr13	210	220
	X12CrMnNiN17-7-5	200	210		X30Cr13	210	220
	X5CrNiMo17-12-2	180	190		X39Cr13	210	220
	X11CrNiMnN19-8-6	190	200	沉淀硬化型	X7CrNiAl17-7	195	200

① 弹性模量：I—交货状态。

② 弹性模量：II—冷轧和热处理状态。其中马氏体型钢为热处理状态（淬火 + 回火），其余为冷轧状态。

（3）ISO 标准弹簧用不锈钢窄钢带的弯曲性能（表 3-2-56）

表 3-2-56　弹簧用不锈钢窄钢带的弯曲性能

钢　　号	交货状态（强度等级）	钢带弯曲性能　≤（在下列厚度时）/mm							
		>0.05~0.25		>0.25~0.50		>0.50~0.75		>0.75~1.00	
		T	L	T	L	T	L	T	L
奥 氏 体 型									
X5CrNi18-9	+C700	0.5	1.0	0.5	2.0	1.0	3.0	1.5	5.0
	+C850	0.5	2.0	1.0	3.0	1.5	5.0	2.5	7.0
	+C1000	1.0	3.0	1.5	5.0	2.5	7.0	3.0	9.0
	+C1150	2.0	5.0	2.5	7.0	3.0	9.0	4.5	11.0
	+C1300	2.5	7.0	3.0	9.0	4.0	11.0	6.0	13.0
X10CrNi18-8 X12CrMnNiN17-7-5	+C850	0.5	1.0	0.5	1.5	0.5	2.5	1.0	3.0
	+C1000	0.5	2.0	1.0	2.5	1.0	3.0	2.0	4.0
	+C1150	0.5	2.5	1.0	3.0	2.0	4.0	2.5	5.0
	+C1300	1.5	3.0	2.0	4.0	2.5	5.0	3.0	7.0
	+C1500	2.0	4.5	2.5	5.0	3.0	7.0	3.5	9.5
	+C1700	2.5	9.0	3.0	9.5	3.5	11.0	—	—
	+C1900	3.0	12.0	3.5	13.0	—	—	—	—
X5CrNiMo17-12-2	+C700	0.5	3.0	1.0	4.0	1.5	6.0	2.0	8.0
	+C850	1.0	4.0	1.5	6.0	2.5	8.0	3.0	11.0
	+C1000	1.5	6.0	2.0	8.0	3.0	11.0	4.5	14.0
	+C1150	2.5	8.0	3.0	11.0	4.5	14.0	—	—
	+C1300	3.0	11.0	3.5	13.0	—	—	—	—
X11CrNiMnN19-8-6	+C1150	0.5	3.0	2.0	5.0	3.0	6.5	4.0	9.0
	+C1300	2.0	5.0	3.0	9.0	4.0	10.0	6.0	11.0
	+C1500	3.0	10.0	4.0	14.0	6.0	16.0	9.0	18.0
沉 淀 硬 化 型									
X7CrNiAl17-7	+C1150	0.5	3.0	2.0	5.0	3.0	6.5	4.0	9.0
	+C1300	2.0	5.0	3.0	9.0	4.0	10.0	6.0	11.0
	+C1500	3.0	10.0	4.0	14.0	6.0	16.0	9.0	18.0
	+C1700	6.0	18.0	7.0	19.0	9.0	20.0	11.0	21.0

注：1. 钢带弯曲性能为 r/t 之比，r—弯曲半径，t—钢带厚度，弯曲 90°。

2. 按照弯曲中心线与钢材轧制方向相对应，钢带弯曲性能数据有：T—横向；L—纵向。

3. 本表列出的数据并不完全适用于铁素体型和马氏体型钢带，以及 X11CrNiMnN19-8-6 的 +C850 与 +C1000 强度等级的钢带。

（4）ISO 标准弹簧用不锈钢窄钢带的热处理规范（表 3-2-57）

表 3-2-57　弹簧用不锈钢窄钢带的热处理规范

钢　　号	钢材原始状态	热 处 理 规 范			
		温度（Ⅰ）/保温时间	冷却	温度（Ⅱ）/保温时间	冷却
奥 氏 体 型 钢					
X5CrNi18-9 X10CrNi18-8 X12CrMnNiN17-7-5 X5CrNiMo17-12-2 X11CrNiMnN19-8-6	冷轧	—	—	回火 250℃/24h 至 450℃/30min	空冷

（续）

钢 号	钢材原始状态	热 处 理 规 范			
		温度（Ⅰ）/保温时间	冷却	温度（Ⅱ）/保温时间	冷却
马 氏 体 型 钢					
X20Cr13 X30Cr13 X39Cr13	退火	淬火/保温≤30min 950~1050℃ 950~1050℃ 1000~1100℃	油/空淬 油/空淬 油/空淬	回火/保温≤1h 200~400℃ 200~400℃ 200~400℃	—
沉 淀 硬 化 型 钢					
X7CrNiAl17-7	冷轧	—	—	回火 480℃/2h 至 550℃/1h	空冷
	软化退火	人工时效（Ⅰ阶段） 760℃/40min 至 820℃/30min	水/空冷 <12℃	人工时效（Ⅱ阶段） 480℃/2h 至 550℃/1h	空冷

3.3 欧洲标准化委员会（EN 欧洲标准）

A. 通用钢材和合金

3.3.1 不锈钢

（1）EN 欧洲标准奥氏体型不锈钢的钢号与化学成分［EN 10088-1（2014）］（表3-3-1）

表 3-3-1　奥氏体型不锈钢的钢号与化学成分（质量分数）（%）

钢 号	数字代号	C	Si	Mn	P ≤	S[①] ≤	Cr	Mo	Ni	其 他
标准等级钢										
X2CrNiN 18-7	1.4318	≤0.030	≤1.00	≤2.00	0.045	0.015	16.5~18.5	—	6.00~8.00	N 0.10~0.20
X10CrNi 18-8	1.4310	0.05~0.15	≤2.00	≤2.00	0.045	0.015	16.0~19.0	≤0.80	6.00~9.50	N≤0.10
X2CrNi 18-9	1.4307	≤0.030	≤1.00	≤2.00	0.045	0.015[②]	17.5~19.5	—	8.00~10.0	N≤0.10
X9CrNi 18-9	1.4325	0.03~0.15	≤1.00	≤2.00	0.045	0.030	17.0~19.0	—	8.00~10.0	—
X8CrNiCuS 18-9	1.4305	≤0.10	≤1.00	≤2.00	0.045	0.15~0.35	17.0~19.0	—	8.00~10.0	Cu≤1.00 N≤0.10
X6CrNiCuS 18-9-2	1.4570	≤0.080	≤1.00	≤2.00	0.045	0.15~0.35	17.0~19.0	≤0.60	8.00~10.0	Cu 1.40~1.80 N≤0.10
X3CrNiCu 18-9-4	1.4567	≤0.04	≤1.00	≤2.00	0.045	0.015[②]	17.0~19.0	—	8.50~10.5	Cu 3.00~4.00 N≤0.10
X5CrNiN 19-9	1.4315	≤0.06	≤1.00	≤2.00	0.045	0.015	18.0~20.0	—	8.00~11.0	N 0.12~0.22
X3CrNiCu 19-9-2	1.4560	≤0.035	≤1.00	1.50~2.00	0.045	0.015	18.0~19.0	—	8.00~9.00	Cu 1.50~2.00 N≤0.10
X5CrNiCu 19-6-2	1.4640	0.030~0.080	≤0.50	1.50~4.00	0.045	0.015	18.0~19.0	—	5.50~6.90	Cu 1.30~2.00 N 0.03~0.10
X2CrNiN 18-10	1.4311	≤0.030	≤1.00	≤2.00	0.045	0.015[②]	17.0~19.5	—	8.50~11.5	N 0.12~0.22

（续）

钢 号	数字代号	C	Si	Mn	P ≤	S[①] ≤	Cr	Mo	Ni	其 他
标准等级钢										
X5CrNi 18-10	1.4301	≤0.07	≤1.00	≤2.00	0.045	0.015[②]	17.5 ~ 19.5	—	8.00 ~ 10.5	N≤0.11
X6CrNiTi 18-10	1.4541	≤0.08	≤1.00	≤2.00	0.045	0.015[②]	17.0 ~ 19.0	—	9.00 ~ 12.0	Ti 5C ~ 0.70
X6CrNiNb18-10	1.4550	≤0.08	≤1.00	≤2.00	0.045	0.015	17.0 ~ 19.0	—	9.00 ~ 12.0	Nb 10C ~ 1.00
X2CrNiCu 19-10	1.4650	≤0.030	≤1.00	≤2.00	0.045	0.015	18.5 ~ 20.0	—	9.00 ~ 10.0	Cu≤1.00 N≤0.08
X2CrNi 19-11	1.4306	≤0.030	≤1.00	≤2.00	0.045	0.015[②]	18.0 ~ 20.0	—	10.0 ~ 12.0	N≤0.10
X4CrNi 18-12	1.4303	≤0.06	≤1.00	≤2.00	0.045	0.015[②]	17.0 ~ 19.0	—	11.0 ~ 13.0	N≤0.10
X1CrNiSi 18-15-4	1.4361	≤0.015	3.70 ~ 4.50	≤2.00	0.025	0.010	16.5 ~ 18.5	≤0.20	14.0 ~ 16.0	N≤0.10
X8CrMnCuNB 17-8-3	1.4597	≤0.10	≤2.00	6.50 ~ 8.50	0.040	0.030	16.0 ~ 18.0	≤1.00	≤2.00	Cu 2.00 ~ 3.50 N 0.15 ~ 0.30 B 0.0005 ~ 0.0050
X8CrMnNi 18-8-3	1.4376	≤0.10	≤1.00	5.00 ~ 8.00	0.045	0.015	17.0 ~ 20.5	—	2.00 ~ 4.50	N≤0.30
X3CrMnNiCu 15-8-5-3	1.4615	≤0.030	≤1.00	7.00 ~ 9.00	0.040	0.010	14.0 ~ 16.0	≤0.80	4.50 ~ 6.00	Cu 2.00 ~ 4.00 N 0.02 ~ 0.06
X12CrMnNiN 17-7-5	1.4372	≤0.15	≤1.00	5.50 ~ 7.50	0.045	0.015	16.0 ~ 18.0	—	3.50 ~ 5.50	N 0.05 ~ 0.25
X2CrMnNiN 17-7-5	1.4371	≤0.030	≤1.00	6.00 ~ 8.00	0.045	0.015	16.0 ~ 17.0	—	3.50 ~ 5.50	Cu≤1.00 N 0.15 ~ 0.20
X9CrMnNiCu 17-8-5-2	1.4618	≤0.10	≤1.00	5.50 ~ 9.50	0.070	0.010	16.5 ~ 18.5	—	4.50 ~ 5.50	Cu 1.00 ~ 2.50 N ≤0.15
X12CrMnNiN 18-9-5	1.4373	≤0.15	≤1.00	7.50 ~ 10.5	0.045	0.015	17.0 ~ 19.0	—	4.00 ~ 6.00	N 0.05 ~ 0.25
X11CrNiMnN 19-8-6	1.4369	0.07 ~ 0.15	0.50 ~ 1.00	5.00 ~ 7.50	0.030	0.015	17.5 ~ 19.5	—	6.50 ~ 8.50	N 0.20 ~ 0.30
X13CrMnNiN 18-13-2	1.4020	≤0.15	≤1.00	11.0 ~ 14.0	0.045	0.030	16.5 ~ 19.0	—	0.50 ~ 2.50	N 0.20 ~ 0.45
X6CrMnNiN 18-13-3	1.4378	≤0.08	≤1.00	11.5 ~ 14.5	0.060	0.030	17.0 ~ 19.0	—	2.30 ~ 3.70	N 0.20 ~ 0.40
X6CrMnNiCuN 18-12-4-2	1.4646	0.02 ~ 0.10	≤1.00	10.5 ~ 12.5	0.050	0.015	17.0 ~ 19.0	≤0.50	3.50 ~ 4.50	Cu 1.50 ~ 3.00 N 0.20 ~ 0.30
X1CrNi 25-21	1.4335	≤0.020	≤0.25	≤2.00	0.025	0.010	24.0 ~ 26.0	≤0.20	20.0 ~ 22.0	N≤0.10
含钼钢										
X2CrNiMoCuS 17-10-2	1.4598	≤0.030	≤1.00	≤2.00	0.045	0.10 ~ 0.20	16.5 ~ 18.5	2.00 ~ 2.50	10.0 ~ 13.0	Cu 1.30 ~ 1.80 N≤0.10
X3CrNiCuMo 17-11-3-2	1.4578	≤0.04	≤1.00	≤2.00	0.045	0.015	16.5 ~ 17.5	2.00 ~ 2.50	10.0 ~ 11.0	Cu 3.00 ~ 3.50 N≤0.10
X2CrNiMoN 17-11-2	1.4406	≤0.030	≤1.00	≤2.00	0.045	0.015[②]	16.5 ~ 18.5	2.00 ~ 2.50	10.0 ~ 12.0	N 0.12 ~ 0.22
X2CrNiMo 17-12-2	1.4404	≤0.030	≤1.00	≤2.00	0.045	0.015[②]	16.5 ~ 18.5	2.00 ~ 2.50	10.0 ~ 13.0	N≤0.10

（续）

钢　号	数字代号	C	Si	Mn	P ≤	S[①] ≤	Cr	Mo	Ni	其　他
含钼钢										
X5CrNiMo 17-12-2	1.4401	≤0.070	≤1.00	≤2.00	0.045	0.015[②]	16.5 ~ 18.5	2.00 ~ 2.50	10.0 ~ 13.0	N≤0.10
X6CrNiMoTi 17-12-2	1.4571	≤0.080	≤1.00	≤2.00	0.045	0.015[②]	16.5 ~ 18.5	2.00 ~ 2.50	10.5 ~ 13.5	Ti 5C ~ 0.70
X6CrNiMoNb17-12-2	1.4580	≤0.08	≤1.00	≤2.00	0.045	0.015	16.5 ~ 18.5	2.00 ~ 2.50	10.5 ~ 13.5	Nb 10C ~ 1.00
X2CrNiMo 17-12-3	1.4432	≤0.030	≤1.00	≤2.00	0.045	0.015[②]	16.5 ~ 18.5	2.50 ~ 3.00	10.5 ~ 13.0	N≤0.10
X3CrNiMo 18-12-3	1.4449	≤0.035	≤1.00	≤2.00	0.045	0.015	17.0 ~ 18.2	2.25 ~ 2.75	11.5 ~ 12.5	Cu≤1.00 N≤0.08
X3CrNiMo 17-13-3	1.4436	≤0.05	≤1.00	≤2.00	0.045	0.015[②]	16.5 ~ 18.5	2.50 ~ 3.00	10.5 ~ 13.0	N≤0.10
X2CrNiMoV 17-13-3	1.4429	≤0.030	≤1.00	≤2.00	0.045	0.015	16.5 ~ 18.5	2.50 ~ 3.00	11.0 ~ 14.0	N 0.12 ~ 0.22
X2CrNiMoN18-12-4	1.4434	≤0.030	≤1.00	≤2.00	0.045	0.015	16.5 ~ 19.5	3.00 ~ 4.00	10.5 ~ 14.0	N 0.10 ~ 0.20
X2CrNiMo 18-14-3	1.4435	≤0.030	≤1.00	≤2.00	0.045	0.015[②]	17.0 ~ 19.0	2.50 ~ 3.00	12.0 ~ 15.0	N≤0.10
X2CrNiMoN 17-13-5	1.4439	≤0.030	≤1.00	≤2.00	0.045	0.015	16.5 ~ 18.5	4.00 ~ 5.00	12.5 ~ 14.5	N 0.12 ~ 0.22
X2CrNiMo 18-15-4	1.4438	≤0.030	≤1.00	≤2.00	0.045	0.015[②]	17.5 ~ 19.5	3.00 ~ 4.00	13.0 ~ 16.0	N≤0.10
X1CrNiMoCuN 20-18-7	1.4547	≤0.020	≤0.70	≤1.00	0.030	0.010	19.5 ~ 20.5	6.00 ~ 7.00	17.5 ~ 18.5	Cu 0.50 ~ 1.00 N 0.18 ~ 0.25
X1CrNiMoN 25-22-2	1.4466	≤0.020	≤0.70	≤2.00	0.025	0.010	24.0 ~ 26.0	2.00 ~ 2.50	21.0 ~ 23.0	N 0.10 ~ 0.16
X1CrNiMoCuNW 24-22-6	1.4659	≤0.020	≤0.70	2.00 ~ 4.00	0.030	0.010	23.0 ~ 25.0	5.50 ~ 6.50	21.0 ~ 23.0	W 1.50 ~ 2.50 Cu 1.00 ~ 2.00 N 0.35 ~ 0.50
X1CrNiMoCuN 24-22-8	1.4652	≤0.020	≤0.50	2.00 ~ 4.00	0.030	0.005	23.0 ~ 25.0	7.00 ~ 8.00	21.0 ~ 23.0	Cu 0.50 ~ 0.60 N 0.45 ~ 0.55
X2CrNiMnMoN 25-18-6-5	1.4565	≤0.030	≤1.00	5.00 ~ 7.00	0.030	0.015	24.0 ~ 26.0	4.00 ~ 5.00	16.0 ~ 19.0	Nb≤0.15 N 0.30 ~ 0.60
高镍含量钢										
X1CrNiMoCu 25-20-5	1.4539	≤0.020	≤0.70	≤2.00	0.030	0.010	19.0 ~ 21.0	4.00 ~ 5.00	24.0 ~ 26.0	Cu 1.20 ~ 2.00 N≤0.15
X1NiCrMoCuN 25-20-7	1.4529	≤0.020	≤0.50	≤1.00	0.030	0.010	19.0 ~ 21.0	6.00 ~ 7.00	24.0 ~ 26.0	Cu 0.50 ~ 1.50 N 0.15 ~ 0.25
X2CrNAlTi 32-20	1.4558	≤0.030	≤0.70	≤1.00	0.020	0.015	20.0 ~ 23.0	—	32.0 ~ 35.0	Ti [8 (C+N)] ~ 0.60 Al 0.15 ~ 0.45

（续）

钢 号	数字代号	C	Si	Mn	P ≤	S① ≤	Cr	Mo	Ni	其 他
高镍含量钢										
X1NiCrMoCu 31-27-4	1.4563	≤0.020	≤0.70	≤2.00	0.030	0.010	26.0 ~ 28.0	3.00 ~ 4.00	30.0 ~ 32.0	Cu 0.70 ~ 1.50 N≤0.11
特殊等级钢										
X5CrNi 17-7	1.4319	≤0.07	≤1.00	≤2.00	0.045	0.030	16.0 ~ 18.0	—	6.00 ~ 8.00	N≤0.10
X8CrMnNiN 18-9-5	1.4374	0.05 ~ 0.10	0.30 ~ 0.60	9.00 ~ 10.0	0.035	0.030	17.5 ~ 18.5	≤0.50	5.00 ~ 6.00	N 0.25 ~ 0.32 Cu≤0.40
X1CrNiMoCuN 25-25-5	1.4537	≤0.020	≤0.70	≤2.00	0.030	0.010	24.0 ~ 26.0	4.70 ~ 5.70	24.0 ~ 27.0	Cu 1.00 ~ 2.00 N 0.17 ~ 0.25

① 除范围值均适用≤。

② 用于机械加工的钢材，允许 S = 0.015% ~ 0.030%；对于棒材、线材、钢丝与半成品允许 S≤0.030%。

（2）EN 欧洲标准奥氏体-铁素体型不锈钢的钢号与化学成分〔EN 10088-1（2014）〕（表3-3-2）

表 3-3-2　奥氏体-铁素体型不锈钢的钢号与化学成分（质量分数）（%）

钢 号	数字代号	C	Si	Mn	P ≤	S ≤	Cr	Mo	Ni	其 他
标准等级钢										
X2CrNiN 22-2	1.4062	≤0.030	≤1.00	≤2.00	0.040	0.010	21.5 ~ 24.0	≤0.45	1.00 ~ 2.90	N 0.18 ~ 0.28
X2CrCuNiN 23-2-2	1.4669	≤0.045	≤1.00	1.00 ~ 3.00	0.040	0.030	21.5 ~ 24.0	≤0.50	1.00 ~ 3.00	Cu 1.60 ~ 3.00 N 0.12 ~ 0.20
含钼钢										
X2CrNiMoSi 18-5-3	1.4424	≤0.030	1.40 ~ 2.00	1.20 ~ 2.00	0.035	0.015	18.0 ~ 19.0	2.50 ~ 3.00	4.50 ~ 5.20	N 0.05 ~ 0.10
X2CrNiN 23-4	1.4362	≤0.030	≤1.00	≤2.00	0.035	0.015	22.0 ~ 24.0	0.10 ~ 0.60	3.50 ~ 5.50	Cu 0.10 ~ 0.60 N 0.05 ~ 0.20
X2CrMnNiN 21-5-3	1.4162	≤0.04	≤1.00	4.00 ~ 6.00	0.040	0.015	21.0 ~ 22.0	0.10 ~ 0.80	1.35 ~ 1.90	Cu 0.10 ~ 0.80 N 0.20 ~ 0.25
X2CrNiMoN 22-5-3	1.4462	≤0.030	≤1.00	≤2.00	0.030	0.015	21.0 ~ 23.0	2.50 ~ 3.50	4.50 ~ 6.50	N 0.10 ~ 0.22
X2CrNiMnMoCuN 24-4-3-2	1.4662	≤0.030	≤0.70	2.50 ~ 4.00	0.035	0.005	23.0 ~ 25.0	1.00 ~ 2.00	3.00 ~ 4.50	Cu 0.10 ~ 0.80 N 0.20 ~ 0.30
X2CrNiMoCuN 25-6-3	1.4507	≤0.030	≤0.70	≤2.00	0.035	0.015	24.0 ~ 26.0	3.00 ~ 4.00	6.00 ~ 8.00	Cu 1.00 ~ 2.50 N 0.20 ~ 0.30
X3CrNiMoN 27-5-2	1.4460	≤0.05	≤1.00	≤2.00	0.035	0.015①	25.0 ~ 28.0	1.30 ~ 2.00	4.50 ~ 6.50	N 0.05 ~ 0.20
X2CrNiMoN 25-7-4	1.4410	≤0.030	≤1.00	≤2.00	0.035	0.015	24.0 ~ 26.0	3.00 ~ 4.50	6.00 ~ 8.00	N 0.24 ~ 0.35
X2CrNiMoCuWN 25-7-4	1.4501	≤0.030	≤1.00	≤1.00	0.035	0.015	24.0 ~ 26.0	3.00 ~ 4.00	6.00 ~ 8.00	Cu 0.50 ~ 1.00 N 0.20 ~ 0.30 W 0.50 ~ 1.00
X2CrNiMoN 29-7-2	1.4477	≤0.030	≤0.50	0.80 ~ 1.50	0.030	0.015	28.0 ~ 30.0	1.50 ~ 2.60	5.80 ~ 7.50	Cu≤0.80 N 0.30 ~ 0.40
特殊等级钢										
X2CrNiCuN 23-4	1.4655	≤0.030	≤1.00	≤2.00	0.035	0.015	22.0 ~ 24.0	0.10 ~ 0.60	3.50 ~ 5.50	N 0.05 ~ 0.20

① 用于机械加工的钢材，允许 S = 0.015% ~ 0.030%；对于棒材、线材、钢丝与半成品允许 S≤0.030%。

（3）EN 欧洲标准铁素体型不锈钢的钢号与化学成分［EN 10088-1（2014）］（表3-3-3）

表 3-3-3 铁素体型不锈钢的钢号与化学成分（质量分数）（%）

钢 号	数字代号	C	Si	Mn	P ≤	S ≤	Cr	Mo	Ni	其 他
标准等级钢										
X2CrNi 12	1.4003	≤0.030	≤1.00	≤1.50	0.040	0.015	10.5 ~ 12.5	—	0.30 ~ 1.00	N≤0.030
X2CrTi 12	1.4512	≤0.030	≤1.00	≤1.00	0.040	0.015	10.5 ~ 12.5	—	—	Ti[6(C+N)] ~ 0.65
X6CrNiTi 12	1.4516	≤0.08	≤0.70	≤1.50	0.040	0.015	10.5 ~ 12.5	—	0.50 ~ 1.50	Ti 0.05 ~ 0.35
X6Cr 13	1.4000	≤0.08	≤1.00	≤1.00	0.040	0.015[①]	12.0 ~ 14.0	—	—	—
X6CrAl 13	1.4002	≤0.08	≤1.00	≤1.00	0.040	0.015[①]	12.0 ~ 14.0	—	—	Al 0.10 ~ 0.30
X6CrMnNiTi 12	1.4600	≤0.030	≤1.00	1.00 ~ 2.50	0.040	0.015	11.0 ~ 13.0	—	0.30 ~ 1.00	N≤0.025
X2CrSiTi 15	1.4630	≤0.030	0.20 ~ 1.50	≤1.00	0.050	0.050	13.0 ~ 16.0	≤0.50	≤0.50	Ti[4(C+N)+0.15] ~ 0.80[②] Nb≤0.50
X6Cr 17	1.4016	≤0.08	≤1.00	≤1.00	0.040	0.015[①]	16.0 ~ 18.0	—	—	—
X2CrTi 17	1.4520	≤0.025	≤0.50	≤0.50	0.040	0.015	16.0 ~ 18.0	—	—	Ti[4(C+N)+0.15] ~ 0.80[②] N≤0.015
X3CrTi 17	1.4510	≤0.05	≤1.00	≤1.00	0.040	0.015[①]	16.0 ~ 18.0	—	—	Ti[4(C+N)+0.15] ~ 0.80[②]
X3CrNb 17	1.4511	≤0.05	≤1.00	≤1.00	0.040	0.015[①]	16.0 ~ 18.0	—	—	Nb 12 × C ~ 1.00
X6CrNi 17-1	1.4017	≤0.08	≤1.00	≤1.00	0.040	0.015	16.0 ~ 18.0	—	1.20 ~ 1.60	—
X2CrTiNb 18	1.4509	≤0.030	≤1.00	≤1.00	0.040	0.015	17.5 ~ 18.5	—	—	Ti 0.10 ~ 0.60 Nb[3C+0.30] ~ 1.00
X2CrAlSiNb 18	1.4634	≤0.030	0.20 ~ 1.50	≤1.00	0.050	0.050	17.5 ~ 18.5	≤0.50	≤0.50	Nb[3C+0.30] ~ 1.00 Al 0.20 ~ 0.50,Cu≤0.50
X2CrNbTi 20	1.4607	≤0.030	≤1.00	≤1.00	0.040	0.015	18.5 ~ 20.5	—	—	Ti[4(C+N)+0.15] ~ 0.80[②] N≤0.030
X2CrTi 21	1.4611	≤0.030	≤1.00	≤1.00	0.050	0.050	19.0 ~ 22.0	≤0.50	≤0.50	Ti[4(C+N)+0.20] ~ 1.00[②] Cu≤0.50,Al≤0.05
X2CrNbCu 21	1.4621	≤0.030	≤1.00	≤1.00	0.040	0.015	20.0 ~ 21.5	—	—	Nb 0.20 ~ 1.6,N≤0.030 Cu 0.10 ~ 1.00
X2CrTi 24	1.4613	≤0.030	≤1.00	≤1.00	0.050	0.050	22.0 ~ 25.0	≤0.50	≤0.50	Ti[4(C+N)+0.20] ~ 1.00[②] Cu≤0.50,Al≤0.05
含钼钢										
X5CrNiMoTi 15-2	1.4589	≤0.08	≤1.00	≤1.00	0.040	0.015	13.5 ~ 15.50	0.20 ~ 1.20	1.00 ~ 2.50	Ti 0.30 ~ 0.50
X6CrMoS 17	1.4105	≤0.08	≤1.50	≤1.50	0.040	0.15 ~ 0.35	16.0 ~ 18.0	0.20 ~ 0.80	—	—

（续）

钢　号	数字代号	C	Si	Mn	P≤	S≤	Cr	Mo	Ni	其　他
含钼钢										
X6CrMo 17-1	1.4113	≤0.08	≤1.00	≤1.00	0.040	0.015[①]	16.0 ~ 18.0	0.90 ~ 1.40	—	—
X2CrMoTi 17-1	1.4513	≤0.025	≤1.00	≤1.00	0.040	0.015	16.0 ~ 18.0	0.80 ~ 1.40	—	Ti[4(C + N) + 0.15] ~ 0.80[②] N≤0.020
X6CrMoNb 17-1	1.4526	≤0.08	≤1.00	≤1.00	0.040	0.015	16.0 ~ 18.0	0.80 ~ 1.40	—	Nb[7(C + N) + 0.10] ~ 1.00 N≤0.040
X2CrMoTi 18-2	1.4521	≤0.025	≤1.00	≤1.00	0.040	0.015	17.0 ~ 20.0	1.80 ~ 2.50	—	Ti[4(C + N) + 0.15] ~ 0.80[②] N≤0.030
X2CrMoTiS 18-2	1.4523	≤0.030	≤1.00	≤0.50	0.040	0.15 ~ 0.35	17.5 ~ 19.0	2.00 ~ 2.50	—	Ti[4(C + N) + 0.15] ~ 0.80[②]
X2CrMoTi 29-4	1.4592	≤0.025	≤1.00	≤1.00	0.030	0.010	28.0 ~ 30.0	3.50 ~ 4.50	—	Ti[4(C + N) + 0.15] ~ 0.80[②] N≤0.045
特殊等级钢										
X1CrNb 15	1.4595	≤0.020	≤1.00	≤1.00	0.025	0.015	14.0 ~ 16.0	—	—	Nb 0.20 ~ 0.60 N≤0.020
X2CrNbZr 17	1.4590	≤0.030	≤1.00	≤1.00	0.040	0.015	16.0 ~ 17.5	—	—	Nb 0.35 ~ 0.55 Zr≥[7(C + N) + 0.15]

① 用于机械加工的钢材，允许 S 含量为 0.015% ~ 0.030%；对于棒材、线材、钢丝与半成品，允许 S 含量≤0.030%。

② 可用 Ti 或 Nb、Zr 做稳定化处理。根据其原子序数和碳、氮含量，其替代的等效值为 $Ti = \frac{7}{4}Nb = \frac{7}{4}Zr$。

（4）EN 欧洲标准马氏体型不锈钢的钢号与化学成分 [EN 10088-1 （2014）] （表 3-3-4）

表 3-3-4　马氏体型不锈钢的钢号与化学成分（质量分数）（%）

钢　号	数字代号	C	Si	Mn	P ≤	S ≤	Cr	Mo	Ni	其　他
标准等级钢										
X12Cr13	1.4006	0.08 ~ 0.15	≤1.00	≤1.50	0.040	0.015[①]	11.5 ~ 13.5	—	≤0.75	—
X12CrS13	1.4005	0.08 ~ 0.15	≤1.00	≤1.50	0.040	0.15 ~ 0.35	12.0 ~ 14.0	≤0.60	—	—
X15Cr13	1.4024	0.12 ~ 0.17	≤1.00	≤1.00	0.040	0.015[①]	12.0 ~ 14.0	—	—	—
X20Cr13	1.4021	0.16 ~ 0.25	≤1.00	≤1.50	0.040	0.015[①]	12.0 ~ 14.0	—	—	—
X30CrS13	1.4028	0.26 ~ 0.35	≤1.00	≤1.50	0.040	0.015[①]	12.0 ~ 14.0	—	—	—
X29Cr13	1.4029	0.25 ~ 0.32	≤1.00	≤1.50	0.040	0.15 ~ 0.25	12.0 ~ 13.5	≤0.60	—	—
X39Cr13	1.4031	0.36 ~ 0.42	≤1.00	≤1.00	0.040	0.015[①]	12.5 ~ 14.5	—	—	—
X46Cr13	1.4034	0.43 ~ 0.50	≤1.00	≤1.00	0.040	0.015[①]	12.5 ~ 14.5	—	—	—

（续）

钢　号	数字代号	C	Si	Mn	P ≤	S ≤	Cr	Mo	Ni	其　他
标准等级钢										
X48CrS 13	1.4035	0.43 ~ 0.50	≤1.00	≤2.00	0.040	0.15 ~ 0.35	12.5 ~ 14.0	—	—	—
X17CrNi 16-2	1.4057	0.12 ~ 0.22	≤1.00	≤1.50	0.040	0.015[①]	15.0 ~ 17.0	—	1.50 ~ 2.50	—
含钼钢										
X38CrMo 14	1.4419	0.36 ~ 0.42	≤1.00	≤1.00	0.040	0.015	13.0 ~ 14.5	0.60 ~ 1.00	—	—
X55CrMo 14	1.4110	0.48 ~ 0.60	≤1.00	≤1.00	0.040	0.015[①]	13.0 ~ 15.0	0.50 ~ 0.80	—	V ≤ 0.15
X3CrNiMo 13-4	1.4313	≤0.05	≤0.70	≤1.50	0.040	0.015[①]	12.0 ~ 14.0	0.30 ~ 0.70	3.50 ~ 4.50	N ≥ 0.020
X1CrNiMoCu 12-5-2	1.4422	≤0.020	≤0.50	≤2.00	0.040	0.030	11.0 ~ 13.0	1.30 ~ 1.80	4.00 ~ 5.00	Cu 0.20 ~ 0.80 N ≤ 0.020
X50CrMoV 15	1.4116	0.45 ~ 0.55	≤1.00	≤1.00	0.040	0.015[①]	14.0 ~ 15.0	0.50 ~ 0.80	—	V 0.10 ~ 0.20
X70CrMo 15	1.4109	0.60 ~ 0.75	≤0.70	≤1.00	0.040	0.015[①]	14.0 ~ 16.0	0.40 ~ 0.80	—	—
X2CrNiMoV 13-5-2	1.4015	≤0.030	≤0.50	≤0.50	0.040	0.015	11.5 ~ 13.5	1.50 ~ 2.50	4.50 ~ 6.50	V 0.10 ~ 0.50 Ti ≤ 0.01
X1CrNiMoCu 12-7-3	1.4423	≤0.020	≤0.50	≤2.00	0.040	0.030	11.0 ~ 13.0	2.30 ~ 2.80	6.00 ~ 7.00	Cu 0.20 ~ 0.80 N ≤ 0.020
X53CrSiMoVN 16-2	1.4150	0.45 ~ 0.60	1.30 ~ 1.70	≤0.80	0.030	0.010	15.0 ~ 16.5	0.20 ~ 0.40	≤0.40	V 0.20 ~ 0.40 N 0.05 ~ 0.20
X4CrNiMo 16-5-1	1.4418	≤0.06	≤0.70	≤1.50	0.040	0.015[①]	15.0 ~ 17.0	0.80 ~ 1.50	4.00 ~ 6.00	N ≥ 0.020
X14CrMoS 17	1.4104	0.10 ~ 0.17	≤1.00	≤1.50	0.040	0.15 ~ 0.35	15.5 ~ 17.5	0.20 ~ 0.60	—	—
X39CrMo 17-1	1.4122	0.33 ~ 0.45	≤1.00	≤1.50	0.040	0.015[①]	15.5 ~ 17.5	0.80 ~ 1.30	≤1.00	—
X105CrMo 17	1.4125	0.95 ~ 1.20	≤1.00	≤1.00	0.040	0.015[①]	16.0 ~ 18.0	0.40 ~ 0.80	—	—
X40CrMoVN 16-2	1.4123	0.35 ~ 0.50	≤1.00	≤1.00	0.040	0.015	14.0 ~ 16.0	1.00 ~ 2.50	≤0.50	V ≤ 1.50 N 0.10 ~ 0.30
X90CrMoV 18	1.4112	0.85 ~ 0.95	≤1.00	≤1.00	0.040	0.015[①]	17.0 ~ 19.0	0.90 ~ 1.50	—	V 0.07 ~ 0.12

① 用于机械加工的钢材，允许 S = 0.015% ~ 0.030%；对于棒材、线材、钢丝与半成品，允许 S ≤ 0.030%。

（5）EN 欧洲标准沉淀硬化型不锈钢的钢号与化学成分［EN 10088-1（2014）］（表3-3-5）

表 3-3-5　沉淀硬化型不锈钢的钢号与化学成分（质量分数）（%）

钢　号	数字代号	C	Si	Mn	P ≤	S ≤	Cr	Mo	Ni	其　他
标准等级钢										
X5CrNiCuNb 16-4	1.4542	≤0.07	≤0.70	≤1.50	0.040	0.015[①]	15.0 ~ 17.0	≤0.60	3.00 ~ 5.00	Cu 3.00 ~ 5.00 Nb 5C ~ 0.45
X7CrNiAl 17-7	1.4568	≤0.09	≤0.70	≤1.00	0.040	0.015	16.0 ~ 18.0	—	6.50 ~ 7.80[②]	Al 0.70 ~ 1.50
含钼钢										
X5CrNiMoCuNb 14-5	1.4594	≤0.07	≤0.70	≤1.00	0.040	0.015	13.0 ~ 15.0	1.20 ~ 2.50	5.00 ~ 6.00	Cu 1.20 ~ 2.00 Nb 0.15 ~ 0.60

（续）

钢　号	数字代号	C	Si	Mn	P ≤	S ≤	Cr	Mo	Ni	其　他
含钼钢										
X1CrNiMoAlTi 12-9-2	1.4530	≤0.015	≤0.10	≤0.10	0.010	0.005	11.5~12.5	1.85~2.15	8.50~9.50	Al 0.60~0.80 Ti 0.28~0.37 N≤0.010
X1CrNiMoAlTi 12-10-2	1.4596	≤0.015	≤0.10	≤0.10	0.010	0.005	11.5~12.5	1.85~2.15	9.20~10.2	Al 0.80~1.00 Ti 0.28~0.40 N≤0.020
X1CrNiMoAlTi 12-11-2	1.4612	≤0.015	≤0.10	≤0.10	0.010	0.005	11.0~12.5	1.75~2.25	10.2~11.3	Al 1.35~175 Ti 0.20~0.50 N≤0.010
X5NiCrTiMoVB 25-15-2	1.4606	≤0.08	≤1.00	1.00~2.00	0.025	0.015	13.0~16.0	1.00~1.50	24.0~27.0	Ti 1.90~2.30 V 0.10~0.60 Al≤0.35 B 0.001~0.010

① 用于机械加工的钢材，允许 S 含量为 0.015%~0.030%；对于棒材、线材、钢丝与半成品，允许 S 含量≤0.030%。
② 为了获得更好的冷成形性能，Ni 含量上限可控制在 8.30% 以下。

3.3.2　抗蠕变热强钢和合金

（1）EN 欧洲标准抗蠕变热强钢和合金的牌号与化学成分 ［EN 10302（2008）］

A）抗蠕变热强钢的牌号与化学成分（表3-3-6）

表3-3-6　抗蠕变热强钢的牌号与化学成分（质量分数）（%）

牌　号	数字代号	C	Si	Mn	P ≤	S ≤	Cr	Mo	Ni	V	其　他
马氏体型钢											
X10CrMoVNb 9-1	1.4903	0.08~0.12	≤0.50	0.30~0.60	0.025	0.015	8.00~9.50	0.85~1.05	≤0.40	0.18~0.25	Nb 0.06~0.10 Al≤0.03 N 0.030~0.070
X11CrMoWVNb 9-1-1	1.4905	0.09~0.13	0.10~0.50	0.30~0.60	0.020	0.010	8.50~9.50	0.90~1.10	0.10~0.40	0.18~0.25	W 0.90~1.10 Nb 0.08~0.10 Al≤0.04 B 0.0005~0.0050 N 0.050~0.090
X8CrCoNiMo 10-6	1.4911	0.05~0.12	0.10~0.80	0.30~1.30	0.025	0.015	9.80~11.2	0.50~1.00	0.10~1.20	0.10~0.40	Co 5.00~7.00 Nb 0.20~0.50 W≤0.70, N≤0.035 B≤0.005
X19CrMoNbVN 11-1	1.4913	0.17~0.23	≤0.50	0.40~0.90	0.025	0.015	10.0~11.5	0.50~0.80	0.20~0.60	0.10~0.30	Al ≤0.020 B≤0.0015 N 0.05~0.10
X20CrMoV 11-1	1.4922	0.17~0.23	≤0.50	≤1.00	0.025	0.015	10.0~12.5	0.80~1.20	0.30~0.80	0.25~0.35	—

（续）

牌 号	数字代号	C	Si	Mn	P≤	S≤	Cr	Mo	Ni	V	其 他
马氏体型钢											
X22CrMoV 12-1	1.4923	0.18 ~ 0.24	≤0.50	0.40 ~ 0.90	0.025	0.015	11.0 ~ 12.50	0.80 ~ 1.20	0.30 ~ 0.80	0.25 ~ 0.35	—
X20CrMoWV 12-1	1.4935	0.17 ~ 0.24	0.10 ~ 0.50	0.30 ~ 0.80	0.025	0.015	11.0 ~ 12.50	0.80 ~ 1.20	0.30 ~ 0.80	0.20 ~ 0.35	W 0.40 ~ 0.60
X12CrNiMoV 12-3	1.4938	0.08 ~ 0.15	≤0.50	0.40 ~ 0.90	0.025	0.015	11.0 ~ 12.5	1.50 ~ 2.00	2.00 ~ 3.00	0.25 ~ 0.40	N 0.020 ~ 0.040
奥氏体型钢											
X3CrNiMoBN 17-13-3	1.4910	0.04	≤0.75	≤2.00	0.035	0.015	16.0 ~ 18.0	2.00 ~ 3.00	12.0 ~ 14.0	—	B 0.0005 ~ 0.0050 N 0.10 ~ 0.18
X6CrNiMoB 17-12-2	1.4919	0.04 ~ 0.08	≤1.00	≤2.00	0.035	0.015	16.5 ~ 18.5	2.00 ~ 2.50	10.0 ~ 13.0	—	B 0.0015 ~ 0.0050 N≤0.10
X6CrNiTiB 18-10	1.4941	0.04 ~ 0.08	≤1.00	≤2.00	0.035	0.015	17.0 ~ 19.0	—	9.00 ~ 12.0	—	Ti5C≤0.80 B 0.0015 ~ 0.0050
X6CrNiWNbN 16-16	1.4945	0.04 ~ 0.10	0.30 ~ 0.60	≤1.50	0.035	0.015	15.5 ~ 17.5	—	15.5 ~ 17.5	—	W 2.50 ~ 3.50 Nb10C ~ 1.20 N 0.06 ~ 0.14
X6CrNi 25-20	1.4951	0.04 ~ 0.08	≤0.70	≤2.00	0.035	0.015	24.0 ~ 26.0	—	19.0 ~ 22.0	—	N≤0.10
X5NiCrAlTi 31-20	1.4958	0.03 ~ 0.08	≤0.70	≤1.50	0.015	0.010	19.0 ~ 22.0	—	30.0 ~ 32.5	—	Al 0.20 ~ 0.50 Ti 0.20 ~ 0.50 Nb≤0.10,Cu≤0.50
X8NiCrAlTi 32-21	1.4959	0.05 ~ 0.10	≤0.70	≤1.50	0.015	0.010	19.0 ~ 22.0	—	30.0 ~ 34.0	—	Al 0.25 ~ 0.65 Ti 0.25 ~ 0.65 Cu≤0.50
X8CrNiNb 16-13	1.4961	0.04 ~ 0.10	0.30 ~ 0.60	≤1.50	0.035	0.015	15.0 ~ 17.0	—	12.0 ~ 14.0	—	Nb 10C ~ 1.20
X12CrNiWTiB 16-13	1.4962	0.07 ~ 0.15	≤0.50	≤1.50	0.035	0.015	15.5 ~ 17.5	—	12.5 ~ 14.5	—	W 2.50 ~ 3.50 Ti 0.40 ~ 0.70 B 0.0015 ~ 0.0060
X12CrCoNi 21-20	1.4971	0.08 ~ 0.16	≤1.00	≤2.00	0.035	0.015	20.0 ~ 22.5	2.50 ~ 3.50	19.0 ~ 21.0	—	Co 18.5 ~ 21.0 W 2.00 ~ 3.00 Nb 0.75 ~ 1.25 N 0.10 ~ 0.20
X6NiCrTiMoVB 25-15-2	1.4980	0.03 ~ 0.08	≤1.00	1.00 ~ 2.00	0.025	0.015	13.5 ~ 16.0	1.00 ~ 1.50	24.0 ~ 27.0	0.10 ~ 0.50	Ti 1.90 ~ 2.30 Al≤0.35 B 0.0030 ~ 0.010

（续）

牌　号	数字代号	C	Si	Mn	P≤	S≤	Cr	Mo	Ni	V	其　他
						奥氏体型钢					
X8CrNiMoNb 16-16	1.4981	0.04~0.10	0.30~0.60	≤1.50	0.035	0.015	15.5~17.5	1.60~2.00	15.5~17.5	—	Nb 10C~1.20
X6CrNiMoTiB 17-13	1.4983	0.04~0.08	≤0.75	≤2.00	0.035	0.015	16.0~18.0	2.00~2.50	12.0~14.0	—	Ti 5C≤0.80 B 0.0015~0.0060
X8CrNiMoVNb 16-13	1.4988	0.04~0.10	0.30~0.60	≤1.50	0.035	0.015	15.5~17.5	1.10~1.50	12.5~14.5	0.60~0.85	Nb 10C~1.20 N 0.06~0.14

B）抗蠕变镍合金和钴合金的牌号与化学成分（表3-3-7）

表3-3-7　抗蠕变镍合金和钴合金的牌号与化学成分（质量分数）（%）

牌　号	数字代号	C	Si	Mn	P≤	S≤	Cr	Mo	Ni	Ti	其　他
						镍合金					
NiCr26MoW	2.4608	0.03~0.08	0.70~1.50	≤2.00	0.030	0.015	24.0~26.0	2.50~4.00	44.0~47.0		Co 2.50~4.00 W 2.50~4.00 Fe 余量
NiCr20Co18Ti	2.4632	≤0.13	≤1.00	≤1.00	0.020	0.015	18.0~21.0	—	余量	2.00~3.00	Co 15.0~21.0，Cu≤0.20 Al 1.00~2.00，Fe≤1.50 Zr≤0.15，B≤0.020
NiCr25FeAlY	2.4633	0.15~0.25	≤0.50	≤0.50	0.020	0.010	24.0~26.0	—	余量	0.10~0.20	Al 1.80~2.40，Cu≤0.10 Fe 8.00~11.0，Y 0.05~0.12 Zr 0.01~0.10
NiCr29Fe	2.4642	≤0.05	≤0.50	≤0.50	0.020	0.015	27.0~31.0	—	余量		Al≤0.50，Cu≤0.50 Fe 7.00~11.0
NiCo20Cr20 MoTi	2.4650	0.04~0.08	≤0.40	≤0.60	0.020	0.007	19.0~21.0	5.60~6.10	余量	1.90~2.40	Co 19.0~21.0，Cu≤0.20 Al 0.30~0.60，B≤0.005 （Ti+Al）2.40~2.80 Fe≤0.70
NiCr20Co13 Mo4Ti3Al	2.4654	0.020~0.10	≤0.15	≤1.00	0.015	0.015	18.0~21.0	3.50~5.00	余量	2.80~3.30	Co 12.0~15.0，Cu≤0.10 Al 1.20~1.60，Fe≤2.00 Zr 0.02~0.08 B 0.003~0.010
NiCr23Co 12Mo	2.4663	0.05~0.10	≤0.20	≤0.20	0.010	0.010	20.0~23.0	8.50~10.0	余量	0.20~0.60	Co 11.0~14.0，Cu≤0.50 Al 0.70~1.40，Fe≤2.00 B≤0.06
NiCr22Fe-18Mo	2.4665	0.05~0.15	≤1.00	≤1.00	0.020	0.015	20.5~23.0	8.00~10.0	余量	—	Co 0.50~2.50，Cu≤0.50 Al≤0.50，Fe 17.0~20.0 W 0.20~1.00，B≤0.010
NiCr19Fe19-Nb5Mo3	2.4668	0.020~0.08	≤0.35	≤0.35	0.015	0.015	17.0~21.0	2.80~3.30	50.0~55.0	0.60~1.20	Nb 4.70~5.50[①]，Co≤1.00 Al 0.30~0.70，Cu≤0.30 B 0.002~0.006，Fe 余量

（续）

牌　号	数字代号	C	Si	Mn	P≤	S≤	Cr	Mo	Ni	Ti	其　他
镍合金											
NiCr15Fe7-TiAl	2.4669	≤0.080	≤0.50	≤1.00	0.020	0.015	14.0 ~ 17.0	—	≥70.0	2.25 ~ 2.75	Nb 0.70 ~ 1.20[①]，Co≤1.00 Al 0.40 ~ 1.00，Cu≤0.50 Fe 5.00 ~ 9.00
NiCr20TiAl	2.4952	0.04 ~ 0.10	≤1.00	≤1.00	0.020	0.015	18.0 ~ 21.0	—	≥65.0	1.80 ~ 2.70	Co 1.00，Cu≤0.20 Al 1.00 ~ 1.80，Fe≤1.50 B≤0.08
NiCr25Co20-TiMo	2.4878	0.03 ~ 0.07	≤0.50	≤0.50	0.010	0.007	23.0 ~ 25.0	1.00 ~ 2.00	余量	2.80 ~ 3.20	Nb 0.70 ~ 1.20[①]，Ta≤0.05 Co 19.0 ~ 21.0，Cu≤0.20 Al 1.20 ~ 1.60，Fe≤1.00 Zr 0.03 ~ 0.07 B 0.010 ~ 0.015
钴合金											
CoCr20W-15Ni	2.4964	0.05 ~ 0.15	≤0.40	≤2.00	0.020	0.015	19.0 ~ 21.0	—	9.00 ~ 11.00	—	W 14.0 ~ 16.0，Fe≤3.00 Co 余量

① 为 Nb + Ta 含量。

（2）EN 欧洲标准抗蠕变热强钢和合金的室温力学性能［EN 10302（2008）］

A）抗蠕变热强钢的室温力学性能（表 3-3-8）

表 3-3-8　抗蠕变热强钢的室温力学性能

钢　号	数字代号	热处理状态[①]	$R_{p0.2}$/MPa ≥	R_m /MPa	A（%）≥		
					长形材	扁平材厚度/mm	
						0.5 ~ 3 纵向	≥3 横向
马氏体型热强钢							
X10CrMoVNb 9-1	1.4903	QT	450	620 ~ 850	20	—	—
X11CrMoWVNb 9-1-1	1.4905	QT	450	620 ~ 850	19	—	—
X8CrCoNiMo 10-6	1.4911	QT	850	1000 ~ 1140	10	—	—
X19CrMoNbVN 11-1	1.4913	QT(d≤160mm)	780	900 ~ 1050	12	—	—
X20CrMoV 11-1	1.4922	QT	500	700 ~ 850	16	—	15
X22CrMoV 12-1	1.4923	QT(d≤160mm)	600	800 ~ 950	14	—	14
X20CrMoWV 12-1	1.4935	QT 700	500	700 ~ 850	16	—	15
		QT 800	600	800 ~ 950	14	—	—
X12CrNiMoV 12-3	1.4938	QT(d≤160mm)	760	930 ~ 1130	14	—	14
奥氏体型热强钢							
X3CrNiMoBN 17-13-3	1.4910	AT(d≤160mm)	260	550 ~ 750	35	—	35
X6CrNiMoB 17-12-2	1.4919	AT(d≤160mm)	205	490 ~ 690	35	40	35
X6CrNiTiB 18-10	1.4941	AT(d≤160mm)	195	490 ~ 680	35	30	35
X6CrNIWNbN 16-16	1.4945	AT	250	540 ~ 740	30	—	30
		WW	490	630 ~ 840	17	—	—
X6CrNi 25-20	1.4951	AT	200	510 ~ 710	35	35	35

（续）

钢　号	数字代号	热处理状态[①]	$R_{p0.2}/MPa$ ≥	R_m /MPa	A（%）≥		
					长形材	扁平材厚度/mm	
						0.5～3	≥3
						纵向	横向
奥氏体型热强钢							
X5NiCrAlTi 31-20	1.4958	AT（d≤160mm）	170	550～750	35	30	30
		RA	210	500～750	35	30	30
X8NiCrAlTi 32-21	1.4959	AT（d≤160mm）	170	500～750	35	30	30
X8CrNiNb 16-13	1.4961	AT	200	510～690	35	30	35
X12CrNiWTiB 16-13	1.4962	AT	230	500～750	30	—	30
		WW	440	590～790	20	—	—
X12CrCoNi 21-20	1.4971	AT	300	690～900	30	—	35
X6NiCrTiMoVB 25-15-2	1.4980	P（d≤160mm）	600	900～1150	15		15
X8CrNiMoNb 16-16	1.4981	AT	215	530～690	35		35
X6CrNiMoTiB 17-13	1.4983	AT	205	530～730	35	30	35
X8CrNiMoVNb 16-13	1.4988	P	255	540～740	30	—	30

① 热处理代号：QT—淬火＋回火；RA—再结晶退火；WW—温加工状态；AT—固溶处理；P—沉淀硬化。

B）抗蠕变镍合金和钴合金的室温力学性能（表3-3-9）

表3-3-9　抗蠕变镍合金和钴合金的室温力学性能

牌　号	数字代号	热处理状态[①]	$R_{p0.2}/MPa$	R_m/MPa	$A^{②}$（%）≥	
					长形材	扁平材厚度
			≥			≥3mm
						横向
镍合金						
NiCr26MoW	2.4608	AT	240	550	30	30
NiCr20Co18Ti	2.4632	P	700	1100	15	—
NiCr25FeAlY	2.4633	AT	270	680	30	30
NiCr29Fe	2.4642	AT	240	590	30	30
NiCo20Cr20MoTi[②]	2.4650	P	(570)	(970)	(30)	(30)
NiCr20Co13Mo4Ti3Al	2.4654	P	760	1100	15	20
NiCr23Co12Mo	2.4663	AT	270	700	35	35
NiCr22Fe18Mo	2.4665	AT	270	690	30	30
NiCr19Fe19Nb5Mo3	2.4668	P	1030	1230	12	12
NiCr15Fe7TiAl	2.4669	P 980	630	980	8	—
		P 1170	790	1170	15	15
NiCr20TiAl	2.4952	P	600	1000	18	18
NiCr25Co20TiMo	2.4878	P 1080	650	1080	15	—
		P 1100	700	1100	12	—
钴合金						
CoCr20W15Ni	2.4964	AT	340	860	35	35

① 热处理代号：AT—固溶处理；P—沉淀硬化。

② 该牌号未在室温测定，而在780℃测定的数值是 $R_{p0.2}$≥400MPa，R_m≥540MPa，A≥12%。

（3）EN 欧洲标准抗蠕变热强钢和合金的高温力学性能 ［EN 10302（2008）］

A）抗蠕变热强钢高温时0.2%塑性应变的蠕变强度（表3-3-10）

表3-3-10 抗蠕变热强钢高温时0.2%塑性应变的蠕变强度

牌 号	数字代号	热处理状态①	0.2%塑性应变的蠕变强度/MPa ≥ （在下列温度时）/℃											
			50	100	150	200	250	300	350	400	450	500	550	600
马氏体型热强钢														
X10CrMoVNb 9-1	1.4903	QT	—	410	—	380	370	360	350	340	320	300	270	215
X11CrMoWVNb 9-1-1	1.4905	QT	—	412	—	390	385	375	357	356	342	319	287	231
X8CrCoNiMo 10-6	1.4911	QT	—	—	—	800	795	780	745	690	635	590	470	340
X19CrMoNbVN 11-1	1.4913	QT ($d \leqslant 160$mm)	726	701	676	651	643	627	610	571	544	495	412	305
X20CrMoV 11-1	1.4922	QT	465	460	445	430	415	390	380	360	330	290	250	—
X22CrMoV 12-1	1.4923	QT ($d \leqslant 160$mm)	585	560	545	530	505	480	450	420	380	335	280	—
X20CrMoWV 12-1	1.4935	QT 700	465	460	445	430	415	390	380	360	330	290	250	—
		QT 800	585	560	545	530	505	480	450	420	380	335	280	—
X12CrNiMoV 12-3	1.4938	QT ($d \leqslant 160$mm)	730	680	668	655	653	650	630	610	560	505	400	—
奥氏体型热强钢														
X3CrNiMoBN 17-13-3	1.4910	AT	234	205	187	170	159	148	141	134	130	127	124	121
X6CrNiMoB 17-12-2	1.4919	AT	194	177	162	147	137	127	122	118	113	108	103	98
X6CrNiTiB 18-10	1.4941	AT	183	162	152	142	137	132	127	123	118	113	108	103
X6CrNIWNbN 16-16	1.4945	AT	—	225	—	195	—	175	—	165	—	155	150	145
		WW	—	450	—	410	—	365	—	315	—	255	235	205
X6CrNi 25-20	1.4951	AT	177	140	128	116	108	100	94	91	86	85	84	82
X5NiCrAlTi 31-20	1.4958	AT	157	140	127	115	105	95	90	85	82	80	75	75
		RA	—	180	170	160	152	145	137	130	125	120	115	110
X8NiCrAlTi 32-21	1.4959	AT	157	140	127	115	105	95	90	85	82	80	75	75
X8CrNiNb 16-13	1.4961	AT	197	175	166	157	147	137	132	128	123	118	118	113
X12CrNiWTiB 16-13	1.4962	AT	—	225	—	195	—	185	—	175	—	155	145	135
		WW	—	420	—	400	—	390	—	375	—	355	345	335
X12CrCoNi 21-20	1.4971	AT	—	290	—	275	—	260	—	245	—	230	215	200
X6NiCrTiMoVB 25-15-2	1.4980	P	592	580	570	560	550	530	520	510	500	490	460	430
X8CrNiMoNb 16-16	1.4981	AT	202	195	—	177	—	157	—	147	—	137	137	132
X6CrNiMoTiB 17-13	1.4983	AT	—	—	—	—	—	135	—	130	—	—	—	120
X8CrNiMoVNb 16-13	1.4988	P	239	215	—	196	—	177	—	167	—	157	152	147

① 热处理代号：QT—淬火＋回火；RA—再结晶退火；WW—温加工状态；AT—固溶处理；P—沉淀硬化。

B）抗蠕变镍合金和钴合金高温时0.2%塑性应变的蠕变强度（表3-3-11）

表 3-3-11 抗蠕变镍合金和钴合金高温时 0.2% 塑性应变的蠕变强度

牌号	数字代号	热处理状态[1]	0.2% 塑性应变的蠕变强度/MPa ≥ (在下列温度时)/℃											
			100	200	300	400	450	500	550	600	650	700	750	800
镍合金														
NiCr26MoW	2.4608	AT	280	240	210	190	190	190	185	180	180	180	180	180
NiCr20Co18Ti	2.4632	P	635	510	585	565	—	545	530	520	510	500	465	395
NiCr25FeAlY	2.4633	AT	240	220	200	190		180		175		170		160
NiCr29Fe	2.4642	AT	236	228	220	216		210		200		156		120
NiCo20Cr20MoTi[2]	2.4650	P	(520)	(490)	(480)	(480)		(480)		(470)		(460)		
NiCr20Co13Mo4Ti3Al	2.4654	P	—	800	790	750		740		700		660		
NiCr23Co12Mo	2.4663	AT	270	230	220	210	205	200	195	190	187	185	180	
NiCr22Fe18Mo	2.4665	AT	260	245	230	215		200	195	190	185	180	170	165
NiCr19Fe19Nb5Mo3	2.4668	P	—	—	880	865		860		860		800		615
NiCr15Fe7TiAl	2.4669	P 980	620	610	601	592	587	582	578	573	565			
		P 1170	—	760	746	732		715		692		642		415
NiCr20TiAl	2.4952	P	586	568	560	540	530	520	510	500	480			
NiCr25Co20TiMo	2.4878	P 1080	632	610	590	570	561	553	550	549	547	538	504	412
		P 1100	640	635	630	625	620	610	600	590	580	570	560	490
钴合金														
CoCr20W15Ni	2.4964	AT	290	210	200	160	—	—	—	140	—	—	—	120

[1] 热处理代号: AT—固溶处理; P—沉淀硬化。

[2] 该牌号的数值是在 780℃ 测定的。

3.3.3 耐热钢

(1) EN 欧洲标准奥氏体型和奥氏体 - 铁素体型耐热钢的钢号与化学成分 [EN 10088-1 (2014)] (表 3-3-12)

表 3-3-12 奥氏体型和奥氏体 - 铁素体型耐热钢的钢号与化学成分 (质量分数) (%)

钢号	数字代号	C	Si	Mn	P≤	S≤	Cr	Ni	N	其他
标准等级钢										
X8CrNiTi 18-10	1.4878	≤0.10	≤1.00	≤2.00	0.045	0.015	17.0~19.0	9.00~12.0	—	Ti 5C ~ 0.80
X6CrNiSiNCe 19-10	1.4818	0.04~0.08	1.00~2.00	≤1.00	0.045	0.015	18.0~20.0	9.00~11.0	0.12~0.20	Ce 0.03 ~ 0.08
X15CrNiSi 20-12	1.4828	0.20	1.50~2.50	≤2.00	0.045	0.015	19.0~21.0	11.0~13.0	≤0.10	—
X9CrNiSiNCe 21-11-2	1.4835	0.05~0.12	1.40~2.50	≤1.00	0.045	0.015	20.0~22.0	10.0~12.0	0.12~0.20	Ce 0.03 ~ 0.08
X12CrNi 23-13	1.4833	≤0.15	≤1.00	≤2.00	0.045	0.015	22.0~24.0	12.0~14.0	≤0.10	—
X25CrMnNiN 25-9-7	1.4872	0.20~0.30	≤1.00	8.00~10.0	0.045	0.015	24.0~26.0	6.00~8.00	0.20~0.40	—
X8CrNi 25-21	1.4845	≤0.10	≤1.50	≤2.00	0.045	0.015	24.0~26.0	19.0~22.0	≤0.10	—
X15CrNiSi 25-21	1.4841	≤0.20	1.50~2.50	≤2.00	0.045	0.015	24.0~26.0	19.0~22.0	≤0.10	

（续）

钢 号	数字代号	C	Si	Mn	P≤	S≤	Cr	Ni	N	其 他
				标准等级钢						
X10NiCrAlTi 32-21	1.4876	≤0.12	≤1.00	≤2.00	0.030	0.015	19.0~23.0	30.0~34.0	—	Ti 0.15~0.60 Al 0.15~0.60
X6NiCrSiNCe 35-25	1.4854	0.04~0.08	1.20~2.00	≤2.00	0.040	0.015	24.0~26.0	34.0~36.0	0.12~0.20	Ce 0.03~0.08
X10NiCrSi 35-19	1.4886	≤0.15	1.00~2.00	≤2.00	0.030	0.015	17.0~20.0	33.0~37.0	≤0.10	—
				特殊等级钢						
X15CrNiSi 25-4	1.4821	0.10~0.20	0.80~1.50	≤2.00	0.040	0.015	24.5~26.5	3.50~5.50	≤0.10	—
X12NiCrSi 35-16	1.4864	≤0.15	1.00~2.00	≤2.00	0.045	0.015	15.0~17.0	33.0~37.0	≤0.10	—
X10NiCrSiNb 35-22	1.4887	≤0.15	1.00~2.00	≤2.00	0.030	0.015	20.0~23.0	33.0~37.0	≤0.10	Nb 1.00~1.50
X6NiCrNbCe 32-27	1.4877	0.04~0.08	≤0.30	≤1.00	0.020	0.010	26.0~28.0	31.0~33.0	≤0.10	Nb 0.60~1.00 Ce 0.05~0.10 Al≤0.025

（2）EN 欧洲标准铁素体型耐热钢的钢号与化学成分［EN 10088-1（2014）］（表 3-3-13）

表 3-3-13 铁素体型耐热钢的钢号与化学成分（质量分数）（%）

钢 号	数字代号	C	Si	Mn	P≤	S≤	Cr	Al	其 他
				标准等级钢					
X10CrAlSi 7	1.4713	≤0.12	0.50~1.00	≤1.00	0.040	0.015	6.00~8.00	0.50~1.00	—
X10CrAlSi 13	1.4724	≤0.12	0.70~1.40	≤1.00	0.040	0.015	12.0~14.0	0.70~1.20	—
X10CrAlSi 18	1.4742	≤0.12	0.70~1.40	≤1.00	0.040	0.015	17.0~19.0	0.70~1.20	—
X10CrAlSi 25	1.4762	≤0.12	0.70~1.40	≤1.00	0.040	0.015	23.0~26.0	1.20~1.70	—
X18CrN 28	1.4749	0.15~0.20	≤1.00	≤1.00	0.040	0.015	26.0~29.0	—	N 0.15~0.25
				特殊等级钢					
X3CrAlTi 18-2	1.4736	≤0.040	≤1.00	≤1.00	0.040	0.015	17.0~18.0	1.70~2.10	Ti［4（C+N）+0.2］~0.80

（3）EN 欧洲标准奥氏体型热强钢的钢号与化学成分［EN 10088-1（2014）］（表 3-3-14）

表 3-3-14 奥氏体型热强钢的钢号与化学成分（质量分数）（%）

钢 号	数字代号	C	Si	Mn	P ≤	S ≤	Cr	Mo	Ni	其 他
				标准等级钢						
X6CrNi 18-10	1.4948	0.04~0.08	≤1.00	≤2.00	0.035	0.015	17.0~19.0	—	8.00~11.0	N≤0.10
X7CrNiNb 18-10	1.4912	0.04~0.10	≤1.00	≤2.00	0.045	0.015	17.0~19.0	—	9.00~12.0	Nb 10C~1.20

（续）

钢　号	数字代号	C	Si	Mn	P≤	S≤	Cr	Mo	Ni	其　他
标准等级钢										
X7CrNiTi 18-10	1.4940	0.04 ~ 0.08	≤1.00	≤1.00	0.040	0.015	17.0 ~ 19.0	—	9.00 ~ 13.0	Ti [5(C+N)] ~ 0.80 N≤0.10
X6CrNiTiB 18-10	1.4941	0.04 ~ 0.08	≤1.00	≤2.00	0.035	0.015	17.0 ~ 19.0	—	9.00 ~ 12.0	Ti 5C ~ 0.80 B 0.015 ~ 0.0050
X8CrNiNb 16-13	1.4961	0.04 ~ 0.10	0.30 ~ 0.60	≤1.50	0.035	0.015	15.0 ~ 17.0		12.0 ~ 14.0	Nb 10C ~ 1.20
X12CrNiWTiB 16-13	1.4962	0.07 ~ 0.15	≤0.50	≤1.50	0.035	0.015	15.5 ~ 17.5	—	12.5 ~ 14.5	Ti 0.40 ~ 0.70, W 2.50 ~ 3.00 B 0.0015 ~ 0.0060
X6CrNiWNbN 16-16	1.4945	0.04 ~ 0.10	0.30 ~ 0.60	≤1.50	0.035	0.015	15.5 ~ 17.5		15.5 ~ 17.5	Nb 10C ~ 1.20 W 2.50 ~ 3.50, N 0.06 ~ 0.14
X6CrNi 23-13	1.4950	0.04 ~ 0.08	≤0.70	≤2.00	0.035	0.015	22.0 ~ 24.0		12.0 ~ 15.0	N≤0.10
X6CrNi 25-20	1.4951	0.04 ~ 0.08	≤0.70	≤2.00	0.035	0.015	24.0 ~ 26.0		19.0 ~ 22.0	N≤0.10
X5NiCrAlTi 31-20	1.4958	0.03 ~ 0.08	≤0.70	≤1.50	0.015	0.010	19.0 ~ 22.0	—	30.0 ~ 32.5	Ti 0.20 ~ 0.50 N≤0.030 Al 0.20 ~ 0.50 Co≤0.50 Nb≤0.10, Cu≤0.50
X8NiCrAlTi 32-21	1.4959	0.05 ~ 0.10	≤0.70	≤1.50	0.015	0.010	19.0 ~ 22.0	—	30.0 ~ 34.0	Ti 0.25 ~ 0.65 N≤0.030 Al 0.25 ~ 0.65 Cu≤0.50 Co≤0.50
含钼钢										
X10CrNiMo- MnNbVB 15-10-1	1.4982	0.07 ~ 0.13	≤1.00	5.50 ~ 7.00	0.040	0.030	14.0 ~ 16.0	0.80 ~ 1.20	9.00 ~ 11.0	Nb 0.75 ~ 1.25 N≤0.10 V 0.15 ~ 0.40 B 0.003 ~ 0.009
X8CrNiMo- VNb 16-13	1.4988	0.04 ~ 0.10	0.30 ~ 0.60	≤1.50	0.035	0.015	15.5 ~ 17.5	1.10 ~ 1.50	12.5 ~ 14.5	Nb 10C ~ 1.20 V 0.60 ~ 0.85 N 0.06 ~ 0.14
X8CrNiMoNb 16-16	1.4981	0.04 ~ 0.10	0.30 ~ 0.60	≤1.50	0.035	0.015	15.5 ~ 17.5	1.60 ~ 2.00	15.5 ~ 17.5	Nb 10C ~ 1.20
X7CrNiMoBNb 16-16	1.4986	0.04 ~ 0.10	0.30 ~ 0.60	≤1.50	0.045	0.030	15.5 ~ 17.5	1.60 ~ 2.00	15.5 ~ 17.5	Nb 10C ~ 1.20[1] B 0.05 ~ 0.10
X6CrNiMoB 17-12-2	1.4919	0.04 ~ 0.08	≤1.00	≤2.00	0.035	0.015	16.5 ~ 18.5	2.00 ~ 2.50	10.0 ~ 13.0	B 0.015 ~ 0.0050 N≤0.10

（续）

钢　号	数字代号	C	Si	Mn	P≤	S≤	Cr	Mo	Ni	其　他
含钼钢										
X6CrNiMoTiB 17-13	1.4983	0.04 ~ 0.08	≤0.75	≤2.00	0.035	0.015	16.0 ~ 18.0	2.00 ~ 2.50	12.0 ~ 14.0	Ti 5C ~ 0.80 B 0.0015 ~ 0.0060
X6CrNiMo 17-13-2	1.4918	0.04 ~ 0.08	≤0.75	≤2.00	0.035	0.015	16.0 ~ 18.0	2.00 ~ 2.50	12.0 ~ 14.0	N≤0.10
X3CrNiMoBN 17-13-3	1.4910	≤0.040	≤0.75	≤2.00	0.035	0.015	16.0 ~ 18.0	2.00 ~ 3.00	12.0 ~ 14.0	N 0.10 ~ 0.18 B 0.0015 ~ 0.0050
X12CrCoNi 21-20	1.4971	0.08 ~ 0.16	≤1.00	≤2.00	0.035	0.015	20.0 ~ 22.5	2.50 ~ 3.50	19.0 ~ 21.0	Co 18.5 ~ 21.0 W 2.00 ~ 3.00 Nb 0.75 ~ 1.25 N 0.10 ~ 0.20
X6NiCrTiMoVB 25-15-2	1.4980	0.03 ~ 0.08	≤1.00	1.00 ~ 2.00	0.025	0.015	13.5 ~ 16.0	1.00 ~ 1.50	24.0 ~ 27.0	Ti 1.90 ~ 2.30 Al≤0.35 V 0.10 ~ 0.50 B 0.0030 ~ 0.010

① 为 Nb + Ta 含量。

（4）EN 欧洲标准马氏体型热强钢的钢号与化学成分［EN 10088-1（2014）］（表3-3-15）

表3-3-15　马氏体型热强钢的钢号与化学成分（质量分数）（％）

钢　号	数字代号	C	Si	Mn	P≤	S≤	Cr	Mo	Ni	V	其　他
X10CrMo-VNb 9-1	1.4903	0.08 ~ 0.12	≤0.50	0.30 ~ 0.60	0.025	0.015	8.00 ~ 9.50	0.85 ~ 1.05	≤0.40	0.18 ~ 0.25	Nb 0.06 ~ 0.10 Al ≤0.040 N 0.030 ~ 0.070
X11CrMoWV-Nb 9-1-1	1.4905	0.09 ~ 0.13	0.10 ~ 0.50	0.30 ~ 0.60	0.020	0.010	8.50 ~ 9.50	0.90 ~ 1.10	0.10 ~ 0.40	0.18 ~ 0.25	W 0.90 ~ 1.10 Al≤ 0.040 Nb 0.06 ~ 0.10 N 0.050 ~ 0.090 B 0.0005 ~ 0.0050
X19CrMo-NbVN 11-1	1.4913	0.17 ~ 0.23	≤0.50	0.40 ~ 0.90	0.025	0.015	10.0 ~ 11.5	0.50 ~ 0.80	0.20 ~ 0.60	0.10 ~ 0.30	Nb 0.25 ~ 0.55 Al ≤0.020 Co 5.00 ~ 7.00 W≤0.70 N 0.05 ~ 0.10 B ≤0.0015
X20CrMoV 11-1	1.4922	0.17 ~ 0.23	≤0.40	0.30 ~ 1.00	0.025	0.015	10.0 ~ 12.5	0.80 ~ 1.20	0.30 ~ 0.80	0.20 ~ 0.35	B≤0.0015
X22CrMoV 12-1	1.4923	0.18 ~ 0.24	≤0.50	0.40 ~ 0.90	0.025	0.015	11.0 ~ 12.5	0.80 ~ 1.20	0.30 ~ 0.80	0.25 ~ 0.35	—
X20CrMoWV 12-1	1.4935	0.17 ~ 0.24	0.10 ~ 0.50	0.30 ~ 0.80	0.025	0.015	11.0 ~ 12.5	0.80 ~ 1.20	0.30 ~ 0.80	0.20 ~ 0.35	W 0.40 ~ 0.60

（续）

钢号	数字代号	C	Si	Mn	P≤	S≤	Cr	Mo	Ni	V	其他
X12CrNiMoV 12-3	1.4938	0.08 ~ 0.15	≤0.50	0.40 ~ 0.90	0.025	0.015	11.0 ~ 12.5	1.50 ~ 2.00	2.00 ~ 3.00	0.25 ~ 0.40	N 0.020 ~ 0.040
X8CrCoNiMo 10-8	1.4911	0.05 ~ 0.12	0.10 ~ 0.80	0.30 ~ 1.30	0.025	0.015	9.80 ~ 11.2	0.50 ~ 1.00	0.20 ~ 1.20	0.10 ~ 0.40	Co 5.00 ~ 7.00 W≤0.70 Nb 0.20 ~ 0.50 N≤0.035 B 0.005 ~ 0.015

3.3.4 阀门用钢和合金

（1）EN 欧洲标准内燃机用阀门用钢和合金的牌号与化学成分 [EN 10090（1998/2004 确认）]（表3-3-16）

表3-3-16 内燃机用阀门用钢和合金的牌号与化学成分（质量分数）（%）

钢号	数字代号	C	Si	Mn	P≤	S≤	Cr	Ni	Mo	其他
马氏体型										
X45CrSi 9-3	1.4718	0.40 ~ 0.50	2.70 ~ 3.30	≤0.60[②]	0.040	0.030	8.00 ~ 10.0	≤0.50	—	—
X40CrSiMo 10-2	1.4731	0.35 ~ 0.45	2.00 ~ 3.00	≤0.80[②]	0.040	0.030	9.50 ~ 11.0	≤0.50	0.80 ~ 1.30	—
X85CrMoV 18-2	1.4748	0.80 ~ 0.90	≤1.00	≤1.50	0.040	0.030	16.5 ~ 18.5	—	2.00 ~ 2.50	V 0.30 ~ 0.60
奥氏体型										
X55CrMnNiN 20-8	1.4875	0.50 ~ 0.60	≤0.25	7.00 ~ 10.0	0.045	0.030	19.5 ~ 21.5	1.50 ~ 2.75	—	N 0.20 ~ 0.40
X53CrMnNiN 21-9	1.4871	0.48 ~ 0.58	≤0.25	8.00 ~ 10.0	0.045	0.030[①]	20.0 ~ 22.0	3.25 ~ 4.50	—	N 0.35 ~ 0.50
X50CrMnNi-NbN 21-9	1.4882	0.45 ~ 0.55	≤0.45	8.00 ~ 10.0	0.045	0.030	20.0 ~ 22.0	3.50 ~ 5.50	—	W 0.80 ~ 1.50 N 0.40 ~ 0.60 （Nb + Ta）1.80 ~ 2.50
X53CrMnNiNbN 21-9	1.4870	0.48 ~ 0.58	≤0.45	8.00 ~ 10.0	0.045	0.030	20.0 ~ 22.0	3.25 ~ 4.50	—	（Nb + Ta）2.00 ~ 3.00 N 0.38 ~ 0.50，C + N≥0.90
X33CrNiMnN 23-8	1.4866	0.28 ~ 0.38	0.50 ~ 1.00	1.50 ~ 3.50	0.045	0.030	22.0 ~ 24.0	7.00 ~ 9.00	≤0.50	W≤0.50，N 0.25 ~ 0.35
NiFe25Cr20NbTi	2.4955	0.04 ~ 0.10	≤1.00	≤1.00	0.030	0.015	18.0 ~ 21.0	余量	—	Al 0.30 ~ 1.00，B≤0.008 Ti 1.00 ~ 2.00，Fe 23.0 ~ 28.0 （Nb + Ta）1.00 ~ 2.00
NiCr20TiAl	2.4952	0.04 ~ 0.10	≤1.00	≤1.00	0.020	0.015	18.0 ~ 21.0	≥65.0	—	Al 1.00 ~ 1.80，B≤0.008 Ti 1.80 ~ 2.70，Fe≤3.00 Co≤2.00，Cu≤0.20

① 根据购需双方协议，硫含量允许为 0.020% ~ 0.060%。

② 为了改良性能，锰含量允许为 0.50% ~ 1.50%。

（2）EN 欧洲标准内燃机用阀门用钢和合金的室温力学性能与热处理（表 3-3-17）

表 3-3-17 内燃机用阀门用钢和合金的室温力学性能与热处理

牌 号	数字代号	交货的热处理状态	R_m/MPa	HBW
马氏体型				
X45CrSi 9-3	1.4718	软化退火	—	≤300
X40CrSiMo 10-2	1.4731	软化退火	—	≤300
X85CrMoV 18-2	1.4748	软化退火	—	≤300
奥氏体型				
X55CrMnNiN 20-8	1.4875	控制冷却①	1300	约 385
		1000～1100 ℃淬火②	1300	≤385
X53CrMnNiN 21-9	1.4871	控制冷却①	1300	约 385
		1000～1100 ℃淬火②	1300	≤385
X50CrMnNiNbN 21-9	1.4882	控制冷却①	1300	约 385
		1000～1100 ℃淬火②	1300	≤385
X53CrMnNiNbN 21-9	1.4870	控制冷却①	1300	约 385
		1000～1100℃淬火②	1300	≤385
X33CrNiMnN 23-8	1.4866	控制冷却①	1250	约 360
		1000～1100℃淬火	1200	≤360
NiFe25Cr20NbTi	2.4955	930～1030℃淬火	1000	≤295
NiCr20TiAl	2.4952	930～1030℃淬火	1100	≤325

① 此热处理制度适用于进行热挤压加工。
② 此热处理制度适用于电阻加热镦粗工艺。

B. 专业用钢和优良品种

3.3.5 不锈钢和耐热钢扁平产品［EN 10088-2（2014）］

（1）EN 欧洲标准不锈钢和耐热钢扁平产品的钢号与化学成分（表 3-3-18）

表 3-3-18 不锈钢和耐热钢扁平产品的钢号与化学成分（质量分数）（%）

钢 号	数字代号	C	Si	Mn	P≤	S≤	Cr	Mo	Ni	N	其 他
奥氏体型（标准等级）											
X2CrNiN18-7	1.4318	≤0.030	≤1.00	≤2.00	0.045	0.015	16.5～18.5	—	6.00～8.00	0.10～0.20	—
X10CrNi 18-8	1.4310	0.05～0.15	≤2.00	≤2.00	0.045	0.015	16.0～19.0	≤0.80	6.00～9.50	≤0.10	—
X2CrNi 18-9	1.4307	≤0.030	≤1.00	≤2.00	0.045	0.015①	17.5～19.5	—	8.00～10.0	≤0.10	—
X8CrNiS18-9	1.4305	≤0.10	≤1.00	≤2.00	0.045	0.15～0.35	17.0～19.0	—	8.00～10.0	≤0.10	Cu≤1.00
X2CrNiN18-10	1.4311	≤0.030	≤1.00	≤2.00	0.045	0.015①	17.5～19.5	—	8.50～11.5	0.12～0.22	—

（续）

钢　号	数字代号	C	Si	Mn	P≤	S≤	Cr	Mo	Ni	N	其　他
奥氏体型（标准等级）											
X5CrNi 18-10	1.4301	≤0.07	≤1.00	≤2.00	0.045	0.015[①]	17.5~19.5	—	8.00~10.5	≤0.10	—
X6CrNiTi 18-10	1.4541	≤0.08	≤1.00	≤2.00	0.045	0.015[①]	17.0~19.0	—	9.00~12.0	—	Ti 5C~0.70
X2CrNi 19-11	1.4306	≤0.030	≤1.00	≤2.00	0.045	0.015[①]	18.0~20.0	—	10.0~12.0	≤0.10	—
X4CrNi 18-12	1.4303	≤0.06	≤1.00	≤2.00	0.045	0.015[①]	17.0~19.0	—	11.0~13.0	≤0.10	—
X2CrNiMoN 17-11-2	1.4406	≤0.030	≤1.00	≤2.00	0.045	0.015[①]	16.5~18.5	2.00~2.50	10.0~12.5	0.12~0.22	—
X2CrNiMo 17-12-2	1.4404	≤0.030	≤1.00	≤2.00	0.045	0.015[①]	16.5~18.5	2.00~2.50	10.0~13.0	≤0.10	—
X5CrNiMo 17-12-2	1.4401	≤0.07	≤1.00	≤2.00	0.045	0.015[①]	16.5~18.5	2.00~2.50	10.0~13.0	≤0.10	—
X6CrNiMoTi 17-12-2	1.4571	≤0.08	≤1.00	≤2.00	0.045	0.015[①]	16.5~18.5	2.00~2.50	10.5~13.5	—	Ti 5C~0.70
X2CrNiMo 17-12-3	1.4432	≤0.030	≤1.00	≤2.00	0.045	0.015[①]	16.5~18.5	2.50~3.00	10.5~13.0	≤0.10	—
X2CrNiMo 18-14-3	1.4435	≤0.030	≤1.00	≤2.00	0.045	0.015[①]	17.0~19.0	2.50~3.00	12.5~15.0	≤0.10	—
X2CrNiMoN 17-13-5	1.4439	≤0.030	≤1.00	≤2.00	0.045	0.015	16.5~18.5	4.00~5.00	12.5~14.5	0.12~0.22	—
X1NiCrMoCu 25-20-5	1.4539	≤0.020	≤0.70	≤2.00	0.030	0.010	19.0~21.0	4.00~5.00	24.0~26.0	≤0.15	Cu 1.20~2.00
奥氏体型（特殊等级）											
X5CrNi 17-7	1.4319	≤0.07	≤1.00	≤2.00	0.045	0.030	16.0~18.0	—	6.00~8.00	≤0.10	—
X5CrNiN 19-9	1.4315	≤0.06	≤1.00	≤2.00	0.045	0.015	18.0~20.0	—	8.00~11.0	0.12~0.22	—
X5CrNiCu 19-6-2	1.4640	0.030~0.08	≤0.50	1.50~4.00	0.045	0.015	18.0~19.0	—	5.50~6.90	0.03~0.11	Cu 1.30~2.00
X6CrNiNb 18-10	1.4550	≤0.08	≤1.00	≤2.00	0.045	0.030	17.0~19.0	—	9.00~12.0	—	Nb 10C~1.00
X1CrNi 18-15-4	1.4361	≤0.015	3.70~4.50	≤2.00	0.025	0.010	16.5~18.5	0.20	14.0~16.0	≤0.10	—
X8CrMnCuNB 17-8-3	1.4597	≤0.10	≤2.00	6.50~9.00	0.040	0.030	15.0~18.0	≤1.00	≤3.00	0.10~0.30	Cu 2.00~3.50
X8CrMnNi 19-6-3	1.4376	≤0.10	≤1.00	5.00~8.00	0.045	0.015	17.0~20.5	—	2.00~4.50	≤0.30	—

（续）

钢 号	数字代号	C	Si	Mn	P≤	S≤	Cr	Mo	Ni	N	其 他
奥氏体型（特殊等级）											
X12CrMnNiN 17-7-5	1.4372	≤0.15	≤1.00	5.50 ~ 7.50	0.045	0.030	16.0 ~ 18.0	—	3.50 ~ 5.50	0.05 ~ 0.25	—
X2CrMnNiN 17-7-5	1.4371	≤0.030	≤1.00	6.00 ~ 8.00	0.045	0.015	16.0 ~ 17.5	—	3.50 ~ 5.50	0.15 ~ 0.25	Cu≤1.00
X9CrMnNiCu 17-8-5-2	1.4618	≤0.10	≤1.00	5.50 ~ 9.50	0.070	0.010	16.5 ~ 18.5	—	4.50 ~ 5.50	≤0.15	Cu 1.00 ~ 2.50
X12CrNiMnN 18-9-5	1.4373	≤0.15	≤1.00	7.50 ~ 10.5	0.045	0.015	17.0 ~ 19.0	—	4.00 ~ 6.00	0.05 ~ 0.25	—
X11CrNiMnN 19-8-6	1.4369	0.07 ~ 0.15	0.50 ~ 1.00	5.00 ~ 7.50	0.030	0.015	17.5 ~ 19.5	—	6.50 ~ 8.50	0.20 ~ 0.30	—
X6CrMnNiCuN 19-12-4-2	1.4646	0.020 ~ 0.10	≤1.00	10.5 ~ 12.5	0.050	0.015	17.0 ~ 19.0	0.50	3.50 ~ 4.50	0.20 ~ 0.30	Cu 1.50 ~ 3.00
X1CrNi 25-21	1.4335	≤0.020	≤0.25	≤2.00	0.025	0.010	24.0 ~ 26.0	≤0.20	20.0 ~ 22.0	≤0.10	—
X6CrNiMoNb 17-12-2	1.4580	≤0.08	≤1.00	≤2.00	0.045	0.015	16.5 ~ 18.5	2.00 ~ 2.50	10.5 ~ 13.5	—	Nb 10C ~ 1.00
X3CrNiMo 17-13-3	1.4436	≤0.05	≤1.00	≤2.00	0.045	0.015	16.5 ~ 18.5	2.50 ~ 3.00	10.5 ~ 13.0	≤0.10	—
X2CrNiMoN 17-13-3	1.4429	≤0.030	≤1.00	≤2.00	0.045	0.015	16.5 ~ 18.5	2.50 ~ 3.00	11.0 ~ 14.0	0.12 ~ 0.22	—
X2CrNiMoN 18-12-4	1.4434	≤0.030	≤1.00	≤2.00	0.045	0.015	16.5 ~ 19.5	3.00 ~ 4.00	10.5 ~ 14.0	0.10 ~ 0.20	—
X2CrNiMo 18-15-4	1.4438	≤0.030	≤1.00	≤2.00	0.045	0.015	17.5 ~ 19.5	3.00 ~ 4.00	13.0 ~ 16.0	≤0.10	—
X1CrNiMoCuN 20-18-7	1.4547	≤0.020	≤0.70	≤1.00	0.030	0.010	19.5 ~ 20.5	6.00 ~ 7.00	17.5 ~ 18.5	0.18 ~ 0.25	Cu 0.50 ~ 1.00
X1CrNiMoN 25-22-2	1.4466	≤0.020	≤0.70	≤2.00	0.025	0.010	24.0 ~ 26.0	2.00 ~ 2.50	21.0 ~ 23.0	0.10 ~ 0.16	—
X1CrNiMoCuNW 24-22-6	1.4659	≤0.020	≤0.70	2.00 ~ 4.00	0.030	0.010	23.0 ~ 25.0	5.50 ~ 6.50	21.0 ~ 23.0	0.35 ~ 0.50	Cu 1.00 ~ 2.00 W 1.50 ~ 2.50
X1CrNiMoCuN 24-22-8	1.4652	≤0.020	≤0.50	2.00 ~ 4.00	0.030	0.005	23.0 ~ 25.0	7.00 ~ 8.00	21.0 ~ 23.0	0.45 ~ 0.55	Cu 0.30 ~ 0.60
X2CrNiMnMoN 25-18-6-5	1.4565	≤0.030	≤1.00	5.00 ~ 7.00	0.030	0.015	24.0 ~ 26.0	4.00 ~ 5.00	16.0 ~ 19.0	0.30 ~ 0.60	Nb≤0.15
X1CrNiMoCuN 25-25-5	1.4537	≤0.020	≤0.70	≤2.00	0.030	0.010	24.0 ~ 26.0	4.70 ~ 5.70	24.0 ~ 27.0	0.17 ~ 0.25	Cu 1.00 ~ 2.00
X1NiCrMoCuN 25-20-7	1.4529	≤0.020	≤0.50	≤1.00	0.030	0.010	19.0 ~ 21.0	6.00 ~ 7.00	24.0 ~ 26.0	0.15 ~ 0.25	Cu 0.50 ~ 1.50
X1NiCrMoCu 31-27-4	1.4563	≤0.020	≤0.70	≤2.00	0.030	0.010	26.0 ~ 28.0	3.00 ~ 4.00	30.0 ~ 32.0	≤0.10	Cu 0.70 ~ 1.50

（续）

钢 号	数字代号	C	Si	Mn	P≤	S≤	Cr	Mo	Ni	N	其 他
奥氏体-铁素体型（标准等级）											
X2CrNiN 23-4	1.4362	≤0.030	≤1.00	≤2.00	0.035	0.015	22.0~24.0	0.10~0.60	3.50~5.50	0.05~0.20	Cu 0.10~0.60
X2CrNiMoN 22-5-3	1.4462	≤0.030	≤1.00	≤2.00	0.035	0.015	21.0~23.0	2.50~3.50	4.50~6.50	0.10~0.22	—
奥氏体-铁素体型（特殊等级）											
X2CrNiN 22-2	1.4062	≤0.030	≤1.00	≤2.00	0.040	0.010	21.5~24.0	≤0.45	1.00~2.90	0.16~0.28	—
X2CrNiMMoSi 18-5-3	1.4424	≤0.030	1.40~2.00	1.20~2.00	0.035	0.015	18.0~19.0	2.50~3.00	4.50~5.20	0.05~0.10	—
X2CrNiCuN	1.4855	≤0.030	≤1.00	≤2.00	0.035	0.015	22.0~24.0	0.10~0.60	3.50~5.50	0.05~0.20	Cu 1.00~3.00
X2CrMnNiN 21-5-1	1.4162	≤0.040	≤1.00	4.00~6.00	0.040	0.015	21.0~22.0	0.10~0.80	1.35~1.90	0.20~0.25	Cu 0.10~0.80
X2CrMnNiMoN 21-5-3	1.4482	≤0.030	≤1.00	4.00~6.00	0.035	0.030	19.5~21.5	0.10~0.80	1.50~3.50	0.05~0.20	Cu≤1.00
X2CrNiMnMoCuN 24-4-3-2	1.4662	≤0.030	≤0.70	2.50~4.00	0.035	0.005	23.0~25.0	1.00~2.00	3.00~4.50	0.20~0.30	Cu 0.10~0.80
X2CrNiMoCuN 25-6-3	1.4507	≤0.030	≤0.70	≤2.00	0.035	0.015	24.0~26.0	3.00~4.00	6.00~8.00	0.20~0.30	Cu 1.00~2.50
X2CrNiMoN 25-7-4	1.4410	≤0.030	≤1.00	≤2.00	0.035	0.015	24.0~26.0	3.00~4.50	6.00~8.00	0.24~0.35	—
X2CrNiMoCuWN 25-7-4	1.4501	≤0.030	≤1.00	≤2.00	0.035	0.015	24.0~26.0	3.00~4.50	6.00~8.00	0.24~0.35	—
X2CrNiMoN 29-7-2	1.4477	≤0.030	≤0.50	0.80~1.50	0.030	0.015	28.0~30.0	1.50~2.50	5.80~7.50	0.30~0.40	Cu≤0.80
铁素体型（标准等级）											
X2CrNi 12	1.4003	≤0.030	≤1.00	≤1.50	0.040	0.015	10.5~12.5	—	0.30~1.00	≤0.030	—
X2CrTi 12	1.4512	≤0.030	≤1.00	≤1.00	0.040	0.015	10.5~12.5	—	—	—	Ti 6(C+N)~0.65
X6CrNiTi 12	1.4516	≤0.08	≤0.70	≤1.50	0.040	0.015	10.5~12.5	—	0.50~1.50	—	Ti 0.05~0.35
X6Cr 13	1.4000	≤0.08	≤1.00	≤1.00	0.040	0.015[1]	12.0~14.0	—	—	—	—
X6CrAl 13	1.4002	≤0.08	≤1.00	≤1.00	0.040	0.015[1]	12.0~14.0	—	—	—	Al 0.10~0.30
X6Cr 17	1.4016	≤0.08	≤1.00	≤1.00	0.040	0.015[1]	16.0~18.0	—	—	—	—

（续）

钢 号	数字代号	C	Si	Mn	P≤	S≤	Cr	Mo	Ni	N	其 他
铁素体型（标准等级）											
X3CrTi 17	1.4510	≤0.05	≤1.00	≤1.00	0.040	0.015①	16.0 ~ 18.0	—	—	—	Ti[4(C+N)+ 0.15] ~0.80②
X3CrNb 17	1.4511	≤0.05	≤1.00	≤1.00	0.040	0.015①	16.0 ~ 18.0	—	—	—	Nb 12C ~1.00
X6CrMo 17-1	1.4113	≤0.08	≤1.00	≤1.00	0.040	0.015①	16.0 ~ 18.0	0.90 ~ 1.40	—	—	—
X2CrMoTi 18-2	1.4521	≤0.025	≤1.00	≤1.00	0.040	0.015	17.0 ~ 20.0	1.80 ~ 2.50	—	≤0.030	Ti[4(C+N)+ 0.15] ~0.80②
铁素体型（特殊等级）											
X2CrMnNiTi 12	1.4600	≤0.030	≤1.00	1.00 ~ 2.50	0.040	0.015	11.0 ~ 13.0	—	0.30 ~ 1.50	≤0.025	Ti 4C ~ 0.35
X2CrSiTi 15	1.4630	≤0.030	0.20 ~ 1.50	≤1.00	0.050	0.050	13.0 ~ 16.0	≤0.50	≤0.50	—	Ti[4(C+N)+ 0.15] ~0.80② Al≤1.50,Cu≤0.50
X1CrNb 15	1.4595	≤0.020	≤1.00	≤1.00	0.025	0.015	14.0 ~ 16.0	—	—	≤0.020	Nb 0.20 ~ 0.60
X2CrTi 17	1.4520	≤0.025	≤0.50	≤0.50	0.040	0.015	16.0 ~ 18.0	—	—	≤0.015	Ti 0.03 ~ 0.06
X2CrNbZr 17	1.4590	≤0.030	≤1.00	≤1.00	0.040	0.015	16.0 ~ 17.5	—	—	—	Nb 0.35 ~ 0.55 Zr≥7(C+N)+0.15
X6CrNi 17-1	1.4017	≤0.08	≤1.00	≤1.00	0.040	0.015	16.0 ~ 18.0	—	1.20 ~ 1.60	—	
X2CrTiNb18	1.4509	≤0.030	≤1.00	≤1.00	0.040	0.015	17.5 ~ 18.5	—	—	—	Ti 0.10 ~ 0.60 Nb(3C+ 0.30) ~1.00
X2CrAlSiNb18	1.4634	≤0.030	0.20 ~ 1.50	≤1.00	0.050	0.050	17.5 ~ 18.5	≤0.50	≤0.50	—	Al 0.20 ~ 1.50 Nb(3C+0.30) ~ 1.00, Cu≤0.50
X2CrNbTi 20	1.4607	≤0.030	≤1.00	≤1.00	0.040	0.015	18.5 ~ 20.5	—	—	≤0.030	Ti[4(C+N)+ 0.15] ~0.80② Nb≤1.00
X2CrTi 21	1.4611	≤0.030	≤1.00	≤1.00	0.050	0.050	19.0 ~ 22.0	≤0.50	≤0.50	—	Ti[4(C+N)+ 0.20] ~1.00② Cu≤0.50, Al≤0.05
X2CrNbCu21	1.4621	≤0.030	≤1.00	≤1.00	0.040	0.015	20.0 ~ 21.5	—	—	≤0.030	Nb 0.20 ~1.00 Cu 0.10 ~1.00
X2CrTi	1.4613	≤0.030	≤1.00	≤1.00	0.050	0.050	22.0 ~ 25.0	≤0.50	≤0.05	—	Ti[4(C+N)+ 0.20] ~1.00② Cu≤0.50 Al≤0.05

（续）

钢　号	数字代号	C	Si	Mn	P≤	S≤	Cr	Mo	Ni	N	其　他
铁素体型（特殊等级）											
X5CrNiMoTi 15-2	1.4589	≤0.08	≤1.00	≤1.00	0.040	0.015	13.5~15.5	0.20~1.20	1.00~2.50	—	Ti 0.30~0.50
X2CrMo-Ti 17-1	1.4513	≤0.025	≤1.00	≤1.00	0.040	0.015	16.0~18.0	0.80~1.40	—	≤0.020	Ti 0.03~0.06
X6CrMo-Nb 17-1	1.4526	≤0.08	≤1.00	≤1.00	0.040	0.015	16.0~18.0	0.80~1.40	—	≤0.040	Nb[7(C+N)+0.10]~1.00
X2CrMoTi 29-4	1.4592	≤0.025	≤1.00	≤1.00	0.030	0.010	28.0~30.0	3.50~4.50	—	≤0.045	Ti[4(C+N)+0.15]~0.80②
马氏体型（标准等级）											
X12Cr13	1.4006	0.08~0.15	≤1.00	≤1.50	0.040	0.015①	11.5~13.5	—	≤0.75	—	—
X15Cr13	1.4024	0.12~0.17	≤1.00	≤1.00	0.040	0.015①	12.0~14.0	—	—	—	—
X20Cr13	1.4021	0.16~0.25	≤1.00	≤1.50	0.040	0.015①	12.0~14.0	—	—	—	—
X30Cr13	1.4028	0.26~0.35	≤1.00	≤1.50	0.040	0.015①	12.0~14.0	—	—	—	—
X39Cr13	1.4031	0.36~0.42	≤1.00	≤1.00	0.040	0.015①	12.5~14.5	—	—	—	—
X46Cr13	1.4034	0.43~0.50	≤1.00	≤1.00	0.040	0.015①	12.5~14.5	—	—	—	—
X38CrMo14	1.4419	0.36~0.42	≤1.00	≤1.00	0.040	0.015	13.0~14.5	0.60~1.00	—	—	—
X55CrMo14	1.4110	0.48~0.60	≤1.00	≤1.00	0.040	0.015①	13.0~15.0	0.50~0.80	—	—	V≤0.15
X3CrNiMo13-4	1.4313	≤0.05	≤0.70	≤1.50	0.040	0.015①	12.0~14.0	0.30~0.70	3.50~4.50	≥0.020	—
X50CrMoV15	1.4116	0.45~0.55	≤1.00	≤1.00	0.040	0.015①	14.0~15.0	0.50~0.80	—	—	V 0.10~0.20④
X4CrNiMo16-5-1	1.4418	≤0.06	≤0.70	≤1.50	0.040	0.015①	15.0~17.0	0.80~1.50	4.00~6.00	≥0.020	—
X39CrMo17-1	1.4122	0.33~0.45	≤1.00	≤1.50	0.040	0.015①	15.5~17.5	0.80~1.30	≤1.00	—	—
沉淀硬化型（特殊等级）											
X1CrNiMoCu 12-5-2	1.4422	≤0.020	≤0.50	≤2.00	0.040	0.030	11.0~13.0	1.30~1.80	4.00~5.00	≤0.020	Cu 0.20~0.80
X1CrNiMoCu 12-7-3	1.4423	≤0.020	≤0.50	≤2.00	0.040	0.030	11.0~13.0	2.30~2.80	6.00~7.00	≤0.020	Cu 0.20~0.80

（续）

钢　号	数字代号	C	Si	Mn	P≤	S≤	Cr	Mo	Ni	N	其　他
沉淀硬化型（特殊等级）											
X5CrNiCuNb16-4	1.4542	≤0.07	≤0.70	≤1.50	0.040	0.015①	15.0～17.0	≤0.60	3.00～5.00	—	Cu 3.00～5.00 Nb 5C～0.45
X7CrNiAl 17-7	1.4568	≤0.09	≤0.70	≤1.00	0.040	0.015	16.0～18.0	—	6.50～7.80③	—	Al 0.70～1.50

注：S 含量范围值不受≤限制。

① 用于机械加工的钢材，允许 S = 0.015% ～0.030%。

② 可用 Ti 或 Nb、Zr 进行稳定化处理。根据其原子序数和碳、氮含量，其替代的等效值为 $Ti = \frac{7}{4}Nb = \frac{7}{4}Zr$。

③ 为了获得更好的冷成形性能，Ni 含量上限可控制在 8.30% 以下。

④ 为了改善力学性能可加 N≤0.15%。

（2）EN 欧洲标准奥氏体型不锈钢扁平产品的室温力学性能（表 3-3-19）

表 3-3-19　奥氏体型不锈钢扁平产品的室温力学性能（固溶处理）

EN 标准 钢　号	数字代号	产品形态①	厚度 /mm ≤	$R_{p0.2}$ /MPa ≥	$R_{p1.0}$ /MPa ≥	R_m/MPa	A_{80}(%) 横向	A(%) ≥	KV/J 纵向	KV/J 横向	抗晶间腐蚀倾向 交货状态	抗晶间腐蚀倾向 敏化状态
标准等级												
X2CrNiN18-7	1.4318	C	8	350	380	650～850	35	40	—	—	有	有
		H	13.5	330	370	650～850	35	40	90	60		
		P	75	330	370	630～830	45	45	90	60		
X10CrNi18-8	1.4310	C	8	250	280	600～950	40	40	—	—	无	无
X2CrNi18-9	1.4307	C	8	220	250	520～700	45	45	—	—	有	有
		H	13.5	200	240	520～700	45	45	100	60		
		P	75	200	240	500～700						
X8CrNiS18-9	1.4305	P	75	190	230	500～700	35	35	—	—	无	无
X2CrNiN18-10	1.4311	C	8	290	320	550～750	40	40	—	—	有	有
		H	13.5	270	310	550～750	40	40	100	60		
		P	75	270	310	550～750						
X5CrNi18-10	1.4301	C	8	230	260	640～750	45	45	—	—	有	无
		H	13.5	210	250	620～720	45	45	100	60		
		P	75	210	250	620～720	45	45				
X6CrNiTi18-10	1.4541	C	8	220	250	520～720	40	40	—	—	有	有
		H	13.5	200	240	520～720	40	40	100	60		
		P	75	200	240	500～700						
X2CrNi19-11	1.4306	C	8	220	250	520～720	45	45	—	—	有	有
		H	13.5	200	240	520～720	45	45	100	60		
		P	75	200	240	500～700						无
X4CrNi18-12	1.4303	C	8	220	250	500～650	45	45	—	—	有	无
X2CrNiMoN17-11-2	1.4406	C	8	300	330	580～780	40	40	—	—	有	有
		H	13.5	280	320	580～780	40	40	100	60		
		P	75	280	320							
X2CrNiMo17-12-2	1.4404	C	8	240	270	530～680	40	40	—	—	有	有
		H	13.5	220	260	530～680	40	40	100	60		
		P	75	220	260	520～670	45	45				

（续）

钢　号	数字代号	产品形态①	厚度/mm ≤	$R_{p0.2}$/MPa ≥	$R_{p1.0}$/MPa ≥	R_m/MPa	$A_{80}(\%)$ 横向 ≥	$A(\%)$ 横向 ≥	KV/J 纵向 ≥	KV/J 横向 ≥	抗晶间腐蚀倾向 交货状态	抗晶间腐蚀倾向 敏化状态
X5CrNiMo17-12-2	1.4401	C	8	240	270	530~680	40	40	—	—	有	无
		H	13.5	220	260	530~680			100	60		
		P	75	220	260	520~670	45	45				
X6CrNiNb18-10	1.4550	C	8	220	250	520~720	40	40	—	—	有	有
		H	13.5	200	240	520~720			100	60		
		P	75	200	240	500~700	40	40				
X1CrNi18-15-4	1.4361	P	75	220	260	530~730	40	40	100	60	有	有
X8CrMnCuNB17-8-3	1.4597	C	8	300	330	580~780	40	40	—	—	有	无
		H	13.5	300	330	580~780			100	60		
X8CrMnNi19-6-3	1.4376	C	4	400	420	600~900	40	40			有	无
		H	13.5	400	420	600~900						
X12CrMnNiN17-7-5	1.4372	C	8	350	380	680~880	45	45	—	—	有	无
		H	13.5	330	370	680~880			100	60		
		P	75	330	370	680~880	40	40				
X2CrMnNiN17-7-5	1.4371	C	8	300	330	650~850	45	45	—	—	有	有
		H	13.5	280	320	650~850			100	60		
		P	75	260	320	630~830	35	35				
X9CrMnNiCu 17-8-5-2	1.4618	C	8	230	250	540~850	45	45	100	60	有	无
		H	13.5	230	250	520~830	45	45	100	60		
		P	75	210	240	520~830			100	60		
X12CrNiMnN18-9-5	1.4373	C	8	340	370	680~880	45	45	—	—	有	无
		H	13.5	320	360	680~880			100	60		
		P	75	320	360	600~800	35	35				
X11CrNiMnN19-8-6	1.4369	C	4	340	370	750~950	35	35	—	—	有	无
X6CrMnNiCuN 19-12-4-2	1.4646	C	8	380	400	650~850	30	30	100	60	有	有
X1CrNi25-21	1.4335	P	75	200	240	470~670	40	40	100	60	有	有
X6CrNiMoNb17-12-2	1.4580	P	75	220	260	520~720	40	40	100	60	有	有
X3CrNiMo17-13-3	1.4436	C	8	240	270	550~700	40	40	—	—	有	无
		H	13.5	220	260	550~700			100	60		
		P	75	220	260	530~730	40	40				
X2CrNiMoN17-13-3	1.4429	C	8	300	330	580~780	40	40	—	—	有	有
		H	13.5	280	320	580~780			100	60		
		P	75	280	320	580~780	40	40				
X2CrNiMoN18-12-4	1.4434	C	8	290	320	570~770	35	35	—	—	有	有
		H	13.5	270	310	570~770			100	60		
		P	75	270	310	540~740	40	40				
X2CrNiMo18-15-4	1.4438	C	8	240	270	550~700	35	35	—	—	有	有
		H	13.5	220	260	550~700			100	60		
		P	75	220	260	520~720	40	40				

标准等级

（续）

EN标准 钢号	数字代号	产品形态①	厚度/mm ≤	$R_{p0.2}$/MPa ≥	$R_{p1.0}$/MPa ≥	R_m/MPa	A_{80}(%) 横向 ≥	A(%)	KV/J 纵向	KV/J 横向	抗晶间腐蚀倾向 交货状态	敏化状态
标准等级												
X1CrNiMoCuN 20-18-7	1.4547	C	8	320	350	650~850	35	35	—	—	有	有
		H	13.5	300	340	650~850			100	60		
		P	75	300	340	650~850	40	40				
X1CrNiMoN25-22-2	1.4466	P	75	250	290	540~740	40	40	100	60	有	有
X1CrNiMoCuNW 24-22-6	1.4659	P	75	420	460	800~1000	—	40	100	60	有	有
X1CrNiMoCuN 24-22-8	1.4652	C	8	430	470	750~1000	40	40	—	—	有	有
		H	13.5	430	470	750~1000			100	60		
		P	75	430	470	750~1000	40	40				
X2CrNiMnMoN 25-18-6-5	1.4565	C	6	420	460	800~950	30	30	120	90	有	有
		H	10	420	460	800~950			120	90		
		P	40	420	460	800~950	30	30				
X1CrNiMoCuN 25-25-5	1.4537	P	75	290	330	600~800	40	40	100	60	有	有
X6CrNiMoTi17-12-2	1.4571	C	8	240	270	540~690	40	40	—	—	有	有
		H	13.5	220	260	540~690			100	60		
		P	75	220	260	520~670	40	40				
X2CrNiMo17-12-3	1.4432	C	8	240	270	550~700	40	40	—	—	有	有
		H	13.5	220	260	550~700			100	60		
		P	75	220	260	520~670	45	45				
X2CrNiMo18-14-3	1.4435	C	8	240	270	550~700	40	40	—	—	有	有
		H	13.5	220	260	550~700			100	60		
		P	75	220	260	520~670	45	45				
X2CrNiMoN17-13-5	1.4439	C	8	290	320	580~780	35	35	—	—	有	有
		H	13.5	270	310	580~780			100	60		
		P	75	270	310	580~780	40	40				
X1NiCrMoCu25-20-5	1.4539	C	8	240	270	530~730	35	35	—	—	有	有
		H	13.5	220	260	530~730	35	35	100	60		
		P	75	220	260	520~720						
特殊等级												
X5CrNi17-7	1.4319	C	3	230	260	550~750	45	—	—	—	有	有
		H	6	230	260	550~750	45	—	—	—		
X5CrNiN19-9	1.4315	C	8	290	320	500~750					有	无
		H	13.5	270	310	500~750	40	40	100	60		
		P	75	270	310	500~750						
X5CrNiCu19-6-2	1.4640	C	8	230	260	540~750	45	45	—	—	有	无
		H	13.5	210	240	520~720			—	—		

（续）

钢号	数字代号	产品形态①	厚度/mm ≤	$R_{p0.2}$/MPa ≥	$R_{p1.0}$/MPa ≥	R_m/MPa	A_{80}(%)横向	A(%)纵向	A(%)横向	KV/J纵向	KV/J横向	抗晶间腐蚀倾向 交货状态	抗晶间腐蚀倾向 敏化状态
特殊等级													
X1NiCrMoCuN 25-20-7	1.4529	P	75	300	340	650~850	40	40		100	60	有	有
X1NiCrMoCu 31-27-4	1.4563	P	75	220	260	500~700	40	40		100	60	有	有

① 产品形态代号：C—冷轧钢带；H—热轧钢带；P—热轧钢板。

（3）EN 欧洲标准奥氏体-铁素体型不锈钢扁平产品的室温力学性能（表3-3-20）

表3-3-20　奥氏体-铁素体型不锈钢扁平产品的室温力学性能（固溶处理）

钢号	数字代号	产品形态①	厚度/mm ≤	$R_{p0.2}$/MPa ≥	R_m/MPa	A_{80}(%)横向	A(%)纵向	A(%)横向	KV/J纵向	KV/J横向	抗晶间腐蚀倾向 交货状态	抗晶间腐蚀倾向 敏化状态
标准等级												
X2CrNiN 23-4	1.4362	C	8	450	650~850	20	20		—	—	有	有
		H	13.5	400	650~850				100	60		
		P	75	400	630~800	25	25					
X2CrNiMoN 22-5-3	1.4462	C	8	500	700~950	20	20				有	有
		H	13.5	460	700~950							
		P	75	460	640~840	25	25		100	60		
特殊等级												
X2CrNiN 22-2	1.4062	C	6.4	530	700~900	20	20		80	60	有	有
		H	10	480	680~900	30	30					
		P	75	450	650~850	30	30		80	60		
X2CrNiMMoSi 18-5-3	1.4424	C	8	450	700~900	25	25		100	60	有	有
		H	13.5	450	700~900	25	25					
		P	75	400	680~900				100	60		
X2CrNiCuN 23-4	1.4655	C	8	420	600~850	20	20		—	—	有	有
		H	13.5	400	600~850				100	60		
		P	75	400	630~800	25	25					
X2CrMnNiN 21-5-1	1.4162	C	6.4	530	700~900	20	30		—	—	有	有
		H	10	480	680~900	30	30				有	有
		P	75	450	650~850	30	30		80	60	有	有
X2CrMnNiMoN 21-5-3	1.4482	C	6.4	500	700~900	20	30				有	有
		H	10	480	680~900	30	30		100	60		
		P	75	450	650~850	30	30					
X2CrNiMnMoCuN 24-4-3-2	1.4662	C	6.4	550	750~900	20	25		—	—	有	有
		H	10	480	750~900	—	25		80	80		
		P	75	480	880~900	—	25		80	80		

（续）

EN 标准		产品形态①	厚度/mm ≤	$R_{p0.2}$/MPa ≥	R_m/MPa	A_{80}(%)	A(%)	KV/J		抗晶间腐蚀倾向	
钢 号	数字代号					横向		纵向	横向	交货状态	敏化状态
								≥			
特殊等级											
X2CrNiMoCuN 25-6-3	1.4507	C	8	550	750~1000	20	20	—	—	有	有
		H	13.5	530	750~1000			100	60		
		P	75	530	730~930	25	25				
X2CrNiMoN 25-7-4	1.4410	C	8	550	750~1000	20	20	—	—	有	有
		H	13.5	530	750~1000			100	60		
		P	75	530	730~930	20	20				
X2CrNiMoCuWN 25-7-4	1.4501	P	75	530	730~930	25	25	100	60	有	有
X2CrNiMoN 29-7-2	1.4477	C	8	650	800~1050	20	20	—	—	有	有
		H	13.5	550	750~1000	20	20	100	60		
		P	75	550	750~1000						

① 产品形态代号：C—冷轧钢带；H—热轧钢带；P—热轧钢板。

（4）EN 欧洲标准铁素体型不锈钢扁平产品的室温力学性能（表3-3-21）

表 3-3-21　铁素体型不锈钢扁平产品的室温力学性能（退火）

EN 标准		产品形态①	厚度/mm ≤	$R_{p0.2}$/MPa ≥		R_m/MPa	$A_{80}^{②}$(%)	$A^{②}$(%)	抗晶间腐蚀倾向	
钢 号	数字代号			纵向	横向		横+纵		交货状态	敏化状态
							≥			
标准等级										
X2CrNi 12	1.4003	C	8	280	320	520~700	20	20	无	无
		H	13.5	280	320	520~700				
		P	25	250	280	500~700	18	18		
X2CrTi 12	1.4512	C	8	210	220	380~560	25	25	无	无
		H	13.5	210	220	380~560	25	25		
X6CrNiTi 12	1.4516	C	8	280	320	450~650	23	23	无	无
		H	13.5	280	320	450~650				
		P	25	250	280	450~650	20	20		
X6Cr 13	1.4000	C	8	240	250	400~600	19	19	无	无
		H	13.5	240	230	400~600				
		P	25	220	230	400~600	19	19		
X6CrAl 13	1.4002	C	8	230	250	400~600	17	17	无	无
		H	13.5	210	230	400~600	17	17		
		P	25	210	230	400~600				
X6Cr 17	1.4016	C	8	260	280	430~600	20	20	有	无
		H	13.5	240	260	430~600	16	16		
		P	25	240	260	430~630	20	20		
X3CrTi 17	1.4510	C	8	230	240	420~600	23	23	有	有
		H	13.5	230	240	420~600				
X3CrNb 17	1.4511	C	8	230	240	420~600	23	23	有	有
X6CrMo 17-1	1.4113	C	8	260	280	450~630	18	18	有	无
		H	13.5	260	280	450~630				

（续）

EN 标准		产品形态①	厚度/mm ≤	$R_{p0.2}$/MPa ≥		R_m/MPa	$A_{80}^{②}$(%)	$A^{②}$(%)	抗晶间腐蚀倾向	
钢　号	数字代号			纵向	横向		横 + 纵 ≥		交货状态	敏化状态
标准等级										
X2CrMoTi 18-2	1.4521	C	8	300	320	420 ~ 640	20	20	有	有
		H	13.5	280	300	400 ~ 600	20	20		
		P	12	280	300	420 ~ 620				
特殊等级										
X2CrMnNiTi 12	1.4600	H	10	—	375	500 ~ 650			有	有
X2CrSiTi 15	1.4630	C	8	210	230	360 ~ 560	20		有	有
X1CrNb 15	1.4595	C	8	210	230	380 ~ 580			有	有
X2CrTi 17	1.4520	C	8	210	220	380 ~ 560	25	25	有	有
X2CrNbZr 17	1.4590	C	8	230	250	400 ~ 550	23	23	有	有
X6CrNi 17-1	1.4017	C	8	330	350	500 ~ 750	12	12	有	无
X2CrTiNb18	1.4509	C	8	230	250	430 ~ 630	18	18	有	有
X2CrAlSiNb18	1.4634	C	8	240	260	430 ~ 650	18	18	有	有
X2CrNbTi 20	1.4607	C	8	230	250	430 ~ 630	18	18	有	有
X2CrTi 21	1.4611	C	8	230	250	430 ~ 630	18	18	有	有
X2CrNbCu 21	1.4621	C	6	230	250	400 ~ 600	22	22	有	有
		H	13	230	250	400 ~ 600				
X2CrTi	1.4613	C	8	230	250	430 ~ 630	18	18	有	有
X5CrNiMoTi 15-2	1.4589	C	8	400	420	550 ~ 750	16	16	有	有
		H	13.5	360	380	550 ~ 750	14	14		
X2CrMoTi 17-1	1.4513	C	8	200	230	400 ~ 550	23	23	有	有
X6CrMoNb 17-1	1.4526	C	8	280	300	480 ~ 560	25	25	有	有
X2CrMoTi 29-4	1.4592	C	8	430	450	550 ~ 700	20	20	有	有

① 产品形态代号：C—冷轧钢带；H—热轧钢带；P—热轧钢板。

② 试样采用的扁平材厚度：A_{80} <3mm，A ≥3mm。

（5）EN 欧洲标准马氏体型和沉淀硬化型不锈钢扁平产品的室温力学性能（表3-3-22）

表3-3-22　马氏体型和沉淀硬化型不锈钢扁平产品的室温力学性能（热处理）

EN 标准		产品形态①	厚度/mm ≤	热处理状态②	退火硬度③		$R_{p0.2}$/MPa ≥	R_m/MPa	$A_{80}^{④}$(%)	$A^{④}$(%)	KV/J	淬火回火硬度	
钢　号	数字代号				HRB	HBW/HV			横 + 纵 ≥			HRC	HV
马氏体型（标准等级）													
X12Cr13	1.4006	C	8	A	90	200		≤600	20	20	—	—	—
		H	13.5	A	90	200		≤600	20	20		—	—
		P	75	QT550	—	—	400	550 ~ 750	15	15	按协议	—	—
				QT650	—	—	450	650 ~ 850	12	12		—	—
X15Cr13	1.4024	C	8	A	90	200		≤650	20	20		—	—
		H	13.5	A	90	200		≤650	20	20		—	—
		P	75	A	—	—		—	—	—	按协议	—	—
				QT550	—	—	400	550 ~ 750	15	15	按协议	—	—
				QT650	—	—	450	650 ~ 850	12	12		—	—

（续）

EN 标准		产品形态①	厚度/mm ≤	热处理状态②	退火硬度③		$R_{p0.2}$/MPa ≥	R_m/MPa	$A_{80}^{④}$(%)	$A^{④}$(%)	KV/J	淬火回火硬度	
钢 号	数字代号				HRB	HBW/HV			横+纵 ≥			HRC	HV
马氏体型（标准等级）													
X20Cr13	1.4021	C	3	QT	—	—	—	—	—	—	—	44~50	440~530
		C	8	A	—	—	—	≤700	15	15		—	—
		H	13.5	A	—	—	—	≤700					
		P	75	QT650	—	—	450	650~850	12	12	按协议	—	—
				QT750	—	—	550	750~950	10	10			
X30Cr13	1.4028	C	3	QT	—	—	—	—	—	—	—	45~51	450~550
		C	8	A	97	235	—	≤740	15	15	—	—	—
		H	13.5	A	97	235	—	≤740					
		P	75	QT800	—	—	600	800~1000	10	10		—	—
X39Cr13	1.4031	C	3	QT	—	—	—	—	—	—	—	47~53	480~580
		C	8	A	98	240	—	≤760	12	12	—	—	—
		H	13.5	A	98	240	—	≤760					
X46Cr13	1.4034	C	3	QT	—	—	—	—	—	—	—	49~55	510~610
		C	8	A	98	245	—	≤780	12	12	—	—	—
		H	13.5	A	98	245	—	≤780					
X38CrMo14	1.4419	C	3	QT	—	—	—	—	—	—	—	46~52	450~560
		C	4	A	97	235	—	≤760	15	15	—	—	—
		H	6.5	A	97	235	—	≤760					
X55CrMo14	1.4110	C	3	QT	—	—	—	—	—	—	—	50~56	530~640
		C	8	A	100	280	—	≤850	12	12	—	—	—
		H	13.5	A	100	280	—	≤850					
X3CrNiMo13-4	1.4313	P	75	QT780	—	—	630	780~980	15	15	70	—	—
				QT900	—	—	800	900~1100	11	11			
X50CrMoV15	1.4116	C	8	A	100	280	—	≤850	12	12	—	—	—
		H	13.5	A	100	280	—	≤850					
X4CrNiMo16-5-1	1.4418	P	75	QT840	—	—	660	840~1100	14	14	55	—	—
X39CrMo17-1	1.4122	C	3	QT	—	—	—	—	—	—	—	47~53	480~580
		C	8	A	100	280	—	≤900	12	12	—	—	—
		H	13.5	A	100	280	—	≤900					
马氏体型（特殊等级）													
X1CrNiMoCu 12-5-2	1.4422	H	13.5	A	100	300	550	750~950		15	100	—	≤300
		P	75	QT650	—	—	550	750~950		15	100		
X1CrNiMoCu 12-7-3	1.4423	H	13.5	A	100	300	550	750~950		15	100	—	≤300
				QT650	—	—	550	750~950		15	100		
X5CrNiCuNb16-4	1.4542	C	8	AT	—	—	—	≤1275	5	5	—	—	—
				P1300	—	—	115	≥1300	3	3	—		
				P900	—	—	700	≥900	6	6	—		

（续）

EN 标准		产品形态①	厚度/mm ≤	热处理状态②	退火硬度③		$R_{p0.2}$/MPa ≥	R_m/MPa	$A_{80}^{④}$(%)	$A^{④}$(%)	KV/J	淬火回火硬度	
钢号	数字代号				HRB	HBW/HV			横 + 纵			HRC	HV
									≥				
沉淀硬化型（特殊等级）													
X5CrNiCuNb16-4	1.4542	P	50	P1070	—	—	1000	1070 ~ 1270	8	10	—	—	—
				P950	—	—	800	950 ~ 1150	10	12	—	—	—
				P850	—	—	600	850 ~ 1050	12	14	—	—	—
				SR630	—	—	—	≤1050	—	—	—	—	—
X7CrNiAl 17-7	1.4568	C	8	AT	—	—	—	≤1030	19	19	—	—	—
				P1450	—	—	1310	≥1450	2	2	—	—	—

① 产品形态代号：C—冷轧钢带；H—热轧钢带；P—热轧钢板。

② 热处理状态代号：A—退火；QT—淬火＋回火；AT—固溶处理；SR—去应力退火；P—沉淀硬化。

③ 对于薄材，不适用 HRB 试验，经供需双方协商后可使用 HRB 或 HV 硬度试验。

④ 试样采用的扁平材厚度：A_{80} < 3mm，A ≥ 3mm。

3.3.6 不锈钢和耐热钢棒材与线材 ［EN 10088-3 （2014）］

（1）EN 欧洲标准不锈钢和耐热钢棒材与线材的钢号与化学成分（表 3-3-23）

表 3-3-23   不锈钢和耐热钢棒材与线材的钢号与化学成分（质量分数）（%）

钢 号	数字代号	C	Si	Mn	P≤	S≤	Cr	Mo	Ni	N	其 他
奥氏体型（标准等级）											
X10CrNi 18-8	1.4310	0.05 ~ 0.15	≤2.00	≤2.00	0.045	0.015	16.0 ~ 19.0	≤0.80	6.00 ~ 9.50	≤0.10	—
X2CrNi 18-9	1.4307	≤0.030	≤1.00	≤2.00	0.045	0.030①	17.5 ~ 19.5	—	8.00 ~ 10.5	≤0.10	—
X8CrNiS18-9	1.4305	≤0.10	≤1.00	≤2.00	0.045	0.15 ~ 0.35	17.0 ~ 19.0	—	8.00 ~ 10.0	≤0.10	Cu≤1.00
X6CrNiCuS 18-9-2	1.4570	≤0.08	≤1.00	≤2.00	0.045	0.15 ~ 0.35	17.0 ~ 19.0	≤0.60	8.00 ~ 10.0	≤0.10	Cu 1.40 ~ 1.80
X3CrNiCu 18-9-4	1.4567	≤0.04	≤1.00	≤2.00	0.045	0.030①	17.0 ~ 19.0	—	8.50 ~ 10.5	≤0.10	Cu 3.00 ~ 4.00
X2CrNiN18-10	1.4311	≤0.030	≤1.00	≤2.00	0.045	0.030①	17.0 ~ 19.5	—	8.50 ~ 11.5	0.12 ~ 0.22	—
X5CrNi 18-10	1.4301	≤0.07	≤1.00	≤2.00	0.045	0.030①	17.5 ~ 19.5	—	8.00 ~ 10.5	≤0.10	—
X6CrNiTi 18-10	1.4541	≤0.08	≤1.00	≤2.00	0.045	0.030①	17.0 ~ 19.0	—	9.00 ~ 12.0	—	Ti 5C ~ 0.70
X2CrNi 19-11	1.4306	≤0.030	≤1.00	≤2.00	0.045	0.030①	18.0 ~ 20.0	—	10.0 ~ 12.0	≤0.10	—
X4CrNi 18-12	1.4303	≤0.06	≤1.00	≤2.00	0.045	0.030①	17.0 ~ 19.0	—	11.0 ~ 13.0	≤0.10	—
X2CrNiMoN 17-11-2	1.4406	≤0.030	≤1.00	≤2.00	0.045	0.030①	16.5 ~ 18.5	2.00 ~ 2.50	10.0 ~ 12.5	0.12 ~ 0.22	—
X2CrNiMo 17-12-2	1.4404	≤0.030	≤1.00	≤2.00	0.045	0.030①	16.5 ~ 18.5	2.00 ~ 2.50	10.0 ~ 13.0	≤0.10	—

（续）

钢　号	数字代号	C	Si	Mn	P≤	S≤	Cr	Mo	Ni	N	其　他
奥氏体型（标准等级）											
X5CrNiMo 17-12-2	1.4401	≤0.07	≤1.00	≤2.00	0.045	0.030①	16.5 ~ 18.5	2.00 ~ 2.50	10.0 ~ 13.0	≤0.10	—
X6CrNiMoTi 17-12-2	1.4571	≤0.08	≤1.00	≤2.00	0.045	0.030①	16.5 ~ 18.5	2.00 ~ 2.50	10.5 ~ 13.5	—	Ti 5C ~ 0.70
X2CrNiMo 17-12-3	1.4432	≤0.030	≤1.00	≤2.00	0.045	0.030①	16.5 ~ 18.5	2.50 ~ 3.00	10.5 ~ 13.0	≤0.10	—
X3CrNiMo 17-13-3	1.4436	≤0.05	≤1.00	≤2.00	0.045	0.030①	16.5 ~ 18.5	2.50 ~ 3.00	10.5 ~ 13.0	≤0.10	—
X2CrNiMoV 17-13-3	1.4429	≤0.030	≤1.00	≤2.00	0.045	0.015	16.5 ~ 18.5	2.50 ~ 3.00	11.0 ~ 14.0	0.12 ~ 0.22	—
X2CrNiMo 18-14-3	1.4435	≤0.030	≤1.00	≤2.00	0.045	0.030①	17.0 ~ 19.0	2.50 ~ 3.00	12.0 ~ 15.0	≤0.10	—
X2CrNiMoN 17-13-5	1.4439	≤0.030	≤1.00	≤2.00	0.045	0.015	16.5 ~ 18.5	4.00 ~ 5.00	12.5 ~ 14.5	0.12 ~ 0.22	—
X1CrNiMoCu 25-20-5	1.4539	≤0.020	≤0.70	≤2.00	0.030	0.010	19.0 ~ 21.0	4.00 ~ 5.00	24.0 ~ 26.0	≤0.15	Cu 1.20 ~ 2.00
奥氏体型（特殊等级）											
X5CrNi 17-7	1.4319	≤0.07	≤1.00	≤2.00	0.045	0.030	16.0 ~ 18.0	—	6.00 ~ 8.00	≤0.10	—
X9CrNi 18-9	1.4325	0.03 ~ 0.15	≤1.00	≤2.00	0.045	0.030	17.0 ~ 19.0	—	8.00 ~ 10.0	—	—
X5CrNiN 19-9	1.4315	≤0.06	≤1.00	≤2.00	0.045	0.015	18.0 ~ 20.0	—	8.00 ~ 11.0	0.12 ~ 0.22	—
X3CrNiCu 19-9-2	1.4560	≤0.035	≤1.00	1.50 ~ 2.00	0.045	0.015	18.0 ~ 19.0	—	8.00 ~ 9.00	≤0.10	Cu 1.50 ~ 2.00
X6CrNiNb18-10	1.4550	≤0.08	≤1.00	≤2.00	0.045	0.015	17.0 ~ 19.0	—	9.00 ~ 12.0	—	Nb 10C ~ 1.00②
X1CrNiSi 18-15-4	1.4361	≤0.015	3.70 ~ 4.50	≤2.00	0.025	0.010	16.5 ~ 18.5	≤0.20	14.0 ~ 16.0	≤0.10	—
X8CrMnCuNB 17-8-3	1.4597	≤0.10	≤2.00	6.50 ~ 8.50	0.040	0.030	15.0 ~ 18.0	≤1.00	≤3.00	0.10 ~ 0.30	Cu 2.00 ~ 3.50 B 0.0005 ~ 0.0050
X3CrMnNiCu 15-8-5-3	1.4615	≤0.030	≤1.00	7.00 ~ 9.00	0.040	0.010	14.0 ~ 16.0	≤0.80	4.50 ~ 6.00	0.02 ~ 0.06	Cu 2.00 ~ 4.00
X12CrMnNiN 17-7-5	1.4372	≤0.15	≤1.00	5.50 ~ 7.50	0.045	0.015	16.0 ~ 18.0	—	3.50 ~ 5.50	0.05 ~ 0.25	—
X8CrMnNiN 18-9-5	1.4374	0.05 ~ 0.10	0.30 ~ 0.60	9.00 ~ 10.0	0.035	0.030	17.5 ~ 18.5	≤0.50	5.00 ~ 6.00	0.25 ~ 0.32	Cu ≤0.40
X11CrNiMnN 19-8-6	1.4369	0.07 ~ 0.15	0.50 ~ 1.00	5.00 ~ 7.50	0.030	0.015	17.5 ~ 19.5	—	6.50 ~ 8.50	0.20 ~ 0.30	—
X13MnNiN 18-13-2	1.4020	≤0.15	≤1.00	11.0 ~ 14.0	0.045	0.030	16.5 ~ 19.0	—	0.50 ~ 2.50	0.20 ~ 0.45	—

（续）

钢　号	数字代号	C	Si	Mn	P≤	S≤	Cr	Mo	Ni	N	其　他
奥氏体型（特殊等级）											
X6CrMnNiN 18-13-3	1.4378	≤0.08	≤1.00	11.5 ~ 14.5	0.060	0.030	17.0 ~ 19.0	—	2.30 ~ 3.70	0.20 ~ 0.40	—
X6CrMnNiN 18-12-4-2	1.4646	0.02 ~ 0.10	≤1.00	10.5 ~ 14.5	0.050	0.015	17.0 ~ 19.0	≤0.50	3.50 ~ 4.50	0.20 ~ 0.30	Cu 1.50 ~ 3.00
X2CrNiMoCuS 17-10-2	1.4598	≤0.030	≤1.00	≤2.00	0.045	0.10 ~ 0.20	16.5 ~ 18.5	2.00 ~ 2.50	10.0 ~ 13.0	≤0.10	Cu 1.30 ~ 1.80
X3CrNiCuMo 17-11-3-2	1.4578	≤0.040	≤1.00	≤1.00	0.045	0.015	16.5 ~ 17.5	2.00 ~ 2.50	10.0 ~ 11.0	≤0.10	Cu 3.00 ~ 3.50
X6CrNiMoNb17-12-2	1.4580	≤0.08	≤1.00	≤2.00	0.045	0.015	16.5 ~ 18.5	2.00 ~ 2.50	10.5 ~ 13.5	—	Nb 10C ~ 1.00
X2CrNiMo 18-15-4	1.4438	≤0.030	≤1.00	≤2.00	0.045	0.030[①]	17.5 ~ 19.5	3.00 ~ 4.00	13.0 ~ 16.0	≤0.10	—
X1CrNiMoCuN 20-18-7	1.4547	≤0.020	≤0.70	≤1.00	0.030	0.010	19.5 ~ 20.5	6.00 ~ 7.00	17.5 ~ 18.5	0.18 ~ 0.25	Cu 0.50 ~ 1.00
X1CrNiMoN 25-22-2	1.4466	≤0.020	≤0.70	≤2.00	0.025	0.010	24.0 ~ 26.0	2.00 ~ 2.50	21.0 ~ 23.0	0.10 ~ 0.16	
X1CrNiMoCuNW 24-22-6	1.4659	≤0.020	≤0.70	2.00 ~ 4.00	0.030	0.010	23.0 ~ 25.0	5.50 ~ 6.50	21.0 ~ 23.0	0.35 ~ 0.50	W 1.50 ~ 2.50 Cu 1.00 ~ 2.00
X1CrNiMoCuN 24-22-8	1.4652	≤0.020	≤0.50	2.00 ~ 4.00	0.030	0.005	23.0 ~ 25.0	7.00 ~ 8.00	21.0 ~ 23.0	0.45 ~ 0.55	Cu 0.30 ~ 0.60
X2CrNiMnMoN 25-18-6-5	1.4565	≤0.030	≤1.00	5.00 ~ 7.00	0.030	0.015	24.0 ~ 26.0	4.00 ~ 5.00	16.0 ~ 19.0	0.30 ~ 0.60	Nb≤0.15[②]
X1CrNiMoCuN 25-25-5	1.4537	≤0.020	≤0.70	≤2.00	0.030	0.010	24.0 ~ 26.0	4.70 ~ 5.70	24.0 ~ 27.0	0.17 ~ 0.25	Cu 1.00 ~ 2.00
X1NiCrMoCuN 25-20-7	1.4529	≤0.020	≤0.50	≤1.00	0.030	0.010	19.0 ~ 21.0	6.00 ~ 7.00	24.0 ~ 26.0	0.15 ~ 0.25	Cu 0.50 ~ 1.50
X1NiCrMoCu 31-27-4	1.4563	≤0.020	≤0.70	≤2.00	0.030	0.010	26.0 ~ 28.0	3.00 ~ 4.00	30.0 ~ 32.0	≤0.10	Cu 0.70 ~ 1.50
X1CrNiN 23-4	1.4362	≤0.030	≤1.00	≤2.00	0.035	0.015	22.0 ~ 24.5	0.10 ~ 0.60	3.50 ~ 5.50	0.05 ~ 0.20	Cu 0.10 ~ 0.60
X2CrNiMoN 22-5-3	1.4462	≤0.030	≤1.00	≤2.00	0.035	0.015	21.0 ~ 23.0	2.50 ~ 3.50	4.50 ~ 6.50	0.10 ~ 0.22	—
X3CrNiMoN 27-5-2	1.4460	≤0.05	≤1.00	≤2.00	0.035	0.030[①]	25.0 ~ 28.0	1.30 ~ 2.00	4.50 ~ 6.50	0.05 ~ 0.20	—
奥氏体-铁素体型（标准等级）											
X2CrNiN 23-4	1.4362	≤0.030	≤1.00	≤2.00	0.035	0.015	22.0 ~ 24.5	0.10 ~ 0.60	3.50 ~ 5.50	0.05 ~ 0.20	Cu 0.10 ~ 0.60
X2CrNiMoN 22-5-3	1.4462	≤0.030	≤1.00	≤2.00	0.035	0.015	21.0 ~ 23.0	2.50 ~ 3.50	4.50 ~ 6.50	0.10 ~ 0.22	—
X3CrNiMoN 27-5-2	1.4460	≤0.05	≤1.00	≤2.00	0.035	0.030	25.0 ~ 28.0	1.30 ~ 2.00	4.50 ~ 6.50	0.05 ~ 0.20	—

（续）

钢 号	数字代号	C	Si	Mn	P≤	S≤	Cr	Mo	Ni	N	其 他
奥氏体-铁素体型（特殊等级）											
X2CrNiN 22-2	1.4062	≤0.030	≤1.00	≤2.00	0.040	0.010	21.5 ~ 24.0	≤0.45	1.00 ~ 2.90	0.16 ~ 0.28	—
X2CrCuNiN 23-2-2	1.4669	≤0.045	≤1.00	1.00 ~ 3.00	0.040	0.030	21.5 ~ 24.0	≤0.50	1.00 ~ 3.00	0.12 ~ 0.20	Cu 1.60 ~ 3.00
X2CrNiMoSi 18-5-3	1.4424	≤0.030	1.40 ~ 2.00	1.20 ~ 2.00	0.035	0.015	18.0 ~ 19.0	2.50 ~ 3.00	4.50 ~ 5.20	0.05 ~ 0.10	
X2CrMnNiN 21-5-1	1.4162	≤0.04	≤1.00	4.00 ~ 6.00	0.040	0.015	21.0 ~ 22.0	0.10 ~ 0.80	1.35 ~ 1.90	0.20 ~ 0.25	Cu 0.10 ~ 0.80
X2CrMnNiMoN 21-5-3	1.4482	≤0.030	≤1.00	4.00 ~ 6.00	0.035	0.030	19.5 ~ 21.5	0.10 ~ 0.60	1.50 ~ 3.50	0.05 ~ 0.20	Cu≤1.00
X2CrNiMnMoCuN 24-4-3-2	1.4662	≤0.030	≤0.70	2.50 ~ 4.00	0.035	0.005	23.0 ~ 25.0	1.00 ~ 2.00	3.00 ~ 4.50	0.20 ~ 0.30	Cu 0.10 ~ 0.80
X2CrNiMoCuN 25-6-3	1.4507	≤0.030	≤0.70	≤2.00	0.035	0.015	24.0 ~ 26.0	3.00 ~ 4.00	6.00 ~ 8.00	0.20 ~ 0.30	Cu 1.00 ~ 2.50
X2CrNiMoN 25-7-4	1.4410	≤0.030	≤1.00	≤2.00	0.035	0.015	24.0 ~ 26.0	3.00 ~ 4.50	6.00 ~ 8.00	0.24 ~ 0.35	—
X2CrNiMoCuWN 25-7-4	1.4501	≤0.030	≤1.00	≤1.00	0.035	0.015	24.0 ~ 26.0	3.00 ~ 4.00	6.00 ~ 8.00	0.20 ~ 0.30	Cu 0.50 ~ 1.00 W 0.50 ~ 1.00
X2CrNiMoN 29-7-2	1.4477	≤0.030	≤0.50	0.80 ~ 1.50	0.030	0.015	28.0 ~ 30.0	1.50 ~ 2.60	5.80 ~ 7.50	0.30 ~ 0.40	Cu≤0.80
X2CrNiMoCoN 28-8-5-1	1.4658	≤0.030	≤0.50	≤1.50	0.035	0.010	26.0 ~ 29.0	4.00 ~ 6.00	5.50 ~ 9.50	0.30 ~ 0.50	Co 0.50 ~ 2.00 Cu≤1.00
铁素体型（标准等级）											
X2CrNi 12	1.4003	≤0.030	≤1.00	≤1.50	0.040	0.030[①]	10.5 ~ 12.5	—	0.30 ~ 1.00	≤0.030	—
X6Cr 13	1.4000	≤0.08	≤1.00	≤1.00	0.040	0.030[①]	12.0 ~ 14.0	—	—	—	
X6Cr 17	1.4016	≤0.08	≤1.00	≤1.00	0.040	0.030[①]	16.0 ~ 18.0	—	—	—	
X6CrMoS 17	1.4105	≤0.08	≤1.50	≤1.50	0.040	0.15 ~ 0.35	16.0 ~ 18.0	0.20 ~ 0.60	—	—	
X6CrMo 17-1	1.4113	≤0.08	≤1.00	≤1.00	0.040	0.030[①]	16.0 ~ 18.0	0.90 ~ 1.40	—	—	
特殊等级											
X2CrTi 17	1.4520	≤0.025	≤0.50	≤0.50	0.040	0.015	16.0 ~ 18.0	—	—	≤0.015	Ti[4(C+N)+0.15]~0.80
X3CrNb 17	1.4511	≤0.05	≤1.00	≤1.00	0.040	0.030[①]	16.0 ~ 18.0	—	—	—	Nb 12C ~ 1.00

（续）

钢 号	数字代号	C	Si	Mn	P≤	S≤	Cr	Mo	Ni	N	其 他
铁素体型（特殊等级）											
X2CrTiNb18	1.4509	≤0.030	≤1.00	≤1.00	0.040	0.015	17.5 ~ 18.5	—	—	—	Ti 0.10 ~ 0.60 Nb [3C + 0.30] ~ 1.00[2]
X2CrTi 21	1.4611	≤0.030	≤1.00	≤1.00	0.040	0.050	19.0 ~ 22.0	≤0.50	≤0.50	—	Ti [4(C + N) + 0.20] ~ 1.00 Al≤0.05, Cu≤0.50
X2CrNbCu 21	1.4621	≤0.030	≤1.00	≤1.00	0.040	0.015	20.0 ~ 21.5	—	—	≤0.030	Nb [7(C + N) + 0.10] ~ 1.00 Cu 0.10 ~ 1.00
X2CrTi 24	1.4613	≤0.030	≤1.00	≤1.00	0.040	0.050	22.0 ~ 25.0	≤0.50	≤0.50	—	Ti [4(C + N) + 0.20] ~ 1.00 Al≤0.05, Cu≤0.50
X6CrMoNb 17-1	1.4526	≤0.08	≤1.00	≤1.00	0.040	0.015	16.0 ~ 18.0	0.80 ~ 1.40		≤0.040	Nb[7(C + N) + 0.10] ~ 1.00[2]
X2CrMoTiS 18-2	1.4523	≤0.030	≤1.00	≤0.50	0.040	0.15 ~ 0.35	17.5 ~ 19.0	2.00 ~ 2.50			Ti [4(C + N) + 0.15] ~ 0.80 C + N≤0.040
马氏体型（标准等级）											
X12Cr 13	1.4006	0.08 ~ 0.15	≤1.00	≤1.50	0.040	0.030[1]	11.5 ~ 13.5	—	≤0.75	—	—
X12CrS 13	1.4005	0.08 ~ 0.15	≤1.00	≤1.50	0.040	0.15 ~ 0.35[1]	12.0 ~ 14.0	≤0.60		—	—
X15Cr13	1.4024	0.12 ~ 0.17	≤1.00	≤1.00	0.040	0.030[1]	12.0 ~ 14.0			—	—
X20Cr 13	1.4021	0.16 ~ 0.25	≤1.00	≤1.50	0.040	0.030[1]	12.0 ~ 14.0			—	—
X30Cr 13	1.4028	0.26 ~ 0.35	≤1.00	≤1.50	0.040	0.030[1]	12.0 ~ 14.0			—	—
X39Cr 13	1.4031	0.36 ~ 0.42	≤1.00	≤1.00	0.040	0.030[1]	12.5 ~ 14.5	—	—	—	—
X46Cr 13	1.4034	0.43 ~ 0.50	≤1.00	≤1.00	0.040	0.030[1]	12.5 ~ 14.5			—	—
X17CrNi 16-2	1.4057	0.12 ~ 0.22	≤1.00	≤1.50	0.040	0.030[1]	15.0 ~ 17.0		1.50 ~ 2.50	—	—
X38CrMo14	1.4419	0.36 ~ 0.42	≤1.00	≤1.00	0.040	0.015	13.0 ~ 14.5	0.60 ~ 1.00	—	—	—
X55CrMo14	1.4110	0.48 ~ 0.60	≤1.00	≤1.00	0.040	0.030[1]	13.0 ~ 15.0	0.50 ~ 0.80		—	V≤0.15

（续）

钢 号	数字代号	C	Si	Mn	P≤	S≤	Cr	Mo	Ni	N	其 他
马氏体型（标准等级）											
X3CrMo 13-4	1.4313	≤0.05	≤0.70	≤1.50	0.040	0.015①	12.0 ~ 14.0	0.30 ~ 0.70	3.50 ~ 4.50	≥0.020	—
X50CrMoV 15	1.4116	0.45 ~ 0.55	≤1.00	≤1.00	0.040	0.030①	14.0 ~ 15.0	0.50 ~ 0.80	—	—	V 0.10 ~ 0.20
X14CrMoS 17	1.4104	0.10 ~ 0.17	≤1.00	≤1.50	0.040	0.15 ~ 0.35	15.5 ~ 17.5	0.20 ~ 0.60	—	—	—
X39CrMo17-1	1.4122	0.33 ~ 0.45	≤1.00	≤1.50	0.040	0.030①	15.5 ~ 17.5	0.80 ~ 1.30	≤1.00	—	—
X4CrNiMo 16-5-1	1.4418	≤0.06	≤0.70	≤1.50	0.040	0.030①	15.0 ~ 17.0	0.80 ~ 1.50	4.00 ~ 6.00	≥0.020	—
马氏体型（特殊等级）											
X29CrS 13	1.4029	0.25 ~ 0.32	≤1.00	≤1.50	0.040	0.15 ~ 0.35	12.0 ~ 13.5	≤0.60	—	—	—
X46CrS 13	1.4035	0.43 ~ 0.50	≤1.00	≤2.00	0.040	0.15 ~ 0.35	12.5 ~ 14.0	—	—	—	—
X70CrMo 15	1.4109	0.65 ~ 0.75	≤0.70	≤1.00	0.040	0.030①	14.0 ~ 16.0	0.40 ~ 0.80	—	—	—
X2CrNiMoV 13-5-2	1.4415	≤0.030	≤0.50	≤0.50	0.040	0.015①	11.5 ~ 13.5	1.50 ~ 2.50	4.50 ~ 6.50	—	V 0.10 ~ 0.50 Ti≤0.010
X53CrSiMoVN 16-2	1.4150	0.45 ~ 0.60	≤0.60	≤0.80	0.030	0.010	15.0 ~ 16.0	0.20 ~ 0.40	≤0.40	0.05 ~ 0.20	V 0.20 ~ 0.40
X105CrMo 17	1.4125	0.95 ~ 1.20	≤1.00	≤1.00	0.040	0.030①	16.0 ~ 18.0	0.40 ~ 0.80	—	—	—
X40CrMoVN 16-2	1.4123	0.35 ~ 0.50	≤1.00	≤1.00	0.040	0.015	14.0 ~ 16.0	1.00 ~ 2.50	≤0.50	—	V≤1.50 N 0.10 ~ 0.30
X90CrMoV 18	1.4112	0.85 ~ 0.95	≤1.00	≤1.00	0.040	0.030①	17.0 ~ 19.0	0.90 ~ 1.30	—	—	V 0.07 ~ 0.12
沉淀硬化型（标准等级）											
X5CrNiCuNb16-4	1.4542	≤0.07	≤0.70	≤1.50	0.040	0.015①	15.0 ~ 17.0	≤0.60	3.00 ~ 5.00	—	Cu 3.00 ~ 5.00 Nb 5C ~ 0.45
X7CrNiAl 17-7	1.4568	≤0.09	≤0.70	≤1.00	0.040	0.015	16.0 ~ 18.0	—	6.50 ~ 7.80③	—	Al 0.70 ~ 1.50

（续）

钢　号	数字代号	C	Si	Mn	P≤	S≤	Cr	Mo	Ni	N	其　他
沉淀硬化型（标准等级）											
X5CrNiMoCuNb 14-5	1.4594	≤0.07	≤0.70	≤1.00	0.040	0.015	13.0 ~ 15.0	1.20 ~ 2.00	5.00 ~ 6.00	—	Cu 1.20 ~ 2.00 （Nb + Ta） 0.15 ~ 0.60
特殊等级											
X1CrNiMoAlTi 12-9-2	1.4530	≤0.015	≤0.10	≤0.10	0.010	0.005	11.0 ~ 12.5	1.85 ~ 2.15	8.50 ~ 9.50	≤0.010	Al 0.60 ~ 0.80 Ti 0.28 ~ 0.37
X1CrNiMoAlTi 12-10-2	1.4596	≤0.015	≤0.10	≤0.10	0.010	0.005	11.0 ~ 12.5	1.85 ~ 2.15	9.20 ~ 10.2	≤0.020	Al 0.80 ~ 1.10 Ti 0.28 ~ 0.40
X1CrNiMoAlTi 12-11-2	1.4612	≤0.015	≤0.10	≤0.10	0.010	0.005	11.0 ~ 12.5	1.75 ~ 2.25	10.2 ~ 11.3	≤0.010	Al 1.35 ~ 1.75 Ti 0.20 ~ 0.50
X5NiCrTiMoVB 25-15-2	1.4606	≤0.08	≤1.00	1.00 ~ 2.00	0.025	0.015	13.0 ~ 16.0	1.00 ~ 1.50	24.0 ~ 27.0	—	Ti 1.90 ~ 2.30 V 0.10 ~ 0.50 Al ≤0.35 B 0.0010 ~ 0.010

① 用于机械加工的钢材，允许 S = 0.015% ~ 0.030%；为保证焊接性能，允许 S = 0.008% ~ 0.030%；为保证抛光性能，推荐 S≤0.015%。

② 应为 Nb + Ta 含量。

③ 为更好地冷加工，Ni 含量上限可控制在 8.30% 以下。

（2）EN 欧洲标准奥氏体型不锈钢和耐热钢棒材与线材的室温力学性能与抗晶间腐蚀倾向（表3-3-24）

表3-3-24　奥氏体型不锈钢和耐热钢棒材与线材的室温力学性能与抗晶间腐蚀倾向（固溶处理）

EN 标准 钢　号	数字代号	厚度或直径 /mm	HBW ≤	$R_{p0.2}$ /MPa	$R_{p1.0}$ /MPa	R_m /MPa	A_{80}(%) 纵向	A(%) 横向	KV/J 纵向	KV/J 横向	抗晶间腐蚀倾向 交货状态	抗晶间腐蚀倾向 敏化状态
							≥		≥			
标准等级												
X10CrNi 18-8	1.4310	≤40	230	195	230	500 ~ 750	40	—	—	—	无	无
X2CrNi 18-9	1.4307	≤160	215	175	210	500 ~ 700	45	—	100	—	有	有
		> 160 ~ 250					—	35	—	60		
X8CrNiS18-9	1.4305	≤160	230	190	225	500 ~ 750	35	—	—	—	无	无
X6CrNiCuS 18-9-2	1.4570	≤160	215	185	220	500 ~ 710	35	—	—	—	无	无
X3CrNiCu 18-9-4	1.4567	≤160	215	175	210	450 ~ 650	45	—	—	—	有	有
X2CrNiN18-10	1.4311	≤160	230	270	305	550 ~ 760	40	—	100	—	有	有
		> 160 ~ 250					—	30	—	60		
X5CrNi 18-10	1.4301	≤160	215	190	225	500 ~ 750	45	—	100	—	有	无
		> 160 ~ 250					—	35	—	60		
X6CrNiTi 18-10	1.4541	≤160	215	190	225	500 ~ 750	45	—	100	—	有	有
		> 160 ~ 250					—	35	—	60		
X2CrNi 19-11	1.4306	≤160	215	180	210	460 ~ 680	45	—	100	—	有	有
		> 160 ~ 250					—	35	—	60		
X4CrNi 18-12	1.4303	≤160	215	190	225	500 ~ 700	45	—	100	—	有	无
		> 160 ~ 250					—	35	—	60		

（续）

EN 标准		厚度或直径 /mm	HBW ≤	$R_{p0.2}$ /MPa	$R_{p1.0}$ /MPa	R_m /MPa	A_{80}(%)		A(%)		KV/J		抗晶间腐蚀倾向	
钢　号	数字代号			≥			纵向	横向	纵向	横向	纵向	横向	交货状态	敏化状态
标准等级														
X2CrNiMoN 17-11-2	1.4406	≤160	250	280	315	580~800	40	—	100	—			有	有
		>160~250					—	30	—	60				
X2CrNiMo 17-12-2	1.4404	≤160	215	200	235	500~700	40	—	100	—			有	有
		>160~250					—	30	—	60				
X5CrNiMo 17-12-2	1.4401	≤160	215	200	235	500~700	40	—	100	—			有	无
		>160~250					—	30	—	60				
X6CrNiMoTi 17-12-2	1.4571	≤160	215	200	235	500~700	40	—	100	—			有	有
		>160~250					—	30	—	60				
X2CrNiMo 17-12-3	1.4432	≤160	215	200	235	500~700	40	—	100	—			有	有
		>160~250					—	30	—	60				
X3CrNiMo 17-13-3	1.4436	≤160	215	200	235	500~700	40	—	100	—			有	无
		>160~250					—	30	—	60				
X2CrNiMoV 17-13-3	1.4429	≤160	250	280	315	580~800	40	—	100	—			有	有
		>160~250					—	30	—	60				
X2CrNiMo 18-14-3	1.4435	≤160	215	200	235	500~700	40	—	100	—			有	有
		>160~250					—	30	—	60				
X2CrNiMoN 17-13-5	1.4439	≤160	250	280	315	580~800	35	—	100	—			有	有
		>160~250					—	30	—	60				
X1CrNiMoCu 25-20-5	1.4539	≤160	230	230	260	530~730	35	—	100	—			有	有
		>160~250					—	30	—	60				
特殊等级														
X5CrNi 17-7	1.4319	≤16	215	190	225	500~700	45	—	100	—			有	无
X9CrNi 18-9	1.4325	≤40	215	190	225	550~750	40	—	—	—			有	无
X5CrNiN 19-9	1.4315	≤40	215	270	310	550~750	40	—	100	—			有	无
X3CrNiCu 19-9-2	1.4560	≤160	215	170	220	450~650	45	—	100	—			有	有
X6CrNiNb18-10	1.4550	≤160	230	205	240	510~740	40	—	100	—			有	有
		>160~250					—	30	—	60				
X1CrNiSi 18-15-4	1.4361	≤160	230	210	240	530~730	40	—	100	—			有	有
		>160~250					—	30	—	60				
X8CrMnCuNB 17-8-3	1.4597	≤160	245	270	305	560~780	40	—	100	—			有	无
X3CrMnNiCu 15-8-5-3	1.4615	≤160	180	175	210	400~600	45	—	100	—			有	有
X12CrMnNiN 17-7-5	1.4372	≤160	260	230	370	680~880	40	—	100	—			有	无
		>160~250					—	35	—	60				
X8CrMnNiN 18-9-5	1.4374	≤40	260	350	380	700~900	35	—	—	—			有	无
X11CrNiMnN 19-8-6	1.4369	≤160	300	340	370	750~950	35	35	100	60			有	无

（续）

EN 标准		厚度或直径 /mm	HBW ≤	$R_{p0.2}$ /MPa ≥	$R_{p1.0}$ /MPa ≥	R_m /MPa	A_{80}(%) 纵向	A(%) 横向	KV/J 纵向	KV/J 横向	抗晶间腐蚀倾向 交货状态	抗晶间腐蚀倾向 敏化状态
钢　号	数字代号								≥			
特 殊 等 级												
X13MnNiN 18-13-2	1.4020	≤160	220	380	420	690~850	30	—	100		有	无
		>160~250					—	30	—	60		
X6CrMnNiN 18-13-3	1.4378	≤160	220	380	420	690~830	30	—	100		有	无
		>160~250					—	30	—	60		
X6CrMnNiN 18-12-4-2	1.4646	≤8	260	380	400	650~850	30	30	100	60	有	有
X2CrNiMoCuS 17-10-2	1.4598	≤160	215	200	235	500~700	40				有	有
X3CrNiCuMo 17-11-3-2	1.4578	≤160	215	175		450~650	45				有	有
X6CrNiMoNb 17-12-2	1.4580	≤160	230	215	250	510~740	35	—	100		有	有
		>160~250					—	30	—	60		
X2CrNiMo 18-15-4	1.4438	≤160	215	200	235	500~700	40	—	100		有	有
		>160~250					—	30	—	60		
X1CrNiMoCuN 20-18-7	1.4547	≤160	260	300	340	650~850	35	—	100		有	有
		>160~250					—	30	—	60		
X1CrNiMoN 25-22-2	1.4466	≤160	240	250	290	540~740	35	—	100		有	有
		>160~250					—	30	—	60		
X1CrNiMoCuNW 24-22-6	1.4659	≤8	390	420	460	800~1000	50		90	60	有	有
X1CrNiMoCuN 24-22-8	1.4652	≤160	310	430	470	750~1000	40	—	100		有	有
X2CrNiMnMoN 25-18-6-5	1.4565	≤160	—	420	460	800~950	35	—	100		有	有
X1CrNiMoCuN 25-25-5	1.4537	≤160	250	300	340	600~800	35	—	100		有	有
		>160~250					—	30	—	60		
X1NiCrMoCuN 25-20-7	1.4529	≤160	250	300	340	650~850	40	—	100		有	有
		>160~250					—	35	—	60		
X1NiCrMoCu 31-27-4	1.4563	≤160	230	220	250	500~750	35	—	100		有	有
		>160~250					—	30	—	60		

（3）EN 欧洲标准奥氏体-铁素体型不锈钢和耐热钢棒材与线材的室温力学性能与抗晶间腐蚀倾向（表3-3-25）

表 3-3-25　奥氏体-铁素体型不锈钢和耐热钢棒材与线材的室温力学性能与抗晶间腐蚀倾向（固溶处理）

EN 标准		厚度或直径 /mm	HBW ≤	$R_{p0.2}$ /MPa ≥	R_m /MPa	A(%) （纵向）≥	KV/J （纵向）≥	抗晶间腐蚀倾向 交货状态	抗晶间腐蚀倾向 敏化状态
钢　号	数字代号								
标 准 等 级									
X2CrNiN 23-4	1.4362	≤160	260	400	600~830	25	100	有	有
X2CrNiMoN 22-5-3	1.4462	≤160	270	450	650~880	25	100	有	有
X3CrNiMoN 27-5-2	1.4460	≤160	260	450	620~880	20	85	有	有

（续）

EN 标准		厚度或直径 /mm	HBW ≤	$R_{p0.2}$ /MPa ≥	R_m /MPa	A(%)	KV/J	抗晶间腐蚀倾向	
钢 号	数字代号					（纵向）		交货状态	敏化状态
						≥			
特 殊 等 级									
X2CrNiN 22-2	1.4062	≤160	290	380	650~900	30	40	有	有
X2CrCuNiN 23-2-2	1.4669	≤160	300	400	650~900	25	100	有	有
X2CrNiMoSi 18-5-3	1.4424	≤50	260	450	700~900	25	100	有	有
		>50~160	260	400	680~900	25	100	有	有
X2CrMnNiN 21-5-1	1.4162	≤160	290	400	650~900	25	60	有	有
X2CrMnNiMoN 21-5-3	1.4482	≤160	—	400	650~900	25	60	有	有
X2CrNiMnMoCuN 24-4-3-2	1.4662	≤160	290	450	650~900	25	60	有	有
X2CrNiMoCuN 25-6-3	1.4507	≤160	270	500	700~900	25	100	有	有
X2CrNiMoN 25-7-4	1.4410	≤160	290	530	730~930	25	100	有	有
X2CrNiMoCuWN 25-7-4	1.4501	≤160	290	530	730~930	25	100	有	有
X2CrNiMoN 29-7-2	1.4477	≤10	310	650	800~1050	25	100	有	有
		>10~160	310	550	750~1000	25	100	有	有
X2CrNiMoCoN 28-8-5-1	1.4658	≤5	300	650	800~1000	25	100	有	有

（4）EN 欧洲标准铁素体型不锈钢和耐热钢棒材与线材的室温力学性能与抗晶间腐蚀倾向（表3-3-26）

表 3-3-26 铁素体型不锈钢和耐热钢棒材与线材的室温力学性能与抗晶间腐蚀倾向（退火）

EN 标准		厚度或直径 /mm	HBW ≤	$R_{p0.2}$ /MPa ≥	R_m /MPa	A（%）	抗晶间腐蚀倾向	
钢 号	数字代号					纵向	交货状态	敏化状态
						≥		
标 准 等 级								
X2CrNi 12	1.4003	≤100	200	260	450~600	20	无	无
X6Cr 13	1.4000	≤25	200	230	400~630	20	无	无
X6Cr 17	1.4016	≤100	200	240	400~630	20	有	无
X6CrMoS 17	1.4105	≤100	200	250	430~630	20	无	无
X6CrMo 17-1	1.4113	≤100	200	280	440~660	18	有	无
特 殊 等 级								
X2CrTi 17	1.4520	≤50	200	200	420~620	20	有	有
X3CrNb 17	1.4511	≤50	200	200	420~620	20	有	有
X2CrTiNb18	1.4509	≤50	200	200	420~620	18	有	有
X2CrTi 21	1.4611	≤8	200	250	430~630	18	有	有
X2CrNbCu 21	1.4621	≤50	200	240	420~640	20	有	有
X2CrTi 24	1.4613	≤8	200	250	430~630	18	有	有
X6CrMoNb 17-1	1.4526	≤50	200	300	480~580	15	有	无
X2CrMoTiS 18-2	1.4523	≤100	200	280	430~60	15	有	无

（5）EN 欧洲标准马氏体型不锈钢和耐热钢棒材与线材的室温力学性能（表3-3-27）

表 3-3-27　马氏体型不锈钢和耐热钢棒材与线材的室温力学性能（热处理）

EN标准 钢号	数字代号	厚度或直径/mm	热处理状态①	HBW ≤	$R_{p0.2}$/MPa ≥	R_m/MPa	$A_{80}(\%)$ 纵向	$A(\%)$ 横向	KV/J 纵向	KV/J 横向
						标准等级	≥			
X12Cr 13	1.4006	—	A	220	—	≤730	—	—	—	—
		≤160	QT650	—	450	650~850	15	—	25	—
X12CrS 13	1.4005	—	A	220	—	≤730	—	100	—	—
		≤160	QT650	—	450	650~850	12	—	—	—
X15Cr13	1.4024	—	A	220	—	≤730	—	—	—	—
		≤160	QT650	—	450	650~850	15	—	—	—
X20Cr 13	1.4021	—	A	230	—	≤760	—	—	—	—
		≤160	QT700	—	500	700~850	13	—	25	—
		≤160	QT800	—	600	800~900	12	—	20	—
X30Cr 13	1.4028	—	A	245	—	≤800	—	—	—	—
		≤160	QT850	—	650	850~1000	10	—	12	—
X39Cr 13	1.4031	—	A	245	—	≤800	—	—	—	—
		≤160	QT800	—	650	850~1000	10	—	12	—
X46Cr 13	1.4034	—	A	245	—	≤800	—	—	—	—
		≤160	QT800	—	650	800~1000	10	—	12	—
X17CrNi 16-2（1）	1.4057	—	A	295	—	≤950	—	—	—	—
		≤60	QT800	—	600	800~950	14	—	25	—
		>60~160					12	—	20	—
X17CrNi 16-2（2）	1.4057	≤60	QT900	—	700	900~1050	12	—	16	—
		>60~160					10	—	15	—
X38CrMo14	1.4419	—	A	235	—	≤760	—	—	—	—
X55CrMo14	1.4110	≤100	A	260	—	≤950	—	—	—	—
X3CrMo 13-4（1）	1.4313	—	A	320	—	≤1100	—	—	—	—
		≤160	QT700	—	520	700~850	15	—	70	—
		>160~250					—	12	—	50
X3CrMo 13-4（2）	1.4313	≤160	QT780	—	620	780~980	15	—	70	—
		>160~250					—	12	—	50
X3CrMo 13-4（3）	1.4313	≤160	QT900	—	800	900~1100	12	—	50	—
		>160~250					—	10	—	40
X50CrMoV 15	1.4116	—	A	280	—	≤900	—	—	—	—
X4CrNiMo 16-5-1（1）	1.4418	—	A	320	—	≤800	—	—	—	—
		≤160	QT760	—	550	760~960	16	—	90	—
		>160~250					—	14	—	70
X4CrNiMo 16-5-1（2）	1.4418	≤160	QT900	—	700	900~1100	16	—	80	—
		>160~250					—	14	—	60
X14CrMoS 17	1.4104	—	A	220	—	≤730	—	—	—	—
		≤60	QT650	—	500	650~850	12	—	—	—
		>60~160					10	—	—	—

（续）

EN 标准		厚度或直径 /mm	热处理 状态[1]	HBW ≤	$R_{p0.2}$ /MPa ≥	R_m /MPa	A_{80}（%）		A（%）	KV/J	
钢 号	数字 代号						纵向	横向		纵向	横向
							≥				
标 准 等 级											
X39CrMo17-1	1.4122	—	A	280	—	≤900	—	—		—	—
		≤60	QT750	—	550	750～950	12	—		15	—
		>60～160								10	—
特 殊 等 级											
X29CrS 13	1.4029	≤160	A	245	—	≤800	—	—		—	—
			QT850	—	650	850～1000	9	—		—	—
X46CrS 13	1.4035	≤63	A	245	—	≤800	—	—		—	—
X70CrMo 15	1.4109	≤100	A	280	—	≤900	—	—		—	—
X2CrNiMoV 13-5-2	1.4415	≤160	QT750	—	650	750～900	18	—		100	—
			QT850	—	750	850～1000	15	—		80	—
X53CrSiMoVN 16-2	1.4150	≤100	A	255	—	—	—	—		—	—
			QT	—	—	—	—	—		—	—
X105CrMo 17	1.4125	≤100	A	285	—	—	—	—		—	—
X40CrMoVN 16-2	1.4123	≤100	A	260	—	—	—	—		—	—
			QT	—	—	—	—	—		—	—
X90CrMoV 18	1.4112	≤100	A	265	—	—	—	—		—	—

① 热处理状态代号：A—退火；QT—淬火＋回火。

（6）EN 欧洲标准沉淀硬化型不锈钢和耐热钢棒材与线材的室温力学性能（表3-3-28）

表 3-3-28 沉淀硬化型不锈钢和耐热钢棒材与线材的室温力学性能（热处理）

EN 标准		厚度或 直径 /mm	热处理 状态[1]	HBW ≤	$R_{p0.2}$ /MPa ≥	R_m /MPa	A（%） 纵向	KV/J
钢 号	数字 代号						≥	
标 准 等 级								
X5CrNiCuNb16-4（1）	1.4542	≤100	AT	360	—	≤730	—	—
		≤100	P800	—	520	800～950	18	75
		≤100	P930	—	720	930～1100	16	40
X5CrNiCuNb16-4（2）	1.4542	≤100	P980	—	790	960～1160	12	—
		≤100	P1070	—	1000	1070～1270	10	—
X7CrNiAl 17-7	1.4568	≤30	AT	255	—	≤850	—	—
X5CrNiMoCuNb 14-5（1）	1.4594	≤100	AT	360	—	≤1200	—	—
		≤100	P930	—	720	930～1100	15	40
X5CrNiMoCuNb 14-5（2）	1.4594	≤100	P1000	—	860	1000～1200	10	—
		≤100	P1070	—	1000	1070～1270	10	—
特 殊 等 级								
X1CrNiMoAlTi 12-9-2	1.4530	≤150	AT	363	—	≤1200	—	—
			P1200	—	1100	≤1200	12	90

（续）

| EN 标准 | | 厚度或直径 /mm | 热处理状态① | HBW ≤ | $R_{p0.2}$ /MPa ≥ | R_m /MPa | A （%） | KV/J |
钢　号	数字代号						纵　向	
							≥	
特　殊　等　级								
X1CrNiMoAlTi 12-10-2	1.4596	≤150	AT	363	—	≤1200	—	—
			P1400	—	1300	≤1400	9	50
X1CrNiMoAlTi 12-11-2	1.4612	≤150	AT	331	—	—	—	—
			P1510	—	1380	≤1510	10	20
			P1650		1515	≤1650	10	10
X5NiCrTiMoVB 25-15-2	1.4606	≤150	AT	212	250	≤700	35	
			P880	—	550	880～1150	20	50

①　热处状态理代号：AT—固溶处理；P—沉淀硬化处理。

3.3.7　结构用不锈钢板与钢带［EN 10088-4（2009）］

（1）EN 欧洲标准结构用不锈钢板与钢带的钢号与化学成分（表 3-3-29）

表 3-3-29　结构用不锈钢板与钢带的钢号与化学成分（质量分数）（%）

钢　号	数字代号	C	Si	Mn	P ≤	S ≤	Cr	Mo	Ni	其　他
奥氏体型（标准等级）										
X2CrNiN 18-7	1.4318	≤0.030	≤1.00	≤2.00	0.045	0.015	16.5～18.5	—	6.00～8.00	N 0.10～0.20
X2CrNi 18-9	1.4307	≤0.030	≤1.00	≤2.00	0.045	0.015①	17.5～19.5	—	8.00～10.5	N≤0.10
X2CrNi 19-11	1.4306	≤0.030	≤1.00	≤2.00	0.045	0.015①	18.0～20.0	—	10.0～12.0	N≤0.10
X2CrNiN 18-10	1.4311	≤0.030	≤1.00	≤2.00	0.045	0.015①	17.5～19.5	—	8.50～11.5	N 0.12～0.22
X5CrNi 18-10	1.4301	≤0.070	≤1.00	≤2.00	0.045	0.015①	17.5～19.5	—	8.00～10.5	N≤0.10
X6CrNiTi 18-10	1.4541	≤0.080	≤1.00	≤2.00	0.045	0.015①	17.0～19.0	—	9.00～12.0	Ti 5C≤0.70
X2CrNiMo 17-12-2	1.4404	≤0.030	≤1.00	≤2.00	0.045	0.015①	16.5～18.5	2.00～2.50	10.0～13.0	N≤0.10
X2CrNiMoN 17-11-2	1.4406	≤0.030	≤1.00	≤2.00	0.045	0.015①	16.5～18.5	2.00～2.50	10.0～12.5	N 0.12～0.22
X5CrNiMo 17-12-2	1.4401	≤0.070	≤1.00	≤2.00	0.045	0.015①	16.5～18.5	2.00～2.50	10.0～13.0	N≤0.10
X6CrNiMoTi 17-12-2	1.4571	≤0.080	≤1.00	≤2.00	0.045	0.015①	16.5～18.5	2.00～2.50	10.5～13.5	Ti 5C≤0.70
X2CrNiMo 17-12-3	1.4432	≤0.030	≤1.00	≤2.00	0.045	0.015	16.5～18.5	2.50～3.00	10.5～13.0	N≤0.10
X2CrNiMo 18-14-3	1.4435	≤0.030	≤1.00	≤2.00	0.045	0.015①	17.0～19.0	2.50～3.00	12.0～15.0	N≤0.10
X2CrNiMoN 17-13-5	1.4439	≤0.030	≤1.00	≤2.00	0.045	0.015	16.5～18.5	4.00～5.00	12.5～14.5	N 0.12～0.22
X1NiCrMoCu 25-20-5	1.4539	≤0.020	≤0.70	≤2.00	0.030	0.010	19.0～21.0	4.00～5.00	24.0～26.0	Cu 1.20～2.00 N≤0.15
奥氏体型（特殊等级）										
X1CrNi 25-21	1.4335	≤0.020	≤0.25	≤2.00	0.025	0.010	24.0～26.0	≤0.20	20.0～22.0	N≤0.10
X1CrNiMoN 25-22-2	1.4466	≤0.020	≤0.70	≤2.00	0.025	0.010	24.0～26.0	2.00～2.50	21.0～23.0	N 0.10～0.16
X2CrNiMoN17-13-3	1.4429	≤0.030	≤1.00	≤2.00	0.045	0.015	16.5～18.5	2.50～3.00	11.0～14.0	N 0.12～0.22
X3CrNiMo 17-13-3	1.4436	≤0.050	≤1.00	≤2.00	0.045	0.015①	16.5～18.5	2.50～3.00	10.5～13.0	N≤0.10
X2CrNiMo 18-15-4	1.4438	≤0.030	≤1.00	≤2.00	0.045	0.015①	17.5～19.5	3.00～4.00	13.0～16.0	N≤0.10
X12CrMnNiN 17-7-5	1.4372	≤0.15	≤1.00	5.50～7.50	0.045	0.015	16.0～18.0	—	3.50～5.50	N 0.05～0.25

（续）

钢 号	数字代号	C	Si	Mn	P≤	S≤	Cr	Mo	Ni	其 他
奥氏体型（特殊等级）										
X1NiCrMoCu 31-27-4	1.4563	≤0.020	≤0.70	≤2.00	0.030	0.010	26.0~28.0	3.00~4.00	30.0~32.0	Cu 0.70~1.50 N≤0.10
X1CrNiMoCuN 20-18-7	1.4547	≤0.020	≤0.70	≤1.00	0.030	0.010	19.5~20.5	6.00~7.00	17.5~18.5	Cu 0.50~1.00 N 0.18~0.25
X1NiCrMoCuN 25-20-7	1.4529	≤0.020	≤0.50	≤1.00	0.030	0.010	19.0~21.0	6.00~7.00	24.0~26.0	Cu 0.50~1.50 N 0.15~0.25
X2CrNiMnMoN 25-18-6-5	1.4565	≤0.030	≤1.00	5.00~7.00	0.030	0.015	24.0~26.0	4.00~5.00	16.0~19.0	Nb≤0.15 N 0.30~0.60
奥氏体-铁素体型（标准等级）										
X2CrNiN 23-4	1.4362	≤0.030	≤1.00	≤2.00	0.035	0.015	22.0~24.0	0.10~0.60	3.50~5.50	Cu 0.10~0.60 N 0.05~0.20
X2CrNiMoN 22-5-3	1.4462	≤0.030	≤1.00	≤2.00	0.035	0.015	21.0~23.0	2.50~3.50	4.50~6.50	N 0.10~0.22
奥氏体-铁素体型（特殊等级）										
X2CrNiMoN 29-7-2	1.4477	≤0.030	≤0.50	0.80~1.50	0.030	0.015	28.0~30.0	1.50~2.60	5.80~7.50	Cu≤0.80 N 0.30~0.40
X2CrNiMoN 25-7-4	1.4410	≤0.030	≤1.00	≤2.00	0.035	0.015	24.0~26.0	3.00~4.50	6.00~8.00	N 0.24~0.35
X2CrNiMoSi 18-5-3	1.4424	≤0.030	1.40~2.00	1.20~2.00	0.035	0.015	18.0~19.0	2.50~3.00	4.50~5.20	N 0.05~0.10
X2CrMnNi 21-5-1	1.4162	≤0.040	≤1.00	4.00~6.00	0.040	0.015	21.0~22.0	0.10~0.80	1.35~1.70	Cu 0.10~0.80 N 0.20~0.25
铁素体型（标准等级）										
X2CrNi 12	1.4003	≤0.030	≤1.00	≤1.50	0.040	0.015	10.5~12.5	—	0.30~1.00	N≤0.030
X2CrTi 12	1.4512	≤0.030	≤1.00	≤1.00	0.040	0.015	10.5~12.5	—	—	Ti 6(C+N) ≤0.65
X6Cr 17	1.4016	≤0.080	≤1.00	≤1.00	0.040	0.015[①]	16.0~18.0	—	—	—
X3CrTi 17	1.4510	≤0.050	≤1.00	≤1.00	0.040	0.015[①]	16.0~18.0	—	—	Ti[4(C+N) +0.15]≤0.80[②]
X2CrMoTi 18-2	1.4521	≤0.025	≤1.00	≤1.00	0.040	0.015	17.0~20.0	1.80~2.50	—	Ti[4(C+N)+0.15]≤0.80[②], N≤0.030
铁素体型（特殊等级）										
X2CrMoTi 17-1	1.4513	≤0.025	≤1.00	≤1.00	0.040	0.015	16.0~18.0	0.80~1.40	—	Ti 0.30~0.60 N≤0.020
X6CrMoNb 17-1	1.4526	≤0.080	≤1.00	≤1.00	0.040	0.015[①]	16.0~18.0	0.80~1.40	—	Nb[7(C+N)+0.10]≤1.00
X2CrTiNb 18	1.4509	≤0.030	≤1.00	≤1.00	0.040	0.015	17.5~18.5	—	—	Nb[3C+0.30]≤1.00 Ti 0.10~0.60

（续）

钢　号	数字代号	C	Si	Mn	P≤	S≤	Cr	Mo	Ni	其他
马氏体型（标准等级）										
X12Cr13	1.4006	0.08 ~ 0.15	≤1.00	≤1.50	0.040	0.015[①]	11.5 ~ 13.5	—	≤0.75	—
X20Cr13	1.4021	0.16 ~ 0.25	≤1.00	≤1.50	0.040	0.015[①]	12.0 ~ 14.0	—	—	—
X4CrNiMo 16-5-1	1.4418	≤0.060	≤0.70	≤1.50	0.040	0.015[①]	15.0 ~ 17.0	0.80 ~ 1.50	4.00 ~ 6.00	N≥0.020
沉淀硬化型（特殊等级）										
X5CrNiCuNb16-4	1.4542	≤0.070	≤0.70	≤1.50	0.040	0.015[①]	15.0 ~ 17.0	≤0.60	3.00 ~ 5.00	Cu 3.00 ~ 5.00 Nb 5C≤0.45
X7CrNiAl 17-7	1.4568	≤0.090	≤0.70	≤1.50	0.040	0.015	16.0 ~ 18.0	—	6.50 ~ 7.80[③]	Al 0.70 ~ 1.50

① 用于机械加工的钢材，允许 S 含量（质量分数）为 0.015% ~ 0.030%。

② 可用 Ti 或 Nb、Zr 做稳定化处理。根据其原子序数和碳、氮含量，其替代的等效值为 $Ti = \frac{7}{4}Nb = \frac{7}{4}Zr$。

③ 为了获得更好的冷成形性能，Ni 含量上限可控制在 8.30% 以下。

（2）EN 欧洲标准结构用奥氏体型不锈钢钢板与钢带的室温力学性能与抗晶间腐蚀倾向（表 3-3-30）

表 3-3-30　结构用奥氏体型不锈钢钢板与钢带的室温力学性能与抗晶间腐蚀倾向（固溶处理）

EN 标准 钢　号	数字代号	产品形态[①]	厚度 /mm ≤	$R_{p0.2}$ /MPa ≥	$R_{p1.0}$ /MPa ≥	R_m /MPa	A_{80}（%） 横向 ≥	A（%） 横向 ≥	KV/J 纵向 ≥	KV/J 横向 ≥	抗晶间腐蚀倾向 交货状态	抗晶间腐蚀倾向 敏化状态
标准等级												
X2CrNiN 18-7	1.4318	C	8	350	380	650 ~ 850	35	40	—	—	有	有
		H	13.5	330	370	650 ~ 850	45	45	90	60	有	有
		P	75	330	370	630 ~ 830	45	45	90	60	有	有
X2CrNi 18-9	1.4307	C	8	220	250	520 ~ 700	45	45	—	—	有	有
		H	13.5	200	240	520 ~ 700	45	45	100	60	有	有
		P	75	200	240	500 ~ 700	45	45	100	60	有	有
X2CrNi 19-11	1.4306	C	8	220	250	520 ~ 700	45	45	—	—	有	有
		H	13.5	200	240	520 ~ 700	45	45	100	60	有	有
		P	75	200	240	500 ~ 700	45	45	100	60	有	有
X2CrNiN18-10	1.4311	C	8	290	320	550 ~ 750	40	40	—	—	有	有
		H	13.5	270	310	550 ~ 750	40	40	100	60	有	有
		P	75	270	310	550 ~ 750	40	40	100	60	有	有
X5CrNi 18-10	1.4301	C	8	230	260	640 ~ 750	45	45	—	—	有	无
		H	13.5	210	250	620 ~ 720	45	45	100	60	有	无
		P	75	210	250	620 ~ 720	45	45	100	60	有	无
X6CrNiTi 18-10	1.4541	C	8	220	250	520 ~ 720	40	40	—	—	有	有
		H	13.5	200	240	520 ~ 720	40	40	100	60	有	有
		P	75	200	240	500 ~ 700	40	40	100	60	有	有

（续）

EN标准 钢　号	数字代号	产品形态①	厚度/mm ≤	$R_{p0.2}$/MPa ≥	$R_{p1.0}$/MPa ≥	R_m/MPa	A_{80}(%) 横向	A(%) 横向	KV/J 纵向	KV/J 横向	抗晶间腐蚀倾向 交货状态	抗晶间腐蚀倾向 敏化状态
								≥				
标准等级												
X2CrNiMo 17-12-2	1.4404	C	8	240	270	530~680	40	40	—	—	有	有
		H	13.5	220	260				100	60		
		P	75	220	260	520~670	45	45				
X2CrNiMoN 17-11-2	1.4406	C	8	300	330	580~780	40	40	—	—	有	有
		H	13.5	280	320	580~780	40	40	100	60		
		P	75	280	320							
X5CrNiMo 17-12-2	1.4401	C	8	240	270	530~680	40	40	—	—	有	无
		H	13.5	220	260				100	60		
		P	75	220	260	520~670	45	45				
X6CrNiMoTi 17-12-2	1.4571	C	8	240	270	540~690	40	40	—	—	有	有
		H	13.5	220	260		40	40	100	60		
		P	75	220	260	520~670						
X2CrNiMo 17-12-3	1.4432	C	8	240	270	550~700	40	40	—	—	有	有
		H	13.5	220	260				100	60		
		P	75	220	260	520~670	45	45				
X2CrNiMo 18-14-3	1.4435	C	8	240	270	550~700	40	40	—	—	有	有
		H	13.5	220	260				100	60		
		P	75	220	260	520~670	45	45				
X2CrNiMoN 17-13-5	1.4439	C	8	290	320	580~780	35	35	—	—	有	有
		H	13.5	270	310	580~780			100	60		
		P	75	270	310		40	40				
X1NiCrMoCu 25-20-5	1.4539	C	8	240	270	530~730	35	35	—	—	有	有
		H	13.5	220	260		35	35	100	60		
		P	75	220	260	520~720						
特殊等级												
X1CrNi 25-21	1.4335	P	75	200	240	470~670	40	40	100	60	有	有
X1CrNiMoN 25-22-2	1.4466	P	75	250	290	540~740	40	40	100	60	有	有
X2CrNiMoN 17-13-3	1.4429	C	8	300	330	580~780	40	40	—	—	有	有
		H	13.5	280	320	580~780			100	60		
		P	75	280	320		40	40				
X3CrNiMo 17-13-3	1.4436	C	8	240	270	550~700	40	40	—	—	有	无
		H	13.5	220	260				100	60		
		P	75	220	260	530~730	40	40				
X2CrNiMo 18-15-4	1.4438	C	8	240	270	550~700	35	35	—	—	有	有
		H	13.5	220	260				100	60		
		P	75	220	260	520~720	40	40				
X12CrMnNiN 17-7-5	1.4372	C	8	350	380	680~880	45	45	—	—	有	无
		H	13.5	330	370	680~880			100	60		
		P	75	330	370		40	40				

（续）

EN 标准		产品形态①	厚度 /mm ≤	$R_{p0.2}$ /MPa ≥	$R_{p1.0}$ /MPa ≥	R_m /MPa	A_{80}(%)	A(%)	KV/J		抗晶间腐蚀倾向	
钢 号	数字代号						横向		纵向	横向	交货状态	敏化状态
							≥					
特殊等级												
X1NiCrMoCu 31-27-4	1.4563	P	75	220	260	500～700	40	40	100	60	有	有
X1CrNiMoCuN 20-18-7	1.4547	C	8	320	350	650～850	35	35	—	—	有	有
		H	13.5	300	340	650～850			100	60		
		P	75	300	340	650～850	40	40	100	60		
X1NiCrMoCuN 25-20-7	1.4529	P	75	300	340	650～850	40	40	100	60	有	有
X2CrNiMnMoN 25-18-6-5	1.4565	C	6	420	460	800～950	30	30	120	90	有	有
		H	10	420	460	800～950	30	30	120	90		
		P	40	420	460	800～950	30	30				

① 产品形态代号：C—冷轧钢带；H—热轧钢带；P—热轧钢板。

（3）EN 欧洲标准结构用奥氏体-铁素体型不锈钢钢板与钢带的室温力学性能与抗晶间腐蚀倾向（表3-3-31）

表3-3-31 结构用奥氏体-铁素体型不锈钢钢板与钢带的室温力学性能与抗晶间腐蚀倾向（固溶处理）

EN 标准		产品形态①	厚度 /mm ≤	$R_{p0.2}$ /MPa ≥	R_m/MPa	A_{80}(%)	A(%)	KV/J		抗晶间腐蚀倾向	
钢 号	数字代号					横向		纵向	横向	交货状态	敏化状态
						≥					
标准等级											
X2CrNiN 23-4	1.4362	C	8	450	650～850	20	20	—	—	有	有
		H	13.5	400	650～850	20	20	100	60		
		P	75	400	630～800	25	25				
X2CrNiMoN 22-5-3	1.4462	C	8	500	700～950	20	20	—	—	有	有
		H	13.5	460	700～950	25	25	100	60		
		P	75	460	640～840	25	25				
特殊等级											
X2CrNiMoN 29-7-2	1.4477	C	8	650	800～1050	20	20	—	—	有	有
		H	13.5	550	750～1000	20	20	100	60		
		P	75	550	750～1000	20	20				
X2CrNiMoN 25-7-4	1.4410	C	8	550	750～1000	20	20	—	—	有	有
		H	13.5	530	750～1000	20	20	100	60		
		P	75	530	730～930	20	20				
X2CrNiMMoSi 18-5-3	1.4424	C	8	450	700～900	25	25	100	60	有	有
		H	13.5	450	700～900	25	25	100	60		
		P	75	400	680～900	25	25				
X2CrMnNiN 21-5-1	1.4162	C	6.4	530	700～900	20	30	—	—	有	有
		H	10	480	680～900	30	30	60	40		
		P	75	450	650～850	30	30				

① 产品形态代号：C—冷轧钢带；H—热轧钢带；P—热轧钢板。

（4）EN 欧洲标准结构用铁素体型不锈钢钢板与钢带的室温力学性能与抗晶间腐蚀倾向（表3-3-32）

表 3-3-32　结构用铁素体型不锈钢钢板与钢带的室温力学性能与抗晶间腐蚀倾向（退火）

EN 标准		产品形态[1]	厚度/mm ≤	$R_{p0.2}$/MPa		R_m/MPa	$A_{80}^{[2]}$（%）	$A^{[2]}$（%）	抗晶间腐蚀倾向	
钢号	数字代号			纵向 ≥	横向 ≥		横+纵 ≥	横+纵 ≥	交货状态	敏化状态
标准等级										
X2CrNi 12	1.4003	C	8	280	320	450~650	20	20	无	无
		H	13.5	280	320					
		P	25	250	280	500~700	18	18		
X2CrTi 12	1.4512	C	8	210	220	380~560	25	25	无	无
		H	13.5	210	220					
X6Cr 17	1.4016	C	8	260	280	450~600	20	20	有	无
		H	13.5	240	260		16	16		
		P	25	240	260	430~630	20	20		
X3CrTi 17	1.4510	C	8	230	240	420~600	23	23	有	有
		H	13.5	230	240					
X2CrMoTi 18-2	1.4521	C	8	300	320	420~640	20	20	有	有
		H	13.5	280	300	400~600	20	20		
		P	12	280	300	420~620				
特殊等级										
X2CrMoTi 17-1	1.4513	C	8	200	230	400~550	23	23	有	有
X6CrMoNb 17-1	1.4526	C	8	280	300	480~560	25	25	有	有
X2CrTiNb18	1.4509	C	8	230	250	430~630	18	18	有	有

① 产品形态代号：C—冷轧钢带；H—热轧钢带；P—热轧钢板。

② 试样采用的扁平材厚度：$A_{80} < 3$mm，$A \geq 3$mm。

（5）EN 欧洲标准结构用马氏体型和沉淀硬化型不锈钢钢板与钢带的室温力学性能（表 3-3-33）

表 3-3-33　结构用马氏体型和沉淀硬化型不锈钢钢板与钢带的室温力学性能（热处理）

EN 标准		产品形态[1]	厚度/mm ≤	热处理状态[2]	退火硬度[3]		$R_{p0.2}$/MPa ≥	R_m/MPa	$A_{80}^{[4]}$（%）	$A^{[4]}$（%）	KV/J	淬火回火硬度	
钢号	数字代号				HRB	HBW/HV			横向 ≥	横向 ≥	≥	HRC	HV
马氏体型（标准等级）													
X12Cr13	1.4006	C	8	A	90	200	—	≤600	20	20	—	—	—
		H	13.5		90	200							
		P	75	QT550	—	—	400	550~750	15	15	按协议		
				QT650	—	—	450	650~850	12	12			
X20Cr13	1.4021	C	3	QT	—	—	—	—			—	44~50	440~530
		C	8	A	95	225	—	≤700	15	15			
		H	13.5	A	95	225	—	≤700					
		P	75	QT650	—	—	450	650~850	12	12	按协议		
				QT750	—	—	550	750~950	10	10			
X4CrNiMo16-5-1	1.4418	P	75	QT840			660	840~1100	14	14	55		
沉淀硬化型（特殊等级）													
X5CrNiCuNb16-4	1.4542	C	8	AT	—	—	—	≤1275	5	5	—		
				P1300	—	—	115	≥1300	3	3	—		
				P900	—	—	700	≥900	6	6	—		

（续）

EN 标准		产品形态①	厚度/mm ≤	热处理状态①	退火硬度③		$R_{p0.2}$ /MPa ≥	R_m /MPa	$A_{80}^{④}$(%)	$A^{④}$(%)	KV/J	淬火回火硬度	
钢　号	数字代号				HRB	HBW/HV			横向			HRC	HV
									≥		≥		
沉淀硬化型（特殊等级）													
X5CrNiCuNb16-4	1.4542	P	50	P1070	—	—	1000	1070~1270	8	10			
				P950	—	—	800	950~1150	10	12			
		P	50	P850	—	—	600	850~1050	12	14			
				SR630	—	—	—	≤1050	—	—			
X7CrNiAl 17-7	1.4568	C	8	AT	—	—	—	≤1030	19	19			
				P1450	—	—	1310	≥1450	2	2			

① 产品形态代号：C—冷轧钢带；H—热轧钢带；P—热轧钢板。
② 热处理状态代号：A—退火；AT—固溶处理；QT—淬火 + 回火；P—沉淀硬化；SR—去应力退火。
③ 对于薄材，不适用 HBW 试验，经供需双方协商后可使用 HRB 或 HV 硬度试验。
④ 试样采用的扁平材厚度：A_{80} < 3mm，A ≥3mm。

3.3.8　结构用不锈钢棒材、线材、型材与银亮钢［EN 10088-5（2009）］

（1）EN 欧洲标准结构用不锈钢棒材、线材、型材与银亮钢的钢号与化学成分（表 3-3-34）

表 3-3-34　结构用不锈钢棒材、线材、型材与银亮钢的钢号与化学成分（质量分数）（%）

钢　号	数字代号	C	Si	Mn	P ≤	S ≤	Cr	Mo	Ni	其　他
奥氏体型（标准等级）										
X2CrNi 18-9	1.4307	≤0.030	≤1.00	≤2.00	0.045	0.030①	17.5~19.5	—	8.00~10.5	N≤0.10
X2CrNi 19-11	1.4306	≤0.030	≤1.00	≤2.00	0.045	0.030①	18.0~20.0		10.0~12.0	N≤0.10
X2CrNiN18-10	1.4311	≤0.030	≤1.00	≤2.00	0.045	0.030①	17.5~19.5		8.50~11.5	N 0.12~0.22
X5CrNi 18-10	1.4301	≤0.07	≤1.00	≤2.00	0.045	0.030①	17.5~19.5		8.00~10.5	N≤0.10
X8CrNiS18-9	1.4305	≤0.10	≤1.00	≤2.00	0.045	0.15~0.35	17.0~19.0		8.00~10.0	Cu≤1.00 N≤0.10
X6CrNiTi 18-10	1.4541	≤0.08	≤1.00	≤2.00	0.045	0.030①	17.0~19.0		9.00~12.0	Ti 5C~0.70
X2CrNiMo 17-12-2	1.4404	≤0.030	≤1.00	≤2.00	0.045	0.030①	16.5~18.5	2.00~2.50	10.0~13.0	N≤0.10
X2CrNiMoN 17-11-2	1.4406	≤0.030	≤1.00	≤2.00	0.045	0.030①	16.5~18.5	2.00~2.50	10.0~12.5	N 0.12~0.22
X5CrNiMo 17-12-2	1.4401	≤0.07	≤1.00	≤2.00	0.045	0.030①	16.5~18.5	2.00~2.50	10.0~13.0	N≤0.10
X6CrNiMoTi 17-12-2	1.4571	≤0.08	≤1.00	≤2.00	0.045	0.030①	16.5~18.5	2.00~2.50	10.5~13.5	Ti 5C~0.70
X2CrNiMo 17-12-3	1.4432	≤0.030	≤1.00	≤2.00	0.045	0.030①	16.5~18.5	2.50~3.00	10.5~13.0	N≤0.10
X2CrNiMoN17-13-3	1.4429	≤0.030	≤1.00	≤2.00	0.045	0.015	16.5~18.5	2.50~3.00	11.0~14.0	N 0.12~0.22
X3CrNiMo 17-13-3	1.4436	≤0.05	≤1.00	≤2.00	0.045	0.030①	16.5~18.5	2.50~3.00	10.5~13.0	N≤0.10
X2CrNiMo 18-14-3	1.4435	≤0.030	≤1.00	≤2.00	0.045	0.030①	17.0~19.0	2.50~3.00	12.0~15.0	N≤0.10
X2CrNiMoN 17-13-5	1.4439	≤0.030	≤1.00	≤2.00	0.045	0.015	16.5~18.5	4.00~5.00	12.5~14.5	N 0.12~0.22
X3CrNiCu 18-9-4	1.4567	≤0.040	≤1.00	≤2.00	0.045	0.030①	17.0~19.0	—	8.50~10.5	Cu 3.00~4.00 N≤0.10
X1CrNiMoCu 25-20-5	1.4539	≤0.020	≤0.70	≤2.00	0.030	0.010	19.0~21.0	4.00~5.00	24.0~26.0	Cu 1.20~2.00 N≤0.15

（续）

钢 号	数字代号	C	Si	Mn	P ≤	S ≤	Cr	Mo	Ni	其 他
奥氏体型（特殊等级）										
X6CrNiNb18-10	1.4550	≤0.08	≤1.00	≤2.00	0.045	0.015	17.0~19.0	—	9.00~12.0	Nb 10C~1.00
X1CrNiMoN 25-22-2	1.4466	≤0.020	≤0.70	≤2.00	0.025	0.010	24.0~26.0	2.00~2.50	21.0~23.0	N 0.10~0.16
X2CrNiMo 18-15-4	1.4438	≤0.030	≤1.00	≤2.00	0.045	0.030①	17.5~19.5	3.00~4.00	13.0~16.0	N≤0.10
X12CrMnNiN 17-7-5	1.4372	≤0.15	≤1.00	5.50~7.50	0.045	0.015	16.0~18.0	—	3.50~5.50	N 0.05~0.25
X3CrNiCuMo 17-11-3-2	1.4578	≤0.040	≤1.00	≤1.00	0.045	0.015	16.5~17.5	2.00~2.50	10.0~11.0	Cu 3.00~3.50 N≤0.10
X1NiCrMoCu 31-27-4	1.4563	≤0.020	≤0.70	≤2.00	0.030	0.010	26.0~28.0	3.00~4.00	30.0~32.0	Cu 0.70~1.50 N≤0.10
X1CrNiMoCuN 20-18-7	1.4547	≤0.020	≤0.70	≤1.00	0.030	0.010	19.5~20.5	6.00~7.00	17.5~18.5	Cu 0.50~1.00 N 0.18~0.25
X1NiCrMoCuN 25-20-7	1.4529	≤0.020	≤0.50	≤1.00	0.030	0.010	19.0~21.0	6.00~7.00	24.0~26.0	Cu 0.50~1.50 N 0.15~0.25
X2CrNiMnMoN 25-18-6-5	1.4565	≤0.030	≤1.00	5.00~7.00	0.030	0.015	24.0~26.0	4.00~5.00	16.0~19.0	Nb≤0.15 N 0.30~0.60
奥氏体-铁素体型（标准等级）										
X3CrNiMoN 27-5-2	1.4460	≤0.050	≤1.00	≤2.00	0.035	0.030①	25.0~28.0	1.30~2.00	4.50~6.50	N 0.05~0.20
X2CrNiMoN 22-5-3	1.4462	≤0.030	≤1.00	≤2.00	0.035	0.015	21.0~23.0	2.50~3.50	4.50~6.50	N 0.10~0.22
特殊等级										
X2CrNiN 23-4	1.4362	≤0.030	≤1.00	≤2.00	0.035	0.015	22.0~24.0	0.10~0.60	3.50~5.50	Cu 0.10~0.60 N 0.05~0.20
X2CrNiMoN 29-7-2	1.4477	≤0.030	≤0.50	0.80~1.50	0.030	0.015	28.0~30.0	1.50~2.60	5.80~7.50	Cu≤0.80 N 0.30~0.40
X2CrNiMoN 25-7-4	1.4410	≤0.030	≤1.00	≤2.00	0.035	0.015	24.0~26.0	3.00~4.50	6.00~8.00	N 0.24~0.35
X2CrNiMoSi 18-5-3	1.4424	≤0.030	1.40~2.00	1.20~2.00	0.035	0.015	18.0~19.0	2.50~3.00	4.50~5.20	N 0.05~0.10
X2CrMnNi 21-5-1	1.4162	≤0.040	≤1.00	4.00~6.00	0.040	0.015	21.0~22.0	0.10~0.80	1.35~1.70	Cu 0.10~0.80 N 0.20~0.25
铁素体型（标准等级）										
X2CrNi 12	1.4003	≤0.030	≤1.00	≤1.50	0.040	0.030①	10.5~12.5	—	0.30~1.00	N≤0.030
X6Cr 17	1.4016	≤0.08	≤1.00	≤1.00	0.040	0.030①	16.0~18.0	—	—	—
特殊等级										
X2CrMoTiS 18-2	1.4523	≤0.030	≤1.00	≤0.50	0.040	0.15~0.35	17.5~19.0	2.00~2.50	—	Ti 0.30~0.80 C+N≤0.040

（续）

钢　号	数字代号	C	Si	Mn	P ≤	S ≤	Cr	Mo	Ni	其　他
马氏体型（标准等级）										
X12Cr13	1.4006	0.08 ~ 0.15	≤1.00	≤1.50	0.040	0.030①	11.5 ~ 13.5	—	≤0.75	—
X20Cr13	1.4021	0.16 ~ 0.25	≤1.00	≤1.50	0.040	0.030①	12.0 ~ 14.0	—	—	—
X17CrNi 16-2	1.4057	0.12 ~ 0.22	≤1.00	≤1.50	0.040	0.030①	15.0 ~ 17.0	1.50 ~ 2.50	—	—
X4CrNiMo16-5-1	1.4418	≤0.06	≤0.70	≤1.50	0.040	0.030①	15.0 ~ 17.0	0.80 ~ 1.50	4.00 ~ 6.00	N≥0.020
沉淀硬化型（特殊等级）										
X5CrNiCuNb16-4	1.4542	≤0.07	≤0.70	≤1.50	0.040	0.030①	15.0 ~ 17.0	≤0.60	3.00 ~ 5.00	Cu 3.00 ~ 5.00 Nb 5C ~ 0.45
X7CrNiAl 17-7	1.4568	≤0.09	≤0.70	≤1.00	0.040	0.015	16.0 ~ 18.0	—	6.50 ~ 7.80	Al 0.70 ~ 1.50

① 用于机械加工的钢材，允许 S 含量（质量分数）为 0.015% ~ 0.030%。

（2）EN 欧洲标准结构用奥氏体型不锈钢棒材、线材、型材与银亮钢的室温力学性能与抗晶间腐蚀倾向（表 3-3-35）

表 3-3-35　结构用奥氏体型不锈钢棒材、线材、型材与银亮钢的室温力学性能与抗晶间腐蚀倾向（固溶处理）

| EN 标准 | | 厚度或直径 /mm | HBW ≤ | $R_{p0.2}$ /MPa | $R_{p1.0}$ /MPa | R_m /MPa | A(%) | | KV/J | | 抗晶间腐蚀倾向 | |
钢　号	数字代号			≥	≥		纵向	横向	纵向	横向	交货状态	敏化状态
标准等级							≥					
X2CrNi 18-9	1.4307	≤160	215	175	210	500 ~ 700	45	—	100	—	有	有
		>160 ~ 250					—	35	—	60		
X2CrNi 19-11	1.4306	≤160	215	180	210	460 ~ 680	45	—	100	—	有	有
		>160 ~ 250					—	35	—	60		
X2CrNiN18-10	1.4311	≤160	230	270	305	550 ~ 760	40	—	100	—	有	有
		>160 ~ 250					—	30	—	60		
X5CrNi 18-10	1.4301	≤160	215	190	225	500 ~ 750	45	—	100	—	有	无
		>160 ~ 250					—	35	—	60		
X8CrNiS18-9	1.4305	≤160	230	190	225	500 ~ 750	35				无	无
X6CrNiTi 18-10	1.4541	≤160	215	190	225	500 ~ 750	45	—	100	—	有	有
		>160 ~ 250					—	35	—	60		
X2CrNiMo 17-12-2	1.4404	≤160	215	200	235	500 ~ 700	40	—	100	—	有	有
		>160 ~ 250					—	30	—	60		
X2CrNiMoN 17-11-2	1.4406	≤160	250	280	315	580 ~ 800	40	—	100	—	有	有
		>160 ~ 250					—	30	—	60		

（续）

EN 标准		厚度或直径 /mm	HBW ≤	$R_{p0.2}$ /MPa	$R_{p1.0}$ /MPa	R_m /MPa	A(%)		KV/J		抗晶间腐蚀倾向	
钢　号	数字代号			≥			纵向	横向	纵向	横向	交货状态	敏化状态
							≥					
标准等级												
X5CrNiMo 17-12-2	1.4401	≤160	215	200	235	500~700	40	—	100	—	有	无
		>160~250					—	30	—	60		
X6CrNiMoTi 17-12-2	1.4571	≤160	215	200	235	500~700	40	—	100	—	有	有
		>160~250					—	30	—	60		
X2CrNiMo 17-12-3	1.4432	≤160	215	200	235	500~700	40	—	100	—	有	有
		>160~250					—	30	—	60		
X2CrNiMoV 17-13-3	1.4429	≤160	250	280	315	580~800	40	—	100	—	有	有
		>160~250					—	30	—	60		
X3CrNiMo 17-13-3	1.4436	≤160	215	200	235	500~700	40	—	100	—	有	无
		>160~250					—	30	—	60		
X2CrNiMo 18-14-3	1.4435	≤160	215	200	235	500~700	40	—	100	—	有	有
		>160~250					—	30	—	60		
X2CrNiMoN 17-13-5	1.4439	≤160	250	280	315	580~800	35	—	100	—	有	有
		>160~250					—	30	—	60		
X3CrNiCu 18-9-4	1.4567	≤160	215	175	210	450~650	45	—	—	—	有	有
X1CrNiMoCu 25-20-5	1.4539	≤160	230	230	260	530~730	35	—	100	—	有	有
		>160~250					—	30	—	60		
特殊等级												
X6CrNiNb18-10	1.4550	≤160	230	205	240	510~740	40	—	100	—	有	有
		>160~250					—	30	—	60		
X1CrNiMoN 25-22-2	1.4466	≤160	240	250	290	540~740	35	—	100	—	有	有
		>160~250					—	30	—	60		
X2CrNiMo 18-15-4	1.4438	≤160	215	200	235	500~700	40	—	100	—	有	有
		>160~250					—	30	—	60		
X12CrMnNiN 17-7-5	1.4372	≤160	260	230	370	750~950	40	—	100	—	有	无
		>160~250					—	35	—	60		
X3CrNiCuMo 17-11-3-2	1.4578	≤160	215	175	—	450~650	45	—	—	—	有	有
X1NiCrMoCu 31-27-4	1.4563	≤160	230	220	250	500~750	35	—	100	—	有	有
		>160~250					—	30	—	60		
X1CrNiMoCuN 20-18-7	1.4547	≤160	260	300	340	650~850	35	—	100	—	有	有
		>160~250					—	30	—	60		
X1NiCrMoCuN 25-20-7	1.4529	≤160	250	300	340	650~850	40	—	100	—	有	无
		>160~250					—	35	—	60		
X2CrNiMnMoN 25-18-6-5	1.4565	≤160	—	420	460	800~950	35		100		有	有

（3）EN 欧洲标准结构用奥氏体-铁素体型不锈钢棒材、线材、型材与银亮钢的室温力学性能与抗晶间腐蚀倾向（表 3-3-36）

表 3-3-36　结构用奥氏体-铁素体型不锈钢棒材、线材、型材与银亮钢的室温
力学性能与抗晶间腐蚀倾向（固溶处理）

EN 标准		厚度或直径	HBW	$R_{p0.2}$/MPa	R_m/MPa	A（%）	KV/J	抗晶间腐蚀倾向	
钢号	数字代号	/mm	≤	≥		（纵向）≥		交货状态	敏化状态
标准等级									
X3CrNiMoN 27-5-2	1.4460	≤160	260	450	620～880	20	85	有	有
X2NiMoN 22-5-3	1.4462	≤160	270	450	650～880	25	100	有	有
特殊等级									
X2CrNiN 23-4	1.4362	≤160	260	400	600～830	25	100	有	有
X2CrNiMoN 29-7-2	1.4477	≤10	310	650	800～1050	25	100	有	有
		>10～160	310	550	750～1000	25	100	有	有
X2CrNiMoN 25-7-4	1.4410	≤160	290	530	730～930	25	100	有	有
X2CrNiMoSi 18-5-3	1.4424	≤50	260	450	700～900	25	100	有	有
		>50～160	260	400	680～900	25	100	有	有
X2CrMnNiN 21-5-1	1.4162	≤160	—	450	650～850	30	60	有	有

（4）EN 欧洲标准结构用铁素体型不锈钢棒材、线材、型材与银亮钢的室温力学性能与抗晶间腐蚀倾向
（表 3-3-37）

表 3-3-37　结构用铁素体型不锈钢棒材、线材、型材与银亮钢的室温力学性能与抗晶间腐蚀倾向（退火）

EN 标准		厚度或直径	HBW	$R_{p0.2}$/MPa	R_m/MPa	A（%）	抗晶间腐蚀倾向	
钢号	数字代号	/mm	≤	≥		（纵向）≥	交货状态	敏化状态
标准等级								
X2CrNi 12	1.4003	≤100	200	260	450～600	20	无	无
X6Cr 17	1.4016	≤100	200	240	400～630	20	有	无
特殊等级								
X2CrMoTiS 18-2	1.4523	≤100	200	280	430～60	15	有	无

（5）EN 欧洲标准结构用马氏体型不锈钢棒材、线材、型材与银亮钢的室温力学性能（表 3-3-38）

表 3-3-38　结构用马氏体型不锈钢棒材、线材、型材与银亮钢的室温力学性能（热处理）

EN 标准		厚度或直径	热处理状态[①]	HBW	$R_{p0.2}$ /MPa	R_m /MPa	A_{80}（%）		A（%）		KV/J	
钢号	数字代号	/mm		≤	≥		纵向	横向	纵向	横向	纵向	横向
								≥				
标准等级												
X12Cr 13	1.4006	—	A	220	—	≤730	—	—	—	—	—	—
		≤160	QT650	—	450	650～850	15	—	25	—		
X20Cr 13	1.4021	—	A	230	—	≤760	—	—	—	—	—	—
		≤160	QT700	—	500	700～850	13	—	25	—		
			QT800	—	600	800～900	12	—	20	—		
X17CrNi 16-2（1）	1.4057	—	A	295	—	≤950	—	—	—	—	—	—
		≤60	QT800	—	600	800～950	14	—	25	—		
		>60～160					12	—	20	—		
X17CrNi 16-2（2）	1.4057	≤60	QT900	—	700	900～1050	12	—	20	—		
		>60～160					10	—	15	—		
X4CrNiMo 16-5-1（1）	1.4418	—	A	320	—	≤1100	—	—	—	—	—	—
		≤160	QT760	—	550	760～960	16	—	90	—		
		>160～250					—	14	—	70		
X4CrNiMo 16-5-1（2）	1.4418	≤160	QT900	—	700	900～1100	16	—	80	—		
		>160～250					—	14	—	60		

① 热处理代号：A—退火；QT—淬火 + 回火。

（6）EN 欧洲标准结构用沉淀硬化型不锈钢棒材、线材、型材与银亮钢的室温力学性能（表 3-3-39）

表 3-3-39　结构用沉淀硬化型不锈钢棒材、线材、型材与银亮钢的室温力学性能（热处理）

EN 标准		厚度或直径	热处理	HBW	$R_{p0.2}$/MPa	R_m	A（%）	KV/J
钢　号	数字代号	/mm	状态①	≤	≥	/MPa	（纵向）≥	
标准等级								
X5CrNiCuNb16-4（1）	1.4542	≤100	AT	360	—	≤730	—	—
		≤100	P800	—	520	800~950	18	75
		≤100	P930	—	720	930~1100	16	40
X5CrNiCuNb16-4（2）	1.4542	≤100	P980	—	790	960~1160	12	—
		≤100	P1070	—	1000	1070~1270	10	—
X7CrNiAl 17-7	1.4568	≤30	AT	255	—	≤850	—	—

① 热处理代号：AT—固溶处理；P—沉淀硬化。

3.3.9　压力容器用不锈钢钢板与钢带［EN 10028-7（2016）］

（1）EN 欧洲标准压力容器用不锈钢钢板与钢带的钢号与化学成分（表 3-3-40）

表 3-3-40　压力容器用不锈钢钢板与钢带的钢号与化学成分（质量分数）（%）

钢　号	数字代号	C	Si	Mn	P ≤	S ≤	Cr	Mo	Ni	其　他
铁素体型										
X2CrNi 12	1.4003	≤0.030	≤1.00	≤1.50	0.040	0.015	10.5~12.5	—	0.30~1.00	N≤0.030
X2CrTiNb 18	1.4509	≤0.030	≤1.00	≤1.00	0.040	0.015	17.5~18.5	—	—	Nb［3×C+0.30］~1.00 Ti 0.10~0.60
X3CrTi 17	1.4510	≤0.05	≤1.00	≤1.00	0.040	0.015	16.0~18.0	—	—	Ti［4（C+N）+0.15］~0.80①
X2CrMoTi 17-1	1.4513	≤0.025	≤1.00	≤1.00	0.040	0.015	16.0~18.0	0.80~1.40	—	Ti［4（C+N）+0.15］~0.60① N≤0.020
X6CrNiTi 12	1.4516	≤0.08	≤0.70	≤1.50	0.040	0.015	10.5~12.5	—	0.50~1.50	Ti 0.05~0.35
X2CrTi 17	1.4520	≤0.025	≤0.50	≤0.50	0.040	0.015	16.0~18.0	—	—	Ti［4（C+N）+0.15］~0.60① N≤0.015
X2CrMoTi 18-2	1.4521	≤0.025	≤1.00	≤1.00	0.040	0.015	17.0~20.0	1.80~2.50	—	Ti［4（C+N）+0.15］~0.80① N≤0.030
X6CrMoNb 17-1	1.4526	≤0.080	≤1.00	≤1.00	0.040	0.015	16.0~18.0	0.80~1.40	—	Nb［7×（C+N）+0.10］~1.00 Ti ≤1.00 N≤0.040
X2CrNbCu 21	1.4611	≤0.030	≤1.00	≤1.00	0.050	0.050	19.0~22.0	≤0.50	≤0.50	Ti ≤1.00 Nb≤1.00

（续）

钢　号	数字代号	C	Si	Mn	P ≤	S ≤	Cr	Mo	Ni	其　他
铁素体型										
X2CrTi 24	1.4613	≤0.030	≤1.00	≤1.00	0.050	0.050	22.0~25.0	≤0.50	≤0.50	Ti ≤1.00 Nb ≤1.00
X2CrCuNbTiV22-1	1.4622	≤0.030	≤1.00	≤0.80	0.040	0.015	20.0~24.0	—	—	Nb 0.10~0.70 Ti 0.10~0.70 N≤0.030
马氏体型										
X3CrNiMo 13-4	1.4313	≤0.05	≤0.70	≤1.50	0.040	0.015	12.0~14.0	0.30~0.70	3.50~4.50	N≥0.020
X4CrNiMo 16-5-1	1.4418	≤0.06	≤0.70	≤1.50	0.040	0.015	15.0~17.0	0.80~1.50	4.00~6.00	N≥0.020
奥氏体型耐蚀钢										
X5CrNi 18-10	1.4301	≤0.07	≤1.00	≤2.00	0.045	0.015	17.5~19.5	—	8.00~10.5	N≤0.10
X2CrNi 19-11	1.4306	≤0.030	≤1.00	≤2.00	0.045	0.015	18.0~20.0	—	10.0~12.0	N≤0.10
X2CrNi 18-9	1.4307	≤0.030	≤1.00	≤2.00	0.045	0.015	17.5~19.5	—	8.00~10.0	N≤0.10
X2CrNiN 18-10	1.4311	≤0.030	≤1.00	≤2.00	0.045	0.015	17.5~19.5	—	8.50~11.5	N 0.12~0.22
X5CrNiN 19-9	1.4315	≤0.06	≤1.00	≤2.00	0.045	0.015	18.0~20.0	—	8.00~11.0	N 0.12~0.22
X2CrNiN 18-7	1.4318	≤0.030	≤1.00	≤2.00	0.045	0.015	16.5~18.5	—	6.00~8.00	N 0.10~0.20
X1CrNi 25-21	1.4335	≤0.020	≤0.25	≤2.00	0.025	0.010	24.0~26.0	≤0.20	20.0~22.0	N≤0.10
X1CrNiSi 18-15-4	1.4361	≤0.015	3.70~4.50	≤2.00	0.025	0.010	16.5~18.5	≤0.20	14.0~16.0	N≤0.10
X2CrMnNiN 17-7-5	1.4371	≤0.030	≤1.00	6.00~8.00	0.045	0.015	16.0~17.0	—	3.50~5.50	N 0.15~0.20
X12CrMnNiN 17-7-5	1.4372	≤0.15	≤1.00	5.50~7.50	0.045	0.015	16.0~18.0	—	3.50~5.50	N 0.05~0.25
X5CrNiMo 17-12-2	1.4401	≤0.07	≤1.00	≤2.00	0.045	0.015	16.5~18.5	2.00~3.50	10.0~13.0	N≤0.10
X2CrNiMo 17-12-2	1.4404	≤0.030	≤1.00	≤2.00	0.045	0.015	16.5~18.5	2.00~2.50	10.0~13.0	N≤0.10
X2CrNiMoN 17-11-2	1.4406	≤0.030	≤1.00	≤2.00	0.045	0.015	16.5~18.5	2.00~2.50	10.0~12.5	N 0.12~0.22
X2CrNiMoN 17-11-1	1.4420	≤0.030	≤1.00	≤2.00	0.045	0.015	19.5~21.5	0.50~1.50	8.00~9.50	N 0.14~0.25
X2CrNiMoN 17-13-3	1.4429	≤0.030	≤1.00	≤2.00	0.045	0.015	16.5~18.5	2.50~3.00	11.0~14.0	N 0.12~0.22
X2CrNiMo 17-12-3	1.4432	≤0.030	≤1.00	≤2.00	0.045	0.015	16.5~18.5	2.50~3.00	10.5~13.0	N≤0.10
X2CrNiMoN 18-12-4	1.4434	≤0.030	≤1.00	≤2.00	0.045	0.015	16.5~19.5	3.00~4.00	10.5~14.0	N 0.10~0.20
X2CrNiMo 18-14-3	1.4435	≤0.030	≤1.00	≤2.00	0.045	0.015	17.0~19.0	2.50~3.00	12.5~15.0	N≤0.10
X3CrNiMo 17-13-3	1.4436	≤0.05	≤1.00	≤2.00	0.045	0.015	16.5~18.5	2.50~3.00	10.5~13.0	N≤0.10
X2CrNiMo 18-15-4	1.4438	≤0.030	≤1.00	≤2.00	0.045	0.015	17.5~19.5	3.00~4.00	13.0~16.0	N≤0.10
X2CrNiMoN 17-13-5	1.4439	≤0.030	≤1.00	≤2.00	0.045	0.015	16.5~18.5	4.00~5.00	12.5~14.5	N 0.12~0.22
X1CrNiMoN 25-22-2	1.4466	≤0.020	≤0.70	≤2.00	0.025	0.010	24.0~26.0	2.00~2.50	21.0~23.0	N 0.10~0.16
X1NiCrMoCuN 25-20-7	1.4529	≤0.020	≤0.50	≤1.00	0.030	0.010	19.0~21.0	6.00~7.00	24.0~26.0	Cu 0.50~1.50 N 0.15~0.25
X1CrNiMoCuN 25-25-5	1.4537	≤0.020	≤0.70	≤2.00	0.030	0.010	24.0~26.0	4.70~5.70	24.0~27.0	Cu 1.00~2.00 N 0.17~0.25
X1NiCrMoCu 25-20-5	1.4539	≤0.020	≤0.70	≤2.00	0.030	0.010	19.0~21.0	4.00~5.00	24.0~26.0	Cu 1.20~2.00 N≤0.15

（续）

钢 号	数字代号	C	Si	Mn	P ≤	S ≤	Cr	Mo	Ni	其 他
奥氏体型耐蚀钢										
X6CrNiTi 18-10	1.4541	≤0.08	≤1.00	≤2.00	0.045	0.015	17.0～19.0	—	9.00～12.0	Ti 5C～0.70
X1CrNiMoCuN 20-18-7	1.4547	≤0.020	≤0.70	≤1.00	0.030	0.010	19.5～20.5	6.00～7.00	17.5～18.5	Cu 0.50～1.00 N 0.18～0.25
X6CrNiNb 18-10	1.4550	≤0.08	≤1.00	≤2.00	0.045	0.015	17.0～19.0	—	9.00～12.0	Nb 10C～1.00[③]
X1NiCrMoCu 31-27-4	1.4563	≤0.020	≤0.70	≤2.00	0.030	0.010	0.26～0.28	3.00～4.00	30.0～32.0	Cu 0.75～1.50 N≤0.10
X6CrNiMoTi 17-12-2	1.4571	≤0.08	≤1.00	≤2.00	0.045	0.015	16.5～18.5	2.00～2.50	10.5～13.5	Ti 5C～0.70
X6CrNiMoNb 17-12-2	1.4580	≤0.08	≤1.00	≤2.00	0.045	0.015	16.5～18.5	2.00～2.50	10.5～13.5	Nb 10C～1.00[③]
X9CrMnNiCu 17-8-5-2	1.4618	≤0.10	≤1.00	5.50～9.50	0.070	0.010	16.5～18.5	—	4.50～5.50	Cu 1.00～2.50 N ≤0.15
X6CrMnNiCuN 18-12-4-2	1.4646	0.02～0.10	≤1.00	10.5～12.5	0.050	0.015	17.0～19.0	≤0.50	3.50～4.50	Cu 1.50～3.00 Al≤0.05 N 0.20～0.30
奥氏体型热强钢										
X3CrNiMoBN 17-13-3	1.4910	≤0.04	≤0.75	≤2.00	0.035	0.015	16.0～18.0	2.00～3.00	12.0～14.0	B 0.0015～0.0050 N 0.10～0.18
X6CrNiTiB 18-10	1.4941	0.04～0.08	≤1.00	≤2.00	0.035	0.015	17.0～19.0	—	9.00～12.0	Ti 5C～0.80 B 0.0015～0.0050
X6CrNi 18-10	1.4948	0.04～0.08	≤1.00	≤2.00	0.035	0.015	17.0～19.0	—	8.00～11.0	N≤0.10
X6CrNi 23-13	1.4950	0.04～0.08	≤0.70	≤2.00	0.035	0.015	22.0～24.0	—	12.0～15.0	N≤0.10
X6CrNi 25-20	1.4951	0.04～0.08	≤0.70	≤2.00	0.035	0.015	24.0～26.0	—	19.0～22.0	N≤0.10
X5NiCrAlTi 31-20 (+RA)[②]	1.4958	0.03～0.08 (+RA)[②]	≤0.70	≤1.50	0.015	0.010	19.0～22.0	—	(Ni+Co) 30.0～32.5	Ti 0.20～0.50 Nb≤0.10 Co≤0.50 Al 0.20～0.50 N≤0.030 Cu≤0.50
X8NiCrAlTi 32-21	1.4959	0.05～0.10	≤0.70	≤1.50	0.015	0.010	19.0～22.0	—	(Ni+Co) 30.0～34.0	Ti 0.25～0.65 Cu≤0.50 Al 0.25～0.65 Co≤0.50 N≤0.030
X8CrNiNb 16-13	1.4961	0.04～0.10	0.30～0.60	≤1.50	0.035	0.015	15.0～17.0	—	12.0～14.0	Nb 10C～1.20

（续）

钢　号	数字代号	C	Si	Mn	P ≤	S ≤	Cr	Mo	Ni	其　他
				奥氏体-铁素体型						
X2CrNiN 22-2	1.4062	≤0.030	≤1.00	≤2.00	0.040	0.010	21.5~24.0	≤0.45	1.00~2.90	N 0.18~0.28
X2CrMnNiN 21-5-3	1.4162	≤0.04	≤1.00	4.00~6.00	0.035	0.015	21.0~22.0	0.10~0.80	1.35~1.90	Cu 0.10~0.80 N 0.20~0.25
X2CrNiN 23-4	1.4362	≤0.030	≤1.00	≤2.00	0.035	0.015	22.0~24.0	0.10~0.60	3.50~5.50	Cu 0.10~0.60 N 0.05~0.20
X2CrNiMoN 25-7-4	1.4410	≤0.030	≤1.00	≤2.00	0.035	0.015	24.0~26.0	3.00~4.50	6.00~8.00	N 0.24~0.35
X2CrNiMoN 22-5-3	1.4462	≤0.030	≤1.00	≤2.00	0.035	0.015	21.0~23.0	2.50~3.50	4.50~6.50	N 0.10~0.20
X2CrMnNiMoN 21-5-3	1.4482	≤0.030	≤1.00	4.00~6.00	0.035	0.030	19.5~21.5	0.10~0.80	1.50~3.50	Cu≤1.00 N 0.05~0.20
X2CrNiMoCuWN 25-7-4	1.4501	≤0.030	≤1.00	≤1.00	0.035	0.015	24.0~26.0	3.00~4.00	6.00~8.00	W 0.50~1.00 Cu 0.50~1.00 N 0.20~0.30
X2CrNiMoCuN 25-6-3	1.4507	≤0.030	≤0.70	≤2.00	0.035	0.015	24.0~26.0	3.00~4.00	6.00~8.00	Cu 1.00~2.50 N 0.20~0.30
X2CrNiMnMoCuN 24-4-3-2	1.4662	≤0.030	≤0.70	2.50~4.00	0.035	0.005	23.0~25.0	1.00~2.00	3.00~4.50	Cu 0.10~0.80 N 0.20~0.30

① 可用 Ti 或 Nb、Zr 进行稳定化处理。根据其原子序数和碳、氮含量，其替代的等效值为 Ti $= \frac{7}{4}$Nb $= \frac{7}{4}$Zr。

② +RA—再结晶退火。

③ Nb 为 Nb + Ta。

（2）EN 欧洲标准压力容器用铁素体型不锈钢钢板与钢带的室温力学性能与抗晶间腐蚀倾向（表3-3-41）

表 3-3-41　压力容器用铁素体型不锈钢钢板与钢带的室温力学性能与抗晶间腐蚀倾向（退火）

EN 标准 钢　号	数字代号	产品形态①	厚度/mm ≤	$R_{p0.2}$/MPa ≥ 纵向	$R_{p0.2}$/MPa ≥ 横向	R_m/MPa	A_{80}②(%) 纵+横 ≥	A②(%) 纵+横 ≥	KV③/J (横向)	抗晶间腐蚀倾向 交货状态	抗晶间腐蚀倾向 敏化状态
X2CrNi 12	1.4003	C	8	280	320	450~650	20	20	50	无	无
		H	13.5								
		P	25	250	280	500~700	18	18	50		
X2CrTiNb18	1.4509	C	4	230	250	430~630	18	18	27	有	有
X3CrTi 17	1.4510	C	4	230	240	420~600	23	23	27	有	有
X2CrMoTi 17-1	1.4513	C	4	200	220	400~550	23	23	27	有	有
X6CrNiTi 12	1.4516	C	8	280	320	450~600	23	23	50	无	无
		H	13.5								
		P	25	250	280	430~630	20	20	50		
X2CrTi 17	1.4520	C	4	180	200	380~530	24	24	27	有	有
X2CrMoTi 18-2	1.4521	C	4	300	320	420~640	20	20	27	有	有
X6CrMoNb 17-1	1.4526	C	4	280	300	480~560	25	25	27	有	有
X2CrNbCu 21	1.4611	C	8	230	250	430~630	18	18	27	有	有
X2CrTi 24	1.4613	C	4	230	250	430~630	18	18	27	有	有
X2CrCuNbTiV22-1	1.4622	C	4	280	300	430~630	22	22	27	有	有

① 产品形态代号：C—冷轧钢带；H—热轧钢带；P—热轧钢板。

② 试样采用的扁平材厚度：A_{80}<3mm，A≥3mm。

③ 采用 ISO-V 型试样。

（3）EN 欧洲标准压力容器用马氏体型不锈钢钢板与钢带的室温力学性能（冲击试验于 20℃和 – 20℃）（表 3-3-42）

表 3-3-42 压力容器用马氏体型不锈钢钢板与钢带的室温力学性能（淬火 + 回火）

EN 标准		产品形态	厚度/mm ≤	$R_{p0.2}$/MPa ≥	R_m /MPa	A（%）（纵 + 横）≥	$KV^{①}$/J（纵 + 横）≥	
钢 号	数字代号						20℃	– 20℃
X3CrNiMo 13-4	1.4413	热轧	75	650	780 ~ 980	14	70	40
X4CrNiMo 16-5-1	1.4418	热轧	75	680	840 ~ 980	14	55	40

① 采用 ISO-V 型试样。

（4）EN 欧洲标准压力容器用奥氏体型不锈钢钢板与钢带的室温力学性能与抗晶间腐蚀倾向（冲击试验于 20℃和 – 196℃）（表 3-3-43）

表 3-3-43 压力容器用奥氏体型不锈钢钢板与钢带的室温力学性能与抗晶间腐蚀倾向（固溶处理）

EN 标准		产品形态①	厚度/mm ≤	$R_{p0.2}$ /MPa ≥	$R_{p1.0}$ /MPa ≥	R_m /MPa	A_{80}（%）横向	A（%）横向	KV/J 20℃ 纵向	KV/J 20℃ 横向	KV/J -196℃ 横向	抗晶间腐蚀倾向 交货状态	抗晶间腐蚀倾向 敏化状态
钢 号	数字代号									≥			
奥氏体型耐蚀钢													
X5CrNi 18-10	1.4301	C	8	230	260	640 ~ 750	45	45	100	60	60	有	无
		H	13.5	210	250	620 ~ 720							
		P	75	210	250		45	45					
X2CrNi 19-11	1.4306	C	8	220	250	520 ~ 700	45	45	100	60	60	有	有
		H	13.5	200	240								
		P	75	200	240	500 ~ 700	45	45					
X2CrNi 18-9	1.4307	C	8	220	250	520 ~ 700	45	45	100	60	60	有	有
		H	13.5	200	240								
		P	75	200	240	500 ~ 700	45	45					
X2CrNiN18-10	1.4311	C	8	290	320	550 ~ 750	40	40	100	60	60	有	有
		H	13.5	270	310	550 ~ 750							
		P	75	270	310		40	40					
X2CrNiN 18-7	1.4318	C	8	350	380	650 ~ 850	35	40	90	60	—	有	有
		H	13.5	330	370								
		P	75	330	370	650 ~ 850	35	40					
X1CrNi 25-21	1.4335	P	75	200	240	470 ~ 670	40	40	100	60	60	有	有
X1CrNiSi 18-15-4	1.4361	P	75	220	260	530 ~ 730	40	40	100	60	60	有	有
X2CrMnNiN 17-7-5	1.4371	C	8	330	380	650 ~ 850	40	45	100	60	—	有	有
		H	13.5	300	370								
		P	75	300	370	650 ~ 850	40	45					
X12CrMnNiN 17-7-5	1.4372	C	8	350	380	680 ~ 880	45	45	100	60	—	有	有
		H	13.5	330	370								
		P	75	330	370	680 ~ 880	40	40					
X5CrNiMo 17-12-2	1.4401	C	8	240	270	530 ~ 680	40	40	100	60	60	有	无
		H	13.5	220	260								
		P	75	220	260	520 ~ 670	45	45					
X2CrNiMo 17-12-2	1.4404	C	8	240	270	530 ~ 680	40	40	100	60	60	有	有
		H	13.5	220	260								
		P	75	220	260	520 ~ 670	45	45					

（续）

EN 标准 钢　号	数字代号	产品形态①	厚度/mm ≤	$R_{p0.2}$ /MPa ≥	$R_{p1.0}$ /MPa ≥	R_m /MPa	A_{80} (%) 横向	A (%) 横向	KV/J 20℃ 纵向 ≥	KV/J 20℃ 横向 ≥	KV/J -196℃ 横向 ≥	抗晶间腐蚀倾向 交货状态	抗晶间腐蚀倾向 敏化状态
奥氏体型耐热钢												
X2CrNiMoN 17-11-2	1.4406	C	8	300	330	580～780	40	40	100	60	60	有	有
		H	13.5	280	320	580～780							
		P	75	280	320								
X2CrNiMoN 21-9-1	1.4420	C	8	350	380	650～850	35	35	100	60	60	有	有
		H	13.5	350	380		40	40					
		P	75	320	350	630～830							
X2CrNiMoN 17-13-3	1.4429	C	8	300	330	580～780	40	40	100	60	60	有	有
		H	13.5	280	320	580～780							
		P	75	280	320		40	40					
X2CrNiMo 17-12-3	1.4432	C	8	240	270	550～700	40	40	100	60	60	有	有
		H	13.5	220	260								
		P	75	220	260	520～670	45	45					
X2CrNiMo 18-12-4	1.4434	C	8	290	320	570～770	35	35	100	60	60	有	有
		H	13.5	270	310								
		P	75	270	310	540～740	40	40					
X2CrNiMo 18-14-3	1.4435	C	8	240	270	550～700	40	40	100	60	60	有	有
		H	13.5	220	260								
		P	75	220	260	520～670	45	45					
X3CrNiMo 17-13-3	1.4436	C	8	240	270	550～700	40	40	100	60	60	有	无
		H	13.5	220	260								
		P	75	220	260	530～730	40	40					
X2CrNiMo 18-15-4	1.4438	C	8	240	270	550～700	35	35	100	60	60	有	有
		H	13.5	220	260								
		P	75	220	260	520～720	40	40					
X2CrNiMoN 17-13-5	1.4439	C	8	290	320	580～780	35	35	100	60	60	有	有
		H	13.5	270	310	580～780							
		P	75	270	310		40	40					
X1CrNiMoN 25-22-2	1.4466	P	75	250	290	540～740	40	40	100	60	60	有	有
X1NiCrMoCuN 25-20-7	1.4529	C	7	300	340	650～850	40	40	100	60	60	有	有
		H	13	300	340	650～850			100	60	60		
		P	75	300	320	650～850	40	40	100	60	60	有	有
X1CrNiMoCuN 25-25-5	1.4537	P	75	290	320	600～800	40	40	100	60	60	有	有
X1NiCrMoCu 25-20-5	1.4539	C	8	240	270	530～730	35	35	100	60	60	有	有
		H	13.5	220	260		35	35					
		P	75	220	260	520～720							
X6CrNiTi 18-10	1.4541	C	8	220	250	520～720	40	40	100	60	60	有	有
		H	13.5	200	240								
		P	75	200	240	500～700	40	40					

（续）

钢　　号	数字代号	产品形态①	厚度/mm ≤	$R_{p0.2}$/MPa ≥	$R_{p1.0}$/MPa ≥	R_m/MPa	A_{80}(%)横向	A(%)横向	KV/J 20℃纵向	KV/J 20℃横向	KV/J -196℃横向	抗晶间腐蚀倾向 交货状态	抗晶间腐蚀倾向 敏化状态
奥氏体型耐蚀钢													
X1CrNiMoCuN 20-18-7	1.4547	C	8	320	350	650～850	35	35	100	60	60	有	有
		H	13.5	300	340	650～850							
		P	75	300	340		40	40					
X6CrNiNb 18-10	1.4550	H	13.5	200	240	520～720	40	40	100	60	40	有	有
		P	75	200	240	500～700							
X1CrNiMoCuN 31-27-4	1.4563	P	75	220	260	500～700	40	40	100	60	60	有	有
X6CrNiMoTi 17-12-2	1.4571	C	8	240	270	540～690	40	40	100	60	60	有	有
		H	13.5	220	260		40	40					
		P	75	220	260	520～670							
X6CrNiMoNb 17-12-2	1.4580	P	75	220	260	520～720	40	40	100	60	60	有	有
X9CrMnNiCu 17-6-5-2	1.4618	C	8	230	250	540～850	45	45	100	60	60	有	有
		H	13.5	230	250								
		P	75	210	240	520～830							
X6CrMnNiCuN 18-12-4-2	1.4646	P	75	220	260	520～720	30	30	100	60	—	有	有
奥氏体型热强钢													
X3CrNiMoBN 17-13-3	1.4910	C	8	300	330	580～780	35	40	90	60	—	有	有
		H	13.5	260	300	550～750	35	40					
		P	75	260	300								
X6CrNiTiB 18-10	1.4941	C	8	220	250	510～710	40	40	100	60	—	有	有
		H	13.5	200	240		40	40					
		P	75	200	240	490～690							
X6CrNi 18-10	1.4948	C	8	230	260	530～740	45	45	100	60	—	无	无
		H	13.5	210	250	510～710	45	45					
		P	75	190	230								
X6CrNi 23-13	1.4950	C	8	220	250	530～730	35	35	100	60	—	无	无
		H	13.5	200	240	510～710	35	35					
		P	75	200	240								
X6CrNi 25-20	1.4951	C	8	220	250	530～730	35	35	100	60	—	无	无
		H	13.5	200	240	510～710	35	35					
		P	75	200	240								
X5NiCrAlTi 31-20	1.4958	P	75	170	200	500～700	30	30	120	80	—	有	无
X5NiCrAlTi 31-20 (+RA)②	1.4958 (+RA)②	P	75	210	240	500～750	30	30	120	80	—	有	无
X8NiCrAlTi 32-21	1.4959	P	75	170	200	500～750	30	30	120	80	—	有	无
X8CrNiNb 16-13	1.4961	P	75	200	240	510～690	35	35	120	80	—	有	有

① 产品形态代号：C—冷轧钢带；H—热轧钢带；P—热轧钢板。

② +RA—再结晶退火。

（5）EN 欧洲标准压力容器用奥氏体-铁素体型不锈钢钢板与钢带的室温力学性能与抗晶间腐蚀倾向（冲击试验于 20℃和 –40℃）（表 3-3-44）

表 3-3-44　压力容器用奥氏体-铁素体型不锈钢钢板与钢带的室温力学性能与抗晶间腐蚀倾向（软化退火）

EN 标准		产品形态①	厚度/mm ≤	$R_{p0.2}$/MPa ≥ （横向）		R_m/MPa	A_{80}（%）	A（%）	KV/J			抗晶间腐蚀倾向	
钢　号	数字代号			<300mm	≥300mm		纵+横	纵+横	20℃		–40℃	交货状态	敏化状态
									纵向	横向	横向		
									≥				
X2CrNiN 22-2	1.4062	C	6.4	515	530	700~900	20	20	80	80	50	有	有
		H	10	465	480	680~900	30	30					
		P	75	435	450	650~850	30	30	60	60	27		
X2CrMnNiN 21-5-3	1.4162	C	6.4	515	530	700~900	25	20	80	80	50	有	有
		H	10	465	480	680~900	30	30					
		P	75	435	450	650~950	30	30	60	40	27		
X2CrNiN 23-4	1.4362	C	8	405	420	630~850	20	20	120	90	40	有	有
		H	13.5	385	400		20	20					
		P	50	385	400	600~800	25	25					
X2CrNiMoN 25-7-4	1.4410	C	8	535	550	750~1000	20	20	150	90	40	有	有
		H	13.5	515	530		20	20					
		P	50	515	530	730~930	20	20					
X2CrNiMoN 22-5-3	1.4462	C	8	485	500	700~950	20	20	150	100	40	有	有
		H	13.5	445	460		25	25					
		P	75	445	460	640~840	25	25					
X2CrMnNiMoN 21-5-3	1.4482	C	8	485	500	700~950	20	20	100	600	40	有	有
		H	13.5	465	480	660~900	30	30					
		P	75	435	450	650~850	—	30					
X2CrNiMoCuWN 25-7-4	1.4501	C	8	535	550	750~1000	20	20	150	90	40	有	有
		H	13.5	515	530		25	25					
		P	50	515	530	730~930	25	25					
X2CrNiMoCuN 25-6-3	1.4507	C	8	495	510	690~940	20	20	150	90	40	有	有
		H	13.5	475	490		20	20					
		P	50	475	490	690~890	25	25					
X2CrNiMnMoCuN 24-4-3-2	1.4662	C	6.4	550	550	750~900	25	25	80	80	40	有	有
		H	13	550	550	750~900		25					
		P	50	480	480	680~900		25					

①　产品形态代号：C—冷轧钢带；H—热轧钢带；P—热轧钢板。

（6）EN 欧洲标准压力容器用不锈钢钢板与钢带的高温力学性能［EN 10028-7（2007）］

A）铁素体型、马氏体型和奥氏体-铁素体型不锈钢高温时 0.2％塑性应变的蠕变强度（表 3-3-45）

表 3-3-45　铁素体型、马氏体型和奥氏体-铁素体型不锈钢高温时 0.2％塑性应变的蠕变强度

牌　号	数字代号	热处理状态①	0.2％塑性应变的蠕变强度/MPa ≥ （在下列温度时）/℃							
			50	100	150	200	250	300	350	400
铁素体型										
X2CrNi 12	1.4003	A	265	240	235	230	220	215	—	—
X6CrNiTi 12	1.4516	A	—	300	270	250	245	225	215	—

（续）

牌　号	数字代号	热处理状态①	0.2%塑性应变的蠕变强度/MPa ≥ （在下列温度时）/℃							
			50	100	150	200	250	300	350	400
铁素体型										
X2CrTi 17	1.4520	A	198	195	180	170	160	155	—	
X3CrTi 17	1.4510	A	223	195	190	185	175	165	155	—
X2CrMoTi 17-1	1.4513	A	—	250	240	230	220	210	205	200
X2CrMoTi 18-2	1.4521	A	294	250	240	230	220	210	205	—
X6CrMoNb 17-1	1.4526	A	289	270	265	250	235	215	205	
X2CrTiNb 18	1.4509	A	242	230	220	210	205	200	180	
X2CrNbCu 21	1.4611	A	—	230	220	210	205	200	180	
X2CrTi 24	1.4613	A	—	230	220	210	205	200	180	
X2CrCuNbTiV22-1	1.4622	A	260	240	230	220	205	200	180	170
马氏体型										
X3CrNiMo 13-4	1.4413	QT	627	590	575	560	545	530	515	
X4CrNiMo 16-5-1	1.4418	QT	672	660	640	620	600	580	—	
奥氏体-铁素体型										
X2CrNiN 22-2	1.4062	AT	—	380	350	330	315	390		
X2CrMnNiN 21-5-3	1.4162	AT	430	380	350	330	320			
X2CrNiN 23-4	1.4362	AT	374	330	300	280	265			
X2CrNiMoN 25-7-4	1.4410	AT	500	450	420	400	380			
X2CrNiMoN 22-5-3	1.4462	AT	422	360	335	315	300			
X2CrMnNiMoN 21-5-3	1.4482	AT	390	34	315	300	280			
X2CrNiMoCuWN 25-7-4	1.4501	AT	500	450	420	400	380			
X2CrNiMoCuN 25-6-3	1.4507	AT	475	450	420	400	380			
X2CrNiMnMoCuN 24-4-3-2	1.4662	AT		385	345	325	315			

① 热处理代号：A—退火；QT—淬火＋回火；AT—固溶处理。

B）奥氏体型不锈钢高温时 0.2% 塑性应变的蠕变强度（表 3-3-46）

表 3-3-46　奥氏体型不锈钢高温时 0.2% 塑性应变的蠕变强度

牌　号	数字代号	热处理状态①	0.2%塑性应变的蠕变强度/MPa ≥ （在下列温度时）/℃										
			50	100	150	200	250	300	350	400	450	500	550	600
奥氏体型耐蚀钢													
X5CrNi 18-10	1.4301	AT	494	450	420	400	390	380	380	380	370	360	330	—
X2CrNi 19-11	1.4306	AT	466	410	380	360	350	340	340	—	—	—	—	—
X2CrNi 18-9	1.4307	AT	466	410	380	360	350	340	340	—	—	—	—	—
X2CrNiN 18-10	1.4311	AT	527	490	460	430	420	410	410	—	—	—	—	—
X5CrNiN 19-9	1.4315	AT	527	490	460	430	420	410	410	—	—	—	—	—
X2CrNiN 18-7	1.4318	AT	605	530	490	460	450	440	430	—	—	—	—	—
X1CrNi 25-21	1.4335	AT	459	440	425	410	390	385	360	—	—	—	—	—
X1CrNiSi 18-15-4	1.4361	AT	515	490	470	450	435	420	410	400	—	—	—	—
X2CrMnNiN 17-7-5	1.4371	AT	527	490	460	430	420	410	400	380	370	360	330	—
X12CrMnNiN 17-7-5	1.4372	AT	640	560	520	500	480	470	460	—	—	—	—	—

（续）

牌　号	数字代号	热处理状态[①]	0.2%塑性应变的蠕变强度/MPa　≥（在下列温度时）/℃											
			50	100	150	200	250	300	350	400	450	500	550	600
奥氏体型耐蚀钢														
X5CrNiMo 17-12-2	1.4401	AT	486	430	410	390	385	380	380	—				
X2CrNiMo 17-12-2	1.4404	AT	486	430	410	390	385	380	380	380		360		
X2CrNiMoN 17-11-2	1.4406	AT	557	520	490	460	450	440	435	—	—	—	—	
X2CrNiMoN 21-9-1	1.4420	AT	615	565	535	505	495	480	475	465	455	445	425	—
X2CrNiMoN 17-13-3	1.4429	AT	557	520	490	460	450	440	435	435		430		
X2CrNiMo 17-12-3	1.4432	AT	486	430	410	390	385	380	380	380		360		
X2CrNiMoN 18-12-4	1.4434	AT	525	500	470	440	430	420	415	415	415	410	390	
X2CrNiMo 18-14-3	1.4435	AT	482	420	400	380	375	370	370	—		—		
X3CrNiMo 17-13-3	1.4436	AT	504	460	440	420	415	410	410	410		390		
X2CrNiMo 18-15-4	1.4438	AT	486	430	410	390	385	380	380					
X2CrNiMoN 17-13-5	1.4439	AT	557	520	490	460	450	440	435					
X1CrNiMoN 25-22-2	1.4466	AT	521	490	475	460	450	440	435					
X1NiCrMoCuN 25-20-7	1.4529	AT	612	550	535	520	500	480	475					
X1CrNiMoCuN 25-25-5	1.4537	AT	581	550	535	520	500	480	475					
X1NiCrMoCu 25-20-5	1.4539	AT	512	500	480	460	450	440	435					
X6CrNiTi 18-10	1.4541	AT	477	440	410	390	365	375	375	375	370	360	330	
X1CrNiMoCuN 20-18-7	1.4547	AT	637	615	587	560	542	525	517	510	502	495		
X6CrNiNb 18-10	1.4550	AT	476	435	400	370	350	340	335	330	320	310	300	
X1NiCrMoCu 31-27-4	1.4563	AT	485	460	445	430	410	400	395	—		—		
X6CrNiMoTi 17-12-2	1.4571	AT	490	440	410	390	385	375	375	375	370	360	320	
X6CrNiMoNb 17-12-2	1.4580	AT	490	440	410	390	385	375	375	375	370	360	320	
奥氏体型热强钢														
X3CrNiMoBN 17-13-3	1.4910	AT	529	495	472	450	440	430	425	420	410	400	385	365
X6CrNiTiB 18-10	1.4941	AT	460	410	390	370	360	360	345	340	335	330	320	300
X6CrNi 18-10	1.4948	AT	484	440	410	390	385	375	375	375	370	360	330	300
X6CrNi 23-13	1.4950	AT	495	470	450	430	420	410	405	400	385	370	350	320
X6CrNi 25-20	1.4951	AT	495	470	450	430	420	410	405	400	385	370	350	320
X5NiCrAlTi 31-20	1.4958	AT	487	465	445	435	425	420	418	415	415	415	—	—
X8NiCrAlTi 32-21	1.4959	AT	487	465	445	435	425	420	418	415	415	415	—	—
X8CrNiNb 16-13	1.4961	AT	493	465	440	420	400	385	375	370	360	350	340	320

① 热处理代号：AT—固溶处理。

3.3.10　压力容器用不锈钢锻件　[EN 10222-5（2017）]

（1）EN 欧洲标准压力容器用不锈钢锻件的钢号与化学成分（表3-3-47）

表3-3-47　压力容器用不锈钢锻件的钢号与化学成分（质量分数）（%）

钢　号	数字代号	C	Si	Mn	P≤	S≤	Cr	Mo	Ni	N	其　他
马氏体型											
X3CrNiMo 13-4	1.4313	≤0.05	≤0.70	≤1.50	0.040	0.015	12.0 ~ 14.0	0.30 ~ 0.70	3.50 ~ 4.50	≥0.020	

（续）

钢 号	数字代号	C	Si	Mn	P≤	S≤	Cr	Mo	Ni	N	其 他
奥氏体型											
X2CrNi 18-9	1.4307	≤0.030	≤1.00	≤2.00	0.045	0.015	17.5~19.5	—	8.00~10.0	≤0.10	—
X2CrNi 19-11	1.4306	≤0.030	≤1.00	≤2.00	0.045	0.015	18.0~20.0	—	10.0~12.0	≤0.10	—
X2CrNiN18-10	1.4311	≤0.030	≤1.00	≤2.00	0.045	0.015	17.0~19.5	—	8.50~11.5	0.12~0.22	—
X5CrNi 18-10	1.4301	≤0.07	≤1.00	≤2.00	0.045	0.015	17.5~19.5	—	8.00~10.5	≤0.10	—
X6CrNiTi 18-10	1.4541	≤0.08	≤1.00	≤2.00	0.045	0.015	17.0~19.0	—	9.00~12.0	—	Ti 5C~0.70
X6CrNiNb18-10	1.4550	≤0.08	≤1.00	≤2.00	0.045	0.015	17.0~19.0	—	9.00~12.0	—	Nb 10C~1.00
X6CrNi 18-10	1.4948	0.04~0.08	≤1.00	≤2.00	0.035	0.015	17.0~19.0	—	8.00~11.0	≤0.11	—
X6CrNiTiB 18-10	1.4941	0.04~0.08	≤1.00	≤2.00	0.035	0.015	17.0~19.0	—	9.00~12.0	—	Ti 5C~0.80 B 0.0015~0.0050
X7CrNiNb18-10	1.4912	0.04~0.10	≤1.00	≤2.00	0.045	0.015	17.0~19.0	—	9.00~12.0	—	Nb 10C~1.20
X2CrNiMo 17-12-2	1.4404	≤0.030	≤1.00	≤2.00	0.045	0.015	16.5~18.5	2.00~2.50	10.0~13.0	≤0.10	—
X2CrNiMoN 17-11-2	1.4406	≤0.030	≤1.00	≤2.00	0.045	0.015	16.5~18.5	2.00~2.50	10.0~12.5	0.12~0.22	—
X5CrNiMo 17-12-2	1.4401	≤0.07	≤1.00	≤2.00	0.045	0.015	16.5~18.5	2.00~2.50	10.0~13.0	≤0.10	—
X6CrNiMoTi 17-12-2	1.4571	≤0.08	≤1.00	≤2.00	0.045	0.015	16.5~18.5	2.00~2.50	10.5~13.5	—	Ti 5C~0.70
X2CrNiMo 17-12-3	1.4432	≤0.030	≤1.00	≤2.00	0.045	0.015	16.5~18.5	2.50~3.00	10.5~13.0	≤0.10	—
X2CrNiMoN17-13-3	1.4429	≤0.030	≤1.00	≤2.00	0.045	0.015	16.5~18.5	2.50~3.00	11.0~14.0	0.12~0.22	—
X3CrNiMo 17-13-3	1.4436	≤0.05	≤1.00	≤2.00	0.045	0.015	16.5~18.5	2.50~3.00	10.5~13.0	≤0.10	—
X2CrNiMo 18-14-3	1.4435	≤0.030	≤1.00	≤2.00	0.045	0.015	17.0~19.0	2.50~3.00	12.5~15.0	≤0.10	—
X3CrNiMoBN 17-13-3	1.4910	≤0.04	≤0.75	≤2.00	0.035	0.015	16.0~18.0	2.00~3.00	12.0~14.0	0.10~0.18	B 0.0015~0.0050
X2CrNiMoN 17-13-5	1.4439	≤0.030	≤1.00	≤2.00	0.045	0.015	16.5~18.5	4.00~5.00	12.5~14.5	0.12~0.22	—
X1CrNiMoCu 25-20-5	1.4539	≤0.020	≤0.70	≤2.00	0.030	0.010	19.0~21.0	4.00~5.00	24.0~26.0	≤0.15	Cu 1.20~2.00

（续）

钢　　号	数字代号	C	Si	Mn	P≤	S≤	Cr	Mo	Ni	N	其　他
奥氏体型											
X1CrNiMoCuN 20-18-7	1.4547	≤0.020	≤0.70	≤1.00	0.030	0.010	19.5 ~ 20.5	6.00 ~ 7.00	17.5 ~ 18.5	0.18 ~ 0.25	Cu 0.50 ~ 1.00
X1NiCrMoCuN 25-20-7	1.4529	≤0.020	≤0.50	≤1.00	0.030	0.010	19.0 ~ 21.0	6.00 ~ 7.00	24.0 ~ 26.0	0.15 ~ 0.25	Cu 0.50 ~ 1.50
X2CrNiCu 19-10	1.4650	≤0.030	≤1.00	≤2.00	0.045	0.015	18.5 ~ 21.0	—	9.00 ~ 10.0	≤0.08	Cu≤1.00
X3CrNiMo 18-12-3	1.4449	≤0.035	≤1.00	≤2.00	0.045	0.015	17.0 ~ 18.2	2.25 ~ 2.75	11.5 ~ 12.5	≤0.08	Cu≤1.00
奥氏体-铁素体型											
X2CrNiN 23-4	1.4362	≤0.030	≤1.00	≤2.00	0.035	0.015	22.0 ~ 24.0	0.10 ~ 0.60	3.50 ~ 5.50	0.05 ~ 0.20	Cu 0.10 ~ 0.60
X2CrNiMoN 22-5-3	1.4462	≤0.030	≤1.00	≤2.00	0.035	0.015	21.0 ~ 23.0	2.50 ~ 3.50	4.50 ~ 6.50	0.10 ~ 0.22	—
X2CrNiMoCuN 25-6-3	1.4507	≤0.030	≤0.70	≤2.00	0.035	0.015	24.0 ~ 26.0	3.00 ~ 4.00	6.00 ~ 8.00	0.20 ~ 0.30	Cu 1.00 ~ 2.50
X2CrNiMoN 25-7-4	1.4410	≤0.030	≤1.00	≤2.00	0.035	0.015	24.0 ~ 26.0	3.00 ~ 4.50	6.00 ~ 8.00	0.24 ~ 0.35	—
X2CrNiMoCuWN 25-7-4	1.4501	≤0.030	≤1.00	≤1.00	0.035	0.015	24.0 ~ 26.0	3.00 ~ 4.00	6.00 ~ 8.00	0.20 ~ 0.30	Cu 0.50 ~ 1.00 W 0.50 ~ 1.00

（2）EN 欧洲标准压力容器用不锈钢锻件的室温力学性能与抗晶间腐蚀倾向（冲击试验于 20℃ 和 -196℃）（表3-3-48）

表3-3-48　压力容器用不锈钢锻件的室温力学性能与抗晶间腐蚀倾向

EN 标准 钢　号	数字代号	热处理状态[①]	断面厚度/mm≤	$R_{p0.2}$/MPa ≥	$R_{p1.0}$/MPa ≥	R_m/MPa	A（%）≥ 纵向	A（%）≥ 横向	KV/J≥ 20℃ 纵向	KV/J≥ 20℃ 横向	KV/J≥ -196℃ 横向	抗晶间腐蚀倾向 交货状态	抗晶间腐蚀倾向 敏化状态
马氏体型													
X3CrNiMo 13-4	1.4313	QT 或 AT	350	550	—	750 ~ 900	17	16	100	80	—	—	—
X3CrNiMo 13-4	1.4313	QT	250	650	—	780 ~ 920	17	15	100	70	—	—	—
奥氏体型													
X2CrNi 18-9	1.4307	AT	250	200	230	500 ~ 700	45	35	100	60	60	有	有
X2CrNi 19-11	1.4306	AT	250	180	215	460 ~ 680	45	35	100	60	60	有	有
X2CrNiN18-10	1.4311	AT	250	270	305	550 ~ 750	45	35	100	60	60	有	有
X5CrNi 18-10	1.4301	AT	250	200	230	500 ~ 700	45	35	100	60	60	有	无
X6CrNiTi 18-10	1.4541	AT	450	200	235	510 ~ 710	40	30	100	60	60	有	有
X6CrNiNb18-10	1.4550	AT	450	205	240	510 ~ 710	40	30	100	60	60	有	有
X6CrNi 18-10	1.4948	AT	250	195	230	490 ~ 690	45	35	100	60	—	无	无
X6CrNiTiB 18-10	1.4941	AT	450	175	210	490 ~ 690	40	30	100	60	—	有	有
X7CrNiNb18-10	1.4912	AT	450	205	240	510 ~ 710	40	30	100	60	40	（有）	（有）
X2CrNiMo 17-12-2	1.4404	AT	250	190	225	490 ~ 690	45	35	100	60	60	有	有

（续）

EN 标准		热处理状态①	断面厚度/mm≤	$R_{p0.2}$/MPa	$R_{p1.0}$/MPa	R_m/MPa	A（%）≥		KV/J≥			抗晶间腐蚀倾向	
钢 号	数字代号			≥					20℃		-196℃	交货状态	敏化状态
							纵向	横向	纵向	横向	横向		
奥氏体型													
X2CrNiMoN 17-11-2	1.4406	AT	160	280	315	580~780	45	35	100	60	60	有	有
X5CrNiMo 17-12-2	1.4401	AT	250	205	240	510~710	45	35	100	60	60	有	有
X6CrNiMoTi 17-12-2	1.4571	AT	450	210	245	510~710	45	35	100	60	60	有	有
X2CrNiMo 17-12-3	1.4432	AT	250	190	225	490~690	45	35	100	60	60	有	有
X2CrNiMoN17-13-3	1.4429	AT	160	280	315	580~780	45	35	100	60	60	有	有
X3CrNiMo 17-13-3	1.4436	AT	250	205	240	510~710	45	35	100	60	60	有	有
X2CrNiMo 18-14-3	1.4435	AT	160	200	235	520~670	45	35	100	60	60	有	有
X2CrNiMoN 17-13-5	1.4439	AT	160	285	315	580~800	40	35	100	60	42	有	有
X1CrNiMoCu 25-20-5	1.4539	AT	160	220	250	520~720	35	35	120	90	—	—	—
X1CrNiMoCuN 20-18-7	1.4547	AT	160	300	340	650~850	40	35	100	60	—	—	—
X1NiCrMoCuN 25-20-7	1.4529	AT	160	300	340	650~850	40	35	120	90	80	—	—
X3CrNiMoBN 17-13-3	1.4910	AT	75	260	300	550~750	45	40	100	60	—	有	有
X2CrNiCu 19-10	1.4650	AT	450	210	245	520~720	45	40	100	60	60	（有）	（有）
X3CrNiMo 18-12-3	1.4449	AT	450	220	255	520~720	45	40	100	60	60	（有）	（有）
奥氏体-铁素体型													
X2CrNiN 23-4	1.4362	AT	160	400	—	600~830	25	20	120	90	—	有	有
X2CrNiMoN 22-5-3	1.4462	AT	350	450	—	680~880	30	25	200	100	—	有	有
X2CrNiMoCuN 25-6-3	1.4507	AT	160	500	—	700~900	25	20	150	90	—	有	有
X2CrNiMoN 25-7-4	1.4410	AT	160	500	—	800~1000	30	25	200	100	—	有	有
X2CrNiMoCuWN 25-7-4	1.4501	AT	160	530	—	730~930	25	20	150	90	—	有	有

① 热处理代号：AT—固溶处理；QT—淬火＋回火。

（3）EN 欧洲标准压力容器用不锈钢锻件的热处理制度（表3-3-49）

表 3-3-49　压力容器用不锈钢锻件的热处理制度

钢 号	数字代号	热处理代号①	软化退火/℃	冷 却
马氏体型				
X3CrNiMo 13-4	1.4313	QT 或 AT	950~1050（用于淬火）	空冷、油
		QT		空冷、油
奥氏体型				
X2CrNi 18-9	1.4307	AT	1025~1100	水、空冷
X2CrNi 19-11	1.4306	AT	1000~1100	水、空冷
X2CrNiN18-10	1.4311	AT	1000~1100	水、空冷
X5CrNi 18-10	1.4301	AT	1000~1100	水、空冷
X6CrNiTi 18-10	1.4541	AT	1020~1120	水、空冷
X6CrNiNb 18-10	1.4550	AT	1020~1120	水、空冷
X6CrNi 18-10	1.4948	AT	1050~1120	水、空冷
X6CrNiTiB 18-10	1.4941	AT	1070~1140	水、空冷
X7CrNiNb18-10	1.4912	AT	1070~1125	水、空冷
X2CrNiMo 17-12-2	1.4404	AT	1020~1120	水、空冷

（续）

钢　号	数字代号	热处理代号[①]	软化退火/℃	冷　却
奥氏体型				
X2CrNiMoN 17-11-2	1.4406	AT	1020～1120	水、空冷
X5CrNiMo 17-12-2	1.4401	AT	1020～1120	水、空冷
X6CrNiMoTi 17-12-2	1.4571	AT	1020～1120	水、空冷
X2CrNiMo 17-12-3	1.4432	AT	1020～1120	水、空冷
X2CrNiMoN17-13-3	1.4429	AT	1020～1120	水、空冷
X3CrNiMo 17-13-3	1.4436	AT	1020～1120	水、空冷
X2CrNiMo 18-14-3	1.4435	AT	1020～1120	水、空冷
X3CrNiMoBN 17-13-3	1.4910	AT	1020～1100	水、空冷
X2CrNiMoN 17-13-5	1.4439	AT	1060～1120	水、空冷
X1CrNiMoCuN 20-18-7	1.4547	AT	1020～1120	水、空冷
X1NiCrMoCuN 25-20-7	1.4529	AT	1020～1100	水、空冷
X2CrNiCu 19-10	1.4650	AT	1050～1125	水、空冷
X3CrNiMo 18-12-3	1.4449	AT	1050～1125	水、空冷
奥氏体-铁素体型				
X2CrNiN 23-4	1.4362	AT	950～1100	水、空冷
X2CrNiMoN 22-5-3	1.4462	AT	1020～1100	—
X2CrNiMoCuN 25-6-3	1.4507	AT	1040～1120	水、空冷
X2CrNiMoN 25-7-4	1.4410	AT	1040～1120	水、空冷
X2CrNiMoCuWN 25-7-4	1.4501	AT	1040～1120	水、空冷

① 热处理代号：AT—固溶处理；QT—淬火＋回火。

3.3.11　承压不锈钢无缝钢管［EN 10216-5（2013）］

（1）EN 欧洲标准承压不锈钢无缝钢管的钢号与化学成分（表 3-3-50）

表 3-3-50　承压不锈钢无缝钢管的钢号与化学成分（质量分数）（%）

钢　号	数字代号	C	Si	Mn	P≤	S≤	Cr	Mo	Ni	N	其　他
奥氏体型耐蚀钢											
X2CrNi 18-9	1.4307	≤0.030	≤1.00	≤2.00	0.040	0.015	17.5～19.5	—	8.00～10.0	≤0.10	—
X2CrNi 19-11	1.4306	≤0.030	≤1.00	≤2.00	0.040	0.015	18.0～20.0	—	10.0～12.0	≤0.10	—
X2CrNiN18-10	1.4311	≤0.030	≤1.00	≤2.00	0.040	0.015	17.0～19.5	—	8.50～11.5	0.12～0.22	—
X5CrNi 18-10	1.4301	≤0.07	≤1.00	≤2.00	0.040	0.015	17.0～19.5	—	8.00～10.5	≤0.10	—
X6CrNiTi 18-10	1.4541	≤0.08	≤1.00	≤2.00	0.040	0.015	17.0～19.0	—	9.00～12.0	—	Ti 5C～0.70
X6CrNiNb18-10	1.4550	≤0.08	≤1.00	≤2.00	0.040	0.015	17.0～19.0	—	9.00～12.0	—	Nb 10C～1.00
X1CrNi 25-21	1.4335	≤0.020	≤0.25	≤2.00	0.025	0.010	24.0～26.0	≤0.20	20.0～22.0	≤0.10	—

（续）

钢 号	数字代号	C	Si	Mn	P≤	S≤	Cr	Mo	Ni	N	其 他
奥氏体型耐蚀钢											
X2CrNiMo 17-12-2	1.4404	≤0.030	≤1.00	≤2.00	0.040	0.015	16.5 ~ 18.5	2.00 ~ 2.50	10.0 ~ 13.0	≤0.10	—
X5CrNiMo 17-12-2	1.4401	≤0.07	≤1.00	≤2.00	0.040	0.015	16.5 ~ 18.5	2.00 ~ 2.50	10.0 ~ 13.0	≤0.10	—
X1CrNiMoN 25-22-2	1.4466	≤0.020	≤0.70	≤2.00	0.025	0.010	24.0 ~ 26.0	2.00 ~ 2.50	21.0 ~ 23.0	0.10 ~ 0.16	—
X6CrNiMoTi 17-12-2	1.4571	≤0.08	≤1.00	≤2.00	0.040	0.015	16.5 ~ 18.5	2.00 ~ 2.50	10.5 ~ 13.5	—	Ti 5C ~ 0.70
X6CrNiMoNb 17-12-2	1.4580	≤0.08	≤1.00	≤2.00	0.040	0.015	16.5 ~ 18.5	2.00 ~ 2.50	10.5 ~ 13.5	—	Nb 10C ~ 1.00
X2CrNiMoN 17-13-3	1.4429	≤0.030	≤1.00	≤2.00	0.040	0.015	16.5 ~ 18.5	2.50 ~ 3.00	11.0 ~ 14.0	0.12 ~ 0.22	—
X3CrNiMo 17-13-3	1.4436	≤0.05	≤1.00	≤2.00	0.040	0.015	16.5 ~ 18.5	2.50 ~ 3.00	10.5 ~ 13.0	≤0.10	—
X2CrNiMo 18-14-3	1.4435	≤0.030	≤1.00	≤2.00	0.040	0.015	17.0 ~ 19.0	2.50 ~ 3.00	12.0 ~ 15.0	≤0.10	—
X2CrNiMoN 17-13-5	1.4439	≤0.030	≤1.00	≤2.00	0.040	0.015	16.5 ~ 18.5	4.00 ~ 5.00	12.5 ~ 14.5	0.12 ~ 0.22	—
X1NiCrMoCu 31-27-4	1.4563	≤0.020	≤0.70	≤2.00	0.030	0.010	26.0 ~ 28.0	3.00 ~ 4.00	30.0 ~ 32.0	≤0.10	Cu 0.70 ~ 1.50
X1CrNiMoCu 25-20-5	1.4539	≤0.020	≤0.70	≤2.00	0.030	0.010	19.0 ~ 21.0	4.00 ~ 5.00	24.0 ~ 26.0	≤0.15	Cu 1.20 ~ 2.00
X1CrNiMoCuN 20-18-7	1.4547	≤0.020	≤0.70	≤1.00	0.030	0.010	19.5 ~ 20.5	6.00 ~ 7.00	17.5 ~ 18.5	0.18 ~ 0.25	Cu 0.50 ~ 1.00
X1NiCrMoCuN 25-20-7	1.4529	≤0.020	≤0.50	≤1.00	0.030	0.010	19.0 ~ 21.0	6.00 ~ 7.00	24.0 ~ 26.0	0.15 ~ 0.25	Cu 0.50 ~ 1.50
X2NiCrAlTi 32-20	1.4558	≤0.030	≤0.70	≤1.00	0.020	0.015	20.0 ~ 23.0	—	32.0 ~ 35.0	—	Al 0.15 ~ 0.45 Ti 8(C + N) ~ 0.60
奥氏体型热强钢											
X6CrNi 18-10	1.4948	0.04 ~ 0.08	≤1.00	≤2.00	0.035	0.015	17.0 ~ 19.0	—	8.00 ~ 11.0	≤0.10	—
X7CrNiTi 18-10	1.4940	0.04 ~ 0.08	≤1.00	≤1.00	0.040	0.015	17.0 ~ 19.0	—	9.00 ~ 13.0	≤0.10	Ti 5(C + N) ~ 0.80
X7CrNiNb 18-10	1.4912	0.04 ~ 0.10	≤1.00	≤2.00	0.040	0.015	17.0 ~ 19.0	—	9.00 ~ 12.0	≤0.10	Nb 10C ~ 1.20
X6CrNiTiB 18-10	1.4941	0.04 ~ 0.08	≤1.00	≤2.00	0.035	0.015	17.0 ~ 19.0	—	9.00 ~ 12.0	—	Ti 5C ~ 0.80 B 0.0015 ~ 0.0050
X6CrNiMo17-13-2	1.4918	0.04 ~ 0.08	≤0.75	≤0.75	0.035	0.015	16.0 ~ 18.0	2.00 ~ 2.50	12.0 ~ 14.0	≤0.10	—

（续）

钢　号	数字代号	C	Si	Mn	P≤	S≤	Cr	Mo	Ni	N	其　他
奥氏体型热强钢											
X5NiCrAlTi 31-20 (+RA)[①]	1.4958 (+RA)[①]	0.03 ~ 0.08	≤0.70	≤1.50	0.015	0.010	19.0 ~ 22.0	—	30.0 ~ 32.5	—	Ti 0.20 ~ 0.50 Al 0.20 ~ 0.50 Co≤0.50, Nb≤0.10 Cu≤0.50
X8NiCrAlTi 32-21	1.4959	0.05 ~ 0.10	≤0.70	≤1.50	0.015	0.010	19.0 ~ 22.0	—	30.0 ~ 34.0	—	Al 0.20 ~ 0.65 Cu≤0.50
X3CrNiMoBN 17-13-3	1.4910	≤0.04	≤0.75	≤2.00	0.035	0.015	16.0 ~ 18.0	2.00 ~ 3.00	12.0 ~ 14.0	0.10 ~ 0.18	B 0.0015 ~ 0.0050
X8CrNiNb 16-13	1.4961	0.04 ~ 0.10	0.30 ~ 0.60	≤1.50	0.035	0.015	15.0 ~ 17.0		12.0 ~ 14.0		Nb 10C ~ 1.20
X8CrNiMoVNb 16-13	1.4988	0.04 ~ 0.10	0.30 ~ 0.60	≤1.50	0.035	0.015	15.5 ~ 17.5	1.10 ~ 1.50	12.5 ~ 14.5	0.06 ~ 0.14	Nb 10C ~ 1.20 V 0.60 ~ 0.85
X8CrNiMoNb 16-16	1.4981	0.04 ~ 0.10	0.30 ~ 0.60	≤1.50	0.035	0.015	15.5 ~ 17.5	1.60 ~ 2.00	15.5 ~ 17.5	—	Nb 10C ~ 1.20
X10CrNiMoMnNbVB 15-10-1	1.4982	0.06 ~ 0.15	0.20 ~ 1.00	5.50 ~ 7.00	0.040	0.015	14.0 ~ 16.0	0.80 ~ 1.20	9.00 ~ 11.0	—	Nb 0.75 ~ 1.25 V 0.15 ~ 0.40 B 0.003 ~ 0.009
奥氏体-铁素体型											
X2CrNiMoN 22-5-3	1.4462	≤0.030	≤1.00	≤2.00	0.035	0.015	21.0 ~ 23.0	2.50 ~ 3.50	4.50 ~ 6.50	0.10 ~ 0.22	—
X2CrNiMoSi 18-5-3	1.4424	≤0.030	1.40 ~ 2.00	1.20 ~ 2.00	0.035	0.015	18.0 ~ 19.0	2.50 ~ 3.00	4.50 ~ 5.20	0.05 ~ 0.10	—
X2CrNiN 23-4	1.4362	≤0.030	≤1.00	≤2.00	0.035	0.015	22.0 ~ 24.0	0.10 ~ 0.60	3.50 ~ 5.50	0.05 ~ 0.20	Cu 0.10 ~ 0.60
X2CrNiMoN 25-7-4	1.4410	≤0.030	≤1.00	≤2.00	0.035	0.015	24.0 ~ 26.0	3.00 ~ 4.50	6.00 ~ 8.00	0.24 ~ 0.35	—
X2CrNiMoCuN 25-6-3	1.4507	≤0.030	≤0.70	≤2.00	0.035	0.015	24.0 ~ 26.0	2.70 ~ 4.00	6.00 ~ 7.50	0.15 ~ 0.30	Cu 1.00 ~ 2.50
X2CrNiMoCuWN 25-7-4	1.4501	≤0.030	≤1.00	≤1.00	0.035	0.015	24.0 ~ 26.0	3.00 ~ 4.00	6.00 ~ 8.00	0.20 ~ 0.30	W 0.50 ~ 1.00 Cu 0.50 ~ 1.00

① +RA—再结晶退火。

（2）EN 欧洲标准承压奥氏体（耐蚀）型不锈钢无缝钢管的室温力学性能与抗晶间腐蚀倾向（冲击试验于20℃和 -196℃）（表3-3-51）

表3-3-51　承压奥氏体（耐蚀）型不锈钢无缝钢管的室温力学性能与抗晶间腐蚀倾向（固溶处理）

EN 标准		管壁厚 /mm ≤	$R_{p0.2}$ /MPa ≥	$R_{p1.0}$ /MPa ≥	R_m /MPa	A（%）≥		KV/J≥			推荐的热处理制度		抗晶间腐蚀倾向
钢　号	数字代号							20℃		-196℃			
						纵向	横向	纵向	横向	横向	温度/℃	冷却	
X2CrNi 18-9	1.4307	60	180	215	470 ~ 670	40	35	100	60	60	1000 ~ 1100	水，空	有
X2CrNi 19-11	1.4306	60	180	215	460 ~ 680	40	35	100	60	60	1000 ~ 1100	水，空	有
X2CrNiN18-10	1.4311	60	270	305	550 ~ 760	35	30	100	60	60	1000 ~ 1100	水，空	有
X5CrNi 18-10	1.4301	60	195	230	500 ~ 700	35	35	100	60	60	1000 ~ 1100	水，空	有

（续）

EN 标准		管壁厚 /mm ≤	$R_{p0.2}$ /MPa	$R_{p1.0}$ /MPa	R_m /MPa	A（%）≥		KV/J≥			推荐的热处理制度		抗晶间腐蚀倾向
钢 号	数字代号		≥					20℃		-196℃	温度/℃	冷却	
						纵向	横向	纵向	横向	横向			
X6CrNiTi 18-10 （C）[1]	1.4541	60	200	235	500～730	35	30	100	60	60	1020～1120	水，空	有
X6CrNiTi 18-10（H）[1]	1.4541	60	180	215	460～680	35	30	100	60	60	1020～1120	水，空	有
X6CrNiNb18-10	1.4550	60	205	240	510～740	35	30	100	60	60	1020～1200	水，空	有
X1CrNi 25-21	1.4335	60	180	210	470～670	35	30	100	60	60	1030～1100	水，空	有
X2CrNiMo 17-12-2	1.4404	60	190	225	490～690	40	30	100	60	60	1020～1120	水，空	有
X5CrNiMo 17-12-2	1.4401	60	205	240	510～740	35	30	100	60	60	1020～1120	水，空	有
X1CrNiMoN 25-22-2	1.4466	60	260	295	540～740	35	30	100	60	80	1070～1150	水，空	有
X6CrNiMoTi 17-12-2（C）[1]	1.4571	60	210	245	500～730	35	30	100	60	60	1020～1120	水，空	有
X6CrNiMoTi 17-12-2（H）[1]	1.4571	60	190	225	490～690	35	30	100	60	60	1020～1120	水，空	有
X6CrNiMoNb 17-12-2	1.4580	60	215	250	510～740	35	30	100	60	—	1020～1120	水，空	有
X2CrNiMoN 17-13-3	1.4429	60	295	330	580～800	35	30	100	60	60	1020～1120	水，空	有
X3CrNiMo 17-13-3	1.4436	60	205	240	510～740	40	30	100	60	60	1020～1120	水，空	有
X2CrNiMo 18-14-3	1.4435	60	190	225	490～690	40	30	100	60	60	1020～1120	水，空	有
X2CrNiMoN 17-13-5	1.4439	60	285	315	580～800	35	30	100	60	60	1060～1140	水，空	有
X1NiCrMoCu 31-27-4	1.4563	60	215	245	500～750	40	35	120	90	80	1070～1150	水，空	有
X1CrNiMoCu 25-20-5	1.4539	60	230	250	520～720	35	30	120	90	80	1060～1140	水，空	有
X1CrNiMoCuN 20-18-7	1.4547	60	300	310	650～850	35	30	100	60	60	1180～1230	水，空	有
X1NiCrMoCuN 25-20-7	1.4529	60	270	310	600～800	35	30	120	90	80	1120～1180	水，空	有
X2NiCrAlTi 32-20	1.4558	60	180	210	450～700	35	30	120	90	80	950～1050	水，空	有

① 代号：C—冷加工；H—热加工。

（3）EN 欧洲标准承压奥氏体（热强）型不锈钢无缝钢管的室温力学性能与抗晶间腐蚀倾向（冲击试验于 20℃ 和 -196℃）（表 3-3-52）

表 3-3-52　承压奥氏体（热强）型不锈钢无缝钢管的室温力学性能与抗晶间腐蚀倾向（固溶处理）

EN 标准		管壁厚 /mm ≤	$R_{p0.2}$ /MPa	$R_{p1.0}$ /MPa	R_m /MPa	A(%)≥		KV/J≥ （20℃）		推荐的热处理制度		抗晶间腐蚀倾向
钢 号	数字代号		≥							温度/℃	冷却	
						纵向	横向	纵向	横向			
X6CrNi 18-10	1.4948	50	185	225	500～700	40	30	100	60	1000～1080	水，空	无
X7CrNiTi 18-10	1.4940	50	180	220	510～710	35	30	100	60	1100～1150	水，空	无
X7CrNiNb 18-10	1.4912	50	205	240	510～710	40	30	100	60	1070～1125	水，空	无
X6CrNiTiB 18-10	1.4941	50	195	235	490～680	35	30	100	60	1070～1150	水，空	无
X6CrNiMo17-13-2	1.4918	50	205	245	490～690	35	30	100	60	1020～1100	水，空	无
X5NiCrAlTi 31-20	1.4958	50	170	200	500～750	35	30	120	80	1150～1200	水，空	无
X5NiCrAlTi 31-20 （+RA）[1]	1.4958 （+RA）[1]	50	210	240	500～750	35	30	120	80	920～1000	水，空	无

（续）

EN 标准		管壁厚 /mm ≤	$R_{p0.2}$ /MPa	$R_{p1.0}$ /MPa	R_m /MPa	$A(\%) \geq$		$KV/J \geq$ (20℃)		推荐的热处理制度		抗晶间腐蚀倾向
钢 号	数字代号		≥			纵向	横向	纵向	横向	温度/℃	冷却	
X8NiCrAlTi 32-21	1.4959	50	170	200	500~750	35	30	120	80	1150~1200	水，空	无
X3CrNiMoBN 17-13-3	1.4910	50	260	300	550~750	35	30	120	80	1020~1100	水，空	无
X8CrNiNb 16-13	1.4961	50	205	245	510~690	35	22	100	60	1050~1100	水，空	无
X8CrNiMoVNb 16-13	1.4988	50	255	295	540~740	30	20	60	40	1100~1150	水，空	无
X8CrNiMoNb 16-16	1.4981	50	215	255	530~690	35	22	100	60	1050~1100	水，空	无
X10CrNiMoMnNbVB 15-10-1	1.4982	50	220	270	540~740	35	30			1050~1100	水，空	无

① +RA—再结晶退火。

（4）EN 欧洲标准承压奥氏体-铁素体型不锈钢无缝钢管的室温力学性能与抗晶间腐蚀倾向（冲击试验于 20℃和 −40℃）（表 3-3-53）

表 3-3-53 承压奥氏体-铁素体型不锈钢无缝钢管的室温力学性能与抗晶间腐蚀倾向（固溶处理）

EN 标准		管壁厚 /mm ≤	$R_{p0.2}$ /MPa	R_m /MPa	$A(\%) \geq$		$KV/J \geq$			推荐的热处理制度		抗晶间腐蚀倾向
钢 号	数字代号		≥		纵向	横向	20℃		−40℃	温度/℃	冷却	
							纵向	横向	横向			
X2CrNiMoN 22-5-3	1.4462	30	450	640~880	22	22	150	100	40	1020~1100	水，空冷	有
X2CrNiMoSi 18-5-3	1.4424	30	480	700~900	30	30	120	80	—	975~1050	水，空冷	有
X2CrNiN 23-4	1.4362	30	400	600~820	25	25	120	90	40	950~1050	水，空冷	有
X2CrNiMoN 25-7-4	1.4410	30	550	800~1000	20	20	150	90	40	1040~1120	水，空冷	有
X2CrNiMoCuN 25-6-3	1.4507	30	500	700~900	20	20	150	90	40	1040~1120	水	有
X2CrNiMoCuWN 25-7-4	1.4501	30	550	800~1000	20	20	150	90	40	1040~1120	水	有

（5）EN 欧洲标准承压奥氏体（热强）型不锈钢无缝钢管高温时 0.2% 塑性应变的蠕变强度（表 3-3-54）

表 3-3-54 承压奥氏体（热强）型不锈钢无缝钢管高温时 **0.2%塑性应变的蠕变强度**（固溶处理）

牌 号	数字代号	管壁厚 /mm ≤	0.2% 塑性应变的蠕变强度/MPa ≥ （在下列温度时）/℃										
			50	100	150	200	250	300	350	400	450	500	550
X6CrNi 18-10	1.4948	50	174	157	142	127	117	108	103	98	93	88	83
X7CrNiTi 18-10	1.4940	50	172	156	145	135	128	124	120	116	113	111	108
X7CrNiNb 18-10	1.4912	50	180	171	162	153	147	139	133	129	—	124	
X6CrNiTiB 18-10	1.4941	50	180	162	152	142	137	132	127	123	118	113	108
X6CrNiMo17-13-2	1.4918	50	184	177	162	147	137	127	122	118	113	108	103
X5NiCrAlTi 31-20	1.4958	50	157	140	127	115	105	95	90	85	82	80	75
X805NiCrAlTi 31-20（+RA）①	1.4958（+RA）①	50	195	180	170	160	152	145	137	130	130	125	115
X8NiCrAlTi 32-21	1.4959	50	157	140	127	115	105	95	90	85	82	80	75
X3CrNiMoBN 17-13-3	1.4910	50	234	205	187	170	159	148	141	134	130	127	124
148X8CrNiNb 16-13	1.4961	50	197	175	166	157	147	137	132	128	123	118	118
X8CrNiMoVNb 16-13	1.4988	50	239	215		196	—		177		167	—	157	152
X8CrNiMoNb 16-16	1.4981	50	202	195		177		157		147		137	137
X10CrNiMoMnNbVB15-10-1	1.4982	50	213	188	171	161	153	148	145	144	141	139	136

① +RA—再结晶退火。

3.3.12 承压不锈钢焊接钢管 ［EN 10217-7（2014）］

（1）EN 欧洲标准承压不锈钢焊接钢管的钢号与化学成分（表 3-3-55）

表 3-3-55 承压不锈钢焊接钢管的钢号与化学成分（质量分数）（%）

钢 号	数字代号	C	Si	Mn	P≤	S≤	Cr	Mo	Ni	其 他
奥氏体型										
X2CrNi 18-9	1.4307	≤0.030	≤1.00	≤2.00	0.045	0.015	17.5~19.5	—	8.00~10.0	N≤0.10
X2CrNi 19-11	1.4306	≤0.030	≤1.00	≤2.00	0.045	0.015	18.0~20.0	—	10.0~12.0	N≤0.10
X2CrNiN18-10	1.4311	≤0.030	≤1.00	≤2.00	0.045	0.015	17.0~19.5	—	8.50~11.5	N 0.12~0.22
X5CrNi 18-10	1.4301	≤0.07	≤1.00	≤2.00	0.045	0.015	17.5~19.5	—	8.00~10.5	N≤0.10
X6CrNiTi 18-10	1.4541	≤0.08	≤1.00	≤2.00	0.045	0.015	17.0~19.0	—	9.00~12.0	Ti 5C~0.70
X6CrNiNb 18-10	1.4550	≤0.08	≤1.00	≤2.00	0.045	0.015	17.0~19.0	—	9.00~12.0	Nb 10C~1.00
X2CrNiMo 17-12-2	1.4404	≤0.030	≤1.00	≤2.00	0.045	0.015	16.5~18.5	2.00~2.50	10.0~13.0	N≤0.10
X5CrNiMo 17-12-2	1.4401	≤0.07	≤1.00	≤2.00	0.045	0.015	16.5~18.5	2.00~2.50	10.0~13.0	N≤0.10
X6CrNiMoTi 17-12-2	1.4571	≤0.08	≤1.00	≤2.00	0.045	0.015	16.5~18.5	2.00~2.50	10.5~13.5	Ti 5C~0.70
X2CrNiMo 17-12-3	1.4432	≤0.030	≤1.00	≤2.00	0.045	0.015	16.5~18.5	2.50~3.00	10.5~13.0	N≤0.10
X2CrNiMoN 17-13-3	1.4429	≤0.030	≤1.00	≤2.00	0.045	0.015	16.5~18.5	2.50~3.00	11.0~14.0	N 0.12~0.22
X3CrNiMo 17-13-3	1.4436	≤0.05	≤1.00	≤2.00	0.045	0.015	16.5~18.5	2.50~3.00	10.5~13.0	N≤0.10
X2CrNiMo 18-14-3	1.4435	≤0.030	≤1.00	≤2.00	0.045	0.015	17.0~19.0	2.50~3.00	12.5~15.0	N≤0.10
X2CrNiMoN 17-13-5	1.4439	≤0.030	≤1.00	≤2.00	0.045	0.015	16.5~18.5	4.00~5.00	12.5~14.5	N 0.12~0.22
X2CrNiMo 18-15-4	1.4438	≤0.030	≤1.00	≤2.00	0.045	0.015	17.5~19.5	3.00~4.00	13.0~16.0	N≤0.10
X1NiCrMoCu 31-27-4	1.4563	≤0.020	≤0.70	≤2.00	0.030	0.010	26.0~28.0	3.00~4.00	30.0~32.0	Cu 0.70~1.50 N≤0.10
X1CrNiMoCu 25-20-5	1.4539	≤0.020	≤0.70	≤2.00	0.030	0.010	19.0~21.0	4.00~5.00	24.0~26.0	Cu 1.20~2.00 N≤0.15
X1CrNiMoCuN 20-18-7	1.4547	≤0.020	≤0.70	≤1.00	0.030	0.010	19.5~20.5	6.00~7.00	17.5~18.5	Cu 0.50~1.00 N 0.18~0.25
X1NiCrMoCuN 25-20-7	1.4529	≤0.020	≤0.50	≤1.00	0.030	0.010	19.0~21.0	6.00~7.00	24.0~26.0	Cu 0.50~1.50 N 0.15~0.25
奥氏体-铁素体型										
X2CrNiMoN 22-5-3	1.4462	≤0.030	≤1.00	≤2.00	0.035	0.015	21.0~23.0	2.50~3.50	4.50~6.50	N 0.10~0.22
X2CrNiN 23-4	1.4362	≤0.030	≤1.00	≤2.00	0.035	0.015	22.0~24.0	0.10~0.60	3.50~5.50	Cu 0.10~0.60 N 0.05~0.20
X2CrNiMoN 25-7-4	1.4410	≤0.030	≤1.00	≤2.00	0.035	0.015	24.0~26.0	3.00~4.50	6.00~8.00	N 0.20~0.35
X2CrNiMoCuWN 25-7-4	1.4501	≤0.030	≤1.00	≤1.00	0.035	0.015	24.0~26.0	3.00~4.00	6.00~8.00	W 0.50~1.00 Cu 0.50~1.00 N 0.20~0.30

（2）EN 欧洲标准承压奥氏体型不锈钢焊接钢管的室温力学性能与抗晶间腐蚀倾向（冲击试验于20℃和 -196℃）（表 3-3-56）

表3-3-56　承压奥氏体型不锈钢焊接钢管的室温力学性能与抗晶间腐蚀倾向（固溶处理）

EN 标准		管壁厚 /mm ≤	$R_{p0.2}$ /MPa ≥	$R_{p1.0}$ /MPa ≥	R_m /MPa	A（%）≥		KV/J≥			推荐的热处理制度		抗晶间腐蚀倾向
钢号	数字代号							20℃		-196℃			
						纵向	横向	纵向	横向	横向	温度/℃	冷却	
X2CrNi 18-9	1.4307	60	180	215	470~670	40	35	100	60	60	1000~1100	水，空	有
X2CrNi 19-11	1.4306	60	180	215	460~680	40	35	100	60	60	1000~1100	水，空	有
X2CrNiN 18-10	1.4311	60	270	305	550~760	35	30	100	60	60	1000~1100	水，空	有
X5CrNi 18-10	1.4301	60	195	230	500~700	40	35	100	60	60	1000~1100	水，空	有
X6CrNiTi 18-10	1.4541	60	200	235	500~730	35	30	100	60	60	1020~1200	水，空	有
X6CrNiNb 18-10	1.4550	60	205	240	510~740	35	30	100	60	60	1020~1200	水，空	有
X2CrNiMo 17-12-2	1.4404	60	190	225	490~690	40	35	100	60	60	1020~1200	水，空	有
X5CrNiMo 17-12-2	1.4401	60	205	240	510~740	40	35	100	60	60	1020~1200	水，空	有
X6CrNiMoTi 17-12-2	1.4571	60	210	245	500~730	35	30	100	60	60	1020~1200	水，空	有
X2CrNiMo 17-12-3	1.4432	60	190	225	490~690	40	35	100	60	60	1020~1200	水，空	有
X2CrNiMoN 17-13-3	1.4429	60	295	330	580~800	35	30	100	60	60	1020~1200	水，空	有
X3CrNiMo 17-13-3	1.4436	60	205	240	510~740	40	35	100	60	60	1020~1200	水，空	有
X2CrNiMo 18-14-3	1.4435	60	190	225	490~690	40	35	100	60	60	1020~1200	水，空	有
X2CrNiMoN 17-13-5	1.4439	60	285	315	580~800	35	30	100	60	60	1100~1140	水，空	有
X2CrNiMo 18-15-4	1.4438	60	220	250	490~690	35	30	100	60	60	1100~1160	水，空	有
X1NiCrMoCu 31-27-4	1.4563	60	215	245	500~750	40	35	120	90	80	1100~1160	水，空	有
X1CrNiMoCu 25-20-5	1.4539	60	220	250	520~720	35	30	120	90	80	1100~1160	水，空	有
X1CrNiMoCuN 20-18-7	1.4547	60	300	310	650~850	35	30	100	60	60	1180~1230	水，空	有
X1NiCrMoCuN 25-20-7	1.4529	60	300	340	600~800	40	40	120	90	80	1120~1180	水，空	有

（3）EN 欧洲标准承压奥氏体-铁素体型不锈钢焊接钢管的室温力学性能与抗晶间腐蚀倾向（冲击试验于20℃和-40℃）（表3-3-57）

表3-3-57　承压奥氏体-铁素体型不锈钢焊接钢管的室温力学性能与抗晶间腐蚀倾向（软化退火）

EN 标准		管壁厚 /mm ≤	$R_{p0.2}$ /MPa ≥	R_m /MPa	A（%）≥		KV/J≥			推荐的热处理制度		抗晶间腐蚀倾向
钢号	数字代号						20℃		-40℃			
					纵向	横向	纵向	横向	横向	温度/℃	冷却	
X2CrNiMoN 22-5-3	1.4462	30	450	700~920	25	20	120	90	40	1020~1100	水，空	有
X2CrNiN 23-4	1.4362	30	400	600~820	25	25	120	90	40	950~1050	水，空	有
X2CrNiMoN 25-7-4	1.4410	30	550	800~1000	20	20	100	100	40	1040~1120	水	有
X2CrNiMoCuWN 25-7-4	1.4501	30	550	800~1000	20	20	100	100	40	1080~1160	水	有

3.3.13　弹簧用不锈钢钢带和钢丝 ［EN 10151（2002）］［EN 10270-3（2011）］

（1）EN 欧洲标准弹簧用不锈钢钢带 ［EN 10151（2002）］

A）弹簧用不锈钢钢带的牌号与化学成分（表3-3-58）

表3-3-58　弹簧用不锈钢钢带的牌号与化学成分（质量分数）（%）

牌号	数字代号	C	Si	Mn	P≤	S≤	Cr	Ni	Mo	其他
奥氏体型										
X10CrNi 18-8	1.4310	0.05~0.15	≤2.00	≤2.00	0.045	0.015	16.0~19.0	6.00~9.50	≤0.80	N≤0.11
X5CrNi 18-8	1.4301	≤0.07	≤1.00	≤2.00	0.045	0.015	17.5~19.5	8.00~10.0	—	N≤0.11

（续）

牌　号	数字代号	C	Si	Mn	P≤	S≤	Cr	Ni	Mo	其　他
奥氏体型										
X5CrNiMo 17-12-2	1.4401	≤0.07	≤1.00	≤2.00	0.045	0.015	16.5～18.5	10.0～13.0	2.00～2.50	N≤0.11
X11CrNiMnN 19-8-6	1.4369	0.07～0.15	0.50～1.00	5.00～7.50	0.030	0.015	17.5～19.5	6.50～8.50	—	N 0.20～0.30
X12CrNiMnN 17-7-5	1.4372	≤0.15	≤1.00	5.50～7.50	0.045	0.015	16.0～18.0	3.50～5.50	—	N 0.05～0.25
铁素体型										
X6Cr 17	1.4016	≤0.08	≤1.00	≤1.00	0.045	0.015	16.0～18.0	—	—	—
马氏体型										
X20Cr 13	1.4021	0.16～0.25	≤1.00	≤1.50	0.040	0.015	12.0～14.0	—	—	—
X30Cr 13	1.4028	0.26～0.35	≤1.00	≤1.50	0.040	0.015	12.0～14.0	—	—	—
X39Cr 13	1.4031	0.36～0.42	≤1.00	≤1.00	0.040	0.015	12.5～14.5	—	—	—
沉淀硬化型										
X7CrNiAl 17-7	1.4568	≤0.09	≤0.70	≤1.00	0.045	0.015	16.0～18.0	6.50～7.80	—	Al 0.70～150

B）弹簧用不锈钢钢带的抗拉强度范围及其代号（表 3-3-59）

表 3-3-59　弹簧用不锈钢钢带的抗拉强度范围及其代号

抗拉强度代号	R_m/MPa	抗拉强度代号	R_m/MPa	抗拉强度代号	R_m/MPa
+ C700	700～850	+ C1150	1150～1300	+ C1700	1700～1900
+ C850	850～1000	+ C1300	1300～1500	+ C1900	1900～2200
+ C1000	1000～1150	+ C1500	1500～1700	—	—

C）弹簧用不锈钢钢带在冷加工状态时抗拉强度可选用的范围（表 3-3-60）

表 3-3-60　弹簧用不锈钢钢带在冷加工状态时抗拉强度可选用的范围

牌　号	数字代号	可选用的抗拉强度代号							
		+ C700	+ C850	+ C1000	+ C1150	+ C1300	+ C1500	+ C1700	+ C1900
奥氏体型									
X10CrNi 18-8	1.4310	—	X	X	X	X	X	X	X
X5CrNi 18-8	1.4301	X	X	X	X	X	—	—	—
X5CrNiMo 17-12-2	1.4401	X	X	X	X	X	—	—	—
X11CrNiMnN 19-8-6	1.4369	—	X	X	X	X	X	—	—
X12CrNiMnN 17-7-5	1.4372	—	X	X	X	X	X	—	—
铁素体型									
X6Cr 17	1.4016	X	X	—	—	—	—	—	—
马氏体型									
X20Cr 13	1.4021	X	X	—	—	—	—	—	—
X30Cr 13	1.4028	X	X	—	—	—	—	—	—
X39Cr 13	1.4031	X	X	—	—	—	—	—	—
沉淀硬化型									
X7CrNiAl 17-7	1.4568	—	—	X	X	X	X	X	—

注：X 对应表 3-3-59 中的抗拉强度范围；— 代表未测定抗拉强度值。

（2）EN 欧洲标准弹簧用不锈钢钢丝 ［EN 10270-3（2011）］

A）弹簧用不锈钢钢丝的牌号与化学成分（表3-3-61）

表 3-3-61　弹簧用不锈钢钢丝的牌号与化学成分（质量分数）（%）

牌　号	数字代号	C	Si	Mn	P≤	S≤	Cr	Ni	Mo	其　他
X10CrNi 18-8	1.4310	0.05~0.15	≤2.00	≤2.00	0.045	0.015	16.0~19.0	6.00~9.50	≤0.80	N≤0.11
X5CrNiMo 17-12-2	1.4401	≤0.07	≤1.00	≤2.00	0.045	0.015	16.5~18.5	10.0~13.0	2.00~2.50	N≤0.11
X7CrNiAl 17-7	1.4568	≤0.09	≤0.70	≤1.00	0.040	0.015	16.0~18.0	6.50~7.50	—	Al 0.70~1.50
X5CrNi 18-10	1.4301	≤0.07	≤1.00	≤2.00	0.045	0.015	17.5~19.5	8.00~10.5		N≤0.11
X1NiCrMoCu 25-20-6	1.4539	≤0.020	≤0.70	≤2.00	0.030	0.010	19.0~21.0	24.0~26.0	4.00~5.00	Cu 1.20~2.00 N≤0.15
X2CrNiMoN 22-5-3	1.4452	≤0.030	≤1.00	≤2.00	0.035	0.015	21.0~23.0	4.50~6.50	2.50~3.50	N 0.10~0.22

B）弹簧用不锈钢钢丝的抗拉强度（拉拔状态）（表3-3-62）

表 3-3-62　弹簧用不锈钢（拉拔状态）钢丝的抗拉强度

公称直径 d /mm	1.4310[1]		1.4401[1]	1.4568[1]	1.4301[1]		1.4539[1]	1.4452[1]	
	$R_m^{[2]}$/MPa（NS）	$R_m^{[2]}$/MPa（HS）	$R_m^{[2]}$/MPa	$R_m^{[2]}$/MPa	$R_m^{[2]}$/MPa（NS）≥	$R_m^{[2]}$/MPa（HS）	$R_m^{[2]}$/MPa	$R_m^{[2]}$/MPa（NS）	$R_m^{[2]}$/MPa（HS）
≤0.20	2200~2530	2350~2710	1725~1990	1975~2280	2000	2150~2300	1600~1840	2150~2480	2370~2730
>0.20~0.30	2150~2480	2300~2650	1700~1960	1950~2250	1975	2050~2280	1550~1790	2100~2420	2370~2730
>0.30~0.40	2100~2420	2250~2590	1675~1930	1925~2220	1925	2050~2220	1550~1790	2000~2300	2370~2730
>0.40~0.50	2050~2360	2200~2530	1650~1900	1900~2190	1900	1950~2190	1500~1750	2000~2300	2370~2730
>0.50~0.65	2000~2300	2150~2480	1625~1870	1850~2130	1850	1950~2130	1450~1670	1900~2190	2370~2730
>0.65~0.80	1950~2250	2100~2420	1600~1840	1825~2100	1800	1850~2070	1450~1670	1900~2190	2230~2570
>0.80~1.00	1900~2190	2050~2360	1575~1620	1800~2070	1775	1850~2050	1400~1610	1800~2070	2140~2470
>1.00~1.25	1850~2130	2000~2300	1550~1790	1750~2020	1725	1750~1990	1350~1560	1800~2070	2090~2410
>1.25~1.50	1800~2070	1950~2250	1500~1730	1700~1960	1675	1750~1930	1350~1560	1700~1960	2090~2410
>1.50~1.75	1750~2020	1900~2190	1450~1670	1650~1900	1625	1650~1870	1300~1500	1700~1960	2000~2300
>1.75~2.00	1700~1960	1850~2130	1400~1610	1610~1840	1575	1650~1820	1300~1500	1700~1960	2000~2300
>2.00~2.50	1650~1900	1750~2020	1350~1560	1550~1790	1525	1550~1760	1300~1500	1550~1790	1900~2190
>2.50~3.00	1600~1840	1700~1960	1300~1500	1500~1730	1475	1550~1700	1300~1500	1550~1790	1860~2140
>3.00~3.50	1550~1790	1650~1900	1250~1440	1450~1670	1425	1450~1640	1300~1500	1550~1790	—
>3.50~4.24	1500~1730	1600~1840	1225~1410	1400~1610	1400	1450~1610	1250~1440	1450~1670	—
>4.25~5.00	1450~1670	1550~1790	1200~1380	1350~1560	1350	1350~1560	1250~1440	1450~1670	—
>5.00~6.00	1400~1610	1500~1730	1150~1330	1300~1500	1300	1350~1500	1250~1440	1350~1560	—
>6.00~7.00	1350~1560	1450~1670	1125~1300	1250~1440	1250	1300~1440	1200~1380	1350~1560	—
>7.00~8.50	1300~1500	1400~1610	1075~1240	1250~1440	1200	1300~1380	1150~1330	—	—
>8.50~10.00	1250~1440	1350~1560	1050~1210	1250~1440	1175	1250~1360	—	—	—

① 牌号的数字代号。

② NS—常规抗拉强度 R_m；HS—高等级抗拉强度 R_m；未标注的均为钢丝拉伸后经热处理必须满足的抗拉强度 R_m。

3.3.14 冷镦和冷挤压用不锈钢棒材与线材 ［EN 10263-5（2017）］

（1）EN 欧洲标准冷镦和冷挤压用不锈钢棒材与线材的钢号与化学成分（表3-3-63）

表3-3-63 冷镦和冷挤压用不锈钢棒材与线材的钢号与化学成分（质量分数）（%）

钢 号	数字代号	C	Si	Mn	P≤	S≤	Cr	Mo	Ni	N	其 他
奥氏体型											
X10CrNi 18-8	1.4310	0.05 ~ 0.15	≤2.00	≤2.00	0.045	0.015	16.0 ~ 19.0	≤0.80	6.00 ~ 9.00	≤0.10	Cu≤1.00
X2CrNi 18-9	1.4307	≤0.030	≤1.00	≤2.00	0.045	0.030	17.5 ~ 19.5	—	8.00 ~ 10.0	≤0.10	Cu≤1.00
X2CrNi 19-11	1.4306	≤0.030	≤1.00	≤2.00	0.045	0.030	18.0 ~ 20.0		11.0 ~ 12.0	≤0.10	Cu≤1.00
X5CrNi 18-10	1.4301	≤0.070	≤1.00	≤2.00	0.045	0.030	17.0 ~ 19.5		8.00 ~ 10.5	≤0.10	Cu≤1.00
X6CrNiTi 18-10	1.4541	≤0.080	≤1.00	≤2.00	0.045	0.030	17.0 ~ 19.0		9.00 ~ 12.0	—	Ti 5C≤0.70 Cu≤1.00
X4CrNi 18-12	1.4303	≤0.060	≤1.00	≤2.00	0.045	0.030	17.0 ~ 19.0		11.0 ~ 13.0	≤0.10	
X2CrNiMo 17-12-2	1.4404	≤0.030	≤1.00	≤2.00	0.045	0.030	16.5 ~ 18.5	2.00 ~ 2.50	10.0 ~ 13.0	≤0.10	Cu≤1.00
X2CrNiMo 17-12-3	1.4432	≤0.030	≤1.00	≤2.00	0.045	0.015	16.5 ~ 18.5	2.50 ~ 3.00	10.5 ~ 13.0	≤0.10	Cu≤1.00
X5CrNiMo 17-12-2	1.4401	≤0.070	≤1.00	≤2.00	0.045	0.030	16.5 ~ 18.5	2.00 ~ 3.50	10.0 ~ 13.0	≤0.10	Cu≤1.00
X6CrNiMoTi 17-12-2	1.4571	≤0.080	≤1.00	≤2.00	0.045	0.030	16.5 ~ 18.5	2.00 ~ 2.50	10.5 ~ 13.5	≤0.10	Ti 5C≤0.70 Cu≤1.00
X2CrNiMoN 17-13-3	1.4429	≤0.030	≤1.00	≤2.00	0.045	0.015	16.5 ~ 18.5	2.50 ~ 3.00	11.0 ~ 14.0	0.12 ~ 0.22	Cu≤1.00
X3CrNiMo 17-13-3	1.4436	≤0.050	≤1.00	≤2.00	0.045	0.015	16.5 ~ 18.5	2.50 ~ 3.00	10.5 ~ 13.0	≤0.10	—
X3CrNiCu 18-9-4	1.4567	≤0.040	≤1.00	≤2.00	0.045	0.030	17.0 ~ 19.0	—	8.50 ~ 10.5[①]	≤0.10	Cu 3.00 ~ 4.00
X3CrNiCu 19-9-2	1.4560	≤0.035	≤1.00	1.50 ~ 2.00	0.045	0.015	18.0 ~ 19.0	—	8.00 ~ 9.00	≤0.10	Cu 1.50 ~ 2.00
X3CrNiCuMo 17-11-3-2	1.4578	≤0.040	≤1.00	≤1.00[②]	0.045	0.015	16.5 ~ 17.5	2.00 ~ 2.50	10.0 ~ 11.0	≤0.10	Cu 3.00 ~ 3.50
奥氏体-铁素体型											
X2CrNiMoN 22-5-3	1.4462	≤0.030	≤1.00	≤2.00	0.035	0.015	21.0 ~ 23.0	2.50 ~ 3.50	4.50 ~ 6.50	0.10 ~ 0.22	—
铁素体型											
X6Cr 17	1.4016	≤0.080	≤1.00	≤1.00	0.040	0.030	16.0 ~ 18.0	—	—	—	—
X6CrMo 17-1	1.4113	≤0.080	≤1.00	≤1.00	0.040	0.030	16.0 ~ 18.0	0.90 ~ 1.40			
马氏体型											
X12Cr 13	1.4006	0.08 ~ 0.15	≤1.00	≤1.50	0.040	0.030	11.5 ~ 13.5	—	≤0.75	—	—

① 允许 Ni 含量为 w（Ni）= 8.00% ~ 10.5%。

② 允许 Mn 含量为 w（Mn）≤2.00%。

（2）EN 欧洲标准冷镦和冷挤压用奥氏体型与奥氏体-铁素体型不锈钢棒材及线材的力学性能（表 3-3-64）

表 3-3-64　冷镦和冷挤压用奥氏体型与奥氏体-铁素体型不锈钢

棒材及线材的力学性能（标定的交货状态）

EN 标准		直径 /mm	AT 或 AT + PE[①]		AT + C[①]		AT + C + AT[①]		AT + C + AT + LC[①]	
钢　号	数字代号		R_m/MPa ≤	Z(%) ≥	R_m/MPa ≤	Z(%) ≥	R_m/MPa ≤	Z(%) ≥	R_m/MPa ≤	Z(%) ≥
奥氏体型										
X10CrNi 18-8	1.4310	>2~5	—	—	—	—	720	65	760	60
		>5~10	660	65	890	②	680	65	730	60
		>10~25	660	65	850	②	660	65	—	—
		>25~50	660	65						
X2CrNi 18-9	1.4307	>2~5	—	—	—	—	680	68	730	63
		>5~10	630	68	800	②	630	68	680	63
		>10~25	630	68	760	②	630	68	—	—
		>25~50	630	68	740	②	630	68		
X2CrNi 19-11	1.4306	>2~5	—	—	—	—	680	68	730	63
		>5~10	630	68	780	②	630	68	680	63
		>10~25	630	68	740	②	630	68	—	—
		>25~50	630	68						
X6CrNiTi 18-10	1.4541	>2~5	—	—	—	—	700	60	750	60
		>5~10	650	65	820	②	650	65	700	60
		>10~25	650	65	780	②	650	65	—	—
		>25~50	650	65						
X4CrNi 18-12	1.4303	>2~5	—	—	—	—	670	65	720	60
		>5~10	650	65	800	②	650	65	700	60
		>10~25	650	65	770	②	650	65	—	—
		>25~50	650	65						
X2CrNiMo 17-12-2	1.4404	>2~5	—	—	—	—	670	68	720	63
		>5~10	650	68	780	②	650	68	700	63
		>10~25	650	68	750	②	650	68	—	—
		>25~50	650	68						
X2CrNiMo 17-12-3	1.4432	>2~5	—	—	—	—	670	68	720	63
		>5~10	650	68	780	②	650	68	700	63
		>10~25	650	68	750	②	650	68	—	—
		>25~50	650	68						
X5CrNiMo 17-12-2	1.4401	>2~5	—	—	—	—	690	65	740	60
		>5~10	660	65	830	②	670	65	720	60
		>10~25	660	65	750	②	660	65	—	—
		>25~50	660	65						
X6CrNiMoTi 17-12-2	1.4571	>2~5	—	—	—	—	720	65	770	60
		>5~10	680	65	850	②	680	65	730	60
		>10~25	680	65	810	②	680	65	—	—
		>25~50	680	65	—	—	—	—	—	—

（续）

EN 标准 钢号	数字代号	直径/mm	AT 或 AT+PE[1] Rm/MPa ≤	Z(%) ≥	AT+C[1] Rm/MPa ≤	Z(%) ≥	AT+C+AT[1] Rm/MPa ≤	Z(%) ≥	AT+C+AT+LC[1] Rm/MPa ≤	Z(%) ≥
奥氏体型										
X2CrNiMoN 17-13-3	1.4429	>2~5	—	—	—	—	820	60	870	55
		>5~10	780	60	940	[2]	800	60	850	55
		>10~25	780	60	910	[2]	780	60	—	—
		>25~50	780	60	—	—	—	—	—	—
X3CrNiMo 17-13-3	1.4436	>2~5	—	—	—	—	690	65	740	60
		>5~10	660	65	830	[2]	670	65	720	60
		>10~25	660	65	790	[2]	660	65	—	—
		>25~50	660	65	—	—	—	—	—	—
X3CrNiCu 18-9-4	1.4567	>2~5	—	—	—	—	600	68	650	63
		>5~10	590	68	740	[2]	590	68	640	63
		>10~25	590	68	700	[2]	590	68	—	—
		>25~50	590	68	—	—	—	—	—	—
X3CrNiCu 19-9-2	1.4560	>2~5	—	—	—	—	630	68	680	63
		>5~10	610	68	790	[2]	610	68	660	63
		>10~25	610	68	750	[2]	610	68	—	—
		>25~50	610	68	—	—	—	—	—	—
奥氏体-铁素体型										
X2CrNiMoN 22-5-3	1.4462	>2~5	880	55	—	—	950	55	1010	50
		>5~10	880	55	1020	[2]	900	55	970	50
		>10~25	880	55	1020	[2]	880	55	—	—

① 工艺及热处理代号：AT—固溶处理；C—冷拉；LC—轻拉；PE—剥皮。

② 由供需双方商定。

（3）EN 欧洲标准冷镦和冷挤压用铁素体型与马氏体型不锈钢棒材及线材的力学性能（表3-3-65）

表 3-3-65 冷镦和冷挤压用铁素体型与马氏体型不锈钢棒材及线材的力学性能（标定的交货状态）

EN 标准 钢号	数字代号	直径/mm	A 或 A+PE[1] Rm/MPa ≤	Z(%) ≥	A+LC[1] Rm/MPa ≤	Z(%) ≥	A+C+A[1] Rm/MPa ≤	Z(%) ≥	A+C+A+LC[1] Rm/MPa ≤	Z(%) ≥
铁素体型										
X6Cr 17	1.4016	>2~5	—	—	—	—	560	63	620	61
		>5~10	560	63	660	60	560	63	600	61
		>10~25	560	63	640	60	560	63	—	—
X6CrMo 17-1	1.4113	>2~5	—	—	—	—	600	60	660	58
		>5~10	600	60	710	57	600	60	640	58
		>10~25	600	60	690	57	600	60	—	—
马氏体型										
X12Cr 13	1.4006	>2~5	—	—	—	—	600	60	660	58
		>5~10	600	60	720	57	600	60	640	58
		>10~25	600	60	700	57	600	60	—	—
		>25~100	600	60	—	—	—	—	—	—

① 工艺及热处理代号：A—退火；C—冷拉；LC—轻拉；PE—剥皮。

3.3.15 高温及低温紧固件用不锈钢和镍基合金［EN 10269（2013）］

（1）EN 欧洲标准高温及低温下紧固件用不锈钢和镍合金的牌号与化学成分（表3-3-66）

表 3-3-66　高温及低温下紧固件用不锈钢和镍合金的牌号与化学成分（质量分数）（%）

牌号	数字代号	C	Si	Mn	P≤	S≤	Cr	Mo	Ni	其他
奥氏体型不锈钢										
X2CrNi 18-9	1.4307	≤0.030	≤1.00	≤2.00	0.045	0.015	17.5~19.5	—	8.00~10.0	N≤0.10
X5CrNi 18-10	1.4301	≤0.07	≤1.00	≤2.00	0.045	0.015	17.0~19.5	—	8.00~10.5	N≤0.10
X4CrNi 18-12	1.4303	≤0.06	≤1.00	≤2.00	0.045	0.015	17.0~19.0	—	11.0~13.0	N≤0.10
X2CrNiN 18-10	1.4311	≤0.030	≤1.00	≤2.00	0.045	0.015	17.5~19.5	—	8.50~10.5	N 0.12~0.22
X6CrNi 25-20	1.4951	0.04~0.08	≤0.70	≤2.00	0.035	0.015	24.0~26.0	—	19.0~22.0	N≤0.10
X2CrNiMo 17-12-2	1.4404	≤0.030	≤1.00	≤2.00	0.045	0.015	16.5~18.5	2.00~2.50	10.0~13.0	N≤0.10
X5CrNiMo 17-12-2	1.4401	≤0.07	≤1.00	≤2.00	0.045	0.015	16.5~18.5	2.00~2.50	10.0~13.0	N≤0.10
X2CrNiMoN 17-13-3	1.4429	≤0.030	≤1.00	≤2.00	0.045	0.015	16.5~18.5	2.50~3.00	11.0~14.0	N 0.12~0.22
X3CrNiCu 18-9-4	1.4567	≤0.04	≤1.00	≤2.00	0.045	0.015	17.0~19.0	—	8.50~10.5	Cu 3.00~4.00 N≤0.10
X6CrNi 18-10	1.4948	0.04~0.08	≤1.00	≤2.00	0.035	0.015	17.0~19.0	—	8.00~11.0	N≤0.10
X10CrNiMoMnNbVB 15-10-1	1.4982	0.07~0.13	≤1.00	5.50~7.00	0.040	0.015	14.0~16.0	0.80~1.20	9.00~11.0	Nb 0.75~1.25 V 0.15~0.40 N≤0.10 B 0.003~0.009
X3CrNiMoBN 17-13-3	1.4910	≤0.040	≤0.75	≤2.00	0.035	0.015	16.0~18.0	2.00~3.00	12.0~14.0	B 0.0015~0.0050 N 0.10~0.18
X6CrNiMoB 17-12-2	1.4919	0.04~0.08	≤1.00	≤2.00	0.035	0.015	16.5~18.5	2.00~2.50	10.0~13.0	B 0.0015~0.0050 N≤0.10
X6CrNiTiB 18-10	1.4941	0.04~0.08	≤1.00	≤2.00	0.035	0.015	17.0~19.0	—	9.00~12.0	Ti 5C~0.80 B 0.0015~0.0050
X6NiCrTiMoVB 25-15-2	1.4980	0.03~0.08	≤1.00	1.00~2.00	0.025	0.015	13.5~16.0	1.00~1.50	24.0~27.0	Ti 1.90~2.30 Al_t≤0.35 V 0.10~0.50 B 0.0030~0.010
X7CrNiMoBNb 16-16	1.4986	0.04~0.10	0.30~0.60	≤1.50	0.045	0.015	15.5~17.5	1.60~2.00	15.5~17.5	（Nb+Ta）10C ≤1.20 B 0.05~0.10
X22CrMoV 12-1	1.4923	0.18~0.24	≤0.50	0.40~0.90	0.025	0.015	11.0~12.5	0.80~1.20	0.30~0.80	V 0.25~0.35
X12CrNiMoV 12-3	1.4938	0.08~0.15	≤0.50	0.40~0.90	0.025	0.015	11.0~12.5	1.50~2.00	2.00~3.00	V 0.25~0.40 N 0.020~0.040
X19CrMoNbVN 11-1	1.4913	0.17~0.23	≤0.50	0.40~0.90	0.025	0.015	10.0~11.5	0.50~0.80	0.20~0.60	Nb 0.25~0.55 +①
镍合金										
NiCr20TiAl	2.4952	0.04~0.10	≤1.00	≤1.00	0.020	0.015	18.0~21.0	—	≥65.0	Ti 1.80~2.70 +②
NiCr15Fe7TiAl	2.4669	≤0.080	≤0.50	≤1.00	0.020	0.015	14.0~17.0	—	≥70.0	Ti 2.25~2.750 +③
NiCr19Fe19Nb5Mo3	2.4668	0.02~0.08	≤0.035	≤0.035	0.015	0.015	17.0~21.0	2.80~3.30	50.0~55.0	Nb 4.70~5.50 +④

注：1. 本标准的高温和低温用螺纹紧固件用结构钢钢号系列，见第 2 章 2.2 节。

　　2. 表中的 Al_t 为全铝含量。

① V 0.10~0.30，Al_t≤0.020，N 0.05~0.10，B≤0.0015。

② Cu≤0.20，Fe≤1.50，B≤0.008，Al_t 1.00~1.80，Co≤1.00。

③ Cu≤0.50，Fe 5.00~9.00，Co≤1.00，Al_t 0.40~1.00。

④ Co≤1.00，Ti 0.60~1.20，Cu≤0.30，Al_t 0.30~0.70，Fe 余量，B 0.002~0.006

（2）EN 欧洲标准高温及低温下紧固件用不锈钢和镍合金的室温力学性能（表 3-3-67）

表 3-3-67　高温及低温下紧固件用不锈钢和镍合金的室温力学性能

EN 标准		热处理状态[①]	直径 d /mm	$R_{p0.2}$/MPa ≥	R_m/MPa	A（%）	Z（%）	KV/J (20℃) ≥
钢　号	数字代号					≥	≥	
不锈钢								
X2CrNi 18-9	1.4307	AT	≤160	175	450～680	45	—	100
		C700	≤35	350	700～850	20	—	80
X5CrNi 18-10	1.4301	AT	≤160	190	500～700	45	—	100
		C700	≤35	350	700～850	20	—	80
X4CrNi 18-12	1.4303	AT	≤160	190	500～700	45	—	100
		C700	≤35	350	700～850	20	—	80
X2CrNiN 18-10	1.4311	AT	≤160	270	550～760	40	—	100
X6CrNi 25-20	1.4951	AT	≤160	200	510～750	35	—	100
X2CrNiMo 17-12-2	1.4404	AT	≤160	200	500～700	40	—	100
		C700	≤35	350	700～850	20	—	80
X5CrNiMo 17-12-2	1.4401	AT	≤160	200	500～700	40	—	100
		C700	≤35	350	700～850	20	—	80
X2CrNiMoN 17-13-3	1.4429	AT	≤160	280	580～800	40	—	100
X3CrNiCu 18-9-4	1.4567	AT	≤160	175	450～650	45	—	100
		C700	≤35	350	700～850	20	—	80
X6CrNi 18-10	1.4948	AT	≤160	185	500～700	40	—	90
X10CrNiMoMnNbVB 15-10-1	1.4982	AT+WW	≤160	510	650～850	25	—	50
X3CrNiMoBN 17-13-3	1.4910	AT	≤160	260	550～750	35	—	100
X6CrNiMoB 17-12-2	1.4919	AT	≤160	205	490～690	35	—	100
X6CrNiTiB 18-10	1.4941	AT	≤160	195	490～680	35	—	100
X6NiCrTiMoVB 25-15-2	1.4980	AT+P	≤160	600	900～1150	15	—	50
X7CrNiMoBNb 16-16	1.4986	WW+P	≤160	600	650～850	16	—	50
X22CrMoV 12-1	1.4923	QT	≤160	700	900～1050	11	35	20
X12CrNiMoV 12-3	1.4938	QT	≤160	760	930～1130	14	40	40
X19CrMoNbVN 11-1	1.4913	QT	≤160	750	900～1050	12	40	20
镍合金								
NiCr20TiAl	2.4952	AT+P	≤160	600	1000～1300	12	12	20
NiCr19Fe19Nb5Mo3	2.4668	P	≤160	1030	≥1230	12	—	12
NiCr15Fe7TiAl	2.4669	AT+P	≤25	650	1000～1200	20	28	22

① 热处理代号：AT—固溶处理；QT—淬火＋回火；C—冷加工硬化；P—沉淀硬化；WW—温加工状态。

（3）EN 欧洲标准高温及低温下紧固件用不锈钢和镍合金高温时 0.2% 塑性应变的蠕变强度（表 3-3-68）

表 3-3-68　高温及低温下紧固件用不锈钢和镍合金高温时 0.2% 塑性应变的蠕变强度

EN 标准		热处理状态[①]	直径 d /mm	0.2% 塑性应变的蠕变强度/MPa ≥（在下列温度时）/℃							
钢　号	数字代号			50	100	200	300	400	500	600	650
不锈钢											
X2CrNi 18-9	1.4307	AT	≤160	164	145	118	100	89	81	—	—
X5CrNi 18-10	1.4301	AT	≤160	177	155	127	110	98	92	—	—
X4CrNi 18-12	1.4303	AT	≤160	177	155	127	110	98	92	—	—
X2CrNiN 18-10	1.4311	AT	≤160	248	205	157	136	125	119	—	—
X6CrNi 25-20	1.4951	AT	≤160	177	140	116	100	91	85	—	—
X2CrNiMo 17-12-2	1.4404	AT	≤160	187	165	137	119	108	100	—	—

（续）

EN 标准		热处理状态[1]	直径 d /mm	0.2% 塑性应变的蠕变强度/MPa ≥ （在下列温度时）/℃							
钢 号	数字代号			50	100	200	300	400	500	600	650
不锈钢											
X5CrNiMo 17-12-2	1.4401	AT	≤160	191	175	145	127	115	110	—	
X2CrNiMoN 17-13-3	1.4429	AT	≤160	256	215	175	155	145	138	—	
X6CrNi 18-10	1.4948	AT	≤160	174	157	127	108	98	88	78	
X10CrNiMoMnNbVB 15-10-1	1.4982	AT + WW	≤160	490	463	434	413	396	386	365	346
X3CrNiMoBN 17-13-3	1.4910	AT	≤160	239	205	170	148	134	127	121	—
X6CrNiMoB 17-12-2	1.4919	AT	≤160	194	177	147	127	118	108	98	
X6CrNiTiB 18-10	1.4941	AT	≤160	183	162	142	132	123	113	103	
X6NiCrTiMoVB 25-15-2	1.4980	AT + P	≤160	592	580	560	540	520	490	430	350
X7CrNiMoBNb 16-16	1.4986	WW + P	≤160	489	470	432	393	353	314	255	206
X22CrMoV 12-1	1.4923	QT	≤160	681	650	600	550	485	390		
X12CrNiMoV 12-3	1.4938	QT	≤160	730	680	655	650	610	505		
X19CrMoNbVN 11-1	1.4913	QT	≤160	725	701	651	627	577	495	305	
镍合金											
NiCr20TiAl	2.4952	AT + P	≤160	595	586	568	560	540	520	500	450
NiCr19Fe19Nb5Mo3	2.4668	P	≤160	—	—	—	880	865	860	880	
NiCr15Fe7TiAl	2.4669	AT + P	≤25	615	610	606	601	592	582	578	565

[1] 见表 3-3-67。

3.4 法　　国

A. 通用钢材和合金

3.4.1　不锈钢 ［NF EN 10088-1 （2014）］

见 3.3.1 节。

3.4.2　耐热钢 ［NF EN10088-1 （2014）］

见 3.3.3 节。

3.4.3　阀门用钢和合金 ［NF EN 10090 （1998）］

见 3.3.4 节。

B. 专业用钢和优良品种

3.4.4　不锈钢和耐热钢扁平产品 ［NF EN 10088-2 （2014）］

见 3.3.5 节

3.4.5　压力容器用不锈钢钢板和钢带 ［NF EN 100028-7 （2016）］

见 3.3.9 节。

3.4.6　结构用不锈钢线材、型材和银亮钢 ［NF EN 10088-5 （2009）］

见 3.3.8 节。

3.4.7　承压用不锈钢焊接钢管 ［NF EN 10217-7 （2014）］

见 3.3.12 节。

3.5　德　　国

A. 通用钢材和合金

3.5.1　不锈钢〔DIN EN 10088-1（2014）〕

见 3.3.1 节。

3.5.2　耐热钢〔DIN EN 10088-1（2014）〕

见 3.3.3 节。

3.5.3　阀门用钢和合金〔DIN EN 10090（1998）〕

见 3.3.4 节。

B. 专业用钢和优良品种

3.5.4　结构用不锈钢板与钢带〔DIN EN 10088-4（2010）〕

见 3.3.7 节。

3.5.5　压力容器用不锈钢板与钢带〔DIN EN 10028-3（2016）〕

见 3.3.9 节。

3.5.6　承压用不锈钢焊接钢管〔DIN EN 10217-7（2015）〕

见 3.3.12 节。

3.5.7　压力容器用不锈钢锻件〔DIN EN 10222-5（2017）〕

见 3.3.10 节。

3.5.8　结构用不锈钢棒材、线材、型材与银亮钢〔DIN EN 10088-5（2009）〕

见 3.3.8 节。

3.5.9　冷镦和冷挤压用不锈钢棒材与线材〔DIN EN 10263-5（2018）〕

见 3.3.14 节。

3.5.10　弹簧用不锈钢钢带和钢丝〔DIN EN 10151（2003）〕，〔DIN EN 10270-3（2012）〕

见 3.3.13 节。

3.6　印　　度

A. 通用钢材和合金

3.6.1　不锈钢和耐热钢

（1）印度 IS 标准不锈钢和耐热钢的钢号与化学成分〔IS 1570-5（1985/2004 确认）〕（表 3-6-1）

表 3-6-1　不锈钢和耐热钢的钢号与化学成分（质量分数）（%）

钢　号	C	Si	Mn	P≤	S≤	Cr	Ni	Mo	其　他
X04Cr12	≤0.08	≤1.00	≤1.00	0.040	0.030	11.5～13.5	—	—	—
X12Cr12	0.08～0.15	≤1.00	≤1.00	0.040	0.030	11.5～13.5	≤1.00	—	—

（续）

钢号	C	Si	Mn	P≤	S≤	Cr	Ni	Mo	其他
X20Cr13	0.16~0.25	≤1.00	≤1.00	0.040	0.030	12.00~14.0	≤1.00	—	
X30Cr13	0.26~0.35	≤1.00	≤1.00	0.040	0.030	12.00~14.0	≤1.00	—	
X40Cr13	0.35~0.45	≤1.00	≤1.00	0.040	0.030	12.00~14.0	≤1.00	—	
X07Cr17	≤0.12	≤1.00	≤1.00	0.040	0.030	16.0~18.0	≤0.50	—	
X15Cr16Ni2	0.10~0.20	≤1.00	≤1.00	0.045	0.030	15.0~17.0	1.25~2.50	—	
X108Cr17Mo	0.95~1.20	≤1.00	≤1.00	0.045	0.030	16.0~18.0	≤0.50	≤0.75	
X02Cr19Ni10	≤0.030	≤1.00	≤2.00	0.045	0.030	17.5~20.0	8.00~12.0	—	
X04Cr19Ni9	≤0.08	≤1.00	≤2.00	0.045	0.030	17.5~20.0	8.00~10.5	—	
X07Cr18Ni9	≤0.15	≤1.00	≤2.00	0.045	0.030	17.0~19.0	8.00~10.0	—	
X04Cr18Ni10Ti	≤0.08	≤1.00	≤2.00	0.045	0.030	17.0~19.0	9.00~12.0	—	Ti 5C~0.80
X04Cr18Ni10Nb	≤0.08	≤1.00	≤2.00	0.045	0.030	17.0~19.0	9.00~12.0	—	Nb 10C~1.00
X04Cr17Ni12Mo2	≤0.08	≤1.00	≤2.00	0.045	0.030	16.0~18.0	10.0~14.0	2.00~3.00	
X02Cr17Ni12Mo2	≤0.030	≤1.00	≤2.00	0.045	0.030	16.0~18.0	10.0~14.0	2.00~3.00	
X04Cr17Ni12Mo2Ti	≤0.08	≤1.00	≤2.00	0.045	0.030	16.0~18.0	10.0~14.0	—	Ti 5C~0.80
X04Cr19Ni13Mo3	≤0.08	≤1.00	≤2.00	0.045	0.030	18.0~20.0	11.0~15.0	—	
X15Cr25N	≤0.20	≤1.00	≤1.50	0.045	0.030	23.0~27.0	—	—	N≤0.25
X07Cr17Mn12Ni4	≤0.12	≤1.00	10.0~14.0	0.045	0.030	16.0~18.0	3.50~5.50	—	N≤0.25
X10Cr17Mn6Ni4	≤0.20	≤1.00	4.00~8.00	0.045	0.030	16.0~18.0	3.50~5.50	—	
X15Cr24Ni13	≤0.20	≤1.00	≤2.00	0.045	0.030	22.0~25.0	11.0~15.0	—	
X40Ni14Cr14W3Si2	≤0.35	≤2.00	≤1.00	0.045	0.030	12.0~15.0	12.0~15.0	—	W2.00~3.00
X20Cr25Ni20	≤0.25	≤2.50	≤2.00	0.045	0.030	24.0~26.0	18.0~21.0	—	
X04Cr25Ni20	≤0.08	≤1.50	≤2.00	0.045	0.030	24.0~26.0	19.0~22.0	—	
X45Cr9Si3	0.40~0.50	3.00~3.75	0.30~0.60	0.045	0.030	7.50~9.50	≤0.50	—	
X80Cr20Si2Ni1	0.75~0.85	1.75~2.25	0.20~0.60	0.045	0.030	19.0~21.0	1.20~1.70	—	
X66Cr13	0.60~0.72	≤0.50	0.40~1.00	—	—	12.0~14.0	—	—	
X85Cr18Mo2V	0.80~0.90	≤1.00	≤1.50	0.045	0.030	16.5~18.5	—	≤2.50	V≤0.60
X20Cr2Ni12N	0.15~0.25	0.75~1.25	≤1.50	0.045	0.030	20.0~22.0	10.0~12.5	—	
X70Cr21Mn6Ni2N	≤0.12	0.45~0.85	5.50~7.00	0.045	0.030	20.0~22.0	1.40~1.90	—	
X55Cr21Mn8Ni2N	0.65~0.75	≤1.00	7.00~9.50	0.045	0.030	20.0~22.0	1.50~2.75	—	
X53Cr22Mn9Ni4N	0.50~0.60	≤0.25	8.00~10.0	0.045	0.030	20.0~23.0	3.25~4.50	—	

（2）印度IS标准不锈钢和耐热钢钢板和钢带的力学性能（表3-6-2）

表3-6-2　不锈钢和耐热钢钢板和钢带的力学性能

钢号	$R_{p0.2}$/MPa	R_m/MPa	A(%)	HBW	HRB	钢号	$R_{p0.2}$/MPa	R_m/MPa	A(%)	HBW	HRB
	≥			≤			≥			≤	
Cr-Ni 钢						Cr-Ni 钢					
X02Cr19Ni10	485	170	40	183	88	X04Cr25Ni20	515	205	40	217	95
X04Cr19Ni9	515	205	40	183	88	X07Cr17Mn12Ni4	550	250	45	217	88
X07Cr18Ni9	515	205	40	183	88	Cr 钢					
X04Cr18Ni10Ti	515	205	40	183	88	X04Cr12	415	205	22	183	88
X04Cr18Ni10Nb	515	205	40	183	88	X12Cr12	450	250	20	217	95
X04Cr17Ni12Mo2	515	205	40	217	95	X07Cr17	450	250	22	183	88
X02Cr17Ni12Mo2	485	170	40	217	95	X20Cr13	—	—	—	241	—
X04Cr17Ni12Mo2Ti	515	205	40	217	95	X30Cr13	—	—	—	241	—
X04Cr19Ni13Mo3	515	205	35	217	95	X15Cr16Ni2	—	—	—	285	—
X15Cr24Ni13	490	210	40	223	95	X108Cr17Mo	—	—	—	269	—
X20Cr25Ni20	515	210	40	223	95	X15Cr25N	515	275	20	217	

（3）印度 IS 标准不锈钢和耐热钢棒材与厚板的力学性能（表3-6-3）

表 3-6-3　不锈钢和耐热钢棒材与厚板的力学性能

钢　号	$R_{p0.2}$/MPa	R_m/MPa	$A(\%)$	$Z(\%)$	HBW	钢　号	$R_{p0.2}$/MPa	R_m/MPa	$A(\%)$	$Z(\%)$	HBW
	≥				≤		≥				≤
Cr- Ni 钢						Cr- Ni 钢					
X02Cr19Ni10	483	172	40	50	—	X07Cr17Mn12Ni4	515	275	40	45	217
X04Cr19Ni9	517	207	40	50	—	X40Ni14Cr14W3Si2	785	345	35	40	269
X10Cr18Ni9	517	207	40	50	—	Cr 钢					
X04Cr18Ni10Ti	517	207	40	50	—	X04Cr12	445	276	20	45	—
X04Cr18Ni10Nb	517	207	40	50	—	X12Cr12	483	276	20	45	—
X04Cr17Ni12Mo2	517	207	40	50	—	X07Cr17	483	276	20	45	—
X02Cr17Ni12Mo2	483	172	40	50	—	X20Cr13	—	—	—	—	241
X04Cr17Ni12Mo2Ti	517	207	40	50	—	X30Cr13	—	—	—	—	241
X04Cr19Ni13Mo3	517	207	35	50	—	X40Cr13	600 ~ 750	—	—	—	225
X15Cr24Ni13	490	210	40	50	—	X15Cr16Ni2	—	—	—	—	285
X20Cr25Ni20	490	210	40	50	—	X108Cr17Mo	—	—	—	—	269
X04Cr25Ni20	517	207	40	50	—	X15Cr25N	490	280		45	212

3.6.2　热强钢

（1）印度 IS 标准热强钢的钢号与化学成分［IS 1570-5（1992/2004 确认）］（表3-6-4）

表 3-6-4　热强钢的钢号与化学成分（质量分数）（%）

钢　号	C	Si	Mn	P≤	S≤	Cr	Ni	Mo	其　他
12Cr13H	0.09 ~ 0.15	≤1.00	≤1.00	0.040	0.030	11.5 ~ 14.0	≤1.00	—	—
12Cr12MoH	0.08 ~ 0.16	≤0.60	0.40 ~ 1.00	0.040	0.035	11.5 ~ 13.0	≤1.00	0.40 ~ 0.80	—
12Cr12MoVH	0.08 ~ 0.16	≤0.60	0.40 ~ 1.00	0.040	0.035	11.5 ~ 13.0	≤1.00	0.40 ~ 0.80	V 0.10 ~ 0.30
12Cr12Ni12Mo	0.08 ~ 0.16	≤0.35	0.50 ~ 0.90	0.040	0.030	11.0 ~ 12.5	2.00 ~ 3.00	1.50 ~ 2.00	V 0.25 ~ 0.40 N 0.20 ~ 0.40
20Cr12MoNiVH	0.17 ~ 0.23	≤0.50	≤1.00	0.040	0.030	11.0 ~ 12.5	0.30 ~ 1.00	0.70 ~ 1.20	V 0.20 ~ 0.35
20Cr11NiMoNbVH	0.16 ~ 0.24	0.10 ~ 0.50	0.30 ~ 1.00	0.040	0.030	10.0 ~ 12.0	0.30 ~ 1.00	0.50 ~ 1.00	V0.10 ~ 0.30 Nb 0.20 ~ 0.50 B≤0.008
7Cr18Ni10H	0.04 ~ 0.10	≤0.75	≤2.00	0.045	0.030	17.0 ~ 20.0	8.00 ~ 12.0	—	—
3Cr18Ni11H	≤0.030	≤1.00	≤2.00	0.045	0.030	17.0 ~ 19.0	9.00 ~ 13.0	—	—
6Cr17Ni12Mo2H	≤0.08	≤1.00	≤2.00	0.045	0.030	16.0 ~ 18.0	10.0 ~ 14.0	2.00 ~ 3.00	—
3Cr17Ni12Mo3H	≤0.030	≤1.00	≤2.00	0.045	0.030	16.0 ~ 18.0	10.0 ~ 14.0	2.00 ~ 3.00	—
7Cr19Ni11TiH	0.04 ~ 0.10	0.20 ~ 0.80	≤2.00	0.045	0.030	17.0 ~ 20.0	9.00 ~ 13.0	—	Ti 4C ~ 0.60
7Cr18Ni11NbH	0.04 ~ 0.10	≤0.75	≤2.00	0.045	0.030	17.0 ~ 19.0	9.00 ~ 13.0	—	（Nb + Ta） 10C ~ 1.00
11Cr17Ni13W3TiH	0.07 ~ 0.15	≤1.00	≤1.00	0.045	0.030	15.5 ~ 17.5	12.0 ~ 14.5	—	W2.50 ~ 3.50 Ti 4C ~ 0.80 B≤0.0006
6Ni25Cr15Ti2MoVBH	0.03 ~ 0.08	≤1.00	≤2.00	0.045	0.030	13.5 ~ 16.0	24.0 ~ 27.0	1.00 ~ 1.50	W 0.10 ~ 0.50 Ti 1.90 ~ 2.30 Al$_S$≤0.35 B 0.003 ~ 0.010
16Mo3H	0.12 ~ 0.20	0.10 ~ 0.35	0.40 ~ 0.80	0.040	0.040	≤0.30	≤0.35	0.25 ~ 0.35	Cu≤0.30 Al$_S$≤0.02

（续）

钢　号	C	Si	Mn	P≤	S≤	Cr	Ni	Mo	其　他
15Mo6H	0.10~0.20	0.10~0.50	0.30~0.80	0.045	0.045	—	—	0.44~0.65	—
10Mo6H	≤0.15	0.50~1.00	0.30~0.60	0.030	0.030	1.00~1.50	—	0.45~0.65	—
20Mo5H	0.15~0.25	0.10~0.35	0.90~1.40	0.040	0.040	≤0.30	≤0.30	0.40~0.60	Cu≤0.30 Al$_S$≤0.02
12Cr4Mo5H	0.10~0.18	0.10~0.35	0.40~0.70	0.040	0.040	0.70~1.10	—	0.45~0.65	Al$_S$≤0.02
12Cr2Mo5V2H	0.10~0.18	0.10~0.35	0.40~0.70	0.040	0.040	0.30~0.60	0.22~0.32	0.50~0.70	Al$_S$≤0.02
12Cr9Mo10H	0.08~0.15	0.10~0.50	0.30~0.70	0.040	0.040	1.90~2.60	—	0.90~1.15	Al$_S$≤0.02
10Cr36Mo10H	≤0.15	0.25~1.00	0.30~0.60	0.040	0.030	8.00~10.0	—	0.90~1.10	Al$_S$≤0.02
40CrMoH	0.35~0.45	0.10~0.35	0.40~0.70	0.035	0.035	1.00~1.50	—	0.50~0.80	—
21CrMoVH	0.17~0.25	≤0.40	0.40~0.80	0.030	0.030	1.20~1.50	≤0.60	0.65~0.80	V 0.25~0.35
40CrMoVH	0.36~0.44	0.10~0.35	0.45~0.85	0.030	0.030	0.90~1.20	—	0.55~0.75	V 0.25~0.35
20CrMoVTiBH	0.17~0.24	≤0.35	≤0.50	0.030	0.030	0.90~1.40	≤0.50	0.80~1.10	V 0.70~1.00 Ti 0.05~0.12 B≤0.005
25Cr2MoVH	0.20~0.30	0.20~0.50	0.30~0.60	0.030	0.025	1.50~1.80	≤0.40	0.90~1.20	V 0.20~0.30 Cu≤0.30
20Cr2MoVH	0.20~0.30	0.20~0.50	0.30~0.60	0.030	0.030	1.50~1.80	≤0.40	0.60~0.80	V 0.20~0.30 Cu≤0.30
Fe 360H	≤0.20	0.10~0.35	0.40~1.20	0.030	0.030	≤0.25	≤0.30	≤0.10	Cu≤0.30
Fe 410H	≤0.20	0.10~0.35	0.50~1.30	0.030	0.030	≤0.25	≤0.30	≤0.10	Cu≤0.30
12C7H	≤0.17	0.10~0.35	0.40~1.00	0.045	0.045	≤0.25	≤0.35	—	Cu≤0.30
18C10H	0.15~0.22	0.10~0.35	0.60~1.40	0.045	0.045	—	≤0.35	—	Cu≤0.30

注：1. 本标准包括 Mo 钢和 Cr-Mo 钢系列，为阅读方便，这类钢没有把它分列在结构钢章节。

　　2. Al$_S$ 为酸溶铝含量。

（2）印度 IS 标准热强钢的力学性能（表3-6-5）

表3-6-5　热强钢的力学性能（室温）

牌　号	产品交货状态				$R_{p0.2}$/MPa≥	R_m/MPa	A（%）≥	KV/J≤
	品种	厚度或直径/mm	热处理状态①	HBW				
Fe 360H	扁平材	3~16	N	—	205	360~480	26	—
		>16~40		—	195		26	—
		>40~63		—	185		25	—
		>63~100		—	175		24	—
		>100~150		—	170		24	—
Fe 410H	扁平材 无缝管	3~16	N	—	225	410~520	24	—
		>16~40		—	215		24	—
		>40~63		—	205		23	—
		>63~100		—	200		22	—
		>100~150		—	195		22	—
12C7H	无缝管 焊接管	—	N	—	215	360~480	24	—
18C10H	无缝管 焊接管	—	N HF	—	265	460~580	22	—

（续）

牌　号	产品交货状态				$R_{p0.2}$/MPa≥	R_m/MPa	A（%）≥	KV/J≤
	品种	厚度或直径/mm	热处理状态[①]	HBW				
16Mo3H	无缝管 扁平材	3～16	N N+T	—	260	440～590	24	—
		>16～40		—	250		24	—
		>40～63		—	250		23	—
		>63～100		—	—		22	—
	棒材	—	Q+T	—	260	440～590	17	—
15Mo6H	管	—	N+T	—	20	≥380	22	—
10Mo6H	管	—	N+T	—	205	≥415	30	—
20Mo5H	扁平材	3～16	N+T	—	355	510～660	21	—
		>16～40		—	345		21	—
		>40～63		—	345		20	—
		>63～100		—	—		19	—
12Cr4Mo5H	管	—	N+T	—	275	440～590	22	—
	扁平材	3～16	N+T	—	305	470～620	20	—
		>16～40		—	305		20	—
		>40～63		—	305		19	—
		>63～100		—	—		19	—
	棒材	—	N+T	255	410	540～690	18	—
12Cr2Mo5V2H	管	—	N+T	—	275	460～610	15	—
	扁平材	3～16	N+T	—	285	460～610	19	—
		>16～40		—	285		19	—
		>40～63		—	285		19	—
		>63～100		—	—		19	—
	棒材	—	N+T	—	275	460～610	16	—
12Cr9Mo10H	管	—	A	—	135	410～560	20	—
		—	N+T	—	275	490～640	16	—
	棒材	—	M+T	—	275	490～640	16	—
		—	Q+T	—	335	540～690	15	—
10Cr36Mo10H	管	—	A	—	135	410～560	20	—
		—	N+T	—	390	590～740	18	—
40CrMoH	棒材	≤200	Q+T	—	635	850～1000	14	30
21CrMoVH	棒材 锻件	≤250	Q+T	205～250	550	700～850	16	63
40CrMoVH	棒材	≤100	Q+T	—	700	850～1000	14	30
	锻件	100～200	Q+T	—	635	800～950	14	25
20CrMoVTi BH	棒材 锻件	≤200	Q+T	241～269	680～780	≥800	15	—
25Cr2MoVH	锻件	900	N+T	200	420	≥630	16	—
20Cr2MoVH	棒材	—	Q+T	—	550	700～850	17	—
	锻件	600	N+T	220	450	≥650	16	—

（续）

牌 号	产品交货状态				$R_{p0.2}$/MPa≥	R_m/MPa	A（%）≥	KV/J≤
	品种	厚度或直径/mm	热处理状态①	HBW				
12Cr13H	棒材 扁平材	≤160 0.5~25	A	—	265	470~670	20	60
	棒材 扁平材	≤160 0.5~25	Q+T	175~235	420	590~780	16	40
12Cr12MoH	棒材 锻件	≤75	Q+T	192	490	680~880	20	—
12Cr12MoVH	棒材 锻件	≤150	Q+T		585	770~930	15	25
12Cr12Ni12Mo	棒材	—	Q+T	285~331	785	930~1130	14	40
	扁平材	0.5~6.0		280~330	785	930~1130	10	—
20Cr12MoNiVH	棒材	≤250	Q+T	255~280	590	780~930	14	27
	无缝管	φ250		265~310	700	900~1050	11	20
20Cr11NiMoNbVH	棒材	≤250	Q+T	265~310	750	900~1050	10	20
7Cr18Ni10H	管	—	Q		195	490~690	30	—
	扁平材	>3~40 >40~63	Q		195	490~690	50 45	—
3Cr18Ni11H	管	—	Q		175	490~690	30	—
	扁平材	>3~30 >30~50	Q		175	440~640	50 45	—
6Cr17Ni12Mo2H	管	—	Q		205	510~710	30	—
	扁平材	>3~40 >40~63	Q		205	490~690	40 35	—
3Cr17Ni12Mo3H	管	—	Q		185	490~690	30	—
	扁平材	>3~40 >40~63	Q		185	440~640	45 40	—
7Cr19Ni11TiH	管	—	Q		155	490~690	30	—
	棒材		Q		195	510~710	30	—
7Cr18Ni11NbH	管	—	Q		205	510~710	30	—
	棒材		Q		205	510~710	30	—
	扁平材	>3~40 >40~63	Q		205	490~690	40 35	—
11Cr17Ni13W3TiH	棒材	≤60	热加工	175~235	390	600~800	25	55
	扁平材	≤100	S+P	—	220	500~730	35	70
6Ni25Cr15Ti2 MoVBH	棒材	>5~250	S+P	248~341	600	900~1100	15	40
	扁平材	0.5~63			600	900~1100	15	40

① 热处理代号：A—退火；N—正火；Q—淬火；T—回火；S—固溶处理；P—沉淀硬化；HF—热光亮处理。

3.6.3 高温耐蚀的马氏体和奥氏体型铸钢

（1）印度 IS 标准高温耐蚀的马氏体和奥氏体型铸钢的牌号与化学成分 [IS 7806（1993/1998 确认）]（表3-6-6）

表 3-6-6　高温耐蚀的马氏体和奥氏体型铸钢的牌号与化学成分（质量分数）（%）

牌　号	C	Si	Mn	P≤	S≤	Cr	Ni	Mo	其　他
Grade 1	≤0.15	≤1.50	≤1.00	0.040	0.040	11.5～14.0	≤1.00	≤0.50	—
Grade 1A	≤0.15	≤0.65	≤1.00	0.040	0.040	11.5～14.0	≤1.00	0.75～1.00	—
Grade 2	≤0.03	≤2.00	≤1.50	0.040	0.040	17.0～21.0	8.00～12.0	—	—
Grade 2A	≤0.03	≤2.00	≤1.50	0.040	0.040	17.0～21.0	8.00～12.0	—	—
Grade 3	≤0.08	≤2.00	≤1.50	0.040	0.040	18.0～21.0	8.00～11.0	—	—
Grade 3A	≤0.08	≤1.50	≤1.50	0.040	0.040	18.0～21.0	8.00～11.0	—	—
Grade 4	≤0.03	≤1.50	≤1.50	0.040	0.040	17.0～21.0	9.00～13.0	2.00～3.00	—
Grade 4A	≤0.03	≤1.50	≤1.50	0.040	0.040	17.0～21.0	9.00～13.0	2.00～3.00	—
Grade 5	≤0.08	≤1.50	≤1.50	0.040	0.040	18.0～21.0	9.00～12.0	2.00～3.00	—
Grade 5A	≤0.08	≤2.00	≤1.50	0.040	0.040	18.0～21.0	9.00～12.0	—	—
Grade 6	≤0.08	≤1.50	≤1.50	0.040	0.040	22.0～26.0	12.0～15.0	—	—
Grade 7	≤0.10	≤2.00	≤1.50	0.040	0.040	22.0～26.0	12.0～15.0	—	—
Grade 8	≤0.20	≤2.00	≤1.50	0.040	0.040	22.0～26.0	12.0～15.0	—	—
Grade 9	≤0.20	≤1.75	≤1.50	0.040	0.040	23.0～27.0	19.0～22.0	—	—
Grade 10	0.25～0.35	≤1.75	≤1.50	0.040	0.040	23.0～27.0	19.0～22.0	—	—
Grade 11	0.35～0.45	≤1.75	≤1.50	0.040	0.040	23.0～27.0	19.0～22.0	—	—
Grade 12	0.25～0.35	≤2.50	≤2.00	0.040	0.040	13.0～17.0	33.0～37.0	≤0.50	—
Grade 13	≤0.10	≤1.50	≤1.50	0.040	0.040	15.0～18.0	13.0～16.0	1.75～2.25	—
Grade 14	≤0.07	≤1.50	≤1.50	0.040	0.040	19.0～22.0	27.5～30.5	2.00～3.00	Cu 3.00～4.00
Grade 15	≤0.08	≤1.50	≤1.50	0.040	0.040	18.0～21.0	9.00～13.0	3.00～4.00	—
Grade 16	≤0.04	≤1.00	≤1.00	0.040	0.040	24.5～26.5	4.75～6.00	1.75～2.25	Cu 2.75～3.25
Grade 17	0.05～0.15	0.50～1.50	0.50～1.50	0.040	0.040	19.0～21.0	31.0～34.0	—	Cu 0.15～1.50

（2）印度 IS 标准高温耐蚀的马氏体和奥氏体型铸钢的力学性能（表 3-6-7）

表 3-6-7　高温耐蚀的马氏体和奥氏体型铸钢的力学性能（室温）

牌　号	$R_{p0.2}$/MPa	R_m/MPa	A（%）	牌号	$R_{p0.2}$/MPa	R_m/MPa	A（%）
	≥				≥		
Grade 1	450	620	16	Grade 7	210	480	29
Grade 1A	550	755	15	Grade 8	210	480	29
Grade 2	210	480	33	Grade 9	190	450	29
Grade 2A	240	530	33	Grade 10	240	450	10
Grade 3	210	480	33	Grade 11	240	450	10
Grade 3A	240	530	33	Grade 12	190	450	15
Grade 4	210	480	29	Grade 13	210	480	19
Grade 4A	260	550	29	Grade 14	170	430	33
Grade 5	210	480	29	Grade 15	240	515	23
Grade 5A	210	480	29	Grade 16	485	690	15
Grade 6	190	450	29	Grade 17	170	435	19

3.6.4　耐蚀钢和镍基铸造合金（一般条件下使用）

（1）印度 IS 标准耐蚀钢和镍基铸造合金的牌号与化学成分［IS 10774（1993/1998 确认）］（表 3-6-8）

表 3-6-8   耐蚀钢和镍基铸造合金的牌号与化学成分（质量分数）（%）

牌　号	C	Si	Mn	P≤	S≤	Cr	Ni	Mo	其　他
Grade 1	≤0.08	≤2.00	≤1.50	0.040	0.040	18.0~21.0	8.00~11.0	≤0.50	—
Grade 2	≤0.08	≤2.00	≤1.50	0.040	0.040	18.0~21.0	8.00~12.0	2.00~3.00	—
Grade 3	≤0.08	≤2.00	≤1.50	0.040	0.040	18.0~21.0	9.00~12.0	≤0.50	Nb 8C≤1.00
Grade 4	≤0.20	≤2.00	≤1.50	0.040	0.040	18.0~21.0	8.00~11.0	≤0.50	—
Grade 5	≤0.20	≤2.00	≤1.50	0.040	0.040	22.0~26.0	12.0~15.0	≤0.50	—
Grade 6	≤0.20	≤2.00	≤2.00	0.040	0.040	23.0~27.0	19.0~22.0	≤0.50	—
Grade 7	≤0.15	≤1.50	≤1.00	0.040	0.040	11.5~14.0	≤1.00	≤0.50	—
Grade 8	≤0.06	≤1.00	≤1.50	0.040	0.040	11.5~14.0	3.50~4.50	0.40~1.00	—
Grade 9	0.20~0.40	≤1.50	≤1.50	0.040	0.040	11.5~14.0	≤1.00	≤0.50	—
Grade 10	≤0.03	≤1.50	≤1.50	0.040	0.040	17.0~21.0	9.00~13.0	2.00~3.00	—
Grade 11	≤0.08	≤1.50	≤1.50	0.040	0.040	18.0~21.0	9.00~13.0	3.00~4.00	—
Grade 12	≤0.40	≤3.00	≤1.50	0.030	0.030	14.0~17.0	余量	—	Fe≤11.0
Grade 13	≤0.12	≤1.50	≤1.00	0.040	0.030	15.5~20.0	余量	16.0~20.0	W≤5.25，Co≤2.50 V≤0.40，Fe≤7.50
Grade 14	≤0.12	≤1.00	≤1.00	0.040	0.030	≤1.00	余量	26.0~33.0	Co≤2.50，V≤0.60 Fe≤6.00

注：不锈耐蚀铸钢和铸造合金（常温和高温条件下使用）［IS 3444（1999）］，见本手册第 5 章第 6 节。

（2）印度 IS 标准耐蚀钢和镍基铸造合金的力学性能（表 3-6-9）

表 3-6-9   耐蚀钢和镍基铸造合金的力学性能

牌　号	R_m/MPa	R_{eL}/MPa	A（%）	HBW	牌　号	R_m/MPa	R_{eL}/MPa	A（%）	HBW
		≥					≥		
Grade 1	450	190	31	≤170	Grade 8	760	550	14	—
Grade 2	480	210	26	≤170	Grade 9	690	480	14	201~255
Grade 3	480	210	26	≤170	Grade 10	480	210	26	≤170
Grade 4	480	210	26	≤200	Grade 11	520	240	22	
Grade 5	480	210	26	≤200	Grade 12	480	190	26	
Grade 6	450	190	26	≤200	Grade 13	500	320	4	
Grade 7	620	450	16	≤241	Grade 14	500	320	6	

B. 专业用钢和优良品种

3.6.5   不锈钢棒材和扁平产品 ［IS 6603（2001/2004 确认）］

（1）印度 IS 标准不锈钢棒材和扁平产品的钢号与化学成分（表 3-6-10）

表 3-6-10   不锈钢棒材和扁平产品的钢号与化学成分（质量分数）（%）

钢　号	C	Si	Mn	P≤	S≤	Cr	Ni	Mo	其　他
X04Cr12	≤0.08	≤1.00	≤1.00	0.040	0.030	11.5~13.5	—	—	—
X12Cr12	0.08~0.15	≤1.00	≤1.00	0.040	0.030	11.5~13.5	≤1.00	—	—
X20Cr13	0.16~0.25	≤1.00	≤1.00	0.040	0.030	12.0~14.0	≤1.00	—	—
X30Cr13	0.26~0.35	≤1.00	≤1.00	0.040	0.030	12.0~14.0	≤1.00	—	—
X40Cr13	0.36~0.45	≤1.00	≤1.00	0.040	0.030	12.0~14.0	≤1.00	—	—
X07Cr17	≤0.12	≤1.00	≤1.00	0.040	0.030	16.0~18.0	≤0.50	—	—

（续）

钢 号	C	Si	Mn	P≤	S≤	Cr	Ni	Mo	其 他
X15Cr16Ni2	0.10~0.20	≤1.00	≤1.00	0.045	0.030	15.0~17.0	1.25~2.50	—	—
X108Cr17Mo	0.95~1.20	≤1.00	≤1.00	0.045	0.030	16.0~18.0	≤0.50	≤0.75	—
X02Cr19Ni10	≤0.030	≤1.00	≤2.00	0.045	0.030	17.0~20.0	8.00~12.0	—	—
X04Cr19Ni9	≤0.08	≤1.00	≤2.00	0.045	0.030	17.5~20.0	8.00~10.5	—	—
X07Cr18Ni9	≤0.15	≤1.00	≤2.00	0.045	0.030	17.0~19.0	8.00~10.0	—	—
X04Cr18Ni10Ti	≤0.08	≤1.00	≤2.00	0.045	0.030	17.0~19.0	9.00~12.0	—	Ti 5C~0.80
X04Cr18Ni10Nb	≤0.08	≤1.00	≤2.00	0.045	0.030	17.0~19.0	9.00~12.0	—	Nb 10C~1.00
X04Cr17Ni12Mo2	≤0.08	≤1.00	≤2.00	0.045	0.030	16.0~18.0	10.0~14.0	2.00~3.00	—
X02Cr17Ni12Mo2	≤0.030	≤1.00	≤2.00	0.045	0.030	16.0~18.0	10.5~14.0	2.00~3.00	—
X04Cr17Ni12Mo2Ti	≤0.08	≤1.00	≤2.00	0.045	0.030	16.0~18.0	10.5~14.0	—	Ti 5C~0.80
X10Cr17Mn6Ni4N	≤0.20	≤1.00	4.00~8.00	0.045	0.030	16.0~18.0	3.50~5.50	—	(N 0.05~0.25)[1]

① 许可添加量。

（2）印度 IS 标准不锈钢棒材和扁平产品的力学性能和硬度

A）铁素体不锈钢退火状态的力学性能和硬度（表 3-6-11）

表 3-6-11　铁素体不锈钢退火状态的力学性能和硬度

钢 号	$R_{p0.2}$/MPa	R_m/MPa	A（%）≥				HBW
			棒材[1]	扁平产品-1[2]	扁平产品-2[2]	弯曲试验 扁平产品-3[3]	
X04Cr12	≥250	440~640	20	18	30	d=2t	≤187
X07Cr17	≥250	440~640	16	17	18	d=2t	≤192

① 棒材直径 5~25mm。

② 扁平产品-1 的厚度为 0.5~3.0mm；扁平产品-2 的厚度 >3.0~10mm。

③ 扁平产品-3 的厚度为 0.5~3.0mm。d—弯心直径，t—板材厚度。

B）马氏体不锈钢淬火回火状态的力学性能和硬度（表 3-6-12）

表 3-6-12　马氏体不锈钢淬火回火状态的力学性能和硬度

钢 号	$R_{p0.2}$/MPa ≥	R_m/MPa	A（%）≥		KU[3]/J≤	退火硬度 HBW≤
			棒材[1]	扁平产品[2]		
X12Cr12	410	590~780	16	16	60	212
X20Cr13	490	690~880	14	14	40	229
X30Cr13	590	780~980	11	11	—	235
X15Cr16Ni2	640	830~1030	10	10	30	262

① 棒材直径为 5~100mm。

② 扁平产品的厚度 >3.0~30mm。

③ U 形断口试样。

C）刀具用不锈钢的硬度（表 3-6-13）

表 3-6-13　刀具用不锈钢的硬度

钢 号	退火硬度 HBW≤	淬火回火硬度 ≥	
		HV	HRC
X30Cr13	241	500	49
X40Cr13	255	515	50
X108Cr17Mo	285	660	50

D）奥氏体不锈钢固溶处理状态的力学性能和硬度（表 3-6-14）

表 3-6-14　奥氏体不锈钢固溶处理状态的力学性能和硬度

钢　号	$R_{p0.2}$/MPa≥	R_m/MPa	A（%）≥			HBW≤
			棒材[①]	扁平产品 -1[②]	扁平产品 -2[②]	
X02Cr19Ni10	180	440～650	40	38	40	192
X04Cr19Ni9	200	490～690	40	38	40	192
X07Cr18Ni9	210	490～690	40	38	40	192
X04Cr18Ni10Ti	210	490～690	35	33	35	192
X04Cr18Ni10Nb	210	490～690	35	33	35	192
X04Cr17Ni12Mo2	210	490～690	40	38	40	192
X02Cr17Ni12Mo2	200	440～650	40	38	40	192
X04Cr17Ni12Mo2Ti	220	490～690	35	33	35	192
X10Cr17Mn6Ni4N	300	640～830	40	38	40	217

① 棒材直径为 5～100mm。

② 扁平产品 -1 的厚度为 0.5～3.0mm；扁平产品 -2 的厚度 >3.0～10mm。

E）奥氏体不锈钢冷拉棒材的力学性能（表3-6-15）

表 3-6-15　奥氏体不锈钢冷拉棒材的力学性能

钢　号	$R_{p0.2}$/MPa	R_m/MPa	A（%）	使用尺寸范围
	≥	≥	≥	（直径或厚度）/mm ≤
X04Cr19Ni9	490	830	20	45
	740	1030	15	25
	910	1180	12	19
	960	1270	12	12
X07Cr18Ni9	490	830	20	45
	740	1030	15	25

3.6.6　不锈钢钢板和钢带 ［IS 6911（1992/2014 确认）］

（1）印度 IS 标准不锈钢钢板和钢带的钢号与化学成分（表3-6-16）

表 3-6-16　不锈钢钢板和钢带的钢号与化学成分（质量分数）（%）

钢号[①]	C	Si	Mn	P≤	S≤	Cr	Ni	Mo	其　他
铁素体型									
X04Cr12（405）	≤0.08	≤1.00	≤1.00	0.040	0.030	11.5～13.5	—	≤0.30	Al 0.10～0.30 Cu≤0.30
X07Cr17（430）	≤0.12	≤1.00	≤1.00	0.040	0.030	16.0～18.0	≤0.50	≤0.30	Cu≤0.30
马氏体型									
X12Cr12（410）	0.08～0.15	≤1.00	≤1.00	0.040	0.030	11.5～13.5	≤1.00	≤0.30	Cu≤0.30
X20Cr13（420 S1）	0.16～0.25	≤1.00	≤1.00	0.040	0.030	12.0～14.0	≤1.00	≤0.30	Cu≤0.30
X30Cr13（420 S2）	0.26～0.35	≤1.00	≤1.00	0.040	0.030	12.0～14.0	≤1.00	≤0.30	Cu≤0.30
X40Cr13（420 S3）	0.36～0.45	≤1.00	≤1.00	0.040	0.030	12.0～14.0	≤1.00	≤0.30	Cu≤0.30
X15Cr16Ni2 （431）	0.10～0.20	≤1.00	≤1.00	0.045	0.030	15.0～17.0	1.25～2.50	≤0.30	Cu≤0.30
X108Cr17Mo （440）	0.95～1.20	≤1.00	≤1.00	0.045	0.030	16.0～18.0	≤0.50	≤0.75	Cu≤0.30
奥氏体型									
X10Cr17Mn6 Ni4N20（201）	≤0.20	≤1.00	4.00～8.00	0.045	0.030	16.0～18.0	3.50～5.50	≤0.70	Cu≤0.50 N 0.05～0.20
X07Cr17Mn12Ni4 （201 A）	≤0.12	≤1.00	10.0～14.0	0.045	0.030	16.0～18.0	3.50～5.50	≤0.70	Cu≤0.50[②]

（续）

钢号[1]	C	Si	Mn	P≤	S≤	Cr	Ni	Mo	其 他
				奥氏体型					
X10Cr18Mn9Ni5 （202）	≤0.15	≤1.00	≤2.00	0.045	0.030	17.0~19.0	4.00~6.00	≤0.70	Cu≤0.50[2]
X10Cr17Ni7 （301）	≤0.15	≤1.00	≤2.00	0.045	0.030	16.0~18.0	6.00~8.00	≤0.70	Cu≤0.50[2]
X07Cr18Ni9 （302）	≤0.15	≤1.00	≤2.00	0.045	0.030	17.0~19.0	8.00~10.0	≤0.70	Cu≤0.50[2]
X04Cr19Ni9 （304 S1）	≤0.08	≤1.00	≤2.00	0.045	0.030	17.5~20.0	8.00~10.0	≤0.70	Cu≤0.50[2]
X02Cr19Ni10 （304 S2）	≤0.030	≤1.00	≤2.00	0.045	0.030	17.5~20.0	8.00~12.0	≤0.70	Cu≤0.50[2]
X15Cr24Ni13 （309）	≤0.20	≤1.50	≤2.00	0.045	0.030	22.0~25.0	11.0~15.0	≤0.70	Cu≤0.50[2]
X20Cr25Ni20 （310）	≤0.25	≤2.50	≤2.00	0.045	0.030	24.0~26.0	18.0~21.0	≤0.70	Cu≤0.50[2]
X04Cr17Ni12Mo2 （316）	≤0.030	≤1.00	≤2.00	0.045	0.030	16.0~18.0	10.0~14.0	2.00~3.00	Cu≤0.70[2]
X02Cr17Ni12Mo2 （316 L）	≤0.08	≤1.00	≤2.00	0.045	0.030	16.0~18.0	10.0~14.0	2.00~3.00	Cu≤0.70[2]
X04Cr17Ni12Mo2Ti （316 Ti）	≤0.08	≤1.00	≤2.00	0.045	0.030	16.0~18.0	10.5~14.0	2.00~3.00	Ti 5C~0.80 Cu≤0.70[2]
X04Cr18Ni10Ti （321）	≤0.08	≤1.00	≤2.00	0.045	0.030	17.0~19.0	9.00~12.0	≤0.70	Ti 5C~0.80 Cu≤0.50[2]
X04Cr18Ni10Nb （347）	≤0.08	≤1.00	≤2.00	0.045	0.030	17.0~19.0	9.00~12.0	≤0.70	Nb 10C~1.00 Cu≤0.50[2]

① 括号内为数字代号。

② 奥氏体型钢的微量元素含量：Ti≤0.10%，Nb≤0.20%。

（2）印度 IS 标准不锈钢钢板和钢带的力学性能和硬度（表 3-6-17）

表 3-6-17　不锈钢钢板和钢带的力学性能和硬度

钢号和代号		$R_{p0.2}$/MPa	R_m/MPa	A（%）	HBW	HRB
钢号	数字代号	≥			≤	
X04Cr12	405	250	440	20	187	88
X07Cr17	430	250	440	18	192	88
X12Cr12	410	410	590	16	212	95
X20Cr13	420 S1	490	690	14	229	—
X30Cr13	420 S2	590	780	11	235	—
X15Cr16Ni2	431	640	830	10	262	—
X10Cr17Mn6Ni4N20	201	300	640	40	217	95
X07Cr17Mn12Ni4	201A	260	540	40	217	95
X10Cr18Mn9Ni5	202	310	620	40	217	95
X10Cr17Ni7	301	220	590	40	212	—
X07Cr18Ni9	302	210	400	40	192	92
X04Cr19Ni9	304 S1	200	400	40	192	88
X02Cr19Ni10	304 S2	180	440	40	192	95

（续）

钢号和代号		$R_{p0.2}$/MPa	R_m/MPa	A（%）	HBW	HRB
钢号	数字代号	≥			≤	
X15Cr24Ni13	309	210	490	40	217	95
X20Cr25Ni20	310	210	490	40	217	95
X04Cr17Ni12Mo2	316	210	490	40	192	95
X02Cr17Ni12Mo2	316 L	200	440	40	192	95
X04Cr17Ni12Mo2Ti	316 Ti	220	490	35	192	95
X04Cr18Ni10Ti	321	210	490	35	192	95
X04Cr18Ni10Nb	347	210	490	35	192	92

（3）印度 IS 标准奥氏体不锈钢加工硬化后的力学性能（表3-6-18）

表 3-6-18 奥氏体不锈钢加工硬化后的力学性能

钢 号	$R_{p0.2}$/MPa	R_m/MPa	A(%)	使用尺寸范围（厚度）/mm	钢号	$R_{p0.2}$/MPa	R_m/MPa	A(%)	使用尺寸范围（厚度）/mm
	≥					≥			
X04Cr19Ni9	490	830	12	≤28	X10Cr17Ni7	740	1030	10	≤29
	740	1030	8	≤24		910	1180	5	≤24
	910	1180	7	≤18		960	1270	4	≤23
	960	1270	3	≤14	X10Cr17Mn6 Ni4N20	490	830	20	≤33
X07Cr18Ni9	490	830	12	≤28		740	1030	10	≤29
	740	1030	9	≤24		910	1180	7	≤24
X10Cr17Ni7	490	830	25	≤33		960	1270	4	≤23

3.6.7 内燃机用阀门钢 [IS 7494（1981/2004 确认）]

（1）印度 IS 标准内燃机用阀门钢的钢号与化学成分（表3-6-19）

表 3-6-19 内燃机用阀门钢的钢号与化学成分（质量分数）（%）

钢 号[①]	C	Si	Mn	P≤	S≤	Cr	Ni	Mo	V	其 他
55C8 （Grade V-1）	0.50 ~ 0.60	0.15 ~ 0.35	0.60 ~ 0.90	0.040	0.040	≤0.20	≤0.25	≤0.10	≤0.05	Cu≤0.25
40Cr4 （Grade V-2）	0.35 ~ 0.45	0.15 ~ 0.35	0.60 ~ 0.90	0.040	0.040	0.90 ~ 1.20	≤0.25	≤0.10	≤0.05	Cu≤0.25
40Cr4Mo3 （Grade V-3）	0.35 ~ 0.45	0.15 ~ 0.35	0.50 ~ 0.80	0.040	0.040	0.90 ~ 1.20	≤0.25	0.20 ~ 0.35	≤0.05	Cu≤0.25
50Cr4V2 （Grade V-4）	0.45 ~ 0.55	0.15 ~ 0.35	0.50 ~ 0.80	0.040	0.040	0.90 ~ 1.20	≤0.25	≤0.10	0.15 ~ 0.30	Cu≤0.25
25Cr13Mo6 （Grade V-5）	0.20 ~ 0.30	0.15 ~ 0.35	0.40 ~ 0.70	0.040	0.040	2.90 ~ 3.40	≤0.30	0.45 ~ 0.65	≤0.05	Cu≤0.25
40Ni10Cr3Mo6 （Grade V-6）	0.35 ~ 0.45	0.15 ~ 0.35	0.40 ~ 0.70	0.040	0.040	0.50 ~ 0.80	2.75 ~ 2.75	0.20 ~ 0.35	≤0.05	Cu≤0.25
40Ni6Cr4Mo3 （Grade V-7）	0.35 ~ 0.45	0.15 ~ 0.35	0.40 ~ 0.70	0.040	0.040	0.90 ~ 1.30	1.25 ~ 1.75	0.20 ~ 0.35	≤0.05	Cu≤0.25
X45Cr9Si3 （Grade V-8）	0.40 ~ 0.50	2.75 ~ 3.75	≤0.80	0.040	0.035	7.50 ~ 9.50	≤0.50	≤0.10	≤0.05	Cu≤0.25

（续）

钢 号①	C	Si	Mn	P≤	S≤	Cr	Ni	Mo	V	其 他
X80Cr20Si2Ni1 （Grade V-9）	0.75 ~ 0.85	1.75 ~ 2.50	≤0.80	0.040	0.035	19.0 ~ 21.0	1.00 ~ 1.70	≤0.10	≤0.05	Cu≤0.25
X85Cr18Mo2V （Grade V-10）	0.80 ~ 0.90	≤1.00	≤1.50	0.040	0.035	16.5 ~ 18.5	≤0.25	≤2.50	≤0.60	Cu≤0.25
X40Ni14Cr14W3Si2 （Grade V-11）	0.35 ~ 0.50	≤2.00	≤1.00	0.050	0.035	12.0 ~ 15.0	12.0 ~ 15.0	≤0.10	≤0.05	W 2.00 ~ 3.00 Cu≤0.25
X20Cr21Ni12N （Grade V-12）	0.15 ~ 0.25	0.75 ~ 1.25	≤1.50	0.050	0.035	20.0 ~ 22.0	10.5 ~ 12.5	≤0.10	≤0.05	Cu≤0.25 N 0.15 ~ 0.30
X70Cr21Mn8Ni2N （Grade V-13）	0.65 ~ 0.75	0.45 ~ 0.85	5.50 ~ 7.00	0.050	0.035	20.0 ~ 22.0	1.40 ~ 1.90	≤0.10	≤0.05	Cu≤0.25 N 0.18 ~ 0.28
X55Cr21Mn8Ni2N （Grade V-14）	0.50 ~ 0.60	≤1.00	7.00 ~ 9.50	0.050	0.035	20.0 ~ 22.0	1.50 ~ 2.75	≤0.10	≤0.05	Cu≤0.25 N 0.20 ~ 0.40
X53Cr22Mn9Ni4N （Grade V-15）	0.48 ~ 0.58	≤0.25	8.00 ~ 10.0	0.050	0.035	20.0 ~ 23.0	3.25 ~ 4.50	≤0.10	≤0.05	Cu≤0.25 N 0.38 ~ 0.55

① 括号内为等级编号。

（2）印度IS标准内燃机用阀门钢的力学性能（表3-6-20）

表3-6-20　内燃机用阀门钢的力学性能

牌 号	代号 Grade	热处理 状态①	R_m/MPa	$R_{p0.2}$/MPa	A（%）	Z（%）
			≥			
55C8	V-1	Q+T	790	530	—	—
40Cr4	V-2	Q+T	790	590	—	—
40Cr4Mo3	V-3	Q+T	890	690	—	—
50Cr4V2	V-4	Q+T	890	690	—	—
25Cr13Mo6	V-5	Q+T	890	690	—	—
40Ni10Cr3Mo6	V-6	Q+T	890	690	—	—
40Ni6Cr4Mo3	V-7	Q+T	890	690	—	—
X45Cr9Si3	V-8	Q+T	930	685	16	40
X80Cr20Si2Ni1	V-9	Q+T	930	735	10	15
X85Cr18Mo2V	V-10	Q+T	1080	835	12	15
X40Ni14Cr14W3Si2	V-11	ST	785	345	35	40
X20Cr21Ni12N	V-12	ST	835	440	25	25
X70Cr21Mn8Ni2N	V-13	ST+P	1030	540	20	30
X55Cr21Mn8Ni2N	V-14	ST+P	1030	490	20	30
X53Cr22Mn9Ni4N	V-15	ST+P	1030	640	8	10
		SR	1080	630	20	10

① 热处理状态代号：Q—淬火；T—回火；ST—固溶处理；P—沉淀硬化；SR—消除应力退火。

3.6.8　热交换器用不锈钢无缝钢管［IS 11714-4（1986/1995确认）］

（1）印度IS标准热交换器用不锈钢无缝钢管的钢号与化学成分（表3-6-21）

表 3-6-21   热交换器用不锈钢无缝钢管的钢号与化学成分（质量分数）（%）

钢　号[①]	C	Si	Mn	P≤	S≤	Cr	Ni	Mo	其　他
铁素体型									
T2	0.10~0.20	0.10~0.30	0.30~0.61	0.045	0.045	0.50~0.81	—	0.44~0.65	—
T3b	≤0.15	≤0.50	0.30~0.60	0.030	0.030	1.65~2.35	—	0.44~0.65	—
T5	≤0.15	≤0.50	0.30~0.60	0.030	0.030	4.00~6.00	—	0.45~0.65	—
T5b	≤0.15	1.00~2.00	0.30~0.60	0.030	0.030	4.00~6.00	—	0.45~0.65	—
T5c	≤0.12	≤0.50	0.30~0.60	0.030	0.030	4.00~6.00	—	0.45~0.65	Ti 4C≤0.70
T7	≤0.15	0.50~1.00	0.30~0.60	0.030	0.030	6.00~8.00	—	0.45~0.65	—
T9	≤0.15	0.25~1.00	0.30~0.60	0.030	0.030	8.00~10.0	—	0.90~1.10	—
T11	≤0.15	0.50~1.00	0.30~0.60	0.030	0.030	1.00~1.50	—	0.44~0.65	—
T12	≤0.15	≤0.50	0.30~0.61	0.045	0.045	0.80~1.25	—	0.44~0.65	—
T17	0.15~0.25	0.15~0.35	0.30~0.61	0.045	0.045	0.80~1.25	—	—	V≤0.15
T21	≤0.15	≤0.50	0.30~0.60	0.030	0.030	2.65~3.35	—	0.80~1.06	—
T22	≤0.15	≤0.50	0.30~0.60	0.030	0.030	1.90~2.60	—	0.87~1.13	—
18Cr2Mo	≤0.025	≤0.10	≤1.00	0.040	0.030	17.5~19.5	—	1.75~2.50	Ni+Cu≤1.00 N≤0.035[②]
奥氏体型									
04Cr19Ni9	≤0.08	≤0.75	≤2.00	0.040	0.030	18.0~20.0	8.00~11.0	—	—
	0.04~0.10	≤0.75	≤2.00	0.040	0.030	18.0~20.0	8.00~11.0	—	—
04Cr19Ni9Nb40	≤0.08	≤0.75	≤2.00	0.040	0.030	17.0~20.0	9.00~13.0	—	Nb 10C≤1.00
	0.04~0.10	≤0.75	≤2.00	0.040	0.030	17.0~20.0	9.00~13.0	—	Nb 10C≤1.00
04Cr19Ni9Ti20	≤0.08	≤0.75	≤2.00	0.040	0.030	17.0~20.0	9.00~13.0	—	Ti 5C≤0.60
	0.04~0.10	≤0.75	≤2.00	0.040	0.030	17.0~20.0	9.00~13.0	—	Ti 4C≤0.60
07Cr19Ni9Mo2	≤0.035	≤0.75	≤2.00	0.040	0.030	16.0~18.0	11.0~15.0	2.00~3.00	—
	≤0.08	≤0.75	≤2.00	0.040	0.030	16.0~18.0	11.0~14.0	2.00~3.00	—
	0.04~0.10	≤0.75	≤2.00	0.040	0.030	16.0~18.0	11.0~14.0	2.00~3.00	—
10Cr25Ni18	≤0.15	≤0.75	≤2.00	0.040	0.030	24.0~26.0	19.0~22.0	—	—
20Cr18Ni2	≤0.035	≤0.75	≤2.00	0.040	0.030	18.0~20.0	8.00~13.0	—	—
S30815	≤0.10	1.40~2.00	≤0.80	0.040	0.030	20.0~22.0	10.0~12.0	—	N 0.14~0.20 Ce 0.03~0.08
TP201	≤0.15	≤1.00	5.50~7.50	0.060	0.030	16.0~18.0	3.50~5.50	—	N0.25
TP202	≤0.15	≤1.00	7.50~10.0	0.060	0.030	17.0~19.0	4.00~6.00	—	N≤0.25
TP304N	≤0.08	≤0.75	≤2.00	0.040	0.030	18.0~20.0	8.00~11.0	—	N0.10~0.16
TP316N	≤0.08	≤0.75	≤2.00	0.040	0.030	16.0~18.0	11.0~14.0	2.00~3.00	N 0.10~0.16
TP348	≤0.08	≤0.75	≤2.00	0.040	0.030	17.0~20.0	9.00~13.0	—	Nb 10C≤1.00 N 0.10~0.16 Ta≤0.10
TP348H	0.04~0.10	≤0.75	≤2.00	0.040	0.030	17.0~20.0	9.00~13.0	—	Nb 8C≤1.00 Ta≤0.10
XM15	≤0.08	1.50~2.50	≤2.00	0.030	0.030	17.0~19.0	17.5~18.5	—	—

① 本标准包括 Cr-Mo 钢系列，为阅读方便，这类钢没有把它分列在结构钢章节。

② Nb+Ti≤0.20+4(C+N)，或 [≤0.80]。

（2）印度 IS 标准热交换器用不锈钢无缝钢管的力学性能（表 3-6-22）

表3-6-22 热交换器用不锈钢无缝钢管的力学性能

钢 号	类型[1]	R_m/MPa	$R_{p0.2}$/MPa	A（%）	钢号	类型[1]	R_m/MPa	$R_{p0.2}$/MPa	A（%）
		≥					≥		
18Cr2Mo	F	415	275	20	07Cr19Ni9Mo2	A	485	170	35
T2，T3b	F	415	205	30	TP316N	A	550	240	35
T5，T5b，T5c	F	415	205	30	04Cr19Ni9Ti20	A	515	205	35
T7，T9	F	415	205	30	04Cr19Ni9Nb40	A	515	205	35
T11，T12，T17	F	415	205	30	TP348	A	515	205	35
T21，T22	F	415	205	30	TP348H	A	515	205	35
04Cr19Ni9	A	515	205	35	XM15	A	515	205	35
TP304N	A	550	240	35	TP201	A	655	260	35
20Cr18Ni2	A	485	170	35	TP202	A	620	310	35
10Cr25Ni18	A	515	205	35		A	600	310	40
07Cr19Ni9Mo2	A	515	205	35					

① F—铁素体型，A—奥氏体型。

3.6.9 热交换器用不锈钢焊接钢管 [IS 11714-5（1986/1995 确认）]

（1）印度 IS 标准热交换器用不锈钢焊接钢管的钢号与化学成分（表3-6-23）

表3-6-23 热交换器用不锈钢焊接钢管的钢号与化学成分（质量分数）（%）

钢 号[1]	C	Si	Mn	P≤	S≤	Cr	Ni	Mo	其 他
04Cr19Ni9	≤0.08	≤0.75	≤2.00	0.040	0.030	18.0~20.0	8.00~11.0	—	—
04Cr19Ni9	0.04~0.10	≤0.75	≤2.00	0.040	0.030	18.0~20.0	8.00~11.0	—	—
04Cr19Ni9Nb40	≤0.08	≤0.75	≤2.00	0.040	0.030	17.0~20.0	9.00~13.0	—	Nb 10C≤1.00
04Cr19Ni9Nb40	0.04~0.10	≤0.75	≤2.00	0.040	0.030	17.0~20.0	9.00~13.0	—	Nb 10C≤1.00
04Cr19Ni9Ti20	≤0.04	≤0.75	≤2.00	0.040	0.030	17.0~20.0	9.00~13.0	—	Ti 4C≤0.60
04Cr19Ni9Ti20	≤0.08	≤0.75	≤2.00	0.040	0.030	17.0~20.0	9.00~13.0	—	Ti 5C≤0.60
07Cr19Ni9Mo2	≤0.035	≤0.75	≤2.00	0.040	0.030	16.0~18.0	11.0~15.0	2.00~3.00	—
07Cr19Ni9Mo2	≤0.08	≤0.75	≤2.00	0.040	0.030	16.0~18.0	11.0~14.0	2.00~3.00	—
07Cr19Ni9Mo2	0.04~0.10	≤0.75	≤2.00	0.040	0.030	16.0~18.0	11.0~14.0	2.00~3.00	—
10Cr25Ni18	≤0.15	≤0.75	≤2.00	0.040	0.030	24.0~26.0	19.0~22.0	—	—
20Cr18Ni2	≤0.035	≤0.75	≤2.00	0.040	0.030	18.0~20.0	8.00~13.0	—	—
（S30815）	≤0.10	1.40~2.00	≤0.80	0.040	0.030	20.0~22.0	10.0~12.0	—	N 0.14~0.20 Ce 0.03~0.08
（S31254）	≤0.020	≤0.80	≤1.00	0.030	0.010	19.5~20.5	17.5~18.5	6.00~6.50	Cu 0.50~1.00 N 0.18~0.22
TP201	≤0.15	≤1.00	5.50~7.50	0.060	0.030	16.0~18.0	3.50~5.50	—	N≤0.25
TP202	≤0.15	≤1.00	7.50~10.0	0.060	0.030	17.0~19.0	4.00~6.00	—	N≤0.25
TP304N	≤0.08	≤0.75	≤2.00	0.040	0.030	18.0~20.0	8.00~11.0	—	N 0.10~0.16
TP304LN	≤0.035	≤0.75	≤2.00	0.040	0.030	18.0~20.0	8.00~13.0	—	N 0.10~0.16
TP305	≤0.10	≤1.00	≤2.00	0.040	0.030	17.0~19.0	10.0~13.0	—	—
TP309	≤0.15	≤0.75	≤2.00	0.040	0.030	22.0~24.0	12.0~15.0	—	—
TP316N	≤0.08	≤0.75	≤2.00	0.040	0.030	16.0~18.0	11.0~14.0	2.00~3.00	N 0.10~0.16
TP316LN	≤0.035	≤0.75	≤2.00	0.040	0.030	16.0~18.0	10.0~15.0	2.00~3.00	N 0.10~0.16
TP317	≤0.08	≤0.75	≤2.00	0.040	0.030	18.0~20.0	11.0~14.0	3.00~4.00	—
TP317L	≤0.035	≤0.75	≤2.00	0.040	0.030	18.0~20.0	11.0~15.0	3.00~4.00	—

（续）

钢 号[1]	C	Si	Mn	P≤	S≤	Cr	Ni	Mo	其 他
TP348	≤0.08	≤0.75	≤2.00	0.040	0.030	17.0~20.0	9.00~13.0	—	Nb 10C≤1.00 Ta≤0.10
TP348H	0.04~0.10	≤0.75	≤2.00	0.040	0.030	17.0~20.0	9.00~13.0	—	Nb 8C≤1.00 Ta≤0.10
TPXM-19	≤0.06	≤1.00	4.00~6.00	0.040	0.030	20.5~23.5	11.5~13.5	1.50~3.00	V 0.10~0.30 N 0.20~0.40
TPXM-29	≤0.08	≤1.00	11.5~14.5	0.040	0.030	17.0~19.0	2.25~3.75	—	N 0.20~0.40
XM15	≤0.08	1.50~2.50	≤2.00	0.030	0.030	17.0~19.0	17.5~18.5	—	—

[1] 括号内钢号数字代号。

（2）印度 IS 标准热交换器用不锈钢无缝钢管的力学性能和硬度（表 3-6-24）

表 3-6-24　热交换器用不锈钢无缝钢管的力学性能和硬度

钢 号	R_m/MPa	$R_{p0.2}$/MPa	A（%）	HRB ≤	钢 号	R_m/MPa	$R_{p0.2}$/MPa	A（%）	HRB ≤
	≥	≥				≥	≥		
TP201	655	260	35	95	TP316LN	515	205	35	90
TP202	620	260	35	90	TP317	515	205	35	90
04Cr19Ni9	515	205	35	90	TP317L	485	170	35	90
20Cr18Ni2	485	170	35	90	04Cr19Ni9Ti20	515	205	35	90
TP304N	550	240	35	90	04Cr19Ni9Nb40	515	205	35	90
TP304LN	515	205	35	90	TP348	515	205	35	90
TP305	515	205	35	90	TP348H	515	205	35	90
TP309	515	170	35	90	XM15	515	205	35	90
10Cr25Ni18	515	205	35	90	TPXM-19	690	380	35	25 HRC
07Cr19Ni9Mo2	515	205	35	90	TPXM-29	690	380	35	100
	485	170	35	90		650	300	35	96
TP316N	550	240	35	90		600	310	35	95

3.6.10　冷镦和冷顶锻用不锈钢［IS 11169-2（1989/2004 确认）］

（1）印度 IS 标准冷镦和冷顶锻用不锈钢的钢号与化学成分（表 3-6-25）

表 3-6-25　冷镦和冷顶锻用不锈钢的钢号与化学成分（质量分数）（%）

钢 号	类型[1]	C	Si	Mn	P≤	S≤	Cr	Ni	Mo	其 他
X07Cr17	F	≤0.12	≤1.00	≤1.00	0.045	0.030	16.0~18.0	—	—	—
X12Cr12	M	0.08~0.15	≤1.00	≤1.00	0.045	0.030	11.5~13.5	—	—	—
X02Cr19Ni10	A	≤0.030	≤1.00	≤2.00	0.045	0.030	17.5~20.0	8.00~12.0	—	—
X04Cr19Ni10	A	≤0.08	≤1.00	≤2.00	0.045	0.030	17.0~20.0	10.5~12.0	—	—
X02Cr17Ni12Mo2	A	≤0.030	≤1.00	≤2.00	0.045	0.030	16.0~18.0	10.0~14.0	2.00~3.00	—
X04Cr17Ni12Mo2	A	≤0.08	≤1.00	≤2.00	0.045	0.030	16.0~18.0	10.0~14.0	2.00~3.00	—
X04Cr17Ni12Mo2Ti	A	≤0.08	≤1.00	≤2.00	0.045	0.030	16.0~18.0	10.0~14.0	2.00~3.00	Ti 5C≤0.80
X04Cr18Ni10Ti	A	≤0.08	≤1.00	≤2.00	0.045	0.030	17.0~19.0	9.00~12.0	—	Ti 5C≤0.80

[1] F—铁素体型，M—马氏体型，A—奥氏体型。

（2）印度 IS 标准冷镦和冷顶锻用不锈钢的力学性能（表 3-6-26）

表 3-6-26　冷镦和冷顶锻用不锈钢的力学性能

钢　号	类型[1]	热处理制度 /℃	R_m/MPa	$R_{p0.2}$/MPa	A（%）	KU[2]/J
				≥		
X07Cr12	F	退火 750～850，空/水冷	450～600	270	20	—
X12Cr12	M	淬火 950～1050，油/空冷 回火 750～850	600～700	450	18	50
X02Cr19Ni10	A	固溶 1000～1050，快冷	450～700	175	50	60
X04Cr19Ni10	A	固溶 1000～1050，快冷	500～700	185	50	60
X02Cr17Ni12Mo2	A	固溶 1050～1100，快冷	500～700	205	45	60
X04Cr17Ni12Mo2	A	固溶 1050～1100，快冷	500～750	205	40	60
X04Cr17Ni12Mo2Ti	A	固溶 1050～1100，快冷	500～750	225	40	60
X04Cr18Ni10Ti	A	固溶 1020～1070，快冷	500～750	225	40	60

① F—铁素体型，M—马氏体型，A—奥氏体型。

② 试样缺口为 5mm。

3.6.11　不锈钢线材和钢丝 ［IS 6527，IS 6528（1995/2000 确认）］

（1）印度 IS 标准不锈钢线材（盘条）［IS 6527（1995/2000 确认）］

A）不锈钢盘条的钢号与化学成分（表 3-6-27）

表 3-6-27　不锈钢线材（盘条）的钢号与化学成分（质量分数）（%）

钢　号	C	Si	Mn	P≤	S≤	Cr	Ni	Mo	其　他
X04Cr13	≤0.08	≤1.00	≤1.00	0.040	0.030	11.5～14.5	≤1.00	≤0.30	Cu≤0.30 （Al 0.0～0.30）[1]
X12Cr13	0.09～0.15	≤1.00	≤1.00	0.040	0.030	11.5～13.5	≤1.00	≤0.30	Cu≤0.30
X20Cr13	0.16～0.25	≤1.00	≤1.00	0.040	0.030	12.0～14.0	≤1.00	≤0.30	Cu≤0.30
X30Cr13	0.26～0.35	≤1.00	≤1.00	0.040	0.030	12.0～14.0	≤1.00	≤0.30	Cu≤0.30
X02Cr18Ni11	≤0.030	≤1.00	≤2.00	0.045	0.030	17.0～20.0	8.00～12.0	≤0.70	Nb≤0.20，Ti≤0.15 Cu≤0.50
X04Cr18Ni10	≤0.08	≤1.00	≤2.00	0.045	0.030	17.0～20.0	8.00～12.0	≤0.70	Nb≤0.20，Ti≤0.015 Cu≤0.50
X07Cr18Ni9	≤0.15	≤1.00	≤2.00	0.045	0.030	17.0～19.0	8.00～10.0	≤0.70	Nb≤0.20，Ti≤0.15 Cu≤0.50
X04Cr17Ni12Mo2	≤0.08	≤1.00	≤2.00	0.045	0.030	16.0～18.5	10.0～14.0	2.00～3.00	Nb≤0.20，Ti≤0.15 Cu≤0.70
X02Cr17Ni12Mo2	≤0.030	≤1.00	≤2.00	0.045	0.030	16.0～18.5	10.0～14.0	2.00～3.00	Nb≤0.20，Ti≤0.15 Cu≤0.70
X10Cr17Mn6Ni4	≤0.15	≤1.00	5.50～7.50	0.060	0.030	16.0～18.0	3.50～5.50	≤0.70	Nb≤0.20，Ti≤0.15 Cu≤0.50 （N 0.05～0.25）[1]

① 允许添加量。

B）不锈钢盘条的力学性能（表 3-6-28）

表 3-6-28   不锈钢盘条的力学性能

牌　号	R_m/MPa	R_{eL}/MPa	A（%）	HBW
		≥		
X04Cr13	400~600	230	20	≤197
X12Cr13	470~670	250	20	≤200
X20Cr13	≤750	—	—	≤220
X30Cr13	≤480	—	—	≤235
X02Cr18Ni11	480~680	180	40	≤192
X04Cr18Ni10	500~700	195	40	≤192
X07Cr18Ni9	500~700	195	40	≤192
X04Cr17Ni12Mo2	510~710	205	40	≤192
X02Cr17Ni12Mo2	490~690	190	40	≤192
X10Cr17Mn6Ni4	640~840	300	40	≤217

（2）印度 IS 标准不锈钢钢丝［IS 6528（1995/2001 确认）］

A）不锈钢钢丝的钢号

不锈钢钢丝采用的钢号，见表 3-6-29。各钢号的化学成分与不锈钢盘条基本相同，个别钢号的 Cr 含量略有差别，见表 3-6-29 注。

表 3-6-29   不锈钢钢丝的钢号

系　列	钢　号			
Cr 系	X04Cr13[1]	X12Cr13[2]	X20Cr13	X30Cr13
Cr-Ni 系	X02Cr18Ni11	X04Cr18Ni10	X07Cr18Ni9	—
Cr-Ni-Mo 系	X04Cr17Ni12Mo2	X02Cr17Ni12Mo2	—	—
Cr-Mn-Ni 系	X10Cr17Mn6Ni4	—	—	—

[1] X04Cr13 的 Cr 含量：钢丝为 Cr=11.5%~13.5%，盘条为 Cr=11.5%~14.5%。

[2] X12Cr13 的 Cr 含量：钢丝为 Cr=11.5%~14.0%，盘条为 Cr=11.5%~13.5%。

B）不锈钢钢丝的力学性能（表 3-6-30）

表 3-6-30   不锈钢钢丝的力学性能

钢　号	状　态	R_m/MPa	R_{eL}/MPa	A（%）	Z（%）
			≥		
X04Cr13	退火	480	270	16	45
X12Cr13	退火	480	270	20	45
	中间回火	690	550	12	40
	冷作硬化	820	620	12	40
X20Cr13	退火	750	—	—	—
X30Cr13	退火	800	—	—	—
X02Cr18Ni11	固溶处理	520	210	35	50
X04Cr18Ni10	固溶处理	520	210	35	50
	冷作硬化	860	690	12	35
X07Cr18Ni9	固溶处理	520	210	35	50
	冷作硬化	860	690	12	35
X04Cr17Ni12Mo2	固溶处理	520	210	35	50
	冷作硬化	860	690	12	35
X02Cr17Ni12Mo2	固溶处理	520	210	35	50
X10Cr17Mn6Ni4	固溶处理	520	210	35	50
	冷作硬化	860	690	12	35

C）不锈钢钢丝的热处理制度（表 3-6-31）

表 3-6-31 不锈钢钢丝的热处理制度

钢 号	类 型①	热处理制度		
		种类	加热温度/℃	冷却介质
X04Cr13	F	退火	750~800	炉冷
X12Cr13	M	退火	700~780	空冷
		退火	770~870	炉冷
X20Cr13	M	退火	700~870	炉冷
X30Cr13	M	退火	700~870	炉冷
X02Cr18Ni11	A	固溶处理	1000~1120	水冷、空冷
X04Cr18Ni10	A	固溶处理	1000~1120	水冷、空冷
X07Cr18Ni9	A	固溶处理	1000~1120	水冷、空冷
X04Cr17Ni12Mo2	A	固溶处理	1000~1120	水冷、空冷
X02Cr17Ni12Mo2	A	固溶处理	1000~1120	水冷、空冷
X10Cr17Mn6Ni4	A	固溶处理	1000~1120	水冷、空冷

① F—铁素体型；M—马氏体型；A—奥氏体型。

3.6.12 耐蚀合金（恶劣条件下使用）［IS 11286（1995）］

（1）印度 IS 标准耐蚀合金（恶劣条件下使用）的牌号与化学成分（表 3-6-32）

表 3-6-32 耐蚀合金（恶劣条件下使用）的牌号与化学成分（质量分数）（%）

牌 号	C	Si	Mn	P≤	S≤	Cr	Ni	Mo	其他
Grade 1	≤0.03	≤2.00	≤1.50	0.040	0.040	17.0~21.0	9.00~13.0	≤2.00	Fe 余量
Grade 2	≤0.07	≤1.50	≤1.50	0.040	0.040	19.0~22.0	27.5~30.5	2.00~3.00	Cu 3.00~4.00 Fe 余量
Grade 3	≤1.00	≤2.00	≤1.15	0.030	0.030	—	余量	≤3.00	Cu≤1.25 Fe≤3.00
Grade 4A	≤0.35	≤2.00	≤1.50	0.030	0.030	—	余量	—	Cu 26.0~33.0 Fe≤3.50
Grade 4B	≤0.35	≤1.25	≤1.50	0.030	0.030	—	余量	—	Cu 26.0~33.0 Fe≤3.50
Grade 5	≤0.12	≤1.00	≤1.00	0.040	0.030	≤1.00	余量	26.0~33.0	V 0.20~0.60 Fe 4.00~6.00
Grade 6	0.90~1.40	≤1.50	≤1.00	0.040	0.040	27.0~31.0	≤3.00	≤1.50	W 3.50~5.50 Fe≤3.00, Co 余量
Grade 7	1.10~1.70	≤1.50	≤1.00	0.040	0.040	27.0~31.0	≤3.00	—	W 7.00~9.50 Fe≤3.00, Co 余量
Grade 8	2.00~2.70	≤1.00	≤1.00	0.040	0.040	29.0~33.0	≤3.00	—	W 11.0~14.0 Fe≤3.00, Co 余量

（2）印度 IS 标准耐蚀合金（恶劣条件下使用）的力学性能（表 3-6-33）

表 3-6-33 耐蚀合金（恶劣条件下使用）的力学性能

牌 号	R_m/MPa ≥	$R_{p0.2}$/MPa ≥	A（%） ≥	牌 号	R_m/MPa ≥	$R_{p0.2}$/MPa ≥	A（%） ≥
Grade 1	480	205	26	Grade 5	520	315	6
Grade 2	425	170	31	Grade 6	575	660	3
Grade 3	345	120	9	Grade 7	685	—	—
Grade 4A	450	175	22	Grade 8	①	①	①
Grade 4B	450	170	25				

① 由供需双方协商确定。

3.7 日　本

A. 通用钢材和合金

3.7.1 不锈钢

（1）日本 JIS 标准不锈钢棒材的钢号与化学成分 ［JIS G 4303（2012）］（表 3-7-1）

表 3-7-1　不锈钢棒材的钢号与化学成分（质量分数）（%）

钢　号	C	Si	Mn	P≤	S[①]≤	Cr	Ni[②]	Mo[②]	N	其　他
奥氏体型										
SUS201	≤0.15	≤1.00	5.50~7.50	0.060	0.030	16.00~18.00	3.50~5.50	—	≤0.25	—
SUS202	≤0.15	≤1.00	7.50~10.0	0.060	0.030	17.00~19.00	4.00~6.00	—	≤0.25	—
SUS301	≤0.15	≤1.00	≤2.00	0.045	0.030	16.00~18.00	6.00~8.00	—	—	—
SUS302	≤0.15	≤1.00	≤2.00	0.045	0.030	17.00~19.00	8.00~10.0	—	—	—
SUS303	≤0.15	≤1.00	≤2.00	0.200	≥0.15	17.00~19.00	8.00~10.0	(≤0.60)	—	—
SUS303Se	≤0.15	≤1.00	≤2.00	0.200	0.060	17.00~19.00	8.00~10.0	—	—	Se≥0.15
SUS303Cu	≤0.15	≤1.00	≤3.00	0.200	≥0.15	17.00~19.00	8.00~10.0	(≤0.60)	—	Cu 1.50~3.50
SUS304	≤0.08	≤1.00	≤2.00	0.045	0.030	18.00~20.00	8.00~10.50	—	—	—
SUS304 J3	≤0.08	≤1.00	≤2.00	0.045	0.030	17.00~19.00	8.00~10.50	—	—	—
SUS304 L	≤0.030	≤1.00	≤2.00	0.045	0.030	18.00~20.00	9.00~13.00	—	—	—
SUS304 LN	≤0.030	≤1.00	≤2.00	0.045	0.030	17.00~19.00	8.50~11.50	—	0.12~0.22	—
SUS304 N1	≤0.08	≤1.00	≤2.50	0.045	0.030	18.00~20.00	7.00~10.50	—	0.10~0.25	—
SUS304 N2	≤0.08	≤1.00	≤2.50	0.045	0.030	18.00~20.00	7.50~10.50	—	0.15~0.30	Nb≤0.15
SUS305	≤0.12	≤1.00	≤2.00	0.045	0.030	17.00~19.00	10.5~13.00	—	—	—
SUS309 S	≤0.08	≤1.00	≤2.00	0.045	0.030	22.00~24.00	12.0~15.00	—	—	—
SUS310 S	≤0.08	≤1.50	≤2.00	0.045	0.030	24.00~26.00	19.0~22.00	—	—	—
SUS312 L	≤0.020	≤0.80	≤1.00	0.030	0.015	19.00~21.00	17.5~19.50	6.00~7.00	0.16~0.25	Cu 0.50~1.00
SUS316	≤0.08	≤1.00	≤2.00	0.045	0.030	16.00~18.00	10.00~14.00	2.00~3.00	—	—
SUS316 L	≤0.030	≤1.00	≤2.00	0.045	0.030	16.00~18.00	12.00~15.00	2.00~3.00	—	—
SUS316 N	≤0.08	≤1.00	≤2.00	0.045	0.030	16.00~18.00	10.00~14.00	2.00~3.00	0.10~0.22	—
SUS316 LN	≤0.030	≤1.00	≤2.00	0.045	0.030	16.50~18.50	10.50~14.50	2.00~3.00	0.12~0.22	—
SUS316Ti	≤0.08	≤1.00	≤2.00	0.045	0.030	16.00~18.00	10.00~14.00	2.00~3.00	—	Ti≥5C
SUS316 J1	≤0.08	≤1.00	≤2.00	0.045	0.030	17.00~19.00	10.00~14.00	1.20~2.75	—	Cu 1.00~2.50
SUS316J1 L	≤0.030	≤1.00	≤2.00	0.045	0.030	17.00~19.00	12.00~16.00	1.20~2.75	—	Cu 1.00~2.50
SUS316 F	≤0.08	≤1.00	≤2.00	0.045	≥0.10	16.00~18.00	10.00~14.00	2.00~3.00	—	—
SUS317	≤0.08	≤1.00	≤2.00	0.045	0.030	18.00~20.00	11.00~15.00	3.00~4.00	—	—
SUS317 L	≤0.030	≤1.00	≤2.00	0.045	0.030	18.00~20.00	11.00~15.00	3.00~4.00	—	—
SUS317 LN	≤0.030	≤1.00	≤2.00	0.045	0.030	18.00~20.00	11.00~15.00	3.00~4.00	0.10~0.22	—
SUS317 J1	≤0.040	≤1.00	≤2.50	0.045	0.030	16.00~19.00	15.00~17.00	4.00~6.00	—	—
SUS836 L	≤0.030	≤1.00	≤2.00	0.045	0.030	19.00~24.00	24.00~26.00	5.00~7.00	≤2.50	—
SUS890 L	≤0.020	≤1.00	≤2.00	0.045	0.030	19.00~23.00	23.00~28.00	4.00~5.00	—	Cu 1.00~2.00
SUS321	≤0.08	≤1.00	≤2.00	0.045	0.030	17.00~19.00	9.00~13.00	—	—	Ti≥5C
SUS347	≤0.08	≤1.00	≤2.00	0.045	0.030	17.00~19.00	9.00~13.00	—	—	Nb≥10C
SUSXM7	≤0.08	≤1.00	≤2.00	0.045	0.030	17.00~19.00	8.50~10.50	—	—	Cu 3.00~4.00
SUSXM15 J1	≤0.08	3.00~5.00	≤2.00	0.045	0.030	15.00~20.00	11.50~15.00	—	—	—

（续）

钢　号	C	Si	Mn	P≤	S①≤	Cr	Ni②	Mo②	N	其　他
奥氏体-铁素体型										
SUS329 J1	≤0.08	≤1.00	≤1.50	0.040	0.030	23.00~28.00	3.00~6.00	1.00~3.00	—	—
SUS329 J3 L	≤0.030	≤1.00	≤2.00	0.040	0.030	21.00~24.00	4.50~6.50	2.50~3.50	0.08~0.20	—
SUS329 J4 L	≤0.030	≤1.00	≤1.50	0.040	0.030	24.00~26.00	5.50~7.50	2.50~3.50	0.08~0.30	—
铁素体型										
SUS405	≤0.08	≤1.00	≤1.00	0.040	0.030	11.50~14.50	（≤0.60）	—	—	Al 0.10~0.30
SUS410 L	≤0.030	≤1.00	≤1.00	0.040	0.030	11.00~13.50		—	—	
SUS430	≤0.12	≤0.75	≤1.00	0.040	0.030	16.00~18.00	（≤0.60）	—	—	
SUS430 F	≤0.12	≤1.00	≤1.25	0.060	≥0.15	16.00~18.00	（≤0.60）	—	—	
SUS434	≤0.12	≤1.00	≤1.00	0.040	0.030	16.00~18.00	（≤0.60）	0.75~1.25	—	
SUS447 J1	≤0.010	≤0.40	≤0.40	0.030	0.020	28.50~32.00	（≤0.50）	1.50~2.50	≤0.015	（Cu≤0.20）①
SUSXM27	≤0.010	≤0.40	≤0.40	0.030	0.020	25.00~27.00	（≤0.50）	0.75~1.50	≤0.015	（Cu≤0.20）①
马氏体型										
SUS403	≤0.15	≤0.50	≤1.00	0.040	0.030	11.50~13.00	（≤0.60）	—	—	
SUS410	≤0.15	≤1.00	≤1.00	0.040	0.030	11.50~13.50	（≤0.60）	—	—	
SUS410 J1	0.08~0.18	≤0.60	≤1.00	0.040	0.030	11.50~14.00	（≤0.60）	0.30~0.60	—	
SUS410 F2	≤0.15	≤1.00	≤1.00	0.040	0.030	11.50~13.50	（≤0.60）	—	—	Pb 0.05~0.30
SUS416	≤0.15	≤1.00	≤1.25	0.060	≥0.15	12.00~14.00	（≤0.60）	（≤0.60）	—	
SUS420 J1	0.16~0.25	≤1.00	≤1.00	0.040	0.030	12.00~14.00	（≤0.60）	—	—	
SUS420 J2	0.26~0.40	≤1.00	≤1.00	0.040	0.030	12.00~14.00	（≤0.60）	—	—	
SUS420 F	0.26~0.40	≤1.00	≤1.00	0.060	≥0.15	12.00~14.00	（≤0.60）	（≤0.60）	—	
SUS420 F2	0.26~0.40	≤1.00	≤1.00	0.040	0.030	12.00~14.00	（≤0.60）	—	—	Pb 0.05~0.30
SUS431	≤0.20	≤1.00	≤1.00	0.040	0.030	15.00~17.00	1.25~2.50	—	—	
SUS440 A	0.60~0.75	≤1.00	≤1.00	0.040	0.030	16.00~18.00	（≤0.60）	（≤0.60）	—	
SUS440 B	0.75~0.95	≤1.00	≤1.00	0.040	0.030	16.00~18.00	（≤0.60）	（≤0.60）	—	
SUS440 C	0.95~1.20	≤1.00	≤1.00	0.040	0.030	16.00~18.00	（≤0.60）	（≤0.60）	—	
SUS440 F	0.95~1.20	≤1.00	≤1.25	0.060	≥0.15	16.00~18.00	（≤0.60）	（≤0.60）	—	
沉淀硬化型										
SUS630	≤0.07	≤1.00	≤1.00	0.040	0.030	15.00~17.00	3.00~5.00	—	—	Cu 3.00~5.00 Nb 0.15~0.45
SUS631	≤0.09	≤1.00	≤1.00	0.040	0.030	16.00~18.00	6.50~7.75	—	—	Al 0.75~1.50

① 标明≤的不受≥的限制。

② 括号内的数字为允许添加的含量。

（2）日本 JIS 标准不锈钢棒材的力学性能

A）奥氏体型不锈钢棒材的力学性能（表3-7-2）

表 3-7-2   奥氏体型不锈钢棒材的力学性能

钢 号	$R_{eL}^{①}$/MPa	$R_m^{①}$/MPa	$A^{①}$（%）	$Z^{①}$（%）	HBW	HRB②	HV
	≥				≤		
SUS201	275	520	40	45	241	100	253
SUS202	275	520	40	45	207	95	218
SUS301	205	520	40	60	207	95	218
SUS302	205	520	40	60	187	90	200
SUS303	205	520	40	50	187	90	200
SUS303 Se	205	520	40	50	187	90	200
SUS303 Cu	205	520	40	50	187	90	200
SUS304	205	520	40	60	187	90	200
SUS304 L	175	480	40	60	18 7	90	200
SUS304 N1	275	550	35	50	187	95	220
SUS304 N2	345	690	35	50	250	100	260
SUS304 LN	245	550	40	50	187	95	220
SUS304 J3	175	480	40	60	217	90	200
SUS305	175	480	40	60	187	90	200
SUS309 S	205	520	40	60	187	90	200
SUS310 S	205	520	40	50	187	90	200
SUS312 L	300	650	35	40	223	96	230
SUS316	205	520	40	60	187	90	200
SUS316 L	175	480	40	60	187	90	200
SUS316 N	275	550	35	50	217	95	220
SUS316 LN	245	550	40	50	217	95	220
SUS316 Ti	205	520	40	50	187	90	200
SUS316 J1	205	520	40	60	187	90	200
SUS316 J1L	175	480	40	60	187	90	200
SUS316 F	205	520	40	50	187	90	200
SUS317 L	175	480	40	60	187	90	200
SUS317 LN	245	550	40	50	217	95	220
SUS317 J1	175	480	40	45	187	90	200
SUS836 L	205	520	35	40	217	96	230
SUS890 L	215	490	35	40	187	90	200
SUS321	205	520	40	50	187	90	200
SUS347	205	520	40	50	187	90	200
SUSXM7	175	480	40	60	187	90	200
SUSXM15 J1	205	520	40	60	207	95	218

① 奥氏体型不锈钢棒材经固溶处理的力学性能。

② HRB 可采用 HRBS 或 HRBW。

B）奥氏体-铁素体型双相不锈钢棒材的力学性能（表3-7-3）

表 3-7-3   奥氏体-铁素体型双相不锈钢棒材的力学性能

钢 号	$R_{eL}^{①}$/MPa	$R_m^{①}$/MPa	$A^{①}$（%）	$Z^{①}$（%）	HBW	HRC	HV
	≥				≤		
SUS329 J1	390	590	18	40	277	29	292
SUS329 J3 L	450	620	18	40	302	32	320
SUS329 J4 L	450	620	18	40	302	32	320

① 奥氏体-铁素体型双相不锈钢棒材经固溶处理的力学性能。

C）铁素体型不锈钢棒材的力学性能（表3-7-4）

表 3-7-4　铁素体型不锈钢棒材的力学性能

钢　号	力学性能[1]				硬　度		
	屈服强度 R_{eL}/MPa	抗拉强度 R_m/MPa	断后伸长率 A（%）	断面收缩率 Z（%）	HBW	HRB[2]	HV
	≥				≤		
SUS405	175	410	20	60	183	90	200
SUS410 L	195	360	22	60	183	90	200
SUS430	205	450	22	50	183	90	200
SUS430 F	205	450	22	50	183	90	200
SUS434	205	450	22	60	183	90	200
SUS447 J1	295	450	20	45	228	98	241
SUSXM27	245	410	20	45	219	96	230

① 铁素体型不锈钢棒材经退火处理的力学性能。

② HRB 可采用 HRBS 或 HRBW。

D）马氏体型不锈钢棒材的力学性能（表 3-7-5）

表 3-7-5　马氏体型不锈钢棒材的力学性能

钢号	R_{eL}[1]/MPa	R_m[1]/MPa	A[1]（%）	Z[1]（%）	KU[1]/J	HBW	HRB[2]（HRC）	HV
	≥					≤		
SUS403	390	590	25	55	147	170	87	178
SUS410	345	540	25	55	98	159	84	166
SUS410 J1	490	690	20	60	98	192	92	200
SUS410 F2	345	540	18	50	98	159	84	166
SUS416	345	540	17	45	69	159	84	166
SUS420 J1	440	640	20	50	78	192	92	200
SUS420 J2	540	740	12	40	29	217	95	220
SUS420 F	540	740	8	35	29	217	95	220
SUS420 F2	540	740	5	35	29	217	95	220
SUS431	590	780	15	40	39	229	98	241
SUS440 A	—	—	—	—	—	[255][3]	(54)[3]	577
SUS440 B	—	—	—	—	—	[255][3]	(56)[3]	613
SUS440 C	—	—	—	—	—	[269][3]	(58)[3]	653
SUS440 F	—	—	—	—	—	[269][3]	(58)[3]	653

① 马氏体型不锈钢棒材经淬火回火处理的力学性能。

② HRB 可采用 HRBS 或 HRBW。

③ 有圆括号的数字为 HRC 硬度值。有方括号的数字为棒材经退火处理的 HBW 硬度值。

E）沉淀硬化型不锈钢棒材的力学性能（表 3-7-6）

表 3-7-6　沉淀硬化型不锈钢棒材的力学性能

钢　号	热处理状态	R_{eL}/MPa	R_m/MPa	A（%）	Z（%）	HBW	HRB（HRC）[2]	HV
		≥				≤		
SUS630[1]	固溶处理	—	—	—	—	363	(38)	383
	H900	1175	1310	10	40	375	(40)	396
	H1025	1000	1070	12	45	331	(35)	350
	H1075	860	1000	13	45	302	(31)	320
	H1150	725	930	16	50	277	(28)	292

（续）

钢　号	热处理状态	R_{eL}/MPa	R_m/MPa	A（%）	Z（%）	HBW	HRB（HRC）[2]	HV
		≥				≤		
SUS631[1]	固溶处理	380	1030	20	—	229	98	241
	RH950	1030	1230	4	10	388	（41）	410
	TH1050	960	1140	5	25	363	（38）	383

① H900、H1025、H1075、H1150、TH1050、RH950 为沉淀硬化处理符号，具体工艺见表3-7-7。

② 有括号的数字为 HRC 硬度值，无括号的数字为 HRB 硬度值。

（3）日本 JIS 标准不锈钢棒材（含板、带材）的热处理制度（表3-7-7）

表 3-7-7　不锈钢棒材（含板、带材）的热处理制度

钢　号	热处理制度		
	热处理种类[1]	热处理温度/℃	冷却条件
奥氏体型			
SUS201	固溶处理（S）	1010～1120	快冷
SUS202	固溶处理（S）	1010～1120	快冷
SUS301	固溶处理（S）	1010～1150	快冷
SUS302	固溶处理（S）	1010～1150	快冷
SUS303	固溶处理（S）	1010～1150	快冷
SUS303 Se	固溶处理（S）	1010～1150	快冷
SUS303 Cu	固溶处理（S）	1010～1150	快冷
SUS304	固溶处理（S）	1010～1150	快冷
SUS304 L	固溶处理（S）	1010～1150	快冷
SUS304 N1	固溶处理（S）	1010～1150	快冷
SUS304 N2	固溶处理（S）	1010～1150	快冷
SUS304 LN	固溶处理（S）	1010～1150	快冷
SUS304 J3	固溶处理（S）	1010～1150	快冷
SUS305	固溶处理（S）	1010～1150	快冷
SUS309 S	固溶处理（S）	1030～1150	快冷
SUS310 S	固溶处理（S）	1030～1180	快冷
SUS312 L	固溶处理（S）	1030～1180	快冷
SUS316	固溶处理（S）	1010～1150	快冷
SUS316 L	固溶处理（S）	1010～1150	快冷
SUS316 N	固溶处理（S）	1010～1150	快冷
SUS316 LN	固溶处理（S）	1010～1150	快冷
SUS316 Ti	固溶处理（S）	920～1150	快冷
SUS316 J1	固溶处理（S）	1010～1150	快冷
SUS316 J1L	固溶处理（S）	1010～1150	快冷
SUS316 F	固溶处理（S）	1010～1150	快冷
SUS317 L	固溶处理（S）	1010～1150	快冷
SUS317 LN	固溶处理（S）	1010～1150	快冷
SUS317 J1	固溶处理（S）	1030～1180	快冷
SUS836 L	固溶处理（S）	1030～1180	快冷

（续）

钢 号	热处理制度		
	热处理种类①	热处理温度/℃	冷却条件
奥氏体型			
SUS890 L	固溶处理（S）	1030～1180	快冷
SUS321	固溶处理（S）	920～1150	快冷
SUS347	固溶处理（S）	980～1150	快冷
SUSXM7	固溶处理（S）	1010～1150	快冷
SUSXM15 J1	固溶处理（S）	1010～1150	快冷
奥氏体-铁素体型			
SUS329 J1	固溶处理（S）	950～1150	快冷
SUS329 J3 L	固溶处理（S）	950～1150	快冷
SUS329 J4 L	固溶处理（S）	950～1150	快冷
铁素体型			
SUS405	退火（A）	780～830	空冷或缓冷
SUS410 L	退火（A）	700～820	空冷或缓冷
SUS430	退火（A）	780～850	空冷或缓冷
SUS430 F	退火（A）	680～820	空冷或缓冷
SUS434	退火（A）	780～850	空冷或缓冷
SUS447 J1	退火（A）	900～1050	空冷或缓冷
SUSXM27	退火（A）	900～1050	空冷或缓冷
马氏体型			
SUS403	退火（A）	800～900（或约750）	慢冷（或快冷）
	淬火（Q）	950～1000	油冷
	回火（T）	700～750	快冷
SUS410	退火（A）	800～900（或约750）	慢冷（或快冷）
	淬火（Q）	950～1000	油冷
	回火（T）	700～750	快冷
SUS410 S	退火（A）	800～900（或约750）	慢冷（或快冷）
SUS410 J1	退火（A）	830～900（或约750）	慢冷（或快冷）
	淬火（Q）	970～1020	油冷
	回火（T）	700～750	快冷
SUS410 F2	退火（A）	800～900（或约750）	慢冷（或快冷）
	淬火（Q）	950～1000	油冷
	回火（T）	650～750	快冷
SUS416	退火（A）	800～900（或约750）	慢冷（或快冷）
	淬火（Q）	950～1000	油冷
	回火（T）	700～750	快冷
SUS420 J1	退火（A）	800～900（或约750）	慢冷（或空冷）
	淬火（Q）	920～980	油冷
	回火（T）	600～750	快冷

（续）

钢 号	热处理制度		
	热处理种类①	热处理温度/℃	冷却条件
马氏体型			
SUS420 J2	退火（A）	800～900（或约750）	慢冷（或空冷）
	淬火（Q）	920～980	油冷
	回火（T）	600～750	快冷
SUS420 F	退火（A）	800～900（或约750）	慢冷（或空冷）
	淬火（Q）	920～980	油冷
	回火（T）	600～750	快冷
SUS420 F2	退火（A）	800～900（或约750）	慢冷（或空冷）
	淬火（Q）	920～980	油冷
	回火（T）	600～750	快冷
SUS431	退火（A）	1次约750，2次约650	快冷
	淬火（Q）	1000～1050	油冷
	回火（T）	630～700	快冷
SUS440A	退火（A）	800～920	慢冷
	淬火（Q）	1010～1070	油冷
	回火（T）	100～180	空冷
SUS440B	退火（A）	800～920	慢冷
	淬火（Q）	1010～1070	油冷
	回火（T）	100～180	空冷
SUS440C	退火（A）	800～920	慢冷
	淬火（Q）	1010～1070	油冷
	回火（T）	100～180	空冷
SUS440 F	退火（A）	800～920	慢冷
	淬火（Q）	1010～1070	油冷
	回火（T）	100～180	空冷
沉淀硬化型			
STS630	固溶处理（S）	1020～1060	快冷
	沉淀硬化处理 H900	固溶处理后470～490	空冷
	H1025	固溶处理后540～560	空冷
	H1075	固溶处理后570～590	空冷
	H1150	固溶处理后610～630	空冷
STS631	固溶处理（S）	1000～1100	快冷
	沉淀硬化处理 RH950	固溶处理后，于（955±10）℃保温10min后，空冷至室温，在24h内冷至（-73±6）℃并保持8h，再加热到（510±10）℃并保持90min后空冷	
	沉淀硬化处理 TH1050	固溶处理后，于（760±15）℃保温90min，再在1h内冷至15℃并保持30min，再加热到（565±10）℃保温90min后空冷	

① 括号内字母为热处理代号。

3.7.2　耐热钢

（1）日本 JIS 标准耐热钢棒材的钢号与化学成分〔JIS G 4311（2019）〕（表 3-7-8）

表 3-7-8　耐热钢棒材的钢号与化学成分（质量分数）（%）

钢　号	C	Si	Mn	P[①] ≤	S[①] ≤	Cr	Ni	Mo	其　他
奥氏体型									
SUH31	0.35 ~ 0.45	1.50 ~ 2.50	≤0.60	0.040	0.030	14.00 ~ 16.00	13.00 ~ 15.00	—	W 2.00 ~ 3.00
SUH35	0.48 ~ 0.58	≤0.35	8.00 ~ 10.0	0.040	0.030	20.00 ~ 22.00	3.25 ~ 4.50	—	N 0.35 ~ 0.50
SUH36	0.48 ~ 0.58	≤0.35	8.00 ~ 10.0	0.040	0.040 ~ 0.090	20.00 ~ 22.00	3.25 ~ 4.50	—	N 0.35 ~ 0.50
SUH37	0.15 ~ 0.25	≤1.00	1.00 ~ 1.60	0.040	0.030	20.50 ~ 22.50	10.00 ~ 12.00	—	N 0.15 ~ 0.30
SUH38	0.25 ~ 0.35	≤1.00	≤1.20	0.18 ~ 0.25	0.030	19.00 ~ 21.00	10.00 ~ 12.00	1.80 ~ 2.50	B 0.001 ~ 0.010
SUH309	≤0.20	≤1.00	≤2.00	0.040	0.030	22.00 ~ 24.00	12.00 ~ 15.00	—	—
SUH310	≤0.25	≤1.50	≤2.00	0.040	0.030	24.00 ~ 26.00	19.00 ~ 22.00	—	—
SUH330	≤0.15	≤1.50	≤2.00	0.040	0.030	14.00 ~ 17.00	33.00 ~ 37.00	—	—
SUH660	≤0.08	≤1.00	≤2.00	0.040	0.030	13.50 ~ 16.00	24.00 ~ 27.00	1.00 ~ 1.50	Ti 1.90 ~ 2.35 Al≤0.35 B 0.001 ~ 0.010 V 0.10 ~ 0.50
SUH661	0.08 ~ 0.16	≤1.00	1.00 ~ 2.00	0.040	0.030	20.00 ~ 22.50	19.00 ~ 21.00	2.50 ~ 3.50	Co 18.5 ~ 21.0 W 2.00 ~ 3.00 Nb 0.75 ~ 1.25 N 0.10 ~ 0.20
SUS304-HR	≤0.08	≤1.00	≤2.00	0.045	0.030	18.00 ~ 20.00	8.00 ~ 10.50	—	—
SUS309S-HR	≤0.08	≤1.00	≤2.00	0.045	0.030	22.00 ~ 24.00	12.00 ~ 15.00	—	—
SUS310S-HR	≤0.08	≤1.50	≤2.00	0.045	0.030	24.00 ~ 26.00	19.00 ~ 22.00	—	—
SUS316S-HR	≤0.08	≤1.00	≤2.00	0.045	0.030	16.00 ~ 18.00	10.00 ~ 14.00	2.00 ~ 3.00	—
SUS316Ti-HR	≤0.08	≤1.00	≤2.00	0.045	0.030	16.00 ~ 18.00	10.00 ~ 14.00	2.00 ~ 3.00	Ti≥5C
SUS317-HR	≤0.08	≤1.00	≤2.00	0.045	0.030	18.00 ~ 20.00	11.00 ~ 15.00	3.00 ~ 4.00	—
SUS321-HR	≤0.08	≤1.00	≤2.00	0.045	0.030	17.00 ~ 19.00	9.00 ~ 13.00	—	Ti≥5C
SUS347-HR	≤0.08	≤1.00	≤2.00	0.045	0.030	17.00 ~ 19.00	9.00 ~ 13.00	—	Nb≥10C
SUSXM1551-HR[②]	≤0.08	3.50 ~ 5.00	≤2.00	0.045	0.030	15.00 ~ 20.00	11.50 ~ 15.00	—	—
铁素体型									
SUH446	≤0.20	≤1.00	≤1.50	0.040	0.030	23.0 ~ 27.0	(≤0.60)	—	N≤0.25 (Cu≤0.30)

（续）

钢　号	C	Si	Mn	P[①] ≤	S[①] ≤	Cr	Ni	Mo	其　他
铁素体型									
SUS405-HR	≤0.08	≤1.00	≤1.00	0.040	0.030	11.50 ~ 14.50	（≤0.60）	—	Al 0.10 ~ 0.30
SUS410L-HR	≤0.030	≤1.00	≤1.00	0.040	0.030	11.00 ~ 13.50	（≤0.60）	—	
SUS430-HR	≤0.12	≤0.75	≤1.00	0.040	0.030	16.00 ~ 18.00	（≤0.60）	—	
马氏体型									
SUH1	0.40 ~ 0.50	3.00 ~ 3.50	≤0.60	0.030	0.030	7.50 ~ 9.50	（≤0.60）	—	（Cu ≤0.30）
SUH3	0.35 ~ 0.45	1.80 ~ 2.50	≤0.60	0.030	0.030	10.00 ~ 12.00	（≤0.60）	0.70 ~ 1.30	（Cu ≤0.30）
SUH4	0.75 ~ 0.85	1.75 ~ 2.25	0.20 ~ 0.60	0.030	0.030	19.00 ~ 20.50	1.15 ~ 1.65	—	（Cu ≤0.30）
SUH11	0.45 ~ 0.55	1.00 ~ 2.00	≤0.60	0.030	0.030	7.50 ~ 9.50	（≤0.60）	—	（Cu ≤0.30）
SUH616	0.20 ~ 0.25	≤0.50	0.50 ~ 1.00	0.040	0.030	11.00 ~ 13.00	0.50 ~ 1.00	0.75 ~ 1.25	W 0.75 ~ 1.25 V 0.20 ~ 0.30 （Cu ≤0.30）
SUH660	0.15 ~ 0.20	≤0.50	0.50 ~ 1.00	0.040	0.030	10.00 ~ 13.00		1.00 ~ 1.50	Ti 1.90 ~ 2.30 V 0.10 ~ 0.50 Al ≤0.35 B 0.001 ~ 0.010
SUS403-HR	≤0.15	≤0.50	≤1.00	0.040	0.030	11.50 ~ 13.00	—	—	
SUS410-HR	≤0.15	≤1.00	≤1.00	0.040	0.030	11.50 ~ 13.00	—	—	
SUS410J1-HR	0.08 ~ 0.18	≤0.60	≤1.00	0.040	0.030	11.50 ~ 14.00	—	0.30 ~ 0.60	
SUS431-HR	≤0.20	≤1.00	≤1.00	0.040	0.030	15.00 ~ 17.00	1.25 ~ 2.50	—	
沉淀硬化型									
SUS630-HR	≤0.07	≤1.00	≤1.00	0.040	0.030	15.00 ~ 17.50	3.00 ~ 5.00	—	Cu 3.00 ~ 5.00 Nb 0.15 ~ 0.45
SUS631-HR	≤0.09	≤1.00	≤1.00	0.040	0.030	16.00 ~ 18.00	6.50 ~ 7.75	—	Al 0.75 ~ 1.50

注：表中括号内的数字为允许添加的含量。

① 范围值不受≤限制。

② 根据购货需要可添加 Cu、Mo、Nb 及 N 元素。

（2）日本 JIS 标准耐热钢棒材的力学性能

A）奥氏体型和铁素体型耐热钢棒材的力学性能（表3-7-9）

表3-7-9　奥氏体型和铁素体型耐热钢棒材的力学性能

钢　号	热处理状态	R_{eL} /MPa	R_m /MPa	A （%）	Z （%）	HBW	HRBW 或 HRBS	HRC	HV	适用尺寸/mm 直径、厚度或对边距离
		≥								
奥氏体型										
SUH31	S	315	740	30	40	≤248	≤100	—	≤261	≤25
	S	315	690	25	35	≤248	≤100	—	≤261	25 ~ 180

（续）

钢　号	热处理状态	R_{eL} /MPa	R_m /MPa	A（%）	Z（%）	HBW	HRBW 或 HRBS	HRC	HV	适用尺寸/mm 直径、厚度或对边距离
		≥								
奥氏体型										
SUH35	H	560	880	8	—	≥302	—	≥31	≥320	≤25
SUH36	H	560	880	8	—	≥302	—	≥31	≥320	≤25
SUH37	H	390	780	35	35	≤248	≤100	—	≤261	≤25
SUH38	H	490	880	20	25	≥269	—	≥27	≥248	≤25
SUH309	S	205	560	45	50	≤201	≤95	—	≤210	≤180
SUH310	S	205	590	40	50	≤201	≤95	—	≤210	≤180
SUH330	S	205	560	40	50	≤201	≤95	—	≤210	≤180
SUH660	H	590	900	15	18	≥248	—	≥24	≥261	≤180
SUH661	S	315	690	35	35	≤248	≤100	—	≤261	≤180
	H	345	760	30	30	≥192	≥91	—	≥202	≤75
SUS304-HR	S	205	520	40	60	≤187	≤90	—	≤200	≤180
SUS309S-HR	S	205	520	40	60	≤187	≤90	—	≤200	≤180
SUS310S-HR	S	205	520	40	60	≤187	≤90	—	≤200	≤180
SUS316-HR	S	205	520	40	60	≤187	≤90	—	≤200	≤180
SUS316Ti-HR	S	205	520	40	60	≤187	≤90	—	≤200	≤180
SUS317-HR	S	205	520	40	60	≤187	≤90	—	≤200	≤180
SUS321-HR	S	205	520	40	60	≤187	≤90	—	≤200	≤180
SUS347-HR	S	205	520	40	60	≤187	≤90	—	≤200	≤180
SUSXM15J1-HR	S	205	520	40	60	≤187	≤90	—	≤200	≤180
铁素体型										
SUH446	A	275	510	20	40	≤201	≤95	—	≤210	≤75
SUS405-HR	A	175	410	20	60	≤183	≤90	—	≤200	≤75
SUS410L-HR	A	195	360	22	60	≤183	≤90	—	≤200	≤75
SUS430-HR	A	205	450	22	50	≤183	≤90	—	≤200	≤75

注：S—固溶处理，H—固溶后时效处理，A—退火。

B）马氏体型耐热钢棒材的力学性能（表3-7-10）

表 3-7-10　马氏体型耐热钢棒材的力学性能

钢　号	热处理状态	R_{eL} /MPa	R_m/MPa	A（%）	Z（%）	a_K （J/cm²）	HBW	HRBW 或 HRBS	HRC	HV	适用尺寸/mm 直径、厚度或对边距离
		≥									
马氏体型											
SUH1	QT	685	930	15	35	—	≥269	—	≥27	≥284	≤75
SUH3	QT	685	930	15	35	20	≥269	—	≥27	≥284	≤25
	QT	635	880	15	35	20	≥262	—	≥26	≥276	25~75
SUH4	QT	685	880	10	15	10	≥262	—	≥26	≥276	≤75
SUH11	QT	685	880	15	35	20	≥262	—	≥26	≥276	≤25
SUH600	QT	685	830	15	30	—	≤321	—	≥35	≤339	≤75
SUH616	QT	735	880	10	25	—	≤341	—	≥37	≤360	≤75
SUS403-HR	QT	390	590	25	55	147	≥170	≥87	—	≥178	≤75

（续）

钢 号	热处理状态	R_{eL} /MPa	R_m/MPa	A（%）	Z（%）	a_K （J/cm²）	HBW	HRBW 或 HRBS	HRC	HV	适用尺寸/mm 直径、厚度或对边距离
						≥					
马氏体型											
SUS410-HR	QT	345	540	25	55	98	≥159	≥84	—	≥166	≤75
SUS410J1-HR	QT	490	690	20	60	98	≥192	≥92	—	≥200	≤75
SUS431-HR	QT	590	780	15	40	39	≥229	≥98	—	≥241	≤75
SUS630-HR	S	—	—	—	—	—	≤363	—	≤38	≤383	≤75
	H900	1175	1310	10	40		≥375		≥40	≥396	≤75
	H1025	1000	1070	12	45		≥331		≥35	≥350	≤75
	H1075	860	1000	13	45		≥302		≥31	≥320	≤75
	H1150	725	≤930	16	50		≥277		≥280	≥292	≤75
SUS631-HR	S	≤380	1030	20	—		≤229	≤98		≥241	≤75
	RH950	1030	1230	4	10		≥388		≥41	≥410	≤75
	TH1050	960	1140	5	25		≥363		≥38	≥383	≤75

注：QT—淬火＋回火，S—固溶处理，H900、H1025、H1075、H1150、RH950、TH1050—沉淀硬化处理。

（3）耐热钢棒材的热处理制度（表3-7-11a、表3-7-11b 和表3-7-12a、表3-7-12b）

表 3-7-11a　奥氏体型耐热钢棒材的热处理制度

钢 号	热处理制度		钢 号	热处理制度	
	固溶处理（S）	时效处理		固溶处理（S）	时效处理
	温度/℃和冷却			温度/℃和冷却	
SUH31	950~1050，快冷		SUS304-HR	1010~1150，快冷	—
SUH35	1100~1200，快冷	730~780，空冷	SUS309S-HR	1030~1150，快冷	
SUH36	1100~1200，快冷	730~780，空冷			
SUH37	1050~1150，快冷	750~800，空冷	SUS310S-HR	1030~1180，快冷	
SUH38	1120~1150，快冷	730~760，空冷	SUS316-HR	1010~1150，快冷	
SUH309	1030~1150，快冷	—	SUS316Ti-HR	920~1150，快冷	
SUH310	1030~1180，快冷		SUS317-HR	1010~1150，快冷	
SUH330	1030~1180，快冷				
SUH660	885~915，快冷或 965~995，快冷	(700~760)×16h, 空冷或慢冷	SUS321-HR	920~1150，快冷	
			SUS347-HR	980~1150，快冷	
SUH661	1130~1200，快冷	(780~830)×4h, 空冷或慢冷	SUSXM15J1-HR	1010~1150，快冷	

表 3-7-11b　铁素体型耐热钢棒材的热处理制度

钢 号	退火（A）	钢 号	退火（A）
	温度/℃和冷却		温度/℃和冷却
SUH446	780~880，快冷	SUS410L-HR	700~820，空冷或慢冷
SUS405-HR	780~830，空冷或慢冷	SUS430-HR	780~850，空冷或慢冷

表 3-7-12a　马氏体型耐热钢棒材的热处制度

钢 号	热处理制度		
	退火（A）	淬火（Q）	回火（T）
	温度/℃和冷却		
SUH1	800~900，慢冷	980~1080，油冷	700~850，快冷
SUH3	800~900，慢冷	980~1080，油冷	700~800，快冷

（续）

钢　号	热处理制度		
	退火（A）	淬火（Q）	回火（T）
	温度/℃和冷却		
SUH4	800~900，慢冷或720空冷	1030~1080，油冷	700~800，快冷
SUH11	750~850，慢冷	1000~1050，油冷	650~750，快冷
SUH600	850~950，慢冷	1100~1170，油冷或空冷	600以上，空冷
SUH616	830~900，慢冷	1020~1070，油冷或空冷	600以上，空冷
SUS403-HR	800~900，慢冷或750快冷	950~1000，油冷	700~750，快冷
SUS410-HR	800~900，慢冷或750快冷	950~1000，油冷	700~750，快冷
SUS410J1-HR	830~900，慢冷或750快冷	970~1020，油冷	650~750，快冷
SUS431-HR	750快冷，再650快冷	1000~1050，油冷	650~700，快冷

表 3-7-12b　沉淀硬化型耐热钢棒材的热处理制度

钢　号	热处理制度		
	种类	代号	温度/℃和冷却
SUS630-HR	固溶处理	S	1020~1060，快冷
	沉淀硬化处理	H900	470~490，空冷
		H1025	540~560，空冷
		H1075	570~590，空冷
		H1150	610~630，空冷
SUS631-HR	固溶处理	S	1000~1100，快冷
	沉淀硬化处理	RH950	（955±10）℃×10min，空冷至室温，24h内（-73±6）℃冷却8h，（510±10）℃×60min，空冷
		TH1050	（760±15）℃×90min，1h内15℃以下冷却30min，（565±10）℃×90min，空冷

3.7.3　高温合金和耐蚀合金

（1）日本 JIS 标准高温合金和耐蚀合金棒材及板材的牌号与化学成分［JIS G 4901，G 4902（2012确认）］（表3-7-13）

表 3-7-13　高温合金和耐蚀合金棒材及板材的牌号与化学成分（质量分数）（%）

牌号[①]	C	Si	Mn	P≤	S≤	Cr	Ni	Cu	Al	Ti	Fe	其　他
NCF600	≤0.15	≤0.50	≤1.00	0.030	0.015	14.0~17.0	≥72.0	≤0.50	—	—	6.00~10.0	—
NCF601	≤0.10	≤0.50	≤1.00	0.030	0.015	21.0~25.0	58.0~63.0	≤1.00	1.00~1.70	—	余量	—
NCF625	≤0.10	≤0.50	≤0.50	0.015	0.015	20.0~23.0	≥58.0	—	≤0.40	≤0.40	≤5.00	（Nb+Ta）3.15~4.15 Mo 6.00~10.0
NCF690	≤0.05	≤0.50	≤0.50	0.030	0.015	27.0~31.0	≥58.0	≤0.50	—	—	7.00~11.0	—
NCF718	≤0.08	≤0.35	≤0.35	0.015	0.015	17.0~21.0	50.0~55.0	≤0.30	0.20~0.80	0.65~1.15	余量	（Nb+Ta）4.75~5.50 Mo 2.80~3.30 B≤0.006

（续）

牌号[①]	C	Si	Mn	P≤	S≤	Cr	Ni	Cu	Al	Ti	Fe	其　他
NCF750	≤0.08	≤0.50	≤1.00	0.030	0.015	14.0 ~ 17.0	≥70.0	≤0.50	0.40 ~ 1.00	2.25 ~ 2.75	5.00 ~ 9.00	（Nb + Ta）0.70 ~ 1.20
NCF751	≤0.10	≤0.50	≤1.00	0.030	0.015	14.0 ~ 17.0	≥70.0	≤0.50	0.90 ~ 1.50	2.00 ~ 2.60	5.00 ~ 9.00	（Nb + Ta）0.70 ~ 1.20
NCF800	≤0.10	≤1.00	≤1.50	0.030	0.015	19.0 ~ 23.0	30.0 ~ 35.0	≤0.75	0.15 ~ 0.60	0.15 ~ 0.60	余量	—
NCF800H	0.05 ~ 0.10	≤1.00	≤1.50	0.030	0.015	19.0 ~ 23.0	30.0 ~ 35.0	≤0.75	0.15 ~ 0.60	0.15 ~ 0.60	余量	—
NCF825	≤0.05	≤0.50	≤1.00	0.030	0.015	19.5 ~ 23.0	38.0 ~ 46.0	1.50 ~ 3.00	≤0.20	0.60 ~ 1.20	余量	Mo 2.50 ~ 3.50
NCF80A	0.04 ~ 0.10	≤1.00	≤1.00	0.030	0.015	18.0 ~ 21.0	余量	≤0.20	1.00 ~ 1.80	1.80 ~ 2.70	≤1.50	[②]

① 高温合金和耐蚀合金棒材 ［JIS G 4901 （1999/2008 AMD/2012 确认）］，高温合金和耐蚀合金板材 ［JIS G 4901 （1991/2012 确认）］，因其棒材和板材（薄板）两者的牌号与化学成分相同，故合并为一个表。

② 根据需要，NCF80A 合金可添加 w(Co) = 2.00% 及 B。

（2）日本 JIS 标准高温合金和耐蚀合金板材的力学性能 ［JIS G 4902 （1991/2012 确认）］（表 3-7-14）

表 3-7-14　高温合金和耐蚀合金板材的力学性能

牌　号	状态	R_{eL}/MPa	R_m/MPa	A(%)	HBW	HRB（HRC）[①]	HV
		≥	≥	≥			
NCF600	A	245	550	30	≤179	≤89	≤182
NCF601	A	195	550	30	—	—	—
NCF625	A	415 / 380	830 / 760	30	—	—	—
NCF625	S	275	690	30	—	—	—
NCF690	A	240	590	30	—	—	—
NCF718	H	1035	1240	12 / 10	—	—	—
NCF750	S1	—	890	40	≤321	（≤35）	≤335
NCF750	S2	—	930	35	≤321	（≤35）	≤335
NCF750	H1	615	960	8	≥262	（≥26）	≥270
NCF750	H2	795	1170	18	302 ~ 363 / 302 ~ 363	（32 ~ 40）	313 ~ 328
NCF751	S	—	—	—	≤375	（≤41）	≤395
NCF751	H	615	960	8	—	—	—
NCF800	A	205	520	30	≤179	≤89	≤182
NCF800H	S	175	450	30	≤167	≤86	≤171
NCF825	A	235	580	30	—	≤96	≤214
NCF80A	S	—	—	—	≤269	≤100	≤250
NCF80A	H	635 / 615	1030 / 1000	25 / 20	—	—	—

① 有圆括号的数字为 HRC 硬度值。

（3）日本 JIS 标准高温合金和耐蚀合金板材及棒材的热处理（表 3-7-15）

表 3-7-15　高温合金和耐蚀合金板材的热处理制度

牌　号	热处理制度		
	退火（A）温度/℃和冷却	固溶处理（S）温度/℃和冷却	时效处理（H）温度/℃和冷却
NCF600	800～1150 快冷	—	—
NCF601	≥900 快冷	—	—
NCF625	≥870 快冷	≥1090 快冷	—
NCF690	≥900 快冷	—	—
NCF718	—	925～1010 快冷（S）	S 处理后，于 705～730 保温 8h，炉冷至 610～630，再于该温度时效后空冷，总时效时间为 18h
NCF750	—	1135～1165 快冷（S1）	S1 处理后，于 800～830 保温 24h 后空冷至室温，再于 690～720 保温 20h 后空冷
	—	965～995 快冷（S2）	S2 处理后，于 800～830 保温 24h 后空冷至室温，再于 690～720 保温 20h 后空冷
NCF751	—	1135～1165 快冷（S）	S 处理后，于 830～860 保温 24h 后，空冷至室温，再于 690～720 保温 20h 后空冷
NCF800	980～1000 快冷	—	—
NCF800H	—	1100～1170 快冷（S）	—
NCF825	≥9030 快冷	—	—
NCF80A	—	1150～1100 快冷（S）	S 处理后，于 690～710 保温 16h 后，空冷

注：表中的热处理制度供参考。

B. 专业用钢和优良品种

3.7.4　热轧不锈钢板和钢带［JIS G4304（2012/2015AMD）］

（1）日本 JIS 标准热轧不锈钢板和钢带的钢号与化学成分（表 3-7-16）

表 3-7-16　热轧不锈钢板和钢带的钢号与化学成分（质量分数）（%）

钢　号	C	Si	Mn	P≤	S[①]≤	Cr	Ni[②]	Mo[②]	N	其　他
奥氏体型										
SUS301	≤0.15	≤1.00	≤2.00	0.045	0.030	16.00～18.00	6.00～8.00	—	—	—
SUS301 L	≤0.030	≤1.00	≤2.00	0.045	0.030	16.00～18.00	6.00～8.00	—	≤0.20	—
SUS301 J1	0.08～0.12	≤1.00	≤2.00	0.045	0.030	16.00～18.00	7.00～9.00	—	—	—
SUS302 B	≤0.15	2.00～3.00	≤2.00	0.045	0.030	17.00～19.00	8.00～10.00	—	—	—
SUS303	≤0.15	≤1.00	≤2.00	0.200	≥0.15	17.00～19.00	8.00～10.00	—	—	—
SUS304	≤0.08	≤1.00	≤2.00	0.045	0.030	18.00～20.00	8.00～10.50	—	—	—
SUS304 Cu	≤0.08	≤1.00	≤2.00	0.045	0.030	18.00～20.00	8.00～10.50	—	—	Cu 0.70～1.30

（续）

钢　号	C	Si	Mn	P≤	S[①]≤	Cr	Ni[②]	Mo[②]	N	其　他
奥氏体型										
SUS304 L	≤0.030	≤1.00	≤2.00	0.045	0.030	18.00 ~ 20.00	9.00 ~ 13.0	—	—	—
SUS304 N1	≤0.08	≤1.00	≤2.50	0.045	0.030	18.00 ~ 20.00	7.00 ~ 10.50	—	0.10 ~ 0.25	—
SUS304 N2	≤0.08	≤1.00	≤2.50	0.045	0.030	18.00 ~ 20.00	7.50 ~ 10.50	—	0.15 ~ 0.30	Nb≤0.15
SUS304 LN	≤0.030	≤1.00	≤2.00	0.045	0.030	17.00 ~ 19.00	8.50 ~ 11.50	—	0.12 ~ 0.22	—
SUS304 J1	≤0.08	≤1.70	≤3.00	0.045	0.030	15.00 ~ 18.00	6.00 ~ 9.00	—	—	Cu 1.00 ~ 3.00
SUS304 J2	≤0.08	≤1.70	3.00 ~ 5.00	0.045	0.030	15.00 ~ 18.00	6.00 ~ 9.00	—	—	Cu 1.00 ~ 3.00
SUS305	≤0.12	≤1.00	≤2.00	0.045	0.030	17.00 ~ 19.00	10.50 ~ 13.00	—	—	—
SUS309 S	≤0.08	≤1.00	≤2.00	0.045	0.030	22.00 ~ 24.00	12.0 ~ 15.00	—	—	—
SUS310 S	≤0.08	≤1.50	≤2.00	0.045	0.030	24.00 ~ 26.00	19.00 ~ 22.00	—	—	—
SUS312 L	≤0.020	≤0.80	≤2.00	0.030	0.015	19.00 ~ 21.00	17.50 ~ 19.50	6.00 ~ 7.00	0.16 ~ 0.25	Cu 0.50 ~ 1.00
SUS315 J1	≤0.08	0.50 ~ 2.50	≤2.00	0.045	0.030	17.00 ~ 20.50	8.50 ~ 11.50	0.50 ~ 1.50	—	Cu 0.50 ~ 3.50
SUS315 J2	≤0.08	2.50 ~ 4.00	≤2.00	0.045	0.030	17.00 ~ 20.50	11.00 ~ 14.00	0.50 ~ 1.50	—	Cu 0.50 ~ 3.50
SUS316	≤0.08	≤1.00	≤2.00	0.045	0.030	16.00 ~ 18.00	10.00 ~ 14.00	2.00 ~ 3.00	—	—
SUS316L	≤0.030	≤1.00	≤2.00	0.045	0.030	16.00 ~ 18.00	12.00 ~ 15.00	2.00 ~ 3.00	—	—
SUS316 N	≤0.08	≤1.00	≤2.00	0.045	0.030	16.0 ~ 18.00	10.00 ~ 14.00	2.00 ~ 3.00	0.10 ~ 0.22	—
SUS316 LN	≤0.030	≤1.00	≤2.00	0.045	0.030	16.50 ~ 18.50	10.50 ~ 14.50	2.00 ~ 3.00	0.12 ~ 0.22	—
SUS316 Ti	≤0.08	≤1.00	≤2.00	0.045	0.030	16.00 ~ 18.00	10.00 ~ 14.00	2.00 ~ 3.00	—	Ti≥5C
SUS316 J1	≤0.08	≤1.00	≤2.00	0.045	0.030	17.00 ~ 19.00	10.00 ~ 14.00	1.20 ~ 2.75	—	Cu 1.00 ~ 2.50
SUS316 J1L	≤0.030	≤1.00	≤2.00	0.045	0.030	17.00 ~ 19.00	12.00 ~ 16.00	1.20 ~ 2.75	—	Cu 1.00 ~ 2.50
SUS317	≤0.08	≤1.00	≤2.00	0.045	0.030	18.0 ~ 20.00	11.00 ~ 15.00	3.00 ~ 4.00	—	—

（续）

钢 号	C	Si	Mn	P≤	S[①]≤	Cr	Ni[②]	Mo[②]	N	其 他
奥氏体型										
SUS317 L	≤0.030	≤1.00	≤2.00	0.045	0.030	18.00~20.00	11.00~15.00	3.00~4.00	—	—
SUS317 LN	≤0.030	≤1.00	≤2.00	0.045	0.030	18.00~20.00	11.00~15.00	3.00~4.00	0.10~0.22	—
SUS317 J1	≤0.040	≤1.00	≤2.50	0.045	0.030	16.0~19.00	15.00~17.00	4.00~6.00	—	—
SUS317 J2	≤0.06	≤1.00	≤2.00	0.045	0.030	23.00~26.00	12.00~16.00	0.50~1.20	0.25~0.40	—
SUS836 L	≤0.030	≤1.00	≤2.00	0.045	0.030	19.00~24.00	24.00~26.00	5.00~7.00	≤2.50	—
SUS890 L	≤0.020	≤1.00	≤2.00	0.045	0.030	19.00~23.00	23.00~28.00	4.00~5.00	—	Cu 1.00~2.00
SUS321	≤0.08	≤1.00	≤2.00	0.045	0.030	17.00~19.00	9.00~13.00	—	—	Ti≥5C
SUS347	≤0.08	≤1.00	≤2.00	0.045	0.030	17.00~19.00	9.00~13.00	—	—	Nb ≥10C
SUSXM7	≤0.08	≤1.00	≤2.00	0.045	0.030	17.0~19.00	8.50~10.50	—	—	Cu 3.00~4.00
SUSXM15 J1	≤0.08	3.00~5.00	≤2.00	0.045	0.030	15.00~20.00	11.50~15.00	—	—	—
奥氏体-铁素体型										
SUS821 L1	≤0.030	≤0.75	2.00~4.00	0.040	0.020	20.50~21.50	1.50~2.50	≤0.60	0.15~0.20	Cu 0.50~1.50
SUS323 L	≤0.030	≤1.00	≤2.50	0.040	0.030	21.50~24.50	3.00~5.50	0.05~0.60	0.05~0.20	Cu 0.05~0.60
SUS329 J1	≤0.08	≤1.00	≤1.50	0.040	0.030	23.00~28.00	3.00~6.00	1.00~3.00	—	—
SUS329J3 L	≤0.030	≤1.00	≤2.00	0.040	0.030	21.00~24.00	4.50~6.50	2.50~3.50	0.08~0.20	—
SUS329 J4L	≤0.030	≤1.00	≤1.50	0.040	0.030	24.00~26.00	5.50~7.50	2.50~3.50	0.08~0.30	—
SUS327 L1	≤0.030	≤0.80	≤1.20	0.035	0.020	24.0~26.00	6.00~8.00	3.00~5.00	0.24~0.32	Cu≤0.5
铁素体型										
SUS405	≤0.08	≤1.00	≤1.00	0.040	0.030	11.50~14.50	—	—	—	Al 0.10~0.30
SUS410 L	≤0.030	≤1.00	≤1.00	0.040	0.030	11.00~13.50	—	—	—	—
SUS429	≤0.12	≤1.00	≤1.00	0.040	0.030	14.00~16.00	—	—	—	—
SUS430	≤0.12	≤0.75	≤1.00	0.040	0.030	16.00~18.00	—	—	—	—
SUS430 LX	≤0.030	≤0.75	≤1.00	0.040	0.030	16.00~19.00	—	—	—	Ti 或 Nb 0.10~1.00

（续）

钢　号	C	Si	Mn	P≤	S[①]≤	Cr	Ni[②]	Mo[②]	N	其　他
铁素体型										
SUS430 J1L	≤0.025	≤0.75	≤1.00	0.040	0.030	17.00 ~ 20.00	—	—	≤0.025	Ti、Nb、Zr 或其组合 8(C + N) ~ 0.80 Cu 0.30 ~ 0.80
SUS434	≤0.12	≤1.00	≤1.00	0.040	0.030	16.00 ~ 18.00	—	0.75 ~ 1.25	—	
SUS436 L	≤0.025	≤1.00	≤1.00	0.040	0.030	16.00 ~ 19.00	—	0.75 ~ 1.50	≤0.025	Ti、Nb、Zr 或其组合 8(C + N) ~ 0.80 Cu 0.30 ~ 0.80
SUS436 J1L	≤0.025	≤1.00	≤1.00	0.040	0.030	17.0 ~ 20.00	—	0.40 ~ 0.80	≤0.025	Ti、Nb、Zr 或其组合 8(C + N) ~ 0.80
SUS444	≤0.025	≤1.00	≤1.00	0.040	0.030	17.00 ~ 20.00	—	1.75 ~ 2.50	≤0.025	Ti、Nb、Zr 或其组合 8(C + N) ~ 0.80
SUS445 J1	≤0.025	≤1.00	≤1.00	0.040	0.030	21.0 ~ 24.00	—	0.70 ~ 1.50	≤0.025	
SUS445 J2	≤0.025	≤1.00	≤1.00	0.040	0.030	21.00 ~ 24.00	—	1.50 ~ 2.50	≤0.025	
SUS447 J1	≤0.010	≤0.40	≤0.40	0.030	0.020	28.50 ~ 32.00	—	1.50 ~ 2.50	≤0.015	—
SUSXM27	≤0.010	≤0.40	≤0.40	0.030	0.020	25.00 ~ 27.00	—	0.75 ~ 1.50	≤0.015	—
马氏体型										
SUS403	≤0.15	≤0.50	≤1.00	0.040	0.030	11.50 ~ 13.00	(≤0.60)	—	—	—
SUS410	≤0.15	≤1.00	≤1.00	0.040	0.030	11.50 ~ 13.50	(≤0.60)	—	—	—
SUS410 S	≤0.08	≤1.00	≤1.00	0.040	0.030	11.50 ~ 13.00				
SUS420 J1	0.16 ~ 0.25	≤1.00	≤1.00	0.040	0.030	12.00 ~ 14.00	(≤0.60)			
SUS420 J2	0.26 ~ 0.40	≤1.00	≤1.00	0.040	0.030	12.0 ~ 14.00	(≤0.60)			
SUS440A	0.60 ~ 0.75	≤1.00	≤1.00	0.040	0.030	16.00 ~ 18.00	(≤0.60)	(≤0.75)	—	
沉淀硬化型										
SUS630	≤0.07	≤1.00	≤1.00	0.040	0.030	15.00 ~ 17.00	3.00 ~ 5.00	—	—	Cu 3.00 ~ 5.00 Nb 0.15 ~ 0.45
SUS631	≤0.09	≤1.00	≤1.00	0.040	0.030	16.00 ~ 18.00	6.50 ~ 7.75	—	—	Al 0.75 ~ 1.50

① 标明≥者，不受≤的限制。

② 括号内的数字为允许添加的含量。

（2）日本 JIS 标准热轧不锈钢板和钢带的力学性能（表 3-7-17）

表 3-7-17 热轧不锈钢板和钢带的力学性能

钢 号	状态[1]	R_{eL}/MPa	R_m/MPa	A(%)	HBW	HRB 或 (HRC)	HV	180°冷弯试验 a—钢材厚度 r—内侧半径
		≥			≤			
奥氏体型								
SUS301	S	205	520	40	207	95	218	—
SUS301L	S	215	550	45	207	95	218	—
SUS301J1	S	205	570	45	187	90	200	—
SUS302B	S	205	520	40	207	95	218	—
SUS303	S	205	520	35	187	90	200	—
SUS304	S	205	520	40	187	90	200	—
SUS304Cu	S	205	520	40	187	90	200	—
SUS304L	S	175	480	40	187	90	200	—
SUS304N1	S	275	550	35	217	95	220	—
SUS304N2	S	345	690	35	248	100	260	—
SUS304N2-X	S	450	720	25	230	125	—	—
SUS304LN	S	245	550	40	217	95	220	—
SUS304J1	S	155	450	40	187	90	200	—
SUS304J2	S	175	450	40	187	90	200	—
SUS305	S	175	480	40	187	90	200	—
SUS309S	S	205	520	40	187	90	200	—
SUS310S	S	205	520	40	187	90	200	—
SUS312L	S	300	650	35	223	96	230	—
SUS315J1	S	205	520	40	187	90	200	—
SUS315J2	S	205	520	40	187	90	200	—
SUS316	S	205	520	40	187	90	200	—
SUS316L	S	175	480	40	187	90	200	—
SUS316N	S	275	550	35	217	95	220	—
SUS316LN	S	245	550	40	217	95	220	—
SUS316Ti	S	205	520	40	187	90	200	—
SUS316J1	S	205	520	40	187	90	200	—
SUS316J1L	S	175	480	40	187	90	200	—
SUS317	S	205	520	40	187	90	200	—
SUS317L	S	175	480	40	187	90	200	—
SUS317LN	S	245	550	40	217	95	220	—
SUS317J1	S	175	480	40	187	90	200	—
SUS317J2	S	345	690	40	250	100	260	—
SUS836L	S	275	640	40	217	96	230	—
SUS890L	S	215	490	35	187	90	200	—
SUS321	S	205	520	40	187	90	200	—
SUS347	S	205	520	40	187	90	200	—
SUSXM7	S	155	450	40	187	90	200	—
SUSXM15J1	S	205	520	40	207	95	218	—

（续）

钢　　号	状态[①]	R_{eL}/MPa	R_m/MPa	A(%)	HBW	HRB 或 (HRC)	HV	180°冷弯试验 a—钢材厚度 r—内侧半径
		≥			≤			
奥氏体-铁素体型								
SUS821 L1	S	400	600	20~25	290	32	310	—
SUS323 L	S	400	600	20~25	290	32	310	—
SUS329 J1	S	390	590	18	277	29	292	—
SUS329 J3 L	S	450	620	18	302	32	320	—
SUS329 J4 L	S	450	620	18	302	32	320	—
SUS327 L1	S	550	795	15	310	32	330	—
铁 素 体 型								
SUS405	A	175	410	20	183	88	200	≤8mm, r=0.5a ≥8mm, r=1.0a
SUS410L	A	195	360	22	183	88	200	r=1.0a
SUS429	A	205	420	22	183	88	200	r=1.0a
SUS430	A	205	450	22	183	88	200	r=1.0a
SUS430LX	A	175	360	22	183	88	200	r=1.0a
SUS430J1L	A	205	390	22	192	90	200	r=1.0a
SUS434	A	205	450	22	183	88	200	r=1.0a
SUS436L	A	245	410	20	217	96	230	r=1.0a
SUS436J1L	A	245	410	20	192	90	200	r=1.0a
SUS443J1	A	205	390	22	192	90	200	r=1.0a
SUS444	A	245	410	20	217	96	230	r=1.0a
SUS445J1	A	245	410	20	217	96	230	r=1.0a
SUS445J2	A	245	410	20	217	96	230	r=1.0a
SUS447J1	A	295	450	22	207	95	220	r=1.0a
SUSXM27	A	245	410	20	192	90	200	r=1.0a
马 氏 体 型								
SUS403	A	205	440	20	201	93	210	r=1.0a
SUS410	A	205	440	20	201	93	210	r=1.0a
SUS410S	A	205	410	20	183	88	200	r=1.0a
SUS420J1	A	225	520	18	223	97	234	—
SUS420J2	A	225	540	18	235	99	247	—
	QT	—	—	—	—	(≥40)	—	
SUS440A	A	245	590	15	255	(25)	269	—
	QT	—	—	—	—	(≥40)	—	
沉淀硬化型								
SUS630	S	—	—	—	363	(≤38)	—	
	H900	1175	1310	10	375	(≥40)	—	
	H1025	1000	1070	12	331	(≥35)	—	
	H1075	865	1000	13	302	(≥31)	—	
	H1150	725	930	16	277	(≥28)	—	

（续）

钢　号	状态①	R_{eL}/MPa	R_m/MPa	A(%)	HBW	HRB 或（HRC）	HV	180°冷弯试验 a—钢材厚度 r—内侧半径
		≥				≤		
沉淀硬化型								
SUS631	S	380	1030	20	190	92	200	—
	TH1050	960	1140	3～5	—	(≥35)	≥345	—
	RH950	1030	1230	4	—	(≥40)	≥392	—

① 状态：S—固溶处理，A—退火，QT—淬火＋回火。

3.7.5　冷轧不锈钢板和钢带［JIS G4305（2012/2015 AMD）］

日本 JIS 标准冷轧不锈钢板和钢带的钢号与化学成分见表 3-7-18。

表 3-7-18　冷轧不锈钢板和钢带的钢号与化学成分（质量分数）（%）

钢　号	C	Si	Mn	P≤	S≤	Cr	Ni	Mo	N	其　他
奥氏体型										
SUS301	≤0.15	≤1.00	≤2.00	0.045	0.030	16.00～18.00	6.00～8.00	—	—	—
SUS301L	≤0.030	≤1.00	≤2.00	0.045	0.030	16.00～18.00	6.00～8.00	—	≤0.20	—
SUS301J1	0.08～0.12	≤1.00	≤2.00	0.045	0.030	16.00～18.00	7.00～9.00	—	—	—
SUS302B	≤0.15	2.00～3.00	≤2.00	0.045	0.030	17.00～19.00	8.00～10.00	—	—	—
SUS304	≤0.08	≤1.00	≤2.00	0.045	0.030	18.00～20.00	8.00～10.5	—	—	—
SUS304Cu	≤0.08	≤1.00	≤2.00	0.045	0.030	18.00～20.00	8.00～10.50	—	—	Cu 0.70～1.30
SUS304L	≤0.030	≤1.00	≤2.00	0.045	0.030	18.00～20.00	9.00～13.0	—	—	—
SUS304 N1	≤0.08	≤1.00	≤2.50	0.045	0.030	18.00～20.00	7.00～10.5	—	0.10～0.25	—
SUS304 N2	≤0.08	≤1.00	≤2.50	0.045	0.030	18.00～20.00	7.50～10.50	—	0.15～0.30	Nb≤0.15
SUS304 LN	≤0.030	≤1.00	≤2.00	0.045	0.030	17.00～19.00	8.50～11.50	—	0.12～0.22	—
SUS304 J1	≤0.08	≤1.70	≤3.00	0.045	0.030	15.00～18.00	6.00～9.00	—	—	Cu 1.00～3.00
SUS304 J2	≤0.08	≤1.70	3.00～5.00	0.045	0.030	15.00～18.00	6.00～9.00	—	—	Cu 1.00～3.00
SUS305	≤0.12	≤1.00	≤2.00	0.045	0.030	17.00～19.00	10.50～13.00	—	—	—
SUS309 S	≤0.08	≤1.00	≤2.00	0.045	0.030	22.00～24.00	12.00～15.00	—	—	—
SUS310 S	≤0.08	≤1.50	≤2.00	0.045	0.030	24.00～26.00	19.00～22.00	—	—	—
SUS312 L	≤0.020	≤0.80	≤2.00	0.030	0.015	19.00～21.00	17.50～19.50	6.00～7.00	0.16～0.25	Cu 0.50～1.00
SUS315 J1	≤0.08	0.50～2.50	≤2.00	0.045	0.030	17.00～20.50	8.50～11.50	0.50～1.50	—	Cu 0.50～3.50
SUS315 J2	≤0.08	2.50～4.00	≤2.00	0.045	0.030	17.00～20.50	11.00～14.00	0.50～1.50	—	Cu 0.50～3.50
SUS316	≤0.08	≤1.00	≤2.00	0.045	0.030	16.00～18.00	10.0～14.0	2.00～3.00	—	—
SUS316 L	≤0.030	≤1.00	≤2.00	0.045	0.030	16.00～18.00	12.00～15.00	2.00～3.00	—	—
SUS316 N	≤0.08	≤1.00	≤2.00	0.045	0.030	16.00～18.00	10.00～14.00	2.00～3.00	0.10～0.22	—
SUS316 LN	≤0.030	≤1.00	≤2.00	0.045	0.030	16.50～18.50	10.50～14.50	2.00～3.00	0.12～0.22	—
SUS316 Ti	≤0.08	≤1.00	≤2.00	0.045	0.030	16.0～18.0	10.0～14.0	2.00～3.00	—	Ti≥5C
SUS316 J1	≤0.08	≤1.00	≤2.00	0.045	0.030	17.00～19.00	10.0～14.0	1.20～2.75	—	Cu 1.00～2.50
SUS316 J1L	≤0.030	≤1.00	≤2.00	0.045	0.030	17.00～19.00	12.0～16.0	1.20～2.75	—	Cu 1.00～2.50
SUS317	≤0.08	≤1.00	≤2.00	0.045	0.030	18.00～20.00	11.00～15.00	3.00～4.00	—	—
SUS317 L	≤0.030	≤1.00	≤2.00	0.045	0.030	18.00～20.00	11.00～15.00	3.00～4.00	—	—
SUS317 LN	≤0.030	≤1.00	≤2.00	0.045	0.030	18.00～20.00	11.00～15.00	3.00～4.00	0.10～0.22	—

（续）

钢　号	C	Si	Mn	P≤	S≤	Cr	Ni	Mo	N	其　他
奥氏体型										
SUS317 J1	≤0.040	≤1.00	≤2.50	0.045	0.030	16.00~19.00	15.00~17.00	4.00~6.00	—	—
SUS317 J2	≤0.06	≤1.00	≤2.00	0.045	0.030	23.00~26.00	12.00~16.00	0.50~1.20	0.25~0.40	—
SUS836 L	≤0.030	≤1.00	≤2.00	0.045	0.030	19.00~24.00	24.00~26.00	5.00~7.00	≤2.50	—
SUS890 L	≤0.020	≤1.00	≤2.00	0.045	0.030	19.00~23.00	23.00~28.00	4.00~5.00	—	Cu 1.00~2.00
SUS321	≤0.08	≤1.00	≤2.00	0.045	0.030	17.00~19.00	9.00~13.00	—	—	Ti≥5C
SUS347	≤0.08	≤1.00	≤2.00	0.045	0.030	17.00~19.00	9.00~13.00	—	—	Nb≥10C
SUSXM7	≤0.08	≤1.00	≤2.00	0.045	0.030	17.00~19.00	8.50~10.50	—	—	Cu 3.00~4.00
SUSXM15 J1	≤0.08	3.00~5.00	≤2.00	0.045	0.030	15.00~20.00	11.50~15.00	—	—	—
奥氏体-铁素体型										
SUS821 L1	≤0.030	≤0.75	2.00~4.00	0.040	0.020	20.50~21.50	1.50~2.50	≤0.60	0.15~0.20	Cu 0.50~1.50
SUS323 L	≤0.030	≤1.00	≤2.50	0.040	0.030	21.50~24.50	3.00~5.50	0.05~0.60	0.05~0.20	Cu 0.05~0.60
SUS329 J1	≤0.08	≤1.00	≤1.50	0.040	0.030	23.00~28.00	3.00~6.00	1.00~3.00	—	—
SUS329 J3L	≤0.030	≤1.00	≤2.00	0.040	0.030	21.00~24.00	4.50~6.50	2.50~3.50	0.08~0.20	—
SUS329 J4L	≤0.030	≤1.00	≤1.50	0.040	0.030	24.00~26.00	5.50~7.50	2.50~3.50	0.08~0.30	—
SUS327 L1	≤0.030	≤0.80	≤1.20	0.035	0.020	24.00~26.00	6.00~8.00	3.00~5.00	0.24~0.32	Cu≤0.5
铁素体型										
SUS405	≤0.08	≤1.00	≤1.00	0.040	0.030	11.50~14.50	—	—	—	Al 0.10~0.30
SUS410L	≤0.030	≤1.00	≤1.00	0.040	0.030	11.00~13.50	—	—	—	—
SUS429	≤0.12	≤1.00	≤1.00	0.040	0.030	14.00~16.00	—	—	—	—
SUS430	≤0.12	≤0.75	≤1.00	0.040	0.030	16.00~18.00	—	—	—	—
SUS430LX	≤0.030	≤0.75	≤1.00	0.040	0.030	16.00~19.00	—	—	—	Ti 或 Nb 0.10~1.00
SUS430J1L	≤0.025	≤0.75	≤1.00	0.040	0.030	17.00~20.00	—	≤0.025		Ti、Nb、Zr 或其和 8(C+N)~0.80 Cu 0.30~0.80
SUS434	≤0.12	≤1.00	≤1.00	0.040	0.030	16.0~18.0	—	0.75~1.25	—	—
SUS436L	≤0.025	≤1.00	≤1.00	0.040	0.030	16.00~19.00	—	0.75~1.50	≤0.025	Ti、Nb、Zr 或其组合 8(C+N)~0.80 Cu 0.30~0.80
SUS436J1L	≤0.025	≤1.00	≤1.00	0.040	0.030	17.00~20.00	—	0.40~0.80	≤0.025	Ti、Nb、Zr 或其组合 8(C+N)~0.80
SUS443J1	≤0.025	≤1.00	≤1.00	0.040	0.030	20.00~23.00	—	—	≤0.025	Ti、Nb、Zr 或其组合 8(C+N)~0.80 Cu 0.30~0.80
SUS444	≤0.025	≤1.00	≤1.00	0.040	0.030	17.00~20.00	—	1.75~2.50	≤0.025	Ti、Nb、Zr 或其组合 8(C+N)~0.80

（续）

钢　号	C	Si	Mn	P≤	S≤	Cr	Ni	Mo	N	其　他
					铁素体型					
SUS445J1	≤0.025	≤1.00	≤1.00	0.040	0.030	21.00~24.00	—	0.70~1.50	≤0.025	—
SUS445J2	≤0.025	≤1.00	≤1.00	0.040	0.030	21.00~24.00	—	1.50~2.50	≤0.025	—
SUS447J1	≤0.010	≤0.40	≤0.40	0.030	0.020	28.50~32.00	—	1.50~2.50	≤0.015	—
SUSXM27	≤0.010	≤0.40	≤0.40	0.030	0.020	25.00~27.00	—	0.75~1.50	≤0.015	—
					马氏体型					
SUS403	≤0.15	≤0.50	≤1.00	0.040	0.030	11.50~13.00	(≤0.60)	—	—	—
SUS410	≤0.15	≤1.00	≤1.00	0.040	0.030	11.50~13.50	(≤0.60)	—	—	—
SUS410S	≤0.08	≤1.00	≤1.00	0.040	0.030	11.50~13.50	—	—	—	—
SUS420J1	0.16~0.25	≤1.00	≤1.00	0.040	0.030	12.00~14.00	(≤0.60)	—	—	—
SUS420J2	0.26~0.40	≤1.00	≤1.00	0.040	0.030	12.00~14.00	(≤0.60)	—	—	—
SUS440A	0.60~0.75	≤1.00	≤1.00	0.040	0.030	16.00~18.00	(≤0.60)	(≤0.75)	—	—

注：1. 冷轧不锈钢和钢带的力学性能和热处理制度可参见 3.7.4 节。

　　2. 括号内的数字为允许添加的含量。

3.7.6　弹簧用不锈钢钢丝和冷轧不锈钢带［JIS G4314（2013），G4313（2011/2015 确认）］

（1）日本 JIS 标准弹簧用不锈钢丝和冷轧不锈钢带的钢号与化学成分（表 3-7-19）

表 3-7-19　弹簧用不锈钢丝和冷轧不锈钢带的钢号与化学成分（质量分数）（%）

钢　号	C	Si	Mn	P≤	S≤	Cr	Ni[2]	其　他
			弹簧用不锈钢丝［JIS G4314（2013）][1]					
SUS302	≤0.15	≤1.00	≤2.00	0.045	0.030	17.00~19.00	8.00~10.00	—
SUS304	≤0.08	≤1.00	≤2.00	0.045	0.030	18.00~20.00	8.00~10.50	—
SUS304N1	≤0.08	≤1.00	≤2.50	0.045	0.030	18.00~20.00	7.00~10.50	N 0.10~0.25
SUS316	≤0.08	≤1.00	≤1.00	0.045	0.030	16.00~18.00	10.00~14.00	—
SUS631J1	≤0.09	≤1.00	≤1.00	0.040	0.030	16.00~18.00	7.00~8.50	Al 0.75~1.50
			弹簧用冷轧不锈钢带［JIS G4313（2011）]					
SUS301-CSP	≤0.15	≤1.00	≤2.00	0.045	0.030	16.00~18.00	6.00~8.00	—
SUS304-CSP	≤0.08	≤1.00	≤2.00	0.045	0.030	18.00~20.00	8.00~10.50	—
SUS420J2-CSP	0.26~0.40	≤1.00	≤1.00	0.040	0.030	12.00~14.00	(≤0.60)	—
SUS631-CSP	≤0.09	≤1.00	≤1.00	0.040	0.030	16.00~18.00	6.50~7.75	Al 0.75~1.50
SUS632J2-CSP	≤0.09	1.00~2.00	≤1.00	0.040	0.030	13.50~15.50	6.50~7.55	Cu 0.40~1.00 Ti 0.20~0.65

① 表中为弹簧用不锈钢丝的主体钢号，根据分组情况添加后缀字母，如 WPA、WPB、WPC 等。

② 括号内为允许添加的元素含量。

（2）日本 JIS 标准弹簧用不锈钢丝的力学性能（表 3-7-20）

表 3-7-20　弹簧用不锈钢丝的抗拉强度

钢丝直径 /mm	R_m/MPa （在下列不同组别时）			
	A 组[1]	B 组[2]	C 组[3]	D 组[4]
>0.080 至≤0.10	1650~1900	2150~2400	—	—
>0.10 至≤0.20			1950~2200	—

（续）

钢丝直径 /mm	R_m/MPa（在下列不同组别时）			
	A 组[1]	B 组[2]	C 组[3]	D 组[4]
>0.20 至 ≤0.29	1600~1850	2050~2300	1930~2180	—
>0.29 至 ≤0.40				1700~2000
>0.40 至 ≤0.60		1950~2200	1850~2100	1650~1950
>0.60 至 ≤0.70	1530~1780	1850~2100	1800~2050	1550~1850
>0.70 至 ≤0.90				1550~1800
>0.90 至 ≤1.00				1500~1750
>1.00 至 ≤1.20	1450~1700	1750~2000	1700~1950	1470~1720
>1.20 至 ≤1.40				1420~1670
>1.40 至 ≤1.60	1400~1650	1650~1900	1600~1850	1370~1620
>1.60 至 ≤2.00				—
>2.00 至 ≤2.60	1320~1570	1550~1800	1500~1750	—
>2.60 至 ≤4.00	1230~1480	1450~1700	1400~1630	—
>4.00 至 ≤6.00	1100~1350	1350~1600	1300~1550	—
>6.00 至 ≤8.00	1000~1250	1270~1520	—	—
>8.00 至 ≤9.00	—	1130~1360	—	—
>9.00 至 ≤10.0	—	980~1230	—	—
>10.0 至 ≤12.0	—	880~1130	—	—

① A 组适用的钢丝直径为 >0.080mm 至 ≤8.00mm，其牌号有：SUS302-WPA、SUS304-WPA、SUS304N1-WPA、SUS316-WPA。

② B 组适用的钢丝直径为 >0.080mm 至 ≤12.0mm，其牌号有：SUS302-WPB、SUS304-WPB、SUS304-WPBS、SUS304N1-WPB。

③ C 组牌号适用的钢丝直径为 >0.10mm 至 ≤6.00mm，其牌号有：SUS631J1-WPC。

④ D 组牌号适用的钢丝直径为 >0.29mm 至 ≤1.60mm，其牌号有：SUS6304-WPDS。

（3）日本 JIS 标准弹簧用冷轧不锈钢带的力学性能（表3-7-21）

表3-7-21　弹簧用冷轧不锈钢带的力学性能

钢 号	状态[1]	冷轧退火后固溶处理				沉淀硬化处理			
		R_{eL}/MPa	R_m/MPa	A(%)	HV	热处理代号	R_{eL}/MPa	R_m/MPa	HV
		≥			≥		≥		≥
SUS301-CSP	$\frac{1}{2}$H	510	930	10	310	—	—	—	—
	$\frac{3}{4}$H	745	1130	5	370	—	—	—	—
	H	1030	1320		430	—	—	—	—
	EH	1275	1570		490	—	—	—	—
	SEH	1450	1740		530	—	—	—	—
SUS304-CSP	$\frac{1}{2}$H	470	780	6	250	—	—	—	—
	$\frac{3}{4}$H	665	930	3	310	—	—	—	—
	H	880	1130		370	—	—	—	—

（续）

钢 号	状态[1]	冷轧退火后固溶处理				沉淀硬化处理			
		R_{eL}/MPa	R_m/MPa	A(%)	HV	热处理代号	R_{eL}/MPa	R_m/MPa	HV
		≥			≥		≥		≥
SUS420J2-CSP	O	225	540~740	18	247	—	—	—	—
SUS631-CSP	O	380	1030	20	200	TH1050[2]	960	1140	345
						RH950[3]	1030	1230	392
	$\frac{1}{2}$H	—	1080	5	350	CH[4]	880	1230	380
	$\frac{3}{4}$H	—	1180	—	400	CH[4]	1080	1420	450
	H	—	1420	—	450	CH[4]	1320	1720	530
SUS632J1-CSP	$\frac{1}{2}$H	—	1200	—	350	CH[4]	1250	1300	400
	$\frac{3}{4}$H	—	1450	—	420	CH[4]	1500	1550	480

① $\frac{1}{2}$H，$\frac{3}{4}$H，H 和 EH 均为钢带状态代号，表示不同硬度状态（如低硬、半硬、冷硬、特硬）的钢带。SHE 为特殊条件下使用，以区别于 EH。

② TH1050 为固溶处理（1000~1100℃快冷）后，（760±15）℃保温 90min，于 1h 内降温至 15℃冷却 30min，再于（565±10）℃保温 90min 后空冷。

③ RH950 为固溶处理（1000~1100℃快冷）后，（955±10）℃保温 10min，空冷至室温，应于 24h 内在（-73±6）℃保持 8h，再于（510±10）℃保温 60min 后空冷。

④ CH 为（475±10）℃保温 60min 后空冷。

3.7.7 不锈钢锻件用扁钢［JIS G 4319（1991/2012 确认）］

日本 JIS 标准不锈钢锻件用扁钢的钢号与化学成分（表 3-7-22）

表 3-7-22 不锈钢锻件用扁钢的钢号与化学成分（质量分数）（%）

钢 号	C	Si	Mn	P≤	S≤	Cr	Ni[1]	Mo	其 他
奥氏体型									
SUS302 FB	≤0.15	≤1.00	≤2.00	0.045	0.030	17.00~19.00	8.00~10.00	—	—
SUS304 FB	≤0.08	≤1.00	≤2.00	0.045	0.030	18.00~20.00	8.00~10.50	—	—
SUS304 HFB	0.04~0.10	≤1.00	≤2.00	0.045	0.030	18.00~20.00	8.00~11.00	—	—
SUS304 LFB	≤0.030	≤1.00	≤2.00	0.045	0.030	18.00~20.00	9.00~13.00	—	—
SUS310 FB	≤0.08	≤1.50	≤2.00	0.045	0.030	24.00~26.00	19.00~22.00	—	—
SUS316 FB	≤0.08	≤1.00	≤2.00	0.045	0.030	16.00~18.00	10.00~14.00	2.00~3.00	—
SUS316 HFB	0.04~0.10	≤1.00	≤2.00	0.045	0.030	16.00~18.00	10.00~14.00	2.00~3.00	—
SUS316 LFB	≤0.030	≤1.00	≤2.00	0.045	0.030	16.00~18.00	12.00~15.00	2.00~3.00	—
SUS317 LFB	≤0.030	≤1.00	≤2.00	0.045	0.030	18.00~20.00	11.00~15.00	3.00~4.00	—
SUS321 FB	≤0.08	≤1.00	≤2.00	0.045	0.030	17.00~19.00	9.00~13.00	—	Ti≥5C
SUS321 HFB	0.04~0.10	≤1.00	≤2.00	0.045	0.030	17.00~20.00	9.00~13.00	—	Ti 4C~0.60
SUS347 FB	≤0.08	≤1.00	≤2.00	0.045	0.030	17.00~19.00	9.00~13.00	—	Nb≥10C
SUS347 HFB	0.04~0.10	≤1.00	≤2.00	0.045	0.030	17.00~20.00	9.00~13.00	—	Nb 8C~1.00

（续）

钢　号	C	Si	Mn	P≤	S≤	Cr	Ni[①]	Mo	其　他
奥氏体-铁素体型									
SUS329 J1FB	≤0.08	≤1.00	≤1.50	0.040	0.030	23.00~28.00	3.00~6.00	1.00~3.00	—
马氏体型									
SUS403 FB	≤0.15	≤0.50	≤1.00	0.040	0.030	11.50~13.00	（≤0.60）	—	—
SUS410 FB	≤0.15	≤1.00	≤1.00	0.040	0.030	11.50~13.50	（≤0.60）	—	—
SUS410 J1FB	≤0.08	≤1.00	≤1.00	0.040	0.030	11.50~14.00	（≤0.60）	3.00~6.00	—
SUS420 J1FB	0.16~0.25	≤1.00	≤1.00	0.040	0.030	12.00~14.00	（≤0.60）	—	—
SUS420J2 FB	0.26~0.40	≤1.00	≤1.00	0.040	0.030	12.00~14.00	（≤0.60）	—	—
SUS431 FB	0.60~0.75	≤1.00	≤1.00	0.040	0.030	15.00~17.00	1.25~2.50	—	—
沉淀硬化型									
SUS630 FB	≤0.07	≤1.00	≤1.00	0.040	0.030	15.00~17.00	3.00~5.00	—	Cu 3.00~5.00 Nb 0.15~0.45

① 括号内的数字为允许添加的含量。

3.7.8　建筑结构用不锈钢材和异形棒材 ［JIS G4321（2000/2015 确认），G4322（2008/2015 确认）］

（1）日本 JIS 标准建筑结构用不锈钢材和异形棒材的钢号与化学成分（表3-7-23）

表3-7-23　建筑结构用不锈钢材和异形棒材的钢号与化学成分（质量分数）（%）

钢　号	C	Si	Mn	P≤	S≤	Cr	Ni[①]	其　他
建筑结构用不锈钢材 ［JIS G4321（2000/2015 确认）］								
SUS304A	≤0.08	≤1.00	≤2.00	0.045	0.030	18.00~20.00	8.00~10.50	—
SUS304N2A	≤0.08	≤1.00	≤2.50	0.045	0.030	18.00~20.00	7.50~10.50	Nb≤0.15 N 0.15~0.30
SUS316A	≤0.08	≤1.00	≤2.00	0.045	0.030	16.00~18.00	10.00~14.00	Mo 2.00~3.00
SCS13AA-CF	≤0.08	≤2.00	≤1.50	0.040	0.040	18.00~21.00	18.00~11.00	
钢筋混凝土用不锈钢异形棒材[①] ［G4322（2008/2015 确认）］								
SUS304-SD （SUS304）	≤0.08	≤1.00	≤2.00	0.045	0.030	18.00~20.00	8.00~10.50	—
（SUS304N2）	≤0.08	≤1.00	≤2.50	0.045	0.030	18.00~20.00	7.50~10.50	Nb≤0.15 N 0.15~0.30
SUS316-SD （SUS316）	≤0.08	≤1.00	≤2.00	0.045	0.030	16.00~18.00	10.00~14.00	Mo 2.00~3.00
（SUS316N）	≤0.08	≤1.00	≤2.00	0.045	0.030	16.00~18.00	10.00~14.00	Mo 2.00~3.00 N 0.10~0.22
SUS410-SD （SUS410L）	≤0.030	≤1.00	≤1.00	0.040	0.030	11.00~13.50	（0.60）	—
（SUS410）	≤0.15	≤1.00	≤1.00	0.040	0.030	11.50~13.50	（0.60）	—

① 括号内表示相应的不锈钢牌号。

（2）日本 JIS 标准建筑结构用不锈钢材的力学性能（表3-7-24）

表 3-7-24　建筑结构用不锈钢材的力学性能

钢　号	$R_{eL}^{①}$/MPa	R_m/MPa	屈强比（%）≤	$A^{②}$（%）≥ 采用下列试样时	
	≥			Ⅰ	Ⅱ
SUS304A	235	520	60	40	35
SUS304N2A	325	690	60	35	30
SUS316A	235	520	60	40	35
SCS13AA-CF	235	520	60	40	35

① 屈服强度 $R_{p0.1}$ 按 JIS Z 2241 标准测定。
② 断后伸长率 A：Ⅰ—系采用 4、5、10、11、12A、12B、12C、13B 号试样测定；Ⅱ—系采用 14A、14B 号试样测定。

（3）日本 JIS 标准钢筋混凝土用不锈钢异形棒材的力学性能（表 3-7-25）

表 3-7-25　钢筋混凝土用不锈钢异形棒材的力学性能

钢　号	强度等级	R_{eL}/MPa	R_m/MPa	A（%）≥（下列试样）		弯曲试验（180°）r—内侧半径，a—公称直径（在下列直径时）	
				2 号	14A 号	<16mm	≥16mm
SUS304-SD	295A	≥295	440～600	16	17	$r=0.5a$	$r=1.0a$
SUS316-SD	295B	295～390	≥440	17	18	$r=0.5a$	$r=1.0a$
SUS410-SD	345	345～440	≥490	18	19	$r=1.0a$	$r=1.0a$
	390	390～510	≥560	16	17	$r=1.0a$	$r=1.5a$

3.7.9　耐热钢板材 ［JIS G4312（2019）］

（1）日本 JIS 标准耐热钢板材的钢号与化学成分（表 3-7-26）

表 3-7-26　耐热钢板材的钢号与化学成分（质量分数）（%）

钢　号	C	Si	Mn	P≤	S≤	Cr	Ni①	Mo	其　他
奥氏体型									
SUH309	≤0.20	≤1.00	≤2.00	0.040	0.030	22.00～24.00	12.00～15.00	—	—
SUH310	≤0.25	≤1.50	≤2.00	0.040	0.030	24.00～26.00	19.00～22.00	—	—
SUH330	≤0.15	≤1.50	≤2.00	0.040	0.030	14.00～17.00	33.00～37.00	—	—
SUH660	≤0.08	≤1.00	≤2.00	0.040	0.030	13.50～16.00	24.00～27.00	1.00～1.50	Ti 1.90～2.35 V 0.10～0.50 Al≤0.35 B 0.001～0.010
SUH661	0.08～0.16	≤1.00	1.00～2.00	0.040	0.030	20.00～22.50	19.00～21.00	2.50～3.50	Co 18.50～21.00 W 2.00～3.00 Nb 0.75～1.25 N 0.10～0.20
SUS302B-HR	≤0.15	2.00～3.00	≤2.00	0.045	0.030	17.00～19.00	8.00～10.00	—	—
SUS304-HR	≤0.08	≤1.00	≤2.00	0.045	0.030	18.00～20.00	8.00～10.50	—	—
SUS309S-HR	≤0.08	≤1.00	≤2.00	0.045	0.030	22.00～24.00	12.00～15.00	—	—
SUS310S-HR	≤0.08	≤1.50	≤2.00	0.045	0.030	24.0～26.00	19.00～22.00	—	—
SUS316-HR	≤0.08	≤1.00	≤2.00	0.045	0.030	16.00～18.00	10.00～14.00	2.00～3.00	—
SUS316Ti-HR	≤0.08	≤1.00	≤2.00	0.045	0.030	16.00～18.00	10.00～14.00	2.00～3.00	Ti≥5C
SUS317-HR	≤0.08	≤1.00	≤2.00	0.045	0.030	18.00～20.00	11.00～15.00	3.00～4.00	—

（续）

钢　号	C	Si	Mn	P≤	S≤	Cr	Ni[①]	Mo	其　他
奥氏体型									
SUS321-HR	≤0.08	≤1.00	≤2.00	0.045	0.030	17.00~19.00	9.00~13.00	—	Ti≥5C
SUS347-HR	≤0.08	≤1.00	≤2.00	0.045	0.030	17.00~19.00	9.00~13.00	—	Nb≥10C
SUSXM15J1-HR	≤0.08	3.00~5.00	≤2.00	0.045	0.030	15.00~20.00	11.50~15.00	—	—
铁素体型									
SUH21	≤0.10	≤1.50	≤1.00	0.040	0.030	17.00~21.00	（≤0.60）	—	Al 2.00~4.00
SUH409	≤0.08	≤1.00	≤1.00	0.040	0.030	10.50~17.75	（≤0.60）	—	Ti 6C~0.75
SUH409L	≤0.030	≤1.00	≤1.00	0.040	0.030	10.50~17.75	（≤0.60）	—	Ti 6C~0.75
SUH446	≤0.20	≤1.00	≤1.50	0.040	0.030	23.00~27.00	（≤0.60）	—	N≤0.25
SUS405-HR	≤0.08	≤1.00	≤1.00	0.040	0.030	11.50~14.50	（≤0.60）	—	Al 0.10~0.30
SUS410L-HR	≤0.030	≤1.00	≤1.00	0.040	0.030	11.00~13.50	（≤0.60）	—	—
SUS430-HR	≤0.12	≤0.75	≤1.00	0.040	0.030	16.00~18.00	（≤0.60）	—	—
SUS430J1L-HR	≤0.025	≤1.00	≤1.00	0.040	0.030	16.20~20.00	（≤0.60）	—	Ti、Nb、Zr 或其组合 8(C+N)~0.80 Cu 0.30~0.80
SUS436J1L-HR	≤0.025	≤1.00	≤1.00	0.040	0.030	17.00~20.00	（≤0.60）	0.40~0.80	Ti、Nb、Zr 或其组合 8(C+N)~0.80
马氏体型									
SUS403-HR	≤0.07	≤1.00	≤1.00	0.040	0.030	11.50~13.00	（≤0.60）	—	—
SUS410-HR	≤0.09	≤1.00	≤1.00	0.040	0.030	11.50~13.50	（≤0.60）	—	—
沉淀硬化型									
SUS630-HR	≤0.07	≤1.00	≤1.00	0.040	0.030	15.00~17.50	3.00~5.00	—	Nb 0.15~0.45 Cu 3.00~5.00
SUS631-HR	≤0.09	≤1.00	≤1.00	0.040	0.030	16.00~18.00	6.50~7.50	—	Al 0.75~1.50

① 括号内为允许添加的元素含量。

（2）日本 JIS 标准耐热钢板材的力学性能（表 3-7-27a ~ 表 3-7-27d）

表 3-7-27a　奥氏体型耐热钢板材的力学性能

钢　号	状态	R_{eL}/MPa	R_m/MPa	A(%)	HBW	HRC	HRBW 或 HRBS ≤	HV
		≥			≤	≥		≤
SUH309	S	205	560	40	201	—	95	210
SUH310	S	205	590	35	201	—	95	210
SUH330	S	205	560	35	201	—	95	210
SUH660	S	—	730	25	192	—	91	202
	H	590	900	15	248	24	—	261
SUH661	S	315	690	35	248	—	100	261
	H	345	760	30	192	—	91	202
SUS302B-HR	S	205	520	40	207	—	95	218
SUS304-HR	S	205	520	40	187	—	90	200
SUS309S-HR	S	205	520	40	187	—	90	200
SUS310S-HR	S	205	520	40	187	—	90	200
SUS316-HR	S	205	520	40	187	—	90	200
SUS316Ti-HR	S	205	520	40	187	—	90	200

（续）

钢 号	状态	R_{eL}/MPa	R_m/MPa	A(%)	HBW	HRC	HRBW 或 HRBS ≤	HV
		≥			≤	≥		≤
SUS317-HR	S	205	520	40	187	—	90	200
SUS321-HR	S	205	520	40	187	—	90	200
SUS347-HR	S	205	520	40	187	—	90	200
SUSXM15J1-HR	S	205	520	40	207	—	95	218

注：抗拉强度 R_m 和断后伸长率 A 适合厚度 >3mm 的板材。

表 3-7-27b 铁素体型耐热钢板材的力学性能

钢 号	状态	R_{eL}/MPa	R_m/MPa	A(%)	HBW	HRBW 或 HRBS	HV	弯曲试验	
		≥			≤			弯曲角度	内侧半径（r）
SUH21	A	245	440	15	210	95	220	—	
SUH409	A	175	360	22	162	80	175	180°	厚度 δ<8mm, r=0.5δ
SUH409L	A	175	360	25	162	80	175	180°	
SUH446	A	275	510	20	201	95	210	135°	厚度 δ≥8mm, r=δ
SUS405-HR	A	175	410	20	183	88	200	180°	
SUS410L-HR	A	195	360	22	183	88	200	180°	
SUS430-HR	A	205	420	22	183	88	200	180°	r=δ
SUS430J1L-HR	A	205	390	22	192	90	200	180°	
SUS436J1L-HR	A	245	410	20	192	90	200	180°	

注：抗拉强度 R_m 和断后伸长率 A 适合厚度 >3mm 的板材。

表 3-7-27c 马氏体型耐热钢板材的力学性能

钢 号	R_{eL}/MPa	R_m/MPa	A(%)	HBW	HRBW 或 HRBS	HV	弯曲试验	
	≥			≤			弯曲角度	内侧半径
SUS403-HR	205	440	20	201	93	210	180°	与厚度相等
SUS410-HR	205	440	20	201	93	210	180°	与厚度相等

注：抗拉强度 R_m 和断后伸长率 A 适合厚度 >3mm 的钢板。

表 3-7-27d 沉淀硬化型耐热钢板材的力学性能

钢 号	状态	R_{eL}/MPa	R_m/MPa	厚度/mm	A(%)	HBW	HRC	HRBW 或 HRBS	HV
		≥			≥				
	S	—	—	—	≥	≤363	≤38	—	—
SUS630-HR	H900	1175	1310	<5.0	5	≥375	≥40	—	—
				5.0 ~ <15.0	8				
				≥15.0	10				
	H1025	1000	1070	<5.0	5	≥331	≥35	—	—
				5.0 ~ <15.0	8				
				≥15.0	12				
	H1075	860	1000	<5.0	5	≥302	≥31	—	—
				5.0 ~ <15.0	9				
				≥15.00	13				
	H1150	725	930	>5.0	8	≥277	≥28	—	—
				5.0 ~ <15.0	10				
				≥15.0	16				

（续）

钢　号	状　态	R_{eL}/MPa	R_m/MPa	厚度/mm	A(%)	HBW	HRC	HRBW 或 HRBS	HV
		≥			≥				
SUS631-HR	S	380	1030	≥20		≤192	—	≤92	≤200
	RH950	1030	1230	<3.0	—	—	≥40	—	≥392
				≥3.0	4				
	TH1050	960	1140	<3.0	3		≥35		≥345
				≥3.0	5				

注：抗拉强度 R_m 和断后伸长率 A 适用于厚度 >3mm 的板材。

（3）耐热钢板材的热处理制度（表 3-7-28a ～ 表 3-7-28c）

表 3-7-28a　奥氏体型耐热钢板材的热处理制度

钢　号	热处理制度	
	固溶处理（S）	时效处理
	温度（℃）和冷却	
SUH309	1030 ～ 1150，快冷	—
SUH310	1030 ～ 1180，快冷	—
SUH330	1030 ～ 1180，快冷	—
SUH660	965 ～ 995，快冷	(700 ～ 760)×16h 空冷或慢冷
SUH661	1130 ～ 1200，快冷	(780 ～ 830)×4h 空冷或慢冷
SUS302B-HR	1010 ～ 1150，快冷	—
SUS304-HR	1010 ～ 1150，快冷	—
SUS309S-HR	1030 ～ 1180，快冷	—
SUS310S-HR	1030 ～ 1180，快冷	—
SUS316-HR	1010 ～ 1150，快冷	—
SUS316Ti-HR	920 ～ 1150，快冷	—
SUS317-HR	1010 ～ 1150，快冷	—
SUS321-HR	920 ～ 1150，快冷	—
SUS347-HR	980 ～ 1150，快冷	—
SUSXM15J1-HR	1010 ～ 1150，快冷	—

表 3-7-28b　铁素体型和马氏体型耐热钢板材的热处理制度

钢　号	退　火（A）
	温度/℃和冷却
铁素体型	
SUH21	780 ～ 950 快冷或慢冷
SUH409	780 ～ 950 快冷或慢冷
SUH409L	780 ～ 950 快冷或慢冷
SUH446	780 ～ 880 快冷
SUS405-HR	780 ～ 830 快冷或慢冷
SUS410L-HR	700 ～ 820 快冷或慢冷
SUS430-HR	780 ～ 850 快冷或慢冷
SUS430J1L-HR	800 ～ 1050 快冷
SUS436J1L-HR	800 ～ 1050 快冷
马氏体型	
SUS403-HR	750 快冷或 800 ～ 900 慢冷
SUS410-HR	750 快冷或 800 ～ 900 慢冷

表 3-7-28c　沉淀硬化型耐热钢板材的热处理制度

钢　号	热处理制度			
	分号	代号	温度（℃）和冷却	
SUS630-HR	固溶处理	S	1020~1060 快冷	
	沉淀硬化处理	H900	470~490 空冷	
		H1025	540~560 空冷	
		H1075	570~590 空冷	
		H1150	610~630 空冷	
SUS631-HR	固溶处理	S	1000~1100 快冷	
	沉淀硬化处理	RH950	(955+10)℃×10min，空冷至室温，24h 内（-73±6)℃×8h，(510±10)℃×60min 后空冷	
		TH1050	(760±15)℃×90min，1h 内 15℃以下保持 30min，(565±10)℃×90min 后空冷	

3.7.10　机械和结构用不锈钢管［JIS G3446（2017）］

（1）日本 JIS 标准机械和结构用不锈钢管的钢号与化学成分（表 3-7-29）

表 3-7-29　机械和结构用不锈钢管的钢号与化学成分（质量分数）（%）

钢　号	C	Si	Mn	P ≤	S ≤	Cr	Ni	Mo	其　他[①]
奥氏体型									
SUS303TKA	≤0.15	≤1.00	≤2.00	0.20	0.15	8.00~10.00	17.00~19.00	≤0.60	—
SUS304TKA	≤0.08	≤1.00	≤2.00	0.045	0.030	8.00~10.50	18.00~20.00	①	—
SUS304TKC	≤0.08	≤1.00	≤2.00	0.045	0.030	8.00~10.50	18.00~20.00	①	—
SUS304LTKA	≤0.030	≤1.00	≤2.00	0.045	0.030	9.00~13.00	18.00~20.00	①	—
SUS316TKA	≤0.08	≤1.00	≤2.00	0.045	0.030	10.00~14.00	16.00~18.00	2.00~3.00	—
SUS316TKC	≤0.08	≤1.00	≤2.00	0.045	0.030	10.00~14.00	16.00~18.00	2.00~3.00	—
SUS316LTKA	≤0.030	≤1.00	≤2.00	0.045	0.030	12.00~16.00	16.00~18.00	2.00~3.00	—
SUS321TKA	≤0.08	≤1.00	≤2.00	0.045	0.030	9.00~13.00	17.00~19.00	①	Ti≥5C
SUS347TKA	≤0.08	≤1.00	≤2.00	0.045	0.030	9.00~13.00	17.00~19.00	①	Nb≥10C
铁素体型									
SUS821L1TKA	≤0.030	≤0.75	2.00~4.00	0.040	0.020	1.50~2.50	20.50~21.50	≤0.60	Cu 0.50~1.50 N 0.15~0.20
SUS323LTKA	≤0.030	≤1.00	≤2.50	0.040	0.030	3.00~5.50	21.50~24.50	0.05~0.60	Cu 0.05~0.60 N 0.05~0.20
SUS329J1TKA[②]	≤0.08	≤1.00	≤1.50	0.040	0.030	3.00~6.00	23.00~28.00	1.00~3.00	—
SUS329J3LTKA[③]	≤0.030	≤1.00	≤1.50	0.040	0.030	4.50~6.50	21.00~24.00	2.50~3.50	N 0.08~0.20
SUS329J4LTKA[③]	≤0.030	≤1.00	≤1.50	0.040	0.030	5.50~7.50	24.00~26.00	2.50~3.50	N 0.08~0.30
SUS405TKA	≤0.08	≤1.00	≤1.00	0.040	0.030	≤0.60	11.50~14.50	①	Al 0.10~0.30
SUS430TKA	≤0.12	≤0.75	≤1.00	0.040	0.030	≤0.60	16.00~18.00	①	—
SUS430TKC	≤0.12	≤0.75	≤1.00	0.040	0.030	≤0.60	16.00~18.00	①	—
SUS430LXTKC	≤0.030	≤0.75	≤1.00	0.040	0.030	≤0.60	16.00~19.00	①	Ti 或 Nb 0.10~1.00

（续）

钢 号	C	Si	Mn	P ≤	S ≤	Cr	Ni	Mo	其 他[①]
马氏体型									
SUS430J1LTKC[④]	≤0.025	≤1.00	≤1.00	0.040	0.030	≤0.60	16.00~20.00	①	N≤0.025 Ti、Nb、Zr 或其组合8（C+N）~0.80 Cu0.30~0.80
SUS436LTKC	≤0.025	≤1.00	≤1.00	0.040	0.030	≤0.60	16.00~19.00	0.75~1.25	N≤0.025 Ti、Nb、Zr 或其组合8（C+N）~0.80
SUS444TKA	≤0.025	≤1.00	≤1.00	0.040	0.030	≤0.60	17.00~20.00	1.75~2.50	N≤0.025 Ti、Nb、Zr 或其组合8（C+N）~0.80
SUS445J1TKC[⑤]	≤0.025	≤1.00	≤1.00	0.040	0.030	≤0.60	21.00~24.00	0.70~1.50	N≤0.025
SUS403TKA	≤0.15	≤0.50	≤1.00	0.040	0.030	≤0.60	11.50~13.00	①	—
SUS410TKA	≤0.15	≤1.00	≤1.00	0.040	0.030	≤0.60	11.50~13.50	①	—
SUS410TKC	≤0.15	≤1.00	≤1.00	0.040	0.030	≤0.60	11.50~13.50	—	—
SUS416TKA	≤0.15	≤1.00	≤1.25	0.060	0.15	≤0.60	12.00~14.00	0.60	
SUS420J1TKA	0.16~0.25	≤1.00	≤1.00	0.040	0.030	≤0.60	12.00~14.00	①	
SUS420J2TKA	0.26~0.40	≤1.00	≤1.00	0.040	0.030	≤0.60	12.00~14.00		
SUS431TKA	≤0.20	≤1.00	≤1.00	0.040	0.030	1.25~2.50	15.00~17.00	①	—
SUS440CTKA	0.95~1.20	≤1.00	≤1.00	0.040	0.030	≤0.60	16.00~18.00	≤0.75	
SUS630TKA	≤0.07	≤1.00	≤1.00	0.040	0.030	3.00~5.00	15.00~17.50	①	Cu 3.00~5.00 Nb 0.15~0.45
SUS631TKA	≤0.09	≤1.00	≤1.00	0.040	0.030	6.50~7.75	16.00~18.00	①	Al 0.75~1.50

① 其他元素的含量包括 Mo 的含量。
② 可添加 Cu、W 及 N，含量应注明。
③ 可添加 Cu 和 W，含量应注明。
④ 可添加 V，含量应注明。
⑤ 可添加 Cu、V、Ti 及 Nb，含量应注明。

（2）日本 JIS 标准机械和结构用不锈钢管的热处理与力学性能（表 3-7-30）

表 3-7-30　机械和结构用不锈钢管的热处理与力学性能

钢 号	热处理温度/℃ 及冷却方式 （高于下列温度）	R_m/MPa	R_{eL}/MPa	A（%）≥			压扁试验		
				11 号试样 12 号试样	4 号试样		H—平板间距 D—钢管外径		
		≥			纵向	横向			
奥氏体型（固溶处理）									
SUS303TKA	1010，快冷	520	205	35	30	22	$H=(2/3)D$		
SUS304LTKA	1010，快冷	480	175	35	30	22	$H=(1/3)D$		
SUS304TKA	1010，快冷	520	205	35	30	32	$H=(1/3)D$		
SUS316TKA	1010，快冷	520	205	35	30	22	$H=(1/3)D$		
SUS316LTKA	1010，快冷	480	175	35	30	22	$H=(1/3)D$		
SUS321TKA	920，快冷	520	205	35	30	22	$H=(1/3)D$		
SUS347TKA	980，快冷	520	205	35	30	22	$H=(1/3)D$		
SUS304TKC	轧制状态	520	205	35	30	22	$H=(2/3)D$		
SUS316TKC	轧制状态	520	205	35	30	22	$H=(2/3)D$		

（续）

钢 号	热处理温度（℃）及冷却方式（高于下列温度）	R_m/MPa ≥	R_{eL}/MPa ≥	A（%）≥ 11 号试样 12 号试样	A（%）≥ 4 号试样 纵向	A（%）≥ 4 号试样 横向	压扁试验 H—平板间距 D—钢管外径
奥氏体＋铁素体型（固溶处理）							
SUS821L1TKA	940，快冷	600	400	20	16	11	$H=(2/3)D$
SUS323LTKA	950，快冷	600	400	20	16	11	$H=(2/3)D$
SUS329J1TKA	950，快冷	590	390	18	14	10	$H=(3/4)D$
SUS329J3LTKA	950，快冷	620	450	18	14	10	$H=(3/4)D$
SUS329J4LTKA	950，快冷	620	450	18	14	10	$H=(3/4)D$
铁素体型							
SUS405TKA	退火后，700 空冷或慢冷	410	205	20	16	11	$H=(2/3)D$
SUS430TKA	退火后，700 空冷或慢冷	410	245	20	17	13	$H=(2/3)D$
SUS444TKA	退火后，700 空冷或慢冷	410	245	20	17	13	$H=(2/3)D$
SUS430TKC	轧制状态①	360	175	20	16	11	$H=(3/4)D$
SUS430LXTKC	轧制状态①	390	205	20	16	11	$H=(3/4)D$
SUS430J1LTKC	轧制状态①	410	245	20	16	11	$H=(3/4)D$
SUS436LTKC	轧制状态①	410	245	20	16	11	$H=(3/4)D$
SUS445J1TKC	轧制状态①	410	245	20	16	11	$H=(3/4)D$
马氏体型							
SUS410TKA	退火后，700，空冷或慢冷	410	205	20	17	13	$H=(3/4)D$
SUS410TKC	轧制状态②	410	205	20	17	13	$H=(3/4)D$
SUS420J1TKA	固溶处理后，1020，快冷	470	215	19	16	12	$H=(3/4)D$
SUS420J2TKA	固溶处理后，1000，快冷	540	225	18	15	11	$H=(3/4)D$

注：1. SUS304TKA、SUS316TKA、SUS321TKA、SUS347TKA、SUS430TKA，在必要时，需方可指定上限交货。此时，其上限制值应为表中规定值加 200MPa。

    2. 表中规定的断后伸长率，对外径 <10mm 及壁厚 <1mm 的钢管不适用，但仍需记录。

① 必要场合，也可固溶处理。

② 必要场合，也可退火。

3.7.11 管线用不锈钢管 ［JIS G3459（2017）］

（1）日本 JIS 标准管线用不锈钢管的钢号与化学成分（表 3-7-31）

表 3-7-31 管线用不锈钢管的钢号与化学成分（质量分数）（%）

钢 号	C	Si	Mn	P ≤	S ≤	Cr	Ni	Mo	其 他②
奥氏体型									
SUS304TP	≤0.08	≤1.00	≤2.00	0.045	0.030	18.00~20.00	8.00~11.00	—	—
SUS304HTP	0.04~0.10	≤0.75	≤2.00	0.040	0.030	18.00~20.00	8.00~11.00	—	—
SUS304LTP	≤0.030	≤1.00	≤2.00	0.045	0.030	18.00~20.00	9.00~13.00	—	—
SUS309TP	≤0.15	≤1.00	≤2.00	0.040	0.030	22.00~24.00	12.00~15.00	—	—
SUS309STP	≤0.08	≤1.00	≤2.00	0.045	0.030	22.00~24.00	12.00~15.00	—	—
SUS310TP	≤0.15	≤1.50	≤2.00	0.040	0.030	24.00~26.00	19.00~22.00	—	—

（续）

钢　号	C	Si	Mn	P ≤	S ≤	Cr	Ni	Mo	其　他[2]
奥氏体型									
SUS310STP	≤0.08	≤1.50	≤2.00	0.045	0.030	24.00 ~ 26.00	19.00 ~ 22.00	—	
SUS315J1TP	≤0.08	0.05 ~ 2.50	≤2.00	0.045	0.015	17.00 ~ 20.50	8.50 ~ 11.50	0.50 ~ 1.50	Cu 0.50 ~ 3.50
SUS315J2TP	≤0.08	2.50 ~ 4.00	≤2.00	0.045	0.030	17.00 ~ 20.50	11.00 ~ 14.00	0.50 ~ 1.50	Cu 0.50 ~ 3.50
SUS316TP	≤0.08	≤1.00	≤2.00	0.045	0.030	16.00 ~ 18.00	10.00 ~ 14.00	2.00 ~ 3.00	—
SUS316HTP	0.04 ~ 0.10	≤0.75	≤2.00	0.030	0.030	16.00 ~ 18.00	11.00 ~ 14.00	2.00 ~ 3.00	—
SUS316LTP	≤0.030	≤1.00	≤2.00	0.045	0.030	16.00 ~ 18.00	12.00 ~ 16.00	2.00 ~ 3.00	—
SUS316TiTP	≤0.08	≤1.00	≤2.00	0.045	0.030	16.00 ~ 18.00	10.00 ~ 14.00	2.00 ~ 3.00	Ti ≥ 5C
SUS317TP	≤0.08	≤1.00	≤2.00	0.045	0.030	18.00 ~ 20.00	11.00 ~ 15.00	3.00 ~ 4.00	—
SUS317LTP	≤0.030	≤1.00	≤2.00	0.045	0.030	18.00 ~ 20.00	11.00 ~ 15.00	3.00 ~ 4.00	—
SUS836LTP	≤0.030	≤1.00	≤2.00	0.045	0.030	19.00 ~ 24.00	24.00 ~ 26.00	5.00 ~ 7.00	N ≤ 0.25
SUS890LTP	≤0.020	≤1.00	≤2.00	0.045	0.030	19.00 ~ 23.00	23.00 ~ 28.00	4.00 ~ 5.00	Cu 1.00 ~ 2.00
SUS321TP	≤0.08	≤1.00	≤2.00	0.045	0.030	17.00 ~ 19.00	9.00 ~ 13.00		Ti ≥ 5C
SUS321HTP	0.04 ~ 0.10	≤0.75	≤2.00	0.030	0.030	17.00 ~ 20.00	9.00 ~ 13.00	—	Ti 4C ~ 0.60
SUS347TP	≤0.08	≤1.00	≤2.00	0.045	0.030	17.00 ~ 19.00	9.00 ~ 13.00	—	Nb ≥ 10C
SUS347HTP	0.04 ~ 0.10	≤1.00	≤2.00	0.030	0.030	17.00 ~ 20.00	9.00 ~ 13.00	—	Nb 8C ~ 1.00
SUS821L1TP	≤0.030	≤0.75	2.00 ~ 4.00	0.040	0.030	20.50 ~ 21.50	1.50 ~ 2.50	≤0.60	Cu 0.50 ~ 1.50 N 0.15 ~ 0.20
SUS323LTP	0.030	≤1.00	≤2.50	0.040	0.030	21.50 ~ 24.50	3.00 ~ 5.50	0.05 ~ 0.60	Cu 0.50 ~ 1.50 N 0.15 ~ 0.20
奥氏体-铁素体型									
SUS329J1TP[1]	≤0.08	≤1.00	≤1.50	0.040	0.030	23.00 ~ 28.00	3.00 ~ 6.00	1.00 ~ 3.00	—
SUS329J3LTP[2]	≤0.030	≤1.00	≤1.50	0.040	0.030	21.00 ~ 24.00	4.50 ~ 6.50	2.59 ~ 3.50	N 0.08 ~ 0.20
SUS329J4LTP[2]	≤0.030	≤1.00	≤1.50	0.040	0.030	24.00 ~ 26.00	5.50 ~ 7.50	2.50 ~ 3.50	N 0.08 ~ 0.20
SUS327L1TP[2]	≤0.030	≤0.80	≤1.20	0.035	0.020	24.00 ~ 26.00	6.00 ~ 8.00	3.00 ~ 5.00	Cu ≤ 0.50 N 0.24 ~ 0.52
铁素体型									
SUS405TP	≤0.08	≤1.00	≤1.00	0.040	0.030	11.50 ~ 14.50	≤0.60	—	Al 0.10 ~ 0.30
SUS409LTP	≤0.030	≤1.00	≤1.00	0.040	0.030	10.50 ~ 11.75	≤0.60	—	Ti 6C ~ 0.75
SUS430TP	≤0.12	≤0.75	≤1.00	0.040	0.030	16.00 ~ 18.00	≤0.60	—	—
SUS430LXTP	≤0.030	≤0.75	≤1.00	0.040	0.030	16.00 ~ 19.00	≤0.60	—	Ti 或 Nb 0.10 ~ 1.00
SUS430J1LTP[3]	≤0.025	≤1.00	≤1.00	0.040	0.030	16.00 ~ 20.00	≤0.60	—	N ≤ 0.025 Nb 8(C + N) ~ 0.80 Cu 0.30 ~ 0.80
SUS436LTP	≤0.025	≤1.00	≤1.00	0.040	0.030	16.00 ~ 19.00	≤0.60	0.75 ~ 1.25	N ≤ 0.025 Ti、Nb、Zr 或其组合 8(C + N) ~ 0.80
SUS444TP	≤0.025	≤1.00	≤1.00	0.040	0.030	17.00 ~ 20.00	≤0.60	1.75 ~ 2.50	N ≤ 0.025 Ti、Nb、Zr 或其组合 8(C + N) ~ 0.80

① 需要添加 Cn、W 或 N 或其他元素时，应指定含量值。

② 需要添加 Cu 和（或）W 时，应指定含量值。

③ 需要添加 V 时，应指含量值。

（2）日本 JIS 标准管线用不锈钢管的热处理与力学性能（表 3-7-32）

表 3-7-32 管线用不锈钢管的热处理与力学性能

钢 号	热处理温度/℃ 及冷却方式 （高于下列温度）	R_m/MPa	R_{eL}/MPa	A(%)≥（下列试样）			
				11，12 号	5 号	4 号	4 号
		≥		纵向	横向	纵向	横向
奥氏体型							
SUS304TP	1010，快冷	520	205	35	25	30	22
SUS304HTP	1040，快冷	520	205	35	25	30	22
SUS304LTP	1010，快冷	480	175	35	25	30	22
SUS309TP	1030，快冷	520	205	35	25	30	22
SUS309STP	1030，快冷	520	205	35	25	30	22
SUS310TP	1030，快冷	520	205	35	25	30	22
SUS310STP	1030，快冷	520	205	35	25	30	22
SUS315J1TP	1010，快冷	520	205	35	25	30	22
SUS315J2TP	1010，快冷	520	205	35	25	30	22
SUS316TP	1010，快冷	520	205	35	25	30	22
SUS316HTP	1040，快冷	520	205	35	25	30	22
SUS316LTP	1010，快冷	480	175	35	25	30	22
SUS316TiTP	920，快冷	520	205	35	25	30	22
SUS317TP	1010，快冷	520	205	35	25	30	22
SUS317LTP	1010，快冷	480	175	35	25	30	22
SUS836LTP	1030，快冷	520	205	35	25	30	22
SUS890LTP	1030，快冷	490	215	35	25	30	22
SUS321TP	920，快冷	520	205	35	25	30	22
SUS321HTP	冷精整 1095，快冷	520	205	35	25	30	22
	热精整 1050，快冷						
SUS347TP	980，快冷	520	205	35	25	30	22
SUS347HTP	冷精整 1095，快冷	520	205	35	25	30	22
	热精整 1050，快冷						
奥氏体-铁素体型							
SUS821L1TP	940，快冷	600	400	20	14	16	11
SUS323LTP	950，快冷	600	400	20	14		
SUS329J1TP	950，快冷	590	390	18	13	14	10
SUS329J3LTP	950，快冷	620	450	18	13	14	10
SUS329J4LTP	950，快冷	620	450	18	13	14	10
SUS327L1TP	1025，快冷	795		15	10	11	7
铁素体型							
SUS405TP	700，退火空冷或缓冷	410	205	20	14	16	11
SUS409LTP	700，退火空冷或缓冷	360	175	20	14	16	11
SUS430TP	700，退火空冷或缓冷	410	245	20	14	16	11
SUS430LXTP	700，退火空冷或缓冷	360	175	20	14	16	11
SUS430J1LTP	720，退火空冷或缓冷	390	205	20	14	16	11
SUS436LTP	720，退火空冷或缓冷	410	245	20	14	16	11
SUS444TP	700，退火空冷或缓冷	410	245	20	14	16	11

注：奥氏体型和奥氏体-铁素体型钢管进行固溶处理，铁素体型钢管进行退火。

3.7.12　管道用大口径不锈钢焊接管　[JIS G 3468 (2016)]

（1）日本 JIS 标准管道用大口径不锈钢焊接管的钢号与化学成分（表 3-7-33）

表 3-7-33　管道用大口径不锈钢焊接管的钢号与化学成分（质量分数）（%）

钢　号	C	Si	Mn	P ≤	S ≤	Cr	Ni	Mo	其　他①
奥氏体型									
SUS304TPY	≤0.08	≤1.00	≤2.00	0.045	0.030	18.00~20.00	8.00~10.50	—	—
SUS304LTPY	≤0.030	≤1.00	≤2.00	0.045	0.030	18.00~20.00	9.00~13.00	—	—
SUS309STPY	≤0.08	≤1.00	≤2.00	0.045	0.030	22.00~24.00	12.00~15.00	—	—
SUS310STPY	≤0.08	≤1.50	≤2.00	0.045	0.030	24.00~26.00	19.00~22.00	—	—
SUS315J1TPY	≤0.08	0.50~2.50	≤2.00	0.045	0.030	17.00~20.50	8.50~11.50	0.50~1.50	Cu 0.50~3.50
SUS315J2TPY	≤0.08	2.50~4.00	≤2.00	0.045	0.030	17.00~20.50	11.00~14.00	0.50~1.50	Cu 0.50~3.50
SUS316TPY	≤0.08	≤1.00	≤2.00	0.045	0.030	16.00~18.00	10.00~14.00	2.00~3.00	—
SUS316LTPY	≤0.030	≤1.00	≤2.00	0.045	0.030	16.00~18.00	12.00~15.00	2.00~3.00	—
SUS317TPY	≤0.08	≤1.00	≤2.00	0.045	0.030	18.00~20.00	11.00~15.00	3.00~4.00	—
SUS317LTPY	≤0.030	≤1.00	≤2.00	0.045	0.030	18.00~20.00	11.00~15.00	3.00~4.00	—
SUS321TPY	≤0.08	≤1.00	≤2.00	0.045	0.030	17.00~19.00	9.00~13.00	—	Ti≥5C
SUS347TPY	≤0.08	≤1.00	≤2.00	0.045	0.030	17.00~19.00	9.00~13.00	—	Nb≥10C
奥氏体-铁素体型									
SUS329J1TPY	≤0.08	≤1.00	≤1.50	0.040	0.030	23.00~28.00	3.00~6.00	1.00~3.00	—
SUS329J3LTPY	≤0.030	≤1.00	≤2.00	0.030	0.030	21.00~24.00	4.50~6.00	2.50~3.50	N 0.08~0.20
SUS329J4LTPY	≤0.030	≤1.00	≤1.50	0.040	0.030	24.00~26.00	5.50~7.50	2.50~3.50	N 0.08~0.30

① 根据需要，SUS304TPY、SUS321TPY 等可添加表中以外的合金元素。

（2）日本 JIS 标准管道用大口径不锈钢焊接管的热处理与力学性能（表 3-7-34）

表 3-7-34　管道用大口径不锈钢焊接管的热处理与力学性能

钢　号	热处理温度/℃ 及冷却方式① （高于以下温度）	R_m/MPa ≥	R_{eL}/MPa ≥	R_m'③/MPa ≥	A(%) ≥ 12 号试样 纵向②	A(%) ≥ 5 号试样 横向②
SUS304TPY	1010，快冷	520	205	520	35	25
SUS304LTPY	1010，快冷	480	175	480	35	25
SUS309STPY	1010，快冷	520	205	520	35	25
SUS310STPY	1030，快冷	520	205	520	35	25
SUS315J1TPY	1030，快冷	520	205	520	35	25
SUS31J2TPY	1010，快冷	520	205	520	35	25
SUS316TPY	1010，快冷	520	205	520	35	25
SUS316LTPY	1010，快冷	480	175	480	35	25
SUS317TPY	1010，快冷	520	205	520	35	25
SUS317LTPY	1010，快冷	480	175	480	35	25
SUS321TPY	920，快冷	520	205	520	35	25
SUS347TPY	980，快冷	520	205	520	35	25
SUS329J1TPY	950，快冷	590	390	590	35	25
SUS329J3LTPY	950，快冷	620	450	620	18	13
SUS329J4LTPY	950，快冷	620	450	620	18	13

① 奥氏体型和奥氏体-铁素体型钢管进行固溶处理。

② 纵向—管轴方向，横向—管轴直角方向。

③ R_m'—焊接区抗拉强度。

3.7.13 锅炉和热交换器用不锈钢管 [JIS G3463 (2012)]

(1) 日本 JIS 标准锅炉和热交换器用不锈钢管的钢号与化学成分（表 3-7-35）

表 3-7-35 锅炉和热交换器用不锈钢管的钢号与化学成分（质量分数）（%）

钢　号	C	Si	Mn	P ≤	S ≤	Cr	Ni	Mo	其　他
奥氏体型									
SUS304TB	≤0.08	≤1.00	≤2.00	0.040	0.030	18.00~20.00	8.00~11.00	—	—
SUS304HTB	0.04~0.10	≤0.75	≤2.00	0.040	0.030	18.00~20.00	8.00~11.00	—	—
SUS304LTB	≤0.030	≤1.00	≤2.00	0.040	0.030	18.00~20.00	9.00~13.00	—	—
SUS309TB	≤0.15	≤1.00	≤2.00	0.040	0.030	22.00~24.00	12.00~15.00	—	—
SUS309STB	≤0.08	≤1.00	≤2.00	0.040	0.030	22.00~24.00	12.00~15.00	—	—
SUS310TB	≤0.15	≤1.50	≤2.00	0.040	0.030	24.00~26.00	19.00~22.00	—	—
SUS310STB	≤0.08	≤1.50	≤2.00	0.040	0.030	24.00~26.00	19.00~22.00	—	—
SUS312LTB	≤0.020	≤0.80	≤1.00	0.030	0.015	19.00~21.00	17.50~19.50	6.00~7.00	Cu 0.50~1.00 N 0.16~0.25
SUS315J1TB	≤0.08	0.50~2.50	≤2.00	0.045	0.030	17.00~20.50	8.50~11.50	0.50~1.50	Cu 0.50~3.50
SUS315J2TB	≤0.08	2.50~4.00	≤2.00	0.045	0.030	17.00~20.50	11.00~14.00	0.50~1.50	Cu 0.50~3.50
SUS316TB	≤0.08	≤1.00	≤2.00	0.040	0.030	16.00~18.00	10.00~14.00	2.00~3.00	—
SUS316HTB	0.04~0.10	≤0.75	≤2.00	0.030	0.030	16.00~18.00	11.00~14.00	2.00~3.00	—
SUS316LTB	≤0.030	≤1.00	≤2.00	0.040	0.030	16.00~18.00	12.00~16.00	2.00~3.00	—
SUS316TiTB	≤0.08	≤1.00	≤2.00	0.040	0.030	16.00~18.00	10.00~14.00	2.00~3.00	Ti≥5C
SUS317TB	≤0.08	≤1.00	≤2.00	0.040	0.030	18.00~20.00	11.00~15.00	3.00~4.00	—
SUS317LTB	≤0.030	≤1.00	≤2.00	0.040	0.030	18.00~20.00	11.00~15.00	3.00~4.00	—
SUS321TB	≤0.08	≤1.00	≤2.00	0.040	0.030	17.00~19.00	9.00~13.00	—	Ti≥5C
SUS321HTB	0.04~0.10	≤0.75	≤2.00	0.030	0.030	17.00~20.00	9.00~13.00	—	Ti 4C~0.60
SUS347TB	≤0.08	≤1.00	≤2.00	0.040	0.030	17.00~19.00	9.00~13.00	—	Nb≥10C
SUS347HTB	0.04~0.10	≤1.00	≤2.00	0.040	0.030	17.00~20.00	9.00~13.00	—	Nb 8C~1.00
SUS836LTB	≤0.030	≤1.00	≤2.00	0.040	0.030	19.00~24.00	24.00~26.00	5.00~7.00	N≤0.25
SUS890LTB	≤0.020	≤1.00	≤2.00	0.040	0.030	19.00~23.00	23.00~28.00	4.00~5.00	Cu 1.00~2.00
SUSXM15J1TB	≤0.08	3.00~5.00	≤2.00	0.045	0.030	15.00~20.00	11.50~15.00	—	—
奥氏体-铁素体型									
SUS329J1TB	≤0.08	≤1.00	≤1.50	0.040	0.030	23.00~28.00	3.00~6.00	1.00~3.00	—
SUS329J3LTB	≤0.030	≤1.00	≤1.50	0.040	0.030	21.00~24.00	4.50~6.50	2.50~3.50	N 0.08~0.20
SUS329J4LTB	≤0.030	≤1.00	≤1.50	0.040	0.030	24.00~26.00	5.50~7.50	2.50~3.50	N 0.08~0.30

（续）

钢 号	C	Si	Mn	P ≤	S ≤	Cr	Ni	Mo	其 他
						马氏体型			
SUS405TB	≤0.08	≤1.00	≤1.00	0.040	0.030	11.50 ~ 14.50	≤0.60	—	Al 0.10 ~ 0.30
SUS409TB	≤0.08	≤1.00	≤1.00	0.040	0.030	10.50 ~ 11.75	≤0.60	—	Ti 6C ~ 0.75
SUS409LTB	≤0.030	≤1.00	≤1.00	0.040	0.030	10.50 ~ 11.75	≤0.60	—	Ti 6C ~ 0.75
SUS410TB	≤0.15	≤1.00	≤1.00	0.040	0.030	11.50 ~ 13.50	≤0.60	—	—
SUS410TiTB	≤0.08	≤1.00	≤1.00	0.040	0.030	11.50 ~ 13.50	≤0.60	—	Ti 6C ~ 0.75
SUS430TB	≤0.12	≤0.75	≤1.00	0.040	0.030	16.00 ~ 18.00	≤0.60	—	—
SUS430LXTB	≤0.030	≤0.75	≤1.00	0.040	0.030	16.00 ~ 19.00	≤0.60	—	Ti 或 Nb 0.10 ~ 1.00
SUS430J1LTB	≤0.025	≤1.00	≤1.00	0.040	0.030	16.00 ~ 20.00	≤0.60	—	N≤0.025 Ti、Nb、Zr 或其组合 8(C + N) ~ 0.80
SUS436LTB	≤0.025	≤1.00	≤1.00	0.040	0.030	16.00 ~ 19.00	≤0.60	0.75 ~ 1.50	N≤0.025 Ti、Nb、Zr 或其组合 8(C + N) ~ 0.80
SUS444TB	≤0.025	≤1.00	≤1.00	0.040	0.030	17.00 ~ 20.00	≤0.60	1.75 ~ 2.50	N≤0.025 Ti、Nb、Zr 或其组合 8(C + N) ~ 0.80
SUSXM8TB	≤0.08	≤1.00	≤1.00	0.040	0.030	17.00 ~ 19.00	≤0.60	—	Ti 12C ~ 1.10
SUSXM27TB	≤0.010	≤0.40	≤0.40	0.030	0.020	25.00 ~ 27.50	≤0.50	0.75 ~ 1.50	N≤0.015 Cu≤0.20 Cu + Ni≤0.50

（2）日本 JIS 标准锅炉和热交换器用不锈钢管的热处理与力学性能（表 3-7-36 和表 3-7-37）

表 3-7-36   锅炉和热交换器用不锈钢管的热处理与力学性能（一）

钢 号	热处理制度[①]（固溶处理）		R_m/MPa	R_{eL}/MPa	A（%）≥ 外径/mm		
	温度/℃	冷却	≥		< 10	≥10 ~ <20	≥20
			奥氏体型				
SUS304TB	1010	快冷	520	205	27	30	35
SUS304HTB	1040	快冷	520	205	27	30	35
SUS304LTB	1010	快冷	480	175	27	30	35
SUS309TB	1030	快冷	520	205	27	30	35
SUS309STB	1030	快冷	520	205	27	30	35
SUS310TB	1030	快冷	520	205	27	30	35
SUS310STB	1030	快冷	520	205	27	30	35
SUS312LTB	1030	快冷	650	300	27	30	35
SUS316TB	1010	快冷	520	205	27	30	35
SUS316HTB	1040	快冷	520	205	27	30	35
SUS316LTB	1010	快冷	480	175	27	30	35
SUS316TiTB	920	快冷	520	205	27	30	35

（续）

钢 号	热处理制度①（固溶处理）		R_m/MPa	R_{eL}/MPa	A（%）≥ 外径/mm		
	温度/℃	冷却	≥	≥	＜10	≥10～＜20	≥20
奥氏体型							
SUS317TB	1010	快冷	520	205	27	30	35
SUS317LTB	1010	快冷	480	175	27	30	35
SUS321TB	920	快冷	520	205	27	30	35
SUS321HTB	冷精整 1095	快冷	520	205	27	30	35
SUS347TB	980	快冷	520	205	27	30	35
SUS347HTB	冷精整 1095	快冷	520	205	27	30	35
SUS836LTB	1030	快冷	520	205	27	30	35
SUS890LTB	1030	快冷	490	215	27	30	35
SUSXM15J1TB	1010	快冷	520	205	27	30	35
奥氏体-铁素体型							
SUS329J1TB	950	快冷	590	390	10	13	18
SUS329J3LTB	950	快冷	620	450	10	13	18
SUS329J4LTB	950	快冷	620	450	10	13	18

① 加热温度应高于表中所列温度。

表 3-7-37　锅炉和热交换器用不锈钢管的热处理与力学性能（二）

钢 号	热处理制度①（退火）		R_m/MPa	R_{eL}/MPa	A（%）≥ 外径/mm		
	温度/℃	冷却	≥		＜10	≥10～＜20	≥20
马氏体型							
SUS405TB	700	空冷或缓冷	410	205	12	15	20
SUS409TB	700	空冷或缓冷	410	205	12	15	20
SUS409LTB	700	空冷或缓冷	360	175	12	15	20
SUS410TB	700	空冷或缓冷	410	205	12	15	20
SUS410TiTB	700	空冷或缓冷	410	205	12	15	20
SUS430TB	700	空冷或缓冷	410	245	12	15	20
SUS430LXTB	700	空冷或缓冷	360	175	12	15	20
SUS430J1LTB	720	空冷或缓冷	390	205	12	15	20
SUS436LTB	720	空冷或缓冷	410	245	12	15	20
SUS444TB	700	空冷或缓冷	410	245	12	15	20
SUSXM8TB	700	空冷或缓冷	410	205	12	15	20
SUSXM27TB	700	空冷或缓冷	410	245	12	15	20

① 加热温度应高于表中所列温度。

3.7.14　管道和热交换器用耐热合金与耐蚀合金无缝管 ［JIS G 4903，G 4904（2017）］

（1）日本 JIS 标准管道和热交换器用耐热合金与耐蚀合金无缝管的牌号与化学成分（表3-7-38）

表 3-7-38　管道和热交换器用耐热合金与耐蚀合金无缝管的牌号与化学成分（质量分数）（%）

牌 号	C	Si	Mn	P ≤	S	Cr	Ni①	Cu	Ti	Fe	其 他
管道用无缝管 ［JIS G 4903（2017）］											
NCF600TP	≤0.15	≤0.50	≤1.00	0.030	0.015	14.0～17.0	≥72	≤0.50	—	6.00～10.00	—
NCF625TP	≤0.10	≤0.50	≤0.50	0.015	0.015	20.0～23.0	≥58	—	≤0.40	≤5.00	Mo 8.00～10.0 （Nb＋Ta）3.15～4.15 Al≤0.40

（续）

牌　号	C	Si	Mn	P ≤	S ≤	Cr	Ni[①]	Cu	Ti	Fe	其　他
管道用无缝管 ［JIS G 4903 （2017）］											
NCF690TP	≤0.05	≤0.50	≤0.50	0.030	0.015	27.0～31.0	≥58	≤0.50	—	7.00～11.0	—
NCF800TP	≤0.10	≤1.00	≤1.50	0.030	0.015	19.0～23.0	30.0～35.0	≤0.75	0.15～0.60	余量	Al 0.15～0.60
NCF800HTP	0.05～0.10	≤1.00	≤1.50	0.030	0.015	19.0～23.0	30.0～35.0	≤0.75	0.15～0.60	余量	Al 0.15～0.60
NCF825TP	≤0.05	≤0.50	≤1.00	0.030	0.015	19.5～23.0	38.0～46.0	1.50～3.50	0.60～1.20	余量	Mo 2.50～3.50 Al≤0.20
热交换器用无缝管 ［JIS G 4904 （2017）］											
NCF600TB	≤0.15	≤0.50	≤1.00	0.030	0.015	14.0～17.0	≥72	≤0.50	—	6.00～10.0	—
NCF625TB	≤0.10	≤0.50	≤0.50	0.015	0.015	20.0～23.0	≥58	—	≤0.40	≤5.00	Mo 8.00～10.0 （Nb＋Ta）3.15～4.15 Al≤0.40
NCF690TB	≤0.05	≤0.50	≤0.50	0.030	0.015	27.0～31.0	≥58	≤0.50	—	7.00～11.0	—
NCF800TB	≤0.10	≤1.00	≤1.50	0.030	0.015	19.0～23.0	30.0～35.0	≤0.75	0.15～0.60	余量	Al 0.15～0.60
NCF800HTB	0.05～0.10	≤1.00	≤1.50	0.030	0.015	19.0～23.0	30.0～35.0	≤0.75	0.15～0.60	余量	Al 0.15～0.60
NCF825TB	≤0.05	≤0.50	≤1.00	0.030	0.015	19.5～23.0	38.0～46.0	1.50～3.50	0.60～1.20	余量	Mo 2.50～3.50 Al≤0.20

① 包括 （Ni＋Co） 的含量。

（2） 日本管道和热交换器用耐热合金与耐蚀合金无缝管的力学性能

A） 管道用耐热合金、耐蚀合金无缝管的热处理制度与力学性能（表 3-7-39 和表 3-7-40）

表 3-7-39　管道用耐热合金、耐蚀合金无缝管的热处理制度与力学性能

牌　号	加工状态	钢管外径 /mm	R_m/MPa	R_{eL}/MPa	$A(\%) \geqslant$ 试样号	
			≥		11、12 号	4 号
NCF600TP	热精整后退火	≤127	550	205	35	30
		＞127	520	175		
	冷精整后退火	≤127	550	245	30	25
		＞127	550	205		
NCF625TP	冷精整后退火	—	820	410	30	25
	冷精整后固溶处理	—	690	275	30	25
NCF690TP	热精整后退火	≤127	590	410	30	25
		＞127	520	275		
	冷精整后退火	≤127	590	245	30	25
		＞127	590	205		

（续）

牌　号	加工状态	钢管外径/mm	R_m/MPa	R_{eL}/MPa	A（%）≥	
					试样号	
			≥		11、12 号	4 号
NCF800TP	热精整后退火	—	450	175	30	25
	冷精整后退火		520	205	30	25
NCF800HTP	热精整 + 冷精整后固溶处理		450	175	30	125
NCF825TP	热精整后退火	—	520	175	30	25
	冷精整后退火		580	235	30	25

表 3-7-40　管道用耐热合金、耐蚀合金无缝管的热处理制度

牌　号	工艺分类	热处理温度/℃	冷却条件
NCF600TP	热精整后退火	900	快冷
	冷精整后退火	900	快冷
NCF625TP	冷精整后退火	870	快冷
	冷精整后固溶处理	1090	快冷
NCF690TP	热精整后退火	900	快冷
	冷精整后退火	900	快冷
NCF800TP	热精整后退火	950	快冷
	冷精整后退火	950	快冷
NCF800HTP	热精整 + 冷精整后固溶处理	1100	快冷
NCF825TP	热精整后退火	930	快冷
	冷精整后退火	930	快冷

B）热交换器用耐热合金与耐蚀合金无缝管的热处理制度与力学性能（表 3-7-41 和表 3-7-42 ）

表 3-7-41　热交换器用耐热合金与耐蚀合金无缝管的热处理制度与力学性能

牌　号	热处理状态	R_m/MPa	R_{eL}/MPa	A（%）≥	
				试样号	
		≥		11、12 号	4 号
NCF600TB	退火	550	245	30	25
NCF625TB	退火	820	410	30	25
	固溶处理	690	275	30	25
NCF690TB	退火	590	245	30	25
NCF800TB	退火	520	205	30	25
NCF800HTB	固溶处理	450	175	30	25
NCF825TB	退火	580	235	30	25

表 3-7-42　热交换器用耐热合金与耐蚀合金无缝管的热处理制度

牌　号	工艺分类	热处理温度/℃	冷却条件
NCF600TB	退火	≥900	快冷
NCF625TB	退火	≥870	快冷
	固溶处理	≥870	快冷
NCF690TB	退火	≥1090	快冷
NCF800TB	退火	≥900	快冷
NCF800HTB	固溶处理	≥950	快冷
NCF825TB	退火	≥930	快冷

3.7.15   不锈钢钢丝 ［JISG4309（2013）］

（1）日本 JIS 标准不锈钢钢丝的钢号与化学成分（表 3-7-43）

表 3-7-43   不锈钢钢丝的钢号与化学成分（质量分数）（%）

钢 号	C	Si	Mn	P ≤	S① ≤	Cr	Ni②	Mo②	其 他
奥氏体型									
SUS201	≤0.15	≤1.00	5.50~7.50	0.060	0.030	16.00~18.00	3.50~5.50	—	N≤0.25
SUS303	≤0.15	≤1.00	≤2.00	0.20	≥0.15	17.00~19.00	8.00~10.00	(≤0.60)	—
SUS303Se	≤0.15	≤1.00	≤2.00	0.20	0.060	17.00~19.00	8.00~10.00	—	Se≥0.15
SUS303Cu	≤0.15	≤1.00	≤3.00	0.20	≥0.15	17.00~19.00	8.00~10.00	(≤0.60)	Cu 1.50~3.50
SUS304	≤0.08	≤1.00	≤2.00	0.045	0.030	18.00~20.00	8.00~10.50	—	—
SUS304L	≤0.030	≤1.00	≤2.00	0.045	0.030	18.00~20.00	9.00~13.00	—	—
SUS304N1	≤0.08	≤1.00	≤2.50	0.045	0.030	18.00~20.00	7.00~10.50	—	N 0.10~0.25
SUS304J3	≤0.08	≤1.00	≤2.00	0.045	0.030	17.00~19.00	8.00~10.00	—	Cu 1.00~3.00
SUS305	≤0.12	≤1.00	≤2.00	0.045	0.030	17.00~19.00	10.50~13.00	—	—
SUS305J1	≤0.08	≤1.00	≤2.00	0.045	0.030	16.50~19.00	11.00~13.50	—	—
SUS309S	≤0.08	≤1.00	≤2.00	0.045	0.030	22.00~24.00	12.00~15.00	—	—
SUS310S	≤0.08	≤1.50	≤2.00	0.045	0.030	24.00~26.00	19.00~22.00	—	—
SUS316	≤0.08	≤1.00	≤2.00	0.045	0.030	16.00~18.00	10.00~14.00	2.00~3.00	—
SUS316L	≤0.030	≤1.00	≤2.00	0.045	0.030	16.00~18.00	12.00~15.00	2.00~3.00	—
SUS316F	≤0.08	≤1.00	≤2.00	0.045	≥0.10	16.00~18.00	10.00~14.00	2.00~3.00	—
SUS317	≤0.08	≤1.00	≤2.00	0.045	0.030	18.00~20.00	11.00~15.00	3.00~4.00	—
SUS317L	≤0.030	≤1.00	≤2.00	0.045	0.030	18.00~20.00	11.00~15.00	3.00~4.00	—
SUS321	≤0.08	≤1.00	≤2.00	0.045	0.030	17.00~19.00	9.00~13.00	—	Ti≥5C
SUS347	≤0.08	≤1.00	≤2.00	0.045	0.030	17.00~19.00	9.00~13.00	—	Nb≥10C
SUSXM7	≤0.08	≤1.00	≤2.00	0.045	0.030	17.00~19.00	8.50~10.50	—	Cu 3.00~4.00
SUSXM15J1	≤0.08	3.00~5.00	≤2.00	0.045	0.030	15.00~20.00	11.50~15.00	—	—
SUH330	≤0.15	≤1.50	≤2.00	0.040	≥0.15	14.00~17.00	33.00~37.00	—	—
铁素体型									
SUS405	≤0.08	≤1.00	≤1.00	0.040	0.030	11.50~14.50	—	—	Al 0.10~0.30
SUS430	≤0.12	≤0.75	≤1.00	0.040	0.030	16.00~18.00	—	—	—
SUS430F	≤0.12	≤1.00	≤1.25	0.060	≥0.15	16.00~18.00	—	(≤0.60)	—
SUS446	≤0.20	≤1.00	≤1.50	0.040	0.030	23.00~27.00	—	—	N≤0.25
马氏体型									
SUS403	≤0.15	≤0.50	≤1.00	0.040	0.030	11.50~13.00	(≤0.60)	—	—
SUS410	≤0.15	≤1.00	≤1.00	0.040	0.030	11.50~13.50	(≤0.60)	—	—
SUS410F2	≤0.15	≤1.00	≤1.00	0.040	0.030	11.50~13.50	(≤0.60)	—	Pb 0.05~0.30
SUS416	≤0.15	≤1.00	≤1.25	0.060	≥0.15	12.00~14.00	(≤0.60)	(≤0.60)	—
SUS420J1	0.16~0.25	≤1.00	≤1.00	0.040	0.030	12.00~14.00	(≤0.60)	—	—
SUS420J2	0.26~0.40	≤1.00	≤1.00	0.040	0.030	12.00~14.00	(≤0.60)	—	—
SUS420F	0.26~0.40	≤1.00	≤1.25	0.060	≥0.15	12.00~14.00	(≤0.60)	(≤0.60)	—
SUS420F2	0.26~0.40	≤1.00	≤1.00	0.040	0.030	12.00~14.00	(≤0.60)	—	Pb 0.05~0.30
SUS440C	0.95~1.20	≤1.00	≤1.00	0.040	0.030	16.00~18.00	(≤0.60)	(≤0.60)	—

① 标明≥的受≤限制。

② 括号内数字为允许添加的元素含量。

（2）日本 JIS 标准不锈钢钢丝的力学性能

A）不锈钢 1 号软态钢丝的抗拉强度 R_m 和断后伸长率 A（表 3-7-44）

表 3-7-44　不锈钢 1 号软态钢丝的抗拉强度 R_m 和断后 A 伸长率

钢丝牌号	钢丝直径 /mm	R_m/MPa	$A(\%) \geqslant$
SUS201-W1 SUS304N-W1 SUH330-W1	>0.05 至 ≤0.16	730～980	20
	>0.16 至 ≤0.50	680～930	20
	>0.50 至 ≤1.60	650～900	30
	>1.60 至 ≤5.00	630～880	30
	>5.00 至 ≤14.0	550～800	20
SUS303-W1　SUS303Se-W1 SUS303Cu-W1　SUS304-W1 SUS304L-W1　SUS309S-W1 SUS310S-W1　SUS316-W1 SUS316L-W1　SUS316F-W1 SUS317-W1　SUS317L-W1 SUS321-W1　SUS347-W1 SXM15J1-W1	>0.05 至 ≤0.16	650～900	20
	>0.16 至 ≤0.50	610～860	20
	>0.50 至 ≤1.60	570～820	30
	>1.60 至 ≤5.00	520～770	30
	>5.00 至 ≤14.0	500～750	20
SUS304J3-W1 SUS305-W1 SUS305J1-W1 SXM7-W1	>0.05 至 ≤0.16	620～870	20
	>0.16 至 ≤0.50	580～830	20
	>0.50 至 ≤1.60	540～790	30
	>1.60 至 ≤5.00	500～750	30
	>5.00 至 ≤14.0	490～740	30
SUS304-W1 SUS304L-W1	>0.020 至 ≤0.050	880～1130	10
SUS316-W1 SUS316L-W1	>0.020 至 ≤0.050	650～900	10

注：牌号后缀代号 W1 表示 1 号软态钢丝。

B）不锈钢 2 号软态钢丝的抗拉强度（表 3-7-45）

表 3-7-45　不锈钢 2 号软态钢丝的抗拉强度

钢丝牌号	钢丝直径/mm	R_m/MPa
SUS302-W2　SUS303-W2 SUS303Se-W2　SUS303Cu-W2 SUS304-W2　SUS304L-W2 SUS304N1-W2　SUS304J3-W2 SUS305-W2　SUS305J1-W2	>0.80 至 ≤1.60	780～1130
SUS309S-W2　SUS310S-W2 SUS316-W2　SUS316L-W2 SUS316F-W2　SUS317-W2	>1.60 至 ≤5.00	740～1080
SUS317L-W2　SUS321-W2 SUS347-W2　SXM7-W2 SXM15J1-W2	>5.00 至 ≤14.0	740～1080
SUS403-W2　SUS405-W2	>0.80 至 ≤5.00	540～780
SUS410-W2　SUS430-W2	>5.00 至 ≤14.0	490～740

（续）

钢丝牌号	钢丝直径/mm	R_m/MPa
SUS410F2-W2　SUS416-W2 SUS420J1-W2　SUS420J2-W2	>0.80 至 ≤5.00	640~930
SUS420F-W2　SUS420F2-W2	>1.60 至 ≤5.00	590~880
SUS403F-W2　SUS404C-W2 SUS446-W2	>5.00 至 ≤14.0	590~830

注：牌号后缀代号 W2 表示 2 号软态钢丝。

C）不锈钢 $\frac{1}{2}$H 硬态钢丝的抗拉强度（表3-7-46）

表3-7-46　不锈钢 $\frac{1}{2}$H 硬态钢丝的抗拉强度

钢丝牌号	钢丝直径/mm	R_m/MPa
SUS201-W $\frac{1}{2}$H	>0.80 至 ≤1.60	1130~1470
SUS304-W $\frac{1}{2}$H SUS304N1-W $\frac{1}{2}$H	>1.60 至 ≤5.00	1080~1420
SUS316-W $\frac{1}{2}$H	>5.00 至 ≤6.0	1030~1320

注：牌号后缀代号 W $\frac{1}{2}$H 表示 $\frac{1}{2}$ 硬质钢丝。

3.7.16　冷镦和冷顶锻用不锈钢钢丝 ［JISG4315（2013）］

（1）日本 JIS 标准冷镦和冷顶锻用不锈钢钢丝的钢号与化学成分（表3-7-47）

表3-7-47　冷镦和冷顶锻用不锈钢钢丝的钢号与化学成分（质量分数）（%）

钢丝牌号及代号	C	Si	Mn	P ≤	S ≤	Cr	Ni[③]	其他
奥氏体型[①]								
SUS304-WSA/WSB	≤0.08	≤1.00	≤2.00	0.045	0.030	18.00~20.00	8.00~10.50	—
SUS304L-WSA/WSB	≤0.030	≤1.00	≤2.00	0.045	0.030	18.00~20.00	9.00~13.00	—
SUS304J3-WSA/WSB	≤0.08	≤1.00	≤2.00	0.045	0.030	17.00~19.00	8.00~10.50	Cu 1.00~3.00
SUS305-WSA/WSB	≤0.12	≤1.00	≤2.00	0.045	0.030	17.00~19.00	10.50~13.00	—
SUS305J1-WSA/WSB	≤0.08	≤1.00	≤2.00	0.045	0.030	16.50~19.00	11.00~13.50	—
SUS316-WSA/WSB	≤0.08	≤1.00	≤2.00	0.045	0.030	16.00~18.00	10.00~14.00	Mo 2.00~3.00
SUS316L-WSA/WSB	≤0.030	≤1.00	≤2.00	0.045	0.030	16.00~18.00	12.00~15.00	Mo 2.00~3.00
SUS384-WSA/WSB	≤0.08	≤1.00	≤2.00	0.045	0.030	15.00~17.00	17.00~19.00	—
SUSXM7-WSA/WSB	≤0.08	≤1.00	≤2.00	0.045	0.030	17.00~19.00	8.50~10.50	Cu 3.00~4.00
SUH660-WSA/WSB	≤0.08	≤1.00	≤2.00	0.040	0.030	13.50~16.00	24.00~27.00	Mo 1.00~1.50 Ti 1.90~2.35 V 0.10~0.50[④]
铁素体型[②]								
SUS430-WSB	≤0.12	≤0.75	≤1.00	0.040	0.030	16.00~18.00	—	—
SUS434-WSB	≤0.12	≤1.00	≤1.00	0.040	0.030	16.00~18.00	—	Mo 0.75~1.25

（续）

钢丝牌号及代号	C	Si	Mn	P ≤	S ≤	Cr	Ni③	其　他
马氏体型②								
SUS403-WSB	≤0.15	≤0.50	≤1.00	0.040	0.030	11.50~13.00	（≤0.60）	—
SUS410-WSB	≤0.15	≤1.00	≤1.00	0.040	0.030	11.50~13.50	（≤0.60）	—

① 奥氏体型钢丝牌号分为 WSA、WSB 两组，WSA 适用于直径 >0.80mm 至 ≤5.50mm 的钢丝，WSB 适用于直径 >0.80mm 至 ≤17.0mm 的钢丝。

② 铁素体型和马氏体型钢丝牌号仅有 WSB，适用于直径 >0.80mm 至 ≤17.0mm 的钢丝。

③ 括号内的数字为允许添加的含量。

④ SUH660 还含有：Al≤0.35%，B 0.0001%~0.010%。

（2）日本 JIS 标准冷镦和冷锻不锈钢钢丝的力学性能（表3-7-48）

表 3-7-48　冷镦和冷锻不锈钢钢丝的力学性能

钢丝牌号及代号	钢丝直径/mm	R_m/MPa	Z(%)≥	A(%)≥
SUS304-SWA	>0.80 至 ≤2.00	560~710	70	30
SUS304L-SWA SUS304J3-SWA	>2.00 至 ≤5.50	510~660	70	40
SUS305-SWA	>0.80 至 ≤2.00	530~680	70	30
SUS305J1-SWA	>2.00 至 ≤5.50	490~640	70	40
SUS316-SWA	>0.80 至 ≤2.00	560~710	70	20
SUS316L-SWA	>2.00 至 ≤5.50	510~660	70	30
SUS384-SWA	>0.80 至 ≤2.00	490~640	70	30
	>2.00 至 ≤5.50	450~600	70	40
SUSXM7-SWA	>0.80 至 ≤2.00	480~630	70	30
	>2.00 至 ≤5.50	440~590	70	40
SUS660-SWA	>0.80 至 ≤2.00	630~780	65	10
	>2.00 至 ≤5.50	580~730	65	15
SUS304-SWB	>0.80 至 ≤2.00	580~760	65	20
SUS304L-SWB SUS304J3-SWB	>2.00 至 ≤17.0	530~710	65	25
SUS305-SWB	>0.80 至 ≤2.00	560~740	65	20
SUS305J1-SWB	>2.00 至 ≤17.0	510~690	65	25
SUS316-SWB	>0.80 至 ≤2.00	580~760	65	10
SUS316L-SWB	>2.00 至 ≤17.0	530~710	65	20
SUS384-SWB	>0.80 至 ≤2.00	510~690	65	20
	>2.00 至 ≤17.0	460~640	65	25
SUSXM7-SWB	>0.80 至 ≤2.00	500~680	65	20
	>2.00 至 ≤17.0	450~630	65	25
SUH660-SWB	>0.80 至 ≤2.00	650~830	60	8
	>2.00 至 ≤17.0	600~780	60	10
SUS430-SWB	>0.80 至 ≤2.00	500~700	65	—
	>2.00 至 ≤17.0	450~600	65	10
SUS403-SWB	>0.80 至 ≤2.00	540~740	65	—
SUS410-SWB SUS434-SWB	>2.00 至 ≤17.0	460~640	65	10

注：奥氏体和铁素体型 SWB 组钢丝，经供需双方协定其抗拉强度上下值和断后伸长率都可作适当调整。

3.8　韩　　国

A. 通用钢材和合金

3.8.1　不锈钢

（1）韩国 KS 标准不锈钢棒材的钢号与化学成分［KS D3706（2008/2015 确认）］（表3-8-1）

表 3-8-1　不锈钢棒材的钢号与化学成分（质量分数）（%）

钢　号	C	Si	Mn	P≤	S≤	Cr	Ni[①]	Mo[①]	N	其　他
					奥氏体型					
STS201	≤0.15	≤1.00	5.50~7.50	0.060	0.030	16.0~18.0	3.50~5.50	—	≤0.25	—
STS202	≤0.15	≤1.00	7.50~10.0	0.060	0.030	17.0~19.0	4.00~6.00	—	≤0.25	—
STS301	≤0.15	≤1.00	≤2.00	0.045	0.030	16.0~18.0	6.00~8.00	—	—	—
STS302	≤0.15	≤1.00	≤2.00	0.045	0.030	17.0~19.0	8.00~10.0	—	—	—
STS303	≤0.15	≤1.00	≤2.00	0.200	≥0.15	17.0~19.0	8.00~10.0	(≤0.60)	—	—
STS303 Cu	≤0.15	≤1.00	≤3.00	0.200	≥0.15	17.0~19.0	8.00~10.0	(≤0.60)	—	Cu 1.50~3.50
STS303 Se	≤0.15	≤1.00	≤2.00	0.200	0.060	17.0~19.0	8.00~10.0	—	—	Se≥0.15
STS304	≤0.08	≤1.00	≤2.00	0.045	0.030	18.0~20.0	8.00~10.5	—	—	—
STS304 L	≤0.030	≤1.00	≤2.00	0.045	0.030	18.0~20.0	9.00~13.0	—	—	—
STS304 N1	≤0.08	≤1.00	≤2.50	0.045	0.030	18.0~20.0	7.00~10.5	—	0.10~0.25	—
STS304 N2	≤0.08	≤1.00	≤2.50	0.045	0.030	18.0~20.0	7.50~10.5	—	0.15~0.30	Nb≤0.15
STS304 LN	≤0.030	≤1.00	≤2.00	0.045	0.030	17.0~19.0	8.50~11.5	—	0.12~0.22	—
STS304 J3	≤0.08	≤1.00	≤2.00	0.045	0.030	17.0~19.0	8.00~10.5	—	—	Cu 1.00~3.00
STS305	≤0.12	≤1.00	≤2.00	0.045	0.030	17.0~19.0	10.5~13.0	—	—	—
STS309 S	≤0.08	≤1.00	≤2.00	0.045	0.030	22.0~24.0	12.0~15.0	—	—	—
STS310 S	≤0.08	≤1.50	≤2.00	0.045	0.030	24.0~26.0	19.0~22.0	—	—	—
STS316	≤0.08	≤1.00	≤2.00	0.045	0.030	16.0~18.0	10.0~14.0	2.00~3.00	—	—
STS316 F	≤0.08	≤1.00	≤2.00	0.045	0.100	16.0~18.0	10.0~14.0	2.00~3.00	—	—
STS316 L	≤0.030	≤1.00	≤2.00	0.045	0.030	16.0~18.0	12.0~15.0	2.00~3.00	—	—
STS316 N	≤0.08	≤1.00	≤2.00	0.045	0.030	16.0~18.0	10.0~14.0	2.00~3.00	0.10~0.22	—
STS316 LN	≤0.030	≤1.00	≤2.00	0.045	0.030	16.5~18.5	10.5~14.5	2.00~3.00	0.12~0.22	—
STS316 Ti	≤0.08	≤1.00	≤2.00	0.045	0.030	16.0~18.0	10.0~14.0	2.00~3.00	—	Ti≥5C
STS316 J1	≤0.08	≤1.00	≤2.00	0.045	0.030	17.0~19.0	10.0~14.0	1.20~2.75	—	Cu 1.00~2.50
STS316 J1 L	≤0.030	≤1.00	≤2.00	0.045	0.030	17.0~19.0	12.0~16.0	1.20~2.75	—	Cu 1.00~2.50
STS317	≤0.08	≤1.00	≤2.00	0.045	0.030	18.0~20.0	11.0~15.0	3.00~4.00	—	—
STS317 L	≤0.030	≤1.00	≤2.00	0.045	0.030	18.0~20.0	11.0~15.0	3.00~4.00	—	—
STS317 LN	≤0.030	≤1.00	≤2.00	0.045	0.030	18.0~20.0	11.0~15.0	3.00~4.00	0.10~0.22	—
STS317 J1	≤0.040	≤1.00	≤2.50	0.045	0.030	16.0~19.0	15.0~17.0	4.00~6.00	—	—
STS321	≤0.08	≤1.00	≤2.00	0.045	0.030	17.0~19.0	9.00~13.0	—	—	Ti≥5C
STS347	≤0.08	≤1.00	≤2.00	0.045	0.030	17.0~19.0	9.00~13.0	—	—	Nb≥10C
STS350	≤0.030	≤1.00	≤1.50	0.035	0.020	22.0~24.0	20.0~23.0	6.00~6.80	0.21~0.32	Cu≤0.40
STS836 L	≤0.030	≤1.00	≤2.00	0.045	0.030	19.0~24.0	24.0~26.0	5.00~7.00	≤2.50	—
STS890 L	≤0.020	≤1.00	≤2.00	0.045	0.030	19.0~23.0	23.0~28.0	4.00~5.00	—	Cu 1.00~2.00
STSXM7	≤0.08	≤1.00	≤2.00	0.045	0.030	17.0~19.0	8.50~10.5	—	—	Cu 3.00~4.00
STSXM15 J1[②]	≤0.08	3.00~5.00	≤2.00	0.045	0.030	15.0~20.0	11.5~15.0	—	—	—

（续）

钢 号	C	Si	Mn	P≤	S≤	Cr	Ni①	Mo①	N	其 他
奥氏体-铁素体型										
STS329 J1②	≤0.08	≤1.00	≤1.50	0.040	0.030	23.0~28.0	3.00~6.00	1.00~3.00	—	—
STS329 J3 L	≤0.030	≤1.00	≤2.00	0.040	0.030	21.0~24.0	4.50~6.50	2.50~3.50	0.08~0.20	—
STS329 J4 L	≤0.030	≤1.00	≤1.50	0.040	0.030	24.0~26.0	5.50~7.50	2.50~3.50	0.08~0.30	—
铁素体型										
STS405	≤0.08	≤1.00	≤1.00	0.040	0.030	11.5~14.5	（≤0.60）	—	—	Al 0.10~0.30
STS410 L	≤0.030	≤1.00	≤1.00	0.040	0.030	11.0~13.5	（≤0.60）	—	—	—
STS430	≤0.12	≤0.75	≤1.00	0.040	0.030	16.0~18.0	（≤0.60）	—	—	—
STS430 F	≤0.12	≤1.00	≤1.25	0.060	≥0.15	16.0~18.0	（≤0.60）	—	—	—
STS434	≤0.12	≤1.00	≤1.00	0.040	0.030	16.0~18.0	（≤0.60）	0.75~1.25	—	—
STS447 J1	≤0.010	≤0.40	≤0.40	0.030	0.020	28.5~32.0	—③	1.50~2.50	≤0.015	Cu≤0.20 Ni+Cu≤0.50
STSXM27	≤0.010	≤0.40	≤0.40	0.030	0.020	25.0~27.0	—③	0.75~1.50	≤0.015	Cu≤0.20 Ni+Cu≤0.50
马氏体型										
STS403	≤0.15	≤0.50	≤1.00	0.040	0.030	11.5~13.0	（≤0.60）	—	—	—
STS410	≤0.15	≤1.00	≤1.00	0.040	0.030	11.5~13.5	（≤0.60）	—	—	—
STS410 J1	0.08~0.18	≤0.60	≤1.00	0.040	0.030	11.5~14.0	（≤0.60）	0.30~0.60	—	—
STS410 F2	≤0.15	≤1.00	≤1.00	0.040	0.030	11.5~13.5	（≤0.60）	—	—	Pb 0.05~0.30
STS416	≤0.15	≤1.00	≤1.25	0.060	≥0.15	12.0~14.0	（≤0.60）	（≤0.60）	—	—
STS420 J1	0.16~0.25	≤1.00	≤1.00	0.040	0.030	12.0~14.0	（≤0.60）	—	—	—
STS420 J2	0.26~0.40	≤1.00	≤1.00	0.040	0.030	12.0~14.0	（≤0.60）	—	—	—
STS420 F	0.26~0.40	≤1.00	≤1.00	0.060	≥0.15	12.0~14.0	（≤0.60）	（≤0.60）	—	—
STS420 F2	0.26~0.40	≤1.00	≤1.00	0.040	0.030	12.0~14.0	（≤0.60）	—	—	Pb 0.05~0.30
STS431	≤0.20	≤1.00	≤1.00	0.040	0.030	15.0~17.0	1.25~2.50	—	—	—
STS440 A	0.60~0.75	≤1.00	≤1.00	0.040	0.030	16.0~18.0	（≤0.60）	（≤0.75）	—	—
STS440 B	0.75~0.95	≤1.00	≤1.00	0.040	0.030	16.0~18.0	（≤0.60）	（≤0.75）	—	—
STS440 C	0.95~1.20	≤1.00	≤1.00	0.040	0.030	16.0~18.0	（≤0.60）	（≤0.75）	—	—
STS440 F	0.95~1.20	≤1.00	≤1.25	0.060	≥0.15	16.0~18.0	（≤0.60）	（≤0.75）	—	—
沉淀硬化型										
STS630	≤0.07	≤1.00	≤1.00	0.040	0.030	15.0~17.0	3.00~5.00	—	—	Cu 3.00~5.00 Nb 0.15~0.45
STS631	≤0.09	≤1.00	≤1.00	0.040	0.030	16.0~18.0	6.50~7.75	—	—	Al 0.75~1.50

① 括号内的数字为允许添加的含量。

② 必要时可添加本表所列以外的合金元素。

③ 允许含 Ni≤0.50%，Cu≤0.20%，Ni+Cu≤0.50%。必要时还可添加本表所列以外的合金元素。

（2）韩国 KS 标准不锈钢棒材的力学性能（表3-8-2）

表 3-8-2 不锈钢棒材的力学性能

钢　号	热处理状态①,②	R_{eL}/MPa	R_m/MPa	A（%）	Z（%）	HBW	HRB③	HV
		≥				≤		
奥氏体型								
STS201	S	275	520	40	45	241	100	253
STS202	S	275	520	40	45	207	95	218
STS301	S	205	520	40	60	207	95	218
STS302	S	205	520	40	60	187	90	200
STS303	S	205	520	40	50	187	90	200
STS303 Cu	S	205	520	40	50	187	90	200
STS303 Se	S	205	520	40	50	187	90	200
STS304	S	205	520	40	60	187	90	200
STS304 L	S	175	480	40	60	187	90	200
STS304 N1	S	275	550	35	50	217	95	220
STS304 N2	S	345	690	35	50	250	100	260
STS304 LN	S	245	550	40	50	217	95	220
STS304 J3	S	175	480	40	60	187	90	200
STS305	S	175	480	40	60	187	90	200
STS309 S	S	205	520	40	60	187	90	200
STS310 S	S	205	520	40	50	187	90	200
STS316	S	205	520	40	60	187	90	200
STS316 F	S	205	520	40	50	187	90	200
STS316 L	S	175	480	40	60	187	90	200
STS316 N	S	275	550	35	50	217	95	220
STS316 LN	S	245	550	40	50	217	95	220
STS316 Ti	S	205	520	40	50	187	90	200
STS316J 1	S	205	520	40	60	187	90	200
STS316J 1L	S	175	480	40	60	187	90	200
STS317	S	205	520	40	60	187	90	200
STS317 L	S	175	480	40	60	187	90	200
STS317 LN	S	245	550	40	50	217	95	220
STS317J 1	S	175	480	40	45	187	90	200
STS321	S	205	520	40	50	187	90	200
STS347	S	205	520	40	50	187	90	200
STS350	S	330	675	40	—	250	—	—
STS836 L	S	205	520	35	40	217	96	230
STS890 L	S	215	490	35	40	187	90	200
STSXM7	S	175	480	40	60	187	90	200
STSXM15 J1	S	205	520	40	60	207	95	218
奥氏体-铁素体型								
STS329J1	S	390	590	18	40	227	(29)	292
STS329J3L	S	450	620	18	40	302	(32)	320
STS329J4L	S	450	620	18	40	302	(32)	320

（续）

钢　号	热处理状态[①],[②]	R_{eL}/MPa	R_m/MPa	A（%）	Z（%）	HBW	HRB[③]	HV
		≥				≤		
铁　素　体　型								
STS405	A	175	410	20	60	183	—	—
STS410 L	A	195	360	22	60	183	—	—
STS430	A	205	450	22	50	183	—	—
STS430 F	A	205	450	22	50	183	—	—
STS434	A	205	450	22	60	183	—	—
STS447 J1	A	295	450	20	45	228	—	—
STSXM27	A	245	410	20	45	219	—	—
马　氏　体　型								
STS403	QT	390	590	25	55	170	—	—
STS410	QT	345	540	25	55	159	—	—
STS410 J1	QT	490	690	20	60	192	—	—
STS410 F2	QT	345	540	18	50	159	—	—
STS416	QT	345	540	17	45	159	—	—
STS420 J1	QT	440	640	20	50	192	—	—
STS420 J2	QT	540	740	12	40	217	—	—
STS420 F	QT	540	740	8	35	217	—	—
STS420 F2	QT	540	740	5	35	217	—	—
STS431	QT	590	780	15	40	229	—	—
STS440 A	QT	—	—	—	—	—	54	—
STS440 B	QT	—	—	—	—	—	56	—
STS440 C	QT	—	—	—	—	—	56	—
STS440 F	QT	—	—	—	—	—	56	—
沉　淀　硬　化　型								
STS630	S	—	—	—	—	363	（38）	—
	H900	1175	1310	10	40	375	（40）	—
	H1025	1000	1070	12	45	331	（35）	—
	H1075	865	1000	13	45	302	（31）	—
	H1150	725	930	16	50	227	（28）	—
STS631	S	380	1030	20	—	—	—	—
	TH1050	960	1140	5	—	—	—	—
	RH950	1030	1230	4	—	—	—	—

① 热处理状态代号：A—退火；QT—淬火回火；S—固溶处理

② H900、H1025、H1075、H1150、TH1050、RH950 系沉淀硬化处理符号，具体工艺见表3-8-3。

③ 有括号的数字为 HRC 硬度值，无括号的数字为 HRB 硬度值。

（3）韩国 KS 标准不锈钢棒材（含板、带材）的热处理制度（表3-8-3）

表3-8-3　不锈钢棒材（含板、带材）的热处理制度

钢　号	热处理制度		
	热处理分类	热处理温度/℃	冷却条件
奥　氏　体　型			
STS201	固溶处理（S）	1010~1120	快冷
STS202	固溶处理（S）	1010~1120	快冷
STS301	固溶处理（S）	1010~1150	快冷

（续）

钢　号	热处理制度		
	热处理分类	热处理温度/℃	冷却条件
奥氏体型			
STS301L	固溶处理（S）	1010～1150	快冷
STS301J1	固溶处理（S）	1010～1150	快冷
STS302	固溶处理（S）	1010～1150	快冷
STS302B	固溶处理（S）	1010～1150	快冷
STS303	固溶处理（S）	1010～1150	快冷
STS303Cu	固溶处理（S）	1010～1150	快冷
STS303Se	固溶处理（S）	1010～1150	快冷
STS304	固溶处理（S）	1010～1150	快冷
STS304H	固溶处理（S）	1010～1150	快冷
STS304L	固溶处理（S）	1010～1150	快冷
STS304N1	固溶处理（S）	1010～1150	快冷
STS304N2	固溶处理（S）	1010～1150	快冷
STS304LN	固溶处理（S）	1010～1150	快冷
STS304J1	固溶处理（S）	1010～1150	快冷
STS304J2	固溶处理（S）	1010～1150	快冷
STS304J3	固溶处理（S）	1010～1150	快冷
STS305	固溶处理（S）	1010～1150	快冷
STS309S	固溶处理（S）	1030～1150	快冷
STS310S	固溶处理（S）	1030～1180	快冷
STS316	固溶处理（S）	1010～1150	快冷
STS316F	固溶处理（S）	1010～1150	快冷
STS316L	固溶处理（S）	1010～1150	快冷
STS316N	固溶处理（S）	1010～1150	快冷
STS316LN	固溶处理（S）	1010～1150	快冷
STS316Ti	固溶处理（S）	920～1150	快冷
STS316J1	固溶处理（S）	1010～1150	快冷
STS316J1L	固溶处理（S）	1010～1150	快冷
STS317	固溶处理（S）	1010～1150	快冷
STS317L	固溶处理（S）	1010～1150	快冷
STS317LN	固溶处理（S）	1010～1150	快冷
STS317J1	固溶处理（S）	1030～1180	快冷
STS317J2	固溶处理（S）	1030～1180	快冷
STS317J3	固溶处理（S）	1030～1180	快冷
STS321	固溶处理（S）	920～1150	快冷
STS347	固溶处理（S）	980～1150	快冷
STS350	固溶处理（S）	—	快冷
STS836 L	固溶处理（S）	1030～1180	快冷
STS890 L	固溶处理（S）	1030～1180	快冷
STSXM7	固溶处理（S）	1010～1150	快冷
STSXM15 J1	固溶处理（S）	1010～1150	快冷

（续）

钢 号	热处理制度		
	热处理分类	热处理温度/℃	冷却条件
奥氏体-铁素体型			
STS329J1	固溶处理（S）	950~1100	快冷
STS329J2L	固溶处理（S）	950~1100	快冷
STS329J3L	固溶处理（S）	950~1100	快冷
STS329J4L	固溶处理（S）	950~1100	快冷
铁素体型			
STS405	退火（A）	780~830	空冷或慢冷
STS410L	退火（A）	700~820	空冷或慢冷
STS429	退火（A）	780~850	空冷或慢冷
STS430	退火（A）	780~850	空冷或慢冷
STS430LX	退火（A）	780~950	空冷或慢冷
STS430F	退火（A）	680~820	空冷或慢冷
STS430J1L	退火（A）	800~1050	快冷
STS434	退火（A）	780~850	空冷或慢冷
STS436L	退火（A）	800~1050	快冷
STS436J1L	退火（A）	800~1050	快冷
STS444	退火（A）	800~1050	快冷
STS447J1	退火（A）	900~1050	快冷
STSXM27	退火（A）	900~1050	快冷
马氏体型			
STS403	退火（A）	800~900（或约750）	慢冷（或快冷）
	淬火（Q）	950~1000	油冷
	回火（T）	700~750	快冷
STS410	退火（A）	800~900（或约750）	慢冷（或快冷）
	淬火（Q）	950~1000	油冷
	回火（T）	700~750	快冷
STS410S	退火（A）	800~900（或约750）	慢冷（或快冷）
STS410J1	退火（A）	830~900（或约750）	慢冷（或快冷）
	淬火（Q）	970~1020	油冷
	回火（T）	650~750	快冷
STS410F2	退火（A）	800~900（或约750）	慢冷（或快冷）
	淬火（Q）	950~1000	油冷
	回火（T）	700~750	快冷
STS416	退火（A）	800~900（或约750）	慢冷（或快冷）
	淬火（Q）	950~1000	油冷
	回火（T）	700~750	快冷
STS420J1	退火（A）	800~900（或约750）	慢冷（或空冷）
	淬火（Q）	920~980	油冷
	回火（T）	600~750	快冷
STS420J2	退火（A）	800~900（或约750）	慢冷（或空冷）
	淬火（Q）	920~980	油冷
	回火（T）	600~750	快冷

（续）

钢　号	热处理制度		
	热处理分类	热处理温度/℃	冷却条件
马氏体型			
STS420F	退火（A）	800～900（或约750）	慢冷（或空冷）
	淬火（Q）	920～980	油冷
	回火（T）	600～750	快冷
STS420F2	退火（A）	800～900（或约750）	慢冷（或空冷）
	淬火（Q）	920～980	油冷
	回火（T）	600～750	快冷
STS429J1	退火（A）	800～900（或约750）	慢冷（或空冷）
STS431	退火（A）	Ⅰ－约750，Ⅱ－约650	快冷
	淬火（Q）	1000～1050	油冷
	回火（T）	630～700	快冷
STS440A	退火（A）	800～920	慢冷
	淬火（Q）	1010～1070	油冷
	回火（T）	100～180	空冷
STS440B	退火（A）	800～920	慢冷
	淬火（Q）	1010～1070	油冷
	回火（T）	100～180	空冷
STS440C	退火（A）	800～920	慢冷
	淬火（Q）	1010～1070	油冷
	回火（T）	100～180	空冷
STS440F	退火（A）	800～920	慢冷
	淬火（Q）	1010～1070	油冷
	回火（T）	100～180	空冷
沉淀硬化型			
STS630	固溶处理（S）	1020～1060	快冷
	沉淀硬化处理　　　　H900	固溶处理后 470～490	空冷
	H1025	固溶处理后 540～560	空冷
	H1075	固溶处理后 570～590	空冷
	H1150	固溶处理后 610～630	空冷
STS631	固溶处理（S）	1000～1100	快冷
	沉淀硬化处理 RH950	固溶处理后，于（955±10）℃保温10min后，空冷至室温，在 24h 内冷至（-73±6）℃并保持8h，再加热到（510±10）℃并保持90min后空冷	
	沉淀硬化处理 TH1050	固溶处理后，于（760±15）℃保温90min，再在1h内冷至15℃并保持30min，再加热到（565±10）℃保温90min后空冷	

注：1. 本表包括不锈钢板、带材的钢号及热处理。
　　2. 热处理符号同表 3-8-2。

3.8.2　耐热钢（棒材和板材）

（1）韩国 KS 标准耐热钢棒材的钢号与化学成分［KS D3731（2002/2012 确认）］（表 3-8-4）

表3-8-4　耐热钢棒材的钢号与化学成分（质量分数）（%）

钢 号	C	Si	Mn	P≤	S≤	Cr	Ni①	Mo①	N	其 他②
奥氏体型										
STR31	0.35 ~ 0.45	1.50 ~ 2.50	≤0.60	0.040	0.030	14.0 ~ 16.0	13.0 ~ 15.0	—	—	W 2.00 ~ 3.00
STR35	0.48 ~ 0.58	≤0.35	8.00 ~ 10.0	0.040	0.030	20.0 ~ 22.0	3.25 ~ 4.50	—	0.35 ~ 0.50	—
STR36	0.48 ~ 0.58	≤0.35	8.00 ~ 10.0	0.040	0.04 ~ 0.09	20.0 ~ 22.0	3.25 ~ 4.50	—	0.35 ~ 0.50	—
STR37	0.15 ~ 0.25	≤1.00	1.00 ~ 1.60	0.040	0.030	20.5 ~ 22.5	10.0 ~ 12.0	—	0.15 ~ 0.30	—
STR38	0.25 ~ 0.35	≤1.00	≤1.20	0.18 ~ 0.25	0.030	19.0 ~ 21.0	10.0 ~ 12.0	1.80 ~ 2.50	—	B 0.001 ~ 0.010
STR309	≤0.20	≤1.00	≤2.00	0.040	0.030	22.0 ~ 24.0	12.0 ~ 15.0	—	—	—
STR310	≤0.25	≤1.50	≤2.00	0.040	0.030	24.0 ~ 26.0	19.0 ~ 22.0	—	—	—
STR330	≤0.15	≤1.50	≤2.00	0.040	0.030	14.0 ~ 17.0	33.0 ~ 37.0	—	—	—
STR660	≤0.08	≤1.00	≤2.00	0.040	0.030	13.0 ~ 16.0	24.0 ~ 27.0	1.00 ~ 1.50	—	Ti 1.90 ~ 2.35 V 0.10 ~ 0.50 Al≤0.35 B 0.001 ~ 0.010
STR661	0.08 ~ 0.16	≤1.00	1.00 ~ 2.00	0.040	0.030	20.0 ~ 22.5	19.0 ~ 21.0	2.50 ~ 3.50	0.10 ~ 0.20	Co 18.5 ~ 21.0 W 2.00 ~ 3.00 Nb 0.75 ~ 1.25
铁素体型										
STR446	≤0.20	≤1.00	≤1.50	0.040	0.030	23.0 ~ 27.0	(≤0.60)	—	≤0.25	—
马氏体型										
STR1	0.40 ~ 0.50	3.00 ~ 3.50	≤0.60	0.030	0.030	7.50 ~ 9.50	(≤0.60)	—	—	(Cu≤0.30)
STR3	0.35 ~ 0.45	1.80 ~ 2.50	≤0.60	0.030	0.030	10.0 ~ 12.0	(≤0.60)	0.70 ~ 1.30	—	(Cu≤0.30)
STR4	0.75 ~ 0.85	1.75 ~ 2.25	0.20 ~ 0.60	0.030	0.030	19.0 ~ 20.5	1.15 ~ 1.65	—	—	(Cu≤0.30)
STR11	0.45 ~ 0.55	1.00 ~ 2.00	≤0.60	0.030	0.030	7.50 ~ 9.50	(≤0.60)	—	—	(Cu≤0.30)
STR600	0.15 ~ 0.20	≤0.50	0.50 ~ 1.00	0.040	0.030	10.0 ~ 13.0	(≤0.60)	0.30 ~ 0.90	0.10 ~ 0.40	Nb 0.20 ~ 0.60 V 0.10 ~ 0.40
STR616	0.20 ~ 0.25	≤0.50	0.50 ~ 1.00	0.040	0.030	11.0 ~ 13.0	0.50 ~ 1.00	0.75 ~ 1.25	—	W 0.75 ~ 1.25 V 0.20 ~ 0.30

① 括号内为允许添加的元素含量。

② 马氏体型和铁素体型耐热钢的残余元素含量 Cu≤0.30%。

（2）韩国 KS 标准耐热钢板材的钢号与化学成分［KS D3732（2002/2012 确认）］（表3-8-5）

表3-8-5　耐热钢板材的钢号与化学成分（质量分数）（%）

钢号	C	Si	Mn	P≤	S≤	Cr	Ni[①]	Mo	N	其他
奥氏体型										
STR309	≤0.20	≤1.00	≤2.00	0.040	0.030	22.0~24.0	12.0~15.0	—		—
STR310	≤0.25	≤1.50	≤2.00	0.040	0.030	24.0~26.0	19.0~22.0	—		—
STR330	≤0.15	≤1.50	≤2.00	0.040	0.030	14.0~17.0	33.0~37.0	—		—
STR660	≤0.08	≤1.00	≤2.00	0.040	0.030	13.5~16.0	24.0~27.0	1.00~1.50	—	Ti 1.90~2.35 V 0.10~0.50 Al≤0.35 B 0.001~0.010
STR661	0.08~0.16	≤1.00	1.00~2.00	0.040	0.030	20.0~22.5	19.0~21.0	2.50~3.50	0.10~0.20	Co 18.5~21.0 W 2.00~3.00 Nb 0.75~1.25
铁素体型										
STR21	≤0.10	≤1.50	≤1.00	0.040	0.030	17.0~21.0	（≤0.60）	—	—	Al 2.00~4.00
STR409	≤0.08	≤1.00	≤1.00	0.040	0.030	10.5~11.75	（≤0.60）	—	—	Ti 6C≤0.75
STR409 L	≤0.030	≤1.00	≤1.00	0.040	0.030	10.5~11.75	（≤0.60）	—	—	Ti 6C≤0.75
STR446	≤0.20	≤1.00	≤1.50	0.040	0.030	23.0~27.0	（≤0.60）	—	≤0.25	

① 括号内为允许添加的元素含量。

（3）韩国 KS 标准耐热钢棒材和板材的力学性能

A）奥氏体耐热钢棒材和板材固溶处理和时效处理状态的力学性能（表3-8-6）

表3-8-6　奥氏体耐热钢棒材和板材固溶处理和时效处理状态的力学性能

钢号	热处理		$R_{p0.2}$/MPa	R_m/MPa	A(%)	Z(%)	HBW	适用尺寸[①]/mm
	分类	符号						
STR31	固溶处理	S	314	375	30	40	248	≤25
			314	686	25	35	248	>25~180
STR35	固溶处理后时效处理	H	559	883	8	—	302	≤25
STR36			559	883	8	—	302	≤25
STR37			392	785	35	35	248	≤25
STR38			490	883	20	25	269	≤25
STR309	固溶处理	S	206	559	45	50	201	≤180
STR310			206	588	40	50	201	≤180
STR330			206	559	40	50	201	≤180
STR660	固溶处理后时效处理	H	586	902	15	18	248	≤180
STR661	固溶处理	S	314	686	35	35	248	≤180
	固溶处理后时效处理	H	343	755	30	30	192	≤75

① 适用尺寸：适用于产品的直径、边长、对边距离或厚度。超过适用尺寸者，可由供需双方商定。

B）铁素体耐热钢棒材和板材退火状态的力学性能（表3-8-7）

表3-8-7　铁素体耐热钢棒材和板材退火状态的力学性能

钢号	热处理		$R_{p0.2}$/MPa	R_m/MPa	A（%）	Z（%）	HBW
	分类	符号	≥				
STR21	退火	A	245	440	15	—	210
STR409	退火	A	175	360	22	—	162
STR409L	退火	A	175	360	25	—	162
STR446	退火	A	275	510	20	40	201

C）马氏体耐热钢棒材和板材退火状态的力学性能（表3-8-8）

表 3-8-8　马氏体耐热钢棒材和板材退火状态的力学性能

钢　号	热处理 （符号）	$R_{p0.2}$/MPa	R_m/MPa	A(%)	Z(%)	A_{KV}(J/cm^2)	HBW	适用尺寸[①] /mm
		≥						
STR1	退火（A）	686	932	15	35	—	269	≤75
STR3	退火（A）	686	932	15	35	20	269	≤25
		637	883	15	35	20	262	>25～75
STR4	退火（A）	686	883	10	15	9.8	262	≤75
STR11	退火（A）	686	883	15	35	20	262	≤25
STR600	退火（A）	686	834	15	30	—	321	≤75
STR616	退火（A）	735	883	10	25	—	341	≤75

① 适用尺寸：适用于产品的直径、边长、对边距离或厚度。超过适用尺寸者，可由供需双方商定。

（4）韩国 KS 标准耐热钢棒材和板材的热处理制度（表3-8-9）

表 3-8-9　耐热钢棒材和板材的热处理制度

钢　号	热处理温度及冷却条件/℃		
	退火	固溶处理或淬火	时效处理或回火
奥氏体型			
STR31	—	950～1050 快冷（S）	—
STR35	—	1100～1200 快冷（S）	730～780 空冷
STR36	—	1100～1200 快冷（S）	730～780 空冷
STR37	—	1050～1150 快冷（S）	750～800 空冷
STR38	—	1120～1150 快冷（S）	730～760 空冷
STR309	—	1030～1150 快冷（S）	—
STR310	—	1030～1180 快冷（S）	—
STR330	—	1030～1180 快冷（S）	—
STR660	—	885～915 快冷或 965～995 快冷	(700～760)×16h, 空冷或慢冷
STR661	—	1130～1200 快冷	(780～830)×4h, 空冷或慢冷
铁素体型			
STR21	780～950 快冷或慢冷	—	—
STR409	780～950 快冷或慢冷	—	—
STR409L	780～950 快冷或慢冷	—	—
STR446	780～880 快冷	—	—
马氏体型			
STR1	800～900 慢冷	980～1080 油冷	700～850 快冷
STR3	800～900 慢冷	980～1080 油冷	700～800 快冷
STR4	800～900 慢冷或约720 空冷	1030～1080 油冷	700～800 快冷
STR11	750～850 慢冷	1000～1050 油冷	650～750 快冷
STR600	850～950 慢冷	1100～1170 油冷或空冷	≥600 空冷
STR616	830～900 慢冷	1020～1070 油冷或空冷	≥600 空冷

3.8.3　高温合金和耐蚀合金

（1）韩国 KS 标准高温合金和耐蚀合金棒材与板材的牌号与化学成分〔KS D3531（2007/2012 确认）〕，〔KS D3532（2002/2012 确认）〕（表 3-8-10）

表 3-8-10　高温合金和耐蚀合金棒材与板材的牌号与化学成分（质量分数）（%）

牌　号[1]	C	Si	Mn	P≤	S≤	Cr	Ni[1]	Al	Ti	Cu	Fe	其　他
NCF600	≤0.15	≤0.50	≤1.00	0.030	0.015	14.0~17.0	≥72.0	—	—	≤0.50	6.00~10.0	—
NCF601	≤0.10	≤0.50	≤1.00	0.030	0.015	21.0~25.0	58.0~63.0	1.00~1.70	—	≤1.00	余量	—
NCF625	≤0.10	≤0.50	≤0.50	0.015	0.015	20.0~23.0	≥58.0	≤0.40	≤0.40	—	≤5.00	Mo 6.00~10.0 （Nb+Ta）3.15~4.15
NCF690	≤0.05	≤0.50	≤0.50	0.030	0.015	27.0~31.0	≥58.0	—	—	≤0.50	7.00~11.0	—
NCF718	≤0.08	≤0.35	≤0.35	0.015	0.015	17.0~21.0	50.0~55.0	0.20~0.80	0.65~1.15	≤0.30	余量	Mo 2.80~3.30 （Nb+Ta）4.75~5.50 B≤0.006
NCF750	≤0.08	≤0.50	≤1.00	0.030	0.015	14.0~17.0	≥70.0	0.40~1.00	2.25~2.75	≤0.50	5.00~9.00	（Nb+Ta）0.70~1.20
NCF751	≤0.10	≤0.50	≤1.00	0.030	0.015	14.0~17.0	≥70.0	0.90~1.50	2.00~2.60	≤0.50	5.00~9.00	（Nb+Ta）0.70~1.20
NCF800	≤0.10	≤1.00	≤1.50	0.030	0.015	19.0~23.0	30.0~35.0	0.15~0.60	0.15~0.60	≤0.75	余量	—
NCF800 H	0.05~0.10	≤1.00	≤1.50	0.030	0.015	19.0~23.0	30.0~35.0	0.15~0.60	0.15~0.60	≤0.75	余量	—
NCF825	≤0.05	≤0.50	≤1.00	0.030	0.015	19.5~23.0	38.0~46.0	≤0.20	0.60~1.20	1.50~3.00	余量	Mo 2.50~3.50
NCF80A	0.04~0.10	≤1.00	≤1.00	0.030	0.015	18.0~21.0	余量	1.00~1.80	1.80~2.70	≤1.00	≤1.50	[2]

① Ni 的分析值中允许含 Co。

② NCF80A 合金如需要时可含 $w(Co) = 2.00\%$，还可含 B 或其他元素。

（2）韩国 KS 标准高温合金和耐蚀合金棒材与板材的力学性能（见表 3-8-11）

表 3-8-11　高温合金和耐蚀合金棒材与板材的力学性能

钢　号	热处理 （符号）	$R_{p0.2}$/MPa	R_m/MPa	A（%）	HBW	适用尺寸[1] /mm
		≥	≥	≥		
NCF600	退火（A）	245	550	30	≤179	—
NCF601	退火（A）	195	550	30	—	—
NCF625	退火（A）	415	830	30	—	<100
		380	760	30	—	100~250
	固溶处理（S）	275	690	30	—	—
NCF690	退火（A）	240	590	30	—	<100
NCF718	时效处理（H）	1035	1240	12	331	<100
		1035	1240	10	331	100~250

（续）

钢 号	热处理 （符号）	$R_{p0.2}$/MPa	R_m/MPa	A（%）	HBW	适用尺寸[1] /mm
		≥				
NCF750	固溶处理（S-1）	—	—	—	≤320	<100
	时效处理（H-1）	620	960	8	262	<100
	固溶处理（S-2）	—	—	—	≤320	<100
	时效处理（H-2）	795	1170	18	302~363	<60
		795	1170	15	302~363	60~100
NCF751	固溶处理（S）	—	—	—	≤375	<100
	时效处理（H）	620	960	8	—	<100
NCF800	退火（A）	205	520	30	≤179	—
NCF800H	固溶处理（S）	175	450	30	≤167	—
NCF825	退火（A）	235	580	30		—
NCF80A	固溶处理（S）	—	—	—	≤269	<100
	时效处理（H）	600	1000	20		<100

[1] 适用尺寸：适用于产品的直径、边长、对边距离或厚度。超过适用尺寸者，可由供需双方商定。

（3）韩国 KS 标准高温合金和耐蚀合金棒材与板材的热处理制度（表 3-8-12）

表 3-8-12　高温合金和耐蚀合金棒材与板材的热处理制度

牌 号	热处理温度及冷却条件/℃		
	固溶处理（S）	退火（A）	时效处理（H）
NCF600	—	800~1150 快冷（A）	
NCF601	—		—
NCF625	≥1090 快冷（S）	≥870 快冷（A）	—
NCF690	—	≥900 快冷（A）	
NCF718	925~1010 快冷（S）	—	S 处理后，于 705~730 保温 8h，炉冷至610~630，再于该温度时效后空冷，总时效时间为 18h（H）
NCF750	1135~1165 快冷（S-1）	—	S-1 处理后，于 800~830 保温 24h，空冷至室温，再于 690~720 保温 20h 后空冷（H-1）
	960~995 快冷（S-2）	—	S-2 处理后，于 720~740 保温 8h，炉冷至610~630，再于该温度时效后空冷，总时效时间为 18h（H-2）
NCF751	1135~1165 快冷（S）	—	S 处理后，于 830~860 保温 24h，空冷至室温，再于 690~720 保温 20h 后空冷（H）
NCF800	—	980~1060 快冷（A）	—
NCF800H	1100~1170 快冷（S）	—	—
NCF825	—	≥930 快冷（A）	—
NCF80A	1050~1100 快冷（S）		S 处理后，于 690~710 保温 16h 后空冷（H）

B. 专业用钢和优良品种

3.8.4　不锈钢热轧和冷轧钢板、钢带［KS D3705（2008/2014 确认）］，［KS D3698（2015）］

（1）韩国 KS 标准不锈钢热轧和冷轧钢板、钢带的钢号与化学成分（表 3-8-13）

表 3-8-13 不锈钢热轧和冷轧钢板、钢带的钢号与化学成分（质量分数）（%）

钢 号	C	Si	Mn	P≤	S≤	Cr	Ni①	Mo①	N	其 他
						奥氏体型				
STS301	≤0.15	≤1.00	≤2.00	0.045	0.030	16.0~18.0	6.00~8.00	—	—	—
STS301 L	≤0.030	≤1.00	≤2.00	0.045	0.030	16.0~18.0	6.00~8.00	—	≤0.20	—
STS301 J1	0.08~0.12	≤1.00	≤2.00	0.045	0.030	16.0~18.0	7.00~9.00	—	—	—
STS302	≤0.15	≤1.00	≤2.00	0.045	0.030	17.0~19.0	8.00~10.0	—	—	—
STS302 B	≤0.15	2.00~3.00	≤2.00	0.045	0.030	17.0~19.0	8.00~10.0	—	—	—
STS303	≤0.15	≤1.00	≤2.00	0.020	≥0.15	17.0~19.0	8.00~10.0	(≤0.60)	—	—
STS304	≤0.08	≤1.00	≤2.00	0.045	0.030	18.0~20.0	8.00~10.5	—	—	—
STS304 L	≤0.030	≤1.00	≤2.00	0.045	0.030	18.0~20.0	9.00~13.0	—	—	—
STS304 N1	≤0.08	≤1.00	≤2.50	0.045	0.030	18.0~20.0	7.00~10.5	—	0.10~0.25	—
STS304 N2	≤0.08	≤1.00	≤2.50	0.045	0.030	18.0~20.0	7.50~10.5	—	0.15~0.30	Nb≤0.15
STS304 LN	≤0.030	≤1.00	≤2.00	0.045	0.030	17.0~19.0	8.50~11.5	—	0.12~0.22	—
STS304 J1	≤0.08	≤1.70	≤3.00	0.045	0.030	15.0~18.0	6.00~9.00			Cu 1.00~3.00
STS304 J2	≤0.08	≤1.70	3.00~5.00	0.045	0.030	15.0~18.0	6.00~9.00			Cu 1.00~3.00
STS305	≤0.12	≤1.00	≤2.00	0.045	0.030	17.0~19.0	10.5~13.0	—	—	—
STS309 S	≤0.08	≤1.00	≤2.00	0.045	0.030	22.0~24.0	12.0~15.0	—	—	—
STS310 S	≤0.08	≤1.50	≤2.00	0.045	0.030	24.0~26.0	19.0~22.0	—	—	—
STS316	≤0.08	≤1.00	≤2.00	0.045	0.030	16.0~18.0	10.0~14.0	2.00~3.00	—	—
STS316 L	≤0.030	≤1.00	≤2.00	0.045	0.030	16.0~18.0	12.0~15.0	2.00~3.00	—	—
STS316 N	≤0.08	≤1.00	≤2.00	0.045	0.030	16.0~18.0	10.0~14.0	2.00~3.00	0.10~0.22	—
STS316 LN	≤0.030	≤1.00	≤2.00	0.045	0.030	16.5~18.5	10.5~14.5	2.00~3.00	0.12~0.22	—
STS316 Ti	≤0.08	≤1.00	≤2.00	0.045	0.030	16.0~18.0	10.0~14.0	2.00~3.00	—	Ti≥5C
STS316 J1	≤0.08	≤1.00	≤2.00	0.045	0.030	17.0~19.0	10.0~14.0	1.20~2.75	—	Cu 1.00~2.50
STS316 J1 L	≤0.030	≤1.00	≤2.00	0.045	0.030	17.0~19.0	12.0~16.0	1.20~2.75	—	Cu 1.00~2.50
STS317	≤0.08	≤1.00	≤2.00	0.045	0.030	18.0~20.0	11.0~15.0	3.00~4.00	—	—
STS317 L	≤0.030	≤1.00	≤2.00	0.045	0.030	18.0~20.0	11.0~15.0	3.00~4.00	—	—
STS317 LN	≤0.030	≤1.00	≤2.00	0.045	0.030	18.0~20.0	11.0~15.0	3.00~4.00	0.10~0.22	—
STS317 J1	≤0.040	≤1.00	≤2.50	0.045	0.030	16.0~19.0	15.0~17.0	4.00~6.00	—	—
STS317J2	≤0.06	≤1.50	≤2.00	0.045	0.030	23.0~26.0	12.0~16.0	0.50~1.20	0.25~0.40	—
STS317 J3 L	≤0.030	≤1.00	≤2.00	0.045	0.030	20.5~22.5	11.0~13.0	2.00~3.00	0.18~0.30	—
STS836 L	≤0.030	≤1.00	≤2.00	0.045	0.030	19.0~24.0	24.0~26.0	5.00~7.00	≤0.25	—
STS890 L	≤0.020	≤1.00	≤2.00	0.045	0.030	19.0~23.0	23.0~28.0	4.00~5.00	—	Cu 1.00~2.00
STS321	≤0.08	≤1.00	≤2.00	0.045	0.030	17.0~19.0	9.00~13.0	—	—	Ti≥5C
STS347	≤0.08	≤1.00	≤2.00	0.045	0.030	17.0~19.0	9.00~13.0	—	—	Nb≥10C
STS350	≤0.030	≤1.00	≤1.50	0.035	0.020	22.0~24.0	20.0~23.0	6.00~6.80	—	Cu≤0.40 N 0.21~0.32
STSXM7	≤0.08	≤1.00	≤2.00	0.045	0.030	17.0~19.0	8.50~10.5	—	—	Cu 3.00~4.00
STSXM15 J1②	≤0.08	3.00~5.00	≤2.00	0.045	0.030	15.0~20.0	11.5~15.0	—	—	—

（续）

钢 号	C	Si	Mn	P≤	S≤	Cr	Ni[①]	Mo[①]	N	其 他
奥氏体-铁素体型										
STS329 J1	≤0.08	≤1.00	≤1.50	0.040	0.030	23.0~28.0	3.00~6.00	1.00~3.00	—	—
STS329 J3 L	≤0.030	≤1.00	≤2.00	0.040	0.030	21.0~24.0	4.50~6.50	2.50~3.50	0.08~0.20	—
STS329 J4 L	≤0.030	≤1.00	≤1.50	0.040	0.030	24.0~26.0	5.50~7.50	2.50~3.50	0.08~0.30	—
铁素体型										
STS405	≤0.08	≤1.00	≤1.00	0.040	0.030	11.5~15.5	(≤0.60)	—	—	Al 0.10~0.30
STS410 L	≤0.030	≤1.00	≤1.00	0.040	0.030	11.0~13.5	(≤0.60)	—	—	—
STS429	≤0.12	≤1.00	≤1.00	0.040	0.030	14.0~16.0	(≤0.60)	—	—	—
STS430	≤0.12	≤0.75	≤1.00	0.040	0.030	16.0~18.0	(≤0.60)	—	—	—
STS430 LX	≤0.030	≤0.75	≤1.00	0.040	0.030	16.0~19.0	(≤0.60)	—	—	Ti 或 Nb 0.10~1.00
STS430 J1 L[②]	≤0.025	≤1.00	≤1.00	0.040	0.030	16.0~20.0	(≤0.60)	—	≤0.025	Cu 0.30~0.80, Ti、Nb、Zr 或其组合 8×(C+N)~0.80
STS434	≤0.12	≤1.00	≤1.00	0.040	0.030	16.0~18.0	(≤0.60)	0.75~1.25	—	—
STS436 L	≤0.025	≤1.00	≤1.00	0.040	0.030	16.0~19.0	(≤0.60)	0.75~1.50	≤0.025	Ti、Nb、Zr 或其组合 8(C+N)~0.80
STS436 J1 L	≤0.025	≤1.00	≤1.00	0.040	0.030	17.0~20.0	(≤0.60)	0.40~0.80	≤0.025	Ti、Nb、Zr 或其组合 8(C+N)~0.80
STS444	≤0.025	≤1.00	≤1.00	0.040	0.030	17.0~20.0	(≤0.60)	1.75~2.50	≤0.025	Ti、Nb、Zr 或其组合 8(C+N)≤0.80
STS445 NF	≤0.015	≤1.00	≤1.00	0.040	0.030	20.0~23.0	(≤0.60)	1.50~2.50	≤0.015	Ti、Nb、Zr 或其组合 8(C+N)~0.80
STS447 J1[②]	≤0.010	≤0.40	≤0.40	0.030	0.020	28.5~32.0	(≤0.50)	1.50~2.50	≤0.015	Cu≤0.20 Ni+Cu≤0.50
STSXM27[②]	≤0.010	≤0.40	≤0.40	0.030	0.020	25.0~27.0	(≤0.50)	0.75~1.50	≤0.015	Cu≤0.20 Ni+Cu≤0.50
马氏体型										
STS403	≤0.15	≤0.50	≤1.00	0.040	0.030	11.5~13.0	(≤0.60)	—	—	—
STS410	≤0.15	≤1.00	≤1.00	0.040	0.030	11.5~13.5	(≤0.60)	—	—	—
STS410 S	≤0.08	≤1.00	≤1.00	0.040	0.030	11.5~13.5	(≤0.60)	—	—	—
STS420 J1	0.16~0.25	≤1.00	≤1.00	0.040	0.030	12.0~14.0	(≤0.60)	—	—	—
STS420 J2	0.26~0.40	≤1.00	≤1.00	0.040	0.030	12.0~14.0	(≤0.60)	—	—	—
STS429 J1	0.25~0.40	≤1.00	≤1.00	0.040	0.030	15.0~17.0	(≤0.60)	—	—	—
STS440 A	0.60~0.75	≤1.00	≤1.00	0.040	0.030	16.0~18.0	(≤0.60)	(≤0.75)	—	—
沉淀硬化型										
STS630	≤0.07	≤1.00	≤1.00	0.040	0.030	15.0~17.0	3.00~5.00	—	—	Cu 3.00~5.00 Nb 0.15~0.45
STS631	≤0.09	≤1.00	≤1.00	0.040	0.030	16.0~18.0	6.50~7.75	—	—	Al 0.75~1.50

① 括号内的数字为允许添加的含量。

② 下列钢号必要时可添加本表所列以外的合金元素：STSXM15 J1、STS430 J1L、STS447 J1、STSXM27。

（2）韩国 KS 标准不锈钢冷轧钢板和钢带补充的新钢号与化学成分〔KS D3698（2015）〕（表 3-8-14）

表 3-8-14 不锈钢冷轧钢板和钢带补充的新钢号与化学成分（质量分数）（%）

钢 号	C	Si	Mn	P≤	S≤	Cr	Ni	Mo	其 他	类型
STS201	≤0.15	≤1.00	5.50~7.50	0.045	0.030	16.0~18.0	3.50~5.50	—	N≤0.25	A
STS202	≤0.15	≤1.00	7.50~10.0	0.045	0.030	17.0~19.0	4.00~6.00	—	N≤0.25	A
STS329 FLD	≤0.06	≤1.00	2.00~4.00	0.040	0.030	19.0~22.0	0.50~1.50	—	N 0.20~0.30	A+F
STS329 LD	≤0.030	≤1.00	2.00~4.00	0.040	0.030	19.0~22.0	2.00~4.00	1.00~2.00	N 0.14~0.30	A+F
STS439	≤0.025	≤1.00	≤1.00	0.040	0.030	17.0~20.0	—	—	(Ti+Nb)8(C+N)~0.80 N≤0.25	F
STS446M	≤0.015	≤0.40	≤0.40	0.040	0.020	25.0~28.5	≤0.30	1.50~2.50	(Ti+Nb)8(C+N)~0.80 (C+N)≤0.03,N≤0.18 Cu≤0.60,Al≤0.25	F

注：1. 不锈钢冷轧钢板和钢带的钢种，除表 3-8-13 所列的牌号外，还包括本表的牌号。

2. 不锈钢类型代号：A—奥氏体；A+F—奥氏体和铁素体型；F—铁素体型。

（3）韩国 KS 标准不锈钢热轧和冷轧钢板、钢带的力学性能（见表 3-8-15）

表 3-8-15 不锈钢热轧和冷轧钢板、钢带的力学性能

钢 号	状态[1],[2]	$R_{p0.2}$/MPa	R_m/MPa	A（%）	Z（%）	HBW	HRB/(HRC)[3]	HV
		≥				≤		
奥氏体型								
STS201	S	275	520	40		241	100	235
STS202	S	275	550	40		207	95	218
STS301	S	205	520	40	—	207	95	218
STS301L	S	215	550	45		187	90	200
STS301J1	S	205	570	45		187	90	200
STS302	S	205	520	40		187	90	200
STS302B	S	205	520	40		207	95	218
STS303	S	205	520	40		187	90	200
STS304	S	205	520	40		187	90	200
STS304H	S	205	520	40		187	90	200
STS304L	S	175	480	40		187	90	200
STS304N1	S	275	550	35		217	95	220
STS304N2	S	345	690	35		248	100	260
STS304LN	S	245	550	40		217	95	220
STS304J1	S	155	450	40		187	90	200
STS304J2	S	155	450	40		187	90	200
STS305	S	175	480	40		187	90	200
STS309S	S	205	520	40		187	90	200
STS310S	S	205	520	40		187	90	200
STS316	S	205	520	40		187	90	200
STS316L	S	175	480	40		187	90	200
STS316N	S	275	550	35	—	217	95	220

（续）

钢 号	状态^{①②}	$R_{p0.2}$/MPa	R_m/MPa	A（%）	Z（%）	HBW	HRB/（HRC）^③	HV
		≥				≤		
奥氏体型								
STS316LN	S	245	550	40	—	217	95	220
STS316Ti	S	205	520	40	—	187	90	200
STS316J1	S	205	520	40	—	187	90	200
STS316J1L	S	175	480	40	—	187	90	200
STS317	S	205	520	40	—	187	90	200
STS317L	S	175	480	40	—	187	90	200
STS317LN	S	245	550	40	—	217	95	220
STS317J1	S	175	480	40	—	187	90	200
STS317J2	S	345	690	40	—	250	100	260
STS317J3L	S	275	640	40	—	217	96	230
STS317J4L	S	205	520	35	—	217	96	230
STS317J5L	S	215	490	35	—	187	90	200
STS321	S	205	520	40	—	187	90	200
STS347	S	205	520	40	—	187	90	200
STS350	S	330	675	40	—	250	—	—
STSXM15J1	S	205	520	40	—	207	95	218
奥氏体-铁素体型								
STS329J1	S	390	590	18	—	227	(29)	292
STS329J3L	S	450	620	18	—	302	(32)	320
STS329J4L	S	450	620	18	—	302	(32)	320
铁素体型								
STS405	A	175	410	20	—	183	88	200
STS410L	A	195	360	22	—	183	88	200
STS429	A	205	450	22	—	183	88	200
STS430	A	205	450	22	—	183	88	200
STS430LX	A	175	360	22	—	183	88	200
STS430J1L	A	205	390	22	—	192	90	200
STS434	A	205	450	22	—	183	88	200
STS436L	A	245	410	20	—	217	96	230
STS436J1L	A	245	410	20	—	192	90	200
STS444	A	245	410	20	—	217	96	230
STS446M	A	245	410	20	—	217	96	230
STS447J1	A	295	450	22	—	207	95	220
STSXM27	A	245	410	22	—	192	90	200
马氏体型								
STS403	A	205	440	20	—	201	93	210
STS410	A	205	440	20	—	201	93	210
STS410S	A	205	410	20	—	183	88	200
STS420J1	A	225	520	18	—	223	97	234

（续）

钢　号	状态[①,②]	$R_{p0.2}$/MPa	R_m/MPa	A（%）	Z（%）	HBW	HRB/（HRC）[③]	HV
		≥				≤		
马氏体型								
STS420J2	A	225	540	18		235	99	247
STS429J1	A	225	520	18	—	241	100	253
STS440A	A	245	590	15		255	25	269
沉淀硬化型								
STS630	固溶处理	—	—	—	—	≤363	（≤38）	—
	沉淀硬化							
	H900	1175	1310	10	40	≥375	（≥40）	—
	H1025	1000	1070	12	45	≥331	（≥35）	—
	H1075	865	1000	13	45	≥302	（≥31）	—
	H1150	725	930	16	50	≥227	（≥28）	—
STS631	固溶处理	380	1030	20	—	—		—
	沉淀硬化							
	TH1050	960	1140	3～5	—	—		—
	RH950	1030	1230	4	—	—	（≥28）	392

① 热处理状态代号：见表 3-8-2①。不锈钢热轧和冷轧钢板、钢带的热处理制度，参见 3.8.1 节。

② H900、H1025、H1075、H1150、TH1050、RH950 为沉淀硬化处理符号（见表 3-8-2②），具体工艺参见 3.8.1 节。

③ 有括号的数字为 HRC 硬度值，无括号的数字为 HRB 硬度值。

3.8.5　不锈钢冷精轧棒材［KS D3692（2001/2016 确认）］

韩国 KS 标准不锈钢冷精轧棒材的钢号与化学成分见表 3-8-16。

表 3-8-16　不锈钢冷精轧棒材的钢号与化学成分（质量分数）（%）

钢　号	C	Si	Mn	P≤	S≤	Cr	Ni[①]	Mo[①]	其 他
STS302	≤0.15	≤1.00	≤2.00	0.045	0.030	17.0～19.0	8.00～10.0		—
STS303	≤0.15	≤1.00	≤2.00	0.020	≥0.15	17.0～19.0	8.00～10.0	≤0.60	—
STS303Cu	≤0.15	≤1.00	≤3.00	0.020	≥0.15	17.0～19.0	8.00～10.0	—	Cu 1.50～3.50
STS303Se	≤0.15	≤1.00	≤2.00	0.020	0.060	17.0～19.0	8.00～10.0	—	Se≥0.15
STS304	≤0.08	≤1.00	≤2.00	0.045	0.030	18.0～20.0	8.00～10.5	—	—
STS304J3	≤0.08	≤1.00	≤2.00	0.045	0.030	17.0～19.0	8.00～10.5	—	Cu 1.00～3.00
STS304L	≤0.030	≤1.00	≤2.00	0.045	0.030	18.0～20.0	9.00～13.0	—	—
STS305	≤0.12	≤1.00	≤2.00	0.045	0.030	17.0～19.0	10.5～13.0	—	—
STS305J1	≤0.08	≤1.00	≤2.00	0.045	0.030	16.5～19.0	11.0～13.5	—	—
STS309S	≤0.08	≤1.00	≤2.00	0.045	0.030	22.0～24.0	12.0～15.0	—	—
STS310S	≤0.08	≤1.50	≤2.00	0.045	0.030	24.0～26.0	19.0～22.0	—	—
STS316	≤0.08	≤1.00	≤2.00	0.045	0.030	16.0～18.0	10.0～14.0	2.00～3.00	—
STS316F	≤0.08	≤1.00	≤2.00	0.045	0.100	16.0～18.0	10.0～14.0	2.00～3.00	—
STS316L	≤0.030	≤1.00	≤2.00	0.045	0.030	16.0～18.0	12.0～15.0	2.00～3.00	—
STS321	≤0.08	≤1.00	≤2.00	0.045	0.030	17.0～19.0	9.00～13.0	—	Ti ≥5×C
STS329J1	≤0.08	≤1.00	≤1.50	0.040	0.030	23.0～28.0	3.00～6.00	1.00～3.00	—
STS347	≤0.08	≤1.00	≤2.00	0.045	0.030	17.0～19.0	9.00～13.0	—	Nb≥10×C
STS350	≤0.030	≤1.00	≤1.50	0.035	0.020	22.0～24.0	20.0～23.0	6.00～6.80	Cu≤0.40　N 0.21～0.32
STS403	≤0.15	≤0.50	≤1.00	0.040	0.030	11.5～13.0	≤0.60	—	—
STS410	≤0.15	≤1.00	≤1.00	0.040	0.030	11.5～13.5	≤0.60	—	—

（续）

钢号	C	Si	Mn	P≤	S≤	Cr	Ni[①]	Mo[①]	其他
STS410F2	≤0.15	≤1.00	≤1.00	0.040	0.030	11.5~13.5	≤0.60	—	Pb 0.05~0.30
STS416	≤0.15	≤1.00	≤1.25	0.060	≥0.15	12.0~14.0	(≤0.60)	(≤0.60)	—
STS420F	0.26~0.40	≤1.00	≤1.25	0.060	≥0.15	12.0~14.0	(≤0.60)	(≤0.60)	—
STS420F2	0.26~0.40	≤1.00	≤1.00	0.040	0.030	12.0~14.0	(≤0.60)		Pb 0.05~0.30
STS420J1	0.16~0.25	≤1.00	≤1.00	0.040	0.030	12.0~14.0	(≤0.60)		—
STS420J2	0.26~0.40	≤1.00	≤1.00	0.040	0.030	12.0~14.0	(≤0.60)		—
STS430	≤0.12	≤0.75	≤1.00	0.040	0.030	16.0~18.0	(≤0.60)		—
STS430F	≤0.12	≤1.00	≤1.25	0.060	≥0.15	16.0~18.0	(≤0.60)	(≤0.60)	—
STS440C	0.95~1.20	≤1.00	≤1.00	0.040	0.030	16.0~18.0	(≤0.60)	(≤0.75)	—

① 括号内的数字为允许添加的含量。

3.8.6 管线用不锈钢管 ［KSD3576（2011/2016 确认）］

（1）韩国 KS 标准管线用不锈钢管的钢号与化学成分（见表 3-8-17）

表 3-8-17 管线用不锈钢管的钢号与化学成分（质量分数）（%）

钢 号	C	Si	Mn	P≤	S≤	Cr	Ni[①]	Mo	N	其 他
奥氏体型										
STS304HTP	0.04~0.10	≤0.75	≤2.00	0.040	0.030	18.0~20.0	8.00~11.0	—	—	—
STS304LTP	≤0.030	≤1.00	≤2.00	0.040	0.030	18.0~20.0	9.00~13.0	—	—	—
STS304TP	≤0.08	≤1.00	≤2.00	0.040	0.030	18.0~20.0	8.00~11.0	—	—	—
STS309STP	≤0.08	≤1.00	≤2.00	0.040	0.030	22.0~24.0	12.0~15.0	—	—	—
STS309TP	≤0.15	≤1.00	≤2.00	0.040	0.030	22.0~24.0	12.0~15.0	—	—	—
STS310STP	≤0.08	≤1.50	≤2.00	0.040	0.030	24.0~26.0	19.0~22.0	—	—	—
STS310TP	≤0.15	≤1.50	≤2.00	0.040	0.030	24.0~26.0	19.0~22.0	—	—	—
STS316HTP	0.04~0.10	≤0.75	≤2.00	0.030	0.030	16.0~18.0	11.0~14.0	2.00~3.00	—	—
STS316LTP	≤0.030	≤1.00	≤2.00	0.040	0.030	16.0~18.0	12.0~16.0	2.00~3.00	—	—
STS316TiTP	≤0.08	≤1.00	≤2.00	0.040	0.030	16.0~18.0	10.0~14.0	2.00~3.00	—	Ti≥5C
STS316TP	≤0.08	≤1.00	≤2.00	0.040	0.030	16.0~18.0	10.0~14.0	2.00~3.00	—	—
STS317LTP	≤0.030	≤1.00	≤2.00	0.040	0.030	18.0~20.0	11.0~15.0	3.00~4.00	—	—
STS317TP	≤0.08	≤1.00	≤2.00	0.040	0.030	18.0~20.0	11.0~15.0	3.00~4.00	—	—
STS836LTP	≤0.030	≤1.00	≤2.00	0.040	0.030	19.0~24.0	24.0~26.0	5.00~7.00	≤0.25	—
STS890LTP	≤0.020	≤1.00	≤2.00	0.040	0.030	19.0~23.0	23.0~28.0	4.00~5.00	—	Cu1.00~2.00
STS321HTP	0.04~0.10	≤0.75	≤2.00	0.030	0.030	17.0~20.0	9.00~13.0	—	—	Ti≥4C~0.60
STS321TP	≤0.08	≤1.00	≤2.00	0.040	0.030	17.0~19.0	9.00~13.0	—	—	Ti≥5C
STS347HTP	0.04~0.10	≤1.00	≤2.00	0.030	0.030	17.0~20.0	9.00~13.0	—	—	Nb≥8C~1.00
STS347TP	≤0.08	≤1.00	≤2.00	0.040	0.030	17.0~19.0	9.00~13.0	—	—	Nb≥10C
STS350TP	≤0.030	≤1.00	≤1.50	0.035	0.020	22.0~24.0	20.0~23.0	6.00~6.80	—	N 0.21~0.32
奥氏体-铁素体型										
STS329J1TP	≤0.08	≤1.00	≤1.50	0.040	0.030	23.0~28.0	3.00~6.00	1.00~3.00	—	—
STS329J3LTP	≤0.030	≤1.00	≤1.50	0.040	0.030	21.0~24.0	4.50~6.50	2.50~3.50	0.08~0.20	—
STS329J4LTP	≤0.030	≤1.00	≤1.50	0.040	0.030	24.0~26.0	5.50~7.50	2.50~3.50	0.08~0.20	—
STS329LDTP	≤0.030	≤1.00	≤1.50	0.040	0.030	19.0~22.0	2.00~4.00	1.00~2.00	0.14~0.20	

（续）

钢　号	C	Si	Mn	P ≤	S ≤	Cr	Ni[①]	Mo	N	其　他
						铁素体型				
STS405TP	≤0.08	≤1.00	≤1.00	0.040	0.030	11.5~15.5	(≤0.60)	—	—	Al0.10~0.30
STS409LTP	≤0.030	≤1.00	≤1.00	0.040	0.030	10.5~11.75	—	—	—	Ti≥6C~0.75
STS430J1LTP	≤0.025	≤1.00	≤1.00	0.040	0.030	16.0~20.0	(≤0.60)	—	≤0.025	Cu 0.30~0.80 Ti、Nb、Zr 或其组合 8×(C+N)~0.80
STS430LXTP	≤0.030	≤0.75	≤1.00	0.040	0.030	16.0~19.0	(≤0.60)	—	—	Ti 或 Nb 0.10~1.00
STS430TP	≤0.12	≤0.75	≤1.00	0.040	0.030	16.0~18.0	(≤0.60)	—	—	
STS436LTP	≤0.025	≤1.00	≤1.00	0.040	0.030	16.0~19.0	(≤0.60)	0.75~1.50	≤0.025	Ti、Nb、Zr 或其组合 8(C+N)~0.80
STS444TP	≤0.025	≤1.00	≤1.00	0.040	0.030	17.0~20.0	(≤0.60)	1.75~2.50	≤0.025	Ti、Nb、Zr 或其组合 8(C+N)~0.80

① 括号内的数字为允许添加的含量。

（2）韩国 KS 标准管线用不锈钢管的力学性能（见表 3-8-18）

表 3-8-18　管线用不锈钢管的力学性能

钢　号	R_{eL}/MPa	R_m/MPa	$A^{②}$≥			
			4 号试样		5 号试样[①]	11 号试样 12 号试样[①]
	≥		纵向	横向		
STS304HTP	205	520	30	22	35	35
STS304LTP	175	480	30	22	25	35
STS304TP	205	520	30	22	25	35
STS309STP	205	520	30	22	25	35
STS309TP	205	520	30	22	25	35
STS310STP	205	520	30	22	25	35
STS310TP	205	520	30	22	25	35
STS316HTP	205	520	30	22	25	35
STS316LTP	175	480	30	22	25	35
STS316TiTP	205	520	30	22	25	35
STS316TP	205	520	30	22	25	35
STS317LTP	175	480	30	22	25	35
STS317TP	205	520	30	22	25	35
STS836LTP	205	520	30	22	25	35
STS890LTP	215	490	30	22	25	35
STS321HTP	205	520	30	22	25	35
STS321TP	205	520	30	22	25	35
STS347HTP	205	520	30	22	25	35
STS347TP	205	520	30	22	25	35
STS350TP	330	675	40	—	—	—
STS329J1TP	390	590	14	10	13	18
STS329J3LTP	450	620	14	10	13	18

（续）

钢 号	R_{eL}/MPa	R_m/MPa	$A^{②}\geqslant$			
			4 号试样		5 号试样[①]	11 号试样
	$\geqslant$		纵向	横向		12 号试样[①]
STS329J4LTP	450	620	14	10	13	18
STS405TP	205	410	16	11	14	20
STS409LTP	175	360	16	11	14	20
STS430J1LTP	205	390	16	11	14	20
STS430LXTP	175	360	16	11	14	20
STS430TP	245	410	16	11	14	20
STS436LTP	245	410	16	11	14	20
STS444TP	245	410	16	11	14	20

① 对壁厚 <8mm 的钢管，使用 12 号试样或 5 号试样进行拉伸试验时，壁厚每减少 1mm，其断后伸长率的最小值应从表中的规定值减去 1.5%，再修约成整数。

② 表中规定的断后伸长率 A，对外径 <40mm 的钢管不适用，但仍需记录。

3.8.7 锅炉和热交换器用不锈钢管［KS D3577（2007/2012 确认）］

（1）韩国 KS 标准锅炉和热交换器用不锈钢管的钢号与化学成分（表 3-8-19）

表 3-8-19 锅炉和热交换器用不锈钢管的钢号与化学成分（质量分数）（%）

钢 号	C	Si	Mn	P $\leqslant$	S $\leqslant$	Cr	Ni[①]	Mo	其 他
奥氏体型									
STS304TB	≤0.08	≤1.00	≤2.00	0.040	0.030	18.0~20.0	8.00~11.0	—	—
STS304HTB	0.04~0.10	≤0.75	≤2.00	0.040	0.030	18.0~20.0	8.00~11.0	—	—
STS304LTB	≤0.030	≤1.00	≤2.00	0.040	0.030	18.0~20.0	9.00~13.0	—	—
STS309TB	≤0.15	≤1.00	≤2.00	0.040	0.030	22.0~24.0	12.0~15.0	—	—
STS309STB	≤0.08	≤1.00	≤2.00	0.040	0.030	22.0~24.0	12.0~15.0	—	—
STS310TB	≤0.15	≤1.50	≤2.00	0.040	0.030	24.0~26.0	19.0~22.0	—	—
STS310STB	≤0.08	≤1.50	≤2.00	0.040	0.030	24.0~26.0	19.0~22.0	—	—
STS316TB	≤0.08	≤1.00	≤2.00	0.040	0.030	16.0~18.0	10.0~14.0	2.00~3.00	—
STS316HTB	0.04~0.10	≤0.75	≤2.00	0.030	0.030	16.0~18.0	11.0~14.0	2.00~3.00	—
STS316LTB	≤0.030	≤1.00	≤2.00	0.040	0.030	16.0~18.0	12.0~16.0	2.00~3.00	—
STS317TB	≤0.08	≤1.00	≤2.00	0.040	0.030	18.0~20.0	11.0~15.0	3.00~4.00	—
STS317LTB	≤0.030	≤1.00	≤2.00	0.040	0.030	18.0~20.0	11.0~15.0	3.00~4.00	—
STS321TB	≤0.08	≤1.00	≤2.00	0.040	0.030	17.0~19.0	9.00~13.0	—	—
STS321HTB	0.04~0.10	≤0.75	≤2.00	0.030	0.030	17.0~20.0	9.00~13.0	—	Ti≥5C
STS347TB	≤0.08	≤1.00	≤2.00	0.040	0.030	17.0~19.0	9.00~13.0	—	Ti≥8C~0.60
STS347HTB	0.04~0.10	≤1.00	≤2.00	0.030	0.030	17.0~20.0	9.00~13.0	—	Nb≥10C
STS350TB	≤0.03	≤1.00	≤1.50	0.035	0.020	22.0~24.0	20.0~23.0	6.00~6.80	N 0.21~0.32
STSXM15J1TB	≤0.08	3.00~5.00	≤2.00	0.045	0.030	15.0~20.0	11.5~15.0	—	—
奥氏体-铁素体型									
STS329J1TB	≤0.08	≤1.00	≤1.50	0.040	0.030	23.0~28.0	3.00~6.00	1.00~3.00	—
STS329J2TB	≤0.030	≤1.00	≤1.50	0.040	0.030	21.0~26.0	4.50~7.50	2.50~4.00	N 0.06~0.30
STS329LDTB	≤0.030	≤1.00	≤1.50	0.040	0.030	19.0~22.0	2.00~4.00	1.00~2.00	N 0.14~0.20

（续）

钢　号	C	Si	Mn	P ≤	S ≤	Cr	Ni[①]	Mo	其　他
						铁素体和马氏体型			
STS405TB	≤0.08	≤1.00	≤1.00	0.040	0.030	11.5~14.5	(≤0.60)	—	Al 0.10~0.30
STS409TB	≤0.08	≤1.00	≤1.00	0.040	0.030	10.5~11.75	(≤0.60)	—	Ti≥6C~0.75
STS410TB	≤0.15	≤1.00	≤1.00	0.040	0.030	11.5~13.5	(≤0.60)	—	—
STS410TiTB	≤0.08	≤1.00	≤1.00	0.040	0.030	11.5~13.5	(≤0.60)	—	Ti≥6C~0.75
STS430TB	≤0.12	≤0.75	≤1.00	0.040	0.030	16.0~18.0	(≤0.60)	—	—
STS444TB	≤0.025	≤1.00	≤1.00	0.040	0.030	17.0~20.0	(≤0.60)	1.75~2.50	(Ti+Nb+Zr) 8(C+N)~0.80 N≤0.025
STSXM8TB	≤0.08	≤1.00	≤1.00	0.040	0.030	17.0~19.0	(≤0.60)	—	Ti≥12C~1.10
STSXM27TB	≤0.010	≤0.40	≤0.40	0.030	0.020	25.0~27.0	(≤0.50)	0.75~1.50	Cu≤0.20, N≤0.015 Ni+Cu≤0.50

① 括号内的数字为允许添加的元素含量。

（2）韩国 KS 标准锅炉和热交换器用不锈钢管的力学性能与热处理（表3-8-20 和表3-8-21）

表3-8-20　锅炉和热交换器用不锈钢管的力学性能与热处理（一）

钢　号	热处理制度[①] （固溶处理）		R_m/MPa	R_{eL}/MPa	A（%）≥ 外径/mm		
	温度/℃	冷却	≥		<10	≥10~<20	≥20
			奥氏体型				
SUS304TB	1010	快冷	520	205	27	30	35
SUS304HTB	1040	快冷	520	205	27	30	35
SUS304LTB	1010	快冷	480	175	27	30	35
SUS309TB	1030	快冷	520	205	27	30	35
SUS309STB	1030	快冷	520	205	27	30	35
SUS310TB	1030	快冷	520	205	27	30	35
SUS310STB	1030	快冷	520	205	27	30	35
SUS316TB	1010	快冷	520	205	27	30	35
SUS316HTB	1040	快冷	520	205	27	30	35
SUS316LTB	1010	快冷	480	175	27	30	35
SUS317TB	1010	快冷	520	205	27	30	35
SUS317LTB	1010	快冷	480	175	27	30	35
SUS321TB	920	快冷	520	205	27	30	35
SUS321HTB	冷精整 1095	快冷	520	205	27	30	35
SUS347TB	980	快冷	520	205	27	30	35
SUS347HTB	冷精整 1095	快冷	520	205	27	30	35
SUSXM15J1TB	1010	快冷	520	205	27	30	35
			奥氏体-铁素体型				
SUS329J1TB	950	快冷	590	390	10	13	18
SUS329J3LTB	950	快冷	620	450	10	13	18
SUS329J4LTB	950	快冷	620	450	10	13	18

① 加热温度应高于表中所列温度。

表 3-8-21　锅炉和热交换器用不锈钢管的力学性能与热处理（二）

钢　号	热处理制度① （退火）		R_m/MPa	R_{eL}/MPa	A（%）≥		
	温度/℃	冷却	≥		外径/mm		
					< 10	≥10 ~ < 20	≥20
铁素体和马氏体型							
SUS405TB	700	空冷或缓冷	410	205	12	15	20
SUS409TB	700	空冷或缓冷	410	205	12	15	20
SUS410TB	700	空冷或缓冷	410	205	12	15	20
SUS410TiTB	700	空冷或缓冷	410	205	12	15	20
SUS430TB	700	空冷或缓冷	410	245	12	15	20
SUS444TB	700	空冷或缓冷	410	245	12	15	20
SUSXM8TB	700	空冷或缓冷	410	205	12	15	20
SUSXM27TB	700	空冷或缓冷	410	245	12	15	20

① 加热温度应高于表中所列温度。

3.8.8　压力容器用不锈钢锻件用扁钢［KS D4115（2001/2015 确认）］

（1）韩国 KS 标准压力容器用不锈钢锻件用扁钢的钢号与化学成分（表3-8-22）

表 3-8-22　压力容器用不锈钢锻件用扁钢的钢号与化学成分（质量分数）（%）

钢　号	C	Si	Mn	P ≤	S ≤	Cr	Ni	Mo	其 他
奥氏体型									
STSF304	≤0.08	≤1.00	≤2.00	0.040	0.030	18.0 ~ 20.0	8.00 ~ 11.0	—	—
STSF304H	0.04 ~ 0.10	≤1.00	≤2.00	0.040	0.030	18.0 ~ 20.0	8.00 ~ 12.0	—	—
STSF304L	≤0.030	≤1.00	≤2.00	0.040	0.030	18.0 ~ 20.0	9.00 ~ 13.0	—	—
STSF304LN	≤0.030	≤1.00	≤2.00	0.040	0.030	18.0 ~ 20.0	8.00 ~ 11.0	—	N0.10 ~ 0.16
STSF304N	≤0.08	≤0.75	≤2.00	0.040	0.030	18.0 ~ 20.0	8.00 ~ 11.0	—	N0.10 ~ 0.16
STSF310	≤0.15	≤1.00	≤2.00	0.040	0.030	24.0 ~ 26.0	19.0 ~ 22.0	—	—
STSF316	≤0.08	≤1.00	≤2.00	0.040	0.030	16.0 ~ 18.0	10.0 ~ 14.0	2.00 ~ 3.00	—
STSF316H	0.04 ~ 0.10	≤1.00	≤2.00	0.040	0.030	16.0 ~ 18.0	11.0 ~ 14.0	2.00 ~ 3.00	—
STSF316L	≤0.030	≤1.00	≤2.00	0.040	0.030	16.0 ~ 18.0	12.0 ~ 15.0	2.00 ~ 3.00	—
STSF316LN	≤0.030	≤1.00	≤2.00	0.040	0.030	16.0 ~ 18.0	10.0 ~ 14.0	2.00 ~ 3.00	N0.10 ~ 0.16
STSF316N	≤0.08	≤0.75	≤2.00	0.040	0.030	16.0 ~ 18.0	11.0 ~ 14.0	2.00 ~ 3.00	N0.10 ~ 0.16
STSF317	≤0.08	≤1.00	≤2.00	0.040	0.030	18.0 ~ 20.0	11.0 ~ 15.0	3.00 ~ 4.00	—
STSF317L	≤0.030	≤1.00	≤2.00	0.040	0.030	18.0 ~ 20.0	11.0 ~ 15.0	3.00 ~ 4.00	—
STSF321	≤0.08	≤1.00	≤2.00	0.040	0.030	≥17.0	9.00 ~ 12.0	—	Ti4C ~ 0.60
STSF321H	0.04 ~ 0.10	≤1.00	≤2.00	0.040	0.030	≥17.0	9.00 ~ 12.0	—	Ti4C ~ 0.60
STSF347	≤0.08	≤1.00	≤2.00	0.040	0.030	17.0 ~ 19.0	9.00 ~ 13.0	—	Nb10C ~ 1.00
STSF347H	0.04 ~ 0.10	≤1.00	≤2.00	0.040	0.030	17.0 ~ 20.0	9.00 ~ 13.0	—	Nb8C ~ 1.00
STSF350	≤0.03	≤1.00	≤1.50	0.035	0.020	22.0 ~ 24.0	20.0 ~ 23.0	6.00 ~ 8.00	N0.21 ~ 0.32 Cu≤0.40
马氏体型									
STSF410A	≤0.15	≤1.00	≤1.00	0.040	0.030	11.5 ~ 13.5	≤0.50	—	—
STSF410B	≤0.15	≤1.00	≤1.00	0.040	0.030	11.5 ~ 13.5	≤0.50	—	—
STSF410C	≤0.15	≤1.00	≤1.00	0.040	0.030	11.5 ~ 13.5	≤0.50	—	—

（续）

钢　号	C	Si	Mn	P ≤	S ≤	Cr	Ni	Mo	其　他
马氏体型									
STSF410D	≤0.15	≤1.00	≤1.00	0.040	0.030	11.5 ~ 13.5	≤0.50	—	—
STSF6B	≤0.15	≤1.00	≤1.00	0.020	0.020	11.5 ~ 13.5	1.00 ~ 2.00	0.40 ~ 0.60	Cu≤0.50
STSF6NM	≤0.05	0.30 ~ 0.60	0.50 ~ 1.00	0.030	0.030	11.5 ~ 14.0	3.50 ~ 5.50	0.50 ~ 1.00	—
沉淀硬化型									
STSF630	≤0.07	≤1.00	≤1.00	0.040	0.030	15.0 ~ 17.00	3.00 ~ 5.00	—	Cu 3.00 ~ 5.00 Nb 0.15 ~ 0.45

（2）韩国 KS 标准压力容器用不锈钢锻件用扁钢的力学性能（表3-8-23）

表 3-8-23　压力容器用不锈钢锻件用扁钢的力学性能

钢　号	$R_{p0.2}$/MPa	R_m/MPa	A (%)	Z (%)	HBW	HRB[①]
	≥				≤	
奥氏体型						
STSF304	205	480	29	50	187	90
STSF304H	205	480	29	50	187	90
STSF304L	175	450	29	50	187	90
STSF304LN	205	480	29	50	187	90
STSF304N	240	550	24	—	217	(96)
STSF310	205	480	29	50	187	90
STSF316	205	480	29	50	187	90
STSF316H	205	480	29	50	187	90
STSF316L	175	450	29	50	187	90
STSF316LN	205	480	29	50	187	90
STSF316N	240	550	24	—	217	(96)
STSF317	205	480	29	50	187	90
STSF317L	175	450	29	50	187	90
STSF321	205	480	29	50	187	90
STSF321H	205	480	29	50	187	90
STSF347	205	480	29	50	187	90
STSF347H	205	520	29	50	187	90
STSF350	330	675	40	—	—	—
马氏体型						
STSF410A	275	480	16	35	143 ~ 187	—
STSF410B	380	590	16	35	167 ~ 229	—
STSF410C	585	760	14	35	217 ~ 302	—
STSF410D	760	900	16	35	262 ~ 321	—
STSF6B	620	760 ~ 930	15	45	217 ~ 285	—
STSF6NM	620	790	14	35	295	—
沉淀硬化型						
STSF630	725 ~ 860	930 ~ 1000	12 ~ 15	—	277 ~ 311	

① 括号内数值为 HRC 值。

3.8.9 机械和结构用不锈钢管 [KS D3536 (2008/2013 确认)]

（1）韩国 KS 标准机械和结构用不锈钢管的钢号与化学成分（表 3-8-24）

表 3-8-24　机械和结构用不锈钢管的钢号与化学成分（质量分数）（%）

钢 号	C	Si	Mn	P ≤	S ≤	Cr	Ni[①]	Mo	其 他
奥氏体型									
STS304TKA	≤0.08	≤1.00	≤2.00	0.040	0.030	18.0~20.0	8.00~11.0	—	
STS304TKC	≤0.08	≤1.00	≤2.00	0.040	0.030	18.0~20.0	8.00~11.0	—	
STS316TKA	≤0.08	≤1.00	≤2.00	0.040	0.030	16.0~18.0	10.0~14.0	2.00~3.00	
STS316TKC	≤0.08	≤1.00	≤2.00	0.040	0.030	16.0~18.0	10.0~14.0	2.00~3.00	
STS321TKA	≤0.08	≤1.00	≤2.00	0.040	0.030	17.0~19.0	9.00~13.0	—	Ti≥5C
STS347TKA	≤0.08	≤1.00	≤2.00	0.040	0.030	17.0~19.0	9.00~13.0	—	Nb≥10C
STS350TKA	≤0.03	≤1.00	≤1.50	0.035	0.020	22.0~24.0	20.0~23.0	6.00~8.00	
铁素体型									
STS430TKA	≤0.12	≤0.75	≤1.00	0.040	0.030	16.0~18.0	(≤0.60)	—	
STS430TKC	≤0.12	≤0.75	≤1.00	0.040	0.030	16.0~18.0	(≤0.60)	—	
STS439TKC	≤0.025	≤1.00	≤1.00	0.040	0.030	17.0~20.0	(≤0.60)	—	(Ti+Nb)8(C+N)~0.80
马氏体型									
STS410TKA	≤0.15	≤1.00	≤1.00	0.040	0.030	11.5~13.5	(≤0.60)	—	
STS410TKC	≤0.15	≤1.00	≤1.00	0.040	0.030	11.5~13.5	(≤0.60)	—	
STS420J1TKA	0.16~0.25	≤1.00	≤1.00	0.040	0.030	12.0~14.0	(≤0.60)	—	
STS420J2TKA	0.26~0.40	≤1.00	≤1.00	0.040	0.030	12.0~14.0	(≤0.60)	—	

① 括号内数字为允许添加的含量。

（2）韩国 KS 标准机械和结构用不锈钢管的力学性能（表 3-8-25）

表 3-8-25　机械和结构用不锈钢管的力学性能

钢 号	R_{eL}/MPa	R_m/MPa	A[②]（%）≥		11 号试样 12 号试样[③]	压扁试验 平板间的距离（H）（D—钢管外径）
			4 号试样			
	≥		纵向	横向		
STS304TKA[①]	205	520	30	22	35	(1/3) D
STS304TKC	205	520	30	22	35	(2/3) D
STS316TKA[①]	205	520	30	22	35	(1/3) D
STS316TKC	205	520	30	22	35	(2/3) D
STS321TKA	205	520	30	22	35	(1/3) D
STS347TKA[①]	205	520	30	22	35	(1/3) D
STS350TKA	330	675	40	—	—	—
STS410TKA	205	410	—	—	20	(2/3) D
STS410TKC	205	410	—	—	19	(3/4) D
STS420J1TKA	215	470	—	—	19	(3/4) D
STS420J2TKA	225	540	—	—	18	(3/4) D
STS430TKA[①]	245	410	—	—	20	(2/3) D
STS430TKC	245	410	—	—	20	(3/4) D

① 对钢号 STS304TKA、STS316TKA、STS347TKA 和 STS430TKA，在必要时，需方可指定按抗拉强度上限交货。此时，其上限值应为表中的规定值加 20MPa。

② 表中规定的断后伸长率 A，对外径 <10mm 及壁厚 <1mm 的钢管不适用，但仍需记录。

③ 对壁厚 <8mm 的钢管，使用 12 号试样进行拉伸试验时，壁厚每减少 1mm，其断后伸长率的最小值应从表中的规定值减去 1.5%，再修约成整数。

3.8.10　不锈钢丝 ［KS D3703（2007/2012 确认）］

（1）韩国 KS 标准不锈钢丝的钢号与化学成分（表3-8-26）

表 3-8-26　不锈钢丝的钢号与化学成分（质量分数）（%）

钢　号	C	Si	Mn	P ≤	S[①] ≤	Cr	Ni[②]	Mo[②]	其　他
奥氏体型									
STH330	≤0.15	≤1.50	≤2.00	0.040	0.030	14.0~17.0	33.0~37.0	—	—
STH446	≤0.20	≤1.00	≤1.50	0.040	0.030	23.0~27.0	(≤0.60)	—	N≤0.25
STS201	≤0.15	≤1.00	5.50~7.50	0.060	0.030	16.0~18.0	3.50~5.50	—	N≤0.25
STS303	≤0.15	≤1.00	≤2.00	0.020	≥0.15	17.0~19.0	8.00~10.0	(≤0.60)	—
STS303Cu	≤0.15	≤1.00	≤3.00	0.020	≥0.15	17.0~19.0	8.00~10.0	—	Cu1.50~3.50
STS303Se	≤0.15	≤1.00	≤2.00	0.020	0.060	17.0~19.0	8.00~10.0	—	Se≥0.15
STS304	≤0.08	≤1.00	≤2.00	0.045	0.030	18.0~20.0	8.00~10.5	—	—
STS304J3	≤0.08	≤1.00	≤2.00	0.045	0.030	17.0~19.0	8.00~10.5	—	Cu1.00~3.00
STS304L	≤0.030	≤1.00	≤2.00	0.045	0.030	18.0~20.0	9.00~13.0	—	—
STS304N1	≤0.08	≤1.00	≤2.50	0.045	0.030	18.0~20.0	7.00~10.5	—	N0.10~0.25
STS305	≤0.12	≤1.00	≤2.00	0.045	0.030	17.0~19.0	10.5~13.0	—	—
STS305J1	≤0.08	≤1.00	≤2.00	0.045	0.030	16.5~19.0	11.0~13.5	—	—
STS309S	≤0.08	≤1.00	≤2.00	0.045	0.030	22.0~24.0	12.0~15.0	—	—
STS310S	≤0.08	≤1.50	≤2.00	0.045	0.030	24.0~26.0	19.0~22.0	—	—
STS316	≤0.08	≤1.00	≤2.00	0.045	0.030	16.0~18.0	10.0~14.0	2.00~3.00	—
STS316F	≤0.08	≤1.00	≤2.00	0.045	≥0.10	16.0~18.0	10.0~14.0	2.00~3.00	—
STS316L	≤0.030	≤1.00	≤2.00	0.045	0.030	16.0~18.0	12.0~15.0	2.00~3.00	—
STS317	≤0.08	≤1.00	≤2.00	0.045	0.030	18.0~20.0	11.0~15.0	3.00~4.00	—
STS317L	≤0.030	≤1.00	≤2.00	0.045	0.030	18.0~20.0	11.0~15.0	3.00~4.00	—
STS321	≤0.08	≤1.00	≤2.00	0.045	0.030	17.0~19.0	9.00~13.0	—	Ti≥5C
STS347	≤0.08	≤1.00	≤2.00	0.045	0.030	17.0~19.0	9.00~13.0	—	Nb≥10C
STSXM7	≤0.08	≤1.00	≤2.00	0.045	0.030	17.0~19.0	8.50~10.5	—	Cu3.00~4.00
STSXM15J1	≤0.08	3.00~5.00	≤2.00	0.045	0.030	15.0~20.0	11.5~15.0	—	—
铁素体型									
STS405	≤0.08	≤1.00	≤2.00	0.040	0.030	11.5~14.5	(≤0.60)	—	Al0.10~0.30
STS430	≤0.12	≤0.75	≤1.00	0.040	0.030	16.0~18.0	(≤0.60)	—	—
STS430F	≤0.12	≤1.00	≤1.25	0.060	≥0.15	16.0~18.0	(≤0.60)	(≤0.60)	—
马氏体型									
STS403	≤0.15	≤0.50	≤1.00	0.040	0.030	11.5~13.0	(≤0.60)	—	—
STS410	≤0.15	≤1.00	≤1.00	0.040	0.030	11.5~13.5	(≤0.60)	—	—
STS410F2	≤0.15	≤1.00	≤1.00	0.040	0.030	11.5~13.5	(≤0.60)	—	Pb0.05~0.30
STS416	≤0.15	≤1.00	≤1.25	0.060	≥0.15	12.0~14.0	(≤0.60)	(≤0.60)	—
STS420F	0.26~0.40	≤1.00	≤1.25	0.060	≥0.15	12.0~14.0	(≤0.60)	(≤0.60)	—
STS420F2	0.26~0.40	≤1.00	≤1.00	0.040	0.030	12.0~14.0	(≤0.60)	—	Pb0.05~0.30
STS420J1	0.16~0.25	≤1.00	≤1.00	0.040	0.030	12.0~14.0	(≤0.60)	—	—
STS420J2	0.26~0.40	≤1.00	≤1.00	0.040	0.030	12.0~14.0	(≤0.60)	—	—
STS440C	0.95~1.20	≤1.00	≤1.00	0.040	0.030	16.0~18.0	(≤0.60)	(≤0.75)	—

① 标明≥者不受≤的限制。

② 括号内的数字为允许添加的含量。

（2）韩国 KS 标准不锈钢丝的力学性能（表 3-8-27～表 3-8-29）

表 3-8-27　不锈钢 1 号软态钢丝的抗拉强度和断后伸长率

钢丝牌号		钢丝直径/mm	R_m/MPa	A（%）≥
STS201-W1 STS304-W1 STR330-W1		>0.050 至≤0.16	730～980	20
		>0.16 至≤0.50	680～930	20
		>0.50 至≤1.60	650～900	30
		>1.60 至≤5.00	630～880	30
		>5.00 至≤14.0	550～800	30
STS303-W1 STS303Se-W1 STS303Cu-W1 STS304-W1 STS304L-W1 STS309S-W1 STS310S-W1 STS316-W1	STS316L-W1 STS316F-W1 STS317-W1 STS317L-W1 STS321-W1 STS347-W1 STSXM15J1	>0.050 至≤0.16	650～800	20
		>0.16 至≤0.50	610～860	20
		>0.50 至≤1.60	570～820	30
		>1.60 至≤5.00	520～770	30
		>5.00 至≤14.0	500～750	30
STS304J3-W1 STS305-W1 STS305J1-W1 STSXM7-W1		>0.050 至≤0.16	620～870	20
		>0.16 至≤0.50	580～830	20
		>0.50 至≤1.60	540～790	30
		>1.60 至≤5.00	500～750	30
		>5.00 至≤14.0	490～740	30
STS304-W1 STS304L-W1		>0.020 至≤0.050	880～1130	10
STS316-W1 STS316L-W1		>0.020 至≤0.050	650～900	10

注：W1 表示 1 号软态钢丝。

表 3-8-28　不锈钢 2 号软态钢丝的抗拉强度

钢丝牌号		钢丝直径/mm	R_m/MPa
STS201-W2 STS303-W2 STS303Cu-W2 STS303Se-W2 STS304-W2 STS304L-W2 STS304N1-W2 STS304J3-W2 STS305-W2 STS305J1-W2 STS309S-W2	STS310S-W2 STS316-W2 STS316L-W2 STS316F-W2 STS317-W2 STS317L-W2 STS321-W2 STS347-W2 STSXM7-W2 STSXM15J1-W2	>0.80 至≤1.60	780～1130
		>1.60 至≤5.00	740～1080
		>5.00 至≤14.00	740～1030
STS403-W2 STS405-W2	STS410-W2 STS430-W2	>0.80 至≤5.00	540～780
		>5.00 至≤14.0	490～740
STS410-W2 STS416-W2 STS420J1-W2 STS420J2-W2 STS420F-W2	STS420F2-W2 STS403F-W2 STS440C-W2 STR446-W2	>0.80 至≤1.60	640～930
		>1.60 至≤5.00	590～880
		>5.00 至≤14.0	590～830

注：W2 表示 2 号软态钢丝。

表 3-8-29　不锈钢半硬态钢丝的抗拉强度

钢丝牌号	钢丝直径/mm	R_m/MPa
STS201-W1/2H	>0.80 至 ≤1.60	1130 ~ 1470
STS304-W1/2H	>1.60 至 ≤5.00	1080 ~ 1420
STS304N1-W1/2H		
STS316-W1/2H	>5.00 至 ≤6.00	1030 ~ 1320

注：W1/2H 表示半硬态钢丝。

3.8.11　冷镦和冷顶锻用不锈钢钢丝 ［KS D3697（2002/2012 确认）］

（1）韩国 KS 标准冷镦和冷顶锻用不锈钢钢丝的钢号与化学成分（表 3-8-30）

表 3-8-30　冷镦和冷顶锻用不锈钢钢丝的钢号与化学成分（质量分数）（%）

钢　号	C	Si	Mn	P ≤	S ≤	Cr	Ni[①]	Mo	其　他
奥氏体型									
STS304	≤0.08	≤1.00	≤2.00	0.045	0.030	18.0 ~ 20.0	8.00 ~ 10.5	—	—
STS304L	≤0.030	≤1.00	≤2.00	0.045	0.030	18.0 ~ 20.0	9.00 ~ 13.0	—	—
STS304J3	≤0.08	≤1.00	≤2.00	0.045	0.030	17.0 ~ 19.0	8.00 ~ 10.5	—	Cu 1.00 ~ 3.00
STS305	≤0.12	≤1.00	≤2.00	0.045	0.030	17.0 ~ 19.0	10.5 ~ 13.0	—	—
STS305J1	≤0.08	≤1.00	≤2.00	0.045	0.030	16.5 ~ 19.0	11.0 ~ 13.5	—	—
STS316	≤0.08	≤1.00	≤2.00	0.045	0.030	16.0 ~ 18.0	10.0 ~ 14.0	2.00 ~ 3.00	—
STS316L	≤0.030	≤1.00	≤2.00	0.045	0.030	16.0 ~ 18.0	12.0 ~ 15.0	2.00 ~ 3.00	—
STS384	≤0.08	≤1.00	≤2.00	0.045	0.030	15.0 ~ 17.0	17.0 ~ 19.0	—	—
STSXM7	≤0.08	≤1.00	≤2.00	0.045	0.030	17.0 ~ 19.0	8.50 ~ 10.5	—	Cu 3.00 ~ 4.00
STH660	≤0.08	≤1.00	≤2.00	0.040	0.030	13.5 ~ 16.0	24.0 ~ 27.0	1.00 ~ 1.50	Ti 1.90 ~ 2.35 V 0.10 ~ 0.50 Al ≤0.35 B 0.001 ~ 0.010
铁素体型									
STS430	≤0.12	≤0.75	≤1.00	0.040	0.030	16.0 ~ 18.0	(≤0.60)	—	—
STS434	≤0.12	≤1.00	≤1.00	0.040	0.030	16.0 ~ 18.0	(≤0.60)	0.75 ~ 1.25	—
马氏体型									
STS403	≤0.15	≤0.50	≤1.00	0.040	0.030	11.5 ~ 13.0	(≤0.60)	—	—
STS410	≤0.15	≤1.00	≤1.00	0.040	0.030	11.5 ~ 13.5	(≤0.60)	—	—

① 括号内的数字为允许添加的含量。

（2）韩国冷镦和冷锻不锈钢软态钢丝的力学性能（表 3-8-31）

表 3-8-31　冷镦和冷锻不锈钢软态钢丝的力学性能

钢丝牌号	钢丝直径/mm	R_m/MPa	Z（%）≥	A（%）≥
SUS304 SUS304L SUS304J3	>0.80 至 ≤2.00	560 ~ 710	70	30
	>2.00 至 ≤5.50	510 ~ 660	70	40
SUS305 SUS305J1	>0.80 至 ≤2.00	530 ~ 680	70	30
	>2.00 至 ≤5.50	490 ~ 640	70	40
SUS316 SUS316L	>0.80 至 ≤2.00	560 ~ 710	70	20
	>2.00 至 ≤5.50	510 ~ 660	70	30

（续）

钢丝牌号	钢丝直径/mm	R_m/MPa	Z（%）≥	A（%）≥
SUS384	>0.80 至 ≤2.00	490~640	70	30
	>2.00 至 ≤5.50	450~600	70	40
SUSXM7	>0.80 至 ≤2.00	480~630	70	30
	>2.00 至 ≤5.50	440~590	70	40
SUS660	>0.80 至 ≤2.00	630~780	65	10
	>2.00 至 ≤5.50	580~730	65	15

（3）韩国冷镦和冷锻不锈钢轻拉钢丝的力学性能（表3-8-32）

表 3-8-32　冷镦和冷锻不锈钢轻拉钢丝的力学性能

钢丝牌号	钢丝直径/mm	R_m/MPa	Z（%）≥	A（%）≥
SUS304 SUS304L SUS304J3	>0.80 至 ≤2.00	580~760	65	20
	>2.00 至 ≤17.0	530~710	65	25
SUS305 SUS305J1	>0.80 至 ≤2.00	560~740	65	20
	>2.00 至 ≤17.0	510~690	65	25
SUS316 SUS316L	>0.80 至 ≤2.00	580~760	65	10
	>2.00 至 ≤17.0	530~710	65	20
SUS384	>0.80 至 ≤2.00	510~690	65	20
	>2.00 至 ≤17.0	460~640	65	25
SUSXM7	>0.80 至 ≤2.00	500~680	65	20
	>2.00 至 ≤17.0	450~630	65	25
SUH660	>0.80 至 ≤2.00	650~830	60	8
	>2.00 至 ≤17.0	600~780	60	10
SUS430	>0.80 至 ≤2.00	500~700	65	—
	>2.00 至 ≤17.0	450~600	65	10
SUS403 SUS410 SUS434	>0.80 至 ≤2.00	540~740	65	—
	>2.00 至 ≤17.0	460~640	65	10

注：奥氏体和铁素体型轻拉钢丝，经供需双方协定，其抗拉强度 R_m 上下值和断后伸长率 A 都可作适当调整。

3.8.12　弹簧用不锈钢钢丝 ［KS D3535（2002/2012 确认）］

（1）韩国 KS 标准弹簧用不锈钢钢丝的钢号与化学成分（见表3-8-33）

表 3-8-33　弹簧用不锈钢钢丝的钢号与化学成分（质量分数）（%）

钢号	C	Si	Mn	P ≤	S ≤	Cr	Ni	Mo	其他
STS302	≤0.15	≤1.00	≤2.00	0.045	0.030	17.0~19.0	8.00~10.0	—	—
STS304	≤0.08	≤1.00	≤2.00	0.045	0.030	18.0~20.0	8.00~10.5	—	—
STS304N1	≤0.08	≤1.00	≤2.50	0.045	0.030	18.0~20.0	7.00~10.5	—	N 0.10~0.25
STS316	≤0.08	≤1.00	≤2.00	0.045	0.030	16.0~18.0	10.0~14.0	2.00~3.00	—
STS631J1	≤0.09	≤1.00	≤1.00	0.040	0.030	16.0~18.0	7.00~8.50	—	Al 0.75~1.50

（2）韩国弹簧用不锈钢丝的力学性能（表3-8-34）

表 3-8-34 弹簧用不锈钢丝的抗拉强度

钢丝直径 /mm	R_m/MPa（在下列不同组别时）			
	A 组[①]	B 组[②]	C 组[③]	D 组[④]
>0.080 至 ≤0.10	1650 ~ 1900	2150 ~ 2400	—	—
>0.10 至 ≤0.20			1950 ~ 2200	—
>0.20 至 ≤0.29	1600 ~ 1850	2050 ~ 2300	1930 ~ 2180	—
>0.29 至 ≤0.40			—	1700 ~ 2000
>0.40 至 ≤0.60		1950 ~ 2200	1850 ~ 2100	1650 ~ 1950
>0.60 至 ≤0.70	1530 ~ 1780	1850 ~ 2100	1800 ~ 2050	1550 ~ 1850
>0.70 至 ≤0.90				1550 ~ 1800
>0.90 至 ≤1.00				1500 ~ 1750
>1.00 至 ≤1.20	1450 ~ 1700	1750 ~ 2000	1700 ~ 1950	1470 ~ 1720
>1.20 至 ≤1.40				1420 ~ 1670
>1.40 至 ≤1.60	1400 ~ 1650	1650 ~ 1900	1600 ~ 1850	1370 ~ 1620
>1.60 至 ≤2.00				
>2.00 至 ≤2.60	1320 ~ 1570	1550 ~ 1800	1500 ~ 1750	
>2.60 至 ≤4.00	1230 ~ 1480	1450 ~ 1700	—	—
>4.00 至 ≤6.00	1100 ~ 1350	1350 ~ 1600	—	—
>6.00 至 ≤8.00	1000 ~ 1250	1270 ~ 1520	—	—
>8.00 至 ≤9.00	—	1130 ~ 1360		
>9.00 至 ≤10.0	—	980 ~ 1230		
>10.0 至 ≤12.0	—	880 ~ 1130		—

① A 组适用的钢丝直径为 >0.080 至 ≤8.00mm，其牌号有：SUS302、SUS304、SUS304N1、SUS316。
② B 组适用的钢丝直径为 >0.080 至 ≤12.0mm，其牌号有：SUS302、SUS304、SUS304、SUS304N1。
③ C 组牌号适用的钢丝直径为 >0.10 至 ≤6.00mm，其牌号有：SUS631J1。
④ D 组牌号适用的钢丝直径为 >0.29 至 ≤1.60mm，其牌号有：SUS6304。

3.8.13 弹簧用冷轧不锈钢带［KS D3534（2002/2012 确认）］

（1）韩国 KS 标准弹簧用冷轧不锈钢带的钢号与化学成分（表3-8-35）

表 3-8-35 弹簧用冷轧不锈钢带的钢号与化学成分（质量分数）（%）

钢 号	C	Si	Mn	P ≤	S ≤	Cr	Ni	Mo	其 他
STS301	≤0.15	≤1.00	≤2.00	0.045	0.030	16.0 ~ 18.0	6.00 ~ 8.00	—	—
STS304	≤0.08	≤1.00	≤2.00	0.045	0.030	18.0 ~ 20.0	8.00 ~ 10.5	—	—
STS420J2	0.26 ~ 0.40	≤1.00	≤1.00	0.040	0.030	12.0 ~ 14.0	—	—	—
STS631	≤0.09	≤1.00	≤1.00	0.040	0.030	16.0 ~ 18.0	6.50 ~ 7.50	—	Al 0.75 ~ 1.50

（2）韩国 KS 标准弹簧用冷轧不锈钢带的力学性能（表3-8-36）

表 3-8-36 弹簧用冷轧不锈钢带的力学性能

钢 号	状态[1]	固溶处理的力学性能（≥）				沉淀硬化处理的力学性能（≥）			
		R_m /MPa	R_{eL} /MPa	A (%)	HV	热处理代号	R_m /MPa	R_{eL} /MPa	HV
STS301	$\frac{1}{2}$H	930	510	10	310	—	—	—	—
	$\frac{3}{4}$H	1130	745	5	370	—	—	—	—
	H	1320	1030	—	430	—	—	—	—
	EH	1570	1275	—	490	—	—	—	—
	SEH	1740	1450	—	530	—	—	—	—
STS631	$\frac{1}{2}$H	780	470	6	250	—	—	—	—
	$\frac{3}{4}$H	930	665	3	310	—	—	—	—
	H	1130	880	—	370	—	—	—	—
STS420J2	0	—	—	—	247	—	—	—	—
STS632J2	0	1030	—	20	200	TH1050[2]	1140	960	345
						RH950[3]	1230	1030	392
	$\frac{1}{2}$H	1080	—	5	350	CH[4]	1230	880	380
	$\frac{3}{4}$H	1180	—	—	400	CH[4]	1420	1080	450
	H	1420	—	—	450	CH[4]	1720	1320	530

① $\frac{1}{2}$H、$\frac{3}{4}$H、H 和 EH 均为钢材状态代号，表示不同硬度状态（如低硬、半硬、冷硬、特硬）的钢带。

② TH1050 为固溶处理（1000~1100℃快冷）后，（760±10）℃保温 90min，于 1h 内降至 15℃冷却 30min，再于（565± 10）℃保温 90min，空冷。

③ RH950 为固溶处理（1000~1100℃快冷）后，（955±10）℃保温 10min，空冷至室温，应于 24h 内在（-73±6）℃保持 8h，再于（510±10）℃保温 60min，空冷。

④ CH 为（475±10）℃，保温 1h，空冷。

3.8.14 特殊合金棒材 ［KSD 3750（2007/2012 确认）］

韩国 KS 标准特殊合金棒材的牌号与化学成分见表 3-6-37。

表 3-6-37 特殊合金棒材的牌号与化学成分（质量分数）（%）

钢 号	C	Si	Mn	P ≤	S ≤	Cr	Ni	Al	Ti	Fe	其 他
Inconel600	≤0.15	≤0.50	≤1.00	0.030	0.015	14.0~17.0	≥72.0	—	—	6.00~10.0	Cu≤0.50
Inconel718	≤0.08	≤0.50	≤1.00	0.030	0.015	17.5~20.5	余量	0.30~0.70	0.70~1.10	16.5~20.5	Mo2.00~4.00 （Nb+Ta）4.80~5.40 Cu≤0.50
InconelX750	≤0.08	≤0.50	≤1.00	0.030	0.015	14.0~17.0	≥70.0	0.40~1.00	2.25~2.75	5.00~9.00	（Nb+Ta）0.70~1.20 Cu≤0.50
Incoloy800	≤0.10	≤1.00	≤1.50	0.030	0.015	19.0~23.0	30.0~35.0	0.15~0.60	0.15~0.60	余量	Cu≤0.75
Nimonic80A	0.04~0.10	≤1.00	≤1.00	0.030	0.015	18.0~21.0	余量	1.00~1.80	1.80~2.70	≤1.50	Co≤2.00 Cu≤0.20

3.9　俄　罗　斯

A. 通用钢材和合金

3.9.1　不锈钢和耐热钢（含热强钢）

（1）俄罗斯ГОСТ标准马氏体型不锈钢和耐热钢的钢号与化学成分［ГОСТ5632（2014）］（表3-9-1）

表 3-9-1　马氏体型不锈钢和耐热钢的钢号与化学成分[①]（质量分数）（%）

钢　号	代号	C	Si	Mn	P ≤	S ≤	Cr	Ni	Mo	Ti	其　他[②]
05Х16Н5АБ	ЭК172	≤0.05	0.20 ~ 0.50	0.20 ~ 0.60	0.010	0.010	15.0 ~ 16.5	4.00 ~ 5.50	≤0.30	≤0.20	Nb 0.04 ~ 0.10 V≤0.20 N 0.10 ~ 0.18
07Х16Н4Б	—	0.05 ~ 0.10	≤0.60	0.20 ~ 0.50	0.025	0.020	15.0 ~ 16.5	3.50 ~ 4.50	≤0.30	—	Nb 0.20 ~ 0.40 W≤0.20
09Х16Н4Б	ЭП56	0.08 ~ 0.12	≤0.60	≤0.50	0.030	0.015	15.0 ~ 16.5	4.00 ~ 4.50	≤0.30	≤0.20	Nb 0.05 ~ 0.15 W≤0.20
11Х11Н2В2МФ	ЭИ962	0.09 ~ 0.13	≤0.60	≤0.60	0.030	0.025	10.5 ~ 12.0	1.50 ~ 1.80	0.35 ~ 0.50	≤0.20	W 1.60 ~ 2.00 V 0.18 ~ 0.30
13Х11Н2В2МФ	ЭИ961	0.10 ~ 0.16	≤0.60	≤0.60	0.030	0.025	10.5 ~ 12.0	1.50 ~ 1.80	0.35 ~ 0.50	≤0.20	W 1.60 ~ 2.00 V 0.18 ~ 0.30
13Х14Н3В2ФР	ЭИ736	0.10 ~ 0.16	≤0.60	≤0.60	0.030	0.025	13.0 ~ 15.0	2.80 ~ 3.40	≤0.30	≤0.05	W 1.60 ~ 2.20 V 0.18 ~ 0.28 B≤0.004
15Х11МФ		12.0 ~ 19.0	≤0.50	≤0.70	0.030	0.025	10.0 ~ 11.5	≤0.60	0.60 ~ 0.80	≤0.20	V 0.25 ~ 0.40
16Х11Н2В2МФ	ЭИ962А	0.14 ~ 0.18	≤0.60	≤0.60	0.030	0.025	10.5 ~ 12.0	1.40 ~ 1.80	0.35 ~ 0.50	≤0.20	W 1.60 ~ 2.00 V 0.18 ~ 0.30
18Х11МНФБ	ЭП291	0.15 ~ 0.21	≤0.60	0.60 ~ 1.00	0.030	0.025	10.0 ~ 11.5	0.50 ~ 1.00	0.80 ~ 1.10	≤0.20	V 0.20 ~ 0.40 Nb 0.20 ~ 0.45
20Х12ВНМФ	ЭП428	0.17 ~ 0.23	≤0.60	0.50 ~ 0.90	0.030	0.025	10.5 ~ 12.5	0.50 ~ 0.90	0.50 ~ 0.70	—	W 0.70 ~ 1.10 V 0.15 ~ 0.30
20Х13	—	0.16 ~ 0.25	≤0.80	≤0.80	0.030	0.025	12.0 ~ 14.0	≤0.60	≤0.30	≤0.20	—
20Х17Н2	—	0.17 ~ 0.25	≤0.80	≤0.80	0.035	0.025	16.0 ~ 18.0	1.50 ~ 2.50	≤0.30	≤0.20	—
А25Х13Н21	ЭИ474	0.20 ~ 0.30	≤0.50	≤0.80	0.08 ~ 0.15	0.15 ~ 0.25	12.0 ~ 14.0	1.50 ~ 2.00	≤0.30	—	—
30Х13	—	0.26 ~ 0.35	≤0.80	≤0.80	0.030	0.025	12.0 ~ 14.0	≤0.60	≤0.30	≤0.20	—
30Х13Н7С2	ЭИ72	0.25 ~ 0.34	2.00 ~ 3.00	≤0.80	0.030	0.025	12.0 ~ 14.0	6.00 ~ 7.50	≤0.30	≤0.20	—

（续）

钢 号	代号	C	Si	Mn	P ≤	S ≤	Cr	Ni	Mo	Ti	其 他[2]
40Х9С2	—	0.35 ~ 0.45	2.00 ~ 3.00	≤0.80	0.030	0.025	8.00 ~ 10.0	≤0.60	—	≤0.20	—
40Х10С2М	ЭИ107	0.35 ~ 0.45	1.90 ~ 2.60	≤0.80	0.030	0.025	9.00 ~ 10.5	≤0.60	0.70 ~ 0.90	≤0.20	—
40Х13	—	0.36 ~ 0.45	≤0.80	≤0.80	0.030	0.025	12.0 ~ 14.0	≤0.60	—	≤0.20	—
65Х13	—	0.60 ~ 0.70	0.20 ~ 0.50	0.25 ~ 0.80	0.030	0.025	12.0 ~ 14.0	≤0.50	—	—	—
95Х18	ЭИ229	0.90 ~ 1.00	≤0.80	≤0.80	0.030	0.025	17.0 ~ 19.0	≤0.60	—	≤0.20	—

① 本表摘自 ГОСТ5632（2014），并参考其他补充资料。

② 残余元素含量：Cu≤0.30%，W≤0.20%（已标出其含量的牌号除外）。

（2）俄罗斯 ГОСТ 标准马氏体-铁素体型不锈钢和耐热钢的钢号与化学成分［ГОСТ 5632（2014）］（表3-9-2）

表 3-9-2　马氏体-铁素体型不锈钢和耐热钢的钢号与化学成分[1]（质量分数）（%）

钢 号	代号	C	Si	Mn	P ≤	S ≤	Cr	Ni	Mo	Ti	其 他[2]
05Х12Н2М	—	0.02 ~ 0.06	0.15 ~ 0.30	0.30 ~ 0.60	0.015	0.010	11.0 ~ 12.0	1.20 ~ 1.60	0.80 ~ 1.00	≤0.05	Al≤0.15，W≤0.20 V≤0.20，Cu≤0.08 N≤0.020
7Х12НМФБР	ЧС80	0.06 ~ 0.10	≤0.20	0.50 ~ 0.80	0.015	0.015	11.5 ~ 12.5	0.90 ~ 1.10	0.80 ~ 1.00	≤0.20	W≤0.20，Al≤0.10 V 0.15 ~ 0.25 Nb≤0.05，Cu≤0.08 N 0.04 ~ 0.06，B≤0.005
12Х13	—	0.09 ~ 0.15	≤0.80	≤0.80	0.030	0.025	12.0 ~ 14.0	≤0.60	—	≤0.20	—
14Х17Н2	ЭИ268	0.11 ~ 0.17	≤0.80	≤0.80	0.030	0.025	16.0 ~ 1.80	1.50 ~ 2.50	≤0.30	≤0.20	—
15Х12ВНМФ	ЭИ802	0.12 ~ 0.18	≤0.40	0.50 ~ 0.90	0.030	0.025	11.0 ~ 13.0	0.40 ~ 0.80	0.50 ~ 0.70	≤0.20	W 0.70 ~ 1.10 V 0.15 ~ 0.30
18Х12ВМФР	ЭИ993	0.15 ~ 0.22	≤0.50	≤0.50	0.030	0.025	11.0 ~ 13.0	≤0.60	0.40 ~ 0.60	≤0.20	W 0.40 ~ 0.70 V 0.15 ~ 0.30 Nb 0.20 ~ 0.40 B≤0.003

① 本表摘自 ГОСТ 5632（2014），并参考其他补充资料。

② 残余元素含量：Cu≤0.30%，W≤0.20%（已标出其含量的牌号除外）。

（3）俄罗斯 ГОСТ 标准铁素体型不锈钢和耐热钢的钢号与化学成分［ГОСТ 5632（2014）］（表 3-9-3）

表 3-9-3　铁素体型不锈钢和耐热钢的钢号与化学成分[①]（质量分数）（%）

钢　号	代号	C	Si	Mn	P ≤	S ≤	Cr	Ni	Mo	Ti	其　他[②]
04Х14НТ3Р1Ф	ЧС82	0.02 ~ 0.06	≤0.50	≤0.50	0.030	0.020	13.0 ~ 16.0	≤0.50	≤0.30	2.30 ~ 3.50	V 0.15 ~ 0.30 B 1.30 ~ 1.80 Al≤0.50
08Х13	ЭИ496	≤0.08	≤0.80	≤0.80	0.030	0.025	12.0 ~ 14.0	≤0.60		≤0.20	—
08Х17Т	ЭИ645	≤0.08	≤0.80	≤0.80	0.030	0.025	16.0 ~ 1.80	≤0.60		5C ~ 0.80	—
08Х18Т1	—	≤0.08	≤0.80	≤0.70	0.035	0.025	17.0 ~ 19.0	≤0.60		0.60 ~ 1.00	—
08Х18Т4	ДИ77	≤0.08	≤0.80	≤0.80	0.035	0.025	17.0 ~ 19.0	≤0.60		6C ~ 0.60	—
10Х13СЮ	ЭИ404	0.07 ~ 0.12	1.20 ~ 2.00	≤0.60	0.030	0.025	12.0 ~ 14.0	≤0.60		≤0.20	Al 1.00 ~ 1.80
12Х17		≤0.12	≤0.80	≤0.80	0.030	0.025	16.0 ~ 1.80	≤0.60			—
15Х18СЮ	ЭИ484	≤0.15	1.00 ~ 1.50	≤0.80	0.035	0.025	17.0 ~ 20.0	≤0.60		≤0.20	Al 0.70 ~ 1.20
15Х25Т	ЭИ439	≤0.15	≤1.00	≤0.80	0.035	0.025	24.0 ~ 27.0	≤1.00		5C ~ 0.90	—
15Х28	ЭИ349	≤0.15	≤1.00	≤0.80	0.035	0.025	27.0 ~ 30.0	≤1.00		≤0.20	—

① 本表摘自 ГОСТ 5632（2014），并参考其他补充资料。

② 残余元素含量：Cu≤0.30%，W≤0.20%（已标出其含量的牌号除外）。

（4）俄罗斯 ГОСТ 标准奥氏体-马氏体型和奥氏体-铁素体型不锈钢和耐热钢的钢号与化学成分［ГОСТ 5632（2014）］（表 3-9-4）

表 3-9-4　奥氏体-马氏体型和奥氏体-铁素体型不锈钢和耐热钢的钢号与化学成分[①]（质量分数）（%）

钢　号	代号	C	Si	Mn	P≤	S≤	Cr	Ni	Mo	Ti	其　他[②]
				奥氏体-马氏体型							
03Х14Н7В	—	≤0.030	≤0.70	≤0.70	0.030	0.020	13.5 ~ 15.0	6.00 ~ 7.00	≤0.30	≤0.20	W 0.40 ~ 0.80 V≤0.20
07Х16Н6	ЭП288	0.05 ~ 0.09	≤0.80	≤0.80	0.035	0.020	15.5 ~ 17.5	5.00 ~ 8.00	≤0.30	≤0.20	—
08Х17Н5М3	ЭИ925	0.06 ~ 0.10	≤0.80	≤0.80	0.035	0.020	16.0 ~ 17.5	4.50 ~ 5.50	3.00 ~ 3.50	≤0.20	—
08Х17Н6Т	ДИ21	≤0.08	≤0.80	≤0.80	0.035	0.020	16.5 ~ 18.0	5.50 ~ 6.50	—	0.15 ~ 0.35	B≤0.003
09Х15Н8Ю1	ЭИ904	≤0.09	≤0.80	≤0.80	0.035	0.025	14.0 ~ 16.0	7.00 ~ 9.40	≤0.30	≤0.20	Al 0.70 ~ 1.30
09Х17Н7Ю	—	≤0.09	≤0.80	≤0.80	0.030	0.020	16.0 ~ 17.5	7.00 ~ 8.00	≤0.30	≤0.20	Al 0.50 ~ 0.80
09Х17Н7Ю1	—	≤0.09	≤0.80	≤0.80	0.035	0.025	16.5 ~ 1.80	6.50 ~ 7.50	≤0.30	≤0.20	Al 0.70 ~ 1.10
20Х13Н4Г9	ЭИ100	0.15 ~ 0.30	≤0.80	8.00 ~ 10.0	0.050	0.025	12.0 ~ 14.0	3.70 ~ 4.70	≤0.30	≤0.20	—

（续）

钢　号	代号	C	Si	Mn	P≤	S≤	Cr	Ni	Mo	Ti	其　他②
奥氏体-铁素体型											
03Х22Н5АМ3	—	≤0.030	≤1.00	≤2.00	0.020	0.015	21.0 ~ 23.0	4.50 ~ 6.50	2.50 ~ 3.50	—	N 0.08 ~ 0.20 V≤0.20
03Х23Н6	—	≤0.030	≤0.40	1.00 ~ 2.00	0.035	0.020	22.0 ~ 24.0	5.30 ~ 6.30	—	—	—
03Х22Н6М2	—	≤0.030	≤0.40	1.00 ~ 1.20	0.035	0.020	21.0 ~ 23.0	5.50 ~ 6.50	1.80 ~ 2.50	≤0.30	—
08Х18Г8Н2Т	КО-3	≤0.08	≤0.80	7.00 ~ 9.00	0.035	0.025	17.0 ~ 19.0	1.80 ~ 2.80	—	0.20 ~ 0.50	—
08Х20Н14С2	ЭИ732	≤0.08	2.00 ~ 3.00	≤1.50	0.035	0.025	19.0 ~ 22.0	12.0 ~ 15.0	≤0.30	≤0.20	—
08Х21Н6М2Т	ЭП54	≤0.08	≤0.80	≤0.80	0.035	0.025	20.0 ~ 22.0	5.50 ~ 6.50	1.80 ~ 2.50	0.20 ~ 0.40	—
08Х22Н6Т	ЭП53	≤0.08	≤0.80	≤0.80	0.035	0.025	21.0 ~ 23.0	5.30 ~ 6.30	≤0.30	5С ~ 0.65	—
12Х21Н5Т	ЭИ811	0.09 ~ 0.14	≤0.80	≤0.80	0.035	0.025	20.0 ~ 22.0	4.80 ~ 5.80	≤0.30	0.25 ~ 0.50	Al≤0.08
15Х18Н12С4ТЮ	ЭИ654	0.12 ~ 0.17	3.80 ~ 4.50	0.50 ~ 1.00	0.035	0.030	17.0 ~ 19.0	11.0 ~ 13.0	≤0.30	0.40 ~ 0.70	Al 0.13 ~ 0.35
20Х20Н14С2	ЭИ211	≤0.20	2.00 ~ 3.00	≤1.50	0.035	0.025	19.0 ~ 22.0	12.0 ~ 15.0	≤0.30	≤0.20	—
20Х23Н13	ЭИ319	≤0.20	≤1.00	≤2.00	0.035	0.025	22.0 ~ 25.0	12.0 ~ 15.0	≤0.30	≤0.20	—

① 本表摘自 ГОСТ 5632（2014），并参考其他补充资料。

② 残余元素含量：Cu≤0.30%，W≤0.20%（已标出其含量的牌号除外）。

（5）俄罗斯 ГОСТ 标准奥氏体型不锈钢和耐热钢的钢号与化学成分〔ГОСТ 5632（2014）〕（表3-9-5）

表3-9-5　奥氏体型不锈钢和耐热钢的钢号与化学成分①（质量分数）（%）

钢　号	代号	C	Si	Mn	P≤	S≤	Cr	Ni	Mo	Ti	其　他②
02Х25Н22АМ2	ЧС108	≤0.020	≤0.40	1.50 ~ 2.00	0.020	0.015	24.0 ~ 26.0	21.0 ~ 23.0	2.00 ~ 2.50	≤0.20	N 0.10 ~ 0.14，V≤0.20 Ce≤0.001，Nb≤0.05 Sn≤0.005，As≤0.005 Ca≤0.001，Sb≤0.005 Pb≤0.001，Mg≤0.001
03Х17АН9	ЭК177	≤0.030	≤0.60	1.00 ~ 2.00	0.030	0.020	16.5 ~ 17.5	6.50 ~ 9.50	≤0.30	≤0.20	N 0.05 ~ 0.20 V≤0.20，Ce≤0.003 B≤0.004，Ca≤0.015
03Х17Н9АМ3	—	≤0.020	≤0.60	1.00 ~ 2.00	0.030	0.020	16.5 ~ 17.5	6.50 ~ 9.50	2.70 ~ 3.50	≤0.20	V≤0.20，B≤0.004 N 0.08 ~ 0.20，Hf≤0.008
03Х17Н14М3	—	≤0.030	≤0.40	1.00 ~ 2.00	0.030	0.020	16.8 ~ 18.3	13.5 ~ 15.0	2.20 ~ 2.80	≤0.50	—

（续）

钢　号	代号	C	Si	Mn	P≤	S≤	Cr	Ni	Mo	Ti	其　他[②]
03X18H10T	—	≤0.030	≤0.80	1.00 ~ 2.00	0.035	0.020	17.0 ~ 18.5	9.50 ~ 11.0	≤0.30	5C ~ 0.40	—
03X18H11	—	≤0.030	≤0.80	0.70 ~ 2.00	0.030	0.020	17.0 ~ 19.0	10.5 ~ 12.5	≤0.10	≤0.50	—
03X18H12	—	≤0.030	≤0.40	≤0.40	0.030	0.020	17.0 ~ 19.0	11.5 ~ 13.0	≤0.30	≤0.005	—
03X21H21M4ГБ	ЭИ35	≤0.030	≤0.60	1.80 ~ 2.50	0.030	0.020	20.0 ~ 22.0	20.0 ~ 22.0	3.40 ~ 3.70	≤0.20	Nb 15C ~ 0.80
03X21H32M3Б	ЧС33	≤0.030	≤0.35	1.30 ~ 1.70	0.015	0.010	20.0 ~ 22.0	31.5 ~ 33.0	3.00 ~ 4.00	≤0.10	Nb 0.90 ~ 1.20, N≤0.025 V≤0.20, Cu≤0.15 Al≤0.15, Y≤0.05
03X21H32M3БУ	ЧС33У	≤0.030	≤0.35	1.30 ~ 1.70	0.015	0.010	20.0 ~ 22.0	31.5 ~ 33.0	3.00 ~ 4.00	≤0.10	Nb 0.90 ~ 1.20 V≤0.20, Cu≤0.15 Al≤0.15, Co≤0.05 N≤0.025 Y≤0.05
04X18H10	ЭИ845 ЭП550	≤0.04	≤0.80	≤2.00	0.030	0.025	17.0 ~ 19.0	9.00 ~ 11.0	≤0.30	≤0.20	—
05X18H10T	—	≤0.05	≤0.80	1.00 ~ 2.00	0.035	0.020	17.0 ~ 18.5	9.00 ~ 10.5	≤0.30	5C ~ 0.60	—
06X16H15M2Г2ФР	ЧС68	0.05 ~ 0.08	0.30 ~ 0.60	1.30 ~ 2.00	0.020	0.012	15.5 ~ 17.0	14.0 ~ 15.5	1.90 ~ 2.50	0.20 ~ 0.50	V 0.10 ~ 0.30, N≤0.020 Al≤0.05, Co≤0.02 B0.002 ~ 0.005
06X18H11	ЭИ684	≤0.06	≤0.80	≤2.00	0.035	0.020	17.0 ~ 19.0	10.0 ~ 12.0	≤0.10	≤0.20	—
07X21Г7AH5	ЭП222	≤0.07	≤0.70	6.00 ~ 7.50	0.030	0.030	19.5 ~ 21.0	5.00 ~ 6.00	≤0.30	≤0.20	N 0.15 ~ 0.20
08X10H20T2	—	≤0.08	≤0.80	≤2.00	0.035	0.030	10.0 ~ 12.0	18.0 ~ 20.0	≤0.30	1.50 ~ 2.50	Al≤1.00
08X15H24B4TP	ЭП164	≤0.08	≤0.60	0.50 ~ 1.00	0.035	0.020	14.0 ~ 16.0	22.0 ~ 25.0	≤0.30	1.40 ~ 1.80	W 4.00 ~ 5.00 B≤0.005, Ce≤0.030
08X16H11M3	—	≤0.08	0.40 ~ 0.80	1.00 ~ 1.70	0.020	0.020	15.0 ~ 17.0	10.0 ~ 12.0	2.00 ~ 2.50	≤0.10	V≤0.20 Cu≤0.25
08X16H13M2Б	ЭИ680	0.06 ~ 0.12	≤0.80	≤1.00	0.035	0.020	15.0 ~ 17.0	12.5 ~ 14.5	2.00 ~ 2.50	≤0.20	Nb 0.90 ~ 1.30
08X17H13M2T	—	≤0.08	≤0.80	≤2.00	0.035	0.020	16.0 ~ 1.80	12.0 ~ 14.0	2.00 ~ 3.00	5C ~ 0.70	—
08X17H15M3T	ЭИ580	≤0.08	≤0.80	≤2.00	0.035	0.020	16.0 ~ 1.80	14.0 ~ 16.0	≤0.30	0.30 ~ 0.60	—
08X18H10	—	≤0.08	≤0.80	≤2.00	0.035	0.020	17.0 ~ 19.0	9.00 ~ 11.0	≤0.30	≤0.50	—

（续）

钢 号	代号	C	Si	Mn	P≤	S≤	Cr	Ni	Mo	Ti	其 他[②]
08Х18Н10Т	ЭИ914	≤0.08	≤0.80	≤2.00	0.040	0.020	17.0 ~ 19.0	9.00 ~ 11.0	≤0.50	5C ~ 0.70	—
08Х18Н12Т	—	≤0.08	≤0.80	≤2.00	0.035	0.020	17.0 ~ 19.0	11.0 ~ 13.0	≤0.30	5C ~ 0.60	—
08Х18Н12Б	ЭИ402	≤0.08	≤0.80	≤2.00	0.035	0.020	17.0 ~ 19.0	11.0 ~ 13.0	≤0.30	≤0.20	Nb 10C ~ 1.10
09Х14Н19В2БР	ЭИ695Р	0.07 ~ 0.12	≤0.60	≤2.00	0.035	0.020	13.0 ~ 15.0	18.0 ~ 20.0	≤0.30	≤0.20	W 2.00 ~ 2.80 Nb 0.90 ~ 1.30 Ce≤0.02，B≤0.005
09Х14Н19В2БР1	ЭИ726	0.07 ~ 0.12	≤0.60	≤2.00	0.035	0.020	13.0 ~ 15.0	18.0 ~ 20.0	≤0.30	≤0.20	W 2.00 ~ 2.80 Nb 0.90 ~ 1.30 Ce≤0.02，B≤0.030
09Х16Н15М3Б	ЭИ847	≤0.09	≤0.80	≤0.80	0.035	0.020	15.0 ~ 17.0	14.0 ~ 16.0	2.50 ~ 3.00	≤0.20	Nb 0.60 ~ 0.90
09Х18Н9	—	0.07 ~ 0.10	≤0.80	1.20 ~ 2.00	0.020	0.020	17.0 ~ 19.0	8.00 ~ 10.0	≤0.30	≤0.10	Cu≤0.25 V≤0.20
10Х11Н20Т2Р	ЭИ696А	≤0.10	≤1.00	≤1.00	0.030	0.020	10.0 ~ 12.5	18.0 ~ 21.0	≤0.30	2.30 ~ 2.80	Al≤0.80 B≤0.008
10Х11Н20Т3Р	ЭИ696	≤0.10	≤1.00	≤1.00	0.035	0.020	10.0 ~ 12.5	18.0 ~ 21.0	≤0.30	2.60 ~ 3.20	Al≤0.80 B 0.008 ~ 0.020
10Х11Н23Т3МР	ЭП33	≤0.10	≤0.60	≤0.60	0.025	0.010	10.0 ~ 12.5	21.0 ~ 25.0	1.00 ~ 1.60	2.60 ~ 3.20	Al≤0.80 B≤0.02
10Х14Г14Н4Т	ЭИ711	≤0.10	≤0.80	13.0 ~ 15.0	0.035	0.020	13.0 ~ 15.0	2.80 ~ 4.50	≤0.30	5(C − 0.02) ~ 0.60	—
10Х14АГ15	ДИ13	≤0.10	≤0.80	14.5 ~ 16.5	0.045	0.030	13.0 ~ 15.0	≤0.60	≤0.30	≤0.20	Cu≤0.60 N0.15 ~ 0.25
10Х17Н13М2Т	ЭИ448	≤0.10	≤0.80	≤2.00	0.035	0.020	16.0 ~ 1.80	12.0 ~ 14.0	2.00 ~ 3.00	5C ~ 0.70	—
10Х17Н13М3Т	ЭИ432	≤0.10	≤0.80	≤2.00	0.035	0.020	16.0 ~ 1.80	12.0 ~ 14.0	3.00 ~ 4.00	5C ~ 0.70	—
10Х18Н9	—	0.08 ~ 0.12	≤0.80	1.00 ~ 2.00	0.025	0.020	17.0 ~ 19.0	8.00 ~ 10.0	≤0.30	≤0.10	Cu≤0.25 V≤0.20
10Х23Н18	—	≤0.10	≤1.00	≤2.00	0.035	0.020	22.0 ~ 25.0	17.0 ~ 20.0	≤0.30	≤0.20	—
12Х17Г9АН4	ЭИ878	≤0.12	≤0.80	8.00 ~ 10.5	0.035	0.020	16.0 ~ 1.80	3.50 ~ 4.50	≤0.30	≤0.20	N 0.15 ~ 0.25
12Х18Н9	—	≤0.12	≤0.80	≤2.00	0.040	0.020	17.0 ~ 19.0	8.00 ~ 10.0	≤0.30	≤0.50	—

（续）

钢　号	代号	C	Si	Mn	P≤	S≤	Cr	Ni	Mo	Ti	其　他[2]
12Х18Н9Т	—	≤0.12	≤0.80	≤2.00	0.040	0.020	17.0 ~ 19.0	8.00 ~ 9.50	≤0.30	5C ~ 0.80	—
12Х18Н10Т	—	≤0.12	≤0.80	≤2.00	0.040	0.020	17.0 ~ 19.0	9.00 ~ 11.0	≤0.30	5C ~ 0.80	—
12Х18Н10Е	ЭП47	≤0.12	≤0.80	≤2.00	0.035	0.020	17.0 ~ 19.0	9.00 ~ 11.0	≤0.30	—	Se 0.18 ~ 0.35
12Х18Н12Т	—	≤0.12	≤0.80	≤2.00	0.040	0.020	17.0 ~ 19.0	11.0 ~ 13.0	≤0.30	5C ~ 0.70	—
12Х25Н16Г7АР	ЭИ835	≤0.12	≤1.00	5.00 ~ 7.00	0.035	0.020	23.0 ~ 26.0	15.0 ~ 18.0	≤0.30	≤0.20	N 0.30 ~ 0.45 B≤0.010
17Х18Н9	—	0.13 ~ 0.21	≤0.80	≤2.00	0.040	0.020	17.0 ~ 19.0	8.00 ~ 10.0	≤0.50	≤0.50	—
20Х23Н18	ЭИ417	≤0.20	≤1.00	≤2.00	0.035	0.020	22.0 ~ 25.0	17.0 ~ 20.0	≤0.30	≤0.20	—
20Х25Н20С2	ЭИ283	≤0.20	2.00 ~ 3.00	≤1.50	0.035	0.020	24.0 ~ 27.0	18.0 ~ 21.0	≤0.30	≤0.20	—
31Х19Н9МВБТ	ЭИ572	0.28 ~ 0.35	≤0.80	0.80 ~ 1.50	0.035	0.020	18.0 ~ 20.0	8.00 ~ 10.0	1.00 ~ 1.50	0.20 ~ 0.50	W 1.00 ~ 1.50 Nb 0.20 ~ 0.50
36Х18Н25С2	—	0.32 ~ 0.40	2.00 ~ 3.00	≤1.50	0.035	0.020	17.0 ~ 19.0	23.0 ~ 26.0	≤0.30	≤0.20	—
37Х12Н8Г8МФБ	ЭИ481	0.34 ~ 0.40	0.30 ~ 0.80	7.50 ~ 9.50	0.035	0.030	11.5 ~ 13.5	7.00 ~ 9.00	1.10 ~ 1.40	≤0.20	V 1.30 ~ 1.60 Nb 0.25 ~ 0.45
40Х15Н7Г7Ф2МС	ЭИ388	0.38 ~ 0.47	0.90 ~ 1.40	6.00 ~ 8.00	0.035	0.020	14.0 ~ 16.0	6.00 ~ 8.00	0.65 ~ 0.95	≤0.20	V 1.50 ~ 1.90
45Х14Н14В2М	ЭИ69	0.40 ~ 0.50	≤0.80	≤0.70	0.035	0.020	13.0 ~ 15.0	13.0 ~ 15.0	0.25 ~ 0.40	≤0.20	W 2.00 ~ 2.80
45Х22Н4М3	ЭП48	0.40 ~ 0.50	0.70 ~ 1.00	0.85 ~ 1.25	0.035	0.020	21.0 ~ 23.0	4.00 ~ 5.00	2.50 ~ 3.00	≤0.20	—
55Х20Г9АН4	ЭП303	0.50 ~ 0.60	≤0.45	8.00 ~ 10.0	0.040	0.030	20.0 ~ 22.0	3.50 ~ 4.50	≤0.30	≤0.20	N 0.30 ~ 0.60
55Х20Н4АГ9Б	ЭП303Б	0.50 ~ 0.60	≤0.45	8.00 ~ 10.0	0.040	0.030	20.0 ~ 22.0	3.50 ~ 4.50	≤0.30	≤0.20	N 0.30 ~ 0.60

① 本表摘自 ГОСТ 5632（2014），并参考其他补充资料。

② 残余元素含量：Cu≤0.30%，W≤0.20%（已标出其含量的牌号除外）。

3.9.2 变形高温合金

（1）俄罗斯 ГОСТ 标准变形铁基高温合金的牌号与化学成分 ［ГОСТ 5632（2014）］（表 3-9-6）

表 3-9-6　变形铁基高温合金的牌号与化学成分（质量分数）（%）

牌　号	代号	C	Si	Mn	P≤	S≤	Cr	Ni	Mo	Al	Ti	Fe	其　他
02ХН30МДБ	ЭК77	≤0.030	≤0.20	0.50 ~ 1.80	0.020	0.020	27.0 ~ 29.0	29.0 ~ 31.0	2.80 ~ 3.50	≤0.10	≤0.10	余量	①
03ХН28МДТ	ЭП516	≤0.030	≤0.80	≤0.80	0.035	0.020	22.0 ~ 25.0	26.0 ~ 29.0	2.50 ~ 3.00	—	0.50 ~ 0.90	余量	Cu 2.50 ~ 3.50
05ХН32Т	ЭП670	≤0.05	≤0.70	≤0.70	0.030	0.020	19.0 ~ 22.0	30.0 ~ 34.0	—	≤0.50	0.25 ~ 0.60	余量	—
06ХН28МТ	ЭП628	≤0.06	≤0.80	≤0.80	0.035	0.020	22.0 ~ 25.0	26.0 ~ 29.0	1.80 ~ 2.50		0.40 ~ 0.70	余量	—
06ХН28МДТ	ЭП943	≤0.06	≤0.80	≤0.80	0.035	0.020	22.0 ~ 25.0	26.0 ~ 29.0	2.50 ~ 3.00		0.50 ~ 0.90	余量	Cu 2.50 ~ 3.50
07Х15Н30 В5М2	ЧС81	≤0.07	≤0.20	1.30 ~ 1.70	0.015	0.010	14.0 ~ 17.0	29.0 ~ 31.0	1.80 ~ 2.50	≤0.12	≤0.08	余量	②
08ХН35ВТЮ	ЭИ787	≤0.08	≤0.60	≤0.60	0.030	0.020	14.0 ~ 16.0	33.0 ~ 37.0	—	0.70 ~ 1.40	2.40 ~ 3.20	余量	W 2.80 ~ 3.50 B≤0.020
10ХН28ВМАБ	ЭП126	≤0.10	≤0.60	≤1.50	0.020	0.020	19.0 ~ 22.0	25.0 ~ 30.0	2.80 ~ 3.50	—	—	余量	W 4.80 ~ 6.00 Nb 0.70 ~ 1.30 N 0.15 ~ 0.30, B≤0.005
10ХН45Ю	ЭП747	≤0.10	≤1.00	≤1.00	0.025	0.020	15.0 ~ 17.0	44.0 ~ 46.0		2.90 ~ 3.90	—	余量	Ba≤0.10 Ce≤0.03
ХН45МВТЮБР	ЭП616	≤0.10	≤0.30	≤0.60	0.015	0.010	14.0 ~ 16.0	43.0 ~ 47.0	4.00 ~ 5.20	0.90 ~ 1.40	1.90 ~ 2.40	余量	③
ХН45МВТ ЮБР	ЭП718 ВЖ105	≤0.10	≤0.30	≤0.60	0.015	0.010	14.0 ~ 16.0	43.0 ~ 47.0	4.00 ~ 5.20	0.90 ~ 1.40	1.90 ~ 2.40	余量	④
12ХН35ВТ	ЭИ612	≤0.12	≤0.60	1.00 ~ 2.00	0.030	0.020	14.0 ~ 16.0	34.0 ~ 38.0	—		1.10 ~ 1.50	余量	W 2.80 ~ 3.50
12ХН38ВТ	ЭИ703	0.06 ~ 0.12	≤0.80	≤0.70	0.030	0.020	20.0 ~ 23.0	35.0 ~ 39.0	≤0.80	≤0.50	0.70 ~ 1.20	余量	W 2.80 ~ 3.50 Ce≤0.05
12ХН38ВБ	ЭИ703 Б	0.06 ~ 0.12	≤0.80	≤0.70	0.030	0.020	20.0 ~ 23.0	35.0 ~ 39.0	≤0.30	≤0.50	≤0.20	余量	W 2.80 ~ 3.50 Nb 1.20 ~ 1.70 V≤0.20, Cu≤0.07 Co≤0.50, Ce≤0.05

① Cu 0.90 ~ 1.50, Nb 0.05 ~ 0.20, Co≤0.50, V≤0.10, N 0.10 ~ 0.20, B≤0.004。

② W 4.50 ~ 5.50, Nb≤0.10, V≤0.05, Co≤0.50, N≤0.03, Cu≤0.08, Y≤0.05。

③ W 2.50 ~ 3.50, Co≤0.50, Cu≤0.25, Nb 0.80 ~ 1.50, V≤0.10, Ce≤0.10, Zr≤0.02, B≤0.008。

④ W 2.50 ~ 3.50, Co≤0.50, Cu≤0.25, Nb 0.80 ~ 1.50, V≤0.10, Ce≤0.10, Zr≤0.02, B≤0.008。

（2）俄罗斯 ГОСТ 标准变形镍基高温合金的牌号与化学成分 ［ГОСТ 5632（2014）］（表 3-9-7）

表3-9-7　变形镍基高温合金的牌号与化学成分（质量分数）（%）

牌号	代号	C	Si	Mn	P≤	S≤	Cr	Ni	Mo	Al	Ti	Fe	其他①
H70MΦB	ЭП814A	≤0.02	≤0.10	≤0.50	0.015	0.012	≤0.30	余量	25.0~27.0	—	≤0.15	≤0.80	V 1.40~1.70 W 0.10~0.45
XH33KBЮ	ЭК102 ВЖ145	0.010~0.10	≤0.30	≤0.40	0.013	0.013	20.0~23.0	余量	≤0.30	0.30~0.70	≤0.20	≤3.00	②
XH54K15МбЮВТ	ВЖ175	0.04~0.08	≤0.30	≤0.40	0.015	0.010	9.40~11.0	余量	4.00~4.80	3.50~4.00	2.30~2.80	≤0.50	③
XH55MBЦ	ЧC57	≤0.05	≤0.30	1.30~1.70	0.015	0.010	18.0~20.0	53.0~56.0	5.00~7.00	≤0.15	≤0.20	—	④
XH55MBЦУ	ЧC57У	≤0.05	≤0.30	1.30~1.70	0.015	0.010	18.0~20.0	53.0~56.0	5.00~7.00	≤0.15	≤0.20	—	⑤
XH55MBЮ	ЭП454	≤0.08	≤0.40	≤0.40	0.015	0.010	9.00~11.0	余量	5.00~6.50	4.20~5.00	—	17.0~20.0	W 4.50~5.50 B≤0.010, Ce≤0.01
XH55BMTKЮ	ЭП929	0.04~0.10	≤0.50	≤0.50	0.015	0.010	9.00~12.0	余量	4.00~6.00	3.60~4.50	1.40~2.00	≤5.00	⑥
XH55K15МбЮВТ	ЭК151	0.04~0.08	≤0.30	≤0.40	0.015	0.010	10.0~12.0	余量	4.00~5.00	3.50~4.00	2.50~3.10	≤1.00	⑦
XH56BMKЮ	ЭП109	≤0.10	≤0.60	≤0.30	0.015	0.015	8.50~10.5	余量	6.50~8.00	5.40~6.20	—	≤1.50	Co 11.0~13.0, Ce≤0.02
XH56BMTЮ	ЭП199	≤0.10	≤0.60	≤0.50	0.015	0.015	19.0~22.0	余量	4.00~6.00	2.10~2.60	1.10~1.60	≤4.00	W 6.00~7.50, B≤0.020
XH56KMЮBT	ЭК79	0.04~0.08	≤0.30	≤0.40	0.015	0.015	10.0~12.0	余量	4.00~5.00	2.80~3.30	2.40~3.00	≤1.00	W 9.00~11.0, B≤0.008
XH56K16МбBЮT	ВЖ172	0.03~0.07	≤0.40	≤0.50	0.015	0.015	14.5~15.5	余量	4.50~4.90	1.40~1.70	1.10~1.40	≤2.00	⑧
XH57MTBЮ	ЭП590	≤0.07	≤0.50	≤0.50	0.015	0.010	17.0~19.0	余量	8.50~10.0	1.00~1.50	2.20~2.80	8.00~10.0	W 1.50~2.50 B≤0.005, Ce≤0.01
XH58B	ЭП795	≤0.03	≤0.15	≤1.00	0.015	0.012	39.0~41.0	余量	—	—	—	≤0.80	W 0.50~1.30
XH58MBЮ	ЭК171 ВЖ159	0.04~0.08	≤0.80	≤0.50	0.015	0.013	26.0~28.0	余量	7.00~7.80	1.25~1.55	—	≤3.00	Nb 2.70~3.40 La≤0.03, Mg≤0.03 B≤0.005, Y≤0.03
XH59KBЮMБT	ЭП975	0.10~0.16	≤0.40	≤0.40	0.015	0.010	7.50~9.00	余量	0.80~1.50	4.60~5.10	2.00~2.70	≤1.00	⑨
XH60BT	ЭИ868 ВЖ98	≤0.10	≤0.80	≤0.50	0.013	0.013	23.5~26.5	余量	≤1.50	≤0.50	0.30~0.70	≤4.00	W 13.0~16.0 Ce≤0.03
XH60Ю	ЭИ559A	≤0.10	≤0.80	≤0.30	0.020	0.020	15.0~18.0	55.0~58.0	—	2.60~3.50	—	余量	Ba≤0.10 Ce≤0.03

牌号	代号	C	Si	Mn	S	P	Cr	Ni	Mo	Al	Ti	Fe	其他
ХН62МВКЮ	ЭИ867	≤0.10	≤0.60	≤0.30	0.015	0.010	8.50~10.5	余量	9.00~11.5	4.20~4.90	—	≤4.00	Co 4.00~6.00, Ce≤0.02 W 4.30~6.00, B≤0.020
ХН62ВМЮТ	ЭП708	0.05~0.10	≤0.40	≤0.50	0.015	0.015	17.5~20.0	余量	4.00~6.00	1.90~2.30	1.00~1.40	≤4.00	⑪
ХН62БМКТЮ	ЭП742	0.04~0.08	≤0.30	≤0.40	0.015	0.010	13.0~15.0	余量	4.50~5.50	2.40~2.80	2.40~2.80	≤1.00	⑫
ХН63МБ	ЭП758У	≤0.02	≤0.10	≤0.50	0.025	0.020	19.0~21.0	余量	15.0~16.5	≤0.25	0.10~0.16	≤0.50	Nb 0.02~0.10 Co≤0.50, Mg≤0.05
ХН65МБУ	ЭП760	≤0.02	≤0.10	≤1.00	0.015	0.012	14.5~16.5	余量	15.0~17.0	—	—	≤0.50	W 3.00~4.50
ХН65МБ	ЭП567	≤0.03	≤0.15	≤1.00	0.015	0.012	14.5~16.5	余量	15.0~17.0	—	—	≤1.00	W 3.00~4.00
ХН65МТЮ	ЭИ893	≤0.05	≤0.60	≤0.50	0.015	0.012	15.0~17.0	余量	3.50~4.50	1.20~1.60	1.20~1.60	≤3.00	W 8.50~10.0 B≤0.010, Ce≤0.025
ХН67МВТЮ	ЭП202	≤0.08	≤0.60	≤0.50	0.015	0.010	17.0~20.0	余量	4.00~5.00	1.00~1.50	2.20~2.80	≤4.00	B≤0.010, Ce≤0.01
ХН68ВМТЮК	ЭП693	≤0.10	≤0.50	≤0.40	0.015	0.015	17.0~20.0	余量	3.00~5.00	1.60~2.30	1.10~1.60	≤5.00	⑬
ХН69МБЮТВФ	ЭК100 ВЖ138	0.020~0.07	≤0.40	≤0.40	0.010	0.007	15.0~17.0	余量	3.80~4.60	2.00~2.50	0.80~1.30	≤2.50	⑭
ХН70Ю	ЭИ652	≤0.10	≤0.80	≤0.30	0.015	0.012	26.0~29.0	余量	—	2.80~3.50	—	≤1.00	Ba≤0.10 Ce≤0.03
ХН70ВМЮТ	ЭИ765	0.10~0.16	≤0.60	≤0.50	0.015	0.012	14.0~16.0	余量	3.00~5.00	1.70~2.20	1.00~1.40	≤3.00	W 4.00~6.00 B≤0.010
ХН70ВМТЮ	ЭИ671	≤0.12	≤0.60	≤0.50	0.015	0.010	13.0~16.0	余量	2.00~4.00	1.70~2.30	1.80~2.30	≤5.00	W 5.00~7.00, Ce≤0.02 V≤0.50, B≤0.010
ХН70МВТЮБ	ЭИ598	≤0.12	≤0.60	≤0.50	0.015	0.010	16.0~19.0	余量	4.00~6.00	1.00~1.70	1.90~2.80	≤5.00	W 2.00~3.50, Ce≤0.02 Nb 0.50~1.30, B≤0.010
ХН70ВМТЮФ	ЭИ826	≤0.12	≤0.60	≤0.50	0.015	0.009	13.0~16.0	余量	2.50~4.00	2.40~2.90	1.70~2.20	≤5.00	W 5.00~7.00, Ce≤0.02 V≤1.00, B≤0.015
ХН73МБТЮ	ЭИ696	0.03~0.07	≤0.50	≤0.40	0.015	0.007	13.0~16.0	余量	2.80~3.20	1.45~1.80	2.35~2.75	≤2.00	⑮

（续）

牌号	代号	C	Si	Mn	P≤	S≤	Cr	Ni	Mo	Al	Ti	Fe	其他①
XH75BMЮ	ЭИ827	≤0.12	≤0.40	≤0.40	0.015	0.010	9.00~11.0	余量	5.00~6.50	4.00~4.60	—	≤5.00	W 4.50~5.50, V≤0.70, B≤0.020, Ce≤0.01
XH75M6ТЮ	ЭИ602	≤0.10	≤0.80	≤0.40	0.020	0.012	19.0~22.0	余量	1.80~2.30	0.35~0.75	0.35~0.75	≤3.00	Nb 0.90~1.30
XH77ТЮ	ЭИ437A	≤0.07	≤0.60	≤0.40	0.015	0.007	19.0~22.0	余量	≤0.20	0.60~1.00	2.40~2.80	≤1.00	⑯
XH77ТЮР	ЭИ437Б	≤0.07	≤0.60	≤0.40	0.015	0.007	19.0~22.0	余量		0.60~1.00	2.40~2.80	≤1.00	B≤0.010, Ce≤0.02
XH77ТЮРУ	ЭИ437БУ	0.04~0.08	≤0.60	≤0.40	0.015	0.007	19.0~22.0	余量	—	0.70~1.00	2.60~2.90	≤1.00	B≤0.010, Ce≤0.02, Pb≤0.001
XH78T	ЭИ436	≤0.12	≤0.80	≤0.70	0.015	0.010	19.0~22.0	余量		≤0.15	0.15~0.35	≤1.00	—
XH80ТБЮ	ЭИ607	≤0.08	≤0.80	≤1.00	0.015	0.012	15.0~18.0	余量		0.15~1.00	1.80~2.30	≤3.00	Nb 1.00~1.50

① 残余元素含量：Cu≤0.30%，W≤0.20%（已标出其含量的牌号除外），包括表注②～⑯。

② Co 26.0~30.0, W 13.0~16.0, V≤0.20, Cu≤0.07, Nd+La≤0.10。

③ W 2.90~3.40, Co 14.8~16.0, Nb 4.10~4.60, Cu≤0.07, La≤0.055, Sc≤0.5, B≤0.010。

④ W2.00~3.00, Zr 0.05~0.15, Co≤0.50, V≤0.20, Nb≤0.20, Y≤0.05, N≤0.030, Cu≤0.07, B≤0.005。

⑤ W2.00~3.00, Zr 0.05~0.15, Co≤0.50, V≤0.20, Nb≤0.20, Y≤0.05, N≤0.030, Cu≤0.07, Ce≤0.02。

⑥ Co 12.0~16.0, W 4.50~6.50, V 0.20~0.80, B≤0.020, Ce≤0.02。

⑦ Co 14.0~16.0, W 2.50~3.50, Nb 3.00~3.50, V 0.40~0.80, Cu≤0.07, B≤0.010。

⑧ Co 12.5~16.0, W 2.00~3.00, Nb 2.50~3.00, V 0.40~0.80, Cu≤0.07, Ce≤0.015, La≤0.08, Nd≤0.005, B≤0.010, Mg≤0.01。

⑨ Co 12.5~16.0, W 2.00~3.00, Nb 2.50~3.00, V 0.40~0.80, Cu≤0.07, Ce≤0.015, La≤0.08, Nd≤0.005, B≤0.010, Mg≤0.01。

⑩ Co 14.10~17.00, W 9.50~11.0, Nb 1.00~2.00, V≤0.20, Cu≤0.07, B≤0.020, La≤0.03, Ce≤0.03, Mg≤0.03。

⑪ W 5.50~7.50, Co≤0.50, Nb≤0.50, V≤0.20, Cu≤0.07, B≤0.008, Ce≤0.03。

⑫ Co 9.00~11.0, Nb 2.40~2.80, Cu≤0.07, La≤0.10, V≤0.20, Ce≤0.01, B≤0.010。

⑬ Co 5.00~8.00, W 5.00~7.00, Cu≤0.07, Nb≤0.20, Ce≤0.005, B≤0.005。

⑭ W 0.80~1.50, Nb 2.20~2.60, V 0.80~1.50, Zr≤0.005, Cu≤0.07, Ce≤0.07, B≤0.01, La≤0.01, Mg≤0.03。

⑮ Nb 1.90~2.20, Co≤0.50, Sn≤0.001, V≤0.20, Ce≤0.005, Cu≤0.07, Sb≤0.001, B≤0.008, Pb≤0.001, As≤0.01, Bi≤0.0001。

⑯ Co≤0.50, Nb≤0.20, V≤0.20, Ce≤0.02, B≤0.003, Cu≤0.07, Pb≤0.001。

3.9.3 铸造高温合金

（1）俄罗斯ΓOCT标准真空熔炼的铸造高温合金棒坯的牌号与化学成分

A）真空熔炼的铸造高温合金棒坯的牌号与主要化学成分（表3-9-8）

表3-9-8　真空熔炼的铸造高温合金棒坯的牌号与主要化学成分（质量分数）（%）

No.	牌　号	C	Cr	Ni	Co	Mo	W	Al	Ti	Nb	Fe≤
1	ЖС3-ВИ	0.11～0.16	14.0～18.0	余量	—	3.0～4.5	4.5～6.5	1.6～2.2	1.6～2.2	—	8.0
2	ЖС3ДК-ВИ	0.06～0.11	11.0～12.5	余量	8.0～10.0	3.8～4.5	3.8～4.5	4.0～4.8	2.5～3.2	—	2.0
3	ЖС6К-ВИ	0.13～0.20	9.50～12.0	余量	4.0～5.0	3.5～4.5	4.5～5.5	5.0～6.0	2.5～3.2	—	2.0
4	ЖС16К-ВИ	0.08～0.14	4.60～5.20	余量	6.0～8.0	—	15.3～16.5	5.6～6.2	0.7～1.2	1.6～2.1	1.0
5	ЖС6У-ВИ	0.13～0.20	8.00～9.50	余量	9.0～10.5	1.2～2.4	9.50～11.0	5.1～6.0	2.0～2.9	0.8～1.2	1.0
6	ЖС30-ВИ	0.11～0.22	5.00～9.00	余量	7.5～9.5	0.4～1.0	11.0～12.0	4.8～5.8	1.4～2.3	0.4～1.4	1.0
7	ВЖЛ1-ВИ	0.10～0.17	15.0～17.0	余量	—	3.5～5.0	2.0～2.5	2.0～2.8	2.0～3.0	—	6.0～7.5
8	ВЖЛ2-ВИ	0.11～0.17	12.0～15.0	余量	—	12.0～15.0	8.0～10.0	1.5～3.0	3.0～3.2	—	—
9	ВЖЛ12У-ВИ	0.14～0.20	8.50～10.5	余量	12.0～15.0	2.7～3.4	1.0～1.8	5.0～5.7	3.2～4.7	0.5～1.0	2.0
10	ВЖЛ12Э-ВИ	0.12～0.20	8.50～10.0	余量	8.0～10.0	2.7～5.4	1.0～1.8	5.0～5.7	4.2～4.7	0.5～1.0	2.0
11	ВЖЛ14Н-ВИ	0.03～0.08	18.0～20.0	余量	—	4.0～5.0	—	1.2～1.5	2.5～2.9	1.8～2.8	8.0～10.0
12	ВЖЛ18-ВИ	0.10～0.15	17.0～18.0	余量	4.0～6.0	4.5～6.0	2.5～4.0	3.4～4.0	2.2～3.0	1.2～1.8	1.0
13	ВЖ4Л-ВИ	0.03～0.10	32.0～35.0	余量	—	2.3～3.5	4.3～5.3	0.7～1.3	0.7～1.3	0.7～1.3	0.5
14	ВЖ9Л-ВИ	0.02～0.10	30.0～35.0	余量	0.2～0.8	2.9～3.5	4.7～5.5	1.0～1.6	0.7～1.3	0.7～1.3	6.0

B）真空熔炼的铸造高温合金棒坯的其他化学成分（见表3-9-9）

表3-9-9　真空熔炼的铸造高温合金棒坯的其他化学成分（质量分数）（%）

No.	牌　号	Si	Mn	P	S	B	Ce	Zr	Y	Pb	Bi	其　他
		≤										
1	ЖС3-ВИ	0.6	0.8	0.015	0.009	0.005～0.010	—	—	—	—	—	V≤0.30
2	ЖС3ДК-ВИ	0.4	0.4	0.015	0.010	0.020	0.02	—	—	—	—	—
3	ЖС6К-ВИ	0.4	0.4	0.015	0.015	0.020	0.025	0.04	—	0.001	0.0005	—
4	ЖС16К-ВИ	0.2	0.4	0.015	0.015	0.020	0.02	0.02	—	0.001	0.0005	La 0.02，Hf 0.7～1.2
5	ЖС6У-ВИ	0.4	0.4	0.015	0.010	0.035	0.02	0.04	0.01	0.001	0.0005	—
6	ЖС30-ВИ	0.4	0.4	0.015	0.010	0.020	0.015	0.02	0.03	—	—	V 0.05～0.10，La≤0.005 Hf 0.3～1.2，Ca≤0.005
7	ВЖЛ1-ВИ	1.2～2.0	0.3	0.020	0.020	0.09～0.13	—	—	—	—	—	—
8	ВЖЛ2-ВИ	1.0～2.0	—	—	0.020	0.015	—	—	—	—	2.0～3.5	—
9	ВЖЛ12У-ВИ	0.4	0.4	0.015	0.015	0.015	0.02	0.02	—	0.001	0.0005	V 0.5～1.0
10	ВЖЛ12Э-ВИ	0.4	0.4	0.015	0.015	0.015	0.02	0.02	—	0.001	0.0005	V 0.5～1.0
11	ВЖЛ14Н-ВИ	0.4	0.4	0.015	0.015	0.005	0.025	—	—	—	—	La≤0.01

（续）

No.	牌　号	Si	Mn	P	S	B	Ce	Zr	Y	Pb	Bi	其　他
						≤						
12	ВЖЛ18-ВИ	0.4	0.4	0.015	0.015	0.006	0.02	0.02	—	0.001	0.0005	—
13	ВЖ4Л-ВИ	0.3	—	—	0.010	0.008	0.03	—	0.04	—	—	Ca≤0.02
14	ВЖ9Л-ВИ	0.4	0.3	0.015	0.010	0.005	—	—	0.04	—	—	Ca≤0.02

表 3-9-8 和表 3-9-9 说明：

1）B、La、Ce、Zr、Y（钇）和 Ca 按计算量加入，不作分析。

2）ЖС6К-ВИ、ЖС6У-ВИ、ВЖЛ12У-ВИ、ЖС16К-ВИ 和 ЖС6Н-ВИ 合金中 B（硼）含量的允许偏差为（+0.005）%。这里提及的 ЖС6Н-ВИ 合金是指用于定向结晶工艺铸造叶片的 ЖС6У-ВИ 合金。

3）ЖЗ3ДК-ВИ 合金中 Co 的含量允许提高至 11.0%。

4）ЖС16К-ВИ 和 ЖС30-ВИ 合金中 Hf（铪）和 Zr（锆）允许只测定其总量。

5）ЖС3-ВИ 合金中 3 种元素含量允许为：Co≤1.0%、Ce≤0.02% 和 Zr≤0.015%。ВЖЛ1-ВИ 合金中允许含 Co≤0.5% 和 Ce≤0.01%。ВЖЛ2-ВИ 合金中允许含 Co≤2.0%。

6）ЖС6К-ВИ 合金中 Co 含量的允许偏差为（+1.0%）。

7）ВЖЛ14Н-ВИ 合金中 3 种元素含量的允许偏差为：C（-0.01）%，Al（+0.2）%，Ti（+0.1）%。

8）ЖС30-ВИ 合金中 C 含量的允许偏差为：C（-0.03）%，允许含 V≤0.05%。V 含量按计算量加入，不作分析。

ЖС30-ВИ 合金中允许伴生的稀土金属 Nd（钕）、Gd（钆）和 Pr（镨）等存在，其允许含量≤0.010%，不作分析。

9）ВЖЛ18-ВИ 合金中 Cr 含量的允许偏差为：Cr（-0.5）%。

10）ЖС6К-ВИ、ЖС6У-ВИ 和 ВЖЛ12У-ВИ 合金中允许非配料元素的存在。ЖС6К-ВИ 合金中 V、Nb、Hf 的总含量≤0.2%，其中 V≤0.1%。

11）ЖС12У-ВИ 合金中 Hf 的含量≤0.2%。ВЖЛ14Н-ВИ 合金中允许存在非配料的元素，Co≤0.3%，V≤0.1%。

（2）俄罗斯 ГОСТ 标准真空熔炼的铸造高温合金棒坯的力学性能与热处理（表 3-9-10）

表 3-9-10　真空熔炼的铸造高温合金棒坯的力学性能与热处理

合金牌号	热处理制度	室温力学性能				高温持久性能		
		R_m/MPa	A（%）	Z（%）	A_{KV}/（J/cm²）	试验温度/℃	破断强度 R/MPa	持久时间 t/h≥
		≥						
ЖС3-ВИ	（1150±10）℃，7h 空冷	—	—	—	—	800	250	40
ЖЗ3ДК-ВИ	（1210±15）℃，3~4 h 空冷	930	7	—	29	850	340	50
ЖС6К-ВИ	（1210±15）℃，4 h 空冷	—	—	—	—	975	200	50
ЖС16К-ВИ	（1210±10）℃，4 h 空冷	830	3	—	—	975	230	40
ЖС6У-ВИ	不经热处理	820	4	—	—	975	240	40
ЖС30-ВИ	不经热处理	830	3	4	—	975	240	40
ВЖЛ1-ВИ	不经热处理	670	—	—	HBW 300~360	—	—	—
ВЖЛ2-ВИ	不经热处理 或（1210±10）℃，4h 空冷	670	—	—	—	—	—	—
ВЖЛ12У-ВИ	不经热处理 或（1210±10）℃，4h 空冷	830	5	7	—	975	200	40
ВЖЛ12Э-ВИ	不经热处理或（1210±10）℃，4h 空冷	830	5	7	—	975	200	40

（续）

合金牌号	热处理制度	室温力学性能				高温持久性能		
		R_m/MPa	A（%）	Z（%）	A_{KV}/（J/cm²）	试验温度/℃	破断强度 R/MPa	持久时间 t/h≥
		≥						
ВЖЛ14Н-ВИ	（1210±10）℃，4h，空冷（700±10）℃，时效16h空冷	830	9	10	39	600	590	100
ВЖЛ18-ВИ	淬火：（1160±10）℃，3 h，空冷回火：（950±10）℃，2 h，空冷	780	5	—	—	800	180	100
ВЖ4Л-ВИ	（1180±10）℃，3.5h，空冷，（950±10）℃，时效3.5~4h，空冷	880	2	2	—	900	240	40
ВЖ9Л-ВИ	淬火：（1160±10）℃，4h，空冷回火：（900±10）℃，16h，空冷	780	4	—	20	800	206	40

B. 专业用钢和优良品种

3.9.4　内燃机用阀门钢和合金 ［ГОСТ R54909（2012）］

（1）俄罗斯ГОСТ标准内燃机用阀门钢和合金的牌号与化学成分（表3-9-11）

表3-9-11　内燃机用阀门钢和合金的牌号与化学成分（质量分数）（%）

牌号	C	Si	Mn	P≤	S≤	Cr	Ni	Mo	N	其 他[①]
马氏体型										
X50CrSi 8-2	0.45~0.55	1.00~2.00	≤0.60	0.030	0.030	7.50~9.50	≤0.60	—	—	—
X45CrSi 9-3	0.40~0.50	2.70~3.00	≤0.80	0.040	0.030	8.00~10.0	≤0.60	—	≤0.20	—
X85CrMoV 18-2	0.80~0.90	≤1.00	≤1.50	0.040	0.030	16.5~18.5	—	2.00~2.50	—	V 0.30~0.60
奥氏体型										
X55CrMnNiN 20-8	0.50~0.60	≤0.25	7.00~10.0	0.050	0.030	19.5~21.5	1.50~1.75	—	0.20~0.40	—
X53CrMnNiN 21-9	0.48~0.58	≤0.25	8.00~10.0	0.050	0.030	20.0~22.0	3.25~4.50	—	0.35~0.50	—
X53CrMnNiNbN 21-9	0.48~0.58	≤0.45	8.00~10.0	0.050	0.030	20.0~22.0	3.25~4.50	—	0.35~0.50	（Nb+Ta）2.00~3.00 C+N≤0.90
X50CrMnNiNbN 21-9	0.45~0.55	≤0.45	8.00~10.0	0.050	0.030	20.0~22.0	3.50~5.50	—	0.40~0.60	W 0.80~1.50 （Nb+Ta）1.80~2.50
X33CrNiMnN 23-8	0.28~0.38	0.50~1.00	1.50~3.50	0.050	0.030	22.0~24.0	7.00~9.00	≤0.50	0.25~0.35	W≤0.50
镍基合金										
NiCr75Fe7TiAl	0.03~0.10	≤0.50	≤0.50	0.015	0.015	14.0~17.0	余量	≤0.50	—	Al 1.10~1.35 Ti 2.00~2.50 （Nb+Ta）0.70~1.20 Fe 5.00~9.00

（续）

牌　号	C	Si	Mn	P≤	S≤	Cr	Ni	Mo	N	其 他[1]
镍基合金										
NiCr20TiAl	0.04 ~ 0.10	≤1.00	≤1.00	0.020	0.015	18.0 ~ 22.0	≥65.0	—	—	Al 1.00 ~ 1.85 Ti 1.80 ~ 2.70 Co≤2.00，Fe≤3.00 B≤0.008，Cu≤0.20
NiFe25Cr20NbTi	≤0.10	≤1.00	≤1.00	0.020	0.015	18.0 ~ 22.0	余量	—	—	Al 0.30 ~ 1.00 Ti 1.00 ~ 2.00 (Nb + Ta) 1.00 ~ 2.00 Fe 23.0 ~ 28.0

（2）俄罗斯 ГOCT 标准内燃机用阀门钢和合金的室温力学性能（表 3-9-12）

表 3-9-12　内燃机用阀门钢和合金的室温力学性能

钢　号	热处理状态[1]	R_m/MPa	$R_{p0.2}$/MPa	A（%）	Z（%）	HBW≤	HRC≤
				≥			
马氏体型							
X50CrSi 8-2	Q + T	900 ~ 1100	685	14	40	266 ~ 325	—
X45CrSi 9-3	Q + T	900 ~ 1100	700	14	40	266 ~ 325	—
X85CrMoV 18-2	Q + T	1000 ~ 1200	800	7	12	296 ~ 355	—
奥氏体型							
X55CrMnNiN 20-8	S + P	900 ~ 1150	550	8	10	—	28
X53CrMnNiN 21-9	S + P	950 ~ 1200	580	8	10	—	30
X53CrMnNiNbN 21-9	S + P	950 ~ 1150	580	12	15	—	30
X50CrMnNiNbN 21-9	S + P	950 ~ 1150	580	8	10	—	30
X33CrNiMnN 23-8	S + P	850 ~ 1100	550	20	30	—	25
580 镍基合金							
NiCr75Fe7TiAl	S + P	1100 ~ 1300	750	685	20	—	32
NiCr20TiAl	S + P	900 ~ 1100	500	700	30	—	28
NiFe25Cr20NbTi	S + P	1100 ~ 1400	725	800	25	—	32

① 热处理状态代号：Q—淬火；T—回火；S—固溶处理；P—时效处理。

（3）俄罗斯 ГOCT 标准内燃机用阀门钢和合金的高温力学性能（表 3-9-13）

表 3-9-13　内燃机用阀门钢和合金的高温力学性能[1]

钢　号	热处理状态[2]	高温抗拉强度/MPa（在下列温度时）/℃							高温 0.2% 塑性应变的伸长应力/MPa（在下列温度时）/℃						
		500	550	600	650	700	750	800	500	550	600	650	700	750	800
马氏体型钢															
X50CrSi 8-2	Q + T	500	360	230	160	105	—	—	400	300	220	110	75	—	—
X45CrSi 9-3	Q + T	500	360	250	170	110	—	—	400	300	240	120	80	—	—
X85CrMoV 18-2	Q + T	550	400	300	230	180	140	—	500	370	280	170	120	80	—
奥氏体型钢															
X55CrMnNiN 20-8	S + P	640	590	540	490	440	360	290	300	280	250	230	220	200	170
X53CrMnNiN21-9	S + P	650	600	550	500	450	370	300	350	330	300	270	250	230	200
X53CrMnNiNLN 21-9	S + P	680	650	610	550	480	410	340	350	330	310	285	260	240	220

（续）

钢 号	热处理状态[②]	高温抗拉强度/MPa（在下列温度时）/℃							高温 0.2% 塑性应变的伸长应力/MPa（在下列温度时）/℃						
		500	550	600	650	700	750	800	500	550	600	650	700	750	800
奥氏体型钢															
X53CrMnNiNbN 21-9	S + P	680	650	600	510	450	380	320	340	320	310	280	260	235	220
X33CrNiMnN 23-8	S + P	600	570	530	470	400	340	280	270	250	220	210	190	180	170
镍基合金															
NiCr15Fe7TiAl	S + P	1000	980	930	850	770	650	510	725	710	690	660	650	560	425
NiFe25Cr20NbTi	S + P	800	800	190	740	640	500	340	450	450	450	450	430	380	250
NiCr20TiAl	S + P	1050	1030	1000	930	820	680	500	700	650	650	600	600	500	450

① 表中非标准规定值。

② 热处理状态代号：Q—淬火；T—回火；S—固溶处理；P—时效处理。

3.9.5 金属制品用耐热钢 [ГOCT R54908（2012）]

（1）俄罗斯 ГOCT 标准金属制品用耐热钢的钢号与化学成分（表 3-9-14）

表 3-9-14 金属制品用耐热钢的钢号与化学成分（质量分数）（%）

钢 号[①]	C	Si	Mn	P≤	S≤	Cr	Ni	其 他
铁素体型								
X2CrTi12	≤0.03	≤1.00	≤1.00	0.040	0.015	10.5 ~ 12.5	—	Ti 6（C + N）~0.65
X6Cr13	≤0.08	≤1.00	≤1.00	0.040	0.030	12.0 ~ 14.0	≤1.00	—
X10CrAlSi13	≤0.12	0.70 ~ 1.40	≤1.00	0.040	0.015	12.0 ~ 14.0	≤1.00	Al 0.70 ~ 1.20
X6Cr17	≤0.08	≤1.00	≤1.00	0.040	0.030	16.0 ~ 18.0	≤1.00	—
X10CrAlSi18	≤0.12	0.70 ~ 1.40	≤1.00	0.040	0.015	17.0 ~ 19.0	≤1.00	Al 0.70 ~ 1.20
X10CrAlSi25	≤0.12	0.70 ~ 1.40	≤1.00	0.040	0.015	23.0 ~ 26.0	≤1.00	Al 1.20 ~ 1.70
X15CrN26	≤0.20	≤1.00	≤1.00	0.040	0.030	24.0 ~ 28.0	≤1.00	—
X2CrTiNb18	≤0.03	≤1.00	≤1.00	0.040	0.015	17.5 ~ 18.5	—	Ti 0.10 ~ 0.60 Nb(3C + 0.30) ~ 1.00[③]
X3CrTi17	≤0.05	≤1.00	≤1.00	0.040	0.015	16.0 ~ 18.0	—	Ti[4（C + N）+ 0.15] ~ 0.80[②]
奥氏体型								
X7CrNi18-9	0.04 ~ 0.10	≤1.00	≤2.00	0.045	0.030	17.0 ~ 19.0	8.0 ~ 11.0	
X7CrNiTi18-10	0.04 ~ 0.10	≤1.00	≤2.00	0.045	0.030	17.0 ~ 19.0	9.0 ~ 12.0	Ti 5C ~ 0.80
X7CrNiTi18-10	0.04 ~ 0.10	≤1.00	≤2.00	0.045	0.030	17.0 ~ 19.0	9.0 ~ 12.0	Nb 10C ~ 1.20[③]
X15CrNiSi20-12	≤0.20	1.50 ~ 2.50	≤2.00	0.045	0.030	19.0 ~ 21.0	11.0 ~ 13.0	N ≤ 0.11
X7CrNiSiNCe21-11	0.05 ~ 0.10	1.40 ~ 2.00	≤0.80	0.040	0.030	20.0 ~ 22.0	10.0 ~ 12.0	N 0.14 ~ 0.20，Ce 0.03 ~ 0.08
X12CrNi23-13	≤0.15	≤1.00	≤2.00	0.045	0.015	22.0 ~ 24.0	12.0 ~ 14.0	N ≤ 0.11
X8CrNi25-21	≤0.10	≤1.50	≤2.00	0.045	0.015	24.0 ~ 26.0	19.0 ~ 22.0	N ≤ 0.11
X8NiCrAlTi32-21	0.05 ~ 0.10	≤1.00	≤1.50	0.015	0.015	19.0 ~ 23.0	30.0 ~ 34.0	Al 0.15 ~ 0.60 Ti 0.15 ~ 0.60，Cu ≤ 0.70

（续）

钢 号[①]	C	Si	Mn	P≤	S≤	Cr	Ni	其 他
奥氏体型								
X6CrNiSiNCe19-10	0.04~0.08	1.00~2.00	≤1.00	0.045	0.015	18.0~20.0	9.0~11.0	N 0.12~0.20，Ce 0.03~0.08
X6NiCrSiNCe35-25	0.04~0.08	1.20~2.00	≤2.00	0.040	0.015	24.0~26.0	34.0~36.0	N 0.12~0.20，Ce 0.03~0.08

① 本标准系 ISO4995 标准的牌号，无俄文字母。

② Ti 可以和 Nb 或 Zr 置换（$Nb = Zr = \frac{7}{4}Ti$）。

③ 是 Nb + Ta 含量。

（2）俄罗斯 ГОСТ 标准金属制品用耐热钢的力学性能（表3-9-15）

表 3-9-15　金属制品用耐热钢的力学性能

钢 号	产品交货状态		HBW≤	$R_{p0.2}$/MPa	$R_{p1.0}$/MPa	R_m/MPa	A(%)≥		
	产品厚度 a/mm	热处理状态					产品厚度 a/mm		
							0.5~3.0	≥3.0	
				≥			纵/横向	纵向	横向
铁素体型									
X2CrTi12	0.5~12	退火	—	210	—	380~560	25	25	25
X6Cr13	0.5~12	退火	197	230	—	400~630	18	20	18
X10CrAlSi13	0.5~12	退火	192	250	—	450~650	13	15	15
X6Cr17	0.5~12	退火	197	250	—	430~630	18	20	18
X10CrAlSi18	0.5~12	退火	212	270	—	500~700	13	15	15
X10CrAlSi25	0.5~12	退火	223	280	—	520~720	13	15	15
X15CrN26	0.5~12	退火	212	280	—	500~700	13	15	15
X2CrTiNb18	0.5~12	退火	—	230	—	430~630	18	18	18
X3CrTi17	0.5~12	退火	—	230	—	420~600	23	23	23
奥氏体型									
X7CrNi18-9	0.5~12	固溶	192	195	230	500~700	37	40	40
X7CrNiTi18-10	0.5~12	固溶	215	190	230	500~720	40	40	40
X7CrNiTi18-10	0.5~12	固溶	192	205	240	510~710	28	30	30
X15CrNiSi20-12	0.5~12	固溶	223	230	270	550~750	28	30	40
X7CrNiSiNCe21-11	0.5~12	固溶	210	310	345	650~850	37	35	35
X12CrNi23-13	0.5~12	固溶	192	210	250	500~700	33	35	35
X8CrNi25-21	0.5~12	固溶	192	210	250	500~700	33	35	35
X8NiCrAlTi32-21	0.5~12	固溶	192	170	210	450~680	28	30	30
X6CrNiSiNCe19-10	0.5~12	固溶	210	290	330	600~800	30	40	40
X6NiCrSiNCe35-25	0.5~12	固溶	210	300	340	650~850	40	40	40

3.9.6　耐蚀和耐热钢（含热强钢）薄板 ［ГОСТ 5582（1975）］

（1）俄罗斯 ГОСТ 标准耐蚀和耐热钢（含热强钢）薄板的钢号与化学成分（表3-9-16）

表 3-9-16　耐蚀和耐热钢（含热强钢）薄板的钢号与化学成分（质量分数）（%）

钢　号	C	Si	Mn	P≤	S≤	Cr	Ni	Mo	Ti	其　他[①]
马氏体型										
09Х16Н4Б	0.08~0.12	≤0.60	≤0.50	0.030	0.015	15.0~16.5	4.00~4.50	≤0.30	≤0.20	Nb 0.05~0.15 W≤0.20
11Х11Н2В2МФ	0.09~0.13	≤0.60	≤0.60	0.030	0.025	10.5~12.0	1.50~1.80	0.35~0.50	≤0.20	W 1.60~2.00 V 0.18~0.30
16Х11Н2В2МФ	0.14~0.18	≤0.60	≤0.60	0.030	0.025	10.5~12.0	1.40~1.80	0.35~0.50	≤0.20	W 1.60~2.00 V 0.18~0.30
20Х13	0.16~0.25	≤0.80	≤0.80	0.030	0.025	12.0~14.0	≤0.60	—	≤0.20	—
30Х13	0.26~0.35	≤0.80	≤0.80	0.030	0.025	12.0~14.0	≤0.60	—	≤0.20	—
40Х13	0.36~0.45	≤0.80	≤0.80	0.030	0.025	12.0~14.0	≤0.60	—	≤0.20	—
马氏体-铁素体型										
12Х13	0.09~0.15	≤0.80	≤0.80	0.030	0.025	12.0~14.0	≤0.60	—	≤0.20	—
14Х17Н2	0.11~0.17	≤0.80	≤0.80	0.030	0.025	16.0~1.80	1.50~2.50	≤0.30	≤0.20	W≤0.20
铁素体型										
08Х13	≤0.08	≤0.80	≤0.80	0.030	0.025	12.0~14.0	≤0.60	—	≤0.20	—
08Х17Т	≤0.08	≤0.80	≤0.80	0.030	0.025	16.0~1.80	≤0.60	—	5C~0.80	—
08Х18Т1	≤0.08	≤0.80	≤0.70	0.035	0.025	17.0~19.0	≤0.60	—	0.60~1.00	—
12Х17	≤0.12	≤0.80	≤0.80	0.030	0.025	16.0~1.80	—	—	≤0.20	—
15Х25Т	≤0.15	≤1.00	≤0.80	0.035	0.025	24.0~27.0	≤1.00	—	5C~0.90	—
15Х28	≤0.15	≤1.00	≤0.80	0.035	0.025	27.0~30.0	≤1.00	—	≤0.20	—
奥氏体-马氏体型										
07Х16Н6	0.05~0.09	≤0.80	≤0.80	0.035	0.020	15.5~17.5	5.00~8.00	≤0.30	≤0.20	W≤0.20
08Х17Н5М3	0.06~0.10	≤0.80	≤0.80	0.035	0.020	16.0~17.5	4.50~5.50	3.00~3.50	≤0.20	W≤0.20
08Х17Н15М3Т	≤0.08	≤0.80	≤2.00	0.035	0.020	16.0~1.80	14.0~16.0	3.00~4.00	0.30~0.60	W≤0.20
09Х15Н8Ю1	≤0.09	≤0.80	≤0.80	0.035	0.025	14.0~16.0	7.00~9.40	≤0.30	≤0.20	Al 0.70~1.30 W≤0.20
20Х13Н4Г9	0.15~0.30	≤0.80	8.00~10.0	0.050	0.025	12.0~14.0	3.70~4.70	≤0.30	≤0.20	W≤0.20
奥氏体-铁素体型										
08Х21Н6М2Т	≤0.08	≤0.80	≤0.80	0.035	0.025	20.0~22.0	5.50~6.50	1.80~2.50	0.20~0.40	W≤0.20
08Х22Н6Т	≤0.08	≤0.80	≤0.80	0.035	0.025	21.0~23.0	5.30~6.30	≤0.30	5C~0.65	W≤0.20
12Х21Н5Т	0.09~0.14	≤0.80	≤0.80	0.035	0.025	20.0~22.0	4.80~5.80	≤0.30	0.25~0.50	Al≤0.08 W≤0.20
15Х18Н12С4ТЮ	0.12~0.17	3.80~4.50	0.50~1.00	0.035	0.030	17.0~19.0	11.0~13.0	≤0.30	0.40~0.70	Al 0.13~0.35
20Х20Н14С2	≤0.20	2.00~3.00	≤1.50	0.035	0.025	19.0~22.0	12.0~15.0	≤0.30	≤0.20	W≤0.20
20Х23Н13	≤0.20	≤1.00	≤2.00	0.035	0.025	22.0~25.0	12.0~15.0	≤0.30	≤0.20	W≤0.20

（续）

钢 号	C	Si	Mn	P≤	S≤	Cr	Ni	Mo	Ti	其 他①
						奥氏体型				
03Х17Н14М3	≤0.030	≤0.40	1.00 ~ 2.00	0.030	0.020	16.8 ~ 18.3	13.5 ~ 15.0	2.20 ~ 2.80	≤0.50	W≤0.20
08Х17Н15М3Т	≤0.08	≤0.80	≤2.00	0.035	0.020	16.0 ~ 1.80	14.0 ~ 16.0	3.00 ~ 4.00	0.30 ~ 0.60	W≤0.20
08Х18Н10	≤0.08	≤0.80	≤2.00	0.035	0.020	17.0 ~ 19.0	9.00 ~ 11.0	≤0.30	≤0.50	W≤0.20
08Х18Н10Т	≤0.08	≤0.80	≤2.00	0.035	0.020	17.0 ~ 19.0	9.00 ~ 11.0	≤0.50	5C ~ 0.70	W≤0.20
03Х18Н11	≤0.030	≤0.80	0.70 ~ 2.00	0.035	0.020	17.0 ~ 19.0	10.5 ~ 12.5	≤0.10	≤0.50	W≤0.20
03Х18Н12	≤0.030	≤0.40	≤0.40	0.030	0.020	17.0 ~ 19.0	11.5 ~ 13.0	≤0.30	≤0.005	W≤0.20
03Х21Н21М4ГБ	≤0.030	≤0.60	1.80 ~ 2.50			20.0 ~ 22.0	20.0 ~ 22.0	3.40 ~ 3.70	≤0.30	Nb 15C ~ 0.80
08Х18Н12Т	≤0.08	≤0.80	≤2.00	0.035	0.020	17.0 ~ 19.0	11.0 ~ 13.0	≤0.30	5C ~ 0.60	W≤0.20
08Х18Н12Б	≤0.08	≤0.80	≤2.00	0.035	0.020	17.0 ~ 19.0	11.0 ~ 13.0	≤0.30	≤0.20	Nb 10C ~ 1.10 W≤0.20
10Х11Н20Т2Р	≤0.10	≤1.00	≤1.00	0.030	0.020	10.0 ~ 12.5	18.0 ~ 21.0	≤0.30	2.30 ~ 2.80	Al≤0.80 B≤0.008
10Х14АГ15	≤0.10	≤0.80	14.5 ~ 16.5	0.045	0.030	13.0 ~ 15.0	≤2.00	≤0.30	≤0.20	Cu≤0.60 N 0.15 ~ 0.25
10Х14Г14Н4Т	≤0.10	≤0.80	13.0 ~ 15.0	0.035	0.020	13.0 ~ 15.0	2.80 ~ 4.50	≤0.30	5 (C - 0.02) ~ 0.60	W≤0.20
10Х17Н13М2Т	≤0.10	≤0.80	≤2.00	0.035	0.020	16.0 ~ 1.80	12.0 ~ 14.0	2.00 ~ 3.00	5C ~ 0.70	W≤0.20
12Х17Г9АН4	≤0.12	≤0.80	8.00 ~ 10.5	0.035	0.020	16.0 ~ 1.80	3.50 ~ 4.50	≤0.30	≤0.20	N 0.15 ~ 0.25
12Х18Н9	≤0.12	≤0.80	≤2.00	0.035	0.020	17.0 ~ 19.0	8.00 ~ 10.0	≤0.30	≤0.50	W≤0.20
12Х18Н10Т	≤0.12	≤0.80	≤2.00	0.035	0.020	17.0 ~ 19.0	9.00 ~ 11.0	≤0.50	5C ~ 0.80	W≤0.20
12Х18Н10Е	≤0.12	≤0.80	≤2.00	0.035	0.020	17.0 ~ 19.0	9.00 ~ 11.0	≤0.30	—	Se 0.18 ~ 0.35 W≤0.20
12Х25Н16Г7АР	≤0.12	≤1.00	5.00 ~ 7.00	0.035	0.020	23.0 ~ 26.0	15.0 ~ 18.0	≤0.30	≤0.20	N 0.30 ~ 0.45 B≤0.010 W≤0.20
17Х18Н9	0.13 ~ 0.21	≤0.80	≤2.00	0.035	0.020	17.0 ~ 19.0	8.00 ~ 10.0	≤0.50	≤0.50	W≤0.20
20Х23Н18	≤0.20	≤1.00	≤2.00	0.035	0.020	22.0 ~ 25.0	17.0 ~ 20.0	≤0.30	≤0.20	W≤0.20
20Х25Н20三2	≤0.20	2.00 ~ 3.00	≤1.50	0.035	0.020	24.0 ~ 27.0	18.0 ~ 21.0	≤0.30	≤0.20	W≤0.20

① 残余元素 $w(Cu)$ ≤0.30% 。

（2）俄罗斯 ГOCT 标准耐蚀和耐热钢（含热强钢）薄板的热处理与力学性能（表3-9-17）

表 3-9-17 耐蚀和耐热钢（含热强钢）薄板的热处理与力学性能

钢 号	类型	热处理制度/℃	R_m/MPa	$R_{p0.2}$/MPa	A_{50}（%）
				≥	
09Х16Н4Б	М	620 ~ 640 退火，保温 4 ~ 8h，炉冷至 200 ~ 300，空冷	1130	—	—
11Х11Н2В2МФ	М	760 ~ 780 退火	830	—	22
16Х11Н2В2МФ	М	760 ~ 780 退火	830	—	22

（续）

钢 号	类型	热处理制度/℃	R_m/MPa	$R_{p0.2}$/MPa	A_{50}（%）
			≥		
20X13	M	740～800 退火或回火	490	—	20
30X3	M	740～800 退火或回火	540	—	17
40X13	M	740～800 退火或回火	550	—	15
12X13	M-F	740～780 退火或回火	440	—	21
14X17H2	M-F	650～700 退火或回火	（按协议）		
08X13	F	740～780 退火或回火	410	—	21
08X17T	F	740～780 退火或回火	460	—	20
08X18T1	F	830～860 退火，空冷，或 960～1000 正火，空冷或水冷	460	—	30
12X17	F	740～780 退火或回火	490	—	20
15X25T	F	740～780 退火或回火	530	—	17
15X28	F	740～780 退火或回火	530	—	17
07X16H6	A-M	1030～1070 淬火，水冷或空冷	1180	—	20
08X17H5M3	A-M	1030～1080 淬火，空冷或水冷	1180	610	20
09X15H8Ю1	A-M	1040～1080 正火，空冷	1080	—	20
20X13H4Г9	A-M	1050～1080 淬火，空冷或水冷	640	—	40
08X21H6M2T	A-F	1000～1080，水冷或空冷	590	—	22
08X22H6T	A-F	950～1050，水冷或空冷	640	—	20
12X21H5T	A-F	1000～1080，水冷或空冷	690	345	18
15X18H12C4TЮ	A-F	1020～1050，水冷	720	345	30
20X20H14C2	A-F	1050～1080 淬火，空冷或水冷	590	—	40
20X23H13	A-F	1100～1150，水冷或空冷	540	—	35
03X17H14M3	A	1030～1000，固溶，水冷或空冷	490	196	40
08X17H15M3T	A	1050～1080，固溶，水冷或空冷	530	—	35
08X18H10	A	1050～1080，固溶，水冷或空冷	510	—	45
08X18H10T	A	1050～1080，固溶，水冷或空冷	520	—	40
03X18H11	A	1050～1080，固溶，水冷或空冷	490	196	40
03X18H12	A	1050～1080，固溶，水冷或空冷	390	—	40
03X21H21M4ГБ	A	1080～1130，固溶，水冷或空冷	540	205	25

3.9.7 热轧不锈钢无缝钢管 ［ГOCT 9540（1981）］

（1）俄罗斯 ГOCT 标准热轧不锈钢无缝钢管的钢号与化学成分（表3-9-18）

表 3-9-18　热轧不锈钢无缝钢管的钢号与化学成分（质量分数）（%）

钢 号	C	Si	Mn	P≤	S≤	Cr	Ni	Mo	Ti	其 他[①]
08X13	≤0.08	≤0.80	≤0.80	0.030	0.025	12.0～14.0	≤0.60	—	≤0.20	—
08X17T	≤0.08	≤0.80	≤0.80	0.030	0.025	16.0～1.80	≤0.60	—	5C～0.80	—
12X13	0.09～0.15	≤0.80	≤0.80	0.030	0.025	12.0～14.0	≤0.60	—	≤0.20	—
12X17	≤0.12	≤0.80	≤0.80	0.030	0.025	16.0～1.80	≤0.60	—	≤0.20	—

（续）

钢 号	C	Si	Mn	P≤	S≤	Cr	Ni	Mo	Ti	其 他[①]
15Х28	≤0.15	≤1.00	≤0.80	0.035	0.025	27.0~30.0	≤1.00	—	≤0.20	—
15Х25Т	≤0.15	≤1.00	≤0.80	0.035	0.025	24.0~27.0	≤1.00	—	5C~0.90	—
04Х18Н10	≤0.04	≤0.80	≤2.00	0.030	0.025	17.0~19.0	9.00~11.0	≤0.30	≤0.20	W≤0.20
10Х23Н18	≤0.10	≤1.00	≤2.00	0.035	0.020	22.0~25.0	17.0~20.0	≤0.30	≤0.20	W≤0.20
08Х17Н15М3Т	≤0.08	≤0.80	≤2.00	0.035	0.020	16.0~1.80	14.0~16.0	3.00~4.00	0.30~0.60	W≤0.20
08Х18Н10	≤0.08	≤0.80	≤2.00	0.035	0.020	17.0~19.0	9.00~11.0	≤0.30	≤0.50	W≤0.20
08Х18Н10Т	≤0.08	≤0.80	≤2.00	0.035	0.020	17.0~19.0	9.00~11.0	≤0.50	5C~0.70	W≤0.20
08Х18Н12Б	≤0.08	≤0.80	≤2.00	0.035	0.020	17.0~19.0	11.0~13.0	≤0.30	≤0.20	Nb 10C~1.10 W≤0.20
08Х18Н12Т	≤0.08	≤0.80	≤2.00	0.035	0.020	17.0~19.0	11.0~13.0	≤0.30	5C~0.60	W≤0.20
08Х20Н14С2	≤0.08	2.00~3.00	≤1.50	0.035	0.025	19.0~22.0	12.0~15.0	≤0.30	≤0.20	W≤0.20
08Х22Н6Т	≤0.08	≤0.80	≤0.80	0.035	0.025	21.0~23.0	5.30~6.30	≤0.30	5C~0.65	W≤0.20
10Х17Н13М2Т	≤0.10	≤0.80	≤2.00	0.035	0.020	16.0~1.80	12.0~14.0	2.00~3.00	5C~0.70	W≤0.20
12Х18Н9	≤0.12	≤0.80	≤2.00	0.035	0.020	17.0~19.0	8.00~10.0	≤0.50	≤0.50	W≤0.20
12Х18Н10Т	≤0.12	≤0.80	≤2.00	0.035	0.020	17.0~19.0	9.00~11.0	≤0.50	5C~0.80	W≤0.20
12Х18Н12Т	≤0.12	≤0.80	≤2.00	0.035	0.020	17.0~19.0	11.0~13.0	≤0.50	5C~0.70	W≤0.20
17Х18Н9	0.13~0.21	≤0.80	≤2.00	0.035	0.020	17.0~19.0	8.00~10.0	≤0.50	≤0.50	W≤0.20

① Cu 含量除已标明外，其作为残余元素时 $w(Cu) \leq 0.30\%$。

（2）俄罗斯 ГОСТ 标准热轧不锈钢无缝钢管的力学性能（表3-9-19）

表3-9-19　热轧不锈钢无缝钢管的力学性能

钢 号		R_m/MPa	$A(\%)$	密度
ГОСТ	ТУ	≥		/（g/cm³）
08Х13	ЭИ496	372	22	7.70
08Х17Т	ЭИ645	372	17	7.70
12Х13	ЭЖ1	392	21	7.70
12Х17	ЭИ17	441	17	7.70
15Х28	ЭИ347	441	17	7.60
15Х25Т	ЭИ439	441	17	7.60
04Х18Н10	ЭИ842	441	40	7.90
10Х23Н18	—	491	37	7.95
08Х17Н15М3Т	ЭИ580	510	35	8.10
08Х18Н10	ЭЯ0	510	40	7.90
08Х18Н10Т	ЭЯ914	510	40	7.90
08Х18Н12Б	ЭИ402	510	38	7.90
08Х18Н12Т	—	510	40	7.95
08Х20Н14С2	ЭИ732	510	35	7.70
08Х22Н6Т	—	588	24	7.70

（续）

钢　　号		R_m/MPa	A（%）	密度
ГOCT	ТУ	≥		/（g/cm³）
10Х17Н13М2Т	ЭИ432	529	35	8.00
12Х18Н9	ЭЯ1	529	40	7.90
12Х18Н10Т	—	529	40	7.90
12Х18Н12Т	—	529	40	7.95
17Х18Н9	ЭЯ2	568	40	7.90

3.9.8　冷加工和热变形不锈钢无缝钢管 ［ГOCT 9541（1982）］

（1）俄罗斯ГOCT标准冷加工和热变形的不锈钢无缝钢管的钢号与化学成分（表3-9-20）

表3-9-20　冷加工和热变形的不锈钢无缝钢管的钢号与化学成分（质量分数）（%）

钢号	C	Si	Mn	P≤	S≤	Cr	Ni	Mo	Ti	其　他[①]
04Х18Н10	≤0.04	≤0.80	≤2.00	0.030	0.025	17.0～19.0	9.00～11.0	≤0.30	≤0.20	W≤0.20
06ХН28МДТ	≤0.08	≤0.80	≤0.80	0.035	0.020	22.0～25.0	26.0～29.0	2.50～3.00	0.50～0.90	Cu 2.50～3.00
08Х13	≤0.08	≤0.80	≤0.80	0.030	0.025	12.0～14.0	≤0.60	—	≤0.20	—
08Х17Т	≤0.08	≤0.80	≤0.80	0.030	0.025	16.0～1.80	≤0.60	—	5C～0.80	—
08Х17Н15М3Т	≤0.08	≤0.80	≤2.00	0.035	0.020	16.0～1.80	14.0～16.0	3.00～4.00	0.30～0.60	W≤0.20
08Х18Н10	≤0.08	≤0.80	≤2.00	0.035	0.020	17.0～19.0	9.00～11.0	≤0.30	≤0.50	W≤0.20
08Х18Н10Т	≤0.08	≤0.80	≤2.00	0.035	0.020	17.0～19.0	9.00～11.0	≤0.50	5C～0.70	W≤0.20
08Х18Н12Т	≤0.08	≤0.80	≤2.00	0.035	0.020	17.0～19.0	11.0～13.0	≤0.30	5C～0.60	W≤0.20
08Х18Н12Б	≤0.08	≤0.80	≤2.00	0.035	0.020	17.0～19.0	11.0～13.0	≤0.30	≤0.20	Nb 10C～1.10 W≤0.20
08Х20Н14С2	≤0.08	2.00～3.00	≤1.50	0.035	0.025	19.0～22.0	12.0～15.0	≤0.30	≤0.20	W≤0.20
08Х22Н6Т	≤0.08	≤0.80	≤0.80	0.035	0.025	21.0～23.0	5.30～6.30	≤0.30	5C～0.65	W≤0.20
10Х17Н13М2Т	≤0.10	≤0.80	≤2.00	0.035	0.020	16.0～1.80	12.0～14.0	2.00～3.00	5C～0.70	W≤0.20
10Х23Н18	≤0.10	≤1.00	≤2.00	0.035	0.020	22.0～25.0	17.0～20.0	≤0.30	≤0.20	W≤0.20
12Х13	0.09～0.15	≤0.80	≤0.80	0.030	0.025	12.0～14.0	≤0.60	—	≤0.20	—
12Х17	≤0.12	≤0.80	≤0.80	0.035	0.025	16.0～1.80	≤0.60	—	≤0.20	—
12Х18Н9	≤0.12	≤0.80	≤2.00	0.035	0.020	17.0～19.0	8.00～10.0	≤0.50	≤0.50	W≤0.20
12Х18Н10Т	≤0.12	≤0.80	≤2.00	0.035	0.020	17.0～19.0	9.00～11.0	≤0.50	5C～0.80	W≤0.20
12Х18Н12Т	≤0.12	≤0.80	≤2.00	0.035	0.020	17.0～19.0	11.0～13.0	≤0.50	5C～0.70	W≤0.20
15Х25Т	≤0.15	≤1.00	≤0.80	0.035	0.025	24.0～27.0	≤1.00	—	5C～0.90	—
15Х28	≤0.15	≤1.00	≤0.80	0.035	0.025	27.0～30.0	≤1.00	—	≤0.20	—
17Х18Н9	0.13～0.21	≤0.80	≤2.00	0.035	0.020	17.0～19.0	8.00～10.0	≤0.50	≤0.50	W≤0.20

① Cu 含量除已标明外，其作为残余元素时 w(Cu)≤0.30%。

（2）俄罗斯ГOCT标准冷加工和热变形的不锈钢无缝钢管的力学性能（表3-9-21）

表 3-9-21　冷加工和热变形的不锈钢无缝钢管的力学性能

钢 号		R_m/MPa	$A(\%)$	密度	钢 号		R_m/MPa	$A(\%)$	密度
ГОСТ	ТУ	≥		/(g/cm³)	ГОСТ	ТУ	≥		/(g/cm³)
04Х18Н10	ЭИ842	490	45	7.90	10Х17Н13М2Т	ЭИ432	529	35	8.00
06ХН28МДТ	—	490	30	7.96	10Х23Н18	—	529	35	7.95
08Х13	ЭИ496	372	22	7.70	12Х13	ЭЖ1	392	22	7.70
08Х17Т	ЭИ645	372	17	7.70	12Х17	ЭИ17	441	17	7.70
08Х17Н15М3Т	ЭИ580	549	35	8.10	12Х18Н9	ЭЯ1	549	37	7.90
08Х18Н10	ЭЯ0	529	37	7.90	12Х18Н10Т		549	35	7.90
08Х18Н10Т	ЭЯ914	549	37	7.90	12Х18Н12Т		549	35	7.95
08Х18Н12Т	ЭЯ914	549	37	7.95	15Х25Т	ЭИ439	441	17	7.60
08Х18Н12Б	ЭИ402	529	37	7.90	15Х28	ЭИ347	441	17	7.60
08Х20Н14С2	ЭИ732	510	35	7.70	17Х18Н9	ЭЯ2	568	35	7.90
08Х22Н6Т	—	588	20	7.70	—	—	—	—	—

3.9.9　特薄管壁的不锈钢无缝钢管 ［ГОСТ 10498 （1982）］

（1）俄罗斯 ГОСТ 标准特薄管壁的不锈钢无缝钢管的钢号与化学成分（表 3-9-22）

表 3-9-22　特薄壁管的不锈钢无缝钢管的钢号与化学成分（质量分数）（%）

钢 号[①]	C	Si	Mn	P≤	S≤	Cr	Ni	Mo	Ti	其 他[①]
06Х18Н10Т (0Х18Н10Т)	≤0.06	≤0.80	1.00 ~ 2.00	0.035	0.020	17.0 ~ 19.0	9.00 ~ 11.0	≤0.30	5C ~ 0.60	W≤0.20，V≤0.20 Cu≤0.30
09Х18Н10Т (1Х18Н10Т)	0.07 ~ 0.10	≤0.80	1.00 ~ 2.00	0.035	0.020	17.0 ~ 19.0	9.00 ~ 11.0	≤0.30	5C ~ 0.70	W≤0.20，V≤0.20 Cu≤0.30
08Х18Н10Т (0Х18Н10Т)	≤0.08	≤0.80	≤2.00	0.035	0.020	17.0 ~ 19.0	9.00 ~ 11.0	≤0.50	5C ~ 0.70	W≤0.20 Cu≤0.30

① 括号内为旧钢号。

（2）俄罗斯 ГОСТ 标准特薄管壁的不锈钢无缝钢管的力学性能（表 3-9-23）

表 3-9-23　特薄管壁的不锈钢无缝钢管的力学性能

钢 号	R_m/MPa	$A(\%)$	钢号	R_m/MPa	$A(\%)$
	≥			≥	
06Х18Н10Т	529	40	08Х18Н10Т	529	40
09Х18Н10Т	549	40			

注：管壁厚度：0.2 ~ 1.0mm。

3.9.10　不锈钢焊接钢管 ［ГОСТ 10068 （1981/2004 确认）］

（1）俄罗斯 ГОСТ 标准不锈钢焊接钢管的钢号与化学成分（表 3-9-24）

表 3-9-24　不锈钢焊接钢管的钢号与化学成分（质量分数）（%）

钢 号	C	Si	Mn	P≤	S≤	Cr	Ni	Mo	其 他[①]
04Х17Т	≤0.04	≤0.80	≤0.80	0.035	0.025	16.5 ~ 18.5	—	—	Ti 5C ~ 0.60
08Х18Т1	≤0.08	≤0.80	≤0.70	0.035	0.025	17.0 ~ 19.0	≤0.60	—	Ti 0.60 ~ 1.00
08Х18Н10Т	≤0.08	≤0.80	≤2.00	0.040	0.020	17.0 ~ 19.0	9.00 ~ 11.0	≤0.50	Ti 5C ~ 0.70
10Х18Н10Т	≤0.10	≤0.80	1.00 ~ 2.00	0.035	0.020	17.0 ~ 19.0	10.0 ~ 11.0		Ti 5 (C - 0.2) ~ 0.60
12Х18Н10Т	≤0.12	≤0.80	≤2.00	0.040	0.020	17.0 ~ 19.0	9.00 ~ 11.0	≤0.30	Ti 5C ~ 0.80

（2）俄罗斯 ГОСТ 标准不锈钢焊接钢管的力学性能（表 3-9-25）

表 3-9-25　不锈钢焊接钢管的力学性能

钢 号	$R_{p0.2}$/MPa	R_m/MPa	$A(\%)$
	≥		
04X17T	—	441	30
08X18T1	—	450	28
08X18H10T	216	530	27
10X18H10T	226	550	35
12X18H10T	26	550	35

3.9.11　能源工业用不锈钢钢管［ГОСТ 24030，19277（1980，1973）］

俄罗斯 ГОСТ 标准能源工业及其他用途不锈钢钢管的牌号与化学成分见表 3-9-26。

表 3-9-26　能源工业及其他用途不锈钢钢管的牌号与化学成分（质量分数）（%）

牌 号	C	Si	Mn	P≤	S≤	Cr	Ni	Ti	其 他
能源工业用不锈钢无缝钢管［ГОСТ 24030（1980）］									
08X18H10T	≤0.08	≤0.80	≤1.50	0.035	0.020	17.0~19.0	10.0~11.0	5C~0.60	N≤0.05
油料和燃料管线用不锈钢无缝钢管［ГОСТ 19277（1973）］									
08X18H10T-WD	≤0.08	≤0.80	1.00~2.00	0.015	0.015	17.0~19.0	9.00~11.0	5C~0.60	N≤0.05
12X18H10T-WD	≤0.12	≤0.80	≤2.00	0.015	0.015	17.0~19.0	9.00~11.0	5(C-0.02)~0.70	W≤0.20 Cu≤0.25 V≤0.20

3.9.12　医疗外科用不锈钢与特殊合金产品［ГОСТ R51394，R51395，R51396，R51397（1999）］

俄罗斯 ГОСТ 标准医疗外科用不锈钢与特殊合金产品的牌号与化学成分见表 3-9-27。

表 3-9-27　医疗外科用不锈钢与特殊合金产品的牌号与化学成分（质量分数）（%）

牌 号	C	Si	Mn	P≤	S≤	Cr	Ni	Mo	其 他
外科手术用不锈钢轧制产品［ГОСТ R51394（1999）］									
03X18H16M3	≤0.03	≤0.40	≤2.00	0.025	0.010	17.0~18.5[1]	14.5~16.5	2.60~3.10[1]	Cu≤0.30，Al≤0.25 N≤0.10
外科手术用圆形铸造合金部件［ГОСТ R51395（1999）］									
XK62M6Л	≤0.35	≤1.00	≤1.00	0.020	0.015	26.0~30.0	≤1.00	4.50~7.00	Fe≤1.00 Co（余量）
骨科移植手术用特殊合金线［ГОСТ R51396（1999）］									
35H32KXM	≤0.025	≤0.15	≤0.15	0.015	0.010	19.0~21.5	33.0~37.0	9.00~10.5	Co 31.0~33.0 Fe≤1.00，Ti≤1.00
45KXHMBT	≤0.05	0.50	≤1.00	0.015	0.010	18.0~22.0	15.0~25.0	3.00~4.00	Co 44.0~46.0，W 3.00~4.00 Fe 4.00~6.00，Ti 0.50~3.50
心血管外科移植手术用特殊合金片与合金线［ГОСТ R51397（1999）］									
40KXHM	≤0.15	≤1.00	1.00~2.50	0.015	0.015	18.5~21.5	14.0~18.0	6.50~8.00	Co 39.0~42.0 Fe 余量
48KXBH	≤0.15	≤1.00	≤2.00	0.015	0.015	19.0~21.0	9.00~11.0	—	Co 47.0~49.0 W 14.0~16.0，Fe≤3.00

[1] 3 × Mo + Cr≥26% 。

3.9.13　不锈钢和耐热钢钢丝 ［ГОСТ 18143（1972）］

（1）俄罗斯 ГОСТ 标准不锈钢和耐热钢钢丝的牌号与化学成分（表 3-9-28）

表 3-9-28　不锈钢和耐热钢钢丝的牌号与化学成分（质量分数）（%）

牌　号	C	Si	Mn	P≤	S≤	Cr	Ni	Mo	Ti
12X13	≤0.12	≤0.80	≤0.80	0.030	0.025	16.0~1.80	≤0.60	—	≤0.20
20X13	0.16~0.25	≤0.80	≤0.80	0.030	0.025	12.0~14.0	≤0.60	≤0.30	≤0.20
30X13	0.26~0.35	≤0.80	≤0.80	0.030	0.025	12.0~14.0	≤0.60	≤0.30	≤0.20
40X13	0.36~0.45	≤0.80	≤0.80	0.030	0.025	12.0~14.0	≤0.60	—	≤0.20
08X18H10	≤0.08	≤0.80	≤2.00	0.035	0.020	17.0~19.0	9.00~11.0	≤0.30	≤0.50
12X18H9	≤0.12	≤0.80	≤2.00	0.040	0.020	17.0~19.0	8.00~10.0	≤0.30	≤0.50
17X18H9	0.13~0.21	≤0.80	≤2.00	0.040	0.020	17.0~19.0	8.00~10.0	≤0.50	≤0.50
12X18H9T	≤0.12	≤0.80	≤2.00	0.040	0.020	17.0~19.0	8.00~9.50	≤0.30	5C~0.80
12X18H10T	≤0.12	≤0.80	≤2.00	0.040	0.020	17.0~19.0	9.00~11.0	≤0.30	5C~0.80
10X17H13M2T	≤0.10	≤0.80	≤2.00	0.035	0.020	16.0~1.80	12.0~14.0	2.00~3.00	5C~0.70
10X17H13M3T	≤0.10	≤0.80	≤2.00	0.035	0.020	16.0~1.80	12.0~14.0	3.00~4.00	5C~0.70

（2）俄罗斯 ГОСТ 标准不锈钢和耐热钢钢丝的力学性能（表 3-9-29）

表 3-9-29　不锈钢和耐热钢钢丝的力学性能

牌　号	公称直径 /mm	热处理状态			冷拔状态
		R_m/MPa	A_{100}（%）≥		R_m/MPa
			1 级	2 级	
12X13	1.00~6.00	490~740	20	16	—
20X13	1.00~6.00	540~780	20	14	980~1320
30X13	1.00~6.00	590~830	16	12	—
40x13	1.00~6.00	640~880	14	10	—
08X18H10 12X18H9	0.20~1.00	590~880	25	20	1130~1470
	1.10~3.00	540~830	25	20	1130~1470
17X18H9	3.40~6.00	540~830	25	20	1080~1420
12X18H9T 12X18H10T	0.20~1.00	590~880	25	20	1130~1470
	1.10~3.00	540~830	25	20	1080~1420
	3.40~7.50	540~830	25	20	1080~1420
10X17H13M2T 10X17H13M3T	1.00~6.00	540~830	25	20	1080~1420

3.9.14　高温用 HB 系列和 СДП 系列铸造合金 ［Ту］

（1）俄罗斯 Ту 标准高温用 HB 系列铸造合金的牌号与化学成分（表 3-9-30）

表 3-9-30　高温用 HB 系列铸造合金的牌号与化学成分（质量分数）（%）

牌　号	W[①]	Ni	Fe	Si	P	S
					≤	
HB-1	15~18	余量	1.0	0.4	0.015	0.015
HB-2	20~24	余量	1.0	0.4	0.015	0.015
HB-3	26~30	余量	1.0	0.4	0.015	0.015
HB-4	32~36	余量	1.0	0.4	0.015	0.015

① W 含量允许偏差为 $w(W)$ ±1.0%。

（2）俄罗斯 TУ 标准高温抗氧化 СДП 系列铸造合金的牌号与化学成分（表3-9-31）

表 3-9-31　高温抗氧化 СДП 系列铸造合金的牌号与化学成分（质量分数）（%）

牌　号	Cr	Ni	Co	Al	Y	C	Fe	Si	Cu	O + N + H 总量
						≤				
СДП-1	18 ~ 22	余量	18 ~ 22	11 ~ 13	0.2 ~ 0.6	0.05	0.3	0.2	0.05	0.02
СДП-2	18 ~ 22	余量	—	11 ~ 13.5	0.2 ~ 0.6	0.05	0.3	0.2	0.05	0.02
СДП-3	18 ~ 22	—	余量	11 ~ 13	0.2 ~ 0.6	0.05	0.3	0.2	0.05	0.02
СДП-4	19 ~ 22	余量	6 ~ 8	11 ~ 13	0.2 ~ 0.6	0.05	0.3	0.2	0.05	0.02
СДП-5	18 ~ 22	余量	—	6 ~ 8	0.2 ~ 0.6	0.05	0.3	0.2	0.05	0.02

注：成品化学成分（质量分数）允许偏差，对所有合金 Y 含量为 ±0.03%，对 СДП-4 合金 Co 含量为 ±0.5%。

3.10　南　　非

3.10.1　压力容器用不锈钢板与钢带 ［SANS 50028-7（2005）］

（1）南非 SANS 标准压力容器用不锈钢板与钢带的钢号与化学成分（表3-10-1）

表 3-10-1　压力容器用不锈钢板与钢带的钢号与化学成分（质量分数）（%）

钢　号	数字牌号	C	Si	Mn	P≤	S≤	Cr	Mo	Ni	N	其　他
铁素体型（标准等级）											
X2CrNi 12	1.4003	≤0.030	≤1.00	≤1.50	0.040	0.015	10.5 ~ 12.5	—	0.30 ~ 1.00	≤0.030	—
X6CrNiTi 12	1.4516	≤0.08	≤0.70	≤1.50	0.040	0.015	10.5 ~ 12.5	—	0.50 ~ 1.50	—	Ti 0.05 ~ 0.35
X3CrTi 17	1.4510	≤0.05	≤1.00	≤1.00	0.040	0.015	16.0 ~ 18.0	—			Ti［4（C + N）+ 0.15］~ 0.80①
X2CrMoTi 18-2	1.4521	≤0.025	≤1.00	≤1.00	0.040	0.015	17.0 ~ 20.0	1.80 ~ 2.50		≤0.030	Ti［4（C + N）+ 0.15］~ 0.80①
特殊等级											
X2CrTi 17	1.4520	≤0.025	≤0.50	≤0.50	0.040	0.015	16.0 ~ 18.0	—		≤0.015	Ti 0.30 ~ 0.60
X2CrTiNb 18	1.4509	≤0.030	≤1.00	≤1.00	0.040	0.015	17.5 ~ 18.5				Nb［3C + 0.30］~ 1.00 Ti 0.10 ~ 0.60
马氏体型（标准等级）											
X3CrNiMo 13-4	1.4313	≤0.05	≤0.70	≤1.50	0.040	0.015	12.0 ~ 14.0	0.30 ~ 0.70	3.50 ~ 4.50	≥0.020	—
X4CrNiMo 16-5-1	1.4418	≤0.06	≤0.70	≤1.50	0.040	0.015	15.0 ~ 17.0	0.80 ~ 1.50	4.00 ~ 6.00	≥0.020	—
奥氏体型（标准等级）											
X2CrNiN 18-7	1.4318	≤0.030	≤1.00	≤2.00	0.045	0.015	16.5 ~ 18.5	—	6.00 ~ 8.00	0.10 ~ 0.20	—
X2CrNi 18-9	1.4307	≤0.030	≤1.00	≤2.00	0.045	0.015	17.5 ~ 19.5	—	8.00 ~ 10.0	≤0.11	—

（续）

钢　号	数字牌号	C	Si	Mn	P≤	S≤	Cr	Mo	Ni	N	其　他
奥 氏 体 型（标准等级）											
X2CrNi 19-11	1.4306	≤0.030	≤1.00	≤2.00	0.045	0.015	18.0~20.0	—	10.0~12.0	≤0.11	—
X2CrNiN 18-10	1.4311	≤0.030	≤1.00	≤2.00	0.045	0.015	17.5~19.5	—	8.50~11.5	0.12~0.22	
X5CrNi 18-10	1.4301	≤0.07	≤1.00	≤2.00	0.045	0.015	17.0~19.5	—	8.00~10.5	≤0.11	
X5CrNiN 19-9	1.4315	≤0.06	≤1.00	≤2.00	0.045	0.015	18.0~20.0	—	8.00~11.0	0.12~0.22	
X6CrNi 18-10	1.4948	0.04~0.08	≤1.00	≤2.00	0.035	0.015	17.0~19.0	—	8.00~11.0	≤0.11	
X6CrNi 23-13	1.4950	0.04~0.08	≤0.70	≤2.00	0.035	0.015	22.0~24.0	—	12.0~15.0	≤0.11	
X6CrNi 25-20	1.4951	0.04~0.08	≤0.70	≤2.00	0.035	0.015	24.0~26.0	—	19.0~22.0	≤0.11	
X6CrNiTi 18-10	1.4541	≤0.08	≤1.00	≤2.00	0.045	0.015	17.0~19.0	—	9.00~12.0	—	Ti 5C~0.70
X6CrNiTiB 18-10	1.4941	0.04~0.08	≤1.00	≤2.00	0.035	0.015	17.0~19.0	—	9.00~12.0	—	Ti 5C~0.80 B 0.0015~0.0050
X2CrNiMo 17-12-2	1.4404	≤0.030	≤1.00	≤2.00	0.045	0.015	16.5~18.5	2.00~2.50	10.0~13.0	≤0.11	—
X2CrNiMoN 17-11-2	1.4406	≤0.030	≤1.00	≤2.00	0.045	0.015	16.5~18.5	2.00~2.50	10.0~12.0	0.12~0.22	—
X5CrNiMo 17-12-2	1.4401	≤0.07	≤1.00	≤2.00	0.045	0.015	16.5~18.5	2.00~3.50	10.0~13.0	≤0.11	
X6CrNiMoTi 17-12-2	1.4571	≤0.08	≤1.00	≤2.00	0.045	0.015	16.5~18.5	2.00~2.50	10.5~13.5	—	Ti 5C~0.70
X2CrNiMo 17-12-3	1.4432	≤0.030	≤1.00	≤2.00	0.045	0.015	16.5~18.5	2.50~3.00	10.5~13.0	≤0.11	
X2CrNiMo 18-14-3	1.4435	≤0.030	≤1.00	≤2.00	0.045	0.015	17.0~19.0	2.50~3.00	12.5~15.0	≤0.11	
X2CrNiMoN 17-13-5	1.4439	≤0.030	≤1.00	≤2.00	0.045	0.015	16.5~18.5	4.00~5.00	12.5~14.5	0.12~0.22	
X1NiCrMoCu 25-20-5	1.4539	≤0.020	≤0.70	≤2.00	0.030	0.010	19.0~21.0	4.00~5.00	24.0~26.0	≤0.15	Cu 1.20~2.00
X5NiCrAlTi 31-20（+RA）[②]	1.4958	0.03~0.08	≤0.70	≤1.50	0.015	0.010	19.0~22.0	—	(Ni+Co) 30.0~32.5	≤0.030	Ti 0.20~0.50 Nb≤0.10 Al 0.20~0.50 Co≤0.50, Cu≤0.50
X8NiCrAlTi 32-21	1.4959	0.05~0.10	≤0.70	≤1.50	0.015	0.010	19.0~22.0	—	(Ni+Co) 30.0~34.0	≤0.030	Ti 0.25~0.65 Cu≤0.50, Co≤0.50 Al 0.25~0.65
X3CrNiMoBN 17-13-3	1.4910	≤0.04	≤0.75	≤2.00	0.035	0.015	16.0~18.0	2.00~3.00	12.0~14.0	0.10~0.18	B 0.0015~0.0050
奥 氏 体 型（特殊等级）											
X1CrNi 25-21	1.4335	≤0.020	≤0.25	≤2.00	0.025	0.010	24.0~26.0	≤0.20	20.0~22.0	≤0.11	—
X6CrNiNb 18-10	1.4550	≤0.08	≤1.00	≤2.00	0.045	0.015	17.0~19.0	—	9.00~12.0		Nb 10C~1.00[③]

（续）

钢号	数字牌号	C	Si	Mn	P≤	S≤	Cr	Mo	Ni	N	其 他
奥 氏 体 型（特殊等级）											
X8CrNiNb 16-13	1.4961	0.04 ~ 0.10	0.30 ~ 0.60	≤1.50	0.035	0.015	15.0 ~ 17.0	—	12.0 ~ 14.0		Nb 10C≤1.20③
X1CrNiMoN 25-22-2	1.4466	≤0.020	≤0.70	≤2.00	0.025	0.010	24.0 ~ 26.0	2.00 ~ 2.50	21.0 ~ 23.0	0.10 ~ 0.16	
X6CrNiMoNb 17-12-2	1.4580	≤0.08	≤1.00	≤2.00	0.045	0.015	16.5 ~ 18.5	2.00 ~ 2.50	10.5 ~ 13.5		Nb 10C ~ 1.00③
X2CrNiMoN 17-13-3	1.4429	≤0.030	≤1.00	≤2.00	0.045	0.015	16.5 ~ 18.5	2.50 ~ 3.00	11.0 ~ 14.0	0.12 ~ 0.22	
X3CrNiMo 17-13-3	1.4436	≤0.05	≤1.00	≤2.00	0.045	0.015	16.5 ~ 18.5	2.50 ~ 3.00	10.5 ~ 13.0	≤0.11	
X2CrNiMoN 18-12-4	1.4434	≤0.030	≤1.00	≤2.00	0.045	0.015	16.5 ~ 19.5	3.00 ~ 4.00	10.5 ~ 14.0	0.10 ~ 0.20	
X2CrNiMo 18-15-4	1.4438	≤0.030	≤1.00	≤2.00	0.045	0.015	17.5 ~ 19.5	3.00 ~ 4.00	13.0 ~ 16.0	≤0.11	
X1NiCrMoCu 31-27-4	1.4563	≤0.020	≤0.70	≤2.00	0.030	0.010	0.26 ~ 0.28	3.00 ~ 4.00	30.0 ~ 32.0	≤0.11	Cu 0.75 ~ 1.50
X1CrNiMoCuN 25-25-5	1.4537	≤0.020	≤0.70	≤2.00	0.030	0.010	24.0 ~ 26.0	4.70 ~ 5.70	24.0 ~ 27.0	0.17 ~ 0.25	Cu 1.00 ~ 2.00
X1CrNiMoCuN 20-18-7	1.4547	≤0.020	≤0.70	≤1.00	0.030	0.010	19.5 ~ 20.5	6.00 ~ 7.00	17.5 ~ 18.5	0.18 ~ 0.25	Cu 0.50 ~ 1.00
X1NiCrMoCuN 25-20-7	1.4529	≤0.020	≤0.50	≤1.00	0.030	0.010	19.0 ~ 21.0	6.00 ~ 7.00	24.0 ~ 26.0	0.15 ~ 0.25	Cu 0.50 ~ 1.50
奥 氏 体-铁 素 体 型（标准等级）											
X2CrNiN 23-4	1.4362	≤0.030	≤1.00	≤2.00	0.035	0.015	22.0 ~ 24.0	0.10 ~ 0.60	3.50 ~ 5.50	0.05 ~ 0.20	Cu 0.10 ~ 0.60
X2CrNiMoN 22-5-3	1.4462	≤0.030	≤1.00	≤2.00	0.035	0.015	21.0 ~ 23.0	2.50 ~ 3.50	4.50 ~ 6.50	0.10 ~ 0.22	—
奥 氏 体 型（特殊等级）											
X2CrNiMoCuN 25-6-3	1.4507	≤0.030	≤0.70	≤2.00	0.035	0.015	24.0 ~ 26.0	2.70 ~ 4.00	5.50 ~ 7.50	0.15 ~ 0.30	Cu 1.00 ~ 2.50
X2CrNiMoN 25-7-4	1.4410	≤0.030	≤1.00	≤2.00	0.035	0.015	24.0 ~ 26.0	3.00 ~ 4.50	6.00 ~ 8.00	0.24 ~ 0.35	—
X2CrNiMoCuWN 25-7-4	1.4501	≤0.030	≤1.00	≤1.00	0.035	0.015	24.0 ~ 26.0	3.00 ~ 4.00	6.00 ~ 8.00	0.20 ~ 0.30	W 0.50 ~ 1.00 Cu 0.50 ~ 1.00

① 可用 Ti 或 Nb、Zr 进行稳定化处理。根据其原子数和碳氮含量，其代替的等效值为 $Ti = \frac{7}{4}Nb = \frac{7}{4}Zr$。

② +RA 为再结晶处理。

③ Nb 为 Nb + Ta。

（2）南非 SANS 标准压力容器用不锈钢板与钢带的力学性能与耐蚀性能

A）压力容器用铁素体型不锈钢钢板和钢带的室温力学性能与抗晶间腐蚀倾向（表 3-10-2）

表 3-10-2 压力容器用铁素体型不锈钢钢板和钢带的室温力学性能与抗晶间腐蚀倾向（退火状态）

钢 号	数字代号	产品形态①	厚度/mm ≤	$R_{p0.2}$/MPa ≥ 纵向	$R_{p0.2}$/MPa ≥ 横向	R_m/MPa	A_{80}（%）	A（%）	KV/J（纵向）	抗晶间腐蚀倾向 交货状态	抗晶间腐蚀倾向 焊接状态
X2CrNi12	1.4003	C	6	280	320	450 ~ 650	20	20	50	无	无
		H	12	280	320		20	20			
		P	25	250	290		18	18			

（续）

钢　号	数字代号	产品形态①	厚度/mm ≤	$R_{p0.2}$/MPa ≥ 纵向	$R_{p0.2}$/MPa ≥ 横向	R_m/MPa	A_{80} (%) ≥	A (%) ≥	KV/J (纵向) ≥	抗晶间腐蚀倾向 交货状态	抗晶间腐蚀倾向 焊接状态
X6CrNiTi 12	1.4516	C	6	280	320	450～650	23	23	50	无	无
		H	12	280	320		23	23			
		P	25	250	280		20	20			
X3CrTi 17	1.4510	C	3	230	240	420～600	23	23	—	有	有
X2CrMoTi 18-2	1.4521	C	2.5	300	320	420～640	20	—	—	有	—
X2CrTi12	1.4520	C	2.5	180	200	380～530	24	—	—	有	—
X2CrTiNb 18	1.4509	C	2.5	230	250	430～630	18	—	—	有	—

① 产品形态代号：C—冷轧钢带；H—热轧钢带；P—热轧钢板。

B）压力容器用马氏体型不锈钢钢板和钢带的室温与低温力学性能（表 3-10-3）

表 3-10-3　压力容器用马氏体型不锈钢钢板和钢带的室温与低温力学性能（淬火和回火状态）

钢　号	数字代号	产品形态①	厚度/mm ≤	$R_{p0.2}$/MPa ≥	R_m/MPa	A(%) ≥ (纵+横)	KV/J ≥ 20℃（纵）	KV/J ≥ -20℃（横）
X3CrNiMo 13-4	1.4313	P	75	650	780～980	14	70	40
X4CrNiMo 16-5-1	1.4418	P	75	680	840～980	14	55	40

① 产品形态代号：P—热轧钢板。

C）压力容器用奥氏体型不锈钢钢板和钢带的室温和低温力学性能与抗晶间腐蚀倾向（表 3-10-4）

表 3-10-4　压力容器用奥氏体型不锈钢钢板和钢带的室温和低温力学性能与抗晶间腐蚀倾向（软化退火）

钢　号	数字代号	产品形态①	厚度/mm ≤	$R_{p0.2}$/MPa ≥	$R_{p1.0}$/MPa ≥	R_m/MPa ≥	A_{80} (%) ≥	A (%) ≥	KV/J ≥ 20℃ 纵向	KV/J ≥ 20℃ 横向	KV/J ≥ -196℃ 横向	抗晶间腐蚀倾向 交货状态	抗晶间腐蚀倾向 敏化状态
						标准等级							
X2CrNiN 18-7	1.4318	C	6	350	380	650～850	35	40	90	60	—	有	有
		H	12	330	370								
		P	75	330	370								
X2CrNi 18-9	1.4307	C	6	220	250	520～670	45	45	100	60	60	有	有
		H	12	200	240								
		P	75	200	240	500～650							
X2CrNi 19-11	1.4306	C	6	220	250	520～670	45	45	100	60	60	有	有
		H	12	200	240								
		P	75	200	240	500～650							
X2CrNiN 18-10	1.4311	C	6	290	320	550～750	40	40	100	60	60	有	有
		H	12	270	310								
		P	75	270	310								
X5CrNi 18-10	1.4301	C	6	230	260	540～750	45	45	100	60	60	有	无
		H	12	210	250								
		P	75	210	250	520～720							
X5CrNiN 19-9	1.4315	C	6	290	320	550～750	40	40	100	60	60	（有）	无
		H	12	270	310								
		P	75	270	310								

（续）

钢 号	数字代号	产品形态①	厚度/mm ≤	$R_{p0.2}$/MPa ≥	$R_{p1.0}$/MPa ≥	R_m/MPa	A_{80}（%）	A（%）	KV/J ≥ 20℃ 纵向	KV/J ≥ 20℃ 横向	KV/J ≥ -196℃ 横向	抗晶间腐蚀倾向 交货状态	抗晶间腐蚀倾向 敏化状态
						标准等级							
X6CrNi 18-10	1.4948	C	6	230	260	530~740	45	45	100	60	60	有	无
		H	12	210	250	510~710	45	45					
		P	75	190	230								
X6CrNi 23-13	1.4950	C	6	220	250	530~730	35	35	100	60	—	无	无
		H	12	200	240	510~710							
		P	75	200	240								
X6CrNi 25-20	1.4951	C	6	220	250	530~730	35	35	100	60	—	无	无
		H	12	200	240	510~710							
		P	75	200	240								
X6CrNiTi 18-10	1.4541	C	6	220	250	520~720	40	40	100	60	60	有	有
		H	12	200	240								
		P	75	200	240	500~700							
X6CrNiTiB 18-10	1.4941	C	6	220	250	510~710	40	40	100	60	—	有	有
		H	12	200	240								
		P	75	200	240	490~690							
X2CrNiMo 17-12-2	1.4404	C	6	240	270	530~660	40	40	100	60	60	有	有
		H	12	220	260								
		P	75	220	260	520~670	45	45					
X2CrNiMo 17-12-2	1.4402	C	6	290	330	600~680	50	50	100	60	60	有	有
		H	12	290	330	590~680	48	48					
		P	75	220	260	520~670	45	45	100	60	60	有	有
2CrNiMoN 17-12-2	1.4406	C	6	300	330	580~780	40	40	100	60	60	有	有
		H	12	280	320								
		P	75	280	320								
X5CrNiMo 17-12-2	1.4401	C	6	240	270	530~660	40	40	100	60	60	有	无
		H	12	220	260								
		P	75	220	260	520~670	45	45					
X6CrNiMoTi 17-12-2	1.4571	C	6	240	270	540~690	40	40	100	60	60	有	有
		H	12	220	260								
		P	75	220	260	520~670							
X2CrNiMo 17-12-3	1.4432	C	6	240	270	550~750	40	40	100	60	60	有	有
		H	12	220	260								
		P	75	220	260	520~670	45	45					
X2CrNiMo 18-14-3	1.4435	C	6	240	270	550~700	40	40	100	60	60	有	有
		H	12	220	260								
		P	75	220	260	520~670	45	45					
X2CrNiMoN 17-13-5	1.4439	C	6	290	320	580~780	35	35	100	60	60	有	有
		H	12	270	310								
		P	75	270	310		40	40					

（续）

钢　号	数字代号	产品形态①	厚度/mm ≤	$R_{p0.2}$/MPa ≥	$R_{p1.0}$/MPa ≥	R_m/MPa	A_{80}（%） ≥	A（%） ≥	KV/J ≥ 20℃ 纵向	KV/J ≥ 20℃ 横向	KV/J ≥ -196℃ 横向	抗晶间腐蚀倾向 交货状态	抗晶间腐蚀倾向 敏化状态
\多列{14}{c}{标准等级}													
X1NiCrMoCu 25-20-5	1.4539	C	6	240	270	530~730	35	35	100	60	60	有	有
		H	12	220	260								
		P	75	220	260	520~720	40	40					
X5NiCrAlTi 31-20	1.4958	P	75	170	200	500~750	30	30	120	80	—	有	无
X5NiCrAlTi 31-20（+RA）②	1.4958（+RA）②	P	75	210	240	500~750	30	30	120	80	—	有	无
X8NiCrAlTi 32-21	1.4959	P	75	170	200	500~750	30	30	120	80	—	有	无
X3CrNiMoBN 17-13-3	1.4910	C	6	300	330	580~780	35	40	100	60	—	有	有
		H	12	280	300	550~750							
		P	75	280	300								
X1CrNi 25-21	1.4335	P	75	200	240	470~670	40	40	100	60	60	有	有
X6CrNiNb 18-10	1.4550	P	75	200	240	500~700	40	40	100	60	60	有	有
X8CrNiNb 16-13	1.4961	P	75	200	240	510~690	35	35	100	60	—	有	有
X1CrNiMoN 25-22-2	1.4466	P	75	250	290	540~740	40	40	100	60	60	有	有
X6CrNiMoNb 17-12-2	1.4580	P	75	220	260	520~720	40	40	100	60	—	有	有
X2CrNiMoN 17-13-3	1.4429	C	6	300	330	580~780	35	35	100	60	60	有	有
		H	12	280	320								
		P	75	280	320	580~780	40	40					
X3CrNiMo 17-12-3	1.4436	C	6	240	270	550~700	40	40	100	60	60	（有）	无
		H	12	220	260								
		P	75	220	260	530~730	40	40					
X2CrNiMoN 18-12-4	1.4434	C	6	290	320	570~770	35	35	100	60	60	有	有
		H	12	270	310								
		P	75	270	310	540~740	40	40					
X2CrNiMo 18-15-4	1.4438	C	6	240	270	570~770	35	35	100	60	60	有	有
		H	12	220	260								
		P	75	220	260	520~720	40	40					
\多列{14}{c}{特殊等级}													
X1NiCrMoCu 31-27-4	1.4563	P	75	220	260	500~700	40	40	100	60	60	有	有
X1CrNiMoCu 25-25-5	1.4537	P	75	290	330	600~800	40	40	100	60	60	有	有

（续）

钢号	数字代号	产品形态①	厚度/mm ≤	$R_{p0.2}$/MPa ≥	$R_{p1.0}$/MPa ≥	R_m/MPa	A_{80}(%) ≥	A(%) ≥	KV/J ≥ 20℃ 纵向	横向	-196℃ 横向	抗晶间腐蚀倾向 交货状态	敏化状态
						特殊等级							
X1CrNiMoCuN 20-18-7	1.4547	C	6	320	350	650～850	35	35	100	60	60	有	有
		H	12	300	340								
		P	75	300	340	650～850	40	40					
X1NiCrMoCuN 25-20-7	1.4529	P	75	300	340	650～850	40	40	100	60	60	有	有

① 产品形态代号：C—冷轧钢带；H—热轧钢带；P—热轧钢板。

② +RA—再结晶退火。

D）压力容器用奥氏体-铁素体型不锈钢钢板和钢带的室温和低温力学性能与抗晶间腐蚀倾向（表3-10-5）

表3-10-5　压力容器用奥氏体-铁素体型不锈钢钢板和钢带的室温和低温力学性能与抗晶间腐蚀倾向（软化退火）

钢号	数字代号	产品形态①	厚度/mm ≤	$R_{p0.2}$/MPa ≥	$R_{p1.0}$/MPa ≥	R_m/MPa	A_{80}(%) ≥	A(%) ≥	KV/J ≥ 20℃ 纵向	横向	-196℃ 横向	抗晶间腐蚀倾向 交货状态	敏化状态
						标准等级							
X2CrNiN 23-4	1.4362	C	6	405	420	600～850	20	20	100	60	40	有	有
		H	12	385	400								
		P	75	385	400	830～800	25	25					
X2CrNiMoN 22-5-3	1.4462	C	6	465	480	660～950	20	20	100	60	40	有	有
		H	12	445	460		25	25					
		P	75	445	460	640～840	25	25					
						特殊等级							
X2CrNiMoCuN 25-6-3	1.4507	C	6	495	510	690～940	20	20	100	60	40	有	有
		H	12	475	490								
		P	75	475	490	690～890	25	25					
X2CrNiMoN 25-7-4	1.4410	C	6	535	550	750～1000	20	20	100	60	40	有	有
		H	12	515	530								
		P	75	515	530	730～930	20	20					
X2CrNiMoCuWN 25-7-4	1.4501	P	75	515	530	730～930	25	25	100	60	40	有	有

① 产品形态代号：C—冷轧钢带；H—热轧钢带；P—热轧钢板。（余同）

3.10.2　不锈钢焊接钢管［SANS 965（2010）］

（1）南非SANS标准不锈钢焊接钢管的钢号与化学成分（表3-10-6）

表3-10-6　不锈钢焊接钢管的钢号与化学成分（质量分数）（%）

钢号	C	Si	Mn	P≤	S≤	Cr	Ni	Mo	其他
301	≤0.15	≤1.00	≤2.00	0.045	0.030	16.0～18.0	6.00～8.00	—	—
302	≤0.15	≤1.00	≤2.00	0.045	0.030	17.0～19.0	8.00～10.0	—	—

（续）

钢号	C	Si	Mn	P≤	S≤	Cr	Ni	Mo	其他
304	≤0.08	≤1.00	≤2.00	0.045	0.030	18.0~20.0	8.00~12.0	—	—
304L	≤0.035	≤1.00	≤2.00	0.045	0.030	18.0~20.0	8.00~11.0	—	—
305	≤0.12	≤1.00	≤2.00	0.045	0.030	17.0~19.0	10.0~13.0	—	—
316	≤0.08	≤1.00	≤2.00	0.045	0.030	16.0~18.0	10.0~14.0	2.00~3.00	—
316 L	≤0.035	≤1.00	≤2.00	0.045	0.030	16.0~18.0	10.0~14.0	2.00~3.00	—
321	≤0.08	≤1.00	≤2.00	2.045	0.030	17.0~19.0	9.00~13.0	—	Ti≥5C
347	≤0.08	≤1.00	≤2.00	0.045	0.030	17.0~19.0	9.00~13.0	—	Nb 10C~1.10

（2）南非 SANS 标准不锈钢焊接钢管的力学性能（表3-10-7）

表3-10-7　不锈钢焊接钢管的力学性能

钢号	R_m/MPa	$R_{p0.2}$/MPa	A(%)	Z(%)	HRB
	≥				≤
301	520	205	40	60	95
302	520	205	40	60	90
304	520	205	40	60	90
304 L	480	175	40	60	90
316	520	205	40	60	90
316 L	480	175	40	60	90
321	520	205	40	50	90
347	520	205	40	50	90

3.10.3　耐热钢和铸造合金［SANS 1465-3（2010）］

南非 SANS 标准耐热钢和铸造合金的牌号与化学成分见表3-10-8。

表3-10-8　耐热钢和铸造合金的牌号与化学成分（质量分数）（%）

牌号	C	Si	Mn	P≤	S≤	Cr	Mo	Ni	其他
CRS 1	≤0.15	≤1.00	≤1.00	0.040	0.040	11.5~13.5	—	≤1.00	—
CRS 2	≤0.20	≤1.00	≤1.00	0.040	0.040	11.5~13.5	—	≤1.00	—
CRS 3	≤0.10	≤1.00	≤1.00	0.040	0.040	11.5~13.5	≤0.60	3.40~4.20	—
CRS 4	≤0.30	≤1.50	≤1.00	0.040	0.040	18.0~21.0	—	≤2.00	（Cu 0.90~1.20）[①]
CRS 5	≤0.030	≤1.50	≤2.00	0.040	0.040	17.0~21.0	—	8.00~12.0	—
CRS 6	≤0.08	≤1.50	≤2.00	0.040	0.040	17.0~21.0	—	8.00~11.0	—
CRS 7	≤0.08	≤1.50	≤2.00	0.040	0.040	17.0~21.0	—	8.50~12.0	Nb 8C≤1.00
CRS 8	≤0.030	≤1.50	≤2.00	0.040	0.040	17.0~21.0	2.00~3.00	10.0~13.0	—
CRS 9	≤0.08	≤1.50	≤2.00	0.040	0.040	17.0~21.0	2.00~3.00	10.0~13.0	—
CRS 10	≤0.08	≤1.50	≤2.00	0.040	0.040	17.0~21.0	2.00~3.00	10.0~13.0	Nb 8C≤1.00
CRS 11	≤0.030	≤1.50	≤2.00	0.040	0.040	17.0~21.0	3.00~4.00	10.0~13.0	—
CRS 12	≤0.08	≤1.50	≤2.00	0.040	0.040	17.0~21.0	3.00~4.00	10.0~13.0	—
CRS 13	≤0.20	≤2.00	≤2.00	0.040	0.040	23.0~27.0	—	19.0~22.0	—
CRS 14	≤0.07	≤2.00	≤1.50	0.040	0.040	19.0~22.0	2.00~3.00	26.5~30.5	Cu 3.00~4.00
CRS 15	≤0.07	≤2.50	≤2.00	0.040	0.040	20.0~24.0	3.00~6.00	20.0~26.0	Cu≤2.00 Nb≤0.50
HRS 1	≤0.25	≤2.00	≤1.00	0.060	0.060	12.0~16.0	—	—	—
HRS 2	≤1.00	≤2.00	≤1.00	0.060	0.060	25.0~30.0	≤1.50	≤4.00	—

（续）

牌 号	C	Si	Mn	P≤	S≤	Cr	Mo	Ni	其 他
HRS 3	1.00~2.00	≤2.00	≤1.00	0.060	0.060	25.0~30.0	≤1.50	≤4.00	—
HRS 4	≤0.50	≤2.00	≤1.50	0.040	0.040	26.0~30.0	≤0.50	4.00~7.00	—
HRS 5	0.20~0.40	≤2.00	≤2.00	0.040	0.040	18.0~23.0	≤0.50	8.00~12.0	—
HRS 6	0.20~0.50	≤2.00	≤2.00	0.040	0.040	26.0~30.0	≤0.50	8.00~11.0	—
HRS 7	0.20~0.50	≤2.00	≤2.00	0.040	0.040	24.0~28.0	≤0.50	11.0~14.0	—
HRS 8	0.20~0.50	≤2.00	≤2.00	0.040	0.040	26.0~30.0	≤0.50	14.0~18.0	—
HRS 9	0.20~0.60	≤2.00	≤2.00	0.040	0.040	24.0~28.0	≤0.50	18.0~22.0	—
HRS 10	0.20~0.60	≤2.00	≤2.00	0.040	0.040	28.0~32.0	≤0.50	18.0~22.0	—
HRS 11	0.20~0.50	≤2.00	≤2.00	0.040	0.040	19.0~23.0	≤0.50	23.0~27.0	—
HRS 12	0.35~0.75	≤2.50	≤2.00	0.040	0.040	15.0~19.0	≤0.50	33.0~37.0	—
HRS 13	0.35~0.75	≤2.50	≤2.00	0.040	0.040	17.0~21.0	≤0.50	37.0~41.0	—
HRS 14	0.35~0.75	≤2.50	≤2.00	0.040	0.040	10.0~14.0	≤0.50	58.0~62.0	—
HRS 15	0.35~0.75	≤2.50	≤2.00	0.040	0.040	15.0~19.0	≤0.50	64.0~68.0	—

① 允许的最大添加量。

3.11 英 国

A. 通用钢材和合金

3.11.1 不锈钢 ［BS EN 10088-1 （2014）］

见 3.3.1 节。

3.11.2 耐热钢 ［BS EN 10088-1 （2014）］

见 3.3.3 节。

3.11.3 阀门用钢和合金 ［BS EN 10090 （1998/2004 确认）］

见 3.3.4 节。

B. 专业用钢和优良品种

3.11.4 压力容器用不锈钢板与钢带 ［BS EN 10028-3 （2017）］

见 3.3.9 节。

3.11.5 承压不锈钢焊接钢管 ［BS EN 10217-7 （2014）］

见 3.3.12 节。

3.11.6 压力容器用不锈钢锻件 ［BS EN 10225-5 （2017）］

见 3.3.10 节。

3.11.7 高温及低温紧固件用不锈钢和镍基合金 ［BS EN 10269 （2013）］

见 3.3.15 节。

3.11.8 弹簧用不锈钢带和钢丝 ［BS EN 10151，10270 （2003，2011）］

见 3.3.13 节。

3.12　美　　国

A. 通用钢材和合金

3.12.1　不锈钢和耐热钢

　　美国不锈钢和耐热钢（轧制产品）的钢号与化学成分［ASTM A959（2016）］是 ASTM 协会根据下列标准汇编的：ASTM A240、A268、A269、A270、A276、A565、A582、A693、A790 等，并按 UNS 数字牌号为序排列，形成的独立标准文件。

　　本手册又参照 2017 年有关出版物（英、德文版）进行核查。这些不锈钢和耐热钢标准的钢种系列、成分及性能，在本节"专业用钢和精品钢材（合金）"部分作进一步介绍。

　　（1）美国奥氏体型不锈钢和耐热钢的钢号与化学成分［ASTM A959（2016）］（表 3-12-1a）

表 3-12-1a　奥氏体型不锈钢和耐热钢的钢号与化学成分（质量分数）（%）

钢　号 ASTM	钢　号 UNS	C	Si	Mn	P ≤	S[①] ≤	Cr	Ni	Mo	N	其　他
16-8-2H	S16800	0.05 ~ 0.10	≤0.75	≤2.00	0.040	0.030	14.5 ~ 16.5	7.50 ~ 9.50	1.50 ~ 2.00	—	—
201	S20100	≤0.15	≤1.00	5.50 ~ 7.50	≤0.060	0.030	16.0 ~ 18.0	3.50 ~ 5.50	—	≤0.25	—
201L	S20103	≤0.03	≤0.75	5.50 ~ 7.50	0.045	0.030	16.0 ~ 18.0	3.50 ~ 5.50	—	≤0.25	—
201LN	S20153	≤0.03	≤0.75	6.40 ~ 7.50	0.045	0.015	16.0 ~ 17.5	4.00 ~ 5.00	—	0.10 ~ 0.25	Cu≤1.00
—	S20161	≤0.15	3.00 ~ 4.00	4.00 ~ 6.00	0.040	0.030	15.0 ~ 18.0	4.00 ~ 6.00	—	0.08 ~ 0.20	—
—	S20162	≤0.15	2.50 ~ 4.50	4.00 ~ 8.00	0.040	0.040	16.5 ~ 21.0	6.0 ~ 10.0	0.50 ~ 2.50	0.05 ~ 0.25	—
202	S20200	≤0.15	≤1.00	7.50 ~ 10.0	0.060	0.030	17.0 ~ 19.0	4.00 ~ 6.00	—	≤0.25	—
XM-1	S20300	≤0.08	≤1.00	5.00 ~ 6.50	0.040	0.18 ~ 0.35	16.0 ~ 18.0	5.00 ~ 6.50	≤0.50	—	Cu 1.75 ~ 2.25
—	S20400	≤0.030	≤1.00	7.00 ~ 9.00	0.040	0.030	15.0 ~ 17.0	1.50 ~ 3.00	—	0.15 ~ 0.30	—
—	S20430	≤0.150	≤1.00	6.50 ~ 9.00	0.060	0.030	15.5 ~ 17.5	1.50 ~ 3.50	—	0.05 ~ 0.25	Cu 2.00 ~ 4.00
—	S20431	≤0.12	≤1.00	5.00 ~ 7.00	0.045	0.030	17.0 ~ 18.0	2.00 ~ 4.00	—	0.10 ~ 0.25	Cu 1.50 ~ 3.50
—	S20432	≤0.08	≤1.00	3.00 ~ 6.00	0.045	0.030	17.0 ~ 18.0	4.00 ~ 6.00	—	0.05 ~ 0.20	Cu 2.00 ~ 3.00
—	S20433	≤0.08	≤1.00	5.50 ~ 7.50	0.045	0.030	17.0 ~ 18.0	3.50 ~ 5.50	—	0.10 ~ 0.25	Cu 1.50 ~ 3.50
205	S20500	0.12 ~ 0.25	≤1.00	14.0 ~ 15.5	0.060	0.030	16.0 ~ 18.0	1.00 ~ 1.75	—	0.32 ~ 0.40	—
XM-19	S20910	≤0.06	≤0.75	4.00 ~ 6.00	0.040	0.030	20.5 ~ 23.5	11.5 ~ 13.5	1.50 ~ 3.00	0.20 ~ 0.40	Nb 0.10 ~ 0.30 V 0.10 ~ 0.30
XM-31	S21400	≤0.12	0.30 ~ 1.00	14.0 ~ 16.0	0.045	0.030	17.0 ~ 18.5	≤1.00	—	≥0.35	—
XM-14	S21460	≤0.12	≤1.00	14.0 ~ 16.0	0.060	0.030	17.0 ~ 19.0	5.00 ~ 6.00	—	0.35 ~ 0.50	—
—	S21500	0.06 ~ 0.15	0.20 ~ 1.20	5.50 ~ 7.00	0.040	0.030	14.0 ~ 16.0	9.00 ~ 11.0	0.80 ~ 1.20	—	Nb 0.75 ~ 1.25 V 0.15 ~ 0.40 B 0.003 ~ 0.009
216 XM-17	S21600	≤0.08	≤0.75	7.50 ~ 9.00	0.045	0.030	17.5 ~ 22.0	5.00 ~ 7.00	2.00 ~ 3.00	0.25 ~ 0.50	—

（续）

钢 号		C	Si	Mn	P ≤	S① ≤	Cr	Ni	Mo	N	其 他
ASTM	UNS										
216L XM-18	S21603	≤0.03	≤0.75	7.50~9.00	0.045	0.030	17.5~22.0	5.00~7.00	2.00~3.00	0.25~0.50	—
—	S21640	≤0.08	≤1.00	3.50~5.50	0.060	0.030	17.5~19.5	4.00~6.50	0.50~2.00	0.08~0.30	Nb 0.10~1.00
—	S21800	≤0.10	3.50~4.50	7.00~9.00	0.060	0.030	16.0~18.0	8.00~9.00	—	0.08~0.18	—
XM-10	S21900	≤0.08	≤1.00	8.00~10.0	0.060	0.030	19.0~21.5	5.50~7.50	—	0.15~0.40	—
XM-11	S21904	≤0.040	≤1.00	8.00~10.0	0.060	0.030	19.0~21.5	5.50~7.50	—	0.15~0.40	—
XM-29	S24000	≤0.08	≤0.75	11.5~14.5	0.060	0.030	17.0~19.0	2.25~3.75	—	0.20~0.40	—
XM-28	S24100	≤0.15	≤1.00	11.0~14.0	0.060	0.030	16.5~19.0	0.50~2.50	—	0.20~0.45	—
—	S28200	≤0.15	≤1.00	17.0~19.0	0.045	0.030	17.0~19.0	—	0.75~1.25	0.40~0.60	Cu 0.75~1.25
301	S30100	≤0.15	≤1.00	≤2.00	0.045	0.030	16.0~18.0	6.00~8.00	—	≤0.10	—
301L	S30103	≤0.030	≤1.00	≤2.00	0.045	0.030	16.0~18.0	5.00~8.00	—	≤0.20	—
301Si	S30116	≤0.15	1.00~1.35	≤2.00	0.045	0.030	16.0~18.0	6.00~8.00	≤1.00	≤0.20	—
301LN	S30153	≤0.03	≤1.00	≤2.00	0.045	0.030	16.0~18.0	5.00~8.00	—	0.07~0.20	—
302	S30200	≤0.15	≤1.00	≤2.00	0.045	0.030	17.0~19.0	8.00~10.0	—	≤0.10	—
302B	S30215	≤0.15	2.00~3.00	≤2.00	0.045	0.030	17.0~19.0	8.00~10.0	—	≤0.10	—
303	S30300	≤0.15	≤1.00	≤2.00	0.20	≥0.15	17.0~19.0	8.00~10.0	(≤0.60)	—	—
XM-15	S30310	≤0.15	≤1.00	2.50~4.50	0.20	≥0.25	17.0~19.0	7.00~9.00	(≤0.60)	—	—
303Se	S30323	≤0.15	≤1.00	≤2.00	0.20	0.060	17.0~19.0	8.00~10.0	—	—	Se≥0.15
XM-2 303MA	S30345	≤0.15	≤1.00	≤2.00	0.050	0.11~0.16	17.0~19.0	8.00~10.0	0.40~0.60	—	Al 0.60~1.00
304	S30400	≤0.08	≤1.00	≤2.00	0.045	0.030	18.0~20.0	8.00~10.5	—	—	—
304L	S30403	≤0.030	≤1.00	≤2.00	0.045	0.030	18.0~20.0	8.00~12.0	—	—	—
304H	S30409	0.04~0.10	≤1.00	≤2.00	0.045	0.030	18.0~20.0	8.00~10.5	—	—	—
—	S30415	0.04~0.06	1.00~2.00	≤0.80	0.045	0.030	18.0~19.0	9.00~10.0	—	0.12~0.18	Ce 0.03~0.08
XM-7	S30430	≤0.03	≤1.00	≤2.00	0.045	0.030	17.0~19.0	8.00~10.0	—	—	Cu 3.00~4.00
—	S30432	0.07~0.13	≤0.30	≤0.50	0.045	0.030	17.0~19.0	7.5~10.5	—	0.05~0.12	Cu 2.5~3.5 Nb 0.20~0.60 Al 0.003~0.030 B 0.001~0.010
304N	S30451	≤0.08	≤1.00	≤2.00	0.045	0.030	18.0~20.0	8.00~11.0	—	0.10~0.16	—
XM-21 304HN	S30452	≤0.08	≤1.00	≤2.00	0.045	0.030	18.0~20.0	8.00~10.0	—	0.16~0.30	—
304LN	S30453	≤0.030	≤1.00	≤2.00	0.045	0.030	18.0~20.0	8.0~11.0	—	0.10~0.16	—
304LHN	S30454	≤0.03	≤1.00	≤2.00	0.045	0.030	18.0~20.0	8.0~11.0	—	0.16~0.30	—
305	S30500	≤0.12	≤1.00	≤2.00	0.045	0.030	17.0~19.0	11.0~13.0	—	—	—
—	S30530	≤0.08	0.50~2.50	≤2.00	0.045	0.030	17.0~20.5	8.50~11.5	0.75~1.50	—	Cu 0.75~2.50

（续）

钢号		C	Si	Mn	P ≤	S① ≤	Cr	Ni	Mo	N	其他
ASTM	UNS										
—	S30600	≤0.018	3.7 ~ 4.3	≤2.00	0.020	0.020	17.0 ~ 18.5	14.0 ~ 15.5	≤0.20	—	Cu 0.50
—	S30601	≤0.015	5.0 ~ 5.6	0.50 ~ 0.80	0.030	0.013	17.0 ~ 18.0	17.0 ~ 18.0	≤0.20	≤0.05	Cu 0.35
—	S30615	0.16 ~ 0.24	3.2 ~ 4.0	≤2.00	0.030	0.030	17.0 ~ 19.5	13.5 ~ 16.0	—	—	Al 0.80 ~ 1.50
308	S30800	≤0.08	≤1.00	≤2.00	0.045	0.030	19.0 ~ 21.0	10.0 ~ 12.0	—	—	—
—	S30815	0.05 ~ 0.10	1.40 ~ 2.00	≤0.80	0.040	0.030	20.0 ~ 22.0	10.0 ~ 12.0	—	0.14 ~ 0.20	Ce 0.03 ~ 0.08
309	S30900	≤0.20	≤1.00	≤2.00	0.045	0.030	22.0 ~ 24.0	12.0 ~ 15.0	—	—	—
309S	S30908	≤0.08	≤1.00	≤2.00	0.045	0.030	22.0 ~ 24.0	12.0 ~ 15.0	—	—	—
309H	S30909	0.04 ~ 0.10	≤1.00	≤2.00	0.045	0.030	22.0 ~ 24.0	12.0 ~ 15.0	—	—	—
309LMoN	S30925	≤0.025	≤0.70	≤2.00	0.040	0.030	23.0 ~ 26.0	13.0 ~ 16.0	0.50 ~ 1.20	0.25 ~ 0.40	
309Nb	S30940	≤0.08	≤1.00	≤2.00	0.045	0.030	22.0 ~ 24.0	12.0 ~ 16.0	—	—	Nb 10C ~ 1.10
309HNb	S30941	0.04 ~ 0.10	≤1.00	≤2.00	0.045	0.030	22.0 ~ 24.0	12.0 ~ 16.0	—	—	Nb 10C ~ 1.10
—	S30942	0.03 ~ 0.10	≤1.00	≤2.00	0.040	0.030	21.0 ~ 23.0	14.5 ~ 16.5	0.10 ~ 0.20	—	Nb 0.50 ~ 0.80
310	S31000	≤0.25	≤1.50	≤2.00	0.045	0.030	24.0 ~ 26.0	19.0 ~ 22.0	—	—	—
—	S31002	≤0.015	≤0.15	≤2.00	0.020	0.015	24.0 ~ 26.0	19.0 ~ 22.0	(≤0.10)	(≤0.10)	
310S	S31008	≤0.08	≤1.00	≤2.00	0.045	0.030	24.0 ~ 26.0	19.0 ~ 22.0	—	—	—
310H	S31009	0.04 ~ 0.10	≤1.00	≤2.00	0.045	0.030	24.0 ~ 26.0	19.0 ~ 22.0	—	—	—
310MoNb	S31025	≤0.10	≤1.00	≤1.50	0.030	0.030	19.5 ~ 23.0	23.0 ~ 26.0	1.00 ~ 2.00	0.10 ~ 0.25	Nb 0.10 ~ 0.40 Ti ≤0.20 B 0.002 ~ 0.010
310Nb	S31040	≤0.08	≤1.50	≤2.00	0.045	0.030	24.0 ~ 26.0	19.0 ~ 22.0	—	—	Nb 10C ~ 1.10
310HNb	S31041	0.04 ~ 0.10	≤1.00	≤2.00	0.045	0.030	24.0 ~ 26.0	19.0 ~ 22.0	—	—	Nb 10C ~ 1.10
310HNbN	S31042	0.04 ~ 0.10	≤1.00	≤2.00	0.045	0.030	24.0 ~ 26.0	19.0 ~ 22.0	—	0.15 ~ 0.35	Nb 0.20 ~ 0.60
310MoLN	S31050	≤0.030	≤0.40	≤2.00	0.030	0.015	24.0 ~ 26.0	21.0 ~ 23.0	2.00 ~ 3.00	0.10 ~ 0.16	—
—	S31060	0.05 ~ 0.10	≤0.50	≤1.00	0.040	0.030	22.0 ~ 24.0	10.0 ~ 12.5	—	0.18 ~ 0.25	(Ce + La)0.025 ~ 0.070 B 0.001 ~ 0.010
—	S31254	≤0.020	≤0.80	≤1.00	0.030	0.010	19.5 ~ 20.5	17.5 ~ 18.5	6.0 ~ 6.5	0.18 ~ 0.22	Cu 0.50 ~ 1.00
—	S31266	≤0.030	≤1.00	2.0 ~ 4.0	0.035	0.020	23.0 ~ 25.0	21.0 ~ 24.0	5.2 ~ 6.2	0.35 ~ 0.60	Cu 1.00 ~ 2.50 W 1.50 ~ 2.50

（续）

钢号 ASTM	UNS	C	Si	Mn	P ≤	S① ≤	Cr	Ni	Mo	N	其 他
—	S31272	0.08 ~ 0.12	0.30 ~ 0.70	1.50 ~ 2.00	0.030	0.015	14.0 ~ 16.0	14.0 ~ 16.0	1.00 ~ 1.40	—	Ti 0.30 ~ 0.60 B 0.004 ~ 0.008
—	S31277	≤0.020	≤0.50	≤3.00	0.030	0.010	20.5 ~ 23.0	26.0 ~ 28.0	6.5 ~ 8.0	0.30 ~ 0.40	Cu 0.50 ~ 1.50
314	S31400	≤0.25	1.50 ~ 3.00	≤2.00	0.045	0.030	23.0 ~ 26.0	19.0 ~ 22.0	—	—	—
316	S31600	≤0.08	≤1.00	≤2.00	0.045	0.030	16.0 ~ 18.0	10.0 ~ 14.0	2.00 ~ 3.00	—	—
316L	S31603	≤0.030	≤1.00	≤2.00	0.045	0.030	16.0 ~ 18.0	10.0 ~ 14.0	2.00 ~ 3.00	—	—
316H	S31609	0.04 ~ 0.10	≤1.00	≤2.00	0.045	0.030	16.0 ~ 18.0	10.0 ~ 14.0	2.00 ~ 3.00	—	—
316Ti	S31635	≤0.08	≤1.00	≤2.00	0.045	0.030	16.0 ~ 18.0	10.0 ~ 14.0	2.00 ~ 3.00	≤0.10	Ti 5(C + N) ~ 0.70
316Nb	S31640	≤0.08	≤1.00	≤2.00	0.045	0.030	16.0 ~ 18.0	10.0 ~ 14.0	2.00 ~ 3.00	≤0.10	Nb 10C ~ 1.10
316N	S31651	≤0.08	≤1.00	≤2.00	0.045	0.030	16.0 ~ 18.0	10.0 ~ 14.0	2.00 ~ 3.00	0.10 ~ 0.16	—
316LN	S31653	≤0.030	≤1.00	≤2.00	0.045	0.030	16.0 ~ 18.0	10.0 ~ 13.0	2.00 ~ 3.00	0.10 ~ 0.16	—
316LHN	S31654	≤0.03	≤1.00	≤2.00	0.045	0.030	16.0 ~ 18.0	10.0 ~ 13.0	2.00 ~ 3.00	0.16 ~ 0.30	—
317	S31700	≤0.08	≤1.00	≤2.00	0.045	0.030	18.0 ~ 20.0	11.0 ~ 15.0	3.0 ~ 4.0	—	—
317L	S31703	≤0.030	≤1.00	≤2.00	0.045	0.030	18.0 ~ 20.0	11.0 ~ 15.0	3.0 ~ 4.0	—	—
317LM	S31725	≤0.030	≤1.00	≤2.00	0.045	0.030	18.0 ~ 20.0	13.5 ~ 17.5	4.0 ~ 5.0	≤0.20	—
317LMN	S31726	≤0.030	≤1.00	≤2.00	0.045	0.030	17.0 ~ 20.0	13.5 ~ 17.5	4.0 ~ 5.0	0.10 ~ 0.20	—
—	S31727	≤0.030	≤1.00	≤1.00	0.030	0.030	17.5 ~ 19.0	14.5 ~ 16.5	3.8 ~ 4.5	0.15 ~ 0.21	Cu 2.8 ~ 4.0
—	S31730	≤0.030	≤1.00	≤2.00	0.040	0.010	17.5 ~ 19.0	15.0 ~ 16.5	3.0 ~ 4.0	0.45	Cu 4.0 ~ 5.0
317LN	S31753	≤0.030	≤1.00	≤2.00	0.045	0.030	18.0 ~ 20.0	11.0 ~ 14.0	3.0 ~ 4.0	0.10 ~ 0.22	—
—	S32050	≤0.030	≤1.00	≤1.50	0.035	0.020	22.0 ~ 24.0	20.0 ~ 23.0	6.0 ~ 6.8	0.21 ~ 0.32	Cu ≤0.4
—	S32053	≤0.030	≤1.00	≤1.00	0.030	0.010	22.0 ~ 24.0	24.0 ~ 26.0	5.0 ~ 6.0	0.17 ~ 0.22	—
321	S32100	≤0.08	≤1.00	≤2.00	0.045	0.030	17.0 ~ 19.0	9.0 ~ 12.0	—	≤0.10	Ti 5(C + N) ~ 0.70
321H	S32109	0.04 ~ 0.10	≤1.00	≤2.00	0.045	0.030	17.0 ~ 19.0	9.0 ~ 12.0	—	≤0.10	Ti 4(C + N) ~ 0.70
—	S32615	≤0.07	4.8 ~ 6.0	≤2.00	0.045	0.030	16.5 ~ 19.5	19.0 ~ 22.0	0.30 ~ 1.50	—	Cu 1.50 ~ 2.50
—	S32654	≤0.020	≤0.50	2.0 ~ 4.0	0.030	0.005	24.0 ~ 25.0	21.0 ~ 23.0	7.0 ~ 8.0	0.45 ~ 0.55	Cu 0.30 ~ 0.60
—	S33228	0.04 ~ 0.08	≤0.30	≤1.00	0.020	0.015	26.0 ~ 28.0	31.0 ~ 33.0	—	—	Ce 0.05 ~ 0.10 Nb 0.6 ~ 1.0 Al ≤0.025
334	S33400	≤0.08	≤1.00	≤1.00	0.030	0.015	18.0 ~ 20.0	19.0 ~ 21.0	—	—	Al 0.15 ~ 0.60 Ti 0.15 ~ 0.60
—	S33425	≤0.08	≤1.00	≤1.50	0.045	0.020	21.0 ~ 23.0	20.0 ~ 23.0	2.00 ~ 3.00	—	Al 0.15 ~ 0.60 Ti 0.15 ~ 0.60
—	S33550	0.04 ~ 0.10	≤1.00	≤1.50	0.040	0.030	25.0 ~ 28.0	16.5 ~ 20.0	—	0.18 ~ 0.25	Nb 0.05 ~ 0.15 (La + Ce)0.025 ~ 0.070

（续）

钢 号		C	Si	Mn	P ≤	S① ≤	Cr	Ni	Mo	N	其 他
ASTM	UNS										
—	S34565	≤0.030	≤1.00	5.0~7.0	0.030	0.010	23.0~25.0	16.0~18.0	4.0~5.0	0.40~0.60	Nb≤0.10
347	S34700	≤0.08	≤1.00	≤2.00	0.045	0.030	17.0~19.0	9.0~12.0	—	—	Nb 10C~1.10
—	S34705	≤0.05	≤1.00	≤2.00	0.040	0.030	17.0~20.0	8.0~11.0	—	0.10~0.25	W 1.5~2.60 Nb 0.25~0.50 V 0.20~0.50
347H	S34709	0.04~0.10	≤1.00	≤2.00	0.045	0.030	17.0~19.0	9.0~12.0	—	—	Nb 8C~1.10
—	S34710	0.06~0.10	≤1.00	≤2.00	0.045	0.030	17.0~19.0	9.0~13.0	—	—	Nb 8C~1.10
—	S34751	≤0.015	≤0.75	≤2.00	0.020	0.030	17.0~20.0	9.0~13.0	—	0.06~0.10	Nb 0.20~0.50
348	S34800	≤0.08	≤1.00	≤2.00	0.045	0.030	17.0~19.0	9.0~12.0	—	—	(Nb+Ta) 10C~1.10 Ta≤0.10, Co≤0.20
348H	S34809	0.04~0.10	≤1.00	≤2.00	0.045	0.030	17.0~19.0	9.0~12.0	—	—	(Nb+Ta) 8C~1.10 Ta≤0.10, Co≤0.20
—	S35045	0.06~0.10	≤1.00	≤1.50	0.045	0.015	25.0~29.0	32.0~37.0	—	—	Cu≤0.75 Al 0.15~0.60 Ti 0.15~0.60
—	S35115	≤0.030	0.50~1.50	≤1.00	0.045	0.015	23.0~25.0	19.0~22.0	1.50~2.50	0.20~0.30	—
—	S35125	≤0.10	≤0.50	1.00~1.50	0.045	0.015	20.0~23.0	31.0~35.0	2.00~3.00	—	Nb 0.25~0.60
—	S35140	≤0.10	≤0.75	1.00~3.00	0.045	0.030	20.0~22.0	25.0~27.0	1.00~2.00	0.08~0.20	Nb 0.25~0.75
—	S35315	0.04~0.08	1.20~2.00	≤2.00	0.045	0.030	24.0~26.0	34.0~36.0	—	0.12~0.18	Ce 0.03~0.10
XM-15	S38100	≤0.08	1.50~2.50	≤2.00	0.030	0.030	17.0~19.0	17.5~18.5	—	—	—
384	S38400	≤0.04	≤1.00	≤2.00	0.045	0.030	15.0~17.0	17.0~19.0	—	—	—
—	S38815	≤0.030	5.5~6.5	≤2.00	0.045	0.020	13.0~15.0	13.0~17.0	0.75~1.50	—	Cu 0.75~1.50 Al≤0.30
622	S66220	≤0.08	≤1.00	≤1.50	0.040	0.030	12.0~15.0	24.0~28.0	2.5~3.5	—	Cu 0.50 Ti 1.55~2.00 Al≤0.35 B 0.001~0.010
660	S66286	≤0.08	≤1.00	≤2.00	0.040	0.030	13.5~16.0	24.0~27.0	1.00~1.50	—	Ti 1.90~2.35 Al 0.35 V 0.10~0.50 B 0.003~0.010

（续）

钢 号		C	Si	Mn	P ≤	S① ≤	Cr	Ni	Mo	N	其 他
ASTM	UNS										
—	N08020	≤0.07	≤1.00	≤2.00	0.045	0.035	19.0~21.0	32.0~38.0	2.00~3.00	—	Nb 8C~1.00 Cu 3.0~4.0
—	N08367	≤0.030	≤1.00	≤2.00	0.040	0.030	20.0~22.0	23.5~25.5	6.0~7.0	0.18~0.25	Cu 0.75
—	N08700	≤0.04	≤1.00	≤2.00	0.040	0.030	19.0~23.0	24.0~26.0	4.3~5.0	—	Nb 8C~0.40 Cu 0.50
800	N08800	≤0.10	≤1.00	≤1.50	0.045	0.015	19.0~23.0	30.0~35.0	—	—	Fe≥39.5 Al 0.15~0.60 Ti 0.15~0.60 Cu≤0.75
800H	N08810	0.05~0.10	≤1.00	≤1.50	0.045	0.015	19.0~23.0	30.0~35.0	—	—	Fe≥39.5 Al 0.15~0.60 Ti 0.15~0.60 Cu≤0.75
—	N08811	0.06~0.10	≤1.00	≤1.50	0.040	0.015	19.0~23.0	30.0~35.0	—	—	Fe≥39.5 Al 0.15~0.60 Ti 0.15~0.60 (Al+Ti)0.85~1.20 Cu≤0.75
904L	N08904	≤0.020	≤1.00	≤2.00	0.040	0.030	23.0~28.0	19.0~23.0	4.0~5.0	≤0.10	Cu 1.0~2.0
—	N08926	≤0.020	≤0.50	≤2.00	0.030	0.010	19.0~21.0	24.0~26.0	6.0~7.0	0.15~0.25	Cu 0.5~1.5

① 范围值不受≤的限制。

（2）美国奥氏体-铁素体型不锈钢和耐热钢的钢号与化学成分［ASTM A959（2016）］（表3-12-1b）

表3-12-1b 奥氏体-铁素体型不锈钢和耐热钢的钢号与化学成分（质量分数）（%）

钢 号		C	Si	Mn	P ≤	S ≤	Cr	Ni	Mo	N	其 他
ASTM	UNS										
XM-26	S31100	≤0.06	≤1.00	≤1.00	0.045	0.030	25.0~27.0	6.0~7.0	—	—	Ti≤0.25
—	S31200	≤0.030	≤1.00	≤2.00	0.045	0.030	24.0~26.0	5.5~6.5	1.20~2.00	0.14~0.20	—
—	S31260	≤0.030	≤0.75	≤1.00	0.030	0.030	24.0~26.0	5.5~7.5	2.5~3.5	0.10~0.30	Cu 0.20~0.80 W 0.10~0.50
—	S31500	≤0.030	1.40~2.00	1.20~2.00	0.030	0.030	18.0~19.0	4.3~5.2	2.50~3.00	0.05~0.10	—
—	S31803	≤0.030	≤1.00	≤2.00	0.030	0.020	21.0~23.0	4.5~6.5	2.5~3.5	0.08~0.20	—
—	S32001	≤0.030	≤1.00	4.0~6.0	0.040	0.030	19.5~21.5	1.00~3.00	≤0.60	0.05~0.17	Cu≤1.00
—	S32003	≤0.030	≤1.00	≤2.00	0.030	0.020	19.5~22.5	3.0~4.0	1.50~2.00	0.14~0.20	—
—	S32101	≤0.040	≤1.00	4.0~6.0	0.040	0.030	21.0~22.0	1.35~1.70	0.10~0.80	0.20~0.25	Cu 0.10~0.80
—	S32202	≤0.030	≤1.00	≤2.00	0.040	0.010	21.5~24.0	1.00~2.80	≤0.45	0.18~0.26	—
2205	S32205	≤0.030	≤1.00	≤2.00	0.030	0.020	22.0~23.0	4.5~6.5	3.0~3.5	0.14~0.20	—
2304	S32304	≤0.030	≤1.00	≤2.50	0.040	0.030	21.5~24.5	3.0~5.5	0.05~0.60	0.05~0.20	Cu 0.05~0.60
—	S32506	≤0.030	≤0.90	≤1.00	0.040	0.015	24.0~26.0	5.5~7.2	3.0~3.5	0.08~0.20	W 0.05~0.30
—	S32520	≤0.030	≤0.80	≤1.50	0.035	0.020	24.0~26.0	5.5~8.0	3.0~5.0	0.20~0.35	Cu 0.50~2.00
255	S32550	≤0.04	≤1.00	≤1.50	0.040	0.030	24.0~27.0	4.5~6.5	2.9~3.9	0.10~0.25	Cu 1.50~2.50

（续）

钢 号		C	Si	Mn	P ≤	S ≤	Cr	Ni	Mo	N	其 他
ASTM	UNS										
—	S32707	≤0.030	≤0.50	≤1.50	0.035	0.010	26.0~29.0	5.5~9.5	4.0~5.0	0.30~0.50	Co 0.50~2.00 Cu≤1.00
2507	S32750	≤0.030	≤0.80	≤1.20	0.035	0.020	24.0~26.0	6.0~8.0	3.0~5.0	0.24~0.32	Cu≤0.50
	S32760	≤0.030	≤1.00	≤1.00	0.030	0.010	24.0~26.0	6.0~8.0	3.0~4.0	0.20~0.30	Cu 0.50~1.00 W 0.50~1.00 Cr+3.3Mo+16N≥40
	S32808	≤0.030	≤0.50	≤1.10	0.030	0.010	27.0~27.9	7.0~8.2	0.80~1.20	0.30~0.40	W 2.10~2.50
329	S32900	≤0.08	≤0.75	≤1.00	0.040	0.030	23.0~28.0	2.5~5.00	1.00~2.00	—	—
—	S32906	≤0.030	≤0.50	0.80~1.50	0.030	0.030	28.0~30.0	5.8~7.5	1.50~2.60	0.30~0.40	Cu≤0.80
—	S32950	≤0.030	≤0.60	2.00	0.035	0.010	26.0~29.0	3.5~5.2	1.00~2.00	0.15~0.35	—
—	S33207	≤0.030	≤0.80	≤1.50	0.035	0.010	29.0~33.0	6.0~9.0	3.0~5.0	0.40~0.60	Cu≤1.00
—	S39274	≤0.030	≤0.80	≤1.00	0.030	0.020	24.0~26.0	8.0	2.5~3.5	0.24~0.32	Cu 0.20~0.80 W 1.50~2.50
—	S39277	≤0.025	≤0.80	≤0.80	0.025	0.002	24.0~26.0	6.5~8.0	4.0	0.23~0.33	Cu 1.20~2.00 W 0.80~1.20
—	S81921	≤0.030	≤1.00	2.00~4.00	0.040	0.030	19.0~22.0	2.0~4.0	1.00~2.00	0.14~0.20	—
—	S82011	≤0.030	≤1.00	2.00~3.00	0.040	0.020	20.5~23.5	1.0~2.0	0.10~1.00	0.15~0.27	Cu≤0.50
—	S82012	≤0.05	≤0.80	2.00~4.00	0.040	0.005	19.0~20.5	0.8~1.5	0.10~0.60	0.16~0.26	Cu≤1.00
—	S82031	≤0.05	≤0.80	≤2.50	0.040	0.005	19.0~22.0	2.0~4.0	0.60~1.40	0.14~0.24	Cu≤1.00
—	S82121	≤0.035	≤1.00	1.00~2.50	0.040	0.010	21.0~23.0	2.0~4.0	0.30~1.30	0.15~0.25	Cu 0.20~1.20
—	S82122	≤0.030	≤0.75	2.00~4.00	0.040	0.020	20.5~21.5	1.5~2.5	≤0.60	0.15~0.20	Cu 0.50~1.50
—	S82441	≤0.030	≤0.70	2.50~4.00	0.035	0.005	23.0~25.0	3.0~4.5	1.00~2.00	0.20~0.30	Cu 0.10~0.80

（3）美国铁素体型不锈钢和耐热钢的钢号与化学成分［ASTM A959（2016）］（表3-12-1c）

表3-12-1c 铁素体型不锈钢和耐热钢的钢号与化学成分（质量分数）（%）

钢 号		C	Si	Mn	P ≤	S① ≤	Cr	Ni	Mo	N	其 他
ASTM	UNS										
XM-34	S18200	≤0.08	≤1.00	≤2.50	0.040	≥0.15	17.5~19.5	—	1.50~2.50	—	—
—	S18235	≤0.025	≤1.00	≤0.50	0.040	0.15~0.35	17.5~18.5	≤1.00	2.00~2.50	—	Ti 0.30~1.00 C+N≤0.035
—	S32803	≤0.015	≤0.55	≤0.50	0.020	0.005	28.0~29.0	3.0~4.0	1.80~2.50	—	Nb≥12(C+N) Nb 0.15~0.50 C+N≤0.030
405	S40500	≤0.08	≤1.00	≤1.00	0.040	0.030	11.5~14.5	≤0.50	—	—	Al 0.10~0.30
—	S40800	≤0.08	≤1.00	≤1.00	0.045	0.045	11.5~13.0	≤0.80	—	—	Ti≥12C~1.10
409	S40900	≤0.08	≤1.00	≤1.00	0.045	0.030	10.5~11.7	≤0.50	—	—	Ti≥6C~0.75
—	S40910	≤0.030	≤1.00	≤1.00	0.040	0.020	10.5~11.7	≤0.50	—	≤0.030	Ti≥6(C+N)~0.50 Nb≤0.17
—	S40920	≤0.030	≤1.00	≤1.00	0.040	0.020	10.5~11.7	≤0.50	—	≤0.030	Ti≥8(C+N) Ti 0.15~0.50 Nb≥0.10

（续）

钢号 ASTM	UNS	C	Si	Mn	P ≤	S① ≤	Cr	Ni	Mo	N	其他
—	S40930	≤0.030	≤1.00	≤1.00	0.040	0.020	10.5~11.7	≤0.50	—	≤0.030	(Ti+Nb)[0.08+8(C+N)]~0.75 Ti≥0.05,Nb 0.18~0.40
409Cb	S40940	≤0.060	≤1.00	≤1.00	0.045	0.040	10.5~11.7	≤0.50	—	—	Nb 10C~0.75
—	S40945	≤0.030	≤1.00	≤1.00	0.040	0.030	10.5~11.7	≤0.50	—	≤0.030	Nb 0.18~0.40 Ti 0.05~0.20
—	S40975	≤0.030	≤1.00	≤1.00	0.040	0.030	10.5~11.7	0.50~1.00	—	≤0.030	Ti 6(C+N)~0.75
—	S40976	≤0.030	≤1.00	≤1.00	0.040	0.030	10.5~11.7	0.75~1.00	—	≤0.040	Nb 10(C+N)~0.80 Ti≥0.05
—	S40977	≤0.030	≤1.00	≤1.50	0.040	0.015	10.5~12.5	0.30~1.00	—	≤0.030	—
—	S41045	≤0.030	≤1.00	≤1.00	0.040	0.030	12.0~13.0	≤0.50	—	≤0.030	Nb 9(C+N)~0.60
—	S41050	≤0.04	≤1.00	≤1.00	0.045	0.030	10.5~12.5	0.60~1.10	—	≤0.10	
—	S41603	≤0.08	≤1.00	≤1.25	0.06	≥0.15	12.0~14.0	—	—	—	
—	S42035	≤0.08	≤1.00	≤1.00	0.045	0.030	13.5~15.5	1.00~2.50	0.20~1.20	—	Ti 0.30~0.50
429	S42900	≤0.12	≤1.00	≤1.00	0.040	0.030	14.0~16.0	—	—	—	—
430	S43000	≤0.12	≤1.00	≤1.00	0.040	0.030	16.0~18.0	—	—	—	—
430F	S43020	≤0.12	≤1.00	≤1.25	0.060	≥0.15	16.0~18.0	—	—	—	—
430FSe	S43023	≤0.12	≤1.00	≤1.25	0.06	0.06	16.0~18.0	—	—	—	Se≥0.15
439	S43035	≤0.030	≤1.00	≤1.00	0.040	0.030	17.0~19.0	≤0.50	—	≤0.030	Ti[0.20+4(C+N)]~1.10,Al≤0.15
430Ti	S43036	≤0.10	≤1.00	≤1.00	0.040	0.030	16.0~19.5	≤0.75	—	—	Ti 5C~0.75
434	S43400	≤0.12	≤1.00	≤1.00	0.040	0.030	16.0~18.0	—	0.75~1.25	—	—
436	S43600	≤0.12	≤1.00	≤1.00	0.040	0.030	16.0~18.0	—	0.75~1.25	—	Nb 5C~0.80
—	S43932	≤0.030	≤1.00	≤1.00	0.040	0.030	17.0~19.0	≤0.50	—	≤0.030	(Ti+Nb)[0.20+4(C+N)]~0.75 Al≤0.15
—	S43940	≤0.030	≤1.00	≤1.00	0.040	0.015	17.5~18.5	—	—	—	Nb≥3C+0.30 Ti 0.10~0.60
—	S44100	≤0.030	≤1.00	≤1.00	0.040	0.030	17.5~19.5	≤1.00	—	—	Nb(0.30+3C)~0.90
442	S44200	≤0.20	≤1.00	≤1.00	0.040	0.040	18.0~23.0	≤0.60	—	—	—
443	S44300	≤0.20	≤1.00	≤1.00	0.040	0.030	18.0~23.0	≤0.50	—	—	Cu 0.90~1.25
—	S44330	≤0.025	≤1.00	≤1.00	0.040	0.030	20.0~23.0	—	—	≤0.025	Cu 0.30~0.80 (Ti+Nb)8(C+N)~0.80
444	S44400	≤0.025	≤1.00	≤1.00	0.040	0.030	17.5~19.5	≤1.00	1.75~2.50	≤0.035	(Ti+Nb)0.20+4(C+N)~0.8
—	S44500	≤0.020	≤1.00	≤1.00	0.040	0.012	19.0~21.0	≤0.60	—	≤0.030	Cu 0.30~0.60 Nb 10(C+N)~0.80

（续）

钢 号		C	Si	Mn	P ≤	S① ≤	Cr	Ni	Mo	N	其 他
ASTM	UNS										
—	S44535	≤0.030	≤0.50	0.30~0.80	0.050	0.020	20.0~24.0	—	—	—	Ti 0.03~0.20，Cu≤0.50 La 0.04~0.20，Al≤0.50
—	S44536	≤0.015	≤1.00	≤1.00	0.040	0.030	20.0~23.0	≤0.50	—	≤0.015	(Ti+Nb) 8 (C+N)~0.80 Nb≤0.05
446	S44600	≤0.20	≤1.00	≤1.50	0.040	0.030	23.0~27.0	≤0.75	—	≤0.25	—
XM-33	S44626	≤0.06	≤1.00	≤0.75	0.040	0.030	25.0~27.0	≤0.50	0.75~1.50	≤0.040	Cu≤0.20，Ti 7 (C+N) Ti 0.20~1.00
XM-27	S44627	≤0.010	≤1.00	≤0.40	0.020	0.020	25.0~27.5	≤0.50	0.75~1.50	≤0.015	Cu≤0.20，Nb 0.05~0.20 Ni+Cu≤0.50
25-4-4	S44635	≤0.025	≤0.75	≤1.00	0.040	0.030	24.5~26.0	3.5~4.5	3.5~4.5	≤0.035	(Ti+Nb) [0.20+ 4 (C+N)] ~0.80
26-3-3	S44660	≤0.030	≤1.00	≤1.00	0.040	0.030	25.0~28.0	1.0~3.5	3.0~4.0	≤0.040	Ti+Nb≥6 (C+N) Ti 0.20~1.00
29-4	S44700	≤0.010	≤0.20	≤0.30	0.025	0.020	28.0~30.0	≤0.15	3.5~4.2	≤0.020	Cu≤0.15 C+N≤0.025
—	S44725	≤0.015	≤0.40	≤0.40	0.040	0.020	25.0~28.5	≤0.30	1.50~2.50	≤0.018	(Ti+Nb) ≥8 (C+N)
29-4C	S44735	≤0.030	≤1.00	≤1.00	0.040	0.030	28.0~30.0	≤1.00	3.60~4.20	≤0.045	(Ti+Nb) 6 (C+N) ~ 1.00，Ti-Nb≥0.20
29-4-2	S44800	≤0.010	≤0.20	≤0.30	0.025	0.020	28.0~30.0	2.00~2.50	3.5~4.2	—	Cu≤0.15 N+C≤0.025
—	S46800	≤0.030	≤1.00	≤1.00	0.040	0.030	18.0~20.0	≤0.50	—	≤0.030	Ti 0.07~0.30，Nb 0.10~0.60 (Ti+Nb) [0.20+4 (C+N)] ~0.80

① 标明≥或范围值不受≤的限制。

（4）美国马氏体型不锈钢和耐热钢的钢号与化学成分 ［ASTM A959 (2016)］（表 3-12-1d）

表 3-12-1d 马氏体型不锈钢和耐热钢的钢号与化学成分（质量分数）（%）

钢 号		C	Si	Mn	P ≤	S① ≤	Cr	Ni	Mo	N	其 他
ASTM	UNS										
403	S40300	≤0.15	≤0.50	≤1.00	0.040	0.030	11.5~13.0	(≤0.60)	—	—	—
410	S41000	≤0.15	≤1.00	≤1.00	0.040	0.030	11.5~13.5	(≤0.75)	—	—	—
—	S41003	≤0.030	≤1.00	≤1.50	0.040	0.030	10.5~12.5	≤1.50	—	≤0.030	—
—	S41005	0.10~0.15	≤0.50	0.25~0.80	0.018	0.015	11.5~13.0	≤0.75	≤0.50	≤0.08	Cu≤0.15，W≤0.10 Nb≤0.20，Ti≤0.15 Al≤0.025，Sn≤0.05
410S	S41008	≤0.08	≤1.00	≤1.00	0.040	0.030	11.5~13.5	(≤0.60)	—	—	—

（续）

钢号 ASTM	钢号 UNS	C	Si	Mn	P ≤	S[①] ≤	Cr	Ni	Mo	N	其 他
—	S41026	≤0.15	≤1.00	≤1.00	0.020	0.02	11.5 ~ 13.5	1.00 ~ 2.00	0.40 ~ 0.60	—	Cu≤0.50
XM-30 410Cb	S41040	≤0.18	≤1.00	≤1.00	0.040	0.030	11.5 ~ 13.0	—	—	—	Nb 0.05 ~ 0.30
—	S41041	0.13 ~ 0.18	≤0.50	0.40 ~ 0.60	0.030	0.030	11.5 ~ 13.0	≤0.50	≤0.20	—	Al≤0.05 Nb 0.15 ~ 0.45
414	S41400	≤0.15	≤1.00	≤1.00	0.040	0.030	11.5 ~ 13.5	1.25 ~ 2.50	—	—	—
—	S41425	≤0.05	≤0.50	0.50 ~ 1.00	0.020	0.005	12.0 ~ 15.0	1.50 ~ 2.00	—	0.06 ~ 0.12	Cu≤0.30
—	S41428	0.10 ~ 0.17	0.10 ~ 0.35	0.65 ~ 1.05	0.020	0.015	11.3 ~ 12.7	2.3 ~ 3.2	1.50 ~ 2.00	≤0.020	Cu≤0.15，P≤0.045 Al≤0.025，W≤0.10 Ti≤0.05，Sn≤0.05 V 0.25 ~ 0.40
—	S41500	≤0.05	≤0.60	0.50 ~ 1.00	0.030	0.030	11.5 ~ 14.0	3.5 ~ 5.5	0.50 ~ 1.00	—	—
416	S41600	≤0.15	≤1.00	≤1.25	0.06	≥0.15	12.0 ~ 14.0	—	—	—	—
XM-6 416plusX	S41610	≤0.15	≤1.00	1.50 ~ 2.50	0.06	≥0.15	12.0 ~ 14.0	—	—	—	—
416Se	S41623	≤0.15	≤1.00	≤1.25	0.06	0.06	12.0 ~ 14.0	—	—	—	Se≥0.15
—	S41800	0.15 ~ 0.20	≤0.50	≤0.50	0.040	0.030	12.0 ~ 14.0	1.80 ~ 2.20	≤0.50	—	W 2.50 ~ 3.50
420	S42000	≥0.15	≤1.00	≤1.00	0.040	0.030	12.0 ~ 14.0	—	—	—	—
—	S42010	0.15 ~ 0.30	≤1.00	≤1.00	0.040	0.030	13.5 ~ 15.0	0.35 ~ 0.85	0.40 ~ 0.85	—	—
S420F	S42020	0.30 ~ 0.40	≤1.00	≤1.25	0.06	≥0.15	12.0 ~ 14.0	—	≤0.50	—	—
420FSe	S42023	0.20 ~ 0.40	≤1.00	≤1.25	0.06	0.06	12.0 ~ 14.0	—	≤0.50	—	Se≥0.15
616	S42200	0.20 ~ 0.25	≤0.50	0.50 ~ 1.00	0.025	0.025	11.0 ~ 12.5	0.50 ~ 1.00	0.90 ~ 1.25	—	W 0.90 ~ 1.25 V 0.20 ~ 0.30
—	S42225	0.20 ~ 0.25	0.20 ~ 0.50	0.50 ~ 1.00	0.020	0.010	11.0 ~ 12.5	0.50 ~ 1.00	0.90 ~ 1.25	—	Cu≤0.15，Nb≤0.05 Al≤0.025，Co≤0.20 Ti≤0.025，Sn≤0.02 W 0.90 ~ 1.25 V 0.20 ~ 0.30
—	S42226	0.15 ~ 0.20	0.20 ~ 0.60	0.50 ~ 0.80	0.020	0.010	10.0 ~ 11.5	0.30 ~ 0.60	0.80 ~ 1.10	0.04 ~ 0.08	Nb 0.35 ~ 0.55 V 0.15 ~ 0.25 W≤0.25，Al≤0.05
619	S42300	0.27 ~ 0.32	≤0.50	0.95 ~ 1.35	0.025	0.025	11.0 ~ 12.0	≤0.50	2.50 ~ 3.00	—	V 0.20 ~ 0.30
439	S43035	≤0.030	≤1.00	≤1.00	0.040	0.030	17.0 ~ 19.0	≤0.50	—	≤0.030	Ti [0.20 + 4 (C + N)] ~ 1.10 Al≤0.15

（续）

钢号		C	Si	Mn	P ≤	S① ≤	Cr	Ni	Mo	N	其　他
ASTM	UNS										
431	S43100	≤0.20	≤1.00	≤1.00	0.040	0.030	15.0~17.0	1.25~2.50	—	—	—
440A	S44002	0.60~0.75	≤1.00	≤1.00	0.040	0.030	16.0~18.0	—	≤0.75		
440B	S44003	0.75~0.95	≤1.00	≤1.00	0.040	0.030	16.0~18.0	—	≤0.75		
440C	S44004	0.95~1.20	≤1.00	≤1.00	0.040	0.030	16.0~18.0	—	≤0.75		
440F	S44020	0.95~1.20	≤1.00	≤1.25	0.060	≥0.15	16.0~18.0				
440FSe	S44023	0.95~1.20	≤1.00	≤1.25	0.060	0.06	16.0~18.0				Se≥0.15
—	S44025	0.95~1.10	0.30~1.00	0.30~1.00	0.025	0.025	16.0~18.0	≤0.75	—		Cu≤0.50, Se≥0.15
XM-32	S64152	0.08~0.15	≤0.35	0.50~0.90	0.025	0.025	11.0~12.5	2.00~3.00	1.50~2.00	0.01~0.05	V 0.25~0.40

① 标明≥者不受≤的限制。

（5）美国沉淀硬化型不锈钢和耐热钢的钢号与化学成分〔ASTM A 959（2016）〕（表 3-12-1e）

表 3-12-1e　沉淀硬化型不锈钢和耐热钢的钢号与化学成分（质量分数）（%）

钢号		C	Si	Mn	P ≤	S ≤	Cr	Ni	Mo	N	其　他
ASTM	UNS										
XM-13	S13800	≤0.05	≤0.10	≤0.20	0.010	0.008	12.3~13.2	7.5~8.5	2.00~3.00	≤0.01	Al 0.90~1.35
XM-12	S15500	≤0.07	≤1.00	≤1.00	0.040	0.030	14.0~15.5	3.5~5.5	—	—	Cu 2.50~4.50 （Nb+Ta）0.15~0.45
632	S15700	≤0.09	≤1.00	≤1.00	0.040	0.030	14.0~16.0	6.5~7.7	2.00~3.00		Al 0.75~1.50
630	S17400	≤0.07	≤1.00	≤1.00	0.040	0.030	15.0~17.5	3.0~5.0			Cu 3.0~5.0 （Nb+Ta）0.15~0.45
635	S17600	≤0.08	≤1.00	≤1.00	0.040	0.030	16.0~17.5	6.0~7.5			Al≤0.40 Ti 0.40~1.20
631	S17700	≤0.09	≤1.00	≤1.00	0.040	0.030	16.0~18.0	6.5~7.7			Al 0.75~1.50
633	S35000	0.07~0.11	≤0.50	0.50~1.25	0.040	0.030	16.0~17.0	4.0~5.0	2.5~3.2	0.07~0.13	—
634	S35500	0.10~0.15	≤0.50	0.50~1.25	0.040	0.030	15.0~16.0	4.0~5.0	2.5~3.2		（Nb+Ta）0.15~0.50
XM-9	S36200	≤0.05	≤0.30	≤0.50	0.030	0.030	14.0~14.5	6.5~7.0	≤0.30		Al≤0.10
XM-25	S45000	≤0.05	≤1.00	≤1.00	0.030	0.030	14.0~16.0	5.0~7.0	0.50~1.00		Cu 1.25~1.75 Nb≥8×C
XM-16	S45500	≤0.05	≤0.50	≤0.50	0.040	0.030	11.0~12.5	7.5~9.5	≤0.50		Ti 0.80~1.40, Cu 1.50~2.50 （Nb+Ta）0.15~0.50
—	S45503	≤0.010	≤0.20	≤0.50	0.010	0.010	11.0~12.5	7.5~9.5	≤0.50		Cu 1.50~2.50, Ti 1.00~1.35 Nb 0.10~0.50

（续）

钢号		C	Si	Mn	P ≤	S ≤	Cr	Ni	Mo	N	其 他
ASTM	UNS										
—	S46500	≤0.020	≤0.25	≤0.25	0.015	0.010	11.0 ~ 12.5	10.7 ~ 11.3	0.75 ~ 1.25	—	Ti 1.50 ~ 1.80
—	S46910	≤0.030	≤0.70	≤1.00	0.030	0.015	11.0 ~ 13.0	8.0 ~ 10.0	3.5 ~ 5.0	—	Cu 1.5 ~ 3.5, Al 0.15 ~ 0.50 Ti 0.50 ~ 1.20
651	S63198	0.28 ~ 0.35	0.30 ~ 0.80	0.75 ~ 1.50	0.040	0.030	18.0 ~ 21.0	8.0 ~ 11.0	1.00 ~ 1.75	—	Cu≤0.50, W 1.00 ~ 1.75 Ti 0.10 ~ 0.35, Nb 0.25 ~ 0.60
662	S66220	≤0.08	0.40 ~ 1.00	0.40 ~ 1.00	0.040	0.030	12.0 ~ 15.0	24.0 ~ 28.0	2.0 ~ 3.5	—	Cu≤0.50, Al≤0.35 Ti 1.80 ~ 2.10, B 0.001 ~ 0.010
668	S66285	≤0.08	≤1.00	≤2.00	0.040	0.030	13.5 ~ 16.0	17.5 ~ 21.5	≤1.50	—	Ti 2.20 ~ 2.80, Al≤0.50 V≤0.50, B 0.001 ~ 0.010
660	S66286	≤0.08	≤1.00	≤2.00	0.040	0.030	13.5 ~ 16.0	24.0 ~ 27.0	1.00 ~ 1.50	—	Ti 1.90 ~ 2.35, Al≤0.35 V 0.10 ~ 0.50, B 0.001 ~ 0.010
665	S66545	≤0.08	0.10 ~ 0.80	1.25 ~ 2.00	0.040	0.030	12.0 ~ 15.0	24.0 ~ 28.0	1.25 ~ 2.25	—	Cu≤0.25, Al≤0.25 Ti 2.7 ~ 3.3, B 0.01 ~ 0.07

3.12.2 高温高强度不锈钢和合金

美国 AISI 标准和 UNS 系统高温高强度不锈钢和合金的牌号与化学成分（表3-12-2）

表3-12-2　高温高强度不锈钢和合金的牌号与化学成分（质量分数）（%）

牌号		C	Si	Mn	Cr	Ni	Mo	Co	W	Fe	其 他	近似牌号
AISI	UNS											
马氏体型低合金钢												
601	—	0.46	0.26	0.60	1.00	—	0.50	—	—	余量	V0.30	0.45C-Cr-Mo-V
602	—	0.30	0.65	0.55	1.25	—	0.50	—	—	余量	V0.25	"17-22-A" S
603	—	0.27	0.65	0.75	1.25	—	0.50	—	—	余量	V0.85	"17-22-A" V
604	—	0.20	0.75	0.50	1.00	—	1.00	—	—	余量	V0.10	Chromoloy
马氏体型二次硬化钢												
610	T20811	0.40	0.90	0.30	5.00	—	1.30	—	—	余量	V0.50	≈AISIH11
611	T11302	0.84	0.30	0.25	4.20	—	5.00	—	6.35	余量	V1.90	≈AISIM2
612	T11310	0.87	0.30	0.20	4.00	—	8.25	—	—	余量	V1.90	≈AISIM10
613		0.81	0.20	0.30	4.08	—	4.25	—	—	余量	V1.00	M50
马氏体型高铬钢												
614	S41000	0.12	0.32	0.42	12.20	—	—	—	—	余量		~ AISI 403, 410
615	S41800	0.17	0.28	0.40	13.00	2.00	0.20	—	2.95	余量	—	Greek Ascoloy
616	S42200	0.23	0.35	0.75	12.00	0.80	1.00	—	1.00	余量	V0.25	AISI 442
617	S44004	1.10	0.40	0.50	17.50	—	0.50	—	—	余量		AISI 440C
618	—	1.05	0.30	0.50	14.50	—	4.00	—	—	余量	—	14Cr-4Mo
619		0.30	0.35	1.10	11.40	0.30	2.75	—	—	余量	V0.25	Lappelloy
奥氏体型及沉淀硬化型钢												
630	S17400	0.04	0.60	0.28	16.00	4.25	—	—	—	余量	Nb/Ta 0.27, Cu3.30	17-4PH
631	S17700	0.07	0.30	0.50	17.00	7.10	—	—	—	余量	Al1.17	17-7PH

（续）

牌号 AISI	牌号 UNS	C	Si	Mn	Cr	Ni	Mo	Co	W	Fe	其 他	近似牌号
奥氏体型及沉淀硬化型钢												
632	S15700	0.07	0.30	0.50	15.10	7.10	2.25	—	—	余量	Al1.17	PH 15-7Mo
633	S35000	0.10	0.30	0.75	16.50	4.25	2.75	—	—	余量	N0.09	AM-350
634	S35500	0.13	0.30	0.75	15.50	4.25	2.75	—	—	余量	N0.10	AM-355
635	—	0.06	0.60	0.55	17.00	7.00	.	—	—	余量	Al0.20 Ti0.80	Stainless W
奥氏体型热、冷加工用高强度钢												
650	—	0.05		1.75	16.00	25.00	6.00	—	—	余量	N0.15	16-25-6
651	S63198	0.32	0.55	1.15	18.50	9.00	1.40	—	1.35	余量	Nb/Ta0.4, Ti0.25	19-9DL
652	S63199	0.32	0.55	1.15	18.50	9.00	1.60	—	1.35	余量	Ti0.55	19-9DX
653	—	0.12	0.50	0.75	15.90	14.10	2.50	—	—	余量	Nb/Ta0.45 Ti0.25, Cu3.00	17-14CuMo
铁基高温合金												
660	S66286	0.05	0.60	1.45	14.75	25.20	1.30	—	—	余量	Al0.22, Ti2.15 V0.28, B0.004	A-286
661	R30155	0.12	0.70	1.50	20.75	19.85	2.95	19.50	2.35	余量	Nb/Ta1.15, N0.13	N-155
662	S66220	0.04	0.80	0.90	13.50	26.00	2.75	—	—	余量	Al0.07, Ti1.75 B0.005	Discaloy
663	—	0.05	0.35	0.20	14.75	27.25	1.30	—	—	余量	Al0.20, Ti3.00 V0.30, B0.01	V57
664	N09979	0.06	0.20	0.25	14.90	44.30	4.05	—	3.65	余量	Al1.05, Ti3.00 B0.01	D979
665	S66545	0.03	0.80	1.65	13.50	26.00	1.75	—	—	余量	Al0.15, Ti3.00 B0.02	W-545
钴基高温合金												
670	R30605	0.12	0.60	1.65	19.85	9.90	—	余量	15.25	1.60	—	WF-11；L615 Haynes 25
671	R30816	0.42	0.45	1.05	19.65	20.35	4.15	43.60	3.95	余量	Nb/Ta4.10	S-816
镍基高温合金												
680	N06002	0.10	0.60	0.65	21.50	余量	9.00	1.50	0.60	18.50		Hastelloy X
681	—	0.05	0.12	0.24	12.50	42.50	6.00	—	—	余量	Al0.20, Ti2.50 B0.015	Incoloy 901
682	—	0.05	0.08	0.09	12.50	42.50	5.70	—	—	余量	Al0.20, Ti2.80 B0.015	Incoloy 901
683	N07041	0.09	—	—	19.00	余量	10.00	11.00	—	1.80	Al1.50, Ti3.10 B0.005	R-41
684	N07500	0.10	0.10	0.10	17.50	余量	4.25	18.45	—	0.50	Al3.00, Ti3.00 B0.005（Zr）[①]	U500
685	N07001	0.07	0.10	0.10	19.75	余量	4.45	13.50	—	0.75	Al1.40, Ti3.00 B0.005, Zr0.04	Waspaloy
686	—	0.12	—	—	15.00	余量	5.00	—	—	10.00	Al2.00, Ti2.50	R-235
687	—	0.07	—	—	15.00	余量	5.25	18.50	—	0.50	Al4.25, Ti3.50 B0.03（Zr）[①]	U700
688	N07750	—	—	—	15.00	73.00	—	—	—	0.75	Al0.80, Ti2.50 Nb/Ta0.85	Inconel X-750
689	N07252	0.15	—	—	20.00	余量	10.00	10.00	—	—	Al1.00, Ti2.60 B0.005	M-252
690	—	0.03	1.00	0.80	18.00	38.00	3.20	20.00	—	余量	Al0.20, Ti2.75	Refractaloy26

① 生产厂家自行确定。

3.12.3 阀门用钢

（1）美国 SAE 标准和 UNS 系统进气阀门用钢的钢号与化学成分（表3-12-3）

表3-12-3 进气阀门用钢的钢号与化学成分（质量分数）（%）

钢号 SAE	钢号 UNS	C	Si	Mn	P ≤	S ≤	Cr	Ni	Mo	其 他	商品牌号
NV1 (1541)	H15410	0.42 ~ 0.45	0.15 ~ 0.30	1.25 ~ 1.75	0.040	0.050	—	—	—	—	—
NV2 (1547)	H15470	0.42 ~ 0.52	0.15 ~ 0.30	1.25 ~ 1.75	0.040	0.050	—	—	—	—	—
NV3	G31410	0.50	0.30	0.80	—	—	0.40	0.30	0.15	—	NE8150
NV4 (3140)	G31400	0.38 ~ 0.43	0.15 ~ 0.30	0.70 ~ 0.90	0.040	0.040	0.35 ~ 0.65	1.10 ~ 1.40	—	—	—
NV5 (8645)	H86450	0.42 ~ 0.49	0.15 ~ 0.30	0.70 ~ 1.05	0.035	0.040	0.35 ~ 0.65	0.35 ~ 0.75	0.15 ~ 0.25	—	—
NV6 (5150)	H51500	0.47 ~ 0.54	0.15 ~ 0.35	0.60 ~ 1.00	0.035	0.040	0.60 ~ 1.00	—	—	—	—
NV7 (4140)	H41400	0.37 ~ 0.44	0.15 ~ 0.35	0.65 ~ 1.10	0.035	0.040	0.75 ~ 1.20	—	0.15 ~ 0.25	—	—
NV8	—	0.35 ~ 0.45	3.60 ~ 4.20	0.20 ~ 0.40	0.030	0.040	1.85 ~ 2.50	≤0.10	≤0.25	Cu≤0.25	GM-8440
NV9		0.39	0.25	0.75	—	—	—	—	—	—	—
HNV1	S64005	0.55	1.50	0.40	—	—	8.00	—	0.75	—	Sil 2
HNV2	S64006	0.40	3.90	0.30	—	—	2.20	—	—	—	Sil F
HNV3	S65007	0.40 ~ 0.50	2.75 ~ 3.75	≤0.80	0.040	0.030	7.50 ~ 9.50	≤0.50	—	—	Sil 1
HNV4	—	0.45	3.30	0.40	—	—	7.00	1.00	—	—	731
HNV5	S63005	0.35	2.50	0.40	—	—	13.0	8.00	0.50	—	CNS
HNV6	S65006	0.75 ~ 0.85	1.75 ~ 2.50	≤0.80	0.040	0.030	19.0 ~ 21.0	1.00 ~ 1.70	—	—	Sil XB
HNV7 (71360)	—	0.55	0.20	0.20	—	—	3.50	—	—	W14.0	—
HNV8	S42200	0.20 ~ 0.25	≤0.50	0.50 ~ 1.00	0.040	0.025	11.0 ~ 12.5	0.50 ~ 1.00	0.90 ~ 1.25	W0.90 ~ 1.25 V0.20 ~ 0.30	422 SS

（2）美国 SAE 标准和 UNS 系统排气阀门用钢的钢号与化学成分（表3-12-4）

表3-12-4 排气阀门用钢的钢号与化学成分（质量分数）（%）

钢号 SAE	钢号 UNS	C	Si	Mn	P ≤	S ≤	Cr	Ni	Mo	其 他	商品牌号
EV1	—	0.45	0.50	0.50	—	—	23.5	4.80	2.80	—	XCR
EV2		0.40	0.80	4.30	—	—	24.0	3.80	1.40	—	TXCR
EV3	S63016	0.12	1.00	1.30	—	—	21.0	11.5	—	—	21-12
EV4	S63017	0.15 ~ 0.25	0.70 ~ 1.00	1.00 ~ 1.50	0.045	0.030	20.0 ~ 22.0	10.5 ~ 12.5	—	N0.15 ~ 0.20	21-12N
EV5	S63014	0.30 ~ 0.45	2.75 ~ 3.25	0.80 ~ 1.30	0.040	0.030	18.0 ~ 20.0	7.50 ~ 8.50	—	—	Sil 10
EV6	S63015	0.30 ~ 0.45	2.75 ~ 3.25	0.80 ~ 1.30	0.030	0.030	18.0 ~ 20.0	7.50 ~ 8.50	—	N0.15 ~ 0.20	Sil10N

（续）

钢　号 SAE	UNS	C	Si	Mn	P ≤	S ≤	Cr	Ni	Mo	其　他	商品牌号
EV7	S63007	0.20	0.50	5.00	—	—	21.0	4.50	—	N0.30	21-5-5-N
EV8	S63008	0.48 ~ 0.58	≤0.25	8.00 ~ 10.0	0.050	0.035	20.0 ~ 23.0	3.25 ~ 4.50		N0.38 ~ 0.55	21-4N
EV9	S63009	0.35 ~ 0.50	0.30 ~ 0.80	≤1.00	0.045	0.030	12.0 ~ 15.0	12.0 ~ 15.0	0.20 ~ 0.50	W1.50 ~ 3.00	TPA
EV10	—	100	3.00	0.80	—	—	14.5	14.5	—	—	CAST14-4
EV11	S63011	0.65 ~ 0.75	0.45 ~ 0.85	5.50 ~ 7.00	0.050	0.025 ~ 0.065	20.0 ~ 22.0	1.40 ~ 1.90		N0.18 ~ 0.28	Sil 746
EV12	S63012	0.50 ~ 0.60	≤0.25	7.00 ~ 9.50	0.050	0.035	19.25 ~ 21.5	1.50 ~ 2.75		N0.20 ~ 0.40	21-2N
EV13	S63013	0.47 ~ 0.57	2.30 ~ 3.00	11.0 ~ 13.5	0.030	0.030	20.5 ~ 22.0	—		N0.40 ~ 0.50	GamanH
EV14	—	0.20	0.40	6.50	—	—	21.0	5.50	—	N0.20	21-5-7
EV15	S63018	0.28 ~ 0.38	0.60 ~ 0.90	1.50 ~ 3.50	—	—	22.0 ~ 24.00	7.00 ~ 9.00	≤0.50	N0.28 ~ 0.35	Nitronic20 23-8N
EV16	—	0.33	0.70	3.00	—	—	23.0	8.00	—	N0.38	EMS235
EV17	S30430	≤0.10	≤1.00	≤2.00	0.045	0.030	17.0 ~ 19.0	8.00 ~ 10.00	—	Cu3.00 ~ 4.00	302HQ
HEV1	R30155	0.10	0.50	1.50			21.3	20.0	3.00	Nb/Ta≤1.00 Co20.0，W2.50 N0.15	N-155
HEV2	N07002	0.04	0.08	2.25	—	—	16.0	余量		Co0.50，Cu0.10 Fe6.50，Ti3.05	TPM／ Inconel 721
—	N07750	≤0.08	≤0.50	≤1.00	—	0.010	14.0 ~ 17.0	≥70.0	—	Al0.40 ~ 1.00 Cu≤0.50 Fe5.00 ~ 9.00 Ti2.00 ~ 2.75	Inconel X750
HEV3	N07751／ N07031	0.03 ~ 0.10	≤0.50	≤0.50	0.015	0.015	14.0 ~ 17.0	余量	≤0.50	Nb/T≤0.7 ~ 1.2 Co≤1.00 Fe5.00 ~ 9.00 Al1.10 ~ 1.35 Ti2.00 ~ 2.60	Inconel 751
HEV5	N07080	≤0.10	≤1.00	≤1.00	0.045	0.030	18.0 ~ 21.0	余量	—	Al1.00 ~ 1.80 Co≤2.00，Fe≤3.00 Ti1.80 ~ 2.70	Nimonic 80A
HEV6	N07090	0.05	≤1.50	≤1.00	—	—	20.0	余量	—	Al1.40，Co18.0 B0.003，Ti2.40	Nimonic 90

（续）

钢　号		C	Si	Mn	P ≤	S ≤	Cr	Ni	Mo	其　他	商品牌号
SAE	UNS										
HEV7	S66286	0.08	0.70	1.50	—	—	14.75	26.0	1.25	Al0.35，B0.003 Ti2.00，V0.30	A-286
HEV8	N07032	0.03 ~ 0.06	≤0.20	≤0.20	0.015	0.015	22.3 ~ 22.9	55.0 ~ 58.0	1.70 ~ 2.30	Al1.15 ~ 1.40 B0.003 ~ 0.007 Co≤1.00，Cu≤0.50 Nb0.75 ~ 0.95 Ti2.10 ~ 2.40 Fe 余量	Pyromet 31 V
HNV3	S65007	0.45	3.30	0.40	—	—	8.50	—	—	—	Sil 1
HNV6	S65006	0.80	2.30	0.40	—	—	20.0	1.30	—	—	XB

3.12.4　高温合金和特殊合金

　　美国和英国通用的高温合金和其他特殊合金的牌号（含商品牌号）很多，在本手册第4版作了较系统的介绍（约60页）。现因篇幅所限，仅介绍4类合金——INCOLOY、INCONEL、NIMONIC 和 HASTELLOY 合金，其余请查阅本手册第4版（2009）。

　　（1）INCOLOY 合金系列的牌号和化学成分（表3-12-5）

表 3-12-5　INCOLOY 合金系列的牌号和化学成分（质量分数）（%）

牌　号	C	Si	Mn	Cr	Ni	Mo	Al	Cu	Ti	Fe	其　他
INCOLOY alloy 27-7Mo	0.020	0.50	3.00	20.5 ~ 23.0	26.0 ~ 28.0	6.50 ~ 8.00	—	0.50 ~ 1.50	—	余量	N 0.30 ~ 0.40 P 0.03，S 0.01
INCOLOY alloy 800	0.04	—	—	21.0	32.0	—	0.30	0.30	0.40	45.5	—
INCOLOY alloy 800H	0.08	—	—	21.0	32.0	—	0.30	—	0.40	45.5	—
INCOLOY alloy 800HT	0.06 ~ 0.10	1.0	1.5	19.0 ~ 23.0	30.0 ~ 35.0	—	0.15 ~ 0.60	0.75	0.15 ~ 0.60	≥39.5	S 0.015
INCOLOY alloy 801	0.05	—	—	20.5	32.0	—	—	—	1.10	45.5	—
INCOLOY alloy 802	0.35	—	—	21.0	32.0	—	0.60	—	0.70	45.5	—
INCOLOY alloy 804	0.06	0.50	0.85	29.3	42.6	—	0.25	0.40	0.40	25.4	—
INCOLOY alloy 805	0.12	0.50	0.60	7.50	36.0	0.50	—	0.10	—	余量	—
INCOLOY alloy 810	0.25	0.80	0.90	21.0	32.0	—	0.50	—	—	余量	—
INCOLOY alloy 825	0.04	—	—	21.0	42.0	3.00	—	2.00	1.00	30.0	—

（续）

牌　号	C	Si	Mn	Cr	Ni	Mo	Al	Cu	Ti	Fe	其　他
INCOLOY alloy 832	0.05	0.70	0.40	19.5 ~ 21.0	8.75 ~ 15.5	0.04	0.15	0.75	0.40	余量	S 0.005
INCOLOY alloy 840	0.08	1.00	1.00	20.0	20.0	—	—	—	—	余量	—
INCOLOY alloy 890	0.10	1.80	1.00	25.0	42.5	15.0	0.70	0.75	1.00	余量	Nb 0.40，Ta 0.20 P 0.030，S 0.015
INCOLOY alloy 901	0.05	0.12	0.24	12.5	余量	6.00	0.15	—	2.70	34.0	B 0.015
INCOLOY alloy 901 Mode	0.05	0.08	0.09	12.5	余量	5.80	—	—	2.90	34.0	B 0.015
INCOLOY alloy 903	0.02	—	—	—	38.0	—	0.70	—	1.40	41.0	Co 15.0 Nb 3.0
INCOLOY alloy 908	0.03	0.50	1.00	3.75 ~ 4.50	47.0 ~ 51.0	—	0.75 ~ 1.25	0.50	1.20 ~ 1.80	余量	Nb 2.70 ~ 3.30 Co 0.50，B 0.012 P 0.015，S 0.005
INCOLOY alloy 926	0.04	0.75	1.50	14.0 ~ 18.0	26.0 ~ 30.0	2.50 ~ 3.50	0.30	3.50 ~ 5.50	1.50 ~ 2.30	≥39.0	S 0.015
INCOLOY alloyDS	0.06	2.30	1.00	18.0	37.0	—	—	—	—	42.0	—
INCOLOY alloyFM 65	0.05	0.50	1.00	19.5 ~ 23.5	38.0 ~ 46.0	2.50 ~ 3.50	0.20	1.50 ~ 3.00	0.60 ~ 1.20	≥22.0	P 0.030 S 0.030
INCOLOY alloyMA 956	—	—	—	20.0	—	—	4.50	—	0.50	74.4	Y_2O_3 0.50
INCOLOY alloy 600	0.05	—	—	15.5	15.5	75.5	—	—	—	8.0	—

注：表中各元素成分的单个值为上限值。

（2）INCONEL 合金系列（表3-12-6）

表3-12-6　INCONEL 合金系列的牌号和化学成分（质量分数）（%）

牌　号	C	Si	Mn	Cr	Ni	Mo	Al	Cu	Ti	Fe	其　他
INCONEL alloy601GC	—	—	—	23.0	60.5	—	1.40	—	—	14.0	Zr 0.20
INCONEL alloy603XL	0.30	2.00	0.30	15.0 ~ 23.0	余量	4.00	0.50	—	0.50	—	RE 0.10
INCONEL alloy604	0.04	0.20	0.20	15.8	余量	—	—	0.10	—	7.2	Nb 2.0
INCONEL alloy610	0.20	2.00	0.90	15.5	余量	—	—	0.50	—	9.0	（Nb + Ta）1.0
INCONEL alloy617	0.07	—	—	22.0	54.0	9.0	1.00	—	—	—	Co 12.5
INCONEL alloy625	0.05	0.50	0.50	21.5	61.0	9.0	0.40	—	0.40	2.5	Nb 3.65

（续）

牌 号	C	Si	Mn	Cr	Ni	Mo	Al	Cu	Ti	Fe	其 他
INCONEL alloy625LCF	0.03	0.15	0.50	20.0 ~ 23.0	≥58.0	8.0 ~ 10.0	0.40	—	0.40	5.0	Nb 3.15 ~ 4.15 Co 1.00, N0.02 P 0.015, S0.015
INCONEL alloy686	0.010	0.08	0.75	19.0 ~ 23.0	余量	15.0 ~ 17.0	—	—	0.02 ~ 0.25	2.0	W 3.00 ~ 4.00 P 0.040, S 0.040
INCONEL alloy690	0.05	0.50	0.50	27.0 ~ 31.0	≥58.0	—	—	0.50	—	7.0 ~ 11.0	S 0.015
INCONEL alloy693	0.15	0.50	1.00	27.0 ~ 31.0	余量	—	2.50 ~ 4.00	0.50	1.00	2.5 ~ 6.0	(Nb + Ta) 0.50 ~ 2.50 S 0.010
INCONEL alloy700	0.12	0.30	0.10	15.0	46.0	3.75	3.00	0.05	2.20	0.70	Co 28.5
INCONEL alloy702	0.04	0.20	0.05	15.6	余量	—	3.40	0.10	0.70	0.35	—
INCONEL alloy705	0.30	5.50	0.90	15.5	余量	—	—	0.50	—	8.0	—
INCONEL alloy706	0.03	—	—	16.0	42.0	—	—	—	1.75	40.0	Nb 2.90
INCONEL alloy718	0.04	0.35	0.35	19.0	52.5	3.00	0.90	0.10	0.90	19.0	Nb 5.10 B 0.006
INCONEL alloy718SPF	0.05	0.35	0.35	17.0 ~ 21.0	50.0 ~ 55.0	2.80 ~ 3.30	0.20 ~ 0.80	0.30	0.65 ~ 1.15	余量	Nb 4.75 ~ 5.25, Co 1.00 B 0.006, N 0.010, P 0.015, S 0.015
INCONEL alloy721	0.07	0.15	2.00 ~ 2.50	15.0 ~ 17.0	余量	—	0.10	0.20	2.75 ~ 3.35	8.0	S0.01
INCONEL alloy722	0.04	0.20	0.55	15.0	余量	—	0.60	—	2.40	6.5	—
INCONEL alloy725	0.03	0.20	0.35	19.0 ~ 22.5	55.0 ~ 59.0	7.00 ~ 9.50	0.35	—	1.00 ~ 1.70	余量	(Nb + Ta) 2.75 ~ 4.00 P 0.015, S 0.010
INCONEL alloy725HS	0.03	0.20	0.35	19.0 ~ 22.5	55.0 ~ 59.0	7.00 ~ 9.50	0.35	—	1.00 ~ 1.70	余量	(Nb + Ta) 2.75 ~ 4.00 P 0.015, S 0.010
INCONEL alloy740	0.03	0.50	0.30	25.0	余量	0.50	0.90	—	1.80	0.70	(Nb + Ta) 0.70 ~ 1.20 Co 20.0
INCONEL alloy751	0.10	0.50	1.00	14.5 ~ 17.0	≥70.0	—	0.90 ~ 1.50	0.50	2.00 ~ 2.60	5.0 ~ 9.0	Nb 0.70 ~ 1.20 V 0.10, P 0.008 S 0.010
INCONEL alloy758	—	—	—	30.0	67.0	—	0.30	—	0.50	1.0	$Y_2O_3$0.60
INCONEL alloy783	0.03	0.50	0.50	2.5 ~ 3.5	26.0 ~ 30.0	—	3.00 ~ 6.00	0.50	3.50	24.0 ~ 27.0	Co 余量 B 0.030 ~ 0.012 P 0.015, S 0.015
INCONEL alloy804	0.10	0.75	1.50	28.0 ~ 31.0	39.0 ~ 45.0	—	0.60	0.50	1.20	余量	S 0.015

（续）

牌　号	C	Si	Mn	Cr	Ni	Mo	Al	Cu	Ti	Fe	其　他
INCONEL alloyFM52	0.04	0.50	1.00	28.0~31.0	余量	0.50	1.10	0.30	1.00	7.0~11.0	（Al+Ti）1.50 （Nb+Ta）0.10 P 0.020，S 0.015
INCONEL alloyFM52MSS	0.03	0.05	1.00	28.5~31.0	52.0~62.0	3.00~5.00	0.50	0.30	0.50	余量	（Nb+Ta）≥2.10 Co 0.10，Zr 0.02 B 0.030，P 0.020 S 0.015
INCONEL alloyFM62	0.08	0.35	1.00	14.0~17.0	≥70.0	—		0.50	—	6.00~10.0	Nb 1.50~3.00 P 0.030，S 0.015
INCONEL alloyFM69	0.08	0.50	1.00	14.0~17.0	≥70.0	—	0.40~1.00	0.50	2.00~2.75	5.00~9.00	（Nb+Ta）0.70~1.20 P 0.030，S 0.015
INCONEL alloyFM72	0.01~0.10	0.20	0.20	42.0~46.0	余量	—		0.50	0.30~1.00	0.50	P 0.020 S 0.015
INCONEL alloyFM72M	0.03	0.30	0.50	36.0~39.0	余量	0.50	0.75~1.20	0.30	0.25~0.75	1.00	（Nb+Ta）0.25 Co 1.00，Zr 0.02 B 0.003 P 0.020，S 0.015
INCONEL alloyFM82	0.10	0.50	2.50~3.50	18.0~22.0	≥67.0	—		0.50	0.75	3.00	（Nb+Ta）2.00~3.00 P 0.030，S 0.015
INCONEL alloyFM92	0.08	0.35	2.00~2.75	14.0~17.0	≥67.0	—		0.50	2.50~3.50	8.00	
INCONEL alloy MA754	0.05	—	—	20.0	余量	—	0.30	—	0.50	—	Y₂O₃ 0.60
INCONEL alloy MA758	—	—	—	30.0	≥67.0	—	0.30	—	0.50	1.00	Y₂O₃ 0.60
INCONEL alloy We132	0.08	0.75	1.50	15.0~17.0	≥68.0	—		0.50	—	11.0	Nb 1.50~4.00 S 0.015
INCONEL alloy X-750	0.04	0.35	0.35	15.5	73.0	—	0.70	0.50	2.50	7.0	Nb 1.00

注：表中各元素成分的单个值为上限值。

（3）NIMONIC 合金系列（表 3-12-7）

表 3-12-7　NIMONIC 合金系列的牌号和化学成分（质量分数）（%）

牌　号	C	Cr	Ni	Mo	Co	Al	Ti	Fe	其　他
NIMONIC alloy75	0.12	19.5	75.0	—	—		0.40	0.40	
NIMONIC alloy80	0.10	18.0~21.0	余量	—	2.0	0.50~1.80	1.80~2.70	5.0	Si 1.00 Mn 1.00
NIMONIC alloy80A	0.08	19.5	75.0	—	—	1.40	2.40	—	
NIMONIC alloy81	0.05	30.0	66.0	—	—	0.90	1.80	—	
NIMONIC alloy86	0.05	25.0	64.0	10.0	—			—	Mg 0.015 Ce 0.03
NIMONIC alloy90	0.08	19.5	59.0	—	16.5	1.50	2.50	—	
NIMONIC alloy91	0.08	28.5	47.5	—	20.0	1.20	2.50	—	
NIMONIC alloy100	0.20	10.0~12.0	余量	4.50~5.50	18.0~22.0	4.00~6.00	1.00~2.00	1.00	Si 0.50

（续）

牌 号	C	Cr	Ni	Mo	Co	Al	Ti	Fe	其 他
NIMONIC alloy101	0.10	24.2	余量	1.50	19.7	1.40	3.00	—	Nb 1.00, Zr 0.05 B 0.012
NIMONIC alloy105	0.12	15.0	53.0	5.00	20.0	4.70	1.20	—	
NIMONIC alloy115	0.16	14.2	59.0	4.00	13.2	5.00	4.00	—	
NIMONIC alloy263	0.04 ~ 0.08	19.0 ~ 21.0	余量	5.60 ~ 6.10	19.0 ~ 21.0	0.30 ~ 0.60	1.90 ~ 2.40	0.70	Si 0.40, Mn 0.60 (Al + Ti) 2.40 ~ 2.80 B 0.003 ~ 0.010 Cu 0.2
NIMONIC alloy C-263	0.06	20.0	余量	5.90	20.0	0.45	2.10	0.05	—
NlMONIC alloy901	0.04	12.5	42.5	5.70	—	0.30	2.90	35.0	
NIMONIC alloy PE16	0.06	16.5	43.5	5.00	—	1.20	1.20	34.0	
NIMONIC alloy PK33	—	18.0	56.0	7.00	14.0	2.10	2.40	—	

注：表中各元素成分的单个值为上限值。

（4）HASTELLOY 合金系列（表 3-12-8）

表 3-12-8　HASTELLOY 合金系列的牌号和化学成分（质量分数）（%）

牌 号	C	Si	Mn	Cr	Ni	Mo	Co	W	Cu	Fe	其 他
HASTELLOY alloy B	0.10	0.70	0.80	0.60	余量	28.0	1.25	—	—	5.5	V 0.30
HASTELLOY alloy B2	0.02	0.10	1.00	1.00	余量	26.0 ~ 30.0	1.0	—	—	2.0	—
HASTELLOY alloy B3	0.01	0.10	3.00	1.00 ~ 3.00	≥65.0	27.0 ~ 32.0	3.0	3.0	0.20	1.0 ~ 3.0	(Ni + Mo) 94.0 ~ 98.0 Al 0.50, Ti 0.20 (Nb + Ta) 0.20, V 0.20 Zr 0.10, P 0.030, S 0.010
HASTELLOY alloy C	0.07	0.70	0.80	16.0	余量	17.0	1.25	4.0	—	5.75	V 0.05
HASTELLOY alloy C4	0.15	0.08	1.00	14.0 ~ 18.0	余量	14.0 ~ 17.0	2.0	—	—	3.0	Ti 0.70
HASTELLOY alloy C22	0.015	0.08	0.50	20.0 ~ 22.0	余量	12.5 ~ 14.5	2.5	2.5 ~ 3.5	—	2.0 ~ 6.0	V 0.35, P 0.025 S 0.010
HASTELLOY alloy C-276	0.02	0.05	1.00	14.0 ~ 16.5	余量	15.0 ~ 17.0	2.5	3.0 ~ 4.5	—	1.0 ~ 4.7	V 0.35
HASTELLOY alloy D	0.12	9.0	1.00	1.0	余量	—	1.5	—	3.0	2.0	—
HASTELLOY alloy D-205	—	5.0	1.00	20.0	余量	2.5	—	—	20.0	6.0	—
HASTELLOY alloy F	0.02	0.50	1.50	22.0	余量	6.5	1.25	0.5	—	21.0	Nb 2.10
HASTELLOY alloy G	0.05	1.00	1.00 ~ 2.00	21.0 ~ 23.5	余量	5.5 ~ 7.5	2.5	1.0	1.5 ~ 2.5	18.0 ~ 21.0	Nb 1.75 ~ 2.5 P 0.040, S 0.030

（续）

牌　号	C	Si	Mn	Cr	Ni	Mo	Co	W	Cu	Fe	其　他
HASTELLOY alloy G2	0.03	1.00	1.00	23.0 ~ 26.0	47.0 ~ 52.0	5.0 ~ 7.0	—	—	0.7 ~ 1.2	余量	—
HASTELLOY alloy G3	0.015	0.40	0.80	21.0 ~ 23.5	44.0	6.0 ~ 8.0	5.0	1.5	1.5 ~ 2.5	18.0 ~ 21.0	（Nb + Ta）0.30
HASTELLOY alloy G30	0.03	1.00	2.00	29.5	余量	5.0	5.0	2.5	1.7	15.0	（Nb + Ta）0.70
HASTELLOY alloy G50	0.015	1.00	1.00	19.0 ~ 21.0	≥50.0	3.0 ~ 10.0	2.5	1.0	0.50	15.0 ~ 20.0	（Nb + Ta）0.50 P 0.040, S 0.015
HASTELLOY alloy H9M	0.03	1.00	1.00	22.0	余量	9.0	5.0	2.0		19.0	—
HASTELLOY alloy N	0.06	0.25	0.40	7.00	余量	16.5	0.25	0.20	0.10	3.0	B 0.010
HASTELLOY alloy S	0.02	0.40	0.50	15.5	余量	14.5	2.0	1.0		3.0	V 0.60, La 0.02 B 0.009
HASTELLOY alloy W	0.06	0.50	0.50	5.0	余量	24.5	1.25	—	—	5.5	—
HASTELLOY alloy X	0.10	0.65	0.65	22.0	余量	9.0	1.50	0.60		18.5	—

注：表中各元素成分的单个值为上限值。

B. 专业用钢和优良品种

3.12.5　压力容器用铬及镍铬不锈钢和耐热钢钢板和钢带［ASTM A240/A240M（2018）］

（1）美国 ASTM 标准压力容器用铬及镍铬不锈钢和耐热钢钢板和钢带的钢号与化学成分（表 3-12-9）

表 3-12-9　压力容器用铬及镍铬不锈钢和耐热钢钢板和钢带的钢号与化学成分（质量分数）（%）

代号/钢号		C	Si	Mn	P ≤	S ≤	Cr	Ni	Mo	N	其　他
UNS	ASTM										
奥氏体型											
N08020	—	≤0.07	≤1.00	≤2.00	0.045	0.035	19.0 ~ 21.0	32.0 ~ 38.0	2.00 ~ 3.00	—	Cu 3.0 ~ 4.0 Nb 8C ~ 1.00
N08367	—	≤0.030	≤1.00	≤2.00	0.040	0.030	20.0 ~ 22.0	23.5 ~ 25.5	6.0 ~ 7.0	0.18 ~ 0.25	Cu≤0.75
N08700	—	≤0.07	≤1.00	≤2.00	0.040	0.030	19.0 ~ 23.0	24.0 ~ 26.0	4.3 ~ 6.0	—	Nb 8C ~ 1.00
N08800	800	≤0.10	≤1.00	≤1.50	0.045	0.015	19.0 ~ 23.0	30.0 ~ 35.0	—		Al≤0.15 ~ 0.60 Ti 0.15 ~ 0.60 Cu≤0.75, Fe≥39.5
N08810	800H	0.05 ~ 0.10	≤1.00	≤1.50	0.045	0.015	19.0 ~ 23.0	30.0 ~ 35.0	—		Al 0.15 ~ 0.60 Ti 0.15 ~ 0.60 Cu≤0.75, Fe≥39.5
N08811	—	0.06 ~ 0.10	≤1.00	≤1.50	0.040	0.015	19.0 ~ 23.0	30.0 ~ 35.0	—		Al 0.25 ~ 0.60 Ti 0.25 ~ 0.60 （Al + Ti）0.85 ~ 1.20 Cu≤0.75, Fe≥39.5

（续）

代号/钢号 UNS	代号/钢号 ASTM	C	Si	Mn	P ≤	S ≤	Cr	Ni	Mo	N	其 他
奥氏体型											
N08904	904L	≤0.020	≤1.00	≤2.00	0.045	0.035	19.0~23.0	23.0~28.0	4.0~5.0	≤0.10	Cu 1.00~2.00
N08925	—	≤0.020	≤0.50	≤1.00	0.045	0.030	19.0~21.0	24.0~26.0	6.0~7.0	0.10~0.20	Cu 0.80~1.50
N08926	—	≤0.020	≤0.50	≤2.00	0.030	0.010	19.0~21.0	24.0~26.0	6.0~7.0	0.15~0.25	Cu 0.50~1.50
S20100	201	≤0.15	≤1.00	5.5~7.5	0.060	0.030	16.0~18.0	3.5~5.5	—	≤0.25	—
S20103	—	≤0.030	≤0.75	5.5~7.5	0.045	0.030	16.0~18.0	3.5~5.5	—	≤0.25	—
S20153	—	≤0.030	≤0.75	6.4~7.5	0.045	0.015	16.0~17.5	4.0~5.0	—	0.10~0.25	Cu≤1.00
S20161	—	≤0.15	3.0~4.0	4.0~6.0	0.040	0.040	15.0~18.0	4.0~6.0	—	0.08~0.20	—
S20200	202	≤0.15	≤1.00	7.5~10.0	0.060	0.030	17.0~19.0	4.0~6.0	—	≤	—
S20400	—	≤0.030	≤1.00	7.0~9.0	0.040	0.030	15.0~17.0	1.50~3.00	—	0.15~0.30	—
S20431	—	≤0.12	≤1.00	5.0~7.0	0.045	0.030	17.0~18.0	2.0~4.0	—	0.10~0.25	Cu 1.50~3.50
S20432	—	≤0.06	≤1.00	3.0~5.0	0.045	0.030	17.0~18.0	4.0~6.0	—	0.05~0.20	Cu 2.00~3.00
S20433	—	≤0.06	≤1.00	5.5~7.5	0.045	0.030	17.0~18.0	3.5~5.5	—	0.10~0.25	Cu 1.50~3.50
S20910	XM-19	≤0.06	≤0.75	4.0~6.0	0.040	0.030	20.5~23.5	11.5~13.5	1.50~3.00	0.20~0.40	Nb 0.10~0.30 V 0.10~0.30
S21400	XM-31	≤0.12	0.30~1.00	14.0~16.0	0.045	0.030	17.0~18.5	≤1.00	—	≥0.35	—
S21600	XM-17	≤0.08	≤0.75	7.5~9.0	0.045	0.030	17.5~22.0	5.0~7.0	2.00~3.00	0.25~0.50	—
S21603	XM-18	≤0.03	≤0.75	7.5~9.0	0.045	0.030	22.0	5.0~7.0	2.00~3.00	0.25~0.50	—
S21640	—	≤0.08	≤1.00	5.5~6.5	0.060	0.030	17.5~19.5	4.0~6.5	0.50~2.00	0.08~0.30	Nb 0.10~0.30
S21800	—	≤0.10	3.5~4.5	7.0~9.0	0.060	0.030	16.0~18.0	8.0~9.0	—	0.08~0.18	—
S21904	XM-11	≤0.04	≤0.75	8.0~10.0	0.060	0.030	19.0~21.5	5.5~7.5	—	0.15~0.40	—
S24000	XM-29J	≤0.08	≤0.75	11.5~14.5	0.060	0.030	17.0~19.0	2.3~3.7	—	0.20~0.40	—
S30100	301	≤0.15	≤1.00	≤2.00	0.045	0.030	16.0~18.0	6.0~8.0	—	≤0.10	—
S30103	301L	≤0.030	≤1.00	≤2.00	0.045	0.030	16.0~18.0	6.0~8.0	—	≤0.20	—
S30153	301LN	≤0.030	≤1.00	≤2.00	0.045	0.030	16.0~18.0	6.0~8.0	—	0.07~0.20	—
S30200	302	≤0.15	≤0.75	≤2.00	0.045	0.030	17.0~19.0	8.0~10.0	—	≤0.10	—
S30400	304	≤0.07	≤0.75	≤2.00	0.045	0.030	18.0~20.0	8.0~10.5	—	≤0.10	—
S30403	304L	≤0.030	≤0.75	≤2.00	0.045	0.030	18.0~20.0	8.0~12.0	—	≤0.10	—
S30409	304H	0.04~0.10	≤0.75	≤2.00	0.045	0.030	18.0~20.0	8.0~10.5	—	—	—
S30415	—	0.04~0.06	1.00~2.00	≤0.80	0.045	0.030	18.0~19.0	9.0~10.0	—	0.12~0.18	Ce 0.03~0.08
S30435	—	≤0.08	≤1.00	≤2.00	0.045	0.030	16.0~18.0	7.0~9.0	—	—	Cu 1.50~3.00
S30441	—	≤0.08	1.00~2.00	≤2.00	0.045	0.030	17.5~19.5	8.0~10.5	—	≤0.10	Cu 1.50~2.50 W 0.20~0.0 Nb 0.10~0.50
S30451	304N	≤0.08	≤0.75	≤2.00	0.045	0.030	18.0~20.0	8.0~10.5	—	0.10~0.16	—
S30452	XM-21J	≤0.08	≤0.75	≤2.00	0.045	0.030	18.0~20.0	8.0~10.5	—	0.16~0.30	—

（续）

代号/钢号		C	Si	Mn	P ≤	S ≤	Cr	Ni	Mo	N	其 他
UNS	ASTM										
奥氏体型											
S30453	304LN	≤0.030	≤0.75	≤2.00	0.045	0.030	18.0~20.0	8.0~12.0	—	0.10~0.16	—
S30500	305	≤0.12	≤0.75	≤2.00	0.045	0.030	17.0~19.0	10.5~13.0	—	—	—
S30530	—	≤0.08	0.5~2.5	≤2.00	0.045	0.030	17.0~20.5	8.5~11.5	0.75~1.50	—	Cu 0.75~1.50
S30600	—	≤0.018	3.7~4.3	≤2.00	0.020	0.020	17.0~18.5	14.0~15.5	≤0.20	—	Cu≤0.50
S30616	—	≤0.020	3.9~4.7	≤1.50	0.030	0.015	16.5~18.5	13.0~15.5	≤0.50	—	Cu≤0.40 Nb 0.30~0.70
S30601	—	≤0.015	5.0~5.6	0.50~0.80	0.030	0.013	17.0~18.0	17.0~18.0	≤0.20	≤0.05	Cu≤0.35
S30615	—	0.16~0.24	3.2~4.0	≤2.00	0.030	0.030	17.0~19.5	13.5~16.0	—	—	Al 0.80~1.50
S30815	—	0.05~0.10	1.40~2.00	≤0.80	0.040	0.030	20.0~22.0	10.0~12.0	—	0.14~0.20	Ce 0.03~0.08
S30908	309S	≤0.08	≤0.75	≤2.00	0.045	0.030	22.0~24.0	12.0~15.0	—	—	—
S30909	309H	0.04~0.10	≤0.75	≤2.00	0.045	0.030	22.0~24.0	12.0~15.0	—	—	—
S30940	309Cb	≤0.08	≤0.75	≤2.00	0.045	0.030	22.0~24.0	12.0~16.0	—	—	Nb 10C~1.10
S30941	309HCb	0.04~0.10	≤0.75	≤2.00	0.045	0.030	22.0~24.0	12.0~16.0	—	—	Nb 10C~1.10
S31008	310S	≤0.08	≤1.50	≤2.00	0.045	0.030	24.0~26.0	19.0~22.0	—	—	—
S31009	310H	0.04~0.10	≤0.75	≤2.00	0.045	0.030	24.0~26.0	19.0~22.0	—	—	—
S31040	310Cb	≤0.08	≤1.50	≤2.00	0.045	0.030	24.0~26.0	19.0~22.0	—	—	Nb 10C~1.10
S31041	310HCb	0.04~0.10	≤0.75	≤2.00	0.045	0.030	24.0~26.0	19.0~22.0	—	—	Nb 10C~1.10
S31050	310MoLN	≤0.020	≤0.50	≤2.00	0.030	0.010	24.0~26.0	20.5~23.5	1.60~2.60	—	N 0.09~0.15
S31060	—	0.05~0.10	≤0.50	≤1.00	0.040	0.030	22.0~24.0	10.0~12.5	—	0.18~0.25	(Ce+La)0.025~0.070 B 0.001~0.010
S31254	—	≤0.020	≤0.80	≤1.00	0.030	0.010	19.5~20.5	17.5~18.5	6.0~6.5	0.18~0.22	Cu 0.50~1.00
S31266	—	≤0.030	≤1.00	2.0~4.0	0.035	0.020	23.0~25.0	21.0~24.0	5.2~6.2	0.35~0.60	Co 1.00~2.50 W 1.50~2.50
S31277	—	≤0.020	≤0.50	≤3.00	0.030	0.010	20.5~23.0	26.0~28.0	6.5~8.0	0.30~0.40	Co 0.50~1.50
S31600	316	≤0.08	≤0.75	≤2.00	0.045	0.030	16.0~18.0	10.0~14.0	2.00~3.00	≤0.10	—
S31603	316L	≤0.030	≤0.75	≤2.00	0.045	0.030	16.0~18.0	10.0~14.0	2.00~3.00	≤0.10	—
S31609	316H	0.04~0.10	≤0.75	≤2.00	0.045	0.030	16.0~18.0	10.0~14.0	2.00~3.00	≤0.10	—
S31635	316Ti	≤0.08	≤0.75	≤2.00	0.045	0.030	16.0~18.0	10.0~14.0	2.00~3.00	≤0.10	Ti 5(C+N)~0.70
S31640	316Cb	≤0.08	≤0.75	≤2.00	0.045	0.030	16.0~18.0	10.0~14.0	2.00~3.00	—	Nb 10C~1.10

（续）

代号/钢号		C	Si	Mn	P ≤	S ≤	Cr	Ni	Mo	N	其 他
UNS	ASTM										
奥氏体型											
S31651	316N	≤0.08	≤0.75	≤2.00	0.045	0.030	16.0~18.0	10.0~14.0	2.00~3.00	0.10~0.16	—
S31653	316LN	≤0.030	≤0.75	≤2.00	0.045	0.030	16.0~18.0	10.0~14.0	2.00~3.00	0.10~0.16	—
S31655	—	≤0.030	≤1.00	≤2.00	0.045	0.015	19.5~21.5	8.0~9.5	0.50~1.50	0.14~0.25	Cu≤1.00
S31700	317	≤0.08	≤0.75	≤2.00	0.045	0.030	18.0~20.0	11.0~15.0	3.0~4.0	≤0.10	—
S31703	317L	≤0.030	≤0.75	≤2.00	0.045	0.030	18.0~20.0	11.0~15.0	3.0~4.0	≤0.10	—
S31725	317LM	≤0.030	≤0.75	≤2.00	0.045	0.030	18.0~20.0	13.5~17.5	4.0~5.0	≤0.20	—
S31726	317LMN	≤0.030	≤0.75	≤2.00	0.045	0.030	17.0~20.0	13.5~17.5	4.0~5.0	0.10~0.20	—
S31727	—	≤0.030	≤1.00	≤1.00	0.030	0.030	17.5~19.0	14.5~16.5	3.8~4.5	0.15~0.21	Cu 2.8~4.0
S31730	—	≤0.030	≤1.00	≤2.00	0.040	0.010	17.0~19.0	15.0~16.0	3.0~4.0	≤0.045	Cu 4.0~5.0
S31753	317LN	0.030	≤0.75	≤2.00	0.045	0.030	18.0~20.0	11.0~15.0	3.0~4.0	0.10~0.22	—
S32050	—	0.030	≤1.00	≤1.50	0.035	0.020	22.0~24.0	20.0~23.0	6.0~6.8	0.21~0.32	Cu≤0.4
S32053	—	≤0.030	≤1.00	≤1.00	0.030	0.010	22.0~24.0	24.0~26.0	5.0~6.0	0.17~0.22	—
S32100	321	≤0.08	≤0.75	≤2.00	0.045	0.030	17.0~19.0	9.0~12.0	—	≤0.10	Ti 5(C+N)~0.70
S32109	321H	0.04~0.10	≤0.75	≤2.00	0.045	0.030	17.0~19.0	9.0~12.0	—	—	Ti 4(C+N)~0.70
S32615	—	≤0.07	4.8~6.0	≤2.00	0.045	0.030	16.5~19.5	19.0~22.0	0.30~1.50	—	Cu 1.50~2.50
S32654	—	≤0.02	≤0.50	2.0~4.0	0.030	0.005	24.0~25.0	21.0~23.0	7.0~8.0	0.45~0.55	Cu 0.30~0.60
S33228	—	0.04~0.08	≤0.30	≤1.00	0.020	0.015	26.0~28.0	31.0~33.0	—	—	Nb 0.6~1.0 Al≤0.025 Ce 0.05~0.10
S33400	334	≤0.08	≤1.00	≤1.00	0.030	0.015	18.0~20.0	19.0~21.0	—	—	Al 0.15~0.60 Ti 0.15~0.60
S33425	—	≤0.08	≤1.00	≤1.50	0.045	0.020	21.0~23.0	20.0~23.0	2.0~3.0	—	Al 0.15~0.60 Ti 0.15~0.60
S33550	—	0.04~0.10	≤1.00	≤1.50	0.040	0.030	25.0~28.0	16.5~20.0	—	0.18~0.25	Nb 0.05~0.15 (La+Ce)0.025~0.070
S34565	—	≤0.03	≤1.00	5.0~7.0	0.030	0.010	23.0~25.0	16.0~18.0	4.0~5.0	—	N 0.40~0.60 Nb≤0.10
S34700	347	≤0.08	≤0.75	≤2.00	0.045	0.030	17.0~19.0	9.0~13.0	—	—	Nb 10C~1.00
S34709	347H	0.04~0.10	≤0.75	≤2.00	0.045	0.030	17.0~19.0	9.0~13.0	—	—	Nb 8C~1.00
S34751	347LN	0.005~0.020	≤1.00	≤2.00	0.045	0.030	17.0~19.0	9.0~13.0	—	0.06~0.10	Nb 0.20~0.50 (Nb+Ta)≥15C
S34800	348	≤0.08	≤0.75	≤2.00	0.045	0.030	17.0~19.0	9.0~13.0	—	—	(Nb+Ta)10C~1.00 Ta 0.10,Co 0.20
S34809	348H	0.04~0.10	≤0.75	≤2.00	0.045	0.030	17.0~19.0	9.0~13.0	—	—	(Nb+Ta)8C~1.00 Ta 0.10,Co 0.20

（续）

代号/钢号		C	Si	Mn	P ≤	S ≤	Cr	Ni	Mo	N	其　他
UNS	ASTM										
奥氏体型											
S35045	—	0.06 ~ 0.10	≤1.00	≤1.50	0.045	0.015	25.0 ~ 29.0	32.0 ~ 37.0	—	—	Cu ≤ 0.75 Al 0.15 ~ 0.60 Ti 0.15 ~ 0.60
S35115	—	≤0.030	0.50 ~ 1.50	≤1.00	0.045	0.015	23.0 ~ 25.0	19.0 ~ 22.0	1.5 ~ 2.5	0.20 ~ 0.30	—
S35125	—	≤0.10	≤0.50	1.00 ~ 1.50	0.045	0.015	20.0 ~ 23.0	31.0 ~ 35.0	2.0 ~ 3.0	—	Nb 0.25 ~ 0.60
S35135	—	≤0.08	0.60 ~ 1.00	≤1.00	0.045	0.015	20.0 ~ 25.0	30.0 ~ 38.0	4.0 ~ 4.8	—	Cu ≤ 0.75 Ti 0.40 ~ 1.00
S35140	—	≤0.10	≤0.75	1.00 ~ 3.00	0.045	0.030	20.0 ~ 22.0	25.0 ~ 27.0	1.0 ~ 2.0	0.08 ~ 0.20	Nb 0.25 ~ 0.75
S35315	—	0.04 ~ 0.08	1.20 ~ 2.00	≤2.00	0.040	0.030	24.0 ~ 26.0	34.0 ~ 36.0	—	0.12 ~ 0.18	Ce 0.03 ~ 0.10
S38100	XM-15J	≤0.08	1.50 ~ 2.50	≤2.00	0.030	0.030	17.0 ~ 19.0	17.5 ~ 18.5	—	—	—
S38815	—	≤0.030	5.5 ~ 6.5	≤2.00	0.040	0.020	13.0 ~ 15.0	13.0 ~ 17.0	0.75 ~ 1.50	—	Cu 0.75 ~ 1.50 Al 0.30
奥氏体-铁素体型											
S31200	—	≤0.030	≤1.00	≤2.00	0.045	0.030	24.0 ~ 26.0	5.5 ~ 6.5	1.20 ~ 2.00	0.14 ~ 0.20	—
S31260	—	≤0.030	≤0.75	≤1.00	0.030	0.030	24.0 ~ 26.0	5.5 ~ 7.5	2.5 ~ 3.5	0.10 ~ 0.30	Cu 0.20 ~ 0.80 W 0.10 ~ 0.50
S31803	—	≤0.030	≤1.00	≤2.00	0.030	0.020	21.0 ~ 23.0	4.5 ~ 6.5	2.5 ~ 3.5	0.08 ~ 0.20	—
S32001	—	≤0.030	≤1.00	4.0 ~ 6.0	0.040	0.030	19.5 ~ 21.5	1.00 ~ 3.00	≤0.60	0.05 ~ 0.17	Cu 1.00
S32003	—	≤0.030	≤1.00	≤2.00	0.030	0.020	19.5 ~ 22.5	3.0 ~ 4.0	1.50 ~ 2.00	0.14 ~ 0.20	—
S32101	—	≤0.040	≤1.00	4.0 ~ 6.0	0.040	0.030	21.0 ~ 22.0	1.35 ~ 1.70	0.10 ~ 0.80	0.20 ~ 0.25	Cu 0.10 ~ 0.80
S32202	—	≤0.030	≤1.00	≤2.00	0.040	0.010	21.5 ~ 24.0	1.00 ~ 2.80	≤0.45	0.18 ~ 0.26	—
S32205	2205	≤0.030	≤1.00	≤2.00	0.030	0.020	22.0 ~ 23.0	4.5 ~ 6.5	3.0 ~ 3.5	0.14 ~ 0.20	—
S32304	2304	≤0.030	≤1.00	≤2.50	0.040	0.030	21.5 ~ 24.5	3.0 ~ 5.5	0.05 ~ 0.60	0.05 ~ 0.20	Cu 0.05 ~ 0.60
S32506	—	≤0.030	≤0.90	≤1.00	0.040	0.015	24.0 ~ 26.0	5.5 ~ 7.2	3.0 ~ 3.5	0.08 ~ 0.20	W 0.05 ~ 0.30
S32520	—	≤0.030	≤0.80	≤1.50	0.035	0.020	24.0 ~ 26.0	5.5 ~ 8.0	3.0 ~ 4.0	0.20 ~ 0.35	Cu 0.50 ~ 2.00
S32550	255	≤0.04	≤1.00	≤1.50	0.040	0.030	24.0 ~ 27.0	4.5 ~ 6.5	2.9 ~ 3.9	0.10 ~ 0.25	Cu 1.50 ~ 2.50
S32750	2507	≤0.030	≤0.80	≤1.20	0.035	0.020	24.0 ~ 26.0	6.0 ~ 8.0	3.0 ~ 5.0	0.24 ~ 0.32	Cu ≤ 0.50
S32760	—	≤0.030	≤1.00	≤1.00	0.030	0.010	24.0 ~ 26.0	6.0 ~ 8.0	3.0 ~ 4.0	0.20 ~ 0.30	Co 0.50 ~ 1.00 W 0.50 ~ 1.00 (Cr + 3.3Mo + 16N) ≥ 40
S32808	—	≤0.030	≤0.50	≤1.10	0.030	0.010	27.0 ~ 27.9	7.0 ~ 8.2	0.80 ~ 1.20	0.30 ~ 0.40	W 2.10 ~ 2.50
S32900	329	≤0.08	≤0.75	≤1.00	0.040	0.030	23.0 ~ 28.0	2.0 ~ 5.0	1.00 ~ 2.00	—	—
S32906	—	≤0.030	≤0.80	0.80 ~ 1.50	0.030	0.030	28.0 ~ 30.0	5.8 ~ 7.5	1.50 ~ 2.60	0.30 ~ 0.40	Cu ≤ 0.80
S32950	—	≤0.030	≤0.60	≤2.00	0.035	0.010	26.0 ~ 29.0	3.5 ~ 5.2	1.00 ~ 2.50	0.15 ~ 0.35	—
S39274	—	≤0.030	≤0.80	≤1.00	0.030	0.020	24.0 ~ 26.0	6.0 ~ 8.0	2.5 ~ 3.5	0.24 ~ 0.32	W 1.50 ~ 2.50 Cu 0.20 ~ 0.80

（续）

代号/钢号 UNS	代号/钢号 ASTM	C	Si	Mn	P ≤	S ≤	Cr	Ni	Mo	N	其 他
奥氏体-铁素体型											
S81921	—	≤0.030	≤1.00	2.0~4.0	0.040	0.030	19.0~22.0	2.0~4.0	1.00~2.00	0.14~0.20	—
S82011	—	≤0.030	≤1.00	2.0~3.0	0.040	0.020	20.5~23.5	1.0~2.0	0.10~1.00	0.15~0.27	Cu≤0.50
S82012	—	≤0.05	≤0.80	2.0~4.0	0.040	0.005	19.0~20.5	0.8~1.5	0.10~0.60	0.16~0.26	Cu≤1.00
S82013	—	≤0.060	≤0.90	2.5~3.5	0.040	0.030	19.0~22.0	0.5~1.5	—	0.20~0.30	0.20~1.20
S82031	—	≤0.05	≤0.80	≤2.5	0.040	0.005	19.0~22.0	2.0~4.0	0.60~1.40	0.14~0.24	Cu≤1.00
S82121	—	≤0.035	≤1.00	1.0~2.5	0.040	0.010	21.0~23.0	2.0~4.0	0.30~1.30	0.15~0.25	Cu 0.20~1.20
S82122	—	≤0.030	≤0.75	2.0~4.0	0.040	0.020	20.5~21.5	1.5~2.5	≤0.60	0.15~0.20	Cu 0.50~1.50
S82441	—	≤0.030	≤0.70	2.5~4.0	0.035	0.005	23.0~25.0	3.0~4.5	1.00~2.00	0.20~0.30	Cu 0.10~0.80
铁素体型或马氏体型											
S32803	—	≤0.015	≤0.55	≤0.50	0.020	0.004	28.0~29.0	3.0~4.0	1.80~2.50	≤0.020	(C+N)0.030 Nb+Ta≥12(C+N),Nb 0.15~0.50
S40300	403	≤0.15	≤0.50	≤1.00	0.040	0.030	11.5~13.0	≤0.60	—	—	—
S40500	405	≤0.08	≤1.00	≤1.00	0.040	0.030	11.5~14.5	≤0.60	—	—	Al 0.10~0.30
S40900	409	≤0.08	≤1.00	≤1.00	0.045	0.030	10.5~11.7	≤0.50	—	—	Ti6C≤0.75
S40910	—	≤0.030	≤1.00	≤1.00	0.040	0.020	10.5~11.7	≤0.50	—	≤0.030	Ti[6(C+N)]~0.50,Nb≤0.17
S40920	—	≤0.030	≤1.00	≤1.00	0.040	0.020	10.5~11.7	≤0.50	—	≤0.030	Ti≥8(C+N) Ti 0.15~0.50 Nb≤0.10
S40930	—	≤0.030	≤1.00	≤1.00	0.040	0.020	10.5~11.7	≤0.50	—	≤0.030	(Ti+Nb)[0.08+ 8(C+N)]~ 0.75,Ti≥0.05
S40945	—	≤0.030	≤1.00	≤1.00	0.040	0.030	10.5~11.7	≤0.50	—	0.030	Nb 0.18~0.40 Ti 0.05~0.20
S40975	—	≤0.030	≤1.00	≤1.00	0.040	0.030	10.5~11.7	0.50~1.00	—	≤0.030	Ti 6(C+N)~0.75
S40977	—	≤0.030	≤1.00	≤1.50	0.040	0.015	10.5~12.5	0.30~1.00	—	≤0.030	—
S41000	410	0.08~ 0.15	≤1.00	≤1.00	0.040	0.030	11.5~13.5	≤0.75	—	—	—
S41003	—	≤0.030	≤1.00	≤1.50	0.040	0.030	10.5~12.5	≤1.50	—	≤0.030	—
S41008	410S	≤0.08	≤1.00	≤1.00	0.040	0.030	11.5~13.5	≤0.60	—	—	—
S41045	—	≤0.030	≤1.00	≤1.00	0.040	0.030	12.0~13.0	≤0.50	—	0.030	Nb 9(C+N)~0.60
S41050	—	≤0.04	≤1.00	≤1.00	0.045	0.030	10.5~12.5	0.60~1.10	—	≤0.10	—
S41500	—	≤0.05	≤0.60	0.50~1.00	0.030	0.030	11.5~14.0	3.5~5.5	0.50~1.00	—	—
S42000	420	≤0.15	≤1.00	≤1.00	0.040	0.030	12.0~14.0	≤0.75	≤0.50	—	—
S42035	—	≤0.08	≤1.00	≤1.00	0.045	0.030	13.5~15.5	1.0~2.5	0.20~1.20	—	Ti 0.30~0.50

（续）

代号/钢号		C	Si	Mn	P ≤	S ≤	Cr	Ni	Mo	N	其 他
UNS	ASTM										
铁素体型或马氏体型											
S42200	422	0.20 ~ 0.25	≤0.50	0.50 ~ 1.00	0.025	0.025	11.0 ~ 12.5	0.50 ~ 1.00	0.90 ~ 1.25	—	W 0.90 ~ 1.25 V 0.20 ~ 0.30
S42900	429	≤0.12	≤1.00	≤1.00	0.040	0.030	14.0 ~ 16.0	—	—	—	—
S43000	430	≤0.12	≤1.00	≤1.00	0.040	0.030	16.0 ~ 18.0	≤0.75	—	—	—
S43035	439	≤0.030	≤1.00	≤1.00	0.040	0.030	17.0 ~ 19.0	≤0.50	—	≤0.030	Ti[0.20 + 4 (C + N)] ~ 1.10 Al≤0.15
S43037	—	≤0.030	≤1.00	≤1.00	0.040	0.030	16.0 ~ 19.0	1.25 ~ 2.50	—	—	Ti 0.1 ~ 1.00
S43100	431	≤0.20	≤1.00	≤1.00	0.040	0.030	15.0 ~ 17.0	—	—	—	—
S43400	434	≤0.12	≤1.00	≤1.00	0.040	0.030	16.0 ~ 18.0	—	0.75 ~ 1.25	—	—
S43600	436	≤0.12	≤1.00	≤1.00	0.040	0.030	16.0 ~ 18.0	—	0.75 ~ 1.25	—	Nb5C ~ 0.80
S43932	—	≤0.030	≤1.00	≤1.00	0.040	0.030	17.0 ~ 19.0	≤0.5	—	≤0.030	(Ti + Nb)[0.20 + 4(C + N)] ~ 0.75, Al≤0.15
S43940	—	≤0.030	≤1.00	≤1.00	0.040	0.015	17.5 ~ 18.5	—	—	—	Ti0.10 ~ 0.60 Nb≥0.3 + 3C (Ti + Nb)[0.20 + 4(C + N)] ~ 0.80
S44100	—	≤0.030	≤1.00	≤1.00	0.040	0.030	17.5 ~ 19.5	≤1.00	—	≤0.030	Ti 0.10 ~ 0.50 Nb[0.3 + 3C] ~ 0.90
S44200	442	≤0.20	≤1.00	≤1.00	0.040	0.040	18.0 ~ 23.0	≤0.60	—	—	—
S44330		≤0.025	≤1.00	≤1.00	0.040	0.030	20.0 ~ 23.0	—	—	≤0.025	(Ti + Nb) 8(C + N) ~ 0.80 Cu 0.30 ~ 0.80
S44400	444	≤0.025	≤1.00	≤1.00	0.040	0.030	17.5 ~ 19.5	≤1.00	1.75 ~ 2.50	≤0.035	(Ti + Nb)[0.20 + 4 (C + N)] ~ 0.80
S44500	—	≤0.020	≤1.00	≤1.00	0.040	0.012	19.0 ~ 21.0	≤0.60	—	≤0.030	Nb 10(C + N) ~ 0.80, Cu 0.30 ~ 0.60
S44535	—	≤0.030	≤0.50	0.30 ~ 0.80	0.030	0.020	20.0 ~ 24.0	—	—	—	Ti 0.03 ~ 0.20 La 0.04 ~ 0.20 Al≤0.50
S44536	—	≤0.015	≤1.00	≤1.00	0.040	30	20.0 ~ 23.0	≤0.50	—	≤0.015	(Ti + Nb)[8(C + N)] ~ 0.80 Nb≥0.05

（续）

代号/钢号		C	Si	Mn	P ≤	S ≤	Cr	Ni	Mo	N	其 他
UNS	ASTM										
铁素体型或马氏体型											
S44537	—	≤0.030	0.10~0.60	≤0.80	0.050	0.006	20.0~24.0	≤0.50	—	≤0.04	W 1.00~3.00 Nb 0.20~1.00 Ti 0.02~0.20 La 0.04~0.20 Cu≤0.50
S44626	XM-33	≤0.06	≤0.75	≤0.75	0.040	0.020	25.0~27.0	≤0.50	0.75~1.50	≤0.04	Ti≥7(C+N) Ti 0.20~1.00 Cu≤0.20
S44627	XM-27	≤0.010	≤0.40	≤0.40	0.020	0.020	25.0~27.5	≤0.50	0.75~1.50	≤0.015	Nb 0.05~0.20 Ni+Cu≤0.50 Cu≤0.20 C+N≤0.002
S44635	—	≤0.025	≤0.75	≤1.00	0.040	0.030	24.5~26.0	3.5~4.5	3.5~4.5	≤0.035	(Ti+Nb) [0.20+4(C+N)]~0.80
S44600	446	≤0.20	≤1.00	≤1.50	0.040	0.030	23.0~27.0	≤0.75	—	≤0.25	
S44660	—	≤0.030	≤1.00	≤1.00	0.040	0.030	25.0~28.0	1.0~3.5	3.0~4.0	≤0.040	(Ti+Nb)0.20~1.00 (Ti+Nb)≥6(C+N)
S44700	—	≤0.010	≤0.20	≤0.30	0.025	0.020	28.0~30.0	≤0.15	3.5~4.2	≤0.020	Co≤0.15 (C+N)≤0.025
S44725	—	≤0.015	≤0.40	≤0.40	0.040	0.020	25.0~28.0	≤0.30	1.5~2.5	≤0.018	Ti+Nb≥8(C+N)
S44735	—	≤0.030	≤1.00	≤1.00	0.040	0.030	28.0~30.0	≤1.00	3.6~4.2	≤0.045	Ti+Nb≥6(C+N) (Ti+Nb)0.20~1.00
S44800	—	≤0.010	≤0.20	≤0.30	0.025	0.020	28.0~30.0	2.00~2.50	3.5~4.2	≤0.020	Cu≤0.15 C+N≤0.025
S46800	—	≤0.030	≤1.00	≤1.00	0.040	0.030	18.0~20.0	≤0.50	—	≤0.030	Ti 0.07~0.30 Nb 0.10~0.60 (Ti+Nb)[0.20+4(C+N)]~0.80

（2）美国 ASTM 标准压力容器用铬及镍铬不锈钢和耐热钢钢板和钢带的力学性能（表3-12-10）

表3-12-10 压力容器用铬及镍铬不锈钢和耐热钢钢板和钢带的力学性能

代号/钢号		R_m/MPa	$R_{p0.2}$/MPa	A（%）	HBW	HRB（HRC）[6]	冷弯性能[5]
UNS	ASTM（或品种）	≥			≤		
奥氏体型							
N08020	—	550	240	30/20[1]	—	—	N
N08367	（薄板、带）	690	310	30	—	100	N
	（厚板）	655	310	30	241	—	N
N08700	—	550	240	30	192	90	N
N08800	800	520	205[4]	30[2]	—	—	N

（续）

代号/钢号		R_m/MPa	$R_{p0.2}$/MPa	A（%）	HBW	HRB（HRC）[6]	冷弯性能[5]
UNS	ASTM（或品种）	≥			≤		
奥氏体型							
N08810	800H	450	170[4]	30	—	—	N
N08811	—	450	170	30	—	—	N
N08904	904L	490	220	35	—	90	N
N08925	—	600	295	40	—	—	N
N08926	—	650	295	35	—	—	N
S20100	201-1	515	260	40	217	95	—
	201-2	655	310	40	241	100	—
S20103	201L	655	260	40	217	95	N
S20153	201LN	655	310	45	241	100	N
S20161	—	860	345	40	255	(25)	N
S20200	202	620	260	40	241	—	N
S20400	—	655	330	35	241	100	N
S20431	—	620	310	40	241	100	N
S20432	—	515	205	40	201	92	N
S20433	—	550	240	40	217	95	N
S20910/XM-19	（薄板、带）	725	415	30	241	100	N
	（厚板）	690	380	35	241	100	N
S21600/XM-17	（薄板、带）	690	415	40	241	100	N
	（厚板）	620	345	40	241	100	N
S21603/XM-18	（薄板、带）	690	415	40	241	100	N
	（厚板）	620	345	40	241	100	N
S21640	—	650	310	40	—	—	N
S21800	—	655	345	35	241	100	N
S21904/XM-11	（薄板、带）	690	415	40	241	100	N
	（厚板）	620	345	45	241	100	N
S24000/XM-29	（薄板、带）	690	415	40	241	100	N
	（厚板）	690	380	40	241	100	N
S30100	301	515	205	40	217	95	N
S30103	301L	550	220	45	241	100	N
S30153	301LN	550	240	45	241	100	N
S30200	302	515	205	40	201	92	N
S30400	304	515	205	40	201	92	N
S30403	304L	485	170	40	201	92	N
S30409	304H	515	205	40	201	92	N
S30415	—	600	290	40	217	95	N
S30435	—	450	155	45	187	90	—
S30441	—	515	205	40	201	92	N
S30451	304N	550	240	30	217	95	N
S30452	（薄板、带）	620	345	30	241	100	N
	（厚板）	585	275	30	241	100	N

（续）

代号/钢号			R_m/MPa	$R_{p0.2}$/MPa	A（%）	HBW	HRB（HRC）[6]	冷弯性能[5]
UNS	ASTM（或品种）		≥			≤		
奥氏体型								
S30453	304LN		515	205	40	217	95	N
S30500	305		485	170	40	183	88	N
S30530	—		515	205	40	201	92	N
S30600	—		540	240	40	—	—	N
S30616	—		590	245	40	241	100	N
S30601	—		540	255	30	—	—	N
S30615	—		620	275	35	217	95	N
S30815	—		600	310	40	217	95	N
S30908	309S		515	205	40	217	95	N
S30909	309H		515	205	40	217	95	N
S30940	309Cb		515	205	40	217	95	N
S30941	309HCb		515	205	40	217	95	N
S31008	310S		515	205	40	217	95	N
S31009	310H		515	205	40	217	95	N
S31040	310Cb		515	205	40	217	95	N
S31041	310HCb		515	205	40	217	95	N
S31050	310MoLN	$t \leqslant 0.25\text{in}$	580	270	25	217	95	N
		$t > 0.25\text{in}$	540	255	25	217	95	N
S31060	—		600	280	40	217	95	N
S31254	（薄板、带）		690	310	35	223	96	N
	（厚板）		655	310	35	223	96	N
S31266	—		750	420	35	—	—	N
S31277	—		770	360	40	—	—	N
S31600	316		515	205	40	217	95	N
S31603	316L		485	170	40	217	95	N
S31609	316H		515	205	40	217	95	N
S31635	316Tl		515	205	40	217	95	N
S31640	316Cb		515	205	30	217	95	N
S31651	316N		550	240	35	217	95	N
S31653	316LN		515	205	40	217	95	N
S31655	—		635	310	35	241	100	N
S31700	317		515	205	35	217	95	N
S31703	317L		515	205	40	217	95	N
S31725	317LM		515	205	40	217	95	N
S31726	317LMN		550	240	40	223	96	N
S31727	—		550	245	35	217	95	N
S31730	—		480	175	40	—	90	N
S31753	317LN		550	240	40	217	95	N
S32050	—		675	330	40	250	—	N

（续）

代号/钢号		R_m/MPa	$R_{p0.2}$/MPa	A（%）	HBW	HRB（HRC）[6]	冷弯性能[5]
UNS	ASTM（或品种）	≥			≤		
奥氏体型							
S32053	—	640	295	40	217	96	N
S32100	321	515	205	40	217	95	N
S32109	321H	515	205	40	217	95	N
S32615	—	550	220	25	—	—	N
S32654	—	750	430	40	250	—	N
S33228	—	500	185	30	217	95	N
S33400	334	485	170	30	—	92	N
S33425	—	515	205	40	—		N
S33550	—	600	280	35	217	95	N
S34565	—	795	415	35	241	100	N
S34700	347	515	205	40	201	92	N
S34709	347H	515	205	40	201	92	N
S34800	348	515	205	40	201	92	N
S34809	348H	515	205	40	201	92	N
S35045	—	485	170	35	—	—	N
S35115	—	585	275	40	247	100	N
S35125	—	485	205	35	—	—	N
S35135	（薄板、带）	550	205	30	—	—	N
	（厚板）	515	205	30	—	—	N
S35140	—	620	275	30	241	100	N
S35315	—	650	270	40	217	95	N
S38100	XM-15J	515	205	40	217	95	N
S38815		540	255	30			N
奥氏体-铁素体型（双相钢）							
S31200		690	450	25	293	(31)	N
S31260		690	485	20	290	—	—
S31803	—	620	450	25	293	(31)	N
S32001	—	620	450	25	—	(25)	N
S32003	$t≤5.0mm$	690	485	25	293	(31)	N
	$t>5.0mm$	655	450	25	293	(31)	N
S32101	$t≤5.0mm$	700	530	30	290	—	N
	$t>5.0mm$	650	450	30	290	—	N
S32202	—	650	450	30	290	—	N
S32205	2205	655	450	25	293	(31)	N
S32304	2304	600	400	25	290	(32)	N
S32506	—	620	450	18	302	(32)	N
S32520	—	770	550	25	310	—	N
S32550	255	760	550	15	302	(32)	N

（续）

代号/钢号		R_m/MPa	$R_{p0.2}$/MPa	A（%）	HBW	HRB（HRC）[6]	冷弯性能[5]
UNS	ASTM（或品种）	≥			≤		
奥氏体-铁素体型（双相钢）							
S32750	2507	795	550	15	310	（32）	N
S32760	—	750	550	25	270	—	N
S32808	—	700	500	15	310	（32）	N
S32900	329	620	485	15	269	（28）	N
S32906	— $t \leq 1.0$mm	800	650	25	310	（32）	N
	$t > 1.0$mm	750	550	25	310	（32）	N
S32950	—	690	485	15	293	（32）	N
S39274	—	800	550	15	310	（32）	N
S81921	—	620	450	25	293	（31）	N
S82011	— $t \leq 5.0$mm	700	515	30	293	（31）	N
	$t > 5.0$mm	655	450	30	293	（31）	N
S82012	— $t \leq 5.0$mm	700	500	35	290	—	N
	$t > 5.0$mm	650	400	35	—	（31）	N
S82013	—	620	450	30	293	31	N
S82031	— $t \leq 5.0$mm	700	500	35	290	—	N
	$t > 5.0$mm	650	400	35	—	（31）	N
S82121	—	650	450	25	286	（30）	N
S82122	— $t \leq 1.0$mm	700	500	25	290	（32）	N
	$t > 1.0$mm	600	400	30	290	（32）	N
S82441	— $t \leq 1.0$mm	740	540	25	290	—	N
	$t > 1.0$mm	680	480	25	290	—	N
铁素体或马氏体型							
S32803	—	600	500	16	241	100	N
S40300	403	485	205	25	217	96	180°
S40500	405	415	170	20	179	88	180°
S40900	409	380	170	20	179	88	180°
S40910	—	380	170	20	179	88	180°
S40920	—	380	170	20	179	88	180°
S40930	—	380	170	20	179	88	180°
S40945	—	380	205	22	—	80	180°
S40975	—	415	275	20	197	92	180°
S40977	—	450	280	18	180	88	N
S41000	410	450	205	20	217	96	180°
S41003	—	455	275	18	223	20	N
S41008	410S	415	205	22[3]	183	89	180°
S41045	—	380	205	22	—	80	180°
S41050	—	415	205	22	183	89	180°
S41500	—	795	620	15	302	（32）	N

（续）

代号/钢号		R_m/MPa	$R_{p0.2}$/MPa	A（%）	HBW	HRB（HRC）[6]	冷弯性能[5]
UNS	ASTM（或品种）	≥			≤		
铁素体或马氏体型							
S42000	420	690	—	15	217	90	N
S42035	—	550	380	16	180	88	N
S42200	422		—	—	248	(24)	N
S42900	429	450	205	22[3]	183	89	180°
S43000	430	450	205	22[3]	183	89	180°
S43035	439	415	205	22	183	89	180°
S43037	—	360	205	22	183	89	180°
S43100	431	—	—	—	285	(29)	N
S43400	434	450	240	22	—	89	180°
S43600	436	450	240	22	—	89	180°
S43932	—	415	205	22	183	89	180°
S43940	—	430	250	18	180	88	N
S44100	—	415	240	20	190	90	N
S44200	442	515	275	20	217	96	180°
S44330	—	390	205	22	187	90	N
S44400	444	415	275	20	217	96	180°
S44500	—	427	205	22	—	83	180°
S44535	—	400	250	25	—	90	N
S44536	—	410	245	20	192	90	180°
S44600	446	515	275	20	217	96	135°
S44626	XM-33	470	310	20	217	96	180°
S44627	XM-27	450	275	22	187	90	180°
S44635	—	620	515	20	269	(28)	180°
S44660	—	585	450	18	241	100	180°
S44700	—	550	415	20	223	(20)	180°
S44725	—	450	275	20	210	95	180°
S44735	—	550	415	18	255	(25)	180°
S44800	—	550	415	20	223	(20)	180°
S46800	—	415	205	22	—	90	180°
S44535	—	400	250	25	—	50~90	N

① 当板厚 $t<0.38$mm 时，断后伸长率 $A \geqslant 20\%$ 。

② 当板厚 $t<0.25$mm 时，断后伸长率 $A \geqslant 20\%$ 。

③ 当板厚 $t<1.27$mm 时，断后伸长率 $A \geqslant 20\%$ 。

④ 当板厚 $t<0.5$mm 时，规定总延伸强度 $R_{p0.2}$ 不作为要求指标。

⑤ 冷弯性能：N—不要求作冷弯试验；180°—要求冷弯180°不裂。

⑥ 括号内为 HRC 硬度值。

3.12.6　镍铬不锈钢和耐热钢厚板、薄板和钢带 ［ASTM A167－99（R2009）］

（1）美国 ASTM 标准镍铬不锈钢和耐热钢厚板、薄板和钢带的钢号与化学成分（表3-12-11）

表 3-12-11　镍铬不锈钢和耐热钢厚板、薄板和钢带的钢号与化学成分（质量分数）（%）

钢号/代号 ASTM	钢号/代号 UNS	C	Si	Mn	P≤	S≤	Cr	Ni	其 他
302B	S30215	≤0.15	2.00～3.00	≤2.00	0.045	0.030	17.0～19.0	8.0～10.0	N≤0.10
308	S30800	≤0.08	≤0.75	≤2.00	0.045	0.030	19.0～21.0	10.0～12.0	—
309	S30900	≤0.20	≤0.75	≤2.00	0.045	0.030	22.0～24.0	12.0～15.0	—
310	S31000	≤0.25	≤1.50	≤2.00	0.045	0.030	24.0～26.0	19.0～22.0	—

（2）美国 ASTM 标准镍铬不锈钢和耐热钢厚板、薄板和钢带的力学性能（表3-12-12）

表 3-12-12　镍铬不锈钢和耐热钢厚板、薄板和钢带的力学性能

钢号/代号 ASTM	钢号/代号 UNS	R_m/MPa ≥	$R_{p0.2}$/MPa ≥	A(%) ≥	HBW ≤	HRB ≤
302B	S30215	515	205	30	217	95
308	S30800	515	205	30	183	88
309	S30900	515	205	30	217	95
310	S31000	515	205	30	217	95

3.12.7　高温用沉淀硬化型不锈钢和耐热钢的钢板和钢带 ［ASTM A693（2013）］

（1）美国 ASTM 标准沉淀硬化型不锈钢和耐热钢钢板和钢带的钢号与化学成分（表3-12-13）

表 3-12-13　沉淀硬化型不锈钢和耐热钢钢板和钢带的钢号与化学成分（质量分数）（%）

钢号/代号 ASTM	钢号/代号 UNS	C	Si	Mn	P≤	S≤	Cr	Ni	Mo	其 他
630	S17400	≤0.07	≤1.00	≤1.00	0.040	0.030	15.00～17.50	3.0～5.0	—	Cu 3.0～5.0 （Nb+Ta）0.15～0.45
631	S17700	≤0.09	≤1.00	≤1.00	0.040	0.030	16.00～18.00	6.5～7.7	—	Al 0.75～1.50
632	S15700	≤0.09	≤1.00	≤1.00	0.040	0.030	14.00～16.00	6.5～7.7	2.00～3.00	Al 0.75～1.50
633	S35000	0.07～0.11	≤0.50	0.50～1.25	0.040	0.030	16.00～17.00	4.0～5.0	2.50～3.20	N 0.07～0.13
634	S35500	0.10～0.15	≤0.50	0.50～12.5	0.040	0.030	15.00～16.00	4.0～5.0	2.50～3.20	（Nb+Ta）0.10～0.50
635	S17600	≤0.08	≤1.00	≤1.00	0.040	0.030	16.00～17.50	6.0～7.5	—	Ti 0.40～1.20 Al≤0.40
XM-9	S36200	≤0.05	≤0.30	≤0.50	0.030	0.030	14.00～14.50	6.5～7.0	≤0.30	Ti 0.60～0.90 Al≤0.10
XM-12	S15500	≤0.07	≤1.00	≤1.00	0.040	0.030	14.00～15.50	3.5～5.5	—	Cu 2.50～4.50 （Nb+Ta）0.15～0.45
XM-13	S13800	≤0.05	≤0.10	≤0.20	0.010	0.008	12.30～13.20	7.5～8.5	2.00～2.50	Al 0.90～1.35 N≤0.01
XM-16	S45500	≤0.05	≤0.50	≤0.50	0.040	0.030	11.00～12.50	7.5～9.5	≤0.50	Cu 1.50～2.50 （Nb+Ta）0.10～0.50 Ti 0.80～1.40

（续）

钢号/代号		C	Si	Mn	P≤	S≤	Cr	Ni	Mo	其 他
ASTM	UNS									
XM-25	S45000	≤0.05	≤1.00	≤1.00	0.030	0.030	14.00 ~ 16.00	5.0 ~ 7.0	0.50 ~ 1.00	Cu 1.25 ~ 1.75 Nb ≥8C
—	S46500	≤0.02	≤0.25	≤0.25	0.015	0.010	11.00 ~ 12.50	10.8 ~ 11.2	0.75 ~ 1.25	Ti 1.50 ~ 1.80 N 0.01
—	S46910	≤0.03	≤0.70	≤1.00	0.030	0.015	11.00 ~ 13.00	8.0 ~ 10.0	3.00 ~ 5.00	Al 0.15 ~ 0.50 Cu 1.50 ~ 3.50 Ti 0.50 ~ 1.20

（2）美国 ASTM 标准沉淀硬化型不锈钢和耐热钢钢板和钢带的固溶处理与力学性能（表 3-12-14）

表 3-12-14　沉淀硬化型不锈钢和耐热钢钢板和钢带的固溶处理与力学性能

钢号/代号		钢材厚度 /mm	固溶处理温度 及冷却方式	R_m/MPa	$R_{p0.2}$/MPa	A（%）	HRC	HBW
ASTM	UNS			≥			≤	
630	S17400	0.38 ~ 102	1050℃ ±25℃，冷却[①]	1255	1105	3	38	363
631	S17700	≤0.25	1065℃ ±15℃，水淬	1035	450	—	—	—
		>0.25 ~ 102		1035	380	20	(92)[②]	—
632	S15700	0.038 ~ 102	1038℃ ±15℃，水淬	1035	450	25	(100)[②]	—
633	S35000	0.03 ~ <0.038	930℃ ±15℃，水淬 在≤ -75℃保持≥3h	1380	620	8	30	
		0.038 ~ <0.05		1380	605	8	30	
		0.05 ~ <0.13		1380	595	8	30	
		0.13 ~ <0.25		1380	585	8	30	
		≥0.254		1380	585	12	30	
634	S35500	厚板	1038℃ ±15℃，淬火 在≤ -73℃保持≥3h	—	—	—	40	
635	S17600	≤0.76	1038℃ ±15℃，空冷	825	515	3	32	—
		>0.76 ~ 1.52		825	515	4	32	—
		>1.52		825	515	5	32	—
XM-9	S36200	≥0.25	843℃ ±15℃，空冷	1035	860	4	28	
XM-12	S15500	0.038 ~ 101.6	1038℃ ±15℃，冷却[①]	—	—	—	38	363
XM-13	S13800	0.038 ~ 101.6	927℃ ±15℃ （按要求冷却至<60℃）	—	—	—	38	363
XM-16	S45500	≥0.25	829℃ ±15℃，水淬	1205	1105	3	36	361
XM-25	S45000	≥0.25	1038℃ ±15℃，快冷	1205	1035	4	33	311
—	S46500	≤3.56	1024℃ ±15℃快冷至室温， 24h 内冷却至 -73℃ ±6℃， 保持 >8h，空冷至室温	1105	1035	4	33	—

① 按要求冷却。
② HRB 硬度值。

3.12.8　不锈钢棒材和型材 ［ASTM A276/A276M （2017）］

（1）美国 ASTM 标准不锈钢棒材和型材的钢号与化学成分（表 3-12-15）

表 3-12-15　不锈钢棒材和型材的钢号与化学成分（质量分数）（%）

代号/钢号		C	Si	Mn	P≤	S≤	Cr	Ni	Mo	N	其 他
UNS	ASTM										
奥氏体型											
N08020	alloy20	≤0.07	≤1.00	≤2.00	0.045	0.035	19.0 ~ 21.0	32.0 ~ 38.0	2.00 ~ 3.00	—	Cu 3.0 ~ 4.00 Nb 8C ~ 1.00
N08367	—	≤0.030	≤1.00	≤2.00	0.040	0.030	20.0 ~ 22.0	23.5 ~ 25.5	6.0 ~ 7.0	0.18 ~ 0.25	Cu≤0.75
N08700	—	≤0.04	≤1.00	≤2.00	0.040	0.030	19.0 ~ 23.0	24.0 ~ 26.0	4.3 ~ 6.0	—	Nb 8C ~ 0.40 Cu≤0.50，Fe≥39.5
N08800	800	≤0.10	≤1.00	≤1.50	0.045	0.015	19.0 ~ 23.0	30.0 ~ 35.0	—	—	Al 0.15 ~ 0.60 Ti 0.15 ~ 0.60 Cu≤0.75，Fe≥39.5
N08810	800H	0.05 ~ 0.10	≤1.00	≤1.50	0.045	0.015	19.0 ~ 23.0	30.0 ~ 35.0	—	—	Al 0.15 ~ 0.60 Ti 0.15 ~ 0.60 Cu≤0.75，Fe≥39.5
N08811	—	0.06 ~ 0.10	≤1.00	≤1.50	0.045	0.015	19.0 ~ 23.0	30.0 ~ 35.0	—	—	Al[①] 0.25 ~ 0.60 Ti[①] 0.25 ~ 0.60 Cu≤0.75，Fe≥39.5
N08904	904L	≤0.020	≤1.00	≤2.00	0.045	0.035	19.0 ~ 23.0	23.0 ~ 28.0	4.0 ~ 5.0	≤0.10	Cu 1.00 ~ 2.00
N08925	—	≤0.020	≤0.50	≤1.00	0.045	0.030	19.0 ~ 21.0	24.0 ~ 26.0	6.0 ~ 7.0	0.10 ~ 0.20	Cu 0.80 ~ 1.50
N08926	—	≤0.020	≤0.50	≤2.00	0.030	0.010	19.0 ~ 21.0	24.0 ~ 26.0	6.0 ~ 7.0	0.15 ~ 0.25	Cu 0.50 ~ 1.50
S20100	201	≤0.15	≤1.00	5.5 ~ 7.5	0.060	0.030	16.0 ~ 18.0	3.5 ~ 5.5	—	≤0.25	—
S20161	—	≤0.15	3.0 ~ 4.0	4.0 ~ 6.0	0.045	0.030	15.0 ~ 18.0	4.0 ~ 6.0	—	0.08 ~ 0.20	—
S20162	—	≤0.15	2.5 ~ 4.5	4.0 ~ 8.0	0.040	0.040	16.5 ~ 21.5	6.0 ~ 10.0	0.50 ~ 2.50	0.05 ~ 0.25	—
S20200	202	≤0.15	≤1.00	7.5 ~ 10.0	0.060	0.030	17.0 ~ 19.0	4.0 ~ 6.0	—	≤0.25	—
S20500	205	0.12 ~ 0.25	≤1.00	14.0 ~ 15.5	0.060	0.030	16.5 ~ 18.0	1.0 ~ 1.7	—	0.32 ~ 0.40	—
S20910	XM-19	≤0.06	≤1.00	4.0 ~ 6.0	0.045	0.030	20.5 ~ 23.5	11.5 ~ 13.5	1.50 ~ 3.00	0.20 ~ 0.40	Nb 0.10 ~ 0.30 V 0.10 ~ 0.30
S21800	—	≤0.10	3.5 ~ 4.5	7.0 ~ 9.0	0.060	0.030	16.0 ~ 18.0	8.0 ~ 9.0	—	0.08 ~ 0.18	—
S21900	XM-10	≤0.08	≤1.00	8.0 ~ 10.0	0.045	0.030	19.0 ~ 21.5	5.5 ~ 7.5	—	0.15 ~ 0.40	—
S21904	XM-11	≤0.04	≤1.00	8.0 ~ 10.0	0.045	0.030	19.0 ~ 21.5	5.5 ~ 7.5	—	0.15 ~ 0.40	—
S24000	XM-29	≤0.08	≤1.00	11.5 ~ 14.5	0.060	0.030	17.0 ~ 19.0	2.3 ~ 3.7	—	0.20 ~ 0.40	—

（续）

代号/钢号		C	Si	Mn	P≤	S≤	Cr	Ni	Mo	N	其 他
UNS	ASTM										
奥氏体型											
S24100	XM-28	≤0.15	≤1.00	11.0 ~ 14.0	0.045	0.030	16.5 ~ 19.0	0.50 ~ 2.50		0.20 ~ 0.45	—
S28200	—	≤0.15	≤1.00	17.0 ~ 19.0	0.045	0.030	17.0 ~ 19.0		0.75 ~ 1.25	0.40 ~ 0.60	Cu 0.75 ~ 1.25
S30200	302	≤0.15	≤1.00	≤2.00	0.045	0.030	17.0 ~ 19.0	8.0 ~ 10.0	—	≤0.10	—
S30215	302B	≤0.15	2.0 ~ 3.0	≤2.00	0.045	0.030	17.0 ~ 19.0	8.0 ~ 10.0		≤0.10	—
S30400	304	≤0.08	≤1.00	≤2.00	0.045	0.030	18.0 ~ 20.0	8.0 ~ 11.0			
S30403	304L	≤0.030	≤1.00	≤2.00	0.045	0.030	18.0 ~ 20.0	8.0 ~ 12.0			
S30451	304N	≤0.08	≤1.00	≤2.00	0.045	0.030	18.0 ~ 20.0	8.0 ~ 11.0		0.10 ~ 0.16	
S30452	XM-21	≤0.08	≤1.00	≤2.00	0.045	0.030	18.0 ~ 20.0	8.0 ~ 10.0		0.16 ~ 0.30	—
S30453	304LN	≤0.030	≤1.00	≤2.00	0.045	0.030	18.0 ~ 20.0	8.0 ~ 11.0		0.10 ~ 0.16	
S30454	—	≤0.030	≤1.00	≤2.00	0.045	0.030	18.0 ~ 20.0	8.0 ~ 11.0		0.16 ~ 0.30	
S30500	305	≤0.12	≤1.00	≤2.00	0.045	0.030	17.0 ~ 19.0	11.0 ~ 13.0	—	—	—
S30800	308	≤0.08	≤1.00	≤2.00	0.045	0.030	19.0 ~ 21.0	10.0 ~ 12.0			
S30815	—	0.05 ~ 0.10	1.40 ~ 2.00	≤0.80	0.040	0.030	20.0 ~ 22.0	10.0 ~ 12.0	—	0.14 ~ 0.20	Ce 0.03 ~ 0.08
S30900	309	≤0.20	≤1.00	≤2.00	0.045	0.030	22.0 ~ 24.0	12.0 ~ 15.0	—	—	—
S30908	309S	≤0.08	≤1.00	≤2.00	0.045	0.030	22.0 ~ 24.0	12.0 ~ 15.0			
S30940	309Cb	≤0.08	≤1.00	≤2.00	0.045	0.030	22.0 ~ 24.0	12.0 ~ 16.0			Nb 10C ~ 1.10
S31000	310	≤0.25	≤1.50	≤2.00	0.045	0.030	24.0 ~ 26.0	19.0 ~ 22.0			
S31008	310S	≤0.08	≤1.50	≤2.00	0.045	0.030	24.0 ~ 26.0	19.0 ~ 22.0			
S31010	—	≤0.030	0.25 ~ 0.75	5.50 ~ 6.50	0.030	0.0010	28.5 ~ 30.5	14.0 ~ 16.0	1.5 ~ 2.5	0.80 ~ 0.90	Al≤0.05 B≤0.005
S31040	310Cb	≤0.08	≤1.50	≤2.00	0.045	0.030	24.0 ~ 26.0	19.0 ~ 22.0		—	Nb 10C ~ 1.10

（续）

代号/钢号		C	Si	Mn	P≤	S≤	Cr	Ni	Mo	N	其 他
UNS	ASTM										
奥氏体型											
S31254	—	≤0.020	≤0.80	≤1.00	0.030	0.010	19.5~20.5	17.5~18.5	6.0~6.5	0.18~0.22	Cu 0.50~1.00
S31266	—	≤0.030	≤1.00	2.0~4.0	0.035	0.020	23.0~25.0	21.0~24.0	5.2~6.2	0.25~0.60	Cu 1.00~2.50
S31400	314	≤0.25	1.5~3.0	≤2.00	0.045	0.030	23.0~26.0	19.0~22.0	—	—	—
S31600	316	≤0.08	≤1.00	≤2.00	0.045	0.030	16.0~18.0	10.0~14.0	2.00~3.00	≤0.10	—
S31603	316L	≤0.030	≤1.00	≤2.00	0.045	0.030	16.0~18.0	10.0~14.0	2.00~3.00	≤0.10	—
S31635	316Tl	≤0.08	≤1.00	≤2.00	0.045	0.030	16.0~18.0	10.0~14.0	2.00~3.00	≤0.10	Ti 5(C+N)~0.70
S31640	316Cb	≤0.08	≤1.00	≤2.00	0.045	0.030	16.0~18.0	10.0~14.0	2.00~3.00	≤0.10	Nb 10C~1.10
S31651	316N	≤0.08	≤1.00	≤2.00	0.045	0.030	16.0~18.0	10.0~14.0	2.00~3.00	0.10~0.16	—
S31653	316LN	≤0.030	≤1.00	≤2.00	0.045	0.030	16.0~18.0	10.0~13.0	2.00~3.00	0.10~0.16	—
S31654	—	≤0.030	≤1.00	≤2.00	0.045	0.030	16.0~18.0	10.0~13.0	2.00~3.00	0.16~0.30	—
S31700	317	≤0.08	≤1.00	≤2.00	0.045	0.030	18.0~20.0	11.0~15.0	3.0~4.0	≤0.10	—
S31725	317LM	≤0.030	≤1.00	≤2.00	0.045	0.030	18.0~20.0	13.5~17.5	4.0~5.0	≤0.20	—
S31726	317LMN	≤0.030	≤1.00	≤2.00	0.045	0.030	17.0~20.0	14.5~17.5	4.0~5.0	0.10~0.20	—
S31727	—	≤0.030	≤1.00	≤1.00	0.030	0.030	17.5~19.0	14.5~16.5	3.8~4.5	0.15~0.21	Cu 2.0~4.0
S31730	—	≤0.030	≤1.00	≤1.00	0.040	0.010	17.0~19.0	15.0~16.5	3.0~4.0	≤0.045	Cu 4.0~5.0
S32053	—	≤0.030	≤1.00	≤1.00	0.030	0.010	22.0~24.0	24.0~26.0	5.0~6.0	0.17~0.22	—
S32100	321	≤0.08	≤1.00	≤2.00	0.045	0.030	17.0~19.0	9.0~12.0	—	—	Ti 5(C+N)~0.70
S32654	—	≤0.020	≤0.50	2.0~4.0	0.030	0.005	24.0~25.0	21.0~23.0	7.0~8.0	0.45~0.55	Cu 0.30~0.60
S34565	—	≤0.030	≤1.00	5.0~7.0	0.030	0.010	23.0~25.0	16.0~18.0	4.0~5.0	0.40~0.60	Nb≤0.10
S34700	347	≤0.08	≤1.00	≤2.00	0.045	0.030	17.0~19.0	9.0~12.0	—	—	Nb 10C~1.00

（续）

代号/钢号		C	Si	Mn	P≤	S≤	Cr	Ni	Mo	N	其 他
UNS	ASTM										
奥氏体型											
S34800	348	≤0.08	≤1.00	≤2.00	0.045	0.030	17.0 ~ 19.0	9.0 ~ 12.0	—	—	Nb 10C ~ 1.00 Ta≤0.10，Co≤0.20
奥氏体-铁素体型											
S31100	XM-26	≤0.06	≤1.00	≤1.00	0.045	0.030	25.0 ~ 27.0	6.0 ~ 7.0	—	—	Ti≤0.25
S31803	—	≤0.030	≤1.00	≤2.00	0.030	0.020	21.0 ~ 23.0	4.5 ~ 6.5	2.5 ~ 3.5	0.08 ~ 0.20	
S32101	—	≤0.040	≤1.00	4.0 ~ 6.0	0.040	0.030	21.0 ~ 22.0	1.35 ~ 1.70	0.10 ~ 0.80	0.20 ~ 0.25	Cu 0.10 ~ 0.80
S32202	—	≤0.030	≤1.00	≤2.00	0.040	0.010	21.5 ~ 24.0	1.00 ~ 2.80	≤0.45	0.18 ~ 0.26	—
S32205	—	≤0.030	≤1.00	≤2.00	0.030	0.020	22.0 ~ 23.0	4.5 ~ 6.5	3.0 ~ 3.5	0.14 ~ 0.20	
S32304	—	≤0.030	≤1.00	≤2.50	0.040	0.030	21.5 ~ 24.5	3.0 ~ 5.5	0.05 ~ 0.60	0.05 ~ 0.20	Cu 0.05 ~ 0.60
S32506	—	≤0.030	≤0.90	≤1.00	0.040	0.015	24.0 ~ 26.0	5.5 ~ 7.2	3.0 ~ 3.5	0.08 ~ 0.20	W 0.05 ~ 0.30
S32550	—	≤0.04	≤1.00	≤1.50	0.040	0.030	24.0 ~ 27.0	4.5 ~ 6.5	2.9 ~ 3.9	0.10 ~ 0.25	Cu 1.50 ~ 2.50
S32750[②]	—	≤0.030	≤0.80	≤1.20	0.035	0.020	24.0 ~ 26.0	6.0 ~ 8.0	3.0 ~ 5.0	0.24 ~ 0.32	Cu≤0.50
S32760[③]	—	≤0.030	≤1.00	≤1.00	0.030	0.010	24.0 ~ 26.0	6.0 ~ 8.0	3.0 ~ 4.0	0.20 ~ 0.30	Cu 0.50 ~ 1.00 W 0.50 ~ 1.00
S32441	—	≤0.030	≤0.70	2.5 ~ 4.0	0.035	0.005	23.0 ~ 25.0	3.0 ~ 4.5	1.00 ~ 2.00	0.20 ~ 0.30	Cu 0.10 ~ 0.80
铁素体型											
S40500	405	≤0.08	≤1.00	≤1.00	0.040	0.030	11.5 ~ 14.5	≤0.50	—	—	Al 0.10 ~ 0.30
S40986	—	≤0.030	≤1.00	≤1.00	0.040	0.030	10.5 ~ 11.7	0.75 ~ 1.00		≤0.040	Nb 10(C + N) ~ 0.80
S42900	429	≤0.12	≤1.00	≤1.00	0.040	0.030	14.0 ~ 16.0	—	—	—	—
S43000	430	≤0.12	≤1.00	≤1.00	0.040	0.030	16.0 ~ 18.0	—	—	—	
S44400	444	≤0.025	≤1.00	≤1.00	0.040	0.030	17.5 ~ 19.5	≤1.00	1.75 ~ 2.50	≤0.035	(Ti + Nb)[0.20 + 4(C + N)] ~ 0.80
S44600	446	≤0.20	≤1.00	≤1.50	0.040	0.030	23.0 ~ 27.0	≤0.75	—	≤0.025	—
S44627[④]	XM-27	≤0.010	≤0.40	≤0.40	0.020	0.020	25.0 ~ 27.5	≤0.50	0.75 ~ 1.50	≤0.015	Nb 0.05 ~ 0.20 Cu≤0.20

（续）

代号/钢号		C	Si	Mn	P≤	S≤	Cr	Ni	Mo	N	其　他
UNS	ASTM										
铁素体型											
S44700	—	≤0. 010	≤0. 20	≤0. 30	0. 025	0. 020	28. 0 ~ 30. 0	≤0. 15	3. 5 ~ 4. 2	≤0. 020	Co≤0. 15 C + N≤0. 025
S44800	—	≤0. 010	0. 20	0. 30	0. 025	0. 020	28. 0 ~ 30. 0	2. 00 ~ 2. 50	3. 5 ~ 4. 2	≤0. 020	Cu≤0. 15 C + N≤0. 025
马氏体型											
S40300	403	≤0. 15	≤0. 50	≤1. 00	0. 040	0. 030	11. 5 ~ 13. 0	—	—	—	—
S41000	410	0. 08 ~ 0. 15	≤1. 00	≤1. 00	0. 040	0. 030	11. 5 ~ 13. 5	—	—	—	—
S41040	XM-30	≤0. 18	≤1. 00	≤1. 00	0. 040	0. 030	11. 0 ~ 13. 0	—	—	—	Nb 0. 05 ~ 0. 30
S41400	414	≤0. 15	≤1. 00	≤1. 00	0. 040	0. 030	11. 5 ~ 13. 5	1. 25 ~ 2. 50	—	—	—
S41425	—	≤0. 05	≤0. 50	0. 50 ~ 1. 00	0. 020	0. 005	12. 0 ~ 15. 0	4. 0 ~ 7. 0	1. 50 ~ 2. 00	0. 06 ~ 0. 12	Cu≤0. 30
S41500	—	≤0. 05	≤0. 60	0. 50 ~ 1. 00	0. 030	0. 030	11. 5 ~ 14. 0	3. 5 ~ 5. 5	0. 50 ~ 1. 00	—	—
S42000	420	≥0. 15	≤1. 00	≤1. 00	0. 040	0. 030	12. 0 ~ 14. 0	—	—	—	—
S42010	—	0. 15 ~ 0. 30	≤1. 00	≤1. 00	0. 040	0. 030	13. 5 ~ 15. 0	0. 35 ~ 0. 85	0. 40 ~ 0. 85	—	—
S43100	431	≤0. 20	≤1. 00	≤1. 00	0. 040	0. 030	15. 0 ~ 17. 0	1. 25 ~ 2. 50	—	—	—
S44002	S440A	0. 65 ~ 0. 75	≤1. 00	≤1. 00	0. 040	0. 030	16. 0 ~ 18. 0	—	≤0. 75	—	—
S44003	S440B	0. 75 ~ 0. 95	≤1. 00	≤1. 00	0. 040	0. 030	16. 0 ~ 18. 0	—	≤0. 75	—	—
S44004	S440C	0. 95 ~ 1. 20	≤1. 00	≤1. 00	0. 040	0. 030	16. 0 ~ 18. 0	—	≤0. 75	—	—

① （Al + Ti） 0. 85 ~ 1. 20。

② % Cr + 3. 3% Mo + 16% N≥41。

③ % Cr + 3. 3% Mo + 16% N≥40。

④ Ni + Cu≤0. 50。

（2）美国 ASTM 标准不锈钢棒材和型材的力学性能（表 3-12-16）

表 3-12-16　不锈钢棒材和型材的力学性能

UNS 编号	ASTM 钢号	状态	R_m/MPa	$R_{p0.2}$/MPa	A(%)	Z(%)	HBW
奥氏体型							
N08020	alloy20	S	≥550	≥240	≥30	≥50	—
N08367	—	A	≥655	≥310	≥30	≥50	—
N08700	—	A	≥550	≥240	≥30	≥50	—
N08800	800	A	≥515	≥205	≥30	—	≤192

（续）

UNS 编号	ASTM 钢号		状态	R_m/MPa	$R_{p0.2}$/MPa	A(%)	Z(%)	HBW
				奥氏体型				
N08810	800H		A	≥450	≥170	≥30	—	≤192
N08811	—		A	≥450	≥170	≥30	—	≤192
N08904	904L		A	≥490	≥220	≥35	—	—
N08925	—		A	≥600	≥295	≥40	—	≤217
N08926	—		A	≥650	≥295	≥35	—	≤256
S20100	201		A	≥515	≥275	≥40	≥45	—
S20200	202		A	≥515	≥275	≥40	≥45	—
			冷轧	≥860	≥690	≥12	≥35	
S20161	—		A	≥860	≥345	≥40	≥40	≤255
S20162	—		A	≥690	≥345	≥50	≥40	≤311
S20500	205		A	≥690	≥414	≥40	≥50	—
S20910	XM-19		A	≥690	≥380	≥35	≥55	—
S20910	XM-19	t≤50.8mm	热轧	≥930	≥725	≥20	≥50	—
		t50.8~76.2mm	S	≥795	≥515	≥25	≥50	
		t76.2~203.2mm	S	≥690	≥415	≥30	≥50	
S21800	—		A	≥655	≥345	≥35	≥55	≤241
S21900	XM-10		A	≥620	≥345	≥45	≥60	—
S21904	XM-11		A	≥620	≥345	≥45	≥60	—
S24000	XM-29		A	≥690	≥380	≥30	≥50	—
S24100	XM-28		A	≥690	≥380	≥30	≥50	—
S24565	—		A	≥795	≥415	≥35	≥40	—
S28200	—		A	≥760	≥410	≥35	≥55	—
S30200	302		A	515~620	205~310	30~40	40~50	—
			冷轧	≥860	≥690	≥12	≥35	
S30215	302B		A	515~620	205~310	30~40	40~50	—
S30400	304		A	515~620	205~310	30~40	40~50	—
			冷轧	≥860	≥690	≥12	≥35	
S30403	304L		A	485~620	170~310	≥30	≥40	—
S30403	304L	t19.1~31.75mm	冷轧	725~795	450~550	15~20	≥35	—
		t31.75~44.5mm	冷轧	655~690	310~345	24~28	≥45	
S30451	304N		A	≥550	≥240	≥30	—	—
			冷轧	≥860	≥690	≥12	≥35	
S30400 S30403 S30451	304 304L 304N	t50.8~63.5mm	S	620~650	450~550	25~30	≥40	—
		t63.5~76.2mm	S	≥550	≥380	≥30	≥40	
S30500	305		A	515~620	205~310	30~40	40~50	—
S30800	308		A	515~620	205~310	30~40	40~50	—
S30900	309		A	515~620	205~310	30~40	40~50	—
S30908	309S		A	515~620	205~310	30~40	40~50	—
S30940	309Cb		A	515~620	205~310	30~40	40~50	—
S31000	310		A	515~620	205~310	30~40	40~50	—

（续）

UNS 编号	ASTM 钢号		状态	R_m/MPa	$R_{p0.2}$/MPa	A(%)	Z(%)	HBW
				奥氏体型				
S31008	310S		A	515~620	205~310	30~40	40~50	—
S31040	310Cb		A	515~620	205~310	30~40	40~50	—
S31400	314		A	515~620	205~310	30~40	40~50	—
S31600	316		A	515~620	205~310	30~40	40~50	—
			冷轧	≥860	≥690	≥12	≥35	
S31603	316L		A	485~620	170~310	≥30	≥40	
S31603	316L	t 19.1~31.75mm	冷轧	725~795	450~550	15~20	≥35	
		t 31.75~44.5mm	冷轧	655~690	310~345	24~28	≥45	
S31635	316Ti		A	515~620	205~310	30~40	40~50	
S31640	316Cb		A	515~620	205~310	30~40	40~50	
S31651	316N		A	≥550	≥240	≥30	—	
			冷轧	≥860	≥690	≥12	≥35	
S31600 S31603 S31651	316 316L 316N	t 50.8~63.5mm	S	620~650	450~550	25~30	≥40	
		t 63.5~76.2mm	S	≥550	≥380	≥30	≥40	
S31700	317		A	515~620	205~310	30~40	40~50	—
S32100	321		A	515~620	205~310	30~40	40~50	—
S34700	347		A	515~620	205~310	30~40	40~50	—
S34800	348		A	515~620	205~310	30~40	40~50	—
S30452	XM-21		A	≥620	≥345	≥30	≥50	—
S30452	XM-21	t 25.4~31.75mm	冷轧	930~1000	795~860	15~16	≥45	
		t 31.75~44.5mm	冷轧	860~895	690~725	17~18	≥45	
S30454	—		A	≥620	≥345	≥30	≥50	—
S30454		t 25.4~31.75mm	冷轧	930~1000	795~860	15~16	≥45	
		t 31.75~44.5mm	冷轧	860~895	690~725	17~18	≥45	
S31654	—		A	≥620	≥345	≥30	≥50	—
S31654		t 25.4~31.75mm	冷轧	930~1000	795~860	15~16	≥45	
		t 31.75~44.5mm	冷轧	860~895	690~725	17~18	≥45	
S30815	—		A	≥600	≥310	≥40	≥50	—
S31010	—		A	≥760	≥515	≥40	≥50	330
S31254	—		A	≥650	≥300	≥35	≥50	—
S31266	—		A	≥750	≥420	≥35	—	—
S31725	317LM		A	≥515	≥205	≥40	—	—
S31726	317LMN		A	≥550	≥240	≥40	—	—
S31727	—		A	≥550	≥245	≥35	—	≤217
S31730	—		A	≥480	≥175	≥35	—	90HRB
S32053	—		A	≥640	≥295	≥40	—	≤217
S32654	—		A	≥750	≥430	≥40	≥40	≤250
			奥氏体-铁素体型					
S31100	XM-26		A	≥620	≥450	≥20	≥55	—

（续）

UNS 编号	ASTM 钢号	状态	R_m/MPa	$R_{p0.2}$/MPa	$A(\%)$	$Z(\%)$	HBW
奥氏体-铁素体型							
S31803	—	A	≥620	≥448	≥25	—	≤290
S32506	—	A	≥620	≥450	≥18	—	≤302
S32101	—	A	≥650	≥450	≥30	—	≤290
S32202	—	A	≥650	≥450	≥30	—	≤290
S32205	—	A	≥655	≥450	≥25	—	≤290
S32304	—	A	≥600	≥400	≥25	—	≤290
S32550	—	A	≥750	≥550	≥25	—	≤290
		S	≥860	≥720	≥16	—	≤335
S32750	—	A	760~800	515~550	≥15	—	≤310
S32760	—	A	≥750	≥550	≥25	—	≤310
		S	≥860	≥720	≥16	—	≤335
S32441	$t \leqslant 11$mm	A	≥740	≥540	≥25	—	≤290
	$t > 11$mm	A	≥680	≥480	≥25	—	≤290
铁素体型							
S40500	405	A	—	—	—	—	207~217
S42900	429	A	≥480	≥275	16~20	≥45	—
S43000	430	A	415~480	207~275	16~20	≥45	—
S40976	—	A	≥415	≥140	≥20	≥45	≤244
S44400	444	A	≥415	≥310	16~20	≥45	≤217
S44600	446	A	≥450	≥275	≥20	≥45	≤290
S44627	XM-27	A	≥450	≥275	≥20	≥45	≤290
S44700	—	A	480~520	380~415	15~20	30~40	—
S44800	—	A	480~520	380~415	15~20	30~40	—
马氏体型							
S40300	403	A	≥480	≥275	16~20	≥45	—
		T	≥690	≥550	≥15	≥45	—
S40300	403	H	≥830	≥620	≥12	≥40	—
S41000	410	A	≥480	≥275	16~20	≥45	—
		T	≥690	≥550	≥15	≥45	—
S41000	410	H	≥830	≥620	≥12	≥40	—
S41040	XM-30	A	≥480	≥275	12~13	35~45	≤235
		T	≥860	≥690	12~13	35~45	≤302
S41400	414	A	—	—	—	—	≤298
		T	≥790	≥620	≥15	≥45	—
S41425	—	T	≥825	≥655	≥15	≥45	≤321
S41500	—	T	≥795	≥620	≥15	≥45	≤295
S42000	420	A	—	—	—	—	241~255
S42010	—	A	—	—	—	—	235~255
S43100	431	A	—	—	—	—	255~285
S44001	S440A	A	—	—	—	—	269~285
S44002	S440B	A	—	—	—	—	269~285
S44003	S440C	A	—	—	—	—	269~285

注：1. 热处理代号：A—退火，T—中间退火，H—淬火，S—固溶处理。

　　2. 表中的"冷轧"包括各种冷加工和冷精整。

（3）美国 ASTM 标准马氏体型不锈钢棒材和型材的热处理制度与硬度（表 3-12-17）

表 3-12-17　马氏体型不锈钢棒材和型材的热处理制度与硬度

UNS 编号	ASTM 钢号	热处理温度 /℃	冷却介质	HRC ≥
S40300	403	955	空冷	35
S41000	410	955	空冷	35
S41400	414	955	油	42
S42000	420	975	空冷	50
S42010	—	1010	油	48
S43100	431	1020	油	40
S44001	S440A	1020	空冷	55
S44002	S440B	1020	油	56
S44003	S440C	1020	空冷	58

3.12.9　不锈钢锻件 ［ASTM A473 （2018a）］

（1）美国 ASTM 标准不锈钢锻件的钢号与化学成分（表 3-12-18）

表 3-12-18　不锈钢锻件的钢号与化学成分（质量分数）（%）

代号/钢号 UNS	ASTM	C	Si	Mn	P≤	S[①]≤	Cr	Ni	Mo	N	其 他
奥氏体型											
S20100	201	≤0.15	≤1.00	5.5 ~ 7.5	0.060	0.030	16.0 ~ 18.0	3.5 ~ 5.5	—	≤0.25	—
S20200	202	≤0.15	≤1.00	7.5 ~ 10.0	0.060	0.030	17.0 ~ 19.0	4.0 ~ 6.0	—	≤0.25	—
S20500	205	0.12 ~ 0.25	≤1.00	14.0 ~ 15.5	0.060	0.030	16.5 ~ 18.0	1.00 ~ 1.75	—	0.32 ~ 0.40	—
S21900	XM-10	≤0.08	≤1.00	8.0 ~ 10.0	0.060	0.030	19.0 ~ 21.5	5.5 ~ 7.5	—	0.15 ~ 0.40	—
S21904	XM-11	≤0.04	≤1.00	8.0 ~ 10.0	0.060	0.030	19.0 ~ 21.5	5.5 ~ 7.5	—	0.15 ~ 0.40	—
S28200	—	≤0.15	≤1.00	17.0 ~ 19.0	0.045	0.030	17.0 ~ 19.0	—	0.75 ~ 1.25	0.40 ~ 0.60	Cu 0.75 ~ 1.25
S30200	302	≤0.15	≤1.00	≤2.00	0.045	0.030	17.0 ~ 19.0	8.0 ~ 10.0	—	≤0.10	—
S30215	302B	≤0.15	2.0 ~ 3.0	≤2.00	0.045	0.030	17.0 ~ 19.0	8.0 ~ 10.0	—	—	—
S30300	303	≤0.15	≤1.00	≤2.00	0.20	≥0.15	17.0 ~ 19.0	8.0 ~ 10.0	(≤0.60)	—	—
S30323	303Se	≤0.15	≤1.00	≤2.00	0.20	0.060	17.0 ~ 19.0	8.0 ~ 10.0	—	—	Se≥0.15
S30400	304	≤0.08	≤1.00	≤2.00	0.045	0.030	18.0 ~ 20.0	8.0 ~ 10.5	—	≤0.10	—
S30403	304L	≤0.030	≤1.00	≤2.00	0.045	0.030	18.0 ~ 20.0	8.0 ~ 12.0	—	≤0.10	—
S30500	305	≤0.12	≤1.00	≤2.00	0.045	0.030	17.0 ~ 19.0	10.5 ~ 13.0	—	—	—
S30800	308	≤0.08	≤1.00	≤2.00	0.045	0.030	19.0 ~ 21.0	10.0 ~ 12.0	—	—	—

（续）

代号/钢号		C	Si	Mn	P≤	S[①]≤	Cr	Ni	Mo	N	其　他
UNS	ASTM										
奥氏体型											
S30815	—	≤0.10	1.40 ~ 2.00	≤0.80	0.040	0.030	20.0 ~ 22.0	10.0 ~ 12.0		0.14 ~ 0.20	Ce 0.03 ~ 0.08
S30900	309	≤0.20	≤1.00	≤2.00	0.045	0.030	22.0 ~ 24.0	12.0 ~ 15.0		—	—
S30908	309S	≤0.08	≤1.00	≤2.00	0.045	0.030	22.0 ~ 24.0	12.0 ~ 15.0		—	—
S31000	310	≤0.25	≤1.50	≤2.00	0.045	0.030	24.0 ~ 26.0	19.0 ~ 22.0		—	—
S31008	310S	≤0.08	≤1.50	≤2.00	0.045	0.030	24.0 ~ 26.0	19.0 ~ 22.0		—	—
S31254	—	≤0.020	≤0.80	≤1.00	0.030	0.010	19.5 ~ 20.5	17.5 ~ 18.5	6.0 ~ 6.5	0.18 ~ 0.22	Cu 0.50 ~ 1.00
S31400	314	≤0.25	1.50 ~ 3.00	≤2.00	0.045	0.030	23.0 ~ 26.0	19.0 ~ 22.0	—	—	—
S31600	316	≤0.08	≤1.00	≤2.00	0.045	0.030	16.0 ~ 18.0	10.0 ~ 14.0	2.00 ~ 3.00	≤0.10	
S31603	316L	≤0.030	≤1.00	≤2.00	0.045	0.030	16.0 ~ 18.0	10.0 ~ 14.0	2.00 ~ 3.00	≤0.10	
S31700	317	≤0.08	≤1.00	≤2.00	0.045	0.030	18.0 ~ 20.0	11.0 ~ 15.0	3.0 ~ 4.0	≤0.10	
S32100	321	≤0.08	≤1.00	≤2.00	0.045	0.030	17.0 ~ 19.0	9.0 ~ 12.0	—	—	Ti 5(C + N) ~ 0.70
S34700	347	≤0.08	≤1.00	≤2.00	0.045	0.030	17.0 ~ 19.0	9.0 ~ 13.0			(Nb + Ta) 10C ~ 1.00
S34800	348	≤0.08	≤1.00	≤2.00	0.045	0.030	17.0 ~ 19.0	9.0 ~ 13.0			(Nb + Ta) 10C ~ 1.00 Ta≤0.10，Co≤0.20
奥氏体-铁素体型											
S32550	—	≤0.04	≤1.00	≤1.50	0.040	0.030	24.0 ~ 27.0	4.5 ~ 6.5	2.9 ~ 3.9	0.10 ~ 0.25	Cu 1.50 ~ 2.50
S32760	—	≤0.030	≤1.00	≤1.00	0.030	0.010	24.0 ~ 26.0	6.0 ~ 8.0	3.0 ~ 4.0	0.20 ~ 0.30	Co 0.50 ~ 1.00 W 0.50 ~ 1.00 Cr + 3.3Mo + 16N≥40
S32950	—	≤0.030	≤0.60	≤2.00	0.035	0.010	26.0 ~ 29.0	3.5 ~ 5.2	1.00 ~ 2.50	0.15 ~ 0.35	—
铁素体型											
S40500	405	≤0.08	≤1.00	≤1.00	0.040	0.030	11.5 ~ 14.5	≤0.60	—	—	Al 0.10 ~ 0.30
S42900	429	≤0.12	≤1.00	≤1.00	0.040	0.030	14.0 ~ 16.0	≤0.75	—	—	—
S43000	430	≤0.12	≤1.00	≤1.00	0.040	0.030	16.0 ~ 18.0	≤0.75	—	—	—
S43020	430F	≤0.12	≤1.00	≤1.25	0.060	≥0.15	16.0 ~ 18.0	≤0.75	(≤0.60)	—	—
S43023	430F Se	≤0.12	≤1.00	≤1.25	0.060	0.060	16.0 ~ 18.0	≤0.75	—	—	Se≥0.15
S44600	446	≤0.20	≤1.00	≤1.50	0.040	0.030	23.0 ~ 27.0	≤0.75	—	≤0.25	—

（续）

代号/钢号		C	Si	Mn	P≤	S①≤	Cr	Ni	Mo	N	其　他
UNS	ASTM										
马氏体型											
S40300	403	≤0.15	≤0.50	≤1.00	0.040	0.030	11.5 ~ 13.5	—	—	—	—
S41000	410	≤0.15	≤1.00	≤1.00	0.040	0.030	11.5 ~ 13.5	≤0.75	—	—	—
S41008	410S	≤0.08	≤1.00	≤1.00	0.040	0.030	11.5 ~ 13.5	≤0.75	—	—	—
S41400	414	≤0.15	≤1.00	≤1.00	0.040	0.030	11.5 ~ 13.5	1.25 ~ 2.50	—	—	—
S41425	—	≤0.05	≤0.50	0.50 ~ 1.00	0.020	0.005	12.0 ~ 15.0	4.0 ~ 7.0	1.50 ~ 2.00	0.06 ~ 0.12	Cu≤0.30
S41500	—	≤0.05	≤0.60	0.50 ~ 1.00	0.030	0.030	11.5 ~ 14.0	3.5 ~ 5.5	0.40 ~ 0.80	—	—
S41600	416	≤0.15	≤1.00	≤1.25	0.060	≥0.15	12.0 ~ 14.0	—	≤0.60	—	—
S41623	416Se	≤0.15	≤1.00	≤1.25	0.060	0.060	12.0 ~ 14.0	—	—	—	Se≥0.15
S42000	420	≥0.15	≤1.00	≤1.00	0.040	0.030	12.0 ~ 14.0	—	—	—	—
S43100	431	≤0.20	≤1.00	≤1.00	0.040	0.030	15.0 ~ 17.0	1.25 ~ 2.50	—	—	—
S44002	S440A	0.60 ~ 0.75	≤1.00	≤1.00	0.040	0.030	16.0 ~ 18.0	—	≤0.75	—	—
S44003	S440B	0.75 ~ 0.95	≤1.00	≤1.00	0.040	0.030	16.0 ~ 18.0	—	≤0.75	—	—
S44004	S440C	0.95 ~ 1.20	≤1.00	≤1.00	0.040	0.030	16.0 ~ 18.0	—	≤0.75	—	—

注：括号内数字为允许添加的元素含量。

① 标明≥者，不受≤的限制。

（2）美国 ASTM 标准不锈钢锻件的力学性能（表3-12-19）

表3-12-19　不锈钢锻件的力学性能

UNS 编号	ASTM 钢号	状态	R_m/MPa	$R_{p0.2}$/MPa	A(%)	Z(%)	HBW
			≥				≤
奥氏体型							
S20100	201	A	515	205	40	50	—
S20200	202	A	620	310	40	50	—
S20500	205	A	620	345	40	50	—
S21900	XM-10	A	620	345	45	60	—
S21904	XM-11	A	620	345	45	60	—
S28200	—	A	760	415	40	55	—
S30200	302	A	515	205	40	50	—

（续）

UNS 编号	ASTM 钢号		状态	R_m/MPa	$R_{p0.2}$/MPa	A(%)	Z(%)	HBW
				≥				≤
奥氏体型								
S30215	302B		A	515	205	40	50	—
S30300	303		A	515	205	40	50	—
S30323	303Se		A	515	205	40	50	—
S30400	304	$t \leqslant 127$mm	A	515	205	40	50	—
		$t > 127$mm	A	485	205	40	50	—
S30403	304L		A	450	170	40	50	—
S30500	305		A	515	205	40	50	—
S30800	308		A	515	205	40	50	—
S30815	—		A	600	310	40	50	—
S30900	309		A	515	205	40	50	—
S30908	309S		A	515	205	40	50	—
S31000	310		A	515	205	40	50	—
S31008	310S		A	515	205	40	50	—
S31254	—		A	650	300	35	50	—
S31400	314		A	515	205	40	50	—
S31600	316	$t \leqslant 127$mm	A	515	205	40	50	—
		$t > 127$mm	A	485	205	40	50	—
S31603	316L		A	450	170	40	50	—
S31700	317		A	515	205	40	50	—
S32100	321		A	515	205	40	50	—
S34700	347		A	515	205	40	50	—
S34800	348		A	515	205	40	50	—
奥氏体-铁素体型								
S32550	—		A	750	550	25	—	290
S32760	—		A	690	480	15	—	293
S32950	—		A	750	550	25	—	290
铁素体型								
S40500	405		A	415	205	20	45	223
S42900	429		A	450	240	23	45	207
S43000	430		A	485	240	20	45	217
S43020	430F		A	485	275	20	45	223
S43023	430F Se		A	485	275	20	45	223
S44600	446		A	485	275	20	45	223
马氏体型								
S40300	403		A	485	275	20	45	223
S41000	410		A	485	275	20	45	223
S41008	410S		A	450	240	23	45	217
S41400	414		A	—	—	—	—	298
			T	795	620	15	45	321
			H	860	690	15	45	321

（续）

UNS 编号	ASTM 钢号	状态	R_m/MPa	$R_{p0.2}$/MPa	A(%)	Z(%)	HBW
			≥	≥	≥	≥	≤
马氏体型							
S41425	—	T	825	655	15	45	321
S41500	—	N＋T	795	620	15	45	295
S41600	416	A	485	275	20	45	223
S41623	416Se	A	485	275	20	45	223
S42000	420	A	—	—	—	—	223
S43100	431	A	—	—	—	—	277
		T	795	620	15	—	321
		H	1210	930	13	—	440
S44001	S440A	A	—	—	—	—	269
S44002	S440B	A	—	—	—	—	269
S44003	S440C	A	—	—	—	—	269

注：热处理代号：A—退火，T—中间退火，H—淬火，N—正火。

（3）美国 ASTM 标准马氏体型不锈钢锻件的热处理制度与硬度（表3-12-20）

表3-12-20　马氏体型不锈钢锻件的热处理制度与硬度

UNS 编号	ASTM 钢号	热处理 温度/℃	冷却 介质	HRC ≥
S40300	403	955	空冷	35
S41000	410	955	空冷	35
S41008	410S	955	油	（≤25）
S41400	414	955	油	42
S41600	416	955	空冷	35
S41623	416Se	955	空冷	35
S42000	420	975	空冷	50
S43100	431	1020	油	40
S44001	S440A	1020	空冷	55
S44002	S440B	1020	油	56
S44003	S440C	1020	空冷	58

注：括号内的硬度值为最大值，其余为最小值。

3.12.10　高温用马氏体型高铬不锈钢棒材和锻件［ASTM A565 A565M（2010/2017 确认）］

（1）美国 ASTM 标准高温用马氏体型高铬不锈钢棒材和锻件的牌号与化学成分（见表3-12-21）

表3-12-21　高温用马氏体型高铬不锈钢棒材和锻件的牌号与化学成分（质量分数）（%）

钢号/代号 ASTM	钢号/代号 UNS	C	Si	Mn	P≤	S≤	Cr	Ni	Mo	其　他
XM-32	S64152	0.08 ～ 0.15	≤0.35	0.50 ～ 0.90	0.025	0.025	11.00 ～ 12.50	2.00 ～ 3.00	1.50 ～ 2.00	V 0.25 ～ 0.40 N 0.01 ～ 0.05
—	S41041	0.13 ～ 0.18	≤0.50	0.40 ～ 0.60	0.030	0.030	11.50 ～ 13.00	≤0.50	≤0.20	Nb 0.15 ～ 0.45 Al≤0.05
—	S41425	≤0.05	≤0.50	0.50 ～ 1.00	0.020	0.005	12.00 ～ 15.00	4.00 ～ 7.00	1.50 ～ 2.00	N 0.06 ～ 0.12 Cu≤0.30

（续）

钢号/代号		C	Si	Mn	P≤	S≤	Cr	Ni	Mo	其 他
ASTM	UNS									
615	S41800	0.15 ~ 0.20	≤0.50	≤0.50	0.040	0.030	12.00 ~ 14.00	1.80 ~ 2.20	≤0.50	W 2.50 ~ 3.50
616	S42200	0.20 ~ 0.25	≤0.50	0.50 ~ 1.00	0.025	0.025	11.00 ~ 12.50	0.50 ~ 1.00	0.90 ~ 1.25	W 0.90 ~ 1.25 V 0.20 ~ 0.30
619	S42300	0.27 ~ 0.32	≤0.50	0.95 ~ 1.35	0.025	0.025	11.00 ~ 12.00	≤0.50	2.50 ~ 3.00	V 0.20 ~ 0.30
—	S42226	0.15 ~ 0.20	0.20 ~ 0.60	0.50 ~ 0.80	0.020	0.010	10.00 ~ 11.50	0.30 ~ 0.60	0.80 ~ 1.10	Nb 0.35 ~ 0.55[1]

① V 0.15 ~ 0.25，W≤0.25，Al≤0.05，N 0.04 ~ 0.08。

（2）美国 ASTM 标准高温用马氏体型高铬不锈钢棒材和锻件的热处理与力学性能（表 3-12-22）

表 3-12-22　高温用马氏体型高铬不锈钢棒材和锻件的热处理与力学性能

钢号/代号		热处理条件[1]	R_m/MPa	$R_{p0.2}$/MPa	A(%)	Z(%)	KV/J	HRB
ASTM	UNS		≥					
XM-32	S64152	A：退火	—	—	—	—	—	≤311
		HT：995 ~ 1022℃，油/空冷，≥565℃ ×2h 回火	1000	795	15	30	40	302 ~ 352
—	S41041	HT：（1136 ~ 1163）℃ ×2h，油/空冷，677℃ ×2h 回火	795	515	15	50	27	≤277
—	S41425	HT：（925-980）℃ 空冷，595℃ ×1h 回火/in 厚	825	655	15	45	70	≤321
615	S41800	A：退火	—	—	—	—	—	≤311
		HT：（981 ~ 1008）℃ 空/油冷，≥620℃ ×2h 二次回火	965	760	15	45	—	302 ~ 352
616	S42200	A：退火	—	—	—	—	—	≤248
		T：中间退火	—	—	—	—	—	≤285
616	S42200	HT：（1020 ~ 1050）℃，空/油冷，≥620℃ ×2h 回火	965	760	13	30	11	302 ~ 352
		H：（1020 ~ 1050）℃，空/油冷，≥675℃ ×2h 回火	825	585	17	35	—	241 ~ 285
619	S42300	A：退火	—	—	—	—	—	≤248
		T：中间退火	—	—	—	—	—	≤285
619	S42300	HT：（1020 ~ 1050）℃，空/油冷，≥620℃ ×2h 回火	965	760	8	20	11	302 ~ 352
	S42226	A：退火	—	—	—	—	—	≤302
		HT：1090 ~ 1150℃，油/空急冷，≥640℃ 回火	965	690	15	45	11	≤321

① 热处理代号：A—退火，T—中间退火，HT—淬火 + 回火。

3.12.11　热轧和冷精整的时效硬化型不锈钢棒材和型材 ［ASTM A564/A564M（2019）］

（1）美国 ASTM 标准和 UNS 系列热轧和冷精整的时效硬化型不锈钢棒材和型材的钢号与化学成分（表 3-12-23）

表 3-12-23 热轧和冷精整的时效硬化型不锈钢棒材和型材的钢号与化学成分（质量分数）（%）

代号/钢号		C	Si	Mn	P≤	S≤	Cr	Ni	Mo	Al	其 他
UNS	ASTM										
S17400	630	≤0.07	≤1.00	≤1.00	0.040	0.030	15.00 ~ 17.50	3.0 ~ 5.0	—	—	Cu 3.00 ~ 5.00 （Nb + Ta） 0.15 ~ 0.45
S17700	631	≤0.09	≤1.00	≤1.00	0.040	0.030	16.00 ~ 18.00	6.50 ~ 7.75	—	0.75 ~ 1.50	—
S15700	632	≤0.09	≤1.00	≤1.00	0.040	0.030	14.00 ~ 16.00	6.5 ~ 7.75	2.00 ~ 3.00	0.75 ~ 1.50	
S35500	634	0.10 ~ 0.15	0.50	0.50 ~ 1.25	0.040	0.030	15.00 ~ 16.00	4.00 ~ 5.00	2.50 ~ 3.25	—	N 0.07 ~ 0.13
S17600	635	≤0.08	≤1.00	≤1.00	0.040	0.030	16.00 ~ 17.50	6.00 ~ 7.50	—	≤0.40	Ti 0.40 ~ 1.20
S15500	XM-12	≤0.07	≤1.00	≤1.00	0.040	0.030	14.00 ~ 15.50	3.50 ~ 5.50	—	—	Cu 2.50 ~ 4.50 （Nb + Ta） 0.15 ~ 0.45
S13800	XM-13	≤0.05	≤0.10	≤0.20	0.010	0.008	12.25 ~ 13.25	7.50 ~ 8.50	2.00 ~ 2.50	0.90 ~ 1.35	N≤0.01
S45500	XM-16	≤0.030	≤0.50	≤0.50	0.015	0.015	11.00 ~ 12.50	7.50 ~ 9.50	≤0.50	—	Cu 1.50 ~ 2.50 Nb 0.10 ~ 0.50 Ti 0.90 ~ 1.40
S45503	—	≤0.010	≤0.20	≤0.50	0.010	0.010	11.00 ~ 12.50	7.50 ~ 9.50	≤0.50	—	Cu 1.50 ~ 2.50 Nb 0.10 ~ 0.50 Ti 1.00 ~ 1.35
S45000	XM-25	≤0.05	≤1.00	≤1.00	0.030	0.030	14.00 ~ 16.00	5.00 ~ 7.00	0.50 ~ 1.00	—	Cu 1.25 ~ 1.75 Nb ≥8C
S46500	—	≤0.020	≤0.25	≤0.25	0.015	0.010	11.00 ~ 12.50	10.75 ~ 11.25	0.75 ~ 1.25	—	Ti 1.50 ~ 1.80 N≤0.01
S46910	—	≤0.030	≤0.70	≤1.00	0.030	0.015	11.00 ~ 13.00	8.00 ~ 10.00	3.00 ~ 5.00	0.15 ~ 0.50	Cu 1.50 ~ 3.50 Ti 0.50 ~ 1.20
S10120	—	≤0.020	≤0.25	≤0.25	0.015	0.010	11.00 ~ 12.50	9.00 ~ 10.50	1.75 ~ 2.25	0.80 ~ 1.10	Ti 0.20 ~ 0.50 N≤0.01
S11100	—	≤0.020	≤0.25	≤0.25	0.015	0.010	11.00 ~ 12.50	10.25 ~ 11.25	1.75 ~ 2.25	1.35 ~ 1.75	Ti 0.20 ~ 0.50 N≤0.01

（2）美国 ASTM 标准热轧和冷精整的时效硬化型不锈钢棒材和型材的热处理与力学性能（表 3-12-24）

表 3-12-24 热轧和冷精整的时效硬化型不锈钢棒材和型材的热处理与力学性能

钢号/代号		推荐的硬化或时效处理制度		拉伸试验					HRC	HBW	KV/J
ASTM/ UNS	代号	热处理条件（加热温度 /保温时间/冷却介质）	试样断面取向①	R_m/MPa	$R_{p0.2}$/MPa	A(%)	Z(%)				
						≥					
630	H900	480℃ ×1.0h，空冷	L	1310	1170	10	40		40	388	—
			T			10	35		40	388	—
630	H925	495℃ ×4.0h，空冷	L	1170	1070	10	44		38	375	6.8
			T			10	38		38	375	6.8

（续）

钢号/代号		推荐的硬化或时效处理制度		拉伸试验					HRC	HBW	KV/J
ASTM/UNS	代号	热处理条件（加热温度/保温时间/冷却介质）	试样断面取向[①]	R_m/MPa	$R_{p0.2}$/MPa	A(%)	Z(%)		HRC	HBW	KV/J
						≥					
630	H1025	550℃×4.0h，空冷	L	1070	1000	12	45		35	331	20
	H1075	580℃×4.0h，空冷	L	1000	860	13	45		32	311	27
	H1100	595℃×4.0h，空冷	L	960	795	14	45		31	302	34
	H1150	620℃×4.0h，空冷	L	930	725	16	50		28	277	41
630	H1150M	760℃×2.0h，空冷，再620℃×4.0h，空冷	—	795	520	18	55		24	255	75
	H1150D	620℃×4.0h，空冷，再升至620℃×4.0h，空冷	—	860	725	16	50		24~33.	255~311	41
631	RH950	955℃保温（10min~1h），快冷至室温，并于24h内冷至-75℃，保持8h，在空气中升至室温，再于510℃×1h，空冷	L	1280	1030	6	10		41	388	—
631	TH1050	760℃保温90min，于1h内冷至（15±3）℃，保持30min，再于510℃×90min，空冷	L	1170	965	6	25		38	352	—
632	RH950	同631	L	1380	1210	7	25		—	415	—
	TH1050	同631	L	1240	1100	8	25		—	375	—
634	H1000	955℃保温（10min~1h），水冷至室温，并于24h内冷至-75℃，保持3h，再于540℃×3h回火，空冷	—	1170	1070	12	25		37	341	—
635	H950	510℃×0.5h，空冷	—	1310	1170	8	25		39	363	—
	H1000	540℃×0.5h，空冷	—	1240	1100	8	30		37	352	—
	H1050	565℃×0.5h，空冷	—	1170	1035	10	40		35	331	—
XM-12	H900	480℃×0.5h，空冷	L	1310	1170	10	35		40	388	—
			T			6	15		40	388	
XM-12	H925	495℃×1.0h，空冷	L	1170	1070	10	38		38	375	6.8
			T			7	20		38	375	—
XM-12	H1025	550℃×4.0h，空冷	L	1070	1000	12	45		35	331	20
			T			8	27		35	331	14
XM-12	H1075	580℃×4.0h，空冷	L	1000	860	13	45		32	311	27
			T			9	28		32	311	20
XM-12	H1100	595℃×4.0h，空冷	L	965	795	14	45		31	302	34
			T			10	29		31	302	20
XM-12	H1150	620℃×4.0h，空冷	L	930	725	16	50		28	277	41
			T			11	30		28	277	27

（续）

钢号/代号		推荐的硬化或时效处理制度		拉伸试验					HRC	HBW	KV/J
ASTM/ UNS	代号	热处理条件（加热温度 /保温时间/冷却介质）	试样断面 取向①	R_m/MPa	$R_{p0.2}$/MPa	A(%)	Z(%)		HRC	HBW	KV/J
						≥					
XM-12	H1150M	760℃×2h，空冷，再 于620℃×4h，空冷	L	795	515	18	55		24	255	75
			T			14	35		24	255	47
XM-13	H950	510℃×4.0h，空冷	L	1515	1415	10	45		45	430	—
			T			10	35		45	430	—
XM-13	H1000	540℃×4.0h，空冷	L	1415	1310	10	50		43	400	—
			T			10	40		43	400	—
XM-13	H1025	550℃×4.0h，空冷	L	1280	1210	11	50		41	380	—
			T			11	45		41	380	—
XM-13	H1050	565℃×4.0h，空冷	L	1210	1140	12	50		40	372	—
			T			12	45		40	372	—
XM-13	H1100	595℃×4.0h，空冷	L	1035	930	14	50		34	313	—
			T			14	50		34	313	—
XM-13	H1150	620℃×4.0h，空冷	L	930	620	14	50		30	283	—
			T			14	50		30	283	—
XM-13	H1150M	760℃×2h，空冷，再 于620℃×4h，空冷	L	860	585	16	55		26	259	—
			T			16	55		26	259	—
XM-16	H900	480℃×4.0h，空冷	L	1620	1515	8	30		47	444	—
	H950	510℃×4.0h，空冷	L	1515	1415	10	40		44	415	—
	H1000	540℃×4.0h，空冷	L	1415	1275	10	40		40	363	—
S45503	H900	480℃×4.0h，空冷	L	1620	1520	8	30		47	444	—
			T			4	15		47	444	—
S45503	H950	510℃×4.0h，空冷	L	1515	1410	10	40		44	415	—
			T			5	20		44	415	—
S45503	H1000	540℃×4.0h，空冷	L	1410	1275	10	40		40	363	—
			T			6	25		40	363	—
XM-25	H900	480℃×4.0h，空冷	L	1240	1170	10	40		39	363	—
			T			6	20		39	363	—
XM-25	H950	510℃×4.0h，空冷	L	1170	1100	10	40		37	341	—
			T			7	22		37	341	—
XM-25	H1000	540℃×4.0h，空冷	L	1100	1035	12	45		36	331	—
			T			8	27		36	331	—
XM-25	H1025	550℃×4.0h，空冷	—	1035	965	12	45		34	321	—
XM-25	H1050	565℃×4.0h，空冷	L	1000	930	12	45		34	321	—
			T			9	30		34	321	—
XM-25	H1100	595℃×4.0h，空冷	L	895	725	16	50		30	285	—
			T			11	30		30	285	—
XM-25	H1150	620℃×4.0h，空冷	L	860	515	18	55		26	262	—
			T			12	35		26	262	—
S46500	H950	510℃×4.0h，空冷	L	1655	1515	10	45		47	444	—
			T			8	35		47	444	—

（续）

钢号/代号		推荐的硬化或时效处理制度		拉伸试验					HRC	HBW	KV/J
ASTM/UNS	代号	热处理条件（加热温度/保温时间/冷却介质）	试样断面取向[①]	R_m/MPa	$R_{p0.2}$/MPa	A(%)	Z(%)		HRC	HBW	KV/J
						≥					
S46500	H1000	540℃×4.0h，空冷	L	1515	1380	10	50		45	430	—
			T			10	40		45	430	
S46500	H1025	560℃×4.0h，空冷	L	1450	1345	12	50		44	415	
			T			11	45		44	415	
S46500	H1050	565℃×4.0h，空冷	L	1380	1280	13	50		43	400	
			T			12	45		43	400	
S46910	1/2 硬化 + 时效	475℃×1.0h，空冷	—	1690	1500	6	—		48	456	
	全硬化 + 时效	475℃×1.0h，空冷	—	2205	2005	2	—		55	561	
S10120	H950	510℃×4.0h	L	1400	1300	10	50		43	401	
			T			9	45		43	401	
S11100	H900	480℃，空冷或油、水冷	L	1700	1590	11	43		47	448	
	H950	510℃×4.0~8h，空冷或油、水冷	L	1655	1517	10	45		47	448	
			T			8	35		47	448	
S10120	H1000	540℃×8.0h，空冷或油、水冷	L	1517	1378	10	50		45	426	
			T			10	40		45	426	

① 断面取向代号：L—纵向，T—横向。

3.12.12　热轧和冷精整易切削不锈钢棒材 ［ASTM A582/A582M-03（2012/2017 确认）］

美国 ASTM 标准热轧和冷精轧易切削不锈钢棒材的钢号与化学成分见表3-12-25。

表 3-12-25　热轧和冷精轧易切削不锈钢棒材的钢号与化学成分（质量分数）（%）

钢号/代号		C	Si	Mn	P≤	S[①]≤	Cr	Ni	Mo	其 他
ASTM	UNS									
奥氏体型										
XM-1	S20300	0.08	1.00	5.00 ~ 6.50	0.04	0.18 ~ 0.35	16.00 ~ 18.00	5.00 ~ 6.50	—	Cu 1.75 ~ 2.25
303	S30300	0.15	1.00	2.00	0.20	0.15	17.00 ~ 19.00	8.00 ~ 10.00	—	—
XM-5	S30310	0.15	1.00	2.50 ~ 4.50	0.20	0.25	17.00 ~ 19.00	7.00 ~ 10.00	—	—
303Se	S30323	0.15	1.00	2.00	0.20	0.06	17.00 ~ 19.00	8.00 ~ 10.00	—	Se≥0.15
XM-2	S30245	0.15	1.00	2.00	0.05	0.11 ~ 0.16	17.00 ~ 19.00	8.00 ~ 10.00	0.40 ~ 0.60	Al 0.60 ~ 1.00
马氏体型										
416	S41600	0.15	1.00	1.25	0.06	0.15	12.00 ~ 14.00	—	—	—
XM-6	S41610	0.15	1.00	1.50 ~ 2.50	0.06	0.15	12.00 ~ 14.00	—	—	—

（续）

钢号/代号		C	Si	Mn	P≤	S≤	Cr	Ni	Mo	其　他
ASTM	UNS									
马氏体型										
416Se	S41623	0.15	1.00	1.25	0.06	0.06	12.00 ~ 14.00	—	—	Se≥0.15
420F	S42020	0.30 ~ 0.40	1.00	1.25	0.06	0.15	12.00 ~ 14.00	0.50[①]	—	Cu≤0.60[②]
420Se	S42023	0.20 ~ 0.40	1.00	1.25	0.06	0.06	12.00 ~ 14.00	0.50[①]	—	Cu≤0.60[②] Se≥0.15
440F	S44020	0.95 ~ 1.20	1.00	1.25	0.06	0.15	16.00 ~ 18.00	0.50[①]	—	Cu≤0.60[②]
440FSe	S44023	0.95 ~ 1.20	1.00	1.25	0.06	0.06	16.00 ~ 18.00	0.50[①]	—	Cu≤0.60[②] Se≥0.15
铁素体型										
XM-34	S18200	0.08	1.00	2.50	0.04	0.15	17.50 ~ 19.50	—	1.50 ~ 2.50	—
—	S18235	0.025	1.00	0.50	0.03	0.15 ~ 0.35	17.50 ~ 18.50	1.00	2.00 ~ 2.50	Ti 0.30 ~ 1.00
—	S41603	0.08	1.00	1.25	0.06	0.15	12.00 ~ 14.00	—	—	N≤0.025
430F	S43020	0.12	1.00	1.25	0.06	0.15	16.00 ~ 18.00	—	—	C + N≤0.035
430FSe	S43023	0.12	1.00	1.25	0.06	0.06	16.00 ~ 18.00	—	—	Se≥0.15

① 范围值不受≤的限制。

② 元素含量由生产厂决定，若有意加入时仅提出报告说明。

3.12.13　锅炉与热交换器等用奥氏体不锈钢焊接管〔ASTM A249/A249M（2018）〕

（1）美国 ASTM 标准锅炉、过热器、热交换器及冷凝器用奥氏体不锈钢焊接管的钢号与化学成分（表3-12-26）

表 3-12-26　锅炉、过热器、热交换器及冷凝器用奥氏体不锈钢焊接管的钢号与化学成分（质量分数）（%）

钢号/代号		C	Si	Mn	P≤	S≤	Cr	Ni	Mo	其　他
ASTM	UNS									
TP201	S20100	≤0.15	≤1.00	5.5 ~ 7.5	0.060	0.030	16.0 ~ 18.0	3.5 ~ 5.5	—	N≤0.25
—	S20153	≤0.030	≤0.75	6.4 ~ 7.5	0.045	0.015	16.0 ~ 17.5	4.0 ~ 5.0	—	Cu≤1.00 N 0.10 ~ 0.25
TP202	S20200	≤0.15	≤1.00	7.5 ~ 10.0	0.060	0.030	17.0 ~ 19.0	4.0 ~ 6.0	—	N≤0.25
TPXM-19	S20910	≤0.06	≤1.00	4.0 ~ 6.0	0.045	0.030	20.5 ~ 23.5	11.5 ~ 13.5	1.50 ~ 3.00	Nb 0.10 ~ 0.30 V 0.10 ~ 0.30, N 0.20 ~ 0.40
TPXM-29	S24000	≤0.08	≤1.00	11.5 ~ 14.5	0.060	0.030	17.0 ~ 19.0	2.3 ~ 3.7	—	N 0.20 ~ 0.40

（续）

钢号/代号		C	Si	Mn	P≤	S≤	Cr	Ni	Mo	其　他
ASTM	UNS									
TP304	S30400	≤0.08	≤1.00	≤2.00	0.045	0.030	18.0 ~ 20.0	8.0 ~ 11.0	—	—
TP304L	S30403	≤0.030	≤1.00	≤2.00	0.045	0.030	18.0 ~ 20.0	8.0 ~ 12.0	—	—
TP304H	S30409	0.04 ~ 0.10	≤1.00	≤2.00	0.045	0.030	18.0 ~ 20.0	8.0 ~ 11.0	—	—
—	S30415	0.04 ~ 0.06	1.00 ~ 2.00	≤0.80	0.045	0.030	18.0 ~ 19.0	9.0 ~ 10.0	—	N 0.12 ~ 0.18 Ce 0.03 ~ 0.08
TP304N	S30451	≤0.08	≤1.00	≤2.00	0.045	0.030	18.0 ~ 20.0	8.0 ~ 11.0		N 0.10 ~ 0.16
TP304LN	S30453	≤0.030	≤1.00	≤2.00	0.045	0.030	18.0 ~ 20.0	8.0 ~ 11.0	—	N 0.10 ~ 0.16
TP305	S30500	≤0.12	≤1.00	≤2.00	0.045	0.030	17.0 ~ 19.0	11.0 ~ 13.0	—	—
—	S30615	0.16 ~ 0.24	3.20 ~ 4.00	≤2.00	0.030	0.030	17.0 ~ 19.0	13.5 ~ 16.0		N 0.14 ~ 0.20 Ce 0.03 ~ 0.08
—	S30815	0.05 ~ 0.10	1.40 ~ 2.00	≤0.80	0.040	0.030	20.0 ~ 22.0	10.0 ~ 12.0	—	—
TP309S	S30908	≤0.08	≤1.00	≤2.00	0.045	0.030	22.0 ~ 24.0	12.0 ~ 15.0	—	—
TP309H	S30909	0.04 ~ 0.10	≤1.00	≤2.00	0.045	0.030	22.0 ~ 24.0	12.0 ~ 15.0	—	—
TP309Cb	S30940	≤0.08	≤1.00	≤2.00	0.045	0.030	22.0 ~ 24.0	12.0 ~ 16.0	—	Nb 10 C ~ 1.10
TP309HCb	S30941	0.04 ~ 0.10	≤1.00	≤2.00	0.045	0.030	22.0 ~ 24.0	12.0 ~ 16.0	—	Nb 10 C ~ 1.10
TP310S	S31008	≤0.08	≤1.00	≤2.00	0.045	0.030	24.0 ~ 26.0	19.0 ~ 22.0	—	—
TP310H	S31009	0.04 ~ 0.10	≤1.00	≤2.00	0.045	0.030	24.0 ~ 26.0	19.0 ~ 22.0	—	—
TP310Cb	S31040	≤0.08	≤1.00	≤2.00	0.045	0.030	24.0 ~ 26.0	18.0 ~ 22.0	—	Nb 10 C ~ 1.10
TP310HCb	S31041	0.04 ~ 0.10	≤1.00	≤2.00	0.045	0.030	24.0 ~ 26.0	19.0 ~ 22.0	—	Nb 10 C ~ 1.10
—	S31050	≤0.030	≤0.40	≤2.00	0.030	0.015	24.0 ~ 26.0	21.0 ~ 23.0	2.00 ~ 3.00	N 0.10 ~ 0.16
—	S31254	≤0.020	≤0.80	≤1.00	0.030	0.010	19.5 ~ 20.5	17.5 ~ 18.5	6.0 ~ 6.5	N 0.18 ~ 0.25 Cu 0.50 ~ 1.00
—	S31277	≤0.020	≤0.50	≤3.00	0.030	0.010	20.5 ~ 23.0	26.0 ~ 28.0	6.5 ~ 8.0	N 0.30 ~ 0.40 Cu 0.50 ~ 1.50
TP316	S31600	≤0.08	≤1.00	≤2.00	0.045	0.030	16.0 ~ 18.0	10.0 ~ 14.0	2.00 ~ 3.00	—

（续）

钢号/代号		C	Si	Mn	P≤	S≤	Cr	Ni	Mo	其 他
ASTM	UNS									
TP316L	S31603	≤0.030	≤1.00	≤2.00	0.045	0.030	16.0 ~ 18.0	10.0 ~ 14.0	2.00 ~ 3.00	—
TP316H	S31609	0.04 ~ 0.10	≤1.00	≤2.00	0.045	0.030	16.0 ~ 18.0	10.0 ~ 14.0	2.00 ~ 3.00	—
TP316N	S31651	≤0.08	≤1.00	≤2.00	0.045	0.030	16.0 ~ 18.0	10.0 ~ 13.0	2.00 ~ 3.00	N 0.10 ~ 0.16
TP316LN	S31653	≤0.030	≤1.00	≤2.00	0.045	0.030	16.0 ~ 18.0	10.0 ~ 13.0	2.00 ~ 3.00	N 0.10 ~ 0.16
TP317	S31700	≤0.08	≤1.00	≤2.00	0.045	0.030	18.0 ~ 20.0	11.0 ~ 15.0	3.0 ~ 4.0	—
TP317L	S31703	≤0.030	≤1.00	≤2.00	0.045	0.030	18.0 ~ 20.0	11.0 ~ 15.0	3.0 ~ 4.0	—
—	S31725	≤0.030	≤1.00	≤2.00	0.045	0.030	18.0 ~ 20.0	13.5 ~ 17.5	4.0 ~ 5.0	N≤0.20
—	S31726	≤0.030	≤1.00	≤2.00	0.045	0.030	17.0 ~ 20.0	14.5 ~ 17.5	4.0 ~ 5.0	N 0.10 ~ 0.20
—	S31727	≤0.030	≤1.00	≤1.00	0.030	0.030	17.5 ~ 19.0	14.5 ~ 16.5	3.8 ~ 4.5	Cu 2.80 ~ 4.00 N 0.15 ~ 0.21
—	S32050	≤0.030	≤1.00	≤1.50	0.030	0.020	22.0 ~ 24.0	20.0 ~ 23.0	6.0 ~ 6.8	N 0.21 ~ 0.32 Cu≤0.40
—	S32053	≤0.030	≤1.00	≤1.00	0.030	0.010	22.0 ~ 24.0	24.0 ~ 26.0	5.0 ~ 6.0	N 0.17 ~ 0.22
TP321	S32100	≤0.08	≤1.00	≤2.00	0.045	0.030	17.0 ~ 19.0	9.0 ~ 12.0	—	N≤0.10 Ti 5(C+N) ~ 0.70
TP321H	S32109	0.04 ~ 0.10	≤1.00	≤2.00	0.045	0.030	17.0 ~ 19.0	9.0 ~ 12.0	—	N≤0.10 Ti 5(C+N) ~ 0.70
—	S32615	≤0.07	4.8 ~ 6.0	≤2.00	0.045	0.030	16.5 ~ 19.5	19.0 ~ 22.0	0.30 ~ 1.50	Cu 1.50 ~ 2.50
—	S32654	≤0.020	≤0.50	2.0 ~ 4.0	0.030	0.005	24.0 ~ 25.0	21.0 ~ 23.0	7.0 ~ 8.0	N 0.45 ~ 0.55 Cu 0.30 ~ 0.60
—	S33228	0.04 ~ 0.08	≤0.30	≤100	0.020	0.015	26.0 ~ 28.0	31.0 ~ 33.0	—	Nb 0.60 ~ 1.00 Ce 0.05 ~ 0.10, Al≤0.025
—	S34565	≤0.030	≤1.00	5.0 ~ 7.0	0.030	0.010	16.0 ~ 18.0	23.0 ~ 25.0	4.0 ~ 5.0	Nb≤0.10
TP347	S34700	≤0.08	≤1.00	≤2.00	0.045	0.030	9.0 ~ 12.0	17.0 ~ 19.0	—	Nb 10 C ~ 1.10
TP347H	S34709	0.04 ~ 0.10	≤1.00	≤2.00	0.045	0.030	9.0 ~ 12.0	17.0 ~ 19.0	—	Nb 8 C ~ 1.10
TP348	S34800	≤0.08	≤1.00	≤2.00	0.045	0.030	9.0 ~ 12.0	17.0 ~ 19.0	—	(Nb+Ta) 10 C ~ 1.10 Ta≤0.10, Co≤0.20

（续）

钢号/代号		C	Si	Mn	P≤	S≤	Cr	Ni	Mo	其　他
ASTM	UNS									
TP348H	S34809	0.04 ~ 0.10	≤1.00	≤2.00	0.045	0.030	9.0 ~ 12.0	17.0 ~ 19.0	—	(Nb + Ta) 8 C ~ 1.10 Ta≤0.10，Co≤0.20
—	S35045	0.06 ~ 0.10	≤1.00	≤1.50	0.045	0.015	32.0 ~ 37.0	25.0 ~ 29.0	—	Ti 0.15 ~ 0.60 Al 0.15 ~ 0.60，Cu≤0.75
TPXM-15	S38100	≤0.08	1.5 ~ 2.5	≤2.00	0.030	0.030	17.5 ~ 18.5	17.0 ~ 19.0	—	—
—	S38815	≤0.030	5.5 ~ 6.5	≤2.00	0.040	0.020	15.0 ~ 17.0	13.0 ~ 15.0	0.75 ~ 1.50	Cu 0.75 ~ 1.50 Al≤0.30
—	N08367	≤0.030	≤1.00	≤2.00	0.040	0.030	20.0 ~ 22.0	23.5 ~ 25.5	6.0 ~ 7.0	N 0.18 ~ 0.25 Cu≤0.75·
800	N08800	≤0.10	≤1.00	≤1.50	0.045	0.015	19.0 ~ 23.0	30.0 ~ 35.0	—	Ti 0.15 ~ 0.60，Cu≤0.75 Al 0.15 ~ 0.60，Fe≥39.5
800H	N08810	0.05 ~ 0.10	≤1.00	≤1.50	0.045	0.015	19.0 ~ 23.0	30.0 ~ 35.0	—	Ti 0.15 ~ 0.60，Cu≤0.75 Al 0.15 ~ 0.60，Fe≥39.5
—	N08811	0.05 ~ 0.10	≤1.00	≤1.50	0.045	0.015	19.0 ~ 23.0	30.0 ~ 35.0	—	Ti 0.25 ~ 0.60，Cu≤0.75 Al 0.25 ~ 0.60，Fe≥39.5
—	N08926	≤0.020	≤0.50	≤2.00	0.030	0.010	24.0 ~ 26.0	19.0 ~ 21.0	6.0 ~ 7.0	N 0.15 ~ 0.25 Cu 0.50 ~ 1.50
—	N08904	≤0.020	≤1.00	≤2.00	0.040	0.030	23.0 ~ 28.0	19.0 ~ 23.0	4.0 ~ 5.0	N≤0.10 Cu 1.00 ~ 2.00

（2）美国 ASTM 标准锅炉、热交换器等用奥氏体不锈钢无缝管的力学性能（表3-12-27）

表 3-12-27　锅炉、热交换器等用奥氏体不锈钢无缝管的力学性能

ASTM 钢号	UNS 编号	R_m/MPa	$R_{p0.2}$/MPa	A(%)	HRB
		≥			≤
TP201	S20100	655	260	35	95
TP201LN	S20100	655	310	45	100
TP202	S20200	620	260	35	95
TPXM-19	S20910	690	380	35	(20)[1]
TPXM-29	S24000	690	380	35	100
—	S24565	795	415	35	100
TP304	S30400	515	205	35	90
TP304L	S30403	485	170	35	90

（续）

ASTM 钢号	UNS 编号		R_m/MPa	$R_{p0.2}$/MPa	A(%)	HRB
				≥		≤
TP304H	S30409		515	205	35	90
—	S30415		600	290	35	96
TP304N	S30451		550	240	35	90
TP304LN	S30453		515	205	35	90
TP305	S30500		515	205	35	90
—	S32615		550	220	25	100
—	S30615		620	275	35	95
—	S30815		600	310	35	95
TP309S	S30908		515	205	35	90
TP309H	S30909		515	205	35	90
TP309Cb	S30940		515	205	35	90
TP309HCb	S30941		515	205	35	90
TP310S	S31008		515	205	35	90
TP310H	S31009		515	205	35	90
TP310Cb	S31040		515	205	35	90
TP310HCb	S31041		515	205	35	90
—	S31050	$t \leq 6.35$mm	580	270	25	95
		$t > 6.35$mm	540	255	25	95
—	S31254	$t \leq 5$mm	675	310	35	100
		$t > 5$mm	655	300	35	100
—	S31277		770	360	40	100
TP316	S31600		515	205	35	90
TP316L	S31603		485	170	35	90
TP316H	S31609		515	205	35	90
TP316N	S31651		550	240	35	90
TP316LN	S31653		515	205	35	90
TP317	S31700		515	205	35	90
TP317L	S31703		515	205	35	90
—	S31725		515	205	35	90
—	S31726		550	240	35	90
—	S31727		550	245	35	96
—	S32050		675	330	40	—
—	S32053		640	295	40	96
TP321	S32100		515	205	35	90
TP321H	S32109		515	205	35	90
—	S32654		750	430	35	100
—	S33228		500	185	30	90
—	S34565		795	415	35	100
TP347	S34700		515	205	35	90
TP347H	S34709		515	205	35	90
TP348	S34800		515	205	35	90

（续）

ASTM 钢号	UNS 编号		R_m/MPa	$R_{p0.2}$/MPa	$A(\%)$	HRB
				≥		≤
TP348H	S34809		515	205	35	90
—	S35045		485	170	35	90
TPXM-15	S38100		515	205	35	90
—	S38815		540	255	30	100
—	N08367	$t \geqslant 5mm$	690	310	30	100
		$t < 5mm$	655	310	30	100
—	N08801		515	205	30	90
—	N08810		450	170	30	90
—	N08811		450	170	30	90
—	N08904		490	215	35	90
—	N08926		650	295	35	100

① 洛氏硬度 HRC。

3.12.14　锅炉与热交换器等用铁素体和奥氏体不锈钢无缝管 ［ASTM A213/A213M （2018）］

该标准包括锅炉与热交换器等用的奥氏体不锈钢无缝管和中低合金钢无缝管，考虑到其专业用途相同及查阅方便，现将属于中低合金钢无缝管的 17 个牌号也一并列在下面，供参考。

（1）美国 ASTM 标准锅炉与热交换器等用的奥氏体不锈钢无缝管

A）锅炉、过热器、热交换器及冷凝器用奥氏体不锈钢无缝管的钢号及化学成分（表 3-12-28）

表 3-12-28　锅炉、过热器、热交换器及冷凝器用奥氏体不锈钢无缝管的钢号与化学成分（质量分数）（%）

钢号/代号		C	Si	Mn	P≤	S≤	Cr	Ni	Mo	其　他
ASTM	UNS									
TP201	S20100	≤0.15	≤1.00	5.5 ~ 7.5	0.060	0.030	16.0 ~ 18.0	3.5 ~ 5.5	—	N≤0.25
TP202	S20200	≤0.15	≤1.00	7.5 ~ 10.0	0.060	0.030	17.0 ~ 19.0	4.0 ~ 6.0	—	N≤0.25
XM-19	S20910	≤0.06	≤1.00	4.0 ~ 6.0	0.045	0.030	20.5 ~ 23.5	11.5 ~ 13.5	1.50 ~ 3.00	V 0.10 ~ 0.30 Nb 0.10 ~ 0.30 N 0.20 ~ 0.40
—	S21500	0.06 ~ 0.15	0.20 ~ 1.00	5.5 ~ 7.0	0.045	0.030	14.0 ~ 16.0	9.0 ~ 11.0	0.80 ~ 1.20	V 0.15 ~ 0.40 Nb 0.75 ~ 1.25 B 0.003 ~ 0.009
—	S25700	≤0.020	6.5 ~ 8.0	≤2.00	0.025	0.010	8.0 ~ 11.50	22.0 ~ 25.0	≤0.50	—
TP304	S30400	≤0.08	≤1.00	≤2.00	0.045	0.030	18.0 ~ 20.0	8.0 ~ 11.0	—	
TP304L	S30403	≤0.035	≤1.00	≤2.00	0.045	0.030	18.0 ~ 20.0	8.0 ~ 12.0	—	
TP304H	S30409	0.04 ~ 0.10	≤1.00	≤2.00	0.045	0.030	18.0 ~ 20.0	8.0 ~ 11.0	—	
—	S30432	0.07 ~ 0.13	≤0.03	≤1.00	0.040	0.010	17.0 ~ 19.0	7.5 ~ 10.5		Cu 2.5 ~ 3.5 Nb 0.30 ~ 0.60 Al 0.003 ~ 0.030 N 0.05 ~ 0.12 B 0.001 ~ 0.010

（续）

钢号/代号		C	Si	Mn	P≤	S≤	Cr	Ni	Mo	其 他
ASTM	UNS									
—	S30434	0.07 ~ 0.14	≤1.00	≤2.00	0.040	0.010	17.5 ~ 19.5	9.0 ~ 12.0	—	Cu 2.5 ~ 3.5 Nb 0.10 ~ 0.40 Ti 0.10 ~ 0.25 B 0.001 ~ 0.004
TP304N	S30451	≤0.08	≤1.00	≤2.00	0.045	0.030	18.0 ~ 20.0	8.0 ~ 11.0	—	N 0.10 ~ 0.16
TP304LN	S30453	≤0.035	≤1.00	≤2.00	0.045	0.030	18.0 ~ 20.0	8.0 ~ 11.0	—	N 0.10 ~ 0.16
—	S30615	0.16 ~ 0.24	3.2 ~ 4.0	≤2.00	0.030	0.030	17.0 ~ 19.5	13.5 ~ 16.0	—	Al 0.80 ~ 1.50
—	S30815	0.05 ~ 0.10	1.4 ~ 2.0	≤0.80	0.040	0.030	20.0 ~ 22.0	10.0 ~ 12.0	—	N 0.14 ~ 0.20 Ce 0.03 ~ 0.08
TP309S	S30908	≤0.08	≤1.00	≤2.00	0.045	0.030	22.0 ~ 24.0	12.0 ~ 15.0	—	—
TP309H	S30909	0.04 ~ 0.10	≤1.00	≤2.00	0.045	0.030	22.0 ~ 24.0	12.0 ~ 15.0	—	—
TP309LMoN	S30925	≤0.025	≤0.70	≤2.00	0.040	0.030	23.0 ~ 26.0	13.0 ~ 16.0	0.5 ~ 1.2	N 0.25 ~ 0.40
TP309Cb	S30940	≤0.08	≤1.00	≤2.00	0.045	0.030	22.0 ~ 24.0	12.0 ~ 16.0	—	Nb 10 C ~ 1.10
TP309HCb	S30941	0.04 ~ 0.10	≤1.00	≤2.00	0.045	0.030	22.0 ~ 24.0	12.0 ~ 16.0	—	Nb 10 C ~ 1.10
—	S30942	0.03 ~ 0.10	≤1.00	≤2.00	0.040	0.030	21.0 ~ 23.0	14.5 ~ 16.5	—	Nb 0.50 ~ 0.80 B 0.001 ~ 0.005 N 0.10 ~ 0.20
—	S31002	≤0.020	≤0.15	≤2.00	0.020	0.015	24.0 ~ 26.0	19.0 ~ 22.0	≤0.10	N≤0.10
TP310S	S31008	≤0.08	≤1.00	≤2.00	0.045	0.030	24.0 ~ 26.0	19.0 ~ 22.0	—	—
TP310H	S31009	0.04 ~ 0.10	≤1.00	≤2.00	0.045	0.030	24.0 ~ 26.0	19.0 ~ 22.0	—	—
TP310MoCbN	S31025	≤0.10	≤1.00	1.50	0.030	0.030	19.5 ~ 23.0	23.0 ~ 26.0	1.0 ~ 2.0	Nb 0.10 ~ 0.40 Ti≤0.20 B 0.002 ~ 0.010 N 0.10 ~ 0.25
—	S31035	0.04 ~ 0.10	≤0.40	≤0.60	0.030	0.015	21.5 ~ 23.5	23.5 ~ 26.5	—	W 2.0 ~ 4.0, Co 1.0 ~ 2.0 Cu 2.0 ~ 3.5 Nb 0.30 ~ 0.60 B 0.002 ~ 0.008 N 0.15 ~ 0.30
TP310Cb	S31040	≤0.08	≤1.00	≤2.00	0.045	0.030	24.0 ~ 26.0	19.0 ~ 22.0	—	Nb 10 C ~ 1.10

（续）

钢号/代号		C	Si	Mn	P≤	S≤	Cr	Ni	Mo	其 他
ASTM	UNS									
TP310HCb	S31041	0.04 ~ 0.10	≤1.00	≤2.00	0.045	0.030	24.0 ~ 26.0	19.0 ~ 22.0	—	Nb 10 C ~ 1.10
TP310HCbN	S31042	0.04 ~ 0.10	≤1.00	≤2.00	0.045	0.030	24.0 ~ 26.0	19.0 ~ 22.0	—	Nb 0.20 ~ 0.60 N 0.15 ~ 0.35
TP310MoLN	S31050	≤0.025	≤0.40	≤2.00	0.020	0.030	24.0 ~ 26.0	21.0 ~ 23.0	2.00 ~ 3.00	N 0.10 ~ 0.16
—	S31060	0.05 ~ 0.10	≤0.50	≤1.00	0.040	0.030	22.0 ~ 24.0	10.0 ~ 12.5	—	N 0.18 ~ 0.25 (Ce + La)0.025 ~ 0.070 B 0.001 ~ 0.010
—	S31254	≤0.020	≤0.80	≤1.00	0.030	0.010	19.5 ~ 20.5	17.5 ~ 18.5	6.0 ~ 6.5	Cu 0.50 ~ 1.00 N 0.18 ~ 0.22
—	S31266	≤0.30	≤0.80	≤1.00	0.030	0.010	23.0 ~ 25.0	21.0 ~ 24.0	5.2 ~ 6.2	W 1.50 ~ 2.50 Cu 1.00 ~ 2.00 Nb 0.35 ~ 0.60
—	S31272	0.08 ~ 0.12	0.30 ~ 0.70	1.50 ~ 2.00	0.030	0.015	14.0 ~ 16.0	14.0 ~ 16.0	1.00 ~ 1.40	Ti 0.30 ~ 0.60 B 0.004 ~ 0.008
—	S31277	≤0.020	≤0.50	≤3.00	0.030	0.010	20.5 ~ 23.0	26.0 ~ 28.0	0.30 ~ 0.40	Cu 0.50 ~ 1.50
TP316	S31600	≤0.08	≤1.00	≤2.00	0.045	0.030	16.0 ~ 18.0	10.0 ~ 14.0	2.00 ~ 3.00	—
TP316L	S31603	≤0.035	≤1.00	≤2.00	0.045	0.030	16.0 ~ 18.0	10.0 ~ 14.0	2.00 ~ 3.00	—
TP316H	S31609	0.04 ~ 0.10	≤1.00	≤2.00	0.045	0.030	16.0 ~ 18.0	11.0 ~ 14.0	2.00 ~ 3.00	—
TP316Ti	S31635	≤0.08	≤0.75	≤2.00	0.045	0.030	16.0 ~ 18.0	10.0 ~ 14.0	2.00 ~ 3.00	Ti 5(C + N) ~ 0.70 N≤0.10
TP316N	S31651	≤0.08	≤1.00	≤2.00	0.045	0.030	16.0 ~ 18.0	10.0 ~ 13.0	2.00 ~ 3.00	N 0.10 ~ 0.16
TP316LN	S31653	≤0.035	≤1.00	≤2.00	0.045	0.030	16.0 ~ 18.0	10.0 ~ 13.0	2.00 ~ 3.00	N 0.10 ~ 0.16
TP317	S31700	≤0.08	≤1.00	≤2.00	0.045	0.030	18.0 ~ 20.0	11.0 ~ 15.0	3.0 ~ 4.0	—
TP317L	S31703	≤0.035	≤1.00	≤2.00	0.045	0.030	18.0 ~ 20.0	11.0 ~ 15.0	3.0 ~ 4.0	—
TP317LM	S31725	≤0.030	≤1.00	≤2.00	0.045	0.030	18.0 ~ 20.0	13.5 ~ 17.5	4.0 ~ 5.0	Cu≤0.75 N≤0.20
TP317LMN	S31726	≤0.030	≤1.00	≤2.00	0.045	0.030	17.0 ~ 20.0	13.5 ~ 17.5	4.0 ~ 5.0	Cu≤0.75 N 0.10 ~ 0.20
—	S31730	≤0.030	≤1.00	≤2.00	0.040	0.010	17.0 ~ 19.0	15.0 ~ 16.50	3.0 ~ 4.0	Cu 4.0 ~ 5.0
—	S32050	≤0.030	≤1.00	≤1.50	0.035	0.020	22.0 ~ 24.0	20.0 ~ 23.0	6.0 ~ 6.8	Cu≤0.40 N 0.21 ~ 0.32

（续）

钢号/代号 ASTM	钢号/代号 UNS	C	Si	Mn	P≤	S≤	Cr	Ni	Mo	其 他
TP321	S32100	≤0.08	≤1.00	≤2.00	0.045	0.030	17.0 ~ 19.0	9.0 ~ 12.0	—	Ti 5(C+N) ~ 0.70 N≤0.10
TP321H	S32109	0.04 ~ 0.10	≤1.00	≤2.00	0.045	0.030	17.0 ~ 19.0	9.0 ~ 12.0	—	Ti 4(C+N) ~ 0.70
—	S32615	≤0.07	4.8 ~ 6.0	≤2.00	0.045	0.030	16.5 ~ 19.5	19.0 ~ 22.0	0.30 ~ 1.50	Cu 1.50 ~ 2.50
—	S33228	0.04 ~ 0.08	≤0.30	≤100	0.020	0.015	26.0 ~ 28.0	31.0 ~ 33.0	—	Nb 0.60 ~ 1.00 Ce 0.05 ~ 0.10 Al≤0.025
—	S34565	≤0.030	≤1.00	5.0 ~ 7.0	0.030	0.010	23.0 ~ 25.0	16.0 ~ 18.0	4.0 ~ 5.0	Nb≤0.10 N 0.40 ~ 0.60
TP347	S34700	≤0.08	≤1.00	≤2.00	0.045	0.030	17.0 ~ 20.0	9.0 ~ 13.0	—	Nb 10 C ~ 1.10
TP347W	S34705	≤0.05	≤1.00	≤2.00	0.040	0.030	17.0 ~ 20.0	8.0 ~ 11.0	—	Nb 0.25 ~ 0.50 V 0.20 ~ 0.50 W 1.50 ~ 2.60
TP347H	S34709	0.04 ~ 0.10	≤1.00	≤2.00	0.045	0.030	17.0 ~ 19.0	9.0 ~ 13.0	—	Nb 8 C ~ 1.10
TP347HFG	S34710	0.06 ~ 0.10	≤1.00	≤2.00	0.045	0.030	17.0 ~ 19.0	9.0 ~ 13.0	—	Nb 8 C ~ 1.10
TP347LN	S34751	0.005 ~ 0.020	≤1.00	≤2.00	0.045	0.030	17.0 ~ 19.0	9.0 ~ 13.0	—	Nb 0.20 ~ 0.50 N 0.06 ~ 0.10
TP348	S34800	≤0.08	≤1.00	≤2.00	0.045	0.030	17.0 ~ 19.0	9.0 ~ 13.0	—	(Nb+Ta)10 C ~ 1.10 Co≤0.20, Ta≤0.10
TP348H	S34809	0.04 ~ 0.10	≤1.00	≤2.00	0.045	0.030	17.0 ~ 19.0	9.0 ~ 13.0	—	(Nb+Ta)8 C ~ 1.10 Co≤0.20, Ta≤0.10
—	S35045	0.06 ~ 0.10	≤1.00	≤1.50	0.045	0.030	25.0 ~ 29.0	32.0 ~ 37.0	—	Ti 0.15 ~ 0.60 Al 0.15 ~ 0.60, Cu≤0.75
XM-15	S38100	≤0.08	1.5 ~ 2.5	≤2.00	0.030	0.030	17.0 ~ 19.0	17.5 ~ 18.5		—
—	S38815	≤0.030	5.5 ~ 6.5	≤2.00	0.040	0.020	13.0 ~ 15.0	15.0 ~ 17.0	0.75 ~ 1.50	Cu 0.75 ~ 1.50 Al≤0.30
Alloy 20	N08020	≤0.07	≤1.00	≤2.00	0.045	0.035	19.0 ~ 21.0	32.0 ~ 38.0	2.00 ~ 3.00	Nb 8 C ~ 1.00 Cu 3.0 ~ 4.0
Alloy 20	N08028	≤0.030	≤1.00	≤2.50	0.030	0.030	26.0 ~ 28.0	30.0 ~ 34.0	3.00 ~ 4.00	Cu 0.6 ~ 1.4
Alloy 20	N08029	≤0.020	≤0.60	≤2.00	0.025	0.015	26.0 ~ 28.0	30.0 ~ 34.0	4.00 ~ 5.00	Cu 0.6 ~ 1.4

（续）

钢号/代号		C	Si	Mn	P≤	S≤	Cr	Ni	Mo	其　他
ASTM	UNS									
—	N08367	≤0.030	≤1.00	≤2.00	0.040	0.030	20.0 ~ 22.0	23.5 ~ 25.5	6.0 ~ 7.0	N 0.18 ~ 0.25 Cu≤0.75
800	N08800	≤0.10	≤1.00	≤1.50	0.045	0.015	19.0 ~ 23.0	30.0 ~ 35.0	—	Ti 0.15 ~ 0.60 Al 0.15 ~ 0.60 Cu≤0.75，Fe≥39.5
800H	N08810	0.05 ~ 0.10	≤1.00	≤1.50	0.045	0.015	19.0 ~ 23.0	30.0 ~ 35.0	—	Ti 0.15 ~ 0.60 Al 0.15 ~ 0.60 Cu≤0.75，Fe≥39.5
—	N08811	0.05 ~ 0.10	≤1.00	≤1.50	0.045	0.015	19.0 ~ 23.0	30.0 ~ 35.0	—	Ti 0.25 ~ 0.60 Al 0.25 ~ 0.60 Cu≤0.75，Fe≥39.5
—	N08904	≤0.020	≤1.00	≤2.00	0.040	0.030	23.0 ~ 28.0	19.0 ~ 23.0	4.0 ~ 5.0	N≤0.10 Cu 1.00 ~ 2.00
—	N08925	≤0.020	≤0.50	≤1.00	0.045	0.030	19.0 ~ 21.0	24.0 ~ 26.0	6.0 ~ 7.0	Cu 0.80 ~ 1.50 N 0.10 ~ 0.20
—	N08926	≤0.020	≤0.50	≤2.00	0.030	0.010	24.0 ~ 26.0	19.0 ~ 21.0	6.0 ~ 7.0	Cu 0.50 ~ 1.50 N 0.15 ~ 0.25
TP444	S44400	≤0.03	≤1.00	≤1.00	0.040	0.030	17.5 ~ 19.5	17.0 ~ 19.0	1.75 ~ 2.50	(Ti + Nb) [0.20 + 4(C + N)] ~ 0.80，N≤0.035 Ni + Cu≤1.00

B) 锅炉与热交换器等用奥氏体不锈钢无缝管的力学性能（表 3-12-29）

表 3-12-29　锅炉与热交换器等用奥氏体不锈钢无缝管的力学性能

钢号/代号		R_m/MPa	$R_{p0.2}$/MPa	$A(\%)$	HBW	HRB	HV
ASTM	UNS		≥			≤	
TP201	S20100	655	260	35	219	95	230
TP202	S20200	620	310	35	219	95	230
TPXM-19	S20910	690	380	35	250	(25)[1]	265
—	S21500	540	230	35	192	90	200
—	S25700	540	240	50	217	95	—
TP304	S30400	515	205	35	192	90	200
TP304L	S30403	485	170	35	192	90	200
TP304H	S30409	515	205	35	192	90	200
—	S30432	550	205	35	192	90	200
—	S30434	500	205	35	192	90	200
TP304N	S30451	550	240	35	192	90	200
TP304LN	S30453	515	205	35	192	90	200
—	S30615	620	275	35	192	90	200
—	S30815	600	310	40	217	95	—
TP309S	S30908	515	205	35	192	90	200
TP309H	S30909	515	205	35	192	90	200

（续）

钢号/代号			R_m/MPa	$R_{p0.2}$/MPa	$A(\%)$	HBW	HRB	HV
ASTM	UNS		≥			≤		
TP309LMoN	S30925		640	260	30	256	100	270
TP309Cb	S30940		515	205	35	192	90	200
TP309HCb	S30941		515	205	35	192	90	200
—	S30942		590	235	35	219	95	230
—	S31002		500	205	35	192	90	200
TP310S	S31008		515	205	35	192	90	200
TP310MoCbN	S31025		640	270	30	256	100	270
	S31035		655	310	40	220	96	230
TP310H	S31009		515	205	35	192	90	200
TP310Cb	S31040		515	205	35	192	90	200
TP310HCb	S31041		515	205	35	192	90	200
TP310HCbN	S31042		655	295	30	256	100	—
TP310MoLN	S31050	$t \leqslant 6$mm	580	270	25	217	95	
—		$t > 6$mm	540	255	25	217	95	
—	S31060		600	280	40	217	95	—
—	S31254	$t \leqslant 5$mm	675	310	35	220	96	230
		$t > 5$mm	655	310	35	220	96	230
—	S31272		450	200	35	217	95	—
TP316	S31600		515	205	35	192	90	200
TP316L	S31603		485	170	35	192	90	200
TP316H	S31609		515	205	35	192	90	200
TP316Ti	S31635		515	205	35	192	90	200
TP316N	S31651		550	240	35	192	90	200
TP317	S31700		515	205	34	192	90	200
TP317L	S31703		515	205	35	192	90	200
—	S31725		515	205	35	192	90	200
—	S32050		675	330	40	256	100	—
TP321	S32100		515	205	35	192	90	200
TP321H	S32109		515	205	35	192	90	200
—	S32615		550	220	25	192	90	200
—	S32716		550	240	35	192	90	200
—	S33228		500	185	30	192	90	200
—	S34565		790	415	35	241	100	—
TP347	S34700		515	205	35	192	90	200
TP347W	S34705		620	260	30	192	90	200
TP347H	S34709		515	205	35	192	90	200
TP347HFG	S34710		550	205	35	192	90	200
TP347LN	S34751		515	205	35	192	90	200
TP348	S34800		515	205	35	192	90	200
TP348H	S34809		515	205	35	192	90	200
—	S35045		485	170	35	192	90	200
XM-15	S38100		515	205	35	192	90	200
—	S38815		540	255	30	256	100	—
TP444[2]	S44400		415	275	20	217	96	230

① 括号内为 HRC 硬度值。

② 铁素体不锈钢。

（2）美国 ASTM 标准锅炉与热交换器等用的中低合金钢无缝管

A）锅炉、过热器、热交换器及冷凝器用中低合金钢无缝管的钢号及化学成分（表 3-12-30）

表 3-12-30　锅炉、过热器、热交换器及冷凝器用中低合金钢无缝管的钢号与化学成分（质量分数）（%）

钢号/代号 ASTM	钢号/代号 UNS	C	Si	Mn	P≤	S≤	Cr	Ni	Mo	其　他
T2	K11547	0.10 ~ 0.20	0.10 ~ 0.30	0.30 ~ 0.61	0.025	0.025	0.50 ~ 0.81	—	0.44 ~ 0.65	—
T5	K41545	≤0.15	≤0.15	0.30 ~ 0.60	0.025	0.025	4.00 ~ 6.00	—	0.45 ~ 0.65	—
T5b	K51545	≤0.15	1.00 ~ 2.00	0.30 ~ 0.60	0.025	0.025	4.00 ~ 6.00	—	0.45 ~ 0.65	—
T5c	K41245	≤0.12	≤0.50	0.30 ~ 0.60	0.025	0.025	4.00 ~ 6.00	—	0.45 ~ 0.65	Ti 4 C ~ 0.70
T9	K90941	≤0.15	0.25 ~ 1.00	0.30 ~ 0.60	0.025	0.025	8.00 ~ 10.00	—	0.90 ~ 1.10	—
T11	K11597	0.05 ~ 0.15	0.50 ~ 1.00	0.30 ~ 0.60	0.025	0.025	1.00 ~ 1.50	—	0.44 ~ 0.65	—
T12	K11562	0.05 ~ 0.15	≤0.50	0.30 ~ 0.61	0.025	0.025	0.80 ~ 1.25	—	0.44 ~ 0.65	—
T17	K12047	0.15 ~ 0.25	0.15 ~ 0.35	0.30 ~ 0.61	0.025	0.025	0.80 ~ 1.25	—	—	V ≤0.15
T21	K31545	0.05 ~ 0.15	0.50 ~ 1.00	0.30 ~ 0.60	0.025	0.025	2.65 ~ 3.35	—	0.80 ~ 1.06	—
T22	K21590	0.05 ~ 0.15	≤0.50	0.30 ~ 0.60	0.025	0.025	1.90 ~ 2.60	—	0.87 ~ 1.13	—
T23	K40712	0.04 ~ 0.10	≤0.50	0.10 ~ 0.60	0.030	0.010	1.90 ~ 2.60	≤0.40	0.05 ~ 0.30	①
T24	K30736	0.05 ~ 0.10	0.15 ~ 0.45	0.30 ~ 0.70	0.020	0.010	2.20 ~ 2.60	—	0.90 ~ 1.10	②
T36	K21001	0.10 ~ 0.17	0.25 ~ 0.50	0.80 ~ 1.20	0.030	0.025	≤0.30	1.00 ~ 1.30	0.25 ~ 0.50	③
T91 Type1	K90901	0.07 ~ 0.14	0.20 ~ 0.50	0.30 ~ 0.60	0.020	0.010	8.0 ~ 9.5	≤0.40	0.85 ~ 1.05	④
T92 Type2	K90901	0.08 ~ 0.12	0.20 ~ 0.40	0.30 ~ 0.50	0.020	0.010	8.0 ~ 9.5	≤0.20	0.85 ~ 1.05	⑤
T92	K92460	0.07 ~ 0.13	≤0.50	0.30 ~ 0.60	0.020	0.010	8.5 ~ 9.5	≤0.40	0.30 ~ 0.60	⑥
T115	K91060	0.08 ~ 0.13	0.15 ~ 0.45	0.20 ~ 0.50	0.020	0.010	10.0 ~ 11.5	≤0.25	0.40 ~ 0.60	⑦
T122	K91271	0.07 ~ 0.14	≤0.50	≤0.70	0.020	0.010	10.0 ~ 11.5	≤0.50	0.25 ~ 0.60	⑧
T911	K91061	0.09 ~ 0.13	0.10 ~ 0.50	0.30 ~ 0.60	0.020	0.010	8.5 ~ 9.5	≤0.40	0.90 ~ 1.10	⑨

① W 1.45 ~ 1.75，V 0.20 ~ 0.30，Nb 0.02 ~ 0.08，Ti 0.005 ~ 0.060，Al≤0.03，N≤0.015，B 0.001 ~ 0.006，Ti/N≥3.5。

② V 0.20 ~ 0.30，Ti 0.06 ~ 0.10，Al≤0.02，B 0.0015 ~ 0.007，N≤0.012。

③ Cu 0.50 ~ 0.80，Nb 0.015 ~ 0.045，V≤0.02，Al≤0.05，N≤0.02。

④ V 0.18 ~ 0.25，Al≤0.02，Nb 0.06 ~ 0.10[①]，N 0.030 ~ 0.070，Ti≤0.01，Zr≤0.01。

⑤ W≤0.05，V 0.18 ~ 0.25，Al≤0.02，Nb≤0.06 ~ 0.10，N 0.035 ~ 0.070，B≤0.001，Ti≤0.01，Zr≤0.01。

⑥ W 1.50 ~ 2.00，V 0.15 ~ 0.25，Al≤0.02，Nb 0.04 ~ 0.09，B 0.001 ~ 0.006，N 0.030 ~ 0.070，Ti≤0.01，Zr≤0.01。

⑦ V≤0.18 ~ 0.25，Nb 0.02 ~ 0.06，Al≤0.02，N 0.030 ~ 0.070，B≤0.001，Ti≤0.01，Zr≤0.01。

⑧ W 1.50 ~ 2.50，V 0.15 ~ 0.30，Al≤0.02，Cu 0.30 ~ 1.70，Nb 0.04 ~ 0.10，B 0.0005 ~ 0.0050，N 0.040 ~ 0.100，Ti≤0.01，Zr≤0.01。

⑨ W 0.90 ~ 1.10，V 0.18 ~ 0.25，Al≤0.02，Nb 0.06 ~ 0.10，B 0.0003 ~ 0.0060，N 0.040 ~ 0.090，Ti≤0.01，Zr≤0.01。

B）锅炉与热交换器等用中低合金钢无缝管的力学性能（表 3-12-31）

表 3-12-31　锅炉与热交换器等用中低合金钢无缝管的力学性能

钢号/代号 ASTM	钢号/代号 UNS	R_m/MPa	$R_{p0.2}$/MPa	A(%)	HBW	HRB（HRC）	HV
		≥			≤		
T5b	K51545	415	205	30	179	89	190
T9	K90941	415	205	30	179	89	190
T12	K11562	415	220	30	163	85	170
T23	K40712	510	400	20	220	97	230
T24	K30736	585	415	20	250	(25)	265
T36Class1	K21001	620	440	15	250	(25)	265
T36Class2	K21001	660	460	15	250	(25)	265
T91 Type1、2	K90901	585	415	20	190 ~ 250	90 ~（25）	196 ~ 265

（续）

钢号/代号		R_m/MPa	$R_{p0.2}$/MPa	$A(\%)$	HBW	HRB（HRC）	HV
ASTM	UNS	≥			≤		
T92	K92460	620	440	20	250	（25）	265
T122	K91271	620	400	20	250	（25）	265
T911	K91061	620	440	20	250	（25）	265
T115	K91060	620	450	20	190 ~ 250	90 ~ （25）	196 ~ 250

3.12.15　奥氏体不锈钢无缝管与焊接管［ASTM A312/A312M（2016a）］

（1）美国 ASTM 标准奥氏体不锈钢无缝管与焊接管的钢号与化学成分（表3-12-32）

表 3-12-32　奥氏体不锈钢无缝管与焊接管的钢号与化学成分（质量分数）（%）

钢号/代号		C	Si	Mn	P≤	S≤	Cr	Ni	Mo	N	其　他
ASTM	UNS										
—	S20400	≤0.030	≤1.00	7.0 ~ 9.0	0.045	0.030	15.0 ~ 17.0	1.5 ~ 3.0	—	0.15 ~ 0.30	—
TPXM-19	S20910	≤0.06	≤1.00	4.0 ~ 6.0	0.045	0.030	20.5 ~ 23.5	11.5 ~ 13.5	1.50 ~ 3.00	0.20 ~ 0.40	Nb 0.10 ~ 0.30 V 0.10 ~ 0.30
TPXM-10	S21900	≤0.08	≤1.00	8.0 ~ 10.0	0.045	0.030	19.0 ~ 21.5	5.5 ~ 7.5	—	0.15 ~ 0.40	—
TPXM-11	S21904	≤0.04	≤1.00	8.0 ~ 10.0	0.045	0.030	19.0 ~ 21.5	5.5 ~ 7.5	—	0.15 ~ 0.40	—
TPXM-29	S24000	≤0.08	≤1.00	11.5 ~ 14.5	0.060	0.030	17.0 ~ 19.0	2.3 ~ 3.7		0.20 ~ 0.40	—
TP201	S20100	≤0.15	≤1.00	5.5 ~ 7.5	0.060	0.030	16.0 ~ 18.0	3.5 ~ 5.5	—	≤0.25	—
TP201LN	S20153	≤0.030	≤0.75	6.4 ~ 7.0	0.045	0.030	16.0 ~ 17.5	4.0 ~ 5.0	—	0.10 ~ 0.16	Cu≤0.10
TP304	S30400	≤0.08	≤1.00	≤2.00	0.045	0.030	18.0 ~ 20.0	8.0 ~ 11.5	—	—	—
TP304L	S30403	≤0.030	≤1.00	≤2.00	0.045	0.030	18.0 ~ 20.0	8.0 ~ 13.0	—	—	—
TP304H	S30409	0.04 ~ 0.10	≤1.00	≤2.00	0.045	0.030	18.0 ~ 20.0	8.0 ~ 11.0	—	—	—
—	S30415	0.04 ~ 0.06	1.00 ~ 2.00	≤0.80	0.045	0.030	18.0 ~ 19.0	9.0 ~ 10.0	—	0.12 ~ 0.18	Ce 0.03 ~ 0.08
TP304N	S30451	≤0.08	≤1.00	≤2.00	0.045	0.030	18.0 ~ 20.0	8.0 ~ 11.0	—	0.10 ~ 0.16	—
TP304LN	S30453	≤0.035	≤1.00	≤2.00	0.045	0.030	18.0 ~ 20.0	8.0 ~ 11.0	—	0.10 ~ 0.16	—
—	S30600	≤0.018	3.7 ~ 4.3	≤2.00	0.020	0.020	17.0 ~ 18.5	14.0 ~ 15.5	≤0.20	—	Cu≤0.50
—	S30615	0.16 ~ 0.24	3.2 ~ 4.0	≤2.00	0.030	0.030	17.0 ~ 19.5	13.5 ~ 16.0	—	—	Al 0.80 ~ 1.50
—	S30815	0.05 ~ 0.10	1.4 ~ 2.0	≤0.80	0.040	0.030	20.0 ~ 22.0	10.0 ~ 12.0	—	0.14 ~ 0.20	Ce 0.03 ~ 0.08
TP309S	S30908	≤0.08	≤1.00	≤2.00	0.045	0.030	22.0 ~ 24.0	12.0 ~ 15.0	≤0.75	—	—
TP309H	S30909	0.04 ~ 0.10	≤1.00	≤2.00	0.045	0.030	22.0 ~ 24.0	12.0 ~ 15.0	≤0.75	—	—
TP309Cb	S30940	≤0.08	≤1.00	≤2.00	0.045	0.030	22.0 ~ 24.0	12.0 ~ 16.0	≤0.75	—	Nb 10 C ~ 1.10
TP309HCb	S30941	0.04 ~ 0.10	≤1.00	≤2.00	0.045	0.030	22.0 ~ 24.0	12.0 ~ 16.0	≤0.75	—	Nb 10 C ~ 1.10

（续）

钢号/代号 ASTM	UNS	C	Si	Mn	P≤	S≤	Cr	Ni	Mo	N	其 他
—	S31002	≤0.015	≤0.15	≤2.00	0.020	0.015	24.0~26.0	19.0~22.0	≤0.10	≤0.10	—
TP310S	S31008	≤0.08	≤1.00	≤2.00	0.045	0.030	24.0~26.0	19.0~22.0			—
TP310H	S31009	0.04~0.10	≤1.00	≤2.00	0.045	0.030	24.0~26.0	19.0~22.0			—
—	S31035	0.04~0.10	≤0.40	≤0.60	0.030	0.015	21.5~23.5	23.5~26.5		0.15~0.30	W 2.0~4.0 Co 1.0~2.0 Cu 2.0~3.5 Nb 0.30~0.60 B 0.002~0.008
TP310Cb	S31040	≤0.08	≤1.00	≤2.00	0.045	0.030	24.0~26.0	19.0~22.0	≤0.75		Nb 10 C~1.10
TP310HCb	S31041	0.04~0.10	≤1.00	≤2.00	0.045	0.030	24.0~26.0	19.0~22.0	≤0.75		Nb 10 C~1.10
TP310MoLN	S31050	≤0.025	≤0.40	≤2.00	0.020	0.015	24.0~26.0	20.5~23.5	1.60~2.80	0.09~0.15	
—	S31254	≤0.020	≤0.80	≤1.00	0.030	0.010	19.5~20.5	17.5~18.5	6.0~6.5		Cu 0.50~1.00 N 0.18~0.22
—	S31272	0.08~0.12	0.30~0.70	1.50~2.00	0.030	0.015	14.0~16.0	14.0~16.0	1.00~1.40		Ti 0.30~0.60 B 0.004~0.008
—	S31277	≤0.020	≤0.50	≤3.00	0.030	0.010	20.5~23.0	26.0~28.0	6.5~8.0	0.30~0.40	Cu 0.50~1.50
TP316	S31600	≤0.08	≤1.00	≤2.00	0.045	0.030	16.0~18.0	11.0~14.0	2.00~3.00		—
TP316L	S31603	≤0.035	≤1.00	≤2.00	0.045	0.030	16.0~18.0	10.0~14.0	2.00~3.00		—
TP316H	S31609	0.04~0.10	≤1.00	≤2.00	0.045	0.030	16.0~18.0	11.0~14.0	2.00~3.00		—
TP316Ti	S31635	≤0.08	≤0.75	≤2.00	0.045	0.030	16.0~18.0	10.0~14.0	2.00~3.00	≤0.10	Ti 5(C+N)~0.70
TP316N	S31651	≤0.08	≤1.00	≤2.00	0.045	0.030	16.0~18.0	11.0~14.0	2.00~3.00	0.10~0.16	—
TP316LN	S31653	≤0.035	≤1.00	≤2.00	0.045	0.030	16.0~18.0	11.0~14.0	2.00~3.00	0.10~0.16	—
TP317	S31700	≤0.08	≤1.00	≤2.00	0.045	0.030	18.0~20.0	11.0~15.0	3.0~4.0		—
TP317L	S31703	≤0.035	≤1.00	≤2.00	0.045	0.030	18.0~20.0	11.0~15.0	3.0~4.0		—
TP317LM	S31725	≤0.030	≤1.00	≤2.00	0.040	0.030	18.0~20.0	13.5~17.5	4.0~5.0	≤0.10	Cu≤0.75
TP317LMN	S31726	≤0.030	≤1.00	≤2.00	0.040	0.030	17.0~20.0	14.5~17.5	4.0~5.0	0.10~0.20	Cu≤0.75
—	S31727	≤0.030	≤1.00	≤1.00	0.030	0.030	17.5~19.0	14.5~16.5	3.8~4.5	0.15~0.21	Cu 2.8~4.0
—	S32053	≤0.030	≤1.00	≤1.00	0.030	0.010	22.0~24.0	24.0~26.0	5.0~6.0	0.17~0.22	—
TP321	S32100	≤0.08	≤1.00	≤2.00	0.045	0.030	17.0~19.0	9.0~12.0	—	—	Ti 5(C+N)~0.70 N≤0.10
TP321H	S32109	0.04~0.10	≤1.00	≤2.00	0.045	0.030	17.0~19.0	9.0~12.0	—	—	Ti 4(C+N)~0.70

（续）

钢号/代号		C	Si	Mn	P≤	S≤	Cr	Ni	Mo	N	其 他
ASTM	UNS										
—	S32615	≤0.07	4.8 ~ 6.0	≤2.00	0.045	0.030	16.5 ~ 19.5	19.0 ~ 22.0	0.30 ~ 1.50	—	Cu 1.50 ~ 2.50
—	S32654	≤0.020	≤0.50	2.0 ~ 4.0	0.030	0.005	24.0 ~ 25.0	21.0 ~ 23.0	7.0 ~ 8.0	0.45 ~ 0.55	Cu 0.30 ~ 0.60
—	S33228	0.04 ~ 0.08	≤0.30	≤100	0.020	0.015	26.0 ~ 28.0	31.0 ~ 33.0	—	—	Nb 0.60 ~ 1.00 Ce 0.05 ~ 0.10 Al≤0.025
—	S34565	≤0.030	≤1.00	5.0 ~ 7.0	0.030	0.010	23.0 ~ 25.0	16.0 ~ 18.0	4.0 ~ 5.0	0.40 ~ 0.60	Nb≤0.10
TP347	S34700	≤0.08	≤1.00	≤2.00	0.045	0.030	17.0 ~ 20.0	9.0 ~ 13.0	—	—	Nb 10 C ~ 1.10
TP347H	S34709	0.04 ~ 0.10	≤1.00	≤2.00	0.045	0.030	17.0 ~ 19.0	9.0 ~ 13.0	—	—	Nb 8 C ~ 1.10
TP347LN	S34751	0.005 ~ 0.020	≤1.00	≤2.00	0.045	0.030	17.0 ~ 19.0	9.0 ~ 13.0	—	0.06 ~ 0.10	Nb 0.20 ~ 0.50
TP348	S34800	≤0.08	≤1.00	≤2.00	0.045	0.030	17.0 ~ 19.0	9.0 ~ 13.0	—	—	（Nb + Ta）10 C ~ 1.10, Ta≤0.10
TP348H	S34809	0.04 ~ 0.10	≤1.00	≤2.00	0.045	0.030	17.0 ~ 19.0	9.0 ~ 13.0	—	—	（Nb + Ta）8 C ~ 1.10, Ta≤0.10
—	S35045	0.06 ~ 0.10	≤1.00	≤1.50	0.045	0.015	25.0 ~ 29.0	32.0 ~ 37.0	—	—	Ti 0.15 ~ 0.60 Al 0.15 ~ 0.60 Cu≤0.75
—	S35315	0.04 ~ 0.08	1.2 ~ 2.0	≤2.00	0.040	0.030	34.0 ~ 36.0	34.0 ~ 36.0	—	0.12 ~ 0.18	Ce 0.0 ~ 0.08
TPXM-15	S38100	≤0.08	1.5 ~ 2.5	≤2.00	0.030	0.030	17.0 ~ 19.0	17.5 ~ 18.5	—	—	—
—	S38815	≤0.030	5.5 ~ 6.5	≤2.00	0.040	0.020	13.0 ~ 15.0	15.0 ~ 17.0	0.75 ~ 1.50	—	Cu 0.75 ~ 1.50 Al≤0.30
Alloy 20	N08020	≤0.07	≤1.00	≤2.00	0.045	0.035	19.0 ~ 21.0	32.0 ~ 38.0	2.00 ~ 3.00	—	Nb 8 C ~ 1.00 Cu 3.0 ~ 4.0
—	N08367	≤0.030	≤1.00	≤2.00	0.040	0.030	20.0 ~ 22.0	23.5 ~ 25.5	6.0 ~ 7.0	0.18 ~ 0.25	Cu≤0.75
800	N08800	≤0.10	≤1.00	≤1.50	0.045	0.015	19.0 ~ 23.0	30.0 ~ 35.0	—	—	Al 0.15 ~ 0.60 Cu≤0.75 Fe≥39.5
800H	N08810	0.05 ~ 0.10	≤1.00	≤1.50	0.045	0.015	19.0 ~ 23.0	30.0 ~ 35.0	—	—	Ti 0.15 ~ 0.60 Al 0.15 ~ 0.60 Cu≤0.75 Fe≥39.5
—	N08811	0.06 ~ 0.10	≤1.00	≤1.50	0.045	0.015	19.0 ~ 23.0	30.0 ~ 35.0	—	—	Ti 0.15 ~ 0.60 Al 0.15 ~ 0.60 Cu≤0.75 Fe≥39.5
—	N08904	≤0.020	≤1.00	≤2.00	0.040	0.030	19.0 ~ 23.0	23.0 ~ 28.0	4.0 ~ 5.0	≤0.10	Cu 1.00 ~ 2.00
—	N08925	≤0.020	≤0.50	≤1.00	0.045	0.030	19.0 ~ 21.0	24.0 ~ 26.0	6.0 ~ 7.0	0.10 ~ 0.20	—
—	N08926	≤0.020	≤0.50	≤2.00	0.030	0.010	19.0 ~ 21.0	24.0 ~ 26.0	6.0 ~ 7.0	0.15 ~ 0.25	—

（2）美国 ASTM 标准奥氏体不锈钢无缝管与焊缝管的力学性能（表3-12-33）

表 3-12-33   奥氏体不锈钢无缝管与焊接管的力学性能

ASTM 钢号	UNS 编号		R_m/MPa	$R_{p0.2}$/MPa	A（%）	Z（%）
					≥	
—	S20400		635	330	35	25
TPXM-19	S20910		690	380	35	25
TPXM-10	S21900		620	345	35	25
TPXM-11	S21904		620	345	35	25
TPXM-29	S24000		690	380	35	25
TP201	S20100		515	260	35	25
TP201LN	S20153		655	310	35	25
TP304	S30400		515	205	35	25
TP304L	S30403		485	170	35	25
TP304H	S30409		515	205	35	25
—	S30415		600	290	35	25
TP304N	S30451		550	240	35	25
TP304LN	S30453		515	205	35	25
—	S30600		540	240	35	25
—	S30615		620	275	35	25
—	S30815		600	310	35	25
TP309S	S30908		515	205	35	25
TP309H	S30909		515	205	35	25
TP309Cb	S30940		515	205	35	25
TP309HCb	S30941		515	205	35	25
—	S31002		500	205	35	25
TP310S	S31008		515	205	35	25
TP310H	S31009		515	205	35	25
—	S31035		655	310	35	25
TP310Cb	S31040		515	205	35	25
TP310HCb	S31041		515	205	35	25
TP310MoLN	S31050	$t \leqslant 8\,mm$	580	270	25	—
		$t > 8\,mm$	540	255	25	—
—	S31254	$t \leqslant 5\,mm$	675	310	35	25
		$t > 5\,mm$	655	310	35	25
—	S31272		450	200	35	25
—	S31277		770	360	40	—
TP316	S31600		515	205	35	25
TP316L	S31603		485	170	35	25
TP316H	S31609		515	205	35	25
TP316Ti	S31635		515	205	35	25
TP316N	S31651		550	240	35	25
TP316LN	S31653		515	205	35	25
TP317	S31700		515	205	35	25
TP317L	S31703		515	205	35	25

（续）

ASTM 钢号	UNS 编号		R_m/MPa	$R_{p0.2}$/MPa	A（%）	Z（%）
			≥			
TP317LM	S31725		515	205	35	25
TP317LMN	S31726		550	240	35	25
—	S31727		550	245	35	25
—	S32053		640	295	35	25
TP321 焊接管	S32100		515	205	35	25
TP321 无缝管	S32100	$t \leqslant 10mm$	515	205	35	25
		$t > 10mm$	485	170	35	25
TP321H 焊接管	S32109		515	205	35	25
TP321H 无缝管	S32109	$t \leqslant 10mm$	515	205	35	25
		$t > 10mm$	480	170	35	25
—	S32615		550	220	25	—
—	S32654		750	430	35	25
—	S33228		500	185	35	25
—	S34565		795	415	35	25
TP347	S34700		515	205	35	25
TP347H	S34709		515	205	35	25
TP347LN	S34751		515	205	35	25
TP348	S34800		515	205	35	25
TP348H	S34809		515	205	35	25
—	S35045		485	170	35	25
S35315 焊接管	S35315		650	270	35	25
S35315 无缝管			600	260	35	25
TPXM-15	S38100		515	205	35	25
—	S38815		540	255	35	25
Alloy 20	N08020		550	240	30	—
—	N08367	$t \leqslant 5mm$	690	310	30	—
		$t > 5mm$	655	310	30	—
800	N08800	冷加工退火	515	205	30	—
		热成形退火	450	170	30	—
800H	N08810		450	170	30	—
	N08811		450	170	30	—
—	N08904		490	215	35	25
—	N08925		600	275	40	—
—	N08926		650	295	35	25

3.12.16 高温用于公称管道与阀门部件用不锈钢和合金钢 ［ASTM A182/A182M（2019）］

该标准包括高温用于公称管道与阀门部件等用的不锈钢和中低合金钢，考虑到其专业用途相同及查阅方便，现将属于中低合金钢无缝管的 25 个牌号也一并列在下面，供参考。

（1）美国 ASTM 标准高温用于公称管道与阀门部件用的不锈钢

A）高温用于公称管道和阀门部件用的不锈钢钢号与化学成分（表 3-12-34）

表 3-12-34　高温用于公称管道和阀门部件用的不锈钢钢号与化学成分（质量分数）（%）

钢号/代号		C	Si	Mn	P≤	S≤	Cr	Ni	Mo	其 他
ASTM	UNS									
马氏体型										
F 6a	S41000	≤0.15	≤1.00	≤1.00	0.040	0.030	11.5~13.5	≤0.50	—	—
F 6b	S41026	≤0.15	≤1.00	≤1.00	0.020	0.020	11.5~13.5	1.00~2.00	0.40~0.60	Cu≤0.50
F 6NM	S41500	≤0.05	≤0.60	0.50~1.00	0.030	0.030	11.5~14.0	3.5~5.5	0.50~1.00	—
铁素体型										
F XM-27Cb	S44627	≤0.01	≤1.00	≤0.40	0.020	0.020	25.0~27.5	≤0.50	0.75~1.50	Cu≤0.20 Nb 0.05~0.20 Ni+Cu≤0.50 N≤0.015
F 429	S42900	≤0.12	≤1.00	≤1.00	0.040	0.030	14.0~16.0	≤0.50	—	—
F 430	S43000	≤0.12	≤1.00	≤1.00	0.040	0.030	16.0~18.0	≤0.50	—	—
奥氏体型										
F 304	S30400	≤0.08	≤1.00	≤2.00	0.045	0.030	18.0~20.0	8.0~11.0	—	N≤0.10
F 304H	S30409	0.04~0.10	≤1.00	≤2.00	0.045	0.030	18.0~20.0	8.0~11.0	—	
F 304L	S30403	≤0.030	≤1.00	≤2.00	0.045	0.030	18.0~20.0	8.0~13.0	—	N≤0.10
F 304N	S30451	≤0.08	≤1.00	≤2.00	0.045	0.030	18.0~20.0	8.0~10.5	—	N 0.10~0.16
F 304LN	S30453	≤0.030	≤1.00	≤2.00	0.045	0.030	18.0~20.0	8.0~10.5	—	N 0.10~0.16
F 309H	S30909	0.04~0.10	≤1.00	≤2.00	0.045	0.030	22.0~24.0	12.0~15.0	—	
F310	S31000	≤0.25	≤1.00	≤2.00	0.045	0.030	24.0~26.0	19.0~22.0	—	
F 310H	S31009	0.04~0.10	≤1.00	≤2.00	0.045	0.030	24.0~26.0	19.0~22.0	—	
F 310MoLN	S31050	≤0.030	≤0.40	≤2.00	0.030	0.015	24.0~26.0	21.0~23.0	2.00~3.00	N 0.10~0.16
F 316	S31600	≤0.08	≤1.00	≤2.00	0.045	0.030	16.0~18.0	11.0~14.0	2.00~3.00	N≤0.10
F 316H	S31609	0.04~0.10	≤1.00	≤2.00	0.045	0.030	16.0~18.0	11.0~14.0	2.00~3.00	
F 316L	S31603	≤0.030	≤1.00	≤2.00	0.045	0.030	16.0~18.0	10.0~15.0	2.00~3.00	N≤0.10
F 316N	S31651	≤0.08	≤1.00	≤2.00	0.045	0.030	16.0~18.0	11.0~14.0	2.00~3.00	N 0.10~0.16
F 316LN	S31653	≤0.030	≤1.00	≤2.00	0.045	0.030	16.0~18.0	11.0~14.0	2.00~3.00	N 0.10~0.16
F 316Ti	S31635	≤0.08	≤1.00	≤2.00	0.045	0.030	16.0~18.0	10.0~14.0	2.00~3.00	Ti 5(C+N)~0.70 N≤0.10
F 317	S31700	≤0.08	≤1.00	≤2.00	0.045	0.030	18.0~20.0	11.0~15.0	3.0~4.0	—
F 317L	S31703	≤0.030	≤1.00	≤2.00	0.045	0.030	18.0~20.0	11.0~15.0	3.0~4.0	—
F 72	S31727	≤0.030	≤1.00	≤1.00	0.030	0.030	17.5~19.0	14.5~16.5	3.8~4.5	Cu 2.8~4.0 N 0.15~0.21
F 70	S31730	≤0.030	≤1.00	≤2.00	0.040	0.010	17.0~19.0	15.0~16.5	3.0~4.0	Cu 4.0~5.0 N≤0.045
F 73	S32053	≤0.030	≤1.00	≤1.00	0.030	0.010	22.0~24.0	24.0~26.0	5.0~6.0	N 0.17~0.22
F 321	S32100	≤0.08	≤1.00	≤2.00	0.045	0.030	17.0~19.0	9.0~12.0	—	Ti 5(C+N)~0.70 N≤0.10
F 321H	S32109	0.04~0.10	≤1.00	≤2.00	0.045	0.030	17.0~19.0	9.0~12.0	—	Ti 4(C+N)~0.70
F 347	S34700	≤0.08	≤1.00	≤2.00	0.045	0.030	17.0~20.0	9.0~13.0	—	Nb 10 C~1.10
F 347H	S34709	0.04~0.10	≤1.00	≤2.00	0.045	0.030	17.0~19.0	9.0~13.0	—	Nb 8 C~1.10
F 347LN	S34751	0.005~0.020	≤1.00	≤2.00	0.045	0.030	17.0~19.0	9.0~13.0	—	Nb 0.20~0.50 N 0.06~0.10

（续）

钢号/代号		C	Si	Mn	P≤	S≤	Cr	Ni	Mo	其 他
ASTM	UNS									
奥氏体型										
F 348	S34800	≤0.08	≤1.00	≤2.00	0.045	0.030	17.0~19.0	9.0~13.0	—	（Nb+Ta）10 C~1.10 Ta≤0.10
F 348H	S34809	0.04~0.10	≤1.00	≤2.00	0.045	0.030	17.0~19.0	9.0~13.0	—	（Nb+Ta）8 C~1.10 Ta≤0.10
F XM-11	S21904	≤0.04	≤1.00	8.0~10.0	0.045	0.030	19.0~21.5	5.5~7.5	—	N 0.15~0.40
F XM-19	S20910	≤0.06	≤1.00	4.0~6.0	0.040	0.030	20.5~23.5	11.5~13.5	1.50~3.00	Nb 0.10~0.30 V 0.10~0.30 N 0.20~0.40
F 20	N08020	≤0.07	≤1.00	≤2.00	0.045	0.035	19.0~21.0	32.0~38.0	2.00~3.00	Nb 8 C~1.00 Cu 3.0~4.0
F 44	S31254	≤0.020	≤0.80	≤1.00	0.030	0.010	19.5~20.5	17.5~18.5	6.0~6.5	Cu 0.50~1.00 N 0.18~0.22
F 45	S30815	0.04~0.10	1.40~2.00	≤0.80	0.040	0.030	20.0~22.0	10.0~12.0	—	Ce 0.03~0.08
F 46	S30600	≤0.018	3.7~4.3	≤2.00	0.020	0.020	17.0~18.5	14.0~15.5	≤0.20	Cu≤0.50
F 47	S31725	≤0.030	≤0.75	≤2.00	0.045	0.030	18.0~20.0	13.0~17.5	4.0~5.0	N≤0.10
F 48	S31726	≤0.030	≤1.00	≤2.00	0.040	0.030	17.0~20.0	14.5~17.5	4.0~5.0	Cu≤0.75 N 0.10~0.20
F 49	S34565	≤0.030	≤1.00	5.0~7.0	0.030	0.010	23.0~25.0	16.0~18.0	4.0~5.0	Nb≤0.10 N 0.40~0.60
F 56	S33228	0.04~0.08	≤0.30	≤100	0.020	0.015	26.0~28.0	31.0~33.0	—	Nb 0.60~1.00 Ce 0.05~0.10 Al≤0.025
F 58	S31266	≤0.030	≤1.00	2.0~4.0	0.035	0.020	23.0~25.0	21.0~24.0	5.2~6.2	Cu 1.00~2.50 W 1.50~2.50 N 0.35~0.60
F 62	N08367	≤0.030	≤1.00	≤2.00	0.040	0.030	20.0~22.0	23.5~25.5	6.0~7.0	Cu≤0.75 N 0.18~0.25
F 63	S32615	≤0.07	4.8~6.0	≤2.00	0.045	0.030	16.5~19.5	19.0~22.0	0.30~1.50	Cu 1.50~2.50
F 64	S30601	≤0.015	5.0~5.6	0.50~0.80	0.030	0.013	17.0~18.0	17.0~18.0	≤0.20	Cu≤0.35 N≤0.05
F 904L	N08904	≤0.020	≤1.00	≤2.00	0.040	0.030	19.0~23.0	23.0~28.0	4.0~5.0	Cu 1.00~2.00 N≤0.10
奥氏体-铁素体型										
F 50	S31200	≤0.030	≤1.00	≤2.00	0.045	0.030	24.0~26.0	5.5~6.5	1.20~2.00	N 0.14~0.20

（续）

钢号/代号		C	Si	Mn	P≤	S≤	Cr	Ni	Mo	其 他
ASTM	UNS									
奥氏体-铁素体型										
F 51	S31803	≤0.030	≤1.00	≤2.00	0.030	0.020	21.0~23.0	4.5~6.5	2.5~3.5	N 0.08~0.20
F 69	S32101	≤0.040	≤1.00	4.0~6.0	0.040	0.030	21.0~22.0	1.35~1.70	0.10~0.80	Cu 0.10~0.80 N 0.20~0.25
F 52	S32950	≤0.030	≤0.60	≤2.00	0.035	0.010	26.0~29.0	3.5~5.2	1.00~2.50	N 0.15~0.35
F 53	S32750	≤0.030	≤0.80	≤1.20	0.035	0.020	24.0~26.0	6.0~8.0	3.0~5.0	Cu≤0.50 N 0.24~0.32
F 54	S39274	≤0.030	≤0.80	≤1.00	0.030	0.020	24.0~26.0	6.0~8.0	2.5~3.5	Cu 0.20~0.80 W 1.50~2.50 N 0.24~0.32
F 55	S32760	≤0.030	≤1.00	≤1.00	0.030	0.010	24.0~26.0	6.0~8.0	3.0~4.0	Cu 0.50~1.00 W 0.50~1.00 N 0.20~0.30 Cr+3.3 Mo+ 16 N≥40
F 57	S39277	≤0.025	≤0.80	≤0.80	0.025	0.002	24.0~26.0	6.5~8.0	3.0~4.0	Cu 1.20~2.00 W 0.80~1.20 N 0.23~0.33
F 59	S32520	≤0.030	≤0.80	≤1.50	0.035	0.020	24.0~26.0	5.5~8.0	3.0~5.0	Cu 0.50~3.00 N 0.20~0.35
F 60	S32205	≤0.030	≤1.00	≤2.00	0.030	0.020	22.0~23.0	4.5~6.5	3.0~3.5	N 0.14~0.20
F 61	S32550	≤0.04	≤1.00	≤1.50	0.040	0.030	24.0~27.0	4.5~6.5	2.9~3.9	Cu 1.50~2.50 N 0.10~0.25
F 65	S32906	≤0.030	≤0.80	0.80~1.50	0.030	0.030	28.0~30.0	5.8~7.5	1.50~2.60	Cu≤0.80 N 0.30~0.40
F 66	S32202	≤0.030	≤1.00	≤2.00	0.040	0.010	21.5~24.0	1.00~2.80	≤0.45	N 0.18~0.26
F 67	S32506	≤0.030	≤0.90	≤1.00	0.040	0.015	24.0~26.0	5.5~7.2	3.0~3.5	W 0.05~0.30 N 0.08~0.20
F 68	S32304	≤0.030	≤1.00	≤2.50	0.040	0.030	21.5~24.5	3.0~5.5	0.05~0.60	Cu 0.05~0.60 N 0.05~0.20
F 71	S32808	≤0.030	≤0.50	≤1.10	0.030	0.010	27.0~27.9	—	0.80~1.20	W 2.10~2.50 N 0.30~0.40

B）高温用于公称管道与阀门部件用不锈钢的力学性能（表3-12-35）

表3-12-35　高温用于公称管道与阀门部件用不锈钢的力学性能

ASTM 钢号	UNS 编号	R_m/MPa	$R_{p0.2}$/MPa	A（%）	Z（%）	HBW
		≥				
马氏体型						
F 6a Class 1	S41000	485	275	18	35	143~270
F 6a Class 2	S41000	585	380	18	35	167~229
F 6a Class 3	S41000	760	585	15	35	235~302

（续）

ASTM 钢号	UNS 编号	R_m/MPa	$R_{p0.2}$/MPa	A（%）	Z（%）	HBW
		≥				
马氏体型						
F 6a Class 4	S41000	895	760	12	35	263～321
F 6b	S41026	①	620	16	45	235～385
F 6NM	S41500	790	620	15	45	≤295
铁素体型						
F XM-27Cb	S44627	415	240	20	45	≤190
F 429	S42900	415	240	20	45	≤190
F 430	S43000	415	240	20	45	≤190
奥氏体型						
F 304	S30400	515	205	30	50	—
F 304H	S30409	515	205	30	50	—
F 304L	S30403	485	170	30	50	—
F 304N	S30451	550	240	30	50	—
F 304LN	S30453	515	205	30	50	—
F 309H	S30909	515	205	30	50	—
F 310	S31000	515	205	30	50	—
F 310MoLN	S31050	540	255	25	40	—
F 310H	S31009	515	205	30	50	—
F 316	S31600	515	205	30	50	—
F 316H	S31609	515	205	30	50	—
F 316L	S31603	485	170	30	50	—
F 316N	S31651	550	240	30	50	—
F 316LN	S31653	515	205	30	50	—
F 316Ti	S31635	515	205	30	40	—
F 317	S31700	515	205	30	50	—
F 317L	S31703	485	170	30	50	—
F 72	S31727	550	245	35	50	≤217
F 73	S32053	640	295	40	50	≤217
F 347	S34700	515	205	30	50	—
F 347H	S34709	515	205	30	50	—
F 347LN	S34751	515	205	30	50	—
F 348	S34800	515	205	30	50	—
F 348H	S34809	515	205	30	50	—
F 321	S32100	515	205	30	50	—
F 321H	S32109	515	205	30	50	—
F XM-11	S21904	620	345	45	60	—
F XM-19	S20910	690	380	35	55	—
F 20	N08020	550	240	30	50	—
F 44	S31254	650	300	35	50	—
F 45	S30815	600	310	40	50	—
F 46	S30600	540	240	40	50	—

（续）

ASTM 钢号	UNS 编号	R_m/MPa	$R_{p0.2}$/MPa	A（%）	Z（%）	HBW
		≥				
奥氏体型						
F 47	S31725	525	205	40	50	—
F 48	S31726	550	240	40	50	—
F 49	S34565	795	415	35	40	—
F 56	S33228	500	185	30	35	—
F 58	S31266	750	420	35	50	—
F 62	N08367	655	310	30	50	—
F 63	S32615	550	220	25	—	≤192
F 64	S30601	620	275	35	50	≤217
F 70	S31730	480	215	35	—	—
F 904L	N08904	490	215	35	—	—
铁素体-奥氏体型						
F 50	S31200	②	450	25	50	—
F 51	S31803	620	450	25	45	—
F 52	S32950	690	485	15	—	—
F 53④ ≤50mm	S32750	800	550	15		≤310
F 53④ >50mm		730	515	15		≤310
F 54	S39274	800	550	15	30	≤310
F 55	S32760	③	550	25	45	—
F 57	S39277	820	585	25	50	—
F 59	S32520	770	550	25	40	—
F 60	S32205	655	450	25	45	—
F 61	S32550	750	550	25	50	—
F 65	S32906	750	550	25		—
F 66	S32202	650	450	30		≤290
F 67	S32506	620	450	18		≤302
F 68	S32304	600	400	25		≤290
F 69	—	650	450	30		—
F 71	S32808	700	500	15		≤321

① R_m = 760 ~ 930MPa；

② R_m = 690 ~ 900MPa；

③ R_m = 750 ~ 895MPa。

④ 最大热处理厚度。

（2）美国 ASTM 标准高温用于公称管道和阀门部件等用的中低合金钢

A）高温用于公称管道和阀门部件等用的中低合金钢的钢号与化学成分（表 3-12-36）

表 3-12-36　高温用于公称管道和阀门部件等用的中低合金钢的钢号与化学成分（质量分数）（%）

钢号/代号 ASTM	UNS	C	Si	Mn	P≤	S≤	Cr	Ni	Mo	其 他
F 1	K12822	≤0.28	0.15 ~ 0.35	0.60 ~ 0.90	0.045	0.045	—	—	0.44 ~ 0.65	—
F 2	K12122	0.05 ~ 0.21	0.10 ~ 0.60	0.30 ~ 0.80	0.040	0.040	0.50 ~ 0.81	—	0.44 ~ 0.65	—
F 5	K41545	≤0.15	≤0.50	0.30 ~ 0.60	0.030	0.030	4.0 ~ 6.0	≤0.50	0.44 ~ 0.65	—
F 5a	K42544	≤0.25	≤0.50	≤0.60	0.040	0.030	4.0 ~ 6.0	≤0.50	0.44 ~ 0.65	—

（续）

钢号/代号		C	Si	Mn	P≤	S≤	Cr	Ni	Mo	其 他
ASTM	UNS									
F 9	K90941	≤0.15	0.50~1.00	0.30~0.60	0.030	0.030	8.0~10.0	—	0.90~1.10	—
F 10	S33100	0.10~0.20	1.00~1.40	0.50~0.80	0.040	0.030	7.0~9.0	19.0~22.0	—	—
F 91	K90901	0.08~0.12	0.20~0.50	0.30~0.60	0.020	0.010	8.0~9.5	≤0.40	0.85~1.05	①
F 92	K92460	0.07~0.13	≤0.50	0.30~0.60	0.020	0.010	8.5~9.5	≤0.40	0.30~0.60	②
F 93	K91350	0.05~0.10	0.05~0.50	0.20~0.70	0.020	0.008	8.5~9.5	≤0.20	—	③
F 115	K91060	0.08~0.13	0.15~0.45	0.20~0.50	0.020	0.005	10.0~11.0	≤0.25	0.40~0.60	④
F 122	K91271	0.07~0.14	≤0.50	≤0.70	0.020	0.010	10.0~11.5	≤0.50	0.25~0.60	⑤
F 911	K91061	0.09~0.13	0.10~0.50	0.30~0.60	0.020	0.010	8.5~9.5	≤0.40	0.90~1.10	⑥
F 11 Class 1	K11597	0.05~0.15	0.50~1.00	0.30~0.60	0.030	0.030	1.00~1.50	—	0.44~0.65	—
F 11 Class 2	K11572	0.10~0.20	0.50~1.00	0.30~0.80	0.040	0.040	1.00~1.50	—	0.44~0.65	—
F 11 Class 3	K11572	0.10~0.20	0.50~1.00	0.30~0.80	0.040	0.040	1.00~1.50	—	0.44~0.65	—
F 12 Class 1	K11562	0.05~0.15	≤0.50	0.30~0.60	0.045	0.045	0.80~1.25	—	0.44~0.65	—
F 12 Class 2	K11564	0.10~0.20	0.10~0.60	0.30~0.80	0.040	0.040	0.80~1.25	—	0.44~0.65	—
F 21	K31545	0.05~0.15	≤0.50	0.30~0.60	0.040	0.040	2.7~3.3	—	0.80~1.06	—
F 3V	K31830	0.05~0.18	≤0.10	0.30~0.60	0.020	0.020	2.8~3.2	—	0.90~1.10	V 0.20~0.30 Ti 0.015~0.035 B 0.001~0.003
F 3VCb	K31390	0.10~0.15	≤0.10	0.30~0.60	0.020	0.010	2.7~3.3	≤0.25	0.90~1.10	⑦
F 22 Class 1	K21590	0.05~0.15	≤0.50	0.30~0.60	0.040	0.040	2.00~2.50	—	0.87~1.13	—
F 22 Class 3	K21590	0.05~0.15	≤0.50	0.30~0.60	0.040	0.040	2.00~2.50	—	0.87~1.13	—
F 22V	K31835	0.11~0.15	≤0.10	0.30~0.60	0.015	0.010	2.00~2.50	≤0.25	0.90~1.10	⑧
F 23	K41650	0.04~0.10	≤0.50	0.10~0.60	0.030	0.010	1.90~2.60	≤0.40	0.05~0.30	⑨
F 24	K30736	0.05~0.10	0.15~0.45	0.30~0.70	0.020	0.010	2.20~2.60	—	0.90~1.10	⑩
F R	K22035	≤0.20	—	0.40~1.06	0.045	0.050	—	1.60~2.24		Cu 0.75~1.25
F 36	K21001	0.10~0.17	0.25~0.50	0.80~1.20	0.030	0.025	≤0.30	1.00~1.30	0.25~0.50	⑪

① V 0.18~0.25，Nb 0.06~0.10，Al≤0.02，N 0.030~0.070，Ti≤0.01，Zr≤0.01。

② W 1.50~2.00，V 0.15~0.25，Nb 0.04~0.09，Al≤0.04，B 0.001~0.006，N 0.030~0.070，Ti≤0.01，Zr≤0.01。

③ V 0.15~0.30，B 0.007~0.015，Al≤0.030，W 2.5~3.5，Co 2.5~3.5，N 0.05~0.015，Nb 0.05~0.12，Nd 0.010~0.06，O≤0.0050。

④ Nb 0.02~0.06，Ti≤0.01，V 0.18~0.25，B≤0.001，Cu 0.10，Al≤0.02，N 0.030~0.070，Zr≤0.010，As≤ 0.010，Sn≤0.010，Sb≤0.030，N/Al≥4.0。

⑤ W 1.50~2.50，V 0.15~0.30，Cu 0.30~1.70，Nb 0.04~0.10，Al≤0.02，B 0.0005~0.0050，N 0.040~0.100，Ti≤0.01，Zr≤0.01。

⑥ W 0.90~1.10，V 0.18~0.25，Nb 0.06~0.10，Al≤0.02，B 0.0003~0.0060，N 0.040~0.090，Ti≤0.01，Zr≤0.01。

⑦ V 0.20~0.30，Nb 0.015~0.070，Ti≤0.015，Cu≤0.25，Ca 0.0005~0.0150。

⑧ V 0.25~0.35，Nb≤0.070，Ti≤0.030，Cu≤0.20，Ca≤0.015，B 0.0020。

⑨ W 1.45~1.75，V 0.20~0.30，Nb 0.02~0.08，Ti 0.005~0.060，Al≤0.030，N≤0.015，B 0.001~0.006。

⑩ V 0.20~0.30，Ti 0.06~0.10，Al≤0.020，N≤0.012，B 0.0015~0.0070。

⑪ Nb 0.015~0.045，Cu 0.50~0.60，V 0.020，N≤0.020，Al≤0.050。

B）高温用于公称管道与阀门部件用中低合金钢的力学性能（表3-12-37）

表 3-12-37　高温用于公称管道与阀门部件用中低合金钢的力学性能

ASTM 钢号	UNS 编号	R_m/MPa	$R_{p0.2}$/MPa	A（%）	Z（%）	HBW
		≥				
F 1	K12822	485	275	20	30	143 ~ 192
F 2	K12122	485	275	20	30	143 ~ 192
F 5	K41545	485	275	20	35	143 ~ 217
F 5a	K42544	620	450	22	50	187 ~ 248
F 9	K90941	585	380	20	40	179 ~ 217
F 10	S33100	550	205	30	50	—
F 91	K90901	620	415	20	40	190 ~ 248
F 92	K92460	620	440	20	45	≤269
F 93	K91350	620	440	19	40	≤250
F 115	K91060	620	440	20	40	190 ~ 248
F 122	K91271	620	400	20	40	≤250
F 911	K91061	620	440	16	40	187 ~ 248
F 11 Class 1	K11597	415	205	20	45	121 ~ 174
F 11 Class 2	K11572	485	275	20	30	143 ~ 207
F 11 Class 3	K11572	515	310	20	30	156 ~ 207
F 12 Class 1	K11562	415	220	20	45	121 ~ 174
F 12 Class 2	K11564	485	275	20	30	143 ~ 207
F 21	K31545	515	310	20	30	156 ~ 207
F 3V	K31830	①	415	18	45	174 ~ 237
F 3VCb	K31390	①	415	18	45	174 ~ 237
F 22 Class 1	K21590	415	205	20	35	≤170
F 22 Class 3	K21590	515	310	20	30	156 ~ 207
F 22V	K31835	585 ~ 780	415	18	45	174 ~ 237
F 23	K41650	510	400	20	40	≤220
F 24	K30736	585	415	20	40	≤246
FR	K22035	435	315	25	38	≤197
F 36 Class 1	K21001	620	440	15	—	≤252
F 36 Class 2	K21001	660	460	15	—	≤252

① R_m = 585 ~ 760MPa。

3.12.17　铁素体-奥氏体不锈钢无缝管与焊接管（公称管）［ASTM A790/A790M（2018）］

（1）美国 ASTM 标准铁素体-奥氏体不锈钢无缝管与焊接管（公称管）的钢号与化学成分（表3-12-38）

表 3-12-38　铁素体-奥氏体不锈钢无缝管与焊接管（公称管）的钢号与化学成分（质量分数）（%）

钢号/代号 UNS	钢号/代号 ASTM	C	Si	Mn	P ≤	S ≤	Cr	Ni	Mo	N	其　他
S31200	—	≤0.030	≤1.00	≤2.00	0.045	0.030	24.0~26.0	5.5~6.5	1.20~2.00	0.14~0.20	—
S31260	—	≤0.030	≤0.75	≤1.00	0.030	0.030	24.0~26.0	5.5~7.5	2.5~3.5	0.10~0.30	Cu 0.20~0.80 W 0.10~0.50
S31500	—	≤0.030	1.40~2.00	1.20~2.00	0.030	0.030	18.0~19.0	4.3~5.2	2.50~3.00	0.05~0.10	—
S31803	—	≤0.030	≤1.00	≤2.00	0.030	0.020	21.0~23.0	4.5~6.5	2.5~3.5	0.08~0.20	—
S32003	—	≤0.030	≤1.00	≤2.00	0.030	0.020	19.5~22.5	3.0~4.0	1.50~2.00	0.14~0.20	—
S32101	—	≤0.040	≤1.00	4.0~6.0	0.040	0.030	21.0~22.0	1.35~1.70	0.10~0.80	0.20~0.25	Cu 0.10~0.80
S32202	—	≤0.030	≤1.00	≤2.00	0.040	0.010	21.5~24.5	1.00~2.80	≤0.45	0.18~0.26	—
S32205	2205	≤0.030	≤1.00	≤2.00	0.030	0.020	22.0~23.0	4.5~6.5	3.0~3.5	0.14~0.20	—
S32304	2304	≤0.030	≤1.00	≤2.50	0.040	0.030	21.5~24.5	3.0~5.5	0.05~0.60	0.05~0.20	Cu 0.05~0.60
S32506	—	≤0.030	≤0.90	≤1.00	0.040	0.015	24.0~26.0	5.5~7.2	3.0~3.5	0.08~0.20	W 0.05~0.30
S32520	—	≤0.030	≤0.80	≤1.50	0.035	0.020	24.0~26.0	5.5~8.0	3.0~5.0	0.20~0.35	Cu 0.50~2.00
S32550	255	≤0.04	≤1.00	≤1.50	0.040	0.030	24.0~27.0	4.5~6.5	2.9~3.9	0.10~0.25	Cu 1.50~2.50
S32707	—	≤0.030	≤0.50	≤1.50	0.035	0.010	26.0~29.0	5.5~9.5	4.0~5.0	0.30~0.50	Co 0.50~2.00 Cu≤1.00
S32750	2507	≤0.030	≤0.80	≤1.20	0.035	0.020	24.0~26.0	6.0~8.0	3.0~5.0	0.24~0.32	Cu≤0.50
S32760	—	≤0.030	≤1.00	≤1.00	0.030	0.010	24.0~26.0	6.0~8.0	3.0~4.0	0.20~0.30	Cu 0.50~1.00 W 0.50~1.00 Cr+(3.3Mo)+(16N)≥40
S32808	—	≤0.030	≤0.50	≤1.10	0.030	0.010	27.0~27.9	7.0~8.2	0.80~1.20	0.30~0.40	W 2.10~2.50
S32900	329	≤0.08	≤0.75	≤1.00	0.040	0.030	23.0~28.0	2.5~5.00	1.00~2.00	—	—
S32906	—	≤0.030	≤0.50	0.80~1.50	0.030	0.030	28.0~30.0	5.8~7.5	1.50~2.60	0.30~0.40	Cu≤0.80
S32950	—	≤0.030	≤0.60	≤2.00	0.035	0.010	26.0~29.0	3.5~5.2	1.00~2.50	0.15~0.35	—
S33207	—	≤0.030	≤0.80	≤1.50	0.035	0.010	29.0~33.0	6.0~9.0	3.0~5.0	0.40~0.60	Cu≤1.00
S39274	—	≤0.030	≤0.80	≤1.00	0.030	0.020	24.0~26.0	6.0~8.0	2.5~3.5	0.24~0.32	Cu 0.20~0.80 W 1.50~2.50
S39277	—	≤0.025	≤0.80	≤0.80	0.025	0.002	24.0~26.0	6.5~8.0	3.0~4.0	0.23~0.33	Cu 1.20~2.00 W 0.80~1.20
S81921	—	≤0.030	≤1.00	2.0~4.0	0.040	0.030	19.0~22.0	2.0~4.0	1.00~2.00	0.14~0.20	—
S82011	—	≤0.030	≤1.00	2.0~3.0	0.040	0.020	20.5~23.5	1.0~2.0	0.10~1.00	0.15~0.27	Cu≤0.50
S82121	—	≤0.035	≤1.00	1.00~2.50	0.040	0.010	21.0~23.0	2.00~4.00	0.30~1.30	0.15~0.25	Cu 0.20~1.20
S82441	—	≤0.030	≤0.70	2.5~4.0	0.035	0.005	23.0~25.0	3.0~4.5	1.00~2.00	0.20~0.30	Cu 0.10~0.80
S83071	—	≤0.030	≤0.50	0.50~1.50	0.030	0.020	29.0~31.0	6.0~8.0	3.0~4.0	0.28~0.40	Cu≤0.80

（2）美国 ASTM 标准铁素体-奥氏体不锈钢无缝管与焊接管（公称管）的力学性能（表 3-12-39）

表 3-12-39   铁素体-奥氏体不锈钢无缝管与焊接管（公称管）的力学性能

UNS 编号	ASTM 钢号[①]	R_m/MPa	$R_{p0.2}$/MPa	A（%）	HBW	HRC
		≥			≤	
S31200	—	690	450	25	260	—
S31260	—	690	450	25	—	—
S31500	—	630	440	30	290	30
S31803	—	620	450	25	290	30
S32003	$t \leq 5.0\text{mm}$	690	485	25	290	30
	$t > 5.0\text{mm}$	655	450	25	290	—
S32101	$t \leq 5.0\text{mm}$	700	530	30	290	—
	$t > 5.0\text{mm}$	650	450	30	290	—
S32202	—	650	450	30	290	30
S32205	2205	655	450	25	290	30
S32304	2304	600	400	25	290	30
S32506	—	620	450	18	302	32
S32520	—	770	550	25	310	—
S32550	255	760	550	15	297	31
S32707	—	920	700	25	318	34
S32750	2507	800	550	15	300	32
S32760	—	750	550	25	300	—
S32808	$t < 10\text{mm}$	800	550	15	310	32
	$t \geq 10\text{mm}$	700	500	15	310	32
S32900	329	620	485	20	271	28
S32906	$t \leq 10\text{mm}$	800	655	25	300	32
	$t > 10\text{mm}$	750	550	25	300	32
S32950	—	690	480	20	290	30
S33207	$t \leq 4.0\text{mm}$	950	770	15	336	36
	$t > 4.0\text{mm}$	850	700	15	336	36
S39274	—	800	550	15	310	32
S39277	—	825	620	25	290	30
S81921	—	620	450	25	290	30
S82011	$t \leq 5.0\text{mm}$	700	515	30	293	31
	$t > 5.0\text{mm}$	655	450	30	293	31
S82121	—	650	450	25	286	—
S82441	$t < 10\text{mm}$	740	540	25	290	—
	$t \geq 10\text{mm}$	680	480	25	290	—
S83071	—	830	680	25	300	32

① t—管壁厚度。

3.12.18   一般用途奥氏体不锈钢无缝管与焊接管［ASTM A269/A269M（2008）］

美国 ASTM 标准一般用途奥氏体不锈钢无缝管与焊接管的钢号与化学成分见表 3-12-40。

表 3-12-40 一般用途奥氏体不锈钢无缝管与焊接管的钢号与化学成分（质量分数）（%）

钢号/代号		C	Si	Mn	P≤	S≤	Cr	Ni	Mo	其 他
ASTM	UNS									
TP201	S20100	≤0.15	≤1.00	5.5~7.5	0.060	0.030	16.0~18.0	3.5~5.5	—	N≤0.25
TP201LN	S20153	≤0.030	≤0.75	6.4~7.5	0.045	0.015	16.0~17.5	4.0~5.0	—	Cu≤1.00 N 0.10~0.25
TP304	S30400	≤0.08	≤1.00	≤2.00	0.045	0.030	18.0~20.0	8.0~11.0	—	—
TP304L	S30403	≤0.035	≤1.00	≤2.00	0.045	0.030	18.0~20.0	8.0~12.0	—	—
TP304LN	S30453	≤0.035	≤1.00	≤2.00	0.045	0.030	18.0~20.0	8.0~11.0	—	N 0.10~0.16
TP316	S31600	≤0.08	≤1.00	≤2.00	0.045	0.030	16.0~18.0	10.0~14.0	2.0~3.0	—
TP316L	S31603	≤0.035	≤1.00	≤2.00	0.045	0.030	16.0~18.0	10.0~15.0	2.0~3.0	—
TP316LN	S31653	≤0.035	≤1.00	≤2.00	0.045	0.030	16.0~18.0	10.0~13.0	2.0~3.0	N 0.10~0.16
TP317	S31700	≤0.08	≤1.00	≤2.00	0.045	0.030	18.0~20.0	11.0~15.0	3.0~4.0	—
TP321	S32100	≤0.08	≤1.00	≤2.00	0.045	0.030	17.0~19.0	9.0~12.0	—	Ti 5(C+N)~0.70
TP347	S34700	≤0.08	≤1.00	≤2.00	0.045	0.030	17.0~19.0	9.0~12.0	—	Nb 10C~1.10
TP348	S34800	≤0.08	≤1.00	≤2.00	0.045	0.030	17.0~19.0	9.0~12.0	—	(Nb+Ta)10C~1.10 Co≤0.20,Ta≤0.10
TPXM-10	S21900	≤0.08	≤1.00	8.0~10.0	0.045	0.030	19.0~21.5	5.5~7.5	—	N 0.15~0.40
TPXM-11	S21904	≤0.04	≤1.00	8.0~10.0	0.045	0.030	19.0~21.5	5.5~7.5	—	N 0.15~0.40
TPXM-15	S38100	≤0.08	1.50~2.50	≤2.00	0.030	0.030	17.0~19.0	17.5~18.5	—	—
TPXM-19	S20910	≤0.06	≤1.00	4.0~6.0	0.045	0.030	20.5~23.5	11.5~13.5	1.50~3.00	Nb 0.10~0.30 V 0.10~0.30,N 0.20~0.40
TPXM-29	S24000	≤0.08	≤1.00	11.5~14.5	0.060	0.030	17.0~19.0	2.3~3.7	—	N 0.20~0.40
—	S31254	≤0.020	≤0.80	≤1.00	0.030	0.015	19.5~20.5	17.5~18.5	6.0~6.5	Cu 0.50~1.00 N 0.18~0.22
—	S31725	≤0.035	≤1.00	≤2.00	0.045	0.030	18.0~20.0	13.5~17.5	4.0~5.0	N≤0.20
—	S31726	≤0.035	≤1.00	≤2.00	0.045	0.030	17.0~20.0	14.5~17.5	4.0~5.0	N 0.10~0.20
—	S31727	≤0.030	≤1.00	≤1.00	0.030	0.030	17.5~19.0	14.5~16.5	3.8~4.5	V 2.8~4.0 N 0.15~0.21
—	S32053	≤0.030	≤1.00	≤1.00	0.030	0.010	22.0~24.0	24.0~26.0	5.0~6.0	N 0.17~0.22
—	S30600	≤0.018	3.7~4.3	≤2.00	0.020	0.020	17.0~18.5	14.0~15.5	≤0.20	Cu≤0.50
—	S32654	≤0.020	≤0.50	2.0~4.0	0.030	0.005	24.0~25.0	21.0~23.0	7.0~8.0	Cu 0.30~0.60 N 0.45~0.55
—	S24565	≤0.030	≤1.00	5.0~7.0	0.030	0.010	23.0~25.0	16.0~18.0	4.0~5.0	Nb≤0.10 N 0.40~0.60
—	S35045	0.06~0.10	≤1.00	≤1.50	0.045	0.015	25.0~29.0	32.0~37.0	—	Ti 0.15~0.60 Al 0.15~0.60,Cu≤0.75
—	N08367	≤0.030	≤1.00	≤2.00	0.040	0.030	20.0~22.0	23.5~25.5	6.0~7.0	Cu≤0.75 N 0.18~0.25
—	N08926	≤0.020	≤0.50	≤2.00	0.030	0.010	19.0~21.0	24.0~26.0	6.0~7.0	Cu 0.50~1.50 N 0.15~0.25
—	N08904	≤0.020	≤1.00	≤2.00	0.040	0.030	19.0~23.0	23.0~28.0	4.0~5.0	Cu 1.00~2.00 N≤0.10

3.12.19　一般用途铁素体和马氏体不锈钢无缝管与焊接管〔ASTM A268/A268M（2010/2016 确认）〕

（1）美国 ASTM 标准一般用途铁素体和马氏体不锈钢无缝管与焊接管的钢号与化学成分（表3-12-41）

表 3-12-41　一般用途铁素体和马氏体不锈钢无缝管与焊接管的钢号与化学成分（质量分数）（％）

钢号/代号 ASTM	UNS	C	Si	Mn	P≤	S≤	Cr	Ni	Mo	其他
TP405	S40500	≤0.08	≤1.00	≤1.00	0.040	0.030	11.5~14.5	≤0.50	—	Al 0.10~0.30
TP410	S41000	≤0.15	≤1.00	≤1.00	0.040	0.030	11.5~13.5	—	—	—
TP429	S42900	≤0.12	≤1.00	≤1.00	0.040	0.030	14.0~16.0	—	—	—
TP430	S43000	≤0.12	≤1.00	≤1.00	0.040	0.030	16.0~18.0	—	—	—
TP430Ti	S43036	≤0.10	≤1.00	≤1.00	0.040	0.030	16.0~19.5	≤0.075	—	Ti 5 C~0.75
TP439	S43035	≤0.030	≤1.00	≤1.00	0.040	0.030	17.0~19.0	≤0.50	—	Ti [0.20+4(C+N)]~1.10 Al≤0.15,N≤0.030
TP443	S44300	≤0.20	≤1.00	≤1.00	0.040	0.030	18.0~23.0	≤0.75	—	Al 0.90~1.25
TP446-1	S44600	≤0.20	≤1.00	≤0.20	0.040	0.030	23.0~27.0	≤0.75	—	N≤0.25
TP446-2	S44600	≤0.12	≤1.00	≤0.12	0.040	0.030	23.0~27.0	≤0.50	—	N≤0.25
—	S40800	≤0.08	≤1.00	≤1.00	0.045	0.045	11.50~13.0	≤0.80	—	Ti 12 C~1.10
TP409	S40900	≤0.08	≤1.00	≤1.00	0.045	0.030	10.5~11.7	≤0.50	—	Ti 6 C~0.75
TP439	S43035	≤0.07	≤1.00	≤1.00	0.040	0.030	17.0~19.0	≤0.50	—	Ti[0.20+4(C+N)]~1.10 Al≤0.15,N≤0.04
—	S41500	≤0.05	≤0.60	0.5~1.0	0.030	0.030	11.5~14.0	3.5~5.5	—	—
TP430Ti	S43036	≤0.10	≤1.00	≤1.00	0.040	0.030	16.00~19.50	≤0.75	—	Ti 5 C~0.75
TP XM-27	S44627	≤0.01	≤0.40	≤0.40	0.020	0.020	25.0~27.5	≤0.50	0.75~1.50	Nb 0.05~0.20
TP XM-33	S44626	≤0.06	≤0.75	≤0.75	0.020	0.020	25.0~27.0	≤0.50	0.75~1.50	Ti[7(C+N)]>0.20~≤1.00 Cu≤0.20,N≤0.040
18Cr-2Mo	S44400	≤0.025	≤1.00	≤1.00	0.040	0.030	17.5~19.5	≤1.00	1.75~2.50	(Ti+Nb)[0.2+4(C+N)]~0.80,N≤0.035
29-4	S44700	≤0.010	≤0.20	≤0.30	0.025	0.020	28.0~30.0	≤0.15	3.5~4.2	Cu≤0.15,N≤0.020 C+N≤0.025
29-4-2	S44800	≤0.010	≤0.20	≤0.30	0.025	0.020	28.0~30.0	2.0~2.5	3.5~4.2	Cu≤0.15,N≤0.020 C+N≤0.025
26-3-3	S44660	≤0.030	≤1.00	≤1.00	0.040	0.030	25.0~28.0	1.0~3.50	3.0~4.0	Ti+Nb>6(C+N) (Ti+Nb)0.20~1.00 N≤0.040
25-4-4	S44635	≤0.025	≤0.75	≤1.00	0.040	0.030	24.5~26.0	3.5~4.5	3.5~4.5	(Ti+Nb)[0.2+4(C+N)]~0.80,N≤0.035
—	S44735	≤0.030	≤1.00	≤1.00	0.040	0.030	28.00~30.00	≤1.00	3.60~4.20	Ti+Nb≥6(C+N) (Ti+Nb)0.20~1.00 N≤0.045
—	S32803	≤0.015	≤0.50	≤0.50	0.020	0.005	28.00~29.00	3.0~4.0	1.8~2.5	Nb 0.15~0.50 N≤0.020
—	S40800	≤0.08	≤1.00	≤1.00	0.045	0.045	11.50~13.0	≤0.80	—	Ti 12 C~1.10

（续）

钢号/代号		C	Si	Mn	P≤	S≤	Cr	Ni	Mo	其　他
ASTM	UNS									
—	S40977	≤0.03	≤1.00	≤1.50	0.040	0.015	10.50 ~ 12.50	0.30 ~ 1.00	—	N≤0.030
	S41500	≤0.05	≤0.60	0.50 ~ 1.00	0.030	0.030	11.5 ~ 14.0	3.5 ~ 5.5	0.50 ~ 1.00	
	S43932	≤0.030	≤1.00	≤1.00	0.040	0.030	17.0 ~ 19.0	≤0.5	—	（Ti + Nb）［0.20 + 4（C + N）］~ 0.75 Al≤0.15, N≤0.030
—	S43940	≤0.03	≤1.00	≤1.00	0.040	0.015	17.50 ~ 18.50	—	—	Ti 0.10 ~ 0.60 Nb≥3 C + 0.3
—	S42035	≤0.08	≤1.00	≤1.00	0.045	0.030	13.5 ~ 15.5	1.0 ~ 2.5	0.2 ~ 1.2	Ti 0.30 ~ 0.50
TP468	S46800	≤0.030	≤1.00	≤1.00	0.040	0.030	18.00 ~ 20.00	≤0.50	—	Ti 0.07 ~ 0.30 Nb 0.10 ~ 0.60 （Ti + Nb）［0.20 + 4（C + N）］~ 0.80, N≤0.030

（2）美国 ASTM 标准一般用途铁素体和马氏体不锈钢无缝管与焊接管的力学性能（表 3-12-42）

表 3-12-42　一般用途铁素体和马氏体不锈钢无缝管与焊接管的力学性能

ASTM 钢号	UNS 编号	R_m/MPa	$R_{p0.2}$/MPa	A（%）	ASTM 钢号	UNS 编号	R_m/MPa	$R_{p0.2}$/MPa	A（%）
		≥					≥		
TP405	S40500	415	205	20	TP XM-33	S44626	470	310	20
TP410	S41000	415	205	20	18Cr-2Mo	S44400	415	275	20
TP429	S42900	415	240	20	29-4	S44700	550	415	20
TP430	S43000	415	240	20	29-4-2	S44800	550	415	20
TP430Ti	S43036	415	240	20	26-3-3	S44660	585	450	20
TP439	S43035	415	205	20	25-4-4	S44635	620	515	20
TP443	S44300	485	275	20	—	S44735	515	415	18
TP4466-1	S44600	485	275	18	28-2-3.5	S32803	600	500	16
TP446-2	S44600	450	275	20	—	S40977	450	280	18
—	S40800	380	205	20	—	S43932	415	205	22
TP409	S40900	380	170	20	—	S43940	430	250	18
—	S41500	795	620	15	—	S42035	550	380	16
TP XM-27	S44627	450	275	20	TP468	S46800	415	205	22

3.12.20　一般用途铁素体-奥氏体不锈钢无缝管与焊接管［ASTM A789/A789M（2018）］

（1）美国 ASTM 标准一般用途铁素体-奥氏体不锈钢无缝管与焊接管的钢号与化学成分（表 3-12-43）

表 3-12-43　一般用途铁素体-奥氏体不锈钢无缝管与焊接管的钢号与化学成分（质量分数）（%）

UNS 编号	C	Si	Mn	P≤	S≤	Cr	Ni	Mo	N	其　他
S31200	≤0.030	≤1.00	≤2.00	0.045	0.030	24.0 ~ 26.0	5.5 ~ 6.5	1.20 ~ 2.00	0.14 ~ 0.20	—
S31260	≤0.030	≤0.75	≤1.00	0.030	0.030	24.0 ~ 26.0	5.5 ~ 7.5	2.5 ~ 3.5	0.10 ~ 0.30	Cu 0.20 ~ 0.80 W 0.10 ~ 0.50
S31500	≤0.030	1.40 ~ 2.00	1.20 ~ 2.00	0.030	0.030	18.0 ~ 19.0	4.3 ~ 5.2	2.5 ~ 3.0	0.05 ~ 0.10	—
S31803	≤0.030	≤1.00	≤2.00	0.030	0.020	21.0 ~ 23.0	4.5 ~ 6.5	2.5 ~ 3.5	0.08 ~ 0.20	—

（续）

UNS 编号	C	Si	Mn	P≤	S≤	Cr	Ni	Mo	N	其他
S32001	≤0.030	≤1.00	4.0~6.0	0.040	0.030	19.5~21.5	1.0~3.0	≤0.60	0.05~0.17	Cu≤1.00
S32003	≤0.030	≤1.00	≤2.00	0.030	0.020	19.5~22.5	3.0~4.0	1.50~2.00	0.14~0.20	—
S32101	≤0.040	≤1.00	4.0~6.0	0.040	0.030	21.0~22.0	1.35~1.70	0.10~0.80	0.20~0.25	Cu 0.10~0.80
S32202	≤0.030	≤1.00	≤2.00	0.040	0.010	21.5~24.5	1.00~2.80	≤0.45	0.18~0.26	—
S32205	≤0.030	≤1.00	≤2.00	0.030	0.020	22.0~23.0	4.5~6.5	3.0~3.5	0.14~0.20	—
S32304	≤0.030	≤1.00	≤2.50	0.040	0.040	21.5~24.5	3.0~5.5	0.05~0.60	0.05~0.20	Cu 0.05~0.60
S32506	≤0.030	≤0.90	≤1.00	0.040	0.015	24.0~26.0	5.5~7.2	3.0~3.5	0.08~0.20	W 0.05~0.30
S32520	≤0.030	≤0.80	≤1.50	0.035	0.020	23.0~25.0	5.5~8.0	3.0~5.0	0.20~0.35	Cu 0.50~3.00
S32550	≤0.04	≤1.00	≤1.50	0.040	0.040	24.0~27.0	4.5~6.5	2.9~3.9	0.10~0.25	Cu 1.50~2.50
S32707	≤0.030	≤0.50	≤1.50	0.035	0.010	26.0~29.0	5.5~9.5	4.0~5.0	0.30~0.50	Co 0.50~2.00 Cu≤1.00
S32750	≤0.030	≤0.80	≤1.20	0.035	0.020	24.0~26.0	6.0~8.0	3.0~5.0	0.24~0.32	Cr+3.3Mo+16N≥41 Cu≤0.50
S32760	≤0.030	≤1.00	≤1.00	0.030	0.010	24.0~26.0	6.0~8.0	3.0~4.0	0.20~0.30	Cu 0.50~1.00 W 0.50~1.00 Cr+3.3Mo+16N≥40
S32808	≤0.030	≤0.50	≤1.10	0.030	0.010	27.0~27.9	7.0~8.2	0.80~1.20	0.30~0.40	W 2.10~2.50
S32900	≤0.08	≤0.75	≤1.00	0.040	0.030	23.0~28.0	2.5~5.0	1.00~2.00	—	—
S32906	≤0.030	≤0.80	0.80~1.50	0.030	0.030	28.0~30.0	5.8~7.5	1.50~2.60	0.30~0.40	Cu≤0.80
S32950	≤0.030	≤0.60	≤2.00	0.035	0.010	26.0~29.0	3.5~5.2	1.00~2.50	0.15~0.35	—
S33207	≤0.030	≤0.80	≤1.50	0.035	0.010	29.0~33.0	6.0~9.0	3.0~5.0	0.40~0.60	Cu≤1.00
S39274	≤0.030	≤0.80	≤1.00	0.030	0.020	24.0~26.0	6.0~8.0	2.5~3.5	0.24~0.32	Cu 0.20~0.80 W 1.50~2.50
S39277	≤0.025	≤0.80	≤0.80	0.025	0.002	24.0~26.0	6.5~8.0	3.0~4.0	0.23~0.33	Cu 1.20~2.00 W 0.50~1.21
S82011	≤0.030	≤1.00	2.0~3.0	0.040	0.020	20.5~23.5	1.00~2.00	0.10~1.00	0.15~0.27	Cu≤0.50
S82031	≤0.050	≤0.80	2.0~4.0	0.040	0.005	19.0~22.0	2.0~4.0	0.60~1.40	0.14~0.24	Cu≤1.00
S82441	≤0.030	≤0.70	2.5~4.0	0.035	0.005	23.0~25.0	3.0~4.5	1.00~2.00	0.20~0.30	Cu 0.10~0.80
S83071	≤0.030	≤0.50	0.50~1.50	0.030	0.020	29.0~31.0	6.0~8.0	3.0~4.0	0.28~0.40	Cu≤0.80

（2）美国 ASTM 标准一般用途铁素体-奥氏体不锈钢无缝管与焊接管（公称管）的力学性能（表 3-12-44）

表 3-12-44　一般用途铁素体-奥氏体不锈钢无缝管与焊接管（公称管）的力学性能

UNS 编号	R_m/MPa	$R_{p0.2}$/MPa	A（%）	HBW	HRC	HV
	≥			≤		
S31200	690	450	25	280	—	280
S31260	690	450	25	290	30	290
S31500	630	440	30	290	30	290

（续）

UNS 编号	R_m/MPa	$R_{p0.2}$/MPa	A（%）	HBW	HRC	HV
	≥			≤		
S31803	620	450	25	290	30	290
S32001	620	450	25	290	30	290
S32003						
t≤5.00mm	690	485	25	290	30	290
t>5.00	655	450	25	290	30	290
S32101						
t≤5.0mm	700	530	30	290	—	290
t>5.0mm	650	450	30	290	—	290
S32202	650	450	30	290	30	290
S32205	655	450	25	290	30	290
S32304						
d_0≤25mm	690	450	25	—	—	290
d_0>25mm	600	400	25	290	30	290
S32506	620	450	18	302	32	300
S32520	770	550	25	310	—	310
S32550	760	550	15	297	31	295
S32707	920	700	25	318	34	315
S32750	800	550	15	300	32	300
S32760	750	550	25	310	—	310
S32808	800	550	15	310	32	310
S32900	620	485	20	271	28	275
S32906						
t≤10mm	800	650	25	300	32	300
t>10mm	750	550	25	300	32	300
S32950	690	480	20	290	30	290
S33207						
t≤4.0mm	950	770	15	336	36	330
t>4.0mm	850	700	15	336	36	330
S39274	800	550	15	310	32	310
S39277	825	620	25	290	30	290
S82011						
t≤5.0mm	700	515	30	293	31	295
t>5.0mm	655	450	30	293	31	295
S82031						
t≤5.0mm	700	500	35	293	30	295
t>5.0mm	650	400	35	290	30	290
S82441						
t≤10mm	740	540	25	290	30	290
t>10mm	680	480	25	290	30	290
S83071	830	680	25	300	32	300

3.12.21　机械用不锈钢无缝管［ASTM A511（2012）］

（1）美国 ASTM 标准机械用不锈钢无缝管的钢号与化学成分（表3-12-45）

表 3-12-45　机械用不锈钢无缝管的钢号与化学成分（质量分数）（%）

ASTM 钢号	C	Si	Mn	P≤	S[①]≤	Cr	Ni	Mo	其　他
奥氏体型									
MT302	0.08~0.20	≤1.00	≤2.00	0.040	0.030	17.0~19.0	8.0~10.0	—	—
MT302	≤0.15	≤1.00	≤2.00	0.20	≥0.15	17.0~19.0	8.0~10.0	—	—
MT303Se	≤0.15	≤1.00	≤2.00	0.040	0.040	17.0~19.0	8.0~11.0	—	Se 0.12~0.20
MT304	≤0.08	≤1.00	≤2.00	0.040	0.030	18.0~20.0	8.0~11.0	—	—
MT304L	≤0.035	≤1.00	≤2.00	0.040	0.030	18.0~20.0	8.0~13.0	—	—
MT305	≤0.12	≤1.00	≤2.00	0.040	0.030	17.0~19.0	10.0~13.0	—	—
MT309S	≤0.08	≤1.00	≤2.00	0.040	0.030	22.0~24.0	12.0~15.0	—	—
MT310S	≤0.08	≤1.00	≤2.00	0.040	0.030	24.0~26.0	19.0~22.0	—	—
MT316	≤0.08	≤1.00	≤2.00	0.040	0.030	16.0~18.0	11.0~14.0	2.0~3.0	—
MT316L	≤0.035	≤1.00	≤2.00	0.040	0.030	16.0~18.0	10.0~15.0	2.0~3.0	—
MT317	≤0.08	≤1.00	≤2.00	0.040	0.030	18.0~20.0	11.0~14.0	3.0~4.0	—
MT321	≤0.08	≤1.00	≤2.00	0.040	0.030	17.0~20.0	9.0~13.0	—	Ti 5 C~0.60
MT347	≤0.08	≤1.00	≤2.00	0.040	0.030	17.0~20.0	9.0~13.0	—	(Nb+Ta)10 C~1.00
马氏体型									
MT403	≤0.15	≤0.50	≤1.00	0.040	0.030	11.5~13.0	≤0.50	≤0.60	—
MT410	≤0.15	≤1.00	≤1.00	0.040	0.030	11.5~13.5	≤0.50	—	—
MT414	≤0.15	≤1.00	≤1.00	0.040	0.030	11.5~13.5	1.25~2.50	—	—
MT416Se	≤0.15	≤1.00	≤1.25	0.060	0.060	12.0~14.0	≤0.50	—	Se 0.12~0.20
MT431	≤0.20	≤1.00	≤1.00	0.040	0.030	15.0~17.0	1.25~2.50	—	—
MT440A	0.60~0.75	≤1.00	≤1.00	0.040	0.030	16.0~18.0	—	≤0.75	Cu≤0.75
铁素体型									
MT405	≤0.08	≤1.00	≤1.00	0.040	0.030	11.5~14.5	≤0.50	—	Al 0.10~0.30
MT429	≤0.12	≤1.00	≤1.00	0.040	0.030	14.0~16.0	≤0.50	—	—
MT430	≤0.12	≤1.00	≤1.00	0.040	0.030	16.0~18.0	≤0.50	—	—
MT443	≤0.20	≤1.00	≤1.00	0.040	0.030	18.0~23.0	≤0.50	—	Cu 0.90~1.25
MT446-1	≤0.20	≤1.00	≤1.50	0.040	0.030	23.0~30.0	≤0.50	—	N≤0.25
MT446-2	≤0.12	≤1.00	≤1.50	0.040	0.030	23.0~30.0	≤0.50	—	N≤0.25
29-4	≤0.010	≤0.20	≤0.30	0.025	0.020	28.0~30.0	≤0.15	3.5~4.2	Cu≤0.15，N≤0.020
29-4-2	≤0.010	≤0.20	≤0.30	0.025	0.020	28.0~30.0	2.0~2.5	3.5~4.2	Cu≤0.15，N≤0.020 C+N≤0.025
奥氏体-铁素体型[②]									
S31260	≤0.030	≤0.75	≤1.00	0.030	0.030	24.0~26.0	5.5~7.5	2.5~3.5	W 0.10~0.50 Cu 0.20~0.80 N 0.10~0.30
S31803	≤0.030	≤1.00	≤2.00	0.030	0.020	21.0~23.0	4.5~6.5	2.5~3.5	N 0.08~0.20

（续）

ASTM 钢号	C	Si	Mn	P≤	S≤	Cr	Ni	Mo	其　他
奥氏体-铁素体型[2]									
S32101	≤0.040	≤1.00	4.0~6.0	0.040	0.030	21.0~22.0	1.35~1.75	0.10~0.80	Cu 0.10~0.80 N 0.20~0.25
S32205	≤0.030	≤1.00	≤2.00	0.030	0.020	22.0~23.0	4.5~6.5	3.0~3.5	N 0.14~0.20
S32304	≤0.030	≤1.00	≤2.50	0.040	0.040	21.0~24.0	3.0~5.5	0.05~0.60	Cu 0.05~3.00 N 0.05~0.20
S32506	≤0.030	≤0.90	≤1.00	0.040	0.015	24.0~26.0	5.5~7.2	3.0~3.5	W 0.05~0.30 N 0.08~0.20
S32550	≤0.04	≤1.00	≤1.50	0.040	0.030	24.0~27.0	4.5~6.5	2.9~3.9	Cu 1.50~2.50 N 0.10~0.25
S32707	≤0.030	≤0.50	≤1.50	0.035	0.010	26.0~29.0	5.5~9.5	4.0~5.0	Co 0.50~2.00 Cu≤1.00 N 0.30~0.50
S32750	≤0.030	≤0.80	≤1.20	0.035	0.020	24.0~26.0	6.0~8.0	3.0~5.0	N 0.24~0.32 Cu≤0.50
S32760[3]	≤0.05	≤1.00	≤1.00	0.030	0.010	24.0~26.0	6.0~8.0	3.0~4.0	W 0.50~1.00 Cu 0.50~1.00 N 0.20~0.30
S32906	≤0.030	≤0.80	0.80~1.50	0.030	0.030	28.0~30.0	5.8~7.5	1.5~2.6	Cu≤0.80 N 0.30~0.40
S32808	≤0.030	≤0.50	≤1.10	0.030	0.010	27.0~27.9	7.0~8.2	0.8~1.2	W 2.10~2.50 N 0.30~0.40
S32950	≤0.030	≤0.60	≤2.00	0.035	0.010	26.0~29.0	3.5~5.2	1.0~2.5	N 0.15~0.35
S39274	≤0.030	≤0.80	≤1.00	0.030	0.020	24.0~26.0	6.0~8.0	2.5~3.5	W 0.50~2.50 Cu 0.20~0.80 N 0.24~0.32

① 标明≥者不受≤的限制。

② 奥氏体-铁素体型采用 UNS 编号（下表同）。

③ %Cr + 33% Mo + 16% N≥40。

（2）美国 ASTM 标准机械用不锈钢无缝管的力学性能（表 3-12-46）

表 3-12-46　机械用不锈钢无缝管的力学性能

ASTM 钢号	R_m/MPa	$R_{p0.2}$/MPa	A（%）	HBW	HRB
	≥			≤	
奥氏体型					
MT302	515	210	35	192	90
MT303	515	210	35	192	90
MT303Se	515	210	35	192	90
MT304	515	210	35	192	90
MT304L	485	175	35	192	90
MT305	515	210	35	192	90
MT309S	515	210	35	192	90
MT310S	515	210	35	192	90

（续）

ASTM 钢号	R_m/MPa	$R_{p0.2}$/MPa	A（%）	HBW	HRB
	≥			≤	
奥氏体型					
MT316	515	210	35	192	90
MT316L	485	175	35	192	90
MT317	515	210	35	192	90
MT321	515	210	35	192	90
MT347	515	210	35	192	90
马氏体型					
MT403	415	210	20	207	95
MT410	415	210	20	207	95
MT414	690	450	15	235	99
MT416Se	415	240	20	230	97
MT431	725	620	20	260	—
MT440A	655	380	15	215	95
铁素体型					
MT405	415	210	20	207	95
MT429	415	240	20	190	90
MT430	415	240	20	190	90
MT443	485	275	20	207	95
MT446-1	485	275	18	207	95
MT446-2	450	275	20	207	95
29-4	485	380	20	207	95
29-4-2	485	380	20	207	95
奥氏体-铁素体型					
S31206	690	450	25	—	—
S31803	620	450	25	290	30
S32101	①	②	30	290	30
S32205	655	485	25	290	30
S32304	③	④	25	290	30
S32506	620	450	18	302	32
S32550	760	550	15	297	31
S32707	920	700	25	316	34
S32750	800	550	15	300	32
S32760①	750	550	25	300	—
S32808	800	550	15	310	32
S32906	750~800	550~650	—	300	32
S32950	690	480	20	290	30
S39274	800	550	15	300	32

① $R_m = 650 \sim 700$。

② $R_{p0.2} = 450 \sim 530$MPa。

③ $R_m = 600 \sim 690$MPa。

④ $R_{p0.2} = 400 \sim 450$MPa。

3.12.22　机械用不锈钢焊接管［ASTM A554（2016）］

（1）美国 ASTM 标准机械用不锈钢焊接管的钢号与化学成分（表3-12-47）

表 3-12-47　机械用不锈钢焊接管的钢号与化学成分（质量分数）（%）

钢号/代号 ASTM/UNS	C	Si	Mn	P ≤	S ≤	Cr	Ni	其　他
奥氏体型								
MT-301	≤0.15	≤1.00	≤2.00	0.045	0.030	16.0~18.0	6.0~8.0	N≤0.10
MT-302	≤0.15	≤1.00	≤2.00	0.045	0.030	17.0~19.0	8.0~10.0	N≤0.10
MT-304	≤0.08	≤1.00	≤2.00	0.045	0.030	18.0~20.0	8.0~11.0	N≤0.10
MT-304L	≤0.035	≤1.00	≤2.00	0.045	0.030	18.0~20.0	8.0~13.0	N≤0.10
MT-305	≤0.12	≤1.00	≤2.00	0.045	0.030	17.0~19.0	10.0~13.0	—
MT-309S	≤0.08	≤1.00	≤2.00	0.045	0.030	22.0~24.0	12.0~15.0	—
MT-309S-Cb	≤0.08	≤1.00	≤2.00	0.045	0.030	22.0~24.0	12.0~15.0	（Nb+Ta）10 C~1.00
MT-310S	≤0.08	≤1.00	≤2.00	0.045	0.030	24.0~26.0	19.0~22.0	—
MT-316	≤0.08	≤1.00	≤2.00	0.045	0.030	16.0~18.0	10.0~14.0	Mo 2.0~3.0
MT-316L	≤0.035	≤1.00	≤2.00	0.045	0.030	16.0~18.0	10.0~15.0	Mo 2.0~3.0
S31655	≤0.030	≤1.00	≤2.00	0.045	0.015	19.5~21.5	8.0~9.5	Cu≤1.00 Mo 0.50~1.50，N 0.14~0.25
MT-317	≤0.08	≤1.00	≤2.00	0.045	0.030	18.0~20.0	11.0~14.0	Mo 3.0~4.0
MT-321	≤0.08	≤1.00	≤2.00	0.045	0.030	17.0~20.0	9.0~13.0	Ti 5 C~0.60
MT-330	≤0.15	≤1.00	≤2.00	0.040	0.030	14.0~16.0	33.0~36.0	—
MT-347	≤0.08	≤1.00	≤2.00	0.045	0.030	17.0~20.0	9.0~13.0	Nb≤1.00，Ta≤1.00 Nb+Ta 10 C~1.00
铁素体型								
MT-429	≤0.12	≤1.00	≤1.00	0.040	0.030	14.0~16.0	≤0.50	—
MT-430	≤0.12	≤1.00	≤1.00	0.040	0.030	16.0~18.0	≤0.50	—
MT-430-Ti	≤0.10	≤1.00	≤1.00	0.040	0.030	16.0~19.5	≤0.075	Ti 5 C~0.75
S40900/409	≤0.030	≤1.00	≤1.00	0.040	0.020	10.5~11.7	≤0.50	Ti 6(C+N)~0.50 N≤0.03
S40910	≤0.030	≤1.00	≤1.00	0.040	0.020	10.5~11.7	≤0.50	Ti 6(C+N)~0.50 N≤0.03
S40920	≤0.030	≤1.00	≤1.00	0.040	0.020	10.5~11.7	≤0.50	Ti≥8(C+N) Ti 0.15~0.50，N≤0.03
S40930	≤0.030	≤1.00	≤1.00	0.040	0.020	10.5~11.7	—	（Ti+Nb）[0.08+8(C+N)]~0.75，N≤0.03
S43400/434	≤0.12	≤1.00	≤1.00	0.040	0.030	16.0~18.0	—	Mo 0.75~1.25 Nb 5(C+N)~0.80
S43600/436	≤0.12	≤1.00	≤1.00	0.040	0.030	16.0~18.0	—	Mo 0.75~1.25 Nb 5(C+N)~0.80
S43035/439	≤0.030	≤1.00	≤1.00	0.040	0.030	17.0~19.0	≤0.50	Ti[0.20+4(C+N)]~1.10 Al≤0.15，N≤0.03
S41003	≤0.030	≤1.00	≤1.50	0.040	0.030	10.5~12.5	≤1.50	N≤0.03

（续）

钢号/代号 ASTM/UNS	C	Si	Mn	P ≤	S ≤	Cr	Ni	其　他
铁素体型								
S44400/444	≤0.025	≤1.00	≤1.00	0.040	0.030	17.5~19.5	≤1.00	Mo 1.75~2.50 (Ti + Nb)〔0.20 + 4(C + N)〕~0.80,N≤0.035
S41008/410S	≤0.030	≤1.00	≤1.00	0.040	0.030	11.5~13.5	≤0.60	—
S44100	≤0.030	≤1.00	≤1.00	0.040	0.030	17.5~19.5	≤1.00	Nb〔0.30 +9C〕~0.90 Ti 0.10~0.50, N≤0.03
铁素体-马氏体型								
S31803	≤0.030	≤1.00	≤2.00	0.030	0.020	21.0~23.0	4.5~6.5	Mo 2.5~3.5, N 0.08~0.20
S32003	≤0.030	≤1.00	≤2.00	0.030	0.020	19.5~22.5	3.0~4.0	1.50~2.00 Cu 0.10~0.80, N 0.14~0.20
S320101	≤0.040	≤1.00	4.0~6.0	0.040	0.030	21.0~22.0	1.35~1.70	Mo 0.10~0.80, N 0.20~0.25
S32202	≤0.030	≤1.00	≤2.00	0.040	0.010	21.5~24.0	1.00~2.80	Mo≤0.45, N 0.18~0.26
S32205/2205	≤0.030	≤1.00	≤2.00	0.030	0.020	22.0~23.0	4.5~6.5	Mo 3.0~3.5, N 0.14~0.20
S32304/2304	≤0.030	≤1.00	≤2.50	0.040	0.040	21.5~24.5	3.0~5.5	Mo 0.05~0.60, Cu 0.05~0.60 N 0.05~0.20
S32550/255	≤0.040	≤1.00	≤1.50	0.040	0.030	24.0~27.0	4.5~6.5	Mo 2.9~3.9, Cu 1.5~2.50 N 0.10~0.25
S32750①/2507	≤0.030	≤0.80	≤1.20	0.035	0.020	24.0~26.0	6.0~8.0	Mo 3.0~5.0, Cu≤0.50 N 0.24~0.32
S32760②	≤0.030	≤1.00	≤1.00	0.030	0.010	24.0~26.0	6.0~8.0	Mo 3.0~4.0, W 0.50~1.00 Cu≤0.50, N 0.20~0.30
S8921	≤0.030	≤1.00	2.00~4.00	0.040	0.030	19.0~22.0	2.00~4.00	Mo 1.0~2.00, N 0.14~0.20
S82011	≤0.030	≤1.00	2.00~4.00	0.040	0.020	20.5~23.5	1.00~2.00	Mo 0.10~1.00, Cu≤0.50 N 0.15~0.27
S82441	≤0.030	≤0.70	2.0~3.0 2.5~4.0	0.035	0.005	23.0~25.0	3.0~4.50	Mo 1.00~2.00, Cu 0.10~0.80 N 0.20~0.30

① % Cr + 3.3% Mo + 16% N≥41。

② % Cr + 3.3% Mo × 16% N≥40。

（2）美国 ASTM 标准机械用不锈钢焊接管的力学性能（表3-12-48）

表 3-12-48　机械用不锈钢焊接管的力学性能

钢号/代号 ASTM/UNS	R_m/MPa	$R_{p0.2}$/MPa	A（%）	HBW	HRB（HRC）
	≥			≤	
奥氏体型					
MT301	517	207	35	192	90
MT302	517	207	35	192	90
MT304	517	207	35	192	90
MT304L	483	172	35	192	90
S31655	635	310	45	102	100
MT305	517	207	35	192	90
MT309S	517	207	35	192	90
MT309S-Cb	517	207	35	192	90
MT310S	517	207	35	192	90
MT316	517	207	35	192	90
MT316L	483	172	35	192	90
MT317	517	207	35	192	90
MT321	517	207	35	192	90
MT330	517	207	35	192	90
MT347	517	207	35	192	90
铁素体型					
MT409	379	207	20	190	90
MT429	414	241	20	190	90
MT430	414	241	20	190	90
MT430Ti	414	207	20	190	90
S40900/409	414	241	20	190	90
S40910	414	241	20	190	90
S40920	414	241	20	190	90
S40930	414	241	20	190	90
S43400/434	414	241	20	190	90
S43600/436	414	241	20	190	90
铁素体-马氏体型					
S43035/439	414	241	20	190	90
S41003	414	241	20	190	90
S44400/444	414	241	20	190	90
S41008/410S	414	241	20	190	90
S44100	414	241	20	190	90
S31803	620	450	25	290	(30)
S32003					
$t \leqslant 5.0$mm	690	485	25	293	(30)
$t > 5.0$mm	655	450	25	293	(30)
S32101					
$t \leqslant 5.0$mm	700	530	30	290	(30)
$t > 5.0$mm	650	450	30	290	(30)
S32202	650	450	30	290	(30)
S32205	655	450	25	290	(30)
S32304	600	400	25	290	(30)

（续）

钢号/代号 ASTM/UNS	R_m/MPa	$R_{p0.2}/MPa$	A（%）	HBW	HRB（HRC）
	≥			≤	
铁素体-马氏体型					
S32550	760	550	15	297	（31）
S32750	795	550	15	300	（32）
S32760	750	550	25	310	（32）
S81921	620	450	25	293	（30）
S82011					
$t<5.0mm$	700	515	30	293	（31）
$t\geqslant5.0mm$	655	450	30	293	（31）
S82441					
$t<10mm$	740	540	25	290	（31）
$t\geqslant10mm$	680	480	25	290	（31）

3.12.23　日用和食品工业用不锈钢管［ASTM A270（2015）］

（1）美国 ASTM 标准日用和食品工业用不锈钢管的钢号与化学成分（表3-12-49）

表3-12-49　日用和食品工业用不锈钢管的钢号与化学成分（质量分数）（%）

ASTM 钢号	UNS 编号	C	Si	Mn	P ≤	S ≤	Cr	Ni	Mo	其　他
TP 304	S30400	≤0.08	≤1.00	≤2.00	0.045	0.030	18.0~20.0	8.0~11.0	—	N≤0.10
TP 304L	S30403	≤0.035	≤1.00	≤2.00	0.045	0.030	18.0~20.0	8.0~13.0	—	N≤0.10
TP 316	S31600	≤0.08	≤1.00	≤2.00	0.045	0.030	16.0~18.0	11.0~14.0	2.0~3.0	—•
—	S31254	≤0.020	≤0.80	≤1.00	0.030	0.010	19.5~20.5	17.5~18.5	6.0~6.5	Cu≤0.50~1.00 N 0.18~0.22
TP 316L	S31603	≤0.035	≤1.00	≤2.00	0.045	0.030	16.0~18.0	10.0~14.0	2.0~3.0	—
—	S31803	≤0.030	≤1.00	≤2.00	0.030	0.020	21.0~23.0	4.5~6.5	2.5~3.5	N 0.08~0.20
2205	S32205	≤0.030	≤1.00	≤2.00	0.030	0.020	22.0~23.0	4.5~6.5	3.0~3.5	N 0.14~0.20
—	S32750	≤0.030	≤0.80	≤1.20	0.035	0.020	24.0~26.0	6.0~8.0	3.0~5.0	N 0.24~0.32 Cu≤0.50
—	S32003	≤0.030	≤1.00	≤2.00	0.030	0.020	19.5~22.5	3.0~4.0	1.50~2.00	N 0.14~0.20
—	N08367	≤0.030	≤1.00	≤2.00	0.040	0.030	20.00~22.00	23.50~25.50	6.0~7.0	Cu≤0.75 N 0.18~0.25
—	N08926	≤0.020	≤0.5	≤2.00	0.030	0.010	19.00~21.00	24.00~26.00	6.0~7.0	Cu 0.50~1.50 N 0.15~0.25

（2）美国 ASTM 标准日用和食品工业用不锈钢管的力学性能（表3-12-50）

表3-12-50　日用和食品工业用不锈钢管的力学性能

ASTM 钢号	UNS 编号	R_m/MPa	$R_{p0.2}/MPa$	A（%）	HRB（HRC）
		≥			≤
TP 304	S30400	515	205	35	90
TP 304L	S30403	485	170	35	90
TP 316	S31600	515	205	35	90
TP 316L	S31603	485	170	35	90
—	S31803	620	450	25	（30.5）
2205	S32205	655	485	25	（30.5）
2507	S32750	800	550	15	（32）
2003	S32003	620	450	25	（30）
—	N08367	655	310	30	
—	N08926	650	295	35	

3.12.24 供热水用奥氏体不锈钢焊接管 ［ASTM A688/A688M（2018）］

（1）美国 ASTM 标准供热水用奥氏体不锈钢焊接管的钢号与化学成分（表 3-12-51）

表3-12-51 供热水用奥氏体不锈钢焊接管钢号与化学成分（质量分数）（%）

ASTM 钢号	UNS 编号	C	Si	Mn	P ≤	S ≤	Cr	Ni	Mo	其 他
TP304	S30400	≤0.08	≤0.75	≤2.00	0.040	0.030	18.00~20.00	8.00~11.00	—	—
TP304L	S30403	≤0.035	≤0.75	≤2.00	0.040	0.030	18.00~20.00	8.00~13.00	—	—
TP304LN	S30453	≤0.035	≤0.75	≤2.00	0.040	0.030	18.00~20.00	8.00~13.00	—	N 0.10~0.16
TP316	S31600	≤0.08	≤0.75	≤2.00	0.040	0.030	16.00~18.00	10.00~14.00	2.00~3.00	—
TP316L	S31603	≤0.035	≤0.75	≤2.00	0.040	0.030	16.00~18.00	10.00~15.00	2.00~3.00	—
TP316LN	S31653	≤0.035	≤0.75	≤2.00	0.040	0.030	16.00~18.00	10.00~15.00	2.00~3.00	N 0.10~0.16
TPXM-29	S24000	≤0.060	≤1.00	11.50~14.50	0.060	0.030	17.00~19.00	2.25~3.75	—	N 0.20~0.40
TP304N	S30451	≤0.08	≤0.75	≤2.00	0.040	0.030	18.0~20.00	8.00~11.0	—	N 0.10~0.16
TP316N	S31651	≤0.08	≤0.75	≤2.00	0.040	0.030	16.00~18.00	10.00~14.00	2.00~3.00	N 0.10~0.16
—	N08367	≤0.030	≤1.00	≤2.00	0.040	0.030	20.00~22.00	23.50~25.50	6.0~7.0	Cu≤0.75 N 0.18~0.25
800	N08800	≤0.10	≤1.00	≤1.50	0.045	0.015	19.0~23.0	30.0~35.0	—	Ti 0.15~0.60 Al 0.15~0.60 Cu≤0.75，Fe≤39.5
800H	N08810	0.05~0.10	≤1.00	≤1.50	0.045	0.015	19.0~23.0	30.0~35.0	—	Ti 0.15~0.60[1] Al 0.15~0.60 Cu≤0.75，Fe≤39.5
—	N08811	0.05~0.10	≤1.00	≤1.50	0.045	0.015	19.0~23.0	30.0~35.0	—	Ti 0.25~0.60 Al 0.25~0.60[1] Cu≤0.75，Fe≤39.5
—	N08926	≤0.020	≤0.5	≤2.00	0.030	0.010	19.00~21.00	24.00~26.00	6.0~7.0	Cu 0.50~1.50 N 0.15~0.25
—	S31254	≤0.020	≤0.80	≤2.00	0.030	0.030	19.5~20.5	17.5~18.5	6.0~6.5	Cu 0.50~1.00 N 0.18~0.22
—	S32654	≤0.020	≤0.50	2.0~4.0	0.030	0.005	24.0~25.0	21.0~23.0	7.0~8.0	Cu 0.30~0.60 N 0.45~0.55

① （Al + Ti）= 0.85~1.20。

（2）美国 ASTM 标准供热水用奥氏体不锈钢焊接管的力学性能（表 3-12-52）

表3-12-52 供热水用奥氏体不锈钢焊接管的力学性能

ASTM 钢号	UNS 编号	R_m/MPa ≥	$R_{p0.2}$/MPa ≥	A（%）	ASTM 钢号	UNS 编号	R_m/MPa ≥	$R_{p0.2}$/MPa ≥	A（%）
TP304	S30400	515	205	35	N08367 t≤4.8mm		690	310	30
TP304L	S30403	485	175	35	N08367 t>4.8mm		655	310	30
TP316	S31600	515	205	35	TP800	N08800	520	205	30
TP316L	S31603	485	175	35	TP800H	N08810	450	170	30
TPXM-29	S24000	690	380	35	—	N08811	450	170	30
TP304N	S30451	550	240	35	—	N08926	650	295	35
TP304LN	S30453	515	205	35	S31254 t≤4.8mm		690	310	35
TP316N	S31651	550	240	35	S31254 t>4.8mm		655	310	35
TP316LN	S31653	515	205	35	S32654		825	450	40

3.12.25 耐蚀耐热钢丝 ［ASTM A580／A580M（2018）］

（1）美国 ASTM 标准耐蚀耐热钢丝的牌号与化学成分（表 3-12-53）

表 3-12-53 耐蚀耐热钢丝的牌号与化学成分（质量分数）（%）

钢号/代号 ASTM	UNS	C	Si	Mn	P≤	S≤	Cr	Ni	Mo	其 他
					奥氏体型					
—	S20161	≤0.15	3.0~4.0	4.0~6.0	0.040	0.040	15.0~18.0	4.0~6.0	—	N 0.08~0.20
XM-19	S20910	≤0.06	≤1.00	4.0~6.0	0.040	0.030	20.5~23.5	11.5~13.5	1.50~3.00	V 0.10~0.30 Nb 0.10~0.30 N 0.20~0.40
XM-31	S21400	≤0.12	0.30~1.00	14.0~16.0	0.045	0.030	17.0~18.5	≤1.00	—	N≤0.35
—	S21800	≤0.10	3.5~4.5	7.0~9.0	0.060	0.030	16.0~18.0	8.0~9.0	—	N 0.08~0.18
XM-10	S21900	≤0.08	≤1.00	8.0~10.0	0.060	0.030	19.0~21.5	5.5~7.5	—	N 0.15~0.40
XM-11	S21904	≤0.04	≤1.00	8.0~10.0	0.060	0.030	19.0~21.5	5.5~7.5	—	N 0.15~0.40
XM-29	S24000	≤0.08	≤1.00	11.5~14.5	0.060	0.030	17.0~19.0	2.3~3.7	—	N 0.20~0.40
XM-28	S24100	≤0.15	≤1.00	11.0~14.0	0.040	0.030	16.5~19.0	0.5~2.50	—	N 0.20~0.45
—	S28200	≤0.15	≤1.00	17.0~19.0	0.045	0.030	17.0~19.0	—	0.75~1.25	Cu 0.75~1.25 N 0.40~0.60
302	S30200	≤0.15	≤1.00	≤2.00	0.045	0.030	17.0~19.0	8.0~10.0	—	N≤0.10
302B	S30215	≤0.15	2.00~3.00	≤2.00	0.045	0.030	17.0~19.0	8.0~10.0	—	—
304	S30400	≤0.08	≤1.00	≤2.00	0.045	0.030	18.0~20.0	8.0~10.5	—	N≤0.10
304L	S30403	≤0.030	≤1.00	≤2.00	0.045	0.030	18.0~20.0	8.0~12.0	—	N≤0.10
305	S30500	≤0.12	≤1.00	≤2.00	0.045	0.030	17.0~19.0	10.5~13.0	—	—
308	S30800	≤0.08	≤1.00	≤2.00	0.045	0.030	19.0~21.0	10.0~12.0	—	—
309	S30900	≤0.20	≤1.00	≤2.00	0.045	0.030	22.0~24.0	12.0~15.0	—	—
309S	S30908	≤0.08	≤1.00	≤2.00	0.045	0.030	22.0~24.0	12.0~15.0	—	—
—	N08926	≤0.020	≤0.30	≤2.00	0.030	0.010	19.0~21.0	24.0~26.0	6.00~7.00	Cu 0.50~1.50 N 0.15~0.25
—	N08367	≤0.030	≤1.00	≤2.00	0.040	0.030	20.0~22.0	23.5~25.5	6.00~7.00	Cu≤0.75 N 0.18~0.25
—	N08700	≤0.040	≤1.00	≤2.00	0.040	0.030	19.0~23.0	24.0~26.0	4.30~5.00	Nb 8×C~0.40 Cu≤0.50
309Cb	S30940	≤0.08	≤1.00	≤2.00	0.045	0.030	22.0~24.0	12.0~16.0	—	N≤0.10 （Nb+Ta）10C~1.10
310	S31000	≤0.25	≤1.50	≤2.00	0.045	0.030	24.0~26.0	19.0~22.0	—	—
310S	S31008	≤0.08	≤1.50	≤2.00	0.045	0.030	24.0~26.0	19.0~22.0	—	—
314	S31400	≤0.25	1.50~3.00	≤2.00	0.045	0.030	23.0~26.0	19.0~22.0	—	—
—	S31277	≤0.020	≤0.50	≤3.00	0.030	0.010	20.5~23.0	26.0~28.0	6.50~8.00	Cu 0.50~1.50 N 0.30~0.40
316	S31600	≤0.08	≤1.00	≤2.00	0.045	0.030	16.0~18.0	10.0~14.0	2.00~3.00	N≤0.10
316L	S31603	≤0.030	≤1.00	≤2.00	0.045	0.030	16.0~18.0	10.0~14.0	2.00~3.00	N≤0.10
317	S31700	≤0.08	≤1.00	≤2.00	0.045	0.030	18.0~20.0	11.0~15.0	3.00~4.00	N≤0.10
—	S31730	≤0.020	≤1.00	≤2.00	0.040	0.010	17.0~19.0	15.0~16.0	3.00~4.00	Cu 4.00~5.00 Ti≥5 C
321	S32100	≤0.08	≤1.00	≤2.00	0.045	0.030	17.0~19.0	9.00~12.0	—	Ti 5 C~0.60

（续）

钢号/代号		C	Si	Mn	P≤	S≤	Cr	Ni	Mo	其　他
ASTM	UNS									
奥氏体型										
347	S34700	≤0.08	≤1.00	≤2.00	0.045	0.030	17.0~19.0	9.00~13.0	—	Nb 10 C~1.10
347LN	S34751	0.005~0.020	≤1.00	≤2.00	0.045	0.030	17.0~19.0	9.00~13.0	—	Nb 0.2~0.50 N 0.06~0.10 Nb≥15 C
348	S34800	≤0.08	≤1.00	≤2.00	0.045	0.030	17.0~19.0	9.00~13.0	—	Nb 10 C~1.00 Ta≤0.10 Co≤0.20
奥氏体-铁素体型										
—	S32202	≤0.030	≤1.00	≤2.00	0.040	0.010	21.5~24.0	1.00~2.80	≤0.45	N 0.18~0.26
—	S82441	≤0.030	≤0.70	2.50~4.00	0.035	0.005	23.0~25.0	3.00~4.50	1.00~2.00	Cu 0.10~0.80 N 0.20~0.30
铁素体型										
405	S40500	≤0.08	≤1.00	≤1.00	0.040	0.030	11.5~14.5	—	—	Al 0.10~0.30
—	S40976	≤0.030	≤1.00	≤1.00	0.040	0.030	10.5~11.7	0.75~1.00	—	Nb 10(C+N)~0.80 N≤0.04
430	S43000	≤0.12	≤1.00	≤1.00	0.040	0.030	16.0~18.0	—	—	—
—	S44400	≤0.025	≤1.00	≤1.00	0.040	0.030	17.5~19.5	≤1.00	1.75~2.50	N≤0.035 (Ti+Nb)[0.20+4(C+N)]~0.80
446	S44600	≤0.20	≤1.00	≤1.50	0.040	0.030	23.0~27.0	—	—	N≤0.25
—	S44700	≤0.010	≤0.20	≤0.30	0.025	0.020	28.0~30.0	≤0.15	3.5~4.2	Cu≤0.15 C+N≤0.025 N≤0.020
—	S44800	≤0.010	≤0.20	≤0.30	0.025	0.020	28.0~30.0	2.00~2.50	3.5~4.2	Cu≤0.15 C+N≤0.025 N≤0.020
—	S44535	≤0.030	≤0.50	0.30~0.80	0.050	0.020	20.0~24.0	—	—	Cu≤0.50 Al≤0.50 La 0.04~0.20 Ti 0.03~0.20
马氏体型										
403	S40300	≤0.15	≤0.50	≤1.00	0.040	0.030	11.5~13.0	—	—	—
410	S41000	≤0.15	≤1.00	≤1.00	0.040	0.030	11.5~13.5	—	—	—
414	S41400	≤0.15	≤1.00	≤1.00	0.040	0.030	11.5~13.5	1.25~2.50	—	—
420	S42000	≥0.15	≤1.00	≤1.00	0.040	0.030	12.0~14.0	—	—	—
431	S43100	≤0.20	≤1.00	≤1.00	0.040	0.030	15.0~17.0	1.25~2.50	—	—
440A	S44002	0.60~0.75	≤1.00	≤1.00	0.040	0.030	16.0~18.0	—	≤0.75	—
440B	S44003	0.75~0.95	≤1.00	≤1.00	0.040	0.030	16.0~18.0	—	≤0.75	—
440C	S44004	0.95~1.20	≤1.00	≤1.00	0.040	0.030	16.0~18.0	—	≤0.75	—

（2）美国 ASTM 标准耐蚀耐热钢丝的力学性能（表3-12-54）

表 3-12-54　耐蚀耐热钢丝的力学性能

ASTM 钢号	UNS 编号		状态	R_m/MPa	$R_{p0.2}$/MPa	A（%）	Z（%）
—			奥氏体型				
—	N08926	$\phi0.3 \sim \phi0.8$mm	冷作硬化	≥1690	≥1415	—	—
—		$\phi0.8 \sim \phi2$mm	冷作硬化	≥1655	≥1380	—	—
—		$\phi2 \sim \phi2.8$mm	冷作硬化	≥1515	≥1240	—	—
—		$\phi2.8 \sim \phi4$mm	冷作硬化	≥1445	≥1170	—	—
—	N08367		退火	≥655	≥310		
—	N08700		退火	≥550	≥240	—	—
—	S20161		退火	≥860	≥345	≥40	≥40
XM-19	S20910		退火	≥690	≥380	≥35	≥55
XM-31	S21400		退火	690~900	345~585	24~40	60~65
			冷作硬化	≥1520	≥1310	≥5	≥50
	S21800		退火	≥655	≥345	≥35	≥55
XM-10	S21900		退火	≥620	≥345	≥45	≥60
XM-11	S21904		退火	≥620	≥345	≥45	≥60
XM-29	S24000		退火	≥690	≥380	≥30	≥50
XM-28	S24100		退火	≥690	≥380	≥30	≥50
—	S31277	$\phi0.3 \sim \phi0.8$mm	冷作硬化	≥1725	≥1445	—	—
—		$\phi0.8 \sim \phi2$mm	冷作硬化	≥1690	≥1415	—	—
—		$\phi2 \sim \phi2.8$mm	冷作硬化	≥1655	≥1380	—	—
—		$\phi2.8 \sim \phi4$mm	冷作硬化	≥1620	≥1340	—	—
—	S28200		退火	≥760	≥415	≥35	≥55
			冷作硬化	≥1210	≥1035	≥15	≥50
302	S30200		退火	520~620	210~310	30~35[①]	40~50[①]
302B	S30215		退火	520~620	210~310	30~35[①]	40~50[①]
304	S30400		退火	520~620	210~310	30~35[①]	40~50[①]
304L	S30403		退火	485~620	170~310	30~35[①]	40~50[①]
305	S30500		退火	520~620	210~310	30~35[①]	40~50[①]
308	S30800		退火	520~620	210~310	30~35[①]	40~50[①]
309	S30900		退火	520~620	210~310	30~35[①]	40~50[①]
309S	S30908		退火	520~620	210~310	30~35[①]	40~50[①]
309Cb	S30940		退火	520~620	210~310	30~35[①]	40~50[①]
310	S31000		退火	520~620	210~310	30~35[①]	40~50[①]
310S	S31008		退火	520~620	210~310	30~35[①]	40~50[①]
314	S31400		退火	520~620	210~310	30~35[①]	40~50[①]
316	S31600		退火	520~620	210~310	30~35[①]	40~50[①]
316L	S31603		退火	485~620	170~310	30~35[①]	40~50[①]
317	S31700		退火	520~620	210~310	30~35[①]	40~50[①]
—	S31730		退火	≥480	≥175	30~35[①]	40~50[①]
321	S32100		退火	520~620	210~310	30~35[①]	40~50[①]
347	S34700		退火	520~620	210~310	30~35[①]	40~50[①]
347LN	S34751		退火	≥515	≥205	30~35[①]	40~50[①]
348	S34800		退火	520~620	210~310	30~35[①]	40~50[①]

（续）

ASTM 钢号	UNS 编号	状态	R_m/MPa	$R_{p0.2}$/MPa	A（%）	Z（%）
奥氏体-铁素体型						
—	S32202	退火	≥650	≥450	≥30	≥50
S82441 $\phi<10mm$		退火	≥415	≥140	≥25	—
$\phi\geqslant10mm$		退火	≥680	≥480	≥25	—
铁素体型						
405	S40500	退火	≥485	≥275	≥16	≥45
—	S40976	退火	≥415	≥140	≥20	≥45
430	S43000	退火	≥485	≥275	≥16	≥45
—	S44400	退火	≥485	≥275	≥20	≥45
446	S44600	退火	≥485	≥275	≥20	≥45
—	S44700	退火	485~520	380~415	15~20	30~40
—	S44800	退火	485~520	380~415	15~20	30~40
—	S44535	退火	≥400	≥250	≥20	—
马氏体型						
403	S40300	退火	≥485	≥275	16~20	≥45
		中间回火	≥690	≥550	≥12	≥40
		硬化处理	≥830	≥620	≥12	(35HRC)
410	S41000	退火	≥485	≥275	16~20	≥45
		中间回火	≥690	≥550	≥12	≥40
		硬化处理	≥830	≥620	≥12	(35HRC)
414	S41400	退火	≥1035	—	—	(42HRC)
420	S42000	退火	≥860	—	—	(50HRC)
431	S43100	退火	≥965	—	—	(40HRC)
440A	S44002	退火	≥965	—	—	(55HRC)
440B	S44003	退火	≥965	—	—	(56HRC)
440C	S44004	退火	≥965	—	—	(58HRC)

① $\phi\leqslant3.96mm$ 时，$A=25\%$，$Z=40\%$。

3.13   中国台湾地区

A. 通用钢材和合金

3.13.1   不锈钢

（1）中国台湾地区 CNS 标准不锈钢棒材的钢号与化学成分［CNS 3270（2016）］

A）奥氏体型不锈钢棒材的钢号与化学成分（表 3-13-1）

表 3-13-1   奥氏体型不锈钢棒材的钢号与化学成分（质量分数）（%）

钢 号	C	Si	Mn	P≤	S≤	Cr	Ni	Mo①	其 他
201	≤0.15	≤1.00	5.50~7.50	0.060	0.030	16.0~18.0	3.50~5.50	—	N≤0.25
202	≤0.15	≤1.00	7.50~10.0	0.060	0.030	17.0~19.0	4.00~6.00	—	N≤0.25
301	≤0.15	≤1.00	≤2.00	0.045	0.030	16.0~18.0	6.00~8.00	—	—
302	≤0.15	≤1.00	≤2.00	0.045	0.030	17.0~19.0	8.00~10.0	—	—
303	≤0.15	≤1.00	≤2.00	0.20	≥0.15	17.0~19.0	8.00~10.0	(≤0.60)	—

（续）

钢号	C	Si	Mn	P≤	S≤	Cr	Ni	Mo[1]	其他
303 Se	≤0.15	≤1.00	≤2.00	0.20	0.060	17.0~19.0	8.00~10.0	—	Se≥0.15
303 Cu	≤0.15	≤1.00	≤2.00	0.20	≥0.15	17.0~19.0	8.00~10.0	—	Cu 1.50~3.50
304	≤0.08	≤1.00	≤2.00	0.045	0.030	18.0~20.0	8.00~10.5	—	—
304 L1	≤0.030	≤1.00	≤2.00	0.045	0.030	18.0~20.0	8.00~12.0	—	—
304 L2	≤0.030	≤1.00	≤2.00	0.045	0.030	18.0~20.0	9.00~13.0	—	—
304 N1	≤0.08	≤1.00	≤2.50	0.045	0.030	18.0~20.0	7.00~10.5	—	N 0.10~0.25
304 N2	≤0.08	≤1.00	≤2.50	0.045	0.030	18.0~20.0	7.50~10.5	—	Nb≤0.15 N 0.15~0.30
304 LN	≤0.030	≤1.00	≤2.00	0.045	0.030	17.0~19.0	8.50~11.5	—	N 0.12~0.22
304 J3	≤0.08	≤1.00	≤2.00	0.045	0.030	17.0~19.0	8.00~10.5	—	Cu 1.00~3.00
305	≤0.12	≤1.00	≤2.00	0.045	0.030	17.0~19.0	10.5~13 0	—	—
309 S	≤0.08	≤1.00	≤2.00	0.045	0.030	22.0~24.0	12.0~15.0	—	—
310 S	≤0.08	≤1.50	≤2.00	0.045	0.030	24.0~26.0	19.0~22.0	—	—
312 L	≤0.020	≤0.80	≤1.00	0.030	0.015	19.0~21.0	17.5~19.5	6.00~7.00	Cu 0.50~1.00 N 0.16~0.25
314	≤0.25	≤1.50	≤2.00	0.045	0.030	23.0~26.0	19.0~22.0	—	—
316	≤0.08	≤1.00	≤2.00	0.045	0.030	16.0~18.0	10.0~14.0	2.00~3.00	—
316 L1	≤0.030	≤1.00	≤2.00	0.045	0.030	16.0~18.0	10.0~14.0	2.00~3.00	—
316 L2	≤0.030	≤1.00	≤2.00	0.045	0.030	16.0~18.0	12.0~15.0	2.00~3.00	—
316 N	≤0.08	≤1.00	≤2.00	0.045	0.030	16.0~18.0	10.0~14.0	2.00~3.00	N 0.10~0.22
316 LN	≤0.030	≤1.00	≤2.00	0.045	0.030	16.5~18.5	10.5~14.5	2.00~3.00	N 0.12~0.22
316 Ti	≤0.08	≤1.00	≤2.00	0.045	0.030	16.0~18.0	10.0~14.0	2.00~3.00	Ti≥5 C
316 J1	≤0.08	≤1.00	≤2.00	0.045	0.030	17.0~19.0	10.0~14.0	1.20~2.75	Cu 1.00~2.50
316 J1 L	≤0.030	≤1.00	≤2.00	0.045	0.030	17.0~19.0	12.0~16.0	1.20~2.75	Cu 1.00~2.50
316 F	≤0.08	≤1.00	≤2.00	0.045	0.030	16.0~18.0	10.0~14.0	2.00~3.00	—
317	≤0.08	≤1.00	≤2.00	0.045	0.030	18.0~20.0	11.0~15.0	3.00~4.00	—
317 L	≤0.030	≤1.00	≤2.00	0.045	0.030	18.0~20.0	11.0~15.0	3.00~4.00	—
317 LN	≤0.030	≤1.00	≤2.00	0.045	0.030	18.0~20.0	11.0~15.0	3.00~4.00	N 0.10~0.22
317 J1	≤0.040	≤1.00	≤2.50	0.045	0.030	16.0~19.0	15.0~17.0	4.00~6.00	—
836 L	≤0.030	≤1.00	≤2.00	0.045	0.030	19.0~24.0	24.0~26.0	5.00~7.00	N≤2.50
890 L	≤0.020	≤1.00	≤2.00	0.045	0.030	19.0~23.0	23.0~28.0	4.00~5.00	Cu 1.00~2.00
321	≤0.08	≤1.00	≤2.00	0.045	0.030	17.0~19.0	9.00~13.0	—	Ti≥5 C
347	≤0.08	≤1.00	≤2.00	0.045	0.030	17.0~19.0	9.00~13.0	—	Nb≥10 C
XM7	≤0.08	≤1.00	≤2.00	0.045	0.030	17.0~19.0	8.50~10.5	—	Cu 3.00~4.00
XM15 J1[2]	≤0.08	3.00~5.00	≤2.00	0.045	0.030	15.0~20.0	11.5~15.0	—	—
XM19	≤0.06	≤1.00	4.00~6.00	0.045	0.030	20.5~23.5	11.5~15.5	—[3]	Nb 0.10~0.30 V 0.10~0.30 N 0.20~0.40

① Mo 括号内的数字为允许添加的含量。

② XM15J1 必要时可添加本表所列以外的合金元素。

③ 允许含 Ni≤0.50% 、Cu≤0.20% 、Ni + Cu≤0.50%。必要时还可添加本表所列以外的合金元素。

B）奥氏体-铁素体双相不锈钢棒材的钢号与化学成分（表3-13-2）

表 3-13-2 奥氏体-铁素体双相不锈钢棒材的钢号与化学成分（质量分数）（%）

钢 号[1]	C	Si	Mn	P≤	S≤	Cr	Ni	Mo	其 他
329 J1	≤0.08	≤1.00	≤1.50	0.040	0.030	23.0~28.0	3.00~6.00	1.00~3.00	—
329 J3 L	≤0.030	≤1.00	≤2.00	0.045	0.030	21.0~24.0	4.50~6.50	2.50~3.50	N 0.08~0.20
329 J4 L	≤0.030	≤1.00	≤1.50	0.040	0.030	24.0~26.0	5.50~7.50	2.50~3.50	N 0.08~0.30

① 各钢号必要时可添加本表所列以外的合金元素。

C）铁素体型不锈钢棒材的钢号与化学成分（表 3-13-3）

表 3-13-3 铁素体型不锈钢棒材的钢号与化学成分（质量分数）（%）

钢 号	C	Si	Mn	P≤	S≤	Cr	Ni[1]	Mo	其 他
405	≤0.08	≤1.00	≤1.00	0.040	0.030	11.5~14.5	（≤0.60）	—	Al 0.10~0.30
410 L	≤0.030	≤1.00	≤1.00	0.040	0.030	11.0~13.5	（≤0.60）	—	—
430	≤0.12	≤0.75	≤1.00	0.040	0.030	16.0~18.0	（≤0.60）	—	—
430 F	≤0.12	≤1.00	≤1.25	0.060	≥0.15	16.0~18.0	（≤0.60）	—	—
434	≤0.12	≤1.00	≤1.00	0.040	0.030	16.0~18.0	（≤0.60）	0.75~1.25	—
447 J1	≤0.010	≤0.40	≤0.40	0.030	0.020	28.5~32.0	—[2]	1.50~2.50	Cu≤0.20，N≤0.015
XM27	≤0.010	≤0.40	≤0.40	0.030	0.020	25.0~27.0	—[2]	0.75~1.50	Cu≤0.20，N≤0.015

① 括号内的数字为允许添加的含量。

② 允许含 Ni≤0.50%、Cu≤0.20%、Ni+Cu≤0.50%。必要时还可添加本表所列以外的合金元素。

D）马氏体型不锈钢棒材的钢号与化学成分（表 3-13-4）

表 3-13-4 马氏体型不锈钢棒材的钢号与化学成分（质量分数）（%）

钢 号	C	Si	Mn	P≤	S[1]≤	Cr	Ni[2]	Mo[2]	其 他
403	≤0.15	≤0.50	≤1.00	0.040	0.030	11.5~13.0	（≤0.60）	—	—
410	≤0.15	≤1.00	≤1.00	0.040	0.030	11.5~13.5	（≤0.60）	—	—
410 J1	0.08~0.18	≤0.60	≤1.00	0.040	0.030	11.5~14.0	（≤0.60）	0.30~0.60	—
410 F2	≤0.15	≤1.00	≤1.00	0.040	0.030	11.5~13.5	（≤0.60）	—	Pb 0.05~0.30
416	≤0.15	≤1.00	≤1.25	0.060	≥0.15	12.0~14.0	（≤0.60）	（≤0.60）	—
420 J1	0.16~0.25	≤1.00	≤1.00	0.040	0.030	12.0~14.0	（≤0.60）	（≤0.60）	—
420 J2	0.26~0.40	≤1.00	≤1.00	0.040	0.030	12.0~14.0	（≤0.60）	（≤0.60）	—
420 F	0.26~0.40	≤1.00	≤1.25	0.060	≥0.15	12.0~14.0	（≤0.60）	（≤0.60）	—
420 F2	0.26~0.40	≤1.00	≤1.00	0.040	0.030	12.0~14.0	（≤0.60）	—	Pb 0.05~0.30
431	≤0.20	≤1.00	≤1.00	0.040	0.030	15.0~17.0	1.25~2.50	—	—
440 A	0.60~0.75	≤1.00	≤1.00	0.040	0.030	16.0~18.0	（≤0.60）	（≤0.75）	—
440 B	0.75~0.95	≤1.00	≤1.00	0.040	0.030	16.0~18.0	（≤0.60）	（≤0.75）	—
440 C	0.95~1.20	≤1.00	≤1.00	0.040	0.030	16.0~18.0	（≤0.60）	（≤0.75）	—
440 F	0.95~1.20	≤1.00	≤1.25	0.060	≥0.15	16.0~18.0	（≤0.60）	（≤0.75）	—

① 标明≥者不受≤的限制。

② 括号内的数字为允许添加的含量。

E）沉淀硬化型不锈钢棒材的钢号与化学成分（表 3-13-5）

表 3-13-5 沉淀硬化型不锈钢棒材的钢号与化学成分（质量分数）（%）

钢 号	C	Si	Mn	P≤	S≤	Cr	Ni	Mo	其 他
630	≤0.07	≤1.00	≤1.00	0.040	0.030	15.0~17.5	3.00~5.00	—	Cu 3.00~5.00 Nb 0.15~0.45
631	≤0.09	≤1.00	≤1.00	0.040	0.030	16.0~18.0	6.50~7.75	—	Al 0.75~1.50

（2）中国台湾地区 CNS 标准不锈钢棒材的热处理与力学性能

A）奥氏体型不锈钢棒材固溶处理后的力学性能（表 3-13-6）

表 3-13-6　奥氏体型不锈钢棒材固溶处理后的力学性能

钢　号	固溶处理温度/℃ （快冷）	R_{eL}/MPa	R_m/MPa	A（%）	Z（%）	HBW	HRB	HV
		≥				≤		
201	1010～1120	275	520	40	45	241	100	253
202	1010～1120	275	520	40	45	207	95	218
301	1010～1150	205	520	40	60	207	90	218
302	1010～1150	205	520	40	60	187	90	200
303	1010～1150	205	520	40	50	187	90	200
303 Se	1010～1150	205	520	40	50	187	90	200
303 Cu	1010～1150	205	520	40	50	187	90	200
304	1010～1150	205	520	40	60	187	90	200
304 L1	1010～1150	170	485	40	60	—	—	—
304 L2	1010～1150	175	480	40	60	187	90	200
304 N1	1010～1150	275	550	35	50	217	95	220
304 N2	1010～1150	345	685	35	50	250	100	260
304 LN	1010～1150	245	550	40	50	217	95	220
304 J 3	1010～1150	175	480	40	60	187	90	200
305	1010～1150	175	480	40	60	187	90	200
309 S	1030～1180	205	520	40	60	187	90	200
310 S	1030～1180	205	520	40	50	187	90	200
312 L	1030～1180	300	650	35	40	223	95	230
314	≥1040	205	515	40	50	—	—	—
316	1010～1150	205	520	40	60	187	90	200
316 L1	1010～1150	170	485	40	50	—	—	—
316 L2	1010～1150	175	480	40	60	187	90	200
316 N	1010～1150	275	550	35	50	217	95	220
316 LN	1010～1150	245	550	40	50	217	95	220
316 Ti	920～1150	205	520	40	50	187	90	200
316 J1	1010～1150	205	520	40	50	187	90	200
316 J1 L	1010～1150	175	480	40	60	187	90	200
316 F	1010～1150	205	520	40	50	187	90	200
317	1010～1150	205	520	40	60	187	90	200
317 L	1010～1150	175	480	40	60	187	90	200
317 LN	1010～1150	245	550	40	50	217	95	220
317 J1	1030～1180	175	480	40	45	187	90	200
836 L	1030～1180	205	520	35	40	217	96	230
890 L	1030～1180	215	490	35	40	187	90	200
321	920～1150	205	520	40	50	187	90	200
347	980～1150	205	520	40	50	187	90	200
XM7	1010～1150	175	480	40	60	187	90	200
XM15 J1	1010～1150	205	520	40	60	207	95	218
XM19	≥1040	380	690	35	55	—	—	—

注：本表适用于直径在 180mm 以下的棒材，超过此尺寸者，由供需双方协议。

B）奥氏体-铁素体双相不锈钢棒材固溶处理后的力学性能（表3-13-7）

表3-13-7　奥氏体-铁素体双相不锈钢棒材固溶处理后的力学性能

钢　号	固溶处理温度/℃ （快冷）	R_{eL}/MPa	R_m/MPa	A（%）	Z（%）	HBW	HRC	HV
		≥				≤		
329 J1	950～1100	390	590	18	40	277	29	292
329 J3 L	950～1150	450	620	18	40	302	32	320
329 J4 L	950～1150	450	620	18	40	302	32	320

注：本表适用于直径在75mm以下的棒材，超过此尺寸者，由供需双方协议。

C）铁素体型不锈钢棒材退火后的力学性能（表3-13-8）

表3-13-8　铁素体型不锈钢棒材退火后的力学性能[①]

钢　号	退火温度/℃	R_{eL}/MPa	R_m/MPa	A（%）	Z（%）	HBW	HRB
		≥				≤	
405[②]	780～830 空冷或缓冷	175	410	20	60	183	90
410 L	700～820 空冷或缓冷	195	360	22	60	183	90
430	780～850 空冷或缓冷	205	450	22	50	183	90
430 F	680～820 空冷或缓冷	205	450	22	50	183	90
434	780～850 空冷或缓冷	205	450	22	60	183	90
447 J1	900～1050 快冷	295	450	20	45	228	98
XM27	900～1050 快冷	245	410	20	45	219	98

① 本表仅适用于直径在75mm以下的棒材，超过此尺寸者，由供需双方协议。

② 钢号405的夏比冲击值为98J/cm²。

D）马氏体型不锈钢棒材的热处理与力学性能

① 马氏体型不锈钢棒材淬火回火后的力学性能见表3-13-9。

表3-13-9　马氏体型不锈钢棒材淬火回火后的力学性能

钢　号	状态	R_{eL}/MPa	R_m/MPa	A（%）	Z（%）	a_K/(J/cm²)	HBW	HV
		≥					≥	
403	QT	390	590	25	55	147	170	178
410	QT	345	540	25	55	98	150	166
410 F2	QT	345	540	18	50	98	159	220
410 J1	QT	490	690	20	60	98	192	166
416	QT	345	540	25	55	98	159	166
420 J1	QT	440	640	20	50	78	192	200
420 J2	QT	540	740	12	40	29	217	220
420 F	QT	540	740	12	40	29	217	220
420 F2	QT	540	740	8	35	29	217	220
431	QT	590	780	15	40	39	229	241
440 A	QT	—	—	—	—	—	(54)	54
440 B	QT	—	—	—	—	—	(56)	56
440 C	QT	—	—	—	—	—	(58)	58
440 F	QT	—	—	—	—	—	(58)	58

注：1. 本表仅适用于直径在75mm以下的棒材，超过此尺寸者，由供需双方协议。

2. 表中第2列：QT表示淬火回火状态。

3. 冲击性能试验按照CNS 3033规定，采用U型缺口试样（缺口深度2mm）。

4. 表中硬度HBW列：括号内为HRC硬度值。

② 马氏体型不锈钢棒材的热处理制度和退火硬度见表3-13-10。

表3-13-10　马氏体型不锈钢棒材的热处理制度和退火硬度

钢 号	退火温度/℃及冷却	退火硬度 HBW≤	淬火温度/℃及冷却	回火温度/℃及冷却
403	800~900 缓冷或约750 快冷	200	950~1000 油冷	700~750 快冷
410	800~900 缓冷或约750 快冷	200	950~1000 油冷	700~750 快冷
410 F2	800~900 缓冷或约750 快冷	200	950~1000 油冷	700~750 快冷
410 J1	830~900 缓冷或约750 快冷	200	970~1020 油冷	650~750 快冷
416	800~900 缓冷或约750 快冷	200	950~1000 油冷	700~750 快冷
420 J1	800~900 缓冷或约750 快冷	223	920~980 油冷	600~750 快冷
420 J2	800~900 缓冷或约750 快冷	235	920~980 油冷	600~750 快冷
420 F	800~900 缓冷或约750 快冷	235	920~980 油冷	600~750 快冷
420 F2	800~900 缓冷或约750 快冷	235	920~980 油冷	600~750 快冷
431	第1次约750 快冷第2次约650 快冷	302	1000~1050 油冷	630~700 快冷
440 A	800~920 缓冷	255	1010~1070 油冷	100~180 快冷
440 B	800~920 缓冷	255	1010~1070 油冷	100~180 快冷
440 C	800~920 缓冷	269	1010~1070 油冷	100~180 快冷
440 F	800~920 缓冷	269	1010~1070 油冷	100~180 快冷

E) 沉淀硬化型不锈钢棒材的热处理与力学性能

① 沉淀硬化型不锈钢棒材淬火回火后的力学性能见表3-13-11a。

表3-13-11a　沉淀硬化体型不锈钢棒材淬火回火后的力学性能

钢 号	状态	R_{eL}/MPa	R_m/MPa	A（%）	Z（%）	HBW	HRC
		≥				≤	
630	S	—	—	—	—	363	38
	H900	1175	1310	10	40	275	40
	H1025	1000	1070	12	45	331	35
	H 1075	860	1000	13	45	302	31
	H1150	725	930	16	50	277	28
631	S	380	1030	20		229	—
	TH1050	960	1138	5	25	363	—
	TH950	1030	1230	4	10	388	—

注：1. 本表仅适用于直径在75mm 以下的棒材，超过此尺寸者，由供需双方协议。

　　2. 第2列S 表示固溶处理状态，H×××与TH×××沉淀硬化状态。

② 沉淀硬化型不锈钢棒材的热处理制度见表3-13-11b。

表3-13-11b　沉淀硬化型不锈钢棒材的热处理制度

钢 号	热处理制度		
	种类	符号	工艺规范
630	固溶处理	S	1020~1060℃急冷
	沉淀硬化	H900	固溶处理（S）后 470~490℃空冷
		H1025	固溶处理（S）后 540~560℃空冷
		H1075	固溶处理（S）后 570~590℃空冷
		H1150	固溶处理（S）后 610~630℃空冷

（续）

钢 号	热处理制度		
	种类	符号	工艺规范
631	固溶处理	S	1000~1100℃急冷
	沉淀硬化	TH1050	固溶处理（S）后于（760±15）℃均热90min，在1h内冷却至15℃以下，保持30min，再加热至（565±10）℃均热90min后空冷
	沉淀硬化	TH950	固溶处理（S）后于（955±10）℃均热10min，空冷至室温，在24h以内以（−73±6）℃保持8h，再加热至（510±10）℃均热60min后空冷

3.13.2 耐热钢（棒材和板材）

（1）中国台湾地区 CNS 标准耐热钢棒材的钢号与化学成分 ［CNS 9608（2006/2013 确认）］（表 3-13-12）

表 3-13-12 耐热钢棒材的钢号与化学成分（质量分数）（%）

钢号	C	Si	Mn	P[①]≤	S≤	Cr	Ni[②]	Mo	其 他
奥氏体型									
SUH31	0.35~0.45	1.50~2.50	≤0.60	0.040	0.030	14.0~16.0	13.0~15.0	—	W 2.00~3.00
SUH35	0.48~0.58	≤0.35	8.00~10.0	0.040	0.030	20.0~22.0	3.25~4.50	—	N 0.35~0.50
SUH36	0.48~0.58	≤0.35	8.00~10.0	0.040	0.040~0.090	20.0~22.0	3.25~4.50	—	N 0.35~0.50
SUH37	0.15~0.25	≤1.00	1.00~1.60	0.040	0.030	20.5~22.5	10.0~12.0	—	N 0.15~0.30
SUH38	0.25~0.35	≤1.00	≤1.20	0.18~0.25	0.030	19.0~21.0	10.0~12.0	1.80~2.50	B 0.001~0.010
SUH309	≤0.20	≤1.00	≤2.00	0.040	0.030	22.0~24.0	12.0~15.0	—	—
SUH310	≤0.25	≤1.50	≤2.00	0.040	0.030	24.0~26.0	19.0~22.0	—	—
SUH330	≤0.15	≤1.50	≤2.00	0.040	0.030	14.0~17.0	33.0~37.0	—	—
SUH660	≤0.08	≤1.00	≤2.00	0.040	0.030	13.5~16.0	24.00~27.0	1.00~1.50	Al≤0.35 Ti 1.90~2.35 V 0.10~0.50 B 0.001~0.010
SUH661	0.08~0.16	≤1.00	1.00~2.00	0.040	0.030	20.0~22.5	19.0~21.0	2.50~3.50	Co 18.5~21.0 W 2.00~3.00 Nb 0.75~1.25 N 0.10~0.20
铁素体型[③]									
SUH446	≤0.20	≤1.00	≤1.50	0.040	0.030	23.0~27.0	（≤0.60）	—	N≤0.25
马氏体型[③]									
SUH1	0.40~0.50	3.00~3.50	≤0.60	0.030	0.030	7.50~9.50	（≤0.60）	—	—
SUH3	0.35~0.45	1.80~2.50	≤0.60	0.030	0.030	10.0~12.0	（≤0.60）	0.70~1.30	—
SUH4	0.75~0.85	1.75~2.25	0.20~0.60	0.030	0.030	19.0~20.5	1.15~1.65	—	—
SUH11	0.45~0.55	1.00~2.00	≤0.60	0.030	0.030	7.50~9.50	（≤0.60）	—	—

（续）

钢号	C	Si	Mn	P≤	S≤	Cr	Ni①	Mo	其 他
马氏体型③									
SUH600	0.15 ~ 0.20	≤0.50	0.50 ~ 1.00	0.040	0.030	10.0 ~ 13.0	(≤0.60)	0.30 ~ 0.90	Nb 0.20 ~ 0.60 V 0.10 ~ 0.40 N 0.05 ~ 0.10
SUH616	0.20 ~ 0.25	≤0.50	0.50 ~ 1.00	0.040	0.030	11.0 ~ 13.0	0.50 ~ 1.00	0.75 ~ 1.25	W 0.75 ~ 1.25 V 0.20 ~ 0.30

① 范围值不受≤的限制。
② 括号内的数据为允许添加的含量。
③ 马氏体型和铁素体型耐热钢的残余元素 Cu≤0.30%。

（2）中国台湾地区 CNS 标准耐热钢板材的钢号与化学成分［CNS 9610（2006/2013 确认）］（表3-13-13）

表3-13-13　耐热钢板材的钢号与化学成分（质量分数）（%）

钢　号	C	Si	Mn	P≤	S≤	Cr	Ni①	Mo	其 他
奥氏体型									
SUH309	≤0.20	≤1.00	≤2.00	0.040	0.030	22.0 ~ 24.0	12.0 ~ 15.0	—	—
SUH310	≤0.25	≤1.50	≤2.00	0.040	0.030	24.0 ~ 26.0	19.0 ~ 22.0	—	—
SUH330	≤0.15	≤1.50	≤2.00	0.040	0.030	14.0 ~ 17.0	33.0 ~ 37.0	—	—
SUH660	≤0.08	≤1.00	≤2.00	0.040	0.030	13.5 ~ 16.0	24.00 ~ 27.0	1.00 ~ 1.50	Al≤0.35 Ti 1.90 ~ 2.35 V 0.10 ~ 0.50 B 0.001 ~ 0.010
SUH661	0.08 ~ 0.16	≤1.00	1.00 ~ 2.00	0.040	0.030	20.0 ~ 22.5	19.0 ~ 21.0	2.50 ~ 3.50	Co 18.5 ~ 21.0 W 2.00 ~ 3.00 Nb 0.75 ~ 1.25 N 0.10 ~ 0.20
铁素体型									
SUH21②	≤0.10	≤1.50	≤1.00	0.040	0.030	17.0 ~ 21.0	(≤0.60)	—	Al 2.00 ~ 4.00
SUH409	≤0.08	≤1.00	≤1.00	0.040	0.030	10.5 ~ 11.75	(≤0.60)	—	Ti 6 C≤0.75
SUH409L	≤0.030	≤1.00	≤1.00	0.040	0.030	10.5 ~ 11.75	(≤0.60)	—	Ti 6 C≤0.75
SUH446	≤0.20	≤1.00	≤1.50	0.040	0.030	23.0 ~ 27.0	(≤0.60)	—	N≤0.25

① 括号内的数字为允许添加的含量。
② SUH 21 需要时可添加本表以外的合金元素。

（3）中国台湾 CNS 标准耐热钢的热处理与力学性能

A）奥氏体型耐热钢的热处理与力学性能

① 奥氏体型耐热钢热处理后的力学性能见表3-13-14。

表3-13-14　奥氏体型耐热钢热处理后的力学性能

钢　号	状态①	R_m/MPa	R_{eL}/MPa	A（%）	Z（%）	HBW	适用尺寸/mm 直径、厚度 或对边距离
		≥					
SUH31	S	740	315	30	40	≤248	≤25
	S	690	315	25	35	≤248	25 ~ 180
SUH35	H	880	560	8	—	≥302	≤25
SUH36	H	880	560	8	—	≥302	≤25

（续）

钢　号	状态[1]	R_m/MPa	R_{eL}/MPa	A（%）	Z（%）	HBW	适用尺寸/mm 直径、厚度或对边距离
		≥					
SUH37	H	780	390	35	35	≥248	≤25
SUH38	H	880	490	20	25	≥269	≤25
SUH309	S	560	205	45	50	≤201	≤180
SUH310	S	590	205	40	50	≤201	≤180
SUH330	S	560	205	40	50	≤201	≤180
SUH660	S	730	—	25	—	≤192	≤180
	H	900	590	15	18	≥248	≤180
SUH 661	S	690	315	35	35	≤248	≤180
	H	760	345	30	30	≥192	≤75

① S—固溶处理，H—时效处理。

② 奥氏体型耐热钢的热处理制度见表3-13-15。

表 3-13-15　奥氏体型耐热钢的热处理制度

钢　号	加热温度/℃及冷却		钢　号	加热温度/℃及冷却	
	固溶处理（S）	时效处理（H）		固溶处理（S）	时效处理（H）
SUH31	950～1050 快冷	—	SUH310	1030～1180 快冷	—
SUH35	1100～1200 快冷	730～780 空冷	SUH330	1030～1180 快冷	—
SUH36	1100～1200 快冷	730～780 空冷	SUH660	885～915 快冷或 965～995 快冷	（700～760）×16h, 空冷或慢冷
SUH37	1050～1150 快冷	750～800 空冷			
SUH38	1120～1150 快冷	730～760 空冷	SUH661	1130～1200 快冷	—
SUH309	1030～1150 快冷	—		1130～1200 快冷	（780～830）×4h, 空冷或慢冷

B）铁素体型耐热钢的热处理与力学性能（表3-13-16）

表 3-13-16　铁素体型耐热钢的热处理与力学性能

钢　号	退火温度/℃及冷却	状态[1]	R_m/MPa	R_{eL}/MPa	A（%）	Z（%）	（HBW）
			≥				
SUH21	780～950 快冷或慢冷	A	440	245	15	—	≤210
SUH409	780～950 快冷或慢冷	A	360	175	22	—	≤162
SUH409L	780～950 快冷或慢冷	A	360	175	25	—	≤162
SUH446	780～880 快冷	A	510	275	20	40	≤201

① A—退火。

C）马氏体型耐热钢的热处理与力学性能

① 马氏体型耐热钢热处理后的力学性能见表3-13-17。

表 3-13-17　马氏体型耐热钢热处理后的力学性能

钢　号	状态[1]	力学性能					HBW	适用尺寸/mm 直径、厚度或对边距离
		R_m/MPa	R_{eL}/MPa	A（%）	Z（%）	a_K/（J/cm²）		
		≥						
SUH1	QT	930	685	15	35	—	≥269	≤75
SUH3	QT	930	685	15	35	20	≥269	≤25
	QT	880	685	15	35	20	≥262	25～75

（续）

钢　号	状态[1]	力学性能					HBW	适用尺寸/mm
		R_m/MPa	R_{eL}/MPa	A（%）	Z（%）	a_K/（J/cm^2）		直径、厚度或对边距离
		≥						
SUH4	QT	880	685	10	15	10	≥262	≤75
SUH11	QT	880	685	15	35	20	≥262	≤25
SUH600	QT	830	685	15	30	—	≤321	≤75
SUH616	QT	880	735	15	25	—	≤341	≤75

① QT—淬火 + 回火。

② 马氏体型不锈钢棒材的热处理制度和退火硬度见表 3-13-18。

表 3-13-18　马氏体型不锈钢棒材的热处理制度和退火硬度

钢号	退火温度/℃及冷却	退火硬度 HBW≤	淬火温度/℃及冷却	回火温度/℃及冷却
SUH1	800 ~ 900 慢冷	269	980 ~ 1080 油冷	700 ~ 850 快冷
SUH3	800 ~ 900 慢冷	269	980 ~ 1080 油冷	700 ~ 800 快冷
SUH4	800 ~ 900 慢冷或约 720 空冷	321	1030 ~ 1080 油冷	700 ~ 800 快冷
SUH11	750 ~ 850 慢冷	269	1000 ~ 1050 油冷	650 ~ 750 快冷
SUH600	850 ~ 950 慢冷	269	1100 ~ 1170 油冷或空冷	≥600 空冷
SUH616	830 ~ 900 慢冷	616	1020 ~ 1070 油冷或空冷	≥600 空冷

3.13.3　耐热合金和耐蚀合金

（1）中国台湾地区 CNS 标准耐热合金、耐蚀合金棒材和板材的牌号与化学成分［CNS 9604，9606（1998/2013 确认）］（表 3-13-19）

表 3-13-19　耐热合金、耐蚀合金棒材和板材的牌号与化学成分（质量分数）（%）

牌号[1]	C	Si	Mn	P≤	S≤	Cr	Ni[3]	Al	Ti	Fe	其　他
NCF600	≤0.15	≤0.50	≤1.00	0.030	0.015	14.0 ~ 17.0	≥72.0	—	—	6.00 ~ 10.0	Cu≤0.50
NCF601	≤0.10	≤0.50	≤1.00	0.030	0.015	21.0 ~ 25.0	58.0 ~ 63.0	1.00 ~ 1.70	—	余量	Cu≤1.00
NCF625	≤0.10	≤0.50	≤0.50	0.015	0.015	20.0 ~ 23.0	≥58.0	≤0.40	≤0.40	≤5.00	Mo 8.00 ~ 10.0（Nb + Ta）3.15 ~ 4.15
NCF690	≤0.05	≤0.50	≤0.50	0.030	0.015	27.0 ~ 31.0	≥58.0	—	7.00 ~ 11.0		Cu≤0.50
NCF718	≤0.08	≤0.35	≤0.35	0.015	0.015	17.0 ~ 21.0	50.0 ~ 55.0	0.20 ~ 0.80	0.65 ~ 1.15	余量	Mo 2.80 ~ 3.30（Nb + Ta）4.75 ~ 5.50 Cu≤0.30，B≤0.006
NCF750	≤0.08	≤0.50	≤1.00	0.030	0.015	14.0 ~ 17.0	≥70.0	0.40 ~ 1.00	2.25 ~ 2.75	5.00 ~ 9.00	（Nb + Ta）0.70 ~ 1.20 Cu≤0.50
NCF751	≤0.10	≤0.50	≤1.00	0.030	0.015	14.0 ~ 17.0	≥70.0	0.90 ~ 1.50	2.00 ~ 2.60	5.00 ~ 9.00	（Nb + Ta）0.70 ~ 1.20 Cu≤0.50
NCF800	≤0.10	≤1.00	≤1.50	0.030	0.015	19.0 ~ 23.0	30.0 ~ 35.0	0.15 ~ 0.60	0.15 ~ 0.60	余量	Cu≤0.75

（续）

牌号[1]	C	Si	Mn	P≤	S≤	Cr	Ni[3]	Al	Ti	Fe	其 他
NCF800H	0.05 ~ 0.10	≤1.00	≤1.50	0.030	0.015	19.0 ~ 23.0	30.0 ~ 35.0	0.15 ~ 0.60	0.15 ~ 0.60	余量	Cu≤0.75
NCF825	≤0.05	≤0.50	≤1.00	0.030	0.015	19.5 ~ 23.5	38.0 ~ 46.0	≤0.20	0.60 ~ 1.20	余量	Mo 2.50 ~ 3.50 Cu 1.50 ~ 3.50
NCF80A[2]	0.04 ~ 0.10	≤1.00	≤1.00	0.030	0.015	18.0 ~ 21.0	余量	1.00 ~ 1.80	1.80 ~ 2.20	≤1.50	Co≤2.00 Cu≤0.20

① 本表是根据耐热合金、耐蚀合金棒材标准〔CNS 9604（1998）〕和板材标准〔CNS 9606（1998）〕综合修订的。
② NCF80A 合金如需要时可含 $w(Co)$ = 2.00%，还可含 B 或其他元素。
③ Ni 的分析值中允许含 Co。

（2）中国台湾地区 CNS 标准耐热合金、耐蚀合金棒材和板材的热处理与力学性能（表 3-13-20）

表 3-13-20　耐热合金、耐蚀合金棒材和板材的热处理与力学性能

牌　号	热处理温度/℃			R_{eL}/MPa	R_m/MPa	A（%）	HBW	适用尺寸[1]/mm
	固溶处理（S）	退火（A）	时效处理（H）	≥				直径、厚度或对边距离
NCF600	—	800 ~ 1150 快冷（A）	—	245	550	30	≤179	—
NCF601	—	950 以上快冷（A）	—	195	550	30	—	—
NCF625	—	870 以上快冷（A）	—	415	830	30	—	≤100
	—	870 以上快冷（A）	—	345	760	30	—	100 ~ 250
	1090 以上快冷（S）	—	—	275	690	30	—	—
NCF690	—	900 以上快冷（A）	—	240	590	30	—	≤100
NCF718	925 ~ 1010 快冷（S）	—	S 处理后，在 705 ~ 730 保持 8h，冷至 610 ~ 630，并于此温度经时效后空冷，总时效时间为 18h	1035	1280	12	≤331	≤100
NCF750	1135 ~ 1165 或 965 ~ 995 快冷（S1，S2）	—	—	—	—	—	≤320	≤100
	1135 ~ 1165 快冷（S1）	—	S1 处理后，在 800 ~ 830 保持 24h，空冷至室温，再以 690 ~ 720 保持 20h 后空冷（H1）	615	960	8	≤262	≤100
	965 ~ 995 快冷（S2）	—	S2 处理后，在 720 ~ 740 保持 8h，冷至 610 ~ 630，并于此温度经时效后空冷，总时效时间为 18h（H2）	795	1170	18	302 ~ 363	≤60
				795	1170	15	302 ~ 363	60 ~ 100

（续）

| 牌　号 | 热处理温度/℃ | | | R_{eL}/MPa | R_m/MPa | A（%） | HBW | 适用尺寸[①]/mm |
	固溶处理（S）	退火（A）	时效处理（H）	≥				直径、厚度或对边距离
NCF751	1135～1165 快冷（S）	—	—	—	—	—	≤375	≤100
	1135～1165 快冷（S）	—	S1 处理后，在 830～880 保持 24h，空冷至室温，再以 690～720 保持 20h 后空冷（H）	615	960	8	—	≤100
NCF800	—	980～1060 快冷（A）	—	205	520	30	≤179	—
NCF800H	1100～1170 快冷（S）			175	450	30	≤167	—
NCF825	—	930 以上 快冷（A）	—	235	580	30		
	1050～1100 快冷（S）			—	—	—	≤269	≤100
NCF80A	1050～1100 快冷（S）		S 处理后，在 690～710 保持 16h 后空冷（H）	600	1000	20	—	≤100

① 适用尺寸是指钢材直径、厚度或对边距离；凡超过本表所列适用尺寸的钢材，由供需双方协议。

B. 专业用钢和优良品种

3.13.4　热轧/冷轧不锈钢板材和钢带 ［CNS 8497，8499（2016）］

（1）中国台湾地区 CNS 标准热轧/冷轧不锈钢板材和钢带的钢号与化学成分（表 3-13-21）

表 3-13-21　热轧/冷轧不锈钢板材和钢带的钢号与化学成分（质量分数）（%）

钢　号[①]	C	Si	Mn	P[②]≤	S[②]≤	Cr	Ni[③]	Mo[③]	其　他
					奥氏体型				
201	≤0.15	≤1.00	5.50～7.50	0.060	0.030	16.0～18.0	3.50～5.50	—	N≤0.25
202	≤0.15	≤1.00	7.50～10.0	0.060	0.030	17.0～19.0	4.00～6.00	—	N≤0.25
301	≤0.15	≤1.00	≤2.00	0.045	0.030	16.0～18.0	6.00～8.00	—	—
301 L	≤0.030	≤1.00	≤2.00	0.045	0.030	16.0～18.0	6.00～8.00	—	N≤0.20
301 J1	0.08～0.12	≤1.00	≤2.00	0.045	0.030	16.0～18.0	7.00～9.00	—	—
302B	≤0.15	2.00～3.00	≤2.00	0.045	0.030	17.0～19.0	8.00～10.0	—	—
303	≤0.15	≤1.00	≤2.00	≥0.20	≥0.15	17.0～19.0	8.00～10.0	—	—
304	≤0.08	≤1.00	≤2.00	0.045	0.030	18.0～20.0	8.00～10.5	—	—
304Cu	≤0.08	≤1.00	≤2.00	0.045	0.030	18.0～20.0	8.00～10.5	—	Cu 0.70～1.30
304 L1	≤0.030	≤0.75	≤2.00	0.045	0.030	17.5～19.5	8.00～12.0	—	N≤0.10
304 L2	≤0.030	≤1.00	≤2.00	0.045	0.030	18.0～20.0	9.00～13.0	—	—
304N1	≤0.08	≤1.00	≤2.50	0.045	0.030	18.0～20.0	7.00～10.5	—	N 0.10～0.25

（续）

钢　号[①]	C	Si	Mn	P[②]≤	S[②]≤	Cr	Ni[③]	Mo[③]	其　他
奥氏体型									
304N2	≤0.08	≤1.00	≤2.50	0.045	0.030	18.0～20.0	7.50～10.5	—	Nb≤0.15 N 0.15～0.30
304 LN	≤0.030	≤1.00	≤2.00	0.045	0.030	17.0～19.0	8.50～11.5	—	N 0.12～0.22
304J1	≤0.08	≤1.70	≤3.00	0.045	0.030	15.0～18.0	6.00～9.00		Cu 1.00～3.00
304J2	≤0.08	≤1.70	3.00～5.00	0.045	0.030	15.0～18.0	6.00～9.00		Cu 1.00～3.00
305	≤0.12	≤1.00	≤2.00	0.045	0.030	17.0～19.0	10.5～13.0	—	—
309S	≤0.08	≤1.00	≤2.00	0.045	0.030	22.0～24.0	12.0～15.0	—	—
310S	≤0.08	≤1.50	≤2.00	0.045	0.030	24.0～26.0	19.0～22.0	—	—
312 L	≤0.020	≤0.80	≤1.00	0.030	0.015	19.0～21.0	17.5～19.5	6.00～7.00	Cu 0.50～1.00 N 0.16～0.25
315 L1	≤0.08	0.50～2.50	≤2.00	0.045	0.030	17.0～20.5	8.50～11.5	0.50～1.50	Cu 0.50～3.50
315 L2	≤0.08	2.50～4.00	≤2.00	0.045	0.030	17.0～20.5	11.0～14.0	0.50～1.50	Cu 0.50～3.50
316	≤0.08	≤1.00	≤2.00	0.045	0.030	16.0～18.0	10.0～14.0	2.00～3.00	—
316 L1	≤0.030	≤0.75	≤2.00	0.045	0.030	16.0～18.0	10.0～14.0	2.00～3.00	N≤0.10
316 L2	≤0.030	≤1.00	≤2.00	0.045	0.030	16.0～18.0	12.0～15.0	2.00～3.00	—
316N	≤0.08	≤1.00	≤2.00	0.045	0.030	16.0～18.0	10.0～14.0	2.00～3.00	N 0.10～0.22
316 LN	≤0.030	≤1.00	≤2.00	0.045	0.030	16.5～18.5	10.5～14.5	2.00～3.00	N 0.12～0.22
316 Ti	≤0.08	≤1.00	≤2.00	0.045	0.030	16.0～18.0	10.0～14.0	2.00～3.00	Ti≥5 C
316 J1	≤0.08	≤1.00	≤2.00	0.045	0.030	17.0～19.0	10.0～14.0	1.20～2.75	Cu 1.00～2.50
316 J1L	≤0.030	≤1.00	≤2.00	0.045	0.030	17.0～19.0	12.0～16.0	1.20～2.75	Cu 1.00～2.50
317	≤0.08	≤1.00	≤2.00	0.045	0.030	18.0～20.0	11.0～15.0	3.00～4.00	—
317 L	≤0.030	≤1.00	≤2.00	0.045	0.030	18.0～20.0	11.0～15.0	3.00～4.00	—
317 LN	≤0.030	≤1.00	≤2.00	0.045	0.030	18.0～20.0	11.0～15.0	3.00～4.00	N 0.10～0.22
317 J1	≤0.040	≤1.00	≤2.50	0.045	0.030	16.0～19.0	15.0～17.0	4.00～6.00	—
317 J2	≤0.06	≤1.50	≤2.00	0.045	0.030	23.0～26.0	12.0～16.0	0.50～1.20	N 0.25～0.40
836 L	≤0.030	≤1.00	≤2.00	0.045	0.030	19.0～24.0	24.0～26.0	5.00～7.00	N≤0.25
890 L	≤0.030	≤1.00	≤2.00	0.045	0.030	19.0～23.0	23.0～28.0	4.00～5.00	Cu 1.00～2.00
321	≤0.08	≤1.00	≤2.00	0.045	0.030	17.0～19.0	9.00～13.0	—	Ti≥5 C
347	≤0.08	≤1.00	≤2.00	0.045	0.030	17.0～19.0	9.00～13.0	—	Nb≥10 C
XM7	≤0.08	≤1.00	≤2.00	0.045	0.030	17.0～19.0	8.50～10.5	—	Cu 3.00～4.00
XM15 J1[②]	≤0.08	3.00～5.00	≤2.00	0.045	0.030	15.0～20.0	11.5～15.0	—	—
奥氏体-铁素体型									
329 J1	≤0.08	≤1.00	≤1.50	0.040	0.030	23.0～28.0	3.00～6.00	1.00～3.00	—
329 J3 L	≤0.030	≤1.00	≤2.00	0.040	0.030	21.0～24.0	4.50～6.50	2.50～3.50	N 0.08～0.20
329 J4 L	≤0.030	≤1.00	≤1.50	0.040	0.030	24.0～26.0	5.50～7.50	2.50～3.50	N 0.08～0.30
铁素体型									
405	≤0.08	≤1.00	≤1.00	0.040	0.030	11.5～15.5	（≤0.60）	—	Al 0.10～0.30
410 L	≤0.030	≤1.00	≤1.00	0.040	0.030	11.0～13.5	（≤0.60）	—	—
429	≤0.12	≤1.00	≤1.00	0.040	0.030	14.0～16.0	（≤0.60）	—	—
430	≤0.12	≤0.75	≤1.00	0.040	0.030	16.0～18.0	（≤0.60）	—	—
430 LX	≤0.030	≤0.75	≤1.00	0.040	0.030	16.0～19.0	（≤0.60）	—	Ti 或 Nb 0.10～1.00

（续）

钢 号[1]	C	Si	Mn	P[2]≤	S[2]≤	Cr	Ni[3]	Mo[3]	其 他
				铁素体型					
430 J1 L[4]	≤0.025	≤1.00	≤1.00	0.040	0.030	16.0~20.0	(≤0.60)	—	Cu 0.30~0.80 T1、Nb、Zr 或其组合 8(C+N)~0.80 N≤0.025
434	≤0.12	≤1.00	≤1.00	0.040	0.030	16.0~18.0	(≤0.60)	0.75~1.25	—
436 L	≤0.025	≤1.00	≤1.00	0.040	0.030	16.0~19.0	(≤0.60)	0.75~1.50	(Ti+Nb+Zr) [8(C+N)~0.80] N≤0.025
436 J1 L	≤0.025	≤1.00	≤1.00	0.040	0.030	17.0~20.0	(≤0.60)	0.40~0.80	(Ti+Nb+Zr) [8(C+N)~0.80] N≤0.025
443 J1	≤0.025	≤1.00	≤1.00	0.040	0.030	20.0~23.0	(≤0.60)	—	Ti、Nb、Zr 或其组合 8(C+N)~0.80 Cu 0.30~0.80 N≤0.025
444	≤0.025	≤1.00	≤1.00	0.040	0.030	17.0~20.0	(≤0.60)	1.75~2.50	(Ti+Nb+Zr) [8(C+N)~0.80] N≤0.025
445 J1	≤0.025	≤1.00	≤1.00	0.040	0.030	21.0~24.0	(≤0.60)	0.70~1.50	N≤0.025
445 J2	≤0.025	≤1.00	≤1.00	0.040	0.030	21.0~24.0	(≤0.60)	1.50~2.50	N≤0.025
447J1[4]	≤0.010	≤0.40	≤0.40	0.030	0.020	28.5~32.0	(≤0.50)	1.50~2.50	Cu≤0.20,N≤0.025 Ni+Cu≤0.50
XM27[4]	≤0.010	≤0.40	≤0.40	0.030	0.020	25.0~27.0	(≤0.50)	0.75~1.50	Cu≤0.20,N≤0.025 Ni+Cu≤0.50
				马氏体型					
403	≤0.15	≤0.50	≤1.00	0.040	0.030	11.5~13.0	(≤0.60)	—	—
410	≤0.15	≤1.00	≤1.00	0.040	0.030	11.5~13.5	(≤0.60)	—	—
410S	≤0.08	≤1.00	≤1.00	0.040	0.030	11.5~13.5	(≤0.60)	—	—
420 J1	0.16~0.25	≤1.00	≤1.00	0.040	0.030	12.0~14.0	(≤0.60)	—	—
420 J2	0.26~0.40	≤1.00	≤1.00	0.040	0.030	12.0~14.0	(≤0.60)	—	—
440A	0.60~0.75	≤1.00	≤1.00	0.040	0.030	16.0~18.0	(≤0.60)	(≤0.75)	—
				沉淀硬化型					
630	≤0.07	≤1.00	≤1.00	0.040	0.030	15.0~17.0	3.00~5.00	—	Cu 3.00~5.00 Nb 0.15~0.45
630	≤0.09	≤1.00	≤1.00	0.040	0.030	16.0~18.0	6.50~7.75	—	Al 0.75~1.50

① 本表是根据热轧不锈钢板材和钢带［CNS 8497（2005）］和冷轧不锈钢板材和钢带［CNS 8499（2005）］两个现行标准综合修订的。

② 标明≥者不受≤的限制。

③ 括号内的数字为允许添加的含量。

④ 钢号 XM15J1、430J1L、447J1 和 XM27 必要时可添加本表所列以外的合金元素。

（2）中国台湾地区热轧/冷轧不锈钢板材和钢带的力学性能（表3-13-22）

表 3-13-22　热轧/冷轧不锈钢板材和钢带的力学性能

钢　号	状态	R_{eL}/MPa	R_m/MPa	A（%）	HBW	HRB/（HRC）	HV
		≥			≤		
奥氏体型							
201	固溶处理	310	655	40	241	100	—
202	固溶处理	260	620	40	241	—	—
301	固溶处理	205	520	40	207	95	218
301 L	固溶处理	215	550	45	207	95	218
301 J1	固溶处理	205	570	45	187	90	200
302B	固溶处理	205	520	40	207	95	218
303	固溶处理	205	520	35	207	95	218
304	固溶处理	205	520	40	187	90	200
304Cu	固溶处理	205	520	40	187	90	200
304 L1	固溶处理	170	485	40	201	92	—
304 L2	固溶处理	175	480	40	187	90	200
304 N1	固溶处理	275	550	35	217	95	220
304 N2	固溶处理	345	690	35	248	100	260
304 LN	固溶处理	245	550	40	217	95	220
304 J1	固溶处理	155	450	40	187	90	200
304 J2	固溶处理	155	450	40	187	90	200
305	固溶处理	175	480	40	187	90	200
309S	固溶处理	205	520	40	187	90	200
310S	固溶处理	205	520	40	187	90	200
312 L	固溶处理	300	650	35	225	96	250
315 L1	固溶处理	205	520	40	187	90	200
315 L2	固溶处理	205	520	40	187	90	200
316	固溶处理	205	520	40	187	90	200
316 L1	固溶处理	170	485	40	217	95	—
316 L2	固溶处理	175	480	40	187	90	200
316 N	固溶处理	275	550	35	217	95	220
316 LN	固溶处理	245	550	40	217	95	220
316Ti	固溶处理	205	520	40	187	90	200
316 J1	固溶处理	205	520	40	187	90	200
316 J1L	固溶处理	175	480	40	187	90	200
317	固溶处理	205	520	40	187	90	200
317 L	固溶处理	175	480	40	187	90	200
317 LN	固溶处理	245	550	40	217	95	220
317 J1	固溶处理	175	480	40	187	90	200
317 J2	固溶处理	345	690	40	250	100	260
836 L	固溶处理	275	640	40	217	96	230
890 L	固溶处理	215	490	35	187	90	200
321	固溶处理	205	520	40	187	90	200
347	固溶处理	205	520	40	187	90	200
XM7	固溶处理	155	450	40	187	90	200

（续）

钢　号	状态	R_{eL}/MPa	R_m/MPa	A（%）	HBW	HRB/（HRC）	HV
			≥			≤	
奥氏体型							
XM15 J1	固溶处理	205	520	40	207	95	218
奥氏体-铁素体型							
329 J1	固溶处理	390	590	18	227	（29）	292
329 J3 L	固溶处理	450	620	18	302	（32）	320
329 J4 L	固溶处理	450	620	18	302	（32）	320
铁素体型							
405	退火	175	410	20	183	88	200
410 L	退火	195	360	22	183	88	200
429	退火	205	450	22	183	88	200
430	退火	205	420	22	183	88	200
430 LX	退火	175	360	22	183	88	200
430 J1 L	退火	205	390	22	192	90	200
434	退火	205	450	22	183	88	200
436 L	退火	245	410	20	217	96	230
436 J1 L	退火	245	410	20	192	90	200
443 J1	退火	205	390	22	192	90	200
444	退火	245	410	20	217	96	230
445 J1	退火	245	410	20	217	96	230
445 J2	退火	245	410	20	217	96	230
447 J1	退火	295	450	22	207	95	220
XM27	退火	245	410	22	192	90	200
马氏体型							
403	退火	205	440	20	201	93	210
410	退火	205	440	20	201	93	210
410S	退火	205	410	20	183	88	200
420 J1	退火	225	520	18	223	97	234
420 J2	退火	225	540	18	235	99	247
440 A	退火	245	590	15	255	（25）	269

（3）中国台湾地区沉淀硬化型不锈钢板材和钢带的力学性能（表3-13-23）

表3-13-23　沉淀硬化型不锈钢板材和钢带的力学性能

钢　号	状态[①]	R_{eL}/MPa	R_m/MPa	A（%）		HBW	HRB/（HRC）	HV
				≥				
630	S	—	—	—		≤363	≤（38）	—
	H900	1175	1310	厚度/mm ≤5.0 >5.0～<1.5 ≥1.5	5 8 10	≥375	≥（40）	—
	H1025	1000	1070	厚度/mm ≤5.0 >5.0～<1.5 ≥1.5	5 8 12	≥331	≥（35）	—

（续）

钢 号	状态[①]	R_{eL}/MPa	R_m/MPa	A（%） ≥		HBW	HRB/（HRC）	HV
630	H1075	865	1000	厚度/mm ≤5.0 >5.0~<1.5 ≥1.5	5 9 13	≥302	≥（31）	—
	H1150	725	930	厚度/mm ≤5.0 >5.0~<1.5 ≥1.5	8 10 16	≥277	≥（28）	
631	S	380	1030	—	20	≤192	≤92	≤200
	TH1050	960	1140	厚度/mm ≤3.0 >3.0	3 5	—	≥（35）	≥345
	RH950	1030	1230	厚度/mm ≤3.0 >3.0	— 4	—	≥（40）	≥392

① 状态代号：S—固熔处理；H900、H1025 等—沉淀硬化处理。
  H900—S 处理后 470~490℃，空冷；H1025—S 处理后 540~560℃，空冷；
  H1075—S 处理后 570~590℃，空冷；H1150—S 处理后 610~630℃，空冷；
  TH1050 和 RH950 的工艺制度见本章 3.13.1 节表 3-13-11b 沉淀硬化型不锈钢棒材的热处理。

3.13.5 弹簧用不锈钢冷轧钢带和不锈钢钢丝［CNS 8399，8397（1998/2012 确认）］

（1）中国台湾地区 CNS 标准弹簧用不锈钢冷轧钢带［CNS 8399（1998/2012 确认）］
A）中国台湾弹簧用不锈钢冷轧钢带的钢号与化学成分（表 3-13-24a）

表 3-13-24a   弹簧用不锈钢冷轧带的钢号与化学成分（质量分数）（%）

钢 号[①]	C	Si	Mn	P≤	S≤	Cr	Ni[②]	其 他
301-CPS	≤0.15	≤1.00	≤2.00	0.045	0.030	16.0~18.0	6.00~8.00	—
304-CPS	≤0.08	≤1.00	≤2.00	0.045	0.030	18.0~20.0	8.00~10.5	—
420J2-CPS	0.26~0.40	≤1.00	≤1.00	0.040	0.030	12.0~14.0	（≤0.60）	—
631-CPS	≤0.09	≤1.00	≤1.00	0.040	0.030	16.0~18.0	6.50~7.75	Al 0.75~1.50
632J1-CPS	≤0.09	1.00~2.00	≤1.00	0.040	0.030	13.5~15.5	6.50~7.75	Cu 0.40~1.00 Ti 0.20~0.65

① 钢号 301-CPS、304-CPS 为奥氏体型；420J2-CPS 为马氏体型；631-CPS、632J1-CPS 为沉淀硬化型。
② 括号内的数字为允许添加的含量。

B）中国台湾弹簧用不锈钢冷轧钢带的力学性能（表 3-13-24b）

表 3-13-24b   弹簧用不锈钢冷轧钢带的力学性能

钢 号	状态[①]	冷轧退火后固溶处理				沉淀硬化处理			
		R_{eL}/MPa	R_m/MPa	A（%）	HV	热处理代号	R_{eL}/MPa	R_m/MPa	HV
		≥					≥		
SUS301-CSP	$\frac{1}{2}$H	510	930	10	310	—	—	—	—

（续）

钢　号	状态[①]	冷轧退火后固溶处理				沉淀硬化处理			
		R_{eL}/MPa	R_m/MPa	A（%）	HV	热处理代号	R_{eL}/MPa	R_m/MPa	HV
		≥					≥		
SUS301-CSP	$\frac{3}{4}$H	745	1130	5	370	—	—	—	—
	H	1030	1320	—	430	—	—	—	—
	EH	1275	1570	—	490	—	—	—	—
	SEH	1450	1740	—	530	—	—	—	—
SUS304-CPS	$\frac{1}{2}$H	470	780	6	250	—	—	—	—
	$\frac{3}{4}$H	665	930	3	310	—	—	—	—
	H	880	1130	—	370	—	—	—	—
SUS420J2-CSP[②]	O	225	540~740	18	247	QT1 QT2	—	—	410~450 510~570
SUS631-CSP[⑤]	O	380	1030	20	200	TH1050[③] RH950[④]	960 1030	1140 1230	345 392
	$\frac{1}{2}$H	—	1080	5	350	CH[⑤]	880	1230	380
	$\frac{3}{4}$H	—	1180	—	400	CH[⑤]	1080	1420	450
	H	—	1420	—	450	CH[⑤]	1320	1720	530
SUS632J1-CSP[⑤]	$\frac{1}{2}$H	—	1200	—	350	CH[⑤]	1250	1300	400
	$\frac{3}{4}$H	—	1450	—	420	CH[⑤]	1500	1550	480

① $\frac{1}{2}$H、$\frac{3}{4}$H、H 和 EH 均为钢带状态代号，表示不同硬度状态（如低硬、半硬、冷硬、特硬）的钢带。SEH 为特殊
　条件下使用，以区别于 EH。

② SUS420J2-CSP 的 O 表示退火：其退火温度为 750℃快冷，或 800~900℃慢冷。QT 表示淬火回火；QT1 为 900℃淬
　火，300~400℃回火；QT2 为 1050℃淬火，300~400℃回火。

③ TH1050 为固溶处理（1000~1100℃快冷）后，（760±15）℃保温 90min，于 1h 内降温至 15℃冷却 30min，再于
　（565±10）℃保温 90min 后空冷。

④ RH950 为固溶处理（1000~1100℃快冷）后，（955±10）℃保温 10min，空冷至室温，应于 24h 内在（-73±6）℃保
　持 8h，再于（510±10）℃保温 60min 后空冷。

⑤ CH 为（475±10）℃保温 60min 后空冷。

（2）中国台湾地区 CNS 标准弹簧用不锈钢钢丝 ［CNS 8397（1998/2012 确认）］

A）中国台湾弹簧用不锈钢钢丝的钢号与化学成分（表 3-13-25a）

表 3-13-25a　弹簧用不锈钢钢丝的钢号与化学成分（质量分数）（%）

钢　号	C	Si	Mn	P≤	S≤	Cr	Ni	其　他
302	≤0.15	≤1.00	≤2.00	0.045	0.030	17.0~19.0	8.00~10.0	—
304	≤0.08	≤1.00	≤2.00	0.045	0.030	18.0~20.0	8.00~10.5	—
304 N1	≤0.08	≤1.00	≤2.50	0.045	0.030	18.0~20.0	7.00~10.5	N 0.10~0.25
316	≤0.08	≤1.00	≤2.00	0.045	0.030	16.0~18.0	10.0~14.0	Mo 2.00~3.00
613 J1	≤0.09	≤1.00	≤1.00	0.040	0.030	16.0~18.0	7.00~8.50	Al 0.75~1.50

注：本表引用该标准的附录，仅供参考。

B）中国台湾地区弹簧用不锈钢钢丝的抗拉强度（表3-13-25b）

表3-13-25b　弹簧用不锈钢钢丝的抗拉强度

分　类	钢号/A 级	钢号/B 级	钢号/C 级	钢号/D 级
钢丝直径/mm	302-WPA，304-WPA 304N1-WPA 316-WPA	302-WPB，304-WPB 304-WPBS[②] 304N1-WPB	631J1[①]-WPC	304-WPDS[②]
	抗拉强度 R_m/MPa			
0.080，0.010	1650～1900	2150～2400	—	—
0.10，0.12 0.14，0.16	1650～1900	2150～2400	1950～2200	—
0.18，0.20	1650～1900	2150～2400	1950～2200	—
0.23，0.26	1600～1850	2050～2300	1930～2180	—
0.29，0.32 0.35，0.40	1600～1850	2050～2300	1930～2180	1700～2000
0.45，0.50 0.55，0.60	1600～1850	1950～2200	1850～2100	1650～1950
0.65，0.70	1530～1780	1850～2100	1800～2050	1550～1850
0.80，0.90	1530～1780	1850～2100	1800～2050	1550～1800
1.00	1530～1780	1850～2100	1800～2050	1500～1750
1.20	1450～1700	1750～2000	1700～1950	1470～1720
1.40	1450～1700	1750～2000	1700～1950	1420～1670
1.60	1400～1650	1650～1900	1600～1850	1370～1620
1.80，2.00	1400～1650	1650～1900	1600～1850	—
2.30，2.60	1320～1570	1550～1800	1500～1750	—
2.90，3.20	1230～1480	1450～1700	1400～1650	—
3.50，4.00	1230～1480	1450～1700	1400～1650	—
4.50，5.00 5.50，6.00	1100～1350	1350～1600	1300～1550	—
6.50，7.00 8.00	1000～1250	1270～1520	—	—
9.00	—	1130～1380	—	—
10.0	—	980～1230	—	—
12.0	—	880～1130	—	—

① 钢号632J1 为沉淀硬化型，其余为奥氏体型。后缀字母 WP 表示弹簧用钢丝，再分 4 个等级。

② 304-WPBS 和 304-WPDS 表示要求真直度［理想状态（真空）下的直线度］的钢号。

3.13.6　不锈钢冷（精）加工棒材［CNS 7911（2016）］

（1）中国台湾地区 CNS 标准不锈钢冷（精）加工棒材的钢号与化学成分（表3-13-26）

表3-13-26　不锈钢冷（精）加工棒材的钢号与化学成分（质量分数）（%）

钢号	C	Si	Mn	P≤	S[①]≤	Cr	Ni[②]	Mo[②]	其　他
					奥氏体型				
302	≤0.15	≤1.00	≤2.00	0.045	0.030	17.0～19.0	8.00～10.0	—	—
303	≤0.15	≤1.00	≤2.00	0.20	≥0.15	17.0～19.0	8.00～10.0	（≤0.60）	—
303Se	≤0.15	≤1.00	≤2.00	0.20	0.060	17.0～19.0	8.00～10.0	—	Se≥0.15

（续）

钢号	C	Si	Mn	P≤	S[①]≤	Cr	Ni[②]	Mo[②]	其 他
奥氏体型									
303Cu	≤0.15	≤1.00	≤3.00	0.20	≥0.15	17.0~19.0	8.00~10.0	—	Cu 1.50~3.50
304	≤0.08	≤1.00	≤2.00	0.045	0.030	18.0~20.0	8.00~10.5	—	—
304L1	≤0.030	≤1.00	≤2.00	0.045	0.030	18.0~20.0	8.00~12.0	—	—
304L2	≤0.030	≤1.00	≤2.00	0.045	0.030	18.0~20.0	9.00~13.0	—	—
304J3	≤0.08	≤1.00	≤2.00	0.045	0.030	17.0~19.0	8.00~10.5	—	Cu 1.00~3.00
305	≤0.12	≤1.00	≤2.00	0.045	0.030	17.0~19.0	10.5~13.0	—	—
305J1	≤0.08	≤1.00	≤2.00	0.045	0.030	16.5~19.0	11.0~13.5	—	—
309S	≤0.08	≤1.00	≤2.00	0.045	0.030	22.0~24.0	12.0~15.0	—	—
310S	≤0.08	≤1.50	≤2.00	0.045	0.030	24.0~26.0	19.0~22.0	—	—
316	≤0.08	≤1.00	≤2.00	0.045	0.030	16.0~18.0	10.0~14.0	2.00~3.00	—
316L1	≤0.030	≤1.00	≤2.00	0.045	0.030	16.0~18.0	10.0~14.0	2.00~3.00	—
316L2	≤0.030	≤1.00	≤2.00	0.045	0.030	16.0~18.0	12.0~15.0	2.00~3.00	—
316 F	≤0.08	≤1.00	≤2.00	0.045	≥0.10	16.0~18.0	10.0~14.0	2.00~3.00	—
321	≤0.08	≤1.00	≤2.00	0.045	0.030	17.0~19.0	9.00~13.0	—	Ti≥5C
347	≤0.08	≤1.00	≤2.00	0.045	0.030	17.0~19.0	9.00~13.0	—	Nb≥10C
XM19	≤0.06	≤1.00	4.00~6.00	0.045	0.030	20.5~23.5	11.5~13.5	1.50~3.00	Nb 0.10~0.30 V 0.10~0.30 N 0.20~0.40
奥氏体-铁素体型									
329 J 1[③]	≤0.08	≤1.00	≤1.50	0.040	0.030	23.0~28.0	3.00~6.00	1.00~3.00	—
329 J3 1	≤0.030	≤1.00	≤2.00	0.040	0.030	12.0~24.0	4.50~6.00	2.50~3.50	N 0.08~0.20
铁素体型									
430	≤0.12	≤0.75	≤1.00	0.040	0.030	16.0~18.0	(≤0.60)	—	—
430F[③]	≤0.12	≤1.00	≤1.25	0.060	≥0.15	16.0~18.0	(≤0.60)	—	—
马氏体型									
403	≤0.15	≤0.50	≤1.00	0.040	0.030	11.5~13.0	(≤0.60)	—	—
410	≤0.15	≤1.00	≤1.00	0.040	0.030	11.5~13.5	(≤0.60)	—	—
410F2	≤0.15	≤1.00	≤1.00	0.040	0.030	11.5~13.5	(≤0.60)	—	Pb 0.05~0.30
416	≤0.15	≤1.00	≤1.25	0.060	≥0.15	12.0~14.0	(≤0.60)	(≤0.60)	—
420 J1	0.16~0.25	≤1.00	≤1.00	0.040	0.030	12.0~14.0	(≤0.60)	—	—
420 J2	0.26~0.40	≤1.00	≤1.00	0.040	0.030	12.0~14.0	(≤0.60)	—	—
420 F	0.26~0.40	≤1.00	≤1.25	0.060	≥0.15	12.0~14.0	(≤0.60)	(≤0.60)	—
420 F2	0.26~0.40	≤1.00	≤1.00	0.040	0.030	12.0~14.0	(≤0.60)	—	Pb 0.05~0.30
440C	0.95~1.20	≤1.00	≤1.00	0.040	0.030	16.0~18.0	(≤0.60)	(≤0.75)	—

① 标明≥者，不受≤的限制。

② 括号内的数字为允许添加的含量。

③ 必要时可添加本表所列以外的合金元素。

（2）中国台湾地区不锈钢冷（精）加工棒材的力学性能

不锈钢冷（精）加工棒材的力学性能由供需双方协商规定。

3.13.7 机械和结构用不锈钢管 [CNS 5802 (2012)]

（1）中国台湾地区 CNS 标准机械和结构用不锈钢管的钢号与化学成分（表3-13-27）

表 3-13-27　机械和结构用不锈钢管的钢号与化学成分（质量分数）（%）

钢　号	C	Si	Mn	P≤	S≤	Cr	Ni	Mo[①]	其他[①]
304 TKA	≤0.08	≤1.00	≤2.00	0.045	0.030	18.0~20.0	8.00~10.5	—	—
304 TKC	≤0.08	≤1.00	≤2.00	0.045	0.030	18.0~20.0	8.00~10.5	—	—
316 TKA	≤0.08	≤1.00	≤2.00	0.045	0.030	16.0~18.0	10.0~14.0	2.00~3.00	—
316 TKC	≤0.08	≤1.00	≤2.00	0.045	0.030	16.0~18.0	10.0~14.0	2.00~3.00	—
321 TKA	≤0.08	≤1.00	≤2.00	0.045	0.030	17.0~19.0	9.00~13.0	—	Ti≥5 C
347 TKA	≤0.08	≤1.00	≤2.00	0.045	0.030	17.0~19.0	9.00~13.0	—	Nb≥10 C
410 TKA	≤0.15	≤1.00	≤1.00	0.040	0.030	11.5~13.5	≤0.60	—	—
410 TKC	≤0.15	≤1.00	≤1.00	0.040	0.030	11.5~13.5	≤0.60	—	—
420J1 TKA	0.16~0.25	≤1.00	≤1.00	0.040	0.030	12.0~14.0	≤0.60	—	—
420J2 TKA	0.26~0.40	≤1.00	≤1.00	0.040	0.030	12.0~14.0	≤0.60	—	—
430 TKA	≤0.12	≤0.75	≤1.00	0.040	0.030	16.0~18.0	≤0.60	—	—
430 TKC	≤0.12	≤0.75	≤1.00	0.040	0.030	16.0~18.0	≤0.60	—	—

① —表示需要时允许添加 Mo、Ti、Nb 元素。

（2）中国台湾地区机械和结构用不锈钢管的力学性能（表 3-13-28）

表 3-13-28　机械和结构用不锈钢管的力学性能

钢　号	R_{eL}/MPa	R_m/MPa	A（%）≥		11 号试样 12 号试样	压扁试验 平板间的距离（H）（D—钢管外径）
	≥		4 号试样			
			纵向	横向		
304 TKA	205	520	30	22	35	$H=(1/3)D$
304 TKC	205	520	30	22	35	$H=(2/3)D$
316 TKA	205	520	30	22	35	$H=(1/3)D$
316 TKC	205	520	30	22	35	$H=(2/3)D$
321 TKA	205	520	30	22	35	$H=(1/3)D$
347 TKA	205	520	30	22	35	$H=(1/3)D$
410 TKA	205	410	17	13	20	$H=(2/3)D$
410 TKC	205	410	17	13	20	$H=(3/4)D$
420J1 TKA	215	470	16	12	19	$H=(3/4)D$
420J2 TKA	225	540	15	11	18	$H=(3/4)D$
430 TKA	245	410	17	13	20	$H=(2/3)D$
430 TKC	245	410	17	13	20	$H=(3/4)D$

注:1. 对钢号 304 TKA、316 TKA、347 TKA 和 430 TKA,在必要时,需方可指定按抗拉强度上限交货。此时,其上限值应为表中的规定值加 200MPa。

2. 对壁厚 <8mm 的钢管,使用 12 号试样进行拉伸试验时,壁厚每减少 1mm,其断后伸长率的最小值应从表中的规定值减去 1.5%,再修约成整数。

3. 表中规定的断后伸长率,对外径 < 10mm 及壁厚 <1mm 的钢管不适用,但仍需记录。

3.13.8　锅炉与热交换器用不锈钢管［CNS 7383（2006/2012 确认）］

（1）中国台湾地区 CNS 标准锅炉与热交换器用不锈钢管的钢号与化学成分（表 3-13-29）

表 3-13-29　锅炉与热交换器用不锈钢管的钢号与化学成分（质量分数）（%）

钢号[①]	C	Si	Mn	P≤	S≤	Cr	Ni	Mo	其　他
奥氏体型									
304TB	≤0.08	≤1.00	≤2.00	0.040	0.030	18.0~20.0	8.00~11.0	—	—
304HTB	0.04~0.10	≤0.75	≤2.50	0.040	0.030	18.0~20.0	7.00~10.5	—	—

（续）

钢号[①]	C	Si	Mn	P≤	S≤	Cr	Ni	Mo	其　他
						奥氏体型			
304LTB	≤0.030	≤1.00	≤2.00	0.040	0.030	18.0～20.0	9.00～13.0	—	—
309TB	≤0.15	≤1.00	≤2.00	0.040	0.030	22.0～24.0	12.0～15.0	—	—
309STB	≤0.08	≤1.00	≤2.00	0.040	0.030	22.0～24.0	12.0～15.0	—	—
310TB	≤0.15	≤1.50	≤2.00	0.040	0.030	24.0～26.0	19.0～22.0	—	—
310STB	≤0.08	≤1.50	≤2.00	0.040	0.030	24.0～26.0	19.0～22.0	—	—
312LTB	≤0.020	≤0.80	≤1.00	0.030	0.015	19.0～21.0	17.5～19.5	6.00～7.00	Cu 0.50～1.00 N 0.16～0.25
316TB	≤0.08	≤1.00	≤2.00	0.040	0.030	16.0～18.0	10.0～14.0	2.00～3.00	—
316HTB	0.04～0.10	≤0.75	≤2.00	0.030	0.030	16.0～18.0	10.0～14.0	2.00～3.00	—
316LTB	≤0.030	≤1.00	≤2.00	0.040	0.030	16.0～18.0	12.0～16.0	2.00～3.00	—
316TiTB	≤0.08	≤1.00	≤2.00	0.040	0.030	16.0～18.0	10.0～14.0	2.00～3.00	Ti≥5 C
317TB	≤0.08	≤1.00	≤2.00	0.040	0.030	18.0～20.0	11.0～15.0	3.00～4.00	—
317LTB	≤0.030	≤1.00	≤2.00	0.040	0.030	18.0～20.0	11.0～15.0	3.00～4.00	—
321TB	≤0.08	≤1.00	≤2.00	0.040	0.030	17.0～19.0	9.00～13.0	—	Ti≥5 C
321HTB	0.04～0.10	≤0.75	≤2.00	0.030	0.030	17.0～19.0	9.00～13.0	—	Ti 4 C～0.60
347TB	≤0.08	≤1.00	≤2.00	0.040	0.030	17.0～19.0	9.00～13.0	—	Nb≥10 C
347HTB	0.04～0.10	≤1.00	≤2.00	0.030	0.030	17.0～20.0	9.00～13.0	—	Nb 8 C～1.00
836LTB	≤0.030	≤1.00	≤2.00	0.040	0.030	19.0～24.0	24.0～26.0	5.50～7.50	N≤0.25
890LTB	≤0.020	≤1.00	≤2.00	0.040	0.030	19.0～23.0	23.0～28.0	4.00～5.00	Cu 1.00～2.00
XM15J1TB	≤0.08	3.00～5.00	≤2.00	0.045	0.030	15.0～20.0	11.5～15.0		
						奥氏体-铁素体型			
319J1TB	≤0.08	≤1.00	≤1.50	0.040	0.030	23.0～28.0	3.00～6.00	1.00～3.00	—
329J3LTB	≤0.030	≤1.00	≤1.50	0.040	0.030	21.0～24.0	4.50～6.50	2.50～3.50	N 0.08～0.20
329J4LTB	≤0.030	≤1.00	≤1.50	0.040	0.030	24.0～26.0	5.50～7.50	2.50～3.50	N 0.08～0.30
						铁素体型			
405TB	≤0.08	≤1.00	≤1.00	0.040	0.030	11.5～14.5	≤0.60	—	Al 0.10～0.30
409TB	≤0.08	≤1.00	≤1.00	0.040	0.030	10.5～11.75	≤0.60	—	Ti 6 C～0.75
409LTB	≤0.030	≤1.00	≤1.00	0.040	0.030	10.5～11.75	≤0.60	—	Ti 6 C～0.75
410TB	≤0.15	≤1.00	≤1.00	0.040	0.030	11.0～13.5	≤0.60	—	—
410TiTB	≤0.030	≤1.00	≤1.00	0.040	0.030	11.0～13.5	≤0.60	—	Ti 6 C～0.75
430TB	≤0.12	≤0.75	≤1.00	0.040	0.030	16.0～18.0	≤0.60	—	—
430LXTB	≤0.030	≤0.75	≤1.00	0.040	0.030	16.0～19.0	≤0.60	—	Ti(或 Nb)0.10～1.00
430J1LTB	≤0.025	≤1.00	≤1.00	0.040	0.030	16.0～20.0	≤0.60	—	Cu 0.30～0.80,N≤0.025 (Ti+Nb+Zr)或其组合 8(C+N)～0.80
436LTB	≤0.025	≤1.00	≤1.00	0.040	0.030	16.0～19.0	≤0.60	0.75～1.50	(Ti+Nb+Zr) 8(C+N)～0.80 N≤0.025
444LTB	≤0.025	≤1.00	≤1.00	0.040	0.030	17.0～20.0	≤0.60	1.75～2.50	(Ti+Nb+Zr) 8(C+N)～0.80 N≤0.025

（续）

钢号[①]	C	Si	Mn	P≤	S≤	Cr	Ni	Mo	其 他
					铁素体型				
XM8TB	≤0.008	≤1.00	≤1.00	0.040	0.030	17.0~19.0	≤0.60	—	Ti 12 C~1.10
XM27TB	≤0.010	≤0.40	≤0.40	0.030	0.020	25.0~27.0	≤0.50	0.75~1.50	Cu≤0.20, N≤0.025 Ni+Cu≤0.50

①当需方要求做制品分析，其化学成分也须符合本表的规定，但对碳含量规定为：带"L"的钢号，如304LTB、316LTB、317LTB、836LTB、329J3LTB、329J4LTB、409LTB 及430LXTB 的碳含量≤0.035%；430J1LTB、436LTB 及444LTB 的碳含量≤0.030%；312LTB、890LTB 的碳含量≤0.025%；XM27TB 的碳含量≤0.015%。

（2）中国台湾地区锅炉与热交换器用不锈钢管的力学性能（表3-13-30）

表3-13-30   锅炉与热交换器用不锈钢管的力学性能

钢号	R_{eL}/MPa ≥	R_m/MPa ≥	A（%）≥ 外径（11号试样）			钢号	R_{eL}/MPa ≥	R_m/MPa ≥	A（%）≥ 外径（11号试样）		
			<10mm	10~20mm	>20mm				<10mm	10~20mm	>20mm
		奥氏体型						奥氏体型			
304TB	205	520	27	30	35	890LTB	215	490	27	30	35
304HTB	205	520	27	30	35	XM15J1TB	205	520	27	30	35
304LTB	175	480	27	30	35			奥氏体-铁素体型			
309TB	205	520	27	30	35	319J1TB	390	590	10	13	18
309STB	205	520	27	30	35	329J3LTB	450	620	10	13	18
310TB	205	520	27	30	35	329J4LTB	450	620	10	13	18
310STB	205	520	27	30	35			铁素体型			
312LTB	300	650	27	30	35	405TB	205	410	12	15	20
316TB	205	520	27	30	35	409TB	205	410	12	15	20
316HTB	205	520	27	30	35	409LTB	175	360	12	15	20
316LTB	175	480	27	30	35	410TB	205	410	12	15	20
316TiTB	205	520	27	30	35	410TiTB	245	410	12	15	20
317TB	205	520	27	30	35	430TB	245	410	12	15	20
317LTB	175	480	27	30	35	430LXTB	175	360	12	15	20
321TB	205	520	27	30	35	430J1LTB	205	390	12	15	20
321HTB	205	520	27	30	35	436LTB	245	410	12	15	20
347TB	205	520	27	30	35	444TB	245	410	12	15	20
347HTB	205	520	27	30	35	XM8TB	205	410	12	15	20
836LTB	205	520	27	30	35	XM27TB	245	410	12	15	20

（3）中国台湾地区 CNS 锅炉与热交换器用不锈钢管的热处理制度（表3-13-31 和表3-13-32）

表3-13-31   奥氏体型和奥氏体-铁素体型锅炉与热交换器用不锈钢管的热处理制度

钢 号	固溶处理温度及冷却	钢 号	固溶处理温度及冷却
304TB	>1010℃ 快冷	317LTB	>1010℃ 快冷
304HTB	>1040℃ 快冷	321TB	>920℃ 快冷
304LTB	>1010℃ 快冷	321HTB	冷加工 >1095℃ 快冷
309TB	>1030℃ 快冷		热加工 >1050℃ 快冷
309STB	>1030℃ 快冷	347TB	>980℃ 快冷
310TB	>1030℃ 快冷	347HTB	冷加工 >1095℃ 快冷
310STB	>1030℃ 快冷		热加工 >1050℃ 快冷
312LTB	>1030℃ 快冷	836LTB	>1030℃ 快冷
316TB	>1010℃ 快冷	890LTB	>1030℃ 快冷
316HTB	>1010℃ 快冷	XM15J1TB	>1010℃ 快冷
316LTB	>1010℃ 快冷	319J1TB	>950℃ 快冷
316TiTB	>920℃ 快冷	329J3LTB	>950℃ 快冷
317TB	>1010℃ 快冷	329J4LTB	>950℃ 快冷

表 3-13-32   铁素体型锅炉与热交换器用不锈钢管的热处理制度

钢　号	退火处理温度及冷却	钢　号	退火处理温度及冷却
405TB	>700℃空冷或缓冷	430LXTB	>700℃空冷或缓冷
409TB	>700℃空冷或缓冷	430J1LTB	>720℃空冷或缓冷
409LTB	>700℃空冷或缓冷	436LTB	>720℃空冷或缓冷
410TB	>700℃空冷或缓冷	444TB	>700℃空冷或缓冷
410TiTB	>700℃空冷或缓冷	XM8TB	>700℃空冷或缓冷
430TB	>700℃空冷或缓冷	XM27TB	>700℃空冷或缓冷

3.13.9   热交换器用 Ni-Cr-Fe 合金无缝管［CNS 10001（1995/2012 确认）］

（1）中国台湾地区 CNS 标准热交换器用 Ni-Cr-Fe 合金无缝管的牌号与化学成分（表 3-13-33）

表 3-13-33   热交换器用 Ni-Cr-Fe 合金无缝管的牌号与化学成分（质量分数）（%）

牌　号	C	Si	Mn	P≤	S≤	Cr	Ni[①]	Mo	Fe	其　他
NCF600 TB	≤0.15	≤0.50	≤1.00	0.030	0.015	14.0~17.0	≥72.0	—	6.00~10.0	Cu≤0.50
NCF625 TB	≤0.10	≤0.50	≤0.50	0.015	0.015	20.0~23.0	≥58.0	8.00~10.0	≤5.00	(Nb+Ta) 3.15~4.15 Al≤0.40，Ti≤0.40
NCF690 TB	≤0.05	≤0.50	≤0.50	0.030	0.015	27.0~31.0	≥58.0	—	7.00~11.0	Cu≤0.50
NCF800 TB	≤0.10	≤1.00	≤1.50	0.030	0.015	19.0~23.0	30.0~35.0	—	余量	Cu≤0.75，Al 0.15~0.60 Ti 0.15~0.60
NCF800H TB	0.05~0.10	≤1.00	≤1.50	0.030	0.015	19.0~23.0	30.0~35.0	—	余量	Cu≤0.75，Al 0.15~0.60 Ti 0.15~0.60
NCF825 TB	≤0.05	≤0.50	≤1.00	0.030	0.015	19.5~23.5	38.0~46.0	2.50~3.50	余量	Cu 1.50~3.00， Al≤0.20，Ti 0.60~1.20

① Ni 含量分析值中含 Co。

（2）中国台湾地区 CNS 标准热交换器用 Ni-Cr-Fe 合金无缝管的热处理与力学性能（表 3-13-34）

表 3-13-34   热交换器用 Ni-Cr-Fe 合金无缝管的热处理与力学性能

牌　号	热处理制度		R_m/MPa	R_{eL}/MPa	A（%）	HRB (HRC)
	工艺[①]	加热温度和冷却	≥	≥	≥	≤
NCF600 TB	A	900℃快冷	550	245	30	92
NCF625 TB	A	870℃快冷	820	410	30	(36)
	S	1090℃快冷	690	275	30	100
NCF690 TB	A	900℃快冷	590	245	30	92
NCF800 TB	A	950℃快冷	520	205	30	95
NCF800H TB	S	1100℃快冷	450	175	30	92
NCF825 TB	A	930℃快冷	580	235	92	90

① 工艺代号：A—退火，S—固溶处理。

3.13.10   食品工业和奶业用不锈钢管［CNS 6668（2006/2012 确认）］

（1）中国台湾地区 CNS 标准食品工业和奶业用不锈钢管（卫生管）的钢号与化学成分（表 3-13-35）

表 3-13-35   食品工业和奶业用不锈钢管（卫生管）的钢号与化学成分（质量分数）（%）

钢　号	C	Si	Mn	P≤	S≤	Cr	Ni	Mo
304TBS	≤0.08	≤1.00	≤2.00	0.045	0.030	18.0~20.0	8.00~10.5	—
304LTBS	≤0.030	≤1.00	≤2.00	0.045	0.030	18.0~20.0	9.00~13.0	—
316TBS	≤0.08	≤1.00	≤2.00	0.045	0.030	16.0~18.0	10.0~14.0	2.00~3.00
316LTBS	≤0.030	≤1.00	≤2.00	0.045	0.030	16.0~18.0	12.0~15.0	2.00~3.00

（2）中国台湾地区 CNS 标准食品工业和奶业用不锈钢管（卫生管）的力学性能（表3-13-36）

表3-13-36 食品工业和奶业用不锈钢管（卫生管）的力学性能

钢 号	R_m/MPa	A（%）	钢号	R_m/MPa	A（%）
	≥			≥	
304TBS	520	35	316TBS	520	35
304LTBS	480	35	316LTBS	480	35

3.13.11 一般管道用不锈钢管［CNS 13392（2011）］

（1）中国台湾地区 CNS 标准一般管道用不锈钢管的钢号与化学成分（表3-13-37）

表3-13-37 一般管道用不锈钢管的钢号与化学成分（质量分数）（%）

钢 号	C	Si	Mn	P≤	S≤	Cr	Ni	Mo	Cu
304-TPD	≤0.08	≤1.00	≤2.00	0.045	0.030	18.0~20.0	8.00~10.5	—	—
315J1-TPD	≤0.08	0.50~2.50	≤2.00	0.045	0.030	17.0~20.5	8.50~11.5	0.50~1.50	0.50~3.50
315J1-TPD	≤0.08	2.50~4.00	≤2.00	0.045	0.030	17.0~20.5	11.0~14.0	0.50~1.50	0.50~3.50
316-TPD	≤0.08	≤1.00	≤2.00	0.045	0.030	16.0~18.0	10.0~14.0	2.00~3.00	—

（2）中国台湾地区 CNS 标准一般管道用不锈钢管的力学性能（表3-13-38）

表3-13-38 一般管道用不锈钢管的力学性能

钢 号	R_m/MPa ≥	A（%）≥ 11号试样 12号试样 纵向	A（%）≥ 5号试样 横向	用途举例
304-TPD	520	35	25	用于一般冷、热水的供水、排水等的管道
315J1-TPD 315J2-TPD	520	35	25	用于因水质、环境等因素而要求耐蚀性能比 304-TPD 更好的管道。若用于热水管道，其抗应力腐蚀破裂的性能优于 316-TPD
316-TPD	520	35	25	用于因水质、环境等因素而要求耐蚀性能比 304-TPD 更好的管道

3.13.12 高温和低温管道用不锈钢管［CNS 6331（2006/2012 确认）］

（1）中国台湾地区 CNS 标准高温和低温管道用不锈钢管的钢号与化学成分（表3-13-39）

表3-13-39 高温和低温管道用不锈钢管的钢号与化学成分（质量分数）（%）

钢 号	C	Si	Mn	P≤	S≤	Cr	Ni[①]	Mo	其 他
					奥氏体型				
304TP	≤0.08	≤1.00	≤2.00	0.040	0.030	18.0~20.0	8.00~11.0	—	—
304HTP	0.04~0.10	≤0.75	≤2.50	0.040	0.030	18.0~20.0	8.00~11.0	—	—
304LTP	≤0.030	≤1.00	≤2.00	0.040	0.030	18.0~20.0	9.00~13.0	—	—
309TP	≤0.15	≤1.00	≤2.00	0.040	0.030	22.0~24.0	12.0~15.0	—	—
309STP	≤0.08	≤1.00	≤2.00	0.040	0.030	22.0~24.0	12.0~15.0	—	—
310TP	≤0.15	≤1.50	≤2.00	0.040	0.030	24.0~26.0	19.0~22.0	—	—
310STP	≤0.08	≤1.50	≤2.00	0.045	0.030	24.0~26.0	19.0~22.0	—	—
315J1TP	≤0.08	0.50~2.50	≤2.00	0.045	0.030	17.0~20.5	8.50~11.5	0.50~1.50	
315J2TP	≤0.08	0.50~2.50	≤2.00	0.045	0.030	17.0~20.5	11.0~14.0	0.50~1.50	
316TP	≤0.08	≤1.00	≤2.00	0.040	0.030	16.0~18.0	10.0~14.0	2.00~3.00	—
316HTP	0.04~0.10	≤0.75	≤2.00	0.030	0.030	16.0~18.0	11.0~14.0	2.00~3.00	—
316LTP	≤0.030	≤1.00	≤2.00	0.045	0.030	16.0~18.0	12.0~16.0	2.00~3.00	—
316TiTP	≤0.08	≤1.00	≤2.00	0.045	0.030	16.0~18.0	10.0~14.0	2.00~3.00	Ti≥5 C
317TP	≤0.08	≤1.00	≤2.00	0.045	0.030	18.0~20.0	11.0~15.0	3.00~4.00	—
317LTP	≤0.030	≤1.00	≤2.00	0.045	0.030	18.0~20.0	11.0~15.0	3.00~4.00	—

（续）

钢　号	C	Si	Mn	P≤	S≤	Cr	Ni[①]	Mo	其　他
奥氏体型									
836LTP	≤0.030	≤1.00	≤2.00	0.045	0.030	19.0～24.0	24.0～26.0	5.50～7.50	N≤0.25
890LTP	≤0.020	≤1.00	≤2.00	0.045	0.030	19.0～23.0	23.0～28.0	4.00～5.00	Cu 1.00～2.00
321TP	≤0.08	≤1.00	≤2.00	0.045	0.030	17.0～19.0	9.00～13.0	—	Ti≥5 C
321HTP	0.04～0.10	≤0.75	≤2.00	0.030	0.030	17.0～19.0	9.00～13.0	—	Ti 4 C～0.60
347TP	≤0.08	≤1.00	≤2.00	0.045	0.030	17.0～19.0	9.00～13.0	—	Nb≥10C
347HTP	0.04～0.10	≤1.00	≤2.00	0.030	0.030	17.0～20.0	9.00～13.0	—	Nb8 C～1.00
奥氏体-铁素体型									
329J1TP	≤0.08	≤1.00	≤1.50	0.040	0.030	23.0～28.0	3.00～6.00	1.00～3.00	—
329J3LTP	≤0.030	≤1.00	≤1.50	0.040	0.030	21.0～24.0	4.50～6.50	2.50～3.50	N 0.08～0.20
329J4LTP	≤0.030	≤1.00	≤1.50	0.040	0.030	24.0～26.0	5.50～7.50	2.50～3.50	N 0.08～0.30
铁素体型									
405TP	≤0.08	≤1.00	≤1.00	0.040	0.030	11.5～14.5	（≤0.60）	—	Al 0.10～0.30
409LTP	≤0.030	≤1.00	≤1.00	0.040	0.030	10.5～11.75	（≤0.60）	—	Ti 6C～0.75
430TP	≤0.12	≤0.75	≤1.00	0.040	0.030	16.0～18.0	（≤0.60）	—	—
430LXTP	≤0.030	≤0.75	≤1.00	0.040	0.030	16.0～19.0	（≤0.60）	—	Ti（或 Nb）0.10～1.00
430J1LTP	≤0.025	≤1.00	≤1.00	0.040	0.030	16.0～20.0	（≤0.60）	—	Cu 0.30～0.80，N≤0.025 Nb 8(C+N)～0.80
436LTP	≤0.025	≤1.00	≤1.00	0.040	0.030	16.0～19.0	（≤0.60）	0.75～1.50	（Ti+Nb+Zr）8 (C+N)～0.80 N≤0.025
444LTP	≤0.025	≤1.00	≤1.00	0.040	0.030	17.0～20.0	（≤0.60）	1.75～2.50	（Ti+Nb+Zr） 8(C+N)～0.80 N≤0.025

注：1. 当需方要求做制品分析，其化学成分也须符合本表的规定，但对碳含量规定为：带"L"的钢号，如304LTP、
　　 316LTP、317LTP，836LTP、329J3LTP、329J4LTP、409LTP 及 430LXTP 的碳含量≤0.035%；430J1LTP、436LTP
　　 及 444LTP 的碳含量≤0.030%；890LTP 的碳含量≤0.025%。

　　 2. 329J1LTP、329J3LTP、329J4LTP 必要时可添加本表以外的合金元素。

① 括号内数字为允许添加的含量。

（2）中国台湾地区高温和低温管道用不锈钢管的力学性能（表3-13-40）

表 3-13-40　高温和低温管道用不锈钢管的力学性能

钢　号	R_{eL}/MPa	R_m/MPa	A（%）≥			
			11/12 号试样	5 号试样	4 号试样	
	≥		纵向	横向	纵向	横向
奥氏体型						
304TP，304HTP	205	520	35	25	30	22
304LTP	175	480	35	25	30	22
309TP，309STP	205	520	35	25	30	22
310TP，310STP	205	520	35	25	30	22
315J1TP，315J2TP	205	520	35	25	30	22
316TP，316HTP	205	520	35	25	30	22
316LTP	175	480	35	25	30	22
316TiTP，317TP	205	520	35	25	30	22

（续）

钢　号	R_{eL}/MPa	R_m/MPa	A（%）≥			
			11/12 号试样	5 号试样	4 号试样	
	≥		纵向	横向	纵向	横向
奥氏体型						
317LTP	175	480	35	25	30	22
836LTP	205	520	35	25	30	22
890LTP	215	490	35	25	30	22
321TP，321HTP	205	520	35	25	30	22
347TP，347HTP	205	520	35	25	30	22
奥氏体-铁素体型						
329J1TP	390	590	18	13	14	10
329J3LTP，329J4LTP	450	620	18	13	14	10
铁素体型						
405TP	205	410	20	14	16	11
409LTP	175	360	20	14	16	11
430TP	245	410	20	14	16	11
430LXTP	175	360	20	14	16	11
430J1LTP	205	390	20	14	16	11
436LTP，444LTP	245	410	20	14	16	11

注：钢管厚度<8mm 时，以 12 号试样或 5 号试样做拉伸试验，其断后伸长率 A 的下限值依钢管厚度而减少，厚度每减少 1mm，则表中的断后伸长率 A 减去 1.5%，并取整数值。

（3）中国台湾地区高温和低温管道用不锈钢管的热处理制度（表3-13-41）

表 3-13-41　高温和低温管道用不锈钢管的热处理制度

钢　号	热处理制度		钢　号	热处理制度	
	工艺	加热温度及冷却		工艺	加热温度及冷却
304TP	S	>1010℃，快冷	321TP	S	>920℃，快冷
304HTP	S	>1040℃，快冷	321HTP	S	热加工 >1095 ℃，快冷
304LTP	S	>1010℃，快冷		S	冷加工 >1050℃，快冷
309TP	S	>1030℃，快冷	347TP	S	>980℃，快冷
309STP	S				
310TP	S	>1030℃，快冷	347HTP	S	热加工 >1095℃，快冷
310STP	S			S	冷加工 >1050℃，快冷
315J1TP	S	>1010℃，快冷	329J1TP	S	>950℃，快冷
315J2TP	S		329J3LTP	S	
316TP	S	>1010℃，快冷	329J4LTP	S	>950℃，快冷
316HTP	S	>1040℃，快冷	405TP	A	>700℃，空冷或缓冷
316LTP	S	>1010℃，快冷	409LTP	A	>700℃，空冷或缓冷
316TiTP	S	>920℃，快冷	430TP	A	>700℃，空冷或缓冷
317TP	S	>1010℃，快冷	430LXTP	A	
317LTP	S		430J1LTP	A	>720℃，空冷或缓冷
836LTP	S	>1030℃，快冷	436LTP	A	>720℃，空冷或缓冷
890LTP	S		444LTP	A	>700℃，空冷或缓冷

注：工艺代号：S—固溶处理；A—退火。

3.13.13　管道用大口径不锈钢焊接钢管［CNS 13517（2006/2012 确认）］

（1）中国台湾地区 CNS 标准管道用大口径不锈钢焊接钢管的钢号与化学成分（表 3-13-42）

表 3-13-42　管道用大口径不锈钢焊接钢管的钢号与化学成分（质量分数）（%）

钢　号	C	Si	Mn	P≤	S≤	Cr	Ni	Mo	其　他
奥氏体型									
304TPY	≤0.08	≤1.00	≤2.00	0.045	0.030	18.0～20.0	8.00～11.5	—	—
304LTPY	≤0.030	≤1.00	≤2.00	0.045	0.030	18.0～20.0	9.00～13.0	—	—
309STPY	≤0.08	≤1.00	≤2.00	0.045	0.030	22.0～24.0	12.0～15.0	—	—
310STPY	≤0.08	≤1.50	≤2.00	0.045	0.030	24.0～26.0	19.0～22.0	—	—
315J1TPY	≤0.08	0.50～2.50	≤2.00	0.045	0.030	17.0～20.5	8.50～11.5	0.50～1.50	Cu 0.50～5.50
315J2TPY	≤0.08	2.50～4.00	≤2.00	0.045	0.030	17.0～20.5	11.0～14.0	0.50～1.50	Cu 0.50～5.50
316TPY	≤0.08	≤1.00	≤2.00	0.045	0.030	16.0～18.0	10.0～14.0	2.00～3.00	—
316LTPY	≤0.030	≤1.00	≤2.00	0.045	0.030	16.0～18.0	12.0～16.0	2.00～3.00	—
317TPY	≤0.08	≤1.00	≤2.00	0.045	0.030	18.0～20.0	11.0～15.0	3.00～4.00	—
317LTPY	≤0.030	≤1.00	≤2.00	0.045	0.030	18.0～20.0	11.0～15.0	3.00～4.00	—
321TPY	≤0.08	≤1.00	≤2.00	0.045	0.030	17.0～19.0	9.00～13.0	—	Ti≥5 C
347TPY	≤0.08	≤1.00	≤2.00	0.045	0.030	17.0～19.0	9.00～13.0	—	Nb≥10 C
奥氏体-铁素体型									
329J1TPY	≤0.08	≤1.00	≤1.50	0.030	0.030	23.0～28.0	3.00～6.00	1.00～3.00	—
329J3LTPY	≤0.030	≤1.00	≤2.00	0.040	0.030	21.0～24.0	4.50～6.00	2.50～3.50	N 0.08～0.20
329J4LTPY	≤0.030	≤1.00	≤1.50	0.040	0.030	24.0～26.0	5.50～7.50	2.50～3.50	N 0.08～0.30

（2）中国台湾地区管道用大口径不锈钢焊接钢管的力学性能（表 3-13-43）

表 3-13-43　管道用大口径不锈钢焊接钢管的力学性能

钢　号	R_{eL}/MPa	R_m/MPa	A（%）≥	
			12 号试样	5 号试样
	≥		纵向	横向
304TPY	205	520	35	18
304LTPY	175	480	35	18
309STPY，310STPY	205	520	35	18
315J1TPY，315J2TPY	205	520	35	18
316TPY	205	520	35	18
316LTPY	175	480	35	18
317TPY	205	520	35	18
317LTPY	175	480	35	18
321TPY，347TPY	205	520	35	18
329J1TPY	450	620	18	13
329J3LTPY，329J4LTPY	450	620	18	13

注：钢管厚度 <8mm 时，以 12 号试样或 5 号试样做拉伸试验，其断后伸长率的下限值依钢管厚度而减少，厚度每减少 1mm，则表中的断后伸长率减去 1.5%，并取整数值。

（3）中国台湾地区管道用大口径不锈钢焊接钢管的热处理制度（表 3-13-44）

表 3-13-44　管道用大口径不锈钢焊接钢管的热处理制度

钢　号	固溶处理温度及冷却	钢　号	固溶处理温度及冷却
304TPY	>1010℃，快冷	317TPY	>1010℃，快冷
304LTPY		317LTPY	
309STPY	>1030℃，快冷	321TPY	>920℃，快冷
310TPY		347TPY	>980℃，快冷
315J1TPY	>1010℃，快冷	329J1TP	>950℃，快冷
315J2TPY		329J3LTP	>950℃，快冷
316TPY	>1010℃，快冷	329J4LTP	>950℃，快冷
316LTPY			

注：321TPY 和 347TPY 钢管，需方可以指定做稳定化处理，此时的热处理温度为 850~950℃。

3.13.14　不锈钢盘条［CNS 3477（2016）］

中国台湾地区 CNS 标准不锈钢盘条（线材）的钢号与化学成分见表 3-13-45。本标准不适用于作为焊接材料的不锈钢线材。

表 3-13-45　不锈钢盘条（线材）的钢号与化学成分（质量分数）（%）

钢　号	C	Si	Mn	P≤	S[①]≤	Cr	Ni[②]	Mo[②]	其　他
奥氏体型									
201	≤0.15	≤1.00	5.50~7.50	0.060	0.030	16.0~18.0	3.50~5.50	—	N≤0.25
204 Cu	≤0.15	≤1.00	6.50~9.00	0.060	0.030	16.0~18.0	1.50~3.50		Cu 2.00~4.00 N 0.05~0.25
302	≤0.15	≤1.00	≤2.00	0.045	0.030	17.0~19.0	8.00~10.0	—	—
303	≤0.15	≤1.00	≤2.00	0.20	≥0.15	17.0~19.0	8.00~10.0	(≤0.60)	—
303 Se	≤0.15	≤1.00	≤2.00	0.20	0.060	17.0~19.0	8.00~10.0	—	Se≥0.15
303 Cu	≤0.15	≤1.00	≤3.00	0.20	≥0.15	17.0~19.0	8.00~10.0	—	Cu 1.50~3.50
304	≤0.08	≤1.00	≤2.00	0.045	0.030	18.0~20.0	8.00~10.5	—	—
304 L1	≤0.030	≤1.00	≤2.00	0.045	0.030	18.0~20.0	8.00~12.0		Cu≤1.00 N≤0.10
304 L2	≤0.030	≤1.00	≤2.00	0.045	0.030	18.0~20.0	9.00~13.0	—	—
304 N1	≤0.08	≤1.00	≤2.50	0.045	0.030	18.0~20.0	7.00~10.5	—	N 0.10~0.25
304 J3	≤0.08	≤1.00	≤2.00	0.045	0.030	17.0~19.0	8.00~10.5	—	Cu 1.00~3.00
305	≤0.12	≤1.00	≤2.00	0.045	0.030	17.0~19.0	10.5~13.0	—	—
305 J1	≤0.08	≤1.00	≤2.00	0.045	0.030	16.5~19.0	11.0~13.5	—	—
309S	≤0.08	≤1.00	≤2.00	0.045	0.030	22.0~24.0	12.0~15.0	—	—
310S	≤0.08	≤1.50	≤2.00	0.045	0.030	24.0~26.0	19.0~22.0	—	—
314	≤0.25	1.50~3.00	≤2.00	0.045	0.030	23.0~26.0	19.0~22.0	—	—
316	≤0.08	≤1.00	≤2.00	0.045	0.030	16.0~18.0	10.0~14.0	2.00~3.00	—
316 L1	≤0.030	≤1.00	≤2.00	0.045	0.030	16.0~18.0	10.0~14.0	2.00~3.00	N≤0.10
316 L2	≤0.030	≤1.00	≤2.00	0.045	0.030	16.0~18.0	12.0~15.0	2.00~3.00	—
316 F	≤0.08	≤1.00	≤2.00	0.045	≥0.10	16.0~18.0	10.0~14.0	2.00~3.00	—
316 Cu	≤0.04	≤1.00	≤3.00	0.045	≥0.15	16.5~17.5	10.0~11.0	2.00~3.00	Cu 3.00~3.50 N≤0.10
317	≤0.08	≤1.00	≤2.00	0.045	0.030	18.0~20.0	11.0~15.0	3.00~4.00	—

（续）

钢　号	C	Si	Mn	P≤	S[①]≤	Cr	Ni[②]	Mo[②]	其　他
奥氏体型									
317 L	≤0.030	≤1.00	≤2.00	0.045	0.030	18.0~20.0	11.0~15.0	3.00~4.00	—
321	≤0.08	≤1.00	≤2.00	0.045	0.030	17.0~19.0	9.00~13.0	—	Ti≥5 C
347	≤0.08	≤1.00	≤2.00	0.045	0.030	17.0~19.0	9.00~13.0	—	Nb≥10 C
384	≤0.08	≤1.00	≤2.00	0.045	0.030	15.0~17.0	17.0~19.0	—	—
XM7	≤0.08	≤1.00	≤2.00	0.045	0.030	17.0~19.0	8.50~10.5	—	Cu 3.00~4.00
XM15 J1	≤0.08	3.00~5.00	≤2.00	0.045	0.030	15.0~20.0	11.5~15.0	—	—
XM19	≤0.06	≤1.00	4.00~6.00	0.045	0.030	20.5~23.5	11.5~13.5	1.50~3.00	Nb 0.10~0.50 V 0.10~0.50 N 0.20~0.40
奥氏体-铁素体型									
329 J3 L	≤0.020	≤1.00	≤2.00	0.040	0.030	21.0~24.0	4.50~6.50	2.50~3.50	N 0.08~0.20
329 J4L	≤0.020	≤1.00	≤1.50	0.040	0.030	24.0~26.0	5.50~7.50	2.50~3.50	N 0.08~0.20
铁素体型									
409 Cb	≤0.06	≤1.00	≤1.00	0.045	0.040	10.5~11.7	≤0.50	—	Nb 10 C~0.75
410 L	≤0.030	≤1.00	≤1.00	0.040	0.030	11.0~13.5	(≤0.60)	—	—
430	≤0.12	≤0.75	≤1.00	0.040	0.030	16.0~18.0	(≤0.60)	—	—
430 F	≤0.12	≤1.25	≤1.25	0.060	≥0.15	16.0~18.0	(≤0.60)	(≤0.60)	—
434	≤0.12	≤1.00	≤1.00	0.040	0.030	16.0~18.0	(≤0.60)	0.75~1.25	—
马氏体型									
403	≤0.15	≤0.50	≤1.00	0.040	0.030	11.5~13.0	(≤0.60)	—	—
410	≤0.15	≤1.00	≤1.00	0.040	0.030	11.5~13.5	(≤0.60)	—	—
410F2	≤0.15	≤1.00	≤1.00	0.040	0.030	11.5~13.5	(≤0.60)	—	Pb 0.05~0.30
416	≤0.15	≤1.00	≤1.25	0.060	≥0.15	12.0~14.0	(≤0.60)	(≤0.60)	—
420 J1	0.16~0.25	≤1.00	≤1.00	0.040	0.030	12.0~14.0	(≤0.60)	—	—
420 J2	0.26~0.40	≤1.00	≤1.00	0.040	0.030	12.0~14.0	(≤0.60)	—	—
420 F	0.26~0.40	≤1.00	≤1.25	0.060	≥0.15	12.0~14.0	(≤0.60)	(≤0.60)	—
420 F2	0.26~0.40	≤1.00	≤1.00	0.040	0.030	12.0~14.0	(≤0.60)	—	Pb 0.05~0.30
431	≤0.20	≤1.00	≤1.00	0.040	0.030	15.0~17.0	1.25~2.50	—	—
440 C	0.95~1.20	≤1.00	≤1.00	0.040	0.030	16.0~18.0	(≤0.60)	(≤0.75)	—
沉淀硬化型									
630	≤0.07	≤1.00	≤1.00	0.040	0.030	15.0~17.0	3.00~5.00	—	Cu 3.00~5.00 Nb 0.15~0.45
631J1	≤0.09	≤1.00	≤1.00	0.040	0.030	16.0~18.0	7.00~8.50	—	Al 0.75~1.50

① 标明≥者，不受≤的限制。

② 括号内的数字为允许添加的含量。

3.13.15　冷镦和冷顶锻用不锈钢线材 ［CNS 9268（2016）］

（1）中国台湾地区 CNS 标准冷镦和冷顶锻用不锈钢线材的力学性能（表3-13-46）

表3-13-46　冷镦和冷顶锻用不锈钢线材的力学性能

钢号及线材代号	钢丝直径/mm	R_m/MPa	Z（%）≥	A（%）≥
304-WSA 304 L-WSA 304 J3-WSA	>0.80 至≤2.00	560~710	70	30
	>2.00 至≤5.50	510~660	70	40

（续）

钢号及线材代号	钢丝直径/mm	R_m/MPa	Z（%）≥	A（%）≥
305-WSA 305 J1-WSA	>0.80 至≤2.00	530～680	70	30
	>2.00 至≤5.50	490～640	70	40
316-WSA 316L-WSA	>0.80 至≤2.00	560～710	70	20
	>2.00 至≤5.50	510～660	70	30
384-WSA	>0.80 至≤2.00	490～640	70	30
	>2.00 至≤5.50	450～600	70	40
XM7-WSA	>0.80 至≤2.00	480～630	70	30
	>2.00 至≤5.50	440～590	70	40
SUH 660-WSA	>0.80 至≤2.00	630～780	65	10
	>2.00 至≤5.50	580～730	65	15
304-WSB 304 L2-WSB 304 J3-WSB	>0.80 至≤2.00	580～760	65	20
	>2.00 至≤17.0	530～710	65	25
305-WSB 305 J1-WSB	>0.80 至≤2.00	560～740	65	20
	>2.00 至≤17.0	510～690	65	25
316-WSB 316 L2-WSB	>0.80 至≤2.00	580～760	65	10
	>2.00 至≤17.0	530～710	65	20
384-WSB	>0.80 至≤2.00	510～690	65	20
	>2.00 至≤17.0	460～640	65	25
XM7-WSB	>0.80 至≤2.00	500～680	65	20
	>2.00 至≤17.0	450～630	65	25
SUH 660-WSB	>0.80 至≤2.00	650～830	60	8
	>2.00 至≤17.0	600～780	60	10
430-WSB	>0.80 至≤2.00	500～700	65	—
	>2.00 至≤17.0	450～600	65	10
403-WSB 410-WSB 434-WSB	>0.80 至≤2.00	540～740	65	—
	>2.00 至≤17.0	460～640	65	10

注：奥氏体和铁素体型 SWB 组钢丝，经供需双方协定，其抗拉强度上下值和断后伸长率都可作适当调整。

（2）中国台湾地区 CNS 标准冷镦和冷顶锻用不锈钢线材的钢号与化学成分（表 3-13-47）

表 3-13-47　冷镦和冷顶锻用不锈钢线材的钢号与化学成分（质量分数）（%）

钢　号	线材代号	C	Si	Mn	P≤	S≤	Cr	Ni	Mo	其　他
						奥氏体型[①]				
304	WSA/WSB	≤0.08	≤1.00	≤2.00	0.045	0.030	18.0～20.0	8.00～10.5	—	—
304 L1	WSA/WSB	≤0.030	≤1.00	≤2.00	0.045	0.030	18.0～20.0	8.00～12.0	—	Cu≤1.00 N≤0.10
304 L2	WSA/WSB	≤0.030	≤1.00	≤2.00	0.045	0.030	18.0～20.0	9.00～13.0	—	—
304 J3	WSA/WSB	≤0.08	≤1.00	≤2.00	0.045	0.030	17.0～19.0	8.00～10.5	—	Cu 1.00～3.00
305	WSA/WSB	≤0.12	≤1.00	≤2.00	0.045	0.030	17.0～19.0	10.5～13.0	—	—
305 J1	WSA/WSB	≤0.08	≤1.00	≤2.00	0.045	0.030	16.5～19.0	11.0～13.5	—	—
316	WSA/WSB	≤0.08	≤1.00	≤2.00	0.045	0.030	16.0～18.0	10.0～14.0	2.00～3.00	—
316 L1	WSA/WSB	≤0.030	≤1.00	≤2.00	0.045	0.030	16.0～18.0	10.0～14.0	2.00～3.00	N≤0.10

（续）

钢　号	线材代号	C	Si	Mn	P≤	S≤	Cr	Ni	Mo	其　他
奥氏体型①										
316 L2	WSA/WSB	≤0.030	≤1.00	≤2.00	0.045	0.030	16.0~18.0	12.0~15.0	2.00~3.00	—
316 Cu	WSA/WSB	≤0.04	≤1.00	≤2.00	0.045	0.015	16.5~17.5	10.0~11.0	2.00~3.00	Cu 2.00~3.50 N≤0.10
384	WSA/WSB	≤0.08	≤1.00	≤2.00	0.045	0.030	15.0~17.0	17.0~19.0	—	—
XM7	WSA/WSB	≤0.08	≤1.00	≤2.00	0.045	0.030	17.0~19.0	8.50~10.5	—	Cu 3.00~4.00
SUH 660	WSA/WSB	≤0.08	≤1.00	≤2.00	0.040	0.030	13.50~16.00	24.00~27.00	—	Ti 1.90~2.35 V 0.10~0.50 Al≤0.35
铁素体型②										
430	WSB	≤0.12	≤0.75	≤1.00	0.040	0.030	16.00~18.00	—	—	—
434	WSB	≤0.12	≤1.00	≤1.00	0.040	0.030	16.00~18.00	—	0.75~1.25	—
马氏体型②										
403	WSB	≤0.15	≤0.50	≤1.00	0.040	0.030	11.50~13.00	(≤0.60)③	—	—
410	WSB	≤0.15	≤1.00	≤1.00	0.040	0.030	11.50~13.50	(≤0.60)③	—	—

① 奥氏体型钢丝牌号分为 WSA、WSB 两组，WSA 适用于直径 >0.80mm 至 ≤5.50mm 的钢丝，WSB 适用于直径 >0.80mm 至 ≤17.0mm 的钢丝。

② 铁素体型和马氏体型钢丝牌号仅有 WSB，适用于直径 >0.80mm 至 ≤17.0mm 的钢丝。

③ 括号内的数字为允许添加的含量。

3.13.16　不锈钢钢丝〔CNS 3476（2016）〕

（1）中国台湾地区 CNS 标准不锈钢钢丝的钢号与化学成分（表 3-13-48）

表 3-13-48　不锈钢钢丝的钢号与化学成分（质量分数）（%）

钢　号	C	Si	Mn	P≤	S≤	Cr	Ni①	Mo①	其　他
奥氏体型									
201	≤0.15	≤1.00	5.50~7.50	0.060	0.030	16.0~18.0	3.50~5.50	—	N≤0.25
303	≤0.15	≤1.00	≤2.00	0.20	≥0.15	17.0~19.0	8.00~10.0	(≤0.60)	—
303 Se	≤0.15	≤1.00	≤2.00	0.20	0.060	17.0~19.0	8.00~10.0		Se≥0.15
304	≤0.08	≤1.00	≤2.00	0.045	0.030	18.0~20.0	8.00~10.5	—	—
304 L1	≤0.030	≤1.00	≤2.00	0.045	0.030	18.0~20.0	8.00~12.0		N≤0.10
304 L2	≤0.030	≤1.00	≤2.00	0.045	0.030	18.0~20.0	9.00~13.0		
304N1	≤0.08	≤1.00	≤2.50	0.045	0.030	18.0~20.0	7.00~10.5		N 0.10~0.25
304J3	≤0.08	≤1.00	≤2.00	0.045	0.030	17.0~19.0	8.00~10.5		Cu 1.00~3.00
305	≤0.12	≤1.00	≤2.00	0.045	0.030	17.0~19.0	10.5~13.0		
305 J1	≤0.08	≤1.00	≤2.00	0.045	0.030	16.5~19.0	11.0~13.5		
309S	≤0.08	≤1.00	≤2.00	0.045	0.030	22.0~24.0	12.0~15.0		
310S	≤0.08	≤1.50	≤2.00	0.045	0.030	24.0~26.0	19.0~22.0		
316	≤0.08	≤1.00	≤2.00	0.045	0.030	16.0~18.0	10.0~14.0	2.00~3.00	—
316 L1	≤0.030	≤1.00	≤2.00	0.045	0.030	16.0~18.0	10.0~14.0	2.00~3.00	N≤0.10
316 L2	≤0.030	≤1.00	≤2.00	0.045	0.030	16.0~18.0	12.0~15.0	2.00~3.00	
316 F	≤0.08	≤1.00	≤2.00	0.045	0.030	16.0~18.0	10.0~14.0	3.00~4.00	
317	≤0.08	≤1.00	≤2.00	0.045	0.030	18.0~20.0	11.0~15.0	3.00~4.00	

（续）

钢　号	C	Si	Mn	P≤	S≤	Cr	Ni[①]	Mo[①]	其　他
奥氏体型									
317 L	≤0.030	≤1.00	≤2.00	0.045	0.030	18.0~20.0	11.0~15.0	3.00~4.00	—
321	≤0.08	≤1.00	≤2.00	0.045	0.030	17.0~19.0	9.00~13.0	—	Ti≥5C
347	≤0.08	≤1.00	≤2.00	0.045	0.030	17.0~19.0	9 00~13.0	—	Nb≥10C
XM7	≤0.08	≤1.00	≤2.00	0.045	0.030	17.0~19.0	8.50~10.5	—	Cu 3.00~4.00
XM15 J1	≤0.08	3.00~5.00	≤2.00	0.045	0.030	15.0~20.0	11.5~15.0	—	—
SUH 330[②]	≤0.15	≤1.50	≤2.00	0.040	0.030	14.0~17.0	33.0~37.0	—	—
铁素体型									
405	≤0.08	≤1.00	≤1.00	0.040	0.030	11.5~14.5	(≤0.60)	—	Al 0.10~0.30
430	≤0.12	≤0.75	≤1.00	0.040	0.030	16.0~18.0	(≤0.60)	—	—
430F	≤0.12	≤1.00	≤1.25	0.060	≥0.15	16.0~18.0	(≤0.60)	(≤0.60)	—
SUH 446[②]	≤0.20	≤1.00	≤1.50	0.040	0.030	23.0~27.0	(≤0.60)	—	N≤0.25
马氏体型									
403	≤0.15	≤0.50	≤1.00	0.040	0.030	11.5~13.0	(≤0.60)	—	—
410	≤0.15	≤1.00	≤1.00	0.040	0.030	11.5~13.5	(≤0.60)	—	—
410F2	≤0.15	≤1.00	≤1.00	0.040	0.030	11.5~13.5	(≤0.60)	—	Pb 0.05~0.30
416	≤0.15	≤1.00	≤1.25	0.060	≥0.15	12.0~14.0	(≤0.60)	(≤0.60)	—
420 J1	0.16~0.25	≤1.00	≤1.00	0.040	0.030	12.0~14.0	(≤0.60)	—	—
420 J2	0.26~0.40	≤1.00	≤1.00	0.040	0.030	12.0~14.0	(≤0.60)	—	—
420 F	0.26~0.40	≤1.00	≤1.25	0.060	≥0.15	12.0~14.0	(≤0.60)	(≤0.60)	—
420 F2	0.26~0.40	≤1.00	≤2.00	0.040	0.030	12.0~14.0	(≤0.60)	—	Pb 0.05~0.30
440 C	0.95~1.20	≤1.00	≤1.00	0.040	0.030	16.0~18.0	(≤0.60)	(≤0.75)	—

① 括号内的数字为允许添加的含量。

② SUH 330 为奥氏体型耐热钢；SUH 446 为铁素体型耐热钢。

（2）中国台湾地区 CNS 标准不锈钢钢丝的力学性能

A）不锈钢 1 号软态钢丝的力学性能（表 3-13-49）

表 3-13-49　不锈钢 1 号软态钢丝的力学性能

钢号及钢丝代号	钢丝直径/mm	R_m/MPa	A（%）≥
201-W1 304N1-W1 SUH330-W1	>0.050 至≤0.16	730~980	20
	>0.16 至≤0.50	680~930	20
	>0.50 至≤1.60	650~900	30
	>1.60 至≤5.00	630~880	30
	>5.00 至≤14.0	550~800	30
303-W1 303Se-W1 303Cu-W1 304-W1 304 L2-W1 309S-W1 310S-W1 316-W1 316 L2-W1 316F-W1 317-W1 317 L-W1 321-W1 347-W1 XM15J1-W1	>0.050 至≤0.16	650~900	20
	>0.16 至≤0.50	610~860	20
	>0.50 至≤1.60	570~820	30
	>1.60 至 ≤5.00	520~770	30
	>5.00 至≤14.0	500~750	30
304 J3-W1 305-W1 305 J1-W1 XM7-W1	>0.050 至≤0.16	620~870	20
	>0.16 至≤0.50	580~830	20
	>0.50 至≤1.60	540~790	30
	>1.60 至≤5.00	500~750	30
	>5.00 至≤14.0	490~740	30

（续）

钢号及钢丝代号	钢丝直径/mm	R_m/MPa	A（%）≥
304-W1 304 L2-W1	>0. 020 至 ≤0. 050	880 ~ 1130	10
316-W1 316 L2-W1	>0. 020 至 ≤0. 050	650 ~ 900	10
304 L-W1 316 L-W1	≤3. 96	R_m≥485 R_{eL}≥170	A≥35 Z≥50[①]

注：1. 表中的断后伸长率 A 对 303-W1、303Se-W1、303Cu-W1 和 303F-W1 不适用。

2. W1—1 号软态钢丝。

① Z≥50 为断面收缩率 Z≥50% 。

B）不锈钢 2 号软态钢丝的抗拉强度（表3-13-50）

表 3-13-50　不锈钢 2 号软态钢丝的抗拉强度

钢丝牌号	钢丝直径/mm	R_m/MPa
201- W2 303- W2 303Se- W2 303Cu- W2 304- W2 304 L2- W2	>0. 80 至 ≤1. 60	780 ~ 1130
304N1- W2 304 J3- W2 305- W2 305 J1- W2 309S- W2 310 S- W2 316- W2 316 L2- W2 316 F- W2	>1. 60 至 ≤5. 00	740 ~ 1080
317- W2 317 L- W2 321- W2 347- W2 XM7- W2 XM15 J1- W2 SUH330- W2	>5. 00 至 ≤14. 0	740 ~ 1030
403- W2 405- W2	>0. 80 至 ≤5. 00	540 ~ 780
410- W2 430- W2	>5. 00 至 ≤14. 0	490 ~ 740
410 F2- W2 416- W2 420 J1- W2 420 J2- W2	>0. 80 至 ≤1. 60	640 ~ 930
420 F- W2 420 F2- W2 430 F- W2 440 C- W2	>1. 60 至 ≤5. 00	590 ~ 880
SUH446- W2	>5. 00 至 ≤14. 0	590 ~ 830
304 L- W1 316 L- W1	直径≤3. 96	R_m≥620　A≥30% R_{eL}≥310　Z≥40%

注：W2—2 号软态钢丝。

C）不锈钢½硬质钢丝的抗拉强度（表3-13-51）

表 3-13-51　不锈钢½硬质钢丝的抗拉强度

钢丝牌号	钢丝直径/mm	R_m/MPa
201- W½H 304- W½H 304 N1- W½H 316- W½H	>0. 80 至 ≤1. 60	1130 ~ 1470
	>1. 60 至 ≤5. 00	1080 ~ 1420
	>5. 00 至 ≤6. 00	1030 ~ 1320

注：W½H—½硬质钢丝。

第4章 中外工模具钢

4.1 中　　国

A. 通用工具钢

4.1.1 非合金工具钢

（1）中国 GB 标准刃具模具用非合金工具钢的钢号与化学成分 ［GB/T 1299—2014］（表 4-1-1）

表 4-1-1　刃具模具用非合金工具钢的钢号与化学成分（质量分数）（%）

钢号和代号		C	Si	Mn	P ≤	S ≤
GB	ISC					
T7	T00070	0.65~0.74	≤0.35	≤0.40	0.030	0.030
T8	T00080	0.75~0.84	≤0.35	≤0.40	0.030	0.030
T8Mn	T01080	0.80~0.90	≤0.35	0.40~0.60	0.030	0.030
T9	T00090	0.85~0.94	≤0.35	≤0.40	0.030	0.030
T10	T00100	0.95~1.04	≤0.35	≤0.40	0.030	0.030
T11	T00110	1.05~1.14	≤0.35	≤0.40	0.030	0.030
T12	T00120	1.15~1.24	≤0.35	≤0.40	0.030	0.030
T13	T00130	1.25~1.35	≤0.35	≤0.40	0.030	0.030

注：1. ISC 为我国钢铁牌号的统一数字代号（下同）。
　　2. 高级优质非合金工具钢（牌号后加 A）的磷、硫含量（质量分数）：P≤0.030%，S≤0.020%，采用电弧炉 +
　　　 电渣重熔 + 真空电弧重熔者，P≤0.025%，S≤0.010%。
　　3. 钢中残余元素含量：Cr≤0.25%，Ni≤0.25%，Cu≤0.25%。用于铅浴钢丝的残余元素含量另作规定。
　　4. 供制造铅浴淬火非合金工具时，钢中残余元素含量：Cr≤0.10%，Ni≤0.12%，Cu≤0.20%。

（2）中国 GB 标准刃具模具用非合金工具钢的交货硬度与淬火硬度（表 4-1-2）

表 4-1-2　刃具模具用非合金工具钢的交货硬度与淬火硬度

钢号和代号		退火交货状态 硬度 HBW	淬火试样		
GB	ISC		淬火温度/℃	冷却介质	硬度 HRC
T7	T00070	≤187	800~820	水	≥62
T8	T00080	≤187	780~800	水	≥62
T8Mn	T01080	≤187	780~800	水	≥62
T9	T00090	≤192	760~780	水	≥62
T10	T00100	≤197	760~780	水	≥62
T11	T00110	≤207	760~780	水	≥62
T12	T00120	≤207	760~780	水	≥62
T13	T00130	≤217	760~780	水	≥62

注：非合金工具钢退火后冷拉交货的钢材，布氏硬度应≤241 HBW。

（3）中国非合金工具钢的性能特点与用途（表 4-1-3）

表4-1-3 非合金工具钢的性能特点和用途

钢号/数字代号	性能特点和使用范围	用途举例
T7/T00070	具有较好的韧性和硬度，但切削性能较差，强度较低 适于制造要求适当硬度、能承受冲击载荷并具有较好韧性的各种工具	小尺寸风动工具、瓦工镘子、木工用锯、凿子、钳工工具、冲头、锤子、铁皮剪等 形状简单、承受载荷轻的小型冷作模具、压模、铆钉模及热固性塑料压缩模等
T8/T00080	淬火加热时容易过热，变形也大，塑性与强度较低 适于制造要求较高硬度、耐磨、承受冲击载荷不大的各种工具	加工木材的铣刀、埋头钻、平头锪钻、斧子、凿子、手锯条、冲头、台钳牙、锉刀、车刀等 冷镦模、拉伸模、压印模、纸品下料模、热固性塑料压缩模等
T8Mn/T01080	性能与T8、T8A相近，但提高了淬透性，工件可获得较深的淬硬层 适于制作截面较大的工具	可制作T8、T8A的各种工具，还可制作横纹锉刀、手锯条、采煤和岩石凿子等
T9/T00090	具有较高的硬度和耐磨性，性能与T8、T8A相近 适于制造要求较高硬度且有一定韧性的各种工具	木工工具、锯条、锉刀、丝锥、板牙、农机切割刀片等 冷冲模、冲孔冲头等
T10/T00100	在淬火加热（700~800℃）时，仍能保持细晶粒组织，不至于过热，淬火后钢中有未溶的过剩碳化物，增加钢的耐磨性 适于制作要求较高耐磨性、刃口锋利且稍有韧性的工具	木工工具、手用横锯及细木工锯、机用细木工工具、麻花钻、车刀、刨刀、铣刀、铰刀、板牙、丝锥、刮刀、锉刀、刻纹工具等 冷镦模、冷冲模、拉丝模、铝合金用冷挤压凹模、纸品下料模、塑料成型模具等
T11/T00110	与T10、T12相比，具有较好的综合力学性能，如硬度、耐磨性及韧性等均较好。对晶粒长大及形成碳化物网的敏感性较低 适于制作要求切削时刃口不易变热的工具	丝锥、锉刀、扩孔铰刀、板牙、刮刀、量规、木工工具等 冷镦模、尺寸不大的冷冲模、软材料用切边模等
T12/T00120	钢的碳含量较高，淬火后有较多的过剩碳化物，因此硬度和耐磨性均高，而韧性低 适于制作不承受冲击载荷、切削速度不高、切削时刃口不易变热的工具	车刀、铣刀、刮刀、钻头、铰刀、锉刀、扩孔钻、丝锥、板牙、量规、切烟草刀等 冷镦模、拉丝模、小截面的冷冲模与切边模、塑料成型模具等
T13/T00130	碳素工具钢中碳含量最高的钢种，硬度很高，碳化物增加且分布不均匀，力学性能差 适于制作不承受冲击载荷的硬金属切削工具	刮刀、锉刀、剃刀、切削工具、拉丝工具、刻纹工具及硬石加工工具等

4.1.2 合金工模具钢

（1）中国GB标准合金工模具钢的钢号与化学成分［GB/T 1299—2014］

A）量具刃具用钢等三类合金工模具钢的钢号与化学成分（表4-1-4）

表4-1-4 量具刃具用钢等三类合金工模具钢的钢号与化学成分（质量分数）（%）

钢号和代号 GB	ISC	C	Si	Mn	Cr	Mo	W	V	其他
量具刃具用钢									
9SiCr	T31219	0.85~0.95	1.20~1.60	0.30~0.60	0.95~1.25	—	—	—	—①
8MnSi	T30108	0.75~0.85	0.30~0.60	0.80~1.10	—	—	—	—	—①

（续）

钢号和代号		C	Si	Mn	Cr	Mo	W	V	其　他
GB	ISC								
量具刃具用钢									
Cr06	T30200	1.30~1.45	≤0.40	≤0.40	0.50~0.70	—	—	—	—①
Cr2	T31200	0.95~1.10	≤0.40	≤0.40	1.30~1.65	—	—	—	—①
9Cr2	T31209	0.80~0.95	≤0.40	≤0.40	1.30~1.70	—	—	—	—①
W	T30800	1.05~1.25	≤0.40	≤0.40	0.10~0.30	—	0.80~1.20	—	—①
耐冲击工具用钢									
4CrW2Si	T40294	0.35~0.45	0.80~1.10	≤0.40	1.00~1.30	—	2.00~2.50	—	—①
5CrW2Si	T40295	0.45~0.55	0.50~0.80	≤0.40	1.00~1.30	—	2.00~2.50	—	—①
6CrW2Si	T40296	0.55~0.65	0.50~0.80	≤0.40	1.10~1.30	—	2.20~2.70	—	—①
6CrMnSi2Mo1V	T40356	0.50~0.65	1.75~2.25	0.60~1.00	0.10~0.50	0.20~1.35	—	0.15~0.35	—①
5Cr3MnSiMo1V	T40355	0.45~0.55	0.20~1.00	0.20~0.90	3.00~3.50	1.30~1.80	—	≤0.35	—①
6CrW2SiV	T40376	0.55~0.65	0.70~1.00	0.15~0.45	0.90~1.20	—	1.70~2.20	0.10~0.20	—①
轧辊用钢									
9Cr2V	T42239	0.85~0.95	0.20~0.40	0.20~0.45	1.40~1.70	—	2.00~2.50	0.15~0.25	—①
9Cr2Mo	T42309	0.85~0.95	0.25~0.45	0.20~0.35	1.70~2.10	0.20~0.40	2.00~2.50	—	—①
9Cr2MoV	T42319	0.80~0.90	0.15~0.40	0.25~0.55	1.80~2.40	0.20~0.40	2.20~2.70	0.05~0.15	—
8Cr3NiMoV	T42518	0.82~0.90	0.30~0.45	0.20~0.45	2.80~3.20	0.20~0.40	—	0.05~0.15	Ni 0.60~0.80②
9Cr5NiMoV	T42519	0.82~0.90	0.50~0.80	0.20~0.50	4.80~5.20	0.20~0.40	—	0.10~0.20	Ni 0.30~0.50②

① 磷、硫含量：电弧炉冶炼者：P≤0.030%，S≤0.030%；电弧炉＋真空脱气冶炼者：P≤0.025%，S≤0.025%。

② 磷、硫含量：P≤0.020%，S≤0.015%。

B）冷作模具用钢的钢号与化学成分（表4-1-5）

表4-1-5　冷作模具用钢的钢号与化学成分（质量分数）（%）

钢号和代号		C	Si	Mn	Cr	Mo	W	V	其他①
GB	ISC								
9Mn2V	T20019	0.85~0.95	≤0.40	1.70~2.00	—	—	—	0.10~0.25	—
9CrWMn	T20299	0.85~0.95	≤0.40	0.90~1.20	0.50~0.80	—	0.50~0.80	—	—
CrWMn	T21290	0.90~1.05	≤0.40	0.80~1.10	0.90~1.20	—	1.20~1.60	—	—
MnCrWV	T20250	0.90~1.05	0.10~0.40	1.05~1.35	0.50~0.70		0.50~0.70	0.05~0.15	—
7CrMn2Mo	T21347	0.65~0.75	0.10~0.50	1.80~2.50	0.90~1.20	0.90~1.40	—	—	—
5Cr8MoVSi	T21355	0.48~0.53	0.75~1.05	0.35~0.50	8.00~9.00	1.25~1.70	—	0.30~0.55	—②
7CrSiMnMoV	T21357	0.65~0.75	0.85~1.15	0.65~1.05	0.90~1.20	0.20~0.50	—	0.15~0.30	—
Cr8Mo2SiV	T21350	0.95~1.05	0.80~1.20	0.20~0.50	7.80~8.30	2.00~2.80	—	0.25~0.40	—
Cr4W2MoV	T21320	1.12~1.25	0.40~0.70	≤0.40	3.50~4.00	0.80~1.20	1.90~2.60	0.80~1.10	—
6Cr4W3Mo2VNb	T21386	0.60~0.70	≤0.40	≤0.40	3.80~4.40	1.80~2.50	2.50~3.50	0.80~1.20	Nb 0.20~0.35
6W6Mo5Cr4V	T21836	0.55~0.65	≤0.40	≤0.60	3.70~4.30	4.50~5.50	6.00~7.00	0.70~1.10	—
W6Mo5Cr4V2	T21830	0.80~0.90	0.15~0.40	1.05~1.35	3.80~4.40	4.50~5.50	5.50~6.75	1.75~2.20	—
Cr8	T21209	1.60~1.90	0.20~0.60	0.20~0.60	7.50~8.50	—	—	—	—

（续）

钢号和代号		C	Si	Mn	Cr	Mo	W	V	其　他[1]
GB	ISC								
Cr12	T21200	2.00 ~ 2.30	≤0.40	≤0.40	11.5 ~ 13.0	—	—	—	—
Cr12W	T21290	2.00 ~ 2.30	0.10 ~ 0.40	0.30 ~ 0.60	11.0 ~ 13.0	—	0.60 ~ 0.80	—	—
7Cr7Mo2V2Si	T21317	0.68 ~ 0.78	0.70 ~ 1.20	≤0.40	6.50 ~ 7.50	1.90 ~ 2.30	—	1.80 ~ 2.20	—
Cr5Mo1V	T21318	0.95 ~ 1.05	≤0.50	≤1.00	4.75 ~ 5.50	0.90 ~ 1.40	—	0.15 ~ 0.50	—
Cr12MoV	T21319	1.45 ~ 1.70	≤0.40	≤0.40	11.0 ~ 12.5	0.40 ~ 0.60	—	0.15 ~ 0.30	—
Cr12Mo1V1	T21310	1.40 ~ 1.60	≤0.60	≤0.60	11.0 ~ 13.0	0.70 ~ 1.20	—	0.50 ~ 1.10	Co≤1.00

① 各钢号的磷、硫含量应符合表 4-1-8 规定（5Cr8MoVSi 钢除外）。
② 5Cr8MoVSi 钢的磷、硫含量：P≤0.030%，S≤0.015%。

C）热作模具用钢的钢号与化学成分（表 4-1-6）

表 4-1-6　热作模具用钢的钢号与化学成分（质量分数）（%）

钢号和代号		C	Si	Mn	Cr	Mo	W	V	其　他[1]
GB	ISC								
5CrMnMo	T22345	0.50 ~ 0.60	0.25 ~ 0.60	1.20 ~ 1.60	0.60 ~ 0.90	0.15 ~ 0.30	—	—	—
5CrNiMo	T22505	0.50 ~ 0.60	≤0.40	0.50 ~ 0.80	0.50 ~ 0.80	0.15 ~ 0.30	—	—	Ni 1.40 ~ 1.80
4Cr Ni4Mo	T23504	0.40 ~ 0.50	0.10 ~ 0.40	0.20 ~ 0.50	1.20 ~ 1.50	0.15 ~ 0.35	—	—	Ni 3.80 ~ 4.20
4Cr2NiMoV	T23514	0.35 ~ 0.45	≤0.40	≤0.40	1.80 ~ 2.20	0.45 ~ 0.60	—	0.10 ~ 0.30	Ni 1.10 ~ 1.50
5CrNi2MoV	T23515	0.50 ~ 0.60	0.10 ~ 0.40	0.60 ~ 0.90	0.80 ~ 1.20	0.35 ~ 0.55	—	0.05 ~ 0.15	Ni 1.50 ~ 1.80
5Cr2NiMoVSi	T23535	0.46 ~ 0.54	0.60 ~ 0.90	0.40 ~ 0.60	1.50 ~ 2.00	0.80 ~ 1.20	—	0.30 ~ 0.50	Ni 0.80 ~ 1.20
8Cr3	T23208	0.75 ~ 0.85	≤0.40	≤0.40	3.20 ~ 3.80	—	—	—	—
4Cr5W2VSi	T23274	0.32 ~ 0.42	0.80 ~ 1.20	≤0.40	4.50 ~ 5.50	—	1.60 ~ 2.40	0.60 ~ 1.00	—
3Cr2W8V	T23273	0.30 ~ 0.40	≤0.40	≤0.40	2.20 ~ 2.70	—	7.50 ~ 9.00	0.20 ~ 0.50	—
4Cr5MoSiV	T23352	0.33 ~ 0.43	0.80 ~ 1.20	0.20 ~ 0.50	4.75 ~ 5.50	1.10 ~ 1.60	—	0.30 ~ 0.60	—
4Cr5MoSiV1	T23353	0.32 ~ 0.45	0.80 ~ 1.20	0.20 ~ 0.50	4.75 ~ 5.50	1.10 ~ 1.75	—	0.80 ~ 1.20	—
4Cr3Mo3SiV	T23354	0.35 ~ 0.45	0.80 ~ 1.20	0.25 ~ 0.70	3.00 ~ 3.75	2.00 ~ 3.00	—	0.25 ~ 0.75	—
5Cr4Mo3SiMnVAl	T23355	0.47 ~ 0.57	0.80 ~ 1.10	0.80 ~ 1.10	3.80 ~ 4.30	2.80 ~ 3.40	—	0.80 ~ 1.20	Al 0.30 ~ 0.70
4CrMnSiMoV	T23364	0.35 ~ 0.45	0.80 ~ 1.10	0.80 ~ 1.10	1.30 ~ 1.50	0.40 ~ 0.60	—	0.20 ~ 0.50	—
5Cr5WMoSi	T23375	0.50 ~ 0.60	0.75 ~ 1.10	≤0.40	4.75 ~ 5.50	1.15 ~ 1.65	1.00 ~ 1.50	—	—
4Cr5MoWVSi	T23324	0.40 ~ 0.50	0.80 ~ 1.20	0.20 ~ 0.50	4.75 ~ 5.50	1.25 ~ 1.60	1.10 ~ 1.60	0.20 ~ 0.50	—
3Cr3Mo3W2V	T23323	0.32 ~ 0.42	0.60 ~ 0.90	≤0.65	2.80 ~ 3.30	2.50 ~ 3.30	1.20 ~ 1.80	0.80 ~ 1.20	—
5Cr4W5Mn2V	T23325	0.40 ~ 0.50	≤0.40	≤0.40	3.40 ~ 4.40	1.50 ~ 2.10	4.50 ~ 5.30	0.70 ~ 1.10	—
4Cr5Mo2V	T23314	0.35 ~ 0.42	0.25 ~ 0.50	0.40 ~ 0.60	5.00 ~ 5.50	2.30 ~ 2.60	—	0.60 ~ 0.80	—[2]
3Cr3Mo3V	T23313	0.28 ~ 0.35	0.10 ~ 0.40	0.15 ~ 0.45	2.70 ~ 3.20	2.50 ~ 3.00	—	0.40 ~ 0.70	—[3]
4Cr5Mo3V	T23315	0.35 ~ 0.40	0.30 ~ 0.50	0.30 ~ 0.50	4.80 ~ 5.20	2.70 ~ 3.20	—	0.40 ~ 0.60	—[3]
3Cr3Mo3VCo3	T23393	0.28 ~ 0.35	0.10 ~ 0.40	0.15 ~ 0.45	2.70 ~ 3.20	2.60 ~ 3.00	—	0.40 ~ 0.70	Co 2.50 ~ 3.00[3]

① 各钢号的磷、硫含量应符合表 4-1-8 规定（4Cr5Mo2V 钢等 4 钢号除外）。
② 4Cr5Mo2V 钢的磷、硫含量：P≤0.020%，S≤0.008%。
③ 3Cr3Mo3V、4Cr5Mo3V 和 3Cr3Mo3VCo3 钢的磷、硫含量：P≤0.030%，S≤0.020%。

D）塑料模具和特种模具用钢的钢号与化学成分（表 4-1-7）

表 4-1-7 塑料模具和特种模具用钢的钢号与化学成分（质量分数）（%）

钢号和代号 GB	ISC	C	Si	Mn	P≤	S≤	Cr	Mo	Ni	V	其 他
				塑料模具用钢							
SM45	T10450	0.42~0.48	0.17~0.37	0.50~0.80	①	①	—	—	—	—	—
SM50	T10500	0.47~0.53	0.17~0.37	0.50~0.80	①	①	—	—	—	—	—
SM55	T10550	0.52~0.58	0.17~0.37	0.50~0.80	①	①	—	—	—	—	—
3Cr2Mo	T25303	0.28~0.40	0.20~0.80	0.60~1.00	①	①	1.40~2.00	0.30~0.55	—	—	—
3Cr2MnNiMo	T25553	0.32~0.40	0.20~0.40	1.10~1.50	①	①	1.70~2.00	0.25~0.40	0.85~1.15	—	—
4Cr2Mn1MoS	T25344	0.35~0.45	0.30~0.50	1.40~1.60	0.030	0.05~0.10	1.80~2.00	0.15~0.25	—	—	—
8Cr2MnWMoVS	T25378	0.75~0.85	≤0.40	1.30~1.70	0.030	0.08~0.15	2.30~2.60	0.50~0.80	—	0.10~0.25	W 0.70~1.10
5CrNiMnMoVSCa	T25515	0.50~0.60	≤0.45	0.80~1.20	0.030	0.08~0.15	0.80~1.20	0.30~0.60	0.80~1.20	0.10~0.30	Ca 0.002~0.008
2CrNiMoMnV	T25512	0.24~0.30	≤0.30	1.40~1.60	0.025	0.015	1.25~1.45	0.45~0.60	0.80~1.20	0.10~0.20	—
2CrNi3MoAl	T25572	0.20~0.30	0.20~0.50	0.50~0.80	①	①	1.20~1.80	0.20~0.40	3.00~4.00	—	Al 1.00~1.60
1Ni3MnCuMoAl	T25611	0.10~0.20	≤0.45	1.40~2.00	0.030	0.015	—	0.20~0.50	2.90~3.40	—	Al 0.70~1.20 Cu 0.80~1.20
06Ni6CrMoVTiAl	A64060	≤0.06	≤0.50	≤0.50	①	①	1.30~1.60	0.90~1.20	5.50~6.50	0.08~0.15	Al 0.50~0.90 Ti 0.90~1.30
00Ni18Co8MoTiAl	A64000	≤0.03	≤0.10	≤0.15	0.010	0.010	≤0.6	4.50~5.00	17.5~18.5	—	Al 0.05~0.15 Co 8.50~10.0 Ti 0.80~1.10
2Cr13	S42023	0.18~0.25	≤1.00	≤1.00	①	①	12.0~14.0	—	≤0.60	—	—
4Cr13	S42043	0.35~0.45	≤0.60	≤0.80	①	①	12.0~14.0	—	≤0.60	—	—
4Cr13NiVSi	T25444	0.35~0.45	0.90~1.20	0.40~0.70	0.010	0.003	13.0~14.0	—	0.15~0.30	0.25~0.35	—
2Cr17Ni2	T25402	0.10~0.22	≤1.00	≤1.50	①	①	15.0~17.0	—	1.50~2.50	—	—
3Cr17Mo	T25303	0.35~0.45	≤1.00	≤1.50	①	①	15.5~17.5	0.80~1.30	≤1.00	—	—
3Cr17NiMoV	T25513	0.32~0.40	0.30~0.60	0.60~0.80	0.025	0.005	16.0~18.0	1.00~1.30	0.60~1.00	0.15~0.35	—
9Cr18	S44093	0.90~1.00	≤0.80	≤0.80	①	①	17.0~19.0	—	≤0.60	—	—
9Cr18MoV	S46993	0.50~0.95	≤0.80	≤0.80	①	①	17.0~19.0	1.00~1.30	≤0.60	0.07~0.12	—

（续）

钢号和代号		C	Si	Mn	P≤	S≤	Cr	Mo	Ni	V	其 他
GB	ISC										
特殊用途模具用钢											
7Mn15Cr2Al3V2-WMo	T26377	0.65 ~ 0.75	≤0.80	14.5 ~ 16.5	①	①	2.00 ~ 2.50	0.50 ~ 0.80	—	1.50 ~ 2.00	Al 2.30 ~ 3.30 W 0.50 ~ 0.80
2Cr25Ni20Si2	S31049	≤0.25	1.50 ~ 2.50	≤1.50	①	①	24.0 ~ 27.0	—	18.0 ~ 21.0	—	—
0Cr17Ni4Cu4Nb	S51740	≤0.07	≤1.00	≤1.00	①	①	15.0 ~ 17.0	—	3.00 ~ 5.00		Cu 3.00 ~ 5.00 Nb 0.15 ~ 0.45
Ni25Cr15Ti2MoMn	H21231	≤0.08	≤1.00	≤2.00	0.030	0.020	13.5 ~ 17.0	1.00 ~ 1.50	22.0 ~ 26.0	0.10 ~ 0.50	Ti 1.80 ~ 2.50 Al≤0.40 B 0.001 ~ 0.010
Ni53Cr19Mo3TiNb	H07718	≤0.08	≤0.35	≤0.35	0.015	0.015	17.0 ~ 21.0	2.80 ~ 3.30	50.0 ~ 55.0	—	Al 0.20 ~ 0.80 Ti 0.65 ~ 1.15 Nb 4.75 ~ 5.50② Co ≤1.00 B≤0.008

① 各钢号的磷、硫含量应符合表4-1-8规定（已表明磷、硫含量的钢除外）。

② Nb 含量应包括（Nb + Ta），除特殊要求外，一般仅分析 Nb 含量。

E）合金工模具钢的钢中残余元素含量（表4-1-8）

表4-1-8 合金工模具钢的钢中残余元素含量（质量分数）（%）

冶炼方法	P		S		Cr	Ni	Cu
	≤						
电弧炉	高级优质非合金工具钢	0.030	高级优质非合金工具钢	0.020	0.25	0.25	0.25
	其他钢类	0.030	其他钢类	0.030			
电弧炉 + 真空脱气	冷作模具用钢	0.030	冷作模具用钢	0.020	0.25	0.25	0.25
	高级优质非合金工具钢	0.030	高级优质非合金工具钢	0.020			
	其他钢类	0.025	其他钢类	0.025	0.25	0.25	0.25
电弧炉 + 电渣重熔 真空电弧重熔	各类合金工模具钢	0.025	各类合金工模具钢	0.010	0.25	0.25	0.25

注：供制造铅浴淬火非合金工具丝时，钢中残余元素含量：Cr≤0.10%，Ni≤0.12%，Cu≤0.20%。

（2）中国 GB 标准合金工模具钢的交货状态硬度与淬火硬度 [GB/T 1299—2014]

A）量具刃具用钢的交货状态硬度与试样淬火硬度（表4-1-9）

表4-1-9 量具刃具用钢的交货状态硬度与试样淬火硬度

钢号和代号		交货状态 退火硬度 HBW	淬火试样		
GB	ISC		淬火温度 /℃	冷却介质	硬 度 HRC ≥
9SiCr	T31219	197 ~ 214①	820 ~ 860	油	62
8MnSi	T30108	≤229	800 ~ 820	油	60
Cr06	T30200	187 ~ 241	780 ~ 810	水	64
Cr2	T31200	179 ~ 229	830 ~ 860	油	62
9Cr2	T31209	179 ~ 217	820 ~ 850	油	62
W	T30800	187 ~ 229	800 ~ 830	水	62

① 根据需方要求，制造螺纹刃具用钢的退火硬度为 187 ~ 229 HBW。

B）耐冲击工具用钢的交货状态硬度与试样淬火硬度（表4-1-10）

表4-1-10 耐冲击工具用钢的交货状态硬度与试样淬火硬度

钢号和代号		交货状态 退火硬度 HBW	淬火试样		
GB	ISC		淬火温度 /℃	冷却介质	硬度 HRC ≥
4CrW2Si	T40294	179~217	860~900	油	53
5CrW2Si	T40295	207~255	860~900	油	55
6CrW2Si	T40296	229~285	860~900	油	57
6CrMnSi2Mo1V	T40356	≤229	885~900①	油	58
5Cr3Mn1SiMo1V	T40355	≤235	940~955②	油	56
6CrW2SiV	T40376	≤225	870~910	油	58

① 667℃±15℃预热，885℃（盐浴）或900℃（炉控气氛）±6℃加热，保温5~15min油冷，58~204℃回火。
② 667℃±15℃预热，940℃（盐浴）或955℃（炉控气氛）±6℃加热，保温5~15min油冷，58~204℃回火。

C）轧辊用钢的交货状态硬度与试样淬火硬度（表4-1-11）

表4-1-11 轧辊用钢的交货状态硬度与试样淬火硬度

钢号和代号		交货状态 退火硬度 HBW	淬火试样		
GB	ISC		淬火温度 /℃	冷却介质	硬度 HRC ≥
9Cr2V	T42239	≤229	830~900	空气	64
9Cr2Mo	T42309	≤229	830~900	空气	64
9Cr2MoV	T42319	≤229	880~900	空气	64
8Cr3NiMoV	T42518	≤269	900~920	空气	64
9Cr5NiMoV	T42519	≤269	930~950	空气	64

D）冷作模具用钢的交货状态硬度与试样淬火硬度（表4-1-12）

表4-1-12 冷作模具用钢的交货状态硬度与试样淬火硬度

钢号和代号		交货状态 退火硬度 HBW	淬火试样		
GB	ISC		淬火温度 /℃	冷却介质	硬度 HRC ≥
9Mn2V	T20019	≤229	780~810	油	62
9CrWMn	T20299	197~241	800~830	油	62
CrWMn	T21290	207~255	800~830	油	62
MnCrWV	T20250	≤255	790~820	油	62
7CrMn2Mo	T21347	≤235	820~870	空气	61
5Cr8MoVSi	T21355	≤229	1000~1050	油	59
7CrSiMnMoV	T21357	≤235	870~900	油或空冷	60
			150±10 回火		
Cr8Mo2SiV	T21350	≤255	1020~1040	油或空冷	62
Cr4W2MoV	T21320	≤269	960~980 或 1020~1040	油	60
6Cr4W3Mo2VNb	T21386	≤255	1100~1160	油	60
6W6Mo5Cr4V	T21836	≤269	1180~1200	油	60
W6Mo5Cr4V2	T21830	≤255	1210~1230①		64（盐浴） 63（炉控气氛）

（续）

钢号和代号		交货状态退火硬度 HBW	淬火试样		
GB	ISC		淬火温度 /℃	冷却介质	硬　度 HRC ⩾
Cr8	T21209	⩽255	920~980	油	63
Cr12	T21200	217~269	950~1000	油	60
Cr12W	T21290	⩽255	950~980	油	60
7Cr7Mo2V2Si	T21317	⩽255	1100~1150	油/空冷	60
Cr5Mo1V	T21310	⩽255	940 或 950②		60
Cr12MoV	T21319	207~255	950~1000	油	60
Cr12Mo1V1	T21310	⩽255	1000 或 1010③		59

① 730~840℃预热，1210~1230℃（盐浴或炉控气氛）加热，保温 5~15min 油冷，540~560℃回火 2 次（盐浴或炉控气氛），每次 2h。

② 790℃±15℃预热，940℃（盐浴）或 950℃（炉控气氛）±6℃加热，保温 5~15min 油冷，200℃±6℃回火 1 次，2h。

③ 820℃±15℃预热，1000℃（盐浴）或 1010℃（炉控气氛）±6℃加热，保温 10~20min 空冷，200℃±6℃回火 1 次，2h。

E）热作模具用钢的交货状态硬度与试样淬火硬度（表 4-1-13）

表 4-1-13　热作模具用钢的交货状态硬度与试样淬火硬度

钢号和代号		交货状态退火硬度 HBW	淬火试样		
GB	ISC		淬火温度 /℃	冷却介质	硬　度 HRC ⩾
5CrMnMo	T22345	197~241	820~850	油	①
5CrNiMo	T22505	197~241	830~860	油	①
4CrNi4Mo	T23504	⩽285	840~870	油/空冷	①
4Cr2NiMoV	T23514	⩽220	910~960	油	①
5CrNi2MoV	T23515	⩽255	850~880	油	①
5Cr2NiMoVSi	T23535	⩽255	960~1010	油	①
8Cr3	T23208	207~255	850~880	油	①
4Cr5W2VSi	T23274	⩽229	1030~1050	油/空冷	①
3Cr2W8V	T23273	⩽255	1075~1125	油	①
4Cr5MoSiV	T23352	⩽229	1010 或 1020②		①
4Cr5MoSiV1	T23353	⩽229	1000 或 1010③		①
4Cr3Mo3SiV	T23354	⩽229	1010 或 1020④		①
5Cr4Mo3SiMnVAl	T23355	⩽255	1090~1120	油	①
4CrMnSiMoV	T23364	⩽255	870~930	油	①
5Cr5WMnSi	T23375	⩽248	990~1020	油	①
5Cr4W5MoV	T23324	⩽235	1000~1030	油/空冷	①
3Cr3Mo3W2V	T23323	⩽255	1060~1130	油	①
5Cr4W5Mo2V	T23325	⩽269	1100~1150	油	①
4Cr5Mo2V	T23314	⩽220	1000~1030	油	①
3Cr3Mo3V	T23313	⩽229	1010~1050	油	①

（续）

钢号和代号		交货状态	淬火试样		
GB	ISC	退火硬度 HBW	淬火温度 /℃	冷却介质	硬度 HRC ≥
4Cr5Mo3V	T23315	≤229	1000～1030	油/空冷	①
3Cr3Mo3VCo3	T23393	≤229	1000～1050	油	①

① 根据需方要求，可提供实测值。

② 790℃±15℃预热，1010℃（盐浴）或1020℃（炉控气氛）±6℃加热，保温5～15min油冷，550℃±6℃回火2次，每次2h。

③ 790℃±15℃预热，1000℃（盐浴）或1010℃（炉控气氛）±6℃加热，保温5～15min油冷，550℃±6℃回火2次，每次2h。

④ 790℃±15℃预热，1010℃（盐浴）或1020℃（炉控气氛）±6℃加热，保温5～15min油冷，550℃±6℃回火2次，每次2h。

F）塑料模具用钢的交货状态硬度与试样淬火硬度（表4-1-14）

表 4-1-14　塑料模具用钢的交货状态硬度与试样淬火硬度

钢号和代号		交货状态		淬火试样		
GB	ISC	退火硬度 HBW	预硬化硬度 HRC	淬火温度 /℃	冷却介质	硬度 HRC ≥
SM45	T10450	热轧交货状态硬度 155～215HBW		—	—	—
SM50	T10500	热轧交货状态硬度 165～225HBW		—	—	—
SM55	T10550	热轧交货状态硬度 170～230HBW		—	—	—
3Cr2Mo	T25303	≤235	28～36	850～880	油	52
3Cr2MnNiMo	T25553	≤235	30～36	850～870	油/空冷	48
4Cr2Mn1MoS	T25344	≤235	28～36	850～870	油	51
8Cr2MnWMoVS	T25378	≤235	40～48	860～900	空气	62
5CrNiMnMoVSCa	T25515	≤255	35～45	860～920	油	62
2CrNiMoMnV	T25512	≤235	30～38	850～930	油/空冷	48
2CrNi3MoAl	T25572	—	38～43	—	—	—
1Ni3MnCuMoAl	T25611	—	38～42	—	—	—
06Ni6CrMoVTiAl	A64060	≤255	43～48	850～880 固溶①		实测
00Ni18Co8MoTiAl	A64000	协议	协议	805～825 固溶②		协议
2Cr13	S42023	≤220	30～36	1000～1050	油	45
4Cr13	S42043	≤235	30～36	1050～1100	油	50
4Cr13NiVSi	T25444	≤235	30～36	1000～1030	油	50
2Cr17Ni2	T25402	≤285	28～32	1000～1050	油	49
3Cr17Mo	T25303	≤285	33～38	1000～1040	油	46
3Cr17NiMoV	T25513	≤285	33～38	1030～1070	油	50
9Cr18	S44093	≤255	协议	1000～1050	油	55
9Cr18MoV	S46993	≤269	协议	1050～1075	油	55

① 850～880℃固溶处理，油或空冷，500～540℃时效，空冷。

② 805～825℃固溶处理，空冷，460～530℃时效，空冷。

G）特殊用途模具用钢的交货状态硬度与试样淬火硬度（表4-1-15）

表 4-1-15　特殊用途模具用钢的交货状态硬度与试样淬火硬度

钢号和代号		交货状态	淬火试样	
GB	ISC	退火硬度 HBW	热处理制度 /℃	硬度 HRC
7Mn15Cr2Al3V2WMo	T26377	197～241	1170～1190 固溶，水冷 650～700 时效，空冷	≥45
2Cr25Ni20Si2	S31049	197～241	1040～1150 固溶，水或空冷	①
0Cr17Ni4Cu4Nb	S51740	≤285	1020～1060 固溶，空冷 470～680 时效，空冷	①
Ni25Cr15Ti2MoMn	H21231	≤220	950～980 固溶，水或空冷 720＋620 时效，空冷	①
Ni53Cr19Mo3TiNb	H07718	≤255	980～1000 固溶，水油或空冷 710＋730 时效，空冷	①

① 根据需方要求，可提供实测值。

（3）中国合金工模具钢的性能特点与用途

A）量具刃具用钢的性能特点和用途（表 4-1-16）

表 4-1-16　量具刃具用钢的性能特点和用途

钢号 数字代号	性 能 特 点	用 途 举 例
9SiCr T31219	是用途广泛的低合金工具钢，其淬透性、淬硬性较高，回火稳定性较好，优于碳素工具钢和铬工具钢。适用于分级淬火、等温淬火，热处理时变形小；但因含硅，加热时脱碳倾向较大	通常用于制造形状复杂、变形小、耐磨性高的低速切削刃具，如钻头、丝锥、板牙、铰刀、齿轮铣刀、拉刀等；还用作冷作模具，如冷冲模、打印模，也用作冷轧辊、校正辊等
8MnSi T30108	是在非合金工具钢 T8 基础上同时加入 Si、Mn 元素形成的低合金工具钢，具有较高的回火稳定性、较高的淬透性和耐磨性，热处理变形也较非合金工具钢小	适用于制造冷作模具，如冷锻模、冲孔模等，以及小尺寸热锻模和冲头、热压锻模、螺栓、道钉冲模、拉丝模、冷冲模。也用作木工工具如凿子、锯条。还用作穿孔器与扩孔器工具及切削工具
Cr06 T30200	是在非合金工具钢基础上添加 0.6%Cr 元素，其淬透性和耐磨性均比非合金工具钢高，冷加工塑性变形和切削加工性能较好。该钢与 Cr2 或 9Cr2 相比，其碳含量较高，Cr 含量降低，淬火后硬度和耐磨性都很高，刃口锋利，但脆性较大	适用于制造简单冷加工模具，如冲孔模、冷压模等。大多是冷轧成薄钢带，常用于制作剃须刀片、手术刀具，也可用作刮刀、锉刀、刻刀等
Cr2 T31200	是在 T10 钢的基础上添加 1.5%Cr，使其淬透性提高，硬度、耐磨性及接触疲劳强度均比非合金工具钢高，淬火变形不大，但高温塑性差	常用的量具刃具用钢，用于低速、走刀量小、加工材料硬度不高的切削刀具，如车刀、铣刀、插刀、铰刀等，以及量具、量规、样板、偏心轮、钻套等；也用作中小尺寸冷作模具、拉丝模、冷轧辊等
9Cr2 T31209	其性能与 Cr2 钢基本相似，因碳含量稍低，其韧性较 Cr2 好。经适当热处理后，具有良好的耐磨性，碳化物分布也比较均匀	常用作冷轧辊、冷冲模及冲头、钢印冲孔凿、木工工具等
W T30800	是在非合金工具钢基础上加入 W 形成的高碳低合金钢（相当于 F1 钢），经热处理后具有高的硬度和耐磨性，过热敏感性小，热处理变形小，水淬不易开裂，回火稳定性好等特点	常用于制造工作温度不高、切削速度不快的刀具，如小型麻花钻头，也用于制造丝锥、锉刀、板牙、辊式刀具等

B）耐冲击工具用钢的性能特点和用途（表4-1-17）

表4-1-17　耐冲击工具用钢的性能特点和用途

钢号 数字代号	性 能 特 点	用 途 举 例
4CrW2Si T40294	该钢是在铬硅钢的基础上加入 W 2.0% ~ 2.5%（质量分数）而开发的。具有一定的淬透性，高温时有较好的强度和硬度，回火后韧度较高，回火稳定性较好	用于制造高冲击载荷下操作的工具，如风动工具、冲裁切边复合模、冲模、冷切用的剪刀等冲剪工具，以及部分小型热作模具，如中应力热锻模、受热低的压铸模等
5CrW2Si T40295	性能与4CrW2Si相近，回火后有较高的韧度，有一定的淬透性和高温力学强度，热处理时对脱碳和开裂的敏感性不大、淬火变形小	用于制造冷剪切金属用刀片、铲搓丝板铲刀、冷冲裁和切边用凹模，以及手动和风动凿子、空气锤工具、铆钉工具、重振动的切割器等。也用于热作工具，如热冲孔和穿孔工具、热剪切模、热锻模、易熔合金的压铸模等
6CrW2Si T40296	该钢是在铬硅钢的基础上加入钨，与4CrW2Si和5CrW2Si钢相比，具有较高的淬火硬度、耐磨性和一定的高温强度，但韧度相对较差	常用于承受冲击载荷且要求耐磨性高的工具，如风动工具、凿子、冲击模具、冷剪机刀片、铸造精整工具等；也用于热作工具，如生产螺钉和热铆的冲头、高温压铸轻合金的顶头、热锻模等
6CrMnSi2Mo1V T40356	属于低合金高强韧性耐冲击工具钢，钢中碳含量中等，碳化物偏析小；其他元素可加强基体的强度和韧度，而Mo、V可细化晶粒，提高淬透性和耐磨性，回火稳定性较好	用于制造承受高冲击载荷的大尺寸冲击工具、剪切工具及模具，如冲模、冷冲裁和切边用凹模等
5Cr3MnSiMo1 T40355	属于高强韧性耐冲击工具钢，具有较高强韧性的同时，还有较高的硬度和耐磨性。淬透性和回火稳定性较好。由于钢中铬含量较高，提高了抗氢侵蚀性和中温抗氧化性。常替代CrWMn，Cr12钢制造冷冲模	用于制造在较高温度、高冲击载荷下工作的冲击工具、冲模，也适于制作锤锻模具
6CrW2SiV T40376	属于中碳油淬型耐冲击工具钢，具有良好的耐冲击和耐磨综合性能。同时抗疲劳性能良好和尺寸稳定性高。由于钢中含有一定量的钒，细化了晶粒，减小了钢的过热敏感性，回火稳定性较好	用于制作冷剪机刀片、冷成型工具和精密冲裁模以及热冲孔工具等。也用于制造承受冲击载荷且要求耐磨性高的工具，如风动工具、凿子等

C）轧辊用钢的性能特点和用途（表4-1-18）

表4-1-18　轧辊用钢的性能特点和用途

钢号 数字代号	性 能 特 点	用 途 举 例
9Cr2V T42239	是传统的 Cr2 系冷轧辊用钢。其高碳含量可保证轧辊有高硬度；添加铬和钒，分别可增加钢的淬透性，可细化组织和晶粒，提高钢的耐磨性，降低过热敏感性，并提高强度和韧度	用于制造冷轧用的工作辊、支承辊等
9Cr2Mo T42309	属于典型的 Cr2 系冷轧辊用钢，具有较高淬透性、淬硬性和耐磨性。但淬硬层脆性大、抗热冲击差。该钢锻造性能良好，控制较低的终锻温度与合适的变形量可细化晶粒，消除沿晶界分布的网状碳化物，并使其均匀分布	用于制造冷轧用的工作辊、中间辊、支承辊、矫直辊、压轧辊、冷冲模及冲头等
9Cr2MoV T42319	该钢是引进德国冷轧辊的钢号，虽然也属于 Cr2 系列，但综合性能优于国产 9Cr2 系列的冷轧辊用钢。该钢具有高硬度和耐磨性，高的尺寸稳定性和较高韧度。若采用电渣重熔工艺生产，其辊坯可获得更优良的性能	用于制造冷轧用工作辊、中间辊，也用于冲压模冲头及凹模、压印模等 已被国内多家冷轧厂采用制造各种类型的冷轧辊

（续）

钢号 数字代号	性 能 特 点	用 途 举 例
8Cr3NiMoV T42518	属于3%Cr系冷轧工作辊用钢，增加钢中的铬含量，有效地提高其淬透性，增加淬硬层深度，所制造的冷轧工作辊，经淬火及冷处理后的淬硬层深度可达30mm左右。与传统的Cr2系钢相比，由于淬透性和耐磨性良好，其使用寿命显著提高	用于制造冷轧用的工作辊、中间辊
9Cr5NiMoV T42519	属于5%Cr系冷轧工作辊用钢，由于钢中铬含量的增加，使其淬透性显著提高，其成品轧辊单边的淬硬层可达35～40mm（硬度≥85 HSD），与Cr2系钢相比，优化了碳化物的类型和分布，具有良好的淬透性和耐磨性，冷轧辊使用寿命显著地提高	用于制造要求淬硬层深，轧制条件恶劣，抗事故性高的冷轧辊

D）冷作模具用钢的性能特点和用途（表4-1-19）

表4-1-19　冷作模具用钢的性能特点和用途

钢号 数字代号	性 能 特 点	用 途 举 例
9Mn2V T20019	经济型冷作工具钢（相当于美国钢号O2钢），价格不高而综合力学性能优于非合金工具钢，具有较高硬度和耐磨性，淬透性好，由于钢中含有一定量的钒，细化了晶粒，减小了钢的过热敏感性。同时碳化物较细小和分布较均匀，淬火后变形小，过热敏感性低	适用于制造各种精密量具、样板、块规、板牙，以及要求变形小、耐磨性高的精密丝杠、磨床主轴等结构件，也用于制造尺寸较小的冲模、冷压模、雕刻模、落料模等
9CrWMn T20299	该钢相当于美国钢号O1钢，具有一定的淬透性和耐磨性，淬火变形较小，碳化物分布均匀且颗粒细小。性能与CrWMn相近，但由于碳含量稍低，碳化物偏析较低，力学性能更好，其热处理后硬度稍低	用于制作截面不大而形腔复杂、高精度的冷冲模，以及各种量规、量具等
CrWMn T21290	用途广泛的微变形钢，淬透性好，变形小，淬火和低温回火后比9SiCr钢具有更高的硬度、耐磨性和尺寸稳定性且韧度较好。但该钢对形成碳化物网较敏感，若有网状碳化物的存在，工模具的刃部有剥落的危险，从而降低工模具的使用寿命	用于制造高精度的冷冲模、量规，也用于制作要求变形小、长而形状复杂的切削刀具，如拉刀、长丝锥、长铰刀、专用铣刀等
MnCrWV T20250	是国际广泛采用的高碳低合金油淬工具钢，具有较高的淬透性，硬度高，耐磨性较好。热处理变形小，易于控制零件的变形程度。但钢的韧度及回火抗力较差	用于制造低变形冷作模具，如修边模、落料模、压弯工具、钢板冲裁模，量具和精压模和热固性塑料成型模等
7CrMn2Mo T21347	属于空淬冷作模具钢，相当于美国的A6钢。热处理变形小，易于控制零件的变形程度。其微变形的特点对于制造需要接近尺寸公差的制品有重要的应用意义	用于制造要求低变形的模具，如修边模、落料模、压弯工具、冲切模和精压模等
5Cr8MoVSi T21355	新型中碳合金冷作模具钢，具有较好的综合力学性能，较高的耐磨性和尺寸稳定性	用于制造要求耐冲击耐磨性高的冷作工模具和薄刃刀具
7CrSiMnMoV T21357	火焰淬火冷作模具钢，具有较好的淬透性，淬火温度范围宽，过热敏感性小，淬火后获得较高的表面硬度、耐磨性和良好的韧性，热处理变形小	用于制造大型镶块模具、下料模、冲头、成型模、拉伸模、冷冲模、胶木模、陶土模、剪刀刃、切纸刀、轧辊以及机床导轨镶条等
Cr8Mo2SiV T21350	是应用十分广泛的冷作模具钢，其特点是具有高韧性和高耐磨性，并有高的淬透性，淬火时尺寸变化小，与ASTM的D2钢相比，钢的碳化物分布均匀和韧度更好	可用于制造冷剪切模、切边模、滚边模、量规、拉丝模、搓丝板、冷冲模等

（续）

钢号 数字代号	性 能 特 点	用 途 举 例
Cr4W2MoV T21320	新型中合金冷作模具钢，共晶化合物颗粒细小，分布均匀，具有较高的淬透性和淬硬性，且有较好的综合力学性能、耐磨性和尺寸稳定性	用于制造冷冲模、冷挤凹模、落料模、搓丝板等
6Cr4W3Mo2-VNb T21386	基体钢类型高强韧性冷作模具钢，具有高强度、高硬度，且韧性好，又有较高的疲劳强度	用于制造冲击载荷及形状复杂的冷作模具、冷挤压模具、冷镦模具、螺钉冲头、冷冲模、冷剪模等
W6Mo5Cr4V2 T21830	高强度冷作模具钢，具有高硬度、高抗压强度、高耐磨性和热稳定性，其可承受载荷能力较好，但韧度较差	常用于制造冷挤压模具。因韧度较差，不能满足大型的、复杂和受大冲击载荷的模具
Cr8 T21209	是一种高碳含铬的新型冷作模具钢，具有较好的淬透性和高的耐磨性，与 Cr12 相比具有较好的韧度	适用于制造要求耐磨性较高的各类冷作模具钢
Cr12 T21200	应用广泛的冷作模具钢（D3）。具有较高的强度、淬透性和耐磨性，淬火变形小，但冲击韧度较差，易脆裂，易形成不均匀的共晶碳化物，导热性与高温塑性也较差	常用于制造承受冲击载荷小和耐磨性高的冷冲模、冲头、冷剪切刀片、冷轧辊、钻套和拉丝模，以及量规、样板、凸轮销、偏心轮等
Cr12W T21290	属于莱氏体类型冷作模具钢，具有很高的耐磨性和较好的淬透性，但塑性和冲击韧度较低，易脆裂，导热性与高温塑性也较差	用于制造高强度、高耐磨性的工模具，也可以制造受热不大于 300℃ 但仍能保持其使用性能的工模具，如钢板拉深模、拉丝模、螺纹搓丝板、冷冲模、剪切刀、锯条等
7Cr7Mo2V2Si T21317	高强韧性冷作模具钢，也称 LD 钢。在较高韧度下，具有较好的抗压、抗弯和耐磨性，可承受高冲击载荷	用于制造承受高冲击载荷的冷挤压、冷镦模
Cr5Mo1V T21318	相当于 ASTM 的 A2，具有良好的空淬性能，空淬时尺寸变形小，韧性比 9Mn2V、Cr12 钢好，碳化物均匀细小，耐磨性好	用于制造韧性好、耐磨性高的冷作模具，如成型模、下料模、冲头、冷冲载模等
Cr12MoV T21319	淬透性高，截面为 300～400mm 以下的工件可完全淬透，其淬火回火后的硬度、强度、韧性均比 Cr12 高，耐磨性和塑性也较好，变形小，但高温塑性差	用于制造截面较大、形状复杂、经受较大冲击载荷的各种工模具，如各种冲孔凹模，切边模、钢板拉深模、拉丝模、缝口模、冷挤压模、螺纹搓丝板、冷切剪刀、圆锯片、标准工具、量具等
Cr12Mo1V1 T21310	国际上广泛应用的冷作模具钢（D2），属莱氏体钢。具有高的淬透性、淬硬性和耐磨性；热处理变形小，高温抗氧化性能、淬火与抛光后耐锈蚀性能良好	用于制作各种高精度、长寿命的冷作模具、刃具和量具，如形状复杂的冲孔凹模、冷挤压模、冷剪切刀、搓丝板、滚丝轮等

E）热作模具用钢的性能特点和用途（表 4-1-20）

表 4-1-20　热作模具用钢的性能特点和用途

钢号 数字代号	性 能 特 点	用 途 举 例
5CrMnMo T22345	一种不含镍的热作模具钢，性能与 5CrNiMo 相近，但淬透性和耐热疲劳性能稍差；此钢具有良好的韧度、强度和高耐磨性，对回火脆性不敏感	适用于制造要求高强度和高耐磨性的各类锻模，主要用于形状简单的小型锻压模具，如模锻锤用模块等
5CrNiMo T22505	具有良好的韧性、强度和高耐磨性，并有良好的淬透性，对回火脆性并不敏感，在高温下的韧度及耐热疲劳性高于 5CrMnMo 钢，但容易出现白点。该钢相当于 ASTM 的 L6 钢	传统的热作模具钢，广泛用于各种中、大型锤锻模，但近年认为不宜于制造大型、复杂的重载荷模具

（续）

钢号 数字代号	性 能 特 点	用 途 举 例
4CrNi4Mo T23504	空冷硬化型热作模具钢。具有良好的淬透性、韧度和抛光性能	常用于制热作模具和塑料模具及部分冷作模具
4Cr2NiMoV T23514	是 5CrMnMo 钢的改良钢种，具有较高的室温强度及韧度，良好的淬透性及热疲劳特性，回火稳定性好。采用电渣重熔工艺，其性能更好	常用于制造热锻模具
5CrNi2MoV T23515	性能与 5CrNiMo 钢相近，具有良好的淬透性和韧度。由于添加 V，细化了晶粒，减小了钢的过热敏感性	适用于制造大型锻压模具和热剪
5Cr2NiMoVSi T23535	属于大截面热锻模钢，简称 5Cr2.5。具有高淬透性，钢加热时奥氏体晶粒长大倾向小，热处理加热温度范围较宽，钢的热稳定性、热疲劳性能和冲击韧性较好	适用于制造大截面的压力机和模锻锤等热作模具
8Cr3 T23208	具有较好的淬透性，一定的室温和高温强度，形成细小的碳化物且均匀分布，耐磨性能较好	常用于冲击振动较小的、工作温度低于 500℃的耐磨损模具，如热冲裁模、热切边模、热顶锻模、成形冲模、热弯曲模等
4Cr5W2VSi T23274	空冷硬化型热作模具钢（H12），在中温下具有较高的硬度和热强度，良好的韧性、耐磨性和热疲劳性能	用于锻压模具、热挤压模具与芯棒、冲头、零部件成形用高速锤锻模，以及铝、锌等轻金属的压铸模等
3Cr2W8V	属莱氏体钢（H22），在高温下有较高的强度和硬度，但其韧性和塑性较差，淬透性中等，截面厚度 ≤80mm 可淬透；此钢相变温度较高，耐热疲劳性良好，但其韧性和塑性较差	用于高温、高应力但不受冲击载荷的凸模、凹模，如平锻机上的凸凹模、镶块、铜合金挤压模、压铸用模，还可作高温下工作的热剪切刀等
4Cr5MoSiV T23352	空冷硬化型热作模具钢（H11），淬透性好，在中温（≈600℃）条件下具有较好的热强度、热疲劳性能和一定的耐磨性；应选用较低的淬火温度空淬，热处理变形小	常用于制造铝镁合金压铸模、热挤压模、螺栓模、热切边模、锤锻模、压力机锻模、塑料模具，以及穿孔用工具与芯棒等
4Cr5MoSiV1 T23353	广泛应用的空冷硬化型热作模具钢（H13），与 4Cr5MoSiV 相比，此钢具有较高的热强度和硬度，在中温条件下具有良好的韧性、热疲劳性能和一定的耐磨性，并且淬透性高，热处理变形小	广泛用于热挤压模具与芯棒、模锻锤的锻模、高速精锻用模具镶块、锻造压力机模具，以及铝合金压铸模等
4Cr3Mo3SiV T23354	该钢相当于 H10 钢，具有较高的淬透性和高温硬度，以及优良的韧性，可代替 3Cr2W8V 使用	用于制作热挤压模、热锻模、热冲模等
5Cr4Mo3- SiMnVA1 T23355	基体钢类型冷热两用的新型模具钢，淬透性和淬硬性均较好；作为热作模具钢，具有较高的高温强度和较优良的耐热性、冷热疲劳性；作为冷作模具钢，具有较高的韧性	用于标准件行业和轴承行业的热挤压模，以及冷镦模、冲孔凹模等，可以代替 3Cr2W8V、Cr12MoV 使用
4CrMnSiMoV T23364	具有较高的抗回火性能，良好的高温力学性能，耐热疲劳性能好，并有良好的淬透性，可代替 5CrNiMo 使用	用于制作大中型锤锻模、压力机锻模、校正模、平锻模、热弯曲模等
5Cr5WMoSi T23375	空冷型工具钢（相当于 A8 钢），具有良好淬透性、韧性和热处理尺寸稳定性，耐磨性中等。并具有良好的硬度、耐磨性及韧性的配合	用于制造硬度在 55 ~ 60HRC 的冲头和冷作模具。热锻模具钢通常选用 5Cr5WMoVSi 钢
4Cr5MoWVSi T23324	空冷硬化型热作模具钢，具有良好的韧性和热强性配合。可以空淬，热处理变形小，空淬时产生的氧化皮倾向较小，而且可以抵抗熔融铝的冲蚀作用	通常用于铝压铸模、锻压模、热挤压模和穿孔芯棒等

（续）

钢号 数字代号	性　能　特　点	用　途　举　例
3Cr3Mo3W2V T23323	具有良好的冷加工、热加工性能，较高的热强性、热疲劳性能，良好的耐磨性和抗回火稳定性，并有一定的耐冲击抗力，淬硬性较好	用于镦锻模、精锻模、辊锻模具、压力机锻造等热作模具，也可用于铜合金、轻金属的热挤压模、压铸模等
5Cr4W5Mo2V T23325	基体钢类型热作模具钢，具有较高的热硬性、高温强度和较高的耐磨性、抗回火稳定性，但其韧性和抗热疲劳性能低于4Cr5MoSiV1钢	用于制造对高温强度和抗磨损性能有较高要求的热作模具，如热挤压模、压铸用模具，也用于精锻模、热冲模等，可替代3Cr2W8V
4Cr5Mo2V T23314	是4Cr5MoSiV1钢的改良钢种，具有良好的淬透性、韧度、热强性、热疲劳性能，热处理变形小等优点	主要用于制造铜及其合金的压铸模具，还用于铝铸件用的压铸模，热挤压模、穿孔用的工具、芯棒
3Cr3Mo3V T23313	具有强韧性配合的热作模具钢，其热强性和韧性的综合性能较高，并有良好的回火稳定性和抗疲劳性能	适用于制造镦锻模、热挤压模和压铸模等
4Cr5Mo3V T23315	具有良好的高温强度，良好的抗回火稳定性和高的抗热疲劳性	用于制造热挤压模、温锻模、压铸模具和其他热成形模具
3Cr3Mo3VCo3 T23393	是一种含钴的热作模具钢，具有较高的热强性、良好的回火稳定性和高的抗热疲劳性能	用于制造热挤压模、温锻模和压铸模具

F）塑料模具用钢的性能特点和用途（表4-1-21）

表4-1-21　塑料模具用钢的性能特点和用途

钢号 数字代号	性　能　特　点	用　途　举　例
SM45 T10450	优质非合金塑料模具钢，切削加工性能良好，淬火后具有较高的硬度，调质处理后具有良好的强韧性和一定的耐磨性，但淬透性低	广泛用于制造中、小型的中低档的塑料模具。对中型模具，一般不采用淬火处理，而是直接采用热轧或热锻后的正火态钢材，模具的硬度低，耐磨性较差。对于小型模具，多采用调质处理
SM50 T10500	优质非合金塑料模具钢，切削加工性能好，但焊接性能、冷变形性能差	适用于制造形状简单的小型塑料模具或精度要求不高、使用寿命不需要很长的塑料模具等
SM55 T10550	优质非合金塑料模具钢，切削加工性能中等。经热处理后具有适宜的强度、硬度和耐磨性。由于含碳量高，该钢的焊接性能以及冷变形性能较差	适用于制造成形状简单的小型塑料模具或精度要求不高、使用寿命较短的塑料模具
3Cr2Mo T25303	广泛应用的预硬化型塑料模具钢，相当于美国ASTM的P20钢，其综合力学性能良好，淬透性高，较大截面的钢材能获得较均匀的硬度，且有良好的抛光性能；此钢经预硬化后，再经加工制造成模具，可直接使用	用于制造大、中型的和精密的塑料模具，模具表面光洁程度高。也用于低熔点合金（如锡、锌、铝合金）的压铸模、注射模
3Cr2MnNiMo T25553	该钢是在P20的基础上开发的钢种（也称718钢）。具有高的强韧性，综合力学性能好，淬透性高，又有良好的加工性能和抛光性能。可在预硬态加工，制造成模具后，无须进行热处理即可直接使用	广泛用于制造大、中型的和精密的塑料模具或型腔复杂、要求镜面抛光的塑料模具
4Cr2Mn1MoS T25344	易切削预硬化型塑料模具钢，其使用性能与3Cr2MnNiMo相似，但具有更优良的机械加工性能	用于制造大、中型和精密的塑料模具或型腔复杂、要求镜面抛光的塑料模具
8Cr2MnWMoVS T25378	预硬化型塑料模具钢，切削加工性能好，淬火硬度高，综合力学性能和耐磨性好，热处理变形小，并有良好的镜面抛光性能和光刻浸蚀性能	适用于制作各种类型的塑料模、胶木模、陶土瓷料模，以及印制板的冲孔模，也可以制造精密的冷冲模等

（续）

钢号 数字代号	性 能 特 点	用 途 举 例
5CrNiMnMo-VSCa T25515	易切削预硬化型塑料模具钢，钢中的S元素改善切削加工性能，还应用S-Ca复合元素改善了硫化物形态和分布，改善钢的力学性能，降低了钢的各向异性。并且有较高的淬透性、高韧度、易切削，有良好的镜面抛光性能	用于制造各种类型的精密注塑模具、压塑模具和橡胶模具。以及要求变形极小的大、中型热塑性成型模具
2CrNiMoMnV T25512	预硬化镜面塑料模具钢，是3Cr2MnNiMo钢的改进型，其淬透性高、硬度均匀，并具有良好的抛光性能、电火花加工性能和蚀花（皮纹加工）性能	适用于渗氮处理，用于制作大中型镜面塑料模具
2CrNi3MoAl T25572	属于时效硬化钢。由于固溶处理工序是在切削加工制成模具之前进行的，从而避免了模具的淬火变形，因此，模具的热处理变形小，综合力学性能好	用于制造复杂且要求尺寸精度较高的塑料模具
1Ni3MnCuMoAl T25611	镍铜铝系时效硬化型塑料模具钢，其淬透性高，热处理变形小，具有优良的镜面加工性能，良好的综合力学性能、冷热加工性能和电加工性能。热处理变形小	用于制造高镜面的塑料模具、外观质量高的家用电器塑料模具、高光亮度的热塑性塑料透明件
06Ni6CrMoVTiAl A64060	新型塑料模具钢（简称06Ni钢），属于低合金马氏体时效钢，经固溶处理（也可在粗加工后进行）后，硬度为25～28HRC。在机械加工成所需的模具形状和经钳工修整及抛光后，进行时效处理。时效后硬度可达42～47HRC，变形在0.05%以内，可保证模具有高的精度和使用寿命	适用于制造高精度塑料模具和铝合金压铸模
00Ni18Co8MoTiAl A64000	高合金马氏体时效硬化钢，也称18Ni（250）。固溶处理后形成超低碳马氏体，硬度为30～32HRC；时效处理以后，由于各种类型的金属间化合物的析出，得到时效硬化，硬度可回升到50HRC以上。这类钢在高强度、高韧性的条件下仍具有良好的塑性、韧性和高的断裂韧度。此外，无冷作硬化现象，时效处理变形小，焊接性能良好，表面可渗氮处理	用于制造高精度、高镜面、高光亮度而且型腔复杂的大截面塑料模具 经渗氮处理后，提高表面疲劳强度、硬度、耐磨性、耐蚀性和耐热性，适用于大批量生产塑料模具
2Cr13 S42023	属于马氏体型不锈钢，具有良好的韧度和冷变形性，冷态时的冷冲、深拉工艺良性能好，经热处理后有优良的耐蚀性、较好的强韧性。焊接后硬化倾向较大	适用于制造承受高载荷并在腐蚀介质作用下的塑料模具和透明塑料制品的模具
4Cr13 S42043	属于马氏体型不锈钢，机械性能较好，经热处理（淬火及回火）后，具有优良的耐腐蚀性能、抛光性能、较高的强度和耐磨性，但焊接性能差	用于制造要求一定强度和抗腐蚀介质作用下使用的塑料模具和透明塑料制品的模具
4Cr13NiVSi T25444	属Cr13型不锈钢，耐腐蚀好，淬回火后硬度高，有超镜面加工性，可预硬到31～35HRC，镜面加工性好	适于制造要求高精度、高耐磨、高耐蚀塑料模具，也用于制造透明塑料制品模具
2Cr17Ni2 T25402	属于马氏体型不锈钢，具有较高的强度和硬度，并有较好的耐蚀性，好的抛光性能；在玻璃模具的应用中具有好的抗氧化性。但焊接性能差	用于制造具有腐蚀性的塑料模具和透明塑料制品的成型模具，而不必采用Cr、Ni涂层
3Cr17Mo T25303	属于马氏体型不锈钢，具有优良的耐蚀性，并有较高的强韧性和较好的抛光性能	适用于制造各种类型的要求高精度、高耐磨，又要求耐蚀性的塑料模具和透明塑料制品模具
3Cr17NiMoV T25513	属于Cr17型马氏体不锈钢，具有优良的强韧性和较高的耐蚀性，并有较好的抛光性能	用于制造各种要求高精度、高耐磨，又要求耐蚀的塑料模具和压制透明的塑料制品模具

（续）

钢号 数字代号	性 能 特 点	用 途 举 例
9Cr18 S44093	属于高碳铬马氏体不锈钢，淬火后具有很高的硬度和耐磨性，并且较 Cr17 型马氏体钢的耐蚀性能有所改善，在大气、水及某些酸类和盐类的水溶液中有优良的不锈耐蚀性	主要用作要求耐蚀、高强度和耐磨损的零部件，如轴、杆类、弹簧、紧固件等
9Cr18MoV S46993	属于高碳铬不锈钢，基本性能和用途与 9Cr18 钢相近，具有更高的硬度、耐磨性、回火稳定性和耐蚀性能，还有较好的高温尺寸稳定性	用于制造在腐蚀环境下工作又承受高载荷、高磨损的塑料模具，以及用作承受摩擦并要求耐腐蚀的零件，如量具、不锈切片机械刃具及剪切工具、手术刀片、高耐磨设备零件等

G) 特殊用途模具用钢的性能特点和用途（表 4-1-22）

表 4-1-22 特殊用途模具用钢的性能特点和用途

钢号 数字代号	性 能 特 点	用 途 举 例
7Mn15Cr2Al3V2WMo T26377	高 Mn-V 系无磁钢，此钢在各种状态下都能保持稳定的奥氏体，且有非常低的磁导率，高的硬度、强度、较好的耐磨性，但切削加工性差	用于制造无磁模具、无磁轴承以及其他要求在强磁场中不产生磁感应的结构零件，也用于 700～800℃ 使用的热作模具
2Cr25Ni20Si2 S31049	属于奥氏体型耐热钢，具有较好的抗一般耐蚀性能。最高使用温度可达 1200℃。连续使用最高温度为 1150℃；间歇使用最高温度为 1050～1100℃	主要用于制造加热炉的各种构件，也用于制造玻璃模具等
0Cr17Ni4Cu4Nb S51740	属于马氏体沉淀硬化不锈钢。因含碳量低，其抗腐蚀性和可焊性都比一般马氏体不锈钢好。其耐酸性能和切削加工性能好、热处理工艺简单。该钢除马氏体转变易强化外，也通过时效处理达到进一步强化	因在 400℃ 以上长期使用时有脆化倾向，所以多用于制造在 400℃ 以下工作，要求耐酸蚀性高同时要求强度高的部件。也适于制造在腐蚀介质作用下要求高性能、高精密的塑料模具等
Ni25Cr15Ti2MoMn H21231	一种 Fe-Ni-Cr 基时效强化型高温合金，加入钼、钛、铝、钒和微量硼综合强化，特点是高温耐磨性好，高温抗变形能力强，高温抗氧化性能优良，无缺口敏感性，热疲劳性能优良	用于制造在 650℃ 以下长期工作的高温承力部件和热作模具，如铜排模，热挤压模和内筒等
Ni53Cr19Mo3TiNb H07718	是沉淀强化型镍基高温合金，国外称 IN 718 合金。在合金中加入铝、钛以形成金属间化合物进行 γ′（Ni3AlTi）相沉淀强化。该合金高温强度高，高温稳定性好，抗氧化性好，冷热疲劳性能及冲击韧性优异	适用于制作 600℃ 以上使用的热锻模、冲头、热挤压模、压铸模等
9CrWMn T20299	性能与 CrWMn 相近，但由于含碳量稍低，在碳化物偏析上比 CrWMn 好些，因而力学性能更好，但热处理后硬度稍低	用于制作形状复杂、高精度的冷冲模，以及各种量规、量具等
Cr4W2MoV T21320	新型中合金冷作模具钢，共晶化合物颗粒细小，分布均匀，具有较高的淬透性和淬硬性，且有较好的综合力学性能、耐磨性和尺寸稳定性	用于制造冷冲模、冷挤凹模、落料模、搓丝板等
7CrSiMnMoV T21357	火焰淬火冷作模具钢，具有较好的淬透性，淬火温度范围宽，过热敏感性小，淬火后获得较高的表面硬度、耐磨性和良好的韧性，热处理变形小	用于大型镶块模具、下料模、冲头、成形模、拉伸模、冷冲模、胶木模、陶土模、剪刀刃、切纸刀、轧辊以及机床导轨镶条等

（续）

钢号 数字代号	性能特点	用途举例
6Cr4W3Mo2VNb T21386	基体钢类型高强韧性冷作模具钢，具有高强度、高硬度，且韧性好，又有较高的疲劳强度	用于制造冲击载荷及形状复杂的冷作模具、冷挤压模具、冷镦模具、螺钉冲头、冷冲模、冷剪模等
6W6Mo5Cr4V T21836	低碳高速钢类型冷作模具钢，有较好的淬透性，并具有高硬度、高耐磨性、高强度和良好的红硬性，且韧性好	用于制造高冲击载荷下抗磨损的模具、冷挤压模具、拉深模、冷镦模、成形模、冷冲模、冲头等
6W6Mo5Cr4V T21836	低碳高速钢类型冷作模具钢，有较好的淬透性，并具有高硬度、高耐磨性、高强度和良好的红硬性，且韧性好	用于制造高冲击载荷下抗磨损的模具、冷挤压模具、拉深模、冷镦模、冷冲模、冲头等

4.1.3 高速工具钢

（1）中国 GB 标准高速工具钢的钢号与化学成分［GB/T 9943—2008］（表 4-1-23）

表 4-1-23　高速工具钢的钢号与化学成分（质量分数）（%）

钢号和代号 GB	钢号和代号 ISC	C	Si[①]	Mn	P≤	S[②]≤	Cr	Mo	V	W	其 他[③]
W18Cr4V	T51841	0.73 ~ 0.83	0.20 ~ 0.40	0.10 ~ 0.40	0.030	0.030	3.80 ~ 4.50	≤0.30[④]	1.00 ~ 1.20	17.20 ~ 18.70	—
W3Mo3Cr4V2	T63342	0.95 ~ 1.03	≤0.45	≤0.40	0.030	0.030	3.80 ~ 4.50	2.50 ~ 2.90	2.20 ~ 2.50	2.50 ~ 2.70	—
W4Mo3Cr4VSi	T64340	0.83 ~ 0.93	0.70 ~ 1.00	0.20 ~ 0.40	0.030	0.030	3.80 ~ 4.40	2.50 ~ 3.50	1.20 ~ 1.80	2.50 ~ 4.50	—
W2Mo8Cr4V	T62841	0.77 ~ 0.87	≤0.70	≤0.40	0.030	0.030	3.50 ~ 4.50	8.00 ~ 9.00	1.00 ~ 1.40	1.40 ~ 2.00	—
W2Mo9Cr4V2	T62942	0.95 ~ 1.05	≤0.70	0.15 ~ 0.40	0.030	0.030	3.50 ~ 4.50	8.20 ~ 9.20	1.75 ~ 2.20	1.50 ~ 2.10	—
W6Mo5Cr4V2	T66541	0.80 ~ 0.90	0.20 ~ 0.45	0.15 ~ 0.40	0.030	0.030	3.80 ~ 4.40	4.50 ~ 5.50	1.75 ~ 2.20	4.50 ~ 5.50	—
CW6Mo5Cr4V2	T66542	0.86 ~ 0.94	0.20 ~ 0.45	0.15 ~ 0.40	0.030	0.030	3.80 ~ 4.50	4.70 ~ 5.20	1.75 ~ 2.10	5.90 ~ 6.70	—
W6Mo6Cr4V2	T66642	1.00 ~ 1.10	≤0.45	≤0.40	0.030	0.030	3.80 ~ 4.50	5.50 ~ 6.50	2.30 ~ 2.60	5.90 ~ 6.70	—
W9Mo3Cr4V	T69341	0.77 ~ 0.87	0.20 ~ 0.40	0.20 ~ 0.40	0.030	0.030	3.80 ~ 4.40	2.70 ~ 3.30	1.30 ~ 1.70	8.50 ~ 9.50	—
W6Mo5Cr4V3	T66543	1.15 ~ 1.25	0.20 ~ 0.45	0.15 ~ 0.40	0.030	0.030	3.75 ~ 4.50	4.75 ~ 6.50	2.25 ~ 2.75	5.00 ~ 6.75	—
CW6Mo5Cr4V3	T66545	1.25 ~ 1.32	≤0.70	0.15 ~ 0.40	0.030	0.030	3.75 ~ 4.50	4.70 ~ 5.20	2.70 ~ 3.20	4.70 ~ 5.20	—
W6Mo5Cr4V4	T66544	1.25 ~ 1.40	≤0.45	≤0.40	0.030	0.030	3.80 ~ 4.50	4.20 ~ 5.00	3.70 ~ 4.20	5.20 ~ 6.00	—
W6Mo5Cr4V2Al	T66546	1.05 ~ 1.15	0.20 ~ 0.60	0.15 ~ 0.40	0.030	0.030	3.80 ~ 4.40	4.50 ~ 5.50	1.75 ~ 2.20	5.50 ~ 6.75	Al 0.80 ~ 1.20

（续）

钢号和代号		C	Si①	Mn	P≤	S②≤	Cr	Mo	V	W	其　他③
GB	ISC										
W12Cr4V5Co5	T71245	1.50 ~ 1.60	0.15 ~ 0.40	0.15 ~ 0.40	0.030	0.030	3.75 ~ 5.00	—	4.50 ~ 5.25	11.75 ~ 13.00	Co 4.75 ~ 5.25
W6Mo5Cr4V2Co5	T76545	0.87 ~ 0.97	0.20 ~ 0.45	0.15 ~ 0.40	0.030	0.030	3.80 ~ 4.50	4.70 ~ 5.20	1.70 ~ 2.10	5.90 ~ 6.70	Co 4.50 ~ 5.00
W6Mo5Cr4V3Co8	T76438	1.23 ~ 1.33	≤0.70	≤0.40	0.030	0.030	3.80 ~ 4.50	4.70 ~ 5.30	2.70 ~ 3.20	5.90 ~ 6.70	Co 8.00 ~ 8.80
W7Mo4Cr4V2Co5	T77445	1.05 ~ 1.15	0.15 ~ 0.50	0.20 ~ 0.60	0.030	0.030	3.75 ~ 4.50	3.25 ~ 4.25	1.75 ~ 2.25	6.25 ~ 7.00	Co 4.75 ~ 5.75
W2Mo9Cr4VCo8	T72948	1.05 ~ 1.15	0.15 ~ 0.65	0.15 ~ 0.40	0.030	0.030	3.50 ~ 4.25	9.00 ~ 10.0	0.95 ~ 1.35	1.15 ~ 1.85	Co 7.75 ~ 8.75
W10Mo4Cr4V3Co10	T71010	1.20 ~ 1.35	≤0.45	≤0.40	0.030	0.030	3.80 ~ 4.50	3.20 ~ 3.90	3.00 ~ 3.50	9.00 ~ 10.00	Co 9.50 ~ 10.50

① 用电渣炉冶炼的钢种，其硅含量下限不作规定。

② 为了改善钢的切削加工性能，经需方要求，硫含量可规定为 $w(S)=0.06\% \sim 0.15\%$。

③ 钢中残余元素含量（质量分数）：Ni≤0.30%，Cu≤0.25%。

④ 钨系高速工具钢的钼含量允许 $w(Mo)\leq1.00\%$。钢中钨与钼的关系是：当钼含量 $w(Mo)>0.3\%$ 时，钨含量相应减少，在钼含量 $w(Mo)>0.3\%$ 的部分，每 $w(Mo)=1\%$ 可代替 $w(W)=1.8\%$，若遇到这种情况，则在该钢号后加"Mo"。

（2）中国 GB 标准高速工具钢的交货硬度与淬火回火硬度（表4-1-24）

表4-1-24　高速工具钢的交货硬度与淬火回火硬度

钢号和代号		交货硬度	试样热处理制度及淬火回火硬度			
		HBW	淬火温度/℃		回火温度 /℃	硬度 HRC ≥
GB	ISC	≤	盐浴炉	箱式炉		
W18Cr4V	T51841	255	1250 ~ 1280	1260 ~ 1280	550 ~ 570	63
W3Mo3Cr4V2	T63342	255	1180 ~ 1200	1180 ~ 1200	540 ~ 560	63
W4Mo3Cr4VSi	T64340	255	1170 ~ 1190	1170 ~ 1190	540 ~ 560	63
W2Mo8Cr4V	T62841	255	1180 ~ 1200	1180 ~ 1200	550 ~ 570	63
W2Mo9Cr4V2	T62942	255	1190 ~ 1210	1200 ~ 1220	540 ~ 560	64
W6Mo5Cr4V2	T66541	255	1200 ~ 1220	1210 ~ 1230	540 ~ 560	64
CW6Mo5Cr4V2	T66542	255	1190 ~ 1210	1200 ~ 1220	540 ~ 560	64
W6Mo6Cr4V2	T66642	262	1190 ~ 1210	1190 ~ 1210	550 ~ 570	64
W9Mo3Cr4V	T69341	255	1200 ~ 1220	1220 ~ 1240	540 ~ 560	64
W6Mo5Cr4V3	T66543	262	1190 ~ 1210	1200 ~ 1220	540 ~ 560	64
CW6Mo5Cr4V3	T66545	262	1180 ~ 1200	1190 ~ 1210	540 ~ 560	64
W6Mo5Cr4V4	T66544	269	1200 ~ 1220	1200 ~ 1220	550 ~ 570	64
W6Mo5Cr4V2Al	T66546	269	1200 ~ 1220	1220 ~ 1240	550 ~ 570	65
W12Cr4V5Co5	T71245	277	1220 ~ 1240	1230 ~ 1250	540 ~ 560	65
W6Mo5Cr4V2Co5	T76545	269	1190 ~ 1210	1200 ~ 1220	540 ~ 560	64
W6Mo5Cr4V3Co8	T76438	285	1170 ~ 1190	1170 ~ 1190	550 ~ 570	65
W7Mo4Cr4V2Co5	T77445	269	1180 ~ 1200	1190 ~ 1210	540 ~ 560	66
W2Mo9Cr4VCo8	T72948	269	1170 ~ 1190	1180 ~ 1200	540 ~ 560	66
W10Mo4Cr4V3Co10	T71010	285	1220 ~ 1240	1220 ~ 1240	550 ~ 570	66

（3）中国高速工具钢的性能特点和用途（表4-1-25）

表4-1-25 高速工具钢的性能特点和用途

钢号 数字代号	性 能 特 点	用 途 举 例
W18Cr4V T51841	钨系通用型高速钢，具有良好的热硬性，在600℃时，仍具有较高的硬度和较好的切削性，易磨削加工，淬火过热敏感性小，缺点是热塑性低、韧性稍差。该钢种曾经用量最大，但20世纪70年代后使用减少	广泛用于制作加工中等硬度或软材料的各种刀具，如车刀、钻头、铣刀、铰刀等刀具，还用作板牙、丝锥、扩孔钻、拉丝模、锯片等。也可制作冷作模具，还可用于制造高温下工作的轴承、弹簧等零件
W3Mo3Cr4V2 T63342	具有较高的硬度和良好的耐磨性。在600℃仍能保持较高的硬度。具有一定的强度和韧性，能够承受负荷、冲击、振动和弯曲等复杂应力	用于大型自动流水生产线及较高寿命的工具，承受振动和冲击荷载的工具、深拉工具，例如：铣削工具，小型切割工具，钻孔和冲孔工具，金属切割锯刃，冷镦和挤出工具
W4Mo3Cr4VSi T64340	具有高的高温硬度和耐磨性。热硬性高、热塑性好。可磨削性稍差。该钢极易氧化脱碳，在热加工及热处理时应采取保护措施	制作成刨刀、滚刀、拉刀等切削工具，用于加工高温合金、超高强度钢等难切削材料。也用于制造高负荷的冷作模具，如冷挤压模具等
W2Mo8Cr4V T62841	高性能经济型高速钢，具有高的高温硬度和耐磨性。具有一定的强韧性、耐热疲劳性能	主要用于制作各种车削刀具、螺纹工具，冷冲模具等
W2Mo9Cr4V2 T62942	低钨高钼型钢种，相当于美国的M7，具有较高的热硬性和韧度，耐磨性好，但脱碳敏感性较大，密度较小，可磨削性优良，在切削一般材料时有着良好的效果	用于制作铣刀、成型刀具、丝锥、锯条、车刀、拉刀、各种冷冲模具等
W6Mo5Cr4V2 T66541	W-Mo系通用型高速钢，是当今各国用量最大的高速钢钢种（即M2），具有较高的硬度、热硬性及高温硬度，热塑性好，强度和韧度优良；缺点是钢的过热与脱碳敏感性较大	用于制作要求耐磨性和韧性配合良好的并承受冲击力较大的刀具和一般刀具，如插齿刀、锥齿轮刨刀、铣刀、车刀、丝锥、钻头等；还用作高载荷下耐磨性好的工具，如冷作模具等
CW6Mo5Cr4V2 T66542	高碳W-Mo系通用型高速钢，由于碳含量提高，淬火后，其表面硬度、高温硬度、耐热性、耐磨性均比W6Mo5Cr4V2高，但强度和冲击韧性有所降低	用于制造切削性能较高的冲击不大的刀具，如拉刀、铰刀、滚刀、扩孔刀等
W6Mo6Cr4V2 T66642	具有较高的硬度、热硬性及高温硬度，热塑性好，强度和韧性良好	用于大型自动流水生产线及较高寿命的工具，承受振动和冲击荷载的工具、深拉工具，例如：铣削工具，小型切割工具，金属切割锯刃，冷镦和挤出工具
W9Mo3Cr4V T69341	我国研制的新型W-Mo系通用型高速钢，使用性能与W18Cr4V（T1）和W6Mo5Cr4V2（M2）相当，但综合工艺性能优于T1和M2，该钢的合金成本也较低	可代替W18Cr4V和W6Mo5Cr4V2钢制作各种高速切削刀具，也用于冷作模具和热作模具
W6Mo5Cr4V3 T66543	W-Mo系高钒型高速钢，具有碳化物细小均匀、韧性高、塑性好等优点，且耐磨性优于W6Mo5Cr4V2，但可磨削性差，易于氧化脱碳，不宜制作高精度复杂刀具	用于制作各种类型的一般刀具，如车刀、刨刀、丝锥、钻头、成型铣刀、拉刀、滚刀、螺纹梳刀等，适于加工中高强度钢、高温合金等难加工材料
CW6Mo5Cr4V3 T66545	高碳高钒型高速钢，它是在W6Mo5Cr4V3的基础上把平均含碳量由1.05%提高到1.20%，并相应提高了含钒量而形成的一个钢种，其耐磨性优于W6Mo5Cr4V2，但可磨削性也变差，脱碳敏感性较大	用于制作要求特别耐磨的工具和一般刀具，如拉刀、滚刀、螺纹梳刀、车刀、刨刀、丝锥、钻头等。由于该钢的可磨削性差，制作复杂刀具时，需用特殊砂轮加工

（续）

钢号 数字代号	性　能　特　点	用　途　举　例
W6Mo5Cr4V4 T66544	高碳高钒型高速钢，具有高的硬度、热硬性及高温硬度，切削性能优良，其耐磨性优于W6Mo5Cr4V2，但可磨削性也变差，脱碳敏感性较大	用于制作要求特别耐磨的工具和一般刀具，由于该钢的可磨削性差，制作复杂刀具时，需用特殊砂轮加工
W6Mo5Cr4V2Al T66546	我国研制的W-Mo系无钴超硬型高速钢（简称M2Al或501），具有高的硬度、热硬性及高温硬度，切削性能优良，耐磨性和热塑性较好，其韧度优于含钴高速钢，但可磨削性稍差，钢的过热与脱碳敏感性较大	用于制作各种拉刀、插齿刀、齿轮滚刀、铣刀、刨刀、镗刀、车刀、钻头等切削刀具。刀具使用寿命长，切削一般材料时，其使用寿命为W18Cr4V的两倍，切削难加工材料时，接近含钴高速钢的使用寿命
W12Cr4V5Co5 T71245	钨系高碳高钒含钴型高速钢，引自美国的T15，具有很好的耐磨性，较高的硬度，抗回火稳定性良好，高温硬度和热硬性均较高，因此，工作寿命较其他的高速钢成倍提高；但磨削加工性差，强度与韧性较差，不宜制作高精度的复杂刀具	适用于制造加工难加工材料，如高强度钢、冷轧钢、铸造合金钢等的各种刀具，如车刀、铣刀、齿轮刀具、成形刀具、螺纹加工刀具及冷作模具等
W6Mo5Cr4V2Co5 T76545	W-Mo系一般含钴高速钢，具有良好的高温硬度和热硬性，切削性及耐磨性较好，强度和冲击韧度不高，脱碳敏感性较大	用于制造加工硬质材料的各种刀具，如齿轮刀具、铣刀、冲头等
W6Mo5Cr4V3Co8 T76438	W-Mo系高钒含钴型高速钢，切削性能好，其热硬性、耐磨性均比W6Mo5Cr4V2高，但该钢的韧性和强度较差，脱碳敏感性较大	用于制作各种复杂的高精度刀具，如精密拉刀、成形铣刀、钻头以及各种高硬度刀具。可用于对难加工材料如钛合金、高温合金、超高强度钢等的切削加工
W7Mo4Cr4V2Co5 T77445	W-Mo系一般含钴高速钢，切削性能好，其热硬性、耐磨性均比W6Mo5Cr4V2高，但该钢的韧度和强度较差，脱碳敏感性较大	用于制造齿轮刀具、铣刀以及冲头、刀头等工具，供作切削硬质材料用
W2Mo9Cr4VCo8 T72948	W-Mo系高碳含钴超硬型钢种，相当于美国的M42，是超硬型高速钢用量最大的钢号，其硬度可达66~70HRC，具有高的室温和高温硬度，热硬性高，易磨削加工，但韧度较差	适用于制作各种高精度复杂刀具，如成形铣刀、精拉刀、专用钻头、车刀、刀头及刀片，对于加工铸造高温合金、钛合金、超高强度钢等难加工材料，均可得到良好的效果
W10Mo4Cr4V3Co10 T71010	W-Mo系高碳含钴超硬型钢种，相当于瑞典的HSP-15、日本的SKH57，是国内外通用的超硬型高速钢，其硬度可达66~70HRC，具有高的热硬性及高温硬度，易磨削加工，但韧性较差	用于制作各种复杂的高精度刀具，也用于对难加工材料，如钛合金、高温合金、超高强度钢等的切削加工

B. 专业用钢和优良品种

4.1.4　中空钢［GB/T 1301—2008］

（1）中国GB标准凿岩钎杆用中空钢的钢号与化学成分（表4-1-26）

表4-1-26　凿岩钎杆用中空钢的钢号与化学成分（质量分数）（%）

钢号和代号		C	Si	Mn	P ≤	S ≤	Cr	Ni	Mo	其　他
GB	ISC									
ZK95CrMo	T41119	0.90~1.00	0.15~0.40	0.15~0.40	0.025	0.025	0.80~1.20	—	0.15~0.30	Cu≤0.25

（续）

钢号和代号		C	Si	Mn	P ≤	S ≤	Cr	Ni	Mo	其　他
GB	ISC									
ZK55SiMnMo	T41015	0.50 ~ 0.60	1.10 ~ 1.40	0.60 ~ 0.90	0.025	0.025	—	—	0.40 ~ 0.55	Cu≤0.25
ZK40SiMnCrNiMo	T41114	0.36 ~ 0.45	1.30 ~ 1.60	0.60 ~ 1.20	0.025	0.025	0.60 ~ 0.90	0.40 ~ 0.70	0.20 ~ 0.40	Cu≤0.25
ZK35SiMnMoV	T41013	0.29 ~ 0.41	0.60 ~ 0.90	1.30 ~ 1.60	0.025	0.025	—	—	0.40 ~ 0.60	V 0.07-0.15 Cu≤0.25
ZK23CrNi3Mo	T41113	0.19 ~ 0.27	0.15 ~ 0.40	0.50 ~ 0.80	0.025	0.025	1.15 ~ 1.45	2.70 ~ 3.10	0.15 ~ 0.40	Cu≤0.25
ZK22SiMnCrNi2Mo	T41112	0.18 ~ 0.26	1.30 ~ 1.70	1.20 ~ 1.50	0.025	0.025	0.15 ~ 0.40	1.65 ~ 2.00	0.20 ~ 0.45	Cu≤0.25

注：1. 钢号前缀字母 ZK 表示凿岩钎杆用中空钢的钢号。
　　2. 经供需双方协商，可提供其他牌号的中空钢（需在合同中注明）。

（2）中国 GB 标准凿岩钎杆用中空钢的规格代号（表 4-1-27）

表 4-1-27　凿岩钎杆用中空钢的规格代号

规格代号	截面形状	公称尺寸/mm	规格代号	截面形状	公称尺寸/mm
H19	六角形中空钢	19	R32	圆形中空钢	32
H22	六角形中空钢	22			
H25	六角形中空钢	25	R39	圆形中空钢	39
H28	六角形中空钢	28	R45	圆形中空钢	45
H32	六角形中空钢	32			
H35	六角形中空钢	35	R52	圆形中空钢	52

（3）中国 GB 标准凿岩钎杆用中空钢的交货硬度（表 4-1-28）

表 4-1-28　凿岩钎杆用中空钢的交货硬度

钢号和代号		交货状态	硬度 HRC	钢号和代号		交货状态	硬度 HRC
GB	ISC			GB	ISC		
ZK95CrMo	T41119	热轧	34 ~ 44	ZK35SiMnMoV	T41013	热轧	26 ~ 44
ZK55SiMnMo	T41015	热轧	26 ~ 40	ZK23CrNi3Mo	T41113	热轧	26 ~ 44
ZK40SiMnCrNiMo	T41114	热轧	26 ~ 44	ZK22SiMnCrNi2Mo	T41112	热轧	26 ~ 44

注：对于制钎时还要进行热处理的中空钢，交货硬度可适当放宽。

4.1.5　碳素工具钢丝 ［YB/T 5322—2010］

（1）中国 YB 标准碳素工具钢丝的钢号与化学成分（表 4-1-29）

表 4-1-29　碳素工具钢丝的钢号与化学成分（质量分数）（%）

钢号和代号		C	Si	Mn	P ≤	S ≤
GB	ISC					
T7	T00070	0.65 ~ 0.74	≤0.35	≤0.40	0.035	0.030
T8	T00080	0.75 ~ 0.84	≤0.35	≤0.40	0.035	0.030
T8Mn	T01080	0.80 ~ 0.90	≤0.35	0.40 ~ 0.60	0.035	0.030
T9	T00090	0.85 ~ 0.94	≤0.35	≤0.40	0.035	0.030
T10	T00100	0.95 ~ 1.04	≤0.35	≤0.40	0.030	0.030
T11	T00110	1.05 ~ 1.14	≤0.35	≤0.40	0.030	0.030
T12	T00120	1.15 ~ 1.24	≤0.35	≤0.40	0.030	0.030
T13	T00130	1.25 ~ 1.35	≤0.35	≤0.40	0.030	0.030

注：1. 表中的化学成分是根据 GB/T 1298—2008 所列。
　　2. 高级碳素工具钢，如 T7A、T8A、T9A 等，其磷、硫含量：P≤0.030%，S≤0.020%。
　　3. 钢中残余元素含量：Cr≤0.25%，Ni≤0.20%，Cu≤0.25%。用于铅浴钢丝的残余元素含量另作规定。

（2）中国 YB 标准碳素工具钢丝的硬度（表4-1-30）

表4-1-30　碳素工具钢丝的交货硬度与淬火硬度

钢 号	交货状态	试样热处理制度和淬火硬度		
	退火硬度 HBW	淬火温度/℃	冷却介质	硬度 HRC≥
T7/T7A	≤187	800～820	水	62
T8/T8A	≤187	780～800	水	62
T8Mn/T8MnA	≤187	780～800	水	62
T9/T9A	≤192	760～780	水	62
T10/T10A	≤197	760～780	水	62
T11/T11A	≤207	760～780	水	62
T12/T12A	≤207	760～780	水	62
T13/T13A	≤217	760～780	水	62

4.1.6　合金工具钢丝［YB/T 095—2015］

（1）中国 YB 标准合金工具钢丝的钢号与化学成分（表4-1-31）

钢丝牌号为：9SiCr、5CrW2Si、5SiMoV、5Cr3MnSiMo1V、Cr12Mo1V1、Cr12MoV、Cr5Mo1V、CrWMn、9CrWMn、7CrSiMnMoV、3Cr2W8V、4Cr5MoSiV、4Cr5MoSiVS、4Cr5MoSiV1、3Cr2Mo、3Cr2MnNiMo。经供需双方协商，可生产其他牌号钢丝。

5SiMoV 和 4Cr5MoSiVS 钢丝用钢的化学成分（熔炼分析）应符合表4-1-31 规定，其他牌号化学成分（熔炼分析）应符合 GB/T 1299—2014 的规定（见4.1.2节）。

表4-1-31　5SiMoV 和 4Cr5MoSiVS 钢丝用钢的化学成分（熔炼分析）

序号	牌 号	化学成分（质量分数）（%）							
		C	Si	Mn	P	S	Cr	Mo	V
1	5SiMoV	0.40～0.55	0.90～1.20	0.30～0.50	≤0.030	≤0.030	—	0.30～0.60	0.15～0.50
2	4Cr5MoSiVS	0.33～0.43	0.80～1.25	0.80～1.20	≤0.030	0.08～0.16	4.75～5.50	1.20～1.60	0.30～0.80

（2）中国 YB 标准合金工具钢丝的硬度（表4-1-32）

表4-1-32　退火合金工具钢丝的布氏硬度值与试样淬火后的洛氏硬度值

牌 号	退火交货状态钢丝硬度 HBW≤	淬火温度/℃	冷却剂	淬火硬度 HRC≥
9SiCr	241	820～860	油	62
5CrW2Si	255	860～900	油	55
5SiMoV	241	840～860	盐水	60
5Cr3MnSiMo1V	235	925～955	空	59
Cr12Mo1V1	255	980～1040	油或（空）	62（59）
Cr12MoV	255	1020～1040	油或（空）	61（58）
Cr5Mo1V	255	925～985	空	62
CrWMn	255	820～840	油	62
9CrWMn	255	820～840	油	62
3Cr2W8V	255	1050～1100	油	52
4Cr5MoSiV	235	1000～1030	油	53
4Cr5MoSiVS	235	1000～1030	油	53
4Cr5MoSiV1	235	1020～1050	油	56

注：直径小于 5.0mm 的钢丝不作退火硬度检验，根据需方要求可作拉伸或其他检验，合格范围由双方协商。

4.1.7 高速工具钢丝 ［YB/T 5302—2010］

（1）中国YB标准高速工具钢丝的钢号与化学成分（表4-1-33）

表4-1-33 高速工具钢丝的钢号与化学成分（质量分数）（%）

钢号和代号 GB	ISC	C	Si	Mn	Cr	Mo	V	W	其他[1][2]
W3Mo3Cr4V2	T63342	0.95~1.03	≤0.45	≤0.40	3.80~4.50	2.50~2.90	2.20~2.50	2.50~2.70	—
W4Mo3Cr4VSi	T64340	0.83~0.93	0.70~1.00	0.20~0.40	3.80~4.40	2.50~3.50	1.20~1.80	2.50~4.50	—
W18Cr4V	T51841	0.73~0.83	0.20~0.40	0.10~0.40	3.80~4.50	≤0.30	1.00~1.20	17.20~18.70	—
W2Mo9Cr4V2	T62942	0.95~1.05	≤0.70	0.15~0.40	3.50~4.50	8.20~9.20	1.75~2.20	1.50~2.10	—
W6Mo5Cr4V2	T66541	0.80~0.90	0.20~0.45	0.15~0.40	3.80~4.40	4.50~5.50	1.75~2.20	4.50~5.50	—
CW6Mo5Cr4V2	T66542	0.86~0.94	0.20~0.45	0.15~0.40	3.80~4.50	4.70~5.20	1.75~2.10	5.90~6.70	—
W9Mo3Cr4V	T69341	0.77~0.87	0.20~0.40	0.20~0.40	3.80~4.40	2.70~3.30	1.30~1.70	8.50~9.50	—
W6Mo5Cr4V3	T66543	1.15~1.25	0.20~0.45	0.15~0.40	3.75~4.50	4.75~6.50	2.25~2.75	5.00~6.75	—
CW6Mo5Cr4V3	T66545	1.25~1.32	≤0.70	0.15~0.40	3.75~4.50	4.75~5.20	2.70~3.20	4.70~5.20	—
W6Mo5Cr4V2Al	T66546	1.05~1.15	0.20~0.60	0.15~0.40	3.80~4.40	4.50~5.50	1.75~2.20	5.50~6.75	Al 0.80~1.20
W6Mo5Cr4V2Co5	T76545	0.87~0.97	0.20~0.45	0.15~0.40	3.80~4.50	4.70~5.20	1.70~2.10	5.90~6.70	Co 4.50~5.00
W2Mo9Cr4VCo8	T72948	1.05~1.15	0.15~0.65	0.15~0.40	3.50~4.25	9.00~10.00	0.95~1.35	1.15~1.85	Co 7.75~8.75

① 钢中磷、硫含量：P≤0.030%，S≤0.030%

② 钢中残余元素含量：Ni≤0.30%，Cu≤0.25%。

（2）中国YB标准高速工具钢丝的交货状态硬度与试样热处理硬度（表4-1-34）

表4-1-34 高速工具钢丝的交货状态硬度与试样热处理硬度

钢号和代号 GB	ISC	交货状态 退火硬度 HBW	试样热处理制度及淬火回火硬度 淬火温度 /℃	淬火介质	回火温度 /℃	硬度 HRC≥
W3Mo3Cr4V2	T63342	≤255	1180~1200	油	540~560	63
W4Mo3Cr4VSi	T64340	207~255	1170~1190	油	540~560	63
W18Cr4V	T51841	207~255	1250~1270	油	550~570	63
W2Mo9Cr4V2	T62942	≤255	1190~1210	油	540~560	64
W6Mo5Cr4V2	T66541	207~255	1200~1220	油	550~570	65
CW6Mo5Cr4V2	T66542	≤255	1190~1210	油	540~560	64
W9Mo3Cr4V	T69341	207~255	1200~1220	油	540~560	65
W6Mo5Cr4V3	T66543	≤262	1190~1210	油	540~560	65
CW6Mo5Cr4V3	T66545	≤262	1180~1200	油	540~560	64
W6Mo5Cr4V2Al	T66546	≤269	1200~1220	油	540~560	64
W6Mo5Cr4V2Co5	T76545	≤269	1190~1210	油	550~570	65
W2Mo9Cr4VCo8	T72948	≤269	1170~1190	油	540~560	66

注：各钢号的淬火预热温度为800~900℃。

4.1.8 高速工具钢热轧窄钢带 ［YB/T 084—2016］

（1）中国YB标准高速工具钢热轧窄钢带的钢号与化学成分（表4-1-35）

表4-1-35 高速工具钢热轧窄钢带的钢号与化学成分（质量分数）（%）

钢号和代号 GB	ISC	C	Si	Mn	P ≤	S ≤	Cr	Mo	V	W	其他[1]
W4Mo3Cr4VSi	T64340	0.83~0.93	0.70~1.00	0.20~0.40	0.030	0.030	3.80~4.40	2.50~3.50	1.20~1.80	3.50~4.50	Cu≤0.25
W6Mo5Cr4V2	T66541	0.80~0.90	0.25~0.45	0.15~0.40	0.030	0.030	3.80~4.40	4.50~5.50	1.75~2.20	5.50~6.75	Cu≤0.25

（续）

钢号和代号		C	Si	Mn	P ≤	S ≤	Cr	Mo	V	W	其他[1]
GB	ISC										
W9Mo3Cr4V	T69341	0.77 ~ 0.87	0.20 ~ 0.40	0.20 ~ 0.40	0.030	0.030	3.80 ~ 4.40	2.70 ~ 3.30	1.30 ~ 1.70	8.50 ~ 9.50	Cu≤0.25
W6Mo5Cr4V2Al	T66546	1.05 ~ 1.15	0.40 ~ 0.60	0.15 ~ 0.40	0.030	0.030	3.80 ~ 4.40	4.50 ~ 5.50	1.75 ~ 2.20	5.50 ~ 6.75	Al 0.80 ~ 1.20 Cu≤0.25
W6Mo3Cr4V2	T66341	0.84 ~ 0.88	0.20 ~ 0.40	0.20 ~ 0.40	0.028	0.015	4.00 ~ 4.50	2.80 ~ 3.20	1.70 ~ 1.90	5.70 ~ 6.20	Cu≤0.25
W3Mo3Cr4V2	T63240	0.81 ~ 0.89	0.75 ~ 1.00	0.20 ~ 0.40	0.030	0.015	3.80 ~ 4.50	1.60 ~ 2.00	1.55 ~ 1.80	3.00 ~ 3.50	Cu≤0.25

① 作为残余元素含量 Ni≤0.30% 。

（2）中国 YB 标准高速工具钢热轧窄钢带的交货状态硬度与试样热处理硬度（表4-1-36）

表 4-1-36　高速工具钢热轧窄钢带的交货状态硬度与试样热处理硬度

钢号和代号		交货状态	试样热处理制度及淬火回火硬度				
		退火硬度	淬火温度[1]/℃		淬火 介质	回火温度[2] /℃	硬度
GB	ISC	HBW	盐浴炉	箱式炉			HRC≥
W4Mo3Cr4VSi	T64340	207 ~ 255	1160 ~ 1180	1170 ~ 1190	油/盐浴	540 ~ 560	63
W6Mo5Cr4V2	T66541	207 ~ 255	1200 ~ 1220	1210 ~ 1230	油/盐浴	540 ~ 560	64
W9Mo3Cr4V	T69341	207 ~ 255	1200 ~ 1220	1210 ~ 1230	油/盐浴	540 ~ 560	64
W6Mo5Cr4V2Al	T66546	217 ~ 269	1190 ~ 1210	1200 ~ 1220	油/盐浴	550 ~ 570	65
W6Mo3Cr4V2	T66341	207 ~ 255	1180 ~ 1200	1190 ~ 1210	油/盐浴	540 ~ 560	64
W3Mo3Cr4V2	T63240	207 ~ 255	1140 ~ 1270	1150 ~ 1180	油/盐浴	540 ~ 560	63

① 试样淬火前的预热温度为 800 ~ 900℃ 。

② 试样淬火后回火 2 次，每次 1h。

4.1.9　高速工具钢板 ［GB/T 9941—2009］

（1）中国 GB 标准高速工具钢板的钢号与化学成分（表4-1-37）

表 4-1-37　高速工具钢板的钢号与化学成分（质量分数）（%）

钢　号	C	Si	Mn	Cr	Mo	W	V	其他[1,2]
W6Mo5Cr4V2	0.95 ~ 1.05	≤0.70	0.15 ~ 0.40	3.50 ~ 4.50	8.20 ~ 9.20	1.75 ~ 2.20	1.50 ~ 2.10	—
W9Mo3Cr4V	0.77 ~ 0.87	0.20 ~ 0.40	0.20 ~ 0.40	3.80 ~ 4.40	2.70 ~ 3.30	1.30 ~ 1.70	8.50 ~ 9.50	—
W18Cr4V	0.73 ~ 0.83	0.20 ~ 0.40	0.10 ~ 0.40	3.80 ~ 4.50	≤0.30	1.00 ~ 1.20	17.20 ~ 18.70	—
W6Mo5Cr4V2Al	1.05 ~ 1.15	0.20 ~ 0.60	0.15 ~ 0.40	3.80 ~ 4.40	4.50 ~ 5.50	1.75 ~ 2.20	5.50 ~ 6.75	Al 0.80 ~ 1.20
W6Mo5Cr4V2Co5	0.87 ~ 0.97	0.20 ~ 0.45	0.15 ~ 0.40	3.80 ~ 4.50	4.70 ~ 5.20	1.70 ~ 2.10	5.90 ~ 6.70	Co 4.50 ~ 5.00

① 钢中磷、硫含量：P≤0.030%，S≤0.030%。

② 钢中残余元素含量：Ni≤0.30%，Cu≤0.25%。

（2）中国 GB 标准高速工具钢板的交货硬度（表4-1-38）

表 4-1-38　高速工具钢板的交货硬度

钢　号	交货状态 退火硬度 HBW	钢号	交货状态 退火硬度 HBW
W6Mo5Cr4V2	≤255	W6Mo5Cr4V2Al	≤285
W9Mo3Cr4V	≤255	W6Mo5Cr4V2Co5	≤285
W18Cr4V	≤255	—	—

注：厚度≤1.50mm 的钢板，若供方能保证交货状态硬度符合本表规定，可免硬度检验。

4.1.10   高速工具钢锻件 [JB/T 4290—2011]

（1）中国 JB 标准高速工具钢锻件的钢号与化学成分（表 4-1-39）

高速工具钢锻件的钢号见表 4-1-39，其化学成分见 GB/T 9943—2008（表 4-1-23）。

表 4-1-39   高速工具钢锻件的钢号

钢号和代号		钢号和代号	
GB	ISC	GB	ISC
W18Cr4V	T51841	W2Mo9Cr4V2	T62942
W2Mo8Cr4V	T62841	W9Mo3Cr4V	T69341
W6Mo5Cr4V4	T66544	W6Mo5Cr4V2Al	T66546
W6Mo5Cr4V2	T66541	W6Mo5Cr4V2Co5	T76545
CW6Mo5Cr4V2	T66542	W7Mo4Cr4V2Co5	T77445
W6Mo5Cr4V3	T66543	W6Mo5Cr4V3Co8	T76438
CW6Mo5Cr4V3	T66545	W2Mo9Cr4VCo8	T72948

（2）中国 JB 标准高速工具钢锻件的硬度和热处理制度（表 4-1-40）

表 4-1-40   高速工具钢锻件的退火硬度与热处理制度

钢号和代号		退火硬度 HBW	试样热处理制度	
GB	ISC		淬火温度[1] /℃	回火温度[2] /℃
W18Cr4V	T51841	≤255	1250 ~ 1270	680 ~ 700
W2Mo9Cr4V2	T62942	≤255	1180 ~ 1200	680 ~ 700
W6Mo5Cr4V4	T66544	≤269	1200 ~ 1220	680 ~ 700
W6Mo5Cr4V2	T66541	≤255	1200 ~ 1220	680 ~ 700
CW6Mo5Cr4V2	T66542	≤255	1190 ~ 1210	680 ~ 700
W6Mo5Cr4V3	T66543	≤262	1190 ~ 1210	680 ~ 700
CW6Mo5Cr4V3	T66545	≤262	1180 ~ 1200	680 ~ 700
W2Mo9Cr4V2	T62942	≤255	1190 ~ 1210	680 ~ 700
W9Mo3Cr4V	T69341	≤255	1200 ~ 1220	680 ~ 700
W6Mo5Cr4V2Al	T66546	≤269	1200 ~ 1220	680 ~ 700
W6Mo5Cr4V2Co5	T76545	≤269	1190 ~ 1210	680 ~ 700
W7Mo4Cr4V2Co5	T77445	≤269	1180 ~ 1200	680 ~ 700
W6Mo5Cr4V3Co8	T76438	≤285	1170 ~ 1190	680 ~ 700
W2Mo9Cr4VCo8	T72948	≤269	1170 ~ 1190	680 ~ 700

① 盐浴淬火。

② 回火 1h。

4.1.11   模锻锤和大型机械锻压机用模块 [GB/T 11880—2008]

（1）中国 GB 标准模锻锤和大型机械锻压机用模块的钢号与化学成分（表 4-1-41）

表 4-1-41   模锻锤和大型机械锻压机用模块的钢号与化学成分（质量分数）（%）

钢号	C	Si	Mn	P ≤	S ≤	Cr	Ni	Mo	V
5CrMnMo	0.50 ~ 0.60	0.25 ~ 0.60	1.20 ~ 1.60	0.030	0.030	0.60 ~ 0.90	≤0.25	0.15 ~ 0.30	—
5CrNiMo	0.50 ~ 0.60	≤0.40	0.50 ~ 0.80	0.030	0.030	0.50 ~ 0.80	1.40 ~ 1.80	0.15 ~ 0.30	—
4CrMnSiMoV	0.35 ~ 0.45	0.80 ~ 1.10	0.80 ~ 1.10	0.030	0.030	1.30 ~ 1.50	≤0.25	0.40 ~ 0.60	0.20 ~ 0.40
4SiMnMoV	0.40 ~ 0.50	0.80 ~ 1.10	0.80 ~ 1.10	0.030	0.030	≤0.25	≤0.25	0.40 ~ 0.60	0.20 ~ 0.40
4Cr2MoVNi	0.35 ~ 0.45	≤0.40	≤0.40	0.030	0.030	1.80 ~ 2.20	1.10 ~ 1.50	0.45 ~ 0.60	0.10 ~ 0.30
5CrNiMoV	0.50 ~ 0.60	≤0.35	0.50 ~ 0.80	0.030	0.030	0.80 ~ 1.10	1.40 ~ 1.80	0.35 ~ 0.50	0.10 ~ 0.30
5Cr2NiMoVSi	0.46 ~ 0.54	0.60 ~ 0.90	0.40 ~ 0.60	0.030	0.030	1.54 ~ 2.00	0.80 ~ 1.20	0.80 ~ 1.20	0.30 ~ 0.50

注：钢中残余元素含量：Cu≤0.30%。

（2）模锻锤和大型机械锻压机用模块的交货条件（表4-1-42）

表4-1-42 模锻锤和大型机械锻压机用模块的交货条件

尺寸规格	模块尺寸允许偏差/mm			钢中非金属夹杂物	交货条件
	长度 L	宽度 B	高度 H		
<600mm	+4% −1%	+4% −1%	+5%	脆性夹杂物≤2.5级 塑性夹杂物≤2.5级 脆性＋塑性夹杂物≤1.5级	1. 交货状态的模块布氏硬度为179～241HBW 2. 钢锭制造的模块必须镦粗，镦粗比≥2，锻造比≥3
≥600mm	+3% −1%	+4% −1%	+5%		

4.1.12 电渣熔铸合金工具钢模块［YB/T 155—1999］

（1）中国 YB 标准电渣熔铸合金工具钢模块的钢号与化学成分（表4-1-43）

表4-1-43 电渣熔铸合金工具钢模块的钢号与化学成分（质量分数）（%）

钢号	C	Si	Mn	P ≤	S ≤	Cr	Ni	Mo	V
5CrNiMo	0.50～0.60	≤0.40	0.50～0.80	0.030	0.030	0.50～0.80	1.40～1.80	0.15～0.30	—
5CrMnMo	0.50～0.60	0.25～0.60	1.20～1.60	0.030	0.030	0.60～0.90	≤0.25	0.15～0.30	—
4CrMnSiMoV	0.35～0.45	0.80～1.10	0.80～1.10	0.030	0.030	1.30～1.50	≤0.25	0.40～0.60	0.20～0.40
4SiMnMoV	0.40～0.50	0.80～1.10	0.80～1.10	0.030	0.030	≤0.25	≤0.25	0.40～0.60	0.20～0.40

注：钢中残余元素含量：Cu≤0.30%。

（2）电渣熔铸合金工具钢模块的交货条件（表4-1-44）

表4-1-44 电渣熔铸合金工具钢模块的交货条件

尺寸规格	模块尺寸允许偏差/mm			交货条件
	长度 L	宽度 B	高度 H	
<600mm	+4% 0	+4% 0	+4% 0	1. 交货状态的模块布氏硬度为179～241HBW 2. 模块经退火、机械加工后交货 3. 经供需双方协商，可检验其他项目
≥600mm	+3% 0	+3% 0	+4% 0	

（3）电渣熔铸合金工具钢模块的使用范围（表4-1-45）

表4-1-45 电渣熔铸合金工具钢模块的使用范围

钢号和代号		推荐的使用范围
YB	ISC	
5CrNiMo	T20102	适用于 3～10t 锤以下的浅槽型（<30mm）模块
5CrMnMo	T20103	适用于 3t 锤以下的浅槽型（<30mm）模块
4CrMnSiMoV	T20101	用于槽形复杂的模块
4SiMnMoV	T20001	适用于高度尺寸小于375mm、槽形较复杂的模块

注：经供需双方协商，可供应其他牌号的模块。

4.2 国际标准化组织（ISO）

A. 通用工具钢

4.2.1 非合金工具钢

（1）ISO 标准非合金工具钢的钢号与化学成分［ISO 4957（2018）］（表4-2-1）

表 4-2-1　非合金工具钢的钢号与化学成分（质量分数）（%）

钢　号	C	Si	Mn	P ≤	S ≤
C45U	0.42 ~ 0.50	0.15 ~ 0.40	0.60 ~ 0.80	0.030	0.030
C70U	0.65 ~ 0.75	0.10 ~ 0.30	0.10 ~ 0.40	0.030	0.030
C80U	0.75 ~ 0.85	0.10 ~ 0.30	0.10 ~ 0.40	0.030	0.030
C90U	0.85 ~ 0.95	0.10 ~ 0.30	0.10 ~ 0.40	0.030	0.030
C105U	1.00 ~ 1.10	0.10 ~ 0.30	0.10 ~ 0.40	0.030	0.030
C120U	1.15 ~ 1.25	0.10 ~ 0.30	0.10 ~ 0.40	0.030	0.030

（2）ISO 标准非合金工具钢的热处理与硬度（表 4-2-2）

表 4-2-2　非合金工具钢的热处理与硬度

钢　号	退火后硬度[1] HBW ≤	淬火温度 /℃	淬火介质	回火温度/℃	回火后硬度 HRC ≥
C45U	207[2]	810 ± 10	水	180	54
C70U	183	800 ± 10	水	180	57
C80U	192	790 ± 10	水	180	58
C90U	207	780 ± 10	水	180	60
C105U	212	780 ± 10	水	180	61
C120U	217	770 ± 10	水	180	62

① 冷拉钢材的硬度允许比退火钢材的硬度高 20HBW。

② 非热处理的硬度。

4.2.2　冷作合金工具钢

（1）ISO 标准冷作合金工具钢的钢号与化学成分［ISO 4957（2018）］（表 4-2-3）

表 4-2-3　冷作合金工具钢的钢号与化学成分（质量分数）（%）

钢　号	C	Si	Mn	P ≤	S ≤	Cr	Mo	V	其　他
105V	1.00 ~ 1.10	0.10 ~ 0.30	0.10 ~ 0.40	0.030	0.030	—	—	0.10 ~ 0.20	—
50WCrV8	0.45 ~ 0.55	0.70 ~ 1.00	0.15 ~ 0.45	0.030	0.030	0.90 ~ 1.20	—	0.10 ~ 0.20	W 1.70 ~ 2.20
60WCrV8	0.55 ~ 0.65	0.70 ~ 1.00	0.15 ~ 0.45	0.030	0.030	0.90 ~ 1.20	—	0.10 ~ 0.20	W 1.70 ~ 2.20
102Cr6	0.95 ~ 1.10	0.15 ~ 0.35	0.25 ~ 0.45	0.030	0.030	1.35 ~ 1.65	—	—	—
21MnCr5	0.18 ~ 0.24	0.15 ~ 0.35	1.10 ~ 1.40	0.030	0.030	1.00 ~ 1.30	—	—	—
70MnMoCr8	0.65 ~ 0.75	0.10 ~ 0.50	1.80 ~ 2.50	0.030	0.030	0.90 ~ 1.20	0.90 ~ 1.40	—	—
90MnCrV8	0.85 ~ 0.95	0.10 ~ 0.40	1.80 ~ 2.20	0.030	0.030	0.20 ~ 0.50	—	0.05 ~ 0.20	—
95MnWCr5	0.90 ~ 1.00	0.10 ~ 0.40	1.05 ~ 1.35	0.030	0.030	0.40 ~ 0.65	—	0.05 ~ 0.20	W 0.40 ~ 0.70
X100CrMoV5	0.95 ~ 1.05	0.10 ~ 0.40	0.40 ~ 0.80	0.030	0.030	4.80 ~ 5.50	0.90 ~ 1.20	0.15 ~ 0.35	—
X153CrMoV12	1.45 ~ 1.60	0.10 ~ 0.60	0.20 ~ 0.60	0.030	0.030	11.0 ~ 13.0	0.70 ~ 1.00	0.70 ~ 1.00	—
X210Cr12	1.90 ~ 2.20	0.10 ~ 0.60	0.20 ~ 0.60	0.030	0.030	11.0 ~ 13.0	—	—	—
X210CrW12	2.00 ~ 2.30	0.10 ~ 0.60	0.20 ~ 0.60	0.030	0.030	11.0 ~ 13.0	—	—	W 0.60 ~ 0.80
35CrMo7	0.30 ~ 0.40	0.30 ~ 0.70	0.60 ~ 1.00	0.030	0.030	1.50 ~ 2.00	0.35 ~ 0.55	—	—
40CrMnNiMo8-6-4	0.35 ~ 0.45	0.20 ~ 0.40	1.30 ~ 1.60	0.030	0.030	1.80 ~ 2.10	0.15 ~ 0.25	—	Ni 0.90 ~ 1.20
45NiCrMo16	0.40 ~ 0.50	0.10 ~ 0.40	0.20 ~ 0.50	0.030	0.030	1.20 ~ 1.50	0.15 ~ 0.35	—	Ni 3.80 ~ 4.30
X40Cr14	0.36 ~ 0.42	≤1.00	≤1.00	0.030	0.030	12.5 ~ 14.5	—	—	—
X38CrMo16	0.35 ~ 0.45	≤1.00	≤1.50	0.030	0.030	15.5 ~ 17.5	0.80 ~ 1.30	—	Ni ≤1.00

（2）ISO 标准冷作合金工具钢的热处理与硬度（表4-2-4）

表4-2-4 冷作合金工具钢的热处理与硬度

钢 号	退火后硬度 HBW≤	淬火温度 /℃	淬火介质	回火温度 /℃	回火后硬度 HRC≥
105V	212	790 ± 10	水	180 ± 10	61
50WCrV8	229	920 ± 10	油	180 ± 10	56
60WCrV8	229	910 ± 10	油	180 ± 10	58
102Cr6	223	840 ± 10	油	180 ± 10	60
21MnCr5	217	—	—	—	①
70MnMoCr8	248	835 ± 10	空	180 ± 10	58
90MnCrV8	229	790 ± 10	油	180 ± 10	60
95MnWCr5	229	800 ± 10	油	180 ± 10	60
X100CrMoV5	241	970 ± 10	空	180 ± 10	60
X153CrMoV12	255	1020 ± 10	空	180 ± 10	61
X210Cr12	248	970 ± 10	油	180 ± 10	62
X210CrW12	255	970 ± 10	油	180 ± 10	62
35CrMo7	②	—	—	—	②
40CrMnNiMo8-6-4	②	—	—	—	②
45NiCrMo16	285	850 ± 10	油	180 ± 10	52
X40Cr14③	241	1010 ± 10	油	180 ± 10	52
X38CrMo16	②	—	—	—	②

① 该钢号经渗碳，并淬火、回火后，表面硬度达 60HRC。
② 这些钢号正常供应状态是经淬火和回火，硬度约 300HBW。
③ 该钢号可预硬化状态供应，硬度约 300HBW。

4.2.3 热作合金工具钢

（1）ISO 标准热作合金工具钢的钢号与化学成分〔ISO 4957（2018）〕（表4-2-5）

表4-2-5 热作合金工具钢的钢号与化学成分（质量分数）（％）

钢 号	C	Si	Mn	P ≤	S ≤	Cr	Mo	V	其 他
55NiCrMoV7	0.50 ~ 0.60	0.10 ~ 0.40	0.60 ~ 0.90	0.030	0.030	0.80 ~ 1.20	0.35 ~ 0.55	0.05 ~ 0.15	Ni 1.50 ~ 1.80
32CrMoV12-28	0.28 ~ 0.35	0.10 ~ 0.40	0.15 ~ 0.45	0.030	0.020	2.70 ~ 3.20	2.50 ~ 3.00	0.40 ~ 0.70	—
X37CrMoV5-1	0.33 ~ 0.41	0.80 ~ 1.20	0.20 ~ 0.50	0.030	0.020	4.80 ~ 5.50	1.10 ~ 1.50	0.30 ~ 0.50	—
X38CrMoV5-3	0.35 ~ 0.40	0.30 ~ 0.50	0.30 ~ 0.50	0.030	0.020	4.80 ~ 5.20	2.70 ~ 3.20	0.40 ~ 0.60	—
X40CrMoV5-1	0.35 ~ 0.42	0.80 ~ 1.20	0.25 ~ 0.50	0.030	0.020	4.80 ~ 5.50	1.20 ~ 1.50	0.85 ~ 1.15	—
50CrMoV13-15	0.45 ~ 0.55	0.20 ~ 0.80	0.50 ~ 0.90	0.030	0.020	3.00 ~ 3.50	1.30 ~ 1.70	0.15 ~ 0.35	—
X30WCrV9-3	0.25 ~ 0.35	0.10 ~ 0.40	0.15 ~ 0.45	0.030	0.020	2.50 ~ 3.20	—	0.30 ~ 0.50	W 8.50 ~ 9.50
X35CrWMoV5	0.32 ~ 0.40	0.80 ~ 1.20	0.20 ~ 0.50	0.030	0.020	4.75 ~ 5.50	1.25 ~ 1.60	0.20 ~ 0.50	W 1.10 ~ 1.60
38CrCoWV18-17-17	0.35 ~ 0.45	0.15 ~ 0.50	0.20 ~ 0.50	0.030	0.020	4.00 ~ 4.70	0.30 ~ 0.50	1.70 ~ 2.10	Co 4.00 ~ 4.50 W 3.80 ~ 4.50

（2）ISO 标准热作合金工具钢的热处理与硬度（表 4-2-6）

表 4-2-6   热作合金工具钢的热处理与硬度

钢　号	退火后硬度 HBW≤	淬火温度 /℃	淬火介质	回火温度 /℃	回火后硬度 HRC≥
55NiCrMoV7	248[①]	850 ± 10	油	550 ± 10	42[②]
32CrMoV12-28	229	1040 ± 10	油	550 ± 10	46
X37CrMoV5-1	229	1020 ± 10	油	550 ± 10	48
X38CrMoV5-3	229	1040 ± 10	油	550 ± 10	50
X40CrMoV5-1	229	1020 ± 10	油	550 ± 10	50
50CrMoV13-15	248	1010 ± 10	油	510 ± 10	56
X30WCrV9-3	241	1150 ± 10	油	600 ± 10	48
X35CrWMoV5	229	1020 ± 10	油	550 ± 10	48
38CrCoWV18-17-17	260	1120 ± 10	油	600 ± 10	48

① 对于尺寸较大的钢材，其正常供应状态为淬火和回火，硬度约 380HBW。

② 该硬度值仅适用于尺寸较小的钢材。

4.2.4　高速工具钢

（1）ISO 标准高速工具钢的钢号与化学成分 ［ISO 4957（2018）］（表 4-2-7）

表 4-2-7   高速工具钢的钢号与化学成分（质量分数）（%）

钢　　号	C	Si	Mn	P ≤	S ≤	Cr	Mo	W	V	其　他
HS0-4-1	0.77 ~ 0.85	≤0.65	≤0.40	0.030	0.030	3.90 ~ 4.40	4.00 ~ 4.50	—	0.90 ~ 1.10	—
HS1-4-2	0.85 ~ 0.95	≤0.65	≤0.40	0.030	0.030	3.60 ~ 4.30	4.10 ~ 4.80	0.80 ~ 1.40	1.70 ~ 2.20	—
HS18-0-1	0.73 ~ 0.83	≤0.45	≤0.40	0.030	0.030	3.80 ~ 4.50	—	17.2 ~ 18.7	1.00 ~ 1.20	—
HS2-9-2	0.95 ~ 1.05	≤0.70	≤0.40	0.030	0.030	3.50 ~ 4.50	8.20 ~ 9.20	1.50 ~ 2.10	1.70 ~ 2.20	—
HS1-8-1	0.77 ~ 0.87	≤0.70	≤0.40	0.030	0.030	3.50 ~ 4.50	8.00 ~ 9.00	1.40 ~ 2.00	1.00 ~ 1.40	—
HS3-3-2	0.95 ~ 1.03	≤0.45	≤0.40	0.030	0.030	3.50 ~ 4.50	2.50 ~ 2.90	2.70 ~ 3.00	2.20 ~ 2.50	—
HS6-5-2	0.80 ~ 0.88	≤0.45	≤0.40	0.030	0.030	3.80 ~ 4.50	4.70 ~ 5.20	5.90 ~ 6.70	1.70 ~ 2.10	—
HS6-5-2C	0.86 ~ 0.94	≤0.45	≤0.40	0.030	0.030	3.80 ~ 4.50	4.70 ~ 5.20	5.90 ~ 6.70	1.70 ~ 2.10	—
HS6-5-3	1.15 ~ 1.25	≤0.45	≤0.40	0.030	0.030	3.80 ~ 4.50	4.70 ~ 5.20	5.90 ~ 6.70	2.70 ~ 3.20	—
HS6-5-3C	1.25 ~ 1.32	≤0.45	≤0.40	0.030	0.030	3.80 ~ 4.50	4.70 ~ 5.20	5.90 ~ 6.70	2.70 ~ 3.20	—
HS6-6-2	1.00 ~ 1.10	≤0.45	≤0.40	0.030	0.030	3.80 ~ 4.50	5.50 ~ 6.50	5.90 ~ 6.70	2.30 ~ 2.60	—
HS6-5-4	1.25 ~ 1.40	≤0.45	≤0.40	0.030	0.030	3.80 ~ 4.50	4.20 ~ 5.00	5.20 ~ 6.00	3.70 ~ 4.20	—
HS6-5-2-5	0.87 ~ 0.95	≤0.45	≤0.40	0.030	0.030	3.80 ~ 4.50	4.70 ~ 5.20	5.90 ~ 6.70	1.70 ~ 2.10	Co 4.50 ~ 5.00
HS6-5-3-8	1.23 ~ 1.33	≤0.70	≤0.40	0.030	0.030	3.80 ~ 4.50	4.70 ~ 5.30	5.90 ~ 6.70	2.70 ~ 3.20	Co 8.00 ~ 8.80
HS10-4-3-10	1.20 ~ 1.35	≤0.45	≤0.40	0.030	0.030	3.80 ~ 4.50	3.20 ~ 3.90	9.00 ~ 10.00	3.00 ~ 3.50	Co 9.50 ~ 10.5
HS2-9-1-8	1.05 ~ 1.15	≤0.70	≤0.40	0.030	0.030	3.50 ~ 4.50	9.00 ~ 10.0	1.20 ~ 1.90	0.90 ~ 1.30	Co 7.50 ~ 8.50

（2）ISO 标准高速工具钢的热处理与硬度（表 4-2-8）

表 4-2-8   高速工具钢的热处理与硬度

钢　号	退火后硬度[①] HBW≤	淬火温度 /℃	淬火介质	回火温度 /℃	回火后硬度 HRC≥
HS0-4-1	262	1120 ± 10	油或盐浴	560 ± 10	60
HS1-4-2	262	1180 ± 10	油或盐浴	560 ± 10	63
HS18-0-1	269	1260 ± 10	油或盐浴	560 ± 10	63
HS2-9-2	269	1200 ± 10	油或盐浴	560 ± 10	64
HS1-8-1	262	1190 ± 10	油或盐浴	560 ± 10	63

（续）

钢　号	退火后硬度[①] HBW ≤	淬火温度 /℃	淬火介质	回火温度 /℃	回火后硬度 HRC ≥
HS3-3-2	255	1190 ± 10	油或盐浴	560 ± 10	62
HS6-5-2	262	1220 ± 10	油或盐浴	560 ± 10	64
HS6-5-2C	269	1210 ± 10	油或盐浴	560 ± 10	64
HS6-5-3	269	1200 ± 10	油或盐浴	560 ± 10	64
HS6-5-3C	269	1180 ± 10	油或盐浴	560 ± 10	64
HS6-6-2	262	1200 ± 10	油或盐浴	560 ± 10	64
HS6-5-4	269	1210 ± 10	油或盐浴	560 ± 10	64
HS6-5-2-5	269	1210 ± 10	油或盐浴	560 ± 10	64
HS6-5-3-8	302	1180 ± 10	油或盐浴	560 ± 10	65
HS10-4-3-10	302	1230 ± 10	油或盐浴	560 ± 10	66
HS2-9-1-8	227	1190 ± 10	油或盐浴	550 ± 10	66

① 冷拉钢材和冷轧钢材的硬度，允许比退火钢材的硬度分别高50HBW和70HBW。

B. 专业用钢和优良品种

4.2.5 铸造工具钢

ISO标准铸造工具钢的钢号与化学成分［ISO 10679（2010）］见表4-2-9。

表4-2-9　铸造工具钢的钢号与化学成分（质量分数）（%）

钢　号	代号	C	Si	Mn	P ≤	S ≤	Cr	Mo	V	其 他
GX100CrMoV5-1	DA1	0.95 ~ 1.05	≤1.50	≤0.75	0.030	0.030	4.75 ~ 5.50	0.90 ~ 1.40	0.20 ~ 0.50	—
GX150CrMoCoV12	DB1	1.40 ~ 1.60	≤1.50	≤1.00	0.030	0.030	11.0 ~ 13.0	0.70 ~ 1.20	0.40 ~ 1.00	Co 0.70 ~ 1.00
GX148CrCoMo-NiV12-3	DC1	1.35 ~ 1.60	≤1.50	≤0.75	0.030	0.030	11.0 ~ 13.0	0.70 ~ 1.20	0.35 ~ 0.55	Ni 0.40 ~ 0.60 Co 2.50 ~ 3.50
G58SiMnMo8-3-5	DD1	0.50 ~ 0.65	1.75 ~ 2.25	0.60 ~ 1.00	0.030	0.030	≤0.35	0.20 ~ 0.80	≤0.35	—
GX83WMo-CrV6-5-4-2	DE1	0.78 ~ 0.88	≤1.00	≤0.75	0.030	0.030	3.75 ~ 4.50	4.50 ~ 5.50	1.25 ~ 2.20	W 5.50 ~ 6.75 Ni≤0.25 Co≤0.25
G50CrMo12-14	DF1	0.45 ~ 0.55	0.60 ~ 1.00	0.40 ~ 0.80	0.030	0.030	3.00 ~ 3.50	1.20 ~ 1.60	—	—
GX35CrMoWV5-2	DG1	0.30 ~ 0.40	≤1.50	≤0.75	0.030	0.030	4.75 ~ 5.75	1.25 ~ 1.75	0.20 ~ 0.50	W 1.00 ~ 1.70
GX37CrMoV5-2	DH1	0.30 ~ 0.42	≤1.50	≤0.75	0.030	0.030	4.75 ~ 5.75	1.25 ~ 1.75	0.75 ~ 1.20	—
G93MnCrW5-3-2	DJ1	0.85 ~ 1.00	≤1.50	1.00 ~ 1.30	0.030	0.030	0.40 ~ 1.00	—	≤0.30	W 0.40 ~ 0.60
G105V	DK1	1.00 ~ 1.10	0.10 ~ 0.60	0.10 ~ 0.40	0.030	0.020	—	—	0.10 ~ 0.20	—
G50WCrV8-4	DL1	0.45 ~ 0.55	0.70 ~ 1.00	0.15 ~ 0.45	0.030	0.020	0.90 ~ 1.20	—	0.10 ~ 0.20	W 1.70 ~ 2.20
G60CoCrV8-4	DM1	0.55 ~ 0.65	0.70 ~ 1.00	0.15 ~ 0.45	0.030	0.020	0.90 ~ 1.20	—	0.10 ~ 0.20	Co 1.70 ~ 2.20
G103Cr6	DO1	0.95 ~ 1.10	0.15 ~ 0.60	0.25 ~ 0.45	0.030	0.020	1.35 ~ 1.65	—	—	—
G21MnCr5-5	DP1	0.18 ~ 0.24	0.15 ~ 0.60	1.10 ~ 1.40	0.030	0.020	1.00 ~ 1.30	—	—	—
G70MnMoCr9-12-4	DR1	0.65 ~ 0.75	0.10 ~ 0.60	1.80 ~ 2.50	0.030	0.020	0.90 ~ 1.20	0.90 ~ 1.40	—	—
G90MnCrV8	DS1	0.85 ~ 0.95	0.10 ~ 0.60	1.80 ~ 2.20	0.030	0.020	0.20 ~ 0.50	—	0.05 ~ 0.20	—
GX205Cr12	DT1	1.90 ~ 2.20	0.10 ~ 0.60	0.20 ~ 0.60	0.030	0.020	11.0 ~ 13.0	—	—	—
GX215CrW12	DU1	2.00 ~ 2.30	0.10 ~ 0.60	0.30 ~ 0.60	0.030	0.020	11.0 ~ 13.0	—	—	W 0.60 ~ 0.80

（续）

钢　号	代号	C	Si	Mn	P ≤	S ≤	Cr	Mo	V	其　他
G35CrMo7-5	DV1	0.30～0.40	0.30～0.70	0.60～1.00	0.030	0.020	1.50～2.00	0.35～0.55	—	—
G40CrMnNiMo8-6-4	DX1	0.35～0.45	0.20～0.60	1.30～1.60	0.030	0.020	1.80～2.10	0.15～0.25	—	Ni 0.90～1.20
G45NiCrMo16-5-3	DY1	0.40～0.50	0.10～0.60	0.20～0.50	0.030	0.020	1.20～1.50	0.15～0.35	—	Ni 3.80～4.30
GX39Cr14	DZ2	0.36～0.42	≤1.00	≤1.00	0.030	0.020	12.5～14.5	—	—	—
GX39CrMo17	DA2	0.33～0.45	≤1.00	≤1.50	0.030	0.020	15.5～17.5	0.80～1.30	—	Ni≤1.00
G55NiCrMoV7-4-5	DB2	0.50～0.60	0.10～0.60	0.60～0.90	0.030	0.020	0.80～1.20	0.35～0.55	0.05～0.15	Ni 1.50～1.80
G32CrMoV12-28	DC2	0.28～0.35	0.10～0.60	0.15～0.45	0.030	0.020	2.70～3.20	2.50～3.00	0.40～0.70	
GX37CrMoV5-1	DD2	0.33～0.41	0.80～1.20	0.25～0.50	0.030	0.020	4.80～5.50	1.10～1.50	0.75～1.20	
GX38CrMoV5-3	DE2	0.34～0.40	0.30～0.60	0.30～0.50	0.030	0.020	4.80～5.20	2.70～3.20	0.40～0.60	
GX30WCrV9-3	DF2	0.25～0.35	0.10～0.60	0.15～0.45	0.030	0.020	2.50～3.20	0.30～0.50	8.50～9.50	
G40CrCo-WV17-17-17	DG2	0.35～0.45	0.15～0.60	0.20～0.50	0.030	0.020	4.00～4.70	0.30～0.50	1.70～2.10	Co 4.00～4.50 W 3.80～4.50

4.3　欧洲标准化委员会（EN 欧洲标准）

4.3.1　非合金工具钢［EN ISO 4957（2018）］

　　见 4.2.1 节。

4.3.2　冷作合金工具钢［EN ISO 4957（2018）］

　　见 4.2.2 节。

4.3.3　热作合金工具钢［EN ISO 4957（2018）］

　　见 4.2.3 节。

4.3.4　高速工具钢［EN ISO 4957（2018）］

　　见 4.2.4 节。

4.4　法　　国

4.4.1　非合金工具钢

　　见 4.2.1 节。

4.4.2　冷作合金工具钢

　　见 4.2.2 节。

4.4.3　热作合金工具钢

　　见 4.2.3 节。

4.4.4　高速工具钢

　　见 4.2.4 节。

4.4.5　刀具用碳素工具钢

　　（1）法国 NF 标准刀具用碳素工具钢的钢号与化学成分［NF A35-596（1987）（2012 确认）］（表 4-4-1）

表 4-4-1 刀具用碳素工具钢的钢号与化学成分（质量分数）（%）

钢 号	C	Si	Mn	P ≤	S ≤
Y45	0.42 ~ 0.49	0.10 ~ 0.30	0.40 ~ 0.60	0.025	0.025
Y55	0.50 ~ 0.59	0.10 ~ 0.30	0.40 ~ 0.70	0.025	0.025
Y65	0.60 ~ 0.69	0.10 ~ 0.30	0.40 ~ 0.70	0.025	0.025
Y75	0.70 ~ 0.80	0.10 ~ 0.30	0.40 ~ 0.70	0.025	0.025
Y90	0.85 ~ 0.95	0.10 ~ 0.30	0.40 ~ 0.70	0.025	0.025

（2）法国 NF 标准刀具用碳素工具钢的硬度（表 4-4-2）

表 4-4-2 刀具用碳素工具钢的硬度

钢 号	退火硬度 ≤		淬火工艺与硬度		
	HBW	HRB	淬火温度/℃	冷却剂	淬火硬度 HRC ≥
Y45	200	95	800 ~ 830	水	56
Y55	220	98	800 ~ 830	油	58
Y65	220	98	800 ~ 830	油	60
Y75	220	98	790 ~ 820	油	60
Y90	230	100	780 ~ 810	油	61

4.5 德 国

4.5.1 非合金工具钢［DIN EN ISO 4957（2018）］

见 4.2.1 节。

4.5.2 冷作合金工具钢［DIN EN ISO 4957（2018）］

见 4.2.2 节。

4.5.3 热作合金工具钢［DIN EN ISO 4957（2018）］

见 4.2.3 节。

4.5.4 高速工具钢［DIN EN ISO 4957（2018）］

见 4.2.4 节。

4.6 印 度

A. 通用工具钢

4.6.1 碳素工具钢

印度 IS 标准碳素工具钢的钢号与化学成分［IS 1570-6（1996/2001 确认）］（表 4-6-1）

表 4-6-1 碳素工具钢的钢号与化学成分（质量分数）（%）

钢 号	代 号	C	Si	Mn	P ≤	S ≤	残余元素 ≤		
							Cr	Ni	Cu
50T8	TC1	0.45 ~ 0.55	0.10 ~ 0.35	0.60 ~ 0.90	0.035	0.035	0.20	0.25	0.25
55T8	TC2	0.50 ~ 0.60	0.10 ~ 0.35	0.60 ~ 0.90	0.035	0.035	0.20	0.25	0.25
60T6	TC3	0.55 ~ 0.65	0.10 ~ 0.35	0.50 ~ 0.80	0.035	0.035	0.20	0.25	0.25
65T6	TC4	0.60 ~ 0.70	0.10 ~ 0.35	0.50 ~ 0.80	0.035	0.035	0.20	0.25	0.25
70T6	TC5	0.65 ~ 0.75	0.10 ~ 0.35	0.50 ~ 0.80	0.035	0.035	0.20	0.25	0.25

（续）

钢　号	代号	C	Si	Mn	P ≤	S ≤	残余元素≤		
							Cr	Ni	Cu
75T6	TC6	0.70~0.80	0.10~0.35	0.50~0.80	0.035	0.035	0.20	0.25	0.25
80T6	TC7	0.75~0.85	0.10~0.35	0.50~0.80	0.035	0.035	0.20	0.25	0.25
85T6	TC8	0.80~0.90	0.10~0.35	0.50~0.80	0.035	0.035	0.20	0.25	0.25
70T3	TC9	0.65~0.75	0.10~0.30	≤0.40	0.035	0.035	0.20	0.25	0.25
80T3	TC10	0.75~0.85	0.10~0.30	≤0.40	0.035	0.035	0.20	0.25	0.25
90T3	TC11	0.85~0.95	0.10~0.30	≤0.40	0.035	0.035	0.20	0.25	0.25
103T3	TC12	0.95~1.10	0.10~0.30	≤0.40	0.035	0.035	0.20	0.25	0.25
118T3	TC13	1.10~1.25	0.10~0.30	≤0.40	0.035	0.035	0.20	0.25	0.25
133T3	TC14	1.25~1.40	0.10~0.30	≤0.40	0.035	0.035	0.20	0.25	0.25

4.6.2　合金工具钢

（1）印度 IS 标准冷作合金工具钢的钢号与化学成分［IS 1570-6（1996/2001 确认）］（表4-6-2）

表4-6-2　冷作合金工具钢的钢号与化学成分（质量分数）（%）

钢　号	代号	C	Si	Mn	P ≤	S ≤	Cr	Mo	V	其　他
T80V2	TAC1	0.75~0.85	0.10~0.35	≤0.40	0.035	0.035	—	—	0.15~0.30	—
T90V2	TAC2	0.85~0.95	0.10~0.35	≤0.40	0.035	0.035	—	—	0.15~0.30	—
T103V2	TAC3	0.95~1.10	0.10~0.35	≤0.40	0.035	0.035			0.15~0.30	—
T118Cr2	TAC4	1.10~1.25	0.10~0.35	≤0.40	0.035	0.035	0.30~0.60		≤0.30	—
T135Cr2	TAC5	1.25~1.40	0.10~0.35	≤0.40	0.035	0.035	0.30~0.60		≤0.30	—
T105Cr5	TAC6	0.90~1.20	0.10~0.35	0.20~0.40	0.035	0.035	1.00~1.60			—
T105Cr5Mn2	TAC7	0.90~1.20	0.10~0.35	0.40~0.80	0.035	0.035	1.00~1.60			—
T140W15Cr2	TAC8	1.30~1.50	0.10~0.35	0.25~0.50	0.035	0.035	0.30~0.70	—	—	W 3.50~4.20
T60Ni5	TAC9	0.55~0.65	0.10~0.35	0.50~0.80	0.035	0.035	≤0.30		—	Ni 1.00~1.50
T40Ni14	TAC10	0.35~0.45	0.10~0.35	0.50~0.80	0.035	0.035	≤0.30			Ni 3.20~3.60
T30Ni16Cr5	TAC11	0.25~0.35	0.10~0.35	0.40~0.70	0.035	0.035	1.10~1.40			Ni 3.90~4.30
T55Ni6Cr3	TAC12	0.50~0.60	0.10~0.35	0.50~0.80	0.035	0.035	0.50~0.80			Ni 1.25~1.65
T50NiCrMo4	TAC13	0.45~0.55	0.10~0.35	0.50~0.80	0.035	0.035	0.80~1.00	0.30~0.40		Ni 0.80~1.00
T55Ni6Cr3Mo3	TAC14	0.50~0.60	0.10~0.35	0.50~0.80	0.035	0.035	0.50~0.80	0.25~0.35		Ni 1.25~1.75
T40Ni6Cr4Mo3	TAC15	0.35~0.45	0.10~0.35	0.40~0.70	0.035	0.035	0.90~1.30	0.20~0.35		Ni 1.25~1.75
T30Ni10Cr3Mo6	TAC16	0.25~0.35	0.10~0.35	0.40~0.70	0.035	0.035	0.50~0.80	0.40~0.70		Ni 2.25~2.75
T40Ni10Cr3Mo6	TAC17	0.35~0.45	0.10~0.35	0.40~0.70	0.035	0.035	0.50~0.80	0.40~0.70		Ni 2.25~2.75
T105W6CrV2	TAC18	0.90~1.20	0.10~0.35	≤0.40	0.035	0.035	0.40~0.80	≤0.25	0.20~0.30	W 1.25~1.75
T110Mn4W6Cr4	TAC19	1.00~1.20	0.10~0.35	0.90~1.30	0.035	0.035	0.90~1.30			W 1.25~1.75
T90Mn6WCr2	TAC20	0.85~0.95	0.10~0.35	1.25~1.75	0.035	0.035	0.30~0.60	—	≤0.25	W 0.40~0.60
XT160Cr12	TAC21	1.50~1.70	0.10~0.35	0.25~0.55	0.035	0.035	11.0~13.0	≤0.80	≤0.80	—
XT215Cr12	TAC22	2.00~2.30	0.10~0.35	0.25~0.55	0.035	0.035	11.0~13.0	≤0.80	≤0.80	—
T55Cr3	TAC23	0.50~0.60	0.10~0.35	0.60~0.80	0.035	0.035	0.60~0.80			—
T45Cr5Si3	TAC24	0.40~0.50	0.80~1.10	0.55~0.75	0.035	0.035	1.20~1.60			—
T55Cr3V2	TAC25	0.50~0.60	0.10~0.35	0.60~0.80	0.035	0.035	0.60~0.80		0.10~0.20	—
T50Cr4V2	TAC26	0.45~0.55	0.10~0.35	0.50~0.80	0.035	0.035	0.90~1.20		0.15~0.30	—
T55Si7	TAC27	0.50~0.60	1.50~2.00	0.80~1.00	0.035	0.035	—			—
T55Si7Mo3	TAC28	0.50~0.60	1.50~2.00	0.80~1.00	0.035	0.035	—	0.25~0.40	0.12~0.20	—
T40W8Cr5V2	TAC29	0.35~0.45	0.50~1.00	0.20~0.35	0.035	0.035	1.00~1.50		0.10~0.25	W 1.75~2.25
T50W8Cr5V2	TAC30	0.45~0.55	0.50~1.00	0.20~0.35	0.035	0.035	1.00~1.50		0.10~0.25	W 1.75~2.25

（2）印度 IS 标准热作合金工具钢的钢号与化学成分 ［IS 1570-6（1996/2001 确认）］（表4-6-3）

表 4-6-3　热作合金工具钢的钢号与化学成分（质量分数）（%）

钢　号	代号	C	Si	Mn	P ≤	S ≤	Cr	Mo	V	其 他
XT33W9Cr3V4	TAH1	0.25~0.40	0.10~0.35	0.20~0.40	0.035	0.035	2.80~3.30	—	0.25~0.50	W 8.00~10.0
XT35Cr5Mo1V3	TAH2	0.30~0.40	0.80~1.20	0.25~0.50	0.035	0.035	4.75~5.50	1.20~1.60	0.20~0.40	—
XT35Cr5MoV1	TAH3	0.30~0.40	0.80~1.20	0.25~0.50	0.035	0.035	4.75~5.50	1.20~1.60	1.00~1.20	—
XT35Cr5MoW1V3	TAH4	0.30~0.40	0.80~1.20	0.25~0.50	0.035	0.035	4.75~5.50	1.20~1.60	0.20~0.40	W 1.20~1.60
XT55W14Cr3V4	TAH5	0.50~0.60	0.10~0.35	0.20~0.40	0.035	0.035	2.80~3.30	—	0.30~0.60	W 13.0~15.0
XT55Ni7Cr5Mo3V1	TAH6	0.50~0.60	0.10~0.35	0.65~0.95	0.035	0.035	0.60~0.80	0.25~0.35	0.07~0.12	Ni 1.50~1.80
XT55Ni7Cr4Mo5V1	TAH7	0.50~0.60	0.10~0.35	0.65~0.95	0.035	0.035	1.00~1.20	0.45~0.55	0.07~0.12	Ni 1.50~1.80

4.6.3　高速工具钢

（1）印度 IS 标准高速工具钢的钢号与化学成分 ［IS 1570-6（1996/2001 确认）］（表4-6-4）

表 4-6-4　高速工具钢的钢号与化学成分（质量分数）（%）

钢　号	代号	C	Si	Mn	P ≤	S ≤	Cr	Mo	W	V	其 他
XT78W18Cr4V1	THS1	0.73~0.83	≤0.50	≤0.40	0.030	0.030	3.50~4.50	—	17.2~18.7	0.90~1.20	—
XT100Mo9Cr4W2V2	THS2	0.95~1.05	≤0.50	≤0.40	0.030	0.030	3.50~4.50	8.00~9.00	1.50~2.10	1.70~2.20	—
XT82Mo8Cr4W1V1	THS3	0.77~0.87	≤0.50	≤0.40	0.030	0.030	3.50~4.50	8.00~9.00	1.40~2.00	0.90~1.40	—
XT87W6Mo5Cr4V2	THS4	0.82~0.92	≤0.50	≤0.40	0.030	0.030	3.50~4.50	4.60~5.30	5.70~6.70	1.70~2.20	—
XT122W6Mo5Cr4V3	THS5	1.15~1.30	≤0.50	≤0.40	0.030	0.030	3.50~4.50	4.60~5.30	5.70~6.70	2.70~3.20	—
XT80W13Co10Cr4V2	THS6	0.75~0.85	≤0.50	≤0.40	0.030	0.030	3.50~4.50	—	17.2~18.7	1.30~1.80	Co 9.50~10.5
XT80W18Co5Cr4Mo1V1	THS7	0.75~0.85	≤0.50	≤0.40	0.030	0.030	3.50~4.50	0.70~1.00	17.2~18.7	1.10~1.60	Co 4.70~5.20
XT90W6Co5Mo5Cr4V2	THS8	0.85~0.95	≤0.50	≤0.40	0.030	0.030	3.50~4.50	4.60~5.30	5.70~6.70	1.70~2.20	Co 4.70~5.20
XT152W12Co5V5Cr4Mo1	THS9	1.45~1.60	≤0.50	≤0.40	0.030	0.030	3.50~4.50	0.70~1.00	11.5~13.0	4.75~5.50	Co 4.70~5.20
XT127W1Co10Cr4Mo4V3	THS10	1.20~1.35	≤0.50	≤0.40	0.030	0.030	3.50~4.50	3.20~3.90	9.00~10.0	3.00~3.50	Co 9.50~10.5
XT112Mo9Co3Cr4W2V1	THS11	1.05~1.20	≤0.50	≤0.40	0.030	0.030	3.50~4.50	9.00~10.0	1.30~1.90	0.90~1.40	Co 7.50~8.50
XT112W7Co5Cr4Mo4V2	THS12	1.05~1.20	≤0.50	≤0.40	0.030	0.030	3.50~4.50	3.50~4.20	6.40~7.40	1.70~2.20	Co 4.70~5.20

(2) 印度 IS 标准 W-Mo-Co 系新型高速工具钢 [IS 7291 (1981/2004 确认)]

A) W-Mo-Co 系新型高速工具钢的钢号与化学成分 (表 4-6-5)

表 4-6-5 W-Mo-Co 系新型高速工具钢的钢号与化学成分 (质量分数) (%)

钢 号	C	Si	Mn	P ≤	S ≤	Cr	Mo	W	V	其 他
XT72W18Cr4V1	0.65 ~ 0.80	0.15 ~ 0.40	0.20 ~ 0.40	0.030	0.030	3.75 ~ 4.50	≤0.70	17.5 ~ 19.0	1.00 ~ 1.25	—
XT75W18Co5Cr4MoV1	0.70 ~ 0.80	0.15 ~ 0.40	0.20 ~ 0.40	0.030	0.030	3.75 ~ 4.50	0.40 ~ 1.00	17.5 ~ 19.0	1.00 ~ 1.25	Co 4.50 ~ 5.50
XT80W20Co12Cr4V2Mo1	0.75 ~ 0.85	0.15 ~ 0.40	0.20 ~ 0.40	0.030	0.030	4.00 ~ 4.75	0.40 ~ 1.00	19.5 ~ 21.0	1.25 ~ 1.75	Co 11.0 ~ 12.5
XT125W9Co10Cr4Mo4V3	1.20 ~ 1.30	0.15 ~ 0.40	0.20 ~ 0.40	0.030	0.030	3.75 ~ 4.50	3.00 ~ 4.00	8.80 ~ 10.7	2.80 ~ 3.50	Co 8.80 ~ 10.7
XT87W6Mo5Cr4V2	0.82 ~ 0.92	0.15 ~ 0.40	0.15 ~ 0.40	0.030	0.030	3.75 ~ 4.50	4.75 ~ 5.50	5.75 ~ 6.75	1.75 ~ 2.05	—
XT90W6Co5Mo5Cr4V2	0.85 ~ 0.95	0.15 ~ 0.40	0.20 ~ 0.40	0.030	0.030	3.75 ~ 4.50	4.75 ~ 5.50	5.75 ~ 6.75	1.70 ~ 2.20	Co 4.75 ~ 5.25
XT110Mo10Co8Cr4W2V1	1.05 ~ 1.15	0.15 ~ 0.40	0.15 ~ 0.40	0.030	0.030	3.50 ~ 4.50	9.00 ~ 10.0	1.20 ~ 1.90	1.15 ~ 1.85	Co 7.55 ~ 8.75

注: 残余元素含量 (质量分数): Ni≤0.40%, Cu≤0.20%, Sn≤0.05%。

B) W-Mo-Co 系新型高速工具钢的硬度 (表 4-6-6)

表 4-6-6 W-Mo-Co 系新型高速工具钢的硬度

钢 号	退火硬度 HBW	淬火回火硬度	
		HRC	HV
XT72W18Cr4V1	≤255	≥63	≥772
XT75W18Co5Cr4MoV1	≤269	≥63	≥772
XT80W20Co12Cr4V2Mo1	≤302	≥64	≥800
XT125W9Co10Cr4Mo4V3	≤269	≥66	≥862
XT87W6Mo5Cr4V2	≤248	≥63	≥772
XT90W6Co5Mo5Cr4V2	≤269	≥64	≥800
XT110Mo10Co8Cr4W2V1	≤269	≥66	≥862

B. 专业用钢和优良品种

4.6.4 工模具钢 [IS 3748 (1990/2001 确认)]

(1) 印度 IS 标准冷作工模具钢的钢号与化学成分 (表 4-6-7)

表 4-6-7 冷作工模具钢的钢号与化学成分 (质量分数) (%)

钢 号	C	Si	Mn	P ≤	S ≤	Cr	Mo	V	其 他
50T8	0.45 ~ 0.55	0.10 ~ 0.35	0.60 ~ 0.90	0.035	0.035	—	—	—	—
55T8	0.50 ~ 0.60	0.10 ~ 0.35	0.60 ~ 0.90	0.035	0.035	—	—	—	—
60T6	0.55 ~ 0.65	0.10 ~ 0.35	0.50 ~ 0.80	0.035	0.035	—	—	—	—
65T6	0.60 ~ 0.70	0.10 ~ 0.35	0.50 ~ 0.80	0.035	0.035	—	—	—	—
70T6	0.65 ~ 0.75	0.10 ~ 0.35	0.50 ~ 0.80	0.035	0.035	—	—	—	—
75T6	0.70 ~ 0.80	0.10 ~ 0.35	0.50 ~ 0.80	0.035	0.035	—	—	—	—
80T6	0.75 ~ 0.85	0.10 ~ 0.35	0.50 ~ 0.80	0.035	0.035	—	—	—	—

（续）

钢 号	C	Si	Mn	P ≤	S ≤	Cr	Mo	V	其 他
85T6	0.80~0.90	0.10~0.35	0.50~0.80	0.035	0.035	—	—	—	—
70T3	0.65~0.75	0.10~0.30	≤0.40	0.035	0.035	—	—	—	—
80T3	0.75~0.85	0.10~0.30	≤0.40	0.035	0.035	—	—	—	—
90T3	0.85~0.95	0.10~0.30	≤0.40	0.035	0.035	—	—	—	—
103T3	0.95~1.10	0.10~0.30	≤0.40	0.035	0.035	—	—	—	—
118T3	1.10~1.25	0.10~0.30	≤0.40	0.035	0.035	—	—	—	—
133T3	1.25~1.40	0.10~0.30	≤0.40	0.035	0.035	—	—	—	—
T80V2	0.75~0.85	0.10~0.30	≤0.40	0.035	0.035	—	—	0.15~0.30	—
T90V2	0.85~0.95	0.10~0.30	≤0.40	0.035	0.035	—	—	0.15~0.30	—
T31Ni10Cr3	0.27~0.35	0.10~0.35	0.40~0.70	0.035	0.035	0.50~0.80	0.40~0.70	—	Ni 2.25~2.75
T118Cr2	1.10~1.25	0.10~0.30	≤0.40	0.035	0.035	0.30~0.60	—	≤0.30	—
T135Cr2	1.25~1.40	0.10~0.30	≤0.40	0.035	0.035	0.30~0.60	—	≤0.30	—
T105Cr5	0.90~1.20	0.10~0.35	0.20~0.40	0.035	0.035	1.00~1.60	—	—	—
T105Cr5Mn2	0.90~1.20	0.10~0.35	0.40~0.80	0.035	0.035	1.00~1.60	—	—	—
T140W15Cr2	1.30~1.50	0.10~0.35	0.25~0.50	0.035	0.035	0.30~0.70	—	—	W 3.50~4.20
T60Ni5	0.55~0.65	0.10~0.35	0.50~0.80	0.035	0.035	≤0.30	—	—	Ni 1.00~1.50
T40Ni14	0.35~0.45	0.10~0.35	0.50~0.80	0.035	0.035	≤0.30	—	—	Ni 3.20~3.60
T30Ni16Cr5	0.26~0.34	0.10~0.35	0.40~0.70	0.035	0.035	1.10~1.40	—	—	Ni 3.90~4.30
T55NiCrMo3	0.50~0.60	0.10~0.35	0.50~0.80	0.035	0.035	0.50~0.80	0.25~0.35	—	Ni 1.25~1.75
T40Ni6Cr4Mo3	0.35~0.45	0.10~0.35	0.40~0.70	0.035	0.035	0.90~1.30	0.20~0.35	—	Ni 1.25~1.75
T31Ni10Cr3Mo6	0.27~0.35	0.10~0.35	0.40~0.70	0.035	0.035	0.50~0.80	0.40~0.70	—	Ni 2.25~2.75
T40Ni10Cr3Mo6	0.36~0.44	0.10~0.35	0.40~0.70	0.035	0.035	0.50~0.80	0.40~0.70	—	Ni 2.25~2.75
T105W6CrV2	0.90~1.20	0.10~0.35	≤0.40	0.035	0.035	0.40~0.80	≤0.25	0.20~0.30	W 1.25~1.75
T110W6Cr4	1.00~1.20	0.10~0.35	0.25~0.50	0.035	0.035	0.90~1.30	—	—	W 1.25~1.75
T90Mn6WCr2	0.85~0.95	0.10~0.35	1.25~1.75	0.035	0.035	0.30~0.60	—	（≤0.25）	W 0.40~0.60
XT160Cr12	1.50~1.70	0.10~0.35	0.25~0.55	0.035	0.035	11.0~13.0	≤0.80	（≤0.80）	W≤0.60
XT215Cr12	2.00~2.30	0.10~0.35	0.25~0.50	0.035	0.035	11.0~13.0	≤0.80	（≤0.80）	（W 可选用）
T55Cr3	0.50~0.60	0.10~0.35	0.60~0.80	0.035	0.035	0.60~0.80	—	—	—
T45Cr5Si3	0.40~0.50	0.80~1.10	0.55~0.75	0.035	0.035	1.20~1.60	—	—	—
T55Cr3V2	0.50~0.60	0.10~0.35	0.60~0.80	0.035	0.035	0.60~0.80	—	0.10~0.20	—
T50Cr4V2	0.45~0.55	0.10~0.35	0.50~0.80	0.035	0.035	0.90~1.20	—	0.15~0.30	—
T55Si7	0.50~0.60	1.50~2.00	0.80~1.00	0.035	0.035	—	—	—	—
T55Si7Mo3	0.50~0.60	1.50~2.00	0.80~1.00	0.035	0.035	—	0.25~0.40	（0.12~0.20）	—
T40W8Cr5V2	0.35~0.45	0.50~1.00	0.20~0.40	0.035	0.035	1.00~1.50	—	0.10~0.25	W 1.75~2.25
T50W8Cr5V2	0.45~0.55	0.50~1.00	0.20~0.40	0.035	0.035	1.00~1.50	—	0.10~0.25	W 1.75~2.25

注：括号内数字表示"可选用"。

（2）印度 IS 标准热作工模具钢的钢号与化学成分（表4-6-8）

表4-6-8　热作工模具钢的钢号与化学成分（质量分数）（%）

钢 号	C	Si	Mn	P ≤	S ≤	Cr	Mo	W	其 他
XT33W9Cr3V4	0.25~0.40	0.10~0.35	0.20~0.40	0.035	0.035	2.80~3.30	—	8.00~10.0	V 0.25~0.50
XT35Cr5Mo1V3	0.30~0.40	0.80~1.20	0.25~0.50	0.035	0.035	4.75~5.50	1.20~1.60	—	V 0.20~0.40
XT35Cr5MoV1	0.30~0.40	0.80~1.20	0.25~0.50	0.035	0.035	4.75~5.50	1.20~1.60	—	V 1.00~1.20
XT35Cr5MoW1V3	0.30~0.40	0.80~1.20	0.25~0.50	0.035	0.035	4.75~5.50	1.20~1.60	1.20~1.60	V 0.20~0.40
XT55W14Cr3V4	0.50~0.60	0.10~0.35	0.20~0.40	0.035	0.035	2.80~3.30	—	13.0~15.0	V 0.30~0.60

（3）印度 IS 标准冷作和热作工模具钢的退火硬度（表 4-6-9）

表4-6-9　冷作和热作工模具钢的退火硬度

钢　号	HBW≤	钢　号	HBW≤	钢　号	HBW≤
50T8	210	T31Ni10Cr3	220	XT160Cr12	255
55T8	220	T118Cr2	220	XT215Cr12	255
60T6	220	T135Cr2	220	T55Cr3	230
65T6	220	T105Cr5	230	T45Cr5Si3	230
70T6	220	T105Cr5Mn2	230	T55Cr3V2	230
75T6	220	T140W15Cr2	250	T50Cr4V2	230
80T6	220	T60Ni5	255	T55Si7	230
85T6	220	T40Ni14	255	T55Si7Mo3	230
70T3	220	T30Ni16Cr5	255	T40W8Cr5V2	230
80T3	220	T55NiCrMo3	255	T50W8Cr5V2	230
90T3	220	T40Ni6Cr4Mo3	255	—	—
103T3	220	T31Ni10Cr3Mo6	255	XT33W9Cr3V4	245
118T3	220	T40Ni10Cr3Mo6	255	XT35Cr5Mo1V3	235
133T3	220	T105W6CrV2	230	XT35Cr5MoV1	235
T80V2	220	T110W6Cr4	230	XT35Cr5MoW1V3	235
T90V2	220	T90Mn6WCr2	230	XT55W14Cr3V4	248

4.6.5　锻造用模块［IS 5518（1996/2001 确认）］

（1）印度 IS 标准锻造用模块的牌号与化学成分（表 4-6-10）

表4-6-10　锻造用模块的牌号与化学成分（质量分数）（%）

牌　号	C	Si	Mn	P ≤	S ≤	Cr	Ni	Mo	其　他
60T6	0.55~0.65	0.10~0.35	0.50~0.80	0.035	0.035	≤0.25	≤0.25	≤0.25	V≤0.05[①]
T60Ni5	0.55~0.65	0.10~0.35	0.50~0.80	0.035	0.035	≤0.25	1.00~1.50	≤0.25	V≤0.05[①]
T55Ni6Cr3	0.50~0.60	0.10~0.35	0.50~0.80	0.035	0.035	0.50~0.80	1.25~1.65	≤0.25	V≤0.05[①]
T50NiCrMo4	0.48~0.53	0.10~0.35	0.50~0.80	0.035	0.035	0.80~1.00	0.80~1.00	0.30~0.40	V≤0.05[①]
T55Ni6Cr3Mo3	0.50~0.60	0.10~0.35	0.50~0.80	0.035	0.035	0.60~0.80	1.25~1.75	0.25~0.35	V≤0.05[①]
XT55Ni7Cr4Mo5V1	0.50~0.60	0.10~0.35	0.60~0.90	0.035	0.035	1.00~1.20	1.50~1.80	0.45~0.55	V 0.07~0.12[①]
XT55Ni7Cr5Mo3V1	0.50~0.60	0.10~0.35	0.60~0.90	0.035	0.035	0.60~0.80	1.50~1.80	0.25~0.35	V 0.07~0.12[①]

① 其他残余元素含量：Cu≤0.35%，W≤0.25%，Co≤0.10%，Sn≤0.05%。

（2）印度 IS 标准锻造用模块的硬度（表 4-6-11）

表4-6-11　锻造用模块的硬度

牌　号	退火硬度 HBW≤	淬火回火硬度 HBW
60T6	220	212~269
T60Ni5	220	212~269
T55Ni6Cr3	255	235~302
T50NiCrMo4	255	269~477
T55Ni6Cr3Mo3	255	269~477
XT55Ni7Cr4Mo5V1	255	269~477
XT55Ni7Cr5Mo3V1	255	269~477

4.6.6　金属锻造成形用工具钢 ［IS 13387（1992）］

（1）印度 IS 标准冷作锻造成形用工具钢的钢号与化学成分（表4-6-12）

表4-6-12　冷作锻造成形用工具钢的钢号与化学成分（质量分数）（%）

钢　号	C	Si	Mn	P≤	S≤	Cr	Mo	V	其　他
T158	1.25~1.90	0.10~0.30	0.20~0.35	0.030	0.030	≤0.30	≤0.05	—	Ni≤0.30[①]
T118Cr2	1.10~1.25	0.10~0.30	0.20~0.35	0.030	0.030	0.30~0.60	≤0.05	≤0.30	Ni≤0.30[①]
T103V2	0.90~1.10	0.10~0.30	0.20~0.35	0.030	0.030	≤0.30	≤0.05	0.15~0.30	Ni≤0.30[①]
T90Mo6Cr2V2W2	0.85~0.95	0.10~0.35	1.25~1.75	0.030	0.030	0.30~0.60	≤0.05	（≤0.25）[②]	W 0.40~0.60 Ni≤0.30[①]
T215Cr48	2.00~2.30	0.10~0.35	0.25~0.50	0.030	0.030	11.0~13.0	（≤0.80）[②]	（≤0.80）[②]	Ni≤0.30[①]
T150Cr48Mo10V4	1.40~1.60	≤0.40	≤0.60	0.030	0.030	11.0~13.0	0.80~1.20	0.20~0.50	Ni≤0.30[①]
T210Cr54	1.80~2.40	≤0.40	≤0.60	0.030	0.030	12.0~15.0	≤0.05	≤0.30	Ni≤0.30[①]
T100Cr20Mo10V4	0.95~1.05	≤0.40	0.60~0.90	0.030	0.030	4.50~5.50	0.80~1.20	0.20~0.50	Ni≤0.30[①]

① 其他元素含量：Cu≤0.25%，Sn≤0.05%，B≤0.0003%，O≤0.003%。

② 括号内数值表示"可选用"。

（2）印度 IS 标准热作锻造成形用工具钢的钢号与化学成分（表4-6-13）

表4-6-13　热作锻造成形用工具钢的钢号与化学成分（质量分数）（%）

钢　号	C	Si	Mn	P≤	S≤	Cr	Mo	V	其　他
T37Cr20Si4Mo50V4	0.32~0.42	0.80~1.20	≤0.50	0.030	0.030	4.50~5.50	1.00~1.50	0.30~0.50	Ni≤0.30[①]
T37Cr20Si4Mo50V4W	0.32~0.42	0.80~1.20	≤0.50	0.030	0.030	4.50~5.50	1.00~1.50	0.20~0.60	W 1.00~1.50 Ni≤0.30[①]
T30Cr10V4W38	0.25~0.35	≤0.40	≤0.60	0.030	0.030	2.00~3.00	≤0.05	0.30~0.50	W 9.00~10.0 Ni≤0.30[①]
T55Ni8Cr3Mo3V2	0.50~0.60	0.15~0.40	0.65~0.80	0.030	0.030	0.60~0.80	0.25~0.35	0.07~0.12	Ni 1.50~1.80[①]
T55Ni8Cr4Mo5V2	0.50~0.60	0.15~0.40	0.65~0.95	0.030	0.030	1.00~1.20	0.45~0.55	0.07~0.12	Ni 1.50~1.80[①]

① 其他元素含量：Cu≤0.25%，Sn≤0.05%，B≤0.0003%，O≤0.003%。

4.6.7　气动工具用钢 ［IS 5651（1987/2004 确认）］

（1）印度 IS 标准气动工具用钢的钢号与化学成分（表4-6-14）

表4-6-14　气动工具用钢的钢号与化学成分（质量分数）（%）

钢　号	C	Si	Mn	P≤	S≤	Cr	W	V	其　他
T40W8Cr5V2	0.35~0.45	0.50~1.00	0.20~0.40	0.035	0.035	1.00~1.50	1.75~2.25	0.10~0.25	
T50W8Cr5V2	0.45~0.55	0.50~1.00	0.20~0.40	0.035	0.035	1.00~1.50	1.75~2.25	0.10~0.25	Mo≤0.40 Ni≤0.40
XT32W9Cr3V	0.25~0.40	0.10~0.35	0.20~0.40	0.035	0.035	2.80~3.30	8.00~10.0	0.25~0.50	Cu≤0.30 Sn≤0.05
XT72W18Cr4V1	0.65~0.80	0.15~0.40	0.20~0.40	0.035	0.035	3.75~4.50	17.5~19.0	1.00~1.25	

（2）印度 IS 标准气动工具用钢的热处理

A）气动工具用钢的退火制度（表4-6-15）

表4-6-15　气动工具用钢的退火制度

钢　号	加热速度	退火温度/℃	冷却速度	退火硬度 HBW　≤
T40W8Cr5V2	慢均热	730~760	20℃/h	245
T50W8Cr5V2	慢均热	780~815	20℃/h	245
XT32W9Cr3V	慢均热	800~840	15℃/h	255
XT72W18Cr4V1	慢均热	840~880	15℃/h	255

B）气动工具用钢的淬火与回火（表4-6-16）

表4-6-16　气动工具用钢的淬火与回火

钢　号	加热速度	预热温度/℃	淬火温度/℃	保温时间	冷却介质	回火温度/℃	热处理后硬度 HRC
T40W8Cr5V2	50℃/h	—	900~950	按断面尺寸	水、油	200~400	50~55
T50W8Cr5V2	50℃/h	—	880~920	按断面尺寸	油	200~400	50~55
XT32W9Cr3V	慢均热	815	1080~1150	2~5min	油、空冷[①]	590~760	45~55
XT72W18Cr4V1	慢均热	815~870	1240~1290	2~5min	油、空冷[①]	640~680	52~57

① 或500℃盐浴。

4.7　日　本

A. 通用工具钢

4.7.1　碳素工具钢

（1）日本 JIS 标准碳素工具钢的钢号与化学成分［JIS G4401（2009/2014 确认）］（表4-7-1）

表4-7-1　碳素工具钢的钢号与化学成分（质量分数）（%）

钢　号	旧钢号[①]	C	Si	Mn	P ≤	S ≤	残余元素≤		
							Cr	Ni	Cu
SK140	SK1	1.30~1.50	0.10~0.35	0.10~0.50	0.030	0.030	0.30	0.25	0.25
SK120	SK2 TC120	1.15~1.25	0.10~0.35	0.10~0.50	0.030	0.030	0.30	0.25	0.25
SK105	SK3 TC105	1.00~1.10	0.10~0.35	0.10~0.50	0.030	0.030	0.30	0.25	0.25
SK95	SK4	0.90~1.00	0.10~0.35	0.10~0.50	0.030	0.030	0.30	0.25	0.25
SK90	TC90	0.85~0.95	0.10~0.35	0.10~0.50	0.030	0.030	0.30	0.25	0.25
SK85	SK5	0.80~0.90	0.10~0.35	0.10~0.50	0.030	0.030	0.30	0.25	0.25
SK80	TC80	0.75~0.85	0.10~0.35	0.10~0.50	0.030	0.030	0.30	0.25	0.25
SK75	SK6	0.70~0.80	0.10~0.35	0.10~0.50	0.030	0.030	0.30	0.25	0.25
SK70	TC70	0.65~0.75	0.10~0.35	0.10~0.50	0.030	0.030	0.30	0.25	0.25
SK65	SK7	0.60~0.70	0.10~0.35	0.10~0.50	0.030	0.030	0.30	0.25	0.25
SK60	—	0.55~0.65	0.10~0.35	0.10~0.50	0.030	0.030	0.30	0.25	0.25

① TC×× 是 ISO 4957 标准的旧钢号。

（2）日本 JIS 标准碳素工具钢的热加工、热处理制度与硬度（表4-7-2）

表4-7-2　碳素工具钢的热加工、热处理制度与硬度

钢　号	热加工温度/℃		退火温度/℃	退火后硬度 HBW≤	淬火温度 /℃	淬火介质	回火温度[①] /℃	回火后硬度 HRC≥
	开始	终止						
SK140	1000~1050	≤850	750~780	217	780	水	180	63
SK120	1000~1050	≤850	750~780	217	780	水	180	62

（续）

钢　号	热加工温度/℃		退火温度/℃	退火后硬度 HBW≤	淬火温度 /℃	淬火介质	回火温度[①]/℃	回火后 硬度 HRC≥
	开始	终止						
SK105	1000 ~ 1050	≤850	750 ~ 780	212	780	水	180	61
SK95	1050 ~ 1100	≤850	740 ~ 760	207	780	水	180	61
SK90	1050 ~ 1100	≤850	740 ~ 760	207	780	水	180	60
SK85	1050 ~ 1100	≤850	730 ~ 760	207	780	水	180	59
SK80	1050 ~ 1100	≤850	730 ~ 760	192	790	水	180	58
SK75	1050 ~ 1100	≤850	730 ~ 760	192	790	水	180	57
SK70	1050 ~ 1100	≤850	730 ~ 760	183	800	水	180	57
SK65	1050 ~ 1100	≤850	730 ~ 760	183	800	水	180	56
SK60	1050 ~ 1100	≤850	730 ~ 760	183	810	水	180	55

① 回火冷却均为空冷。

4.7.2　合金工具钢（含模具钢）

（1）日本 JIS 标准合金工具钢的钢号与化学成分［JIS G4404（2015）］（表 4-7-3）

表 4-7-3　合金工具钢的钢号与化学成分（质量分数）（%）

钢 号[①]	C	Si	Mn	P≤	S≤	Cr	W	V[②]	其　他
刀具用钢									
SKS 11	1.20 ~ 1.30	≤0.35	≤0.50	0.030	0.030	0.20 ~ 0.50	3.00 ~ 4.00	0.10 ~ 0.30	Ni≤0.25 Cu≤0.25
SKS 2	1.00 ~ 1.10	≤0.35	≤0.80	0.030	0.030	0.50 ~ 1.00	1.00 ~ 1.50	（≤0.20）	Ni≤0.25 Cu≤0.25
SKS 21	1.00 ~ 1.10	≤0.35	≤0.50	0.030	0.030	0.20 ~ 0.50	0.50 ~ 1.00	0.10 ~ 0.25	Ni≤0.25 Cu≤0.25
SKS 5	0.75 ~ 0.85	≤0.35	≤0.50	0.030	0.030	0.20 ~ 0.50	—	—	Ni 0.70 ~ 1.30 Cu≤0.25
SKS 51	0.75 ~ 0.85	≤0.35	≤0.50	0.030	0.030	0.20 ~ 0.50	—	—	Ni 1.30 ~ 2.00 Cu≤0.25
SKS 7	1.10 ~ 1.20	≤0.35	≤0.50	0.030	0.030	0.20 ~ 0.50	2.00 ~ 2.50	（≤0.20）	Ni≤0.25 Cu≤0.25
SKS 81	1.10 ~ 1.30	≤0.35	≤0.50	0.030	0.030	0.20 ~ 0.50	—	—	Ni≤0.25 Cu≤0.25
SKS 8	1.30 ~ 1.50	≤0.35	≤0.50	0.030	0.030	0.20 ~ 0.50	—	—	Ni≤0.25 Cu≤0.25
耐冲击工具钢									
SKS 4	0.45 ~ 0.55	≤0.35	≤0.50	0.030	0.030	0.50 ~ 1.00	0.50 ~ 1.00	—	Ni≤0.25 Cu≤0.25
SKS 41	0.35 ~ 0.45	≤0.35	≤0.50	0.030	0.030	1.00 ~ 1.50	2.50 ~ 3.50	—	Ni≤0.25 Cu≤0.25
SKS 43（105V）	1.00 ~ 1.10	0.10 ~ 0.30	0.10 ~ 0.40	0.030	0.030	≤0.20	—	0.10 ~ 0.20	Ni≤0.25 Cu≤0.25
SKS 44	0.80 ~ 0.90	≤0.25	≤0.30	0.030	0.030	≤0.20	—	0.10 ~ 0.25	Ni≤0.25 Cu≤0.25
冷作模具钢									
SKS 3	0.90 ~ 1.00	≤0.35	0.90 ~ 1.20	0.030	0.030	0.50 ~ 1.00	0.50 ~ 1.00	—	Cu≤0.25
SKS 31	0.95 ~ 1.05	≤0.35	0.90 ~ 1.20	0.030	0.030	0.80 ~ 1.20	1.00 ~ 1.50	—	Cu≤0.25
SKS 93	1.00 ~ 1.10	≤0.50	0.80 ~ 1.10	0.030	0.030	0.20 ~ 0.60	—	—	Cu≤0.25
SKS 94	0.90 ~ 1.00	≤0.50	0.80 ~ 1.10	0.030	0.030	0.20 ~ 0.60	—	—	Cu≤0.25
SKS 95	0.80 ~ 0.90	≤0.50	0.80 ~ 1.10	0.030	0.030	0.20 ~ 0.60	—	—	Cu≤0.25
SKD 1（X210Cr12）	1.90 ~ 2.20	0.10 ~ 0.60	0.20 ~ 0.60	0.030	0.030	11.0 ~ 13.0	—	（≤0.30）	Cu≤0.25
SKD 2（X210CrW12）	2.00 ~ 2.30	0.10 ~ 0.40	0.30 ~ 0.60	0.030	0.030	11.0 ~ 13.0	0.60 ~ 0.80	—	Cu≤0.25

（续）

钢 号①	C	Si	Mn	P≤	S≤	Cr	W	V②	其 他
冷作模具钢									
SKD 10 （X153CrMoV12）	1.45~1.60	0.10~0.60	0.20~0.60	0.030	0.030	11.0~13.0	—	0.70~1.00	Mo 0.70~1.00 Cu≤0.25
SKD 11	1.40~1.60	≤0.40	≤0.60	0.030	0.030	11.0~13.0	—	0.20~0.50	Mo 0.80~1.20 Cu≤0.25
SKD 12 （100CrMoV5）	0.95~1.05	0.10~0.40	0.40~0.80	0.030	0.030	4.80~5.50		0.15~0.35	Mo 0.90~1.20 Cu≤0.25
热作模具钢									
SKD 4	0.25~0.35	≤0.40	≤0.60	0.030	0.020	2.00~3.00	5.00~6.00	0.30~0.50	—
SKD 5 （X30WCrV9-3）	0.25~0.35	0.10~0.40	0.15~0.45	0.030	0.020	2.50~3.20	8.50~9.50	0.30~0.50	—
SKD 6	0.32~0.42	0.80~1.20	≤0.50	0.030	0.020	4.50~5.50	—	0.30~0.50	Mo 1.00~1.50
SKD 61 （X40CrMoV5-1）	0.35~0.42	0.80~1.20	0.25~0.50	0.030	0.020	4.80~5.50	—	0.80~1.15	Mo 1.00~1.50
SKD 62 （X35CrWMoV5）	0.32~0.40	0.80~1.20	0.20~0.50	0.030	0.020	4.75~5.50	1.00~1.60	0.20~0.50	Mo 1.00~1.60
SKD 7 （32 CrMoV3-3）	0.28~0.35	0.10~0.40	0.15~0.45	0.030	0.020	2.70~3.20	—	0.40~0.70	Mo 2.50~3.00
SKD 8 （X38CrCo WV4-4-4）	0.35~0.45	0.15~0.50	0.20~0.50	0.030	0.020	4.00~4.70	3.80~4.50	1.70~2.10	Mo 0.30~0.50 Co 4.00~4.50
SKT 3	0.50~0.60	≤0.35	0.60~1.00	0.030	0.020	0.90~1.20	—	（≤0.20）	Ni 0.25~0.60 Mo 0.30~0.50
SKT 4 （55NiCrMoV7）	0.50~0.60	0.10~0.40	0.60~0.90	0.030	0.020	0.80~1.20	—	0.05~0.15	Ni 1.50~1.80 Mo 0.35~0.55
SKT 6 （45NiCrMo16）	0.40~0.50	0.10~0.40	0.20~0.50	0.030	0.020	1.20~1.50	—	—	Ni 3.80~4.30 Mo 0.15~0.35

① 括号内为引进的 ISO 4957 的原钢号。

② 根据需要而加入的 V 含量用带括号的数值表示。

（2）日本 JIS 标准合金工具钢的热处理规范与硬度（表4-7-4）

表 4-7-4   合金工具钢的热处理规范与硬度

钢 号	热加工温度/℃		退火温度/℃	退火后硬度 HBW≤	淬火温度①/℃	淬火介质	回火温度①/℃	回火后硬度 HV≥
	开始	终止						
刀具用钢								
SKS 11	1050	800	780~850	241	790	水	180	746
SKS 2	1050	850	750~800	217	860	油	180	720
SKS 21	1050	850	750~800	217	800	水	180	720
SKS 5	1050	850	750~800	207	830	油	420	446
SKS 51	1050	850	750~800	207	830	油	420	446
SKS 7	1050	850	750~800	217	860	油	180	746
SKS 81	1050	850	750~800	212	790	水	180	772

（续）

钢号	热加工温度/℃		退火温度/℃	退火后硬度 HBW≤	淬火温度[1]/℃	淬火介质	回火温度[1]/℃	回火后硬度 HV≥
	开始	终止						
刀具用钢								
SKS 8	1050	850	750~800	217	810	水	180	772
耐冲击工具钢								
SKS 4	1050	850	740~780	201	800	水	180	613
SKS 41	1050	850	760~820	217	880	油	180	560
SKS 43	1020	800	750~800	217	790	水	180	772
SKS 44	1050	800	730~780	207	790	水	180	697
冷作模具钢								
SKS 3	1000	800	750~800	217	830	油	180	697
SKS 31	1000	800	750~800	217	830	油	180	720
SKS 93	1000	800	750~800	217	820	油	180	772
SKS 94	—	—	740~760	212	820	油	180	720
SKS 95	—	—	730~760	212	820	油	180	674
SKD 1	1000	800	830~880	248	970	空冷	180	746
SKD 2	1000	800	830~880	255	970	空冷	180	746
SKD 10	1000	800	830~880	255	1020	空冷	180	720
SKD 11	1000	800	830~880	255	1030	空冷	180	653
SKD 12	1000	800	830~880	241	970	空冷	180	697
热作模具钢								
SKD 4	1100	900	800~850	≤235	1080	油	600	412
SKD 5	1100	900	800~850	≤241	1150	油	600	484
SKD 6	1100	900	820~870	≤229	1050	空冷	550	484
SKD 61	1100	900	820~870	≤229	1020	空冷	550	513
SKD 62	1100	900	820~870	≤229	1020	空冷	550	484
SKD 7	1100	900	820~870	≤229	1040	空冷	550	458
SKD 8	1100	900	820~870	≤262	1120	油	600	484
SKT 3	1050	850	760~810	≤235	850	油	500	412
SKT 4	1050	850	740~800	≤248	850	油	500	412
SKT 6	1050	850	720~780	≤285	850	油	180	544

① 表中淬火、回火温度的容许范围为 ±10℃，回火冷却均为空冷。

4.7.3　高速工具钢

（1）日本 JIS 标准高速工具钢的钢号与化学成分［JIS G4403（2015）］（表4-7-5）

表 4-7-5　高速工具钢的钢号与化学成分（质量分数）（%）

钢号[1]	C	Si	Mn	P≤	S≤	Cr	Mo	W	V	Co
钨系高速工具钢										
SKH 2	0.73~0.83	≤0.45	≤0.40	0.030	0.030	3.80~4.50	—	17.20~18.70	1.00~1.20	—
SKH 3	0.73~0.83	≤0.45	≤0.40	0.030	0.030	3.80~4.50	—	17.00~19.00	0.80~1.20	4.50~5.50
SKH 4	0.73~0.83	≤0.45	≤0.40	0.030	0.030	3.80~4.50	—	17.00~19.00	1.00~1.50	9.00~11.00
SKH 10	1.45~1.60	≤0.45	≤0.40	0.030	0.030	3.80~4.50	—	11.50~13.50	4.20~5.20	4.20~5.20
粉末冶金高速工具钢										
SKH 40	1.23~1.33	≤0.45	≤0.40	0.030	0.030	3.80~4.50	4.70~5.30	5.70~6.70	2.70~3.20	8.00~8.80

（续）

钢号①	C	Si	Mn	P≤	S≤	Cr	Mo	W	V	Co
					钨钼系高速工具钢					
SKH 50	0.77~0.87	≤0.70	≤0.45	0.030	0.030	3.50~4.50	8.00~9.00	1.40~2.00	1.00~1.40	—
SKH 51	0.80~0.88	≤0.45	≤0.40	0.030	0.030	3.80~4.50	4.70~5.20	5.90~6.70	1.70~2.10	—
SKH 52	1.00~1.10	≤0.45	≤0.40	0.030	0.030	3.80~4.50	5.50~6.50	5.90~6.70	2.30~2.60	—
SKH 53	1.15~1.25	≤0.45	≤0.40	0.030	0.030	3.80~4.50	4.70~5.20	5.90~6.70	2.70~3.20	—
SKH 54	1.25~1.40	≤0.45	≤0.40	0.030	0.030	3.80~4.50	4.20~5.00	5.20~6.00	3.70~4.20	—
SKH 55	0.87~0.95	≤0.45	≤0.45	0.030	0.030	3.80~4.50	4.70~5.20	5.90~6.70	1.70~2.10	4.50~5.00
SKH 56	0.85~0.95	≤0.45	≤0.40	0.030	0.030	3.80~4.50	4.70~5.20	5.90~6.70	1.70~2.10	7.00~9.00
SKH 57	1.20~1.35	≤0.45	≤0.40	0.030	0.030	3.20~3.90	9.00~10.00	3.00~3.50	9.50~10.50	
SKH 58	0.95~1.05	≤0.70	≤0.40	0.030	0.030	3.50~4.50	8.20~9.20	1.50~2.10	1.70~2.20	—
SKH 59	1.05~1.15	≤0.70	≤0.40	0.030	0.030	3.50~4.50	9.00~10.00	1.20~1.90	0.90~1.30	7.50~8.50

① 各钢号的残余元素含量：Cu≤0.25%。

（2）日本 JIS 标准高速工具钢的热加工、热处理制度与硬度（表4-7-6）

表4-7-6 高速工具钢的热加工、热处理制度与硬度①

钢号	热加工温度/℃		退火温度/℃	退火后硬度 HBW≤	淬火温度/℃	淬火介质	回火温度②/℃	回火后硬度 HV≥
	开始	终止						
			钨系高速工具钢					
SKH 2	1150	900	820~880	269	1260	油	560	772
SKH 3	1250	900	840~900	269	1270	油	560	800
SKH 4	1200	950	850~910	285	1270	油	560	800
SKH 10	1150	950	820~900	285	1230	油	560	800
			粉末冶金高速工具钢					
SKH 40	—	—	800~880	≤302	1180	油	560	832
			钨钼系高速工具钢					
SKH 50	—	—	800~880	≤262	1190	油	560	772
SKH 51	1150	950	800~880	≤262	1220	油	560	800
SKH 52	1150	950	800~880	≤262	1200	油	560	800
SKH 53	1150	950	800~880	<269	1200	油	560	800
SKH 54	1150	950	800~880	<269	1210	油	560	800
SKH 55	1180	950	800~880	<269	1210	油	560	800
SKH 56	1180	950	800~880	<285	1210	油	560	800
SKH 57	1180	950	800~880	<293	1230	油	560	865
SKH 58	—	—	800~880	<269	1200	油	560	800
SKH 59	—	—	800~880	<277	1190	油	550	865

① 表中的热加工温度为参考值，淬火、回火处理及回火后硬度，主要用于对脱碳层深度的测定。
② 各钢号均进行两次回火。

B. 专业用钢和优良品种

4.7.4 工具用冷轧特殊钢带［JIS G3311（2016）］

（1）日本 JIS 标准工具用冷轧特殊钢带的钢号与化学成分（表4-7-7）

表 4-7-7　工具用冷轧特殊钢带的钢号与化学成分（质量分数）（%）

钢　号	旧钢号	C	Si	Mn	P≤	S≤	Cr	Ni	W	其　他
碳素工具钢冷轧特殊钢带										
SK 120M	SK 2M	1.15 ~ 1.25	0.10 ~ 0.35	0.10 ~ 0.50	0.030	0.030	≤0.30	≤0.25	—	Cu≤0.25
SK 105M	SK 3M	1.00 ~ 1.10	0.10 ~ 0.35	0.10 ~ 0.50	0.030	0.030	≤0.30	≤0.25	—	Cu≤0.25
SK 95M	SK 4M	0.90 ~ 1.00	0.10 ~ 0.35	0.10 ~ 0.50	0.030	0.030	≤0.30	≤0.25	—	Cu≤0.25
SK 85M	SK 5M	0.80 ~ 0.90	0.10 ~ 0.35	0.10 ~ 0.50	0.030	0.030	≤0.30	≤0.25	—	Cu≤0.25
SK 75M	SK 6M	0.70 ~ 0.80	0.10 ~ 0.35	0.10 ~ 0.50	0.030	0.030	≤0.30	≤0.25	—	Cu≤0.25
SK 65M	SK 7M	0.60 ~ 0.70	0.10 ~ 0.35	0.10 ~ 0.50	0.030	0.030	≤0.30	≤0.25	—	Cu≤0.25
合金工具钢冷轧特殊钢带										
SKS 2M	—	1.00 ~ 1.10	≤0.35	≤0.80	0.030	0.030	0.50 ~ 1.00	≤0.25	1.00 ~ 1.50	（V≤0.20）Cu≤0.25
SKS 5M		0.75 ~ 0.85	≤0.35	≤0.50	0.030	0.030	0.20 ~ 0.50	0.70 ~ 1.30		Cu≤0.25
SKS 51M		0.75 ~ 0.85	≤0.35	≤0.50	0.030	0.030	0.20 ~ 0.50	1.30 ~ 2.00		Cu≤0.25
SKS 7M		1.10 ~ 1.20	≤0.35	≤0.50	0.030	0.030	0.20 ~ 0.50	≤0.25	2.00 ~ 2.50	（V≤0.20）Cu≤0.25
SKS 81M		1.10 ~ 1.30	≤0.35	≤0.50	0.030	0.030	0.20 ~ 0.50	≤0.25		Cu≤0.25
SKS 95M		0.80 ~ 0.90	≤0.50	0.80 ~ 1.10	0.030	0.030	0.20 ~ 0.60	≤0.25		Cu≤0.25

注：括号内数值为根据需要添加的量。

（2）日本 JIS 标准工具用冷轧特殊钢带的力学性能与硬度（表 4-7-8）

表 4-7-8　工具用冷轧特殊钢带的力学性能与硬度

钢　号	退火硬度 HV≤	冷轧状态硬度 HV	钢　号	退火硬度 HV≤	冷轧状态硬度 HV
碳素工具钢冷轧特殊钢带			合金工具钢冷轧特殊钢带		
SK 120M	220	220 ~ 310	SKS 2M	230	230 ~ 320
SK 105M	220	220 ~ 310	SKS 5M	200	200 ~ 290
SK 95M	210	210 ~ 300	SKS 51M	200	200 ~ 290
SK 85M	200	200 ~ 290	SKS 7M	250	250 ~ 340
SK 75M	190	190 ~ 280	SKS 81M	220	220 ~ 310
SK 65M	190	190 ~ 280	SKS 95M	200	200 ~ 290

4.7.5　中空钢 ［JIS G4410（1984/2000 确认）］

（1）日本 JIS 标准中空钢的钢号与化学成分（表 4-7-9）

表 4-7-9　中空钢的钢号与化学成分（质量分数）（%）[1][2]

钢　号	C	Si	Mn	Cr	Ni	Mo[3]	V[3]	Ti[3]
SKC 3	0.70 ~ 0.85	0.15 ~ 0.35	≤0.50	≤0.20	—[2]	—	（≤0.25）	（≤0.25）
SKC 11	0.85 ~ 1.10	0.15 ~ 0.35	≤0.50	0.80 ~ 1.50	—[2]	（≤0.40）	（≤0.25）	—
SKC 24	0.33 ~ 0.43	0.15 ~ 0.35	0.30 ~ 1.00	0.30 ~ 0.70	2.50 ~ 3.50	—	（≤0.25）	（≤0.25）
SKC 31	0.12 ~ 0.25	0.15 ~ 0.35	0.60 ~ 1.20	1.20 ~ 1.80	2.80 ~ 3.20	0.40 ~ 0.70	（≤0.25）	（≤0.25）

① 各钢号的磷、硫含量：P≤0.30%，S≤0.30%。

② 各钢号的残余元素含量：Cu≤0.25%；SKC3 的 Ni≤0.25%；SKC11 的 Ni≤0.20%。

③ 表中带括号的数字为根据需要可加入的成分。

（2）日本 JIS 标准中空钢的热处理规范与硬度（表 4-7-10）

表 4-7-10 中空钢的热处理规范与硬度

钢 号	退火后硬度 HBW	淬火温度/℃	淬火介质	回火温度/℃	回火后硬度 HRC≥
SKC 3	229 ~ 302	760 ~ 820	水	150 ~ 200	56
SKC 11	285 ~ 375	800 ~ 850	油	150 ~ 200	55
SKC 24	285 ~ 375	800 ~ 850	油	150 ~ 200	46
SKC 31	—	850 ~ 900	油	100 ~ 200	36

4.8 韩 国

4.8.1 碳素工具钢

(1) 韩国 KS 标准碳素工具钢的钢号与化学成分〔KS D3751（2008）〕（表 4-8-1）

表 4-8-1 碳素工具钢的钢号与化学成分（质量分数）（%）

钢 号	旧钢号[①]	C	Si	Mn	P≤	S≤	残余元素≤		
							Cr	Ni	Cu
STC 140	STC 1	1.30 ~ 1.50	0.10 ~ 0.35	0.10 ~ 0.50	0.030	0.030	0.30	0.25	0.25
STC 120	STC 2	1.15 ~ 1.25	0.10 ~ 0.35	0.10 ~ 0.50	0.030	0.030	0.30	0.25	0.25
STC 105	STC 3	1.00 ~ 1.10	0.10 ~ 0.35	0.10 ~ 0.50	0.030	0.030	0.30	0.25	0.25
STC 95	STC 4	0.90 ~ 1.00	0.10 ~ 0.35	0.10 ~ 0.50	0.030	0.030	0.30	0.25	0.25
STC 90	—	0.85 ~ 0.95	0.10 ~ 0.35	0.10 ~ 0.50	0.030	0.030	0.30	0.25	0.25
STC 85	STC 5	0.80 ~ 0.90	0.10 ~ 0.35	0.10 ~ 0.50	0.030	0.030	0.30	0.25	0.25
STC 80	—	0.75 ~ 0.85	0.10 ~ 0.35	0.10 ~ 0.50	0.030	0.030	0.30	0.25	0.25
STC 75	STC 6	0.70 ~ 0.80	0.10 ~ 0.35	0.10 ~ 0.50	0.030	0.030	0.30	0.25	0.25
STC 70	—	0.65 ~ 0.75	0.10 ~ 0.35	0.10 ~ 0.50	0.030	0.030	0.30	0.25	0.25
STC 65	STC 7	0.60 ~ 0.70	0.10 ~ 0.35	0.10 ~ 0.50	0.030	0.030	0.30	0.25	0.25
STC 60	—	0.55 ~ 0.65	0.10 ~ 0.35	0.10 ~ 0.50	0.030	0.030	0.30	0.25	0.25

① 此列是 KS D3751（1984/1999 确认）标准的旧钢号。

(2) 韩国 KS 标准碳素工具钢的热加工与热处理制度和硬度（表 4-8-2）

表 4-8-2 碳素工具钢的热加工与热处理制度和硬度

钢 号	热加工温度/℃		退火温度 /℃	退火硬度 HBW≤	淬火温度 /℃	淬火介质	回火温度[①] /℃	回火硬度 HRC≥
	开始	终止						
STC 140	1000 ~ 1050	≤850	750 ~ 780	217	780	水	180	63
STC 120	1000 ~ 1050	≤850	750 ~ 780	217	780	水	180	62
STC 105	1000 ~ 1050	≤850	750 ~ 780	212	780	水	180	61
STC 95	1050 ~ 1100	≤850	740 ~ 760	207	780	水	180	61
STC 90	1050 ~ 1100	≤850	740 ~ 760	207	780	水	180	60
STC 85	1050 ~ 1100	≤850	730 ~ 760	207	780	水	180	59
STC 80	1050 ~ 1100	≤850	730 ~ 760	192	790	水	180	58
STC 75	1050 ~ 1100	≤850	730 ~ 760	192	790	水	180	57
STC 70	1050 ~ 1100	≤850	730 ~ 760	183	800	水	180	57
STC 65	1050 ~ 1100	≤850	730 ~ 760	183	800	水	180	56
STC 60	1050 ~ 1100	≤850	730 ~ 760	183	810	水	180	55

① 回火冷却均为空冷。

4.8.2　合金工具钢（含模具钢）

（1）韩国 KS 标准合金工具钢的钢号与化学成分［KS D3753（2008）］（表4-8-3）

表4-8-3　合金工具钢的钢号与化学成分（质量分数）（%）

钢　号[1]	C	Si	Mn	P≤	S≤	Cr	W	V[4]	其　他[2]
刀具用钢									
STS 11	1.20 ~ 1.30	≤0.35	≤0.50	0.030	0.030	0.20 ~ 0.50	3.00 ~ 4.00	0.10 ~ 0.30	—
STS 2	1.00 ~ 1.10	≤0.35	≤0.80	0.030	0.030	0.50 ~ 1.00	1.00 ~ 1.50	（≤0.20）	—
STS 21	1.00 ~ 1.10	≤0.35	≤0.50	0.030	0.030	0.20 ~ 0.50	0.50 ~ 1.00	0.10 ~ 0.25	—
STS 5	0.75 ~ 0.85	≤0.35	≤0.50	0.030	0.030	0.20 ~ 0.50	—	—	Ni 0.70 ~ 1.30
STS 51	0.75 ~ 0.85	≤0.35	≤0.50	0.030	0.030	0.20 ~ 0.50	—	—	Ni 1.30 ~ 2.00
STS 7	1.10 ~ 1.20	≤0.35	≤0.50	0.030	0.030	0.20 ~ 0.50	2.00 ~ 2.50	（≤0.20）	—
STS 81	1.10 ~ 1.30	≤0.35	≤0.50	0.030	0.030	0.20 ~ 0.50	—	—	—
STS 8	1.30 ~ 1.50	≤0.35	≤0.50	0.030	0.030	0.20 ~ 0.50	—	—	—
耐冲击工具钢									
STS 4	0.45 ~ 0.55	≤0.35	≤0.50	0.030	0.030	0.50 ~ 1.00	0.50 ~ 1.00	—	—
STS 41	0.35 ~ 0.45	≤0.35	≤0.50	0.030	0.030	1.00 ~ 1.50	2.50 ~ 3.50	—	—
STS 43[3]（105V）	1.00 ~ 1.10	0.10 ~ 0.30	0.10 ~ 0.40	0.030	0.030	—[3]	—	0.10 ~ 0.20	—
STS 44[3]	0.80 ~ 0.90	≤0.25	≤0.30	0.030	0.030	—[3]	—	0.10 ~ 0.25	—
冷作模具钢									
STS 3	0.90 ~ 1.00	≤0.35	0.90 ~ 1.20	0.030	0.030	0.50 ~ 1.00	0.50 ~ 1.00	—	—
STS 31	0.95 ~ 1.05	≤0.35	0.90 ~ 1.20	0.030	0.030	0.80 ~ 1.20	1.00 ~ 1.50	—	—
STS 93	1.00 ~ 1.10	≤0.50	0.80 ~ 1.10	0.030	0.030	0.20 ~ 0.60	—	—	—
STS 94	0.90 ~ 1.00	≤0.50	0.80 ~ 1.10	0.030	0.030	0.20 ~ 0.60	—	—	—
STS 95	0.80 ~ 0.90	≤0.50	0.80 ~ 1.10	0.030	0.030	0.20 ~ 0.60	—	—	—
STD 1（X210Cr12）	1.90 ~ 2.20	0.10 ~ 0.60	0.20 ~ 0.60	0.030	0.030	11.0 ~ 13.0	—	（≤0.30）	—
STD 2（X210CrW12）	2.00 ~ 2.30	0.10 ~ 0.40	0.30 ~ 0.60	0.030	0.030	11.0 ~ 13.0	0.60 ~ 0.80		—
STD 10（X153CrMoV12）	1.45 ~ 1.60	0.10 ~ 0.60	0.20 ~ 0.60	0.030	0.030	11.0 ~ 13.0	—	0.70 ~ 1.00	Mo 0.70 ~ 1.00
STD 11	1.40 ~ 1.60	≤0.40	≤0.60	0.030	0.030	11.0 ~ 13.0	—	0.20 ~ 0.50	Mo 0.80 ~ 1.20
STD 12（100CrMoV5）	0.95 ~ 1.05	0.10 ~ 0.40	0.40 ~ 0.80	0.030	0.030	4.80 ~ 5.50	—	0.15 ~ 0.35	Mo 0.90 ~ 1.20
热作模具钢									
STD 4	0.25 ~ 0.35	≤0.40	≤0.60	0.030	0.020	2.00 ~ 3.00	5.00 ~ 6.00	0.30 ~ 0.50	—
STD 5（X30WCrV9-3）	0.25 ~ 0.35	0.10 ~ 0.40	0.15 ~ 0.45	0.030	0.020	2.50 ~ 3.20	8.50 ~ 9.50	0.30 ~ 0.50	—
STD 6	0.32 ~ 0.42	0.80 ~ 1.20	≤0.50	0.030	0.020	4.50 ~ 5.50	—	0.30 ~ 0.50	Mo 1.00 ~ 1.50
STD 61（X40CrMoV5-1）	0.35 ~ 0.42	0.80 ~ 1.20	0.25 ~ 0.50	0.030	0.020	4.80 ~ 5.50	—	0.80 ~ 1.15	Mo 1.00 ~ 1.50
STD 62（X35CrWMoV5）	0.32 ~ 0.40	0.80 ~ 1.20	0.20 ~ 0.50	0.030	0.020	4.75 ~ 5.50	1.00 ~ 1.60	0.20 ~ 0.50	Mo 1.00 ~ 1.60

（续）

钢　号[1]	C	Si	Mn	P≤	S≤	Cr	W	V[4]	其　他[2]
热作模具钢									
STD 7 （32 CrMoV3-3）	0.28 ~ 0.35	0.10 ~ 0.40	0.15 ~ 0.45	0.030	0.020	2.70 ~ 3.20	—	0.40 ~ 0.70	Mo 2.50 ~ 3.00
STD 8 （X38CrCo WV4-4-4）	0.35 ~ 0.45	0.15 ~ 0.50	0.20 ~ 0.50	0.030	0.020	4.00 ~ 4.70	3.80 ~ 4.50	1.70 ~ 2.10	Mo 0.30 ~ 0.50 Co 4.00 ~ 4.50
STF3	0.50 ~ 0.60	≤0.35	≤0.60	0.030	0.020	0.90 ~ 1.20	—	（≤0.20）	Ni 0.25 ~ 0.60 Mo 0.30 ~ 0.50
STF 4 （55NiCrMoV7）	0.50 ~ 0.60	0.10 ~ 0.40	0.60 ~ 0.90	0.030	0.020	0.80 ~ 1.20	—	0.05 ~ 0.15	Ni 1.50 ~ 1.80 Mo 0.35 ~ 0.55
STF 6 （45NiCrMo16）	0.40 ~ 0.50	0.10 ~ 0.40	0.20 ~ 0.50	0.030	0.020	1.20 ~ 1.50	—	—	Ni 3.80 ~ 4.30 Mo 0.15 ~ 0.35

① 括号内为引进的 ISO 4957 的原钢号。
② 各钢号的残余元素含量：Ni≤0.25%（ST 5 和 ST 51 除外），Cu≤0.25%。
③ STS43 和 STS44 的铬含量（残余元素）Cr≤0.20%。
④ 根据需要而加入的 V 含量用带括号的数值表示。

（2）韩国 KS 标准合金工具钢的热加工与热处理制度和硬度（表4-8-4）

表 4-8-4　合金工具钢的热加工与热处理制度和硬度

钢　号	热加工温度/℃		退火温度/℃	退火硬度 HBW≤	淬火温度/℃	淬火介质	回火温度[1] /℃	回火硬度 HRC≥
	开始	终止						
刀具用钢								
STS 11	1050	800	780 ~ 850	241	760 ~ 810	水	150 ~ 200	62
STS 2	1050	850	750 ~ 800	217	830 ~ 880	油	150 ~ 200	61
STS 21	1050	850	750 ~ 800	217	770 ~ 820	水	150 ~ 200	61
STS 5	1050	850	750 ~ 800	207	800 ~ 850	油	400 ~ 450	45
STS 51	1050	850	750 ~ 800	207	800 ~ 850	油	400 ~ 450	45
STS 7	1050	850	750 ~ 800	217	830 ~ 880	油	150 ~ 200	62
STS 8	1050	850	750 ~ 800	217	780 ~ 820	水	100 ~ 150	63
耐冲击工具钢								
STS 4	1050	850	740 ~ 780	201	780 ~ 820	水	150 ~ 200	56
STS 41	1050	850	760 ~ 820	217	850 ~ 900	油	150 ~ 200	53
STS 43	1020	800	750 ~ 800	217	770 ~ 820	水	150 ~ 200	63
STS 44	1050	800	730 ~ 780	207	760 ~ 820	水	150 ~ 200	60
冷作模具钢								
STS 3	1000	800	750 ~ 800	217	800 ~ 850	油	150 ~ 200	60
STS 31	1000	800	750 ~ 800	217	800 ~ 850	油	150 ~ 200	61
STS 93	—	—	750 ~ 800	217	790 ~ 850	油	150 ~ 200	63
STS 94			740 ~ 760	212	790 ~ 850	油	150 ~ 200	61
STS 95	—	—	730 ~ 760	212	790 ~ 850	油	150 ~ 200	59
STD 1	1000	800	830 ~ 880	269	930 ~ 980	空冷	150 ~ 200	61
STD 11	1000	800	830 ~ 880	255	1000 ~ 1050	空冷	150 ~ 200	58
STD 12	1000	800	830 ~ 880	255	930 ~ 980	空冷	150 ~ 200	61

（续）

钢　　号	热加工温度/℃		退火温度/℃	退火硬度 HBW≤	淬火温度/℃	淬火介质	回火温度[①] /℃	回火硬度 HRC≥
	开始	终止						
热作模具钢								
STD4	1100	900	800～850	235	1050～1100	油	600～650	50
STD5	1100	900	800～850	235	1050～1150	油	600～650	50
STD6	1100	900	820～870	229	1000～1050	空冷	550～600	53
STD61	1100	900	820～870	229	1000～1050	空冷	550～600	53
STD62	—	—	820～870	229	1000～1050	空冷	550～600	53
STF3	1050	850	760～810	235	—	油	—	—
STF4	1050	850	740～800	241	—	油	—	—
STF7	—	—	820～870	229	1000～1050	空冷	550～600	53
STF8	—	—	820～870	241	1070～1170	油	600～700	55

① 回火温度均为空冷。

4.8.3　高速工具钢

（1）韩国 KS 标准高速工具钢的钢号与化学成分〔KS D3522（2008）〕（表 4-8-5）

表 4-8-5　高速工具钢的钢号与化学成分（质量分数）（%）

钢　号[①]	C	Si	Mn	P≤	S≤	Cr	Mo	W	V	Co
钨系高速工具钢[①]										
SKH 2	0.73～0.83	≤0.45	≤0.40	0.030	0.030	3.80～4.50	—	17.2～18.7	1.00～1.20	—
SKH 3	0.73～0.83	≤0.45	≤0.40	0.030	0.030	3.80～4.50	—	17.0～19.0	0.80～1.20	4.50～5.50
SKH 4	0.73～0.83	≤0.45	≤0.40	0.030	0.030	3.80～4.50	—	17.0～19.0	1.00～1.50	9.00～11.00
SKH 10	1.45～1.60	≤0.45	≤0.40	0.030	0.030	3.80～4.50	—	11.5～13.5	4.20～5.20	4.20～5.20
粉末冶金高速工具钢[①]										
SKH 40	1.23～1.33	≤0.45	≤0.40	0.030	0.030	4.70～5.30	5.70～6.70		2.70～3.20	8.00～8.80
钨钼系高速工具钢[①]										
SKH 50	0.77～0.87	≤0.70	≤0.45	0.030	0.030	3.50～4.50	8.00～9.00	1.40～2.00	1.00～1.40	—
SKH 51	0.80～0.88	≤0.45	≤0.40	0.030	0.030	3.80～4.50	4.70～5.20	5.90～6.70	1.70～2.10	—
SKH 52	1.00～1.10	≤0.45	≤0.40	0.030	0.030	3.80～4.50	5.50～6.70	5.90～6.70	2.30～2.60	—
SKH 53	1.15～1.25	≤0.45	≤0.40	0.030	0.030	3.80～4.50	4.70～5.20	5.90～6.70	2.70～3.20	—
SKH 54	1.25～1.40	≤0.45	≤0.40	0.030	0.030	3.80～4.50	4.20～5.00	5.20～6.00	3.70～4.20	—
SKH 55	0.85～0.95	≤0.45	≤0.40	0.030	0.030	3.80～4.50	4.70～5.20	5.90～6.70	1.70～2.10	4.50～5.00
SKH 56	0.85～0.95	≤0.45	≤0.40	0.030	0.030	3.80～4.50	4.70～5.20	5.90～6.70	1.70～2.10	7.00～9.00
SKH 57	1.20～1.35	≤0.45	≤0.40	0.030	0.030	3.20～3.90	3.20～3.90	9.00～10.00	3.00～3.50	9.50～10.50
SKH 58	0.95～1.05	≤0.70	≤0.40	0.030	0.030	3.50～4.50	8.20～9.20	1.50～2.00	1.70～2.20	—
SKH 59	1.05～1.15	≤0.70	≤0.40	0.030	0.030	3.50～4.50	9.00～10.0	1.20～1.90	0.90～1.30	7.50～8.50

① 各钢号的残余元素含量：Cu≤0.25%，Ni≤0.25%。

（2）韩国 KS 标准高速工具钢的热加工与热处理制度和硬度（表 4-8-6）

表 4-8-6　高速工具钢的热加工与热处理制度和硬度[①]

钢　　号	热加工温度/℃		退火温度/℃	退火后硬度 HBW≤	淬火温度/℃	淬火介质	回火温度[②]/℃	回火后硬度 HV≥
	开始	终止						
钨系高速工具钢								
SKH 2	1150	900	820～880	269	1260	油	560	772

（续）

钢　号	热加工温度/℃		退火温度/℃	退火后硬度 HBW ≤	淬火温度/℃	淬火介质	回火 温度[2]/℃	回火后硬度 HV≥
	开始	终止						
钨系高速工具钢								
SKH 3	1250	900	840～900	269	1270	油	560	800
SKH 4	1200	950	850～910	285	1270	油	560	800
SKH 10	1150	950	820～900	285	1230	油	560	800
粉末冶金高速工具钢								
SKH 40	—	—	800～880	≤302	1180	油	560	832
钨钼系高速工具钢								
SKH 50	—	—	800～880	≤262	1190	油	560	772
SKH 51	1150	950	800～880	≤262	1220	油	560	800
SKH 52	1150	950	800～880	≤262	1200	油	560	800
SKH 53	1150	950	800～880	<269	1200	油	560	800
SKH 54	1150	950	800～880	<269	1210	油	560	800
SKH 55	1180	950	800～880	<269	1210	油	560	800
SKH 56	1180	950	800～880	<285	1210	油	560	800
SKH 57	1180	950	800～880	<293	1230	油	560	865
SKH 58	—	—	800～880	<269	1200	油	560	800
SKH 59	—	—	800～880	<277	1190	油	550	865

① 表中的热加工温度为参考值，淬火、回火处理及回火后硬度，主要用于对脱碳层深度的测定。
② 各钢号均进行两次回火，均为空冷。

4.9　俄　罗　斯

A. 通用工具钢

4.9.1　碳素工具钢

（1）俄罗斯 ГОСТ 标准碳素工具钢的钢号与化学成分［ГОСТ 1435（1999）］（表4-9-1）

表4-9-1　碳素工具钢的钢号与化学成分（质量分数）（%）

钢　号	C	Si	Mn	P≤	S≤	残余元素		
						Cr	Ni	Cu
У7-1	0.65～0.74	0.17～0.33	0.17～0.33	0.030	0.028	≤0.20	≤0.25	≤0.25
У7-3	0.65～0.74	0.17～0.33	0.17～0.33	0.030	0.028	0.20～0.40	≤0.25	≤0.25
У7А-1	0.65～0.74	0.17～0.33	0.17～0.28	0.025	0.018	≤0.20	≤0.25	≤0.25
У7А-2	0.65～0.74	0.17～0.33	0.17～0.28	0.025	0.018	≤0.12①	≤0.12①	≤0.20①
У7А-3	0.65～0.74	0.17～0.33	0.17～0.28	0.025	0.018	0.20～0.40	≤0.25	≤0.25
У8-1	0.75～0.84	0.17～0.33	0.17～0.33	0.030	0.028	≤0.20	≤0.25	≤0.25
У8-3	0.75～0.84	0.17～0.33	0.17～0.33	0.030	0.028	0.20～0.40	≤0.25	≤0.25
У8А-1	0.75～0.84	0.17～0.33	0.17～0.28	0.025	0.018	≤0.20	≤0.25	≤0.25
У8А-2	0.75～0.84	0.17～0.33	0.17～0.28	0.025	0.018	≤0.12①	≤0.12①	≤0.20①
У8А-3	0.75～0.84	0.17～0.33	0.17～0.28	0.025	0.018	0.20～0.40	≤0.25	≤0.25
У8Г-1	0.80～0.90	0.17～0.33	0.33～0.58	0.030	0.028	≤0.20	≤0.25	≤0.25
У8Г-3	0.80～0.90	0.17～0.33	0.33～0.58	0.030	0.028	0.20～0.40	≤0.25	≤0.25
У8ГА-1	0.80～0.90	0.17～0.33	0.33～0.58	0.025	0.018	≤0.20	≤0.25	≤0.25
У8ГА-2	0.80～0.90	0.17～0.33	0.33～0.58	0.025	0.018	≤0.12①	≤0.12①	≤0.20①
У8ГА-3	0.80～0.90	0.17～0.33	0.33～0.58	0.025	0.018	0.20～0.40	≤0.25	≤0.25

（续）

钢 号	C	Si	Mn	P≤	S≤	残 余 元 素		
						Cr	Ni	Cu
У9-1	0.85 ~ 0.94	0.17 ~ 0.33	0.17 ~ 0.33	0.030	0.028	≤0.20	≤0.25	≤0.25
У9-3	0.85 ~ 0.94	0.17 ~ 0.33	0.17 ~ 0.33	0.030	0.028	0.20 ~ 0.40	≤0.25	≤0.25
У9А-1	0.85 ~ 0.94	0.17 ~ 0.33	0.17 ~ 0.28	0.025	0.018	≤0.20	≤0.25	≤0.25
У9А-2	0.85 ~ 0.94	0.17 ~ 0.33	0.17 ~ 0.28	0.025	0.018	≤0.12[①]	≤0.12[①]	≤0.20[①]
У9А-3	0.85 ~ 0.94	0.17 ~ 0.33	0.17 ~ 0.28	0.025	0.018	0.20 ~ 0.40	≤0.25	≤0.25
У10-1	0.95 ~ 1.09	0.17 ~ 0.33	0.17 ~ 0.33	0.030	0.028	≤0.20	≤0.25	≤0.25
У10-3	0.95 ~ 1.09	0.17 ~ 0.33	0.17 ~ 0.33	0.030	0.028	0.20 ~ 0.40	≤0.25	≤0.25
У10А-1	0.95 ~ 1.09	0.17 ~ 0.33	0.17 ~ 0.28	0.025	0.018	≤0.20	≤0.25	≤0.25
У10А-2	0.95 ~ 1.09	0.17 ~ 0.33	0.17 ~ 0.28	0.025	0.018	≤0.12[①]	≤0.12[①]	≤0.20[①]
У10А-3	0.95 ~ 1.09	0.17 ~ 0.33	0.17 ~ 0.28	0.025	0.018	0.20 ~ 0.40	≤0.25	≤0.25
У12-1	1.10 ~ 1.29	0.17 ~ 0.33	0.17 ~ 0.33	0.030	0.028	≤0.20	≤0.25	≤0.25
У12-3	1.10 ~ 1.29	0.17 ~ 0.33	0.17 ~ 0.33	0.030	0.028	0.20 ~ 0.40	≤0.25	≤0.25
У12А-1	1.10 ~ 1.29	0.17 ~ 0.33	0.17 ~ 0.28	0.025	0.018	≤0.20	≤0.25	≤0.25
У12А-2	1.10 ~ 1.29	0.17 ~ 0.33	0.17 ~ 0.28	0.025	0.018	≤0.12[①]	≤0.12[①]	≤0.20[①]
У12А-3	1.10 ~ 1.29	0.17 ~ 0.33	0.17 ~ 0.28	0.025	0.018	0.20 ~ 0.40	≤0.25	≤0.25

① Cr + Ni + Cu≤0.20%。

（2）俄罗斯ГОСТ标准碳素工具钢的热处理制度与硬度（表4-9-2）

表4-9-2 碳素工具钢的热处理制度与硬度

钢 号	退火温度/℃	退火硬度 HBW	淬火温度/℃	淬火介质	淬火硬度 HRC	回火温度 /℃	回火硬度 HRC
У7 У7А	740 ~ 760	≤187	800 ~ 820	水	≥62	160 ~ 200	63 ~ 60
						200 ~ 300	60 ~ 54
						300 ~ 400	54 ~ 43
						400 ~ 500	43 ~ 35
						500 ~ 600	35 ~ 27
У8 У8А У8ГА	740 ~ 760	≤187	780 ~ 800	水	≥62	160 ~ 200	64 ~ 60
						200 ~ 300	90 ~ 55
						300 ~ 400	55 ~ 45
						400 ~ 500	45 ~ 35
						500 ~ 600	35 ~ 27
У9 У9А	740 ~ 760	≤192	760 ~ 780	水	≥62	160 ~ 200	64 ~ 62
						200 ~ 300	62 ~ 56
						300 ~ 400	56 ~ 46
						400 ~ 500	46 ~ 37
						500 ~ 600	37 ~ 28
У10 У10А	750 ~ 770	≤207	770 ~ 800	水	≥63	160 ~ 200	64 ~ 62
						200 ~ 300	62 ~ 56
						300 ~ 400	56 ~ 47
						400 ~ 500	47 ~ 38
У12 У12А	750 ~ 770	≤212	760 ~ 790	水	≥63	160 ~ 200	65 ~ 62

注：1. 退火冷却速度为20 ~ 50℃/h，至550℃以下空冷。

    2. 工具钢的直径或厚度小于8mm时，可在机油或煤油中淬火。

    3. 为了消除冷作硬化和加工内应力，可采用650 ~ 700℃高温回火。

4.9.2　合金工具钢（含模具钢）

（1）俄罗斯 ГОСТ 标准合金工具钢的钢号与化学成分［ГОСТ 5950（2000）］（表 4-9-3）

表 4-9-3　合金工具钢的钢号与化学成分（质量分数）（%）

钢　号	C	Si	Mn	P≤	S≤	Cr	Mo	V	W	其　他[①]
量具刃具用钢										
8Х	0.70 ~ 0.80	0.10 ~ 0.40	0.15 ~ 0.45	0.030	0.030	0.40 ~ 0.70	≤0.20	≤0.15	≤0.20	—
8ХФ	0.70 ~ 0.80	0.10 ~ 0.40	0.15 ~ 0.45	0.030	0.030	0.40 ~ 0.70	≤0.20	0.15 ~ 0.30	≤0.20	—
9Х	0.80 ~ 0.90	0.10 ~ 0.40	0.30 ~ 0.60	0.030	0.030	0.40 ~ 0.70	≤0.20	≤0.15	≤0.20	—
9ХФ	0.80 ~ 0.90	0.10 ~ 0.40	0.30 ~ 0.60	0.030	0.030	0.40 ~ 0.70	≤0.20	0.15 ~ 0.30	≤0.20	—
9ХФМ	0.80 ~ 0.90	0.10 ~ 0.40	0.30 ~ 0.60	0.030	0.030	0.40 ~ 0.70	0.15 ~ 0.25	0.15 ~ 0.30	≤0.20	—
11Х	1.05 ~ 1.15	0.10 ~ 0.40	0.40 ~ 0.70	0.030	0.030	0.40 ~ 0.70	≤0.20	≤0.15	≤0.20	—
11ХФ	1.05 ~ 1.15	0.10 ~ 0.40	0.40 ~ 0.70	0.030	0.030	0.40 ~ 0.70	≤0.20	0.15 ~ 0.30	≤0.20	—
13Х	1.25 ~ 1.40	0.10 ~ 0.40	0.15 ~ 0.45	0.030	0.030	0.40 ~ 0.70	≤0.20	≤0.15	≤0.20	—
В2Ф	1.05 ~ 1.22	0.10 ~ 0.40	0.15 ~ 0.45	0.030	0.030	0.20 ~ 0.40	≤0.20	0.15 ~ 0.30	1.60 ~ 2.00	—
9Х1	0.80 ~ 0.95	0.25 ~ 0.45	0.15 ~ 0.45	0.030	0.030	1.40 ~ 1.70	≤0.20	≤0.15	≤0.20	—
Х	0.95 ~ 1.10	0.10 ~ 0.40	0.15 ~ 0.40	0.030	0.030	1.30 ~ 1.65	≤0.20	≤0.15	≤0.20	—
12Х1	1.15 ~ 1.25	0.10 ~ 0.40	0.30 ~ 0.60	0.030	0.030	1.30 ~ 1.65	≤0.20	≤0.15	≤0.20	—
9ХС	0.85 ~ 0.95	1.20 ~ 1.60	0.30 ~ 0.60	0.030	0.030	0.95 ~ 1.25	≤0.20	≤0.15	≤0.20	—
9Г2Ф	0.85 ~ 0.95	0.10 ~ 0.40	1.70 ~ 2.20	0.030	0.030	—	≤0.20	0.10 ~ 0.30	≤0.20	—
ХГС	0.95 ~ 1.05	0.40 ~ 0.70	0.85 ~ 1.25	0.030	0.030	1.30 ~ 1.65	≤0.20	≤0.15	≤0.20	—
9ХВГ	0.85 ~ 0.95	0.10 ~ 0.40	0.90 ~ 1.20	0.030	0.030	0.50 ~ 0.80	≤0.20	≤0.15	0.50 ~ 0.80	—
ХВГ	0.90 ~ 1.05	0.10 ~ 0.40	0.80 ~ 1.10	0.030	0.030	0.90 ~ 1.20	≤0.20	≤0.15	1.20 ~ 1.60	—
ХВСГФ	0.95 ~ 1.05	0.65 ~ 1.00	0.60 ~ 0.90	0.030	0.030	0.60 ~ 1.10	0.05 ~ 0.15	≤0.20	0.50 ~ 0.80	—
9Х5ВФ	0.85 ~ 1.00	0.10 ~ 0.40	0.15 ~ 0.45	0.030	0.030	4.50 ~ 5.50	≤0.20	0.15 ~ 0.30	0.80 ~ 1.20	—

（续）

钢 号	C	Si	Mn	P≤	S≤	Cr	Mo	V	W	其 他[①]
量具刃具用钢										
8Х6НФТ	0.80 ~ 0.90	0.10 ~ 0.40	0.15 ~ 0.45	0.030	0.030	5.00 ~ 6.00	≤0.20	0.30 ~ 0.50	≤0.20	Ni 0.90 ~ 1.30
8Х4В2МФС2	0.80 ~ 0.90	1.70 ~ 2.00	0.20 ~ 0.50	0.030	0.030	4.55 ~ 5.10	0.80 ~ 1.10	1.10 ~ 1.40	1.80 ~ 2.30	—
11Х4В2МФ3С2	1.05 ~ 1.15	1.40 ~ 1.80	0.20 ~ 0.50	0.030	0.030	3.50 ~ 4.20	0.30 ~ 0.50	2.30 ~ 2.80	2.00 ~ 2.70	—
冷作模具钢										
Х6ВФ	1.05 ~ 1.15	0.10 ~ 0.40	0.15 ~ 0.45	0.030	0.030	5.50 ~ 6.50	≤0.20	0.50 ~ 0.80	1.10 ~ 1.50	—
Х12	2.00 ~ 2.20	0.10 ~ 0.40	0.15 ~ 0.45	0.030	0.030	11.5 ~ 13.0	≤0.20	≤0.15	≤0.20	—
Х12ВМФ	2.00 ~ 2.20	0.10 ~ 0.40	0.15 ~ 0.45	0.030	0.030	11.0 ~ 12.5	0.60 ~ 0.90	0.15 ~ 0.30	0.50 ~ 0.80	—
Х12МФ	1.45 ~ 1.65	0.10 ~ 0.40	0.15 ~ 0.45	0.030	0.030	11.0 ~ 12.5	0.40 ~ 0.60	0.15 ~ 0.30	≤0.20	—
Х12Ф1	1.25 ~ 1.45	0.10 ~ 0.40	0.15 ~ 0.45	0.030	0.030	11.0 ~ 12.5	≤0.20	0.70 ~ 0.90	≤0.20	—
7ХГ2ВМФ	0.68 ~ 0.76	0.10 ~ 0.40	1.80 ~ 2.30	0.030	0.030	1.50 ~ 1.80	0.50 ~ 0.80	0.10 ~ 0.25	0.50 ~ 0.90	—
4ХМНФС	0.35 ~ 0.42	0.70 ~ 1.00	0.15 ~ 0.45	0.030	0.030	1.25 ~ 1.55	0.65 ~ 0.85	0.35 ~ 0.50	≤0.20	Ni 1.20 ~ 1.60 Zr 0.05 ~ 0.09 B≈0.003
4Х5В2ФС	0.35 ~ 0.45	0.80 ~ 1.20	0.15 ~ 0.45	0.030	0.030	4.50 ~ 5.50	≤0.20	0.60 ~ 0.90	1.60 ~ 2.20	—
4Х5МФС	0.32 ~ 0.40	0.90 ~ 1.20	0.20 ~ 0.50	0.030	0.030	4.50 ~ 5.50	1.20 ~ 1.50	0.30 ~ 0.50	≤0.20	—
4Х5МФ1С	0.37 ~ 0.44	0.90 ~ 1.20	0.20 ~ 0.50	0.030	0.030	4.50 ~ 5.50	1.20 ~ 1.50	0.80 ~ 1.10	≤0.20	—
6Х3МФС	0.55 ~ 0.62	0.35 ~ 0.65	0.20 ~ 0.60	0.030	0.030	2.60 ~ 3.30	0.20 ~ 0.50	0.30 ~ 0.60	≤0.20	—
6Х4М2ФС	0.57 ~ 0.65	0.70 ~ 1.00	0.15 ~ 0.45	0.030	0.030	3.80 ~ 4.40	2.00 ~ 2.40	0.40 ~ 0.60	≤0.20	—
4Х3ВМФ	0.40 ~ 0.48	0.60 ~ 0.90	0.30 ~ 0.60	0.030	0.030	2.80 ~ 3.50	0.40 ~ 0.60	0.60 ~ 0.90	0.60 ~ 1.00	—
4Х4ВМФС	0.37 ~ 0.44	0.60 ~ 1.00	0.20 ~ 0.50	0.030	0.030	3.20 ~ 4.00	1.20 ~ 1.50	0.60 ~ 0.90	0.80 ~ 1.20	Ni≤0.60
3Х3М3Ф	0.27 ~ 0.34	0.10 ~ 0.40	0.20 ~ 0.50	0.030	0.030	2.80 ~ 3.50	2.50 ~ 3.00	0.40 ~ 0.60	≤0.20	—
6Х6В3МФС	0.50 ~ 0.60	0.60 ~ 0.90	0.15 ~ 0.45	0.030	0.030	5.50 ~ 6.50	0.60 ~ 0.90	0.50 ~ 0.80	2.50 ~ 3.20	—

（续）

钢 号	C	Si	Mn	P≤	S≤	Cr	Mo	V	W	其 他[①]
热作模具钢										
7Х3	0.65 ~ 0.75	0.10 ~ 0.40	0.15 ~ 0.45	0.030	0.030	3.20 ~ 3.80	≤0.20	≤0.15	≤0.20	—
8Х3	0.75 ~ 0.85	0.10 ~ 0.40	0.15 ~ 0.45	0.030	0.030	3.20 ~ 3.80	≤0.20	≤0.15	≤0.20	—
5ХНМ	0.50 ~ 0.60	0.10 ~ 0.40	0.50 ~ 0.80	0.030	0.030	0.50 ~ 0.80	0.15 ~ 0.30	≤0.15	≤0.20	Ni 1.40 ~ 1.80
5ХНВ	0.50 ~ 0.60	0.10 ~ 0.40	0.50 ~ 0.80	0.030	0.030	0.50 ~ 0.80	≤0.20	≤0.15	0.40 ~ 0.70	Ni 1.40 ~ 1.80
5ХНВС	0.50 ~ 0.60	0.60 ~ 0.90	0.30 ~ 0.60	0.030	0.030	1.30 ~ 1.60	≤0.20	≤0.15	0.40 ~ 0.70	Ni 0.80 ~ 1.20
4ХМФС	0.37 ~ 0.45	0.50 ~ 0.80	0.50 ~ 0.80	0.030	0.030	1.50 ~ 1.80	0.90 ~ 1.20	0.30 ~ 0.50	≤0.20	—
5Х2МНФ	0.46 ~ 0.53	0.10 ~ 0.40	0.40 ~ 0.70	0.030	0.030	1.50 ~ 2.00	0.80 ~ 1.10	0.30 ~ 0.50	≤0.20	Ni 1.20 ~ 1.60
3Х2МНФ	0.27 ~ 0.33	0.10 ~ 0.40	0.30 ~ 0.60	0.030	0.030	2.00 ~ 2.50	0.40 ~ 0.60	0.25 ~ 0.40	≤0.20	Ni 1.20 ~ 1.60
4Х2В5МФ	0.30 ~ 0.40	0.10 ~ 0.40	0.10 ~ 0.45	0.030	0.030	2.20 ~ 3.00	0.60 ~ 0.90	0.60 ~ 0.90	4.50 ~ 5.50	—
5Х3В3МФС	0.45 ~ 0.52	0.50 ~ 0.80	0.20 ~ 0.50	0.030	0.030	2.50 ~ 3.20	0.80 ~ 1.10	1.50 ~ 1.80	3.00 ~ 3.60	Nb 0.05 ~ 0.15
低碳模具钢										
05Х12Н6Д2МФСГТ	0.01 ~ 0.08	0.60 ~ 1.20	0.20 ~ 1.20	0.030	0.030	11.5 ~ 13.5	0.20 ~ 0.40	0.20 ~ 0.50	≤0.20	Ni 5.50 ~ 6.50 + [②]
耐冲击工具用钢										
4ХС	0.35 ~ 0.45	1.20 ~ 1.60	0.15 ~ 0.45	0.030	0.030	1.30 ~ 1.60	≤0.20	≤0.15	≤0.20	—
6ХС	0.60 ~ 0.70	0.60 ~ 1.00	0.15 ~ 0.45	0.030	0.030	1.00 ~ 1.30	≤0.20	≤0.15	≤0.20	—
5ХВ2СФ	0.45 ~ 0.55	0.80 ~ 1.10	0.15 ~ 0.45	0.030	0.030	0.90 ~ 1.20	≤0.20	0.15 ~ 0.30	1.80 ~ 2.30	—
6ХВ2С	0.55 ~ 0.65	0.50 ~ 0.80	0.15 ~ 0.45	0.030	0.030	1.00 ~ 1.30	≤0.20	≤0.15	2.20 ~ 2.70	—
6ХВГ	0.55 ~ 0.70	0.10 ~ 0.40	0.90 ~ 1.20	0.030	0.030	0.50 ~ 0.80	≤0.20	≤0.15	0.50 ~ 0.80	—

① 表中未标出的残余元素含量：Ni≤0.40%，Cu≤0.30%，Ti≤0.03%；其余如 W、Mo 等作为残余元素时的含量已列于表中。

② Cu 1.40 ~ 2.20，Ti 0.40 ~ 0.80，Mg≈0.03，Ca≈0.03，Zr≈0.015。

（2）俄罗斯 ГОСТ 标准合金工具钢的热处理制度与硬度（表4-9-4）

表 4-9-4　合金工具钢的热处理制度与硬度

类别	钢 号	退火温度/℃	退火硬度 HBW ≤	淬火温度/℃	冷却介质	淬火硬度[②] HRC	回火温度/℃	回火硬度[②] HRC
量具刃具用钢	8Х 8ХФ	800~820	241	830~860 810~830	油 水	≥59	200~220	≥57
	9Х 9ХФ	770~780	241	850~880 820~840	油 水	≥61	200~400	60~50
	9ХФМ	770~780	[①]	850~880 820~840	油 水	≥62	200~400	60~50
	11Х 11ХФ	750~770	229	810~830	油	≥63	—	≥62
	13Х	750~770	248	780~810	水	≥65	100~200 150~170	≥64 62~60
	В2Ф	750~770	229	800~850	水	≥63	150~180	≥62
	9Х1	780~800	229	820~850	油	62~64	—	—
	Х	780~800	229	840~860	油	≥63	180	≥62
	12Х1	—	241	850~870	油	≥63	—	≥62
	9ХС	790~810	241	840~860	油	≥63	—	≥62
	9Г2Ф	—	229	780~800	油	≥62	180	≥60
	ХГС	780~800	241	820~860	油	≥63	—	≥62
	9ХВГ	780~800	241	800~830	油	64~62	170~230 230~275	62~60 60~56
	ХВГ	780~800	255	830~850	油	≥63	180	≥62
	ХВСГФ	790~810	241	840~860	油	≥63	180~230 140~160 200~250	60~56 64~62 59~57
	9Х5ВФ	—	241	950~1000	油	≥59	—	≥58
	8Х6НФТ	—	241	950~1000	油	≥59	—	≥58
	8Х4В2МФС2	—	255	1060~1090	油	≥61	—	≥60
	11Х4В2МФ3С2	—	255	1000~1030	油	≥61	—	≥60
冷作模具钢	Х6ВФ	830~850	241	980~1000	油	≥62	150~170 190~210	62~61 60~58
	Х12	830~870	255	950~1000	油	≥62	180	≥61
	Х12ВМФ	820~840	255	1020~1040	油	≥61	180	≥60
	Х12МФ	850~870	255	950~1000	油	≥61	180	≥60
	Х12Ф1	—	255	1050~1100	油	≥61	—	≥60
	7ХГ2ВМФ	—	255	840~880	空冷	≥59	—	≥58
	4ХМНФС	—	241	920~930	油	≥56	—	≥55
	4Х5В2ФС	—	241	1030~1050	油或空冷	≥51	—	≥50
	4Х5МФС	760~780	241	1000~1020	油	≥51	550	≥48
	4Х5МФ1С	750~780	241	1020~1040	油	≥51	550	≥47
	6Х3МФС	—	241	980~1020	油	≥57	—	≥56
	6Х4М2ФС	—	255	1050~1070	油	≥60	—	≥59
	4Х3ВМФ	—	241	1040~1060	油	≥53	—	≥52
	4Х4ВМФС	—	241	1050~1070	油	≥56	550	≥49
	3Х3М3Ф	—	229	1030~1050	油	≥48	550	≥45
	6Х6В3МФС	—	255	1055~1075	油	≥61	—	≥60

（续）

类别	钢　号	退火温度/℃	退火硬度 HBW ≤	淬火温度/℃	冷却介质	淬火硬度[2] HRC	回火温度/℃	回火硬度[2] HRC
热作模具钢与低碳模具钢	7Х3	800 ~ 820	229	850 ~ 880	油	≥55	150 ~ 200	≥54
	8Х3	800 ~ 820	241	850 ~ 880	油	≥56	150 ~ 200	≥55
	5ХНМ	790 ~ 820	241	830 ~ 60	油	≥57	550	≥36
	5ХНВ	790 ~ 820	255	840 ~ 860	油	≥57	400 ~ 500 500 ~ 600	47 ~ 41 41 ~ 34
	5ХНВС	810 ~ 830	255	860 ~ 880	油	≥57	500 ~ 600	41 ~ 35
	4ХМФС	—	241	920 ~ 930	油	≥56	—	≥55
	5Х2МНФ	—	255	960 ~ 980	油	≥57	550	≥45
	4Х2В5МФ	820 ~ 840	241	1060 ~ 1080	油	≥51	—	≥50
	5Х3В3МФС	—	241	1120 ~ 1140	油	≥54	550	≥49
	05Х12Н6Д2МФСГТ	—	293	990 ~ 1020	油或空冷	≥28	—	≥27
耐冲击工具用钢	4ХС	820 ~ 840	217	880 ~ 900	油	≥54	200 ~ 250 250 ~ 350 350 ~ 450 450 ~ 550 550 ~ 650	≥52 52 ~ 50 50 ~ 46 46 ~ 38 38 ~ 31
	6ХС	820 ~ 840	229	840 ~ 880	油	≥63	150 ~ 200 200 ~ 300	62 ~ 60 60 ~ 55
	5ХВ2СФ	800 ~ 820	229	900 ~ 920	油	≥56	180	≥55
	6ХВ2С	780 ~ 800	255	860 ~ 900	油	≥59	200 ~ 300 300 ~ 400 400 ~ 500 500 ~ 600	58 ~ 53 53 ~ 49 49 ~ 43 43 ~ 35
	6ХВГ	—	217	850 ~ 900	油	≥58	—	≥57

① 207 ~ 270HBW。
② 单值为最小值。

4.9.3　高速工具钢

（1）俄罗斯 ГОСТ 标准高速工具钢的钢号与化学成分 ［ГОСТ 19265（1973）］（表 4-9-5）

表 4-9-5　高速工具钢的钢号与化学成分（质量分数）（%）

钢　号	C	Si	Mn	P≤	S≤	Cr	Mo	W	V	Co	其　他[1]
11Р3АМ3Ф2	1.02 ~ 1.12	0.20 ~ 0.50	0.20 ~ 0.50	0.030	0.030	3.80 ~ 4.40	2.50 ~ 3.00	2.50 ~ 3.30	2.30 ~ 2.70	≤0.50	Nb 0.05 ~ 0.20 N 0.05 ~ 0.10
Р2АМ9К5	1.00 ~ 1.10	0.20 ~ 0.50	0.20 ~ 0.50	0.030	0.030	3.80 ~ 4.40	8.00 ~ 9.00	1.50 ~ 2.00	1.70 ~ 2.10	4.70 ~ 5.20	Nb 0.05 ~ 0.20 N 0.05 ~ 0.10
Р6АМ5	0.82 ~ 0.90	0.20 ~ 0.50	0.20 ~ 0.50	0.030	0.025	3.80 ~ 4.40	4.80 ~ 5.30	5.50 ~ 6.50	1.70 ~ 2.10	≤0.50	N 0.05 ~ 0.10
Р6М5	0.82 ~ 0.90	0.20 ~ 0.50	0.20 ~ 0.50	0.030	0.025	3.80 ~ 4.40	4.80 ~ 5.30	5.50 ~ 6.50	1.70 ~ 2.10	≤0.50	—
Р6АМ5Ф3	0.95 ~ 1.05	0.20 ~ 0.50	0.20 ~ 0.50	0.030	0.025	3.80 ~ 4.30	4.80 ~ 5.30	5.70 ~ 6.70	2.30 ~ 2.70	≤0.50	N 0.05 ~ 0.10

（续）

钢　号	C	Si	Mn	P≤	S≤	Cr	Mo	W	V	Co	其　他①
P6M5Φ3	0.95 ~ 1.05	0.20 ~ 0.50	0.20 ~ 0.50	0.030	0.025	3.80 ~ 4.30	4.80 ~ 5.30	5.70 ~ 6.70	2.30 ~ 2.70	≤0.50	—
P6M5K5	0.86 ~ 0.94	0.20 ~ 0.50	0.20 ~ 0.50	0.030	0.030	3.80 ~ 4.30	4.80 ~ 5.30	5.70 ~ 6.70	1.70 ~ 2.10	4.70 ~ 5.20	—
P9M4K8	1.00 ~ 1.10	0.20 ~ 0.50	0.20 ~ 0.50	0.030	0.030	3.00 ~ 3.60	3.80 ~ 4.30	8.50 ~ 9.50	2.30 ~ 2.70	7.50 ~ 8.50	—
P9K5	0.90 ~ 1.00	0.20 ~ 0.50	0.20 ~ 0.50	0.030	0.030	3.80 ~ 4.40	≤1.00	9.00 ~ 10.0	2.30 ~ 2.70	5.00 ~ 6.00	—
P12Φ3	0.95 ~ 1.05	0.20 ~ 0.50	0.20 ~ 0.50	0.030	0.030	3.80 ~ 4.30	≤1.00	12.0 ~ 13.0	2.50 ~ 3.00	≤0.50	—
P18	0.73 ~ 0.83	0.20 ~ 0.50	0.20 ~ 0.50	0.030	0.030	3.80 ~ 4.40	≤1.00	17.0 ~ 18.5	1.00 ~ 1.40	≤0.50	—
P18K5Φ2	0.85 ~ 0.95	0.20 ~ 0.50	0.20 ~ 0.50	0.030	0.030	3.80 ~ 4.40	≤1.00	17.0 ~ 18.5	1.80 ~ 2.20	4.70 ~ 5.20	—

① 表中未标出的残余元素含量：Ni≤0.60%，Cu≤0.25%，Ti≤0.03%；其余如 Co、Mo 等作为残余元素时的含量已列于表中。

（2）俄罗斯高速工具钢的热加工、热处理制度与硬度（表4-9-6）

表4-9-6　高速工具钢的热加工、热处理制度与硬度

钢　号	热加工温度/℃	退火温度/℃	退火硬度 HBW≤	淬火 温度/℃	淬火 冷却介质	回火温度/℃	回火硬度 HRC≥
11P3AM3Φ2	1100/900	760 ~ 790	255	1180 ~ 1220	油/盐浴/空冷	530 ~ 550	64
P2AM9K5	—	—	285	1190	油/盐浴/空冷	550	65
P6AM5	1100/900	790 ~ 820	300	1190 ~ 1230	油/盐浴/空冷	550 ~ 570	64
P6M5	1100/900	790 ~ 820	255	1190 ~ 1230	油/盐浴/空冷	550 ~ 570	64
P6AM5Φ3	—	—	255	1190 ~ 1210	油/盐浴/空冷	540 ~ 560	65
P6M5Φ3	—	—	269	1190 ~ 1210	油/盐浴/空冷	540 ~ 560	64
P6M5K5	1100/900	790 ~ 820	269	1200 ~ 1240	油/盐浴/空冷	550 ~ 570	65
P9M4K8	1180/950	800 ~ 880	285	1230	油/盐浴/空冷	560	65
P9K5	—	—	269	1230	油/盐浴/空冷	570	64
P12Φ3	1100/900	780 ~ 810	269	1230 ~ 1270	油/盐浴/空冷	550 ~ 570	64
P18	1150/900	820 ~ 850	255	1250 ~ 1290	油/盐浴/空冷	550 ~ 570	63
P18K5Φ2	—	840 ~ 860	285	1280 ~ 1300	油/盐浴/空冷	570 ~ 585	64

B. 专业用钢和优良品种

4.9.4　铸造工具钢 ［ГОСТ 977（1988）］

俄罗斯 ГОСТ 标准铸造工具钢的钢号与化学成分（表4-9-7）。

表4-9-7　铸造工具钢的钢号与化学成分（质量分数）（%）

钢　号	C	Si	Mn	P≤	S≤	Cr	Mo	V	W	其他
85X4M5Φ2B6Л	0.82 ~ 0.90	≤0.50	≤0.50	0.030	0.030	3.80 ~ 4.40	4.80 ~ 5.30	1.70 ~ 2.10	5.50 ~ 6.50	Ni≤0.40
90X4M4Φ2B6Л	0.85 ~ 0.95	0.20 ~ 0.40	0.40 ~ 0.70	0.030	0.030	3.00 ~ 4.00	3.00 ~ 4.00	2.00 ~ 2.60	5.00 ~ 7.00	—

4.9.5　粉末冶金高速工具钢 ［ГОСТ 28393 （1989）］

俄罗斯 ГОСТ 标准粉末冶金高速工具钢棒材和带材的钢号与化学成分见表 4-9-8。

表 4-9-8　粉末冶金高速工具钢棒材和带材的钢号与化学成分 （质量分数） （%）

钢号	C	Si	Mn	Cr	Mo	W	V	Co	其他[1]
Р6М5Ф3-мп	1.02 ~ 1.12	≤0.60	≤0.50	3.80 ~ 4.30	5.50 ~ 6.50	5.70 ~ 6.70	3.10 ~ 3.70	≤0.50	O_2≤0.02
Р6М5К5-мп	1.00 ~ 1.10	≤0.60	≤0.50	3.80 ~ 4.30	4.80 ~ 5.30	6.00 ~ 7.00	1.70 ~ 2.20	4.80 ~ 5.30	O_2≤0.02
Р7М2Ф6-мп	0.82 ~ 0.90	≤0.60	≤0.50	1.80 ~ 2.30	6.50 ~ 7.50	5.50 ~ 6.20	≤0.50	O_2≤0.02
Р9М4К8-мп	0.82 ~ 0.90	≤0.60	≤0.50	3.00 ~ 3.60	3.80 ~ 4.30	8.50 ~ 9.50	2.30 ~ 2.70	7.50 ~ 8.50	O_2≤0.02
Р12МФ5-мп	0.95 ~ 1.05	≤0.60	≤0.50	3.80 ~ 4.30	1.00 ~ 1.50	11.5 ~ 12.5	4.00 ~ 4.60	≤0.50	O_2≤0.02
Р12М3К5Ф2-мп	1.05 ~ 1.15	≤0.60	≤0.50	3.80 ~ 4.30	2.50 ~ 3.00	11.5 ~ 12.5	1.80 ~ 2.30	5.00 ~ 5.50	O_2≤0.02

[1] 表中未标出的磷、硫含量：P≤0.030%，S≤0.030%；残余元素含量：Ni≤0.40%，Cu≤0.25%。

4.9.6　其他标准工具钢

（1）俄罗斯其他标准（非现行）碳素工具钢的钢号与化学成分（表 4-9-9）

表 4-9-9　其他标准（非现行）碳素工具钢的钢号与化学成分 （质量分数）（%）

钢号	C	Si	Mn	P≤	S≤	Cr	Ni	Cu	其他
У7Ф	0.65 ~ 0.75	0.17 ~ 0.37	0.20 ~ 0.40	0.030	0.030	—	≤0.30	≤0.30	V 0.15 ~ 0.25
У11-1	1.05 ~ 1.14	0.17 ~ 0.33	0.17 ~ 0.33	0.030	0.028	≤0.20	≤0.25	≤0.25	
У11-3	1.05 ~ 1.14	0.17 ~ 0.33	0.17 ~ 0.33	0.030	0.028	0.20 ~ 0.40	≤0.25	≤0.25	—
У11А-1	1.05 ~ 1.14	0.17 ~ 0.33	0.17 ~ 0.33	0.025	0.018	≤0.20	≤0.25	≤0.25	
У11А-2	1.05 ~ 1.14	0.17 ~ 0.33	0.17 ~ 0.33	0.025	0.018	≤0.12	≤0.12	≤0.20	
У11А-3	1.05 ~ 1.14	0.17 ~ 0.33	0.17 ~ 0.33	0.025	0.018	0.20 ~ 0.40	≤0.25	≤0.25	
У13-1	1.25 ~ 1.35	0.17 ~ 0.33	0.17 ~ 0.33	0.030	0.030	≤0.20	≤0.25	≤0.25	
У13-3	1.25 ~ 1.35	0.17 ~ 0.33	0.17 ~ 0.33	0.030	0.028	0.20 ~ 0.40	≤0.25	≤0.25	
У13А-1	1.25 ~ 1.35	0.17 ~ 0.33	0.17 ~ 0.28	0.025	0.018	≤0.20	≤0.25	≤0.25	
У13А-2	1.25 ~ 1.35	0.17 ~ 0.33	0.17 ~ 0.28	0.025	0.018	≤0.12	≤0.12	≤0.20	
У13А-3	1.25 ~ 1.35	0.17 ~ 0.33	0.17 ~ 0.28	0.025	0.018	0.20 ~ 0.40	≤0.25	≤0.25	
У16	1.50 ~ 1.70	0.70 ~ 1.00	0.15 ~ 0.40	0.030	0.030	≤0.13	≤0.20	0.40 ~ 0.60	Ti≤0.08

（2）俄罗斯其他标准（非现行）合金工具钢的钢号与化学成分（表 4-9-10）

表 4-9-10　其他标准（非现行）合金工具钢的钢号与化学成分 （质量分数）（%）

钢号	C	Si	Mn	P≤	S≤	Cr	Mo	V	W	其他[1]
3Х2В8Ф	0.30 ~ 0.40	0.15 ~ 0.40	0.15 ~ 0.40	0.030	0.030	2.20 ~ 2.70	≤0.50	0.20 ~ 0.50	7.50 ~ 8.50	—
3Х3В8Ф	0.29 ~ 0.35	0.20 ~ 0.40	0.20 ~ 0.40	0.030	0.030	2.30 ~ 2.70	≤0.50	0.20 ~ 0.40	8.00 ~ 8.50	—
4Х2В2МФС	0.42 ~ 0.50	0.30 ~ 0.60	0.30 ~ 0.60	0.030	0.030	2.00 ~ 3.50	0.80 ~ 1.10	0.60 ~ 0.90	1.80 ~ 2.40	—
4Х3М2ВФГС	0.35 ~ 0.45	1.20 ~ 1.60	1.30 ~ 1.60	0.030	0.030	2.80 ~ 3.50	1.70 ~ 2.10	0.40 ~ 0.70	0.70 ~ 1.10	Ni≤0.70 Al≤0.10
4ХВ2С	0.35 ~ 0.45	0.60 ~ 0.90	0.15 ~ 0.40	0.030	0.030	1.00 ~ 1.30	≤0.30	≤0.15	2.00 ~ 2.50	—
4ХМФЦ	0.30 ~ 0.40	0.30 ~ 0.60	0.50 ~ 0.80	0.030	0.030	1.20 ~ 1.50	1.30 ~ 1.60	0.55 ~ 0.85	≤0.20	Ni≤0.60 + [2]
5Х4М6ВФ	0.47 ~ 0.55	0.20 ~ 0.40	0.20 ~ 0.40	0.030	0.025	3.80 ~ 4.30	6.20 ~ 6.70	0.90 ~ 1.20	1.40 ~ 1.70	—
5ХГМ	0.50 ~ 0.60	0.25 ~ 0.60	1.20 ~ 1.60	0.030	0.030	0.60 ~ 0.90	0.15 ~ 0.30	≤0.15	≤0.20	—
5ХГНМ	0.50 ~ 0.60	0.20 ~ 0.40	0.60 ~ 0.80	0.030	0.030	0.80 ~ 1.10	0.40 ~ 0.60	≤0.15	≤0.20	Ni 1.50 ~ 1.80

（续）

钢 号	C	Si	Mn	P≤	S≤	Cr	Mo	V	W	其 他①
6X6M1Φ-Ⅲ	0.60~0.70	0.17~0.37	0.40~0.70	0.025	0.015	5.00~6.00	1.20~1.50	0.50~0.80	≤0.20	Ni≤0.30 Cu≤0.25
6X7B7ΦM	0.55~0.65	0.30~0.60	0.30~0.60	0.030	0.030	6.50~7.50	0.25~0.35	≤0.30	6.50~7.50	Ni≤0.30
7H1M	0.65~0.75	0.20~0.40	0.50~0.80	0.025	0.015	≤0.40	0.15~0.30	—	≤0.20	Ni 1.40~1.70+③
7H2MΦA	0.68~0.78	0.15~0.35	0.15~0.45	0.025	0.015	≤0.40	0.10~0.25	0.10~0.20	≤0.20	Ni 2.00~2.30+③
7X15BMΦCH	0.68~0.75	0.70~1.10	0.15~0.45	0.035	0.030	13.8~15.5	0.30~0.55	0.30~0.55	0.30~0.55	Ni 0.60~0.90 Cu≤0.40
7XHM	0.63~0.70	0.15~0.35	0.30~0.60	0.015	0.012	0.50~0.80	0.10~0.25	≤0.15	≤0.20	Ni 0.50~0.80
8X4B9Φ2-Ⅲ	0.70~0.80	≤0.40	≤0.40	0.030	0.030	4.00~4.60	≤0.30	1.40~1.70	8.50~9.50	Cu≤0.40
8X4M4B2Φ1-Ⅲ	0.70~0.80	≤0.40	≤0.40	0.030	0.030	3.90~4.50	3.90~4.40	0.90~1.20	1.50~2.00	Ti 0.10~0.30 Cu≤0.40 Ce≤0.10
9X1Φ	0.85~0.95	0.20~0.50	0.20~0.70	0.030	0.030	1.40~1.70	≤0.20	0.10~0.25	≤0.20	—
35X5BM3K3Φ	0.35~0.40	0.50~0.80	0.20~0.50	0.030	0.030	4.50~5.00	2.00~3.00	0.60~0.80	1.20~1.70	Co 2.50~3.00
55X2BCMΦ	0.50~0.65	0.80~1.30	0.15~0.40	0.030	0.030	1.80~2.20	0.40~0.70	0.15~0.30	0.40~0.70	Ti 0.05~0.15 Al 0.03~0.08
55X7BCΦM	0.50~0.60	0.60~0.90	0.20~0.40	0.030	0.030	6.50~8.00	1.10~1.50	0.10~0.25	0.70~1.10	Ti 0.05~0.15
95XM	0.90~1.00	0.17~0.37	0.40~0.70	0.030	0.030	0.80~1.10	0.20~0.30	—	≤0.20	Ni≤0.30
X12M1	2.00~2.20	0.20~0.40	0.25~0.40	0.025	0.025	11.5~12.5	0.70~0.90	0.15~0.30	≤0.50	—
XB1	1.05~1.20	0.15~0.35	0.15~0.40	0.030	0.030	0.20~0.35	≤0.20	0.15~0.30	0.80~1.20	Ni≤0.40
XB1Γ	1.00~1.10	0.20~0.40	0.90~1.10	0.025	0.025	0.90~1.10	≤0.2Γ	—	1.20~1.50	—
XB4Φ	1.25~1.45	0.15~0.35	0.15~0.40	0.030	0.030	0.40~0.70	≤0.20	0.15~0.30	3.50~4.30	—
XB5	1.25~1.45	0.15~0.35	0.15~0.40	0.030	0.030	0.40~0.70	≤0.20	0.15~0.30	4.30~5.10	Ni≤0.40

① 表中未标出的残余元素含量：Ni≤0.35%，Cu≤0.30%，Ti≤0.03%；其余如 W、Mo 等作为残余元素时的含量已列于表中。

② RE 0.001~0.010，Ca 0.001~0.010。

③ Cu≤0.40，RE≤0.05，Ca≈0.01。

（3）俄罗斯其他标准（非现行）高速工具钢的钢号与化学成分（表4-9-11）

表 4-9-11 其他标准（非现行）高速工具钢的钢号与化学成分（质量分数）（%）

钢 号	C	Si	Mn	P≤	S≤	Cr	Mo	W	V	Co	其 他①
10P6M5K5Φ1	0.95~1.03	≤0.50	≤0.50	0.035	0.025	3.80~4.40	5.00~5.50	6.00~7.00	1.30~1.60	5.00~5.50	Nb 0.05~0.25
P6Φ2K8M5	0.95~1.05	≤0.50	≤0.40	0.035	0.030	3.80~4.40	4.60~5.20	5.50~6.00	1.80~2.50	7.50~8.50	Ti 0.02~0.10+②
P9Φ5	1.40~1.50	≤0.50	≤0.50	0.035	0.030	3.80~4.40	≤1.00	9.00~10.5	4.30~5.10	≤0.60	—
P10M4K10Φ3	1.17~1.27	≤0.50	≤0.50	0.035	0.025	3.80~4.30	3.70~4.20	10.0~11.0	3.30~3.80	9.50~10.5	—

（续）

钢　号	C	Si	Mn	P≤	S≤	Cr	Mo	W	V	Co	其　他①
P12Φ2K8M3	0.95 ~ 1.05	≤0.50	≤0.40	0.035	0.030	3.80 ~ 4.40	2.80 ~ 3.40	11.5 ~ 12.5	1.80 ~ 2.40	7.50 ~ 8.50	—
P12Φ3K10M3-Ⅲ	1.20 ~ 1.30	≤0.40	≤0.50	0.030	0.030	3.50 ~ 4.00	2.50 ~ 3.00	11.5 ~ 12.5	3.00 ~ 3.50	9.50 ~ 10.5	Ti≤0.10，Zr≈ 0.05，Ce≈0.15
P12Φ5M-Ⅲ	1.45 ~ 1.55	≤0.40	≤0.60	0.030	0.030	3.50 ~ 4.00	1.00 ~ 1.50	12.0 ~ 13.0	4.00 ~ 4.50		Ti≤0.10 Zr≈0.05 Ce≈0.15
P12M3K8Φ2	0.95 ~ 1.05	≤0.50	≤0.50	0.035	0.030	3.80 ~ 4.40	2.80 ~ 3.40	11.5 ~ 12.5	1.80 ~ 2.40	7.50 ~ 8.50	
P13Φ4K5	1.25 ~ 1.40	≤0.50	≤0.40	0.030	0.030	3.80 ~ 4.30	0.50 ~ 1.00	12.5 ~ 14.0	3.20 ~ 3.80	5.00 ~ 6.00	—
P18Φ2K8M	0.95 ~ 1.05	≤0.50	≤0.40	0.035	0.030	3.80 ~ 4.40	0.80 ~ 1.20	17.0 ~ 18.5	1.80 ~ 2.50	7.80 ~ 8.50	
P18K5Φ	0.75 ~ 0.85	≤0.40	≤0.40	0.030	0.025	3.80 ~ 4.30	0.50 ~ 1.00	17.0 ~ 18.0	1.50 ~ 1.80	4.80 ~ 5.30	Cu≤0.25 Ni≤0.35

① 表中未标出的残余元素含量：Ni≤0.40%。
② B 0.001 ~ 0.003，N 0.003 ~ 0.007，La 0.001 ~ 0.003。

4.10　英　　国

4.10.1　非合金工具钢［BS EN ISO 4957（2018）］

见 4.2.1 节。

4.10.2　冷作合金工具钢［BS EN ISO 4957（2018）］

见 4.2.2 节。

4.10.3　热作合金工具钢［BS EN ISO 4957（2018）］

见 4.2.3 节。

4.10.4　高速工具钢［BS EN ISO 4957（2018）］

见 4.2.4 节。

4.11　美　　国

A. 通用工具钢

4.11.1　碳素工具钢

（1）美国 ASTM 标准碳素工具钢［ASTM A686（1992/2016 确认）］
A）碳素工具钢的钢号与化学成分（表 4-11-1）

表 4-11-1　碳素工具钢的钢号与化学成分（质量分数）（％）

钢 号		C	Si	Mn	P ≤	S ≤	Cr	V	其他
ASTM	UNS[①]								
W1-A	T72301	②	0.10～0.40	0.10～0.40	0.030	0.030	≤0.15	≤0.10	④
W1-C	T72301	②	0.10～0.40	0.10～0.40	0.030	0.030	≤0.30	≤0.10	④
W2-A	T72302	③	0.10～0.40	0.10～0.40	0.030	0.030	≤0.15	0.15～0.35	④
W2-C	T72302	③	0.10～0.40	0.10～0.40	0.030	0.030	≤0.30	0.15～0.35	④
W5	T72305	1.05～1.15	0.10～0.40	0.10～0.40	0.030	0.030	0.40～0.60	≤0.10	④

① UNS 是美国"金属与合金牌号的统一数字系统"的简称。它并非标准，但 UNS 的数字牌号已在美国 ASTM、SAE、AISI 等标准中采用，并与原标准的钢号系列并列。

② W1 的碳含量（质量分数）随钢号后缀代号的不同而不同：

后缀代号	C（％）	后缀代号	C（％）
8	0.80～0.90	10	1.00～1.10
8½	0.85～0.95	10½	1.05～1.15
9	0.90～1.00	11	1.10～1.20
9½	0.95～1.05	11½	1.15～1.25

③ W2 的碳含量（质量分数）随钢号后缀代号的不同而不同：

后缀代号	C（％）	后缀代号	C（％）
8½	0.85～0.95	9½	0.95～1.10
9	0.90～1.00	13	1.30～1.50

④ 残余元素含量（质量分数）：Ni≤0.20％，Cu≤0.20％，W≤0.15％，Mo≤0.10％。

B）碳素工具钢的热处理制度与硬度（表 4-11-2）

表 4-11-2　碳素工具钢的热处理制度与硬度

钢 号 ASTM	退火或冷拉后硬度 HBW ≤		热 处 理			淬火硬度
	退火	冷拉	碳含量（％）	淬火温度[①]/℃	冷却介质	HRC≥
W1	202	241	0.70～0.85	802	盐水	64
			0.85～0.95	802	盐水	65
			0.95～1.25	788	盐水	65
W2	202	241	0.85～0.95	802	盐水	65
			0.95～1.50	788	盐水	65
W5	202	241	1.05～1.15	802	盐水	65

① 淬火温度由华氏温度换算，并取整数。

（2）美国 AISI 和 SAE 标准水淬工具钢

A）水淬工具钢的钢号与化学成分（表 4-11-3）

表 4-11-3　水淬工具钢的钢号与化学成分（质量分数）（％）

钢 号 AISI/SAE	C	Si	Mn	P ≤	S ≤	Cr	V
W108 Commercial	0.70～0.85	(0.35)	(0.35)	0.025	0.025	(0.20)	—
W109 Commercial	0.85～0.95	(0.35)	(0.35)	0.025	0.025	(0.20)	—
W110 Commercial	0.95～1.10	(0.35)	(0.35)	0.025	0.025	(0.20)	—
W112 Commercial	1.10～1.30	(0.35)	(0.35)	0.025	0.025	(0.20)	—
W209 Commercial	0.85～0.95	(0.35)	(0.35)	0.025	0.025	(0.20)	0.15～0.35
W210 Commercial	0.95～1.10	(0.35)	(0.35)	0.025	0.025	(0.20)	0.15～0.35

（续）

钢　号 AISI/SAE	C	Si	Mn	P ≤	S ≤	Cr	V
W310 Commercial	0.95~1.10	(0.35)	(0.35)	0.025	0.025	(0.20)	0.35~0.50
W108 Standard	0.70~0.85	(0.35)	(0.35)	0.025	0.025	(0.15)	—
W109 Standard	0.85~0.95	(0.35)	(0.35)	0.025	0.025	(0.15)	—
W110 Standard	0.95~1.10	(0.35)	(0.35)	0.025	0.025	(0.15)	—
W112 Standard	1.10~1.30	(0.35)	(0.35)	0.025	0.025	(0.15)	—
W209 Standard	0.85~0.95	(0.35)	(0.35)	0.025	0.025	(0.15)	0.15~0.35
W210 Standard	0.95~1.10	(0.35)	(0.35)	0.025	0.025	(0.15)	0.15~0.35
W310 Standard	0.95~1.10	(0.35)	(0.35)	0.025	0.025	(0.15)	0.35~0.50
W108 Extra	0.70~0.85	0.10~0.40	0.10~0.40	0.025	0.025		
W109 Extra	0.85~0.95	0.10~0.40	0.10~0.40	0.025	0.025	—	—
W110 Extra	0.95~1.10	0.10~0.40	0.10~0.40	0.025	0.025		
W112 Extra	1.10~1.30	0.10~0.40	0.10~0.40	0.025	0.025		
W209 Extra	0.85~0.95	0.10~0.40	0.10~0.40	0.025	0.025	—	0.15~0.35
W210 Extra	0.95~1.10	0.10~0.40	0.10~0.40	0.025	0.025	—	0.15~0.35
W310 Extra	0.95~1.10	0.10~0.40	0.10~0.40	0.025	0.025		0.35~0.50
W108 Special	0.70~0.85	0.10~0.40	0.10~0.40	0.025	0.025		—
W109 Special	0.85~0.95	0.10~0.40	0.10~0.40	0.025	0.025		—
W110 Special	0.95~1.10	0.10~0.40	0.10~0.40	0.025	0.025		—
W112 Special	1.10~1.30	0.10~0.40	0.10~0.40	0.025	0.025		—
W209 Special	0.85~0.95	0.10~0.40	0.10~0.40	0.025	0.025	—	0.15~0.35
W210 Special	0.95~1.10	0.10~0.40	0.10~0.40	0.025	0.025	—	0.15~0.35
W310 Special	0.95~1.10	0.10~0.40	0.10~0.40	0.025	0.025	—	0.35~0.50
W4	0.80~1.20	0.10~0.40	0.10~0.40	0.025	0.025	0.15~0.30	—
W5	0.80~1.20	0.10~0.40	0.10~0.40	0.025	0.025	0.30~0.50	—
W6	0.95~1.10	0.10~0.40	0.10~0.40	0.025	0.025	0.15~0.30	0.15~0.35
W7	0.95~1.10	0.10~0.40	0.10~0.40	0.025	0.025	0.30~0.50	0.15~0.35

注：1. 本表摘自 SAE J438 B 标准。前7个钢号分4个等级，即 Special（Grade 1），Extra（Grade 2），Standard（Grade 3），Commercial（Grade 4）。

2. 表中 W108、W109、W110、W112 均相当于 UNS T72301；W209、W210 均相当于 UNS T72302；W5 相当于 UNS T72305。

3. 表中 Si、Mn、Cr 含量带括号者，表示 Si + Mn + Cr≤0.75%。

4. 表中未列出的残余元素含量：Cu≤0.20%。

B）水淬工具钢的热处理制度与硬度（表4-11-4）。

表4-11-4　水淬工具钢的热处理制度与硬度

钢　号 AISI/SAE	热加工温度/℃		退火温度 /℃	退火后硬度 HBW	淬火温度 /℃	淬火介质	回火温度 /℃	回火后硬度 HV
	开始	终止						
W108	980~1070	820	740~760	159~202	770~840	盐水/水	150~340	65~50
W109	980~1070	820	740~760	159~202	770~840	盐水/水	150~340	65~50
W110	980~1070	820	760~790	159~202	770~840	盐水/水	150~340	65~50
W112	980~1070	820	760~790	159~202	760~830	盐水/水	150~340	65~50
W209	980~1070	820	740~760	159~202	770~840	盐水/水	150~340	65~50

（续）

钢　号 AISI/SAE	热加工温度/℃		退火温度 /℃	退火后硬度 HBW	淬火温度 /℃	淬火介质	回火温度 /℃	回火后硬度 HV
	开始	终止						
W210	980 ~ 1070	820	760 ~ 790	159 ~ 202	770 ~ 840	盐水/水	150 ~ 340	65 ~ 50
W31	980 ~ 1070	820	760 ~ 790	159 ~ 202	770 ~ 840	盐水/水	150 ~ 340	65 ~ 50
W4	980 ~ 1070	820	740 ~ 790	159 ~ 202	760 ~ 840	盐水/水	150 ~ 340	65 ~ 50
W5	980 ~ 1070	820	740 ~ 790	163 ~ 202	760 ~ 840	盐水/水	150 ~ 340	65 ~ 50
W6	980 ~ 1070	820	740 ~ 790	163 ~ 202	760 ~ 840	盐水/水	150 ~ 340	65 ~ 50
W7	980 ~ 1070	820	740 ~ 790	163 ~ 202	760 ~ 840	盐水/水	150 ~ 340	65 ~ 50

4.11.2　合金工具钢（含模具钢）

（1）美国 ASTM 标准合金工具钢［ASTM A681（2008/2015 确认）］

A）合金工具钢的钢号与化学成分（表 4-11-5）

表 4-11-5　合金工具钢的钢号与化学成分（质量分数）（%）

钢　号 ASTM	UNS	C	Si	Mn	P ≤	S[②] ≤	Cr	Mo	W	V	其　他[①]
H10	T20810	0.35 ~ 0.45	0.80 ~ 1.25	0.25 ~ 0.70	0.030	0.030	3.00 ~ 3.75	2.00 ~ 3.00	—	0.25 ~ 0.75	—
H11	T20811	0.33 ~ 0.43	0.80 ~ 1.25	0.20 ~ 0.60	0.030	0.030	4.75 ~ 5.50	1.10 ~ 1.60	—	0.30 ~ 0.60	—
H12	T20812	0.30 ~ 0.40	0.80 ~ 1.25	0.20 ~ 0.60	0.030	0.030	4.75 ~ 5.50	1.25 ~ 1.75	1.00 ~ 1.70	0.20 ~ 0.50	—
H13	T20813	0.32 ~ 0.45	0.80 ~ 1.25	0.20 ~ 0.60[③]	0.030	0.030	4.75 ~ 5.50	1.10 ~ 1.75	—	0.80 ~ 1.20	
H14	T20814	0.35 ~ 0.45	0.80 ~ 1.25	0.20 ~ 0.60	0.030	0.030	4.75 ~ 5.50	—	4.00 ~ 5.25	—	—
H19	T20819	0.32 ~ 0.45	0.15 ~ 0.50	0.20 ~ 0.50	0.030	0.030	4.00 ~ 4.75	0.30 ~ 0.55	3.75 ~ 4.50	1.75 ~ 2.20	Co 4.00 ~ 4.50
H21	T20821	0.26 ~ 0.36	0.15 ~ 0.50	0.15 ~ 0.40	0.030	0.030	3.00 ~ 3.75	—	8.50 ~ 10.0	0.30 ~ 0.60	—
H22	T20822	0.30 ~ 0.40	0.15 ~ 0.40	0.15 ~ 0.40	0.030	0.030	1.75 ~ 3.75	—	10.0 ~ 11.75	0.25 ~ 0.50	
H23	T20823	0.25 ~ 0.35	0.15 ~ 0.60	0.15 ~ 0.40	0.030	0.030	11.0 ~ 12.75	—	11.0 ~ 12.75	0.75 ~ 1.25	—
H24	T20824	0.42 ~ 0.53	0.15 ~ 0.40	0.15 ~ 0.40	0.030	0.030	2.50 ~ 3.50	—	14.0 ~ 16.0	0.40 ~ 0.60	—
H25	T20825	0.22 ~ 0.32	0.15 ~ 0.40	0.15 ~ 0.40	0.030	0.030	3.75 ~ 4.50	—	14.0 ~ 16.0	0.40 ~ 0.60	
H26	T20826	0.45 ~ 0.55	0.15 ~ 0.40	0.15 ~ 0.40	0.030	0.030	3.75 ~ 4.50	—	17.25 ~ 19.0	0.75 ~ 1.25	
H41	T20841	0.60 ~ 0.75	0.20 ~ 0.45	0.15 ~ 0.40	0.030	0.030	3.50 ~ 4.00	8.20 ~ 9.20	1.40 ~ 2.10	1.00 ~ 1.30	
H42	T20842	0.55 ~ 0.70	0.20 ~ 0.40	0.15 ~ 0.40	0.030	0.030	3.75 ~ 4.50	4.50 ~ 5.50	5.50 ~ 6.75	1.75 ~ 2.20	
H43	T20843	0.50 ~ 0.65	0.20 ~ 0.45	0.15 ~ 0.40	0.030	0.030	3.75 ~ 4.50	7.75 ~ 8.50	—	1.80 ~ 2.20	
A2	T30102	0.95 ~ 1.05	0.10 ~ 0.50	0.40 ~ 1.00	0.030	0.030	4.75 ~ 5.50	0.90 ~ 1.40	—	0.15 ~ 0.50	—
A3	T30103	1.20 ~ 1.30	0.10 ~ 0.50	0.40 ~ 0.60	0.030	0.030	4.75 ~ 5.50	0.90 ~ 1.40		0.80 ~ 1.40	
A4	T30104	0.95 ~ 1.05	0.10 ~ 0.50	1.80 ~ 2.20	0.030	0.030	0.90 ~ 2.20	0.90 ~ 1.40	—	—	—
A5	T30105	0.95 ~ 1.05	0.10 ~ 0.50	2.80 ~ 3.20	0.030	0.030	0.90 ~ 1.40	0.90 ~ 1.40	—	—	—
A6	T30106	0.65 ~ 0.75	0.20 ~ 0.50	1.80 ~ 2.50	0.030	0.030	0.90 ~ 1.40	0.90 ~ 1.40	—	—	
A7	T30107	2.00 ~ 2.85	0.10 ~ 0.50	0.20 ~ 0.80	0.030	0.030	5.00 ~ 5.75	0.90 ~ 1.40	0.50 ~ 1.50	3.90 ~ 5.15	
A8	T30108	0.50 ~ 0.60	0.75 ~ 1.10	0.20 ~ 0.50	0.030	0.030	4.75 ~ 5.50	1.15 ~ 1.65	1.00 ~ 1.50	—	
A9	T30109	0.45 ~ 0.55	0.95 ~ 1.15	0.20 ~ 0.50	0.030	0.030	4.75 ~ 5.50	1.30 ~ 1.80	—	0.80 ~ 1.40	Ni 1.25 ~ 1.75

（续）

钢　号 ASTM	UNS	C	Si	Mn	P ≤	S[2] ≤	Cr	Mo	W	V	其　他[1]
A10	T30110	1.25 ~ 1.50	1.00 ~ 1.50	1.60 ~ 2.10	0.030	0.030	—	1.25 ~ 1.75	—	—	Ni 1.255 ~ 2.05
D2	T30402	1.40 ~ 1.60	0.10 ~ 0.60	0.10 ~ 0.60	0.030	0.030	11.0 ~ 13.0	0.70 ~ 1.20	—	0.50 ~ 1.10	—
D3	T30403	2.00 ~ 2.35	0.10 ~ 0.60	0.10 ~ 0.60	0.030	0.030	11.0 ~ 13.5	—	≤1.00	≤1.00	—
D4	T30404	2.05 ~ 2.40	0.10 ~ 0.60	0.10 ~ 0.60	0.030	0.030	11.0 ~ 13.0	0.70 ~ 1.20	—	0.15 ~ 1.00	—
D5	T30405	1.40 ~ 1.60	0.10 ~ 0.60	0.10 ~ 0.60	0.030	0.030	11.0 ~ 13.0	0.70 ~ 1.20	—	≤1.00	Co 2.50 ~ 3.50
D7	T30407	2.15 ~ 2.50	0.10 ~ 0.60	0.10 ~ 0.60	0.030	0.030	11.5 ~ 13.5	0.70 ~ 1.20	—	3.80 ~ 4.40	—
O1	T31501	0.85 ~ 1.00	0.10 ~ 0.50	1.00 ~ 1.40	0.030	0.030	0.40 ~ 0.70	—	0.40 ~ 0.60	0.30	—
O2	T31502	0.85 ~ 0.95	≤0.50	1.40 ~ 1.80	0.030	0.030	≤0.50	≤0.30	—	≤0.30	—
O6	T31506	1.25 ~ 1.55	0.55 ~ 1.50	0.30 ~ 1.10	0.030	0.030	≤0.30	0.20 ~ 0.30	—	—	—
O7	T31507	1.10 ~ 1.30	0.10 ~ 0.60	0.20 ~ 1.00	0.030	0.030	0.35 ~ 0.85	≤0.30	1.00 ~ 2.00	0.15 ~ 0.40	—
S1	T41901	0.40 ~ 0.55	0.15 ~ 1.20	0.10 ~ 0.40	0.030	0.030	1.00 ~ 1.80	≤0.50	1.50 ~ 3.00	0.15 ~ 0.30	—
S2	T41902	0.40 ~ 0.55	0.90 ~ 1.20	0.30 ~ 0.50	0.030	0.030	—	0.30 ~ 0.60	—	≤0.50	—
S4	T41904	0.50 ~ 0.65	1.75 ~ 2.25	0.60 ~ 0.95	0.030	0.030	0.10 ~ 0.50	—	—	0.15 ~ 0.35	—
S5	T41905	0.50 ~ 0.65	1.75 ~ 2.25	0.60 ~ 1.00	0.030	0.030	0.10 ~ 0.50	0.20 ~ 1.35	—	0.15 ~ 0.35	—
S6	T41906	0.40 ~ 0.50	2.00 ~ 2.50	0.30 ~ 0.50	0.030	0.030	1.20 ~ 0.50	0.30 ~ 0.50	—	0.20 ~ 0.40	—
S7	T41907	0.45 ~ 0.55	0.20 ~ 1.00	0.20 ~ 0.90	0.030	0.030	3.00 ~ 3.50	1.30 ~ 1.80	—	≤0.35	—
P2	T51602	≤0.10	0.10 ~ 0.40	0.10 ~ 0.40	0.030	0.030	0.75 ~ 1.25	0.15 ~ 0.40	—	—	Ni 0.10 ~ 0.50
P3	T51603	≤0.10	≤0.40	0.20 ~ 0.60	0.030	0.030	0.40 ~ 0.70	—	—	—	Ni 1.00 ~ 1.50
P4	T51604	≤0.12	0.10 ~ 0.40	0.20 ~ 0.60	0.030	0.030	4.00 ~ 5.25	0.40 ~ 1.00	—	—	—
P5	T51605	0.06 ~ 0.10	0.10 ~ 0.40	0.20 ~ 0.60	0.030	0.030	2.00 ~ 2.50	—	—	—	Ni ≤0.35
P6	T51606	0.05 ~ 0.15	0.10 ~ 0.40	0.35 ~ 0.70	0.030	0.030	1.25 ~ 1.75	—	—	—	Ni 3.25 ~ 3.75
P20	T51620	0.28 ~ 0.40	0.20 ~ 0.80	0.60 ~ 1.00	0.030	0.030	1.40 ~ 2.00	0.30 ~ 0.55	—	—	—
P21	T51621	0.18 ~ 0.22	0.20 ~ 0.40	0.20 ~ 0.40	0.030	0.030	0.20 ~ 0.30	—	—	0.15 ~ 0.25	Ni 3.90 ~ 4.25 Al 1.05 ~ 1.25
F1	T60601	0.95 ~ 1.25	0.10 ~ 0.50	≤0.50	0.030	0.030	—	—	1.00 ~ 1.75	—	—
F2	T60602	1.25 ~ 1.40	0.10 ~ 0.50	0.10 ~ 0.50	0.030	0.030	0.20 ~ 0.40	—	3.00 ~ 4.50	—	—
L2	T61202	0.45 ~ 1.00	0.10 ~ 0.50	0.10 ~ 0.90	0.030	0.030	0.70 ~ 1.20	≤0.25	—	0.10 ~ 0.30	—
L3	T61203	0.95 ~ 1.10	0.10 ~ 0.50	0.25 ~ 0.80	0.030	0.030	1.30 ~ 1.70	—	—	0.10 ~ 0.30	—
L6	T61206	0.65 ~ 0.75	0.10 ~ 0.50	0.25 ~ 0.80	0.030	0.030	0.60 ~ 1.20	≤0.50	—	—	Ni 1.25 ~ 2.00

① 各钢号的残余元素含量：Cu + Ni≤0.75%。

② 为了改善切削加工性能，A、D、H 系列的硫含量可增至 w（S）=0.06% ~ 0.15%。

③ 硫含量增加的 H13，其锰含量上限可达 w（Mn）=1.0%。

B）合金工具钢的热处理制度与硬度（表 4-11-6）

表 4-11-6　合金工具钢的热处理制度与硬度

钢　号 ASTM	退火或冷拉后 硬度 HBW≤		预热温度 /℃	淬火温度/℃		保温时间 /min	淬火 介质	回火温度 /℃	回火后硬度 HRC ≥
	退火	冷拉		盐浴炉	可控气氛炉				
H10	229	255	788	1010	1024	5 ~ 15	空冷	552	55
H11	235	262	788	996	1010	5 ~ 15	空冷	552	53
H12	235	262	788	996	1010	5 ~ 15	空冷	552	53
H13	235	262	788	996	1010	5 ~ 15	空冷	552	52

（续）

钢 号 ASTM	退火或冷拉后硬度 HBW≤		预热温度 /℃	淬火温度/℃		保温时间 /min	淬火介质	回火温度 /℃	回火后硬度 HRC ≥
	退火	冷拉		盐浴炉	可控气氛炉				
H14	235	262	788	1038	1052	5～15	空冷	552	55
H19	241	262	788	1177	1191	5～15	空冷	552	55
H21	235	262	788	1177	1191	5～15	空冷	552	52
H22	235	262	788	1177	1191	5～15	空冷	552	53
H23	255	269	816	1246	1260	5～15	油	649	42
H24	241	262	788	1204	1218	5～15	空冷	552	55
H25	235	262	788	1232	1246	5～15	空冷	552	44
H26	241	262	843	1246	1260	5～15	空冷	552	58
H41	235	262	788	1163	1177	5～15	空冷	552	60
H42	235	262	788	1191	1204	5～15	空冷	552	60
H43	235	262	788	1171	1191	5～15	空冷	552	·58
A2	248	262	788	941	945	5～15	空冷	204	60
A3	229	255	788	968	982	5～15	空冷	204	63
A4	241	262	677	843	857	5～15	空冷	204	61
A6	248	262	649	829	843	5～15	空冷	204	58
A7	269	285	816	954	968	5～15	空冷	204	63
A8	241	262	788	996	1010	5～15	空冷	510	56
A9	248	262	788	996	1010	5～15	空冷	510	56
A10	269	285	649	802	816	5～15	空冷	204	59
D2	255	269	816	996	1010	10～20	空冷	204	59
D3	255	269	816	954	968	10～20	油	204	61
D4	255	269	816	982	996	10～20	空冷	204	62
D5	255	269	816	996	1010	10～20	空冷	204	61
D7	262	277	816	1052	1066	10～20	空冷	204	63
O1	212	241	649	788	802	5～15	油	204	59
O2	217	241	649	788	802	5～15	油	204	59
O6	229	241	649	788	802	5～15	油	204	59
O7	241	255	649	857	871	5～15	油	204	62
S1	229	255	677	941	954	5～15	油	204	56
S2	217	241	677	885	899	5～15	盐水	204	58
S4	229	255	677	885	899	5～15	油	204	58
S5	229	255	677	885	899	5～15	油	204	58
S6	229	255	788	927	941	5～15	油	204	56
S7	229	255	677	941	954	5～15	空冷	204	56
F1	207	241	649	829	843	5～15	盐水	204	64
F2	235	262	649	829	843	5～15	盐水	204	64
L2	197	241	649	857	871	5～15	油	204	53
L3	201	241	649	829	843	5～15	油	204	62
L6	235	262	649	816	829	5～15	油	204	58

注：1. 淬火和回火温度，以及预热温度均由华氏温度换算，并取整数。

2. ASTM 标准中未列出 P 系列各钢号的热处理制度，仅列出各钢号退火硬度（HBW）：P2 为 100，P3 为 143，P4 为 131，P5 为 131，P6 为 212；P20 和 P21 通常以预硬化状态供应。

3. L2 的回火后硬度（53HRC）是指碳含量 C 0.45%～0.55% 时的硬度。

（2）美国 AISI、SAE 标准和 UNS 系统合金工具钢

A）合金工具钢的钢号与化学成分（表 4-11-7）

表 4-11-7　合金工具钢的钢号与化学成分（质量分数）（％）

钢号 AISI/ SAE	UNS	C	Si	Mn	Cr	Mo	W	V	其他
					耐冲击工具钢				
S1	T41901	0.45~0.55	0.25~0.45	0.20~0.40	1.25~1.75	(0.40)	1.50~3.00	0.15~0.30	—
S2	T41902	0.45~0.55	0.80~1.20	0.30~0.50	—	0.40~0.60	—	(≤0.25)	—
S3	T41903	0.45~0.55	0.10~0.40	0.10~0.40	0.85~1.15	—	0.85~1.15	—	—
S4	T41904	0.50~0.65	1.75~2.25	0.60~0.95	0.10~0.50	—	—	≤0.35	—
S5	T41905	0.50~0.60	1.80~2.20	0.60~0.90	(0.30)	0.30~0.50	—	(≤0.25)	—
S6	T41906	0.40~0.50	2.00~2.50	1.20~1.50	1.20~1.50	0.30~0.50	—	0.20~0.40	—
S7	T41907	0.45~0.55	0.20~1.00	0.20~0.80	3.00~3.50	1.30~1.80	—	≤0.35	—
					油淬冷作工具钢				
O1	T31501	0.85~0.95	0.20~0.40	1.00~1.30	0.40~0.60	—	0.40~0.60	(≤0.20)	—
O2	T31502	0.85~0.95	0.20~0.40	1.40~1.80	(0.35)	(0.30)	—	(≤0.20)	—
O6	T31506	1.35~1.55	0.80~1.20	0.30~1.10	—	0.20~0.30	—	—	—
O7	T31507	1.10~1.30	≤0.60	≤1.00	0.35~0.85	0.30	1.00~2.00	(≤0.40)	—
					空淬中合金工具钢				
A2	T30102	0.95~1.05	0.20~0.40	0.45~0.75	4.75~5.50	0.90~1.40	—	(≤0.40)	—
A3	T30103	1.20~1.30	0.10~0.50	0.40~0.60	4.75~5.50	0.90~1.40	—	0.80~1.40	—
A4	T30104	0.95~1.05	≤0.50	1.80~2.20	0.90~1.20	0.90~1.40	—	—	—
A5	T30105	0.95~1.05	0.10~0.50	2.80~3.20	0.90~1.20	0.90~1.40	—	—	—
A6	T30106	0.65~0.75	≤0.50	1.80~2.50	0.90~1.20	0.90~1.40	—	—	—
A7	T30107	2.00~2.85	≤0.50	≤0.80	5.00~5.75	0.90~1.40	(0.50~1.50)	3.90~5.15	—
A8	T30108	0.50~0.60	0.75~1.10	≤0.50	4.75~5.50	1.15~1.65	1.00~1.50	—	—
A9	T30109	0.45~0.55	0.95~1.15	≤0.50	4.75~5.50	1.30~1.80	—	0.80~1.40	Ni 1.25~1.75
A10	T30110	1.25~1.50	1.00~1.50	1.60~2.10	—	1.25~1.75	—	—	Ni 1.55~2.05
A11	T30111	2.40~2.50	0.75~1.10	0.35~0.60	4.75~5.50	1.10~1.50	≤0.50	9.25~10.25	S 0.05~0.09
					高碳高铬冷作工具钢				
D1	T30401	0.90~1.10	0.10~0.40	0.20~0.40	11.5~12.5	0.70~0.80	—	0.30~0.80	—
D2	T30402	1.40~1.60	0.30~0.50	0.30~0.50	11.0~13.0	0.70~1.20	—	(≤0.80)	(≤Co 0.60)
D3	T30403	2.00~2.35	0.25~0.45	0.25~0.45	11.0~13.0	(≤0.80)	(≤0.75)	(≤0.80)	—
D4	T30404	2.05~2.40	0.15~0.60	0.15~0.60	11.0~13.0	0.70~1.20	—	1.00	—
D5	T30405	1.40~1.60	0.30~0.50	0.30~0.50	11.0~13.0	0.70~1.20	—	(≤0.80)	Co 2.50~3.50
D6	T30406	2.00~2.20	0.70~0.90	0.20~0.40	11.5~12.5	—	0.60~0.90	—	—
D7	T30407	2.15~2.50	0.30~0.50	0.30~0.50	11.5~13.5	0.70~1.20	—	3.80~4.40	—
					热作工具钢				
H10	T20810	0.35~0.45	0.80~1.20	0.25~0.70	3.00~3.75	2.00~3.00	—	0.25~0.75	—
H11	T20811	0.30~0.40	0.80~1.20	0.20~0.40	4.75~5.50	1.25~1.75	—	0.30~0.50	—
H12	T20812	0.30~0.40	0.80~1.20	0.20~0.40	4.75~5.50	1.25~1.75	1.00~1.70	0.10~0.50	—
H13	T20813	0.30~0.40	0.80~1.20	0.20~0.40	4.75~5.50	1.25~1.75	—	0.80~1.20	—
H14	T20814	0.35~0.45	0.80~1.20	0.20~0.50	4.75~5.50	—	4.00~5.25	—	—

（续）

钢　号		C	Si	Mn	Cr	Mo	W	V	其　他
AISI/ SAE	UNS								
热作工具钢									
H15	T20815	0.45 ~ 0.55	0.40 ~ 0.60	0.10 ~ 0.40	3.50 ~ 4.00	6.00 ~ 6.50	0.85 ~ 1.15	0.65 ~ 0.85	—
H16	T20816	0.50 ~ 0.60	0.80 ~ 1.00	0.50 ~ 0.70	7.00 ~ 7.50	—	7.00 ~ 7.50	—	—
H19	T20819	0.32 ~ 0.45	0.20 ~ 0.50	0.20 ~ 0.50	4.00 ~ 4.75	0.30 ~ 0.55	3.75 ~ 4.50	1.75 ~ 2.20	Co 4.00 ~ 4.50
H20	T20820	0.25 ~ 0.35	0.10 ~ 0.75	0.10 ~ 0.40	1.80 ~ 2.20	—	9.00 ~ 10.0	0.40 ~ 0.60	—
H21	T20821	0.30 ~ 0.40	0.15 ~ 0.50	0.15 ~ 0.40	3.00 ~ 3.75	—	8.75 ~ 10.0	0.30 ~ 0.50	—
H22	T20822	0.30 ~ 0.40	0.15 ~ 0.40	0.15 ~ 0.40	1.75 ~ 3.75	—	10.0 ~ 11.75	0.25 ~ 0.50	—
H23	T20823	0.25 ~ 0.35	0.15 ~ 0.60	0.15 ~ 0.40	11.0 ~ 12.75	—	11.0 ~ 12.75	0.75 ~ 1.25	—
H24	T20824	0.42 ~ 0.53	0.15 ~ 0.40	0.15 ~ 0.40	2.50 ~ 3.50	—	14.0 ~ 16.0	0.40 ~ 0.60	—
H25	T20825	0.22 ~ 0.32	0.15 ~ 0.40	0.15 ~ 0.40	3.75 ~ 4.50	—	14.0 ~ 16.0	0.40 ~ 0.60	—
H26	T20826	0.45 ~ 0.55	0.15 ~ 0.40	0.15 ~ 0.40	3.75 ~ 4.50	—	17.25 ~ 19.0	0.75 ~ 1.25	—
H41	T20841	0.60 ~ 0.75	0.20 ~ 0.45	0.15 ~ 0.40	3.50 ~ 4.00	8.20 ~ 9.20	1.40 ~ 2.10	1.00 ~ 1.30	—
H42	T20842	0.55 ~ 0.70	0.20 ~ 0.45	0.15 ~ 0.40	3.75 ~ 4.50	4.50 ~ 5.50	5.50 ~ 6.75	1.75 ~ 2.20	—
H43	T20843	0.50 ~ 0.65	0.20 ~ 0.45	0.15 ~ 0.40	3.75 ~ 4.50	7.75 ~ 8.50	—	1.80 ~ 2.20	—
低碳塑料模具钢									
P1	T51601	0.10	0.10 ~ 0.40	0.10 ~ 0.30	—	—		≤0.10	—
P2	T51602	0.10	0.10 ~ 0.40	0.10 ~ 0.40	0.75 ~ 1.25	0.15 ~ 0.40	—	—	Ni 0.10 ~ 0.50
P3	T51603	0.10	≤0.40	0.20 ~ 0.60	0.40 ~ 0.75	—	—	—	Ni 1.00 ~ 1.50
P4	T51604	0.12	0.10 ~ 0.40	0.20 ~ 0.60	4.00 ~ 5.25	0.40 ~ 1.00	—	—	—
P5	T51605	0.06 ~ 0.10	0.10 ~ 0.40	0.20 ~ 0.60	2.00 ~ 2.50	—	—	—	Ni ≤0.35
P6	T51606	0.05 ~ 0.15	0.10 ~ 0.40	0.35 ~ 0.70	1.25 ~ 1.75	—	—	—	Ni 3.25 ~ 3.75
P20	T51620	0.28 ~ 0.40	0.20 ~ 0.80	0.60 ~ 1.00	1.40 ~ 2.00	0.30 ~ 0.55	—	—	—
P21	T51621	0.18 ~ 0.22	0.20 ~ 0.40	0.20 ~ 0.40	0.20 ~ 0.30	—	—	0.15 ~ 0.25	Ni 3.90 ~ 4.25 Al 1.05 ~ 1.25
特殊用途工具钢									
L1	T61201	0.90 ~ 1.10	0.10 ~ 0.40	0.10 ~ 0.40	1.20 ~ 1.60	—	—	—	—
L2	T61202	0.45 ~ 1.00	0.50	0.10 ~ 0.90	0.70 ~ 1.20	≤0.25	—	0.10 ~ 0.30	—
L3	T61203	0.95 ~ 1.10	0.10 ~ 0.50	0.25 ~ 0.80	1.30 ~ 1.70	—	—	0.10 ~ 0.30	—
L4	T61204	0.90 ~ 1.10	0.10 ~ 0.40	0.50 ~ 0.70	1.45 ~ 1.55	—	—	0.20 ~ 0.30	—
L5	T61205	0.90 ~ 1.10	0.10 ~ 0.40	0.90 ~ 1.10	0.90 ~ 1.10	0.25 ~ 0.30	—	—	—
L6	T61206	0.65 ~ 0.75	0.20 ~ 0.40	0.25 ~ 0.85	0.65 ~ 0.85	（≤0.25）	—	（≤0.25）	Ni 1.25 ~ 2.00
L7	T61206	0.95 ~ 1.05	0.20 ~ 0.40	0.25 ~ 0.45	1.25 ~ 1.75	0.30 ~ 0.50	—	—	—
碳钨工具钢									
F1	T60601	0.95 ~ 1.25	0.10 ~ 0.50	≤0.50	—	—	1.00 ~ 1.75	—	—
F2	T60602	1.25 ~ 1.40	0.10 ~ 0.50	0.10 ~ 0.50	0.20 ~ 0.40	—	3.00 ~ 4.50	—	—
F3	T60603	1.25 ~ 1.40	0.10 ~ 0.40	0.10 ~ 0.40	0.50 ~ 1.00	—	3.50 ~ 4.00	—	—
其他工具钢									
6G	—	≤0.55	≤0.25	≤0.80	≤1.00	≤0.45	—	≤0.10	—
6F2	—	≤0.55	≤0.25	≤0.75	≤1.00	≤0.30	—	≤0.10	Ni ≤0.10
6F3	—	≤0.55	≤0.85	≤0.60	≤1.00	≤0.75	—	≤0.10	Ni ≤1.80
6F4	—	≤0.20	≤0.25	≤0.70	—	≤3.35	—	—	Ni ≤3.00
6F5	—	≤0.55	≤1.00	≤1.00	≤0.50	≤0.50	—	≤0.10	Ni ≤2.70
6F6	—	≤0.50	≤1.550	—	≤1.50	≤0.20	—	—	—

注：括号内的数值表示允许加入或允许存在的元素含量。

B）合金工具钢的热处理制度与硬度（表 4-11-8）

表 4-11-8　合金工具钢的热处理制度与硬度

钢　号 AISI/SAE	热加工温度/℃ 开始	终止	退火温度 /℃	退火后硬度 HBW	淬火温度 /℃	淬火介质	回火温度 /℃	回火后硬度 HRC
耐冲击工具钢								
S1	1010～1120	870	790～820	183～229①	900～980	油	200～650	58～40
S2	1010～1120	870	760～790	192～217	840～900	盐水/水	150～430	60～50
S3	1010～1120	870	790～820	183～212	820～870	盐水/水	150～310	59～50
S4	1010～1120	870	760～790	192～229	870～930 900～950	盐水/水 油	180～430	60～50
S5	980～1070	820	760～790	159～202	770～840	油	150～340	60～50
S7	—	—	815～845	187～233	925～955	油/空冷	205～620	57～45
油淬冷作工具钢								
O1	980～1070	840	760～790	183～212	790～820	油	150～260	62～57
O2	980～1050	840	740～770	183～212	760～800	油	150～260	62～57
O6	1070	820	700	≤217	790～840	油	150～320	63～58
O7	980～1090	870	790～820	192～217	790～830 840～880	水 油	160～290	64～58
空淬中合金工具钢								
A2	1010～1090	900	840～870	202～229	930～980	空冷	150～540	62～57
A4	1010～1090	900	740～760	200～241	820～870	空冷	150～430	62～54
A5	1010～1090	870	740～760	228～255	790～850	空冷	150～430	60～54
A6	1040～1120	870	730～750	217～248	830～870	空冷	150～430	60～54
A7	1050～1150	980	870～900	235～262	950～980	空冷	150～540	67～57
A8	1090～1150	—	830～845	200～241	995～1010	空冷	150～590	61～49
A9	—	—	845～870	212～248	980～1025	空冷	510～620	56～35
A10	—	—	765～795	235～269	790～815	空冷	175～425	62～55
高碳高铬冷作工具钢								
D1	1010～1090	930	870～900	207～248	970～1010	空冷	200～540	61～54
D2	1010～1090	930	870～900	217～255	980～1020	空冷	200～540	61～54
D3	1010～1090	930	870～900	217～255	930～980	油	200～540	61～54
D4	1010～1090	930	870～900	217～255	970～1010	空冷	200～540	61～54
D5	1010～1090	930	870～900	223～255	980～1020	空冷	200～540	61～54
D6	1010～1090	930	870～900	217～255	930～950	油	200～540	61～54
D7	1120～1160	980	870～900	235～262	1010～1070	空冷	150～540	65～58
热作工具钢								
H10	1040～1120	—	870～900	—	1010～1040	空冷/油	540～650	54～38
H11	1070～1150	900	840～900	192～229	990～1020	空冷	540～650	54～38
H12	1070～1150	900	840～900	192～229	990～1020	空冷	540～650	55～38
H13	1070～1150	900	840～900	192～229	990～1040	空冷	540～650	53～38
H14	1070～1180	930	870～900	207～235	1010～1070	空冷	590～650	47～40
H15	1040～1150	900	840～870	207～229	1150～1260	空冷/油	590～650	49～36
H16	1070～1180	930	870～900	212～241	1120～1180	空冷/油	570～680	60～45
H19	—	—	870～900	212～241	1095～1205	空冷/油	540～705	57～40

（续）

钢号 AISI/SAE	热加工温度/℃ 开始	终止	退火温度/℃	退火后硬度 HBW	淬火温度/℃	淬火介质	回火温度/℃	回火后硬度 HRC
热作工具钢								
H20	1070~1180	900	870~900	207~235	1100~1200	空冷/油	590~680	54~36
H21	1070~1180	900	870~900	207~235	1100~1200	空冷/油	590~680	54~36
H22	1070~1180	900	870~900	207~235	1100~1200	空冷/油	590~680	52~39
H23	1070~1180	900	870~900	213~255	1200~1270	空冷/油	650~810	47~30
H24	1070~1180	950	870~900	217~241	1100~1230	空冷/油	570~650	55~45
H25	1070~1180	930	870~900	207~235	1150~1260	空冷/油	570~680	44~35
H26	1040~1120	950	870~900	217~241	1180~1260	盐浴、油/空冷	570~680	58~43
H41	1040~1120	930	820~870	207~235	1090~1190	油、空冷/盐浴	570~650	60~50
H42	1040~1120	930	840~900	207~235	1120~1220	油、空冷/盐浴	570~650	60~50
H43	1040~1120	930	820~870	207~235	1090~1190	油、空冷/盐浴	570~650	58~45
低碳塑料模具钢								
P1	1200~1290	1040	730~900	81~100	790~820[2]	水/盐水	150~260	64~58[3]
P2	1010~1120	840	730~820	103~123	830~840[2]	油	150~260	64~58[3]
P3	1010~1120	—	730~820	109~137	800~830[2]	油	150~260	64~58[3]
P4	1010~1120	870	870~900	116~128	870~1000[2]	空冷	150~260	64~58[3]
P5	1010~1120	840	840~870	105~110	840~870[2]	油	150~260	64~50[3]
P6	1070~1180	930	840	207	790~820[2]	油	150~260	64~58[3]
P20	1010~1120	870	760~790	150~180	820~870[2]	油	150~260	64~58[3]
P21	1135~1165	—	870~900	—	—[4]	时效：510~560		35~32
特殊用途工具钢								
L1	980~1090	840	770~800	179~207	790~840	油/水	150~320	64~56
L2	980~1090	840	760~790	163~196	790~840 / 840~960	水 / 油	150~540	63~46
L3	980~1090	840	790~820	174~201	770~820 / 820~870	水 / 油	150~320	63~56
L4	980~1090	840	770~800	179~207	800~870	油/水	150~320	64~56
L5	980~1090	840	770~800	183~223	790~870	油	150~320	64~56
L6	980~1090	840	760~790	183~212	790~840	油	150~540	62~45
L7	980~1090	840	790~820	183~212	820~870	油	150~320	64~56
碳钨工具钢								
F1	980~1090	840	760~800	183~207	790~870	水/盐水	150~260	64~60
F2	980~1090	900	790~820	207~235	790~870	水/盐水	150~260	66~62
F3	980~1090	900	790~820	212~248	790~870	水、盐水/油	150~260	66~62

① S1 钢中 $w(Si)=0.25\%$ 时，退火后硬度为 183~207HBW；当 $w(Si)=1.00\%$ 时，退火后硬度为 207~229HBW。

② 渗碳后进行淬火。

③ 渗碳表面硬度。

④ 时效处理。

4.11.3 高速工具钢

（1）美国 ASTM 标准高速工具钢［ASTM A600（1992a/2016 确认）］

A）高速工具钢的钢号与化学成分（表 4-11-9）

表 4-11-9 高速工具钢的钢号与化学成分（质量分数）（%）[①]

钢 号		C	Si	Mn	P ≤	S ≤	Cr	Mo	W	V	Co
ASTM	UNS										
钨系高速工具钢											
T1	T12001	0.65~0.80	0.20~0.40	0.10~0.40	0.030	0.030	3.75~4.50	—	17.25~18.75	0.90~1.30	—
T2	T12002	0.80~0.90	0.20~0.40	0.20~0.40	0.030	0.030	3.75~4.50	≤1.00	17.5~19.0	1.80~2.40	—
T4	T12004	0.70~0.80	0.20~0.40	0.10~0.40	0.030	0.030	3.75~4.50	0.40~1.00	17.5~19.0	0.80~1.20	4.25~5.75
T5	T12005	0.75~0.85	0.20~0.40	0.20~0.40	0.030	0.030	3.75~5.00	0.50~1.25	17.5~19.0	1.80~2.40	7.00~9.50
T6	T12006	0.75~0.85	0.20~0.40	0.20~0.40	0.030	0.030	4.00~4.75	0.40~1.00	18.5~21.0	1.50~2.10	11.0~13.0
T8	T12008	0.75~0.85	0.20~0.40	0.20~0.40	0.030	0.030	3.75~4.50	0.40~1.00	13.25~14.75	1.80~2.40	4.25~5.75
T15	T12015	1.50~1.60	0.15~0.40	0.15~0.40	0.030	0.030	3.75~5.00	≤1.00	11.75~13.0	450~5.25	4.75~5.25
钼钨系高速工具钢											
M1	T11301	0.78~0.88	0.20~0.50	0.15~0.40	0.030	0.030	3.50~4.00	8.20~9.20	1.40~2.10	1.00~1.35	—
M2（正常C）	T11302[②]	0.78~0.88	0.20~0.45	0.15~0.40	0.030	0.030	3.75~4.50	4.50~5.50	5.50~6.75	1.75~2.20	—
M2（高C）	T11302[②]	0.95~1.05	0.20~0.45	0.15~0.40	0.030	0.030	3.75~4.50	4.50~5.50	5.50~6.75	1.75~2.20	—
M3 Class 1	T11313	1.00~1.10	0.20~0.45	0.15~0.40	0.030	0.030	3.75~4.50	4.75~6.50	5.00~6.75	2.25~2.75	—
M3 Class 2	T11323	1.15~1.25	0.20~0.45	0.15~0.40	0.030	0.030	3.75~4.50	4.75~6.50	5.00~6.75	2.25~2.75	—
M4	T11304	1.25~1.40	0.20~0.45	0.15~0.40	0.030	0.030	3.75~4.75	4.25~5.50	5.25~6.50	3.75~4.50	—
M6	T11306	0.75~0.85	0.20~0.45	0.15~0.40	0.030	0.030	3.75~4.50	4.50~5.50	3.75~4.75	1.30~1.70	11.0~13.0
M7	T11307	0.97~1.05	0.20~0.55	0.15~0.40	0.030	0.030	3.50~4.00	8.20~9.20	1.40~2.10	1.75~2.25	—
M10（正常C）	T11310[②]	0.84~0.94	0.20~0.45	0.10~0.40	0.030	0.030	3.75~4.50	7.75~8.50	—	1.80~2.20	
M10（高C）	T11310[②]	0.95~1.05	0.20~0.45	0.10~0.40	0.030	0.030	3.75~4.50	7.75~8.50	—	1.80~2.20	
M30	T11330	0.75~0.85	0.20~0.45	0.15~0.40	0.030	0.030	3.50~4.50	7.75~9.00	1.30~2.30	1.00~1.40	4.50~5.50
M33	T11333	0.85~0.92	0.15~0.50	0.15~0.40	0.030	0.030	3.50~4.00	9.00~10.0	1.30~2.10	1.00~1.35	7.75~8.75
M34	T11334	0.85~0.92	0.20~0.45	0.15~0.40	0.030	0.030	3.75~4.00	7.75~9.20	1.40~2.10	1.90~2.30	7.75~8.75
M36	T11336	0.80~0.90	0.20~0.45	0.15~0.40	0.030	0.030	3.75~4.50	4.50~5.50	5.50~6.50	1.75~2.25	7.75~8.75
M41	T11341	1.05~1.15	0.15~0.50	0.20~0.60	0.030	0.030	3.75~4.50	3.25~4.25	6.25~7.00	1.75~2.25	4.75~5.75
M42	T11342	1.05~1.15	0.15~0.65	0.15~0.40	0.030	0.030	3.50~4.25	9.00~10.0	1.15~1.85	0.95~1.35	7.75~8.75
M43	T11343	1.15~1.25	0.15~0.65	0.20~0.40	0.030	0.030	3.50~4.25	7.50~8.50	2.25~3.00	1.50~1.75	7.75~8.75
M44	T11344	1.10~1.20	0.30~0.55	0.20~0.40	0.030	0.030	4.00~4.75	6.00~7.00	5.00~5.75	1.85~2.20	11.0~12.25
M46	T11346	1.22~1.30	0.40~0.65	0.20~0.40	0.030	0.030	3.70~4.20	8.00~8.50	1.90~2.20	3.00~3.30	7.80~8.80
M47	T11347	1.05~1.15	0.20~0.45	0.15~0.40	0.030	0.030	3.50~4.00	9.25~10.0	1.30~1.80	1.15~1.35	4.75~5.25
M48	T11348	1.42~1.52	0.15~0.40	0.15~0.40	0.030	0.030	3.50~4.00	4.75~5.50	9.50~10.5	2.75~3.25	8.00~10.0
M62	T11362	1.25~1.35	0.15~0.40	0.15~0.40	0.030	0.030	3.50~4.00	10.0~11.0	5.75~6.50	1.80~2.10	—

（续）

钢　号		C	Si	Mn	P ≤	S ≤	Cr	Mo	W	V	Co
ASTM	UNS										
中间型高速工具钢（基体钢）											
M50	T11350	0.78 ~ 0.88	0.20 ~ 0.60	0.15 ~ 0.45	0.030	0.030	3.75 ~ 4.50	3.90 ~ 4.75	—	0.80 ~ 1.25	—
M52	T11352	0.85 ~ 0.95	0.20 ~ 0.60	0.15 ~ 0.45	0.030	0.030	3.50 ~ 4.30	4.00 ~ 4.90	0.75 ~ 1.50	1.65 ~ 2.25	—

① 各钢号的残余元素：$w(Cu + Ni) = 75\%$。

② 为改善钢的切削加工性能，硫含量可增至 $w(S) = 0.06\% ~ 0.15\%$。

B) 高速工具钢的热处理制度与硬度（表 4-11-10）

表 4-11-10　高速工具钢的热处理制度与硬度

钢号 ASTM	退火或冷拉后硬度 HBW ≤			预热温度 /℃	淬火温度/℃		回火温度 /℃	回火后硬度 HRC ≥
	退火	冷拉	冷拉后退火		盐浴炉	可控气氛炉		
钨系高速工具钢								
T1	255	269	262	816 ~ 871	1277	1288	552	63
T2	255	269	262	816 ~ 871	1277	1288	552	63
T4	269	285	277	816 ~ 871	1277	1288	552	63
T5	285	302	293	816 ~ 871	1277	1288	552	63
T6	302	321	311	816 ~ 871	1277	1288	552	63
T8	255	269	262	816 ~ 871	1277	1288	552	63
T15	277	293	285	816 ~ 871	1277	1288	538	63
钼钨系高速工具钢								
M1	248	262	255	732 ~ 843	1196	1207	552	64
M2（正常 C）	248	262	255	732 ~ 843	1216	1227	552	64
M2（高 C）	255	269	262	732 ~ 843	1204	1216	552	65
M3 Class 1	255	269	262	732 ~ 843	1204	1216	552	64
M3 Class 2	255	269	262	732 ~ 843	1204	1216	552	64
M4	255	269	262	732 ~ 843	1204	1216	552	64
M6	277	293	285	732 ~ 843	1188	1199	552	64
M7	255	269	262	732 ~ 843	1204	1216	552	65
M10（正常 C）	248	262	255	732 ~ 843	1196	1207	552	63
M10（高 C）	255	269	262	732 ~ 843	1196	1207	552	64
M30	269	285	277	732 ~ 843	1204	1216	552	64
M33	269	285	277	732 ~ 843	1204	1216	552	65
M34	269	285	277	732 ~ 843	1204	1216	552	64
M36	269	285	277	732 ~ 843	1204	1216	552	64
M41	269	285	277	732 ~ 843	1190	1202	538	66
M42	269	285	277	732 ~ 843	1177	1188	538	66
M43	269	285	277	732 ~ 843	1177	1188	538	66
M44	285	302	293	732 ~ 843	1188	1199	538	66
M46	269	285	277	732 ~ 843	1204	1216	538	66
M47	269	285	277	732 ~ 843	1190	1202	538	66
M48	311	331	321	732 ~ 843	1190	1202	538	66
M62	285	302	293	732 ~ 843	1190	1202	538	66
中间型高速工具钢								
M50	248	262	255	732 ~ 843	1104	1116	538	61
M52	248	262	255	732 ~ 843	1163	1174	538	63

注：表中各项温度由华氏温度换算，未取整数。

(2) 美国 AISI、SAE 标准和 UNS 系统高速工具钢

A) 高速工具钢的钢号与化学成分（表 4-11-11）

表4-11-11　高速工具钢的钢号与化学成分（质量分数）（%）

钢号 AISI/SAE	UNS	C	Si	Mn	Cr	Mo	W	V	其 他
钨系高速工具钢									
T1	T12001	0.65 ~ 0.75	0.20 ~ 0.40	0.20 ~ 0.40	3.75 ~ 4.50	—	17.25 ~ 18.75	0.90 ~ 1.30	—
T2	T12002	0.75 ~ 0.85	0.20 ~ 0.40	0.20 ~ 0.40	3.75 ~ 4.50	0.70 ~ 1.00	17.50 ~ 19.00	1.80 ~ 2.40	—
T3	T12003	1.08 ~ 1.13	0.10 ~ 0.40	0.10 ~ 0.40	4.00 ~ 4.25	0.70 ~ 0.90	18.00 ~ 18.50	2.90 ~ 3.30	—
T4	T12004	0.70 ~ 0.80	0.20 ~ 0.40	0.20 ~ 0.40	3.75 ~ 4.50	0.70 ~ 1.00	17.25 ~ 18.75	0.80 ~ 1.20	Co 4.25 ~ 5.75
T5	T12005	0.75 ~ 0.85	0.20 ~ 0.40	0.20 ~ 0.40	3.75 ~ 4.50	0.70 ~ 1.00	17.50 ~ 19.00	1.80 ~ 2.40	Co 7.00 ~ 9.50
T6	T12006	0.75 ~ 0.85	0.20 ~ 0.40	0.20 ~ 0.40	4.00 ~ 4.75	0.40 ~ 1.00	18.50 ~ 21.00	1.50 ~ 2.10	Co 11.0 ~ 13.0
T7	T12007	0.70 ~ 0.75	0.20 ~ 0.40	0.20 ~ 0.40	4.50 ~ 5.00	—	13.50 ~ 14.50	1.50 ~ 1.80	—
T8	T12008	0.75 ~ 0.85	0.20 ~ 0.40	0.20 ~ 0.40	3.75 ~ 4.50	0.70 ~ 1.00	13.25 ~ 14.75	1.80 ~ 2.40	Co 4.25 ~ 5.75
T9	T12008	1.22 ~ 1.28	0.10 ~ 0.40	0.10 ~ 0.40	3.75 ~ 4.25	0.75	18.00 ~ 18.50	3.75 ~ 4.25	—
T15	T12015	1.50 ~ 1.60	0.15 ~ 0.40	0.15 ~ 0.40	3.75 ~ 5.00	≤1.00	11.75 ~ 13.00	4.50 ~ 5.25	Co 4.75 ~ 5.25
钼钨系高速工具钢									
M1	T13101	0.75 ~ 0.85	0.20 ~ 0.40	0.20 ~ 0.40	3.75 ~ 4.50	7.75 ~ 9.25	1.15 ~ 1.85	0.90 ~ 1.30	—
M2 （正常C）	T13102	0.78 ~ 0.88	0.20 ~ 0.40	0.20 ~ 0.40	3.75 ~ 4.50	4.50 ~ 5.50	5.50 ~ 6.75	1.60 ~ 2.20	—
M2 （高C）	T13102	0.95 ~ 1.05	0.20 ~ 0.40	0.20 ~ 0.40	3.75 ~ 4.50	4.50 ~ 5.50	5.50 ~ 6.75	1.60 ~ 2.20	—
M3 Class 1	T13113	1.00 ~ 1.10	0.20 ~ 0.40	0.20 ~ 0.40	3.75 ~ 4.50	4.50 ~ 5.50	5.00 ~ 6.75	2.25 ~ 3.25	—
M3 Class 2	T13123	1.15 ~ 1.25	0.20 ~ 0.40	0.20 ~ 0.40	3.75 ~ 4.50	4.50 ~ 5.50	5.00 ~ 6.75	2.25 ~ 3.25	—
M4	T13104	1.25 ~ 1.40	0.20 ~ 0.40	0.20 ~ 0.40	4.00 ~ 4.75	4.50 ~ 5.50	5.25 ~ 6.50	3.00 ~ 4.50	—
M6	T13106	0.75 ~ 0.85	0.20 ~ 0.40	0.15 ~ 0.40	3.75 ~ 4.50	4.50 ~ 5.50	3.75 ~ 4.75	1.30 ~ 1.70	Co 11.0 ~ 13.0
M7	T13107	0.97 ~ 1.05	0.20 ~ 0.55	0.15 ~ 0.40	3.50 ~ 4.00	8.20 ~ 9.20	1.40 ~ 2.10	1.75 ~ 2.25	—
M8	T13108	0.80 ~ 0.85	0.20 ~ 0.40	0.10 ~ 0.40	4.00 ~ 4.50	4.30 ~ 4.70	5.25 ~ 5.75	1.35 ~ 1.65	Nb≤1.25
M10 （正常C）	T13110	0.84 ~ 0.94	0.20 ~ 0.45	0.10 ~ 0.40	3.75 ~ 4.50	7.75 ~ 8.50	—	1.80 ~ 2.20	—
M10 （高C）	T13110	0.95 ~ 1.05	0.20 ~ 0.45	0.10 ~ 0.40	3.75 ~ 4.50	7.75 ~ 8.50	—	1.80 ~ 2.20	—
M15	T13115	1.50 ~ 1.60	0.20 ~ 0.40	0.10 ~ 0.40	4.00 ~ 4.75	3.00 ~ 3.50	6.25 ~ 6.75	4.75 ~ 5.25	Co 4.75 ~ 5.25
M30	T13130	0.75 ~ 0.85	0.20 ~ 0.45	0.15 ~ 0.40	3.50 ~ 4.25	7.75 ~ 9.00	1.30 ~ 2.30	1.00 ~ 1.40	Co 4.50 ~ 5.50
M33	T13133	0.85 ~ 0.92	0.15 ~ 0.50	0.15 ~ 0.40	3.50 ~ 4.00	9.00 ~ 10.0	1.30 ~ 2.10	1.00 ~ 1.35	Co 7.75 ~ 8.75
M34	T13134	0.85 ~ 0.92	0.20 ~ 0.45	0.15 ~ 0.40	3.50 ~ 4.00	7.75 ~ 9.20	1.40 ~ 2.10	1.90 ~ 2.30	Co 7.75 ~ 8.75
M35	T13135	0.80 ~ 0.85	0.20 ~ 0.40	0.20 ~ 0.40	3.90 ~ 4.40	4.75 ~ 5.25	6.15 ~ 6.65	1.75 ~ 2.15	Co 4.75 ~ 5.25
M36	T13136	0.80 ~ 0.90	0.20 ~ 0.45	0.15 ~ 0.40	3.75 ~ 4.50	4.50 ~ 5.50	5.50 ~ 6.50	1.75 ~ 2.25	Co 7.75 ~ 8.75
M41	T13141	1.05 ~ 1.15	0.15 ~ 0.50	0.20 ~ 0.60	3.75 ~ 4.50	3.25 ~ 4.25	6.25 ~ 7.00	1.75 ~ 2.25	Co 4.75 ~ 5.75
M42	T13142	1.05 ~ 1.15	0.15 ~ 0.65	0.15 ~ 0.40	3.50 ~ 4.25	9.00 ~ 10.0	1.15 ~ 1.85	0.95 ~ 1.35	Co 7.75 ~ 8.75
M43	T13143	1.15 ~ 1.25	0.15 ~ 0.65	0.20 ~ 0.40	3.50 ~ 4.25	7.50 ~ 8.50	2.25 ~ 3.00	1.50 ~ 1.75	Co 7.75 ~ 8.75
M44	T13144	1.10 ~ 1.20	0.30 ~ 0.55	0.20 ~ 0.40	4.00 ~ 4.75	8.00 ~ 8.50	5.00 ~ 5.75	1.85 ~ 2.20	Co 7.80 ~ 8.80
M46	T13146	1.22 ~ 1.30	0.40 ~ 0.65	0.20 ~ 0.40	3.70 ~ 4.20	8.00 ~ 8.50	1.90 ~ 2.20	3.00 ~ 3.30	Co 7.80 ~ 8.80
M47	T13147	1.05 ~ 1.15	0.20 ~ 0.45	0.15 ~ 0.40	3.50 ~ 4.00	9.25 ~ 10.0	1.30 ~ 1.80	1.15 ~ 1.35	Co 4.75 ~ 5.25
M48	T13148	1.42 ~ 1.52	0.20 ~ 0.45	0.15 ~ 0.40	3.50 ~ 4.25	4.75 ~ 5.50	9.50 ~ 10.5	2.75 ~ 3.25	Co 8.00 ~ 10.0 S 0.05 ~ 0.09

（续）

钢 号 AISI/SAE	UNS	C	Si	Mn	Cr	Mo	W	V	其 他
				钼钨系高速工具钢					
M50[1]	T11350	0.75 ~ 0.85	0.20 ~ 0.60	0.15 ~ 0.35	3.75 ~ 4.50	4.00 ~ 4.50	≤0.25	0.90 ~ 1.10	Co≤0.25 S 0.03 ~ 0.06
M52[1]	T11352	0.85 ~ 0.95	0.20 ~ 0.60	0.15 ~ 0.35	3.75 ~ 4.50	4.15 ~ 4.75	0.75 ~ 1.50	1.75 ~ 2.10	S 0.03 ~ 0.06
M61	T11361	1.75 ~ 1.85	0.20 ~ 0.45	0.25 ~ 0.50	3.50 ~ 4.25	6.00 ~ 6.75	12.0 ~ 13.0	4.50 ~ 5.25	S 0.05 ~ 0.09
M62	T11362	1.25 ~ 1.35	0.15 ~ 0.40	0.15 ~ 0.40	3.50 ~ 4.25	10.0 ~ 11.0	5.75 ~ 6.75	1.80 ~ 2.20	S 0.05 ~ 0.09

① 在 ASTM 标准中称为中间型高速工具钢。

B）高速工具钢的热处理制度与硬度（表4-11-12）

表4-11-12 高速工具钢的热处理制度与硬度

钢 号 AISI/SAE	热加工温度/℃ 开始	终止	退火温度 /℃	退火后硬度 HBW	淬火温度 /℃	淬火介质	回火温度 /℃	回火后硬度 HRC
			钨系高速工具钢					
T1	1070 ~ 1180	950	870 ~ 900	217 ~ 255	1260 ~ 1300	油、空冷/盐浴	540 ~ 600	65 ~ 60
T2	1070 ~ 1180	950	870 ~ 900	223 ~ 255	1260 ~ 1300	油、空冷/盐浴	540 ~ 600	66 ~ 61
T3	1070 ~ 1180	950	870 ~ 900	229 ~ 269	1230 ~ 1270	油、空冷/盐浴	540 ~ 600	65 ~ 60
T4	1070 ~ 1180	950	870 ~ 900	228 ~ 269	1260 ~ 1300	油、空冷/盐浴	540 ~ 600	66 ~ 62
T5	1070 ~ 1180	980	870 ~ 900	235 ~ 275	1270 ~ 1320	油、空冷/盐浴	540 ~ 600	65 ~ 60
T6	1070 ~ 1180	980	870 ~ 900	248 ~ 293	1270 ~ 1320	油、空冷/盐浴	540 ~ 600	65 ~ 60
T7	1070 ~ 1180	950	870 ~ 900	217 ~ 255	1260 ~ 1290	油、空冷/盐浴	540 ~ 600	65 ~ 60
T8	1070 ~ 1180	950	870 ~ 900	228 ~ 255	1260 ~ 1300	油、空冷/盐浴	540 ~ 600	65 ~ 60
T9	1070 ~ 1180	980	870 ~ 900	235 ~ 277	1245 ~ 1275	油、空冷/盐浴	540 ~ 600	66 ~ 61
T15	1070 ~ 1180	980	870 ~ 900	241 ~ 277	1200 ~ 1260	油、空冷/盐浴	540 ~ 600	68 ~ 63
			钨钼系高速工具钢					
M1	1040 ~ 1150	930	820 ~ 870	207 ~ 235	1180 ~ 1220	油、空冷/盐浴	540 ~ 600	65 ~ 60
M2	1040 ~ 1150	930	820 ~ 870	212 ~ 241	1190 ~ 1230	油、空冷/盐浴	540 ~ 600	65 ~ 60
M3 Class 1	1040 ~ 1150	—	840 ~ 870	255	1190 ~ 1220	油、空冷/盐浴	540 ~ 560	66 ~ 63
M3 Class 2	1060 ~ 1120	—	840 ~ 870	255	1190 ~ 1220	油/盐浴	540 ~ 560	66 ~ 63
M4	1040 ~ 1150	930	80 ~ 900	233 ~ 255	1200 ~ 1230	油、空冷/盐浴	540 ~ 600	66 ~ 61
M6	1040 ~ 1150	930	870	248 ~ 277	1188 ~ 1205	油、空冷/盐浴	540 ~ 600	66 ~ 61
M7	1040 ~ 1150	930	820 ~ 870	217 ~ 255	1180 ~ 1230	油、空冷/盐浴	540 ~ 600	65 ~ 61
M8	1040 ~ 1150	930	840 ~ 870	217 ~ 241	1200 ~ 1260	油、空冷/盐浴	540 ~ 600	65 ~ 60
M10	1040 ~ 1150	930	820 ~ 870	207 ~ 235	1180 ~ 1230	油、空冷/盐浴	540 ~ 600	68 ~ 60
M15	1040 ~ 1150	930	870 ~ 900	241 ~ 277	1190 ~ 1230	油、空冷/盐浴	540 ~ 650	65 ~ 63
M30	1040 ~ 1150	930	870 ~ 900	235 ~ 269	1200 ~ 1230	油、空冷/盐浴	540 ~ 600	65 ~ 60
M33	1040 ~ 1150	930	870 ~ 900	235 ~ 269	1200 ~ 1230	油、空冷/盐浴	540 ~ 600	65 ~ 60
M34	1040 ~ 1150	930	870 ~ 900	235 ~ 269	1200 ~ 1230	油、空冷/盐浴	540 ~ 600	65 ~ 60
M35	1040 ~ 1150	930	870 ~ 900	235 ~ 269	1220 ~ 1245	油、空冷/盐浴	540 ~ 600	65 ~ 60
M36	1040 ~ 1150	930	870 ~ 900	235 ~ 269	1220 ~ 1245	油、空冷/盐浴	540 ~ 600	69 ~ 60
M41	1100	900	770 ~ 840	240 ~ 300	1180 ~ 1220	油、空冷/盐浴	530 ~ 550	≥66
M42	1090 ~ 1150	900	770 ~ 820	240 ~ 300	1170 ~ 1210	油、空冷/盐浴	530 ~ 550	69 ~ 66
M43	1160 ~ 1180	900	880 ~ 900	269	1160 ~ 1180	油/盐浴	540 ~ 600	≥66
M44	—	—	—	285	1190	油/盐浴	540	≥66
M46	—	—	—	269	1200	油/盐浴	540	≥66
M47	—	—	—	269	1190	油/盐浴	540	≥66
M48	—	—	—	311	1190	油/盐浴	540	≥66
M50[1]	1060 ~ 1120	900	830 ~ 850	248	1120 ~ 1140	油/盐浴	520 ~ 550	63 ~ 61
M52[1]	1060 ~ 1120	900	830 ~ 850	248	1140 ~ 1160	油/盐浴	520 ~ 550	63 ~ 61
M62	—	—	—	285	1190	油/盐浴	540	≥66

① 在 ASTM 标准中称为中间型高速工具钢。

B. 专业用钢和优良品种

4.11.4 铸造工具钢［ASTM A597（2014）］

美国 ASTM 标准铸造工具钢的钢号与化学成分，见表 4-11-13。

表 4-11-13 铸造工具钢的钢号与化学成分（质量分数）（%）

钢号 ASTM	钢号 UNS	C	Si	Mn	P ≤	S ≤	Cr	Mo	V	其他
CA-2	T90102	0.95 ~ 1.05	≤1.50	≤0.75	0.030	0.030	4.75 ~ 5.50	0.90 ~ 1.40	(0.20 ~ 0.50)	—
CD-2	T90402	1.40 ~ 1.60	≤1.50	≤1.00	0.030	0.030	11.0 ~ 13.0	0.70 ~ 1.20	(0.40 ~ 1.00)	(Co 0.70 ~ 1.00)
CD-5	T90405	1.35 ~ 1.60	≤1.50	≤0.75	0.030	0.030	11.0 ~ 13.0	0.70 ~ 1.20	0.35 ~ 0.55	Co 2.50 ~ 3.50 (Ni 0.40 ~ 0.60)
CH-12	—	0.30 ~ 0.40	≤1.50	≤0.75	0.030	0.030	4.75 ~ 5.75	1.25 ~ 1.75	0.20 ~ 0.50	W 1.00 ~ 1.70 (Co 0.20 ~ 0.50)
CH-13	—	0.30 ~ 0.42	≤1.50	≤0.75	0.030	0.030	4.75 ~ 5.75	1.25 ~ 1.75	0.75 ~ 1.20	—
CM-2	T11302	0.78 ~ 0.80	≤1.00	≤0.75	0.030	0.030	3.75 ~ 4.50	4.50 ~ 5.50	1.25 ~ 2.20	W 5.50 ~ 6.75 Co≤0.25 Ni≤0.25
CD-51	—	0.85 ~ 1.00	≤1.50	1.00 ~ 1.30	0.030	0.030	0.40 ~ 1.00	—	≤0.30	W 0.40 ~ 0.60
CS-5	T91905	0.50 ~ 0.65	1.75 ~ 2.25	0.60 ~ 1.00	0.030	0.030	≤0.35	0.20 ~ 0.80	≤0.35	—
CS-7	T91907	0.45 ~ 0.55	0.60 ~ 100	0.40 ~ 0.80	0.030	0.030	3.00 ~ 3.50	1.20 ~ 1.60	—	—

注：如果有需求，可在合同中指定括号内数值。

4.11.5 粉末冶金工具钢

（1）美国坩埚材料公司粉末冶金工具钢（Crucible Materials Corp.）

粉末冶金工具钢的牌号、硬度和化学成分见表 4-11-14。

表 4-11-14 粉末冶金工具钢的牌号、硬度和化学成分（质量分数）（%）

商业牌号	C	Cr	Mo	W	V	Co	其他	硬度 HRC	相当于 AISI 钢号
热作合金工具钢									
CPM H13	0.40	5.00	1.30	—	1.05	—	—	42 ~ 48	H13
CPM H19	0.4	4.25	0.40	4.25	2.10	4.25	—	44 ~ 52	H19
CPM H19V	0.80	4.25	0.40	4.25	4.00	4.25	—	44 ~ 56	—
冷作合金工具钢									
CPM 1V	0.55	4.50	2.75	2.15	1.00	—	—	50 ~ 60	—
CPM 3V	0.80	7.50	1.30	—	2.75	—	—	56 ~ 61	—
CPM 9V	1.78	5.25	1.30	—	9.00	—	S 0.03	53 ~ 55	—
CPM 10V	2.45	5.25	1.30	—	9.75	—	S 0.07	60 ~ 62	A11
CPM 10V	3.40	5.25	1.30	—	14.5	—	—	58 ~ 63	—
CPM 440V	2.15	17.50	0.50	—	5.75	—	—	57 ~ 59	—
Vanadis 4	1.50	8.00	1.50	—	4.00	—	—	59 ~ 63	—
高速工具钢									
CPM Rex M2HCHS	1.00	4.15	5.00	6.40	2.00	—	S 0.27	64 ~ 66	M2
CPM Rex M3	1.30	4.00	5.00	6.25	3.00	—	S 0.27	65 ~ 67	M3

（续）

商业牌号	C	Cr	Mo	W	V	Co	其他	硬度 HRC	相当于 AISI 钢号
高速工具钢									
CPM Rex M4	1.35	4.25	4.50	5.75	4.00	—	S 0.06	64~66	M4
CPM Rex M4HS	1.35	4.25	4.50	5.75	4.00	—	S 0.22	64~66	M4
CPM Rex M35HCHS	1.00	4.15	5.00	6.00	2.00	5.0	S 0.27	65~67	M35
CPM Rex M42	1.10	3.75	9.50	1.50	1.15	8.0	—	66~68	M42
CPM Rex 45	1.30	4.00	5.00	6.25	3.00	8.25	S 0.03	66~68	—
CPM Rex 45HS	1.30	4.00	5.00	6.25	3.00	8.25	S 0.22	66~68	—
CPM Rex 20	1.30	3.75	10.50	6.25	2.00	—	—	66~68	M62
CPM Rex 25	1.80	4.00	6.50	12.50	5.00	—	—	67~69	M61
CPM Rex T15	1.55	4.00	—	12.25	5.00	5.00	S 0.06	65~67	T15
CPM Rex T15HS	1.55	4.00	—	12.25	5.00	5.00	S 0.22	65~67	T15
CPM Rex 76	1.50	3.75	5.25	10.00	3.10	9.00	S 0.06	67~69	M48
CPM Rex 76HS	1.50	3.775	5.25	10.00	3.10	9.00	S 0.22	67~69	M48

注：该公司在中国的分支机构有：深圳的 Zhaoheng Steel Co. Ltd. 和苏州的 Shang Dar Heat-treat Module Co. Ltd. 。

（2）美国伊拉钢公司粉末冶金高速工具钢（Erasteel Inc.）

粉末冶金高速工具钢的牌号和化学成分见表 4-11-15。

表 4-11-15　粉末冶金高速工具钢的牌号和化学成分（质量分数）（%）

商业牌号	C	Cr	Mo	W	V	Co	其他	相当于 En 钢号
ASP 23	1.28	4.1	5.0	6.4	3.1	—	—	
ASP 30	1.28	4.2	5.0	6.4	3.1	8.5		HS6-5-3-8
ASP 60	2.30	4.2	7.0	6.4	3.1	10.5		
ASP 2004	1.40	4.2	5.0	5.8	4.1	—		HS6-5-4
ASP 2005	1.50	4.0	2.5	2.5	4.0			HS3-3-4
ASP 2011	2.45	5.25	1.3	—	9.75			
ASP 2012	0.60	4.0	2.0	2.1	1.5			HS2-2-2
ASP 2015	1.55	4.0	—	12.0	5.0	5.0		HS12-0-5-5
ASP 2017	0.80	4.2	3.0	3.0	1.0	8.0	Nb 1.0	HS3-3-1-8
ASP 2023	1.28	4.1	5.0	6.4	3.1	—		HS6-5-3
ASP 2030	1.28	4.1	5.0	6.4	3.1	8.5		HS6-5-3-8
ASP 2040	1.10	4.2	3.0	3.3	8.3	—	N 1.6	—
ASP 2052	1.60	4.8	2.0	10.5	5.0	8.0		HS10-2-5-8
ASP 2053	2.48	4.2	3.1	4.2	8.0	—	Nb 2.1	HS4-3-8
ASP 2055	1.69	4.0	4.6	6.3	3.2	9.0		
ASP 2060	2.30	4.2	7.0	6.5	6.5	10.5		HS6-7-6-10
ASP 2080	2.45	4.0	5.0	11.0	6.5	16.0		HS11-5-6-16

注：该公司在中国广西壮族自治区崇左市建了工厂。

4.12　中国台湾地区

A. 通用工具钢

4.12.1　碳素工具钢

（1）中国台湾地区 CNS 标准碳素工具钢的钢号与化学成分〔CNS 2964（1997/2013 确认）〕（表 4-12-1）

表4-12-1 碳素工具钢的钢号与化学成分（质量分数）（%）

钢　号	C	Si	Mn	P ≤	S ≤	残余元素　≤		
						Cr	Ni	Cu
SK 1	1.30~1.50	≤0.35	≤0.50	0.030	0.030	0.30	0.25	0.25
SK 2	1.10~1.30	≤0.35	≤0.50	0.030	0.030	0.30	0.25	·0.25
SK 3	1.00~1.10	≤0.35	≤0.50	0.030	0.030	0.30	0.25	0.25
SK 4	0.90~1.00	≤0.35	≤0.50	0.030	0.030	0.30	0.25	0.25
SK 5	0.80~0.90	≤0.35	≤0.50	0.030	0.030	0.30	0.25	0.25
SK 6	0.70~0.80	≤0.35	≤0.50	0.030	0.030	0.30	0.25	0.25
SK 7	0.60~0.70	≤0.35	≤0.50	0.030	0.030	0.30	0.25	0.25

（2）中国台湾地区 CNS 标准碳素工具钢的热处理制度与硬度（表4-12-2）

表4-12-2 碳素工具钢的热处理制度与硬度

钢　号	退火温度 /℃	退火后硬度 HBW ≤	淬火温度 /℃	淬火介质	回火温度 /℃	回火后硬度 HRC ≥
SK 1	750~780	217	760~820	水	150~200	63
SK 2	750~780	212	760~820	水	150~200	63
SK 3	750~780	212	760~820	水	150~200	63
SK 4	740~760	207	760~820	水	150~200	61
SK 5	730~760	207	760~820	水	150~200	59
SK 6	730~760	201	760~820	水	150~200	57
SK 7	730~760	201	760~820	水	150~200	56

注：各钢种回火冷却均为空冷。

4.12.2 合金工具钢（含模具钢）

（1）中国台湾地区 CNS 标准合金工具钢的钢号与化学成分［CNS 2965（1992/2012 确认）］（表4-12-3）

表4-12-3 合金工具钢的钢号与化学成分（质量分数）（%）

钢　号[①]	C	Si	Mn	Cr	Mo	W	V	其　他[②]
刀具用钢								
SKS 11	1.20~1.30	≤0.35	≤0.50	0.20~0.50	—	3.00~4.00	0.10~0.30	—
SKS 2	1.00~1.10	≤0.35	≤0.80	0.50~1.00	—	1.00~1.50	(≤0.20)[③]	—
SKS 21	1.00~1.10	≤0.35	≤0.50	0.20~0.50	—	0.50~1.00	0.10~0.25	—
SKS 5	0.75~0.85	≤0.35	≤0.50	0.20~0.50	—	—	—	Ni 0.70~1.30
SKS 51	0.75~0.85	≤0.35	≤0.50	0.20~0.50	—	—	—	Ni 1.30~2.00
SKS 7	1.10~1.20	≤0.35	≤0.50	0.20~0.50	—	2.00~2.50	(≤0.20)[③]	—
SKS 8	1.30~1.50	≤0.35	≤0.50	0.20~0.50	—	—	—	—
耐冲击工具钢								
SKS 4	0.45~0.55	≤0.35	≤0.50	0.50~1.00	—	0.50~1.00	—	—
SKS 41	0.35~0.45	≤0.35	≤0.50	1.00~1.50	—	2.50~3.50	—	—
SKS 43	1.00~1.10	≤0.25	≤0.30	≤0.20	—	—	0.10~0.20	—
SKS 44	0.80~0.90	≤0.25	≤0.30	≤0.20	—	—	0.10~0.25	—

（续）

钢　号[1]	C	Si	Mn	Cr	Mo	W	V	其　他[2]
				冷作模具钢				
SKS 3	0.90 ~ 1.00	≤0.35	0.90 ~ 1.20	0.50 ~ 1.00	—	0.50 ~ 1.00	—	—
SKS 31	0.95 ~ 1.05	≤0.35	0.90 ~ 1.20	0.80 ~ 1.20	—	1.00 ~ 1.50	—	—
SKS 93	1.00 ~ 1.10	≤0.50	0.80 ~ 1.10	0.20 ~ 0.60	—	—	—	—
SKS 94	0.90 ~ 1.00	≤0.50	0.80 ~ 1.10	0.20 ~ 0.60	—	—	—	—
SKS 95	0.80 ~ 0.90	≤0.50	0.80 ~ 1.10	0.20 ~ 0.60	—	—	—	—
SKD 1	1.80 ~ 2.40	≤0.40	≤0.60	12.0 ~ 15.0	—	—	(≤0.30)[3]	(Ni≤0.50)[3]
SKD 11	1.40 ~ 1.60	≤0.40	≤0.60	11.0 ~ 13.0	0.80 ~ 1.20	—	0.20 ~ 0.50	(Ni≤0.50)[3]
SKD 12	0.95 ~ 1.05	≤0.40	0.60 ~ 0.90	4.50 ~ 5.50	0.80 ~ 1.20	—	0.20 ~ 0.50	(Ni≤0.50)[3]
				热作模具钢				
SKD 4	0.25 ~ 0.35	≤0.40	≤0.60	2.00 ~ 3.00	—	5.00 ~ 6.00	0.30 ~ 0.50	—
SKD 5	0.25 ~ 0.35	≤0.40	≤0.60	2.00 ~ 3.00	—	9.00 ~ 10.0	0.30 ~ 0.50	—
SKD 6	0.32 ~ 0.42	0.80 ~ 1.20	≤0.50	4.50 ~ 5.50	1.00 ~ 1.50	—	0.30 ~ 0.50	—
SKD 61	0.32 ~ 0.42	0.80 ~ 1.20	≤0.50	4.50 ~ 5.50	1.00 ~ 1.50	—	0.80 ~ 1.20	—
SKD 62	0.32 ~ 0.42	0.80 ~ 1.20	≤0.50	4.50 ~ 5.50	1.00 ~ 1.50	1.00 ~ 1.50	0.20 ~ 0.60	—
SKD 7	0.28 ~ 0.38	≤0.50	≤0.60	2.50 ~ 3.50	2.50 ~ 3.00	—	0.40 ~ 0.70	—
SKD 8	0.35 ~ 0.45	≤0.50	≤0.60	4.00 ~ 4.70	0.30 ~ 0.50	3.80 ~ 4.50	1.70 ~ 2.20	Co 3.80 ~ 4.50
SKT 3	0.50 ~ 0.60	≤0.35	0.60 ~ 1.00	0.90 ~ 1.20	0.30 ~ 0.50	—	(≤0.20)[3]	Ni 0.25 ~ 0.60
SKT 4	0.50 ~ 0.60	≤0.35	0.60 ~ 1.00	0.70 ~ 1.00	0.20 ~ 0.50	—	(≤0.20)[3]	Ni 1.30 ~ 2.00

① 各钢号的磷、硫含量：P≤0.030%，S≤0.030%。

② 各钢号的残余元素含量：Cu≤0.25%，Ni≤0.25%（含镍钢种除外）。

③ 表中带括号的数字为根据需要可加入的元素含量。

（2）中国台湾地区 CNS 标准合金工具钢的热处理制度与硬度（表 4-12-4）

表 4-12-4　合金工具钢的热处理制度与硬度

钢　号	退火温度 /℃	退火后硬度 HBW ≤	淬火温度 /℃	淬火介质	回火温度 /℃	回火后硬度 HRC ≥
			刀具用钢			
SKS 11	780 ~ 850	241	760 ~ 810	水	150 ~ 200	62
SKS 2	750 ~ 800	217	830 ~ 880	油	150 ~ 200	61
SKS 21	750 ~ 800	217	770 ~ 820	水	150 ~ 200	61
SKS 5	750 ~ 800	207	800 ~ 850	油	400 ~ 450	45
SKS 51	750 ~ 800	207	800 ~ 850	油	400 ~ 450	45
SKS 7	750 ~ 800	217	830 ~ 880	油	150 ~ 200	62
SKS 8	750 ~ 800	217	780 ~ 820	水	100 ~ 150	63
			耐冲击工具钢			
SKS 4	740 ~ 780	201	780 ~ 820	水	150 ~ 200	56
SKS 41	760 ~ 820	217	850 ~ 900	油	150 ~ 200	53
SKS 43	750 ~ 800	217	770 ~ 820	水	150 ~ 200	63
SKS 44	730 ~ 780	207	760 ~ 820	水	150 ~ 200	60

（续）

钢　号	退火温度 /℃	退火后硬度 HBW ≤	淬火温度 /℃	淬火介质	回火温度 /℃	回火后硬度 HRC ≥
冷作模具钢						
SKS 3	750~800	217	800~850	油	150~200	60
SKS 31	750~800	217	800~850	油	150~200	61
SKS 93	750~780	217	790~850	油	150~200	63
SKS 94	740~760	212	790~850	油	150~200	61
SKS 95	730~760	212	790~850	油	150~200	59
SKD 1	830~880	269	930~980	空冷	150~200	61
SKD 11	830~880	255	1000~1050	空冷	150~200	58
			1020~1050	空冷	500~630	58
SKD 12	830~880	255	930~980	空冷	150~200	61
热作模具钢						
SKD4	800~850	235	1050~1100	油	600~650	50
SKD5	800~850	235	1050~1150	油	600~650	50
SKD6	820~870	229	1000~1050	空冷	550~650	53
SKD61	820~870	229	1000~1050	空冷	550~650	53
SKD62	820~870	229	1000~1050	空冷	550~650	53
SKD7	820~870	229	1000~1050	空冷	550~650	53
SKD8	820~870	241	1070~1170	油	600~700	55
SKT3	760~810	235	820~880	油	—	—
SKT4	740~800	241	5820~880	油	—	—

4.12.3　高速工具钢

（1）中国台湾地区 CNS 标准高速工具钢的钢号与化学成分 ［CNS 2904（1997/2013 确认）］（表 4-12-5）

表 4-12-5　高速工具钢的钢号与化学成分（质量分数）（%）

钢　号	C	Si	Mn	Cr	Mo	W	V	Co
钨系高速工具钢[1],[2]								
SKH 2	0.73~0.83	≤0.40	≤0.40	3.80~4.50	—	17.00~19.00	0.80~1.20	—
SKH 3	0.73~0.83	≤0.40	≤0.40	3.80~4.50	—	17.00~19.00	0.80~1.20	4.50~5.50
SKH 4	0.73~0.83	≤0.40	≤0.40	3.80~4.50	—	17.00~19.00	1.00~1.50	9.00~11.00
SKH 10	1.45~1.60	≤0.40	≤0.40	3.80~4.50	—	11.50~13.50	4.20~5.20	4.20~5.20
钼钨系高速工具钢[1],[2]								
SKH 51	0.80~0.90	≤0.40	≤0.40	3.80~4.50	4.50~5.50	5.50~6.70	1.60~2.20	—
SKH 52	1.00~1.10	≤0.40	≤0.40	3.80~4.50	4.80~6.20	5.50~6.70	2.30~2.80	—
SKH 53	1.10~1.25	≤0.40	≤0.40	3.80~4.50	4.60~5.30	5.70~6.70	2.80~3.30	—
SKH 54	1.25~1.40	≤0.40	≤0.40	3.80~4.50	4.50~5.50	5.30~6.50	3.90~4.50	—
SKH 55	0.85~0.95	≤0.40	≤0.40	3.80~4.50	4.60~5.30	5.70~6.70	1.70~2.20	4.50~5.50
SKH 56	0.85~0.95	≤0.40	≤0.40	3.80~4.50	4.60~5.30	5.70~6.70	1.70~2.20	7.00~9.00
SKH 57	1.20~1.35	≤0.40	≤0.40	3.80~4.50	3.00~4.00	9.00~11.0	3.00~3.70	9.00~11.0
SKH 58	0.95~1.05	≤0.50	≤0.40	3.50~4.50	8.20~9.20	1.50~2.10	1.70~2.20	—
SKH 59	1.00~1.15	≤0.50	≤0.40	3.50~4.50	9.00~10.0	1.20~1.90	0.90~1.40	7.50~8.50

① 各钢号的磷、硫含量：P≤0.030%，S≤0.030%。

② 各钢号的残余元素含量：Cu≤0.25%，Ni≤0.25%。

（2）中国台湾地区 CNS 标准高速工具钢的热加工、热处理制度与硬度（表4-12-6）

表 4-12-6　高速工具钢的热加工、热处理制度与硬度

钢　号	热加工温度/℃		退火温度/℃	退火后硬度 HBW ≤	淬火温度/℃	淬火介质	回火温度/℃	回火后硬度 HRC ≥
	开始	终止						
钨系高速工具钢								
SKH 2	1150	950	820～880	248	1250～1290	油	550～580	62
SKH 3	1250	950	840～900	269	1260～1300	油	550～580	63
SKH 4	1200	950	850～910	285	1260～1300	油	550～580	64
SKH 10	1150	950	820～900	285	1210～1250	油	550～580	64
钼钨系高速工具钢								
SKH 51	1150	950	800～880	255	1200～1240	油	540～570	63
SKH 52	1150	950	800～880	269	1200～1240	油	540～570	63
SKH 53	1150	950	800～880	269	1200～1240	油	540～570	64
SKH 54	1150	950	800～880	269	1190～1230	油	540～570	64
SKH 55	1180	950	800～880	277	1200～1240	油	540～580	64
SKH 56	1180	950	800～880	285	1200～1240	油	540～580	64
SKH 57	1180	950	800～880	293	1210～1250	油	550～580	65
SKH 58	—	—	800～880	269	1180～1220	油	540～570	64
SKH 59	—	—	800～880	277	1170～1210	油	520～580	65

B. 专业用钢和优良品种

4.12.4　中空钢

（1）中国台湾地区 CNS 标准中空钢的钢号与化学成分［CNS 11207（1997/2013 确认）］（表4-12-7）

表 4-12-7　中空钢的钢号与化学成分（质量分数）（%）

钢　号[1]	C	Si	Mn	P ≤	S ≤	Cr	Ni	Mo
SKC 3[2]	0.75～0.85	0.15～0.35	≤0.50	0.030	0.030	—	—	≤0.30
SKC 11[3]	0.85～1.10	0.15～0.35	≤0.50	0.030	0.030	0.80～1.50	≤0.20	≤0.30
SKC 24	0.33～0.43	0.15～0.35	0.30～1.00	0.030	0.030	0.30～0.70	2.50～3.50	0.15～0.40
SKC 31	0.12～0.25	0.15～0.35	0.60～1.20	0.030	0.030	1.20～1.80	2.80～3.20	0.40～0.70

① 各钢号的残余元素含量：Cu≤0.25%，但 SKC3 除外。

② SKC3 的残余元素含量：Ni≤0.25%，Cr≤0.20%，还可添加 V 或 Ti≤0.25%。

③ SKC11 可添加 Mo≤0.40%，V≤0.25%。

（2）中国台湾地区 CNS 标准中空钢的热处理制度与硬度（表4-12-8）

表 4-12-8　中空钢的热处理制度与硬度

钢　号	退火后硬度 HBW	淬火温度/℃	淬火介质	回火温度/℃	回火后硬度 HRC ≥
SKC 3	229～302	760～820	水	150～200	56
SKC 11	285～375	800～850	油	150～200	55
SKC 24	269～352	800～850	油	150～200	45
SKC 31	—①	850～900	油	100～200	36

① SKC 31 为渗碳钢，对交货硬度无特殊要求。

第5章 中外铸钢

5.1 中　　国

A. 通用铸钢

5.1.1 一般工程用铸造碳钢件

（1）中国 GB 标准一般工程用铸造碳钢的钢号与化学成分［GB/T 11352—2009］（表5-1-1）

表 5-1-1　一般工程用铸造碳钢的钢号与化学成分（质量分数）（%）

钢号和代号[①]		C	Si	Mn[②]	P≤	S≤	残余元素[③]≤
GB	ISC						
ZG200-400（ZG15）	C22040	≤0.20	≤0.60	≤0.80	0.035	0.035	Cr≤0.35
ZG230-450（ZG25）	C22345	≤0.30	≤0.60	≤0.90	0.035	0.035	Ni≤0.40
ZG270-500（ZG35）	C22750	≤0.40	≤0.60	≤0.90	0.035	0.035	Mo≤0.20
ZG310-570（ZG45）	C23157	≤0.50	≤0.60	≤0.90	0.035	0.035	Cu≤0.40
ZG340-640（ZG55）	C23464	≤0.60	≤0.60	≤0.90	0.035	0.035	V≤0.05

① 括号内为旧钢号；ISC 为我国钢铁牌号的统一数字代号（下同）。

② 实际碳含量上限值每减少 $w(C)=0.01\%$，允许实际锰含量上限值增加 $w(Mn)=0.04\%$。对钢号 ZG200-400 的锰含量最高值为 $w(Mn)=1.00\%$，其余 4 个钢号的锰含量最高值为 $w(Mn)=1.20\%$。

③ 残余元素总量不得超过 1.00%；如需方无要求，残余元素可不作分析。

（2）中国 GB 标准一般工程用铸造碳钢的力学性能（表5-1-2）

表 5-1-2　一般工程用铸造碳钢的力学性能[①]

钢号和代号		热处理		拉伸性能				冲击吸收能量[②]	
GB	ISC	正火或退火温度/℃	回火温度/℃	R_m/MPa	$R_{eH}(R_{p0.2})$/MPa	A_5（%）	Z[②]（%）	KV/J	KU[③]/J
						≥			
ZG200-400	C22040	920~940	—	400	200	25	40	30	47
ZG230-450	C22345	890~910	620~680	450	230	22	32	25	35
ZG270-500	C22750	880~900	620~680	500	270	18	25	22	27
ZG310-570	C23157	870~890	620~680	570	310	15	21	15	24
ZG340-640	C23464	840~860	620~680	640	340	10	18	10	16

① 表中为室温力学性能，适用于厚度≤100mm 的铸钢件。当厚度 >100mm 时，规定的 R_{eH}（$R_{p0.2}$）仅供设计使用。

② 断面收缩率 Z 和冲击吸收能量根据双方协议选择。如需方无此要求，由供方选择其中之一。

③ KU 的试样缺口为 2mm。

（3）中国 GB 标准一般工程用铸造碳钢的性能与用途（表5-1-3）

表 5-1-3　一般工程用铸造碳钢的性能与用途

钢号和代号		性 能 特 点	用 途 举 例
GB	ISC		
ZG200-400	C22040	低碳铸钢，强度和硬度较低，韧性与塑性好，低温冲击韧度高，脆性转变温度低，导电、导磁性能好，焊接性良好，但铸造性能差	用于受力不大、要求冲击韧度的各种机械零件，如机座、变速箱等
ZG230-450	C22345		用于受力不大、要求冲击韧度的各种机械零件，如砧座、轴承盖、外壳、犁柱、阀体等

（续）

钢号和代号		性能特点	用途举例
GB	ISC		
ZG270-500	C22750	中碳铸钢，强度和硬度较高，有一定韧性，切削加工性良好，焊接性尚可，铸造性能比低碳铸钢好	用作轧钢机机架、轴承座、连杆、箱体、横梁、曲拐、缸体等
ZG310-570	C23157		用作载荷较高的耐磨零件，如辊子、缸体、制动轮、大齿轮等
ZG340-640	C23464	高碳铸钢，强度、硬度和耐磨性均高，但韧性、塑性低，铸造性能差，裂纹敏感性大	用作齿轮、棘轮、叉头等

5.1.2 一般工程与结构用低合金钢铸件

（1）中国 GB 标准一般工程与结构用低合金钢铸件的钢号和标定的磷、硫含量［GB/T 14408—2014］（表5-1-4）

表5-1-4 一般工程与结构用低合金钢铸件的钢号和标定的磷、硫含量[1]（质量分数）（%）

钢号和代号		磷、硫含量		钢号和代号		磷、硫含量	
GB	ISC	P≤	S≤	GB	ISC	P≤	S≤
ZGD270-480	C32748	0.040	0.040	ZGD650-830	C36583	0.040	0.040
ZGD290-510	C32951	0.040	0.040	ZGD730-910	C37391	0.035	0.035
ZGD345-570	C33457	0.040	0.040	ZGD840-1030	C38493	0.035	0.035
ZGD410-620	C34162	0.040	0.040	ZGD1030-1240	C39394	0.020	0.020
ZGD535-720	C35372	0.040	0.040	ZGD1240-1450	C39495	0.020	0.020

① 该标准中规定了磷、硫含量，对其他元素含量未作规定。除非供需双方另有协议，一般其化学成分由供方确定。

（2）中国 GB 标准一般工程与结构用低合金钢铸件的力学性能（表5-1-5）

表5-1-5 一般工程与结构用低合金钢铸件的力学性能

钢号和代号		$R_{p0.2}$/MPa	R_m/MPa	A(%)	Z(%)	KV/J
GB	ISC	≥				
ZGD270-480	C32748	270	480	18	38	25
ZGD290-510	C32951	290	510	16	35	25
ZGD345-570	C33457	345	570	14	35	20
ZGD410-620	C34162	410	620	13	35	20
ZGD535-720	C35372	535	720	12	30	18
ZGD650-830	C36583	650	830	10	25	18
ZGD730-910	C37391	730	910	8	22	15
ZGD840-1030	C38493	840	1030	6	20	15
ZGD1030-1240	C39394	1030	1240	5	20	22
ZGD1240-1450	C39495	1240	1450	4	15	18

（3）中国 GB 标准一般工程与结构用低合金钢铸件的钢号与化学成分实例（表5-1-6）（摘自 GB/T 14408—1993）

表5-1-6 一般工程与结构用低合金钢铸件的钢号与化学成分实例（质量分数）（%）

钢　号	类别	C	Si	Mn	P≤	S≤	Cr	Ni	Mo	其　他
ZGD270-480	1	0.20	0.60	0.50~0.80	0.040	0.045	1.00~1.50	0.50①	0.45~0.65	W0.10 Cu 0.30①
	2	0.20	0.60	0.30~0.80	0.040	0.045	1.00~1.50	—	0.45~0.65	V0.15~0.25

（续）

钢　号	类别	C	Si	Mn	P≤	S≤	Cr	Ni	Mo	其　他
ZGD290-510	3	0.23	0.60	1.00 ~ 1.50	0.025	0.025	0.30[①]	0.40[①]	0.15[①]	—
	4	0.15 ~ 0.25	0.30 ~ 0.60	0.50 ~ 0.80	0.040	0.040	1.20 ~ 1.50	—	0.45 ~ 0.55	—
ZGD345-570	5	0.30 ~ 0.40	0.50 ~ 0.70	0.60 ~ 1.20	0.030	0.030	0.50 ~ 0.80	—	—	—
	6	0.25 ~ 0.35	0.60 ~ 0.80	1.10 ~ 1.40	0.040	0.040	—	—	—	Cu 0.30[①] Al 0.010
ZGD410-620	7	0.20	0.75	0.40 ~ 0.70	0.040	0.040	4.00 ~ 6.00	0.40[①]	0.45 ~ 0.65	Cu 0.30[①]
	8	0.22 ~ 0.30	0.50 ~ 0.80	1.30 ~ 1.60	0.035	0.035	—	—	—	V 0.07 ~ 0.15 Ti 0.02 ~ 0.03 Cu 0.30[①]
ZGD535-720	9	0.25 ~ 0.35	0.30 ~ 0.60	1.20 ~ 1.60	0.040	0.040	0.30 ~ 0.70	—	0.15 ~ 0.35	—
	10	0.22	0.50	0.55 ~ 0.75	0.040	0.040	2.50 + 3.50	1.35 ~ 1.85	0.30 ~ 0.60	—
ZGD650-830	11	0.35 ~ 0.45	0.20 ~ 0.40	1.60 ~ 1.80	0.030	0.030	0.30[①]	0.30[①]	0.15[①]	Cu 0.25[①] V 0.05
	12	0.33	0.60	1.00	0.040	0.040	0.80 ~ 1.20	1.70 ~ 2.30	0.30 ~ 0.60	—
ZGD730-910	13	0.25 ~ 0.35	0.30 ~ 0.60	0.90 ~ 1.50	0.040	0.040	0.30 ~ 0.90	1.60 ~ 2.00	0.15 ~ 0.35	—
	14	0.10 ~ 0.18	0.20 ~ 0.40	0.30 ~ 0.55	0.030	0.030	1.20 ~ 1.70	1.40 ~ 1.80	0.20 ~ 0.30	V 0.03 ~ 0.15 Cu 0.30[①]
ZGD840-1030	15	0.30 ~ 0.38	—	0.70 ~ 0.90	0.040	0.040	0.40 ~ 0.60	0.6 ~ 0.80	0.17 ~ 0.25	—
	16	0.22 ~ 0.34	0.30 ~ 0.60	0.30 ~ 0.80	0.025	0.025	0.50 ~ 1.30	0.50 ~ 3.00	0.20 ~ 0.70	Cu 0.40

① 残余元素含量。

5.1.3　通用耐蚀钢铸件

（1）中国 GB 标准通用耐蚀钢铸件的钢号与化学成分 ［GB/T 2100—2017］（表5-1-7）

表 5-1-7　通用耐蚀钢铸件的钢号与化学成分（质量分数）（%）

钢　号	C	Si	Mn	P≥	S≥	Cr	Mo	Ni	其　他
ZG15Cr13	≥0.15	≥0.80	≥0.80	0.035	0.025	11.50 ~ 13.50	≥0.50	≥1.00	—
ZG20Cr13	0.16 ~ 0.24	≥1.00	≥0.60	0.035	0.025	11.50 ~ 14.00	—	—	—
ZG10Cr13Ni2Mo	≥0.10	≥1.00	≥1.00	0.035	0.025	12.00 ~ 13.50	0.20 ~ 0.50	1.00 ~ 2.00	—
ZG06Cr13Ni4Mo	≥0.06	≥1.00	≥1.00	0.035	0.025	12.00 ~ 13.50	≥0.70	3.50 ~ 5.00	Cu≥0.50 V≥0.05 W≥0.10
ZG06Cr13Ni4	≥0.06	≥1.00	≥1.00	0.035	0.025	12.00 ~ 13.00	≥0.70	3.50 ~ 5.00	—
ZG06Cr16Ni5Mo	≥0.06	≥0.80	≥1.00	0.035	0.025	15.00 ~ 17.00	0.70 ~ 1.50	4.00 ~ 6.00	—
ZG10Cr12Ni1	≥0.10	≥0.40	0.50 ~ 0.80	0.030	0.020	11.50 ~ 12.50	≥0.50	0.8 ~ 1.5	Cu≥0.30 V≥0.30
ZG03Cr19Ni11	≥0.03	≥1.50	≥2.00	0.035	0.025	18.00 ~ 20.00	—	9.00 ~ 12.00	N≥0.20
ZG03Cr19Ni11N	≥0.03	≥1.50	≥2.00	0.040	0.030	18.00 ~ 20.00	—	9.00 ~ 12.00	N 0.12 ~ 0.20
ZG07Cr19Ni10	≥0.07	≥1.50	≥1.50	0.040	0.030	18.00 ~ 20.00	—	8.00 ~ 11.00	—
ZG07Cr19Ni11Nb	≥0.07	≥1.50	≥1.50	0.040	0.030	18.00 ~ 20.00	—	9.00 ~ 12.00	Nb8C ~ 1.00
ZG03Cr19Ni11Mo2	≥0.03	≥1.50	≥2.00	0.035	0.025	18.00 ~ 20.00	2.00 ~ 2.50	9.00 ~ 12.00	N≤0.20

（续）

钢　号	C	Si	Mn	P≥	S≥	Cr	Mo	Ni	其　他
ZG03Cr19Ni11Mo2N	≥0.03	≥1.50	≥2.00	0.035	0.030	18.00~20.00	2.00~2.50	9.00~12.00	N 0.10~0.20
ZG05Cr26Ni6Mo2N	≥0.05	≥1.00	≥2.00	0.035	0.025	25.00~27.00	1.30~2.00	4.50~6.50	N 0.12~0.20
ZG07Cr19Ni11Mo2	≥0.07	≥1.50	≥1.50	0.040	0.030	18.00~20.00	2.00~2.50	9.00~12.00	
ZG07Cr19Ni11Mo2Nb	≥0.07	≥1.50	≥1.50	0.040	0.030	18.00~20.00	2.00~2.50	9.00~12.00	Nb 8C~1.00
ZG03Cr19Ni11Mo3	≥0.03	≥1.50	≥1.50	0.040	0.030	18.00~20.00	3.00~3.50	9.00~12.00	
ZG03Cr19Ni11Mo3N	≥0.03	≥1.50	≥1.50	0.040	0.030	18.00~20.00	3.00~3.50	9.00~12.00	N 0.10~0.20
ZG03Cr22Ni6Mo3N	≥0.03	≥1.00	≥2.00	0.035	0.025	21.00~23.00	2.50~3.50	4.50~6.50	N 0.12~0.20
ZG03Cr25Ni7Mo4WCuN	≥0.03	≥1.00	≥1.50	0.030	0.020	24.00~26.00	3.00~4.00	6.00~8.50	Cu≤1.00 N 0.15~0.25 W≤1.00
ZG03Cr26Ni7Mo4CuN	≥0.03	≥1.00	≥1.00	0.035	0.025	25.00~27.00	3.00~5.00	6.00~8.00	N 0.12~0.22 Cu≤1.30
ZG07Cr19Ni12Mo3	≥0.07	≥1.50	≥1.50	0.040	0.030	18.00~20.00	3.00~3.50	10.00~13.00	
ZG025Cr20Ni25Mo7Cu1N	≥0.025	≥1.00	≥2.00	0.035	0.020	19.00~21.00	6.00~7.00	24.00~26.00	N 0.15~0.25 Cu 0.50~1.50
ZG025Cr20Ni19Mo7CuN	≥0.025	≥1.00	≥1.20	0.030	0.010	19.50~20.50	6.00~7.00	17.50~19.50	N 0.18~0.24 Cu 0.50~1.00
ZG03Cr26Ni6Mo3Cu3N	≥0.03	≥1.00	≥1.50	0.035	0.025	24.50~26.50	2.50~3.50	5.00~7.00	N 0.12~0.22 Cu 2.75~3.50
ZG03Cr26Ni6Mo3Cu1N	≥0.03	≥1.00	≥2.00	0.030	0.020	24.50~26.50	2.50~3.50	5.50~7.00	N 0.12~0.25 Cu 0.80~1.30
ZG03Cr26Ni6Mo3N	≥0.03	≥1.00	≥2.00	0.035	0.025	24.50~26.50	2.50~3.50	5.50~7.00	N 0.12~0.25

（2）中国 GB 标准通用耐蚀钢铸件的室温力学性能（表 5-1-8）

表 5-1-8　通用耐蚀钢铸件的室温力学性能

钢　号	厚度 t/mm≤	$R_{p0.2}$/MPa ≥	R_m/MPa≥	A(%)≥	KV_2/J≥
ZG15Cr13	150	450	620	15	20
ZG20Cr13	150	390	590	15	20
ZG10Cr13Ni2Mo	300	440	590	15	27
ZG06Cr13Ni4Mo	300	550	760	15	50
ZG06Cr13Ni4	300	550	750	15	50
ZG06Cr16Ni5Mo	300	540	760	15	60
ZG10Cr12Ni1	150	355	540	18	45
ZG03Cr19Ni11	150	185	440	30	80
ZG03Cr19Ni11N	150	230	510	30	80
ZG07Cr19Ni10	150	175	440	30	60
ZG07Cr19Ni11Nb	150	175	440	25	40
ZG03Cr19Ni11Mo2	150	195	440	30	80
ZG03Cr19Ni11Mo2N	150	230	510	30	80
ZG05Cr26Ni6Mo2N	150	420	600	20	30
ZG07Cr19Ni11Mo2	150	185	440	30	60
ZG07Cr19Ni11Mo2Nb	150	185	440	25	40
ZG03Cr19Ni11Mo3	150	180	440	30	80

（续）

钢　号	厚度 t/mm≤	$R_{p0.2}$/MPa≥	R_m/MPa≥	A(%)≥	KV_2/J≥
ZG03Cr19Ni11Mo3N	150	230	510	30	80
ZG03Cr22Ni6Mo3N	150	420	600	20	30
ZG03Cr25Ni7Mo4WCuN	150	480	650	22	50
ZG03Cr26Ni7Mo4CuN	150	480	650	22	50
ZG07Cr19Ni12Mo3	150	205	440	30	60
ZG025Cr20Ni25Mo7Cu1N	50	210	480	30	60
ZG025Cr20Ni19Mo7CuN	50	260	500	35	50
ZG03Cr26Ni6Mo3Cu3N	150	480	650	22	50
ZG03Cr26Ni6Mo3Cu1N	200	480	650	22	60
ZG03Cr26Ni6Mo3N	150	480	650	22	50

5.1.4　一般耐热钢和合金铸件

（1）中国 GB 标准一般用途耐热钢和合金铸件的钢号与化学成分［GB/T 8492—2014］（表 5-1-9）

表 5-1-9　一般用途耐热钢和合金铸件的钢号与化学成分（质量分数）（%）

钢号和代号 GB	ISC	C	Si	Mn	P≤	S≤	Cr	Ni	Mo	其　他
ZG30Cr7Si2	C54804	0.20 ~ 0.35	1.00 ~ 2.50	0.50 ~ 1.00	0.040	0.040	6.00 ~ 8.00	≤0.50	≤0.50	—
ZG40Cr13Si2	C54820	0.30 ~ 0.50	1.00 ~ 2.50	0.50 ~ 1.00	0.040	0.030	12.0 ~ 14.0	≤0.50	≤1.00	—
ZG40Cr17Si2	C54830	0.30 ~ 0.50	1.00 ~ 2.50	0.50 ~ 1.00	0.040	0.030	16.0 ~ 19.0	≤0.50	≤1.00	—
ZG40Cr24Si2	C54834	0.30 ~ 0.50	1.00 ~ 2.50	0.50 ~ 1.00	0.040	0.030	23.0 ~ 26.0	≤0.50	≤1.00	—
ZG40Cr28Si2	C54900	0.30 ~ 0.50	1.00 ~ 2.50	0.50 ~ 1.00	0.040	0.030	27.0 ~ 30.0	≤0.50	≤1.00	—
ZGCr29Si2	C54901	1.20 ~ 1.40	1.00 ~ 2.50	0.50 ~ 1.00	0.040	0.030	27.0 ~ 30.0	≤0.50	≤1.00	—
ZG25Cr18Ni9Si2	C53801	0.15 ~ 0.35	1.00 ~ 2.50	≤2.00	0.040	0.030	17.0 ~ 19.0	≤0.50	8.00 ~ 10.0	—
ZG25Cr20Ni14Si2	C53821	0.15 ~ 0.35	1.00 ~ 2.50	≤2.00	0.040	0.030	19.0 ~ 21.0	≤0.50	13.0 ~ 15.0	—
ZG40Cr22Ni10Si2	C53871	0.30 ~ 0.50	1.00 ~ 2.50	≤2.00	0.040	0.030	21.0 ~ 23.0	≤0.50	9.00 ~ 11.0	—
ZG40Cr24Ni24Si2Nb	C53831	0.25 ~ 0.50	1.00 ~ 2.50	≤2.00	0.040	0.030	23.0 ~ 25.0	≤0.50	23.0 ~ 25.0	Nb 1.20 ~ 1.80
ZG40Cr25Ni12Si2	C53881	0.30 ~ 0.50	1.00 ~ 2.50	≤2.00	0.040	0.030	24.0 ~ 27.0	≤0.50	11.0 ~ 14.0	—
ZG40Cr25Ni20Si2	C53901	0.30 ~ 0.50	1.00 ~ 2.50	≤2.00	0.040	0.030	24.0 ~ 27.0	≤0.50	19.0 ~ 22.0	—

（续）

钢号和代号		C	Si	Mn	P≤	S≤	Cr	Ni	Mo	其 他
GB	ISC									
ZG40Cr27Ni4Si2	C54890	0.30 ~ 0.50	1.00 ~ 2.50	≤1.50	0.040	0.030	25.0 ~ 28.0	≤0.50	3.00 ~ 6.00	—
ZG45Cr20Co20Ni20Mo3W3	C53960	0.35 ~ 0.60	≤1.00	≤2.00	0.040	0.030	19.0 ~ 22.0	2.50 ~ 3.00	18.0 ~ 22.0	Co 18.0 ~ 22.0 W 2.00 ~ 3.00
ZG10Ni31Cr20Nb1	C53961	0.05 ~ 0.12	≤1.20	≤1.20	0.040	0.030	19.0 ~ 23.0	30.0 ~ 34.0	≤0.50	Nb 0.80 ~ 1.50
ZG40Ni35Cr17Si2	C53931	0.30 ~ 0.50	1.00 ~ 2.50	≤2.00	0.040	0.030	16.0 ~ 18.0	34.0 ~ 36.0	≤0.50	
ZG40Ni35Cr26Si2	C53941	0.30 ~ 0.50	1.00 ~ 2.50	≤2.00	0.040	0.030	24.0 ~ 27.0	33.0 ~ 36.0	≤0.50	—
ZG40Ni35Cr26Si2Nb1	C53942	0.30 ~ 0.50	1.00 ~ 2.50	≤2.00	0.040	0.030	24.0 ~ 27.0	33.0 ~ 36.0	≤0.50	Nb 0.80 ~ 1.80
ZG40Ni38Cr19Si2	C53951	0.30 ~ 0.50	1.00 ~ 2.50	≤2.00	0.040	0.030	18.0 ~ 21.0	36.0 ~ 39.0	≤0.50	
ZG40Ni38Cr19Si2ANb1	C53952	0.30 ~ 0.50	1.00 ~ 2.50	≤2.00	0.040	0.030	18.0 ~ 21.0	36.0 ~ 39.0	≤0.50	Nb 1.20 ~ 1.80
ZNiCr28Fe17W5Si2C0.4	C94003	0.35 ~ 0.55	1.00 ~ 2.50	≤1.50	0.040	0.030	27.0 ~ 30.0	47.0 ~ 50.0	—	W 4.00 ~ 6.00

（2）中国 GB 标准一般用途耐热钢和合金铸件的力学性能（表 5-1-10）

表 5-1-10　一般用途耐热钢和合金铸件的力学性能

钢号和代号		$R_{p0.2}$/MPa	R_m/MPa	A(%)	HBW≤	最高使用温度[①] /℃
GB	ISC	≥				
ZG30Cr7Si2	C54804	—	—	—	—	750
ZG40Cr13Si2	C54820	—	—	—	300[②]	850
ZG40Cr17Si2	C54830	—	—	—	300[②]	900
ZG40Cr24Si2	C54834	—	—	—	300[②]	1050
ZG40Cr28Si2	C54900	—	—	—	320[②]	1100
ZGCr29Si2	C54901	—	—	—	400[②]	1100
ZG25Cr18Ni9Si2	C53801	230	450	15	—	900
ZG25Cr20Ni14Si2	C53821	230	450	10	—	900
ZG40Cr22Ni10Si2	C53871	230	450	8	—	950
ZG40Cr24Ni24Si2Nb1	C53831	220	400	4	—	1050
ZG40Cr25Ni12Si2	C53881	220	450	6	—	1050
ZG40Cr25Ni20Si2	C53901	220	450	6	—	1100
ZG45Cr27Ni4Si2	C54890	250	400	3	400[②]	1100
ZG45Cr20Co20Ni20Mo3W3	C53960	320	400	6	—	1150
ZG10Ni31Cr20Nb1	C53961	170	440	20	—	1000
ZG40Ni35Cr17Si2	C53931	220	420	6	—	980
ZG40Ni35Cr26Si2	C53941	220	440	6	—	1050
ZG40Ni35Cr26Si2Nb1	C53942	220	440	4	—	1050

（续）

钢号和代号		$R_{p0.2}$/MPa	R_m/MPa	$A(\%)$	HBW≤	最高使用温度[1] /℃
GB	ISC		≥			
ZG40Ni38Cr19Si2	C53951	220	420	6	—	1050
ZG40Ni38Cr19Si2Nb1	C53952	220	420	4	—	1100
ZNiCr28Fe17W5Si2C0.4	C94003	220	400	3	—	1200
ZNiCr50Nb1C0.1	C94004	230	540	8	—	1050
ZNiCr19Fe18Si1C0.5	C94001	220	440	5	—	1100
ZNiFe18Cr15Si1C0.5	C94005	200	400	3	—	1100
ZNiCr25Fe20Co15W5Si1C0.46	C94002	270	480	5	—	1200
ZCoCr28Fe18C0.3	C96001	[3]	[3]	[3]	[3]	1200

① 表中所列数据适用于氧化气氛，但最高使用温度主要取决于实际使用条件，所列数据仅供参考。

② 此为退火态的最大硬度值，但当铸钢件以铸态供货时，此硬度值则不适用。

③ 力学性能由供需双方协商确定。

5.1.5　奥氏体锰钢铸件

（1）中国 GB 标准奥氏体锰钢铸件的钢号与化学成分［GB/T 5680—2010］（表 5-1-11）

表 5-1-11　奥氏体锰钢铸件的钢号与化学成分（质量分数）（%）

钢号和代号[1]		C	Si	Mn	P≤	S≤	其　他
GB	ISC						
ZG120Mn7Mo1	—	1.05～1.35	0.3～0.9	6.0～8.0	0.060	0.040	Mo 0.9～1.2
ZG110Mn13Mo1 （ZGMn13-5）	C40135	0.75～1.35	0.3～0.9	11.0～14.0	0.060	0.040	Mo 0.9～1.2
ZG100Mn13 （ZGMn13-2）	C40132	0.90～1.05	0.3～0.9	11.0～14.0	0.060	0.040	—
ZG120Mn13 （ZGMn13-1）	C40131	1.05～1.35	0.3～0.9	11.0～14.0	0.060	0.040	—
ZG120Mn13Cr2 （ZGMn13-4）	C40134	1.05～1.35	0.3～0.9	11.0～14.0	0.060	0.040	Cr 1.5～2.5
ZG120Mn13W1	—	1.05～1.35	0.3～0.9	11.0～14.0	0.060	0.040	W 0.9～1.2
ZG120Mn13Ni3	C40136	1.05～1.35	0.3～0.9	11.0～14.0	0.060	0.040	Ni 3.0～4.0
ZG90Mn14Mo1	—	0.70～1.00	0.3～0.6	11.0～15.0	0.070	0.040	Mo 1.0～1.8
ZG120Mn17	—	1.05～1.35	0.3～0.9	16.0～19.0	0.060	0.040	—
ZG120Mn17Cr2	—	1.05～1.35	0.3～0.9	16.0～19.0	0.060	0.040	Cr 1.5～2.5

① 各牌号允许加入微量 Nb、Ti、V、B 和稀土元素等。

（2）中国奥氏体锰钢铸件的力学性能与用途（表 5-1-12）

表 5-1-12　奥氏体锰钢铸件的力学性能与用途

钢　号		R_m/MPa	R_{eL}/MPa	$A(\%)$	KU_2/J	HBW≤	用途范围
GB[1]	ISC		≥				
ZG120Mn13 （ZGMn13-1）	C40131	685	—	25	118	—	低冲击铸钢件
ZG100Mn13 （ZGMn13-2）	C40132	—	—	25	—	300	普通铸钢件

（续）

| 钢　号 | | R_m/MPa | R_{eL}/MPa | A（%） | KU_2/J | HBW≤ | 用途范围 |
GB[1]	ISC	≥					
ZG120Mn13Cr2（ZGMn13-4）	C40134	735	390	20	—	300	高冲击铸钢件
ZG110Mn13Mo1（ZGMn13-5）	C40135	—	—	—	—	300	特殊耐磨铸钢件

① 括号内为旧钢号。

B. 专业用钢和优良品种

5.1.6　焊接结构用铸钢件［GB/T 7659—2010］

（1）中国 GB 标准焊接结构用铸钢件的钢号与化学成分（表5-1-13）

表 5-1-13　焊接结构用铸钢件的钢号与化学成分（质量分数）（%）

| 钢　号[1] | | C | Si | Mn[2] | P≤ | S≤ | 其 他 | 碳当量 CE |
GB	ISC							
ZG200-400H	C22041	≤0.20	≤0.60	≤0.80	0.025	0.025	③	0.38
ZG230-450H	C22346	≤0.20	≤0.60	≤1.20	0.025	0.025	③	0.42
ZG270-480H	C22749	0.17~0.25	≤0.60	0.80~1.20	0.025	0.025	③	0.46
ZG300-500H	C23051	0.17~0.25	≤0.60	1.00~1.60	0.025	0.025	③	0.46
ZG345-550H	C23456	0.17~0.25	≤0.80	1.00~1.60	0.025	0.025	③	0.48

① 钢号后缀字母 H 表示焊接用钢；ISC 为我国钢铁牌号的统一数字代号（下同）。

② 实际碳含量上限值每减少 $w(C)=0.01\%$，允许实际锰含量上限值超出 $w(Mn)=0.04\%$。但总超出含量不得大于 $w(Mn)=0.20\%$。

③ 残余元素：Cr≤0.35%，Ni≤0.40%，Mo≤0.15%，Cu≤0.40%，V≤0.05%。残余元素总含量不得超过 0.80%。

（2）中国 GB 标准焊接结构用铸钢件的力学性能（表5-1-14）

表 5-1-14　焊接结构用铸钢件的力学性能

| 钢　号 | | R_m/MPa | R_{eH}/MPa | A(%) | Z(%) | KV_2/J |
GB	ISC	≥				
ZG200-400H	C22041	400	200	25	40	45
ZG230-450H	C22346	450	230	22	35	45
ZG270-480H	C22749	480	270	20	35	40
ZG300-500H	C23051	500	300	20	21	40
ZG345-550H	C23456	550	340	15	21	35

注：1. Z、KV 根据合同选用。

2. 当屈服不明显时，测定 $R_{p0.2}$。

5.1.7　耐磨钢铸件（GB/T 26651—2011）

（1）中国 GB 标准耐磨铸钢件的钢号与化学成分（表5-1-15）

表 5-1-15　耐磨钢铸件的钢号与化学成分（质量分数）（%）

钢　号	C	Si	Mn	P≤	S≤	Cr	Ni	Mo	其 他
ZG30Mn2Si	0.25~0.35	0.50~1.20	1.20~2.20	0.040	0.040	—	—	—	—①
ZG30Mn2SiCr	0.25~0.35	0.50~1.20	1.20~2.20	0.040	0.040	0.50~1.20	—	—	—①

（续）

钢 号	C	Si	Mn	P≤	S≤	Cr	Ni	Mo	其 他
ZG30CrMnSiMo	0.25 ~ 0.35	0.50 ~ 1.80	0.60 ~ 1.60	0.040	0.040	0.50 ~ 1.80	—	0.20 ~ 0.80	—①
ZG30CrNiMo	0.25 ~ 0.35	0.40 ~ 0.80	0.40 ~ 1.00	0.040	0.040	0.50 ~ 2.00	0.30 ~ 2.00	0.20 ~ 0.80	—①
ZG40CrNiMo	0.35 ~ 0.45	0.40 ~ 0.80	0.40 ~ 1.00	0.040	0.040	0.50 ~ 2.00	0.30 ~ 2.00	0.20 ~ 0.80	—①
ZG42Cr2Si2MnMo	0.38 ~ 0.48	1.50 ~ 1.80	0.80 ~ 1.20	0.040	0.040	1.80 ~ 2.20	—	0.20 ~ 0.60	—①
ZG45Cr2Mo	0.40 ~ 0.48	0.80 ~ 1.20	0.40 ~ 1.00	0.040	0.040	1.70 ~ 2.00	≤0.50	0.80 ~ 1.20	—①
ZG30Cr5Mo	0.25 ~ 0.35	0.40 ~ 1.00	0.50 ~ 1.20	0.040	0.040	4.00 ~ 6.00	≤0.50	0.20 ~ 0.80	—①
ZG40Cr5Mo	0.35 ~ 0.45	0.40 ~ 1.00	0.50 ~ 1.20	0.040	0.040	4.00 ~ 6.00	≤0.50	0.20 ~ 0.80	—①
ZG50Cr5Mo	0.45 ~ 0.55	0.40 ~ 1.00	0.50 ~ 1.20	0.040	0.040	4.00 ~ 6.00	≤0.50	0 20 ~ 0.80	—①
ZG60Cr5Mo	0.55 ~ 0.65	0.40 ~ 1.00	0.50 ~ 1.20	0.040	0.040	4.00 ~ 6.00	≤0.50	0 20 ~ 0.80	—①

① 允许加入微量 Nb、Ti、V、B 和 RE 等元素。

（2）中国 GB 标准耐磨钢铸件的硬度和冲击性能（表 5-1-16）

表 5-1-16　耐磨钢铸件的硬度和冲击性能

钢号	HRC①≥	$KV_2/J≥$	$KN_2/J≥$
ZG30Mn2Si	45	18	—
ZG30Mn2SiCr	45	12	—
ZG30CrMnSiMo	45	12	—
ZG30CrNiMo	45	12	—
ZG40CrNiMo	50	—	25
ZG42Cr2Si2MnMo	50	—	25
ZG45Cr2Mo	50	—	25
ZG30Cr5Mo	42	12	—
ZG40Cr5Mo	44	—	25
ZG50Cr5Mo	46	—	15
ZG60Cr5Mo	48	—	10

① 铸件断面深度 40% 处的硬度不低于表面硬度值的 92%。

5.1.8　耐磨耐蚀钢铸件（GB/T 31205—2014）

（1）中国 GB 标准耐磨耐蚀钢铸件的钢号与化学成分（表 5-1-17）

表 5-1-17　耐磨耐蚀钢铸件的钢号与化学成分（质量分数）（%）

钢 号	C	Si	Mn	P≤	S≤	Cr	Mo	Ni	其 他
ZGMS 30Mn2SiCr	0.22 ~ 0.35	0.50 ~ 1.20	1.20 ~ 2.20	0.040	0.040	0.50 ~ 1.20	—	—	—①
ZGMS 30CrMnSiMo	0.22 ~ 0.35	0 50 ~ 1.80	0.60 ~ 1.60	0.040	0.040	0.50 ~ 1.80	0.20 ~ 0.80	—	—①
ZGMS 30CrNiMo	0.22 ~ 0.35	0.40 ~ 0.80	0.40 ~ 1.00	0.040	0.040	0.50 ~ 2.50	0.20 ~ 0.80	0.30 ~ 2.50	—①
ZGMS 40CrNiMo	0.35 ~ 0.45	0.40 ~ 0.80	0.40 ~ 1.00	0.040	0.040	0.50 ~ 2.50	0.20 ~ 0.80	0.30 ~ 2.50	—①
ZGMS 30Cr5Mo	0.25 ~ 0.35	0.40 ~ 1.00	0.50 ~ 1.20	0.040	0.040	4.00 ~ 6.00	0.20 ~ 0.80	≤0.50	—①

（续）

钢 号	C	Si	Mn	P≤	S≤	Cr	Mo	Ni	其 他
ZGMS 50Cr5Mo	0.45~0.55	0.40~1.00	0.50~1.20	0.040	0.040	4.00~6.00	0.20~0.80	≤0.50	—[①]
ZGMS 60Cr2MnMo	0.45~0.70	0.40~1.00	0.50~1.50	0.040	0.040	1.50~2.50	0.20~0.80	≤1.00	—[①]
ZGMS 85Cr2MnMo	0.70~0.95	0 40~1.00	0.50~1.50	0.040	0.040	1.50~2.50	0.20~0.80	≤1.00	—[①]
ZGMS 25Cr10MnSiMoNi	0.15~0.35	0.50~2.00	0.50~2.00	0.040	0.040	7.00~13.0	0.20~0.80	0.30~2.00	Cu≤1.00[①]
ZGMS 110Mn13Mo1	0.75~1.35	0.30~0.90	11.0~14.0	0.040	0.060	—	0.90~1.20	—	—[①]
ZGMS 120Mn13	1.05~1.35	0.30~0.90	11.0~14.0	0.040	0.060	—	—	—	—[①]
ZGMS 120Mn13Cr2	1.05~1.35	0.30~0.90	11.0~14.0	0.040	0.060	1.50~2.50	—	—	—[①]
ZGMS 120Mn13Ni3	1.05~1.35	0.30~0.90	11.0~14.0	0.040	0.060	—	—	3.00~4.00	—[①]
ZGMS 120Mn18	1.05~1.35	0 30~0.90	16.0~19.0	0.040	0.060	—	—	—	—[①]
ZGMS 120Mn18Cr2	1.05~1.35	0.30~0.90	16.0~19.0	0.040	0.060	1.50~2.50	—	—	—[①]

① 允许加入适量的 W、V、Ti、Nb、B 和 RE 等元素。

（2）中国 GB 标准耐磨耐蚀钢铸件的硬度和冲击吸收能量（表 5-1-18）

表5-1-18　耐磨耐蚀钢铸件的硬度和冲击吸收能量

钢 号	HRC[①]	HBW[①]	KV_2/J	KU_2/J	KN_2/J
ZGMS 30Mn2SiCr	≥45	—	≥12	—	—
ZGMS 30CrMnSiMo	≥45	—	≥12	—	—
ZGMS 30CrNiMo	≥45	—	≥12	—	—
ZGMS 40CrNiMo	≥50	—	—	—	≥25
ZGMS 30Cr5Mo	≥42	—	≥12	—	—
ZGMS 50Cr5Mo	≥46	—	—	—	≥15
ZGMS 60Cr2MnMo	≥30	—	—	—	≥25
ZGMS 85Cr2MnMo	≥32	—	—	—	≥15
ZGMS 25Cr10MnSiMoNi	≥40	—	—	—	≥50
ZGMS 110Mn13Mo1	—	≤300	—	≥118	—
ZGMS 120Mn13	—	≤300	—	≥118	—
ZGMS 120Mn13Cr2	—	≤300	—	≥90	—
ZGMS 120Mn13Ni3	—	≤300	—	≥118	—
ZGMS 120Mn18	—	≤300	—	≥118	—
ZGMS 120Mn18Cr2	—	≤300	—	≥90	—

① 表面硬度，奥氏体锰钢之外的铸件断面深度 40% 处的硬度应不低于表面硬度值的 92%。

5.1.9　大型低合金钢铸件（JB/T 6402—2018）

（1）中国 JB 标准大型低合金钢铸件的钢号与化学成分（表 5-1-19）

表 5-1-19 大型低合金钢铸件的钢号与化学成分（质量分数）（%）

钢 号	C	Si	Mn	P≤	S≤	Cr	Mo	其 他
ZG20Mn	0.17~0.23	≤0.80	1.00~1.30	0.030	0.030	—	—	Ni≤0.80
ZG25Mn	0.20~0.30	0.30~0.45	1.10~1.30	0.030	0.030	—	—	Cu≤3.00
ZG30Mn	0.27~0.34	0.30~0.50	1.20~1.50	0.030	0.030	—	—	—
ZG35Mn	0.30~0.40	≤0.80	1.10~1.40	0.030	0.030	—	—	—
ZG40Mn	0.35~0.45	0.30~0.45	1.20~1.50	0.030	0.030	—	—	—
ZG65Mn	0.60~0.70	0.17~0.37	0.90~1.20	0.030	0.030	—	—	—
ZG40Mn2	0.35~0.45	0.20~0.40	1.60~1.80	0.030	0.030	—	—	—
ZG45Mn2	0.42~0.49	0.20~0.40	1.60~1.80	0.030	0.030	—	—	—
ZG50Mn2	0.45~0.55	0.20~0.40	1.50~1.80	0.030	0.030	—	—	—
ZG35SiMnMo	0.32~0.40	1.10~1.40	1.10~1.40	0.030	0.030	—	0.20~0.30	Cu≤0.30
ZG35CrMnSi	0.30~0.40	0.50~0.75	0.90~1.30	0.030	0.030	0.50~0.80	—	—
ZG20MnMo	0.17~0.23	0.20~0.40	1.10~1.40	0.030	0.030	—	0.20~0.35	Cu≤0.30
ZG30Cr1MnMo	0.25~0.35	0.17~0.45	0.90~1.20	0.030	0.030	0.90~1.20	0.20~0.30	—
ZG55CrMnMo	0.50~0.60	0.25~0.60	1.20~1.60	0.030	0.030	0.60~0.90	0.20~0.30	Cu≤0.30
ZG40Cr1	0.35~0.45	0.20~0.40	0.50~0.80	0.030	0.030	0.80~1.10	—	—
ZG34Cr2Ni2Mo	0.30~0.37	0.30~0.60	0.60~1.00	0.030	0.030	1.40~1.70	0.15~0.35	Ni 1.40~1.70
ZG15Cr1Mo	0.12~0.20	≤0.60	0.50~0.80	0.030	0.030	1.00~1.50	0.45~0.65	—
ZG15Cr1Mo1V	0.12~0.20	0.20~0.60	0.40~0.70	0.030	0.030	1.20~1.70	0.90~1.20	Ni≤0.30 V 0.25~0.40 Cu≤0.30
ZG20CrMo	0.17~0.25	0.20~0.45	0.50~0.80	0.030	0.030	0.50~0.80	0.45~0.65	—
ZG20CrMoV	0.18~0.25	0.20~0.60	0.40~0.70	0.030	0.030	0.90~1.20	0.50~0.70	Ni≤0.30 V 0.20~0.30 Cu≤0.30
ZG35Cr1Mo	0.30~0.37	0.30~0.50	0.50~0.80	0.030	0.030	0.80~1.20	0.20~0.30	—
ZG42Cr1Mo	0.38~0.45	0.30~0.60	0.60~1.00	0.030	0.030	0.80~1.20	0.20~0.30	—
ZG50Cr1Mo	0.46~0.54	0.25~0.50	0.50~0.80	0.030	0.030	0.90~1.20	0.15~0.25	—
ZG28NiCrMo	0.25~0.30	0.30~0.80	0.60~0.90	0.030	0.030	0.35~0.85	0.35~0.55	Ni 0.40~0.80
ZG30NiCrMo	0.25~0.35	0.30~0.60	0.70~1.00	0.030	0.030	0.60~0.90	0.35~0.50	Ni 0.60~1.00
ZG35NiCrMo	0.30~0.37	0.60~0.90	0.70~1.00	0.030	0.030	0.40~0.90	0.40~0.50	Ni 0.60~0.90

注：残余元素含量：Ni≤0.30%，Cr≤0.30%，Cu≤0.25%，Mo≤0.15%，V≤0.05%，残余元素总含量≤1.0%。当需方无要求时，残余元素不作为验收依据。

（2）中国 JB 标准大型低合金钢铸件的力学性能（表 5-1-20）

表 5-1-20 大型低合金钢铸件的力学性能

钢 号	热处理状态	R_{eH}/MPa ≥	R_m/MPa	A(%)	Z(%)	KU_2 或 KU_8 /J	KV_2 或 KV_8 /J	A_{KDVM} /J	HBW
						≥			
ZG20Mn	正火＋回火	285	≥495	18	30	39	—	—	≥145
	调质	300	500～650	22	—	—	45	—	150～190
ZG25Mn	正火＋回火	295	≥490	20	35	47	—	—	156～197
ZG30Mn	正火＋回火	300	≥550	18	30	—	—	—	≥163
ZG35Mn	正火＋回火	345	≥570	12	20	24	—	—	200～260
	调质	415	≥640	12	25	27	—	27	200～260
ZG40Mn	正火＋回火	350	≥640	12	30	—	—	—	≥163
ZG65Mn	正火＋回火	—	—	—	—	—	—	—	187～241
ZG40Mn2	正火＋回火	395	≥590	20	35	30	—	—	≥179
	调质	635	≥790	13	40	35	—	35	220～270
ZG45Mn2	正火＋回火	392	≥637	15	30	—	—	—	≥179
ZG50Mn2	正火＋回火	445	≥785	18	37	—	—	—	—
ZG35SiMnMo	正火＋回火	395	≥640	12	20	24	—	—	—
	调质	490	≥690	12	25	27	—	27	—
ZG35CrMnSi	正火＋回火	345	≥690	14	30	—	—	—	≥217
ZG20MnMo	正火＋回火	295	≥490	16	—	39	—	—	≥156
ZG30Cr1MnMo	正火＋回火	392	≥686	15	30	—	—	—	—
ZG55CrMnMo	正火＋回火	—	—	—	—	—	—	—	197～241
ZG40Cr1	正火＋回火	345	≥630	18	26	—	—	—	≥212
ZG34Cr2Ni2Mo	调质	700	950～1000	12	—	—	32	—	240～290
ZG15Cr1Mo	正火＋回火	275	≥490	20	35	24	—	—	140～220
ZG15Cr1Mo1V	正火＋回火	345	≥590	17	30	24	—	—	140～220
ZG20CrMo	正火＋回火	245	≥460	18	30	30	—	—	135～180
	调质	245	≥460	18	30	24	—	—	—
ZG20CrMoV	正火＋回火	315	≥590	17	30	24	—	—	140～220
ZG35Cr1Mo	正火＋回火	392	≥588	12	20	23.5	—	—	—
	调质	490	≥686	12	25	31	—	27	≥201
ZG42Cr1Mo	正火＋回火	410	≥569	12	20	—	12	—	—
	调质	510	690～830	11	—	—	15	—	200～250
ZG50Cr1Mo	调质	520	740～880	11	—	—	—	34	200～260
ZG28NiCrMo	—	420	≥630	20	40	—	—	—	—
ZG30NiCrMo	—	590	≥730	17	35	—	—	—	—
ZG35NiCrMo	—	660	≥830	14	30	—	—	—	—

注：1. 需方无特殊要求时，KU_2 或 KU_8、KV_2 或 KV_8、A_{KDVM} 由供方任选一种。

2. 硬度一般不作为验收依据，仅供设计参考。

（3）中国 JB 标准大型铸件用低合金铸钢的用途（表 5-1-21）

表 5-1-21 大型铸件用低合金铸钢的用途

钢 号	用 途 举 例	钢 号	用 途 举 例
ZG20Mn	焊接及流动性良好，用于水压机缸、叶片、喷嘴体、阀、弯头等	ZG55CrMnMo	用于热模具钢，如锻模等
ZG25Mn		ZG40Cr1	用于高强度齿轮
ZG30Mn		ZG34Cr2Ni2Mo	用于特别要求的零件，如锥齿轮、小齿轮、吊车行走轮、轴等
ZG35Mn	用于承受摩擦的零件		
ZG40Mn	用于承受摩擦和冲击的零件，如齿轮等	ZG15Cr1Mo	用于汽轮机
		ZG15Cr1Mo1V	用于汽轮机蒸汽室、气缸等
ZG65Mn	用于球磨机衬板等	ZG20CrMo	用于齿轮、锥齿轮及高压缸零件等
ZG40Mn2	用于承受摩擦的零件，如齿轮等	ZG20CrMoV	用于 570℃下工作的高压阀门
ZG45Mn2	用于模块、齿轮等	ZG35Cr1Mo	用于齿轮、电炉支承轮轴套、齿圈等
ZG50Mn2	用于高强度零件，如齿轮、齿轮缘等		
ZG35SiMnMo	用于承受负荷较大的零件	ZG42Cr1Mo	用于承受高负荷零件、齿轮、锥齿轮等
ZG35CrMnSi	用于承受冲击、摩擦的零件，如齿轮、滚轮等	ZG50Cr1Mo	用于减速器零件、齿轮、小齿轮等
		ZG28NiCrMo	适用于直径大于 300mm 的齿轮铸件
ZG20MnMo	用于受压容器，如泵壳等	ZG30NiCrMo	适用于直径大于 300mm 的齿轮铸件
ZG30Cr1MnMo	用于拉坯和立柱	ZG35NiCrMo	适用于直径大于 300mm 的齿轮铸件

5.1.10 工程结构用中、高强度不锈钢铸件（GB/T 6967—2009）

（1）中国 GB 标准工程结构用中、高强度不锈钢铸件的钢号与化学成分（表 5-1-22）

表 5-1-22 工程结构用中、高强度不锈钢铸件的钢号与化学成分（质量分数）（%）

钢号和代号 GB	ISC	C	Si	Mn	P ≤	S ≤	Cr	Ni	Mo	其 他
ZG15Cr13	C54101	≤0.15	≤0.80	≤0.80	0.035	0.025	11.5~13.5	—	—	①
ZG20Cr13	C54201	0.16~0.24	≤0.80	≤0.80	0.035	0.025	11.5~13.5	—	—	①
ZG15Cr13Ni1	C54840	≤0.15	≤0.80	≤0.80	0.035	0.025	11.5~13.5	≤1.00	≤0.50	①
ZG10Cr13Ni1Mo	C54850	≤0.10	≤0.80	≤0.80	0.035	0.025	11.5~13.5	0.8~1.8	0.20~0.50	①
ZG06Cr13Ni4Mo	C54868	≤0.06	≤0.80	≤1.00	0.035	0.025	11.5~13.5	3.5~5.0	0.40~1.00	①
ZG06Cr13Ni5Mo	C54878	≤0.06	≤0.80	≤1.00	0.035	0.025	11.5~13.5	4.5~6.0	0.40~1.00	①
ZG06Cr16Ni5Mo	C54878	≤0.06	≤0.80	≤1.00	0.035	0.025	15.5~17.0	4.5~6.0	0.40~1.00	①
ZG04Cr13Ni4Mo②	—	≤0.04	≤0.80	≤1.50	0.030	0.010	11.5~13.5	3.5~5.0	0.40~1.00	①
ZG04Cr13Ni5Mo②	—	≤0.04	≤0.80	≤1.50	0.030	0.010	11.5~13.5	4.5~6.0	0.40~1.00	①

① 钢中残余元素含量：Cu≤0.50%，V≤0.03%，W≤0.10%，Cu+V+W≤0.50%。

② 对 ZG04Cr13Ni4Mo 和 ZG04Cr13Ni5Mo，其精炼钢液的气体含量（体积分数）应控制为：H≤0.03%，N≤0.02%，O≤0.01%。除另有规定外，气体含量不作验收依据。

（2）中国 GB 标准工程结构用中、高强度不锈钢铸件的力学性能（表 5-1-23）

表 5-1-23 工程结构用中、高强度不锈钢铸件的力学性能

钢号和代号 GB	ISC	R_m/MPa	$R_{p0.2}$/MPa	$A(\%)$	$Z(\%)$	KV/J	HBW
				≥			
ZG10Cr13	C54101	539	343	18	40	—	163~229
ZG20Cr13	C54201	590	390	16	35	—	170~235
ZG15Cr13Ni1	C54840	590	450	16	35	20	170~241

（续）

钢号和代号		R_m/MPa	$R_{p0.2}/MPa$	A(%)	Z（%）	KV/J	HBW
GB	ISC	≥					
ZG10Cr13Ni1Mo	C54850	620	450	16	35	27	170~241
ZG06Cr13Ni4Mo	C54868	750	550	15	35	50	221~294
ZG06Cr13Ni5Mo	C54878	750	550	15	35	50	221~294
ZG06Cr16Ni5Mo	C54888	750	550	15	35	40	221~294
ZG04Cr13Ni4Mo（H11）	—	780	580	18	50	80	221~294
ZG04Cr13Ni4Mo（H12）	—	900	830	18	35	35	294~350
ZG04Cr13Ni6Mo（H11）	—	780	580	18	50	80	221~294
ZG04Cr13Ni6Mo（H12）	—	900	830	18	35	35	294~350

注：1. 表中 ZG10Cr13、ZG20Cr137 和 ZG15Cr13Ni1 铸钢的力学性能，适用于壁厚小于 150mm 的铸件。其余铸钢的力学性能，适用于壁厚小于 300mm 的铸件。

2. ZG04Cr13Ni4Mo（H12）和 ZG04Cr13Ni6Mo（H12）用于大中型铸焊结构铸件时，由供需双方另行商定。

3. 若需方要求做低温冲击试验，其技术要求由供需双方商定。

4. 括号内钢号为旧标准钢号。

5.1.11 大型不锈钢铸件（JB/T 6405—2018）

（1）中国 JB 标准大型不锈钢铸件的钢号与化学成分（表5-1-24）

表 5-1-24 大型不锈钢铸件的钢号与化学成分（质量分数）（%）

牌 号	C	Si	Mn	P≤	S≤	Cr	Ni	Mo	其 他
ZG15Cr13	≤0.15	≤1.50	≤1.00	0.035	0.025	11.50~14.00	≤1.00	≤0.50	—
ZG20Cr13	0.16~0.24	≤1.00	≤0.60	0.035	0.025	11.50~14.00	—	—	—
ZG30Cr13	0.20~0.40	≤1.50	≤1.00	0.035	0.025	11.50~14.00	≤1.00	≤0.50	—
ZG12Cr18Ni9Ti	≤0.12	≤1.50	0.80~2.00	0.030	0.040	17.00~20.00	8.00~11.00	—	Ti5(C-0.03)~0.80
ZG04Cr13Ni4Mo	≤0.045	≤1.00	≤1.00	0.028	0.012	11.50~14.00	3.80~5.00	0.40~1.00	Cu≤0.50 W≤1.00 V≤0.08
ZG04Cr13Ni5Mo	≤0.045	≤1.00	≤1.00	0.028	0.012	11.50~14.00	4.50~6.00	0.40~1.00	
ZG06Cr13Ni4Mo	≤0.06	≤1.00	≤1.00	0.030	0.025	11.50~14.00	3.50~4.50	0.40~1.00	
ZG06Cr13Ni5Mo	≤0.06	≤1.00	≤1.00	0.030	0.025	11.50~14.00	4.50~5.50	0.40~1.00	
ZG06Cr13Ni6Mo	≤0.06	≤1.00	≤1.00	0.030	0.025	12.00~14.00	5.50~6.50	0.40~1.00	
ZG06Cr16Ni5Mo	≤0.06	≤1.00	≤1.00	0.030	0.025	15.50~17.50	4.50~6.00	0.40~1.00	W≤0.10 V≤0.80
ZG08Cr19Ni9	≤0.08	≤2.00	≤1.50	0.040	0.040	17.00~21.00	8.00~11.00	—	
ZG08Cr20Ni11Mo4 （ZG08Cr19Ni11Mo3）	≤0.08	≤1.50	≤1.50	0.040	0.040	18.00~21.00	9.00~13.00	3.00~4.00	
ZG12Cr22Ni12	≤0.12	≤2.00	≤1.50	0.040	0.040	20.00~23.00	10.00~13.00	—	
ZG20Cr25Ni21 （ZG20Cr25Ni20）	≤0.20	≤2.00	≤1.50	0.040	0.040	23.00~27.00	19.00~22.00	—	
ZG03Cr22Ni6Mo3N （ZG03Cr22Ni5Mo3N）	≤0.03	≤1.00	≤2.00	0.035	0.025	21.00~23.00	4.50~6.50	2.50~3.50	Cu≤0.50 V≤0.08 N 0.12~0.20
ZG03Cr26Ni7Mo4N	≤0.03	≤1.00	≤1.00	0.035	0.025	25.00~27.00	6.00~8.00	3.00~5.00	Cu≤1.30 W≤0.08 N 0.12~0.22

（续）

牌　号	C	Si	Mn	P≤	S≤	Cr	Ni	Mo	其　他
ZG12Cr18Mn9Ni4 Mo3Cu2N （ZG12Cr17Mn9Ni4 Mo3Cu2N）	≤0.12	≤1.50	8.00 ~ 10.00	0.060	0.035	16.00 ~ 19.00	3.00 ~ 5.00	2.90 ~ 3.50	Cu 2.00 ~ 2.50 N 0.16 ~ 0.26
ZG12Cr19Mn13 Mo2CuN （ZG12Cr18Mn13 Mo2CuN）	≤0.12	≤1.50	12.00 ~ 14.00	0.060	0.035	17.00 ~ 20.00	—	1.50 ~ 2.00	Cu 1.00 ~ 1.50 N 0.19 ~ 0.26

注：材料牌号后的括号内注明的是旧版标准的牌号表示。

（2）中国 JB 标准大型不锈钢铸件的力学性能（表5-1-25）

表5-1-25　大型不锈钢铸件的力学性能

材料牌号	R_m/MPa	R_{eH} 或 $R_{p0.2}$/MPa	A(%)	Z(%)	KV_2 或 KV_8/J	HBW
ZG15Cr13	≥620	≥450	≥18	≥30	—	≤241
ZG20Cr13	≥588	≥392	≥16	≥35	—	170 ~ 235
ZG30Cr13	≥690	≥485	≥15	≥25	—	≤269
ZG12Cr18Ni9Ti	≥440	≥195	≥25	≥32	—	—
ZG04Cr13Ni4Mo	≥780	≥580	≥18	≥40	≥80	221 ~ 294
ZG04Cr13Ni5Mo	≥780	≥580	≥18	≥40	≥80	221 ~ 294
ZG06Cr13Ni4Mo	≥750	≥550	≥15	≥35	≥50	221 ~ 294
ZG06Cr13Ni5Mo	≥750	≥550	≥15	≥35	≥50	221 ~ 294
ZG06Cr13Ni6Mo	≥750	≥550	≥15	≥35	≥50	221 ~ 294
ZG06Cr16Ni5Mo	≥785	≥588	≥15	≥35	≥40	≥220
ZG08Cr19Ni9	≥485	≥205	≥35	—	—	—
ZG08Cr20Ni11Mo4 （ZG08Cr19Ni11Mo3）	≥520	≥240	≥25	—	—	—
ZG12Cr22Ni12	≥485	≥195	≥35	—	—	—
ZG20Cr25Ni21 （ZG20Cr25Ni20）	≥450	≥195	≥30	—	—	—
ZG03Cr22Ni6Mo3N （ZG03Cr22Ni5Mo3N）	600 ~ 800	≥420	≥20	—	—	—
ZG03Cr26Ni7Mo4N	650 ~ 850	≥480	≥22	—	—	—
ZG12Cr18Mn9Ni4Mo3Cu2N （ZG12Cr17Mn9Ni4Mo3Cu2N）	≥588	≥294	≥25	≥35	—	—
ZG12Cr19Mn13Mo2CuN （ZG12Cr18Mn13Mo2CuN）	≥588	≥294	≥30	≥40	—	—

注：材料牌号后的括号内注明的是旧版标准的牌号表示。

5.1.12　大型耐热钢铸件 ［JB/T 6403—2017］

（1）中国 JB 标准大型耐热钢铸件的钢号与化学成分（表5-1-26）

表 5-1-26　大型耐热钢铸件的钢号与化学成分（质量分数）（%）

材料牌号	C	Si	Mn	P≤	S≤	Cr	Ni	Mo	其　他
ZG40Cr9Si3 （ZG40Cr9Si2）	0.35~0.50	2.00~3.00	≤0.70	0.030	0.030	8.00~10.00	—	—	—
ZG40Cr13Si2	0.30~0.50	1.00~2.50	0.50~1.00	0.030	0.030	12.00~14.00	≤1.00	≤0.50	—
ZG40Cr18Si2 （ZG40Cr17Si2）	0.30~0.50	1.00~2.50	0.50~1.00	0.030	0.030	16.00~19.00	≤1.00	≤0.50	—
ZG30Cr21Ni10 （ZG30Cr20Ni10）	0.20~0.40	≤2.00	≤2.00	0.030	0.030	18.00~23.00	8.00~12.00	≤0.50	—
ZG30Cr19Mn12Si2N （ZG30Cr18Mn12Si2N）	0.26~0.36	1.60~2.40	11.0~13.0	0.030	0.030	17.00~20.00	—	—	N 0.22~0.28
ZG35Cr24Ni8Si2N （ZG35Cr24Ni7SiN）	0.30~0.40	1.30~2.00	0.80~1.50	0.030	0.030	23.00~25.50	7.00~8.50	—	N 0.22~0.28
ZG20Cr26Ni5	≤0.20	≤2.00	≤1.00	0.030	0.030	24.00~28.00	4.00~6.00	≤0.50	—
ZG35Cr26Ni13 （ZG35Cr26Ni12）	0.20~0.50	≤2.00	≤2.00	0.030	0.030	24.00~28.00	11.00~14.00	—	—
ZG35Cr28Ni16	0.20~0.50	≤2.00	≤2.00	0.030	0.030	26.00~30.00	14.00~18.00	≤0.50	—
ZG40Cr25Ni21 （ZG40Cr25Ni20）	0.35~0.45	≤1.75	≤1.50	0.030	0.030	23.00~27.00	19.00~22.00	≤0.50	—
ZG40Cr30Ni20	0.20~0.60	≤2.00	≤2.00	0.030	0.030	28.00~32.00	18.00~22.00	≤0.50	—
ZG35Ni25Cr19Si2 （ZG35Ni24Cr18Si2）	0.30~0.40	1.50~2.50	≤1.50	0.030	0.030	17.00~20.00	23.00~26.00	—	—
ZG30Ni35Cr15	0.20~0.35	≤2.50	≤2.00	0.030	0.030	13.00~17.00	33.00~37.00	—	—
ZG45Ni35Cr26	0.35~0.55	≤2.00	≤2.00	0.030	0.030	24.00~28.00	33.00~37.00	≤0.50	—
ZG40Cr23Ni4N （ZG40Cr22Ni4N）	0.35~0.45	1.20~2.00	≤1.00	0.030	0.030	21.00~24.00	3.50~5.00	—	N 0.23~0.30
ZG30Cr26Ni20 （ZG30Cr25Ni20）	0.20~0.35	≤2.00	≤2.00	0.030	0.030	24.00~28.00	18.00~22.00	≤0.50	—
ZG23Cr19Mn10Ni2Si2N （ZG20Cr20Mn9Ni2SiN）	0.18~0.28	1.80~2.70	8.50~11.00	0.030	0.030	17.00~21.00	2.00~3.00	—	N 0.20~0.28
ZG08Cr18Ni12Mo3Ti （ZG08Cr18Ni12Mo2Ti）	≤0.08	≤1.50	0.80~2.00	0.030	0.030	16.00~19.00	11.00~13.00	2.00~3.00	Ti 0.30~0.70

注：材料牌号后的括号内注明的是旧版标准 GB/T 5613—1995《铸钢牌号表示方法》规定的牌号。

（2）中国 JB 标准大型耐热钢铸件的力学性能与使用温度（表 5-1-27）

表 5-1-27　大型耐热钢铸件的力学性能与使用温度

牌　号	$R_{eH}/(R_{p0.2})$ /MPa ≥	R_m/MPa ≥	$A(\%)$ ≥	HBW ≤	热处理状态
ZG40Cr9Si3（ZG40Cr9Si2）	—	550	—	—	950℃退火
ZG40Cr13Si2	—	—	—	300[①]	退火
ZG40Cr18Si2（ZG40Cr17Si2）	—	—	—	300[①]	退火
ZG30Cr21Ni10（ZG30Cr20Ni10）	(235)	490	23		

（续）

牌 号	$R_{eH}/(R_{p0.2})$ /MPa $\geqslant$	R_m/MPa $\geqslant$	$A(\%)$ $\geqslant$	HBW $\leqslant$	热处理状态
ZG30Cr19Mn12Si2N（ZG30Cr18Mn12Si2N）	—	490	8	—	1100～1150℃油冷、水冷或空冷
ZG35Cr24Ni8Si2N（ZG35Cr24Ni7SiN）	(340)	540	12	—	
ZG20Cr26Ni5	—	590	—	—	
ZG35Cr26Ni13（ZG35Cr26Ni12）	(235)	490	8	—	
ZG35Cr28Ni16	(235)	490	8	—	
ZG40Cr25Ni21（ZG40Cr25Ni20）	(235)	440	8	—	
ZG40Cr30Ni20	(245)	450	8	—	
ZG35Ni25Cr19Si2（ZG35Ni24Cr18Si2）	(195)	390	5	—	
ZG30Ni35Cr15	(195)	440	13	—	
ZG45Ni35Cr26	(235)	440	5	—	
ZG40Cr23Ni4N（ZG40Cr22Ni4N）	450	730	10	—	调质
ZG30Cr26Ni20（ZG30Cr25Ni20）	240	510	48	—	调质
ZG23Cr19Mn10Ni2Si2N（ZG20Cr20Mn9Ni2SiN）	420	790	40	—	调质
ZG08Cr18Ni12Mo3Ti（ZG08Cr18Ni12Mo2Ti）	210	490	30	—	1150℃水淬

① 退火状态最大布氏硬度值。铸件也可以铸态交货，此时硬度限制就不再适用。

5.1.13 大型高锰钢铸件［JB/T 6404—2017］

（1）中国 JB 标准大型高锰钢铸件的钢号与化学成分（表 5-1-28）

表 5-1-28 大型高锰钢铸件的钢号与化学成分（质量分数）（%）

材料牌号	C	Si	Mn	P	S	Cr	其 他
ZG100Mn13	0.90～1.05	0.30～0.90	11.00～14.00	≤0.060	≤0.040	—	—
ZG110Mn13	0.90～1.20	0.30～0.90	11.00～14.00	≤0.060	≤0.040	—	—
ZG120Mn13	1.00～1.35	0.30～0.90	11.00～14.00	≤0.060	≤0.040	—	—
ZG120Mn13Cr	1.05～1.35	0.30～0.90	11.00～14.00	≤0.060	≤0.040	0.30～0.75	—
ZG120Mn13Cr2	1.05～1.35	0.30～0.90	11.00～14.00	≤0.060	≤0.040	1.50～2.50	—
ZG110Mn13Mo（ZG110Mn13Mo1）	0.75～1.35	0.30～0.90	11.00～14.00	≤0.060	≤0.040	—	Mo 0.90～1.20
ZG110Mn13Mo2	1.05～1.35	0.30～0.90	11.00～14.00	≤0.060	≤0.040	—	Mo 1.80～2.10
ZG120Mn13Ni4（ZG120Mn13Ni3）	1.05～1.35	0.30～0.90	11.00～14.00	≤0.060	≤0.040	—	Ni 3.00～4.00
ZG120Mn18（ZG120Mn17）	1.05～1.35	0.30～0.90	16.00～19.00	≤0.060	≤0.040	—	—
ZG120Mn18Cr2（ZG120Mn17Cr2）	1.05～1.35	0.30～0.90	16.00～19.00	≤0.060	≤0.040	1.50～2.50	—

注：1. 允许加入微量 V、Ti、Nb、B 和 RE 等元素。

2. 材料牌号后的括号内注明的是旧版标准 GB/T 5613—1995《铸钢牌号表示方法》规定的牌号。

（2）中国 JB 标准大型高锰钢铸件的力学性能（表 5-1-29）

表 5-1-29　大型高锰钢铸件的力学性能

材料牌号	R_m/MPa	A(%)	KU_2/J	HBW
ZG100Mn13	≥735	≥35	≥184	≤229
ZG110Mn13	≥686	≥25	≥184	≤229
ZG120Mn13	≥637	≥20	≥184	≤229
ZG120Mn13Cr	≥690	≥30	—	≤300
ZG120Mn13Cr2	≥735	≥20	—	≤300
ZG110Mn13Mo（ZG110Mn13Mo1）	≥755	≥30	≥147	≤300

注：材料牌号后的括号内注明的是旧版标准 GB/T 5613—1995《铸钢牌号表示方法》规定的牌号。

5.1.14　承压钢铸件（含低温和高温用铸钢）[GB/T 16253—2019]

（1）中国 GB 标准承压钢铸件的钢号与化学成分（表 5-1-30）

表 5-1-30　承压钢铸件的钢号与化学成分（质量分数）（%）

钢号	C	Si	Mn	P	S	Cr	Mo	Ni	V	Cu	其他
ZGR240-420	0.18 ~ 0.23[①]	0.60	0.50 ~ 1.20	0.030	0.020	0.30	0.12	0.40	0.03	0.03	[②]
ZGR280-480	0.18 ~ 0.25[①]	0.60	0.80 ~ 1.20	0.030	0.020	0.30	0.12	0.40	0.03	0.30	[②]
ZG18	0.15 ~ 0.20	0.60	1.00 ~ 1.60	0.020	0.025	0.30	0.12	0.40	0.03	0.30	[②]
ZG20	0.17 ~ 0.23	0.60	0.50 ~ 1.00	0.020	0.020	0.30	0.12	0.80	0.03	0.30	—
ZG18Mo	0.15 ~ 0.20	0.60	0.80 ~ 1.20	0.020	0.020	0.30	0.45 ~ 0.65	0.40	0.050	0.30	—
ZG19Mo	0.15 ~ 0.23	0.60	0.50 ~ 1.00	0.025	0.020	0.30	0.40 ~ 0.60	0.40	0.050	0.30	—
ZG18CrMo	0.15 ~ 0.20	0.60	0.50 ~ 1.00	0.020	0.020	1.00 ~ 1.50	0.45 ~ 0.65	0.40	0.050	0.30	—
ZG17Cr2Mo	0.13 ~ 0.20	0.60	0.50 ~ 0.90	0.020	0.020	2.00 ~ 2.50	0.90 ~ 1.20	0.40	0.050	0.30	—
ZG13MoCrV	0.10 ~ 0.15	0.45	0.40 ~ 0.70	0.030	0.020	0.30 ~ 0.50	0.40 ~ 0.60	0.40	0.22 ~ 0.30	0.30	—
ZG18CrMoV	0.15 ~ 0.20	0.60	0.50 ~ 0.90	0.020	0.015	1.20 ~ 1.50	0.90 ~ 1.10	0.40	0.20 ~ 0.30	0.30	—
ZG26CrNiMo	0.23 ~ 0.28	0.80	0.60 ~ 1.00	0.030	0.025	0.40 ~ 0.80	0.15 ~ 0.30	0.40 ~ 0.80	0.03	0.30	—
ZG26Ni2CrMo	0.23 ~ 0.28	0.60	0.60 ~ 0.90	0.030	0.025	0.70 ~ 0.90	0.20 ~ 0.30	1.00 ~ 2.00	0.03	0.30	—
ZG17Ni3Cr2Mo	0.15 ~ 0.19	0.50	0.55 ~ 0.80	0.015	0.015	1.30 ~ 1.80	0.45 ~ 0.60	3.00 ~ 3.50	0.050	0.30	—
ZG012Ni3	0.06 ~ 0.12	0.60	0.50 ~ 0.80	0.020	0.015	0.30	0.20	2.00 ~ 3.00	0.050	0.30	

（续）

钢 号	C	Si	Mn	P	S	Cr	Mo	Ni	V	Cu	其 他
ZG012Ni4	0.06 ~ 0.12	0.60	0.50 ~ 0.80	0.020	0.015	0.30	0.20	3.00 ~ 4.00	0.050	0.30	—
ZG16Cr5Mo	0.12 ~ 0.19	0.80	0.50 ~ 0.80	0.025	0.025	4.00 ~ 6.00	0.45 ~ 0.65		0.05	0.30	—
ZG10Cr9MoV	0.08 ~ 0.12	0.20 ~ 0.50	0.30 ~ 0.60	0.030	0.010	8.0 ~ 9.5	0.85 ~ 1.05	0.40	0.18 ~ 0.25	—	③
ZG16Cr9Mo	0.12 ~ 0.19	1.00	0.35 ~ 0.65	0.030	0.030	8.0 ~ 10.0	0.90 ~ 1.20	0.40	0.05	0.30	—
ZG12Cr9Mo2CoNi VNbNB④	0.10 ~ 0.14	0.20 ~ 0.30	0.80 ~ 1.00	0.02	0.01	9.00 ~ 9.60	1.40 ~ 1.60	0.10 ~ 0.20	0.18 ~ 0.23	—	⑤
ZG010Cr12Ni	0.10	0.40	0.50 ~ 0.80	0.030	0.020	11.50 ~ 12.50	0.50	0.80 ~ 1.50	0.08	0.30	—
ZG23Cr12MoV	0.20 ~ 0.26	0.40	0.50 ~ 0.80	0.030	0.020	11.30 ~ 12.20	1.00 ~ 1.20	1.00	0.25 ~ 0.35	0.30	W≤0.50
ZG05Cr13Ni4	0.05	1.00	1.00	0.035	0.015	12.00 ~ 13.50	0.70	3.50 ~ 5.00	0.08	0.30	—
ZG06Cr13Ni4	0.06	1.00	1.00	0.035	0.025	12.00 ~ 13.50	0.70	3.50 ~ 5.00	0.08	0.30	—
ZG06Cr16Ni5Mo	0.06	0.80	1.00	0.035	0.025	15.00 ~ 17.00	0.70 ~ 1.50	4.00 ~ 6.00	0.08	0.30	—
ZG03Cr19Ni11N	0.03	1.50	2.00	0.035	0.030	18.00 ~ 20.00	—	9.00 ~ 12.00	—	0.50	N 0.12 ~ 0.20
ZG07Cr19Ni10	0.07	1.50	1.50	0.040	0.030	18.00 ~ 20.00	—	8.00 ~ 11.00		0.50	
ZG07Cr19Ni11Nb	0.07	1.50	1.50	0.040	0.030	18.00 ~ 20.00	—	9.00 ~ 12.00	—	0.50	Nb 8C ~ 1.0
ZG03Cr19Ni11Mo2N	0.030	1.50	2.00	0.035	0.030	18.00 ~ 20.00	2.00 ~ 2.50	9.00 ~ 12.00	—	0.50	N 0.12 ~ 0.20
ZG07Cr19Ni11Mo2	0.07	1.50	1.50	0.040	0.030	18.00 ~ 20.00	2.00 ~ 2.50	9.00 ~ 12.00		0.50	
ZG07Cr19Ni11Mo2Nb	0.07	1.50	1.50	0.040	0.030	18.00 ~ 20.00	2.00 ~ 2.50	9.00 ~ 12.00		0.50	Nb 8C ~ 1.0
ZG03Cr22Ni5Mo3N	0.03	1.00	2.00	0.035	0.025	21.00 ~ 23.00	2.50 ~ 3.50	4.50 ~ 6.50		0.50	N 0.12 ~ 0.20
ZG03Cr26Ni6Mo3 Cu3N	0.03	1.00	1.50	0.035	0.025	25.00 ~ 27.00	2.50 ~ 3.50	5.00 ~ 7.00	—	2.75 ~ 3.50	N 0.12 ~ 0.22
ZG03Cr26Ni7Mo4N⑥	0.03	1.00	1.00	0.035	0.025	25.00 ~ 27.00	3.00 ~ 5.00	6.00 ~ 8.00		1.30	N 0.12 ~ 0.22
ZG03Ni28Cr21Mo2	0.03	1.00	2.00	0.035	0.025	19.00 ~ 22.00	2.00 ~ 2.50	26.00 ~ 30.00	—	2.00	N≤0.20

① 对上限每减少0.01%的碳，允许增加0.04%的锰，最高至1.40%。

② Cr + Mo + Ni + V + Cu≤1.00。

③ Nb 0.060 ~ 0.10，N 0.030 ~ 0.070，Al≤0.02，Ti≤0.01，Zr≤0.01。

④ 应记录Cu和Sn的值。

⑤ Co 0.90 ~ 1.10，Nb 0.05 ~ 0.08，N 0.015 ~ 0.022，B 0.008 ~ 0.011，Al_t≤0.02，Ti≤0.01。

⑥ 可规定Cr + 3.3Mo + 16N≥40%。

（2）中国 GB 标准承压钢铸件的力学性能（表5-1-31）

表5-1-31　承压钢铸件的力学性能

钢　号	热处理方式[①]	室温拉伸性能			
		$R_{p0.2}$ ($R_{p1.0}$)/MPa ≥	R_m/MPa	A（%）≥	$KV_2^{③}$/J ≥
ZGR240-420	+ N[②]	240	420~600	22	27
	+ QT	240	420~600	22	40
ZGR280-480	+ N[②]	280	480~640	22	27
	+ QT	280	480~640	22	40
ZG18	+ QT	240	450~600	24	27（-40℃）
ZG20	+ N[②]	300	480~620	20	27（-30℃）
	+ QT	300	500~650	22	27（-30℃）
ZG18Mo	+ QT	240	440~590	23	27（-45℃）
ZG19Mo	+ QT	245	440~690	22	27
ZG18CrMo	+ QT	315	490~690	20	27
ZG17Cr2Mo	+ QT	400	590~740	18	40
ZG13MoCrV	+ QT	295	510~660	17	27
ZG18CrMoV	+ QT	440	590~780	15	27
ZG26CrNiMo	+ QT1	415	620~795	18	27
	+ QT2	585	725~865	17	27
ZG26Ni2CrMo	+ QT1	485	690~860	18	27
	+ QT2	690	860~1000	15	40
ZG17Ni3Cr2Mo	+ QT	600	750~900	15	27（-80℃）
ZG012Ni3	+ QT	280	480~630	24	27（-70℃）
ZG012Ni4	+ QT	360	500~650	20	27（-90℃）
ZG16Cr5Mo	+ QT	420	630~760	16	27
ZG10Cr9MoV	+ NT	415	585~760	16	27
ZG16Cr9Mo	+ QT	415	620~795	18	27
ZG12Cr9Mo2CoNiVNbNB	+ QT	500	630~750	15	30
ZG010Cr12Ni	+ QT1	355	540~690	18	45
	+ QT2	500	600~800	16	40
ZG23Cr12MoV	+ QT	540	740~880	15	27
ZG05Cr13Ni4	+ QT	500	700~900	15	50（27，-120℃）
ZG06Cr13Ni4	+ QT	550	760~960	15	50
ZG06Cr16Ni5Mo	+ QT	540	760~960	15	60
ZG03Cr19Ni11N	+ AT	(230)	440~640	30	70（-196℃）
ZG07Cr19Ni10	+ AT	(200)	440~640	30	60（-196℃）
ZG07Cr19Ni11Nb	+ AT	(200)	440~640	25	—
ZG03Cr19Ni11Mo2N	+ AT	(230)	440~640	30	70（-196℃）
ZG07Cr19Ni11Mo2	+ AT	(210)	440~640	30	60（-196℃）
ZG07Cr19Ni11Mo2Nb	+ AT	(210)	440~640	25	—
ZG03Cr22Ni5Mo3N	+ AT	420	600~800	20	40（-40℃）
ZG03Cr26Ni6Mo3Cu3N	+ AT	480	650~850	22	35（-70℃）
ZG03Cr26Ni7Mo4N	+ AT	480	650~850	22	35（-70℃）
ZG03Ni28Cr21Mo2	+ AT	(190)	430~630	30	60（-196℃）

① 热处理方式为强制性，热处理方式代号的含义：+N：正火；+QT：淬火加回火；+AT：固溶处理。

② 允许回火处理。

③ 未注明温度的冲击吸收能量为室温值。

（3）中国 GB 标准承压钢铸件的热处理（表5-1-32）

表 5-1-32 承压钢铸件的热处理

钢 号	热处理方式①	热处理温度/℃	
ZGR240-420②	+ N③	900~980 正火	—
	+ QT	900~980 淬火	600~700 回火
ZGR280-480②	+ N③	900~980 正火	—
	+ QT	900~980 淬火	600~700 回火
ZG18	+ QT	890~980 淬火	600~700 回火
ZG20②	+ N③	900~980 正火	—
	+ QT	900~980 淬火	610~660 回火
ZG18Mo	+ QT	900~980 淬火	600~700 回火
ZG19Mo	+ QT	920~980 淬火	650~730 回火
ZG18CrMo	+ QT	920~960 淬火	680~730 回火
ZG17Cr2Mo	+ QT	930~970 淬火	680~740 回火
ZG13MoCrV	+ QT	950~1000 淬火	680~720 回火
ZG18CrMoV	+ QT	920~960 淬火	680~740 回火
ZG26CrNiMo②	+ QT1	970~960 淬火	600~700 回火
	+ QT2	870~960 淬火	600~680 回火
ZG26Ni2CrMo②	+ QT1	850~920 淬火	600~650 回火
	+ QT2	850~920 淬火	600~650 回火
ZG17Ni3Cr2Mo	+ QT	890~930 淬火	600~640 回火
ZG012Ni3	+ QT	830~890 淬火	600~650 回火
ZG012Ni4	+ QT	820~900 淬火	590~640 回火
ZG16Cr5Mo	+ QT	930~990 淬火	680~730 回火
ZG10Cr9MoV	+ NT	1040~1080 正火	730~800 回火
ZG16Cr9Mo	+ QT	960~1020 淬火	680~730 回火
ZG12Cr9Mo2CoNiVNbNB④	+ QT	1040~1130 淬火	一次回火 700~750
			二次回火 700~750
ZG010Cr12Ni④	+ QT1	1000~1060 淬火	680~730 回火
	+ QT2	1000~1060 淬火	600~680 回火
ZG23Cr12MoV	+ QT	1030~1080 淬火	700~750 回火
ZG05Cr13Ni4④	+ QT	1000~1050 淬火	一次回火 670~690
			二次回火 590~620
ZG06Cr13Ni4	+ QT	1000~1050 淬火	590~620 回火
ZG06Cr16Ni5Mo	+ QT	1020~1070 淬火	580~630 回火
ZG03Cr19Ni11N	+ AT	1050~1150 固溶	—
ZG07Cr19Ni10	+ AT	1050~1150 固溶	—
ZG07Cr19Ni11Nb⑤	+ AT	1050~1150 固溶	—
ZG03Cr19Ni11Mo2N	+ AT	1080~1150 固溶	—
ZG07Cr19Ni11Mo2	+ AT	1080~1150 固溶	—
ZG07Cr19Ni11Mo2Nb⑤	+ AT	1080~1150 固溶	—
ZG03Cr22Ni5Mo3N⑥	+ AT	1120~1150 固溶	—
ZG03Cr26Ni6Mo3Cu3N⑥	+ AT	1120~1150 固溶	—
ZG03Cr26Ni7Mo4N⑥	+ AT	1140~1180 固溶	—
ZG03Ni28Cr21Mo2	+ AT	1100~1180 固溶	—

① 热处理方式为强制性,热处理方式代号的含义: + N—正火; + QT—淬火加回火; + NT—正火加回火; + AT—固溶处理。

② 应根据拉伸性能要求在钢牌号中增加热处理方式的代号。

③ 允许回火处理。

④ 铸件应进行二次回火,且第二次回火温度不得高于第一次回火。

⑤ 为提高材料的抗腐蚀能力,ZG07Cr19Ni11Nb 可在 600~650℃下进行稳定化处理,而 ZG07Cr19Ni11Mo2Nb 可在 550~600℃下进行稳定化处理。

⑥ 铸件固溶处理时可降温至 1010~1040℃后再进行快速冷却。

(4) 中国 GB 标准承压钢铸件高温下规定非比例延伸强度 (表 5-1-33)

表 5-1-33　承压钢铸件高温下规定非比例延伸强度

钢　号	热处理方式	高温下规定非比例延伸强度 R_p/MPa ≥								
		R_p	100℃	200℃	300℃	350℃	400℃	450℃	500℃	550℃
ZGR240-420	+N	0.2%	≥210	≥175	≥145	≥135	≥130	≥125	—	—
	+QT	0.2%	≥210	≥175	≥145	≥135	≥130	≥125	—	—
ZGR280-480	+N	0.2%	≥250	≥220	≥190	≥170	≥160	≥150	—	—
	+QT	0.2%	≥250	≥220	≥190	≥160	≥160	≥150	—	—
ZG19Mo	+QT	0.2%	—	≥190	≥165	≥155	≥150	≥145	≥135	—
ZG18CrMo	+QT	0.2%	—	≥250	≥230	≥215	≥200	≥190	≥175	≥160
ZG13MoCrV	+QT	0.2%	≥264	≥244	≥230	—	≥214	—	≥194	≥144
ZG18CrMoV	+QT	0.2%	—	≥385	≥365	≥350	≥335	≥320	≥300	≥260
ZG17Cr2Mo	+QT	0.2%	—	≥355	≥345	≥330	≥315	≥305	≥280	≥240
ZG16Cr5Mo	+QT	0.2%	—	≥390	≥380	—	≥370	—	≥305	≥250
ZG12Cr9Mo2CoNiVNbNB[①]	+QT	0.2%	—	—	—	—	—	—	—	≥325
ZG16Cr9Mo	+QT	0.2%	—	≥375	≥355	≥345	≥320	≥295	≥265	—
ZG23Cr12MoV	+QT	0.2%	—	≥450	≥430	≥410	≥390	≥370	≥340	≥290
ZG06Cr13Ni4	+QT	0.2%	≥515	≥485	≥455	≥440	—	—	—	—
ZG06Cr16Ni5Mo	+QT	0.2%	≥515	≥485	≥455	—	—	—	—	—
ZG03Cr19Ni11N	+AT	1%	≥165	≥130	≥110	≥100	—	—	—	—
ZG07Cr19Ni10	+AT	1%	≥160	≥125	≥110	—	—	—	—	—
ZG07Cr19Ni11Nb	+AT	1%	≥165	≥145	≥130	—	≥120	—	≥110	≥100
ZG03Cr19Ni11Mo2N	+AT	1%	≥175	≥145	≥115	—	≥105	—	—	—
ZG07Cr19Ni11Mo2	+AT	1%	≥170	≥135	≥115	—	≥105	—	—	—
ZG07Cr19Ni11Mo2Nb	+AT	1%	≥185	≥160	≥145	—	≥130	—	≥120	≥115
ZG03Cr22Ni5Mo3N[②]	+AT	0.2%	≥330	≥280	—	—	—	—	—	—
ZG03Cr26Ni6Mo3Cu3N[②]	+AT	0.2%	≥390	≥330	—	—	—	—	—	—
ZG03Cr26Ni7Mo4N[②]	+AT	0.2%	≥390	≥330	—	—	—	—	—	—
ZG03Ni28Cr21Mo2	+AT	1%	≥165	≥135	≥120	—	≥110	—	—	—

① 应在 600℃、620℃、650℃测定高温下规定非比例延伸强度 $R_{p0.2}$，允许的最小值分别为 275MPa、245MPa、200MPa。
② 奥氏体-铁素体双相钢不宜在 250℃以上使用。

（5）中国 GB 标准部分承压钢铸件的名义蠕变性能（表 5-1-34）

表 5-1-34　部分承压钢铸件的名义蠕变性能

钢　号	温度/℃	400			450			500			550		
	时间/h	10000	100000	200000	10000	100000	200000	10000	100000	200000	10000	100000	200000
ZGR240-420	σ_r	205	160	145	132	83	71	74	40	32	—	—	—
	σ_{A1}	147	110	—	88	50	—	43	20	—	—	—	—
ZGR280-480	σ_r	210	165	—	135	85	—	75	42	—	—	—	—
	σ_{A1}	148	110	—	90	52	—	45	22	—	—	—	—
ZG5mm0	σ_r	360	310	290	275	205	180	160	85	70	66	30	23
	σ_{A1}	—	—	—	185	150	130	125	65	50	41	15	10
ZG18CrMo	σ_r	420	370	356	321	244	222	187	117	96	98	55	44
	σ_{A1}	271	222	—	196	145	—	130	81	—	65	35	—
ZG17Cr2Mo	σ_r	404	324	304	282	218	200	188	136	120	106	66	52
	σ_{A1}	350	300	278	229	168	148	141	96	80	70	40	31

（续）

钢号	温度/℃	400			450			500			550		
	时间/h	10000	100000	200000	10000	100000	200000	10000	100000	200000	10000	100000	200000
ZG13MoCrV	σ_r	—	—	—	365	277	—	208	140	—	135	75	—
ZG18CrMoV	σ_r	463	419	395	340	275	254	229	171	157	151	96	83
	σ_{Al}	427	385	356	305	243	218	196	133	110	120	70	49
ZG16Cr5Mo	σ_r	—	—	—	228[①]	165[①]	—	168	106	—	93	58	—
ZG5mm3Cr12MoV	σ_r	504	426	394	383	309	279	269	207	187	167	118	103
	σ_{Al}				305	259	239	219	172	153	131	91	77
ZG07Cr19Ni10	σ_r	—	—	—	—	—	—	—	—	—	147	124	
ZG07Cr19Ni11Nb	σ_r										246	192	
ZG05Cr19Ni11Mo2	σ_r										194	160	

注：σ_r 为材料失效应力（MPa）；σ_{Al} 为材料伸长率为 1% 时的蠕变极限（MPa）。

① 温度为 470℃。

5.1.15　铸钢轧辊［GB/T 1503—2008］

（1）中国 GB 标准铸钢轧辊的钢号分类与化学成分（表 5-1-35）

表 5-1-35　铸钢轧辊的钢号分类与化学成分（质量分数）（%）

材质类别	材质代码	C	Si	Mn	P≤	S≤	Cr	Ni	Mo	其　他
合金钢	AS40	0.35~0.45	0.20~0.60	0.60~1.20	0.035	0.030	2.00~3.50	0.00~0.80	0.30~0.70	V 0.05~0.15
	AS50	0.45~0.55	0.20~0.60	0.60~1.20	0.035	0.030	1.00~3.00	0.30~1.00	0.30~0.70	V 0.05~0.15
	AS60	0.55~0.65	0.20~0.45	0.90~1.20	0.035	0.030	0.80~1.20	—	0.20~0.45	—
	AS60 I	0.55~0.65	0.20~0.60	0.50~1.00	0.035	0.030	0.80~1.20	0.20~1.50	0.20~0.60	—
	AS65	0.60-0.70	0.02~0.06	0.70~1.20	0.035	0.030	0.80~1.20	—	0.20~0.45	Nb 0.06~0.10
	AS65 I	0.60~0.70	0.02~0.06	0.50~0.80	0.035	0.030	0.80~1.20	0.20~0.60	0.20	—
	AS70	0.65~0.75	0.20~0.45	0.90~1.20	0.035	0.030			—	—
	AS70 I	0.65~0.75	0.20~0.45	1.40~1.80	0.035	0.030			—	—
	AS70 II	0.65~0.75	0.20~0.45	1.40~1.80	0 035	0.030			0.20~0.45	—
	AS75	0.70~0.80	0.20~0.45	0.60~0.90	0.035	0.030	0.75~1.00		0.20~0.45	—
	AS75 I	0.70~0.80	0.20~0.70	0.70~1.10	0.035	0.030	0.80~1.50	≥0.20	0.20~0.60	—
半钢	AD140	1.30~1.50	0.30~0.60	0.70~1.40	0.035	0.030	0.80~1.60	—	0.20~0.60	—
	AD140 I	1.30~1.50	0.30~0.60	0.70~1.10	0.035	0.030	0.80~1.20	0.50~1.20	0.20~0.60	—
	AD160	1.50~1.70	0.30~0.60	0.70~1.20	0.035	0.030	0.80~1.20	—	0.20~0.60	—
	AD160 I	1.50~1.70	0.30~0.60	0.80~1.30	0.035	0.030	0.80~2.00	≥0.20	0.20~0.60	—
	AD180	1.70~1.90	0.30~0.80	0.60~1.10	0.035	0.030	0.80~1.50	0.50~2.00	0.20~0.60	—
	AD190	1.80~2.00	0.30~0.80	0.60~1.20	0.035	0.030	1.50~3.50	1.00~2.00	0.20~0.60	—
	AD200	1.90~2.10	0.30~0.80	0.80~1.20	0.035	0.030	0.60~2.00	0.60~2.50	0.20~0.80	—
石墨钢	GS140	1.30~1.50	1.30~1.60	0.50~1.00	0.035	0.030	0.40~1.00	—	0.20~0.50	—
	GS150	1.40~1.60	1.00~1.70	0.60~1.00	0.035	0.030	0.20~1.00	0.20~1.00	0.20~0.50	—
	GS160	1.50~1.70	0.80~1.50	0.60~1.00	0.035	0.030	0.50~1.50	0.20~1.00	0.20~0.80	—
	GS180	1.80~2.00	0.80~1.50	0.60~1.00	0.035	0.030	0.50~2.00	0.60~2.20	0.20~0.80	—
高铬钢	HCrS	1.00~1.80	0.40~1.00	0.50~1.00	0.030	0.025	8.00~15.00	0.50~1.50	1.50~4.50	—
高速钢	HSS	1.50~2.20	0.30~1.00	0.40~1.20	0.030	0.025	3.00~8.00	0.00~1.50	2.00~8.00	W 0.00~8.00 V 2.00~9.00
半高速钢	S-HSS	0.60~1.20	0.80~1.50	0.50~1.00	0.030	0.025	3.00~9.00	0.20~1.20	2.00~5.00	W 0.00~3.00 V 0.40~3.00

（2）中国 GB 标准铸钢轧辊的力学性能、表面硬度与用途（表 5-1-36）

表 5-1-36 铸钢轧辊的力学性能、表面硬度与用途

材质类别	材质代码	R_m/MPa ≥	表面硬度 HSD		推荐用途
			辊身	辊颈	
合金钢	AS40	—	45～55 55～65	≤45	热轧带钢支承辊、粗轧辊、板钢粗轧辊、带钢冷轧及平整支承辊
	AS50	—	60～70	≤45	
	AS60	650	35～45 40～50	≤45	型钢、棒线材粗轧机；轨梁、型钢万能开坯机；中板粗轧辊；带钢支承辊、立辊；热轧带钢破磷辊、粗轧辊
	AS60 I	—	35～45	≤45	
	AS65	—	35～45	≤45	型钢、棒线材粗轧机；轨梁、型钢万能开坯机；热轧带钢破磷辊、粗轧辊；中板粗轧辊；带钢支承辊、立辊
	AS65 I	650	35～45	≤45	
	AS70	600	32～42	≤42	中小型型钢、棒线材粗轧机
	AS70 I	600	35～45	≤45	
	AS70 II	680	35～45	≤45	
	AS75	680	35～45 40～50	≤45	方/板坯初轧机；大中型型钢、轨梁、型钢万能开坯机；热轧带钢破磷辊、粗轧辊
	AS75 I	700	35～45 40～50	≤45	
半钢	AD140	590	38～48 45～55	≤48	中小型型钢、棒线材粗轧机、中轧机架；无缝钢管粗轧机；带钢支承辊、立辊
	AD140I	590	35～45 40～50	≤45	
	AD160	490	40～50	≤50	中小型型钢、棒线材粗轧机、中轧机架；带钢支承辊、立辊；无缝钢管粗轧机
	AD160 I	490	40～50 50～60	≤50	
	AD180	—	45～55 50～60	≤50	型钢、棒线材粗轧机；大中型型钢、轨梁、钢坯轧机；型钢万能轧机；热轧板带钢粗轧辊、支承辊、立辊
	AD190	—	55～65	≤50	
	AD200	—	50～60 55～65	≤50	
石墨钢	GS140	540	36～46	≤46	型钢、棒线材粗轧机；钢坯轧机；热轧板带钢粗轧辊、立辊；型钢万能轧机
	GS150	500	40～50	≤50	
	GS160	—	45～55	≤50	型钢、棒线材粗轧机；型钢万能轧机；钢坯轧机；热轧板带钢粗轧辊、立辊
	GS180	—	50～60 55～65	≤50	
高铬钢	HCrS	—	70～85	35～46	热轧带钢粗轧辊、立辊；型钢万能轧机
高速钢	HSS	—	75～95	30～45	热轧带钢、棒材精轧辊；型钢万能轧机；高速线材预精轧
半高速钢	S-HSS	—	75～85 80～98	30～45	热轧带钢粗轧工作辊、冷轧带钢工作辊、中间辊

注：表中的表面硬度系肖氏硬度值，列出两组硬度值，可根据用途选择。

5.2　国际标准化组织（ISO）

A. 通用铸钢

5.2.1　一般工程用铸钢［ISO 3755（1991）］

（1）ISO 标准一般工程用铸钢的钢号与化学成分（表5-2-1a 和表5-2-1b）

表 5-2-1a　一般工程用铸钢的钢号与化学成分（质量分数）（%）

钢　号	C	Si	Mn	P≤	S≤	其　他
200-400	—	—	—	0.035	0.035	—
200-400W	≤0.25	≤0.60	≤1.00	0.035	0.035	Cu≤0.40，V≤0.05
230-450	—	—	—	0.035	0.035	—
230-450W	≤0.25	≤0.60	≤1.20	0.035	0.035	Cu≤0.40，V≤0.05
270-480	—	—	—	0.035	0.035	—
270-480W	≤0.25	≤0.60	≤1.20	0.035	0.035	Cu≤0.40，V≤0.05
340-550	—	—	—	0.035	0.035	—
340-550W	≤0.25	≤0.60	≤1.50	0.035	0.035	Cu≤0.40，V≤0.05

注：钢号无后缀字母 W 者，为不保证焊接性能的铸钢，其化学成分除 P、S 外由生产厂家决定。

（2）ISO 标准一般工程用铸钢的残余元素含量（表5-2-1b）

表 5-2-1b　一般工程用铸钢的残余元素含量（质量分数）（%）

钢号	Cr	Ni	Mo	Cu	V	残余元素总量
	≤					
200-400W	0.35	0.40	0.15	0.40	0.05	1.00
230-450W	0.35	0.40	0.15	0.40	0.05	1.00
270-480W	0.35	0.40	0.15	0.40	0.05	1.00
340-450W	0.35	0.40	0.15	0.40	0.05	1.00

（3）ISO 标准一般工程用铸钢的室温力学性能（表5-2-2）

表 5-2-2　一般工程用铸钢的室温力学性能

钢　号	试块截面厚度/mm	R_m/MPa	R_{eL}/MPa	A(%)	Z(%)	KV/J
				≥		
200-400	28	400~550	200	25	40	30
200-400W	28	400~550	200	25	40	45
230-450	28	450~600	230	22	31	25
230-450W	28	450~600	230	22	31	45
270-480	28	480~630	270	18	25	22
	28~40	500~650	260	—	—	—
270-480W	28	480~630	270	18	25	22
	28~40	500~650	260	—	—	—
340-450	28	550~700	340	15	21	20
	28~40	570~720	300	—	—	—
340-450W	28	550~700	340	15	21	20
	28~40	570~720	300	—	—	—

注：室温范围为 23℃±5℃。

5.2.2　一般用途非合金和低合金铸钢

（1）ISO 标准一般用途非合金和低合金铸钢的钢号与化学成分［ISO 14737（2015）］（表5-2-3）

表5-2-3　一般用途非合金和低合金铸钢的钢号与化学成分（质量分数）（%）

钢号	No.	C	Si	Mn	P≤	S≤	Cr	Mo	Ni	V	其　他
GE 200	1.0420	—	—	—	0.035	0.030	≤0.30	≤0.12	≤0.40	≤0.03	Cu≤0.30
GS 200	1.0449	≤0.18	≤0.60	≤1.20	0.030	0.025	≤0.30	≤0.12	≤0.40	≤0.03	Cu≤0.30
GE 240	1.0446	—	—	—	0.035	0.030	≤0.30	≤0.12	≤0.40	≤0.03	Cu≤0.30
GS 240	1.0455	≤0.22	≤0.60	≤1.20	0.030	0.025	≤0.30	≤0.12	≤0.40	≤0.03	Cu≤0.30
GS 270	1.0454	≤0.24	≤0.60	≤1.30	0.030	0.025	≤0.30	≤0.12	≤0.40	≤0.03	Cu≤0.30
GS 340	1.0467	≤0.30	≤0.60	≤1.50	0.030	0.025	≤0.30[1]	≤0.12[1]	≤0.40[1]	≤0.03[1]	Cu≤0.30[1]
G28Mn6	1.1165	0.25~0.32	≤0.60	1.20~1.80	0.035	0.030	≤0.30	≤0.15	≤0.40	≤0.05	Cu≤0.30
G28MnMo6	1.5433	0.25~0.32	≤0.60	1.20~1.60	0.025	0.025	≤0.30	0.20~0.40	≤0.40	≤0.05	Cu≤0.30
G20Mo5	1.5419	0.15~0.23	≤0.60	0.50~1.00	0.025	0.020	≤0.30	0.40~0.60	≤0.40	≤0.05	Cu≤0.30
G10MnMoV6-3	1.5410	≤0.12	≤0.60	1.20~1.80	0.025	0.020	≤0.30	0.20~0.40	≤0.40	0.50~0.10	Cu≤0.30
G20NiCrMo2-2	1.6741	0.18~0.23	≤0.60	0.60~1.00	0.035	0.030	0.40~0.60	0.15~0.25	0.40~0.70	≤0.05	Cu≤0.30
G25NiCrMo2-2	1.6744	0.23~0.28	≤0.60	0.60~1.00	0.035	0.030	0.40~0.60	0.15~0.25	0.40~0.70	≤0.05	Cu≤0.30
G30NiCrMo2-2	1.6778	0.28~0.33	≤0.60	0.60~1.00	0.035	0.030	0.40~0.60	0.15~0.25	0.40~0.70	≤0.05	Cu≤0.30
G17CrMo5-5	1.7357	0.15~0.20	≤0.60	0.50~1.00	0.025	0.020[2]	1.00~1.50	0.45~0.65	≤0.40	≤0.05	Cu≤0.30
G17CrMo9-10	1.7379	0.13~0.20	≤0.60	0.50~0.90	0.025	0.020[2]	2.00~2.50	0.90~1.20	≤0.40	≤0.05	Cu≤0.30
G26CrMo4	1.7221	0.22~0.29	≤0.60	0.50~0.80	0.025	0.020[2]	0.80~1.20	0.15~0.25	≤0.40	≤0.05	Cu≤0.30
G34CrMo4	1.7230	0.30~0.37	≤0.60	0.50~0.80	0.025	0.020[2]	0.80~1.20	0.15~0.25	≤0.40	≤0.05	Cu≤0.30
G42CrMo4	1.7231	0.38~0.45	≤0.60	0.60~1.00	0.025	0.020[2]	0.80~1.20	0.15~0.25	≤0.40	≤0.05	Cu≤0.30
G30CrMoV6-4	1.7725	0.27~0.34	≤0.60	0.60~1.00	0.025	0.020[2]	1.30~1.70	0.30~0.50	≤0.40	0.05~0.15	Cu≤0.30
G35CrNiMo6-6	1.6579	0.32~0.38	≤0.60	0.60~1.00	0.025	0.020[2]	1.40~1.70	0.15~0.35	1.40~1.70	≤0.05	Cu≤0.30
G30NiCrMo7-3	1.6572	0.28~0.33	≤0.60	0.60~0.90	0.035	0.030	0.70~0.90	0.20~0.30	1.65~2.00	≤0.05	Cu≤0.30
G40NiCrMo7-3	1.6573	0.38~0.43	≤0.60	0.60~0.90	0.035	0.030	0.70~0.90	0.20~0.30	1.65~2.00	≤0.05	Cu≤0.30
G32NiCrMo8-5-4	1.6570	0.28~0.35	≤0.60	0.60~1.00	0.020	0.015	1.00~1.40	0.30~0.50	1.60~2.10	≤0.05	Cu≤0.30

① 残余元素总量 $w(Cr+Mo+Ni+V+Cu) \leqslant 1.00\%$。

② 当铸件的主要厚度≤28mm时，允许硫含量 $w(S) \leqslant 0.030\%$。

（2）ISO标准一般用途非合金和低合金铸钢的力学性能（表5-2-4）

表5-2-4　一般用途非合金和低合金铸钢的力学性能

钢　号	No.	代号[1]（后缀）	正火或奥氏体化温度/℃	回火温度/℃	铸件壁厚 t/mm	$R_{p0.2}$/MPa	R_m/MPa	A(%)	KV/J
			热　处　理			力 学 性 能 ≥			
GE 200	1.0420	+N	900~980	—	≤300	200	380~530	25	27
GS 200	1.0449	+N	900~980	—	≤100	200	380~530	25	35
GE 240	1.0446	+N	900~980	—	≤300	240	450~600	22	27
GS 240	1.0455	+N	880~980	—	≤100	240	450~600	22	31
GS 270	1.0454	+N	880~960	—	≤100	270	480~630	18	27
GS 340	1.0467	+N	880~960	—	≤100	340	550~700	15	20
G28Mn6	1.1165	+N	880~950	—	≤250	260	520~670	18	27
G28Mn6	1.1165	+QT1	880~950	630~680	≤100	450	600~750	14	35
G28Mn6	1.1165	+QT2	880~950	580~630	≤50	550	700~850	10	31
G28MnMo6	1.5433	+QT1	880~950	630~680	≤50	500	700~850	12	35
G28MnMo6	1.5433	+QT1	880~950	630~680	≤100	480	670~830	10	31
G28MnMo6	1.5433	+QT2	880~950	580~630	≤100	590	850~1000	8	27

（续）

钢号和代号		热 处 理			铸件壁厚	力 学 性 能			
钢 号	No.	代号①（后缀）	正火或奥氏体化温度/℃	回火温度/℃	t/mm	$R_{p0.2}$/MPa	R_m/MPa	A(%)	KV/J
						≥			
G20Mo5	1.5419	+ QT	920 ~ 980	650 ~ 730	≤100	245	440 ~ 590	22	27
G10MnMoV6-3	1.5410	+ QT1	950 ~ 980	640 ~ 660	≤50	380	500 ~ 650	22	60
					50 ~ 100	350	480 ~ 630	20	60
					100 ~ 150	330	480 ~ 630	18	60
					150 ~ 250	330	450 ~ 600	18	60
		+ QT2	950 ~ 980	640 ~ 660	≤50	500	600 ~ 750	18	60
					> 50 ~ ≤100	400	550 ~ 700	18	60
					> 100 ~ ≤150	380	500 ~ 650	18	60
					> 150 ~ ≤250	350	460 ~ 610	18	60
		+ QT3	950 ~ 980	740 ~ 760	≤100	400	520 ~ 620	22	27
				600 ~ 650	≤100	400	520 ~ 620	22	60
G20NiCrMo2-2	1.6741	+ NT	900 ~ 980	610 ~ 660	≤100	200	550 ~ 700	18	10
		+ QT1	900 ~ 980	600 ~ 650	≤100	430	700 ~ 850	15	25
		+ QT2		500 ~ 550	≤100	540	820 ~ 970	12	25
G25NiCrMo2-2	1.6744	+ NT	900 ~ 980	580 ~ 630	≤100	240	600 ~ 750	18	10
		+ QT1	900 ~ 980	500 ~ 650	≤100	500	750 ~ 900	15	25
		+ QT2		550 ~ 600	≤100	600	850 ~ 1000	12	25
G30NiCrMo2-2	1.6778	+ NT	900 ~ 980	600 ~ 650	≤100	270	630 ~ 780	18	10
		+ QT1	900 ~ 980	600 ~ 650	≤100	540	820 ~ 970	14	25
		+ QT2		550 ~ 600	≤100	630	900 ~ 1050	11	25
G17CrMo5-5	1.7357	+ QT	920 ~ 960	680 ~ 730	≤100	315	490 ~ 690	20	27
G17CrMo9-10	1.7379	+ QT	930 ~ 970	680 ~ 740	≤100	400	590 ~ 740	18	40
G26CrMo4	1.7221	+ QT1	880 ~ 950	600 ~ 650	≤100	450	600 ~ 750	16	40
					> 100 ~ ≤250	300	550 ~ 700	14	27
		+ QT2	880 ~ 950	550 ~ 600	≤100	550	700 ~ 850	10	18
G34CrMo4	1.7230	+ NT	880 ~ 950	600 ~ 650	≤100	270	630 ~ 780	16	10
		+ QT1	880 ~ 950	600 ~ 650	≤100	540	700 ~ 850	12	35
					> 100 ~ ≤150	480	620 ~ 770	10	27
					> 150 ~ ≤250	330	620 ~ 770	10	16
		+ QT2	880 ~ 950	550 ~ 600	≤100	650	830 ~ 980	10	27
G42CrMo4	1.7231	+ NT	900 ~ 980	630 ~ 680	≤100	300	700 ~ 850	15	10
		+ QT1	880 ~ 950	600 ~ 650	≤100	600	800 ~ 950	12	31
					> 100 ~ ≤150	550	700 ~ 850	10	27
					> 150 ~ ≤250	350	650 ~ 800	10	16
		+ QT2	880 ~ 950	550 ~ 600	≤100	700	850 ~ 1000	10	27
G30CrMoV6-4	1.7725	+ QT1	880 ~ 950	600 ~ 650	≤100	700	850 ~ 1000	14	45
					> 100 ~ ≤150	550	750 ~ 900	12	27
					> 150 ~ ≤250	350	650 ~ 800	12	20
		+ QT2	880 ~ 950	530 ~ 600	≤100	750	900 ~ 1100	12	31

（续）

钢号和代号		热 处 理			铸件壁厚	力 学 性 能			
钢 号	No.	代号[1]（后缀）	正火或奥氏体化温度/℃	回火温度/℃	t/mm	$R_{p0.2}$/MPa	R_m/MPa	A(%)	KV/J
						≥			
G35CrNiMo6-6	1.6579	+N	860~920	600~650	≤150	550	800~950	12	31
					>150~≤250	500	750~900	12	31
		+QT1	860~920	600~650	≤100	700	850~1000	12	45
					>100~≤150	650	800~950	12	35
					>150~≤250	650	800~950	12	30
		+QT2	860~920	510~560	≤100	800	900~1050	10	35
G30NiCrMo7-3	1.6572	+N	900~980	630~680	≤100	550	760~900	12	10
		+QT1	900~980	630~680	≤100	690	930~1100	10	25
		+QT2		580~630	≤100	795	1030~1200	8	25
G40NiCrMo7-3	1.6573	+N	900~980	630~680	≤100	585	860~1100	10	10
		+QT1	900~980	630~680	≤100	760	1000~1140	8	25
		+QT2		580~630	≤100	795	1030~1200	8	25
G32NiCrMo-8-5-4	1.6570	+QT1	880~920	600~650	≤100	700	850~1000	16	50
					>100~≤250	650	820~970	14	35
		+QT2	880~920	500~550	≤100	950	1050~1200	10	35

① 热处理代号：+N—正火；+QT—淬火回火；+QT1、+QT2 表示同一温度淬火后不同温度回火。必要时可在牌号后添加热处理代号。

5.2.3 不锈耐蚀铸钢

（1）ISO 标准不锈耐蚀铸钢的钢号与化学成分［ISO 11972（2015）］（表 5-2-5）

表 5-2-5 不锈耐蚀铸钢的钢号与化学成分（质量分数）（%）

钢号和代号		C	Si	Mn	P≤	S≤	Cr	Mo	Ni	其 他
钢 号	No.									
GX12Cr12	1.4011	≤0.15	≤1.0	≤1.0	0.035	0.025	11.5~13.5	≤0.5	≤1.0	—
GX7CrNiMo12-1	1.4008	≤0.10	≤1.0	≤1.0	0.035	0.025	12.0~13.5	0.2~0.5	1.0~2.0	—
GX4CrNi13-4（QT1）GX4CrNi13-4（QT2）	1.4317	≤0.06	≤1.0	≤1.0	0.035	0.025	12.0~13.5	≤0.7	3.5~5.0	—
GX4CrNiMo16-5-1	1.4405	≤0.06	≤0.8	≤1.0	0.035	0.025	15.0~17.0	0.7~1.5	4.0~6.0	—
GX2CrNi19-11	1.4309	≤0.03	≤1.5	≤2.0	0.035	0.025	18.0~20.0	—	9.0~12.0	N≤0.20
GX2CrNiN19-11	1.4487	≤0.03	≤1.5	≤1.5	0.040	0.030	18.0~20.0	—	9.0~12.0	N 0.10~0.20
GX5CrNi19-10	1.4308	≤0.07	≤1.5	≤1.5	0.040	0.030	18.0~20.0	—	8.0~11.0	—
GX5CrNiMo19-11	1.4552	≤0.07	≤1.5	≤1.5	0.040	0.030	18.0~20.0	—	9.0~12.0	Nb 8C~1.00
GX2CrNiMo19-11-2	1.4409	≤0.03	≤1.5	≤2.0	0.035	0.025	18.0~20.0	2.0~2.5	9.0~12.0	N≤0.20
GX2CrNiMoN19-11-2	1.4490	≤0.03	≤1.5	≤2.0	0.035	0.030	18.0~20.0	3.0~3.5	9.0~12.0	N 0.12~0.20
GX4CrNiMoN26-5-2	1.4474	≤0.05	≤1.0	≤2.0	0.035	0.025	25.0~27.0	1.3~2.0	4.5~6.5	N 0.12~0.20
GX5CrNiMo19-11-2	1.4408	≤0.07	≤1.5	≤1.5	0.040	0.030	18.0~20.0	2.0~2.5	9.0~12.0	—
GX5CrNiMoNb19-11-2	1.4581	≤0.07	≤1.5	≤1.5	0.040	0.030	18.0~20.0	2.0~2.5	9.0~12.0	Nb 8C~1.00
GX2CrNiMo19-11-3	1.4518	≤0.03	≤1.5	≤1.5	0.040	0.030	18.0~20.0	3.0~3.5	9.0~12.0	—
GX2CrNiMoN19-11-3	1.4508	≤0.03	≤1.5	≤1.5	0.040	0.030	18.0~20.0	3.0~3.5	9.0~12.0	N 0.12~0.20
GX2CrNiMoN22-5-3	1.4470	≤0.03	≤1.0	≤2.0	0.035	0.025	21.0~23.0	2.5~3.5	4.5~6.5	N 0.12~0.20
GX2CrNiMoN25-7-3	1.4417	≤0.03	≤1.0	≤1.5	0.030	0.020	24.0~26.0	3.0~4.0	6.5~8.5	W≤1.0，Cu≤1.0 N 0.15~0.25

（续）

钢号和代号		C	Si	Mn	P≤	S≤	Cr	Mo	Ni	其 他
钢 号	No.									
GX2CrNiMoN26-7-4	1.4469	≤0.03	≤1.0	≤1.0	0.035	0.025	25.0~27.0	3.0~5.0	6.0~8.0	Cu≤1.3 N 0.12~0.20
GX5CrNiMoN19-11-3	1.4412	≤0.07	≤1.5	≤1.5	0.040	0.030	18.0~20.0	3.0~3.5	10.0~13.0	—
GX2NiCrMoCuN25-20-6	1.4588	≤0.02	≤1.0	≤2.0	0.035	0.020	19.0~21.0	6.0~7.0	24.0~26.0	Cu 0.5~1.5 N 0.10~0.25
GX2CrNiMoCuN20-18-6	1.4557	≤0.02	≤1.0	≤1.2	0.030	0.010	19.5~20.5	6.0~7.0	17.5~19.5	Cu 0.5~1.0 N 0.18~0.24
GX2CrNiMoCuN25-6-3-3	1.4517	≤0.03	≤1.0	≤1.5	0.035	0.025	24.5~26.5	2.5~3.5	5.0~7.0	Cu 2.75~3.50 N 0.12~0.22
GX3CrNiMoCuN26-6-3	1.4515	≤0.03	≤1.0	≤2.0	0.030	0.020	24.5~26.5	2.5~3.5	5.5~7.0	Cu 0.8~1.3 N 0.12~0.25
GX2CrNiMoN25-6-3	1.4468	≤0.03	≤1.0	≤2.0	0.035	0.025	24.5~26.5	2.5~3.5	5.5~7.0	N 0.12~0.25

（2）ISO 标准不锈耐蚀铸钢的室温力学性能（表5-2-6）

表5-2-6 不锈耐蚀铸钢的室温力学性能

钢号和代号		$R_{p0.2}$/MPa	R_m/MPa	A(%)	KV/J	铸件最大厚度
钢 号	No.	≥				/mm
GX12Cr12	1.4011	450	620	15	20	150
GX7CrNiMo12-1	1.4008	440	590	15	27	300
GX4CrNi13-4（QT1）	1.4317	550	750	15	50	300
GX4CrNi13-4（QT2）		830	900	12	35	300
GX4CrNiMo16-5-1	1.4405	540	760	15	60	300
GX2CrNi19-11	1.4309	185	440	30	80	150
GX2CrNiN19-11	1.4487	230	510	30	80	150
GX5CrNi19-10	1.4308	175	440	30	60	150
GX5CrNiNb19-11	1.4552	175	440	25	40	150
GX2CrNiMo19-11-2	1.4409	195	440	30	80	150
GX2CrNiMoN19-11-2	1.4490	230	510	30	80	150
GX4CrNiMoN26-5-2	1.4474	420	600	20	30	150
GX5CrNiMo19-11-2	1.4408	185	440	30	60	150
GX5CrNiMoNb19-11-2	1.4581	185	440	25	40	150
GX2CrNiMo19-11-3	1.4518	180	430	30	80	150
GX2CrNiMoN19-11-3	1.4508	230	510	30	80	150
GX2CrNiMoN22-5-3	1.4470	420	600	20	30	150
GX2CrNiMoN25-7-3	1.4417	480	650	22	50	150
GX2CrNiMoN26-7-4	1.4469	480	650	22	50	150
GX5CrNiMo19-11-3	1.4412	205	440	30	60	150
GX2NiCrMoCuN25-20-6	1.4588	210	480	30	60	50
GX2CrNiMoCuN20-18-6	1.4557	260	300	35	50	50
GX2CrNiMoCuN26-5-3-3	1.4517	480	650	22	50	150
GX3CrNiMoCuN26-6-3	1.4515	480	650	22	60	200
GX2CrNiMoN25-6-3	1.4468	480	650	22	50	150

（3）ISO 标准不锈耐蚀铸钢热处理（表 5-2-7）

表 5-2-7   不锈耐蚀铸钢的热处理

钢号和代号		热 处 理 工 艺[①]
钢　号	No.	
GX12CrNi12	1.4011	加热到 950~1050℃，保温，空冷，并在 650~750℃ 回火，空冷
GX7CrNiMo12-1	1.4008	加热到 1000~1050℃，保温，空冷，并在 620~720℃ 回火，空冷或炉冷
GX4CrNi13-4（QT1）	1.4317	加热到 1000~1050℃，保温，空冷，并在 570~620℃ 回火，空冷或炉冷
GX4CrNi13-4（QT2）	1.4317	加热到 1000~1050℃，保温，空冷，并在 500~530℃ 回火，空冷或炉冷
GX4CrNiMo16-5-1	1.4405	加热到 1020~1070℃，保温，空冷，并在 580~630℃ 回火，空冷或炉冷
GX2CrNi19-11	1.4309	固溶处理，加热到 1050~1150℃，保温，水淬或其他快冷[②]
GX2CrNiN19-11	1.4487	固溶处理，加热到 ≥1050℃，保温，水淬或其他快冷[②]
GX5CrNi19-9	1.4308	固溶处理，加热到 1050~1150℃，保温，水淬或其他快冷[②]
GX5CrNiNb19-10	1.4552	固溶处理，加热到 1050~1150℃，保温，水淬或其他快冷[②]
GX2CrNiMo19-11-2	1.4409	固溶处理，加热到 1050~1150℃，保温，水淬或其他快冷[②]
GX2CrNiMoN19-11-2	1.4490	固溶处理，加热到 ≥1080℃，保温，水淬或其他快冷[②]
GX4CrNiMoN26-5-2	1.4474	加热到 1120~1180℃，保温，水淬，再高温回火；形状复杂的铸件为防止开裂，可冷至 1040~1010℃ 水淬
GX5CrNiMo19-11-2	1.4408	固溶处理，加热到 1080~1150℃，保温，水淬或其他快冷[②]
GX6CrNiMoNb19-11-2	1.4581	固溶处理，加热到 1080~1150℃，保温，水淬或其他快冷[②]
GX2CrNiMo19-11-3	1.4518	固溶处理，加热到 ≥1120℃，保温，水淬或其他快冷[②]
GX2CrNiMoN19-11-3	1.4508	固溶处理，加热到 ≥1120℃，保温，水淬或其他快冷[②]
GX2CrNiMoN22-5-3	1.4470	加热到 1120~1150℃，保温，水淬，再高温回火；形状复杂的铸件为防止开裂，可冷至 1040~1010℃ 水淬
GX2CrNiMoN25-7-3	1.4417	加热到 1120~1150℃，保温，水淬，再高温回火；形状复杂的铸件为防止开裂，可冷至 1040~1010℃ 水淬
GX2CrNiMoN26-7-4	1.4469	加热到 1120~1150℃，保温，水淬，再高温回火；形状复杂的铸件为防止开裂，可冷至 1040~1010℃ 水淬
GX5CrNiMo19-11-3	1.4412	固溶处理，加热到 1120~1150℃，保温，水淬或其他快冷[②]
GX2CrNiMoCuN25-20-6	1.4588	固溶处理，加热到 1200~1400℃，保温 4h，水淬
GX2CrNiMoCuN20-18-6	1.4557	固溶处理，加热到 1200~1400℃，保温 4h，水淬
GX2CrNiMoCuN-26-5-3-3	1.4517	加热到 1120~1150℃，保温，水淬，再高温回火；形状复杂的铸件为防止开裂，可冷至 1040~1010℃ 水淬
GX3CrNiMoCuN26-6-3	1.4515	加热到 1120~1150℃，保温，水淬，再高温回火；形状复杂的铸件为防止开裂，可冷至 1040~1010℃ 水淬
GX2CrNiMoN25-6-3	1.4468	加热到 1120~1150℃，保温，水淬，再高温回火；形状复杂的铸件为防止开裂，可冷至 1040~1010℃ 水淬

① 保温需要足够时间。
② 根据铸件厚度，选用水淬或其他快冷方式。

5.2.4   耐热铸钢和铸造合金

（1）ISO 标准耐热铸钢和铸造合金的牌号与化学成分［ISO 11973（2015）］（表 5-2-8）

表 5-2-8　耐热铸钢和铸造合金的牌号与化学成分（质量分数）（%）

牌号和代号		C	Si	Mn	P≤	S≤	Cr	Mo	Ni	其　他
牌　号	No.									
GX30CrSi7	1.4710	0.20 ~ 0.35	1.0 ~ 2.5	0.5 ~ 1.0	0.040	0.040	6.0 ~ 8.0	≤0.15	≤0.5	—
GX40CrSi13	1.4720	0.30 ~ 0.50	1.0 ~ 2.5	≤1.0	0.040	0.030	12.0 ~ 14.0	≤0.15	≤0.5	—
GX40CrSi17	1.4740	0.30 ~ 0.50	1.0 ~ 2.5	≤1.0	0.040	0.030	16.0 ~ 19.0	≤0.5	≤1.0	—
GX40CrSi24	1.4745	0.30 ~ 0.50	1.0 ~ 2.5	≤1.0	0.040	0.030	23.0 ~ 26.0	≤0.5	≤1.0	—
GX40CrSi28	1.4776	0.30 ~ 0.50	1.0 ~ 2.5	≤1.0	0.040	0.030	27.0 ~ 30.0	≤0.5	≤1.0	—
GX130CrSi29	1.4777	1.20 ~ 1.40	1.0 ~ 2.5	0.5 ~ 1.0	0.035	0.030	27.0 ~ 30.0	≤0.5	≤1.0	—
GX25CrNiSi18-9	1.4825	0.15 ~ 0.35	0.5 ~ 2.5	≤2.0	0.040	0.030	17.0 ~ 19.0	≤0.5	8.0 ~ 10.0	—
GX25CrNiSi20-14	1.4832	0.15 ~ 0.35	0.5 ~ 2.5	≤2.0	0.040	0.030	19.0 ~ 21.0	≤0.5	13.0 ~ 15.0	—
GX40CrNiSi22-10	1.4826	0.30 ~ 0.50	1.0 ~ 2.5	≤2.0	0.040	0.030	21.0 ~ 23.0	≤0.5	9.0 ~ 11.0	—
GX40CrNiSiNb24-24	1.4855	0.25 ~ 0.50	1.0 ~ 2.5	≤2.0	0.040	0.030	23.0 ~ 25.0	≤0.5	23.0 ~ 25.0	Nb 0.8 ~ 1.8
GX40CrNiSi25-12	1.4837	0.30 ~ 0.50	1.0 ~ 2.5	0.5 ~ 2.0	0.040	0.030	24.0 ~ 27.0	≤0.5	11.0 ~ 14.0	—
GX40CrNiSi25-20	1.4848	0.30 ~ 0.50	1.0 ~ 2.5	≤2.0	0.040	0.030	24.0 ~ 27.0	≤0.5	19.0 ~ 22.0	—
GX40CrNiSi27-4	1.4823	0.30 ~ 0.50	1.0 ~ 2.5	≤1.5	0.040	0.030	25.0 ~ 28.0	≤0.5	3.0 ~ 6.0	—
GX40NiCrCo20-20-20	1.4874	0.35 ~ 0.65	≤1.0	≤2.0	0.040	0.030	19.0 ~ 22.0	2.5 ~ 3.0	18.0 ~ 22.0	Co 18.0 ~ 22.0 W 2.0 ~ 3.0 Nb 0.75 ~ 1.25
GX10NiCrNb32-20	1.4859	0.05 ~ 0.15	≤1.2	≤2.0	0.040	0.030	19.0 ~ 21.0	≤0.5	31.0 ~ 33.0	Nb 0.50 ~ 1.50
GX40NiCrSi35-17	1.4806	0.30 ~ 0.50	1.0 ~ 2.5	≤2.0	0.040	0.030	16.0 ~ 18.0	≤0.5	34.0 ~ 36.0	—
GX40NiCrSi35-26	1.4857	0.30 ~ 0.50	1.0 ~ 2.5	≤2.0	0.040	0.030	24.0 ~ 27.0	≤0.5	33.0 ~ 36.0	—
GX40NiCrSiNb35-26	1.4852	0.30 ~ 0.50	1.0 ~ 2.5	≤2.0	0.040	0.030	24.0 ~ 27.0	≤0.5	33.0 ~ 36.0	Nb 0.80 ~ 1.80
GX40NiCrSi38-19	1.4865	0.30 ~ 0.50	1.0 ~ 2.5	≤2.0	0.040	0.030	18.0 ~ 21.0	≤0.5	36.0 ~ 39.0	—
GX40NiCrSiNb38-19	1.4849	0.30 ~ 0.50	1.0 ~ 2.5	≤2.0	0.040	0.030	18.0 ~ 21.0	≤0.5	36.0 ~ 39.0	Nb 1.20 ~ 1.80

（续）

牌号和代号		C	Si	Mn	P≤	S≤	Cr	Mo	Ni	其　他
牌　号	No.									
G-NiCr28W	2.4879	0.35~0.55	1.0~2.0	≤1.5	0.040	0.030	27.0~30.0	≤0.5	47.0~50.0	W 4.0~6.0
G-NiCr50Nb	2.4680	≤0.10	≤0.10	≤0.10	0.020	0.020	48.0~52.0	≤0.5	余量	Nb 1.00~1.80 Fe≤1.00，N≤0.16
G-NiCr19	2.4687	0.40~0.60	0.50~2.0	≤1.5	0.040	0.030	16.0~21.0	≤0.5	50.0~55.0	—
G-NiCr15	2.4615	0.35~0.65	≤0.20	≤1.3	0.040	0.030	13.0~19.0	—	64.0~69.0	—
GX50NiCrCoW-35-25-15-5	1.4869	0.45~0.55	1.0~2.0	≤1.0	0.040	0.030	24.0~26.0		33.0~37.0	Co 14.0~16.0 W 4.0~6.0
G-CoCr28	2.4778	0.05~0.25	0.5~1.5	≤1.5	0.040	0.030	27.0~30.0	≤0.5	≤4.0	Co 48.0~52.0 Fe 余量

（2）ISO 标准耐热铸钢和铸造合金的室温力学性能与使用温度（表5-2-9）

表5-2-9　耐热铸钢和铸造合金的室温力学性能与使用温度

牌号和代号		力 学 性 能			退火硬度 HBW	最高使用温度 /℃
牌　号	No.	$R_{p0.2}$[①]/MPa	R_m/MPa	KV/J		
		≥				
GX30CrSi 7	1.4710	—	—	—	300	750
GX40CrSi 13	1.4720	—	—	—	300	850
GX40CrSi 17	1.4740	—	—	—	300	900
GX40CrSi 24	1.4745	—	—	—	300	1050
GX40CrSi 28	1.4776	—	—	—	320	1100
GX130CrSi 29	1.4777	—	—	—	400	1100
GX25CrNiSi 18-9	1.4825	230	450	15	—	900
GX25CrNiSi 20-14	1.4832	230	450	10	—	900
GX40CrNiSi 22-10	1.4826	230	450	8	—	950
GX40CrNiSiNb 24-24	1.4855	220	400	4	—	1050
GX40CrNiSi 25-12	1.4837	220	450	6	—	1050
GX40CrNiSi 25-20	1.4848	220	450	6	—	1100
GX40CrNiSi 27-4	1.4823	250	400	3	400	1100
GX40NiCrCo 20-20-20	1.4874	320	400	6	—	1150
GX10NiCrNb 31-20	1.4859	170	440	20	—	1000
GX40NiCrSi 35-17	1.4806	220	420	6	—	980
GX40NiCrSi 35-26	1.4857	220	440	6	—	1050
GX40NiCrSiNb 35-26	1.4852	220	440	4	—	1050
GX40NiCrSi 38-19	1.4865	220	420	6	—	1050
GX40NiCrSiNb 38-19	1.4849	220	420	4	—	1000
G-NiCr28W	2.4879	220	400	3	—	1200
G-NiCr50Nb	2.4680	230	540	8	—	1050

（续）

牌号和代号		力 学 性 能			退火硬度 HBW	最高 使用温度 /℃
牌 号	No.	$R_{p0.2}$[①]/MPa	R_m/MPa	KV/J		
		≥				
G-NiCr19	2.4687	220	440	5	—	1100
G-NiCr15	2.4615	200	400	3	—	1100.
GX50NiCrCoW35-25-15-5	1.4869	270	480	5	—	1200
G-CoCr28	2.4778	②	②	②	②	1200

① 条件屈服应力，也称：规定非比例延伸强度。
② 力学性能与硬度按供需双方协商规定。

5.2.5 奥氏体高锰铸钢

ISO标准奥氏体高锰铸钢的牌号与化学成分［ISO 13521（2015）］（表5-2-10）

表 5-2-10 奥氏体高锰铸钢的牌号与化学成分[①]（质量分数）（%）

牌号和代号		C	Si	Mn	P≤	S≤	其 他
牌 号	No.						
GX120MnMo7-1	1.3415	1.05~1.35	0.3~0.9	6.0~8.0	0.060	0.045	Mo 0.9~1.2
GX110MnMo13-1	1.3416	0.75~1.35	0.3~0.9	11.0~14.0	0.060	0.045	Mo 0.9~1.2
GX100Mn13②	1.3406	0.90~1.05	0.3~0.9	11.0~14.0	0.060	0.045	—
GX120Mn13②	1.3802	1.05~1.35	0.3~0.9	11.0~14.0	0.060	0.045	—
GX120MnCr13-2	1.3410	1.05~1.35	0.3~0.9	11.0~14.0	0.060	0.045	Cr 1.5~2.5
GX120MnNi13-3	1.3425	1.05~1.35	0.3~0.9	11.0~14.0	0.060	0.045	Ni 3.0~4.0
GX120Mn18②	1.3407	1.05~1.35	0.3~0.9	16.0~19.0	0.060	0.045	—
GX90MnMo14	1.3417	0.70~1.00	0.3~0.6	13.0~15.0	0.070	0.045	Mo 1.0~1.8
GX120MnCr18-2	1.3411	1.05~1.35	0.3~0.9	16.0~19.0	0.060	0.045	Cr 1.5~2.5

① 本标准中未提供高锰铸钢的力学性能和硬度数据。
② 该牌号还可用于要求无磁性的铸钢件。

B. 专业用钢和优良品种

5.2.6 工程与结构用高强度铸钢［ISO 9477（2015）］

（1）ISO标准工程与结构用高强度铸钢的钢号与化学成分（表5-2-11）

表 5-2-11 工程与结构用高强度铸钢的钢号与化学成分（质量分数）（%）

钢 号	C	Si	Mn	P	S	附 注
410-620	—	≤0.60	—	≤0.035	≤0.035	其他化学成分未作规定，可 由供需双方商定
540-720	—	≤0.60	—	≤0.035	≤0.035	
620-820	—	≤0.60	—	≤0.035	≤0.035	
840-1030	—	≤0.60	—	≤0.035	≤0.035	

（2）ISO标准工程与结构用高强度铸钢的室温力学性能（表5-2-12）

表 5-2-12　工程与结构用高强度铸钢的室温力学性能

钢　号	试块截面 /mm	$R_{eH}^{①}$/MPa	R_m/MPa	A(%)	Z(%)	KV/J
				≥		
410-620	28	410	620～770	16	40	20
540-720	28	540	720～870	14	35	20
620-820	28	620	820～970	11	30	18
840-1030	28	840	1030～1180	7	22	15

① 根据试验结果，确定上屈服强度 R_{eH} 或取残余变形为 0.2% 时的强度 $R_{p0.2}$。

5.2.7　低合金钢和合金钢承压铸钢 ［ISO 4991（2015）］

（1）ISO 标准低合金钢和合金钢承压铸钢的钢号与化学成分（表 5-2-13）

表 5-2-13　低合金钢和合金钢承压铸钢的钢号与化学成分（质量分数）（%）

钢号和代号 钢号	No.	C	Si	Mn	P≤	S≤	Cr	Mo	Ni	其　他
G240GH	1.0619	0.18～0.23	≤0.60	0.50～1.20	0.030	0.020	≤0.30	≤0.12	≤0.40	Cu≤0.30 V≤0.03①
G280GH	1.0625	0.18～0.25	≤0.60	0.80～1.20	0.030	0.020	≤0.30	≤0.12	≤0.40	
G17Mn5	1.1131	0.15～0.20	≤0.60	1.00～1.60	0.020	0.025	≤0.30	≤0.12	≤0.40	
G20Mn5	1.6220	0.17～0.23	≤0.60	1.00～1.60	0.020	0.020	≤0.30	≤0.12	≤0.80	Cu≤0.30 V≤0.03
G18Mo5	1.5422	0.15～0.20	≤0.60	0.80～1.20	0.020	0.020	≤0.30	0.45～0.65	≤0.40	
G20Mo5	1.5419	0.15～0.23	≤0.60	0.50～1.00	0.025	0.020	≤0.30	0.40～0.60	≤0.40	Cu≤0.30 V≤0.050
G17CrMo5-5	1.7357	0.15～0.20	≤0.60	0.50～1.00	0.020	0.020	1.00～1.50	0.45～0.65	≤0.40	
G17CrMo9-10	1.7379	0.13～0.20	≤0.60	0.50～0.90	0.020	0.020	2.00～2.50	0.90～1.20	≤0.40	
G12MoCrV5-2	1.7720	0.10～0.15	≤0.45	0.40～0.70	0.030	0.020	0.30～0.50	0.40～0.60	≤0.40	V 0.22～0.30 Cu≤0.30
G17CrMoV5-10	1.7706	0.15～0.20	≤0.60	0.50～0.90	0.020	0.015	1.20～1.50	0.90～1.10	≤0.40	V 0.20～0.30 Cu≤0.30
G25NiCrMo3	1.6553	0.23～0.28	≤0.80	0.60～1.00	0.030	0.025	0.40～0.80	0.15～0.30	0.40～0.80	Cu≤0.30 V≤0.03
G25NiCrMo6	1.6554	0.23～0.28	≤0.60	0.60～0.90	0.030	0.025	0.70～0.90	0.20～0.30	1.00～2.00	Cu≤0.30 V≤0.050
G17NiCrMo13-6	1.6781	0.15～0.19	≤0.50	0.55～0.80	0.015	0.015	1.30～1.80	0.45～0.60	3.00～3.50	
G9Ni10	1.5636	0.06～0.12	≤0.60	0.50～0.80	0.020	0.015	≤0.30	≤0.20	2.00～3.00	
G9Ni14	1.5638	0.06～0.12	≤0.60	0.50～0.80	0.020	0.015	≤0.30	≤0.20	3.00～4.00	
GX15CrMo5	1.7365	0.12～0.19	≤0.80	0.50～0.80	0.025	0.025	4.00～6.00	0.45～0.65	≤0.40	
GX10CrMoV9-1	1.7367	0.08～0.12	0.20～0.50	0.30～0.60	0.030	0.010	8.00～9.50	0.85～1.05	≤0.40	Nb 0.06～0.10 Al≤0.02 Ti≤0.01 Zr≤0.01 N 0.030～0.070
GX15CrMoV9-1	1.7376	0.12～0.19	≤1.00	0.35～0.65	0.030	0.030	8.00～10.00	0.90～1.20	≤0.40	Cu≤0.30 V≤0.050
GX3CrNi13-4	1.6982	≤0.05	≤1.00	≤1.00	0.035	0.015	12.0～13.5	≤0.70	3.50～5.00	V≤0.08 Cu≤0.30

① 残余元素总量 Cr + Mo + Ni + V + Cu≤1.00。

（2）ISO 标准低合金钢和合金承压钢的室温力学性能（表 5-2-14）

表 5-2-14 低合金钢和合金承压钢的室温力学性能

钢 号	热处理状态①	$R_{p0.2}$/MPa $\geqslant$	R_m/MPa	$A(\%) \geqslant$	KV/J
GP240GH	+ N②	240	420 ~ 600	22	27
GP240GH	+ QT	240	420 ~ 600	22	40
GP280GH	+ N②	280	480 ~ 640	22	27
GP280GH	+ QT	280	480 ~ 640	22	40
G17Mn5	+ QT	240	450 ~ 600	24	—
G20Mn5	+ N②	300	480 ~ 620	20	—
G20Mn5	+ QT	300	500 ~ 650	22	—
G18Mo5	+ QT	240	440 ~ 590	23	—
G20Mo5	+ QT	245	440 ~ 690	22	27
G17CrMo5-5	+ QT	315	490 ~ 690	20	27
G17CrMo9-10	+ QT	400	590 ~ 740	18	40
G12MoCrV5-2	+ QT	295	510 ~ 660	17	27
G17CrMoV5-10	+ QT	440	590 ~ 780	15	27
G25NiCrMo3	+ QT1	415	620 ~ 795	18	27
G25NiCrMo3	+ QT2	585	725 ~ 865	17	27
G25NiCrMo6	+ QT1	485	690 ~ 860	18	27
G25NiCrMo6	+ QT2	690	860 ~ 1000	15	27
G17NiCrMo13-6	+ QT	600	750 ~ 900	15	—
G9Ni10	+ QT	280	480 ~ 630	24	—
G9Ni14	+ QT	360	500 ~ 650	20	—
GX15CrMo5	+ QT	420	630 ~ 760	16	—
GX10CrMoV9-1	+ NT	415	585 ~ 760	16	27
GX15CrMo9-1	+ QT	415	620 ~ 795	18	27
GX3CrNi13-4	+ QT	500	700 ~ 900	15	50

① 热处理状态代号：+ N—正火；QT—淬火 + 回火；QT1、QT2 表示同一温度淬火后，不同温度回火（QT2 回火温度低于 QT1）。

② 允许回火。

5.2.8 不锈钢承压铸钢 ［ISO 4991（2015）］

（1）ISO 标准不锈钢承压铸钢的钢号与化学成分（表 5-2-15）

表 5-2-15 不锈钢承压铸钢的钢号与化学成分（质量分数）（%）

钢号和代号		C	Si	Mn	P $\leqslant$	S $\leqslant$	Cr	Mo	Ni	其 他
钢 号	No.									
GX8CrNi12-1	1.4107	≤0.10	≤0.40	0.50 ~ 0.80	0.030	0.020	11.5 ~ 12.5	≤0.50	0.80 ~ 1.50	V≤0.08 Cu≤0.30
GX23CrMoV12-1	1.4931	0.20 ~ 0.26	≤0.40	0.50 ~ 0.80	0.030	0.020	11.3 ~ 12.2	1.00 ~ 1.20	≤1.00	V 0.25 ~ 0.35 W≤0.50 Cu≤0.30
GX4CrNi13-4	1.4317	≤0.06	≤1.00	≤1.00	0.035	0.025	12.0 ~ 13.5	≤0.70	3.50 ~ 5.00	V≤0.08 Cu≤0.30

（续）

钢号和代号		C	Si	Mn	P≤	S≤	Cr	Mo	Ni	其 他
钢 号	No.									
GX4CrNiMo16-5-1	1.4405	≤0.06	≤0.80	≤1.00	0.035	0.025	15.0~17.0	0.70~1.50	4.00~6.00	V≤0.08 Cu≤0.30
GX2CrNiN19-11	1.4487	≤0.030	≤1.50	≤2.00	0.035	0.030	18.0~20.0	—	9.00~12.0	Cu≤0.50 N 0.12~0.20
GX5CrNi19-9	1.4308	≤0.07	≤1.50	≤1.50	0.040	0.030	18.0~20.0		8.00~11.0	Cu≤0.50
GX6CrNiNb19-10	1.4552	≤0.07	≤1.50	≤1.50	0.040	0.030	18.0~20.0	—	9.00~12.0	Nb 8C~1.00 Cu≤0.50
GX2CrNiMoN19-11-2	1.4490	≤0.030	≤1.50	≤2.00	0.035	0.030	18.0~20.0	2.00~2.50	9.00~12.0	Cu≤0.50 N 0.12~0.20
GX5CrNiMo19-11-2	1.4408	≤0.07	≤1.50	≤1.50	0.040	0.030	18.0~20.0	2.00~2.50	9.00~12.0	Cu≤0.50
GX5CrNiMoNb 19-11-2	1.4581	≤0.07	≤1.50	≤1.50	0.040	0.030	18.0~20.0	2.00~2.50	9.00~12.0	Nb 8C~1.00 Cu≤0.50
GX2CrNiMoN22-5-3	1.4470	≤0.030	≤1.00	≤2.00	0.035	0.025	21.0~23.0	2.50~3.50	4.50~6.50	Cu≤0.50 N 0.12~0.20
GX2CrNiMoCuN 26-5-3-3	1.4451	≤0.030	≤1.00	≤1.50	0.035	0.025	25.0~27.0	2.50~3.50	5.00~7.00	Cu 2.75~3.50 N 0.12~0.22
GX2CrNiMoN26-7-4	1.4469	≤0.030	≤1.00	≤1.00	0.035	0.025	25.0~27.0	3.00~5.00	6.00~8.00	Cu≤1.30 N 0.12~0.22
GX2CrNiMo28-20-2	1.4458	≤0.030	≤1.00	≤2.00	0.035	0.025	19.0~22.0	2.00~2.50	26.0~30.0	Cu≤2.00 N≤0.20

（2）ISO 标准不锈钢承压铸钢的力学性能（表 5-2-16）

表 5-2-16　不锈钢承压铸钢的力学性能

钢 号	热处理状态[①]	$R_{p0.2}(R_{p1.0})$≥	R_m/MPa	A(%)≥	KV/J
GX8CrNi12-1	+ QT1	355	540~690	18	45
GX8CrNi12-1	+ QT2	500	600~800	16	40
GX23CrMoV12-1	+ QT	540	740~880	15	27
GX3CrNi13-4	+ QT	500	700~900	15	50
GX4CrNi13-4	+ QT	550	760~960	15	
GX4CrNiMo16-5-1	+ QT	540	760~960	15	60
GX2CrNiN19-11	+ AT	(230)	440~640	30	—
GX5CrNi19-9	+ AT	(200)	400~640	30	—
GX6CrNiNb19-10	+ AT	(200)	400~640	25	—
GX2CrNiMoN19-11-2	+ AT	(230)	440~640	30	—
GX5CrNiMo19-11-2	+ AT	(210)	440~640	30	—
GX6CrNiMoNb19-11-2	+ AT	(210)	440~640	25	—
GX2CrNiMoN22-5-3	+ AT	420	600~800	20	—
GX2CrNiMoCuN26-5-3-3	+ AT	480	650~850	22	—
GX2CrNiMoN26-7-4	+ AT	480	650~850	22	—
GX2NiCrMo28-20-2	+ AT	190	430~630	30	—

① QT1、QT2、QT 同表 5-2-14，AT—固溶处理。

5.2.9 离心铸造用耐热铸钢和铸造合金 ［ISO 13583-2（2015）］

（1）ISO 标准离心铸造用耐热铸钢和铸造合金的牌号与化学成分（表5-2-17）

表 5-2-17 离心铸造用耐热铸钢和铸造合金的牌号与化学成分（质量分数）（%）

牌号	No.	C	Si	Mn	P≤	S≤	Cr	Mo	Ni	其 他
GX25CrNiSi18-9	1.4825	0.15 ~ 0.35	0.5 ~ 2.5	≤2.0	0.040	0.030	17.0 ~ 19.0	≤0.50	8.0 ~ 10.0	—
GX40CrNiSi25-12	1.4837	0.30 ~ 0.50	1.0 ~ 2.5	≤2.0	0.040	0.030	24.0 ~ 27.0	≤0.50	11.0 ~ 14.0	—
GX40CrNiSi25-20	1.4848	0.30 ~ 0.50	1.0 ~ 2.5	≤2.0	0.040	0.030	24.0 ~ 27.0	≤0.50	19.0 ~ 22.0	—
GX40CrNiSiNb24-24	1.4855	0.30 ~ 0.50	1.0 ~ 2.5	≤2.0	0.040	0.030	23.0 ~ 25.0	≤0.50	23.0 ~ 25.0	Nb 0.80 ~ 1.80
GX10NiCrSiNb32-20	1.4859	0.05 ~ 0.15	0.5 ~ 1.5	≤2.0	0.040	0.030	19.0 ~ 21.0	≤0.50	31.0 ~ 33.0	Nb 0.50 ~ 1.50
GX40NiCrSi38-19	1.4865	0.30 ~ 0.50	1.0 ~ 2.5	≤2.0	0.040	0.030	18.0 ~ 21.0	≤0.50	36.0 ~ 39.0	—
GX12NiCrSiNb35-26	1.48651	0.08 ~ 0.15	0.5 ~ 1.5	0.5 ~ 1.5	0.030	0.030	24.0 ~ 27.0	≤0.50	34.0 ~ 37.0	Nb 0.60 ~ 1.30
GX40NiCrSiNb35-26	1.4852	0.30 ~ 0.50	1.0 ~ 2.5	≤2.0	0.040	0.030	24.0 ~ 27.0	≤0.50	33.0 ~ 36.0	Nb 0.80 ~ 1.80
GX42NiCrSiNbTi35-25	1.4838	0.38 ~ 0.48	1.5 ~ 2.5	0.5 ~ 1.5	0.030	0.030	24.0 ~ 27.0	≤0.50	34.0 ~ 37.0	Nb 0.60 ~ 1.80 Ti≥0.06[①]
GX42NiCrWSi35-25-5	1.4836	0.38 ~ 0.45	1.0 ~ 2.0	0.5 ~ 1.5	0.030	0.030	24.0 ~ 27.0	≤0.50	34.0 ~ 37.0	W 4.00 ~ 6.00
GX42NiCrSiNbTi45-25	1.4839	0.38 ~ 0.45	1.0 ~ 2.0	0.5 ~ 1.5	0.030	0.030	33.0 ~ 36.0	≤0.50	34.0 ~ 37.0	Nb 0.50 ~ 1.50 Ti≥0.06[①]
GX50NiCrCoW 35-25-15-5	1.4869	0.45 ~ 0.55	1.0 ~ 2.0	≤1.0	0.040	0.030	24.0 ~ 26.0	≤0.50	33.0 ~ 37.0	Co 14.0 ~ 16.0 W 4.00 ~ 6.00
G-NiCr28W	2.4879	0.35 ~ 0.55	1.0 ~ 2.0	≤1.5	0.040	0.030	27.0 ~ 30.0	≤0.50	47.0 ~ 50.0	W 4.00 ~ 6.00 Fe余量
G-NiCr28WCo	2.4881	0.40 ~ 0.55	1.0 ~ 2.0	0.5 ~ 1.5	0.030	0.030	27.0 ~ 30.0	≤0.50	47.0 ~ 50.0	W 4.00 ~ 6.00 Co 2.5 ~ 3.5
G-NiCr50Nb	2.4680	≤1.0	≤1.0	≤0.5	0.020	0.020	48.0 ~ 52.0	≤0.50	余量	Nb 1.00 ~ 1.80 N≤0.16，Fe≤1.0

① 其他微合金元素可代替 Ti；微合金元素总含量≥0.06% 。

（2）ISO 标准离心铸造用耐热铸钢和铸造合金的力学性能（表5-2-18）

表 5-2-18 离心铸造用耐热铸钢和铸造合金的力学性能

牌 号	No.	室温力学性能			高温持久强度（100h）	
		$R_{p0.2}$/MPa	R_m/MPa	A(%)	温度 /℃	应力 R/MPa
		≥				
GX25CrNiSi18-9	1.4825	230	450	15	800	60
GX40CrNiSi25-12	1.4837	220	450	10	900	34
GX40CrNiSi25-20	1.4848	220	450	8	900	47

（续）

牌号和代号		室温力学性能			高温持久强度（100h）	
牌 号	No.	$R_{p0.2}$/MPa	R_m/MPa	A(%)	温度/℃	应力 R/MPa
		$\geqslant$				
GX40CrNiSiNb24-24	1.4855	220	450	10	900	48
GX10NiCrSiNb32-20	1.4859	180	440	20	800	84
GX40NiCrSi38-19	1.4865	220	420	6	900	34
GX12CrNiSiNb35-26	1.48651	175	440	20	800	70
GX40NiCrSiNb35-26	1.4852	220	440	4	900	49
GX42NiCrSiNbTi35-25	1.4838	220	450	8	950	42
GX42NiCrWSi35-25-5	1.4836	220	450	4	950	35
GX42NiCrSiNbTi45-25	1.4839	270	480	5	1050	21
GX50NiCrCoW35-25-15-5	1.4869	250	450	5	950	40
G-NiCr28W	2.4879	240	440	3	1050	20
G-NiCr28WCo	2.4881	220	400	5	1050	20
G-NiCr50Nb	2.4680	230	540	8	900	60

（3）ISO 标准离心铸造用耐热铸钢和铸造合金的蠕变破断强度（表5-2-19）

表5-2-19　离心铸造用耐热铸钢和铸造合金的蠕变破断强度

牌号和代号		蠕变破断强度[①]/MPa（10000h）在下列温度时				
牌 号	No.	700℃	800℃	900℃	1000℃	1100℃
GX25CrNiSi18-9	1.4825	36	18	7.7	—	—
GX40CrNiSi25-12	1.4837	36	19	8	3	—
GX40CrNiSi25-20	1.4848	—	29	17	5	—
GX40CrNiSiNb24-24	1.4855	—	40	18.5	7	—
GX10NiCrSiNb32-20	1.4859	60	32	14	4.5	—
GX40NiCrSi38-19	1.4865	—	27	10	3	—
GX12CrNiSiNb35-26	1.48651	65	35	16	5.4	—
GX40NiCrSiNb35-26	1.4852	65	49	24	9	2.3
GX42NiCrSiNbTi35-25	1.4838	—	50	28	14	4
GX42NiCrWSi35-25-5	1.4836	—	35	16.5	6.6	1.7
GX42NiCrSiNbTi45-25	1.4839	84	42	24	11	4
GX50NiCrCoW35-25-15-5	1.4869	—	49	25	9.8	3
G-NiCr28W	2.4879	—	36	17	7.4	2.6
G-NiCr28WCo	2.4881	—	36	17	8	3
G-NiCr50Nb	2.4680		28.5	13	3.8	

① 表中为蠕变破断强度的平均值，取自散射宽度 ±20% 的数据带。

5.2.10　特殊物理性能铸钢和铸造合金［ISO 19960（2015）］

（1）ISO 标准特殊物理性能铸钢和铸造合金的牌号与化学成分（表5-2-20）

表5-2-20　特殊物理性能铸钢和铸造合金的牌号与化学成分（质量分数）（%）

牌号和代号		C	Si	Mn	P≤	S≤	Cr	Mo	Ni	其 他
牌 号	No.									
GX12CrNi18-11[①]	1.3955	≤0.15	≤1.0	≤2.0	0.045	0.030	16.5~18.5	≤0.75	10.0~12.0	Cu≤0.50
GX2CrNiN18-13[①]	1.3940	≤0.030	≤1.0	≤2.0	0.035	0.020	16.5~18.5	—	12.0~14.0	N 0.10~0.20 Cu≤0.50

（续）

牌号和代号		C	Si	Mn	P≤	S≤	Cr	Mo	Ni	其 他
牌 号	No.									
GX2CrNiMoN18-14[①]	1.3960	≤0.030	≤1.0	≤2.0	0.035	0.020	16.5~18.5	2.5~3.0	13.0~15.0	N 0.15~0.25 Cu≤0.50
GX2CrNiN19-11[①]	1.3939	≤0.030	≤1.5	≤2.0	0.035	0.020	18.0~20.0	≤1.0	10.0~12.0	N 0.10~0.20 Cu≤0.50
GX3CrNiMnSi 17-9-8[①]	1.3975	≤0.05	3.5~4.5	7.0~9.0	0.045	0.030	16.0~18.0	≤1.0	8.0~9.0	N 0.08~0.18 Cu≤0.50
GX4CrNiMnN 22-12-5[①]	1.3956	≤0.06	≤1.0	4.0~6.0	0.040	0.030	20.5~23.5	1.5~3.0	11.5~13.5	Nb 0.10~0.30 V 0.10~0.30 N 0.20~0.40 Cu≤0.50
GX2CrNiMnMoNNb 21-16-5-3[①]	1.3967	≤0.030	≤1.0	4.0~6.0	0.025	0.010	20.0~21.5	3.0~3.5	15.0~17.0	Nb≤0.25 Cu≤0.50 N 0.20~0.35
GX3NiCo32[②]	1.3983	≤0.05	≤0.5	≤0.6	0.030	0.020	≤0.25	≤1.0	30.5~33.5	Co 4.0~6.5 Al≤0.10 Cu≤0.50
GX3NiCo29-17[②]	1.3988	≤0.05	≤0.5	≤0.5	0.030	0.020	≤0.25	≤1.0	28.0~30.0	Co 16.0~18.0 Cu≤0.50
GX3Ni36[②]	1.3961	≤0.05	≤0.5	≤0.5	0.030	0.020	≤0.25	≤1.0	35.0~37.0	Cu≤0.50
GX3NiS36[②]	1.3963	≤0.05	≤0.5	≤0.5	0.030	0.10~0.20	≤0.25	≤1.0	35.0~37.0	Cu≤0.50
G-NiCr13SnBiMo[③]	2.4712	≤0.05	≤0.5	≤1.5	0.030	0.030	11.0~14.0	2.0~3.5	余量	Bi 3.0~5.0 Sn 3.0~5.0 Cu≤0.50 Fe≤0.20

① 低磁性类别，$\mu_r = 1.01$。

② 低膨胀性类别。

③ 低磨损类别。

（2）ISO 标准特殊物理性能铸钢和铸造合金的热处理制度和室温力学性能（表5-2-21）

表 5-2-21 特殊物理性能铸钢和铸造合金的热处理制度和室温力学性能

牌号和代号		热处理制度[①]	R_m /MPa	$R_{p0.2}$/MPa	$A(\%)$	KV/J
牌 号	No.			≥		
GX12CrNi18-11	1.3955	固溶处理 1050~1150℃，快冷	440~590	195	20	80
GX2CrNiN18-13	1.3940	固溶处理 1050~1150℃，快冷	440~640	210	30	115
GX2CrNiMoN18-14	1.3960	固溶处理 1050~1150℃，快冷	490~690	240	30	80
GX2CrNiN19-11	1.3939	固溶处理 1050~1150℃，快冷	≥440	180	30	—

（续）

牌号和代号		热处理制度①	R_m /MPa	$R_{p0.2}$/MPa	$A(\%)$	KV/J
牌　号	No.			≥		
GX3CrNiMnSi17-9-8	1.3975	固溶处理 1050～1150℃，快冷	≥580	290	24	—
GX4CrNiMnN22-12-5	1.3956	固溶处理 1065～1165℃，快冷	≥580	290	24	—
GX2CrNiMnMoNNb 21-16-5-3	1.3967	固溶处理 1080～1180℃，快冷	570～800	315	20	65
GX3NiCo32②	1.3983	820～850℃淬火 +300～350℃回火	（未规定）			
GX1NiCo29-17②	1.3988	820～850℃淬火 +300～350℃回火	（未规定）			
GX3Ni36②	1.3961	820～850℃淬火 +300～350℃回火	≥395	275	28	—
GX3NiS36②	1.3963	820～850℃淬火 +300～350℃回火	≥395	275	25	—
G-NiCr13SnBiMo	2.4712	铸态	（未规定）			

① 所列温度仅供参考。

② 低膨胀性类别，线胀系数见下表（表5-2-22）。

（3）ISO标准低膨胀性类别铸钢的线胀系数（表5-2-22）

表5-2-22　低膨胀性类别铸钢的线胀系数

牌号和代号		线胀系数（%）(20℃至下列温度)				
牌号	No.	100℃	200℃	300℃	500℃	800℃
GX3NiCo32	1.3983	0.63	—	—	—	—
GX1NiCo29-17	1.3988	5.9	5.2	5.1	6.1	10.3
GX3Ni36	1.3961	1.3	2.1	4.2	—	—
GX3NiS36	1.3963	1.6	3.0	5.9	—	—

5.3　欧洲标准化委员会（EN 欧洲标准）

A. 通用铸钢

5.3.1　一般工程和结构用铸钢

（1）EN欧洲标准一般工程和结构用非合金铸钢的钢号与化学成分［EN 10293（2015）］（表5-3-1）

表5-3-1　一般工程和结构用非合金铸钢的钢号与化学成分（质量分数）（%）

钢号	数字代号	C	Si	Mn	P≤	S≤	Cr	Ni	Mo	其他①,②
GE200	1.0420	—	—	—	0.035	0.030	≤0.30	≤0.40	≤0.12	V≤0.03
GS200	1.0449	≤0.18	≤0.60	≤1.20	0.030	0.025	≤0.30	≤0.40	≤0.12	V≤0.03
GE240	1.0446	—	—	—	0.035	0.030	≤0.30	≤0.40	≤0.12	V≤0.03
GS240	1.0455	≤0.23	≤0.60	≤1.20	0.030	0.025	≤0.30	≤0.40	≤0.12	V≤0.03
GE270	1.0454	—	—	—	0.035	0.030	≤0.30	≤0.40	≤0.12	V≤0.03
GE300	1.0558	—	—	—	0.035	0.030	≤0.30	≤0.40	≤0.12	V≤0.03
GE320	1.0591	—	—	—	0.035	0.030	≤0.30	≤0.40	≤0.12	V≤0.03
GE360	1.0597	—	—	—	0.035	0.030	≤0.30	≤0.40	≤0.12	V≤0.03

① Cr + Ni + Mo + V + Cu≤1.00。

② 残余元素 Cu≤0.30%。

（2）EN 欧洲标准一般工程和结构用非合金铸钢的力学性能与热处理（表5-3-2）

表5-3-2 一般工程和结构用非合金铸钢的力学性能与热处理

钢号和数字代号		热处理			铸件壁厚 t/mm	力学性能			
钢号	No.	代号[1]（后缀）	正火或奥氏体化温度/℃	回火温度/℃		$R_{p0.2}$/MPa ≥	R_m/MPa	A(%) ≥	KV[2]/J ≥
GE200	1.0420	+ N	900~980	—	≤300	200	380~530	25	27
GS200	1.0449	+ N	900~980	—	≤100	200	380~530	25	35
GE240	1.0446	+ N	900~980	—	≤300	240	450~600	22	27
GS240	1.0455	+ N	880~980	—	≤100	240	450~600	22	31
GE270	1.0454	+ NT	880~960	560~620	≤100	270	≥480	22	29
GE300	1.0558	+ N	860~980	—	≤30	300	600~750	15	27
					>30~≤100	300	520~670	18	31
GE320	1.0591	+ NT	880~960	560~620	≤300	320	≥540	17	25
GE360	1.0597	+ NT	880~960	560~620	≤300	360	≥590	16	20

① 热处理代号：N—正火；NT—正火＋回火。

② 未标注者均为室温（RT）的冲击数据。

5.3.2 不锈、耐蚀铸钢

（1）EN 欧洲标准不锈、耐蚀铸钢的钢号与化学成分［EN 10283（2019）］（表5-3-3）

表5-3-3 不锈、耐蚀铸钢的钢号与化学成分（质量分数）（%）

钢号	数字代号	C	Si	Mn	P≤	S≤	Cr	Ni	Mo	N	其他[2]
马氏体型铸钢											
GX12Cr12	1.4011	≤0.15	≤1.00	≤1.00	0.035	0.025	11.5~13.5	≤1.00	≤0.50	—	—
GX20Cr14	1.4027	0.16~0.23	≤1.00	≤1.00	0.045	0.030①	12.5~14.5	≤1.00	—	—	—
GX7CrNiMo12-1	1.4008	≤0.10	≤1.00	≤1.00	0.035	0.025	12.0~13.5	1.00~2.00	0.20~0.50	—	—
GX4CrNi13-4	1.4317	≤0.06	≤1.00	≤1.00	0.035	0.025	12.0~13.5	3.50~5.00	≤0.70	—	—
GX4CrNiMo16-5-1	1.4405	≤0.06	≤0.80	≤1.00	0.035	0.025	15.0~17.0	4.00~6.00	0.70~1.50	—	—
GX4CrNiMo16-5-2	1.4411	≤0.06	≤0.80	≤1.00	0.035	0.025	15.0~17.0	4.00~6.00	1.50~2.00	—	—
GX5CrNiCu16-4	1.4525	≤0.07	≤0.80	≤1.00	0.035	0.025	15.0~17.0	3.50~5.50	≤0.80	≤0.05	Cu 2.50~4.00 Nb≤0.35
奥氏体型铸钢											
GX2CrNi19-11	1.4309	≤0.030	≤1.50	≤2.00	0.035	0.025	18.0~20.0	9.00~12.0	—	≤0.20	—
GX5CrNi19-10	1.4308	≤0.07	≤1.50	≤1.50	0.040	0.030	18.0~20.0	8.00~11.0	—	—	—
GX5CrNiNb19-11	1.4552	≤0.07	≤1.50	≤1.50	0.040	0.030	18.0~20.0	9.00~12.0	—	—	Nb 8C~1.00
GX2CrNiMo19-11-2	1.4409	≤0.030	≤1.50	≤2.00	0.035	0.025	18.0~20.0	9.00~12.0	2.00~2.50	≤0.20	—
GX5CrNiMo19-11-2	1.4408	≤0.07	≤1.50	≤1.50	0.040	0.030	18.0~20.0	9.00~12.0	2.00~2.50	—	—
GX5CrNiMoNb19-11-2	1.4581	≤0.07	≤1.50	≤1.50	0.040	0.030	18.0~20.0	9.00~12.0	2.00~2.50	—	Nb 8C~1.00
GX4CrNiMo19-11-3	1.4443	≤0.05	≤1.50	≤2.00	0.040	0.030	18.0~20.0	10.0~13.0	2.50~3.00	—	—
GX5CrNiMo19-11-3	1.4412	≤0.07	≤1.50	≤1.50	0.040	0.030	18.0~20.0	10.0~13.0	3.00~3.50	—	—
GX2CrNiMoN17-13-4	1.4446	≤0.030	≤1.00	≤1.50	0.040	0.030	16.5~18.5	12.5~14.5	4.00~4.50	0.12~0.22	—

（续）

钢　号	数字代号	C	Si	Mn	P≤	S≤	Cr	Ni	Mo	N	其他[2]
高 Ni 奥氏体型铸钢											
GX2CrNiMo28-20-2	1.4458	≤0.030	≤1.00	≤2.00	0.035	0.025	19.0~22.0	26.0~30.0	2.00~2.50	≤0.20	Cu≤2.00
GX4NiCrCuMo30-20-4	1.4527	≤0.06	≤1.50	≤1.50	0.040	0.030	19.0~22.0	27.5~30.5	2.00~3.00	—	Cu 3.00~4.00
GX2NiCrMoCu25-20-5	1.4584	≤0.025	≤1.00	≤2.00	0.035	0.020	19.0~21.0	24.0~26.0	4.00~5.00	≤0.20	Cu 1.00~3.00
GX2NiCrMoN25-20-5	1.4416	≤0.030	≤1.00	≤1.00	0.035	0.020	19.0~21.0	24.0~26.0	4.50~5.50	0.12~0.20	—
GX2NiCrMoCuN29-25-5	1.4587	≤0.030	≤1.00	≤2.00	0.035	0.025	24.0~26.0	28.0~30.0	4.00~5.00	0.15~0.25	Cu 2.00~3.00
GX2NiCrMoCuN25-20-6	1.4588	≤0.025	≤1.00	≤2.00	0.035	0.020	19.0~21.0	24.0~26.0	6.00~7.00	0.10~0.25	Cu 0.50~1.50
GX2CrNiMoCuN20-18-6	1.4557	≤0.025	≤1.00	≤1.20	0.030	0.010	19.5~20.5	17.5~19.5	6.00~7.00	0.18~0.24	Cu 0.50~1.00
奥氏体-铁素体型铸钢											
GX6CrNiN26-7	1.4347	≤0.08	≤1.50	≤1.50	0.035	0.020	25.0~27.0	5.50~7.50		0.10~0.20	—
GX2CrNiMoN22-5-3	1.4470	≤0.030	≤1.00	≤2.00	0.035	0.025	21.0~23.0	4.50~6.50	2.50~3.50	0.12~0.20	—
GX2CrNiMoN25-6-3	1.4468	≤0.030	≤1.00	≤2.00	0.035	0.025	24.5~26.5	5.50~7.00	2.50~3.50	0.12~0.25	—
GX2CrNiMoCuN25-6-3-3	1.4517	≤0.030	≤1.00	≤1.50	0.035	0.025	24.5~26.5	5.00~7.00	2.50~3.50	0.12~0.22	Cu 2.75~3.50
GX2CrNiMoN25-7-3[3]	1.4417	≤0.030	≤1.00	≤1.50	0.030	0.020	24.0~26.0	6.00~8.50	3.00~4.00	0.15~0.25	Cu≤1.00 W≤1.00
GX4CrNiMoN26-5-2	1.4474	≤0.05	≤1.00	≤2.00	0.035	0.025	25.0~27.0	4.50~6.50	1.30~2.00	0.12~0.20	—
GX2CrNiMoN26-7-4	1.4469	≤0.030	≤1.00	≤1.00	0.035	0.025	25.0~27.0	6.00~8.00	3.00~5.00	0.12~0.22	Cu≤1.30

① 对于受市场监管的硫，推荐 S 0.015%~0.030%。

② Nb 含量也可用作 w（Nb + Ta）总含量。

③ 对特殊应用，可采用 Cu≤0.5%，W≤0.5%。

（2）EN 欧洲标准不锈、耐蚀铸钢的力学性能与热处理（表 5-3-4）

表 5-3-4　不锈、耐蚀铸钢的力学性能与热处理

钢号和数字代号		热处理			铸件壁厚 t/mm	室温力学性能				
钢　号	No.	代号[1]	淬火或固溶处理温度/℃	回火温度/℃		R_m/MPa	$R_{p0.2}$/MPa	$R_{p1.0}$/MPa	A（%）	KV/J
						≥				
马氏体型铸钢										
GX12Cr12	1.4011	+QT	950~1050	650~750	150	620	450	—	15	20
GX20Cr14	1.4027	+QT	950~1050	650~750	150	590	440	—	12	—
GX7CrNiMo12-1	1.4008	+QT	1000~1050	620~720	300	590	440	—	15	27

（续）

钢号和数字代号		热处理			铸件壁厚 t/mm	室温力学性能				
钢 号	No.	代号[①]	淬火或固溶处理温度/℃	回火温度/℃		R_m /MPa	$R_{p0.2}$ /MPa	$R_{p1.0}$ /MPa	A (%)	KV /J
						≥				
马氏体型铸钢										
GX4CrNi13-4	1.4317	+ QT1	1000~1050	590~620	300	760	550	—	15	50
		+ QT2	1000~1050	500~530	300	900	830	—	12	35
		+ QT3	1000~1050	600~680	300	—	—	—	—	—
			1000~1050	560~620	—	700	500	—	16	50
GX4CrNiMo16-5-1	1.4405	+ QT	1020~1070	580~630	300	760	540	—	15	60
GX4CrNiMo16-5-2	1.4411	+ QT	1020~1070	580~630	300	760	540	—	15	60
GX5CrNiCu16-4	1.4525	+ QT1	1020~1070	560~610	300	900	750	—	12	20
		+ QT2	1020~1070	460~500	300	1100	1000	—	5	—
奥氏体型铸钢										
GX2CrNi19-11	1.4309	+ AT	1050~1150	—	150	440	185	210	30	80
GX5CrNi19-10	1.4308	+ AT	1050~1150	—	150	440	175	200	30	60
GX5CrNiNb19-11	1.4552	+ AT	1050~1150	—	150	440	175	200	25	40
GX2CrNiMo19-11-2	1.4409	+ AT	1080~1150	—	150	440	195	220	30	80
GX5CrNiMo19-11-2	1.4408	+ AT	1080~1150	—	150	440	185	210	30	60
GX5CrNiMoNb19-11-2	1.4581	+ AT	1080~1150	—	150	440	185	210	25	40
GX4CrNiMo19-11-3	1.4443	+ AT	1080~1150	—	150	440	185	210	30	60
GX5CrNiMo19-11-3	1.4412	+ AT	1120~1180	—	150	440	205	230	30	60
GX2CrNiMoN17-13-4	1.4446	+ AT	1140~1180	—	150	440	210	235	20	50
高 Ni 奥氏体型铸钢										
GX2CrNiMo28-20-2	1.4458	+ AT	1080~1180	—	150	430	165	190	30	60
GX4NiCrCuMo30-20-4	1.4527	+ AT	1140~1180	—	150	430	170	195	35	60
GX2NiCrMoCu25-20-5	1.4584	+ AT	1160~1200	—	150	450	185	210	30	60
GX2NiCrMoN25-20-5	1.4416	+ AT	1160~1200	—	150	450	185	210	30	60
GX2NiCrMoCuN29-25-5	1.4587	+ AT	1170~1220	—	150	480	220	245	30	60
GX2NiCrMoCuN25-20-5	1.4588	+ AT	1200~1240	—	50	480	210	235	30	60
GX2CrNiMoCuN20-18-6	1.4557	+ AT	1200~1240	—	50	500	260	285	30	50
奥氏体-铁素体型铸钢										
GX4CrNiMoN26-5-2	1.4474	+ AT[②]	1120~1150	—	150	600	420	—	20	30
GX6CrNiN26-7	1.4347	+ AT[②]	1040~1140	—	150	590	420	—	20	30
GX2CrNiMoN22-5-3	1.4470	+ AT[②]	1120~1150	—	150	600	420	—	20	30
GX2CrNiMoN22-6-3	1.4468	+ AT[②]	1120~1150	—	150	650	480	—	22	50
GX2CrNiMoCuN25-6-3-3	1.4517	+ AT[②]	1120~1150[③]	—	150	650	480	—	22	50
GX2CrNiMoN25-7-3	1.4417	+ AT[②]	1120~1150	—	150	650	480	—	22	50
GX2CrNiMoN26-7-4	1.4469	+ AT[②]	1120~1150	—	150	650	480	—	22	50

① 热处理代号：AT—固溶处理；Q—淬火，冷却介质：液体或空冷；T—回火。

② 为防止开裂和改善耐蚀性能，铸钢件于高温固溶处理后，可冷却至 1010~1040℃时水淬。

③ 固溶处理和水淬后，可于 480~510℃进行析出硬化处理，但其断后伸长率（A）、冲击吸收能量 KV 和耐蚀性能略有降低。

5.3.3 耐热铸钢和铸造合金

（1）EN 欧洲标准耐热铸钢和铸造合金的钢号与化学成分 ［EN 10295（2002）］（表5-3-5）

表 5-3-5　耐热铸钢和铸造合金的钢号与化学成分（质量分数）（%）

钢　号	数字代号	C	Si	Mn	P ≤	S ≤	Cr	Ni	Mo	其　他
铁素体型和奥氏体-铁素体型铸钢										
GX30CrSi7	1.4710	0.20~0.35	1.00~2.50	0.50~1.50	0.035	0.030	6.00~8.00	≤0.50	≤0.15	V≤0.08①
GX40CrSi13	1.4729	0.30~0.50	1.00~2.50	≤1.00	0.040	0.030	12.0~14.0	≤1.00	≤0.50	V≤0.08①
GX40CrSi17	1.4740	0.30~0.50	1.00~2.50	≤1.00	0.040	0.030	16.0~19.0	≤1.00	≤0.50	V≤0.08①
GX40CrSi24	1.4745	0.30~0.50	1.00~2.50	≤1.00	0.040	0.030	23.0~26.0	≤1.00	≤0.50	V≤0.08①
GX40CrSi28	1.4776	0.30~0.50	1.00~2.50	≤1.00	0.040	0.030	27.0~30.0	≤1.00	≤0.50	V≤0.08①
GX130CrSi29	1.4777	1.20~1.40	1.00~2.50	0.50~1.00	0.035	0.030	27.0~30.0	≤1.00	≤0.50	V≤0.08①
GX160CrSi18	1.4743	1.40~1.80	1.00~2.50	≤1.00	0.040	0.030	17.0~19.0	≤1.00	≤0.50	V≤0.08①
GX40CrNiSi27-4	1.4823	0.30~0.50	1.00~2.50	≤1.50	0.040	0.030	25.0~28.0	3.00~6.00	≤0.50	V≤0.08①
奥氏体型铸钢②										
GX25CrNiSi18-9	1.4825	0.15~0.35	0.50~2.50	≤2.00	0.040	0.030	17.0~19.0	8.00~10.0	≤0.50	—
GX40CrNiSi22-10	1.4826	0.30~0.50	1.00~2.50	≤2.00	0.040	0.030	21.0~23.0	9.00~11.0	≤0.50	—
GX25CrNiSi20-14	1.4832	0.15~0.35	0.50~2.50	≤2.00	0.040	0.030	19.0~21.0	13.0~15.0	≤0.50	—
GX40CrNiSi25-12	1.4837	0.30~0.50	1.00~2.50	≤2.00	0.040	0.030	24.0~27.0	11.0~14.0	≤0.50	—
GX40CrNiSi25-20	1.4848	0.30~0.50	1.00~2.50	≤2.00	0.040	0.030	24.0~27.0	19.0~22.0	≤0.50	—
GX40CrNiSiNb24-24	1.4855	0.30~0.50	1.00~2.50	≤2.00	0.040	0.030	23.0~25.0	23.0~25.0	≤0.50	Nb 0.80~1.80
GX35NiCrSi25-21	1.4805	0.20~0.50	1.00~2.50	≤2.00	0.040	0.030	19.0~23.0	23.0~27.0	≤0.50	—
GX40NiCrSi35-17	1.4806	0.30~0.50	1.00~2.50	≤2.00	0.040	0.030	16.0~18.0	34.0~36.0	≤0.50	—
GX40NiCrSiNb35-18	1.4807	0.30~0.50	1.00~2.50	≤2.00	0.040	0.030	17.0~20.0	34.0~36.0	≤0.50	Nb 1.00~1.80
GX40NiCrSi38-19	1.4865	0.30~0.50	1.00~2.50	≤2.00	0.040	0.030	18.0~21.0	36.0~39.0	≤0.50	—
GX40NiCrSiNb38-19	1.4849	0.30~0.50	1.00~2.50	≤2.00	0.040	0.030	18.0~21.0	36.0~39.0	≤0.50	Nb 1.20~1.80
GX10NiCrSiNb32-20	1.4859	0.05~0.15	0.50~1.50	≤2.00	0.040	0.030	19.0~21.0	31.0~33.0	≤0.50	Nb 0.50~1.50
GX40NiCrSi35-26	1.4857	0.30~0.50	1.00~2.50	≤2.00	0.040	0.030	24.0~27.0	33.0~36.0	≤0.50	—
GX40NiCrSiNb35-26	1.4852	0.30~0.50	1.00~2.50	≤2.00	0.040	0.030	24.0~27.0	33.0~36.0	≤0.50	Nb 0.80~1.80
GX50NiCrCo20-20-20	1.4874	0.35~0.65	≤1.00	≤2.00	0.040	0.030	19.0~22.0	18.0~22.0	2.50~3.00	Co 18.50~22.00 W 2.00~3.00 Nb 0.75~1.25
GX50NiCrCoW35-25-15-5	1.4869	0.45~0.55	1.00~2.00	≤1.00	0.040	0.030	24.0~26.0	32.0~37.0	—	Co 14.00~16.00 W 4.00~6.00
GX40NiCrNb45-35	1.4889	0.35~0.45	1.50~2.00	1.00~1.50	0.040	0.030	32.5~37.5	42.0~46.0	—	Nb 1.50~2.00
镍基和钴基铸造合金③										
G-NiCr15	2.4815	0.35~0.65	1.00~2.50	≤2.00	0.040	0.030	12.0~18.0	58.0~66.0	≤1.00	Fe 余量
G-NiCr28W	2.4879	0.35~0.55	1.00~2.00	≤1.50	0.040	0.030	27.0~30.0	47.0~50.0	≤0.50	W 4.00~6.00 Fe 余量
G-NiCr50Nb	2.4680	≤0.10	≤1.00	≤0.50	0.020	0.020	48.0~52.0	余量	≤0.50	Nb 1.00~1.80 Fe≤1.00，N≤0.16
G-CoCr28	2.4778	0.05~0.25	0.50~1.50	≤1.50	0.040	0.030	27.0~30.0	≤4.00	≤0.50	Co 48.0~52.0 Nb≤0.50，Fe 余量

① 其他残余元素：Cu≤0.20%，Nb≤0.20%，W≤0.20%，Co≤0.80%。

② 奥氏体型铸钢的残余元素：Cu≤0.40%，V≤0.12%，Nb≤0.60%，W≤0.60%，Co≤1.00%（已规定成分者除外）。

③ 镍基和钴基铸造合金的残余元素：Cu≤0.40%，V≤0.12%，Nb≤0.60%，W≤0.60%，Co≤1.00%（已规定成分者除外）。

（2）EN 欧洲标准耐热铸钢和铸造合金的室温力学性能和硬度（表5-3-6）

表5-3-6 耐热铸钢和铸造合金的室温力学性能和硬度

钢 号	数字牌号	力学性能[①]			退火硬度 HBW
		R_m/MPa	$R_{p0.2}$/MPa	A（%）	
		$\geqslant$			$\leqslant$
GX30CrSi7	1.4710	—	—	—	300
GX40CrSi13	1.4729	—	—	—	300
GX40CrSi17	1.4740	—	—	—	300
GX40CrSi24	1.4745	—	—	—	300
GX40CrSi28	1.4776	—	—	—	320
GX130CrSi29	1.4777	—	—	—	400
GX160CrSi18	1.4743	—	—	—	400
GX25CrNiSi18-9	1.4825	440	230	15	—[②]
GX25CrNiSi20-14	1.4832	440	230	10	—[②]
GX40CrNiSi22-10	1.4826	440	230	8	—[②]
GX40CrNiSi25-12	1.4837	440	220	6	—[②]
GX40CrNiSi25-20	1.4848	400~640	220	8	—[②]
GX40CrNiSi27-4	1.4823	400	220	—	—[②]
GX40CrNiSiNb24-24	1.4855	450~650	220	8	—[②]
GX40NiCrNb45-35	1.4889	—	—[②]	—	—[②]
GX35NiCrSi25-21	1.4805	—	—[②]	—	—[②]
GX40NiCrSi35-17	1.4806	420	220	6	—[②]
GX40NiCrSi35-26	1.4857	440~640	220	8	—[②]
GX40NiCrSiNb38-19	1.4865	400~600	230	6	—[②]
GX40NiCrSi38-19	1.4849	400~600	220	8	—[②]
GX10NiCrSiNb32-20	1.4859	440~640	175	20	—[②]
GX40NiCrSiNb35-18	1.4807	—	—[②]	—	—[②]
GX40NiCrSi35-26	1.4852	400~600	220	8	—[②]
GX40NiCrCo20-20-20	1.4874	400	320	6	—[②]
GX45NiCrCoW35-25-15-5	1.4869	480	270	5	—[②]
G-NiCr15	2.4815	—	—[②]	—	—[②]
G-NiCr28W	2.4879	400~600	220	5	—[②]
G-NiCr50Nb	2.4680	—	—[②]	—	—[②]
G-CoCr28	2.4778	500~740		6	—[②]

① 铸件状态：GX30CrSi7、GX40CrSi13、GX40CrSi17 为 800~850℃退火，其余牌号均为铸态。

② 力学性能与硬度按供需双方协商规定。

（3）EN 欧洲标准耐热铸钢和铸造合金的高温力学性能（表5-3-7）

表5-3-7 耐热铸钢和铸造合金的高温力学性能

钢 号	数字代号	伸长 1%-10000h 的蠕变应力/MPa 下列温度时						最高工作温度 /℃
		600℃	700℃	800℃	900℃	1000℃	1100℃	
铁素体型和奥氏体-铁素体型铸钢								
GX30CrSi7	1.4710	19	8	2.5	—	—	—	750
GX40CrSi13	1.4729	22	9	3.5	1	—	—	850
GX40CrSi17	1.4740	22	9	3.5	1	—	—	900
GX40CrSi24	1.4745	22	9	3.5	1	—	—	1050
GX40CrSi28	1.4776	26	11	5	1.5	—	—	1150

（续）

钢 号	数字代号	伸长1%-10000h的蠕变应力/MPa 下列温度时						最高工作温度/℃
		600℃	700℃	800℃	900℃	1000℃	1100℃	
铁素体型和奥氏体-铁素体型铸钢								
GX130CrSi29	1.4777	26	11	5	1.5	—	—	1100
GX160CrSi18	1.4743	25	10	4	1.5	—	—	900
GX40CrNiSi27-4	1.4823	28	15	8	4	—	1	1100
奥氏体型铸钢								
GX25CrNiSi18-9	1.4825	78	44	22	9			900
GX40CrNiSi22-10	1.4826	82	46	23	10			950
GX25CrNiSi20-14	1.4832	82	46	23	10			950
GX40CrNiSi25-12	1.4837	—	50	26	13	5	—	1050
GX40CrNiSi25-20	1.4848	—	65	36	17	7	2.5	1100
GX40CrNiSiNb24-24	1.4855	—	80	46	22	7.5		1050
GX35NiCrSi25-21	1.4805	—	80	45	22	7.5		1000
GX40NiCrSi35-17	1.4806	—	55	30	17	6	3	1000
GX40NiCrSiNb35-18	1.4807	—	140[1]	70[1]	35[1]	20[1]	10[1]	1000
GX40NiCrSiNb38-19	1.4865	—	55	50	18	7	3	1020
GX40NiCrSi38-19	1.4849	—	60	—	20	8	—	1020
GX10NiCrSiNb32-20	1.4859	—	64	60	15.5	5		1050
GX40NiCrSi35-26	1.4857	—	70	40	20	8		1100
GX40NiCrSi35-26	1.4852	—	72	41	22	9	3	1100
GX40NiCrCo20-20-20	1.4874	—	—	100[1]	27	17	—	1150
GX45NiCrCoW35-25-15-5	1.4869	—	—	—	—	17	5	1200
GX40NiCrNb45-35	1.4889	—	—	—	35[1]	20[1]	9[1]	1160
镍基和钴基铸造合金								
G-NiCr15	2.4815	—	—	—	24[1]	13[1]	—	1100
G-NiCr28W	2.4879	—	70	41	22	10	4	1150
G-NiCr50Nb	2.4680	—	71	38	18	6.8	—	1050
G-CoCr28	2.4778	—	70	34	16	9.5	4	1200

① 1000h的蠕变应力。

5.3.4 奥氏体高锰铸钢

EN欧洲标准奥氏体高锰铸钢的钢号与化学成分［EN 10349（2009）］见表5-3-8。

表5-3-8 奥氏体高锰铸钢的钢号与化学成分（质量分数）（%）

钢 号	数字牌号	C	Si	Mn	P ≤	S ≤	其 他
GX90MnMo14	1.3417	0.70~1.00	0.30~0.80	13.0~15.0	0.007	0.045	Mo 1.00~1.80
GX100Mn13	1.3406	0.95~1.05	0.30~0.90	11.0~14.0	0.060	0.045	—
GX110MnMo13-1	1.3416	0.75~1.35	0.30~0.90	11.0~14.0	0.060	0.045	Mo 0.90~1.20
GX120Mn13	1.3802	1.05~1.35	0.30~0.90	11.0~14.0	0.060	0.045	—
GX120Mn18	1.3407	1.05~1.35	0.30~0.90	16.0~19.0	0.060	0.045	—
GX120MnCr13-2	1.3410	1.05~1.35	0.30~0.90	11.0~14.0	0.060	0.045	Cr 1.50~2.50
GX120MnCr18-2	1.3411	1.05~1.35	0.30~0.90	16.0~19.0	0.060	0.045	Cr 1.50~2.50
GX120MnMo7-1	1.3415	1.05~1.35	0.30~0.90	6.00~8.00	0.060	0.045	Mo 0.90~1.20
GX120MnNi13-3	1.3425	1.05~1.35	0.30~0.90	11.0~14.0	0.060	0.045	Ni 3.00~4.00

B. 专业用钢和优良品种

5.3.5 工程和结构用合金铸钢［EN 10293（2015）］

（1）EN 欧洲标准工程和结构用合金铸钢的钢号与化学成分（表5-3-9）

表 5-3-9 工程和结构用合金铸钢的钢号与化学成分（质量分数）（%）

钢 号	数字代号	C	Si	Mn	P ≤	S ≤	Cr	Ni	Mo	其 他[①]
G17Mn5	1.1131	0.15~0.20	≤0.60	1.00~1.60	0.020	0.020[②]	≤0.30	≤0.40	≤0.12	V≤0.03[③]
G20Mn5	1.6220	0.17~0.23	≤0.60	1.00~1.60	0.020	0.020[②]	≤0.30	≤0.80	≤0.15	V≤0.05
G24Mn6	1.1118	0.20~0.25	≤0.60	1.50~1.80	0.020	0.015	≤0.30	≤0.40	≤0.12	V≤0.03[③]
G28Mn6	1.1165	0.25~0.32	≤0.60	1.20~1.80	0.035	0.030	≤0.30	≤0.40	≤0.12	V≤0.03[③]
G20Mo5	1.5419	0.15~0.23	≤0.60	0.50~1.00	0.025	0.020[②]	≤0.30	≤0.40	0.40~0.60	V≤0.05
G9Ni14	1.5638	0.06~0.12	≤0.60	0.50~0.80	0.020	0.015	≤0.30	3.00~4.00	≤0.12	V≤0.05
GX9Ni5	1.5681	0.08~0.12	≤0.60	0.50~0.80	0.020	0.020	≤0.30	4.50~5.50	≤0.15	V≤0.05
G10MnMoV6-3	1.5410	≤0.12	≤0.60	1.20~1.80	0.025	0.020	≤0.30	≤0.40	0.20~0.40	V 0.05~0.10
G15CrMoV6-9	1.7710	0.12~0.18	≤0.60	0.60~1.00	0.025	0.020[②]	1.30~1.80	≤0.40	0.80~1.20	V 0.15~0.25
G30CrMoV6-4	1.7725	0.27~0.34	≤0.60	0.50~1.00	0.025	0.020[②]	1.30~1.70	≤0.40	0.30~0.50	V 0.05~0.15
G17CrMo5-5	1.7357	0.15~0.20	≤0.60	0.50~1.00	0.025	0.020[②]	1.00~1.50	≤0.40	0.45~0.65	V≤0.05
G17CrMo9-10	1.7379	0.13~0.20	≤0.60	0.50~0.90	0.025	0.020[②]	2.00~2.50	≤0.40	0.90~1.20	V≤0.05
G26CrMo4	1.7221	0.20~0.29	≤0.60	0.50~0.80	0.025	0.020[②]	0.80~1.20	≤0.40	0.15~0.30	V≤0.05
G34CrMo4	1.7230	0.30~0.37	≤0.60	0.50~0.80	0.025	0.020[②]	0.80~1.20	≤0.40	0.15~0.30	V≤0.05
G42CrMo4	1.7231	0.38~0.45	≤0.60	0.60~1.00	0.025	0.020[②]	0.80~1.20	≤0.40	0.15~0.30	V≤0.05
G17NiCrMo13-16	1.6781	0.15~0.19	≤0.50	0.55~0.80	0.015	0.015	1.30~1.80	3.00~3.50	0.45~0.60	V≤0.05
G30NiCrMo14	1.6771	0.27~0.33	≤0.60	0.60~1.00	0.030	0.020	0.80~1.20	3.00~4.00	0.30~0.60	V≤0.05
G20NiMoCr4	1.6750	0.17~0.23	≤0.60	0.80~1.20	0.025	0.015[②]	0.30~0.50	0.80~1.20	0.40~0.80	V≤0.05
G32NiCrMo8-5-4	1.6570	0.28~0.35	≤0.60	0.50~0.80	0.020	0.015	1.00~1.40	1.60~2.10	0.30~0.50	V≤0.05
G35CrNiMo6-6	1.6579	0.32~0.38	≤0.60	0.60~1.00	0.025	0.020[②]	1.40~1.70	1.40~1.70	0.15~0.35	V≤0.05

① 残余元素 Cu≤0.30%。

② 铸件壁厚 < 28mm 时，$w(S)$ ≤0.030%。

③ Cr + Ni + Mo + V + Cu≤1.00。

（2）EN 欧洲标准工程和结构用合金铸钢的力学性能与热处理（表5-3-10）

表 5-3-10 工程和结构用合金铸钢的力学性能与热处理

钢号和代号		热 处 理			铸件壁厚 t/mm	力 学 性 能			
钢 号	No.	代号[①]（后缀）	正火或奥氏体化温度/℃	回火温度/℃		$R_{p0.2}$/MPa	R_m/MPa	A(%)	KV[②]/J
						≥			
G17Mn5	1.1131	+QT	920~980	600~700	≤50	240	450~600	24	27（-40℃）70
G20Mn5	1.6220	+N	900~980	—	≤30	300	480~620	20	27（-30℃）50
		+QT	900~980	610~660	≤100	300	500~650	22	27（-40℃）60

（续）

钢号和代号		热　处　理			铸件壁厚	力　学　性　能			
钢　号	No.	代号① （后缀）	正火或奥氏 体化温度 /℃	回火温度 /℃	t/mm	$R_{p0.2}$/MPa	R_m/MPa	A(%)	$KV^②$/J
						≥			
G24Mn6	1.1118	+ QT1	880 ~ 950	520 ~ 570	≤50	550	700 ~ 800	12	27（-20℃）
		+ QT2	880 ~ 950	600 ~ 650	≤100	500	650 ~ 800	15	27（-30℃）
		+ QT3	880 ~ 950	650 ~ 680	≤150	400	600 ~ 800	18	27（-30℃）
G28Mn6	1.1165	+ N	880 ~ 950	—	≤250	260	520 ~ 670	18	27
		+ QT1	880 ~ 950	630 ~ 680	≤100	450	600 ~ 750	14	35
		+ QT2	880 ~ 950	580 ~ 630	≤50	550	700 ~ 850	10	31
G20Mo5	1.5419	+ QT	920 ~ 980	650 ~ 730	≤100	245	440 ~ 590	22	27
G10MnMoV6-3	1.5410	+ QT1	950 ~ 980	640 ~ 660	≤50	380	500 ~ 650	22	27（-20℃） 60
					50 ~ 100	350	480 ~ 630	20	60
					100 ~ 150	330	480 ~ 630	18	60
					150 ~ 250	330	450 ~ 600	18	60
G10MnMoV6-3	1.5410	+ QT2	950 ~ 980	640 ~ 660	≤50	500	600 ~ 750	18	27（-20℃） 60
					50 ~ 100	400	550 ~ 700	18	60
					100 ~ 150	380	500 ~ 650	18	60
					150 ~ 250	350	460 ~ 610	18	60
		+ QT3	950 ~ 980	740 ~ 760	≤100	400	520 ~ 620	22	27（-20℃）
				600 ~ 650	≤100	400	520 ~ 620	22	60
G15CrMoV6-9	1.7710	+ QT1	950 ~ 980	650 ~ 670	≤50	700	850 ~ 1000	10	27
		+ QT2	950 ~ 980	610 ~ 640	≤50	930	980 ~ 1150	6	27
G30CrMoV6-4	1.7725	+ QT1	880 ~ 950	600 ~ 650	≤100	700	850 ~ 1000	14	45
					100 ~ 150	550	750 ~ 900	12	27
					150 ~ 250	350	650 ~ 800	12	20
		+ QT2	880 ~ 950	530 ~ 600	≤100	750	900 ~ 1100	12	31
G17CrMo5-5	1.7357	+ QT	920 ~ 960	680 ~ 730	≤100	315	490 ~ 690	20	27
G17CrMo9-10	1.7379	+ QT	930 ~ 970	680 ~ 740	≤150	400	590 ~ 740	18	40
G26CrMo4	1.7221	+ QT1	880 ~ 950	600 ~ 650	≤100	450	600 ~ 750	16	40
					100 ~ 250	300	550 ~ 700	14	27
		+ QT2	880 ~ 950	550 ~ 600	≤100	550	700 ~ 850	10	18
G34CrMo4	1.7230	+ QT1	880 ~ 950	600 ~ 650	≤100	540	700 ~ 850	12	35
					100 ~ 150	480	620 ~ 770	10	27
					150 ~ 250	330	620 ~ 770	10	16
		+ QT2	880 ~ 950	550 ~ 600	≤100	650	830 ~ 980	10	27
G42CrMo4	1.7231	+ QT1	880 ~ 950	600 ~ 650	≤100	600	800 ~ 950	12	31
					100 ~ 150	550	700 ~ 850	10	27
					150 ~ 250	350	650 ~ 800	10	16
		+ QT2	880 ~ 950	550 ~ 600	≤100	700	850 ~ 1000	10	27
G9Ni14	1.5638	+ QT	820 ~ 900	590 ~ 640	≤35	360	500 ~ 650	20	27（-90℃）

（续）

钢号和代号		热 处 理			铸件壁厚 t/mm	力 学 性 能			
钢 号	No.	代号[①]（后缀）	正火或奥氏体化温度/℃	回火温度/℃		$R_{p0.2}$/MPa	R_m/MPa	A(%)	KV[②]/J
						≥			
GX9Ni5	1.5681	+ QT	800～850	570～620	≤30	380	550～700	18	27（-100℃）100
G17NiCrMo13-16	1.6781	+ QT	890～930	600～640	≤200	600	750～900	15	27（-80℃）
G30NiCrMo14	1.6771	+ QT1	820～880	600～680	≤100	700	900～1050	9	30
					100～150	650	850～1000	7	30
					150～250	600	800～950	7	25
		+ QT2	820～880	550～600	≤50	1000	1100～1250	7	20
					50～100	1000	1100～1250	7	15
G20NiMoCr4	1.6750	+ QT	880～930	650～700	≤150	410	570～720	16	27（-45℃）40
G32NiCrMo8-5-4	1.6570	+ QT1	880～920	600～650	≤100	700	850～1000	16	50
					100～250	650	820～970	14	35
		+ QT2	880～920	500～550	≤100	950	1050～1200	10	35
G35CrNiMo6-6	1.6579	+ N	860～920	—	≤150	550	800～950	12	31
					150～250	500	750～900	12	31
		+ QT1	860～920	600～650	≤100	700	850～1000	12	45
					100～150	650	800～950	12	35
					150～250	650	800～950	12	30
		+ QT2	860～920	510～560	≤100	800	900～1050	10	35

① 热处理代号：+ N—正火；+ QT—淬火回火；+ QT1、+ QT2 表示同一温度淬火后不同温度回火。必要时可在牌号后添加热处理代号。

② 未标注温度者均为室温（RT）的冲击数值。

5.3.6 工程和结构用高合金铸钢 ［EN 10293（2015）］

（1）EN 欧洲标准工程和结构用高合金铸钢的钢号与化学成分（表5-3-11）

表 5-3-11 工程和结构用高合金铸钢的钢号与化学成分（质量分数）（%）

钢 号	数字代号	C	Si	Mn	P ≤	S ≤	Cr	Ni	Mo	其 他
GX3CrNi13-4	1.6982	≤0.05	≤1.00	≤1.00	0.035	0.015	12.0～13.5	3.50～5.00	≤0.70	V≤0.08，Cu≤0.30
GX4CrNi13-4	1.4317	≤0.06	≤1.00	≤1.00	0.035	0.025	12.0～13.5	3.50～5.00	≤0.70	V≤0.08，Cu≤0.30
GX4CrNi16-4	1.4421	≤0.06	≤0.80	≤1.00	0.035	0.020	15.5～17.5	4.00～5.50	≤0.70	V≤0.08，Cu≤0.30
GX4CrNiMo16-5-1	1.4405	≤0.06	≤0.80	≤1.00	0.035	0.025	15.0～17.0	4.00～6.00	0.70～1.50	V≤0.08，Cu≤0.30
GX23CrMoV12-1	1.4931	0.20～0.26	≤0.40	0.50～0.80	0.030	0.020	11.3～12.2	≤1.00	1.00～1.20	V 0.25～0.35 W≤0.50，Cu≤0.30

（2）EN 欧洲标准工程和结构用高合金铸钢的力学性能与热处理（表5-3-12）

表5-3-12　工程和结构用高合金铸钢的力学性能与热处理

钢号和代号		热　处　理			铸件壁厚	力 学 性 能			
钢　号	No.	代号[1]（后缀）	正火或奥氏体化温度（℃）与冷却	回火温度/℃	t/mm	$R_{p0.2}$/MPa	R_m/MPa	A(%)	KV[2]/J
						≥			
GX3CrNi13-4	1.6982	+ QT	1000～1050，空冷	670～690 590～620	≤300	500	700～800	15	27
GX4CrNi13-4	1.4317	+ QT	1000～1050，空冷	590～620	≤300	550	760～960	15	50
GX4CrNi16-4	1.4421	+ QT1	1020～1070，空冷	580～630	≤300	540	780～980	15	60
		+ QT2	1020～1070，空冷	450～500	≤300	830	1000～1200	10	27
GX4CrNiMo16-5-1	1.4405	+ QT	1020～1070，空冷	580～630	≤300	540	760～960	15	60
GX23CrMoV12-1	1.4931	+ QT	1030～1080 液体冷却	700～750	≤150	540	740～880	15	27

① 热处理代号：+ QT—淬火；+ QT1、+ QT2 表示同一温度淬火后不同温度回火。必要时可在牌号后添加热处理代号。
② 均为室温（RT）的冲击数值。

5.3.7　室温和高温用承压铸钢 ［EN 10213（2007）A1（2016）］

（1）EN 欧洲标准室温和高温用承压铸钢的钢号与化学成分（表5-3-13）

表5-3-13　室温和高温用承压铸钢的钢号与化学成分（质量分数）（%）

钢　号	数字代号	C	Si	Mn	P ≤	S ≤	Cr	Ni	Mo	其　他
GP240GH	1.0619	0.18～0.23	≤0.60	0.50～1.20	0.030	0.020[1]	≤0.30	≤0.40	≤0.12	Cu≤0.30 V≤0.03[3]
GP280GH	1.0625	0.18～0.25[2]	≤0.60	0.80～1.20[2]	0.030	0.020[1]	≤0.30	≤0.40	≤0.12	
G20Mo5	1.5419	0.15～0.23	≤0.60	0.50～1.00	0.025	0.020[1]	≤0.30	≤0.40	0.40～0.60	Cu≤0.30 V≤0.05
G17CrMo5-5	1.7357	0.15～0.20	≤0.60	0.50～1.00	0.020	0.020[1]	1.00～1.50	≤0.40	0.45～0.65	
G17CrMo9-10	1.7379	0.13～0.20	≤0.60	0.50～0.90	0.020	0.020[1]	2.00～2.50	≤0.40	0.90～1.20	
G12CrMoV5-2	1.7720	0.10～0.15	≤0.45	0.40～0.70	0.030	0.020[1]	0.30～0.50	≤0.40	0.40～0.60	V 0.22～0.30
G17CrMoV5-10	1.7706	0.15～0.20	≤0.60	0.50～0.90	0.015		1.20～1.50	≤0.40	0.90～1.20	Cu≤0.30 Sn≤0.025
GX15CrMo5	1.7365	0.12～0.19	≤0.80	0.50～0.80	0.025	0.025	4.00～6.00	—	0.45～0.65	Cu≤0.30 V≤0.05
GX4CrNi13-4	1.4317	≤0.06	≤1.00	≤1.00	0.035	0.025	12.0～13.5	3.50～5.00	≤0.70	Cu≤0.30 V≤0.08
GXCrNi12	1.4107	≤0.10	≤0.40	0.50～0.80	0.030	0.020	11.5～12.5	0.80～1.50	≤0.50	Cu≤0.30 V≤0.08
GX23CrMoV12-1	1.4931	0.20～0.26	≤0.40	0.50～0.80	0.030	0.020	11.3～12.2	≤1.00	1.00～1.20	V 0.25～0.35 Cu≤0.30 W≤0.50
GX4CrNiMo16-5-1	1.4405	≤0.06	≤0.80	≤1.00	0.035	0.025	15.0～17.0	4.00～6.00	0.50～0.70	Cu≤0.30 V≤0.08
GX10NiCrSiNb32-20	1.4859	0.05～0.15	0.50～1.50	≤2.00	0.040	0.030	19.0～21.0	31.0～33.0	≤0.50	Cu≤0.50 Nb 0.50～1.50

① 计量厚度28mm 的铸件，硫含量允许 0.030%。
② 碳含量每降低 0.01%，可相应提高锰含量 0.04%，但锰含量最高不得超过 1.40%。
③ 残余元素总含量 Cr + Ni + Mo + V + Cu≤1.00%。

（2）EN 欧洲标准室温用承压铸钢的室温力学性能与热处理（表 5-3-14）

表 5-3-14 室温用承压铸钢的室温力学性能与热处理

钢号和数字代号		热 处 理			铸件厚度 /mm	室温力学性能			
钢号	No.	代号[①]	正火或淬火 温度/℃	回火温度 /℃	≤	R_m /MPa	$R_{p0.2}$/MPa	A（%）	KV_2/J
								≥	
GP240GH	1.0619	+ N	900 ~ 980	—	100	420 ~ 600	240	22	27
		+ QT	890 ~ 980	600 ~ 700	100	420 ~ 600	240	22	40
GP280GH	1.0625	+ N	900 ~ 980	—	100	480 ~ 640	280	22	27
		+ QT	890 ~ 980	600 ~ 700	100	480 ~ 640	280	22	35
G20Mo5	1.5419	+ QT	920 ~ 980	650 ~ 730	100	440 ~ 590	245	22	27
G17CrMo5-5	1.7357	+ QT	920 ~ 980	680 ~ 730	100	490 ~ 690	315	20	27
G17CrMo9-10	1.7379	+ QT	930 ~ 970	680 ~ 740	150	590 ~ 740	400	18	40
G12CrMoV5-2	1.7720	+ QT	950 ~ 1000	680 ~ 720	100	510 ~ 660	295	17	27
G17CrMoV5-10	1.7706	+ QT	920 ~ 960	680 ~ 740	150	590 ~ 780	440	15	27
GX15CrMo5	1.7365	+ QT	930 ~ 990	680 ~ 730	150	630 ~ 760	420	16	27
GXCrNi12	1.4107	+ QT1	1000 ~ 1060	680 ~ 730	300	540 ~ 690	355	18	45
		+ QT2	1000 ~ 1060	600 ~ 680	300	600 ~ 800	500	16	40
GX4CrNi13-4	1.4317	+ QT	1000 ~ 1050	590 ~ 620	300	760 ~ 960	550	15	50
GX23CrMoV12-1	1.4931	+ QT	1030 ~ 1080	700 ~ 750	150	740 ~ 880	540	15	27
GX4CrNiMo16-5-1	1.4405	+ QT	1020 ~ 1070	580 ~ 630	300	760 ~ 960	540	15	60
GX10NiCrSiNb32-20	1.4859	铸态	—	—	50	440 ~ 640	180	25	27
		铸态	—	—	50 ~ 150	400 ~ 600	—	20	27

① 热处理代号：N—正火；QT—淬火（冷却介质：液体或空冷）+ 回火；QT1、QT2 表示在同一温度淬火后于不同温度回火。

（3）EN 欧洲标准高温用承压铸钢的（高温）条件屈服应力（表 5-3-15）

表 5-3-15 高温用承压铸钢的（高温）条件屈服应力

钢号和数字代号		热处理 代号[①]	铸件厚度 /mm	下列温度的（高温）条件屈服应力 $R_{p0.2}$/MPa					
钢 号	No.			100℃	200℃	300℃	400℃	500℃	550℃
GP240GH	1.0619	+ N	100	210	175	145	130	—	—
		+ QT	100	210	175	145	130	—	—
GP280GH	1.0625	+ N	100	250	220	190	160	—	—
		+ QT	100	250	220	190	160	—	—
G20Mo5	1.5419	+ QT	100	—	190	165	150	135	—
G17CrMo5-5	1.7357	+ QT	100	—	355	230	200	175	160
G17CrMo9-10	1.7379	+ QT	150		244	345	315	280	240
G12CrMoV5-2	1.7720	+ QT	100	264	385	230	214	194	144
G17CrMoV5-10	1.7706	+ QT	150		385	365	335	300	260
GX15CrMo5	1.7365	+ QT	150		390	380	370	305	250
GXCrNi12	1.4107	+ QT1	300		275	265	255	—	—
		+ QT2	300		410	390	370	—	—
GX4CrNi13-4	1.4317	+ QT	300	515	485	455	—	—	—
GX23CrMoV12-1	1.4931	+ QT	150	—	450	430	390	340	290
GX4CrNiMo16-5-1	1.4405	+ QT	300	515	485	455	—	—	—
GX10NiCrSiNb32-20	1.4859	铸态	50 ~ 150	155	135	125	120	110	107

① 热处理代号：N—正火；QT—淬火（冷却介质：液体或空冷）+ 回火；QT1、QT2 表示在同一温度淬火后于不同温度回火。

5.3.8　低温用承压铸钢 ［EN 10213（2007）Al（2016）］

（1）EN 欧洲标准低温用承压铸钢的钢号与化学成分（表 5-3-16）

表 5-3-16　低温用承压铸钢的钢号与化学成分（质量分数）（%）

钢　号	数字代号	C	Si	Mn	P ≤	S ≤	Cr	Ni	Mo	其　他
G17Mn5	1.1131	0.15 ~ 0.20	≤0.60	1.00 ~ 1.60	0.020	0.020①	≤0.30	0.40	0.12	Cu ≤0.30 V ≤0.03②
G20Mn5	1.6220	0.17 ~ 0.23	≤0.60	1.00 ~ 1.60	0.020	0.020①	≤0.30	≤0.80	0.12	Cu ≤0.30 V ≤0.03
G18Mo5	1.5422	0.15 ~ 0.22	≤0.60	0.80 ~ 1.20	0.020	0.020	≤0.30	0.40	0.45 ~ 0.65	Cu ≤0.30 V ≤0.05
G9Ni10	1.5636	0.06 ~ 0.12	≤0.60	0.50 ~ 0.80	0.015	0.015	≤0.30	2.00 ~ 3.00	≤0.20	Cu ≤0.30 V ≤0.05
G9Ni14	1.5638	0.06 ~ 0.12	≤0.60	0.50 ~ 0.80	0.015	0.015	≤0.30	3.00 ~ 4.00	≤0.20	Cu ≤0.30 V ≤0.05
G17NiCrMo13-6	1.6781	0.15 ~ 0.19	≤0.50	0.55 ~ 0.80	0.015	0.015	1.30 ~ 1.80	3.00 ~ 3.50	0.45 ~ 0.60	Cu ≤0.30 V ≤0.05
GX3CrNi13-4	1.6982	≤0.05	≤1.00	≤1.00	0.035	0.015	12.0 ~ 13.0	3.50 ~ 5.00	≤0.70	Cu ≤0.30 V ≤0.08

① 计量厚度 28mm 的铸件，硫含量允许 0.030% 。

② 残余元素总含量 Cr + Ni + Mo + V + Cu≤1.00。

（2）EN 欧洲低温用承压铸钢的力学性能与热处理（表 5-3-17）

表 5-3-17　低温用承压铸钢的力学性能与热处理

钢号和数字代号			热处理		铸件厚度	室温力学性能			冲击吸收能量	
钢号	No.	代号①	正火或淬火温度/℃	回火温度/℃	/mm ≤	R_m/MPa	$R_{p0.2}$/MPa ≥	A（%） ≥	试验温度/℃	KV/J ≥
G17Mn5	1.1131	+ QT	890 ~ 980	600 ~ 700	50	450 ~ 600	240	24	-40	27
G20Mn5	1.6220	+ N	900 ~ 980	—	30	480 ~ 620	300	20	-30	27
		+ QT	890 ~ 940	610 ~ 660	100	500 ~ 650	300	22	-40	27
G18Mo5	1.5422	+ QT	920 ~ 980	650 ~ 730	100	440 ~ 790	240	23	-45	27
G9Ni10	1.5636	+ QT	830 ~ 890	600 ~ 650	35	480 ~ 630	280	24	-70	27
G9Ni14	1.5638	+ QT	820 ~ 900	590 ~ 640	35	500 ~ 650	360	20	-90	27
G17NiCrMo13-6	1.6781	+ QT	890 ~ 930	600 ~ 640	200	750 ~ 900	600	15	-80	27
GX3CrNi13-4	1.6982	+ QT	1000 ~ 1050	670 ~ 690 590 ~ 620	300	700 ~ 900	500	15	-120	27

① 热处理代号：N—正火；QT—淬火 + 回火。

5.3.9　耐蚀承压铸钢 ［EN 10213（2007）A1（2016）］

（1）EN 欧洲标准奥氏体型和奥氏体-铁素体型耐蚀承压铸钢的钢号与化学成分（表 5-3-18）

表 5-3-18 奥氏体型和奥氏体-铁素体型耐蚀承压铸钢的钢号与化学成分（质量分数）（%）

钢 号	数字代号	C	Si	Mn	P ≤	S ≤	Cr	Ni	Mo	其 他
GX2CrNi19-11	1.4309	≤0.030	≤1.50	≤2.00	0.035	0.025	18.0~20.0	9.00~12.0	—	Cu≤0.50，N≤0.20
GX5CrNi19-10	1.4308	≤0.07	≤1.50	≤1.50	0.040	0.030	18.0~20.0	8.00~11.0	—	—
GX5CrNiNb19-11	1.4552	≤0.07	≤1.50	≤1.50	0.040	0.030	18.0~20.0	9.00~12.0	—	Nb 8C~1.00[①]
GX2CrNiMo19-11-2	1.4409	≤0.030	≤1.50	≤2.00	0.035	0.025	18.0~20.0	9.00~12.0	2.00~2.50	Cu≤0.50，N≤0.20
GX5CrNiMo19-11-2	1.4408	≤0.07	≤1.50	≤1.50	0.040	0.030	18.0~20.0	9.00~12.0	2.00~2.50	—
GX5CrNiMoNb19-11-2	1.4581	≤0.07	≤1.50	≤1.50	0.040	0.030	18.0~20.0	9.00~12.0	2.00~2.50	Nb 8C~1.00[①]
GX2CrNiMo28-20-2	1.4458	≤0.030	≤1.00	≤2.00	0.035	0.025	19.0~22.0	26.0~30.0	2.00~2.50	Cu≤2.00，N≤0.20
GX2CrNiMoN22-5-3	1.4470	≤0.030	≤1.00	≤2.00	0.035	0.025	21.0~23.0	4.50~6.50	2.50~3.50	Cu≤0.5 N 0.12~0.20
GX2CrNiMoN25-7-3	1.4417	≤0.030	≤1.00	≤1.50	0.035	0.020	23.0~26.0	6.00~8.50	3.00~4.00	Cu≤1.00，W≤1.00 N 0.15~0.25
GX2CrNiMoN26-7-4	1.4469	≤0.030	≤1.00	≤1.00	0.035	0.025	25.0~27.0	6.00~8.00	3.00~5.00	Cu≤1.30 N 0.12~0.22
GX2CrNiMoCuN25-6-3-3	1.4517	≤0.030	≤1.00	≤1.50	0.035	0.025	24.5~26.5	5.00~7.00	2.50~3.50	Cu 2.75~3.50 N 0.12~0.22

① 含 Nb + Ta。

（2）EN 欧洲奥氏体型和奥氏体-铁素体型耐蚀承压铸钢的室温力学性能与热处理（表 5-3-19）

表 5-3-19 奥氏体型和奥氏体-铁素体型耐蚀承压铸钢的室温力学性能与热处理

钢号和数字代号		热处理温度[①] /℃	铸件厚度 /mm ≤	室温力学性能			
钢 号	No.			R_m/MPa	$R_{p1.0}$/MPa	A(%)	KV[③]/J
					≥	≥	≥
GX2CrNi19-11	1.4309	1050~1150	150	440~640	210	30	80[④]
GX5CrNi19-10	1.4308	1050~1150	150	440~640	200	30	60[④]
GX5CrNiNb19-11	1.4552	1050~1150	150	440~640	200	25	—
GX2CrNiMo19-11-2	1.4409	1080~1150	150	440~640	220	30	—
GX5CrNiMo19-11-2	1.4408	1080~1150	150	440~640	210	30	60[④]
GX5CrNiMoNb19-11-2	1.4581	1080~1150	150	440~640	210	25	40
GX2CrNiMo28-20-2	1.4458	1100~1180	150	430~630	190	30	60[④]
GX2CrNiMoN22-5-3	1.4470	1120~1150[②]	150	600~800	420	20	30
GX2CrNiMoN25-7-3	1.4417	1120~1150[②]	150	650~850	480	22	50[④]
GX2CrNiMoN26-7-4	1.4469	1120~1150[②]	150	650~850	480	22	50[④]
GX2CrNiMoCuN25-6-3-3	1.4517	1120~1150[②]	150	650~850	480	22	50[④]

① 各钢号的热处理均为固溶水淬处理。

② 时效硬化的奥氏体-铁素体型承压铸钢可不进行固溶水淬处理。

③ 表中 KV 值均为室温测定值。

④ 经供需双方同意，下列钢号（数字牌号）的低温 KV 值规定为：数字牌号 1.4517 和 1.4469 的低温 KV 值为 35J（-70℃）；数字牌号 1.4308，1.4408 和 1.4458 的低温 KV 值为 60J（-196℃）；数字牌号 1.4309 和 1.4409 的低温 KV 值为 70J（-196℃）。

（3）EN 欧洲奥氏体型和奥氏体-铁素体型耐蚀承压铸钢的（高温）条件屈服强度（表 5-3-20）

表 5-3-20　奥氏体型和奥氏体-铁素体型耐蚀承压铸钢的（高温）条件屈服强度

钢号和数字代号		热处理温度 /℃	铸件厚度 /mm ≤	下列温度的（高温）条件屈服强度[①]$R_{\text{pl.0}}$/MPa ≥					
钢　号	No			100℃	200℃	300℃	400℃	500℃	550℃
GX2CrNi19-11	1.4309	1050～1150	150	165	130	110	—		
GX5CrNi19-10	1.4308	1050～1150	150	160	125	110	—		
GX5CrNiNb19-11	1.4552	1050～1150	150	165	145	130	120	110	100
GX2CrNiMo19-11-2	1.4409	1080～1150	150	175	145	115	105		
GX5CrNiMo19-11-2	1.4408	1080～1150	150	170	135	115	105		
GX5CrNiMoNb19-11-2	1.4581	1080～1150	150	185	160	145	130	120	115
GX2CrNiMo28-20-2	1.4458	1100～1180	150	165	130	120	110	110	
GX2CrNiMoN22-5-3	1.4470	1120～1150[②]	150	330	280	②	—		
GX2CrNiMoN25-7-3	1.4417	1120～1150	150	390	330	②	—		
GX2CrNiMoN26-7-4	1.4469	1120～1150[②]	150	390	330	②	—		
GX2CrNiMoCuN25-6-3-3	1.4517	1120～1150[②]	150	390	330	②	—		

① 高温条件屈服强度 $R_{\text{p0.2}}$ 值与 $R_{\text{pl.0}}$ 下限值相差约 25MPa。
② 奥氏体-铁素体型承压铸钢通常用于不超过 250℃ 的压力容器。

5.4　法　　　国

A. 通用铸钢

5.4.1　一般用途铸钢［NF EN 10293（2015）］

（1）法国 NF EN 标准一般用途铸钢的钢号与化学成分
（2）法国 NF 标准一般机械结构用铸钢［NF A32-054（2015）］

5.4.2　不锈、耐蚀铸钢［NF EN 10283（2019）］

见 5.3.2 节。

5.4.3　耐热铸钢［NF EN 10295（2002）］

见 5.3.3 节。

B. 专业用钢和优良品种

5.4.4　低温用承压铸钢［NF EN 10213＋A1（2016）］

见 5.3.7 节。

5.4.5　奥氏体高锰铸钢［NF EN 10349（2009）］

见 5.3.4 节。

5.5　德　　　国

A. 通用铸钢

5.5.1　一般工程用铸钢［DIN EN 10293（2015）］

见 5.3.1 节。

5.5.2 高合金铸钢［DIN EN 10213（2015）］

见5.3.6节。

5.5.3 不锈、耐蚀铸钢［DIN EN 10283（2019）］

见5.3.2节。

5.5.4 耐热铸钢［DIN EN 10295（2003）］

见5.3.3节。

5.5.5 奥氏体高锰铸钢

见5.3.4节。

B. 专业用钢和优良品种

5.5.6 不同温度用承压铸钢［DIN EN 10213（2016）］

见5.3.7~5.3.9节。

5.6　印　　　度

A. 通用铸钢

5.6.1 一般工程用碳素铸钢

（1）印度 IS 标准一般工程用碳素铸钢的钢号与化学成分［IS 1030（1998）］（表5-6-1）

表 5-6-1　一般工程用碳素铸钢的钢号与化学成分（质量分数）（%）

钢　号[①]	C	Si	Mn	P≤	S≤	其　他[②]
200-400N	—	—	—	0.045	0.040	—
200-400W	≤0.25	≤0.60	≤1.00	0.040	0.035	残余元素总量≤1.00
230-450N				0.045	0.040	
230-450W	≤0.25	≤0.50	≤1.20	0.040	0.035	残余元素总量≤1.00
280-520N				0.045	0.040	—
280-520W	≤0.25	≤0.60	≤1.20	0.040	0.035	残余元素总量≤1.00
340-570N	—	—	—	0.045	0.040	—
340-570W	≤0.25	≤0.60	≤1.50	0.040	0.035	残余元素总量≤1.00

① 钢号后缀字母 W 为保证焊接性能的铸钢，对化学成分有严格要求。后缀字母 N 为不保证焊接性能的铸钢，其化学成分除 P、S 外未作规定。

② 残余元素含量见表5-6-2。

（2）印度 IS 标准一般工程用碳素铸钢的残余元素含量（表5-6-2）

表 5-6-2　一般工程用碳素铸钢的残余元素含量（质量分数）（%）

钢　号	Cr	Ni	Mo	Cu	V	残余元素总量
200-400W	≤0.35	≤0.40	≤0.15	≤0.40	≤0.05	≤1.00
230-450W	≤0.35	≤0.40	≤0.15	≤0.40	≤0.05	≤1.00
280-520W	≤0.35	≤0.40	≤0.15	≤0.40	≤0.05	≤1.00
340-570W	≤0.35	≤0.40	≤0.15	≤0.40	≤0.05	≤1.00

（3）印度 IS 标准一般工程用碳素铸钢的力学性能（表5-6-3）

表 5-6-3 一般工程用碳素铸钢的力学性能

钢 号	R_m/MPa	$R_{eL}^{①}$/MPa	$A(\%)$	$Z(\%)$	KV/J	弯曲试验
			≥			
200-400N	400	200	25	40	≥30	90°不裂
200-400W	400	200	25	40	≥45	90°不裂
230-450N	450	230	22	31	≥25	90°不裂
230-450W	450	230	22	31	≥45	90°不裂
280-520N	520	280	18	25	≥22	60°不裂
280-520W	520	280	18	25	≥22	60°不裂
340-570N	570	340	15	21	≥20	60°不裂
340-570W	570	340	15	21	≥20	60°不裂

① 根据试验结果确定屈服点或屈服强度。

5.6.2 一般用途非合金和低合金铸钢

（1）印度 IS 标准一般用途非合金精密铸钢的钢号与化学成分 ［IS 10343（1999）］（表5-6-4）

表 5-6-4 一般用途非合金精密铸钢的钢号与化学成分（质量分数）（%）

钢号	C	Si	Mn	P ≤	S ≤	Cr	Ni	Mo	其他[②]
Grade 1A	0.15 ~ 0.25	0.2 ~ 1.0	0.2 ~ 0.6	0.040	0.045	≤0.30	≤0.40	≤0.10	Cu ≤ 0.30
Grade 2A	0.25 ~ 0.35	0.2 ~ 1.0	0.7 ~ 1.0	0.040	0.045	≤0.30	≤0.40	≤0.10	Cu ≤ 0.30
Grade 2Q	0.25 ~ 0.35	0.2 ~ 1.0	0.7 ~ 1.0	0.040	0.045	≤0.30	≤0.40	≤0.10	Cu ≤ 0.30
Grade 3A	0.35 ~ 0.45	0.2 ~ 1.0	0.7 ~ 1.0	0.040	0.045	≤0.30	≤0.40	≤0.10	Cu ≤ 0.30
Grade 3Q	0.35 ~ 0.45	0.2 ~ 1.0	0.7 ~ 1.0	0.040	0.045	≤0.30	≤0.40	≤0.10	Cu ≤ 0.30
Grade 4A[①]	0.45 ~ 0.55	0.2 ~ 1.0	0.7 ~ 1.0	0.040	0.045	≤0.30	≤0.40	≤0.10	Cu ≤ 0.30
Grade 4Q[①]	0.45 ~ 0.55	0.2 ~ 1.0	0.7 ~ 1.0	0.040	0.045	≤0.30	≤0.40	≤0.10	Cu ≤ 0.30
Grade 5N[①]	0.50 ~ 0.60	0.2 ~ 1.0	0.7 ~ 1.0	0.040	0.045	≤0.30	≤0.40	≤0.10	Cu ≤ 0.30

① 可用作表面硬化铸钢。

② 残余元素总含量（质量分数）：Cr + Mo + Ni + Cu≤0.80% 。

（2）印度 IS 标准一般用途低合金精密铸钢的钢号与化学成分 ［IS 10343（1999）］（表5-6-5）

表 5-6-5 一般用途低合金精密铸钢的钢号与化学成分（质量分数）（%）

钢 号	C	Si	Mn	P ≤	S ≤	Cr	Ni	Mo	其 他
Grade 6N	0.10 ~ 0.20	0.2 ~ 1.0	0.6 ~ 1.0	0.040	0.045	≤0.30	≤0.40	≤0.10	Cu≤0.30 Cr + Ni + Mo + Cu≤0.80
Grade 7N	0.10 ~ 0.20	0.2 ~ 0.6	0.3 ~ 0.6	0.040	0.045	≤0.30	2.75 ~ 3.5	≤0.10	
Grade 8Q	0.15 ~ 0.25	0.2 ~ 0.8	0.65 ~ 9.5	0.040	0.045	0.4 ~ 0.7	0.4 ~ 0.7	0.15 ~ 0.25	Cu≤0.30
Grade 9Q	0.20 ~ 0.30	0.3 ~ 0.8	0.3 ~ 0.6	0.040	0.045	2.9 ~ 3.5	≤0.40	0.40 ~ 0.70	Cu≤0.30, Ni + Cu≤0.80
Grade 10N	≤0.30	0.2 ~ 0.8	0.7 ~ 1.0	0.040	0.045	≤0.30	≤0.40	0.05 ~ 0.15	Cu≤0.30, Cr + Ni + Cu≤0.80
Grade 11N	≤0.35	0.2 ~ 0.8	1.35 ~ 1.75	0.040	0.045	≤0.30	≤0.40	0.25 ~ 0.55	
Grade 12Q	0.15 ~ 0.25	0.2 ~ 0.8	0.4 ~ 0.7	0.040	0.045	≤0.30	1.65 ~ 2.0	0.20 ~ 0.30	Cu≤0.30, Cr + Cu≤0.80
Grade 13Q	0.25 ~ 0.35	0.2 ~ 0.8	0.65 ~ 9.5	0.040	0.045	0.4 ~ 0.7	0.4 ~ 0.7	0.15 ~ 0.25	Cu≤0.30

（3）印度 IS 标准一般用途非合金和低合金精密铸钢的力学性能（表5-6-6）

表5-6-6　一般用途非合金和低合金精密铸钢的力学性能

钢　号	热处理状态①	R_m/MPa	$R_{eL}^{②}$/MPa	$A(\%)$	KV/J
		≥			
非合金精密铸钢					
Grade 1A	A	414	276	22	—
Grade 2A	A	448	310	23	—
Grade 2Q	QT	586	414	9	—
Grade 3A	A	517	331	23	—
Grade 3Q	QT	689	621	9	—
Grade 4A①	A	621	345	18	—
Grade 4Q①	QT	862	689	5	—
Grade 5N①	NT	600	290	9	—
低合金精密铸钢					
Grade 6N	N	495	215	14	27
Grade 7N	N	700	350	13	40
Grade 8Q	QT	724	586	9	—
Grade 9Q	QT	850	600	7	20
Grade 10N	NT	586	379	20	—
Grade 11N	NT	621	414	18	—
Grade 12Q	QT	827	689	9	—
Grade 13Q	QT	1030	793	6	—

① A—退火，N—正火，QT—淬火＋回火。
② 根据试验结果确定屈服点或屈服强度。

5.6.3　不锈耐蚀铸钢和镍基铸造合金

（1）印度 IS 标准不锈耐蚀铸钢和镍基铸造合金的牌号与化学成分〔IS 3444（1999）〕（表5-6-7）

表5-6-7　不锈耐蚀铸钢和镍基铸造合金的牌号与化学成分（质量分数）（%）

牌　号	C	Si	Mn	P ≤	S ≤	Cr	Ni	Mo	其　他
Grade 1	≤0.08	≤2.00	≤1.50	0.040	0.040	18.0~21.0	8.0~11.0	—	Fe余量
Grade 2	≤0.12	≤2.00	≤1.50	0.040	0.040	20.0~23.0	10.0~13.0	—	Fe余量
Grade 3	≤0.20	≤2.00	≤1.50	0.040	0.040	18.0~21.0	8.0~11.0	—	Fe余量
Grade 4	≤0.08	≤2.00	≤1.50	0.040	0.040	18.0~21.0	9.0~12.0	2.00~3.00	Fe余量
Grade 5	≤0.08	≤2.00	≤1.50	0.040	0.040	18.0~21.0	9.0~12.0	—	Fe余量
Grade 6	≤0.16	≤2.00	≤1.50	0.040	0.040	18.0~21.0	9.0~12.0	≤1.50	Se 0.20~0.35 Fe余量
Grade 6A	≤0.16	≤2.00	≤1.50	0.040	0.040	18.0~21.0	9.0~12.0	0.40~0.80	Fe余量
Grade 7	≤0.20	≤2.00	≤1.50	0.040	0.20~040	22.0~26.0	12.0~15.0	—	Fe余量
Grade 7A	≤0.10	≤2.00	≤1.50	0.040	0.040	22.0~26.0	12.0~15.0	—	Fe余量
Grade 8	≤0.20	≤2.00	≤2.00	0.040	0.040	23.0~27.0	19.0~22.0	—	Fe余量
Grade 9	≤0.30	≤2.00	≤1.50	0.040	0.040	26.0~30.0	8.0~11.0	—	Fe余量

（续）

牌　号	C	Si	Mn	P ≤	S ≤	Cr	Ni	Mo	其　他
Grade 10	≤0.15	≤1.50	≤1.00	0.040	0.040	11.5～14.0	≤1.00	≤0.50	Fe 余量
Grade 11	≤0.15	≤0.65	≤1.00	0.040	0.040	11.5～14.0	≤1.00	0.15～1.00	Fe 余量
Grade 12	≤0.30	≤1.50	≤1.00	0.040	0.040	18.0～21.0	≤2.00	—	Cu 0.9～1.2 Fe 余量
Grade 13	≤0.50	≤1.50	≤1.00	0.040	0.040	26.0～30.0	≤4.00	—	Fe 余量
Grade 14	0.20～0.40	≤1.50	≤1.00	0.040	0.040	11.5～14.0	≤1.00	≤0.50	Fe 余量
Grade 15	≤0.03	≤2.00	≤1.50	0.040	0.040	17.0～21.0	8.0～12.0	—	Fe 余量
Grade 16	≤0.03	≤1.50	≤1.50	0.040	0.040	17.0～21.0	9.0～13.0	2.0～3.0	Fe 余量
Grade 17	≤0.08	≤1.50	≤1.50	0.040	0.040	18.0～21.0	9.0～13.0	3.0～4.0	Fe 余量
Grade 18	≤0.07	≤1.50	≤1.50	0.040	0.040	19.0～22.0	27.5～30.5	2.0～3.0	Cu 3.0～4.0 Fe 余量
Grade 19	≤0.12	≤1.50	≤1.00	0.040	0.040	15.0～20.0	余量	16.0～20.0	W≤5.25，Co≤2.50 V≤0.40，Fe≤7.50
Grade 20	≤0.40	≤3.00	≤1.50	0.030	0.030	14.0～17.0	余量	—	Fe≤11.0
Grade 21	≤1.00	≤2.00	≤1.50	0.030	0.040	—	余量	—	Cu≤1.25，Fe≤3.00
Grade 22	≤0.35	≤2.00	≤1.50	0.030	0.030	—	余量	—	Cu 26.0～33.0 Fe≤3.50
Grade 22A	≤0.35	≤1.25	≤1.50	0.030	0.030	—	余量	—	Cu 26.0～33.0 Fe≤3.50
Grade 23	≤0.12	≤1.00	≤1.00	0.040	0.030	≤1.00	余量	26.0～33.0	Co≤2.50，V≤0.60 Fe≤6.00
Grade 24	≤0.06	≤1.00	≤1.00	0.040	0.030	11.5～14.0	3.5～4.5	0.4～1.0	—

（2）印度 IS 标准不锈耐蚀铸钢和镍基铸造合金的力学性能（表 5-6-8）

表 5-6-8　不锈耐蚀铸钢和镍基铸造合金的力学性能

钢号	R_m/MPa	R_{eL}/MPa	A(%)	Z(%)	钢号	R_m/MPa	R_{eL}/MPa	A(%)	Z(%)
			≥					≥	
Grade 1	485	205	32	—	Grade 14	690	480	13	25
Grade 2	480	190	32	—	Grade 15	485	205	32	—
Grade 3	480	210	27	—	Grade 16	480	210	27	—
Grade 4	480	210	27	—	Grade 17	520	240	23	—
Grade 5	480	210	27	—	Grade 18	430	170	32	—
Grade 6/6A	480	210	23	—	Grade 19	500	320	3	—
Grade 7/7A	480	210	27	—	Grade 20	480	190	27	—
Grade 8	450	190	27	—	Grade 21	350	120	9	—
Grade 9	550	280	09	—	Grade 22	450	210	23	—
Grade 10	620	450	16	30	Grade 22A	450	170	23	—
Grade 11	620	450	16	30	Grade 23	500	320	6	—
Grade 12	450	210	—	—	Grade 24	760	550	13	35
Grade 13	380								

5.6.4　耐热铸钢

（1）印度 IS 标准耐热铸钢的牌号与化学成分［IS 4522（1986/2010 确认）］（表 5-6-9）

表5-6-9　耐热铸钢的牌号与化学成分（质量分数）（%）

牌　号	C	Si	Mn	P≤	S≤	Cr	Ni	Mo
Grade 1	≤0.40	≤2.0	≤1.0	0.050	0.050	12.0~14.0	≤1.00	≤0.50
Grade 2	0.30~0.60	≤2.0	≤1.0	0.050	0.050	27.0~30.0	—	≤0.50
Grade 3	1.20~1.40	≤2.0	≤1.0	0.050	0.050	27.0~30.0	—	≤0.50
Grade 4	0.20~0.50	≤2.0	≤1.0	0.050	0.050	26.0~30.0	4.0~7.0	≤0.50
Grade 5	0.20~0.50	≤2.0	≤2.0	0.050	0.050	18.0~20.0	8.0~10.0	≤0.50
Grade 6	0.20~0.50	≤2.0	≤2.0	0.050	0.050	26.0~30.0	6.0~10.0	≤0.50
Grade 7 Type 1	0.20~0.50	≤2.0	≤2.0	0.050	0.050	23.0~27.0	11.0~14.0	≤0.50
Grade 7 Type 2	0.20~0.50	≤2.0	≤2.0	0.050	0.050	23.0~27.0	11.0~14.0	≤0.50
Grade 8	0.15~0.35	≤2.5	≤1.5	0.050	0.050	19.0~21.0	13.0~15.0	≤0.50
Grade 9	0.20~0.50	≤2.0	≤2.0	0.050	0.050	23.0~27.0	18.0~22.0	≤0.50
Grade 10	0.20~0.60	≤2.5	≤2.0	0.050	0.050	28.0~32.0	18.0~22.0	≤0.50
Grade 11	0.20~0.50	≤2.0	≤2.0	0.050	0.050	19.0~23.0	23.0~27.0	≤0.50
Grade 12	0.35~0.75	≤2.5	≤2.0	0.050	0.050	13.0~17.0	33.0~37.0	≤0.50
Grade 13	0.35~0.75	≤2.5	≤2.0	0.050	0.050	17.0~21.0	37.0~41.0	≤0.50
Grade 14	0.35~0.75	≤2.5	≤2.0	0.050	0.050	15.0~19.0	64.0~68.0	≤0.50

（2）印度IS标准部分耐热铸钢的室温力学性能和硬度（表5-6-10）

表5-6-10　部分耐热铸钢的室温力学性能和硬度

钢　号	铸件状态	R_m/MPa	$R_{p0.2}$/MPa	A_5（%）	HBW≤
		≥			
Grade 1	—	690	480	13	300
Grade 2	铸态	380	—	—	①
Grade 3	铸态	—	—	—	①
Grade 4	铸态	—	—	—	①
Grade 5	铸态	440	230	15	①
Grade 6	铸态	—	—	—	①
Grade 7	铸态	440	230	7	①
Grade 7A	铸态	440	230	7	①
Grade 8	铸态	440	230	10	①
Grade 9	铸态	400~640	220	8	①
Grade 13	铸态	400~600	230	6	—

① 根据供需双方协议。

5.6.5　高锰铸钢

印度IS标准高锰铸钢的钢号与化学成分［IS 276（2000）］（表5-6-11）

表5-6-11　高锰铸钢的钢号与化学成分①（质量分数）（%）

钢　号	C	Si	Mn	P≤	S≤	其　他
Grade 1	1.05~1.35	≤1.0	11.0~14.0①	0.080	0.025	—
Grade 2	0.90~1.05	≤1.0	11.5~14.0	0.080	0.025	—
Grade 3	1.05~1.35	≤1.0	11.5~14.0①	0.080	0.025	Cr 1.5~2.5
Grade 4	0.70~1.30	≤1.0	11.5~14.0	0.080	0.025	Ni 3.0~5.0
Grade 5	1.05~1.45	≤1.0	11.5~14.0	0.080	0.025	Mo 1.8~2.1
Grade 6	1.05~1.35	0.3~0.9	16.0~19.0	0.080	0.025	—
Grade 7	1.05~1.35	0.3~0.9	16.0~19.0	0.080	0.025	Cr 1.5~2.5

① 可采用锰碳比（Mn∶C）>10∶1。

B. 专业用钢和优良品种

5.6.6　工程与结构用高强度铸钢［IS 10343（1999）］

（1）印度IS标准工程与结构用高强度精密铸钢的钢号与化学成分（表5-6-12）

表 5-6-12　工程与结构用高强度精密铸钢的钢号与化学成分（质量分数）（%）

钢　号	C	Si	Mn	P≤	S≤	Cr	Ni	Mo	其　他
Grade 14Q	—	≤0.6	—	0.035	0.035	≤0.30	≤0.40	≤0.10	Cu≤0.30[1]
Grade 15Q	—	≤0.6	—	0.035	0.035	≤0.30	≤0.40	≤0.10	Cu≤0.30[1]
Grade 16Q	—	≤0.6	—	0.035	0.035	≤0.30	≤0.40	≤0.10	Cu≤0.30[1]
Grade 17Q	—	≤0.6	—	0.035	0.035	≤0.30	≤0.40	≤0.10	Cu≤0.30[1]
Grade 18Q	0.35~0.45	0.2~0.8	0.7~1.0	0.040	0.045	0.7~0.9	1.65~2.00	0.20~0.30	Cu≤0.30
Grade 19Q	0.45~0.55	0.2~0.8	0.65~9.5	0.040	0.045	0.8~1.1	≤0.40	≤0.10	Cu≤0.30，V≤0.15 Ni+Mo+Cu≤0.80
Grade 20Q	0.25~0.35	0.2~0.8	0.4~0.7	0.045	0.045	0.8~1.1	≤0.40	0.15~0.25	Cu≤0.30
Grade 21Q	0.35~0.45	0.2~0.8	0.7~1.0	0.045	0.045	0.8~1.1	≤0.40	0.15~0.25	Cu≤0.30
Grade 22Q	0.25~0.35	0.2~0.8	0.4~0.7	0.040	0.045	0.7~0.9	1.65~2.00	0.20~0.30	Cu≤0.30
Grade 23A	0.95~1.10	0.2~0.8	0.25~0.55	0.040	0.045	1.3~1.6	≤0.40	≤0.10	Cu≤0.30 Ni+Mo+Cu≤0.80

① 残余元素总量 Cr+Ni+Mo+Cu≤0.80。

（2）印度 IS 标准工程与结构用高强度精密铸钢的力学性能（表 5-6-13）

表 5-6-13　工程与结构用高强度精密铸钢的力学性能

钢　号	状态[1]	R_m/MPa	R_{eL}/MPa	A(%)	KV/J
		≥			
Grade 14Q	QT	640	390	14	30
Grade 15Q	QT	700	560	13	30
Grade 16Q	QT	840	700	11	28
Grade 17Q	QT	1030	850	7	20
Grade 18Q	QT	1241	1000	5	—
Grade 19Q	QT	1310	1172	4	—
Grade 20Q	QT	1030	793	6	—
Grade 21Q	QT	1241	1000	5	—
Grade 22Q	QT	1030	793	6	—
Grade 23A	A	—	—	—	—

① 热处理状态代号：A—退火，Q—淬火，T—回火。

5.6.7　非合金承压铸钢［IS 2856（1999）］

（1）印度 IS 标准压力容器部件用非合金承压铸钢的钢号与化学成分（表 5-6-14）

表 5-6-14　压力容器部件用非合金承压铸钢的钢号与化学成分（质量分数）（%）

钢　号	C	Si	Mn	P≤	S≤	Cr	Ni	Cu	V	其　他
Grade 1[1]	≤0.25	≤0.60	≤1.20	0.040	0.045	≤0.50	≤0.50	≤0.30	≤0.03	CE≤0.50[2] Mo+W≤0.25[3]
Grade 2[1]	≤0.30	≤0.60	≤1.00	0.040	0.045	≤0.50	≤0.50	≤0.30	≤0.03	
Grade 3[1]	≤0.25	≤0.60	≤0.70	0.040	0.045	≤0.50	≤0.50	≤0.30	≤0.03	

① 实际碳含量上限值每减少 w(C)=0.01%，允许实际锰含量上限值超出 w(Mn)=0.04%。

② 对碳当量 CE 有规定时的数值。

③ 残余元素总含量：Cr+Ni+Mo+Cu+W≤1.00。

（2）印度 IS 标准压力容器部件用非合金承压铸钢的力学性能（表 5-6-15）

表 5-6-15　压力容器部件用非合金承压铸钢的力学性能

钢号	R_m/MPa	R_{eL}[1]/MPa	A(%)	Z(%)	KV/J	弯曲试验
		≥				
Grade 1	485~655	275	20	35	≥20	90°不裂
Grade 2	485~655	250	20	35	≥20	90°不裂
Grade 3	415~585	205	22	35	≥22	90°不裂

① 屈服点或屈服强度。

5.6.8　轮机和锅炉用承压铸钢［IS 2986（1990/2000 确认）］

（1）印度 IS 标准轮机和锅炉用承压铸钢的钢号与化学成分（表 5-6-16）

表 5-6-16　轮机和锅炉用承压铸钢的钢号与化学成分（质量分数）（%）

钢　号	C	Si	Mn	P≤	S≤	Cr	Ni	Mo	其　他
Grade 1	≤0.20	0.15~0.60	0.50~1.00	0.040	0.040	≤0.25	≤0.40	≤0.15	Cu≤0.30
Grade 2	≤0.25	0.15~0.60	0.60~1.20	0.040	0.040	≤0.25	≤0.40	≤0.15	Cu≤0.30
Grade 3	≤0.17	0.15~0.60	0.90~1.60	0.040	0.040	≤0.25	≤0.40	≤0.15	Cu≤0.30
Grade 4	≤0.25	0.15~0.50	0.50~1.00	0.040	0.040	≤0.25	≤0.40	0.40~0.70	Cu≤0.30
Grade 5	≤0.23	0.15~0.60	0.50~0.80	0.040	0.040	1.00~1.50	≤0.40	0.45~0.65	Cu≤0.30
Grade 6	≤0.20	0.15~0.60	0.40~0.70	0.040	0.040	2.00~2.75	≤0.40	0.90~1.20	Cu≤0.30
Grade 7	≤0.18	0.15~0.50	0.40~0.80	0.040	0.040	0.25~0.50	≤0.40	0.50~0.70	V 0.22~0.30 Cu≤0.30

（2）印度 IS 标准轮机和锅炉用承压铸钢的力学性能（表 5-6-17）

表 5-6-17　轮机和锅炉用承压铸钢的力学性能

钢　号	R_m/MPa	$R_{eL}^{①}$/MPa	A(%)	Z(%)	120°弯曲试验[②]
		≥			
Grade 1	400~510	200	22	35	$d = 3t$
Grade 2	430~540	235	22	35	$d = 3t$
Grade 3	430~540	235	22	35	$d = 3t$
Grade 4	430~540	235	18	30	$d = 3t$
Grade 5	460~690	250	17	30	$d = 3t$
Grade 6	460~690	250	17	30	$d = 3t$
Grade 7	510~690	280	17	30	$d = 6t$

① 屈服点或屈服强度。

② d—弯心直径，t—壁厚。

5.6.9　低温用铸钢［IS 4899（2006）］

（1）印度 IS 标准低温用铁素体和马氏体铸钢的钢号与化学成分（表 5-6-18）

表 5-6-18　低温用铁素体和马氏体铸钢的钢号与化学成分（质量分数）（%）

钢　号	C	Si	Mn	P≤	S≤	Ni	Mo	其　他
Grade 1	≤0.25	≤0.60	0.70	0.040	0.045	—	—	CE ≤0.50[①]
Grade 2	≤0.30	≤0.60	1.00	0.040	0.045	—	—	CE ≤0.50[①]
Grade 3	≤0.25	≤0.60	1.20	0.040	0.045	—	—	CE ≤0.55[①]
Grade 4	≤0.25	≤0.60	0.50~0.80	0.040	0.045	4.50~6.50	—	—
Grade 5	≤0.25	≤0.60	0.50~0.80	0.040	0.045	2.00~3.00	—	—
Grade 6	≤0.22	≤0.50	0.55~0.75	0.040	0.045	2.50~3.50	0.30~0.60	Cr 1.55~1.85
Grade 7	≤0.15	≤0.60	0.50~0.80	0.040	0.045	3.00~4.00	—	—
Grade 8	≤0.15	≤0.60	0.50~0.80	0.040	0.045	4.00~5.00	—	—
Grade 9	≤0.13	≤0.45	≤0.90	0.040	0.045	8.50~10.0	—	—
Grade 10	≤0.06	≤1.00	≤1.00	0.040	0.045	3.50~4.50	0.40~1.00	Cr 11.5~14.0

① 对碳当量 CE 有规定时的数值。

（2）印度 IS 标准低温用铁素体和马氏体铸钢的力学性能（表 5-6-19）

表 5-6-19　低温用铁素体和马氏体铸钢的力学性能

钢　号	R_m/MPa	$R_{eL}^{①}$/MPa	A(%)	Z(%)	KV/J≥		
		≥			试验温度	平均值[②]	单个值
Grade 1	415~585	205	23	35	-32℃	18	14
Grade 2	450~620	240	23	35	-46℃	18	14
Grade 3	485~655	275	21	35	-46℃	20	16
Grade 4	450~620	240	21	35	-59℃	18	14
Grade 5	485~655	275	23	35	-73℃	20	16

（续）

钢 号	R_m/MPa	$R_{eL}^{①}$/MPa	A(%)	Z(%)	KV/J≥		
		≥			试验温度	平均值[②]	单个值
Grade 6	725~895	550	17	30	−73℃	41	34
Grade 7	485~655	275	23	35	−101℃	20	16
Grade 8	485~655	275	23	35	−115℃	20	16
Grade 9	≥585	515	19	30	−196℃	27	20
Grade 10	760~930	550	14	35	−73℃	27	20

① 屈服点或屈服强度。

② 取 3 个试样的平均值；此规定不适用离心铸造钢管。

5.7 日 本

A. 通用铸钢

5.7.1 一般工程用铸钢

（1）日本 JIS 标准一般工程用铸钢［JIS G7821（2000/2014 确认）］

A）一般工程用铸钢的钢号与化学成分（表 5-7-1）

表 5-7-1 一般工程用铸钢的钢号与化学成分（质量分数）（%）

钢 号	C	Si	Mn	P≤	S≤	其 他
200-400	—	—	—	0.035	0.035	—
200-400W	≤0.25	≤0.60	≤1.00	0.035	0.035	Cu≤0.40，V≤0.05
230-450				0.035	0.035	
230-450W	≤0.25	≤0.60	≤1.20	0.035	0.035	Cu≤0.40，V≤0.05
270-480	—	—	—	0.035	0.035	—
270-480W	≤0.25	≤0.60	≤1.20	0.035	0.035	Cu≤0.40，V≤0.05
340-550	—	—	—	0.035	0.035	—
340-550W	≤0.25	≤0.60	≤1.50	0.035	0.035	Cu≤0.40，V≤0.05

注：1. 本标准为等效采用 ISO 3755（1991）铸钢标准。

2. 钢号无后缀字母 W 者，为不保证焊接性能的铸钢，其化学成分除 P、S 外由生产厂家决定。

B）一般工程用铸钢的残余元素含量（表 5-7-2）

表 5-7-2 一般工程用铸钢的残余元素含量（质量分数）（%）

钢 号	Cr	Ni	Mo	Cu	V	残余元素总量
	≤					
200-400W	0.35	0.40	0.15	0.40	0.05	1.00
230-450W	0.35	0.40	0.15	0.40	0.05	1.00
270-480W	0.35	0.40	0.15	0.40	0.05	1.00
340-450W	0.35	0.40	0.15	0.40	0.05	1.00

C）一般工程用铸钢的室温力学性能（表 5-7-3）

表 5-7-3 一般工程用铸钢的室温力学性能

钢 号	试块截面厚度/mm	R_m/MPa	R_{eL}/MPa	A(%)	Z(%)	KV/J
			≥			
200-400	28	400~550	200	25	40	30
200-400W	28	400~550	200	25	40	45
230-450	28	450~600	230	22	31	25
230-450W	28	450~600	230	22	31	45
270-480	28	480~630	270	18	25	22
	28~40	500~650	260			

（续）

钢　号	试块截面厚度/mm	R_m/MPa	R_{eL}/MPa	$A(\%)$	$Z(\%)$	KV/J
			≥			
270-480W	28	480～630	270	18	25	22
	28～40	500～650	260	—	—	—
340-450	28	550～700	340	15	21	20
	28～40	570～720	300	—	—	—
340-450W	28	550～700	340	15	21	20
	28～40	570～720	300	—	—	—

注：室温范围为23℃±5℃。

（2）日本 JIS 标准普通用途碳素铸钢［JIS G5101（1991/2016 确认）］

A）普通用途碳素铸钢的钢号与化学成分（表5-7-4）

表 5-7-4　普通用途碳素铸钢的钢号与化学成分（质量分数）（%）

钢　号	旧钢号	C	Si	Mn	P≤	S≤
SC360	SC37	≤0.20	①	①	0.040	0.040
SC410	SC42	≤0.30	①	①	0.040	0.040
SC450	SC46	≤0.35	①	①	0.040	0.040
SC480	SC49	≤0.40	①	①	0.040	0.040

① 标准中对 Si、Mn 及残余元素含量均未作规定，由供需双方商定。

B）普通用途碳素铸钢的力学性能（表5-7-5）

表 5-7-5　普通用途碳素铸钢的力学性能

钢　号	旧钢号	$R_m^{①}$/MPa	R_{eL}/MPa	$A(\%)$	$Z(\%)$
			≥		
SC360	SC37	360	175	23	35
SC410	SC42	410	205	21	35
SC450	SC46	450	225	19	30
SC480	SC49	480	245	17	25

① 根据试验结果确定屈服点或屈服强度。

5.7.2　不锈、耐蚀铸钢

（1）日本 JIS 标准不锈、耐蚀铸钢的钢号与化学成分［JIS G5121（2003/2013 确认）］（表5-7-6）

表 5-7-6　不锈、耐蚀铸钢的钢号与化学成分（质量分数）（%）

钢　号①	C	Si	Mn	P≤	S≤	Cr	Ni	Mo	其　他
SCS1	≤0.15	≤1.50	≤1.00	0.040	0.040	11.50～14.00	（≤1.00）	（≤0.50）	—
SCS1X	≤0.15	≤0.80	≤0.80	0.035	0.025	11.50～13.50	（≤1.00）	（≤0.50）	—
SCS2	0.16～0.24	≤1.50	≤1.00	0.040	0.040	11.50～14.00	（≤1.00）	（≤0.50）	—
SCS2A	0.25～0.40	≤1.50	≤1.00	0.040	0.040	11.50～14.00	（≤1.00）	（≤0.50）	—
SCS3	≤0.15	≤1.00	≤1.00	0.040	0.040	11.50～14.00	0.50～1.50	0.15～1.00	—
SCS3X	≤0.10	≤0.80	≤0.80	0.035	0.025	11.50～13.00	0.80～1.80	0.20～0.50	—
SCS4	≤0.15	≤1.50	≤1.00	0.040	0.040	11.50～14.00	1.50～2.50	—	—
SCS5	≤0.06	≤1.00	≤1.00	0.040	0.040	11.50～14.00	3.50～4.50	—	—
SCS6	≤0.06	≤1.00	≤1.00	0.040	0.030	11.50～14.00	3.50～4.50	0.40～1.00	—
SCS6X	≤0.06	≤1.00	≤1.50	0.035	0.025	11.50～13.00	3.50～5.00	（≤1.00）	—
SCS10	≤0.03	≤1.50	≤1.50	0.040	0.030	21.00～26.00	4.50～8.50	2.50～4.00	N 0.08～0.30
SCS11	≤0.08	≤1.50	≤1.00	0.040	0.030	23.00～27.00	4.00～7.00	1.50～2.50	—
SCS12	≤0.20	≤2.00	≤2.00	0.040	0.040	18.00～21.00	8.00～11.00	—	—
SCS13	≤0.08	≤2.00	≤2.00	0.040	0.040	18.00～21.00②	8.00～11.00	—	—
SCS13A	≤0.08	≤2.00	≤1.50	0.040	0.040	18.00～21.00②	8.00～11.00	—	—
SCS13X	≤0.07	≤1.50	≤1.50	0.040	0.030	18.00～21.00	8.00～11.00	—	—

（续）

钢　号[①]	C	Si	Mn	P≤	S≤	Cr	Ni	Mo	其　他
SCS14	≤0.08	≤2.00	≤2.00	0.040	0.040	17.00~20.00[②]	10.00~14.00	2.00~3.00	—
SCS14A	≤0.08	≤1.50	≤1.50	0.040	0.040	18.00~21.00[②]	9.00~12.00	2.00~3.00	—
SCS14X	≤0.07	≤1.50	≤1.50	0.040	0.030	17.00~20.00	9.00~12.00	2.00~2.50	—
SCS14XNb	≤0.08	≤1.50	≤1.50	0.040	0.030	17.00~20.00	9.00~12.00	2.00~2.50	Nb 8C~1.00
SCS15	≤0.08	≤2.00	≤2.00	0.040	0.040	17.00~20.00	10.00~14.00	1.75~2.75	Cu 1.00~2.50
SCS16	≤0.03	≤2.00	≤2.00	0.040	0.040	17.00~20.00	12.00~16.00	2.00~3.00	—
SCS16A	≤0.03	≤1.50	≤1.50	0.040	0.040	17.00~20.00	9.00~13.00	2.00~3.00	—
SCS16AX	≤0.03	≤1.50	≤1.50	0.040	0.030	17.00~20.00	9.00~12.00	2.00~2.50	—
SCS16AXN	≤0.03	≤1.50	≤1.50	0.040	0.030	17.00~20.00	9.00~12.00	2.00~2.50	N 0.10~0.20
SCS17	≤0.20	≤2.00	≤2.00	0.040	0.040	22.00~26.00	12.00~15.00	—	—
SCS18	≤0.20	≤2.00	≤2.00	0.040	0.040	23.00~27.00	19.00~22.00	—	—
SCS19	≤0.03	≤2.00	≤2.00	0.040	0.040	17.00~21.00	8.00~12.00	—	—
SCS19A	≤0.03	≤2.00	≤1.50	0.040	0.040	17.00~21.00	8.00~12.00	—	—
SCS20	≤0.03	≤2.00	≤2.00	0.040	0.040	17.00~20.00	12.00~16.00	1.75~2.75	Cu 1.00~2.50
SCS21	≤0.08	≤2.00	≤2.00	0.040	0.040	18.00~21.00	9.00~12.00	—	Nb 10C≤1.35
SCS21X	≤0.08	≤1.50	≤1.50	0.040	0.030	18.00~21.00	9.00~12.00	—	Nb 8C≤1.00
SCS22	≤0.08	≤2.00	≤2.00	0.040	0.040	17.00~20.00	10.00~14.00	2.00~3.00	Nb 10C≤1.35
SCS23	≤0.07	≤2.00	≤2.00	0.040	0.040	19.00~22.00	27.50~30.00	2.00~3.00	Cu 3.00~4.00
SCS24	≤0.07	≤1.00	≤1.00	0.040	0.040	15.50~17.50	3.50~5.00		Cu 2.50~4.00 Nb 0.15~0.45
SCS31	≤0.06	≤0.80	≤0.80	0.035	0.025	15.00~17.00	4.00~6.00	0.70~1.50	—
SCS32	≤0.03	≤1.00	≤1.50	0.035	0.025	25.00~27.00	4.50~6.50	2.50~3.50	Cu 2.50~3.50 N 0.12~0.25
SCS33	≤0.03	≤1.00	≤1.50	0.035	0.025	25.00~27.00	4.50~6.50	2.50~3.50	N 0.12~0.25
SCS34	≤0.07	≤1.50	≤1.50	0.040	0.030	17.00~20.00	9.00~12.00	3.00~3.50	—
SCS35	≤0.03	≤1.50	≤1.50	0.040	0.030	17.00~20.00	9.00~12.00	3.00~3.50	—
SCS35N	≤0.03	≤1.50	≤1.50	0.040	0.030	17.00~20.00	9.00~12.00	3.00~3.50	N 0.10~0.20
SCS36	≤0.03	≤1.50	≤1.50	0.040	0.030	17.00~19.00	9.00~12.00	—	—
SCS36N	≤0.03	≤1.50	≤1.50	0.040	0.030	17.00~19.00	9.00~12.00	—	N 0.10~0.20

注：括号内数值为允许的添加量。

① SCS1~SCS6 为工程结构用中、高强度马氏体不锈钢。

② 当用于低温时 $w(Cr)$ = 18.00%~23.00%。

（2）日本 JIS 不锈、耐蚀铸钢的力学性能与热处理（表 5-7-7）

表 5-7-7　不锈、耐蚀铸钢的力学性能与热处理

钢　号	热处理制度			力学性能				HBW
	淬火温度[①] /℃	回火温度[②] /℃	固溶处理 温度[③]/℃	R_m/MPa	$R_{eL}^{④}$/MPa	$A(\%)$	$Z(\%)$	
				≥				
SCS1（T1）	≥950	680~740	—	540	345	18	40	163~229
SCS1（T2）	≥950	590~700	—	620	450	16	30	179~241
SCS2	≥950	680~740	—	590	390	16	35	170~235
SCS2A	≥950	≥600	—	690	485	15	25	≤269
SCS3	≥900	650~740	—	590	440	16	40	170~235
SCS4	≥900	650~740	—	640	490	13	40	192~255
SCS5	≥900	600~700	—	740	540	13	40	217~277
SCS6	≥950	570~620	—	750	550	15	35	≤285
SCS10	—	—	1050~1150	620	390	15	—	≤302

（续）

钢 号	热处理制度			力 学 性 能				HBW
	淬火温度①/℃	回火温度②/℃	固溶处理温度③/℃	R_m/MPa	$R_{eL}^{④}$/MPa	$A(\%)$	$Z(\%)$	
				≥				
SCS11	—	—	1030～1150	590	345	13	—	≤241
SCS12	—	—	1030～1150	480	205	28	—	≤183
SCS13	—	—	1030～1150	440	185	30	—	≤183
SCS13A	—	—	1030～1150	480	205	33	—	≤183
SCS14	—	—	1030～1150	440	185	28	—	≤183
SCS14A	—	—	1030～1150	480	205	33	—	≤183
SCS15	—	—	1030～1150	440	185	28	—	≤183
SCS16	—	—	1030～1150	390	175	33	—	≤183
SCS16A	—	—	1030～1150	480	205	33	—	≤183
SCS17	—	—	1050～1160	480	205	28	—	≤183
SCS18	—	—	1070～1180	450	195	28	—	≤183
SCS19	—	—	1030～1150	390	285	33	—	≤183
SCS19A	—	—	1030～1150	480	205	33	—	≤183
SCS20	—	—	1030～1150	390	175	33	—	≤183
SCS21	—	—	1030～1150	480	205	28	—	≤183
SCS22	—	—	1030～1150	440	205	28	—	≤183
SCS23	—	—	1070～1180	390	165	30	—	≤183
SCS24	符号	固溶处理③	时效处理					
	H900	1020～1080	(475～525)×90min	1240	1030	6	—	≤375
	H1025	1020～1080	(535～585)×4h	980	885	9	—	≤311
	H1075	1020～1080	(565～615)×4h	960	785	9	—	≤277
	H1150	1020～1080	(605～655)×4h	850	665	10	—	≤269
SCS31	1020～1070	580～630	—	540	760	15	60	—
SCS32	—	—	>1120⑤	450	650	18	50	—
SCS33	—	—	>1120⑤	450	650	18	50	—
SCS34	—	—	>1120⑥	180	440	30	60	—
SCS35	—	—	>1120⑥	180	440	30	80	—
SCS35N	—	—	>1120⑥	230	510	30	80	—
SCS36	—	—	>1120⑥	180	440	30	80	—
SCS36N	—	—	>1120⑥	230	510	30	80	—

① 冷却：油冷或空冷，仅 SCS6 为空冷。

② 冷却：空冷或缓冷。

③ 冷却：急冷。

④ 根据试验结果，确定屈服强度或屈服点。

⑤ 冷却：水冷。

⑥ 空冷。

5.7.3 耐热铸钢

（1）日本 JIS 标准耐热铸钢的牌号与化学成分［JIS G5122（2003/2013 确认）］（表 5-7-8）

表 5-7-8 耐热铸钢的牌号与化学成分（质量分数）（%）

牌 号	C	Si	Mn	P≤	S≤	Cr	Ni	Mo②	其 他②
SCH1	0.20～0.40	1.50～3.00	≤1.00	0.040	0.040	12.00～15.00	≤1.00	(≤0.50)	—
SCH1X	0.30～0.50	1.00～2.50	0.50～1.00	0.040	0.030	12.00～14.00	≤1.00	(≤0.50)	—
SCH2	≤0.40	≤2.00	≤1.00	0.040	0.040	25.00～28.00	≤1.00	(≤0.50)	—
SCH2X1	0.30～0.50	1.00～2.50	0.50～1.00	0.040	0.030	23.00～26.00	≤1.00	(≤0.50)	—
SCH2X2	0.30～0.50	1.00～2.50	0.50～1.00	0.040	0.030	27.00～30.00	≤1.00	(≤0.50)	—

（续）

牌　号	C	Si	Mn	P≤	S≤	Cr	Ni	Mo[2]	其　他[2]
SCH3	≤0.40	≤2.00	≤1.00	0.040	0.040	12.00~15.00	≤1.00	（≤0.50）	—
SCH4	0.20~0.35	1.00~2.50	0.50~1.00	0.040	0.040	6.80~8.00	≤0.50	（≤0.50）	—
SCH5	0.30~0.50	1.00~2.50	0.50~1.00	0.040	0.030	16.00~19.00	≤1.00	（≤0.50）	—
SCH6	1.20~1.40	1.00~2.50	0.50~1.00	0.040	0.030	27.00~30.00	≤1.00	（≤0.50）	—
SCH11	≤0.40	≤2.00	≤1.00	0.040	0.040	24.00~28.00	4.00~6.00	（≤0.50）	—
SCH11X	0.30~0.50	1.00~2.50	≤1.50	0.040	0.030	25.00~28.00	3.00~6.00	（≤0.50）	—
SCH12	0.20~0.40	≤2.00	≤2.00	0.040	0.040	18.00~23.00	8.00~12.00	（≤0.50）	—
SCH13	0.20~0.50	≤2.00	≤2.00	0.040	0.040	24.00~28.00	11.00~14.00	（≤0.50）	（N≤0.20）
SCH13A	0.25~0.50	≤1.75	≤2.50	0.040	0.040	23.00~26.00	12.00~14.00	（≤0.50）	（N≤0.20）
SCH13X	0.30~0.50	1.00~2.50	≤2.00	0.040	0.030	24.00~27.00	11.00~14.00	（≤0.50）	—
SCH15	0.35~0.70	≤2.50	≤2.00	0.040	0.040	15.00~19.00	33.00~37.00	（≤0.50）	—
SCH15X	0.30~0.50	1.00~2.50	≤2.00	0.040	0.030	16.00~18.00	34.00~36.00	（≤0.50）	—
SCH16	0.20~0.35	≤2.50	≤2.00	0.040	0.040	13.00~17.00	33.00~37.00	（≤0.50）	—
SCH17	0.20~0.50	≤2.00	≤2.00	0.040	0.040	26.00~30.00	8.00~11.00	（≤0.50）	—
SCH18	0.20~0.50	≤2.00	≤2.00	0.040	0.040	26.00~30.00	14.00~18.00	（≤0.50）	—
SCH19	0.20~0.50	≤2.00	≤2.00	0.040	0.040	19.00~23.00	23.00~27.00	（≤0.50）	—
SCH20	0.35~0.75	≤2.50	≤2.00	0.040	0.040	17.00~21.00	37.00~41.00	（≤0.50）	—
SCH20X	0.30~0.50	1.00~2.50	≤2.00	0.040	0.030	18.00~21.00	36.00~39.00	（≤0.50）	—
SCH20XNb	0.30~0.50	1.00~2.50	≤2.00	0.040	0.030	18.00~21.00	36.00~39.00	（≤0.50）	Nb 1.20~1.80
SCH21	0.25~0.35	≤1.75	≤1.50	0.040	0.040	23.00~27.00	19.00~22.00	（≤0.50）	（N≤0.20）
SCH22	0.35~0.45	≤1.75	≤1.50	0.040[1]	0.040	23.00~27.00[1]	19.00~22.00[1]	（≤0.50）	（N≤0.20）
SCH22X	0.30~0.50	1.00~2.50	≤2.00	0.040	0.030	24.00~27.00	19.00~22.00	（≤0.50）	—
SCH23	0.20~0.60	≤2.00	≤2.00	0.040	0.040	28.00~32.00	18.00~22.00	（≤0.50）	—
SCH24	0.35~0.75	≤2.00	≤2.00	0.040	0.040	24.00~28.00	33.00~37.00	（≤0.50）	—
SCH24X	0.30~0.50	1.00~2.50	≤2.00	0.040	0.030	24.00~27.00	33.00~36.00	（≤0.50）	—
SCH24XNb	0.30~0.50	1.00~2.50	≤2.00	0.040	0.030	24.00~27.00	33.00~36.00	（≤0.50）	Nb 0.80~1.80
SCH31	0.15~0.35	1.00~2.50	≤2.00	0.040	0.030	17.00~19.00	8.00~10.00	（≤0.50）	—
SCH32	0.15~0.35	1.00~2.50	≤2.00	0.040	0.030	19.00~21.00	13.00~15.00	（≤0.50）	—
SCH33	0.25~0.50	1.00~2.50	≤2.00	0.040	0.030	23.00~25.00	23.00~25.00	（≤0.50）	Nb 1.20~1.80
SCH34	0.05~0.12	≤1.20	≤1.20	0.040	0.030	19.00~23.00	30.00~34.00	（≤0.50）	Nb 0.80~1.50
SCH41	0.35~0.60	≤1.00	≤2.00	0.040	0.030	19.00~22.00	18.00~22.00	2.50~3.00	W 2.00~3.00 Co 18.00~20.00
SCH42	0.35~0.55	1.00~2.50	≤1.50	0.040	0.030	27.00~30.00	47.00~50.00	（≤0.50）	W 4.00~6.00
SCH43	≤0.10	≤0.50	≤0.50	0.020	0.020	47.00~52.00	余量	（≤0.50）	Nb 1.40~1.70 N≤0.16 N+C≤0.20
SCH44	0.40~0.60	0.50~2.00	≤1.50	0.040	0.030	16.00~21.00	50.00~55.00	（≤0.50）	—
SCH45	0.35~0.65	≤2.00	≤1.30	0.040	0.030	13.00~19.00	64.00~69.00	（≤0.50）	—
SCH46	0.44~0.48	1.00~2.00	≤2.00	0.040	0.030	24.00~26.00	33.00~37.00	（≤0.50）	W 4.00~6.00 Co 14.00~16.00
SCH47	≤0.50	≤1.00	≤1.00	0.040	0.030	25.00~30.00	≤1.00	（≤0.50）	Co 48.00~52.00 Fe≤20.00

① 用于离心铸造时，适当调整成分为：Cr=23.00%~26.00%，Ni=20.00%~23.00%，P≤0.030%。

② 括号内数字为允许的添加含量。

（2）耐热铸钢的力学性能和热处理制度，见表5-7-9。

表5-7-9　耐热铸钢的力学性能和热处理制度

牌　号	热处理制度	力 学 性 能		
	退火温度及冷却	R_m/MPa	$R_{eL}^{①}$/MPa	A(%)
			≥	
SCH1	800~900℃，缓冷	490	—	—
SCH2	800~900℃，缓冷	340	—	—
SCH3	800~900℃，缓冷	490	—	—
SCH11	—	590		
SCH12	—	490	235	23
SCH13	—	490	235	8
SCH13A	—	490	235	8
SCH15	—	440	—	4
SCH16	—	440	195	13
SCH17	—	540	275	5
SCH18	—	490	235	8
SCH19	—	390	—	5
SCH20	—	390	—	4
SCH21	—	440	235	8
SCH22	—	440	235	8
SCH23	—	450	245	8
SCH24	—	440	235	5

① 根据试验结果，确定屈服点或屈服强度。

5.7.4　高锰铸钢

（1）日本JIS标准高锰铸钢的钢号与化学成分［JIS G5131（2008/2012确认）］（表5-7-10）

表5-7-10　高锰铸钢的钢号与化学成分（质量分数）（%）

钢　号①	C	Si	Mn	P≤	S≤	Cr	其　他
SCMnH1	0.90~1.30	—	11.0~14.0	0.100	0.050	—	—
SCMnH2	0.90~1.20	≤0.80	11.0~14.0	0.070	0.040	—	—
GX100Mn13（SCMnH2X1）	0.90~1.05	0.3~0.9	11.0~14.0	0.060	0.045	—	—
GX120Mn13（SCMnH2X2）	1.05~1.35	0.3~0.9	11.0~14.0	0.060	0.045	—	—
SCMnH3	0.90~1.20	0.30~0.80	11.0~14.0	0.050	0.035	—	—
GX120Mn17（SCMnH4）	1.05~1.35	0.3~0.9	16.0~19.0	0.060	0.045	—	—
SCMnH11	0.90~1.30	≤0.80	11.0~14.0	0.070	0.040	1.50~2.50	—
GX120MnCr13-2（SCMnH11X）	1.05~1.35	0.3~0.9	11.0~14.0	0.060	0.045	1.5~2.5	—
GX120MnCr17-2（SCMnH12）	1.05~1.35	0.3~0.9	16.0~19.0	0.060	0.045	1.5~2.5	—
SCMnH21	1.00~1.35	≤0.80	11.0~14.0	0.070	0.040	2.00~3.00	V 0.40~0.70

（续）

钢号[①]	C	Si	Mn	P≤	S≤	Cr	其　他
GX120MnMo7-1（SCMnH31）	1.05 ~ 1.35	0.3 ~ 0.9	6.0 ~ 8.0	0.060	0.045	—	Mo 0.9 ~ 1.2
GX110MnMo13-1（SCMnH32）	0.75 ~ 1.35	0.3 ~ 0.9	11.0 ~ 14.0	0.060	0.045	—	Mo 0.9 ~ 1.2
GX90MnMo14（SCMnH33）	0.70 ~ 1.00	0.3 ~ 0.6	13.0 ~ 15.0	0.070	0.045	—	Mo 1.0 ~ 1.8
GX120MnNi13-3（SCMnH41）	1.05 ~ 1.35	0.3 ~ 0.9	11.0 ~ 14.0	0.060	0.045	—	Ni 3.0 ~ 4.0

① 括号内为旧牌号。

（2）部分高锰铸钢的力学性能与水韧处理（表 5-7-11）

表 5-7-11　部分高锰铸钢的力学性能与水韧处理

钢　号	水韧处理温度/℃	R_m/MPa	$R_{eL}^{①}$/MPa	A(%)	弯曲试验（冷弯150°）	HBW[②]（参考值）
		≥				
SCMnH1	约 1000	—	—	—	—	≤170
SCMnH2	约 1000	740	—	35	—	≤170
GX100Mn13（SCMnH2X1）	≥1040	—	—	—	不断裂	≤300
GX120Mn13（SCMnH2X2）	≥1040	—	—	—	不断裂	≤300
SCMnH3	约 1050	740	—	35	—	170 ~ 223
GX120Mn17（SCMnH4）	≥1040	—	—	—	不断裂	≤300
SCMnH11	约 1050	740	390	20	—	≤192
GX120MnCr13-2（SCMnH11X）	≥1040	—	—	—	不断裂	≤300
GX120MnCr17-2（SCMnH12）	≥1040	—	—	—	不断裂	≤300
SCMnH21	约 1050	740	440	10	—	≤212
GX120MnMo7-1（SCMnH31）	≥1040	—	—	—	不断裂	≤300
GX110MnMo13-1（SCMnH32）	≥1040	—	—	—	不断裂	≤300
GX90MnMo14（SCMnH33）	≥1040	—	—	—	不断裂	≤300
GX120MnNi13-3（SCMnH41）	≥1040	—	—	—	不断裂	≤300

① 根据试验结果确定屈服点或屈服强度。

② 由供需双方协商确定。

B. 专业用钢和优良品种

5.7.5　焊接结构用铸钢［JIS G5102（1991/2016 确认）］

（1）日本 JIS 标准焊接结构用铸钢的钢号与化学成分（表 5-7-12）

表 5-7-12　焊接结构用铸钢的钢号与化学成分（质量分数）（%）

钢　号[1]	C	Si	Mn	P≤	S≤	Cr	Ni	其　他	碳当量[2]
SCW410 （SCW42）	≤0.22	≤0.80	≤1.50	0.040	0.040	—	—	—	CE≤0.40
SCW450 （SCW46）	≤0.22	≤0.80	≤1.50	0.040	0.040	—	—	—	CE≤0.43
SCW480 （SCW49）	≤0.22	≤0.80	≤1.50	0.040	0.040	≤0.50	≤0.50	—	CE≤0.45
SCW550 （SCW56）	≤0.22	≤0.80	≤1.50	0.040	0.040	≤0.50	≤2.50	Mo≤0.30 V≤0.20	CE≤0.48
SCW620 （SCW63）	≤0.22	≤0.80	≤1.50	0.040	0.040	≤0.50	≤2.50	Mo≤0.30 V≤0.20	CE≤0.50

① 括号内为旧钢号。
② 碳当量 $CE = C + (Mn/6) + (Si/24) + (Ni/40) + (Cr/5) + (Mo/4) + (V/14)$。

（2）焊接结构用铸钢的力学性能（表 5-7-13）

表 5-7-13　焊接结构用铸钢的力学性能

钢　号	旧钢号	R_m/MPa	$R_{eL}^{①}$/MPa	$A(\%)$	$KV^{②}$/J≥
		≥			平均值
SCW410	SCW42	410	235	21	27
SCW450	SCW46	450	255	20	27
SCW480	SCW49	480	275	20	27
SCW550	SCW56	550	355	18	27
SCW620	SCW63	620	430	17	27

① 屈服点或屈服强度。
② 取 3 个试样的平均值，试验温度为 0℃。

5.7.6　结构用碳素和低合金高强度铸钢［JIS G5111（1991/2016 确认）］

（1）日本 JIS 标准结构用碳素和低合金高强度铸钢的钢号与化学成分（表 5-7-14）

表 5-7-14　结构用碳素和低合金高强度铸钢的钢号与化学成分（质量分数）（%）

钢　号	C	Si	Mn	P≤	S≤	Cr	其　他
SCC3	0.30~0.40	0.30~0.60	0.50~0.80	0.040	0.040	—	—
SCC5	0.40~0.50	0.30~0.60	0.50~0.80	0.040	0.040	—	—
SCMn1	0.20~0.30	0.30~0.60	1.00~1.60	0.040	0.040	—	—
SCMn2	0.25~0.35	0.30~0.60	1.00~1.60	0.040	0.040	—	—
SCMn3	0.30~0.40	0.30~0.60	1.00~1.60	0.040	0.040	—	—
SCMn5	0.40~0.50	0.30~0.60	1.00~1.60	0.040	0.040	—	—
SCSiMn2	0.25~0.35	0.50~0.80	0.90~1.20	0.040	0.040	—	—
SCMnCr2	0.25~0.35	0.30~0.60	1.20~1.60	0.040	0.040	0.40~0.80	—

（续）

钢 号	C	Si	Mn	P≤	S≤	Cr	其 他
SCMnCr3	0.30~0.40	0.30~0.60	1.20~1.60	0.040	0.040	0.40~0.80	—
SCMnCr4	0.35~0.45	0.30~0.60	1.20~1.60	0.040	0.040	0.40~0.80	—
SCMnM3	0.30~0.40	0.30~0.60	1.20~1.60	0.040	0.040	≤0.20	Mo 0.15~0.35
SCCrM1	0.20~0.30	0.30~0.60	0.50~0.80	0.040	0.040	0.80~1.20	Mo 0.15~0.35
SCCrM3	0.30~0.40	0.30~0.60	0.50~0.80	0.040	0.040	0.80~1.20	Mo 0.15~0.35
SCMnCrM2	0.25~0.35	0.30~0.60	1.20~1.60	0.040	0.040	0.30~0.70	Mo 0.15~0.35
SCMnCrM3	0.30~0.40	0.30~0.60	1.20~1.60	0.040	0.040	0.30~0.70	Mo 0.15~0.35
SCNCrM2	0.25~0.35	0.30~0.60	0.90~1.50	0.040	0.040	0.30~0.90	Ni 1.60~2.00 Mo 0.15~0.35

（2）日本 JIS 标准结构用碳素和低合金高强度铸钢的力学性能（表5-7-15）

表 5-7-15　结构用碳素和低合金高强度铸钢的力学性能

钢号[1]	R_m/MPa	$R_{eL}^{[2]}$/MPa	A(%)	Z(%)	HBW	钢号[1]	R_m/MPa	$R_{eL}^{[2]}$/MPa	A(%)	Z(%)	HBW
		≥						≥			
SCC3A	520	265	13	20	143	SCMnCr3A	640	390	9	25	183
SCC3B	620	370	13	20	183	SCMnCr3B	690	490	13	30	207
SCC5A	620	295	9	15	163	SCMnCr4A	690	410	9	20	201
SCC5B	690	440	9	15	201	SCMnCr4B	740	540	13	25	223
SCMn1A	540	275	17	35	143	SCMnM3A	690	390	13	30	183
SCMn1B	590	390	17	35	170	SCMnM3B	740	490	13	30	212
SCMn2A	590	345	16	35	163	SCCrM1A	590	390	13	30	170
SCMn2B	640	440	16	35	183	SCCrM1B	690	490	13	30	201
SCMn3A	640	370	13	30	170	SCCrM3A	690	440	9	25	201
SCMn3B	690	490	13	30	197	SCCrM3B	740	540	9	25	201
SCMn5A	690	390	9	20	183	SCMnCrM2A	690	440	13	30	217
SCMn5B	740	540	9	20	212	SCMnCrM2B	740	540	13	30	201
SCSiMn2A	590	295	13	35	163	SCMnCrM3A	740	540	9	25	212
SCSiMn2B	640	440	17	35	183	SCMnCrM3B	830	635	9	25	223
SCMnCr2A	590	370	13	30	170	SCNCrM2A	780	590	9	20	223
SCMnCr2B	640	440	17	35	180	SCNCrM2B	880	685	9	20	269

[1] 结构用高强度铸钢的钢号后缀字母：

A—正火＋回火：正火温度850~950℃，回火温度550~650℃；B—淬火＋回火：淬火温度850~950℃，回火温度550~650℃。

[2] 根据试验结果确定屈服强度或屈服点。

5.7.7　高温高压用铸钢［JIS G5151（1991/2016 确认）］

（1）日本 JIS 标准高温高压用铸钢的钢号与化学成分（表5-7-16）

表 5-7-16　高温高压用铸钢的钢号与化学成分（质量分数）（%）

钢 号	C	Si	Mn	P≤	S≤	Cr	Mo	其 他[1]
SCPH1	≤0.25	≤0.60	≤0.70	0.040	0.040	—	—	—
SCPH11	≤0.25	≤0.60	0.50~0.80	0.040	0.040	—	—	—
SCPH2	≤0.30	≤0.60	≤1.00	0.040	0.040	—	0.45~0.65	—
SCPH21	≤0.20	≤0.60	0.50~0.80	0.040	0.040	1.00~1.50	0.45~0.65	—
SCPH22	≤0.25	≤0.60	0.50~0.80	0.040	0.040	1.00~1.50	0.90~1.20	—
SCPH23	≤0.20	≤0.60	0.50~0.80	0.040	0.040	1.00~1.50	0.90~1.20	—
SCPH32	≤0.20	≤0.60	0.50~0.80	0.040	0.040	1.00~1.50	0.90~1.20	V 0.15~0.25
SCPH61	≤0.20	≤0.75	0.50~0.80	0.040	0.040	2.00~2.75	0.90~1.20	—
	≤0.20					4.00~6.50	0.45~0.65	—

[1] 残余元素含量见下表（表5-7-17）。

（2）高温高压用铸钢的残余元素含量（表5-7-17）

表5-7-17 高温高压用铸钢的残余元素含量（质量分数）（%）

钢号	Cu	Ni	Cr	Mo	W	残余元素总量
	≤					
SCPH1	0.50	0.50	0.25	0.25	—	1.00
SCPH11	0.50	0.50	—	—	0.10	1.00
SCPH2	0.50	0.50	0.25	0.25	—	1.00
SCPH21	0.50	0.50	—	—	0.10	1.00
SCPH22	0.50	0.50	—	—	0.10	1.00
SCPH23	0.50	0.50	—	—	0.10	1.00
SCPH32	0.50	0.50	—	—	0.10	1.00
SCPH61	0.50	0.50	—	—	0.10	1.00

（3）高温高压用铸钢的力学性能（表5-7-18）

表5-7-18 高温高压用铸钢的力学性能

钢 号	R_m/MPa	$R_{eL}^①$/MPa	A(%)	Z(%)	钢 号	R_m/MPa	$R_{eL}^①$/MPa	A(%)	Z(%)
	≥					≥			
SCPH1	410	205	21	35	SCPH22	550	345	16	35
SCPH11	450	245	22	35	SCPH23	550	345	13	35
SCPH2	480	245	19	35	SCPH32	480	275	17	35
SCPH21	480	275	17	35	SCPH61	620	410	17	35

① 根据试验结果，确定屈服强度或屈服点。

5.7.8 低温高压用铸钢 ［JIS G5152（1991/2016 确认）］

（1）日本 JIS 标准低温高压用铸钢的钢号与化学成分（表5-7-19）

表5-7-19 低温高压用铸钢的钢号与化学成分（质量分数）（%）

钢 号	C	Si	Mn	P≤	S≤	Cr	Ni.	其 他①
SCPL1	≤0.30	≤0.60	≤1.00	0.040	0.040	≤0.25	≤0.50	Cu≤0.50
SCPL11	≤0.25	≤0.60	0.50~0.80	0.040	0.040	≤0.35	—	Mo 0.45~0.65 Cu≤0.50
SCPL21	≤0.25	≤0.60	0.50~0.80	0.040	0.040	≤0.35	2.00~3.00	Cu≤0.50
SCPL31	≤0.15	≤0.60	0.50~0.80	0.040	0.040	≤0.35	3.00~4.00	Cu≤0.50

① 各钢号的残余元素总量均≤1.00%。

（2）低温高压用铸钢的力学性能（表5-7-20）

表5-7-20 低温高压用铸钢的力学性能

钢 号	R_m/MPa	$R_{eL}^①$/MPa	A(%)	Z(%)	$KV^②$/J≥		
	≥				试验温度	平均值	单个值
SCPL1	450	245	21	35	−45℃	18	14
SCPL11	450	245	21	35	−60℃	18	14
SCPL21	480	275	21	35	−75℃	21	17
SCPL31	480	275	21	35	−100℃	21	17

① 根据试验结果确定屈服点或屈服强度。
② 采取 3 个试样的平均值（单个值另列）；此规定不适用离心铸造钢管。

5.7.9 焊接结构用离心铸造钢管 ［JIS G5201（1991/2016 确认）］

（1）日本 JIS 标准焊接结构用离心铸造钢管的牌号与化学成分（表5-7-21）

表 5-7-21　焊接结构用离心铸造钢管的牌号与化学成分（质量分数）（%）

牌 号[1]	C	Si	Mn	P≤	S≤	Ni	其 他	碳当量[2]
SCW410-CF （SCW42-CF）	≤0.22	≤0.80	≤1.50	0.040	0.040	—	—	CE≤0.40
SCW480-CF （SCW49-CF）	≤0.22	≤0.80	≤1.50	0.040	0.040	—	—	CE≤0.43
SCW490-CF （SCW50-CF）	≤0.20	≤0.80	≤1.50	0.040	0.040	—	—	CE≤0.44
SCW520-CF （SCW53-CF）	≤0.20	≤0.80	≤1.50	0.040	0.040	≤2.50	Cr≤0.50	CE≤0.45
SCW570-CF	≤0.20	≤1.00	≤1.50	0.040	0.040	≤2.50	Cr≤0.50 Mo≤0.30 V ≤0.20	CE≤0.48

① 括号内为旧钢号。

② 碳当量 $CE = C + (Mn/6) + (Si/24) + (Ni/40) + (Cr/5) + (Mo/4) + (V/14)$。

（2）焊接结构用离心铸造钢管的力学性能（表 5-7-22）

表 5-7-22　焊接结构用离心铸造钢管的力学性能

牌号	R_m/MPa	$R_{eL}^{①}$/MPa	A(%)	试验温度/℃	$KV^{②}$/J		
					A 试样	B 试样	C 试样
	≥				≥		
SCW410-CF	410	235	21	0	27	24	20
SCW480-CF	480	275	20	0	27	24	20
SCW490-CF	490	315	20	0	27	24	20
SCW520-CF	520	355	18	0	27	24	20
SCW570-CF	570	430	17	0	27	24	20

① 根据试验结果，确定屈服点或屈服强度。

② 试样尺寸：A 试样—10mm×10mm，B 试样—10mm×7.5mm，C 试样—10mm×5mm。

5.7.10　高温高压用离心铸造钢管 [JIS G5202（1991/2016 确认）]

（1）日本 JIS 标准高温高压用离心铸造钢管的牌号与化学成分（表 5-7-23）

表 5-7-23　高温高压用离心铸造钢管的牌号与化学成分[1]（质量分数）（%）

牌号	C	Si	Mn	P≤	S≤	Cr	Mo	其 他
SCPH1-CF	≤0.22	≤0.60	≤1.10	0.040	0.040	—	—	—
SCPH2-CF	≤0.30	≤0.60	≤1.10	0.040	0.040	—	—	—
SCPH11-CF	≤0.20	≤0.60	0.30~0.60	0.035	0.035	—	0.45~0.65	W≤0.10
SCPH21-CF	≤0.15	≤0.60	0.30~0.60	0.030	0.030	1.00~1.50	0.45~0.65	W≤0.10
SCPH32-CF	≤0.15	≤0.60	0.30~0.60	0.030	0.030	1.90~2.60	0.90~1.20	W≤0.10

① 残余元素的含量见表（表 5-7-24）。

（2）高温高压用离心铸造钢管的残余元素含量（表 5-7-24）

表 5-7-24　高温高压用离心铸造钢管的残余元素含量（质量分数）（%）

牌 号	Cu	Ni	Cr	Mo	W	残余元素总量
	≤					≤
SCPH1-CF	0.50	0.50	0.25	0.25	—	1.00
SCPH2-CF	0.50	0.50	0.25	0.25	—	1.00
SCPH11-CF	0.50	0.50	≤0.35	—	0.10	1.00
SCPH21-CF	0.50	0.50	—	—	0.10	1.00
SCPH32-CF	0.50	0.50	—	—	0.10	1.00

（3）高温高压用离心铸造钢管的力学性能（表 5-7-25）

表 5-7-25　高温高压用离心铸造钢管的力学性能

牌号	R_m/MPa	$R_{eL}^{①}$/MPa	A（%）
	≥		
SCPH1-CF	410	245	21
SCPH2-CF	480	275	19
SCPH11-CF	380	205	19
SCPH21-CF	410	205	19
SCPH32-CF	410	205	19

① 根据试验结果确定屈服点或屈服强度 R_{eL}。

5.8　韩　　国

A. 通用铸钢

5.8.1　一般工程用铸钢

（1）韩国 KS 标准一般工程用碳素铸钢的钢号与化学成分［KS D4101（2001/2010 确认）］（表 5-8-1）

表 5-8-1　一般工程用碳素铸钢的钢号与化学成分（质量分数）（%）

钢号	旧钢号	C	Si	Mn	P≤	S≤
SC360	SC37	≤0.20	①	①	0.040	0.040
SC410	SC42	≤0.30	①	①	0.040	0.040
SC450	SC46	≤0.35	①	①	0.040	0.040
SC480	SC49	≤0.40	①	①	0.040	0.040

① 标准中对 Si、Mn 及残余元素含量均不作规定，由供需双方商定。

（2）一般工程用碳素铸钢的力学性能（表 5-8-2）

表 5-8-2　一般工程用碳素铸钢的力学性能

钢号	旧钢号	R_m/MPa	$R_{eL}^{①}$/MPa	A(%)	Z(%)
			≥		
SC360	SC37	360	175	23	35
SC410	SC42	410	205	21	35
SC450	SC46	450	225	19	30
SC480	SC49	480	245	17	25

① 根据试验结果，确定屈服点或屈服强度。

5.8.2　不锈、耐蚀铸钢

（1）韩国 KS 标准不锈、耐蚀铸钢的牌号与化学成分［KS D4103（2009）］（表 5-8-3）

表 5-8-3　不锈、耐蚀铸钢的钢号与化学成分（质量分数）（%）

钢号①	C	Si	Mn	P≤	S≤	Cr	Ni	Mo	其　他
SSC1	≤0.15	≤1.50	≤1.00	0.040	0.040	11.5~14.0	（≤1.00）	（≤0.50）	—
SSC1 A	≤0.15	≤0.80	≤0.80	0.035	0.025	11.5~13.5	（≤1.00）	（≤0.50）	—
SSC2	0.16~0.24	≤1.50	≤1.00	0.040	0.040	11.5~14.0	（≤1.00）	（≤0.50）	—
SSC2A	0.25~0.40	≤1.50	≤1.00	0.040	0.040	11.5~14.0	（≤1.00）	（≤0.50）	—
SSC3	≤0.15	≤1.00	≤1.00	0.040	0.040	11.5~14.0	0.50~1.50	0.15~1.00	—

（续）

钢号[①]	C	Si	Mn	P≤	S≤	Cr	Ni	Mo	其　他
SSC3A	≤0.10	≤0.80	≤0.80	0.035	0.025	11.5～13.0	0.80～1.80	0.20～0.50	
SSC4	≤0.15	≤1.50	≤1.00	0.040	0.040	11.5～14.0	1.50～2.50	—	—
SSC5	≤0.06	≤1.00	≤1.00	0.040	0.040	11.5～14.0	3.50～4.50	—	—
SSC6	≤0.06	≤1.00	≤1.00	0.040	0.030	11.5～14.0	3.50～4.50	0.40～1.00	—
SSC6A	≤0.06	≤1.00	≤1.50	0.035	0.025	11.5～13.0	3.50～5.00	≤1.00	
SSC10	≤0.030	≤1.50	≤1.50	0.040	0.030	21.0～26.0	4.50～8.50	2.50～4.00	N 0.08～0.30[③]
SSC11	≤0.08	≤1.50	≤1.00	0.040	0.030	23.0～27.0	4.00～7.00	1.50～2.50	—[③]
SSC12	≤0.20	≤2.00	≤2.00	0.040	0.040	18.0～21.0	8.00～11.0	—	—
SSC13	≤0.08	≤2.00	≤2.00	0.040	0.040	18.0～21.0[②]	8.00～11.0	—	—
SSC13A	≤0.08	≤2.00	≤1.50	0.040	0.040	18.0～21.0[②]	8.00～11.0	—	—
SSC13X	≤0.07	≤1.50	≤1.50	0.040	0.030	18.0～21.0	8.00～11.0	—	—
SSC14	≤0.08	≤2.00	≤2.00	0.040	0.040	17.0～20.0[②]	10.00～14.0	2.00～3.00	—
SSC14A	≤0.08	≤1.50	≤1.50	0.040	0.040	18.0～21.0[②]	9.00～12.0	2.00～3.00	—
SSC14X	≤0.07	≤1.50	≤1.50	0.040	0.030	17.0～20.0	9.00～12.0	2.00～2.50	
SSC15	≤0.08	≤2.00	≤2.00	0.040	0.040	17.0～20.0	10.0～14.0	1.75～2.75	Cu 1.00～2.50
SSC16	≤0.030	≤1.50	≤2.00	0.040	0.040	17.0～20.0	12.0～16.0	2.00～3.00	—
SSC16A	≤0.030	≤1.50	≤1.50	0.040	0.040	17.0～21.0	9.00～13.0	2.00～3.00	—
SSC16AX	≤0.030	≤1.50	≤1.50	0.040	0.030	17.0～21.0	9.00～12.0	2.00～2.50	
SSC16AXN	≤0.030	≤1.50	≤1.50	0.040	0.030	17.0～21.0	9.00～12.0	2.00～2.50	N 0.10～0.20
SSC17	≤0.20	≤2.00	≤2.00	0.040	0.040	22.0～26.0	12.0～15.0	—	—
SSC18	≤0.20	≤2.00	≤2.00	0.040	0.040	23.0～27.0	19.0～22.0	—	—
SSC19	≤0.030	≤2.00	≤2.00	0.040	0.040	17.0～21.0	8.00～12.0	—	—
SSC19A	≤0.030	≤2.00	≤1.50	0.040	0.040	17.0～21.0	8.00～12.0	—	—
SSC20	≤0.030	≤2.00	≤2.00	0.040	0.040	17.0～20.0	12.0～16.0	1.75～2.75	Cu 1.00～2.50
SSC21	≤0.08	≤2.00	≤2.00	0.040	0.040	18.0～21.0	9.00～12.0	—	(Nb+Ta)10C～1.35
SSC21X	≤0.08	≤1.50	≤1.50	0.040	0.030	18.0～21.0	9.00～12.0	—	(Nb+Ta)8C～1.00
SSC22	≤0.08	≤2.00	≤2.00	0.040	0.040	17.0～20.0	10.00～14.0	2.00～3.00	(Nb+Ta)10C～1.35
SSC23	≤0.07	≤2.00	≤2.00	0.040	0.040	19.0～22.0	27.5～30.0	2.00～3.00	Cu 3.00～4.00
SSC24	≤0.07	≤1.00	≤1.00	0.040	0.040	15.5～17.5	3.50～5.00	—	Cu 2.50～4.00 (Nb+Ta) 0.15～0.45
SSC31	≤0.06	≤0.80	≤0.80	0.035	0.025	15.5～17.0	4.00～6.00	0.70～1.50	—
SSC32	≤0.030	≤1.00	≤1.50	0.035	0.025	25.0～27.0	4.50～6.50	2.50～3.50	Cu 2.50～3.50 N 0.12～0.25
SSC33	≤0.030	≤1.00	≤1.50	0.035	0.025	25.0～27.0	4.50～6.50	2.50～3.50	N 0.12～0.25
SSC34	≤0.07	≤1.50	≤1.50	0.040	0.030	17.0～20.0	9.00～12.0	3.00～3.50	—
SSC35	≤0.035	≤1.00	≤2.00	0.035	0.020	22.0～24.0	20.0～22.0	6.00～6.80	Cu≤0.40 N 0.21～0.32
SSC40	≤0.030	≤1.00	1.50～3.00	0.035	0.020	26.0～28.0	4.00～6.00	2.00～3.00	W 3.00～4.00＋[④]

① SCS1～SCS6 为工程结构用中、高强度马氏体不锈钢。
② 当用于低温时 $w(Cr)$ = 18.00%～23.00%。
③ 必要时可添加其他元素。
④ Cu≤0.30，B≤0.10，N 0.30～0.40，RE 0.0005～0.60。

（2）不锈、耐蚀铸钢的力学性能与热处理（表5-8-4）

表5-8-4 不锈、耐蚀铸钢的力学性能与热处理

钢 号	热处理			力学性能				HBW
	淬火温度[1]/℃	回火温度[2]/℃	固溶处理温度[3]/℃	R_m/MPa	$R_{eL}^{[4]}$/MPa	A(%)	Z(%)	
				≥				
SSC1（T1）	≥950	680~740	—	540	345	18	40	163~229
SSC1（T2）	≥950	590~700	—	620	450	16	30	179~241
SSC2	≥950	680~740	—	590	390	16	35	170~235
SSC2A	≥950	≥600	—	690	485	15	25	≤269
SSC3	≥900	650~740	—	590	440	16	40	170~235
SSC4	≥900	650~740	—	640	490	13	40	192~255
SSC5	≥900	600~700	—	740	540	13	40	217~277
SSC6	≥950	570~620	—	750	550	15	35	≤285
SSC10	—	—	1050~1150	620	390	15	—	≤302
SSC11	—	—	1030~1150	590	345	13	—	≤241
SSC12	—	—	1030~1150	480	205	28	—	≤183
SSC13	—	—	1030~1150	440	185	30	—	≤183
SSC13A	—	—	1030~1150	480	205	33	—	≤183
SSC14	—	—	1030~1150	440	185	28	—	≤183
SSC14A	—	—	1030~1150	480	205	33	—	≤183
SSC15	—	—	1030~1150	440	185	28	—	≤183
SSC16	—	—	1030~1150	390	175	33	—	≤183
SSC16A	—	—	1030~1150	480	205	33	—	≤183
SSC17	—	—	1050~1160	480	205	28	—	≤183
SSC18	—	—	1070~1180	450	195	28	—	≤183
SSC19	—	—	1030~1150	390	285	33	—	≤183
SSC19A	—	—	1030~1150	480	205	33	—	≤183
SSC20	—	—	1030~1150	390	175	33	—	≤183
SSC21	—	—	1030~1150	480	205	28	—	≤183
SSC22	—	—	1030~1150	440	205	28	—	≤183
SSC23	—	—	1070~1180	390	165	30	—	≤183
SSC24	代号	固溶处理[3]	时效处理					
	H900	1020~1080	(475~525)×90min	1240	1030	6	—	≤375
	H1025	1020~1080	(535~585)×4h	980	885	9	—	≤311
	H1075	1020~1080	(565~615)×4h	960	785	9	—	≤277
	H1150	1020~1080	(605~655)×4h	850	665	10	—	≤269
SSC31	1020~1070	580~630	—	540	760	15	60	—
SSC32	—	—	>1120[5]	450	650	18	50	—
SSC33	—	—	>1120[5]	180	650	18	50	—
SSC34	—	—	>71120[6]	180	440	30	60	—
SSC35	—	—	>1120[6]	230	440	30	80	—
SSC35N	—	—	>1120[6]	230	510	30	80	—
SSC36	—	—	>1120[6]	180	440	30	80	—
SSC36N	—	—	>1120[6]	230	510	30	80	—

① 冷却：油冷或空冷，仅SCS6为空冷。
② 冷却：空冷或缓冷。
③ 冷却：急冷。
④ 根据试验结果，确定屈服点或屈服强度。
⑤ 冷却：水冷。
⑥ 空冷。

5.8.3   耐热铸钢

（1）韩国 KS 标准耐热铸钢的牌号与化学成分［KS D4105（1995/2010 确认）］（表 5-8-5）

表 5-8-5   耐热铸钢的牌号与化学成分（质量分数）（%）

牌号	C	Si	Mn	P≤	S≤	Cr	Ni	Mo[2]	其 他[2]
HRSC1	0.20~0.40	1.50~3.00	≤1.00	0.040	0.040	12.0~15.0	≤1.00	（≤0.50）	—
HRSC2	≤0.40	≤2.00	≤1.00	0.040	0.040	25.0~28.0	≤1.00	（≤0.50）	—
HRSC3	≤0.40	≤2.00	≤1.00	0.040	0.040	12.0~15.0	≤1.00	（≤0.50）	—
HRSC11	≤0.40	≤2.00	≤1.00	0.040	0.040	24.0~28.0	4.00~6.00	（≤0.50）	—
HRSC12	0.20~0.40	≤2.00	≤2.00	0.040	0.040	18.0~23.0	8.00~12.0	（≤0.50）	—
HRSC13	0.20~0.50	≤2.00	≤2.00	0.040	0.040	24.0~28.0	11.0~14.0	（≤0.50）	（N≤0.20）
HRSC13A	0.25~0.50	≤1.75	≤2.50	0.040	0.040	23.0~26.0	12.0~14.0	（≤0.50）	—
HRSC15	0.35~0.70	≤2.50	≤2.00	0.040	0.040	15.0~19.0	33.0~37.0	（≤0.50）	—
HRSC16	0.20~0.35	≤2.50	≤2.00	0.040	0.040	13.0~17.0	33.0~37.0	（≤0.50）	—
HRSC17	0.20~0.50	≤2.00	≤2.00	0.040	0.040	26.0~30.0	8.00~11.0	（≤0.50）	—
HRSC18	0.20~0.50	≤2.00	≤2.00	0.040	0.040	26.0~30.0	14.0~18.0	（≤0.50）	—
HRSC19	0.20~0.50	≤2.00	≤2.00	0.040	0.040	19.0~23.0	23.0~27.0	（≤0.50）	—
HRSC20	0.35~0.75	≤2.50	≤2.00	0.040	0.040	17.0~21.0	37.0~41.0	（≤0.50）	—
HRSC21	0.25~0.35	≤1.75	≤1.50	0.040	0.040	23.0~27.0	19.0~22.0	（≤0.50）	（N≤0.20）
HRSC22[1]	0.35~0.45	≤1.75	≤1.50	0.040	0.040	23.0~27.0	19.0~22.0	（≤0.50）	（N≤0.20）
HRSC23	0.20~0.60	≤2.00	≤2.00	0.040	0.040	28.0~32.0	18.0~22.0	（≤0.50）	—
HRSC24	0.35~0.75	≤2.00	≤2.00	0.040	0.040	24.0~28.0	33.0~37.0	（≤0.50）	—

① HRSC22 用于离心铸造时，适当调整化学成分为：Cr=23.00%~26.00%，Ni=20.00%~23.00%，P≤0.030%。
② 括号内允许添加的元素含量。

（2）耐热铸钢的力学性能（表 5-8-6）

表 5-8-6   耐热铸钢的力学性能

钢 号	热 处 理	力 学 性 能		
	退火温度/℃ 及冷却	R_m/MPa	R_{eL}[1]/MPa	A(%)
		≥		
HRSC1	800~900，缓冷	490	—	—
HRSC2	800~900，缓冷	340	—	—
HRSC3	800~900，缓冷	490	—	—
HRSC11	—	590	—	—
HRSC12	—	490	235	23
HRSC13	—	490	235	8
HRSC13A	—	490	235	8
HRSC15	—	440	—	4
HRSC16	—	440	195	13
HRSC17	—	540	275	5
HRSC18	—	490	235	8
HRSC19	—	390	—	5
HRSC20	—	390	—	4
HRSC21	—	440	235	8

（续）

钢　号	热　处　理	力 学 性 能		
	退火温度/℃ 及冷却	R_m/MPa	$R_{eL}^{①}$/MPa	A（%）
		≥		
HRSC22	—	440	235	8
HRSC23	—	450	245	8
HRSC24	—	440	235	5

① 根据试验结果确定屈服点或屈服强度。

5.8.4　高锰铸钢

（1）韩国 KS 标准高锰铸钢的钢号与化学成分［KS D4104（1995/2010 确认）］（表5-8-7）

表5-8-7　高锰铸钢的钢号与化学成分（质量分数）（%）

钢　号	C	Si	Mn	P≤	S≤	Cr	其　他
SCMnH1	0.90 ~ 1.30	—	11.0 ~ 14.0	0.100	0.050	—	—
SCMnH2	0.90 ~ 1.20	≤0.80	11.0 ~ 14.0	0.070	0.040	—	—
SCMnH3	0.90 ~ 1.20	0.30 ~ 0.80	11.0 ~ 14.0	0.050	0.035	—	—
SCMnH11	0.90 ~ 1.30	≤0.80	11.0 ~ 14.0	0.070	0.040	1.50 ~ 2.50	—
SCMnH21	1.00 ~ 1.35	≤0.80	11.0 ~ 14.0	0.070	0.040	2.00 ~ 3.00	V 0.40 ~ 0.70

（2）高锰铸钢的力学性能与水韧处理（表5-8-8）

表5-8-8　高锰铸钢的力学性能与水韧处理

钢　号	水韧处理 温度/℃ 及冷却	力 学 性 能			HBW（参考值）
		R_m/MPa	$R_{eL}^{①}$/MPa	A（%）	
		≥			
SCMnH1	约1000，水冷	—	—	—	≤170
SCMnH2	约1000，水冷	740	—	35	≤170
SCMnH3	约1050，水冷	740	—	35	170 ~ 223
SCMnH11	约1050，水冷	740	390①	20	≤192
SCMnH21	约1050，水冷	740	440①	10	≤212

① 根据试验结果，确定屈服点或屈服强度。

B. 专业用钢和优良品种

5.8.5　结构用高强度铸钢［KS D4102（1995/2010 确认）］

（1）韩国 KS 标准结构用碳素和低合金高强度铸钢的钢号与化学成分（表5-8-9）

表5-8-9　结构用碳素和低合金高强度铸钢的钢号与化学成分（质量分数）（%）

钢　号	C	Si	Mn	P≤	S≤	Cr	其　他
SCC3	0.30 ~ 0.40	0.30 ~ 0.60	0.50 ~ 0.80	0.040	0.040	—	—
SCC5	0.40 ~ 0.50	0.30 ~ 0.60	0.50 ~ 0.80	0.040	0.040	—	—
SCMn1	0.20 ~ 0.30	0.30 ~ 0.60	1.00 ~ 1.60	0.040	0.040	—	—
SCMn2	0.25 ~ 0.35	0.30 ~ 0.60	1.00 ~ 1.60	0.040	0.040	—	—
SCMn3	0.30 ~ 0.40	0.30 ~ 0.60	1.00 ~ 1.60	0.040	0.040	—	—
SCMn5	0.40 ~ 0.50	0.30 ~ 0.60	1.00 ~ 1.60	0.040	0.040	—	—
SCSiMn2	0.25 ~ 0.35	0.50 ~ 0.80	0.90 ~ 1.20	0.040	0.040	—	—
SCMnCr2	0.25 ~ 0.35	0.30 ~ 0.60	1.20 ~ 1.60	0.040	0.040	0.40 ~ 0.80	—
SCMnCr3	0.30 ~ 0.40	0.30 ~ 0.60	1.20 ~ 1.60	0.040	0.040	0.40 ~ 0.80	—

（续）

钢 号	C	Si	Mn	P≤	S≤	Cr	其 他
SCMnCr4	0.35 ~ 0.45	0.30 ~ 0.60	1.20 ~ 1.60	0.040	0.040	0.40 ~ 0.80	—
SCMnM3	0.30 ~ 0.40	0.30 ~ 0.60	1.20 ~ 1.60	0.040	0.040	≤0.20	Mo 0.15 ~ 0.35
SCCrM1	0.20 ~ 0.30	0.30 ~ 0.60	0.50 ~ 0.80	0.040	0.040	0.80 ~ 1.20	Mo 0.15 ~ 0.35
SCCrM3	0.30 ~ 0.40	0.30 ~ 0.60	0.50 ~ 0.80	0.040	0.040	0.80 ~ 1.20	Mo 0.15 ~ 0.35
SCMnCrM2	0.25 ~ 0.35	0.30 ~ 0.60	1.20 ~ 1.60	0.040	0.040	0.30 ~ 0.70	Mo 0.15 ~ 0.35
SCMnCrM3	0.30 ~ 0.40	0.30 ~ 0.60	1.20 ~ 1.60	0.040	0.040	0.30 ~ 0.70	Mo 0.15 ~ 0.35
SCNCrM2	0.25 ~ 0.35	0.30 ~ 0.60	0.90 ~ 1.50	0.040	0.040	0.30 ~ 0.90	Ni 1.60 ~ 2.00 Mo 0.15 ~ 0.35

（2）结构用碳素和低合金高强度铸钢的力学性能（表5-8-10）

表 5-8-10　结构用碳素和低合金高强度铸钢的力学性能

钢 号[1]	R_{m}/MPa	$R_{eL}^{[2]}$/MPa	A(%)	Z(%)	HBW	钢 号[1]	R_{m}/MPa	$R_{eL}^{[2]}$/MPa	A(%)	Z(%)	HBW
		≥						≥			
SCC3A	520	265	13	20	143	SCMnCr3A	640	390	9	25	183
SCC3B	620	370	13	20	183	SCMnCr3B	690	490	13	30	207
SCC5A	620	295	9	15	163	SCMnCr4A	690	410	9	20	201
SCC5B	690	440	9	15	201	SCMnCr4B	740	540	13	25	223
SCMn1A	540	275	17	35	143	SCMnM3A	690	390	13	30	183
SCMn1B	590	390	17	35	170	SCMnM3B	740	490	13	30	212
SCMn2A	590	345	16	35	163	SCCrM1A	590	390	13	30	170
SCMn2B	640	440	16	35	183	SCCrM1B	690	490	13	30	201
SCMn3A	640	370	13	30	170	SCCrM3A	690	440	9	25	201
SCMn3B	690	490	13	30	197	SCCrM3B	740	540	9	25	217
SCMn5A	690	390	9	20	183	SCMnCrM2A	690	440	13	30	201
SCMn5B	740	540	9	20	212	SCMnCrM2B	740	540	13	30	212
SCSiMn2A	590	295	13	35	163	SCMnCrM3A	740	540	9	25	212
SCSiMn2B	640	440	17	35	183	SCMnCrM3B	830	635	9	25	223
SCMnCr2A	590	370	13	30	170	SCNCrM2A	780	590	9	20	223
SCMnCr2B	640	440	17	35	180	SCNCrM2B	880	685	9	20	269

① 这类铸钢的钢号后缀字母与热处理有关：

　A—正火＋回火：正火温度 850 ~ 950℃，回火温度 550 ~ 650℃；B—淬火＋回火：淬火温度 850 ~ 950℃，回火温度 550 ~ 650℃。

② 根据试验结果确定屈服点或屈服强度。

5.8.6　焊接结构用铸钢 ［KS D4106（2007/ 2012 确认）］

（1）韩国 KS 标准焊接结构用铸钢的钢号与化学成分（表5-8-11）

表 5-8-11　焊接结构用铸钢的钢号与化学成分（质量分数）（%）

钢 号[1]	C	Si	Mn	P≤	S≤	Cr	Ni	其 他	碳当量[2]CE
SCW410 （SCW42）	≤0.22	≤0.80	≤1.50	0.040	0.040	—	—	—	≤0.40
SCW450 （SCW46）	≤0.22	≤0.80	≤1.50	0.040	0.040	—	—	—	≤0.43
SCW480 （SCW49）	≤0.22	≤0.80	≤1.50	0.040	0.040	≤0.50	≤0.50	—	≤0.45
SCW550 （SCW56）	≤0.22	≤0.80	≤1.50	0.040	0.040	≤0.50	≤2.50	Mo≤0.30 V ≤0.20	≤0.48
SCW620 （SCW63）	≤0.22	≤0.80	≤1.50	0.040	0.040	≤0.50	≤2.50	Mo≤0.30 V ≤0.20	≤0.50

① 括号内为旧钢号。

② 碳当量 CE = C + (Mn/6) + (Si/24) + (Ni/40) + (Cr/5) + (Mo/4) + (V/14)。

（2）焊接结构用铸钢的力学性能（表5-8-12）

表 5-8-12　焊接结构用铸钢的力学性能

钢　号	R_m/MPa	$R_{eL}^{①}$/MPa	$A(\%)$	KV/J^{②}
		≥		
SCW410	410	235	21	27
SCW450	450	255	20	27
SCW480	480	275	20	27
SCW550	550	355	18	27
SCW620	620	430	17	27

① 根据试验结果，确定屈服点或屈服强度。

② 夏比冲击吸收能量，V 形缺口试样，试验温度为0℃。

5.8.7　焊接结构用离心铸造钢管 ［KS D4108（1992/2012 确认）］

（1）韩国 KS 标准焊接结构用离心铸造钢管的牌号与化学成分（表5-8-13）

表 5-8-13　焊接结构用离心铸造钢管的牌号与化学成分（质量分数）（%）

牌　号^{①}	C	Si	Mn	P≤	S≤	Ni	其　他	碳当量 CE^{②}
SCW410-CF （SCW42-CF）	≤0.22	≤0.80	≤1.50	0.040	0.040	—	—	≤0.40
SCW480-CF （SCW49-CF）	≤0.22	≤0.80	≤1.50	0.040	0.040	—	—	≤0.43
SCW490-CF （SCW50-CF）	≤0.20	≤0.80	≤1.50	0.040	0.040	—	—	≤0.44
SCW520-CF （SCW53-CF）	≤0.20	≤0.80	≤1.50	0.040	0.040	≤2.50	Cr≤0.50	≤0.45
SCW570-CF （SCW58-CF）	≤0.20	≤1.00	≤1.50	0.040	0.040	≤2.50	Cr≤0.50 Mo≤0.30 V ≤0.20	≤0.48

① 括号内为旧钢号。

② 碳当量 CE = C + (Mn/6) + (Si/24) + (Ni/40) + (Cr/5) + (Mo/4) + (V/14)。

（2）焊接结构用离心铸造钢管的力学性能（表5-8-14）

表 5-8-14　焊接结构用离心铸造钢管的力学性能

牌　号	R_m/MPa	$R_{eL}^{①}$/MPa	$A(\%)$	$KV^{②}$/J		
				A 试样	B 试样	C 试样
		≥				
SCW410-CF	410	235	21	27	24	20
SCW480-CF	480	275	20	27	24	20
SCW490-CF	490	315	20	27	24	20
SCW520-CF	520	355	18	27	24	20
SCW570-CF	570	430	17	27	24	20

① 根据试验结果确定屈服点或屈服强度。

② 试验温度为0℃。试样尺寸（mm）：A 试样—10×10，B 试样—10×7.5，C 试样—10×5。

5.8.8　高温高压用铸钢 ［KS D4107（2007/2012 确认）］

（1）韩国 KS 标准高温高压用铸钢的钢号与化学成分（表5-8-15）

表 5-8-15　高温高压用铸钢的钢号与化学成分（质量分数）（%）

钢　号	C	Si	Mn	P≤	S≤	Cr	Mo	其　他
SCPH1	≤0.25	≤0.60	≤0.70	0.040	0.040	—	—	①
SCPH2	≤0.30	≤0.60	≤1.00	0.040	0.040	—	—	①
SCPH11	≤0.25	≤0.60	0.50~0.80	0.040	0.040	—	0.45~0.65	①
SCPH21	≤0.20	≤0.60	0.50~0.80	0.040	0.040	1.00~1.50	0.45~0.65	①

（续）

钢　号	C	Si	Mn	P≤	S≤	Cr	Mo	其　他
SCPH22	≤0.25	≤0.60	0.50~0.80	0.040	0.040	1.00~1.50	0.90~1.20	①
SCPH23	≤0.20	≤0.60	0.50~0.80	0.040	0.040	1.00~1.50	0.90~1.20	V 0.15~0.25
SCPH32	≤0.20	≤0.60	0.50~0.80	0.040	0.040	2.00~2.75	0.90~1.20	①
SCPH61	≤0.20	≤0.75	0.50~0.80	0.040	0.040	4.00~6.50	0.45~0.65	①

① 残余元素含量见表5-8-16。

（2）韩国 KS 标准高温高压用铸钢的残余元素含量（表5-8-16）

表 5-8-16　高温高压用铸钢的残余元素含量（质量分数）（%）

钢　号	Cu	Ni	Cr	Mo	W	残余元素总量≤
	≤					
SCPH1	0.50	0.50	0.25	0.25	—	1.00
SCPH2	0.50	0.50	0.25	0.25	—	1.00
SCPH11	0.50	0.50	—	—	0.10	1.00
SCPH21	0.50	0.50	—	—	0.10	1.00
SCPH22	0.50	0.50	—	—	0.10	1.00
SCPH23	0.50	0.50	—	—	0.10	1.00
SCPH32	≤0.50	≤0.50	—	—	≤0.10	≤1.00
SCPH61	≤0.50	≤0.50	—	—	≤0.10	≤1.00

（3）高温高压用铸钢的力学性能（表5-8-17）

表 5-8-17　高温高压用铸钢的力学性能

钢　号	R_m/MPa	R_{eL}[①]/MPa	$A(\%)$	$Z(\%)$
	≥			
SCPH1	410	205	21	35
SCPH2	480	245	19	35
SCPH11	450	245	22	35
SCPH21	480	275	17	35
SCPH22	550	345	16	35
SCPH23	550	345	13	35
SCPH32	480	275	17	35
SCPH61	620	410	17	35

① 根据试验结果确定屈服点或屈服强度。

5.8.9　高温高压用离心铸造钢管［KS D4112（1995/2010 确认）］

（1）韩国 KS 标准高温高压用离心铸造钢管的牌号与化学成分（表5-8-18）

表 5-8-18　高温高压用离心铸造钢管的牌号与化学成分（质量分数）（%）

牌　号	C	Si	Mn	P≤	S≤	Cr	Mo	其　他[①]
SCPH1-CF	≤0.22	≤0.60	≤1.10	0.040	0.040	—	—	
SCPH2-CF	≤0.30	≤0.60	≤1.10	0.040	0.040	—	—	
SCPH11-CF	≤0.20	≤0.60	0.30~0.60	0.035	0.035	—	0.45~0.65	W≤0.10
SCPH21-CF	≤0.15	≤0.60	0.30~0.60	0.030	0.030	1.00~1.50	0.45~0.65	W≤0.10
SCPH32-CF	≤0.15	≤0.60	0.30~0.60	0.030	0.030	1.90~2.60	0.90~1.20	W≤0.10

① 残余元素含量见表（表5-8-19）。

（2）韩国 KS 标准高温高压用离心铸造钢管的残余元素含量（表5-8-19）

表 5-8-19　高温高压用离心铸造钢管的残余元素含量（质量分数）（%）

牌　号	Cu	Ni	Cr	Mo	W	残余元素总量
	≤					
SCPH1-CF	0.50	0.50	0.25	0.25	—	1.00
SCPH2-CF	0.50	0.50	0.25	0.25	—	1.00

（续）

牌　号	Cu	Ni	Cr	Mo	W	残余元素总量
			≤			
SCPH11-CF	0.50	0.50	0.35	—	0.10	1.00
SCPH21-CF	0.50	0.50	—	—	0.10	1.00
SCPH32-CF	0.50	0.50	—	—	0.10	1.00

（3）韩国 KS 标准高温高压用离心铸造钢管的力学性能（表 5-8-20）

表 5-8-20　高温高压用离心铸造钢管的力学性能

牌　号	R_m/MPa	$R_{eL}^{①}$/MPa	$A(\%)$
		≥	
SCPH1-CF	410	245	21
SCPH2-CF	480	275	19
SCPH11-CF	380	205	19
SCPH21-CF	410	205	19
SCPH32-CF	410	205	19

① 根据试验结果确定屈服点或屈服强度。

5.8.10　低温高压用铸钢［KS D4111（1995/2010 确认）］

（1）韩国 KS 标准低温高压用铸钢的钢号与化学成分（表 5-8-21）

表 5-8-21　低温高压用铸钢的钢号与化学成分（质量分数）（%）

钢　号	C	Si	Mn	P≤	S≤	Cr	Ni	其　他①
SCPL1	≤0.30	≤0.60	≤1.00	0.040	0.040	≤0.25	≤0.50	Cu≤0.50
SCPL11	≤0.25	≤0.60	0.50~0.80	0.040	0.040	≤0.35	—	Mo 0.45~0.65 Cu≤0.50
SCPL21	≤0.25	≤0.60	0.50~0.80	0.040	0.040	≤0.35	2.00~3.00	Cu≤0.50
SCPL31	≤0.15	≤0.60	0.50~0.80	0.040	0.040	≤0.35	3.00~4.00	Cu≤0.50

① 各钢号的残余元素总含量≤1.00%。

（2）韩国 KS 标准低温高压用铸钢的力学性能（表 5-8-22）

表 5-8-22　低温高压用铸钢的力学性能

钢　号	力学性能				$KV^{②}$/J≥		
	R_m/MPa	$R_{eL}^{①}$/MPa	$A(\%)$	$Z(\%)$	试验温度/℃	平均值	单个值
		≥					
SCPL1	450	245	21	35	-45	18	14
SCPL11	450	245	21	35	-60	18	14
SCPL21	480	275	21	35	-75	21	17
SCPL31	480	275	21	35	-100	21	17

① 根据试验结果，确定屈服点或屈服强度。

② 夏比冲击吸收能量，V 型缺口 4 号试样。采用 3 个试样的平均值；此规定不适用离心铸造钢管。

5.9　俄　罗　斯

A.　通用铸钢

5.9.1　碳素铸钢

（1）俄罗斯 ГОСТ 标准普通用途碳素铸钢的钢号与化学成分［ГОСТ 977（1988）］（表 5-9-1）

表5-9-1 普通用途碳素铸钢的钢号与化学成分（质量分数）（%）

钢 号[①]	C	Si	Mn	P≤	S≤	其 他
15Л	0.12~0.20	0.20~0.52	0.45~0.90	0.040	0.040	
20Л	0.17~0.25	0.20~0.52	0.45~0.90	0.040	0.040	
25Л	0.22~0.30	0.20~0.52	0.45~0.90	0.040	0.040	
30Л	0.27~0.35	0.20~0.52	0.45~0.90	0.040	0.040	
35Л	0.32~0.40	0.20~0.52	0.45~0.90	0.040	0.040	Cr≤0.30，Ni≤0.30，Cu≤0.30
40Л	0.37~0.45	0.20~0.52	0.45~0.90	0.040	0.040	
45Л	0.42~0.50	0.20~0.52	0.45~0.90	0.040	0.040	
50Л	0.47~0.55	0.20~0.52	0.45~0.90	0.040	0.040	

① 根据P、S含量（质量分数）不同，各钢号分为3个等级，例如：15Л、15Л-2和15Л-3。后两个钢号属于低硫磷含量的碳素铸钢，其他各钢号的情况相同。

（2）俄罗斯ГОСТ标准低硫磷含量的碳素铸钢的钢号与化学成分［ГОСТ 977（1988）］（表5-9-2）

表5-9-2 低硫磷含量的碳素铸钢的钢号与化学成分（质量分数）（%）

钢 号[①]	C	Si	Mn	P≤	S≤	其 他
15Л-2	0.12~0.20	0.20~0.52	0.45~0.90	0.035	0.035	
15Л-3	0.12~0.20	0.20~0.52	0.45~0.90	0.030	0.030	
20Л-2	0.17~0.25	0.20~0.52	0.45~0.90	0.035	0.035	
20Л-3	0.17~0.25	0.20~0.52	0.45~0.90	0.030	0.030	
25Л-2	0.22~0.30	0.20~0.52	0.45~0.90	0.035	0.035	
25Л-3	0.22~0.30	0.20~0.52	0.45~0.90	0.030	0.030	
30Л-2	0.27~0.35	0.20~0.52	0.45~0.90	0.035	0.035	
30Л-3	0.27~0.35	0.20~0.52	0.45~0.90	0.030	0.030	Cr≤0.30
35Л-2	0.32~0.40	0.20~0.52	0.45~0.90	0.035	0.035	Ni≤0.30
35Л-3	0.32~0.40	0.20~0.52	0.45~0.90	0.030	0.030	Cu≤0.30
40Л-2	0.37~0.45	0.20~0.52	0.45~0.90	0.035	0.035	
40Л-3	0.37~0.45	0.20~0.52	0.45~0.90	0.030	0.030	
45Л-2	0.42~0.50	0.20~0.52	0.45~0.90	0.035	0.035	
45Л-3	0.42~0.50	0.20~0.52	0.45~0.90	0.030	0.030	
50Л-2	0.47~0.55	0.20~0.52	0.45~0.90	0.035	0.035	
50Л-3	0.47~0.55	0.20~0.52	0.45~0.90	0.030	0.030	

① 根据P、S含量（质量分数）不同，各钢号分为3个等级，例如：15Л、15Л-2和15Л-3。后两个钢号属于低硫磷含量的碳素铸钢，其他各钢号的情况相同。

（3）俄罗斯ГОСТ标准普通用途碳素铸钢的力学性能（表5-9-3）

表5-9-3 普通用碳素铸钢的力学性能

钢 号	热处理状态[①]	拉伸性能				冲击韧度
		R_m/MPa	$R_{eL}^{②}$/MPa	A(%)	Z(%)	α_K/(J/cm²)
		≥				
15Л	正火[①]	392	196	24	35	49.1
20Л	正火[①]	412	216	22	35	49.1
25Л	正火[①]	441	235	19	30	39.2
	淬火＋回火	491	294	22	33	34.3

（续）

钢 号	热处理状态①	拉伸性能				冲击韧度
		R_m/MPa	$R_{eL}^{②}$/MPa	A（%）	Z（%）	α_K/（J/cm²）
		≥				
30Л	正火①	471	255	17	30	34.3
	淬火＋回火	491	294	17	30	34.3
35Л	正火①	491	275	15	25	34.3
	淬火＋回火	540	343	16	20	29.4
40Л	正火①	520	294	14	25	29.4
	淬火＋回火	540	343	14	20	29.4
45Л	正火①	540	310	12	20	29.4
	淬火＋回火	589	392	10	20	24.5
50Л	正火①	569	334	11	20	24.5
	淬火＋回火	736	392	14	20	29.4

① 正火或正火＋回火
② 根据试验结果确定屈服点或屈服强度。

5.9.2 合金铸钢

（1）俄罗斯 ГОСТ 标准合金铸钢的钢号与化学成分［ГОСТ 977（1988）］（表 5-9-4）

表 5-9-4 合金铸钢的钢号与化学成分（质量分数）（%）

钢 号	C	Si	Mn	P≤	S≤	Cr	Ni	Mo	其 他
20ГЛ	0.15～0.25	0.20～0.40	1.20～1.60	0.040	0.040	—	—	—	—
35ГЛ	0.30～0.40	0.20～0.40	1.20～1.60	0.040	0.040	—	—	—	—
20ГСЛ	0.16～0.22	0.60～0.80	1.00～1.30	0.030	0.030	—	—	—	—
30ГСЛ	0.25～0.35	0.60～0.80	1.10～1.40	0.040	0.040	—	—	—	—
20Г1ФЛ	0.16～0.25	0.20～0.50	0.90～1.40	0.050	0.050	—	—	—	V 0.06～0.12 Ti≤0.05
20ФЛ	0.14～0.25	0.20～0.52	0.70～1.20	0.050	0.050	—	—	—	V 0.06～0.12
30ХГСФЛ	0.25～0.35	0.40～0.60	1.00～1.50	0.050	0.050	0.30～0.50	—	—	V 0.06～0.12
45ФЛ①	0.42～0.50	0.20～0.52	0.40～0.90	①	①	—	—	—	V 0.05～0.10 Ti≤0.03
32Х06Л	0.25～0.35	0.20～0.40	0.40～0.90	0.050	0.050	0.50～0.80	—	—	—
40ХЛ	0.35～0.45	0.20～0.40	0.40～0.90	0.040	0.040	0.80～1.10	—	—	—
20ХМЛ	0.15～0.25	0.20～0.40	0.40～0.90	0.040	0.040	0.40～0.70	—	0.40～0.60	—
20ХМФЛ	0.18～0.25	0.20～0.40	0.60～0.90	0.025	0.025	0.90～1.20	—	0.50～0.70	V 0.20～0.30
20ГНМФЛ	0.14～0.22	0.20～0.40	0.70～1.20	0.030	0.030	≤0.30	0.70～1.00	0.15～0.25	V 0.06～0.12
35ХМЛ	0.30～0.40	0.20～0.40	0.40～0.90	0.040	0.040	0.80～1.10	—	0.20～0.30	—
30ХНМЛ	0.25～0.35	0.20～0.40	0.40～0.90	0.040	0.040	1.30～1.60	1.30～1.60	0.20～0.30	—
35ХГСЛ	0.30～0.40	0.60～0.80	1.00～1.30	0.040	0.040	0.60～0.90	—	—	—
35НГМЛ	0.32～0.42	0.20～0.40	0.80～1.20	0.040	0.040	—	0.80～1.20	0.15～0.25	—
20ДХЛ	0.15～0.25	0.20～0.40	0.50～0.80	0.040	0.040	0.80～1.10	—	—	Cu 1.40～1.60
08ГДНФЛ	≤0.10	0.15～0.40	0.60～1.00	0.035	0.035	—	1.15～1.55	—	Cu 0.80～1.20 V 0.10

（续）

钢 号	C	Si	Mn	P≤	S≤	Cr	Ni	Mo	其 他
13ХНДФТЛ	≤0.16	0.20~0.40	0.40~0.90	0.030	0.030	0.15~0.40	1.20~1.60	—	Cu 0.65~0.90 V 0.06~0.12 Ti 0.04~0.10
12ДН2ФЛ	0.08~0.16	0.20~0.40	0.40~0.90	0.035	0.035	—	1.80~2.20	—	Cu 1.20~1.50 V 0.08~0.15
12ДХН1МФЛ	0.10~0.18	0.20~0.40	0.30~0.55	0.030	0.030	1.20~1.70	1.40~1.80	0.20~0.30	Cu 0.40~0.65 V 0.08~0.15
23ХГС2МФЛ	0.18~0.24	1.80~2.00	0.50~0.80	0.025	0.025	0.60~0.90	—	0.25~0.30	V 0.10~0.15
12Х7Г3СЛ	0.10~0.15	0.80~1.20	3.00~3.50	0.020	0.020	7.00~7.50	—	—	—
25Х2ГНМФЛ	0.22~0.30	0.30~0.70	0.70~1.10	0.025	0.025	1.40~2.00	0.30~0.90	0.20~0.50	V 0.04~0.20
27Х5ГСМЛ	0.24~0.28	0.90~1.20	0.90~1.20	0.020	0.020	5.00~5.50	—	0.55~0.60	—
30Х3С3ГМЛ	0.29~0.33	2.80~3.20	0.70~1.20	0.020	0.020	2.80~3.20	—	0.50~0.60	—
03Н12Х5М3ТЛ	0.01~0.04	≤0.20	≤0.20	0.015	0.015	4.50~5.00	12.00~12.50	2.50~3.00	Ti 0.70~0.90
03Н12Х5М3ТЮЛ	0.01~0.04	≤0.20	≤0.20	0.015	0.015	4.50~5.00	12.00~12.50	2.50~3.00	Ti 0.70~0.90 Al 0.25~0.45

① 该钢号的 P、S 含量分为 3 个等级，即：45ФЛ 的 P、S≤0.040%，45ФЛ-2 的 P、S≤0.035%，45ФЛ-3 的 P、S ≤0.030%。

（2）俄罗斯 ГОСТ 标准合金铸钢的室温力学性能（表 5-9-5）

表 5-9-5　合金铸钢的室温力学性能

钢 号	热处理 状态①	拉 伸 性 能				冲击韧度
		R_m/MPa	$R_{eL}^{②}$/MPa	A(%)	Z(%)	α_K/(J/cm²)
		≥				
20ГЛ	正火①	540	275	18	25	49.1
	淬火+回火	530	334	14	25	38.3
35ГЛ	正火①	540	294	12	20	29.4
	淬火+回火	589	343	14	30	49.1
20ГСЛ	正火①	540	294	18	30	29.4
30ГСЛ	正火①	529	343	14	25	29.4
	淬火+回火	638	392	14	30	49.1
20Г1ФЛ	正火①	510	314	17	25	49.1
20ФЛ	正火①	491	294	18	35	49.1
30ХГСФЛ	正火①	589	392	15	25	34.3
	淬火+回火	785	589	14	25	44.1
45ФЛ	正火①	589	392	12	20	29.4
	淬火+回火	687	491	12	20	29.4
32Х06Л	淬火+回火	638	441	10	20	49.1

（续）

钢 号	热处理状态[1]	拉 伸 性 能				冲击韧度
		R_m/MPa	$R_{eL}^{[2]}$/MPa	$A(\%)$	$Z(\%)$	α_K/(J/cm²)
		≥				
40ХЛ	淬火 + 回火	638	491	12	25	39.2
20ХМЛ	正火[1]	441	245	18	30	29.4
20ХМФЛ	正火[1]	491	275	16	35	29.4
20ГНМФЛ	正火[1]	589	491	15	33	49.1
	淬火 + 回火	687	589	14	30	58.9
35ХМЛ	正火[1]	589	392	12	20	29.4
	淬火 + 回火	687	540	12	25	39.2
30ХНМЛ	正火[1]	687	540	12	20	29.4
	淬火 + 回火	785	638	10	20	39.2
35ХСЛ	正火[1]	589	343	14	25	29.4
	淬火 + 回火	785	589	10	20	39.2
35НГМЛ	淬火 + 回火	736	589	12	25	39.2
20ДХЛ	正火[1]	491	392	12	30	29.4
	淬火 + 回火	638	540	12	30	39.2
08ГДНФЛ	正火[1]	441	343	18	30	49.1
13ХНДФТЛ	正火[1]	491	392	18	30	49.1
12ДН2ФЛ	正火[1]	638	540	12	20	29.1
	淬火 + 回火	785	638	12	25	39.2
12ДХН1МФЛ	正火[1]	785	638	12	20	29.4
	淬火 + 回火	981	735	10	20	29.4
23ХГС2МФЛ	淬火 + 回火	1275	1079	6	24	39.2
12Х7Г3СЛ	淬火 + 回火	1324	1079	9	40	58.9
25Х2ГНМФЛ	正火[1]	638	491	12	30	58.9
	淬火 + 回火	1275	1079	5	25	39.2
27Х5ГСМЛ	淬火 + 回火	1472	1177	5	20	39.2
30Х3С3ГМЛ	淬火 + 回火	1766	1472	4	15	19.6
03Н12Х5М3ТЛ	淬火 + 回火	1324	1275	8	45	49.1
03Н12Х5М3ТЮЛ	淬火 + 回火	1472	1322	8	35	29.4

① 正火或正火 + 回火。

② 根据试验结果确定屈服点或屈服强度。

5.9.3 不锈、耐蚀铸钢和耐热铸钢

（1）俄罗斯ГOCT标准不锈、耐蚀铸钢和耐热铸钢的钢号与化学成分 ［ГOCT 977（1988）］（表5-9-6）

表5-9-6　不锈、耐蚀铸钢和耐热铸钢的钢号与化学成分（质量分数）（%）

钢　号	C	Si	Mn	P≤	S≤	Cr	Ni	Mo	其　他
07X17H16TЛ	0.04~0.10	0.20~0.60	1.00~2.00	0.035	0.030	16.0~18.0	15.0~17.0	—	Ti 0.005~0.15
07X18H19Л	≤0.07	0.20~1.00	1.00~2.00	0.035	0.030	17.0~20.0	8.00~11.0	—	Cu≤0.30
07X18H10Г2C2M2Л	≤0.07	≤2.00	≤2.00	0.040	0.040	17.0~19.0	9.00~12.0	2.00~2.50	—
08X12H4ГСМЛ	≤0.08	≤1.00	≤1.50	0.035	0.035	11.5~13.5	3.50~5.50	≤1.00	—
08X14HДЛ	≤0.08	≤0.04	0.50~0.80	0.025	0.025	13.0~14.5	1.20~1.60	—	Cu 0.80~1.20
08X14H7МЛ	≤0.08	0.20~0.75	0.30~0.90	0.030	0.030	13.0~150	6.00~8.50	0.50~1.00	—
08X15H4ДМЛ	≤0.08	≤0.04	1.00~1.50	0.025	0.025	14.0~16.0	3.50~3.90	0.30~0.45	Cu 1.00~1.40
08X17H34B5T3Ю2РЛ	≤0.08	0.20~0.50	0.30~0.60	0.010	0.010	15.0~18.0	32.0~35.0	—	W 4.50~5.50 + ①
09X16H4БЛ	0.05~0.13	0.20~0.60	0.30~0.60	0.030	0.025	15.0~17.0	3.50~4.50	—	Nb 0.05~0.20
09X17H3СЛ	0.05~0.12	0.80~1.50	0.30~0.80	0.035	0.030	15.0~18.0	2.80~3.80	—	—
10X12HДЛ	≤0.10	0.17~0.40	0.20~0.60	0.025	0.025	12.0~13.5	1.00~1.50	—	Cu 0.80~1.10
10X18H3Г3Д2Л	≤0.10	≤0.60	2.30~3.00	0.030	0.030	17.0~19.0	3.00~3.50	—	Cu 1.80~2.20
10X18H9Л	≤0.14	0.20~1.00	1.00~2.00	0.035	0.030	17.0~20.0	8.00~11.0	—	—
10X18H11БЛ	≤0.10	0.20~1.00	1.00~2.00	0.035	0.030	17.0~20.0	8.00~12.0	—	Nb 0.45~0.90
12X18H9ТЛ	≤0.12	0.20~1.00	1.00~2.00	0.035	0.030	17.0~20.0	8.00~11.0	—	Ti 5C~0.70
12X18H12БЛ	≤0.12	≤0.55	0.50~1.0	0.020	0.025	17.0~19.0	11.0~13.0	—	Nb 0.70~1.10
12X18H12M3ТЛ	≤0.12	0.20~1.00	1.00~2.00	0.035	0.030	16.0~19.0	11.0~13.0	—	Mo 3.00~4.00 Ti 5C~0.70
12X19H7Г2СТАЛ	≤0.12	≤1.50	≤2.00	0.040	0.040	20.0~22.0	4.50~6.00	—	Ti 4C~0.70 N 0.08~0.20
12X21H5Г2САЛ	≤0.12	≤1.50	≤2.00	0.040	0.040	20.0~22.0	4.00~6.00	—	N 0.08~0.20
12X21H5Г2СМ2Л	≤0.12	≤1.50	≤2.00	0.045	0.035	20.0~22.0	4.50~6.00	1.80~2.20	—
12X21H5Г2СТЛ	≤0.12	≤1.50	≤2.00	0.045	0.035	20.0~22.0	4.50~6.00	—	Ti 4C~0.70
12X25H5ТМФЛ	≤0.12	0.20~1.00	0.30~0.80	0.030	0.030	23.5~26.0	5.00~6.50	0.06~0.12	Ti 0.08~0.20 V 0.07~0.15 N 0.08~0.20
14X18H4Г4Л	≤0.14	0.20~1.00	4.00~5.00	0.035	0.030	16.0~20.0	4.00~5.00	—	—
15X13Л	≤0.15	0.20~0.80	0.30~0.80	0.030	0.025	12.0~14.0	≤0.50	—	—
15X14HЛ	≤0.15	≤0.60	0.40~0.90	0.035	0.035	12.0~15.0	0.70~1.20	—	—
15X18H10Г2C2M2Л	≤0.15	≤2.00	≤2.00	0.040	0.040	17.0~19.0	9.00~12.0	2.00~2.50	—
15X18H10Г2C2M2ТЛ	≤0.15	≤2.00	≤2.00	0.040	0.040	17.0~19.0	9.00~12.0	2.00~2.50	Ti 5(C-0.03)~0.80
15X18H22B6M2РЛ	0.10~0.20	0.20~0.60	0.30~0.60	0.035	0.030	16.0~18.0	20.0~24.0	2.00~3.00	W 5.00~7.00 Cu≤0.30 B≤0.01
15X23H18Л	0.10~0.20	0.20~1.00	1.00~2.00	0.030	0.030	22.0~25.0	17.0~20.0	—	—
15X25ТЛ	0.10~0.20	0.50~1.20	0.50~0.80	0.035	0.030	23.0~27.0	≤0.50	—	Ti 0.40~0.80
16X18H12C4ТЮЛ	0.13~0.19	3.80~4.50	0.50~1.00	0.030	0.030	17.0~19.0	11.0~13.0	—	Ti 0.40~0.70 Cu≤0.30 Al 0.13~0.35
18X25H19СЛ	≤0.18	0.80~2.00	0.70~1.50	0.035	0.030	22.0~26.0	17.0~21.0	≤0.20	—

（续）

钢　号	C	Si	Mn	P ≤	S ≤	Cr	Ni	Mo	其　他
20Х5МЛ	0.15~0.25	0.35~0.70	0.40~0.60	0.040	0.040	4.00~6.50	≤0.50	0.40~0.65	—
20Х8ВЛ	0.15~0.25	0.30~0.60	0.30~0.50	0.040	0.035	7.50~9.00	≤0.50	—	W 1.25~1.75
20Х12ВНМФЛ	0.17~0.23	0.20~0.60	0.50~0.90	0.030	0.025	10.5~12.50	0.50~0.90	0.50~0.70	W 0.70~1.10 V 0.15~0.30
20Х13Л	0.16~0.25	0.20~0.80	0.30~0.80	0.030	0.025	12.0~14.0	≤0.50	—	—
20Х20Н14С2Л	≤0.20	2.00~3.00	≤1.50	0.035	0.025	19.0~22.0	12.0~15.0	—	—
20Х21Н46В8РЛ	0.10~0.25	0.20~0.80	0.30~0.80	0.040	0.035	19.0~22.0	43.0~48.0	—	W 7.00~9.00 B≈0.06
20Х25Н19С2Л	≤0.20	2.00~3.00	0.50~1.50	0.035	0.030	23.0~27.0	18.0~20.0	—	—
31Х19Н9МВБТЛ	0.26~0.35	≤0.80	0.80~1.50	0.035	0.020	18.0~20.0	8.00~10.0	1.00~1.50	W 1.00~1.50 Ti 0.20~0.50 Nb 0.20~0.50
35Х18Н24С2Л	0.30~0.40	2.00~3.00	≤1.50	0.035	0.030	17.0~20.0	23.0~25.0	—	—
35Х23Н7СЛ	≤0.35	0.50~1.20	0.50~0.85	0.035	0.035	21.0~25.0	6.00~8.00	—	—
40Х9С2Л	0.35~0.50	2.00~3.00	0.30~0.70	0.035	0.035	8.00~10.0	≤0.50	—	—
40Х24Н12СЛ	≤0.40	0.50~1.50	0.30~0.80	0.035	0.030	22.0~26.0	11.0~13.0	—	—
45Х17Г13Н3ЮЛ	0.40~0.50	0.80~1.50	12.0~15.0	0.035	0.030	16.0~18.0	2.50~3.50	—	Al 0.60~1.00
55Х18Г14С2ТЛ	0.45~0.65	1.50~2.50	12.0~16.0	0.040	0.030	16.0~19.0	≤0.50	—	Ti 0.10~0.30

① Ti 2.60~3.20，Al 1.70~2.10，B 0.05，Ce 0.01。

（2）俄罗斯 ГОСТ 标准不锈、耐蚀铸钢和耐热铸钢的室温力学性能（表5-9-7）

表5-9-7　不锈、耐蚀铸钢和耐热铸钢的室温力学性能

钢　号	拉　伸　性　能				冲击韧度
	R_m/MPa	$R_{eL}^{①}$/MPa	A(%)	Z(%)	α_K/(J/cm²)
	≥				
07Х17Н16ТЛ	441	196	40	55	39.2
07Х18Н19Л	441	—	—	—	—
08Х14НДЛ	648	510	15	40	59.0
08Х14Н7МЛ	981	687	10	25	29.4
08Х15Н4ДМЛ	736	589	17	5	98.1
08Х17Н34В5Т3Ю2РЛ	785	687	3	3	—
09Х16Н4БЛ- Ⅰ	932	785	10	—	39.2
09Х16Н4БЛ- Ⅱ	1128	883	9	—	24.5
09Х17Н3СЛ- Ⅰ	981	736	8	15	19.6
09Х17Н3СЛ- Ⅱ	932	736	8	20	24.5
09Х17Н3СЛ- Ⅲ	834	638	6	20	—
10Х12НДЛ	638	441	14	30	29.4
10Х18Н3Г3Д2Л	687	491	12	25	29.4
10Х18Н9Л	441	177	25	35	98.1
10Х18Н11БЛ	441	196	25	35	59.0
12Х18Н9ТЛ	441	196	25	32	59.0

（续）

钢　号	拉 伸 性 能				冲击韧度
	R_{m}/MPa	$R_{\mathrm{eL}}^{①}$/MPa	A(%)	Z(%)	α_{K}/(J/cm²)
	≥				
12Х18Н12БЛ	392	196	13	18	19.6
12Х18Н12М3ТЛ	441	216	25	30	59.0
12Х25Н5ТМФЛ	540	392	12	40	29.4
14Х18Н4Г4Л	441	245	25	35	98.1
15Х13Л	540	392	16	45	49.1
15Х18Н22В6М2РЛ	491	196	5	—	—
15Х23Н18Л	540	394	25	30	98.1
15Х25ТЛ	441	275	—	—	—
16Х18Н12С4ТЮЛ	491	245	15	30	27.5
18Х25Н19СЛ	491	245	25	28	—
20Х5МЛ	589	392	16	30	39.2
20Х8ВЛ	589	392	16	30	39.2
20Х12ВНМФЛ	589	491	15	30	29.4
20Х13Л	589	441	16	40	39.2
20Х20Н14С2Л	491	245	20	25	—
20Х21Н46В8РЛ	441	—	6	8	29.4
20Х25Н19С2Л	491	245	25	28	—
31Х19Н9МВБТЛ	540	294	12	—	29.4
35Х18Н24С2Л	549	294	20	25	—
35Х23Н7СЛ	540	245	12	—	—
40Х9С2Л	550	—	—	—	—
40Х24Н12СЛ	491	245	20	28	—
45Х17Г13Н3ЮЛ	491	—	10	18	98.1
55Х18Г14С2ТЛ	638	—	6	—	14.7

① 根据试验结果确定屈服点或屈服强度。

5.9.4　高锰铸钢

俄罗斯 ГОСТ 标准高锰铸钢的钢号与化学成分［ГОСТ 977（1988）］（表 5-9-8）

表 5-9-8　高锰铸钢的钢号与化学成分（质量分数）（%）

钢号	C	Si	Mn	P ≤	S ≤	Cr	Ni	V	其 他
110Г13Л	0.90 ~ 1.50	0.30 ~ 1.00	11.5 ~ 15.0	0.120	0.050	≤1.00	≤1.00	—	—
110Г13Х2БРЛ①	0.90 ~ 1.50	0.30 ~ 1.00	11.5 ~ 14.5	0.120	0.050	1.00 ~ 2.00	≤0.50	≤0.10	Nb 0.08 ~ 0.12 B 0.001 ~ 0.006
110Г13ФТЛ①	0.90 ~ 1.30	0.40 ~ 0.90	11.5 ~ 14.5	0.120	0.050	—	—	0.10 ~ 0.30	Ti 0.01 ~ 0.05
120Г10ФЛ②	0.90 ~ 1.40	0.20 ~ 0.90	8.50 ~ 12.0	0.120	0.050	≤1.00	≤1.00	0.03 ~ 0.12	Cu≤0.70，N≤0.03 Ti≤0.15，Nb≤0.01
130Г14ХМФАЛ	1.20 ~ 1.40	≤0.60	12.5 ~ 15.0	0.07	0.050	1.00 ~ 1.50	≤1.00	0.08 ~ 0.12	Mo 0.20 ~ 0.30 N 0.025 ~ 0.050

① 该钢号允许含 Pb≤0.15%，W≤0.10%，Cu≤0.30%。

② 该钢号允许含 Pb≤0.15%，W≤0.10%。

B. 专业用钢和优良品种

5.9.5　低温用耐磨铸钢 ［ГОСТ 21257（1987）］

（1）俄罗斯 ГОСТ 标准低温用耐磨铸钢的钢号与化学成分（表 5-9-9）

表 5-9-9　低温用耐磨铸钢的钢号与化学成分（质量分数）（%）

钢　号	C	Si	Mn	P≤	S≤	Cr	Ni	Mo	V	其　他
08Г2ДНФЛ	0.05 ~ 0.10	0.15 ~ 0.40	1.30 ~ 1.70	0.020	0.020	≤0.30	1.15 ~ 1.55	—	0.02 ~ 0.08	Cu 0.80 ~ 1.10 RE 0.02 ~ 0.05
12ХГФЛ	0.10 ~ 0.16	0.30 ~ 0.50	0.90 ~ 1.40	0.020	0.020	0.20 ~ 0.60	≤0.30	—	0.05 ~ 0.10	Cu≤0.30
14Х2ГМРЛ	0.10 ~ 0.17	0.20 ~ 0.42	0.90 ~ 1.20	0.020	0.020	1.40 ~ 1.70	≤0.30	0.45 ~ 0.55	—	Cu≤0.30 B ~ 0.004
20ГЛ	0.17 ~ 0.25	0.30 ~ 0.50	1.10 ~ 1.40	0.020	0.020	≤0.30	≤0.30	—	—	Cu≤0.30
20ФТЛ	0.17 ~ 0.25	0.30 ~ 0.50	0.80 ~ 1.20	0.020	0.020	≤0.30	≤0.30	—	0.01 ~ 0.06	Ti 0.010 ~ 0.025 Cu≤0.30
20ХГСФЛ	0.14 ~ 0.22	0.50 ~ 0.70	0.90 ~ 1.30	0.020	0.020	0.30 ~ 0.60	≤0.40	—	0.07 ~ 0.13	Cu≤0.30
25Х2НМЛ	0.22 ~ 0.30	0.20 ~ 0.40	0.50 ~ 0.80	0.020	0.020	1.60 ~ 1.90	0.60 ~ 0.90	0.20 ~ 0.30	—	Cu≤0.30
27ХН2МФЛ	0.23 ~ 0.30	0.20 ~ 0.42	0.60 ~ 0.90	0.020	0.020	0.80 ~ 1.20	1.65 ~ 2.00	0.30 ~ 0.50	0.08 ~ 0.15	Cu≤0.30
27ХГСНМДТЛ	0.22 ~ 0.31	0.70 ~ 1.30	0.90 ~ 1.50	0.020	0.020	0.70 ~ 1.30	0.70 ~ 1.20	0.10 ~ 0.30	—	Cu 0.30 ~ 0.50 Ti 0.03 ~ 0.07 RE 0.02 ~ 0.05
30ГЛ	0.25 ~ 0.35	0.20 ~ 0.50	1.20 ~ 1.60	0.020	0.020	≤0.30	≤0.30	—	—	Cu≤0.30
30ХГ2СТЛ	0.25 ~ 0.35	0.40 ~ 0.80	1.50 ~ 1.80	0.020	0.020	0.60 ~ 1.00	≤0.30	—	—	Ti 0.01 ~ 0.04 RE 0.02 ~ 0.05 Cu≤0.30
30ХЛ	0.25 ~ 0.35	0.20 ~ 0.50	0.50 ~ 0.90	0.020	0.020	0.50 ~ 0.80	≤0.30	—	—	Cu≤0.30
35ХМФЛ	0.30 ~ 0.40	0.20 ~ 0.40	0.40 ~ 0.90	0.020	0.020	0.80 ~ 1.10	≤0.30	0.08 ~ 0.15	0.06 ~ 0.12	Cu≤0.30
35ХМЛ	0.30 ~ 0.40	0.20 ~ 0.40	0.40 ~ 0.90	0.020	0.020	0.90 ~ 1.10	≤0.30	0.20 ~ 0.30	—	Cu≤0.30
110Г13Л	0.90 ~ 1.20	0.40 ~ 0.90	11.5 ~ 14.5	0.020	0.020	≤0.30	≤0.30	≤0.20	≤0.30	Ti≤0.05 Cu≤0.30
110Г13ХБРЛ	0.90 ~ 1.30	0.30 ~ 0.90	11.5 ~ 14.5	0.020	0.020	0.80 ~ 1.50	≤0.30	—	—	Nb 0.08 ~ 0.10 Cu≤0.30 B 0.002 ~ 0.005

（2）俄罗斯 ГОСТ 标准低温用耐磨铸钢的力学性能（表 5-9-10）

表 5-9-10 低温用耐磨铸钢的力学性能

钢 号	推荐的热处理规范 工艺温度/℃及冷却	拉伸性能				冲击韧度/(kJ/m²)		HBW
		R_m/MPa	R_{eL}/MPa	A(%)	Z(%)	K_{CV-60}	K_{CU-60}	
		≥						
08Г2ДНФЛ	正火：930～970	400	500	20	45	2.5	4.0	—
	正火：920～950，回火：590～630	400	500	20	45	2.5	4.0	—
12ХГФЛ	正火：920～950	340	470	20	35	2.0	3.0	—
14Х2ГМРЛ	淬火：920～930 水冷，回火：630～650	600	700	14	25	3.0	5.0	—
20ГЛ	正火：920～9400	300	500	20	35	2.0	3.0	—
	淬火：920～940 水冷，回火：600～620	400	550	15	30	2.0	3.0	—
20ФТЛ	正火：940～960	320	520	20	35	2.0	3.0	—
	淬火：930～950 水冷，回火：600～650	450	570	15	30	2.0	3.0	—
20ХГСФЛ	正火：900～920，回火：630～650	320	500	18	30	2.0	3.0	—
	淬火：910～920 水冷，回火：650～670	450	600	14	25	2.0	3.0	—
25Х2НМЛ	淬火：860～880 水冷，回火：580～600	700	800	12	25	2.5	3.0	—
27ХН2МФЛ	淬火：880～920 水冷，回火：570～590	800	1000	10	22	2.0	3.0	265
27ХГСНМДТЛ	正火：910～930，回火：590～610	650	800	12	20	3.0	5.0	—
	淬火：910～930 水冷，回火：640～660	700	850	12	25	3.5	5.0	—
	淬火：910～930 水冷，回火：200～220	1150	1400	8	12	2.5	4.0	390
30ГЛ	淬火：920～950 水冷，回火：600～650	490	660	10	20	2.0	3.0	—
30ХГ2СТЛ	正火：890～910，回火：640～660	600	700	12	40	2.5	3.5	—
	淬火：870～890 水冷，回火：640～660	650	750	15	40	2.5	3.5	—
	淬火：870～890 水冷，回火：200～220	1300	1600	4	15	2.0	3.0	400
30ХЛ	淬火：920～950 水冷，回火：600～650	550	660	10	20	2.0	3.0	—
35ХМФЛ	正火：900～920，回火：640～670	420	630	12	20	1.8	2.5	—
	淬火：890～910 水冷，回火：650～670	550	700	12	25	2.0	3.0	—
35ХМЛ	淬火：890～910 油冷，回火：620～640	600	700	10	18	2.0	3.0	—
110Г13Л	1000，水冷	—	—	—	—	—	—	170
110Г13ХБРЛ	1050，水冷	—	—	—	—	—	—	192

5.10 南 非

A. 通用铸钢

5.10.1 一般工程用碳素铸钢

南非 SANS 标准一般工程用碳素铸钢的钢号与化学成分〔SANS 1465-1 (2010)〕（表 5-10-1）

表 5-10-1 一般工程用碳素铸钢的钢号与化学成分（质量分数）（%）

钢 号	C	Si	Mn	P≤	S≤	其 他①
C1	≤0.18	—	—	0.050	0.050	Cr≤0.50，Ni≤0.50，Mo≤0.25 Cu≤0.50，Sn≤0.08①
C2	≤0.25	≤0.60	≤0.90	0.050	0.050	
C3	≤0.35	≤0.60	≤1.00	0.050	0.050	
C4	≤0.45	≤0.60	≤1.00	0.050	0.050	

① 残余元素总含量：Cr + Ni + Mo + Cu + Sn≤1.00。

5.10.2　普通用途非合金和低合金铸钢

（1）南非 SANS 标准普通用途非合金铸钢的钢号与化学成分〔SANS 1465-1（2010）〕（表 5-10-2）

表 5-10-2　普通用途非合金铸钢的钢号与化学成分[1]（质量分数）（%）

钢 号	C	Si	Mn	P≤	S≤	Cr	Ni	Mo	其 他
C5	0.18~0.25	≤0.60	1.20~1.60	0.050	0.050	≤0.50	≤0.50	≤0.25	
C6	0.25~0.33	≤0.60	1.20~1.60	0.050	0.050	≤0.50	≤0.50	≤0.25	
C7	0.25~0.33	≤0.60	1.20~1.60	0.050	0.050	≤0.50	≤0.50	≤0.25	
C8	—	—	—	0.050	0.050	≤0.50	≤0.50	≤0.25	Cu≤0.50
C9	—	—	—	0.050	0.050	≤0.50	≤0.50	≤0.25	Sn≤0.08
C10	—	—	—	0.050	0.050	≤0.50	≤0.50	≤0.25	
C11	—	—	—	0.050	0.050	≤0.50	≤0.50	≤0.25	

① 钢中 C、Mn、Si 及其他元素含量为保证钢的力学性能可由生产厂选择。

（2）南非 SANS 标准普通用途低合金铸钢的钢号与化学成分〔SANS 1465-1（2010）〕（表 5-10-3）

表 5-10-3　普通用途低合金铸钢的钢号与化学成分（质量分数）（%）

钢 号	C	Si	Mn	P≤	S≤	Cr	Ni	Mo	其 他
L1	≤0.20	≤0.60	0.50~0.80	0.040	0.040	—	—	—	—
L2	≤0.25	≤0.60	0.50~0.80	0.040	0.040	—	2.00~3.00	—	—
L3	≤0.15	≤0.60	0.50~0.80	0.040	0.040	—	3.00~4.00	—	—
L4	≤0.15	≤0.60	0.50~0.80	0.040	0.040	—	4.00~5.80	—	—
E1	≤0.20	≤0.60	0.50~0.80	0.040	0.040	1.00~1.50	≤0.40	0.45~0.65	—
E2	≤0.18	≤0.60	0.50~0.80	0.040	0.040	2.00~2.75	≤0.40	0.90~1.20	—
E3	≤0.20	≤0.60	0.50~0.80	0.040	0.040	1.20~1.50	≤0.40	0.90~1.10	V 0.20~0.30

5.10.3　不锈耐蚀铸钢

南非 SANS 标准不锈耐蚀铸钢的钢号与化学成分〔SANS 1465-3（2010）〕（表 5-10-4）

表 5-10-4　不锈耐蚀铸钢的钢号与化学成分[1]（质量分数）（%）

钢 号	C	Si	Mn	P≤	S≤	Cr	Ni	Mo	其 他
CRS 1	≤0.15	≤1.00	≤1.00	0.040	0.040	11.5~13.5	≤1.00	—	—
CRS 2	≤0.20	≤1.00	≤1.00	0.040	0.040	11.5~13.5	≤1.00		—
CRS 3	≤0.10	≤1.00	≤1.00	0.040	0.040	11.5~13.5	3.40~4.20	≤0.60	—
CRS 4	≤0.30	≤1.50	≤1.00	0.040	0.040	18.0~21.0	≤2.00	—	Cu 1.80~1.20
CRS 5	≤0.030	≤1.50	≤2.00	0.040	0.040	17.0~21.0	8.00~12.0	—	—
CRS 6	≤0.08	≤1.50	≤2.00	0.040	0.040	17.0~21.0	8.00~11.0	—	Nb 8C~1.00
CRS 7	≤0.08[1]	≤1.50	≤2.00	0.040	0.040	17.0~21.0	8.50~12.0	—	—
CRS 8	≤0.030	≤1.50	≤2.00	0.040	0.040	17.0~21.0	10.0~13.0	2.00~3.00	—
CRS 9	≤0.08	≤1.50	≤2.00	0.040	0.040	17.0~21.0	10.0~13.0	2.00~3.00	—
CRS 10	≤0.08[1]	≤1.50	≤2.00	0.040	0.040	17.0~21.0	10.0~13.0	2.00~3.00	—
CRS 11	≤0.030	≤1.50	≤2.00	0.040	0.040	17.0~21.0	10.0~13.0	3.00~4.00	—
CRS 12	≤0.08	≤1.50	≤2.00	0.040	0.040	17.0~21.0	10.0~13.0	3.00~4.00	—
CRS 13	≤0.20	≤2.00	≤2.00	0.040	0.040	23.0~27.0	19.0~22.0	—	—
CRS 14	≤0.07	≤2.00	≤1.50	0.040	0.040	19.0~22.0	26.5~30.5	2.00~3.00	Cu 3.00~4.00
CRS 15	≤0.07	≤2.00	≤2.00	0.040	0.040	21.0~24.0	20.0~26.0	3.00~6.00	Cu≤2.00

① 若为了保证低温冲击性能，则必须控制碳含量 $w(C)≤0.06\%$ 和 $w(Nb)≤0.90\%$。

5.10.4　耐热铸钢

南非 SANS 标准耐热铸钢的钢号与化学成分〔SANS 1465-3（2010）〕见表 5-10-5。

表 5-10-5　耐热铸钢的钢号与化学成分（质量分数）（%）

钢号	C	Si	Mn	P≤	S≤	Cr	Ni	Mo
HRS 1	≤0.25	≤2.00	≤1.00	0.060	0.060	12.0~16.0	—	—
HRS 2	≤1.00	≤2.00	≤1.00	0.060	0.060	25.0~30.0	≤4.00	≤1.50
HRS 3	1.00~2.00	≤2.00	≤1.00	0.060	0.060	25.0~30.0	≤4.00	≤1.50
HRS 4	≤0.50	≤2.00	≤1.50	0.040	0.040	26.0~30.0	4.00~7.00	≤0.50
HRS 5	0.20~0.40	≤2.00	≤2.00	0.040	0.040	18.0~23.0	8.00~12.0	≤0.50
HRS 6	0.20~0.50	≤2.00	≤2.00	0.040	0.040	26.0~30.0	8.00~11.0	≤0.50
HRS 7	0.20~0.50	≤2.00	≤2.00	0.040	0.040	24.0~28.0	11.0~14.0	≤0.50
HRS 8	0.20~0.50	≤2.00	≤2.00	0.040	0.040	26.0~30.0	14.0~18.0	≤0.50
HRS 9	0.20~0.60	≤2.00	≤2.00	0.040	0.040	24.0~28.0	18.0~22.0	≤0.50
HRS 10	0.20~0.60	≤2.00	≤2.00	0.040	0.040	28.0~32.0	18.0~22.0	≤0.50
HRS 11	0.20~0.50	≤2.00	≤2.00	0.040	0.040	19.0~23.0	23.0~27.0	≤0.50
HRS 12	0.35~0.75	≤2.50	≤2.00	0.040	0.040	15.0~19.0	35.0~37.0	≤0.50
HRS 13	0.35~0.75	≤2.50	≤2.00	0.040	0.040	17.0~21.0	37.0~41.0	≤0.50
HRS 14	0.35~0.75	≤2.50	≤2.00	0.040	0.040	10.0~14.0	58.0~62.0	≤0.50
HRS 15	0.35~0.75	≤2.50	≤2.00	0.040	0.040	15.0~19.0	64.0~68.0	≤0.50

5.10.5　高锰铸钢

南非 SANS 标准高锰铸钢的钢号与化学成分〔SANS 407（2008）〕见表 5-10-6。

表 5-10-6　高锰铸钢的钢号与化学成分（质量分数）（%）

钢号	C	Si	Mn	P≤	Cr	其他[①]
Grade 1	1.00~1.35	≤1.00	≥11.0	0.070	—	—
Grade 2	1.05~1.30	≤1.00	11.5~14.5	0.070	—	—
Grade 3	1.05~1.35	≤1.00	11.5~14.5	0.070	1.50~2.50	—
Grade 4	0.70~1.30	≤1.00	11.5~14.0	0.070	—	Ni 3.00~4.00
Grade 5	0.70~1.30	≤1.00	11.5~14.0	0.070	—	Mo 0.90~1.20
Grade 6	1.00~1.35	≤1.00	16.0~19.0	0.050	1.50~2.50	—
Grade 7	1.00~1.40	≤1.00	21.0~24.0	0.050	1.50~3.00	Mo 0.50~0.75 Ti 1.00~5.00
Grade 8	≤1.05	≤1.00	6.00~8.00	0.070	—	Mo 0.90~1.20
Grade 9	1.00~1.40	≤1.00	16.0~19.0	0.050	≤2.50	—
Grade 10	1.05~1.45	≤1.0	21.0~24.0	0.050	—	—

① 硫含量未规定。

B.　专业用钢和优良品种

5.10.6　耐磨铸钢〔SANS 1465-2（2010）〕

南非 SANS 标准碳素和低合金耐磨铸钢的钢号与化学成分见表 5-10-7。

表 5-10-7　碳素和低合金耐磨铸钢的钢号与化学成分（质量分数）（%）

钢　号	C	Si	Mn	P≤	S≤	Cr	Mo	其　他
W 1	0.10~0.18	≤0.60	0.60~1.10	0.050	0.050	≤0.25	≤0.15	Ni≤0.40
W 2	0.10~0.18	≤0.60	0.30~0.60	0.050	0.050	≤0.25	≤0.15	Ni 2.75~3.50
W 3	0.10~0.18	≤0.60	0.30~0.60	0.050	0.050	0.60~1.10	0.15~0.25	Ni 3.00~3.75
W 4	0.40~0.50	≤0.60	≤1.00	0.050	0.050	≤0.25	≤0.15	—
W 5	0.50~0.60	≤0.60	≤1.00	0.050	0.050	≤0.25	≤0.15	—
W 6	0.32~0.40	≤0.60	1.20~1.50	0.050	0.050	—	—	—
W 7	0.45~0.55	≤0.60	0.50~1.00	0.050	0.050	0.80~1.20	—	—
W 8	0.35~0.45	≤0.60	0.50~0.80	0.050	0.050	0.80~1.20	0.15~0.25	—
W 9	0.55~0.65	≤0.60	0.50~1.00	0.050	0.050	0.80~1.50	0.20~0.40	—
W 10	0.70~0.90	≤0.60	0.60~1.00	0.050	0.050	1.70~2.30	0.30~0.45	—

5.11　英　　国

A. 通用铸钢

5.11.1　非合金铸钢和合金铸钢 ［BS EN 10293（2015）］

见 5.3.1 节。

5.11.2　不锈、耐蚀铸钢和耐热铸钢 ［BS EN 10283（2015）］

见 5.3.2 节。

5.11.3　奥氏体高锰铸钢 ［BS EN 10349（2009）］

见 5.3.4 节。

B. 专业用钢和优良品种

5.11.4　室温和高温用承压铸钢 ［BS EN 10213（2007A1/2016 确认）］

见 5.3.7 节。

5.11.5　低温用承压铸钢 ［BS EN 10213（2007）］

见 5.3.8 节。

5.11.6　碳素和低合金精密铸钢 ［BS 3146-1（1974/2017 确认）］

（1）英国 BS 标准碳素和低合金精密铸钢的钢号与化学成分（表 5-11-1）

表 5-11-1　碳素和低合金精密铸钢的钢号与化学成分（质量分数）（%）

钢　号	C	Si	Mn	P≤	S≤	Cr	Ni	Mo	其　他
CLA1 Grade A	0.15~0.25	0.20~0.60	0.40~1.00	0.035	0.035	≤0.30	≤0.40	≤0.10	Cu≤0.30[①]
CLA1 Grade B	0.25~0.35	0.20~0.60	0.40~1.00	0.035	0.0335	≤0.30	≤0.40	≤0.10	Cu≤0.30[①]

（续）

钢　号	C	Si	Mn	P≤	S≤	Cr	Ni	Mo	其　他
CLA1 Grade C	0.35 ~ 0.45	0.20 ~ 0.60	0.40 ~ 1.00	0.035	0.035	≤0.30	≤0.40	≤0.10	Cu≤0.30[①]
CLA2	0.18 ~ 0.25	0.20 ~ 0.50	1.20 ~ 1.70	0.035	0.035	≤0.30	≤0.40	≤0.10	Cu≤0.30[①]
CLA7	0.15 ~ 0.25	0.30 ~ 0.80	0.30 ~ 0.60	0.035	0.035	2.50 ~ 3.50	≤0.40	0.35 ~ 0.60	Cu≤0.30
CLA8	0.37 ~ 0.45	0.20 ~ 0.60	0.50 ~ 0.80	0.035	0.035	≤0.30	≤0.40	≤0.10	Cu≤0.30[①]
CLA9	0.10 ~ 0.18	0.20 ~ 0.60	0.60 ~ 1.00	0.035	0.035	≤0.30	≤0.40	≤0.10	Cu≤0.30[①]
CLA10	0.10 ~ 0.18	0.20 ~ 0.60	0.30 ≤ 0.60	0.035	0.035	≤0.30	2.75 ~ 3.50	≤0.10	Cu≤0.30
CLA11	0.20 ~ 0.30	0.30 ~ 0.80	0.30 ~ 0.60	0.035	0.035	2.90 ~ 3.50	≤0.40	0.40 ~ 0.70	Cu≤0.30 V≤0.02 Sn≤0.03
CLA12 Grade A	0.45 ~ 0.55	0.30 ~ 0.80	0.50 ~ 1.00	0.035	0.035	0.80 ~ 1.20	≤0.40	≤0.10	Cu≤0.30
CLA12 Grade B	0.45 ~ 0.55	0.30 ~ 0.80	0.50 ~ 1.00	0.035	0.035	0.80 ~ 1.20	≤0.40	≤0.10	Cu≤0.30
CLA12 Grade C	0.55 ~ 0.65	0.30 ~ 0.80	0.50 ~ 1.00	0.035	0.035	0.80 ~ 1.50	≤0.40	0.20 ~ 0.40	Cu≤0.30
CLA13	0.12 ~ 0.20	0.20 ~ 0.60	0.30 ~ 0.70	0.035	0.035	≤0.30	1.50 ~ 2.00	0.20 ~ 0.40	Cu≤0.30

① 残余元素总量：Cr + Mo + Cu≤0.80。

（2）英国 BS 标准碳素和低合金精密铸钢的力学性能（表5-11-2）

表5-11-2　碳素和低合金精密铸钢的力学性能

钢　号	R_m/MPa	$R_{p0.2}$/MPa	A(%)	KV/J	HBW
			≥		
CLA1　Grade A	430	195	15	—	121 ~ 174
Grade B	500	215	13	—	143 ~ 185
Grade C	540	245	13	—	163 ~ 207
CLA2	550 ~ 700	310	13	40.7	152 ~ 201
CLA7	620 ~ 770	480	14	33.9	174 ~ 223
CLA8	540	245	15	—	≥500 HV
CLA9	495	2215	15	27.1	
CLA10	700	350	14	40.7	
CLA11	850 ~ 1000	600	8	20.3	248 ~ 302
CLA12 Grade A	700	—	8		≤207
Grade B	—	—	—		≤293
Grade C	—	—	—		≤341
CLA13	700	350	14	40.7	

5.11.7　耐蚀、耐热精密铸钢和铸造合金［BS 3146-2（1975/2017 确认）］

（1）英国 BS 标准耐蚀、耐热精密铸钢和铸造合金的牌号与化学成分（表5-11-3）

表5-11-3　耐蚀、耐热精密铸钢和铸造合金的牌号与化学成分（质量分数）（%）

钢　号	C	Si	Mn	P≤	S≤	Cr	Ni	Mo	其　他
ANC1 Grade A	≤0.15	0.20 ~ 1.20	0.20 ~ 1.00	0.035	0.035	11.5 ~ 13.5	≤1.00	—	—
ANC1 Grade B	0.12 ~ 0.20	0.20 ~ 1.20	0.20 ~ 1.00	0.035	0.035	11.5 ~ 13.5	≤1.00	—	—
ANC1 Grade C	0.20 ~ 0.30	0.20 ~ 1.20	0.20 ~ 1.00	0.035	0.035	11.5 ~ 13.5	≤1.00	—	—
ANC2	0.12 ~ 0.25	0.20 ~ 1.00	0.20 ~ 1.00	0.035	0.035	15.0 ~ 20.0	1.50 ~ 3.00	—	—
ANC3 Grade A	≤0.12	0.20 ~ 2.00	0.20 ~ 2.00	0.035	0.035	17.0 ~ 20.0	8.00 ~ 12.0		

（续）

钢　号	C	Si	Mn	P≤	S≤	Cr	Ni	Mo	其　他
ANC3 Grade B	≤0.12	0.20~2.00	0.20~2.00	0.035	0.035	17.0~20.0	8.50~12.0	—	Nb 8C~1.10
ANC4 Grade A	≤0.08	0.20~1.50	0.20~2.00	0.035	0.035	18.0~20.0	11.0~14.0	3.00~4.00	—
ANC4 Grade B	≤0.08	0.20~1.50	0.20~2.00	0.035	0.035	17.0~20.0	≥10.0	2.00~3.00	—
ANC4 Grade C	≤0.12	0.20~1.50	0.20~2.00	0.035	0.035	17.0~20.0	≥10.0	2.00~3.00	Nb 8C~1.10
ANC5 Grade A	≤0.50	0.20~3.00	0.20~2.00	—	—	22.0~27.0	17.0~22.0	—	—
ANC5 Grade B	≤0.50	0.20~3.00	0.20~2.00	—	—	15.0~25.0	36.0~46.0	—	—
ANC5 Grade C	≤0.75	0.20~3.00	0.20~2.00	—	—	10.0~20.0	55.0~65.0	—	—
ANC6 Grade A	0.15~0.30	0.75~2.00	0.20~1.20	0.035	0.035	20.0~25.0	10.0~15.0	—	—
ANC6 Grade B	0.15~0.30	0.75~2.00	0.20~1.20	0.035	0.035	20.0~25.0	10.0~15.0	—	W 2.50~3.50
ANC6 Grade C	0.05~0.15	0.75~2.00	0.20~1.20	0.035	0.035	20.0~25.0	10.0~18.0	—	W 2.50~3.50
ANC8	0.08~0.15	0.20~1.00	0.20~1.00	—	—	18.0~22.0	余量	—	Ti 0.20~0.60 Al≤0.30, Fe≤5.0
ANC9	0.04~0.10	0.20~1.00	0.20~1.00	—	—	18.0~22.0	余量	（含Co）	Ti 2.2~3.0, Fe≤2.0 Al 0.80~1.60
ANC10	0.05~0.13	0.20~1.00	0.20~1.00	—	—	18.0~21.0	余量	—	Co 15.0~18.0 Ti 2.0~2.7 Al 1.0~1.6, Fe≤2.0
ANC11	0.27~0.40	0.20~0.45	0.20~0.50	—	—	18.0~23.0	余量	9.50~11.0	Co 9.00~11.0 Ti≤0.30 Al≤0.20, Fe≤1.0
ANC13	0.40~0.55	0.50~1.00	0.50~1.00	—	—	24.5~26.5	9.50~11.5	—	W 7.0~8.0, Fe≤2.0 Co余量
ANC14	0.20~0.30	0.20~1.00	0.20~1.00	—	—	25.0~29.0	1.75~3.75	5.00~6.00	Fe≤3.0, Co余量
ANC15	0.02~0.12	0.50~1.20	0.50~1.20	—	0.030	—	余量	26.0~30.0	Fe 4.0~7.0
ANC16	0.05~0.15	0.50~1.20	0.50~1.20	—	0.030	15.5~17.5	余量	16.0~18.0	W 3.75~5.25 Fe 4.0~7.0
ANC17	0.05~0.12	8.50~10.0	0.50~1.20	—	0.030	—	余量	—	Cu 2.00~4.00 Fe≤2.0
ANC18 Grade A	0.10~0.30	0.50~1.50	0.50~1.50	—	0.050	—	余量	—	Cu 28.0~34.0 Mg 0.07~0.13 Fe≤3.0
ANC18 Grade B	0.05~0.15	2.50~3.00	0.50~1.50	—	0.050	—	余量	—	Cu 28.0~34.0 Mg 0.07~0.13 Fe≤3.0
ANC18 Grade C	0.05~0.15	3.50~4.50	0.50~1.50	—	0.050	—	余量	—	Cu 28.0~34.0 Mg 0.07~0.13 Fe≤3.0
ANC19	≤0.06	0.10~0.40	0.10~0.50	—	0.015	19.0~21.0	余量	5.50~6.50	Nb/Ti 6.20~7.00 Co≤2.00 W 2.00~3.00 Fe 2.0~4.0, Cu≤0.20

（续）

钢　号	C	Si	Mn	P≤	S≤	Cr	Ni	Mo	其　他
ANC20	≤0.07	0.20~2.00	0.20~1.00	0.025	0.0.25	12.5~15.5	3.00~6.00	0.50~2.50	Cu 1.0~3.50 Nb≤0.50
ANC21	≤0.05	≤0.75	≤0.75	0.050	0.050	25.0~27.0	4.75~6.00	1.75~2.25	Cu 2.75~3.25 N≤0.10
ANC22 Grade A ANC22 Grade B ANC22 Grade C	0.06	1.00	0.70	0.035	0.030	15.5~16.7	3.60~4.60	—	Nb/Ti 0.15~0.40 Cu 2.80~3.50 N≤0.05

（2）英国 BS 标准耐蚀、耐热精密铸钢和铸造合金的力学性能（表 5-11-4）

表 5-11-4　耐蚀、耐热精密铸钢和铸造合金的力学性能

钢　号	R_m/MPa	$R_{p0.2}$/MPa	$A(\%)$	HBW
		≥		
ANC 1 Grade A Grade B Grade C	≥540 ≥620 ≥695	340 415 435	15 13 11	152~201 183~229 201~255
ANC 2	850~1000	630	8	—
ANC 3 Grade A Grade B	≥460 ≥460	200 200	20 20	— —
ANC 4 Grade A Grade B Grade C	≥500 ≥500 ≥500	210 210 210	12 12 12	— — —
ANC 6 Grade A Grade B Grade C	≥460 ≥460 ≥460	— — —	17 17 17	— — —
ANC 14	≥650	450	6	—
ANC 18 Grade A Grade B Grade C	950~200 1250~1500 —	850 950 —	12 9 —	— — —
ANC 21	≥700	500	18	—
ANC 22 Grade A Grade B Grade C	≥1230 ≥1030 ≥900	1030 895 830	8 8 8	≥361 ≥331 ≥294

注：标准中仅列出以上牌号的力学性能。

5.12　美　　国

A. 通用铸钢

5.12.1　碳素铸钢

（1）美国 ASTM 标准与 UNS 系统一般用途碳素铸钢的钢号与化学成分［ASTM A27/A27M-13（2016 确认）］（表 5-12-1）

表 **5-12-1** 一般用途碳素铸钢的钢号与化学成分（质量分数）（%）

钢号[1]		C	Si	Mn[2]	P ≤	S ≤	其他[3]
ASTM	UNS						
Grade N1	J02500	≤0.25	≤0.80	≤0.75	0.035	0.035	Cu≤0.50
Grade N2	J03500	≤0.35	≤0.80	≤0.60	0.035	0.035	Cu≤0.50
Grade U-415-205（60-30）	J02500	≤0.25	≤0.80	≤0.75	0.035	0.035	Cu≤0.50
Grade 415-205（60-30）	J03000	≤0.30	≤0.80	≤0.60	0.035	0.035	Cu≤0.50
Grade 450-240（65-35）	J03001	≤0.30	≤0.80	≤0.70	0.035	0.035	Cu≤0.50
Grade 485-250（70-35）	J03501	≤0.35	≤0.80	≤0.70	0.035	0.035	Cu≤0.50
Grade 485-275（70-40）	J02501	≤0.25	≤0.80	≤1.20	0.035	0.035	Cu≤0.50

① 括号内为英制单位钢号，是美国常用的单位。例如表中第 3 行：全称为 Grade U 60-30。

② 碳含量上限每降低 $w(C)=0.01\%$，则允许锰含量上限增加 $w(Mn)=0.04\%$。对钢号 Grade 485-275，其锰含量上限可增至 $w(Mn)=1.40\%$；对其他钢号则可增至 $w(Mn)=1.00\%$。

③ 各钢号的残余元素含量：Cr≤0.50%，Ni≤0.50%，Mo≤0.25%，Cu≤0.50%；其总量 Cr+Ni+Mo+Cu≤1.00%。

（2）美国一般用途碳素铸钢的力学性能（表 5-12-2）

表 **5-12-2** 一般用途碳素铸钢的力学性能

钢号		R_m/MPa	$R_{eL}^{②}$/MPa	$A^{③}$（%）	Z（%）
ASTM[1]	UNS		≥		
Grade U-415-205（60-30）	J02500	415	205	22	30
Grade 415-205（60-30）	J03000	415	205	24	35
Grade 450-240（65-35）	J03001	450	240	24	35
Grade 485-250（70-35）	J03501	485	250	22	30
Grade 485-275（70-40）	J02501	485	275	22	30

① 括号内为英制单位钢号。

② 根据试验结果确定屈服点或屈服强度。

③ 试样标距 50mm。

5.12.2 低合金高强度铸钢

（1）美国 ASTM 标准与 UNS 系统结构用低合金高强度铸钢的钢号、磷与硫含量及力学性能〔ASTM A148/A148M（2015a）〕（表 5-12-3）

表 **5-12-3** 结构用低合金高强度铸钢的钢号、磷与硫含量及力学性能

钢号		磷与硫含量 （质量分数）（%）		力学性能			
ASTM[1] /Grade	UNS	P ≤	S ≤	R_m/MPa	$R_{eL}^{②}$/MPa	$A^{③}$（%）	Z（%）
						≥	
550-270（80-40）	D50400	0.05	0.06	550	275	18	30
550-345（80-50）	D50500	0.05	0.06	550	345	22	35
620-415（90-60）	D50600	0.05	0.06	620	415	20	40
725-585（105-85）	D50850	0.05	0.06	725	585	17	35
795-655（115-95）	D50950	0.05	0.06	795	655	14	30
895-795（130-115）	D51150	0.05	0.06	895	795	11	25
930-860（135-125）	D51250	0.05	0.06	930	860	9	22
1035-930（150-135）	D51350	0.05	0.06	1035	930	7	18

（续）

钢　号		磷与硫含量 （质量分数）（%）		力学性能			
ASTM[①] /Grade	UNS	P ≤	S ≤	R_m/MPa	$R_{eL}^{②}$/MPa	$A^{③}$(%) ≥	Z(%)
1105-1000 (160-145)	D51450	0.05	0.06	1105	1000	6	12
1140-1035 (165-150)	D51500	0.020	0.020	1140	1035	5	20
1140-1035L (165-150L)	D51501	0.020	0.020	1140	1035	5	20
1450-1240 (210-180)	D51800	0.020	0.020	1450	1240	4	15
1450-1240L (210-180L)	D51801	0.020	0.020	1450	1240	4	15
1795-1450 (260-210)	D52100	0.020	0.020	1795	1450	3	6
1795-1450L (260-210L)	D52101	0.020	0.020	1795	1450	3	6

① 钢号全称应加前缀字母 "Grade"，例如 Grade 620-415；括号内为英制单位钢号。

② 根据试验结果确定屈服点或屈服强度。

③ 试样标距 50mm。

（2）3 种结构用低合金高强度铸钢的冲击性能（表 5-12-4）

表 5-12-4　3 种结构用低合金高强度铸钢的冲击性能

KV/J	钢　号/Grade		
	1140-1035L (165-150L)	1450-1240L (210-180L)	1795-1450L (260-210L)
3 个试样平均值	27	20	8
单个试样最小值	22	16	5

5.12.3　耐蚀铸钢与铸造合金

（1）美国 ASTM 标准与 UNS 系统一般用途耐蚀铸钢与铸造合金的牌号与化学成分〔ASTM A743/A743M-(2019)〕，（表 5-12-5）

表 5-12-5　一般用途耐蚀铸钢与铸造合金的牌号与化学成分（质量分数）（%）

牌　号		C	Si	Mn	P≤	S≤	Cr	Ni	Mo	其　他
Grade	UNS									
CF3 19Cr-19Ni	J92500	≤0.03	≤2.00	≤1.50	0.040	0.040	17.0～21.0	8.00～12.0	—	—
CF3M 19Cr-10Ni-Mo	J92800	≤0.03	≤1.50	≤1.50	0.040	0.040	17.0～21.0	9.00～13.0	2.00～3.00	—
CF3MN 19Cr-10Ni-Mo-N	J92804	≤0.03	≤1.50	≤1.50	0.040	0.040	17.0～22.0	9.00～13.0	2.00～3.00	N 0.10～0.20

（续）

牌　号 Grade	UNS	C	Si	Mn	P≤	S≤	Cr	Ni	Mo	其　他
CF8 19Cr-9Ni	J92600	≤0.08	≤2.00	≤1.50	0.040	0.040	18.0~21.0	8.00~11.0	—	—
CF8C 19Cr-10Ni-Nb	J92710	≤0.08	≤2.00	≤1.50	0.040	0.040	18.0~21.0	9.00~12.0	—	+Nb[①]
CF8M 19Cr-10Ni-Mo	J92900	≤0.08	≤2.00	≤1.50	0.040	0.040	18.0~21.0	9.00~12.0	2.00~3.00	—
CF10SMnN 17Cr-8.4Ni-N	J92972	≤0.10	3.50~ 4.50	7.00~ 9.00	0.060	0.030	16.0~18.0	8.00~9.00	—	N 0.08~0.18
CF16F[②] 19Cr-9Ni	J92701	≤0.16	≤2.00	≤1.50	(0.17)	0.040	18.0~21.0	9.00~12.0	—	Se 0.20~0.35
CF16Fa[②] 19Cr-9Ni	—	≤0.16	≤2.00	≤1.50	0.040	0.20~ 0.40	18.0~ 21.0	9.00~12.0	0.40~0.80	—
CF20 19Cr-9Ni	J92602	≤0.20	≤2.00	≤1.50	0.040	0.040	18.0~21.0	8.00~11.0	—	—
CG3M 19Cr-11Ni-Mo	J92999	≤0.03	≤1.50	≤1.50	0.040	0.040	18.0~21.0	9.00~13.0	3.00~4.00	—
CG6MMN	J93740	≤0.06	≤1.00	4.00~ 6.00	0.040	0.030	20.5~23.5	11.5~13.5	1.50~3.00	Nb 0.10~0.30 V 0.10~0.30 N 0.20~0.40
CG8M 19Cr-11Ni-Mo	J93000	≤0.08	≤1.50	≤1.50	0.040	0.040	18.0~21.0	9.00~13.0	3.00~4.00	—
CG12 22Cr-12Ni	J93001	≤0.12	≤2.00	≤1.50	0.040	0.040	20.0~23.0	10.0~13.0	—	—
CH10 25Cr-12Ni	J93401	≤0.10	≤2.00	≤1.50	0.040	0.040	22.0~26.0	12.0~15.0	—	—
CH20 25Cr-12Ni	J93402	≤0.20	≤2.00	≤1.50	0.040	0.040	22.0~26.0	12.0~15.0	—	—
CK3MCuN 20Cr-18Ni- Cu-Mo	J93254	≤0.025	≤1.00	≤1.20	0.045	0.010	19.5~20.5	17.5~19.5	6.00~7.00	Cu 0.50~1.00 N 0.18~0.24
CK20 25Cr-20Ni	J94202	≤0.20	≤2.00	≤2.00	0.040	0.040	23.0~27.0	19.0~22.0	—	—
CK35MN 23Cr-21Ni- Mo-N	J94653	≤0.035	≤1.00	≤2.00	0.035	0.020	22.0~24.0	20.0~22.0	6.00~6.80	Cu≤0.40 N 0.21~0.32
CA6N 11Cr-7Ni	J91650	≤0.06	≤1.00	≤0.50	0.020	0.020	10.5~12.5	6.00~8.00	—	—
CA6NM 12Cr-4Ni	J91540	≤0.06	≤1.00	≤1.00	0.040	0.030	11.5~14.0	3.50~4.50	0.40~1.00	—
CA15 12Cr	J91150	≤0.15	≤1.50	≤1.00	0.040	0.040	11.5~14.0	≤1.00	≤0.50	—

（续）

牌　号 Grade	UNS	C	Si	Mn	P≤	S≤	Cr	Ni	Mo	其　他
CA15M 12Cr	J91151	≤0.15	≤0.65	≤1.00	0.040	0.040	11.5～14.0	≤1.00	0.15～1.00	—
CA28MWV 12Cr-Mo-W-V	J91422	0.20～0.28	≤1.00	0.50～1.00	0.030	0.030	11.0～12.50	0.50～1.00	0.90～1.25	W 0.90～1.25 V 0.20～0.30
CA40 12Cr	J91153	0.20～0.40	≤1.50	≤1.00	0.040	0.040	11.5～14.0	≤1.00	≤0.50	—
CA40F② 12Cr	J91154	0.20～0.40	≤1.50	≤1.00	0.040	0.20～0.40	11.5～14.0	≤1.00	≤0.50	—
CB6 16Cr-4Ni	J91804	≤0.06	≤1.00	≤1.00	0.040	0.030	15.5～17.5	3.50～5.50	≤0.50	—
CB30③ 20Cr	J91803	≤0.30	≤1.50	≤1.00	0.040	0.040	18.0～21.0	≤2.00	—	Cu 0.90～1.20
CC50 28Cr	J92615	≤0.50	≤1.50	≤1.00	0.040	0.040	26.0～30.0	≤4.00	—	—
CE30 29Cr-9Ni	J93423	≤0.30	≤2.00	≤1.50	0.040	0.040	26.0～30.0	8.00～11.0	—	—
CN3M	J94652	≤0.03	≤1.00	≤2.00	0.030	0.030	20.0～22.0	23.0～27.0	4.50～5.50	—
CN3MN 21Cr-24Ni-Mo-N	J94651	≤0.03	≤1.00	≤2.00	0.040	0.010	20.0～22.0	23.5～25.5	6.00～7.00	Cu≤0.75 N 0.18～0.20
CN7MS 19Cr-24Ni-Cu-Mo	J94650	≤0.07	2.50～3.50	≤1.00	0.040	0.030	18.0～20.0	22.0～25.0	2.50～3.00	Cu 1.50～2.00
CN7M 20Cr-29Ni-Cu-Mo	N08007	≤0.07	≤1.50	≤1.50	0.040	0.040	19.0～22.0	27.0～30.5	2.00～3.00	Cu 3.00～4.00
HG10MNN 19Cr-12Ni-4Mn	J92604	0.07～0.12	≤0.70	3.00～5.00	0.040	0.030	18.5～20.5	11.5～13.5	0.25～0.45	Cu≤0.50 N 0.20～0.30 Nb 8C～1.00

① 牌号 CF8C 的铌含量为：$8C \leqslant w(Nb) \leqslant 1.0\%$；采用铌加钽（Nb：Ta＝3：1）对该牌号作稳定化处理时，其总含量为 $9C \leqslant w(Nb + Ta) \leqslant 1.1\%$。

② 易切削型。

③ 牌号 CB30 的铜含量，可在 $w(Cu) \leqslant 0.90\% \sim 1.20\%$ 范围内选择。

（2）美国一般用途耐蚀铸钢与铸造合金的类型和力学性能（表 5-12-6）

表 5-12-6　一般用途耐蚀铸钢与铸造合金的类型和力学性能

牌　号 Grade	UNS	类　型	R_m/MPa	$R_{eL}^{①}$/MPa	A（%）	Z（%）
			≥			
CF3	J92500	19Cr-9Ni	485	205	35	—
CF3M	J92800	19Cr-10Ni＋Mo	485	205	30	—
CF3MN	J92804	19Cr-10Ni＋Mo＋N	515	255	35	—

（续）

牌 号		类 型	R_m/MPa	$R_{eL}^{①}$/MPa	$A(\%)$	$Z(\%)$
Grade	UNS				≥	
CF8	J92600	19Cr-9Ni	485	205	35	—
CF8C	J92710	19Cr-10Ni + Nb	485	205	30	—
CF8M	J92900	19Cr-10Ni + Mo	485	205	30	—
CF10SMnN	J92972	17Cr-8.5Ni + N	585	290	30	—
CF16F	J92701	19Cr-10Ni	485	205	25	—
CF16Fa	—	19Cr-10Ni（易切削型）	485	205	25	—
CF20	J92602	19Cr-9Ni	485	205	30	—
CG3M	J92999	19Cr-11Ni + Mo	515	240	25	—
CG6MMnN	J93740	19Cr-10Ni + Mo + N	585	290	30	—
CG8M	J93000	19Cr-11Ni + Mo	520	240	25	—
CG12	J93001	22Cr-12Ni	485	195	35	—
CH10	J93401	25Cr-12Ni	485	205	30	—
CH20	J93402	25Cr-12Ni	485	205	30	—
CK3MCuN	J93254	20Cr-18Ni + Mo + Cu	550	260	35	—
CK20	J94202	25Cr-20Ni	450	195	30	—
CK35MN	J94653	23Cr-21Ni + Mo + N	570	280	35	—
CA6N	J91650	11Cr-7Ni	965	930	15	50
CA6NM	J91540	12Cr-4Ni	755	550	15	35
CA15	J91150	12Cr	620	450	18	30
CA15M	J91151	12Cr	620	450	18	30
CA28MWV	J91422	12Cr + Ni + Mo + W + V	965	760	10	24
CA40	J91153	12Cr	690	485	15	25
CA40F	J91154	12Cr（易切削型）	690	485	12	—
CB6	J91804	16Cr-4Ni	790	580	16	35
CB30	J91803	20Cr	450	205	—	—
CC50	J92615	28Cr	380	—	—	—
CE30	J93423	29Cr-9Ni	550	275	10	—
CN3M	J94652	21Cr-25Ni + Mo	435	170	30	—
CN3MN	J94651	21Cr-24Ni + Mo + N	550	260	35	—
CN7M	J94650	20Cr-29Ni + Mo + Cu	425	170	35	—
CN7MS	N08007	19Cr-24Ni + Mo + Cu	485	205	35	—
HG10MNN	J92604	19Cr-12Ni + 4Mn	525	225	20	—

① 根据试验结果确定屈服点或屈服强度。

（3）美国一般用途耐蚀铸钢与铸造合金的热处理（表5-12-7）

表5-12-7　一般用途耐蚀铸钢与铸造合金的热处理

牌　号/Grade	热 处 理 制 度
CF8，F8C，CF8M，CF16F，CF20 CF16Fa，CG3M，CG8M， CG12，CF10SMnN	将铸件加热到≥1040℃，保温足够时间，淬入水中，或用其他方法急冷，以使铸件达到合格的耐腐蚀性能

（续）

牌　号/Grade	热 处 理 制 度
CE30，CH10，CH20，CK20	将铸件加热到 ≥1095℃，保温足够时间，淬入水中，或用其他方法急冷，以使铸件达到合格的耐腐蚀性能
CA15，CA15M，CA40，CA40F	1. 加热到 ≥955℃空冷，并在 ≥595℃回火 2. 在 ≥790℃退火
CA28MWV	1. 加热到 1025 ~ 1050℃空冷或油淬，然后在 ≥620℃退火 2. 在 ≥760℃回火
CB30，CC50	1. 加热到 ≥790℃空冷 2. 在 ≥790℃退火
CB6	将铸件加热到 980℃ 至 1050℃ 之间，空冷至 50℃ 以下，回火温度在 595℃ 至 625℃ 之间
CF3，CF3M，CF3MN	1. 将铸件加热到 ≥1040℃，保温足够时间，急冷，以使铸件达到合格的耐腐蚀性能 2. 如果耐腐蚀性能合格，可采用铸态
CN7M，CG6MMnN	将铸件加热到 ≥1120℃，保温足够时间，淬入水中，或用其他方法急冷，以使铸件达到合格的耐腐蚀性能
CN7MS	将铸件加热到 1150℃ 至 1180℃ 之间，保温足够时间（至少 2h），淬入水中
CA6N	将铸件加热到 ≥1040℃空冷，重新加热到 815℃，空冷，在 425℃时效，在每一温度都应保温足够时间，以使铸件均匀加热到规定温度
CA6NM	将铸件加热到 ≥1010℃，空冷到 95℃；最终退火温度应在 565℃ 至 620℃ 之间
CK3MCuN，CK35MN，CN3M，CN3MN	将铸件均匀加热到 ≥1200℃，保温 4h，淬入水中，或用其他方法快速冷却，以使铸件达到合格的耐腐蚀性能
CF10SMnN	将铸件加热到 ≥1040℃保温足够时间，淬入水中，或用其他方法急冷，以使铸件达到合格的耐腐蚀性能
HG10MNN	铸态使用

5.12.4　耐热铸钢与铸造合金

（1）美国 ASTM 标准与 UNS 系统一般用途耐热铸钢与铸造合金的牌号与化学成分 ［ASTM A297/A297M （2017）］（表 5-12-8）

表 5-12-8　一般用途耐热铸钢与铸造合金的牌号与化学成分（质量分数）（%）

牌　号 Grade（Type）	UNS	C	Si	Mn	P≤	S≤	Cr	Ni	Mo	其　他
HC（28Cr）	J92605	≤0.50	≤2.00	≤1.00	0.040	0.040	26.0 ~ 30.0	≤4.00	≤0.50	—
HD（28Cr-5Ni）	J93005	≤0.50	≤2.00	≤1.50	0.040	0.040	26.0 ~ 30.0	4.00 ~ 7.00	≤0.50	—
HE（29Cr-9Ni）	J93403	0.20 ~ 0.50	≤2.00	≤2.00	0.040	0.040	26.0 ~ 30.0	8.00 ~ 11.0	≤0.50	—
HF（19Cr-9Ni）	J92603	0.20 ~ 0.40	≤2.00	≤2.00	0.040	0.040	18.0 ~ 23.0	8.00 ~ 12.0	≤0.50	—
HG10MNN（19Cr-12Ni-4Mn）	J92604	0.07 ~ 0.11	≤0.70	3.00 ~ 5.00	0.040	0.030	18.0 ~ 20.5	11.5 ~ 13.50	0.25 ~ 0.45	Nb 0.50 ~ 1.50 Cu ≤0.50 N 0.20 ~ 0.30
HH（25Cr-12Ni）	J93503	0.20 ~ 0.50	≤2.00	≤2.00	0.040	0.040	24.0 ~ 28.0	11.0 ~ 14.0	≤0.50	—

（续）

牌 号		C	Si	Mn	P≤	S≤	Cr	Ni	Mo	其 他
Grade（Type）	UNS									
HI (28Cr-15Ni)	J94003	0.20~0.50	≤2.00	≤2.00	0.040	0.040	26.0~30.0	14.0~18.0	≤0.50	—
HK (25Cr-20Ni)	J94224	0.20~0.60	≤2.00	≤2.00	0.040	0.040	24.0~28.0	18.0~22.0	≤0.50	—
HL (29Cr-20Ni)	J94604	0.26~0.60	≤2.00	≤2.00	0.040	0.040	28.0~32.0	18.0~22.0	≤0.50	—
HN (20Cr-20Ni)	J94213	0.20~0.50	≤2.00	≤2.00	0.040	0.040	19.0~23.0	23.0~27.0	≤0.50	—
CT150C (20Cr-33Ni-1Nb)	N08151	0.05~0.15	0.15~1.50	0.15~1.50	0.030	0.030	19.0~21.0	31.0~34.0	—	Nb 0.50~1.50 Fe 余量
HP (26Cr-35Ni)	N08705	0.35~0.75	≤2.50	≤2.00	0.040	0.040	24.0~28.0	33.0~37.0	≤0.50	Fe 余量
HT (15Cr-35Ni)	N08605	0.35~0.75	≤2.50	≤2.00	0.040	0.040	15.0~19.0	33.0~37.0	≤0.50	Fe 余量
HU (19Cr-39Ni)	N08004	0.35~0.75	≤2.50	≤2.00	0.040	0.040	17.0~21.0	37.0~41.0	≤0.50	Fe 余量
HW (12Cr-60Ni)	N08001	0.35~0.75	≤2.50	≤2.00	0.040	0.040	10.0~14.0	58.0~62.0	≤0.50	Fe 余量
HX (17Cr-66Ni)	N06006	0.35~0.75	≤2.50	≤2.00	0.040	0.040	15.0~19.0	64.0~68.0	≤0.50	Fe 余量

注：铸件中 Mo 含量可由供需双方在规定范围内商定。

（2）美国一般用途耐热铸钢与铸造合金的类型和力学性能（表5-12-9）

表5-12-9　一般用途耐蚀铸钢与铸造合金的类型和力学性能

牌 号		类 型	R_m/MPa	$R_{eL}^{①}$/MPa	$A^{②}$（%）
Grade	UNS			≥	
HC	J92605	28Cr	380	—	—
HD	J93005	28Cr-5Ni	515	240	8
HE	J93403	29Cr-9Ni	585	275	9
HF	J92603	19Cr-9Ni	485	240	25
HG10MNN	J92604	19Cr-12N-4Mn	525	225	20
HH	J93503	25Cr-12Ni	515	240	10
HI	J94003	28Cr-15Ni	485	240	10
HK	J94224	25Cr-20Ni	450	240	10
HL	J94604	29Cr-20Ni	450	240	10
HN	J94213	20Cr-25Ni	435	—	8
HP	N08705	26Cr-35Ni	430	235	4.5
HT	N08605	17Cr-35Ni	450	—	4
HU	N08004	19Cr-39Ni	450	—	4
HW	N08001	12Cr-60Ni	415	—	—
HX	N06006	17Cr-60Ni	415	—	—

① 根据试验结果确定屈服点或屈服强度。

② 试样标距50mm。当按该标准的规定在拉伸试验时采用 ICI 试棒，其标距长度与缩减截面直径之比为4:1。

5.12.5 高锰铸钢

美国 ASTM 标准与 UNS 系统奥氏体高锰铸钢的钢号与化学成分 ［ASTM A128/A128M（2019）］（表5-12-10）

表 5-12-10 奥氏体高锰铸钢的钢号与化学成分（质量分数）（%）

钢　号 Grade	UNS	C	Si	Mn	P ≤	其他
A	J91109	1.05 ~ 1.35	≤1.00	≥11.0	0.070	—
B-1	J91119	0.90 ~ 1.05	≤1.00	11.5 ~ 14.0	0.070	—
B-2	J91129	1.05 ~ 1.20	≤1.00	11.5 ~ 14.0	0.070	—
B-3	J91139	1.12 ~ 1.28	≤1.00	11.5 ~ 14.0	0.070	—
B-4	J91149	1.20 ~ 1.35	≤1.00	11.5 ~ 14.0	0.070	—
C	J91309	1.05 ~ 1.35	≤1.00	11.5 ~ 14.0	0.070	Cr 1.50 ~ 2.50
D	J91459	0.70 ~ 1.30	≤1.00	11.5 ~ 14.0	0.070	Ni 3.00 ~ 4.00
E-1	J91249	0.70 ~ 1.30	≤1.00	11.5 ~ 14.0	0.070	Mo 0.90 ~ 1.20
E-2	J91339	1.05 ~ 1.45	≤1.00	11.5 ~ 14.0	0.070	Mo 1.80 ~ 2.10
F	J91340	1.05 ~ 1.35	≤1.00	6.00 ~ 8.00	0.070	Mo 0.90 ~ 1.20

注：1. 由于受铸钢件截面尺寸的限制，因此在具体设计时考虑选择哪个钢号，最好先征求生产厂家的意见，然后根据供需双方的协议最终确定。

2. 如果用户无其他要求，一般供给钢号 A 铸件。

B. 专业用钢和优良品种

5.12.6 化学成分与变形钢材相近的碳素和合金铸钢 ［ASTM A915/A915M-08（2018 确认）］

美国 ASTM 标准与 UNS 系统化学成分与变形钢材相近的碳素和合金铸钢的钢号与化学成分见表5-12-11。

表 5-12-11 化学成分与变形钢材相近的碳素和合金铸钢的钢号与化学成分（质量分数）（%）

钢　号 Grade	UNS	C	Si	Mn	P≤	S≤	Cr	Ni	Mo
SC1020	J02003	0.18 ~ 0.23	0.30 ~ 0.60	0.40 ~ 0.80	0.040	0.040	—	—	—
SC1025	J02505	0.22 ~ 0.28	0.30 ~ 0.60	0.40 ~ 0.80	0.040	0.040	—	—	—
SC1030	J03012	0.28 ~ 0.34	0.30 ~ 0.60	0.50 ~ 0.90	0.040	0.040	—	—	—
SC1040	J04003	0.37 ~ 0.44	0.30 ~ 0.60	0.50 ~ 0.90	0.040	0.040	—	—	—
SC1045	J04502	0.43 ~ 0.50	0.30 ~ 0.60	0.50 ~ 0.90	0.040	0.040	—	—	—
SC4130	J13502	0.28 ~ 0.33	0.30 ~ 0.60	0.40 ~ 0.80	0.035	0.040	0.80 ~ 1.10	—	0.15 ~ 0.25
SC4140	J14045	0.38 ~ 0.43	0.30 ~ 0.60	0.70 ~ 1.10	0.035	0.040	0.80 ~ 1.10	—	0.15 ~ 0.25
SC4330	J23259	0.28 ~ 0.33	0.30 ~ 0.60	0.60 ~ 0.90	0.035	0.040	0.70 ~ 0.90	1.65 ~ 2.00	0.20 ~ 0.30
SC4340	J24053	0.38 ~ 0.43	0.30 ~ 0.60	0.60 ~ 0.90	0.035	0.040	0.70 ~ 0.90	1.65 ~ 2.00	0.20 ~ 0.30
SC8620	J12095	0.18 ~ 0.23	0.30 ~ 0.60	0.60 ~ 1.00	0.035	0.040	0.40 ~ 0.60	0.40 ~ 0.70	0.15 ~ 0.25
SC8625	J12595	0.23 ~ 0.26	0.30 ~ 0.60	0.60 ~ 1.00	0.035	0.040	0.40 ~ 0.60	0.40 ~ 0.70	0.15 ~ 0.25
SC8630	J13095	0.28 ~ 0.33	0.30 ~ 0.60	0.60 ~ 1.00	0.035	0.040	0.40 ~ 0.60	0.40 ~ 0.70	0.15 ~ 0.25

5.12.7 一般设备用碳素和低合金熔模铸钢 ［ASTM A732/A732M（2014）］

（1）美国 ASTM 标准与 UNS 系统一般设备用碳素和低合金熔模铸钢的钢号与化学成分（表5-12-12）

表 5-12-12 一般设备用碳素和低合金熔模铸钢的钢号与化学成分（质量分数）（%）

钢 号		ICI[1]	C	Si	Mn	P≤	S≤	Cr	Ni	Mo	其 他[2]
Grade	UNS	型号									
1A	J02002	1020	0.15~0.25	0.20~1.00	0.20~0.60	0.040	0.045	—	—	—	Cu≤0.50 Mo+W≤0.25
2A, 2Q	J03011	1030	0.25~0.35	0.20~1.00	0.70~1.00	0.040	0.045	≤0.35	≤0.50		Cu≤0.50 W≤0.10
3A, 3Q	J04002	1040	0.35~0.45	0.20~1.00	0.70~1.00	0.040	0.045	≤0.30	≤0.50		
4A, 4Q	—	1050	0.45~0.55	0.20~1.00	0.70~1.00	0.040	0.045				
5N	J13052	6120	≤0.30	0.20~0.80	0.70~1.00	0.040	0.045	≤0.35	≤0.50	0.15~0.25	Cu≤0.50 V 0.05~0.15 W≤0.10
6N	J13512	4020	≤0.35	0.20~0.80	1.35~1.75	0.040	0.045	≤0.35	≤0.50	0.25~0.55	Cu≤0.50
7Q	J13045	4130	0.25~0.35	0.20~0.80	0.40~0.70	0.040	0.045	0.80~1.10	—	0.15~0.25	Cu≤0.50 W≤0.10
8Q	J14049	4140	0.35~0.45	0.20~0.80	0.70~1.00	0.040	0.045	0.80~1.10	≤0.50	0.15~0.25	
9Q	J23055	4330	0.25~0.35	0.20~0.80	0.40~0.70	0.040	0.045	0.70~0.90	1.65~2.00	0.20~0.30	
10Q	J24054	4340	0.35~0.45	0.20~0.80	0.70~1.00	0.040	0.045	0.70~0.90	1.65~2.00	0.20~0.30	
11Q	J12094	4620	0.15~0.25	0.20~0.80	0.40~0.70	0.040	0.045	≤0.35	1.65~2.00	0.20~0.30	
12Q	J15048	6150	0.45~0.55	0.20~0.80	0.65~0.95	0.040	0.045	0.80~1.10	≤0.50	—	Cu≤0.50 Mo+W≤0.10 V≤0.15
13Q	J12048	8620	0.15~0.25	0.20~0.80	0.65~0.95	0.040	0.045	0.40~0.70	0.40~0.70	0.15~0.25	Cu≤0.50 W≤0.10
14Q	J13051	8630	0.25~0.35	0.20~0.80	0.65~0.95	0.040	0.045	0.40~0.70	0.40~0.70	0.15~0.25	
15A	J19966	52100	0.95~1.10	0.20~0.80	0.25~0.55	0.040	0.045	1.30~1.60	0.50		

① 美国精密铸造学会 ICI（Investment Casting Institute）的型号（下同）。

② 残余元素总量（Cr+Ni+Mo+Cu+W）：4A，4Q，7Q，9Q，15A 分别≤0.60%；其余牌号分别 ≤1.00%。

（2）美国一般设备用碳素和低合金熔模铸钢的力学性能（表5-12-13）

表 5-12-13 一般设备用碳素和低合金熔模铸钢的力学性能

钢 号		ICI[1]	热处理状态	R_m/MPa	R_{eL}[2]/MPa	A[3]（%）
Grade	UNS	型号			≥	
1A	J02002	1020	退火	414	276	24
2A	J03011	1030	退火	448	310	25
2Q		1030	淬火和回火	586	414	10
3A	J04002	1040	退火	517	331	25
3Q		1040	淬火和回火	689	621	10
4A	—	1050	退火	621	345	20
4Q	—	1050	淬火和回火	862	689	5
5N	J13052	6120	正火和回火	586	379	22
6N	J13512	4020	正火和回火	621	414	20
7Q	J13045	4130	淬火和回火	1030	793	7
8Q	J14049	4140	淬火和回火	1241	1000	5
9Q	J23055	4330	淬火和回火	1030	793	7
10Q	J24054	4340	淬火和回火	1241	1000	5
11Q	J12094	4620	淬火和回火	827	689	10

（续）

钢 号		ICI[①] 型号	热处理状态	R_m/MPa	R_{eL}[②]/MPa	A[③]（%）
Grade	UNS			≥		
12Q	J15048	6150	淬火和回火	1310	1172	4
13Q	J12048	8620	淬火和回火	724	586	10
14Q	J13051	8630	淬火和回火	1030	793	7
15A	J19966	52100	退火	硬度≤100 HRB		

① ICI—美国精密铸造学会。

② 根据试验结果确定屈服点或屈服强度。

③ 试样标距 50mm。

5.12.8 沉淀硬化不锈钢铸钢 ［ASTM A747/A747M（2018）］

（1）美国 ASTM 标准与 UNS 系统沉淀硬化不锈钢铸钢的钢号与化学成分（表 5-12-14）

表 5-12-14 沉淀硬化不锈钢铸钢的钢号与化学成分（质量分数）（%）

钢号		C	Si	Mn	P ≤	S ≤	Cr	Ni	Cu	其 他
Grade	UNS									
CB7Cu-1 (17-4)	J92180	≤0.07	≤1.00	≤0.70	0.035	0.030	15.5 ~ 17.7	3.60 ~ 4.60	2.50 ~ 3.20	Nb 0.15 ~ 0.35[①] N≤0.05
CB7Cu-2 (15-5)	J92110	≤0.07	≤1.00	≤0.70	0.035	0.030	14.0 ~ 15.5	4.50 ~ 5.50	2.50 ~ 3.20	Nb 0.15 ~ 0.35[①] N≤0.05

① Nb 含量下限对热处理 H900 不适用。

（2）美国沉淀硬化不锈钢铸钢的力学性能与热处理（表 5-12-15）

表 5-12-15 沉淀硬化不锈钢铸钢的力学性能与热处理

钢 号 /Grade	热 处 理 规 范				力 学 性 能			硬 度	
	条件	温度 /℃	时间 /h	冷却	R_m/MPa	$R_{p0.2}$/MPa	A[①]（%）	HBW	HRC
					≥				
CB7Cu-1 /J92180 和 CB7Cu-2 /J92110	H900	480	1.5	空冷	1170	1000	5	≥375	≥40
	H925	495	1.5	空冷	1205	1035	5	≥375	≥40
	H1025	550	4.0	空冷	1035	965	9	≥311	≥33
	H1075	580	4.0	空冷	1000	795	9	≥277	≥29
	H1100	595	4.0	空冷	930	760	9	≥269	≥28
	H1150	620	4.0	空冷	860	670	10	≥269	≥28
	H1150M	760	2.0	空冷	—	—	—	≤310	≤33
		620	4.0	空冷				≤310	≤33
	H1150DBL	620	4.0	空冷	—	—	—	≤310	≤33
		620	4.0	空冷				≤310	≤33

① 断后伸长率试样标距为 50mm。

5.12.9 用于严酷工作条件下的耐蚀铸钢 ［ASTM A744/A744M（2013）］

（1）美国 ASTM 标准和 UNS 系统用于严酷工作条件下的耐蚀铸钢的钢号与化学成分（表 5-12-16）

表 5-12-16　用于严酷工作条件下的耐蚀铸钢的钢号与化学成分（质量分数）（%）

钢号 Grade	UNS	C	Si	Mn	P≤	S≤	Cr	Ni	Mo	其他
CF8	J92600	≤0.08	≤2.00	≤1.50	0.040	0.040	18.0~21.0	8.0~11.0	—	—
CF8M	J92900	≤0.08	≤2.00	≤1.50	0.040	0.040	18.0~21.0	9.0~12.0	2.0~3.0	—
CF8C	J92710	≤0.08	≤2.00	≤1.50	0.040	0.040	18.0~21.0	9.0~12.0	—	Nb 8C~1.0[1]
CF3	J92500	≤0.03	≤2.00	≤1.50	0.040	0.040	17.0~21.0	8.0~12.0	—	—
CF3M	J92800	≤0.03	≤1.50	≤1.50	0.040	0.040	17.0~21.0	9.0~13.0	2.0~3.0	—
CG3M	J92999	≤0.03	≤1.50	≤1.50	0.040	0.040	18.0~21.0	9.0~13.0	3.0~4.0	—
CG8M	J93000	≤0.08	≤1.50	≤1.50	0.040	0.040	18.0~21.0	9.0~13.0	3.0~4.0	—
CN7M	N08007	≤0.07	≤1.50	≤1.50	0.040	0.040	19.0~22.0	27.5~30.5	2.0~3.0	Cu 3.0~4.0
CN7MS	J94650	≤0.07	2.50~3.50	≤1.00	0.040	0.030	18.0~20.0	22.0~25.0	2.5~3.0	Cu 1.5~2.0
CN3MN	J94651	≤0.03	≤1.00	≤2.00	0.040	0.010	20.0~22.0	23.5~25.5	6.0~7.0	Cu≤0.75 N 0.18~0.26
CK3MCuN	J93254	≤0.025	≤1.00	≤1.20	0.045	0.010	19.5~20.5	17.5~19.5	6.0~7.0	Cu 0.5~1.0 N 0.18~0.24
CN3MCu	J80020 (J94649)	≤0.03	≤1.00	≤1.50	0.030	0.015	19.0~22.0	27.5~30.5	2.0~3.0	Cu 3.0~3.5

① 若用 Nb/Ta≈3/1，作稳定化处理，[w(Nb)+w(Ta)]≥9w(C)≈1.1%。

（2）美国用于严酷工作条下的耐蚀铸钢的类型与力学性能（表5-12-17）

表 5-12-17　用于严酷工作条件下的耐蚀铸钢的类型与力学性能

钢号 Grade	UNS	类型	力学性能		
			R_m/MPa ≥	$R_{p0.2}$/MPa ≥	$A^{[1]}$（%）≥
CF8	J92600	19Cr-9Ni	485	205	35
CF8M	J92900	19Cr-10Ni+Mo	485	205	30
CF8C	J92710	19Cr-10Ni+Nb	485	205	30
CF3	J92500	19Cr-9Ni	485	205	35
CF3M	J92800	19Cr-11Ni+Mo	485	205	30
CG3M	J92999	19Cr-11Ni+Mo	515	240	25
CG8M	J93000	19Cr-11Ni+Mo	520	240	25
CN7M	N08007	20Cr-29Ni+Cu+Mo	425	170	35
CN7MS	J94650	19Cr-24Ni+Cu+Mo	485	205	35
CN3MN	J94651	21Cr-24Ni+Mo+N	550	260	35
CK3MCuN	J93254	20Cr-18Ni+Mo+Cu	550	260	35
CN3MCu	J80020	20Cr-29Ni+Cu+Mo	425	170	35

① 断后伸长率试样标距为50mm。

（3）美国用于严酷工作条件下的耐蚀铸钢的热处理（表5-12-18）

表 5-12-18　用于严酷工作条件下的耐蚀铸钢的热处理

钢号/Grade	热处理工艺
CF3，CF3M，CF8，CF8M，CF8C，CG3M，CG8M	将铸件加热到≥1040℃，保温足够时间，淬入水中，或用其他方法急冷，以使铸件达到合格的耐腐蚀性能
CN7M，CN3MCu	将铸件加热到≥1120℃，保温足够时间，淬入水中，或用其他方法急冷，以使铸件达到合格的耐腐蚀性能

（续）

钢号/Grade	热处理工艺
CN7MS	将铸件加热到 1150~1180℃，保温足够时间（至少 2h），淬入水中，以使铸件达到合格的耐腐蚀性能
CN3MN，CK3MCuN	将铸件加热到 ≥1200℃，保温足够时间，淬入水中，或用其他方法急冷，以使铸件达到合格的耐腐蚀性能

5.12.10 高温用碳素铸钢 ［ASTM A216/A216M（2018）］

（1）美国 ASTM 标准和 UNS 系统的高温用碳素铸钢（适用于熔焊）的钢号与化学成分（表 5-12-19）

表 5-12-19 高温用碳素铸钢（适用于熔焊）的钢号与化学成分（质量分数）（%）

钢号 Grade	UNS	C	Si	Mn	P≤	S≤	Cr	Ni	Mo	其他
WCA	J02502	0.25	0.60	0.70	0.035	0.035	0.50	0.50	0.20	Cu≤0.30 V≤0.03
WCB	J03002	0.30	0.60	1.00	0.035	0.035	0.50	0.50	0.20	
WCC	J02503	0.25	0.60	1.20	0.035	0.035	0.50	0.50	0.20	

注：1. 所有值为最大值。

2. 关于较低的最大硫含量，见补充要求本标准 S52。

3. 规定的残留元素，除补充要求本标准 S50 规定外，这些元素的总含量最大为 1.00%。

4. 在规定的最大含碳量之下每减少 0.01%，允许最大含锰量增加 0.04%，直到其最大含量 WCA 达 1.10%，WCB 达 1.28% 和 WCC 达 1.40% 为止。

（2）美国高温用碳素铸钢（适用于熔焊）的力学性能（表 5-12-20）

表 5-12-20 高温用碳素铸钢（适用于熔焊）的力学性能

钢号 Grade	UNS	R_m/MPa	$R_{p0.2}^{①}$/MPa	$A^{②}$(%)	Z(%)
			≥		
WCA	J02502	415~585	205	24	35
WCB	J03002	485~655	250	22	35
WCC	J02503	485~655	275	22	35

① 可用 0.2% 残余变形法或用载荷下 0.5% 伸长率法测定。

② 试样标距 50mm。当按 A703 标准的规定，采用 ICI（美国精密铸造学会）试棒作拉伸试验时，其标距长度对缩减截面直径之比为 4:1（4d）。

5.12.11 高温用镍铬合金铸钢 ［ASTM A447/A447M-11（2016 确认）］

（1）美国 ASTM 标准与 UNS 系统高温用镍铬合金铸钢的型号与化学成分（表 5-12-21）

表 5-12-21 高温用镍铬合金铸钢的型号与化学成分（质量分数）（%）

型号②	UNS	C	Si	Mn	P ≤	S ≤	Cr	Ni①	N
Type I	J93303	0.20~0.45	≤1.75	≤2.50	0.030	0.030	23.0~28.0	10.0~14.0	≤0.20
Type II		0.20~0.45	≤1.75	≤2.50	0.030	0.030	23.0~28.0	10.0~14.0	≤0.20

① 商品铸钢件常含有少量 Co，可把 Co 含量折算为 Ni 含量的一部分。

② 其他元素含量由供需双方协议。

（2）美国高温用镍铬合金铸钢的力学性能（表5-12-22）

表5-12-22　高温用镍铬合金铸钢的力学性能

型　号	UNS	时效后的力学性能		高温短时力学性能	
		R_m/MPa	$A^{①}$（%）	R_m/MPa	$A^{①}$（%）
		≥		≥	
Type Ⅰ	J93303	550	9	由供需双方协议	由供需双方协议
Type Ⅱ		550	4	140	8

① 试样标距50mm。

5.12.12　抗高温腐蚀的镍铬铸造合金［ASTM A560/A560M（2012/2018 确认）］

（1）美国 ASTM 标准与 UNS 系统抗高温腐蚀的镍铬铸造合金的牌号与化学成分（表5-12-23）

表5-12-23　抗高温腐蚀的镍铬铸造合金的牌号与化学成分（质量分数）（%）

牌　号		C	Si	Mn	P	S	Cr	Ni①	其　他
Grade	UNS				≤	≤			
50Cr-50Ni	R20500	≤0.10	≤1.00	≤0.30	0.02	0.02	48.0~52.0	余量	N≤0.30
50Cr-50Ni-Nb①	R20501	≤0.10	≤0.50	≤0.30	0.02	0.02	47.0~52.0	余量	Nb 1.4~1.7 N≤0.16② + ③
60Cr-40Ni	R20600	≤0.10	≤1.00	≤0.30	0.02	0.02	58.0~62.0	余量	N≤0.30 + ③

① w(Ni) + w(Cr) + w(Nb)必须≥97.5%。

② w(N) + w(C)≤0.20%。

③ Al≤0.25, Ti≤0.50, Fe≤1.00。

（2）美国 ASTM 标准抗高温腐蚀的镍铬铸造合金的力学性能（表5-12-24）

表5-12-24　抗高温腐蚀的镍铬铸造合金的力学性能

钢　号		R_m/MPa	$R_{p0.2}$/MPa	$A^{①}$（%）	Z（%）
Grade	UNS		≥		
50Cr-50Ni	R20500	550	340	5	78
50Cr-50Ni-Nb	R20501	550	345	5	—
60Cr-40Ni	R20600	760	590	—	14

① 试样标距50mm。

5.12.13　一般用途承压部件用铸钢［ASTM A487/A487M（2014e）］

（1）美国 ASTM 标准与 UNS 系统一般用途承压铸钢的型号与类型（表5-12-25）

表5-12-25　一般用途承压铸钢的型号与类型

等　级	型　号	型号简称	UNS 数字系列	类　型
Grade 1	ClassA，B，C	1A，1B，1C	J13002	V
Grade 2	ClassA，B，C	2A，2B，2C	J13005	Mn-Mo
Grade 4	ClassA，B，C，D，E	4A，4B，4C，4D，4E	J13047	Ni-Cr-Mo
Grade 6	ClassA，B	6A，6B	J13855	Mn-Ni-Cr-Mo
Grade 7	ClassA	7A	J12084	Ni-Cr-Mo-V
Grade 8	ClassA，B，C	8A，8B，8C	J22091	Cr-Mo
Grade 9	ClassA，B，C，D，E	9A，4B，9C，9D，9E	J13345	Cr-Mo
Grade 10	ClassA，B	10A，10B	J23015	Ni-Cr-Mo
Grade 11	ClassA，B	11A，11B	J12082	Ni-Cr-Mo
Grade 12	ClassA，B	12A，12B	J22000	Ni-Cr-Mo
Grade 13	ClassA，B	13A，13B	J13080	Ni-Mo

（续）

等　级	型　号	型号简称	UNS 数字系列	类　型
Grade 14	ClassA	14A	J15580	Ni-Mo
Grade 16	ClassA，B	16A，16B	J31200	Mn-Ni
CA-6NM	ClassA，B	CA-6NMA，CA-6NMB	J91540	Cr-Ni
CA-15	ClassA，B，C，D	CA-15A，CA-15B CA-15C，CA-15D	J91171	Cr 马氏体型
CA-15M	ClassA	CA-15MA	J91151	Cr 马氏体型

（2）美国 ASTM 标准与 UNS 系统一般用途承压铸钢的型号与化学成分（表5-12-26）

表 5-12-26　一般用途承压铸钢的型号与化学成分（质量分数）（%）

型号简称 Class	UNS	C	Si	Mn①	P ≤	S ≤	Cr	Ni	Mo	其　他②
1A，1B，1C	J13002	≤0.03	≤0.80	≤1.00	0.035	0.035	—②	—②	—②	V 0.04-0.12
2A，2B，2C	J13005	≤0.03	≤0.80	1.00~1.40	0.035	0.035	—②	—②	0.10~0.30	—
4A，4B，4C 4D，4E	J13047	≤0.03	≤0.80	≤1.00	0.035	0.035	0.40~0.80	0.40~0.80	0.15~0.30	—
6A，6B	J13855	0.05~0.38	≤0.80	1.30~1.70	0.035	0.035	0.40~0.80	0.40~0.80	0.30~0.40	—
7A	J12084	0.05~0.20	≤0.80	0.60~0.80	0.035	0.035	0.40~0.80	0.70~1.00	0.40~0.60	V 0.03~0.10 B 0.002~0.006 Cu 0.15~0.50
8A，8B，8C	J22091	0.05~0.20	≤0.80	0.50~0.90	0.035	0.035	2.00~2.75	—②	0.90~1.10	—
9A，4B，9C 9D，9E	J13345	0.05~0.33	≤0.80	0.60~0.90	0.035	0.035	0.75~1.10	—②	0.15~0.30	—
10A，10B	J23015	≤0.30	≤0.80	0.60~1.00	0.035	0.035	0.55~0.90	1.40~2.00	0.20~0.40	—
11A，11B	J12082	0.05~0.20	≤0.60	0.50~0.80	0.035	0.035	0.50~0.80	0.70~1.10	0.45~0.65	—
12A，12B	J22000	0.05~0.20	≤0.60	0.40~0.70	0.035	0.035	0.50~0.90	0.60~1.00	0.90~1.20	—
13A，13B	J13080	≤0.30	≤0.60	0.80~1.10	0.035	0.035	—②	1.40~1.75	0.20~0.30	—
14A	J15580	≤0.55	≤0.60	0.80~1.10	0.035	0.035	—②	1.40~1.75	0.20~0.30	—
16A，16B	J31200	≤0.12	≤0.50	≤2.10	0.020	0.020	—②	1.00~1.40	—②	—
CA-6NMA CA-6NMB	J91540	≤0.06	≤1.00	≤1.00	0.035	0.030	11.5~14.0	3.50~4.50	0.40~1.00	—
CA-15A，CA-15B CA-15C，CA-15D	J91171	≤0.15	≤1.50	≤1.00	0.035	0.035	11.5~14.0	≤1.00	≤0.50	—
CA-15MA	J91151	≤0.15	≤0.65	≤1.00	0.035	0.035	11.5~14.0	≤1.00	0.15~1.00	—

① 碳含量上限每降低 w(C)0.01%，则允许锰含量上限增加 w(Mn)0.04%，其锰含量上限可增至 w(Mn)2.30%。
② 残余元素（Cu、Ni、Cr、Mo、W、V 等）含量和总量，见表（表5-12-27）。

（3）美国 ASTM 标准一般用途承压铸钢的残余元素含量和总量（表5-12-27）

表 5-12-27　承压铸钢的残余元素含量和总量（质量分数）（%）

型号简称 Class	UNS	Cr	Ni	Cu	W	V	残余元素总量
		≤					≤
1A，1B，1C	J13002	0.35	0.50	0.50	①	—	1.00
2A，2B，2C	J13005	0.35	0.50	0.50	0.10	0.03	1.00
4A，4B，4C 4D，4E	J13047	—	—	0.50	0.10	0.03	0.60
6A，6B	J13855	—	—	0.50	0.10	0.03	0.60
7A	J12084	—	—	0.50	0.10	—	0.60
8A，8B，8C	J22091			0.50	0.10	0.03	0.60

（续）

型号简称 Class	UNS	Cr	Ni	Cu	W	V	残余元素总量
				≤			≤
9A，4B，9C 9D，9E	J13345	—	0.50	0.50	0.10	0.03	1.00
10A，10B	J23015	—	—	0.50	0.10	0.03	0.60
11A，11B	J12082	—	—	0.50	0.10	0.03	0.50
12A，12B	J22000	—	—	0.50	0.10	0.03	0.50
13A，13B	J13080	0.40	—	0.50	0.10	0.03	0.75
14A	J15580	0.40	—	0.50	0.10	0.03	0.75
16A，16B	J31200	0.20	—	0.20	0.10	0.02	0.50
CA-6NMA CA-6NMB	J91540	—	—	0.50	0.10	0.05	0.50
CA-15A，CA-15B CA-15C，CA-15D	J91171	—	—	0.50	0.10	0.05	0.50
CA-15MA	J91151	—	—	0.50	0.10	0.05	0.50

① Mo + W ≤ 0.25% 。

（4）美国一般用途承压部件用铸钢的力学性能（表5-12-28）

表5-12-28　一般用途承压部件用铸钢的力学性能

等　级	型号简称 Class	力　学　性　能[①]				HRC ≤
		R_m/MPa	$R_{p0.2}$/MPa	$A^{②}$(%)	Z(%)	
				≥		
Grade 1	1A	585~760	380	22	40	—
	1B	620~795	450	22	45	—
	1C	≥620	450	22	45	22
Grade 2	2A	585~760	365	22	35	—
	2B	620~795	450	22	40	—
	2C	≥620	450	22	40	22
Grade 4	4A	620~795	415	18	40	—
	4B	725~895	585	17	35	—
	4C	≥620	415	18	35	22
	4D	≥690	515	17	35	22
	4E	≥795	655	15	35	—
Grade 6	6A	≥795	550	18	30	—
	6B	≥825	655	12	25	—
Grade 7	7A	≥795	690	15	30	—
Grade 8	8A	585~760	380	20	35	—
	8B	≥725	585	17	30	—
	8C	≥690	515	17	35	22
Grade 9	9A	≥620	415	18	35	—
	9B	≥725	585	16	35	—
	9C	≥620	415	18	35	—
	9D	≥690	515	17	35	22
	9E	≥795	655	15	35	—
Grade 10	10A	≥690	485	18	35	—
	10B	≥860	690	15	35	—
Grade 11	11A	485~655	275	20	35	—
	11B	725~895	585	17	35	—

（续）

等　级	型号简称 Class	力 学 性 能[①]				HRC ≤
		R_m/MPa	$R_{p0.2}$/MPa	A[②]（%）	Z（%）	
				≥		
Grade 12	12A	485～655	275	20	35	—
	12B	725～895	585	17	35	—
Grade 13	13A	620～795	415	18	35	—
	13B	725～895	585	17	35	—
Grade 14	14A	825～1000	655	14	30	—
Grade 16	16A	485～655	275	22	35	—
CA-6NM	CA-6NMA	760～930	550	15	35	—
	CA-6NMB	≥690	515	17	35	23
CA=15	CA=15A	965～1170	760-895	10	25	—
	CA=15B	620～795	450	18	30	—
	CA=15C	≥620	415	18	35	22
	CA=15D	≥690	515	17	35	22
CA-15M	CA-15MA	620～795	450	18	30	—

① 铸钢件厚度为 63.5mm（2.5in）时的力学性能。

② 试样标距 50mm。当按 A703 标准的规定，采用 ICI（美国精密铸造学会）试棒作拉伸试验时，其标距长度对缩减截面直径之比为 4∶1(4d)。

（5）美国一般用途承压部件用铸钢的热处理与焊后热处理（表 5-12-29）

表 5-12-29　一般用途承压部件用铸钢的热处理与焊后热处理

等　级	型号简称 Class	热处理工艺条件				最低预热温度/℃	焊后热处理温度/℃ ≤
		奥氏体化温度/℃ ≥	冷却介质[①]	冷却到以下温度/℃ ≤	回火温度[②]/℃		
Grade 1	1A	870	A	230	595	95	595
	1B	870	L	260	595	95	595
	1C	870	A 或 L	260	620	95	620
Grade 2	2A	870	A	230	595	95	595
	2B	870	L	260	595	95	595
	2C	870	A 或 L	260	620	95	620
Grade 4	4A	870	A 或 L	260	595	95	595
	4B	870	L	260	595	95	595
	4C	870	A 或 L	260	620	95	620
	4D	870	L	260	620	95	620
	4E	870	L	260	595	95	595
Grade 6	6A	845	A	260	595	150	595
	6B	845	L	260	595	150	595
Grade 7	7A	900	L	315	595	150	595
Grade 8	8A	955	L	260	675	150	675
	8B	955	L	260	675	150	675
	8C	955	L	260	675	150	675

（续）

等 级	型号简称 Class	热处理工艺条件				最低预热 温度/℃	焊后热处理 温度/℃ ≤
		奥氏体化 温度/℃ ≥	冷却介质[1]	冷却到以下 温度/℃ ≤	回火温度[2] /℃		
Grade 9	9A	870	A 或 L	260	595	150	595
	9B	870	L	260	595	150	595
	9C	870	A 或 L	260	620	150	620
	9D	870	L	260	620	150	620
	9E	870	L	260	595	150	595
Grade 10	10A	845	A	260	595	150	595
	10B	845	L	260	595	150	595
Grade 11	11A	900	A	315	595	150	595
	11B	900	L	315	595	150	595
Grade 12	12A	955	A	315	595	150	595
	12B	955	L	205	595	150	595
Grade 13	13A	845	A	260	595	205	595
	13B	845	L	260	595	205	595
Grade 14	14A	845	L	260	595	205	595
Grade 16	16A	870[3]	A	315	595	100	595
CA-6NM	CA-6NMA	1010	A 或 L	195	565/620[4][5]	100	—
	CA-6NMB	1010	A 或 L	195	565/620[4]	100	—
CA-15	CA＝15A	955	A 或 L	205	565 ~ 620	205	595
	CA＝15B	955	A 或 L	205	595	205	595
	CA＝15C	955	A 或 L	205	620[6]	205	620
	CA＝15D	955	A 或 L	205	595[6]	205	620
CA-15M	CA-15MA	955	A 或 L	205	595	205	595

① 冷却：A—空冷；L—(液体)水冷或油冷。

② 均指温度下限（已列出温度范围的除外）。

③ 进行两次奥氏体化加热。

④ 在 565 ~ 620℃进行最终回火。

⑤ 在 665 ~ 690℃进行中间回火，再在 565 ~ 620℃进行最终回火。

⑥ 第一次回火后空冷至95℃以下，再进行第二次回火。

5.12.14 承压部件用奥氏体不锈铸钢 ［ASTM A351/A351M（2018）］

（1）美国 ASTM 标准和 UNS 系统承压部件用奥氏体不锈铸钢的牌号与化学成分（表5-12-30）

表 5-12-30 承压部件用奥氏体不锈铸钢的牌号与化学成分（质量分数）（%）

牌 号		C	Si	Mn	P ≤	S ≤	Cr	Ni	Mo	其 他
Grade	UNS									
CF3 CF3A	J92700	≤0.03	≤2.00	≤1.50	0.040	0.040	17.0 ~ 21.0	8.0 ~ 12.0	≤0.50	—
CF8 CF8A	J92600	≤0.08	≤2.00	≤1.50	0.040	0.040	18.0 ~ 21.0	8.0 ~ 11.0	≤0.50	—
CF3M CF3MA	J92800	≤0.03	≤1.50	≤1.50	0.040	0.040	17.0 ~ 21.0	9.0 ~ 13.0	2.0 ~ 3.0	—

（续）

牌　号		C	Si	Mn	P ≤	S ≤	Cr	Ni	Mo	其　他
Grade	UNS									
CF8M	J92900	≤0.08	≤1.50	≤1.50	0.040	0.040	18.0~21.0	9.0~12.0	2.0~3.0	—
CF3MN	J92804	≤0.03	≤1.50	≤1.50	0.040	0.040	17.0~21.0	9.0~13.0	2.0~3.0	N 0.10~0.20
CF8C	J92710	≤0.08	≤2.00	≤1.50	0.040	0.040	18.0~21.0	9.0~12.0	≤0.50	Nb 8C~1.00
CF10	J92950	0.04~0.10	≤2.00	≤1.50	0.040	0.040	18.0~21.0	8.0~11.0	≤0.50	—
CF10M	J92901	0.04~0.10	≤1.50	≤1.50	0.040	0.040	18.0~21.0	9.0~12.0	2.0~3.0	—
CH8	J93400	≤0.08	≤1.50	≤1.50	0.040	0.040	22.0~26.0	12.0~15.0	≤0.50	—
CH10	J93401	0.04~0.10	≤2.00	≤1.50	0.040	0.040	22.0~26.0	12.0~15.0	≤0.50	—
CH20	J93402	0.04~0.20	≤2.00	≤1.50	0.040	0.040	22.0~26.0	12.0~15.0	≤0.50	—
CK20	J94202	0.04~0.20	≤1.75	≤1.50	0.040	0.040	23.0~27.0	19.0~22.0	≤0.50	—
HG10MnN	J92604	0.07~0.11	≤0.70	3.00~5.00	0.040	0.030	18.5~20.5	11.5~13.5	0.25~0.45	Nb 8C~1.00 N 0.20~0.30 Cu≤0.50
HK30	J94203	0.25~0.35	≤1.75	≤1.50	0.040	0.040	23.0~27.0	19.0~22.0	≤0.50	—
HK40	J94204	0.35~0.45	≤1.75	≤1.50	0.040	0.040	23.0~27.0	19.0~22.0	≤0.50	—
HT30	N08030	0.25~0.35	≤2.50	≤2.00	0.040	0.040	13.0~17.0	33.0~37.0	≤0.50	Fe 余量
CF10MC	J92971	≤0.10	≤1.50	≤1.50	0.040	0.040	15.0~18.0	13.0~16.0	1.75~2.25	Nb 10C~1.20
CN7M	N08007	≤0.07	≤1.50	≤1.50	0.040	0.040	19.0~22.0	27.5~30.5	2.0~3.0	Cu 3.0~4.0
CN3MN	J94651	≤0.03	≤1.00	≤2.00	0.040	0.010	20.0~22.0	23.5~25.5	6.0~7.0	Cu≤0.75 Fe 余量 N 0.18~0.26
CG6MMnN	J93790	≤0.06	≤1.00	4.00~6.00	0.040	0.030	20.5~23.5	11.5~13.5	1.5~3.0	Nb 0.10~0.30 V 0.10~0.30, N 0.20~0.40
CG8M	J93000	≤0.08	≤1.50	≤1.50	0.040	0.040	18.0~21.0	9.0~13.0	3.0~4.0	—
CF10SMnN	J92972	≤0.10	3.50~4.50	7.00~9.00	0.060	0.030	16.0~18.0	8.0~9.0	—	N 0.08~0.18
CT15C	N08151	0.05~0.15	0.50~1.50	0.15~1.50	0.030	0.030	19.0~21.0	31.0~34.0	—	Nb 0.50~1.50 Fe 余量
CK3MCuN	J93254	≤0.025	≤1.00	≤1.20	0.045	0.010	19.5~20.5	17.5~19.5	6.0~7.0	Cu 0.50~1.00 N 0.18~0.24
CE20N	J92802	≤0.20	≤1.50	≤1.50	0.040	0.040	23.0~26.0	8.0~11.0	≤0.50	N 0.08~0.20
CG3M	J92999	≤0.03	≤1.50	≤1.50	0.040	0.040	18.0~21.0	9.0~13.0	3.0~4.0	—

（2）美国承压部件用奥氏体不锈铸钢的力学性能（表 5-12-31）

表 5-12-31　承压部件用奥氏体不锈铸钢的力学性能

牌　号		R_m/MPa	$R_{p0.2}$/MPa	$A(\%)$	牌　号		R_m/MPa	$R_{p0.2}$/MPa	$A(\%)$
Grade	UNS	≥			Grade	UNS	≥		
CF3	J92700	485	205	35	CF3MA	J92800	550	255	30
CF3A	J92700	530	240	35	CF8M	J92900	485	205	30
CF8	J92600	485	205	35	CF3MN	J92804	515	255	35
CF8A	J92600	530	240	35	CF8C	J92710	485	205	30
CF3M	J92800	485	205	30	CF10	J92950	485	205	35

（续）

牌　号		R_m/MPa	$R_{p0.2}/\text{MPa}$	$A(\%)$	牌　号		R_m/MPa	$R_{p0.2}/\text{MPa}$	$A(\%)$
Grade	UNS	≥			Grade	UNS	≥		
CF10M	J92901	485	205	30	CN7M	N08007	425	170	35
CH8	J93400	450	195	30	CN3MN	J94651	550	260	35
CH10	J93401	485	205	30	CG6MMN	J93790	585	295	30
CH20	J93402	485	205	30	CG8M	J93000	515	240	25
CK20	J94202	450	195	30	CF10SMnN	J92972	585	295	30
HG10MnN	J92604	525	225	20	CT15C	N08151	435	170	20
HK30	J94203	450	240	10	CK3MCuN	J93254	550	260	35
HK40	J94204	425	240	10	CE20N	J92802	550	275	30
HT30	N08030	450	195	15	CG3M	J92999	515	240	25
CF10MC	J92971	485	205	20	—				

5.12.15　承压部件用奥氏体-铁素体（节镍）双相不锈铸钢 ［ASTM A995/A995M（2019）］

（1）美国 ASTM 标准和 UNS 系统承压部件用奥氏体-铁素体（节镍）双相不锈铸钢的牌号与化学成分（表 5-12-32）

表 5-12-32　承压部件用奥氏体-铁素体（节镍）双相不锈铸钢的牌号与化学成分（质量分数）（%）

牌　号		ACI[1] 型号	C	Si	Mn	P ≤	S ≤	Cr	Ni	Mo	其　他
Grade	UNS										
1B 25Cr-5Ni-Mo-Cu-N	J93372	CD4MCuN	≤0.04	≤1.00	≤1.00	0.040	0.040	24.5 ~ 26.5	4.7 ~ 6.0	1.7 ~ 2.3	Cu 2.7 ~ 3.3 N 0.10 ~ 0.25
2A 24Cr-10Ni-Mo-N	J93345	CE8MN	≤0.08	≤1.50	≤1.00	0.040	0.040	22.5 ~ 25.5	8.0 ~ 11.0	3.0 ~ 4.5	N 0.10 ~ 0.30
3A 25Cr-5Ni-Mo-N	J93371	CD6MN	≤0.06	≤1.00	≤1.00	0.040	0.040	24.0 ~ 27.0	4.0 ~ 6.0	1.75 ~ 2.5	N 0.15 ~ 0.25
4A 22Cr-5Ni-Mo-N	J92205	CD3MN	≤0.030	≤1.00	≤1.50	0.040	0.020	21.0 ~ 23.5	4.5 ~ 6.5	2.5 ~ 3.5	Cu≤1.0 N 0.10 ~ 0.30
5A[2] 25Cr-7Ni-Mo-N	J93404	CE3MN	≤0.030	≤1.00	≤1.50	0.040	0.040	24.0 ~ 26.0	6.0 ~ 8.0	4.0 ~ 5.0	N 0.10 ~ 0.30
6A[3] 25Cr-7Ni-Mo-N	J93350	CD3MWCuN	≤0.030	≤1.00	≤1.00	0.030	0.025	24.0 ~ 26.0	6.5 ~ 8.5	3.0 ~ 4.0	W 0.5 ~ 1.0 Cu 0.5 ~ 1.0 N 0.20 ~ 0.30
7A[4] 27Cr-7Ni-M-W-N	J93379	CD3MWN	≤0.030	≤1.00	1.00 ~ 3.00	0.030	0.020	26.0 ~ 28.0	6.0 ~ 8.0	2.0 ~ 3.5	W 3.0 ~ 4.0 Cu≤1.0 N 0.30 ~ 0.40 B 0.001 ~ 0.010

① ACI—美国合金铸造学会。

② Cr% + 3.3Mo% + 16N% ≥40%。

③ Cr% + 3.3（Mo% + 0.5%W）+ 16% N≥40%。

④ Cr% + 3.3（Mo% + 0.5W%）≥45%；还含有：Ba0.0002% ~ 0.010%，（Ce + La）0.005% ~ 0.030%。

（2）美国承压部件用奥氏体-铁素体（节镍）双相不锈铸钢的力学性能（表5-12-33）

表5-12-33　承压部件用奥氏体-铁素体（节镍）双相不锈铸钢的力学性能

牌　号		ACI	R_m/MPa	$R_{p0.2}$/MPa	$A(\%)$
Grade	UNS	型号	≥		
1B 25Cr-5Ni-Mo-Cu + N	J93372	CD4MCuN	690	485	16
2A 24Cr-10Ni-Mo-N	J93345	CE8MN	655	450	25
3A 25Cr-5Ni-Mo-N	J93371	CD6MN	655	450	25
4A 25Cr-7Ni-Mo-N	J92205	CD3MN	620	415	25
5A 25Cr-7Ni-Mo-N	J93404	CE3MN	690	515	18
6A 25Cr-7Ni-Mo-N	J93350	CD3MWCuN	690	450	25
7A 27Cr-7Ni-Mo-W-N	J93379	CD3MWN	690	515	20

① ACI—美国合金铸造学会。

（3）美国承压部件用奥氏体-铁素体（节镍）双相不锈铸钢的热处理制度（表5-12-34）

表5-12-34　承压部件用奥氏体-铁素体（节镍）双相不锈铸钢的热处理制度

牌　号	类　型	热处理制度
Grade 1B	25Cr-5Ni-Mo-Cu-N	加热到≥1040℃，保温足够时间，使铸件加热温度均匀，然后再水淬或以其他方法快冷
Grade 2A	24Cr-10Ni-Mo-N	加热到≥1120℃，保温足够时间，使铸件加热温度均匀，然后再水淬或以其他方法快冷
Grade 3A	25Cr-5Ni-Mo-N	加热到≥1070℃，保温足够时间，使铸件加热温度均匀，然后再水淬或以其他方法快冷
Grade 4A	22Cr-5Ni-Mo-N	加热到≥1120℃，保温足够时间，使铸件加热温度均匀，然后再水淬，或再可将铸件急冷到1010℃，保温≥15min，然后水淬，也可以其他方法快冷
Grade 5A	25Cr-7Ni-Mo-N	加热到≥1120℃，保温足够时间，使铸件加热温度均匀，然后将铸件急冷到1045℃，再水淬或以其他方法快冷
Grade 6A	25Cr-7Ni-Mo-W-N	加热到≥1100℃，保温足够时间，使铸件加热温度均匀，然后水淬或以其他方法快冷
Grade 7A	27Cr-7Ni-Mo-W-N-B	加热到≥1130℃，保温足够时间，使铸件加热温度均匀，然后将铸件急冷到1060℃，再水淬或以其他方法快冷

5.12.16 高温承压件用合金铸钢 ［ASTM A389/A389M（2013/2018 确认）］

（1）美国 ASTM 标准和 UNS 系统高温承压件用合金铸钢的钢号与化学成分（表5-12-35）

表 5-12-35 高温承压件用合金铸钢的钢号与化学成分（质量分数）（%）

钢 号		C	Si	Mn	P ≤	S ≤	Cr	Mo	V
Grade	UNS								
C23	J12080	≤0.20	≤0.60	0.30～0.80	0.035	0.035	1.00～150	0.45～0.65	0.15～0.25
C24	J12092	≤0.20	≤0.60	0.30～0.80	0.035	0.035	0.80～1.25	0.90～1.20	0.15～0.25

（2）美国高温承压件用合金铸钢的力学性能（表5-12-36）

表 5-12-36 高温承压件用合金铸钢的力学性能

钢 号		R_m/MPa	$R_{eL}^{①}$/MPa	A(%)	Z(%)
Grade	UNS		≥		
C23	J12080	483	276	18.0	35.0
C24	J12092	552	345	15.0	35.0

① 根据试验结果确定屈服点或屈服强度。

（3）美国高温承压件用合金铸钢的热处理制度（表5-12-37）

表 5-12-37 高温承压件用合金铸钢的热处理制度

钢 号		正火温度 /℃	回火工艺①		最低加热 温度/℃
Grade	UNS		温度 /℃	保温时间 /h	
C23	J12080	1010～1065	675～730	1	150
C24	J12092	1010～1065	675～730	1.2	150

① 铸件厚度每25mm保温1h，厚度≤25mm，保温1h。

5.12.17 高温压力容器部件用合金铸钢与不锈铸钢 ［ASTM A217/A217M（2014）］

（1）美国 ASTM 标准和 UNS 系统高温压力容器部件用合金铸钢与不锈铸钢的牌号与化学成分（表5-12-38）

表 5-12-38 高温压力容器部件用合金铸钢与不锈铸钢的牌号与化学成分（质量分数）（%）

牌 号		C	Si	Mn	P ≤	S ≤	Cr	Ni	Mo	其 他①
Grade	UNS									
WC1	J12524	≤0.25	≤0.60	0.50～0.80	0.040	0.045	≤0.35	≤0.50	0.45～0.65	
WC4	J12082	0.05～0.20	≤0.60	0.50～0.80	0.040	0.045	0.50～0.80	0.70～1.10	0.45～0.65	W≤0.10 Cu≤0.50
WC5	J22000	0.05～0.20	≤0.60	0.40～0.70	0.040	0.045	0.50～0.90	0.60～1.00	0.90～1.20	

（续）

牌号		C	Si	Mn	P ≤	S ≤	Cr	Ni	Mo	其 他①
Grade	UNS									
WC6	J12072	0.05~0.20	≤0.60	0.50~0.80	0.035	0.035	1.00~1.50	≤0.50	0.45~0.65	W≤0.10 Cu≤0.50
WC9	J21890	0.05~0.18	≤0.60	0.40~0.70	0.035	0.035	2.00~2.75	≤0.50	0.90~1.20	
WC11	J11872	0.15~0.21	0.30~0.60	0.50~0.80	0.020	0.015	1.00~1.50	≤0.50	0.45~0.65	Al≤0.01 V≤0.03 Cu≤0.35
C5	J42045	≤0.20	≤0.75	0.40~0.70	0.040	0.045	4.00~6.50	≤0.50	0.45~0.65	W≤0.10 Cu≤0.50
C12	J82090	≤0.20	≤1.00	0.35~0.65	0.035	0.035	8.00~10.0	≤0.50	0.90~1.20	W≤0.10 Nb≤0.03 V≤0.06, Cu≤0.50
C12A	J84090	0.08~0.12	0.20~0.50	0.30~0.60	0.025	0.010	8.00~9.50	≤0.40	0.85~1.05	V 0.18~0.25 +②
CA-15	J91150	≤0.15	≤1.50	≤1.00	0.040	0.025	11.5~14.0	≤1.00	≤0.50	—

① 残余元素总量（Cr+Ni+Cu+W+V），其中WC4≤0.60%，WC5≤0.60%，其余牌号各≤1.00%（C12A和CA15未规定）。

② Nb 0.06~0.10，Ti≤0.01，Al≤0.02，Zr≤0.01，N 0.03~0.07。

（2）美国高温压力容器部件用合金铸钢与不锈铸钢的力学性能（表5-12-39）

表5-12-39　高温压力容器部件用合金铸钢与不锈铸钢的力学性能

钢 号		R_m/MPa	$R_{eL}^{①}$/MPa	$A^{②}$(%)	Z(%)	温度③/℃
Grade	UNS			≥		
WC1	J12524	450~620	240	24	35	100④ 120④
WC4	J12082	485~655	275	20	35	150
WC5	J22000	485~655	275	20	35	150
WC6	J12072	485~655	275	20	35	150
WC9	J21890	485~655	275	20	35	200
WC11	J11872	550~725	345	18	45	150
C5	J42045	620~795	415	18	35	200
C12	J82090	620~795	415	18	35	200
C12A	J84090	585~760	415	18	45	200
CA15	J91150	620~795	450	18	30	200

① 根据试验结果确定屈服点或屈服强度。

② 试样标距50mm。

③ 最低预热温度，适用于表中各铸钢件的所有厚度，但钢号WC1例外（已标注）。

④ 铸件厚度≤15.9mm 时为100℃，厚度>15.9mm 时为120℃。

5.12.18　低温承压部件用合金铸钢与不锈铸钢［ASTM A352/A352M（2018a）］

（1）美国 ASTM 标准和 UNS 系统低温承压部件用合金铸钢与不锈铸钢的钢号与化学成分（表5-12-40）

表 5-12-40　低温承压部件用合金铸钢与不锈铸钢的钢号与化学成分（质量分数）（%）

钢　　号		类型	C	Si	Mn[①]	P ≤	S ≤	Cr	Ni	Mo	其　他
Grade	UNS										
LCA[①]	J02504	C 钢	≤0.25	≤0.60	≤0.70	0.040	0.045	≤0.50[②]	≤0.50[②]	≤0.20	V≤0.03[②] Cu≤0.30
LCB[①]	J03003	C 钢	≤0.30	≤0.60	≤1.00	0.040	0.045	≤0.50[②]	≤0.50[②]	≤0.20	V≤0.03[②] Cu≤0.30
LCC[①]	J02505	C-Mn	≤0.25	≤0.60	≤1.20	0.040	0.045	≤0.50[②]	≤0.50[②]	≤0.20[②]	V≤0.03[②]
LC1	J12522	C-Mo	≤0.25	≤0.60	0.50~0.80	0.040	0.045	—	—	0.45~0.65	—
LC2	J22500	2.5Ni	≤0.25	≤0.60	0.50~0.80	0.040	0.045	—	2.00~3.00	—	—
LC2-1	J42215	Ni-Cr-Mo	≤0.22	≤0.50	0.55~0.75	0.040	0.045	1.35~1.85	2.50~3.50	0.30~0.60	—
LC3	J31550	3.5Ni	≤0.15	≤0.60	0.50~0.80	0.040	0.045	—	3.00~4.00	—	—
LC4	J41500	4.5Ni	≤0.15	≤0.60	0.50~0.80	0.040	0.045	—	4.00~5.00	—	—
LC9	J31300	9Ni	≤0.13	≤0.45	≤0.90	0.040	0.045	≤0.50	8.50~10.0	≤0.20	V≤0.03 Cu≤0.03
CA6NM	J91540	12.5Cr-4Ni-Mo	≤0.06	≤1.00	≤1.00	0.040	0.030	11.5~14.0	3.50~4.50	0.40~1.00	—

① 碳含量上限每降低 $w(C)=0.01\%$，则允许锰含量上限增加 $w(Mn)=0.04\%$。对钢号 LCA 其锰含量上限可增至 $w(Mn)=1.10\%$；LCB 可增至 $w(Mn)=1.28\%$；LCC 可增至 $w(Mn)=1.40\%$。

② LCA 的残余元素总量 Cr+Ni+V≤1.00%；LCB 和 LCC 的残余元素总量 Cr+Ni+Mo+V≤1.00%。

（2）美国低温承压部件用合金与不锈铸钢的力学性能（表 5-12-41）

表 5-12-41　低温承压部件用合金与不锈铸钢的力学性能

钢　　号		类型	R_m/MPa	$R_{p0.2}^{①}$/MPa	$A^{②}$（%）	Z(%)	温度/℃	KV/J≥	
Grade	UNS				≥			平均值[③]	单个值
LCA	J02504	C 钢	415~565	205	24	35	−32	18	14
LCB	J03003	C 钢	450~620	240	24	35	−46	18	14
LCC	J02505	C-Mn	485~655	275	22	35	−46	20	16
LC1	J12522	C-Mo	450~620	240	24	35	−59	18	14
LC2	J22500	2.5Ni	485~655	275	24	35	−73	20	16
LC2-1	J42215	Ni-Cr-Mo	725~895	550	18	30	−73	41	34
LC3	J31550	3.5Ni	485~655	275	24	35	−101	20	16
LC4	J41500	4.5Ni	485~655	275	24	35	−115	20	16
LC9	J31300	9Ni	≥585	515	20	30	−196	27	20
CA6NM	J91540	12.5Cr-Ni-Mo	760~930	550	15	35	−73	27	20

① 用 0.2% 残余变形法或用载荷下 0.5% 伸长率法测定。

② 试样标距 50mm。

③ 2~3 个试样的平均值。

5.12.19　低温承压部件及其他用途的铁素体和马氏体铸钢 [ASTM A757/A757M（2015）]

（1）美国 ASTM 标准和 UNS 系统低温承压部件及其他用途的铁素体和马氏体铸钢的钢号与化学成分，（表 5-12-42）

表 5-12-42　低温承压部件及其他用途的铁素体和马氏体铸钢的钢号与化学成分（质量分数）（%）

钢号 Grade	UNS	类型	C	Si	Mn	P ≤	S ≤	Cr	Ni	Mo	其 他[2]
A1Q	J03002	C 钢	≤0.30	≤0.60	≤1.00	0.025	0.025	—	—	—	Cu≤0.30，V≤0.03 Ni≤0.50，Cr≤0.40
A2Q	J02503	C-Mn	≤0.25[1]	≤0.60	≤1.20[1]	0.025	0.025	—	—	—	
B2N，B2Q	J22501	$1\frac{1}{2}$Ni	≤0.25	≤0.60	0.50~0.80	0.025	0.025	—	2.00~3.00	—	
B3N，B3Q	J31500	$3\frac{1}{2}$Ni	≤0.15	≤0.60	0.50~0.80	0.025	0.025	—	3.00~4.00	—	Cu≤0.50，V≤0.03 Cr≤0.40
B4N，B4Q	J41501	$4\frac{1}{2}$Ni	≤0.15	≤0.60	0.50~0.80	0.025	0.025	—	4.00~5.00	—	
C1Q	J12582	Ni-Mo	≤0.25	≤0.60	≤1.20	0.025	0.025	—	1.50~2.00	0.15~0.30	
D1NI，D1Q1	J22092	Cr-Mo	≤0.20	≤0.60	0.40~0.80	0.035	0.025	2.00~2.75	—	0.90~1.20	
D1N2，D1Q2	J22092	Cr-Mo	≤0.20	≤0.60	0.40~0.80	0.035	0.025	2.00~2.75	—	0.90~1.20	Cu≤0.50，W≤0.10 V≤0.03，Cr≤0.50
D1N3，D1Q3	J22092	Cr-Mo	≤0.20	≤0.60	0.40~0.80	0.035	0.025	2.00~2.75	—	0.90~1.20	
E1Q	J42220	Ni-Cr-Mo	≤0.22	≤0.60	0.50~0.80	0.025	0.025	1.35~1.85	2.50~3.50	0.35~0.60	Cu≤0.50 V≤0.03
E2N，E2Q	J42065	Ni-Cr-Mo	≤0.20	≤0.60	0.40~0.70	0.020	0.020	1.50~2.00	2.75~3.90	0.40~0.60	Cu≤0.50 W≤0.10，V≤0.03
E3N	J91550	马氏体 Cr-Ni	≤0.06	≤1.00	≤1.00	0.030	0.030	11.5~14.0	3.50~4.50	0.40~1.00	Cu≤0.50 W≤0.10

① 碳含量上限每降低 $w(C)0.01\%$，则允许锰含量上限增加 $w(Mn)0.04\%$。

② 各钢号的残余元素总含量（Cr + Ni + Cu + W + V），E1Q、E2N、E2Q 各≤0.70%，E3N≤0.50%，其余钢号各≤ 1.00%。残余元素总量包括 P 和 S。

（2）美国低温承压部件及其他用途的铁素体和马氏体铸钢的力学性能（表 5-12-43）

表 5-12-43　低温承压部件及其他用途的铁素体和马氏体铸钢的力学性能

钢号 Grade	UNS	热处理[1] 状态	力学性能 R_m/MPa	$R_{p0.2}$/MPa	A[2](%)	Z(%)	温度/℃	KV[3]/J≥ 平均值	单个值
			≥						
A1Q	J03002	QT	450	240	24	35	−46	17	14
A2Q	J02503	QT	485	275	22	35	−46	20	16
B2N，B2Q	J22501	NT/QT	485	275	24	35	−73	20	16
B3N，B3Q	J31500	NT/QT	485	275	24	35	−101	20	16
B4N，B4Q	J41501	NT/QT	485	275	24	35	−115	20	16
C1Q	J12582	QT	515	380	22	35	−46	20	16

（续）

钢 号		热处理[1]状态	力学性能				温度/℃	$KV^{[3]}$/J≥	
Grade	UNS		R_m/MPa	$R_{p0.2}$/MPa	$A^{[2]}$（%）	Z（%）		平均值	单个值
			≥						
D1NI，D1Q1	J22092	NT/QT	585 795	380	20	35	由供需双方协议		
D1N2，D1Q2	J22092	NT/QT	655 860	515	18	35	由供需双方协议		
D1N3，D1Q3	J22092	NT/QT	725 930	585	15	30	由供需双方协议		
E1Q	J42220	QT	620	450	22	40	−73	41	34
E2N1，E2Q1	—	NT/QT	620 825	485	18	35	−73	41	34
E2N2，E2Q2	J42065	NT/QT	725 930	585	15	30	−73	27	20
E2N3，E2Q3	—	NT/QT	795 1000	690	13	30	−73	20	16
E3N	J91550	NT	760	550	15	35	−73	27	20

① 热处理代号：QT—淬火和回火；NT—正火和回火。

② 试样标距50mm。

③ 其冲击吸收能量KV分为两组，采用单个值和3个（或2个）试样的平均值。

5.12.20 镍基铸造合金［ASTM A494/A494M（2018a）］

（1）美国 ASTM 标准和 UNS 系统镍基铸造合金的牌号与化学成分（表 5-12-44）

表 5-12-44 镍基铸造合金的牌号与化学成分（质量分数）（%）

牌 号		C	Si	Mn	P ≤	S ≤	Cr	Ni	Mo	其 他
Grade	UNS									
Ni 系										
CZ100	N02100	≤1.00	≤2.00	≤1.50	0.030	0.020	—	≥95.00	—	Cu≤1.25 Fe≤3.00
Ni-Cu 系										
M25S	N24025	≤0.25	3.50~4.50	≤1.50	0.030	0.020	—	余量	—	Cu 27.0~33.0 Fe≤3.50
M30C[1]	N24130	≤0.30	1.00~2.00	≤1.50	0.030	0.020	—	余量	—	Cu 26.0~33.0 Nb 1.00~3.00，Fe≤3.50
M30H	N24030	≤0.30	2.70~3.70	≤1.50	0.030	0.020	—	余量	—	Cu 27.0~33.0 Fe≤3.50
M35-1[1]	N24135	≤0.35	≤1.25	≤1.50	0.030	0.020	—	余量	—	Cu 26.0~33.0 Nb≤0.50，Fe≤3.50
M35-2	N04020	≤0.35	≤2.00	≤1.50	0.030	0.020	—	余量	—	Cu 26.0~33.0 Nb≤50，Fe≤3.50

（续）

牌　号		C	Si	Mn	P ≤	S ≤	Cr	Ni	Mo	其　他
Grade	UNS									
Ni- Mo 系										
N3M	N30003	≤0. 03	≤0. 50	≤1. 00	0. 030	0. 020	≤1. 00	余量	30. 0 ~ 33. 0	Fe≤3. 00
N7M[2]	N30007	≤0. 07	≤1. 00	≤1. 00	0. 030	0. 020	≤1. 00	余量	30. 0 ~ 33. 0	Fe≤3. 00
N12MV[2]	N30012	≤0. 12	≤1. 00	≤1. 00	0. 030	0. 020	≤1. 00	余量	26. 0 ~ 30. 0	V 0. 20 ~ 0. 60 Fe 4. 0 ~ 6. 0
Ni- Cr 系										
CU5MCuC	N08826	≤0. 05	≤1. 00	≤1. 00	0. 030	0. 020	19. 5 ~ 23. 5	38. 0 ~ 44. 0	2. 50 ~ 3. 50	Cu 1. 50 ~ 3. 50 Nb 0. 60 ~ 1. 20, Fe 余量
CW2M	N26455	≤0. 02	≤0. 80	≤1. 00	0. 030	0. 020	15. 0 ~ 17. 5	余量	15. 0 ~ 17. 5	W≤1. 00 Fe≤2. 00
CW6M[2]	N30107	≤0. 07	≤1. 00	≤1. 00	0. 030	0. 020	17. 0 ~ 20. 0	余量	17. 0 ~ 20. 0	Fe≤3. 00
CW6MC	N26625	≤0. 06	≤1. 00	≤1. 00	0. 015	0. 015	20. 0 ~ 23. 0	余量	8. 00 ~ 10. 0	Nb 3. 15 ~ 4. 50 Fe≤5. 00
CW12MW[2]	N30002	≤0. 12	≤1. 00	≤1. 00	0. 030	0. 020	15. 5 ~ 17. 5	余量	16. 0 ~ 18. 0	W 3. 75 ~ 5. 25, V 0. 20 ~ 0. 40 Fe 4. 50 ~ 7. 50
CX2M	N26059	≤0. 02	≤0. 50	≤1. 00	0. 020	0. 020	22. 0 ~ 24. 0	余量	15. 0 ~ 16. 5	Fe≤1. 50
CX2MW	N26022	≤0. 02	≤0. 80	≤1. 00	0. 025	0. 020	20. 0 ~ 22. 5	余量	12. 5 ~ 14. 5	W 2. 50 ~ 3. 50, V≤0. 35 Fe 2. 00 ~ 6. 00
CY40[2]	N06040	≤0. 40	≤3. 00	≤1. 50	0. 030	0. 020	14. 0 ~ 17. 0	余量	—	Fe≤11. 0
其他										
CY5SnBiM	N26055	≤0. 05	≤0. 50	≤1. 50	0. 030	0. 020	11. 0 ~ 14. 0	余量	2. 00 ~ 3. 50	Bi 3. 0 ~ 5. 0 Sn 3. 0 ~ 5. 0, Fe≤2. 00

① 若要求焊接性能，应选用牌号 M-35-1 或 M-30C。

② 该牌号还分 1、2 级或 1、2、3 级，以附加代号标出。

（2）美国镍基铸造合金的力学性能（表 5-12-45）

表 5-12-45　镍基铸造合金的力学性能

牌　号		R_m/MPa	R_{eL}/MPa	A[1]（%）
Grade	UNS	≥		
Ni 系				
CZ100	N02100	345	125	10
Ni- Cu 系				
M25S[2]	N24025	—	—	(300HBW)
M30C[3]	N24130	450	225	25
M30H[4]	N24030	690	415	10
M35-1	N24135	450	170	25
M35-2	N04020	450	205	25

（续）

牌　号		R_m/MPa	R_{eL}/MPa	$A^①$(%)
Grade	UNS	≥		
Ni-Mo 系				
N3M	N30003	525	275	20
N7M	N30007	525	275	20
N12MV	N30012	525	275	6
Ni-Cr 系				
CU5MCuC	N08826	520	240	20
CW2M	N26455	495	275	20
CW6M	N30107	495	275	25
CW6MC	N26625	485	275	25
CW12MW	N30002	495	275	4
CX2M	N26050	495	270	40
CX2MW	N26022	550	310	30
CY40	N06040	485	195	30
其他				
CY5SnBiM	N26055	—	—	—

① 断后伸长率 A 的试样标距为 50mm。

② M25S 在时效硬化条件下的硬度为 300HBW。

③ M30C 的硬度为 125～150HBW。

④ M30H 的硬度为 234～294HBW（参考值，下同）。

（3）美国镍基铸造合金的热处理制度（表5-12-46）

表 5-12-46　镍基铸造合金的热处理制度

牌　号/Grade	热处理制度
CZ100，M35-1，M35-2 CY40 Class1，M30H M30C，M25S Class1 CY5 SnBiM	铸态使用
M25S Class2	炉内升温至 315℃ 时，放入材料，加热至 870℃，保温 1h。对于截面≥25.4mm 的材料，每增加 13mm（1/2in）延长保温 30min。冷却至 705℃ 再保温 30min 后，油冷至室温
M25S Class2	炉内升温至 315℃ 时，放入材料，缓慢加热至 605℃ 以获得最高硬度，炉冷或空冷至室温
N12MV，N7M，N3M	加热至 1095℃，保温足够时间，水冷或其他介质快速冷却
CW12MW，CW2M	加热至 1175℃，保温足够时间，水冷或其他介质快速冷却
CW6M，CW6MC	加热至 1175℃，保温足够时间，水冷或其他介质快速冷却
CX2MW	加热至 1205℃，保温足够时间，水冷或其他介质快速冷却
CX2M	加热至 1150℃，保温足够时间，水冷或其他介质快速冷却
CY40 Class2	加热至 1040℃，保温足够时间，水冷或其他介质快速冷却
CU5MCuC	加热至 1150℃，保温足够时间，水冷。再冷却至 940～990℃ 充分保温，水冷或其他介质快速冷却

5.12.21　钴基精密铸造合金［ASTM A732/A732M（2014）］

（1）美国 ASTM 标准钴基精密铸造合金的牌号与化学成分（表5-12-47）

表 5-12-47 钴基精密铸造合金的牌号与化学成分（质量分数）（%）

牌　号	C	Si	Mn	P≤	S≤	Co	Cr	Ni	Mo	其　他
Grade 21	0.20 ~ 0.30	≤1.00	≤1.00	0.040	0.040	余量	25.0 ~ 29.0	1.70 ~ 3.80	5.00 ~ 6.00	Fe≤3.00 B≤0.007
Grade 31	0.45 ~ 0.55	≤1.00	≤1.00	0.040	0.040	余量	24.5 ~ 26.5	9.50 ~ 11.5	—	W 7.00 ~ 8.00 Fe≤2.00 B 0.005 ~ 0.015

（2）美国钴基精密铸造合金的力学性能（表 5-20-48）

表 5-12-48 钴基精密铸造合金的力学性能

牌号	状态	试验温度 /℃	拉力试验		加压破坏性试验		
			R_m/MPa	$A^{①}$（%）	加载压力 /MPa	破坏性寿命 /h	$A^{①}$（%）
			≥			≥	
Grade 21	铸态	820	360	10	160	15	5
Grade 31	铸态	820	380	10	205	15	5

① 采用 ICI（美国精密铸造学会）试样作拉力试验时，其试样标距长度对缩减截面直径之比为4:1（4d）。

5.12.22 高温用奥氏体钢离心铸管 ［ASTM A451/A451M-06（2014）］

（1）美国 ASTM 标准与 UNS 系统高温用奥氏体钢离心铸管的牌号与化学成分（表 5-12-49）

表 5-12-49 高温用奥氏体钢离心铸管的牌号与化学成分（质量分数）（%）

牌号 Grade	UNS	C	Si	Mn	P ≤	S ≤	Cr	Ni	Mo	其　他
CPF3	J92500	≤0.030	≤2.00	≤1.50	0.040	0.040	17.0 ~ 21.0	8.0 ~ 12.0	—	—
CPF3A	（J92500）	≤0.030	≤2.00	≤1.50	0.040	0.040	17.0 ~ 21.0	8.0 ~ 12.0	—	—
CPF3M	J92800	≤0.030	≤1.50	≤1.50	0.040	0.040	17.0 ~ 21.0	8.0 ~ 12.0	2.0 ~ 3.0	—
CPF8	J92600	≤0.08	≤2.00	≤1.50	0.040	0.040	18.0 ~ 21.0	8.0 ~ 11.0	—	—
CPF8A	（J92600）	≤0.08	≤2.00	≤1.50	0.040	0.040	18.0 ~ 21.0	8.0 ~ 11.0	—	—
CPF8C	J92710	≤0.08	≤2.00	≤1.50	0.040	0.040	18.0 ~ 21.0	9.0 ~ 12.0	—	Nb 8C ~ 1.00
CPF8C（含 Ta）	（J92710）	≤0.08	≤2.00	≤1.50	0.040	0.040	18.0 ~ 21.0	9.0 ~ 12.0	—	Nb 8C ~ 1.00 Ta≤0.10
CPF8M	J92900	≤0.08	≤2.00	≤1.50	0.040	0.040	18.0 ~ 21.0	9.0 ~ 12.0	2.0 ~ 3.0	—
CPF10MC	J92971	≤0.10	≤1.50	≤1.50	0.040	0.040	15.0 ~ 18.0	13.0 ~ 16.0	1.75 ~ 2.25	Nb 10C ~ 1.20 Nb + Ta≤1.35
CPH8	J93400	≤0.08	≤1.50	≤1.50	0.040	0.040	22.0 ~ 26.0	12.0 ~ 15.0	—	—
CPH10	J93401	≤0.10	≤2.00	≤1.50	0.040	0.040	22.0 ~ 26.0	12.0 ~ 15.0	—	—
CPH20	J93402	≤0.20	≤2.00	≤1.50	0.040	0.040	22.0 ~ 26.0	12.0 ~ 15.0	—	—
CPK20	J94202	≤0.20	≤2.00	≤1.50	0.040	0.040	23.0 ~ 27.0	19.0 ~ 22.0	—	—
CPE20N	J92802	≤0.20	≤1.50	≤1.50	0.040	0.040	23.0 ~ 26.0	8.0 ~ 11.0	—	N 0.08 ~ 0.20

（2）美国高温用奥氏体钢离心铸管的力学性能（表5-12-50）

表5-12-50　高温用奥氏体钢离心铸管的力学性能

牌　号		R_m/MPa	R_{eL}/MPa	A(%)
Grade	UNS	≥		
CPF3	J92500	485	205	35
CPF3A	（J92500）	535	240	35
CPF3M	J92800'	485	205	30
CPF8	J92600	485	205	35
CPF8A	（J92600）	535	240	35
CPF8C	J92710	485	205	30
CPF8C（含Ta）	（J92710）	485	205	30
CPF8M	J92900	485	205	30
CPF10MC	J92971	485	205	20
CPH8	J93400	448	195	30
CPH10	J93401	485	205	30
CPH20	J93402	485	205	30
CPK20	J94202	448	195	30
CPE20N	J92802	550	275	30

5.12.23　腐蚀环境用铁素体-奥氏体钢离心铸管〔ASTM A872/A872M（2014）〕

（1）美国ASTM标准与UNS系统腐蚀环境用铁素体-奥氏体钢离心铸管的牌号与化学成分（表5-12-51）

表5-12-51　腐蚀环境用铁素体-奥氏体钢离心铸管的牌号与化学成分（质量分数）（%）

牌　号 ASTM/UNS	C	Si	Mn	P≤	S≤	Cr	Ni	Mo	其　他
J93183	≤0.030	≤2.0	≤2.0	0.040	0.030	20.0~23.0	4.00~6.00	2.00~4.00	Co 0.50~1.50 Cu≤1.00
J93550	≤0.030	≤2.0	≤2.0	0.040	0.030	23.0~26.0	5.00~8.00	2.00~4.00	N 0.08~0.25
CD4MCuMN/J94300	≤0.040	≤1.10	0.50~1.50	0.040	0.040	24.5~26.5	4.50~6.00	2.50~4.00	Cu 1.30~3.00 N 0.18~0.26

（2）美国腐蚀环境用铁素体-奥氏体钢离心铸管的力学性能与热处理（表5-12-52）

表5-12-52　腐蚀环境用铁素体-奥氏体钢离心铸管的力学性能与热处理

牌　号 ASTM/UNS	热　处　理		力　学　性　能			硬　度	
	温度 /℃	冷却 方式	R_m/MPa	R_{eL}/MPa	A(%)	HBW	HRC
			≥				
J93183	1050~1150	水冷[①]	620	450	25	290	30.5
J93550	1050~1150	水冷[①]	620	450	20	297	31.5
CD4McuMN/J94300	≥1900	水冷[①]	760	480	20	—	—

① 水冷，或用其他方法快冷。

5.13 中国台湾地区

A. 通用铸钢

5.13.1 一般工程用铸钢

（1）中国台湾地区 CNS 标准一般工程结构用碳素钢铸钢的钢号与化学成分〔CNS 2906（1994/2012 确认）〕（表5-13-1）

表5-13-1 一般工程结构用碳素钢铸钢的钢号与化学成分（质量分数）（%）

钢 号	C	Si[①]	Mn[①]	P ≤	S ≤
SC360	≤0.20	—	—	0.040	0.040
SC410	≤0.30	—	—	0.040	0.040
SC450	≤0.35	—	—	0.040	0.040
SC480	≤0.40	—	—	0.040	0.040

① 标准中对 Si、Mn 及残余元素含量均不作规定，由供需双方商定。

（2）中国台湾地区一般工程结构用碳素钢铸钢的力学性能（表5-13-2）

表5-13-2 一般工程结构用碳素铸钢的力学性能

钢 号	R_m/MPa	$R_{eL}^{①}/MPa$	$A(\%)$	$Z(\%)$
		≥		
SC360	360	175	23	35
SC410	410	205	21	35
SC450	450	225	19	30
SC480	480	245	17	25

① 根据试验结果确定屈服强度或条件屈服应力（R_{eL} 或 $R_{p0.2}$）。

5.13.2 不锈耐蚀铸钢

（1）中国台湾地区 CNS 标准不锈耐蚀铸钢的钢号与化学成分〔CNS 4000（1994/2012 确认）〕（表5-13-3）

表5-13-3 不锈耐蚀铸钢的钢号与化学成分（质量分数）（%）

钢号[①]	C	Si	Mn	P ≤	S ≤	Cr	Ni[②]	Mo[②]	其 他	近似钢号 ASTM/ACI
SCS1	≤0.15	≤1.50	≤1.00	0.040	0.040	11.50~14.00	(≤1.00)	(≤0.50)	—	CA15
SCS2	0.16~0.24	≤1.50	≤1.00	0.040	0.040	11.50~14.00	(≤1.00)	(≤0.50)	—	CA40
SCS2A	0.25~0.40	≤1.50	≤1.00	0.040	0.040	11.50~14.00	(≤1.00)	(≤0.50)	—	CA40
SCS3	≤0.15	≤1.00	≤1.00	0.040	0.040	11.50~14.00	0.50~1.50	0.15~1.00	—	CA15M
SCS4	≤0.15	≤1.50	≤1.00	0.040	0.040	11.50~14.00	1.50~2.50	—	—	—
SCS5	≤0.06	≤1.00	≤1.00	0.040	0.040	11.50~14.00	3.50~4.50	—	—	—
SCS6	≤0.06	≤1.00	≤1.00	0.040	0.030	11.50~14.00	3.50~4.50	0.40~1.00	—	CA6NM
SCS10	≤0.03	≤1.50	≤1.50	0.040	0.030	21.00~26.00	4.50~8.50	2.50~4.00	N 0.08~0.30[④]	—
SCS11	≤0.08	≤1.50	≤1.00	0.040	0.030	23.00~27.00	4.00~7.00	1.50~2.5	—[④]	—
SCS12	≤0.20	≤2.00	≤2.00	0.040	0.040	18.00~21.00	8.00~11.00	—	—	—
SCS13	≤0.08	≤2.00	≤2.00	0.040	0.040	18.00~21.00[③]	8.00~11.00	—	—	CF20
SCS13A	≤0.08	≤2.00	≤1.50	0.040	0.040	18.00~21.00[③]	8.00~11.00	—	—	CF8

（续）

钢号[①]	C	Si	Mn	P ≤	S ≤	Cr	Ni[②]	Mo[②]	其　他	近似钢号 ASTM/ACI
SCS14	≤0.08	≤2.00	≤2.00	0.040	0.040	17.00~20.00[③]	10.00~14.00	2.00~3.00	—	—
SCS14A	≤0.08	≤1.50	≤1.50	0.040	0.040	18.00~21.00[③]	9.00~12.00	2.00~3.00	—	CF8M
SCS15	≤0.08	≤2.00	≤2.00	0.040	0.040	17.00~20.00	10.00~14.00	1.75~2.75	Cu 1.00~2.50	—
SCS16	≤0.03	≤1.50	≤2.00	0.040	0.040	17.00~20.00	12.00~16.00	2.00~3.00	—	—
SCS16A	≤0.03	≤1.50	≤1.50	0.040	0.040	17.00~20.00	9.00~13.00	2.00~3.00	—	CF3M
SCS17	≤0.20	≤2.00	≤2.00	0.040	0.040	22.00~26.00	12.00~15.00	—	—	CF10/CF20
SCS18	≤0.20	≤2.00	≤2.00	0.040	0.040	23.00~27.00	19.00~22.00	—	—	CK20
SCS19	≤0.03	≤2.00	≤2.00	0.040	0.040	17.00~21.00	8.00~12.00	—	—	—
SCS19A	≤0.03	≤2.00	≤1.50	0.040	0.040	17.00~21.00	8.00~12.00	—	—	CF3
SCS20	≤0.03	≤2.00	≤2.00	0.040	0.040	17.00~20.00	12.00~16.00	1.75~2.75	Cu 1.00~2.50	—
SCS21	≤0.08	≤2.00	≤2.00	0.040	0.040	18.00~21.00	9.00~12.00	—	Nb 10×C~1.35	CF8C
SCS22	≤0.08	≤2.00	≤2.00	0.040	0.040	17.00~20.00	10.00~14.00	2.00~3.00	Nb 10×C~1.35	—
SCS23	≤0.07	≤2.00	≤2.00	0.040	0.040	19.00~22.00	27.50~30.00	2.00~3.00	Cu 3.00~4.00	CN7M
SCS24	≤0.07	≤1.00	≤1.00	0.040	0.040	15.50~17.50	3.50~5.00	—	Cu 2.50~4.00 Nb 0.15~0.45	CB7Cu-1

① SCS1~SCS6 为工程结构用中、高强度马氏体不锈钢。

② 括号内的数字为允许添加的元素含量。

③ 当用于低温时 $w(Cr)=18.00\%~23.00\%$ 。

④ 必要时可添加其他元素。

（2）中国台湾地区不锈耐蚀铸钢的力学性能（表5-13-4）

表5-13-4　不锈耐蚀铸钢的力学性能

钢　号	热处理代号	R_m/MPa	$R_{eL}^{①}$/MPa	$A(\%)$	$Z(\%)$	HBW
SCS1	T1	540	345	18	40	163~229
	T2	620	450	16	30	179~241
SCS2	T	590	390	16	35	170~235
SCS2A	T	690	485	15	25	≤269
SCS3	T	590	440	16	40	170~235
SCS4	T	640	490	13	40	192~255
SCS5	T	740	540	13	40	217~277
SCS6	T	750	550	15	35	≤285
SCS10	S	620	390	15	—	≤302
SCS11	S	590	345	13	—	≤241
SCS12	S	480	205	28	—	≤183
SCS13	S	440	185	30	—	≤183
SCS13A	S	480	205	33	—	≤183
SCS14	S	440	185	28	—	≤183
SCS14A	S	480	205	33	—	≤183
SCS15	S	440	185	28	—	≤183
SCS16	S	390	175	33	—	≤183

（续）

钢　号	热处理代号	R_m/MPa	$R_{eL}^{①}$/MPa	$A(\%)$	$Z(\%)$	HBW
SCS16A	S	480	205	33	—	≤183
SCS17	S	480	205	28	—	≤183
SCS18	S	450	195	28	—	≤183
SCS19	S	390	185	33	—	≤183
SCS19A	S	480	205	33	—	≤183
SCS20	S	390	175	33	—	≤183
SCS21	S	480	205	28	—	≤183
SCS22	S	440	205	28	—	≤183
SCS23	S	390	165	30	—	≤183
SCS24	H900	1240	1030	6	—	≤375
	H1025	980	885	9	—	≤311
	H1075	960	785	9	—	≤277
	H1150	850	665	10	—	≤269

① 根据试验结果确定屈服强度或条件屈服应力（R_{eL} 或 $R_{p0.2}$）。

（3）中国台湾地区不锈耐蚀铸钢的热处理制度

A）SCS1 等钢号的热处理制度（表 5-13-5）

表 5-13-5　SCS1 等钢号的热处理制度

钢　号	热处理代号	淬火温度/℃ 及冷却	回火温度/℃ 及冷却
SCS1	T1	≥950 油冷或空冷	680~740 空冷或缓冷
	T2	≥950 油冷或空冷	590~700 空冷或缓冷
SCS2	T	≥950 油冷或空冷	680~740 空冷或缓冷
SCS2A	T	≥950 油冷或空冷	≥600 空冷或缓冷
SCS3	T	≥900 油冷或空冷	650~740 空冷或缓冷
SCS4	T	≥900 油冷或空冷	650~740 空冷或缓冷
SCS5	T	≥900 油冷或空冷	600~700 空冷或缓冷
SCS6	T	≥950 油冷或空冷	570~620 空冷或缓冷

B）SCS10 等钢号的热处理制度（表 5-13-6）

表 5-13-6　SCS10 等钢号的热处理制度

钢　号	热处理代号	固溶处理温度/℃ 及冷却	钢　号	热处理代号	固溶处理温度/℃ 及冷却
SCS10	S	1050~1150 急冷	SCS16A	S	1030~1150 急冷
SCS11	S	1030~1150 急冷	SCS17	S	1050~1160 急冷
SCS12	S	1030~1150 急冷	SCS18	S	1070~1180 急冷
SCS13	S	1030~1150 急冷	SCS19	S	1030~1150 急冷
SCS13A	S	1030~1150 急冷	SCS19A	S	1030~1150 急冷
SCS14	S	1030~1150 急冷	SCS20	S	1030~1150 急冷
SCS14A	S	1030~1150 急冷	SCS21	S	1030~1150 急冷
SCS15	S	1030~1150 急冷	SCS22	S	1030~1150 急冷
SCS16	S	1030~1150 急冷	SCS23	S	1070~1180 急冷

C) SCS24 的热处理制度（表 5-13-7）

表 5-13-7　SCS24 的热处理制度

钢　号	热处理代号	固溶处理温度/℃ 及冷却	时效处理温度/℃ 及冷却
SCS24	H90	1020~1080 急冷	475~525×90min 空冷
	H1025	1020~1080 急冷	535~585×4h 空冷
	H1075	1020~1080 急冷	565~615×4h 空冷
	H1150	1020~1080 急冷	605~655×4h 空冷

5.13.3　耐热铸钢

（1）中国台湾地区 CNS 标准耐热铸钢的钢号与化学成分［CNS 4002（1994/2012 确认）］（表 5-13-8）

表 5-13-8　耐热铸钢的钢号与化学成分（质量分数）（%）

钢　号	C	Si	Mn	P ≤	S ≤	Cr	Ni	Mo[①]	其　他[①]	近似钢号 ASTM/ACI
SCH1	0.20~0.40	1.50~3.00	≤1.00	0.040	0.040	12.00~15.00	≤1.00	—	—	—
SCH2	≤0.40	≤2.00	≤1.00	0.040	0.040	25.00~28.00	≤1.00	(≤0.50)	—	HC
SCH3	≤0.40	≤2.00	≤1.00	0.040	0.040	12.00~15.00	≤1.00	(≤0.50)	—	—
SCH11	≤0.40	≤2.00	≤1.00	0.040	0.040	24.00~28.00	4.00~6.00	(≤0.50)	—	HD
SCH12	0.20~0.40	≤2.00	≤2.00	0.040	0.040	18.00~23.00	8.00~12.00	(≤0.50)	—	HF
SCH13	0.20~0.50	≤2.00	≤2.00	0.040	0.040	24.00~28.00	11.00~14.00	(≤0.50)	(N≤0.20)	HH
SCH13A	0.25~0.50	≤1.75	≤2.50	0.040	0.040	23.00~26.00	12.00~14.00	(≤0.50)	—	HH Type Ⅱ
SCH15	0.35~0.70	≤2.50	≤2.00	0.040	0.040	15.00~19.00	33.00~37.00	(≤0.50)	—	HT
SCH16	0.20~0.35	≤2.50	≤2.00	0.040	0.040	13.00~17.00	33.00~37.00	(≤0.50)	—	HT30
SCH17	0.20~0.50	≤2.00	≤2.00	0.040	0.040	26.00~30.00	8.00~11.00	(≤0.50)	—	HE
SCH18	0.20~0.50	≤2.00	≤2.00	0.040	0.040	26.00~30.00	14.00~18.00	(≤0.50)	—	HI
SCH19	0.20~0.50	≤2.00	≤2.00	0.040	0.040	19.00~23.00	23.00~27.00	(≤0.50)	—	HN
SCH20	0.35~0.75	≤2.50	≤2.00	0.040	0.040	17.00~21.00	37.00~41.00	(≤0.50)	—	HU
SCH21	0.25~0.35	≤1.75	≤1.50	0.040	0.040	23.00~27.00	19.00~22.00	(≤0.50)	(N≤0.20)	HK30
SCH22	0.35~0.45	≤1.75	≤1.50	0.040	0.040	23.00~27.00	19.00~22.00	(≤0.50)	(N≤0.20)	HK40
SCH23	0.20~0.60	≤2.00	≤2.00	0.040	0.040	28.00~32.00	18.00~22.00	(≤0.50)	—	HL
SCH24	0.35~0.75	≤2.00	≤2.00	0.040	0.040	24.00~28.00	33.00~37.00	(≤0.50)	—	HP

① 括号内的数值为允许添加的元素含量。

（2）中国台湾地区耐热铸钢的力学性能（表 5-13-9）

表 5-13-9　耐热铸钢的力学性能

钢　号	R_m/MPa	$R_{eL}^{②}$/MPa	A(%)	近似牌号 ASTM/ACI	钢　号	R_m/MPa	$R_{eL}^{②}$/MPa	A(%)	近似牌号 ASTM/ACI
	≥	≥	≥			≥	≥	≥	
SCH1[①]	490	—	—	—	SCH17	540	275	5	HE
SCH2[①]	340	—	—	HC	SCH18	490	235	8	HI
SCH3[①]	490	—	—	—	SCH19	390	—	5	HN
SCH11	590	—	—	HD	SCH20	390	—	4	HU
SCH12	490	235	23	HF	SCH21	440	235	8	HK30
SCH13	490	235	8	HH	SCH22	440	235	8	HK40
SCH13A	490	235	8	HH Type Ⅱ	SCH23	450	245	8	HL
SCH15	440	—	4	HT	SCH24	440	235	5	HP
SCH16	440	195	13	HT30	—	—	—	—	—

① SCH1、SCH2、SCH3 进行 800~900℃ 退火，缓冷。

② 根据试验结果确定屈服强度或条件屈服应力（R_{eL} 或 $R_{p0.2}$）。

5.13.4　高锰铸钢

（1）中国台湾地区 CNS 标准高锰铸钢的钢号与化学成分［CNS 3830（1994/2012 确认）］（表5-13-10）。

表 5-13-10　高锰铸钢的钢号与化学成分（质量分数）（%）

钢　号	C	Si	Mn	P ≤	S ≤	Cr	其　他
SCMnH1	0.90~1.30	—	11.0~14.0	0.100	0.050	—	—
SCMnH2	0.90~1.20	≤0.80	11.0~14.0	0.070	0.040	—	—
SCMnH3	0.90~1.20	0.30~0.80	11.0~14.0	0.050	0.035	—	—
SCMnH11	0.90~1.30	≤0.80	11.0~14.0	0.070	0.040	1.50~2.50	—
SCMnH21	1.00~1.35	≤0.80	11.0~14.0	0.070	0.040	2.00~3.00	V 0.40~0.70

（2）中国台湾地区高锰铸钢的力学性能与用途（表5-13-11）

表 5-13-11　高锰铸钢的力学性能与用途

钢　号	水韧处理 /℃	R_m/MPa	$R_{eL}^{①}$/MPa ≥	A(%)	HBW（参考值）	用途举例
SCMnH1	约1000，水冷	—	—	—	≤170	普通用途铸件
SCMnH2	约1000，水冷	740		35	≤170	普通用途（高级）无磁铸件
SCMnH3	约1050，水冷	740		35	170~223	交叉轨道用
SCMnH11	约1050，水冷	740	390	20	≤192	高强度耐磨铸件
SCMnH21	约1050，水冷	740	440	10	≤212	履带用

① 根据试验结果确定屈服强度或条件屈服应力（R_{eL} 或 $R_{p0.2}$）。

B. 专业用钢和优良品种

5.13.5　焊接结构用铸钢［CNS 7143（1994/2012 确认）］

（1）中国台湾地区 CNS 标准焊接结构用铸钢的钢号与化学成分（表5-13-12）

表 5-13-12　焊接结构用铸钢的钢号与化学成分（质量分数）（%）

钢　号	旧钢号	C	Si	Mn	P≤	S≤	Cr	Ni	其　他	碳当量 CE[①]
SCW410	SCW42	≤0.22	≤0.80	≤1.50	0.040	0.040	—	—	—	≤0.40
SCW450	—	≤0.22	≤0.80	≤1.50	0.040	0.040				≤0.43
SCW480	SCW49	≤0.22	≤0.80	≤1.50	0.040	0.040	≤0.50	≤0.50	—	≤0.45
SCW550	SCW56	≤0.22	≤0.80	≤1.50	0.040	0.040	≤0.50	≤2.50	Mo≤0.30 V≤0.20	≤0.48
SCW620	SCW63	≤0.22	≤0.80	≤1.50	0.040	0.040	≤0.50	≤2.50	Mo≤0.30 V≤0.20	≤0.50

① 碳当量 CE = C + Mn/6 + Si/24 + Ni/40 + Cr/5 + Mo/4 + V/14。

（2）中国台湾地区焊接结构用铸钢的力学性能（表5-13-13）

表5-13-13　焊接结构用铸钢的力学性能

钢　号	R_m/MPa	$R_{eL}^{①}$/MPa	$A(\%)$	$KV^{②}$/J≥
		≥		
SCW410	410	235	21	27
SCW450	450	255	20	27
SCW480	480	275	20	27
SCW550	550	355	18	27
SCW620	620	430	17	27

① 根据试验结果确定屈服强度或条件屈服应力（R_{eL} 或 $R_{p0.2}$）。

② 试验温度为℃，取3个试样的平均值。

5.13.6　结构用高强度碳钢和低合金铸钢 ［CNS 7145（1994/2012 确认）］

（1）中国台湾地区 CNS 标准结构用高强度碳钢和低合金铸钢的钢号与化学成分（表5-13-14）

表5-13-14　结构用高强度碳钢和低合金铸钢的钢号与化学成分（质量分数）（%）

钢　号	C	Si	Mn	P ≤	S ≤	Cr	其　他
SCC3	0.30 ~ 0.40	0.30 ~ 0.60	0.50 ~ 0.80	0.040	0.040	—	—
SCC5	0.40 ~ 0.50	0.30 ~ 0.60	0.50 ~ 0.80	0.040	0.040	—	—
SCMn1	0.20 ~ 0.30	0.30 ~ 0.60	1.00 ~ 1.60	0.040	0.040	—	—
SCMn2	0.25 ~ 0.35	0.30 ~ 0.60	1.00 ~ 1.60	0.040	0.040	—	—
SCMn3	0.30 ~ 0.40	0.30 ~ 0.60	1.00 ~ 1.60	0.040	0.040	—	—
SCMn5	0.40 ~ 0.50	0.30 ~ 0.60	1.00 ~ 1.60	0.040	0.040	—	—
SCSiMn2	0.25 ~ 0.35	0.50 ~ 0.80	0.90 ~ 1.20	0.040	0.040	—	—
SCMnCr2	0.25 ~ 0.35	0.30 ~ 0.60	1.20 ~ 1.60	0.040	0.040	0.40 ~ 0.80	—
SCMnCr3	0.30 ~ 0.40	0.30 ~ 0.60	1.20 ~ 1.60	0.040	0.040	0.40 ~ 0.80	—
SCMnCr4	0.35 ~ 0.45	0.30 ~ 0.60	1.20 ~ 1.60	0.040	0.040	0.40 ~ 0.80	—
SCMnM3	0.30 ~ 0.40	0.30 ~ 0.60	1.20 ~ 1.60	0.040	0.040	≤0.20	Mo 0.15 ~ 0.35
SCCrM1	0.20 ~ 0.30	0.30 ~ 0.60	0.50 ~ 0.80	0.040	0.040	0.80 ~ 1.20	Mo 0.15 ~ 0.35
SCCrM3	0.30 ~ 0.40	0.30 ~ 0.60	0.50 ~ 0.80	0.040	0.040	0.80 ~ 1.20	Mo 0.15 ~ 0.35
SCMnCrM2	0.25 ~ 0.35	0.30 ~ 0.60	1.20 ~ 1.60	0.040	0.040	0.30 ~ 0.70	Mo 0.15 ~ 0.35
SCMnCrM3	0.30 ~ 0.40	0.30 ~ 0.60	1.20 ~ 1.60	0.040	0.040	0.30 ~ 0.70	Mo 0.15 ~ 0.35
SCNCrM2	0.25 ~ 0.35	0.30 ~ 0.60	0.90 ~ 1.50	0.040	0.040	0.30 ~ 0.90	Ni 1.60 ~ 2.00 Mo 0.15 ~ 0.35

（2）中国台湾地区结构用高强度碳钢和低合金铸钢的力学性能与用途（表5-13-15）

表5-13-15　结构用高强度碳钢和低合金铸钢的力学性能与用途

钢　号[①]	R_m/MPa	$R_{eL}^{②}$/MPa	$A(\%)$	$Z(\%)$	HBW	用途举例
		≥				
SCC3A	520	265	13	20	143	结构用铸件
SCC3B	620	370	13	20	183	
SCC5A	620	295	9	15	163	结构用耐磨铸件
SCC5B	690	440	9	15	201	
SCMn1A	540	275	17	35	143	结构用铸件
SCMn1B	590	390	17	35	170	

（续）

钢　号[①]	R_m/MPa	$R_{eL}^{②}$/MPa	A(%)	Z(%)	HBW	用途举例
			≥			
SCMn2A	590	345	16	35	163	结构用铸件
SCMn2B	640	440	16	35	183	
SCMn3A	640	370	13	30	170	结构用铸件
SCMn3B	690	490	13	30	197	
SCMn5A	690	390	9	20	183	结构用耐磨铸件
SCMn5B	740	540	9	20	212	
SCSiMn2A	590	295	13	35	163	主要用于锚链
SCSiMn2B	640	440	17	35	183	
SCMnCr2A	590	370	13	30	170	结构用铸件
SCMnCr2B	640	440	17	35	180	
SCMnCr3A	640	390	9	25	183	结构用铸件
SCMnCr3B	690	490	13	30	207	
SCMnCr4A	690	410	9	20	201	结构用耐磨铸件
SCMnCr4B	740	540	13	25	223	
SCMnM3A	690	390	13	30	183	结构用铸件
SCMnM3B	740	490	13	30	212	强韧性铸件
SCCrM1A	590	390	13	30	170	结构用铸件
SCCrM1B	690	490	13	30	201	强韧性铸件
SCCrM3A	690	440	9	25	201	结构用铸件
SCCrM3B	740	540	9	25	217	强韧性铸件
SCMnCrM2A	690	440	13	30	201	结构用铸件
SCMnCrM2B	740	540	13	30	212	强韧性铸件
SCMnCrM3A	740	540	9	25	212	结构用铸件
SCMnCrM3B	830	635	9	25	223	强韧性铸件
SCNCrM2A	780	590	9	20	223	结构用强韧性铸件
SCNCrM2B	880	685	9	20	269	

① 这类铸钢的钢号末尾字母：

A—正火 + 回火：正火温度 850 ~ 950℃，回火温度 550 ~ 650℃；B—淬火 + 回火：淬火温度 850 ~ 950℃，回火温度 550 ~ 650℃。

② 根据试验结果确定 R_{eL} 或 $R_{p0.2}$。

5.13.7　高温高压用铸钢［CNS 7147（1994/2012 确认）］

（1）中国台湾地区 CNS 标准高温高压用铸钢的钢号与化学成分（表 5-13-16）

表 5-13-16　高温高压用铸钢的钢号与化学成分（质量分数）（%）

钢　号	C	Si	Mn	P ≤	S ≤	Cr	Mo	其　他[①]
SCPH1	≤0.25	≤0.60	≤0.70	0.040	0.040	—	—	—
SCPH2	≤0.30	≤0.60	≤1.00	0.040	0.040	—	—	—
SCPH11	≤0.25	≤0.60	0.50 ~ 0.80	0.040	0.040	—	0.45 ~ 0.65	—
SCPH21	≤0.20	≤0.60	0.50 ~ 0.80	0.040	0.040	1.00 ~ 1.50	0.45 ~ 0.65	—
SCPH22	≤0.25	≤0.60	0.50 ~ 0.80	0.040	0.040	1.00 ~ 1.50	0.90 ~ 1.20	—
SCPH23	≤0.20	≤0.60	0.50 ~ 0.80	0.040	0.040	1.00 ~ 1.50	0.90 ~ 1.20	V 0.15 ~ 0.25
SCPH32	≤0.20	≤0.60	0.50 ~ 0.80	0.040	0.040	2.00 ~ 2.75	0.90 ~ 1.20	—
SCPH61	≤0.20	≤0.75	0.50 ~ 0.80	0.040	0.040	4.00 ~ 6.50	0.45 ~ 0.65	—

① 残余元素（Cu, Ni, Cr, Mo, W）含量见表 5-13-17。

（2）中国台湾地区高温高压用铸钢的残余元素含量（表5-13-17）

表5-13-17　高温高压用铸钢的残余元素含量（质量分数）（%）

钢号	Cu	Ni	Cr	Mo	W	残余元素总量
SCPH1	≤0.50	≤0.50	≤0.25	≤0.25	—	≤1.00
SCPH2	≤0.50	≤0.50	≤0.25	≤0.25	—	≤1.00
SCPH11	≤0.50	≤0.50	≤0.35	—	≤0.10	≤1.00
SCPH21	≤0.50	≤0.50	—	—	≤0.10	≤1.00
SCPH22	≤0.50	≤0.50	—	—	≤0.10	≤1.00
SCPH23	≤0.50	≤0.50	—	—	≤0.10	≤1.00
SCPH32	≤0.50	≤0.50	—	—	≤0.10	≤1.00
SCPH61	≤0.50	≤0.50	—	—	≤0.10	≤1.00

（3）中国台湾地区高温高压用铸钢的力学性能（表5-13-18）

表5-13-18　高温高压用铸钢的力学性能

钢　号	R_m/MPa	R_{eL}[①]/MPa	$A(\%)$	$Z(\%)$
	≥			
SCPH1	410	205	21	35
SCPH2	480	245	19	35
SCPH11	450	245	22	35
SCPH21	480	275	17	35
SCPH22	550	345	16	35
SCPH23	550	345	13	35
SCPH32	480	275	17	35
SCPH61	620	410	17	35

① 根据试验结果确定 R_{eL} 或 $R_{p0.2}$。

5.13.8　低温高压用铸钢［CNS 7149（1994/2012 确认）］

（1）中国台湾地区 CNS 标准低温高压用铸钢的钢号与化学成分见表5-13-19。

表5-13-19　低温高压用铸钢的钢号与化学成分（质量分数）（%）

钢　号	C	Si	Mn	P ≤	S ≤	Cr	Ni	其　他[①]
SCPL1	≤0.30	≤0.60	≤1.00	0.040	0.040	≤0.25	≤0.50	Cu≤0.50
SCPL11	≤0.25	≤0.60	0.50~0.80	0.040	0.040	≤0.35	—	Mo 0.45~0.65 Cu≤0.50
SCPL21	≤0.25	≤0.60	0.50~0.80	0.040	0.040	≤0.35	2.00~3.00	Cu≤0.50
SCPL31	≤0.15	≤0.60	0.50~0.80	0.040	0.040	≤0.35	3.00~4.00	Cu≤0.50

① 各钢号的残余元素总量均≤1.00%。

（2）中国台湾地区 CNS 标准低温高压用铸钢的力学性能（表5-13-20）

表5-13-20　低温高压用铸钢的力学性能

钢　号	抗拉强度 R_m/MPa	屈服强度[①] R_{eL}/MPa	断后伸长率 $A(\%)$	断面收缩率 $Z(\%)$	试验温度 /℃	平均值[②] KV/J	单个值 KV/J
	≥					≥	
SCPL1	450	245	21	35	−45	18	14
SCPL11	450	245	21	35	−60	18	14
SCPL21	480	275	21	35	−75	21	17
SCPL31	480	275	21	35	−100	21	17

① 根据试验结果确定采用 R_{eL} 或 $R_{p0.2}$。

② 采用 4 号试样 3 个的平均值；此规定不适用离心铸造钢管。

第6章 中 外 铸 铁

6.1 中 国

A. 通用铸铁

6.1.1 灰铸铁件

(1) 中国 GB 标准灰铸铁件的牌号与主要力学性能［GB/T 9439—2010］

A）灰铸铁单铸试棒与铸件的抗拉强度（表 6-1-1）

表 6-1-1 灰铸铁单铸试棒与铸件的抗拉强度

牌 号	铸件壁厚 t/mm	$R_\mathrm{m}^①$/MPa≥		$R_\mathrm{m}^②$/MPa≥
		A	B	
HT100	5～40	100	—	—
HT150	>5～10	150	—	155
	>10～20		—	130
	>20～40		120	110
	>40～80		110	95
	>80～150		100	80
	>150～300		90 *	—
HT200	>5～10	200	—	205
	>10～20		—	180
	>20～40		170	155
	>40～80		150	130
	>80～150		140	115
	>150～300		130 *	—
HT225	>5～10	225	—	230
	>10～20		—	205
	>20～40		190	170
	>40～80		170	150
	>80～150		155	135
	>150～300		145 *	—
HT250	>5～10	250	—	250
	>10～20		—	225
	>20～40		210	195
	>40～80		190	170
	>80～150		170	155
	>150～300		160 *	—
HT275	>10～20	275	—	250
	>20～40		230	220
	>40～80		205	190
	>80～150		190	175
	>150～300		175 *	—

（续）

牌　号	铸件壁厚 t/mm	$R_\text{m}^{①}$/MPa≥		$R_\text{m}^{②}$/MPa≥
		A	B	
HT300	>10~20	300	—	270
	>20~40		250	240
	>40~80		220	210
	>80~150		210	195
	>150~300		190*	—
HT350	>10~20	350	—	315
	>20~40		290	260
	>40~80		260	250
	>80~150		230	225
	>150~300		210*	—

注：1. 当试样壁厚超过300mm时，其力学性能由供需双方商定。

2. 由于抗拉强度随铸件壁厚而变化，表中所列出的参考值仅适用于形状简单、壁厚均匀的铸件；对于形状复杂、有型芯或壁厚不均匀的铸件，其抗拉强度仅为近似值，铸件设计时应以关键部位的抗拉强度实测值为依据。

① R_m 为强制值（标*者为指导值），其中 A 为单铸试棒，B 为附铸试棒（或试块）。

② 铸件本体预期抗拉强度 R_m 不作为强制性强度值。

B）灰铸铁的硬度等级与铸件硬度（表6-1-2）

表6-1-2　灰铸铁的硬度等级与铸件硬度

硬度等级	铸件主要厚度/mm	铸件上的硬度　HBW	硬度等级	铸件主要厚度/mm	铸件上的硬度　HBW
H155	>5~10	≤185	H215	>5~10	200~275
	>10~20	≤170		>10~20	180~255
	>20~40	≤160		>20~40	160~235
	>40~80	**≤155**		**>40~80**	**145~215**
H175	>5~10	140~225	H235	>10~20	200~275
	>10~20	125~205		>20~40	180~255
	>20~40	110~185		**>40~80**	**145~215**
	>40~80	**100~175**			
H195	>5~10	170~260	H255	>20~40	200~275
	>10~20	150~230		**>40~80**	**180~255**
	>20~40	135~210			
	>40~80	**120~195**			

注：1. 硬度等级也称硬度牌号。它表示所规定的铸件某一部位的硬度平均值，经供需双方商定，硬度差为10HBW。

2. 黑体字表示与该硬度等级所对应的主要壁厚的硬度值范围。

C）灰铸铁单铸试棒的抗拉强度与硬度值（表6-1-3）

表6-1-3　灰铸铁单铸试棒（块）的抗拉强度与硬度值

牌号	R_m/MPa≥	HBW	牌号	R_m/MPa≥	HBW
HT100	100	≤170	HT250	250	180~250
HT150	150	125~205	HT275	275	190~260
HT200	200	150~230	HT300	300	200~275
HT225	225	170~240	HT350	350	220~290

D）灰铸铁的其他力学性能（表6-1-4）

表 6-1-4　灰铸铁的其他力学性能①

牌　号	R_{mc}/MPa	σ_{bb}/MPa	τ_b/MPa	τ_m/MPa	σ_{bW}/MPa	E/GPa	K_{IC}/MPa$^{3/4}$
HT150	600	250	170	170	70	78 ~ 103	320
HT200	720	290	230	230	90	88 ~ 113	400
HT225	780	315	260	260	105	95 ~ 115	440
HT250	840	340	290	290	120	103 ~ 118	480
HT275	900	365	320	320	130	105 ~ 128	520
HT300	960	390	345	345	140	108 ~ 137	560
HT350	1080	490	400	400	145	123 ~ 143	650

① 表中为直径 30mm 单铸试棒和直径 30mm 附铸试棒的性能数据。

（2）中国灰铸铁的化学成分与金相组织实例（表 6-1-5 和表 6-1-6）

表 6-1-5　灰铸铁的化学成分实例（质量分数）（%）

牌　号	铸件壁厚 t/mm	C	Si	Mn	P≤	S≤
HT100	—	3.4 ~ 3.9	2.1 ~ 2.6	0.5 ~ 0.8	0.30	0.15
HT150	< 30	3.3 ~ 3.5	2.0 ~ 2.4	0.5 ~ 0.8	0.20	0.12
HT150	30 ~ 50	3.2 ~ 3.5	1.9 ~ 2.3	0.5 ~ 0.8	0.20	0.12
HT150	> 50	3.2 ~ 3.5	1.8 ~ 2.2	0.6 ~ 0.9	0.20	0.12
HT200	< 30	3.2 ~ 3.5	1.6 ~ 2.0	0.7 ~ 0.9	0.15	0.12
HT200	30 ~ 50	3.1 ~ 3.4	1.5 ~ 1.8	0.8 ~ 1.0	0.15	0.12
HT200	> 50	3.0 ~ 3.3	1.4 ~ 1.6	0.8 ~ 1.0	0.15	0.12
HT250	< 30	3.0 ~ 3.3	1.4 ~ 1.7	0.8 ~ 1.0	0.15	0.12
HT250	30 ~ 50	2.9 ~ 3.2	1.3 ~ 1.6	0.9 ~ 1.1	0.15	0.12
HT250	> 50	2.8 ~ 3.1	1.2 ~ 1.5	1.0 ~ 1.2	0.15	0.12
HT300	< 30	2.9 ~ 3.2	1.4 ~ 1.7	0.8 ~ 1.0	0.15	0.12
HT300	30 ~ 50	2.9 ~ 3.2	1.2 ~ 1.5	0.9 ~ 1.1	0.15	0.12
HT300	> 50	2.8 ~ 3.1	1.1 ~ 1.4	1.0 ~ 1.2	0.15	0.12
HT350	< 30	2.8 ~ 3.1	1.3 ~ 1.6	1.0 ~ 1.3	0.10	0.10
HT350	30 ~ 50	2.8 ~ 3.1	1.2 ~ 1.5	1.0 ~ 1.3	0.10	0.10
HT350	> 50	2.7 ~ 3.0	1.1 ~ 1.4	1.1 ~ 1.4	0.10	0.10

表 6-1-6　灰铸铁的金相组织实例（体积分数）（%）

牌　号	石　墨	基　体
HT100	初晶石墨，长度 250 ~ 1000μm，无定向分布，含量 12% ~ 15%	珠光体 30% ~ 70% 中粗片状，铁素体 30% ~ 70%，二元磷共晶 <7%
HT150	片状石墨，长度 120 ~ 150μm，无定向分布，含量 7% ~ 11%	珠光体 40% ~ 90% 中粗片状，铁素体 10% ~ 60%，二元磷共晶 <7%
HT200	80% ~ 90% 片状石墨，10% ~ 20% 过冷石墨，长度 60 ~ 250μm，无定向分布，含量 6% ~ 9%	珠光体 >90% 中片状，铁素体 <5%，二元磷共晶 <4%
HT250	85% ~ 90% 片状石墨，5% ~ 15% 过冷石墨，长度 60 ~ 250μm，无定向分布，含量 4% ~ 7%	珠光体 >98% 中细片状，二元磷共晶 <2%

（续）

牌 号	石 墨	基 体
HT300	80%～95%片状石墨，5%～20%过冷石墨，长度30～120μm，含量3%～6%	珠光体＞98%中细片状，二元磷共晶＜2%
HT350	75%～90%片状石墨，10%～25%过冷石墨，长度30～120μm，含量2%～4%	珠光体＞98%中细片状，二元磷共晶＜1%

注：灰铸铁金相检验，可参见 GB/T 7216—2009。

（3）中国灰铸铁件人工时效处理工艺（表6-1-7）

表6-1-7　灰铸铁件人工时效处理工艺

铸件重量/kg	入炉温度/℃	加热速度/(℃/h)	保温温度/℃		保温时间/h	冷却速度/(℃/h)	出炉温度/℃
			普通铸铁	低合金铸铁			
一般铸件							
＜200	≤200	≤100	500～550	550～570	4 ～ 6	30	200
200～2500	≤200	≤80	500～550	550～570	6～8	30	200
＞2500	≤200	≤80	500～550	550～570	8	30	200
精密铸件							
＜200	≤200	≤100	500～550	550～570	4 ～ 6	20	200
200～3500	≤200	≤80	500～550	550～570	6～8	20	200

（4）中国灰铸铁的性能与用途（表6-1-8）

表6-1-8　灰铸铁的性能与用途

牌 号	性能特点和使用条件	用途举例
HT100	铸造性能好，工艺简便，铸造应力小，减振性优良，铸后不需人工时效处理 这类铸件一般不经加工，或只作简单加工即可使用	用于载荷低、对摩擦磨损无特殊要求的零件，如外罩、盖、手轮、手把、支架、座板、重锤等
HT150	有一定的力学强度和良好的减振性，铸造性能好，工艺简便，铸造应力小，铸后不需人工时效处理 适用于承受弯曲＜10MPa、摩擦面间的单位面积压力＜0.5MPa 的铸件，可在较弱的磨蚀性介质中使用	机械制造用一般铸件，如支架、底座、齿轮箱、刀架、轴承座、工作台、齿轮和链轮（齿面不加工的铸件） 汽车、拖拉机的进气管、排气管、液压泵、进油管 工作应力不大的管子配件、薄壁零件、壁厚≤30mm的耐磨轴套；圆周速度为 6～12m/s 的带轮 在纯碱或染料介质中工作的化工容器、泵壳、法兰等
HT200 HT250	强度较高，有一定韧性，耐磨性、耐热性较好，减振性、气密性、抗膨胀性良好。铸造性能较好，但需进行时效处理 适用于承受弯曲＜30MPa、摩擦面间的单位面积压力＜0.5MPa 的铸件[①]，以及要求一定气密性、在较弱的磨蚀性介质中使用的零部件	机械制造用较重要的铸件，如气缸、齿轮、飞轮、棘轮、链轮、机床床身与立柱等 汽车、拖拉机的气缸体、气缸盖、活塞、制动毂、联轴器盘、离合器外壳、半轴壳、分离器本体等 压力为 80MPa 以下的液压缸、泵体、阀体、汽油机和柴油机的活塞环 圆周速度为 12～20m/s 的带轮 要求有一定耐蚀性和较高强度的化工容器、泵壳、塔器、法兰、填料箱本体、碳化塔、硝化塔、硫化器等

（续）

牌　号	性能特点和使用条件	用途举例
HT300 HT350	属于高强度、高耐磨性一级的灰铸铁，其强度、耐磨性和韧性均优于其他牌号的灰铸铁，但白口倾向大，铸造性能差，铸后需进行人工时效处理 　　适用于承受弯曲＜50MPa、摩擦面间的单位面积压力＞2MPa 的铸件，以及需要进行表面淬火或要求保持高度气密性的零部件	机械制造重要的铸件，如机床导轨、剪床压力机等受力较大的床身、机座、机架、主轴箱、卡盘、凸轮、齿轮，大型发动机的气缸体、气缸盖、缸套等 　　高压液压缸、水泵、泵体、阀体等 　　也用于镦模、冷冲模等模具

① 大于 10t 的大型铸件，其摩擦面间的单位面积压力可大于 1.5MPa。

6.1.2　球墨铸铁

（1）中国 GB 标准球墨铸铁铸造试样的力学性能 ［GB/T 1348—2019］

A）铁素体珠光体球墨铸铁的牌号与各种铸造试样的力学性能（表 6-1-9a、表 6-1-9b）

表 6-1-9a　铁素体珠光体球墨铸铁的牌号与铸造试样的力学性能

材料牌号	铸件厚度 t/mm	$R_{p0.2}$/MPa	R_m/MPa	A(%)
		≥		
QT 350-22L	$t \leqslant 30$	220	350	22
	$30 < t \leqslant 60$	210	330	18
	$60 < t \leqslant 200$	200	320	15
QT 350-22R	$t \leqslant 30$	220	350	22
	$30 < t \leqslant 60$	220	330	18
	$60 < t \leqslant 200$	210	320	15
QT 350-22	$t \leqslant 30$	220	350	22
	$30 < t \leqslant 60$	220	330	18
	$60 < t \leqslant 200$	210	320	15
QT 400-18L	$t \leqslant 30$	240	400	18
	$30 < t \leqslant 60$	230	380	15
	$60 < t \leqslant 200$	220	360	12
QT 400-18R	$t \leqslant 30$	250	400	18
	$30 < t \leqslant 60$	250	390	15
	$60 < t \leqslant 200$	240	370	12
QT 400-18	$t \leqslant 30$	250	400	18
	$30 < t \leqslant 60$	250	390	15
	$60 < t \leqslant 200$	240	370	12
QT 400-15	$t \leqslant 30$	250	400	15
	$30 < t \leqslant 60$	250	390	14
	$60 < t \leqslant 200$	240	370	11
QT 450-10	$t \leqslant 30$	310	450	10
	$30 < t \leqslant 60$	由供需双方商定		
	$60 < t \leqslant 200$			
QT 500-7	$t \leqslant 30$	320	500	7
	$30 < t \leqslant 60$	300	450	7
	$60 < t \leqslant 200$	290	420	5

（续）

材料牌号	铸件厚度 t/mm	$R_{p0.2}$/MPa	R_m/MPa	$A(\%)$
		≥		
QT 550-5	$t \leqslant 30$	350	550	5
	$30 < t \leqslant 60$	330	520	4
	$60 < t \leqslant 200$	320	500	3
QT 600-3	$t \leqslant 30$	370	600	3
	$30 < t \leqslant 60$	360	600	2
	$60 < t \leqslant 200$	340	550	1
QT 700-2	$t \leqslant 30$	420	700	2
	$30 < t \leqslant 60$	400	700	2
	$60 < t \leqslant 200$	380	650	1
QT 800-2	$t \leqslant 30$	480	800	2
	$30 \leqslant t \leqslant 60$			
	$60 < t \leqslant 200$	由供需双方商定		
QT 900-2	$t \leqslant 30$	600	900	2
	$30 < t \leqslant 60$			
	$60 < t \leqslant 200$	由供需双方商定		

注：1. 从铸造试样测得的力学性能不能准确地反映铸件本体的力学性能，铸件本体的力学性能指导值参考表 6-1-11。
2. 本表数据适用于单铸试样，附铸试样和并排铸造试样。
3. 字母"L"表示该牌号有低温（-20℃ 或 -40℃）下的冲击性能要求；字母"R"表示该牌号有室温（23℃）下的冲击性能要求。
4. 断后伸长率 A 是从原始标距 $L_0 = 5d$ 上测得的，d 是试样上原始标距处的直径。

表 6-1-9b　固溶强化铁素体球墨铸铁的牌号与铸造试样的力学性能

材料牌号	铸件壁厚 t/mm	$R_{p0.2}$/MPa	R_m/MPa	$A(\%)$
		≥		
QT 450-18	$t \leqslant 30$	350	450	18
	$30 < t \leqslant 60$	340	430	14
	$t > 60$	由供需双方商定		
QT 500-14	$t \leqslant 30$	400	500	14
	$30 < t \leqslant 60$	390	480	12
	$t > 60$	由供需双方商定		
QT 600-10	$t \leqslant 30$	470	600	10
	$30 < t \leqslant 60$	450	580	8
	$t > 60$	由供需双方商定		

注：1. 从铸造试样测得的力学性能不能准确地反映铸件本体的力学性能，铸件本体的力学性能指导值参考表 6-1-12。
2. 本表数据适用于单铸试样、附铸试样和并排浇注试样。

B）铁素体球墨铸铁各种铸造试样的冲击吸收能量（表 6-1-10）

表 6-1-10　铁素体球墨铸铁各种铸造试样的冲击吸收能量

材料牌号	铸件壁厚 t/mm	试验温度	KV/J ≥	
			平均值	单值
QT 350-22L	$t \leqslant 30$	（-40±2）℃	12	9
	$30 < t \leqslant 60$		12	9
	$60 < t \leqslant 200$		10	7

（续）

材料牌号	铸件壁厚 t/mm	试验温度	KV/J ≥	
			平均值	单值
QT 350-22R	t≤30	(23±5)℃	17	14
	30<t≤60		17	14
	60<t≤200		15	12
QT 400-18L	t≤30	(20±2)℃	12	9
	30<t≤60		12	9
	60<t≤200		10	7
QT 400-18R	t≤30	(23±5)℃	14	11
	30<t≤60		14	11
	60<t≤200		12	9

注：1. 这些材料牌号也可用于压力容器。
　　2. 从试样上测得的力学性能并不能准确地反映铸件本体的力学性能。
　　3. 该表数据适用于单铸试样，附铸试样和并排浇铸试样。
　　4. 字母"L"表示低温；字母"R"表示室温。

（2）中国 GB 标准球墨铸铁本体试样的力学性能指导值
铁素体珠光体球墨铸铁本体试样的力学性能指导值见表 6-1-11、表 6-1-12。

表 6-1-11　铁素体珠光体球墨铸铁本体试样的力学性能指导值

材料牌号	铸件壁厚 t/mm	R_m/MPa	$R_{p0.2}$/MPa	A(%)
		≥		
QT 350-22-L/C	≤30	340	220	20
	>30~60	320	210	15
	>60~200	310	200	12
QT 350-22-R/C	≤30	340	220	20
	>30~60	320	220	15
	>60~200	310	210	12
QT 350-22/C	≤30	340	220	20
	>30~60	320	220	15
	>60~200	310	210	12
QT 400-18-L/C	≤30	390	240	15
	>30~60	370	230	12
	>60~200	340	220	10
QT 400-18-R/C	≤30	390	250	15
	>30~60	370	240	12
	>60~200	350	230	10
QT 400-18/C	≤30	390	250	15
	>30~60	370	240	12
	>60~200	350	230	10
QT 400-15/C	≤30	390	250	12
	>30~60	370	240	11
	>60~200	350	230	8

（续）

材料牌号	铸件壁厚 t/mm	R_m/MPa	$R_{p0.2}$/MPa	A(%)
		≥		
QT 450-10/C	≤30	440	300	8
	>30~60	由生产商提供指导值		
	>60~200	由生产商提供指导值		
QT 500-7/C	≤30	480	300	6
	>30~60	450	280	5
	>60~200	400	260	3
QT 550-5/C	≤30	530	330	4
	>30~60	500	310	3
	>60~200	450	290	2
QT 600-3/C	≤30	580	360	3
	>30~60	550	340	2
	>60~200	500	320	1
QT 700-2/C	≤30	680	410	2
	>30~60	650	390	1
	>60~200	600	370	1
QT 800-2/C	≤30	780	460	2
	>30~60	由生产商提供指导值		
	>60~200	由生产商提供指导值		

注：表中数值为客户指定铸件位置的最小力学性能值，这些值需经生产商同意。

表 6-1-12　固溶强化铁素体球墨铸铁本体试样的力学性能指导值

材料牌号	铸件壁厚 t/mm	$R_{p0.2}$/MPa	R_m/MPa	A(%)
		≥		
QT 450-18/C	t≤30	350	440	16
	30<t≤60	340	420	12
	60<t≤200	由生产商提供指导值		
QT 500-14/C	t≤30	400	480	12
	30<t≤60	390	460	10
	60<t≤200	由生产商提供指导值		
QT 600-10/C	t≤30	450	580	8
	30<t≤60	430	560	6
	60<t≤200	由生产商提供指导值		

注：见表 6-2-5。

（3）中国 GB 标准球墨铸铁材料的硬度等级与力学性能（表 6-1-13a、表 6-1-13b）

表 6-1-13a　铁素体珠光体球墨铸铁材料的硬度等级与力学性能

材料牌号	HBW	R_m/MPa	$R_{p0.2}$/MPa
		≥	
QT-HBW130	<160	350	220
QT-HBW150	130~175	400	250
QT-HBW155	135~180	400	250
QT-HBW185	160~210	450	310

（续）

材料牌号	HBW	R_m/MPa	$R_{p0.2}$/MPa
		≥	
QT-HBW200	170～230	500	320
QT-HBW215	180～250	550	350
QT-HBW230	190～270	600	370
QT-HBW265	225～305	700	420
QT-HBW300[①]	245～335	800	480
QT-HBW330[①]	270～360	900	600

注：当硬度作为检验项目时，这些性能值仅供参考。

① 牌号 QT HBW300 和 QT HBW330 不推荐用于厚壁铸件。

表 6-1-13b　固溶强化铁素体球墨铸铁材料的硬度等级与力学性能

材料牌号	HBW	R_m/MPa	$R_{p0.2}$/MPa
		≥	
QT-HBW175	160～190	450	350
QT-HBW195	180～210	500	400
QT-HBW210	195～225	600	470

注：当硬度作为检验项目时，这些性能值仅供参考。

（4）中国工程机械用球墨铸铁的力学性能、金相组织与化学成分实例

A）工程机械用球墨铸铁单铸试样的力学性能与金相组织实例（表6-1-14 和表6-1-15）

表 6-1-14　工程机械用球墨铸铁单铸试样的力学性能与金相组织实例

牌 号	R_m/MPa	$R_{p0.2}$/MPa	A_{50}（%）	HBW	金相组织
	≥				
QT 400-18	400	250	18	120～175	铁素体
QT 400-15	400	250	15	120～175	铁素体
QT 450-10	450	310	10	160～210	铁素体
QT 500-7	500	320	7	170～230	铁素体+珠光体
QT 600-3	600	370	3	190～270	铁素体+珠光体
QT 700-2	700	420	2	225～305	珠光体
QT 800-2	800	480	2	245～355	珠光体或回火组织
QT 900-2	900	600	2	280～360	贝氏体或回火马氏体

注：1. 本表根据工程机械用球墨铸铁通用技术条件（JB/T 5938—2018）摘编。

　　2. 球墨铸铁金相检验，可参见 GB/T 9441—2009。此类球墨铸铁的硬度与金相组织不作为验收数值。

表 6-1-15　工程机械用球墨铸铁单铸试样的冲击性能（V型缺口试样）

牌 号	试验温度	KV/J≥	
		平均值	单个值
QT 400-18R	室温（23±5）℃	14	11
QT 400-18L	低温（-20±2）℃	12	9

注：见表6-1-14 注1.。

B）工程机械用球墨铸铁的化学成分与典型零件实例（表6-1-16）

表6-1-16　工程机械用球墨铸铁的化学成分与典型零件实例

牌号	化学成分（质量分数）（%）								典型零件
	C	Si	Mn	P≤	S≤	Mg	RE	其　他	
QT400-15	3.5~3.6	3.0~3.2	≤0.5	0.07	0.02	0.04	≤0.02	—	农机零件
QT400-18	3.6~3.8	2.3~2.7	≤0.5	0.08	0.025	0.03~0.05	0.02~0.03	—	农机零件
QT450-10	3.4~3.9	2.7~3.0	0.2~0.5	0.07	0.03	0.06~0.10	0.03~0.10	—	汽车底盘零件
QT500-7	3.6~3.8	2.5~2.9	≤0.6	0.08	0.02	0.03~0.05	0.03~0.05	—	机油泵齿轮
QT600-3	3.6~3.8	2.0~2.4	0.5~0.7	0.08	0.025	0.035~0.05	0.025~0.045	—	中小曲轴
QT700-2	3.7~4.0	2.3~2.6	0.5~0.8	0.08	0.02	0.035~0.065	0.035~0.065	Mo 0.15~0.4 Cu 0.4~0.8	柴油机连杆
QT800-2	3.7~4.0	≤2.5	≤0.5	0.07	0.03	—	—	Mo ≤0.39 Cu ≤0.82	汽车曲轴
QT900-2	3.5~3.7	2.7~3.0	≤0.5	0.08	0.025	0.03~0.05	0.025~0.045	Mo 0.15~0.25 Cu 0.5~0.7	凸轮轴、 花键轴

注：此类球墨铸铁的化学成分、硬度与金相组织不作为验收数值，但要求供方保证此类球墨铸铁各牌号达到所规定的
　　力学性能指标。

（5）中国球墨铸铁铸件的热处理

A）球墨铸铁的热处理实例（表6-1-17）

表6-1-17　球墨铸铁的热处理实例

名称		目标	工艺举例	基体组织	附注
退火	高温退火	消除白口及游离渗碳体，并使珠光体分解，改善可加工性，提高塑性、韧性	加热至920~980℃，保温2~5 h，降温至700~750℃，保温3~6 h，炉冷，<600℃出炉空冷，或920~980℃保温2~5h，炉冷，<600℃出炉空冷	铁素体	—
	低温退火	使珠光体分解，提高塑性、韧性	加热至700~760℃，保温3~5 h，炉冷，<600℃出炉空冷	铁素体	铸态要求无游离渗碳体
正火	高温奥氏体化正火	提高组织均匀性，改善可加工性，提高强度、硬度、耐磨性，或消除白口及游离渗碳体	加热至880~930℃，保温1~3h，出炉后空冷或风冷	珠光体+少量铁素体（牛眼状）	复杂铸件在正火后需要回火
	两阶段正火	提高组织均匀性，改善可加工性，提高强度、硬度、耐磨性，或消除白口及游离渗碳体 防止出现二次渗碳体	加热至920~980℃，保温1~3h，炉冷至出炉后空冷或风冷860~880℃，再保温1~2h，出炉后空冷或风冷	珠光体+少量铁素体（牛眼状）	复杂铸件在正火后需要回火

（续）

名称		目标	工艺举例		基体组织	附注
部分奥氏体化正火	低温正火	获得良好的强度和韧性	加热至 840～880℃，保温 1～2h，炉冷或风冷		珠光体+铁素体（牛眼状）	铸态要求无游离渗碳体，复杂铸件正火后需要回火
	高温不保温正火	获得良好的强度和韧性	加热至 740～760℃，保温 1～1.5h，再升温至 900～940℃，炉冷或风冷		珠光体+少量铁素体（牛眼状）	铸态要求无游离渗碳体，复杂铸件正火后需要回火
淬火和回火		提高强度、硬度、耐磨性	淬火：800～900℃，保温 20～60min，油淬	回火：550～600℃，保温 1～2h，空冷	回火索氏体+铁素体	淬火前最好先正火处理
		提高强度、硬度、耐磨性		回火：350～550℃，保温 1～3h，空冷	回火马氏体+回火屈氏体+少量残留奥氏体	淬火前最好先正火处理
		提高强度、硬度、耐磨性		回火：200～250℃，保温 1～3h，空冷	回火马氏体+少量残留奥氏体	淬火前最好先正火处理
表面淬火		提高表面层硬度、耐磨性	火焰加热或中频（高频）感应加热至 850～950℃，油淬		表面层为马氏体+少量残留奥氏体；内部与原始组织相同	必须先进行正火处理，使珠光体量（体积分数）≥70%
等温淬火		提高强度、硬度、耐磨性	在 850～900℃保温 20～60min，降温至 250～350℃，保温 60～90min，空冷		下贝氏体+少量马氏体+少量残留奥氏体	铸态要求无游离渗碳体
		获得高强度和高韧性	在 860～890℃保温 1～2h，降温至 340～390℃，保温 1h，空冷		贝氏体型铁素体+残留奥氏体（体积分数）20%～40%	—
正火后回火		消除正火后产生的内应力，提高韧性	在 500～600℃保温 1～3h，空冷		与正火组织相同	—
气体软氮化		提高疲劳强度、表面层硬度和耐磨性	—		在表面形成化合物层和扩散层	应先进行正火和回火，以提高珠光体量，消除内应力

B）球墨铸铁不同热处理状态的力学性能（表6-1-18）

表 6-1-18　球墨铸铁不同热处理状态的力学性能

球墨铸铁基体类型	热处理状态（或铸态）	R_m/MPa	A（%）	HBW[①]
铁素体	铸态	450～550	10～20	137～193
铁素体	退火	400～500	15～25	121～179
珠光体+铁素体	铸态或退火	500～600	5～10	147～241
珠光体	铸态	600～750	2～4	217～269
珠光体	正火	700～950	2～5	229～302
珠光体+碎块状铁素体	部分奥氏体化正火	600～900	4～9	207～285

（续）

球墨铸铁基体类型	热处理状态（或铸态）	R_m/MPa	$A(\%)$	HBW[①]
贝氏体+碎块状铁素体	部分奥氏体化等温淬火	900~1100	2~6	(32~40)
下贝氏体	等温淬火	1200~1500	1~3	(40~50)
贝氏体型铁素体+20%~40%奥氏体[②]	等温淬火	900~1000	6~13	(30~35)
回火索氏体	淬火，550~600℃回火	900~1200	1~5	(32~43)
回火马氏体+回火索氏体	淬火，360~420℃回火	1000~1300	—	(45~50)
回火马氏体	淬火，200~250℃回火	700~900	0.5~1	(55~61)

① 括号内为洛氏硬度 HRC。
② 体积分数。

（6）中国球墨铸铁的性能与用途（表6-1-19）

表6-1-19　球墨铸铁的性能与用途

牌　号	性能特点	用途举例
QT400-15 QT400-18	焊接性及可加工性好，韧性高，脆性转变温度低	用于农机具：犁铧、犁柱、收割机及割草机上的导架、差速器壳、护刃器；汽车、拖拉机的轮毂、驱动桥壳体、离合体器壳体、差速器壳、拨叉等；通用机械：16.2~64.85MPa阀门的阀体、阀盖、压缩机上高低压气缸等；以及铁路垫板、电机壳、齿轮箱、飞机壳等
QT450-10	同上，但塑性略低而强度与小能量冲击力较高	
QT500-7	中等强度与塑性，可加工性尚好	用于内燃机的机油泵齿轮、汽轮机中温气缸隔板、铁路机车车辆轴瓦、机器座架、传动轴、飞轮、电动机架等
QT600-3	中高强度、低塑性、而耐磨性较好	用于内燃机5~4000HP（1HP＝735.4W）柴油机和汽油机的曲轴，部分轻型柴油机和汽油机的凸轮轴、气缸套、连杆、进排气门座等；农机具：脚踏脱粒机齿条、轻载荷齿轮、畜力犁铧；部分磨床、铣床、车床的主轴；气压机、冷冻机、制氧机、泵的曲轴、缸体、缸套；以及球磨机齿轴、矿车轮、桥式起重机大小滚轮、小型水轮机主轴等
QT700-2 QT800-2	具有较高的强度和耐磨性，塑性与韧性较低	
QT900-2	具有较高的强度和耐磨性，较高的弯曲疲劳强度、接触疲劳强度和一定的韧性	用于农机的犁铧、耙片；汽车用弧齿锥齿轮、转向节、传动轴；拖拉机用减速齿轮；内燃机曲轴、凸轮轴

6.1.3　可锻铸铁件

（1）中国 GB 标准可锻铸铁的牌号与力学性能［GB/T 9440—2010］（表6-1-20）

表6-1-20　可锻铸铁的牌号与力学性能

牌号和代号		试样直径	R_m/MPa	$R_{p0.2}$/MPa	$A(\%)$	HBW
GB	ISC	d/mm	≥			
黑心可锻铸铁（铁素体可锻铸铁）						
KTH275-05	C02271	12或15	275	—	5	≤150
KTH300-06	C02302	12或15	300	—	6	≤150
KTH330-08	C02333	12或15	330	—	8	≤150
KTH350-10	C02354	12或15	350	200	10	≤150
KTH370-12	C02375	12或15	370	—	12	≤150

（续）

牌号和代号		试样直径	R_m/MPa	$R_{p0.2}$/MPa	A(%)	HBW
GB	ISC	d/mm	≥			
白心可锻铸铁						
KTB350-04	C03352	6	270	—	10	≤230
		9	310	—	5	≤230
		12	350	—	4	≤230
		15	360	—	3	≤230
KTB360-12	C03386	6	280	—	16	≤200
		9	320	170	15	≤200
		12	360	200	12	≤200
		15	370	210	7	≤200
KTB400-05	C03402	6	300	—	12	≤220
		9	360	200	8	≤220
		12	400	220	5	≤220
		15	420	230	4	≤220
KTB450-07	C03453	6	330	—	12	≤220
		9	400	230	10	≤220
		12	450	260	7	≤220
		15	480	280	4	≤220
KTB550-04	C03552	6	—	—	—	≤250
		9	490	310	5	≤250
		12	550	340	4	≤250
		15	570	250	3	≤250
珠光体可锻铸铁						
KTZ450-06	C02452	12 或 15	450	270	6	150 ~ 200
KTZ500-05	C02501	12 或 15	500	300	5	165 ~ 215
KTZ550-04	C02551	12 或 15	550	340	4	180 ~ 230
KTZ600-03	C02601	12 或 15	600	390	3	195 ~ 245
KTZ650-02	C02650	12 或 15	650	430	2	210 ~ 260
KTZ700-02	C02700	12 或 15	700	530	2	240 ~ 290
KTZ800-01	C02800	12 或 15	800	600	1	270 ~ 300

（2）中国可锻铸铁的化学成分实例（表6-1-21）

表6-1-21　可锻铸铁的化学成分实例（质量分数）（%）

牌　号	典型零件	化　学　成　分					孕育剂或脱碳剂
		C	Si	Mn	P	S	
黑心可锻铸铁（铁素体可锻铸铁）							孕育剂
KTH330-08	农机零件	2.5 ~ 2.8	1.4 ~ 1.8	0.5 ~ 0.7	≤0.10	≤0.25	Al 0.009 Bi 0.05
KTH330-08	水暖件	2.6 ~ 2.8	1.5 ~ 1.8	0.55 ~ 0.70	≤0.12	≤0.25	Al 0.01 Bi 0.01
KTH350-10	汽车底盘零件	2.5 ~ 2.7	1.3 ~ 1.6	0.35 ~ 0.50	0.05 ~ 0.07	≤0.15	Al 0.008 B 0.002，Bi 0.06

（续）

牌　号	典型零件	化　学　成　分					孕育剂或脱碳剂
		C	Si	Mn	P	S	
黑心可锻铸铁（铁素体可锻铸铁）							孕育剂
KTH350-10	阀门	2.3 ~ 2.7	1.14 ~ 1.36	0.3 ~ 0.4	≤0.10	0.07 ~ 0.09	Al 0.015
KTH370-12	汽车、拖拉机零件	2.3 ~ 2.6	1.5 ~ 2.0	0.4 ~ 0.6	≤0.12	0.15 ~ 0.20	Al 0.008 Bi 0.006 ~ 0.01
珠光体可锻铸铁							组织/孕育剂
KTZ450-06 KTZ550-04	手扶拖拉机轴承座、插销等	2.4 ~ 2.6	1.3 ~ 1.5	0.4 ~ 0.8	≤0.10	≤0.20	（片状珠光体组织）
KTZ450-06 KTZ550-04	台车车轮、拖拉机履带等	2.4 ~ 2.8	1.0 ~ 1.3	0.85 ~ 1.2	≤0.10	≤0.15	（粒状珠光体组织）
KTZ650-02 KTZ700-02	汽车曲轴	2.4 ~ 2.8	1.3 ~ 1.5	0.4 ~ 0.5	≤0.07	≤0.15 （Cu≤1.0）	B 0.003，Bi 0.01 （细粒状珠光体组织）
白心可锻铸铁							脱碳剂[2]
KTB300-03[1]	薄壁铸件	3.2 ~ 3.5	0.4 ~ 0.5	0.4 ~ 0.5	≤0.25	≤0.25	F70，P30
KTB350-04	薄壁铸件	2.8 ~ 3.2	0.4 ~ 0.6	0.4 ~ 0.6	≤0.20	≤0.20	F60，P40
KTB400-05	薄壁铸件	2.6 ~ 2.8	0.6 ~ 0.8	0.6 ~ 0.8	≤0.15	≤0.15	F50，P50

① 未纳标牌号。

② 脱碳剂代号：F—赤铁矿；P—建筑砂。

（3）中国可锻铸铁的性能与用途（表6-1-22）

表6-1-22　可锻铸铁的性能与用途

类　别	牌　号	性能特点和使用条件	用　途　举　例
黑心可锻铸铁（铁素体铸铁）	KTH300-06	有一定韧性和强度，气密性较好 适用于承受较低静载荷、要求气密性较好的的零部件	管件、弯头、三通、管道配件、中低压阀门等
	KTH330-08	有一定韧性和强度。自室温至370℃其抗拉强度和屈服强度无明显变化，在低温下强度随温度的降低而增加。可加工性良好，车削加工优于易切削钢 适用于承受中等动载荷和静载荷下工作的零部件	机床：勾形扳手、螺钉扳手等 农机：犁刀、犁柱、车轮壳等 建筑：窗铁件、销栓配件、脚手架零件、桥梁零件 纺织机械：粗纺机和印花机的盘头、龙筋、平衡锤、格式链环、拉幅机轧头 输电线路：线夹的本体及压板、楔子、碗头挂板 其他：铁道用扣板、钢丝绳轧头
	KTH350-10 KTH370-12	有较高的韧性和强度，抗振性好。其热疲劳极限与抗拉强度之比（耐久比）σ_{-1}/R_m 约为0.50，较碳钢和球墨铸铁为高。可加工性良好。一般不宜焊接 适用于承受较高冲击、振动及扭转载荷下工作的零部件	汽车、拖拉机：前后轮壳、差速器壳、转向节壳、制动器、弹簧钢板支座与支架 农机：犁刀、犁柱 其他：铁道用扣板与零部件、船用电机壳、冷暖器接头、磁绝缘子铁帽

（续）

类 别	牌 号	性能特点和使用条件	用 途 举 例
珠光体 可锻铸铁	KTZ450-06 KTZ550-04 KTZ650-02 KTZ700-02	韧性低，但强度和硬度高，耐磨性好。可根据不同需要采用表面处理方法进一步提高硬度和耐磨性。可加工性良好。一般不宜焊接 可用来代替低碳钢、中碳钢、低合金钢及有色合金制作承受较高载荷、耐磨损并要求有一定韧性的重要工作零部件	曲轴、凸轮轴、连杆、齿轮、摇臂、活塞环、轴套、闸、万向接头、棘轮、扳手、传动链条，以及矿车轮、农用犁刀、耙片等
白心可 锻铸铁	KTB350-04 KTB360-12 KTB400-05 KTB450-07	其特点是：①薄壁铸件仍有较好的韧性；②有优良的焊接性；③可加工性良好 这类可锻铸铁的工艺复杂，生产周期长，且强度及耐磨性较差	用于制作厚度在 15mm 以下的薄壁铸件，焊接用不需要进行热处理的铸件 除制作薄壁铸件外，在机械工业很少应用

6.1.4 抗磨白口铸铁件

本节含抗磨白口铸铁件［GB/T 8263］和铬锰钨系抗磨铸铁件［GB/T 24597］两类。

（1）中国 GB 标准抗磨白口铸铁件［GB/T 8263—2010］

A）抗磨白口铸铁的牌号与化学成分（表6-1-23）

表6-1-23 抗磨白口铸铁的牌号与化学成分（质量分数）（%）

牌号和代号[①]		C	Si	Mn	P≤	S≤	Cr	Ni	Mo	其 他
GB	ISC									
BTMNi4Cr2-DT	C04031	2.4~3.0	≤0.8	≤2.0	0.10	0.10	1.5~3.0	3.3~5.0	≤1.0	—
BTMNi4Cr2-GT	C04032	3.0~3.6	≤0.8	≤2.0	0.15	0.15	1.5~3.0	3.3~5.0	≤1.0	—
BTM Cr9Ni5	C04041	2.5~3.6	1.5~2.2	≤2.0	0.06	0.06	8.0~10.0	4.5~7.0	≤1.0	—
BTM Cr2	C04051	2.1~3.6	≤1.5	≤2.0	0.10	0.10	1.0~3.0	—	—	—
BTM Cr8	C04060	2.1~3.6	1.5~2.2	≤2.0	0.06	0.06	7.0~10.0	≤1.0	≤3.0	Cu≤1.2
BTM Cr2-DT	C04062	1.1~2.0	≤1.5	≤2.0	0.06	0.06	11.0~14.0	≤2.5	≤3.0	Cu≤1.2
BTM Cr12-GT	C04063	2.0~3.3	≤1.5	≤2.0	0.06	0.06	11.0~14.0	≤2.5	≤3.0	Cu≤1.2
BTMCr15Mo	C04064	2.0~3.3	≤1.2	≤2.0	0.10	0.06	14.0~18.0	≤2.5	≤3.0	Cu≤1.2
BTMCr20Mo	C04071	2.0~3.3	≤1.2	≤2.0	0.06	0.06	18.0~23.0	≤2.5	≤3.0	Cu≤1.2
BTMCr26[②]	C04080	2.0~3.3	≤1.2	≤2.0	0.10	0.06	23.0~30.0	≤2.5	≤3.0	Cu≤2.0

① 后缀字母"DT"和"GT"分别表示"低碳"和"高碳"，该牌号的其他主要成分相同。

② 该牌号 Mo≤3.0%，但牌号中未标出"Mo"。

B）抗磨白口铸铁的新旧牌号对照（表6-1-24）

表6-1-24 抗磨白口铸铁的新旧牌号对照

新牌号	旧牌号	ISC	新牌号	旧牌号	ISC
BTMNi4Cr2-DT	KmTBNi4Cr2-DT	C04031	BTM Cr12-DT	—	C04062
BTMNi4Cr2-GT	KmTBNi4Cr2-GT	C04032	BTM Cr12-GT	KmTBCr12	C04063
BTM Cr9Ni5	KmTBCr9Ni5	C04041	BTMCr15Mo	KmTBCr15Mo	C04064
BTM Cr2	KmTBCr2	C04051	BTMCr20Mo	KmTBCr20Mo	C04071
BTM Cr8	KmTBCr8	C04060	BTM Cr26	KmTBCr26	C04080

C）中国 GB 标准抗磨白口铸铁的硬度（表6-1-25）

表 6-1-25   抗磨白口铸铁的硬度

牌号和代号		铸态硬度[1]		硬化态硬度[2]		软化退火态硬度	
		HRC	HBW	HRC	HBW	HRC	HBW
GB	ISC	≥		≥		≤	
BTMNi4Cr2-DT	C04031	53	550	56	600	—	—
BTMNi4Cr2-GT	C04032	53	550	56	600	—	—
BTM Cr9Ni5	C04041	50	500	56	600	—	—
BTM Cr2	C04051	46	450	56	600	41	400
BTM Cr8	C04060	46	450	56	600	41	400
BTM Cr12-GT	C04063	46	450	56	600	41	400
BTMCr15Mo	C04064	46	450	58	650	41	400
BTMCr20Mo	C04071	46	450	58	650	41	400
BTM Cr26	C04080	46	450	56	600	41	400

[1] 铸态或铸态加消除应力处理。

[2] 硬化态或硬化态加消除应力处理。

D) 中国 GB 标准抗磨白口铸铁的金相组织和使用特性（表 6-1-26）

表 6-1-26   抗磨白口铸铁的金相组织和使用特性

牌　号	铸态组织[1]	硬化态组织[2]	使用特性
BTMNi4Cr2-DT	共晶碳化物 M_3C + 马氏体 + 贝氏体 + 奥氏体	共晶碳化物 M_3C + 马氏体 + 贝氏体残留奥氏体	用于中等冲击载荷的磨料磨损
BTMNi4Cr2-GT	共晶碳化物 M_3C + 马氏体 + 贝氏体 + 奥氏体	共晶碳化物 M_3C + 马氏体 + 贝氏体 + 残留奥氏体	用于较小冲击载荷的磨料磨损
BTM Cr9Ni5	共晶碳化物（M_7C_3 + 少量 M_3C）+ 马氏体 + 奥氏体	共晶碳化物（M_7C_3 + 少量 M_3C）+ 二次碳化物 + 马氏体 + 残留奥氏体	有很好的淬透性，适用于中等冲击载荷的磨料磨损
BTM Cr2	共晶碳化物 M_3C + 珠光体	共晶碳化物 M_3C + 二次碳化物 + 马氏体 + 残留奥氏体	用于较小冲击载荷的磨料磨损
BTM Cr8	共晶碳化物（M_7C_3 + 少量 M_3C）+ 细珠光体	共晶碳化物（M_7C_3 + 少量 M_3C）+ 二次碳化物 + 贝氏体 + 马氏体 + 奥氏体	有一定耐蚀性，适用于中等冲击载荷的磨料磨损
BTM Cr12-GT	共晶碳化物 M_7C_3 + 奥氏体及其转变产物	共晶碳化物 M_7C_3 + 二次碳化物 + 马氏体 + 残留奥氏体	用于中等冲击载荷的磨料磨损
BTMCr15Mo	共晶碳化物 M_7C_3 + 奥氏体及其转变产物	共晶碳化物 M_7C_3 + 二次碳化物 + 马氏体 + 残留奥氏体	用于中等冲击载荷的磨料磨损
BTMCr20Mo	共晶碳化物 M_7C_3 + 奥氏体及其转变产物	共晶碳化物 M_7C_3 + 二次碳化物 + 马氏体 + 残留奥氏体	有很好的淬透性，有较好的耐蚀性，适用于较大冲击载荷的磨料磨损
BTM Cr26	共晶碳化 M_7C_3 + 奥氏体	共晶碳化物 M_7C_3 + 二次碳化物 + 马氏体 + 残留奥氏体	有很好的淬透性，有良好的耐蚀性和抗高温氧化性，适用于较大冲击载荷的磨料磨损

[1] 铸态或铸态加消除应力处理。

[2] 硬化态或硬化态加消除应力处理。

(2) 中国 GB 标准铬锰钨系抗磨铸铁件［GB/T 24597—2009］

A) 铬锰钨系抗磨铸铁的牌号与化学成分（表 6-1-27）

表 6-1-27　铬锰钨系抗磨铸铁的牌号与化学成分（质量分数）（%）

No.	牌　号	C	Si	Mn	P≤	S≤	Cr	W
1	BTMCr18Mn3W2	2.8 ~ 3.5	0.3 ~ 1.0	2.5 ~ 3.5	0.08	0.08	16 ~ 22	1.5 ~ 2.5
2	BTMCr18Mn3W	2.8 ~ 3.5	0.3 ~ 1.0	2.5 ~ 3.5	0.08	0.08	16 ~ 22	1.0 ~ 1.5
3	BTMCr18Mn2W	2.8 ~ 3.5	0.3 ~ 1.0	2.0 ~ 2.5	0.08	0.08	16 ~ 22	0.3 ~ 1.0
4	BTMCr12Mn3W2	2.0 ~ 2.8	0.3 ~ 1.0	2.5 ~ 3.5	0.08	0.08	10 ~ 16	1.5 ~ 2.5
5	BTMCr12Mn3W	2.0 ~ 2.8	0.3 ~ 1.0	2.5 ~ 3.5	0.08	0.08	10 ~ 16	1.0 ~ 1.5
6	BTMCr12Mn2W	2.0 ~ 2.8	0.3 ~ 1.0	2.0 ~ 2.5	0.08	0.08	10 ~ 16	0.3 ~ 1.0

注：1. 适用于冶金、建材、电力等行业在磨料磨损条件下使用的铸铁件。

　　2. 这类抗磨铸铁件的碳铬比≥5。

B）铬锰钨系抗磨铸铁的硬度（表 6-1-28）

表 6-1-28　铬锰钨系抗磨铸铁的硬度

No.	牌　号	HRC ≤		淬硬深度/mm	附　注
		软化退火	硬化态		
1	BTMCr18Mn3W2	45	60	100	1. 铸件断面深度 40% 部位的硬度应不低于表面硬度值的 96%
2	BTMCr18Mn3W	45	60	80	
3	BTMCr18Mn2W	45	60	65	2. 淬硬深度指在风冷硬化条件下，铸件心部硬度 >58HRC（对序号 1，2，3）或 >56HRC（对序号 4，5，6）的铸件其厚度 1/2 处至铸件表面的距离
4	BTMCr12Mn3W2	40	58	80	
5	BTMCr12Mn3W	40	58	65	
6	BTMCr12Mn2W	40	58	50	

B. 专业用铸铁和优良品种

6.1.5　蠕墨铸铁件 ［GB/T 26655—2011］

（1）中国 GB 标准蠕墨铸铁的牌号与力学性能

A）蠕墨铸铁单铸试样的力学性能、硬度与金相组织（表 6-1-29）

表 6-1-29　蠕墨铸铁单铸试样的力学性能、硬度与金相组织

牌　号	R_m/MPa	$R_{p0.2}$/MPa	A(%)	HBW	主要金相组织
	≥				
RuT 300	300	210	2.0	140 ~ 210	铁素体
RuT 350	350	245	1.5	160 ~ 220	珠光体 + 铁素体
RuT 400	400	280	1.0	180 ~ 240	珠光体 + 铁素体
RuT 450	450	315	1.0	200 ~ 250	珠光体
RuT 500	500	350	0.5	220 ~ 260	铁素体

B）蠕墨铸铁附铸试样的力学性能、硬度与金相组织（表 6-1-30）

表 6-1-30　蠕墨铸铁附铸试样的力学性能、硬度与金相组织

牌　号	铸件主要壁厚 t/mm	R_m/MPa	$R_{p0.2}$/MPa	A(%)	HBW	主要金相组织
		≥				
RuT 300	t≤12.5	300	210	2.0	140 ~ 210	铁素体
	12.5 < t≤30	300	210	2.0	140 ~ 210	铁素体
	30 < t≤60	275	195	2.0	140 ~ 210	铁素体
	60 < t≤120	250	175	2.0	140 ~ 210	铁素体

（续）

牌　号	铸件主要壁厚 t/mm	R_m/MPa	$R_{p0.2}$/MPa	A(%)	HBW	主要金相组织
		≥				
RuT 350	t≤12.5	350	245	1.5	160~220	珠光体+铁素体
	12.5<t≤30	350	245	1.5	160~220	珠光体+铁素体
	30<t≤60	325	230	1.5	160~220	珠光体+铁素体
	60<t≤120	300	210	1.5	160~220	珠光体+铁素体
RuT 400	t≤12.5	400	280	1.0	180~240	珠光体+铁素体
	12.5<t≤30	400	280	1.0	180~240	珠光体+铁素体
	30<t≤60	375	260	1.0	180~240	珠光体+铁素体
	60<t≤120	325	230	1.0	180~240	珠光体+铁素体
RuT 450	t≤12.5	450	315	1.0	200~250	珠光体
	12.5<t≤30	450	315	1.0	200~250	铁素体
	30<t≤60	400	280	1.0	200~250	铁素体
	60<t≤120	375	260	0.5	200~250	铁素体
RuT 500	t≤12.5	500	350	0.5	220~260	铁素体
	12.5<t≤30	500	350	0.5	220~260	铁素体
	30<t≤60	450	315	0.5	220~260	铁素体
	60<t≤120	400	280	0.5	220~260	铁素体

注：采用附铸试块时，牌号后加"A"。

（2）中国蠕墨铸铁与球墨铸铁、灰铸铁的力学性能比较（表6-1-31）

表6-1-31　蠕墨铸铁与球墨铸铁、灰铸铁的力学性能比较

力学性能	蠕墨铸铁（混合基体）	球墨铸铁（珠光体基体）	高级灰铸铁（珠光体基体）
R_m/MPa	350~450	600~800	200~400
$R_{p0.2}$/MPa	250~400	420~600	—
σ_{bb}/MPa	700~1000	1600~2600	400~680
R_{mc}/MPa	600~1200	600~1200	500~1400
A(%)	1~4	2~4	0~0.5
f/mm	4~17	—	2.5~3.5
HBW	150~250	220~300	187~269
A_K/(J/cm^2)	11~20	15~40	9~11
E/GPa	127.4~156.8	156.8~176.4	83.3~137.2
σ_{bW}/MPa	>170	>190	<140

（3）中国蠕墨铸铁的性能与用途（表6-1-32）

表6-1-32　蠕墨铸铁的性能与用途

牌　号	性能特点和使用条件	用　途　示　例
RuT300	以铁素体基体为主的蠕铁，强度低，塑韧性较高，具有高的热导率和低的弹性模量；热应力积聚小 适用于要求较高强度及承受热疲劳的零部件	用于汽车、拖拉机的排气歧管；大功率船用气缸盖；机车、汽车和固定式内燃机缸盖；增压器壳体；纺织机、农机零件等
RuT350	以珠光体为主的混合基体蠕铁，具有强度、刚性和热导率较好的综合性能，并有良好的耐磨性 与合金灰铸铁比较，有较高强度，并有一定的塑韧性 与球墨铸铁比较，有较好的铸造性能、机加工性能和较高的工艺出品率	用于机床底座；托架和联轴器；大功率船用气缸盖；机车、汽车和固定式内燃机缸盖 焦化炉炉门、门框、保护板、桥管阀体、装煤孔盖座 变速箱体、液压件；钢锭模、铝锭模

（续）

牌　号	性能特点和使用条件	用　途　示　例
RuT400	以珠光体为主的混合基体蠕铁，具有较高的强度，良好的热导率，并有良好的刚性和耐磨性 适用于要求强度或耐磨性较高的零部件	用于内燃机缸体和缸盖；机床底座、托架和联轴器 载重货车制动鼓、机车车辆制动盘；泵壳和液压件；钢锭模、铝锭模
RuT450	珠光体基体蠕铁，比 RuT400 具有更高的强度、刚性和耐磨性，但切削性能稍差	用于内燃机缸体和缸盖；气缸套 载重货车制动盘；泵壳和液压件；活塞环；制造玻璃模具等
RuT500	珠光体基体蠕铁，强度高，韧性低；切削性能差；但耐磨性最佳	常用于高载荷内燃机缸体；气缸套等

6.1.6　等温淬火球墨铸铁件 ［GB/T 24733—2009］

一种由球墨铸铁通过等温淬火热处理得到的以奥氏体为主要基体的铸造合金，也称奥氏体球墨铸铁（Austempered Ductile Iron，ADI）。

（1）中国 GB 标准等温淬火球墨铸铁的牌号与力学性能（表 6-1-33 和表 6-1-34）

表 6-1-33　等温淬火球墨铸铁的牌号力学性能和硬度

牌　号	铸件壁厚 t/mm	R_m/MPa	$R_{p0.2}$/MPa	$A(\%)$	HBW
		≥			
QTD 800-10 （QTD 800-10R）	$t \leqslant 30$	800	500	10	250~310
	$30 < t \leqslant 60$	750	500	6	250~310
	$60 < t \leqslant 100$	720	500	5	250~310
QTD 900-8	$t \leqslant 30$	900	600	8	270~340
	$30 < t \leqslant 60$	850	600	5	270~340
	$60 < t \leqslant 100$	820	600	4	270~340
QTD 1050-6	$t \leqslant 30$	1050	700	6	310~380
	$30 < t \leqslant 60$	1000	700	4	310~380
	$60 < t \leqslant 100$	970	700	3	310~380
QTD 1200-3	$t \leqslant 30$	1200	850	3	340~420
	$30 < t \leqslant 60$	1170	850	2	340~420
	$60 < t \leqslant 100$	1140	850	1	340~420
QTD 1400-1	$t \leqslant 30$	1400	1100	1	380~480
	$30 < t \leqslant 60$	1170	由供需双方商定		380~480
	$60 < t \leqslant 100$	1140	由供需双方商定		380~480

注：1. 经适当热处理，其屈服强度最小值可按本表规定，而随着铸件壁厚增大，其抗拉强度和断后伸长率均会降低。由于铸件复杂程度和各部分壁厚的不同，其性能是不均匀的。
　　2. 铸铁的牌号是按壁厚 $t \leqslant 30$mm 的试块的力学性能而确定的。
　　3. 牌号加后缀字母"R"，表示该牌号要求测定室温（23℃）冲击性能。
　　4. 若需规定附铸试块型式，牌号加后缀字母"A"，例如：QTD 900-8A。

表 6-1-34　QTD 800-10R 的单铸和附铸试块的冲击性能

牌　号	铸件壁厚 t/mm	室温（23℃）KV/J ≥	
		3 个试块平均值	单个值
QTD 800-10 （QTD 800-10R）	$t \leqslant 30$	10	9
	$30 < t \leqslant 60$	9	8
	$60 < t \leqslant 100$	8	7

注：若需规定附铸试块型式，牌号加后缀字母"A"，例如：QTD 800-10RA。

（2）中国等温淬火球墨铸铁的性能与用途（表6-1-35）

表6-1-35 等温淬火球墨铸铁的性能与用途

牌　号	性能特点和使用条件	用途示例
QTD 800-10 （QTD 800-10R）	具有优良的抗弯曲疲劳强度和较好的抗裂纹性能。机加工性能较好。抗拉强度和疲劳强度稍低于QTD 900-8，但可成为等温淬火处理后需进一步机加工的QTD 900-8零件的代替牌号。动载性能超过同等硬度的球墨铸铁	大功率船用发动机（8000kW）支承架、注塑机液压件、大型柴油机（10缸）托架板、中型货车悬挂件、恒速联轴器和柴油机曲轴（经圆角滚压）等。是同等硬度球墨铸铁齿轮的改进材料
QTD 900-8	具有较好的低温性能。适用于制造要求较高韧性和抗弯曲疲劳强度的零件，以及要求机加工性能良好的承受中等应力的零件。等温淬火处理后进行喷丸、圆弧滚压或磨削，有良好的强化效果	柴油机曲轴（经圆角滚压）、真空泵传动齿轮、风镐缸体、载重货车后钢板弹簧支承、汽车牵引钩支承座、衬套、控制臂、转动轴轴颈支承、转向节、建筑用夹具、下水道盖板等
QTD 1050-6	低温性能为ADI各牌号中最好的铸铁。适用于制造高强度、高韧性和抗弯曲疲劳强度的零件，以及要求机加工性能良好的承受中等应力的零件。等温淬火处理后进行喷丸、圆弧滚压或磨削，有很好的强化效果。例如，进行喷丸强化后，动载性能超过淬火钢齿轮，接触疲劳强度优于渗氮钢齿轮	大功率柴油机曲轴（经圆角滚压）、柴油机正时齿轮、拖拉机和工程机械齿轮、拖拉机轮轴传动器轮毂、坦克履带板体等
QTD 1200-3	该牌号的性能特点，适用于制造要求高抗拉强度、较好接触疲劳强度、抗冲击强度和高耐磨性的零件	柴油机正时齿轮、链轮、铁路车辆销套等
QTD 1400-1	该牌号突出的特性，具有良好的接触疲劳强度和抗弯曲疲劳强度。适用于制造要求高抗拉强度、高接触疲劳强度和高耐磨性的零件。用该牌号制造的齿轮，其接触疲劳强度和抗弯曲疲劳强度超过经火焰或感应淬火的球墨铸铁齿轮的动载性能	凸轮轴、铁路货车斜楔、轻型货车后桥弧齿锥齿轮、托辊、滚轮、冲剪机刀片等
QTD HBW400	该牌号的布氏硬度大于400HBW。适用于制造要求较高硬度、耐磨损的零件	犁铧、斧、锹、铣刀等工具；挖掘机斗齿、杂质泵体、施肥刀片等
QTD HBW450	该牌号的布氏硬度大于450HBW。适用于制造要求高硬度、抗磨、耐磨损的零件	磨球、衬板、颚板、锤头、锤片、挖掘机斗齿等

6.1.7 奥氏体铸铁件［GB/T 26648—2011］

奥氏体铸铁是以铁、碳、镍为主，添加硅、锰、铜和铬等元素经熔炼而成的，在室温下具有稳定的以奥氏体基体为主的铸铁。

（1）中国GB标准奥氏体铸铁的牌号与化学成分（表6-1-36）

表6-1-36 奥氏体铸铁的牌号与化学成分（质量分数）（%）

牌　号[①]	C	Si	Mn	P≤	S≤	Cr	Ni	Mo[②]	其　他
一般工程用铸铁									
HTANi15Cu6Cr2	≤3.00	1.00~2.80	0.50~1.50	0.25	0.12	1.00~3.50	13.5~17.5	—	Cu 5.50~7.50
QTANi20Cr2	≤3.00	1.50~3.00	0.50~1.50	0.05	0.03	1.00~3.50	18.0~22.0	—	Cu≤0.50
QTANi20Cr2Nb	≤3.00	1.50~2.40	0.50~1.50	0.05	0.03	1.00~3.50	18.0~22.0	—	Cu≤0.50 Nb 0.12~0.20[③]
QTANi22	≤3.00	1.50~3.00	1.50~2.50	0.05	0.03	≤0.50	21.0~24.0	—	Cu≤0.50

（续）

牌　号①	C	Si	Mn	P≤	S≤	Cr	Ni	Mo②	其　他
一般工程用铸铁									
QTANi23Mn4	≤ 2.60	1.50 ~ 2.50	4.00 ~ 4.50	0.05	0.03	≤ 0.20	22.0 ~ 24.0	—	Cu ≤ 0.50
QTANi35	≤ 2.40	1.50 ~ 3.00	0.50 ~ 1.50	0.05	0.03	≤ 0.20	34.0 ~ 36.0	—	Cu ≤ 0.50
QTANi35Si5Cr2	≤ 2.30	4.00 ~ 6.00	0.50 ~ 1.50	0.05	0.03	1.50 ~ 2.50	34.0 ~ 36.0	—	Cu ≤ 0.50
特殊用途铸铁									
HTANi13Mn7	≤ 3.00	1.50 ~ 3.00	6.00 ~ 7.00	0.25	0.12	≤ 0.20	12.0 ~ 14.0	—	Cu ≤ 0.50
QTANi13Mn7	≤ 3.00	2.00 ~ 3.00	6.00 ~ 7.00	0.05	0.03	≤ 0.20	12.0 ~ 14.0	—	Cu ≤ 0.50
QTANi30Cr3	≤ 2.60	1.50 ~ 3.00	0.50 ~ 1.50	0.05	0.03	2.50 ~ 3.50	28.0 ~ 32.0	—	Cu ≤ 0.50
QTANi30Si5Cr5	≤ 2.60	5.00 ~ 6.00	0.50 ~ 1.50	0.05	0.03	4.50 ~ 5.50	28.0 ~ 32.0	—	Cu ≤ 0.50
QTANi35Cr3	≤ 2.40	1.50 ~ 3.00	1.50 ~ 2.50	0.05	0.03	2.00 ~ 3.00	34.0 ~ 36.0·	—	Cu ≤ 0.50

① 牌号前缀字母"HTA"表示奥氏体灰铸铁，"QTA"表示奥氏体球墨铸铁。

② 对于一些牌号，添加一定量的钼元素，可以提高其高温力学性能。

③ 当 Nb% ≤ [0.353 ~ 0.032(% Si + 64% Mg)] 时，该牌号具有良好的焊接性能。

（2）中国奥氏体铸铁的力学性能（表6-1-37 和表6-1-38）

表6-1-37　奥氏体铸铁的力学性能

牌　号	R_m/MPa	$R_{p0.2}$/MPa	A(%)	KV/J	HBW
	≥				
一般工程用铸铁					
HTA Ni15Cu6Cr2	170	—	—	—	120 ~ 215
QTA Ni20Cr2	370	210	7	13①	140 ~ 255
QTA Ni20Cr2Nb	370	210	7	13①	140 ~ 200
QTA Ni22	370	170	20	20	130 ~ 170
QTA Ni23Mn4②	440	210	25	24	150 ~ 180
QTA Ni35	370	210	20	—	130 ~ 180
QTA Ni35Si5Cr2	370	200	10	—	130 ~ 170
特殊用途铸铁					
HTA Ni13Mn7	140	—	—	—	120 ~ 150
QTA Ni13Mn7	390	210	15	16	120 ~ 150
QTA Ni30Cr3	370	210	7	—	140 ~ 200
QTA Ni30Si5Cr5	390	240	—	—	170 ~ 250
QTA Ni35Cr3	370	210	7	—	140 ~ 190

① 该牌号非强制要求测定冲击吸收能量 KV。

② 用于低温制冷工程的牌号，其低温力学性能参见表6-1-38。

表6-1-38　QTA Ni23Mn4 铸铁的低温力学性能

试验温度/℃	R_m/MPa	$R_{p0.2}$/MPa	A(%)	Z(%)	KV/J
	≥				
+ 20	450	220	35	32	29
0	450	240	35	32	31
− 50	460	260	38	35	32
− 100	490	300	40	37	34
− 150	530	350	38	35	33

（续）

试验温度/℃	R_m/MPa	$R_{p0.2}$/MPa	A(%)	Z(%)	KV/J
	≥				
-183	580	430	33	27	29
-196	620	450	27	25	27

（3）6种奥氏体球墨铸铁在不同温度下的力学性能（表6-1-39）

表6-1-39　6种奥氏体球墨铸铁在不同温度下的力学性能

力学性能	试验温度/℃	奥氏体球墨铸铁牌号					
		QTA Ni20Cr2	QTA Ni20Cr2Nb	QTA Ni22	QTANi30Cr3	QTANi30Si5Cr5	QTANi35Cr3
抗拉强度 R_m/MPa≥	20	417	417	437	410	450	427
	430	380	380	388	—	—	—
	540	335	335	295	337	426	332
	650	250	250	197	293	337	286
	760	155	155	121	186	153	175
条件屈服强度 $R_{p0.2}$/MPa≥	20	246	246	240	276	312	288
	430	197	197	184	—	—	—
	540	197	197	165	199	291	181
	650	176	176	170	193	139	170
	760	119	119	117	107	130	131
伸长率 A(%)≥	20	10.5	10.5	35	7.5	3.5	7
	430	12	12	23	—	—	—
	540	10.5	10.5	19	7.5	4	9
	650	10.5	10.5	10	7	11	6.5
	760	15	15	13	18	30	24.5
抗蠕变强度（1000h）/MPa	540	197	197	148	—	—	—
	595	(127)	(127)	(95)	165	120	176
	650	84	84	63	(105)	(67)	105
	705	(60)	(60)	(42)	68	44	70
	760	(39)	(39)	(28)	(42)	(21)	(39)
最小蠕变速率时的应力（1%/1000h）/MPa≥	540	162	162	91	—	—	(190)
	595	(92)	(92)	(63)	—	—	(112)
	650	56	56	40	—	—	(67)
	705	(34)	(34)	(24)	—	—	56
最小蠕变速率时的应力（1%/10000h）/MPa≥	540	63	63	—	—	—	—
	595	(39)	(39)	—	—	—	70
	650	24	24	—	—	—	—
	705	(15)	(15)	—	—	—	39
蠕变断裂伸长率（1000h）（%）≥	540	6	6	14	—	—	—
	595	—	—	—	7	10.5	6.5
	650	13	13	13	—	—	—
	705	—	—	—	12.5	25	13.5

注：括号内的数值是由外插值计算的。

（4）中国奥氏体铸铁的性能与用途（表6-1-40）

表 6-1-40　奥氏体铸铁的性能与用途

牌　号	性能特点	用途示例
一般工程用铸铁		
HTA Ni15Cu6Cr2	具有良好的耐蚀性，尤其是在碱、稀酸、海水和盐溶液内；有良好的耐热性、较强的承载性、热胀系数高；铬含量低时无磁性	泵、阀门、炉子构件、衬套、活塞环托架、无磁性铸件
QTA Ni20Cr2	具有良好的耐蚀性和耐热性，较强的承载性，较高的热胀系数；铬含量低时无磁性，若增加 1% Mo（质量分数）可提高其高温力学性能	泵、阀门、压缩机构件、衬套、涡轮增压器外壳、排气歧管、无磁性铸件
QTA Ni20Cr2Nb	适用于焊接产品，其他性能同 QTANi20Cr2	同 QTANi20Cr2
QTA Ni22	断后伸长率较高，比 QTA Ni20Cr2 耐蚀性和耐热性低，热胀系数较高，-100℃ 仍具有韧性，无磁性	泵、阀、压缩机构件、衬套、涡轮增压器外壳、排气歧管、无磁性铸件
QTA Ni23Mn4[②]	断后伸长率特别高，-196℃ 仍具有韧性，无磁性	适用于 -196℃ 的制冷工程用铸件
QTA Ni35	热胀系数最低，耐热冲击性好	用于要求尺寸稳定性好的机床零件、科研仪器、玻璃模具
QTA Ni35Si5Cr2	耐热性好，其断后伸长率和抗蠕变性能高于 QTANi35Cr3；若增加 1% Mo（质量分数），其抗蠕变性能更高	燃气轮机壳体、排气歧管、涡轮增压器外壳
特殊用途铸铁		
HTA Ni13Mn7	适用于无磁性铸件、壳体	无磁性铸件，如涡轮发动机端盖、开关设备外壳、绝缘体法兰、终端设备、管道
QTA Ni13Mn7	无磁性，与 HTA Ni13Mn7 性能相似，力学性能有所改善	无磁性铸件，如涡轮发动机端盖、开关设备外壳、绝缘体法兰、终端设备、管道
QTA Ni30Cr3	力学性能与 QTA Ni20Cr2Nb 相似，但耐蚀性和耐热性较好；热胀系数中等，耐热冲击性优良，若增加 1% Mo（质量分数），具有良好的耐高温性能	泵、锅炉、阀门、过滤器零件、排气歧管、涡轮增压器外壳
QTA Ni30Si5Cr5	具有优良的耐蚀性和耐热性，热胀系数中等	泵、排气歧管、涡轮增压器外壳、工业熔炉铸件
QTA Ni35Cr3	性能与 QTA Ni35 相似，热胀系数低，耐热冲击性好；若增加 1% Mo（质量分数），具有良好的耐高温性能	燃气轮机壳体、玻璃模具

6.1.8　铸铁轧辊　[GB/T 1504—2008]

（1）中国 GB 标准铸铁轧辊的分类与化学成分（表 6-1-41）

表 6-1-41　铸铁轧辊的分类与化学成分（质量分数）（%）

材质类别	材质代码	C	Si	Mn	P≤	S≤	Cr	Ni	Mo	Mg	其 他
冷硬铸铁											
铬钼冷硬	CC	2.90 ~ 3.60	0.25 ~ 0.80	0.20 ~ 1.00	0.40	0.08	0.20 ~ 0.60	—	0.20 ~ 0.60	—	—
镍铬钼冷硬 I	CC I	2.90 ~ 3.60	0.25 ~ 0.80	0.20 ~ 1.00	0.40	0.08	0.20 ~ 0.60	0.50 ~ 1.00	0.20 ~ 0.60	—	—
镍铬钼冷硬 II	CC II	2.90 ~ 3.60	0.25 ~ 0.80	0.20 ~ 1.00	0.40	0.08	0.30 ~ 1.20	1.01 ~ 2.00	0.20 ~ 0.60	—	—

（续）

材质类别	材质代码	C	Si	Mn	P≤	S≤	Cr	Ni	Mo	Mg	其 他
冷硬铸铁											
镍铬钼冷硬离心复合Ⅲ	CCⅢ	2.90~3.60	0.25~0.80	0.20~1.00	0.40	0.08	0.50~1.50	2.01~3.00	0.20~0.60	—	—
镍铬钼冷硬离心复合Ⅳ	CCⅣ	2.90~3.60	0.25~0.80	0.20~1.00	0.40	0.08	0.50~1.70	3.01~4.50	0.20~0.60	—	—
无限冷硬铸铁											
铬钼无限冷硬	IC	2.90~3.60	0.60~1.20	0.40~1.20	0.25	0.08	0.60~1.20	—	0.20~0.60	—	—
镍铬钼无限冷硬Ⅰ	ICⅠ	2.90~3.60	0.60~1.20	0.40~1.20	0.25	0.08	0.70~1.20	0.50~1.00	0.20~0.60	—	—
镍铬钼无限冷硬Ⅱ	ICⅡ	2.90~3.60	0.60~1.20	0.40~1.20	0.25	0.08	0.70~1.20	1.01~2.00	0.20~0.60	—	—
镍铬钼无限冷硬离心复合Ⅲ	ICⅢ	2.90~3.60	0.60~1.20	0.40~1.20	0.25	0.05	0.70~1.20	2.01~3.00	0.20~1.00	—	—
镍铬钼无限冷硬离心复合Ⅳ	ICⅣ	2.90~3.60	0.60~1.50	0.40~1.20	0.10	0.05	1.00~2.00	3.01~4.80	0.20~1.00	—	—
镍铬钼无限冷硬离心复合Ⅴ	ICⅤ	2.90~3.60	0.60~1.50	0.40~1.20	0.10	0.05	1.00~2.00	3.01~4.80	0.20~2.00	—	V 0.20~2.00 W ≤2.00 Nb≤2.00
球墨铸铁											
铬钼球墨半冷硬	SGⅠ	2.90~3.60	0.80~2.50	0.40~1.20	0.25	0.03	0.20~0.60	—	0.20~0.60	≥0.04	
铬钼球墨无限冷硬	SGⅢ	2.90~3.60	0.80~2.50	0.40~1.20	0.25	0.03	0.20~0.60	—	0.20~0.60	≥0.04	
铬钼铜球墨无限冷硬	SGⅢ	2.90~3.60	0.80~2.50	0.40~1.20	0.25	0.03	0.20~0.60	—	0.20~0.60	≥0.04	Cu 0.40~1.00
镍铬钼球墨无限冷硬Ⅰ	SGⅣ	2.90~3.60	0.80~2.50	0.40~1.20	0.25	0.03	0.20~0.60	0.50~1.00	0.20~0.80	≥0.04	—
镍铬钼球墨无限冷硬Ⅱ	SGⅤ	2.90~3.60	0.80~2.50	0.40~1.20	0.20	0.03	0.30~1.20	1.01~2.00	0.20~0.80	≥0.04	—
珠光体球墨Ⅰ	SGPⅠ	2.90~3.60	1.40~2.20	0.40~1.00	0.15	0.03	0.10~0.60	1.50~2.00	0.20~0.80	≥0.04	—
珠光体球墨Ⅱ	SGPⅡ	2.90~3.60	1.20~2.00	0.40~1.00	0.15	0.03	0.20~1.00	2.01~2.50	0.20~0.80	≥0.04	—
珠光体球墨Ⅲ	SGPⅢ	2.90~3.60	1.00~2.00	0.40~1.00	0.15	0.03	0.20~1.20	2.51~3.00	0.20~0.80	≥0.04	—
贝氏体球墨离心复合Ⅰ	SGAⅠ	2.90~3.60	1.20~2.20	0.20~0.80	0.10	0.03	0.20~1.00	3.01~3.50	0.50~1.00	≥0.04	—
贝氏体球墨离心复合Ⅱ	SGAⅡ	2.90~3.60	1.00~2.00	0.20~0.80	0.10	0.03	0.30~1.50	3.51~4.50	0.50~1.00	≥0.04	—

（续）

材质类别	材质代码	C	Si	Mn	P≤	S≤	Cr	Ni	Mo	Mg	其　他
高铬铸铁											
高铬离心复合 I	HCr I	2.30 ~ 3.30	0.30 ~ 1.00	0.50 ~ 1.20	0.10	0.05	12.00 ~ 15.00	0.70 ~ 1.70	0.70 ~ 1.50	—	V ≤060
高铬离心复合 II	HCr II	2.30 ~ 3.30	0.30 ~ 1.00	0.50 ~ 1.20	0.10	0.05	15.01 ~ 18.00	0.70 ~ 1.70	0.70 ~ 1.50	—	V ≤060
高铬离心复合 III	HCr III	2.30 ~ 3.30	0.30 ~ 1.00	0.50 ~ 1.20	0.10	0.05	18.01 ~ 22.00	0.70 ~ 1.70	1.51 ~ 3.00	—	V ≤060

注：1. 球墨铸铁轧辊中含有稀土元素时，残余 Mg 含量不得小于 0.03%。

　　2. 在满足轧机使用条件下，复合轧辊或辊环芯部可采用球墨铸铁材质。

（2）中国 GB 标准铸铁轧辊的力学性能、硬度和用途（表6-1-42）

表6-1-42　铸铁轧辊的力学性能、硬度和用途

分类	材质类别	材质代码	R_m/MPa≥	硬度 HSD		推荐用途
				辊身	辊颈	
冷硬铸铁	铬钼冷硬	CC	150	58 ~ 70	32 ~ 48	小型型钢轧机、线材轧机、热轧薄板平整轧机
	镍铬钼冷硬 I	CC I	150	60 ~ 70	32 ~ 50	
	镍铬钼冷硬 II	CC II	150	62 ~ 75	35 ~ 52	
	镍铬钼冷硬离心复合 III	CC III	350	65 ~ 80	32 ~ 45	小型型钢轧机、线材轧机、热轧薄板平整轧机
	镍铬钼冷硬离心复合 IV	CC IV	350	70 ~ 85	32 ~ 45	
无限冷硬铸铁	铬钼无限冷硬	IC	160	50 ~ 70	35 ~ 55	小型型钢轧机、窄带钢轧机
	镍铬钼无限冷硬 I	IC I	160	55 ~ 72	35 ~ 55	
	镍铬钼无限冷硬 II	IC II	160	55 ~ 72	35 ~ 55	
	镍铬钼无限冷硬离心复合 III	IC III	350	65 ~ 78	32 ~ 45	
	镍铬钼无限冷硬离心复合 IV	IC IV	350	70 ~ 83	32 ~ 45	中厚板平整轧机、热轧带钢轧机
	镍铬钼无限冷硬离心复合 V	IC V	350	77 ~ 85	32 ~ 45	
球墨铸铁	铬钼球墨半冷硬	SG I	320	40 ~ 55	32 ~ 50	型钢轧机
	铬钼球墨无限冷硬	SG II	320	50 ~ 70	35 ~ 55	线材轧机、型钢轧机、窄带钢轧机
	铬钼铜球墨无限冷硬	SG III	320	55 ~ 70	35 ~ 55	
	镍铬钼球墨无限冷硬 I	SG IV	320	55 ~ 70	35 ~ 55	
	镍铬钼球墨无限冷硬 II	SG V	320	60 ~ 70	35 ~ 55	
	珠光体球墨 I	SGP I	450	45 ~ 55	35 ~ 55	
	珠光体球墨 II	SGP II	450	55 ~ 65	35 ~ 5	方/板坯初轧机、大中型型钢轧机、线材轧机、窄带钢轧机
	珠光体球墨 III	SGP III	450	62 ~ 72	35 ~ 55	
	贝氏体球墨离心复合 I	SGA I	350	55 ~ 78	32 ~ 45	
	贝氏体球墨离心复合 II	SGA II	350	60 ~ 80	32 ~ 45	
高铬铸铁	高铬离心复合 I	HCr I	350	60 ~ 75	32 ~ 45	热带钢轧机、立辊轧机、中厚版平整轧机、冷带钢轧机、型钢万能轧机辊环
	高铬离心复合 II	HCr II	350	65 ~ 80	32 ~ 45	
	高铬离心复合 III	HCr III	350	75 ~ 90	32 ~ 45	

（3）中国冷硬铸铁轧辊和离心铸造轧辊的工作层深度（表 6-1-43 和表 6-1-44）

表 6-1-43　冷硬铸铁轧辊的工作层（白口层）深度

铸铁轧辊名称	白口层深度/mm					
	型材直径/mm				板　材	
	200	200～250	250～300	300	薄板	中板
普通冷硬铸铁轧辊	12～25	15～30	17～35	20～45	—	8～45
钼冷硬铸铁轧辊	12～25	15～30	17～35	20～45	—	8～45
铬钼冷硬铸铁轧辊	12～25	15～30	17～35	20～45	—	8～45
镍铬冷硬铸铁轧辊	12～25	15～30	17～35	20～45	—	8～45
镍铬钼冷硬铸铁轧辊（Ⅰ）	12～25	15～30	17～35	20～45	—	8～45
镍铬钼冷硬铸铁轧辊（Ⅱ）	12～25	15～30	17～35	20～45	—	8～45
镍铬钼冷硬铸铁轧辊（Ⅲ）	12～25	15～30	17～35	20～45	—	8～45
普通冷硬墨铁复合铸铁轧辊	—	—	—	—	8～35	8～45
钼冷硬墨铁复合铸铁轧辊	—	—	—	—	8～35	8～45
铬钼冷硬墨铁复合铸铁轧辊	—	—	—	—	8～35	8～45
铬钼钒冷硬球墨复合铸铁轧辊	—	—	—	—	8～35	8～45
铬钼铜冷硬球墨复合铸铁轧辊	—	—	—	—	8～35	8～45

注：轧辊辊身两端同一半截面上白口层深度的最深与最浅之差应 <10mm；若辊身的长度与直径之比 >2.5 时，白口层深度之差应 <20mm。

表 6-1-44　离心铸造轧辊的工作层（外层）深度

铸铁轧辊名称	工作层深度/mm			附　注
	型材直径/mm		板材	
	200～300	>300		
冷硬铸铁轧辊	20～40	20～50	≥25	球墨铸铁轧辊应保证球状石墨加团絮状石墨（包括蠕虫状石墨）之和大于石墨总量的 80%（体积分数）
无限冷硬铸铁轧辊	20～40	20～50	≥25	
球墨铸铁轧辊	20～40	20～50	≥25	
高铬铸铁轧辊	—	—	≥25	

6.1.9　耐热铸铁件［GB/T 9437—2009］

本节含耐热球墨铸铁和耐热合金铸铁两类。

（1）中国 GB 标准耐热铸铁的牌号与化学成分（表 6-1-45）

表 6-1-45　耐热铸铁的牌号与化学成分（质量分数）（%）

牌号和代号		C	Si	Mn	P≤	S≤	Cr	其　他
GB	ISC							
耐热合金铸铁								
HTRCr	C07001	3.0～3.8	1.5～2.5	≤1.0	0.10	0.08	0.50～1.00	—
HTRCr2	C07002	3.0～3.8	2.0～3.0	≤1.0	0.10	0.08	1.00～2.00	—
HTRCr16	C07016	1.6～2.4	1.5～2.2	≤1.0	0.10	0.05	15.0～18.0	—
HTRSi5	C07025	2.4～3.2	4.5～5.5	≤0.8	0.10	0.08	0.50～1.00	—
耐热球墨铸铁								
QTRSi4	C07224	2.4～3.2	3.5～4.5	≤0.7	0.07	0.015	—	—
QTRSi4Mo	C07234	2.7～3.5	3.5～4.5	≤0.5	0.07	0.015	—	Mo 0.5～0.9
QTRSi4Mo1	C07235	2.7～3.5	4.0～4.5	≤0.5	0.07	0.015	—	Mo 1.0～1.5　Mg 0.01～0.05

（续）

牌号和代号		C	Si	Mn	P≤	S≤	Cr	其 他
GB	ISC							
耐热球墨铸铁								
QTRSi5	C07225	2.4 ~ 3.2	4.5 ~ 5.5	≤0.7	0.07	0.015	—	—
QTRA14Si4	C07244	2.5 ~ 3.0	3.5 ~ 4.5	≤0.5	0.07	0.015	—	Al 4.0 ~ 5.0
QTRA15Si5	C07245	2.3 ~ 2.8	4.5 ~ 5.2	≤0.5	0.07	0.015	—	Al 5.0 ~ 5.8
QTRA122	C07252	1.6 ~ 2.2	1.0 ~ 2.0	≤0.7	0.07	0.015	—	Al 20.0 ~ 24.0

（2）中国耐热铸铁的力学性能（表 6-1-46）

表 6-1-46　耐热铸铁的室温和高温短时力学性能

牌　号	R_m/MPa ≥	HBW	下列温度时的抗拉强度[①]/MPa ≥				
			500℃	600℃	700℃	800℃	900℃
耐热合金铸铁							
HTRCr	200	189 ~ 288	225	144	—	—	—
HTRCr2	150	207 ~ 288	343	166	—	—	—
HTRCr16	340	400 ~ 450	—	—	—	144	88
HTRSi5	140	160 ~ 270	—	—	41	27	—
耐热球墨铸铁							
QTRSi4	420	143 ~ 187	—	—	75	35	—
QTRSi4Mo	520	188 ~ 241	—	—	101	46	—
QTRSi4Mo1	550	200 ~ 240	—	—	101	46	—
QTRSi5	370	228 ~ 302	—	—	67	30	—
QTRAl4Si4	250	285 ~ 341	—	—	—	82	32
QTRAl5Si5	200	302 ~ 363	—	—	—	167	75
QTRAl 22	300	241 ~ 364	—	—	—	130	77

① 高温抗拉强度为参考值。

（3）中国耐热铸铁的特性、使用条件与用途（表 6-1-47）

表 6-1-47　耐热铸铁的特性、使用条件与用途

牌　号	特性与使用条件	应 用 举 例
HTRCr	具有高的抗氧化性和体积稳定性，在空气炉气中耐热温度到 550℃	适于急冷急热的薄壁、细长铸件，如用于炉条、高炉支梁式水箱、金属型玻璃模等
HTRCr2	具有高的抗氧化性和体积稳定性，在空气炉气中耐热温度到 600℃	适于急冷急热的薄壁、细长铸件，如用于煤气炉内灰盆、矿山烧结车挡板等
HTRCr16	具有高的室温与高温强度，在空气炉气中耐热温度到 600℃，但常温脆性较大。有高的抗氧化性，耐硝酸腐蚀	适于室温与高温下的抗磨铸件，如用于退火罐、煤粉烧嘴、炉栅、水泥焙烧炉部件、化工机械用零件等
HTRSi5	耐热性较好，在空气炉气中耐热温度到 700℃。但承受机械和热冲击性能较差	用于炉条、煤粉烧嘴、锅炉用梳形定位析、换热器针状管、二硫化碳反应瓶等
QTRSi4	其力学性能和抗裂性能较 QTRSi5 好，在空气炉气中，耐热温度到 700℃	用于玻璃窑烟道闸门、玻璃引上机墙板、加热炉两端管架等
QTRSi4Mo	高温力学性能较好，在空气炉气中耐热温度到 680℃	用于内燃机排气歧管、罩式退火炉导向器、烧结机中后热筛版、加热炉吊梁等
QTRSi4Mo1	高温力学性能与 QTRSi4Mo 相当，而硬度较高，在空气炉气中耐热温度到 800℃	用于内燃机排气歧管、罩式退火炉导向器、烧结机中后热筛版、加热炉吊梁等

（续）

牌　号	特性与使用条件	应　用　举　例
QTRSi5	室温与高温性能显著优于HTRSi5，在空气炉气中耐热温度到800℃	用于煤粉烧嘴、炉条、辐射管、烟道闸门、加热炉中间管架等
QTRA14Si4	耐热性优良，在空气炉气中耐热温度到900℃	适于高温轻载荷下工作的耐热件，如用于烧结机篦条、炉用件等
QTRA15Si5	耐热性优良，在空气炉气中耐热温度到1050℃	适于高温轻载荷下工作的耐热件，如用于烧结机篦条、炉用件等
QTRA122	具有优良的抗氧化性，较高的室温与高温性能，且韧性好，在空气炉气中耐热温度到1100℃，并且抗高温硫蚀性好	适于高温（1100℃）、载荷较小、温度变化较缓的工件，如用于锅炉侧密封块、链式加热炉炉爪、黄铁矿焙烧炉零件等

注：本表根据GB/T 9437—2009的附录B摘编和补充。

6.1.10　高硅耐蚀铸铁件［GB/T 8491—2009］

（1）中国GB标准高硅耐蚀铸铁的牌号与化学成分（表6-1-48）

表6-1-48　高硅耐蚀铸铁的牌号与化学成分（质量分数）（%）

牌号和代号		C	Si	Mn	P ≤	S ≤	Cr	Mo	其　他[①]
GB	ISC								
HTSSi11Cu2CrR	C06112	≤1.20	10.00~12.00	≤0.50	0.10	0.10	0.60~0.80	—	Cu 1.80~2.20
HTSSi15R	C06150	0.65~1.10	14.20~14.75	≤1.50	0.10	0.10	≤0.50	≤0.50	Cu≤0.50
HTSSi15Cr4MoR	C06153	0.75~1.15	14.20~14.75	≤1.50	0.10	0.10	3.25~5.00	0.40~0.60	Cu≤0.50
HTSSi15Cr4R	C06154	0.70~1.10	14.20~14.75	≤1.50	0.10	0.10	3.25~5.00	≤0.20	Cu≤0.50

① 表中RE为稀土残留量，RE≤0.10。

（2）中国高硅耐蚀铸铁的力学性能（表6-1-49）

表6-1-49　高硅耐蚀铸铁的力学性能

牌号和代号		σ_{bb}/MPa	f/mm	HRC
GB	ISC	≥		≤
HTSSi11Cu2CrR	C06112	190	0.80	42
HTSSi15R	C06150	118	0.66	48
HTSSi15Cr4MoR	C06153	118	0.66	48
HTSSi15Cr4R	C06154	118	0.66	48

注：1. 高硅耐蚀铸铁的力学性能一般不作为验收依据。如需方有要求时，则应对其试棒进行弯曲试验，以测定其抗弯强度σ_{bb}和挠度f，试验结果应符合表中规定。
　　2. 表中的硬度HRC为参考值。

（3）中国高硅耐蚀铸铁的性能、使用条件与用途（表6-1-50）

表6-1-50　高硅耐蚀铸铁的特性、使用条件与用途

牌　号	特性与使用条件	用　途　举　例
HTSSi11Cu2CrR	具有较好的力学性能，可用一般的机械加工进行生产。在浓度≥10%的硫酸、浓度≤46%的硝酸或由上述两种介质组成的混合酸，浓度≥70%的硫酸加氯、苯、苯磺酸等介质中，具有稳定的耐蚀性。使用过程中不允许有急剧的交变载荷、冲击载荷和温度突变	用于卧式离心机、潜水泵、闸门、旋塞、塔罐、冷却排水管、弯头等化工设备和零部件等

（续）

牌　号	特性与使用条件	用 途 举 例
HTSSi15R	在氧化性酸（例如各种温度和浓度的硝酸、硫酸、铬酸等）、各种有机酸和一系列盐酸介质溶液中都有良好的耐蚀性，但在卤素的酸、盐溶液（如氢氟酸和氯化物等）和强碱溶液中不耐蚀。使用过程中不允许有急剧的交变载荷和温度突变	用于各种离心泵、阀门类、旋塞、管道配件、塔罐、低压容器及各种非标准零部件等
HTSSi15Cr4MoR	具有优良的耐电化学腐蚀性能，并有改善抗氧化性条件的耐蚀性。高硅铬铸铁中的铬可提高其钝化性和点蚀击穿电位。使用过程中不允许温度突变和有急剧的交变载荷	在外加电流的阴极保护系统中，大量用作辅助阴极铸件
HTSSi15Cr4R	具有优良的耐电化学腐蚀性能，高硅铬铸铁的铬可提高其钝化性和点蚀击穿电位。使用时不允许有急剧的交变载荷和温度突变	适用于强氧化性环境中使用的零部件

6.1.11　冶金设备用耐磨铸铁

（1）中国 YB 标准冶金设备用耐磨铸铁的牌号与化学成分［YB/T 036.2—1992］（表 6-1-51）

表 6-1-51　冶金设备用耐磨铸铁的牌号与化学成分（质量分数）（%）

牌　号	C	Si	Mn	P ≤	S ≤	Cr	Mo	Cu
MTCuMo-175	3.00 ~ 3.60	1.50 ~ 2.00	0.60 ~ 0.90	0.30	0.140	—	0.40 ~ 0.60	1.00 ~ 1.30
MTCrMoCu-235	3.20 ~ 3.60	1.30 ~ 1.80	0.50 ~ 1.00	0.30	0.150	0.20 ~ 0.60	0.30 ~ 0.70	0.60 ~ 1.00

（2）中国冶金设备用耐磨铸铁的力学性能与用途（表 6-1-52）

表 6-1-52　冶金设备用耐磨铸铁的力学性能与用途

牌　号	R_m /MPa	HBW	用 途 举 例
MTCuMo-175	≥175	195 ~ 260	一般耐磨零件
MTCrMoCu-235	≥235	200 ~ 250	活塞环、机床床身、卷筒、密封圈等耐磨零件

6.1.12　机床和气缸套用耐磨铸铁

本节含机床导轨用耐磨铸铁和气缸套用耐磨铸铁两类。

（1）机床导轨用耐磨铸铁［JB/GQ 0033（1988）］

A）机床导轨用耐磨铸铁的牌号和化学成分（表 6-1-53）

表 6-1-53　机床导轨用耐磨铸铁的牌号和化学成分（质量分数）（%）

牌　号	C	Si	Mn	P ≤	S ≤	Cr	Cu	其 他
钒钛耐磨铸铁								
MTVTi20	3.3 ~ 3.7	1.4 ~ 2.2	0.5 ~ 1.0	0.3	0.12	—	—	V≥0.15 Ti≥0.05
MTVTi25	3.1 ~ 3.5	1.3 ~ 2.0	0.5 ~ 1.1	0.3	0.12	—	—	V≥0.15 Ti≥0.05
MTVTi30	2.9 ~ 3.3	1.2 ~ 1.8	0.5 ~ 1.1	0.3	0.12	—	—	V≥0.15 Ti≥0.05

（续）

牌　号	C	Si	Mn	P ≤	S ≤	Cr	Cu	其　他
磷铜钛耐磨铸铁								
MTVTCuTi15	3.2~3.5	1.8~2.5	0.5~0.9	0.35~0.6	0.12	—	0.6~1.0	Ti 0.09~0.15
MTVTCuTi20	3.0~3.4	1.5~2.0	0.5~0.9	0.35~0.6	0.12	—	0.6~1.0	Ti 0.09~0.15
MTVTCuTi25	3.0~3.3	1.4~1.8	0.5~0.9	0.35~0.6	0.12	—	0.6~1.0	Ti 0.09~0.15
MTVTCuTi30	2.9~3.2	1.2~1.7	0.5~0.9	0.35~0.6	0.12	—	0.6~1.0	Ti 0.09~0.15
高磷耐磨铸铁								
MTP15	3.2~3.5	1.6~2.2	0.5~0.9	0.4~0.65	0.12	—	—	—
MTP20	3.1~3.4	1.5~2.0	0.5~0.9	0.4~0.65	0.12	—	—	—
MTP25	3.0~3.2	1.4~1.8	0.5~0.9	0.4~0.65	0.12	—	—	—
MTP30	2.9~3.2	1.2~1.7	0.5~0.9	0.4~0.65	0.12	—	—	—
铬钼铜耐磨铸铁								
MTCrMoCu25	3.3~3.6	1.8~2.5	0.7~0.9	0.15	0.12	0.10~0.20	0.7~0.9	Mo 0.20~0.35
MTCrMoCu30	3.0~3.2	1.6~2.1	0.8~1.0	0.15	0.12	0.10~0.25	0.8~1.1	Mo 0.25~0.45
MTCrMoCu35	2.9~3.1	1.5~2.0	0.8~1.0	0.15	0.12	0.15~0.25	1.0~1.2	Mo 0.35~0.50
铬铜耐磨铸铁								
MTCrCu25	3.2~3.5	1.7~2.0	0.7~0.9	0.30	0.12	0.15~0.25	0.6~0.8	—
MTCrCu30	3.0~3.2	1.5~1.8	0.8~1.0	0.25	0.12	0.20~0.35	0.7~1.0	—
MTCrCu35	2.9~3.1	1.4~1.7	0.8~1.0	0.25	0.12	0.25~0.35	0.9~1.1	—

注：1. 磷铜钛耐磨铸铁中磷、铜、钛三种元素的下限，高磷耐磨铸铁中的磷含量，钒钛耐磨铸铁中的钒含量，均作为验收指标。

2. 铬钼铜耐磨铸铁中铬、钼、铜三种元素的含量，铬铜耐磨铸铁中铬、铜两种元素的含量，作为验收指标。

3. 其他各元素的含量仅作为铸铁配料时的参考，不作为判定铸铁是否合格的依据。

B）机床导轨用耐磨铸铁的力学性能与用途（表6-1-54）

表6-1-54　机床导轨用耐磨铸铁的牌号、力学性能与用途

铸铁名称	牌　号	力 学 性 能			硬度 HBW	用途举例
		R_m/MPa	σ_{bb}/MPa ≥	f/mm		
钒钛耐磨铸铁	MTVTi 20	200	400	3.0	160~240	各类中小型机床的导轨铸件
	MTVTi 25	250	470	3.0	160~240	
	MTVTi 30	300	540	3.0	170~240	
磷铜钛耐磨铸铁	MTVTCuTi 15	150	330	2.5	170~229	精密机床的床身、立柱、工作台等
	MTVTCuTi 20	200	400	2.8	187~235	
	MTVTCuTi 25	250	470	2.8	187~241	
	MTVTCuTi 30	300	540	2.8	187~255	
高磷耐磨铸铁	MTP15	150	330	2.5	170~229	普通机床的床身、溜板、工作台等
	MTP20	200	400	2.8	170~235	
	MTP25	250	470	2.8	187~241	
	MTP30	300	540	2.8	187~255	
铬钼铜耐磨铸铁	MTCrMoCu25	250	470	3.0	185~230	各类中小型精密机床的床身、机床仪表等的导轨铸件
	MTCrMoCu30	300	540	3.0	200~250	
	MTCrMoCu35	350	610	3.5	220~260	
铬铜耐磨铸铁	MTCrCu25	250	470	3.0	185~230	中小型精密机床仪表、机床床身等的导轨铸件
	MTCrCu30	300	540	3.0	200~240	
	MTCrCu35	350	610	3.2	210~250	

（2）气缸套用耐磨铸铁

A）气缸套用耐磨铸铁的名称和化学成分（表 6-1-55）

表 6-1-55 气缸套用耐磨铸铁的名称和化学成分（质量分数）（%）

铸铁名称	C	Si	Mn	P	S≤	Cr	Mo	其他
磷铬铸铁	3.0 ~ 3.4	2.1 ~ 2.4	0.8 ~ 1.2	0.55 ~ 0.75	0.10	0.35 ~ 0.55	—	—
高磷铸铁	2.9 ~ 3.4	2.2 ~ 2.6	0.8 ~ 1.2	0.4 ~ 0.8	0.10	—	—	—
磷铬铜铸铁	3.2 ~ 3.4	2.4 ~ 2.6	0.5 ~ 0.7	0.25 ~ 0.40	0.12	0.2 ~ 0.3	—	Cu 0.4 ~ 0.7
磷钒铸铁	3.2 ~ 3.6	2.1 ~ 2.4	0.6 ~ 0.8	0.4 ~ 0.8	0.10	—	—	V 0.15 ~ 0.25
磷铬钼铸铁	3.1 ~ 3.4	2.2 ~ 2.6	0.5 ~ 0.8	0.55 ~ 0.80	0.10	0.35 ~ 0.55	0.15 ~ 0.35	—
铬钼铜铸铁	3.2 ~ 3.9	1.8 ~ 2.0	0.5 ~ 0.7	≤0.15	0.12	≤0.3	≤0.4	Cu ≤0.6
	2.7 ~ 3.2	1.5 ~ 2.0	0.8 ~ 1.1	≤0.15	0.10	0.2 ~ 0.4	0.8 ~ 1.4	Cu 0.8 ~ 1.2
	2.9 ~ 3.3	1.3 ~ 1.9	0.7 ~ 1.1	0.2 ~ 0.40	0.12	0.25 ~ 0.45	0.3 ~ 0.5	Cu 0.7 ~ 1.3
磷锑铸铁	3.2 ~ 3.6	1.9 ~ 2.4	0.6 ~ 0.8	0.3 ~ 0.4	0.08	—	—	Sb 0.06 ~ 0.08
含硼铸铁	3.1 ~ 3.3	1.7 ~ 1.9	0.6 ~ 0.8	0.25 ~ 0.35	0.12	—	—	B 0.04 ~ 0.08

B）气缸套用耐磨铸铁的力学性能（表 6-1-56）

表 6-1-56 气缸套用耐磨铸铁的力学性能

铸铁名称	R_m/MPa ≥	σ_{bb}/MPa ≥	硬度 HBW	铸铁名称	R_m/MPa ≥	σ_{bb}/MPa ≥	HBW
磷铬铸铁	200	400	220 ~ 280	铬钼铜铸铁-1	250	470	—
高磷铸铁	200	400	≥220	铬钼铜铸铁-2	300	540	202 ~ 255
磷铬铜铸铁	250	470	190 ~ 240	铬钼铜铸铁-3	280	480	190 ~ 248
磷钒铸铁	200	400	≥220	磷锑铸铁	200	240	≥190
磷铬钼铸铁	250	470	240 ~ 280	含硼铸铁	250	470	—

6.2 国际标准化组织（ISO）

A. 通用铸铁

6.2.1 灰铸铁

（1）ISO 标准灰铸铁的牌号与力学性能［ISO 185（2019）］

灰铸铁的牌号以及单铸试样、附铸试样与铸件的抗拉强度（表 6-2-1）

表 6-2-1 灰铸铁的牌号以及单铸试样、附铸试样与铸件的抗拉强度

牌 号[①]	相应的壁厚 t/mm	试样抗拉强度[②] R_m/MPa ≥	铸件抗拉强度[③] R_m/MPa ≥
ISO 185/JL/100	5 ~ 40	100 ~ 200	—
ISO 185/JL/150	2.5 ~ 5	150 ~ 250	—
	5 ~ 10		—
	10 ~ 20		—
	20 ~ 40		125
	40 ~ 80		110
	80 ~ 150		100
	150 ~ 300		90

（续）

牌 号[1]	相应的壁厚 t/mm	试样抗拉强度[2] R_m/MPa ≥	铸件抗拉强度[3] R_m/MPa ≥
ISO 185/JL/200	2.5~5	200~300	—
	5~10		—
	10~20		—
	20~40		170
	40~80		155
	80~150		140
	150~300		130
ISO 185/JL/225	5~10	225~325	—
	10~20		—
	20~40		190
	40~80		170
	80~150		155
	150~300		145
ISO 185/JL/250	5~10	250~350	—
	10~20		—
	20~40		210
	40~80		190
	80~150		170
	150~300		160
ISO 185/JL/275	10~20	275~375	—
	20~40		230
	40~80		210
	80~150		190
	150~300		180
ISO 185/JL/300	10~20	300~400	—
	20~40		250
	40~80		225
	80~150		210
	150~300		190
ISO 185/JL/350	10~20	300~450	—
	20~40		290
	40~80		260
	80~150		240
	150~300		220

[1] 若规定试样的类型，则再添加牌号的后缀符号：/S—单铸试样；/U—附铸试样；C—铸件。

[2] 试样抗拉强度为单铸试样或附铸试样的强制性强度值。

[3] 铸件抗拉强度为强度期望值。由于抗拉强度随铸件壁厚而变化，表中所列出的参考值仅适用于形状简单、壁厚均匀的铸件；对于形状复杂、有型芯或壁厚不均匀的铸件，其抗拉强度仅为近似值，铸件设计时应以关键部位的抗拉强度实测值为依据。

（2）ISO 标准灰铸铁件的硬度牌号与硬度范围（表6-2-2）

表6-2-2 灰铸铁件的硬度牌号与硬度范围

硬度牌号	相应的壁厚 t/mm	HBW	硬度牌号	相应的壁厚 t/mm	HBW
ISO 185/ JL/HBW155	**>40~80**	**≤155**	ISO 185/ JL/HBW195	>10~20	150~230
	>20~40	≤160		>5~10	170~260
	>10~20	≤170	ISO 185/ JL/HBW215	**>40~80**	**145~215**
	>5~10	≤185		>20~40	160~235
	2.5~5	≤210		>10~20	180~255
ISO 185/ JL/HBW175	**>40~80**	**100~175**		>5~10	200~275
	>20~40	110~185	ISO 185/ JL/HBW235	**>40~80**	**165~235**
	>10~20	125~205		>20~40	180~255
	>5~10	140~225		>10~20	200~275
	2.5~5	170~260	ISO 185/ JL/HBW235	**>40~80**	**180~255**
ISO 185/ JL/HBW195	**>40~80**	**120~195**		>20~40	200~275
	>20~40	135~210			

注：1. 硬度牌号也称硬度等级。它表示所规定的铸铁件某一部位的硬度平均值，硬度波动范围为±40HBW。

2. 铸铁件的硬度随相应壁厚的增加而降低。

3. 表中黑体字是推荐的硬度值及相应的壁厚。

6.2.2 球墨铸铁

（1）ISO 标准球墨铸铁各种铸造试样的力学性能［ISO 1083（2018）］

A）球墨铸铁的牌号与各种铸造试样的力学性能（表6-2-3a、表6-2-3b）

表6-2-3a 球墨铸铁的牌号与各种铸造试样（铁素体珠光体）的力学性能

牌 号	铸件厚度 t/mm	$R_{p0.2}$/MPa	R_m/MPa	A(%)
		≥		
ISO1083/JS/350-22-LT[1]	t≤30	220	350	22
	30<t≤60	210	330	18
	60<t≤200	200	320	15
ISO1083/JS/350-22-RT[1]	t≤30	220	350	22
	30<t≤60	220	330	18
	60<t≤200	210	320	15
ISO1083/JS/350-22	t≤30	220	350	22
	30<t≤60	220	330	18
	60<t≤200	210	320	15
ISO1083/JS/400-18-LT[1]	t≤30	240	400	18
	30<t≤60	230	380	15
	60<t≤200	220	360	12
ISO1083/JS/400-18-RT[1]	t≤30	250	400	18
	30<t≤60	250	390	15
	60<t≤200	240	370	12
ISO1083/JS/400-18	t≤30	250	400	18
	30<t≤60	250	390	15
	60<t≤200	240	370	12

（续）

牌　号	铸件厚度 t/mm	$R_{p0.2}$/MPa	抗拉强度 R_m/MPa	A(%)
		≥		
ISO1083/JS/400-15	$t \leqslant 30$	250	400	15
	$30 < t \leqslant 60$	250	390	14
	$60 < t \leqslant 200$	240	370	11
ISO1083/JS/450-10	$t \leqslant 30$	310	450	10
	$30 < t \leqslant 60$	由供需双方商定		
	$60 < t \leqslant 200$			
ISO1083/JS/500-7	$t \leqslant 30$	320	500	7
	$30 < t \leqslant 60$	300	450	7
	$60 < t \leqslant 200$	290	420	5
ISO1083/JS/550-5	$t \leqslant 30$	350	550	5
	$30 < t \leqslant 60$	330	520	4
	$60 < t \leqslant 200$	320	500	3
ISO1083/JS/600-3	$t \leqslant 30$	370	600	3
	$30 < t \leqslant 60$	360	600	2
	$60 < t \leqslant 200$	340	550	1
ISO1083/JS/700-2	$t \leqslant 30$	420	700	2
	$30 < t \leqslant 60$	400	700	2
	$60 < t \leqslant 200$	380	650	1
ISO1083/JS/800-2	$t \leqslant 30$	480	800	2
	$30 \leqslant t \leqslant 60$	由供需双方商定		
	$60 < t \leqslant 200$			
ISO1083/JS/900-2	$t \leqslant 30$	600	900	2
	$30 < t \leqslant 60$	由供需双方商定		
	$60 < t \leqslant 200$			

注：表中数据包括单铸试样、铸造样品和铸件试样，因此牌号无后缀字母"S"。

① LT—低温（-20℃±2℃或-40℃±2℃）；RT—室温（23℃±5℃）。

表6-2-3b　球墨铸铁牌号与各种铸造试样（固溶强化铁素体）的力学性能

牌　号	铸件壁厚 t/mm	$R_{p0.2}$/MPa	R_m/MPa	A(%)
		≥		
ISO1083/JS/450-18	$t \leqslant 30$	350	450	18
	$30 < t \leqslant 60$	340	430	14
	$t > 60$	由供需双方商定		
ISO1083/JS/500-14	$t \leqslant 30$	400	500	14
	$30 < t \leqslant 60$	390	480	12
	$t > 60$	由供需双方商定		
ISO1083/JS/600-10	$t \leqslant 30$	470	600	10
	$30 < t \leqslant 60$	450	580	8
	$t > 60$	由供需双方商定		

B）球墨铸铁各种铸造试样（铁素体）的冲击吸收能量（表6-2-4）

表 6-2-4　球墨铸铁各种铸造试样的冲击吸收能量

牌　号	铸件壁厚 t/mm	试验温度	KV/J	
			平均值	单值
ISO1083/JS/350-22-LT[1]	t≤30	(-40±2)℃	12	9
	30<t≤60		12	9
	60<t≤200		10	7
ISO1083/JS/350-22-RT[1]	t≤30	(23±5)℃	17	14
	30<t≤60		17	14
	60<t≤200		15	12
ISO1083/JS/400-18-LT[1]	t≤30	(20±2)℃	12	9
	30<t≤60		12	9
	60<t≤200		10	7
ISO1083/JS/400-18-RT[1]	t≤30	(23±5)℃	14	11
	30<t≤60		14	11
	60<t≤200		12	9

[1] LT—低温；RT—室温。

（2）ISO 标准球墨铸铁本体试样的力学性能

球墨铸铁本体试样的力学性能见表 6-2-5、表 6-2-6。

表 6-2-5　球墨铸铁本体试样（铁素体珠光体）的力学性能

牌　号	铸件壁厚 t/mm	R_m/MPa	$R_{p0.2}$/MPa	A(%)
		≥		
ISO 1038/ JS/350-22-LT/C	≤30	340	220	20
	>30~60	320	210	15
	>60~200	310	200	12
ISO 1038/ JS/350-22-RT/C	≤30	340	220	20
	>30~60	320	220	15
	>60~200	310	210	12
ISO 1038/ JS/350-22/C	≤30	340	220	20
	>30~60	320	220	15
	>60~200	310	210	12
ISO 1038/ JS/400-18-LT/C	≤30	390	240	15
	>30~60	370	230	12
	>60~200	340	220	10
ISO 1038/ JS/400-18-RT/C	≤30	390	250	15
	>30~60	370	240	12
	>60~200	350	230	10
ISO 1038/ JS/400-18/C	≤30	390	250	15
	>30~60	370	240	12
	>60~200	350	230	10
ISO 1038/ JS/400-15/C	≤30	390	250	12
	>30~60	370	240	11
	>60~200	350	230	8

（续）

牌　号	铸件壁厚	R_m/MPa	$R_{p0.2}$/MPa	A(%)
	t/mm	≥		
ISO 1038/ JS/450-10/C	≤30	440	300	8
	>30~60	由生产商提供指导值		
	>60~200	由生产商提供指导值		
ISO 1038/ JS/500-7/C	≤30	480	300	6
	>30~60	450	280	5
	>60~200	400	260	3
ISO 1038/ JS/550-5/C	≤30	530	330	4
	>30~60	500	310	3
	>60~200	450	290	2
ISO 1038/ JS/600-3/C	≤30	580	360	3
	>30~60	550	340	2
	>60~200	500	320	1
ISO 1038/ JS/700-2/C	≤30	680	410	2
	>30~60	650	390	1
	>60~200	600	370	1
ISO 1038/ JS/800-2/C	≤30	780	460	2
	>30~60	由生产商提供指导值		
	>60~200	由生产商提供指导值		

注：表中数值为客户指定铸件位置的最小力学性能值，这些值需经生产商同意。

表6-2-6 球墨铸铁本体试样的（固溶强化铁素体）的力学性能

牌　号	铸件壁厚	$R_{p0.2}$/MPa	R_m/MPa	A(%)
	t/mm	≥		
ISO1083/JS/450-18/C	t≤30	350	440	16
	30<t≤60	340	420	12
	60<t≤200	由生产商提供指导值		
ISO1083/JS/500-14/C	t≤30	400	480	12
	30<t≤60	390	460	10
	60<t≤200	由生产商提供指导值		
ISO1083/JS/600-10/C	t≤30	450	580	8
	30<t≤60	430	560	6
	60<t≤200	由生产商提供指导值		

注：见表6-2-5。

（3）ISO 标准球墨铸铁材料的硬度等级与力学性能（表6-2-7a、表6-2-7b）

表6-2-7a 球墨铸铁材料的硬度等级与力学性能（铁素体珠光体）

材料牌号	HBW	R_m/MPa	$R_{p0.2}$/MPa
		≥	
ISO 1038/JS/HBW130	<160	350	220
ISO 1038/JS/HBW150	130~175	400	250
ISO 1038/JS/HBW155	135~180	400	250

（续）

材料牌号	HBW	R_m/MPa	$R_{p0.2}$/MPa
		≥	
ISO 1038/JS/HBW185	160～210	450	310
ISO 1038/JS/HBW200	170～230	500	320
ISO 1038/JS/HBW215	180～250	550	350
ISO 1038/JS/HBW230	190～270	600	370
ISO 1038/JS/HBW265	225～305	700	420
ISO 1038/JS/HBW300[①]	245～335	800	480
ISO 1038/JS/HBW330[①]	270～360	900	600

① 牌号 ISO 1038/JS/HBW300 和 ISO 1038/JS/HBW330 不推荐用于厚壁铸件。

表 6-2-7b　球墨铸铁材料的硬度等级与力学性能（固溶强化铁素体）

材料牌号	HBW	R_m/MPa	$R_{p0.2}$/MPa
		≥	
ISO1083/JS/HBW175	160～190	450	350
ISO1083/JS/HBW195	180～210	500	400
ISO1083/JS/HBW210	195～225	600	470

6.2.3　可锻铸铁

（1）ISO 标准黑心可锻铸铁和珠光体可锻铸铁的牌号与力学性能［ISO 5922（2005）］（表 6-2-8）

表 6-2-8　黑心可锻铸铁和珠光体可锻铸铁的牌号与力学性能

牌　号	试样直径[①] d/mm	R_m/MPa	$R_{p0.2}$/MPa	A(%)	HBW
		≥			
ISO 5922/JMB/275-5	12 或 15	275	—	5	≤150
ISO 5922/JMB/300-6[②]	12 或 15	300	—	6	≤150
ISO 5922/JMB/350-10	12 或 15	350	200	10	≤150
ISO 5922/JMB/450-6	12 或 15	450	270	6	150～200
ISO 5922/JMB/500-5	12 或 15	500	300	5	165～215
ISO 5922/JMB/550-4	12 或 15	550	340	4	180～230
ISO 5922/JMB/600-3	12 或 15	600	390	3	195～245
ISO 5922/JMB/650-2	12 或 15	650	430	2	210～260
ISO 5922/JMB/700-2[③]	12 或 15	700	530	2	240～290
ISO 5922/JMB/800-2[③]	12 或 15	800	600	1	270～320

① 直径为 12mm 的试样，只适用于对铸件主要壁厚 <10mm 时的测定。
② 牌号 300-6 专用于要求气密性的铸件。
③ 淬火后应立即回火。

（2）ISO 标准白心可锻铸铁的牌号与力学性能［ISO 5922（2005）］（表 6-2-9）

表 6-2-9　白心可锻铸铁的牌号与力学性能

牌　号	试样直径[①] d/mm	R_m/MPa	$R_{p0.2}$/MPa	A(%)	HBW ≤
		≥			
	6	270	—[②]	10	230
ISO 5922/JMW/350-4	9	310	—	5	230
	12	350	—	4	230
	15	360	—	3	230

（续）

牌　号	试样直径[①] d/mm	R_m/MPa ≥	$R_{p0.2}$/MPa ≥	$A(\%)$ ≥	HBW ≤
ISO 5922/JMW/360-12	6	280	—[②]	16	200
	9	320	170	15	200
	12	360	190	12	200
	15	370	200	7	200
ISO 5922/ JMW/400-5	6	300	—[②]	12	220
	9	360	200	8	220
	12	400	220	5	220
	15	420	230	4	220
ISO 5922/JMW/450-7	6	330	—[②]	12	220
	9	400	230	10	220
	12	450	260	7	220
	15	480	280	4	220
ISO 5922/JMW/550-7	6	—	—[②]	—	250
	9	490	310	5	250
	12	550	340	4	250
	15	570	350	3	250

① 试样直径尽可能接近所测定的铸件主要截面厚度。

② 由于小直径的试样难以测定 $R_{p0.2}$，可由供需双方商定并在合同中注明。

6.2.4　抗磨白口铸铁

ISO 标准抗磨白口铸铁的牌号与化学成分及硬度［ISO 21988（2006）］见表6-2-10。

表 6-2-10　抗磨白口铸铁的牌号与化学成分及硬度（质量分数）（%）

牌　号	C	Si	Mn	P≤	S≤	Cr	Mo	Ni	其他	HBW ≥
ISO 21988 /JN/HBW340	2.0~3.9	0.4~1.5	0.2~1.0	—	—	≤2.0	—	—	—	340
ISO 21988 /JN/HBW400	2.0~3.9	0.4~1.5	0.2~1.0	—	—	≤2.0	—	—	—	400
ISO 21988 /JN/HBW480Cr2	2.5~3.0	≤0.8	≤0.8	0.10	0.10	1.5~3.0	—	3.0~5.5	—	480
ISO 21988 /JN/HBW500Cr9	2.4~2.8	1.5~2.2	0.2~0.8	0.06	0.06	8.0~10.0	—	4.0~5.5	—	500
ISO 21988 /JN/HBW510Cr2	3.0~3.6	≤0.8	≤0.8	0.10	0.10	1.5~3.0	—	3.0~5.5	—	510
ISO 21988 /JN/HBW555Cr9	2.5~3.5	1.5~2.5	0.3~0.8	0.08	0.08	8.0~10.0	—	4.5~6.5	—	555
ISO 21988 /JN/HBW630Cr9	3.2~3.6	1.5~2.2	0.2~0.8	0.06	0.06	8.0~10.0	—	4.0~5.5	—	630
ISO 21988 /JN/HBW555XCr13[①]	>1.8~3.6	≤1.0	0.5~1.5	0.08	0.08	11.0~14.0	≤3.0	≤2.0	—	555
ISO 21988 /JN/HBW555XCr16[①]	>1.8~3.6	≤1.0	0.5~1.5	0.08	0.08	14.0~18.0	≤3.0	≤2.0	Cu ≤ 1.2	555

（续）

牌 号	C	Si	Mn	P≤	S≤	Cr	Mo	Ni	其他	HBW ≥
ISO 21988 /JN/HBW555XCr21[①]	>1.8~3.6	≤1.0	0.5~1.5	0.08	0.08	18.0~23.0	≤3.0	≤2.0	Cu ≤ 1.2	555
ISO 21988 /JN/HBW555XCr27[①]	>1.8~3.6	≤1.0	0.5~2.0	0.08	0.08	23.0~30.0	≤3.0	≤2.0	Cu ≤ 1.2	555
ISO 21988 /JN/HBW600XCr35[①]	>3.0~5.5	≤1.0	1.0~3.0	0.06	0.06	30.0~40.0	≤1.5	≤1.0	Cu ≤ 1.2	600
ISO 21988 /JN/HBW600XCr20Mo2Cu[①]	>2.6~2.9	≤1.0	≤1.0	0.06	0.06	18.0~21.0	1.4~2.0	≤1.0	Cu 0.8~1.2	600

① 选择合理碳含量的参考意见如下：低碳范围（C > 1.8~2.4）可获得良好的韧性和抗冲击性能；中碳范围（C > 2.4~3.2）可获得韧性和抗冲击的综合性能；高碳范围（C > 3.2~5.5）可获得高耐磨性，但韧性和塑性降低。

B. 专业用铸铁和优良品种

6.2.5 蠕墨铸铁［ISO 16112（2017）］

（1）ISO 标准蠕墨铸铁的牌号与单铸试样的力学性能和硬度（表6-2-11）

表6-2-11 蠕墨铸铁的牌号与单铸试样的力学性能和硬度

牌 号	R_m/MPa	$R_{p0.2}$/MPa	A(%)	HBW（参考值）
	≥			
ISO 16112/JV/300/S	300	210	2.0	140~210
ISO 16112/JV/350/S	350	245	1.5	160~220
ISO 16112/JV/400/S	400	280	1.0	180~240
ISO 16112/JV/450/S	450	315	1.0	200~250
0ISO 16112/JV/500/S	500	350	0.5	220~260

（2）ISO 标准蠕墨铸铁附铸试块的力学性能（表6-2-12）

表6-2-12 蠕墨铸铁附铸试块的力学性能

牌 号	铸件壁厚 t/mm	R_m/MPa	$R_{p0.2}$/MPa	A(%)
		≥		
ISO 16112/JV/300/U	12.5 < t ≤ 30	300	210	2.0
	30 < t ≤ 60	275	195	2.0
	60 < t ≤ 200	250	175	2.0
ISO 16112/JV/350/U	12.5 < t ≤ 30	350	245	1.5
	30 < t ≤ 60	325	230	1.5
	60 < t ≤ 200	300	210	1.5
ISO 16112/JV/400/U	12.5 < t ≤ 30	400	280	1.0
	30 < t ≤ 60	375	260	1.0
	60 < t ≤ 200	325	230	1.0
ISO 16112/JV/450/U	12.5 < t ≤ 30	450	315	1.0
	30 < t ≤ 60	400	280	1.0
	60 < t ≤ 200	375	260	1.0
ISO 16112/JV/500/U	12.5 < t ≤ 30	500	350	0.5
	30 < t ≤ 60	450	315	0.5
	60 < t ≤ 200	400	280	0.5

6.2.6　奥氏体球墨铸铁［ISO 17804（2005）］

（1）ISO标准奥氏体球墨铸铁的牌号与单铸试块的力学性能（表6-2-13～表6-2-15）

表6-2-13　奥氏体球墨铸铁的牌号与单铸试块的力学性能

牌　号	铸件壁厚 t/mm	R_m/MPa	$R_{p0.2}/MPa$	$A(\%)$
		≥		
ISO 17804/JS/800-10/S	$t \leqslant 30$	800	500	10
	$30 < t \leqslant 60$	750	500	6
	$60 < t \leqslant 100$	720	500	5
ISO 17804/JS/800-10RT/S	$t \leqslant 30$	800	500	10
	$30 < t \leqslant 60$	750	500	6
	$60 < t \leqslant 100$	720	500	5
ISO 17804/JS/900-8/S	$t \leqslant 30$	900	600	8
	$30 < t \leqslant 60$	850	600	5
	$60 < t \leqslant 100$	820	600	4
ISO 17804/JS/1050-6/S	$t \leqslant 30$	1050	700	6
	$30 < t \leqslant 60$	1000	700	4
	$60 < t \leqslant 100$	970	700	3
ISO 17804/JS/1200-3/S	$t \leqslant 30$	1200	850	3
	$30 < t \leqslant 60$	1170	850	2
	$60 < t \leqslant 100$	1140	850	1
ISO 17804/JS/1400-1/S	$t \leqslant 30$	1400	1100	1
	$30 < t \leqslant 60$	1170	由供需双方商定	
	$60 < t \leqslant 100$	1140	由供需双方商定	

表6-2-14　奥氏体球墨铸铁单铸试块的冲击性能

牌　号	铸件壁厚 t/mm	试验温度 /℃	$KV^{①}/J ≥$	
			平均值	单个值
ISO 17804/JS/800-10RT/S	$t \leqslant 30$	23 ± 5	10	9
	$30 < t \leqslant 60$	23 ± 5	9	8
	$60 < t \leqslant 100$	23 ± 5	8	7

① 取3个试样的平均值。

表6-2-15　奥氏体球墨铸铁的硬度（参考值）

牌　号	HBW	牌　号	HBW
ISO 17804/JS/800-10	250～310	ISO 17804/JS/1050-6	320～380
ISO 17804/JS/800-10-RT	250～310	ISO 17804/JS/1200-3	390～420
ISO 17804/JS/900-8	280～340	ISO 17804/JS/1400-1	380～480

（2）ISO标准奥氏体球墨铸铁的牌号与附铸试块的力学性能（表6-2-16和表6-2-17）

表6-2-16　奥氏体球墨铸铁的牌号与附铸试块的力学性能

牌　号[①]	铸件壁厚 t/mm	R_m/MPa	$R_{p0.2}/MPa$	$A(\%)$
		≥		
ISO 17804/JS/800-10/U	$t \leqslant 30$	800	500	10
	$30 < t \leqslant 60$	750	500	6
	$60 < t \leqslant 100$	720	500	5

（续）

牌 号[1]	铸件壁厚 t/mm	R_m/MPa	$R_{p0.2}/MPa$	$A(\%)$
		≥		
ISO 17804/JS/800-10RT/U	$t \leqslant 30$	800	500	10
	$30 < t \leqslant 60$	750	500	6
	$60 < t \leqslant 100$	720	500	5
ISO 17804/JS/900-8/U	$t \leqslant 30$	900	600	8
	$30 < t \leqslant 60$	850	600	5
	$60 < t \leqslant 100$	820	600	4
ISO 17804/JS/1050-6/U	$t \leqslant 30$	1050	700	6
	$30 < t \leqslant 60$	1000	700	4
	$60 < t \leqslant 100$	970	700	3
ISO 17804/JS/1200-3/U	$t \leqslant 30$	1200	850	3
	$30 < t \leqslant 60$	1170	850	2
	$60 < t \leqslant 100$	1140	850	1
ISO 17804/JS/1400-1/U	$t \leqslant 30$	1400	1100	1
	$30 < t \leqslant 60$	1170	由供需双方商定	
	$60 < t \leqslant 100$	1140	由供需双方商定	

① 牌号后缀字母"/U"表示在附铸试块上测定的力学性能数值。

表 6-2-17 奥氏体球墨铸铁附铸试块的冲击性能

牌 号	铸件壁厚 t/mm	试验温度 /℃	KV/J ≥	
			平均值[1]	单个值
ISO 17804/JS-800-10-RT/U	$t \leqslant 30$	23 ± 5	10	9
	$30 < t \leqslant 60$	23 ± 5	9	8
	$60 < t \leqslant 100$	23 ± 5	8	7

① 3 个试样的平均值。

6.2.7 工程等级奥氏体铸铁 [ISO 2892（2007）]

（1）ISO 标准工程等级奥氏体铸铁的牌号与化学成分（表 6-2-18）

表 6-2-18 工程等级奥氏体铸铁的牌号与化学成分（质量分数）（%）

牌 号[1]	C	Si	Mn	P	Cr	Ni	Cu
片状石墨奥氏体铸铁							
ISO 2892/JSA/XNi15Cu6Cr2	≤3.0	1.0 ~ 2.8	0.5 ~ 1.5	≤0.25	1.0 ~ 3.5	13.5 ~ 17.5	5.5 ~ 7.5
球状石墨奥氏体铸铁							
ISO 2892/JSA/XNi20Cr2	≤3.0	1.5 ~ 3.0	0.5 ~ 1.5	≤0.08	1.0 ~ 3.5	18.0 ~ 22.0	≤0.5
ISO 2892/JSA/XNi23Mn4	≤2.6	1.5 ~ 2.5	4.0 ~ 4.5	≤0.08	≤0.2	22.0 ~ 24.0	≤0.5
ISO 2892/JSA/XNi20Cr2Nb[2]	≤3.0	1.5 ~ 2.4	0.5 ~ 1.5	≤0.08	1.0 ~ 3.5	18.0 ~ 22.0	≤0.5
ISO 2892/JSA/XNi22	≤3.0	1.5 ~ 3.0	1.5 ~ 2.5	≤0.08	≤0.5	21.0 ~ 24.0	≤0.5
ISO 2892/JSA/XNi35	≤2.4	1.5 ~ 3.0	0.5 ~ 1.5	≤0.08	≤0.2	34.0 ~ 36.0	≤0.5
ISO 2892/JSA/XNi35Si5Cr2	≤2.0	4.0 ~ 6.0	0.5 ~ 1.5	≤0.08	1.5 ~ 2.5	34.0 ~ 36.0	≤0.5

① 某些牌号可添加 Mo，以改善其高温性能。

② 该牌号 Nb 的正常含量为 $w(Nb) = 0.12\% \sim 0.20\%$，为保持良好的焊接性能，则应调整 Nb 含量为 $w(Nb) \leqslant [0.353 - 0.032(\%Si + 64\% Mg)]$。

（2）ISO 标准工程等级奥氏体铸铁的力学性能（表 6-2-19）

表 6-2-19　工程等级奥氏体铸铁的力学性能

牌　　号	R_m/MPa	$R_{p0.2}$/MPa	A(%)	KV[1]/J
	≥			
片状石墨奥氏体铸铁				
ISO 2892/JLA/XNi15Cu6Cr2	170	—	—	—
球状石墨奥氏体铸铁				
ISO 2892/JSA/XNi20Cr2	370	210	7	13[2]
ISO 2892/JSA/XNi23Mn4	440	210	25	24
ISO 2892/JSA/XNi20Cr2Nb	370	210	7	13[2]
ISO 2892/SLA/XNi22	370	170	20	20
ISO 2892/SLA/XNi35	370	210	20	—
ISO 2892/SLA/XNi35Si5Cr2	370	200	10	—

① 取 3 个试样的平均值。

② 非强制性指标，必要时可由供需双方协商。

（3）ISO 标准工程等级奥氏体铸铁的力学性能和物理性能实例（表 6-2-20 和表 6-2-21）

表 6-2-20　工程等级奥氏体铸铁的力学性能实例[1]

牌　　号	R_m/MPa	$R_{p0.2}$/MPa	A(%)	KV/J	E/GPa	HBW
ISO 2892/JSA/XNi15Cu6Cr2	170 ~ 210	—[2]	2	—	85 ~ 105	120 ~ 150
ISO 2892/JSA/XNi20Cr2	370 ~ 480	210 ~ 250	7 ~ 20	11 ~ 24	112 ~ 130	140 ~ 255
ISO 2892/JSA/XNi23Mn4	440 ~ 480	210 ~ 240	25 ~ 45	20 ~ 30	120 ~ 140	150 ~ 180
ISO 2892/JSA/XNi20Cr2Nb	370 ~ 480	210 ~ 250	8 ~ 20	11 ~ 24	112 ~ 130	140 ~ 200
ISO 2892/JSA/XNi22	370 ~ 450	170 ~ 250	20 ~ 40	17 ~ 29	85 ~ 112	130 ~ 180
ISO 2892/JSA/XNi35	370 ~ 420	210 ~ 240	20 ~ 40	≤18	112 ~ 140	130 ~ 180
ISO 2892/JSA/XNi35Si5Cr2	380 ~ 500	200 ~ 270	10 ~ 20	7 ~ 12	130 ~ 150	130 ~ 170

① 摘自 ISO 2892（2007）附录。

② 该牌号的抗压强度 R_{mc} = 700 ~ 840MPa。

表 6-2-21　工程等级奥氏体铸铁的物理性能实例[1]

牌　　号	密度/ （kg/dm³）	线胀系数/ [μm/(m·K)]	热导率/ [W/(m·K)]	比热容/ [J/(g·K)]	电阻率/ μΩ·m	磁导率/ （H/m）
ISO 2892/JSA/XNi15Cu6Cr2	7.3	18.7	39.00	46 ~ 50	1.6	1.03
ISO 2892/JSA/XNi20Cr2	7.4 ~ 7.45	18.7	12.60	46 ~ 50	1.0	1.05
ISO 2892/JSA/XNi23Mn4	7.45	14.7	12.60	46 ~ 50	—	1.02
ISO 2892/JSA/XNi20Cr2Nb	7.40	18.7	12.60	46 ~ 50	1.0	1.04
ISO 2892/JSA/XNi22	7.40	18.4	12.60	46 ~ 50	1.0	1.02
ISO 2892/JSA/XNi35	7.60	5.0	12.60	46 ~ 50	—	—[2]
ISO 2892/JSA/XNi35Si5Cr2	7.45	15.1	12.60	46 ~ 50	—	—[2]

① 摘自 ISO 2892（2007）附录。

② 该牌号为铁磁性。

6.2.8　特殊用途等级奥氏体铸铁［ISO 2892（2007）］

（1）ISO 标准特殊用途等级奥氏体铸铁的牌号与化学成分（表 6-2-22）

表 6-2-22　特殊用途等级奥氏体铸铁的牌号与化学成分（质量分数）（%）

牌　号[1]	C	Si	Mn	P	Cr	Ni	Cu
片状石墨奥氏体铸铁							
ISO 2892/JLA/XNi13Mn7	≤3.0	1.5~3.0	6.0~7.0	≤0.25	≤0.2	12.0~14.0	≤0.5
球状石墨奥氏体铸铁							
ISO 2892/JSA/XNi13Mn7	≤3.0	2.0~3.0	6.0~7.0	≤0.08	≤0.2	12.0~14.0	≤0.5
ISO 2892/JSA/XNi30Cr3	≤2.6	1.5~3.0	0.5~1.5	≤0.08	2.5~3.5	28.0~32.0	≤0.5
ISO 2892/JSA/XNi30Si5Cr5	≤2.6	5.0~6.0	0.5~1.5	≤0.08	4.5~5.5	28.0~32.0	≤0.5
ISO 2892/JSA/XNi35Cr3	≤2.4	1.5~3.0	0.5~2.5	≤0.08	2.0~3.0	34.0~36.0	≤0.5

① 某些牌号可添加 Mo，以改善其高温性能。

（2）ISO 标准特殊用途等级奥氏体铸铁的力学性能（表 6-2-23）

表 6-2-23　特殊用途等级奥氏体铸铁的力学性能

牌　号	R_m/MPa	$R_{p0.2}$/MPa	A(%)	KV[1]/J
	≥			
片状石墨奥氏体铸铁				
ISO 2892/JLA/XNi13Mn7	140	—	—	—
球状石墨奥氏体铸铁				
ISO 2892/JSA/XNi13Mn7	390	210	15	16
ISO 2892/JSA/XNi30Cr3	370	210	7	—
ISO 2892/JSA/XNi30Si5Cr5	390	240	—	—
ISO 2892/JSA/XNi35Cr3	370	210	20	—

① 取 3 个试样的平均值。

（3）ISO 标准特殊用途等级奥氏体铸铁的力学性能和物理性能实例（表 6-2-24 和表 6-2-25）

表 6-2-24　特殊用途等级奥氏体铸铁的力学性能实例[1]

牌　号	R_m/MPa	$R_{p0.2}$/MPa	A(%)	KV/J	E/GPa	HBW
ISO 2892/JLA/XNi13Mn7	140~220	—[2]			70~90	120~150
ISO 2892/JSA/XNi13Mn7	390~470	210~260	15~18	15~25	140~150	120~150
ISO 2892/JSA/XNi30Cr3	370~480	210~260	7~18	≤5	92~105	140~200
ISO 2892/JSA/XNi30Si5Cr5	390~500	240~260	1~4	1~3	≤90	170~250
ISO 2892/JSA/XNi35Cr3	370~450	210~290	7~10	≤4	112~123	140~190

① 摘自 ISO 2892（2007）附录。
② 该牌号的抗压强度 σ_{bb} = 630~840MPa。

表 6-2-25　特殊用途等级奥氏体铸铁的物理性能实例[1]

牌　号	密度/(kg/dm³)	线胀系数/[μm/(m·K)]	热导率/[W/(m·K)]	比热容/[J/(g·K)]	电阻率/μΩ·m	磁导率/(H/m)
ISO 2892/JLA/XNi13Mn7	7.40	17.7	39.00	46~50	1.2	1.02
ISO 2892/JSA/XNi13Mn7	7.30	18.2	12.60	46~50	1.0	1.02
ISO 2892/JSA/XNi30Cr3	7.45	12.6	12.60	46~50	—	—[2]
ISO 2892/JSA/XNi30Si5Cr5	7.45	14.4	12.60	46~50	—	1.01
ISO 2892/JSA/XNi35Cr3	7.70	5.0	12.60	46~50	—	—[2]

① 摘自 ISO 2892（2007）附录。
② 该牌号为铁磁性。

6.3　欧洲标准化委员会（EN 欧洲标准）

A. 通用铸铁

6.3.1　灰铸铁

（1）EN 欧洲标准灰铸铁的牌号与抗拉强度 ［EN 1561（2011）］（表6-3-1）

表6-3-1　灰铸铁的牌号与抗拉强度

牌号和代号		铸件壁厚	抗拉强度-I[1] R_m/MPa ≥		抗拉强度-II[2]
EN 牌号	数字代号	t/mm	单铸试样[3]	附铸试样	R_m/MPa ≥
EN-GJL-100	5.1100	5 ~ 40	100	—	—
EN-GJL-150	5.1200	2.5 ~ 5	150	—	180
		>5 ~ 10	(2.5 ~ 50mm)	—	155
		>10 ~ 20	130	—	130
		>20 ~ 40	(50 ~ 100mm)	120	110
		>40 ~ 80	110	110	95
		>80 ~ 150	(100 ~ 200mm)	100	80
		>150 ~ 300		90	—
EN-GJL-200	5.1300	2.5 ~ 5	200	—	230
		>5 ~ 10	(2.5 ~ 50mm)	—	205
		>10 ~ 20	180	—	180
		>20 ~ 40	(50 ~ 100mm)	170	155
		>40 ~ 80	160	150	130
		>80 ~ 150	(100 ~ 200mm)	140	115
		>150 ~ 300		130	—
EN-GJL-250	5.1301	5 ~ 10	250	—	250
		>10 ~ 20	(5 ~ 50mm)	—	225
		>20 ~ 40	220	210	196
		>40 ~ 80	(50 ~ 100mm)	190	170
		>80 ~ 150	200	170	155
		>150 ~ 300	(100 ~ 200mm)	160	—
EN-GJL-300	5.1302	10 ~ 20	300	—	270
		>20 ~ 40	(10 ~ 50mm)	250	240
		>40 ~ 80	260	220	210
		>80 ~ 150	(50 ~ 100mm)	210	196
		>150 ~ 300	240 (100 ~ 200mm)	190	—
EN-GJL-350	5.1303	10 ~ 20	350	—	315
		>20 ~ 40	(10 ~ 50mm)	290	280
		>40 ~ 80	310	260	250
		>80 ~ 150	(50 ~ 100mm)	230	225
		>150 ~ 300	280 (100 ~ 200mm)	210	—

① 抗拉强度-I 为标准规定值。

② 抗拉强度-II 为铸件的参考值。由于抗拉强度随铸件壁厚而变化，表中所列出的参考值仅适用于形状简单、壁厚均匀的铸件；对于形状复杂、有型芯或壁厚不均匀的铸件，其抗拉强度仅为近似值，铸件设计时应以关键部位的抗拉强度实测值为依据。

③ 单铸试样系采用直径为30mm 的试样，括号内为相应的铸件壁厚。

（2）EN 欧洲标准灰铸铁的硬度牌号与硬度值（表6-3-2）

表6-3-2　灰铸铁的硬度牌号与硬度值

牌号和代号		铸件壁厚 t/mm	HBW
EN 硬度牌号	数字代号		
EN-GJL-HB155	5.1101	>2.5~50	≤155
EN-GJL-HB175	5.1201	>2.5~50	115~175
		>50~100	105~165
EN-GJL-HB195	5.1304	>5~50	135~195
		>50~100	125~185
EN-GJL-HB215	5.1305	>5~50	155~215
		>50~100	145~205
EN-GJL-HB235	5.1306	>10~50	175~235
		>50~100	160~220
EN-GJL-HB255	5.1307	>20~50	195~255
		>50~100	180~240

（3）EN 欧洲标准灰铸铁新旧牌号对照（表6-3-3）

表6-3-3　灰铸铁新旧牌号对照

No.	EN 标准牌号和代号			DIN 标准牌号和代号	
	牌号	数字代号	旧牌号	牌号	旧数字代号
1	EN-GJL-100	5.1100	EN-JL 1010	GG-10	0.6010
2	EN-GJL-150	5.1200	EN-JL 1020	GG-15	0.6015
3	EN-GJL-200	5.1300	EN-JL 1030	GG-20	0.6020
4	EN-GJL-250	5.1301	EN-JL 1040	GG-25	0.6025
5	EN-GJL-300	5.1302	EN-JL 1050	GG-30	0.6030
6	EN-GJL-350	5.1303	EN-JL 1060	GG-35	0.6035
灰铸铁的硬度牌号					
7	EN-GJL-HB155	5.1101	EN-JL 2010	GG-150HB	0.6012
8	EN-GJL-HB175	5.1201	EN-JL 2020	GG-170HB	0.6017
9	EN-GJL-HB195	5.1304	EN-JL 2030	GG-190HB	0.6022
10	EN-GJL-HB215	5.1305	EN-JL 2040	GG-220HB	0.6027
11	EN-GJL-HB235	5.1306	EN-JL 2050	GG-240HB	0.6032
12	EN-GJL-HB255	5.1307	EN-JL 2060	GG-260HB	0.6037

6.3.2　球墨铸铁

本节含球墨铸铁（铁素体珠光体）和固溶强化球墨铸铁两类。

（1）EN 欧洲标准球墨铸铁（铁素体珠光体）的牌号与单铸试样的力学性能［EN 1563（2018）］（表6-3-4和表6-3-5）

表6-3-4　球墨铸铁（铁素体珠光体）的牌号与单铸试样的力学性能

牌号和代号		铸件壁厚 t/mm	R_m/MPa	$R_{p0.2}$/MPa	A(%)
EN 牌号[①]	数字代号		≥		
EN-GJS-350-22-LT[②] （EN-JS 1015）	5.3100	$t \leqslant 30$	350	220	22
		$30 < t \leqslant 60$	330	210	18
		$60 < t \leqslant 200$	320	200	15

（续）

牌号和代号		铸件壁厚	R_m/MPa	$R_{p0.2}$/MPa	$A(\%)$
EN 牌号[1]	数字代号	t/mm		≥	
EN-GJS-350-22-RT[2] （EN-JS 1014）	5.3101	$t \leqslant 30$	350	220	22
		$30 < t \leqslant 60$	330	220	18
		$60 < t \leqslant 200$	320	210	15
EN-GJS-350-22 （EN-JS 1010）	5.3102	$t \leqslant 30$	350	220	22
		$30 < t \leqslant 60$	330	220	18
		$60 < t \leqslant 200$	320	210	15
EN-GJS-400-18-LT[2] （EN-JS 1025）	5.3103	$t \leqslant 30$	400	240	18
		$30 < t \leqslant 60$	380	230	15
		$60 < t \leqslant 200$	360	220	12
EN-GJS-400-18-RT[2] （EN-JS 1024）	5.3104	$t \leqslant 30$	400	250	18
		$30 < t \leqslant 60$	390	250	15
		$60 < t \leqslant 200$	370	240	12
EN-GJS-400-18 （EN-JS 1020）	5.3105	$t \leqslant 30$	400	250	18
		$30 < t \leqslant 60$	390	250	15
		$60 < t \leqslant 200$	370	240	12
EN-GJS-400-15 （EN-JS 1030）	5.3106	$t \leqslant 30$	400	250	18
		$30 < t \leqslant 60$	390	250	15
		$60 < t \leqslant 200$	370	240	12
EN-GJS-450-10 （EN-JS 1040）	5.3107	$t \leqslant 30$	450	310	10
		$30 < t \leqslant 60$	由供需双方商定		
		$60 < t \leqslant 200$	由供需双方商定		
EN-GJS-500-7 （EN-JS 1050）	5.3200	$t \leqslant 30$	500	320	7
		$30 < t \leqslant 60$	450	300	7
		$60 < t \leqslant 200$	420	290	5
EN-GJS-600-3 （EN-JS 1060）	5.3201	$t \leqslant 30$	600	370	3
		$30 < t \leqslant 60$	600	360	2
		$60 < t \leqslant 200$	550	340	1
EN-GJS-700-2 （EN-JS 1070）	5.3300	$t \leqslant 30$	700	420	2
		$30 < t \leqslant 60$	700	400	2
		$60 < t \leqslant 200$	650	380	1
EN-GJS-800-2 （EN-JS 1080）	5.3301	$t \leqslant 30$	800	480	2
		$30 < t \leqslant 60$	由供需双方商定		
		$60 < t \leqslant 200$	由供需双方商定		
EN-GJS-900-2 （EN-JS 1090）	5.3302	$t \leqslant 30$	900	600	2
		$30 < t \leqslant 60$	由供需双方商定		
		$60 < t \leqslant 200$	由供需双方商定		

① 括号内为旧牌号。

② 牌号的后缀字母：LT—用于低温；RT—用于室温。

表 6-3-5 球墨铸铁（铁素体＋珠光体）的牌号与单铸试样的冲击性能

牌号和代号		铸件壁厚	试验温度	KV/J ≥	
EN 牌号①	数字代号	t/mm	/℃	平均值②	单个值
EN-GJS-350-22-LT （EN-JS1015）	5.3100	t≤30	−40±2	12	9
		30<t≤60	−40±2	12	9
		60<t≤200	−40±2	10	7
EN-GJS-350-22-RT （EN-JS1014）	5.3101	t≤30	23±5	17	14
		30<t≤60	23±5	17	14
		60<t≤200	23±5	15	12
EN-GJS-400-18-LT （EN-JS1025）	5.3103	t≤30	−20±2	12	9
		30<t≤60	−20±2	12	9
		60<t≤200	−20±2	10	7
EN-GJS-400-18-RT （EN-JS1024）	5.3104	t≤30	23±5	14	11
		30<t≤60	23±5	14	11
		60<t≤200	23±5	12	9

① 括号内为旧牌号。
② 3 个试样的平均值。

（2）EN 欧洲标准球墨铸铁（铁素体＋珠光体）的牌号与附铸试块的力学性能（表 6-3-6 和表 6-3-7）

表 6-3-6 球墨铸铁（铁素体＋珠光体）的牌号与附铸试块的力学性能①

牌号和代号		铸件壁厚	R_m/MPa	$R_{p0.2}$/MPa	A(%)
EN 牌号	数字代号	t/mm	≥		
EN-GJS-350-22C-LT	5.3100	t≤30	340	220	20
		30<t≤60	320	210	15
		60<t≤200	310	200	12
EN-GJS-350-22U-RT	5.3101	t≤30	340	220	20
		30<t≤60	320	210	15
		60<t≤200	310	200	12
EN-GJS-350-22C	5.3102	t≤30	340	220	20
		30<t≤60	320	210	15
		60<t≤200	310	200	12
EN-GJS-400-18C-LT	5.3103	t≤30	390	240	15
		30<t≤60	370	230	12
		60<t≤200	340	220	10
EN-GJS-400-18C-RT	5.3104	t≤30	390	250	15
		30<t≤60	370	240	12
		60<t≤200	350	230	10
EN-GJS-400-18C	5.3105	t≤30	390	250	15
		30<t≤60	370	240	12
		60<t≤200	350	230	10
EN-GJS-400-15C	5.3106	t≤30	390	250	12
		30<t≤60	370	240	11
		60<t≤200	350	230	8

（续）

牌号和代号		铸件壁厚	R_m/MPa	$R_{p0.2}$/MPa	A(%)
EN 牌号	数字代号	t/mm	≥		
EN-GJS-450-10C	5.3107	t≤50	440	300	8
		30<t≤60	由供需双方商定		
		60<t≤200	由供需双方商定		
EN-GJS-500-7C	5.3200	t≤30	480	300	6
		30<t≤60	450	280	5
		60<t≤200	400	260	3
EN-GJS-600-3C	5.3201	t≤30	580	360	3
		30<t≤60	550	340	2
		60<t≤200	500	320	1
EN-GJS-700-2C	5.3300	t≤30	680	410	2
		30<t≤60	650	390	1
		60<t≤200	600	370	1
EN-GJS-800-2C	5.3301	t≤30	780	460	2
		30<t≤60	由供需双方商定		
		60<t≤200	由供需双方商定		

① 当需方要求在铸件的规定位置应获得力学性能下限值时，应与供方事先商定。

表6-3-7　球墨铸铁的牌号与附铸试块的冲击性能

牌号和代号		铸件壁厚	试验温度[①]	$KV^{①}$/J ≥	
EN 牌号	数字代号	t/mm	℃	平均值[①]	单个值
EN-GJS-350-22U-LT	5.3100	t≤30	−40±2	12	9
		30<t≤60	−40±2	12	9
		60<t≤200	−40±2	10	7
EN-GJS-350-22U-RT	5.3101	t≤30	23±5	17	14
		30<t≤60	23±5	17	14
		60<t≤200	23±5	15	12
EN-GJS-400-18U-LT	5.3103	t≤30	−20±2	12	9
		30<t≤60	−20±2	12	9
		60<t≤200	−20±2	10	7
EN-GJS-400-18U-RT	5.3104	t≤30	23±5	14	11
		30<t≤60	23±5	14	11
		60<t≤200	23±5	12	9

① 3个试样的平均值。

（3）EN 欧洲标准固溶强化球墨铸铁 ［EN 1563（2018）］

A）固溶强化球墨铸铁的牌号与单铸试样的力学性能（表6-3-8）

表6-3-8　固溶强化球墨铸铁的牌号与单铸试样的力学性能

牌号和代号		铸件壁厚	R_m/MPa	$R_{p0.2}$/MPa	A(%)
EN 牌号	数字代号	t/mm	≥		
EN-GJS-450-18	5.3108	t≤30	450	350	18
		30<t≤60	430	340	14
		t≥60	由供需双方商定		

（续）

牌号和代号		铸件壁厚	R_m/MPa	$R_{p0.2}$/MPa	A(%)
EN 牌号	数字代号	t/mm		$\geqslant$	
EN-GJS-500-14	5.3109	$t \leqslant 30$	500	400	14
		$30 < t \leqslant 60$	480	390	12
		$t \geqslant 60$	由供需双方商定		
EN-GJS-600-10	5.3110	$t \leqslant 30$	600	470	10
		$30 < t \leqslant 60$	580	450	8
		$t \geqslant 60$	由供需双方商定		

B）固溶强化球墨铸铁的主要化学成分（表6-3-9）

表6-3-9　固溶强化球墨铸铁的主要化学成分（质量分数）（%）

牌号和代号		Si[①]	Mn	P
EN 牌号	数字代号		$\leqslant$	$\leqslant$
EN-GJS-450-18	5.3108	3.20	0.50	0.05
EN-GJS-500-14	5.3109	3.80	0.50	0.05
EN-GJS-600-10	5.3110	4.30	0.50	0.05

① Si 含量由供需双方商定，表中为参考值。

C）固溶强化球墨铸铁的牌号附铸试块的力学性能（表6-3-10）

表6-3-10　固溶强化球墨铸铁的牌号与附铸试块的力学性能

牌号和代号		铸件壁厚	R_m/MPa	$R_{p0.2}^{[②]}$/MPa	A(%)
EN 牌号[①]	数字代号	t/mm		$\geqslant$	
EN-GJS-450-18C	5.3108	$t \leqslant 30$	440	350	16
		$30 < t \leqslant 60$	420	340	12
		$60 < t \leqslant 200$	由供需双方商定		
EN-GJS-500-14C	5.3109	$t \leqslant 30$	480	400	12
		$30 < t \leqslant 60$	460	390	10
		$60 < t \leqslant 200$	由供需双方商定		
EN-GJS-600-10C	5.3110	$t \leqslant 30$	580	450	8
		$30 < t \leqslant 60$	560	430	6
		$60 < t \leqslant 200$	由供需双方商定		

① 牌号后缀字用"C"表示在附铸试块上测定的力学性能，以区别单铸试样的测定值。

② 条件屈服强度，也称：0.2%屈服强度或规定非比例延伸强度（应力），规定塑性延伸强度。

（4）EN 欧洲标准球墨铸铁的硬度（表6-3-11）

表6-3-11　球墨铸铁的硬度

牌号和代号		HBW	
EN 牌号	数字代号	$t \leqslant 60$mm	60mm $< t \leqslant 200$mm
EN-GJS-350-22	5.3102	< 160	< 160
EN-GJS-400-18	5.3105	130 ~ 175	130 ~ 175
EN-GJS-400-15	5.3106	135 ~ 180	135 ~ 180
EN-GJS-450-18	5.3108	170 ~ 200	160 ~ 190
EN-GJS-450-10	5.3107	160 ~ 210	160 ~ 210
EN-GJS-500-14	5.3109	185 ~ 215	170 ~ 200
EN-GJS-500-7	5.3200	170 ~ 230	170 ~ 230
EN-GJS-600-10	5.3110	200 ~ 270	190 ~ 220
EN-GJS-600-3	5.3201	190 ~ 270	180 ~ 270
EN-GJS-700-2	5.3300	225 ~ 305	210 ~ 305
EN-GJS-800-2	5.3301	245 ~ 335	240 ~ 335
EN-GJS-900-2	5.3302	270 ~ 360	270 ~ 360

6.3.3　可锻铸铁

（1）EN 欧洲标准白心可锻铸铁的牌号与力学性能［EN 1562（2019）］（表6-3-12）

表 6-3-12　白心可锻铸铁的牌号与力学性能

牌号和代号		铸件壁厚	试样直径[2]	R_m/MPa	$R_{p0.2}$/MPa	$A_{3.4}$（%）	HBW
EN 牌号[1]	数字代号	t/mm	d/mm	≥			≤
EN-GJMW-350-4 （EN-JM1010）	5.4200	$t \leqslant 3$	6	270	—	10	230
		$3 < t \leqslant 5$	9	310	—	5	
		$5 < t \leqslant 7$	12	350	—	4	
		$t > 7$	15	360		3	
EN-GJMW-360-12[3],[4] （EN-JM1020）	5.4201	$t \leqslant 3$	6	280	—	16	200
		$3 < t \leqslant 5$	9	320	170	15	
		$5 < t \leqslant 7$	12	360	190	12	
		$t > 7$	15	370	200	7	
EN-GJMW-400-5[4] （EN-JM1030）	5.4202	$t \leqslant 3$	6	300	—	12	220
		$3 < t \leqslant 5$	9	360	200	8	
		$5 < t \leqslant 7$	12	400	220	5	
		$t > 7$	15	420	230	4	
EN-GJMW-450-7[4] （EN-JM1040）	5.4203	$t \leqslant 3$	6	330	—	12	220
		$3 < t \leqslant 5$	9	400	230	10	
		$5 < t \leqslant 7$	12	450	260	7	
		$t > 7$	15	480	280	4	
EN-GJMW-550-4 （EN-JM1050）	5.4204	$t \leqslant 3$	6	—	—	—	250
		$3 < t \leqslant 5$	9	490	310	5	
		$5 < t \leqslant 7$	12	550	340	4	
		$t > 7$	15	570	350	3	

① 括号内为旧牌号。

② 试样直径尽可能接近所测定的铸件主要壁厚。

③ 适用于焊接的材料。

④ 力学性能为 EN 1562（2012）的值。

（2）EN 欧洲标准黑心可锻铸铁的牌号与力学性能［EN 1562（2019）］（表6-3-13 和表6-3-14）

表 6-3-13　黑心可锻铸铁的牌号与力学性能

牌号和代号		试样直径	R_m/MPa	$R_{p0.2}$/MPa	$A_{3.4}$（%）	HBW
EN 牌号[1]	数字代号	d/mm	≥			
EN-GJMB-300-6[2] （EN-JM 1110）	5.4100	12 或 15	300	—	6	≤150
N-GJMB-500-5 （EN-JM 1150）	5.4206	12 或 15	500	300	5	165~215
EN-GJMB-550-4 （EN-JM 1160）	5.4207	12 或 15	550	340	4	180~230
EN-GJMB-600-3 （EN-JM 1170）	5.4208	12 或 15	600	390	3	195~245
EN-GJMB-700-2[3],[4] （EN-JM 1190）	5.4301	12 或 15	700	530	2	240~290
EN-GJMB-800-1[3] （EN-JM 1200）	5.4302	12 或 15	800	600	1	270~320

① 括号内为旧牌号。

② 该牌号不能用于任何有压设备。

③ 油淬，随后回火。如果空淬，$R_{p0.2} \geqslant 430$MPa。

④ 油淬，随后回火。

（3）部分白心和黑心可锻铸铁的牌号与力学性能及冲击性能

表 6-3-14　部分白心和黑心可锻铸铁的牌号与力学性能及冲击性能

牌号和代号		铸件壁厚 t/mm	试样直径 d/mm	力学性能					硬度 HBW
EN 牌号	数字代号			R_m/MPa	$A_{3.4}$(%)	$R_{p0.2}$/MPa	$KV^{②}$/J		
							平均值[3]	单值	
				≥					
EN-GJMW-360-12[1]	5.4201	t≤3	6	280	16	—	14	10	≤200
		3<t≤5	9	320	15	170			
		5<t≤7	**12**	**360**	**12**	**190**			
		t>7	15	370	7	200			
EN-GJMW-400-5	5.4202	t≤3	6	300	12	—	7	5	≤220
		3<t≤5	9	360	8	200			
		5<t≤7	**12**	**400**	**5**	**220**			
		t>7	15	420	4	230			
EN-GJMW-450-7	5.4203	t≤3	6	330	12	—	10	7	≤220
		3<t≤5	9	400	10	230			
		5<t≤7	**12**	**450**	**7**	**260**			
		t>7	15	480	4	280			
EN-GJMB-350-10	5.4101	—	12 或 15	350	10	200	14	10	≤150
EN-GJMB-450-6	5.4205	—	12 或 15	450	6	270	10	7	150~200
EN-GJMB-650-2	5.4300	—	12 或 15	650	2	430	5	3.5	210~260

注：表中 R_m、$A_{3.4}$、$R_{p0.2}$ 和 KV 的黑体字数值为优先采用的测试直径测得的。
① 适用于焊接的材料。
② 3 个试样的平均值。
③ 在 (23±5)℃下试验。

6.3.4　抗磨白口铸铁

（1）EN 欧洲标准抗磨白口铸铁的牌号与化学成分 ［EN 12513（2011）］（表 6-3-15）

表 6-3-15　抗磨白口铸铁的牌号与化学成分（质量分数）（%）

牌号和代号		C	Si	Mn	P	S	Cr	Ni	Cu
EN 牌号	数字代号								
非合金或低合金抗磨铸铁[1]									
EN-GJN-HB 340 （EN-JM 2019）	5.5600	2.4~3.9	0.4~1.5	0.2~1.0	—	—	≤2.0	—	—
EN-GJN-HB 400 （EN-JM 2059）	5.5601	2.4~3.9	0.4~1.5	0.2~1.0	—	—	≤2.0	—	—
Ni-Cr 系抗磨铸铁[1]									
EN-GJN-HB 480 （EN-JM 2029）	5.5602	2.5~3.0	≤0.8	≤0.8	0.10	0.10	1.5~3.0	3.0~5.5	—
EN-GJN-HB 500	5.5603	2.4~2.8	1.5~2.2	0.2~0.8	0.06	0.06	8.0~10.0	4.0~5.5	—
EN-GJN-HB 510 （EN-JM 2039）	5.5604	3.0~3.6	≤0.8	≤0.8	0.10	0.10	1.5~3.0	3.0~5.5	—
EN-GJN-HB 555 （EN-JM 2049）	5.5605	2.5~3.5	1.5~2.5	0.3~0.8	0.08	0.08	8.0~10.0	4.5~6.5	—
EN-GJN-HB 630	5.5606	3.2~3.6	1.5~2.2	0.2~0.8	0.06	0.06	8.0~10.0	4.0~5.5	—

（续）

牌号和代号		C	Si	Mn	P	S	Cr	Ni	Cu
EN 牌号	数字代号								
高 Cr 系抗磨铸铁②									
EN-GJN-HB 555 （EN-JM 3019） [XCr11]	5.5607	>1.8 ~3.6	≤1.0	0.5~1.5	0.08	0.08	11.0~14.0	≤2.0	≤1.2
EN-GJN-HB 555 （EN-JM 3029） [XCr14]	5.5608	>1.8 ~3.6	≤1.0	0.5~1.5	0.08	0.08	14.0~18.0	≤2.0	≤1.2
EN-GJN-HB 555 （EN-JM 3039） [XCr18]	5.5609	>1.8 ~3.6	≤1.0	0.5~1.5	0.08	0.08	18.0~23.0	≤2.0	≤1.2
EN-GJN-HB 555 （EN-JM 3049） [XCr23]	5.5610	>1.8 ~3.6	≤1.0	0.5~1.5	0.08	0.08	23.0~30.0	≤2.0	≤1.2

① 括号内为旧牌号。

② 高 Cr 系抗磨铸铁的圆括号内为旧牌号，方括号内为该牌号的简称。

（2）EN 欧洲标准抗磨白口铸铁的硬度与金相组织（表6-3-16）

表6-3-16 抗磨白口铸铁的硬度与金相组织

牌号和代号		HBW ≥	主要金相组织
EN 牌号	数字代号		
EN-GJN-HB 340	5.5600	340	渗碳体+珠光体
EN-GJN-HB 400	5.5601	400	渗碳体+珠光体
EN-GJN-HB 480	5.5602	480	合金渗碳体+马氏体+残留奥氏体
EN-GJN-HB 500	5.5603	500	碳化物+马氏体（或奥氏体）+中间相
EN-GJN-HB 510	5.5604	510	合金渗碳体+马氏体+残留奥氏体
EN-GJN-HB 555	5.5605	550	碳化物+马氏体（或奥氏体）+中间相
EN-GJN-HB 630	5.5606	630	碳化物+马氏体（或奥氏体）+中间相
EN-GJN-HB 555 [XCr11]	5.5607	550	铬碳化物+马氏体（或奥氏体）+中间相
EN-GJN-HB 555 [XCr14]	5.5608	550	铬碳化物+马氏体（或奥氏体）+中间相
EN-GJN-HB 555 [XCr18]	5.5609	550	铬碳化物+马氏体（或奥氏体）+中间相
EN-GJN-HB 555 [XCr23]	5.5610	550	铬碳化物+马氏体（或奥氏体）+中间相

注：1. 按照 EN 12513（2011）和 NF A32（1980）的介绍，供参考。

2. 方括号内为该牌号的简称。

B. 专业用铸铁和优良品种

6.3.5 蠕墨铸铁 [EN 16079（2011）]

（1）EN 欧洲标准蠕墨铸铁的牌号与单铸试块的力学性能（表6-3-17）

表 6-3-17　蠕墨铸铁的牌号与单铸试块的力学性能

牌号和代号		铸件壁厚	R_m/MPa	$R_{p0.2}$/MPa	A(%)
EN 牌号	数字代号	t/mm	≥		
EN-GJV/300	5.2100	t≤30	300	210	2.0
		30<t≤60	275	195	2.0
		60<t≤200	250	175	2.0
EN-GJV/350	5.2200	t≤30	350	245	1.5
		30<t≤60	325	230	1.5
		60<t≤200	300	210	1.5
EN-GJV/400	5.2201	t≤30	400	280	1.0
		30<t≤60	375	260	1.0
		60<t≤200	325	230	1.0
EN-GJV/450	5.2300	t≤30	450	315	1.0
		30<t≤60	400	280	1.0
		60<t≤200	375	260	1.0
EN-GJV/500	5.2301	t≤30	500	350	0.5
		30<t≤60	450	315	0.5
		60<t≤200	400	280	0.5

（2）EN 欧洲标准蠕墨铸铁附铸试块的力学性能（表 6-3-18）

表 6-3-18　蠕墨铸铁附铸试块的力学性能

牌号和代号		铸件壁厚	R_m/MPa	$R_{p0.2}$/MPa	A(%)
EN 牌号	数字代号	t/mm	≥		
EN-GJV/300C	5.2100	t≤30	300	210	2.0
		30<t≤200	由供需双方商定		
EN-GJV/350C	5.2200	t≤30	350	245	1.5
		30<t≤200	由供需双方商定		
EN-GJV/400C	5.2201	t≤30	400	280	1.0
		30<t≤200	由供需双方商定		
EN-GJV/450C	5.2300	t≤30	450	315	1.0
		30<t≤200	由供需双方商定		
EN-GJV/500C	5.2301	t≤30	500	350	0.5
		30<t≤200	由供需双方商定		

6.3.6　奥氏体球墨铸铁 ［EN 1564（2011）］

（1）EN 欧洲标准奥氏体球墨铸铁的牌号与单铸试块的拉伸性能和硬度（表 6-3-19 和表 6-3-20）

表 6-3-19　奥氏体球墨铸铁的牌号与单铸试块的拉伸性能

牌号和代号		铸件壁厚	R_m/MPa	$R_{p0.2}$/MPa	A(%)
EN 牌号[①]	数字代号	t/mm	≥		
EN-GJS-800-10 （EN-JS1100）	5.3400	t≤30	800	500	10
		30<t≤60	750	500	6
		60<t≤100	720	500	5

（续）

牌号和代号		铸件壁厚	R_m/MPa	$R_{p0.2}$/MPa	A(%)
EN 牌号[1]	数字代号	t/mm	≥		
EN-GJS-800-10-RT	5.3401	t≤30	800	500	10
		30<t≤60	750	500	6
		60<t≤100	720	500	5
EN-GJS-900-8	5.3402	t≤30	900	600	8
		30<t≤60	850	600	5
		60<t≤100	820	600	4
EN-GJS-1050-6 （EN-JS1110）	5.3403	t≤30	1050	700	6
		30<t≤60	1000	700	4
		60<t≤100	970	700	3
EN-GJS-1200-3 （EN-JS1120）	5.3404	t≤30	1200	850	3
		30<t≤60	1170	850	2
		60<t≤100	1140	850	1
EN-GJS-1400-1 （EN-JS1130）	5.3405	t≤30	1400	1100	1
		30<t≤60	1170	由供需双方商定	
		60<t≤100	1140	由供需双方商定	

[1] 括号内为旧牌号。

表 6-3-20　奥氏体球墨铸铁的硬度（参考值）

牌号和代号		HBW	牌号和代号		HBW
EN 牌号	数字代号		EN 牌号	数字代号	
EN-GJS-800-10	5.3400	250~310	EN-GJS-1050-6	5.3403	320~380
EN-GJS-800-10-RT	5.3401	250~310	EN-GJS-1200-3	5.3404	340~420
EN-GJS-900-8	5.3402	280~340	EN-GJS-1400-1	5.3405	380~480[1]

[1] 铸件壁厚 t≤30 mm 时，硬度为 270~360HBW。

（2）EN 欧洲标准奥氏体球墨铸铁的冲击性能（表6-3-21 和表6-3-22）

表 6-3-21　奥氏体球墨铸铁的冲击性能（无缺口试样）

EN 牌号	KN/J[1] ≥	EN 牌号	KN/J[1] ≥
EN-GJS-800-10	110	EN-GJS-1200-3	60
EN-GJS-800-10-RT	110	EN-GJS-1400-1	35
EN-GJS-900-8	100	EN-GJS-HB400	25
EN-GJS-1050-6	80	EN-GJS-HB450	20

[1] 冲击试验在室温（23±5）℃进行。

表 6-3-22　奥氏体球墨铸铁单铸试块的冲击性能

牌号和代号		铸件壁厚	试验温度	KV/J≥	
EN 牌号	数字代号	t/mm	/℃	平均值[1]	单值
EN-GJS-800-10-RT	EN-JS1024	t≤30	23±5	10	9
		30<t≤60	23±5	9	8
		60<t≤200	23±5	8	7

[1] 3 个试样的平均值。

（3）EN 欧洲标准奥氏体球墨铸铁的牌号与附铸试块的力学性能（表6-3-23）

表 6-3-23 奥氏体球墨铸铁的牌号与附铸试块的力学性能

EN 牌号[①]	铸件壁厚 t/mm	R_m/MPa	$R_{p0.2}$/MPa	A(%)
		≥		
EN-GJS-800-10C	t≤30	780	500	8
	30<t≤60	740	500	5
	60<t≤100	710	500	4
EN-GJS-800-10C-RT	t≤30	780	500	8
	30<t≤60	740	500	5
	60<t≤100	710	500	4
EN-GJS-900-8C	t≤30	880	600	7
	30<t≤60	830	600	4
	60<t≤100	800	600	3
EN-GJS-1050-6C	t≤30	1020	700	5
	30<t≤60	970	700	3
	60<t≤100	940	700	2
EN-GJS-1200-3C	t≤30	1170	850	2
	30<t≤60	1140	850	1
	60<t≤100	1100	850	1
EN-GJS-1400-1C	t≤30	1360	1100	1
	30<t≤60	由供需双方商定		
	60<t≤100			

① 牌号后缀字母"C"表示在附铸试块上测定的力学性能，以区别单铸试块的测定值。

6.3.7 高温用铁素体球墨铸铁［EN 16124（2011）］

本类铸铁全称为：高温用低合金铁素体球墨铸铁。

（1）EN 欧洲标准铁素体球墨铸铁的牌号、硬度与力学性能（表 6-3-24）

表 6-3-24 铁素体球墨铸铁的牌号、硬度与力学性能

牌号和代号		铸件壁厚 t/mm	R_m/MPa	$R_{p0.2}$/MPa	A(%)	HBW
EN 牌号	数字代号		≥			
EN-GJS-SiMo25-5	5.3111	30<t≤60	420	260	12	140~210
		60<t≤200	400	250	12	130~200
EN-GJS-SiMo30-7	5.3112	30<t≤60	440	310	10	150~220
		60<t≤200	420	300	10	140~210
EN-GJS-SiMo35-5	5.3113	30<t≤60	440	330	8	160~230
		60<t≤200	440	320	8	150~220
EN-GJS-SiMo40-6	5.3114	—	480	380	8	190~240
EN-GJS-SiMo40-10	5.3115	—	510	400	8	190~240
EN-GJS-SiMo45-6	5.3116	—	520	420	7	200~250
EN-GJS-SiMo45-10	5.3117	—	550	460	5	200~250
EN-GJS-SiMo50-6	5.3118	—	580	480	4	210~260
EN-GJS-SiMo50-10	5.3119	—	600	500	3	210~260

注：由铸件加工的试样在环境温度下测定。

（2）EN 欧洲标准铁素体球墨铸铁的主要化学成分和力学性能

A）铁素体球墨铸铁的硅和钼含量（表 6-3-25）

表 6-3-25　铁素体球墨铸铁的硅和钼含量（质量分数）（%）

牌号和代号		Si	Mo
EN 牌号	数字代号		
EN-GJS-SiMo25-5	5.3111	2.3~2.7	0.4~0.6
EN-GJS-SiMo30-7	5.3112	2.8~3.2	0.6~0.8
EN-GJS-SiMo35-5	5.3113	3.3~3.7	0.4~0.6
EN-GJS-SiMo40-6	5.3114	3.8~4.2	0.5~0.7
EN-GJS-SiMo40-10	5.3115	3.8~4.2	0.8~1.1
EN-GJS-SiMo45-6	5.3116	4.3~4.7	0.5~0.7
EN-GJS-SiMo45-10	5.3117	4.3~4.7	0.8~1.1
EN-GJS-SiMo50-6	5.3118	4.8~5.2	0.5~0.7
EN-GJS-SiMo50-10	5.3119	4.8~5.2	0.8~1.1

注：本类铸铁：铁素体≥85%（体积分数），珠光体和碳化物≤5%（体积分数）；其他规定由供需双方商定。

B）硅和钼对铁素体球墨铸铁高温力学性能的影响（表 6-3-26）

表 6-3-26　硅和钼对铁素体球墨铸铁高温力学性能的影响

铸铁材料	抗拉强度 MPa ≥			蠕变强度 MPa ≥
	427℃	538℃	649℃	(1000h，538℃)
灰铸铁 GJL（非合金）	255	173	83	41
ASTM 60-40-18[①]	276	173	90	57
球墨铸铁 GJS（Si 4%）	386	248	90	69
球墨铸铁 GJS（Si 4% + Mo 1%）	421	304	131	97
球墨铸铁 GJS（Si 4% + Mo 2%）	449	317	138	117

① 相当于球墨铸铁 EN-GJS-400-15。

（3）EN 欧洲标准铁素体球墨铸铁的线胀系数实例（表 6-3-27）

表 6-3-27　铁素体球墨铸铁的线胀系数实例

化学成分（质量分数）（%）				平均线胀系数/（×10⁻⁶/K）（在 20℃ 和下列温度之间）					
C	Si	Mn	Mo	100℃	200℃	300℃	540℃	760℃	815℃
3.78	2.18	0.50	—	—	—	—	13.0	13.9	—
3.78	2.28	0.49	0.95	—	—	—	12.1	13.3	—
3.39	3.59	0.38	—	9.89	11.83	12.41			12.96
3.79	4.00	0.37	—	9.89	11.83	12.81			14.16
3.34	4.02	0.36	1.97[①]	—	—	—	12.2		13.9
3.45	4.03	0.39	—	8.33	11.68	12.87			13.3
3.36	4.06	0.36	1.98	—	—	—	12.9		14.3
3.79	4.12	0.38	—	10.67	12.66	13.42			13.55
3.07	4.15	0.34	—	—	—	—	12.2		13.9
3.05	4.18	0.35	0.98	—	—	—	12.1		13.3
3.06	4.21	0.34	4.09	—	—	—	11.9		13.3
3.05	4.23	0.34	2.04	—	—	—	12.1		13.3

① 该牌号 $w(Al) \leq 1.05\%$。

6.3.8 工程等级奥氏体铸铁 ［EN 13835 (2012)］

（1）EN 欧洲标准工程等级奥氏体铸铁的牌号与化学成分（表 6-3-28）

表 6-3-28 工程等级奥氏体铸铁的牌号与化学成分（质量分数）（%）

牌 号[①]	数字代号	C	Si	Mn	P	Cr	Ni	Cu
片状石墨奥氏体铸铁								
EN-GJLA-XNiCuCr15-6-2	5.1500	≤3.0	1.0~2.8	0.5~1.5	≤0.25	1.0~3.5	13.5~17.5	5.5~7.5
球状石墨奥氏体铸铁								
EN-GJSA-XNiCr20-2	5.3500	≤3.0	1.5~3.0	0.5~1.5	≤0.08	1.0~3.5	18.0~22.0	≤0.5
EN-GJSA-XNiMn23-4	5.3501	≤2.6	1.5~2.5	4.0~4.5	≤0.08	≤0.2	22.0~24.0	≤0.5
EN-GJSA-XNiCrNb20-2[②]	5.3502	≤3.0	1.5~2.4	0.5~1.5	≤0.08	1.0~3.5	18.0~22.0	≤0.5
EN-GJSA-XNi22	5.3503	≤3.0	1.5~3.0	1.5~2.5	≤0.08	≤0.5	21.0~24.0	≤0.5
EN-GJSA-XNi35	5.3504	≤2.4	1.5~3.0	0.5~1.5	≤0.08	≤0.2	34.0~36.0	≤0.5
EN-GJSA-XNiSiCr35-5-2	5.3505	≤2.0	4.0~6.0	0.5~1.5	≤0.08	1.5~2.5	34.0~36.0	≤0.5

① 某些牌号可添加 Mo，以改善其高温性能。

② 该牌号 Nb 的正常含量范围为 $w(\text{Nb})=0.12\%\sim0.20\%$，为保持良好的焊接性能，则应调整 Nb 含量为 $w(\text{Nb})\leqslant$ ［$0.353-0.032（\%\,\text{Si}+64\%\,\text{Mg}）$］。

（2）EN 欧洲标准工程等级奥氏体铸铁单铸试样的力学性能（表 6-3-29）

表 6-3-29 工程等级奥氏体铸铁单铸试样的力学性能

牌号和代号		R_m/MPa	$R_{p0.2}$/MPa	$A(\%)$	KV[①]/J
EN 牌号	数字代号	≥			
片状石墨奥氏体铸铁					
EN-GJLA-XNiCuCr15-6-2	5.1500	170	—	—	—
球状石墨奥氏体铸铁					
EN-GJSA-XNiCr20-2	5.3500	370	210	7	13[②]
EN-GJSA-XNiMn23-4	5.3501	440	210	25	24
EN-GJSA-XNiCrNb20-2	5.3502	370	210	7	13[②]
EN-GJSA-XNi22	5.3503	370	170	20	20
EN-GJSA-XNi35	5.3504	370	210	20	13
EN-GJSA-XNiSiCr35-5-2	5.3505	370	200	10	7

① 取 3 个试样的平均值。

② 非强制性指标，必要时可由供需双方协商。

（3）EN 欧洲标准工程等级奥氏体铸铁的力学性能和物理性能实例（表 6-3-30 和表 6-3-31）

表 6-3-30 工程等级奥氏体铸铁的力学性能实例[①]

牌号和代号		R_m/MPa	$R_{p0.2}$/MPa	$A(\%)$	KV/J	E/GPa	HBW
EN 牌号	数字代号						
EN-GJLA-XNiCuCr15-6-2	5.1500	170~210	—[②]	2	—	85~105	120~215
EN-GJSA-XNiCr20-2	5.3500	370~480	210~250	7~20	11~24	112~130	140~255
EN-GJSA-XNiMn23-4	5.3501	440~480	210~240	25~45	20~30	120~140	150~180
EN-GJSA-XNiCrNb20-2	5.3502	370~480	210~250	8~20	11~24	112~130	140~200
EN-GJSA-XNi22	5.3503	370~450	170~250	20~40	17~29	85~112	130~170
EN-GJSA-XNi35	5.3504	370~420	210~240	20~40	10~18	112~140	130~180
EN-GJSA-XNiSiCr35-5-2	5.3505	380~500	200~270	10~20	7~12	130~150	130~170

① 摘自 EN 13835 (2012) 附录。在室温（23±5）℃测定。

② 该牌号的抗压强度 $\sigma_{bb}=700\sim840\text{MPa}$。

表6-3-31　工程等级奥氏体铸铁的物理性能实例①

牌号和代号		密度/	线胀系数/	热导率/	比热容/	电阻率/	磁导率/
EN 牌号	数字代号	[kg/dm³]	[μm/(m·K)]	[W/(m·K)]	[J/(g·K)]	μΩ·m	(H/m)
EN-GJLA-XNiCuCr15-6-2	5.1500	7.3	18.7	39.00	46~50	1.6	1.03
EN-GJSA-XNiCr20-2	5.3500	7.4~7.45	18.7	12.60	46~50	1.0	1.05
EN-GJSA-XNiMn23-4	5.3501	7.45	14.7	12.60	46~50	—	1.02
EN-GJSA-XNiCrNb20-2②	5.3502	7.40	18.7	12.60	46~50	1.0	1.04
EN-GJSA-XNi22	5.3503	7.40	18.4	12.60	46~50	1.0	1.02
EN-GJSA-XNi35	5.3504	7.60	5.0	12.60	46~50	—	—②
EN-GJSA-XNiSiCr35-5-2	5.3505	7.45	15.1	12.60	46~50	—	—②

① 摘自 EN 13835（2012）附录 E。在室温（23±5）℃测定。

② 该牌号为铁磁性。

6.3.9　特殊用途等级奥氏体铸铁 [EN 13835（2012）]

（1）EN 欧洲标准特殊用途等级奥氏体铸铁的牌号与化学成分（表6-3-32）

表6-3-32　特殊用途等级奥氏体铸铁的牌号与化学成分（质量分数）（%）

牌号①	数字代号	C	Si	Mn	P	Cr	Ni	Cu
			片状石墨奥氏体铸铁					
EN-GJSA-XNiMn13-7	5.1501	≤3.0	1.5~3.0	6.0~7.0	≤0.25	≤0.2	12.0~14.0	≤0.5
			球状石墨奥氏体铸铁					
EN-GJSA-XNiMn13-7	5.3506	≤3.0	2.0~3.0	6.0~7.0	≤0.08	≤0.2	12.0~14.0	≤0.5
EN-GJSA-XNiCr30-3	5.3507	≤2.6	1.5~3.0	0.5~1.5	≤0.08	2.5~3.5	28.0~32.0	≤0.5
EN-GJSA-XNiSiCr30-5-5	5.3508	≤2.6	5.0~6.0	0.5~1.5	≤0.08	4.5~5.5	28.0~32.0	≤0.5
EN-GJSA-XNiCr35-3	5.3509	≤2.4	1.5~3.0	0.5~2.5	≤0.08	2.0~3.0	34.0~36.0	≤0.5

① 某些牌号可添加 Mo，以改善其高温性能。

（2）EN 欧洲标准特殊用途等级奥氏体铸铁单铸试样的力学性能（表6-3-33）

表6-3-33　特殊用途等级奥氏体铸铁单铸试样的力学性能

牌号和代号		R_m/MPa	$R_{p0.2}$/MPa	A(%)	KV①/J
EN 牌号	数字代号		≥		
		片状石墨奥氏体铸铁			
EN-GJSA-XNiMn13-7	5.1501	140	—	—	—
		球状石墨奥氏体铸铁			
EN-GJSA-XNiMn13-7	5.3506	390	210	15	16
EN-GJSA-XNiCr30-3	5.3507	370	210	7	
EN-GJSA-XNiSiCr30-5-5	5.3508	390	240	—	
EN-GJSA-XNiCr35-3	5.3509	370	210	20	

① 取3个试样的平均值。

（3）EN 欧洲标准特殊用途等级奥氏体铸铁的力学性能和物理性能实例（表6-3-34和表6-3-35）

表6-3-34　特殊用途等级奥氏体铸铁的力学性能实例①

牌号和代号		R_m/MPa	$R_{p0.2}$/MPa	A(%)	KV/J	E/GPa	HBW
EN 牌号	数字代号						
EN-GJSA-XNiMn13-7	5.1501	140~220	—②	—	—	70~90	120~150
EN-GJSA-XNiMn13-7	5.3506	390~470	210~260	15~18	15~25	140~150	120~150
EN-GJSA-XNiCr30-3	5.3507	370~480	210~260	7~18	5	92~105	140~200
EN-GJSA-XNiSiCr30-5-5	5.3508	390~500	240~260	1~4	1~3	90	170~250
EN-GJSA-XNiCr35-3	5.3509	370~450	210~290	7~10	4	112~123	140~190

① 摘自 EN 13835（2012）附录。在室温（23±5）℃测定。

② 该牌号的抗压强度 σ_{bb} = 630~840MPa。

表 6-3-35　特殊用途等级奥氏体铸铁的物理性能实例[1]

牌号和代号		密度/	线胀系数/	热导率/	比热容/	电阻率/	磁导率/
EN 牌号	数字代号	[kg/dm³]	[μm/(m·K)]	[W/(m·K)]	[J/(g·K)]	/μΩ·m	(H/m)
EN-GJSA-XNiMn13-7	5.1501	7.40	17.7	39.00	46~50	1.2	1.02
EN-GJSA-XNiMn13-7	5.3506	7.3	18.2	12.60	46~50	1.0	1.02
EN-GJSA-XNiCr30-3	5.3507	7.45	12.6	12.60	46~50	—	—[2]
EN-GJSA-XNiSiCr30-5-5	5.3508	7.45	14.4	12.60	46~50	—	1.01
EN-GJSA-XNiCr35-3	5.3509	7.70	5.0	12.60	46~50	—	—[2]

[1] 摘自 EN 13835（2012）附录。

[2] 该牌号为铁磁性。

6.4　法　　　国

A. 通用铸铁

6.4.1　灰铸铁［NF EN 1561（2011）］

见 6.3.1 节。

6.4.2　球墨铸铁［NF EN 1563（2019）］

见 6.3.2 节。

6.4.3　可锻铸铁［NF EN 1562（2019）］／［NF A32-701（2019）］

见 6.3.3 节。

6.4.4　抗磨白口铸铁［NF EN 1213（2011）］

见 6.3.4 节。

B. 专业用铸铁和优良品种

6.4.5　蠕墨铸铁［NF EN 16079（2011）］

见 6.3.5 节。

6.4.6　工程等级和特殊用途等级奥氏体铸铁［NF EN 13835（2012）］

见 7.3.8 节和 7.3.9 节。

6.5　德　　　国

A. 通用铸铁

6.5.1　灰铸铁［DIN EN 1561（2012）］

见 6.3.1 节。

6.5.2　球墨铸铁［DIN EN 1563（2019）］

见 6.3.2 节。

6.5.3 可锻铸铁〔DIN EN 1562 (2019)〕和〔DIN 1692 (1982)〕

见6.3.3节。

6.5.4 抗磨白口铸铁〔DIN EN 12513 (2012)〕

见6.3.4节。

B. 专业用铸铁和优良品种

6.5.5 工程等级和特殊用途等级奥氏体铸铁〔DIN EN 13835 (2012)〕

见6.3.8节和6.3.9节。

6.6 印 度

A. 通用铸铁

6.6.1 灰铸铁

(1) 印度IS标准灰铸铁的牌号与抗拉强度〔IS 210 (2009)〕(表6-6-1)

表6-6-1 灰铸铁的牌号与抗拉强度

牌 号	$R_m^①$/MPa	HBW	牌 号	$R_m^①$/MPa	HBW
FG 150	≥150	130~180	FG 300	≥300	180~230
FG 200	≥200	160~220	FG 350	≥350	207~241
FG 220	≥220	180~220	FG 400	≥400	207~270
FG 260	≥260	180~230	—	—	—

注：表中为单铸试样的抗拉强度。

① 预期的抗拉强度 R_m 仅供参考。

(2) 印度IS标准灰铸铁铸件的断面厚度与抗拉强度的关系 (表6-6-2)

表6-6-2 灰铸铁铸件的断面厚度与抗拉强度的关系

牌 号	铸件壁厚/mm	$R_m^①$/MPa	牌 号	铸件壁厚/mm	$R_m^①$/MPa
FG 150	2.5~10	≥155	FG 260	4.0~10	≥260
	10~20	≥130		10~20	≥235
	20~30	≥115		20~30	≥215
	30~50	≥105		30~50	≥195
—	—	—	FG 300	10~20	≥270
FG 200	2.5~10	≥205		20~30	≥245
	10~20	≥180		30~50	≥225
	20~30	≥160	FG 350	10~20	≥315
	30~50	≥145		20~30	≥290
—	—	—		30~50	≥270

① 预期的抗拉强度 R_m 仅供参考。

6.6.2 球墨铸铁

(1) 印度IS标准球墨铸铁的牌号与单铸试块的力学性能〔IS 1865 (1991/2005 确认)〕(表6-6-3 和表6-6-4)

表 6-6-3 球墨铸铁的牌号与单铸试块的力学性能

牌 号	R_m/MPa	$R_{p0.2}$/MPa	$A(\%)$	HBW[1]	主要金相组织[1]
		≥			
SG 900/2	900	600	2	280 ~ 360	贝氏体或回火马氏体
SG 800/2	800	480	2	245 ~ 335	贝氏体或回火组织
SG 700/2	700	420	2	225 ~ 305	珠光体
SG 600/3	600	370	3	190 ~ 270	珠光体 + 铁素体
SG 500/7	500	320	7	160 ~ 240	铁素体 + 珠光体
SG 450/10	450	310	10	160 ~ 210	铁素体
SG 400/15	400	250	15	130 ~ 180	铁素体
SG 400/18	400	250	18	130 ~ 180	铁素体
SG 350/22	350	220	22	≤150	铁素体

① 硬度值和基体金相组织仅供参考。

表 6-6-4 球墨铸铁单铸试块的冲击性能

牌 号	试验温度	KV/J ≥	
		平均值[2]	个别值
SG 400/18	室温 （23 ± 5）℃	14	11
SG 400/18L[1]	低温 （-20 ± 2）℃	12	9
SG 350/22	室温 （23 ± 5）℃	17	14
SG 350/22L[1]	低温 （-40 ± 2）℃	12	9

① 牌号后缀字母"L"表示要求作低温冲击性能试验。

② 3 个试样的平均值。

（2）印度 IS 标准球墨铸铁的牌号与附铸试块的力学性能（表 6-6-5 和表 6-6-6）

表 6-6-5 球墨铸铁的牌号与附铸试块的力学性能

牌 号	铸件壁厚 /mm	R_m/MPa	$R_{p0.2}$/MPa	$A(\%)$	HBW[1]	主要金相组织[1]
			≥			
SG 700/2	30 ~ 60	700	400	2	220 ~ 320	珠光体
	61 ~ 200	630	380	1	220 ~ 320	珠光体
SG 600/3	30 ~ 60	600	360	2	180 ~ 270	珠光体 + 铁素体
	61 ~ 200	550	340	1	180 ~ 270	珠光体 + 铁素体
SG 500/7	30 ~ 60	450	300	7	170 ~ 240	铁素体 + 珠光体
	61 ~ 200	420	290	5	170 ~ 240	铁素体 + 珠光体
SG 400/15	30 ~ 60	390	250	15	130 ~ 180	铁素体
	61 ~ 200	370	240	12	130 ~ 180	铁素体
SG 400/18	30 ~ 60	390	250	15	130 ~ 180	铁素体
	61 ~ 200	370	240	12	130 ~ 180	铁素体
SG 350/22	30 ~ 60	330	220	18	≤150	铁素体
	61 ~ 220	320	210	15	≤150	铁素体

① 硬度值和主要金相组织仅供参考。

表 6-6-6 球墨铸铁附铸试块的冲击性能

牌 号	铸件壁厚/mm	试验温度/℃	KV/J ≥	
			平均值[2]	个别值
SG 400/18A	30 ~ 60	室温 23 ± 5	14	11
	61 ~ 220	室温 23 ± 5	12	9
SG 400/18L[1]	30 ~ 60	低温 -20 ± 2	12	9
	61 ~ 220	低温 -20 ± 2	10	7

（续）

牌　号	铸件壁厚/mm	试验温度/℃	KV/J ≥	
			平均值[2]	个别值
SG 350/22A	30 ~ 60	室温　23 ±5	17	14
	61 ~ 220	室温　23 ±5	15	12
SG 350/22L[1]	30 ~ 60	低温　－40 ±2	12	9
	61 ~ 220	低温　－40 ±2	10	7

① 牌号后缀字母 "L" 表示该牌号要求作低温（－20℃或－40℃）冲击性能试验。
② 3 个试样的平均值。

（3）印度 IS 标准球墨铸铁的硬度牌号及硬度与力学性能（表6-6-7）

表6-6-7　球墨铸铁的硬度牌号及硬度与力学性能

牌　号	HBW	R_m/MPa	$R_{p0.2}$/MPa	$A(\%)$	主要金相组织[1]
		≥			
H 330	280 ~ 360	900	600	2	贝氏体或回火马氏体
H 300	245 ~ 335	800	480	2	贝氏体或回火组织
H 265	225 ~ 305	700	420	2	珠光体
H 230	190 ~ 270	600	370	3	珠光体 + 铁素体
H 200	170 ~ 230	500	320	7	铁素体 + 珠光体
H 185	160 ~ 210	450	310	10	铁素体
H 155	130 ~ 180	400	250	15	铁素体
H 150	130 ~ 180	400	250	18	铁素体
H 130	≤150	350	220	22	铁素体

① 基体金相组织仅供参考。

6.6.3　可锻铸铁

（1）印度 IS 标准白心可锻铸铁的牌号与力学性能［IS 14329（1995/2005 确认）］（表6-6-8）

表6-6-8　白心可锻铸铁的牌号与力学性能

牌　号	铸件壁厚/mm	试样直径/mm	R_m/MPa	$R_{p0.2}^{①}$/MPa	$A(\%)$	HBW ≤
			≥			
WM 350	≤8	9	340	—	5	230
	>8 ~ 13	12	350	—	4	230
	>13	15	360	—	3	230
WM 400	≤8	9	360	200	8	220
	>8 ~ 13	12	400	220	5	220
	>13	15	420	230	4	220

① 屈服强度的确定，除了取残余变形为 0.2% 时的强度 $R_{p0.2}$ 外，也可取载荷下的总伸长率为 0.5% 时的强度 $R_{p0.5}$。

（2）印度 IS 标准黑心可锻铸铁的牌号与力学性能［IS 14329（1995/2005 确认）］（表6-6-9）

表6-6-9　黑心可锻铸铁的牌号与力学性能

牌　号	铸件壁厚/mm	试样直径/mm	R_m/MPa	$R_{p0.2}$/MPa	$A(\%)$	HBW ≤
			≥			
BM 300	所有尺寸	15	300	—	6	150
BM 320	所有尺寸	15	320	190	12	150
BM 350	所有尺寸	15	350	200	10	150

（3）印度 IS 标准珠光体可锻铸铁的牌号与力学性能 ［IS 14329（1995/2005）确认］（表 6-6-10）

表 6-6-10 珠光体可锻铸铁的牌号与力学性能

牌 号	铸件壁厚 /mm	试样直径 /mm	R_m/MPa	$R_{p0.2}$/MPa	A(%)	HBW
			≥			≤
PM 450	所有尺寸	15	450	270	6	150～200
PM 500	所有尺寸	15	500	300	5	160～200
PM 550	所有尺寸	15	550	340	4	180～230
PM 600	所有尺寸	15	600	390	3	200～250
PM 700	所有尺寸	15	700	530	2	240～290

6.6.4 抗磨白口铸铁

（1）印度 IS 标准抗磨白口铸铁的牌号与化学成分 ［IS 4771（1985/2005 确认）］（表 6-6-11）

表 6-6-11 抗磨白口铸铁的牌号与化学成分（质量分数）（%）

牌 号	类别	C	Si	Mn	P ≤	S ≤	Cr	Ni	Mo
Ni LCr30/500	Type 1A	2.7～3.3	0.3～0.6	0.3～0.6	0.30	0.15	1.5～2.5	3.0～5.5	0.5
Ni LCr34/550	Type 1A	3.2～3.6	0.3～0.6	0.3～0.6	0.30	0.15	1.5～2.5	3.0～5.5	0.5
Ni HCr27/500	Type 1B	2.5～2.9	1.5～2.2	0.3～0.6	0.30	0.15	8.0～10.0	4.0～6.0	0.5
Ni HCr30/550	Type 1B	2.8～3.2	1.5～2.2	0.3～0.6	0.30	0.15	8.0～10.0	4.0～6.0	0.5
Ni HCr34/600	Type 1B	3.2～3.6	1.5～2.2	0.3～0.6	0.30	0.15	7.5～9.5	4.0～6.0	0.5
CrMo HC34/500	Type 2	3.1～3.6	0.3～0.8	0.4～0.9	0.30	0.15	14.0～18.0	4.0～6.0	2.5～3.5
CrMo LC28/500	Type 2	2.4～3.1	0.3～0.8	0.4～0.9	0.30	0.15	14.0～18.0	0.5	2.5～3.5
HCrNi 27/400	Type 3	2.3～3.0	0.2～1.5	≤1.5	0.30	0.15	24.0～28.0	1.2	0.6
HCr27/400	Type 3	2.3～3.0	0.2～1.5	≤1.5	0.30	0.15	24.0～28.0	0.5	0.6

（2）印度 IS 标准抗磨白口铸铁的硬度（表 6-6-12）

表 6-6-12 抗磨白口铸铁的硬度

牌 号	类别	铸态硬度 HBW	硬化态硬度 HBW	软化退火态 硬度 HBW
		≥		≤
Ni LCr30/500	Type 1A	500	—	—
Ni LCr34/550	Type 1A	550	—	—
Ni HCr27/500	Type 1B	500	—	—
Ni HCr30/550	Type 1B	550	—	—
Ni HCr34/600	Type 1B	600	—	—
CrMo HC34/500	Type 2	500	600	380
CrMo LC28/500	Type 2	500	550	380
HCrNi 27/400	Type 3	400	550	—
HCr27/400	Type 3	400	550	380

B. 专业用铸铁和优良品种

6.6.5 片状石墨奥氏体铸铁 ［IS 2749（1995/2005 确认）］

（1）印度 IS 标准片状石墨奥氏体铸铁的牌号与化学成分（表 6-6-13）

表 6-6-13 片状石墨奥氏体铸铁的牌号与化学成分（质量分数）（%）

牌 号	C	Si	Mn	Cr	Ni	Cu
AFG Ni13Mn7	≤3.0	1.5 ~ 3.0	6.0 ~ 7.0	≤0.20	12.0 ~ 14.0	≤0.50
AFG Ni15Cu6Cr2	≤3.0	1.0 ~ 2.8	0.5 ~ 1.5	1.0 ~ 3.5	13.5 ~ 17.5	5.5 ~ 7.5
AFG Ni15Cu6Cr3	≤3.0	1.0 ~ 2.8	0.5 ~ 1.5	2.5 ~ 3.5	13.5 ~ 17.5	5.5 ~ 7.5
AFG Ni20Cr2	≤3.0	1.0 ~ 2.8	0.5 ~ 1.5	1.0 ~ 2.5	18.0 ~ 22.0	≤0.50
AFG Ni20Cr3	≤3.0	1.0 ~ 2.8	0.5 ~ 1.5	2.5 ~ 3.5	18.0 ~ 22.0	≤0.50
AFG Ni20Si5Cr3	≤2.5	4.5 ~ 5.5	0.5 ~ 1.5	1.5 ~ 4.5	18.0 ~ 22.0	≤0.50
AFG Ni30Cr3	≤2.5	1.0 ~ 2.0	0.5 ~ 1.5	2.5 ~ 3.5	28.0 ~ 32.0	≤0.50
AFG Ni30Si5Cr5	≤2.5	5.0 ~ 6.0	0.5 ~ 1.5	4.5 ~ 5.5	29.0 ~ 32.0	≤0.50
AFG Ni35	≤2.4	1.0 ~ 2.0	0.5 ~ 1.5	≤0.20	34.0 ~ 36.0	≤0.50

（2）印度 IS 标准片状石墨奥氏体铸铁的力学性能（表 6-6-14）

表 6-6-14 片状石墨奥氏体铸铁的力学性能

牌 号	抗拉强度 R_m/MPa	抗压强度 /MPa	断后伸长率 A(%)	弹性模量 E/GPa	硬度 HBW
AFG Ni13Mn7	140 ~ 220	650 ~ 840	—	70 ~ 90	120 ~ 150
AFG Ni15Cu6Cr2	170 ~ 210	700 ~ 840	≥2	85 ~ 105	140 ~ 200
AFG Ni15Cu6Cr3	190 ~ 240	860 ~ 1100	1 ~ 2	98 ~ 113	150 ~ 250
AFG Ni20Cr2	170 ~ 210	700 ~ 840	2 ~ 3	85 ~ 105	120 ~ 215
AFG Ni20Cr3	190 ~ 240	860 ~ 1100	1 ~ 2	98 ~ 113	160 ~ 250
AFG Ni20Si5Cr3	190 ~ 280	860 ~ 1100	2 ~ 5	≥110	140 ~ 250
AFG Ni30Cr3	190 ~ 240	700 ~ 910	1 ~ 3	98 ~ 113	120 ~ 215
AFG Ni30Si5Cr5	170 ~ 240	≥560	—	≥105	150 ~ 210
AFG Ni35	120 ~ 180	560 ~ 700	1 ~ 3	≥74	120 ~ 140

注：本表数值仅供参考。

6.6.6 球状石墨奥氏体铸铁 ［IS 2749（1995/2005 确认）］

（1）印度 IS 标准球状石墨奥氏体铸铁的牌号与化学成分（表 6-6-15）

表 6-6-15 球状石墨奥氏体铸铁的牌号与化学成分（质量分数）（%）

牌 号	C	Si	Mn	P≤	Cr	Ni	其 他
ASG Ni13Mn7	≤3.0	2.0 ~ 3.0	6.0 ~ 7.0	0.080	≤0.20	12.0 ~ 14.0	Cu ≤0.5
ASG Ni20Cr2	≤3.0	1.5 ~ 3.0	0.5 ~ 1.5	0.080	1.0 ~ 3.5	18.0 ~ 22.0	Cu ≤0.5
ASG Ni20Cr3	≤3.0	1.5 ~ 3.0	0.5 ~ 1.5	0.080	2.5 ~ 3.5	18.0 ~ 22.0	Cu ≤0.5
ASG Ni20Si5Cr2	≤3.0	4.5 ~ 5.5	0.5 ~ 1.5	0.080	1.5 ~ 2.5	34.0 ~ 36.0	Cu ≤0.5
ASG Ni22	≤3.0	1.0 ~ 3.0	1.5 ~ 2.5	0.080	≤0.50	21.0 ~ 24.0	Cu ≤0.5
ASG Ni23Mn4	≤2.6	1.5 ~ 2.5	4.0 ~ 4.5	0.080	≤0.20	22.0 ~ 24.0	Cu ≤0.5
ASG Ni30Cr1	≤2.6	1.5 ~ 3.0	0.5 ~ 1.5	0.080	1.0 ~ 1.5	28.0 ~ 32.0	Cu ≤0.5
ASG Ni30Cr3	≤2.6	1.5 ~ 3.0	0.5 ~ 1.5	0.080	2.5 ~ 3.5	28.0 ~ 32.0	Cu ≤0.5
ASG Ni30Si5Cr5	≤2.6	5.0 ~ 6.0	0.5 ~ 1.5	0.080	4.5 ~ 5.5	28.0 ~ 32.0	Cu ≤0.5
ASG Ni35	≤2.4	1.5 ~ 3.0	0.5 ~ 1.5	0.080	≤0.20	34.0 ~ 36.0	Cu ≤0.5
ASG Ni35Cr3	≤2.4	1.5 ~ 3.0	0.5 ~ 1.5	0.080	2.0 ~ 3.0	34.0 ~ 36.0	Cu ≤0.5

（2）印度 IS 标准球状石墨奥氏体铸铁的力学性能（表 6-6-16）

表 6-6-16 球状石墨奥氏体铸铁的力学性能

牌 号	R_m/MPa	$R_{p0.2}$/MPa	A(%)	冲击试验（3个试样平均值）		硬度 HBW
				KV/J	KU/J	
	≥			≥		≤
ASG Ni13Mn7	390	210	15	16	—	170
ASG Ni20Cr2	370	210	7	13	16	200
ASG Ni20Cr3	390	210	7	—	—	255
ASG Ni20Si5Cr2	370	210	10	—	—	230
ASG Ni22	370	170	20	20	24	170
ASG Ni23Mn4	440	210	25	24	28	180
ASG Ni30Cr1	370	210	13	—	—	190
ASG Ni30Cr3	370	210	7	—	—	200
ASG Ni30Si5Cr5	390	240	—	—	—	250
ASG Ni35	370	210	20	—	—	180
ASG Ni35Cr3	370	210	7	—	—	190

注：表中"—"表示未规定。

6.7 日 本

A. 通用铸铁

6.7.1 灰铸铁

（1）日本 JIS 标准灰铸铁的牌号与抗拉强度［JIS G5501（1995/2010 确认）］

A）灰铸铁的牌号与单铸试样的抗拉强度（表6-7-1）

表 6-7-1 灰铸铁的牌号与单铸试样的抗拉强度

牌 号	旧牌号	铸件壁厚/mm	R_m/MPa ≥	牌 号	旧牌号	铸件壁厚/mm	R_m/MPa ≥
FC100	FC10	>2.5~10	120	FC250	FC25	>4.0~10	250
		>10~20	90			>10~20	225
FC150	FC15	>2.5~10	155			>20~40	195
		>10~20	130			>40~80	170
		>20~40	110			>80~150	155
		>40~80	95	FC300	FC30	>10~20	270
		>80~150	80			>20~40	240
FC200	FC20	>2.5~10	205			>40~80	210
		>10~20	180			>80~150	195
		>20~40	155	FC350	FC35	>10~20	315
		>40~80	130			>20~40	285
		>80~150	115			>40~80	250
						>80~150	225

B）灰铸铁的牌号与附铸试样的抗拉强度（表6-7-2）

表 6-7-2 灰铸铁的牌号与附铸试样的抗拉强度

牌 号	旧牌号	铸件壁厚 /mm	R_m/MPa ≥	牌 号	旧牌号	铸件壁厚 /mm	R_m/MPa ≥
FC100	FC10	—	—	FC250	FC25	>20 ~ 40	210
						>40 ~ 80	190
						>80 ~ 150	170
FC150	FC15	>20 ~ 40	120			>150 ~ 300	160
		>40 ~ 80	110	FC300	FC30	>20 ~ 40	250
		>80 ~ 150	100			>40 ~ 80	220
		>150 ~ 300	90			>80 ~ 150	210
FC200	FC20	>20 ~ 40	170			>150 ~ 300	190
		>40 ~ 80	150	FC350	FC35	>20 ~ 40	290
		>80 ~ 150	140			>40 ~ 80	260
		>150 ~ 300	130			>80 ~ 150	230
						>150 ~ 300	210

（2）日本 JIS 标准灰铸铁的抗弯性能与硬度（表 6-7-3）

表 6-7-3 灰铸铁的抗弯性能与硬度

牌 号	旧牌号	抗弯性能		HBW ≤
		最大载荷/N	挠度 f/mm	
FC100	FC10	7000	3.5	201
FC150	FC15	8000	4.0	212
FC200	FC20	9000	4.5	223
FC250	FC25	10000	5.0	241
FC300	FC30	11000	5.5	262
FC350	FC35	12000	5.5	277

6.7.2 球墨铸铁

（1）日本 JIS 标准球墨铸铁的牌号与单铸试样的力学性能及金相组织 ［JIS G5502（2001/2011 确认）］（表 6-7-4 和表 6-7-5）

表 6-7-4 球墨铸铁的牌号与单铸试样的力学性能及金相组织[①]

牌 号	旧牌号	R_m/MPa ≥	$R_{p0.2}$/MPa ≥	A（%）≥	HBW[②]	主要金相组织[②]
FCD350-22	—	350	220	22	150	铁素体
FCD350-22L	—	350	220	22	150	铁素体
FCD400-18	FCD40	400	250	18	130 ~ 180	铁素体
FCD400-18L	—	400	250	18	130 ~ 180	铁素体
FCD400-15	FCD40	400	250	15	130 ~ 180	铁素体
FCD450-10	FCD45	450	280	10	140 ~ 210	铁素体
FCD500-7	FCD50	500	320	7	150 ~ 230	铁素体 + 珠光体
FCD600-3	FCD60	600	370	3	170 ~ 270	珠光体 + 铁素体
FCD700-2	FCD70	700	420	2	180 ~ 300	珠光体
FCD800-2	FCD80	800	480	2	200 ~ 330	珠光体或回火组织

① 此表根据 ［JIS G5502（2001/2011 确认）］ +2007 修改单综合摘编。

② JIS 标准提供的参考内容。

表 6-7-5　球墨铸铁单铸试块 V 型缺口试样的冲击性能

牌 号[1]	KV（室温）/J ≥			KV（低温）/J ≥		
	试验温度/℃	平均值[2]	单个值[3]	试验温度/℃	平均值[2]	单个值[3]
FCD350-22	23±5	17	14	—	—	—
FCD350-22L	—	—	—	-40±2	12	9
FCD400-18	23±5	14	11	—	—	—
FCD400-18L	—	—	—	-20±2	12	9

① 后缀字母"L"表示该牌号要求作低温冲击性能试验。

② 3 个试样的平均值（下同）。

③ 单个试样的测定值（下同）。

（2）日本 JIS 标准球墨铸铁附铸试块的力学性能及金相组织（表 6-7-6 和表 6-7-7）

表 6-7-6　球墨铸铁附铸试块的力学性能及金相组织

牌 号[1]	铸件壁厚 /mm	R_m/MPa	$R_{p0.2}$/MPa	A(%)	HBW[2]	主要 金相组织[2]
		≥				
FCD400-18A	>30~60	390	250	15	120~180	铁素体
	>60~200	370	240	12	120~180	
FCD400-18AL	>30~60	390	250	15	120~180	铁素体
	>60~200	370	240	12	120~180	
FCD400-15A	>30~60	390	250	15	120~180	铁素体
	>60~200	370	240	12	120~180	
FCD500-7A	>30~60	450	300	7	130~230	铁素体 + 珠光体
	>60~200	420	290	5	130~230	
FCD600-3A	>30~60	600	360	2	160~270	珠光体 + 铁素体
	>60~200	550	340	1	160~270	

① 后缀字母"A"表示在附铸试块上测定的力学性能，以区别于单铸试块。

② JIS 标准提供的参考内容。

表 6-7-7　球墨铸铁附铸试块的冲击性能

牌 号	铸件壁厚 /mm	KV（室温）/J ≥			KV（低温）/J ≥		
		试验温度/℃	平均值	单个值	试验温度/℃	平均值	单个值
FCD400-18A	>30~60	23±5	14	11	—	—	—
	>60~200	23±5	12	9	—	—	—
FCD400-18AL	>30~60	—	—	—	-40±2	12	9
	>60~200	—	—	—	-20±2	10	7

（3）日本 JIS 标准球墨铸铁的化学成分（表 6-7-8）

表 6-7-8　球墨铸铁的化学成分（质量分数）（%）

牌 号	C	Si	Mn	P ≤	S ≤	Mg ≤
FCD350-22 FCD350-22L	≤2.5	≤2.7	≤0.4	0.08	0.02	0.09
FCD400-18 FCD400-18L	≤2.5	≤2.7	≤0.4	0.08	0.02	0.09
FCD400-18A FCD400-18AL	≤2.5	≤2.7	≤0.4	0.08	0.02	0.09

（续）

牌　号	C	Si	Mn	P ≤	S ≤	Mg ≤
FCD400-15 FCD400-15A	≤2.5	—	—	—	0.02	0.09
FCD450-10	≤2.5	—	—	—	0.02	0.09
FCD500-7 FCD500-7A	≤2.5	—	—	—	0.02	0.09
FCD600-3 FCD600-3A	≤2.5	—	—	—	0.02	0.09
FCD700-2 FCD800-2	≤2.5	—	—	—	0.02	0.09

注：JIS 标准提供的参考数据。

6.7.3 可锻铸铁

（1）日本 JIS 标准白心可锻铸铁的牌号与力学性能 ［JIS G5705（2018）］（表6-7-9）

表 6-7-9　白心可锻铸铁的牌号与力学性能

牌　号	试样直径 d/mm	R_m/MPa	$R_{p0.2}$[①]/MPa	$A_{3,4}$（%）	HBW
		≥	≥	≥	≤
FCMW350-04 （FCMW330）[②]	9	310	—	5	230
	12	350	165	4	
	15	360	180	3	
FCMW360-12	9	320	170	15	200
	12	360	190	12	
	15	370	200	7	
FCMW380-07 （FCMW370）[②]	6	350	—	14	192
	10	370	185	8	
	12	380	200	7	
FCMW380-12	9	320	170	15	200
	12	380	200	12	
	15	400	210	8	
FCMW400-05	9	360	200	8	220
	12	400	220	5	
	15	420	230	4	
FCMW450-07 （FCMW440）[②]	9	400	230	10	220
	12	450	260	7	
	15	480	280	4	
FCMW550-04	9	490	310	5	250
	12	550	340	4	
	15	570	350	3	

① 屈服强度的确定，除了取残余变形为 0.2% 时的强度 $R_{p0.2}$ 外，也可取载荷下的总伸长率为 0.5% 时的强度 $R_{p0.5}$。
② 括号内为旧牌号。

（2）日本 JIS 标准黑心可锻铸铁的牌号与力学性能 ［JIS G5705（2018）］（表6-7-10）

表 6-7-10 黑心可锻铸铁的牌号与力学性能

牌 号	旧牌号	试样直径[①] d/mm	R_m/MPa	$R_{p0.2}^{①}/\text{MPa}$	$A_{3.4}(\%)$	HBW
			≥	≥	≥	≤
FCMB275-05	FCMB270	12 或 15	275	165	5	150
FCMB300-06	—	12 或 15	300	—	6	150
FCMB310-08	FCMB310	12 或 15	310	185	8	163
FCMB340-10	FCMB340	12 或 15	340	205	10	163
FCMB350-10	—	12 或 15	350	200	10	150
FCMB350-10S[②]	—	12 或 15	350	200	10	150

① 屈服强度的确定，除了取残余变形为 0.2% 时的强度 $R_{p0.2}$ 外，也可取载荷下的总伸长率为 0.5% 时的强度 $R_{p0.5}$。
② FCMB350-10S 适用于特殊要求抗冲击性能的铸件，为此规定其夏比冲击吸收能量 $KV \geqslant 15J$（3 个试样平均值）和 $KV \geqslant 13J$（单个试样测定值）。

（3）日本 JIS 标准珠光体可锻铸铁的牌号与力学性能 ［JIS G5705（2018）］（表 6-7-11）

表 6-7-11 珠光体可锻铸铁的牌号与力学性能

牌 号	旧牌号	试样直径[①] d/mm	R_m/MPa	$R_{p0.2}^{②}/\text{MPa}$	$A(\%)$	HBW
			≥	≥	≥	
FCMP440-06	FCMP440	12 或 15	440	265	6	149 ~ 207
FCMP450-06	—	12 或 15	450	270	6	150 ~ 200
FCMP490-04	FCMP490	12 或 15	490	305	4	167 ~ 229
FCMP500-05	—	12 或 15	500	300	5	165 ~ 215
FCMP540-03	FCMP540	12 或 15	540	345	3	183 ~ 241
FCMP550-05	—	12 或 15	550	340	4	180 ~ 230
FCMP590-03	FCMP590	12 或 15	590	390	3	207 ~ 269
FCMP600-03	—	12 或 15	600	390	3	195 ~ 245
FCMP650-02	—	12 或 15	650	430	2	210 ~ 260
FCMP700-02[③,④]	—	12 或 15	700	530	2	240 ~ 290
FCMP800-01[④]	—	12 或 15	800	600	1	270 ~ 320

① 试样直径有两种，若用户没有指定，则由供方一种。
② 屈服强度的确定，除了取残余变形为 0.2% 时的强度 $R_{p0.2}$ 外，也可取载荷下的总伸长率为 0.5% 时的强度 $R_{p0.5}$。
③ FCMP700-02 系正火后回火的力学性能；若采用空淬后回火，则必须保证其屈服强度 ≥430MPa。
④ FCMP800-01 系油淬后回火的力学性能。

B. 专业用铸铁和优良品种

6.7.4 蠕墨铸铁 ［JIS 5505（2013）］

（1）日本 JIS 标准蠕墨铸铁的牌号与单铸试样的力学性能和硬度（表 6-7-12）

表 6-7-12 蠕墨铸铁的牌号与单铸试样的力学性能和硬度

牌 号	R_m/MPa	$R_{p0.2}/\text{MPa}$	$A(\%)$	HBW（参考值）
	≥			
FCV 300/S	300	210	2.0	140 ~ 210
FCV 350/S	350	245	1.5	150 ~ 220
FCV 400/S	400	280	1.0	160 ~ 240
FCV 450/S	450	315	1.0	170 ~ 250
FCV 500/S	500	350	0.5	180 ~ 260

（2）日本 JIS 标准蠕墨铸铁附铸试块的力学性能（表 6-7-13）

表 6-7-13 蠕墨铸铁附铸试块的力学性能

牌　号	铸件壁厚 t/mm	R_m/MPa	$R_{p0.2}$/MPa	A(%)	HBW（参考值）
		≥			
FCV 300/U	$t \leqslant 30$	300	210	2.0	140~210
	$30 < t \leqslant 60$	275	195	2.0	140~210
	$60 < t \leqslant 200$	250	175	2.0	140~210
FCV 350/U	$t \leqslant 30$	350	245	1.5	150~220
	$30 < t \leqslant 60$	325	230	1.5	150~220
	$60 < t \leqslant 200$	300	210	1.5	150~220
FCV 400/U	$t \leqslant 30$	400	280	1.0	160~240
	$30 < t \leqslant 60$	375	260	1.0	160~240
	$60 < t \leqslant 200$	325	230	1.0	160~240
FCV 450/U	$t \leqslant 30$	450	315	1.0	170~250
	$30 < t \leqslant 60$	400	280	1.0	170~250
	$60 < t \leqslant 200$	375	260	1.0	170~250
FCV 500/U	$t \leqslant 30$	500	350	0.5	180~260
	$30 < t \leqslant 60$	450	315	0.5	180~260
	$60 < t \leqslant 200$	400	280	0.5	180~260

6.7.5 等温淬火球墨铸铁和低温用厚壁铁素体球墨铸铁 ［JIS G5503（1995/2010 确认）/ ［JIS G5504（2005/2010 确认）］

（1）日本 JIS 标准等温淬火球墨铸铁的牌号与力学性能（表 6-7-14）

表 6-7-14 等温淬火球墨铸铁的牌号与力学性能

牌　号	旧牌号	R_m/MPa	$R_{p0.2}$/MPa	A(%)	HBW[1]
		≥			≥
FCAD900-4	—	900	600	4	—
FCAD900-8	FCAD900A	900	600	8	(271)
FCAD1000-5	FCAD1000A	1000	700	5	(311)
FCAD1200-2	FCAD1200A	1200	900	2	341
FCAD1400-1	—	1400	1100	1	401

[1] 括号内为参考值。

（2）日本 JIS 标准低温用厚壁铁素体球墨铸铁的力学性能（表 6-7-15）

表 6-7-15 低温用厚壁铁素体球墨铸铁的力学性能

牌　号	R_m/MPa	$R_{p0.2}$/MPa	A(%)	试验温度	KV/J
铁素体球墨铸铁	≥300	≥200	≥12（平均值）[1]	−40℃	≥6（平均值）[1]
			≥8（单个值）[2]	−40℃	≥4（单个值）[2]

[1] 3 个试样的平均值。

[2] 单个试样的测定值。

（3）日本 JIS 标准等温淬火球墨铸铁和低温用厚壁铁素体球墨铸铁的化学成分（表 6-7-16）

表 6-7-16　等温淬火球墨铸铁和低温用厚壁铁素体球墨铸铁的化学成分[①]**（质量分数）（%）**

牌　号		C	Si	Mn	P	S	Ni	Cu	Mg	其　他
						≤				
等温淬火球墨铸铁	FCAD900-4	3.2~3.8	2.2~3.0	0.7	0.05	0.05	3.0	1.5	0.06	Cr≤0.07，Mo≤0.5，Ti≤0.04
	FCAD900-8	3.2~3.8	2.2~3.0	0.7	0.05	0.05	3.0	1.5	0.06	Cr≤0.07，Mo≤0.5，Ti≤0.04
	FCAD1000-5	3.2~3.8	2.2~3.0	0.7	0.05	0.05	3.0	1.5	0.06	Cr≤0.07，Mo≤0.5，Ti≤0.04
	FCAD1200-2	3.2~3.8	2.2~3.0	0.7	0.05	0.05	3.0	1.5	0.06	Cr≤0.07，Mo≤0.5，Ti≤0.04
	FCAD1400-1	3.2~3.8	2.2~3.0	0.7	0.05	0.05	3.0	1.5	0.06	Cr≤0.07，Mo≤0.5，Ti≤0.04
低温用铁素体球墨铸铁		≤3.0	≤2.5	0.4	0.05	0.02	—	—	—	—

① JIS 标准提供的参考数据。

（4）日本 JIS 标准等温淬火球墨铸铁和低温用厚壁铁素体球墨铸铁的用途与硬度（表6-7-17）

表 6-7-17　等温淬火球墨铸铁和低温用厚壁铁素体球墨铸铁的用途与硬度

牌　号	附铸试块硬度 HBW	用途	牌　号	附铸试块硬度 HBW	用途
FCAD900-4	277~352	用于高韧性铸件	FCAD1200-2	341~415	用于高硬度铸件
FCAD900-8	248~352	用于高韧性铸件	FCAD1400-1	401~460	用于高硬度铸件
FCAD1000-5	280~388	用于高韧性铸件	铁素体球墨铸铁	—	低温用厚壁铸件

6.7.6　片状石墨奥氏体铸铁 ［JIS G5510（2012）］

（1）日本 JIS 标准片状石墨奥氏体铸铁的牌号与化学成分（表6-7-18）

表 6-7-18　片状石墨奥氏体铸铁的牌号与化学成分（质量分数）（%）

牌　号	C	Si	Mn	Cr	Ni	P	Cu
FCA-NiMn 13-7	≤3.0	1.5~3.0	6.0~7.0	≤0.2	12.0~14.0	≤0.25	≤0.5
FCA-NiCuCr 15-6-2	≤3.0	1.0~2.8	0.5~1.5	1.0~3.5	13.5~17.5	≤0.25	5.5~7.5
FCA-NiCuCr 15-6-3	≤3.0	1.0~2.8	0.5~1.5	2.5~3.5	13.5~17.5	≤0.25	5.5~7.5
FCA-NiCr 20-2	≤3.0	1.0~2.8	0.5~1.5	1.0~2.5	18.0~22.0	≤0.25	≤0.5
FCA-NiSiCr 20-5-3	≤2.5	4.5~5.5	0.5~1.5	1.5~4.5	18.0~22.0	≤0.25	≤0.5
FCA-NiSiCr 30-5-5	≤2.5	5.0~6.0	0.5~1.5	4.5~5.5	29.0~32.0	≤0.25	≤0.5
FCA-Ni 35	≤2.4	1.0~2.0	0.5~1.5	≤0.2	34.0~36.0	≤0.25	≤0.5

（2）日本 JIS 标准片状石墨奥氏体铸铁力学性能的补充数据（表6-7-19）

表 6-7-19　片状石墨奥氏体铸铁力学性能的补充数据[①]

牌　号	R_m/MPa	A(%)	σ_{bb}/MPa	E/GPa	HBW
FCA-NiMn 13-7	140~220	—	630~840	70~90	120~150
FCA-NiCuCr 15-6-2	170~210	≥2	700~840	85~105	120~215
FCA-NiCuCr 15-6-3	190~240	1~2	860~1100	98~113	150~250
FCA-NiCr 20-2	170~210	2~3	700~840	85~105	120~215
FCA-NiSiCr 20-5-3	190~280	2~3	—		140~250
FCA-NiSiCr 30-5-5	170~240		≥560	105	150~210
FCA-Ni 35	120~180	1~3	560~700	74	120~140

① JIS 标准提供的参考数据。

6.7.7　球状石墨奥氏体铸铁 ［JIS G5510（2012）］

（1）日本 JIS 标准球状石墨奥氏体铸铁的牌号与化学成分（表6-7-20）

表 6-7-20　球状石墨奥氏体铸铁的牌号与化学成分（质量分数）（%）

牌　号	C	Si	Mn	Cr	Ni	P	其他
FCDA-NiMn 13-7	≤3.0	2.0~3.0	6.0~7.0	≤0.2	12.0~14.0	≤0.08	Cu≤0.5
FCDA-NiCr 20-2	≤3.0	1.5~3.0	0.5~1.5	1.0~3.5	18.0~22.0	≤0.08	Cu≤0.5
FCDA-NiCrNb 20-2[①]	≤3.0	1.5~2.4	0.5~1.5	1.0~3.5	18.0~22.0	≤0.08	Cu≤0.5 Nb≤0.35
FCDA-NiCr 20-3	≤3.0	1.5~3.0	0.5~1.5	2.5~3.5	18.0~22.0	≤0.08	Cu≤0.5
FCDA-Ni 22	≤3.0	1.5~3.0	1.5~2.5	≤0.5	21.0~24.0	≤0.08	Cu≤0.5
FCDA-NiMn 23-4	≤2.6	1.5~2.5	4.0~4.5	≤0.2	22.0~24.0	≤0.08	Cu≤0.5
FCDA-NiCr 30-1	≤2.6	1.5~3.0	0.5~1.5	1.0~1.5	28.0~32.0	≤0.08	Cu≤0.5
FCDA-NiCr 30-3	≤2.6	1.5~3.0	0.5~1.5	2.5~3.5	28.0~32.0	≤0.08	Cu≤0.5
FCDA-NiSiCr 30-5-5	≤2.6	5.0~6.0	0.5~1.5	4.5~5.5	28.0~32.0	≤0.08	Cu≤0.5
FCDA-Ni 35	≤2.4	1.5~3.0	0.5~1.5	≤0.2	34.0~36.0	≤0.08	Cu≤0.5
FCDA-NiCr 35-3	≤2.4	1.5~3.0	0.5~2.5	2.0~3.0	34.0~36.0	≤0.08	Cu≤0.5
FCDA-NiSiCr 35-5-2	≤2.0	4.0~6.0	0.5~1.5	1.5~2.5	34.0~36.0	≤0.08	Cu≤0.5

① FCDA-NiCrNb20-2 还含：$w(Mg)$≤0.08%。

（2）日本球状石墨奥氏体铸铁的力学性能（表6-7-21）

表 6-7-21　球状石墨奥氏体铸铁的力学性能

牌　号	R_m/MPa	$R_{p0.2}$/MPa	A(%)	KV/J	KU/J
			≥		
FCDA-NiMn 13-7	390	210	15	16	—
FCDA-NiCr 20-2	370	210	7	13	—
FCDA-NiCrNb 20-2	370	210	7	13	16
FCDA-NiCr 20-3	390	210	7		16
FCDA-Ni 22	370	170	20	—	—
FCDA-NiMn 23-4	440	210	25	20	24
FCDA-NiCr 30-1	370	210	13	24	28
FCDA-NiCr 30-3	370	210	7	—	—
FCDA-NiSiCr 30-5-5	390	240	—	—	—
FCDA-Ni 35	370	210	20	—	—
FCDA-NiCr 35-3	370	210	7	—	—
FCDA-NiSiCr 35-5-2	370	200	10	—	—

（3）日本球状石墨奥氏体铸铁力学性能的补充数据（表6-7-22）

表 6-7-22　球状石墨奥氏体铸铁力学性能的补充数据[①]

牌　号	R_m/MPa	$R_{p0.2}$/MPa	A(%)	E/GPa	KV/J	HBW
FCDA-NiMn 13-7	390~460	210~260	15~26	140~150	16.0~27.5	130~170
FCDA-NiCr 20-2	370~470	210~250	7~20	112~130	13.5~27.5	140~200
FCDA-NiCrNb 20-2	370~480	210~250	7~20	112~130	14.0~27.0	140~200
FCDA-NiCr 20-3	390~490	210~260	7~15	112~133	≥12.0	150~255
FCDA-Ni 22	370~440	170~250	20~40	85~112	20.0~33.0	130~170
FCDA-NiMn 23-4	440~470	210~240	25~45	120~140	≥24.0	150~180
FCDA-NiCr 30-1	370~440	210~270	13~18	112~130	≥17.0	130~190
FCDA-NiCr 30-3	370~470	210~260	7~18	92~105	≥8.5	140~200
FCDA-NiSiCr 30-5-5	390~490	240~310	1~4	91	3.9~5.9	170~250
FCDA-Ni 35	370~410	210~240	20~40	112~140	≥20.5	130~180
FCDA-NiCr 35-3	370~440	210~290	7~10	112~123	≥7.0	140~190
FCDA-NiSiCr 35-5-2	370~500	200~290	10~20	110~145	12.0~19.0	130~170

① JIS 标准提供的参考数据。

6.8 韩 国

A. 通用铸铁

6.8.1 灰铸铁

（1）韩国 KS 标准灰铸铁的牌号与抗拉强度〔KS D4301（2006）〕（表6-8-1）

表6-8-1 灰铸铁的牌号与抗拉强度

牌 号	旧牌号	试样直径/mm	R_m/MPa ≥	牌 号	旧牌号	试样直径/mm	R_m/MPa ≥
GC100	GC10	30	100	—	—	—	—
GC150	GC15	15	186	GC250	GC25	15	275
		20	167			20	255
		30	150			30	250
		45	127			45	216
GC200	GC20	15	235	GC300	GC30	15	—
		20	216			20	300
		30	200			30	300
		45	167			Ø45	265

（2）韩国 KS 标准灰铸铁的抗弯性能与硬度（表6-8-2）

表6-8-2 灰铸铁的抗弯性能与硬度

牌 号	旧牌号	试样直径 /mm	抗弯性能		HBW ≤
			最大载荷/N	挠度 f/mm	
GC100	GC10	30	7000	3.5	201
GC150	GC15	15	1770	2.0	241
		20	3920	2.5	223
		30	8000	4.0	212
		45	16670	6.0	201
GC200	GC20	15	1960	2.0	255
		20	4410	3.0	235
		30	9000	4.5	223
		45	19610	6.0	217
GC250	GC25	15	2160	2.0	269
		20	4900	3.0	248
		30	10000	5.0	241
		45	22560	7.0	229
GC300	GC30	20	5390	3.5	269
		30	11000	5.5	262
		45	25500	7.5	248

6.8.2 球墨铸铁

（1）韩国 KS 标准球墨铸铁的牌号与力学性能及金相组织〔KS D4302（2011）〕（表6-8-3 和表6-8-4）

表 6-8-3　球墨铸铁的牌号与力学性能及金相组织[①]

牌　　号	旧牌号	R_m/MPa	$R_{p0.2}$/MPa	A（%）	HBW[②]	主要金相组织[②]
			≥			
FCD350-22	—	350	220	22	≤150	铁素体
FCD350-22L		350	220	22	≤150	铁素体
FCD400-18	FCD40	400	250	18	130～180	铁素体
FCD400-18L		400	250	18	130～180	铁素体
FCD400-15	FCD40	400	250	15	130～180	铁素体
FCD450-10	FCD45	450	310	10	140～210	铁素体
FCD500-7	FCD50	500	320	7	150～230	铁素体+珠光体
FCD550-7	—	550	350	5	—	铁素体+珠光体
FCD600-3	FCD60	600	370	3	170～270	珠光体+铁素体
FCD700-2	FCD70	700	420	2	180～300	珠光体
FCD800-2	FCD80	800	480	2	200～330	珠光体或回火组织
FCD900-2		900	600	2	—	贝氏体或回火组织

① 表中为单铸试样的力学性能。
② KS 标准提供的参考内容。

表 6-8-4　球墨铸铁单铸试块 V 型缺口试样的冲击性能

牌　　号	室温 KV/J　≥			低温 KV/J　≥		
	试验温度/℃	平均值[②]	单个值	试验温度/℃	平均值[②]	单个值
FCD350-22	23±5	17	14	—	—	—
FCD350-22L[①]	—	—	—	-40±2	12	9
FCD400-18	23±5	14	11	—	—	—
FCD400-18L[①]	—	—	—	-20±2	12	9

① 后缀字母"L"表示该牌号要求作低温冲击性能试验。
② 3 个试样的平均值（下同）。

（2）韩国 KS 标准球墨铸铁的化学成分（表 6-8-5）

表 6-8-5　球墨铸铁的化学成分[①]（质量分数）（%）

牌　　号	C	Si	Mn	P≤	S≤	Mg≤
FCD350-22 FCD350-22L	≤2.5	≤2.7	≤0.4	0.08	0.02	0.09
FCD400-18 FCD400-18L	≤2.5	≤2.7	≤0.4	0.08	0.02	0.09
FCD400-18A FCD400-18AL	≤2.5	≤2.7	≤0.4	0.08	0.02	0.09
FCD400-15 FCD400-15A	≤2.5	—	—	—	0.02	0.09
FCD450-10	≤2.5	—	—	—	0.02	0.09
FCD500-7 FCD500-7A	≤2.5	—	—	—	0.02	0.09
FCD600-3 FCD600-3A	≤2.5	—	—	—	0.02	0.09
FCD700-2 FCD800-2	≤2.5	—	—	—	0.02	0.09

① KS 标准提供的参考数据。

6.8.3 可锻铸铁

（1）韩国 KS 标准黑心可锻铸铁的牌号与力学性能［KS D4303（1991/1996 确认）］（表 6-8-6）

表 6-8-6　黑心可锻铸铁的牌号与力学性能

牌　号	旧牌号	R_m/MPa	$R_{p0.2}$/MPa	A(%)	HBW
		≥			≤
BMC270	BMC37	270	165	5	163
BMC310	BMC40	310	185	8	163
BMC340	BMC45	340	205	10	163
BMC360	BMC50	360	215	14	163

（2）韩国 KS 标准白心可锻铸铁的牌号与力学性能［KS D4305（1991/1996 确认）］（表 6-8-7）

表 6-8-7　白心可锻铸铁的牌号与力学性能

牌　号	旧牌号	铸件壁厚 t/mm	试样直径 d/mm	R_m/MPa	$R_{p0.2}$/MPa	A(%)	HBW ≤
				≥			
WMC330	WMC34	$t<5$	6	310	—	8	≤207
		$5≥t<9$	10	330	165	5	≤207
		$t≥9$	14	350	195	3	≤207
WMC370	WMC38	$t<5$	6	350	—	14	≤192
		$5≥t<9$	10	370	185	8	≤192
		$t≥9$	14	390	215	6	≤192
WMC440	WMC45	—	14	440	265	6	149~207
WMC490	WMC50	—	14	490	305	4	167~229
WMC540	WMC55	—	14	540	345	3	183~241

（3）韩国 KS 标准珠光体可锻铸铁的牌号与力学性能［KS D4304（1991/1996 确认）］（表 6-8-8）

表 6-8-8　珠光体可锻铸铁的牌号与力学性能

牌　号	旧牌号	R_m/MPa	$R_{p0.2}$/MPa	A(%)	HBW
		≥			≤
PMC440	PMC45	440	265	6	149~207
PMC490	PMC50	490	305	4	167~229
PMC540	PMC55	540	340	3	183~241
PMC590	PMC60	590	390	3	207~269
PMC690	PMC70	690	510	2	229~285

B. 专业用铸铁和优良品种

6.8.4 低热膨胀率的灰铸铁与球墨铸铁［KS D4321（1996/2002 确认）］

韩国 KS 标准低热膨胀率的灰铸铁与球墨铸铁的牌号与力学性能（表 6-8-9）。

表 6-8-9　低热膨胀率的灰铸铁与球墨铸铁的牌号与力学性能

牌　号	R_m/MPa ≥	牌　号	R_m/MPa	$R_{p0.2}$/MPa	A(%)
			≥		
灰铸铁		球墨铸铁			
FCLE1	120	FCDLE1	370	200	7
FCLE2	120	FCDLE2	370	200	7
FCLE3	120	FCDLE3	370	200	7
FCLE4	120	FCDLE4	370	200	7

6.8.5 等温淬火球墨铸铁［KS D4318（2006/2011 确认）］

（1）韩国 KS 标准等温淬火球墨铸铁的牌号与力学性能（表6-8-10）

表6-8-10 等温淬火球墨铸铁的牌号与力学性能

牌 号	旧牌号	R_m/MPa	$R_{p0.2}$/MPa	$A(\%)$	HBW[①]
			≥		
GCD900-4	—	900	600	4	277～352
GCD900-8	GCD900A	900	600	8	248～352
GCD1000-5	GCD1000A	1000	700	5	280～388
GCD1200-2	GCD1200A	1200	900	2	341～415
GCD1400-1	—	1400	1100	1	401～460

① 附铸试块硬度。

（2）韩国 KS 标准等温淬火球墨铸铁的牌号与化学成分（表6-8-11）

表6-8-11 等温淬火球墨铸铁的牌号与化学成分（质量分数）（%）

牌 号	C	Si	Mn	P ≤	S ≤	Ni	Cu	其 他
GCD900-4	3.2～3.8	2.2～3.0	≤0.7	0.05	0.05	≤3.0	≤1.5	①
GCD900-8	3.2～3.8	2.2～3.0	≤0.7	0.05	0.05	≤3.0	≤1.5	①
GCD1000-5	3.2～3.8	2.2～3.0	≤0.7	0.05	0.05	≤3.0	≤1.5	①
GCD1200-2	3.2～3.8	2.2～3.0	≤0.7	0.05	0.05	≤3.0	≤1.5	①
GCD1400-1	3.2～3.8	2.2～3.0	≤0.7	0.05	0.05	≤3.0	≤1.5	①

① 各牌号的其他元素含量：Cr≤0.07%，Mo≤0.5%，Ti≤0.04%，Mg≤0.06%。

6.8.6 片状石墨奥氏体铸铁［KS D4319（2012）］

（1）韩国 KS 标准片状石墨奥氏体铸铁的牌号与化学成分（表6-8-12）

表6-8-12 片状石墨奥氏体铸铁的牌号与化学成分（质量分数）（%）

牌 号	C	Si	Mn	Cr	Ni	P	Cu
GCA-NiMn 13-7	≤3.0	1.5～3.0	6.0～7.0	≤0.2	12.0～14.0	≤0.25	≤0.5
GCA-NiCuCr 15-6-2	≤3.0	1.0～2.8	0.5～1.5	1.0～3.5	13.5～17.5	≤0.25	5.5～7.5
GCA-NiCuCr 15-6-3	≤3.0	1.0～2.8	0.5～1.5	2.5～3.5	13.5～17.5	≤0.25	5.5～7.5
GCA-NiCr 20-2	≤3.0	1.0～2.8	0.5～1.5	1.0～2.5	18.0～22.0	≤0.25	≤0.5
GCA-NiSiCr 20-5-3	≤2.5	4.5～5.5	0.5～1.5	1.5～4.5	18.0～22.0	≤0.25	≤0.5
GCA-NiSiCr 30-5-5	≤2.5	5.0～6.0	0.5～1.5	4.5～5.5	29.0～32.0	≤0.25	≤0.5
GCA-Ni 35	≤2.4	1.0～2.0	0.5～1.5	≤0.2	34.0～36.0	≤0.25	≤0.5

（2）韩国 KS 标准片状石墨奥氏体铸铁的力学性能（表6-8-13）

表6-8-13 片状石墨奥氏体铸铁的力学性能[①]

牌 号	R_m/MPa	$A(\%)$	σ_{bb}/MPa	E/GPa	HBW
FCA-NiMn 13-7	140～220	—	630～840	70～90	120～150
FCA-NiCuCr 15-6-2	170～210	≥2	700～840	85～105	120～215
FCA-NiCuCr 15-6-3	190～240	1～2	860～1100	98～113	150～250
FCA-NiCr 20-2	170～210	2～3	700～840	85～105	120～215
FCA-NiSiCr 20-5-3	190～280	2～3	—	—	140～250
FCA-NiSiCr 30-5-5	170～240	—	≥560	105	150～210
FCA-Ni 35	120～180	1～3	560～700	74	120～140

① KS 标准提供的参考数据。

6.8.7 球状石墨奥氏体铸铁［KS D4319（2012）］

（1）韩国 KS 标准球状石墨奥氏体铸铁的牌号与化学成分（表6-8-14）

表6-8-14 球状石墨奥氏体铸铁的牌号与化学成分（质量分数）（%）

牌 号	C	Si	Mn	Cr	Ni	P	其 他
GCDA-NiMn 13-7	≤3.0	2.0~3.0	6.0~7.0	≤0.2	12.0~14.0	≤0.08	Cu≤0.5
GCDA-NiCr 20-2	≤3.0	1.5~3.0	0.5~1.5	1.0~3.5	18.0~22.0	≤0.08	Cu≤0.5
GCDA-NiCrNb 20-2[①]	≤3.0	1.5~2.4	0.5~1.5	1.0~3.5	18.0~22.0	≤0.08	Cu≤0.5 Nb≤0.35
GCDA-NiCr 20-3	≤3.0	1.5~3.0	0.5~1.5	2.5~3.5	18.0~22.0	≤0.08	Cu≤0.5
GCDA-Ni 22	≤3.0	1.5~3.0	1.5~2.5	≤0.5	21.0~24.0	≤0.08	Cu≤0.5
GCDA-NiMn 23-4	≤2.6	1.5~2.5	4.0~4.5	≤0.2	22.0~24.0	≤0.08	Cu≤0.5
GCDA-NiCr 30-1	≤2.6	1.5~3.0	0.5~1.5	1.0~1.5	28.0~32.0	≤0.08	Cu≤0.5
GCDA-NiCr 30-3	≤2.6	1.5~3.0	0.5~1.5	2.5~3.5	28.0~32.0	≤0.08	Cu≤0.5
GCDA-NiSiCr 30-5-5	≤2.6	5.0~6.0	0.5~1.5	4.5~5.5	28.0~32.0	≤0.08	Cu≤0.5
GCDA-Ni 35	≤2.4	1.5~3.0	0.5~1.5	≤0.2	34.0~36.0	≤0.08	Cu≤0.5
GCDA-NiCr 35-3	≤2.4	1.5~3.0	0.5~2.5	2.0~3.0	34.0~36.0	≤0.08	Cu≤0.5
GCDA-NiSiC r35-5-2	≤2.0	4.0~6.0	0.5~1.5	1.5~2.5	34.0~36.0	≤0.08	Cu≤0.5

① GCDA-NiCrNb20-2 还含有：$w(Mg)$≤0.08%。

（2）韩国 KS 标准球状石墨奥氏体铸铁的力学性能（表6-8-15）

表6-8-15 球状石墨奥氏体铸铁的力学性能[①]

牌 号	R_m/MPa	$R_{p0.2}$/MPa	$A(\%)$	E/GPa	KV/J	HBW
GCDA-NiMn 13-7	390~460	210~260	15~26	140~150	16.0~27.5	130~170
GCDA-NiCr 20-2	370~470	210~250	7~20	112~130	13.5~27.5	140~200
GCDA-NiCrNb 20-2	370~480	210~250	7~20	112~130	14.0~27.0	140~200
GCDA-NiCr 20-3	390~490	210~260	7~15	112~133	≥12.0	150~255
GCDA-Ni 22	370~440	170~250	20~40	85~112	20.0~33.0	130~170
GCDA-NiMn 23-4	440~470	210~240	25~45	120~140	≥24.0	150~180
GCDA-NiCr 30-1	370~440	210~270	13~18	112~130	≥17.0	130~190
GCDA-NiCr 30-3	370~470	210~260	7~18	92~105	≥8.5	140~200
GCDA-NiSiCr 30-5-5	390~490	240~310	1~4	91	3.9~5.9	170~250
GCDA-Ni 35	370~410	210~240	20~40	112~140	≥20.5	130~180
GFCDA-NiCr 35-3	370~440	210~290	7~10	112~123	≥7.0	140~190
GCDA-NiSiCr 35-5-2	370~500	200~290	10~20	110~145	12.0~19.0	130~170

① JIS 标准提供的参考数据。

6.9 俄 罗 斯

A. 通用铸铁

6.9.1 灰铸铁

（1）俄罗斯 ГОСТ 标准灰铸铁的牌号与抗拉强度、硬度［ГОСТ 1412（1985）］（表6-9-1）

表 6-9-1 灰铸铁的牌号与抗拉强度、硬度[①]

牌 号	旧铸铁牌号[②]	$R_m^{③}$/MPa$\geqslant$	HBW
СЧ10	31110	100	143 ~ 229
СЧ15	31115	150	163 ~ 229
СЧ18	—	180	170 ~ 229
СЧ20	31120	200	170 ~ 241
СЧ21	—	210	—
СЧ24	—	240	—
СЧ25	31125	250	180 ~ 250
СЧ30	31130	300	181 ~ 255
СЧ35	31135	350	197 ~ 269
СЧ40		400	207 ~ 285
СЧ45		450	229 ~ 289

① 标准试样直径 30mm。

② 根据 СТСЭВ 4560 (84) 标准。

③ 若技术条件中对铸件无其他限制，则最低抗拉强度 R_m 允许超出表中值，但超出值不得高于 100MPa。

（2）俄罗斯不同截面灰铸铁的力学性能和硬度（表 6-9-2 和表 6-9-3）

表 6-9-2 不同截面灰铸铁的力学性能（参考值）

牌 号	铸件壁厚/mm						
	4	8	15	30	50	80	150
	R_m/MPa$\geqslant$						
СЧ10	140	120	100	80	75	70	65
СЧ15	220	180	150	110	105	90	80
СЧ20	270	220	200	160	140	130	120
СЧ25	310	270	250	210	180	165	150
СЧ30	—	330	300	260	220	195	180
СЧ35	—	380	350	310	260	225	205

注：1. 铸件壁厚为 15mm 时的抗拉强度近似符合直径 30mm 的毛坯试样的数值。

2. 由于其他因素的影响，实际铸件的抗拉强度不一定与表中的数值完全相符合。

表 6-9-3 不同截面灰铸铁的硬度（参考值）

牌 号	铸件壁厚/mm						
	4	8	15	30	50	80	150
	HBW$\leqslant$						
СЧ10	205	200	190	185	156	149	120
СЧ15	241	224	210	201	163	156	130
СЧ20	255	240	230	216	170	163	143
СЧ25	260	255	245	238	187	170	156
СЧ30	—	270	260	250	207	187	163
СЧ35	—	290	275	270	229	201	179

注：由于其他因素的影响，实际铸件的硬度值不一定与表中的数值完全相符合。

（3）俄罗斯灰铸铁的物理性能（表6-9-4）

表 6-9-4　灰铸铁的物理性能（参考值）

牌　号	密度 /（kg/m³）	线收缩率 ε /（%）	弹性模量 E /GPa	比热容[1] /[J/(kg·K)]	线胀系数[1] /(1/℃)	热导率 λ[2] /[W/(m·K)]
СЧ10	6.8×10^3	1.0	70～110	460	8.0×10^{-6}	60
СЧ15	7.0×10^3	1.1	70～110	460	9.0×10^{-6}	59
СЧ20	7.1×10^3	1.2	85～110	480	9.5×10^{-6}	54
СЧ25	7.2×10^3	1.2	90～110	500	10.0×10^{-6}	50
СЧ30	7.3×10^3	1.3	120～145	525	10.5×10^{-6}	46
СЧ35	7.4×10^3	1.3	130～155	545	11.0×10^{-6}	42

① 在20～200℃时测定的数值。

② 从20℃开始测定的数值。

（4）俄罗斯灰铸铁的推荐化学成分（表6-9-5）

表 6-9-5　灰铸铁的推荐化学成分（质量分数）（%）

牌　号	C	Si	Mn	P ≤	S ≤
СЧ10	3.5～3.7	2.2～2.6	0.5～0.8	0.3	0.15
СЧ15	3.5～3.7	2.0～2.4	0.5～0.8	0.2	0.15
СЧ20	3.3～3.5	1.4～2.4	0.7～1.0	0.2	0.15
СЧ25	3.2～3.4	1.4～2.2	0.7～1.0	0.2	0.15
СЧ30	3.0～3.2	1.3～1.9	0.7～1.0	0.2	0.15
СЧ35	2.9～3.0	1.2～1.5	0.7～1.1	0.2	0.15

注：允许用各种化学元素（Cr、Ni、Cu、P等）对灰铸铁进行低合金化处理。

6.9.2　球墨铸铁

（1）俄罗斯ГОСТ标准球墨铸铁的牌号与力学性能［ГОСТ 7293（1985）］（表6-9-6）

表 6-9-6　球墨铸铁的牌号与力学性能

牌　号	旧铸铁 牌　号[1]	R_m/MPa	$R_{p0.2}$/MPa	A(%)	HBW
		≥	≥	≥	
ВЧ35[2]	33135	350	220	22	140～170
ВЧ40	33140	400	250	15	140～202
ВЧ45	33145	450	310	10	140～225
ВЧ50	33150	500	320	7	153～245
ВЧ60	33160	600	370	3	192～277
ВЧ70	33170	700	420	2	228～302
ВЧ80	33180	800	480	2	248～351
ВЧ100	—	1000	700	2	270～360

① СТСЭВ 4558（84）标准牌号。

② 牌号ВЧ35的平均冲击韧度 A_K，在20℃时不应低于21J/cm²，在-40℃时不应低于15J/cm²；冲击韧度最低值在
　20℃时不得低于17J/cm²，在-40℃时不得低于11J/cm²。

（2）俄罗斯球墨铸铁的化学成分（表6-9-7）

表 6-9-7 球墨铸铁的推荐化学成分（质量分数）（%）

牌 号	铸件壁厚 /mm	C	Si	Mn	P ≤	S ≤	Cr
ВЧ35	<50	3.3~3.8	1.9~2.9	0.2~0.6	0.1	0.02	0.05
	50~100	3.0~3.5	1.3~1.7	0.2~0.6	0.1	0.02	0.05
	>100	2.7~3.2	0.8~1.5	0.2~0.6	0.1	0.02	0.05
ВЧ40	<50	3.3~3.8	1.9~2.9	0.2~0.6	0.1	0.02	0.10
	50~100	3.0~3.5	1.2~1.7	0.2~0.6	0.1	0.02	0.10
	>100	2.7~3.2	0.5~1.5	0.2~0.6	0.1	0.02	0.10
ВЧ45	<50	3.3~3.8	1.9~2.9	0.3~0.7	0.1	0.02	0.10
	50~100	3.0~3.5	1.3~1.7	0.3~0.7	0.1	0.02	0.10
	>100	2.7~3.2	0.5~1.5	0.3~0.7	0.1	0.02	0.10
ВЧ50	<50	3.2~3.7	1.9~2.9	0.3~0.7	0.1	0.02	0.15
	50~100	3.0~3.3	2.2~2.6	0.3~0.7	0.1	0.02	0.15
	>100	2.7~3.2	0.8~1.5	0.3~0.7	0.1	0.02	0.15
ВЧ60	<50	3.2~3.6	2.4~2.6	0.4~0.7	0.1	0.02	0.15
	50~100	3.0~3.3	2.4~2.8	0.4~0.7	0.1	0.02	0.15
ВЧ70	<50	3.2~3.6	2.6~2.9	0.4~0.7	0.1	0.015	0.15
	50~100	3.0~3.3	2.6~2.9	0.4~0.7	0.1	0.015	0.15
ВЧ80	50	3.2~3.6	2.6~2.9	0.4~0.7	0.1	0.01	0.15
ВЧ100	50	3.2~3.6	3.0~3.8	0.4~0.7	0.1	0.01	0.15

注：ГОСТ 标准提供的参考数据。

6.9.3 可锻铸铁

（1）俄罗斯 ГОСТ 标准可锻铸铁的牌号与力学性能、硬度 ［ГОСТ 1215（1979）］（表 6-9-8）

表 6-9-8 可锻铸铁的牌号与力学性能[1]和硬度

牌 号	R_m/MPa	A(%)	HBW
	≥		
铁素体可锻铸铁			
КЧ30-6	294	6	100~163
КЧ33-8	323	8	100~163
КЧ35-10	333	10	100~163
КЧ37-12	362	12	110~163
珠光体可锻铸铁			
КЧ45-7	441	7[2]	150~207
КЧ50-5	490	5[2]	170~230
КЧ55-4	539	4[2]	192~241
КЧ60-3	588	3	200~269
КЧ65-3	637	3	212~269
КЧ70-2	686	2	241~285
КЧ80-1.5	784	1.5	270~320

① 试棒直径为 8mm、12mm 和 16mm。

② 根据供需双方协议，允许降低 1%。

（2）俄罗斯可锻铸铁的化学成分（表 6-9-9）

表6-9-9 可锻铸铁的化学成分（质量分数）（%）

牌 号	C	Si	Mn	P ≤	S ≤	Cr ≤	其 他 (C + Si)	熔炼方法
铁素体可锻铸铁								
КЧ30-6	2.6 ~ 2.9	1.0 ~ 1.6	0.4 ~ 0.6	0.18	0.20	0.08	3.7 ~ 4.2	化铁炉
КЧ35-10	2.5 ~ 2.8	1.1 ~ 1.3	0.3 ~ 0.6	0.12	0.20	0.06	3.6 ~ 4.0	化铁炉-电炉
КЧ37-12	2.4 ~ 2.7	1.2 ~ 1.4	0.2 ~ 0.4	0.12	0.06	0.06	3.6 ~ 4.0	电炉-电炉
珠光体可锻铸铁								
КЧ45-7	2.5 ~ 2.8	1.1 ~ 1.3	0.3 ~ 1.0	0.10	0.20	0.08	3.6 ~ 3.9	化铁炉-电炉
КЧ65-3	2.4 ~ 2.7	1.2 ~ 1.4	0.3 ~ 1.0	0.10	0.06	0.08	3.6 ~ 3.9	电炉-电炉

注：ΓOCT 标准提供的参考数据。

6.9.4 抗磨铸铁

（1）俄罗斯 ΓOCT 标准抗磨铸铁的牌号与化学成分［ΓOCT 1585（1985）］（表6-9-10）

表6-9-10 抗磨铸铁的牌号与化学成分（质量分数）（%）

牌 号[①]	C	Si	Mn	P	S	Cr	Cu	其 他
АЧС-1	3.2 ~ 3.6	1.3 ~ 2.0	0.6 ~ 1.2	0.15 ~ 0.30	≤0.12	0.2 ~ 0.4	0.8 ~ 1.6	—
АЧС-2	3.2 ~ 3.8	1.4 ~ 2.2	0.4 ~ 0.7	0.15 ~ 0.40	≤0.12	0.2 ~ 0.4	0.3 ~ 0.5	Ni 0.2 ~ 0.4 Ti 0.03 ~ 0.10
АЧС-3	3.2 ~ 3.8	1.7 ~ 2.6	0.4 ~ 0.7	0.15 ~ 0.40	≤0.12	≤0.3	0.3 ~ 0.5	Ni ≤ 0.3 Ti 0.03 ~ 0.10
АЧС-4	3.0 ~ 3.5	1.4 ~ 2.2	0.6 ~ 0.8	≤0.30	0.12 ~ 0.20	—	—	Sb 0.04 ~ 0.40
АЧС-5	3.5 ~ 4.3	2.5 ~ 3.5	7.5 ~ 12.5	≤0.10	≤0.05	—	—	Al 0.4 ~ 0.8
АЧС-6	2.2 ~ 2.8	3.0 ~ 4.0	0.2 ~ 0.4	0.5 ~ 1.0	≤0.12	—	—	Pb 0.5 ~ 1.0
АЧВ-1	2.8 ~ 3.5	1.8 ~ 2.7	0.5 ~ 1.2	≤0.20	≤0.03	—	≤0.7	Mg 0.03 ~ 0.08
АЧВ-2	2.8 ~ 3.5	2.2 ~ 2.7	0.5 ~ 0.8	≤0.20	≤0.08	—	—	Mg 0.03 ~ 0.08
АЧК-1	2.3 ~ 3.0	0.5 ~ 1.0	0.6 ~ 1.2	≤0.20	≤0.08	—	1.0 ~ 1.5	—
АЧК-2	2.6 ~ 3.0	0.8 ~ 1.3	0.3 ~ 0.6	≤0.15	≤0.12	—	—	—

① 牌号字母：АЧ—抗磨铸铁；С—灰色片状石墨；В—球状石墨；К—展性团絮状石墨。

（2）俄罗斯抗磨铸铁的类型、硬度与用途（表6-9-11）

表6-9-11 抗磨铸铁的类型、硬度与用途

牌 号	类 型	石墨形状	硬度 HBW	用 途 举 例
АЧС-1	含 Cr、Cu 的珠光体铸铁	片状	180 ~ 240	可与热处理（淬火或正火）的轴组成摩擦副使用
АЧС-2	含 Cr、Ni、Ti 的珠光体铸铁	片状	180 ~ 229	可与热处理（淬火或正火）的轴组成摩擦副使用
АЧС-3	含 Ti、Cu 的珠光体-铁素体铸铁	片状	160 ~ 190	可与未热处理（铸态）或经热处理的轴组成摩擦副使用
АЧС-4	含 Sb 的珠光体铸铁	片状	180 ~ 229	可与热处理（淬火或正火）的轴组成摩擦副使用
АЧС-5	含 Mn、Al 的奥氏体铸铁	片状	180 ~ 290[①] 140 ~ 180[②]	用作特重载荷的摩擦件，可与热处理（淬火或正火）的轴组成摩擦副使用
АЧС-6	含 Pb、P 的多孔状珠光体铸铁	片状	100 ~ 120	用于直径 300mm 以下的摩擦件，可与未热处理（铸态）的轴组成摩擦副使用

（续）

牌　号	类　　型	石墨形状	硬度 HBW	用　途　举　例
АЧВ-1	珠光体铸铁	球状	210～260	能制作在高圆周速度下工作的摩擦件，可与热处理（淬火或正火）的轴组成摩擦副使用
АЧВ-2	珠光体-铁素体铸铁	球状	167～197	能制作在高圆周速度下工作的摩擦件，可与未热处理（铸态）的轴组成摩擦副使用
АЧК-1	含 Cu 的珠光体铸铁	团絮状	187～229	可与热处理的轴组成摩擦副使用
АЧК-2	铁素体-珠光体和珠光体-铁素体铸铁	团絮状	167～197	可与未热处理（铸态）的轴组成摩擦副使用

① 铸态。

② 淬火态。

（3）俄罗斯抗磨铸铁用作滑动摩擦件时的工作极限（表6-9-12）

表 6-9-12　抗磨铸铁用作滑动摩擦件时的工作极限

牌　号	单位压力 p/MPa	圆周速度 v/(m/s)	pv/[N·m/(m²·s)]
АЧС-1	4.9	5.0	1175
	13.7	0.3	245
АЧС-2	9.8	0.3	245
	0.4	3.0	300
АЧС-3	5.9	1.0	490
АЧС-4	14.7	5.0	3900
АЧС-5	19.6	1.0	1950
	29.4	0.4	1225
АЧС-6	8.8	4.0	880
АЧВ-1	14.5	5.0	1175
	19.6	1.0	1950
АЧВ-2	1.0	5.0	300
	11.75	1.0	1175
АЧК-1	19.6	2.0	1950
	0.5	5.0	250
АЧК-2	11.75	1.0	1175

注：有些铸铁牌号对 p 和 v 有两个最大值，允许各自配合使用。

B. 专业用铸铁和优良品种

6.9.5　特殊性能合金铸铁 [ГОСТ 7769（1982）]

（1）俄罗斯 ГОСТ 标准特殊性能合金铸铁的牌号、力学性能与性能特点

A）含铬合金铸铁的牌号、力学性能与性能特点（表6-9-13）

表 6-9-13　含铬合金铸铁的牌号、力学性能与性能特点

牌　号	R_m/MPa	σ_{bb}/MPa	HBW	性　能　特　点
	≥	≥		
低铬合金铸铁				
ЧХ1	170	350	203～280	耐热
ЧХ2	150	310	203～280	耐热
ЧХ3	150	310	223～256	耐热、耐磨
ЧХ3Т	200	400	440～586	耐热、耐磨

（续）

牌　号	R_m/MPa	σ_{bb}/MPa	HBW	性　能　特　点
	≥			
高铬合金铸铁				
ЧХ19Н5	350	700	490～607	耐磨
ЧХ16	350	700	390～440	耐磨、耐热
ЧХ16М2	170	490	490～607	耐磨
ЧХ22	290	540	335～607	耐磨
ЧХ22С	290	540	215～335	耐蚀、耐热
ЧХ28	370	560	215～264	耐蚀、耐热
ЧХ28П	200	400	245～390	在锌溶液中具有稳定性
ЧХ28Д2	390	690	390～635	耐磨、耐蚀
ЧХ32	390	690	245～335	耐热、耐磨

注：含铬合金铸铁是在正火和低温回火后测定的强度和硬度。

B）含硅、含铝合金铸铁的牌号、力学性能与性能特点（表6-9-14）

表6-9-14　含硅、含铝合金铸铁的牌号、力学性能与性能特点

牌　号	R_m/MPa	σ_{bb}/MPa	HBW	性　能　特　点
	≥			
低硅合金铸铁				
ЧС5	150	290	140～294	耐热
ЧС5Ш	290	—	223～294	耐热
高硅合金铸铁				
ЧС13	100	210	294～390	在液态介质中具有稳定性
ЧС15	60	170	294～390	在液态介质中具有稳定性
ЧС15М4	40	140	390～450	
ЧС17	60	140	390～450	在液态介质中具有稳定性
ЧС17М3	60	100	390～450	
低铝合金铸铁				
ЧЮХШ	390	590	183～356	耐热
高铝合金铸铁				
ЧЮ6С5	120	240	236～294	耐热、耐磨
ЧЮ7Х2	120	170	254～294	耐热、耐磨
ЧЮ22Ш	290	490	235～356	在高温条件下具有耐热性和耐磨性
ЧЮ30	200	350	356～536	

C）含锰、含镍合金铸铁的牌号、力学性能与性能特点（表6-9-15）

表6-9-15　含锰、含镍合金铸铁的牌号、力学性能与性能特点

牌　号	R_m/MPa	A(%)	σ_{bb}/MPa	HBW	性　能　特　点
	≥				
高锰合金铸铁					
ЧГ6С3	490	—	680	215～254	耐磨
ЧГ7Х4	150	—	330	490～580	耐磨
ЧГ8Д3	150	—	330	176～285	低磁性、耐磨

（续）

牌　号	R_m/MPa	A(%) ≥	σ_{bb}/MPa	HBW	性 能 特 点
低镍合金铸铁					
ЧНХТ	280	—	430	196 ~ 280	在内燃机发动机气相介质中具有耐蚀性
ЧНХМД	290	—	690	196 ~ 280	
ЧНМШ	490	2	—	183 ~ 280	
ЧН2Х	290	—	490	215 ~ 280	耐磨
高镍合金铸铁					
ЧН4Х2	200	—	400	460 ~ 645	耐磨
ЧН11Г7Ш	390	4	—	120 ~ 250	热强、低磁性
ЧН15Д7	340	4	—	120 ~ 250	
ЧН15Д3Ш	150	—	350	120 ~ 250	耐磨，低磁性，适于发动机工作条件
ЧН19Х3Ш	340	4	—	120 ~ 250	热强、低磁性
ЧН20Д2Ш	500	5	—	120 ~ 220	热强、耐寒、低磁性

注：含锰和含镍合金铸铁是在正火和低温回火后测定的强度和硬度。

（2）俄罗斯特殊性能合金铸铁的化学成分

A）含铬合金铸铁的化学成分（表6-9-16）

表6-9-16　含铬合金铸铁的化学成分（质量分数）（%）

牌　号	C	Si	Mn	P ≤	S ≤	Cr	Ni	其　他
低铬合金铸铁								
ЧХ1	3.0 ~ 3.8	1.5 ~ 2.0	≤1.0	0.30	0.12	0.4 ~ 1.0		
ЧХ2	3.0 ~ 3.8	2.0 ~ 3.0	≤1.0	0.30	0.12	1.0 ~ 2.0		
ЧХ3	3.0 ~ 3.8	2.8 ~ 3.8	≤1.0	0.30	0.12	2.0 ~ 3.0		
ЧХ3Т	2.6 ~ 3.6	0.7 ~ 1.5	≤1.0	0.30	0.12	2.0 ~ 3.0		Ti 0.7 ~ 1.0 Cu 0.5 ~ 0.8
高铬合金铸铁								
ЧХ19Н5	2.8 ~ 3.6	1.2 ~ 2.0	0.5 ~ 1.5	0.06	0.10	8.0 ~ 9.0	4.0 ~ 6.0	Mo≤0.4
ЧХ16	1.6 ~ 2.4	1.5 ~ 2.2	≤1.0	0.10	0.05	13.0 ~ 19.0	—	—
ЧХ16М2[①]	2.4 ~ 3.6	0.5 ~ 1.5	1.5 ~ 2.5	0.10	0.05	13.0 ~ 19.0	—	Mo 0.5 ~ 2.0 Cu 1.0 ~ 1.5
ЧХ22	2.4 ~ 3.6	0.2 ~ 1.0	1.5 ~ 2.5	0.10	0.08	19.0 ~ 25.0	—	V 0.15 ~ 0.35 Ti 0.15 ~ 0.35
ЧХ22С	0.6 ~ 1.0	3.0 ~ 4.0	≤1.0	0.10	0.08	19.0 ~ 25.0	—	
ЧХ28	0.5 ~ 1.6	0.5 ~ 1.5	≤1.0	0.10	0.08	25.0 ~ 30.0	—	
ЧХ28П	1.8 ~ 3.0	1.5 ~ 2.5	≤1.0	0.8 ~ 1.5	0.08	25.0 ~ 30.0	—	
ЧХ28Д2	2.2 ~ 3.0	0.5 ~ 1.5	1.5 ~ 2.5	0.10	0.08	25.0 ~ 30.0	0.4 ~ 0.8	Cu 1.5 ~ 2.5
ЧХ32	1.6 ~ 3.2	1.5 ~ 2.5	≤1.0	0.10	0.08	30.0 ~ 34.0	—	Ti 0.1 ~ 0.3

① 当元素含量：Cr 13% ~ 16%时，Mo相应为2.0% ~ 1.5%；Cr 16% ~ 19%时，Mo相应为1.5% ~ 0.5%。

B）含硅、含铝合金铸铁的化学成分（表6-9-17）

表 6-9-17　含硅、含铝合金铸铁的化学成分（质量分数）（%）

牌　号	C	Si	Mn	P ≤	S ≤	Cr	Ni	其　他
低硅合金铸铁								
ЧС5	2.5 ~ 3.2	4.5 ~ 6.0	≤0.8	0.30	0.12	0.5 ~ 1.0	—	—
ЧС5Ш	2.7 ~ 3.3	4.5 ~ 5.5	≤0.8	0.10	0.03	≤0.2	—	Al 0.1 ~ 0.3
高硅合金铸铁								
ЧС13	0.6 ~ 1.4	12.0 ~ 14.0	≤0.8	0.10	0.07	—	—	—
ЧС15	0.3 ~ 0.8	14.0 ~ 16.0	≤0.8	0.10	0.07	—	—	—
ЧС15М4	0.5 ~ 0.9	14.0 ~ 16.0	≤0.8	0.10	0.10	—	—	Mo 3.0 ~ 4.0
ЧС17	0.3 ~ 0.5	16.0 ~ 18.0	≤0.8	0.10	0.07	—	—	—
ЧС17М3	0.3 ~ 0.6	16.0 ~ 18.0	≤1.0	0.30	0.10	—	—	Mo 2.0 ~ 3.0
低铝合金铸铁								
ЧЮХШ	3.0 ~ 3.8	2.0 ~ 3.0	≤0.5	0.30	0.03	0.4 ~ 1.0	—	Al 0.6 ~ 1.5
高铝合金铸铁								
ЧЮ6С5	1.8 ~ 2.4	4.5 ~ 6.0	≤0.8	0.30	0.12	—	—	Al 5.5 ~ 7.0
ЧЮ7Х2	2.5 ~ 3.0	1.5 ~ 3.0	≤1.0	0.30	0.12	1.5 ~ 3.0	—	A5.0 ~ 9.0
ЧЮ22Ш	1.6 ~ 2.5	1.0 ~ 2.0	≤0.8	0.20	0.03	—	—	Al 19.0 ~ 25.0
ЧЮ30	1.0 ~ 1.2	≤0.5	≤0.8	0.04	0.08	—	—	Al 29.0 ~ 31.0 Ti 0.05 ~ 0.12

C) 含锰、含镍合金铸铁的化学成分（表6-9-18）

表 6-9-18　含锰、含镍合金铸铁的化学成分（质量分数）（%）

牌　号	C	Si	Mn	P ≤	S ≤	Cr	Ni	其　他
高锰合金铸铁								
ЧГ6С3	2.0 ~ 3.0	2.0 ~ 3.5	4.0 ~ 7.0	0.06	0.03	≤0.15	—	Mo 0.5 ~ 1.0
ЧГ7Х4	3.0 ~ 3.8	1.4 ~ 2.0	6.0 ~ 8.0	0.10	0.05	3.0 ~ 5.0	—	—
ЧГ8Д3	3.0 ~ 3.8	2.0 ~ 2.5	7.0 ~ 9.0	0.30	0.10	—	0.8 ~ 1.5	Cu 2.5 ~ 3.5
低镍合金铸铁								
ЧНХТ	2.7 ~ 3.4	1.4 ~ 2.0	0.8 ~ 1.6	0.3 ~ 0.7	0.15	0.2 ~ 0.6	0.3 ~ 0.7	Ti 0.05 ~ 0.12
ЧНХМД	2.8 ~ 3.2	1.6 ~ 2.0	0.8 ~ 1.2	0.15	0.12	0.2 ~ 0.7	0.7 ~ 1.6	Mo 0.2 ~ 0.7 Cu 0.2 ~ 0.5
ЧНМШ	2.8 ~ 3.8	1.7 ~ 3.2	0.8 ~ 1.2	0.10	0.03	≤0.1	0.8 ~ 1.5	Mo 0.3 ~ 0.7
ЧН2Х	3.0 ~ 3.6	1.2 ~ 2.0	0.6 ~ 1.0	0.25	0.12	0.4 ~ 0.6	1.5 ~ 2.0	—
高镍合金铸铁								
ЧН4Х2	2.8 ~ 3.6	≤1.0	0.8 ~ 1.3	0.30	0.15	0.8 ~ 2.5	3.5 ~ 5.0	—
ЧН11Г7Ш	2.3 ~ 3.0	1.8 ~ 2.5	5.0 ~ 8.0	0.08	0.03	1.5 ~ 2.5	10.0 ~ 12.0	—
ЧН15Д7	2.2 ~ 3.0	2.0 ~ 2.5	0.5 ~ 1.6	0.30	0.10	1.5 ~ 3.0	14.0 ~ 16.0	Cu 5.0 ~ 8.0
ЧН15Д3Ш	2.5 ~ 3.0	1.4 ~ 3.0	1.3 ~ 1.8	0.08	0.03	0.6 ~ 1.0	14.0 ~ 16.0	Cu 3.0 ~ 3.5
ЧН19Х3Ш	2.3 ~ 3.0	1.8 ~ 2.5	1.3 ~ 1.6	0.10	0.03	1.5 ~ 3.0	18.0 ~ 20.0	—
ЧН20Д2Ш	1.8 ~ 2.5	3.0 ~ 3.5	1.5 ~ 2.0	0.03	0.10	0.5 ~ 1.0	19.0 ~ 21.0	Cu 1.5 ~ 2.0 Al 0.1 ~ 0.3

（3）俄罗斯特殊性能合金铸铁的热处理（表 6-9-19）

表 6-9-19 特殊性能合金铸铁的热处理

热处理工艺	热处理目的	加热温度[①]/℃	保温时间/h	冷却方式	适用的铸铁种类
高温石墨化退火	降低铸铁硬度和减少游离渗碳体的含量	900~950	6~12	炉冷	各类低合金铸铁（抗磨类除外）
		860~880	1~2	炉冷	高硅铸铁
均匀化保温与正火处理	降低铸铁的磁导率和硬度，提高塑性和强度	980~1040	4~6	空冷或油冷	高镍和高锰铸铁（ЧН4Х2、ЧГ7Х4 除外）
正火处理	提高铸件硬度	1050~1100	1~2	空冷	高铬抗磨铸铁
		860~880	1~2	空冷	低铬、低铝、低镍铸铁及 ЧН4Х2、ЧГ7Х4 铸铁
浇注后回火	消除铸件内应力	200~250	2~3	炉冷	各类合金铸铁（高铬和高铝铸铁除外）
		520~560	3~4	炉冷	高铬和高铝铸铁
退火和高温回火	降低铸件硬度和改善可加工性能	690~750	6~12	炉冷	高合金铸铁
		660~690	6~12	炉冷	低合金铸铁
回火处理	降低热处理型合金铸铁的蠕变[②]	450~650[③]	4~6	炉冷	高镍球墨铸铁

① 加热温度根据铸铁件尺寸和质量而定。
② 由于高度弥散的渗碳体的沉淀析出，导致磁导率的升高。
③ 一般可采用比实际使用温度高 30~50℃。

6.10 英 国

A. 通用铸铁

6.10.1 灰铸铁［BS EN 1561（2011）］

见 6.3.1 节。

6.10.2 球墨铸铁［BS EN 1563（2018）］

见 6.3.2 节。

6.10.3 可锻铸铁［BS EN 1562（2019）］

见 6.3.3 节。

6.10.4 抗磨白口铸铁［BS EN 12513（2011）］

见 6.3.4 节。

B. 专业用铸铁和优良品种

6.10.5 奥氏体球墨铸铁［BS ISO 17804（2006）］

见 6.2.6 节。

6.10.6 工程等级奥氏体铸铁［BS EN 13835（2012）］

见 6.3.8 节。

6.10.7　特殊用途奥氏体铸铁［BS EN 13835（2012）］

见 6.3.9 节。

6.10.8　高硅耐蚀铸铁［BS 1591（1975/2017 确认）］

英国 BS 标准高硅耐蚀铸铁的牌号、用途与化学成分见表 6-10-1。

表 6-10-1　高硅耐蚀铸铁的牌号、用途与化学成分（质量分数）（%）

牌　号 Grade	C	Si	Mn	P ≤	S ≤	Cr	特性与用途
Si 10	≤1.2	10.00~12.00	≤0.5	0.25	0.10	—	用于一般耐蚀要求的工作条件
Si 14	≤1.0	14.25~15.25	≤0.5	0.25	0.10	—	耐蚀性比 Si 10 好，而抗拉强度较低
SiCr 14-4	≤1.4	14.25~15.25	≤0.5	0.25	0.10	4.0~5.0	通常用作阴极保护的铸件
Si 16	≤0.8	16.00~18.00	≤0.5	0.25	0.10	—	用于要求耐蚀性高而允许适当降低强度的工作条件

6.11　美　国

A. 通用铸铁

6.11.1　灰铸铁

现行的美国 ASTM 标准通用型灰铸铁的牌号及抗拉强度［ASTM A48/A48M-03（2016 确认）］采用两类单位制，一类是国际单位制 SI（米制），另一类是英制单位，在美、英等国传统用英制单位。

（1）美国 ASTM 标准灰铸铁的牌号与单铸试样的抗拉强度（米制单位）（表 6-11-1）

表 6-11-1　灰铸铁的牌号与单铸试样的抗拉强度（米制单位）

牌　号[①] ANSI/ASTM	试样公称直径[②] d/mm	R_m/MPa ≥	牌　号[①] ANSI/ASTM	试样公称直径[②] d/mm	R_m/MPa ≥
150A	20~22	150	275C	50	275
150B	30	150	275S	S 试样	275
150C	50	150	300A	20~22	300
150S	S 试样	150	300B	30	300
175A	20~22	175	300C	50	300
175B	30	175	300S	S 试样	300
175C	50	175	325A	20~22	325
175S	S 试样	175	325B	30	325
200A	20~22	200	325C	50	325
200B	30	200	325S	S 试样	325
200C	50	200	350A	20~22	350
200S	S 试样	200	350B	30	350
225A	20~22	225	350C	50	350
225B	30	225	350S	S 试样	350
225C	50	225	375A	20~22	375
225S	S 试样	225	375B	30	375
250A	20~22	250	375C	50	375
250B	30	250	375S	S 试样	375
250C	50	250	400A	20~22	400
250S	S 试样	250	400B	30	400
275A	20~22	275	400C	50	400
275B	30	275	400S	S 试样	400

① ANSI 为美国国家标准学会的标准代号（下同），见第 1 章的有关介绍。

② S 试样的尺寸由供需双方商定。

（2）美国 ASTM 标准和 UNS 系统灰铸铁的牌号与单铸试样抗拉强度（表 6-11-2）

表 6-11-2　灰铸铁的牌号与单铸试样抗拉强度（按英制单位换算的）

牌号和编号		$R_m^①$/MPa	试样公称	牌号和编号		$R_m^①$/MPa	试样公称
ANSI/ASTM	UNS	$\geqslant$	直径^②d/mm	ANSI/ASTM	UNS	$\geqslant$	直径^②d/mm
20A 20B 20C 20S	F11401	138 (20ksi)	22.4 30.5 50.8 S 试棒	45A 45B 45C 45S	F13101	310 (45ksi)	22.4 30.5 50.8 S 试棒
25A 25B 25C 25S	F11701	172 (25ksi)	22.4 30.5 50.8 S 试棒	50A 50B 50C 50S	F13501	345 (50ksi)	22.4 30.5 50.8 S 试棒
30A 30B 30C 30S	F12101	207 (30ksi)	22.4 30.5 50.8 S 试棒	55A 55B 55C 55S	F13801	379 (55ksi)	22.4 30.5 50.8 S 试棒
35A 35B 35C 35S	F12401	241 (35ksi)	22.4 30.5 50.8 S 试棒	60A 60B 60C 60S	F14101	414 (60ksi)	22.4 30.5 50.8 S 试棒
40A 40B 40C 40S	F12801	276 (40ksi)	22.4 30.5 50.8 S 试棒	—	F14801	483 (70ksi)	—
				—	F15501	552 (80ksi)	—

① 括号内为英制单位，1ksi = 6.89MPa。

② 试样直径是由英制单位换算的。S 试棒的所有尺寸由供需双方商定。

6.11.2　球墨铸铁

美国 ASTM 标准和 UNS 系统球墨铸铁的牌号与力学性能［ASTM A536-84（2014 确认）］见表 6-11-3。

表 6-11-3　球墨铸铁的牌号与力学性能

牌号和编号		R_m/MPa	$R_{p0.2}$/MPa	$A^①$（%）
ANSI/ASTM	UNS	$\geqslant$		
60-40-18	F32800	414	276	18
65-45-12	F33100	448	310	12
80-55-06	F33800	552	379	6
100-70-03	F34800	689	483	3
120-90-02	F36200	827	621	2

① 伸长率试样标距为 50mm。

6.11.3　可锻铸铁

（1）美国 ASTM 标准和 UNS 系统铁素体可锻铸铁的牌号与单铸试样的力学性能［ASTM A47/A47M-99（2014 确认）］（表 6-11-4）

表 6-11-4 铁素体可锻铸铁的牌号与单铸试样的力学性能

牌号和编号		R_m/MPa	$R_{p0.2}$/MPa	$A^{①}$(%)	硬度	
					HBW	压痕直径^{②}
ASTM	UNS	≥			≤	/mm
22010	—	340	220	10	156	4.8
32510^{③}	F22200	345	224	10	156	4.8
35018	F22400	365	241	18	156	4.8

① 伸长率试样标距为 50mm。

② 使用直径 10mm 钢球,在 29.4kN 载荷下测定。

③ 非现行标准牌号(供参考)。

(2) 美国 ASTM 标准和 UNS 系统珠光体可锻铸铁的牌号与单铸试样的力学性能〔ASTM A220/A220M-99 (2014 确认)〕(表 6-11-5)

表 6-11-5 珠光体可锻铸铁的牌号与单铸试样的力学性能

牌号和编号^{①}		$R_m^{②}$/MPa	$R_{p0.2}^{②}$/MPa	$A^{③}$(%)	硬度	
					HBW	压痕直径^{④}
ASTM	UNS	≥				/mm
280M10 (40010)	F22130	400 (414)	280 (276)	10	149 ~ 197	4.3 ~ 4.9
310M8 (45008)	F23130	450 (448)	310 (310)	8	156 ~ 197	4.3 ~ 4.8
310M6 (45006)	F23131	450 (448)	310 (310)	6	156 ~ 207	4.2 ~ 4.8
340M5 (50005)	F23530	480 (483)	340 (345)	5	179 ~ 229	4.0 ~ 4.5
410M4 (60004)	F24130	550 (552)	410 (414)	4	179 ~ 241	3.9 ~ 4.3
480M3 (70003)	F24830	590 (586)	480 (483)	3	217 ~ 269	3.7 ~ 4.1
550M2 (80002)	F25530	650 (655)	550 (552)	2	241 ~ 285	3.6 ~ 3.9
620M1 (90001)	F26230	720 (724)	620 (621)	1	269 ~ 321	3.4 ~ 3.7

① 牌号中"M"后的数字表示断后伸长率;括号内为旧牌号。

② 拉伸性能中括号内的数据,系由英制单位(psi)换算为 MPa 的。

③ 伸长率试样标距为 50mm。

④ 使用直径 10mm 钢球,在 29.4kN(3000kgf)载荷下测定。

6.11.4 抗磨白口铸铁

(1) 美国 ASTM 标准和 UNS 系统抗磨白口铸铁的类别、名称与化学成分〔ASTM A532/A532M-10 (2014 确认)〕(表 6-11-6)

表6-11-6　抗磨白口铸铁的类别、名称与化学成分

| ASTM | | | UNS 编号 | 化学成分（质量分数）（%） | | | | | | | |
级别	种类	名称		C	Si	Mn	P ≤	S ≤	Cr	Ni	其他
I	A	Ni-Cr-HC	F45000	2.8~3.6	≤0.8	≤2.0	0.30	0.15	1.4~4.0	3.3~5.0	Mo≤1.0
	B	Ni-Cr-LC	F45001	2.4~3.0	≤0.8	≤2.0	0.30	0.15	1.4~4.0	3.3~5.0	Mo≤1.0
	C	Ni-Cr-GB	F45002	2.5~3.7	≤0.8	≤2.0	0.30	0.15	1.0~2.5	≤4.0	Mo≤1.0
	D	Ni-HiCr	F45003	2.5~3.6	≤2.0	≤2.0	0.10	0.15	7.0~11.0	4.5~7.0	Mo≤1.5
II	A	12%Cr	F45004	2.0~3.3	≤1.5	≤2.0	0.10	0.06	11.0~14.0	≤0.5	Mo≤3.0 Cu≤1.2
	B	15%Cr-Mo	F45005	2.0~3.3	≤1.5	≤2.0	0.10	0.06	14.0~18.0	≤0.5	Mo≤3.0 Cu≤1.2
	D	20%Cr-Mo	F45007	2.0~3.3	1.0~2.2	≤2.0	0.10	0.06	18.0~23.0	≤1.5	Mo≤3.0 Cu≤1.2
III	A	25%Cr	F45009	2.0~3.3	≤1.5	≤2.0	0.10	0.06	23.0~28.0	≤1.5	Mo≤3.0 Cu≤1.2

（2）美国ASTM标准和UNS系统抗磨白口铸铁的硬度（表6-11-7）

表6-11-7　抗磨白口铸铁的硬度

ASTM			砂型铸造硬度 ≥									冷硬铸造硬度 ≥			退火硬度 ≤		
级别	种类	名称	铸态①			淬火②												
						水平1			水平2								
			HBW	HRC	HV	HBW	HRC	HV	HBW	HRC	HV	HBW	HRC	HV	HBW	HRC	HV
I	A	Ni-Cr-HC	550	53	600	600	56	660	650	59	715	600	56	600	—	—	—
	B	Ni-Cr-LC	550	53	600	600	56	660	650	59	715	600	56	600	—	—	—
	C	Ni-Cr-GB	550	53	600	600	56	660	650	59	715	600	56	600	400	41	430
	D	Ni-HiCr	500	50	540	600	56	660	650	59	715	550	53	600	—	—	—
II	A	12%Cr	550	53	600	600	56	660	650	59	715	550	53	600	400	41	430
	B	15%Cr-Mo	450	46	485	600	56	660	650	59	715	—	—	—	400	41	430
	D	20%Cr-Mo	450	46	485	600	56	660	650	59	715	—	—	—	400	41	430
III	A	25%Cr	450	46	485	600	56	660	650	59	715	—	—	—	400	41	430

① 铸态或（铸态+去应力退火）。
② 淬火或（淬火+去应力退火）。

B. 专业用铸铁和优良品种

6.11.5　高温非承压部件用灰铸铁 ［ASTM A319-07（2015确认）］

（1）美国ASTM标准和UNS系统高温非承压部件用灰铸铁的牌号与化学成分（表6-11-8）

表6-11-8　高温非承压部件用灰铸铁的牌号与化学成分（质量分数）（%）

| ASTM | | UNS 编号 | 碳当量 CE① | 碳含量（下限） | Cr | P ≤ | S ≤ |
类别	牌号						
Class I	Type A	F10001	3.81~4.40	3.50	0.20~0.40	0.60	0.15
Class I	Type B		3.81~4.40	3.50	0.41~0.65	0.60	0.15
Class I	Type C		3.81~4.40	3.50	0.66~0.95	0.60	0.15
Class I	Type D		3.81~4.40	3.50	0.96~1.20	0.60	0.15

（续）

ASTM		UNS 编号	碳当量 CE[①]	碳含量（下限）	Cr	P ≤	S ≤
类 别	牌 号						
Class Ⅱ	Type A	F10002	3.51 ~ 4.10	3.20	0.20 ~ 0.40	0.60	0.15
Class Ⅱ	Type B		3.51 ~ 4.10	3.20	0.41 ~ 0.65	0.60	0.15
Class Ⅱ	Type C		3.51 ~ 4.10	3.20	0.66 ~ 0.95	0.60	0.15
Class Ⅱ	Type D		3.51 ~ 4.10	3.20	0.96 ~ 1.20	0.60	0.15
Class Ⅲ	Type A	F10003	3.20 ~ 3.80	2.80	0.20 ~ 0.40	0.60	0.15
Class Ⅲ	Type B		3.20 ~ 3.80	2.80	0.41 ~ 0.65	0.60	0.15
Class Ⅲ	Type C		3.20 ~ 3.80	2.80	0.66 ~ 0.95	0.60	0.15
Class Ⅲ	Type D		3.20 ~ 3.80	2.80	0.96 ~ 1.20	0.60	0.15

① 碳当量 $CE = C\% + 0.3(Si\% + P\%)$。

（2）美国 ASTM 标准和 UNS 系统高温非承压部件用灰铸铁的碳与硅含量的关系（表6-11-9）

表6-11-9　高温非承压部件用灰铸铁的碳与硅含量的关系

类别和编号		碳与硅含量（质量分数）的关系（%）	
ASTM 类别	UNS	C	Si
Class Ⅰ	F10001	3.50	0.90 ~ 2.70
		3.70	0.90 ~ 2.10
		3.90	0.90 ~ 1.50
Class Ⅱ	F10002	3.30	0.90 ~ 2.70
		3.40	0.90 ~ 2.10
		3.50	≤1.80
Class Ⅲ	F10003	2.80	1.20 ~ 2.70
		3.00	0.60 ~ 2.40
		3.20	0.60 ~ 1.80

6.11.6　耐热承压部件用灰铸铁 ［ASTM A278/278M-83（2015 确认）］

（1）美国耐热（≤350℃）承压部件用灰铸铁的类别与抗拉强度（表6-11-10）

该标准的灰铸铁牌号及抗拉强度采用两类单位制，一类是国际单位制 SI（米制），另一类是英制单位，在美国常用英制单位。

表6-11-10　耐热承压部件用灰铸铁的类别与抗拉强度

ASTM 类别	R_m（米制）/MPa≥	ASTM 类别	R_m（英制）/ksi≥
Type 150	150	No. 20	20（138）
Type 175	175	No. 25	25（172）
Type 200	200	No. 30	30（207）
Type 225	225	—	—
Type 250	250	No. 35	35（241）
Type 275	275	No. 40	40（276）
Type 300	300	No. 45	45（310）
Type 325	325	—	—
Type 350	350	No. 50	50（345）
Type 380	380	No. 55	55（379）
Type 415	415	No. 60	60（414）

注：括号内为换算后的米制单位（MPa）数值。

（2）美国耐热（≤350℃）承压部件用灰铸铁的化学成分

预定在230℃以上温度使用的灰铸铁（275、300、325、350、380和415类别）的化学成分见表6-11-11。

表6-11-11　耐热承压部件用灰铸铁的化学成分（质量分数）（%）

ASTM 类别	碳当量 CE[①] ≤	P ≤	S ≤
Type 275	3.80	0.25	0.12
Type 300	3.80	0.25	0.12
Type 325	3.80	0.25	0.12
Type 350	3.80	0.25	0.12
Type 380	3.50	0.25	0.12
Type 415	3.80	0.25	0.12

① 碳当量 CE = C% + 0.3（Si% + P%）。

（3）美国耐热（≤350℃）承压部件用灰铸铁的消除应力处理（表6-11-12）

表6-11-12　耐热承压部件用灰铸铁的消除应力处理[①]

ASTM 类别	金属温度 /℃	消除应力处理温度 /℃	保温时间/h 时间 A[②]	保温时间/h 时间 B[③]
Type 275，300 Type 325，350 Type 380，415	565 ~ 650	≤200	≥2	≤12

① 对于在230℃以上温度使用的灰铸铁件进行消除应力处理。

② 保温时间 A：保温不小于1h，但最长不超过12h，加热与冷却速度应均匀。

③ 保温时间 B：保温不小于1h，按金属截面厚度≤25mm 的铸件，处理温度不超过250℃。

6.11.7　汽车等机动车辆用灰铸铁［ASTM A159-83（2015 确认）］

（1）美国 ASTM 标准和 UNS 系统汽车等机动车辆用灰铸铁的牌号与化学成分（表6-11-13）

表6-11-13　汽车等机动车辆用灰铸铁的牌号与化学成分（质量分数）（%）

牌号 ASTM	牌号 UNS	C	Si	Mn	P ≤	S ≤	碳当量 （近似值）
G1800	F10004	3.40 ~ 3.70	2.30 ~ 2.80	0.50 ~ 0.80	0.25	0.15	4.25 ~ 4.5
G2500	F10005	3.20 ~ 3.50	2.00 ~ 2.40	0.60 ~ 0.90	0.20	0.15	4.0 ~ 4.25
G2500a	F10009	≤3.40	1.60 ~ 2.10	0.60 ~ 0.90	0.15	0.12	—
G3000	F10006	3.10 ~ 3.40	1.90 ~ 2.30	0.60 ~ 0.90	0.15	0.15	3.9 ~ 4.15
G3500	F10007	3.00 ~ 3.30	1.80 ~ 2.20	0.60 ~ 0.90	0.12	0.15	3.7 ~ 3.9
G3500b	F10010	≤3.40	1.30 ~ 1.80	0.60 ~ 0.90	0.15	0.12	—
G3500c	F10011	≤3.50	1.30 ~ 1.80	0.60 ~ 0.90	0.15	0.12	—
G4000	F10008	3.00 ~ 3.30	1.80 ~ 2.10	0.70 ~ 1.00	0.10	0.15	3.7 ~ 3.9
G4000d[①]	F10012	3.10 ~ 3.60	1.95 ~ 2.40	0.60 ~ 0.90	0.10	0.15	（+ Cr，+ Mo）

① 该牌号的 Cr、Mo 含量：Cr 0.85% ~ 1.25%；Mo 0.40% ~ 0.60%。

（2）美国 ASTM 标准和 UNS 系统汽车等机动车辆用灰铸铁的力学性能（表6-11-14）

表6-11-14　汽车等机动车辆用灰铸铁的力学性能

牌号	R_m/MPa ≥	/MPa ≥	f/mm ≥	HBW	压痕直径[①] /mm
G1800	137	780	3.6	143 ~ 187	5.0 ~ 4.4
G2500，G2500a	172	910	4.3	170 ~ 229	4.6 ~ 4.0
G3000	206	1000	5.1	187 ~ 241	4.4 ~ 3.9
G3500，G3500b，G3500c	240	1090	6.1	207 ~ 255	4.2 ~ 3.8
G4000	275	1180	6.9	217 ~ 269	4.1 ~ 3.7
G4000d	275	1180	6.9	241 ~ 321	4.1 ~ 3.7

① 用 φ10mm 钢球在 29.4kN（3000kgf）载荷下的压痕直径。

（3）美国 ASTM 标准和 UNS 系统汽车等机动车辆用灰铸铁件的金相组织与用途（表6-11-15）

表 6-11-15　汽车等机动车辆用灰铸铁件的金相组织和用途

牌　号	用途举例	金相组织
G1800	在各种易切削铸铁件（铸态或回火状态）中，强度不作为主要的考核指标。可用合金或非合金的本牌号灰铸铁制造排气歧管。为避免由于加热引起膨胀开裂，对排气歧管铸件可进行退火处理	铁素体＋珠光体
G2500	小型气缸体、气缸盖、风冷气缸、活塞、离合器片、油泵体、传动箱、齿轮箱、离合器壳体和轻型制动毂	珠光体＋铁素体
G3000	汽车和柴油机气缸体、气缸盖、飞轮、差速器座架铸件、活塞、中型制动毂和离合器片	珠光体
G3500	柴油发动机气缸体、载货汽车和拖拉机气缸体与气缸盖、大飞轮、拖拉机传动箱和重载齿轮箱	珠光体
G4000	柴油发动机铸件、衬套、气缸和活塞	珠光体

6.11.8　汽车等机动车辆用可锻铸铁［ASTM A602-94（2018 确认）］

（1）美国 ASTM 标准和 UNS 系统汽车等机动车辆用可锻铸铁的牌号与化学成分（表6-11-16）

表 6-11-16　汽车等机动车辆用可锻铸铁的牌号与化学成分（质量分数）（%）

牌号 ASTM	牌号 UNS	C	Si	Mn	P	S
M3210	F20000	2.20～2.90	0.90～1.90	0.15～1.25	0.02～0.15	0.02～0.20
M4504	F20001	2.20～2.90	0.90～1.90	0.15～1.25	0.02～0.15	0.02～0.20
M5003	F20002	2.20～2.90	0.90～1.90	0.15～1.25	0.02～0.15	0.02～0.20
M5503	F20003	2.20～2.90	0.90～1.90	0.15～1.25	0.02～0.15	0.02～0.20
M7002	F20004	2.20～2.90	0.90～1.90	0.15～1.25	0.02～0.15	0.02～0.20
M8501	F20005	2.20～2.90	0.90～1.90	0.15～1.25	0.02～0.15	0.02～0.20

（2）美国 ASTM 标准和 UNS 系统汽车等机动车辆用可锻铸铁的牌号与力学性能（表6-11-17）

表 6-11-17　汽车等机动车辆用可锻铸铁的牌号与力学性能

牌　号	热　处　理	R_m/MPa	$R_{p0.2}$/MPa ≥	$A^{[1]}$(%)	E/GPa	HBW
M3210	退火	345	221	10	172	≤156
M4504	空淬或液淬＋回火	448	310	4	179	163～217
M5003	空淬或液淬＋回火	517	345	3	179	187～241
M5503	液淬＋回火	517	379	3	179	187～241
M7002	液淬＋回火	621	483	2	179	229～269
M8501	液淬＋回火	724	586	1	179	269～302

① 断后伸长率 A 试样标距为 50mm。

6.11.9　蠕墨铸铁［ASTM A842—2011a（2018e，确认）］

蠕墨铸铁也称高密度石墨铸铁。美国 ASTM 标准蠕墨铸铁的级别与力学性能（表6-11-18）

表 6-11-18　蠕墨铸铁的级别与力学性能

级　别	R_m/MPa ≥	$R_{p0.2}$/MPa ≥	A(%) ≥	HBW	蠕虫状石墨（%）≥
Grade 250①	250	175	3.0	≤179	80
Grade 300	300	210	1.5	143～207	80
Grade 350	350	245	1.0	163～229	80
Grade 400	400	280	1.0	179～255	80
Grade 450②	450	315	1.0	207～269	80

① 250 级属铁素体型，是否用热处理来达到规定的力学性能和金相组织，可由生产厂家决定。

② 450 级属珠光体型，一般添加某些合金元素而不经热处理可获得以珠光体占极大比例的基体。

6.11.10　片状石墨奥氏体铸铁［ASTM A436-84（2015 确认）］

（1）美国 ASTM 标准和 UNS 系统片状石墨奥氏体铸铁的型号与化学成分（表6-11-19）

表6-11-19　片状石墨奥氏体铸铁的型号与化学成分（质量分数）（%）

ASTM 型号	UNS 编号	TC[①]	Si	Mn	S ≤	Cr[②]	Ni	其他
Type 1	F41000	≤3.00	1.00~2.80	0.5~1.5	0.12	1.50~2.50	13.5~17.5	Cu5.50~7.50
Type 1b	F41001	≤3.00	1.00~2.80	0.5~1.5	0.12	2.50~3.50	13.5~17.5	Cu5.50~7.50
Type 2	F41002	≤3.00	1.00~2.80	0.5~1.5	0.12	1.50~2.50	18.0~22.0	Cu≤0.50
Type 2b	F41003	≤3.00	1.00~2.80	0.5~1.5	0.12	3.00~6.00	18.0~22.0	Cu≤0.50
Type 3	F41004	≤2.60	1.00~2.80	0.5~1.5	0.12	2.50~3.50	28.0~32.0	Cu≤0.50
Type 4	F41005	≤2.60	5.00~6.00	0.5~1.5	0.12	4.50~5.50	29.0~32.0	Cu≤0.50
Type 5	F41006	≤2.40	1.00~2.00	0.5~1.5	0.12	≤0.10	34.0~36.0	Cu≤0.50
Type 6	F41007	≤3.00	1.50~2.50	0.5~1.5	0.12	1.00~2.00	18.0~22.0	Cu3.50~5.50 Mo≤1.0

① TC—总碳量。

② 当要求少量机加工时，Cr 含量以 3.00%~4.00% 为宜。

（2）美国 ASTM 标准和 UNS 系统片状石墨奥氏体铸铁的型号与力学性能（表6-11-20）

表6-11-20　片状石墨奥氏体铸铁的型号与力学性能

ASTM 型号	R_m/MPa≥	HBW[①]	ASTM 型号	R_m/MPa≥	HBW[①]
Type 1	172	131~183	Type 3	172	118~159
Type 1b	207	149~212	Type 4	172	149~212
Type 2	172	118~174	Type 5	138	99~124
Type 2b	207	171~248	Type 6	172	124~174

① 在 29.4kN（3000kgf）载荷下测定。

6.11.11　球状石墨奥氏体铸铁［ASTM A439（2018）］

（1）美国 ASTM 标准和 UNS 系统球状石墨奥氏体铸铁的型号与化学成分（表6-11-21）

表6-11-21　球状石墨奥氏体铸铁的型号与化学成分（质量分数）（%）

ASTM 型号	UNS 编号	TC[①]	Si	Mn	P ≤	Cr	Ni	其他
D-2	F43000	≤3.00	1.50~3.00	0.70~1.25	0.08	1.75~2.75	18.0~22.0	(Mo 0.7~1.0)[③]
D-2B	F43001	≤3.00	1.50~3.00	0.70~1.25	0.08	2.75~4.00	18.0~22.0	—
D-2C	F43002	≤2.90	1.00~3.00	1.80~2.40	0.08	≤0.50	21.0~24.0	—
D-2S	—	≤2.60	4.80~5.80	≤1.00	0.08	1.75~2.25	24.0~28.0	—
D-3	F43003	≤2.60	1.00~2.80	≤1.00[②]	0.08	2.50~3.50	28.0~32.0	(Mo 0.7~1.0)[③]
D-3A	F43004	≤2.60	1.00~2.80	≤1.00[②]	0.08	1.00~1.50	28.0~32.0	—
D-4	F43005	≤2.60	5.00~6.00	≤1.00[②]	0.08	4.50~5.50	28.0~32.0	—
D-5	F43006	≤2.40	1.00~2.80	≤1.00[②]	0.08	≤0.10	34.0~36.0	—
D-5B	F43007	≤2.40	1.00~2.80	≤1.00[②]	0.08	2.00~3.00	34.0~36.0	—
D-5S	—	≤2.30	4.90~5.50	≤1.00	0.08	1.75~2.25	34.0~37.0	—

① TC—总碳量。

② Mn 的含量系非有意加入的。

③ 加入 Mo 将提高 425℃ 以上的力学性能。

（2）美国 ASTM 标准和 UNS 系统球状石墨奥氏体铸铁的型号与力学性能（表6-11-22）

表 6-11-22 球状石墨奥氏体铸铁的型号与力学性能

ASTM 型号	R_m/MPa	$R_{p0.2}$/MPa	$A^{①}$（%）	HBW②
	≥			
D-2	400	210	8.0	139~202
D-2B	400	210	7.0	148~211
D-2C	400	195	20.0	121~171
D-2S	380	210	10.0	131~193
D-3	380	210	6.0	139~202
D-3A	380	210	10.0	131~193
D-4	415	—	—	202~273
D-5	380	210	20.0	131~185
D-5B	380	210	6.0	139~193
D-5S	380	210	10.0	131~193

① 断后伸长率试样标距为 50mm。

② 在 29.4kN（3000kgf）载荷下测定。

6.11.12 低温承压部件用奥氏体铸铁［ASTM A571-01（2015 确认）］

（1）美国 ASTM 标准低温承压部件用奥氏体铸铁的级别与力学性能（表6-11-23）

表 6-11-23 低温承压部件用奥氏体铸铁的级别与力学性能

级 别	R_m/MPa	$R_{p0.2}$/MPa	A（%）	$KV^{①}$/J≥		HBW②
	≥			平均值	单个值	
Class 1	450	205	30	15	12	121~171
Class 2	415	170	25	20	15	111~171
Class 3	450	205	30	20	16	121~171
Class 4	415	170	25	27	20	111~171

① 平均值为 3 个试样的平均。

② 在 29.4kN 载荷下测定。

（2）美国 ASTM 标准低温承压部件用奥氏体铸铁的化学成分（表6-11-24）

表 6-11-24 低温承压部件用奥氏体铸铁的化学成分（质量分数）（%）

级别	TC①	Si	Mn	P	Ni	Cr②	Mg
Class 1	2.2~2.7	1.5~2.5	3.75~4.50	≤0.08	21.5~24.0	≤0.20	—
Class 2	2.2~2.7	1.5~2.5	3.75~4.50	≤0.08	21.5~24.0	≤0.20	—
Class 3	2.2~2.7	1.5~2.5	3.75~4.50	≤0.08	21.5~24.0	≤0.20	3.75~4.50
Class 4	2.2~2.7	1.5~2.5	3.75~4.50	≤0.08	21.5~24.0	≤0.20	3.75~4.50

① TC—总碳量。部件壁厚 <6mm 的铸件，可根据需要将碳含量最大值调到 2.9%。

② Cr 含量不得随意添加。

6.11.13 低温用铁素体球墨铸铁［ASTM A847（2014）］

（1）美国 ASTM 标准低温（-40℃）用铁素体球墨铸铁的力学性能（表6-11-25）

表 6-11-25　低温（-40℃）用铁素体球墨铸铁的力学性能

牌　号	R_m/MPa	$R_{p0.2}/MPa$	$A(\%)$
铁素体球墨铸铁	≥485	≥345	≥19

（2）美国 ASTM 标准低温（-40℃）用铁素体球墨铸铁的化学成分（表6-11-26）

表 6-11-26　低温（-40℃）用铁素体球墨铸铁的化学成分[①]（质量分数）（%）

牌　号	C	Si	P	Cu	碳当量 CE[②]
铁素体球墨铸铁	3.0 ~ 3.7	1.2 ~ 2.3	≤0.03	≤0.10	≤4.5

牌　号	Cr	Ni	Mo	Mg	碳当量 CE[②]
铁素体球墨铸铁	0.07	0.10	0.25	0.07	≤4.5

① Cr、Ni、Mo、Mg 含量均为最大值。

② 碳当量 CE = %C + 0.3(%Si + %P)。

6.11.14　高硅耐蚀铸铁 ［ASTM A518/A518M-99（2018 确认）］

美国 ASTM 标准高硅耐蚀铸铁的型号与化学成分见表6-11-27。

表 6-11-27　高硅耐蚀铸铁的型号与化学成分（质量分数）（%）

型　号	C	Si	Mn	Cr	Mo	Cu
Grade 1	0.65 ~ 1.10	14.20 ~ 14.75	≤1.50	≤0.50	≤0.50	≤0.50
Grade 2	0.75 ~ 1.15	14.20 ~ 14.75	≤1.50	3.25 ~ 5.00	0.40 ~ 0.60	≤0.50
Grade 3	0.70 ~ 1.10	14.20 ~ 14.75	≤1.50	3.25 ~ 5.00	≤0.20	≤0.50

注：根据需方要求，可进行弯曲试验。

6.12　中国台湾地区

A. 通用铸铁

6.12.1　灰铸铁

（1）中国台湾地区 CNS 标准灰铸铁的牌号与抗拉强度 ［CNS 2472（1992/2012 确认）］（表6-12-1）

表 6-12-1　灰铸铁的牌号与抗拉强度

牌　号	试样直径/mm	$R_m/MPa \geq$	牌　号	试样直径/mm	$R_m/MPa \geq$
FC100（GC10）	30	100	FC250（GC25）	13	275
				20	255
FC150（GC15）	13	186		30	250
	20	167		45	216
	30	150	FC300（GC30）	20	300
	45	127		30	300
FC200（GC20）	13	235		45	265
	20	216	FC350（GC35）	20	361
	30	200		30	350
	45	167		45	314

注：1. 通常采用的试样直径 30mm，若认为试样直径与铸件厚度相差甚大，可由供需双方协商另订。

2. 表中所列的力学性能数值，除试样直径 30mm 外，其余均为参考值。

3. 加括号的为旧牌号。FC100 可省略力学性能试验。

（2）中国台湾地区 CNS 标准灰铸铁的抗弯性能与硬度（表 6-12-2）

表 6-12-2　灰铸铁的抗弯性能与硬度

牌　号	试样直径 /mm	抗弯性能		HBW≤
		最大载荷/N	挠度 f/mm	
FC100	30	7000	≥3.5	201
FC150	13	1770	≥2.0	241
	20	3920	≥2.5	223
	30	8000	≥4.0	212
	45	16670	≥6.0	201
FC200	13	1960	≥2.0	255
	20	4410	≥3.0	235
	30	9000	≥4.5	223
	45	19610	≥6.0	217
FC250	13	2160	≥2.0	269
	20	4900	≥3.0	248
	30	10000	≥5.0	241
	45	22560	≥7.0	229
FC300	20	5390	≥3.5	269
	30	11000	≥5.5	262
	45	25500	≥7.5	248
FC350	20	5880	≥3.5	285
	30	12000	≥5.5	277
	45	28440	≥7.5	269

6.12.2　球墨铸铁

（1）中国台湾地区 CNS 标准球墨铸铁的牌号与单铸试块的力学性能［CNS 2869（2006/2012 确认）］

A）球墨铸铁的牌号与单铸试块的力学性能及金相组织（表 6-12-3）

表 6-12-3　球墨铸铁的牌号与单铸试块的力学性能及金相组织

牌　号	R_m/MPa	$R_{p0.2}^{①}$/MPa	A(%)	HBW[②]	主要金相组织[②]
	≥				
FCD 350-22	350	220	22	150	铁素体
FCD 350-22L	350	220	22	150	铁素体
FCD 400-18	400	250	18	130~180	铁素体
FCD 400-18L	400	250	18	130~180	铁素体
FCD 400-15	400	250	15	130~180	铁素体
FCD 450-10	450	280	10	140~210	铁素体
FCD 500-7	500	320	7	150~230	铁素体+珠光体
FCD 600-3	600	370	3	170~270	珠光体+铁素体
FCD 700-2	700	420	2	180~300	珠光体
FCD 800-2	800	480	2	200~330	珠光体或回火组织

① 其屈服强度的确定，取残余变形为 0.2% 时的强度值，也可取载荷下的总伸长率为 0.5% 时的强度值（下表同）。

② CNS 标准提供的参考内容。

B）球墨铸铁单铸试块的冲击性能（表6-12-4）

表6-12-4　球墨铸铁单铸试块的冲击性能

牌　号	试验温度/	KV/J⩾	
	℃	平均值[2]	单个值[3]
FCD 350-22	室温 23 ± 5	17	14
FCD 350-22L[1]	低温 − 40 ± 2	12	9
FCD 400-18	室温 23 ± 5	14	11
FCD 400-18L[1]	低温 − 20 ± 2	12	9

① 后缀字母"L"表示该牌号要求作低温冲击性能试验。

② 3 个试样的平均值。

③ 单个试样的测定值。

（2）中国台湾地区 CNS 标准球墨铸铁的牌号与附铸试块的力学性能

A）球墨铸铁附铸试块的力学性能及金相组织（表6-12-5）

表6-12-5　球墨铸铁附铸试块的力学性能及金相组织

牌　号[1]	铸件厚度 t/mm	R_m/MPa	$R_{p0.2}$/MPa	A(%)	HBW[2]	主要金相组织[2]
		⩾				
FCD 400-18A	30 < t ⩽ 60	390	250	15	120 ~ 180	铁素体
	60 < t ⩽ 200	370	240	12	120 ~ 180	
FCD 400-18AL	30 < t ⩽ 60	390	250	15	120 ~ 180	铁素体
	60 < t ⩽ 200	370	240	12	120 ~ 180	
FCD 400-15A	30 < t ⩽ 60	390	250	15	120 ~ 180	铁素体
	60 < t ⩽ 200	370	240	12	130 ~ 230	
FCD 500-7A	30 < t ⩽ 60	450	300	7	130 ~ 230	铁素体 + 珠光体
	60 < t ⩽ 200	420	290	5	150 ~ 230	
FCD 600-3A	30 < t ⩽ 60	600	360	2	160 ~ 270	珠光体 + 铁素体
	60 < t ⩽ 200	550	340	1	160 ~ 270	

① 后缀字母"A"表示用附铸试样测定的力学性能值，以区别用单铸试样测定的数值。

② CNC 标准提供的参考内容。

B）球墨铸铁附铸试块的冲击性能（表6-12-6）

表6-12-6　球墨铸铁附铸试块的冲击性能

牌　号	铸件厚度 t/mm	试验温度 /℃	KV/J⩾	
			平均值[1]	单个值
FCD 400-18	30 < t ⩽ 60	室温 23 ± 5	14	11
	60 < t ⩽ 200	室温 23 ± 5	12	9
FCD 400-18L	30 < t ⩽ 60	低温 − 20 ± 2	12	9
	60 < t ⩽ 200	低温 − 20 ± 2	10	7

① 3 个试样的平均值。

6.12.3　可锻铸铁

（1）中国台湾地区 CNS 标准黑心可锻铸铁的牌号与力学性能 ［CNS 2936（1994/2012 确认）］（表6-12-7）

表 **6-12-7**   黑心可锻铸铁的牌号与力学性能

牌 号	R_m/MPa	$R_{p0.2}^{①}$/MPa	$A(\%)$	HBW
	≥	≥	≥	≤
FCMB 270	270	165	5	163
FCMB 310	310	185	8	163
FCMB 340	340	205	10	163
FCMB 360	360	215	14	163

① 其屈服强度的确定，取残余变形为 0.2% 时的强度值，也可取载荷下的总伸长率为 0.5% 时的强度值（下表同）。

（2）中国台湾地区 CNS 标准白心可锻铸铁的牌号与力学性能〔CNS 2937（1994/2012 确认）〕（表 6-12-8）

表 **6-12-8**   白心可锻铸铁的牌号与力学性能

牌 号	壁厚 t/mm	试样直径 /mm	R_m/MPa	$R_{p0.2}$/MPa	$A(\%)$	HBW
			≥	≥	≥	
FCMW 330	$t<5$	6	310	—	8	≤207
	$5<t<9$	10	330	165	5	≤207
	$t≥9$	14	350	195	3	≤207
FCMW 370	$t<5$	6	350	—	14	≤192
	$5<t<9$	10	370	185	8	≤192
	$t≥9$	14	390	215	6	≤192
FCMW P440	—	14	440	265	6	149~207
FCMW P490	—	14	490	305	4	167~229
FCMW P540	—	14	540	345	3	183~241

① 没有特别商定主要壁厚时，其力学性能取主要壁厚 5~9mm 规定的数值。难以确定主要壁厚时的力学性能，由供需双方商定。

（3）中国台湾地区 CNS 标准珠光体可锻铸铁的牌号与力学性能〔CNS 2938（1994/2006 确认）〕（表 6-12-9）

表 **6-12-9**   珠光体可锻铸铁的牌号与力学性能

牌 号	R_m/MPa	$R_{p0.2}$/MPa	$A(\%)$	HBW
	≥	≥	≥	
FCMP 440	440	265	6	149~207
FCMP 490	490	305	4	167~229
FCMP 540	540	345	3	183~241
FCMP 590	590	390	3	207~269
FCMP 690	690	510	2	229~285

B. 专业用铸铁和优良品种

6.12.4   蠕墨铸铁〔CNS 14438（2000/2012 确认）〕

（1）中国台湾地区 CNS 标准蠕墨铸铁的牌号与力学性能（表 6-12-10）

表 **6-12-10**   蠕墨铸铁的牌号与力学性能

牌 号	R_m/MPa	$R_{p0.2}^{③}$/MPa	$A(\%)$	HBW
	≥	≥	≥	
CGI 250[①]	250	175	3.0	≤179
CGI 300	300	210	1.5	143~207
CGI 350	350	245	1.0	163~229
CGI 400	400	280	1.0	197~255
CGI 450[②]	450	315	1.0	207~269

① CGI 250 的基体为铁素体，可用热处理获得。

② CGI 450 的基体为珠光体，可添加化学元素获得。

③ 其屈服强度的确定，取残余变形为 0.2% 时的强度值，也可取载荷下的总伸长率为 0.5% 时的强度值。

（2）中国台湾地区蠕墨铸铁的生产方法

蠕墨铸铁的化学成分由供需双方商定，也可进行蠕墨化处理（表6-12-11）。

表6-12-11 蠕墨铸铁的生产方法（供参考）

方 法	说 明
1. 同时添加球化元素与反球化元素	加入反球化元素（如 Ti、Al、Zr 等），可适度抑制球化元素的球化作用，从而获得蠕状石墨
2. 不足量球化元素法	仅添加球化元素（如 Mg、稀土元素，或两者混合），但需控制添加量，以求达到不完全球化作用，从而获得蠕状石墨

6.12.5 等温淬火球墨铸铁［CNS 13098（1992/2012 确认）］

（1）中国台湾地区 CNS 标准等温淬火球墨铸铁的牌号与力学性能（表6-12-12）

表6-12-12 等温淬火球墨铸铁的牌号与力学性能

牌 号[1]	R_m/MPa	R_{eL}/MPa	A(%)	$KV^{[2]}$/J		HBW （参考值）
				平均值	个别值	
	≥			≥		
FCD 900A	900	600	8	100	80	270 ~ 350
FCD 1000A	1000	700	5	—	—	300 ~ 380
FCD 1200A	1200	900	2	—	—	≥340

① FCD 900A 用于要求高韧性铸件，FCD 1000A 和 FCD 1200A 用于要求高强度铸件。

② 取 3 个试样的平均值，个别值为单个试样的测定值。

（2）中国台湾地区等温淬火球墨铸铁的化学成分（表6-12-13）

表6-12-13 等温淬火球墨铸铁的牌号与化学成分（质量分数）（%）

牌 号[1]	C	Si	Mn	P ≤	S ≤	Ni	Cu	Mg
FCD 900A	3.2 ~ 3.8	2.2 ~ 3.0	0.7	0.05	0.05	3.0	1.5	0.06
FCD 1000A	3.2 ~ 3.8	2.2 ~ 3.0	0.7	0.05	0.05	3.0	1.5	0.06
FCD 1200A	3.2 ~ 3.8	2.2 ~ 3.0	0.7	0.05	0.05	3.0	1.5	0.06

① 各牌号的其他元素含量：Cr≤0.07%，Mo≤0.5%，Ti≤0.04%。

6.12.6 片状石墨奥氏体铸铁［CNS 13099（1992/2012 确认）］

（1）中国台湾地区 CNS 标准片状石墨奥氏体铸铁的牌号与化学成分（表6-12-14）

表6-12-14 片状石墨奥氏体铸铁的牌号与化学成分（质量分数）（%）

牌 号	R_m/MPa≥	碳含量（上限）	Si	Mn	Cr	Ni	Cu
FCA-NiMn13-7	140	3.0	1.5 ~ 3.0	6.0 ~ 7.0	≤0.2	12.0 ~ 14.0	≤0.5
FCA-NiCuCr15-6-2	170	3.0	1.0 ~ 2.8	0.5 ~ 1.5	1.0 ~ 2.5	13.5 ~ 17.5	5.5 ~ 7.5
FCA-NiCuCr15-6-3	190	3.0	1.0 ~ 2.8	0.5 ~ 1.5	2.5 ~ 3.5	13.5 ~ 17.5	5.5 ~ 7.5
FCA-NiCr20-2	170	3.0	1.0 ~ 2.8	0.5 ~ 1.5	1.0 ~ 2.5	18.0 ~ 22.0	≤0.5
FCA-NiCr20-3	190	3.0	1.0 ~ 2.8	0.5 ~ 1.5	2.5 ~ 3.5	18.0 ~ 22.0	≤0.5
FCA-NiSiCr20-5-3	190	2.5	4.5 ~ 5.5	0.5 ~ 1.5	1.5 ~ 4.5	18.0 ~ 22.0	≤0.5
FCA-NiCr30-3	190	2.5	1.0 ~ 2.0	0.5 ~ 1.5	2.5 ~ 3.5	28.0 ~ 32.0	≤0.5
FCA-NiSiCr30-5-5	170	2.5	5.0 ~ 6.0	0.5 ~ 1.5	4.5 ~ 5.5	29.0 ~ 32.0	≤0.5
FCA-Ni35	120	2.4	1.0 ~ 2.0	0.5 ~ 1.5	≤0.2	34.0 ~ 36.0	≤0.5

（2）中国台湾地区片状石墨奥氏体铸铁的力学性能补充数据（表6-12-15）

表6-12-15　片状石墨奥氏体铸铁的力学性能补充数据（参考值）

牌　号	R_m/MPa	$A(\%)$	R_{mc}/MPa	E/GPa	HBW
FCA-NiMn 13-7	140~220	—	630~840	70~90	120~150
FCA-NiCuCr 15-6-2	170~210	2	700~840	85~105	140~200
FCA-NiCuCr 15-6-3	190~240	1~2	860~1100	98~113	150~250
FCA-NiCr 20-2	170~210	2~3	700~840	85~105	120~215
FCA-NiCr 20-3	190~240	1~2	860~1100	98~113	160~250
FCA-NiSiCr 20-5-3	190~280	2~3	860~1100	110	140~250
FCA-NiCr 30-3	190~240	1~3	700~910	98~113	120~215
FCA-NiSiCr 30-5-5	170~240	—	≥560	105	150~210
FCA-Ni 35	120~180	1~3	560~700	74	120~140

6.12.7　球状石墨奥氏体铸铁［CNS 13099（1992/2012 确认）］

（1）中国台湾地区 CNS 标准球状石墨奥氏体铸铁的牌号与化学成分（表6-12-16）

表6-12-16　球状石墨奥氏体铸铁的牌号与化学成分（质量分数）（%）

牌　号	碳含量（上限）	Si	Mn	Cr	Ni	Cu
FCDA-NiMn 13-7	3.0	2.0~3.0	6.0~7.0	≤0.2	12.0~14.0	≤0.5
FCDA-NiCr 20-2	3.0	1.5~3.0	0.5~1.5	1.0~2.5	18.0~22.0	≤0.5
FCDA-NiCrNb 20-2①	3.0	1.5~2.4	0.5~1.5	1.0~2.5	18.0~22.0	①
FCDA-NiCr 20-3	3.0	1.5~3.0	0.5~1.5	2.5~3.5	18.0~22.0	≤0.5
FCDA-NiSiCr 20-5-2	3.0	4.5~5.5	0.5~1.5	1.0~2.5	18.0~22.0	≤0.5
FCDA-Ni 22	3.0	1.0~3.0	1.5~2.5	≤0.5	21.0~24.0	≤0.5
FCDA-NiMn 23-4	2.6	1.5~2.5	4.0~4.5	≤0.2	22.0~24.0	≤0.5
FCDA-NiCr 30-1	2.6	1.5~3.0	0.5~1.5	1.0~1.5	28.0~32.0	≤0.5
FCDA-NiCr 30-3	2.6	1.5~3.0	0.5~1.5	2.5~3.5	28.0~32.0	≤0.5
FCDA-NiSiCr 30-5-2	2.6	4.0~6.0	0.5~1.5	1.5~2.5	29.0~32.0	—
FCDA-NiSiCr 30-5-5	2.6	5.0~6.0	0.5~1.5	4.5~5.5	28.0~32.0	≤0.5
FCDA-Ni 35	2.4	1.5~3.5	0.5~1.5	≤0.2	34.0~36.0	≤0.5
FCDA-NiCr 35-3	2.4	1.5~3.0	0.5~1.5	2.0~3.0	34.0~36.0	≤0.5
FCDA-NiSiCr 35-5-2	2.0	4.0~6.0	0.5~1.5	1.5~2.5	34.0~36.0	—

① 该牌号的成分（质量分数）还有：Nb 0.10%~0.22%，Mg≤0.08%，P≤0.04%。

（2）中国台湾地区 CNS 标准球状石墨奥氏体铸铁的力学性能（表6-12-17）

表6-12-17　球状石墨奥氏体铸铁的力学性能

牌　号	R_m/MPa	$R_{p0.2}$/MPa	$A(\%)$	$KV^①$/J	$KU^①$/J
			≥		
FCDA-NiMn 13-7	390	210	15	16	—
FCDA-NiCr 20-2	370	210	7	13	16
FCDA-NiCrNb 20-2	370	210	7	13	—
FCDA-NiCr 20-3	390	210	7	—	—
FCDA-NiSiCr 20-5-2	370	210	10	—	—
FCDA-Ni 22	370	170	20	20	24

（续）

牌　号	R_m/MPa	$R_{p0.2}$/MPa	A(%)	KV[①]/J	KU[①]/J
			≥		
FCDA-NiMn 23-4	440	210	25	24	28
FCDA-NiCr 30-1	370	210	13	—	—
FCDA-NiCr 30-3	370	210	7	—	—
FCDA-NiSiCr 30-5-2	380	210	10	—	—
FCDA-NiSiCr 30-5-5	390	240	—	—	—
FCDA-Ni 35	370	210	20	—	—
FCDA-NiCr 35-3	370	210	7	—	—
FCDA-NiSiCr 35-5-2	370	200	10	—	—

① KV 和 KU 可任选一种。

（3）中国台湾地区 CNS 标准球状石墨奥氏体铸铁的力学性能补充数据（表6-12-18）

表 6-12-18　球状石墨奥氏体铸铁的力学性能补充数据（参考值）

牌　号	R_m/MPa	$R_{p0.2}$/MPa	A(%)	E/GPa	KV/J	HBW
FCDA-NiMn 13-7	390~460	210~260	15~26	140~150	16.0~27.5	130~170
FCDA-NiCr 20-2	370~470	210~250	7~20	112~130	13.5~27.5	140~200
FCDA-NiCrNb 20-2	370~480	210~250	7~20	112~130	14.0~27.0	140~200
FCDA-NiCr 20-3	390~490	210~260	7~15	112~133	≥12.0	150~255
FCDA-NiSiCr 20-5-2	370~430	210~260	10~18	112~133	≥14.9	180~230
FCDA-Ni 22	370~440	170~250	20~40	85~112	20.0~33.0	130~170
FCDA-NiMn 23-4	440~470	210~240	25~45	120~140	≥24.0	150~180
FCDA-NiCr 30-1	370~440	210~270	13~18	112~130	≥17.0	130~190
FCDA-NiCr 30-3	370~470	210~260	7~18	92~105	≥8.5	140~200
FCDA-NiSiCr 30-5-2	380~500	210~270	10~20	130~150	10.0~16.0	130~170
FCDA-NiSiCr 30-5-5	390~490	240~310	1~4	91	3.9~5.9	170~250
FCDA-Ni 35	370~410	210~240	20~40	112~140	≥20.5	130~180
FCDA-NiCr 35-3	370~440	210~290	7~10	112~123	≥7.0	140~190
FCDA-NiSiCr 35-5-2	370~500	200~290	10~20	110~145	12.0~19.0	130~170

第7章 中外钢铁焊接材料

7.1 中　　国

A. 通用焊接材料

7.1.1 非合金钢与细晶粒钢焊条

该标准是对原《碳素钢焊条》标准的修订，增加了耐候钢，以及部分低合金钢，并修改了标准名称。

（1）中国 GB 标准非合金钢与细晶粒钢焊条的型号与熔敷金属的化学成分〔GB/T 5117—2012〕（表 7-1-1）

表 7-1-1　非合金钢与细晶粒钢焊条的型号与熔敷金属的化学成分（质量分数）（%）

焊条型号	C	Si	Mn	P ≤	S ≤	Ni	Cr	Mo	其　他
E4303	0.20	1.00	1.20	0.040	0.035	0.30	0.20	0.30	V≤0.08
E4310	0.20	1.00	1.20	0.040	0.035	0.30	0.20	0.30	V≤0.08
E4311	0.20	1.00	1.20	0.040	0.035	0.30	0.20	0.30	V≤0.08
E4312	0.20	1.00	1.20	0.040	0.035	0.30	0.20	0.30	V≤0.08
E4313	0.20	1.00	1.20	0.040	0.035	0.30	0.20	0.30	V≤0.08
E4315	0.20	1.00	1.20	0.035	0.035	0.30	0.20	0.30	V≤0.08
E4316	0.20	1.00	1.20	0.040	0.035	0.30	0.20	0.30	V≤0.08
E4318	0.03	0.40	0.60	0.025	0.015	0.30	0.20	0.30	V≤0.08
E4319	0.20	1.00	1.20	0.040	0.035	0.30	0.20	0.30	V≤0.08
E4320	0.20	1.00	1.20	0.040	0.035	0.30	0.20	0.30	V≤0.08
E4324	0.20	1.00	1.20	0.040	0.035	0.30	0.20	0.30	V≤0.08
E4327	0.20	1.00	1.20	0.040	0.035	0.30	0.20	0.30	V≤0.08
E4328	0.20	1.00	1.20	0.040	0.035	0.30	0.20	0.30	V≤0.08
E4340	—	—	—	0.040	0.035	—	—	—	—
E5003	0.15	0.90	1.25	0.040	0.035	0.30	0.20	0.30	V≤0.08
E5010	0.20	0.90	1.25	0.035	0.035	0.30	0.20	0.30	V≤0.08
E5011	0.20	0.90	1.25	0.040	0.035	0.30	0.20	0.30	V≤0.08
E5012	0.20	1.00	1.20	0.035	0.035	0.30	0.20	0.30	V≤0.08
E5013	0.20	1.00	1.20	0.035	0.035	0.30	0.20	0.30	V≤0.08
E5014	0.15	0.90	1.25	0.035	0.035	0.30	0.20	0.30	V≤0.08
E5015	0.15	0.90	1.60	0.035	0.035	0.30	0.20	0.30	V≤0.08
E5016	0.15	0.75	1.60	0.040	0.035	0.30	0.20	0.30	V≤0.08
E5016-1	0.15	0.75	1.60	0.040	0.035	0.30	0.20	0.30	V≤0.08
E5018	0.15	0.90	1.60	0.040	0.035	0.30	0.20	0.30	V≤0.08
E5018-1	0.15	0.90	1.60	0.040	0.035	0.30	0.20	0.30	V≤0.08
E5019	0.15	0.90	1.25	0.040	0.035	0.30	0.20	0.30	V≤0.08
E5024	0.15	0.90	1.25	0.035	0.035	0.30	0.20	0.30	V≤0.08
E5024-1	0.15	0.90	1.25	0.040	0.035	0.30	0.20	0.30	V≤0.08
E5027	0.15	0.75	1.60	0.040	0.035	0.30	0.20	0.30	V≤0.08
E5028	0.15	0.90	1.60	0.040	0.035	0.30	0.20	0.30	V≤0.08

（续）

焊条型号	C	Si	Mn	P ≤	S ≤	Ni	Cr	Mo	其 他
E5048	0.15	0.90	1.60	0.040	0.035	0.30	0.20	0.30	V≤0.08
E5716	0.12	0.90	1.60	0.03	0.03	1.00	0.30	0.35	—
E5728	0.12	0.90	1.60	0.03	0.03	1.00	0.30	0.35	—
E5010-P1	0.20	0.60	1.20	0.03	0.03	1.00	0.30	0.50	V≤0.10
E5510-P1	0.20	0.60	1.20	0.03	0.03	1.00	0.30	0.50	V≤0.10
E5518-P2	0.12	0.80	0.90~1.70	0.03	0.03	1.00	0.20	0.50	V≤0.05
E5545-P2	0.12	0.80	0.90~1.70	0.03	0.03	1.00	0.20	0.50	V≤0.05
E5003-1M3	0.12	0.40	0.60	0.03	0.03	—	—	0.40~0.65	—
E5010-1M3	0.12	0.40	0.60	0.03	0.03	—	—	0.40~0.65	—
E5011-1M3	0.12	0.40	0.60	0.03	0.03	—	—	0.40~0.65	—
E5015-1M3	0.12	0.60	0.90	0.03	0.03	—	—	0.40~0.65	—
E5016-1M3	0.12	0.60	0.90	0.03	0.03	—	—	0.40~0.65	—
E5018-1M3	0.12	0.80	0.90	0.03	0.03	—	—	0.40~0.65	—
E5019-1M3	0.12	0.40	0.90	0.03	0.03	—	—	0.40~0.65	—
E5020-1M3	0.12	0.40	0.60	0.03	0.03	—	—	0.40~0.65	—
E5027-1M3	0.12	0.40	1.00	0.03	0.03	—	—	0.40~0.65	—
E5518-3M2	0.12	0.80	1.00~1.75	0.03	0.03	0.90	—	0.25~0.45	—
E5515-3M3	0.12	0.80	1.00~1.80	0.03	0.03	0.90	—	0.40~0.65	—
E5516-3M3	0.12	0.80	1.00~1.80	0.03	0.03	0.90	—	0.40~0.65	—
E5518-3M3	0.12	0.80	1.00~1.80	0.03	0.03	0.90	—	0.40~0.65	—
E5015-N1	0.12	0.90	0.60~1.60	0.03	0.03	0.30~1.00	—	0.35	V≤0.05
E5016-N1	0.12	0.90	0.60~1.60	0.03	0.03	0.30~1.00	—	0.35	V≤0.05
E5028-N1	0.12	0.90	0.60~1.60	0.03	0.03	0.30~1.00	—	0.35	V≤0.05
E5515-N1	0.12	0.90	0.60~1.60	0.03	0.03	0.30~1.00	—	0.35	V≤0.05
E5516-N1	0.12	0.90	0.60~1.60	0.03	0.03	0.30~1.00	—	0.35	V≤0.05
E5528-N1	0.12	0.90	0.60~1.60	0.03	0.03	0.30~1.00	—	0.35	V≤0.05
E5015-N2	0.08	0.50	0.40~1.40	0.03	0.03	0.80~1.10	—	0.35	V≤0.05
E5016-N2	0.08	0.50	0.40~1.40	0.03	0.03	0.80~1.10	0.15	0.35	V≤0.05
E5018-N2	0.08	0.50	0.40~1.40	0.03	0.03	0.80~1.10	0.15	0.35	V≤0.05
E5515-N2	0.12	0.80	0.40~1.25	0.03	0.03	0.80~1.10	0.15	0.35	V≤0.05
E5516-N2	0.12	0.80	0.40~1.25	0.03	0.03	0.80~1.10	0.15	0.35	V≤0.05
E5518-N2	0.12	0.80	0.40~1.25	0.03	0.03	0.80~1.10	0.15	0.35	V≤0.05
E5015-N3	0.10	0.60	1.25	0.03	0.03	1.10~2.00	—	0.35	—
E5016-N3	0.10	0.60	1.25	0.03	0.03	1.10~2.00		0.35	—
E5515-N3	0.10	0.60	1.25	0.03	0.03	1.10~2.00	—	0.35	—
E5516-N3	0.10	0.60	1.25	0.03	0.03	1.10~2.00	—	0.35	—
E5516-3N3	0.10	0.60	1.60	0.03	0.03	1.10~2.00	—	—	—
E5518-N3	0.10	0.80	1.25	0.03	0.03	1.10~2.00	—	—	—
E5015-N5	0.05	0.50	1.25	0.03	0.03	2.00~2.75	—	—	—
E5016-N5	0.05	0.50	1.25	0.03	0.03	2.00~2.75	—	—	—
E5018-N5	0.05	0.50	1.25	0.03	0.03	2.00~2.75	—	—	—
E5028-N5	0.10	0.80	1.00	0.025	0.020	2.00~2.75	—	—	—
E5515-N5	0.12	0.60	1.25	0.03	0.03	2.00~2.75	—	—	—

（续）

焊条型号	C	Si	Mn	P ≤	S ≤	Ni	Cr	Mo	其 他
E5516-N5	0.12	0.60	1.25	0.03	0.03	2.00~2.75	—	—	—
E5518-N5	0.12	0.80	1.25	0.03	0.03	2.00~2.75	—	—	—
E5015-N7	0.05	0.50	1.25	0.03	0.03	3.00~3.75	—	—	—
E5016-N7	0.05	0.50	1.25	0.03	0.03	3.00~3.75	—	—	—
E5018-N7	0.05	0.50	1.25	0.03	0.03	3.00~3.75	—	—	—
E5515-N7	0.12	0.80	1.25	0.03	0.03	3.00~3.75	—	—	—
E5516-N7	0.12	0.80	1.25	0.03	0.03	3.00~3.75	—	—	—
E5518-N7	0.12	0.80	1.25	0.03	0.03	3.00~3.75	—	—	—
E5515-N13	0.06	0.60	1.00	0.025	0.020	6.00~7.00	—	—	—
E5516-N13	0.06	0.60	1.00	0.025	0.020	6.00~7.00	—	—	—
E5518-N2M3	0.10	0.60	0.80~1.25	0.02	0.02	0.80~1.10	0.10	0.40~0.65	Al≤0.05，V≤0.02 Cu≤0.10
E5003-NC	0.12	0.90	0.30~1.40	0.03	0.03	0.25~0.70	0.30	—	Cu 0.20~0.60
E5016-NC	0.12	0.90	0.30~1.40	0.03	0.03	0.25~0.70	0.30	—	Cu 0.20~0.60
E5028-NC	0.12	0.90	0.30~1.40	0.03	0.03	0.25~0.70	0.30	—	Cu 0.20~0.60
E5716-NC	0.12	0.90	0.30~1.40	0.03	0.03	0.25~0.70	0.30	—	Cu 0.20~0.60
E5728-NC	0.12	0.90	0.30~1.40	0.03	0.03	0.25~0.70	0.30	—	Cu 0.20~0.60
E5003-CC	0.12	0.90	0.30~1.40	0.03	0.03	—	0.30~0.70	—	Cu 0.20~0.60
E5016-CC	0.12	0.90	0.30~1.40	0.03	0.03	—	0.30~0.70	—	Cu 0.20~0.60
E5028-CC	0.12	0.90	0.30~1.40	0.03	0.03	—	0.30~0.70	—	Cu 0.20~0.60
E5716-CC	0.12	0.90	0.30~1.40	0.03	0.03	—	0.30~0.70	—	Cu 0.20~0.60
E5728-CC	0.12	0.90	0.30~1.40	0.03	0.03	—	0.30~0.70	—	Cu 0.20~0.60
E5003-NCC	0.12	0.90	0.30~1.40	0.03	0.03	0.05~0.45	0.45~0.75	—	Cu 0.30~0.70
E5016-NCC	0.12	0.90	0.30~1.40	0.03	0.03	0.05~0.45	0.45~0.75	—	Cu 0.30~0.70
E5028-NCC	0.12	0.90	0.30~1.40	0.03	0.03	0.05~0.45	0.45~0.75	—	Cu 0.30~0.70
E5716-NCC	0.12	0.90	0.30~1.40	0.03	0.03	0.05~0.45	0.45~0.75	—	Cu 0.30~0.70
E5728-NCC	0.12	0.90	0.30~1.40	0.03	0.03	0.05~0.45	0.45~0.75	—	Cu 0.30~0.70
E5003-NCC1	0.12	0.35~0.80	0.50~1.30	0.03	0.03	0.40~0.80	0.45~0.70	—	Cu 0.30~0.75
E5016-NCC1	0.12	0.35~0.80	0.50~1.30	0.03	0.03	0.40~0.80	0.45~0.70	—	Cu 0.30~0.75
E5028-NCC1	0.12	0.80	0.50~1.30	0.03	0.03	0.40~0.80	0.45~0.70	—	Cu 0.30~0.75
E5516-NCC1	0.12	0.35~0.80	0.50~1.30	0.03	0.03	0.40~0.80	0.45~0.70	—	Cu 0.30~0.75
E5518-NCC1	0.12	0.35~0.80	0.50~1.30	0.03	0.03	0.40~0.80	0.45~0.70	—	Cu 0.30~0.75
E5716-NCC1	0.12	0.35~0.80	0.50~1.30	0.03	0.03	0.40~0.80	0.45~0.70	—	Cu 0.30~0.75
E5728-NCC1	0.12	0.80	0.50~1.30	0.03	0.03	0.40~0.80	0.45~0.70	—	Cu 0.30~0.75
E5016-NCC2	0.12	0.40~0.70	0.40~0.70	0.025	0.025	0.20~0.40	0.15~0.30	—	V≤0.08 Cu 0.30~0.60
E5018-NCC2	0.12	0.40~0.70	0.40~0.70	0.025	0.025	0.20~0.40	0.15~0.30	—	V≤0.08 Cu 0.30~0.60
E50XX-G	—	—	—	—	—	—	—	—	—
E55XX-G	—	—	—	—	—	—	—	—	—
E57XX-G	—	—	—	—	—	—	—	—	—

注：1. 本表根据 GB/T 5117—2012 摘编。

　　2. 本表中的单值（有些元素已标出）均为最大值。

　　3. 焊条型号中"XX"表示药皮类型。

（2）中国非合金钢与细晶粒钢焊条熔敷金属的力学性能（表7-1-2）

表7-1-2　非合金钢与细晶粒钢焊条熔敷金属的力学性能

焊条型号	R_m/MPa	$R_{eL}^{①}$/MPa	$A(\%)\quad \geqslant$	试验温度/℃	$KV^{②}$/J　$\geqslant$
E4303	≥430	≥330	20	0	27
E4310	≥430	≥330	20	−30	27
E4311	≥430	≥330	20	−30	27
E4312	≥430	≥330	16	—	—
E4313	≥430	≥330	16	—	—
E4315	≥430	≥330	20	−30	27
E4316	≥430	≥330	20	−30	27
E4318	≥430	≥330	20	−30	27
E4319	≥430	≥330	20	−20	27
E4320	≥430	≥330	20	—	—
E4324	≥430	≥330	16	—	—
E4327	≥430	≥330	20	−30	27
E4328	≥430	≥330	20	−20	27
E4340	≥430	≥330	20	0	—
E5003	≥490	≥400	20	0	27
E5010	490~650	≥400	20	−30	27
E5011	490~650	≥400	20	−30	27
E5012	≥490	≥400	16	—	—
E5013	≥490	≥400	16	—	—
E5014	≥490	≥400	16	—	—
E5015	≥490	≥400	20	−30	27
E5016	≥490	≥400	20	−30	27
E5016-1	≥490	≥400	20	−45	27
E5018	≥490	≥400	20	−30	27
E5018-1	≥490	≥400	20	−45	27
E5019	≥490	≥400	20	−20	27
E5024	≥490	≥400	16	—	—
E5024-1	≥490	≥400	20	−20	27
E5027	≥490	≥400	20	−30	27
E5028	≥490	≥400	20	−20	27
E5048	≥490	≥400	20	−30	27
E5716	≥570	≥490	16	−30	27
E5728	≥570	≥490	16	−20	27
E5010-P1	≥490	≥420	20	−30	27
E5510-P1	≥550	≥460	17	−30	27
E5518-P2	≥550	≥460	17	−30	27
E5545-P2	≥550	≥460	17	−30	27
E5003-1M3	≥490	≥400	20	—	—
E5010-1M3	≥490	≥420	20	—	—
E5011-1M3	≥490	≥400	20	—	—
E5015-1M3	≥490	≥400	20	—	—

（续）

焊条型号	R_m/MPa	$R_{eL}^{①}$/MPa	$A(\%) \geqslant$	试验温度/℃	$KV^{②}$/J $\geqslant$
E5016-1M3	≥490	≥400	20	—	—
E5018-1M3	≥490	≥400	20	—	—
E5019-1M3	≥490	≥400	20	—	—
E5020-1M3	≥490	≥400	20	—	—
E5027-1M3	≥490	≥400	20	—	—
E5518-3M2	≥550	≥460	17	−50	27
E5515-3M3	≥550	≥460	17	−50	27
E5516-3M3	≥550	≥460	17	−50	27
E5518-3M3	≥550	≥460	17	−50	27
E5015-N1	≥490	≥390	20	−40	27
E5016-N1	≥490	≥390	20	−40	27
E5028-N1	≥490	≥390	20	−40	27
E5515-N1	≥550	≥460	17	−40	27
E5516-N1	≥550	≥460	17	−40	27
E5528-N1	≥550	≥460	17	−40	27
E5015-N2	≥490	≥390	20	−40	27
E5016-N2	≥490	≥390	20	−40	27
E5018-N2	≥490	≥390	20	−50	27
E5515-N2	≥550	470~550	20	−40	27
E5516-N2	≥550	470~550	20	−40	27
E5518-N2	≥550	470~550	20	−40	27
E5015-N3	≥490	≥390	20	−40	27
E5016-N3	≥490	≥390	20	−40	27
E5515-N3	≥550	≥460	17	−50	27
E5516-N3	≥550	≥460	17	−50	27
E5516-3N3	≥550	≥460	17	−50	27
E5518-N3	≥550	≥460	17	−50	27
E5015-N5	≥490	≥390	20	−75	27
E5016-N5	≥490	≥390	20	−75	27
E5018-N5	≥490	≥390	20	−75	27
E5028-N5	≥490	≥390	20	−60	27
E5515-N5	≥550	≥460	17	−60	27
E5516-N5	≥550	≥460	17	−60	27
E5518-N5	≥550	≥460	17	−60	27
E5015-N7	≥490	≥390	20	−100	27
E5016-N7	≥490	≥390	20	−100	27
E5018-N7	≥490	≥390	20	−100	27
E5515-N7	≥550	≥460	17	−75	27
E5516-N7	≥550	≥460	17	−75	27
E5518-N7	≥550	≥460	17	−75	27
E5515-N13	≥550	≥460	17	−100	27
E5516-N13	≥550	≥460	17	−100	27

（续）

焊条型号	R_m/MPa	R_{eL}[1]/MPa	$A(\%) \geqslant$	试验温度/℃	KV[2]/J $\geqslant$
E5518-N2M3	≥550	≥460	17	−40	27
E5003-NC	≥490	≥390	20	0	27
E5016-NC	≥490	≥390	20	0	27
E5028-NC	≥490	≥390	20	0	27
E5716-NC	≥570	≥490	16	0	27
E5728-NC	≥570	≥490	16	0	27
E5003-NCC	≥490	≥390	20	0	27
E5016-NCC	≥490	≥390	20	0	27
E5028-NCC	≥490	≥390	20	0	27
E5716-NCC	≥570	≥490	16	0	27
E5728-NCC	≥570	≥490	16	0	27
E5003-NCC1	≥490	≥390	20	0	27
E5016-NCC1	≥490	≥390	20	0	27
E5028-NCC1	≥490	≥390	20	0	27
E5516-NCC1	≥550	≥460	17	−20	27
E5518-NCC1	≥550	≥460	17	−20	27
E5716-NCC1	≥570	≥490	16	0	27
E5728-NCC1	≥570	≥490	16	0	27
E5016-NCC2	≥490	≥420	20	−20	27
E5018-NCC2	≥490	≥420	20	−20	27
E50XX-G[3]	≥490	≥400	20	—	—
E55XX-G[3]	≥550	≥460	17	—	—
E57XX-G[3]	≥570	≥490	16	—	—

① 当试样屈服发生不明显时，难以测定 R_{eL}，应测定 $R_{p0.2}$。
② 冲击吸收能是焊缝金属夏比 V 型缺口试样的 3 个试样平均值。
③ 焊条型号中"XX"表示药皮类型。

（3）新版标准的型号表示方法

2012 版标准（非合金钢与细晶粒钢焊条）的型号，主要有两种，如：E 43 05 和 E 55 15 N5 P U H10。

前一种型号由 3 部分组成：E——焊条；43——熔敷金属的抗拉强度代号（见表 7-1-3a，此处为 R_m ≥ 430MPa）；05——药皮类型、焊接位置、电流类型（见表 7-1-3b）。

后一种型号由 3 个以上部分组成：前 3 部分同上；第 4 部分起，N5——熔敷金属的化学成分（见表 7-1-3c，或无记号）；P——焊后热处理状态（其余：无记号为焊态，AP 为焊态或热处理状态均可）；U 和 H10 为附加代号，U 表示在规定温度下，冲击吸收能量≥47J，H10 表示熔敷金属扩散氢含量≤10mL/100g。

表 7-1-3a 熔敷金属的抗拉强度代号

抗拉强度代号	R_m/MPa	抗拉强度代号	R_m/MPa
43	≥430	55	≥550
50	≥490	57	≥570

表 7-1-3b 药皮类型和电流类型代号

代　号	药皮类型	焊接位置	电流类型[1]
03	钛型	全位置[2]	AC，DC ±
10	纤维素	全位置	DC −

（续）

代　号	药皮类型	焊接位置	电流类型①
11	纤维素	全位置	AC, DC −
12	金红石	全位置②	AC, DC +
13	金红石	全位置②	AC, DC ±
14	金红石 + 铁粉	全位置②	AC, DC ±
15	碱性	全位置②	DC −
16	碱性	全位置②	AC, DC −
18	碱性 + 铁粉	全位置②	AC, DC −
19	钛铁矿	全位置②	AC, DC ±
20	氧化铁型	PA, PB③	AC, DC +
24	金红石 + 铁粉	PA, PB③	AC, DC ±
27	氧化铁 + 铁粉	PA, PB③	AC, DC ±
28	碱性 + 铁粉	PA, PB, PC③	AC, DC −
40	不规定	由制造商确定	
45	碱性	全位置	DC −
48	碱性	全位置	AC, DC −

① AC—交流电；DC ±—直流电，工作接正极或负极（DC +：工作接正极，DC −：工作接负极）。
② 此处"全位置"不一定包括向下立焊（PG），由制造商确定。
③ PA—平焊，PB—平角焊，PC—平焊。

表 7-1-3c　熔敷金属化学成分的分类代号

分类代号	主要化学成分的名义含量（质量分数）（%）	分类代号	主要化学成分的名义含量（质量分数）（%）
无记号，-1 -P1，-P2	Mn 1.0	-N7	Ni 3.5
-1M3	Mo 0.5	-N13	Ni 6.5
-3M2	Mn 1.5, Mo 0.4	-N2M3	Ni 1.0, Mo 0.5
-3M3	Mn 1.5, Mo 0.5	-NC	Ni 0.5, Cu 0.4
-N1	Ni 0.5	-CC	Cr 0.5, Cu 0.4
-N2	Ni 1.0	-NCC	Ni 0.2, Cr 0.6, Cu 0.5
-N3	Ni 1.5	-NCC1	Ni 0.6, Cr 0.6, Cu 0.5
-3N3	Ni 1.5, Mn 1.5	-NCC2	Ni 0.3, Cr 0.2, Cu 0.5
-N5	Ni 2.5	-G	其他成分

7.1.2　热强钢焊条

该标准是对原《低合金钢焊条标准》的修订，并修改了标准名称
（1）中国 GB 标准热强钢焊条的型号与熔敷金属的化学成分 ［GB/T 5118—2012］（表 7-1-4）

表 7-1-4　热强钢焊条的型号与熔敷金属的化学成分（质量分数）（%）

型　号	C	Si	Mn	P ≤	S ≤	Cr	Mo	V	其　他
E50XX-1M3	≤0.12	≤0.80	≤1.00	0.030	0.030	—	0.40 ~ 0.65	—	—
E50YY-1M3	≤0.12	≤0.80	≤1.00	0.030	0.030	—	0.40 ~ 0.65	—	—
E5515-CM	0.05 ~ 0.12	≤0.80	≤0.90	0.030	0.030	0.40 ~ 0.65	0.40 ~ 0.65	—	—

（续）

型　号	C	Si	Mn	P ≤	S ≤	Cr	Mo	V	其　他
E5516-CM	0.05~0.12	≤0.80	≤0.90	0.030	0.030	0.40~0.65	0.40~0.65	—	—
E5518-CM	0.05~0.12	≤0.80	≤0.90	0.030	0.030	0.40~0.65	0.40~0.65	—	—
E5540-CM	0.05~0.12	≤0.80	≤0.90	0.030	0.030	0.40~0.65	0.40~0.65	—	—
E5503-CM	0.05~0.12	≤0.80	≤0.90	0.030	0.030	0.40~0.65	0.40~0.65	—	—
E5515-C1M	0.07~0.15	0.30~0.60	0.40~0.70	0.030	0.030	0.40~0.60	1.00~1.25	≤0.05	—
E5516-C1M	0.07~0.15	0.30~0.60	0.40~0.70	0.030	0.030	0.40~0.60	1.00~1.25	≤0.05	—
E5518-C1M	0.07~0.15	0.30~0.60	0.40~0.70	0.030	0.030	0.40~0.60	1.00~1.25	≤0.05	—
E5513-1CM	0.05~0.12	≤0.80	≤0.90	0.030	0.030	1.00~1.50	0.40~0.65	—	—
E5215-1CML	≤0.05	≤1.00	≤0.90	0.030	0.030	1.00~1.50	0.40~0.65	—	—
E5216-1CML	≤0.05	≤1.00	≤0.90	0.030	0.030	1.00~1.50	0.40~0.65	—	—
E5218-1CML	≤0.05	≤1.00	≤0.90	0.030	0.030	1.00~1.50	0.40~0.65	—	—
E5540-1CMV	0.05~0.12	≤0.60	≤0.90	0.030	0.030	0.80~1.50	0.40~0.65	0.10~0.35	—
E5515-1CMV	0.05~0.12	≤0.60	≤0.90	0.030	0.030	0.80~1.50	0.40~0.65	0.10~0.35	—
E5515-1CMVNb	0.05~0.12	≤0.60	≤0.90	0.030	0.030	0.80~1.50	0.70~1.00	0.15~0.40	Nb 0.10~0.25
E5015-1CMWV	0.05~0.12	≤0.60	0.70~1.10	0.030	0.030	0.80~1.50	0.70~1.00	0.20~0.35	W 0.25~0.50
E6215-2C1M	0.05~0.12	≤1.00	≤0.90	0.030	0.030	2.00~2.50	0.90~1.20	—	—
E6216-2C1M	0.05~0.12	≤1.00	≤0.90	0.030	0.030	2.00~2.50	0.90~1.20	—	—
E6218-2C1M	0.05~0.12	≤1.00	≤0.90	0.030	0.030	2.00~2.50	0.90~1.20	—	—
E6213-2C1M	0.05~0.12	≤1.00	≤0.90	0.030	0.030	2.00~2.50	0.90~1.20	—	—
E6240-2C1M	0.05~0.12	≤1.00	≤0.90	0.030	0.030	2.00~2.50	0.90~1.20	—	—
E5515-2C1ML	≤0.05	≤1.00	≤0.90	0.030	0.030	2.00~2.50	0.90~1.20	—	—
E5516-2C1ML	≤0.05	≤1.00	≤0.90	0.030	0.030	2.00~2.50	0.90~1.20	—	—
E5518-2C1ML	≤0.05	≤1.00	≤0.90	0.030	0.030	2.00~2.50	0.90~1.20	—	—
E5515-2CML	≤0.05	≤1.00	≤0.90	0.030	0.030	1.75~2.25	0.40~0.65	—	—
E5516-2CML	≤0.05	≤1.00	≤0.90	0.030	0.030	1.75~2.25	0.40~0.65	—	—
E5518-2CML	≤0.05	≤1.00	≤0.90	0.030	0.030	1.75~2.25	0.40~0.65	—	—
E5540-2CMWVB	0.05~0.12	≤0.60	≤1.00	0.030	0.030	1.50~2.50	0.30~0.80	0.20~0.60	W 0.20~0.60 B 0.001~0.003
E5515-2CMWVB	0.05~0.12	≤0.60	≤1.00	0.030	0.030	1.50~2.50	0.30~0.80	0.20~0.60	W 0.20~0.60 B 0.001~0.003
E5515-2CMVNb	0.05~0.12	≤0.60	≤1.00	0.030	0.030	2.40~3.00	0.70~1.00	0.25~0.50	Nb 0.35~0.65
E62XX-2C1MV	0.05~0.15	≤0.60	0.40~1.50	0.030	0.030	2.00~2.60	0.90~1.20	0.20~0.40	Nb 0.010~0.050
E62XX-3C1MV	0.05~0.15	≤0.60	0.40~1.50	0.030	0.030	2.60~3.40	0.90~1.20	0.20~0.40	Nb 0.010~0.050
E5515-5CM	0.05~0.10	≤0.90	≤1.00	0.030	0.030	4.00~6.00	0.45~0.65	—	Ni≤0.40
E5516-5CM	0.05~0.10	≤0.90	≤1.00	0.030	0.030	4.00~6.00	0.45~0.65	—	Ni≤0.40
E5518-5CM	0.05~0.10	≤0.90	≤1.00	0.030	0.030	4.00~6.00	0.45~0.65	—	Ni≤0.40
E5515-5CML	≤0.05	≤0.90	≤1.00	0.030	0.030	4.00~6.00	0.45~0.65	—	Ni≤0.40
E5516-5CML	≤0.05	≤0.90	≤1.00	0.030	0.030	4.00~6.00	0.45~0.65	—	Ni≤0.40
E5518-5CML	≤0.05	≤0.90	≤1.00	0.030	0.030	4.00~6.00	0.45~0.65	—	Ni≤0.40
E5515-5CMV	≤0.12	≤0.05	0.50~0.90	0.030	0.030	4.50~6.00	0.40~0.70	0.10~0.35	Cu≤0.50
E5516-5CMV	≤0.12	≤0.05	0.50~0.90	0.030	0.030	4.50~6.00	0.40~0.70	0.10~0.35	Cu≤0.50

（续）

型　号	C	Si	Mn	P ≤	S ≤	Cr	Mo	V	其　他
E5518-5CMV	≤0.12	≤0.05	0.50~0.90	0.030	0.030	4.50~6.00	0.40~0.70	0.10~0.35	Cu≤0.50
E5515-7CM	0.05~0.10	≤0.90	≤1.00	0.030	0.030	6.00~8.00	0.45~0.65	—	Ni≤0.40
E5516-7CM	0.05~0.10	≤0.90	≤1.00	0.030	0.030	6.00~8.00	0.45~0.65	—	Ni≤0.40
E5518-7CM	0.05~0.10	≤0.90	≤1.00	0.030	0.030	6.00~8.00	0.45~0.65	—	Ni≤0.40
E5515-7CML	≤0.05	≤0.90	≤1.00	0.030	0.030	6.00~8.00	0.45~0.65	—	Ni≤0.40
E5516-7CML	≤0.05	≤0.90	≤1.00	0.030	0.030	6.00~8.00	0.45~0.65	—	Ni≤0.40
E5518-7CML	≤0.05	≤0.90	≤1.00	0.030	0.030	6.00~8.00	0.45~0.65	—	Ni≤0.40
E6215-9C1M	0.05~0.10	≤0.90	≤1.00	0.030	0.030	8.00~10.5	0.85~1.20	—	Ni≤0.40
E6216-9C1M	0.05~0.10	≤0.90	≤1.00	0.030	0.030	8.00~10.5	0.85~1.20	—	Ni≤0.40
E6218-9C1M	0.05~0.10	≤0.90	≤1.00	0.030	0.030	8.00~10.5	0.85~1.20	—	Ni≤0.40
E6215-9C1ML	≤0.05	≤0.90	≤1.00	0.030	0.030	8.00~10.5	0.85~1.20	—	Ni≤0.40
E6216-9C1ML	≤0.05	≤0.90	≤1.00	0.030	0.030	8.00~10.5	0.85~1.20	—	Ni≤0.40
E6218-9C1ML	≤0.05	≤0.90	≤1.00	0.030	0.030	8.00~10.5	0.85~1.20	—	Ni≤0.40
E6215-9C1MV	0.08~0.15	≤0.30	≤1.25	0.010	0.010	8.00~10.5	0.85~1.20	0.15~0.30	Ni≤1.00
E6216-9C1MV	0.08~0.15	≤0.30	≤1.25	0.010	0.010	8.00~10.5	0.85~1.20	0.15~0.30	Al≤0.04
E6218-9C1MV	0.08~0.15	≤0.30	≤1.25	0.010	0.010	8.00~10.5	0.85~1.20	0.15~0.30	Cu≤0.25
E62XX-9C1MV1	0.03~0.12	≤0.60	1.00~1.80	0.025	0.025	8.00~10.5	0.80~1.20	0.15~0.30	Nb 0.02~0.10
EXXXX-G	其他成分								N 0.02~0.07

注：焊条型号中前 2 个"XX"表示抗拉强度最小值，后 2 个"XX"表示药皮类型、电流类型。

（2）中国热强钢焊条熔敷金属的力学性能（表7-1-5）

表7-1-5　热强钢焊条熔敷金属的力学性能

焊条型号	R_m/MPa	R_{eL}/MPa	A（%）	预热和道间温度 /℃	焊后热处理	
	≥				热处理温度/℃	保温时间/min
E50XX-1M3	490	390	22	90~110	605~645	60
E50YY-1M3	490	390	20	90~110	605~645	60
E55XX-CM	550	460	17	160~190	675~705	60
E5540-CM	550	460	14	160~190	675~705	60
E5503-CM	550	460	14	160~190	675~705	60
E55XX-C1M	550	460	17	160~190	675~705	60
E55XX-1CM	550	460	17	160~190	675~705	60
E5513-1CM	550	460	14	160~190	675~705	60
E52XX-1CML	520	390	17	160~190	675~705	60
E5540-1CMV	550	460	14	250~300	715~745	120
E5515-1CMV	550	460	15	250~300	715~745	120
E5515-1CMVNb	550	460	15	250~300	715~745	300
E5515-1CMWV	550	460	15	250~300	715~745	300
E62XX-2C1M	620	530	15	160~190	675~705	60
E6240-2C1M	620	530	12	160~190	675~705	60
E6213-2C1M	620	530	12	160~190	675~705	60
E55XX-2C1ML	550	460	15	160~190	675~705	60

（续）

焊条型号	R_m/MPa	R_{eL}/MPa	A（%）	预热和道间温度 /℃	焊后热处理	
	≥				热处理温度/℃	保温时间/min
E55XX-2CML	550	460	15	160~190	675~705	60
E5540-2CMWVB	550	460	14	250~300	745~775	120
E5515-2CMWVB	550	460	15	320~360	745~775	120
E5515-2CMVNb	550	460	15	250~300	715~745	240
E62XX-2C1MV	620	530	15	160~190	725~755	60
E62XX-3C1MV	620	530	15	160~190	725~755	60
E55XX-5CM	550	460	17	175~230	725~755	60
E55XX-5CML	550	460	17	175~230	725~755	60
E55XX-5CMV	550	460	14	175~230	740~760	240
E55XX-7CM	550	460	17	175~230	725~755	60
E55XX-7CML	550	460	17	175~230	725~755	60
E62XX-9C1M	620	530	15	205~260	725~755	60
E62XX-9C1ML	620	530	15	205~260	725~755	60
E62XX-9C1MV	620	530	15	200~315	745~775	120
E62XX-9C1MV1	620	530	15	205~260	725~755	60
EXXX-G	由供需双方协商确定					—

（3）新版标准的型号表示方法

2012 版标准（热强钢焊条）的型号主体由 4 部分（及附加代号）组成，例如：E 62 15 -2C1MH10。
其中：E——焊条；62——熔敷金属的抗拉强度代号（见表 7-1-6a，此处为 R_m≥620MPa）；15——药皮类型、焊接位置、电流类型（同表 7-1-3b）；短线后的数字、字母（-2C1M）——熔敷金属的化学成分（见表7-1-6b）。

以上为强制性分类代号。根据供需双方协商，可在型号后附加扩散氢代号"HX"，如 H10 表示熔敷金属扩散氢含量≤10mL/100g。

表 7-1-6a　热强钢焊条熔敷金属的抗拉强度代号

抗拉强度代号	R_m/MPa	抗拉强度代号	R_m/MPa
50	≥490	55	≥550
52	≥520	62	≥620

表 7-1-6b　热强钢焊条熔敷金属化学成分的分类代号

分类代号	主要化学成分的名义含量及说明
-1M3	此类焊条中含有 Mo，它是在非合金钢焊条基础上唯一添加的合金元素。数字 1 约等于 Mn 的名义含量，字母 M 代表 Mo，数字 3 表示 Mo 的名义含量，约为 0.5%（质量分数）
- ×C×M×	对于含 Cr-Mo 的热强钢，字母 C 前的数字表示 Cr 的名义含量，M 前的数字表示 Mo 的名义含量。若 Cr 或 Mo 的名义含量小于1%（质量分数），则 M 前不标出数字 如果在 Cr 或和 Mo 之外，还加入 W、V、B、Nb 等合金元素，则在"C×M"后按此序列标出 型号后缀字母"L"，表示碳含量较低。型号最后字母的数字表示其化学成分有所改变

7.1.3　不锈钢焊条

（1）中国 GB 标准不锈钢焊条的型号与熔敷金属的化学成分［GB/T 983—2012］（表7-1-7）

表7-1-7　不锈钢焊条的型号与熔敷金属的化学成分（质量分数）（%）

型　号[①]	C	Si	Mn	P ≤	S ≤	Cr	Ni	Mo	其　他
E209-XX	≤0.06	≤1.00	4.00~7.00	0.040	0.030	20.5~24.0	9.50~12.0	1.50~3.00	V 0.10~0.30 Cu≤0.75 N 0.10~0.30
E219-XX	≤0.06	≤1.00	8.00~10.0	0.040	0.030	19.0~21.5	5.50~7.00	≤0.75	Cu≤0.75 N 0.10~0.30
E240-XX	≤0.06	≤1.00	10.5~13.5	0.040	0.030	17.0~19.0	4.00~6.00	≤0.75	Cu≤0.75 N 0.10~0.30
E307-XX	0.04~0.14	≤1.00	3.30~4.75	0.040	0.030	18.0~21.5	9.00~10.7	0.50~1.50	Cu≤0.75
E308-XX	≤0.08	≤1.00	0.50~2.50	0.040	0.030	18.0~21.0	9.00~11.0	≤0.75	Cu≤0.75
E308H-XX	0.04~0.08	≤1.00	0.50~2.50	0.040	0.030	18.0~21.0	9.00~11.0	≤0.75	Cu≤0.75
E308L-XX	≤0.04	≤1.00	0.50~2.50	0.040	0.030	18.0~21.0	9.00~12.0	≤0.75	Cu≤0.75
E308Mo-XX	≤0.08	≤1.00	0.50~2.50	0.040	0.030	18.0~21.0	9.00~12.0	2.00~3.00	Cu≤0.75
E308LMo-XX	≤0.04	≤1.00	0.50~2.50	0.040	0.030	18.0~21.0	9.00~12.0	2.00~3.00	Cu≤0.75
E309-XX	≤0.15	≤1.00	0.50~2.50	0.040	0.030	22.0~25.0	12.0~14.0	≤0.75	Cu≤0.75
E309H-XX	0.04~0.15	≤1.00	0.50~2.50	0.040	0.030	22.0~25.0	12.0~14.0	≤0.75	Cu≤0.75
E309L-XX	≤0.04	≤1.00	0.50~2.50	0.040	0.030	22.0~25.0	12.0~14.0	≤0.75	Cu≤0.75
E309Nb-XX	≤0.12	≤1.00	0.50~2.50	0.040	0.030	22.0~25.0	12.0~14.0	≤0.75	（Nb+Ta）0.70~1.00
E309LNb-XX	≤0.04	≤1.00	0.50~2.50	0.040	0.030	22.0~25.0	12.0~14.0	≤0.75	Cu≤0.75
E309Mo-XX	≤0.12	≤1.00	0.50~2.50	0.040	0.030	22.0~25.0	12.0~14.0	2.00~3.00	Cu≤0.75
E309LMo-XX	≤0.04	≤1.00	0.50~2.50	0.040	0.030	22.0~25.0	12.0~14.0	2.00~3.00	Cu≤0.75
E310-XX	0.08~0.20	≤0.75	1.00~2.50	0.030	0.030	25.0~28.0	20.0~22.5	≤0.75	Cu≤0.75
E310H-XX	0.35~0.45	≤0.75	1.00~2.50	0.030	0.030	25.0~28.0	20.0~22.5	≤0.75	Cu≤0.75
E301Nb-XX	≤0.12	≤0.75	1.00~2.50	0.030	0.030	25.0~28.0	20.0~22.0	≤0.75	（Nb+Ta）0.70~1.00 Cu≤0.75
E310Mo-XX	≤0.12	≤0.75	1.00~2.50	0.030	0.030	25.0~28.0	20.0~22.0	2.00~3.00	Cu≤0.75
E312-XX	≤0.15	≤1.00	0.50~2.50	0.040	0.030	28.0~32.0	8.00~10.5	≤0.75	Cu≤0.75
E316-XX	≤0.08	≤1.00	0.50~2.50	0.040	0.030	17.0~20.0	11.0~14.0	2.00~3.00	Cu≤0.75
E316H-XX	0.04~0.08	≤1.00	0.50~2.50	0.040	0.030	17.0~20.0	11.0~14.0	2.00~3.00	Cu≤0.75
E316L-XX	≤0.04	≤1.00	0.50~2.50	0.040	0.030	17.0~20.0	11.0~14.0	2.00~3.00	Cu≤0.75
E316LCu-XX	≤0.04	≤1.00	0.50~2.50	0.040	0.030	17.0~20.0	11.0~16.0	1.20~2.75	Cu 1.00~2.50
E316LMn-XX	≤0.04	≤0.90	5.00~8.00	0.040	0.030	18.0~21.0	15.0~18.0	2.50~3.50	Ni 0.10~0.25 Cu≤0.75

（续）

型 号[①]	C	Si	Mn	P ≤	S ≤	Cr	Ni	Mo	其 他
E317-XX	≤0.08	≤1.00	0.50~2.50	0.040	0.030	18.0~21.0	12.0~14.0	3.00~4.00	Cu≤0.75
E317L-XX	≤0.04	≤1.00	0.50~2.50	0.040	0.030	18.0~21.0	12.0~14.0	3.00~4.00	Cu≤0.75
E317MoCu-XX	≤0.08	≤0.90	0.50~2.50	0.035	0.030	18.0~21.0	12.0~14.0	2.00~2.50	Cu≤2.00
E317LMoCu-XX	≤0.04	≤0.90	0.50~2.50	0.035	0.030	18.0~21.0	12.0~14.0	2.00~2.50	Cu≤2.00
E318-XX	≤0.08	≤1.00	0.50~2.50	0.040	0.030	17.0~20.0	11.0~14.0	2.00~3.00	(Nb+Ta)6C~1.00 Cu≤0.75
E318V-XX	≤0.08	≤1.00	0.50~2.50	0.035	0.030	17.0~20.0	11.0~14.0	2.00~2.50	V 0.30~0.70, Cu≤0.75
E320-XX	≤0.07	≤0.60	0.50~2.50	0.040	0.030	19.0~21.0	32.0~36.0	2.00~3.00	(Nb+Ta)8C~1.00 Cu 3.00~4.00
E320LR-XX	≤0.03	≤0.30	1.50~2.50	0.020	0.015	19.0~21.0	32.0~36.0	2.00~3.00	(Nb+Ta)8C~1.00 Cu 3.00~4.00
E330-XX	0.18~0.25	≤1.00	1.00~2.50	0.040	0.030	14.0~17.0	33.0~37.0	≤0.75	Cu≤0.75
E330H-XX	0.35~0.45	≤1.00	1.00~2.50	0.040	0.030	14.0~17.0	33.0~37.0	≤0.75	Cu≤0.75
E330MoMnWNb-XX	≤0.20	≤0.70	≤3.5	0.035	0.030	15.0~17.0	33.0~37.0	2.00~3.00	W 2.00~3.00 Nb 1.00~2.00, Cu≤0.75
E347-XX	≤0.08	≤1.00	0.50~2.50	0.040	0.030	18.0~21.0	9.00~11.0	≤0.75	(Nb+Ta)8C~1.00 Cu≤0.75
E347L-XX	≤0.04	≤1.00	0.50~2.50	0.040	0.030	18.0~21.0	9.00~11.0	≤0.75	(Nb+Ta)8C~1.00 Cu≤0.75
E349-XX	≤0.13	≤1.00	0.50~2.50	0.040	0.030	18.0~21.0	8.00~10.0	0.35~0.65	W 1.25~1.75, V 0.10~0.30 Ti≤0.15, Cu≤0.75 (Nb+Ta)0.75~1.20
E383-XX	≤0.30	≤0.90	0.50~2.50	0.020	0.020	26.5~29.0	30.0~33.0	3.20~4.20	Cu 0.60~1.50
E385-XX	≤0.30	≤0.90	1.00~2.50	0.030	0.020	19.5~21.5	24.0~26.0	4.20~5.20	Cu 1.20~2.00
E409Nb-XX	≤0.12	≤1.00	≤1.00	0.040	0.030	11.0~14.0	≤0.60	≤0.75	(Nb+Ta)0.50~1.50 Cu≤0.75
E410-XX	≤0.12	≤0.90	≤1.00	0.040	0.030	11.0~14.0	≤0.70	≤0.75	Cu≤0.75
E410NiMo-XX	≤0.06	≤0.90	≤1.00	0.040	0.030	11.0~12.5	4.00~5.00	0.40~0.70	Cu≤0.75
E430-XX	≤0.10	≤0.90	≤1.00	0.040	0.030	15.0~18.0	≤0.60	≤0.75	Cu≤0.75
E430Nb-XX	≤0.10	≤1.00	≤1.00	0.040	0.030	15.0~18.0	≤0.60	≤0.75	(Nb+Ta)0.50~1.50 Cu≤0.75
E630-XX	≤0.05	≤0.75	0.25~0.75	0.040	0.030	16.0~16.75	4.50~5.00	≤0.75	(Nb+Ta)0.15~0.30 Cu 3.25~4.00
E16-8-2-XX	≤0.10	≤0.60	0.50~2.50	0.030	0.030	14.5~16.5	7.50~9.50	1.00~2.00	Cu≤0.75

（续）

型 号[①]	C	Si	Mn	P ≤	S ≤	Cr	Ni	Mo	其 他
E16-25MoN-XX	≤0.12	≤0.90	0.50~2.50	0.035	0.030	14.0~18.0	22.0~27.0	5.00~7.00	Cu≤0.75，N≤0.10
E2209-XX	≤0.04	≤1.00	0.50~2.00	0.040	0.030	21.5~23.5	7.50~10.5	2.50~3.50	Cu≤0.75，N 0.08~0.20
E2553-XX	≤0.06	≤1.00	0.50~1.50	0.040	0.030	24.0~27.0	6.50~8.50	2.90~3.90	Cu 1.50~2.50 N 0.10~0.25
E2593-XX	≤0.04	≤1.00	0.50~1.50	0.040	0.030	24.0~27.0	8.50~10.5	2.90~3.90	Cu 1.50~3.00 N 0.08~0.25
E2594-XX	≤0.04	≤1.00	0.50~2.00	0.040	0.030	24.0~27.0	8.00~10.5	3.50~4.50	Cu≤0.75，N 0.20~0.30
E2595-XX	≤0.04	≤1.20	≤2.50	0.030	0.025	24.0~27.0	8.00~10.5	2.50~4.50	W 0.40~1.00 Cu 0.40~1.50 N 0.20~0.30
E3155-XX	≤0.10	≤1.00	1.00~2.50	0.040	0.030	20.0~22.5	19.0~21.0	2.50~3.50	Co 18.5~21.0 W 2.00~3.00 (Nb+Ta)0.75~1.25 Cu≤0.75
E33-31-XX	≤0.03	≤0.90	2.50~4.00	0.020	0.010	31.0~35.0	30.0~32.0	1.00~2.00	Cu 0.40~0.80 N 0.30~0.50

① 焊条型号中"-XX"，表示焊接位置和药皮类型。

（2）中国不锈钢焊条熔敷金属的主要力学性能（表7-1-8a～表7-1-8c）

表7-1-8a 不锈钢焊条熔敷金属的主要力学性能（一）

焊条型号	R_m/MPa ≥	A（%） ≥	焊条型号	R_m/MPa ≥	A（%） ≥
E209-XX	690	15	E309L-XX	510	25
E219-XX	620	15	E309H-XX	550	25
E240-XX	690	25	E309Nb-XX	550	25
E307-XX	590	25	E309LNb-XX	510	25
E308-XX	550	30	E309Mo-XX	550	25
E308H-XX	550	30	E309LMo-XX	510	25
E308L-XX	510	30	E310-XX	550	25
E308Mo-XX	550	30	E310H-XX	620	8
E308LMo-XX	520	30	E310Nb-XX	550	23
E309-XX	550	25	E310Mo-XX	550	28

表 7-1-8b 不锈钢焊条熔敷金属的主要力学性能（二）

焊条型号	R_m/MPa	A（%）	焊条型号	R_m/MPa	A（%）
	≥			≥	
E312-XX	660	15	E318-XX	550	20
E316-XX	520	23	E318V-XX	540	25
E316H-XX	520	25	E320-XX	550	28
E316L-XX	490	25	E320LR-XX	520	28
E316LCu-XX	510	25	E330-XX	520	23
E316LMn-XX	550	15	E330H-XX	620	8
E317-XX	550	20	E330MoMnWNb-XX	590	25
E317L-XX	510	20	E347-XX	520	25
E317MoCu-XX	540	25	E347L-XX	510	25
E317LMoCu-XX	540	25	E349-XX	690	23

表 7-1-8c 不锈钢焊条熔敷金属的主要力学性能（三）

焊条型号	R_m/MPa	A（%）	焊条型号	R_m/MPa	A（%）
	≥			≥	
E383-XX	520	28	E16-25MoN-XX	610	30
E385-XX	520	28	E2209-XX	690	15
E409Nb-XX①	450	13	E2553-XX	760	13
E410-XX②	450	15	E2593-XX	760	13
E410NiMo-XX③	760	10	E2594-XX	760	13
E430-XX①	450	15	E2595-XX	760	13
E430 Nb-XX①	450	13	E3155-XX	690	15
E630-XX④	930	6	E33-31-XX	720	20
E16-8-2-XX	520	25	—	—	—

①～④6 种焊条的焊后热处理如下（附表-1）：

附表-1

	加热温度/℃	保温/h	冷 却
①	760～790	2	以≤55℃/h 的速度，炉冷至 595℃以下，然后空冷至室温
②	730～760	1	以≤110℃/h 的速度，炉冷至 315℃以下，然后空冷至室温
③	595～620	1	然后空冷至室温
④	1025～1050	1	空冷至室温，然后在 610～630℃，保温 4h，沉淀硬化处理，空冷至室温

（3）新版标准的型号表示方法

2012 版标准（不锈钢焊条）的型号由 4 部分（含附加代号）组成，例如：E 308 1 6。其中：E——焊条；308——熔敷金属的化学成分分类代号；1——焊接位置（见表 7-1-9）；6——药皮类型（见表 7-1-9）。

表 7-1-9 焊接位置代号与药皮类型代号

焊接位置代号		药皮类型代号		
代 号	焊接位置	代 号	药皮类型	电流类型
-1	PA、PB、PD、PF	-5	碱性	直流
-2	PA、PB	-6	金红石	交流和直流
-4	PA、PB、PD、PF、PG	-7	钛酸型	交流和直流

注：1. PA—平焊，PB—平角焊，PD—仰角焊，PF—向上立焊，PG—向下立焊。
　　2. 46 型和 47 型采用直流焊接。

7.1.4 堆焊焊条

（1）中国 GB 标准堆焊焊条的型号、熔敷金属的化学成分与堆焊层硬度［GB/T 984—2001］（表 7-1-10）

表7-1-10　堆焊焊条的型号、熔敷金属的化学成分与堆焊硬度（质量分数）（%）与堆焊层硬度

焊条型号	C	Si	Mn	P ≤	S ≤	Cr	Mo	W	其他	表以外其他元素总和	堆焊层硬度 HRC（HBW）
EDP Mn2-XX	≤0.20	—	≤3.50	—	—	—	—	—	—	—	≥（220）
EDP Mn4-XX	≤0.20	—	≤4.50	—	—	—	—	—	—	≤2.00	≥30
EDP Mn5-XX	≤0.20	—	≤5.20	—	—	—	—	—	—	—	≥40
EDP Mn6-XX	≤0.45	≤1.00	≤6.50	—	—	—	—	—	—	—	≥50
EDP CrMo-A0-XX	0.04~0.20	≤1.00	0.50~2.00	0.035	0.035	—	—	—	—	≤1.00	—
EDP CrMo-A1-XX	≤0.25	—	—	—	—	≤2.00	≤1.50	—	—	≤2.00	≥（220）
EDP CrMo-A2-XX	≤0.50	—	—	—	—	≤3.00	≤1.50	—	—	—	≥30
EDP CrMo-A3-XX	≤0.50	—	—	—	—	≤2.50	≤2.50	—	—	—	≥40
EDP CrMo-A4-XX	0.30~0.60	—	—	—	—	≤5.00	≤4.00	—	—	—	≥50
EDP CrMo-A5-XX	0.50~0.80	≤1.00	0.50~1.50	0.035	0.035	≤3.50	—	—	—	≤1.00	—
EDP CrMnSi-A1-XX	0.03~1.00	≤1.00	≤2.50	0.035	0.035	≤3.50	—	—	—	≤1.00	≥50
EDP CrMnSi-A2-XX	0.50~2.00	≤1.00	0.50~2.00	0.035	0.035	3.00~3.50	—	—	V ≤0.35	1.00	—
EDP CrMnSi-A3-XX	0.50~2.00	≤1.00	0.50~2.00	0.035	0.035	1.80~3.80	≤1.00	—	V 0.50~1.00	≤4.00	≥50
EDP CrMoV-A1-XX	0.30~0.60	—	—	—	—	8.00~10.0	≤3.00	—	V 4.00~5.00	—	≥55
EDP CrMoV-A2-XX	0.45~0.65	—	—	—	—	4.00~5.00	2.00~3.00	—	B 0.20~0.40	—	≥45
EDP CrSi-A-XX	≤0.35	≤1.80	≤0.80	0.030	0.030	6.50~8.50	—	—	B 0.50~0.90	—	≥60
EDP CrSi-B-XX	≤1.00	1.50~3.00	≤0.80	0.030	0.030	6.50~8.50	—	—	—	—	40，45①
EDP CrMnMo-XX	≤0.60	≤1.00	≤2.50	0.040	0.035	≤2.00	≤1.00	—	—	≤1.00	≥48
EDR CrW-XX	0.25~0.55	—	—	0.040	0.035	2.00~3.50	—	7.00~10.0	—	—	≥55
EDR CrMoWV-A1-XX	≤0.50	—	—	0.040	0.035	≤5.00	≤2.50	7.00~10.0	V≤1.00	—	≥50
EDR CrMoWV-A2-XX	0.30~0.50	—	—	0.040	0.035	5.00~6.50	2.00~3.00	2.00~3.50	V 1.00~3.00	—	≥50
EDR CrMoWV-A3-XX	0.70~1.00	—	—	0.040	0.035	3.00~4.00	3.00~5.00	4.50~6.00	V 1.50~3.00	≤1.50	—
EDR CrMoWCo-A-XX	0.08~0.12	0.80~1.60	0.30~0.70	—	—	2.00~4.20	3.80~6.20	5.00~8.00	Co12.7~16.3 V 0.50~1.10	—	52~58①
EDR CrMoWCo-B-XX	0.08~0.12	0.80~1.60	0.30~0.70	—	—	1.80~3.20	7.80~11.2	8.80~12.2	Co15.7~19.3 V 0.40~0.80	—	62~66①
ED Cr-A1-XX	≤0.15	—	—	0.040	0.030	10.0~16.0	—	—	—	≤2.50	≥40
ED Cr-A2-XX	≤0.20	—	—	—	—	10.0~16.0	≤2.50	≤2.00	Ni≤6.00	≤2.50	≥37
ED Cr-B-XX	≤0.25	—	—	—	—	10.0~16.0	—	—	—	≤5.00	≥45
ED Mn-A-XX	1.10	≤1.30	11.0~16.0	—	—	—	—	—	—	≤5.00	≥（170）

（续）

焊条型号	C	Si	Mn	P ≤	S ≤	Cr	Mo	W	其他	表以外其他元素总和	堆焊层硬度 HRC (HBW)
ED Mn-B-XX	≤1.10	≤1.30	11.0~18.0	—	—	—	≤2.50	—	—	≤1.00	≥(170)
ED Mn-C-XX	0.50~1.00	≤1.30	12.00~16.00	0.035	0.035	2.50~5.00	—	—	—	≤1.00	—
ED Mn-D-XX	0.50~1.00	≤1.30	15.00~20.00	0.035	0.035	4.50~7.50	—	—	V 0.40~1.20	≤1.00	—
ED Mn-E-XX	0.50~1.00	≤1.30	15.00~20.00	0.035	0.035	3.00~6.00	—	—	—	≤1.00	—
ED Mn-F-XX	0.80~1.20	≤1.30	17.00~21.00	0.035	0.035	3.00~6.00	—	—	—	≤1.00	—
ED CrMn-A-XX	≤0.25	≤1.00	6.00~8.00	—	—	12.0~14.0	—	—	Ni≤2.00	≤4.00	≥30
ED CrMn-B-XX	≤0.80	≤1.30	11.0~16.0	—	—	13.0~17.0	≤2.00	—	Cr≤13.0~17.0	≤4.00	≥(210)
ED CrMn-C-XX	≤1.10	≤2.00	12.0~18.0	—	—	12.0~18.0	≤4.00	—	Ni≤6.0	≤3.00	≥28
ED CrMn-D-XX	0.50~0.80	≤1.30	24.0~27.0	—	—	9.50~12.5	—	—	—	—	≥(210)
ED CrNi-A-XX	≤0.18	4.80~6.40	0.60~2.00	0.040	0.030	15.0~18.0	—	—	Ni 7.00~9.00	—	(270~320)
ED CrNi-B-XX	≤0.18	3.80~6.50	0.60~5.00	0.040	0.030	14.0~21.0	3.50~7.00	—	Nb 0.50~1.20 Ni 6.50~12.0	≤2.50	≥37
ED CrNi-C-XX	≤0.20	5.00~7.00	2.00~3.00	0.040	0.030	18.0~20.0	—	—	Ni 7.00~10.0	—	≥37
EDD-A-XX	0.70~1.00	≤0.80	≤0.60	0.040	0.030	3.00~5.00	4.00~6.00	5.00~7.00	V 1.00~2.50	≤1.00	≥55
EDD-B1-XX	0.50~0.90	≤0.80	≤0.60	0.040	0.030	3.00~5.00	5.00~9.50	1.00~2.50	V 0.80~1.30	≤1.00	≥55
EDD-B2-XX	0.60~1.00	≤1.00	0.40~1.00	0.035	0.035	3.00~5.00	7.00~9.00	0.50~1.50	V 0.50~1.50	≤1.00	≥55
EDD-C-XX	0.30~0.50	≤0.80	≤0.60	0.040	0.030	3.00~5.00	5.00~9.00	1.00~2.50	V 0.80~1.20	≤1.00	≥55
EDD-D-XX	0.70~1.00	—	0.05~2.00	0.040	0.035	3.80~4.50	—	17.0~19.5	V 1.00~1.50	≤1.00	≥55
EDZ-A0-XX	1.50~3.00	1.50	—	0.035	0.035	3.00~5.00	≤1.00	—	—	≤1.00	—
EDZ-A1-XX	2.50~4.50	2.50	—	—	—	3.00~5.00	3.00~5.00	—	—	≤1.00	≥55
EDZ-A2-XX	3.00~4.50	≤2.50	≤1.50	—	—	26.0~34.0	2.00~3.00	—	—	≤3.00	≥60
EDZ-A3-XX	4.80~6.00	1.00	—	—	—	35.0~40.0	4.20~5.80	—	—	≤1.00	≥60
EDZ-B1-XX	1.50~2.20	—	—	—	—	—	—	8.00~10.0	—	≤1.00	≥50
EDZ-B2-XX	<3.00	—	—	0.035	0.035	4.00~6.00	—	8.50~14.0	—	≤3.00	≥60
EDZ-E1-XX	5.00~6.50	0.80~1.50	2.00~3.00	0.035	0.035	12.00~16.00	5.00~7.00	—	Ti 4.00~7.00	≤1.00	—
EDZ-E2-XX	4.00~6.00	≤1.50	0.50~1.50	0.035	0.035	14.00~20.00	5.00~7.00	—	V≤1.50	≤1.00	—
EDZ-E3-XX	5.00~7.00	0.50~2.00	0.50~2.00	0.035	0.035	18.00~28.00	5.00~7.00	3.00~5.00	—	≤1.00	—
EDZ-E4-XX	4.00~6.00	≤1.00	0.50~1.50	0.035	0.035	20.00~30.00	5.00~7.00	≤2.00	V 0.50~1.50 Nb 4.00~7.00	≤1.00	—

牌号	C	Mn	Si	P	S	Cr	Mo	W	其他	其他元素总量	硬度 HRC
EDZ Cr-A-XX	1.50~3.50	≤1.50	1.50~3.00	—	—	28.00~32.00	—	—	Ni 5.00~8.00	—	≥40
EDZ Cr-B-XX	1.50~3.50	—	≤1.00	—	—	22.00~32.00	—	—	—	≤7.00	≥45
EDZ Cr-C-XX	2.50~5.00	1.00~4.80	≤8.00	—	—	25.00~32.00	—	—	Ni 3.00~5.00	≤2.00	≥48
EDZ Cr-D-XX	3.00~4.00	≤3.00	1.50~3.50	—	—	22.00~32.00	≤0.50	—	B 0.50~2.50	≤6.00	≥58
EDZ Cr-A1A-XX	3.50~4.50	0.50~2.00	4.00~6.00	0.035	0.035	20.00~25.00	—	—	—	≤1.00	—
EDZ Cr-A2-XX	2.50~3.50	0.50~1.50	0.50~1.50	0.035	0.035	7.50~9.00	≤1.50	—	Ti 1.20~1.80	≤1.00	—
EDZ Cr-A3-XX	2.50~4.50	1.00~2.50	0.50~2.00	0.035	0.035	14.00~20.00	1.00~3.00	—	—	≤1.00	—
EDZ Cr-A4-XX	3.50~4.50	≤1.50	1.50~3.50	0.035	0.035	23.00~29.00	≤4.00	—	—	≤1.00	—
EDZ Cr-A5-XX	1.50~2.50	≤2.00	0.50~1.50	0.035	0.035	24.00~32.00	0.50~2.00	—	Ni ≤4.00	≤1.00	—
EDZ Cr-A6-XX	2.50~3.50	1.00~2.50	0.05~1.50	0.035	0.035	24.00~30.00	2.00~4.50	—	—	≤1.00	—
EDZ Cr-A7-XX	3.50~5.00	0.50~2.50	0.50~1.50	0.035	0.035	23.00~30.00	—	—	—	≤1.00	—
EDZ Cr-A8-XX	2.50~4.50	≤1.50	0.50~1.50	0.035	0.035	30.00~40.00	≤2.00	—	—	≤1.00	—
ED CoCr-A-XX	0.70~1.40	≤2.00	≤2.00	—	—	25.00~32.00	—	3.00~6.00	Fe ≤5.00	≤4.00	≥40
ED CoCr-B-XX	1.00~1.70	≤2.00	≤2.00	—	—	25.00~32.00	—	7.00~10.0	Fe ≤5.00	≤4.00	≥44
ED CoCr-C-XX	1.75~3.00	≤2.00	≤2.00	—	—	25.00~33.00	—	11.0~19.0	Fe ≤5.00	≤4.00	53
ED CoCr-D-XX	1.20~0.50	≤2.00	≤2.00	—	—	23.00~32.00	—	≤9.50	Fe ≤5.00	≤7.00	28~35
ED CoCr-E-XX	0.15~0.40	≤1.50	≤1.50	0.030	0.030	24.00~29.00	4.50~6.50	≤0.50	Fe ≤5.00 Ni 2.00~4.00	≤1.00	—
ED W-A-XX	1.50~3.00	≤4.00	≤2.00	—	—	—	—	40.0~50.0	—	—	≥60
ED W-B-XX	1.50~4.00	≤4.00	≤3.00	—	—	≤3.00	≤7.00	50.0~70.0	—	≤3.00	≥60
ED TV-XX	≤0.25	≤1.00	2.00~3.00	0.030	0.030	—	5.00~8.00	—	V 5.00~8.00 B ≤0.15	—	(180)
ED NiCr-C	0.50~1.00	3.50~5.50	—	0.030	0.030	12.00~18.00	—	—	Co ≤1.00 Fe 3.50~5.50 Be 2.50~4.50	≤1.00	—
ED NiCrFeCo	2.20~3.00	0.60~1.50	≤1.50	0.030	0.030	25.00~30.00	7.00~10.00	2.00~4.00	Ni 10.00~33.00 Co 10.00~15.00 Fe 20.00~25.00	≤1.00	—

注: 1. 若存在其他元素，也应进行分析，以确定是否符合"其他元素总量"一栏的规定。

2. 硬度的单值均为最小平均值。

① 为经热处理的硬度值，热处理规范在说明书中规定。

（2）中国 GB 标准堆焊焊条的型号分类与熔敷金属的化学成分类型及药皮类型与焊接电源（表7-1-11 和表7-1-12）

表 7-1-11　堆焊焊条的型号分类与熔敷金属的化学成分类型

型号分类	熔敷金属的化学成分类型	型号分类	熔敷金属的化学成分类型
EDP × × - XX	普通低、中合金钢	EDD × × - XX	高速钢
EDR × × - XX	热强合金钢	EDD × × - XX	合金铸铁
ED Cr × × - XX	高铬钢	EDZ Cr × × - XX	高铬铸铁
ED Mn × × - XX	高锰钢	ED CoCr × × - XX	钴基合金
ED CrMn × × - XX	高铬锰钢	EDW × × - XX	碳化钨
ED CrNi × × - XX	高铬镍钢	EDT × × - XX	特殊型

表 7-1-12　堆焊焊条的药皮类型与焊接电源

型　号	药皮类型	焊接电源
ED × × -00	特殊型	交流或直流
ED × × -03	钛钙型	交流或直流
ED × × -15	低氢钠型	直流
ED × × -16	低氢钾型	交流或直流
ED × × -18	石墨型	交流或直流

7.1.5　碳钢和低合金钢焊丝

（1）中国 GB 标准气体保护电弧焊用碳钢、低合金钢焊丝的型号与化学成分 ［GB/T 8110—2008］（表7-1-13）

表 7-1-13　气体保护电弧焊用碳钢、低合金钢焊丝的型号与化学成分（质量分数）（%）

型　号	C	Si	Mn	P ≤	S ≤	Cr	Ni	Mo	其　他[①]	表以外其他元素含量
碳钢焊丝										
ER50-2	≤0.07	0.40~0.70	0.90~1.40	0.025	0.025	≤0.15	≤0.15	≤0.15	Ti 0.05~0.15 Zr 0.02~0.12 Al 0.05~0.15 V≤0.03, Cu≤0.50	—
ER50-3	0.06~0.15	0.45~0.75	0.90~1.40	0.025	0.025	≤0.15	≤0.15	≤0.15	V≤0.03, Cu≤0.50	—
ER50-4	0.06~0.15	0.65~0.85	1.00~1.50	0.025	0.025	≤0.15	≤0.15	≤0.15	V≤0.03, Cu≤0.50	—
ER50-6	0.06~0.15	0.80~1.15	1.40~1.85	0.025	0.025	≤0.15	≤0.15	≤0.15	V≤0.03, Cu≤0.50	—
ER50-7[②]	0.07~0.15	0.50~0.80	1.50~2.00	0.025	0.025	≤0.15	≤0.15	≤0.15	V≤0.03, Cu≤0.50	—
ER49-1	≤0.11	0.65~0.95	1.80~2.10	0.030	0.030	≤0.20	≤0.30	—	Cu≤0.50	—
钼钢和铬钼钢焊丝										
ER49-A1	≤0.12	0.30~0.70	≤1.30	0.025	0.025	—	≤0.20	0.40~0.65	Cu≤0.35	≤0.50
ER55-B2	0.07~0.12	0.40~0.70	0.40~0.70	0.025	0.025	1.20~1.50	≤0.20	0.40~0.65	Cu≤0.35	≤0.50
ER49-B2L	≤0.05	0.40~0.70	0.40~0.70	0.025	0.025	1.20~1.50	≤0.20	0.40~0.65	Cu≤0.35	≤0.50

（续）

型 号	C	Si	Mn	P ≤	S ≤	Cr	Ni	Mo	其 他①	表以外其他元素含量
钼钢和铬钼钢焊丝										
ER55-B2-MnV	0.06 ~ 0.10	0.60 ~ 0.90	1.20 ~ 1.60	0.030	0.025	1.00 ~ 1.30	≤0.25	0.50 ~ 0.70	V 0.20 ~ 0.40 Cu≤0.35	≤0.50
ER55-B2-Mn	0.06 ~ 0.10	0.60 ~ 0.90	1.20 ~ 1.70	0.030	0.025	0.90 ~ 1.20	≤0.25	0.45 ~ 0.65	Cu≤0.35	≤0.50
ER62-B3	0.07 ~ 0.12	0.40 ~ 0.70	0.40 ~ 0.70	0.025	0.025	2.30 ~ 2.70	≤0.20	0.90 ~ 1.20	Cu≤0.35	≤0.50
ER55-B2L	≤0.05	0.40 ~ 0.70	0.40 ~ 0.70	0.025	0.025	2.30 ~ 2.70	≤0.20	0.90 ~ 1.20	Cu≤0.35	≤0.50
ER55-B6	≤0.10	≤0.50	0.40 ~ 0.70	0.025	0.025	4.50 ~ 6.00	≤0.60	0.45 ~ 0.65	Cu≤0.35	≤0.50
ER55-B8	≤0.10	≤0.50	0.40 ~ 0.70	0.025	0.025	4.50 ~ 6.00	≤0.50	0.80 ~ 1.20	Cu≤0.35	≤0.50
ER62-B9③	0.07 ~ 0.13	0.15 ~ 0.50	≤1.20	0.010	0.010	8.00 ~ 10.50	≤0.80	0.85 ~ 1.20	V 0.15 ~ 0.30 Al≤0.03, Cu≤0.20	≤0.50
镍钢焊丝										
ER55-Ni1	≤0.12	0.40 ~ 0.80	≤1.25	0.025	0.025	≤0.15	0.80 ~ 1.10	≤0.35	V≤0.05, Cu≤0.35	≤0.50
ER55-Ni2	≤0.12	0.40 ~ 0.80	≤1.25	0.025	0.025	—	2.00 ~ 2.75	—	Cu≤0.35	≤0.50
ER55-Ni3	≤0.12	0.40 ~ 0.80	≤1.25	0.025	0.025	—	3.00 ~ 3.75	—	Cu≤0.35	≤0.50
锰钼钢焊丝										
ER55-D2	0.07 ~ 0.12	0.50 ~ 0.80	1.60 ~ 2.10	0.025	0.025	—	≤0.15	0.40 ~ 0.60	Cu≤0.50	≤0.50
ER62-D2	0.07 ~ 0.12	0.50 ~ 0.80	1.60 ~ 2.10	0.025	0.025	—	≤0.15	0.40 ~ 0.60	Cu≤0.50	≤0.50
ER62-D2-Ti	≤0.12	0.40 ~ 0.80	1.20 ~ 1.90	0.025	0.025	—	—	0.20 ~ 0.50	Ti≤0.20, Cu≤0.50	≤0.50
其他低合金钢焊丝										
ER55-1	≤0.10	≤0.60	1.20 ~ 1.60	0.025	0.020	0.30 ~ 0.90	0.20 ~ 0.60	—	Cu 0.20 ~ 0.50	≤0.50
ER69-1	≤0.08	0.20 ~ 0.55	1.25 ~ 1.80	0.010	0.010	≤0.30	1.40 ~ 2.10	0.25 ~ 0.55	Ti≤0.10 Al≤0.10 Zr≤0.10 V≤0.05 Cu≤0.25	≤0.50
ER76-1	≤0.09	0.20 ~ 0.55	1.40 ~ 1.80	0.010	0.010	≤0.50	1.90 ~ 2.60	0.25 ~ 0.55	V≤0.04	≤0.50
ER83-1	≤0.10	0.25 ~ 0.60	1.40 ~ 1.80	0.010	0.010	≤0.60	2.00 ~ 2.80	0.30 ~ 0.65	V≤0.03	≤0.50
ERXX-G	由供需双方协议确定									

① 如果焊丝镀铜，则焊丝中 Cu 含量和镀铜层中 Cu 含量之和应≤0.50%。

② 该型号 Mn 的最大含量可以超过 2.00%，但每增加 0.05% 的 Mn，最大 C 含量应降低 0.01%。

③ 该型号其他元素含量 Nb=0.02% ~ 0.10%，N=0.03% ~ 0.07%，Mn+Ni≤1.50%。

（2）中国气体保护电弧焊用碳钢、低合金钢焊丝的力学性能（表7-1-14）

表7-1-14 电弧焊用碳钢、低合金钢焊丝的力学性能

型　号	保护气体 （体积分数）	R_m/MPa	R_{eL}/MPa	A（%）	试验温度 /℃	冲击吸收能量 /J≥
		≥				
碳钢焊丝						
ER50-2	CO_2	500	420	22	-30	27
ER50-3	CO_2	500	420	22	-20	27
ER50-4	CO_2	500	420	22	—	（不规定）
ER50-6	CO_2	500	420	22	-30	27
ER50-7[②]	CO_2	500	420	22	-30	27
ER49-1	CO_2	490	372	20	室温	47
钼钢和铬钼钢焊丝						
ER49-A1	Ar+（1%~5%）O_2	515	400	19	—	（不规定）
ER55-B2	Ar+（1%~5%）O_2	550	470	19	—	（不规定）
ER49-B2L	Ar+（1%~5%）O_2	515	400	19	—	（不规定）
ER55-B2-MnV	Ar+20%CO_2	550	440	19	室温	27
ER55-B2-Mn	Ar+20%CO_2	550	440	20	室温	27
ER62-B3	Ar+（1%~5%）O_2	620	540	17	—	（不规定）
ER55-B2L	Ar+（1%~5%）O_2	550	470	17	—	（不规定）
ER55-B6	Ar+（1%~5%）O_2	550	470	17	—	（不规定）
ER55-B8	Ar+（1%~5%）O_2	550	470	17	—	（不规定）
ER62-B9[③]	Ar+5% O_2	620	410	16	—	（不规定）
镍钢焊丝						
ER55-Ni1	Ar+（1%~5%）O_2	550	470	24	-45	27
ER55-Ni2	Ar+（1%~5%）O_2	550	470	24	-60	27
ER55-Ni3	Ar+（1%~5%）O_2	550	470	24	-75	27
锰钼钢焊丝						
ER55-D2	CO_2	550	470	17	-30	27
ER62-D2	Ar+（1%~5%）O_2	620	540	17	-30	27
ER62-D2-Ti	CO_2	550	470	17	-30	27
其他低合金钢焊丝						
ER55-1	Ar+20%CO_2	550	450	22	-40	60
ER69-1	Ar+20%O_2	690	610	16	-50	68
ER76-1	Ar+20%O_2	760	660	15	-50	68
ER83-1	Ar+20%O_2	830	730	14	-50	68
ERXX-G	由供需双方协议确定					

注：1. 本标准分类时限定的保护气体类型，在实际应用时并不限制采用其他保护气体类型，但力学性能可能会产生变化。

2. 对于 ER50-2、ER50-3、ER50-4、ER50-6、ER50-7 型焊丝，当伸长率超过最低值时，每增加1%，抗拉强度和屈服强度可减少10MPa，但抗拉强度 R_m 最低值不得小于480MPa，屈服强度 R_{eL} 最低值不得小于400MPa。

3. 焊丝的力学性能试样状态：碳钢焊丝为焊态，钼钢、铬钼钢和镍钢焊丝为焊后热处理（ER55-Ni 为焊态），锰钼钢和其他低合金钢焊丝为焊态。

7.1.6　结构钢焊丝和焊接用结构钢盘条

（1）中国 GB 标准熔化焊用结构钢焊丝的牌号与化学成分［GB/T 14957—1994］（表7-1-15）

表 7-1-15　熔化焊用结构钢焊丝的牌号与化学成分（质量分数）（%）

牌　号	C	Si	Mn	P ≤	S ≤	Cr	Ni	Mo	其　他
				碳素结构钢焊丝					
H08A	≤0.10	≤0.03	0.30~0.55	0.030	0.030	≤0.20	≤0.30	—	Cu≤0.20
H08E	≤0.10	≤0.03	0.30~0.55	0.020	0.020	≤0.20	≤0.30	—	Cu≤0.20
H08C	≤0.10	≤0.03	0.30~0.55	0.015	0.015	≤0.10	≤0.10	—	Cu≤0.20
H08Mn A	≤0.10	≤0.07	0.80~1.10	0.030	0.030	≤0.20	≤0.30	—	Cu≤0.20
H15A	0.11~0.18	≤0.03	0.35~0.65	0.030	0.030	≤0.20	≤0.30	—	Cu≤0.20
H15Mn	0.11~0.18	≤0.03	0.80~1.10	0.035	0.035	≤0.20	≤0.30	—	Cu≤0.20
				合金结构钢焊丝					
H08CrMoA	≤0.10	0.15~0.35	0.40~0.70	0.030	0.030	0.80~1.10	≤0.30	0.40~0.60	Cu≤0.20
H08CrMoVA	≤0.10	0.15~0.35	0.40~0.70	0.030	0.030	1.00~1.30	≤0.30	0.50~0.70	Cu≤0.20
H08CrNi2MoA	0.05~0.10	0.10~0.30	0.50~0.85	0.030	0.025	0.70~1.00	1.40~1.80	0.20~0.40	Cu≤0.20
H08Mn2MoA	0.05~0.11	≤0.25	1.60~1.90	0.030	0.030	≤0.20	≤0.30	0.50~0.70	Ti≤0.15[①],Cu≤0.20
H08Mn2MoVA	0.06~0.11	≤0.25	1.60~1.90	0.030	0.030	≤0.20	≤0.30	0.50~0.70	Ti≤0.15[①] V 0.06~0.12,Cu≤0.20
H08Mn2Si	≤0.11	0.65~0.95	1.70~2.10	0.035	0.035	≤0.20	≤0.30	—	Cu≤0.20
H08Mn2SiA	≤0.11	0.65~0.95	1.80~2.10	0.030	0.030	≤0.20	≤0.30	—	Cu≤0.20
H08MnMoA	≤0.10	≤0.25	1.20~1.60	0.030	0.030	≤0.20	≤0.30	—	Ti≤0.15[①],Cu≤0.20
H10Mn2	≤0.12	≤0.07	1.50~1.90	0.035	0.035	≤0.20	≤0.30	—	Cu≤0.20
H10Mn2MoA	0.08~0.13	≤0.40	1.70~2.00	0.030	0.030	≤0.20	≤0.30	0.60~0.80	Ti≤0.15[①],Cu≤0.20
H10Mn2MoVA	0.08~0.13	≤0.40	1.70~2.00	0.030	0.030	≤0.20	≤0.30	0.60~0.80	Ti≤0.15[①] V 0.06~0.12,Cu≤0.20
H10MnSi	≤0.14	0.60~0.90	0.80~1.10	0.035	0.035	≤0.20	≤0.30	—	Cu≤0.20
H10MnSiMo	≤0.14	0.70~1.10	0.90~1.20	0.035	0.035	≤0.20	≤0.30	0.15~0.25	Cu≤0.20
H10MnSiMoTiA	0.08~0.12	0.40~0.70	1.00~1.30	0.030	0.025	≤0.20	≤0.30	0.20~0.40	Ti 0.05~0.15[①],Cu≤0.20
H10MoCrA	≤0.12	0.15~0.35	0.40~0.70	0.030	0.030	0.45~0.65	≤0.30	0.40~0.60	Cu≤0.20
H13CrMoA	0.11~0.16	0.15~0.35	0.40~0.70	0.030	0.030	0.80~1.10	≤0.30	0.40~0.60	Cu≤0.20
H18CrMoA	0.15~0.22	0.15~0.35	0.40~0.70	0.025	0.030	0.80~1.10	≤0.30	0.15~0.25	Cu≤0.20
H30CrMnSiA	0.25~0.35	0.90~1.20	0.80~1.10	0.025	0.025	0.80~1.10	≤0.30	—	Cu≤0.20

① Ti 为加入量。

（2）中国：GB 标准焊接用结构钢盘条的牌号与化学成分［GB/T 3429—2015］（表 7-1-16）

　　焊接用结构钢盘条是制造焊丝和焊条的主要材料。本标准对原 2002 版标准做了重大修订，除了删改、调整一部分牌号外，还新增 30 多种牌号，以适应我国焊接新工艺的发展，并与国外同类产品接轨。

表 7-1-16　焊接用结构钢盘条的牌号与化学成分（质量分数）（%）

牌　号	C	Si	Mn	P ≤	S ≤	Cr	Ni	Mo	其他元素	其他残余元素总量③
1. 非合金钢系列										
H04E	≤0.04	≤0.10	0.30～0.60	0.015	0.010	—	—	—	—	—
H08A①	≤0.10	≤0.03	0.40～0.65	0.030	0.030	≤0.20	≤0.30	—	Cu≤0.20	—
H08E①	≤0.10	≤0.03	0.40～0.65	0.020	0.020	≤0.20	≤0.30	—	Cu≤0.20	—
H08C①	≤0.10	≤0.03	0.40～0.65	0.015	0.015	≤0.10	≤0.10	—	Cu≤0.10	—
H15	0.11～0.18	≤0.03	0.35～0.65	0.030	0.030	≤0.20	≤0.30	—	Cu≤0.20	—
2. Mn 钢系列										
H08Mn	≤0.10	≤0.07	0.80～1.10	0.030	0.030	≤0.20	≤0.30	—	Cu≤0.20	—
H10Mn	0.05～0.15	0.10～0.35	0.80～1.25	0.025	0.025	≤0.15	≤0.15	≤0.15	Cu≤0.20	≤0.50
H10Mn2	≤0.12	≤0.07	1.50～1.90	0.030	0.030	≤0.20	≤0.30	—	Cu≤0.20	—
H11Mn	≤0.15	≤0.15	0.20～0.90	0.025	0.025	≤0.15	≤0.15	≤0.15	Cu≤0.20	≤0.50
H12Mn	≤0.15	≤0.15	0.80～1.40	0.025	0.025	≤0.15	≤0.15	≤0.15	Cu≤0.20	≤0.50
H13Mn2	≤0.17	≤0.05	1.80～2.20	0.030	0.030	≤0.20	≤0.30	—	—	—
H15Mn	0.11～0.18	≤0.03	0.80～1.10	0.030	0.030	≤0.20	≤0.30	—	Cu≤0.20	—
H15Mn2	0.10～0.20	≤0.15	1.60～2.30	0.025	0.025	≤0.15	≤0.15	≤0.15	Cu≤0.20	—
3. MnSi 钢系列										
H08MnSi	≤0.11	0.40～0.70	1.20～1.50	0.030	0.030	≤0.20	≤0.30	—	Cu≤0.20	—
H08Mn2Si	≤0.11	0.65～0.95	1.80～2.10	0.030	0.030	≤0.20	≤0.30	—	Cu≤0.20	—
H09MnSi	0.06～0.15	0.45～0.75	0.90～1.40	0.025	0.025	≤0.15	≤0.15	≤0.15	Cu≤0.20 V≤0.03	—
H09Mn2Si	0.02～0.15	0.50～1.10	1.60～2.40	0.030	0.030	—	—	—	Cu≤0.20 (Ti+Zr)0.02～0.30	—
H10MnSi	≤0.14	0.60～0.90	0.80～1.10	0.030	0.030	≤0.20	≤0.30	—	Cu≤0.20	—
H11MnSi	0.06～0.15	0.65～0.85	1.00～1.50	0.025	0.025	≤0.15	≤0.15	≤0.15	V≤0.03 Cu≤0.20	—
H11Mn2Si	0.06～0.15	0.80～1.15	1.40～1.85	0.025	0.025	≤0.15	≤0.15	≤0.15	V≤0.03 Cu≤0.20	—
4. MnNi 钢系列										
H10MnNi3	≤0.13	0.05～0.30	0.60～1.20	0.020	0.020	≤0.15	3.10～3.80	—	Cu≤0.20	≤0.50
H10Mn2Ni	≤0.12	≤0.30	1.40～2.00	0.025	0.025	≤0.20	0.10～0.50	—	Cu≤0.20	—
H11MnNi	≤0.15	≤0.30	0.75～1.40	0.020	0.020	≤0.20	0.75～1.25	≤0.15	Cu≤0.20	≤0.50
5. MnMo 钢系列										
H08MnMo	≤0.10	≤0.25	1.20～1.60	0.030	0.030	≤0.20	≤0.30	0.30～0.50	Ti 0.05～0.15 Cu≤0.20	—
H08Mn2Mo	0.06～0.11	≤0.25	1.60～1.90	0.030	0.030	≤0.20	≤0.30	0.50～0.70	Ti 0.05～0.15 Cu≤0.20	—

（续）

牌　号	C	Si	Mn	P ≤	S ≤	Cr	Ni	Mo	其他元素	其他残余元素总量[③]
5. MnMo 钢系列										
H08Mn2MoV	0.06~0.11	≤0.25	1.60~1.90	0.030	0.030	≤0.20	≤0.30	0.50~0.70	V 0.06~0.12 Ti 0.05~0.15 Cu≤0.20	—
H10MnMo	0.05~0.15	≤0.20	1.20~1.70	0.025	0.025	—	—	0.45~0.65	Cu≤0.20	≤0.50
H10Mn2Mo	0.08~0.13	≤0.40	1.70~2.00	0.030	0.030	≤0.20	≤0.30	0.60~0.80	Ti 0.05~0.15 Cu≤0.20	—
H10Mn2MoV	0.08~0.13	≤0.40	1.70~2.00	0.030	0.030	≤0.20	≤0.30	0.60~0.80	V 0.06~0.12 Ti 0.05~0.15 Cu≤0.20	—
H11MnMo	0.05~0.17	≤0.20	0.95~1.35	0.025	0.025	—	—	0.45~0.65	Cu≤0.20	≤0.50
H11Mn2Mo	0.05~0.17	≤0.20	1.65~2.20	0.025	0.025	—	—	0.45~0.65	Cu≤0.20	≤0.50
6. CrMo 钢系列										
H08CrMo	≤0.10	0.15~0.35	0.40~0.70	0.030	0.030	0.80~1.10	≤0.30	0.40~0.60	Cu≤0.20	—
H08CrMoV	≤0.10	0.15~0.35	0.40~0.70	0.030	0.030	1.00~1.30	≤0.30	0.50~0.70	V 0.15~0.35 Cu≤0.20	—
H10CrMo	≤0.12	0.15~0.35	0.40~0.70	0.030	0.030	0.45~0.65	≤0.30	0.40~0.60	Cu≤0.20	—
H10Cr3Mo	0.05~0.15	0.05~0.30	0.40~0.80	0.025	0.025	2.25~3.00	—	0.90~1.10	Al≤0.10 Cu≤0.20	≤0.50
H11CrMo	0.07~0.15	0.05~0.30	0.45~1.00	0.025	0.025	1.00~1.75	—	0.45~0.65	Al≤0.10 Cu≤0.20	≤0.50
H13CrMo	0.11~0.16	0.15~0.35	0.40~0.70	0.030	0.030	0.80~1.10	≤0.30	0.40~0.60	Cu≤0.20	—
H18CrMo	0.15~0.22	0.15~0.35	0.40~0.70	0.025	0.030	0.80~1.10	≤0.30	0.15~0.25	Cu≤0.20	—
7. CrMnMo 钢系列										
H08MnCr5Mo	≤0.10	≤0.50	0.40~0.70	0.025	0.025	4.50~6.00	≤0.60	0.45~0.65	Cu≤0.20	≤0.50
H08MnCr9Mo	≤0.10	≤0.50	0.40~0.70	0.025	0.025	8.00~10.5	≤0.50	0.80~1.20	Cu≤0.20	≤0.50
H10MnCr9MoV	0.07~0.13	0.15~0.50	≤1.20	0.010	0.010	8.00~10.5	≤0.80	0.85~1.20	V 0.15~0.30 Al≤0.04 , Cu≤0.20	≤0.50

（续）

牌　号	C	Si	Mn	P ≤	S ≤	Cr	Ni	Mo	其他元素	其他残余元素总量[3]
8. NiMnMo 钢系列										
H05Mn2Ni2Mo	≤0.08	0.20~0.55	1.25~1.80	0.010	0.010	≤0.30	1.40~2.10	0.25~0.55	V≤0.05，Ti≤0.10 Zr≤0.10，Al≤0.10 Cu≤0.20	≤0.50
H08Mn2Ni2Mo[2]	≤0.09	0.20~0.55	1.40~1.80	0.010	0.010	≤0.50	1.90~2.60	0.25~0.55	V≤0.04 Ti≤0.10 Zr≤0.10 Al≤0.10，Cu≤0.20	≤0.50
H08Mn2Ni3Mo	≤0.10	0.20~0.60	1.40~1.80	0.010	0.010	≤0.60	2.00~2.80	0.30~0.65	V≤0.03，Ti≤0.10 Zr≤0.10，Al≤0.10 Cu≤0.20	≤0.50
H10MnNiMo	≤0.12	0.05~0.30	1.20~1.60	0.020	0.020	—	0.75~1.20	0.10~0.30	Cu≤0.20	≤0.50
H11MnNiMo	0.07~0.15	0.15~0.35	0.90~1.70	0.025	0.025	—	0.95~1.60	0.25~0.55	Cu≤0.20	≤0.50
H13Mn2NiMo	0.10~0.18	≤0.20	1.70~2.40	0.025	0.025	≤0.20	0.40~0.80	0.40~0.65	Cu≤0.20	≤0.50
H14Mn2NiMo	0.10~0.18	≤0.30	1.50~2.40	0.025	0.025	—	0.70~1.10	0.40~0.65	Cu≤0.20	≤0.50
H15MnNi2Mo	0.12~0.19	0.10~0.30	0.60~1.00	0.020	0.015	≤0.20	1.60~2.10	0.10~0.30	Cu≤0.20	≤0.50
9. NiMnSi 钢系列										
H10MnSiNi	≤0.12	0.40~0.80	≤1.25	0.025	0.025	≤0.15	0.80~1.10	≤0.35	V≤0.06 Cu≤0.20	≤0.50
H10MnSiNi2	≤0.12	0.40~0.80	≤1.25	0.025	0.025	—	2.00~2.75	—	Cu≤0.20	≤0.50
H10MnSiNi3	≤0.12	0.40~0.80	≤1.25	0.025	0.025	—	3.00~3.75	—	Cu≤0.20	≤0.50
10. SiMnMo 钢系列										
H09MnSiMo	≤0.12	0.30~0.70	≤1.30	0.025	0.025	—	≤0.20	0.40~0.65	Cu≤0.20	≤0.50
H10MnSiMo	≤0.14	0.70~1.10	0.90~1.20	0.030	0.030	≤0.20	≤0.30	0.15~0.25	Cu≤0.20	—
H10MnSiMoTi	0.08~0.12	0.40~0.70	1.00~1.30	0.030	0.025	≤0.20	≤0.30	0.20~0.40	Ti 0.05~0.15 Cu≤0.20	—
H10Mn2SiMo	0.07~0.12	0.50~0.80	1.60~2.10	0.025	0.025	—	≤0.15	0.40~0.60	Cu≤0.20	—

（续）

牌　号	C	Si	Mn	P ≤	S ≤	Cr	Ni	Mo	其他元素	其他残余元素总量③
10. SiMnMo 钢系列										
H10Mn2SiMoTi	≤0.12	0.40~0.80	1.20~1.90	0.025	0.025	—	—	0.20~0.50	Ti 0.05~0.20 Cu≤0.20	—
H10Mn2SiNiMoTi	0.05~0.15	0.30~0.90	1.00~1.80	0.025	0.025	—	0.70~1.20	0.20~0.60	Ti 0.02~0.30 Cu≤0.20	≤0.50
11. SiMnTi 钢系列										
H08MnSiTi	0.02~0.15	0.55~1.10	1.40~1.90	0.030	0.030	—	—	≤0.15	Ti+Zr 0.02~0.30	≤0.50
H13MnSiTi	0.06~0.10	0.35~0.75	0.90~1.40	0.025	0.025	≤0.15	≤0.15	≤0.15	Ti 0.03~0.17 Cu≤0.20	≤0.50
12. CrMoSi 钢系列										
H05SiCrMo	≤0.05	0.40~0.70	0.40~0.70	0.025	0.025	1.20~1.50	≤0.20	0.40~0.65	Cu≤0.20	≤0.50
H05SiCr2Mo	≤0.05	0.40~0.70	0.40~0.70	0.025	0.025	2.30~2.70	≤0.20	0.90~1.20	Cu≤0.20	≤0.50
H10SiCrMo	0.07~0.12	0.40~0.70	0.40~0.70	0.025	0.025	1.20~1.50	≤0.20	0.40~0.65	Cu≤0.20	≤0.50
H10SiCr2Mo	0.07~0.12	0.40~0.70	0.40~0.70	0.025	0.025	2.30~2.70	≤0.20	0.90~1.20	Cu≤0.20	≤0.50
13. CrMnMoSi 钢系列										
H08MnSiCrMo	0.06~0.10	0.60~0.90	1.20~1.70	0.030	0.025	0.90~1.20	≤0.25	0.45~0.65	Cu≤0.20	≤0.50
H08MnSiCrMoV	0.06~0.10	0.60~0.90	1.20~1.60	0.030	0.025	1.00~1.30	≤0.25	0.50~0.70	V 0.20~0.40 Cu≤0.20	≤0.50
H10MnSiCrMo	≤0.12	0.30~0.90	0.80~1.50	0.025	0.025	1.00~1.60	—	0.40~0.65	Cu≤0.20	≤0.50
14. MnMoTiB 钢系列										
H10MnMoTiB	0.05~0.15	≤0.35	0.65~1.00	0.025	0.025	≤0.15	≤0.15	0.45~0.65	Ti 0.05~0.30 B 0.005~0.030 Cu≤0.20	≤0.50
H11MnMoTiB	0.05~0.17	≤0.35	0.95~1.35	0.025	0.025	≤0.15	≤0.15	0.45~0.65	Ti 0.05~0.30 B 0.005~0.030 Cu≤0.20	≤0.50
15. CrNiMnMoB 钢系列										
H10MnCr9NiMoV②	0.07~0.13	≤0.50	≤1.25	0.010	0.010	8.50~10.5	≤1.00	0.85~1.15	V 0.15~0.25 Al≤0.04 Cu≤0.10	—
H13Mn2CrNi3Mo	0.10~0.17	≤0.20	1.70~2.20	0.010	0.015	0.25~0.50	2.30~2.80	0.45~0.65	Cu≤0.20	≤0.50
H15Mn2Ni2CrMo	0.10~0.20	0.10~0.30	1.40~1.60	0.020	0.020	0.50~0.80	2.00~2.50	0.35~0.55	Cu≤0.20	—
H20MnCrNiMo	0.16~0.23	0.15~0.35	0.60~0.90	0.025	0.030	0.40~0.60	0.40~0.80	0.15~0.30	Cu≤0.20	≤0.50

（续）

牌　号	C	Si	Mn	P ≤	S ≤	Cr	Ni	Mo	其他元素	其他残余元素总量[3]
16. CrNiMnCu 钢系列										
H08MnCrNiCu	≤0.10	≤0.60	1.20~1.60	0.025	0.020	0.30~0.90	0.20~0.60	—	Cu 0.20~0.50	≤0.50
H10MnCrNiCu	≤0.12	0.20~0.35	0.35~0.65	—	—	0.50~0.80	0.40~0.80	≤0.15	Cu 0.30~0.80	—
H10Mn2NiMoCu	≤0.12	0.20~0.60	1.25~1.80	0.010	0.010	≤0.30	0.80~1.25	0.20~0.55	Cu 0.35~0.65 V≤0.05, Ti≤0.10 Zr≤0.10, Al≤0.10	≤0.50
17. 其他钢类										
H05MnSiTiZrAl	≤0.07	0.40~0.70	0.90~1.40	0.025	0.025	≤0.15	≤0.15	≤0.15	V≤0.03 Ti 0.05~0.15 Al 0.05~0.15 Zr 0.02~0.12 Cu≤0.20	≤0.50
H08CrNi2Mo	0.05~0.10	0.10~0.30	0.50~0.85	0.030	0.025	0.70~1.00	1.40~1.80	0.20~0.40	Cu≤0.20	—
H30CrMnSi	0.25~0.35	0.90~1.20	0.80~1.10	0.025	0.025	0.80~1.10	≤0.30		Cu≤0.20	—

① 根据供需双方协议，H08（非沸腾钢）允许硅含量 Si≤0.07%。
② 含 $w(Nb)$ = 0.02% ~ 0.10%，$w(N)$ = 0.03% ~ 0.07%。
③ 表中所列之外的其他元素（除 Fe 外）总含量≤0.50%；如供方能保证质量可不作分析。

7.1.7　不锈钢焊丝和焊接用盘条

（1）中国 YB 标准不锈钢焊丝的牌号 ［YB/T 5092—2016］（表 7-1-17）

表 7-1-17　不锈钢焊丝的牌号

类　型	牌　号
奥氏体型	H04Cr22Ni11Mn6Mo3VN，H08Cr17Ni8Mn8Si4N，H04Cr20Ni6Mn9N，H04Cr18Ni5Mn12N，H08Cr21Ni10Mn6，H09Cr21Ni9Mn4Mo，H09Cr21Ni9Mn7Si，H16Cr19Ni9Mn7，H06Cr19Ni10，H06Cr21Ni10Si，H07Cr21Ni10，H022Cr21Ni10，H022Cr21Ni10Si，H06Cr20Ni11Mo2，H022Cr20Ni11Mo2，H10Cr24Ni13，H10Cr24Ni13Si，H022Cr24Ni13，H022Cr22Ni11，H022Cr24Ni13Si，H022Cr24Ni13Nb，H022Cr21Ni12Nb，H10Cr24Ni13Mo2，H022Cr24Ni13Mo2，H022Cr21Ni13Mo3，H11Cr26Ni21，H06Cr26Ni21，H022Cr26Ni21，H12Cr30Ni9，H06Cr19Ni12Mo2，H06Cr19Ni12Mo2Si，H07Cr19Ni12Mo2，H022Cr19Ni12Mo2，H022Cr19Ni12Mo2Si，H022Cr19Ni12Mo2Cu2，H022Cr20Ni16Mn7Mo3N，H06Cr19Ni14Mo3，H022Cr19Ni14Mo3，H06Cr19Ni12Mo2Nb，H022Cr19Ni12Mo2Nb，H05Cr20Ni34Mo2Cu3Nb，H019Cr20Ni34Mo2Cu3Nb，H06Cr19Ni10Ti，H21Cr16Ni35，H06Cr20Ni10Nb，H06Cr20Ni10NbSi，H022Cr20Ni10Nb，H019Cr27Ni32Mo3Cu，H019Cr20Ni25Mo4Cu，H08Cr16Ni8Mo2，H011Cr33Ni31MoCuN，H10Cr22Ni21Co18Mo3W3TaAlZrLaN
奥氏体-铁素体型	H022Cr22Ni8Mo3N，H03Cr25Ni5Mo3Cu2N，H022Cr25Ni9Mo4N
铁素体型	H08Cr12Ti，H10Cr12Nb，H08Cr17，H08Cr17Nb，H022Cr17Nb，H03Cr18Ti，H011Cr26Mo
马氏体型	H10Cr13，H05Cr12Ni4Mo，H022Cr13Ni4Mo，H32Cr13
沉淀硬化型	H04Cr17Ni4Cu4Nb

注：不锈钢焊丝的化学成分与焊接用盘条的化学成分相同，见表 7-1-18。

（2）中国 GB 标准焊接用不锈钢盘条的牌号与化学成分［GB/T 4241—2017］（表 7-1-18）

表 7-1-18　焊接用不锈钢盘条的牌号与化学成分（质量分数）（%）

牌　号	C	Si	Mn	P ≤	S ≤	Cr	Ni	Mo	其　他
奥氏体型									
H04Cr22Ni11Mn6Mo3VN	≤0.05	≤0.90	4.00~7.00	0.030	0.030	20.5~24.0	9.50~12.0	1.50~3.00	V 0.10~0.30 N 0.10~0.30 Cu≤0.75
H08Cr17Ni8Mn8Si4N	≤0.10	3.50~4.50	7.00~9.00	0.030	0.030	16.0~18.0	8.00~9.00	≤0.75	Cu≤0.75 N 0.08~0.18
H04Cr20Ni6Mn9N	≤0.05	≤1.00	8.00~10.0	0.030	0.030	19.0~21.5	5.50~7.00	≤0.75	Cu≤0.75 N 0.10~0.30
H04Cr18Ni5Mn12N	≤0.05	≤1.00	10.5~13.5	0.030	0.030	17.0~19.0	4.00~6.00	≤0.75	Cu≤0.75 N 0.10~0.30
H08Cr21Ni10Mn6	≤0.10	0.20~0.60	5.00~7.00	0.030	0.020	20.0~22.0	9.00~11.0	≤0.75	Cu≤0.75
H09Cr21Ni9Mn4Mo	0.04~0.14	≤0.65	3.30~4.80	0.030	0.030	19.5~22.0	8.00~10.7	0.50~1.50	Cu≤0.75
H09Cr21Ni9Mn7Si	0.04~0.14	0.65~1.00	6.50~8.00	0.030	0.030	18.5~22.0	8.00~10.7	≤0.75	Cu≤0.75
H16Cr19Ni9Mn7	≤0.20	≤1.20	5.00~8.00	0.030	0.030	17.0~20.0	7.00~10.0	≤0.50	Cu≤0.50
H06Cr21Ni10	≤0.08	≤0.65	1.00~2.00	0.030	0.030	19.5~22.0	9.00~11.0	≤0.75	Cu≤0.75
H06Cr21Ni10Si	≤0.08	0.65~1.00	1.00~2.50	0.030	0.030	19.5~22.0	9.00~11.0	≤0.75	Cu≤0.75
H07Cr21Ni10	0.04~0.08	≤0.65	1.00~2.50	0.030	0.030	19.5~22.0	9.00~11.0	≤0.50	Cu≤0.75
H022Cr21Ni10	≤0.030	≤0.65	1.00~2.50	0.030	0.030	19.5~22.0	9.00~11.0	≤0.75	Cu≤0.75
H022Cr21Ni10Si	≤0.030	0.65~1.00	1.00~2.50	0.030	0.030	19.5~22.0	9.00~11.0	≤0.75	Cu≤0.75
H06Cr20Ni11Mo2	≤0.08	≤0.65	1.00~2.50	0.030	0.030	18.0~21.0	9.00~12.0	2.00~3.00	Cu≤0.75
H022Cr20Ni11Mo2	≤0.030	≤0.65	1.00~2.50	0.030	0.030	18.0~21.0	9.00~12.0	2.00~3.00	Cu≤0.75
H10Cr24Ni13	≤0.12	≤0.65	1.00~2.50	0.030	0.030	23.0~25.0	12.0~14.0	≤0.75	Cu≤0.75
H10Cr24Ni13Si	≤0.12	0.65~1.00	1.00~2.50	0.030	0.030	23.0~25.0	12.0~14.0	≤0.75	Cu≤0.75
H022Cr24Ni13	≤0.030	≤0.65	1.00~2.50	0.030	0.030	23.0~25.0	12.0~14.0	≤0.75	Cu≤0.75
H022Cr22Ni11	≤0.030	≤0.65	1.00~2.50	0.030	0.030	21.0~24.0	10.0~12.0	≤0.75	Cu≤0.75
H022Cr24Ni13Si	≤0.030	0.65~1.00	1.00~2.50	0.030	0.030	23.0~25.0	12.0~14.0	≤0.75	Cu≤0.75
H022Cr24Ni13Nb	≤0.030	≤0.65	1.00~2.50	0.030	0.030	23.0~25.0	12.0~14.0	≤0.75	Nb 10C~1.00 Cu≤0.75
H022Cr21Ni12Nb	≤0.030	≤0.65	1.00~2.50	0.030	0.030	20.0~23.0	11.0~13.0	≤0.75	Nb 10C~1.20 Cu≤0.75
H10Cr24Ni13Mo2	≤0.12	≤0.65	1.00~2.50	0.030	0.030	23.0~25.0	12.0~14.0	2.00~3.00	Cu≤0.75
H022Cr24Ni13Mo2	≤0.030	≤0.65	1.00~2.50	0.030	0.030	23.0~25.0	12.0~14.0	2.00~3.00	Cu≤0.75
H022Cr21Ni13Mo3	≤0.030	≤0.65	1.00~2.50	0.030	0.030	19.0~22.0	12.0~14.0	2.30~3.30	Cu≤0.75
H11Cr26Ni21	0.08~0.15	≤0.65	1.00~2.50	0.030	0.030	25.0~28.0	20.0~22.5	≤0.75	Cu≤0.75
H06Cr26Ni21	≤0.08	≤0.65	1.00~2.50	0.030	0.030	25.0~28.0	20.0~22.5	≤0.75	Cu≤0.75
H022Cr26Ni21	≤0.030	≤0.65	1.00~2.50	0.030	0.030	25.0~28.0	20.0~22.5	≤0.75	Cu≤0.75
H12Cr30Ni9	≤0.15	≤0.65	1.00~2.50	0.030	0.030	28.0~32.0	8.00~10.5	≤0.75	Cu≤0.75

（续）

牌　号	C	Si	Mn	P ≤	S ≤	Cr	Ni	Mo	其　他
奥氏体型									
H06Cr19Ni12Mo2	≤0.08	≤0.65	1.00~2.50	0.030	0.030	18.0~20.0	11.0~14.0	2.00~3.00	Cu≤0.75
H06Cr19Ni12Mo2Si	≤0.08	0.65~1.00	1.00~2.50	0.030	0.030	18.0~20.0	11.0~14.0	2.00~3.00	Cu≤0.75
H07Cr19Ni12Mo2	0.04~0.08	≤0.65	1.00~2.50	0.030	0.030	18.0~20.0	11.0~14.0	2.00~3.00	Cu≤0.75
H022Cr19Ni12Mo2	≤0.030	≤0.65	1.00~2.50	0.030	0.030	18.0~20.0	11.0~14.0	2.00~3.00	Cu≤0.75
H022Cr19Ni12Mo2Si	≤0.030	0.65~1.00	1.00~2.50	0.030	0.030	18.0~20.0	11.0~14.0	2.00~3.00	Cu≤0.75
H022Cr19Ni12Mo2Cu2	≤0.030	≤0.65	1.00~2.50	0.030	0.030	18.0~20.0	11.0~14.0	2.00~3.00	Cu 1.00~2.50
H022Cr20Ni16Mn7Mo3N	≤0.030	≤1.00	5.00~9.00	0.030	0.020	19.0~22.0	15.0~18.0	2.50~4.50	Cu≤0.50 N 0.10~0.20
H06Cr19Ni14Mo3	≤0.08	≤0.65	1.00~2.50	0.030	0.030	18.5~20.5	13.0~15.0	3.00~4.00	Cu≤0.75
H022Cr19Ni14Mo3	≤0.030	≤0.65	1.00~2.50	0.030	0.030	18.5~20.5	13.0~15.0	3.00~4.00	Cu≤0.75
H06Cr19Ni12Mo2Nb	≤0.08	≤0.65	1.00~2.50	0.030	0.030	18.0~20.0	11.0~14.0	2.00~3.00	Nb 8C~1.00[①] Cu≤0.75
H022Cr19Ni12Mo2Nb	≤0.030	≤0.65	1.00~2.50	0.030	0.030	18.0~20.0	11.0~14.0	2.00~3.00	Nb 8C~1.00 Cu≤0.75
H05Cr20Ni34Mo2Cu3Nb	≤0.07	≤0.60	≤2.50	0.030	0.030	19.0~21.0	32.0~36.0	2.00~3.00	Nb 8C~1.00[①] Cu 3.00~4.00
H019Cr20Ni34Mo2Cu3Nb	≤0.025	≤0.15	1.50~2.00	0.015	0.020	19.0~21.0	32.0~36.0	2.00~3.00	Nb 8C~0.40[①] Cu 3.00~4.00
H06Cr19Ni10Ti	≤0.08	≤0.65	1.00~2.50	0.030	0.030	18.5~20.5	9.00~10.5	≤0.75	Ti 9C~1.00 Cu≤0.75
H21Cr16Ni35	0.18~0.25	≤0.65	1.00~2.50	0.030	0.030	15.0~17.0	34.0~37.0	≤0.75	Cu≤0.75
H06Cr20Ni10Nb	≤0.08	≤0.65	1.00~2.50	0.030	0.030	19.0~21.5	9.00~11.0	≤0.75	Nb 10C~1.00[①] Cu≤0.75
H06Cr20Ni10NbSi	≤0.08	0.65~1.00	1.00~2.50	0.030	0.030	19.0~21.5	9.00~11.0	≤0.75	Nb 10C~1.00[①] Cu≤0.75
H022Cr20Ni10Nb	≤0.030	≤0.65	1.00~2.50	0.030	0.030	19.0~21.5	9.00~11.0	≤0.75	Nb 10C~1.00[①] Cu≤0.75
H019Cr27Ni32Mo3Cu	≤0.025	≤0.50	1.00~2.50	0.020	0.030	26.5~28.5	30.0~33.0	3.20~4.20	Cu 0.70~1.50
H019Cr20Ni25Mo4Cu	≤0.025	≤0.50	1.00~2.50	0.020	0.030	19.5~21.5	24.0~26.0	4.20~5.20	Cu 1.20~2.00
H08Cr16Ni8Mo2	≤0.10	≤0.65	1.00~2.50	0.030	0.030	14.5~16.5	7.50~9.50	1.00~2.00	Cu≤0.75
H06Cr19Ni10	0.04~0.08	≤0.65	1.00~2.50	0.030	0.030	18.5~20.0	9.00~11.0	≤0.25	Nb≤0.05 Ti≤0.05 Cu≤0.75

（续）

牌　号	C	Si	Mn	P ≤	S ≤	Cr	Ni	Mo	其　他
奥氏体型									
H011Cr33Ni31MoCuN	≤0.015	≤0.50	≤2.00	0.020	0.010	31.0~35.0	30.0~33.0	0.50~2.00	Cu 0.30~1.20 N 0.35~0.60
H10Cr22Ni21Co18Mo3-W3TaAlZrLaN	0.05~0.15	0.20~0.80	0.50~2.00	0.040	0.015	21.0~23.0	19.0~22.5	2.50~4.00	Co 16.0~21.0 W 2.00~3.50 Nb≤0.30 N 0.10~0.30+①
奥氏体-铁素体型									
H022Cr22Ni8Mo3N	≤0.030	≤0.90	0.50~2.00	0.030	0.030	21.5~23.5	7.50~9.50	2.50~3.50	Cu≤0.75 N 0.08~0.20
H03Cr25Ni5Mo3Cu2N	≤0.04	≤1.00	≤1.50	0.040	0.030	24.0~27.0	4.50~6.50	2.90~3.90	Cu 1.50~2.50 N 0.10~0.25
H022Cr25Ni9Mo4N	≤0.030	≤1.00	≤2.50	0.030	0.020	24.0~27.0	8.00~10.5	2.50~4.50	Cu≤1.50 W≤1.00 N 0.20~0.30
铁素体型									
H08Cr12Ti	≤0.08	≤0.80	≤0.80	0.030	0.030	10.5~13.5	≤0.60	≤0.50	Ti 10C~1.50 Cu≤0.75
H10Cr12Nb	≤0.12	≤0.50	≤0.60	0.030	0.030	10.5~13.5	≤0.60	≤0.75	Nb 8C~1.00 Cu≤0.75
H08Cr17	≤0.10	≤0.50	≤0.60	0.030	0.030	15.5~17.0	≤0.60	≤0.75	Cu≤0.75
H08Cr17Nb	≤0.10	≤0.50	≤0.60	0.030	0.030	15.5~17.0	≤0.60	≤0.75	Nb 8C~1.20 Cu≤0.75
H022Cr17Nb	≤0.030	≤0.50	≤0.60	0.030	0.030	15.5~17.0	≤0.60	≤0.75	Nb 8C~1.20 Cu≤0.75
H03Cr18Ti	≤0.04	≤0.80	≤0.80	0.030	0.030	17.0~19.0	≤0.60	≤0.75	Ti 10C~1.50 Cu≤0.75
H011Cr26Mo	≤0.015	≤0.40	≤0.40	0.020	0.020	25.0~27.5	(Ni+Cu)≤0.50	0.75~1.50	N≤0.015
马氏体型									
H10Cr13	≤0.12	≤0.50	≤0.60	0.030	0.030	11.5~13.5	≤0.60	≤0.75	Cu≤0.75
H05Cr12Ni4Mo	≤0.06	≤0.50	≤0.60	0.030	0.030	11.0~12.5	4.00~5.00	0.40~0.70	Cu≤0.75
H022Cr13Ni4Mo	≤0.030	0.30~0.90	0.60~1.00	0.025	0.015	11.5~13.5	4.00~5.00	0.40~0.70	Cu≤0.30 N≤0.05
H32Cr13	0.25~0.40	≤0.50	≤0.60	0.030	0.030	12.0~14.0	≤0.75	≤0.75	Cu≤0.75
沉淀硬化型									
H04Cr17Ni4Cu4Nb	≤0.05	≤0.75	0.25~0.75	0.030	0.030	16.0~16.75	4.50~5.00	≤0.75	Cu 3.25~4.00 Nb 0.15~0.30

① 还含有 Al=0.10%~0.50%，B≤0.020%，La=0.005%~0.100%，Ta=0.30%~1.25%，Zr=0.001%~0.100%。

7.1.8 铸铁用焊条和焊丝

（1）中国 GB 标准铸铁用焊条的型号与熔敷金属的化学成分 ［GB/T 10044—2006］（表 7-1-19）

表 7-1-19　铸铁用焊条的型号与熔敷金属的化学成分（质量分数）（%）

型　号	C	Si	Mn	P ≤	S ≤	Ni	Cu	其　他[1]
铁基焊条								
EZC	2.0~4.0	2.5~6.5	≤0.75	0.15	0.10	—	—	Fe 余量
EZCQ	3.2~4.2	3.2~4.0	≤0.80	0.15	0.10	—	—	Fe 余量 Q 0.04~0.15[2]
镍基焊条								
EZNi-1	≤2.0	≤2.5	≤1.0	—	0.03	≥90	—	Fe≤8.0
EZNi-2	≤2.0	≤4.0	≤2.5	—	0.03	≥85	≤2.5	Fe≤8.0 Al≤1.0
EZNi-3	≤2.0	≤4.0	≤2.5	—	0.03	≥85	≤2.5	Fe≤8.0 Al 1.0~3.0
EZNiFe-1	≤2.0	≤4.0	≤2.5	—	0.03	45~60	≤2.5	Al≤1.0 Fe 余量
EZNiFe-2	≤2.0	≤4.0	≤2.5	—	0.03	45~60	≤2.5	Al 1.0~3.0 Fe 余量
EZNiFeMn	≤2.0	≤1.0	10~14	—	0.03	35~45	≤2.5	Al≤1.0 Fe 余量
EZNiCu-1	0.35~0.55	≤0.75	≤2.3	—	0.025	60~70	25~35	Fe 3.0~6.0
EZNiCu-2	0.35~0.55	≤0.75	≤2.3	—	0.025	50~60	35~45	Fe 3.0~6.0
EZNiFeCu	≤2.0	≤2.0	≤1.5	—	0.03	45~60	4~10	Fe 余量
高钒焊条								
EZV	≤0.25	≤0.70	≤1.5	0.04	0.04	—	—	V 8~13 Fe 余量
纯铁及碳钢焊条焊芯								
EZFe-1	≤0.04	≤0.10	≤0.60	0.015	0.010	—	—	Fe 余量
EZFe-2	≤0.10	≤0.03	≤0.60	0.030	0.030	—	—	Fe 余量

① 除表中所列元素外，其他残余元素总含量≤1.0%。

② Q—球化剂。

（2）中国 GB 标准铸铁用焊丝的型号与化学成分 ［GB/T 10044—2006］（表 7-1-20）

表 7-1-20　铸铁用焊丝的型号与化学成分（质量分数）（%）

型　号	C	Si	Mn	P ≤	S ≤	Ni	Cu	其　他[1]
填充焊丝								
RZC-1	3.2~3.5	2.7~3.0	0.60~0.75	0.50~0.75	0.10	—	—	Fe 余量
RZC-2	3.2~4.5	3.0~3.8	0.30~0.80	0.50	0.10	—	—	Fe 余量
RZCH	3.2~3.5	2.0~2.5	0.50~0.70	0.20~0.40	0.10	1.2~1.6	—	Mo 0.25~0.45 Fe 余量

（续）

型　号	C	Si	Mn	P ≤	S ≤	Ni	Cu	其　他[①]
填充焊丝								
RZCQ-1	3.2~4.0	3.2~3.8	0.10~0.40	0.05	0.015	≤0.50	—	Ce≤0.20，Fe 余量 Q 0.04~0.10[②]
RZCQ-2	3.5~4.2	3.5~4.2	0.50~0.80	0.10	0.03	—	—	Fe 余量 Q 0.04~0.10[②]
药芯焊丝								
ET3ZNiFe	≤2.0	≤1.0	3.0~5.0	—	0.03	45~60	≤2.5	Al≤1.0 Fe 余量
气体保护焊焊丝								
ERZNi	≤1.0	≤0.75	≤2.5	—	0.03	≥90	≤4.0	Fe≤4.0
ERZNiFeMn	≤0.50	≤1.0	10~14	—	0.03	35~45	≤2.5	Al≤1.0 Fe 余量

① 除表中所列元素外，其他残余元素总含量≤1.0%。

② Q—球化剂。

B. 专业用焊材和优良品种

7.1.9　不锈钢焊丝和焊带［GB/T 29713—2013］

（1）中国 GB 标准不锈钢焊丝和焊带的型号与化学成分（表7-1-21）

表7-1-21　不锈钢焊丝和焊带的型号与化学成分（质量分数）（%）

牌号[①]	C	Si	Mn	P ≤	S ≤	Cr	Ni	Mo	其　他
209	≤0.05	≤1.00	4.00~7.00	0.040	0.030	20.5~24.0	9.50~12.0	1.50~3.00	V 0.10~0.30 Cu≤0.75 N 0.10~0.30
218	≤0.10	3.50~4.50	7.00~9.00	0.030	0.030	16.0~18.0	8.00~9.00	≤0.75	Cu≤0.75
219	≤0.05	≤1.00	8.00~10.0	0.030	0.030	19.0~21.5	5.50~7.00	≤0.75	Cu≤0.75 N 0.10~0.30
240	≤0.05	≤1.00	10.5~13.5	0.030	0.030	17.0~19.0	4.00~6.00	≤0.75	Cu≤0.75 N 0.10~0.30
307[③]	0.04~0.14	≤0.65	3.30~4.80	0.030	0.030	19.5~22.0	8.00~10.7	0.50~1.50	Cu≤0.75
307Si[③]	0.04~0.14	0.65~1.00	6.50~8.00	0.030	0.030	18.5~22.0	8.00~10.7	≤0.75	Cu≤0.75
307Mn[③]	≤0.20	≤1.20	5.00~8.00	0.030	0.030	17.0~20.0	7.00~10.0	≤0.50	Cu≤0.50
308	≤0.08	≤0.65	1.00~2.50	0.030	0.030	19.5~22.0	9.00~11.0	≤0.75	Cu≤0.75
308Si	≤0.08	0.65~1.00	1.00~2.50	0.030	0.030	19.5~22.0	9.00~11.0	≤0.75	Cu≤0.75
308H	0.04~0.08	≤0.65	1.00~2.50	0.030	0.030	19.5~22.0	9.00~11.0	≤0.50	Cu≤0.75
308L	≤0.03	≤0.65	1.00~2.50	0.030	0.030	19.5~22.0	9.00~11.0	≤0.75	Cu≤0.75
308LSi	≤0.03	0.65~1.00	1.00~2.50	0.030	0.030	19.5~22.0	9.00~11.0	≤0.75	Cu≤0.75
308Mo	≤0.08	≤0.65	1.00~2.50	0.030	0.030	18.0~21.0	9.00~12.0	2.00~3.00	Cu≤0.75
308LMo	≤0.03	≤0.65	1.00~2.50	0.030	0.030	18.0~21.0	9.00~12.0	2.00~3.00	Cu≤0.75

（续）

牌号[①]	C	Si	Mn	P ≤	S ≤	Cr	Ni	Mo	其　他
309	≤0.12	≤0.65	1.00~2.50	0.030	0.030	23.0~25.0	12.0~14.0	≤0.75	Cu≤0.75
309Si	≤0.12	0.65~1.00	1.00~2.50	0.030	0.030	23.0~25.0	12.0~14.0	≤0.75	Cu≤0.75
309L	≤0.03	≤0.65	1.00~2.50	0.030	0.030	23.0~25.0	12.0~14.0	≤0.75	Cu≤0.75
309LD[④]	≤0.03	≤0.65	1.00~2.50	0.030	0.030	21.0~24.0	10.0~12.0	≤0.75	Cu≤0.75
309LSi	≤0.03	0.65~1.00	1.00~2.50	0.030	0.030	23.0~25.0	12.0~14.0	≤0.75	Cu≤0.75
309LNb	≤0.03	≤0.65	1.00~2.50	0.030	0.030	23.0~25.0	12.0~14.0	≤0.75	(Nb+Ta) 10C~1.00 Cu≤0.75
309LNbD[④]	≤0.03	≤0.65	1.00~2.50	0.030	0.030	20.0~23.0	12.0~13.0	≤0.75	Nb 10C~1.20[②] Cu≤0.75
309Mo	≤0.12	≤0.65	1.00~2.50	0.030	0.030	23.0~25.0	12.0~14.0	2.00~3.00	Cu≤0.75
309LMo	≤0.03	≤0.65	1.00~2.50	0.030	0.030	23.0~25.0	12.0~14.0	2.00~3.00	Cu≤0.75
309LMoD[④]	≤0.03	≤0.65	1.00~2.50	0.030	0.030	19.0~22.0	12.0~14.0	2.30~3.30	Cu≤0.75
310[③]	0.08~0.15	≤0.65	1.00~2.50	0.030	0.030	25.0~28.0	20.0~22.5	≤0.75	Cu≤0.75
310S[③]	≤0.08	≤0.65	1.00~2.50	0.030	0.030	25.0~28.0	20.0~22.5	≤0.75	Cu≤0.75
301L[③]	≤0.03	≤0.65	1.00~2.50	0.030	0.030	25.0~28.0	20.0~22.5	≤0.75	Cu≤0.75
312	≤0.15	≤0.65	1.00~2.50	0.030	0.030	28.0~32.0	8.00~10.5	≤0.75	Cu≤0.75
316	≤0.08	≤0.65	1.00~2.50	0.030	0.030	18.0~20.0	11.0~14.0	2.00~3.00	Cu≤0.75
316Si	≤0.08	0.65~1.00	1.00~2.50	0.030	0.030	18.0~20.0	11.0~14.0	2.00~3.00	Cu≤0.75
316H	0.04~0.08	≤0.65	1.00~2.50	0.030	0.030	18.0~20.0	11.0~14.0	2.00~3.00	Cu≤0.75
316L	≤0.03	≤0.65	1.00~2.50	0.030	0.030	18.0~20.0	11.0~14.0	2.00~3.00	Cu≤0.75
316LSi	≤0.03	0.65~1.00	1.00~2.50	0.030	0.030	18.0~20.0	11.0~14.0	2.00~3.00	Cu≤0.75
316LCu	≤0.03	≤0.65	1.00~2.50	0.030	0.030	18.0~20.0	11.0~14.0	2.00~3.00	Cu 1.20~2.50
316LMn[③]	≤0.03	≤1.00	5.00~9.00	0.030	0.030	19.0~21.0	15.0~18.0	2.50~4.50	Ni 0.10~0.20 Cu≤0.50
317	≤0.08	≤0.65	1.00~2.50	0.030	0.030	18.5~21.5	13.0~15.0	3.00~4.00	Cu≤0.75
317L	≤0.03	≤0.65	1.00~2.50	0.030	0.030	18.5~21.5	13.0~15.0	3.00~4.00	Cu≤0.75
318	≤0.08	≤0.65	1.00~2.50	0.030	0.030	18.0~20.0	11.0~14.0	2.00~3.00	Nb 8C~1.00[②] Cu≤0.75
318L	≤0.03	≤0.65	1.00~2.50	0.030	0.030	18.0~20.0	11.0~14.0	2.00~2.50	Nb 8C~1.00[②] Cu≤0.75
320[③]	≤0.07	≤0.60	≤2.50	0.030	0.030	19.0~21.0	32.0~36.0	2.00~3.00	Nb 8C~1.00[②] Cu 3.00~4.00
320LR[③]	≤0.025	≤0.15	1.50~2.50	0.015	0.020	19.0~21.0	32.0~36.0	2.00~3.00	Nb 8C~1.00[②] Cu 3.00~4.00
321	≤0.08	≤0.65	1.00~2.50	0.030	0.030	18.5~20.5	9.00~10.0	≤0.75	Ti 9C~1.00 Cu≤0.75
330	0.18~0.25	≤0.65	1.00~2.50	0.030	0.030	15.0~17.0	33.0~37.0	≤0.75	Cu≤0.75
347	≤0.08	≤0.65	1.00~2.50	0.030	0.030	19.0~21.5	9.00~11.0	≤0.75	Nb 10C~1.00[②] Cu≤0.75
347Si	≤0.08	0.65~1.00	1.00~2.50	0.030	0.030	19.0~21.5	9.00~11.0	≤0.75	Nb 10C~1.00[②] Cu≤0.75
347L	≤0.03	≤0.65	1.00~2.50	0.030	0.030	19.0~21.5	9.00~11.0	≤0.75	Nb 10C~1.00[②] Cu≤0.75

（续）

牌号[1]	C	Si	Mn	P ≤	S ≤	Cr	Ni	Mo	其　他
383[3]	≤0.25	≤0.50	1.00~2.50	0.020	0.030	26.5~28.5	30.0~33.0	3.20~4.20	Cu 0.70~1.50
385[3]	≤0.25	≤0.50	1.00~2.50	0.020	0.030	19.5~21.5	24.0~26.0	4.20~5.20	Cu 1.20~2.00
409	≤0.08	≤0.80	≤0.80	0.030	0.030	10.5~13.5	≤0.60	≤0.50	Ti 10C~1.50 Cu≤0.75
409Nb	≤0.12	≤0.50	≤0.60	0.030	0.030	10.5~13.5	≤0.60	≤0.75	Nb 8C~1.00[2] Cu≤0.75
410	≤0.12	≤0.50	≤0.60	0.030	0.030	11.5~13.5	≤0.60	≤0.75	Cu≤0.75
410NiMo	≤0.06	≤0.50	≤0.60	0.030	0.030	11.0~12.5	4.00~5.00	0.40~0.70	Cu≤0.75
420	0.25~0.40	≤0.50	≤0.60	0.030	0.030	12.0~14.0	≤0.75	≤0.75	Cu≤0.75
430	≤0.10	≤0.50	≤0.60	0.030	0.030	15.5~17.0	≤0.60	≤0.75	Cu≤0.75
430Nb	≤0.10	≤0.50	≤0.60	0.030	0.030	15.5~17.0	≤0.60	≤0.75	Nb 8C~1.20[2] Cu≤0.75
430LNb	≤0.03	≤0.50	≤0.60	0.030	0.030	15.5~17.0	≤0.60	≤0.75	Nb 8C~1.20[2] Cu≤0.75
439	≤0.04	≤0.80	≤0.80	0.030	0.030	17.0~19.0	≤0.60	≤0.50	Ti 10C~1.10 Cu≤0.75
446LMo	≤0.15	≤0.40	≤0.40	0.020	0.020	25.0~27.5	Ni+Cu ≤0.50	0.75~1.50	N 0.015
630	≤0.05	≤0.75	0.25~0.75	0.030	0.030	16.0~16.75	4.50~5.00	≤0.75	Nb 0.15~0.30[2] Cu 3.25~4.00
16-8-2	≤0.10	≤0.65	1.00~2.50	0.030	0.030	14.5~16.5	7.50~9.50	1.00~2.00	Cu≤0.75
19-10H	0.04~0.08	≤0.65	1.00~2.00	0.030	0.030	18.0~20.0	9.00~11.0	≤0.25	Nb≤0.05 Ti≤0.05，Cu≤0.75
2209	≤0.03	≤1.00	≤1.50	0.040	0.030	21.5~23.5	7.50~9.50	2.50~3.50	Cu≤0.75 N 0.08~0.20
2553	≤0.04	≤1.00	≤1.50	0.040	0.030	24.0~27.0	4.50~6.50	2.90~3.90	Cu 1.50~2.50 N 0.10~0.25
2594	≤0.03	≤1.00	≤2.50	0.030	0.020	24.0~27.0	8.00~10.5	2.50~4.50	W≤1.00，Cu≤1.50 N 0.20~0.30
33-31	≤0.015	≤0.50	≤2.00	0.020	0.010	31.0~35.0	30.0~33.0	0.50~2.00	Cu 0.30~1.20 N 0.30~0.60
2595[5]	0.05~0.15	0.2~0.80	0.50~2.00	0.040	0.015	21.0~23.0	19.0~22.5	2.50~4.00	Co 16.0~21.0 W 2.00~3.50 Ta 0.30~1.25
Z×××	表中未列的焊丝和焊带，可用相类似的符号表示，牌号冠以字母"Z"，化学成分范围不规定，但两种牌号之间不能替换。								—

① 这类牌号由字母和数字两部分组成，为了简化，表中仅列出数字部分。字母部分：B 表示焊带，S 表示焊丝，例如，S316。

② Nb 含量中一部分可由 Ta 代替，但不得超过 Nb 总含量的 20%。

③ 熔敷金属在多数情况下是纯奥氏体，因此对微裂纹和热裂纹具有敏感性。增加焊缝金属中的 Mn 含量，可减少裂纹的发生，经供需双方协商，Mn 含量的扩大范围可达到一定等级。

④ 该牌号主要用于低稀释率的堆焊，如电渣焊带。

⑤ 该牌号还含有：Al=0.10%~0.50%，B≤0.020%，N=0.10%~0.30%，Zr=0.001%~0.100%，La=0.005%~0.100%。

（2）中国不锈钢焊丝和焊带的熔敷金属主要力学性能（参考值）（表7-1-22a～表7-1-22c）

表7-1-22a　不锈钢焊丝和焊带熔敷金属的主要力学性能（一）

牌　号	R_m/MPa	A(%)	牌　号	R_m/MPa	A(%)
	≥			≥	
307	590	25	309L	510	25
307Mn	5000	25	309LD	510	20
308	550	30	309LSi	510	25
308H	550	30	309LNb	550	25
308L	510	25	309LNbD	510	20
308LSi	510	25	309LMo	550	25
308Mo	620	20	309LMoD	510	20
308LMo	510	30	310	550	20
309	550	25	310S	550	20
309Si	550	25	310L	510	20

表7-1-22b　不锈钢焊丝和焊带熔敷金属的主要力学性能（二）

牌　号	R_m/MPa	A(%)	牌　号	R_m/MPa	A(%)
	≥			≥	
312	650	15	317L	480	20
316	510	25	318	550	25
316Si	510	25	318L	510	25
316H	550	25	320	550	25
316L	510	25	320LR	520	25
316LSi	510	25	321	550	25
316LCu	510	25	330	550	10
316LMn	510	25	347	550	25
317	550	25	347Si	550	25

注：330焊丝、冲填丝与焊带的熔化金属中的碳含量较高，适于在高温下使用。其室温下的断后伸长率A相对于使用温度时稍低。

表7-1-22c　不锈钢焊丝和焊带熔敷金属的主要力学性能（三）

牌　号	R_m/MPa	A(%)	牌　号	R_m/MPa	A(%)
	≥			≥	
347L	510	25	430 Nb	450	15
383	500	25	430 LNb	410	15
385	510	25	439	410	15
409	380	15	630[5]	930	5
409Nb[1]	450	15	16-8-2	510	25
410[1]	450	15	19-10H	550	30
410NiMo[3]	750	15	2209	550	20
420[2]	450	15	2594	620	18
430[4]	450	15	33-31	720	25

①～⑤等6种焊条的焊后热处理如下：（附表-1）

附表-1

	加热温度/℃	保温	冷 却
①	730~760	1h	炉冷至600℃，空冷
②	840~870	2h	炉冷至600℃，空冷
③	580~620	2h	空冷至室温
④	760~790	2h	炉冷至600℃，空冷
⑤	1025~1050	1h	空冷至室温，再加热至610~630℃，保温4h，空冷

（3）新版标准的牌号表示方法

2013 版标准（不锈钢焊丝、填充丝与焊带）的牌号由两部分组成，例如：S 308 L Si。

第一部分为字母，S——焊丝（含充填丝），B——焊带。

第二部分为字母后的数字（或数字与字母组合）表示化学成分分类。其中：L——碳含量较低；H——碳含量较高；如有其他特殊要求的化学成分，用元素符号表示于后。

上述的填充丝，是焊丝的一种类型，焊接时仅作为填充金属，不传导电流。一般以直条、盘条、卷状或桶状供应。通常用于非熔化极气体保护电弧焊、等离子弧焊和激光焊等焊接工艺方法。

焊带是焊接材料的另一种类型，焊接时既作为填充金属，又传导电流。一般以卷状供应。通常用于埋弧焊和电渣焊。

7.1.10 镍及镍合金焊条［GB/T 13814—2008］

（1）中国 GB 标准镍及镍合金焊条的型号与熔敷金属的化学成分（表 7-1-23）

表 7-1-23 镍及镍合金焊条的型号与熔敷金属的化学成分（质量分数）（%）

焊条型号	化学成分代号	C	Si	Mn	P ≤	S ≤	Cr	Ni①	Mo	Fe	其 他③
							镍及镍铜合金				
ENi2061	NiTi3	≤0.10	≤1.2	≤0.7	0.020	0.015	—	≥92.0	—	≤0.70	Al≤1.0, Cu≤0.20 Ti 1.0~4.0
ENi2061A	NiNbTi	≤0.06	≤1.5	≤2.5	0.015	0.015	—	≥92.0	—	≤4.5	Al≤0.5, Ti≤1.5 Nb≤2.5②
ENi4060	NiCu30Mn3Ti	≤0.15	≤1.5	≤4.0	0.020	0.015	—	≥62.0	—	≤2.5	Cu 27.0~34.0 Al≤1.0, Ti≤1.0
ENi4061	NiCu27Mn3NbTi	≤0.15	≤1.3	≤4.0	0.020	0.015	—	≥62.0	—	≤2.5	Cu 24.0~31.0, Al≤1.0 Ti≤1.5, Nb≤3.0②
							镍铬合金				
ENi6082	NiCr20Mn3Nb	≤0.10	≤0.8	2.0~6.0	0.020	0.015	18.0~22.0	≥63.0	≤2.0	≤4.0	Ti≤0.5, Cu≤0.5 Nb 1.5~3.0②
ENi6231	NiCr22W14Mo	0.05~0.10	0.3~0.7	0.3~1.0	0.020	0.015	20.0~24.0	≥45.0	1.0~3.0	≤3.0	W 13.0~15.0, Al≤0.5 Ti≤0.1 Co≤5.0, Cu≤0.5
							镍铬铁合金				
ENi6025	NiCr25Fe10AlY	0.10~0.25	≤0.8	≤0.5	0.020	0.015	24.0~26.0	≥55.0		8.0~11.0	Al 1.5~2.2, Ti≤0.3, Y≤0.15
ENi6062	NiCr15Fe8Nb	≤0.08	≤0.8	≤3.5	0.020	0.015	13.0~17.0	≥62.0		≤11.0	Nb 0.5~4.0② Cu≤0.5
ENi6093	NiCr15Fe8NbMo	≤0.20	≤1.0	1.0~5.0	0.020	0.015	13.0~17.0	≥60.0	1.0~3.5	≤12.0	Nb 1.0~3.5② Cu≤0.5
ENi6094	NiCr14Fe4NbMo	≤0.15	≤0.8	1.0~4.5	0.020	0.015	12.0~17.0	≥55.0	2.5~5.5	≤12.0	W≤1.5, Cu≤0.5 Nb 0.5~3.0②

（续）

焊条型号	化学成分代号	C	Si	Mn	P ≤	S ≤	Cr	Ni①	Mo	Fe	其 他③
镍铬铁合金											
ENi6095	NiCr15Fe8NbMoW	≤0.20	≤0.8	1.0 ~ 3.5	0.020	0.015	13.0 ~ 17.0	≥55.0	1.0 ~ 3.5	≤12.0	W 1.5 ~ 3.5, Cu≤0.5 Nb 1.0 ~ 3.5②
ENi6133	NiCr16Fe12NbMo	≤0.10	≤0.8	1.0 ~ 3.5	0.020	0.015	13.0 ~ 17.0	≥62.0	0.5 ~ 2.5	≤12.0	Nb 0.5 ~ 3.0② Cu≤0.5
ENi6152	NiCr30Fe9Nb	≤0.05	≤0.8	≤5.0	0.020	0.015	28.0 ~ 31.5	≥50.0	≤0.5	7.0 ~ 12.0	Al≤0.5, Ti≤0.5 Nb 1.0 ~ 2.5②, Cu≤0.5
ENi6182	NiCr15Fe6Mn	≤0.10	≤1.0	5.0 ~ 10.0	0.020	0.015	13.0 ~ 17.0	≥60.0	—	≤10.0	Ti≤1.0, Ta 0.3 Nb 1.0 ~ 3.5②, Cu≤0.5
ENi6333	NiCr25Fe16-CoMo3W	≤0.10	0.8 ~ 1.2	1.2 ~ 2.0	0.020	0.015	24.0 ~ 26.0	44.0 ~ 47.0	2.5 ~ 3.5	≥16.0	W 2.5 ~ 3.5, Cu≤0.5 Co 2.5 ~ 3.5
ENi6701	NiCr36Fe7Nb	0.35 ~ 0.50	0.5 ~ 2.0	0.5 ~ 2.0	0.020	0.015	33.0 ~ 39.0	42.0 ~ 48.0	—	≤7.0	Nb 0.8 ~ 1.8②
ENi6702	NiCr28Fe6W	0.35 ~ 0.50	0.5 ~ 2.0	0.5 ~ 1.5	0.020	0.015	27.0 ~ 30.0	47.0 ~ 50.0	—	≤6.0	W 4.0 ~ 5.5
ENi6704	NiCr25Fe10Al3YC	0.15 ~ 0.30	≤0.8	≤0.5	0.020	0.015	24.0 ~ 26.0	≥55.0	—	8.0 ~ 11.0	Al 1.8 ~ 2.8, Ti≤0.3 Y≤0.15
ENi8025	NiCr29Fe30Mo	≤0.06	≤0.7	1.0 ~ 3.0	0.020	0.015	27.0 ~ 31.0	35.0 ~ 40.0	2.5 ~ 4.5	≤30.0	Al≤0.10, Ti≤1.0 Cu 1.5 ~ 3.0, Nb≤1.0②
ENi8165	NiCr25Fe30Mo	≤0.03	≤0.7	1.0 ~ 3.0	0.020	0.015	23.0 ~ 27.0	37.0 ~ 42.0	3.5 ~ 7.5	≤30.0	Al≤0.10, Ti≤1.0 Cu 1.5 ~ 3.0
镍钼合金											
ENi1001	NiMo28Fe5	≤0.07	≤1.0	≤1.0	0.020	0.015	≤1.0	≥55.0	26.0 ~ 30.0	4.0 ~ 7.0	Co≤2.5, V≤0.6 W≤1.0, Cu≤0.5
ENi1004	NiMo25Cr5Fe5	≤0.12	≤1.0	≤1.0	0.020	0.015	2.5 ~ 5.5	≥60.0	23.0 ~ 27.0	4.0 ~ 7.0	V≤0.6, W≤1.0 Cu≤0.5
ENi1008	NiMo19WCr	≤0.10	≤0.8	≤1.5	0.020	0.015	0.5 ~ 3.5	≥60.0	17.0 ~ 20.0	≤10.0	W 2.0 ~ 4.0 Cu≤0.5
ENi1009	NiMo20WCu	≤0.10	≤0.8	≤1.5	0.020	0.015	—	≥62.0	18.0 ~ 22.0	≤7.0	W 2.0 ~ 4.0 Cu 0.3 ~ 1.3
ENi1062	NiMo24Cr8Fe6	≤0.02	≤0.7	≤1.0	0.020	0.015	6.0 ~ 9.0	≥60.0	22.0 ~ 26.0	4.0 ~ 7.0	—
ENi1066	NiMo28	≤0.02	≤0.2	≤2.0	0.020	0.015	≤1.0	≥64.5	26.0 ~ 30.0	≤2.2	W≤1.0, Cu≤0.5
ENi1067	NiMo30Cr	≤0.02	≤0.2	≤2.0	0.020	0.015	1.0 ~ 3.0	≥62.0	27.0 ~ 32.0	1.0 ~ 3.0	Co≤3.0, W≤3.0 Cu≤0.5
ENi1069	NiMo28Fe4Cr	≤0.02	≤0.7	≤1.0	0.020	0.015	0.5 ~ 1.5	≥65.0	26.0 ~ 30.0	2.0 ~ 5.0	Co≤1.0, Al≤0.5
镍铬钼合金											
ENi6002	NiCr22Fe18Mo	0.05 ~ 0.15	≤1.0	≤1.0	0.020	0.015	20.0 ~ 23.0	≥45.0	8.0 ~ 10.0	17.0 ~ 20.0	Co 0.5 ~ 2.5, Cu≤0.5 W 0.2 ~ 1.0
ENi6012	NiCr22Mo9	≤0.03	≤0.7	≤1.0	0.020	0.015	20.0 ~ 23.0	≥58.0	8.5 ~ 10.5	≤3.5	Al≤0.4, Ti≤0.4 Nb≤1.5②, Cu≤0.5
ENi6022	NiCr21Mo13W3	≤0.02	≤0.2	≤1.0	0.020	0.015	20.0 ~ 22.5	≥49.0	12.5 ~ 14.5	2.0 ~ 6.0	Co≤2.5, V≤0.4 W 2.5 ~ 3.5, Cu≤0.5

（续）

焊条型号	化学成分代号	C	Si	Mn	P ≤	S ≤	Cr	Ni[①]	Mo	Fe	其 他[③]
							镍铬钼合金				
ENi6024	NiCr26Mo14	≤0.02	≤0.2	≤0.5	0.020	0.015	25.0 ~ 27.0	≥55.0	13.5 ~ 15.0	≤1.5	Cu≤0.5
ENi6030	NiCr29Mo5-Fe15W2	≤0.03	≤1.0	≤1.5	0.020	0.015	28.0 ~ 31.5	≥36.0	4.0~6.0	13.0 ~ 17.0	Co≤5.0，W 1.5~4.0 Cu 1.0~2.4 Nb 0.3~1.5[②]
ENi6059	NiCr23Mo16	≤0.02	≤0.2	≤1.0	0.020	0.015	22.0 ~ 24.0	≥56.0	15.0~ 16.5	≤1.5	—
ENi6200	NiCr23Mo16Cu2	≤0.02	≤0.2	≤1.0	0.020	0.015	20.0 ~ 24.0	≥45.0	15.0~ 17.0	≤3.0	Co≤2.0，Cu 1.3~1.9
ENi6205	NiCr25Mo16	≤0.02	≤0.2	≤0.5	0.020	0.015	22.0 ~ 27.0	≥50.0	13.5~ 16.5	≤5.0	Al≤0.4，Cu≤2.0
ENi6275	NiCr15Mo16-Fe5W3	≤0.10	≤1.0	≤1.0	0.020	0.015	14.5 ~ 16.5	≥50.0	15.0~ 18.0	4.0~ 7.0	Co≤2.5，V≤0.4 W 3.0~4.5，Cu≤0.5
ENi6276	NiCr15Mo15-Fe6W4	≤0.02	≤0.2	≤1.0	0.020	0.015	14.5 ~ 16.5	≥50.0	15.0~ 17.0	4.0~ 7.0	Co≤2.5，V≤0.4 W 3.0~4.5，Cu≤0.5
ENi6452	NiCr19Mo15	≤0.025	≤0.4	≤2.0	0.020	0.015	18.0 ~ 20.0	≥56.0	14.0~ 16.0	≤1.5	V≤0.4，Nb≤0.4[②] Cu≤0.5
ENi6455	NiCr16Mo15Ti	≤0.02	≤0.2	≤1.5	0.020	0.015	14.0 ~ 18.0	≥56.0	14.0~ 17.0	≤3.0	Co≤2.0，Ti≤0.7 W≤0.5，Cu≤0.5
ENi6620	NiCr14Mo7Fe	≤0.10	≤1.0	2.0 ~ 4.0	0.020	0.015	12.0 ~ 17.0	≥55.0	5.0~ 9.0	≤10.0	W 1.0~2.0，Cu≤0.5 Nb 0.5~2.0[②]
ENi6625	NiCr22Mo9Nb	≤0.10	≤0.8	≤2.0	0.020	0.015	20.0 ~ 23.0	≥55.0	8.0~ 10.0	≤7.0	Nb 3.0~4.2[②] Cu≤0.5
ENi6627	NiCr21MoFeNb	≤0.03	≤0.7	≤2.2	0.020	0.015	20.5 ~ 22.5	≥57.0	8.8~ 10.0	≤5.0	W≤0.5，Cu≤0.5 Nb 1.0~2.8[②]
ENi6650	NiCr20Fe14-Mo11WN	≤0.03	≤0.6	≤0.7	0.020	0.015	19.0 ~ 22.0	≥44.0	10.0~ 13.0	12.0~ 15.0	Co≤1.0，Al≤0.5 W 1.0~2.0，Nb≤0.3[②] Cu≤0.5，N≤0.15
ENi6686	NiCr21Mo-16W4	≤0.02	≤0.3	≤1.0	0.020	0.015	19.0 ~ 23.0	≥49.0	15.0~ 17.0	≤5.0	Ti≤0.3，Cu≤0.5 W 3.0~4.4
ENi6985	NiCr22Mo7-Fe19	≤0.02	≤1.0	≤1.0	0.020	0.015	21.0 ~ 23.5	≥45.0	6.0~ 8.0	18.0~ 21.0	Co≤5.0，W≤1.5 Cu≤1.5~2.5，Nb≤1.0[②]

（续）

焊条型号	化学成分代号	C	Si	Mn	P ≤	S ≤	Cr	Ni[①]	Mo	Fe	其他[③]
							镍铬钴钼合金				
ENi6117	NiCr22Co12Mo	0.05 ~ 0.15	≤1.0	≤3.0	0.020	0.015	20.0 ~ 26.0	≥45.0	8.0 ~ 10.0	≤5.0	Co 9.0 ~ 15.0 Al≤1.5，Ti≤0.6 Nb≤1.0[②]，Cu≤0.5

① 表中 Ni 为（Ni + Co）含量，Co 含量应低于该总含量的 1%（另有规定除外）；也可由供需双方协商，要求较低的 Co 含量。

② 表中 Nb 为（Nb + Ta）含量，Ta 含量应低于该总含量的 20%。

③ 未规定数值的元素总含量不应超过 0.5%。

（2）中国镍及镍合金焊条熔敷金属的主要力学性能（表 7-1-24）

表 7-1-24　镍及镍合金焊条熔敷金属的力学性能

焊条型号	化学成分代号	R_m/MPa	$R_{eL}^{①}$/MPa	$A(\%)$	型号对照 AWS A5.11(2006)
		≥	≥	≥	
		镍及镍铜合金			
ENi2061	NiTi3	410	200	18	ENi-1
ENi2061A	NiNbTi	410	200	18	—
ENi4060	NiCu30Mn3Ti	480	200	27	ENiCu-7
ENi4061	NiCu27Mn3NbTi	480	200	27	—
		镍铬合金			
ENi6082	NiCr20Mn3Nb	600	360	22	—
ENi6231	NiCr22W14Mo	620	350	18	ENiCrW Mo-1
		镍铬铁合金			
ENi6025	NiCr25Fe10AlY	690	400	12	ENiCrFe-12
ENi6062	NiCr15Fe8Nb	550	360	27	ENiCrFe-1
ENi6093	NiCr15Fe8NbMo	650	360	18	ENiCrFe-4
ENi6094	NiCr14Fe4NbMo	650	360	18	ENiCrFe-9
ENi6095	NiCr15Fe8NbMoW	650	360	18	ENiCrFe-10
ENi6133	NiCr16Fe12NbMo	550	360	27	ENiCrFe-8
ENi6152	NiCr30Fe9Nb	550	360	27	ENiCrFe-7
ENi6182	NiCr15Fe6Mn	550	360	27	ENiCrFe-3
ENi6333	NiCr25Fe16CoMo3W	550	360	18	—
ENi6701	NiCr36Fe7Nb	650	450	8	—
ENi6702	NiCr28Fe6W	650	450	8	—
ENi6704	NiCr25Fe10Al3YC	690	400	12	—
ENi8025	NiCr29Fe30Mo	550	240	22	—
ENi8165	NiCr25Fe30Mo	550	240	22	—
		镍钼合金			
ENi1001	NiMo28Fe5	690	400	22	ENiMo-1
ENi1004	NiMo25Cr5Fe5	690	400	22	ENiMo-3
ENi1008	NiMo19WCr	650	360	22	ENiMo-8
ENi1009	NiMo20WCu	650	360	22	ENiMo-9
ENi1062	NiMo24Cr8Fe6	550	360	18	—
ENi1066	NiMo28	690	400	22	ENiMo-7

（续）

焊条型号	化学成分代号	R_m/MPa	$R_{eL}^{①}$/MPa	$A(\%)$	型号对照 AWS A5.11（2006）
		≥			
镍钼合金					
ENi1067	NiMo30Cr	690	350	22	ENiMo-10
ENi1069	NiMo28Fe4Cr	550	360	20	ENiMo-11
镍铬钼合金					
ENi6002	NiCr22Fe18Mo	650	380	18	ENiCrMo-2
ENi6012	NiCr22Mo9	650	410	22	—
ENi6022	NiCr21Mo13W3	690	350	22	ENiCrMo-10
ENi6024	NiCr26Mo14	690	350	22	—
ENi6030	NiCr29Mo5Fe15W2	585	350	22	ENiCrMo-11
ENi6059	NiCr23Mo16	690	350	22	ENiCrMo-13
ENi6200	NiCr23Mo16Cu2	690	400	22	ENiCrMo-17
ENi6205	NiCr25Mo16	690	350	22	—
ENi6275	NiCr15Mo16Fe5W3	690	400	22	ENiCrMo-5
ENi6276	NiCr15Mo15Fe6W4	690	400	22	ENiCrMo-4
ENi6452	NiCr19Mo15	690	350	22	—
ENi6455	NiCr16Mo15Ti	690	300	22	ENiCrMo-7
ENi6620	NiCr14Mo7Fe	620	350	32	ENiCrMo-6
ENi6625	NiCr22Mo9Nb	760	420	27	ENiCrMo-3
ENi6627	NiCr21MoFeNb	650	400	32	ENiCrMo-12
ENi6650	NiCr20Fe14Mo11WN	660	420	30	ENiCrMo-18
ENi6686	NiCr21Mo16W4	690	350	27	ENiCrMo-14
ENi6985	NiCr22MoFe19	620	350	22	ENiCrMo-9
镍铬钴钼合金					
ENi6117	NiCr22Co12Mo	620	400	22	ENiCrCoMo-1

① 当试样屈服发生不明显时，应测定 $R_{p0.2}$，而不是 R_{eL}。

7.1.11　镍及镍合金焊丝 ［GB/T 15620—2008］

（1）中国 GB 标准镍及镍合金焊丝的型号与化学成分（表7-1-25）

表7-1-25　镍及镍合金焊丝的型号与化学成分（质量分数）（%）

焊丝型号[①]	化学成分代号	C	Si	Mn	P ≤	S ≤	Cr	Ni[②]	Mo	Fe	其　他[②]
镍及镍铜合金											
SNi2061	NiTi3	≤0.15	≤0.7	≤1.0	0.020	0.015	—	≥92.0	—	≤1.0	Al≤1.5, Cu≤0.2 Ti 2.0~3.5
SNi4060	NiCu30Mn3Ti	≤0.15	≤1.2	2.0~4.0	0.020	0.015	—	≥62.0	—	≤2.5	Cu 28.0~32.0 Al≤1.2, Ti 1.5~3.0
SNi4061	NiCu30Mn3Nb	≤0.15	≤1.25	≤4.0	0.020	0.015	—	≥60.0	—	≤2.5	Cu 28.0~32.0, Al≤1.0 Ti≤1.0, Nb≤3.0[③]
SNi5504	NiCu25Al3Ti	≤0.25	≤1.0	≤1.5	0.020	0.015	—	63~70	—	≤2.0	Cu≥20.0, Al 2.0~4.0 Ti 0.3~1.0

（续）

焊丝型号[①]	化学成分代号	C	Si	Mn	P ≤	S ≤	Cr	Ni[②]	Mo	Fe	其他[②]
镍铬合金											
SNi6072	NiCu44Ti	0.01 ~ 0.10	≤0.20	≤0.20	0.020	0.015	42.0 ~ 46.0	≥52.0	—	≤0.5	Ti 0.3 ~ 1.0, Cu≤0.5
SNi6076	NiCr20	0.08 ~ 0.25	≤0.30	≤1.0	0.020	0.015	19.0 ~ 21.0	≥75.0	—	≤2.0	Al≤0.4, Ti≤0.5 Co≤5.0, Cu≤0.5
SNi6082	NiCr20Mn3Nb	≤0.10	≤0.50	2.5 ~ 3.5	0.020	0.015	18.0 ~ 22.0	≥67.0	—	≤3.0	Nb 2.0 ~ 3.0[③] Ti≤0.7, Cu≤0.5
镍铬铁合金											
SNi6002	NiCr21Fe18Mo9	0.05 ~ 0.15	≤1.0	≤2.0	0.020	0.015	20.0 ~ 23.0	≥44.0	8.0 ~ 10.0	17.0 ~ 20.0	Co 0.5 ~ 2.5[④] W 0.2 ~ 1.0, Cu≤0.5
SNi6025	NiCr25Fe10AlY	0.15 ~ 0.25	≤0.5	≤0.5	0.020	0.015	24.0 ~ 26.0	≥59.0	—	8.0 ~ 11.0	Al 1.8 ~ 2.4, Ti 0.1 ~ 0.2 Zr 0.01 ~ 0.10, Cu≤0.1 Y 0.05 ~ 0.12
SNi6030	NiCr30Fe15-Mo5W	≤0.03	≤0.8	≤1.5	0.020	0.015	28.0 ~ 31.0	≥36.0	4.0 ~ 6.0	13.0 ~ 17.0	Co≤5.0[④], W 1.5 ~ 4.0 Cu≤1.0 ~ 2.4 Nb 0.3 ~ 1.5
SNi6052	NiCr30Fe9	≤0.04	≤0.5	≤1.0	0.020	0.015	28.0 ~ 31.0	≥54.0	≤0.5	7.0 ~ 11.0	Al≤1.1, Ti≤1.0 Nb≤0.1[③], Cu≤0.3 Al + Ti≤1.5
SNi6062	NiCr15Fe8Nb	≤0.08	≤0.3	≤1.0	0.020	0.015	14.0 ~ 17.0	≥70.0	—	6.0 ~ 10.0	Nb 1.5 ~ 3.0[③] Cu≤0.5
SNi6176	NiCr16Fe6	≤0.05	≤0.5	≤0.5	0.020	0.015	15.0 ~ 17.0	≥76.0	—	5.5 ~ 7.5	Co≤0.05[④], Cu≤0.1
SNi6601	NiCr23Fe15Al	≤0.10	≤0.5	≤1.0	0.020	0.015	21.0 ~ 25.0	58.0 ~ 63.0	—	≤20.0	Al 1.0 ~ 1.7, Cu≤1.0
SNi6701	NiCr36Fe7Nb	0.35 ~ 0.50	0.5 ~ 2.0	0.5 ~ 2.0	0.020	0.015	33.0 ~ 39.0	42.0 ~ 48.0	—	≤7.0	Nb 0.8 ~ 1.8[③]
SNi6704	NiCr25Fe10Al3YC	0.15 ~ 0.25	≤0.5	≤0.5	0.020	0.015	24.0 ~ 26.0	≥55.0	—	8.0 ~ 11.0	Al 1.8 ~ 2.8, Ti 0.1 ~ 0.2 Zr 0.01 ~ 0.10, Cu≤0.1 Y 0.05 ~ 0.12
SNi6975	NiCr25Fe13Mo6	≤0.03	≤1.0	≤1.0	0.020	0.015	23.0 ~ 26.0	≥47.0	5.0 ~ 7.0	10.0 ~ 17.0	Cu 0.7 ~ 1.2
SNi6985	NiCr22Fe20Mo7Cu2	≤0.01	≤1.0	≤1.0	0.020	0.015	21.0 ~ 23.5	≥40.0	6.0 ~ 8.0	18.0 ~ 21.0	Co≤5.0[④], W≤1.5 Cu 1.5 ~ 2.5, Nb≤0.5[③]
SNi7069	NiCr15FeNb	≤0.08	≤0.5	≤1.0	0.020	0.015	14.0 ~ 17.0	≥70.0	—	5.0 ~ 9.0	Al 0.4 ~ 1.0, Cu≤0.5 Ti 2.0 ~ 2.7, Nb 0.7 ~ 1.2[③]
SNi7092	NiCr15Fe3Mn	≤0.08	≤0.3	2.0 ~ 2.7	0.020	0.015	14.0 ~ 17.0	≥67.0	—	≤8.0	Ti 2.5 ~ 3.5, Cu≤0.5
SNi7718	NiFe19Cr19-Nb5Mo3	≤0.08	≤0.3	≤0.3	0.015	0.015	17.0 ~ 21.0	50.0 ~ 55.0	2.8 ~ 3.3	≤24.0	Al 0.2 ~ 0.8, Ti 0.7 ~ 1.1 Nb 4.8 ~ 5.5[③] Cu≤0.3, B≤0.006

（续）

焊丝型号[①]	化学成分代号	C	Si	Mn	P ≤	S ≤	Cr	Ni[②]	Mo	Fe	其 他[②]
镍铬铁合金											
SNi8025	NiFe30Cr29Mo	≤0.02	≤0.5	1.0 ~ 3.0	0.020	0.015	27.0 ~ 31.0	35.0 ~ 40.0	2.5 ~ 4.5	≤30.0	Al≤0.2，Ti≤1.0 Cu 1.5 ~ 3.0
SNi8065	NiFe30Cr21Mo3	≤0.05	≤0.5	≤1.0	0.020	0.015	19.5 ~ 23.5	38.0 ~ 46.0	2.5 ~ 3.5	≥22.0	Al≤0.2，Ti 0.6 ~ 1.2 Cu 1.5 ~ 3.0
SNi8125	NiFe26Cr25Mo	≤0.02	≤0.5	1.0 ~ 3.0	0.020	0.015	23.0 ~ 27.0	37.0 ~ 42.0	3.5 ~ 7.5	≤30.0	Al≤0.2，Ti≤1.0 Cu 1.5 ~ 3.0
镍钼合金											
SNi1001	NiMo28Fe5	≤0.08	≤1.0	≤1.0	0.020	0.015	≤1.0	≥55.0	26.0 ~ 30.0	4.0 ~ 7.0	Co≤2.5[④]，W≤1.0 V 0.2 ~ 0.4，Cu≤0.5
SNi1003	NiMo17Cr7	0.04 ~ 0.08	≤1.0	≤1.0	0.020	0.015	6.0 ~ 8.0	≥65.0	15.0 ~ 18.0	≤5.0	Co≤0.2[④]，V≤0.5 W≤0.5，Cu≤0.5
SNi1004	NiMo25Cr5Fe5	≤0.12	≤1.0	≤1.0	0.020	0.015	4.0 ~ 6.0	≥62.0	23.0 ~ 26.0	4.0 ~ 7.0	Co≤2.5[④]，V≤0.6 W≤1.0，Cu≤0.5
SNi1008	NiMo19WCr	≤0.10	≤0.5	≤1.0	0.020	0.015	0.5 ~ 3.5	≥60.0	18.0 ~ 21.0	≤10.0	W 2.0 ~ 4.0，Cu≤0.5
SNi1009	NiMo20Wcu	≤0.10	≤0.5	≤1.0	0.020	0.015	—	≥65.0	19.0 ~ 22.0	≤5.0	W 2.0 ~ 4.0 Cu 0.3 ~ 1.3
SNi1062	NiMo24CrFe6	≤0.01	≤0.1	≤0.5	0.020	0.015	7.0 ~ 8.0	≥62.0	23.0 ~ 25.0	5.0 ~ 7.0	Cu≤0.4
SNi1066	NiMo28	≤0.02	≤0.1	≤1.0	0.020	0.015	≤1.0	≥64.0	26.0 ~ 30.0	≤2.0	Co≤1.0[④]，W≤1.0 Cu≤0.5
SNi1067	NiMo30Cr	≤0.01	≤0.1	≤3.0	0.020	0.015	1.0 ~ 3.0	≥52.0	27.0 ~ 32.0	1.0 ~ 3.0	Co≤3.0[④]，V≤0.2 Nb≤0.2，W≤3.0 Cu≤0.2
SNi1089	NiMo28Fe4Cr	≤0.01	≤0.05	≤1.0	0.020	0.015	0.5 ~ 1.5	≥65.0	26.0 ~ 30.0	2.0 ~ 5.0	Co≤1.0[④]，Cu≤0.01
镍铬钼合金											
SNi6012	NiCr22Mo9	≤0.05	≤0.5	≤1.0	0.020	0.015	20.0 ~ 23.0	≥58.0	8.0 ~ 10.0	≤3.0	Al≤0.4，Ti≤0.4 Nb≤1.5[③]，Cu≤0.5
SNi6022	NiCr21Mo13-Fe4W3	≤0.01	≤0.1	≤0.5	0.020	0.015	20.0 ~ 22.5	≥49.0	12.5 ~ 14.5	2.0 ~ 6.0	Co≤2.5[④]，V≤0.3 W 2.5 ~ 3.5，Cu≤0.5
SNi6057	NiCr30Mo11	≤0.02	≤1.0	≤1.0	0.020	0.015	29.0 ~ 31.0	≥53.0	10.0 ~ 12.0	≤2.0	V≤0.4
SNi6058	NiCr25Mo16	≤0.02	≤0.2	≤0.5	0.020	0.015	22.0 ~ 27.0	≥50.0	13.5 ~ 16.5	≤2.0	Al≤0.4，Cu≤2.0
SNi6059	NiCr23Mo16	≤0.01	≤0.1	≤0.5	0.020	0.015	22.0 ~ 24.0	≥56.0	15.0 ~ 16.5	≤1.5	Co≤0.3[③]，Al 0.1 ~ 0.4
SNi6200	NiCr23Mo16Cu2	≤0.01	≤0.08	≤0.5	0.020	0.015	22.0 ~ 24.0	≥52.0	15.0 ~ 17.0	≤3.0	Co≤2.0[③]，Cu 1.3 ~ 1.9

（续）

焊丝型号[①]	化学成分代号	C	Si	Mn	P ≤	S ≤	Cr	Ni[②]	Mo	Fe	其 他[②]
镍铬钼合金											
SNi6276	NiCr15Mo16-Fe6W4	≤0.02	≤0.08	≤1.0	0.020	0.015	14.5 ~ 16.5	≥50.0	15.0 ~ 17.0	4.0 ~ 7.0	Co≤2.5[③]，V≤0.3 W 3.0 ~ 4.5，Cu≤0.5
SNi6452	NiCr20Mo15	≤0.01	≤0.1	≤1.0	0.020	0.015	19.0 ~ 21.0	≥56.0	14.0 ~ 16.0	≤1.5	V≤0.4，Nb≤0.4[③] Cu≤0.5
SNi6455	NiCr16Mo16Ti	≤0.01	≤0.08	≤1.0	0.020	0.015	14.0 ~ 18.0	≥56.0	14.0 ~ 18.0	≤3.0	Co≤2.0[④]，Ti≤0.7 W≤0.5，Cu≤0.5
SNi6625	NiCr22Mo9Nb	≤0.10	≤0.5	≤0.5	0.020	0.015	20.0 ~ 23.0	≥58.0	8.0 ~ 10.0	≤5.0	Al≤0.4，Ti≤0.4 Nb 3.0 ~ 4.2[③]，Cu≤0.5
SNi6650	NiCr20Fe14-Mo11WN	≤0.03	≤0.5	≤0.5	0.020	0.010	18.0 ~ 21.0	≥45.0	9.0 ~ 13.0	12.0 ~ 16.0	Al≤0.5，Cu≤0.3 W 0.5 ~ 2.5，Nb≤0.5[③] N 0.05 ~ 0.25
SNi6660	NiCr22Mo10W3	≤0.03	≤0.5	≤0.5	0.020	0.015	21.0 ~ 23.0	≥58.0	9.0 ~ 11.0	≤2.0	Co≤0.2[③]，Al≤0.4 Ti≤0.4，W 2.0 ~ 4.0 Nb≤0.2[③]，Cu≤0.3
SNi6686	NiCr21Mo16W4	≤0.01	≤0.08	≤1.0	0.020	0.015	19.0 ~ 23.0	≥49.0	15.0 ~ 17.0	≤5.0	Al≤0.5，Ti≤0.25 W 3.0 ~ 4.4，Cu≤0.5
SNi7725	NiCr21Mo8-Nb3Ti	≤0.03	≤0.2	≤0.4	0.020	0.015	19.0 ~ 22.5	55.0 ~ 59.0	7.0 ~ 9.5	≥8.0	Al≤0.35，Ti 1.0 ~ 1.7 Nb 2.75 ~ 4.00[③]
镍铬钴合金											
SNi6160	NiCr28Co-30Si3	≤0.15	2.4 ~ 3.0	≤1.5	0.020	0.015	26.0 ~ 30.0	≥30.0	≤1.0	≤3.5	Co 27.0 ~ 33.0[④] Ti 0.2 ~ 0.8 W≤1.0，Nb≤1.0[②]
SNi6617	NiCr23Co12-Mo9	0.05 ~ 0.15	≤1.0	≤1.0	0.020	0.015	20.0 ~ 24.0	≥44.0	8.0 ~ 10.0	≤3.0	Co 10.0 ~ 15.0[④] Cu≤0.5 Al 0.8 ~ 1.5，Ti≤0.6
SNi7090	NiCr20Co18Ti3	≤0.13	≤1.0	≤1.0	0.020	0.015	18.0 ~ 21.0	≥50.0	—	≤1.5	Co 15.0 ~ 21.0[④] Al 1.0 ~ 2.0，Cu≤0.2 Ti 2.0 ~ 3.0，+[⑤]
SNi7263	NiCr20Co20-Mo6Ti2	0.04 ~ 0.08	≤0.4	≤0.6	0.020	0.007	19.0 ~ 21.0	≥47.0	5.6 ~ 6.1	≤0.7	Co 19.0 ~ 21.0[④] Al 0.3 ~ 0.6，Cu≤0.2 Ti 1.9 ~ 2.4 Al + Ti 2.4 ~ 2.8，+[⑥]
镍铬钨合金											
SNi6231	NiCr22W14Mo2	0.05 ~ 0.15	0.25 ~ 0.75	0.3 ~ 1.0	0.020	0.015	20.0 ~ 24.0	≥48.0	1.0 ~ 3.0	≤3.0	Co≤5.0[②]，Al 0.2 ~ 0.5 W 13.0 ~ 15.0，Cu≤0.5

① 根据供需双方协议，可生产使用其他型号的焊丝，用 SNiZ 表示，化学成分代号由制造商确定。

② "其他"栏包括表中未规定数值的元素总和，总含量应不超过 0.5%。

③ 由 Ta 取代 Nb 时，Ta 含量应低于 Nb 含量的 20%。

④ 除非另有规定，Co 含量应低于该含量的 1%；也可供需双方协商，要求较低的 Co 含量。

⑤ Ag≤0.0005%，B≤0.020%，Bi≤0.0001%，Pb≤0.002%，Zr≤0.15%。

⑥ Ag≤0.0005%，B≤0.005%，Bi≤0.0001%。

（2）中国镍及镍合金焊丝典型熔敷金属的抗拉强度（表 7-1-26）

表 7-1-26　镍及镍合金焊丝典型熔敷金属的抗拉强度

焊丝型号 GB/T 15620—2008	旧型号 GB/T 15620—1995	R_m /MPa ≥	焊丝型号 GB/T 15620—2008	旧型号 GB/T 15620—1995	R_m /MPa ≥
SNi2061	ERNi-1	380	SNi1004	ERNiMo-3	690
SNi4060	ERNiCu-7	480	SNi1066	ERNiMo-7	760
SNi6082	ERNiCr-3	550	—	ERNiCrMo-1	590
SNi6062	ERNiCrFe-5	550	SNi6002	ERNiCrMo-2	660
SNi7092	ERNiCrFe-6	550	SNi6625	ERNiCrMo-3	760
SNi8065	ERNiFeCr-1	550	SNi6276	ERNiCrMo-4	690
SNi7718	ERNiFeCr-2	1138	SNi6455	ERNiCrMo-7	690
SNi1001	ERNiMo-1	690	SNi8975	ERNiCrMo-8	590
SNi1003	ERNiMo-2	690	SNi8985	ERNiCrMo-9	590

注：1. 除 SNi7718（ERNiFeCr-2）型号外，均为焊后状态下的抗拉强度。

　　2. SNi7718（ERNiFeCr-2）为时效后的抗拉强度。时效条件为：加热到 730～760℃，保温 8h，以小于 55℃/h 的冷却速度冷至 620℃后空冷。

7.1.12　耐蚀合金焊丝［YB/T 5263—2014］

（1）中国 YB 标准耐蚀合金焊丝的牌号与化学成分（表 7-1-27）

表 7-1-27　耐蚀合金焊丝焊的牌号与化学成分（质量分数）（%）

牌号[①] GB	ISC	C	Si	Mn	P ≤	S ≤	Cr	Ni	Mo	其 他
HNS 1401 (HNS 141)	H01401	≤0.030	≤0.70	≤1.00	0.020	0.015	25.0～27.0	34.0～37.0	2.00～3.00	Cu 3.00～4.00 Ti 0.40～0.90, Fe 余量
HNS 1403 (HNS 143)	H08021	≤0.07	≤1.00	≤2.00	0.020	0.015	19.0～21.0	32.0～38.0	2.00～3.00	Cu 3.00～4.00 Nb 8C～1.00, Fe 余量
HNS 3101 (HNS 311)	H03101	≤0.06	≤0.50	≤1.20	0.020	0.015	28.0～31.0	余量	—	Al≤0.30 Fe≤1.00
HNS 3103 (HNS 313)	H06601	≤0.10	≤0.50	≤1.00	0.020	0.015	21.0～25.0	余量	—	Al 1.00～1.70 Cu≤1.00, Fe 10.0～15.0
HNS 3105	H06690	≤0.05	≤0.50	≤0.50	0.020	0.015	27.0～31.0	余量	—	Cu≤0.50 Fe 7.00～11.0
HNS 3106	H06082	≤0.10	≤0.50	2.50～3.50	0.020	0.015	18.0～22.0	≥67.0	—	Nb 2.00～3.00, Ti≤0.75 Cu≤0.50, Fe≤3.00
HNS 3201 (HNS 321)	H10001	≤0.05	≤1.00	≤1.00	0.020	0.015	≤1.00	余量	26.0～30.0	Co≤2.50, V 0.20～0.40 Fe 4.00～6.00
HNS 3202 (HNS 322)	H10665	≤0.020	≤0.10	≤1.00	0.020	0.015	≤1.00	余量	26.0～30.0	Co≤1.00 Fe≤2.00
HNS 3301 (HNS 331)	H03301	≤0.030	≤0.70	≤1.00	0.020	0.015	14.0～17.0	余量	2.00～3.00	Ti 0.40～0.90 Fe≤8.00
HNS 3302 (HNS 332)	H03302	≤0.030	≤0.70	≤1.00	0.020	0.015	17.0～19.0	余量	16.0～18.0	Fe≤1.00
HNS 3303 (HNS 333)	H03303	≤0.08	≤1.00	≤1.00	0.020	0.015	14.5～16.5	余量	15.0～17.0	Co≤2.50, W 3.00～4.50 V≤0.35, Fe 4.00～7.00

（续）

牌　号[①]		C	Si	Mn	P ≤	S ≤	Cr	Ni	Mo	其　他
GB	ISC									
HNS 3306	H06625	≤0.10	≤0.50	≤0.50	0.015	0.015	20.0～23.0	余量	8.00～10.0	Al≤0.40，Co≤1.00 Nb 3.15～4.15 Ti≤0.40，Fe≤5.00
HNS 3307 （HNS 337）	H03307	≤0.030	≤0.40	0.50～1.50	0.020	0.015	19.0～21.0	余量	15.0～17.0	Co≤0.10，Cu≤0.10 Fe≤5.00

① 括号内为旧牌号。

（2）中国耐蚀合金焊丝推荐的抗拉强度和固溶处理温度（表7-1-28）

表7-1-28　耐蚀合金焊丝的抗拉强度和固溶处理温度

牌　号[①]		R_m/MPa ≥		推荐的固溶处理温度/℃
GB	ISC	冷拉状态	固溶状态	
HNS 1401 （HNS 141）	H01401	1000	540	1000～1050
HNS 1403 （HNS 143）	H08021	1000	540	1000～1050
HNS 3101 （HNS 311）	H03101	1030	570	1050～1100
HNS 3103 （HNS 313）	H06601	1000	550	1100～1150
HNS 3105	H06690	1000	550	1000～1050
HNS 3106	H06082	1000	550	1000～1100
HNS 3201 （HNS 321）	H10001	1100	690	1140～1190
HNS 3202 （HNS 322）	H10665	1100	760	1040～1090
HNS 3301 （HNS 331）	H03301	1000	540	1050～1100
HNS 3302 （HNS 332）	H03302	1080	735	1160～1210
HNS 3303 （HNS 333）	H03303	1050	690	1160～1210
HNS 3306	H06625	1050	690	1100～1150
HNS 3307 （HNS 337）	H03307	1000	550	1160～1210

① 括号内牌号为旧牌号。

（3）中国耐蚀合金焊丝的用途（表7-1-29）

表7-1-29　耐蚀合金焊丝的用途

牌　号		焊丝的用途	国际标准 ISO 型号	美国 AWS/ UNS 型号
GB	ISC			
HNS 1403	H08021	主要用于焊接类似成分的基体金属，这些基体金属是应用于耐含硫、硫酸及其盐类的涉及范围广泛的化学品的严重腐蚀环境下。这种焊丝既能焊接同成分的铸造合金，也能焊接同成分的锻造合金，焊后不需热处理。该焊丝加入 Nb 可提高耐晶间腐蚀性能。若改成不含 Nb 时，可用于不含 Nb 铸件的补焊，但焊后需固溶处理	SS 320	RE320/ N08021

（续）

牌　号		焊丝的用途	国际标准 ISO 型号	美国 AWS/UNS 型号
GB	ISC			
HNS 3103	H06601	用于焊接 NiCrFeAl 合金（N06601）自身的焊接，当与别的高温成分合金焊接时，可采用钨极气体保护焊。这种焊丝可用于暴露温度超过 1150℃ 的苛刻场合下进行	SNi 6601	ERNiCrFe-11/N06601
HNS 3106	H06082	用于 NiCrFe 合金（N06600）自身的焊接，也用于 NiCrFe 合金复合钢接头覆层侧的焊接，还用于在钢表面进行 NiCrFe 焊缝金属堆焊。当用于异种镍基合金的焊接，或钢与不锈钢及镍基合金的连接，则采用钨极气体保护焊、金属极气体保护焊、埋弧焊和等离子焊等工艺	SNi 6082	ERNiCr-3/N06082
HNS 3201	H10001	用于 NiMo 合金（N10001）自身的焊接，采用钨极气体保护焊和金属极气体保护焊等工艺	SNi 1001	ERNiMo-1/N10001
HNS 3202	H10665	用于 NiMo 合金（N10665）自身的焊接，也用于镍钼焊缝金属在钢体堆焊，则采用钨极气体保护焊和金属极气体保护焊等工艺	SNi 1066	ERNiMo-7/N10665
HNS 3306	H06625	用于 NiCrMo 合金（N06625）自身的焊接，也用于与钢或与其他镍基合金的焊接，还用于镍铬钼合金焊缝金属在钢体的堆焊，以及用于镍铬钼合金复合钢接头覆层侧的焊接，采用钨极气体保护焊、金属极气体保护焊、埋弧焊和等离子焊等工艺。该焊丝推荐用于操作温度从低温到 540℃ 的条件下进行	SNi 6625	ERNiCrMo-3/N06625

7.1.13　非合金钢及细晶粒钢药芯焊丝［GB/T 10045—2018］

（1）中国 GB 标准非合金钢及细晶粒钢药芯（多道次）焊丝的型号与熔敷金属化学成分（表 7-1-30）

表 7-1-30　非合金钢及细晶粒钢药芯（多道次）焊丝的型号与熔敷金属化学成分（质量分数）（%）

化学成分分类	C	Si	Mn	P ≤	S ≤	Cr	Ni	Mo	Al	其　他
无标记	≤0.18[①]	≤0.90	≤2.00	0.030	0.030	≤0.20	≤0.50	≤0.30	2.00	V≤0.08
R	≤0.20	≤1.00	≤1.60	0.030	0.030	≤0.20	≤0.50	≤0.30	—	V≤0.08
2M3	≤0.12	≤0.80	≤1.50	0.030	0.030	—	—	0.40~0.65	≤1.80	—
3M2	≤0.15	≤0.80	1.25~2.00	0.030	0.030	—	—	0.25~0.55	≤1.80	—
N1	≤0.12	≤0.80	≤1.75	0.030	0.030	—	0.30~1.00	≤0.35	≤1.80	—
N2	≤0.12	≤0.80	≤1.75	0.030	0.030	—	0.80~1.20	≤0.35	≤1.80	—
N3	≤0.12	≤0.80	≤1.75	0.030	0.030	—	1.00~2.00	≤0.35	≤1.80	—
N5	≤0.12	≤0.80	≤1.75	0.030	0.030	—	1.75~2.75		≤1.80	—
N7	≤0.12	≤0.80	≤1.75	0.030	0.030	—	2.75~3.75		≤1.80	—
CC	≤0.12	0.20~0.80	0.60~1.40	0.030	0.030	0.30~0.60	—	—	≤1.80	Cu 0.20~0.50
NCC	≤0.12	0.20~0.80	0.60~1.40	0.030	0.030	0.45~0.75	0.10~0.45	—	≤1.80	Cu 0.30~0.75
NCC1	≤0.12	0.20~0.80	0.50~1.30	0.030	0.030	0.45~0.75	0.30~0.80	—	≤1.80	Cu 0.30~0.75
NCC2	≤0.12	0.20~0.80	0.80~1.60	0.030	0.030	0.10~0.40	0.30~0.80	—	≤1.80	Cu 0.20~0.50
NCC3	≤0.12	0.20~0.80	0.80~1.60	0.030	0.030	—	0.30~0.80	—	≤1.80	Cu 0.20~0.50
N1M2	≤0.15	≤0.80	≤2.00	0.030	0.030	≤0.20	0.40~1.00	0.20~0.65	≤1.80	V≤0.05
N2M2	≤0.15	≤0.80	≤2.00	0.030	0.030	≤0.20	0.80~1.20	0.20~0.65	≤1.80	V≤0.05
N3M2	≤0.15	≤0.80	≤2.00	0.030	0.030	≤0.20	1.00~2.00	0.20~0.65	≤1.80	V≤0.05
GX	其他化学成分由供需双方协商确定									—

① 对于自保护焊丝，C≤0.30%。

（2）非合金钢及细晶粒钢药芯焊丝的熔敷金属力学性能

非合金钢及细晶粒钢药芯焊丝的熔敷金属抗拉强度和冲击吸收能量见表 7-1-31 和表 7-1-32。

表 7-1-31　非合金钢及细晶粒钢药芯焊丝的熔敷金属抗拉强度

多道焊熔敷金属				单道焊焊接接头	
抗拉强度代号	R_m/MPa	R_{eL}/MPa	$A(\%)$	抗拉强度代号	R_m/MPa
		≥			≥
43	430~600	330	20	43	430
49	490~570	390	18	49	490
55	550~740	460	17	55	550
57	570~770	490	17	57	570

表 7-1-32　非合金钢及细晶粒钢药芯焊丝的熔敷金属冲击吸收能量（KV_2），不小于27J 时的试验温度

冲击试验温度代号	Z	Y	0	2	3	4	5	6	7	8	9	10
试验温度/℃	①	+20	0	-20	-30	-40	-50	-60	-70	-80	-90	-100

① 不要求冲击试验。

（3）新版标准的焊丝型号表示方法

2018 版本标准（非合金钢及细晶粒钢药芯焊丝）的型号由 8 部分组成（另有附加代号），举例如下：

例1.　T 55 4 T5 1 M21 A- N2 U H5

其中：T——药芯焊丝；55——多道焊熔敷金属的抗拉强度，55 表示下限值为 550MPa；4——冲击吸收能量（KV_2）27J 时，试验温度为 -40℃；T5——使用特性代号，T5 表示药芯类型为氧化钙-氟化物，采用直流反接，粗滴过渡等；1——焊接位置为全位置；M21——焊接气体类型，表示气体组成为 CO_2 15%~25%；A——焊后状态为焊态（P 表示焊后热处理）；N2——熔敷金属的化学成分分类。以上为强制性代号。U——附加代号，表示在规定的试验温度下，冲击吸收能量（KV_2）≥ 47J；H5——附加代号，表示熔敷金属扩散氢含量 5mL/100g。

例2.　T 35 2 T11 0 N P- N7

其中：T——药芯焊丝；35——多道焊熔敷金属的抗拉强度，35 表示下限值为 350MPa；2——冲击吸收能量（KV_2）27J 时，试验温度为 -20℃；T11——使用特性代号，T11 表示药芯类型不规定；0——焊接位置为平焊和平角焊；N——自保护；P——焊后热处理；N7——熔敷金属的化学成分分类。

7.1.14　高强钢药芯焊丝［GB/T 36233—2018］

（1）中国 GB 标准高强钢药芯焊丝的型号与熔敷金属化学成分（表7-1-33）

表 7-1-33　高强钢药芯焊丝的型号与熔敷金属化学成分（质量分数）（%）

焊丝化学成分分类	C	Si	Mn	P ≤	S ≤	Cr	Ni	Mo	其 他
N2	≤0.15	≤0.40	1.00~2.00	0.030	0.030	≤0.20	0.50~1.50	≤0.20	V≤0.05
N5	≤0.12	≤0.80	≤1.75	0.030	0.030	—	1.75~2.75	—	—
N51	≤0.15	≤0.80	1.00~1.75	0.030	0.030	—	2.00~2.75	—	—
N7	≤0.12	≤0.80	≤1.75	0.030	0.030	—	2.75~3.75	—	—
3M2	≤0.12	≤0.80	1.25~2.00	0.030	0.030	—	—	0.25~0.55	—
3M3	≤0.12	≤0.80	1.00~1.75	0.030	0.030	—	—	0.40~0.65	—
4M2	≤0.15	≤0.80	1.65~2.25	0.030	0.030	—	—	0.25~0.55	—
N1M2	≤0.15	≤0.80	1.00~2.00	0.030	0.030	≤0.20	0.40~1.00	≤0.50	V≤0.05
N2M1	≤0.15	≤0.80	≤2.25	0.030	0.030	≤0.20	0.40~1.50	≤0.35	V≤0.05
N2M2	≤0.15	≤0.80	≤2.25	0.030	0.030	≤0.20	0.40~1.50	0.20~0.65	V≤0.05
N3M1	≤0.15	≤0.80	0.50~1.75	0.030	0.030	≤0.15	1.00~2.00	≤0.35	V≤0.05
N3M11	≤0.15	≤0.80	≤1.00	0.030	0.030	≤0.15	1.00~2.00	≤0.35	V≤0.05

（续）

焊丝化学成分 分类	C	Si	Mn	P ≤	S ≤	Cr	Ni	Mo	其　他
N3M2	≤0.15	≤0.80	0.75 ~ 2.25	0.030	0.030	≤0.15	1.25 ~ 2.60	0.25 ~ 0.65	V≤0.05
N3M21	≤0.15	≤0.80	1.50 ~ 2.75	0.030	0.030	≤0.20	0.75 ~ 2.00	≤0.50	V≤0.05
N4M1	≤0.12	≤0.80	≤2.25	0.030	0.030	≤0.20	1.75 ~ 2.75	≤0.35	V≤0.05
N4M2	≤0.15	≤0.80	≤2.25	0.030	0.030	≤0.20	1.75 ~ 2.75	0.20 ~ 0.65	V≤0.05
N4M21	≤0.12	≤0.80	1.25 ~ 2.25	0.030	0.030	≤0.20	1.75 ~ 2.75	≤0.50	—
N5M2	≤0.07	≤0.60	0.50 ~ 1.50	0.015	0.015	≤0.20	1.30 ~ 3.75	≤0.50	V≤0.05
N3C1M2	0.10 ~ 0.25	≤0.80	0.60 ~ 1.60	0.030	0.030	0.20 ~ 0.70	0.75 ~ 2.00	0.15 ~ 0.55	V≤0.05
N4C1M2	≤0.15	≤0.80	1.20 ~ 2.25	0.030	0.030	0.20 ~ 0.60	1.75 ~ 2.60	0.20 ~ 0.65	V≤0.03
N4C2M2	≤0.15	≤0.80	≤2.25	0.030	0.030	0.60 ~ 1.00	1.75 ~ 2.60	0.20 ~ 0.65	V≤0.05
N6C1M1	≤0.12	≤0.80	≤2.25	0.030	0.030	≤1.00	2.50 ~ 3.50	0.40 ~ 1.00	V≤0.05
GX	—	≥0.80	≥1.75	0.030	0.030	≥0.30	≥0.50	≥0.20	V≥0.10

注：对于自保护焊丝，Al≤1.85%。

（2）高强钢药芯焊丝的熔敷金属力学性能

高强钢药芯焊丝的熔敷金属抗拉强度和冲击吸收能量，见表 7-1-34 和表 7-1-35。

表 7-1-34　高强钢药芯焊丝的熔敷金属抗拉强度

抗拉强度代号	R_m/MPa	R_{eL}[①]/MPa	$A(\%)$
		≥	
59	590 ~ 790	490	16
62	620 ~ 820	530	15
69	590 ~ 890	600	14
76	760 ~ 960	680	13
78	780 ~ 980	680	13
83	830 ~ 1030	745	12

① 当屈服发生不明显时，应测定 $R_{p0.2}$。

表 7-1-35　高强钢药芯焊丝的熔敷金属冲击吸收能量（KV_2），≥27J 时的试验温度

冲击试验温度代号	Z	Y	0	2	3	4	5	6	7	8
试验温度/℃	①	+20	0	-20	-30	-40	-50	-60	-70	-80

① 不要求冲击试验。

（3）新版标准的焊丝型号表示方法

2018 版标准（高强钢药芯焊丝）的型号由 8 部分组成（另有附加代号），举例如下：

例 1. T 69 4 T5 0 C1 P-4M2 U H5

其中：T——药芯焊丝；69——熔敷金属的抗拉强度，69 表示下限值为 690MPa；4——冲击吸收能量（KV_2）27J 时，试验温度为 -40℃；T5——使用特性代号，T5 表示药芯类型为氧化钙-氟化物，采用直流反接，粗滴过渡等；0——焊接位置为平焊和平角焊；C1——保护气体类型，C1 表示气体组成为 100% CO_2，P——表示焊后热处理；4M2——熔敷金属的化学成分分类。以上为强制性代号。

U——附加代号，表示在规定的试验温度下，冲击吸收能量（KV_2）≥47J；H5——附加代号，表示熔敷金属扩散氢含量 5mL/100g。

例 2. T 83 5 T15 1 M20 A-N3C1M2

其中：T——药芯焊丝；83——熔敷金属的抗拉强度，83 表示下限值为 830MPa；5——冲击吸收能量（KV_2）27J 时，试验温度为 -50℃；T15——使用特性代号，T15 表示药芯类型为金属粉末，采用直流反接，微细熔滴喷射过渡等；1——焊接位置为全位置；M20——保护气体类型，M20 表示气体组成为 5% ~ 15% CO_2 + A；A——焊后状态，A 表示焊态；N3C1M2——熔敷金属的化学成分分类。

7.1.15　热强钢药芯焊丝　[GB/T 17493—2018]

（1）中国 GB 标准热强钢药芯焊丝的型号与熔敷金属化学成分（表 7-1-36）

表 7-1-36　热强钢药芯焊丝的型号与熔敷金属化学成分（质量分数）（%）

焊丝化学成分分类	C	Si	Mn	P ≤	S ≤	Cr	Ni	Mo	其　他
2M3	≤0.12	≤0.80	≤1.25	0.030	0.030	—	—	0.40~0.65	—
CM	0.05~0.12	≤0.80	≤1.25	0.030	0.030	0.40~0.65	—	0.40~0.65	—
CML	≤0.05	≤0.80	≤1.25	0.030	0.030	0.40~0.65	—	0.40~0.65	—
1CM	0.05~0.12	≤0.80	≤1.25	0.030	0.030	1.00~1.50	—	0.40~0.65	—
1CML	≤0.05	≤0.80	≤1.25	0.030	0.030	1.00~1.50	—	0.40~0.65	—
1CMH	0.10~0.15	≤0.80	≤1.25	0.030	0.030	1.00~1.50	—	0.40~0.65	—
2C1M	0.05~0.12	≤0.80	≤1.25	0.030	0.030	2.00~2.50	—	0.90~1.20	—
2C1ML	≤0.05	≤0.80	≤1.25	0.030	0.030	2.00~2.50	—	0.90~1.20	—
2C1MH	0.10~0.15	≤0.80	≤1.25	0.030	0.030	2.00~2.50	—	0.90~1.20	—
5CM	0.05~0.12	≤1.00	≤1.25	0.025	0.030	4.00~6.00	≤0.40	0.45~0.65	—
5CML	≤0.05	≤1.00	≤1.25	0.025	0.030	4.00~6.00	≤0.40	0.45~0.65	—
9C1M	0.05~0.12	≤1.00	≤1.25	0.040	0.030	8.00~10.5	≤0.40	0.85~1.20	Cu≤0.50
9C1ML	≤0.05	≤1.00	≤1.25	0.040	0.030	8.00~10.5	≤0.40	0.85~1.20	Cu≤0.50
9C1MV	0.08~0.13	≤0.50	≤1.20	0.020	0.015	8.00~10.5	≤0.80	0.85~1.20	V 0.15~0.30 Cu≤0.25①
9C1MV1	0.05~0.12	≤0.50	1.25~2.00	0.020	0.015	8.00~10.5	≤1.00	0.85~1.20	V 0.15~0.30 Cu≤0.25②
GX	其他化学成分由供需双方协商确定								—

① 还含有：Al≤0.04%，Nb=0.02%~0.10%，N=0.02%~0.07%，（Mn+Ni）≤1.40%。

② 还含有：Al≤0.04%，Nb=0.01%~0.08%，N=0.02%~0.07%。

（2）热强钢药芯焊丝的熔敷金属力学性能

热强钢药芯焊丝的熔敷金属抗拉强度，见表 7-1-37

表 7-1-37　热强钢药芯焊丝的熔敷金属抗拉强度

抗拉强度代号	R_m/MPa≥	抗拉强度代号	R_m/MPa≥
49	490~660	62	620~820
55	550~690	69	590~890

（3）新版标准的焊丝型号表示方法

2018 版标准（热强钢药芯焊丝）的型号由 6 部分组成（另有附加代号），举例如下：

例如：T 55 T5 0 M21-1CM H5

其中：T——药芯焊丝；55——熔敷金属的抗拉强度，55 表示下限值为 550MPa；T5——使用特性代号，T5 表示药芯类型为氧化钙-氟化物，采用直流反接，粗滴过渡等；0——焊接位置为平焊和平角焊；M21——焊接气体类型，表示气体组成为 $CO_2$15%~25%，1CM——熔敷金属的化学成分分类。以上为强制性代号。

H5——附加代号，表示熔敷金属扩散氢含量 5mL/100g。

7.1.16　不锈钢药芯焊丝　[GB/T 17853—2018]

（1）中国 GB 标准不锈钢气体保护非金属粉型药芯焊丝的型号与熔敷金属化学成分（表 7-1-38）

表 7-1-38　不锈钢气体保护非金属粉型药芯焊丝的型号与熔敷金属化学成分（质量分数）（%）

焊丝化学成分分类	C	Si	Mn	P ≤	S ≤	Cr	Ni	Mo	Cu	其　他
307	≤0.13	≤1.00	3.30~4.75	0.040	0.030	18.0~20.5	9.00~10.5	0.50~1.50	≤0.75	—
308	≤0.08	≤1.00	0.50~2.50	0.040	0.030	18.0~21.0	9.00~11.0	≤0.75	≤0.75	—
308L	≤0.04	≤1.00	0.50~2.50	0.040	0.030	18.0~21.0	9.00~12.0	≤0.75	≤0.75	—
308Ti	0.04~0.08	≤1.00	0.50~2.50	0.040	0.030	18.0~21.0	9.00~11.0	≤0.75	≤0.75	—

（续）

焊丝化学成分分类	C	Si	Mn	P ≤	S ≤	Cr	Ni	Mo	Cu	其 他
308Mo	≤0.08	≤1.00	0.50~2.50	0.040	0.030	18.0~21.0	9.00~11.0	2.00~3.00	≤0.75	—
308LMo	≤0.04	≤1.00	0.50~2.50	0.040	0.030	18.0~21.0	9.00~12.0	2.00~3.00	≤0.75	—
309	≤0.10	≤1.00	0.50~2.50	0.040	0.030	22.0~25.0	12.0~14.0	≤0.75	≤0.75	—
309L	≤0.04	≤1.00	0.50~2.50	0.040	0.030	22.0~25.0	12.0~14.0	≤0.75	≤0.75	—
309H	0.04~0.10	≤1.00	0.50~2.50	0.040	0.030	22.0~25.0	12.0~14.0	≤0.75	≤0.75	—
309Mo	≤0.12	≤1.00	0.50~2.50	0.040	0.030	21.0~25.0	12.0~16.0	2.00~3.00	≤0.75	—
309LMo	≤0.04	≤1.00	0.50~2.50	0.040	0.030	21.0~25.0	12.0~16.0	2.00~3.00	≤0.75	—
309LNb	≤0.04	≤1.00	0.50~2.50	0.040	0.030	22.0~25.0	12.0~14.0	≤0.75	≤0.75	(Nb+Ta)0.70~1.00
309LNiMo	≤0.04	≤1.00	0.50~2.50	0.040	0.030	20.5~23.5	15.0~17.0	2.50~3.50	≤0.75	—
310	≤0.20	≤1.00	1.00~2.50	0.030	0.030	25.0~28.0	20.0~22.5	≤0.75	≤0.75	—
312	≤0.15	≤1.00	0.50~2.50	0.040	0.030	28.0~32.0	8.00~10.5	≤0.75	≤0.75	—
316	≤0.08	≤1.00	0.50~2.50	0.040	0.030	17.0~20.0	11.0~14.0	2.00~3.00	≤0.75	—
316L	≤0.04	≤1.00	0.50~2.50	0.040	0.030	17.0~20.0	11.0~14.0	2.00~3.00	≤0.75	—
316H	0.04~0.08	≤1.00	0.50~2.50	0.040	0.030	17.0~20.0	11.0~14.0	2.00~3.00	≤0.75	—
316LCu	≤0.04	≤1.00	0.50~2.50	0.040	0.030	17.0~20.0	11.0~16.0	1.25~2.75	1.00~2.50	—
317	≤0.08	≤1.00	0.50~2.50	0.040	0.030	18.0~21.0	12.0~14.0	3.00~4.00	≤0.75	—
317L	≤0.04	≤1.00	0.50~2.50	0.040	0.030	18.0~21.0	12.0~14.0	3.00~4.00	≤0.75	—
318	≤0.08	≤1.00	0.50~2.50	0.040	0.030	17.0~20.0	11.0~14.0	2.00~3.00	≤0.75	(Nb+Ta)8C~1.00
347	≤0.08	≤1.00	0.50~2.50	0.040	0.030	18.0~21.0	9.00~11.0	≤0.75	≤0.75	(Nb+Ta)8C~1.00
347L	≤0.04	≤1.00	0.50~2.50	0.040	0.030	18.0~21.0	9.00~11.0	≤0.75	≤0.75	(Nb+Ta)8C~1.00
347H	0.04~0.08	≤1.00	0.50~2.50	0.040	0.030	18.0~21.0	9.00~11.0	≤0.75	≤0.75	(Nb+Ta)8C~1.00
409	≤0.10	≤1.00	≤0.80	0.040	0.030	10.5~13.5	≤0.60	≤0.75	≤0.75	Ti 10C~1.50
409Nb	≤0.10	≤1.00	≤1.20	0.040	0.030	10.5~13.5	≤0.60	≤0.75	≤0.75	(Nb+Ta)8C~1.50
410	≤0.12	≤1.00	≤1.20	0.040	0.030	11.0~13.5	≤0.60	≤0.75	≤0.75	—
410NiMo	≤0.06	≤1.00	≤1.00	0.040	0.030	11.0~12.5	4.00~5.00	0.40~0.70	≤0.75	—
410NiTi	≤0.04	≤0.50	≤0.70	0.030	0.030	11.0~12.0	3.60~4.50	≤0.50	≤0.50	Ti 10C~1.50
430	≤0.10	≤1.00	≤1.20	0.040	0.030	15.0~18.0	≤0.60	≤0.75	≤0.75	—
430Nb	≤0.10	≤1.00	≤1.20	0.040	0.030	15.0~18.0	≤0.60	≤0.75	≤0.75	(Nb+Ta)0.50~1.50
16-8-2	≤0.10	≤0.75	0.50~2.50	0.040	0.030	14.5~17.5	7.50~9.50	1.00~2.00	≤0.75	Cr+Mo≤18.5
2209	≤0.04	≤1.00	0.50~2.50	0.040	0.030	21.0~24.0	7.50~10.0	2.50~4.00	≤0.75	N 0.08~0.20
2307	≤0.04	≤1.00	≤2.00	0.030	0.020	22.5~25.5	6.50~10.0	≤0.80	≤0.50	N 0.10~0.20
2553	≤0.04	≤0.75	0.50~1.50	0.040	0.030	24.0~27.0	8.50~10.5	2.90~3.90	1.50~2.50	N 0.10~0.25
2594	≤0.04	≤1.00	0.50~2.50	0.040	0.030	24.0~27.0	8.00~10.5	2.50~4.50	≤1.50	N 0.20~0.30,W≤1.00
GX					其他化学成分由供需双方协商确定					

（2）中国 GB 标准不锈钢自保护非金属粉型药芯焊丝的型号与熔敷金属化学成分（表7-1-39）

表7-1-39　不锈钢自保护非金属粉型药芯焊丝的型号与熔敷金属化学成分（质量分数）（%）

焊丝化学成分分类	C	Si	Mn	P ≤	S ≤	Cr	Ni	Mo	Cu	其 他
307	≤0.13	≤1.00	3.30~4.75	0.040	0.030	19.5~22.0	9.00~10.5	0.50~1.50	≤0.75	—
308	≤0.08	≤1.00	0.50~2.50	0.040	0.030	19.5~22.0	9.00~11.0	≤0.75	≤0.75	—
308L	≤0.04	≤1.00	0.50~2.50	0.040	0.030	19.5~22.0	9.00~12.0	≤0.75	≤0.75	—
308H	0.04~0.08	≤1.00	0.50~2.50	0.040	0.030	19.5~22.0	9.00~11.0	≤0.75	≤0.75	—
308Mo	≤0.08	≤1.00	0.50~2.50	0.040	0.030	18.0~21.0	9.00~11.0	2.00~3.00	≤0.75	—
308LMo	≤0.04	≤1.00	0.50~2.50	0.040	0.030	18.0~21.0	9.00~12.0	2.00~3.00	≤0.75	—
308HMo	0.07~0.12	0.25~0.80	1.25~2.25	0.040	0.030	19.0~21.5	9.00~10.7	1.80~2.10	≤0.75	—
309	≤0.10	≤1.00	0.50~2.50	0.040	0.030	23.0~25.5	12.0~14.0	≤0.75	≤0.75	—
309L	≤0.04	≤1.00	0.50~2.50	0.040	0.030	23.0~25.5	12.0~14.0	≤0.75	≤0.75	—

（续）

焊丝化学成分分类	C	Si	Mn	P ≤	S ≤	Cr	Ni	Mo	Cu	其 他
309Mo	≤0.12	≤1.00	0.50~2.50	0.040	0.030	21.0~25.0	12.0~16.0	2.00~3.00	≤0.75	—
309LMo	≤0.04	≤1.00	0.50~2.50	0.040	0.030	21.0~25.0	12.0~16.0	2.00~3.00	≤0.75	—
309LNb	≤0.04	≤1.00	0.50~2.50	0.040	0.030	23.0~25.5	12.0~14.0	≤0.75	≤0.75	(Nb+Ta)0.70~1.00
310	≤0.20	≤1.00	1.00~2.50	0.030	0.030	25.0~28.0	20.0~22.5	≤0.75	≤0.75	—
312	≤0.15	≤1.00	0.50~2.50	0.040	0.030	28.0~32.0	8.00~10.5	≤0.75	≤0.75	—
316	≤0.08	≤1.00	0.50~2.50	0.040	0.030	18.0~20.5	11.0~14.0	2.00~3.00	≤0.75	—
316L	≤0.04	≤1.00	0.50~2.50	0.040	0.030	18.0~20.5	11.0~14.0	2.00~3.00	≤0.75	—
316LK	≤0.04	≤1.00	0.50~2.50	0.040	0.030	17.0~20.0	11.0~14.0	2.00~3.00	≤0.75	—
316H	0.04~0.08	≤1.00	0.50~2.50	0.040	0.030	18.0~20.5	11.0~14.0	2.00~3.00	≤0.75	—
316LCu	≤0.03	≤1.00	0.50~2.50	0.040	0.030	18.0~20.5	11.0~16.0	1.25~2.75	1.00~2.50	—
317	≤0.08	≤1.00	0.50~2.50	0.040	0.030	18.5~21.0	13.0~15.0	3.00~4.00	≤0.75	—
317L	≤0.04	≤1.00	0.50~2.50	0.040	0.030	18.5~21.0	13.0~15.0	3.00~4.00	≤0.75	—
318	≤0.08	≤1.00	0.50~2.50	0.040	0.030	18.0~20.5	11.0~14.0	2.00~3.00	≤0.75	(Nb+Ta)8C~1.00
347	≤0.08	≤1.00	0.50~2.50	0.040	0.030	19.0~21.5	9.00~11.0	≤0.75	≤0.75	(Nb+Ta)8C~1.00
347L	≤0.04	≤1.00	0.50~2.50	0.040	0.030	19.0~21.5	9.00~11.0	≤0.75	≤0.75	(Nb+Ta)8C~1.00
409	≤0.10	≤1.00	≤0.80	0.040	0.030	10.5~13.5	≤0.60	≤0.75	≤0.75	Ti 10C~1.50
409Nb	≤0.12	≤1.00	≤1.00	0.040	0.030	10.5~14.0	≤0.60	≤0.75	≤0.75	(Nb+Ta)8C~1.50
410	≤0.12	≤1.00	≤1.00	0.040	0.030	11.0~13.5	≤0.60	≤0.75	≤0.75	—
410NiMo	≤0.06	≤1.00	≤1.00	0.040	0.030	11.0~12.5	4.00~5.00	0.40~0.70	≤0.75	—
410NiTi	≤0.04	≤0.50	≤0.70	0.030	0.030	11.0~12.0	3.60~4.50	≤0.50	≤0.50	Ti 10C~1.50
430	≤0.10	≤1.00	≤1.00	0.040	0.030	15.0~18.0	≤0.60	≤0.75	≤0.75	—
430Nb	≤0.10	≤1.00	≤1.00	0.040	0.030	15.0~18.0	≤0.60	≤0.75	≤0.75	(Nb+Ta)0.50~1.50
16-8-2	≤0.10	≤0.75	0.50~2.50	0.040	0.030	14.5~17.5	7.50~9.50	1.00~2.00	≤0.75	Cr+Mo≤18.5
2209	≤0.04	≤1.00	0.50~2.50	0.040	0.030	21.0~24.0	7.50~10.0	2.50~4.00	≤0.75	N 0.08~0.20
2307	≤0.04	≤1.00	≤2.00	0.030	0.020	22.5~25.5	6.50~10.0	≤0.80	≤0.50	N 0.10~0.20
2553	≤0.04	≤0.75	0.50~1.50	0.040	0.030	24.0~27.0	8.50~10.5	2.90~3.90	1.50~2.50	N 0.10~0.20
2594	≤0.04	≤1.00	0.50~2.50	0.040	0.030	24.0~27.0	8.00~10.5	2.50~4.50	≤1.50	N 0.20~0.30,W≤1.00
GX	其他化学成分由供需双方协商确定									

（3）中国 GB 标准不锈钢气体保护金属粉型药芯焊丝的型号与熔敷金属化学成分（表 7-1-40）

表 7-1-40　不锈钢气体保护金属粉型药芯焊丝的型号与熔敷金属化学成分（质量分数）（%）

焊丝化学成分分类	C	Si	Mn	P ≤	S ≤	Cr	Ni	Mo	Cu	其 他
308L	≤0.04	≤1.00	1.00~2.50	0.030	0.030	19.0~22.0	9.00~11.0	≤0.75	≤0.75	—
308Mo	≤0.08	0.30~0.65	1.00~2.50	0.030	0.030	18.0~21.0	9.00~12.0	2.00~3.00	≤0.75	—
309L	≤0.04	≤1.00	1.00~2.50	0.030	0.030	23.0~25.0	12.0~14.0	≤0.75	≤0.75	—
309LMo	≤0.04	≤1.00	1.00~2.50	0.030	0.030	23.0~25.0	12.0~14.0	2.00~3.00	≤0.75	—
316L	≤0.04	≤1.00	1.00~2.50	0.030	0.030	18.0~20.0	11.0~14.0	2.00~3.00	≤0.75	—
347	≤0.08	0.30~0.65	1.00~2.50	0.040	0.030	19.0~21.5	9.00~11.0	≤0.75	≤0.75	(Nb+Ta)10C~1.00
409	≤0.08	≤0.80	≤0.80	0.030	0.030	10.5~13.5	≤0.60	≤0.75	≤0.75	Ti 10C~1.50
409Nb	≤0.12	≤1.00	≤1.20	0.040	0.030	10.5~13.5	≤0.60	≤0.75	≤0.75	(Nb+Ta)8C~1.50
410	≤0.12	≤0.50	≤0.60	0.030	0.030	11.0~13.5	≤0.60	≤0.75	≤0.75	—
410NiMo	≤0.06	≤1.00	≤1.00	0.030	0.030	11.0~12.5	4.00~5.00	0.40~0.70	≤0.75	—
430	≤0.10	≤0.50	≤0.60	0.030	0.030	15.0~18.0	≤0.60	≤0.75	≤0.75	—
430Nb	≤0.10	≤1.00	≤1.20	0.040	0.030	15.0~18.0	≤0.60	≤0.75	≤0.75	(Nb+Ta)0.50~1.50
430LNb	≤0.04	≤1.00	≤1.20	0.040	0.030	15.0~18.0	≤0.60	≤0.75	≤0.75	(Nb+Ta)0.50~1.50
GX	其他化学成分由供需双方协商确定									

（4）中国 GB 标准不锈钢钨极惰性气体保护焊用药芯充填丝的型号与熔敷金属化学成分（表 7-1-41）

表 7-1-41　不锈钢钨极惰性气体保护焊用药芯充填丝的型号与熔敷金属化学成分（质量分数）（%）

焊丝化学 成分分类	C	Si	Mn	P ≤	S ≤	Cr	Ni	Mo	Cu	其　他
308L	≤0.03	≤1.20	0.50~2.50	0.040	0.030	18.0~21.0	9.00~11.0	≤0.50	≤0.50	—
309L	≤0.03	≤1.20	0.50~2.50	0.040	0.030	22.0~25.0	12.0~14.0	≤0.50	≤0.50	—
316L	≤0.03	≤1.20	0.50~2.50	0.040	0.030	17.0~20.0	11.0~14.0	2.00~3.00	≤0.50	—
347	≤0.08	≤1.20	0.50~2.50	0.040	0.030	18.0~21.0	9.00~11.0	≤0.50	≤0.50	(Nb+Ta)8C~1.00
GX	其他化学成分由供需双方协商确定									—

（5）中国 GB 标准不锈钢药芯焊丝的熔敷金属力学性能（表 7-1-42）

表 7-1-42　不锈钢药芯焊丝的熔敷金属力学性能

焊丝化学成分 分类	R_m/MPa	A/MPa	焊丝化学成分 分类	R_m/MPa	A/MPa
	≥			≥	
307	590	25	317	550	20
308	550	25	317L	520	20
308L	520	25	318	520	20
308H	550	25	347	520	25
308Mo	550	25	347L	520	25
308LMo	520	25	347H	550	25
308HMo	550	25	409	450	15
309	550	25	409Nb[①]	450	15
309L	520	25	410[①]	520	15
309H	550	25	410NiMo[②]	760	10
309Mo	550	15	410NiTi[②]	760	10
309LMo	520	15	430[③]	450	15
309LNiMo	520	15	430Nb[③]	450	13
309LNb	520	25	430LNb	410	13
310	550	25	16-8-2	520	25
312	660	15	2209	690	15
316	520	25	2307	690	15
316L	485	25	2553	760	13
316LK	485	25	2594	760	13
316H	520	25	GX	由供需双方协商确定	
316LCu	485	25			

① 焊后热处理：加热至 730~760℃，保温 1h，随炉冷却至 315℃，再空冷至室温。
② 焊后热处理：加热至 590~620℃，保温 1h，然后空冷至室温。
③ 焊后热处理：加热至 760~790℃，保温 2h，随炉冷却至 600℃，再空冷至室温。

（6）新版标准的焊丝型号表示方法

2018 版标准（不锈钢药芯焊丝）的型号由 5 部分组成（另有附加代号），举例如下：

例1. TS 316L-F N 0

其中：TS——不锈钢药芯焊丝及填充丝；316L——熔敷金属的化学成分分类；F——焊丝类型，F 表示非金属粉型药芯焊丝（M 表示金属粉型药芯焊丝）；N——保护气体类型，N 表示自保护；0——焊接位置为平焊和平角焊。

例2. TS 308L-R 11 1

其中：TS——不锈钢药芯焊丝及填充丝；308L——熔敷金属的化学成分分类；R——焊丝类型，R 表示钨极惰性气体保护焊用药芯填充丝焊丝；11——保护气体类型，11 表示气体组成为 100% Ar；1——焊接位置为全位置。

7.1.17　埋弧焊用非合金钢及细晶粒钢实心焊丝和药芯焊丝［GB/T 5293—2018］

（1）中国 GB 标准埋弧焊用非合金钢及细晶粒钢实心焊丝的型号与化学成分（表 7-1-43）

表 7-1-43　埋弧焊用非合金钢及细晶粒钢实心焊丝的型号与化学成分[①]（质量分数）（%）

焊丝型号	冶金牌号分类	C	Si	Mn	P ≤	S ≤	Cr	Ni	Mo	其　他[②]
SU08	H08	≤0.10	0.10~0.25	0.25~0.50	0.030	0.030	—	—	—	Cu≤0.35
SU08A[③]	H08A[③]	≤0.10	≤0.03	0.40~0.65	0.030	0.030	≤0.20	≤0.30	—	Cu≤0.35
SU08E[③]	H08E[③]	≤0.10	≤0.03	0.40~0.65	0.020	0.020	≤0.20	≤0.30	—	Cu≤0.35
SU08C[③]	H08C[③]	≤0.10	≤0.03	0.40~0.65	0.015	0.015	≤0.10	≤0.10	—	Cu≤0.35
SU10	H11Mn2	0.07~0.15	0.05~0.25	1.30~1.70	0.025	0.025	—	—	—	Cu≤0.35
SU11	H11Mn	≤0.15	≤0.15	0.20~0.90	0.025	0.025	≤0.15	≤0.15	≤0.15	Cu≤0.40
SU111	H11MnSi	0.07~0.15	0.65~0.85	1.00~1.50	0.025	0.030	—	—	—	Cu≤0.35
SU12	H12MnSi	≤0.15	0.10~0.60	0.20~0.90	0.025	0.025	≤0.15	≤0.15	≤0.15	Cu≤0.40
SU13	H15	0.11~0.18	≤0.03	0.35~0.65	0.030	0.030	≤0.20	≤0.30	—	Cu≤0.35
SU21	H10Mn	0.05~0.15	0.10~0.35	0.80~1.25	0.025	0.025	≤0.15	≤0.15	≤0.15	Cu≤0.40
SU22	H12Mn	≤0.15	≤0.15	0.80~1.40	0.025	0.025	≤0.15	≤0.15	≤0.15	Cu≤0.40
SU23	H13MnSi	≤0.18	0.15~0.65	0.80~1.40	0.025	0.025	≤0.15	≤0.15	≤0.15	Cu≤0.40
SU24	H13MnSiTi	0.06~0.19	0.35~0.75	0.90~1.40	0.025	0.025	≤0.15	≤0.15	≤0.15	Ti 0.03~0.17 Cu≤0.40
SU25	H14MnSi	0.06~0.16	0.35~0.75	0.90~1.40	0.030	0.030	≤0.15	≤0.15	≤0.15	Cu≤0.40
SU26	H08Mn	≤0.10	≤0.07	0.80~1.10	0.030	0.030	≤0.20	≤0.30	—	Cu≤0.35
SU27	H15Mn	0.11~0.18	≤0.03	0.80~1.10	0.030	0.030	≤0.20	≤0.30	—	Cu≤0.35
SU28	H10MnSi	≤0.14	0.60~0.90	0.80~1.10	0.030	0.030	≤0.20	≤0.30	—	Cu≤0.35
SU31	H11Mn2Si	0.06~0.15	0.80~1.15	1.40~1.85	0.030	0.030	≤0.15	≤0.15	≤0.15	Cu≤0.40
SU32	H12Mn2Si	≤0.15	0.05~0.60	1.30~1.90	0.025	0.025	≤0.15	≤0.15	≤0.15	Cu≤0.40
SU33	H12Mn2	≤0.15	≤0.15	1.30~1.90	0.025	0.025	≤0.15	≤0.15	≤0.15	Cu≤0.40
SU34	H10Mn2	≤0.12	≤0.07	1.50~1.90	0.030	0.030	≤0.20	≤0.30	—	Cu≤0.35
SU35	H10Mn2Ni	≤0.12	≤0.30	1.40~2.00	0.025	0.025	≤0.20	0.10~0.30	—	Cu≤0.35
SU41	H15Mn2	≤0.20	≤0.15	1.60~2.30	0.025	0.025	≤0.15	≤0.15	≤0.15	Cu≤0.40
SU42	H13Mn2Si	≤0.15	0.15~0.65	1.50~2.30	0.025	0.025	≤0.15	≤0.15	≤0.15	Cu≤0.40
SU43	H13Mn2	≤0.17	≤0.05	1.80~2.20	0.030	0.030	≤0.20	≤0.30	—	—
SU44	H08Mn2Si	≤0.11	0.65~0.95	1.70~2.10	0.035	0.035	≤0.20	≤0.30	—	Cu≤0.35
SU45	H08Mn2SiA	≤0.11	0.65~0.95	1.80~2.10	0.030	0.030	≤0.20	≤0.30	—	Cu≤0.35

（续）

焊丝型号	冶金牌号 分类	C	Si	Mn	P ≤	S ≤	Cr	Ni	Mo	其 他[②]
SU51	H11Mn3	≤0.15	≤0.15	2.20~2.80	0.025	0.025	≤0.15	≤0.15	≤0.15	Cu≤0.40
SUM3[④]	H08MnMo[④]	≤0.10	≤0.25	1.20~1.60	0.030	0.030	≤0.20	≤0.30	0.30~0.50	Ti 0.05~0.15 Cu≤0.35
SUM31[④]	H08Mn2Mo[④]	0.06~0.11	≤0.25	1.60~1.90	0.030	0.030	≤0.20	≤0.30	0.50~0.70	Ti 0.05~0.15 Cu≤0.35
SU1M3	H09MnMo	≤0.15	≤0.25	0.20~1.00	0.025	0.025	≤0.15	≤0.15	0.40~0.65	Cu≤0.40
SU1M3TiB	H10MnMoTiB	0.05~0.15	≤0.20	0.65~1.00	0.025	0.025	≤0.15	≤0.15	0.45~0.65	Ti 0.05~0.30 B 0.005~0.030 Cu≤0.35
SU2M1	H12MnMo	≤0.15	≤0.25	0.80~1.40	0.025	0.025	≤0.15	≤0.15	0.15~0.40	Cu≤0.40
SU3M1	H12Mn2Mo	≤0.15	≤0.25	1.30~1.90	0.025	0.025	≤0.15	≤0.15	0.15~0.40	Cu≤0.40
SU2M3	H11MnMo	≤0.17	≤0.25	0.80~1.40	0.025	0.025	≤0.15	≤0.15	0.40~0.65	Cu≤0.40
SU2M3TiB	H11MnMoTiB	0.05~0.17	≤0.20	0.95~1.35	0.025	0.025	≤0.15	≤0.15	0.40~0.65	Ti 0.05~0.30 B 0.005~0.030 Cu≤0.35
SU3M3	H10MnMo	≤0.17	≤0.25	1.20~1.90	0.025	0.025	≤0.15	≤0.15	0.40~0.65	Cu≤0.40
SU4M1	H13Mn2Mo	≤0.15	≤0.25	1.60~2.30	0.025	0.025	≤0.15	≤0.15	0.15~0.40	Cu≤0.40
SU4M3	H14Mn2Mo	≤0.17	≤0.25	1.60~2.30	0.025	0.025	≤0.15	≤0.15	0.40~0.65	Cu≤0.40
SU4M31	H10Mn2SiMo	0.05~0.15	0.50~0.80	1.60~2.10	0.025	0.025	≤0.15	≤0.15	0.40~0.65	Cu≤0.40
SU4M32[⑤]	H11Mn2Mo[⑤]	0.05~0.17	≤0.20	1.65~2.20	0.025	0.025	—	—	0.45~0.65	Cu≤0.35
SU5M3	H11Mn3Mo	≤0.15	≤0.25	2.20~2.80	0.025	0.025	≤0.15	≤0.15	0.40~0.65	Cu≤0.40
SUN2	H11MnNi	≤0.15	≤0.30	0.75~1.40	0.020	0.020	≤0.20	0.75~1.25	≤0.15	Cu≤0.40
SUN21	H08MnSiNi	≤0.12	0.40~0.80	0.80~1.40	0.020	0.020	≤0.20	0.75~1.25	≤0.15	Cu≤0.40
SUN3	H11MnNi2	≤0.15	≤0.25	0.80~1.40	0.020	0.020	≤0.20	1.20~1.80	≤0.15	Cu≤0.40
SUN31	H11Mn2Ni2	≤0.15	≤0.25	1.30~1.90	0.020	0.020	≤0.20	1.20~1.80	≤0.15	Cu≤0.40
SUN5	H12MnNi2	≤0.15	≤0.30	0.75~1.40	0.020	0.020	≤0.20	1.80~2.90	≤0.15	Cu≤0.40
SUN7	H10MnNi3	≤0.15	≤0.30	0.60~1.40	0.020	0.020	≤0.20	2.40~3.80	≤0.15	Cu≤0.40
SUCC	H11MnCr	≤0.15	≤0.30	0.80~1.90	0.030	0.030	0.30~0.60	≤0.15	≤0.15	Cu 0.20~0.45
SUN1C1C[④]	H08MnCrNiCu[④]	≤0.10	≤0.60	1.20~1.60	0.025	0.020	0.30~0.90	0.20~0.60	—	Cu 0.20~0.50
SUNCC1[④]	H10MnCrNiCu[④]	≤0.12	0.20~0.35	0.35~0.65	0.025	0.030	0.50~0.80	0.40~0.80	≤0.15	Cu 0.30~0.80
SUNCC3	H11MnCrNiCu	≤0.15	≤0.30	0.80~1.90	0.030	0.030	0.50~0.80	0.50~0.80	≤0.15	Cu 0.30~0.55
SUN1M3[④]	H13Mn2NiMo[④]	0.10~0.18	≤0.20	1.70~2.40	0.025	0.025	≤0.20	0.40~0.80	0.40~0.65	Cu≤0.35
SUN2M1[④]	H10MnNiMo[④]	≤0.12	0.05~0.30	1.20~1.60	0.020	0.020	≤0.20	0.75~1.25	0.10~0.30	Cu≤0.40
SUN2M3[④]	H12MnNiMo[④]	≤0.15	≤0.25	0.80~1.40	0.020	0.020	≤0.20	0.80~1.20	0.40~0.65	Cu≤0.40
SUN2M31[④]	H11Mn2NiMo[④]	≤0.15	≤0.25	1.30~1.90	0.020	0.020	≤0.20	0.80~1.20	0.40~0.65	Cu≤0.40
SUN2M32[④]	H12Mn2NiMo[④]	≤0.15	≤0.25	1.60~2.30	0.020	0.020	≤0.20	0.80~1.20	0.40~0.65	Cu≤0.40
SUN3M3[④]	H11MnNi2Mo[④]	≤0.15	≤0.25	0.80~1.40	0.020	0.020	≤0.20	1.20~1.80	0.40~0.65	Cu≤0.40
SUN3M31[④]	H11Mn2Ni2Mo[④]	≤0.15	≤0.25	1.30~1.90	0.020	0.020	≤0.20	1.20~1.80	0.40~0.65	Cu≤0.40

（续）

焊丝型号	冶金牌号 分类	C	Si	Mn	P ≤	S ≤	Cr	Ni	Mo	其 他[2]
SUN4M1[4]	H15MnNi2Mo[4]	0.12 ~ 0.19	0.10 ~ 0.30	0.60 ~ 1.00	0.015	0.030	≤0.20	1.60 ~ 2.10	0.10 ~ 0.30	Cu≤0.35
SUG[6]	HG[6]	其他化学成分由供需双方协商确定								—

① 在化学分析时，如果发现本表中未列出的其他元素，其总含量应≤0.50%。

② Cu 含量应包括镀铜层的含量。

③ 经供需双方协议，当此类焊丝为非沸腾钢时，允许其硅含量≤0.07%。

④ 此类焊丝也可用作高强钢（见 GB/T 36034—2018）。

⑤ 此类焊丝也可用作热强钢（见 GB/T 12470—2018）。

⑥ 对于表中未列出的焊丝型号，可用类似的型号表示（加前缀字母 SUG），未列出的焊丝冶金牌号分类，可用类似的冶金牌号分类表示（加前缀字母 HG），对其化学成分范围不作规定。但两种分类之间不可替换。

（2）中国 GB 标准埋弧焊用非合金钢及细晶粒钢药芯焊丝和焊剂组合的型号与熔敷金属化学成分（表7-1-44）

表7-1-44 埋弧焊用非合金钢及细晶粒钢药芯焊丝和焊剂组合的型号与熔敷金属化学成分[1]（质量分数）（%）

化学成分分类	C	Si	Mn	P ≤	S ≤	Cr	Ni	Mo	Cu	其 他
TU3M	≤0.15	≤0.90	≤1.80	0.035	0.035				≤0.35	—
TU2M3[2]	≤0.12	≤0.80	≤1.00	0.030	0.030			0.40 ~ 0.65	≤0.35	—
TU2M31	≤0.12	≤0.80	≤1.40	0.030	0.030			0.40 ~ 0.65	≤0.35	—
TU4M3[2]	≤0.15	≤0.80	≤2.10	0.030	0.030			0.40 ~ 0.65	≤0.35	—
TU3M3[2]	≤0.15	≤0.80	≤1.60	0.030	0.030			0.40 ~ 0.65	≤0.35	—
TUN2[3]	≤0.12	≤0.80	≤1.60	0.030	0.025	≤0.15	0.75 ~ 1.10	≤0.35	≤0.35	Ti + V + Zr≤0.05
TUN5[3]	≤0.12	≤0.80	≤1.60	0.030	0.025	—	2.00 ~ 2.90	—	≤0.35	—
TUN7	≤0.12	≤0.80	≤1.60	0.030	0.025	≤0.15	2.80 ~ 3.80		≤0.35	—
TUN4M1	≤0.14	≤0.80	≤1.60	0.030	0.025	—	1.40 ~ 2.10	0.10 ~ 0.35	≤0.35	—
TUN2M1	≤0.12	≤0.80	≤1.60	0.030	0.025		0.70 ~ 1.10	0.10 ~ 0.35	≤0.35	—
TUN3M2[4]	≤0.12	≤0.80	0.70 ~ 1.50	0.030	0.030	≤0.15	0.90 ~ 1.70	≤0.55	≤0.35	—
TUN1M3[4]	≤0.17	≤0.80	1.25 ~ 2.25	0.030	0.030		0.40 ~ 0.80	0.40 ~ 0.65	≤0.35	—
TUN2M3[4]	≤0.17	≤0.80	1.25 ~ 2.25	0.030	0.030		0.70 ~ 1.10	0.40 ~ 0.65	≤0.35	—
TUN1C2[4]	≤0.17	≤0.80	≤1.60	0.035		≤0.60	0.40 ~ 0.80	≤0.25	≤0.35	Ti + V + Zr≤0.05
TUN5C2M3[4]	≤0.17	≤0.80	1.20 ~ 1.80	0.020	0.020	≤0.65	2.00 ~ 2.80	0.30 ~ 0.80	≤0.50	—
TUN4C2M3[4]	≤0.14	≤0.80	0.80 ~ 1.85	0.020	0.020	≤0.65	1.50 ~ 2.25	≤0.60	≤0.40	—
TUN3[4]	≤0.10	≤0.80	0.60 ~ 1.60	0.020	0.020	≤0.15	1.25 ~ 2.00	≤0.35	≤0.30	Ti + V + Zr≤0.05
TUN4M2[4]	≤0.10	≤0.80	0.90 ~ 1.80	0.020	0.020	≤0.35	1.40 ~ 2.10	0.25 ~ 0.65	≤0.30	Ti + V + Zr≤0.05
TUN4M3[4]	≤0.10	≤0.80	0.90 ~ 1.80	0.020	0.020	≤0.65	1.80 ~ 2.60	0.20 ~ 0.70	≤0.30	Ti + V + Zr≤0.05
TUN5M3[4]	≤0.10	≤0.80	1.30 ~ 2.25	0.020	0.020	≤0.80	2.00 ~ 2.80	0.20 ~ 0.70	≤0.30	Ti + V + Zr≤0.05
TUN4M21[4]	≤0.12	≤0.50	1.60 ~ 2.50	0.015	0.015	≤0.40	1.40 ~ 2.10	0.20 ~ 0.50	≤0.30	Ti≤0.03，V≤0.02 Zr≤0.02
TUN4M4[4]	≤0.12	≤0.50	1.60 ~ 2.50	0.015	0.015	≤0.40	1.40 ~ 2.10	0.70 ~ 1.00	≤0.30	Ti≤0.03，V≤0.02 Zr≤0.02
TUNCC	≤0.12	≤0.80	0.50 ~ 1.60	0.035	0.030	0.45 ~ 0.70	0.40 ~ 0.80	—	0.30 ~ 0.75	—
TUG[5]	其他化学成分由供需双方协商确定									—

① 在化学分析时，如果发现本表中未列出的其他元素，其总含量应≤0.50%。

② 此类焊丝也可用作热强钢（见 GB/T 12470—2018），对其熔敷金属化学成分要求一致，但化学成分分类的名称不同。

③ 该分类中当最大碳含量限制在≤0.10%时，允许 Mn 含量≤1.80%。

④ 此类焊丝也可用作高强钢（见 GB/T 36034—2018）。

⑤ 对于表中未列出的焊丝型号，可用类似的型号表示（加前缀字母 TUG），对其化学成分范围不作规定。但两种分类之间不可替换。

（3）埋弧焊用非合金钢及细晶粒钢焊丝和焊剂组合的熔敷金属力学性能

埋弧焊用非合金钢及细晶粒钢焊丝和焊剂组合的熔敷金属抗拉强度和冲击吸收能量，见表7-1-45和表7-1-46。

表7-1-45 埋弧焊用非合金钢及细晶粒钢焊丝和焊剂组合的熔敷金属抗拉强度

抗拉强度代号[1]	多道焊熔敷金属			单道焊焊接接头	
	R_m/MPa	R_{eL}/MPa	A(%)	抗拉强度代号	R_m/MPa
		≥			≥
43X	430~600	330	20	43S	430
49X	490~570	390	18	49S	490
55X	550~740	460	17	55S	550
57X	570~770	490	17	57S	570

① X 是"A"或者"P"，"A"指在焊态条件下试验；"P"指在焊后热处理条件下试验。

表7-1-46 埋弧焊用非合金钢及细晶粒钢焊丝和焊剂组合的熔敷金属冲击吸收能量（KV_2），
小于27J时的试验温度[1]

冲击试验温度代号	Z	Y	0	2	3	4	5	6	7	8	9	10
试验温度/℃	无要求	+20	0	-20	-30	-40	-50	-60	-70	-80	-90	-100

① 如果冲击试验温度代号加后缀字母 U，则表示冲击吸收能量 KV_2≥47J。

（4）新版标准的焊丝型号表示方法

A）实心焊丝

2018版标准（埋弧焊用非合金钢及细晶粒钢实心焊丝）的型号由2部分组成，例如：<u>SU 2M3</u>

其中：SU——埋弧焊用实心焊丝；2M3——化学成分分类代号。

B）焊丝和焊剂组合

2018版标准（埋弧焊用非合金钢及细晶粒钢焊丝和焊剂组合）的型号由5部分组成（另有附加代号），举例如下：

例1. <u>S</u> <u>55S</u> <u>4</u> <u>AB</u>-<u>SU2M3</u>

其中：S——埋弧焊用焊丝和焊剂组合；55S——双面单道焊焊接接头的抗拉强度，55 表示下限值为550MPa；4——冲击吸收能量（KV_2）≥27J 时的试验温度为 -40℃；AB——焊剂类型；SU2M3——实心焊丝型号。

例2. <u>S</u> <u>49A</u> <u>2U</u> <u>AB</u>-<u>SU41</u> <u>H5</u>

其中：S——埋弧焊用焊丝和焊剂组合；49A——焊态下多道焊熔敷金属的抗拉强度，49 表示下限值为490MPa；2U——表示冲击吸收能量（KV_2）≥47J 时的试验温度为 -20℃；AB——焊剂类型；SU41——实心焊丝型号；H5——选用的附加代号，表示熔敷金属扩散氢含量≤5mL/100g。

7.1.18 埋弧焊用高强钢实心焊丝和药芯焊丝 ［GB/T 36034—2018］

（1）中国 GB 标准埋弧焊用高强钢实心焊丝的型号与化学成分（表7-1-47）

表7-1-47 埋弧焊用高强钢实心焊丝的型号与化学成分[1]（质量分数）（%）

焊丝型号	冶金牌号分类	C	Si	Mn	P ≤	S ≤	Cr	Ni	Mo	其他[2]
SUM3[3]	H08MnMo[3]	≤0.10	≤0.25	1.20~1.60	0.030	0.030	≤0.20	≤0.30	0.30~0.50	Ti 0.05~0.15 Cu≤0.35
SUM31[3]	H08Mn2Mo[3]	0.06~0.11	≤0.25	1.60~1.90	0.030	0.030	≤0.20	≤0.30	0.50~0.70	Ti 0.05~0.15 Cu≤0.35
SUM3V	H08Mn2MoV	0.06~0.11	≤0.25	1.60~1.90	0.030	0.030	≤0.20	≤0.30	0.50~0.70	V 0.08~0.12 Ti 0.05~0.15 Cu≤0.35

（续）

焊丝型号	冶金牌号分类	C	Si	Mn	P ≤	S ≤	Cr	Ni	Mo	其 他②
SUM4	H10Mn2Mo	0.08 ~ 0.13	≤0.40	1.70 ~ 2.00	0.030	0.030	≤0.20	≤0.30	0.60 ~ 0.80	Ti 0.05 ~ 0.15 Cu≤0.35
SUM4V	H10Mn2MoV	0.08 ~ 0.13	≤0.40	1.70 ~ 2.00	0.030	0.030	≤0.20	≤0.30	0.60 ~ 0.80	V 0.08 ~ 0.12 Ti 0.05 ~ 0.15 Cu≤0.35
SUN1M3③	H13Mn2NiMo③	0.10 ~ 0.18	≤0.20	1.70 ~ 2.40	0.025	0.025	≤0.20	0.40 ~ 0.80	0.40 ~ 0.65	Cu≤0.35
SUN2M1③	H10MnNiMo③	≤0.12	0.05 ~ 0.30	1.20 ~ 1.60	0.020	0.020	≤0.20	0.75 ~ 1.25	0.10 ~ 0.30	Cu≤0.40
SUN2M2	H11MnNiMo	0.07 ~ 0.15	0.15 ~ 0.35	0.90 ~ 1.70	0.025	0.025	—	0.95 ~ 1.60	0.25 ~ 0.55	Cu≤0.35
SUN2M3③	H12MnNiMo③	≤0.15	≤0.25	0.80 ~ 1.40	0.020	0.020	≤0.20	0.80 ~ 1.20	0.40 ~ 0.65	Cu≤0.40
SUN2M31③	H11Mn2NiMo③	≤0.15	≤0.25	1.30 ~ 1.90	0.020	0.020	≤0.20	0.80 ~ 1.20	0.40 ~ 0.65	Cu≤0.40
SUN2M32③	H12Mn2NiMo③	≤0.15	≤0.25	1.60 ~ 2.30	0.020	0.020	≤0.20	0.80 ~ 1.20	0.40 ~ 0.65	Cu≤0.40
SUN2M33	H14Mn2NiMo	0.10 ~ 0.18	≤0.30	1.70 ~ 2.40	0.025	0.025	—	0.70 ~ 1.10	0.40 ~ 0.65	Cu≤0.35
SUN3M2	H09Mn2Ni2Mo	≤0.10	0.20 ~ 0.60	1.25 ~ 1.80	0.010	0.015	≤0.30	1.40 ~ 2.10	0.25 ~ 0.55	Al≤0.10 V≤0.05 Ti≤0.10 Zr≤0.10 Cu≤0.25
SUN3M3③	H11MnNi2Mo③	≤0.15	≤0.25	0.80 ~ 1.40	0.020	0.020	≤0.20	1.20 ~ 1.80	0.40 ~ 0.65	Cu≤0.40
SUN3M31③	H11Mn2Ni2Mo③	≤0.15	≤0.25	1.30 ~ 1.90	0.020	0.020	≤0.20	1.20 ~ 1.80	0.40 ~ 0.65	Cu≤0.40
SUN4M1③	H15MnNi2Mo③	0.12 ~ 0.19	0.10 ~ 0.30	0.60 ~ 1.00	0.015	0.030	≤0.20	1.60 ~ 2.10	0.10 ~ 0.30	Cu≤0.35
SUN4M3	H12Mn2Ni2Mo	≤0.15	≤0.25	1.30 ~ 1.90	—	—	—	1.80 ~ 2.40	0.40 ~ 0.65	Cu≤0.40
SUN4M31	H13Mn2Ni2Mo	≤0.15	≤0.25	1.60 ~ 2.30	—	—	—	1.80 ~ 2.40	0.40 ~ 0.65	Cu≤0.40
SUN4M2	H08Mn2Ni2Mo	≤0.10	0.20 ~ 0.60	1.40 ~ 1.80	0.010	0.015	≤0.55	1.90 ~ 2.60	0.25 ~ 0.65	Al≤0.10 V≤0.04 Ti≤0.10 Zr≤0.10 Cu≤0.25
SUN5M3	H08Mn2Ni3Mo	≤0.10	0.20 ~ 0.60	1.40 ~ 1.80	0.010	0.015	≤0.60	2.00 ~ 2.80	0.30 ~ 0.65	V≤0.03
SUN5M4	H13Mn2Ni3Mo	≤0.15	≤0.25	1.60 ~ 2.30	—	—	≤0.20	2.20 ~ 3.00	0.40 ~ 0.90	—
SUN6M1	H11MnNi3Mo	≤0.15	≤0.25	0.80 ~ 1.40	—	—	—	2.40 ~ 3.70	0.15 ~ 0.40	—
SUN6M11	H11Mn2Ni3Mo	≤0.15	≤0.25	1.30 ~ 1.90	—	—	—	2.40 ~ 3.70	0.15 ~ 0.40	—
SUN6M3	H12MnNi3Mo	≤0.15	≤0.25	0.80 ~ 1.40	—	—	—	2.40 ~ 3.70	0.40 ~ 0.65	—
SUN6M31	H12Mn2Ni3Mo	≤0.15	≤0.25	1.30 ~ 1.90	—	—	—	2.40 ~ 3.70	0.40 ~ 0.65	—
SUN1C1M1	H20MnNiCrMo	0.16 ~ 0.23	0.15 ~ 0.35	0.60 ~ 0.90	0.025	0.030	0.40 ~ 0.60	0.40 ~ 0.80	0.15 ~ 0.30	Cu≤0.35
SUN2C1M3	H12Mn2NiCrMo	≤0.15	≤0.40	1.30 ~ 2.30	—	—	0.05 ~ 0.70	0.40 ~ 1.75	0.30 ~ 0.80	—
SUN2C2M3	H11Mn2NiCrMo	≤0.15	≤0.40	1.00 ~ 2.30	—	—	0.50 ~ 1.20	0.40 ~ 1.75	0.30 ~ 0.90	—

（续）

焊丝型号	冶金牌号分类	C	Si	Mn	P ≤	S ≤	Cr	Ni	Mo	其　他[2]
SUN3C2M1	H08CrNi2Mo	0.05 ~ 0.10	0.10 ~ 0.30	0.50 ~ 0.85	0.030	0.025	0.70 ~ 1.00	1.40 ~ 1.80	0.20 ~ 0.40	Cu≤0.35
SUN4C2M3	H12Mn2Ni2CrMo	≤0.15	≤0.40	1.20 ~ 1.90	—	—	0.50 ~ 1.20	1.50 ~ 2.25	0.30 ~ 0.80	—
SUN4C1M3	H13Mn2Ni2CrMo	≤0.15	≤0.40	1.20 ~ 1.90	0.018	0.018	0.20 ~ 0.65	1.50 ~ 2.25	0.30 ~ 0.80	Cu≤0.40
SUN4C1M31	H15Mn2Ni2CrMo	0.10 ~ 0.20	0.10 ~ 0.20	1.40 ~ 1.60	0.020	0.020	0.50 ~ 0.80	2.00 ~ 2.50	0.35 ~ 0.55	Cu≤0.35
SUN5C2M3	H08Mn2Ni3CrMo	≤0.10	≤0.40	1.30 ~ 2.30	—	—	0.60 ~ 1.20	2.10 ~ 3.10	0.30 ~ 0.70	—
SUN5CM3	H13Mn2Ni3CrMo	0.10 ~ 0.17	≤0.20	1.70 ~ 2.20	0.010	0.015	0.25 ~ 0.50	2.30 ~ 2.80	0.45 ~ 0.65	Cu≤0.50
SUN7C3M3	H13MnNi4Cr2Mo	0.08 ~ 0.18	≤0.40	0.20 ~ 1.20			1.00 ~ 2.00	3.00 ~ 4.00	0.30 ~ 0.70	Cu≤0.40
SUN10C1M3	H13MnNi6CrMo	0.08 ~ 0.18	≤0.40	0.20 ~ 1.20			0.30 ~ 0.70	4.50 ~ 5.50	0.30 ~ 0.70	Cu≤0.40
SUN2M2C1	H10Mn2NiMoCu	≤0.12	0.20 ~ 0.60	1.25 ~ 1.80	0.010	0.010	≤0.30	0.80 ~ 1.25	0.20 ~ 0.55	Cu 0.35 ~ 0.65 Al≤0.10 V≤0.05 Ti≤0.10 Zr≤0.10
SUN1C1C[3]	H08MnCrNiCu[3]	≤0.10	≤0.60	1.20 ~ 1.60	0.025	0.020	0.30 ~ 0.90	0.20 ~ 0.60	—	Cu 0.20 ~ 0.50
SUNCC1[3]	H10MnCrNiCu[3]	≤0.12	0.20 ~ 0.35	0.35 ~ 0.65	0.025	0.030	0.50 ~ 0.80	0.40 ~ 0.80	≤0.15	Cu 0.30 ~ 0.80
SUG[4]	HG[4]	其他化学成分由供需双方协商确定								—

① 在化学分析时如果发现本表中未列出的其他元素，其总含量应≤0.50%。

② Cu 含量应包括镀铜层的含量。

③ 此类焊丝也可作为埋弧焊用非合金钢及细晶粒钢实心焊丝和药芯焊丝［GB/T 5293—2018］，当此类实心焊丝匹配相应焊剂，其熔敷金属抗拉强度能够达到本标准适用范围时，这类焊丝也适用于本标准。

④ 对于表中未列出的焊丝型号，可用类似的型号表示（加前缀字母 SUG），未列出的焊丝冶金牌号分类，可用类似的冶金牌号分类表示（加前缀字母 HG），对其化学成分范围不作规定。但两种分类之间不可替换。

（2）中国 GB 标准埋弧焊用高强钢药芯焊丝和焊剂组合的熔敷金属化学成分（表 7-1-48）

表 7-1-48　埋弧焊用高强钢药芯焊丝和焊剂组合的熔敷金属化学成分[1]（质量分数）（%）

化学成分分类[2]	C	Si	Mn	P ≤	S ≤	Cr	Ni	Mo	其　他
TUN1M3	≤0.17	≤0.80	1.25 ~ 2.25	0.030	0.030	—	0.40 ~ 0.80	0.40 ~ 0.65	Cu≤0.35
TUN2M3	≤0.17	≤0.80	1.25 ~ 2.25	0.030	0.030	—	0.70 ~ 1.10	0.40 ~ 0.65	Cu≤0.35
TUN3M2	≤0.12	≤0.80	0.70 ~ 1.50	0.030	0.030	≤0.15	0.90 ~ 1.70	≤0.55	Cu≤0.35
TUN3	≤0.10	≤0.80	0.60 ~ 1.60	0.030	0.030	≤0.15	1.25 ~ 2.00	≤0.35	Ti + V + Zr≤0.03 Cu≤0.30
TUN4M2	≤0.10	≤0.80	0.90 ~ 1.80	0.020	0.020	≤0.35	1.40 ~ 2.10	0.25 ~ 0.65	Ti + V + Zr≤0.03 Cu≤0.30
TUN4M21	≤0.12	≤0.50	1.60 ~ 2.50	0.015	0.015	≤0.40	1.40 ~ 2.10	0.20 ~ 0.50	Ti≤0.03，V≤0.02 Zr≤0.02，Cu≤0.30

（续）

化学成分分类[2]	C	Si	Mn	P ≤	S ≤	Cr	Ni	Mo	其 他
TUN4M4	≤0.12	≤0.50	1.60～2.50	0.015	0.015	≤0.40	1.40～2.10	0.70～1.00	Ti≤0.03, V≤0.02 Zr≤0.02, Cu≤0.30
TUN4M3	≤0.10	≤0.80	0.90～1.80	0.020	0.020	≤0.65	1.80～2.60	0.20～0.70	Ti+V+Zr≤0.03 Cu≤0.30
TUN5M3	≤0.10	≤0.80	1.30～2.25	0.020	0.020	≤0.80	2.00～2.80	0.30～0.80	Ti+V+Zr≤0.03 Cu≤0.30
TUN1C2	≤0.12	≤0.08	≤1.60	0.030	0.035	≤0.60	0.40～0.80	≤0.25	Ti+V+Zr≤0.03 Cu≤0.35
TUN4C2M3	≤0.14	≤0.80	0.80～1.85	0.030	0.020	≤0.65	1.50～2.25	≤0.60	Cu≤0.40
TUN5C2M3	≤0.17	≤0.80	1.20～1.80	0.020	0.020	≤0.65	2.00～2.80	0.30～0.80	Cu≤0.50
TUG[3]	其他化学成分由供需双方协商确定								—

① 在化学分析时，如果发现本表中未列出的其他元素，其总含量应≤0.50%。

② 此类焊丝也可作为埋弧焊用非合金钢及细晶粒钢实心焊丝和药芯焊丝〔GB/T 5293—2018〕。

③ 对于表中未列出的焊丝型号，可用类似的型号表示（加前缀字母 SUG），未列出的焊丝冶金牌号分类，可用类似的冶金牌号分类表示（加前缀字母 HG），对其化学成分范围不作规定。但两种分类之间不可替换。

（3）实心焊丝型号和药芯焊丝化学成分分类与焊后热处理条件（表7-1-49）

表7-1-49　实心焊丝型号和药芯焊丝化学成分分类与焊后热处理条件

化学成分分类	焊后热处理温度/℃	化学成分分类	焊后热处理温度/℃
SUM3，SUM31 SUN1M3，TUN1M3	620±15	SUN4M2，TUN4M3	605±15[①]
		SUN5M3，TUN5M3	605±15[①]
SUN2M1	620±15	SUN5M4	605±15
SUN2M3，TUN2M3	620±15	SUN6M1	605±15
SUN2M31	620±15	SUN6M11	605±15
SUN2M32	620±15	SUN6M3	605±15
SUN2M33	620±15	SUN6M31	605±15
SUN2M2，TUN3M2	620±15	SUN1C1M1，TUN1C2	565±15[①]
TUN3	605±15[①]	SUN2C1M3	565±15
SUN3M2，TUN4M2	650±15[①]	SUN2C2M3	565±15
TUN4M21	605±15[①]	SUN4C2M3	565±15
SUN3M3	620±15	SUN4C1M3，TUN4C2M3	565±15[①]
SUN3M31	620±15	SUN5CM3，TUN5C2M3	565±15[①]
TUN4M4	605±15[①]	SUN5C2M3	565±15
SUN4M1	620±15	SUN7C3M3	565±15
SUN4M3	620±15	SUN10C1M3	565±15
SUN4M31	620±15	SUG，TUG，其他	—[②]

① 此分类通常在焊态条件下使用。

② 供需双方协商确定。

（4）埋弧焊用高强钢焊丝和焊剂组合的熔敷金属力学性能

埋弧焊用高强钢焊丝和焊剂组合的熔敷金属抗拉强度和冲击吸收能量见表7-1-50 和表7-1-51。

表 7-1-50　埋弧焊用高强钢焊丝和焊剂组合的熔敷金属抗拉强度

抗拉强度代号[1]	R_m/MPa	R_{eL}[2]/MPa	A（%）	抗拉强度代号	R_m/MPa	R_{eL}/MPa	A（%）
		≥				≥	
59X	590~790	490	16	76X	760~860	670	13
62X	620~820	500	15	78X	780~980	670	13
69X	690~890	550	14	83X	830~1030	740	12

① X 表示 A 或 P，A—在焊态条件下试验；P—在焊后热处理条件下试验。

② 当屈服发生不明显时，应测定 $R_{p0.2}$。

表 7-1-51　埋弧焊用高强钢焊丝和焊剂组合的熔敷金属冲击吸收能量 $KV_2 \geqslant 27J$ 时的试验温度[1]

冲击试验温度代号	Z	Y	0	2	3	4	5	6
试验温度/℃	无要求	+20	0	-20	-30	-40	-50	-60

① 如果冲击试验温度代号加后缀字母 U，则表示 $KV_2 \geqslant 47J$。

（5）新版标准的焊丝型号表示方法

A）实心焊丝

2018 版标准（埋弧焊用高强钢实心焊丝）的型号由 2 部分组成。

例 1. SU N2M2

其中：SU——埋弧焊用实心焊丝；N2M2——化学成分分类代号。

B）焊丝-焊剂组合

2018 版标准（埋弧焊用高强钢焊丝和焊剂组合）的型号由 5 部分组成（另有附加代号），举例如下：

例 2. S 69S 4 AB- SUN2M2 HS

其中：S——埋弧焊用焊丝和焊剂组合；69S——表示焊态下的熔敷金属抗拉强度，69 表示下限值为 690MPa；4——表示冲击吸收能量（KV_2）≥27J 时的试验温度为 -40℃；AB——焊剂类型；SUN2M2——实心焊丝型号。HS——选用的附加代号，表示熔敷金属扩散氢含量≤5mL/100g。

7.1.19　埋弧焊用热强钢实心焊丝和药芯焊丝 ［GB/T 12470—2018］

（1）中国 GB 标准埋弧焊用热强钢实心焊丝的型号与化学成分（表 7-1-52）

表 7-1-52　埋弧焊用热强钢实心焊丝的型号与化学成分[1]（质量分数）（%）

焊丝型号	冶金牌号分类	C	Si	Mn	P ≤	S ≤	Cr	Mo	V	其　他[2]
SU1CM31	H13MnMo	0.05~0.15	≤0.25	0.65~1.00	0.025	0.025	—	0.45~0.65	—	Cu≤0.35
SU3CM31[3]	H15MnMo[3]	≤0.18	≤0.60	1.10~1.90	0.025	0.025	—	0.30~0.70	—	Cu≤0.35
SU4CM32[3],[4]	H11Mn2Mo[3],[4]	0.05~0.17	≤0.20	1.65~2.20	0.025	0.025	—	0.45~0.65	—	Cu≤0.35
SU4CM33[3]	H15Mn2Mo[3]	≤0.18	≤0.60	1.70~2.60	0.025	0.025	—	0.30~0.70	—	Cu≤0.35
SUCM	H07CrMo	≤0.10	0.05~0.30	0.40~0.80	0.025	0.025	0.40~0.75	0.45~0.65	—	Cu≤0.35
SUCM1	H12CrMo	≤0.15	≤0.40	0.30~1.20	0.025	0.025	0.30~0.70	0.30~0.70	—	Cu≤0.35
SUCM2	H10CrMo	≤0.12	0.15~0.35	0.40~0.70	0.030	0.030	0.45~0.65	0.40~0.60	—	Ni≤0.30 Cu≤0.35
SUC1MH	H19CrMo	0.15~0.23	0.40~0.60	0.40~0.70	0.025	0.025	0.45~0.65	0.90~1.25	—	Cu≤0.30

（续）

焊丝型号	冶金牌号分类	C	Si	Mn	P ≤	S ≤	Cr	Mo	V	其 他[②]
SU1CM	H11CrMo	0.07 ~ 0.15	0.05 ~ 0.30	0.45 ~ 1.00	0.025	0.025	1.00 ~ 1.75	0.45 ~ 0.65	—	Cu≤0.35
SU1CM1	H14CrMo	≤0.15	≤0.60	0.30 ~ 1.20	0.025	0.025	0.80 ~ 1.80	0.40 ~ 0.65	—	Cu≤0.35
SU1CM2	H08CrMo	≤0.10	0.15 ~ 0.35	0.40 ~ 0.70	0.030	0.030	0.80 ~ 1.10	0.40 ~ 0.60	—	Ni≤0.30 Cu≤0.35
SU1CM3	H13CrMo	0.11 ~ 0.16	0.15 ~ 0.35	0.40 ~ 0.70	0.030	0.030	0.80 ~ 1.10	0.40 ~ 0.60	—	Ni≤0.30 Cu≤0.35
SU1CMV	H08CrMoV	≤0.10	0.15 ~ 0.35	0.40 ~ 0.70	0.030	0.030	1.00 ~ 1.30	0.50 ~ 0.70	0.15 ~ 0.35	Ni≤0.30 Cu≤0.35
SU1CMH	H18CrMo	0.15 ~ 0.22	0.15 ~ 0.35	0.40 ~ 0.70	0.025	0.030	0.80 ~ 1.10	0.15 ~ 0.25	—	Ni≤0.30 Cu≤0.35
SU1CMVH	H30CrMoV	0.28 ~ 0.33	0.55 ~ 0.75	0.45 ~ 0.65	0.015	0.015	1.00 ~ 1.50	0.40 ~ 0.65	0.20 ~ 0.30	Cu≤0.30
SU2C1M[⑤]	H10Cr3Mo[⑤]	0.05 ~ 0.15	0.05 ~ 0.30	0.40 ~ 0.80	0.025	0.025	2.25 ~ 3.00	0.90 ~ 1.10	—	Cu≤0.35
SU2C1M1	H12Cr3Mo	≤0.15	≤0.35	0.30 ~ 1.20	0.025	0.025	2.20 ~ 2.80	0.90 ~ 1.20	—	Cu≤0.35
SU2C1M2	H13Cr3Mo	0.05 ~ 0.18	≤0.35	0.30 ~ 1.20	0.025	0.025	2.20 ~ 2.80	0.90 ~ 1.20	—	Cu≤0.35
SU2C1MV	H10Cr3MoV	0.05 ~ 0.15	≤0.40	0.50 ~ 1.50	0.025	0.025	2.20 ~ 2.80	0.90 ~ 1.20	0.15 ~ 0.45	Nb 0.01 ~ 0.10 Cu≤0.35
SU5CM	H08MnCr6Mo	≤0.10	0.05 ~ 0.50	0.35 ~ 0.70	0.025	0.025	4.50 ~ 6.50	0.45 ~ 0.70	—	Cu≤0.35
SU5CM1	H12MnCr5Mo	≤0.15	≤0.60	0.30 ~ 1.20	0.025	0.025	4.50 ~ 6.00	0.40 ~ 0.65	—	Cu≤0.35
SU5CMH	H33MnCr5Mo	0.25 ~ 0.40	0.25 ~ 0.50	0.75 ~ 1.00	0.025	0.025	4.80 ~ 6.00	0.45 ~ 0.65	—	Cu≤0.35
SU9C1M	H09MnCr9Mo	≤0.10	0.05 ~ 0.50	0.30 ~ 0.65	0.025	0.025	8.00 ~ 10.5	0.80 ~ 1.20	—	Cu≤0.35
SU9C1MV[⑥]	H10MnCr9NiMoV[⑥]	0.07 ~ 0.13	≤0.50	≤1.25	0.010	0.010	8.50 ~ 10.5	0.85 ~ 1.15	0.15 ~ 0.25	Ni≤1.00 Al≤0.04 Nb 0.02 ~ 0.10 N 0.03 ~ 0.07 Cu≤0.10
SU9C1MV1	H09MnCr9NiMoV	≤0.12	≤0.50	0.50 ~ 1.25	0.025	0.025	8.00 ~ 10.5	0.80 ~ 1.20	0.10 ~ 0.35	Ni 0.10 ~ 0.80 Nb 0.01 ~ 0.12 N 0.01 ~ 0.05 Cu≤0.35

（续）

焊丝型号	冶金牌号分类	C	Si	Mn	P ≤	S ≤	Cr	Mo	V	其 他[2]
XX9C1MV2	H09Mn2Cr9NiMoV	≤0.12	≤0.50	1.20 ~ 1.90	0.025	0.025	8.00 ~ 10.5	0.80 ~ 1.20	0.15 ~ 0.50	Ni 0.20 ~ 1.00 Nb 0.01 ~ 0.12 N 0.01 ~ 0.05 Cu≤0.35
SUG[7]	HG[7]	其他化学成分由供需双方协商确定								—

① 在化学分析时，如果发现本表中未列出的其他元素，其总含量应≤0.50%。

② Cu 含量应包括镀铜层的含量。

③ 该牌号分类中 Mo≈0.5%，而不含 Cr，如果 Mn 含量超过 1%，则可能无法保证最佳的抗蠕变性能。

④ 此类焊丝也可作为埋弧焊用非合金钢及细晶粒钢实心焊丝和药芯焊丝［GB/T 5293—2018］

⑤ 当该牌号分类添加后缀字母 R 时，表示其化学成分规定为：S≤0.010%，P≤0.010%，Cu≤0.15%，As≤0.005%，Sn≤0.005%，Sb≤0.005%。

⑥ Mn + Ni≤1.50%。

⑦ 对于表中未列出的焊丝型号，可用类似的型号表示（加前缀字母 XXG），对其化学成分范围不作规定。但两种分类之间不可替换。

（2）中国 GB 标准埋弧焊用热强钢实心/药芯焊丝和焊剂组合的熔敷金属化学成分（表7-1-53）

表 7-1-53 埋弧焊用热强钢实心/药芯焊丝和焊剂组合的熔敷金属化学成分[1]（质量分数）（%）

化学成分分类[2]	C	Si	Mn	P ≤	S ≤	Cr	Mo	V	其 他
XX1M31[3]	≤0.12	≤0.80	≤1.00	0.030	0.030	—	0.40 ~ 0.65	—	Cu≤0.35
XX3CM31[3]	≤0.15	≤0.80	≤1.60	0.030	0.030	—	0.40 ~ 0.65	—	Cu≤0.35
XX4CM32[3]	≤0.15	≤0.80	≤2.10	0.030	0.030	—	0.40 ~ 0.65	—	Cu≤0.35
XX4CM33[3]	≤0.15	≤0.80	≤2.10	0.030	0.030	—	0.40 ~ 0.65	—	Cu≤0.35
XXCM	≤0.12	≤0.80	≤1.60	0.030	0.030	0.40 ~ 0.65	0.40 ~ 0.65	—	Cu≤0.35
XX1CM1	≤0.12	≤0.80	≤1.60	0.030	0.030	0.40 ~ 0.65	0.40 ~ 0.65	—	Cu≤0.35
XXC1MH	≤0.18	≤0.80	≤1.20	0.030	0.030	0.40 ~ 0.65	0.90 ~ 1.20	—	Cu≤0.35
XX1CM[4]	0.05 ~ 0.15	≤0.80	≤1.20	0.030	0.030	1.00 ~ 1.50	0.40 ~ 0.65	—	Cu≤0.35
XX1CM1	0.05 ~ 0.15	≤0.80	≤1.20	0.030	0.030	1.00 ~ 1.50	0.40 ~ 0.65	—	Cu≤0.35
XX1CMVH	0.10 ~ 0.25	≤0.80	≤1.20	0.020	0.020	1.00 ~ 1.50	0.40 ~ 0.65	≤0.30	Cu≤0.35
XX2C1M[4]	0.05 ~ 0.15	≤0.80	≤1.20	0.030	0.030	2.00 ~ 2.50	0.90 ~ 1.20	—	Cu≤0.35
XX2C1M1	0.05 ~ 0.15	≤0.80	≤1.20	0.030	0.030	2.00 ~ 2.50	0.90 ~ 1.20	—	Cu≤0.35
XX2C1M2	0.05 ~ 0.15	≤0.80	≤1.20	0.030	0.030	2.00 ~ 2.50	0.90 ~ 1.20	—	Cu≤0.35
XX2C1MV	0.05 ~ 0.15	≤0.80	≤1.30	0.030	0.030	2.00 ~ 2.80	0.90 ~ 1.20	≤0.40	Nb 0.01 ~ 0.10 Cu≤0.35
XX5CM	≤0.12	≤0.80	≤1.20	0.030	0.030	4.50 ~ 6.50	0.45 ~ 0.65	—	Cu≤0.35
XX5CM1	≤0.12	≤0.80	≤1.20	0.030	0.030	4.50 ~ 6.00	0.40 ~ 0.65	—	Cu≤0.35
XX5CMH	0.10 ~ 0.25	≤0.80	≤1.20	0.030	0.030	4.50 ~ 6.00	0.40 ~ 0.65	—	Cu≤0.35
XX9C1M	≤0.12	≤0.80	≤1.20	0.030	0.030	8.00 ~ 10.00	0.80 ~ 1.20	—	Cu≤0.35
XX9C1MV[5]	0.08 ~ 0.13	≤0.80	≤1.20	0.010	0.010	8.00 ~ 10.50	0.85 ~ 1.20	0.15 ~ 0.25	Nb 0.02 ~ 0.10, Ni≤0.80 Al≤0.04, Cu≤0.10 N 0.02 ~ 0.07
XX9C1MV1[5]	≤0.12	≤0.60	≤1.25	0.030	0.030	8.00 ~ 10.50	0.80 ~ 1.20	0.10 ~ 0.50	Nb 0.01 ~ 0.12, Ni≤1.00, Cu≤0.35 N 0.01 ~ 0.05

（续）

化学成分分类[2]	C	Si	Mn	P ≤	S ≤	Cr	Mo	V	其　他
XX9C1MV2	≤0.12	≤0.60	1.25 ~ 2.00	0.030	0.030	8.00 ~ 10.50	0.80 ~ 1.20	0.10 ~ 0.50	Nb 0.01 ~ 0.12 Ni≤1.00，Cu≤0.35 N 0.01 ~ 0.05
XXG[6]	其他化学成分由供需双方协商确定								—

① 在化学分析时，如果发现本表中未列出的其他元素，其总含量应≤0.50%。
② 当采用实心焊丝时，XX 为 SU，当采用药芯焊丝时，XX 为 TU。
③ 当采用药芯焊丝时，该冶金牌号分类也列于 ［GB/T 5293—2018］，其熔敷金属化学成分要求一致，但冶金牌号分类的名称不同。
④ 当该冶金牌号分类添加后缀字母 R 时，表示其化学成分规定为：S≤0.010%，P≤0.010%，Cu≤0.15%，As≤0.005%，Sn≤0.005%，Sb≤0.005%。
⑤ （Mn + Ni）≤1.50%。
⑥ 对于表中未列出的焊丝型号，可用类似的型号表示（加前缀字母 XXG），对其化学成分范围不作规定。但两种分类之间不可替换。

（3）埋弧焊用热强钢焊丝和焊剂组合的熔敷金属力学性能

埋弧焊用热强钢焊丝和焊剂组合的熔敷金属抗拉强度和冲击吸收能量，见表 7-1-54 和表 7-1-55。

表 7-1-54　埋弧焊用热强钢焊丝和焊剂组合的熔敷金属抗拉强度

抗拉强度代号	R_m/MPa	$R_{eL}^{①}$/MPa	A（%）
		≥	
49	490 ~ 650	400	20
55	550 ~ 700	470	18
62	620 ~ 780	540	15
69	690 ~ 820	610	14

① 当屈服发生不明显时，应测定 $R_{p0.2}$。

表 7-1-55　埋弧焊用热强钢焊丝和焊剂组合的熔敷金属冲击吸收能量 KV_2≥27J 时的试验温度[①]

冲击试验温度代号	Z	Y	0	2	3	4	5	6
试验温度/℃	无要求	+20	0	−20	−30	−40	−50	−60

① 如果冲击试验温度代号加后缀字母 U，则表示冲击吸收能量 KV_2≥47J。

（4）新版标准的焊丝型号表示方法

A）实心焊丝

2018 版标准（埋弧焊用热强钢实心焊丝）的型号由 2 部分组成。

例 1. SU 1CM

其中：SU——埋弧焊用实心焊丝；1CM——化学成分分类代号。

B）焊丝—焊剂组合

2018 版标准（埋弧焊用热强钢焊丝和焊剂组合）的型号由 5 部分组成（另有附加代号），举例如下：

例 2. S 55 4 AB-SU1CM HS

其中：S——埋弧焊用焊丝和焊剂组合；55——焊态下的熔敷金属抗拉强度，55 表示下限值为 550MPa；4——冲击吸收能量（KV_2）≥27J 时的试验温度为 40℃；AB——焊剂类型；SU1CM——实心焊丝型号（TU×××——表示药芯焊丝型号）。HS——选用的附加代号，表示熔敷金属扩散氢含量≤5mL/100g。

7.1.20　埋弧焊用不锈钢焊丝 ［GB/T 17854—2018］

（1）中国 GB 标准埋弧焊用不锈钢焊丝和焊剂组合的熔敷金属化学成分（表 7-1-56）

表 7-1-56　埋弧焊用不锈钢焊丝和焊剂组合的熔敷金属的化学成分（质量分数）（%）

熔敷金属分类	C	Si	Mn	P ≤	S ≤	Cr	Ni	Mo	其　他
F308	≤0.08	≤1.00	0.50~2.50	0.040	0.030	18.0~21.0	9.00~11.0	—	—
F308L	≤0.04	≤1.00	0.50~2.50	0.040	0.030	18.0~21.0	9.00~12.0	—	—
F309	≤0.15	≤1.00	0.50~2.50	0.040	0.030	22.0~25.0	12.0~14.0	—	—
F309L	≤0.04	≤1.00	0.50~2.50	0.040	0.030	22.0~25.0	12.0~14.0	—	—
F309 LMo	≤0.04	≤1.00	0.50~2.50	0.040	0.030	22.0~25.0	12.0~14.0	2.00~3.00	—
F309Mo	≤0.12	≤1.00	0.50~2.50	0.040	0.030	22.0~25.0	12.0~14.0	2.00~3.00	—
F310	≤0.20	≤1.00	0.50~2.50	0.030	0.030	25.0~28.0	20.0~22.0	—	—
F312	≤0.15	≤1.00	0.50~2.50	0.040	0.030	28.0~32.0	8.00~10.5	—	—
F16-8-2	≤0.10	≤1.00	0.50~2.50	0.040	0.030	14.5~16.5	7.50~9.50	1.00~2.00	—
F316	≤0.08	≤1.00	0.50~2.50	0.040	0.030	17.0~20.0	11.0~14.0	2.00~3.00	—
F316L	≤0.04	≤1.00	0.50~2.50	0.040	0.030	17.0~20.0	11.0~16.0	2.00~3.00	—
F316LCu	≤0.04	≤1.00	0.50~2.50	0.040	0.030	17.0~20.0	11.0~16.0	1.20~2.75	Cu 1.00~2.50
F317	≤0.08	≤1.00	0.50~2.50	0.040	0.030	18.0~21.0	12.0~14.0	3.00~4.00	—
F317L	≤0.04	≤1.00	0.50~2.50	0.040	0.030	18.0~21.0	12.0~16.0	3.00~4.00	—
F347	≤0.08	≤1.00	0.50~2.50	0.040	0.030	18.0~21.0	9.00~11.0	—	Nb8C~1.00
F347L	≤0.04	≤1.00	0.50~2.50	0.040	0.030	18.0~21.0	9.00~11.0	—	Nb8C~1.00
F385	≤0.03	≤0.90	1.00~2.50	0.030	0.020	19.5~21.5	24.0~26.0	4.20~5.20	Cu 1.20~2.00
F410	≤0.12	≤1.00	≤1.20	0.040	0.030	11.0~13.5	≤0.60	—	—
F430	≤0.10	≤1.00	≤1.20	0.040	0.030	15.0~18.0	≤0.60	—	—
F2209	≤0.04	≤1.00	0.50~2.00	0.040	0.030	21.5~23.5	7.50~10.5	2.50~3.50	N 0.08~0.20
F2594	≤0.04	≤1.00	0.50~2.00	0.040	0.030	24.0~27.0	8.00~10.5	3.50~4.50	N 0.20~0.30
F×××	其他化学成分由供需双方协商确定								—

注：1. 允许增加本表未列出的其他熔敷金属分类，其化学成分由供需双方协商确定。

　　2. F×××—F 表示焊剂，×××为焊丝的化学成分分类，见 GB/T 29713—2013（见本节 7.1.9）。

（2）中国 GB 标准埋弧焊用不锈钢焊丝和焊剂组合的熔敷金属力学性能（表 7-1-57）

表 7-1-57　埋弧焊用不锈钢焊丝和焊剂组合的熔敷金属力学性能

熔敷金属分类	R_m/MPa ≥	A（%）≥	熔敷金属分类	R_m/MPa ≥	A（%）≥
F308	520	30	F316LCu	480	30
F308L	480	30	F317	520	25
F309	520	25	F317L	480	25
F309L	510	25	F347	520	25
F309LMo	510	25	F347L	510	25
F309Mo	550	25	F385	520	28
F310	520	25	F410[1]	440	15
F312	660	17	F430[2]	450	15
F16-8-2	550	30	F2209	690	15
F316	520	25	F2594	760	13
F316L	480	30	F×××[3]	由供需双方协商确定	

[1] 试样加工前经 730~760℃加热 1h 后，炉冷（冷却速度小于 110℃/h）至 315℃以下，再空冷。

[2] 试样加工前经 760~790℃加热 2h 后，炉冷（冷却速度小于 55℃/h）至 595℃以下，再空冷。

[3] 允许增加本表未列出的其他熔敷金属分类，其力学性能由供需双方协商确定。×××为焊丝的化学成分分类，见
　GB/T 29713—2013（见本节 7.1.9）。

（3）新版标准的焊丝型号表示方法

2018 版标准（埋弧焊用不锈钢焊丝和焊剂组合）的型号由 4 部分组成，举例如下：

例．S F308L AB-S308L

其中：S——埋弧焊用焊丝和焊剂组合；F308L——熔敷金属分类；AB——焊剂类型；S308L——焊丝型号。

7.1.21 我国焊条材料行业的结构钢焊条（含碳素钢焊条和低合金钢焊条）

（1）焊条材料行业结构钢焊条的统一牌号与熔敷金属的化学成分（表 7-1-58）

表 7-1-58 结构钢焊条的统一牌号与熔敷金属的化学成分（质量分数）（%）

焊条牌号	相当于 GB 标准型号	C	Si	Mn	P ≤	S ≤	Cr	Ni	Mo	其 他
J350	—	≤0.018	0.20 ~ 0.50	0.20 ~ 0.50	—	—	—	—	—	Al≤0.05
J420G	E4300	≤0.12	≤0.30	0.35 ~ 0.70	0.040	0.035	—	—	—	—
J421	E4313	≤0.12	≤0.35	0.30 ~ 0.60	0.040	0.035	—	—	—	—
J421X	E4313	≈0.08	≈0.25	≈0.5	0.040	0.035	—	—	—	—
J421Fe	E4314	≤0.12	≤0.35	0.30 ~ 0.60	—	—	—	—	—	—
J421Fe13	E4324	≤0.12	≤0.35	0.30 ~ 0.60	0.040	0.035	—	—	—	—
J421Fe16	E4324	≤0.12	≤0.35	0.30 ~ 0.60	0.040	0.035	—	—	—	—
J421Fe18	E4324	≤0.12	≤0.35	0.30 ~ 0.60	0.040	0.035	—	—	—	—
J421Z	E4324	≤0.12	≤0.35	0.30 ~ 0.60	0.040	0.035	—	—	—	—
J422	E4303	≤0.12	≤0.25	0.30 ~ 0.60	0.040	0.035	—	—	—	—
J422GM	E4303	≤0.12	≤0.25	0.30 ~ 0.55	0.040	0.035	—	—	—	—
J422Fe	E4303	≤0.12	≤0.25	0.30 ~ 0.60	0.040	0.035	—	—	—	—
J422Fe13	E4323	≤0.12	≤0.25	0.30 ~ 0.60	0.040	0.035	—	—	—	—
J422Fe16	E4323	≤0.12	≤0.25	0.30 ~ 0.60	0.040	0.035	—	—	—	—
J422Fe18	E4323	≤0.12	≤0.25	0.30 ~ 0.60	0.040	0.035	—	—	—	—
J422FeZ	E4323	≤0.12	≤0.25	0.30 ~ 0.70	0.040	0.035	—	—	—	—
J422CrCu	E4303	≤0.12	≤0.25	0.30 ~ 0.60	0.040	0.035	0.20 ~ 0.65	—	—	Cu 0.2 ~ 0.4
J422CuCrNi	E4303	≤0.12	≤0.25	0.30 ~ 0.60	0.040	0.035	0.20 ~ 0.80	≤0.50	—	Cu 0.2 ~ 0.4
J422Y	E4303	≤0.12	≤0.25	0.30 ~ 0.60	0.040	0.035	—	—	—	—
J423	E4301	≤0.12	≤0.20	0.35 ~ 0.60	0.040	0.035	—	—	—	—
J424	E4320	≤0.12	≤0.15	0.50 ~ 0.90	0.040	0.035	—	—	—	—
J424Fe14	E4327	≤0.12	≤0.15	0.50 ~ 0.90	0.040	0.035	—	—	—	—
J424Fe16	E4327	≤0.12	≤0.15	0.50 ~ 0.90	0.040	0.035	—	—	—	—
J424Fe18	E4327	≤0.12	≤0.15	0.50 ~ 0.90	0.040	0.035	—	—	—	—
J425	E4311	≤0.20	≤0.30	0.30 ~ 0.60	0.040	0.035	—	—	—	—
J426	E4316	≤0.12	≤0.90	≤1.25	0.040	0.035	—	—	—	—
J426DF	E4316	≤0.12	≤0.90	≤1.25	0.040	0.035	—	—	—	—
J427	E4313	≤0.12	≤0.90	≤1.25	0.040	0.035	—	—	—	—
J427Ni	E4315	≤0.12	≤0.90	≤1.25	0.040	0.035	—	≤0.70	—	—
J501Fe	E5014	≤0.12	≤0.90	≤1.25	0.040	0.035	—	—	—	—
J501Fe15	E5024	≤0.12	≤0.90	≤1.25	0.040	0.035	—	—	≤0.30	V≤0.08
J501Fe18	E5024	≤0.10	≈0.8	≈0.5	0.040	0.035	—	—	≤0.30	V≤0.08

（续）

焊条牌号	相当于 GB 标准型号	C	Si	Mn	P ≤	S ≤	Cr	Ni	Mo	其 他
J501Z18	E5024	≤0.10	≤0.90	≤1.25	0.040	0.035	—	—	≤0.30	V≤0.08
J502	—	≤0.12	≤0.30	0.4~0.9	—	—	—	—	—	—
J502Fe	E5003	≤0.12	≤0.30	0.4~0.9	0.040	0.035	—	—	—	—
J502Fe15	E5023	≤0.12	≤0.30	0.5~0.9	—	—	—	—	≤0.50	—
J502Fe16	E5023	≤0.12	≤0.90	≤1.25	—	—	—	—	—	—
J502Fe18	E5023	≤0.12	≤0.90	≤1.25	—	—	—	—	—	—
J502CuP	—	≤0.12	≤0.30	0.5~0.9	0.06~0.12	—	—	—	—	Cu 0.2~0.5
J502NiCu	E5003-G	≤0.10	≤0.30	0.3~0.6	—	—	0.2~0.3	0.2~0.5		Cu 0.15~0.40
J502WCu	E5003-G	≤0.12	≤0.30	0.5~0.9	—	—	—	—		W 0.2~0.5 Cu 0.2~0.5
J502CuCrNi	E5003-G	≤0.10	≤0.30	0.45~0.75	—	—	0.25~0.45	0.3~0.5		Cu 0.10~1.30
J503	E5001	≤0.12	≤0.30	0.5~0.9	0.040	0.035	—	—	—	—
J503Z	E5001	≤0.12	≤0.30	≈0.8	0.040	0.035	—	—	—	—
J504Fe	E5027	≤0.12	≤0.75	≤1.25	0.040	0.035	—	—	≤0.30	—
J504Fe14	E5027	≤0.12	≤0.50	0.5~1.10	0.040	0.035	—	—	≤0.30	—
J505	E5011	≤0.20	≤0.2	0.4~0.6	0.040	0.035	—	—	—	—
J505MoD	E5011	≤0.20	≤0.2	0.4~0.6	0.040	0.035	—	—	0.4~0.7	—
J506	E5016	≤0.12	≤0.75	≤1.60	0.040	0.035	—	—	—	—
J506H	E5016-1	≤0.12	≤0.70	≤1.60	0.040	0.035	—	—	—	—
J506X	E5016	≤0.12	≤0.75	≤1.60	0.040	0.035	—	—	—	—
J506DF	E5016	≤0.12	≤0.75	≤1.60	0.040	0.035	—	—	—	—
J506D	E5016	≤0.12	≤0.65	≤1.60	0.040	0.035	—	—	—	—
J506GM	E5016	≤0.09	≤0.60	≤1.60	0.040	0.035	—	—	—	—
J506Fe	E5018	≤0.12	≤0.75	≤1.60	0.040	0.035	—	—	—	—
J506Fe-1	E5018-1	≤0.12	≤0.70	≤1.60	0.040	0.035	—	—	—	—
J506Fe16	E5028	≤0.12	≤0.75	≤1.60	0.040	0.035	—	—	≤0.30	V≤0.08
J506Fe18	E5028	≤0.10	≤0.75	≤1.60	0.040	0.035	—	—	—	—
J506FeNE	E5018-G	≤0.10	≤0.60	0.80~1.75	—	—	≤0.30	≤0.30	≤0.30	Cu≤0.15 Co≤0.10 V≤0.04
J506LMA	E5018	≤0.12	≤0.75	≤1.60	0.040	0.035	—	—	—	—
J506WCu	E5016-G	≤0.12	≤0.35	0.6~1.2	—	—	—	—	—	W 0.2~0.5 Cu 0.2~0.5
J506G	E5016-G	≤0.10	≤0.50	≤1.50	—	—	—	≤0.50	—	—
J506R	E5016-G	≤0.10	≤0.50	≤1.50	—	—	—	≤0.70	—	—
J506RH	E5016-G	≤0.10	≤0.50	≤1.60	—	—	—	0.35~0.80	—	—
J506NiCu	E5016-G	≤0.12	≤0.70	0.5~1.2	—	—	—	0.2~0.5	—	Cu 0.2~0.4

（续）

焊条牌号	相当于 GB 标准型号	C	Si	Mn	P ≤	S ≤	Cr	Ni	Mo	其 他
J506CuCrNi	E5016-G	≤0.10	≤0.50	0.4 ~ 1.0	—	—	0.20 ~ 1.45	0.15 ~ 0.50	—	Cu 0.1 ~ 1.3
J507	E5015	≤0.12	≤0.75	≤1.60	0.040	0.035	—	—	—	—
J507H	E5015	≤0.12	≤0.75	≤1.60	0.040	0.035	—	—	—	—
J507R	E5015-G	≤0.12	≤0.70	≤1.60	—	—	—	≤0.70	—	—
J507NiCu	E5015-G	≤0.12	≤0.70	0.5 ~ 1.2	—	—	—	0.2 ~ 0.5	—	Cu 0.2 ~ 0.4
J507GR	E5015-G	≤0.12	≤0.60	≤1.60	—	—	—	0.35 ~ 0.65	—	Ti 0.02 ~ 0.04 B 0.002 ~ 0.005
J507RH	E5015-G	≤0.10	≤0.50	≤1.60	—	—	—	0.35 ~ 0.80	—	—
J507X	E5015	≤0.12	≤0.75	≤1.60	0.040	0.035	—	—	—	—
J507XG	E5015	≤0.12	≤0.75	0.8 ~ 1.3	0.040	0.035	—	—	—	—
J507DF	E5015	≤0.12	≤0.75	≤1.60	0.040	0.035	—	—	—	—
J507D	E5015	≤0.12	≤0.75	≤1.60	0.040	0.035	—	—	—	—
J507Fe	E5018	≤0.12	≤0.75	≤1.60	0.040	0.035	—	—	—	—
J507Fe16	E5028	≤0.12	≤0.75	≤1.60	0.040	0.035	—	—	≤0.3	V ≤0.08
J507Mo	E5015-G	≤0.12	≤0.60	≤0.90	—	—	—	—	0.40 ~ 0.65	V ≤0.2
J507MoNb	E5015-G	≤0.12	≤0.65	0.6 ~ 1.2	—	—	—	—	0.3 ~ 0.6	Nb 0.03 ~ 0.15
J507MoW	E5015-G	≤0.10	≤0.50	≤0.8	—	—	—	—	0.5 ~ 0.9	W 0.5 ~ 0.9 V ≤0.2 Nb ≤0.12
J507CrNi	E5015-G	≤0.10	0.3 ~ 0.5	0.5 ~ 0.8	—	—	0.5 ~ 0.8	0.2 ~ 0.5	—	Cu 0.2 ~ 0.5
J507CrNiCu	E5015-G	≤0.10	0.3 ~ 0.5	0.5 ~ 0.8	—	—	0.5 ~ 0.8	0.2 ~ 0.5	—	Cu 0.2 ~ 0.5
J507CuP	E5015-G	≤0.12	≤0.5	0.8 ~ 1.3	0.06 ~ 0.12	—	—	—	—	Cu 0.2 ~ 0.5
J507FeNi	E5018-G	≤0.08	≤0.65	0.8 ~ 1.3	—	—	—	1.2 ~ 2.0	—	—
J507MoWNbB	E5015-G	≤0.10	≤0.45	≈0.85	—	—	—	—	0.4 ~ 0.6	W 0.1 ~ 0.2 Nb 0.001 ~ 0.04 B 0.0005 ~ 0.0015
J507TiBLMA	E5015-G	≤0.12	≤0.60	≤1.60	—	—	—	0.35 ~ 0.65	—	Ti 0.02 ~ 0.04 B 0.002 ~ 0.005

（续）

焊条牌号	相当于GB标准型号	C	Si	Mn	P ≤	S ≤	Cr	Ni	Mo	其 他
J507WCu	E5015-G	≤0.12	≤0.35	0.6~1.2	—	—	—	—	—	Cu 0.2~0.5 W 0.2~0.5
J507NiTiB	E5015-G	≤0.12	≤0.60	≤1.60	—	—	—	0.35~0.65	—	Ti 0.02~0.04 B 0.002~0.05
J507NiCuP	E5015-G	≤0.12	≤0.45	0.6~1.0	0.06~0.10	—	—	0.55~0.75	—	Cu 0.4~0.6
J507SL	—	≤0.12	≤0.5	≤1.2	—	—	—	—	≤0.3	V≤0.30 Al≤0.055
J553	E5501-G	≤0.12	≤0.3	0.6~1.2	—	—	—	—	≤0.2	—
J555	E5511	≤0.15	≤0.5	≤1.2	0.040	0.035	—	—	≤0.4	—
J556	E5516-G	≤0.12	0.3~0.7	≥1.0	—	—	—	—	—	—
J556RH	E5516-G	≤0.12	0.3~0.7	≥1.0	—	—	—	≤0.85	—	—
J556CuCrMo	E5516-G	≤0.10	0.2~1.0	0.5~1.3	0.040	0.035	0.4~1.2	≤0.4	≤0.4	Cu 0.10~0.45
J557	E5515-G	≤0.12	0.3~0.7	≥1.0	—	—	—	—	—	—
J557Mo	E5515-G	≤0.12	≤0.6	1.0~1.75	—	—	—	—	0.40~0.65	—
J557MoV	E5515-G	≤0.10	≤0.25	0.8~1.3	—	—	—	—	0.20~0.35	V 0.03~0.05
J557XG	E5516-G	≤0.12	≤0.7	≥1.0	—	—	—	—	—	—
J557SL	—	≤0.12	≤0.5	0.5~0.9	—	—	≈0.8	—	≈0.4	Al≤0.055
J606	E6016-D1	≤0.12	≤0.6	1.25~1.75	0.035	0.035	—	—	0.25~0.45	—
J606RH	E6016-G	≤0.10	≤0.8	≥1.0	—	—	—	0.6~1.2	0.1~0.4	—
J607	E6015-D1	≤0.12	≤0.6	1.25~1.75	0.035	0.035	—	—	0.25~0.45	—
J607Ni	E6015-G	≤0.10	≤0.8	≥1.0	—	—	—	1.20~1.50	—	—
J607RH	E6015-G	≤0.10	≤0.8	≥1.0	—	—	—	0.60~1.20	0.10~0.40	—
J707	E6015-D2	≤0.15	≤0.6	1.65~2.0	0.035	0.035	—	—	0.25~0.45	—
J707Ni	E7015-G	≤0.10	≤0.6	≥1.0	—	—	≤0.2	1.80~2.20	0.40~0.60	—
J707RH	E7015-G	≤0.08	0.3~0.6	1.20~1.60	—	—	0.08~0.20	1.40~2.00	0.10~0.20	S+P≤0.035
J707NiW	E7015-G	0.05~0.10	0.2~0.4	0.90~1.35	—	—	0.50~0.90	0.30~0.60	W 0.20~0.50 Ti 0.02~0.06
J757	E7515-G	≤0.20	≤0.6	≥1.0	—	—	—	—	≤1.0	—

（续）

焊条牌号	相当于GB标准型号	C	Si	Mn	P ≤	S ≤	Cr	Ni	Mo	其 他
J757Ni	E7515-G	≤0.10	≤0.6	≥1.0	—	—	≤0.2	2.0~2.6	0.4~0.7	—
J807	—	≤0.09	≤0.4	≤2.0					0.8~1.0	
J857	E8515-G	≤0.15	0.4~0.8	≥1.0					0.6~1.2	
J857Cr	E8515-G	≤0.15	≤0.6	≥1.0			0.7~1.1		0.5~1.0	V 0.05~0.15
J907	E9015-G	≤0.20	0.4~0.8	1.4~2.0					0.8~1.2	
J907Cr	E9015-G	≤0.15	≤0.8	≥1.0			0.7~1.1		0.5~1.0	V 0.05~0.15
J956	—	≤0.09	≤0.5	≤1.6			0.5~1.2	2.0~3.0	0.4~1.2	
J957	—	≤0.09	≤0.5	≤1.6			0.5~1.2	2.0~3.0	0.4~1.2	
J107	—	≤0.12	0.3~0.8	≥1.0					0.3~0.6	
J107Cr	—	≤0.15	0.3~0.7	≥1.0			1.5~2.2		0.4~0.8	V 0.08~0.16

（2）焊条材料行业结构钢焊条的主要性能与用途（表7-1-59）

表7-1-59　结构钢焊条的主要性能与用途

焊条牌号	药皮类型	焊接电源[①]	熔敷金属的力学性能				主 要 用 途
			R_m /MPa	$R_{p0.2}$ /MPa	A (%)	KV/J	
J350	—	DC	≥340	—	≥18	常温,≥80	专用于微碳纯铁氨合成塔内件的焊接
J420G	特殊型	AC/DC	≥420	≥330	≥17	0℃,≥27	高温高压电站碳钢管道焊接
J421	高钛钾型	AC/DC	450~530	≥330	16~18	常温,50~70	焊接一般低碳钢薄板结构
J421×	高钛钾型	AC/DC	450~530	≥330	16~18	常温,50~70	用于碳钢薄板向下立焊及断续焊
J421Fe	铁粉钛型	AC/DC	450~530	≥330	16~18	常温,50~70	焊接一般低碳钢薄板结构
J421Fe13	铁粉钛型	AC/DC	≥420	≥330	≥17	常温,65	焊接一般低碳钢薄板结构的高效率焊条
J421Fe16	铁粉钛型	AC/DC	≥420	≥330	≥17	—	用于碳钢结构高效焊接和盖面焊接
J421Fe18	铁粉钛型	AC/DC	≥420	≥330	≥17	—	同上,焊接效率高
J421Z	铁粉钛型	AC/DC	≥420	≥330	≥17		用于碳钢和相应等级的低合金钢的角缝焊接
J422	钛钙型	AC/DC	430~500	≥330	22~32	0℃,70~115	焊接较重要的低碳钢结构和同强度等级的低合金钢
J422GM	钛钙型	AC/DC	430~500	≥330	22~32	0℃,70~115	焊接海上采油平台、船舶、车辆、工程机械等表面装饰焊缝
J422Fe	钛钙型	AC/DC	430~500	≥330	22~32	0℃,70~115	焊接较重要低碳钢结构的高效率焊条

（续）

焊条牌号	药皮类型	焊接电源[1]	熔敷金属的力学性能				主 要 用 途
			R_m /MPa	$R_{p0.2}$ /MPa	A (%)	KV/J	
J422Fe13	铁粉钛钙型	AC/DC	≥420	≥330	≥22	—	焊接较重要低碳钢结构的高效率焊条
J422Fe16	铁粉钛钙型	AC/DC	≥420	≥330	≥22	—	焊接较重要低碳钢结构的高效率焊条
J422Fe18	铁粉钛钙型	AC/DC	≥420	≥330	≥22	0℃，≥27	同 J422 焊条
J422FeZ	铁粉钛钙型	AC/DC	≥420	≥330	≥22	—	焊接低碳钢结构的高效高速重力焊条
J422CrCu	钛钙型	AC/DC	≥420	≥330	≥22	0℃，≥27	适用于 12MnCrCu 等耐候钢焊接
J422CuCrNi	钛钙型	AC/DC	≥420	≥330	≥22	0℃，≥27	适用于 09CuP，09CuPRE，09CuPCrNi 等耐候钢焊接
J422Y	钛钙型	AC/DC	≥420	≥330	≥22	0℃，≥27	焊接薄板及碳钢、低合金钢结构
J423	钛铁矿型	AC/DC	430~500	≥330	22~30	0℃，60~110	焊接低碳钢结构
J424	氧化铁型	AC/DC	430~490	≥330	22~30	常温，60~110	焊接低碳钢结构
J424Fe14	铁粉氧化铁型	AC/DC	420~450	≥330	22~26	-30℃，30~80	焊接低碳钢结构的高效率电焊条
J424Fe16	铁粉氧化铁型	AC/DC	≥420	≥330	≥22	-30℃，≥27	焊条效率高，其他性能与用途同 J424Fe14 焊条
J424Fe18	铁粉氧化铁型	AC/DC	≥420	≥330	≥22	-30℃，≥27	焊条效率更高，其他性能与用途同 J424Fe16 焊条
J425	高纤维素钾型	AC/DC	460~570	≥330	22~26	-30℃，100~130	适用于向下立焊的低碳薄钢板结构
J426	低氢钾型	AC/DC	450~530	≥330	25~33	-30℃，80~180	焊接重要的低碳钢及某些低合金钢结构
J426DF	低氢钾型	AC/DC	≥420	≥330	≥22	-30℃，≥27	用途同 J426 焊条
J427	低氢钠型	DC	450~530	≥330	25~33	-30℃，80~180	焊接重要的低碳钢及某些低合金钢结构
J427Ni	低氢钠型	DC	430~510	≥330	≥32	-40℃，196	焊接重要的低碳钢及某些低合金钢结构
J501Fe	铁粉钛型	AC/DC	≥490	≥400	≥17	0℃，≥27	焊接碳钢和低合金钢结构
J501Fe15	铁粉钛型	AC/DC	490~610	≥410	17~25	0℃，47~100	焊接 Q345 及某些低合金钢结构的高效率焊条
J501Fe18	铁粉钛型	AC/DC	≥490	≥410	≥17	—	焊接低碳钢及船舶用 A 级、D 级钢结构
J501Z18	铁粉钛型	AC/DC	≥490	≥410	≥17	—	焊接低碳钢及某些低合金钢的平角焊结构的重力焊条
J502	钛钙型	AC/DC	510~570	≥410	20~30	0℃，60~110	焊接 Q345（16Mn）及同等级低合金钢的一般结构
J502Fe	钛钙型	AC/DC	510~570	≥410	20~30	0℃，60~110	同 J502
J502Fe15	铁粉钛钙型	AC/DC	≈570	≥410	22~28	0℃，≥27	同 J502
J502Fe16	铁粉钛钙型	AC/DC	≈570	≥410	22~28	0℃，≥27	用于低碳钢及同等级低合金钢结构的高效率电焊条
J502Fe18	铁粉钛钙型	AC/DC	≥490	≥400	≥22	0℃，≥27	焊接 Q345（16Mn）等低合金钢结构
J502CuP	钛钙型	AC/DC	510~550	≥350	18~22	常温，35~85	用于耐候、耐硫化氢、耐海水腐蚀的 Cu-P 系钢结构的焊接
J502NiCu	钛钙型	AC/DC	540~590	≥390	24~26	0℃，80~150	用于耐大气腐蚀的铁道、机车车辆的焊接
J502WCu	钛钙型	AC/DC	490~550	≥390	22~30	0℃，50~70	同 J502NiCu

（续）

焊条牌号	药皮类型	焊接电源[①]	熔敷金属的力学性能				主要用途
			R_m /MPa	$R_{p0.2}$ /MPa	A (%)	KV/J	
J502CuCrNi	钛钙型	AC/DC	510~580	≥410	22~28	0℃，≥50	用于耐大气腐蚀及近海工程结构的焊接
J503	钛铁矿型	AC/DC	520~560	≥410	20~30	0℃,60~110	同J502
J503Z	钛铁矿型	AC/DC	520~560	≥410	20~30	0℃,60~110	焊接低碳钢及同等级低合金钢一般结构的高效、高速重力焊条
J504Fe	铁粉氧化铁型	AC/DC	490~600	≥410	≥22	-30℃,30~80	焊接低碳钢及某些低合金钢结构的高效率焊条
J504Fe14	铁粉氧化铁型	AC/DC	490~600	≥410	≥22	-30℃,30~80	同J504Fe
J505	高纤维钾型	AC/DC	490~600	≥410	20~26	-30℃,50~100	用于低碳钢及某些低合金钢管的焊接
J505MoD	高纤维钾型	AC/DC	490~590	≥410	20~26	-30℃,50~100	用于不铲焊根的打底焊
J506	低氢钾型	AC/DC	510~570	≥410	25~33	-30℃,50~200	焊接中碳钢及某些重要的低合金钢结构
J506H	低氢钾型	AC/DC	510~570	≥410	25~33	-30℃,50~200	焊接重要的碳钢及低合金钢结构
J506X	低氢钾型	AC/DC	510~570	≥410	25~33	-30℃,50~200	抗拉强度为500MPa级的向下立焊焊条
J506DF	低氢钾型	AC/DC	510~570	≥410	25~33	-30℃,50~200	同J506。由于该焊条焊接时烟尘中可溶性氟化物含量较低,适用于密闭容器的焊接
J506D	低氢钾型	AC/DC	510~570	≥410	25~33	-30℃,50~200	用于不铲焊根的打底焊
J506GM	低氢钾型	AC/DC	≥490	≥410	≥22	-40℃,≥47	用于碳钢、合金钢的压力容器、石油管道、船舶等表面装饰焊缝的焊接
J506Fe	铁粉低氢型	AC/DC	510~570	≥410	25~33	-30℃,50~200	焊接某些低合金钢结构的高效率焊条
J506Fe—1	铁粉低氢钾型	AC/DC	510~570	≥410	24~30	-45℃，50~100	用于低碳钢和低合金钢的焊接
J506Fe16	铁粉低氢钾型	AC/DC	≥491	≥410	≥22	-20℃，≥27	同J506Fe-1
J506Fe18	铁粉低氢型	AC/DC	≥490	≥410	≥22	-20℃，≥27	用于焊接某些低合金钢结构的高效率焊条
J506FeNE	低氢钾型	AC/DC	≥500	≥420	≥22	-46℃，≥27	用于核电工程主要管道以及化工容器、船舶、储罐等结构的焊条
J506LMA	铁粉低氢型	AC/DC	530~590	≥410	~30	-30℃，~130	用于碳钢和低合金钢船舶结构的焊接
J506WCu	低氢钾型	AC/DC	490~590	≥390	22~28	-20℃，70~95	用于耐大气腐蚀钢（如09MnCuPTi钢等）结构的焊接
J506G	低氢钾型	AC/DC	≈570	≈510	≈32	-40℃，100~180	用于采油平台、船舶、高压容器等重要结构的焊接
J506R	低氢钾型	AC/DC	≥490	≥390	≥22	-40℃，≥53	用于采油平台、船舶、高压容器等重要结构的焊接
J506RH	低氢钾型	AC/DC	490~590	≥390	23~30	-40℃，100~150	用于低合金钢重要结构的焊接，如采油平台、船舶、压力容器等
J506NiCu	低氢钾型	AC/DC	490~590	≥390	23~39	-20℃，60~110	用于碳钢和500MPa级耐候钢的焊接
J506CuCrNi	低氢钾型	AC/DC	≥490	≥390	≥24	-30℃，≥47	用于耐大气腐蚀及近海工程的焊接结构,如耐候钢车辆、CrAl及CuCrNi低合金钢的焊接
J507	低氢钠型	DC	510~570	≥410	24~32	-30℃，55~200	焊接中碳钢与Q345等低合金钢的结构

（续）

焊条牌号	药皮类型	焊接电源①	熔敷金属的力学性能				主 要 用 途
			R_m /MPa	$R_{p0.2}$ /MPa	A (%)	KV/J	
J507H	低氢钠型	DC	510~570	≥410	24~32	-30℃,55~200	焊接中碳钢与 Q345 等低合金钢的重要结构
J507R	低氢钠型	DC	90~570	≥390	24~34	-30℃,100~200	用于压力容器等的焊接
J507NiCu	低氢钠型	DC					同 J506NiCu
J507GR	低氢钠型	DC	490~570	≥410	26~34	-40℃,80~190	用于船舶、锅炉、压力容器、海洋工程等重要结构的焊接
J507RH	低氢钠型	DC	490~610	≥410	25~30	-40℃,70~190	用于低合金钢的重要结构,如船舶、海上平台、高压管道等的焊接
J507X	低氢钠型	DC	510~570	≥410	24~32	-30℃,55~200	用于 500MPa 级钢结构的向下立焊条
J507XG	低氢钠型	DC	—	—	—	—	用于向下立焊,焊接管子用焊条
J507DF	低氢钠型	DC	510~570	≥410	24~32	-30℃,55~200	焊接碳钢与低合金钢的低尘焊条,适于密闭容器内的焊接
J507D	低氢钠型	DC	510~570	≥410	24~32	-30℃,55~200	用于管道与厚壁容器的打底焊
J507Fe	铁粉低氢型	DC	510~570	≥410	24~32	-30℃,55~200	焊接碳钢与低合金钢的重要结构
J507Fe16	铁粉低氢型	DC	≥490	≥410	≥22	-20℃,≥27	用于碳钢与低合金钢结构的高效率电焊条
J507Mo	低氢钠型	DC	510~590	≥390	22~28	-30℃,50~100	用于耐高温硫及硫化氢腐蚀用钢(如 12AlMoV 钢)的焊接
J507MoNb	低氢钠型	DC	510~590	≥390	22~28	-30℃,50~100	用于耐硫化氢、氨及氢介质腐蚀用钢(如 12SiMoVNb 钢等)的焊接
J507MoW	低氢钠型	DC	510~590	≥390	22~28	-30℃,50~100	用于耐氢、氨介质腐蚀用钢(如 10MoWVNb 钢等)的焊接
J507CrNi	低氢钠型	DC	≥490	≥390	≥22	0℃,≥27	用于耐大气、海水腐蚀用钢的焊接
J507CrNiCu	低氢钠型	DC	490~590	≥390	23~30	-20℃,60~110	用于耐海水腐蚀用钢重要结构的焊接
J507CuP	低氢钠型	DC	510~570	≥350	20~26	常温,100~160	用于耐大气、海水腐蚀的 Cu-P 系钢结构的焊接
J507FeNi	铁粉低氢型	DC	490~540	≥390	23~28	-40℃,75~200	用于中碳钢与低温钢压力容器的焊接
J507Mo WNbB	低氢钠型	DC	≥490	≥390	22~28	常温,≥47	用于中温高压下耐氢、氨介质腐蚀用钢(如 12SiMoVNb 钢等)的焊接
J507TiBLMA	低氢钠型	DC	≥490	≥410	≥22	-40℃,≥47	用于船舶、桥梁、压力容器、海洋工程及其他重要结构的焊接
J507WCu	低氢钠型	DC	≥490	≥390	≥22	-30℃,≥27	用于耐大气腐蚀用钢结构及其他低合金钢的焊接
J507NiTiB	低氢钠型	DC	≥490	≥410	≥24	-40℃,≥47	用于船舶、压力容器、海洋工程等重要结构的焊接
J507NiCuP	低氢钠型	DC	≥490	≥390	≥22	-20℃,≥30	用于耐海水、大气腐蚀用钢及其他相应钢种的焊接
J507SL	低氢钠型	DC	≥490	≥340	—	—	用于厚度≤8mm 的低碳钢或低合金钢表面渗铝结构的焊接
J553	钛铁矿型	AC/DC	550~610	≥440	18~28	常温,≥27	用于相应强度等级低合金钢一般结构的焊接

（续）

焊条牌号	药皮类型	焊接电源①	熔敷金属的力学性能				主 要 用 途
			R_m /MPa	$R_{p0.2}$ /MPa	A (%)	KV/J	
J555	高纤维素钾型	AC/DC	≥540	≥440	≥17	—	用于低合金钢管的焊接
J556	低氢钾型	AC/DC	550~610	≥440	22~30	-40℃, ≥27	焊接中碳钢及相应强度等级低合金钢[例如 Q390(15MnTi、15MnV)钢等]结构
J556RH	低氢钾型	AC/DC	550~610	≥440	27~30	-40℃, 120~180	用于海上平台、船舶和压力容器等低合金钢重要结构的焊接
J556CuCrMo	低氢钾型	AC/DC	≥540	≥440	≥17	0℃, ≥27	用于耐海水腐蚀结构的焊接
J557	低氢钠型	DC	550~610	≥440	22~32	-40℃, ≥27	同 J556
J557Mo	低氢钠型	DC	—	—	—	—	同 J556
J557MoV	低氢钠型	DC	540~590	≥410	≥25	-40℃, ≥27	焊接中碳钢及相应强度等级低合金钢(例如 14MnMoVN 钢等)结构
J557XG	低氢钾型	AC/DC	≥540	≥440	≥17	-30℃, ≥27	焊接中碳钢及相应强度等级的低合金钢结构
J557SL	低氢钠型	DC	≥540	≥440	≥17	常温, ≥49	用于工作温度在 540℃ 以下,在硫化氢、硫、氨及氢、氮腐蚀介质下使用的渗铝钢结构的焊接
J606	低氢钾型	AC/DC	610~670	≥530	20~28	-50℃, ≥27	焊接中碳钢及相应强度等级低合金钢(例如 Q420(15MnVN)钢等)结构
J606RH	低氢钾型	AC/DC	≥610	≥490	≥17	-40℃, ≥47	用于压力容器、桥梁、水电站下降管及海洋工程等重要结构(如 CF60 钢)的焊接
J607	低氢钠型	DC	610~670	≥530	20~28	-50℃, ≥27	同 J606
J607Ni	低氢钠型	DC	≥690	≥590	≥23	-50℃, ≥54	焊接相应强度等级,并有再热裂纹倾向钢结构
J607RH	低氢钠型	DC	≥640	≥520	≥26	-50℃, ≥100	用于压力容器,桥梁及海洋工程等重要结构,如 CF60 钢等焊接
J707	低氢钠型	DC	≥720	≥610	≥18	-50℃, ≥36	焊接相应强度等级低合金钢重要结构,例如 18MnMoNb 钢等
J707Ni	低氢钠型	DC	≥750	≥620	≥23	-40℃, ≥140	焊接相应强度等级低合金钢重要结构,例如 14MnMoVB 钢等
J707RH	低氢钠型	DC	≥690	≥590	≥20	-50℃, ≥60	焊接相应强度等级低合金钢重要结构
J707NiW	低氢钠型	DC	≥720	≥610	≥18	-50℃, ≥36	焊接相应强度等级低合金钢重要结构,例如 15MnMoVN 钢等
J757	低氢钠型	DC	770~870	≥640	15~21	常温, ≥27	焊接相应强度等级低合金钢重要结构
J757Ni	低氢钠型	DC	≥860	≥710	≥24	-40℃, ≥88	焊接相应强度等级低合金钢重要结构,例如 14MnMoNbB 钢等
J807	低氢钠型	DC	≥780	≥690	≥14	-40℃, ≥34	同 J757Ni
J857	低氢钠型	DC	850~940	≥740	12~20	常温, ≥27	焊接相应强度等级低合金钢重要结构
J857Cr	低氢钠型	DC	850~940	≥740	12~20	常温, ≥27	焊接相应强度等级低合金钢重要结构,例如 30CrMo 钢等
J907	低氢钠型	DC	890~920	≥790	14~18	-50℃, ≥27	焊接相应强度等级低合金钢重要结构

（续）

焊条牌号	药皮类型	焊接电源[1]	熔敷金属的力学性能				主要用途
			R_m /MPa	$R_{p0.2}$ /MPa	A (%)	KV/J	
J907Cr	低氢钠型	DC	≥880	≥780	≥12	—	焊接相应强度等级低合金钢的压力容器及其他结构，例如 14CrMnMoVB、35CrMo 钢等
J956	低氢钠型	DC	950~990	≥860	13~16	-40℃，≥27	焊接相应强度等级低合金钢重要结构
J957	低氢钠型	DC	950~990	≥860	13~16	-40℃，≥27	同 J956
J107	低氢钠型	DC	≥980	—	≥12	常温，≥27	焊接相应强度等级低合金钢重要结构
J107Ni	低氢钠型	DC	990~1000	—	≥12	常温，≥27	焊接相应强度等级低合金钢（例如 30CrMnSi 钢等）的重要结构

　① AC—交流电；DC—直流电；AC/DC—交流电或直流电。

7.1.22　我国焊条材料行业的热强钢焊条

（1）焊条材料行业热强钢焊条的统一牌号与熔敷金属的化学成分（表7-1-60）

表 7-1-60　热强钢焊条的统一牌号与熔敷金属的化学成分（质量分数）（%）

焊条牌号	相当于 GB 标准型号	C	Si	Mn	P ≤	S ≤	Cr	Ni	Mo	其　他
R102	E5003-A1	≤0.12	≤0.40	≤0.60	0.035	0.035	—	—	0.40~0.65	—
R106Fe	E5018-A1	≤0.12	≤0.50	0.50~0.90	0.035	0.035	—	—	0.40~0.65	—
R107	E5015-A1	≤0.12	≤0.50	0.50~0.90	0.035	0.035	—	—	0.40~0.65	—
R200	E5500-B1	≤0.12	≤0.50	0.50~0.90	0.035	0.035	0.40~0.65	—	0.40~0.65	—
R202	E5503-B1	≤0.12	≤0.50	0.50~0.90	0.035	0.035	0.40~0.65	—	0.40~0.65	—
R207	E5515-B1	≤0.12	≤0.50	0.50~0.90	0.035	0.035	0.40~0.65	—	0.40~0.65	—
R302	E5503-B2	≤0.12	≤0.50	≤0.90	0.035	0.035	1.00~1.50	—	0.40~0.65	—
R307	E5515-B2	≤0.12	≤0.50	0.50~0.90	0.035	0.035	1.00~1.50	—	0.40~0.65	—
R310	E5500-B2-V	≤0.12	≤0.50	≤0.90	0.035	0.035	1.00~1.50	—	0.40~0.65	V 0.10~0.35
R312	E5503-B2-V	≤0.12	≤0.50	≤0.90	0.035	0.035	1.00~1.50	—	0.40~0.65	V 0.10~0.35
R316Fe	E5518-B2-V	≤0.12	≤0.50	0.50~0.90	0.035	0.035	1.00~1.50	—	0.40~0.65	V 0.10~0.35
R317	E5515-B2-V	≤0.12	≤0.50	0.50~0.90	0.035	0.035	1.00~1.50	—	0.40~0.65	V 0.10~0.35
R327	E5515-B2-VW	≤0.12	≤0.50	0.70~1.10	0.035	0.035	1.00~1.50	—	0.70~1.00	W 0.25~0.50 V 0.20~0.35
R337	E5515-B2-VNb	≤0.12	≤0.50	0.50~1.00	0.035	0.035	1.00~1.50	—	0.70~1.00	V 0.15~0.40 Nb 0.10~0.25
R340	E5500-B3-VWB	≤0.12	≤0.50	0.50~0.90	0.035	0.035	1.50~2.50	—	0.30~0.80	W 0.20~0.60 V 0.20~0.60 B 0.001~0.003
R347	E5515-B3-VWB	≤0.12	0.50	0.50~0.90	0.035	0.035	1.5~2.5	—	0.30~0.80	W 0.20~0.60 W 0.20~0.60 B 0.001~0.003
R400	E6000-B3	≤0.12	≤0.50	0.50~0.90	—	—	2.0~2.5	—	0.90~1.20	—
R402	E6003-B3	≤0.12	≤0.50	≤0.90	—	—	2.0~2.5	—	0.90~1.20	—

（续）

焊条牌号	相当于 GB 标准型号	C	Si	Mn	P ≤	S ≤	Cr	Ni	Mo	其 他
R406Fe	E6018-B3	≤0.12	≤0.50	0.50~0.90	—	—	2.0~2.5		0.90~1.20	—
R407	E6015-B3	≤0.12	≤0.50	0.50~0.90	—	—	2.0~2.5		0.90~1.20	—
R417	E6015-B3-VNb	≤0.12	≤0.50	0.50~0.90	—	—	2.4~3.0		0.70~1.00	V 0.25~0.50 Nb 0.35~0.65
R507	E1-5MoV-15	≤0.12	≤0.50	0.50~0.90	0.035	0.030	4.5~6.0		0.40~0.70	V 0.10~0.35
R707	E1-9Mo-15	≤0.15	≤0.50	0.50~1.00	0.035	0.030	8.5~10.0		0.70~1.00	Cu≤0.50
R802	E1-11MoVNi-16	≤0.15	≤0.50	0.50~1.00	0.035	0.030	9.5~11.5	0.6~0.9	0.60~0.90	V 0.20~0.40
R807	E1-11MoVNi-15	≤0.15	≤0.50	0.50~1.00	0.035	0.030	9.5~11.5	0.6~0.9	0.60~0.90	V 0.20~0.40
R817	E2-11MoVNiW-15	≤0.19	≤0.50	0.50~0.90	0.035	0.030	9.5~12.0	0.4~1.1	0.80~1.10	W 0.40~0.70 V 0.20~0.40
R827	(E1-11MoVNi-15)	≤0.19	≤0.50	0.50~0.90	0.035	0.030	9.5~12.0	0.6~0.9	0.80~1.10	V 0.20~0.40

注：1. 本表中熔敷金属化学成分为参考值。
　　2. 与本表焊条牌号相当的 GB 标准型号，可参考 GB/T 5118—1995。
　　3. 表中的 P、S 含量按上述 GB 标准的规定列出。

（2）焊条材料行业热强钢焊条的主要性能与用途（表7-1-61）

表 7-1-61　热强钢焊条的主要性能与用途

焊条牌号	药皮类型	焊接电源[①]	熔敷金属的力学性能 ≥			热 处 理	主 要 用 途
			R_m /MPa	$R_{p0.2}$ /MPa	A (%)		
R102	钛钙型	AC/DC	490	390	22	(620±15)℃×1h 回火	用于工作温度在 510℃ 以下的锅炉管道（例如 15Mo 钢等）氩弧焊打底后的盖面焊
R106Fe	低氢铁粉型	AC/DC	490	390	22	—	用于工作温度在 510℃ 以下的锅炉管道的焊接，也可用于一般低合金钢的焊接
R107	低氢型	DC	490	390	22	(620±15)℃×1h 回火	用于工作温度在 510℃ 以下的珠光体耐热钢（如 15Mo 钢等）的焊接
R200	氧化钛、氧化铁型	AC/DC	540	440	16	(620±15)℃×1h 回火	用于工作温度在 510℃ 以下的珠光体耐热钢（例如 12CrMo 钢等）的焊接
R202	钛钙型	AC/DC	540	440	16	(620±15)℃×1h 回火	同 R200
R207	低氢型	DC	540	440	16	（同上）	同 R200
R302	钛钙型	AC/DC	540	440	16	(690±15)℃×1h 回火	用于工作温度在 510℃ 以下的锅炉管道（例如 15CrMo 钢等）氩弧焊打底后的盖面焊
R307	低氢型	DC	540	440	17	(690±15)℃×1h 回火	用于工作温度在 520℃ 以下的珠光体耐热钢（例如 15CrMo 钢等）的焊接
R310	氧化钛、氧化铁型	AC/DC	540	440	16	(730±15)℃×2h 回火	用于工作温度在 540℃ 以下的珠光体耐热钢（例如 12CrMoV 钢等）的焊接
R312	钛钙型	AC/DC	540	400	16	(730±15)℃×2h 回火	用于工作温度在 540℃ 以下的锅炉管道（例如 RCrMoV 钢等）氩弧焊打底后的盖面焊

（续）

焊条牌号	药皮类型	焊接电源①	熔敷金属的力学性能 ≥			热 处 理	主 要 用 途
			R_m /MPa	$R_{p0.2}$ /MPa	A (%)		
R316Fe	铁粉低氢钾型	AC/DC	540	440	17	—	用于焊接 12CrMoV 珠光体耐热钢，例如工作温度在 540℃ 以下的蒸汽管道、石油裂化设备、高温合成化工机械等；也可用于相应强度等级低合金钢的焊接
R317	低氢型	DC	540	440	17	(730±15)℃×2h 回火	用于工作温度在 540℃ 以下的珠光体耐热钢（例如 12CrMoV 钢等）的焊接
R327	低氢型	DC	540	440	17	(730±15)℃×5h 回火	用于工作温度在 570℃ 以下的珠光体耐热钢（例如 15CrMoV 钢等）的焊接
R337	低氢型	DC	540	440	17	(730±15)℃×5h 回火	用于工作温度在 570℃ 以下的珠光体耐热钢（例如 15CrMoV 钢等）的焊接
R340	特殊型	AC/DC	540	340	17	—	用于工作温度在 620℃ 以下的珠光体耐热钢的汽轮发电机组，锅炉管道等焊接
R340	氧化钛、氧化铁型	AC/DC	540	440	17	(760±15)℃×1h 回火	用于工作温度在 620℃ 以下相应的耐热钢的焊接
R347	低氢型	DC	540	440	17	(760±15)℃×1h 回火	同 R340
R400	氧化钛、氧化铁型	AC/DC	590	530	14	(690±15)℃×1h 回火	用于 Cr2.5Mo 型珠光体耐热钢的焊接
R402	钛钙型	AC/DC	590	530	14	(690±15)℃×1h 回火	用于工作温度在 550℃ 以下的锅炉管道氩弧焊打底后的盖面焊
R406Fe	铁粉低氢钾型	AC/DC	590	530	15	—	用于焊接 Cr2.5Mo 系珠光体耐热钢结构，如 550℃ 以下工作的高温高压管道、合成化工机械、石油裂化设备等
R407	低氢型	DC	590	530	14	(690±15)℃×1h 回火	同 R400
R417	低氢型	DC	540	440	17	(730±15)℃×1h 回火	用于 12Cr3MoVSiTiB（Π11）型珠光体耐热钢的焊接
R507	低氢型	DC	540	—	14	(740~760)℃×4h 回火	用于 Cr5Mo 等珠光体耐热钢的焊接
R707	低氢型	DC	590	—	16	(730~750)℃×4h 回火	用于 Cr9Mo 耐热钢及过热器管道的焊接
R802	钛钙型	AC/DC	730	—	15	(730~750)℃×4h 回火	用于工作温度在 565℃ 以下的 1Cr11MoV 耐热钢的焊接
R807	低氢型	DC	730	—	15	(730~750)℃×4h 回火	同 R802
R817	低氢型	DC	730	—	15	(730~750)℃×4h 回火	用于工作温度在 580℃ 以下的耐热钢的焊接
R827	低氢型	DC	730	—	15	(730~750)℃×4h 回火	用于工作温度在 565℃ 以下的 Cr11MoNiV 型耐热钢的焊接

① DC—直流电；AC—交流电。

7.1.23　我国焊条材料行业的不锈钢焊条

（1）焊条材料行业不锈钢焊条的统一牌号与熔敷金属的化学成分（表7-1-62）

表 7-1-62　不锈钢焊条的统一牌号与熔敷金属的化学成分（质量分数）（%）

焊条牌号	相当于 GB 标准型号	C	Si	Mn	P ≤	S ≤	Cr	Ni	Mo	其 他
G202	E410-16	≤0.12	≤0.90	≤1.0	0.035	0.030	11.0～13.5	≤6.0	≤0.50	Cu≤0.5
G207	E410-15	≤0.12	≤0.90	≤1.0	0.035	0.030	11.0～13.5	≤6.0	≤0.50	Cu≤0.5
G217	—	≤0.12	≤0.90	≤1.0	0.035	0.030	11.0～13.5	6.0～1.2	≤0.50	Cu≤0.5
G302	E430-16	≤0.10	≤0.90	≤1.0	0.035	0.030	15.0～18.0	≤0.60	≤0.50	Cu≤0.5
G307	E430-15	≤0.10	≤0.90	≤1.0	0.035	0.030	15.0～18.0	≤0.60	≤0.50	Cu≤0.5
A001G15	E308L-26	≤0.03	≈0.8	≈1.0	0.035	0.030	≈19.0	≈10.0	—	—
A002	E308L-16	≤0.04	≤0.90	0.5～2.5	0.035	0.030	18.0～21.0	9.0～11.0	≤0.50	Cu≤0.5
A002A	E308L-17	≤0.03	≈0.7	≈1.0	0.035	0.030	≈19.0	≈10.0	—	—
A012Si	—	≤0.04	3.5～4.3	≤1.0	—	—	18.0～22.0	12.0～15.0	0.2～0.5	—
A002	E316L-16	≤0.04	≤0.90	0.5～2.5	0.035	0.030	17.0～20.0	11.0～14.0	2.0～2.5	Cu≤0.5
A002Si	E306L-16	≤0.04	0.7～1.1	0.5～0.8	0.035	0.030	18.5～20.5	10.5～12.0	2.5～3.0	—
A032	E317MoCuL-16	≤0.04	≤0.90	0.5～2.5	0.035	0.030	18.0～21.0	12.0～14.0	2.0～2.5	Cu 1.0～2.0
A042	E309MoL-16	≤0.04	≤0.90	0.5～2.5	0.035	0.030	22.0～25.0	12.0～14.0	2.0～3.0	Cu≤0.5
A042Si	—	≤0.04	0.7～1.1	～1.3	—	—	～22.5	～13.5	～2.7	—
A052	—	≤0.04	≤1.00	≤2.0	—	—	17.0～22.0	22.0～27.0	4.0～5.0	Cu≤2.0
A062	E309L-16	≤0.04	≤0.09	0.5～2.5	0.035	0.030	22.0～25.0	12.0～14.0	≤0.50	Cu≤0.5
A072	—	≤0.04	≤0.80	1.0～2.0	—	—	27.0～29.0	14.0～16.0	—	—
A101	E308-17	≤0.08	≤0.90	0.5～2.5	0.035	0.030	18.0～21.0	9.0～11.0	≤0.50	Cu≤0.5
A102	E308-16	≤0.08	≤0.90	0.5～2.5	0.035	0.030	18.0～21.0	9.0～11.0	≤0.50	Cu≤0.5
A102A	E308-17	≤0.08	≤0.90	0.5～2.5	—	—	18.0～21.0	9.0～11.0	≤0.75	Cu≤0.75
A102T	E308-26	≤0.08	≤0.90	0.5～2.5	0.035	0.030	18.0～21.0	9.0～11.0	≤0.50	Cu≤0.5
A107	E308-15	≤0.08	≤0.90	0.5～2.5	0.035	0.030	18.0～21.0	9.0～11.0	≤0.50	Cu≤0.5
A112	—	≤0.12	≤1.50	≤2.5	—	—	17.0～22.0	7.0～11.0	—	—
A117	—	≤0.12	≤1.50	≤2.5	—	—	17.0～22.0	7.0～11.0	—	—

（续）

焊条牌号	相当于 GB 标准型号	C	Si	Mn	P ≤	S ≤	Cr	Ni	Mo	其　他
A122	—	≤0.08	≤1.50	≤2.5	—	—	20.0~24.0	7.0~10.0	—	—
A132	E347-16	≤0.08	≤0.90	0.5~2.5	0.035	0.030	18.0~21.0	9.0~11.0	≤0.50	Nb 8C~1.0 Cu≤0.5
A132A	E347-17	≤0.08	≤0.90	0.5~2.5	—	—	18.0~21.0	9.0~11.0	≤0.75	Nb 8C~1.0 Cu≤0.75
A137	E347-15	≤0.08	≤0.90	0.5~2.5	0.035	0.030	18.0~21.0	9.0~11.0	≤0.50	Nb 8C~1.0 Cu≤0.5
A172	E307-16	≤0.14	≤0.90	3.3~4.75	—	—	18.0~21.5	9.0~10.7	0.5~1.5	Cu≤0.75
A201	E316-17	≤0.08	≤0.90	0.5~2.5	0.035	0.030	17.0~20.0	11.0~14.0	2.0~2.5	Cu≤0.5
A202	E316-16	≤0.08	≤0.90	0.5~2.5	0.035	0.030	17.0~20.0	11.0~14.0	2.0~2.5	Cu≤0.5
A207	E316-15	≤0.08	≤0.90	0.5~2.5	0.035	0.030	17.0~20.0	11.0~14.0	2.0~2.5	Cu≤0.5
A212	E318-16	≤0.08	≤0.90	0.5~2.5	0.035	0.030	17.0~20.0	11.0~14.0	2.0~2.5	Nb 6C~1.00 Cu≤0.5
A222	E317MoCu-16	≤0.08	≤0.90	0.5~2.5	0.035	0.030	18.0~21.0	12.0~14.0	2.0~2.5	Cu≤2.0
A232	E318V-16	≤0.08	≤0.90	0.5~2.5	0.035	0.030	17.0~20.0	11.0~14.0	2.0~2.5	V 0.30~0.70 Cu≤0.5
A237	E318V-15	≤0.08	≤0.90	0.5~2.5	0.035	0.030	17.0~20.0	11.0~14.0	2.0~2.5	V 0.30~0.70 Cu≤0.5
A242	E317-16	≤0.08	≤0.90	0.5~2.5	0.035	0.030	18.0~21.0	12.0~14.0	3.0~4.0	Cu≤0.5
A302	E309-16	≤0.15	≤0.90	0.5~2.5	0.035	0.030	22.0~25.0	12.0~14.0	≤0.50	Cu≤0.5
A307	E309-15	≤0.15	≤0.90	0.5~2.5	0.035	0.030	22.0~25.0	12.0~14.0	≤0.50	Cu≤0.5
A312	E309Mo-16	≤0.12	≤0.90	0.5~2.5	0.035	0.030	22.0~25.0	12.0~14.0	2.0~3.0	Cu≤0.5
A317	E309Mo-15	≤0.12	≤0.90	≤2.5	—	—	22.0~25.0	12.0~14.0	2.0~3.0	Cu≤0.75
A402	E310-16	≤0.20	≤0.75	1.0~2.5	0.030	0.030	25.0~28.0	20.0~22.5	≤0.50	Cu≤0.5
A407	E310-15	≤0.20	≤0.75	1.0~2.5	0.030	0.030	25.0~28.0	20.0~22.5	≤0.50	Cu≤0.5
A412	E310Mo-16	≤0.12	≤0.75	1.0~2.5	0.030	0.030	25.0~28.0	20.0~22.0	2.0~3.0	Cu≤0.5
A422	—	≤0.20	≤1.20	5.0~10.0	—	—	23.0~27.0	16.0~20.0	—	—
A427	—	≤0.20	≤1.20	5.0~10.0	—	—	23.0~27.0	16.0~20.0	—	—

（续）

焊条牌号	相当于 GB 标准型号	C	Si	Mn	P ≤	S ≤	Cr	Ni	Mo	其他
A432	E310H-16	0.25~0.45	≤0.75	1.0~2.5	0.030	0.030	25.0~28.0	20.0~22.5	≤0.5	Cu≤0.5
A447	—	0.39	0.90	1.84			24.3	31	0.46	
A502	—	≤0.12	≤0.90	0.5~2.5	0.035	0.030	14.0~18.0	22.0~27.0	5.0~7.0	N≥0.1 Cu≤0.5
A507	E16-25MoN-15	≤0.12	≤0.90	0.5~2.5	0.035	0.030	14.0~18.0	22.0~27.0	5.0~7.0	N≥0.1 Cu≤0.5
A512	E16-8-2-16	≤0.10	≤0.60	≤2.5	—	—	14.5~16.5	7.5~9.5	1.0~2.0	Cu≤0.75
A607	E330MoMnWNb-15	≤0.20	≤0.70	≤3.5	0.035	0.030	15.0~17.0	33.0~37.0	2.0~3.0	W 2.0~3.0 Nb 1.0~2.0 Cu≤0.5
A707	—	≤0.15	≤1.00	11.0~14.0			16.0~18.0		1.0~2.0	N 0.17~0.30
A717	—	0.15~0.25	≤1.00	14.0~16.0			14.0~16.0	1.5~3.0		N 0.10~0.30
A802	—	≤0.10	≤1.00	≤2.50			18.0~21.0	17.0~19.0	3.0~5.0	Cu 1.5~2.5
A902	E320-16	≤0.07	≤0.60	≤2.50		—	19.0~21.0	32.0~36.0	2.0~3.0	Nb 8C~1.0 Cu 3.0~4.0

注：1. 本表中熔敷金属的化学成分为参考值。
　　2. 与本表焊条牌号相当的 GB 标准型号，可参考 GB/T 983—1995。
　　3. 表中的 P、S 含量按上述 GB 标准的规定列出。

（2）焊条材料行业不锈钢焊条的主要性能与用途（表 7-1-63）

表 7-1-63　不锈钢焊条的主要性能与用途

焊条牌号	药皮类型	焊接电源[①]	熔敷金属的力学性能 ≥		主 要 用 途
			R_m/MPa	A（%）	
G202	钛钙型	AC/DC	450	20	用于 06Cr13 与 12Cr13 不锈钢结构的焊接，和耐磨、耐蚀的表面堆焊
G207	低氢型	DC	450	20	同 G202
G217	低氢型	DC	680	15	用于 Cr13 型不锈钢结构的焊接，和耐磨、耐蚀的表面堆焊
G302	钛钙型	AC/DC	450	20	用于 Cr17 型不锈钢结构的焊接
G307	低氢型	DC	450	20	同 G302
A001G15	氧化钛型	AC/DC	580	45	同类型不锈钢的焊接
A002	钛钙型	AC/DC	520	35	焊接超低碳 06Cr18Ni10 或 022Cr18Ni10N 不锈钢结构，如合成纤维、化肥、石油等设备
A002A	氧化钛型	AC/DC	560	45	同类型不锈钢的焊接
A012Si	钛钙型	AC/DC	540	25	用于耐浓硝酸腐蚀的超低碳不锈钢结构的焊接
A022	钛钙型	AC/DC	490	30	用于尿素及合成纤维设备的焊接
A022Si	钛钙型	AC/DC	540	25	用于冶炼设备的衬板和管材的焊接
A032	钛钙型	AC/DC	540	25	用于合成纤维等设备，在稀、中浓度硫酸介质中工作的同类型超低碳不锈钢结构的焊接

（续）

焊条牌号	药皮类型	焊接电源[①]	熔敷金属的力学性能 ≥		主　要　用　途
			R_m/MPa	A（％）	
A042	钛钙型	AC/DC	540	25	用于尿素合成塔中衬里板（AISI 316L）的焊接，及同类型超低碳不锈钢结构的堆焊和焊接
A042Si	—	AC/DC	550	30	用于同类型超低碳不锈钢及异种钢的焊接
A052	钛钙型	AC/DC	490	25	用于耐硫酸、醋酸、磷酸介质的反应器、分离器等的焊接
A062	钛钙型	AC/DC	520	25	用于合成纤维、石油化工设备用同类型不锈钢和异种钢结构的焊接
A072	钛钙型	AC/DC	540	25	用于 20Cr25Ni20 不锈钢的焊接
A101	钛钙型	AC/DC	550	35	用于工作温度低于 300℃ 耐腐蚀的 06Cr18Ni9 和 12Cr18Ni9Ti 钢结构的焊接
A102	钛钙型	AC/DC	550	35	同 A101
A102A	钛酸型	AC/DC	550	35	用于工作温度 <300℃ 的 06Cr18Ni9 和 08Cr18Ni11Ti 钢结构的焊接
A102T	钛钙型	AC/DC	550	35	同 A102，并用于表面堆焊
A107	低氢型	DC	550	35	用于工作温度低于 300℃ 耐腐蚀的 Cr18Ni9 型不锈钢的焊接
A112	钛钙型	AC/DC	540	25	用于耐腐蚀要求不高的 Cr18Ni9 型不锈钢结构的焊接
A117	低氢型	DC	540	25	同 A112
A122	钛钙型	AC/DC	540	25	用于工作温度低于 300℃ 要求抗裂、耐腐蚀性能较高的 Cr18Ni9 型不锈钢结构的焊接
A132	钛钙型	AC/DC	520	25	用于含钛稳定的 08Cr18Ni9Ti 不锈钢重要结构的焊接
A132A	钛钙型	AC/DC	520	30	用于耐腐蚀性能稳定的 06Cr18Ni10 不锈钢重要结构的焊接
A137	低氢型	DC	520	25	同 A132
A172	钛钙型	AC/DC	590	30	用于 ASTM307 不锈钢及其他异种钢的焊接，也可用于高锰钢、淬硬钢等耐冲击、耐腐蚀钢及过渡层的堆焊
A201	钛钙型	AC/DC	520	30	用于在有机酸和无机酸介质中工作的 06Cr18Ni12Mo2Ti 等不锈钢结构的焊接
A202	钛钙型	AC/DC	520	30	同 A201
A207	低氢型	DC	520	30	同 A202
A212	钛钙型	AC/DC	550	25	用于 06Cr18Ni12Mo2Ti 不锈钢设备，如尿素、合成纤维等设备的焊接
A222	钛钙型	AC/DC	540	25	焊接相同类型含铜不锈钢结构，如 06Cr18Ni12-Mo2Cu2 钢
A232	钛钙型	AC/DC	540	25	用于一般耐热耐蚀的 08Cr18Ni9Ti 与 06Cr18Ni12Mo2Ti 不锈钢结构的焊接
A237	低氢型	DC	540	25	同 A232
A242	钛钙型	AC/DC	550	25	焊接同类型不锈钢结构
A302	钛钙型	AC/DC	550	25	用于同类型不锈钢结构的焊接，也可用于异种钢的焊接

（续）

焊条牌号	药皮类型	焊接电源[1]	熔敷金属的力学性能 ≥		主 要 用 途
			R_m/MPa	A（%）	
A307	低氢型	DC	550	25	同 A302
A312	钛钙型	AC/DC	550	25	用于耐硫酸介质腐蚀的同类型不锈钢结构的焊接
A402	钛钙型	AC/DC	550	25	用于在高温下工作的同类型不锈耐热钢的焊接，也可用于异种钢的焊接
A317	低氢钠型	DC	550	30	同 A312
A407	低氢型	DC	550	25	同 A402
A412	钛钙型	AC/DC	550	25	用于在高温下工作的不锈耐热钢的焊接，也可用于异种钢的焊接
A422	钛钙型	AC/DC	540	30	用于焊补炉卷轧机上 Cr25Ni20Si2 耐热钢卷筒及异种钢的焊接
A427	低氢型	DC	540	30	同 A22
A432	钛钙型	AC/DC	620	10	用于焊接 HK40 耐热钢
A447	低氢型	DC	780	20	用于石油高温裂解管的焊接
A502	钛钙型	AC/DC	610	30	用于焊接呈淬火状态的低合金钢或中合金钢，和刚性较大的结构，以及相应的热强钢
A507	低氢型	DC	610	30	同 A502
A512	钛钙型	AC/DC	550	35	用于高温高压不锈钢管线的焊接
A607	低氢型	DC	590	25	用于 850~900℃ 下工作的同类型不锈耐热钢的焊接，以及制氢转化炉中集合管、膨胀管的焊接
A707	低氢型	DC	690	30	用于醋酸、维尼纶、尿素等生产设备的铬锰氮不锈钢（A4）及含铝不锈钢的焊接
A717	低氢型	DC	690	25	用于低磁不锈钢结构或异种钢的焊接
A802	钛钙型	AC/DC	540	25	用于硫酸浓度50%（体积分数）和一定工作温度及大气压力的制造合成橡胶的管道等的焊接
A902	钛钙型	AC/DC	550	30	用于硫酸、硝酸、磷酸和氧化性酸腐蚀介质中 Carpenter 20Cb 镍合金等的焊接

① DC—直流电；AC—交流电。

7.1.24　我国焊条材料行业的低温钢焊条

（1）焊条材料行业低温钢焊条的统一牌号与熔敷金属的化学成分（表7-1-64）

表 7-1-64　低温钢焊条的统一牌号与熔敷金属的化学成分（质量分数）（%）

焊条牌号	相当于 GB 标准型号	C	Si	Mn	Ni	Mo	其 他
W607	E5015-G	≤0.07	≤0.50	1.2~1.7	0.6~1.0	—	Ti≤0.03 B≤0.003
W707	—	≤0.10	≈2.00	≈2.0	. —	—	Cu≈0.7
W707Ni	E5515-C1	≤0.12	≤0.60	≤1.25	2.0~2.75	—	—
W807	E5515-G	≤0.07	≤0.50	1.1~1.4	1.2~1.6	—	Ti 微量 B 微量

（续）

焊条牌号	相当于 GB 标准型号	C	Si	Mn	Ni	Mo	其 他
W907Ni	E5515-C2	≤0.12	≤0.60	≤1.25	3.0~3.75	—	—
W107	E5015-C2L	≤0.05	≤0.50	0.5~1.0	3.1~3.7	≤0.20	—
W107Ni		≤0.08	≤0.30	≈0.5	4.0~5.5	≈0.3	Cu≈0.5

注：1. 本表中焊缝熔敷金属的化学成分为参考值。

　　2. 与本表中焊条牌号相当的 GB 标准型号，主要参考有关的 GB 标准。

　　3. 表中的 P、S 含量按有关的 GB 标准列出。

（2）焊条材料行业低温钢焊条的主要性能与用途（表 7-1-65）

表 7-1-65　低温钢焊条的主要性能与用途

焊条牌号	药皮类型	焊接电源[①]	熔敷金属的力学性能 ≥				主要用途举例
			R_m /MPa	$R_{p0.2}$ /MPa	A (%)	KV/J	
W607	低氢钠型	DC	490	390	22	-60℃ ≥27	用于 -60℃ 工作的低温钢结构，如 13MnSi63、E36 钢等焊接
W707	低氢钠型	DC	490	—	18	-70℃ ≥27	用于 -70℃ 工作的，如 09Mn2、09MnTiCuRE 钢等焊接
W707Ni	低氢钠型	DC	540	440	17	-70℃ ≥27	用于 -70℃ 工作的，如 09Mn2、06MnVAl 钢等焊接
W807	低氢钠型	DC	490	390	22	-80℃ ≥27	用于 -80℃ 工作的低温钢结构的焊接
W907Ni	低氢钠型	DC	540	440	17	-90℃ ≥27	用于 -90℃ 工作 3.5Ni 钢结构的焊接
W107	低氢钠型	DC	490	390	22	-100℃ ≥27	用于 -100℃ 工作的低温钢结构的焊接
W107Ni	低氢钠型	DC	490	340	16	-100℃ ≥27	用于 -100℃ 工作的低温钢结构的焊接，如 06AlNbCuN 钢等焊接

① DC—直流电。

7.1.25　我国焊条材料行业的堆焊焊条

（1）焊条材料行业堆焊焊条的统一牌号与熔敷金属的化学成分（表 7-1-66）

表 7-1-66　堆焊焊条的统一牌号与熔敷金属的化学成分（质量分数）（%）

焊条牌号	相当于 GB 标准型号	C	Si	Mn	P ≤	S ≤	Cr	Mo	W	其 他
D007	EDTV-15	≤0.25	≤1.00	2.00~3.00	0.03	0.03	—	2.00~3.00	—	V5.00~8.00 B≤0.15
D017	—	0.25~0.35	1.0~2.0	0.60~1.50	—	—	5.50~7.50	—	—	—
D027		≈0.45	≈3.0	—	—	—	≈5.5	≈0.5	—	V≈0.5
D036	—	0.5~0.7	0.6~0.8	0.6~0.9			0.5~6.0	1.5~2.0	—	V≈0.5
D102	EDPMn2-03	≤0.20	—	≤3.50			—	—	—	—
D106	EDPMn2-16	≤0.20	—	≤3.50			—	—	—	—

（续）

焊条牌号	相当于 GB 标准型号	C	Si	Mn	P ≤	S ≤	Cr	Mo	W	其 他
D107	EDPMn2-15	≤0.20	—	≤3.50	—	—	—	—	—	—
D112	EDPCrMo-A1-03	≤0.25	—	—	—	—	≤2.00	≤1.50	—	(Σ≤2.00)
D126	EDPMn3-16	≤0.20	—	≤4.20	—	—	—	—	—	—
D127	EDPMn3-15	≤0.20	—	≤4.20	—	—	—	—	—	—
D132	EDPCrMo-A2-03	≤0.50	—	—	—	—	≤3.00	≤1.50	—	—
D146	EDPMn4-16	≤0.20	—	≤4.50	—	—	—	—	—	(Σ≤2.00)
D156	—	≈0.1	≈0.5	≈0.7	—	—	≈3.2	—	—	—
D167	EDPMn6-15	≤0.45	≤1.00	≤6.50	—	—	—	—	—	—
D172	EDPCrMo-A3-03	≤0.50	—	—	—	—	≤2.50	≤2.50	—	—
D177SL	—	≤0.50	—	—	—	—	≤2.50	≤2.50	—	—
D207	EDPCrMnSi-15	0.50~1.00	≤1.00	≤2.50	—	—	≤3.50	—	—	(Σ≤1.00)
D212	EDPCrMo-A4-03	0.30~0.60	—	—	—	—	≤5.00	≤4.00	—	—
D217A	—	≤0.3	0.80~1.20	1.20~1.80	—	—	1.80~2.20	≤1.50	—	Ni≤1.40
D227	EDPCrMoV-A2-15	0.45~0.65	—	—	—	—	4.00~5.00	2.00~3.00	—	V 4.00~5.00
D237	EDPCrMoV-A1-15	0.30~0.60	—	—	—	—	8.00~10.0	≤3.00	—	V 0.50~1.00 (Σ≤4.00)
D256	EDMn-A-16	≤1.10	≤1.30	11.0~16.0	—	—	—	—	—	(Σ≤5.00)
D266	EDMn-B-16	≤1.10	0.30~1.30	11.0~18.0	—	—	—	≤2.50	—	(Σ≤1.00)
D276	EDCrMn-B-16	≤0.80	≤0.80	11.0~16.0	—	—	13.0~17.0	—	—	(Σ≤4.00)
D277	EDCrMn-B-15	≤0.80	≤0.80	11.0~16.0	—	—	13.0~17.0	—	—	(Σ≤4.00)
D307	EDD-D-15	0.70~1.00	—	—	0.040	0.035	3.80~4.50	—	17.0~19.0	V 1.00~1.50
D317	EDRCrMoWV-A3-15	0.70~1.00	—	—	0.04	0.035	3.00~4.00	3.00~5.00	4.50~6.00	V 1.50~3.00 (Σ≤1.50)
D322	EDRCrMoWV-A1-03	≤0.50	—	—	0.04	0.035	≤5.00	≤2.50	7.00~10.0	V≤1.00
D327	EDRCrMoWV-A1-15	≤0.50	—	—	0.04	0.035	≤5.00	≤2.50	7.00~10.0	V≤1.00
D327A	EDRCrMoWV-A2-15	0.30~0.50	—	—	0.04	0.035	5.00~6.50	2.00~3.00	2.00~3.50	V 1.00~3.00
D337	EDRCrW-15	0.25~0.55	—	—	0.04	0.035	2.00~3.00	—	7.00~10.0	(Σ≤1.00)
D397	EDRCrMnMo-15	≤0.60	≤1.00	≤2.50	0.04	0.035	≤2.00	≤1.00	—	—
D407	EDD-B-15	0.50~0.90	—	≤0.60	—	—	3.00~5.00	—	5.00~9.50	—
D502	EDCr-A1-03	≤0.15	—	—	0.04	0.03	10.0~16.0	—	—	(Σ≤2.50)
D507	EDCr-A1-15	≤0.15	—	—	0.04	0.03	10.0~16.0	—	—	(Σ≤2.50)
D507Mo	EDCr-A2-15	≤0.20	—	—	—	—	10.0~16.0	≤2.50	≤2.00	Ni≤6.00 (Σ≤2.50)
D507MoNb	—	≤0.15	—	—	—	—	10.0~16.0	≤2.50	—	Nb≤0.50
D512	EDCr-B-03	≤0.25	—	—	—	—	10.0~16.0	—	—	(Σ≤5.00)

（续）

焊条牌号	相当于GB标准型号	C	Si	Mn	P ≤	S ≤	Cr	Mo	W	其　他
D516F	EDCrMn-A-16	≤0.25	≤1.00	8.00~10.0	—	—	12.0~14.0	—	—	—
D516M	EDCrMn-A-16	≤0.25	≤1.00	6.00~8.00	—	—	12.0~14.0	—	—	—
D516MA	EDCrMn-A-16	≤0.25	≤1.00	6.00~8.00	—	—	12.0~14.0	—	—	—
D517	EDCr-B-15	≤0.25	—	—	—	—	10.0~16.0	—	—	(Σ≤5.00)
D547	EDCrNi-A-15	≤0.18	4、80~6.40	0.60~2.00	0.04	0.03	15.0~18.0	—	—	Ni 7.00~9.00
D547Mo	—	0.10~0.18	3.5~4.3	0.60~2.00	—	—	18.0~21.0	3.8~5.0	0.8~1.2	Ni 10.0~12.0 V 0.5~1.2 Nb 0.7~1.2
D557	EDCrNi-C-15	≤0.20	5.00~7.00	2.00~3.00	0.04	0.03	18.0~20.0	—	—	Ni 7.00~10.0
D567	EDCrMn-D-15	0.50~0.80	≤1.30	24.0~27.0	—	—	9.50~12.50	—	—	—
D577	—	≤1.1	≤2.0	12.0~18.0	—	—	12~18	≤4.0	1.7~2.3	V≤0.7
D582	EDCrNi-A-03	≤0.08	≤0.9	≤1.00	—	—	18.0~21.0	—	—	Ni 8.00~11.0
D608	EDZ-A1-08	2.50~4.50	—	—	—	—	3.00~5.00	3.00~5.00	—	—
D618	—	≤3.0	—	—	—	—	15.0~20.0	1.0~2.0	10~20	V≤1.0
D628	—	3.0~5.0	—	—	—	—	20.0~35.0	4.0~6.0	—	V≤1.0
D632	—	2.0~5.0	—	—	—	—	25.0~40.0	—	—	—
D638	—	3.0~6.5	—	—	—	—	25.0~40.0	—	—	—
D642	EDZCr-B-03	1.50~3.50	—	≤1.00	—	—	22.0~32.0	—	—	(Σ≤7.00)
D646	EDZCr-B-16	1.50~3.50	—	≤1.00	—	—	22.0~32.0	—	—	(Σ≤2.00)
D656	EDZ-A2-16	3.0~4.0	—	—	—	—	26.0~34.0	—	2.0~3.0	—
D667	EDZCr-C-15	2.50~5.00	1.00~4.80	≤8.00	—	—	25.0~32.0	—	—	Ni 3.00~5.00 (Σ≤2.00)
D678	EDZ-B1-08	1.50~2.20	—	—	—	—	—	—	8.00~10.00	(Σ≤1.00)
D687	EDZCr-D-15	3.00~4.00	≤3.00	1.50~3.50	—	—	22.0~32.0	—	—	B 0.50~2.50 (Σ≤6.00)
D698	EDZ-B2-08	≤3.00	—	—	—	—	4.00~6.00	—	8.50~14.00	(Σ≤3.00)
D707	EDW-A-15	1.50~3.00	≤4.00	≤2.00	—	—	—	—	40.00~50.00	Fe 余量
D717	EDW-B-15	1.50~4.00	≤4.00	≤3.00	—	—	≤3.00	≤7.00	50.00~70.00	Ni≤3.00 (Σ≤3.00) Fe 余量
D802	EDCoCr-A-03	0.70~1.40	≤2.00	≤2.00	—	—	25.0~32.0	—	3.00~6.00	(Σ≤4.00) Co 余量
D812	EDCoCr-B-03	1.00~1.70	≤2.00	≤2.00	—	—	25.0~32.0	—	7.00~10.00	Fe≤5.00 (Σ≤4.00) Co 余量

（续）

焊条牌号	相当于 GB 标准型号	C	Si	Mn	P ≤	S ≤	Cr	Mo	W	其 他
D822	EDCoCr-C-03	1.75~3.00	≤2.00	≤2.00	—	—	25.0~33.0	—	11.0~19.0	Fe≤5.00 (Σ≤4.00) Co 余量
D842	EDCoCr-D-03	0.20~0.50	≤2.00	≤2.00	—	—	23.0~32.0	—	≤9.50	Fe≤5.00 (Σ≤4.00) Co 余量

注：1. 堆焊焊条牌号按用途分类为：

    D00×~09×　不规定；　　　　　　　D10×~24×　不同硬度常温堆焊焊条；

    D25×~29×　常温高锰钢堆焊焊条；　D30×~49×　刀具工具堆焊焊条；

    D50×~59×　阀门堆焊焊条；　　　　D60×~69×　合金铸铁堆焊焊条；

    D70×~79×　碳化钨堆焊焊条；　　　D80×~89×　钴基合金堆焊焊条。

   2. 表中堆焊层金属化学成分，符合 GB/T 984—2001（堆焊焊条）标准的规定。

   3. 化学成分的"其他"列中，（Σ≤1.00）或（Σ≤2.00），分别表示其他合金元素总含量≤1.00 或≤2.00，其余类推。

（2）焊条行业堆焊焊条的主要性能与用途（表 7-1-67）

表 7-1-67　堆焊焊条的主要性能与用途

焊条牌号	药皮类型	焊接电源[①]	堆焊层硬度 HRC（HBW）	主 要 用 途
D007	低氢钠型	—	（≥180）	用于灰铸铁、球墨铸铁、合金铸铁的堆焊及补焊
D017	低氢钠型	—	≥53	用于铸铁、合金铸铁的切边模刃口的堆焊
D027	低氢钠型	—	≥53	用于大中型冲裁模剪切刃口的堆焊
D036	低氢钾型	—	≥55	用于制造和修复冲模，及修复要求耐磨性较好的机械零件
D102	钛钙型	AC/DC	≥22	用于堆焊或修复常温下工作的，对硬度要求不高的低碳钢、中碳钢和低合金钢的磨损零件，如车轴、齿轮、搅拌机叶片等
D106	低氢钾型	DC	≥22	参见 D102
D107	低氢钠型	DC	≥22	参见 D102
D112	钛钙型	AC/DC	≥22	参见 D102，还用于堆焊矿山机械、农业机械的磨损零件
D126	低氢钾型	AC/DC	≥28	用于堆焊或修复常温下工作的，对硬度有一定要求的低碳钢、中碳钢和低合金钢磨损零件表面，如车轴、齿轮、行走主动轮等
D127	低氢钠型	AC/DC	≥28	参见 D126
D132				参见 D126，常用于矿山机械和农业机械的磨损零件
D146	低氢钾型	AC/DC	≥30	参见 D126，常用于碳钢道岔
D156	低氢钾型	AC/DC	≈31	用于轧钢机零件，如槽滚轧机、支重轮、链轧节等
D167	低氢钠型	DC	≥50	用于堆焊常温下工作的，要求高硬度的矿山、农业、建筑机械等磨损部件，如铲土机、挖泥斗、拖拉机刮板、深耕犁铧、推土机刃板等
D172	钛钙型	AC/DC	≥50	参见 D167
D177SL	低氢型	DC	≥40	用于单层或多层渗铝钢磨损件，如电站锅炉渗铝构件等焊接
D207	低氢钠型	DC	≥50	参见 D167，用于堆焊推土机刀片，螺旋桨等
D212	钛钙型	AC/DC	≥50	参见 D167，用于堆焊矿山机械挖斗等
D217A	低氢钠型	DC	≥55	用于堆焊高强度耐磨零件，如冶金轧辊、矿山破碎机、电铲斗齿等

（续）

焊条牌号	药皮类型	焊接电源①	堆焊层硬度 HRC（HBW）	主　要　用　途
D227	低氢钠型	DC	≥55	用于堆焊承受一定冲击载荷的耐磨零件、抗磨粒磨损零部件
D237	低氢钠型	DC	≥50	用于堆焊受泥沙磨损和气蚀破坏的水力机械等
D256	低氢钾型	AC/DC	（≥170）	用于堆焊各种破碎机、高锰钢轨、道岔等受冲击且易磨损的零件
D266	低氢钾型	AC/DC	（≥170）	参见 D256，但提高抗裂与耐磨性能
D276	低氢钾型	DC （AC/DC）	（≥200）	用于堆焊水轮机等受气蚀破坏的零件，及其他高锰钢零件
D277	低氢钠型	DC	（≥200）	参见 D276
D307	低氢钠型	DC	≥55	用于堆焊高速钢刀具
D317	低氢钠型	DC	≥50	用于冷冲模及一般刀具的堆焊
D322	钛钙型	AC/DC	≥55	参见 D317
D327	低氢钠型	DC	≥55	参见 D317
D327A	低氢钠型	DC	≥55	用于冲模和切削刀具的堆焊
D337	低氢钠型	DC	≥48	用于热锻模的堆焊
D397	低氢钠型	DC	≥40	用于热锻模的堆焊
D407	低氢钠型	DC	≥55	用于冲压模具的堆焊
D502	钛钙型	AC/DC	≥40	用于工作温度在450℃以下的碳钢与合金钢的轴和阀门等堆焊
D507	低氢钠型	DC	≥40	参见 D502
D507Mo	低氢钠型	DC	≥37	用于工作温度在510℃以下的中温高压阀门密封面的堆焊
D507MoNb	低氢钠型	DC	≥37	用于工作温度在450℃以下的中低压阀的密封面的堆焊
D512	钛钙型	AC/DC	≥45	用于碳钢及低合金钢的轴、搅拌机桨、螺旋送进机叶片等的堆焊
D516F	低氢型	AC/DC	35~45	用于工作温度450℃以下的受蒸汽、石油等介质作用的部件，如 ZG230—450（ZG25）的堆焊
D516M	低氢钾型	AC/DC	38~48	用于工作温度在450℃以下的高中压阀门密封面的堆焊
D516MA	低氢钾型		38~48	同 D516M
D517	低氢钠型	DC	≥45	参见 D512
D547	低氢钠型	DC	（270~320）	用于工作温度在570℃以下的阀门密封面及其他密封零件的堆焊
D547Mo	低氢钠型	DC	≥37	用于工作温度在600℃以下的高压阀门密封面的堆焊
D557	低氢钠型	DC	≥37	用于工作温度在600℃以下的高压阀门密封面的堆焊
D567	低氢钠型	DC	（≥200）	用于工作温度在350℃以下的中温中压球墨铸铁阀门的堆焊
D577	低氢钠型	DC	≥28	用于工作温度在510℃以下的中温高压阀门密封面的堆焊
D582	钛酸型	AC/DC	—	用于中压阀门密封面的堆焊
D608	石墨型	AC/DC	≥55	用于受砂粒磨损与轻微冲击的农业机械、矿山设备等零件的堆焊
D618	石墨型	—	≥58	用于受轻微冲击载荷，但要求较高的抗磨粒磨损性能的零件表面的堆焊，如锤击式磨煤机锤头等堆焊
D628	石墨型	AC/DC	≥60	参见 D618
D632	钛钙型	AC/DC	≥56	适于要求有良好抗磨粒磨损性能或常温、高温耐磨耐蚀工作面的堆焊
D638	石墨型	AC/DC	≥60	适于抗磨粒磨损的工作面，如料斗、铲刀、泥浆泵、粉碎机、锤头等堆焊
D642	钛钙型	AC/DC	≥45	用于常温或高温下耐磨、耐蚀零件的堆焊，如水轮机叶片、高炉料钟等

（续）

焊条牌号	药皮类型	焊接电源[1]	堆焊层硬度 HRC（HBW）	主 要 用 途
D646	低氢钾型	AC/DC	≥45	同 D642
D656	低氢型	AC/DC	≥60	用于中等冲击下受磨料磨损的耐磨耐蚀件的堆焊
D667	低氢钠型	DC	≥48	用于工作温度在 500℃ 以下耐磨、耐蚀和耐气蚀零件的堆焊
D678	石墨型	AC/DC	≥50	用于承受磨粒磨损零件的堆焊，如矿山机械等
D687	低氢钠型	DC	≥58	用于承受强烈磨损零件的堆焊，如破碎机辊、混合器叶片等的堆焊
D698	石墨型	AC/DC	≥60	用于矿山机械、泥浆泵等零件的堆焊
D707	低氢钠型	DC	≥60	用于耐岩石强烈磨损的机械零件的堆焊，如混凝土搅拌机叶片、挖土机叶片、鼓风机叶片等
D717	低氢钠型	DC	≥60	同 D707
D802	钛钙型	DC	≥40	用于要求在 650℃ 工作时仍能保持良好的耐磨性和一定的耐蚀性零部件的堆焊，如高温高压阀门、热剪切机刀刃、牙轮钻轴承、粉碎机刃口等
D812	钛钙型	DC	≥44	参见 D802
D822	钛钙型	DC	≥53	参见 D802
D842	钛钙型	DC	28～38	用于在高温下承受冲击和冷热交错作用的工件的堆焊，如热锻模，阀门密封面等

① DC—直流电；AC/DC—交流电或直流电。

7.2 国际标准化组织（ISO）

A. 通用焊接材料

7.2.1 非合金钢和细晶粒钢焊条

（1）ISO 标准非合金钢和细晶粒钢焊条的型号与熔敷金属的化学成分 ［ISO 2560（2009）］（表 7-2-1）

表 7-2-1   非合金钢与细晶粒钢焊条的型号与熔敷金属的化学成分（质量分数）（%）

（根据抗拉强度和 27J 冲击吸收能量分类）

焊条型号（分类代号）	C	Si	Mn	P ≤	S ≤	Cr	Ni	Mo	其 他
E4303	0.20	1.00	1.20	—	—	0.20	0.30	0.30	V≤0.08
E4310	0.20	1.00	1.20	—	—	0.20	0.30	0.30	V≤0.08
E4311	0.20	1.00	1.20	—	—	0.20	0.30	0.30	V≤0.08
E4312	0.20	1.00	1.20	—	—	0.20	0.30	0.30	V≤0.08
E4313	0.20	1.00	1.20	—	—	0.20	0.30	0.30	V≤0.08
E4316	0.20	1.00	1.20	—	—	0.20	0.30	0.30	V≤0.08
E4318	0.03	0.40	0.60	0.025	0.015	0.20	0.30	0.30	V≤0.08

（续）

焊条型号 （分类代号）	C	Si	Mn	P ≤	S ≤	Cr	Ni	Mo	其 他
E4319	0.20	1.00	1.20	—	—	0.20	0.30	0.30	V≤0.08
E4320	0.20	1.00	1.20	—	—	0.20	0.30	0.30	V≤0.08
E4324	0.20	1.00	1.20	—	—	0.20	0.30	0.30	V≤0.08
E4327	0.20	1.00	1.20	—	—	0.20	0.30	0.30	V≤0.08
E4340	—	—	—	—	—	—	—	—	—
E4903	0.15	0.90	1.25	—	—	0.20	0.30	0.30	V≤0.08
E4910	0.20	0.90	1.25	—	—	0.20	0.30	0.30	V≤0.08
E4911	0.20	0.90	1.25	—	—	0.20	0.30	0.30	V≤0.08
E4912	0.20	1.00	1.20	0.035	0.035	0.20	0.30	0.30	V≤0.08
E4913	0.20	1.00	1.20	0.035	0.035	0.20	0.30	0.30	V≤0.08
E4914	0.15	0.90	1.25	0.035	0.035	0.20	0.30	0.30	V≤0.08
E4915	0.15	0.75	1.25	0.035	0.035	0.20	0.30	0.30	V≤0.08
E4916	0.15	0.75	1.60	0.035	0.035	0.20	0.30	0.30	V≤0.08
E4916-1	0.15	0.75	1.60	0.035	0.035	0.20	0.30	0.30	V≤0.08
E4918	0.15	0.90	1.60	0.035	0.035	0.20	0.30	0.30	V≤0.08
E4918-1	0.15	0.90	1.60	0.035	0.035	0.20	0.30	0.30	V≤0.08
E4919	0.15	0.90	1.25	0.035	0.035	0.20	0.30	0.30	V≤0.08
E4924	0.15	0.90	1.25	0.035	0.035	0.20	0.30	0.30	V≤0.08
E4924-1	0.15	0.90	1.25	0.035	0.035	0.20	0.30	0.30	V≤0.08
E4927	0.15	0.75	1.60	0.035	0.035	0.20	0.30	0.30	V≤0.08
E4928	0.15	0.90	1.60	0.035	0.035	0.20	0.30	0.30	V≤0.08
E4948	0.15	0.90	1.60	0.035	0.035	0.20	0.30	0.30	V≤0.08
E5716	0.12	0.90	1.60	0.03	0.03	0.30	1.00	0.35	—
E5728	0.12	0.90	1.60	0.03	0.03	0.30	1.00	0.35	—
E4910-P1	0.20	0.60	1.20	0.03	0.03	0.30	1.00	0.50	V≤0.10
E5510-P1	0.20	0.60	1.20	0.03	0.03	0.30	1.00	0.50	V≤0.10
E4910-1M3	0.12	0.40	0.60	0.03	0.03	—	—	0.40~0.65	—
E4911-1M3	0.12	0.40	0.60	0.03	0.03	—	—	0.40~0.65	—
E4915-1M3	0.12	0.60	0.90	0.03	0.03	—	—	0.40~0.65	—
E4916-1M3	0.12	0.60	0.90	0.03	0.03	—	—	0.40~0.65	—
E4918-1M3	0.12	0.80	0.90	0.03	0.03	—	—	0.40~0.65	—
E4919-1M3	0.12	0.40	0.90	0.03	0.03	—	—	0.40~0.65	—
E4920-1M3	0.12	0.40	0.60	0.03	0.03	—	—	0.40~0.65	—
E4927-1M3	0.12	0.40	1.00	0.03	0.03	—	—	0.40~0.65	—
E5518-3M2	0.12	0.80	1.00~1.75	0.03	0.03	—	0.90	0.25~0.45	—
E5516-3M3	0.12	0.80	1.00~1.80	0.03	0.03	—	0.90	0.40~0.65	—
E5518-3M3	0.12	0.80	1.00~1.80	0.03	0.03	—	0.90	0.40~0.65	—
E4916-N1	0.12	0.90	0.60~1.60	0.03	0.03	—	0.30~1.00	0.35	V≤0.05
E4928-N1	0.12	0.90	0.60~1.60	0.03	0.03	—	0.30~1.00	0.35	V≤0.05
E5516-N1	0.12	0.90	0.60~1.60	0.03	0.03	—	0.30~1.00	0.35	V≤0.05
E5528-N1	0.12	0.90	0.60~1.60	0.03	0.03	—	0.30~1.00	0.35	V≤0.05

（续）

焊条型号 （分类代号）	C	Si	Mn	P ≤	S ≤	Cr	Ni	Mo	其 他
E4916-N2	0.08	0.50	0.40~1.40	0.03	0.03	.0.15	0.80~1.10	0.35	V≤0.05
E4918-N2	0.08	0.50	0.40~1.40	0.03	0.03	0.15	0.80~1.10	0.35	V≤0.05
E5516-N2	0.12	0.80	0.40~1.25	0.03	0.03	0.15	0.80~1.10	0.35	V≤0.05
E5518-N2	0.12	0.80	0.40~1.25	0.03	0.03	0.15	0.80~1.10	0.35	V≤0.05
E4916-N3	0.10	0.60	1.25	0.03	0.03	—	1.10~2.00	0.35	—
E5516-N3	0.10	0.60	1.25	0.03	0.03	—	1.10~2.00	0.35	—
E5516-3N3	0.10	0.60	1.60	0.03	0.03	—	1.10~2.00	—	—
E5518-N3	0.10	0.80	1.25	0.03	0.03	—	1.10~2.00	—	—
E4915-N5	0.05	0.50	1.25	0.03	0.03	—	2.00~2.75	—	—
E4916-N5	0.05	0.50	1.25	0.03	0.03	—	2.00~2.75	—	—
E4918-N5	0.05	0.50	1.25	0.03	0.03	—	2.00~2.75	—	—
E4928-N5	0.10	0.80	1.00	0.025	0.020	—	2.00~2.75	—	—
E5516-N5	0.12	0.60	1.25	0.03	0.03	—	2.00~2.75	—	—
E5518-N5	0.12	0.80	1.25	0.03	0.03	—	2.00~2.75	—	—
E4915-N7	0.05	0.50	1.25	0.03	0.03	—	3.00~3.75	—	—
E4916-N7	0.05	0.50	1.25	0.03	0.03	—	3.00~3.75	—	—
E4918-N7	0.05	0.50	1.25	0.03	0.03	—	3.00~3.75	—	—
E5516-N7	0.12	0.80	1.25	0.03	0.03	—	3.00~3.75	—	—
E5518-N7	0.12	0.80	1.25	0.03	0.03	—	3.00~3.75	—	—
E5516-N13	0.06	0.60	1.00	0.025	0.020	—	6.00~7.00	—	—
E5518-N2M3	0.10	0.60	0.80~1.25	0.02	0.02	0.10	0.80~1.10	0.40~0.65	Al≤0.05 V≤0.02 Cu≤0.10
E4903-NC	0.12	0.90	0.30~1.40	0.03	0.03	0.30	0.25~0.75	—	Cu 0.20~0.60
E4916-NC	0.12	0.90	0.30~1.40	0.03	0.03	0.30	0.25~0.75	—	Cu 0.20~0.60
E4928-NC	0.12	0.90	0.30~1.40	0.03	0.03	0.30	0.25~0.75	—	Cu 0.20~0.60
E5716-NC	0.12	0.90	0.30~1.40	0.03	0.03	0.30	0.25~0.75	—	Cu 0.20~0.60
E5728-NC	0.12	0.90	0.30~1.40	0.03	0.03	0.30	0.25~0.75	—	Cu 0.20~0.60
E4903-CC	0.12	0.90	0.30~1.40	0.03	0.03	0.30~0.70	—	—	Cu 0.20~0.60
E4916-CC	0.12	0.90	0.30~1.40	0.03	0.03	0.30~0.70	—	—	Cu 0.20~0.60
E4928-CC	0.12	0.90	0.30~1.40	0.03	0.03	0.30~0.70	—	—	Cu 0.20~0.60
E5716-CC	0.12	0.90	0.30~1.40	0.03	0.03	0.30~0.70	—	—	Cu 0.20~0.60
E5728-CC	0.12	0.90	0.30~1.40	0.03	0.03	0.30~0.70	—	—	Cu 0.20~0.60
E4903-NCC	0.12	0.90	0.30~1.40	0.03	0.03	0.45~0.75	0.05~0.45	—	Cu 0.30~0.70
E4916-NCC	0.12	0.90	0.30~1.40	0.03	0.03	0.45~0.75	0.05~0.45	—	Cu 0.30~0.70
E4928-NCC	0.12	0.90	0.30~1.40	0.03	0.03	0.45~0.75	0.05~0.45	—	Cu 0.30~0.70
E5716-NCC	0.12	0.90	0.30~1.40	0.03	0.03	0.45~0.75	0.05~0.45	—	Cu 0.30~0.70
E5728-NCC	0.12	0.90	0.30~1.40	0.03	0.03	0.45~0.75	0.05~0.45	—	Cu 0.30~0.70
E4903-NCC1	0.12	0.35~0.80	0.50~1.30	0.03	0.03	0.45~0.70	0.40~0.80	—	Cu 0.30~0.75
E4916-NCC1	0.12	0.35~0.80	0.50~1.30	0.03	0.03	0.45~0.70	0.40~0.80	—	Cu 0.30~0.75
E4928-NCC1	0.12	0.80	0.50~1.30	0.03	0.03	0.45~0.70	0.40~0.80	—	Cu 0.30~0.75

（续）

焊条型号 （分类代号）	C	Si	Mn	P ≤	S ≤	Cr	Ni	Mo	其 他
E5516-NCC1	0.12	0.35~0.80	0.50~1.30	0.03	0.03	0.45~0.70	0.40~0.80	—	Cu 0.30~0.75
E5518-NCC1	0.12	0.35~0.80	0.50~1.30	0.03	0.03	0.45~0.70	0.40~0.80	—	Cu 0.30~0.75
E5716-NCC1	0.12	0.35~0.80	0.50~1.30	0.03	0.03	0.45~0.70	0.40~0.80	—	Cu 0.30~0.75
E5728-NCC1	0.12	0.80	0.50~1.30	0.03	0.03	0.45~0.70	0.40~0.80	—	Cu 0.30~0.75
E4916-NCC2	0.12	0.40~0.70	0.40~0.70	0.025	0.025	0.15~0.30	0.20~0.40	—	V≤0.08 Cu 0.30~0.60
E4918-NCC2	0.12	0.40~0.70	0.40~0.70	0.025	0.025	0.15~0.30	0.20~0.40	—	V≤0.08 Cu 0.30~0.60
E49××-G	—	—	—	—	—	—	—	—	—
E55××-G	—	—	—	—	—	—	—	—	—
E57××-G	—	—	—	—	—	—	—	—	—

注：1. 本表中的单值（有些元素已标出）均为最大值。

2. 焊条型号中"××"表示药皮类型。其化学成分按协议规定。

（2）ISO 标准非合金钢和细晶粒钢焊条熔敷金属的力学性能（表7-2-2）

表 7-2-2　非合金钢与细晶粒钢焊条熔敷金属的力学性能

焊条型号	R_m/MPa	R_{eL}/MPa	A（%）	试验温度 /℃	KV/J≥	焊条型号	R_m/MPa	R_{eL}/MPa	A（%）	试验温度 /℃	KV/J≥
	≥						≥				
E4303	430	330	20	0	27	E4919	490	400	20	-20	27
E4310	430	330	20	-30	27	E4924	490	400	16	—	—
E4311	430	330	20	-30	27	E4924-1	490	400	20	-20	27
E4312	430	330	16	—	—	E4927	490	400	20	-30	27
E4313	430	330	16	—	—	E4928	490	400	20	-20	27
E4316	430	330	20	-30	27	E4948	490	400	20	-30	27
E4318	430	330	20	-30	27	E5716	570	490	16	-30	27
E4319	430	330	20	-20	27	E5728	570	490	16	-20	27
E4320	430	330	20	—	—	E4910-P1	490	420	20	-30	27
E4324	430	330	16	—	—	E5510-P1	550	460	17	-30	27
E4327	430	330	20	-30	27	E5518-P2	550	460	17	-30	27
E4340	430	330	20	0	—	E5545-P2	550	460	17	-30	27
E4903	490	400	20	0	27	E4910-1M3	490	420	20	—	—
E4910	①	400	20	-30	27	E4911-1M3	490	400	20	—	—
E4911	①	400	20	-30	27	E4915-1M3	490	400	20	—	—
E4912	490	400	16	—	—	E4916-1M3	490	400	20	—	—
E4913	490	400	16	—	—	E4918-1M3	490	400	20	—	—
E4914	490	400	16	—	—	E4919-1M3	490	400	20	—	—
E4915	490	400	20	-30	27	E4920-1M3	490	400	20	—	—
E4916	490	400	20	-30	27	E4927-1M3	490	400	20	—	—
E4916-1	490	400	20	-45	27	E5518-3M2	550	460	17	-50	27
E4918	490	400	20	-30	27	E5516-3M3	550	460	17	-50	27
E4918-1	490	400	20	-45	27	E5518-3M3	550	460	17	-50	27

（续）

焊条型号	R_m/MPa	R_{eL}/MPa	A（%）	试验温度/℃	KV/J≥	焊条型号	R_m/MPa	R_{eL}/MPa	A（%）	试验温度/℃	KV/J≥
	≥						≥				
E4916-N1	490	390	20	-40	27	E5518-N2M3	550	460	17	-40	27
E4928-N1	490	390	20	-40	27	E4903-NC	490	390	20	0	27
E5516-N1	550	460	17	-40	27	E4916-NC	490	390	20	0	27
E5528-N1	550	460	17	-40	27	E4928-NC	490	390	20	0	27
E4916-N2	490	390	20	-40	27	E5716-NC	570	490	16	0	27
E4918-N2	490	390	20	-50	27	E5728-NC	570	490	16	0	27
E5516-N2	550	②	20	-40	27	E4903-NCC	490	390	20	0	27
E5518-N2	550	②	20	-40	27	E4916-NCC	490	390	20	0	27
E4916-N3	490	390	20	-40	27	E4928-NCC	490	390	20	0	27
E5516-N3	550	460	17	-50	27	E5716-NCC	570	490	16	0	27
E5516-3N3	550	460	17	-50	27	E5728-NCC	570	490	16	0	27
E5518-N3	550	460	17	-50	27	E4903-NCC1	490	390	20	0	27
E4915-N5	490	390	20	-75	27	E4916-NCC1	490	390	20	0	27
E4916-N5	490	390	20	-75	27	E4928-NCC1	490	390	20	0	27
E4918-N5	490	390	20	-75	27	E5516-NCC1	550	460	17	-20	27
E4928-N5	490	390	20	-60	27	E5518-NCC1	550	460	17	-20	27
E5516-N5	550	460	17	-60	27	E5716-NCC1	570	490	16	0	27
E5518-N5	550	460	17	-60	27	E5728-NCC1	570	490	16	0	27
E4915-N7	490	390	20	-100	27	E4916-NCC2	490	420	20	-20	27
E4916-N7	490	390	20	-100	27	E4918-NCC2	490	420	20	-20	27
E4918-N7	490	390	20	-100	27	E49××-G	490	400	20	—	—
E5516-N7	550	460	17	-75	27	E55××-G	550	460	17	—	—
E5518-N7	550	460	17	-75	27	E57××-G	570	490	16		
E5516-N13	550	460	17	-100	27						

注：冲击吸收能量 KV 是焊缝金属试样的 3 个平均值。

① R_m = 490～650MPa。

② R_{eL} = 470～550MPa。

（3）新版标准的型号表示方法

2009 版标准（非合金钢与细晶粒钢焊条）的型号，有 A、B 两类并存。

A 类型号是根据屈服强度与冲击吸收能量 47J 来分类的，与欧洲标准（EN）的型号体系相一致。

B 类型号是根据抗拉强度与冲击吸收能量 27J 来分类的，与亚太地区或国家标准（如 AWS、GB、JIS 等）的型号体系相接近。表 7-2-1、表 7-2-2 中均为 B 类型号。

型号全称为：ISO 2560-B ·E ××××-××× × U H×，例如：E 55 15 N5 P U H10

从 B 类型号的举例中，可以看到型号主体由以下各部分组成：E—— 焊条；55—— 熔敷金属的抗拉强度代号；15—— 药皮类型、焊接位置、电流类型；N5—— 熔敷金属的化学成分；P—— 焊后热处理状态；U 和 H10 为附加代号。

B 类型号中，熔敷金属的抗拉强度代号见表 7-2-3a（例如：55 表示 R_m≥550MPa）；药皮类型、焊接位置、电流类型的代号见表 7-2-3b；熔敷金属的化学成分的分类代号见表 7-2-3c；此外，P——焊后热处理状态（其余状态：无记号为焊态，AP——焊态或热处理状态均可）；U——在规定温度下，冲击吸收能量≥47J，H10——熔敷金属扩散氢含量≤10mL/100g。

表 7-2-3a　B 类型号中熔敷金属的抗拉强度代号

抗拉强度代号	R_m/MPa	抗拉强度代号	R_m/MPa
43	≥430	55	≥550
50	≥490	57	≥570

表 7-2-3b　B 类型号中药皮类型焊接位置和电流类型代号

代号	药皮类型	焊接位置	电流类型[1]
03	钛型	全位置[2]	AC，DC±
10	纤维素	全位置	DC-
11	纤维素	全位置	AC，DC-
12	金红石	全位置[2]	AC，DC+
13	金红石	全位置[2]	AC，DC±
14	金红石+铁粉	全位置[2]	AC，DC±
15	碱性	全位置[2]	DC-
16	碱性	全位置[2]	AC，DC-
18	碱性+铁粉	全位置[2]	AC，DC-
19	钛铁矿	全位置[2]	AC，DC±
20	氧化铁型	PA，PB[3]	AC，DC+
24	金红石+铁粉	PA，PB[3]	AC，DC±
27	氧化铁+铁粉	PA，PB[3]	AC，DC±
28	碱性+铁粉	PA，PB，PC[3]	AC，DC-
40	不规定	由制造商确定	
45	碱性	全位置	DC-
48	碱性	全位置	AC，DC-

① AC—交流电；DC±—直流电，工作接正极或负极（DC+：工作接正极，DC-：工作接负极）。
② 此处"全位置"不一定包括向下立焊（PG），由制造商确定。
③ PA—平焊，PB—平角焊，PC—横焊。

表 7-2-3c　B 类型号中熔敷金属化学成分的分类代号

分类代号	主要化学成分的名义含量（质量分数）（%）	分类代号	主要化学成分的名义含量（质量分数）（%）
无记号，-1 -P1，-P2	Mn 1.0	-N7	Ni 3.5
-1M3	Mo 0.5	-N13	Ni 6.5
-3M2	Mn 1.5，Mo 0.4	-N2M3	Ni 1.0，Mo 0.5
-3M3	Mn 1.5，Mo 0.5	-NC	Ni 0.5，Cu 0.4
-N1	Ni 0.5	-CC	Cr 0.5，Cu 0.4
-N2	Ni 1.0	-NCC	Ni 0.2，Cr 0.6，Cu 0.5
-N3	Ni 1.5	-NCC1	Ni 0.6，Cr 0.6，Cu 0.5
-3N3	Ni 1.5，Mn 1.5	-NCC2	Ni 0.3，Cr 0.2，Cu 0.5
-N5	Ni 2.5	-G	其他成分

7.2.2 热强钢电弧焊用焊条

（1）ISO 标准热强钢电弧焊用焊条的型号与熔敷金属的化学成分［ISO 3580（2017）］（表7-2-4）

表 7-2-4　热强钢电弧焊用焊条的型号与熔敷金属的化学成分（质量分数）（%）

焊条型号[①]		C	Si	Mn	P ≤	S ≤	Cr	Ni	Mo	其　他
ISO 3580-A[②]	ISO 3580-B[③]									
Mo	（1M3）	≤0.10	≤0.80	0.40 ~ 1.50	0.030	0.025	≤0.20	—	0.40 ~ 0.70	V≤0.03
（Mo）	1M3	≤0.12	≤0.80	≤1.00	0.030	0.030	—		0.40 ~ 0.65	—
MoV	—	0.03 ~ 0.12	≤0.80	0.40 ~ 1.50	0.030	0.025	0.30 ~ 0.60		0.80 ~ 1.20	V 0.25 ~ 0.60
CrMo0.5	（CM）	0.05 ~ 0.12	≤0.80	0.40 ~ 1.50	0.030	0.025	0.40 ~ 0.65		0.40 ~ 0.65	—
（CrMo0.5）	CM	0.05 ~ 0.12	≤0.80	≤0.90	0.030	0.030	0.40 ~ 0.65		0.40 ~ 0.65	—
—	C1M	0.07 ~ 0.15	0.30 ~ 0.60	0.40 ~ 0.70	0.030	0.030	0.40 ~ 0.60		1.00 ~ 1.25	V≤0.05
CrMol	（1CM）	0.05 ~ 0.12	≤0.80	0.40 ~ 1.50	0.030	0.025	0.90 ~ 1.40		0.45 ~ 0.70	—
（CrMol）	1CM	0.05 ~ 0.12	≤1.00	≤0.90	0.030	0.030	1.00 ~ 1.50		0.40 ~ 0.65	—
CrMol L	（1CM L）	≤0.05	≤0.80	0.40 ~ 1.50	0.030	0.025	0.90 ~ 1.40		0.45 ~ 0.70	—
（CrMol L）	1CM L	≤0.05	≤1.00	≤0.90	0.030	0.030	1.00 ~ 1.50		0.40 ~ 0.65	—
CrMoVl	—	0.05 ~ 0.15	≤0.80	0.70 ~ 1.50	0.030	0.025	0.90 ~ 1.30		0.90 ~ 1.30	V 0.10 ~ 0.35
CrMo2	（2C1M）	0.05 ~ 0.12	≤0.80	0.40 ~ 1.30	0.030	0.025	2.0 ~ 2.6		0.90 ~ 1.30	—
（CrMo2）	2C1M	0.05 ~ 0.12	≤1.00	≤0.90	0.030	0.030	2.00 ~ 2.50		0.90 ~ 1.20	—
CrMo2 L	（2C1M L）	≤0.05	≤0.80	0.40 ~ 1.30	0.030	0.025	2.0 ~ 2.6		0.90 ~ 1.30	—
（CrMo2 L）	2C1M L	≤0.05	≤1.00	≤0.90	0.030	0.030	2.00 ~ 2.50		0.90 ~ 1.20	—
	2CM L	≤0.05	≤1.00	≤0.90	0.030	0.030	1.75 ~ 2.25		0.40 ~ 0.65	—
	2CMWV	0.03 ~ 0.10	≤0.60	0.40 ~ 1.50	0.030	0.030	2.00 ~ 2.60		0.05 ~ 0.30	W 1.00 ~ 2.00，V 0.15 ~ 0.30 Nb 0.01 ~ 0.05
	2C1MV	0.05 ~ 0.15	≤0.60	0.40 ~ 1.50	0.030	0.030	2.00 ~ 2.60		0.90 ~ 1.20	V 0.20 ~ 0.40 Nb 0.01 ~ 0.05
	3C1MV	0.05 ~ 0.15	≤0.60	0.40 ~ 1.50	0.030	0.030	2.60 ~ 3.40		0.90 ~ 1.20	V 0.20 ~ 0.40 Nb 0.01 ~ 0.05
CrMo5	（5CM）	0.03 ~ 0.12	≤0.80	0.40 ~ 1.50	0.025	0.025	4.0 ~ 6.0		0.40 ~ 0.70	—
（CrMo5）	5CM	0.05 ~ 0.10	≤0.90	≤1.00	0.030	0.030	4.0 ~ 6.0	≤0.40	0.45 ~ 0.65	—

（续）

焊条型号①		C	Si	Mn	P ≤	S ≤	Cr	Ni	Mo	其 他
ISO 3580-A②	ISO 3580-B③									
—	5CM L	≤0.05	≤0.90	≤1.00	0.030	0.030	4.0~6.0	≤0.40	0.45~0.65	—
—	7CM L	≤0.05	≤0.90	≤1.0	0.030	0.030	6.0~8.0	≤0.40	0.45~0.65	—
—	2C1M L	0.04~0.12	≤0.60	≤1.00	0.020	0.015	1.9~2.9	≤0.50	0.80~1.20	Ti≤0.10, Al≤0.05 Nb 0.02~0.10, Cu≤0.25 N≤0.07, B≤0.006
—	2C2WV	0.04~0.12	≤0.60	≤1.00	0.015	0.015	1.9~2.9	≤0.50	≤0.30	W 1.50~2.00, Nb 0.02~0.10 Al≤0.04, Cu≤0.25 N≤0.05, B≤0.006
—	9C2WMV	0.08~0.10	≤0.60	≤1.20	0.020	0.015	8.0~10.0	≤1.00	0.30~0.70	W 1.50~2.00, Nb 0.02~0.08 Al≤0.04, Cu≤0.25 N 0.03~0.08, B≤0.006
—	7CM	0.05~0.15	≤0.90	≤1.0	0.030	0.030	6.0~8.0	≤0.40	0.45~0.65	—
CrMo9	(9C1M)	0.03~0.12	≤0.60	0.40~1.30	0.025	0.025	8.0~10.0	≤1.00	0.90~1.20	V≤0.15
(CrMo9)	9C1M	0.05~0.10	≤0.90	≤1.00	0.030	0.030	8.0~10.5	≤0.40	0.85~1.20	—
—	9C1ML	≤0.05	≤0.90	≤1.00	0.030	0.030	8.0~10.5	≤0.40	0.85~1.20	—
CrMo91	(9C1MV)	0.06~0.12	≤0.60	0.40~1.50	0.025	0.025	8.0~10.5	0.40~1.00	0.80~1.20	V 0.15~0.30, Nb 0.03~0.10 N 0.02~0.07
(CrMo91)	9C1MV	0.08~0.13	≤0.30	≤1.25④	0.010	0.010	8.0~10.5	≤1.00④	0.85~1.20	V 0.15~0.30 Cu≤0.25, Al≤0.04
(CrMo91)	9C1MV1	0.03~0.12	≤0.60	1.00~1.80	0.025	0.025	8.0~10.5	≤1.00	0.80~1.20	Nb 0.02~0.10, N 0.02~0.07
—	9CMWV-Co	0.03~0.12	≤0.60	0.40~1.20	0.025	0.025	8.0~10.5	0.30~1.00	0.10~0.50	W 1.00~2.00, Co 1.00~2.00 V 0.15~0.50, Nb 0.01~0.05 N 0.02~0.10
—	10C1MV	0.03~0.12	≤0.60	1.00~1.80	0.025	0.025	9.5~12.0	≤1.00	0.80~1.20	V 0.15~0.35, Nb 0.04~0.12 N 0.02~0.07 Cu≤0.25, Al≤0.04
CrMoWV12	—	0.15~0.22	≤0.80	0.40~1.30	0.025	0.025	10.0~12.0	≤0.80	0.80~1.20	V 0.20~0.40 W 0.40~0.60
Z	G	化学成分按协议规定								

① 本表仅列出型号中的有关部分代号，例如 B 类型号；55XX-CM，55 表示抗拉强度值，XX 表示涂层类型，表中所示的 CM（代表 Cr-Mo）表示化学成分分类。括号内型号为近似型号。

② 本标准采用 A、B 两类型号并存。A 类为根据化学成分分类的型号，与欧洲标准（EN）的型号体系相一致。其中对 Ni≤0.3%，Cu≤0.3%，Nb≤0.01% 未作特殊规定。

③ B 类为根据强度与化学成分分类的型号，与亚太地区国家标准（如 AWS、GB、JIS 等）的型号体系相接近。规定其他残余元素总量不超过 0.50%。

④ Mn + Ni≤1.50%。

（2）ISO 标准热强钢电弧焊用焊条的熔敷金属力学性能（表 7-2-5）

表 7-2-5　热强钢电弧焊用焊条的熔敷金属力学性能

焊条型号		R_{eL}/MPa	R_m/MPa	A（%）	$KV^{②}$/J		焊后热处理		
ISO 3580-A	ISO 3580-B[①]				平均值	单个值	预热温度[③]/℃	温度[④]/℃	时间/min
		≥							
Mo	（1M3）	355	510	22	47	38	<200	570~620	60±10
（Mo）	49XX-1M3	390	490	22	—	—	90~110	605~645	60+10[⑥]
（Mo）	49YY-1M3	390	490	20	—	—	90~110	605~645	60+10[⑥]
MoV	—	355	510	18	47	38	200~300	690~730	60±10
CrMo0.5	（55XX-CM）	355	510	22	47	38	100~200	600~650	60±10
（CrMo0.5）	55XX-CM	460	550	17	—	—	160~190	675~705	60+10[⑥]
—	55XX-C1M	460	550	17	—	—	160~190	675~705	60+10[⑥]
CrMo1	（55XX-1CM）（5513-1CM）	355	510	20	47	38	150~250	660~700	60±10
（CrMo1）	55XX-1CM	460	550	17	—	—	160~190	675~705	60+10[⑥]
（CrMo1）	5513-1CM	460	550	14	—	—	160~190	675~705	60+10[⑥]
CrMo1 L	（52XX-1CM L）	355	510	20	47	38	150~250	660~700	60±10
（CrMo1 L）	52XX-1CM L	390	520	17	—	—	160~190	675~705	60+10[⑥]
CrMoV1		435	590	15	24	19	200~300	680~730	60±10
CrMo2	（62XX-2C1M）（6213-2C1M）	400	500	18	47	38	200~300	690~750	60±10
（CrMo2）	62XX-2C1M	530	620	15	—	—	160~190	675~705	60+10[⑥]
（CrMo2）	6213-2C1M	530	620	12	—	—	160~190	675~705	60+10[⑥]
CrMo2 L	（55XX-2C1M L）	400	500	18	47	38	200~300	690~750	60±10
（CrMo2 L）	55XX-2C1M L	460	550	15	—	—	160~190	675~705	60+10[⑥]
—	55XX-2CM L	460	550	15	—	—	160~190	675~705	60+10[⑥]
	57XX-2CMWV	490	570	15	—	—	160~190	700~730	120±10
	83XX-10C1MV	740	830	12	—	—	160~190	675~705	480±10
	62XX-2C1MV	530	620	15	—	—	160~190	725~755	120±10
	62XX-3C1MV	530	620	15	—	—	205~260	725~755	60+10[⑥]
CrMo5	（55XX-5CM）	400	590	17	47	38	200~300	730~760	60±10
（CrMo5）	55XX-5CM	460	550	17	—	—	175~230	725~755	60+10[⑥]
—	55XX-5CM L	460	550	17	—	—	175~230	725~755	60+10[⑥]
—	55XX-7CM L	460	550	15	—	—	180~230	725~755	60+10[⑥]
	55XX-7CM	460	550	15	—	—	180~230	725~755	60+10[⑥]
CrMo9	（62XX-9C1M）	435	590	18	34	27	200~300	740~780	120±10
（CrMo9）	62XX-9C1M	530	620	15	—	—	205~260	725~755	60+10[⑥]
—	62XX-9C1M L	530	620	15	—	—	205~260	725~755	60+10[⑥]
CrMo91	（62XX-9C1MV）	415	585	17	47	38	200~315	745~775	120~180
（CrMo91）	62XX-9C1MV	530	620	15	—	—	200~315	745~775	120±10[⑦]
—	62XX-9C2WMV	530	620	15	—	—	200~315	725~755	120±10[⑦]
—	69XX-9CMWV-Co	600	690	15	—	—	205~260	725~755	480±10
CrMoWV12	—	550	690	15	34	27	250~350[⑤]或400~500[⑤]	740~780	120±10
Z	G	按供需双方协议规定							

① B 类型号中的 XX 代表涂层类型 15、16 或 18，YY 代表涂层类型 10、11、19、20 或 27。

② 20℃ 时的冲击吸收能量 KV，平均值为 3 个试样的平均值。

③ 预热或中间温度。

④ 炉冷速度≤200℃/h，冷却至 300℃。

⑤ 焊接后立即冷却至 120~100℃，并在此温度保持至少 1h。

⑥ 炉冷速率为 85~275℃/h，保温时间为 60^{+10}_{0} min。

⑦ 炉冷速率为 85~275℃/h，保温时间为 120^{+10}_{0} min。

（3）新版标准热强钢电弧焊用焊条的型号表示方法

2017 版标准（热强钢电弧焊用焊条）的型号，有 A、B 两类并存，A 类型号是根据屈服强度与冲击吸收能量 47J 来分类的。B 类型号是根据抗拉强度与冲击吸收能量 27J 来分类的，B 类型号与我国 GB 标准的型号体系相接近。

B 类型号全称为：ISO 3580-B · E XXYY - CCC HZ。（在表 7-2-4 和表 7-2-5 中只引用熔敷金属的化学成分代号，-CCC）。

由上可知，型号主体的前面为标准号（ISO 3580-B），其型号主体由 4 部分（及附加代号）组成，例如：E 62 15 -2C1M H10。

其中：E—— 焊条；62—— 熔敷金属的抗拉强度代号（见表 7-2-6a，此处为 $R_m \geqslant 620$MPa）；15—— 药皮类型、焊接位置、电流类型（见 7.2.1 节的表 7-2-3b，此处略去）；短线后的字母和数字（2C1M）—— 熔敷金属化学成分的分类代号（见表 7-2-6b）。

以上为强制性分类代号。另外，根据供需双方协商，可在型号后附加扩散氢代号"HZ"，如 H10 表示熔敷金属扩散氢含量 $\leqslant$10mL/100g。

表 7-2-6a 热强钢电弧焊用焊条熔敷金属的抗拉强度代号

抗拉强度代号	抗拉强度 R_m/MPa	抗拉强度代号	抗拉强度 R_m/MPa
50	$\geqslant$490	55	$\geqslant$550
52	$\geqslant$520	62	$\geqslant$620

表 7-2-6b 热强钢电弧焊用焊条熔敷金属化学成分的分类代号

分类代号	主要化学成分的名义含量及说明
-1M3	此类焊条中含有 Mo，它是在非合金钢焊条基础上唯一添加的合金元素。数字 1 约等于 Mn 的名义含量，字母 M 代表 Mo，数字 3 表示 Mo 的名义含量约为 0.5%
- ×C×M×	对于含 Cr-Mo 的热强钢，字母 C 前的数字表示 Cr 的名义含量，M 前的数字表示 Mo 的名义含量。若 Cr 或 Mo 的名义含量小于 1%，则 M 前不标出数字 如果在 Cr 或和 Mo 之外，还加入 W、V、B、Nb 等合金元素，则在"C×M"后按此序列标出型号后缀字母"L"，表示碳含量较低。型号最后字母的数字表示其化学成分有所改变

7.2.3 不锈钢和耐热钢电弧焊用焊条

（1）ISO 标准不锈钢和耐热钢电弧焊用焊条的型号与熔敷金属的化学成分 ［ISO 3581（2016）］（表 7-2-7）

表 7-2-7 不锈钢和耐热钢电弧焊用焊条的型号与熔敷金属的化学成分（质量分数）（%）

焊条型号 ISO 3581-A	焊条型号 ISO 3581-B	C	Si	Mn	P $\leqslant$	S $\leqslant$	Cr	Ni	Mo	Cu	其 他
马氏体和铁素体型											
—	409Nb	$\leqslant$0.12	$\leqslant$1.00	$\leqslant$1.00	0.040	0.030	11.0 ~ 14.0	$\leqslant$0.60	$\leqslant$0.75	$\leqslant$0.75	（Nb + Ta）0.50 ~ 1.50
13	(410)	$\leqslant$0.12	$\leqslant$1.0	$\leqslant$1.5	0.030	0.025	11.0 ~ 14.0	$\leqslant$0.60	$\leqslant$0.75	$\leqslant$0.75	—
(13)	410	$\leqslant$0.12	$\leqslant$0.90	$\leqslant$1.0	0.04	0.03	11.0 ~ 14.0	$\leqslant$0.70	$\leqslant$0.75	$\leqslant$0.75	—
13-4	(410NiMo)	$\leqslant$0.06	$\leqslant$1.0	$\leqslant$1.5	0.030	0.025	11.0 ~ 14.5	3.0 ~ 5.0	0.4 ~ 1.0	$\leqslant$0.75	—
(13-4)	410NiMo	$\leqslant$0.06	$\leqslant$0.90	$\leqslant$1.0	0.04	0.03	11.0 ~ 12.5	4.0 ~ 5.0	0.40 ~ 0.70	$\leqslant$0.75	—
17	(430)	$\leqslant$0.12	$\leqslant$1.0	$\leqslant$1.5	0.030	0.025	16.0 ~ 18.0	$\leqslant$0.60	$\leqslant$0.75	$\leqslant$0.75	—
(17)	430	$\leqslant$0.10	$\leqslant$0.90	$\leqslant$1.0	0.04	0.03	15.0 ~ 18.0	$\leqslant$0.60	$\leqslant$0.75	$\leqslant$0.75	—
—	430Nb	$\leqslant$0.10	$\leqslant$1.00	$\leqslant$1.00	0.040	0.030	15.0 ~ 18.0	$\leqslant$0.60	$\leqslant$0.75	$\leqslant$0.75	（Nb + Ta）0.50 ~ 1.50

（续）

焊条型号		C	Si	Mn	P ≤	S ≤	Cr	Ni	Mo	Cu	其　他
ISO 3581-A	ISO 3581-B										
奥氏体型-I											
—	209	≤0.06	≤1.00	4.0~7.0	0.04	0.03	20.5~24.0	9.5~12.0	1.5~3.0	≤0.75	N 0.10~0.30 V 0.10~0.30
—	219	≤0.06	≤1.00	8.0~10.0	0.04	0.03	19.0~21.5	5.5~7.0	≤0.75	≤0.75	N 0.10~0.30
—	240	≤0.06	≤1.00	10.5~13.5	0.04	0.03	17.0~19.0	4.0~6.0	≤0.75	≤0.75	N 0.10~0.30
19-9	(308)	≤0.08	≤1.2	≤2.0	0.030	0.025	18.0~21.0	9.0~11.0	≤0.75	≤0.75	—
(19-9)	308	≤0.08	≤1.00	0.5~2.5	0.04	0.03	18.0~21.0	9.0~11.0	≤0.75	≤0.75	—
19-9H	(308H)	0.04~0.08	≤1.2	≤2.0	0.03	0.025	18.0~21.0	9.0~11.0	≤0.75	≤0.75	—
(19-9H)	308H	0.04~0.08	≤1.00	0.5~2.5	0.04	0.03	18.0~21.0	9.0~11.0	≤0.75	≤0.75	—
19-9 L	(308 L)	≤0.04	≤1.2	≤2.0	0.030	0.025	18.0~21.0	9.0~11.0	≤0.75	≤0.75	—
(19-9 L)	308 L	≤0.04	≤1.00	0.5~2.5	0.04	0.03	18.0~21.0	9.0~12.0	≤0.75	≤0.75	—
19-9N L	308 LN	≤0.035	≤0.90	0.5~2.0	0.025	0.025	18.0~21.0	9.0~11.0	≤0.50	≤0.75	N 0.06~0.10
(20-10-3)	308Mo	≤0.08	≤1.00	0.5~2.5	0.04	0.03	18.0~21.0	9.0~12.0	2.0~3.0	≤0.75	—
—	308 LMo	≤0.04	≤1.00	0.5~2.5	0.04	0.03	18.0~21.0	9.0~12.0	2.0~3.0	≤0.75	—
—	308N	≤0.10	≤0.90	1.0~1.4	0.04	0.03	21.0~25.0	7.0~10.0	—	—	N 0.12~0.30
—	349	≤0.13	≤1.00	0.5~2.5	0.04	0.03	18.0~21.0	8.0~10.0	0.35~0.65	≤0.75	(Nb+Ta) 0.75~1.20 V 0.10~0.30, Ti≤0.15 W 1.25~1.75
19-9Nb	(347)	≤0.08	≤1.2	≤2.0	0.030	0.025	18.0~21.0	9.0~11.0	≤0.75	≤0.75	(Nb+Ta)8C~1.1
(19-9Nb)	347	≤0.08	≤1.00	0.5~2.5	0.04	0.03	18.0~21.0	9.0~11.0	≤0.75	≤0.75	(Nb+Ta)8C~1.00
—	347 L	≤0.04	≤1.00	0.5~2.5	0.040	0.030	18.0~21.0	9.0~11.0	≤0.75	≤0.75	(Nb+Ta)8C~1.00
19-12-2	(316)	≤0.08	≤1.2	≤2.0	0.030	0.025	17.0~20.0	10.0~13.0	2.0~3.0	≤0.75	—
(19-12-2)	316	≤0.08	≤1.00	0.5~2.5	0.04	0.03	17.0~20.0	11.0~14.0	2.0~3.0	≤0.75	—
(19-12-2)	316H	0.04~0.08	≤1.00	0.5~2.5	0.04	0.03	17.0~20.0	11.0~14.0	2.0~3.0	≤0.75	—
(19-12-3 L)	316 L	≤0.04	≤1.00	0.5~2.5	0.04	0.03	17.0~20.0	11.0~14.0	2.0~3.0	≤0.75	—

（续）

焊条型号		C	Si	Mn	P ≤	S ≤	Cr	Ni	Mo	Cu	其 他
ISO 3581-A	ISO 3581-B										
奥氏体型-I											
19-12-3 L	(316 L)	≤0.04	≤1.2	≤2.0	0.030	0.025	17.0~20.0	10.0~13.0	2.5~3.0	≤0.75	—
19-12-3N L	316 LN	≤0.035	≤0.90	0.5~2.0	0.025	0.025	18.0~21.0	12.0~13.0	2.5~3.0	≤0.75	Co ≤0.20 N 0.06~0.10
—	316 LCu	≤0.04	≤1.00	0.5~2.5	0.040	0.030	17.0~20.0	11.0~16.0	1.20~2.75	1.00~2.50	—
—	317	≤0.08	≤1.00	0.5~2.5	0.04	0.03	18.0~21.0	12.0~14.0	3.0~4.0	≤0.75	—
—	317 L	≤0.04	≤1.00	0.5~2.5	0.04	0.03	18.0~21.0	12.0~14.0	3.0~4.0	≤0.75	—
19-12-3Nb	(318)	≤0.08	≤1.2	≤2.0	0.030	0.025	17.0~20.0	10.0~13.0	2.5~3.0	≤0.75	(Nb+Ta)8C~1.1
(19-12-3Nb)	318	≤0.08	≤1.00	0.5~2.5	0.04	0.03	17.0~20.0	11.0~14.0	2.0~3.0	≤0.75	(Nb+Ta)6C~1.00
19-13-4N L	—	≤0.04	≤1.2	1.0~5.0	0.030	0.025	17.0~20.0	12.0~15.0	3.0~4.5	≤0.75	N≤0.20
—	320	≤0.07	≤0.60	0.5~2.5	0.04	0.03	19.0~21.0	32.0~36.0	2.0~3.0	3.0~4.0	(Nb+Ta)8C~1.00
—	320 LR	≤0.03	≤0.30	1.5~2.5	0.020	0.015	19.0~21.0	32.0~36.0	2.0~3.0	3.0~4.0	(Nb+Ta)8C~0.40
奥氏体-铁素体型（高耐蚀型）											
22-9-3N L	(2209)	≤0.04	≤1.2	≤2.5	0.030	0.025	21.0~24.0	7.5~10.5	2.5~4.0	≤0.75	N 0.08~0.20
(22-9-3N L)	2209	≤0.04	≤1.00	0.5~2.0	0.04	0.03	21.5~23.5	7.5~10.5	2.5~4.0	≤0.75	N 0.08~0.20
23-7N L	—	≤0.04	≤1.0	0.4~1.5	0.030	0.020	22.5~25.5	6.5~10.0	≤0.80	≤0.50	N 0.10~0.20
25-7-2N L	—	≤0.04	≤1.2	≤2.0	0.035	0.025	24.0~28.0	6.0~8.0	1.0~3.0	≤0.75	N≤0.20
25-9-3CuN L	(2593)	≤0.04	≤1.2	≤2.5	0.030	0.025	24.0~27.0	7.5~10.5	2.5~4.0	1.5~3.5	N 0.10~0.25
25-9-4N L	(2593)	≤0.04	≤1.2	≤2.5	0.030	0.025	24.0~27.0	8.0~11.0	2.5~4.5	≤1.5	W≤1.0 N 0.20~0.30
25-9-4WN L	2594W	≤0.04	≤1.0	0.5~2.5	0.04	0.03	23.0~27.0	8.0~11.0	3.0~4.5	≤1.0	W≤2.5 N 0.08~0.30
—	2553	≤0.06	≤1.0	0.5~1.5	0.04	0.03	24.0~27.0	6.5~8.5	2.9~3.9	1.5~2.5	N 0.10~0.25
(25-9-3 CuN L)	2593	≤0.04	≤1.0	0.5~1.5	0.04	0.03	24.0~27.0	8.5~10.5	2.9~3.9	1.5~3.0	N 0.08~0.25

（续）

焊条型号		C	Si	Mn	P ≤	S ≤	Cr	Ni	Mo	Cu	其 他
ISO 3581-A	ISO 3581-B										
奥氏体型-Ⅱ（高耐蚀型）											
—	383	≤0.03	≤0.90	0.5 ~ 2.5	0.02	0.02	28.5 ~ 29.0	30.0 ~ 33.0	3.2 ~ 4.2	0.6 ~ 1.5	—
(20-25-5 CuN L)	385	≤0.03	≤0.90	1.0 ~ 2.5	0.03	0.02	19.5 ~ 21.5	24.0 ~ 26.0	4.2 ~ 5.2	1.2 ~ 2.0	—
18-15-3 L	—	≤0.04	≤1.2	1.0 ~ 4.0	0.030	0.025	16.5 ~ 19.5	14.0 ~ 17.0	2.5 ~ 3.5	≤0.75	—
18-16-5N L	—	≤0.04	≤1.2	1.0 ~ 4.0	0.035	0.025	17.0 ~ 20.0	15.5 ~ 19.0	3.5 ~ 5.0	≤0.75	N≤0.20
20-25-5 CuN L	(385)	≤0.04	≤1.2	1.0 ~ 4.0	0.030	0.025	19.0 ~ 22.0	24.0 ~ 27.0	4.0 ~ 7.0	1.0 ~ 2.0	N≤0.25
20-16-3 MnN L	—	≤0.04	≤1.2	5.0 ~ 8.0	0.035	0.025	18.0 ~ 21.0	15.0 ~ 18.0	2.5 ~ 3.5	≤0.75	N≤0.20
21-10N	—	0.06 ~ 0.09	1.0 ~ 2.0	0.3 ~ 1.0	0.02	0.01	20.0 ~ 22.5	9.5 ~ 11.0	≤0.50	≤0.30	N 0.10 ~ 0.20
25-22-2N L	—	≤0.04	≤1.2	1.0 ~ 5.0	0.030	0.025	24.0 ~ 27.0	20.0 ~ 23.0	2.0 ~ 3.0	≤0.75	N≤0.20
27-31-4Cu L	—	≤0.04	≤1.2	≤2.5	0.030	0.025	26.0 ~ 29.0	30.0 ~ 33.0	3.0 ~ 4.5	0.6 ~ 1.5	—
特殊型											
18-8Mn	—	≤0.20	≤1.2	4.5 ~ 7.5	0.035	0.025	17.0 ~ 20.0	7.0 ~ 10.0	≤0.75	≤0.75	—
18-9MnMo	(307)	0.04 ~ 0.14	≤1.2	3.0 ~ 5.0	0.035	0.025	18.0 ~ 21.5	9.0 ~ 11.0	0.5 ~ 1.5	≤0.75	—
18-9MnMo	307	0.04 ~ 0.14	≤1.00	3.30 ~ 4.75	0.04	0.03	18.0 ~ 21.5	9.0 ~ 10.7	0.5 ~ 1.5	≤0.75	—
20-10-3	(308Mo)	≤0.10	≤1.2	≤2.5	0.030	0.025	18.0 ~ 21.0	9.0 ~ 12.0	1.5 ~ 3.5	≤0.75	—
23-12 L	(309 L)	≤0.04	≤1.2	≤2.5	0.030	0.025	22.0 ~ 25.0	11.0 ~ 14.0	≤0.75	≤0.75	—
(23-12 L)	309 L	≤0.04	≤1.00	0.5 ~ 2.5	0.04	0.03	22.0 ~ 25.0	12.0 ~ 14.0	≤0.75	≤0.75	—
(23-12)	309	≤0.15	≤1.00	0.5 ~ 2.5	0.04	0.03	22.0 ~ 25.0	12.0 ~ 14.0	≤0.75	≤0.75	—
23-12Nb	(309Nb)	≤0.10	≤1.2	≤2.5	0.030	0.025	22.0 ~ 25.0	11.0 ~ 14.0	≤0.75	≤0.75	(Nb + Ta) 8C ~ 1.1
—	309LNb	≤0.04	≤1.00	0.5 ~ 2.5	0.040	0.030	22.0 ~ 25.0	12.0 ~ 14.0	≤0.75	≤0.75	(Nb + Ta) 0.70 ~ 1.00
(23-12Nb)	309Nb	≤0.12	≤1.00	0.5 ~ 2.5	0.04	0.03	22.0 ~ 25.0	12.0 ~ 14.0	≤0.75	≤0.75	(Nb + Ta) 0.70 ~ 1.00
—	309Mo	≤0.12	≤1.00	0.5 ~ 2.5	0.04	0.03	22.0 ~ 25.0	12.0 ~ 14.0	2.0 ~ 3.0	≤0.75	—

（续）

焊条型号		C	Si	Mn	P ≤	S ≤	Cr	Ni	Mo	Cu	其 他
ISO 3581-A	ISO 3581-B										
特殊型											
23-12-2 L	(309 LMo)	≤0.04	≤1.2	≤2.5	0.030	0.025	22.0 ~ 25.0	11.0 ~ 14.0	2.0 ~ 3.0	≤0.75	—
(23-12-2 L)	309 LMo	≤0.04	≤1.00	0.5 ~ 2.5	0.04	0.03	22.0 ~ 25.0	12.0 ~ 14.0	2.0 ~ 3.0	≤0.75	—
29-9	(312)	≤0.15	≤1.2	≤2.5	0.035	0.025	27.0 ~ 31.0	8.0 ~ 12.0	≤0.75	≤0.75	—
(29-9)	312	≤0.15	≤1.00	0.5 ~ 2.5	0.04	0.03	28.0 ~ 32.0	8.0 ~ 10.5	≤0.75	≤0.75	—
热处理型											
16-8-2	(16-8-2)	≤0.08	≤0.60	≤2.5	0.030	0.025	14.5 ~ 16.5	7.5 ~ 9.5	1.5 ~ 2.5	≤0.75	—
(16-8-2)	16-3-2	≤0.10	≤0.60	0.5 ~ 2.5	0.03	0.03	14.5 ~ 16.5	7.5 ~ 9.5	1.0 ~ 2.0	≤0.75	—
25-4	—	≤0.15	≤1.2	≤2.5	0.030	0.025	24.0 ~ 27.0	4.0 ~ 6.0	≤0.75	≤0.75	—
22-12	(309)	≤0.15	≤1.2	≤2.5	0.030	0.025	20.0 ~ 23.0	10.0 ~ 13.0	≤0.75	≤0.75	—
25-20	(310)	0.06 ~ 0.20	≤1.2	1.0 ~ 5.0	0.030	0.025	23.0 ~ 27.0	18.0 ~ 22.0	≤0.75	≤0.75	—
(25-20)	310	0.08 ~ 0.20	≤0.75	1.0 ~ 2.5	0.03	0.03	25.0 ~ 28.0	20.0 ~ 22.5	≤0.75	≤0.75	—
25-20H	(310H)	0.35 ~ 0.45	≤1.2	≤2.5	0.030	0.025	23.0 ~ 27.0	18.0 ~ 22.0	≤0.75	≤0.75	—
(25-20H)	310H	0.35 ~ 0.45	≤0.75	1.0 ~ 2.5	0.03	0.03	25.0 ~ 28.0	20.0 ~ 22.5	≤0.75	≤0.75	—
—	310Nb	≤0.12	≤0.75	1.0 ~ 2.5	0.03	0.03	25.0 ~ 28.0	20.0 ~ 22.0	≤0.75	≤0.75	(Nb + Ta) 0.70 ~ 1.00
—	310Mo	≤0.12	≤0.75	1.0 ~ 2.5	0.03	0.03	25.0 ~ 28.0	20.0 ~ 22.0	2.0 ~ 3.0	≤0.75	—
18-36	(330)	≤0.25	≤1.2	≤2.5	0.030	0.025	14.0 ~ 18.0	33.0 ~ 37.0	≤0.75	≤0.75	—
(18-36)	330	0.18 ~ 0.25	≤1.00	1.0 ~ 2.5	0.04	0.03	14.0 ~ 17.0	33.0 ~ 37.0	≤0.75	≤0.75	—
—	330H	0.35 ~ 0.45	≤1.00	1.0 ~ 2.5	0.04	0.03	14.0 ~ 17.0	33.0 ~ 37.0	≤0.75	≤0.75	—
—	630	≤0.05	≤0.75	0.25 ~ 0.75	0.04	0.03	16.00 ~ 16.75	4.5 ~ 6.0	≤0.75	3.25 ~ 4.00	(Nb + Ta) 0.15 ~ 0.30

注：1. 本标准采用 A、B 两类型号并存。A 类为根据化学成分分类的型号，与欧洲标准（EN）的型号体系相一致。B 类为根据强度与化学成分分类的型号，与亚太地区标准（如 AWS、GB、JIS 等）的型号体系相接近。

2. A 类型号 P + S 总含量（质量分数）不超过 0.050%（但型号 25-7-2NL，18-16-5NL，20-16-3MnNL，18-8Mn，18-9MnMo 和 29-9 除外）。

3. 奥氏体型-II 各牌号的熔敷金属在多数情况下是完全奥氏体，因此对微裂纹和热裂纹具有敏感性。若焊缝金属中增加 Mn 含量可减少裂纹的发生，经供需双方协商，Mn 含量的扩大范围可达到一定等级。

（2）ISO 标准不锈钢和耐热钢电弧焊用焊条的熔敷金属力学性能（表7-2-8）

表7-2-8   不锈钢和耐热钢电弧焊用焊条的熔敷金属力学性能

焊条型号		R_m/MPa	$R_{p0.2}$/MPa	A（%）
ISO 3581-A	ISO 3581-B		≥	
马氏体和铁素体型				
—	409Nb	450	—	13
13	(410)	450	250	15
(13)	410	450	—	15
13-4	(410NiMo)	750	500	15
(13-4)	410NiMo	760	—	10
17	(430)	450	300	15
(17)	430	450	—	15
	430Nb	450	—	13
奥氏体型-I				
—	209	690	—	15
—	219	620	—	15
—	240	690	—	25
19-9	(308)	550	350	30
(19-9)	308	550	—	25
19-9H	(308H)	550	350	30
(19-9H)	308H	550	—	25
19-9 L	(308 L)	510	320	25
(19-9 L)	308 L	510	—	25
(20-10-3)	308Mo	550	—	30
	308 LMo	520	—	30
—	308N	690	—	20
—	349	690	—	23
19-9Nb	(347)	550	350	25
(19-9Nb)	347	520	—	25
—	347 L	510	—	25
19-12-2	(316)	550	350	25
(19-12-2)	316	520	—	25
(19-12-2)	316H	520	—	25
(19-12-3L)	316L	510	320	25
19-12-3 L	(316 L)	490	—	25
19-12-3N L	316 LN	520 ~ 670[①]	230	30
—	316LCu	510	—	25
—	317	550	—	20
—	317 L	520	—	20
19-12-3Nb	(318)	550	350	25
(19-12-3Nb)	318	550	—	20
19-13-4N L	—	550	350	25
—	320	550	—	28
—	320 LR	520	—	28

（续）

焊条型号		R_m/MPa	$R_{p0.2}$/MPa	A（%）
ISO 3581-A	ISO 3581-B	$\geqslant$		
奥氏体-铁素体型（高耐蚀型）				
22-9-3N L	(2209)	550	450	20
(22-9-3N L)	2209	690	—	15
23-7N L	—	570	450	20
25-7-2N L	—	700	500	15
25-9-3CuN L	—	620	550	18
25-9-4N L	—	620	550	18
25-9-4WN L	2594W	690		15
—	2553	760	—	13
(25-9-3CuN L)	2593	760	—	13
奥氏体型-Ⅱ（高耐蚀型）				
—	383	520	—	28
(20-25-5CuN L)	385	520	—	28
18-15-3 L	—	480	300	25
18-16-5N L	—	480	300	25
20-25-5CuN L	(385)	510	320	25
20-16-3MnN L	—	510	320	25
21-10N	—	550	350	30
25-22-2N L	—	510	320	25
27-31-4Cu L	—	500	240	25
特殊型				
18-8Mn	—	500	350	25
18-9MnMo	(307)	500	350	25
18-9MnMo	307	590	—	25
20-10-3	(308Mo)	620	400	20
23-12 L	309	550	—	25
(23-12 L)	(309 L)	510	320	25
(22-12)	309 L	510	—	25
23-12Nb	(309Nb)	550	350	25
—	309Nb	550	—	25
(23-12Nb)	309Mo	550	—	25
—	(309 LMo)	550	350	25
23-12-2 L	309 LMo	510	—	25
(23-12-2 L)	309 LNb	510	—	25
29-9	(312)	650	450	15
(29-9)	312	660	—	15
热处理型				
16-8-2	(16-8-2)	510	320	25
(16-8-2)	16-8-2	520	—	25
25-4	—	600	400	15
22-12	(209)	550	350	25

焊条型号		R_m/MPa	$R_{p0.2}$/MPa	A（%）
ISO 3581-A	ISO 3581-B		≥	
热处理型				
25-20	（310）	550	350	20
（25-20）	310	550	—	25
25-20H	（310H）	550	350	10
（25-20H）	310H	620	—	8
—	310Nb	550	—	23
—	310Mo	550	—	28
18-36	（330）	510	350	10
（18-36）	330	520	—	23
—	330H	620	—	8
—	630	930	—	6

① 此范围值不受≥的限制。

（3）ISO 标准不锈钢和耐热钢电弧焊用焊条的熔敷金属焊后热处理（表7-2-9）

表7-2-9　不锈钢和耐热钢电弧焊用焊条的熔敷金属焊后热处理

焊条型号		焊后热处理
ISO 3581-A	ISO 3581-B	
—	409Nb	760～790℃×2h，＜55℃/h 炉冷至595℃，空冷至室温
13	（410）	840～870℃×2h，炉冷至600℃，空冷
（13）	410	730～760℃×1h，＜110℃/h 炉冷至315℃，空冷至室温
134	（410NiMo）	580～620℃×2h，空冷
（134）	410NiMo	595～620℃×1h，空冷至室温
17	（430）	760～790℃×2h，炉冷至600℃，空冷
（17）	430	760～790℃×2h，＜55℃/h 炉冷至595℃，空冷至室温
—	430Nb	760～790℃×2h，＜55℃/h 炉冷至595℃，空冷至室温
—	630	1025～1050℃×1h，空冷至室温，610～630℃沉淀硬化4h，空冷至室温

注：1. 除表中所列的型号外，其他型号的焊条不规定或不进行焊后热处理。
　　2. 新添加的型号（23-7NL，21-10N）不进行焊后热处理。

7.2.4　非合金钢和细晶粒钢焊丝与焊棒

（1）ISO 标准非合金钢和细晶粒钢 TIG 焊接用焊丝与焊棒的型号和化学成分 ［ISO 636（2017）］（表7-2-10和表7-2-11）

表7-2-10　非合金钢和细晶粒钢 TIG 焊接用焊丝与焊棒的型号和化学成分（一）（质量分数）（%）
（根据屈服强度与47J 冲击吸收能量分类的牌号）

型号（代号）	C	Si	Mn	P ≤	S ≤	Cr	Ni	Mo	Cu	其　他
2Si	0.06～0.14	0.50～0.80	0.90～1.30	0.025	0.025	≤0.15	≤0.15	≤0.15	—	Al≤0.02，V≤0.03 Ti＋Zr≤0.15
3Si-1	0.06～0.14	0.70～1.00	1.30～1.60	0.025	0.025	≤0.15	≤0.15	≤0.15	—	
4Si-1	0.06～0.14	0.80～1.20	1.60～1.90	0.025	0.025	≤0.15	≤0.15	≤0.15	—	
2Ti	0.06～0.14	0.40～0.80	0.90～1.40	0.025	0.025	≤0.15	≤0.15	≤0.15	—	Al 0.05～0.20 （Ti＋Zr）0.05～0.25 V≤0.03

（续）

型号 （代号）	C	Si	Mn	P ≤	S ≤	Cr	Ni	Mo	Cu	其　他
3Ni-1	0.06~0.14	0.50~0.90	1.00~1.60	0.020	0.020	≤0.15	0.80~1.50	≤0.15	—	
2Ni-2	0.06~0.14	0.40~0.80	0.80~1.40	0.02	0.020	≤0.15	2.10~2.70	≤0.15	—	Al≤0.02，V≤0.03 Ti+Zr≤0.15
2Mo	0.08~0.12	0.30~0.70	0.90~1.30	0.020	0.020	≤0.15	≤0.15	0.40~0.60	—	
Z	按供需双方协议确定									—

注：除牌号 Z 之外，其他牌号 Cu≤0.35%。

表 7-2-11　非合金钢和细晶粒钢 TIG 焊接用焊丝与焊棒的型号和化学成分（二）（质量分数）（%）
（根据抗拉强度与 27J 冲击吸收能量分类的牌号）

型号 （代号）	C	Si	Mn	P ≤	S ≤	Cr	Ni	Mo	Cu	其　他
2	≤0.07	0.40~0.70	0.90~1.40	0.025	0.035	≤0.15	≤0.15	≤0.15	≤0.50	V≤0.30 Al 0.05~0.15 Ti 0.05~0.15 Zr 0.02~0.12
3	0.06~0.15	0.45~0.75	0.90~1.40	0.025	0.035	≤0.15	≤0.15	≤0.15	≤0.50	—
4	0.07~0.15	0.65~0.85	1.00~1.50	0.025	0.035	≤0.15	≤0.15	≤0.15	≤0.50	—
6	0.06~0.15	0.80~1.15	1.40~1.85	0.025	0.035	≤0.15	≤0.15	≤0.15	≤0.50	—
12	0.02~0.15	0.55~1.00	1.25~1.90	0.030	0.030	—	—	—	≤0.50	
16	0.02~0.15	0.40~1.00	0.90~1.60	0.030	0.030	—	—	—	≤0.50	
1M3	≤0.12	0.30~0.70	≤1.30	0.025	0.025	—	≤0.20	0.40~0.65	≤0.50	
2M3	≤0.12	0.30~0.70	0.60~1.40	0.025	0.025	—	—	0.40~0.65	≤0.50	
2M31	≤0.12	0.30~0.90	0.80~1.50	0.025	0.025	—	—	0.40~0.65	≤0.50	
2M32	≤0.05	0.30~0.90	0.80~1.40	0.025	0.025	—	—	0.40~0.65	≤0.50	
3M1T	≤0.12	0.40~1.00	1.40~2.10	0.025	0.025	—	—	0.40~0.65	≤0.50	Ti 0.02~0.30
3M3	≤0.12	0.60~0.90	1.10~1.60	0.025	0.025	—	—	0.40~0.65	≤0.50	
4M3	≤0.12	≤0.30	1.50~2.00	0.025	0.025	—	—	0.40~0.65	≤0.50	
4M31	0.07~0.12	0.50~0.80	1.60~2.10	0.025	0.025	—	—	0.40~0.65	≤0.40	
4M3T	≤0.12	0.50~0.80	1.60~2.20	0.025	0.025	—	—	0.40~0.65	≤0.50	Ti 0.02~0.30
N1	≤0.12	0.20~0.50	≤1.25	0.025	0.025	—	0.60~1.00	≤0.35	≤0.35	—
N2	≤0.12	0.40~0.80	≤1.25	0.025	0.025	≤0.15	0.80~1.10	≤0.35	≤0.35	V≤0.05
N3	≤0.12	0.30~0.80	1.20~1.60	0.025	0.025	—	1.50~1.90	≤0.35	≤0.35	—
N5	≤0.12	0.40~0.80	≤1.25	0.025	0.025	—	2.00~2.75	—	≤0.35	—
N7	≤0.12	0.20~0.50	≤1.25	0.025	0.025	—	3.00~3.75	≤0.35	≤0.35	—
N71	≤0.12	0.40~0.80	≤1.25	0.025	0.025	—	3.00~3.75	—	≤0.35	—
N9	≤0.10	≤0.50	≤1.40	0.025	0.025	—	4.00~4.75	≤0.35	≤0.35	—
NCC	≤0.12	0.60~0.90	1.00~1.65	0.03	0.03	0.50~0.80	0.10~0.30	—	0.20~0.60	—
NCC1	≤0.12	0.20~0.40	0.40~0.70	0.03	0.03	0.50~0.80	0.50~0.80	—	0.30~0.75	

（续）

型号 （代号）	C	Si	Mn	P ≤	S ≤	Cr	Ni	Mo	Cu	其 他
NCCT	≤0.12	0.60 ~ 0.90	1.00 ~ 1.65	0.03	0.03	0.50 ~ 0.80	0.10 ~ 0.30	—	0.20 ~ 0.60	Ti 0.02 ~ 0.30
NCCT1	≤0.12	0.50 ~ 0.80	1.20 ~ 1.80	0.03	0.03	0.50 ~ 0.80	0.10 ~ 0.40	0.02 ~ 0.30	0.20 ~ 0.60	Ti 0.02 ~ 0.30
NCCT2	≤0.12	0.50 ~ 0.90	1.10 ~ 1.70	0.03	0.03	0.50 ~ 0.80	0.40 ~ 0.80	—	0.20 ~ 0.60	Ti 0.02 ~ 0.30
N1M2T	≤0.12	0.60 ~ 1.00	1.70 ~ 2.30	0.025	0.025	—	0.40 ~ 0.80	0.20 ~ 0.60	≤0.50	Ti 0.02 ~ 0.30
N1M3	≤0.12	0.20 ~ 0.80	1.00 ~ 1.80	0.025	0.025	—	0.30 ~ 0.90	0.40 ~ 0.65	≤0.50	—
N2M3	≤0.12	≤0.30	1.10 ~ 1.60	0.025	0.025	—	0.80 ~ 1.20	0.40 ~ 0.65	≤0.50	—
Z			按供需双方协议确定							—

注：除 Fe 外，表中没有标明的其余合金元素总量不超过 0.50%。

（2）ISO 标准非合金钢和细晶粒钢 TIG 焊接用焊丝与焊棒的分类号和力学性能（表 7-2-12 和表 7-2-13）

表 7-2-12   非合金钢和细晶粒钢 TIG 焊接用焊丝与焊棒的分类号和力学性能（一）

（以屈服强度与 47J 冲击吸收能量分类）

型号（分类号）	$R_{eL}^{①}$/MPa≥	R_m/MPa	A（%） ≥
35	355	440 ~ 570	22
38	380	470 ~ 600	20
42	420	500 ~ 640	20
46	460	530 ~ 680	20
50	500	560 ~ 720	18

注：1. 该分类号为屈服强度代号。

2. 当无屈服点时，用 $R_{p0.2}$ 代替。

表 7-2-13   非合金钢和细晶粒钢 TIG 焊接用焊丝与焊棒的分类号和力学性能（二）

（以抗拉强度与 27J 冲击吸收能量分类）

型号 （分类号）	$R_{eL}^{①}$/MPa	R_m/MPa	A（%）
		≥	
43 ×	330	430 ~ 600	20
49 ×	390	490 ~ 670	18
55 ×	460	550 ~ 740	17
57 ×	490	570 ~ 770	17

注：1. 该分类号为抗拉强度代号。

2. ×为材料状态的代号（A 或 P）：A—焊态，P—焊后热处理状态。

① 当无屈服点时，用 $R_{p0.2}$ 代替。

7.2.5 铸铁用焊条和焊丝

（1）ISO 标准铸铁用药皮焊条和药芯焊丝（Fe 基类产品）的型号与熔敷金属的化学成分［ISO 1071（2015）］（表 7-2-14）

表 7-2-14   铸铁用药皮焊条和药芯焊丝（Fe 基类产品）的型号与熔敷金属的化学成分（质量分数）（%）

型号 （代号）	产品 种类①	C	Si	Mn	P	S ≤	Ni②	Fe	其他	其他残余元素 总和④
FeC-1	E, R	3.0 ~ 3.6	2.0 ~ 3.5	≤0.8	≤0.50	0.10	—	余量	Al≤3.0	≤1.0
FeC-2	E, T	3.0 ~ 3.6	2.0 ~ 3.5	≤0.8	≤0.50	0.10	—	余量	Al≤3.0	≤1.0
FeC-3	E, T	2.5 ~ 5.0	2.5 ~ 9.5	≤1.0	≤0.20	0.04	—	余量		≤1.0

（续）

型号 （代号）	产品 种类①	C	Si	Mn	P	S ≤	Ni②	Fe	其他	其他残余元素 总和④
FeC-4	R	3.2~3.5	2.7~3.0	0.60~0.75	0.50~0.75	0.10	—	余量	—	≤1.0
FeC-5	R	3.2~3.5	2.0~2.5	0.50~0.70	0.20~0.40	0.10	1.2~1.6	余量	Mo 0.25~0.45	≤1.0
FeC-GF	E, T	3.0~4.0	2.0~3.7	≤0.6	≤0.05	0.015	≤1.5	余量	Mg 0.02~0.10 Ce≤0.20	≤1.0
FeC-GF 1	R	3.2~4.0	3.2~3.8	0.10~0.40	≤0.05	0.015	≤0.50	余量	Mg 0.04~0.10 Ce≤0.20	≤1.0
FeC-GF 2	E, T	2.5~3.5	1.5~3.0	≤1.0	≤0.05	0.015	≤2.5	余量	Mg 0.02~0.10 Ce≤0.20 Cu≤1.0③	≤1.0
Z	R, E, T	按供需双方协商规定								—

① E—药皮焊条；T—管状药芯焊丝；R—铸造焊杆。
② Ni 含量中可以含 Co。
③ Cu 含量中可以含 Ag。
④ 其他残余元素总和是指除了表中所列元素以外的残余元素总量。

（2）ISO 标准铸铁用药皮焊条和药芯焊丝（Ni-Fe 基类产品）的型号与熔敷金属的化学成分［ISO 1071（2015）］（表 7-2-15）

表 7-2-15 铸铁用药皮焊条和药芯焊丝（Ni-Fe 基类产品）的型号与熔敷金属的化学成分（质量分数）（%）

型号 （代号）	产品 种类①	C	Si	Mn	P ≤	S ≤	Ni②	Fe	Cu③	其他	其他残余 元素总和④
Fe-1	E, S, T	≤2.0	≤1.5	0.5~1.5	0.04	0.04	—	余量	—	—	≤1.0
St	E, S, T	≤2.0	≤1.0	≤1.0	0.04	0.04	—	余量	≤0.35	—	≤1.0
Fe-2	E, T	≤0.2	≤1.5	0.3~1.5	0.04	0.04	—	余量	—	(Nb+V) 5.0~10.0	≤1.0
Ni-C I	E	≤2.0	≤4.0	≤2.5		0.03	≥85	≤8.0	≤2.5	Al≤1.0	≤1.0
Ni-C I	S	≤1.0	≤0.75	≤2.5		0.03	≥90	≤4.0	≤4.0	—	≤1.0
Ni-C I-A	E	≤2.0	≤4.0	≤2.5		0.03	≥85	≤8.0	≤2.5	Al 1.0~3.0	≤1.0
NiFe-1	E, S, T	≤2.0	≤4.0	≤2.5	0.03	0.03	45~75	余量	≤4.0	Al≤1.0	≤1.0
NiFe-2	E, S, T	≤2.0	≤4.0	1.0~5.0	0.03	0.03	45~60	余量	≤2.5	Al≤1.0 MC≤3.0⑤	≤1.0
NiFe-C 1	E	≤2.0	≤4.0	≤2.5		0.03	45~60	余量	≤2.5	Al≤1.0	≤1.0
NiFeT 3-C I	T	≤2.0	≤1.0	3.0~5.0		0.03	45~60	余量	≤2.5	Al≤1.0	≤1.0
NiFe-C I-A	E	≤2.0	≤4.0	≤2.5		0.03	45~60	余量	≤2.5	Al 1.0~3.0	≤1.0
NiFeMn-C I	E	≤2.0	≤1.0	10~14		0.03	35~45	余量	≤2.5	Al≤1.0	≤1.0
NiFeMn-C I	S	≤0.50	≤1.0	10~14		0.03	35~45	余量	≤2.5	Al≤1.0	≤1.0
NiCu	E, S	≤1.7	≤1.0	≤2.5		0.04	50~75	≤5.0	余量	—	≤1.0
NiCu-A	E, S	0.35~0.55	≤0.75	≤2.3		0.025	50~60	3.0~6.0	35~45	—	≤1.0
NiCu-B	E, S	0.35~0.55	≤0.75	≤2.3		0.025	60~70	3.0~6.0	25~35	—	≤1.0
Z	R, E, T	按供需双方协议规定									—

① E—药皮焊条；S—药芯焊丝和焊棒；T—管状药芯焊丝。
② Ni 含量中可以含 Co。
③ Cu 含量中可以含 Ag。
④ 其他残余元素总和是指除了表中所列元素以外的残余元素总量。
⑤ MC—碳化物形成元素。

（3）ISO标准铸铁用药皮焊条和药芯焊丝（Ni-Fe基类产品）的力学性能（表7-2-16）

表7-2-16　铸铁用药皮焊条和药芯焊丝（Ni-Fe基类产品）的力学性能

型号（代号）	常用的型号（名称）	R_m/MPa	$R_{P0.2}$/MPa	A（%）
		≥		
Fe-1	E C Fe-1	①	①	①
St	E C St	①	①	①
Fe-2	E C Fe-2	440	320	8
	E C Fe-2			
Ni-C I	E C Ni-C I	250	200	3
	S C Ni-C I	250	200	3
Ni-C I-A	E C Ni-C I-A	250	200	3
NiFe-1	E/S/T NiFe-1	420	290	6
NiFe-2	E/S/T NiFe-2	420	290	6
NiFe-C 1	E C NiFe-C 1	350	250	6
NiFeT 3-C I	T C NiFeT 3-C I	350	250	12
NiFe-C I-A	E C NiFe-C I-A	350	250	4
NiFeMn-C I	E C NiFeMn-C I	450	350	10
	S C NiFeMn-C I	450	350	15
NiCu	NiCu	300	190	15

① 仅用于堆焊。

B. 专业用焊材和优良品种

7.2.6　高强度钢电弧焊用药皮焊条［ISO 18275（2017）］

（1）ISO标准高强度钢电弧焊用药皮焊条的型号与化学成分（表7-2-17）

表7-2-17　高强度钢电弧焊用药皮焊条的型号与化学成分①（质量分数）（%）
（根据抗拉强度与27J冲击吸收能量分类的型号）

型号（成分代号）	状态②	C	Si	Mn	P ≤	S ≤	Ni	Cr	Mo	其他③
E5916-3M2	A/P	0.12	0.60	1.00~1.75	0.03	0.03	0.90	—	0.25~0.45	—
E5916-N1M1	A/P	0.12	0.80	0.70~1.50	0.03	0.03	0.30~1.00	—	0.10~0.40	—
E5916-N5M1	A/P	0.12	0.80	0.60~1.20	0.03	0.03	2.00~2.75		0.30	—
E5918-N1M1	A/P	0.12	0.80	0.70~1.50	0.03	0.03	0.30~1.00	—	0.10~0.40	—
E6210-G	A/P	—	0.80	1.00			0.50	0.30	0.20	V≤0.10 Cu≤0.20
E6210-P1	A	0.20	0.60	1.20	0.03	0.03	1.00	0.30	0.50	V 0.10
E6211-G	A/P	—	0.80	1.00			0.50	0.30	0.20	V≤0.10 Cu≤0.20
E6213-G	A/P	—	0.80	1.00			0.50	0.30	0.20	V≤0.10 Cu≤0.20
E6215-G	A/P	—	0.80	1.00			0.50	0.30	0.20	V≤0.10 Cu≤0.20
E6216-G	A/P	—	0.80	1.00			0.50	0.30	0.20	V≤0.10 Cu≤0.20
E6218-G	A/P	—	0.80	1.00			0.50	0.30	0.20	V≤0.10 Cu≤0.20
E6218-P2	A	0.12	0.80	0.90~1.70	0.03	0.03	1.00	0.20	0.50	V≤0.05
E6215-N13L	P	0.05	0.50	0.40~1.00	0.03	0.03	6.00~7.25	—	—	—
E6215-3M2	P	0.12	0.60	1.00~1.75	0.03	0.03	0.90	—	0.25~0.45	—
E6216-3M2	A	0.12	0.60	1.00~1.75	0.03	0.03	0.90	—	0.20~0.50	—
E6216-N1M1	A/P	0.12	0.80	0.70~1.50	0.03	0.03	0.30~1.00	—	0.10~0.40	—

（续）

型　号 （成分代号）	状态②	C	Si	Mn	P ≤	S ≤	Ni	Cr	Mo	其　他③
E6216-N2M1	A/P	0.12	0.80	0.70~1.50	0.03	0.03	0.80~1.50	—	0.10~0.40	—
E6216-N2M1	A/P	0.12	0.80	0.70~1.50	0.03	0.03	0.80~1.50	—	0.10~0.40	—
E6216-N4M1	A/P	0.12	0.80	0.75~1.35	0.03	0.03	1.30~2.30	—	0.10~0.30	—
E6216-N5M1	A/P	0.12	0.80	0.80~1.20	0.03	0.03	2.00~2.75	—	0.30	—
E6218-3M2	P	0.12	0.80	1.00~1.75	0.03	0.03	0.90	—	0.25~0.45	—
E6218-3M3	P	0.12	0.80	1.00~1.80	0.03	0.03	0.90	—	0.40~0.65	—
E6218-N1M1	A	0.12	0.80	0.70~1.50	0.03	0.03	0.30~1.00	—	0.10~0.40	—
E6218-N2M1	A/P	0.12	0.80	0.70~1.50	0.03	0.03	0.80~1.50	—	0.10~0.40	—
E6218-N3M1	A	0.10	0.80	0.60~1.25	0.03	0.03	1.40~1.80	0.15	0.35	V≤0.05
E6218-N4M2	P	0.04~0.15	0.70	0.50~1.60	0.02	0.02	1.40~2.10	0.20	0.20~0.50	Al≤0.05 Cu≤0.10
E6245-P2	A	0.12	0.80	0.90~1.70	0.03	0.03	1.00	0.20	0.50	V≤0.05
E6910-G	A/P	—	0.80	1.00	—	—	0.50	0.30	0.20	V≤0.10 Cu≤0.20
E6911-G	A/P	—	0.80	1.00	—	—	0.50	0.30	0.20	V≤0.10 Cu≤0.20
E6913-G	A/P	—	0.80	1.00	—	—	0.50	0.30	0.20	V≤0.10 Cu≤0.20
E6915-G	A/P	—	0.80	1.00	—	—	0.50	0.30	0.20	V≤0.10 Cu≤0.20
E6916-G	A/P	—	0.80	1.00	—	—	0.50	0.30	0.20	V≤0.10 Cu≤0.20
E6918-G	A/P	—	0.80	1.00	—	—	0.50	0.30	0.20	V≤0.10 Cu≤0.20
E6915-4M2	P	0.15	0.60	1.65~2.00	0.03	0.03	0.90	—	0.25~0.45	—
E6916-4M2	P	0.15	0.60	1.65~2.00	0.03	0.03	0.90	—	0.25~0.45	—
E6916-N3CM1	A/P	0.12	0.80	1.20~1.70	0.03	0.03	1.20~1.70	0.10~0.30	0.10~0.30	—
E6916-N4M3	A/P	0.12	0.80	0.70~1.50	0.03	0.03	1.50~2.50	—	0.35~0.65	—
E6916-N7CM3	A	0.12	0.80	0.80~1.40	0.03	0.03	3.00~3.80	0.10~0.40	0.30~0.60	—
E6918-4M2	P	0.15	0.80	1.65~2.00	0.03	0.03	0.90	—	0.25~0.45	—
E6918-N3M2	A	0.10	0.60	0.75~1.70	0.030	0.030	1.40~2.10	0.35	0.25~0.50	V≤0.05
E6945-P2	A	0.12	0.80	0.90~1.70	0.03	0.03	1.00	0.20	0.50	V≤0.05
E7010-G	A/P	—	0.80	1.00	—	—	0.50	0.30	0.20	V≤0.10 Cu≤0.20
E7011-G	A/P	—	0.80	1.00	—	—	0.50	0.30	0.20	V≤0.10 Cu≤0.20
E6913-G	A/P	—	0.80	1.00	—	—	0.50	0.30	0.20	V≤0.10 Cu≤0.20
E6915-G	A/P	—	0.80	1.00	—	—	0.50	0.30	0.20	V≤0.10 Cu≤0.20

（续）

型　号 （成分代号）	状态[2]	C	Si	Mn	P ≤	S ≤	Ni	Cr	Mo	其　他[3]
E6916-G	A/P	—	0.80	1.00	—	—	0.50	0.30	0.20	V≤0.10 Cu≤0.20
E6918-G	A/P	—	0.80	1.00	—	—	0.50	0.30	0.20	V≤0.10 Cu≤0.20
E7818-N4CM2	A	0.10	0.60	1.30~1.80	0.03	0.03	1.25~2.50	0.40	0.25~0.50	V≤0.05
E7816-N4CM2	A	0.12	0.80	1.20~1.80	0.03	0.03	1.50~2.10	0.10~0.40	0.25~0.55	—
E7816-N4C2M1	A	0.12	0.80	1.00~1.50	0.03	0.03	1.50~2.50	0.50~0.90	0.10~0.40	—
E7816-N5M4	A	0.12	0.80	1.40~2.00	0.03	0.03	2.10~2.80	—	0.50~0.80	—
E7816-N5CM3	A	0.12	0.80	1.00~1.50	0.03	0.03	2.10~2.80	0.10~0.40	0.35~0.65	—
E7816-N9M3	A	0.12	0.80	1.00~1.80	0.03	0.03	4.20~5.00	—	0.35~0.65	—
E8310-G	A/P	—	0.80	1.00	—	—	0.50	0.30	0.20	V≤0.10 Cu≤0.20
E8311-G	A/P	—	0.80	1.00	—	—	0.50	0.30	0.20	V≤0.10 Cu≤0.20
E8313-G	A/P	—	0.80	1.00	—	—	0.50	0.30	0.20	V≤0.10 Cu≤0.20
E8315-G	A/P	—	0.80	1.00	—	—	0.50	0.30	0.20	V≤0.10 Cu≤0.20
E8316-G	A/P	—	0.80	1.00	—	—	0.50	0.30	0.20	V≤0.10 Cu≤0.20
E8318-G	A/P	—	0.80	1.00	—	—	0.50	0.30	0.20	V≤0.10 Cu≤0.20
E8318-N4C2M2	A	0.10	0.60	1.30~2.25	0.030	0.030	1.75~2.50	0.30~1.50	0.30~0.55	V≤0.05

① 本表中的单值（有些元素已标出）均为最大值。

② 状态的代号：A—焊接态；P—焊后热处理；A/P—可单独表示，也可表示 A + P。

③ 如要添加表中以外的合金元素，由供需双方商定。

（2）ISO 标准高强度钢电弧焊用药皮焊条的熔敷金属力学性能（表7-2-18）

表 7-2-18　高强度钢电弧焊用药皮焊条的熔敷金属力学性能

型　号 （成分代号）	状态[1]	R_{m}/MPa	R_{eL}[2]/MPa	A(%)	试验温度 /℃	KV/J≥ （平均值）
		≥				
E5916-3M2	A/P	590	490	16	-20	27
E5916-N1M1	A/P	590	490	16	-20	27
E5916-N5M1	A/P	590	490	16	-60	27
E5918-N1M1	A/P	590	490	16	-20	27
E6210-G	A/P	620	530	15	—	—
E6210-P1	A	620	530	15	-30	27
E6211-G	A/P	620	530	15	—	—

（续）

型　号 （成分代号）	状态①	R_m/MPa	$R_{eL}^{②}$/MPa	$A(\%)$	试验温度 /℃	KV/J≥ （平均值）
			≥			
E6213-G	A/P	620	530	12	—	—
E6215-G	A/P	620	530	15	—	—
E6216-G	A/P	620	530	15	—	—
E6218-G	A/P	620	530	15	—	—
E6215-N13L	P	620	530	15	-115	27
E6215-3M2	P	620	530	15	-50	27
E6216-3M2	A/P	620	530	15	-20	27
E6216-N1M1	A/P	620	530	15	-20	27
E6216-N2M1	A/P	620	530	15	-20	27
E6216-N4M1	A/P	620	530	15	-40	27
E6216-N5M1	A/P	620	530	15	-60	27
E6218-3M2	P	620	530	15	-50	27
E6218-3M3	P	620	530	15	-50	27
E6218-N1M1	A	620	530	15	-20	27
E6218-N2M1	A/P	620	530	15	-20	27
E6218-N3M1	A	620	540~620③	21	-50	27
E6218-P2	A	620	530	15	-30	27
E6245-P2	A	620	530	15	-30	27
E6910-G	A/P	690	600	14	—	—
E6911-G	A/P	690	600	14	—	—
E6913-G	A/P	690	600	11	—	—
E6915-G	A/P	690	600	14	—	—
E6916-G	A/P	690	600	14	—	—
E6918-G	A/P	690	600	14	—	—
E6915-4M2	P	690	600	14	-50	27
E6916-4M2	P	690	600	14	-50	27
E6916-N3CM1	A	690	600	14	-20	27
E6916-N4M3	A/P	690	600	14	-20	27
E6916-N7CM3	A	690	600	14	-60	27
E6918-4M2	P	690	600	14	-50	27
E6945-P2	A	690	600	14	-30	27
E6918-N3M2	A	690	610~690③	18	-50	27
E7010-G	A/P	760	670	13	—	—
E7011-G	A/P	760	670	13	—	—
E6913-G	A/P	760	670	11	—	—
E6915-G	A/P	760	670	13	—	—
E6916-G	A/P	760	670	13	—	—
E6918-G	A/P	760	670	13	—	—
E7818-N4M2	A	760	680~760③	18	-50	27
E7816-N4CM2	A	780	690	13	-20	27
E7816-N4C2M1	A	780	690	13	-40	27

（续）

型　号 （成分代号）	状态[1]	R_m/MPa	R_{eL}[2]/MPa	A(%)	试验温度 /℃	KV/J≥ （平均值）
		≥				
E7816-N5M4	A	780	690	13	-60	27
E7816-N5CM3	A	780	690	13	-20	27
E7816-N9M3	A	780	690	13	-80	27
E8310-G	A/P	830	740	12	—	—
E8311-G	A/P	830	740	12	—	—
E8313-G	A/P	830	740	10	—	—
E8315-G	A/P	830	740	12	—	—
E8316-G	A/P	830	740	12	—	—
E8318-G	A/P	830	740	12	—	—
E8318-N4C2M2	A	830	745~830[3]	16	-50	27

① 状态的代号：A—焊接态；P—焊后热处理；A/P—可单独表示，也可表示 A + P。
② 根据试验结果，确定 R_{eL} 或 $R_{p0.2}$。
③ 范围值不变≥1 的限制。

（3）新版标准的型号表示方法

2017 版标准（高强度钢药皮焊条）的型号，有 A、B 两类并存，A 类型号是根据屈服强度与冲击吸收能量 47J 来分类的，与欧洲标准（EN）的型号体系相一致。

B 类型号是根据抗拉强度与冲击吸收能量 27J 来分类的，与亚太地区和我国家 GB 标准的型号体系相接近。表 7-2-17、表 7-2-18 中均为 B 类型号。下面仅简介 B 类焊条型号

型号全称为：ISO 18275-B·E XX XX-XXX X U HX，例如：E 62 16 N2M1 P U H10

高强度钢药皮焊条的型号由以下各部分组成，其中：ISO 18275-B 表示本焊条型号所属的标准及 B 类型号，E——焊条；62——熔敷金属的抗拉强度（≥620MPa）代号；16——药皮类型（碱性）、焊接位置（全位置）、电流类型（AC，DC-）等；N2M1——熔敷金属的化学成分分类代号；P——焊后热处理状态；U——在规定温度下的冲击吸收能量；H10——熔敷金属扩散氢含量≤10mL/100g。

本焊条 B 类型号熔敷金属的化学成分分类代号见表 7-2-19。

表 7-2-19　高强度钢药皮焊条 B 类型号熔敷金属的化学成分分类代号

分类代号	主要化学成分的名义含量 （质量分数）（%）	分类代号	主要化学成分的名义含量 （质量分数）（%）
无记号	Mn 1.0	N5M4	Ni 2.5，Mo 0.6
3M2	Mn 1.5，Mo 0.4	N9M3	Ni 4.5，Mo 0.5
4M2	Mn 2.0，Mo 0.4	N13L	Ni 6.5
3M3	Mn 1.5，Mo 0.5	N3CM1	Ni 1.5，Cr 0.2，Mo 0.2
N1M1	Ni 0.5，Mo 0.2	N4CM2	Ni 0.8，Cr 0.3，Mo 0.4
N2M1	Ni 1.0，Mo 0.2	N4C2M1	Ni 2.0，Cr 0.7，Mo 0.3
N3M1	Ni 1.5，Mo 0.2	N4C2M2	Ni 2.0，Cr 1.0，Mo 0.4
N3M2	Ni 1.5，Mo 0.4	N5CM3	Ni 2.5，Cr 0.3，Mo 0.5
N4M1	Ni 2.0，Mo 0.2	N7CM3	Ni 3.5，Cr 0.3，Mo 0.5
N4M2	Ni 2.0，Mo 0.4	P1	Mn 1.2，Ni 1.0，Mo 0.5
N4M3	Ni 2.0，Mo 0.5	P2	Mn 1.3，Ni 1.0，Mo 0.5
N5M1	Ni 2.5，Mo 0.2	G	由供需双方商定

7.2.7　高强度钢气体保护电弧焊用焊丝、焊棒与填充丝［ISO 16834（2012）］

（1）ISO 标准高强度钢气体保护电弧焊用焊丝、焊棒与填充丝的 A 类型号与化学成分（表 7-2-20）

表 7-2-20 高强度钢气体保护电弧焊用焊丝、焊棒与填充丝的 A 类型号与化学成分（质量分数）（%）
（A 类型号根据屈服强度与 47J 冲击吸收能量分类）

型 号 （成分代号）	C	Si	Mn	P ≤	S ≤	Cr	Ni	Mo	Cu	V
Mn3NiCrMo	≤0.14	0.60~0.80	1.30~1.80	0.015	0.018	0.40~0.65	0.50~0.65	0.15~0.30	≤0.35	0.05~0.13
Mn3Ni1CrMo	≤0.12	0.40~0.70	1.30~1.80	0.015	0.018	0.20~0.40	1.20~1.60	0.20~0.30	≤0.30	≤0.03
Mn3Ni1Mo	≤0.12	0.40~0.80	1.30~1.90	0.015	0.018	≤0.15	0.80~1.30	0.25~0.65	≤0.30	≤0.03
Mn3Ni1.5Mo	≤0.08	0.20~0.60	1.30~1.80	0.015	0.018	≤0.15	1.40~2.10	0.25~0.55	≤0.30	≤0.03
Mn3Ni1Cu	≤0.12	0.20~0.60	1.30~1.80	0.015	0.018	—	0.80~1.25	≤0.20	0.30~0.65	≤0.03
Mn3Ni1MoCu	≤0.12	0.20~0.60	1.30~1.80	0.015	0.018	—	0.80~1.25	0.20~0.55	0.30~0.65	≤0.03
Mn3Ni2.5CrMo	≤0.12	0.40~0.70	1.30~1.80	0.015	0.018	0.20~0.60	2.30~2.80	0.30~0.65	≤0.30	≤0.03
Mn4Ni1Mo	≤0.12	0.50~0.80	1.60~2.10	0.015	0.018	≤0.15	0.80~1.25	0.20~0.55	≤0.30	≤0.03
Mn4Ni2Mo	≤0.12	0.25~0.60	1.60~2.10	0.015	0.018	≤0.15	2.00~2.60	0.20~0.65	≤0.30	≤0.03
Mn4Ni1.5CrMo	≤0.12	0.50~0.80	1.60~2.10	0.015	0.018	0.15~0.40	1.30~1.90	0.20~0.65	≤0.30	≤0.03
Mn4Ni2CrMo	≤0.12	0.60~0.90	1.60~2.10	0.015	0.018	0.20~0.45	1.80~2.30	0.45~0.70	≤0.30	≤0.03
Mn4Ni2.5CrMo	≤0.13	0.50~0.80	1.60~2.10	0.015	0.018	0.20~0.60	2.30~2.80	0.30~0.65	≤0.30	≤0.03
Z	由供需双方协商确定									

注：1. 若合同没有规定，各牌号中的 Ti≤0.10%，Zr≤0.10%，Al≤0.12%（不包括在其他残余元素总和内）。
　　2. 除 Fe 元素外，表中各型号未列出的其他残余元素总和不超过 0.25%。
　　3. 焊丝的铜含量包括镀铜层。

（2）ISO 标准高强度钢气体保护电弧焊用焊丝、焊棒与填充丝的 B 类型号与化学成分（表 7-2-21）

表 7-2-21 高强度钢气体保护电弧焊用焊丝、焊棒与填充丝的 B 类型号与化学成分（质量分数）（%）
（B 类型号根据抗拉强度与 27J 冲击吸收能量分类）

型 号 （成分代号）	C	Si	Mn	P ≤	S ≤	Cr	Ni	Mo	Cu	其 他
2M3	≤0.12	0.30~0.70	0.60~1.40	0.025	0.025	—	—	0.40~0.65	≤0.50	—
3M1	0.05~0.15	0.40~1.00	1.40~2.10	0.025	0.025	—	—	0.10~0.45	≤0.50	—
3M1T	≤0.12	0.40~1.00	1.40~2.10	0.025	0.025	—	—	0.10~0.45	≤0.50	Ti 0.02~0.30
3M3	≤0.12	0.60~0.90	1.00~1.60	0.025	0.025	—	—	0.40~0.65	≤0.50	—
3M31	≤0.12	0.30~0.90	1.00~1.85	0.025	0.025	—	—	0.40~0.65	≤0.50	—
3M3T	≤0.12	0.40~1.00	1.00~1.80	0.025	0.025	—	—	0.40~0.65	≤0.50	Ti 0.02~0.30
4M3	≤0.12	≤0.30	1.50~2.00	0.025	0.025	—	—	0.40~0.65	≤0.50	—
4M31	0.07~0.12	0.50~0.80	1.60~2.10	0.025	0.025	—	—	0.40~0.65	≤0.50	—
4M3T	≤0.12	0.50~0.80	1.60~2.20	0.025	0.025	—	—	0.40~0.65	≤0.50	Ti 0.02~0.30
N1M2T	≤0.12	0.60~1.00	1.70~2.30	0.025	0.025	0.40~0.80	0.20~0.60	≤0.50	Ti 0.02~0.30	
N1M3	≤0.12	0.20~0.80	1.00~1.80	0.025	0.025	—	0.30~0.90	0.40~0.65	≤0.50	—
N2M1T	≤0.12	0.30~0.80	1.10~1.90	0.025	0.025	—	0.80~1.60	0.10~0.45	≤0.50	Ti 0.02~0.30
N2M2T	0.05~0.15	0.30~0.90	1.00~1.80	0.025	0.025	—	0.70~1.20	0.20~0.60	≤0.50	Ti 0.02~0.30
N2M3	≤0.12	≤0.30	1.10~1.60	0.025	0.025	—	0.80~1.20	0.40~0.65	≤0.50	—
N2M3T	0.05~0.15	0.30~0.90	1.40~2.10	0.025	0.025	—	0.70~1.20	0.40~0.65	≤0.50	Ti 0.02~0.30
N2M4T	≤0.12	0.50~1.00	1.70~2.30	0.025	0.025	—	0.80~1.30	0.55~0.85	≤0.50	Ti 0.02~0.30
N3M2	≤0.08	0.20~0.55	1.25~1.80	0.010	0.010	≤0.30	1.40~2.10	0.25~0.55	≤0.25	V≤0.05+①
N4M2	≤0.09	0.20~0.55	1.40~1.80	0.010	0.010	≤0.50	1.90~2.60	0.25~0.55	≤0.25	V≤0.04+①
N4M3T	≤0.12	0.45~0.90	1.40~1.90	0.025	0.025	—	1.50~2.10	0.40~0.65	≤0.50	Ti 0.01~0.30

（续）

型 号 （成分代号）	C	Si	Mn	P ≤	S ≤	Cr	Ni	Mo	Cu	其 他
N4M4T	≤0.12	0.40~0.90	1.60~2.10	0.025	0.025	—	1.90~2.50	0.40~0.90	≤0.50	Ti 0.02~0.30
N5M3	≤0.10	0.25~0.60	1.40~1.80	0.010	0.010	≤0.60	2.00~2.80	0.30~0.65	≤0.25	V≤0.03 + ①
N5M3T	≤0.12	0.40~0.90	1.40~2.00	0.025	0.025	—	2.40~3.10	0.40~0.70	≤0.50	Ti 0.02~0.30
N7M4T	≤0.12	0.30~0.70	1.30~1.70	0.025	0.025	≤0.30	3.20~3.80	0.60~0.90	≤0.50	Ti 0.02~0.30
C1M1T	0.02~0.15	0.50~0.90	1.10~1.60	0.025	0.025	0.30~0.60	—	0.10~0.45	≤0.40	Ti 0.02~0.30
N3C1M4T	≤0.12	0.35~0.75	1.25~1.70	0.025	0.025	0.30~0.60	1.30~1.80	0.50~0.75	≤0.50	Ti 0.02~0.30
N4CM2T	≤0.12	0.20~0.60	1.30~1.80	0.025	0.025	0.05~0.50	1.50~2.10	0.30~0.60	≤0.50	Ti 0.02~0.30
N4CM21T	≤0.12	0.20~0.70	1.10~1.70	0.025	0.025	0.05~0.35	1.80~2.30	0.25~0.60	≤0.50	Ti 0.02~0.30
N4CM22T	≤0.12	0.65~0.95	1.90~2.40	0.025	0.025	0.10~0.35	2.00~2.30	0.35~0.55	≤0.50	Ti 0.02~0.30
N5CM3T	≤0.12	0.20~0.70	1.10~1.70	0.025	0.025	0.05~0.35	2.40~2.90	0.35~0.70	≤0.50	Ti 0.02~0.30
N5C1M3T	≤0.12	0.40~0.90	1.40~2.00	0.025	0.025	0.30~0.60	2.40~3.00	0.40~0.70	≤0.50	Ti 0.02~0.30
N6CM2T	≤0.12	0.30~0.60	1.50~1.80	0.025	0.025	0.05~0.30	2.80~3.00	0.25~0.50	≤0.50	Ti 0.02~0.30
N6C1M4	≤0.12	≤0.25	0.90~1.40	0.025	0.025	0.20~0.50	2.65~3.15	0.55~0.85	≤0.50	—
N6C2M2T	≤0.12	0.20~0.50	1.50~1.90	0.025	0.025	0.70~1.00	2.50~3.10	0.30~0.60	≤0.50	Ti 0.02~0.30
N6C2M4	≤0.12	0.40~0.60	1.80~2.00	0.025	0.025	1.00~1.20	2.80~3.00	0.50~0.80	≤0.50	Ti≤0.04
N6CM3T	≤0.12	0.30~0.70	1.20~1.50	0.025	0.025	0.10~0.35	2.70~3.30	0.40~0.65	≤0.50	Ti 0.02~0.30

注：除 Fe 元素外，表中各型号未列出的其他残余元素总和不超过 0.50%。

① Ti≤0.10，Zr≤0.10，Al≤0.10。

7.2.8　非合金钢及细晶粒钢气体保护焊用焊丝 ［ISO 14341（2010）］

（1）ISO 标准非合金钢及细晶粒钢气体保护焊用焊丝的 A 类型号与化学成分（表7-2-22）

表 7-2-22　非合金钢及细晶粒钢气体保护焊用焊丝的 A 类型号和化学成分（质量分数）（%）

（A 类型号根据屈服强度与 47J 冲击吸收能量分类）

型号的 部分代号	C	Si	Mn	P ≤	S ≤	Cr	Ni	Mo	Al	其 他
2Si	0.06~0.14	0.50~0.80	0.90~1.30	0.025	0.025	≤0.15	≤0.15	≤0.15	≤0.02	
3Si-1	0.06~0.14	0.70~1.00	1.30~1.60	0.025	0.025	≤0.15	≤0.15	≤0.15	≤0.02	Cu≤0.35 V≤0.03 Ti + Zr≤0.15
3Si-2	0.06~0.14	1.00~1.30	1.30~1.60	0.025	0.025	≤0.15	≤0.15	≤0.15	≤0.02	
4Si-1	0.06~0.14	0.80~1.20	1.60~1.90	0.025	0.025	≤0.15	≤0.15	≤0.15	≤0.02	
2Ti	0.04~0.14	0.40~0.80	0.90~1.40	0.025	0.025	≤0.15	≤0.15	≤0.15	0.05~0.20	Cu≤0.35，V≤0.03 (Ti + Zr) 0.05~0.25
2Al	0.08~0.14	0.30~0.50	0.90~1.30	0.025	0.025	≤0.15	≤0.15	≤0.15	0.35~0.75	
3Ni-1	0.06~0.14	0.50~0.90	1.00~1.60	0.020	0.020	≤0.15	0.80~1.50	≤0.15	≤0.02	
2Ni-2	0.06~0.14	0.40~0.80	0.80~1.40	0.020	0.020	≤0.15	2.10~2.70	≤0.15	≤0.02	Cu≤0.35，V≤0.03 Ti + Zr≤0.15
2Mo	0.08~0.12	0.30~0.70	0.90~1.30	0.020	0.020	≤0.15	≤0.15	0.40~0.60	≤0.02	
4Mo	0.06~0.14	0.50~0.80	1.70~2.10	0.025	0.025	≤0.15	≤0.15	0.40~0.60	≤0.02	
Z						由供需双方商定				—

（2）ISO 标准非合金钢及细晶粒钢气体保护焊用焊丝的 B 类型号与化学成分（表7-2-23）

表 7-2-23 非合金钢及细晶粒钢气体保护焊用焊丝的 B 类型号和化学成分（质量分数）（%）
（B 类型号根据抗拉强度与27J 冲击吸收能量分类）

型号的成分代号	C	Si	Mn	P ≤	S ≤	Cr	Ni	Mo	Ti	其 他
S2	≤0.07	0.40~0.70	0.90~1.40	0.025	0.030	—	—	—	0.05~0.15	Al 0.05~0.15 Cu≤0.50 Zr 0.02~0.12
S3	0.06~0.15	0.45~0.75	0.90~1.40	0.025	0.035	—	—	—	—	Cu≤0.50
S4	0.06~0.15	0.65~0.85	1.00~1.50	0.025	0.035	—	—	—	—	Cu≤0.50
S6	0.06~0.15	0.80~1.15	1.40~1.85	0.025	0.035	—	—	—	—	Cu≤0.50
S7	0.07~0.15	0.50~0.80	1.50~2.00	0.025	0.035	—	—	—	—	Cu≤0.50
S11	0.02~0.15	0.55~1.10	1.40~1.90	0.030	0.030	—	—	—	—	Cu≤0.50 + ①
S12	0.02~0.15	0.55~1.00	1.25~1.90	0.030	0.030	—	—	—	—	Cu≤0.50
S13	0.02~0.15	0.55~1.10	1.35~1.90	0.030	0.030	—	—	—	—	Al 0.10~0.50 + ①
S14	0.02~0.15	1.00~1.35	1.30~1.60	0.030	0.030	—	—	—	—	Cu≤0.50
S15	0.02~0.15	0.40~1.00	1.00~1.60	0.030	0.030	—	—	—	—	Cu≤0.50 + ①
S16	0.02~0.15	0.40~1.00	0.90~1.60	0.030	0.030	—	—	—	—	Cu≤0.50
S17	0.02~0:15	0.20~0.55	1.50~2.10	0.030	0.030	—	—	—	—	Cu≤0.50 + ①
S18	0.02~0.15	0.50~1.10	1.60~2.40	0.030	0.030	—	—	—	—	Cu≤0.50 + ①
S1M3	≤0.12	0.30~0.70	≤1.30	0.025	0.025	—	≤0.20	0.40~0.65	—	—
S2M3	≤0.12	0.30~0.70	0.60~1.40	0.025	0.025	—	—	0.40~0.65	—	—
S2M31	≤0.12	0.30~0.90	0.80~1.50	0.025	0.025	—	—	0.40~0.65	—	—
S3M3T	≤0.12	0.40~1.00	1.00~1.80	0.025	0.025	—	—	0.40~0.65	—	Cu≤0.50 + ①
S3M1	0.05~0.15	0.40~1.00	1.40~2.10	0.025	0.025	—	—	0.10~0.45	—	Cu≤0.50
S3M1T	≤0.12	0.40~1.00	1.40~2.10	0.025	0.025	—	—	0.10~0.45	0.02~0.30	Cu≤0.50
S4M31	0.07~0.12	0.50~0.80	1.60~2.10	0.025	0.025	—	—	0.40~0.65	—	Cu≤0.50
S4M3T	≤0.12	0.50~0.80	1.60~2.20	0.025	0.025	—	—	0.40~0.65	0.02~0.30	Cu≤0.50
SN1	≤0.12	0.20~0.50	≤1.25	0.025	0.025	—	0.60~1.00	≤0.35	—	Cu≤0.35
SN2	≤0.12	0.40~0.80	≤1.25	0.025	0.025	≤0.15	0.80~1.10	≤0.35	—	Cu≤0.35 V≤0.05
SN3	≤0.12	0.30~0.80	1.20~1.60	0.025	0.025	—	1.50~1.90	≤0.35	—	Cu≤0.35
SN5	≤0.12	0.40~0.80	≤1.25	0.025	0.025	—	2.00~2.75	—	—	Cu≤0.35
SN7	≤0.12	0.20~0.50	≤1.25	0.025	0.025	—	3.00~3.75	≤0.35	—	Cu≤0.35
SN71	≤0.12	0.30~0.80	≤1.25	0.025	0.025	—	3.00~3.75	—	—	Cu≤0.35
SN9	≤0.10	≤0.50	≤1.40	0.025	0.025	—	4.00~4.75	≤0.35	—	Cu≤0.35
SNCC	≤0.12	0.60~0.90	1.00~1.65	0.030	0.030	0.50~0.80	0.10~0.30	—	—	Cu 0.20~0.60
SNCCT	≤0.12	0.60~0.90	1.00~1.65	0.030	0.030	0.50~0.80	0.10~0.30	—	0.02~0.30	Cu 0.20~0.60
SNCCT1	≤0.12	0.50~0.80	1.20~1.80	0.030	0.030	0.50~0.80	0.10~0.40	0.02~0.30	0.02~0.30	Cu 0.20~0.60
SNCCT2	≤0.12	0.50~0.90	1.10~1.70	0.030	0.030	0.50~0.80	0.40~0.80	—	0.02~0.30	Cu 0.20~0.60

（续）

型号的成分代号	C	Si	Mn	P ≤	S ≤	Cr	Ni	Mo	Ti	其　他
SN1M2T	≤0.12	0.60~1.00	1.70~2.30	0.025	0.025	—	0.40~0.80	0.20~0.60	0.02~0.30	Cu≤0.50
SN2M1T	≤0.12	0.30~0.80	1.10~1.90	0.025	0.025	—	0.80~1.60	0.10~0.45	0.02~0.30	Cu≤0.50
SN2M2T	0.05~0.15	0.30~0.90	1.00~1.80	0.025	0.025	—	0.70~1.20	0.20~0.60	0.02~0.30	Cu≤0.50
SN2M3T	0.05~0.15	0.30~0.90	1.40~2.10	0.025	0.025	—	0.70~1.20	0.40~0.65	0.02~0.30	Cu≤0.50
SN2M4T	≤0.12	0.50~1.00	1.70~2.30	0.025	0.025	—	0.80~1.30	0.55~0.85	0.02~0.30	Cu≤0.50
SZ	由供需双方商定									—

注：除 Fe 外，表中各型号没有标明的其余残余元素总量不超过 0.50%。

① （Ti + Zr）0.02 ~ 0.30。

（3）ISO 标准非合金钢及细晶粒钢气体保护焊用焊丝熔敷金属的力学性能

A）非合金钢及细晶粒钢焊丝 A 类型号的熔敷金属力学性能（表 7-2-24）

表 7-2-24　非合金钢及细晶粒钢焊丝 A 类型号的熔敷金属力学性能

（以屈服强度与 47J 冲击吸收能量分类）

型号的力学性能代号	$R_{eL}^{①}$/MPa	R_m/MPa	$A(\%)$
35	≥355	440~570	≥22
38	≥380	470~600	≥20
42	≥420	500~640	≥20
46	≥460	530~680	≥20
50	≥500	560~720	≥18

① 根据试验结果确定采用 R_{eL} 或 $R_{p0.2}$。

B）非合金钢及细晶粒钢焊丝 B 类型号的熔敷金属力学性能（表 7-2-25）

表 7-2-25　非合金钢及细晶粒钢焊丝 B 类型号的熔敷金属力学性能

（以抗拉强度与 27J 冲击吸收能量分类）

型号的力学性能代号①	$R_{eL}^{②}$/MPa	R_m/MPa	$A(\%)$
43×	≥330	430~600	≥20
49×	≥390	490~670	≥18
55×	≥460	550~740	≥17
57×	≥490	570~770	≥17

① ×为状态，用字母 A 或 P 区分，A—焊态；P—焊后热处理状态。

② 根据试验结果确定采用 R_{eL} 或 $R_{p0.2}$。

7.2.9　热强钢气体保护焊用实心焊丝与填充丝［ISO 21952（2012）］

（1）ISO 标准热强钢气体保护焊用实心焊丝与填充丝的型号与化学成分（表 7-2-26）

表 7-2-26　热强钢气体保护焊用实心焊丝与填充丝的型号与化学成分（质量分数）（%）

焊丝型号（成分代号）①		C	Si	Mn	P ≤	S ≤	Cr	Mo	Cu	其　他
ISO 21952-A	ISO 21952-B									
MoSi	（1M3）	0.08~0.15	0.50~0.80	0.70~1.30	0.020	0.020	—	0.40~0.60	—	—
（MoSi）	1M3	≤0.12	0.30~0.70	≤1.30	0.025	0.025	—	0.40~0.65	≤0.35	Ni≤0.20
MnMo	—	0.08~0.15	0.05~0.25	1.30~1.70	0.025	0.025	—	0.45~0.65	—	—
—	3M3	≤0.12	0.60~0.90	1.10~1.60	0.025	0.025	—	0.40~0.65	≤0.50	—
—	3M3T	≤0.12	0.40~1.00	1.00~1.80	0.025	0.025	—	0.40~0.65	≤0.50	Ti 0.02~0.30

（续）

焊丝型号（成分代号）①		C	Si	Mn	P ≤	S ≤	Cr	Mo	Cu	其 他
ISO 21952-A	ISO 21952-B									
MoVSi	—	0.06~0.15	0.40~0.70	0.70~1.10	0.020	0.020	0.30~0.60	0.50~1.00	—	V 0.20~0.40
—	CM	≤0.12	0.10~0.40	0.20~1.00	0.025	0.025	0.40~0.90	0.40~0.65	≤0.40	—
—	CMT	≤0.12	0.30~0.90	1.00~1.80	0.025	0.025	0.30~0.70	0.40~0.65	≤0.40	Ti 0.02~0.30
CrMo1Si	（1CM3）	0.08~0.14	0.50~0.80	0.80~1.20	0.020	0.020	0.90~1.30	0.40~0.65	—	—
CrMoV1Si	—	0.06~0.15	0.50~0.80	0.80~1.20	0.020	0.020	0.90~1.30	0.90~1.30	—	V 0.10~0.35
—	1CM	0.07~0.12	0.40~0.70	0.40~0.70	0.025	0.025	1.20~1.50	0.40~0.65	≤0.35	Ni≤0.20
—	1CM1	≤0.12	0.20~0.50	0.60~0.90	0.025	0.025	1.00~1.60	0.30~0.65	≤0.40	—
—	1CM2	0.05~0.15	0.15~0.40	1.60~2.00	0.025	0.025	1.00~1.60	0.40~0.65	≤0.40	—
（CrMo1Si）	1CM3	≤0.12	0.30~0.90	0.80~1.50	0.025	0.025	1.00~1.60	0.40~0.65	≤0.40	—
—	1CML	≤0.05	0.40~0.70	0.40~0.70	0.025	0.025	1.20~1.50	0.40~0.65	≤0.35	Ni≤0.20
—	1CML1	≤0.05	0.20~0.80	0.80~1.40	0.025	0.025	1.00~1.60	0.40~0.65	≤0.40	—
—	1CMT	0.05~0.15	0.30~0.90	0.80~1.50	0.025	0.025	1.00~1.60	0.40~0.65	≤0.40	Ti 0.02~0.30
—	1CMT1	≤0.12	0.30~0.90	1.20~1.90	0.025	0.025	1.00~1.60	0.40~0.65	≤0.40	Ti 0.02~0.30
—	1CMWV②	≤0.12	0.10~0.70	0.20~1.00	0.020	0.010	2.00~2.60	0.40~0.65	≤0.40	W 1.00~2.00 V 0.10~0.50
—	1CMWV-Ni②	≤0.12	0.10~0.70	0.80~1.60	0.020	0.010	2.00~2.60	0.40~0.65	≤0.40	W 1.00~2.00 Ni 0.20~1.00 V 0.10~0.50
CrMo2Si	（2C1M3）	0.04~0.12	0.50~0.80	0.80~1.20	0.020	0.020	2.30~3.00	0.90~1.20	—	—
CrMo2LSi	（2C1ML1）	≤0.05	0.50~0.80	0.80~1.20	0.020	0.020	2.30~3.00	0.90~1.20	—	—
—	2C1M	0.07~0.12	0.40~0.70	0.40~0.70	0.025	0.025	2.30~2.70	0.90~1.20	≤0.35	Ni≤0.20
—	2C1M1	0.05~0.15	0.10~0.50	0.30~0.60	0.025	0.025	2.10~2.70	0.85~1.20	≤0.40	—
—	2C1M2	0.05~0.15	0.10~0.60	0.50~1.20	0.025	0.025	2.10~2.70	0.85~1.20	≤0.40	—
（CrMo2Si）	2C1M3	≤0.12	0.30~0.90	0.75~1.50	0.025	0.025	2.10~2.70	0.90~1.20	≤0.40	—
—	2C1ML	≤0.05	0.40~0.70	0.40~0.70	0.025	0.025	2.30~2.70	0.90~1.20	≤0.35	Ni≤0.20
（CrMo2LSi）	2C1ML1	≤0.05	0.30~0.90	0.80~1.40	0.025	0.025	2.10~2.70	0.90~1.20	≤0.40	—
—	2C1MV	0.05~0.12	0.10~0.50	0.20~1.00	0.025	0.025	2.10~2.70	0.85~1.20	≤0.40	V 0.15~0.50
—	2C1MV1	≤0.12	0.10~0.70	0.80~1.60	0.025	0.025	2.10~2.70	0.90~1.20	≤0.40	V 0.15~0.50
—	2C1MT	0.05~0.15	0.35~0.80	0.75~1.50	0.025	0.025	2.10~2.70	0.90~1.20	≤0.40	Ti 0.02~0.30
—	2C1MT1	0.04~0.12	0.20~0.80	1.60~2.30	0.025	0.025	2.10~2.70	0.90~1.20	≤0.40	Ti 0.02~0.30
—	3C1M	≤0.12	0.10~0.70	0.50~1.20	0.025	0.025	2.75~3.75	0.90~1.20	≤0.40	—
—	3C1MV	0.05~0.15	≤0.50	0.20~1.00	0.025	0.025	2.75~3.75	0.90~1.20	≤0.40	V0.15~0.50
—	3C1MV1	≤0.12	0.10~0.70	0.80~1.60	0.025	0.025	2.75~3.75	0.90~1.20	≤0.40	V0.15~0.50
CrMo5Si	（5CM）	0.03~0.10	0.30~0.60	0.30~0.70	0.020	0.020	5.50~6.50	0.50~0.80	—	—
（CrMo5Si）	5CM	≤0.10	≤0.50	0.40~0.70	0.025	0.025	4.50~6.00	0.45~0.65	≤0.35	Ni≤0.60
CrMo9	—	0.06~0.10	0.30~0.60	0.30~0.70	0.025	0.025	8.50~10.0	0.80~1.20	—	Ni≤1.00 V≤0.15
CrMo9Si	（9C1M）	0.03~0.10	0.40~0.80	0.40~0.80	0.020	0.020	8.50~10.0	0.80~1.20	—	—
CrMo91③	—	0.07~0.15	≤0.60	0.40~1.50	0.020	0.020	8.00~10.5	0.80~1.20	≤0.25	Ni 0.40~1.00 V 0.15~0.30

（续）

焊丝型号（成分代号）[①]		C	Si	Mn	P ≤	S ≤	Cr	Mo	Cu	其 他
ISO 21952-A	ISO 21952-B									
（CrMo9Si）	9C1M	≤0.10	≤0.50	0.40~0.70	0.025	0.025	8.00~10.5	0.80~1.20	≤0.35	Ni≤0.50
—	9C1MV[④]	0.07~0.13	0.15~0.50	≤1.20 (Mn+Ni) ≤1.50	0.010	0.010	8.00~10.5	0.85~1.20	≤0.20	Ni≤0.80 Al≤0.04 V 0.15~0.30
—	9C1MV1[⑤]	≤0.12	≤0.50	0.50~1.25	0.025	0.025	8.00~10.5	0.80~1.20	≤0.40	Ni 0.10~0.80 V 0.15~0.35
—	9C1MV2[⑤]	≤0.12	0.10~0.60	1.20~1.90	0.025	0.025	8.00~10.5	0.80~1.20	≤0.40	Ni 0.20~1.00 V 0.15~0.50
—	10CMV[⑥]	0.05~0.15	0.10~0.70	0.20~1.00	0.025	0.025	9.00~11.5	0.40~0.65	≤0.40	Ni 0.30~1.00 V 0.10~0.50
—	10CMWV-Co[⑦]	≤0.12	0.10~0.70	0.20~1.00	0.020	0.020	9.00~11.5	0.20~0.55	≤0.40	Ni 0.30~1.00 Co 0.80~1.00 W 1.00~2.00 V 0.10~0.50
—	10CMWV-Co1[⑦]	≤0.12	0.10~0.70	0.80~1.50	0.020	0.020	9.00~11.5	0.20~0.55	≤0.40	Ni 0.30~1.00 Co 1.00~2.00 W 1.00~2.00 V 0.10~0.50
—	10CMWV-Cu[⑧]	0.05~0.15	0.10~0.70	0.20~1.00	0.020	0.020	9.00~11.5	0.20~0.50	1.00~2.00	Ni 0.70~1.40 W 1.00~2.00 V 0.10~0.50
CrMoWV12Si	—	0.17~0.24	0.20~0.60	0.40~1.00	0.025	0.025	10.5-12.0	0.80~1.20	—	Ni≤0.80 W 0.35~0.80 V 0.20~0.40
Z	G	按供需双方协议规定								—

① A 类型号中如未作特殊规定时，则 Ni≤0.3%，Cr≤0.2%，Cu≤0.3%，V≤0.03%，Nb≤0.01%。
　B 类型号中除 Fe 外，表中没有标明的残余元素总量不超过 0.50%。

② 该型号的其他元素含量：Nb=0.01%~0.08%，+Nb。

③ 型号 CrMo91 的其他元素含量：Nb=0.03%~0.10%，N=0.02%~0.07%，+Nb，+N。

④ 型号 9C1MV 的其他元素含量：Nb=0.02%~0.10%，N=0.03%~0.07%，+Nb，+N。

⑤ 型号 9C1MV1 和 9C1MV2 的其他元素含量：Nb=0.01%~0.12%，N=0.01%~0.05%，+Nb，+N。

⑥ 型号 10CMV 的其他元素含量：Nb=0.04%~0.16%，N=0.02%~0.07%，+Nb，+N。

⑦ 型号 10CMWV-Co 和 10CMWV-Co1 的其他元素含量：Nb=0.01%~0.08%，N=0.02%~0.07%，+Nb，+N。

⑧ 型号 10CMWV-Cu 的其他元素含量：Nb=0.01%~0.08%，N=0.02%~0.07%，+Nb，+N。

（2）ISO 标准热强钢气体保护焊用实心焊丝与填充丝的熔敷金属力学性能（表7-2-27）

表 7-2-27 热强钢气体保护焊用实心焊丝与填充丝的熔敷金属力学性能

焊丝型号（部分代号）[①]		$R_{eL}^{②}$/MPa	R_m/MPa	A(%)	$KV^{③}$/J		焊后热处理		
ISO 21952-A	ISO 21952-B				平均值	单个值	预热温度[④]/℃	温度/℃	保温时间/min
		≥			≥				
—	×52×1M3	400	520	17	—	—	135~165	605~635[⑤]	60[⑧]
MoSi	（1M3）	355	510	22	47	38	<200	—	—
MnMo	（3M3）	355	510	22	47	38	<200	—	—
（MoSi）	×49×3M3 ×49×3M3T	390	490	22	—	—	135~165	605~635[⑤]	60[⑧]
MoVSi	—	355	510	18	47	38	200~300	690~730[⑥]	60[⑧]
（CrMo1Si）	×55×CM ×55×CMT	470	550	17	—	—	135~165	605~635[⑤]	60[⑧]
CrMo1Si	（1CM）	355	510	20	47	38	150~250	600~700[⑥]	60[⑧]
（CrMo1Si）	×55×1CM	470	550	17	—	—	135~165	605~635[⑤]	60[⑧]
（CrMo1Si）	×55×1M1 ×55×1M2 ×55×1M3	470	550	17	—	—	135~165	675~705[⑤]	60[⑧]
（CrMo1Si）	×55×1CMT ×55×1CMT1	470	550	17	—	—	135~165	675~705[⑤]	60[⑧]
—	×52×1CML	400	520	17	—	—	135~165	605~635[⑤]	60[⑧]
—	×52×1CML1	400	520	17	—	—	135~165	675~705[⑤]	60[⑧]
	×52×2CMWV	400	520	17	—	—	160~190	700~730	120[⑧]
	×57×2CMWV-Ni	490	570	18	—	—	160~190	700~730	120[⑧]
CrMoV1Si	—	435	590	15	24	21	200~300	680~730[⑥]	60[⑧]
CrMo2Si	（2C1M）	400	500	18	47	38	200~300	690~750[⑥]	60[⑧]
（CrMo2Si）	×62×2C1M ×62×2C1M1 ×62×2C1M2 ×62×2C1M3	540	620	15	—	—	185~215	675~705[⑤]	60[⑧]
（CrMo2Si）	×62×2C1MT ×62×2C1MT1	540	620	15	—	—	185~215	675~705[⑤]	60[⑧]
CrMo2LSi	（2C1ML）	400	500	18	47	38	200~300	690~750[⑥]	60[⑧]
（CrMo2LSi）	×55×2C1ML ×55×2C1ML1	470	550	15	—	—	185~215	675~705[⑤]	60[⑧]
—	×55×2C1MV ×55×2C1MV1	470	550	15	—	—	185~215	675~705[⑤]	60[⑧]
—	×62×3C1M	530	620	15	—	—	185~215	675~705[⑤]	60[⑧]
—	×62×3C1MV ×62×3C1MV1	530	620	15	—	—	185~215	675~705[⑤]	60[⑧]

（续）

焊丝型号（部分代号）①		R_{eL}②/MPa	R_m/MPa	A(%)	KV③/J		焊后热处理		
ISO 21952-A	ISO 21952-B				平均值	单个值	预热温度④/℃	温度/℃	保温时间/min
		≥			≥				
（CrMo5Si）	×55×5CM	470	550	15	—	—	175～235	730～760⑤	60⑧
CrMo5Si	(5CM)	400	590	17	47	38	200～300	730～760⑥	60⑧
CrMo9 CrMo9Si	(9C1M)	435	590	18	34	27	200～300	740～780⑥	120⑧
—	×55×9C1M	470	550	15	—	—	205～260	730～760⑤	60⑧
CrMo91	(9C1M)	415	585	17	47	38	250～350	750～760⑥	120⑧
—	×62×9C1MV ×62×9C1MV1 ×62×9C1MV2	410	620	15	—	—	205～320	745～775⑤	120⑧
	×62×10CMWV-Co ×62×10CMWV-Co1	530	620	15	—	—	205～260	725～755	480⑧
	×62×10CMWV-Cu	600	690	15	—	—	100～200	725～755	60⑧
—	×78×10CMV	680	780	13	—	—	205～260	675～705	480⑧
CrMoWV12Si	—	550	690	15	34	27	250～350⑦ 或 400～500⑦	740～780⑥	≥120
Z	×××G			按供需双方协议规定					—

① B 类型号中开头的×和数字后的×分别代表不同的含义，可参见下面"型号表示方法"的说明。

② 根据试验结果，确定采用 R_{eL} 或 $R_{p0.2}$。

③ 20℃时的冲击吸收能量 KV，取 3 个试样的平均值。

④ 预热或中间温度。

⑤ 试样放入炉内的温度应低于 315℃，加热到保温的温度，其加热速度应 ≤220℃/h，保温完成后，试样以 ≤195℃/h 的冷却速度，冷却至 315℃以下，再从炉内取出空冷至室温。

⑥ 试样保温完成后，以 ≤200℃/h 的冷却速度，冷却至 300℃以下，再从炉内取出空冷至室温。

⑦ 焊接后立即冷却，将试样冷却至 120℃或 100℃，并在此温度保温至少 1h。

⑧ 保温时间误差为 0～15min。

（3）新版标准的型号表示方法

本标准（热强钢气保焊用焊丝与填充丝）2012 版采用 A、B 两类型号并存，A 类型号是根据化学成分而分类的，与欧洲标准（EN）的型号体系相一致。B 类型号是根据强度与化学成分而分类的，与亚太地区或国家标准（如 AWS、GB、JIS 等）的型号体系相接近。

本节中对热强钢焊丝与填充丝的化学成分是参考 ISO 标准（英文版）原文列出了两类型号中的有关部分代号及其对应关系。在介绍热强钢焊丝与填充丝的熔敷金属力学性能时，是根据原文表格形式的需要，对 B 类型号增加了有关抗拉强度和状态的代号。例如：×55×CMT，开头的×表示焊丝或充填丝，55 表示抗拉强度值代号，数字后的×表示状态（A——焊态，或 P——焊后热处理状态）。

7.2.10 不锈钢和热钢电弧焊用焊丝和焊带 [ISO 14343（2017）]

（1）ISO标准不锈钢和耐热钢电弧焊用焊丝和焊带的型号和焊丝焊带的型号与熔敷金属的化学成分（表7-2-28）。

表7-2-28 不锈钢和耐热钢电弧焊用焊丝焊带的型号与熔敷金属的化学成分（质量分数）（%）

焊丝型号（成分代号）①		C	Si	Mn	P ≤	S ≤	Cr	Ni	Mo	Cu	其 他
ISO 14343-A	ISO 14343-B										
马氏体-铁素体型											
—	409	≤0.08	≤0.8	≤0.8	0.03	0.03	10.5~13.5	≤0.6	≤0.5	≤0.75	Ti 10C~1.5
—	409Nb	≤0.12	≤0.5	≤0.6	0.03	0.03	10.5~13.5	≤0.6	≤0.75	≤0.75	Nb 8C~1.0③
13	(410)	≤0.15	≤1.0	≤1.0	0.03	0.02	12.0~15.0	≤0.5	≤0.5	≤0.5	—
(13)	410	≤0.12	≤0.5	≤0.6	0.03	0.03	11.5~13.5	≤0.6	≤0.75	≤0.75	—
13L	—	≤0.05	≤1.0	≤1.0	0.03	0.02	12.0~15.0	≤0.5	≤0.5	≤0.5	—
13-4	(410NiMo)	≤0.05	≤1.0	≤1.0	0.03	0.02	11.0~14.0	3.0~5.0	0.4~1.0	≤0.5	—
(13-4)	410NiMo	≤0.06	≤0.5	≤0.6	0.03	0.03	11.0~12.5	4.0~5.0	0.4~0.7	≤0.75	—
—	420	0.25~0.40	≤0.5	≤0.6	0.03	0.03	12.0~14.0	≤0.75	≤0.75	≤0.75	—
16-5-1	—	≤0.04	0.2~0.7	1.2~3.5	0.02	0.01	15.0~17.0	4.5~6.5	0.9~1.5	≤0.5	—
17	(430)	≤0.12	≤1.0	≤1.0	0.03	0.02	16.0~19.0	≤0.5	≤0.5	≤0.5	—
(17)	430	≤0.10	≤0.5	≤0.6	0.03	0.03	15.5~17.0	≤0.6	≤0.75	≤0.75	—
—	430Nb	≤0.10	≤0.5	≤0.6	0.03	0.03	15.5~17.0	≤0.6	≤0.75	≤0.75	Nb 8C~1.2③
(18LNb)	430LNb	≤0.03	≤0.5	≤0.8	0.03	0.03	15.5~17.0	≤0.6	≤0.75	≤0.75	Nb 8C~1.2③
18LNb	(430LNb)	≤0.02	≤0.5	≤0.8	0.03	0.02	17.8~18.8	≤0.5	≤0.5	≤0.5	Nb[0.05+7(C+N)~0.5],≤0.02
18LNbSi	—	≤0.03	0.5~1.5	≤1.0	0.03	0.03	17.5~19.5	≤0.5	≤0.5	≤0.5	Nb[0.05+7(C+N)~0.6],N≤0.02
18LNbTi	—	≤0.03	≤1.5	≤1.0	0.03	0.03	17.5~19.5	≤0.5	≤0.5	≤0.5	Ti 10C~0.5
—	439	≤0.04	≤0.8	≤0.8	0.03	0.03	17.0~19.0	≤0.6	≤0.5	≤0.75	Nb 8C~0.8,N≤0.02
—	446LMo	≤0.015	≤0.4	≤0.4	0.02	0.02	25.0~27.0	—	0.75~1.00	—	Ti 10C~1.1 / Ni+Cu≤0.5
奥氏体型-I											
—	209	≤0.05	0.9	4.0~7.0	0.03	0.03	20.5~24.0	9.5~12.0	1.5~3.0	≤0.75	—
—	218	≤0.10	1.5~4.5	7.0~9.0	0.03	0.03	16.0~18.0	8.0~9.0	≤0.75	≤0.75	—
—	219	≤0.05	≤1.0	8.0~10.0	0.03	0.03	19.0~21.5	5.5~7.0	≤0.75	≤0.75	—

（续）

焊丝型号(成分代号)①		C	Si	Mn	P ≤	S ≤	Cr	Ni	Mo	Cu	其他
ISO 14343-A	ISO 14343-B										
奥氏体型-I											
—	240	≤0.05	≤1.0	10.5~13.5	0.03	0.03	17.0~19.0	4.0~6.0	≤0.75	≤0.75	N0.12~0.30
—	308	≤0.08	≤0.65	1.0~2.5	0.03	0.03	19.5~22.0	9.0~11.0	≤0.75	≤0.75	—
—	308Si	≤0.08	0.65~1.0	1.0~2.5	0.03	0.03	19.5~22.0	9.0~11.0	≤0.75	≤0.75	—
19-9L	(308L)	≤0.03	≤0.65	1.0~2.5	0.03	0.02	19.0~21.0	9.0~11.0	≤0.5	≤0.5	—
(19-9L)	308L	≤0.03	≤0.65	1.0~2.5	0.03	0.03	19.5~22.0	9.0~11.0	≤0.75	≤0.75	—
19-9LSi	(308LSi)	≤0.03	0.65~1.2	1.0~2.5	0.03	0.02	19.0~21.0	9.0~11.0	≤0.5	≤0.5	—
(19-9LSi)	308LSi	≤0.03	0.65~1.0	1.0~2.5	0.03	0.03	19.5~22.0	9.0~11.0	≤0.75	≤0.75	—
—	308N2	≤0.10	≤0.90	1.0~4.0	0.03	0.03	20.0~25.0	7.0~11.0	≤0.75	≤0.75	N0.12~0.30
19-9Nb②	(347)	≤0.08	≤0.65	1.0~2.5	0.03	0.02	19.0~21.0	9.0~11.0	≤0.5	≤0.5	Nb10C~1.0③
(19-9Nb)	347②	≤0.08	≤0.65	1.0~2.5	0.03	0.03	19.0~21.5	9.0~11.0	≤0.75	≤0.75	Nb10C~1.0③
19-9NbSi②	(347Si)	≤0.08	0.65~1.2	1.0~2.5	0.03	0.02	19.0~21.5	9.0~11.0	≤0.5	≤0.5	Nb10C~1.0③
(19-9NbSi)	347Si②	≤0.08	0.65~1.0	1.0~2.5	0.03	0.03	19.0~21.5	9.0~11.0	≤0.75	≤0.75	Nb10C~1.0③
—	347L②	≤0.03	≤0.65	1.0~2.5	0.03	0.02	19.0~21.5	9.0~11.0	≤0.75	≤0.75	Nb10C~1.0③
—	347H	0.04~0.08	≤0.65	1.0~2.5	0.03	0.03	19.0~21.0	9.0~11.0	≤0.75	≤0.75	Nb10C~1.0③
—	316	≤0.08	≤0.65	1.0~2.5	0.03	0.03	18.0~20.0	11.0~14.0	2.0~3.0	≤0.75	—
—	316Si	≤0.08	0.65~1.0	1.0~2.5	0.03	0.02	18.0~20.0	11.0~14.0	2.0~3.0	≤0.75	—
19-12-3L	(316L)	≤0.03	≤0.65	1.0~2.5	0.03	0.02	18.0~20.0	11.0~14.0	2.5~3.0	≤0.5	—
(19-12-3L)	316L	≤0.03	≤0.65	1.0~2.5	0.03	0.03	18.0~20.0	11.0~14.0	2.0~3.0	≤0.75	—
19-12-3LSi	(316LSi)	≤0.03	0.65~1.2	1.0~2.5	0.03	0.02	18.0~20.0	11.0~14.0	2.5~3.0	≤0.5	—
(19-12-3LSi)	316LSi	≤0.03	0.65~1.0	1.0~2.5	0.03	0.03	18.0~20.0	11.0~14.0	2.0~3.0	≤0.75	—
—	316LCu	≤0.03	≤0.65	1.0~2.5	0.03	0.03	18.0~20.0	11.0~14.0	2.0~3.0	1.0~2.5	—
19-12-3Nb	(318)	≤0.08	≤0.65	1.0~2.5	0.03	0.02	18.0~20.0	11.0~14.0	2.5~3.0	≤0.5	Nb10C~1.0③
(19-12-3Nb)	318	≤0.08	≤0.65	1.0~2.5	0.03	0.03	18.0~20.0	11.0~14.0	2.0~3.0	≤0.75	Nb8C~1.0③
19-12-3NbSi	318L	≤0.03	≤0.65	1.0~2.5	0.03	0.02	18.0~20.0	11.0~14.0	2.0~3.0	≤0.75	Nb8C~1.0③
—	—	≤0.08	0.65~1.2	1.0~2.5	0.03	0.03	18.0~20.0	11.0~14.0	2.5~3.0	≤0.5	Nb10C~1.0③
—	317	≤0.08	≤0.65	1.0~2.5	0.03	0.03	18.5~20.5	13.0~15.0	3.0~4.0	≤0.75	—

符号	牌号	C	Si	Mn	P	S	Cr	Ni	Mo	Cu	其他
(18-15-3L)	317L	≤0.03	≤0.65	1.0~2.5	0.03	0.03	18.5~20.5	13.0~15.0	3.0~4.0	≤0.75	—
—	321	≤0.08	≤0.65	1.0~2.5	0.03	0.03	18.5~20.5	9.0~10.5	≤0.75	≤0.75	Ti 9C~1.0
铁素体-奥氏体型											
22-9-3NL	(2209)	≤0.03	≤1.0	≤2.5	0.03	0.02	21.0~24.0	7.0~10.0	2.5~4.0	≤0.5	N 0.10~0.20
(22-9-3NL)	2209	≤0.03	≤0.90	0.5~2.0	0.03	0.03	21.5~23.5	7.5~9.5	2.5~3.5	≤0.75	N 0.08~0.20
23-7-NL	—	≤0.03	≤1.0	≤2.5	0.03	0.02	22.5~25.5	6.5~9.5	≤0.8	≤0.5	N 0.10~0.20
25-7-2L	—	≤0.03	≤1.0	≤2.5	0.03	0.02	24.0~27.0	6.0~8.0	1.5~2.5	≤0.5	—
25-9-3CuNL	—	≤0.03	≤1.0	≤2.5	0.03	0.02	24.0~27.0	8.0~11.0	2.5~4.0	1.5~2.5	N 0.10~0.20
25-9-4NL	2594	≤0.03	≤1.0	≤2.5	0.03	0.02	24.0~27.0	8.0~10.5	2.5~4.5	≤1.5	N 0.20~0.30
—	329-4L	≤0.03	≤0.90	0.5~2.0	0.03	0.03	23.0~27.0	8.0~11.0	3.0~4.5	≤1.0	N 0.08~0.30
奥氏体型-Ⅱ											
18-15-3NL②	(317L)②	≤0.03	≤1.0	1.0~4.0	0.03	0.02	17.0~20.0	13.0~16.0	2.5~4.0	≤0.5	—
18-16-5NL②	—	≤0.03	≤1.0	1.0~4.0	0.03	0.02	17.0~20.0	16.0~19.0	3.5~5.0	≤0.5	—
19-13-4L②	(317L)②	≤0.03	≤1.0	1.0~5.0	0.03	0.02	17.0~20.0	12.0~15.0	3.0~4.5	≤0.5	—
19-13-4NL②	—	≤0.03	≤1.0	1.0~5.0	0.03	0.02	17.0~20.0	12.0~15.0	3.0~4.5	≤0.5	—
20-25-5CuL②	(385)②	≤0.03	≤1.0	1.0~4.0	0.03	0.02	19.0~22.0	24.0~27.0	4.0~6.0	1.0~2.0	—
(20-25-5CuL)②	385②	≤0.025	≤0.50	1.0~2.5	0.02	0.03	19.5~21.5	24.0~26.0	4.2~5.2	1.2~2.0	—
20-25-5CuNL②	—	≤0.03	≤1.0	1.0~4.0	0.03	0.02	19.0~22.0	24.0~27.0	4.0~6.0	1.0~2.0	—
20-16-3MnL②	—	≤0.03	≤1.0	5.0~9.0	0.03	0.02	19.0~22.0	15.0~18.0	2.5~4.5	≤0.5	N 0.10~0.20
(20-16-3MnNL)②	316LMn②	≤0.03	≤1.0	5.0~9.0	0.03	0.02	19.0~22.0	15.0~18.0	2.5~4.5	≤0.5	N 0.10~0.20
25-22-2NL②	—	≤0.03	≤1.0	3.5~6.5	0.02	0.01	24.0~27.0	21.0~24.0	1.5~3.0	≤0.5	N 0.30~0.40
26-23-5N②	—	≤0.02	≤1.0	1.5~5.5	0.03	0.02	25.0~27.0	21.0~25.0	4.0~6.0	≤0.5	—
27-31-4CuL②	(383)②	≤0.03	≤1.0	1.0~3.0	0.02	0.02	26.0~29.0	30.0~33.0	3.0~4.5	0.7~1.5	—
(27-31-4CuL)②	383②	≤0.025	≤0.50	1.0~2.5	0.03	0.03	26.5~28.5	30.0~33.0	3.2~4.2	0.7~1.5	—
—	320②	0.07	≤0.60	≤2.5	0.03	0.02	19.0~21.0	32.0~36.0	2.0~3.0	3.0~4.0	Nb 8C~1.0③
—	320LR②	≤0.025	≤0.15	1.5~2.0	0.015	0.02	19.0~21.0	32.0~36.0	2.0~3.0	3.0~4.0	Nb 8C~0.40③
—	33-31	≤0.015	≤0.50	≤2.0	0.02	0.01	31.0~35.0	30.0~33.0	0.5~2.0	0.3~1.2	N 0.35~0.60
特殊型-常用于不同金属焊接											
307②	307②	0.04~0.14	≤0.65	3.3~4.8	0.03	0.03	19.5~22.0	8.0~10.7	0.5~1.5	≤0.75	—
18-8Mn②	18-8Mn②	≤0.20	≤1.2	5.0~8.0	0.03	0.03	17.0~20.0	7.0~10.0	≤0.5	≤0.5	—

（续）

特殊型-常用于不同金属焊接

ISO 14343-A	ISO 14343-B	C	Si	Mn	P ≤	S ≤	Cr	Ni	Mo	Cu	其 他
20-10-3	(308Mo)	≤0.12	≤1.0	1.0~2.5	0.03	0.02	18.0~21.0	8.0~12.0	1.5~3.5	≤0.5	—
(20-10-3)	308Mo	≤0.08	≤0.65	1.0~2.5	0.03	0.03	18.0~21.0	9.0~12.0	2.0~3.0	≤0.75	—
—	308LMo	≤0.03	≤0.65	1.0~2.5	0.03	0.03	18.0~21.0	9.0~12.0	2.0~3.0	≤0.75	—
23-12L	(309L)	≤0.03	≤0.65	1.0~2.5	0.03	0.02	22.0~25.0	11.0~14.0	≤0.5	≤0.5	—
(23-12L)	309L	≤0.03	≤0.65	1.0~2.5	0.03	0.03	23.0~25.0	12.0~14.0	≤0.75	≤0.75	—
22-11L	309LD	≤0.03	≤0.65	1.0~2.5	0.03	0.03	21.0~24.0	10.0~12.0	≤0.75	≤0.5	—
23-12LSi	(309LSi)	≤0.03	0.65~1.2	1.0~2.5	0.03	0.02	22.0~25.0	11.0~14.0	≤0.5	≤0.75	—
(23-12LSi)	309LSi	≤0.03	0.65~1.0	1.0~2.5	0.03	0.03	23.0~25.0	12.0~14.0	≤0.75	≤0.75	—
23-12Nb	(309Nb)	≤0.03	≤1.0	1.0~2.5	0.03	0.02	22.0~25.0	11.0~14.0	≤0.5	≤0.5	Nb 10C~1.0③
(23-12Nb)	309LNb	≤0.03	≤0.65	1.0~2.5	0.03	0.03	23.0~25.0	12.0~14.0	≤0.75	≤0.75	Nb 10C~1.0③
23-12LNb	309LNbD	≤0.03	≤0.65	1.0~2.5	0.03	0.03	20.0~23.0	11.0~13.0	≤0.75	≤0.75	Nb 10C~1.2③
—	309Mo	≤0.12	≤0.65	1.0~2.5	0.03	0.03	23.0~25.0	12.0~14.0	2.0~3.0	≤0.75	—
23-12-2L	(309LMo)	≤0.03	≤1.0	1.0~2.5	0.03	0.02	21.0~25.0	11.0~15.5	2.0~3.5	≤0.5	—
(23-12-2L)	309LMo	≤0.03	≤0.65	1.0~2.5	0.03	0.03	23.0~25.0	12.0~14.0	2.0~3.0	≤0.75	—
(21-13-3L)	309LMoD	≤0.03	≤0.65	1.0~2.5	0.03	0.03	19.0~22.0	12.0~14.0	2.3~3.3	≤0.75	—
21-13-3L	(309LMoD)	≤0.03	≤0.65	1.0~2.5	0.03	0.02	19.0~22.0	12.0~14.0	2.8~3.3	≤0.75	—
29-9	(312)	≤0.15	≤1.0	1.0~2.5	0.03	0.02	28.0~32.0	8.0~12.0	≤0.5	≤0.5	—
(29-9)	312	≤0.15	≤0.65	1.0~2.5	0.03	0.03	28.0~32.0	8.0~10.5	≤0.75	≤0.75	—

热处理型

ISO 14343-A	ISO 14343-B	C	Si	Mn	P ≤	S ≤	Cr	Ni	Mo	Cu	其 他
16-8-2	(16-8-2)	≤0.10	≤1.0	1.0~2.5	0.03	0.02	14.5~16.5	7.5~9.5	1.0~2.5	≤0.5	—
16-8-2	(16-8-2)	≤0.10	≤0.65	1.0~2.5	0.03	0.03	14.5~16.5	7.5~9.5	1.0~2.0	≤0.75	—
19-9H	(19-10H)	0.04~0.08	≤1.0	1.0~2.0	0.03	0.03	18.0~21.0	9.0~11.0	≤0.5	≤0.5	—
(19-9H)	19-10H	0.04~0.08	≤0.65	1.0~2.0	0.03	0.02	18.5~20.0	9.0~11.0	≤0.25	≤0.75	Nb≤0.05,Ti≤0.05
33-31		≤0.015	≤0.50	≤2.00	0.02	0.01	31.0~35.0	30.0~33.0	0.5~2.0	0.3~1.2	N 0.35~0.60
(19-9H)	308H	0.04~0.08	≤0.65	1.0~2.5	0.03	0.03	19.5~22.0	9.0~11.0	≤0.5	≤0.75	—
19-12-3H	(316H)	0.04~0.08	≤1.0	1.0~2.5	0.03	0.03	18.0~20.0	11.0~14.0	2.0~3.0	≤0.5	—
(19-12-3H)	316H	0.04~0.08	≤0.65	1.0~2.5	0.03	0.03	18.0~20.0	11.0~14.0	2.0~3.0	≤0.75	—
21-10N②	—	0.06~0.09	1.0~2.0	0.3~1.0	0.02	0.01	20.5~22.5	9.5~11.0	≤0.5	≤0.5	N 0.10~0.20
22-12H	(309)	0.04~0.15	≤2.0	1.0~2.5	0.03	0.02	21.0~24.0	11.0~14.0	≤0.5	≤0.5	Ce 0.03~0.08

注：表头「焊丝型号（成分代号）①」

牌号A	牌号B	C	Si	Mn	P	S	Cr	Ni	Mo	Cu	其他
(22-12H)	309	≤0.12	≤0.65	1.0~2.5	0.03	0.03	23.0~25.0	12.0~14.0	≤0.75	≤0.75	—
—	309Si	≤0.12	0.65~1.00	1.0~2.5	0.03	0.03	23.0~25.0	12.0~14.0	≤0.75	≤0.75	—
25-4	—	≤0.12	≤2.0	1.0~2.5	0.03	0.02	24.0~27.0	4.0~6.0	≤0.5	≤0.5	—
25-20②	(310)②	0.08~0.15	≤2.0	1.0~2.5	0.03	0.02	24.0~27.0	18.0~22.0	≤0.5	≤0.5	—
(25-20)	310②	0.08~0.15	≤0.65	1.0~2.5	0.03	0.03	25.0~28.0	20.0~22.5	≤0.75	≤0.75	—
—	310S②	≤0.08	≤0.65	1.0~2.5	0.03	0.03	25.0~28.0	20.0~22.5	≤0.75	≤0.75	—
—	310L②	≤0.03	≤0.65	1.0~2.5	0.03	0.03	25.0~28.0	20.0~22.5	≤0.75	≤0.75	—
25-20H②	—	0.35~0.45	≤2.0	1.0~2.5	0.03	0.02	24.0~27.0	18.0~22.0	≤0.5	≤0.5	—
25-20Mn②	—	0.08~0.15	≤2.0	2.5~5.0	0.03	0.02	24.0~27.0	18.0~22.0	≤0.5	≤0.5	—
18-36H②	(330)	0.18~0.25	0.4~2.0	1.0~2.5	0.03	0.02	15.0~19.0	33.0~37.0	≤0.5	≤0.5	—
(18-36H)②	330	0.18~0.25	≤0.65	1.0~2.5	0.03	0.03	15.0~17.0	34.0~37.0	≤0.75	≤0.75	—
28-35N②	—	0.03~0.09	0.5~1.0	1.0~2.0	0.02	0.02	26.5~29.0	33.0~36.0	≤0.5	≤0.5	—
—	3556④	0.05~0.15	0.2~0.8	0.5~2.0	0.04	0.015	21.0~23.0	19.0~22.0	2.5~4.0	—	Co 16.0~21.0 W 2.0~3.5,Al 0.1~0.5
沉淀硬化型											
630	—	≤0.05	≤0.75	0.25~0.75	0.03	0.03	16.0~16.75	4.5~5.0	≤0.75	3.25~4.0	Nb 0.15~0.30③
Z×××	—	表中未列的焊丝和焊带，可用相类似的符号表示，牌号冠以字母"Z"，化学成分范围由不规定，但两种牌号之间不能替换。									

① 本标准采用 A,B 两类型号并存。A 类型号与欧洲标准（EN）的型号体系相一致。B 类型号与亚太地区或国家标准（如 AWS、GB、JIS 等）的型号体系相接近。表中只列出两类牌号中的有关部分代号及其相应关系。
例如：A 类型号的全称：ISO 14343-A · G19-12-3LSi，相对应的 B 类型号的全称：ISO 14343-B · SS316LSi。在本标准 A 类型号中，开头的字母：G—用于电弧焊，W—用于气体钨极氩弧焊，S—用于埋弧焊，P—用于等离子弧焊，B—用于电渣焊或埋弧焊
在本标准 B 类型号后，开头的字母：S—焊丝（或 SS），B—焊带（或 BS）。

② 这类牌号在多数情况下是完全奥氏体，因此对微裂纹和热裂纹具有敏感性。若焊缝金属中增加 Mn 含量，可减少裂纹的发生，经供需双方协商，Mn 含量的扩大范围可达到一定等级。

③ Nb 含量一部分可由 Ta 代替，但 Ta 不得超过 Nb 总含量 20%。

④ 该型号还含有下列元素含量（%）：Ta=0.30~1.25,Nb≤0.30,N=0.10~0.30,B≤0.020,Zr=0.001~0.100,La=0.005~0.100。

（2）ISO 标准不锈钢和耐热钢电弧焊用焊丝和焊带的熔敷金属力学性能（表7-2-29）

表 7-2-29　不锈钢和耐热钢电弧焊用焊丝和焊带的熔敷金属力学性能①

焊丝型号（成分代号）		R_{eL}/MPa	R_m/MPa	A(%)	焊丝型号（成分代号）		R_{eL}/MPa	R_m/MPa	A(%)
ISO 14343-A	ISO 14343-B	≥			ISO 14343-A	ISO 14343-B	≥		
—	409	180	380	15	23-7-NL	—	450	570	20
—	409Nb	250	450	15	25-7-2L	—	500	700	15
13	410	250	450	15	25-9-3CuNL	—	550	620	18
13L	—	250	450	15	25-9-4NL	2594	550	620	18
13-4	410NiMo	500	750	15	—	329J4L	300	690	15
—	420	250	450	15	18-15-3L	(317L)	300	480	25
16-5-1	—	400	600	15	18-16-5NL	—	300	480	25
17	430	300	450	15	19-3-4L	—	350	550	25
—	430Nb	250	450	15	19-3-4NL	—	350	550	25
18LNb	430LNb	220	410	15	20-25-5CuL	385	320	510	25
18LNbSi	—	220	410	15	20-25-5CuNL	—	320	510	25
18LNbTi	—	②	②	②	20-16-3MnL	—	320	510	25
—	439	220	410	15	20-16-3MnNL	316LMn	320	510	25
—	446LMo	②	②	②	25-22-2NL	—	320	510	25
—	209	350	690	15	26-23-5N	—	400	700	25
—	218	550	760	15	27-31-4CuL	383	240	500	25
—	219	490	620	15	—	320	320	550	25
—	240	350	690	15	—	320LR	300	520	25
—	308	350	550	25	—	33-31	500	720	25
—	308Si	350	550	25	—	307	350	590	25
19-9L	308L	320	510	25	18-8Mn	—	350	500	25
19-9LSi	308LSi	320	510	25	20-10-3	308Mo	400	620	20
—	308N2	345	690	20	—	308LMo	320	510	30
19-9Nb	347	350	550	25	23-12L	309L	320	510	25
19-9NbSi	347Si	350	550	25	22-11L	309LD	320	510	20
—	347L	320	510	25	23-12LSi	309LSi	320	510	25
—	347H	350	550	25	23-12Nb	309LNb	350	550	25
—	316	320	510	25	23-12LNb	309LNbD	320	510	20
—	316Si	320	510	25	—	309Mo	320	510	25
19-12-3L	316L	320	510	25	23-12-2L	309LMo	350	550	25
19-12-3LSi	316LSi	320	510	25	21-13-3L	309LMoD	320	510	20
—	316LCu	320	510	25	29-9	312	450	650	15
19-12-3Nb	318	350	550	25	16-8-2	16-8-2	320	510	25
—	318L	320	510	25	19-9H	19-10H	350	550	30
19-12-3NbSi	—	350	550	25	—	308H	350	550	30
—	317	350	550	25	19-12-3H	316H	350	550	25
18-15-3L	317L	300	480	25	21-10N	—	350	550	30
—	321	350	550	25	22-12H	309	350	550	25
22-9-3NL	2209	450	550	20	—	309Si	350	550	25

（续）

焊丝型号（成分代号）		R_{eL}/MPa	R_m/MPa	A（%）	焊丝型号（成分代号）		R_{eL}/MPa	R_m/MPa	A（%）
ISO 14343-A	ISO 14343-B	≥			ISO 14343-A	ISO 14343-B	≥		
25-4	—	450	650	20	25-20Mn	—	350	550	20
25-20	310	350	550	20	18-36H	330	350	550	10
—	310S	350	550	20	28-35N	—	350	550	25
—	310L	320	510	20	—	2556	②	②	②
25-20H	—	350	550	10	—	630	725	930	5

① 本表引自 ISO 14343（2017）附录 A，力学性能为参考值。

② 按照供需双方协议规定。

（3）ISO 标准不锈钢和耐热钢焊丝和焊带的焊后热处理

状态为焊后热处理的型号及其热处理制度列于表 7-2-30，其余型号状态均为焊接态。

表 7-2-30　不锈钢和耐热钢部分焊丝和焊带的焊后热处理

焊丝型号（成分代号）		焊后热处理		
ISO 14343-A	ISO 14343-B	加热温度/℃	保温时间/h	冷却
—	409Nb	730~760	1	炉冷至600℃，再空冷
13	(410)	840~870	2	炉冷至600℃，再空冷
—	410	730~760	1	炉冷至600℃，再空冷
13L	—	840~870	2	炉冷至600℃，再空冷
13-4	410NiMo	580~620	2	空冷
—	420	840~870	2	炉冷至600℃，再空冷
17	430	760~790	2	炉冷至600℃，再空冷
—	430Nb	760~790	2	炉冷至600℃，再空冷
—	630	1025~1050（第1次） 610~630（第2次）	① ④	空冷 空冷

7.2.11　镍及镍合金焊条 ［ISO 14172（2015）］

（1）ISO 标准镍及镍合金电弧焊用焊条的型号与熔敷金属的化学成分（见表 7-2-31）

表 7-2-31　镍及镍合金电弧焊用焊条的型号与溶敷金属的化学成分（质量分数）（%）

型号的数字代号	型号的化学成分代号	C	Si	Mn	P ≤	S ≤	Cr	Ni①	Mo	Fe	其 他③
						镍及镍铜合金					
Ni 2061	NiTi3	≤0.10	≤1.20	≤0.70	0.020	0.015	—	≥92.0	—	≤0.70	Cu≤0.20，Al≤1.0 Ti 1.0~4.0
Ni 4060	NiCu30Mn3Ti	≤0.15	≤1.50	≤4.00	0.020	0.015	—	≥62.0	—	≤2.50	Cu 27.0~34.0 Al≤1.0，Ti≤1.0
Ni 4061	NiCu27Mn3NbTi	≤0.15	≤1.30	≤4.00	0.020	0.015	—	≥62.0	—	≤2.50	Cu 24.0~31.0，Al≤1.0 Ti≤1.5，Nb≤3.0②

（续）

型号的数字代号	型号的化学成分代号	C	Si	Mn	P ≤	S ≤	Cr	Ni①	Mo	Fe	其他③
镍铬合金											
Ni 6045	NiCr27Fe23Si	0.05~0.20	2.50~3.00	≤2.50	0.040	0.030	26.0~29.0	≥38.0	—	21.0~25.0	Co≤1.0，Al≤0.3 Cu≤0.3
Ni 6082	NiCr20Mn3Nb	≤0.10	≤0.80	2.00~6.00	0.020	0.015	18.0~22.0	≥63.0	≤2.00	≤4.00	Ti≤0.5，Cu≤0.5 Nb 1.5~3.0②
Ni 6132	NiCr15Fe9Nb	≤0.08	≤0.75	≤3.50	0.030	0.015	13.0~17.0	≥62.0	—	≤11.0	Nb 1.5~4.0② Cu≤0.5
Ni 6172	NiCr50Nb	≤0.10	≤1.00	≤1.50	0.020	0.020	45.0~52.0	≥41.0	—	≤1.00	Nb 1.0~2.5② Cu≤0.25
Ni 6231	NiCr22W14Mo	0.05~0.10	0.30~0.70	0.30~1.00	0.020	0.015	20.0~24.0	≥45.0	1.00~3.00	≤3.00	W 13.0~15.0 Co≤5.0，Al≤0.5 Ti≤0.1，Cu≤0.5
镍铬铁合金											
Ni 6025	NiCr25Fe10AlY	0.10~0.25	≤0.80	≤0.50	0.020	0.015	24.0~26.0	≥55.0	—	8.00~11.0	Al 1.5~2.2，Ti≤0.3 Y≤0.15
Ni 6062	NiCr15Fe8Nb	≤0.08	≤0.80	≤3.50	0.020	0.015	13.0~17.0	≥62.0	—	≤11.0	Nb 0.5~4.0② Cu≤0.5
Ni 6093	NiCr15Fe8NbMo	≤0.20	≤1.00	1.00~5.00	0.020	0.015	13.0~17.0	≥60.0	1.00~3.50	≤12.0	Nb 1.0~3.5② Cu≤0.5
Ni 6094	NiCr14Fe4NbMo	≤0.15	≤0.80	1.00~4.50	0.020	0.015	12.0~17.0	≥55.0	2.50~5.50	≤12.0	W≤1.5，Cu≤0.5 Nb 0.5~3.0②
Ni 6095	NiCr15Fe8NbMoW	≤0.20	≤0.80	1.00~3.50	0.020	0.015	13.0~17.0	≥55.0	1.00~3.50	≤12.0	W 1.5~3.5，Cu≤0.5 Nb1.0~3.5②
Ni 6133	NiCr16Fe12NbMo	≤0.10	≤0.80	1.00~3.50	0.020	0.015	13.0~17.0	≥62.0	0.50~2.50	≤12.0	Nb 0.5~3.0② Cu≤0.5
Ni 6152	NiCr30Fe9Nb	≤0.05	≤0.80	≤5.00	0.020	0.015	28.0~31.5	≥50.0	≤0.50	7.00~12.0	Al≤0.5，Cu≤0.5 Nb 1.0~2.5② Ti≤0.5
Ni 6182	NiCr15Fe6Mn	≤0.10	≤1.00	5.00~10.0	0.020	0.015	13.0~17.0	≥60.0	—	≤10.0	Ti≤1.0，Cu≤0.5 Nb 1.0~3.5② Ta≤0.3
Ni 6333	NiCr25Fe16CoMo3W	≤0.10	0.80~1.20	1.20~2.00	0.020	0.015	24.0~26.0	44.0~47.0	2.50~3.50	≥16.0	W 2.5~3.5，Cu≤0.5 Co 2.5~3.5
Ni 6701	NiCr36Fe7Nb	0.35~0.50	0.50~2.00	0.50~2.00	0.020	0.015	33.0~39.0	42.0~48.0	—	≤7.00	Nb 0.8~1.8②
Ni 6702	NiCr28Fe6W	0.35~0.50	0.50~2.00	0.50~1.50	0.020	0.015	27.0~30.0	47.0~50.0	—	≤6.00	W 4.0~5.5
Ni 6704	NiCr25Fe10Al3YC	0.15~0.30	≤0.80	≤0.50	0.020	0.015	24.0~26.0	≥55.0	—	8.00~11.0	Al 1.8~2.8，Ti≤0.3 Y≤0.15

（续）

型号的数字代号	型号的化学成分代号	C	Si	Mn	P ≤	S ≤	Cr	Ni[①]	Mo	Fe	其 他[③]
							镍铬钼合金				
Ni 6002	NiCr22Fe18Mo	0.05 ~ 0.15	≤1.00	≤1.00	0.020	0.015	20.0 ~ 23.0	≥45.0	8.00 ~ 10.0	18.0 ~ 21.0	Cu 1.5 ~ 2.5, Co≤2.5 Nb 1.75 ~ 2.5[②] W≤1.0
Ni 6007	NiCr22Fe18Mo6-Cu2Nb2Mn	≤0.05	≤1.00	1.00 ~ 2.00	0.040	0.030	21.0 ~ 23.5	≥37.0	5.50 ~ 7.50	21.0 ~ 25.0	Co≤1.0, Al≤0.3 Cu≤0.3
Ni 6012	NiCr22Mo9	≤0.030	≤0.70	≤1.00	0.020	0.015	20.0 ~ 23.0	≥58.0	8.50 ~ 10.5	≤3.50	Al≤0.4, Ti≤0.4 Nb≤1.5[②], Cu≤0.5
Ni 6022	NiCr21Mo13W3	≤0.020	≤0.20	≤1.00	0.020	0.015	20.0 ~ 22.5	≥49.0	12.5 ~ 14.5	2.00 ~ 6.00	Co≤2.5, V≤0.4 W 2.5 ~ 3.5, Cu≤0.5
Ni 6024	NiCr26Mo14	≤0.020	≤0.20	≤0.50	0.020	0.015	25.0 ~ 27.0	≥55.0	13.5 ~ 15.0	≤1.50	Cu≤0.5
Ni 6030	NiCr29Mo5Fe15W2	≤0.030	≤1.00	≤1.50	0.020	0.015	28.0 ~ 31.5	≥36.0	4.00 ~ 6.00	13.0 ~ 17.0	Co≤5.0, W 1.5 ~ 4.0 Cu 1.0 ~ 2.4 Nb 0.3 ~ 1.5[②]
Ni 6058	NiCr22Mo20	≤0.020	≤0.20	≤1.50	0.020	0.015	20.0 ~ 23.0	≥51.0	19.0 ~ 21.0	≤1.50	Co≤0.3, Al≤0.4 W≤0.3
Ni 6059	NiCr23Mo16	≤0.020	≤0.20	≤1.00	0.020	0.015	22.0 ~ 24.0	≥56.0	15.0 ~ 16.5	≤1.50	—
Ni 6200	NiCr23Mo16Cu2	≤0.020	≤0.20	≤1.00	0.020	0.015	20.0 ~ 24.0	≥45.0	15.0 ~ 17.0	≤3.00	Co≤2.0, Cu 1.3 ~ 1.9
Ni 6205	NiCr25Mo16	≤0.020	≤0.30	≤0.50	0.020	0.015	22.0 ~ 27.0	≥50.0	13.5 ~ 16.5	≤5.00	Al≤0.4, Cu≤2.0
Ni 6275	NiCr15Mo16Fe5W3	≤0.10	≤1.00	≤1.00	0.020	0.015	14.5 ~ 16.5	≥50.0	15.0 ~ 18.0	4.00 ~ 7.00	Co≤2.5, V≤0.4 W 3.0 ~ 4.5, Cu≤0.5
Ni 6276	NiCr15Mo15Fe6W4	≤0.020	≤0.20	≤1.00	0.020	0.015	14.5 ~ 16.5	≥50.0	15.0 ~ 17.0	4.00 ~ 7.00	Co≤2.5, V≤0.4 W 3.0 ~ 4.5, Cu≤0.5
Ni 6452	NiCr19Mo15	≤0.025	≤0.40	≤2.00	0.020	0.015	18.0 ~ 20.0	≥56.0	14.0 ~ 16.0	≤1.50	V≤0.4, Nb≤0.4[②] Cu≤0.5
Ni 6650	NiCr20Fe14Mo11WN	≤0.030	≤0.60	≤0.70	0.020	0.015	19.0 ~ 22.0	≥44.0	10.0 ~ 13.0	12.0 ~ 15.0	Co≤1.0, Al≤0.5 W 1.0 ~ 2.0, Nb≤0.3[②] Cu≤0.5, N≤0.15
Ni 6455	NiCr16Mo15Ti	≤0.020	≤0.20	≤1.50	0.020	0.015	14.0 ~ 18.0	≥56.0	14.0 ~ 17.0	≤3.00	Co≤2.0, Ti≤0.7 W≤0.5, Cu≤0.5
Ni 6620	NiCr14Mo7Fe	≤0.10	≤1.00	2.00 ~ 4.00	0.020	0.015	12.0 ~ 17.0	≥55.0	5.00 ~ 9.00	≤10.0	W 1.0 ~ 2.0, Cu≤0.5 Nb 0.5 ~ 2.0[②]
Ni 6625	NiCr22Mo9Nb	≤0.10	≤0.80	≤2.00	0.020	0.015	20.0 ~ 23.0	≥55.0	8.00 ~ 10.0	≤7.00	Nb 3.0 ~ 4.2[②] Cu≤0.5
Ni 6627	NiCr21MoFeNb	≤0.030	≤0.70	≤2.20	0.020	0.015	20.5 ~ 22.5	≥57.0	8.80 ~ 10.0	≤5.00	W≤0.5, Cu≤0.5 Nb 1.0 ~ 2.8[②]
Ni 6686	NiCr21Mo16W4	≤0.020	≤0.30	≤1.00	0.020	0.015	19.0 ~ 23.0	≥49.0	15.0 ~ 17.0	≤5.00	Ti≤0.3, Cu≤0.5 W 3.0 ~ 4.4
Ni 6985	NiCr22Mo7Fe19	≤0.020	≤1.00	≤1.00	0.020	0.015	21.0 ~ 23.5	≥45.0	6.00 ~ 8.00	18.0 ~ 21.0	Co≤5.0, W≤1.5 Cu≤1.5 ~ 2.5 Nb≤1.0[②]

（续）

型号的数字代号	型号的化学成分代号	C	Si	Mn	P ≤	S ≤	Cr	Ni[①]	Mo	Fe	其　他[③]
镍铬铁钼合金											
Ni 8025	NiCr29Fe26Mo	≤0.06	≤0.70	1.0~3.0	0.020	0.015	27.0~31.0	35.0~40.0	2.5~4.5	≤30.0	Al≤0.10, Ti≤1.0 Cu 1.5~3.0 Nb≤1.0[②]
Ni 8165	NiFe30Cr25Mo	≤0.030	≤0.70	1.0~3.0	0.020	0.015	23.0~27.0	37.0~42.0	3.5~7.5	≤30.0	Al≤0.10, Ti≤1.0 Cu 1.5~3.0
镍铬钴钼合金											
Ni 6117	NiCr22Co12Mo	0.05~0.15	≤1.00	≤3.0	0.020	0.015	20.0~26.0	≥45.0	8.0~10.0	≤5.0	Co 9.0~15.0 Al≤1.5, Ti≤0.6 Nb≤1.0[②], Cu≤0.5
镍钼合金											
Ni 1001	NiMo28Fe5	≤0.07	≤1.00	≤1.00	0.020	0.015	≤1.0	≥55.0	26.0~30.0	4.0~7.0	Co≤2.5, V≤0.6 W≤1.0, Cu≤0.5
Ni 1004	NiMo25Cr5Fe5	≤0.12	≤1.00	≤1.00	0.020	0.015	2.5~5.5	≥60.0	23.0~27.0	4.0~7.0	V≤0.6, W≤1.0 Cu≤0.5
Ni 1008	NiMo19WCr	≤0.10	≤0.80	≤1.50	0.020	0.015	0.5~3.5	≥60.0	17.0~20.0	≤10.0	W 2.0~4.0 Cu≤0.5
Ni 1009	NiMo20WCu	≤0.10	≤0.80	≤1.50	0.020	0.015	—	≥62.0	18.0~22.0	≤7.0	W 2.0~4.0 Cu 0.3~1.3
Ni 1062	NiMo24Cr8Fe6	≤0.020	≤0.70	≤1.00	0.020	0.015	6.0~9.0	≥60.0	22.0~26.0	4.0~7.0	—
Ni 1066	NiMo28	≤0.020	≤0.20	≤2.00	0.020	0.015	≤1.0	≥64.5	26.0~30.0	≤2.2	W≤1.0, Cu≤0.5
Ni 1067	NiMo30Cr	≤0.020	≤0.20	≤2.00	0.020	0.015	1.0~3.0	≥62.0	27.0~32.0	1.0~3.0	Co≤3.0, W≤3.0 Cu≤0.5
Ni 1069	NiMo28Fe4Cr	≤0.020	≤0.70	≤1.00	0.020	0.015	0.5~1.5	≥65.0	26.0~30.0	2.0~5.0	Co≤1.0, Al≤0.5

① 表中 Ni 为 (Ni + Co) 含量, Co 含量应低于该总含量的 1% (另有规定除外); 也可由供需双方协商, 要求较低的 Co 含量。

② 表中 Nb 为 (Nb + Ta) 含量, Ta 含量应低于该总含量的 20%。

③ 未规定数值的元素总含量不应超过 0.5%。

（2）ISO 标准镍及镍合金电弧焊用焊条的熔敷金属力学性能（表 7-2-32）

表 7-2-32　镍及镍合金电弧焊用焊条的熔敷金属力学性能

型号的数字代号	型号的化学成分代号	R_m/MPa	$R_{eL}^{①}$/MPa	A (%)	型号对照 AWS A5.11 (2006)
		≥			
镍及镍铜合金					
Ni 2061	NiTi3	410	200	18	ENi-1
Ni 4060	NiCu30Mn3Ti	480	200	27	ENiCu-7
Ni 4061	NiCu27Mn3NbTi	480	200	27	ENiCu-7
镍铬合金					
Ni 6082	NiCr20Mn3Nb	600	360	22	—
Ni 6231	NiCr22W14Mo	620	350	18	ENiCrW Mo-1

（续）

型号的数字代号	型号的化学成分代号	R_m/MPa	$R_{eL}^{①}$/MPa ≥	A（%）	型号对照 AWS A5.11（2006）
镍铬铁合金					
Ni 6025	NiCr25Fe10AlY	650	400	15	ENiCrFe-12
Ni 6062	NiCr15Fe8Nb	550	360	27	ENiCrFe-1
Ni 6093	NiCr15Fe8NbMo	650	360	18	ENiCrFe-4
Ni 6094	NiCr14Fe4NbMo	650	360	18	ENiCrFe-9
Ni 6095	NiCr15Fe8NbMoW	650	360	18	ENiCrFe-10
Ni 6133	NiCr16Fe12NbMo	550	360	27	ENiCrFe-8
Ni 6152	NiCr30Fe9Nb	550	360	27	ENiCrFe-7
Ni 6182	NiCr15Fe6Mn	550	360	27	ENiCrFe-3
Ni 6333	NiCr25Fe16CoMo3W	550	360	18	—
Ni 6701	NiCr36Fe7Nb	650	450	8	—
Ni 6702	NiCr28Fe6W	650	450	8	—
Ni 6704	NiCr25Fe10Al3YC	690	400	12	—
镍铬钼合金					
Ni 6002	NiCr22Fe18Mo	650	380	18	ENiCrMo-2
Ni 6012	NiCr22Mo9	650	410	22	—
Ni 6022	NiCr21Mo13W3	690	350	22	ENiCrMo-10
Ni 6024	NiCr26Mo14	690	350	22	—
Ni 6030	NiCr29Mo5 Fe15W2	585	350	22	ENiCrMo-11
Ni 6058	NiCr22Mo20	830	450	18	—
Ni 6059	NiCr23Mo16	690	350	22	ENiCrMo-13
Ni 6200	NiCr23Mo16Cu2	690	400	22	ENiCrMo-17
Ni 6205	NiCr25Mo16	690	350	22	—
Ni 6275	NiCr15Mo16Fe5W3	690	400	22	ENiCrMo-5
Ni 6276	NiCr15Mo15Fe6W4	690	400	22	ENiCrMo-4
Ni 6452	NiCr19Mo15	690	350	22	—
Ni 6455	NiCr16Mo15Ti	690	300	22	ENiCrMo-7
Ni 6620	NiCr14Mo7Fe	620	350	32	ENiCrMo-6
Ni 6625	NiCr22Mo9Nb	760	420	27	ENiCrMo-3
Ni 6627	NiCr21MoFeNb	650	400	32	ENiCrMo-12
Ni 6650	NiCr20Fe14Mo11WN	650	450	30	ENiCrMo-18
Ni 6686	NiCr21Mo16W4	690	350	27	ENiCrMo-14
Ni 6985	NiCr22MoFe19	620	350	22	ENiCrMo-9
镍铬钴钼合金					
Ni 6117	NiCr22Co12Mo	620	400	22	ENiCrCoMo-1
镍铬铁钼合金					
Ni 8025	NiCr29Fe30Mo	550	240	22	—
Ni 8165	NiCr25Fe30Mo	550	240	22	—
镍钼合金					
Ni 1001	NiMo28Fe5	690	400	22	ENiMo-1
Ni 1004	NiMo25Cr5Fe5	690	400	22	ENiMo-3

（续）

型号的数字代号	型号的化学成分代号	R_m/MPa	$R_{eL}^{①}$/MPa	A（%）	型号对照 AWS A5.11（2006）
		≥			
镍钼合金					
Ni 1008	NiMo19WCr	650	360	22	ENiMo-8
Ni 1009	NiMo20WCu	650	360	22	ENiMo-9
Ni 1062	NiMo24Cr8Fe6	550	360	18	—
Ni 1066	NiMo28	690	400	22	ENiMo-7
Ni 1067	NiMo30Cr	690	350	22	ENiMo-10
Ni 1069	NiMo28Fe4Cr	550	360	20	ENiMo-11

① 根据试验结果，当材料屈服现象存在时，采用 R_{eL}，否则，采用 $R_{p0.2}$。

7.2.12　镍及镍合金气体保护和非气体保护弧焊用药芯焊条 ［ISO 12153（2011）］

ISO 标准镍及镍合金气体保护和非气体保护弧焊用管芯焊条的型号与熔敷金属的化学成分见表 7-2-33。

表 7-2-33　镍及镍合金气体保护和非气体保护弧焊用管芯焊条的型号与熔敷金属的化学成分（质量分数）（%）

型号的数字代号	型号的化学成分代号	C	Si	Mn	P ≤	S ≤	Cr	Ni①	Mo	Fe	其他②
镍及镍铜合金											
Ni 4060	NiCu30Mn3Ti	≤0.15	≤1.50	≤4.00	0.020	0.015	—	≥62.0	—	≤2.50	Cu 27.0~34.0 Ti≤1.0, Al≤1.0
Ni 4061	NiCu27Mn3NbTi	≤0.15	≤1.30	≤4.00	0.020	0.015	—	≥62.0	—	≤2.50	Cu 24.0~31.0 Ti≤1.5, Al≤1.0 Nb≤3.0③
镍铬及镍钼合金											
Ni 6082	NiCr20Mn3Nb	≤0.10	≤0.50	2.50~3.50	0.030	0.015	18.0~22.0	≥67.0	≤2.00	≤3.00	Ti≤0.75, Cu≤0.5 Nb 2.0~3.0③
Ni 6083	NiCr20Mn6Fe4Nb	≤0.10	≤0.80	4.00~8.00	0.020	0.015	18.0~22.0	≥60.0	≤2.00	≤4.00	Ti≤0.5, Cu≤0.5 Nb 1.5~3.0③
Ni 1013	NiMo17Cr7W	≤0.10	≤0.75	2.00~3.00	0.020	0.015	4.00~8.00	≥62.0	16.0~19.0	≤10.0	W≤2.0~4.0 Cu≤0.5
镍铬铁合金											
Ni 6133	NiCr16Fe12NbMo	≤0.10	≤0.75	1.00~3.50	0.030	0.020	13.0~17.0	≥62.0	0.50~2.50	≤12.0	Nb 0.5~3.0③ Cu≤0.5
Ni 6182	NiCr15Fe6Mn	≤0.10	≤1.00	5.00~9.50	0.030	0.015	13.0~17.0	≥59.0	—	≤10.0	Ti≤1.0, Cu≤0.5 Nb 1.0~2.5③ Ta≤0.3
镍铬钼合金											
Ni 6002	NiCr22Fe18Mo	0.05~0.15	≤1.00	≤1.00	0.040	0.030	20.5~23.0	≥45.0	8.00~10.0	17.0~20.0	Co 0.5~2.5 Cu≤0.5, W 0.2~1.0
Ni 6012	NiCr22Mo9	≤0.030	≤0.70	≤1.00	0.020	0.015	20.0~23.0	≥58.0	8.50~10.5	≤3.50	Ti≤0.4, Nb≤1.5③ Al≤0.4, Cu≤0.5
Ni 6022	NiCr21Mo13W3	≤0.020	≤0.20	≤1.00	0.030	0.015	20.0~22.5	≥49.0	12.5~14.5	2.00~6.00	Co≤2.5, V≤0.35 W 2.5~3.5 Cu≤0.5

（续）

型号的数字代号	型号的化学成分代号	C	Si	Mn	P ≤	S ≤	Cr	Ni[①]	Mo	Fe	其 他[②]
							镍铬钼合金				
Ni 6059	NiCr23Mo16	≤0.020	≤0.20	≤1.00	0.020	0.015	22.0 ~ 24.0	≥56.0	15.0 ~ 16.5	≤1.50	Cu≤0.5
Ni 6062	NiCr15Fe8Nb	≤0.08	≤0.75	≤3.50	0.030	0.015	13.0 ~ 17.0	≥62.0	—	≤11.0	Nb 1.5 ~ 4.0[③] Cu≤0.5
Ni 6152	NiCr30Fe9Nb	≤0.05	≤0.80	≤5.00	0.020	0.015	28.0 ~ 31.5	≥50.0	≤0.50	7.00 ~ 12.0	Ti≤0.5，Al≤0.5 Nb 1.0 ~ 2.5[③] Cu≤0.5
Ni 6275	NiCr15Mo16Fe6W3	≤0.10	≤1.00	≤1.00	0.020	0.015	14.5 ~ 16.5	≥50.0	15.0 ~ 18.0	4.00 ~ 7.00	Co≤2.5，V≤0.4 W 3.0 ~ 4.5，Cu≤0.5
Ni 6276	NiCr15Mo15Fe6W4	≤0.020	≤0.20	≤1.00	0.030	0.015	14.5 ~ 16.5	≥50.0	15.0 ~ 17.0	4.00 ~ 7.00	Co≤2.5，V≤0.35 W 3.0 ~ 4.5，Cu≤0.5
Ni 6455	NiCr16Mo15Ti	≤0.020	≤0.20	≤1.50	0.020	0.015	14.0 ~ 18.0	≥56.0	14.0 ~ 17.0	≤3.00	Co≤2.0，Ti≤0.7 W≤0.5，Cu≤0.5
Ni 6456	NiCr16Mo10Nb	≤0.10	≤0.80	5.00 ~ 8.00	0.020	0.015	15.0 ~ 18.0	≥58.0	9.00 ~ 11.0	≤10.0	Ti≤1.0，Cu≤0.5 Nb 1.5 ~ 3.0[③]
Ni 6625	NiCr22Mo9Nb	≤0.10	≤0.50	≤0.50	0.020	0.015	20.0 ~ 23.0	≥58.0	8.00 ~ 10.0	≤5.00	Ti≤0.4，Cu≤0.5 Nb 3.15 ~ 4.15[③]
Ni 6686	NiCr21Mo16W4	≤0.020	≤0.30	≤1.00	0.020	0.015	19.0 ~ 23.0	≥49.0	15.0 ~ 17.0	≤5.00	Ti≤0.3，Cu≤0.5 W 3.0 ~ 4.4
							镍铬钴钼合金				
Ni 6117	NiCr22Co12Mo	0.05 ~ 0.15	≤0.75	≤2.50	0.030	0.015	21.0 ~ 26.0	≥45.0	8.00 ~ 10.0	≤5.00	Co 9.0 ~ 15.0 Nb≤1.0[③]，Cu≤0.5
Ni 6617	NiCr22Co12MoAlTi	0.05 ~ 0.15	≤0.75	≤2.50	0.020	0.015	21.0 ~ 26.0	≥45.0	8.00 ~ 10.0	≤5.00	Co 9.0 ~ 15.0 Ti≤0.6，Nb≤1.0[③] Al≤1.5，Cu≤0.5
							其他合金				
Ni Z	—					未规定化学成分					—

① Ni 含量中含 Co≤1%。

② Nb 或 Ti≤1.00%。

③ 由 Ta 取代 Nb 时，Ta 含量不得超过 Nb 总含量的20%。

7.2.13 镍及镍合金实心焊丝与焊带 ［ISO 18274（2010）］

（1）ISO 标准镍及镍合金熔化焊用实心焊丝与焊带的型号与化学成分（表7-2-34）

表 7-2-34 镍及镍合金熔化焊用实心焊丝与焊带的型号与化学成分（质量分数）（%）

型号的化学成分代号	C	Si	Mn	P ≤	S ≤	Cr	Ni[①]	Mo	Nb[②]	Fe	其 他
NiCr15Fe7Nb	≤0.080	≤0.50	≤1.00	0.030	0.015	14.0 ~ 17.0	≥70.0	—	0.70 ~ 1.20	5.00 ~ 9.00	Ti 2.00 ~ 2.70 Al 0.40 ~ 1.00 Cu≤0.50
NiCr15Fe8Nb	≤0.080	≤0.30	≤1.00	0.030	0.015	14.0 ~ 17.0	≥70.0	—	1.50 ~ 3.00	6.00 ~ 10.0	Cu≤0.50

（续）

型号的化学成分代号	C	Si	Mn	P ≤	S ≤	Cr	Ni①	Mo	Nb②	Fe	其　他
NiCr15Mo16Fe6W4	≤0.020	≤0.08	≤1.00	0.040	0.030	14.5 ~ 16.5	≥50.0	15.0 ~ 17.0	—	4.00 ~ 7.00	W 3.00 ~ 4.50 Co≤2.50, V≤0.35 Cu≤0.50
NiCr15Ti3Mn	≤0.080	≤0.30	2.00 ~ 2.70	0.030	0.015	14.0 ~ 17.0	≥67.0	—	—	≤8.00	Ti 2.50 ~ 3.50 Cu≤0.50
NiCr16Fe6	≤0.050	≤0.50	≤0.50	0.020	0.015	15.0 ~ 17.0	≥76.0	—	—	5.50 ~ 7.50	Co≤0.05, Cu≤0.10
NiCr16Mo16Ti	≤0.010	≤0.08	≤1.00	0.040	0.030	14.0 ~ 18.0	≥56.0	14.0 ~ 18.0	—	≤3.00	Co≤2.00, Ti≤0.70 W≤0.50, Cu≤0.50
NiCr19Fe19Nb5Mo3	≤0.080	≤0.30	≤0.30	0.015	0.015	17.0 ~ 21.0	50.0 ~ 55.0	2.80 ~ 3.30	4.80 ~ 5.50	≤24.0	Ti 0.70 ~ 1.10 Al 0.20 ~ 0.80 Cu≤0.30, B≤0.006
NiCr20	0.08 ~ 0.25	≤0.30	≤1.00	0.030	0.015	19.0 ~ 21.0	≥75.0	—	—	≤2.00	Ti 0.15 ~ 0.50 Al≤0.40, Cu≤0.50
NiCr20Co18Ti3	≤0.13	≤1.00	≤1.00	0.020	0.015	18.0 ~ 21.0	≥50.0	—	—	≤1.50	Co 15.0 ~ 18.0 Ti 2.00 ~ 3.00 + ③
NiCr20Co20Mo6Ti2	0.04 ~ 0.08	≤0.40	≤0.60	0.020	0.007	19.0 ~ 21.0	≥47.0	5.60 ~ 6.10	—	≤0.70	Co 19.0 ~ 21.0 Ti 1.90 ~ 2.40 + ④
NiCr20Fe14Mo11WN	≤0.030	≤0.50	≤0.50	0.020	0.010	18.0 ~ 21.0	≥44.0	9.50 ~ 12.5	0.05 ~ 0.50	12.0 ~ 16.0	W 0.50 ~ 2.50 Al 0.05 ~ 0.50 Co ≤1.00, Cu≤0.50 V≤0.30, N 0.05 ~ 0.20
NiCr20Mn3Nb	≤0.10	≤0.50	2.50 ~ 3.50	0.030	0.015	18.0 ~ 22.0	≥67.0	—	2.00 ~ 3.00	≤3.00	Ti≤0.70, Cu≤0.50
NiCr20Mo15	≤0.010	≤0.10	≤1.00	0.020	0.015	19.0 ~ 21.0	≥56.0	14.0 ~ 16.0	≤0.40	≤1.50	V≤0.40, Cu≤0.50
NiCr21Fe18Mo9	0.05 ~ 0.15	≤1.00	≤1.00	0.040	0.030	20.5 ~ 23.0	≥44.0	8.00 ~ 10.0	—	17.0 ~ 20.0	Co 0.50 ~ 2.50 W 0.20 ~ 1.00 Cu≤0.50
NiCr21Mo8Nb3Ti	≤0.030	≤0.20	≤0.30	0.020	0.015	19.0 ~ 22.5	55.0 ~ 59.0	7.00 ~ 9.50	2.75 ~ 4.00	≥8.00	Ti 1.00 ~ 1.70 Al≤0.35
NiCr21Mo13Fe4W3	≤0.010	≤0.08	≤0.50	0.020	0.015	20.0 ~ 22.5	≥49.0	12.5 ~ 14.5	—	2.00 ~ 6.00	W 2.50 ~ 3.50 Co≤2.50 V≤0.30, Cu≤0.50
NiCr21Mo16W4	≤0.010	≤0.08	≤1.00	0.020	0.020	19.0 ~ 23.0	≥49.0	15.0 ~ 17.0	—	≤5.00	W 3.00 ~ 4.40 Ti≤0.25 Al≤0.50, Cu≤0.50

（续）

型号的化学成分代号	C	Si	Mn	P ≤	S ≤	Cr	Ni[①]	Mo	Nb[②]	Fe	其 他
NiCr21Mo20	≤0.010	≤0.10	≤0.50	0.015	0.010	20.0 ~ 23.0	≥52.0	19.0 ~ 21.0	—	≤1.50	Co≤0.30，Al≤0.40 W≤0.30，Cu≤0.50 N 0.02 ~ 0.15
NiCr22Co12Mo9	0.05 ~ 0.15	≤1.00	≤1.00	0.030	0.015	20.0 ~ 24.0	≥44.0	8.00 ~ 10.0	—	≤3.00	Co 10.0 ~ 15.0 Al 0.80 ~ 1.50 W≤0.50，Ti≤0.60 Cu≤0.50
NiCr22Fe20Mo7Cu2	≤0.010	≤1.00	≤1.00	0.040	0.030	21.0 ~ 23.5	≥40.0	6.00 ~ 8.00	≤0.50	18.0 ~ 21.0	Co≤5.00，W≤1.50 Cu 1.50 ~ 2.50
NiCr22Mo9	≤0.050	≤0.50	≤1.00	0.020	0.015	20.0 ~ 23.0	≥58.0	8.00 ~ 10.0	≤1.50	≤3.00	Ti≤0.40，Al≤0.40 Cu≤0.50
NiCr22Mo9Nb	≤0.10	≤0.50	≤0.50	0.020	0.015	20.0 ~ 23.0	≥58.0	8.00 ~ 10.0	3.00 ~ 4.20	≤5.00	Ti≤0.40，Al≤0.40 Cu≤0.50
NiCr22Mo10W3	≤0.030	≤0.50	≤0.50	0.020	0.015	21.0 ~ 23.0	≥58.0	9.00 ~ 11.0	≤0.20	≤2.00	W 2.00 ~ 4.00 Co≤0.20，Ti≤0.40 Al≤0.40，Cu≤0.30
NiCr22W14Mo2	0.05 ~ 0.15	0.25 ~ 0.75	0.30 ~ 1.00	0.030	0.015	20.0 ~ 24.0	≥48.0	1.00 ~ 3.00	—	≤3.00	W 13.0 ~ 15.0 Al 0.20 ~ 0.50 Co≤5.00，Cu≤0.50
NiCr23Fe15Al	≤0.10	≤0.50	≤1.00	0.030	0.015	21.0 ~ 25.0	58.0 ~ 63.0	—	—	≤20.0	Al 1.00 ~ 1.70 Cu≤1.00
NiCr23Mo16	≤0.010	≤0.10	≤0.50	0.020	0.015	22.0 ~ 24.0	≥56.0	15.0 ~ 16.5	—	≤1.50	Al 0.10 ~ 0.40 Ti 0.50，Co≤0.30 V≤0.30，Cu≤0.50
NiCr23Mo16Cu2	≤0.010	≤0.08	≤0.50	0.025	0.015	22.0 ~ 24.0	≥52.0	15.0 ~ 17.0	—	≤3.00	Cu 1.30 ~ 1.90 Co≤2.00，Al≤0.50
NiCr25Fe10AlY	0.15 ~ 0.25	≤0.50	≤0.50	0.020	0.015	24.0 ~ 26.0	≥59.0	—	—	8.00 ~ 11.0	Al 1.80 ~ 2.40 Ti 0.10 ~ 0.20 Zr 0.01 ~ 0.10 Y 0.05 ~ 0.12 Co≤1.00，Cu≤0.10
NiCr25Fe13Mo6	≤0.030	≤1.00	≤1.00	0.030	0.030	23.0 ~ 26.0	≥47.0	5.00 ~ 7.00	—	10.0 ~ 17.0	Ti 0.70 ~ 1.50 Cu 0.70 ~ 1.20
NiCr25Mo16	≤0.020	≤0.50	≤0.50	0.020	0.015	24.0 ~ 26.0	≥55.0	14.0 ~ 16.0	—	≤1.00	Ti ≤0.40，Al≤0.40 Co≤0.20，W≤0.30 Cu≤0.20

（续）

型号的化学成分代号	C	Si	Mn	P ≤	S ≤	Cr	Ni[①]	Mo	Nb[②]	Fe	其 他
NiCr28Co30Si3	0.02 ~ 0.20	2.40 ~ 3.00	≤1.00	0.030	0.015	26.0 ~ 29.0	≥30.0	≤0.70	≤0.30	≤3.50	Co 27.0 ~ 32.0 Ti 0.20 ~ 0.80 W≤0.50, Al≤0.40
NiCr28Fe3Si3	0.05 ~ 0.12	2.50 ~ 3.00	≤1.00	0.020	0.010	26.0 ~ 29.0	≥40.0	—	—	21.0 ~ 25.0	Co≤1.00, Al≤0.30 Cu≤0.30
NiCr28Fe4Al3	≤0.15	≤0.50	≤1.00	0.030	0.010	27.0 ~ 31.0	≥53.0	—	0.50 ~ 2.50	2.50 ~ 6.00	Al 2.50 ~ 4.00 Ti≤1.00, Cu≤0.30
NiCr29Mo4Nb3	≤0.030	≤0.50	≤1.00	0.020	0.015	28.5 ~ 31.0	52.0 ~ 62.0	3.00 ~ 5.00	2.10 ~ 4.00	≤14.4	Ti≤0.50, Al≤0.50 Co≤0.10, Zr ≤0.02 Cu≤0.30, B≤0.003
NiCr29Fe9	≤0.040	≤0.50	≤1.00	0.020	0.015	28.0 ~ 31.5	≥51.0	≤0.50	0.50 ~ 1.00	7.00 ~ 11.0	Ti≤1.00, Al≤1.10 Co≤0.12, Cu≤0.30
NiCr30Fe9	≤0.040	≤0.50	≤1.00	0.020	0.015	28.0 ~ 31.5	≥54.0	≤0.50	≤0.10	7.00 ~ 11.0	Ti≤1.00, Al≤1.10 Al + Ti≤1.50 Cu≤0.30
NiCr30Fe9Nb2	≤0.040	≤0.50	≤1.00	0.020	0.015	28.0 ~ 31.5	≥54.0	≤0.50	1.00 ~ 2.50	7.00 ~ 12.0	Ti≤0.50, Al≤0.50 Cu≤0.30
NiCr30Fe15Mo5W	≤0.030	≤0.80	≤1.50	0.040	0.020	28.0 ~ 31.0	≥36.0	4.00 ~ 6.00	0.30 ~ 1.50	13.0 ~ 17.0	W 1.50 ~ 4.00 Co≤5.00 Cu 1.00 ~ 2.40
NiCr30Mo11	≤0.020	≤1.00	≤1.00	0.040	0.030	29.0 ~ 31.0	≥53.0	10.0 ~ 12.0	—	≤2.00	V≤0.40
NiCr33Mo8	≤0.050	≤0.60	≤0.50	0.030	0.015	32.25 ~ 34.25	≥49.0	7.60 ~ 9.00	≤0.50	≤2.00	W ≤0.60, Al≤0.40 Co≤1.00, Ti≤0.40 V≤0.20, Cu≤0.30
NiCr36Fe7Nb	0.35 ~ 0.50	0.50 ~ 2.00	0.50 ~ 2.00	0.020	0.015	33.0 ~ 39.0	42.0 ~ 48.0	—	0.80 ~ 1.80	≤7.00	—
NiCr38AlNbTi	≤0.030	≤0.30	≤0.50	0.020	0.015	36.0 ~ 39.0	≥63.0	≤0.50	0.25 ~ 1.00	≤1.00	Ti 0.25 ~ 0.75 Al 0.75 ~ 1.20 Co≤0.10, Zr ≤0.02 Cu≤0.30, B≤0.003
NiCr44Ti	0.01 ~ 0.10	≤0.20	≤0.20	0.020	0.015	42.0 ~ 46.0	≥52.0	—	—	≤0.50	Ti 0.30 ~ 1.00 Cu≤0.50
NiCu25Al 3Ti	≤0.25	≤1.00	≤1.50	0.030	0.015	—	63.0 ~ 70.0	—	—	≤2.00	Cu≥20.0 Ti 0.30 ~ 1.00 Al 2.00 ~ 4.00

（续）

型号的化学成分代号	C	Si	Mn	P ≤	S ≤	Cr	Ni①	Mo	Nb②	Fe	其 他
NiCu30Mn3Nb	≤0.15	≤1.25	≤4.00	0.020	0.015	—	≥60.0	—	≤3.00	≤2.50	Cu 28.0~32.0 Ti≤1.00, Al≤1.00
NiCu30Mn3Ti	≤0.15	≤1.20	≤4.00	0.020	0.015	—	≥62.0	≤0.30	—	≤2.50	Cu 28.0~32.0 Ti 1.50~3.00 Al≤1.20
NiFe26Cr25Mo	≤0.020	≤0.50	1.00~3.00	0.020	0.015	23.0~27.0	37.0~42.0	3.50~7.50	—	30.0	Ti≤1.00, Al≤0.20 Cu 1.50~3.00
NiFe30Cr21Mo3	≤0.050	≤0.50	≤1.00	0.030	0.030	19.5~23.5	38.0~46.0	2.50~3.50	—	≥22.0	Ti 0.60~1.20 Al≤0.20 Cu 1.50~3.00
NiFe30Cr29Mo	≤0.020	≤0.50	1.00~3.00	0.020	0.015	27.0~31.0	35.0~40.0	2.50~4.50	—	≤30.0	Ti≤1.00, Al≤0.20 Cu 1.50~3.00
NiMo17Cr7	0.04~0.08	≤1.00	≤1.00	0.020	0.020	6.00~8.00	≥65.0	15.0~18.0	—	≤5.00	W≤0.50, Co≤0.20 V≤0.50, Cu≤0.50
NiMo19WCr	≤0.10	≤0.50	≤1.00	0.020	0.015	0.50~3.50	≥60.0	18.0~21.0	—	≤10.0	W 2.00~4.00 Cu≤0.50
NiMo20WCu	≤0.10	≤0.50	≤1.00	0.020	0.015	—	≥65.0	19.0~22.0	—	≤5.00	W 2.00~4.00 Al≤1.00 Cu 0.30~1.30
NiMo24Cr8Fe6	≤0.010	≤0.10	≤0.05	0.020	0.015	6.00~10.0	≥62.0	21.0~25.0	—	5.00~7.00	Al≤0.50 Cu≤0.50
NiMo25	≤0.030	≤0.80	≤0.80	0.030	0.015	7.00~9.00	≥59.0	24.0~26.0	—	≤2.00	Al≤0.50, Co≤1.00 Cu≤0.50
NiMo25Cr5Fe5	≤0.12	≤1.00	≤1.00	0.040	0.030	4.00~6.00	≥62.0	23.0~26.0	—	4.00~7.00	W≤1.00, Co≤2.50 V≤0.60, Cu≤0.50
NiMo28	≤0.020	≤0.100	≤1.00	0.040	0.030	≤1.00	≥64.0	26.0~30.0	—	≤2.00	W≤1.00, Co≤1.00 Ti≤0.50, Cu≤0.50
NiMo28Fe4Cr	≤0.010	≤1.00	≤1.00	0.020	0.015	0.50~1.50	≥65.0	26.0~30.0	≤0.50	2.00~5.00	Al 0.10~0.50 Co≤1.00, Ti≤0.30 Cu≤0.01
NiMo28Fe5	≤0.080	≤1.00	≤1.00	0.020	0.030	≤1.00	≥55.0	26.0~30.0	—	4.00~7.00	W≤1.00, Co≤2.50 V 0.20~0.40 Cu≤0.50
NiMo30Cr	≤0.010	≤0.10	≤3.00	0.030	0.015	1.00~3.00	≥65.0	27.0~32.0	≤0.20	1.00~3.00	W≤3.00, Co≤3.00 Ti≤0.20, Al≤0.50 V≤0.20, Cu≤0.20
NiTi3	≤0.15	≤0.70	≤1.00	0.030	0.015	—	≥92.0	—	—	≤1.00	Ti 2.00~3.50 Al≤1.50, Cu≤0.20
NiZ					未规定						—

① Ni 含量中含 Co≤1%。

② 由 Ta 取代 Nb 时，不得超过 Nb 含量的 20%。

③ Al 1.00~2.00, Zr≤0.15, Pb≤0.002, B≤0.020, Cu≤0.20, Ag≤0.0005, Bi≤0.0001。

④ Al 0.30~0.60, B≤0.005, Cu≤0.20, Ag≤0.0005, Bi≤0.0001。

（2）ISO 标准镍及镍合金熔化焊用实心焊丝与焊带型号的化学成分代号与相应的数字系列代号（表7-2-35）

表7-2-35　镍及镍合金熔化焊用实心焊丝与焊带型号的化学成分代号与相应的数字系列代号

焊丝与焊带型号		焊丝与焊带型号		焊丝与焊带型号	
化学成分代号	数字系列代号	化学成分代号	数字系列代号	化学成分代号	数字系列代号
NiCr15Fe7Nb	Ni 7069	NiCr22Mo9	Ni 6012	NiCr36Fe7Nb	Ni 6701
NiCr15Fe8Nb	Ni 6062	NiCr22Mo9Nb	Ni 6625	NiCr38AlNbTi	Ni 6073
NiCr15Mo16Fe6W4	Ni 6276	NiCr22Mo10W3	Ni 6660	NiCr44Ti	Ni 6072
NiCr15Ti3Mn	Ni 7092	NiCr22W14Mo2	Ni 6231	NiCu25Al3Ti	Ni 5504
NiCr16Fe6	Ni 6176	NiCr23Fe15Al	Ni 6601	NiCu30Mn3Nb	Ni 4061
NiCr16Mo16Ti	Ni 6455	NiCr23Mo16	Ni 6059	NiCu30Mn3Ti	Ni 4060
NiCr19Fe19Nb5Mo3	Ni 7718	NiCr23Mo16Cu2	Ni 6200	NiFe26Cr25Mo	Ni 8125
NiCr20	Ni 6076	NiCr25Fe10AlY	Ni 6025	NiFe30Cr21Mo3	Ni 8065
NiCr20Co18Ti3	Ni 7090	NiCr25Fe13Mo6	Ni 6975	NiFe30Cr29Mo	Ni 8025
NiCr20Co20Mo6Ti2	Ni 7263	NiCr25Mo16	Ni 6205	NiMo17Cr7	Ni 1003
NiCr20Fe14Mo11WN	Ni 6650	NiCr28Co30Si3	Ni 6160	NiMo19WCr	Ni 1008
NiCr20Mn3Nb	Ni 6082	NiCr28Fe3Si3	Ni 6045	NiMo20WCu	Ni 1009
NiCr20Mo15	Ni 6452	NiCr28Fe4Al3	Ni 6693	NiMo24Cr8Fe6	Ni 1062
NiCr21Fe18Mo9	Ni 6002	NiCr29Mo4Nb3	Ni 6055	NiMo25	Ni 1024
NiCr21Mo8Nb3Ti	Ni 7725	NiCr29Fe9	Ni 6054	NiMo25Cr5Fe5	Ni 1004
NiCr21Mo13Fe4W3	Ni 6686	NiCr30Fe9	Ni 6052	NiMo28	Ni 1066
NiCr21Mo16W4	Ni 6686	NiCr30Fe9Nb2	Ni 6043	NiMo28Fe4Cr	Ni 1069
NiCr21Mo20	Ni 6058	NiCr30Fe15Mo5W	Ni 6030	NiMo28Fe5	Ni 1001
NiCr22Co12Mo9	Ni 6617	NiCr30Mo11	Ni 6057	NiMo30Cr	Ni 1067
NiCr22Fe20Mo7Cu2	Ni 6985	NiCr33Mo8	Ni 6035	NiTi3	Ni 2061

7.2.14　非合金钢和细晶粒钢气体保护焊及自保护电弧焊用药芯焊丝［ISO 17632（2015）］

（1）ISO 标准非合金钢和细晶粒钢气体保护及自保护电弧焊用药芯焊丝的型号与熔敷金属的化学成分（表7-2-36 和表7-2-37）

表7-2-36　非合金钢和细晶粒钢气体保护焊及自保护电弧焊用药芯焊丝的型号与熔敷金属的化学成分

（A类型号）（质量分数）（%）（根据屈服强度与47J冲击吸收能量分类）

焊丝型号的代号[①]	C	Mn	Cr	Ni	Mo	Nb	V	Al	其他[②]
无代号	—	≤2.0	≤0.2	≤0.5	≤0.2	≤0.05	≤0.08	≤2.0	Cu≤0.3
Mo	—	≤1.4	≤0.2	≤0.5	0.3~0.6	≤0.05	≤0.08	≤2.0	Cu≤0.3
MnMo	—	1.4~2.0	≤0.2	≤0.5	0.3~0.6	≤0.05	≤0.08	≤2.0	Cu≤0.3
1Ni	—	≤1.4	≤0.2	0.6~1.2	≤0.2	≤0.05	≤0.08	≤2.0	Si≤0.80 Cu≤0.3
1.5Ni	—	≤1.6	≤0.2	1.2~1.8	≤0.2	≤0.05	≤0.08	≤2.0	Cu≤0.3
2Ni	—	≤1.4	≤0.2	1.8~2.6	≤0.2	≤0.05	≤0.08	≤2.0	Cu≤0.3
3Ni	—	≤1.4	≤0.2	2.6~3.8	≤0.2	≤0.05	≤0.08	≤2.0	Cu≤0.3
Mn1Ni	—	1.4~2.0	≤0.2	0.6~1.2	≤0.2	≤0.05	≤0.08	≤2.0	Cu≤0.3
1NiMo	—	≤1.4	≤0.2	0.6~1.2	0.3~0.6	≤0.05	≤0.08	≤2.0	Cu≤0.3
Z	按供需双方合同规定								—

注：1. 表中仅列出型号中的有关部分代号，可参见本小节（3）中药芯焊丝型号表示方法。

　　2. 该标准对 P、S 和 Si（1Ni 除外）未作规定。

　　3. Al 含量仅适用于自保护焊焊丝。

表 7-2-37 非合金钢和细晶粒钢气体保护焊和自保护电弧焊用药芯焊丝的型号与熔敷金属的化学成分

（B 类型号）（质量分数）（%）（根据抗拉强度与 27J 冲击吸收能量分类）

焊丝型号的代号[①]	C	Si	Mn	P≤	S≤	Cr	Ni	Mo	Al[②]	其他
无代号	≤0.18[③]	≤0.90	≤2.00	0.030	0.030	≤0.20	≤0.50	≤0.30	≤0.20	V≤0.08
K	≤0.20	≤1.00	≤1.60	0.030	0.030	≤0.20	≤0.50	≤0.30	—	V≤0.08
2M3	≤0.12	≤0.80	≤1.50	0.030	0.030	—	—	0.40~0.65	≤1.8	—
3M2	≤0.15	≤0.80	1.25~2.00	0.030	0.030	—	—	0.25~0.55	≤1.8	—
N1	≤0.12	≤0.80	≤1.75	0.030	0.030	—	0.30~1.00	≤0.35	≤1.8	—
N2	≤0.12	≤0.80	≤1.75	0.030	0.030	—	0.80~1.20	≤0.35	≤1.8	—
N3	≤0.12	≤0.80	≤1.75	0.030	0.030	—	1.00~2.00	≤0.35	≤1.8	—
N5	≤0.12	≤0.80	≤1.75	0.030	0.030	—	1.75~2.75	—	≤1.8	—
N7	≤0.12	≤0.80	≤1.75	0.030	0.030	—	2.75~3.75	—	≤1.8	—
CC	≤0.12	0.20~0.80	0.60~1.40	0.030	0.030	0.30~0.60	—	—	≤1.8	Cu 0.20~0.50
NCC	≤0.12	0.20~0.80	0.60~1.40	0.030	0.030	0.45~0.75	0.10~0.45	—	≤1.8	Cu 0.30~0.75
NCC1	≤0.12	0.20~0.80	0.50~1.30	0.030	0.030	0.45~0.75	0.30~0.80	—	≤1.8	Cu 0.30~0.75
N1M2	≤0.15	≤0.80	≤2.00	0.030	0.030	≤0.20	0.40~1.00	0.20~0.65	≤1.8	V≤0.05
N2M2	≤0.15	≤0.80	≤2.00	0.030	0.030	≤0.20	0.80~1.20	0.20~0.65	≤1.8	V≤0.05
N3M2	≤0.15	≤0.80	≤2.00	0.030	0.030	≤0.20	1.00~2.00	0.20~0.65	≤1.8	V≤0.05
G	按供需双方合同规定									—

① 表中仅列出型号中的有关部分代号，可参见本小节（3）中的药芯焊丝型号表示方法。

② Al 含量仅适用于自保护焊焊丝。

③ 用于自保护焊焊丝的碳含量为 0.30%。

（2）ISO 标准非合金钢和细晶粒钢气体保护及自保护电弧焊用药芯焊丝的熔敷金属力学性能

A）非合金钢和细晶粒钢药芯焊丝多道次焊接的力学性能及其代号（表 7-2-38 和表 7-2-39）

表 7-2-38 非合金钢和细晶粒钢药芯焊丝多道次焊接的力学性能及其代号

（A 类型号）（按屈服强度和 47J 冲击吸收能量分类）

焊丝型号的代号[①]	$R_{eL}^{[②]}$/MPa ≥	R_m/MPa	$A^{[③]}$（%） ≥
35	355	440~570	22
38	380	470~600	20
42	420	500~640	20
46	460	530~680	20
50	500	560~720	18

① A 类焊丝型号的有关代号。

② 根据试验结果，当材料屈服现象存在时，采用 R_{eL}，否则，采用 $R_{p0.2}$。

③ 试样标准长度为试样直径的 5 倍。

表 7-2-39 非合金钢和细晶粒钢药芯焊丝多道次焊接的抗拉强度及其代号

（B 类型号）（按抗拉强度和 27J 冲击吸收能量分类）

焊丝型号的代号[①]	$R_{eL}^{[②]}$/MPa ≥	R_m/MPa	$A^{[③]}$（%） ≥
43	330	430~600	20
49	390	490~670	16
55	460	550~740	17
57	490	570~770	17
—			

① B 类焊丝型号中的有关代号。

②、③见表 7-2-38。

B）非合金钢和细晶粒钢药芯焊丝单道次焊接的力学性能及其代号（表 7-2-40 和表 7-2-41）

表 7-2-40 非合金钢和细晶粒钢药芯焊丝单道次焊接的屈服强度及其代号

（A 类型号）（按屈服强度 47J 与冲击吸收能量分类）

焊丝型号的代号[1]	母体金属的 $R_{eL}^{[2]}$/MPa ≥	焊缝的 R_m/MPa ≥
3T	355	470
4T	420	520
5T	500	600

[1]、[2] 见表 7-2-38。

表 7-2-41 非合金钢和细晶粒钢芯焊丝单道次焊接的抗拉强度及其代号

（B 类型号）（按抗拉强度与 27J 冲击吸收能量分类）

焊丝型号的代号[1]	母体金属和焊缝的 R_m/MPa ≥
43	430
49	490
55	550
57	570

[1] A 类焊丝型号中有关力学性能的代号。

C）焊接金属或焊缝的冲击性能及其代号（表 7-2-42）

表 7-2-42 焊接金属或焊缝的冲击性能及其代号

代号	平均冲击吸收能量为 47J 或 27J 时的温度/℃	代号	平均冲击吸收能量为 47J 或 27J 时的温度/℃
Z[1]	不规定	5	−50
A[2]或 Y[3]	+20	6	−60
0	0	7	−70
2	−20	8	−80
3	−30	9	−90
4	−40	10	−100

[1] 仅用于单道次焊接。

[2] 用于按屈服强度与 47J 冲击吸收能量分类。

[3] 用于按抗拉强度与 27J 冲击吸收能量分类。

（3）非合金钢和细晶粒钢气体保护焊及自保护电弧焊用药芯焊丝型号表示方法

非合金钢和细晶粒钢气体保护焊及自保护电弧焊用药芯焊丝的型号分为 A、B 两类，其型号的组合和表示方法有所不同。

A 类型号全称为：ISO 17632-A·T ×× ○ ××× △ ▽（□H×）。在确定场合下，标准号可以省略。其中：

T 表示药芯焊丝；T 后面的 ×× 表示屈服强度，例如 35 表示 $R_{eL} \geqslant 355MPa$；后面的"○"表示 V 形缺口试样的冲击吸收能；"○"后面的 ××× 表示熔敷金属的化学成分（见表 7-2-36）；最后的 △ 和 ▽ 分别表示药芯类型与保护气体类型。括号内为附加代号：H 前面的"□"，以 1、2 …5 表示不同焊接位置，H× 表示扩散氢含量，分别以 H5、H10、H15 分别表示扩散氢含量小于 5mL/100g、10mL/100g、15mL/100g。

B 类型号全称为：ISO 17632-B-T ×× ○ T − × × × − ×××（U H×）。在确定场合下，标准号可以省略。其中：

前 T 表示药芯焊丝；T 后面的 ×× 和"○"分别表示抗拉强度与冲击性能；后 T× 表示适用性；T× 后面的 − × × × 分别表示焊接位置（0 或 1）、保护气体与热处理状态（A—焊接状态，P—焊后热处理）；后面的 − ××× 表示熔敷金属的化学成分。括号内为附加代号：U 表示附加的冲击性能条件；H× 表示扩散氢含量（表示方法同 A 类型号）。

7.2.15 高强度钢气体保护焊及自保护焊用药芯焊丝 ［ISO 18276（2017）］

（1）ISO 标准高强度钢气体保护及自保护电弧焊用药芯焊丝的型号与熔敷金属的化学成分（表 7-2-43 和表 7-2-44）

表 7-2-43 高强度钢气体保护及自保护电弧焊用药芯焊丝的型号与熔敷金属的化学成分

（A 类型号）（质量分数）（%）（根据屈服强度与 47J 冲击吸收能量分类）

焊丝型号（代号）[①]	C	Si	Mn	P≤	S≤	Cr	Ni	Mo	V	其 他[②]
MnMo	0.03~0.10	≤0.90	1.4~2.0	0.020	0.020	≤0.2	≤0.3	0.3~0.6	≤0.05	
Mn1Ni	0.03~0.10	≤0.90	1.4~2.0	0.020	0.020	≤0.2	0.6~1.2	≤0.2	≤0.05	
Mn1.5Ni	0.03~0.10	≤0.90	1.1~1.8	0.020	0.020	≤0.2	1.3~1.8	≤0.2	≤0.05	
Mn2.5Ni	0.03~0.10	≤0.90	1.1~2.0	0.020	0.020	≤0.2	2.1~3.0	≤0.2	≤0.05	
1NiMo	0.03~0.10	≤0.90	≤1.4	0.020	0.020	≤0.2	0.6~1.2	0.3~0.6	≤0.05	
1.5NiMo	0.03~0.10	≤0.90	≤1.4	0.020	0.020	≤0.2	1.2~1.8	0.3~0.7	≤0.05	Cu≤0.3
2NiMo	0.03~0.10	≤0.90	≤1.4	0.020	0.020	≤0.2	1.8~2.6	0.3~0.7	≤0.05	Nb≤0.05
Mn1NiMo	0.03~0.10	≤0.90	1.4~2.0	0.020	0.020	≤0.2	0.6~1.2	0.3~0.6	≤0.05	
Mn2NiMo	0.03~0.10	≤0.90	1.4~2.0	0.020	0.020	≤0.2	1.8~2.6	0.3~0.6	≤0.05	
Mn2NiCrMo	0.03~0.10	≤0.90	1.4~2.0	0.020	0.020	0.3~0.6	1.8~2.6	0.3~0.6	≤0.05	
Mn2Ni1CrMo	0.03~0.10	≤0.90	1.4~2.0	0.020	0.020	0.6~1.0	1.8~2.6	0.3~0.6	≤0.05	
Z	按供需双方合同规定									—

① 表中仅列出型号中有关化学成分的代号，其型号全称可参见以下这类药芯焊丝型号的表示方法。

② 其他残余元素总含量不超过 0.50%。

表 7-2-44 高强度钢气体保护和自保护电弧焊用药芯焊丝的型号与熔敷金属的化学成分

（B 类型号）（质量分数）（%）（根据抗拉强度与 27J 冲击吸收能量分类）

焊丝型号的代号[①]	C	Si	Mn	P≤	S≤	Cr	Ni	Mo	V	其 他
3M2	≤0.12	≤0.80	1.25~2.00	0.030	0.030	—	—	0.25~0.55	—	—[②]
3M3	≤0.15	≤0.80	1.00~1.75	0.030	0.030			0.40~0.65		—[②]
4M2	≤0.15	≤0.80	1.65~2.25	0.030	0.030			0.25~0.55		—[②]
N2M1	≤0.15	≤0.80	≤2.25	0.030	0.030	≤0.20	0.40~1.50	≤0.35	≤0.05	—[②]
N1M2	≤0.15	≤0.80	1.00~2.00	0.030	0.030	≤0.20	0.40~1.00	≤0.50	≤0.05	—[②]
N2	≤0.15	≤0.40	1.00~2.00	0.030	0.030	≤0.20	0.40~1.00	≤0.20	≤0.05	—[②]
N2M2	≤0.15	≤0.80	≤2.25	0.030	0.030	≤0.20	0.40~1.50	0.20~0.65	≤0.05	—[②]
N3C1M2	0.10~0.25	≤0.80	≤1.75	0.030	0.030	0.20~0.70	0.75~2.00	0.15~0.65	≤0.05	—[②]
N3M1	≤0.15	≤0.80	≤2.25	0.030	0.030	≤0.20	1.00~2.00	≤0.35	≤0.05	—[②]
N3M2	≤0.15	≤0.80	≤2.25	0.030	0.030	≤0.20	1.25~2.25	0.20~0.65	≤0.05	—[②]
N4M1	≤0.12	≤0.80	≤2.25	0.030	0.030	≤0.20	1.75~2.75	≤0.35	≤0.05	—[②]
N4M2	≤0.15	≤0.80	≤2.25	0.030	0.030	≤0.20	1.75~2.75	0.20~0.65	≤0.05	—[②]
N4M21	≤1.20	≤0.80	1.25~2.25	0.030	0.030	≤0.20	1.75~2.75	≤0.50	—	—[②]
N4C1M2	≤0.15	≤0.80	≤2.25	0.030	0.030	0.20~0.60	1.75~2.75	0.20~0.65	≤0.05	—[②]
N4C2M2	≤0.15	≤0.80	≤2.25	0.030	0.030	0.60~1.00	1.75~2.75	0.20~0.65	≤0.05	—[②]
N5M2	≤0.07	≤0.60	0.50~1.50	0.015	0.015	≤0.20	1.30~3.50	≤0.50	≤0.05	—[②]
N6C1M4	≤0.12	≤0.80	≤2.25	0.030	0.030	≤1.00	2.50~3.50	0.40~1.00	≤0.05	—[②]
G	—	≥0.80	≥1.75	0.030	0.030	≥0.30	≥0.50	≥0.20	≥0.10	V≥0.10

① 表中仅列出型号中有关化学成分的代号，其型号全称可参见以下这类药芯焊丝型号的表示方法。

② 其他残余元素总含量不超过 0.50%。

（2）ISO 标准高强度钢气体保护及自保护电弧焊用药芯焊丝的熔敷金属力学性能（表 7-2-45 和表 7-2-46）

表 7-2-45　高强度钢气体保护及自保护电弧焊用药芯焊丝的熔敷金属力学性能
（A 类型号）（按屈服强度和 47J 冲击吸收能量分类）

焊丝型号（代号）[①]	$R_{eL}^{②}$/MPa　≥	R_m/MPa	$A^{③}$（%）　≥
55	550	640～820	18
62	620	700～890	18
69	690	770～940	17
79	790	880～1080	16
89	890	940～1180	15

① A 类焊丝型号中的有关代号，可参见本小节（3）药芯焊丝型号的表示方法。
② 根据试验结果，当材料屈服现象存在时，采用 R_{eL}，否则，采用 $R_{p0.2}$ 表示。
③ 试样标准长度为试样直径的 5 倍。

表 7-2-46　高强度钢气体保护及自保护电弧焊用药芯焊丝的熔敷金属力学性能
（B 类型号）（按抗拉强度和 27J 冲击吸收能量分类）

焊丝型号（代号）[①]	$R_{eL}^{②}$/MPa　≥	R_m/MPa	$A^{③}$（%）　≥
59	490	590～790	16
62	530	620～820	15
69	600	690～890	14
76	680	760～960	13
78	680	780～980	13
83	745	830～1030	12

① B 类焊丝型号中的有关代号，可参见本小节（3）类药芯焊丝型号的表示方法。
②、③见表 7-2-45。

（3）ISO 标准高强度钢气体保护及自保护电弧焊用药芯焊丝型号的表示方法

高强度钢药芯气体保护和自保护电弧焊焊丝的型号分为 ISO 18276-A 和 ISO 18276-B 两类，其型号的组合和表示方法有所不同。

A 类型号全称为：ISO 18276-A·T ×× ○ ××× △ ▽（× H × T）。在确定场合下，标准号可以省略。其中：

T 表示药芯焊丝；T 后面的 ×× 表示屈服强度（例如 55 表示 R_{eL}≥550MPa）；后面的 ○ 表示 V 形缺口试样的冲击吸收能；后面的 ××× 表示熔敷金属的化学成分（见表 7-2-43）；最后的 △ 和 ▽ 分别表示药芯类型与保护气体类型。括号内为附加代号：H 前面的 ×，以 1、2…5 表示不同焊接位置，H× 表示扩散氢含量，分别以 H5、H10、H15 表示扩散氢含量小于 5mL/100g、10mL/100g、15mL/100g；最后的 T 表示焊后热处理状态。

B 类型号全称为：ISO 18276-B·T ×× ○ T-×××-×××-（UH×）。在确定场合下，标准号可以省略。其中：

前面 T 表示药芯焊丝；T 后面的 ×× 和 ○，分别表示抗拉强度与冲击性能；后面 T× 表示适用性；T× 后面的 -××× 分别表示焊接位置（0 或 1）、保护气体与热处理状态（A—焊接状态，P—焊后热处理）；后面的 -××× 表示熔敷金属的化学成分（见表 7-2-44）。括号内为附加代号：U 表示附加的冲击性能条件；H× 表示扩散氢含量（表示方法同 A 类型号）。

7.2.16　热强钢气体保护电弧焊用药芯焊丝 ［ISO 17634（2015）］

（1）ISO 标准热强钢气体保护电弧焊用药芯焊丝的型号与熔敷金属的化学成分（表 7-2-47）

表 7-2-47 热强钢气体保护电弧焊用药芯焊丝的型号与熔敷金属的化学成分（质量分数）（%）

焊丝型号①（代号） ISO 17634-A②	ISO 17634-B③	C	Si	Mn	P≤	S≤	Cr	Ni	Mo	其 他
Mo	(2M3)	0.07~0.12	≤0.80	0.60~1.30	0.020	0.020	≤0.20	≤0.30	0.40~0.65	V≤0.03
(Mo)	2M3	≤0.12	≤0.80	≤1.25	0.030	0.030	—	—	0.40~0.65	—
Mo L	—	≤0.07	0.80	0.60~1.70	0.020	0.020	≤0.20	≤0.30	0.40~0.65	V≤0.03
MoV	—	0.07~0.12	≤0.80	0.40~1.00	0.020	0.020	0.30~0.60	≤0.30	0.50~0.80	V 0.25~0.45
—	CM	0.05~0.12	≤1.25	≤1.25	0.030	0.030	0.40~0.65	—	0.40~0.65	—
—	CML	≤0.05	≤0.80	≤1.25	0.030	0.030	0.40~0.65	—	0.40~0.65	—
CrMo 1	(1CM)	0.05~0.12	≤0.80	0.40~1.30	0.020	0.020	0.90~1.40	≤0.30	0.40~0.65	V≤0.03
(CrMo 1)	1CM	0.05~0.12	≤0.80	≤1.25	0.030	0.030	1.00~1.50	—	0.40~0.65	—
CrMo 1 L	(1CM L)	≤0.05	≤0.80	0.40~1.30	0.020	0.020	0.90~1.40	≤0.30	0.40~0.65	V≤0.03
(CrMo 1L)	1CML	≤0.05	≤0.80	≤1.25	0.030	0.030	1.00~1.50	—	0.40~0.65	—
—	1CM H	0.10~0.15	≤0.80	≤1.25	0.030	0.030	1.00~1.50	—	0.40~0.65	—
CrMo 2	(2C1M)	0.05~0.12	≤0.80	0.40~1.30	0.020	0.020	2.00~2.50	≤0.30	0.90~1.30	V≤0.03
(CrMo 2)	2C1 M	0.05~0.12	≤0.80	≤1.25	0.030	0.030	2.00~2.50	—	0.90~1.20	—
CrMo 2 L	(2C1M L)	≤0.05	≤0.80	0.40~1.30	0.020	0.020	2.00~2.50	≤0.30	0.90~1.30	V≤0.03
(CrMo 2 L)	2C1M L	≤0.05	≤0.80	≤1.25	0.030	0.030	2.00~2.50	—	0.90~1.20	—
—	2C1M H	0.10~0.15	≤0.80	≤1.25	0.030	0.030	2.00~2.50	—	0.90~1.20	—
CrMo 5	(5CM)	0.03~0.12	≤0.80	0.40~1.30	0.025	0.025	4.0~6.0	≤0.40	0.40~0.70	V≤0.03
(CrMo 5)	5CM	0.05~0.12	≤1.00	≤1.25	0.025	0.030	4.0~6.0	≤0.40	0.45~0.65	—
—	5CML	≤0.05	≤1.00	≤1.25	0.025	0.030	4.0~6.0	≤0.40	0.45~0.65	—
—	9C1M④	0.05~0.12	≤1.00	≤1.25	0.040	0.030	8.0~10.5	≤0.40	0.85~1.20	—
—	9C1ML④	≤0.05	≤1.00	≤1.25	0.040	0.030	8.0~10.5	≤0.40	0.85~1.20	—
—	9C1MV⑤	0.08~0.13	≤0.50	≤1.20	0.020	0.015	8.0~10.5	≤0.80	0.85~1.20	Nb 0.02~0.10 +⑥
—	9C1MV1	0.05~0.12	≤0.50	1.25~2.00	0.020	0.015	8.0~10.5	≤1.00	0.85~1.20	Nb 0.01~0.08 +⑥
Z	G	按供需双方协议规定								

① 热强钢药芯焊丝的型号采用 A、B 两种分类"并存"的方式。A 类型号按化学成分分类。B 类型号按强度和化学成分分类。表中仅列出两类型号中的有关部分代号，括号内为近似代号。
② 根据化学成分分类的 A 类型号，规定 Cu≤0.30%，Nb≤0.10%（已标出者除外）。
③ 根据强度与化学成分分类的 B 类型号，其他残余元素总量不超过 0.50%。
④ 该型号还含有：Al≤0.04%，Cu≤0.25%，Mn + Ni≤1.4%。
⑤ 该型号还含有：Al≤0.04%，Cu≤0.25%。
⑥ V 0.15~0.30，N 0.02~0.07。

（2）ISO 标准热强钢气体保护电弧焊用药芯焊丝的熔敷金属力学性能（表 7-2-48）

表 7-2-48 热强钢气体保护电弧焊用药芯焊丝的熔敷金属力学性能

焊丝型号（代号）① ISO 17634-A	ISO 17634-B	R_{eL}②/MPa	R_m/MPa	A（%）	KV/J 平均值	KV/J 单个值	焊后热处理 预热温度/℃	焊后热处理 温度/℃	焊后热处理 时间/min
		≥	—	≥	≥				
Mo	(2M3)	355	≥510	22	47	38	<200	570~620③	60⑤
(Mo)	T49T×-×-×-2M3	400	490~660	18	—	—	135~165	605~635④	60
(Mo)	T55T×-×-×-2M3	470	550~690	17	—	—	135~165	605~635④	60

（续）

焊丝型号（代号）[①]		R_{eL}[②]/ MPa	R_m/MPa	A（%）	KV/J		焊后热处理		
ISO 17634-A	ISO 17634-B				平均值	单个值	预热温度/℃	温度/℃	时间/min
		≥	—	≥	≥				
MoL	—	355	≥510	22	47	38	<200	570~620[③]	60[⑤]
MoV	—	355	≥510	18	47	38	200~300	690~730[③]	60[⑤]
—	T55T×-××-CM	470	550~690	17	—	—	160~190	675~705[④]	60
—	T55T×-××-CML	470	550~690	17	—	—	160~190	675~705[④]	60
CrMo1	（1CM）	355	≥510	20	47	38	150~250	660~700[③]	60[⑤]
（CrMo1）	T55T×-××-1CM	470	550~690	17	—	—	160~190	675~705[④]	60
CrMo1 L	（1CML）	355	≥510	20	47	38	150~250	660~700[③]	60[⑤]
（CrMo1L）	T55T×-××-1CML	460	550~690	17	—	—	160~190	675~705[④]	60
—	T55T×-××-1CMH	460	550~690	17	—	—	160~190	675~705[④]	60
CrMo2	（2C1M）	400	≥500	18	47	38	200~300	690~750[③]	60[⑤]
（CrMo 2）	T62T×-××-2C1 M	540	620~760	15	—	—	160~190	675~705[④]	60
（CrMo 2）	T69T×-××-2C1 M	610	690~830	14	—	—	160~190	675~705[④]	60
CrMo 2L	（2C1ML）	400	≥500	18	47	38	200~300	690~750[③]	60[⑤]
（CrMo 2L）	T62T×-××-2C1ML	540	620~760	15	—	—	160~190	675~705[④]	60
—	T62T×-××-2C1MH	540	620~760	15	—	—	160~190	675~705[④]	60
CrMo 5	（5CM）	400	≥590	17	47	38	200~300	690~750[③]	60[⑤]
（CrMo 5）	T55T×-××-5CM	470	550~690	17	—	—	150~250	730~760[④]	60[⑤]
—	T55T×-××-5CML	470	550~690	17	—	—	150~250	730~760[④]	60[⑤]
—	T55T×-××-9C1M	470	550~690	17	—	—	150~250	730~760[④]	60[⑤]
—	T55T×-××-9C1ML	470	550~690	17	—	—	150~250	730~760[④]	60[⑤]
—	T69T×-××-9C1 MV	610	690~830	14	—	—	150~250	730~760[④]	60[⑤]
—	T69T×-××-9C1 MV1	610	690~830	14	—	—	150~250	730~760[④]	60[⑤]
Z	T××T×-×-G	—	—	—	—	—	—	—	—

① 热强钢药芯焊丝的型号采用 A、B 两种分类"并存"的方式。表中仅列出两类型号中的有关部分代号，括号内为近似代号。

② 根据试验结果，当材料屈服现象存在时，采用 R_{eL}，否则，采用 $R_{p0.2}$。

③ 试样保温完成后，以 ≤200℃/h 的冷却速度，冷却至 300℃ 以下，从炉内取出空冷。

④ 试样入炉的温度应 <315℃，加热到保温的温度，其加热速度应 ≤280℃/h，保温完成后，试样以 ≤195℃/h 的冷却速度，冷却至 315℃ 以下，再从炉内取出空冷至室温。

⑤ 保温时间误差：±10min。未标注者其时间误差：0 ~ +15min。

（3）热钢气保焊用药芯焊丝型号的表示方法

热强钢药芯焊丝的型号采用 A、B 两种分类"并存"的方式，其型号的组合和表示方法属于两种不同型号体系。

A 类型号全称为：ISO 17634-A · T × × × × （× H×）。在确定场合下，标准号可省略。其中：

T 表示药芯焊丝；T 后面的 × × × 表示熔敷金属的化学成分；最后的 × 和 × 分别表示药芯类型与保护气体类型。括号内为附加代号：H 前面的 ×，以 1、2…5 表示不同焊接位置，H× 表示扩散氢含量，分别以 H5、H10、H15 分别表示扩散氢含量小于 5mL/100g、10mL/100g、15mL/100g。

B 类型号全称为：ISO 17634-B · T ×× T×-× ×-××× （H×）。在确定场合下，标准号可以省略。其中：

前 T 表示药芯焊丝；T 右边的 ×× 表示抗拉强度；后 T× 表示使用特性；T× 后面的-× ×，分别表示焊接位置（0 或 1）和保护气体；后面的-××× 表示熔敷金属的化学成分。括号内为附加代号：H× 表示扩散氢含量（表示方法同 A 类型号）。

7.2.17　不锈钢和耐热钢气体保护及自保护焊用药芯焊丝［ISO 17633（2018）］

（1）ISO 标准不锈钢和耐热钢气体保护及自保护电弧焊用药芯焊丝的型号与熔敷金属的化学成分

A）不锈钢和耐热钢药芯焊丝的型号与熔敷金属的化学成分（Ⅰ类型号焊丝）（表7-2-49）

表7-2-49　不锈钢和耐热钢药芯焊丝的型号与熔敷金属的化学成分（质量分数）（%）

（Ⅰ类型号——根据公称成分分类）

焊丝型号（代号）	C	Si	Mn	P≤	S≤	Cr	Ni	Mo	Cu	其　他
马氏体-铁素体型										
13	≤0.12	≤1.0	≤1.5	0.030	0.025	11.0~14.0	≤0.3	≤0.3	≤0.5	—
13Ti	≤0.10	≤1.0	≤0.8	0.030	0.030	10.5~13.5	≤0.3	≤0.3	≤0.5	Ti 10C~1.5
13-4	≤0.06	≤1.0	≤1.5	0.030	0.025	11.0~14.0	3.0~5.0	0.4~1.0	≤0.5	—
17	≤0.12	≤1.0	≤1.5	0.030	0.025	16.0~18.0	≤0.3	≤0.3	≤0.5	—
奥氏体型-Ⅰ										
19-9L	≤0.04	≤1.2	≤2.0	0.030	0.025	18.0~21.0	9.0~11.0	≤0.3	≤0.5	—
19-9Nb	≤0.08	≤1.2	≤2.0	0.030	0.025	18.0~21.0	9.0~11.0	≤0.3	≤0.5	(Nb+Ta)8C~1.1
19-12-3L	≤0.04	≤1.2	≤2.0	0.030	0.025	17.0~20.0	10.0~13.0	2.5~3.0	≤0.5	—
19-12-3Nb	≤0.08	≤1.2	≤2.0	0.030	0.025	17.0~20.0	10.0~13.0	2.5~3.0	≤0.5	(Nb+Ta)8C~1.1
铁素体-奥氏体型[①]										
22-9-3NL	≤0.04	≤1.2	≤2.5	0.030	0.025	21.0~24.0	7.5~10.0	2.5~4.0	≤0.5	N 0.08~0.20
23-7NL	≤0.04	≤1.0	0.4~2.5	0.030	0.020	22.5~25.5	6.5~10.0	≤0.8	≤0.5	N 0.10~0.20
25-9-4NL	≤0.04	≤1.2	≤2.5	0.030	0.025	24.0~27.0	8.0~10.5	2.5~4.5	—	N 0.20~0.30
25-9-4CuNL	≤0.04	≤1.2	≤2.5	0.030	0.025	24.0~27.0	8.0~10.5	2.5~4.5	1.0~2.5	N 0.20~0.30
奥氏体型-Ⅱ[②]										
18-6-5NL	≤0.03	≤1.0	1.0~4.0	0.03	0.02	17.0~20.0	16.0~19.0	3.5~5.0	≤0.5	N 0.10~0.20
19-13-4NL	≤0.04	≤1.2	1.0~5.0	0.030	0.025	17.0~20.0	12.0~15.0	3.0~4.5	≤0.5	N 0.08~0.20
20-25-5CuNL	≤0.03	≤1.0	1.0~4.0	0.03	0.02	19.0~22.0	24.0~27.0	4.0~6.0	1.0~2.5	N 0.10~0.20
特殊型（常用于不同金属焊接）										
18-8Mn	≤0.20	≤1.2	4.5~7.5	0.035	0.025	17.0~20.0	7.0~10.0	≤0.3	≤0.5	—
18-8MnMo	0.04~0.14	≤1.2	3.0~5.0	0.035	0.025	18.0~21.5	9.0~11.0	0.5~1.5	—	—
20-10-3	≤0.08	≤1.2	≤2.5	0.035	0.025	19.5~22.0	9.0~11.0	2.0~4.0	≤0.5	—
23-12L	≤0.04	≤1.2	≤2.5	0.030	0.025	22.0~25.0	11.0~14.0	≤0.3	≤0.5	—
23-12Nb	≤0.08	≤1.0	1.0~2.5	0.03	0.02	22.0~25.0	11.0~14.0	≤0.3	≤0.5	(Nb+Ta)10C~1.0
23-12-2L	≤0.04	≤1.2	≤2.5	0.030	0.025	22.0~25.0	11.0~14.0	2.0~3.0	≤0.5	—
29-9	≤0.15	≤1.0	≤2.5	0.035	0.025	27.0~31.0	8.0~12.0	≤0.3	≤0.5	—

（续）

焊丝型号 （代号）	C	Si	Mn	P≤	S≤	Cr	Ni	Mo	Cu	其　他
						热处理型				
16-8-2	≤0.10	1.0 ~ 2.5	≤1.0	0.03	0.02	14.5 ~ 17.5	7.5 ~ 9.5	1.0 ~ 2.5	≤0.5	Cr + Mo≤18.5
19-9H	0.04 ~ 0.08	1.0 ~ 2.5	≤1.0	0.03	0.02	18.0 ~ 21.0	9.0 ~ 11.0	≤0.3	≤0.5	—
21-10N	0.06 ~ 0.09	1.0 ~ 2.5	0.3 ~ 1.0	0.02	0.01	20.5 ~ 22.5	9.5 ~ 11.0	≤0.5	≤0.5	Ce≤0.05 N 0.10 ~ 0.20
22-12H	≤0.15	≤1.2	≤2.5	0.030	0.025	20.0 ~ 23.0	10.0 ~ 13.0	≤0.3	≤0.5	—
25-4	≤0.15	1.0 ~ 2.5	≤2.0	0.03	0.02	24.0 ~ 27.0	4.0 ~ 6.0	≤0.3	≤0.5	—
25-20	0.06 ~ 0.20	≤1.2	1.0 ~ 5.0	0.030	0.025	23.0 ~ 27.0	18.0 ~ 22.0	≤0.3	≤0.5	—
Z						按供需双方合同规定				

① 一部分为奥氏体-铁素体型。
② 这类牌号的熔敷金属在多数情况下是纯奥氏体，因此对微裂纹和热裂纹具有敏感性。增加焊缝金属中的 Mn 含量，可减少裂纹的发生，经供需双方协商，Mn 含量的扩大范围可达到一定等级。

B）不锈钢和耐热钢药芯焊丝的型号与熔敷金属的化学成分（Ⅱ类型号焊丝）（表 7-2-50）

表 7-2-50　不锈钢和耐热钢药芯焊丝的型号与熔敷金属的化学成分（质量分数）（%）
（Ⅱ类型号——气保焊用药芯焊丝，按合金类型分类）

焊丝型号 （代号）	保护气体 代号	C	Si	Mn	P≤	S≤	Cr	Ni	Mo	Cu	其　他
307	C1，M12 M21，Z	≤0.13	≤1.0	3.30 ~ 4.75	0.04	0.03	18.0 ~ 20.5	9.0 ~ 10.5	0.5 ~ 1.5	≤0.75	—
308	C1，M12 M21，Z	≤0.08	≤1.0	0.5 ~ 2.5	0.04	0.03	18.0 ~ 21.0	9.0 ~ 11.0	≤0.75	≤0.75	—
308L	C1，M12 M21，Z	≤0.04	≤1.0	0.5 ~ 2.5	0.04	0.03	18.0 ~ 21.0	9.0 ~ 12.0	≤0.75	≤0.75	—
308H	C1，M12 M21，Z	0.04 ~ 0.08	≤1.0	0.5 ~ 2.5	0.04	0.03	18.0 ~ 21.0	9.0 ~ 11.0	≤0.75	≤0.75	—
308Mo	C1，M12 M21，Z	≤0.08	≤1.0	0.5 ~ 2.5	0.04	0.03	18.0 ~ 21.0	9.0 ~ 11.0	2.0 ~ 3.0	≤0.75	—
308LMo	C1，M12 M21，Z	≤0.04	≤1.0	0.5 ~ 2.5	0.04	0.03	18.0 ~ 21.0	9.0 ~ 12.0	2.0 ~ 3.0	≤0.75	—
308N	C1，M12 M21，Z	≤0.01	≤1.0	0.5 ~ 2.5	0.04	0.03	20.0 ~ 25.0	7.0 ~ 11.0	≤0.5	≤0.5	N0.12 ~ 0.30
309	C1，M12 M21，Z	≤0.10	≤1.0	0.5 ~ 2.5	0.04	0.03	22.0 ~ 25.0	12.0 ~ 14.0	≤0.75	≤0.75	—
309L	C1，M12 M21，Z	≤0.04	≤1.0	0.5 ~ 2.5	0.04	0.03	22.0 ~ 25.0	12.0 ~ 14.0	≤0.75	≤0.75	—
309H	C1，M12 M21，Z	0.04 ~ 0.10	≤1.0	0.5 ~ 2.5	0.04	0.03	22.0 ~ 25.0	12.0 ~ 14.0	≤0.75	≤0.75	—

（续）

焊丝型号（代号）	保护气体代号	C	Si	Mn	P≤	S≤	Cr	Ni	Mo	Cu	其 他
309Mo	C1，M12 M21，Z	≤0.12	≤1.0	0.5~2.5	0.04	0.03	21.0~25.0	12.0~16.0	2.0~3.0	≤0.75	—
309LMo	C1，M12 M21，Z	≤0.04	≤1.0	0.5~2.5	0.04	0.03	21.0~25.0	12.0~16.0	2.0~3.0	≤0.75	—
309LNb	C1，M12 M21，Z	≤0.04	≤1.0	0.5~2.5	0.04	0.03	22.0~25.0	12.0~14.0	≤0.75	≤0.75	（Nb+Ta）0.7~1.0
309LNiNb	C1，M12 M21，Z	≤0.04	≤1.0	0.5~2.5	0.04	0.03	20.5~23.5	15.0~17.0	2.5~3.5	≤0.75	—
309LNiMo	C1，M12 M21，Z	≤0.04	≤1.0	0.5~2.5	0.04	0.03	21.0~25.0	12.0~16.0	2.0~3.0	≤0.75	—
310	C1，M12 M21，Z	≤0.20	≤1.0	0.5~2.5	0.04	0.03	25.0~28.0	20.0~22.5	≤0.75	≤0.75	—
312	C1，M12 M21，Z	≤0.15	≤1.0	1.0~2.5	0.04	0.03	28.0~32.0	8.0~10.5	≤0.75	≤0.75	—
316	C1，M12 M21，Z	≤0.08	≤1.0	0.5~2.5	0.04	0.03	17.0~20.0	11.0~14.0	2.0~3.0	≤0.75	—
316L	C1，M12 M21，Z	≤0.04	≤1.0	0.5~2.5	0.04	0.03	17.0~20.0	11.0~14.0	2.0~3.0	≤0.75	—
316H	C1，M12 M21，Z	0.04~0.08	≤1.0	0.5~2.5	0.04	0.03	17.0~20.0	11.0~14.0	2.0~3.0	≤0.75	—
316LCu	C1，M12 M21，Z	≤0.04	≤1.0	0.5~2.5	0.04	0.03	17.0~20.0	11.0~16.0	1.25~2.75	1.0~2.5	—
317	C1，M12 M21，Z	≤0.08	≤1.0	0.5~2.5	0.04	0.03	18.0~21.0	12.0~14.0	3.0~4.0	≤0.75	—
317L	C1，M12 M21，Z	≤0.04	≤1.0	0.5~2.5	0.04	0.03	18.0~21.0	12.0~14.0	3.0~4.0	≤0.75	—
318	C1，M12 M21，Z	≤0.08	≤1.0	0.5~2.5	0.04	0.03	17.0~20.0	11.0~14.0	2.0~3.0	≤0.75	（Nb+Ta）8C~1.0
347	C1，M12 M21，Z	≤0.08	≤1.0	0.5~2.5	0.04	0.03	18.0~21.0	9.0~11.0	≤0.75	≤0.75	
347L	C1，M12 M21，Z	≤0.04	≤1.0	0.5~2.5	0.04	0.03	18.0~21.0	9.0~11.0	≤0.75	≤0.75	
347H	C1，M12 M21，Z	0.04~0.08	≤1.0	0.5~2.5	0.04	0.03	18.0~21.0	9.0~11.0	≤0.5	≤0.75	
409	C1，M12 M21，Z	≤0.10	≤1.0	≤0.8	0.04	0.03	10.5~13.5	≤0.6	≤0.75	≤0.75	Ti 10C~1.5
409Nb	C1，M12 M21，Z	≤0.10	≤1.0	≤1.2	0.04	0.03	10.5~13.5	≤0.6	≤0.75	≤0.75	（Nb+Ta）8C~1.5
410	C1，M12 M21，Z	≤0.12	≤1.0	≤1.2	0.04	0.03	11.0~13.5	≤0.6	≤0.75	≤0.75	—

（续）

焊丝型号（代号）	保护气体代号	C	Si	Mn	P≤	S≤	Cr	Ni	Mo	Cu	其　他
410NiMo	C1，M12 M21，Z	≤0.06	≤1.0	≤1.0	0.04	0.03	11.0～12.5	4.0～5.0	0.4～0.7	≤0.75	—
430	C1，M12 M21，Z	≤0.10	≤1.0	≤1.2	0.04	0.03	15.0～18.0	≤0.6	≤0.75	≤0.75	—
430Nb	C1，M12 M21，Z	≤0.10	≤1.0	≤1.2	0.04	0.03	15.0～18.0	≤0.6	≤0.75	≤0.75	(Nb+Ta) 0.5～1.5
16-8-2	C1，M12 M21，Z	≤0.10	≤0.75	0.5～2.5	0.04	0.03	14.5～17.5	7.5～9.5	1.0～2.0	≤0.75	C+Mo ≤18.5
2209	C1，M12 M21，Z	≤0.04	≤1.0	0.5～2.0	0.04	0.03	21.0～24.0	7.5～10.0	2.5～4.0	≤0.75	N 0.08～0.20
2307	C1，M12 M21，Z	≤0.04	≤1.0	≤2.0	0.03	0.02	22.5～25.5	8.5～10.5	≤0.80	≤0.50	N 0.10～0.20
2553	C1，M12 M21，Z	≤0.04	≤0.75	0.5～1.5	0.04	0.03	24.0～27.0	8.5～10.5	2.9～3.9	1.5～2.5	N 0.10～0.25
2594	C1，M12 M21，Z	≤0.04	≤1.0	0.5～2.5	0.04	0.03	24.0～27.0	8.0～10.5	2.5～4.5	≤1.5	W≤1.0 N 0.20～0.30
2594W	C1，M12 M21，Z	≤0.04	≤1.0	0.5～2.0	0.04	0.03	23.0～27.0	8.0～11.0	2.5～4.0	≤1.0	W 1.0～2.5 N 0.08～0.30
Z	按供需双方合同规定										—

注：保护气体代号：C 表示氧化性气体，M 表示混合气体，其具体成分，参见 ISO 14175。Z 表示由供需双方合同规定。

C）不锈钢和耐热钢药芯焊丝的型号与熔敷金属的化学成分（Ⅲ类型号焊丝）（表 7-2-51）

表 7-2-51　不锈钢和耐热钢药芯焊丝的型号与熔敷金属的化学成分

（质量分数）（%）（Ⅲ类型号——非气保焊用药芯焊丝，按合金类型分类）

焊丝型号（代号）	保护气体代号	C	Si	Mn	P≤	S≤	Cr	Ni	Mo	Cu	其　他
307	NO	≤0.13	≤1.0	3.30～4.75	0.04	0.03	19.5～22.0	9.0～10.5	0.5～.1.5	≤0.75	—
308	NO	≤0.08	≤1.0	0.5～2.5	0.04	0.03	19.5～22.0	9.0～11.0	≤0.75	≤0.75	
308L	NO	≤0.04	≤1.0	0.5～2.5	0.04	0.03	19.5～22.0	9.0～12.0	≤0.75	≤0.75	
308H	NO	0.04～0.08	≤1.0	0.5～2.5	0.04	0.03	19.5～22.0	9.0～11.0	≤0.75	≤0.75	
308Mo	NO	≤0.08	≤1.0	0.5～2.5	0.04	0.03	18.0～21.0	9.0～11.0	2.0～3.0	≤0.75	
308LMo	NO	≤0.04	≤1.0	0.5～2.5	0.04	0.03	18.0～21.0	9.0～12.0	2.0～3.0	≤0.75	
308HMo	NO	0.07～0.12	0.25～0.80	1.25～2.25	0.04	0.03	19.0～21.5	9.0～10.7	1.8～2.4	≤0.75	
309	NO	≤0.10	≤1.0	0.5～2.5	0.04	0.03	23.0～25.5	12.0～14.0	≤0.75	≤0.75	
309L	NO	≤0.04	≤1.0	0.5～2.5	0.04	0.03	23.0～25.5	12.0～14.0	≤0.75	≤0.75	
309Mo	NO	≤0.12	≤1.0	0.5～2.5	0.04	0.03	21.0～25.0	12.0～16.0	2.0～3.0	≤0.75	
309LMo	NO	≤0.04	≤1.0	0.5～2.5	0.04	0.03	21.0～25.0	12.0～16.0	2.0～3.0	≤0.75	—
309LNb	NO	≤0.04	≤1.0	0.5～2.5	0.04	0.03	23.0～25.5	12.0～14.0	≤0.75	≤0.75	(Nb+Ta) 0.7～1.0

（续）

焊丝型号（代号）	保护气体代号	C	Si	Mn	P≤	S≤	Cr	Ni	Mo	Cu	其 他
310	NO	≤0.20	≤1.0	1.0~2.5	0.03	0.03	25.0~28.0	20.0~22.5	≤0.75	≤0.75	—
312	NO	≤0.15	≤1.0	0.5~2.5	0.04	0.03	28.0~32.0	8.0~10.5	≤0.75	≤0.75	—
316	NO	≤0.08	≤1.0	0.5~2.5	0.04	0.03	18.0~20.5	11.0~14.0	2.0~3.0	≤0.75	—
316L	NO	≤0.04	≤1.0	0.5~2.5	0.04	0.03	18.0~20.5	11.0~14.0	2.0~3.0	≤0.75	—
316LK	NO	≤0.04	≤1.0	0.5~2.5	0.04	0.03	17.0~20.0	11.0~14.0	2.0~3.0	≤0.75	—
316H	NO	0.04~0.08	≤1.0	0.5~2.5	0.04	0.03	18.0~20.5	11.0~14.0	2.0~3.0	≤0.75	—
309LCu	NO	≤0.03	≤1.0	0.5~2.5	0.04	0.03	18.0~20.5	11.0~16.0	1.25~2.75	1.0~2.5	—
317	NO	≤0.08	≤1.0	0.5~2.5	0.04	0.03	18.5~21.0	13.0~15.0	3.0~4.0	≤0.75	—
317L	NO	≤0.04	≤1.0	0.5~2.5	0.04	0.03	18.5~21.0	13.0~15.0	3.0~4.0	≤0.75	—
318	NO	≤0.08	≤1.0	0.5~2.5	0.04	0.03	18.0~20.5	11.0~14.0	2.0~3.0	≤0.75	
347	NO	≤0.08	≤1.0	0.5~2.5	0.04	0.03	18.0~21.0	9.0~11.0	≤0.75	≤0.75	(Nb+Ta) 10C~1.0
347L	NO	≤0.04	≤1.0	0.5~2.5	0.04	0.03	18.0~21.0	9.0~11.0	≤0.75	≤0.75	
409	NO	≤0.10	≤1.0	≤0.8	0.04	0.03	10.5~13.5	≤0.6	≤0.75	≤0.75	Ti 10C~1.5
409Nb	NO	≤0.12	≤1.0	≤1.0	0.04	0.03	10.5~14.0	≤0.6	≤0.75	≤0.75	(Nb+Ta) 8C~1.5
410	NO	≤0.12	≤1.0	≤1.0	0.04	0.03	11.0~13.5	≤0.6	≤0.75	≤0.75	—
410NiMo	NO	≤0.06	≤1.0	≤1.0	0.04	0.03	11.0~12.5	4.0~5.0	0.4~0.7	≤0.75	—
430	NO	≤0.10	≤1.0	≤1.0	0.04	0.03	15.0~18.0	≤0.6	≤0.75	≤0.75	—
430Nb	NO	≤0.10	≤1.0	≤1.0	0.04	0.03	15.0~18.0	≤0.6	≤0.75	≤0.75	(Nb+Ta) 0.5~1.5
16-8-2	NO	≤0.10	≤0.75	0.5~2.5	0.04	0.03	14.5~17.5	7.5~9.5	1.0~2.0	≤0.75	Cr+Mo ≤18.5
2209	NO	≤0.04	≤1.0	0.5~2.0	0.04	0.03	21.0~24.0	7.5~10.0	2.5~4.0	≤0.75	N 0.08~0.20
2307	NO	≤0.04	≤1.0	≤2.0	0.03	0.02	22.5~25.5	6.5~10.0	≤0.80	≤0.50	N 0.10~0.20
2553	NO	≤0.04	≤0.75	0.5~1.5	0.04	0.03	24.0~27.0	8.5~10.5	2.9~3.9	1.5~2.5	N 0.10~0.20
2594	NO	≤0.04	≤1.0	0.5~2.5	0.04	0.03	24.0~27.0	8.0~10.5	2.5~4.5	≤1.5	W≤1.0 N 0.20~0.30
Z	NO	按供需双方合同规定										—

D）不锈钢和耐热钢药芯焊丝的型号与熔敷金属的化学成分（Ⅳ类型号焊丝）（表7-2-52）

表 7-2-52   不锈钢和耐热钢药芯焊丝的型号与熔敷金属的化学成分（质量分数）（%）

（Ⅳ类型号——气保焊用金属芯焊丝，按合金类型分类）

焊丝型号（代号）	保护气体代号	C	Si	Mn	P ≤	S ≤	Cr	Ni	Mo	Cu	其 他
209	M12，M13 M21，I1，Z	≤0.05	≤0.90	4.0 ~ 7.0	0.03	0.03	20.5 ~ 24.0	9.5 ~ 12.0	1.5 ~ 3.0	≤0.75	V 0.10 ~ 0.30 N 0.10 ~ 0.30
218	M12，M13 M21，I1，Z	≤0.10	3.50 ~ 4.50	7.0 ~ 9.0	0.03	0.03	16.0 ~ 18.0	8.0 ~ 9.0	≤0.75	≤0.75	N 0.10 ~ 0.30
219	M12，M13 M21，I1，Z	≤0.50	≤1.00	8.0 ~ 10.0	0.03	0.03	19.0 ~ 21.5	5.5 ~ 7.0	≤0.75	≤0.75	N 0.10 ~ 0.30
240	M12，M13 M21，I1，Z	≤0.50	≤1.00	10.5 ~ 13.5	0.03	0.03	17.0 ~ 19.0	4.0 ~ 6.0	≤0.75	≤0.75	N 0.10 ~ 0.30
307	M12，M13 M21，I1，Z	0.04 ~ 0.14	0.30 ~ 0.65	3.30 ~ 4.75	0.03	0.03	19.5 ~ 22.0	8.0 ~ 10.7	0.5 ~ 1.5	≤0.75	—
308	M12，M13 M21，I1，Z	≤0.08	0.60 ~ 0.65	1.0 ~ 2.5	0.03	0.03	19.5 ~ 22.0	9.0 ~ 11.0		≤0.75	—
308Si	M12，M13 M21，I1，Z	≤0.08	0.65 ~ 1.00	1.0 ~ 2.5	0.03	0.03	19.5 ~ 22.0	9.0 ~ 11.0	≤0.75	≤0.75	—
308H	M12，M13 M21，I1，Z	0.04 ~ 0.08	0.30 ~ 0.65	1.0 ~ 2.5	0.03	0.03	19.5 ~ 22.0	9.0 ~ 11.0	0.50	≤0.75	—
308L	M12，M13 M21，I1，Z	≤0.04	≤1.0	1.0 ~ 2.5	0.03	0.03	19.5 ~ 22.0	9.0 ~ 11.0	≤0.75	≤0.75	—
308LSi	M12，M13 M21，I1，Z	≤0.03	0.30 ~ 0.65	1.0 ~ 2.5	0.03	0.03	19.5 ~ 22.0	9.0 ~ 12.0	≤0.75	≤0.75	—
308Mo	M12，M13 M21，I1，Z	≤0.08	0.30 ~ 0.65	1.0 ~ 2.5	0.03	0.03	18.0 ~ 21.0	9.0 ~ 12.0	2.0 ~ 3.0	≤0.75	—
309	M12，M13 M21，I1，Z	12	0.30 ~ 0.65	1.0 ~ 2.5	0.03	0.03	23.0 ~ 25.0	12.0 ~ 14.0	≤0.75	≤0.75	—
309L	M12，M13 M21，I1，Z	≤0.03	≤1.0	1.0 ~ 2.5	0.03	0.03	23.0 ~ 25.0	12.0 ~ 14.0	≤0.75	≤0.75	—
309LSi	M12，M13 M21，I1，Z	≤0.03	0.65 ~ 1.00	1.0 ~ 2.5	0.03	0.03	19.5 ~ 22.0	12.0 ~ 14.0	≤0.75	≤0.75	—
309Si	M12，M13 M21，I1，Z	≤0.12	0.65 ~ 1.00	1.0 ~ 2.5	0.03	0.03	23.0 ~ 25.0	12.0 ~ 14.0	≤0.75	≤0.75	—
309LMo	M12，M13 M21，I1，Z	≤0.03	≤1.0	1.0 ~ 2.5	0.03	0.03	23.0 ~ 25.0	12.0 ~ 14.0	2.0 ~ 3.0	≤0.75	—
309Mo	M12，M13 M21，I1，Z	≤0.12	0.30 ~ 0.65	1.0 ~ 2.5	0.03	0.03	23.0 ~ 25.0	12.0 ~ 14.0	2.0 ~ 3.0	≤0.75	—
309Mo	M12，M13 M21，I1，Z	≤0.12	0.30 ~ 0.65	1.0 ~ 2.5	0.03	0.03	23.0 ~ 25.0	12.0 ~ 14.0	2.0 ~ 3.0	≤0.75	—

（续）

焊丝型号 （代号）	保护气体 代号	C	Si	Mn	P ≤	S ≤	Cr	Ni	Mo	Cu	其　他
310	M12，M13 M21，I1，Z	0.08 ~ 0.15	0.30 ~ 0.65	1.0 ~ 2.5	0.03	0.03	25.0 ~ 28.0	20.0 ~ 22.5	≤0.75	≤0.75	—
312	M12，M13 M21，I1，Z	≤0.15	0.30 ~ 0.65	1.0 ~ 2.5	0.03	0.03	28.0 ~ 32.0	8.0 ~ 10.5	≤0.75	≤0.75	—
316	M12，M13 M21，I1，Z	≤0.08	0.30 ~ 0.65	1.0 ~ 2.5	0.03	0.03	18.0 ~ 20.0	11.0 ~ 14.0	2.0 ~ 3.0	≤0.75	—
316H	M12，M13 M21，I1，Z	0.04 ~ 0.08	0.30 ~ 0.65	1.0 ~ 2.5	0.03	0.03	18.0 ~ 20.0	11.0 ~ 14.0	2.0 ~ 3.0	≤0.75	—
316L	M12，M13 M21，I1，Z	≤0.03	0.30 ~ 0.65	1.0 ~ 2.5	0.03	0.03	18.0 ~ 20.0	11.0 ~ 14.0	2.0 ~ 3.0	≤0.75	—
316LMn	M12，M13 M21，I1，Z	≤0.03	0.30 ~ 0.65	5.0 ~ 9.0	0.03	0.03	19.0 ~ 22.0	15.0 ~ 18.0	2.5 ~ 3.5	≤0.75	N 0.10 ~ 0.20
316LSi	M12，M13 M21，I1，Z	≤0.03	0.65 ~ 1.00	1.0 ~ 2.5	0.03	0.03	18.0 ~ 20.0	11.0 ~ 14.0	2.0 ~ 3.0	≤0.75	—
316Si	M12，M13 M21，I1，Z	≤0.08	0.65 ~ 1.00	1.0 ~ 2.5	0.03	0.03	18.0 ~ 20.0	11.0 ~ 14.0	2.0 ~ 3.0	≤0.75	—
317	M12，M13 M21，I1，Z	≤0.08	0.30 ~ 0.65	1.0 ~ 2.5	0.03	0.03	18.5 ~ 20.5	13.0 ~ 15.0	3.0 ~ 4.0	≤0.75	—
317L	M12，M13 M21，I1，Z	≤0.03	0.30 ~ 0.65	1.0 ~ 2.5	0.03	0.03	18.5 ~ 20.5	13.0 ~ 15.0	3.0 ~ 4.0	≤0.75	—
318	M12，M13 M21，I1，Z	≤0.08	0.30 ~ 0.65	1.0 ~ 2.5	0.03	0.03	18.0 ~ 20.0	11.0 ~ 14.0	2.0 ~ 3.0	≤0.75	(Nb + Ta) 8C ~ 1.0
320	M12，M13 M21，I1，Z	≤0.07	≤0.60	≤2.5	0.03	0.03	19.0 ~ 21.0	32.0 ~ 36.0	2.0 ~ 3.0	3.0 ~ 4.0	(Nb + Ta) 8C ~ 1.0
320LR	M12，M13 M21，I1，Z	0.025	≤0.15	1.5 ~ 2.0	0.015	0.02	19.0 ~ 21.0	32.0 ~ 36.0	2.0 ~ 3.0	≤0.75	(Nb + Ta) 8C ~ 0.40
321	M12，M13 M21，I1，Z	≤0.08	0.30 ~ 0.65	1.0 ~ 2.5	0.03	0.03	18.5 ~ 20.5	9.0 ~ 10.5	≤0.75	≤0.75	Ti 9C ~ 1.0
330	M12，M13 M21，I1，Z	0.18 ~ 0.25	0.30 ~ 0.65	1.0 ~ 2.5	0.03	0.03	15.0 ~ 17.0	34.0 ~ 37.0	≤0.75	≤0.75	—
347	M12，M13 M21，I1，Z	≤0.08	0.30 ~ 0.65	1.0 ~ 2.5	0.03	0.03	19.0 ~ 21.5	9.0 ~ 11.0	≤0.75	≤0.75	(Nb + Ta) 10C ~ 1.0
347Si	M12，M13 M21，I1，Z	≤0.08	0.65 ~ 1.00	1.0 ~ 2.5	0.03	0.03	19.0 ~ 21.5	9.0 ~ 11.0	≤0.75	≤0.75	(Nb + Ta) 10C ~ 1.0
383	M12，M13 M21，I1，Z	≤0.025	≤0.50	1.0 ~ 2.5	0.02	0.03	26.5 ~ 28.5	30.0 ~ 33.0	3.2 ~ 4.2	0.70 ~ 1.50	—
385	M12，M13 M21，I1，Z	≤0.025	1.0 ~ 2.5	≤0.50	0.02	0.03	19.5 ~ 21.5	24.0 ~ 26.0	4.2 ~ 5.2	1.2 ~ 2.0	—
409	M12，M13 M21，I1，Z	≤0.08	≤0.8	≤0.8	0.03	0.03	10.5 ~ 13.5	≤0.6	≤0.50	0.75	Ti 10C ~ 1.5

（续）

焊丝型号（代号）	保护气体代号	C	Si	Mn	P ≤	S ≤	Cr	Ni	Mo	Cu	其 他
409Nb	M12，M13 M21，I1，Z	≤0.08	≤1.0	≤0.8	0.04	0.03	10.5 ~ 13.5	≤0.6	≤0.50	0.75	（Nb + Ta） 10C ~ 0.75
410	M12，M13 M21，I1，Z	≤0.12	≤0.5	≤0.6	0.03	0.03	11.5 ~ 13.5	≤0.6	≤0.75	0.75	—
410NiMo	M12，M13 M21，I1，Z	≤0.06	≤0.5	≤0.6	0.03	0.03	11.0 ~ 12.5	4.0 ~ 5.0	0.4 ~ 0.7	0.75	—
420	M12，M13 M21，I1，Z	0.25 ~ 0.40	≤0.5	≤0.6	0.03	0.03	12.0 ~ 14.0	≤0.6	≤0.75	0.75	—
430	M12，M13 M21，I1，Z	≤0.10	≤0.5	≤0.6	0.03	0.03	15.5 ~ 17.0	≤0.6	≤0.75	0.75	—
430Nb	M12，M13 M21，I1，Z	≤0.10	≤1.0	≤1.2	0.04	0.03	15.0 ~ 18.0	≤0.6	≤0.75	0.75	—
439	M12，M13 M21，I1，Z	≤0.04	≤0.8	≤0.8	0.03	0.03	17.0 ~ 19.0	≤0.6	≤0.5	0.75	Ti 10C ~ 1.1
439Nb	M12，M13 M21，I1，Z	≤0.04	≤0.8	≤0.8	0.03	0.03	17.0 ~ 20.0	≤0.6	≤0.5	0.75	Ti 0.10 ~ 0.75 （Nb + Ta） 0.5 ~ 1.5
446LMo	M12，M13 I1，Z	≤0.015	≤0.4	≤0.4	0.02	0.02	25.0 ~ 27.5	≤0.5	0.75 ~ 1.50	0.5	Ni + Cu≤0.5 （Nb + Ta）8C ~ 0.75
630	M12，M13 M21，I1，Z	0.05	0.75	0.25 ~ 0.75	0.03	0.03	16.00 ~ 16.75	4.5 ~ 5.0	0.75	3.25 ~ 4.00	（Nb + Ta） 0.15 ~ 0.30
2209	M12，M13 M21，I1，Z	0.03	0.90	0.50 ~ 2.00	0.03	0.03	21.5 ~ 23.5	7.5 ~ 9.5	2.5 ~ 3.5	0.75	N 0.08 ~ 0.20
2553	M12，M13 M21，I1，Z	0.04	1.0	1.5	0.04	0.03	24.0 ~ 27.0	4.5 ~ 6.5	2.9 ~ 3.9	1.5 ~ 2.5	N 0.10 ~ 0.25
2594	M12，M13 M21，I1，Z	0.03	1.0	2.5	0.03	0.02	24.0 ~ 27.0	8.0 ~ 10.5	2.5 ~ 4.5	1.5	W≤1.0 N 0.20 ~ 0.30
16-8-2	M12，M13 M21，I1，Z	0.10	0.30 ~ 0.65	1.0 ~ 2.0	0.03	0.03	14.5 ~ 16.5	7.5 ~ 9.5	1.0 ~ 2.0	0.75	—
19-10H	M12，M13 M21，I1，Z	0.04 ~ 0.08	0.30 ~ 0.65	1.0 ~ 2.0	0.03	0.03	18.5 ~ 20.0	9.0 ~ 11.0	0.25	0.75	Ti≤0.05 Nb + Ta≤0.5
33-31	M12，M13 M21，I1，Z	0.015	0.50	2.00	0.02	0.01	31.0 ~ 35.0	30.0 ~ 33.0	0.5 ~ 2.0	0.3 ~ 1.2	N 0.35 ~ 0.60
3556	M12，M13 M21，I1，Z	0.05 ~ 0.15	0.20 ~ 0.80	0.50 ~ 2.00	0.04	0.015	21.0 ~ 23.0	19.0 ~ 22.5	2.5 ~ 4.0	0.10 ~ 0.30	①
Z	—	按供需双方合同规定									—

注：保护气体代号：M 表示混合气体，其具体成分，参见 ISO 14175。

① Co16.0 ~ 21.0，W2.0 ~ 3.5，Nb≤0.30，Ta≤0.30 ~ 1.25，Al 0.10 ~ 0.50，Zr 0.001 ~ 0.100，La 0.005 ~ 0.100，B≤0.02。

E）不锈钢和耐热钢药芯焊丝的型号与熔敷金属的化学成分（Ⅴ类型号焊丝）（表 7-2-53）

表 7-2-53 不锈钢和耐热钢药芯焊丝的型号与熔敷金属的化学成分（质量分数）（%）

（V类型号-钨极气保焊充填丝，按合金类型分类）

焊丝型号（代号）	保护气体代号	C	Si	Mn	P≤	S≤	Cr	Ni	Mo	Cu	其他
308L	I1，Z	≤0.03	≤1.2	0.5~2.5	0.04	0.03	18.0~21.0	9.0~11.0	≤0.5	≤0.5	—
309L	I1，Z	≤0.03	≤1.2	0.5~2.5	0.04	0.03	22.0~25.0	12.0~14.0	≤0.5	≤0.5	—
316L	11，Z	≤0.03	≤1.2	0.5~2.5	0.04	0.03	17.0~20.0	11.0~14.0	2.0~3.0	≤0.5	—
347	11，Z	≤0.08	≤1.2	0.5~2.5	0.04	0.03	18.0~21.0	9.0~11.0	≤0.5	≤0.5	(Nb+Ta) 8C~1.0
Z	—	按供需双方合同规定									—

（2）ISO 标准不锈钢和耐热钢药芯焊丝的熔敷金属力学性能（表 7-2-54 和表 7-2-55）

表 7-2-54 不锈钢和耐热钢药芯焊丝的熔敷金属力学性能（I类型号焊丝）

（根据公称成分分类）

焊丝型号（代号）	$R_{p0.2}^{①}$/MPa	R_m/MPa	$A^{②}$（%）	焊丝型号（代号）	$R_{p0.2}^{①}$/MPa	R_m/MPa	$A^{②}$（%）
	≥				≥		
13	250	450	15	20-10-3	400	620	20
13Ti	250	450	15	20-25-5 CuNL	320	510	25
13-4	500	750	15	21-10N	350	550	30
16-8-2	320	510	25	23-7N	450	570	20
17	300	450	15	23-12L	320	510	25
19-9L	320	510	30	23-12Nb	350	550	25
19-9Nb	350	550	25	23-12-2L	350	550	25
19-12-3L	320	510	25	29-9	450	650	15
19-12-3Nb	350	550	25	22-12H	350	550	25
19-13-4NL	350	550	25	25-20	350	550	20
19-9H	350	550	30	25-4	450	650	15
22-9-3NL	450	550	20	25-9-4 CuNL	550	620	18
18-16-5NL	300	480	25	25-9-4 NL	550	620	18
18-8Mn	350	500	25	Z	未规定		
18-9MnMo	350	500	25				

① 根据试验结果，当材料屈服现象存在时，采用 R_{eL}，否则，采用 $R_{p0.2}$。

② 试样标准长度为试样直径的 5 倍。

表 7-2-55 不锈钢和耐热钢药芯焊丝的熔敷金属力学性能（Ⅱ类型号焊丝）

（根据合金类型分类）

焊丝型号 （代号）	R_m/MPa	$A^{①}$（%）	焊丝型号 （代号）	R_m/MPa	$A^{①}$（%）
	≥			≥	
307	590	25	317	550	20
308	550	25	317L	520	20
308L	520	25	318	520	20
308H	550	25	347	520	25
308Mo	550	25	347L	520	25
308LMo	520	25	347H	550	25
308HMo	550	25	409	450	15
309	550	25	409Nb	450	15
309L	520	25	410	520	15
309H	550	25	410NiMo	760	10
309Mo	550	15	430	450	15
309LMo	520	15	430Nb	450	13
309LNiNb	520	15	16-8-2	520	25
309LNb	520	25	2209	690	15
310	550	25	2307	690	18
312	660	15	2553	760	13
316	520	25	2594	760	13
316L	485	25	2594W	690	15
316H	520	25	Z	未规定	
309LCu	485	25			

① 试样标准长度为试样直径的 5 倍。

7.2.18 埋弧焊用非合金钢及细晶粒钢实心焊丝和药芯焊丝［ISO 14171（2016）］

（1）ISO 标准埋弧焊用非合金钢及细晶粒钢实心焊丝的型号与熔敷金属的化学成分（ⅠA，ⅠB 类型号）（表 7-2-56 和表 7-2-57）

表 7-2-56 埋弧焊用非合金钢及细晶粒钢实心焊丝的型号与熔敷金属的化学成分

（ⅠA 类型号）（质量分数）（%）（ⅠA 类型号——根据屈服强度与 47J 冲击吸收能量分类）

焊丝型号 （代号）	C	Si	Mn	P ≤	S ≤	Cr	Ni	Mo	Cu	其 他
S1	0.05~0.15	≤0.15	0.35~0.60	0.025	0.025	≤0.15	≤0.15	≤0.15	≤0.30	Al≤0.030
S2	0.07~0.15	≤0.15	0.80~1.30	0.025	0.025	≤0.15	≤0.15	≤0.15	≤0.30	Al≤0.030
S3	0.07~0.15	≤0.15	1.30~1.75	0.025	0.025	≤0.15	≤0.15	≤0.15	≤0.30	Al≤0.030
S4	0.07~0.15	≤0.15	1.75~2.25	0.025	0.025	≤0.15	≤0.15	≤0.15	≤0.30	Al≤0.030
S1Si	0.07~0.15	0.15~0.40	0.35~0.60	0.025	0.025	≤0.15	≤0.15	≤0.15	≤0.30	Al≤0.030
S2Si	0.07~0.15	0.15~0.40	0.80~1.30	0.025	0.025	≤0.15	≤0.15	≤0.15	≤0.30	Al≤0.030
S2Si2	0.07~0.15	0.40-0.60	0.80~1.30	0.025	0.025	≤0.15	≤0.15	≤0.15	≤0.30	Al≤0.030
S3Si	0.07~0.15	0.15~0.40	1.30~1.85	0.025	0.025	≤0.15	≤0.15	≤0.15	≤0.30	Al≤0.030
S4Si	0.07~0.15	0.15~0.40	1.85~2.25	0.025	0.025	≤0.15	≤0.15	≤0.15	≤0.30	Al≤0.030
S1Mo	0.05~0.15	0.05~0.25	0.35~0.60	0.025	0.025	≤0.15	≤0.15	0.45~0.65	≤0.30	Al≤0.030

（续）

焊丝型号[①]（代号）	C	Si	Mn	P ≤	S ≤	Cr	Ni	Mo	Cu	其 他
S2Mo	0.07~0.15	0.05~0.25	0.80~1.30	0.025	0.025	≤0.15	≤0.15	0.45~0.65	≤0.30	Al≤0.030
S2MoTiB	0.05~0.15	0.15~0.35	1.00~1.35	0.025	0.025	—	—	0.40~0.65	≤0.30	Ti 0.10~0.20 Al≤0.030 B 0.005~0.020
S3Mo	0.07~0.15	0.05~0.25	1.30~1.75	0.025	0.025	≤0.15	≤0.15	0.45~0.65	≤0.30	Al≤0.030
S4Mo	0.07~0.15	0.05~0.25	1.75~2.25	0.025	0.025	≤0.15	≤0.15	0.45~0.65	≤0.30	Al≤0.030
S2Ni1	0.07~0.15	0.05~0.25	0.80~1.30	0.020	0.020	≤0.15	0.80~1.20	≤0.15	≤0.30	Al≤0.030
S2Ni1.5	0.07~0.15	0.05~0.25	0.80~1.30	0.020	0.020	≤0.15	1.20~1.80	≤0.15	≤0.30	Al≤0.030
S2Ni2	0.07~0.15	0.05~0.25	0.80~1.30	0.020	0.020	≤0.15	1.80~2.40	≤0.15	≤0.30	Al≤0.030
S2Ni3	0.07~0.15	0.05~0.25	0.80~1.30	0.020	0.020	≤0.15	2.80~3.70	≤0.15	≤0.30	Al≤0.030
S2Ni1Mo	0.07~0.15	0.05~0.25	0.80~1.30	0.020	0.020	≤0.20	0.80~1.20	0.45~0.65	≤0.30	Al≤0.030
S3Ni1.5	0.07~0.15	0.05~0.25	1.30~1.70	0.020	0.020	≤0.15	1.20~1.80	≤0.15	≤0.30	Al≤0.030
S3Ni1Mo	0.07~0.15	0.05~0.25	1.30~1.80	0.020	0.020	≤0.15	0.80~1.20	0.45~0.65	≤0.30	Al≤0.030
S3Ni1Mo0.2	0.07~0.15	0.10~0.35	1.20~1.60	0.015	0.015	≤0.15	0.80~1.20	0.15~0.30	≤0.30	Al≤0.030
S3Ni1.5Mo	0.07~0.15	0.05~0.25	1.20~1.60	0.025	0.025	≤0.15	1.20~1.80	0.30~0.50	≤0.30	Al≤0.030
S2Ni1Cu	0.08~0.12	0.15~0.35	0.70~1.00	0.020	0.020	≤0.40	0.60~0.90	≤0.15	0.40~0.65	Al≤0.030
S3Ni1Cu	0.05~0.15	0.15~0.40	1.20~1.70	0.025	0.025	≤0.15	0.60~1.20	≤0.15	0.30~0.60	Al≤0.030
S Z	按供需双方合同规定									—

注：表中仅列出型号中有关化学成分的代号。型号的前缀字母"S"，表示实心焊丝。

表 7-2-57 埋弧焊用非合金钢及细晶粒钢实心焊丝的型号与熔敷金属的化学成分（ⅠB 类型号）（质量分数）（%）（ⅠB 类型号——根据抗拉强度与 27J 冲击吸收能量分类）

焊丝型号[①]（代号）	C	Si	Mn	P ≤	S ≤	Cr	Ni	Mo	Cu	其 他[②]
SU08	≤0.10	0.10~0.25	0.25~0.60	0.030	0.030	—	—	—	≤0.35	—
SU10	0.07~0.15	0.05~0.25	1.30~1.70	0.025	0.025	—	—	—	≤0.35	—
SU11	≤0.15	≤0.15	0.20~0.90	0.025	0.025	≤0.15	≤0.15	≤0.15	≤0.40	—
SU111	0.07~0.15	0.65~0.85	1.00~1.50	0.025	0.030	—	—	—	≤0.35	—
SU12	≤0.15	0.10~0.60	0.20~0.90	0.025	0.025	≤0.15	≤0.15	≤0.15	≤0.40	—
SU21	0.05~0.15	0.10~0.35	0.80~1.25	0.025	0.025	≤0.15	≤0.15	≤0.15	≤0.40	—
SU22	≤0.15	≤0.15	0.80~1.40	0.025	0.025	≤0.15	≤0.15	≤0.15	≤0.40	—
SU23	≤0.18	0.15~0.60	0.80~1.40	0.025	0.025	≤0.15	≤0.15	≤0.15	≤0.40	—
SU24	0.06~0.19	0.35~0.75	0.90~1.40	0.025	0.025	≤0.15	≤0.15	≤0.15	≤0.40	Ti 0.03~0.17
SU25	0.06~0.16	0.35~0.75	0.90~1.40	0.030	0.030	≤0.15	≤0.15	≤0.15	≤0.40	—
SU31	0.06~0.15	0.80~1.15	1.40~1.85	0.030	0.030	≤0.15	≤0.15	≤0.15	≤0.40	—
SU32	≤0.15	0.05~0.60	1.30~1.90	0.025	0.025	≤0.15	≤0.15	≤0.15	≤0.40	—
SU33	≤0.15	≤0.15	1.30~1.90	0.025	0.025	≤0.15	≤0.15	≤0.15	≤0.40	—
SU41	≤0.20	≤0.15	1.60~2.30	0.025	0.025	≤0.15	≤0.15	≤0.15	≤0.40	—
SU42	≤0.15	0.15~0.65	1.50~2.30	0.025	0.025	≤0.15	≤0.15	≤0.15	≤0.40	—
SU51	≤0.15	≤0.15	2.20~2.80	0.025	0.025	≤0.15	≤0.15	≤0.15	≤0.40	—
SU1M3	≤0.15	≤0.25	0.20~1.00	0.025	0.025	≤0.15	≤0.15	0.40~0.65	≤0.40	—

（续）

焊丝型号[1]（代号）	C	Si	Mn	P ≤	S ≤	Cr	Ni	Mo	Cu	其 他[2]
SU1M3TiB	0.05~0.15	≤0.20	0.65~1.00	0.025	0.025	≤0.15	≤0.15	0.45~0.65	≤0.35	Ti 0.05~0.30 B 0.005~0.030
SU2M1	≤0.15	≤0.25	0.80~1.40	0.025	0.025	≤0.15	≤0.15	0.15~0.40	≤0.40	—
SU3M1	≤0.15	≤0.25	1.30~1.90	0.025	0.025	≤0.15	≤0.15	0.15~0.40	≤0.40	—
SU2M3	≤0.17	≤0.25	0.80~1.40	0.025	0.025	≤0.15	≤0.15	0.40~0.65	≤0.40	—
SU2M3TiB	0.05~0.17	≤0.20	0.95~1.35	0.025	0.025	≤0.15	≤0.15	0.40~0.65	≤0.35	Ti 0.05~0.30 B 0.005~0.030
SU3M3	≤0.17	≤0.25	1.20~1.90	0.025	0.025	≤0.15	≤0.15	0.45~0.65	≤0.40	—
SU4M1	≤0.15	≤0.25	1.60~2.30	0.025	0.025	≤0.15	≤0.15	0.15~0.40	≤0.40	—
SU4M3	≤0.17	≤0.25	1.60~2.30	0.025	0.025	≤0.15	≤0.15	0.40~0.65	≤0.40	—
SU4M31	0.05~0.15	0.50~0.80	1.60~2.10	0.025	0.025	≤0.15	≤0.15	0.40~0.60	≤0.40	—
SU5M3	≤0.15	≤0.25	2.20~2.80	0.025	0.025	≤0.15	≤0.15	0.40~0.65	≤0.40	—
SUN2	≤0.15	≤0.30	0.75~1.40	0.020	0.020	≤0.20	0.75~1.25	≤0.15	≤0.40	—
SUN21	≤0.12	0.40~0.80	0.80~1.40	0.020	0.020	≤0.20	0.75~1.25	≤0.15	≤0.40	—
SUN3	≤0.15	≤0.25	0.80~1.40	0.020	0.020	≤0.20	1.20~1.80	≤0.15	≤0.40	—
SUN31	≤0.15	≤0.25	1.30~1.90	0.020	0.020	≤0.20	1.20~1.80	≤0.15	≤0.40	—
SUN5	≤0.15	≤0.30	0.75~1.40	0.020	0.020	≤0.20	1.80~2.90	≤0.15	≤0.40	—
SUN7	≤0.15	≤0.30	0.60~1.40	0.020	0.020	≤0.20	2.40~3.80	≤0.15	≤0.40	—
SUCC	≤0.15	≤0.30	0.80~1.90	0.030	0.030	0.30~0.60	≤0.15	≤0.15	0.20~0.45	—
SUNCC1	≤0.12	0.20~0.35	0.35~0.65	0.025	0.030	0.50~0.80	0.40~0.80	≤0.15	0.30~0.80	—
SUNCC3	≤0.15	≤0.30	0.80~1.90	0.030	0.030	0.50~0.80	0.50~0.80	≤0.15	0.30~0.55	—
SUN1M3	0.10~0.18	≤0.20	1.70~2.40	0.025	0.025	≤0.20	0.40~0.80	0.40~0.65	≤0.35	—
SUN2M1	≤0.12	0.05~0.30	1.20~1.60	0.020	0.020	≤0.20	0.75~1.25	0.10~0.30	≤0.40	—
SUN2M3	≤0.15	≤0.25	0.80~1.40	0.020	0.020	≤0.20	0.80~1.20	0.40~0.65	≤0.40	—
SUN2M31	≤0.15	≤0.25	1.30~1.90	0.020	0.020	≤0.20	0.80~1.20	0.40~0.65	≤0.40	—
SUN2M32	≤0.15	≤0.25	1.60~2.30	0.020	0.020	≤0.20	0.80~1.20	0.40~0.65	≤0.40	—
SUN3M3	≤0.15	≤0.25	0.80~1.40	0.020	0.020	≤0.20	1.20~1.80	0.40~0.65	≤0.40	—
SUN3M31	≤0.15	≤0.25	1.30~1.90	0.020	0.020	≤0.20	1.20~1.80	0.40~0.65	≤0.40	—
SUN4M1	0.12~0.19	0.10~0.30	0.60~1.00	0.015	0.030	≤0.20	1.60~2.10	0.10~0.30	≤0.40	—
SU Z	按供需双方合同规定									—

① 表中仅列出型号中有关化学成分的代号。

② 其他残余元素总含量不超过 0.50%。

（2）ISO 标准埋弧焊用非合金钢及细晶粒钢药芯焊丝的型号与熔敷金属的化学成分（ⅡA，ⅡB 类型号）（表 7-2-58 和表 7-2-59）

表 7-2-58　埋弧焊用非合金钢及细晶粒钢药芯焊丝的型号与熔敷金属的化学成分（ⅡA 类型号）（质量分数）（%）
（ⅡA 类型号——根据屈服强度与 47J 冲击吸收能量分类）

焊丝型号[①]（代号）	C	Si	Mn	P ≤	S ≤	Cr	Ni	Mo	Cu	其　他
T2	0.03 ~ 0.15	≤0.80	≤1.40	0.025	0.025	≤0.20	≤0.50	≤0.20	≤0.30	
T3	0.03 ~ 0.15	≤0.80	1.40 ~ 2.00	0.025	0.025	≤0.20	≤0.50	≤0.20	≤0.30	
T2Mo	0.03 ~ 0.15	≤0.80	≤1.40	0.025	0.025	≤0.20	≤0.50	0.30 ~ 0.60	≤0.30	
T3Mo	0.03 ~ 0.15	≤0.80	1.40 ~ 2.00	0.025	0.025	≤0.20	≤0.50	0.30 ~ 0.60	≤0.30	
T2Ni1	0.03 ~ 0.15	≤0.80	≤1.40	0.025	0.025	≤0.20	0.60 ~ 1.20	≤0.20	≤0.30	
T2Ni1.5	0.03 ~ 0.15	≤0.80	≤1.60	0.025	0.025	≤0.20	1.20 ~ 1.80	≤0.20	≤0.30	V≤0.08 Nb≤0.05
T2Ni2	0.03 ~ 0.15	≤0.80	≤1.40	0.025	0.025	≤0.20	1.80 ~ 2.60	≤0.20	≤0.30	
T2Ni3	0.03 ~ 0.15	≤0.80	≤1.40	0.025	0.025	≤0.20	2.60 ~ 3.80	≤0.20	≤0.30	
T3Ni1	0.03 ~ 0.15	≤0.80	1.40 ~ 2.00	0.025	0.025	≤0.20	0.60 ~ 1.20	≤0.20	≤0.30	
T2Ni1Mo	0.03 ~ 0.15	≤0.80	≤1.40	0.025	0.025	≤0.20	0.60 ~ 1.20	0.30 ~ 0.60	≤0.30	
T2Ni1Cu	0.03 ~ 0.15	≤0.80	≤1.40	0.025	0.025	≤0.20	0.80 ~ 1.20	≤0.20	0.30 ~ 060	
T Z	按供需双方合同规定									—

　①　表中仅列出型号中有关化学成分的代号。型号的前缀字母"T"，表示管状药芯焊丝。

表 7-2-59　埋弧焊非合金钢及细晶粒钢药芯焊丝的型号与熔敷金属的化学成分（ⅡB 类型号）（质量分数）（%）
（ⅡB 类型号——根据抗拉强度与 27J 冲击吸收能量分类）

焊丝型号[①]（代号）	C	Si	Mn	P ≤	S ≤	Cr	Ni	Mo	Cu	其　他[②]
TU3M	≤0.15	≤0.90	≤1.80	0.035	0.035	—	—	—	≤0.35	—
TU2M3	≤0.12	≤0.80	≤1.00	0.030	0.030	—	—	0.40 ~ 0.65	≤0.35	—
TU2M31	≤0.12	≤0.80	≤1.40	0.030	0.030	—	—	0.40 ~ 0.65	≤0.35	—
TU4M3	≤0.15	≤0.80	≤2.10	0.030	0.030	—	—	0.40 ~ 0.65	≤0.35	—
TU3M3	≤0.15	≤0.80	≤1.60	0.030	0.030	—	—	0.40 ~ 0.65	≤0.35	—
TUN2	≤0.12	≤0.80	≤1.60	0.030	0.025	≤0.15	0.75 ~ 1.10	≤0.35	≤0.35	Ti + V + Zr ≤0.05
TUN5	≤0.12	≤0.80	≤1.60	0.030	0.025	—	2.00 ~ 2.90	—	≤0.35	—
TUN7	≤0.12	≤0.80	≤1.60	0.030	0.025	≤0.15	2.80 ~ 3.80	—	≤0.35	—
TUN4M1	≤0.14	≤0.80	≤1.60	0.030	0.025	—	1.40 ~ 2.10	0.10 ~ 0.35	≤0.35	—
TUN2M1	≤0.12	≤0.80	≤1.60	0.030	0.025	—	0.70 ~ 1.10	0.10 ~ 0.35	≤0.35	—
TUN3M2	≤0.12	≤0.80	0.70 ~ 1.50	0.030	0.030	≤0.15	0.90 ~ 1.70	≤0.55	≤0.35	—
TUN1M3	≤0.17	≤0.80	1.25 ~ 2.25	0.030	0.030	—	0.40 ~ 0.80	0.40 ~ 0.65	≤0.35	—
TUN2M3	≤0.17	≤0.80	1.25 ~ 2.25	0.030	0.030	—	0.75 ~ 1.10	0.40 ~ 0.65	≤0.35	—
TUN1C2	≤0.17	≤0.80	≤1.60	0.030	0.035	≤0.60	0.40 ~ 0.80	≤0.25	≤0.35	Ti + V + Zr ≤0.03
TUN5C2M3	≤0.17	≤0.80	1.20 ~ 1.80	0.020	0.020	≤0.65	2.00 ~ 2.80	0.30 ~ 0.80	≤0.50	—
TUN4C2M3	≤0.14	≤0.80	0.80 ~ 1.85	0.030	0.020	≤0.65	1.50 ~ 2.25	≤0.60	≤0.40	—
TUN3	≤0.10	≤0.80	0.60 ~ 1.60	0.030	0.030	≤0.15	1.25 ~ 2.00	≤0.35	≤0.30	
TUN4M2	≤0.10	≤0.80	0.90 ~ 1.80	0.020	0.020	≤0.35	1.40 ~ 2.10	0.25 ~ 0.65	≤0.30	Ti + V + Zr ≤0.03
TUN4M3	≤0.10	≤0.80	0.90 ~ 1.80	0.020	0.020	≤0.65	1.80 ~ 2.60	0.20 ~ 0.70	≤0.30	
TUN5M3	≤0.10	≤0.80	1.30 ~ 2.25	0.020	0.020	≤0.80	2.00 ~ 2.80	0.30 ~ 0.80	≤0.30	

（续）

焊丝型号[①]（代号）	C	Si	Mn	P ≤	S ≤	Cr	Ni	Mo	Cu	其 他[②]
TUN4M21	≤0.12	≤0.50	1.60~2.50	0.015	0.015	≤0.40	1.40~2.10	0.20~0.50	≤0.30	Ti≤0.03 V≤0.02 Zr≤0.02
TUNM4	≤0.12	≤0.50	1.60~2.50	0.015	0.015	≤0.40	1.40~2.10	0.20~0.50	≤0.30	
TUNCC	≤0.12	≤0.80	0.50~1.60	0.035	0.030	0.45~0.70	0.40~0.80	—	0.30~0.75	—
TUN Z	按供需双方合同规定									—

① 表中仅列出型号中有关化学成分的代号。

② 其他残余元素总含量不超过 0.50%。

（3）ISO 标准埋弧焊用非合金钢和细晶粒钢药芯焊丝的熔敷金属力学性能

A）非合金钢和细晶粒钢药芯焊丝多道次焊接的焊缝力学性能（表 7-2-60 和表 7-2-61）

表 7-2-60　非合金钢和细晶粒钢药芯焊丝多道次焊接的焊缝力学性能（A 类型号）

（按屈服强度与 47J 冲击吸收能量分类）

焊丝型号的代号[①]	$R_{eL}^{[②]}$/MPa ≥	R_m/MPa	$A^{[③]}$（%） ≥
35	355	440~570	22
38	380	470~600	20
42	420	500~640	20
46	460	530~680	20
50	500	560~720	18

① A 类焊丝型号的有关代号。

② 根据试验结果，当材料屈服现象存在时，采用 R_{eL}，否则，采用 $R_{p0.2}$。

③ 试样标准长度为试样直径的 5 倍。

表 7-2-61　非合金钢和细晶粒钢药芯焊丝多道次焊接的焊缝力学性能（B 类型号）

（按抗拉强度与 27J 冲击吸收能量分类）

焊丝型号的代号[①]	$R_{eL}^{[②]}$/MPa ≥	R_m/MPa	$A^{[③]}$（%） ≥
43×	330	430~600	20
49×	390	490~670	18
55×	460	550~740	17
57×	490	570~770	17

① B 类焊丝型号中的有关代号。× 表示状态（A—焊态，P—焊后热处理态）。

② 根据试验结果，当材料屈服现象存在时，采用 R_{eL}，否则，采用 $R_{p0.2}$。

③ 试样标准长度为试样直径的 5 倍。

B）非合金钢和细晶粒钢药芯焊丝双道次焊接的焊缝力学性能（表 7-2-62 和表 7-2-63）

表 7-2-62　非合金钢和细晶粒钢药芯焊丝双道次焊接的焊缝力学性能（A 类型号）

（按屈服强度与 47J 冲击吸收能量分类）

焊丝型号的代号[①]	母体金属的 $R_{eL}^{[②]}$/MPa ≥	焊缝的 R_m/MPa ≥
2 T	275	370
3 T	355	470

（续）

焊丝型号的 代号[1]	母体金属的 $R_{eL}^{[2]}$/MPa　≥	焊缝的 R_m/MPa　≥
4 T	420	520
5 T	500	600

[1] A类焊丝型号中的有关力学性能的代号。

[2] 根据试验结果，当材料屈服现象存在时，采用 R_{eL}，否则，采用 $R_{p0.2}$。

表 7-2-63　非合金钢和细晶粒钢药芯焊丝双道次焊接的焊缝力学性能（B 类型号）
（按抗拉强度和冲击吸收能 27J 分类）

焊丝型号的 代号[1]	母体金属和焊缝的 R_m/MPa　≥	焊丝型号的 代号[1]	母体金属和焊缝的 R_m/MPa　≥
43 S	430	55 S	550
49 S	490	57 S	570

[1] B类焊丝型号中有关力学性能的代号。

C）焊接金属或焊缝的冲击性能（表 7-2-64）

表 7-2-64　焊接金属或焊缝的冲击性能

代　号	平均冲击吸收能量为 47J 或 27J 时的温度/℃	代　号	平均冲击吸收能量为 47J 或 27J 时的温度/℃
Z[1]	不规定	5	−50
A[2] 或 Y[3]	+20	6	−60
0	0	7	−70
2	−20	8	−80
3	−30	9	−90
4	−40	10	−100

[1] 仅用于单道次焊接。

[2] 用于按屈服强度与47J冲击吸收能量分类。

[3] 用于按抗拉强度与27J冲击吸收能量分类。

7.2.19　埋弧焊用高强度钢实心焊丝和药芯焊丝［ISO/26304（2017）］

（1）ISO 标准埋弧焊用高强度钢实心焊丝的型号与化学成分（表 7-2-65）

表 7-2-65　埋弧焊用高强度钢实心焊丝的型号与化学成分（质量分数）（%）

焊丝型号（代号）		C	Si	Mn	P≤	S≤	Cr	Ni	Mo	其　他[1],[3]
ISO 26304-A	ISO 26304-B									
—	SUN1M3	0.10 ~ 0.18	≤0.20	1.70 ~ 2.40	0.025	0.025	—	0.40 ~ 0.80	0.40 ~ 0.65	Cu≤0.35
—	SUN2M1	≤0.12	0.05 ~ 0.30	1.20 ~ 1.60	0.020	0.020	—	0.75 ~ 1.25	0.10 ~ 0.30	Cu≤0.35
—	SUN2M3	≤0.15	≤0.25	0.80 ~ 1.40	0.020	0.020	≤0.20	0.80 ~ 1.20	0.40 ~ 0.65	Cu≤0.40
—	SUN2M11	0.07 ~ 0.15	0.05 ~ 0.30	1.20 ~ 1.60	0.020	0.020	—	0.75 ~ 1.25	0.10 ~ 0.30	Cu≤0.35
—	SUN2M31	≤0.15	≤0.25	1.30 ~ 1.90	0.020	0.020	≤0.20	0.80 ~ 1.20	0.40 ~ 0.65	Cu≤0.40

（续）

焊丝型号（代号） ISO 26304-A	焊丝型号（代号） ISO 26304-B	C	Si	Mn	P≤	S≤	Cr	Ni	Mo	其 他[1],[3]
—	SUN2M32	≤0.15	≤0.25	1.60~2.30	0.020	0.020	≤0.20	0.80~1.20	0.40~0.65	Cu≤0.40
—	SUN2M33	0.10~0.18	≤0.30	1.50~2.40	0.025	0.025	—	0.70~1.10	0.40~0.65	Cu≤0.35
S2Ni1Mo[2]	（SUN2M2）	0.07~0.15	0.05~0.25	0.80~1.30	0.020	0.020	≤0.20	0.80~1.20	0.45~0.65	Cu≤0.30
S3Ni1Mo[2]	（SUN2M2）	0.07~0.15	0.05~0.25	1.30~1.80	0.020	0.020	≤0.20	0.80~1.20	0.45~0.65	Cu≤0.30
（S2Ni1Mo，S3Ni1Mo）	SUN2M2	0.07~0.15	0.15~0.35	0.90~1.70	0.025	0.025	—	0.95~1.60	0.25~0.55	Cu≤0.35
S3Ni1.5Mo[2]	—	0.07~0.15	0.05~0.25	1.20~1.80	0.020	0.020	≤0.20	1.20~1.80	0.30~0.50	Cu≤0.30
—	SUN3M2	≤0.10	0.20~0.60	1.25~1.80	0.010	0.015	≤0.30	1.40~2.10	0.25~0.55	Ti≤0.10，V≤0.05 Zr≤0.10，Al≤0.10 Cu≤0.25
—	SUN3M3	≤0.15	≤0.25	0.80~1.40	0.020	0.020	≤0.20	1.20~1.80	0.40~0.65	Cu≤0.40
—	SUN3M31	≤0.15	≤0.25	1.30~1.90	0.020	0.020	≤0.20	1.20~1.80	0.40~0.65	—
—	SUN4C1M31	0.07~0.15	0.10~0.30	1.45~1.90	0.015	0.015	0.20~0.55	1.75~2.25	0.40~0.65	Cu≤0.35
—	SUN4M1	0.12~0.19	0.10~0.30	0.60~1.00	0.015	0.020	≤0.20	1.60~2.10	0.10~0.30	Cu≤0.35
—	SUN4M3	≤0.15	≤0.25	1.30~1.90	—	—	—	1.80~2.40	0.40~0.65	Cu≤0.40
—	SUN4M31	≤0.15	≤0.25	1.60~2.30	—	—	—	1.80~2.40	0.40~0.65	Cu≤0.40
—	SUN4M2	≤0.10	0.20~0.60	1.40~1.80	0.010	0.015	≤0.55	1.90~2.60	0.25~0.65	V≤0.04+[4]
S2Ni2Mo[2]	—	0.05~0.09	≤0.15	1.10~1.40	0.015	0.015	≤0.15	2.00~2.50	0.45~0.65	Cu≤0.30
—	SUN5M3	≤0.10	0.20~0.60	1.40~1.80	0.010	0.015	≤0.60	2.00~2.80	0.30~0.65	V≤0.03+[4]
—	SUN5M4	≤0.15	≤0.25	1.60~2.30	—	—	≤0.20	2.20~3.00	0.40~0.90	—
（S2Ni3Mo）	SUN6M1	≤0.15	≤0.25	0.80~1.40	—	—	—	2.40~3.70	0.15~0.40	—
S2Ni3Mo[2]	（SUN6M1）	0.08~0.12	0.10~0.25	0.80~1.20	0.020	0.020	≤0.15	2.80~3.20	0.10~0.25	Cu≤0.30
—	SUN6M11	≤0.15	≤0.25	1.30~1.90	—	—	—	2.40~3.70	0.15~0.40	—

（续）

焊丝型号（代号）		C	Si	Mn	P≤	S≤	Cr	Ni	Mo	其他[①,③]
ISO 26304-A	ISO 26304-B									
—	SUN6M3	≤0.15	≤0.25	0.80 ~ 1.40	—	—		2.40 ~ 3.70	0.40 ~ 0.65	—
—	SUN6M31	≤0.15	≤0.25	1.30 ~ 1.90				2.40 ~ 3.70	0.40 ~ 0.65	
—	SU12C1M1	0.16 ~ 0.23	0.15 ~ 0.35	0.60 ~ 0.90	0.025	0.030	0.40 ~ 0.60	0.40 ~ 0.80	0.15 ~ 0.30	Cu≤0.35
(S3Ni1.5CrMo)	SUN2C1M3	≤0.15	≤0.40	1.30 ~ 2.30	—		0.50 ~ 0.70	0.40 ~ 1.75	0.30 ~ 0.80	—
S3Ni1.5CrMo[②]	(SUN2C1M3)	0.07 ~ 0.14	0.05 ~ 0.15	1.30 ~ 1.50	0.020	0.020	0.15 ~ 0.35	1.50 ~ 1.70	0.30 ~ 0.50	Cu≤0.30
—	SUN2C2M3	≤0.15	≤0.40	1.00 ~ 2.30	—		0.50 ~ 1.20	0.40 ~ 1.75	0.30 ~ 0.90	—
—	SUN4C2M3	≤0.15	≤0.40	1.20 ~ 1.90	—		0.50 ~ 1.20	1.50 ~ 2.25	0.30 ~ 0.80	—
(S3Ni2.5CrMo)	SUN4C1M3	≤0.15	≤0.40	1.20 ~ 1.90	0.018	0.018	0.20 ~ 0.65	1.50 ~ 2.25	0.30 ~ 0.80	Cu≤0.40
S3Ni2.5CrMo[②]	(SUN4C1M3)	0.07 ~ 0.15	0.10 ~ 0.25	1.20 ~ 1.80	0.020	0.020	0.30 ~ 0.85	2.00 ~ 2.60	0.40 ~ 0.70	Cu≤0.30
S1Ni2.5CrMo[②]	—	0.07 ~ 0.15	0.10 ~ 0.25	0.45 ~ 0.75	0.020	0.020	0.50 ~ 0.85	2.10 ~ 2.60	0.40 ~ 0.70	Cu≤0.30
(S4Ni2CrMo)	SUN5C2M3	≤0.10	≤0.40	1.30 ~ 2.30	—		0.60 ~ 1.20	2.10 ~ 3.10	0.30 ~ 0.70	—
S4Ni2CrMo[②]	(SUN5C2M3)	0.08 ~ 0.11	0.30 ~ 0.40	1.80 ~ 2.00	0.015	0.015	0.85 ~ 1.00	2.10 ~ 2.60	0.55 ~ 0.70	Cu≤0.30
—	SUN5CM3	0.10 ~ 0.17	≤0.20	1.70 ~ 2.20	0.010	0.015	0.25 ~ 0.50	2.30 ~ 2.80	0.45 ~ 0.65	Cu≤0.50
—	(SUN7C3M3)	0.08 ~ 0.18	≤0.40	0.20 ~ 1.20	—	—	1.00 ~ 2.00	3.00 ~ 4.00	0.30 ~ 0.70	Cu≤0.40
—	SUN10C1M3	0.08 ~ 0.18	≤0.40	0.20 ~ 1.20	—	—	0.30 ~ 0.70	4.50 ~ 5.50	0.30 ~ 0.70	Cu≤0.40
S Z	SUG	按供需双方合同规定								

① 除 Fe 元素外，表中未列出的其他残余元素总含量不超过 0.50%。

② 若无特殊规定，其他元素含量：Al、Sn、As、Sb 各≤0.02%，Ti、Pb、N 各≤0.01%。

③ 焊丝的铜含量应包括镀铜层。

④ Ti≤0.10，Zr≤0.10，Al≤0.10，Cu≤0.25。

（2）ISO 标准埋弧焊用高强度钢药芯焊丝的型号与熔敷金属的化学成分（表7-2-66）

表 7-2-66 埋弧焊用高强度钢药芯焊丝的型号与熔敷金属的化学成分（质量分数）（%）

焊丝型号（代号）		C	Si	Mn	P≤	S≤	Cr	Ni	Mo	其他[①]
ISO 26304-A	ISO 26304-B									
—	TUN1M3	≤0.17	≤0.80	1.25 ~ 2.25	0.030	0.030	—	0.40 ~ 0.80	0.40 ~ 0.65	Cu≤0.35
T3NiMo[②]	—	0.05 ~ 0.12	0.20 ~ 0.60	1.30 ~ 1.90	0.020	0.020		0.60 ~ 1.00	0.15 ~ 0.45	—
—	TUN2M1	≤0.10	≤0.80	≤1.80	0.030	0.025		0.70 ~ 1.10	0.10 ~ 0.35	Cu≤0.35

（续）

焊丝型号（代号）		C	Si	Mn	P≤	S≤	Cr	Ni	Mo	其 他①
ISO 26304-A	ISO 26304-B									
（T3Ni1Mo）	TUN2M2	≤0.12	≤0.80	0.70 ~ 1.50	0.030	0.030	≤0.15	0.90 ~ 1.70	≤0.55	Cu≤0.35
T3Ni1Mo②	（TUN2M2）	0.03 ~ 0.09	0.10 ~ 0.50	1.30 ~ 1.80	0.020	0.020	—	1.00 ~ 1.50	0.45 ~ 0.65	—
—	TUN2M3	≤0.17	≤0.80	1.25 ~ 2.25	0.030	0.030	—	0.70 ~ 1.10	0.40 ~ 0.65	Cu≤0.35
—	TUN2M11	≤0.14	≤0.80	≤1.80	0.030	0.025	—	0.70 ~ 1.10	0.10 ~ 0.35	Cu≤0.35
—	TUN3M1	≤0.10	≤0.80	0.60 ~ 1.60	0.030	0.030	≤0.15	1.25 ~ 2.00	≤0.35	Ti + V + Zr≤0.03 Cu≤0.30
—	TUN3M2	≤0.10	≤0.80	0.90 ~ 1.80	0.020	0.020	≤0.35	1.40 ~ 2.10	0.25 ~ 0.65	
—	TUN3M21	≤0.12	≤0.50	1.60 ~ 2.50	0.015	0.015	≤0.40	1.40 ~ 2.10	0.20 ~ 0.50	Ti≤0.03，V≤0.02 Zr≤0.02，Cu≤0.30
—	TUN3M4	≤0.12	≤0.50	1.60 ~ 2.50	0.015	0.015	≤0.40	1.40 ~ 2.10	0.70 ~ 1.00	
—	TUN3M11	≤0.14	≤0.80	≤1.60	0.030	0.025	—	1.40 ~ 2.10	0.10 ~ 0.35	Cu≤0.35
T3Ni2MoV②	—	0.03 ~ 0.09	≤0.20	1.20 ~ 1.70	0.020	0.020	—	1.60 ~ 2.00	0.20 ~ 0.50	V 0.05 ~ 0.15
T3Ni2Mo②	—	0.03 ~ 0.09	0.40 ~ 0.80	1.30 ~ 1.80	0.020	0.020	—	1.80 ~ 2.40	0.20 ~ 0.40	—
—	TUN4M2	≤0.10	≤0.80	0.90 ~ 1.80	0.020	0.020	≤0.65	1.80 ~ 2.60	0.20 ~ 0.70	Ti + V + Zr≤0.03 Cu≤0.30
—	TUN5M3	≤0.10	≤0.80	1.30 ~ 2.25	0.020	0.020	≤0.80	2.00 ~ 2.80	0.30 ~ 0.80	
T3Ni3Mo	—	0.03 ~ 0.09	0.20 ~ 0.70	1.60 ~ 2.10	0.020	0.020	—	2.70 ~ 3.20	0.20 ~ 0.40	
—	TUN1C1M1	≤0.17	≤0.80	≤1.60	0.030	0.035	≤0.60	0.40 ~ 0.80	≤0.25	(Ti + V + Zr)≤0.03 Cu≤0.35
—	TUN4C1M3	≤0.14	≤0.80	0.80 ~ 1.85	0.030	0.020	≤0.65	1.50 ~ 2.25	≤0.60	Cu≤0.40
（T3Ni2.5CrMo）	TUN5CM3	≤0.17	≤0.80	1.20 ~ 1.80	0.020	0.020	≤0.65	2.00 ~ 2.80	0.30 ~ 0.80	Cu≤0.50
T3Ni2.5CrMo②	（TUN5CM3）	0.03 ~ 0.09	0.10 ~ 0.50	1.20 ~ 1.70	0.020	0.020	0.40 ~ 0.70	2.20 ~ 2.60	0.30 ~ 0.60	—
T3Ni2.5Cr1Mo②	—	0.04 ~ 0.10	0.20 ~ 0.70	1.20 ~ 1.70	0.020	0.020	0.70 ~ 1.20	2.20 ~ 2.60	0.40 ~ 0.70	—
T Z	TUG	按供需双方合同规定								

① 除 Fe 元素外，表中未列出的其他残余元素总和不超过 0.30%。

② 其他元素含量：Al、Sn、As、Sb、Ti 各≤0.02%，Pb、N 各≤0.01%。

（3）ISO 标准埋弧焊用高强度钢焊丝和焊剂组合的熔敷金属力学性能（表 7-2-67 和表 7-2-68）

表 7-2-67　埋弧焊用高强度钢焊丝和焊剂组合的焊缝力学性能（A 类型号）

（按屈服强度与 47J 冲击吸收能量分类）

焊丝型号（代号）[1]	$R_{eL}^{[2]}$/MPa ≥	R_m/MPa	$A^{[3]}$（%）　≥
55	550	640～820	18
62	620	700～890	18
69	690	770～940	17
79	90	880～1080	16
89	890	940～1180	15

① A 类焊丝型号中的有关代号。

② 根据试验结果，当材料屈服现象存在时，采用 R_{eL}，否则，采用 $R_{p0.2}$。

③ 试样标准长度为试样直径的 5 倍。

表 7-2-68　埋弧焊用高强度钢焊丝和焊剂组合的焊缝力学性能（B 类型号）

（按抗拉强度与 27J 冲击吸收能量分类）

焊丝型号（代号）[1]	$R_{eL}^{[2]}$/MPa ≥	R_m/MPa	$A^{[3]}$（%）　≥
59×	490	590～790	16
62×	500	620～820	15
69×	550	690～890	14
76×	670	760～960	13
78×	670	780～980	13
83×	740	830～1030	12

① B 类焊丝型号中的有关代号。×为字母 A 或 P，其中：A—焊态；P—焊后热处理态。

②、③见表 7-2-67。

7.2.20　埋弧焊用热强钢实心焊丝和药芯焊丝［ISO 24598（2012）］

（1）ISO 标准埋弧焊用热强钢实心焊丝和药芯焊丝的型号与熔敷金属的化学成分（表 7-2-69）

表 7-2-69　热强钢实心焊丝和药芯焊丝的型号与熔敷金属的化学成分（质量分数）（%）

焊丝型号[1]（代号） ISO 17634-A[2]	焊丝型号[1]（代号） ISO 17634-B[3]	C	Si	Mn	P≤	S≤	Cr	Ni	Mo	其　他
Mo	（1M3）	0.08～0.15	0.05～0.25	0.80～1.20	0.020	0.020	≤0.20	≤0.30	0.40～0.65	V≤0.03 Nb≤0.01 Cu≤0.30
（Mo）	1M3	0.05～0.15	≤0.25	0.65～1.00	0.025	0.025	—	—	0.40～0.65	Cu≤0.35
MnMo	（3M31）	0.08～0.15	0.05～0.25	1.30～1.70	0.025	0.025	≤0.20	≤0.30	0.40～0.65	V≤0.03 + ④
（MnMo）	3M31	≤0.18	≤0.60	1.10～1.90	0.025	0.025	—	—	0.30～0.70	Cu≤0.35
—	4M3	0.05～0.17	≤0.20	1.65～2.20	0.025	0.025	—	—	0.45～0.65	Cu≤0.35
—	4M31	≤0.18	≤0.60	1.70～2.60	0.025	0.025	—	—	0.30～0.70	Cu≤0.35

（续）

焊丝型号[①]（代号）		C	Si	Mn	P≤	S≤	Cr	Ni	Mo	其 他
ISO 17634-A[②]	ISO 17634-B[③]									
MoV	—	0.08 ~ 0.15	0.10 ~ 0.30	0.60 ~ 1.00	0.020	0.020	0.30 ~ 0.60	≤0.30	0.50 ~ 1.00	V 0.25 ~ 0.45 + ④
—	CM	≤0.10	0.05 ~ 0.30	0.40 ~ 0.80	0.025	0.025	0.40 ~ 0.75	—	0.40 ~ 0.65	Cu≤0.35
—	CM1	≤0.15	≤0.40	0.30 ~ 1.20	0.025	0.025	0.30 ~ 0.70	—	0.30 ~ 0.70	Cu≤0.35
—	C1MH	0.15 ~ 0.23	0.40 ~ 0.60	0.40 ~ 0.70	0.025	0.025	0.45 ~ 0.65	—	0.90 ~ 1.20	Cu≤0.30
CrMo1	(1CM) (1CM1)	0.05 ~ 0.15	0.05 ~ 0.25	0.60 ~ 1.00	0.020	0.020	0.90 ~ 1.30	≤0.30	0.40 ~ 0.65	V≤0.03 + ④
(CrMo1)	1CM	0.07 ~ 0.15	0.05 ~ 0.30	0.45 ~ 1.00	0.025	0.025	1.00 ~ 1.75	—	0.45 ~ 0.65	Cu≤0.35
(CrMo1)	1CM1	≤0.15	≤0.60	0.30 ~ 1.20	0.025	0.025	0.80 ~ 1.80	—	0.40 ~ 0.65	Cu≤0.35
—	1CMVH	0.28 ~ 0.33	0.55 ~ 0.75	0.40 ~ 0.65	0.015	0.015	1.00 ~ 1.50	—	0.40 ~ 0.65	V 0.20 ~ 0.30 Cu≤0.30
CrMoV1	—	0.08 ~ 0.15	0.05 ~ 0.25	0.80 ~ 1.20	0.020	0.020	0.90 ~ 1.30	≤0.30	0.90 ~ 1.30	V 0.10 ~ 0.35 + ④
CrMo2	(2C1M)	0.08 ~ 0.15	0.05 ~ 0.25	0.30 ~ 0.70	0.020	0.020	2.20 ~ 2.80	≤0.30	0.90 ~ 1.15	V≤0.03 + ④
(CrMo2) (CrMo2Mn)	2C1 M	0.05 ~ 0.15	0.05 ~ 0.30	0.40 ~ 0.80	0.025	0.025	2.25 ~ 3.00	—	0.90 ~ 1.10	Cu≤0.35
(CrMo2) (CrMo2Mn)	2C1M1	≤0.15	≤0.35	0.30 ~ 1.20	0.025	0.025	2.20 ~ 2.50	—	0.90 ~ 1.20	Cu≤0.35
—	2C1M2	0.08 ~ 0.18	≤0.35	0.30 ~ 1.20	0.025	0.025	2.20 ~ 2.80	—	0.90 ~ 1.20	Cu≤0.35
CrMo2Mn	(2C1M) (2C1M1)	≤0.10	≤0.50	0.50 ~ 1.20	0.020	0.015	2.00 ~ 2.50	≤0.30	0.90 ~ 1.20	V≤0.03 + ④
CrMo2L	—	≤0.05	0.05 ~ 0.25	0.30 ~ 0.70	0.020	0.020	2.20 ~ 2.80	≤0.30	0.90 ~ 1.15	V≤0.03 + ④
—	2C1MV	0.05 ~ 0.15	≤0.40	0.50 ~ 1.50	0.025	0.025	2.20 ~ 2.80	—	0.90 ~ 1.20	V 0.15 ~ 0.45 Nb 0.01 ~ 0.10 Cu≤0.35
(CrMo5)	5CM	≤0.10	0.05 ~ 0.50	0.35 ~ 0.70	0.025	0.025	4.50 ~ 6.50	—	0.45 ~ 0.70	Cu≤0.35
(CrMo5)	5CM1	≤0.15	≤0.60	0.30 ~ 1.20	0.025	0.025	4.50 ~ 6.00	—	0.40 ~ 0.65	Cu≤0.35
CrMo5	(5CM) (5CM1)	0.03 ~ 0.10	0.20 ~ 0.50	0.40 ~ 0.75	0.020	0.020	5.50 ~ 6.50	≤0.30	0.50 ~ 0.80	V≤0.03 + ④
—	5CMH	0.25 ~ 0.40	0.25 ~ 0.50	0.75 ~ 1.00	0.025	0.025	4.80 ~ 6.00	—	0.45 ~ 0.65	Cu≤0.35

（续）

焊丝型号[①]（代号）		C	Si	Mn	P≤	S≤	Cr	Ni	Mo	其 他
ISO 17634-A[②]	ISO 17634-B[③]									
CrMo9	(9C1M)	0.06 ~ 0.10	≤1.00	0.30 ~ 0.70	0.025	0.025	8.50 ~ 10.5	≤1.00	0.80 ~ 1.20	V≤0.15 + ④
(CrMo 9)	9C1M	≤0.10	0.05 ~ 0.50	0.30 ~ 0.65	0.025	0.025	8.00 ~ 10.5	—	0.80 ~ 1.20	Cu≤0.35
CrMo91	(9C1MV)	0.07 ~ 0.15	≤0.80	0.40 ~ 1.50	0.020	0.020	8.00 ~ 10.5	0.40 ~ 1.00	0.80 ~ 1.20	V 0.15 ~ 0.30 + ⑤
—	9C1MV	0.07 ~ 0.13	≤0.50	≤1.25	0.010	0.010	8.50 ~ 10.5	≤1.00	0.85 ~ 1.15	V 0.15 ~ 0.25 + ⑥
—	9C1MV1	≤0.12	≤0.50	0.50 ~ 1.25	0.025	0.025	8.00 ~ 10.5	0.10 ~ 0.80	0.80 ~ 1.20	V 0.10 ~ 0.35 + ⑦
—	9C1MV2	≤0.12	≤0.50	1.20 ~ 1.90	0.025	0.025	8.00 ~ 10.5	0.20 ~ 1.00	0.80 ~ 1.20	V 0.15 ~ 0.50 + ⑧
CrMoWV12	—	0.22 ~ 0.30	0.05 ~ 0.40	0.40 ~ 1.20	0.025	0.025	10.5 ~ 12.5	≤0.80	0.80 ~ 1.20	W 0.35 ~ 0.80 + ⑨
Z	G	按供需双方合同规定								—

① 表中仅列出型号中的有关部分代号，括号内为近似代号。

② 根据化学成分分类的 A 类型号，规定 Cu≤0.30%，Nb≤0.10%（已标出者除外）。

③ 根据强度与化学成分分类的 B 类型号，其他残余元素总含量不超过 0.50%。

④ Nb≤0.01，Cu≤0.30。

⑤ Nb 0.03 ~ 0.10，Cu≤0.25，N 0.02 ~ 0.07。

⑥ Nb 0.02 ~ 0.10，Al≤0.04，Cu≤0.10，N 0.03 ~ 0.07。

⑦ Nb 0.01 ~ 0.12，Cu≤0.35，N 0.01 ~ 0.05。

⑧ Nb 0.01 ~ 0.12，Cu≤0.35，N 0.01 ~ 0.05。

⑨ V 0.20 ~ 0.40，Nb≤0.01，Cu≤0.30。

（2）ISO 标准埋弧焊用热强钢焊丝和焊剂组合的焊缝力学性能（A 类型号）（表7-2-70）

表 7-2-70 埋弧焊用热强钢焊丝和焊剂组合的焊缝力学性能（A 类型号）

（A 类型号——根据化学成分分类）

A 类型号（代号） ISO 17634-A[①]	$R_{p0.2}$/MPa	R_m/MPa	A(%)	KV/J		焊后热处理		
				平均值	单个值	预热温度	温度[②]	时间
	≥					/℃	/℃	/min
Mo	355	510	22	47	38	<200	—	—
MnMo	355	510	22	47	38	<200	—	—
MoV	355	510	18	47	38	200 ~ 300	690 ~ 730	60
CrMo1	355	510	20	47	38	150 ~ 250	660 ~ 700	60
CrMoV1	455	590	15	24	21	200 ~ 300	680 ~ 730	60
CrMo2	400	500	18	47	38	200 ~ 300	690 ~ 750	60

(续)

A 类型号（代号）ISO 17634-A[①]	$R_{p0.2}$/MPa	R_m/MPa	A(%)	KV/J		焊后热处理		
				平均值	单个值	预热温度	温度[②]	时间
	≥					/℃	/℃	/min
CrMo2Mn	400	500	18	47	38	200～300	690～750	60
CrMo2L	400	500	18	47	38	200～300	690～750	60
CrMo5	400	590	17	47	38	200～300	730～760	60
CrMo9	435	590	18	34	27	200～300	740～780	120
CrMo91	415	585	17	47	38	250～350	750～760	180
CrMoWV12	550	690	15	34	27	250～350[③] 或 400～500[③]	740～780	120
Z	未规定							—

① 表中仅列出 A 类型号中的有关部分代号。
② 试件应炉冷至 300℃，冷却速度不超过 200℃/h。
③ 焊接后的试件应立即冷却至 120℃ 或 100℃，并至少保温 1h。

（3）ISO 标准埋弧焊用热强钢焊丝和焊剂组合的焊缝力学性能（B 类型号）（表 7-2-71）

表 7-2-71　埋弧焊用热强钢焊丝和焊剂组合的焊缝力学性能（B 类型号）

（B 类型号——根据抗拉强度和化学成分分类）

焊丝型号（代号）[①]	$R_{eL}^{②}$/MPa ≥	R_m/MPa	$A^{③}$(%) ≥
49	400	490～600	20
55	470	550～700	18
62	540	620～760	15
69	610	690～830	14

① 表中仅列出 B 类焊丝型号中的有关代号。
② 根据试验结果，当材料屈服现象存在时，采用屈服 R_{eL}，否则，采用 $R_{p0.2}$。
③ 试样标准长度为试样直径的 5 倍。

7.3　欧洲标准化委员会（EN 欧洲标准）

A. 通用焊接材料

7.3.1　非合金钢和细晶粒钢电弧焊用焊条 ［EN ISO 2560（2009）］

见 7.2.1 节。

7.3.2　热强钢电弧焊用焊条 ［EN ISO 3580（2017）］

见 7.2.2 节。

7.3.3　不锈钢和耐热钢电弧焊用焊条 ［EN ISO 3581（2016）］

见 7.2.3 节。

7.3.4　堆焊焊条

EN 欧洲标准堆焊焊条的型号与熔敷金属的化学成分 ［EN 14700（2014）］（表 7-3-1）

表 7-3-1　堆焊焊条的型号与熔敷金属的化学成分（质量分数）（%）

型号① （成分代号）	产品种类②	C	Mn	Cr	Ni	Mo	W	V	其他	余量元素
Fe 1	p	≤0.4	≤4.5	≤3.5	≤3.0	≤1.0	≤1.0	≤1.0	+Si，Ti	Fe
Fe 2	p(g)(s)	0.4~1.5	≤3.0	≤7.0	≤1.0	≤4.0	≤1.0	≤1.0	Cu≤1.0 Co≤1.0+Si，Ti	Fe
Fe 3	s，t	0.1~0.5	≤3.0	1.0~1.5	≤5.0	≤5.0	≤10.0	≤1.5	Nb≤3.0，Co≤13.0 +Si，Ti	Fe
Fe 4	s，t(p)	0.2~1.5	≤3.0	2.0~1.0	≤4.0	≤10.0	≤20.0	≤4.0	Co≤5.0，+Si，Ti	Fe
Fe 5	c，p，s，t，w	≤0.5	≤1.0	≤0.1	17~22	3.0~5.0	—	—	Co 10~15，Al≤1.0	Fe
Fe 6	g，p，s	≤2.5	≤3.0	≤10.0	—	≤3.0	—	—	Nb≤10.0+Si，Ti	Fe
Fe 7	c，p，t	≤0.2	≤3.0	11~30	≤6.0	≤2.0	—	≤1.0	Nb≤1.0+Si，N	Fe
Fe 8	g，p，t	0.2~2.0	≤3.0	5~20	—	≤3.0	≤2.0	≤2.0	Nb≤10.0+Ti，Si	Fe
Fe 9	k，(n)，p	≤1.2	9~20	≤20	≤5.0	≤2.0	—	≤1.0	+Si，Ti	Fe
Fe 10	c，k，(n)，pz	≤0.25	3.0~8.0	17~22	7~11	≤1.5	—	—	Nb≤1.5+Si	Fe
Fe 11	c，n，z	≤0.3	≤3.0	18~32	8~20	≤4.0	—	—	Nb≤1.5+Si，Cu	Fe
Fe 12	c，(n)，z	≤0.12	≤3.0	17~27	9~26	≤4.0	—	—	Nb≤1.5+Si	Fe
Fe 13	g	≤1.5	≤3.0	≤7.0	≤4.0	≤4.0	—	—	Si，Ti，B	Fe
Fe 14	g，(c)	1.5~4.5	≤3.0	25~40	≤4.0	≤2.0	—	—	Si	Fe
Fe 15	g	3.0~7.0	≤3.0	20~40	≤4.0	—	—	—	Nb≤10+Si，B	Fe
Fe 16	g，z	4.0~8.0	≤3.0	10~40	—	≤10.0	≤10.0	≤10.0	Nb≤10+Si，B	Fe
Fe 17	c，k，p，v	≤0.3	8.0~20.0	≤20.0	≤5.0	≤2.0	≤0.3	—	—	Fe
Fe 20	c，g，t，z	—	—	—	—	—	—	—	—	硬质合金
Ni 1	c，p，t	≤1.0	≤1.0	15~30	余量	≤6.0	≤2.0	≤1.0	Si，Fe≤5.0，B	—
Ni 2	c，k，p，t，z	≤0.1	≤1.5	14~30	余量	10~30	≤8.0	≤1.0	Nb≤5.0 Fe≤10.0 +Co≤5.0，Si，Ti	—
Ni 3	c，p，t	≤1.0	≤1.0	≤15.0	余量	≤6.0	≤2.0	≤1.0	Si，Fe≤5.0，B	—
Ni 4	c，k，p，t，z	≤0.1	≤1.5	1.0~20.0	余量	≤30	≤8.0	≤1.0	Nb≤5.0 +Co≤15.0， Fe≤3.0，Ti，Si	—
Ni 20	c，g，t，z	—	—	—	余量	—	—	—	—	硬质合金
Co 1	c，k，t，z	≤0.6	0.1~2.0	20~35	≤10	≤10	≤15	—	Nb≤1.0， Fe≤5.0，Si	—
Co 2	t，z，(c，s)	0.6~3.0	0.1~2.0	20~35	≤4.0	—	4~10	—	Fe≤5.0，Si	—
Co 3	t，z，(c，s)	1.0~3.0	≤2.0	20~35	≤4.0	≤1.0	6~15	—	Fe≤5.0，Si	—
Cu 1	c(n)	—	≤2.0	—	≤6.0	—	—	—	Fe≤5.0，Al7~15，Si	Cu
Cu 2	c(n)	—	≤15.0	—	≤6.0	—	—	—	F≤5.0，Al≤9.0，Sn	Cu
Al 1	c，n	—	≤0.5	—	10~35	—	—	—	Cu，Si	Al
Cr 1	g，n	1.0~5.0	≤1.0	余量	—	—	—	15~20	Fe≤6.0，+Si，B，Zr	Cr
Z	—	按供需双方协议确定									

① 本表仅列出型号中的部分代号。

② 产品种类的代号：c—耐锈蚀；n—不被磁化；t—耐热；g—耐磨损；p—耐冲击；z—除氧化皮；k—加工硬化；s—保留边缘；v—耐气蚀；w—沉淀硬化。（ ）—部分产品种类。

7.3.5　铸铁用焊条和焊丝 ［EN ISO 1071（2015）］

见 7.2.5 节。

7.3.6　高强度钢电弧焊用药皮焊条

见 7.2.6 节。

B. 专业用焊材和优良品种

7.3.7 非合金钢和细晶粒钢气体保护焊用焊丝

见 7.2.8 节。

7.3.8 非合金钢和细晶粒钢药芯焊丝和焊带

见 7.2.14 节。

7.3.9 高强度钢气体保护电弧焊用焊丝、焊棒与填充丝 ［EN ISO 16834（2012）］

见 7.2.7 节。

7.3.10 高强度钢气体保护焊和自保护焊用药芯焊丝 ［EN ISO 18276（2017）］

见 7.2.15 节。

7.3.11 热强钢气体保护焊用实心焊丝 ［EN ISO 21952（2012）］

见 7.2.9 节。

7.3.12 热强钢气体保护焊用药芯焊丝 ［EN ISO 17634（2015）］

见 7.2.16 节。

7.3.13 不锈钢和耐热钢电弧焊用实心焊丝和焊带 ［EN ISO 14343（2017）］

见 7.2.10 节。

7.3.14 不锈钢和耐热钢气体保护焊及自保护焊用药芯焊丝 ［EN ISO 17633（2018）］

见 7.2.17 节。

7.3.15 埋弧焊用非合金钢及细晶粒钢实心焊丝和药芯焊丝 ［EN ISO 14171（2016）］

见 7.2.18 节。

7.3.16 埋弧焊用高强度钢实心焊丝和药芯焊丝 ［EN ISO 26304（2018）］

见 7.2.19 节。

7.4 法　　国

A. 通用焊接材料

7.4.1 非合金钢和细晶粒钢焊条 ［NF EN ISO 2560（2009）］

见 7.2.1 节。

7.4.2 热强钢电弧焊用焊条 ［NF EN ISO 3580（2017）］

见 7.2.2 节。

7.4.3 不锈钢和耐热钢焊条 ［NF EN ISO 3581（2016）］

见 7.2.3 节。

7.4.4 非合金钢和细晶粒钢焊丝与焊棒 ［NF EN ISO 636（2017）］

见 7.2.4 节。

7.4.5 铸铁用焊条和焊丝［NF EN ISO 1071（2016）］

见7.2.5节。

B. 专业用焊材和优良品种

7.4.6 不锈钢和耐热钢焊丝与焊带［NF EN ISO 14343（2017）］

见7.2.10节。

7.4.7 高强度钢气体保护电弧焊用焊丝焊棒与填充丝［NF EN ISO 16834（2012）］

见7.2.7节。

7.4.8 不锈钢和耐热钢气体保护电弧焊用药芯焊丝［NF EN ISO 17633（2010）］

见7.2.17节。

7.5 德 国

A. 通用焊接材料

7.5.1 非合金钢和细晶粒钢焊条［DIN EN ISO 2560（2010）］

见7.2.1节。

7.5.2 热强钢焊条

见7.2.2节。

7.5.3 铸铁用焊条［DIN EN ISO 1071（2016）］

见7.2.5节。

B. 专业用焊材和优良品种

7.5.4 不锈钢和耐热钢电弧焊用焊丝与焊带［DIN EN ISO 14343（2017）］

见7.2.10节。

7.5.5 非合金钢和细晶粒钢实心焊丝

见7.2.8节。

7.5.6 非合金钢和细晶粒钢气体保护焊和自保护焊用药芯焊丝［DIN EN ISO 17632（2016）］

见7.2.14节。

7.5.7 非合金钢和细晶粒钢埋弧焊用实心焊丝［DIN EN ISO 14171—2016］

见7.2.18节。

7.5.8 热强钢气体保护焊用药芯焊丝［DIN EN 21952（2012）］

见7.2.9节。

7.5.9 不锈钢和耐热钢电弧焊用实心焊丝与焊带［DIN EN ISO 14343（2017）］

见7.2.10节。

7.5.10 镍及镍合金实心焊丝与焊带［DIN EN ISO 18274（2011）］

见7.2.13节。

7.6 日 本

A. 通用焊接材料

7.6.1 非合金钢、细晶粒钢与低温钢焊条

(1) 日本 JIS 标准非合金钢、细晶粒钢与低温钢焊条的型号与熔敷金属的化学成分〔JIS Z3211（2008/2013 确认）〕（表 7-6-1）

表 7-6-1 非合金钢、细晶粒钢与低温钢焊条的型号与熔敷金属的化学成分（质量分数）（%）

焊条型号	C	Si	Mn	P≤	S≤	Ni	Cr	Mo	其 他
E4303	0 20	1.00	1.20	—	—	0.30	0.20	0.30	V≤0.08
E4310	0.20	1.00	1.20	—	—	0.30	0.20	0.30	V≤0.08
E4311	0.20	1.00	1.20	—	—	0.30	0.20	0.30	V≤0.08
E4312	0.20	1.00	1.20	—	—	0.30	0.20	0.30	V≤0.08
E4313	0.20	1.00	1.20	—	—	0 30	0.20	0.30	V≤0.08
E4316	0.20	1.00	1.20	—	—	0.30	0.20	0.30	V≤0.08
E4318	0.030	0.40	0.60	0.025	0.015	0.30	0 30	0.30	V≤0.08
E4319	0.20	1.00	1.20	—	—	0.30	0.20	0.30	V≤0.08
E4320	0.20	1.00	1.20	—	—	0.30	0.20	0.30	V≤0.08
E4324	0.20	1.00	1.20	—	—	0.30	0.20	0.30	V≤0.08
E4327	0.20	1.00	1.20	—	—	0.30	0.20	0.30	V≤0.08
E4340	—	—	—	—	—	—	—	—	—
E4903	0.15	0.90	1.25	—	—	0.30	0.20	0.30	V≤0.08
E4910	0.20	0.90	1.25	—	—	0.30	0.20	0.30	V≤0.08
E4911	0.20	0.90	1.25	—	—	0 30	0.20	0.30	V≤0.08
E4912	0 20	1.00	1.20	0.035	0.035	0.30	0.20	0.30	V≤0.08
E4913	0.15	1.00	1.20	0.035	0.035	0.30	0.20	0.30	V≤0.08
E4914	0.15	0.90	1.25	0.035	0.035	0.30	0.20	0.30	V≤0.08
E4915	0.15	0.75	1.25	0.035	0.035	0.30	0.20	0.30	V≤0.08
E4916	0.15	0.75	1.60	0.035	0.035	0.30	0.20	0.30	V≤0.08
E4918	0.15	0.90	1.60	0.035	0.035	0.30	0.20	0.30	V≤0.08
E4919	0.15	0.90	1.25	0.035	0.035	0.30	0.20	0.30	V≤0.08
E4924	0.15	0.90	1.25	0.035	0.035	0.30	0.20	0.30	V≤0.08
E4927	0.15	0.75	1.60	0.035	0.035	0.30	0.20	0.30	V≤0.08
E4928	0.15	0.90	1.60	0.035	0.035	0.30	0.20	0.30	V≤0.08
E4948	0.15	0.90	1.60	0.035	0.035	0.30	0.20	0.30	V≤0.08
E5716	0.12	0.90	1.60	0.03	0.03	1.00	0.30	0.35	
E5728	0.12	0.90	1.60	0.03	0.03	1.00	0.30	0.35	
E4910-1M3	0.12	0.40	0.60	0.03	0.03	—	—	0.40~0.65	—
E4910-P1	0.20	0.60	1.20	0.03	0.03	1.00	0.30	0.50	V≤0.10
E4911-1M3	0.12	0.40	0.60	0.03	0.03	—	—	0.40~0.65	—
E4915-1M3	0.12	0.60	0.90	0.03	0.03	—	—	0.40~0.65	—
E4916-1M3	0.12	0.60	0.90	0.03	0.03	—	—	0.40~0.65	—
E4918-1M3	0.12	0.80	0.90	0.03	0.03	—	—	0 40~0.65	—

（续）

焊条型号	C	Si	Mn	P≤	S≤	Ni	Cr	Mo	其　他
E4919-1M3	0.12	0.40	0.90	0.03	0.03	—	—	0.40~0.65	—
E4920-1M3	0.12	0.40	0.60	0.03	0.03	—	—	0.40~0.65	—
E4924-1	0.12	0.90	1.25	0.035	0.035	0.30	0.20	0.30	V≤0.08
E4927-1M3	0.12	0.40	1.00	0.03	0.03	—	—	0.40~0.65	—
E5510-P1	0.20	0.60	1.20	0.03	0.03	1.00	0.30	0.50	V≤0.10
E57J16-N1M1	0.12	0.80	0.70~1.50	0.03	0.03	0.30~1.00	—	0.10~0.40	—
E57J18-N1M1	0.12	0.80	0.70~1.50	0.03	0.03	0.30~1.00	—	0.10~0.40	—
E5916-3M2	0.12	0.60	1.00~1.75	0.03	0.03	0.90	—	0.25~0.45	—
E5916-N1M1	0.12	0.80	0.70~1.50	0.03	0.03	0.30~1.00	—	0.10~0.40	—
E5918-N1M1	0.12	0.80	0.70~1.50	0.03	0.03	0.30~1.00	—	0.10~0.40	—
E59J16-N1M1	0.12	0.80	0.70~1.50	0.03	0.03	0.30~1.00	—	0.10~0.40	—
E59J18-N1M1	0.12	0.80	0.70~1.50	0.03	0.03	0.30~1.00	—	0.10~0.40	—
E6216-3M2	0.12	0.60	1.00~1.75	0.03	0.03	0.30~1.00	—	0.10~0.40	—
E6216-N1M1	0.12	0.80	0.70~1.50	0.03	0.03	0.30~1.00	—	0.10~0.65	—
E6216-N2M1	0.12	0.80	0.70~1.50	0.03	0.03	0.80~1.50	—	0.10~0.40	—
E6218-N1M1	0.12	0.80	0.70~1.50	0.03	0.03	0.30~1.00	—	0.10~0.40	—
E6218-N2M1	0.12	0.80	0.70~1.50	0.03	0.03	0.80~1.50	—	0.10~0.40	—
E6916-N3CM1	0.12	0.80	1.20~1.70	0.03	0.03	1.20~1.70	0.10~0.30	0.10~0.30	—
E6916-N4M3	0.12	0.80	0.70~1.50	0.03	0.03	1.50~2.50	—	0.35~0.65	—
E7816-N4CM2	0.12	0.80	1.20~1.80	0.03	0.03	1.50~2.10	0.10~0.40	0.25~0.55	—
E7816-N5CM3	0.12	0.80	1.00~1.60	0.03	0.03	2.10~2.80	0.10~0.40	0.30~0.65	—
E78J16-N4CM2	0.12	0.80	1.20~1.80	0.03	0.03	1.50~2.10	0.10~0.40	0.25~0.55	—
E78J16-N5CM3	0.12	0.80	1.00~1.60	0.03	0.03	2.10~2.80	0.10~0.40	0.30~0.65	—
E78J16-N5M4	0.12	0.80	1.40~2.00	0.03	0.03	2.10~2.80	—	0.50~0.80	—
E4916-N1	0.12	0.90	0.60~1.60	0.03	0.03	0.30~1.00	0.15	0.35	V≤0.05
E4916-N2	0.08	0.50	0.40~1.40	0.03	0.03	0.80~1.10	0.15	0.35	V≤0.05
E4916-N3	0.10	0.60	1.25	0.03	0.03	1.10~2.00	—	0.35	—
E4928-N1	0.12	0.90	0.60~1.60	0.03	0.03	0.30~1.00	—	0.35	V≤0.05
E5516-N1	0.12	0.90	0.60~1.60	0.03	0.03	0.30~1.00	—	0.35	V≤0.05
E5516-N2	0.08	0.50	0.40~1.40	0.03	0.03	0.80~1.10	0.15	0.35	V≤0.05
E5518-N2	0.08	0.50	0.40~1.40	0.03	0.03	0.80~1.10	0.15	0.35	V≤0.05
E5518-N2M3	0.10	0.60	0.80~1.25	0.02	0.02	0.80~1.10	0.10	0.40~0.65	V≤0.02 Al≤0.05 Cu≤0.10
E5528-N1	0.12	0.90	0.60~1.60	0.03	0.03	0.30~1.00	—	0.35	V≤0.05
E6216-N4M1	0.12	0.80	0.75~1.35	0.03	0.03	1.30~2.30	—	0.10~0.30	—
E7816-N4C2M1	0.12	0.80	1.00~1.50	0.03	0.03	1.50~2.50	0.50~0.90	0.10~0.40	—
E4916-1	0.15	0.75	1.60	0.035	0.035	0.30	0.20	0.30	V≤0.08
E4918-1	0.15	0.90	1.60	0.035	0.035	0.30	0.20	0.30	V≤0.08
E4918-N2	0.08	0.50	0.40~1.40	0.03	0.03	0.80~1.10	0.15	0.35	V≤0.05
E5516-3M3	0.12	0.80	1.00~1.80	0.03	0.03	0.90	—	0.40	—
E5516-3N3	0.10	0.60	1.60	0.03	0.03	1.10~2.00	—	—	—

（续）

焊条型号	C	Si	Mn	P≤	S≤	Ni	Cr	Mo	其他
E5516-N3	0.10	0.60	1.25	0.03	0.03	1.10～2.00	—	0.35	—
E5518-3M2	0.12	0.80	1.00～1.75	0.03	0.03	0.90	—	0.25～0.45	—
E5518-3M3	0.12	0.80	1.00～1.80	0.03	0.03	0.90	—	0.40～0.65	—
E5518-N3	0.10	0.80	1.25	0.03	0.03	1.10～2.00	—	—	—
E6215-3M2P	0.12	0.60	1.00～1.75	0.03	0.03	0.90	—	0.25～0.45	—
E6218-3M2P	0.12	0.80	1.00～1.75	0.03	0.03	0.90	—	0.25～0.45	—
E6218-3M3P	0.12	0.80	1.00～1.80	0.03	0.03	0.90	—	0.40～0.65	—
E6218-N3M1	0.10	0.80	0.60～1.25	0.030	0.030	1.40～180	0.15	0.35	V≤0.05
E6915-4M2P	0.15	0.60	1.65～2.00	0.03	0.03	0.90	—	0.25～0.45	—
E6916-4M2P	0.15	0.60	1.65～2.00	0.03	0.03	0.90	—	0.25～0.45	—
E6918-4M2P	0.15	0.80	1.65～2.00	0.03	0.03	0.90	—	0.25～0.45	—
E6918-N3M2	0.10	0.60	0.75～1.70	0.030	0.030	1.40～2.10	0.35	0.25～0.50	V≤0.05
E7618-N4M2	0.10	0.60	1.30～1.80	0.030	0.030	1.25～2.50	0.40	0.25～0.50	V≤0.05
E8318-N4C2M2	0.10	0.60	1.30～2.25	0.030	0.030	1.75～2.50	0.30～1.50	0.30～0.55	V≤0.05
E4928-N5	0.10	0.80	1.00	0.025	0.020	2.00～2.75	—	—	—
E5516-N5	0.12	0.60	1.25	0.03	0.03	2.00～2.75	—	—	—
E5518-N5	0.12	0.80	1.25	0.03	0.03	2.00～2.75	—	—	—
E5916-N5M1	0.12	0.80	0.60～1.20	0 03	0.03	2.00～2.75	—	0.30	—
E6216-N5M1	0.12	0.80	0.60～1.20	0.03	0.03	2.00～2.75	—	0.30	—
E6916-N7CM3	0.12	0.80	0.80～1.40	0.03	0.03	3.00～3.80	0.10～0.40	0.30～0.60	—
E7816-N5M4	0.12	0.80	1.40～2.00	0.03	0.03	2.10～2.80	—	0.50～0.80	—
E4915-N5	0.05	0.50	1.25	0.03	0.03	2.00～2.75	—	—	—
E4916-N5	0.05	0.50	1.25	0.03	0.03	2.00～2.75	—	—	—
E4918-N5	0.05	0.50	1.25	0.03	0.03	2.00～2.75	—	—	—
E5516-N7	0.12	0.80	1.25	0.03	0.03	3.00～3.75	—	—	—
E5518-N7	0.12	0.80	1.25	0.03	0.03	3.00～3.75	—	—	—
E7816-N9M3	0.12	0.80	1.25	0.03	0.03	3.00～3.75	—	—	—
E4915-N7	0.05	0.50	1.25	0.03	0.03	3.00～3.75	—	—	—
E4916-N7	0.05	0.50	1.25	0.03	0.03	3.00～3.75	—	—	—
E4918-N7	0.05	0.50	1.25	0.03	0.03	3.00～3.75	—	—	—
E5516-N13	0.06	0.60	1.00	0.025	0.025	6.00～7.00	—	—	—
E6215-N13P	0.05	0.50	0.40～1.00	0.03	0.03	6.00～7.25	—	—	—
E49××-G	—	—	—	—	—	—	—	—	—
E55××-G	—	—	—	—	—	—	—	—	—
E57××-G	—	—	—	—	—	—	—	—	—
E57J16-G[①]	—	0.80	1.00	—	—	0.50	0.30	0.20	V≤0.10 Cu≤0.20
E57J18-G[①]	—	0.80	1.00	—	—	0.50	0.30	0.20	
E59J16-G[①]	—	0.80	1.00	—	—	0.50	0.30	0.20	
E59J18-G[①]	—	0.80	1.00	—	—	0.50	0.30	0.20	
E6210-G[①]	—	0.80	1.00	—	—	0.50	0.30	0.20	
E6211-G[①]	—	0.80	1.00	—	—	0.50	0.30	0.20	
E6213-G[①]	—	0.80	1.00	—	—	0.50	0.30	0.20	

（续）

焊条型号	C	Si	Mn	P≤	S≤	Ni	Cr	Mo	其 他
E6215-G①	—	0.80	1.00	—	—	0.50	0.30	0.20	
E6216-G①	—	0.80	1.00	—	—	0.50	0.30	0.20	
E6218-G①	—	0.80	1.00	—	—	0.50	0.30	0.20	
E6910-G①	—	0.80	1.00	—	—	0.50	0.30	0.20	
E6911-G①	—	0.80	1.00	—	—	0.50	0.30	0.20	
E6913-G①	—	0.80	1.00	—	—	0.50	0.30	0.20	
E6915-G①	—	0.80	1.00	—	—	0.50	0.30	0.20	
E6916-G①	—	0.80	1.00	—	—	0.50	0.30	0.20	
E6918-G①	—	0.80	1.00	—	—	0.50	0.30	0.20	
E7610-G①	—	0.80	1.00	—	—	0.50	0.30	0.20	
E7611-G①	—	0.80	1.00	—	—	0.50	0.30	0.20	
E7613-G①	—	0.80	1.00	—	—	0.50	0.30	0.20	V≤0.10 Cu≤0.20
E7615-G①	—	0.80	1.00	—	—	0.50	0.30	0.20	
E7616-G①	—	0.80	1.00	—	—	0.50	0.30	0.20	
E7618-G①	—	0.80	1.00	—	—	0.50	0.30	0.20	
E7816-G①	—	0.80	1.00	—	—	0.50	0.30	0.20	
E78J16-G①	—	0.80	1.00	—	—	0.50	0.30	0.20	
E78J18-G①	—	0.80	1.00	—	—	0.50	0.30	0.20	
E8310-G①	—	0.80	1.00	—	—	0.50	0.30	0.20	
E8311-G①	—	0.80	1.00	—	—	0.50	0.30	0.20	
E8313-G①	—	0.80	1.00	—	—	0.50	0.30	0.20	
E8315-G①	—	0.80	1.00	—	—	0.50	0.30	0.20	
E8316-G①	—	0.80	1.00	—	—	0.50	0.30	0.20	
E8318-G①	—	0.80	1.00	—	—	0.50	0.30	0.20	

注：1. 本表中的单值（有些元素已标出）均为最大值。

    2. 焊条型号中"××"表示药皮类型。

① 如要添加表中以外的合金元素，由供需双方的合同确定。

（2）日本 JIS 标准非合金钢、细晶粒钢与低温钢焊条的熔敷金属力学性能（表7-6-2）

表7-6-2 非合金钢、细晶粒钢与低温钢焊条的熔敷金属力学性能

焊条型号	R_m/MPa	R_{eL}/MPa	A（%）	试验温度/℃	KV①/J≥	焊条型号	R_m/MPa	R_{eL}/MPa	A（%）	试验温度/℃	KV①/J≥
		≥						≥②			
E4303	430	330	20	0	27	E4340	430	330	20	0	—
E4310	430	330	20	−30	27	E4903	490	400	20	0	27
E4311	430	330	20	−30	27	E4910	490~650	400	20	−30	27
E4312	430	330	16	—	—	E4911	490~650	400	20	−30	27
E4313	430	330	16	—	—	E4912	490	400	16	—	—
E4316	430	330	20	−30	27	E4913	490	400	16	—	—
E4318	430	330	20	−30	27	E4914	490	400	16	—	—
E4319	430	330	20	−20	27	E4915	490	400	20	−30	27
E4320	430	330	20	—	—	E4916	490	400	20	−30	27
E4324	430	330	16	—	—	E4918	490	400	20	−30	27
E4327	430	330	20	−30	27	E4919	490	400	20	−20	27

（续）

焊条型号	R_m/MPa	R_{eL}/MPa	A（%）	试验温度/℃	$KV^①$/J≥	焊条型号	R_m/MPa	R_{eL}/MPa	A（%）	试验温度/℃	$KV^①$/J≥
		≥						≥^{②}			
E4924	490	400	16	—	—	E5516-N2	550	470~550	17	—	—
E4927	490	400	20	−30	27	E5518-N2	550	470~550	17	—	—
E4928	490	400	20	−20	27	E5518-N2M3	550	460	17	—	—
E4948	490	400	20	−30	27	E5528-N1	550	460	17	—	—
E5716	570	490	16	−30	27	E6216-N4M1	620	530	15	—	—
E5728	570	490	16	−20	27	E7816-N4C2M1	780	690	13	—	—
E4910-1M3	490	420	20	—	—	E4916-1	490	400	20	−45	27
E4910-P1	490	420	20	−30	27	E4918-1	490	400	20	−45	27
E4911-1M3	490	400	20	—	—	E4918-N2	490	390	20	−50	27
E4915-1M3	490	400	20	—	—	E5516-3M3	550	460	17	−50	27
E4916-1M3	490	400	20	—	—	E5516-3N3	550	460	17	−50	27
E4918-1M3	490	400	20	—	—	E5516-N3	550	460	17	−50	27
E4919-1M3	490	400	20	—	—	E5518-3M2	550	460	17	−50	27
E4920-1M3	490	400	20	—	—	E5518-3M3	550	460	17	−50	27
E4924-1	490	400	20	−20	27	E5518-N3	550	460	17	−50	27
E4927-1M3	490	400	20	—	—	E6215-3M2	620	530	15	−50	27
E5510-P1	550	460	17	−30	27	E6218-3M2	620	530	15	−50	27
E57J16-N1M1	570	500	16	−5	27	E6218-3M3	620	530	15	−50	27
E57J18-N1M1	570	500	16	−5	27	E6218-N3M1	620	540	21	—	—
E5916-3M2	590	490	16	—	—	E6915-4M2	690	600	15	—	—
E5916-N1M1	590	490	16	−20	27	E6916-4M2	690	600	15	—	—
E5918-N1M1	590	490	16	−20	27	E6918-4M2	690	600	15	—	—
E59J16-N1M1	590	500	16	−5	27	E6918-N3M2	690	610~690	18	—	—
E59J18-N1M1	590	500	16	−5	27	E7618-N4M2	760	680~760	18	—	—
E6216-3M2	620	530	15	−20	27	E8318-N4C2M2	830	745~830	16	—	—
E6216-N1M1	620	530	15	−20	27	E4928-N5	490	390	20	−60	27
E6216-N2M1	620	530	15	−20	27	E5516-N5	550	460	17	−60	27
E6218-N1M1	620	530	15	−20	27	E5518-N5	550	460	17	−60	27
E6218-N2M1	620	530	15	−20	27	E5916-N5M1	590	490	16	−60	27
E6916-N3CM1	690	600	14	−20	27	E6216-N5M1	620	530	15	—	—
E6916-N4M3	690	600	14	−20	27	E6916-N7CM3	690	600	14	—	—
E7816-N4CM2	780	690	14	−20	27	E7816-N5M4	780	690	13	—	—
E7816-N5CM3	780	690	13	−20	27	E4915-N5	490	390	20	−75	27
E78J16-N4CM2	780	700	13	−20	27	E4916-N5	490	390	20	−75	27
E78J16-N5CM3	780	700	13	−20	27	E4918-N5	490	390	20	−75	27
E78J16-N5M4	780	700	13	−20	27	E5516-N7	550	460	17	−75	27
E4916-N1	490	390	20	—	—	E5518-N7	550	460	17	−75	27
E4916-N2	490	390	20	—	—	E7816-N9M3	780	690	13	−60	27
E4916-N3	490	390	20	—	—	E4915-N7	490	390	20	−100	27
E4928-N1	490	390	20	—	—	E4916-N7	490	390	20	−100	27
E5516-N1	550	460	17	—	—	E4918-N7	490	390	20	−100	27

（续）

焊条型号	R_m/MPa	R_{eL}/MPa	A（%）	试验温度/℃	KV[①]/J≥	焊条型号	R_m/MPa	R_{eL}/MPa	A（%）	试验温度/℃	KV[①]/J≥
	≥						≥[②]				
E5516-N13	550	460	17	−100	27	E6915-G	690	600	14	—	—
E6215-N13P	620	530	15	−115	27	E6916-G	690	600	14	—	—
E49××-G	490	400	20	—	—	E6918-G	690	600	14	—	—
E55××-G	550	460	17	—	—	E7610-G	760	670	13	—	—
E57××-G	570	490	16	—	—	E7611-G	760	670	13	—	—
E57J16-G	570	500	16	−5	27	E7613-G	760	670	11	—	—
E57J18-G	570	500	16	−5	27	E7615-G	760	670	13	—	—
E59J16-G	590	500	16	−5	27	E7616-G	760	670	13	—	—
E59J18-G	590	500	16	−5	27	E7618-G	760	670	13	—	—
E6210-G	620	530	15	—	—	E7816-G	780	690	13	—	—
E6211-G	620	530	15	—	—	E78J16-G	780	700	13	−20	27
E6213-G	620	530	12	—	—	E78J18-G	780	700	13	−20	27
E6215-G	620	530	15	—	—	E8310-G	830	740	12	—	—
E6216-G	620	530	15	—	—	E8311-G	830	740	12	—	—
E6218-G	620	530	15	—	—	E8313-G	830	740	10	—	—
E6910-G	690	600	14	—	—	E8315-G	830	740	12	—	—
E6911-G	690	600	14	—	—	E8316-G	830	740	12	—	—
E6913-G	690	600	11	—	—	E8318-G	830	740	12	—	—

① 冲击吸收能量 KV 是焊缝金属 3 个试样的平均值。

② 范围值不受≥的限制。

7.6.2 热强钢焊条

（1）日本 JIS 标准热强钢焊条的型号与熔敷金属的化学成分 ［JIS Z3223（2010/2014 确认）］（见表 7-6-3）

表 7-6-3　热强钢焊条的型号与熔敷金属的化学成分（质量分数）（%）

型号（代号）	C	Si	Mn	P≤	S≤	Cr	Mo	V	其　他
1M3	≤0.12	≤0.80	≤1.00	0.030	0.030	—	0.40~0.65	—	—
CM	0.05~0.12	≤0.80	≤0.90	0.030	0.030	0.40~0.65	0.40~0.65	—	—
C1M	0.07~0.15	0.30~0.60	0.40~0.70	0.030	0.030	0.40~0.60	1.00~1.25	≤0.05	—
1CM	0.05~0.12	≤0.80	≤0.90	0.030	0.030	1.00~1.50	0.40~0.65	—	—
1CML	≤0.05	≤1.00	≤0.90	0.030	0.030	1.00~1.50	0.40~0.65	—	—
2C1M	0.05~0.12	≤1.00	≤0.90	0.030	0.030	2.00~2.50	0.90~1.20	—	—
2C1ML	≤0.05	≤1.00	≤0.90	0.030	0.030	2.00~2.50	0.90~1.20	—	—
2CML	≤0.05	≤1.00	≤0.90	0.030	0.030	1.75~2.25	0.40~0.65	—	—
2CMWV	0.03~0.12	≤0.60	0.40~1.50	0.030	0.030	2.00~2.60	0.05~0.30	0.15~0.30	W 1.00~2.00 Nb 0.010~0.050
2CMWV-Ni	0.03~0.13	0.30~0.90	0.40~1.50	0.030	0.030	1.90~2.60	0.20	0.10~0.40	Ni 0.70~1.20 W 1.00~2.00 Nb 0.010~0.050
2C1MV	0.05~0.15	≤0.60	0.40~1.50	0.030	0.030	2.00~2.60	0.90~1.20	0.20~0.40	Nb 0.010~0.050
3C1MV	0.05~0.15	≤0.60	0.40~1.50	0.030	0.030	2.60~3.40	0.90~1.20	0.20~0.40	Nb 0.010~0.050
5CM	0.05~0.10	≤0.90	≤1.00	0.030	0.030	4.00~6.00	0.40~0.65	—	Ni≤0.40
5CML	≤0.05	≤0.90	≤1.00	0.030	0.030	4.00~6.00	0.45~0.65	0.10~0.35	Ni≤0.40
9C1M	0.05~0.10	≤0.90	≤1.00	0.030	0.030	8.00~10.5	0.85~1.20	—	Ni≤0.40
9C1ML	≤0.05	≤0.90	≤1.00	0.030	0.030	8.00~10.5	0.85~1.20	—	Ni≤0.40

（续）

型号（代号）	C	Si	Mn	P≤	S≤	Cr	Mo	V	其 他
9C1MV	0.08~0.15	≤0.30	≤1.20	0.010	0.010	8.00~10.5	0.85~1.20	0.15~0.30	Ni≤0.80，Al≤0.04 Nb 0.02~0.10 Cu 0.25 N 0.02~0.07
9C1MV1	0.03~0.12	≤0.60	0.85~1.80	0.025	0.025	8.00~10.5	0.80~1.20	0.15~0.30	
9CMWV-Co	0.03~0.12	≤0.60	0.40~1.30	0.025	0.025	8.00~10.5	0.10~0.50	0.10~0.50	Co 1.00~2.00 Ni 0.30~1.00+①
9CMWV-Cu	0.05~0.10	≤0.50	0.40~1.30	0.030	0.030	8.00~11.0	0.10~0.50	0.10~0.50	Cu 1.00~2.00 Ni 0.50~1.20+①
10C1MV	0.03~0.12	≤0.60	1.00~1.80	0.025	0.025	9.50~12.0	0.80~1.20	0.15~0.35	Ni≤1.00，Al0.04 Nb 0.04~0.12 Cu 0.25， N 0.02~0.07
G	由供需双方的合同确定								—

注：1. 表中所列是焊条型号的有关部分，焊条型号全称应在成分代号前面添加"E××▽▽-"（例如：E6215-2C1M-H×），其中：E表示焊条，前2个"××"表示抗拉强度最小值；后2个"▽▽"表示药皮类型、电流类型；短线后表示化学成分的代号；-H表示扩散氢附加代号。

2. 表中未列出的其余残余元素总量不超过0.50%。

① W 1.00~2.00，Nb 0.001~0.050，N 0.02~0.07。

（2）日本JIS标准热强钢焊条的熔敷金属力学性能（表7-6-4）

表7-6-4   热强钢焊条的熔敷金属力学性能

焊条型号①	R_m/MPa	$R_{eL}^{③}$/MPa	A（%）	预热和道间温度/℃	焊后热处理	
	≥				热处理温度/℃	保温时间/min
49XX-1M3	490	390	22	90~110	605~645	60
49YY-1M3	490	390	20	90~110	605~645	60
55XX-CM	550	460	17	160~190	675~705	60
55XX-C1M	550	460	17	160~190	675~705	60
55XX-1CM	550	460	17	160~190	675~705	60
55 13-1CM	550	460	14	160~190	675~705	60
52XX-1CML	520	390	17	160~190	675~705	60
62XX-2C1M	620	530	15	160~190	675~705	60
62 13-2C1M	620	530	12	160~190	675~705	60
55XX-2C1ML	550	460	15	160~190	675~705	60
55XX-2CML	550	460	15	160~190	675~705	60
57XX-2CMWV	570	490	15	160~190	700~730	120
57XX-2CMWV-Ni	570	490	15	160~190	700~730	120
62XX-2C1MV	620	530	15	160~190	725~755	60
62XX-3C1MV	620	530	15	160~190	725~755	60
55XX-5CM	550	460	17	175~230	725~755	60
55XX-5CML	550	460	17	175~230	725~755	60
62XX-9C1M	620	530	15	205~260	725~755	60
62XX-9C1ML	620	530	15	205~260	725~755	60
62XX-9C1MV	620	530	15	230~290	745~775	120
62XX-9C1MV1	620	530	15	205~260	725~755	60
69XX-9CMWV-Co	690	600	15	205~260	725~755	480
69XX-9CMWV-Cu	690	600	15	200~230	725~755	300
83XX-10C1MV	830	740	12	205~260	675~705	480
AA ZZ G②	力学性能值，由供需双方协商确定					—

① 型号中XX，YY，ZZ为药皮类型和电流类型代号，XX包括15，16，18代号；YY包括10，11，19，20，27代号。

② 型号中AA为抗拉强度代号，包括49，52，55，57，62，69，83；ZZ为药皮类型和电流类型代号，由供需双方商定。

③ 根据试验结果，确定R_{eL}或取$R_{p0.2}$。

7.6.3 不锈钢焊条

（1）日本 JIS 标准不锈钢焊条的型号与熔敷金属的化学成分〔JIS Z3221（2013）〕（表7-6-5）

表7-6-5 不锈钢焊条的型号与熔敷金属的化学成分（质量分数）（%）

型号（代号）	C	Si	Mn	P≤	S≤	Cr	Ni	Mo	Cu	其 他①
209	≤0.06	≤1.00	4.0～7.0	0.04	0.03	20.5～24.0	9.5～12.0	1.5～3.0	≤0.75	V 0.10～0.30 N 0.10～0.30
219	≤0.06	≤1.00	8.0～10.0	0.04	0.03	19.0～21.5	5.5～7.0	≤0.75	≤0.75	N 0.10～0.30
240	≤0.06	≤1.00	10.5～13.5	0.04	0.03	17.0～19.0	4.0～6.0	≤0.75	≤0.75	N 0.10～0.30
307	0.04～0.14	≤1.00	3.30～4.75	0.04	0.03	18.0～21.5	9.0～10.7	0.5～1.5	≤0.75	—
308	≤0.08	≤1.00	0.5～2.5	0.04	0.03	18.0～21.0	9.0～11.0	≤0.75	≤0.75	—
308L	≤0.04	≤1.00	0.5～2.5	0.04	0.03	18.0～21.0	9.0～12.0	≤0.75	≤0.75	—
308H	0.04～0.08	≤1.00	0.5～2.5	0.04	0.03	18.0～21.0	9.0～11.0	≤0.75	≤0.75	—
308N2	≤0.10	≤0.90	1.00～4.00	0.04	0.03	20.0～25.0	7.0～11.0	—	—	N 0.12～0.30
308Mo	≤0.08	≤1.00	0.5～2.5	0.04	0.03	18.0～21.0	9.0～12.0	2.0～3.0	≤0.75	—
308MoJ	≤0.08	≤1.00	0.5～2.5	0.04	0.03	18.0～21.0	9.0～12.0	2.0～3.0	≤0.75	—
308LMo	≤0.04	≤1.00	0.5～2.5	0.04	0.03	18.0～21.0	9.0～12.0	2.0～3.0	≤0.75	—
309	≤0.15	≤1.00	0.5～2.5	0.04	0.03	22.0～25.0	12.0～14.0	≤0.75	≤0.75	—
309L	≤0.04	≤1.00	0.5～2.5	0.04	0.03	22.0～25.0	12.0～14.0	≤0.75	≤0.75	—
309Mo	≤0.12	≤1.00	0.5～2.5	0.04	0.03	22.0～25.0	12.0～14.0	2.0～3.0	≤0.75	—
309LMo	≤0.04	≤1.00	0.5～2.5	0.04	0.03	22.0～25.0	12.0～14.0	2.0～3.0	≤0.75	—
309Nb	≤0.12	≤1.00	0.5～2.5	0.04	0.03	22.0～25.0	12.0～14.0	≤0.75	≤0.75	Nb 0.70～1.00
309LNb	≤0.04	≤1.00	0.5～2.5	0.040	0.030	22.0～25.0	12.0～14.0	≤0.75	≤0.75	Nb 0.70～1.00
310	0.08～0.20	≤0.75	1.0～2.5	0.03	0.03	25.0～28.0	20.0～22.5	≤0.75	≤0.75	—
310H	0.35～0.45	≤0.75	1.0～2.5	0.03	0.03	25.0～28.0	20.0～22.5	≤0.75	≤0.75	—
310Mo	≤0.12	≤0.75	1.0～2.5	0.03	0.03	25.0～28.0	20.0～22.0	2.0～3.0	≤0.75	—
310Nb	≤0.12	≤0.75	1.0～2.5	0.03	0.03	25.0～28.0	20.0～22.0	≤0.75	≤0.75	Nb 0.70～1.00
312	≤0.15	≤1.00	0.5～2.5	0.04	0.03	28.0～32.0	8.0～10.5	≤0.75	≤0.75	—
316	≤0.08	≤1.00	0.5～2.5	0.04	0.03	17.0～20.0	11.0～14.0	2.0～3.0	≤0.75	—
316L	≤0.04	≤1.00	0.5～2.5	0.04	0.03	17.0～20.0	11.0～14.0	2.0～3.0	≤0.75	—
316H	0.04～0.08	≤1.00	0.5～2.5	0.04	0.03	17.0～20.0	11.0～14.0	2.0～3.0	≤0.75	—
316LCu	≤0.04	≤1.00	0.5～2.5	0.040	0.030	17.0～20.0	11.0～16.0	1.20～2.75	1.00～2.50	—
317	≤0.08	≤1.00	0.5～2.5	0.04	0.03	18.0～21.0	12.0～14.0	3.0～4.0	≤0.75	—
317L	≤0.04	≤1.00	0.5～2.5	0.04	0.03	18.0～21.0	12.0～14.0	3.0～4.0	≤0.75	—
318	≤0.08	≤1.00	0.5～2.5	0.04	0.03	17.0～20.0	11.0～14.0	2.0～3.0	≤0.75	Nb 6C～1.00
320	≤0.07	≤0.60	0.5～2.5	0.04	0.03	19.0～21.0	32.0～36.0	2.0～3.0	3.0～4.0	Nb 8C～1.00
320LR	≤0.03	≤0.30	1.5～2.5	0.020	0.015	19.0～21.0	32.0～36.0	2.0～3.0	3.0～4.0	Nb 8C～0.40
329J1	≤0.08	≤0.90	≤1.5	0.040	0.030	23.0～28.0	6.0～8.0	1.0～3.0	—	—
329J4L	≤0.04	≤1.00	0.5～2.5	0.040	0.030	23.0～27.0	8.0～11.0	3.0～4.5	≤1.00	W ≤2.5 N 0.08～0.30
330	0.18～0.25	≤1.00	1.0～2.5	0.04	0.03	14.0～17.0	33.0～37.0	≤0.75	≤0.75	—

（续）

型号（代号）	C	Si	Mn	P≤	S≤	Cr	Ni	Mo	Cu	其他[1]
330H	0.35~0.45	≤1.00	1.0~2.5	0.04	0.03	14.0~17.0	33.0~37.0	≤0.75	≤0.75	—
347	≤0.08	≤1.00	0.5~2.5	0.04	0.03	18.0~21.0	9.0~11.0	≤0.75	≤0.75	Nb 8C~1.00
347L	≤0.04	≤1.00	0.5~2.5	0.040	0.030	18.0~21.0	9.0~11.0	≤0.75	≤0.75	Nb 8C~1.00
349	≤0.13	≤1.00	0.5~2.5	0.04	0.03	18.0~21.0	8.0~10.0	0.35~0.65	≤0.75	Ti≤0.15+①
383	≤0.03	≤0.90	0.5~2.5	0.02	0.02	28.5~29.0	30.0~33.0	3.2~4.2	0.6~1.5	—
385	≤0.03	≤0.90	1.0~2.5	0.03	0.02	19.5~21.5	24.0~26.0	4.2~5.2	1.2~2.0	—
409Nb	≤0.12	≤1.00	≤1.00	0.040	0.030	11.0~14.0	≤0.60	≤0.75	≤0.75	Nb 0.50~1.50
410	≤0.12	≤0.90	≤1.0	0.04	0.03	11.0~14.0	≤0.70	≤0.75	≤0.75	
410NiMo	≤0.06	≤0.90	≤1.0	0.04	0.03	11.0~12.5	4.0~5.0	0.40~0.70	≤0.75	
430	≤0.10	≤0.90	≤1.0	0.04	0.03	15.0~18.0	≤0.60	≤0.75	≤0.75	
430Nb	≤0.10	≤1.00	≤1.00	0.040	0.030	15.0~18.0	≤0.60	≤0.75	≤0.75	Nb 0.50~1.50
630	≤0.05	≤0.75	0.25~0.75	0.04	0.03	16.0~16.75	4.5~6.0	≤0.75	3.25~4.00	Nb 0.15~0.30
16-8-2	≤0.10	≤0.60	0.5~2.5	0.03	0.03	14.5~16.5	7.5~9.5	1.0~2.0	≤0.75	—
2209	≤0.04	≤1.00	0.5~2.0	0.04	0.03	21.5~23.5	7.5~10.5	2.5~3.5	≤0.75	N 0.08~0.25
2553	≤0.06	≤1.00	0.5~1.5	0.04	0.03	24.0~27.0	6.5~8.5	2.9~3.9	1.5~2.5	N 0.10~0.25
2593	≤0.04	≤1.00	0.5~1.5	0.04	0.03	24.0~27.0	8.5~10.5	2.9~3.9	1.5~3.0	N 0.08~0.25

① Nb 0.75~1.20，V 0.10~0.30，W 1.25~1.75。

（2）日本 JIS 标准不锈钢焊条的熔敷金属主要力学性能（表7-6-6）

表7-6-6 不锈钢焊条的熔敷金属主要力学性能

型号（代号）	R_m/MPa ≥	A（%）≥	型号（代号）	R_m/MPa ≥	A（%）≥	型号（代号）	R_m/MPa ≥	A（%）≥
209	690	15	310	550	25	330	520	23
219	620	15	310H	620	8	330H	620	8
240	690	25	310Mo	550	28	347	520	25
307	590	25	310Nb	550	23	347L	510	25
308	550	30	312	660	15	349	690	23
308L	510	30	316	520	25	383	520	28
308H	550	30	316L	490	25	385	520	28
308N2	690	20	316H	520	25	409Nb	450	13
308Mo	550	30	316LCu	510	25	410	450	15
308MoJ	620	20	317	550	20	410NbMo	760	10
308LMo	520	30	317L	510	20	430	450	15
309	550	25	318	550	20	430Nb	450	13
309L	510	25	320	550	28	630	930	6
309Mo	550	25	320LR	520	28	16-8-2	520	25
309LMo	510	25	329LR	520	28	2209	690	15
309Nb	550	25	329J1	590	15	2553	760	13
309LNb	510	25	329J4L	690	15	2593	760	13

（3）日本 JIS 标准不锈钢焊条的熔敷金属焊后热处理（表7-6-7）

表7-6-7 不锈钢焊条的熔敷金属焊后热处理

型号（代号）	预热和道间温度/℃	焊后热处理
409Nb	200～300	760～790℃×2h，<55℃/h 炉冷至595℃，空冷至室温
410	200～300	730～760℃×1h，<110℃/h 炉冷至315℃，空冷至室温
410NiMo	150～260	595～620℃×1h，空冷至室温
430	150～260	760～790℃×2h，<55℃/h 炉冷至595℃，空冷至室温
430Nb	100～260	760～790℃×2h，<55℃/h 炉冷至595℃，空冷至室温
630	100～260	1025～1050℃×1h，空冷至室温，610～630℃沉淀硬化×4h，空冷至室温

注：除表中所列的型号外，其他型号的焊条不规定或不进行焊后热处理。

7.6.4 堆焊用焊条

（1）日本JIS标准堆焊用焊条的型号与熔敷金属的化学成分〔JIS Z3251（2006/2015 确认）〕（表7-6-8）

表7-6-8 堆焊用焊条的型号与熔敷金属的化学成分（质量分数）（%）

型号（代号）	C	Si	Mn	P≤	S≤	Cr	Ni	Mo	W	其他[①]	残余元素总量
DF2A	≤0.30	≤1.5	≤3.0	0.03	0.03	≤3.0	—	≤1.5	—	—	≤1.0
DF2B	0.30～1.00	≤1.5	≤3.0	0.03	0.03	≤5.0	—	≤1.5	—	—	≤1.0
DF3B	0.20～0.50	≤3.0	≤3.0	0.03	0.03	3.0～9.0	—	≤2.5	≤2.0	—	≤1.0
DF3C	0.50～1.50	≤3.0	≤3.0	0.03	0.03	3.0～9.0	—	≤2.5	≤4.0	—	≤2.5
DF4A	≤0.30	≤3.0	≤4.0	0.03	0.03	9.0～14.0	≤6.0	≤2.0	≤2.0	—	≤2.5
DF4B	0.30～1.50	≤3.0	≤4.0	0.03	0.03	9.0～14.0	≤3.0	≤2.0	≤2.0	—	≤2.5
DF5A	0.50～1.00	≤1.0	≤1.0	0.03	0.03	3.0～5.0	—	4.0～9.5	1.0～7.0	—	≤4.0
DF5B	0.50～1.00	≤1.0	≤1.0	0.03	0.03	3.0～5.0	—	—	16.0～19.0	Co4.0～11.0	≤4.0
DFMA	≤1.10	≤0.8	11.0～18.0	0.03	0.03	≤4.0	≤3.0	≤2.5	—	—	≤1.0
DFMB	≤1.10	≤0.8	11.0～18.0	0.03	0.03	≤5.0	3.0～6.0	—	—	—	≤1.0
DFME	≤1.10	≤0.8	11.0～18.0	0.03	0.02	14.0～18.0	≤6.0	≤4.0	—	—	≤4.0
DFCrA	2.5～6.0	≤3.5	≤7.5	0.03	0.03	20.0～35.0	≤3.0	≤6.0	≤6.5	Co≤5.0	≤9.0
DFWA	2.0～4.0	≤2.5	≤3.0	0.03	0.03	≤3.0	≤3.0	≤7.0	40.0～70.0	Co3.0	≤2.0
DCoCrA	0.70～1.40	≤2.0	≤2.0	0.03	0.03	25.0～32.0	≤3.0	≤1.0	3.0～6.0	Fe≤5.0 Co余量	≤0.5
DCoCrB	1.00～1.70	≤2.0	≤2.0	0.03	0.03	25.0～32.0	≤3.0	≤1.0	7.0～9.5	Fe≤5.0 Co余量	≤0.5
DCoCrC	1.75～3.00	≤2.0	≤2.0	0.03	0.03	25.0～33.0	≤3.0	≤1.0	11.0～14.0	Fe≤5.0 Co余量	≤0.5
DCoCrD	≤0.35	≤1.0	≤1.0	0.03	0.03	23.0～30.0	≤3.5	3.0～7.0	≤1.0	Fe≤5.0 Co余量	≤0.5

① 除已注明Fe含量者外，其余焊条的Fe含量均为余量。

（2）日本JIS标准堆焊用焊条的熔敷金属硬度（表7-6-9）

表7-6-9 堆焊用焊条的熔敷金属硬度

标称硬度	熔敷金属的硬度			
	HV	HRB	HRC	HBW
200	≤250	≤100	≤22	≤238
250	200～300	92～106	11～30	190～284

（续）

标称硬度	熔敷金属的硬度			
	HV	HRB	HRC	HBW
300	250 ~ 350	100 ~ 109	22 ~ 36	238 ~ 331
350	300 ~ 400	—	30 ~ 41	284 ~ 379
400	350 ~ 450	—	36 ~ 45	331 ~ 425
450	400 ~ 500	—	41 ~ 49	379 ~ 465
500	450 ~ 600	—	45 ~ 55	—
600	550 ~ 700	—	52 ~ 60	—
700	≥650	—	≥58	—

注：1. 熔敷金属的硬度系测量值的平均值。

2. 若熔敷金属的硬度跨越几个标称硬度时，可择取其中任一标称硬度。

3. 各硬度测量值的差异范围为平均值的 ±15%，而对型号 DF2A、DF2B、DF3B、DF3C 则为 ±（15% ~ 20%）。

7.6.5　不锈钢焊丝

日本 JIS 标准不锈钢焊接用实心焊丝与焊带的型号与化学成分〔JIS Z3321（2013）〕见表 7-6-10。

表 7-6-10　不锈钢焊接用实心焊丝与焊带的型号与化学成分（质量分数）（%）

型号[①]（代号）	C	Si	Mn	P≤	S≤	Cr	Ni	Mo	Cu	其他
307	0.04 ~ 0.14	≤0.65	3.3 ~ 4.8	0.03	0.03	19.5 ~ 22.0	8.0 ~ 10.7	0.5 ~ 1.5	≤0.75	—
308	≤0.08	≤0.65	1.0 ~ 2.5	0.03	0.03	19.5 ~ 22.0	9.0 ~ 11.0	≤0.75	≤0.75	—
308H	0.04 ~ 0.08	≤0.65	1.0 ~ 2.5	0.03	0.03	19.5 ~ 22.0	9.0 ~ 11.0	≤0.50	≤0.75	—
308Si[②]	≤0.08	0.65 ~ 1.00	1.0 ~ 2.5	0.03	0.03	19.5 ~ 22.0	9.0 ~ 11.0	≤0.75	≤0.75	—
308Mo	≤0.08	≤0.65	1.0 ~ 2.5	0.03	0.03	18.0 ~ 21.0	9.0 ~ 12.0	2.0 ~ 3.0	≤0.75	—
308N2	≤0.10	≤0.90	1.0 ~ 4.0	0.03	0.03	20.0 ~ 25.0	7.0 ~ 11.0	≤0.75	≤0.75	N 0.12 ~ 0.30
308L	≤0.030	≤0.65	1.0 ~ 2.5	0.03	0.03	19.5 ~ 22.0	9.0 ~ 11.0	≤0.75	≤0.75	—
308LSi[②]	≤0.030	0.65 ~ 1.00	1.0 ~ 2.5	0.03	0.03	19.5 ~ 22.0	9.0 ~ 11.0	≤0.75	≤0.75	—
308LMo	≤0.030	≤0.65	1.0 ~ 2.5	0.03	0.03	18.0 ~ 21.0	9.0 ~ 12.0	2.0 ~ 3.0	≤0.75	—
309	≤0.12	≤0.65	1.0 ~ 2.5	0.03	0.03	23.0 ~ 25.0	12.0 ~ 14.0	≤0.75	≤0.75	—
309Si[②]	≤0.12	0.65 ~ 1.00	1.0 ~ 2.5	0.03	0.03	23.0 ~ 25.0	12.0 ~ 14.0	≤0.75	≤0.75	—
309Mo	≤0.12	≤0.65	1.0 ~ 2.5	0.03	0.03	23.0 ~ 25.0	12.0 ~ 14.0	2.0 ~ 3.0	≤0.75	—
309L	≤0.030	≤0.65	1.0 ~ 2.5	0.03	0.03	23.0 ~ 25.0	12.0 ~ 14.0	≤0.75	≤0.75	—
309LD	≤0.030	≤0.65	1.0 ~ 2.5	0.03	0.03	21.0 ~ 24.0	10.0 ~ 12.0	≤0.75	≤0.75	—
309LSi[②]	≤0.030	0.65 ~ 1.00	1.0 ~ 2.5	0.03	0.03	23.0 ~ 25.0	12.0 ~ 14.0	≤0.75	≤0.75	—
309LNbD	≤0.030	≤0.65	1.0 ~ 2.5	0.03	0.03	20.0 ~ 23.0	11.0 ~ 13.0	≤0.75	≤0.75	Nb 10C ~ 1.2
310	0.06 ~ 0.15	≤0.65	1.0 ~ 2.5	0.03	0.03	25.0 ~ 28.0	20.0 ~ 22.5	≤0.75	≤0.75	—
310S	≤0.08	≤0.65	1.0 ~ 2.5	0.03	0.03	25.0 ~ 28.0	20.0 ~ 22.5	≤0.75	≤0.75	—
310L	≤0.030	≤0.65	1.0 ~ 2.5	0.03	0.03	25.0 ~ 28.0	20.0 ~ 22.5	≤0.75	≤0.75	—
312	≤0.15	≤0.65	1.0 ~ 2.5	0.03	0.03	28.0 ~ 32.0	8.0 ~ 10.5	≤0.75	≤0.75	—
316	≤0.08	≤0.65	1.0 ~ 2.5	0.03	0.03	18.0 ~ 20.0	11.0 ~ 14.0	2.0 ~ 3.0	≤0.75	—
31H	0.04 ~ 0.08	≤0.65	1.0 ~ 2.5	0.03	0.03	18.0 ~ 20.0	11.0 ~ 14.0	2.0 ~ 3.0	≤0.75	—
316Si[②]	≤0.08	0.65 ~ 1.00	1.0 ~ 2.5	0.03	0.03	18.0 ~ 20.0	11.0 ~ 14.0	2.0 ~ 3.0	≤0.75	—
316L	≤0.030	≤0.65	1.0 ~ 2.5	0.03	0.03	18.0 ~ 20.0	11.0 ~ 14.0	2.0 ~ 3.0	≤0.75	—

（续）

型号①（代号）	C	Si	Mn	P≤	S≤	Cr	Ni	Mo	Cu	其 他
316LSi②	≤0.030	0.65~1.00	1.0~2.5	0.03	0.03	18.0~20.0	11.0~14.0	2.0~3.0	≤0.75	—
316LCu	≤0.030	≤0.65	1.0~2.5	0.03	0.03	18.0~20.0	11.0~14.0	2.0~3.0	1.0~2.5	—
317	≤0.08	≤0.65	1.0~2.5	0.03	0.03	18.5~20.5	13.0~15.0	3.0~4.0	≤0.75	—
317L	≤0.030	≤0.65	1.0~2.5	0.03	0.03	18.5~20.5	13.0~15.0	3.0~4.0	≤0.75	—
318	≤0.08	≤0.65	1.0~2.5	0.03	0.03	18.0~20.0	11.0~14.0	2.0~3.0	≤0.75	Nb 8C~1.0
318L	≤0.030	≤0.65	1.0~2.5	0.03	0.03	18.0~20.0	11.0~14.0	2.0~3.0	≤0.75	Nb 8C~1.0
320	≤0.07	≤0.60	≤0.25	0.03	0.03	19.0~21.0	32.0~36.0	2.0~3.0	3.0~4.0	Nb 8C~1.0
320LR	≤0.025	≤0.15	1.5~2.0	0.015	0.02	19.0~21.0	32.0~36.0	2.0~3.0	3.0~4.0	Nb 8C~0.40
321	≤0.08	≤0.65	1.0~2.5	0.03	0.03	18.5~20.5	9.0~10.5	≤0.75	≤0.75	Ti 9C~1.0
329J4L	≤0.030	≤0.90	0.5~2.5	0.03	0.03	23.0~27.0	8.0~11.0	3.0~4.0	≤1.0	N 0.08~0.30
330	0.18~0.25	≤0.65	1.0~2.5	0.03	0.03	15.0~17.0	34.0~37.0	≤0.75	≤0.75	—
347	≤0.08	≤0.65	1.0~2.5	0.03	0.03	19.0~21.5	9.0~11.0	≤0.75	≤0.75	Nb 10C~1.0
347Si②	≤0.030	0.65~1.00	1.0~2.5	0.03	0.03	19.0~21.5	9.0~11.0	≤0.75	≤0.75	Nb 10C~1.0
347L	≤0.030	≤0.65	1.0~2.5	0.03	0.03	19.0~21.5	9.0~11.0	≤0.75	≤0.75	Nb 10C~1.0
383	≤0.025	≤0.50	1.0~2.5	0.02	0.03	26.5~28.5	30.0~33.0	3.2~4.2	0.7~1.5	—
385	≤0.025	≤0.50	1.0~2.5	0.02	0.03	19.0~21.5	24.0~26.0	4.2~5.2	1.2~2.0	—
16-8-2	≤0.10	≤0.65	1.0~2.5	0.03	0.03	14.5~16.5	7.5~9.5	1.0~2.0	≤0.75	Nb≤0.05 Ti≤0.05
19-10H	0.04~0.08	≤0.65	1.0~2.0	0.03	0.03	18.5~20.0	9.0~11.0	≤0.25	≤0.75	Nb≤0.05 Ti≤0.05
2209	≤0.030	≤0.90	0.5~2.0	0.03	0.03	21.5~23.5	7.5~9.5	3.5~4.5	≤0.75	N 0.08~0.20
409	≤0.08	≤0.80	≤0.80	0.03	0.03	10.5~13.5	≤0.60	≤0.50	≤0.75	Ti 10C~1.5
409Nb	≤0.12	≤0.50	≤0.60	0.03	0.03	10.5~13.5	≤0.60	≤0.75	≤0.75	Nb 8C~1.0
410	≤0.12	≤0.50	≤0.60	0.03	0.03	11.5~13.5	≤0.60	≤0.75	≤0.75	—
410NiMo	≤0.08	≤0.50	≤0.60	0.03	0.03	11.0~12.5	4.0~5.0	0.4~0.7	≤0.75	—
420	0.25~0.40	≤0.50	≤0.60	0.03	0.03	12.0~14.0	≤0.75	≤0.75	≤0.75	—
430	≤0.10	≤0.50	≤0.60	0.03	0.03	15.5~17.0	≤0.60	≤0.75	≤0.75	—
430Nb	≤0.10	≤0.50	≤0.60	0.03	0.03	15.5~17.0	≤0.60	≤0.75	≤0.75	Nb 8C~1.2
430LNb	≤0.030	≤0.50	≤0.60	0.03	0.03	15.5~17.0	≤0.60	≤0.75	≤0.75	Nb 8C~1.2
460	≤0.05	≤0.75	0.25~0.75	0.03	0.03	16.0~16.75	4.5~5.0	≤0.75	3.25~4.00	Nb 0.15~0.30

① 表中的型号为引用 ISO 标准的 B 类型号的有关代号，其中：S—焊丝，B—焊带，L—超低碳。

② 高硅品种，Si 含量超过 0.65%，小于 1.00%，仅用于焊丝。

7.6.6 铸铁用焊条

（1）日本 JIS 标准铸铁用药皮焊条和药芯焊丝（Fe 基类产品）的型号与熔敷金属的化学成分［JIS Z3252（2012）］（表 7-6-11）

表 7-6-11　铸铁用药皮焊条和管状药芯焊丝（Fe 基类产品）的型号与熔敷金属的化学成分（质量分数）（%）

型号（成分代号）	产品种类①	C	Si	Mn	P	S≤	Ni②	Fe	其他	其他残余元素总和④
FeC-1	R	3.0~3.6	2.0~3.5	≤0.8	≤0.50	0.10	—	余量	Al≤3.0	≤1.0
FeC-2	E,T	3.0~3.6	2.0~3.5	≤0.8	≤0.50	0.10	—	余量	Al≤3.0	≤1.0
FeC-3	E,T	2.5~5.0	2.5~9.5	≤1.0	≤0.20	0.04	—	余量	—	≤1.0
FeC-4	R	3.2~3.5	2.7~3.0	0.60~0.75	0.50~0.75	0.10	—	余量	—	≤1.0
FeC-5	R	3.2~3.5	2.0~2.5	0.50~0.70	0.20~0.40	0.10	1.2~1.6	余量	Mo 0.25~0.45	≤1.0
FeC-GF	E,T	3.0~4.0	2.0~3.7	≤0.6	≤0.05	0.015	≤1.5	余量	Mg 0.02~0.10	≤1.0
FeC-GP1	R	3.2~4.0	3.2~3.8	0.10~0.40	≤0.05	0.015	≤0.50	余量	Ce≤0.20	≤1.0
FeC-GP2	E,T	2.5~3.5	1.5~3.0	≤1.0	≤0.05	0.015	≤2.5	余量	Mg 0.02~0.10 Ce≤0.20 Cu≤1.0③	≤1.0
Z-G	R,E,T	按供需双方协议规定								—

① E—药皮焊条；T—管状药芯焊丝；R—铸铁用焊条。

② Ni 含量中可以含 Co。

③ Cu 含量中可以含 Ag。

④ 其他残余元素总和，是指除了表中所列元素以外的残余元素总量。

（2）日本 JIS 标准铸铁用药皮焊条和管状药芯焊丝（Ni-Fe 基类产品）的型号与熔敷金属的化学成分 [JIS Z3252（2012）]（表 7-6-12）

表 7-6-12　铸铁用药皮焊条和管状药芯焊丝（Ni-Fe 基类产品）的型号与熔敷金属的化学成分（质量分数）（%）

型号（成分代号）	产品种类①	C	Si	Mn	P≤	S≤	Ni②	Fe	Cu③	其他	其余残余元素总和④
Fe-1	E,S,T	≤2.0	≤1.5	0.5~1.5	0.04	0.04	—	余量		—	≤1.0
St	E,S,T	≤0.15	≤1.0	≤0.80	0.04	0.04	—	余量	≤0.35	—	≤1.0
Fe-2	E,T	≤0.2	≤1.5	0.3~1.5	0.04	0.04	—	余量		(Nb+V) 5.0~10.0	≤1.0
Ni-CI	E	≤2.0	≤4.0	≤2.5		0.03	≥85	≤8.0	≤2.5	Al≤1.0	≤1.0
Ni-CI	S	≤1.0	≤0.75	≤2.5		0.03	≥90	≤4.0	≤4.0		≤1.0
Ni-CI-A	E	≤2.0	≤4.0	≤2.5		0.03	≥85	≤8.0	≤2.5	Al 1.0~3.0	≤1.0
NiFe-1	E,S,T	≤2.0	≤4.0	≤2.5	0.03	0.03	45~75	余量	≤4.0	Al≤1.0	≤1.0
NiFe-2	E,S,T	≤2.0	≤4.0	1.0~5.0	0.03	0.03	45~60	余量	≤2.5	Al≤1.0 MC≤3.0⑤	≤1.0
NiFe-CI	E	≤2.0	≤4.0	≤2.5	—	0.04	40~60	余量	≤2.5	Al≤1.0	≤1.0
NiFeT3-CI	T	≤2.0	≤1.0	3.0~5.0		0.03	45~60	余量	≤2.5	Al≤1.0	≤1.0
NiFe-CI-A	E	≤2.0	≤4.0	≤2.5		0.03	45~60	余量	≤2.5	Al 1.0~3.0	≤1.0
NiFeMn-CI	E	≤2.0	≤1.0	10~14		0.03	35~45	余量	≤2.5	Al≤1.0	≤1.0
NiFeMn-CI	S	≤0.50	≤1.0	10~14		0.03	35~45	余量	≤2.5	Al≤1.0	≤1.0
NiCu	E,S	≤1.7	≤1.0	≤2.5		0.04	50~75	≤5.0	余量	—	≤1.0

（续）

型　号 （成分代号）	产品 种类[1]	C	Si	Mn	P≤	S≤	Ni[2]	Fe	Cu[3]	其　他	其余残余 元素总和[4]
NiCu-A	E，S	0.35 ~ 0.55	≤0.75	≤2.3	—	0.025	50 ~ 60	3.0 ~ 6.0	35 ~ 45	—	≤1.0
NiCu-B	E，S	0.35 ~ 0.55	≤0.75	≤2.3	—	0.025	60 ~ 70	3.0 ~ 6.0	25 ~ 35	—	≤1.0

① E—药皮焊条；S—实心焊丝；T—管状药芯焊丝。

② Ni 含量中可以含 Co。

③ Cu 含量中可以含 Ag。

④ 其余残余元素总和是指除了表中所列元素以外的残余元素总量。

⑤ MC—碳化物形成元素。

B. 专业用焊材和优良品种

7.6.7　耐候钢焊条 ［JIS Z3214（2012）］

（1）日本 JIS 标准耐候钢焊条的型号与熔敷金属的化学成分（表7-6-13）

表 7-6-13　耐候钢焊条的型号与溶敷金属的化学成分（质量分数）（%）

型　号[1] （代号）	C	Si	Mn	P≤	S≤	Cr	Ni	Cu	其　他
CC	≤0.12	≤0.90	0.30 ~ 1.40	0.03	0.03	0.30 ~ 0.70	—	0.20 ~ 0.60	—
NC	≤0.12	≤0.90	0.30 ~ 1.40	0.03	0.03	≤0.30	0.25 ~ 0.70	0.20 ~ 0.60	—
NCC	≤0.12	≤0.90	0.30 ~ 1.40	0.03	0.03	0.45 ~ 0.75	0.05 ~ 0.45	0.30 ~ 0.70	—
NCC1	≤0.12	0.35 ~ 0.80 ≤0.80	0.50 ~ 1.30	0.03	0.03	0.45 ~ 0.70	0.40 ~ 0.85	0.30 ~ 0.75	—
NCC2	≤0.12	0.40 ~ 0.70	0.40 ~ 0.70	0.025	0.025	0.15 ~ 0.70	0.20 ~ 0.40	0.30 ~ 0.60	V≤0.08
N5CM3	≤0.12	≤0.80	1.00 ~ 1.60	0.03	0.03	0.10 ~ 0.40	2.10 ~ 2.80	—	Mo 0.30 ~ 0.65
N5M4	≤0.12	≤0.80	1.40 ~ 2.00	0.03	0.03	≤1.20	2.10 ~ 2.80	—	Mo 0.50 ~ 0.80
N9M3	≤0.12	≤0.80	1.00 ~ 1.80	0.03	0.03	≤1.20	4.20 ~ 5.00	—	Mo 0.35 ~ 0.65

（2）日本 JIS 标准耐候钢焊条的熔敷金属力学性能（表7-6-14）

表 7-6-14　耐候钢焊条的熔敷金属力学性能

型号（代号）	R_m/MPa	R_{eL}[3]/MPa	A（%）	试验温度 /℃	KV[4]（KU）/J ≥
		≥			
49	490	390[1]	20	0[1]	27（47）
49	490	420[2]	20	-20[2]	27（47）
49J	490	400	20	0	（47）
55	550	460	20	-20	27（47）
57	570	490	20	-5	27（47）
57J	570	500	20	-5	（47）
78	780	700	20	-20	（47）

① 适用于 CC，NC，NCC，NCC1（型号的化学成分代号）。

② 适用于 NCC2。

③ 根据试验结果，确定采用 R_{eL} 或取 $R_{p0.2}$。

7.6.8　耐候钢气体保护焊用实心焊丝 ［JIS Z3315（2012）］

（1）日本 JIS 标准耐候钢气保焊（MAG 和 MIG 焊接）用实心焊丝的型号表示方法这类实心焊丝的型号全称为：G×××××—×××，举例如下：

例 1　G49 A 0 U C1-NCC（-1.6-10）

其中：G——MAG 和 MIG 焊接用焊丝；49——抗拉强度；A——焊接态；0——夏比冲击试验温度 0℃；U——冲击吸收能量 47J；C1——CO_2 气体；NCC——焊丝的化学成分代号。括号内表示焊丝直径 1.6mm 和质量代号 10。

例 2　G78J P2 U M21-N5C1M3T（-1.2-20）

其中：G——同上；78J——抗拉强度；P——焊后热处理；2——夏比冲击试验温度 -20℃；U——冲击吸收能量 47J；M21——混合保护气体；N5C1M3T——焊丝的化学成分代号。括号内表示焊丝直径 1.2mm 和质量代号 20。

（2）日本 JIS 标准耐候钢气保焊（MAG 和 MIG 焊接）用实心焊丝的型号与化学成分（表7-6-15）

表 7-6-15　耐候钢气保焊（MAG 和 MIG 焊接）用实心焊丝的型号与化学成分（质量分数）（%）

型 号（代号）	C	Si	Mn	P≤	S≤	Cr	Ni	Mo	Cu	Ti
CCJ	≤0.12	0.50~0.90	1.10~1.70	0.030	0.030	0.35~0.65	—	—	0.20~0.60	—
NCC	≤0.12	0.60~0.90	1.00~1.65	0.030	0.030	0.50~0.80	0.10~0.30	—	0.20~0.60	—
NCCJ	≤0.12	0.50~0.90	1.00~1.80	0.030	0.030	0.50~0.80	0.40~0.80	—	0.30~0.60	—
NCCT	≤0.12	0.60~0.90	1.00~1.65	0.030	0.030	0.50~0.80	0.10~0.30	—	0.20~0.60	0.02~0.30
NCCT1	≤0.12	0.50~0.80	1.20~1.80	0.030	0.030	0.50~0.80	0.10~0.40	0.02~0.30	0.20~0.60	0.02~0.30
NCCT2	≤0.12	0.50~0.90	1.10~1.70	0.030	0.030	0.50~0.80	0.40~0.80	—	0.20~0.60	0.02~0.30
N4M4T	≤0.12	0.40~0.90	1.60~2.00	0.025	0.025	—	1.90~2.50	0.40~0.90	≤0.50	0.02~0.30
N5M3T	≤0.12	0.40~0.90	1.40~2.00	0.025	0.025	—	2.40~3.10	0.40~0.90	≤0.50	0.02~0.30
N7MT	≤0.12	0.30~0.70	1.30~1.70	0.025	0.025	≤0.30	3.20~3.80	0.60~0.90	≤0.50	0.02~0.30
N5CM3T	≤0.12	0.20~0.70	1.10~1.70	0.025	0.025	0.05~0.35	2.40~2.90	0.35~0.70	≤0.50	0.02~0.30
N5C1M3T	≤0.12	0.40~0.90	1.40~2.00	0.025	0.025	0.40~0.60	2.40~3.00	0.40~0.70	≤0.50	0.02~0.30
N6CM3T	≤0.12	0.30~0.70	1.20~1.50	0.025	0.025	0.10~0.35	2.70~3.30	0.40~0.65	≤0.50	0.02~0.30

（3）日本 JIS 标准耐候钢气体保护焊用实心焊丝的焊缝力学性能和焊后热处理（表7-6-16）。

表 7-6-16　耐候钢气体保护焊用实心焊丝的焊缝力学性能和焊后热处理

焊丝型号		R_m/MPa	R_{eL}/MPa	A（%）	焊后热处理	
力学性能代号	化学成分代号		≥		加热温度/℃	保温时间/min
G 43	CCJ，NCC	430~600	330	20	605~635	60~75
G 49	CCJ，NCC，NCCT，NCCT1，NCCT2	490~670	390	18	605~635	60~75
G 49J	NCCJ	490~670	400	18	605~635	60~75
G 55	CCJ，NCC，NCCT，NCCT1，NCCT2	550~740	460	17	605~635	60~75
G 57	CCJ，NCC，NCCT，NCCT1，NCCT2	570~770	490	17	605~635	60~75
G 57J	NCCJ	570~770	500	17	605~635	60~75
G 78J	N4M4T，N5M3T，N7MT，N5CM3T，N5C1M3T，N6CM3T	780~980	700	13	585~635	60~75

（4）日本 JIS 标准耐候钢气体保护焊用实心焊丝的焊缝冲击性能（表 7-6-17）。

表 7-6-17 耐候钢气体保护焊用实心焊丝的焊缝冲击性能

冲击试验（温度代号）	试验温度/℃	夏比冲击试验		冲击试验（温度代号）	试验温度/℃	夏比冲击试验	
		冲击吸收能量 27J	冲击吸收能量 47J			冲击吸收能量 27J	冲击吸收能量 47J
Y	+20	冲击试样 5 个 3 个试样的平均值≥27J 3 个试样中的最低值≥20J	冲击试样 3 个 3 个试样的平均值≥47J 3 个试样中的最低值≥32J	6	−60	冲击试样 5 个 3 个试样的平均值≥27J 3 个试样中的最低值≥20J	冲击试样 3 个 3 个试样的平均值≥47J 3 个试样中的最低值≥32J
0	0			7	−70		
1	−5			8	−80		
2	−20			9	−90		
3	−30			10	−100		
4	−40			—	—		
5	−50			Z	不规定	—	

7.6.9 耐候钢气体保护焊用药芯焊丝 ［JIS Z3320（2012）］

（1）日本 JIS 标准耐候钢气体保护焊用药芯焊丝的型号与化学成分（表 7-6-18）

表 7-6-18 耐候钢气体保护焊用药芯焊丝的型号与化学成分（质量分数）（%）

型号（代号）	C	Si	Mn	P≤	S≤	Cr	Ni	Cu	其他
CC	≤0.12	0.20 ~ 0.80	0.60 ~ 1.40	0.030	0.030	0.30 ~ 0.60	—	0.20 ~ 0.50	Al≤1.80
NCC	≤0.12	0.20 ~ 0.80	0.60 ~ 1.40	0.030	0.030	0.45 ~ 0.75	0.10 ~ 0.45	0.30 ~ 0.75	Al≤1.80
NCC1	≤0.12	0.20 ~ 0.80	0.50 ~ 1.60	0.030	0.030	0.45 ~ 0.75	0.30 ~ 0.80	0.30 ~ 0.75	Al≤1.80
NCC1J	≤0.12	≤0.90	0.60 ~ 2.20	0.030	0.030	≤1.20	1.20 ~ 4.00	≤1.50	Mo≤1.20

（2）日本耐候钢气体保护焊用药芯焊丝的焊缝力学性能（表 7-6-19 和表 7-6-20）。

表 7-6-19 耐候钢气体保护焊用药芯焊丝的焊缝拉伸性能

型号（代号）	R_m/MPa	A（%）	R_{eL}/MPa
		≥	
43	430 ~ 600	330	20
49	490 ~ 670	390	18
49J	490 ~ 670	400	18
55	550 ~ 740	460	17
57	570 ~ 770	490	17
57J	570 ~ 770	500	17
78J	780 ~ 980	700	13

表 7-6-20 耐候钢气体保护焊用药芯焊丝的焊缝冲击性能

冲击试验（温度代号）	试验温度/℃	KV[1]/J	冲击试验（温度代号）	试验温度/℃	KV[1]/J
Y	+20	47	5	−50	47
0	0	47	6	−60	47
1	−5	47	7	−70	47
2	−20	47	8	−80	47
3	−30	47	9	−90	47
4	−40	47	10	−100	47

[1] 3 个试样的平均值。

7.6.10 热强钢气体保护焊用实心焊丝与填充丝 ［JIS Z3317（2011/2019 确认）］

（1）日本 JIS 标准热强钢气体保护焊（MAG 焊接）用实心焊丝与填充丝的型号与化学成分（表 7-6-21）

表 7-6-21 热强钢气体保护焊（MAG）用实心焊丝与填充丝的型号与化学成分（质量分数）（%）

型　号①（代号）	C	Si	Mn	P ≤	S ≤	Cr	Mo	Cu②	其　他
1M3	≤0.12	0.30~0.70	≤1.30	0.025	0.020	—	0.40~0.65	≤0.35	Ni≤0.20
3M3	≤0.12	0.60~0.90	1.10~1.60	0.025	0.025	—	0.40~0.65	≤0.50	—
3M3T	≤0.12	0.40~1.00	1.00~1.80	0.025	0.025	—	0.40~0.65	≤0.50	Ti 0.02~0.30
CM	≤0.12	0.10~0.40	0.20~1.00	0.025	0.025	0.40~0.90	0.40~0.65	≤0.40	—
CMT	≤0.12	0.30~0.90	1.00~1.80	0.025	0.025	0.30~0.70	0.40~0.65	≤0.40	Ti 0.02~0.30
1CM	0.07~0.12	0.40~0.70	0.40~0.70	0.025	0.025	1.20~1.50	0.40~0.65	≤0.35	Ni≤0.20
1CM1	≤0.12	0.20~0.50	0.60~0.90	0.025	0.025	1.00~1.60	0.30~0.65	≤0.40	—
1CM1J	0.05~0.15	0.10~0.40	0.70~1.00	0.025	0.025	1.00~1.60	0.30~0.65	≤0.40	—
1CM2	0.05~0.15	0.15~0.40	1.60~2.0	0.025	0.025	1.00~1.60	0.40~0.65	≤0.40	—
1CM3	≤0.12	0.30~0.90	0.80~1.50	0.025	0.025	1.00~1.60	0.40~0.65	≤0.40	—
1CML	≤0.05	0.40~0.70	0.40~0.70	0.025	0.025	1.20~1.50	0.40~0.65	≤0.35	Ni≤0.20
1CML1	≤0.05	0.20~0.80	0.80~1.40	0.025	0.025	1.00~1.60	0.40~0.65	≤0.40	—
1CMT	0.05~0.15	0.30~0.90	0.80~1.50	0.025	0.025	1.00~1.60	0.40~0.65	≤0.40	Ti 0.02~0.30
1CMT1	≤0.12	0.30~0.90	1.20~1.90	0.025	0.025	1.00~1.60	0.40~0.65	≤0.40	Ti 0.02~0.30
2C1M	0.07~0.12	0.40~0.70	0.40~0.70	0.025	0.025	2.30~2.70	0.90~1.20	≤0.35	Ni≤0.20
2C1M1	0.05~0.15	0.10~0.50	0.30~0.60	0.025	0.025	2.10~2.70	0.85~1.20	≤0.40	—
2C1M2	0.05~0.15	≤0.60	0.50~1.20	0.025	0.025	2.10~2.70	0.85~1.20	≤0.40	—
2C1M3	≤0.12	0.30~0.90	0.75~1.50	0.025	0.025	2.10~2.70	0.90~1.20	≤0.40	—
2C1ML	≤0.05	0.40~0.70	0.40~0.70	0.025	0.025	2.30~2.70	0.90~1.20	≤0.35	Ni≤0.20
2C1ML1	≤0.05	0.30~0.90	0.80~1.40	0.025	0.025	2.10~2.70	0.90~1.20	≤0.40	—
2C1MV	0.05~0.15	0.10~0.50	0.20~1.00	0.025	0.025	2.10~2.70	0.85~1.20	≤0.40	V 0.15~0.50
2C1MV1	≤0.12	0.10~0.70	0.80~1.60	0.025	0.025	2.10~2.70	0.90~1.20	≤0.40	V 0.15~0.50
2C1MT	0.05~0.15	0.55~0.80	0.75~1.50	0.025	0.025	2.10~2.70	0.90~1.20	≤0.40	Ti 0.02~0.30
2C1MT1	0.04~0.12	0.20~0.80	1.60~2.30	0.025	0.025	2.10~2.70	0.90~1.20	≤0.40	Ti 0.02~0.30
2CMWV	≤0.12	0.10~0.70	0.20~1.00	0.010	0.010	2.00~2.60	0.40~0.65	≤0.40	W 1.00~2.00 Nb 0.01~0.08
2CMWV-Ni	≤0.12	0.10~0.70	0.80~1.60	0.010	0.010	2.00~2.60	0.05~0.30	≤0.40	Ni 0.30~1.00 W 1.00~2.00 Nb 0.01~0.08
3C1M	≤0.12	0.10~0.70	0.50~1.20	0.025	0.025	2.75~3.75	0.90~1.20	≤0.40	—
3C1MV	0.05~0.15	≤0.50	0.20~1.00	0.025	0.025	2.75~3.75	0.90~1.20	≤0.40	V 0.15~0.50
3C1MV1	≤0.12	0.10~0.70	0.80~1.60	0.025	0.025	2.75~3.75	0.90~1.20	≤0.40	V 0.15~0.50
5CM	≤0.10	≤0.50	0.40~0.70	0.025	0.025	4.50~6.00	0.45~0.65	≤0.35	Ni≤0.60
9C1M	≤0.10	≤0.50	0.40~0.70	0.025	0.025	8.00~10.5	0.80~1.20	≤0.35	Ni≤0.50
9C1MV	0.07~0.13	0.15~0.50	≤1.20③	0.010	0.010	8.00~10.5	0.85~1.20	≤0.20	Ni≤0.80 + ④
9C1MV1	≤0.12	≤0.50	0.50~1.25	0.025	0.025	8.00~10.5	0.80~1.20	≤0.40	Ni 0.10~0.80 V 0.15~0.35
9C1MV2	≤0.12	0.10~0.60	1.20~1.90	0.025	0.025	8.00~10.5	0.80~1.20	≤0.40	Nb 0.01~0.12 N 0.01~0.05

（续）

型 号[①] （代号）	C	Si	Mn	P ≤	S ≤	Cr	Mo	Cu[②]	其 他
9C1MV2J	≤0.12	0.10~0.60	1.20~1.90	0.025	0.025	8.00~10.5	0.80~1.20	≤0.40	Ni 0.20~1.00 Nb 0.01~0.12 N 0.02~0.07
10CMV	0.05~0.15	0.10~0.70	0.20~1.00	0.025	0.025	9.00~11.5	0.40~0.65	≤0.40	Ni 0.30~1.00 Nb 0.04~0.16 N 0.02~0.07
10CMWV-Co	≤0.12	0.10~0.70	0.20~1.00	0.020	0.020	9.00~11.5	0.20~0.55	≤0.40	Co 0.80~1.20 Ni 0.30~1.00 +⑤
10CMWV-Co1	≤0.12	0.10~0.70	0.80~1.50	0.020	0.020	9.00~11.5	0.25~0.55	≤0.40	Co 1.00~2.00 Ni 0.30~1.00 +⑤
10CMWV-Cu	0.05~0.15	0.10~0.70	0.20~1.00	0.020	0.020	9.00~11.5	0.20~0.50	1.00~ 2.00	Ni 0.70~ 1.40 +⑤
G	由供需双方的合同确定								—

① 表中型号（代号）引用 ISO 21952 标准 B 类型号；
② 若这类焊丝镀铜时，其铜含量包括在内，均≤0.40%。
③ Mn + Ni≤1.50。
④ Al≤0.04，V 0.15~0.30，Nb 0.02~0.10，N 0.03~0.07。
⑤ W 1.00~2.00，Nb 0.01~0.08，N 0.02~0.07。

（2）日本 JIS 标准热强钢气体保护焊（MAG 焊接）用实心焊丝与填充丝的焊缝力学性能（表7-6-22）

表 7-6-22 热强钢气体保护焊（MAG 焊接）用实心焊丝与充填丝的焊缝力学性能

型 号 （代号）	R_m/MPa	R_{eL}/MPa	A（%）	预热和道间温度 /℃	焊后热处理	
	≥				热处理温度/℃	保温时间/min
49 -3M3，-3M3T	490	390	22	135~165	605~635	60
52 -1M3，1CML	520	400	17	135~165	605~635	60
52 -1CML1	520	400	17	135~165	675~705	60
52 -2CMWV	520	400	17	160~190	700~730	120
55 -CM，-CMT	550	470	17	160~190	605~635	60
55 -1CM1 -1CM1J	550	470	17	135~165	675~705	60
55 -1CM2 -1CM3	550	470	17	135~165	675~705	60
55 -1CMT -1CMT1	550	470	17	135~165	675~705	60
55 -2C1ML -2C1ML1	550	470	15	185~215	675~705	60
55 -2C1MV -2C1MV1	550	470	15	185~215	675~705	60
55 -5CM	550	470	15	175~235	730~760	60
55 -9C1M	550	470	15	205~260	730~760	60

（续）

型 号 （代号）	R_m/MPa	R_{eL}/MPa	A（%）	预热和道间温度 /℃	焊后热处理	
	≥				热处理温度/℃	保温时间/min
57 -2CMWV-Ni	570	490	15	160~190	700~730	120
62 -2C1M -2C1M1	620	540	15	185~215	675~705	60
62 -2C1M2 -2C1M3	620	540	15	185~215	675~705	60
62 -2C1MT -2C1MT1	620	540	15	185~215	675~705	60
62 -3C1M -3C1MV -3C1MV1	620	530	15	185~215	675~705	60
62 -9C1MV -9C1MV1	620	540	15	205~320	745~775	120
62 -9C1MV2 -9C1MV2J	620	530	15	205~320	745~775	120
62 -10CMWV-Co -10CMWV-Co1	620	530	15	205~260	725~755	480
69 -10CMWV-Cu	690	600	15	100200	725~755	60
78 -10CMV	780	680	13	205~260	675~705	480
49 G	490			由供需双方协商确定		—
52 G	520			由供需双方协商确定		—
55 G	550			由供需双方协商确定		—
62 G	620			由供需双方协商确定		—
69 G	690			由供需双方协商确定		—

7.6.11 热强钢气体保护焊用药芯焊丝与填充丝 ［JIS Z3318（2010/2014 确认）］

（1）日本 JIS 标准热强钢气体保护焊（MAG 焊接）用药芯焊丝与填充丝的型号与熔敷金属的化学成分（表7-6-23）

表 7-6-23 热强钢气体保护焊（MAG）用药芯焊丝与填充丝的型号与熔敷金属的化学成分（质量分数）（%）

型号 （代号）	C	Si	Mn	P ≤	S ≤	Cr	Ni	Mo	其 他
2M3	≤0.12	≤0.80	≤1.50	0.030	0.030	—	—	0.40~0.65	—
CM	0.05~0.12	≤0.80	≤1.50	0.030	0.030	0.40~0.65	—	0.40~0.65	—
CML	≤0.05	≤0.80	≤1.50	0.030	0.030	0.40~0.65	—	0.40~0.65	—
1CM	0.05~0.12	≤0.80	≤1.50	0.030	0.030	1.00~1.50	—	0.40~0.65	—
1CML	≤0.05	≤0.80	≤1.50	0.030	0.030	1.00~1.50	—	0.40~0.65	—
1CMH	0.10~0.15	≤0.80	≤1.50	0.030	0.030	1.00~1.50	—	0.40~0.65	—
2C1M	0.05~0.12	≤0.80	≤1.50	0.03	0.030	2.00~2.50	—	0.90~1.20	—
2C1ML	≤0.05	≤0.80	≤1.50	0.030	0.030	2.00~2.50	—	0.90~1.20	—
2C1MH	0.10~0.15	≤0.80	≤1.50	0.030	0.030	2.00~2.50	—	0.90~1.20	—
5CM	0.05~0.12	≤1.00	≤1.50	0.030	0.030	4.0~6.0	≤0.40	0.40~0.65	—

（续）

型号 （代号）	C	Si	Mn	P ≤	S ≤	Cr	Ni	Mo	其 他
5CML	≤0.05	≤1.00	≤1.50	0.030	0.030	4.0~6.0	≤0.40	0.45~0.65	—
9C1M	0.05~0.12	≤1.00	≤1.50	0.030	0.030	8.0~10.5	≤0.40	0.85~1.20	—
9C1ML	≤0.05	≤1.00	≤1.50	0.030	0.030	8.0~10.5	≤0.40	0.85~1.20	—
9C1MV	0.08~0.13	≤0.50	≤1.20	0.020	0.015	8.0~10.5	≤1.00	0.85~1.20	V 0.15~0.30 + ① Nb 0.02~0.10
9C1MV1	0.05~0.12	≤0.50	1.25~2.00	0.020	0.015	8.0~10.5	≤1.00	0.85~1.20	V 0.15~0.30 + ① Nb 0.01~0.08

注：1. 表中型号（代号）引用 ISO 17634 标准 B 类型号。

2. 表中未列出的其余残余元素总量不超过 0.50%。

① Cu≤0.25，Al≤0.04，N 0.02~0.07。

（2）日本 JIS 标准热强钢气体保护焊（MAG 焊接）用药芯焊丝与填充丝的熔敷金属力学性能（表 7-6-24）

表 7-6-24　热强钢气体保护焊（MAG）用药芯焊丝与填充丝的熔敷金属力学性能

型 号① （代号）		R_m/MPa	R_{eL}/MPa	A（%）	预热和道间温度 /℃	焊后热处理	
		≥				热处理温度/℃	保温时间/min
49	-2M3	490~670	390	18	135~165	605~635	60
55	-2M3	550~740	460	17	135~165	605~635	60
55	-CM	550~740	460	17	160~190	675~705②	60
55	-CML	550~740	460	17	160~190	675~705②	60
55	-1CM	550~740	460	17	160~190	675~705②	60
55	-1CML	550~740	460	17	160~190	675~705②	60
55	-1CMH	550~740	460	17	160~190	675~705②	60
62	-2C1M	620~820	530	15	160~190	675~705②	60
69	-2C1M	690~890	600	14	160~190	675~705②	60
62	-2C1ML	620~820	530	15	160~190	675~705②	60
62	-2C1MH	620~820	530	15	160~190	675~705②	60
55	-5CM	590	460	17	200~300	730~760③	60
55	-5CML	590	460	17	150~250	730~760③	60
55	-9C1M	590	460	17	150~250	730~760	60
55	-9C1ML	590	460	17	150~250	730~760	60
69	-9C1MV	690~890	565	17	150~250	730~760	60
69	-9C1MV1	690~890	565	17	150~250	730~760	60

① 表中仅列出型号中的有关代号。

② 试样在炉内的温度应≤315℃，加热温度至保温温度的冷却速度应≤280℃/h。保温完成后，试样以≤195℃/h 的速度冷却。

③ 炉冷速度≤200℃/h，冷却至 300℃。

7.6.12　镍及镍合金焊条 ［JIS Z3224（2010/2014 确认）］

（1）日本 JIS 标准镍及镍合金焊条的型号与熔敷金属的化学成分（表 7-6-25）

表 7-6-25　镍及镍合金焊条的型号与熔敷金属的化学成分（质量分数）（%）

型号 （数字 代号）	型号 （成分代号）	C	Si	Mn	P ≤	S ≤	Cr	Ni①	Mo	Fe	其　他③
镍及镍铜合金											
Ni 2061	NiTi3	≤0.10	≤1.2	≤0.7	0.020	0.015	—	≥92.0	—	≤0.7	Cu≤0.20，Al≤1.0 Ti 1.0～4.0
Ni 4060	NiCu30Mn3Ti	≤0.15	≤1.5	≤4.0	0.020	0.015	—	≥62.0	—	≤2.5	Cu 27.0～34.0 Al≤1.0，Ti≤1.0
Ni 4061	NiCu27Mn3NbTi	≤0.15	≤1.3	≤4.0	0.020	0.015	—	≥62.0	—	≤2.5	Cu 24.0～31.0 Al≤1.0，Ti≤1.5 Nb≤3.0②
镍铬合金											
Ni 6082	NiCr20Mn3Nb	≤0.10	≤0.8	2.0～ 6.0	0.020	0.015	18.0～22.0	≥63.0	≤2.0	≤4.0	Cu≤0.5，Ti≤0.5 Nb 1.5～3.0②
Ni 6231	NiCr22W14Mo	0.05～ 0.10	0.3～ 0.7	0.3～ 1.0	0.020	0.015	20.0～24.0	≥45.0	1.0～ 3.0	≤3.0	W 13.0～15.0 Co≤5.0，Cu≤0.5 Al≤0.5，Ti≤0.1
镍铬铁合金											
Ni 6025	NiCr25Fe10A1Y	0.10～ 0.25	≤0.8	≤0.5	0.020	0.015	24.0～26.0	≥55.0	—	8.0～ 11.0	Al 1.5～2.2 Ti≤0.3，Y≤0.15
Ni 6062	NiCr15Fe8Nb	≤0.08	≤0.8	≤3.5	0.020	0.015	13.0～17.0	≥62.0		≤11.0	Nb 0.5～4.0② Cu≤0.5
Ni 6093	NiCr15Fe8NbMo	≤0.20	≤1.0	1.0～ 5.0	0.020	0.015	13.0～17.0	≥60.0	1.0～ 3.5	≤12.0	Nb 1.0～3.5② Cu≤0.5
Ni 6094	NiCr14Fe4NbMo	≤0.15	≤0.8	1.0～ 4.5	0.020	0.015	12.0～17.0	≥55.0	2.5～ 5.5	≤12.0	W≤1.5，Cu≤0.5 Nb 0.5～3.0②
Ni 6095	NiCr15Fe8- NbMoW	≤0.20	≤0.8	1.0～ 3.5	0.020	0.015	13.0～17.0	≥55.0	1.0～ 3.5	≤12.0	W 1.5～3.5，Cu≤0.5 Nb 1.0～3.5②
Ni 6133	NiCr16Fe12- NbMo	≤1.00	≤0.8	1.0～ 3.5	0.020	0.015	13.0～17.0	≥62.0	0.5～ 2.5	≤12.0	Nb 0.5～3.0② Cu≤0.5
Ni 6152	NiCr30Fe9Nb	≤0.05	≤0.8	≤5.0	0.020	0.015	28.0～31.5	≥50.0	≤0.5	7.0～ 12.0	Al≤0.5，Cu≤0.5 Nb 1.0～2.5② Ti≤0.5
Ni 6182	NiCr15Fe6Mn	≤0.10	≤1.0	5.0～ 10.0	0.020	0.015	13.0～17.0	≥60.0	—	≤10.0	Ti≤1.0，Cu≤0.5 Nb 1.0～3.5② Ta≤0.3
Ni 6333	NiCr25Fe16- CoMo3W	≤0.10	0.8～ 1.2	1.2～ 2.0	0.020	0.015	24.0～26.0	44.0～ 47.0	2.5～ 3.5	≥16.0	W 2.5～3.5，Cu≤0.5 Co 2.5～3.5
Ni 6701	NiCr36Fe7Nb	0.35～ 0.50	0.5～ 2.0	0.5～ 2.0	0.020	0.015	33.0～39.0	42.0～ 48.0	—	≤7.0	Nb 0.8～1.8②
Ni 6702	NiCr28Fe6W	0.35～ 0.50	0.5～ 2.0	0.5～ 1.5	0.020	0.015	27.0～30.0	47.0～ 50.0	—	≤6.0	W 4.0～5.5
Ni 6704	NiCr25Fe10- Al3YC	0.15～ 0.30	≤0.8	≤0.5	0.020	0.015	24.0～26.0	≥55.0	—	8.0～ 11.0	Al 1.8～2.8，Ti≤0.3 Y≤0.15

（续）

型号 （数字 代号）	型号 （成分代号）	C	Si	Mn	P ≤	S ≤	Cr	Ni[1]	Mo	Fe	其 他[3]
						镍铬钼合金					
Ni 6002	NiCr22Fe18Mo	0.05~ 0.15	≤1.0	≤1.0	0.020	0.015	20.0~23.0	≥45.0	8.0~ 10.0	17.0~ 20.0	Co 0.5~2.5, Cu≤0.5 W 0.2~1.0
Ni 6012	NiCr22Mo9	≤0.03	≤0.7	≤1.0	0.020	0.015	20.0~23.0	≥58.0	8.5~ 10.5	≤3.5	Al≤0.4, Ti≤0.4 Nb≤1.5[2], Cu≤0.5
Ni 6022	NiCr21Mo13W3	≤0.02	≤0.2	≤1.0	0.020	0.015	20.0~22.5	≥49.0	12.5~ 14.5	2.0~ 6.0	Co≤2.5, V≤0.4 W 2.5~3.5, Cu≤0.5
Ni 6024	NiCr26Mo14	≤0.02	≤0.2	≤0.5	0.020	0.015	25.0~27.0	≥55.0	13.5~ 15.0	≤1.5	Cu≤0.5
Ni 6030	NiCr29Mo5- Fe15W2	≤0.03	≤1.0	≤1.5	0.020	0.015	28.0~31.5	≥36.0	4.0~ 6.0	13.0~ 17.0	Co≤5.0, W 1.5~4.0 Cu 1.0~2.4 Nb 0.3~1.5[2]
Ni 6058	NiCr22Mo20	≤0.02	≤0.2	≤1.5	0.020	0.015	20.0~23.0	≥51.0	19.0~ 21.0	≤1.5	Co≤0.3, Al≤0.4 W≤0.3
Ni 6059	NiCr23Mo16	≤0.02	≤0.2	≤1.0	0.020	0.015	22.0~24.0	≥56.0	15.0~ 16.5	≤1.5	—
Ni 6200	NiCr23Mo16Cu2	≤0.02	≤0.2	≤1.0	0.020	0.015	20.0~24.0	≥45.0	15.0~ 17.0	≤3.0	Co≤2.0, Cu 1.3~1.9
Ni 6205	NiCr25Mo16	≤0.02	≤0.3	≤0.5	0.020	0.015	22.0~27.0	≥50.0	13.5~ 16.5	≤5.0	Al≤0.4, Cu≤2.0
Ni 6275	NiCr15Mo16- Fe5W3	≤0.10	≤1.0	≤1.0	0.020	0.015	14.5~16.5	≥50.0	15.0~ 18.0	4.0~ 7.0	Co≤2.5, V≤0.4 W 3.0~4.5, Cu≤0.5
Ni 6276	NiCr15Mo15- Fe6W4	≤0.02	≤0.2	≤1.0	0.020	0.015	14.5~16.5	≥50.0	15.0~ 17.0	4.0~ 7.0	Co≤2.5, V≤0.4 W 3.0~4.5, Cu≤0.5
Ni 6452	NiCr19Mo15	≤0.025	≤0.4	≤2.0	0.020	0.015	18.0~20.0	≥56.0	14.0~ 16.0	≤1.5	V≤0.4, Nb≤0.4[2] Cu≤0.5
Ni 6455	NiCr16Mo15Ti	≤0.02	≤0.2	≤1.5	0.020	0.015	14.0~18.0	≥56.0	14.0~ 17.0	≤3.0	Co≤2.0, Ti≤0.7 W≤0.5, Cu≤0.5
Ni 6620	NiCr14Mo7Fe	≤0.10	≤1.0	2.0~ 4.0	0.020	0.015	12.0~17.0	≥55.0	5.0~ 9.0	≤10.0	W 1.0~2.0, Cu≤0.5 Nb 0.5~2.0[2]
Ni 6625	NiCr22Mo9Nb	≤0.10	≤0.8	≤2.0	0.020	0.015	20.0~23.0	≥55.0	8.0~ 10.0	≤7.0	Nb 3.0~4.2[2] Cu≤0.5
Ni 6627	NiCr21MoFeNb	≤0.03	≤0.7	≤2.2	0.020	0.015	20.5~22.5	≥57.0	8.8~ 10.0	≤5.0	W≤0.5, Cu≤0.5 Nb 1.0~2.8[2]
Ni 6650	NiCr20Fe14- Mo11WN	≤0.03	≤0.6	≤0.7	0.020	0.015	19.0~22.0	≥44.0	10.0~ 13.0	12.0~ 15.0	Co≤1.0, Al≤0.5 W 1.0~2.0, Nb≤0.3[2] Cu≤0.5, N≤0.15
Ni 6686	NiCr21Mo16W4	≤0.02	≤0.3	≤1.0	0.020	0.015	19.0~23.0	≥49.0	15.0~ 17.0	≤5.0	Ti≤0.3, Cu≤0.5 W 3.0~4.4
Ni 6985	NiCr22Mo7Fe19	≤0.02	≤1.0	≤1.0	0.020	0.015	21.0~23.5	≥45.0	6.0~ 8.0	18.0~ 21.0	Co≤5.0, W≤1.5 Cu 1.5~2.5 Nb≤1.0[2]

（续）

型号（数字代号）	型号（成分代号）	C	Si	Mn	P ≤	S ≤	Cr	Ni[①]	Mo	Fe	其他[③]
							镍铬铁钼合金				
Ni 8025	NiCr29Fe26Mo	≤0.06	≤0.7	1.0 ~ 3.0	0.020	0.015	27.0 ~ 31.0	35.0 ~ 40.0	2.5 ~ 4.5	≤30.0	Al≤0.10, Ti≤1.0 Cu 1.5 ~ 3.0 Nb≤1.0[②]
Ni 8165	NiFe30Cr25Mo	≤0.03	≤0.7	1.0 ~ 3.0	0.020	0.015	23.0 ~ 27.0	37.0 ~ 42.0	3.5 ~ 7.5	≤30.0	Al≤0.10, Ti≤1.0 Cu 1.5 ~ 3.0
							镍铬钴钼合金				
Ni 6117	NiCr22Co12Mo	0.05 ~ 0.15	≤1.0	≤3.0	0.020	0.015	20.0 ~ 26.0	≥45.0	8.0 ~ 10.0	≤5.0	Co 9.0 ~ 15.0 Al≤1.5, Ti≤0.6 Nb≤1.0[②], Cu≤0.5
							镍钼合金				
Ni 1001	NiMo28Fe5	≤0.07	≤1.0	≤1.0	0.020	0.015	≤1.0	≥55.0	26.0 ~ 30.0	4.0 ~ 7.0	Co≤2.5, V≤0.6 W≤1.0, Cu≤0.5
Ni 1004	NiMo25Cr5Fe5	≤0.12	≤1.0	≤1.0	0.020	0.015	2.5 ~ 5.5	≥60.0	23.0 ~ 27.0	4.0 ~ 7.0	V≤0.6, W≤1.0 Cu≤0.5
Ni 1008	NiMo19WCr	≤0.10	≤0.8	≤1.5	0.020	0.015	0.5 ~ 3.5	≥60.0	17.0 ~ 20.0	≤10.0	W 2.0 ~ 4.0 Cu≤0.5
Ni 1009	NiMo20WCu	≤0.10	≤0.8	≤1.5	0.020	0.015	—	≥62.0	18.0 ~ 22.0	≤7.0	W 2.0 ~ 4.0 Cu 0.3 ~ 1.3
Ni 1062	NiMo24Cr8Fe6	≤0.02	≤0.7	≤1.0	0.020	0.015	6.0 ~ 9.0	≥60.0	22.0 ~ 26.0	4.0 ~ 7.0	—
Ni 1066	NiMo28	≤0.02	≤0.2	≤2.0	0.020	0.015	≤1.0	≥64.5	26.0 ~ 30.0	≤2.2	W≤1.0, Cu≤0.5
Ni 1067	NiMo30Cr	≤0.02	≤0.2	≤2.0	0.020	0.015	1.0 ~ 3.0	≥62.0	27.0 ~ 32.0	1.0 ~ 3.0	Co≤3.0, W≤3.0 Cu≤0.5
Ni 1069	NiMo28Fe4Cr	≤0.02	≤0.7	≤1.0	0.020	0.015	0.5 ~ 1.5	≥65.0	26.0 ~ 30.0	2.0 ~ 5.0	Co≤1.0, Al≤0.5

① 表中 Ni 为（Ni + Co）含量，Co 含量应低于该总含量的1%（另有规定除外）；也可由供需双方协商，要求较低的 Co 含量。

② 表中 Nb 为（Nb + Ta）含量，Ta 含量应低于该总含量的20%。

③ 未规定数值的元素总含量不应超过0.5%。

（2）日本 JIS 标准镍及镍合金焊条的熔敷金属力学性能（表7-6-26）

表7-6-26　镍及镍合金焊条的熔敷金属力学性能

型号（数字代号）	型号（成分代号）	R_m/MPa	$R_{eL}^{①}$/MPa	A（%）	型号对照 AWS A5.11（2006）
		≥			
		镍及镍铜合金			
Ni 2061	NiTi3	410	200	18	ENi-1
Ni 4060	NiCu30Mn3Ti	480	200	27	ENiCu-7
Ni 4061	NiCu27Mn3NbTi	480	200	27	
		镍铬合金			
Ni 6082	NiCr20Mn3Nb	600	360	22	
Ni 6231	NiCr22W14Mo	620	350	18	ENiCrWMo-1

（续）

型 号 （数字代号）	型 号 （成分代号）	R_m/MPa	$R_{eL}^{①}$/MPa	A（%）	型号对照 AWS A5.11（2006）
		≥			
镍铬铁合金					
Ni 6025	NiCr25Fe10AlY	650	400	15	ENiCrFe-12
Ni 6062	NiCr15Fe8Nb	550	360	27	ENiCrFe-1
Ni 6093	NiCr15Fe8NbMo	650	360	18	ENiCrFe-4
Ni 6094	NiCr14Fe4NbMo	650	360	18	ENiCrFe-9
Ni 6095	NiCr15Fe8NbMoW	650	360	18	ENiCrFe-10
Ni 6133	NiCr16Fe12NbMo	550	360	27	ENiCrFe-8
Ni 6152	NiCr30Fe9Nb	550	360	27	ENiCrFe-7
Ni 6182	NiCr15Fe6Mn	550	360	27	ENiCrFe-3
Ni 6333	NiCr25Fe16CoMo3W	550	360	18	—
Ni 6701	NiCr36Fe7Nb	650	450	8	—
Ni 6702	NiCr28Fe6W	650	450	8	—
Ni 6704	NiCr25Fe10Al3YC	690	400	12	—
镍铬钼合金					
Ni 6002	NiCr22Fe18Mo	650	380	18	ENiCrMo-2
Ni 6012	NiCr22Mo9	650	410	22	
Ni 6022	NiCr21Mo13W3	690	350	22	ENiCrMo-10
Ni 6024	NiCr26Mo14	690	350	22	
Ni 6030	NiCr29Mo5Fe15W2	585	350	22	ENiCrMo-11
Ni 6058	NiCr22Mo20	830	450	18	
Ni 6059	NiCr23Mo16	690	350	22	ENiCrMo-13
Ni 6200	NiCr23Mo16Cu2	690	400	22	ENiCrMo-17
Ni 6205	NiCr25Mo16	690	350	22	—
Ni 6275	NiCr15Mo16Fe5W3	690	400	22	ENiCrMo-5
Ni 6276	NiCr15Mo15Fe6W4	690	400	22	ENiCrMo-4
Ni 6452	NiCr19Mo15	690	350	22	—
Ni 6455	NiCr16Mo15Ti	690	300	22	ENiCrMo-7
Ni 6620	NiCr14Mo7Fe	620	350	32	ENiCrMo-6
Ni 6625	NiCr22Mo9Nb	760	420	27	ENiCrMo-3
Ni 6627	NiCr21MoFeNb	650	400	32	ENiCrMo-12
Ni 6650	NiCr20Fe14Mo11WN	650	450	30	ENiCrMo-18
Ni 6686	NiCr21Mo16W4	690	350	27	ENiCrMo-14
Ni 6985	NiCr22MoFe19	620	350	22	ENiCrMo-9
镍铬钴钼合金					
Ni 6117	NiCr22Co12Mo	620	400	22	ENiCrCoMo-1
镍铬铁钼合金					
Ni 8025	NiCr29Fe30Mo	550	240	22	—
Ni 8165	NiCr25Fe30Mo	550	240	22	—
镍钼合金					
Ni 1001	NiMo28Fe5	690	400	22	ENiMo-1
Ni 1004	NiMo25Cr5Fe5	690	400	22	ENiMo-3

（续）

型 号 （数字代号）	型 号 （成分代号）	R_m/MPa	$R_{eL}^{①}/MPa$	A （%）	型号对照 AWS A5. 11 （2006）
			≥		
镍钼合金					
Ni 1008	NiMo19WCr	650	360	22	ENiMo-8
Ni 1009	NiMo20WCu	650	360	22	ENiMo-9
Ni 1062	NiMo24Cr8Fe6	550	360	18	—
Ni 1066	NiMo28	690	400	22	ENiMo-7
Ni 1067	NiMo30Cr	690	350	22	ENiMo-10
Ni 1069	NiMo28Fe4Cr	550	360	20	ENiMo-11

① 当试样屈服发生不明显时，应采用 $R_{p0.2}$。

7.6.13 镍及镍合金焊丝、焊带和填充丝 ［JIS Z3334（2017）］

日本 JIS 标准镍及镍合金焊丝、焊带和填充丝的型号与化学成分见表7-6-27。

表 7-6-27 镍及镍合金焊丝、焊带和填充丝的型号与化学成分 （质量分数）（%）

型号 （数字代号）	型 号 （成分代号）	C	Si	Mn	P ≤	S ≤	Cr	Ni	Mo	Fe	其 他②
镍和镍铜合金											
Ni 2061	NiTi3	≤0.15	≤0.7	≤1.0	0.03	0.015	—	≥92.0	—	≤1.0	Al≤1.5，Cu≤0.25 Ti 2.0～3.5
Ni 2061J	—	≤0.02	≤0.7	≤1.0	0.020	0.015	—	≥92.0	—	≤1.0	Al≤1.5，Cu≤0.2 Ti 2.0～3.5
Ni 4060	NiCu30Mn3Ti	≤0.15	≤1.2	2.0～ 4.0	0.020	0.015	—	≥62.0	—	≤2.5	Cu 28.0～32.0，Al≤1.2 Ti 1.5～3.0，Nb≤0.3③
Ni 4061	NiCu30Mn3Nb	≤0.15	≤1.25	≤4.0	0.020	0.015	—	≥60.0	—	≤2.5	Cu 28.0～32.0，Al≤1.0 Ti≤1.0，Nb≤3.0③
Ni 5504	NiCu25Al3Ti	≤0.25	≤1.0	≤1.5	0.03	0.015	—	63～70	—	≤2.0	Cu≥20.0，Al 2.0～4.0 Ti 0.3～1.0
镍铬合金											
Ni 6072	NiCu44Ti	0.01～ 0.10	≤0.20	≤0.20	0.020	0.015	42.0～ 46.0	≥52.0	—	≤0.5	Ti 0.3～1.0 Cu≤0.5
Ni 6073	NiCr20Mn3Nb	≤0.03	≤0.30	≤0.50	0.020	0.015	36.0～ 39.0	≥63.0	≤0.5	≤1.0	Cu≤0.30，Al 0.75～1.20 Ti 0.25～0.75，Co≤1.0① B≤0.003，Zr≤0.02
Ni 6076	NiCr20	0.08～ 0.15	≤0.30	≤1.0	0.020	0.015	19.0～ 21.0	≥75.0	—	≤2.0	Al≤0.4，Ti 0.15～0.50 Cu≤0.5
Ni 6082	NiCr20Mn3Nb	≤0.10	≤0.50	2.5～ 3.5	0.03	0.015	18.0～ 22.0	≥67.0	—	≤3.0	Nb 2.0～3.0③ Ti≤0.7，Cu≤0.5 Y 0.05～0.12，Zr 0.01～0.10

（续）

型号（数字代号）	型号（成分代号）	C	Si	Mn	P ≤	S ≤	Cr	Ni	Mo	Fe	其 他[2]
镍铬铁合金											
Ni 6002	NiCr21Fe18Mo9	0.05 ~ 0.15	≤1.0	≤2.0	0.04	0.03	20.5 ~ 23.0	≥44.0	8.0 ~ 10.0	17.0 ~ 20.0	Co 0.5 ~ 2.5[1] W 0.2 ~ 1.0, Cu≤0.5
Ni 6025	NiCr25Fe10-AlY	0.15 ~ 0.25	≤0.5	≤0.5	0.020	0.015	24.0 ~ 26.0	≥59.0	—	8.0 ~ 11.0	Al 1.8 ~ 2.4, Ti 0.1 ~ 0.2 Co≤1.0, Zr 0.01 ~ 0.1 Cu≤0.1, Y 0.05 ~ 0.12
Ni 6030	NiCr30Fe15-Mo5W	≤0.03	≤0.8	≤1.5	0.04	0.02	28.0 ~ 31.5	≥36.0	4.0 ~ 6.0	13.0 ~ 17.0	Co≤5.0[1], W 1.5 ~ 40 Cu≤1.0 ~ 2.4 Nb 0.3 ~ 1.5
Ni 6043	NiCr30Fe9Nb2	≤0.04	≤0.5	≤3.0	0.020	0.015	28.0 ~ 31.5	≥54	≤0.50	7.0 ~ 12.0	Cu≤0.30, Al≤0.50 Ti≤0.50, Nb 1.0 ~ 2.5[3]
Ni 6045	NiCr28Fe23S3	0.5 ~ 0.12	2.5 ~ 3.0	≤1.0	0.020	0.010	26.0 ~ 29	≥40	—		Cu≤0.30, Al≤0.30 Co≤1.0[1]
Ni 6052	NiCr30Fe9	≤0.04	≤0.5	≤1.0	0.020	0.015	28.0 ~ 31.5	≥54.0	≤0.5	7.0 ~ 11.0	Al≤1.1, Ti≤1.0 Nb≤0.1[3], Cu≤0.3 Al + Ti≤1.5
Ni 6054	NiCr29Fe9	≤0.04	≤0.50	≤1.0	0.02	0.015	28.0 ~ 31.5	≥51.0	≤0.50	7.0 ~ 11.0	Cu≤0.30, Al≤1.10 Ti≤1.0, Nb 0.5 ~ 1.0[3]
Ni 6055	NiCr29Fe5-Mo4Nb3	≤0.03	≤0.50	≤1.0	0.02	0.015	28.5 ~ 31.0	52.0 ~ 62.0	3.0 ~ 5.0	≤14.4	Cu≤0.30, Al≤0.50 Ti≤0.50, Nb 2.1 ~ 4.0[3] Co≤0.10, B≤0.003 Zr≤0.02
Ni 6062	NiCr15Fe8Nb	≤0.08	≤0.3	≤1.0	0.03	0.015	14.0 ~ 17.0	≥70.0	—	6.0 ~ 10.0	Nb 1.5 ~ 3.0[3] Cu≤0.5
Ni 6176	NiCr16Fe6	≤0.05	≤0.5	≤0.5	0.020	0.015	15.0 ~ 17.0	≥76.0	—	5.5 ~ 7.5	Co≤0.05[1], Cu≤0.1
Ni 6601	NiCr23Fe15Al	≤0.10	≤0.5	≤1.0	0.03	0.015	21.0 ~ 25.0	58.0 ~ 63.0	—	≤20.0	Al 1.0 ~ 1.7, Cu≤1.0
Ni 6693	NiCr29Fe4Al3	≤0.15	≤0.5	≤1.0	0.03	0.010	27.0 ~ 31.0	≥53.0	—	2.5 ~ 6.0	Al 2.5 ~ 4.0, Cu≤0.5 Ti≤1.0, Nb 0.5 ~ 2.5
Ni 6701	NiCr36Fe7Nb	0.35 ~ 0.50	0.5 ~ 2.0	0.5 ~ 2.0	0.020	0.015	33.0 ~ 39.0	42.0 ~ 48.0	—	≤7.0	Nb 0.8 ~ 1.8[3]
Ni 6975	NiCr25Fe13Mo6	≤0.03	≤1.0	≤1.0	0.03	0.03	23.0 ~ 26.0	≥47.0	5.0 ~ 7.0	10.0 ~ 17.0	Cu 0.7 ~ 1.2 Ti 0.7 ~ 1.2
Ni 6985	NiCr22Fe20-Mo7Cu2	≤0.01	≤1.0	≤1.0	0.020	0.015	21.0 ~ 23.5	≥40.0	6.0 ~ 8.0	18.0 ~ 21.0	Co≤5.0[1], W≤1.5 Cu 1.5 ~ 2.5, Nb≤0.5[3]

（续）

型号 （数字 代号）	型号 （成分代号）	C	Si	Mn	P ≤	S ≤	Cr	Ni	Mo	Fe	其他②
镍铬铁合金											
Ni 7069	NiCr15Fe7Nb	≤0.08	≤0.5	≤1.0	0.03	0.015	14.0~17.0	≥70.0	—	5.0~9.0	Al 0.4~1.0, Cu≤0.50 Ti 2.0~2.7 Nb 0.7~1.2③
Ni 7092	NiCr15Fe3Mn	≤0.08	≤0.3	2.0~2.7	0.03	0.015	14.0~17.0	≥67.0		≤8.0	Ti 2.5~3.5, Cu≤0.5
Ni 7718	NiFe19Cr19-Nb5Mo3	≤0.08	≤0.3	≤0.3	0.015	0.015	17.0~21.0	50.0~55.0	2.8~3.3	≤24.0	Al 0.2~0.8, Cu≤0.3 Ti 0.7~1.1 Nb 4.8~5.5③ B≤0.006
Ni 8025	NiFe30Cr29Mo	≤0.02	≤0.5	1.0~3.0	0.020	0.015	27.0~31.0	35.0~40.0	2.5~4.5	≤30.0	Al≤0.2, Ti≤1.0 Cu 1.5~3.0
Ni 8065	NiFe30Cr21-Mo3	≤0.05	≤0.5	≤1.0	0.04	0.03	19.5~23.5	38.0~46.0	2.5~3.5	≥22.0	Al≤0.2, Ti 0.6~1.2 Cu 1.5~3.0
Ni 8125	NiFe26Cr25Mo	≤0.02	≤0.5	1.0~3.0	0.020	0.015	23.0~27.0	37.0~42.0	3.5~7.5	≤30.0	Al≤0.2, Ti≤1.0 Cu 1.5~3.0
镍钼合金											
Ni 1001	NiMo28Fe5	≤0.08	≤1.0	≤1.0	0.020	0.03	≤1.0	≥55.0	26.0~30.0	4.0~7.0	Co≤2.5①, Cu≤0.5 V 0.2~0.4, W≤1.0
Ni 1003	NiMo17Cr7	0.04~0.08	≤1.0	≤1.0	0.020	0.03	6.0~8.0	≥65.0	15.0~18.0	≤5.0	Co≤0.2①, Cu≤0.50 V≤0.5, W≤0.5
Ni 1004	NiMo25Cr5Fe5	≤0.12	≤1.0	≤1.0	0.04	0.03	4.0~6.0	≥62.0	23.0~26.0	4.0~7.0	Co≤2.5①, Cu≤0.5 V≤0.6, W≤1.0
Ni 1008	NiMo19WCr	≤0.10	≤0.5	≤1.0	0.020	0.015	0.5~3.5	≥60.0	18.0~21.0	≤10.0	W 2.0~4.0 Cu≤0.5
Ni 1009	NiMo20WCu	≤0.10	≤0.5	≤1.0	0.020	0.015	—	≥65.0	19.0~22.0	≤5.0	W 2.0~4.0, Al≤1.0 Cu 0.3~1.3
Ni 1024	NiMo25	≤0.03	≤0.80	≤0.80	0.030	0.015	7.0~9.0	≥59.0	24.0~26.0		Co≤1.0①, Al≤0.50 Cu≤0.50
Ni 1062	NiMo24CrFe6	≤0.01	≤0.1	≤1.0	0.020	0.015	6.0~10.0	≥62.0	21.0~25.0	5.0~8.0	Al≤0.5 Cu≤0.5
Ni 1066	NiMo28	≤0.02	≤0.1	≤1.0	0.04	0.03	≤1.0	≥64.0	26.0~30.0	≤2.0	Co≤1.0①, Cu≤0.5 Ti≤0.5, W≤1.0
Ni 1067	NiMo30Cr	≤0.01	≤0.1	≤3.0	0.03	0.015	1.0~3.0	≥65.0	27.0~32.0	1.0~3.0	Co≤3.0①, Cu≤0.2 Ti≤0.2, Al≤0.5, V≤0.2 Nb≤0.2, W≤3.0
Ni 1069	NiMo28Fe4Cr	≤0.01	≤0.1	≤1.0	0.020	0.015	0.5~1.5	≥65.0	26.0~30.0	2.0~5.0	Co≤1.0①, Al 0.1~0.5 Ti≤0.3, Cu≤0.5 Nb③≤0.5

（续）

型号 （数字 代号）	型 号 （成分代号）	C	Si	Mn	P ≤	S ≤	Cr	Ni	Mo	Fe	其 他[②]
							镍铬钼合金				
Ni 6012	NiCr22Mo9	≤0.05	≤0.5	≤1.0	0.020	0.015	20.0 ~ 23.0	≥58.0	8.0 ~ 10.0	≤3.0	Al≤0.4，Cu≤0.5 Nb≤1.5[③]，Ti≤0.4
Ni 6022	NiCr21Mo13-Fe4W3	≤0.01	≤0.08	≤0.5	0.020	0.015	20.0 ~ 22.5	≥49.0	12.5 ~ 14.5	2.0 ~ 6.0	Co≤2.5[①]，Cu≤0.5 W 2.5 ~ 3.5，V≤0.3
Ni 6035	NiCr33Mo8	≤0.05	≤0.6	≤0.5	0.030	0.015	32.25 ~ 34.25	≥49.0	7.60 ~ 9.00	≤2.0	Al≤0.40，Cu≤0.30 Ti≤0.20 Co≤1.0[①]，Nb≤0.50[③] V≤0.20，W≤0.60
Ni 6057	NiCr30Mo11	≤0.02	≤1.0	≤1.0	0.04	0.03	29.0 ~ 31.0	≥53.0	10.0 ~ 12.0	≤2.0	V≤0.4
Ni 6058	NiCr21Mo20	≤0.01	≤0.10	≤0.5	0.015	0.010	20.0 ~ 23.0	≥52.0	19.0 ~ 21.0	≤1.5	Al≤0.4，Cu≤0.50 Co≤0.3[①]，W≤0.3 N≤0.02
Ni 6059	NiCr23Mo16	≤0.01	≤0.1	≤0.5	0.020	0.015	22.0 ~ 24.0	≥56.0	15.0 ~ 16.5	≤1.5	Co≤0.3[①]，Al 0.1 ~ 0.4 Cu≤0.5，V≤0.3
Ni 6200	NiCr23Mo16Cu2	≤0.01	≤0.08	≤0.5	0.025	0.015	22.0 ~ 24.0	≥52.0	15.0 ~ 17.0	≤3.0	Co≤2.0[①]，Cu 1.3 ~ 1.9 Al≤0.5
Ni 6205	NiCr25Mo16	≤0.03	≤0.5	≤0.5	0.020	0.015	24.0 ~ 26.0	≥55.0	14.0 ~ 16.0	≤1.0	Al≤0.4，Cu≤2.0，Ti≤0.4 Co≤0.2[①]，W≤0.3
Ni 6276	NiCr15Mo16-Fe6W4	≤0.02	≤0.08	≤1.0	0.040	0.03	14.5 ~ 16.5	≥50.0	15.0 ~ 17.0	4.0 ~ 7.0	Co≤2.5[①]，Cu≤0.5 W 3.0 ~ 4.5，V≤0.3
Ni 6452	NiCr20Mo15	≤0.01	≤0.1	≤1.0	0.020	0.015	19.0 ~ 21.0	≥56.0	14.0 ~ 16.0	≤1.5	V≤0.4，Nb≤0.4[③] Cu≤0.5
Ni 6455	NiCr16Mo16Ti	≤0.01	≤0.08	≤1.0	0.04	0.03	14.0 ~ 18.0	≥56.0	14.0 ~ 18.0	≤3.0	Co≤2.0[①]，Cu≤0.5 W≤0.5，Ti≤0.7
Ni 6625	NiCr22Mo9Nb	≤0.10	≤0.5	≤0.5	0.020	0.015	22.0 ~ 23.0	≥58.0	8.0 ~ 10.0	≤5.0	Al≤0.4，Cu≤0.5 Nb 3.0 ~ 4.2[③]，Ti≤0.4
Ni 6650	NiCr20Fe14-Mo11WN	≤0.03	≤0.5	≤0.5	0.020	0.010	19.0 ~ 21.0	≥44.0	9.0 ~ 12.5	12.0 ~ 16.0	Al≤0.5，Cu≤0.3 Co≤1.8，W 0.5 ~ 2.5 Nb≤0.05 ~ 0.50[③] V≤0.30，N 0.05 ~ 0.20
Ni 6660	NiCr22Mo-20	≤0.03	≤0.5	≤0.5	0.020	0.015	21.0 ~ 23.0	≥58.0	9.0 ~ 11.0	≤2.0	Al≤0.4，Co≤0.2[①] Ti≤0.4，W 2.0 ~ 4.0 Nb≤0.2[③]，Cu≤0.3
Ni 6686	NiCr21Mo16W4	≤0.01	≤0.08	≤1.0	0.020	0.02	19.0 ~ 23.0	≥49.0	15.0 ~ 17.0	≤5.0	Al≤0.5，Ti≤0.25 W 3.0 ~ 4.4，Cu≤0.5
Ni 7725	NiCr21Mo8-Nb3Ti	≤0.03	≤0.2	≤0.3	0.020	0.015	19.0 ~ 22.5	55.0 ~ 59.0	7.0 ~ 9.5	≥8.0	Al≤0.35，Ti 1.0 ~ 1.7 Nb 2.75 ~ 4.00[③]

（续）

型 号 （数字 代 号）	型 号 （成分代号）	C	Si	Mn	P ≤	S ≤	Cr	Ni	Mo	Fe	其 他[②]
镍铬钴合金											
Ni 6160	NiCr28Co30Si3	0.02 ~ 0.10	2.4 ~ 3.0	≤1.0	0.030	0.015	26.0 ~ 29.0	≥30.0	≤0.7	≤3.5	Co 27.0 ~ 33.0[①]，Cu≤0.5 Ti 0.2 ~ 0.6 W≤0.5，Nb≤0.3[③]
Ni 6617	NiCr22Co12Mo9	0.05 ~ 0.15	≤1.0	≤1.0	0.03	0.015	20.0 ~ 24.0	≥44.0	8.0 ~ 10.0	≤3.0	Co 10.0 ~ 15.0[②]，Cu≤0.5 Al 0.8 ~ 1.5，Ti≤0.6 W≤0.5
Ni 7090	NiCr20Co18Ti3	≤0.13	≤1.0	≤1.0	0.020	0.015	18.0 ~ 21.0	≥50.0	—	≤1.5	Co 15.0 ~ 18.0[①] Al 1.0 ~ 2.0，Cu≤0.2 Ti 2.0 ~ 3.0，+[④]
Ni 7263	NiCr20Co20- Mo6Ti2	0.04 ~ 0.08	≤0.4	≤0.6	0.020	0.007	19.0 ~ 21.0	≥47.0	5.6 ~ 6.1	≤0.7	Co 19.0 ~ 21.0[①] Al 0.3 ~ 0.6，Cu≤0.2 Ti 1.9 ~ 2.4 （Al + Ti）2.4 ~ 2.8，+[⑤]
镍铬钨合金											
Ni 6231	NiCr22W14Mo2	0.05 ~ 0.15	0.25 ~ 0.75	0.3 ~ 1.0	0.03	0.015	20.0 ~ 24.0	≥48.0	1.0 ~ 3.0	≤3.0	Co≤5.0[①]，Cu≤0.5 Al 0.2 ~ 0.5，W 13.0 ~ 15.0

① 除非另有规定，Co 含量应低于该含量的 1%；也可供需双方协商，要求较低的 Co 含量。

② "其他"栏包括表中未规定数值的元素总和，总量应不超过 0.5%。

③ 由 Ta 取代 Nb 时，Ta 含量应低于 Nb 含量的 20%。

④ Ag≤0.0005%，B≤0.020%，Bi≤0.0001%，Pb≤0.0020%，Zr≤0.15%。

⑤ Ag≤0.0005%，B≤0.005%，Bi≤0.0001%。

7.6.14　碳钢、高强度钢和低温钢 MAG 和 MIG 焊接用焊丝 ［JIS Z3312（2009/2013 确认）］

（1）日本 JIS 标准碳钢、高强度钢和低温钢气保焊（MAG 和 MIG 焊接）用实心焊丝的型号与化学成分（表 7-6-28）

表 7-6-28　碳钢、高强度钢和低温钢气保焊（MAG 和 MIG）用实心焊丝的型号与化学成分（质量分数）（%）

型 号 （代号）	C	Si	Mn	P ≤	S ≤	Cr	Ni	Mo	Cu	其 他
11	0.02 ~ 0.15	0.55 ~ 1.10	1.40 ~ 1.90	0.030	0.030	—	—	—	≤0.50	（Ti + Zr）0.02 ~ 0.30
12	0.02 ~ 0.15	0.50 ~ 1.00	1.25 ~ 2.00	0.030	0.030				≤0.50	
13	0.02 ~ 0.15	0.55 ~ 1.10	1.35 ~ 1.90	0.030	0.030				≤0.50	Al 0.10 ~ 0.50 （Ti + Zr）0.02 ~ 0.30
14	0.02 ~ 0.15	1.00 ~ 1.35	1.30 ~ 1.60	0.030	0.030				≤0.50	
15	0.02 ~ 0.15	0.40 ~ 1.00	1.00 ~ 1.50	0.030	0.030				≤0.50	（Ti + Zr）0.02 ~ 0.15
16	0.02 ~ 0.15	0.40 ~ 1.00	0.90 ~ 1.60	0.030	0.030				≤0.50	—
17	0.02 ~ 0.15	0.20 ~ 0.55	1.20 ~ 2.10	0.030	0.030				≤0.50	—
18	0.02 ~ 0.15	0.50 ~ 1.10	1.60 ~ 2.40	0.030	0.030				≤0.50	（Ti + Zr）0.02 ~ 0.30
J18	≤0.05	0.55 ~ 1.10	1.40 ~ 2.00	0.030	0.030			≤0.40	≤0.50	Ti + Zr≤0.30
J19	≤0.05	0.40 ~ 1.00	1.40 ~ 2.00	0.030	0.030			≤0.40	≤0.50	Ti + Zr≤0.30

（续）

型 号（代号）	C	Si	Mn	P ≤	S ≤	Cr	Ni	Mo	Cu	其 他
2	≤0.07	0.40~0.70	0.90~1.40	0.025	0.030	—	—	—	≤0.50	Al 0.05~0.15 Ti 0.05~0.15 Zr 0.02~0.12
3	0.06~0.15	0.45~0.75	0.90~1.40	0.025	0.035	—	—	—	≤0.50	—
4	0.06~0.15	0.65~0.85	1.00~1.50	0.025	0.035	—	—	—	≤0.50	—
6	0.06~0.15	0.80~1.15	1.40~1.85	0.025	0.035	—	—	—	≤0.50	—
7	0.07~0.15	0.50~0.80	1.50~2.00	0.025	0.035	—	—	—	≤0.50	—
1M3	≤0.12	0.30~0.70	≤1.30	0.025	0.025	—	≤0.20	0.40~0.65	≤0.50	—
2M3	≤0.12	0.30~0.70	0.60~1.40	0.025	0.025	—	—	0.40~0.65	≤0.50	—
2M31	≤0.12	0.30~0.90	0.80~1.50	0.025	0.025	—	—	0.40~0.65	≤0.50	—
3M1	0.05~0.15	0.40~1.00	1.40~2.10	0.025	0.025	—	—	0.10~0.45	≤0.50	—
3M1T	≤0.12	0.40~1.00	1.40~2.10	0.025	0.025	—	—	0.10~0.45	≤0.50	Ti 0.02~0.30
3M3	≤0.12	0.60~0.90	1.10~1.60	0.025	0.025	—	—	0.40~0.65	≤0.50	—
3M31	≤0.12	0.30~0.90	1.00~1.85	0.025	0.025	—	—	0.40~0.65	≤0.50	—
3M3T	≤0.12	0.40~1.00	1.00~1.80	0.025	0.025	—	—	0.40~0.65	≤0.50	Ti 0.02~0.30
4M3	≤0.12	≤0.30	1.50~2.00	0.025	0.025	—	—	0.40~0.65	≤0.50	—
4M31	0.05~0.15	0.50~0.80	1.60~2.10	0.025	0.025	—	—	0.40~0.65	≤0.40	—
4M3T	≤0.12	0.50~0.80	1.60~2.20	0.025	0.025	—	—	0.40~0.65	≤0.50	Ti 0.02~0.30
N1	≤0.12	0.20~0.50	≤1.25	0.025	0.025	—	0.60~1.00	≤0.35	≤0.35	—
N2	≤0.12	0.40~0.80	≤1.25	0.025	0.025	≤0.15	0.80~1.10	≤0.35	≤0.35	V≤0.05
N3	≤0.12	0.30~0.80	1.20~1.60	0.025	0.025	—	1.50~1.90	≤0.35	≤0.35	—
N5	≤0.12	0.40~0.80	≤1.25	0.025	0.025	—	2.00~2.75	—	≤0.35	—
N7	≤0.12	0.20~0.50	≤1.25	0.025	0.025	—	3.00~3.75	≤0.35	≤0.35	—
N71	≤0.12	0.40~0.80	≤1.25	0.025	0.025	—	3.00~3.75	—	≤0.35	—

（续）

型　号 （代号）	C	Si	Mn	P ≤	S ≤	Cr	Ni	Mo	Cu	其　他
N9	≤0.10	≤0.50	≤1.40	0.025	0.025	—	4.00 ~ 4.75	≤0.35	≤0.35	—
N1M2T	≤0.12	0.60 ~ 1.00	1.70 ~ 2.30	0.025	0.025	—	0.40 ~ 0.80	0.20 ~ 0.60	≤0.50	Ti 0.02 ~ 0.30
N1M3	≤0.12	0.20 ~ 0.80	1.00 ~ 1.80	0.025	0.025	—	0.30 ~ 0.90	0.40 ~ 0.65	≤0.50	—
N2M1T	≤0.12	0.30 ~ 0.80	1.10 ~ 1.90	0.025	0.025	—	0.80 ~ 1.60	0.10 ~ 0.45	≤0.50	Ti 0.02 ~ 0.30
N2M2T	0.05 ~ 0.15	0.30 ~ 0.90	1.00 ~ 1.80	0.025	0.025	—	0.70 ~ 1.20	0.20 ~ 0.60	≤0.50	Ti 0.02 ~ 0.30
N2M3	≤0.12	≤0.30	1.10 ~ 1.60	0.025	0.025	—	0.80 ~ 1.20	0.40 ~ 0.65	≤0.50	—
N2M3T	0.05 ~ 0.15	0.30 ~ 0.90	1.40 ~ 2.10	0.025	0.025	—	0.70 ~ 1.20	0.40 ~ 0.65	≤0.50	Ti 0.02 ~ 0.30
N2M4T	≤0.12	0.50 ~ 1.00	1.70 ~ 2.30	0.025	0.025	—	0.80 ~ 1.30	0.55 ~ 0.85	≤0.50	Ti 0.02 ~ 0.30
N3M2	≤0.08	0.20 ~ 0.55	1.25 ~ 1.80	0.010	0.010	≤0.30	1.40 ~ 2.10	0.25 ~ 0.55	≤0.25	Ti≤0.10, V≤0.05 Zr≤0.10, Al≤0.10
N4M2	≤0.09	0.20 ~ 0.55	1.40 ~ 1.80	0.010	0.010	≤0.50	1.90 ~ 2.60	0.25 ~ 0.55	≤0.25	Ti≤0.10, V≤0.04 Zr≤0.10, Al≤0.10
N4M3T	≤0.12	0.45 ~ 0.90	1.40 ~ 1.90	0.025	0.025	—	1.50 ~ 2.10	0.40 ~ 0.65	≤0.50	Ti 0.01 ~ 0.30
N4M4T	≤0.12	0.40 ~ 0.90	1.60 ~ 2.10	0.025	0.025	—	1.90 ~ 2.50	0.40 ~ 0.90	≤0.50	Ti 0.02 ~ 0.30
N5M3	≤0.10	0.25 ~ 0.60	1.40 ~ 1.80	0.010	0.010	≤0.60	2.00 ~ 2.80	0.35 ~ 0.65	≤0.25	Ti≤0.10, V≤0.03 Zr≤0.10, Al≤0.10
N5M3T	≤0.12	0.40 ~ 0.90	1.40 ~ 2.00	0.025	0.025	—	2.40 ~ 3.10	0.40 ~ 0.70	≤0.50	Ti 0.02 ~ 0.30
N7M4T	≤0.12	0.30 ~ 0.70	1.30 ~ 1.70	0.025	0.025	≤0.30	3.20 ~ 3.80	0.60 ~ 0.90	≤0.50	Ti 0.02 ~ 0.30
C1M1T	0.02 ~ 0.15	0.50 ~ 0.90	1.10 ~ 1.60	0.025	0.025	0.30 ~ 0.60	—	0.10 ~ 0.45	≤0.40	Ti 0.02 ~ 0.30
N3C1M4T	≤0.12	0.35 ~ 0.75	1.25 ~ 1.70	0.025	0.025	0.30 ~ 0.60	1.30 ~ 1.80	0.50 ~ 0.75	≤0.50	Ti 0.02 ~ 0.30
N4CM2T	≤0.12	0.20 ~ 0.60	1.30 ~ 1.80	0.025	0.025	0.20 ~ 0.50	1.50 ~ 2.10	0.30 ~ 0.60	≤0.50	Ti 0.02 ~ 0.30
N4CM21T	≤0.12	0.20 ~ 0.70	1.10 ~ 1.70	0.025	0.025	0.05 ~ 0.35	1.80 ~ 2.30	0.25 ~ 0.60	≤0.50	Ti 0.02 ~ 0.30
N4CM22T	≤0.12	0.65 ~ 0.95	1.90 ~ 2.40	0.025	0.025	0.10 ~ 0.30	2.00 ~ 2.30	0.35 ~ 0.55	≤0.50	Ti 0.02 ~ 0.30

（续）

型 号 （代号）	C	Si	Mn	P ≤	S ≤	Cr	Ni	Mo	Cu	其 他
N5CM3T	≤0.12	0.20~0.70	1.10~1.70	0.025	0.025	0.05~ 0.35	2.40~ 2.90	0.35~ 0.70	≤0.50	Ti 0.02~0.30
N5C1M3T	≤0.12	0.40~0.90	1.40~2.00	0.025	0.025	0.40~ 0.60	2.40~ 3.00	0.40~ 0.70	≤0.50	Ti 0.02~0.30
N6CM2T	≤0.12	0.30~0.60	1.50~1.80	0.025	0.025	0.05~ 0.30	2.80~ 3.00	0.25~ 0.50	≤0.50	Ti 0.02~0.30
N6C1M4	≤0.12	≤0.25	0.90~1.40	0.025	0.025	0.20~ 0.50	2.65~ 3.15	0.55~ 0.85	≤0.50	—
N6C2M2T	≤0.12	0.20~0.50	1.50~1.90	0.025	0.025	0.70~ 1.00	2.50~ 3.10	0.30~ 0.60	≤0.50	Ti 0.02~0.30
N6C2M4	≤0.12	0.40~0.60	1.80~2.00	0.025	0.025	1.00~ 1.20	2.80~ 3.00	0.50~ 0.80	≤0.50	V≤0.04
N6CM3T	≤0.12	0.30~0.70	1.20~1.50	0.025	0.025	0.10~ 0.35	2.70~ 3.30	0.40~ 0.65	≤0.50	Ti 0.02~0.30

注：1. 表中型号（代号）引用 ISO 14341 和 ISO 16834 标准 B 类型号，仅列出型号中的有关代号。
2. 表中短线"—"，表示其化学成分未规定。
3. 除 Fe 元素外，其余残余元素总含量≤0.50%。
4. 这类焊丝若需要镀铜时，镀铜层的 Cu 含量应包括在内。

（2）日本 JIS 标准碳钢、高强度钢和低温钢实心焊丝的熔敷金属力学性能（表 7-6-29）。

表 7-6-29　碳钢、高强度钢和低温钢实心焊丝的熔敷金属力学性能

型号[1]（代号）	R_m/MPa	$R_{eL}^{[2]}$/MPa≥	$A^{[3]}$（%）≥	型号[1]（代号）	R_m/MPa	$R_{eL}^{[2]}$/MPa≥	$A^{[3]}$（%）≥
43	430~600	330	20	59J	590~790	500	16
49	490~670	390	18	62	620~820	530	15
52	520~700	420	17	69	690~890	600	14
55	550~740	460	17	76	760~980	680	13
57	570~770	490	17	78	780~980	680	13
57J	570~770	500	17	78J	780~980	700	13
59	590~790	490	16	83	830~1030	745	12

① 焊丝型号中的有关力学性能代号。
② 当材料屈服不明显时，用 $R_{p0.2}$ 表示。
③ 试样标准长度为试样直径的 5 倍。

（3）日本 JIS 标准碳钢和高强度钢实心焊丝采用气保焊时的焊缝力学性能及应用范围（表 7-6-30）。

表 7-6-30　碳钢和高强度钢实心焊丝采用气保焊时的焊缝力学性能及应用范围

型　号	R_m/MPa	$R_{p0.2}$/MPa	A（%）	温度/℃	KV/J	钢种应用范围	保护气体（体积分数）
YGW-11	490	390	22	0	≥47	低碳钢和抗拉强度490MPa 级的高强度钢	CO_2
YGW-12	490	390	22	0	≥27		
YGW-13	490	390	22	0	≥27		
YGW-14	490	345	22	0	≥27		
YGW-15	490	390	22	−20	≥27	低碳钢和抗拉强度490MPa 级的高强度钢	80% Ar-20% CO_2
YGW-16	490	390	22	−20	≥27		
YGW-17	420	345	22	−20	≥27		
YGW-18	540	430	22	0	≥47	490MPa、520MPa 及540MPa 级的高强度钢	CO_2
YGW-19	540	430	22	−20	≥47		80% Ar-20% CO_2
YGW-21	570	490	19	−5	≥47	590MPa 级的高强度钢	CO_2
YGW-22	570	490	19	−5	≥27		
YGW-23	570	490	19	−20	≥47		80% Ar-20% CO_2
YGW-24	570	490	19	−20	≥27		

注：型号中字母后的数字，是表示化学成分的代号。

7.6.15　碳钢、高强度钢和低温钢 TIG 焊接用实心焊丝与焊棒　[JIS Z3316（2017）]

（1）日本 JIS 标准碳钢、高强度钢和低温钢 TIG 焊接用实心焊丝与焊棒的型号与熔敷金属的化学成分（表 7-6-31）

表 7-6-31　碳钢、高强度钢和低温钢 TIG 焊接用实心焊丝与焊棒的型号和化学成分（质量分数）（%）

型　号（代号）	C	Si	Mn	P	S	Ni	Cr	Mo	$Cu^{①}$ ≤	其　他
2	0.07	0.40~0.70	0.90~1.40	0.025 ≤	0.035 ≤	≤0.15	≤0.15	≤0.15	0.50	Ti 0.05~0.15 Zr 0.02~0.12 Al 0.05~0.15 V≤0.03
3	0.06~0.15	0.45~0.75	0.90~1.40	0.025	0.035	≤0.15	≤0.15	≤0.15	0.50	V≤0.03
4	0.07~0.15	0.65~0.85	1.00~1.50	0.025	0.035	≤0.15	≤0.15	≤0.15	0.50	V≤0.03
6	0.06~0.15	0.80~1.15	1.40~1.85	0.025	0.035	≤0.15	≤0.15	≤0.15	0.50	V≤0.03
10	≤0.02	≤0.20	≤0.70	0.025	0.025	≤0.15	≤0.15	≤0.10	0.50	V≤0.05
12	0.02~0.15	0.55~1.00	1.25~1.90	0.030	0.030	—	—	—	0.50	—
16	0.02~0.15	0.40~1.00	0.90~1.60	0.030	0.030	—	—	—	0.50	—
1M3	≤0.12	0.30~0.70	≤1.30	0.025	0.025	≤0.20	—	0.40~0.65	0.35	—
2M3	≤0.12	0.30~0.70	0.60~1.40	0.025	0.025	—	—	0.40~0.65	0.50	—
2M31	≤0.12	0.30~0.90	0.80~1.50	0.025	0.025	—	—	0.40~0.65	0.50	—
2M32	≤0.05	0.30~0.90	0.80~1.40	0.025	0.025	—	—	0.40~0.65	0.50	—
3M1	0.05~0.15	0.40~1.00	1.40~2.10	0.025	0.025	—	—	0.10~0.45	0.50	—
3M1T	≤0.12	0.40~1.00	1.40~2.10	0.025	0.025	—	—	0.10~0.45	0.50	Ti 0.02~0.30
3M3	≤0.12	0.60~0.90	1.10~1.60	0.025	0.025	—	—	0.40~0.65	0.50	—
3M31	≤0.12	0.30~0.90	1.00~1.85	0.025	0.025	—	—	0.40~0.65	0.50	—
3M3T	≤0.12	0.40~1.00	1.00~1.80	0.025	0.025	—	—	0.40~0.65	0.50	Ti 0.02~0.30
4M3	≤0.12	≤0.30	1.50~2.00	0.025	0.025	—	—	0.40~0.65	0.50	

（续）

型　号 （代号）	C	Si	Mn	P	S	Ni	Cr	Mo	Cu① ≤	其　他
4M31	0.07~0.12	0.50~0.80	1.60~2.10	0.025	0.025	—		0.40~0.60	0.50	—
4M3T	≤0.12	0.50~0.80	1.60~2.20	0.025	0.025	—		0.40~0.65	0.50	Ti 0.02~0.30
N1	≤0.12	0.20~0.50	≤1.25	0.025	0.025	0.60~1.00		0.35	0.35	—
N2	≤0.12	0.40~0.80	≤1.25	0.025	0.025	0.80~1.10	≤0.15	0.35	0.35	V≤0.05
N3	≤0.12	0.30~0.80	1.20~1.60	0.025	0.025	1.50~1.90	—	0.35	0.35	
N5	≤0.12	0.40~0.80	≤1.25	0.025	0.025	2.00~2.75	—	—	0.35	
N7	≤0.12	0.20~0.50	≤1.25	0.025	0.025	3.00~3.75	—	0.35	0.35	
N71	≤0.12	0.40~0.80	≤1.25	0.025	0.025	3.00~3.75	—	—	0.35	
N9	≤0.10	≤0.50	≤1.40	0.025	0.025	4.00~4.75	—	0.35	0.35	
N1M2T	≤0.12	0.60~1.00	1.70~2.30	0.025	0.025	0.40~0.80	—	0.20~0.60	0.50	Ti 0.02~0.30
N1M3	≤0.12	0.20~0.80	1.00~1.80	0.025	0.025	0.30~0.90		0.40~0.65	0.50	
N2M1T	≤0.12	0.30~0.80	1.10~1.90	0.025	0.025	0.80~1.60	—	0.10~0.45	0.50	Ti 0.02~0.30
N2M2T	0.05~0.15	0.30~0.90	1.00~1.80	0.025	0.025	0.70~1.20	—	0.20~0.60	0.50	Ti 0.02~0.30
N2M3	≤0.12	≤0.30	1.10~1.60	0.025	0.025	0.80~1.20	—	0.40~0.65	0.50	—
N2M3T	0.05~0.15	0.30~0.90	1.40~2.10	0.025	0.025	0.70~1.20	—	0.40~0.65	0.50	Ti 0.02~0.30
N2M4T	≤0.12	0.50~1.00	1.70~2.30	0.025	0.025	0.80~1.30	—	0.55~0.85	0.50	Ti 0.02~0.30
N3M2	≤0.08	0.20~0.55	1.25~1.80	0.010	0.010	1.40~2.10	≤0.30	0.25~0.55	0.25	Ti≤0.10 V≤0.05 Zr≤0.10 Al≤0.10
N3M2J	0.05~0.15	0.10~0.70	1.00~1.50	0.025	0.025	1.40~2.10	≤0.30	0.25~0.55	0.40	V≤0.05
N4M2	≤0.09	0.20~0.55	1.40~1.80	0.010	0.010	1.90~2.60	≤0.50	0.25~0.55	0.25	Ti≤0.10 V≤0.04 Zr≤0.10 Al≤0.10
N4M3T	≤0.12	0.45~0.90	1.40~1.90	0.025	0.025	1.50~2.10	—	0.40~0.65	0.50	Ti 0.01~0.30
N4M4T	≤0.12	0.40~0.90	1.60~2.10	0.025	0.025	1.90~2.50	—	0.40~0.90	0.50	Ti 0.02~0.30
N5M3	≤0.10	0.25~0.60	1.40~1.80	0.010	0.010	2.00~2.80	≤0.60	0.35~0.65	0.25	Ti≤0.10 V≤0.03 Zr≤0.10 Al≤0.10
N5M3T	≤0.12	0.40~0.90	1.40~2.00	0.025	0.025	2.40~3.10	—	0.40~0.70	0.50	Ti 0.02~0.30
N7M4T	≤0.12	0.30~0.70	1.30~1.70	0.025	0.025	3.20~3.80	≤0.30	0.60~0.90	0.50	Ti 0.02~0.30
C1M1T	0.02~0.15	0.50~0.90	1.10~1.60	0.025	0.025	—	0.30~0.60	0.10~0.45	0.40	Ti 0.02~0.30
N3C1M4T	≤0.12	0.35~0.75	1.25~1.70	0.025	0.025	1.30~1.80	0.30~0.60	0.50~0.75	0.50	Ti 0.02~0.30
N4CM2T	≤0.12	0.20~0.60	1.30~1.80	0.025	0.025	1.50~2.10	0.20~0.50	0.30~0.60	0.50	Ti 0.02~0.30
N4CM21T	≤0.12	0.20~0.70	1.10~1.70	0.025	0.025	1.80~2.30	0.05~0.35	0.25~0.60	0.50	Ti 0.02~0.30
N4CM22T	≤0.12	0.65~0.95	1.90~2.40	0.025	0.025	2.00~2.30	0.10~0.30	0.35~0.55	0.50	Ti 0.02~0.30
N5CM3T	≤0.12	0.20~0.70	1.10~1.70	0.025	0.025	2.40~2.90	0.05~0.35	0.35~0.70	0.50	Ti 0.02~0.30
N5C1M3T	≤0.12	0.40~0.90	1.40~2.00	0.025	0.025	2.40~3.00	0.40~0.60	0.40~0.70	0.50	Ti 0.02~0.30
N6CM2T	≤0.12	0.30~0.60	1.50~1.80	0.025	0.025	2.80~3.00	0.05~0.30	0.25~0.50	0.50	Ti 0.02~0.30
N6C1M4	≤0.12	≤0.25	0.90~1.40	0.025	0.025	2.65~3.15	0.20~0.50	0.55~0.85	0.50	—
N6C2M2T	≤0.12	0.20~0.50	1.50~1.90	0.025	0.025	2.50~3.10	0.70~1.00	0.30~0.60	0.50	Ti 0.02~0.30
N6C2M4	≤0.12	0.40~0.60	1.80~2.00	0.025	0.025	2.80~3.00	1.00~1.20	0.50~0.80	0.50	Ti≤0.40
N6CM3T	≤0.12	0.30~0.70	1.20~1.50	0.025	0.025	2.70~3.30	0.10~0.35	0.40~0.65	0.50	Ti 0.02~0.30
0	供需双方协商									

注：1. 表中仅列出型号的有关代号，可参见7.6.18小节中不锈钢药芯焊丝型号表示方法。

　　2. 表中短线"—"表示其化学成分未规定。

　　3. 除Fe元素外，其余残余元素含总量≤0.50%。

① 这类焊丝若需要镀铜时，镀铜层的Cu含量应包括在内。

（2）日本 JIS 标准碳钢、高强度钢和低温钢 TIG 焊接用实心焊丝与焊棒的熔敷金属力学性能（表 7-6-32）。

表 7-6-32　碳钢、高强度钢与低温钢 TIG 焊接用实心焊丝与焊棒的熔敷金属力学性能

型号[1]（代号）	R_m/MPa	R_{eL}[2]/MPa ≥	A[3]（%）≥	型号[1]（代号）	R_m/MPa	R_{eL}[2]/MPa ≥	A[3]（%）≥
35	350~450	250	22	62	620~820	530	15
43	430~600	330	20	69	690~890	600	14
49	490~670	390	18	76	760~960	680	13
55	550~740	460	17	78	780~980	680	13
57	570~770	490	17	83	830~1030	745	12
59	590~790	490	16	—	—	—	—

[1] 焊丝型号中的有关力学性能代号。

[2] 当材料屈服不明显时，用 $R_{p0.2}$ 表示。

[3] 试样标准长度为试样直径的 5 倍。

7.6.16　9%镍低温用钢 TIG 焊接用实心焊丝［JIS Z3332（2007/2012 确认）］

（1）日本 JIS 标准 9%镍低温用钢 TIG 焊接用实心焊丝的型号与化学成分（表 7-6-33）

表 7-6-33　9%镍低温用钢 TIG 焊接用实心焊丝的型号与化学成分[1]（质量分数）（%）

牌　号[2]	C	Si	Mn	P ≤	S ≤	Cr	Ni	Mo	Fe
YGT 9Ni-1	0.10	0.50	5.0	0.015	0.015	5.0~20.0	≥55.0	—	20.0
YGT 9Ni-2	0.10	0.50	—	0.015	0.015	—	≥55.0	10.0~25.0	20.0
YGT 9Ni-3	0.10	0.50	—	0.015	0.015	5.0~20.0	≥55.0	5.0~20.0	20.0

[1] 表中的单数值均表示化学成分小于或等于该数值（已添加符号的单数值除外）。

[2] Y—焊丝；GT—TIG 焊接用。

（2）日本 9%镍低温用钢 TIG 焊接用实心焊丝的焊缝金属的力学性能（表 7-6-34）

表 7-6-34　9%镍低温用钢 TIG 焊接用实心焊丝的焊缝金属的力学性能

型　号	R_m/MPa	R_{eL}[1]/MPa	A（%）	试验温度 /℃	冲击吸收能量 /J
	≥	≥	≥		
YGT 9Ni-1	660	360	25	-196	
YGT 9Ni-2	660	360	25	-196	平均值≥34 个别值≥27
YGT 9Ni-3	660	360	25	-196	

[1] 根据试验结果，确定采用 R_{eL} 或 $R_{p0.2}$。

7.6.17　碳钢、高强度钢和低温钢气体保护焊与自保护焊用药芯焊丝［JIS Z3313（2009/2013 确认）］

（1）日本 JIS 标准碳钢、高强度钢和低温钢气体保护焊与自保护焊用药芯焊丝的型号与熔敷金属的化学成分（表 7-6-35）

表 7-6-35　碳钢、高强度钢和低温钢气体保护焊和自保护焊用药芯焊丝的型号与熔敷金属的化学成分（质量分数）（%）

焊丝型号[1]（代号）	C	Si	Mn	P ≤	S ≤	Cr	Ni	Mo	Al[2]	其　他[4]
无代号	≤0.18[3]	≤0.90	≤2.00	0.030	0.030	≤0.20	≤0.50	≤0.30	≤0.20	V≤0.08
K	≤0.20	≤1.00	≤1.60	0.030	0.030	≤0.20	≤0.50	≤0.30	—	V≤0.08
2M3	≤0.12	≤0.80	≤1.50	0.030	0.030	—	—	0.40~0.65	≤1.8	

（续）

焊丝型号[1]（代号）	C	Si	Mn	P ≤	S ≤	Cr	Ni	Mo	Al[2]	其　他[4]
3M2	≤0.15	≤0.80	1.25~2.00	0.030	0.030	—	≤0.90	0.25~0.55	≤1.8	—
3M3	≤0.15	≤0.80	1.00~1.75	0.030	0.030	—	≤0.90	0.40~0.75	≤1.8	—
4M2	≤0.15	≤0.80	1.65~2.25	0.030	0.030	—	≤0.90	0.25~0.55	≤1.8	—
N1	≤0.12	≤0.80	≤1.75	0.030	0.030	—	0.30~1.00	≤0.35	≤1.8	—
N2	≤0.12	≤0.80	≤1.75	0.030	0.030	—	0.80~1.20	≤0.35	≤1.8	—
N3	≤0.12	≤0.80	≤1.75	0.030	0.030	—	1.00~2.00	≤0.35	≤1.8	—
N5	≤0.12	≤0.80	≤1.75	0.030	0.030	—	1.75~2.75	—	≤1.8	—
N7	≤0.12	≤0.80	≤1.75	0.030	0.030	—	2.75~3.75	—	≤1.8	—
N1M2	≤0.15	≤0.80	≤2.00	0.030	0.030	≤0.20	0.40~1.00	0.20~0.65	≤1.8	V≤0.05
N2M1	≤0.15	≤0.80	≤2.25	0.030	0.030	0.20	0.40~1.50	≤0.35	≤1.8	V≤0.05
N2M2	≤0.15	≤0.80	≤2.25	0.030	0.030	≤0.20	0.40~1.50	0.20~0.65	≤1.8	V≤0.05
N3M1	≤0.15	≤0.80	≤2.25	0.030	0.030	0.20	1.00~2.00	≤0.35	≤1.8	V≤0.05
N3M2	≤0.15	≤0.80	≤2.25	0.030	0.030	0.20	1.25~2.25	0.20~0.65	≤1.8	V≤0.05
N4M1	≤0.12	≤0.80	≤2.25	0.030	0.030	0.20	1.75~2.75	≤0.35	≤1.8	V≤0.05
N4M2	≤0.15	≤0.80	≤2.25	0.030	0.030	0.20	1.75~2.75	0.20~0.65	≤1.8	V≤0.05
N4C1M2	≤0.15	≤0.80	≤2.25	0.030	0.030	0.20~0.60	1.75~2.75	0.20~0.65	≤1.8	V≤0.05
N4C2M2	≤0.15	≤0.80	≤2.25	0.030	0.030	0.60~1.00	1.75~2.75	0.20~0.65	≤1.8	V≤0.05
N6C1M4	≤0.12	≤0.80	≤2.25	0.030	0.030	≤1.00	2.50~3.50	0.40~1.00	≤1.8	V≤0.05
N3C1M2	0.10~0.25	≤0.80	≤1.75	0.030	0.030	0.20~0.70	0.75~2.00	0.15~0.65	≤1.8	V≤0.05
G	按供需双方合同规定									—

① 表中仅列出型号中有关化学成分代号，可参见 7.6.18 小节中关于不锈钢药芯焊丝型号表示方法。

② Al 含量仅适用于自保护焊焊丝。

③ 用于自保护焊焊丝的碳含量为 0.30%。

④ 除 Fe 元素外，表中未列出的其他残余元素总含量不超过 0.50%。

（2）日本 JIS 标准碳钢、高强度钢和低温钢气体保护焊与自保护焊用药芯焊丝的金属焊缝的力学性能（表 7-6-36）。

表 7-6-36　碳钢、高强度钢和低温钢气体保护焊与自保护焊用药芯焊丝的金属焊缝的力学性能

焊丝型号[1]（代号）	R_m/MPa	$R_{eL}^{[2]}$/MPa ≥	$A^{[3]}$（%）≥	焊丝型号[1]（代号）	R_m/MPa	$R_{eL}^{[2]}$/MPa ≥	$A^{[3]}$（%）≥
43	430~600	330	20	59J	590~790	500	16
49	490~670	390	18	62	620~820	530	15
49J	490~670	400	18	69	690~890	600	14
52	520~700	420	17	76	760~960	680	13
55	550~740	460	17	78	780~980	680	13
57	570~770	490	17	78J	780~980	700	13
57J	570~770	500	17	83	830~1030	745	12
59	590~790	490	16	—	—	—	—

① 焊丝型号中的有关力学性能代号。

② 当材料屈服不明显时，用 $R_{p0.2}$ 表示。

③ 试样标准长度为试样直径的 5 倍。

（3）日本 JIS 标准碳钢、高强度钢和低温钢气体保护焊与自保护焊用药芯焊丝的焊缝冲击性能（表 7-6-37）

表 7-6-37　碳钢、高强度钢和低温钢气体保护焊与自保护焊用药芯焊丝的焊缝冲击性能

焊丝型号 （温度代号）	冲击吸收能量为 27J[②] 时的温度/℃	焊丝型号 （温度代号）	冲击吸收能量为 27J[②] 时的温度/℃
Z[①]	不规定	5	-50
Y	+20	6	-60
0	0	7	-70
2	-20	8	-80
3	-30	9	-90
4	-40	10	-100

① 仅用于单道次焊接。

② 3 个试样的平均值。

7.6.18　不锈钢气体保护焊与自保护焊用药芯焊丝和焊棒［JIS Z3323（2007/2011 确认）］

（1）气体保护焊用药芯焊丝

日本 JIS 标准不锈钢气体保护焊用药芯焊丝的型号与熔敷金属的化学成分（表 7-6-38）

表 7-6-38　不锈钢气体保护焊用药芯焊丝的型号与熔敷金属的化学成分（质量分数）（%）

型　号[①] （代号）	C	Si	Mn	P ≤	S ≤	Cr	Ni	Mo	其　他
307	≤0.13	≤1.0	3.30~4.75	0.04	0.03	18.0~20.5	9.0~10.5	0.50~1.50	Cu≤0.5
308	≤0.08	≤1.0	0.5~2.5	0.04	0.03	18.0~21.0	9.0~11.0	≤0.5	Cu≤0.5
308L	≤0.04	≤1.0	0.5~2.5	0.04	0.03	18.0~21.0	9.0~12.0	≤0.5	Cu≤0.5
308H	0.04~0.08	≤1.0	0.5~2.5	0.04	0.03	18.0~21.0	9.0~11.0	≤0.5	Cu≤0.5
308N2	≤0.10	≤1.0	1.0~4.0	0.04	0.03	20.0~25.0	7.0~11.0	≤0.5	Cu≤0.5 N 0.12~0.30
308Mo	≤0.08	≤1.0	0.5~25	0.04	0.03	18.0~21.0	9.0~12.0	2.0~3.0	Cu≤0.5
308MoJ	≤0.08	≤1.0	0.5~2.5	0.04	0.03	17.5~20.5	8.0~11.0	2.0~3.0	Cu≤0.5
308LMo	≤0.04	≤1.0	0.5~2.5	0.04	0.03	18.0~21.0	9.0~12.0	2.0~3.0	Cu≤0.5
309	≤0.10	≤1.0	0.5~2.5	0.04	0.03	22.0~25.0	12.0~14.0	≤0.5	Cu≤0.5
309L	≤0.04	≤1.0	0.5~2.5	0.04	0.03	22.0~25.0	12.0~14.0	≤0.5	Cu≤0.5
309J	≤0.08	≤1.0	0.5~2.5	0.04	0.03	25.0~28.0	12.0~14.0	≤0.5	Cu≤0.5
309Mo	≤0.12	≤1.0	0.5~2.5	0.04	0.03	21.0~25.0	12.0~16.0	2.0~3.0	Cu≤0.5
309LMo	≤0.04	≤1.0	0.5~2.5	0.04	0.03	21.0~25.0	12.0~16.0	2.0~3.0	Cu≤0.5
309LNb	≤0.04	≤1.0	0.5~2.5	0.04	0.03	22.0~25.0	12.0~14.0	≤0.5	（Nb+Ta）0.7~1.0 Cu≤0.5
310	≤0.20	≤1.0	1.0~2.5	0.03	0.03	25.0~28.0	20.0~22.5	≤0.5	Cu≤0.5
312	≤0.15	≤1.0	0.5~2.5	0.04	0.03	28.0~32.0	8.0~10.5	≤0.5	Cu≤0.5
316	≤0.08	≤1.0	0.5~2.5	0.04	0.03	17.0~20.0	11.0~14.0	2.0~3.0	Cu≤0.5
316L	≤0.04	≤1.0	0.5~2.5	0.04	0.03	17.0~20.0	11.0~14.0	2.0~3.0	Cu≤0.5
316H	0.04~0.08	≤1.0	0.5~2.5	0.04	0.03	17.0~20.0	11.0~14.0	2.0~3.0	Cu≤0.5
316LCu	≤0.04	≤1.0	0.5~2.5	0.04	0.03	17.0~20.0	11.0~16.0	1.25~2.75	Cu1.0~2.5

（续）

型 号[1] （代号）	C	Si	Mn	P ≤	S ≤	Cr	Ni	Mo	其 他
317	≤0.08	≤1.0	0.5 ~ 2.5	0.04	0.03	18.0 ~ 21.0	12.0 ~ 14.0	3.0 ~ 4.0	Cu ≤0.5
317L	≤0.04	≤1.0	0.5 ~ 2.5	0.04	0.03	18.0 ~ 21.0	12.0 ~ 16.0	3.0 ~ 4.0	Cu ≤0.5
318	≤0.08	≤1.0	0.5 ~ 2.5	0.04	0.03	17.0 ~ 20.0	11.0 ~ 14.0	2.0 ~ 3.0	（Nb + Ta）8C ~ 1.0 Cu ≤0.5
329J4L	≤0.04	≤1.0	0.5 ~ 2.5	0.04	0.03	23.0 ~ 27.0	8.0 ~ 11.0	2.5 ~ 4.0	Cu ≤1.0 N 0.08 ~ 0.30
347	≤0.08	≤1.0	0.5 ~ 2.5	0.04	0.03	18.0 ~ 21.0	9.0 ~ 11.0	≤0.5	（Nb + Ta）8C ~ 1.0 Cu ≤0.5
347L	≤0.04	≤1.0	0.5 ~ 2.5	0.04	0.03	18.0 ~ 21.0	9.0 ~ 11.0	≤0.5	（Nb + Ta）8C ~ 1.0 Cu ≤0.5
409	≤0.10	≤1.0	≤0.80	0.04	0.03	10.5 ~ 13.5	≤0.6	≤0.5	Ti 10C ~ 1.5 Cu ≤0.5
409Nb	≤0.12	≤1.0	≤1.2	0.04	0.03	10.5 ~ 14.0	≤0.6	≤0.5	（Nb + Ta）8C ~ 1.5 Cu ≤0.5
410	≤0.12	≤1.0	≤1.2	0.04	0.03	11.0 ~ 13.5	≤0.6	≤0.5	Cu ≤0.5
410NiMo	≤0.06	≤1.0	≤1.0	0.04	0.03	11.0 ~ 12.5	4.0 ~ 5.0	0.4 ~ 0.7	Cu ≤0.5
430	≤0.10	≤1.0	≤1.2	0.04	0.03	15.0 ~ 18.0	≤0.6	≤0.5	Cu ≤0.5
430Nb	≤0.10	≤1.0	≤1.2	0.04	0.03	15.0 ~ 18.0	≤0.6	≤0.5	（Nb + Ta）0.5 ~ 1.5 Cu ≤0.5
16-8-2	≤0.10	≤0.75	0.5 ~ 2.5	0.04	0.03	14.5 ~ 16.5	7.5 ~ 9.5	1.0 ~ 2.0	Cu ≤0.5
2209	≤0.04	≤1.0	0.5 ~ 2.0	0.04	0.03	21.0 ~ 24.0	7.5 ~ 10.0	2.5 ~ 4.0	Cu ≤0.5, N 0.08 ~ 0.20
2553	≤0.04	≤0.75	0.5 ~ 1.5	0.04	0.03	24.0 ~ 27.0	8.5 ~ 10.5	2.9 ~ 3.9	Cu 1.5 ~ 2.5 N 0.10 ~ 0.20

① 表中的型号为化学成分的代号，型号标称应添加"TS"，例如型号"308L"应为"TS 308L"，以此类推。

根据需要，型号可添加 3 组后缀字母或数字，例如 TS × × × - F $X_2 X_3$。其中：

第 1 组字母表示焊丝或焊棒种类（F—粉型药芯焊丝）；第 2 组字母表示保护气体种类 [C—CO_2 气体，M—Ar + （20 ~ 30）% CO_2 混合气体（体积分数），B 表示 C 或 M 气体]；第 3 组数字表示焊接位置（1—向下或平焊，0—全位置焊接）。

（2）自保护焊用药芯焊丝

日本 JJS 标准不锈钢自保护焊用药芯焊丝的型号与熔敷金属的化学成分（表 7-6-39）

表 7-6-39　不锈钢自保护焊用药芯焊丝的型号与熔敷金属的化学成分（质量分数）（%）

型 号[1] （代号）	C	Si	Mn	P ≤	S ≤	Cr	Ni	Mo	其 他
307	≤0.13	≤1.0	3.30 ~ 4.75	0.04	0.03	19.5 ~ 22.0	9.0 ~ 10.5	0.50 ~ 1.50	Cu ≤0.5
308	≤0.08	≤1.0	0.5 ~ 2.5	0.04	0.03	19.5 ~ 22.0	9.0 ~ 11.0	≤0.5	Cu ≤0.5
308L	≤0.03	≤1.0	0.5 ~ 2.5	0.04	0.03	19.5 ~ 22.0	9.0 ~ 12.0	≤0.5	Cu ≤0.5
308H	0.04 ~ 0.08	≤1.0	0.5 ~ 2.5	0.04	0.03	19.0 ~ 22.0	9.0 ~ 11.0	≤0.5	Cu ≤0.5
308Mo	≤0.08	≤1.0	0.5 ~ 2.5	0.04	0.03	18.0 ~ 21.0	9.0 ~ 11.0	2.0 ~ 3.0	Cu ≤0.5
308LMo	≤0.03	≤1.0	0.5 ~ 2.5	0.04	0.03	18.0 ~ 21.0	9.0 ~ 12.0	2.0 ~ 3.0	Cu ≤0.5

（续）

型号[1] （代号）	C	Si	Mn	P ≤	S ≤	Cr	Ni	Mo	其 他
308HMo	0.07 ~ 0.12	0.25 ~ 0.80	1.25 ~ 2.25	0.04	0.03	19.0 ~ 21.5	9.0 ~ 10.7	1.8 ~ 2.4	Cu≤0.5
309	≤0.10	≤1.0	0.5 ~ 2.5	0.04	0.03	23.0 ~ 25.5	12.0 ~ 14.0	≤0.5	Cu≤0.5
309L	≤0.03	≤1.0	0.5 ~ 2.5	0.04	0.03	23.0 ~ 25.5	12.0 ~ 14.0	≤0.5	Cu≤0.5
309Mo	≤0.12	≤1.0	0.5 ~ 2.5	0.04	0.03	21.0 ~ 25.0	12.0 ~ 16.0	2.0 ~ 3.0	Cu≤0.5
309LMo	≤0.04	≤1.0	0.5 ~ 2.5	0.04	0.03	21.0 ~ 25.0	12.0 ~ 16.0	2.0 ~ 3.0	Cu≤0.5
309LNb	≤0.03	≤1.0	0.5 ~ 2.5	0.04	0.03	23.0 ~ 25.5	12.0 ~ 14.0	≤0.5	(Nb + Ta)0.7 ~ 1.0 Cu≤0.5
310	≤0.20	≤1.0	1.0 ~ 2.5	0.03	0.03	25.0 ~ 28.0	20.0 ~ 22.5	≤0.5	Cu≤0.5
312	≤0.15	≤1.0	0.5 ~ 2.5	0.04	0.03	28.0 ~ 32.0	8.0 ~ 10.5	≤0.5	Cu≤0.5
316	≤0.08	≤1.0	0.5 ~ 2.5	0.04	0.03	18.0 ~ 20.5	11.0 ~ 14.0	2.0 ~ 3.0	Cu≤0.5
316L	≤0.03	≤1.0	0.5 ~ 2.5	0.04	0.03	18.0 ~ 20.5	11.0 ~ 14.0	2.0 ~ 3.0	Cu≤0.5
316H	0.04 ~ 0.08	≤1.0	0.5 ~ 2.5	0.04	0.03	18.0 ~ 20.5	11.0 ~ 14.0	2.0 ~ 3.0	Cu≤0.5
316LCu	≤0.03	≤1.0	0.5 ~ 2.5	0.04	0.03	18.0 ~ 20.5	11.0 ~ 16.0	1.25 ~ 2.75	Cu 1.0 ~ 2.5
317	≤0.08	≤1.0	0.5 ~ 2.5	0.04	0.03	18.5 ~ 21.0	13.0 ~ 15.0	3.0 ~ 4.0	Cu≤0.5
317L	≤0.03	≤1.0	0.5 ~ 2.5	0.04	0.03	18.5 ~ 21.0	13.0 ~ 15.0	3.0 ~ 4.0	Cu≤0.5
318	≤0.08	≤1.0	0.5 ~ 2.5	0.04	0.03	18.0 ~ 20.5	11.0 ~ 14.0	2.0 ~ 3.0	(Nb + Ta)8C ~ 1.0 Cu≤0.5
347	≤0.08	≤1.0	0.5 ~ 2.5	0.04	0.03	19.0 ~ 21.5	9.0 ~ 11.0	≤0.5	(Nb + Ta)8C ~ 1.0 Cu≤0.5
347L	≤0.04	≤1.0	0.5 ~ 2.5	0.04	0.03	19.0 ~ 21.5	9.0 ~ 11.0	≤0.5	(Nb + Ta)8C ~ 1.0 Cu≤0.5
409	≤0.10	≤1.0	≤0.80	0.04	0.03	10.5 ~ 13.5	≤0.6	≤0.5	Ti 10C ~ 1.5 Cu≤0.5
409Nb	≤0.12	≤1.0	≤1.0	0.04	0.03	10.5 ~ 14.0	≤0.6	≤0.5	(Nb + Ta)8C ~ 1.5 Cu≤0.5
410	≤0.12	≤1.0	≤1.0	0.04	0.03	11.0 ~ 13.5	≤0.6	≤0.5	Cu≤0.5
410NiMo	≤0.06	≤1.0	≤1.0	0.04	0.03	11.0 ~ 12.5	4.0 ~ 5.0	0.4 ~ 0.7	Cu≤0.5
430	≤0.10	≤1.0	≤1.0	0.04	0.03	15.0 ~ 18.0	≤0.6	≤0.5	Cu≤0.5
430Nb	≤0.10	≤1.0	≤1.0	0.04	0.03	15.0 ~ 18.0	≤0.6	≤0.5	(Nb + Ta)0.5 ~ 1.5 Cu≤0.5
16-8-2	≤0.10	≤0.75	0.5 ~ 2.5	0.04	0.03	14.5 ~ 16.5	7.5 ~ 9.5	1.0 ~ 2.0	Cu≤0.5
2209	≤0.04	≤1.0	0.5 ~ 2.0	0.04	0.03	21.0 ~ 24.0	7.5 ~ 10.0	2.5 ~ 4.0	Cu≤0.5, N 0.08 ~ 0.20
2553	≤0.04	≤0.75	0.5 ~ 1.5	0.04	0.03	24.0 ~ 27.0	8.5 ~ 10.5	2.9 ~ 3.9	Cu 1.5 ~ 2.5 N 0.10 ~ 0.20

[1] 表中的型号为化学成分的代号，型号标称应添加 "TS"，例如型号 "308LMo" 应为 "TS 308LMo"，以此类推。
　　根据需要，型号可添加3组后缀字母或数字（同表7-6-38 注）。例如型号标称为 TS×××-FNX₃，F—粉型药芯焊丝；N—无（自保护），X₃代表第3组数字，表示焊接位置。

（3）气体保护焊用金属型药芯焊丝

日本 JIS 标准不锈钢气体保护焊用金属型药芯焊丝的型号与熔敷金属的化学成分（表7-6-40）

表7-6-40 不锈钢气体保护焊用金属型药芯焊丝的型号与熔敷金属的化学成分（质量分数）（%）

型号[①]（代号）	保护气体种类[②]	C	Si	Mn	P ≤	S ≤	Cr	Ni	Mo	其 他
308L	A	≤0.03	0.30~0.65	1.0~2.5	0.03	0.03	19.5~22.0	9.0~11.0	≤0.75	Cu≤0.75
	M	≤0.04	≤1.0	0.5~2.5	0.04	0.03	18.0~21.0	9.0~12.0	≤0.75	Cu≤0.75
308Mo	A，M	≤0.08	0.30~0.65	1.0~2.5	0.03	0.03	18.0~21.0	9.0~12.0	2.0~3.0	Cu≤0.75
308MoJ	A，M	≤0.08	0.30~0.65	1.0~2.5	0.03	0.03	17.5~20.5	8.0~11.0	2.0~3.0	Cu≤0.75
309L	A	≤0.03	0.30~0.65	1.0~2.5	0.03	0.03	230~25.0	12.0~14.0	≤0.75	Cu≤0.75
	M	≤0.04	≤1.0	0.5~2.5	0.04	0.03	22.0~25.0	12.0~14.0	≤0.75	Cu≤0.75
309LMo	A	≤0.03	0.30~0.65	1.0~2.5	0.03	0.03	23.0~25.0	12.0~14.0	2.0~3.0	Cu≤0.75
	M	≤0.04	≤1.0	0.5~2.5	0.04	0.03	21.0~25.0	12.0~16.0	2.0~3.0	Cu≤0.75
316L	A	≤0.03	0.30~0.65	1.0~2.5	0.03	0.03	18.0~20.0	11.0~14.0	2.0~3.0	Cu≤0.75
	M	≤0.04	≤1.0	0.5~2.5	0.04	0.03	17.0~20.0	11.0~14.0	2.0~3.0	Cu≤0.75
347	A	≤0.08	0.30~0.65	10~2.5	0.04	0.03	19.0~21.5	9.0~11.0	≤0.75	（Nb+Ta)10C~1.0 Cu≤0.75
	M	≤0.08	≤1.0	0.5~2.5	0.04	0.03	18.0~21.0	9.0~11.0	≤0.75	（Nb+Ta)8C~1.0 Cu≤0.75
409	A	≤0.08	≤0.8	≤0.8	0.03	0.03	10.5~13.5	≤0.6	≤0.75	Ti 10C~1.0 Cu≤0.75
409Nb	A，M	≤0.12	≤1.0	≤1.2	0.04	0.03	10.5~14.0	≤0.6	≤0.75	（Nb+Ta)8C~1.5 Cu≤0.75
410	A	≤0.12	≤0.5	≤0.6	0.03	0.03	11.5~13.5	≤0.6	≤0.75	Cu≤0.75
	M	≤0.12	≤1.0	≤1.2	0.04	0.03	11.0~13.5	≤0.6	≤0.75	Cu≤0.75
410NiMo	A	≤0.06	≤0.5	≤0.6	0.03	0.03	11.0~12.5	4.0~5.0	0.4~0.7	Cu≤0.75
	M	≤0.06	≤1.0	≤1.0	0.04	0.03	11.0~12.5	4.0~5.0	0.4~0.7	Cu≤0.75
430	A	≤0.10	≤0.5	≤0.6	0.03	0.03	15.5~17.0	≤0.6	≤0.75	Cu≤0.75
	M	≤0.10	≤1.0	≤1.2	0.04	0.03	15.0~18.0	≤0.6	≤0.75	Cu≤0.75
430Nb	A，M	≤0.10	≤1.0	≤1.2	0.04	0.03	15.0~18.0	≤0.6	≤0.75	（Nb+Ta)0.5~1.5 Cu≤0.75

① 表中型号为化学成分的代号，型号标称应添加"TS"，例如型号"308LMo"应为"TS 308LMo"，以此类推。

　　根据需要，型号可添加 3 组后缀字母或数字（同表7-6-38 注）。

② 保护气体：A—Ar+3% O_2 混合气体，M—Ar+(20~30)% CO_2 混合气体（体积分数）。

（4）TIG 焊接用药芯焊棒

日本 JIS 标准不锈钢 TIG 焊接用药芯焊棒的型号与熔敷金属的化学成分（表7-6-41）

表7-6-41 不锈钢 TIG 焊接用药芯焊棒的型号与熔敷金属的化学成分（质量分数）（%）

型号[①]（代号）	C	Si	Mn	P ≤	S ≤	Cr	Ni	Mo	其 他
308L	≤0.03	≤1.2	0.5~2.5	0.04	0.03	19.5~22.0	9.0~12.0	≤0.5	Cu≤0.5
309L	≤0.03	≤1.2	0.5~2.5	0.04	0.03	22.0~25.0	12.0~14.0	≤0.5	Cu≤0.5
316L	≤0.03	≤1.2	0.5~2.5	0.04	0.03	17.0~20.0	11.0~14.0	2.0~3.0	Cu≤0.5
347	≤0.08	≤1.2	0.5~2.5	0.04	0.03	18.0~21.0	9.0~11.0	≤0.5	（Nb+Ta)8C~1.0 Cu≤0.5

① 表中型号为化学成分的代号，型号标称应添加"TS"，例如型号"308L"应为"TS 308L"，以此类推；根据需要，型号可添加 3 组后缀字母或数字（同表7-6-38 注）。例如型号标称为 TS×××-RIX₃，R—TIG 焊接用药芯焊棒；I—Ar 气体；X₃ 代表第 3 组数字，表示焊接位置。

（5）不锈钢气体保护与自保护焊用药芯焊丝和焊棒的熔敷金属力学性能（表 7-6-42）

表 7-6-42　不锈钢气体保护与自保护焊用药芯焊丝和焊棒的熔敷金属力学性能

型号[1] （代号）	R_m/MPa ≥	A(%) ≥	型号[1] （代号）	R_m/MPa ≥	A(%) ≥
307	590	25	316L	485	25
308	550	30	316H	520	25
308L	520	30	316LCu	485	25
308H	550	30	317	550	20
308N2	690	20	317L	520	20
308Mo	550	30	318	520	20
308MoJ	620	20	329J4L	690	15
308LMo	520	30	347	520	25
308HMo	550	30	347L	520	25
309	550	25	409	450	15
309L	520	25	409Nb[2]	450	15
309J	550	15	410[2]	480	15
309Mo	550	15	410NiMo[3]	760	10
309LMo	520	15	430[4]	450	15
309LNb	520	25	430Nb[4]	450	13
310	550	25	16-8-2	520	25
312	660	15	2209	690	15
316	520	25	2553	760	13

① 表中型号为化学成分的代号，型号标称应添加"TS"，例如型号"308LMo"应为"TS 308LMo"，以此类推。根据需要，型号可添加 3 组后缀字母或数字（同表 7-6-38 注）。

② 试样加工前于 730～760℃加热 1h 后，再以≤55℃/h 的冷却速度炉冷至 315℃，然后空冷。

③ 试样加工前于 590～620℃加热 1h 后，然后空冷。

④ 试样加工前于 760～790℃加热 2h 后，再以≤55℃/h 的冷却速度炉冷至 600℃，然后空冷至室温。

7.6.19　碳钢和高强度钢电渣焊用实心焊丝［JIS Z3353（2013）］

（1）日本 JIS 标准碳钢和高强度钢电渣焊用实心焊丝的型号与化学成分（表 7-6-43）

表 7-6-43　碳钢和高强度钢电渣焊用实心焊丝的型号与化学成分（质量分数）（%）

型　号[1]		C	Si	Mn	P ≤	S ≤	Ni	Mo	Cr	其　他[2]
Mo 系	YES411	≤0.15	≤0.70	≤2.30	0.030	0.030	—	≤0.70	—	Cu≤0.50
	YES501	≤0.18	≤0.80	≤2.40	0.030	0.030	—	≤0.70	—	Cu≤0.50
	YES561	≤0.18	≤0.80	≤2.50	0.030	0.030	—	≤0.75	—	Cu≤0.50
	YES601	≤0.18	≤0.80	≤2.50	0.030	0.030	—	≤0.80	—	Cu≤0.50
Ni-Mo 系和 Ni-Cr-Mo 系	YES502	≤0.18	≤0.80	≤2.40	0.030	0.030	≤1.50	≤0.70	—	Cu≤0.50
	YES562	≤0.18	≤0.80	≤2.50	0.030	0.030	≤2.00	≤0.75	≤0.50	Cu≤0.50
	YES602	≤0.18	≤0.80	≤2.50	0.030	0.030	≤2.50	≤0.80	≤1.00	Cu≤0.50
—	YES410	供需双方合同规定			0.030	0.030	供需双方合同规定			
	YES500									
	YES560									
	YES600									

① 型号表示方法举例：型号 YES 501，Y—焊丝；ES—电渣焊用；50—抗拉强度最小值（×10）；1—熔敷金属的化学成分（代号）。

② 焊丝若需要镀铜时，镀铜层的 Cu 含量应包括在内。

（2）日本 JIS 标准碳钢和高强度钢电渣焊用实心焊丝的熔敷金属力学性能（表 7-6-44）

表 7-6-44　碳钢和高强度钢电渣焊用实心焊丝的熔敷金属力学性能

型　号	R_m/MPa	$R_{eL}^{①}$/MPa ≥	$A^{②}$（%）	温度 /℃	$KV^{③}$/J ≥	适用钢种范围
YES411	400	235	20	0	27	低碳钢
YES410	400	235	20	0	27	低碳钢
YES501	490	325	20	0	27	低碳钢和 490MPa 级高强度钢
YES502	490	325	20	0	40	低碳钢和 490MPa 级高强度钢
YES500	490	325	20	—	—	低碳钢和 490MPa 级高强度钢
YES561	550	400	20	0	27	550 级高强度钢
YES562	550	400	20	0	40	550 级高强度钢
YES560	550	400	20	—	—	550 级高强度钢
YES601	590	450	20	−5	27	590MPa 级高强度钢
YES602	590	450	20	−5	40	590MPa 级高强度钢
YES600	590	450	20	—	—	590MPa 级高强度钢

① 根据试验结果，确定采用 R_{eL} 或 $R_{p0.2}$。

② 试样长度是直径的 4 倍。

③ 3 个试样的平均值。

7.6.20　气体保护焊用药芯焊丝 ［JIS Z3319（2007/2001 确认）］

（1）日本 JIS 标准气体保护焊用药芯焊丝的型号与熔敷金属的化学成分（表 7-6-45）

表 7-6-45　气体保护焊用药芯焊丝的型号与熔敷金属的化学成分（质量分数）（%）

型　号①	C	Si	Mn	P ≤	S ≤	Cr	Ni	Mo	Ti
YFEG-11C	≤0.15	≤0.60	≤2.00	0.030	0.030	—	—	≤0.40	≤0.05
YFEG-20G	—	—	—	0.030	0.030	—	—	—	—
YFEG-21C	≤0.18	≤0.70	≤2.00	0.030	0.030	—	—	≤0.40	≤0.05
YFEG-22C	≤0.18	≤0.70	≤2.00	0.030	0.030	—	≤0.80	≤0.50	≤0.05
YFEG-30G	—	—	—	0.030·	0.030	—	—	—	—
YFEG-31C	≤0.20	≤0.70	≤2.20	0.030	0.030	≤0.40	≤0.80	≤0.60	≤0.05
YFEG-32C	≤0.20	≤0.70	≤2.20	0.030	0.030	≤0.40	≤0.80	≤0.70	≤0.05
YFEG-41C	≤0.18	≤0.70	≤2.00	0.030	0.030	—	≤0.80	≤0.60	≤0.05
YFEG-41A	≤0.18	≤0.70	≤1.80	0.030	0.030	—	≤0.80	≤0.60	≤0.05
YFEG-42C	≤0.18	≤0.70	≤2.00	0.030	0.030	—	≤0.80	≤0.70	≤0.05
YFEG-42A	≤0.18	≤0.70	≤2.00	0.030	0.030	—	≤0.80	≤0.70	≤0.05

① 型号表示方法举例：型号 YFEG-21C，Y—焊丝；F—药芯焊丝；EG—气体保护焊用；21C—熔敷金属的化学成分及适用钢种；C（或 A）—保护气体类型。

（2）日本 JIS 标准气体保护焊用药芯焊丝的熔敷金属力学性能（表 7-6-46）

表 7-6-46　气体保护焊用药芯焊丝的熔敷金属力学性能

型　号	R_m/MPa	$R_{eL}^{①}$/MPa ≥	A（%）	温度 /℃	KV/J ≥	保护气体（体积分数）	适用钢种范围
YFEG-11C	420	345	22	0	40	二氧化碳/CO_2	低碳钢
YFEG-20G	520	390	20	0	27	（未规定）	低碳钢和 490MPa 级高强度钢
YFEG-21G	520	390	20	0	40	二氧化碳/CO_2	低碳钢和 490MPa 级高强度钢
YFEG-22C	520	390	20	−20	40	二氧化碳/CO_2	低碳钢和 490MPa 级高强度钢
YFEG-30G	610	490	20	0	27	（未规定）	590MPa 级高强度钢
YFEG-31C	610	490	20	0	40	二氧化碳/CO_2	590MPa 级高强度钢
YFEG-32C	610	490	20	−20	40	二氧化碳/CO_2	590MPa 级高强度钢

（续）

型 号	R_m/MPa	$R_{eL}^{①}/MPa$	$A(\%)$	温度 /℃	KV/J	保护气体 （体积分数）	适用钢种范围
	≥	≥			≥		
YFEG-41C	490	365	20	-40	27	二氧化碳/CO_2	低温用碳素钢
YFEG-42C	490	365	20	-60	27	二氧化碳/CO_2	
YFEG-41A	490	365	20	-40	27	混合气体/	低温用碳素钢
YFEG-42A	490	365	20	-60	27	80% Ar + 20% CO_2	

① 根据试验结果确定采用 R_{eL} 或 $R_{p0.2}$。

7.6.21 耐磨堆焊用药芯焊丝 [JIS Z3326（2007/2011 确认）]

（1）日本 JIS 标准耐磨堆焊用药芯焊丝的型号与熔敷金属的化学成分（表7-6-47）

表 7-6-47 耐磨堆焊用药芯焊丝的型号与熔敷金属的化学成分（质量分数）（%）

型 号	C	Si	Mn	P ≤	S ≤	Cr	Mo	其 他	表中未列的残余元素之和
YF2A-C YF2A-G	≤0.30	≤1.5	≤3.0	0.030	0.030	≤3.0	≤1.5	—	≤1.0
YF3B-C YF3B-G	0.10~1.50	≤3.0	≤3.0	0.030	0.030	3.0~10.0	≤4.0	W≤4.0 V≤2.0	≤2.0
YF4A-C YF4A-G	≤0.15	≤1.0	≤3.0	0.03	0.03	10.0~14.0	≤2.0	Ni≤8.0	≤2.0
YF4B-C YF4B-G	0.15~0.50	≤1.0	≤3.0	0.03	0.03	10.0~14.0	≤2.0	—	≤2.0
YFMA-C YFMA-G	≤1.10	≤0.80	11.0~18.0	0.03	0.03	≤4.0	≤2.5	Ni≤3.0	≤1.0
YFME-C YFME-G	≤1.10	≤0.80	12.0~18.0	0.03	0.03	14.0~18.0	≤4.0	Ni≤6.0	≤4.0
YFCrA-C YFCrA-G	2.5~6.0	≤3.5	≤3.0	0.03	0.03	20.0~35.0	≤6.0	W≤5.0 Nb≤7.0	≤5.0
YF2A-S	≤0.40	≤1.5	≤3.0	0.03	0.03	≤3.0	≤1.5	Al≤3.00	≤1.0
YF3B-S	0.10~1.50	≤3.0	≤3.0	0.03	0.03	3.0~10.0	≤4.0	W≤4.0 Al≤3.0	≤2.0
YFCrA-S	2.5~6.0	≤3.5	≤3.0	0.03	0.03	20.0~35.0	≤6.0	W≤6.5 Nb≤7.0	≤5.0

注：型号表示方法举例：型号 YF4A-C，其中 YF—药芯焊丝；4A—熔敷金属的化学成分；C—保护气体。

（2）日本 JIS 标准耐磨堆焊用药芯焊丝的类型与熔敷金属硬度（表7-6-48）

表 7-6-48 耐磨堆焊用药芯焊丝的类型与熔敷金属硬度

型 号	保护气体	型 号	保护气体	标称硬度 HV	熔敷金属硬度 HV
YF2A-C	二氧化碳（CO_2）或氩和二氧化碳混合气体（Ar-CO_2）	YF2A-G	不规定	200	≤250
YF3B-C		YF3B-G		250	200~300
YF4A-C		YF4A-G		300	250~350
YF4B-C		YF4B-G		350	300~400
YFMA-C		YFMA-G		400	350~450
YFME-C		YFME-G		450	400~500
YFCrA-C		YFCrA-G		500	450~600
YF2A-S	无 （自保护）	—	—	600	550~700
YF3B-S		—		700	650~800
YFCrA-S		—		800	≥750

注：熔敷金属的硬度为测定值的平均值。

7.6.22 不锈钢堆焊用焊带〔JIS Z3322（2010/2014 确认）〕

日本 JIS 标准不锈钢堆焊用焊带的型号与熔敷金属的化学成分（表7-6-49）

表 7-6-49　不锈钢堆焊用焊带的型号与熔敷金属的化学成分（质量分数）（%）

型　号[①]	C	Si	Mn	P ≤	S ≤	Cr	Ni	Mo	其　他
S308	≤0.08	≤1.00	≤2.50	0.040	0.030	18.0~21.0	8.0~11.0	—	—
S308L	≤0.04	≤1.00	≤2.50	0.040	0.030	18.0~21.0	9.0~13.0	—	—
S316	≤0.08	≤1.00	≤2.50	0.040	0.030	18.0~20.0	10.0~14.0	2.0~3.0	—
S316L	≤0.04	≤1.00	≤2.50	0.040	0.030	18.0~20.0	11.0~16.0	2.0~3.0	—
S347	≤0.08	≤1.00	≤2.50	0.040	0.030	17.0~21.0	9.0~13.0	—	Nb 8C~1.0
S347L	≤0.04	≤1.00	≤2.50	0.040	0.030	17.0~21.0	9.0~13.0	—	Nb 8C~1.0

7.6.23 埋弧焊用碳钢和低合金钢实心焊丝〔JIS Z3351（2012）〕

日本 JIS 标准埋弧焊用碳钢和低合金钢实心焊丝的牌号与化学成分（表7-6-50）

表 7-6-50　埋弧焊用碳钢和低合金钢实心焊丝的牌号与化学成分（质量分数）（%）

牌　号[①]	C	Si	Mn	P ≤	S ≤	Cr	Ni	Mo	其　他[②]
Si-Mn 系									
YS-S1	≤0.15	≤0.15	0.20~0.90	0.030	0.030	≤0.15	≤0.25	≤0.15	—
YS-S2	≤0.15	≤0.15	0.80~1.40	0.030	0.030	≤0.15	≤0.25	≤0.15	—
YS-S3	≤0.18	0.15~0.60	0.80~1.40	0.030	0.030	≤0.15	≤0.25	≤0.15	—
YS-S4	≤0.18	≤0.15	1.30~1.90	0.030	0.030	≤0.15	≤0.25	≤0.15	—
YS-S5	≤0.18	0.15~0.60	1.30~1.90	0.030	0.030	≤0.15	≤0.25	≤0.15	—
YS-S6	≤0.18	≤0.15	1.70~2.80	0.030	0.030	≤0.15	≤0.25	≤0.15	—
YS-S7	≤0.18	0.15~0.60	1.70~2.80	0.030	0.030	≤0.15	≤0.25	≤0.15	—
YS-S8	≤0.15	0.35~0.80	1.10~2.10	0.030	0.030	≤0.15	≤0.25	≤0.15	—
Mo 系									
YS-M1	≤0.18	≤0.20	1.30~2.30	0.025	0.025	≤0.15	≤0.25	0.15~0.40	—
YS-M2	≤0.18	≤0.60	1.30~2.30	0.025	0.025	≤0.15	≤0.25	0.15~0.40	—
YS-M3	≤0.18	≤0.40	0.30~1.20	0.025	0.025	≤0.15	≤0.25	0.30~0.70	—
YS-M4	≤0.18	≤0.60	1.10~1.90	0.025	0.025	≤0.15	≤0.25	0.30~0.70	—
YS-M5	≤0.18	≤0.60	1.70~2.60	0.025	0.025	≤0.15	≤0.25	0.30~0.70	—
Cr-Mo 系（低 Cr）									
YS-CM1	≤0.15	≤0.40	0.30~1.20	0.025	0.025	0.30~0.70	≤0.25	0.30~0.70	—
YS-CM2	0.08~0.18	≤0.40	0.80~1.60	0.025	0.025	0.30~0.70	≤0.25	0.30~0.70	—
YS-CM3	≤0.15	≤0.40	1.70~2.30	0.025	0.025	0.30~0.70	≤0.25	0.30~0.70	—
YS-CM4	≤0.15	≤0.40	2.00~2.80	0.025	0.025	0.30~1.00	≤0.25	0.60~1.20	—
Cr-Mo 系（高 Cr）									
YS-1CM1	≤0.15	≤0.60	0.30~1.20	0.025	0.025	0.80~1.80	≤0.25	0.40~0.65	—
YS-1CM2	0.08~0.18	≤0.60	0.80~1.60	0.025	0.025	0.80~1.80	≤0.25	0.40~0.65	—
YS-2CM1	≤0.15	≤0.35	0.30~1.20	0.025	0.025	2.20~2.80	≤0.25	0.90~1.20	—
YS-2CM2	0.08~0.18	≤0.35	0.80~1.60	0.025	0.025	2.20~2.80	≤0.25	0.90~1.20	—
YS-3CM1	≤0.15	≤0.35	0.30~1.20	0.025	0.025	2.75~3.75	≤0.25	0.90~1.20	—

（续）

牌　号[1]	C	Si	Mn	P ≤	S ≤	Cr	Ni	Mo	其　他[2]
Cr-Mo 系（高 Cr）									
YS-3CM2	0.08~0.18	≤0.35	0.80~1.60	0.025	0.025	2.75~3.75	≤0.25	0.90~1.20	—
YS-5CM1	≤0.15	≤0.60	0.30~1.20	0.025	0.025	4.50~6.00	≤0.25	0.40~0.65	—
YS-5CM2	0.05~0.15	≤0.60	0.80~1.60	0.025	0.025	4.50~6.00	≤0.25	0.40~0.65	—
Ni 系									
YS-N1	≤0.15	≤0.60	1.30~2.30	0.018	0.018	≤0.20	0.40~1.75	≤0.15	—
YS-N2	≤0.15	≤0.60	0.50~1.30	0.018	0.018	≤0.20	2.20~3.80	≤0.15	—
Ni-Mo 系									
YS-NM1	≤0.15	≤0.60	1.30~2.30	0.018	0.018	≤0.20	0.40~1.75	0.30~0.70	—
YS-NM2	≤0.15	0.20~0.60	1.30~1.90	0.018	0.018	≤0.20	1.70~2.30	0.30~0.70	—
YS-NM3	0.05~0.15	≤0.30	1.80~2.80	0.018	0.018	≤0.20	0.80~1.40	0.50~1.00	—
YS-NM4	≤0.15	≤0.60	0.50~1.30	0.018	0.018	≤0.20	2.20~3.80	0.15~0.40	—
YS-NM5	≤0.15	≤0.60	0.50~1.30	0.018	0.018	≤0.20	2.20~3.80	0.30~0.90	—
YS-NM6	≤0.15	≤0.60	1.30~2.30	0.018	0.018	≤0.20	2.20~3.80	0.30~0.90	—
Ni-Cr-Mo 系									
YS-NCM1	0.05~0.15	≤0.40	1.30~2.30	0.018	0.018	0.05~0.70	0.40~1.75	0.30~0.80	—
YS-NCM2	≤0.10	≤0.60	1.20~1.80	0.018	0.018	0.20~0.60	1.50~2.10	0.30~0.80	—
YS-NCM3	0.05~0.15	≤0.60	1.30~2.30	0.018	0.018	0.40~0.90	2.10~2.90	0.40~0.90	—
YS-NCM4	≤0.10	0.05~0.45	1.30~2.30	0.018	0.018	0.60~1.20	2.10~3.20	0.30~0.70	—
YS-NCM5	0.08~0.18	≤0.40	0.20~1.60	0.018	0.018	1.00~2.00	3.00~4.00	0.30~0.70	—
YS-NCM6	0.08~0.18	≤0.40	0.20~1.20	0.018	0.018	0.30~0.70	4.50~5.50	0.30~0.70	—
YS-NCM7	≤0.15	≤0.50	1.30~2.20	0.018	0.018	0.40~1.50	0.50~4.00	0.30~0.80	—
Cu-Cr 系和 Cu-Cr-Ni 系									
YS-CuC1	≤0.15	≤0.30	0.80~2.20	0.030	0.030	0.30~0.60	—	—	Cu 0.20~0.45
YS-CuC2	≤0.15	≤0.30	0.80~2.20	0.030	0.030	0.50~0.80	0.05~0.08	—	Cu 0.30~0.55
YS-CuC3	≤0.15	≤0.50	0.80~2.20	0.030	0.030	0.40~0.80	0.50~1.50	—	Cu 0.20~0.55
YS-CuC4	≤0.20	≤0.90	1.30~2.20	0.030	0.030	0.40~1.50	0.50~4.00	0.30~0.80	Cu 0.30~1.00
YS-G	≤0.20	≤0.90	≤3.00	0.030	0.030	—	—	—	—

① 牌号表示方法举例：YS-CM2；Y—焊丝；S—埋弧焊代号；CM2—化学成分代号。

② 这类焊丝若需镀铜时，除 YS-CuC1、YS-CuC2 外（已列出 Cu 含量），其余各牌号均含 $w(Cu) \leq 0.40\%$；YS-G 可添加其他元素。

7.6.24　埋弧焊用不锈钢实心焊丝 [JIS Z3324（2010/2014 确认）]

（1）日本 JIS 标准埋弧焊用不锈钢实心焊丝的型号与熔敷金属的化学成分（表 7-6-51）

表 7-6-51　埋弧焊用不锈钢实心焊丝的型号与熔敷金属的化学成分（质量分数）（%）

型　号	C	Si	Mn	P ≤	S ≤	Cr	Ni	Mo	其　他
S308	≤0.08	≤1.0	0.5~2.5	0.04	0.03	18.0~21.0	9.0~11.0	≤0.5	Cu≤0.5
S308L	≤0.04	≤1.0	0.5~2.5	0.04	0.03	18.0~21.0	9.0~12.0	≤0.5	Cu≤0.5
S309	≤0.15	≤1.0	0.5~2.5	0.04	0.03	22.0~25.0	12.0~14.0	≤0.5	Cu≤0.5
S309L	≤0.04	≤1.0	0.5~2.5	0.04	0.03	22.0~25.0	12.0~14.0	≤0.5	Cu≤0.5

（续）

型　号	C	Si	Mn	P ≤	S ≤	Cr	Ni	Mo	其　他
S309Mo	≤0.12	≤1.0	0.5~2.5	0.04	0.03	21.0~25.0	12.0~14.0	2.0~3.0	Cu≤0.5
S310	≤0.20	≤1.0	1.0~2.5	0.03	0.03	25.0~28.0	20.0~22.5	≤0.5	Cu≤0.5
S312	≤0.15	≤1.0	0.5~2.5	0.04	0.03	28.0~32.0	8.0~10.5	≤0.5	Cu≤0.5
S16-8-2	≤0.10	≤1.0	0.5~2.5	0.04	0.03	14.5~16.5	7.5~9.5	1.0~2.0	Cu≤0.5
S316	≤0.08	≤1.0	0.5~2.5	0.04	0.03	17.0~20.0	11.0~14.0	2.0~3.0	Cu≤0.5
S316L	≤0.04	≤1.0	0.5~2.5	0.04	0.03	17.0~20.0	11.0~16.0	2.0~3.0	Cu≤0.5
S316LCu	≤0.04	≤1.0	0.5~2.5	0.04	0.03	17.0~20.0	11.0~16.0	1.20~2.75	Cu 1.0~2.5
S317	≤0.08	≤1.0	0.5~2.5	0.04	0.03	18.0~21.0	12.0~14.0	3.0~4.0	Cu≤0.5
S317L	≤0.04	≤1.0	0.5~2.5	0.04	0.03	18.0~21.0	12.0~16.0	3.0~4.0	Cu≤0.5
S347	≤0.08	≤1.0	0.5~2.5	0.04	0.03	18.0~21.0	9.0~11.0	≤0.5	Nb 8C~1.0 Cu≤0.5
S347L	≤0.04	≤1.0	0.5~2.5	0.04	0.03	18.0~21.0	9.0~11.0	≤0.5	Nb 8C~1.0 Cu≤0.5
S410	≤0.12	≤1.0	≤1.2	0.04	0.03	11.0~13.5	≤0.6	≤0.5	Cu≤0.5
S430	≤0.10	≤1.0	≤1.2	0.04	0.03	15.0~18.0	≤0.6	≤0.5	Cu≤0.5

（2）日本 JIS 标准埋弧焊用不锈钢实心焊丝的熔敷金属力学性能（表 7-6-52）

表 7-6-52　埋弧焊用不锈钢实心焊丝的熔敷金属力学性能

型　号	R_m/MPa ≥	A(%) ≥	型　号	R_m/MPa ≥	A(%) ≥
S308	520	30	S316L	480	30
S308L	480	30	S316LCu	480	30
S309	520	25	S317	520	25
S309L	510	25	S317L	480	25
S309Mo	550	25	S347	520	25
S310	520	25	S347L	510	25
S312	660	17	S410	440	15
S16-8-2	550	30	S430	450	15
S316	520	25			

7.6.25　埋弧焊用9%镍钢实心焊丝 ［JIS Z3333（2007/2011 确认）］

（1）日本 JIS 标准埋弧焊用9%镍钢实心焊丝的型号与熔敷金属的化学成分（表 7-6-53）

表 7-6-53　埋弧焊用9%镍钢实心焊丝的型号与熔敷金属的化学成分（质量分数）（%）

型　号[①]	C	Si	Mn	P ≤	S ≤	Ni	Mo	Fe
YS 9Ni-F	≤0.10	≤1.50	≤3.50	0.020	0.015	≥55.0	10.0~25.0	≤20.0
YS 9Ni-H	≤0.10	≤1.50	≤3.50	0.020	0.015	≥55.0	10.0~25.0	≤20.0

① 焊丝型号后缀字母：F—平焊；H—横焊或平角焊。

（2）日本JIS标准埋弧焊用9%镍钢实心焊丝的焊缝力学性能（表7-6-54）

表7-6-54   埋弧焊用9%镍钢实心焊丝的焊缝力学性能

型号	R_m/MPa	$R_{eL}^{①}$/MPa	$A(\%)$	试验温度 /℃	KV/J
	≥				
YS 9Ni-F	660	365	25	-196	平均值≥34
YS 9Ni-H	660	365	25	-196	个别值≥27
YS 9Ni	弯曲性能：被弯曲的焊缝表面不得有任何方向长度超过3.0mm的裂纹				

① 根据试验结果，确定采用 R_{eL} 或 $R_{p0.2}$。

7.7   韩   国

A. 通用焊接材料

7.7.1   低碳钢焊条

韩国KS标准低碳钢焊条的型号与熔敷金属的力学性能［KS D7004（2008/2012确认）］见表7-7-1。

表7-7-1   低碳钢焊条的型号与熔敷金属的力学性能

型号①	药皮类型	焊接电源②	R_m/MPa	$R_{eL}^{③}$/MPa	$A(\%)$	试验 温度	KV/J≥
			≥				
D4301	钛铁矿型	AC 或 DC(±)	420	345	22	0℃	47
D4303	石灰氧化钛型	AC 或 DC(±)	420	345	22	0℃	27
D4310	高纤维素钠型	DC(±)	420	345	22	0℃	27
D4311	高纤维素钾型	AC 或 DC(±)	420	345	22	0℃	27
D4313	高氧化钛型	AC 或 DC(-)	420	345	17	—	—
D4316	低氢型	AC 或 DC(+)	420	345	25	0℃	47
D4324	铁粉氧化钛型	AC 或 DC(+)	420	345	17	—	—
D4326	铁粉低氢型	AC 或 DC(+)	420	345	25	0℃	47
D4327	铁粉氧化钛型	AC 或 DC(-)	420	345	25	0℃	27
D4340	特殊型	AC 或 DC(±)	420	345	22	0℃	27

① 型号举例：D4316，其中：D—焊条；43—熔敷金属的抗拉强度下限值；16—药皮类型。
② AC—交流电；DC(±)—直流电，焊条接正极或负极；DC(+)—直流电焊条接正极；DC(-)—直流电焊条接负极
③ 根据试验结果确定采用 R_{eL} 或 $R_{p0.2}$。

7.7.2   高强度钢焊条

（1）韩国KS标准高强度钢焊条的型号与熔敷金属的力学性能［KS D7006（2008/2013确认）］（表7-7-2）

表7-7-2   高强度钢焊条的型号与熔敷金属的力学性能

型 号①	R_m/MPa	$R_{eL}^{②}$/MPa	$A(\%)$	试验温度 /℃	KV/J
	≥				≥
D5000	490	390	20	0	47
D5001	490	390	20	0	47
D5003	490	390	20	0	47
D5016	490	390	23	0	47
D5026	490	390	23	0	47
D5316	520	410	20	0	47

（续）

型 号[1]	R_m/MPa	$R_{eL}^{[2]}$/MPa	$A(\%)$	试验温度/℃	KV/J
		≥			≥
D5326	520	410	20	0	47
D5816	570	490	18	-5	47
D5826	570	490	18	-5	47
D6216	610	500	17	-20	39
D6226	610	500	17	-20	39
D7016	690	550	16	-20	39
D7616	750	620	15	-20	39
D8000	780	665	13	0	34
D8016	780	665	15	-20	39

① 型号表示方法同低碳钢焊条。

② 根据试验结果确定 R_{eL} 或 $R_{p0.2}$。

（2）韩国 KS 标准高强度钢焊条的型号与氢含量（表7-7-3）

表7-7-3　高强度钢焊条的型号与氢含量

型号	药皮类型	氢含量/（mL/100g）	焊接电源[1]
D5001	钛铁矿型	—	AC 或 DC（±）
D5003	石灰氧化钛型	—	AC 或 DC（±）
D5016	低氢型	≤15	AC 或 DC（+）
D5026	铁粉低氢型	≤15	AC 或 DC（+）
D5316	低氢型	≤12	AC 或 DC（+）
D5326	铁粉低氢型	≤12	AC 或 DC（+）
D5816	低氢型	≤10	AC 或 DC（+）
D5826	铁粉低氢型	≤10	AC 或 DC（+）
D6216	低氢型	≤9	AC 或 DC（+）
D6226	铁粉低氢型	≤9	AC 或 DC（+）
D7016	低氢型	≤9	AC 或 DC（+）
D7616	低氢型	≤7	AC 或 DC（+）
D8016	特殊型	≤6	AC 或 DC（+）
D8000	特殊型	≤6	AC 或 DC（±）

① AC—交流电；DC（±）—直流电焊条接正极或负极；DC（+）—直流电焊条接正极。

7.7.3　钼钢和铬钼钢焊条

（1）韩国 KS 标准钼钢和铬钼钢焊条的型号与熔敷金属的化学成分〔KS D7022（2008/2012 确认）〕（表7-7-4）

表7-7-4　钼钢和铬钼钢焊条的型号与熔敷金属的化学成分（质量分数）（%）

型号（代号）	C	Si	Mn	P ≤	S ≤	Cr	Mo	V	其 他
1M3	≤0.12	≤0.80	≤1.00	0.030	0.030	—	0.40~0.65	—	—
CM	0.05~0.12	≤0.80	≤0.90	0.030	0.030	0.40~0.65	0.40~0.65	—	—
C1M	0.07~0.15	0.30~0.60	0.40~0.70	0.030	0.030	0.40~0.60	1.00~1.25	≤0.05	—
1CM	0.05~0.12	≤0.80	≤0.90	0.030	0.030	1.00~1.50	0.40~0.65	—	—
1CML	≤0.05	≤1.00	≤0.90	0.030	0.030	1.00~1.50	0.40~0.65	—	—

（续）

型号（代号）	C	Si	Mn	P ≤	S ≤	Cr	Mo	V	其　他
2C1M	0.05~0.12	≤1.00	≤0.90	0.030	0.030	2.00~2.50	0.90~1.20	—	—
2C1ML	≤0.05	≤1.00	≤0.90	0.030	0.030	2.00~2.50	0.90~1.20	—	—
2CML	≤0.05	≤1.00	≤0.90	0.030	0.030	1.75~2.25	0.40~0.65	0.20~0.60	—
2CMWV	0.03~0.12	≤0.60	0.40~1.50	0.030	0.030	2.00~2.60	0.05~0.30	0.15~0.30	W 1.00~2.00 Nb 0.010~0.050
2CMWV-Ni	0.03~0.13	0.30~0.90	0.40~1.50	0.030	0.030	1.90~2.60	0.20	0.10~0.40	Ni 0.70~1.20 W 1.00~2.00 Nb 0.010~0.050
2C1MV	0.05~0.15	≤0.60	0.40~1.50	0.030	0.030	2.00~2.60	0.90~1.20	0.20~0.40	Nb 0.010~0.050
3C1MV	0.05~0.15	≤0.60	0.40~1.50	0.030	0.030	2.60~3.40	0.90~1.20	0.20~0.40	Nb 0.010~0.050
5CM	0.05~0.10	≤0.90	≤1.00	0.030	0.030	4.00~6.00	0.40~0.65	—	Ni≤0.40
5CML	≤0.05	≤0.90	≤1.00	0.030	0.030	4.00~6.00	0.45~0.65	0.10~0.35	Ni≤0.40
9C1M	0.05~0.10	≤0.90	≤1.00	0.030	0.030	8.00~10.5	0.85~1.20	—	Ni≤0.40
9C1ML	≤0.05	≤0.90	≤1.00	0.030	0.030	8.00~10.5	0.85~1.20	—	Ni≤0.40
9C1MV	0.08~0.15	≤0.30	≤1.20	0.010	0.010	8.00~10.5	0.85~1.20	0.15~0.30	Ni≤1.00 Nb 0.02~0.10 Al≤0.04 Cu≤0.25 N 0.02~0.10
9C1MV1	0.03~0.12	≤0.60	1.00~1.80	0.025	0.025	8.00~10.5	0.85~1.20	0.15~0.30	Ni≤1.00 Nb 0.02~0.10 Al≤0.04, Cu≤0.25 N 0.02~0.10
9CMWV-Co	0.03~0.12	≤0.60	0.40~1.30	0.025	0.025	8.00~10.5	0.10~0.50	0.10~0.50	Co 1.00~2.00 Ni 0.30~1.00 W 1.00~2.00 Nb 0.001~0.050 N 0.02~0.07
9CMWV-Cu	0.05~0.10	≤0.50	0.40~1.30	0.030	0.030	8.00~11.0	0.10~0.50	0.10~0.50	Cu 1.00~2.00 Ni 0.50~1.20 W 1.00~2.00 N 0.02~0.07 Nb 0.001~0.050
10C1MV	0.03~0.12	≤0.60	1.00~1.80	0.025	0.025	9.50~12.0	0.15~0.35	0.15~0.35	Al≤0.04, Cu 0.25 Nb 0.02~0.10 N 0.02~0.07
G	其他成分								—

注：表中所列是焊条型号的化学成分代号，焊条型号标称为前面添加"E××××-"（例如：E4910-1M3），其中前两个数字表示抗拉强度下限值490MPa，后两个数字表示药皮类型、电流类型。

（2）韩国 KS 标准钼钢和铬钼钢焊条的熔敷金属力学性能（表 7-7-5）

表 7-7-5 钼钢和铬钼钢焊条的熔敷金属力学性能

焊条型号	R_m/MPa	R_{eL}/MPa	A(%)	预热和道间温度/℃	焊后热处理	
					热处理温度/℃	保温时间/min
	≥					
49XX-1M3	490	390	22	90～110	605～645	60
49YY-1M3	490	390	20	90～110	605～645	60
55XX-CM	550	460	17	160～190	675～705	60
55XX-C1M	550	460	17	160～190	675～705	60
55XX-1CM	550	460	17	160～190	675～705	60
5513-1CM	550	460	14	160～190	675～705	60
52XX-1CML	520	390	17	160～190	675～705	60
62XX-2C1M	620	530	15	160～190	675～705	60
6213-2C1M	620	530	12	160～190	675～705	60
55XX-2C1ML	550	460	15	160～190	675～705	60
55XX-2CML	550	460	15	160～190	675～705	60
57XX-2CMWV	570	490	15	160～190	700～730	120
57XX-2CMWV-Ni	550	460	15	160～190	700～730	120
62XX-2C1MV	620	530	15	160～190	725～755	60
62XX-3C1MV	620	530	15	160～190	725～755	60
55XX-5CM	550	460	17	175～230	725～755	60
55XX-5CML	550	460	17	175～230	725～755	60
62XX-9C1M	620	530	15	205～260	725～755	60
62XX-9C1ML	620	530	15	205～260	725～755	60
62XX-9C1MV	620	530	15	230～290	745～775	120
62XX-9C1MV1	620	530	15	205～260	725～755	60
69XX-9CMWV-Co	690	600	15	205～260	725～755	480
69XX-9CMWV-Cu	690	600	15	205～260	725～755	300
83XX-10C1MV	830	740	12	205～260	675～705	480
AAZZ-G	由供需双方协商确定					—

7.7.4 不锈钢焊条

（1）韩国 KS 标准不锈钢焊条的型号与熔敷金属的化学成分［KS D7014（2008/2013 确认）］（表 7-7-6）

表 7-7-6 不锈钢焊条的型号与熔敷金属的化学成分（质量分数）（%）

型 号	C	Si	Mn	P ≤	S ≤	Cr	Ni	Mo	其 他
E307	≤0.13	≤0.90	3.00～8.00	0.040	0.030	18.0～21.0	9.00～11.0	0.50～1.50	—
E308	≤0.08	≤0.90	≤2.50	0.040	0.030	18.0～21.0	9.00～11.0	—	—
E308L	≤0.04	≤0.90	≤2.50	0.040	0.030	18.0～21.0	9.00～11.0	—	—
E308N2	≤0.10	≤0.90	1.00～4.00	0.040	0.030	20.0～25.0	7.00～11.0	—	N 0.12～0.30
E309	≤0.15	≤0.90	≤2.50	0.040	0.030	22.0～25.0	12.0～14.0	—	—
E309L	≤0.04	≤0.90	≤2.50	0.040	0.030	22.0～25.0	12.0～16.0	—	—
E309Nb	≤0.12	≤0.90	≤2.50	0.040	0.030	22.0～25.0	12.0～14.0	—	Nb 0.70～1.00

（续）

型　号	C	Si	Mn	P ≤	S ≤	Cr	Ni	Mo	其　他
E309NbL	≤0.04	≤0.90	≤2.50	0.040	0.030	22.0～25.0	12.0～14.0	—	Nb 0.70～1.00
E309Mo	≤0.12	≤0.90	≤2.50	0.040	0.030	22.0～25.0	12.0～14.0	2.00～3.00	—
E309MoL	≤0.04	≤0.90	≤2.50	0.040	0.030	22.0～25.0	12.0～14.0	2.00～3.00	—
E310	≤0.20	≤0.75	≤2.50	0.030	0.030	25.0～28.0	20.0～22.5	—	—
E310Mo	≤0.12	≤0.75	≤2.50	0.030	0.030	25.0～28.0	20.0～22.5	2.00～3.00	—
E312	≤0.15	≤0.90	≤2.50	0.040	0.030	28.0～32.0	8.00～10.5	—	—
E16-8-2	≤0.10	≤0.50	≤2.50	0.040	0.030	14.5～16.5	7.50～9.50	1.00～2.00	—
E316	≤0.08	≤0.90	≤2.50	0.040	0.030	17.0～20.0	11.0～14.0	2.00～2.75	—
E316L	≤0.04	≤0.90	≤2.50	0.040	0.030	17.0～20.0	11.0～16.0	2.00～2.75	—
E316J1L	≤0.04	≤0.90	≤2.50	0.040	0.030	17.0～20.0	11.0～16.0	1.20～2.75	Cu 1.00～2.50
E317	≤0.08	≤0.90	≤2.50	0.040	0.030	18.0～21.0	12.0～14.0	3.00～4.00	—
E317L	≤0.04	≤0.90	≤2.50	0.040	0.030	18.0～21.0	12.0～16.0	3.00～4.00	—
E318	≤0.08	≤0.90	≤2.50	0.040	0.030	17.0～20.0	11.0～14.0	2.00～2.50	Nb 6C～1.00
E319J1	≤0.08	≤0.90	≤1.50	0.040	0.030	23.0～28.0	6.00～8.00	1.00～3.00	—
E347	≤0.08	≤0.90	≤2.50	0.040	0.030	18.0～21.0	9.00～11.0	—	Nb 8C～1.00
E347L	≤0.04	≤0.90	≤2.50	0.040	0.030	18.0～21.0	9.00～11.0	—	Nb 8C～1.00
E349	≤0.13	≤0.90	≤2.50	0.040	0.030	18.0～21.0	8.00～10.0	0.35～0.65	W 1.25～1.75 Nb 0.75～1.20
E410	≤0.12	≤0.90	≤1.00	0.040	0.030	11.0～14.0	≤0.60	—	—
E410Nb	≤0.12	≤0.90	≤1.00	0.040	0.030	11.0～14.0	≤0.60	—	Nb 0.50～1.50
E430	≤0.10	≤0.90	≤1.00	0.040	0.030	15.0～18.0	≤0.60	—	—
E430Nb	≤0.10	≤0.90	≤1.00	0.040	0.030	15.0～18.0	≤0.60	—	Nb 0.50～1.50
E630	≤0.05	≤0.75	0.25～0.75	0.040	0.030	16.0～16.75	4.50～5.00	≤0.75	Nb 0.15～0.30 Cu 3.25～4.00

（2）韩国 KS 标准不锈钢焊条的熔敷金属力学性能（表7-7-7）

表7-7-7　不锈钢焊条的熔敷金属力学性能

型　号	焊接电源[①]	R_m/MPa ≥	A(%) ≥	其他性能
E307-15，-16	DC(+)，AC	590	30	—
E308-15，-16	DC(+)，AC	550	35	—
E308L-15，-16	DC(+)，AC	510	35	—[②]
E308N2-15，-16	DC(+)，AC	690	25	—
E309-15，-16	DC(+)，AC	550	35	—
E309L-15，-16	DC(+)，AC	510	30	—
E309Nb-15，-16	DC(+)，AC	550	30	—
E309NbL-15，-16	DC(+)，AC	510	30	—
E309Mo-15，-16	DC(+)，AC	550	35	—
E309MoL-15，-16	DC(+)，AC	510	30	—
E310-15，-16	DC(+)，AC	550	30	—
E310Mo-15，-16	DC(+)，AC	550	30	—

（续）

型号	焊接电源①	R_m/MPa	A(%)	其他性能
		≥		
E312-15，-16	DC(+)，AC	660	22	—
E16-8-2-15，-16	DC(+)，AC	550	35	—
E316-15，-16	DC(+)，AC	550	30	腐蚀率：7.0 [g/(m² · h)]②
E316L-15，-16	DC(+)，AC	510	35	腐蚀率：6.0 [g/(m² · h)]②
E316J1L-15，-16	DC(+)，AC	510	35	腐蚀率：5.0 [g/(m² · h)]②
E317-15，-16	DC(+)，AC	550	30	—
E317L-15，-16	DC(+)，AC	510	30	腐蚀率：6.0 [g/(m² · h)]②
E318-15，-16	DC(+)，AC	550	25	—②
E329J1-15，-16	DC(+)，AC	590	18	—
E347-15，-16	DC(+)，AC	550	30	—②
E347L-15，-16	DC(+)，AC	510	30	—②
E349-15，-16	DC(+)，AC	690	25	—
E410-15，-16	DC(+)，AC	450	20	—③
E410Nb-15，-16	DC(+)，AC	450	20	—③
E430-15，-16	DC(+)，AC	480	20	—④
E430Nb-15，-16	DC(+)，AC	480	20	—④
E630-15，-16	DC(+)，AC	930	7	—④

① 焊接电源：E307-15 为 DC(+)；E307-16 为 AC 或 DC(+)（依此类推）；焊接电源符号：AC—交流电，DC(+)—直流电，焊条接正极。

② 适用腐蚀试验的焊条型号有：E308L，E316L，E316J1L，E317L，E318，E347，E347L，由需方要求时才进行试验。表中的腐蚀率为 4 个试样的平均值。

③ 试样加工前加热至 840 ~ 870℃，保温 2h 后，再以 55℃/h 的冷却速度冷至 590℃，然后空冷。

④ 试样加工前加热至 760 ~ 785℃，保温 4h 后，再以 55℃/h 的冷却速度冷至 590℃，然后空冷。

7.7.5　堆焊焊条

（1）韩国 KS 标准堆焊焊条的型号与熔敷金属的化学成分 [KS D7035（2002/2012 确认）]（表7-7-8）

表 7-7-8　堆焊焊条的型号与熔敷金属的化学成分（质量分数）（%）

型号（代号）	C	Si	Mn	P ≤	S ≤	Cr	Ni	Mo	W	其他①	残余元素总量
DF2A	≤0.30	≤1.5	≤3.0	0.03	0.03	≤3.0	—	≤1.5	—	—	≤1.0
DF2B	0.30 ~ 1.00	≤1.5	≤3.0	0.03	0.03	≤5.0	—	≤1.5	—	—	≤1.0
DF3B	0.20 ~ 0.50	≤3.0	≤3.0	0.03	0.03	3.0 ~ 9.0	—	≤2.5	≤2.0	—	≤1.0
DF3C	0.50 ~ 1.50	≤3.0	≤3.0	0.03	0.03	3.0 ~ 9.0	—	≤2.5	≤4.0	—	≤2.5
DF4A	≤0.30	≤0.30	≤4.0	0.03	0.03	9.0 ~ 14.0	≤6.0	≤2.0	≤2.0	—	≤2.5
DF4B	0.30 ~ 1.50	≤3.0	≤4.0	0.03	0.03	9.0 ~ 14.0	≤3.0	≤2.0	≤2.0	—	≤2.5
DF5A	0.50 ~ 1.00	≤1.0	≤1.0	0.03	0.03	3.0 ~ 5.0	—	4.0 ~ 9.5	1.0 ~ 7.0	—	≤4.0
DF5B	0.50 ~ 1.00	≤1.0	≤1.0	0.03	0.03	3.0 ~ 5.0	—	—	16.0 ~ 19.0	Co4.0 ~ 11.0	≤4.0
DFMA	≤1.10	≤0.8	11.0 ~ 18.0	0.03	0.03	≤4.0	≤3.0	≤2.5	—	—	≤1.0
DFMB	≤1.10	≤0.8	11.0 ~ 18.0	0.03	0.03	≤0.5	3.0 ~ 6.0	—	—	—	≤1.0
DFME	≤1.10	≤0.8	11.0 ~ 18.0	0.03	0.02	14.0 ~ 18.0	≤6.0	≤4.0	—	—	≤4.0
DFCrA	2.5 ~ 6.0	≤3.5	≤7.5	0.03	0.03	20.0 ~ 35.0	≤3.0	≤6.0	≤6.5	Co≤5.0	≤9.0

（续）

型号 （代号）	C	Si	Mn	P ≤	S ≤	Cr	Ni	Mo	W	其他①	残余元素总量
DFWA	2.0~4.0	≤2.5	≤3.0	0.03	0.03	≤3.0	≤3.0	≤7.0	40.0~70.0	Co3.0	≤2.0
DCoCrA	0.70~1.40	≤2.0	≤2.0	0.03	0.03	25.0~32.0	≤3.0	≤1.0	3.0~6.0	Fe≤5.0 Co 余量	≤0.5
DCoCrB	1.00~1.70	≤2.0	≤2.0	0.03	0.03	25.0~32.0	≤3.0	≤1.0	7.0~9.5	Fe≤5.0 Co 余量	≤0.5
DCoCrC	1.75~3.00	≤2.0	≤2.0	0.03	0.03	25.0~33.0	≤3.0	≤1.0	11.0~14.0	Fe≤5.0 Co 余量	≤0.5
DCoCrD	≤0.35	≤1.0	≤1.0	0.03	0.03	23.0~30.0	≤3.5	3.0~7.0	≤1.0	Fe≤5.0 Co 余量	≤0.5

① 除已注明 Fe 含量者外，其余焊条的 Fe 含量均为余量。

（2）韩国 KS 标准堆焊焊条的熔敷金属硬度（表 7-7-9）

表 7-7-9　堆焊焊条的熔敷金属硬度

标称硬度	熔敷金属的硬度			
	HV	HRB	HRC	HBW
200	≤250	≤100	≤22	≤238
250	200~300	92~106	11~30	190~284
300	250~350	100~109	22~36	238~331
350	300~400	—	30~41	284~379
400	350~450	—	36~45	331~425
450	400~500	—	41~49	379~465
500	450~600	—	45~55	—
600	550~700	—	52~60	—
700	≥650	—	≥58	—

注：1. 熔敷金属的硬度系测量值的平均值。

2. 若熔敷金属的硬度跨越几个标称硬度时，可择取其中任一标称硬度。

3. 各硬度测量值的差异范围为平均值的 ±15%，而对型号 DF2A、DF2B、DF3B、DF3C 则为 ±15%~20%。

7.7.6　铸铁用焊条

韩国 KS 标准铸铁用焊条的型号与熔敷金属的化学成分〔KS D7008（2002/2012 确认）〕见表 7-7-10。

表 7-7-10　铸铁用焊条的型号与熔敷金属的化学成分（质量分数）（%）

型号 （代号）	C	Si	Mn	P ≤	S ≤	Ni	Fe	Cu
DFCFe	≤0.15	≤1.0	≤0.8	0.03	0.04	—	余量	—
DFCC1	1.0~5.0	2.5~5.0	≤1.0	0.02	0.04	—	余量	—
DFCNi	≤1.8	≤2.5	≤1.0	0.04	0.04	≥92	—	—
DFCNiFe	≤2.0	≤2.5	≤2.5	0.04	0.04	40~60	余量	—
DFCNiCu	≤1.7	≤1.0	≤2.0	0.04	0.04	≥60	2.5	25~35

注：型号的字母：D—药皮焊条；FC—铸铁用；NiCu 等—熔敷金属的化学成分（代号）。

B. 专业用焊材和优良品种

7.7.7 耐候钢焊条［KS D7101（2002/2012 确认）］

（1）韩国 KS 标准耐候钢焊条的型号与适用的钢种（表7-7-11）

表 7-7-11　耐候钢焊条的型号与适用的钢种

型号		药皮类型	焊接电源[1]	适用钢种范围
DA5001	W	钛铁矿型	AC 或 DC（±）	用于 400MPa 和 490MPa 级耐候钢
	P		AC 或 DC（±）	用于 400MPa 和 490MPa 级耐候钢
	G		AC 或 DC（±）	
DA5003	W	石灰氧化钛型	AC 或 DC（±）	用于 400MPa 和 490MPa 级耐候钢
	P		AC 或 DC（±）	用于 400MPa 和 490MPa 级耐候钢
	G		AC 或 DC（±）	
DA5016	W	低氢型[2]	AC 或 DC（±）	用于 400MPa 和 490MPa 级耐候钢
	P		AC 或 DC（±）	用于 400MPa 和 490MPa 级耐候钢
	G		AC 或 DC（±）	
DA5816	W	低氢型[2]	AC 或 DC（±）	用于 570MPa 级耐候钢
	P		AC 或 DC（±）	用于 570MPa 级耐候钢
	G		AC 或 DC（±）	
DA5026	W	铁粉低氢型[2]	AC 或 DC（±）	用于 400MPa 和 490MPa 级耐候钢
	P		AC 或 DC（±）	用于 400MPa 和 490MPa 级耐候钢
	G		AC 或 DC（±）	
DA5826	W	铁粉低氢型[2]	AC 或 DC（±）	用于 570MPa 级耐候钢
	P		AC 或 DC（±）	用于 570MPa 级耐候钢
	G		AC 或 DC（±）	
DA5000	W	特殊型	AC 或 DC（±）	用于 400MPa 和 490MPa 级耐候钢
	P		AC 或 DC（±）	用于 400MPa 和 490MPa 级耐候钢
	G		AC 或 DC（±）	

① 焊接电源符号含义，同表7-7-1 的表注②。

② 低氢型焊条的氢含量：≤15mL/100g。

（2）韩国 KS 标准耐候钢焊条的型号与熔敷金属的化学成分（表7-7-12）

表 7-7-12　耐候钢焊条的型号与熔敷金属的化学成分（质量分数）（%）

型 号[1]	C	Si	Mn	P ≤	S ≤	Cr	Ni	Cu
DA50××W	≤0.12	≤0.90	0.30～1.40	0.040	0.030	0.45～0.75	0.05～0.70	0.30～0.70
DA50××P	≤0.12	≤0.90	0.30～1.40	0.040	0.030	0.30～0.70	—	0.20～0.60
DA50××G	≤0.12	≤0.90	0.30～1.40	0.040	0.030	≤0.30	0.25～0.70	0.20～0.60
DA58××W	≤0.12	≤0.90	0.30～1.40	0.040	0.030	0.45～0.75	0.05～0.70	0.30～0.70
DA58××P	≤0.12	≤0.90	0.30～1.40	0.040	0.030	0.30～0.70	—	0.20～0.60
DA58××G	≤0.12	≤0.90	0.30～1.40	0.040	0.030	≤0.30	0.25～0.70	0.20～0.60

① ××表示药皮类型，见表7-7-11，如 DA5026，其中 26 表示铁粉低氢型。

（3）韩国 KS 标准耐候钢焊条熔敷金属的力学性能（表 7-7-13）

表 7-7-13　耐候钢焊条熔敷金属的力学性能

型　号		R_m/MPa	$R_{eL}^①$/MPa	A(%)	试验温度 /℃	KV/J≥
		≥				
DA5001	W	490	390	20	0	47
	P	490	390	20	0	47
	G	490	390	20	0	47
DA5003	W	490	390	20	0	47
	P	490	390	20	0	47
	G	490	390	20	0	47
DA5016	W	490	390	23	0	47
	P	490	390	23	0	47
	G	490	390	23	0	47
DA5816	W	570	490	18	−5	47
	P	570	490	18	−5	47
	G	570	490	18	−5	47
DA5026	W	490	390	23	0	47
	P	490	390	23	0	47
	G	490	390	23	0	47
DA5826	W	570	490	18	−5	47
	P	570	490	18	−5	47
	G	570	490	18	−5	47
DA5000	W	490	390	20	0	47
	P	490	390	20	0	47
	G	490	390	20	0	47

① 根据试验结果确定 R_{eL} 或 $R_{p0.2}$。

7.7.8　耐候钢气体保护焊用实心焊丝 ［KS D7106（2005/2014 确认）］

（1）韩国 KS 标准耐候钢气体保护焊用实心焊丝的型号与熔敷金属的化学成分（表 7-7-14）

表 7-7-14　耐候钢气体保护焊用实心焊丝的型号与熔敷金属的化学成分（质量分数）（%）

型　号 （代号）	C	Si	Mn	P ≤	S ≤	Cr	Ni	Mo	其　他
CCJ	≤0.12	0.50~0.90	1.10~1.70	0.030	0.030	—	—	—	Cu 0.20~0.60
NCC	≤0.12	0.60~0.90	1.00~1.65	0.030	0.030	0.50~0.80	0.10~0.30	—	Cu 0.20~0.60
NCCJ	≤0.12	0.50~0.90	1.00~1.80	0.030	0.030	0.50~0.80	0.10~0.80	—	Cu 0.30~0.60
NCCT	≤0.12	0.60~0.90	1.10~1.65	0.030	0.030	0.50~0.80	0.10~0.30		
NCCT1	≤0.12	0.50~0.80	1.20~1.80	0.030	0.030	0.50~0.80	0.10~0.40	0.02~0.30	Cu 0.20~0.60 Ti 0.02~0.30
NCCT2	≤0.12	0.50~0.90	1.10~1.70	0.030	0.030	0.50~0.80	0.40~0.80	—	
N4M4T	≤0.12	0.40~0.90	1.60~2.10	0.025	0.025	—	1.90~2.50	0.40~0.90	Ti 0.02~0.30 Cu≤0.50

（续）

型号 （代号）	C	Si	Mn	P ≤	S ≤	Cr	Ni	Mo	其　他
N5M3T	≤0.12	0.40~0.90	1.40~2.00	0.025	0.025	—	2.40~3.10	0.40~0.70	
N7M4T	≤0.12	0.30~0.70	1.30~1.70	0.025	0.025	≤0.30	3.20~3.80	0.60~0.90	
N5CM3T	≤0.12	0.20~0.70	1.10~1.70	0.025	0.025	0.05~0.35	2.40~2.90	0.35~0.70	Ti 0.02~0.30 Cu≤0.50
N5C1M3T	≤0.12	0.40~0.90	1.40~2.00	0.025	0.025	0.40~0.60	2.40~3.00	0.40~0.70	
N6C1M3T	≤0.12	0.30~0.70	1.20~1.50	0.025	0.025	0.10~0.35	2.70~3.30	0.40~0.65	

注：1. 表中短线"—"，表示其化学成分未规定。
　　2. 除 Fe 元素外，其余残余元素总量（质量分数）≤0.50%。
　　3. 这类焊丝若需要镀铜时，镀铜层的 Cu 含量（质量分数）应包括在内。

（2）韩国 KS 标准耐候钢气体保护焊用实心焊丝的焊缝力学性能（表 7-7-15）

表 7-7-15　耐候钢气体保护焊用实心焊丝的焊缝力学性能

型号[1]（代号）	R_m/MPa	$R_{eL}^{[2]}$/MPa≥	$A^{[3]}$（%）≥
43	430~600	330	20
49	490~670	390	18
49J	490~670	400	18
55	550~740	460	17
57	570~770	490	17
57J	570~770	500	17
78J	780~980	700	13

① 焊丝型号中的有关力学性能代号。
② 根据试验结果，确定采用 R_{eL} 或 $R_{p0.2}$。
③ 试样标准长度为试样直径的 5 倍。

（3）韩国 KS 标准耐候钢实心焊丝的焊缝冲击性能（表 7-7-16）

表 7-7-16　耐候钢实心焊丝的焊缝冲击性能

代号	冲击吸收能量为27J时的温度/℃	代号	冲击吸收能量平均值为27J时的温度/℃
Z①	不规定	5	−50
Y	+20	6	−60
0	0	7	−70
2	−20	8	−80
3	−30	9	−90
4	−40	10	−100

① 仅用于单道次焊接。

7.7.9　耐候钢气体保护焊用药芯焊丝［KS D7109（2005/2015 确认）］

（1）韩国 KS 标准耐候钢气体保护焊用药芯焊丝的型号与熔敷金属的化学成分（表 7-7-17）

表 7-7-17　耐候钢气体保护焊用药芯焊丝的型号与熔敷金属的化学成分（质量分数）（%）

型　号[1]	C	Si	Mn	P ≤	S ≤	Cr	Ni	Cu
YFA-50W	≤0.12	≤0.90	0.50~1.60	0.030	0.030	0.45~0.75	0.05~0.70	0.20~0.60
YFA-50P	≤0.12	≤0.90	0.50~1.60	0.030	0.030	0.30~0.70	—	0.20~0.50
YFA-58W	≤0.12	≤0.90	0.50~1.60	0.030	0.030	0.45~0.75	0.05~0.70	0.30~0.60
YFA-58P	≤0.12	≤0.90	0.50~1.60	0.030	0.030	0.30~0.70	—	0.20~0.50

[1] 型号的字母：YF—药芯焊丝；A—耐候钢用；数字（50，58）—抗拉强度下限值；W 或 P—熔敷金属的化学成分（代号）。

（2）韩国 KS 标准耐候钢气体保护焊用药芯焊丝的熔敷金属力学性能（表 7-7-18）

表 7-7-18　耐候钢气体保护焊用药芯焊丝的熔敷金属力学性能

牌　号	R_m/MPa ≥	R_{eL}[1]/MPa ≥	A(%) ≥	试验温度 /℃	KV/J≥
YFA-50W	490	390	20	0	47
YFA-50P	490	390	20	0	47
YFA-58W	570	490	18	-5	47
YFA-58P	570	490	18	-5	47

[1] 根据试验结果确定采用 R_{eL} 或 $R_{p0.2}$。

7.7.10　9%镍低温钢焊条［KS D7107（2014）］

（1）韩国 KS 标准 9%镍低温钢焊条的型号与熔敷金属的化学成分（表 7-7-19）

表 7-7-19　9%镍低温钢焊条的型号与熔敷金属的化学成分[1]（质量分数）（%）

型　号	C	Si	Mn	P ≤	S ≤	Cr	Ni	Mo	Fe	其　他
E9Ni-1[2]	0.15	0.75	1.0~4.0	0.020	0.015	10.0~17.0	≥55.0	9.0	15.0	Nb 0.3~3.0
E9Ni-2[2]	0.10	0.75	3.0	0.020	0.015	—	≥60.0	15.0~22.0	12.0	W 1.5~5.0

[1] 表中的单数值均表示化学成分小于或等于该数值（已添加符号的单数值除外）。

[2] 9%镍钢用焊条。

（2）韩国 KS 标准 9%镍低温钢焊条的熔敷金属力学性能（表 7-7-20）

表 7-7-20　9%镍低温钢焊条的熔敷金属力学性能

型　号	R_m/MPa ≥	R_{eL}[1]/MPa ≥	A(%) ≥	试验温度 /℃	KV/J
E9Ni-1	660	360	25	-196	平均值≥34 个别值≥27
E9Ni-2	660	360	25	-196	平均值≥34 个别值≥27

[1] 根据试验结果确定采用 R_{eL} 或 $R_{p0.2}$。

7.7.11　9%镍低温钢 TIG 焊接用实心焊丝［KS D7108（2014）］

（1）韩国 KS 标准 9%镍低温钢 TIG 焊接用实心焊丝的型号与化学成分（表 7-7-21）

表 7-7-21　9%镍低温钢 TIG 焊接用实心焊丝的型号与化学成分[1]（质量分数）（%）

型　号[2]	C	Si	Mn	P ≤	S ≤	Cr	Ni	Mo	Fe
YGT 9Ni-1	0.10	0.50	5.0	0.015	0.015	5.0~20.0	≥55.0	—	20.0
YGT 9Ni-2	0.10	0.50	—	0.015	0.015	—	≥55.0	10.0~25.0	20.0
YGT 9Ni-3	0.10	0.50	—	0.015	0.015	5.0~20.0	≥55.0	5.0~20.0	20.0

[1] 表中的单数值均表示化学成分小于或等于该数值（已添加符号的单数值除外）。

[2] Y—焊丝；GT—TIG 焊接用。

（2）韩国 KS 标准9%镍低温钢 TIG 焊接用实心焊丝的焊缝金属力学性能（表7-7-22）

表 7-7-22 9%镍低温钢 TIG 焊接用实心焊丝的焊缝金属力学性能

型 号	R_m/MPa	$R_{eL}^{①}$/MPa	$A(\%)$	试验温度 /℃	KV/J
	≥				
YGT 9Ni-1	660	360	25	-196	平均值≥34 个别值≥27
YGT 9Ni-2	660	360	25	-196	
YGT 9Ni-3	660	360	25	-196	

① 根据试验结果确定采用 R_{eL} 或 $R_{p0.2}$。

7.7.12 碳钢和高强度钢 MAG 焊接用实心焊丝 [KS D7025 （2005/2015 确认）]

（1）韩国 KS 标准碳钢和高强度钢 MAG 焊接用实心焊丝的型号与化学成分（表7-7-23）

表 7-7-23 碳钢和高强度钢 MAG 焊接用实心焊丝的型号与化学成分（质量分数）（%）

型 号 （代号）	C	Si	Mn	P ≤	S ≤	Mo	Al	其 他①
YGW11	≤0.15	0.55~1.10	1.40~1.90	0.030	0.030	—	≤0.10	Ti+Zr≤0.30
YGW12	≤0.15	0.55~1.10	1.25~1.90	0.030	0.030	—	—	—
YGW13	≤0.15	0.55~1.10	1.35~1.90	0.030	0.030	—	≤0.10	Ti+Zr≤0.30
YGW14	≤0.15	—	—	0.030	0.030	—	—	—
YGW15	≤0.15	0.40~1.00	1.00~1.60	0.030	0.030	—	≤0.10	Ti+Zr≤0.13
YGW16	≤0.15	0.40~1.00	0.85~1.60	0.030	0.030	—	—	—
YGW17	≤0.15	—	—	0.030	0.030	—	—	—
YGW21	≤0.15	0.50~1.10	1.30~2.60	0.025	0.025	≤0.60	≤0.10	Ti+Zr≤0.30
YGW22	≤0.15	—	—	0.025	0.025	—	—	—
YGW23	≤0.15	0.30~1.00	0.90~2.30	0.025	0.025	≤0.65	—	Ni≤1.80 Ti+Zr≤0.20
YGW24	≤0.15	—	—	0.025	0.025	—	—	—

① 焊丝若需镀铜时，各型号含 $w(Cu)$≤0.50%。

（2）韩国 KS 标准碳钢和高强度钢 MAG 焊接用实心焊丝的焊缝力学性能（表7-7-24）

表 7-7-24 碳钢和高强度钢 MAG 焊接用实心焊丝的焊缝力学性能

型 号 （代号）	R_m/MPa	$R_{eL}^{①}$/MPa	$A(\%)$	温度 /℃	KV/J	保护气体 （体积分数）
	≥					
YGW11	490	390	22	0	≥47	CO_2
YGW12	490	390	22	0	≥27	
YGW13	490	390	22	0	≥27	CO_2
YGW14	420	345	22	0	≥27	
YGW15	490	390	22	-20	≥47	80%Ar+20%CO_2
YGW16	490	390	22	-20	≥27	
YGW17	420	345	22	-20	≥27	
YGW21	570	490	19	-5	≥47	CO_2
YGW22	570	490	19	-5	≥27	
YGW23	570	490	19	-20	≥47	80%Ar+20%CO_2
YGW24	570	490	19	-20	≥27	

① 根据试验结果确定采用 R_{eL} 或 $R_{p0.2}$。

7.7.13   碳钢、高强度钢和低温钢气体保护与自保护焊用药芯焊丝 ［KS D7104（2012）］

（1）韩国 KS 标准碳钢、高强度钢和低温钢气体保护和自保护焊用药芯焊丝的型号与熔敷金属的化学成分（表7-7-25）

表 7-7-25   碳钢、高强度钢和低温钢气体保护和自保护焊用药芯焊丝的型号与熔敷金属的化学成分（质量分数）（%）

焊丝型号[①]（代号）	C	Si	Mn	P ≤	S ≤	Cr	Ni	Mo	Al[②]	其 他[④]
无代号	≤0.18[③]	≤0.90	≤2.00	0.030	0.030	≤0.20	≤0.50	≤0.30	≤0.20	V≤0.08
K	≤0.20	≤1.00	≤1.60	0.030	0.030	≤0.20	≤0.50	≤0.30	—	V≤0.08
2M3	≤0.12	≤0.80	≤1.50	0.030	0.030	—	—	0.40~0.65	≤1.8	—
3M2	≤0.15	≤0.80	1.25~2.00	0.030	0.030	—	≤0.90	0.25~0.55	≤1.8	—
3M3	≤0.15	≤0.80	1.00~1.75	0.030	0.030	—	≤0.90	0.40~0.70	≤1.8	—
4M2	≤0.15	≤0.80	1.65~2.25	0.030	0.030	—	≤0.90	0.25~0.55	≤1.8	—
N1	≤0.12	≤0.80	≤1.75	0.030	0.030	—	0.30~1.00	≤0.35	≤1.8	—
N2	≤0.12	≤0.80	≤1.75	0.030	0.030	—	0.80~1.20	≤0.35	≤1.8	—
N3	≤0.12	≤0.80	≤1.75	0.030	0.030	—	1.00~2.00	≤0.35	≤1.8	—
N5	≤0.12	≤0.80	≤1.75	0.030	0.030	—	1.75~2.75	—	≤1.8	—
N7	≤0.12	≤0.80	≤1.75	0.030	0.030	—	2.75~3.75	—	≤1.8	—
N1M2	≤0.15	≤0.80	≤2.00	0.030	0.030	≤0.20	0.40~1.00	0.20~0.65	≤1.8	V≤0.05
N2M1	≤0.15	≤0.80	≤2.25	0.030	0.030	≤0.20	0.40~1.50	≤0.35	≤1.8	V≤0.05
N2M2	≤0.15	≤0.80	≤2.25	0.030	0.030	≤0.20	0.40~1.50	0.20~0.65	≤1.8	V≤0.05
N3M1	≤0.15	≤0.80	≤2.25	0.030	0.030	≤0.20	1.00~2.00	≤0.35	≤1.8	V≤0.05
N3M2	≤0.15	≤0.80	≤2.25	0.030	0.030	≤0.20	1.25~2.25	0.20~0.65	≤1.8	V≤0.05
N4M1	≤0.12	≤0.80	≤2.25	0.030	0.030	≤0.20	1.75~2.75	≤0.35	≤1.8	V≤0.05
N4M2	≤0.15	≤0.80	≤2.25	0.030	0.030	≤0.20	1.75~2.75	0.20~0.65	≤1.8	V≤0.05
N4C1M2	≤0.15	≤0.80	≤2.25	0.030	0.030	0.20~0.60	1.75~2.75	0.20~0.65	≤1.8	V≤0.05
N4C2M2	≤0.15	≤0.80	≤2.25	0.030	0.030	0.60~1.00	1.75~2.75	0.20~0.65	≤1.8	V≤0.05
N6C1M4	≤0.12	≤0.80	≤2.25	0.030	0.030	≤1.00	2.50~3.50	0.40~1.00	≤1.8	V≤0.05
N3C1M2	0.10~0.25	≤0.80	≤1.75	0.030	0.030	0.20~0.70	0.75~2.00	0.15~0.65	≤1.8	V≤0.05
G	按供需双方合同规定									—

① 表中仅列出型号中有关化学成分代号，可参见表7-7-26和表7-7-27不锈钢药芯焊丝型号表示方法。
② Al 含量仅适用于自保护焊焊丝。
③ 用于自保护焊焊丝的碳含量为0.30%。
④ 除 Fe 元素外，表中未列出的其他残余元素总含量不超过0.50%。

（2）韩国 KS 标准碳钢、高强度钢和低温钢气体保护与自保护焊用药芯焊丝的焊缝拉伸力学性能（表7-7-26）。

表 7-7-26   碳钢、高强度钢和低温钢气体保护与自保护焊用药芯焊丝的焊缝力学性能

焊丝型号[①]（代号）	R_m /MPa	R_{eL}[②] /MPa≥	A[③] （%）≥
43	430~600	330	20
49	490~670	390	18
49J	490~670	400	18

（续）

焊丝型号[①] （代号）	R_{m} /MPa	$R_{\mathrm{eL}}^{[②]}$ /MPa≥	$A^{[③]}$ （%）≥
52	520~700	420	17
55	550~740	460	17
57	570~770	490	17
57J	570~770	500	17
59	590~790	490	16
59J	590~790	500	16
62	620~820	530	15
69	690~890	600	14
76	760~960	680	13
78	780~980	680	13
78J	780~980	700	13
83	830~1030	745	12

① 焊丝型号中的有关力学性能代号。

② 根据试验结果确定采用 R_{eL} 或 $R_{\mathrm{p0.2}}$。

③ 试样标准长度为试样直径的 5 倍。

（3）韩国 KS 标准碳钢、高强度钢和低温钢气体保护与自保护焊用药芯焊丝的焊缝冲击性能（表7-7-27）

表7-7-27　碳钢、高强度钢和低温钢气体保护与自保护焊用药芯焊丝的焊缝冲击性能

焊丝型号 （温度代号）	冲击吸收能量为27J[②] 时的温度/℃	焊丝型号 （温度代号）	冲击吸收能量为27J[②] 时的温度/℃
Z[①]	不规定	5	−50
Y	+20	6	−60
0	0	7	−70
2	−20	8	−80
3	−30	9	−90
4	−40	10	−100

① 仅用于单道次焊接。

② 3 个试样的平均值。

7.7.14　钼钢和铬钼钢 MAG 焊接用实心焊丝 ［KS D7120（2005/2010 确认）］

（1）韩国 KS 标准钼钢和铬钼钢 MAG 焊接用实心焊丝的型号与化学成分（表7-7-28）

表7-7-28　钼钢和铬钼钢 MAG 焊接用实心焊丝的型号与化学成分（质量分数）（%）

型号[①] （代号）	C	Si	Mn	P≤	S≤	Cr	Mo	Cu[②]
YGM-C	≤0.15	0.40~0.90	1.00~1.80	0.030	0.030	—	0.40~0.65	≤0.40
YGM-A	≤0.15	0.30~0.90	0.60~1.60	0.025	0.025	—	0.40~0.65	≤0.40
YGM-G	—	—	—	0.030	0.030	—	0.40~0.65	≤0.40
YGCM-C	≤0.15	0.40~0.90	1.00~1.80	0.030	0.030	0.40~0.65	0.40~0.65	≤0.40
YGCM-A	≤0.15	0.40~0.90	0.80~1.80	0.025	0.025	0.40~0.65	0.40~0.65	≤0.40
YGCM-G	—	—	—	0.030	0.030	0.40~0.65	0.40~0.65	≤0.40

（续）

型 号① （代号）	C	Si	Mn	P≤	S≤	Cr	Mo	Cu②
YG1CM-C	≤0.15	0.40~0.90	1.10~1.90	0.030	0.030	1.00~1.60	0.40~0.65	≤0.40
YG1CM-A	≤0.15	0.30~0.90	0.60~1.60	0.025	0.025	1.00~1.60	0.40~0.65	≤0.40
YG1CM-G	—	—	—	0.030	0.030	1.00~1.60	0.40~0.65	≤0.40
YG2CM-C	≤0.15	0.30~0.90	1.10~2.10	0.030	0.030	2.10~2.70	0.90~1.20	≤0.40
YG2CM-A	≤0.15	0.20~0.70	0.40~1.40	0.025	0.025	2.10~2.70	0.90~1.20	≤0.40
YG2CM-G	—	—	—	0.030	0.030	2.10~2.70	0.90~1.20	≤0.40
YG3CM-C	≤0.15	0.30~0.80	0.70~1.70	0.030	0.030	2.80~3.30	0.90~1.20	≤0.40
YG3CM-A	≤0.15	0.20~0.70	0.40~1.40	0.025	0.025	2.80~3.30	0.90~1.20	≤0.40
YG3CM-G	—	—	—	0.030	0.030	2.80~3.30	0.90~1.20	≤0.40
YG5CM-C	≤0.15	0.30~0.80	0.70~1.70	0.030	0.030	4.50~6.00	0.40~0.65	≤0.40
YG5CM-A	≤0.15	0.20~0.70	0.20~1.30	0.025	0.025	4.50~6.00	0.40~0.65	≤0.40
YG5CM-G	—	—	—	0.030	0.030	4.50~6.00	0.40~0.65	≤0.40

① 型号表示方法举例：YG3CM-A，其中：YG—实心焊丝；3CM—适用钢种；A—保护气体。
② 若这类焊丝镀铜时，其铜含量包括镀铜层在内，均≤0.40%。

（2）韩国 KS 标准钼钢和铬钼钢 MAG 焊接用实心焊丝的焊缝力学性能及应用范围（表 7-7-29）

表 7-7-29　钼钢和铬钼钢 MAG 焊接用实心焊丝的焊缝力学性能及应用范围

型 号① （代号）	R_m/MPa	$R_{eL}^{②}$/MPa	A(%)	温度 /℃	KV/J	保护气体 （体积分数）	应用范围
	≥	≥	≥				
YGW-C	490	390	25	10	≥27	CO_2	
YGW-A	490	390	25	0	≥34	80% Ar+20% CO_2	0.5% Mo 钢
YGW-G	490	—	—	—	—	不规定	
YGCM-C	560	460	19	10	≥27	CO_2	
YGCM-A	560	460	19	0	≥34	80% Ar+20% CO_2	0.5% Cr-0.5% Mo 钢
YGCM-G	560	—	—	—	—	不规定	
YG1CM-C	560	460	19	10	≥27	CO_2	
YG1CM-A	560	460	19	0	≥34	80% Ar+20% CO_2	1.0% Cr-0.5% Mo 钢
YG1CM-G	560	—	—	—	—	不规定	1.25% Cr-0.5% Mo 钢
YG2CM-C	630	530	17	10	≥27	CO_2	
YG2CM-A	630	530	17	0	≥34	80% Ar+20% CO_2	2.25% Cr-
YG2CM-G	630	—	—	—	—	不规定	1.0% Mo 钢
YG3CM-C	630	530	17	10	≥27	CO_2	
YG3CM-A	630	530	17	0	≥34	80% Ar+20% CO_2	3.0% Cr-1.0% Mo 钢
YG3CM-G	630	—	—	—	—	不规定	
YG5CM-C	490	290	18	10	≥27	CO_2	
YG5CM-A	490	290	18	0	≥34	80% Ar+20% CO_2	5.0% Cr-0.5% Mo 钢
YG5CM-G	490	—	—	—	—	不规定	

① 型号中字母后的数字，是表示化学成分的代号。
② 根据试验结果确定采用 R_{eL} 或 $R_{p0.2}$。

7.7.15　不锈钢焊丝和焊带 ［KS D7026（2005/2010 确认/2015 作废）］

韩国 KS 标准不锈钢焊丝和焊带的型号与化学成分见表 7-7-30。

表 7-7-30　不锈钢焊丝和焊带的型号与化学成分（质量分数）（%）

型 号[1] （代号）	C	Si	Mn	P≤	S≤	Cr	Ni	Mo	其 他
Y308[2]	≤0.08	≤0.65	1.0~2.5	0.03	0.03	19.5~22.0	9.0~11.0	—	—
Y308L[2]	≤0.030	≤0.65	1.0~2.5	0.03	0.03	19.5~22.0	9.0~11.0	—	—
Y309[2]	≤0.12	≤0.65	1.0~2.5	0.03	0.03	23.0~25.0	12.0~14.0	—	—
Y309L	≤0.030	≤0.65	1.0~2.5	0.03	0.03	23.0~25.0	12.0~14.0	—	—
Y309Mo	≤0.12	≤0.65	1.0~2.5	0.03	0.03	23.0~25.0	12.0~14.0	2.0~3.0	—
Y310	≤0.15	≤0.65	1.0~2.5	0.03	0.03	25.0~28.0	20.0~22.5	—	—
Y310S	≤0.08	≤0.65	1.0~2.5	0.03	0.03	25.0~28.0	20.0~22.5	—	—
Y312	≤0.15	≤0.65	1.0~2.5	0.03	0.03	28.0~32.0	8.0~10.5	—	—
Y16-8-2	≤0.10	≤0.65	1.0~2.5	0.03	0.03	14.5~16.5	7.5~9.5	1.0~2.0	—
Y316[2]	≤0.08	≤0.65	1.0~2.5	0.03	0.03	18.0~20.0	11.0~14.0	2.0~3.0	—
Y316L[2]	≤0.030	≤0.65	1.0~2.5	0.03	0.03	18.0~20.0	11.0~14.0	2.0~3.0	—
Y316J1L	≤0.030	≤0.65	1.0~2.5	0.03	0.03	18.0~20.0	11.0~14.0	2.0~3.0	Cu 1.0~2.5
Y317	≤0.08	≤0.65	1.0~2.5	0.03	0.03	18.5~20.5	11.0~14.0	3.0~4.0	—
Y317L	≤0.030	≤0.65	1.0~2.5	0.03	0.03	18.5~20.5	13.0~15.0	3.0~4.0	—
Y321	≤0.08	≤0.65	1.0~2.5	0.03	0.03	18.5~20.5	9.0~10.5	—	Ti 9C~1.0
Y347[2]	≤0.08	≤0.65	1.0~2.5	0.03	0.03	19.0~21.5	9.0~11.0	—	Nb 10C~1.0
Y347L	≤0.030	≤0.65	1.0~2.5	0.03	0.03	19.0~21.5	9.0~11.0	—	Nb 10C~1.0
Y410	≤0.12	≤0.50	≤0.60	0.03	0.03	11.5~13.5	≤0.60	≤0.75	—
Y430	≤0.10	≤0.50	≤0.60	0.03	0.03	15.5~17.0	≤0.60	—	—

① 型号表示方法举例：Y308L，Y—焊丝；308—化学成分（代号）；L—超低碳。
② 若用于高硅含量的焊丝，其硅含量可提高到 $w(\mathrm{Si})=0.65\%\sim1.00\%$。

7.7.16　埋弧焊用碳钢和低合金钢焊丝［KS D7103（2013）］

韩国 KS 标准埋弧焊用碳钢和低合金钢实心焊丝的型号与化学成分见表 7-7-31。

表 7-7-31　埋弧焊用碳钢和低合金钢实心焊丝的型号与化学成分（质量分数）（%）

型 号[1]	C	Si	Mn	P≤	S≤	Cr	Ni	Mo	其 他[2]
			Si-Mn 系						
YS-S1	≤0.15	≤0.15	0.20~0.90	0.030	0.030	≤0.15	≤0.25	≤0.15	—
YS-S2	≤0.15	≤0.15	0.80~1.40	0.030	0.030	≤0.15	≤0.25	≤0.15	—
YS-S3	≤0.18	0.15~0.60	0.80~1.40	0.030	0.030	≤0.15	≤0.25	≤0.15	—
YS-S4	≤0.18	≤0.15	1.30~1.90	0.030	0.030	≤0.15	≤0.25	≤0.15	—
YS-S5	≤0.18	0.15~0.60	1.30~1.90	0.030	0.030	≤0.15	≤0.25	≤0.15	—
YS-S6	≤0.18	≤0.15	1.70~2.80	0.030	0.030	≤0.15	≤0.25	≤0.15	—
YS-S7	≤0.18	0.15~0.60	1.70~2.80	0.030	0.030	≤0.15	≤0.25	≤0.15	—
YS-S8	≤0.15	0.35~0.80	1.10~2.10	0.030	0.030	≤0.15	≤0.25	≤0.15	—
			Mo 系						
YS-M1	≤0.18	≤0.20	1.30~2.30	0.025	0.025	≤0.15	≤0.25	0.15~0.40	—
YS-M2	≤0.18	≤0.60	1.30~2.30	0.025	0.025	≤0.15	≤0.25	0.15~0.40	—
YS-M3	≤0.18	≤0.40	0.30~1.20	0.025	0.025	≤0.15	≤0.25	0.30~0.70	—
YS-M4	≤0.18	≤0.60	1.10~1.90	0.025	0.025	≤0.15	≤0.25	0.30~0.70	—
YS-M5	≤0.18	≤0.60	1.70~2.60	0.025	0.025	≤0.15	≤0.25	0.30~0.70	—

（续）

型号[①]	C	Si	Mn	P≤	S≤	Cr	Ni	Mo	其　他[②]
Cr-Mo系（高 Cr）									
YS-1CM1	≤0.15	≤0.60	0.30~1.20	0.025	0.025	0.80~1.80	≤0.25	0.40~0.65	—
YS-1CM2	0.08~0.18	≤0.60	0.80~1.60	0.025	0.025	0.80~1.80	≤0.25	0.40~0.65	—
YS-2CM1	≤0.15	≤0.35	0.30~1.20	0.025	0.025	2.20~2.80	≤0.25	0.90~1.20	—
YS-2CM2	0.08~0.18	≤0.35	0.80~1.60	0.025	0.025	2.20~2.80	≤0.25	0.90~1.20	—
YS-3CM1	≤0.15	≤0.35	0.30~1.20	0.025	0.025	2.75~3.75	≤0.25	0.90~1.20	—
YS-3CM2	0.08~0.18	≤0.35	0.80~1.60	0.025	0.025	2.75~3.75	≤0.25	0.90~1.20	—
YS-5CM1	≤0.15	≤0.60	0.30~1.20	0.025	0.025	4.50~6.00	≤0.25	0.40~0.65	—
YS-5CM2	0.05~0.15	≤0.60	0.80~1.60	0.025	0.025	4.50~6.00	≤0.25	0.40~0.65	—
Cr-Mo系（低 Cr）									
YS-CM1	≤0.15	≤0.40	0.30~1.20	0.025	0.025	0.30~0.70	≤0.25	0.30~0.70	—
YS-CM2	0.08~0.18	≤0.40	0.80~1.60	0.025	0.025	0.30~0.70	≤0.25	0.30~0.70	—
YS-CM3	≤0.15	≤0.40	1.70~2.30	0.025	0.025	0.30~0.70	≤0.25	0.30~0.70	—
YS-CM4	≤0.15	≤0.40	2.00~2.80	0.025	0.025	0.30~1.00	≤0.25	0.60~1.20	—
Ni系									
YS-N1	≤0.15	≤0.60	1.30~2.30	0.018	0.018	≤0.20	0.40~1.75	≤0.15	—
YS-N2	≤0.15	≤0.60	0.50~1.30	0.018	0.018	≤0.20	2.20~3.80	≤0.15	—
Ni-Mo系									
YS-NM1	≤0.15	≤0.60	1.30~2.30	0.018	0.018	≤0.20	0.40~1.75	0.30~0.70	—
YS-NM2	≤0.15	0.20~0.60	1.30~1.90	0.018	0.018	≤0.20	1.70~2.30	0.30~0.70	—
YS-NM3	0.05~0.15	≤0.30	1.80~2.80	0.018	0.018	≤0.20	0.80~1.40	0.50~1.00	—
YS-NM4	≤0.15	≤0.60	0.50~1.30	0.018	0.018	≤0.20	2.20~3.80	0.15~0.40	—
YS-NM5	≤0.15	≤0.60	0.50~1.30	0.018	0.018	≤0.20	2.20~3.80	0.30~0.90	—
YS-NM6	≤0.15	≤0.60	1.30~2.30	0.018	0.018	≤0.20	2.20~3.80	0.30~0.90	—
Ni-Cr-Mo系									
YS-NCM1	0.05~0.15	≤0.40	1.30~2.30	0.018	0.018	0.05~0.70	0.40~1.75	0.30~0.80	—
YS-NCM2	≤0.10	≤0.60	1.20~1.80	0.018	0.018	0.20~0.60	1.50~2.10	0.30~0.80	—
YS-NCM3	0.05~0.15	≤0.60	1.30~2.30	0.018	0.018	0.40~0.90	2.10~2.90	0.40~0.90	—
YS-NCM4	≤0.10	0.05~0.45	1.30~2.30	0.018	0.018	0.60~1.20	2.10~3.20	0.30~0.70	—
YS-NCM5	0.08~0.18	≤0.40	0.20~1.20	0.018	0.018	1.00~2.00	3.00~4.00	0.30~0.70	—
YS-NCM6	0.08~0.18	≤0.40	0.20~1.20	0.018	0.018	0.30~0.70	4.50~5.50	0.30~0.70	—
YS-NCM7	≤0.15	≤0.50	1.30~2.20	0.018	0.018	0.40~1.50	0.50~4.00	0.30~0.80	
Cu-Cr系和 Cu-Cr-Ni系									
YS-CuC1	≤0.15	≤0.30	0.80~2.20	0.030	0.030	0.30~0.60	—	—	Cu 0.20~0.45

（续）

型 号[1]	C	Si	Mn	P≤	S≤	Cr	Ni	Mo	其 他[2]
				Cu-Cr 系和 Cu-Cr-Ni 系					
YS-CuC2	≤0.15	≤0.30	0.80~2.20	0.030	0.030	0.50~0.80	0.05~0.08	—	Cu 0.30~0.55
YS-CuC3	≤0.15	≤0.50	0.80~2.20	0.030	0.030	0.40~0.80	0.50~1.50	—	Cu 0.20~0.55
YS-CuC4	≤0.20	≤0.90	1.30~2.20	0.030	0.030	0.40~1.50	0.50~4.00	0.30~0.80	Cu 0.30~1.00
YS-G	≤0.20	≤0.90	≤3.00	0.030	0.030	—	—	—	—

① 牌号表示方法举例：YS-S2，Y—焊丝；S—埋弧焊；S2—焊丝的化学成分。

② 这类焊丝若需镀铜时，除 YS-CuC1、YS-CuC2 外（已列出 Cu 含量），其余各牌号均含 $w(\text{Cu}) \leq 0.40\%$；YS-G 可添加其他元素。

7.8 俄 罗 斯

A. 通用焊接材料

7.8.1 低碳钢和热强钢焊条

（1）俄罗斯低碳钢和热强钢焊条的型号与熔敷金属的化学成分（表 7-8-1）

表 7-8-1 低碳钢和热强钢焊条的型号与熔敷金属的化学成分（质量分数）（%）

型 号	相应的 ГСОТ 型号	C	Si	Mn	Cr	Ni	Mo	其他	中国近似型号[1]
АНО-4	Э-46	0.08	0.10	0.70	—	—	—	—	J421
АНО-5	Э-46	0.08	0.14	0.70	—	—	—	—	J421
АНО-18	Э-46	0.09	0.16	0.75	—	—	—	—	J421Fe
ВСО-50СК	Э-50А	0.10	0.30	0.60	—	—	—	—	J507
ВСФ-65У	Э-60	0.09	0 35	1.20	—	—	0.35	—	J607
ВСФ-75У	Э-70	0.09	0.35	1.20	—	1.20	0.45	—	J707
ВСУ-4	Э-42	0.12	0.15	0.40	—	—	—	—	J425
ВСУ-4А	Э-50	0.12	0.14	0.70	—	—	—	—	J505
ВСУ-60	Э-60	0.12	0.25	0.70	—	0.60	0.40	—	J605
ОЭС-4	Э-46	0.10	0.15	0.65	—	—	—	—	J421
ОЭС-6	Э-46	0.10	0.16	0.55	—	—	—	—	J421Fe
ОЭС-11[2]	Э-09ХМ	0.08	0.17	0.61	0.38	—	0.47	—	R202
ОЭС-12	Э-46	0.08	0.15	0.63	—	—	—	—	J421X
ОЭС-17Н	Э-46	0.08	0.15	0.63	—	—	—	—	J421Fe
ОЭС-18	Э-50А	0.07	0.25	0.85	1.00	0.40	—	Cu 0.47	J507
ОЭС-20Р	Э-50А	0.09	0.21	0.58	—	0.62	—	—	J502Fe
ОЭС-21	Э-46	0.07	0.18	0.55	—	—	—	—	J421
ОЭС-22Р	Э-46А	0.08	0.27	0.72	—	—	—	—	J422
ОЭС-23Р	Э-42	0.09	0.13	0.50	—	—	—	—	J421
ОЭС-24М	Э-60	0.08	0.16	0.57	—	3.00	0.13	—	W607
ОЭС-25	Э-50А	0.10	0.25	0.80	—	—	—	—	J507
ОЭС-26	Э-50А	0.08	0.24	0.54	—	0.11	—	Cu 0.40	J507
ОЭС-27	Э-55	0.09	0.20	0.65	—	3.20	—	Cu 1.10	J557

（续）

型　号	相应的 ΓOCT 型号	C	Si	Mn	Cr	Ni	Mo	其他	中国近似型号[1]
OЭC-29	Э-50A	0.07	0.27	0.95	—	—	—	—	J507
OЭЩ-1[2]	Э-100	0.15	0.94	1.46	1.04	—	0.77	—	J107Cr
НИАТ-3М[2]	Э-85	0.13	0.34	1.37	0.79	—	0.41	—	J857Cr
МР-3	Э-46	0.11	0.17	0.58	—	—	—	—	J421Fe
ТМЛ-1у[2]	Э-09Х1М	0.09	0.25	0.70	0.90	—	0.48	—	R307
ТМЛ-3у[2]	Э-09Х1МФ	0.08	0.25	0.75	0.90	—	0.50	V0.18	R317
ТМЛ-4В[2]	Э-09Х1М	0.06	0.35	0.70	0.70	—	0.60	—	R307
ТМЛ-21у	Э-50A	0.09	0.24	0.80	—	—	—	—	J507
УОНИ-13/45	Э-42A	0.09	0.25	0.55	—	—	—	—	J427
УОНИ-13/55	Э-50A	0.09	0.40	0.85	—	—	—	—	J507
УОНИ-13/55у	Э-55	0.12	0.40	1.30	—	—	—	—	J556
УОНИ-13/85	Э-85	0.12	0.75	1.90	—	3.00	0.13	—	J857
УОНИ-13/85у	Э-85	0.13	0.50	1.15	—	0.60	—	—	J57

① 中国焊条材料行业的型号（下同）。

② 热强钢焊条。

（2）俄罗斯低碳钢和热强钢焊条的熔敷金属力学性能（表 7-8-2）

表 7-8-2　低碳钢和热强钢焊条的熔敷金属力学性能

型　号	药皮类型	R_m/MPa	$R_{eL}^{①}$/MPa ≥	A(%) ≥	$A_K^{②}$/(J/cm²) ≥
АНО-4	钛铁矿型	460	360	22	147
АНО-5	钛铁矿型	450	360	26	147
АНО-18	钛铁矿型	470	375	22	127
ВСО-50СК	—	550	450	28	170
ВСФ-65у	—	630	520	26	170
ВСФ-75у	—	670	560	23	160
ВСУ-4	纤维素型	450	370	20	100
ВСУ-4А	纤维素型	550	430	18	100
ВСУ-60	纤维素型	620	470	22	125
OЭC-4	钛铁矿型	525	435	25	134
OЭC-6	铁粉钛型	480	385	26.5	118
OЭC-11	钛碱型	550	440	22	115
OЭC-12	钛铁矿型	500	415	26	135
OЭC-17Н	铁粉钛型	500	415	26	135
OЭC-18	碱性	620	480	25	251
OЭC-20Р	铁粉钛型	515	430	29	183
OЭC-21	钛酸型	480	370	25	127
OЭC-22Р	钛碱型	485	425	25	172
OЭC-23Р	钛铁矿型	440	350	20	98
OЭC-24М	碱性	655	535	23	121（-20℃）
OЭC-25	碱性	540	405	26	221

（续）

型 号	药皮类型	R_m/MPa	$R_{eL}^{①}$/MPa	$A(\%)$	$A_K^{②}$/(J/cm²)
			$\geqslant$		$\geqslant$
ОЭС-26	—	530	430	30	158
ОЭС-27	—	580	485	25	100（-20℃）
ОЭС-29	碱性	550	450	26	177
ОЭЩ-1	碱性	1180	1010	13	83
НИАТ-3М	碱性	995	790	13.5	99
МР-3	铁粉钛型	470	375	—	78
ТМЛ-1У	碱性	530	470	19	117
ТМЛ-3У	碱性	570	480	17	173
ТМЛ-4В	碱性	570	480	26	157
ТМЛ-21У	碱性	540	430	24	196
УОНИ-13/45	碱性	430	510	27	220
УОНИ-13/55	碱性	540	410	26	200
УОНИ-13/55У	碱性	595	450	23.5	167
УОНИ-13/85	碱性	935	775	15.5	100
УОНИ-13/85У	碱性	885	780	15	88

① 根据试验结果确定采用 R_{eL} 或 $R_{p0.2}$。

② 各型号均为20℃时的冲击韧度 A_K（已注明试验温度者除外）。

（3）俄罗斯低碳钢和热强钢焊条的用途（表7-8-3）

表7-8-3　低碳钢和热强钢焊条的用途

型 号	用 途 举 例
АНО-4，АНО-5	碳钢结构件的焊接
АНО-18	碳钢中厚板结构的焊接
ВСО-50СК	碳钢和低合金钢管线及其他重要结构底部焊道的焊接
ВСФ-65У	碳钢和低合金钢管线及其他重要结构的焊接，主要作填充和盖面层焊接
ВСФ-75У	碳钢和低合金钢管线及其他重要结构的焊接，主要作填充和盖面层焊接
ВСУ-4，ВСУ-4А	碳钢和低合金钢管线及其他重要结构的焊接
ВСУ-60	碳钢和低合金钢管线及其他重要结构的焊接
ОЭС-4，ОЭС-6	碳钢和低合金钢结构的焊接，也用于表面氧化的钢板焊接
ОЭС-11	工作温度在510℃以下的热强钢结构的焊接
ОЭС-12	碳钢结构件的焊接，允许钢板表面不作清理即施焊
ОЭС-17Н	焊接碳钢结构件的角焊缝，焊条头部涂有特制的引弧剂，可自动引弧
ОЭС-18	焊条的焊缝金属耐大气腐蚀性能优良，扩散氢含量低
ОЭС-20Р	适用09Mn2、10CrSiNiCu等低合金钢的焊接，焊缝金属耐海水腐蚀性能良好
ОЭС-21	碳钢结构件的焊接
НОЭС-22Р	低合金钢结构件的焊接
ОЭС-23Р	碳钢薄板结构件的焊接
ОЭС-24М	适于低温下使用的珠光体热强钢的焊接
ОЭС-25	焊条的焊缝金属有较高的塑韧性及低温韧性，可用于返修焊接
ОЭС-26	适于焊接天然气和石油管线上不能转动的对接焊缝
ОЭС-27	低温下使用的管线及低合金钢结构件的焊接，可用于打底焊接

（续）

型　号	用　途　举　例
ОЭС-29	要求低温韧性良好的低合金钢结构件的焊接，必须短弧施焊
ОЭЩ-1	高强度钢结构件的焊接，也用于堆焊，堆焊层硬度可达320~365HBW
НИАТ-3М	合金结构钢（如30CrMnSi，30CrMnSiNi）重要结构的焊接
МР-3	碳钢重要结构的焊接，如锅炉、压力管道等，焊缝金属有良好的耐气蚀
ТМЛ-1У	适于工作温度在540℃以下的珠光体热强钢结构的焊接
ТМЛ-3У	适于工作温度在570℃以下的珠光体热强钢结构的焊接
ТМЛ-4В	管线及低合金钢其他重要结构的焊接，适于根部焊道的焊接
ТМЛ-21У	适于热电站和核电站装备窄间隙施焊
УОНИ-13/45	管线及碳钢和低合金钢其他结构的焊接
УОНИ-13/55	碳钢和低合金钢管线及其他重要结构的焊接，可作打底焊接用
УОНИ-13/55У	碳钢和低合金钢建筑结构的焊接
УОНИ-13/85	用于高强度钢焊接，其焊缝金属有良好的抗冷裂性能，但气孔敏感性较大
УОНИ-13/85У	合金结构钢重要结构的焊接

7.8.2　不锈钢和耐热钢焊条

（1）俄罗斯通用不锈钢和耐热钢及其他高合金钢（含镍合金）焊条

A）通用不锈钢和耐热钢及其他高合金钢焊条的型号与熔敷金属的化学成分（表7-8-4）

表7-8-4　通用不锈钢和耐热钢及其他高合金钢焊条的型号与熔敷金属的化学成分（质量分数）（%）

型　号	相应的 ГОСТ型号	C	Si	Mn	Cr	Ni	Mo	其　他	中国近似型号
АНВ-20	—	0.04	0.25	3.00	18.7	16.3	—	W 2.10 N 0.18	—
АНЖР-1	—	0.06	0.30	1.92	23.6	59.6	9.90	—	—
АНЖР-2	—	0.07	0.36	1.94	21.0	40.0	7.65	—	—
ВИ-ИМ-1	—	0.08	0.23	1.50	19.0	余量	13.1	W 1.20	—
ГС-1	—	0.09	2.50	6.30	23.1	9.40	—	—	—
ИМЕТ-10	Э-04Х10Н60М24	0.05	0.22	0.68	10.4	61.8	23.1	—	—
КТИ-7А	Э-27Х15Н35В3Г2Б2Т	0.25	0.28	1.80	15.3	34.3	—	W 3.30 Nb 2.00	—
НИАТ-1	Э-08Х17Н8М2	0.09	0.75	0.96	19.7	9.30	2.20	—	—
НИАТ-5	Э-11Х15Н25М6АГ2	0.10	0.23	1.60	15.4	25.5	5.80	N 0.12	А507
НИИ-48Г	Э-10Х20Н9Г6С	0.10	0.60	5.90	19.6	9.70	—	—	—
НЖ-13	Э-09Х19Н10Г2М2Б	0.09	0.80	1.80	18.2	10.2	2.20	Nb 1.00	—
ОЭЛ-2	—	0.09	0.27	1.70	20.3	14.3	2.20	—	А207
ОЭЛ-3	—	0.14	4.10	0.86	17.8	12.6	—	—	—
ОЭЛ-5	Э-12Х24Н14С2	0.10	1.98	1.80	23.8	13.6	—	—	А307
ОЭЛ-6	Э-10Х25Н13Г2	0.09	0.38	1.90	24.9	12.8	—	—	А307
ОЭЛ-7	Э-08Х20Н9Г2Б	0.08	0.85	1.70	9.50	9.10	—	Nb 1.10	А137
ОЭЛ-8	Э-07Х20Н9	0.08	0.75	1.30	20.3	9.20	—	—	А107
ОЭЛ-9А	Э-28Х24Н16Г6	0.28	0.30	5.40	24.8	16.5	—	—	А422
ОЭЛ-17У	—	0.035	0.53	2.10	23.4	26.4	3.40	Cu 2.90	—

（续）

型 号	相应的 ГОСТ型号	C	Si	Mn	Cr	Ni	Mo	其 他	中国近似型号
ОЭЛ-19	—	0.09	0.43	1.40	23.4	13.2	—		A302
ОЭЛ-20	Э-02Х20Н14Г2М2	0.023	0.47	1.70	20.1	13.7	2.50	—	A022
ОЭЛ-21	Э-02Х20Н60М15В3	0.016	0.24	0.32	19.1	余量	16.3	W 3.40	
ОЭЛ-22	Э-02Х21Н10Г2	0.023	0.48	1.73	22.2	9.90			A001
ОЭЛ-23	—	0.015	0.30	0.20	—	余量	30.1	Fe 0.80	—
ОЭЛ-24	—	0.02	5.30	0.60	17.3	13.8			—
ОЭЛ-25	Э-10Х20Н70Г2М2В	0.08	0.27	1.97	20.1	余量	1.60	W 0.23	—
ОЭЛ-25Б	Э-10Х20Н70Г2М2Б2В	0.06	0.34	2.25	19.8	余量		Nb 1.60 W 0.90	
ОЭЛ-27		0.19	0.54	1.63	25.5	10.3	3.10	—	
ОЭЛ-28		0.16	0.59	1.50	26.8	8.20	0.96		
ОЭЛ-31М	—	0.18	0.55	1.20	18.0	34.5		Nb 2.40 W 3.00	
ОЭЛ-35	—	0.08	0.70	2.10	25.5	余量	1.60	Al 0.45	
ОЭЛ-36	Э-04Х20Н9	0.043	0.56	1.92	19.6	9.30	—		A102
ОЭЛ-37-2		0.03	0.45	2.26	24.6	26.8	3.80	Cu 2.90	—
ОЭЛ-38		0.29	0.15	1.80	24.7	24.3	—	Nb 1.60	
ОЭЛ-39		0.05	3.00	2.90	17.0	14.0		V 0.40	
ОЭЛ-40		0.05	0.60	1.80	22.0	7.50	—	Nb 0.60	
ОЭЛ-41		0.05	0.60	1.80	20.5	7.40	2.10	Nb 0.60	
ОЭЛ-42		0.33	0.60	5.00	25.0	32.0		Nb 0.90	
ОЭЛ-44		0.05	0.25	1.90	21.3	余量	2.40	Nb 1.00	
ЦЛ-9	Э-10Х25Н13Г2Б	0.10	0.80	2.20	23.2	12.9	—	Nb 1.10	
ЦТ-15	Э-08Х19Н10Г2Б	0.09	0.25	1.82	20.2	9.50	—	Nb 0.81	
ЦТ-28	Э-08Х14Н65М15В4Г2	0.06	0.18	2.40	13.1	余量	16.4	W 4.10	
УЛ-11	Э-08Х20Н9Г2Б	0.10	0.53	1.80	20.8	9.80	—	Nb 0.99	
УОНИ13/НЖ	Э-12Х13	0.13	0.62	0.86	12.2	0.42	—	—	G207

注：1. 表中化学成分的单项值为上限值。

2. 中国近似型号属于中国焊条材料行业的型号（下同）。

B）通用不锈钢和耐热钢及其他高合金钢焊条的熔敷金属力学性能（表7-8-5）

表7-8-5　通用不锈钢和耐热钢及其他高合金钢焊条的熔敷金属力学性能

型 号	药皮类型	R_m/MPa	$R_{eL}^{①}$/MPa	A(%)	$A_K^{②}$/(J/cm²)
		≥	≥	≥	≥
АНВ-20	钛碱型	675	465	36	184
АНЖР-1	碱性	730	470	36	160
АНЖР-2	碱性	680	440	40	163
ВИ-ИМ-1	碱性	760	465	40	—
ГС-1	碱性	770	560	28	83
ИМЕТ-10	钛碱型	755	515	23	—
КТИ-7А	碱性	660	450	22	74

（续）

型 号	药皮类型	R_m/MPa	$R_{eL}^{①}$/MPa	A(%)	$A_K^{②}$/(J/cm²)
			≥		≥
НИАТ-1	钛碱型	640	415	42	176
НИАТ-5	碱性	665	400	39	204
НИИ-48Г	碱性	585	—	39	144
НЖ-13	碱性	645	465	34	118
ОЭЛ-2	碱性	700	520	20	50
ОЭЛ-3	碱性	780	515	25	63
ОЭЛ-5	碱性	650	450	34	107
ОЭЛ-6	碱性	610	415	34	147
ОЭЛ-7	碱性	665	440	36	122
ОЭЛ-8	碱性	605	395	41	153
ОЭЛ-9А	钛碱型	690	460	32	124
ОЭЛ-17У	钛碱型	590	380	32	182
ОЭЛ-19	钛碱型	650	405	33	132
ОЭЛ-20	特殊类型	635	425	37	165
ОЭЛ-21	特殊类型	810	565	28	95
ОЭЛ-22	特殊类型	675	475	35	193
ОЭЛ-23	特殊类型	785	555	18	59
ОЭЛ-24	特殊类型	690	460	27	88
ОЭЛ-25	碱性	595	400	30	—
ОЭЛ-25Б	碱性镍基	675	435	38	141
ОЭЛ-27	钛碱型	835	665	18	—
ОЭЛ-28	钛碱型	775	605	20	—
ОЭЛ-31М	钛碱型	640	450	19	69
ОЭЛ-35	碱性	670	450	33	137
ОЭЛ-36	钛碱型	620	440	37	177
ОЭЛ-37-2	钛碱型	615	430	35	155
ОЭЛ-38	碱性	675	550	22	64
ОЭЛ-39	碱性	680	480	40	137
ОЭЛ-40	钛碱型	705	580	27	127
ОЭЛ-41	钛碱型	715	590	22	118
ОЭЛ-42	碱性	700	520	20	50
ОЭЛ-44	碱性	680	485	36.5	73（-196℃）
ЦЛ-9	碱性	655	450	37	115
ЦТ-15	碱性	610	485	33	120
ЦТ-28	碱性	730	450	38	147
УЛ-11	碱性	660	415	34	118
УОНИ13/НЖ	碱性	650	430	20	103

① 根据试验结果确定采用 R_{eL} 或 $R_{p0.2}$。

② 各型号均为20℃时的冲击韧度 A_K（已注明试验温度者除外）。

C）通用不锈钢和耐热钢及其他高合金钢焊条的用途（表7-8-6）

表 7-8-6　通用不锈钢和耐热钢及其他高合金钢焊条的用途

型　号	用　途　举　例
АНВ-20	焊接 CrNiMo 不锈钢的重要结构，其焊缝金属有良好的抗冷裂性能
АНЖР-1	工作温度为 550~600℃ 的异种钢材结构的焊接，也可用于淬火钢的焊接
АНЖР-2	异种钢材结构的焊接，也用于工作温度为 450~550℃ 的不需焊后热 处理的淬火钢
ВИ-ИМ-1	耐热钢和高温合金结构的焊接，还可用于异种钢和合金结构的焊接
ГС-1	工作温度为 1000℃ 以下的处于渗碳介质中的耐热钢薄壁结构的焊接
ИМЕТ-10	热强钢和耐热钢重要结构的焊接，也可用于异种钢和合金结构的焊接
КТИ-7А	工作温度为 900℃ 以下的甲烷转换器炉管的焊接
НИАТ-1	奥氏体不锈钢薄板结构的焊接
НИАТ-5	非热处理的低合金钢和中合金钢结构的焊接，还可用于奥氏体钢和合金钢、低合金钢等异种结构的焊接
НИИ-48Г	低合金钢、高锰钢及异种钢重要结构的焊接，其焊缝金属具有耐 800℃ 高温的性能
НЖ-13	工作温度为 350℃ 以下的并要求耐晶间腐蚀的 CrNiMo 不锈钢结构的焊接
ОЭЛ-2	在含硫气体介质中且工作温度低于 900℃ 的耐热钢重要结构的焊接
ОЭЛ-3	在较强腐蚀介质中工作但不要求耐晶间腐蚀的钢材结构的焊接
ОЭЛ-5	在氧化介质中且工作温度低于 1050℃ 的耐热钢重要结构的焊接
ОЭЛ-6	在氧化介质中且工作温度低于 1000℃ 的耐热钢结构的焊接，还可用于异种钢结构的焊接
ОЭЛ-7	要求耐晶间腐蚀的 CrNi 不锈钢结构的焊接
ОЭЛ-8	要求耐晶间腐蚀的 CrNi 不锈钢（如 08X18H10，12X18H9）结构的焊接
ОЭЛ-9А	1050℃ 氧化介质中或在 1000℃ 渗碳介质中工作的耐热钢结构的焊接
ОЭЛ-17У	在硫酸或磷酸介质中工作的耐蚀合金结构的焊接，主要用于薄板结构的焊接
ОЭЛ-19	用于高锰钢结构的焊接，以及高锰钢与其他异种钢结构的焊接
ОЭЛ-20	在强腐蚀介质中工作的超低碳 CrNiMo 不锈钢结构的焊接
ОЭЛ-21	在强腐蚀介质中工作的超低碳 CrNiMo 不锈钢结构的焊接
ОЭЛ-22	在强腐蚀介质中工作的超低碳 CrNiMo 不锈钢结构的焊接，其焊缝金属的耐晶间腐蚀性能良好
ОЭЛ-23	在强腐蚀介质中工作的 NiMo 合金结构的焊接
ОЭЛ-24	在浓硝酸介质中工作的超低碳 CrNi 不锈钢结构的焊接
ОЭЛ-25	在渗碳介质中工作的高温合金薄壁（6mm 以下）结构的焊接，也用于堆焊
ОЭЛ-25Б	耐热、耐蚀 CrNi 合金的焊接，也用于异种钢与铸铁的焊接
ОЭЛ-27	异种钢结构的焊接，主要用于碳钢与难以焊接的合金钢的焊接
ОЭЛ-28	合金钢、高合金钢及异种钢结构的焊接，也用于大型刚性结构的根部焊道的焊接
ОЭЛ-31М	工作温度低于 1050℃ 的耐热钢重要结构的焊接，其焊缝金属在渗碳介质中不会产生脆性破坏
ОЭЛ-35	工作温度低于 1200℃ 的 NiCrAl 高温合金和镍合金结构的焊接
ОЭЛ-36	要求耐晶间腐蚀的 CrNi 不锈钢结构的焊接
ОЭЛ-37-2	在硫酸或磷酸介质中工作的耐蚀合金薄板结构的焊接，其特点是多层焊时，焊道间的裂纹敏感性较低
ОЭЛ-38	工作温度低于 950℃ 的耐热钢（如 30X24H24Б）结构的焊接
ОЭЛ-39	工作温度低于 1050℃ 的耐热钢重要结构的焊接
ОЭЛ-40	用于奥氏体-铁素体双相不锈钢（如 08X22H6T，12X21H5T）耐腐蚀结构的焊接
ОЭЛ-41	用于奥氏体-铁素体双相不锈钢（如 08X21H6M2T）耐腐蚀结构的焊接
ОЭЛ-42	工作温度低于 1000℃ 的高温合金结构的焊接，也用于 30X20H35C2 合金结构的焊接
ОЭЛ-44	低温下工作的钢结构的焊接，也用于耐热钢、热强钢以及异种钢结构的焊接
ЦЛ-9	合金钢和不锈钢复合结构的焊接，其焊缝金属可满足耐晶间腐蚀要求
ЦТ-15	奥氏体不锈钢如在 570~650℃ 高温高压条件下工作的重要部件，以及要求耐晶间腐蚀部件的焊接
ЦТ-28	镍基合金结构的焊接，也用于异种合金结构的焊接，例如镍基合金与珠光体热强钢的焊接
УЛ-11	要求耐晶间腐蚀的 CrNi 不锈钢结构的焊接
УОНИ13/НЖ	铬不锈钢结构的焊接，也用于堆焊耐磨表面。铬不锈钢焊接时应预热至 200~250℃

（2）俄罗斯 ГОСТ 标准不锈钢和耐热钢及特殊性能高合金钢（含镍合金）焊条 [ГОСТ 10052（1975）]

A）ГОСТ标准不锈钢和耐热钢及特殊性能高合金钢焊条的型号与熔敷金属的化学成分（表7-8-7）

表7-8-7   不锈钢和耐热钢及特殊性能高合金钢焊条的型号与熔敷金属的化学成分（质量分数）（%）

型 号	C	Si	Mn	P ≤	S ≤	Cr	Ni	Mo	其 他
Э-12Х13	0.08 ~ 0.10	0.30 ~ 1.00	0.50 ~ 1.50	0.035	0.030	11.00 ~ 14.00	≈0.60	—	—
Э-06Х13Н	≈0.08	≈0.40	0.20 ~ 0.60	0.035	0.030	11.50 ~ 14.50	1.00 ~ 1.50	—	—
Э-10Х17Т	≈0.14	≈1.00	≈1.20	0.040	0.030	15.00 ~ 18.00	≈0.60	—	Ti 0.05 ~ 0.20
Э-12Х11НМФ	0.09 ~ 0.15	0.30 ~ 0.70	0.50 ~ 1.10	0.035	0.030	10.00 ~ 12.00	0.60 ~ 0.90	0.60 ~ 0.90	V 0.20 ~ 0.40
Э-12Х11НВМФ	0.09 ~ 0.15	0.30 ~ 0.70	0.50 ~ 1.10	0.035	0.030	10.00 ~ 12.00	0.60 ~ 0.90	0.60 ~ 0.90	W 0.80 ~ 1.30 V 0.20 ~ 0.40
Э-14Х11НВМФ	0.11 ~ 0.16	≈0.50	0.30 ~ 0.80	0.035	0.030	10.00 ~ 12.00	0.80 ~ 1.10	0.90 ~ 1.25	W 0.90 ~ 1.40 V 0.20 ~ 0.40
Э-10Х16Н4Б	0.05 ~ 0.13	≈0.70	≈0.80	0.035	0.030	14.00 ~ 17.00	3.00 ~ 4.50	—	Nb 0.02 ~ 0.12
Э-08Х24Н6ТАФМ	≈0.10	≈0.70	≈1.20	0.035	0.020	22.00 ~ 26.00	5.00 ~ 6.50	0.05 ~ 0.10	Ti 0.02 ~ 0.08 V 0.05 ~ 0.15 N≤0.20
Э-04Х20Н9	≈0.06	0.30 ~ 1.20	1.00 ~ 2.00	0.030	0.018	18.00 ~ 22.50	7.50 ~ 10.00	—	—
Э-07Х20Н9	≈0.09	0.03 ~ 1.20	1.00 ~ 2.00	0.030	0.020	18.00 ~ 21.50	7.50 ~ 10.00	—	—
Э-02Х21Н10Г2	≈0.03	≈1.10	1.00 ~ 2.50	0.025	0.020	18.00 ~ 24.00	9.00 ~ 11.50	—	—
Э-06Х22Н9	≈0.08	0.20 ~ 0.70	1.20 ~ 2.00	0.030	0.020	20.50 ~ 23.50	7.50 ~ 9.60	—	—
Э-08Х16Н8М2	0.05 ~ 0.12	≈0.60	1.00 ~ 2.00	0.030	0.020	14.60 ~ 17.50	7.20 ~ 9.00	1.40 ~ 2.00	—
Э-08Х17Н8М2	0.05 ~ 0.12	≈1.10	0.80 ~ 2.00	0.030	0.020	15.50 ~ 19.50	7.20 ~ 9.00	1.40 ~ 2.50	—
Э-06Х19Н11Г2М2	≈0.08	≈0.80	1.20 ~ 2.50	0.030	0.020	16.50 ~ 20.00	9.00 ~ 12.00	1.20 ~ 3.00	—
Э-02Х20Н14Г2М2	≈0.03	≈1.10	1.00 ~ 2.50	0.025	0.020	17.50 ~ 22.50	13.00 ~ 15.00	1.80 ~ 3.20	—
Э-02Х19Н9Б	≈0.04	≈0.60	0.80 ~ 2.00	0.30	0.020	17.00 ~ 20.00	8.00 ~ 10.50	—	Nb 0.35 ~ 0.70
Э-08Х19Н10Г2Б	0.05 ~ 0.12	≈1.30	1.00 ~ 2.50	0.030	0.020	18.00 ~ 20.50	8.50 ~ 10.50	—	Nb 0.70 ~ 1.30 （≥8 C）
Э-08Х20Н9Г2Б	0.05 ~ 0.12	≈1.30	1.00 ~ 2.50	0.030	0.020	18.00 ~ 22.00	8.00 ~ 10.50	—	Nb 0.70 ~ 1.30 （≥8 C）
Э-10Х17Н13С4	≈0.14	3.50 ~ 5.50	0.80 ~ 2.00	0.040	0.030	15.50 ~ 20.00	11.00 ~ 15.00	—	—
Э-08Х19Н10Г2МБ	0.05 ~ 0.12	0.25 ~ 0.70	1.60 ~ 2.50	0.035	0.025	17.50 ~ 20.50	8.50 ~ 10.50	0.40 ~ 1.00	Nb 0.70 ~ 1.30 （≥8 C）

（续）

型　号	C	Si	Mn	P ≤	S ≤	Cr	Ni	Mo	其　他
Э-09X19Н10Г2М2Б	≈0.12	≈1.20	1.00 ~ 2.50	0.030	0.020	17.00 ~ 20.00	8.50 ~ 12.00	1.80 ~ 3.00	Nb 0.70 ~ 1.30 （≥8 C）
Э-08X19Н9Ф2С2	≈0.10	1.00 ~ 2.00	1.00 ~ 2.00	0.035	0.030	17.50 ~ 20.50	7.50 ~ 10.00	—	V 1.50 ~ 2.30
Э-08X19Н9Ф2Г2СМ	≈0.10	0.70 ~ 1.50	1.00 ~ 2.50	0.035	0.030	17.00 ~ 20.50	7.50 ~ 10.00	0.20 ~ 0.60	V 2.00 ~ 2.60
Э-09X16Н8Г3М3Ф	0.05 ~ 0.13	≈1.30	2.00 ~ 3.20	0.030	0.020	15.00 ~ 17.50	7.00 ~ 9.00	2.40 ~ 3.20	V 0.40 ~ 0.65
Э-09X19Н11Г3М2Ф	0.06 ~ 0.12	≈0.50	2.80 ~ 4.00	0.030	0.020	17.50 ~ 20.00	9.50 ~ 12.00	1.80 ~ 2.70	V 0.35 ~ 0.60
Э-07X19Н11М3Г2Ф	≈0.09	≈0.60	1.50 ~ 3.00	0.030	0.020	17.00 ~ 20.00	9.50 ~ 12.00	2.00 ~ 3.50	V 0.35 ~ 0.75
Э-08X24Н12Г3СТ	0.05 ~ 0.11	0.70 ~ 1.30	2.20 ~ 3.80	0.035	0.025	22.00 ~ 26.00	10.50 ~ 13.00	—	Ti≤0.30
Э-10X25Н13Г2	≈0.12	≈1.00	1.00 ~ 2.50	0.030	0.020	22.50 ~ 27.00	11.50 ~ 14.00	—	—
Э-12X24Н14С2	≈0.14	1.20 ~ 2.20	1.00 ~ 2.00	0.030	0.020	22.00 ~ 25.00	13.00 ~ 15.00	—	—
Э-10X25Н13Г2Б	≈0.12	0.40 ~ 1.20	1.20 ~ 2.50	0.030	0.020	21.50 ~ 26.50	11.50 ~ 14.00	—	Nb 0.70 ~ 1.30 （≥8 C）
Э-10X28Н12Г2	≈0.12	≈1.00	1.50 ~ 3.00	0.030	0.020	25.00 ~ 30.00	11.00 ~ 14.00	—	—
Э-03X15Н9АГ4	≈0.05	≈0.40	3.00 ~ 5.50	0.025	0.020	14.50 ~ 16.50	8.50 ~ 10.00	—	N 0.12 ~ 0.20
Э-10X20Н9Г6С	≈0.13	0.50 ~ 1.20	4.80 ~ 7.00	0.040	0.020	18.50 ~ 21.50	8.50 ~ 11.00	—	—
Э-28X24Н16Г6	0.22 ~ 0.35	≈0.50	5.00 ~ 7.50	0.035	0.020	22.50 ~ 26.00	14.50 ~ 17.00	—	—
Э-02X19Н15Г4АМ3В2	≈0.04	≈0.30	3.00 ~ 5.50	0.025	0.015	17.50 ~ 20.50	14.50 ~ 16.50	2.00 ~ 3.20	W 1.50 ~ 2.30 N 0.15 ~ 0.25
Э-02X19Н18Г5АМ3	≈0.04	≈0.50	4.00 ~ 7.00	0.030	0.025	17.00 ~ 20.50	16.50 ~ 19.00	2.50 ~ 4.20	N 0.15 ~ 0.25
Э-11X15Н25М6АГ2	0.08 ~ 0.14	≈0.70	1.00 ~ 2.30	0.030	0.020	13.50 ~ 17.00	23.00 ~ 27.00	4.50 ~ 7.00	N≤0.20
Э-09X15Н25М6Г2Ф	0.06 ~ 0.12	≈0.70	1.50 ~ 3.00	0.020	0.020	13.50 ~ 17.00	23.00 ~ 27.00	4.50 ~ 7.00	V 0.90 ~ 1.60
Э-27X15Н35В3Г2Б2Т	0.22 ~ 0.32	≈0.70	1.50 ~ 2.50	0.030	0.018	13.50 ~ 16.00	33.00 ~ 36.50	—	W 2.40 ~ 3.50 Nb 1.70 ~ 2.50 Ti 0.05 ~ 0.25
Э-04X16Н35Г6М7Б	≈0.06	≈0.60	5.00 ~ 6.50	0.020	0.020	14.00 ~ 17.00	34.00 ~ 36.00	6.00 ~ 7.50	Nb 0.80 ~ 1.20
Э-06X25Н40М7Г2	≈0.08	≈0.50	1.50 ~ 2.50	0.025	0.015	23.00 ~ 26.00	38.00 ~ 41.00	6.20 ~ 8.50	Ti≤0.05

（续）

型 号	C	Si	Mn	P ≤	S ≤	Cr	Ni	Mo	其 他
Э-08Н60Г7М7Т	≈0.10	≈0.30	6.50 ~ 8.00	0.025	0.020	—	58.00 ~ 62.00	5.80 ~ 7.50	Ti 0.02 ~ 0.12
Э-08Х25Н60М10Г2	≈0.10	≈0.35	1.50 ~ 2.50	0.020	0.015	23.00 ~ 26.00	余量	8.50 ~ 11.00	Ti ≤ 0.05
Э-02Х20Н60М15В3	≈0.04	≈0.08	≈1.00	0.025	0.020	17.00 ~ 22.00	余量	13.50 ~ 16.50	W 2.50 ~ 4.20 Fe 3.00
Э-04Х10Н60М24	≈0.06	≈0.40	≈1.00	0.025	0.025	8.50 ~ 13.00	余量	21.00 ~ 26.00	—
Э-08Х14Н65М15В4Г2	≈0.10	≈0.50	1.50 ~ 2.50	0.020	0.018	12.50 ~ 15.50	余量	13.50 ~ 16.00	W 3.50 ~ 4.50
Э-10Х20Н70Г2М2В	≈0.14	≈0.80	1.20 ~ 2.50	0.020	0.015	18.00 ~ 22.00	余量	1.20 ~ 2.70	W 0.10 ~ 0.30
Э-10Х20Н70Г2М2Б2В	≈0.14	≈1.00	1.20 ~ 2.50	0.020	0.015	18.00 ~ 22.00	余量	1.20 ~ 2.70	Nb 1.50 ~ 3.00 W 0.10 ~ 0.30

B）ГОСГ 标准不锈钢和耐热钢及特殊性能高合金钢焊条的熔敷金属力学性能（表 7-8-8）

表 7-8-8 不锈钢和耐热钢及特殊性能高合金钢焊条的熔敷金属力学性能

型 号	R_m/MPa	A_5（%）≥	A_K/(J/cm²) ≥	型 号	R_m/MPa	A_5（%）≥	A_K/(J/cm²) ≥
Э-12Х13	590	16	49	Э-12Х11НВМФ	735	14	49
Э-06Х13Н	635	14	49	Э-14Х11НВМФ	735	12	39
Э-10Х17Т	635	—	—	Э-10Х16Н4Б	980	8	39
Э-12Х11НМФ	685	15	49	Э-08Х24Н6ТАФМ	685	15	49
Э-04Х20Н9	540	30	98	Э-12Х24Н14С2	590	24	59
Э-07Х20Н9	540	30	98	Э-10Х25Н13Г2Б	590	25	69
Э-02Х21Н10Т2	540	30	98	Э-10Х28Н12Г2	635	15	49
Э-06Х20Н9	635	20	—	Э-03Х15Н9АГ4	590	30	118
Э-08Х16Н8М2	540	30	98	Э-10Х20Н9Г6С	540	25	88
Э-08Х17Н8М2	540	30	98	Э-28Х24Н16Г6	590	25	98
Э-06Х19Н11Т2М2	490	25	88	Э-02Х19Н15Г4АМ3В2	635	30	118
Э-02Х20Н14Т2М2	540	25	98	Э-02Х19Н18Г5АМ3	590	30	118
Э-02Х19Н9Б	540	30	118	Э-11Х15Н25М6АГ2	590	30	98
Э-08Х19Н10Т2Б	540	24	78	Э-09Х15Н25М6Г2Ф	635	30	98
Э-08Х20Н9Т2Б	540	22	78	Э-27Х15Н36В3Г2Т	635	20	49
Э-10Х17Н13С4	590	15	59	Э-04Х16Н35Г6М7Б	590	25	78
Э-08Х19Н10Т2МБ	590	24	69	Э-06Х25Н40М7Г2	590	30	118
Э-09Х19Н10Т2М2Б	590	22	69	Э-08Н60Г7М7Т	440	20	98
Э-08Х19Н9Ф2С2	590	25	78	Э-08Х25Н60М10Г2	635	24	118
Э-08Х19Н9Ф2Т2СМ	590	22	78	Э-02Х20Н60М15В3	690	15	69
Э-09Х16Н8Т3М3Ф	635	28	59	Э-04Х10Н60М24	590	15	—
Э-09Х19Н11Т3М2Ф	570	22	49	Э-08Х14Н65М15В4Г2	540	20	98
Э-07Х19Н11М3Т2Ф	540	25	78	Э-10Х20Н70Г2М2В	635	—	—
Э-08Х24Н12Г3СТ	540	25	88	Э-10Х20Н70Г2М2Б2В	635	25	
Э-10Х25Н13Г2	540	25	88				

7.8.3 堆焊焊条

（1）俄罗斯通用堆焊焊条

A）通用堆焊焊条的型号与熔敷金属的化学成分（表 7-8-9）

表 7-8-9　通用堆焊焊条的型号与熔敷金属的化学成分（质量分数）（%）

型　号	相应的 ГОСТ 型号	C	Si	Mn	Cr	Ni	B	其　他	中国近似型号
ОЗН-6	—	0.8 ~ 1.1	3.2 ~ 4.2	2.1 ~ 3.1	3.8 ~ 5.0	—	0.8 ~ 1.1	—	—
ОЗН-7	—	0.5 ~ 0.8	2.5 ~ 3.5	3.0 ~ 5.0	3.5 ~ 5.5	—	0.9 ~ 1.3	V 0.4 ~ 0.7 N 0.1 ~ 0.2	—
ОЗН-9	—	1.5	1.3	2.2	16.5	2.5	0.25	Ti 0.25	—
ОЗН-300М	—	0.1	1.3	3.0				—	D107
ОЗН-400М	—	0.13	1.7	3.5	—			—	D127
Т-590	Э-320Х25С2ГР	3.2	2.2	1.2	25.0	—	1.0	Ti 1.3	D687
Т-620	Э-320Х23С2ГТР	3.2	2.2	1.2	23.0		1.5		D687
ЧН-ВЛ	Э-08Х17Н8С6Г	0.07	5.5	1.3	16.8	8.3			D557
ЧН-12М-67	Э-13Х16Н8М5С5Г4Б	0.13	4.1	4.0	16.3	7.0		Mo 5.7 Nb 0.8	
ЭНУ-2	—	3.5		3.0	14.5		1.0		—
УОНИ13/НЖ	—	0.22	0.17	0.61	12.8	0.39	—		D517

B）通用堆焊焊条的堆焊层硬度与用途（表 7-8-10）

表 7-8-10　通用堆焊焊条的堆焊层硬度与用途

型　号	药皮类型	堆焊层硬度 HRC	用途举例
ОЗН-6	碱性	57	用于承受强烈磨损和重度冲击载荷的矿山机械及建筑机械等零件的堆焊
ОЗН-7	碱性	55	用于堆焊承受强烈磨粒磨损和重度冲击载荷的零件
ОЗН-9	碱性	41 ~ 52	用于工作在冷土区的挖掘机零件，可承受强烈的冲击磨粒磨损的堆焊
ОЗН-300М[①]	碱性	331（HBW）	用于承受磨损和冲击载荷的碳素钢与低合金钢零部件的堆焊
ОЗН-400М[②]	碱性	418（HBW）	用于承受磨损和冲击载荷的机械零部件的堆焊
Т-590	特殊类型	61	用于承受磨粒磨损零部件的堆焊
Т-620	特殊类型	55 ~ 62	主要用于堆焊承受磨粒磨损的零部件，也用于堆焊受轻度冲击载荷的零部件
ЧН-ВЛ	碱性	32[③]	用于工作温度低于570℃且承受压力的锅炉阀门密封面的堆焊
ЧН-12М-67	碱性	44[③]	用于工作温度低于600℃的阀门密封面及其他耐磨零件的堆焊
ЭНУ-2	碱性	61	用于承受磨粒磨损和轻度冲击载荷的钢制零部件的堆焊
УОНИ13/НЖ	碱性	45[④]	用于冷、热剪切刀片的刃口及易快速磨损机械零部件的堆焊

① 堆焊层的力学性能：$R_m = 650MPa$，$R_{eL} = 470MPa$，$A_5 = 19\%$，$A_K = 83J/cm^2$（20℃）。
② 堆焊层的力学性能：$R_m = 945MPa$，$R_{eL} = 850MPa$，$A_5 = 6.5\%$，$A_K = 39J/cm^2$（20℃）。
③ 材料经 725℃ ×1h，缓冷至 200℃ 以下回火处理。
④ 材料经 850℃ 淬火，300℃ ×1h 回火处理。

（2）俄罗斯 ГОСТ 标准堆焊焊条 ［ГОСТ 10051（1975）］
A）ГОСТ 标准堆焊焊条的型号与熔敷金属的化学成分（表 7-8-11 ）

表 7-8-11　堆焊焊条的型号与熔敷金属的化学成分（质量分数）（%）

型　号	C	Si	Mn	Cr	Ni	Mo	W	V	其　他
Э-10Г2	0.08 ~ 0.12	≈0.15	2.0 ~ 3.0	—	—	—	—	—	—
Э-11Г3	0.08 ~ 0.13	≈0.15	2.8 ~ 4.0	—	—	—	—	—	—
Э-12Г4	0.09 ~ 0.14	≈0.15	3.6 ~ 4.5						

（续）

型　　号	C	Si	Mn	Cr	Ni	Mo	W	V	其　他
Э-15Г5	0.12~0.18	≈0.15	4.1~5.2	—	—	—	—	—	—
Э-16Г2ХМ	0.12~0.20	0.80~1.30	1.2~2.0	0.9~1.3	—	0.7~0.9	—	—	—
Э-30Г2ХМ	0.22~0.38	≈0.15	1.5~2.0	0.5~1.0	—	0.3~0.7	—	—	—
Э-35Г6	0.25~0.45	≈0.60	5.5~6.5	—	—	—	—	—	—
Э-37Х9С2	0.25~0.50	1.40~2.80	0.4~1.0	8.0~11.0	—	—	—	—	—
Э-70Х3СМТ	0.50~0.90	0.80~1.20	0.4~1.0	2.3~3.2	—	0.3~0.7	—	—	Ti≤0.30
Э-80Х4С	0.70~0.90	1.00~1.50	0.5~1.0	3.5~4.2	—	—	—	—	—
Э-95Х7Г5С	0.80~1.10	1.20~1.80	4.0~5.0	6.0~8.0	—	—	—	—	—
Э-65Х11Н3	0.50~0.80	≈0.30	≈0.7	10.0~12.0	2.5~3.5	—	—	—	—
Э-24Х12	0.18~0.30	≈0.30	0.4~1.0	10.5~13.0	—	—	—	—	—
Э-20Х13	0.15~0.25	≈0.70	≈0.8	12.0~14.0	≈0.6	—	—	—	—
Э-35Х12Г2С2	0.25~0.45	1.50~2.50	1.6~2.4	10.5~13.5	—	—	—	—	—
Э-35Х12В3СФ	0.25~0.45	1.00~1.60	≈0.5	10.5~13.5	—	—	2.5~3.5	0.5~1.0	—
Э-100Х12М	0.85~1.15	≈0.50	≈0.5	11.0~13.0	—	0.4~0.6	—	—	—
Э-120Х12Г2СФ	1.00~1.40	1.00~1.70	1.6~2.4	10.5~13.5	—	—	—	1.0~1.5	—
Э-300Х28Н4С4	2.50~3.40	2.80~4.20	≈1.0	25.0~31.0	3.0~5.0	—	—	—	—
Э-320Х23С2ГТР	2.90~3.50	2.00~2.50	1.0~1.5	22.0~24.0	—	—	—	—	Ti 0.5~1.5 B 0.5~1.5
Э-320Х25С2ГР	2.90~3.50	2.00~2.50	1.0~1.5	22.0~27.0	—	—	—	—	B 0.5~1.5
Э-350Х26Г2Р2СТ	3.10~3.90	0.60~1.20	1.5~2.5	23.0~29.0	—	—	—	—	Ti 0.2~0.4 B 1.8~2.5
Э-225Х10Г10С	2.00~2.50	0.50~1.50	8.0~12.0	8.0~12.0	—	—	—	—	—
Э-08Х17Н8С6Г	0.05~0.12	4.80~6.40	1.0~2.0	15.0~18.4	7.0~9.0	—	—	—	—
Э-09Х16Н9С5Г2М2ФТ	0.06~0.12	4.50~5.30	1.6~2.4	15.0~16.8	8.4~9.2	1.8~2.3	—	0.5~0.9	Ti 0.1~0.3
Э-09Х31Н8АМ2	0.06~0.12	≈0.50	≈0.5	30.0~33.0	7.0~9.0	1.8~2.4	—	—	N 0.3~0.4
Э-13Х16Н8МС5Г4Б	0.12~0.18	3.80~5.20	3.0~5.0	14.0~19.0	6.5~10.5	3.5~7.0	—	—	Nb 0.5~1.2
Э-15Х15Н10С5М3Т	0.10~0.20	4.80~5.80	1.0~2.0	13.0~17.0	9.0~11.0	2.3~4.5	—	—	—
Э-15Х28Н10С3ГТ	0.10~0.20	2.80~3.80	1.0~2.0	25.0~30.0	9.0~11.0	—	—	—	Ti 0.1~0.6
Э-15Х28Н10С3М2ГТ	0.10~0.20	2.50~3.50	1.0~2.0	25.0~30.0	9.0~11.0	1.0~2.5	—	—	Ti 0.1~0.3
Э-200Х29Н6Г2	1.60~2.40	0.30~0.60	1.5~3.0	26.0~32.0	5.0~8.0	—	—	—	—
Э-30В8Х3	0.20~0.40	≈0.30	≈0.4	2.0~3.5	—	—	7.0~9.0	—	—
Э-80В18Х4Ф	0.70~0.90	≈0.50	≈0.8	3.8~4.5	—	—	17.0~19.5	1.0~1.4	—
Э-90В10Х5Ф2	0.80~1.00	≈0.40	≈0.4	4.0~5.0	—	—	8.5~10.5	2.0~2.6	—
Э-30Х5В2Г2СМ	0.20~0.40	1.00~1.50	1.3~1.8	4.5~5.5	—	0.4~0.6	1.5~2.5	—	—
Э-65Х25Г13Н13	0.50~0.80	≈0.80	11.0~14.0	22.0~28.5	2.0~3.5	—	—	—	—
Э-105В6Х5М3Ф3	0.90~1.20	≈0.40	≈0.5	4.0~5.5	—	2.5~4.0	5.0~6.5	2.0~3.0	—
Э-90Х4М4ВФ	0.60~1.20	≈0.80	≈0.7	2.8~4.3	—	2.4~4.6	0.9~1.7	0.6~1.3	—
Э-10М9Н8К8Х-2СФ	0.08~0.12	1.20~1.80	0.6~1.2	2.0~2.6	6.5~9.5	7.0~11.0	—	0.3~0.7	Co 6.5~9.5
Э-10К15В7М5-Х3СФ	0.08~0.12	0.80~1.60	0.3~0.7	2.0~4.2	—	3.8~6.2	5.0~8.0	0.5~11	Co 12.7~16.3

（续）

型　号	C	Si	Mn	Cr	Ni	Mo	W	V	其　他
Э-10К18В11М10-Х3СФ	0.08~0.12	0.80~1.60	0.3~0.7	1.8~3.2	—	7.8~11.2	8.8~12.2	0.4~0.8	Co 15.7~19.3
Э-110Х14В13Ф2	0.90~1.30	0.30~0.60	0.5~0.8	12.0~16.0		—	11.0~15.0	1.4~2.0	—
Э-175Б8Х6СТ	1.60~1.90	0.70~1.50	0.6~1.2	5.0~6.0					Nb 7.0~8.0 Ti≤0.4
Э-190К62Х29В5С2	1.60~2.20	1.50~2.60	—	26.0~32.0			4.0~5.0	—	Co 59.0~65.0

B）ГОСТ标准堆焊焊条分组的磷、硫含量与熔敷金属的硬度（表7-8-12）

表7-8-12　堆焊焊条分组的磷、硫含量与熔敷金属的硬度

型　号	P① (%) ≤			S① (%) ≤			HRC	
	1组	2组	3组	1组	2组	3组	焊后未热处理	热处理后
Э-10Г2	0.040	0.040	0.035	0.030	0.030	0.020	20~28	—
Э-11Г3	0.040	0.040	0.035	0.030	0.030	0.020	28~35	—
Э-12Г4	0.040	0.040	0.035	0.030	0.030	0.020	35~40	—
Э-15Г5	0.040	0.040	0.035	0.030	0.030	0.020	40~44	—
Э-16Г2ХМ	0.035	0.035	0.030	0.030	0.030	0.020	35~39	—
Э-30Г2ХМ	0.040	0.040	0.035	0.030	0.030	0.020	31~41	—
Э-35Г6	0.040	0.040	0.035	0.030	0.030	0.020	50~57	—
Э-37Х9С2	0.035	0.035	0.030	0.030	0.030	0.020	52~58	—
Э-70Х3СМТ	0.035	0.035	0.030	0.030	0.030	0.020	—	52~60
Э-80Х4С	0.035	0.035	0.030	0.030	0.030	0.020	25~32	—
Э-95Х7Г5С	0.040	0.040	0.035	0.030	0.030	0.020	25~33	—
Э-65Х11Н3	0.035	0.035	0.030	0.030	0.030	0.020	40~48	—
Э-24Х12	0.035	0.035	0.030	0.030	0.030	0.020	—	—
Э-20Х13	0.035	0.035	0.030	0.030	0.030	0.020	—	33~48
Э-35Х12Г2С2	0.035	0.035	0.030	0.030	0.030	0.020	—	54~62
Э-35Х12В3СФ	0.035	0.035	0.030	0.030	0.030	0.020	—	50~58
Э-100Х12М	0.035	0.035	0.030	0.030	0.030	0.020	—	53~60
Э-120Х12Г2СФ	0.035	0.035	0.030	0.030	0.030	0.020	—	54~62
Э-300Х28Н4С4	0.040	0.040	0.035	0.035	0.035	0.025	48~54	—
Э-320Х23С2ГТР	0.040	0.040	0.035	0.035	0.035	0.020	55~62	—
Э-320Х25С2ГР	0.040	0.040	0.035	0.035	0.035	0.025	57~63	—
Э-350Х26Г2Р2СТ	0.040	0.040	0.035	0.035	0.035	0.025	58~63	—
Э-225Х10Г10С	0.040	0.040	0.035	0.035	0.035	0.025	—	—
Э-08Х17Н8С6Г	0.030	0.030	0.030	0.025	0.025	0.025	—	28~35
Э-09Х16Н9С5Г2М2ФТ	0.035	0.035	0.030	0.030	0.030	0.020	—	29~34
Э-09Х31Н8АМ2	0.035	0.035	0.030	0.030	0.030	0.020	—	40~48
Э-13Х16Н8МС5Г4Б	0.030	0.030	0.030	0.025	0.025	0.020	38~50	38~50
Э-15Х15Н10С5М3Т	0.035	0.035	0.030	0.030	0.030	0.020	35~45	—
Э-15Х28Н10С3ГТ	0.035	0.035	0.030	0.030	0.030	0.020	—	35~40
Э-15Х28Н10С3М2ГТ	0.035	0.035	0.030	0.030	0.030	0.020	—	40~45
Э-200Х29Н6Г2	0.040	0.040	0.035	0.035	0.035	0.025	40~50	—
Э-30В8Х3	0.040	0.040	0.035	0.035	0.035	0.025	—	40~50
Э-80В18Х4Ф	0.040	0.040	0.035	0.035	0.035	0.025	—	57~62
Э-90В10Х5Ф2	0.040	0.040	0.035	0.035	0.035	0.025	—	57~62

（续）

型　　号	P[①] (%) ≤			S[①] (%) ≤			HRC	
	1组	2组	3组	1组	2组	3组	焊后未热处理	热处理后
Э-30Х5В2Г2СМ	0.035	0.035	0.030	0.030	0.030	0.020	50~60	—
Э-65Х25Г13Н13	0.040	0.040	0.035	0.035	0.035	0.025	28~35	—
Э-105В6Х5М3Ф3	0.040	0.040	0.035	0.035	0.035	0.025	—	60~64
Э-90Х4М4ВФ	0.035	0.035	0.030	0.030	0.030	0.020	—	58~63
Э-10М9Н8К8Х2СФ	0.035	0.035	0.030	0.030	0.030	0.020	—	55~60
Э-10К15В7М5Х3СФ	0.035	0.035	0.030	0.030	0.030	0.020	—	52~57
Э-10К18В11М10Х3СФ	0.035	0.035	0.030	0.030	0.030	0.020	—	62~66
Э-110Х14В13Ф2	0.040	0.040	0.035	0.035	0.035	0.025	50~55	—
Э-175Б8Х6СТ	0.035	0.035	0.030	0.030	0.030	0.020	52~57	—
Э-190К62Х29В5С2	0.040	0.040	0.030	0.035	0.035	0.025	40~50	—

① 按 ГОСТ 9465—1975 标准中的电焊条分组规定不同的 P、S 含量。

7.8.4　低碳钢和高强度钢焊丝

俄罗斯 ГОСТ 标准低碳钢和高强度钢焊丝的型号与化学成分〔ГОСТ 2246（1970）〕见表 7-8-13。

表 7-8-13　低碳钢和高强度钢焊丝的型号与化学成分（质量分数）（%）

型　号	C	Si	Mn	P≤	S≤	Cr	Ni	其　他
Св-08	≤0.10	≤0.03	0.35~0.60	0.040	0.040	≤0.15	≤0.30	Al≤0.01
Св-08А	≤0.10	≤0.03	0.35~0.60	0.030	0.030	≤0.12	≤0.25	Al≤0.01
Св-08АА	≤0.10	≤0.03	0.35~0.60	0.020	0.020	≤0.10	≤0.25	Al≤0.01
Св-08ГА	≤0.10	≤0.03	0.80~1.10	0.030	0.025	≤0.10	≤0.25	—
Св-10ГА	≤0.12	≤0.03	1.10~1.40	0.030	0.025	≤0.20	≤0.30	—
Св-08ГС	≤0.10	0.60~0.85	1.40~1.70	0.030	0.025	≤0.20	≤0.25	—
Св-12ГС	≤0.14	0.60~0.90	0.80~1.10	0.030	0.025	≤0.20	≤0.30	—
Св-10Г2	≤0.12	≤0.03	1.50~1.90	0.030	0.030	≤0.20	≤0.30	—
Св-08Г2С	0.05~0.11	0.70~0.95	1.80~2.10	0.030	0.025	≤0.20	≤0.25	—
Св-10ГН	≤0.12	0.15~0.35	0.90~1.20	0.030	0.025	≤0.20	0.90~1.20	—
Св-08ГСМТ	0.06~0.11	0.40~0.70	1.00~1.30	0.030	0.025	≤0.30	≤0.30	Mo 0.20~0.40, Ti 0.05~0.12
Св-15ГСТЮЦА	0.12~0.18	0.45~0.85	0.60~1.00	0.030	0.025	≤0.30	≤0.40	Al 0.20~0.50, Ti 0.05~0.20 Zr 0.05~0.15, Ce≤0.40
Св-20ГСТЮА	0.17~0.23	0.60~0.90	0.90~1.20	0.030	0.025	≤0.30	≤0.40	Al 0.02~0.05, Ti 0.10~0.20 Ce 0.30~0.45

7.8.5　热强钢和合金结构钢焊丝

俄罗斯 ГОСТ 标准热强钢和合金结构钢焊丝的型号与化学成分〔ГОСТ 2246（1970）〕见表 7-8-14。

表 7-8-14　热强钢和合金结构钢焊丝的型号与化学成分（质量分数）（%）

型　号	C	Si	Mn	P≤	S≤	Cr	Ni	Mo	其　他
Св-18ХГС	0.15~0.22	0.90~1.20	0.80~1.10	0.030	0.025	0.80~1.10	≤0.30	—	—
Св-10НМА	0.07~0.12	0.12~0.35	0.40~0.70	0.025	0.025	≤0.20	1.00~1.50	0.40~0.55	

（续）

型 号	C	Si	Mn	P ≤	S ≤	Cr	Ni	Mo	其 他
Св-08МХ	0.06 ~ 0.10	0.12 ~ 0.30	0.35 ~ 0.60	0.030	0.025	0.45 ~ 0.65	≤0.30	0.40 ~ 0.60	—
Св-08ХМ	0.06 ~ 0.10	0.12 ~ 0.30	0.35 ~ 0.60	0.030	0.025	0.90 ~ 1.20	≤0.30	0.50 ~ 0.70	—
Св-08ХМА	0.15 ~ 0.22	0.12 ~ 0.35	0.40 ~ 0.70	0.025	0.025	0.80 ~ 1.10	≤0.30	0.15 ~ 0.30	—
Св-08ХНМ	≤0.10	0.12 ~ 0.35	0.50 ~ 0.80	0.030	0.025	0.70 ~ 0.90	0.80 ~ 1.20	0.25 ~ 0.45	—
Св-08ХМФА	0.06 ~ 0.10	0.12 ~ 0.30	0.35 ~ 0.60	0.025	0.025	0.90 ~ 1.20	≤0.30	0.50 ~ 0.70	V 0.15 ~ 0.30
Св-10ХМФТ	0.07 ~ 0.12	≤0.35	0.40 ~ 0.70	0.030	0.030	1.40 ~ 1.80	≤0.30	0.40 ~ 0.60	Ti 0.05 ~ 0.12 V 0.20 ~ 0.35
Св-08Х12С	0.05 ~ 0.11	0.70 ~ 0.95	1.70 ~ 2.10	0.030	0.025	0.70 ~ 1.00	≤0.25	—	—
Св-08ХГСМА	0.06 ~ 0.10	0.45 ~ 0.70	1.15 ~ 1.45	0.025	0.025	0.85 ~ 1.15	≤0.30	0.40 ~ 0.60	—
Св-10ХГ2СМА	0.07 ~ 0.12	0.60 ~ 0.90	1.70 ~ 2.10	0.025	0.025	0.80 ~ 1.10	≤0.30	0.40 ~ 0.60	—
Св-08ХГСМФА	0.06 ~ 0.10	0.45 ~ 0.70	1.20 ~ 1.50	0.025	0.025	0.95 ~ 1.25	≤0.30	0.50 ~ 0.70	V 0.20 ~ 0.35
Св-04Х2МА	≤0.06	0.12 ~ 0.35	0.40 ~ 0.70	0.025	0.020	1.80 ~ 2.20	≤0.25	0.50 ~ 0.70	—
Св-13Х2МФТ	0.10 ~ 0.15	≤0.35	0.40 ~ 0.70	0.030	0.030	1.70 ~ 2.20	≤0.30	0.40 ~ 0.60	Ti 0.05 ~ 0.12 V 0.20 ~ 0.35
Св-08Х3Г2СМ	≤0.10	0.45 ~ 0.75	2.00 ~ 2.50	0.030	0.030	2.00 ~ 3.00	≤0.30	0.30 ~ 0.50	—
Св-08ХМНФБА	0.06 ~ 0.10	0.12 ~ 0.30	0.35 ~ 0.60	0.025	0.025	1.10 ~ 1.40	0.65 ~ 0.90	0.80 ~ 1.00	V 0.20 ~ 0.35 Nb 0.10 ~ 0.25
Св-08ХН2М	≤0.10	0.12 ~ 0.30	0.55 ~ 0.85	0.030	0.025	0.70 ~ 1.00	1.40 ~ 1.80	0.20 ~ 0.40	—
Св-10ХН2ГМТ	0.07 ~ 0.12	0.12 ~ 0.30	0.80 ~ 1.10	0.030	0.025	0.30 ~ 0.60	1.80 ~ 2.20	0.40 ~ 0.60	Ti 0.05 ~ 0.12
Св-08ХН2ГМТА	0.06 ~ 0.11	0.12 ~ 0.30	0.80 ~ 1.10	0.025	0.020	0.25 ~ 0.45	2.10 ~ 2.50	0.25 ~ 0.45	Ti 0.05 ~ 0.12
Св-08ХН2ГМЮ	0.06 ~ 0.11	0.25 ~ 0.55	1.00 ~ 1.40	0.030	0.030	0.70 ~ 1.00	2.00 ~ 2.50	0.40 ~ 0.65	Al 0.06 ~ 0.18
Св-08ХН2Г2СМЮ	0.06 ~ 0.11	0.40 ~ 0.70	1.50 ~ 1.90	0.030	0.025	0.70 ~ 1.00	2.00 ~ 2.50	0.45 ~ 0.65	Al 0.06 ~ 0.18
Св-06Н3	≤0.08	≤0.30	0.40 ~ 0.70	0.030	0.025	≤0.30	3.00 ~ 3.50	—	—
Св-10Х5М	≤0.12	0.12 ~ 0.35	0.40 ~ 0.70	0.030	0.025	4.00 ~ 5.50	≤0.30	0.40 ~ 0.60	—
非现行标准结构钢焊丝									
Св-08Г1НМТ	≤0.10	0.20 ~ 0.45	1.30 ~ 1.80	0.020	0.015	≤0.30	0.30 ~ 0.60	0.40 ~ 0.70	Ti 0.06 ~ 0.15 Cu≤0.20, N≤0.015
Св-08ГМ	≤0.09	0.20 ~ 0.40	0.90 ~ 1.30	0.020	0.015	≤0.30	≤0.30	0.50 ~ 0.70	Cu≤0.20, N≤0.015
Св-08ГНМ	≤0.09	0.20 ~ 0.40	0.60 ~ 1.00	0.020	0.015	≤0.30	0.60 ~ 0.85	0.90 ~ 1.10	Cu≤0.20 N≤0.015

7.8.6 不锈钢和耐热钢焊丝

俄罗斯 ГОСТ 标准不锈钢和耐热钢焊丝的型号与化学成分 ［ГОСТ 2246（1970）］见表7-8-15。

表7-8-15 不锈钢和耐热钢焊丝的型号与化学成分（质量分数）（%）

型 号	C	Si	Mn	P ≤	S ≤	Cr	Ni	Mo	其 他
Св-12Х11НМФ	0.08 ~ 0.15	0.25 ~ 0.55	0.35 ~ 0.65	0.030	0.025	10.50 ~ 12.00	0.60 ~ 0.90	0.60 ~ 0.90	V 0.25 ~ 0.50
Св-10Х11НВМФ	0.08 ~ 0.13	0.30 ~ 0.60	0.35 ~ 0.65	0.030	0.025	10.50 ~ 12.00	0.80 ~ 1.10	1.00 ~ 1.30	V 0.25 ~ 0.50 W 1.00 ~ 1.40

（续）

型 号	C	Si	Mn	P ≤	S ≤	Cr	Ni	Mo	其 他
Св-12Х3	0.09~0.14	0.30~0.70	0.30~0.75	0.030	0.025	12.00~14.00	≤0.60	—	—
Св-20Х3	0.16~0.24	≤0.60	≤0.60	0.030	0.025	12.00~14.00	—	—	—
Св-06Х14	≤0.08	0.30~0.70	0.30~0.70	0.030	0.025	13.00~15.00	≤0.60	—	—
Св-08Х14ГНТ	≤0.10	0.25~0.65	0.90~1.30	0.035	0.025	12.50~14.50	0.40~0.90	—	Ti 0.60~1.00
Св-10Х17Т	≤0.12	≤0.80	≤0.70	0.035	0.025	16.00~18.00	≤0.60	—	Ti 0.20~0.50
Св-13Х25Т	≤0.15	≤1.00	≤0.80	0.035	0.025	23.00~27.00	≤0.60	—	Ti 0.20~0.50
Св-06Х24Н6ТАФМ	≤0.08	≤0.70	≤0.80	0.030	0.018	23.00~25.50	5.50~6.50	0.06~0.12	V 0.80~0.15 Ti 0.08~0.20 N 0.10~0.20
Св-01Х19Н9	≤0.03	0.50~1.00	1.00~2.00	0.025	0.015	18.00~20.00	8.00~10.00	—	—
Св-04Х19Н9	≤0.06	0.50~1.00	1.00~2.00	0.025	0.018	18.00~20.00	8.00~10.00	—	—
Св-08Х16Н8М2	0.05~0.10	≤0.60	1.50~2.00	0.025	0.018	15.00~17.00	7.50~9.00	1.50~2.00	—
Св-08Х18Н8Г2Б	0.05~0.10	0.30~0.70	1.80~2.30	0.025	0.018	17.50~19.5	8.00~9.00	—	Nb 1.20~1.50
Св-07Х18Н9ТЮ	≤0.09	≤0.08	≤2.00	0.030	0.015	17.00~19.00	8.00~10.00	—	Al 0.60~0.95 Ti 1.00~1.40
Св-06Х19Н9Т	≤0.08	0.40~1.00	1.00~2.00	0.030	0.015	18.00~20.00	8.00~10.00	—	Ti 0.50~1.00
Св-04Х19Н9С2	≤0.06	2.00~2.75	1.00~2.00	0.025	0.018	18.00~20.00	8.00~10.00	—	—
Св-08Х19Н9Ф2С2	≤0.10	1.30~1.80	1.00~2.00	0.030	0.025	18.00~20.00	8.00~10.00	—	V 1.80~2.40
Св-05Х19Н9Ф3С2	≤0.07	1.30~1.80	1.00~2.00	0.030	0.025	18.00~20.00	8.00~10.00	—	V 2.20~2.70
Св-07Х19Н10Б	0.05~0.09	≤0.70	1.50~2.00	0.025	0.015	18.50~20.50	9.00~10.50	—	Nb 1.20~1.50
Св-08Х19Н10Г2Б	0.05~0.10	0.20~0.45	1.80~2.20	0.030	0.20	18.50~20.50	9.50~10.50	—	Nb 0.90~1.30
Св-06Х19Н10М3Т	≤0.08	0.30~0.80	1.00~2.00	0.025	0.018	18.00~20.00	9.00~11.00	2.00~3.00	Ti 0.50~0.80
Св-08Х19Н10М3Б	≤0.10	≤0.60	1.00~2.00	0.025	0.018	18.00~20.00	9.00~11.00	2.00~3.00	Nb 0.90~1.30
Св-04Х19Н11М3	≤0.06	≤0.60	1.00~2.00	0.025	0.018	18.00~20.00	10.00~12.00	2.00~3.00	—
Св-05Х20Н9ФБС	≤0.07	0.90~1.50	1.00~2.00	0.030	0.020	19.00~21.00	8.00~10.00	—	Nb 1.00~1.40 V 0.90~1.30
Св-08Х20Н9С2БТЮ	≤0.10	2.00~2.50	1.00~2.00	0.035	0.020	19.00~21.00	8.00~	—	Al 0.30~0.70 Ti 0.60~1.00 Nb 0.60~1.00
Св-06Х20Н11М3ТБ	≤0.08	0.50~1.00	≤0.80	0.030	0.018	19.00~21.00	10.00~12.00	2.50~3.00	Ti 0.60~1.10 Nb 0.60~0.90
Св-10Х20Н15	≤0.12	≤0.80	1.00~2.00	0.025	0.018	19.00~22.00	14.00~16.00	—	—
Св-07Х25Н12Г2Т	≤0.09	0.30~1.00	1.50~2.50	0.035	0.020	24.00~26.50	11.00~13.00	—	Ti 0.60~1.00
Св-06Х25Н12ТЮ	≤0.08	0.60~1.00	≤0.80	0.030	0.020	24.00~26.00	11.50~13.50	—	Al 0.40~0.80 Ti 0.60~1.00
Св-07Х25Н13	≤0.09	0.50~1.00	1.00~2.00	0.025	0.018	24.00~26.50	12.00~14.00	—	—
Св-08Х25Н13БТЮ	≤0.10	0.60~1.00	≤0.55	0.030	0.020	24.00~26.00	12.00~14.00	—	Ti 0.50~0.90 Nb 0.70~1.10
Св-13Х25Н18	≤0.15	≤0.50	1.00~2.00	0.025	0.015	24.00~26.50	17.00~20.00	—	—
Св-08Х20Н9Г7Т	≤0.10	0.50~1.00	5.00~8.00	0.035	0.018	18.50~22.00	8.00~10.00	—	Ti 0.60~0.90
Св-08Х21Н10Г6	≤0.10	0.20~0.70	5.00~7.00	0.035	0.018	20.00~22.00	9.00~11.00	—	—

（续）

型 号	C	Si	Mn	P ≤	S ≤	Cr	Ni	Mo	其 他
Св-30Х25Н16Г7	0.25 ~ 0.33	≤0.30	6.00 ~ 8.00	0.030	0.018	24.50 ~ 27.00	15.00 ~ 17.00	—	—
Св-10Х16Н25АМ6	0.08 ~ 0.12	≤0.60	1.00 ~ 2.00	0.025	0.018	15.00 ~ 17.00	24.00 ~ 27.00	5.50 ~ 7.00	N 0.10 ~ 0.20
Св-09Х16Н25-М6АФ	0.07 ~ 0.11	≤0.40	1.00 ~ 2.00	0.018	0.018	15.00 ~ 17.00	24.00 ~ 27.00	5.50 ~ 7.00	V 0.70 ~ 1.00 N 0.10 ~ 0.20
Св-01Х23Н28-М3Д3Т	≤0.03	≤0.55	≤0.55	0.030	0.018	22.00 ~ 25.00	26.00 ~ 29.00	2.50 ~ 3.00	Ti 0.50 ~ 0.90 Cu 2.50 ~ 3.50
Св-30Х15Н35-В3Б3Т	0.27 ~ 0.33	≤0.60	0.50 ~ 1.00	0.025	0.015	14.00 ~ 16.00	34.00 ~ 36.00	—	W 2.50 ~ 3.50 Nb 2.80 ~ 3.70 Ti 0.20 ~ 0.70
Св-08Н50	≤0.10	≤0.50	≤0.50	0.030	0.030	≤0.30	48.00 ~ 53.00	—	—
Св-06Х15Н60М15	≤0.08	≤0.50	1.00 ~ 2.00	0.015	0.015	14.00 ~ 16.00	余量	14.00 ~ 16.00	Fe≤0.40

7.8.7 铸铁用焊条

（1）俄罗斯 ГОСТ 标准铸铁用焊条的型号与熔敷金属的化学成分（表 7-8-16 ）

表 7-8-16 铸铁用焊条的型号与熔敷金属的化学成分（质量分数）（%）

型 号	C	Si	Mn	Cr	Ni	Cu	其他	中国近似型号
ОЭЖН-1	0.10	0.60	0.40	—	48	—	Fe 余量	Z 408
ОЭЧ-2	—	0.20	1.80	—	2.0	余量	Fe 10	
ОЭЧ-3	0.40	0.14	0.10	0.08	99	—	Fe 0.1	Z 308
ОЭЧ-4	0.03	0.50	0.50	—	95	1.5	Fe 1.5	
ОЭЧ-6	0.05	0.30	1.10	0.7	1.2	余量	Fe 10	
МНЧ-2	—	—	1.8 ~ 2.6	—	64 ~ 68	余量	Fe 2.2 ~ 3.5	Z 508
ЭНУ-2	3.5	—	3.0	14.5	—	—	B 1.0	
УЧ-4	0.15	0.46	0.86	—	—	—	V 8.65	

注：表中单项值为上限值。

（2）俄罗斯 ГОСТ 标准铸铁用焊条的主要性能与用途（表7-8-17）

表 7-8-17 铸铁用焊条的主要性能与用途

型 号	药皮类型	焊缝力学性能[①] R_m/MPa	焊缝力学性能[①] A_5（%）	焊缝硬度 HBW	用 途 举 例
ОЭЖН-1	碱性	515	—	180 ~ 210	灰铸铁和高强度铸铁缺陷的冷焊，焊缝表面近似于铸铁颜色
ОЭЧ-2	碱性含铁粉	510	—		灰铸铁和可锻铸铁的焊接（可不预热）及堆焊，也用于铸件的补焊
ОЭЧ-3	碱性	540	24.5		灰铸铁和高强度铸铁缺陷的冷焊，焊缝易于加工，堆焊层硬度与铸铁相近

（续）

型　号	药皮类型	焊缝力学性能[①]		焊缝硬度 HBW	用途举例
		R_m/MPa	A_5（%）		
ОЭЧ-4	碱性	525	17	≤180	灰铸铁和高强度铸铁零部件的堆焊，焊缝易于加工，可承受冲击载荷。堆焊层硬度180HBW
ОЭЧ-6	碱性含铁粉	320[②]	14	≤200	可不预热焊接灰铸铁和可锻铸铁，及对铸件缺陷的补焊
МНЧ-2	特殊类型	—	—	120~160	对铸件缺陷的补焊，常用于打底层焊，焊缝易于加工
ЭНУ-2	碱性	—	—	61 HRC	承受磨粒磨损和受轻度冲击载荷的铸铁零部件的堆焊
УЧ-4	碱性	—	—	160~190	高强度铸铁结构的焊接，也用于铸铁与钢部件的焊接

① 焊缝力学性能的单项值为下限值。

② 屈服强度 $R_{p0.2}$ = 200MPa。

B. 专业用焊材和优良品种

7.8.8　电弧焊和电渣焊用铁基合金焊带〔ГОСТ 22366（1993）〕

俄罗斯 ГОСТ 标准电弧焊和电渣焊用铁基合金焊带的型号与化学成分见表 7-8-18。

表 7-8-18　电弧焊和电渣焊用铁基合金焊带的型号与化学成分（质量分数）（%）

型　号	C	Si	Mn	P≤	S≤	Cr	Ni	Mo	V	其　他
ЛС-12Х13	0.08~0.20	0.10~0.30	1.20~1.80	0.030	0.030	14.0~16.0	—	—	—	Fe 余量
ЛС-15Х13	0.15~0.30	0.15~0.35	0.80~1.40	0.030	0.030	14.5~16.5	—	—	—	Fe 余量
ЛС-18Х17	0.15~0.27	0.10~0.30	1.20~1.80	0.030	0.030	18.0~20.0	—	—	—	Fe 余量
ЛС-20Х17	0.25~0.40	0.15~0.35	0.80~1.40	0.030	0.030	18.5~20.5	—	—	—	Fe 余量
ЛС-18ХГСА	0.30~0.50	0.60~0.90	0.30~0.60	0.030	0.030	1.00~1.80	—	—	—	Ti 0.20~0.40 Fe 余量
ЛС-25ХГСА	0.15~0.35	0.70~1.00	0.70~0.90	0.030	0.030	0.90~1.20	—	—	—	Ti 0.10~0.40 Fe 余量
ЛС-10Х14Н3	0.08~0.20	0.10~0.30	1.20~1.80	0.030	0.030	15.0~17.0	3.00~3.60	—	—	Fe 余量
ЛС-12Х14Н3	0.15~0.27	0.15~0.35	0.80~1.40	0.030	0.030	15.5~17.5	3.20~3.80	—	—	Fe 余量
ЛС-20Х5МФС	0.15~0.35	0.60~0.90	0.40~0.70	0.030	0.030	5.80~6.30	—	1.00~1.60	0.50~0.70	Fe 余量
ЛС-25Х5МФС	0.40~0.60	0.60~0.90	0.20~0.50	0.030	0.030	5.70~6.80	—	1.10~1.60	0.50~1.00	Fe 余量
ЛС-5Х4В3ФС	0.60~0.80	≤0.50	≤0.40	0.030	0.030	4.50~5.50	—	—	0.60~0.80	W 3.50~4.50 Fe 余量
ЛС-45Х4В3ФС	0.30~0.50	0.60~0.90	0.40~0.70	0.030	0.030	3.80~4.50	—	—	0.50~0.70	W 2.80~3.50 Fe 余量

（续）

型　号	C	Si	Mn	P≤	S≤	Cr	Ni	Mo	V	其　他
ЛС-5Х4В2МФС	0.60 ~ 0.80	≤0.50	0.10 ~ 0.40	0.030	0.030	4.50 ~ 5.50	—	1.60 ~ 2.00	0.60 ~ 0.80	W 2.50 ~ 3.50 Fe 余量
ЛС-70Х3МНС	0.55 ~ 0.75	0.60 ~ 0.90	0.50 ~ 0.80	0.030	0.030	3.40 ~ 4.00	0.60 ~ 0.90	0.60 ~ 0.80	—	Fe 余量
ЛС-70Х3НМ（А）	0.90 ~ 1.10	≤0.70	≤0.40	0.030	0.030	4.20 ~ 4.80	0.90 ~ 1.20	0.80 ~ 1.10	—	Fe 余量
ЛС-70Х3НМ（Б）	0.60 ~ 0.80	≤0.70	≤0.40	0.030	0.030	3.20 ~ 3.80	0.60 ~ 0.80	0.50 ~ 0.70	—	Fe 余量
ЛС-У10Х7ГР1	1.10 ~ 1.40	≤0.50	1.20 ~ 1.40	0.030	0.030	7.00 ~ 8.00	—	—	—	B 0.60 ~ 0.90 Fe 余量

7.8.9　埋弧焊用焊丝 ［ГОСТ 26101（1984）］

俄罗斯 ГОСТ 标准埋弧焊用焊丝的型号与化学成分见表7-8-19。

表7-8-19　埋弧焊用焊丝的型号与化学成分（质量分数）（%）

型　号	C	Si	Mn	P≤	S≤	Cr	Mo	V	Ti	其　他
ПП-Нп-10Х14Т	0.10 ~ 0.20	0.20 ~ 0.60	0.30 ~ 0.80	0.040	0.040	13.0 ~ 15.0	—	—	0.10 ~ 0.30	—
ПП-Нп-10Х15Н2Т	≤0.10	—	—	0.060	0.040	13.0 ~ 19.0	—	—	0.10 ~ 0.50	Ni 1.60 ~ 3.00
ПП-Нп-10Х17-Н9С5ГТ	≤0.12	5.00 ~ 6.00	1.00 ~ 2.00	0.040	0.040	16.0 ~ 19.0	—	—	0.05 ~ 0.30	Ni 7.00 ~ 10.0
ПП-Нп-12Х12Г12СТ	≤0.12	0.50 ~ 1.20	11.0 ~ 16.0	0.030	0.030	12.0 ~ 15.0	—	0.60 ~ 1.50	—	B 0.01 ~ 0.10 N 0.08 ~ 0.15
ПП-Нп-14ГСТ	≤0.14	0.30 ~ 0.80	0.30 ~ 0.80	0.030	0.030	—	—	—	0.20 ~ 0.60	—
ПП-Нп-18Х1Г1М	0.14 ~ 0.20	≤0.80	1.20 ~ 1.80	0.060	0.040	1.20 ~ 1.80	0.30 ~ 0.60	—	—	—
ПП-Нп-19ГСТ	≤0.19	0.30 ~ 0.90	0.30 ~ 0.80	0.030	0.030	—	—	—	0.40 ~ 0.90	—
ПП-Нп-25Х5ФМС	0.20 ~ 0.31	0.80 ~ 1.30	0.40 ~ 0.90	0.040	0.040	4.70 ~ 6.00	1.00 ~ 1.50	0.30 ~ 0.60	—	—
ПП-Нп-25Х5ФМСТ	0.20 ~ 0.30	0.80 ~ 1.30	0.60 ~ 1.00	0.040	0.040	4.80 ~ 5.80	0.90 ~ 1.40	0.30 ~ 0.60	0.10 ~ 0.30	—
ПП-Нп-30Х4Г2М	0.25 ~ 0.40	0.50 ~ 1.00	1.40 ~ 2.20	0.040	0.040	3.30 ~ 4.80	0.60 ~ 1.00	—	0.10 ~ 0.60	—
ПП-Нп-30Х4В-2М2ФС	0.25 ~ 0.70	0.70 ~ 1.20	0.50 ~ 1.20	0.040	0.040	3.10 ~ 4.50	2.30 ~ 3.40	0.20 ~ 0.70	—	W 2.20 ~ 3.00
ПП-Нп-30Х5Г2СМ	0.30 ~ 0.50	0.50 ~ 1.00	1.40 ~ 2.20	0.040	0.040	4.40 ~ 6.50	0.60 ~ 1.00	—	0.10 ~ 0.60	—
ПП-Нп-30Х2М2ФН	0.22 ~ 0.35	0.50 ~ 1.20	0.40 ~ 1.00	0.040	0.040	1.80 ~ 3.00	1.80 ~ 2.80	0.30 ~ 0.80	—	Ni 0.80 ~ 1.60

（续）

型　号	C	Si	Mn	P≤	S≤	Cr	Mo	V	Ti	其　他
ПП-Нп-35Х6М2	0.35~0.45	—	—	0.030	0.030	6.00~8.00	2.00~3.00	0.40~0.80	0.06~1.10	N 0.02~0.04
ПП-Нп-35В9Х3СФ	0.27~0.40	0.20~1.00	0.60~1.10	0.040	0.040	2.20~3.50	—	0.20~0.50	—	W 8.00~11.0
ПП-Нп-40Х4Г2-СМНТФ	0.30~0.45	0.60~1.30	1.30~2.30	0.030	0.030	3.00~5.00	0.80~1.30	0.10~0.50	0.10~0.40	Ni 0.80~1.50
ПП-Нп-45В9Х3СФ	0.30~0.45	0.20~1.00	0.60~1.10	0.040	0.040	2.20~3.50	—	0.20~0.50	—	W 8.00~11.0
ПП-Нп-50Х3СТ	0.30~0.50	0.30~0.90	0.40~0.80	0.030	0.030	2.80~3.50	—	—	0.30~0.80	—
ПП-Нп-80Х20Р3Т	0.50~1.20	≤1.00	≤1.00	0.040	0.040	18.0~23.0	—	—	0.10~0.80	B 2.70~4.00
ПП-Нп-90Г13Н4	0.70~0.90	0.10~0.30	13.0~15.0	0.040	0.040	—	—	—	—	Ni 3.50~4.50
ПП-Нп-100Х4Г2АР	0.60~1.10	0.50~2.00	1.50~3.00	0.040	0.040	3.00~6.00	—	—	—	B 0.15~0.60 N 0.10~0.30
ПП-Нп-150Х15Р3Т2	0.90~2.00	—	—	0.040	0.040	14.0~21.0	—	—	1.00~3.00	B 2.50~4.00
ПП-Нп-200ХГР	2.20~2.50	0.90~1.50	0.60~1.30	0.030	0.030	0.20~0.60	—	—	0.10~0.20	Al 0.15~0.30 B 0.07~0.14
ПП-Нп-200Х12М	1.50~1.90	≤0.80	≤0.80	0.040	0.040	11.0~13.0	0.40~0.70	—	—	—
ПП-Нп-200Х12МФ	1.60~2.10	≤0.80	≤0.80	0.040	0.040	11.0~13.0	—	0.20~0.40	—	W 0.90~1.50
ПП-Нп-200Х15С1ГРТ	1.50~2.20	1.00~2.00	0.80~1.50	0.040	0.040	14.0~20.0	—	—	0.20~0.80	B 0.50~0.80
ПП-Нп-250Х10В8С2Т	2.30~3.00	1.50~2.50	—	0.060	0.040	8.00~11.0	—	—	0.50~1.20	Nb 6.00~9.00
ПП-Нп-350Х10В8Т2	3.20~4.00	—	—	0.080	0.040	8.00~12.0	—	0.20~0.60	1.40~3.00	Nb 6.00~12.0

7.8.10　高合金钢焊丝（非现行标准）

俄罗斯高合金钢（含不锈钢和耐热钢）焊丝的型号与化学成分见表7-8-20。

表7-8-20　高合金钢（含不锈钢和耐热钢）焊丝的型号与化学成分（质量分数）（%）

型　号	C	Si	Mn	P≤	S≤	Cr	Ni	Mo	其　他
Св-01Х19Н18Г10АМ4	≤0.03	≤0.06	8.50~10.5	0.025	0.020	18.0~20.0	17.0~19.0	3.20~4.20	N 0.15~0.25
Св-02Х17Н10М2-В1	≤0.04	≤0.70	1.00~2.00	0.020	0.020	16.0~18.0	9.50~11.0	1.20~1.80	Ti≤0.030，Nb≤0.05 Cu≤0.20，Al≤0.10

（续）

型　号	C	Si	Mn	P ≤	S ≤	Cr	Ni	Mo	其　他
Св-03Х12Н9М2С-В1	≤0.03	1.40 ~ 1.70	0.60 ~ 0.90	0.010	0.010	11.2 ~ 12.0	8.50 ~ 8.90	1.80 ~ 2.20	Ti≤0.05，Zr≤0.080 Ca≤0.050，+①
Св-03Х25Н10АМ4	≤0.30	0.40 ~ 0.60	0.60 ~ 0.90	0.015	0.012	24.8 ~ 26.0	9.50 ~ 10.5	3.80 ~ 4.50	N 0.20 ~ 0.25
Св-04Х16Н9В2	0.02 ~ 0.07	≤0.60	1.00 ~ 2.00	0.020	0.015	15.0 ~ 17.0	8.00 ~ 10.0	—	W 1.40 ~ 2.00 Zr≤0.10，Ca≤0.10
Св-04Х20Н10Г2Б	≤0.04	0.20 ~ 0.45	1.80 ~ 2.20	0.025	0.018	18.5 ~ 20.0	9.00 ~ 10.5	—	Nb 0.90 ~ 1.30
Св-05Х28Н7М3АФ	≤0.05	0.20 ~ 0.80	0.80 ~ 1.50	0.015	0.012	27.0 ~ 28.5	6.50 ~ 7.50	2.80 ~ 3.50	V 0.60 ~ 0.85 N 0.20 ~ 0.25
Св-06Х21Н7БТ	≤0.08	≤0.80	1.00 ~ 2.00	0.035	0.025	20.0 ~ 22.0	6.80 ~ 7.80	—	Ti 0.30 ~ 0.60 Nb 0.60 ~ 1.00
Св-06Х25Н7Г3М2ФТАЮ	0.40 ~ 0.08	0.20 ~ 0.80	2.50 ~ 3.50	0.015	0.012	24.0 ~ 25.5	6.50 ~ 7.50	2.20 ~ 2.70	Ti 0.20 ~ 0.50，V 0.60 ~ 0.85 N 0.20 ~ 0.25，Al 0.10 ~ 0.20
Св-08Х15Н23В7Г7М2	≤0.10	≤0.35	6.00 ~ 8.00	0.035	0.020	14.0 ~ 16.0	22.0 ~ 25.0	2.00 ~ 3.00	W 6.00 ~ 8.00
Св-08Х20Н9С2БТЮ	≤0.10	2.00 ~ 2.50	1.00 ~ 2.00	0.035	0.020	19.0 ~ 21.0	8.00 ~ 10.0	—	Ti 0.60 ~ 1.00，Nb 0.60 ~ 1.00 Al 0.30 ~ 0.70
Св-08Х25Н20С3Р1	≤0.10	2.50 ~ 3.00	—	0.030	0.020	24.0 ~ 27.0	18.0 ~ 21.0	—	B 0.40 ~ 0.70
Св-09Х16Н4Б	0.08 ~ 0.12	≤0.60	≤1.50	0.025	0.015	15.0 ~ 16.4	4.00 ~ 4.50	≤0.30	Nb 0.05 ~ 0.15 W ≤0.20 +②
Св-10Х32Н8-СХ	≤0.10	0.20 ~ 0.60	≤0.60	0.035	0.020	30.0 ~ 33.0	7.00 ~ 9.00	—	Al≤0.15
Св-12Х21Н5Т	0.09 ~ 0.14	≤0.80	≤0.80	0.035	0.020	20.0 ~ 22.0	5.30 ~ 5.80	≤0.20	Ti 0.25 ~ 0.50 W≤0.20，V≤0.20 Cu≤0.30，Al≤0.20

① Al≤0.10，N≤0.025，B≤0.003，H≤0.0006。

② Ti≤0.20，V≤0.20，Cu≤0.20，Fe 余量。

7.8.11　碳钢和合金钢堆焊用焊丝［ГОСТ 10543（1998）］

俄罗斯碳钢和合金钢堆焊用焊丝的型号与化学成分见表7-8-21。

表 7-8-21　碳钢和合金钢堆焊用焊丝的型号与化学成分（质量分数）（%）

型　号	C	Si	Mn	P ≤	S ≤	Cr	Ni	Mo	V	其　他①
Нп-30	0.27 ~ 0.35	0.17 ~ 0.37	0.50 ~ 0.80	0.035	0.040	≤0.25	≤0.30	—	—	N≤0.008
Нп-50	0.45 ~ 0.55	0.17 ~ 0.37	0.50 ~ 0.80	0.035	0.040	≤0.25	≤0.30	—	—	N≤0.008 As≤0.08

（续）

型　号	C	Si	Mn	P ≤	S ≤	Cr	Ni	Mo	V	其　他①
Нп-85	0.82 ~ 0.90	0.17 ~ 0.37	0.50 ~ 0.80	0.035	0.035	≤0.25	≤0.30	—	—	Cu≤0.20
Нп-40Г	0.35 ~ 0.45	0.17 ~ 0.37	0.70 ~ 1.00	0.035	0.035	≤0.30	≤0.30	≤0.15	≤0.05	Ti≤0.03 N≤0.008
Нп-65Г	0.60 ~ 0.70	0.17 ~ 0.37	0.90 ~ 1.20	0.035	0.035	≤0.30	≤0.30		—	Cu≤0.20
Нп-03Х15Н35-Г7М6Б	≤0.03	≤0.90	5.00 ~ 7.50	0.035	0.020	13.0 ~ 16.0	33.0 ~ 36.0	5.00 ~ 7.50	≤0.20	Nb 1.20 ~ 1.80 Ti≤0.20
Нп-20Х14	0.16 ~ 0.25	≤0.80	≤0.80	0.030	0.025	13.0 ~ 15.0	≤0.60	≤0.30	≤0.20	Ti≤0.20
Нп-20Х17Н3М	0.18 ~ 0.25	≤0.80	≤0.60	0.030	0.025	16.0 ~ 18.0	2.00 ~ 3.00	1.20 ~ 1.70	≤0.20	Ti≤0.20
Нп-30Х5	0.27 ~ 0.35	0.20 ~ 0.50	0.40 ~ 0.70	0.030	0.040	4.00 ~ 6.00	≤0.40	≤0.15	≤0.05	Ti≤0.03 N≤0.008
Нп-30Х10Г10Т	0.25 ~ 0.35	≤0.35	10.0 ~ 12.0	0.035	0.030	10.0 ~ 12.0	≤0.60	≤0.30	≤0.20	Ti 0.15 ~ 0.30
Нп-30Х13	0.25 ~ 0.35	≤0.80	≤0.80	0.030	0.025	12.0 ~ 14.0	≤0.60	≤0.30	≤0.20	Ti≤0.20
Нп-30ХГСА	0.27 ~ 0.35	0.80 ~ 1.20	0.80 ~ 1.20	0.025	0.025	0.80 ~ 1.20	≤0.40	≤0.15	≤0.05	Ti≤0.03
Нп-40Х2Г2М	0.35 ~ 0.43	0.40 ~ 0.70	1.80 ~ 2.30	0.035	0.035	1.80 ~ 2.30	≤0.40	0.80 ~ 1.20	≤0.05	Ti≤0.03 N≤0.008
Нп-40Х3Г2МФ	0.35 ~ 0.45	0.40 ~ 0.70	1.30 ~ 1.80	0.035	0.035	3.30 ~ 3.80	≤0.40	0.30 ~ 0.50	0.10 ~ 0.20	Ti≤0.03 N≤0.008
Нп-40Х13	0.35 ~ 0.45	≤0.80	≤0.80	0.030	0.025	12.0 ~ 14.0	≤0.60	≤0.30	≤0.20	Ti≤0.20
Нп-45Х4В3ГФ	0.40 ~ 0.50	0.70 ~ 1.00	0.80 ~ 1.20	0.030	0.030	3.60 ~ 4.60	≤0.60	≤0.15	0.20 ~ 0.40	W 2.50 ~ 3.00 Ti≤0.03 N≤0.008
Нп-50Х3В10Ф	0.45 ~ 0.55	0.40 ~ 0.70	0.80 ~ 1.20	0.030	0.030	2.60 ~ 3.60	≤0.50	—	0.30 ~ 0.50	W 9.00 ~ 11.5
Нп-50Х6ФМС	0.45 ~ 0.55	0.80 ~ 1.20	0.30 ~ 0.60	0.030	0.030	5.50 ~ 6.50	≤0.35	1.20 ~ 1.60	0.35 ~ 0.55	Ti≤0.03
Нп-50ХФА	0.46 ~ 0.54	0.17 ~ 0.37	0.50 ~ 0.80	0.025	0.025	0.80 ~ 1.10	≤0.40	≤0.15	0.10 ~ 0.20	Ti≤0.03 N≤0.008
Нп-50ХНМ	0.50 ~ 0.60	≤0.35	0.50 ~ 0.80	0.030	0.030	0.50 ~ 0.80	1.40 ~ 1.80	0.15 ~ 0.30	≤0.05	Ti≤0.03 N≤0.008
Нп-Г13А	1.00 ~ 1.20	≤0.40	12.5 ~ 14.5	0.035	0.030	≤0.60	≤0.60	—	—	Cu≤0.20

① 表中未列出的其他元素含量：Cu≤0.30%，W≤0.20%（已列出 Cu，W 者除外）。

7.8.12　特殊合金堆焊用焊丝 ［ГОСТ 21449（1975）］

俄罗斯特殊合金堆焊用焊丝的型号与化学成分见表 7-8-22。

表 7-8-22　特殊合金堆焊用焊丝的型号与化学成分（质量分数）（%）

型 号	C	Si	Mn	P≤	S≤	Cr	Ni	W	其 他
Hp-C27	3.30 ~ 4.50	1.00 ~ 2.00	1.00 ~ 1.50	0.060	0.070	25.0 ~ 28.0	1.50 ~ 2.00	0.20 ~ 0.40	Mo 0.08 ~ 0.15 Fe 余量
Hp-B3K	1.00 ~ 1.30	2.00 ~ 2.70	—	0.050	0.070	28.0 ~ 32.0	0.50 ~ 2.00	4.00 ~ 5.00	Fe≤2.00 Co 余量
Hp-B3K-P	1.60 ~ 2.00	1.20 ~ 1.50	0.30 ~ 0.60	0.030	0.070	28.0 ~ 32.0	0.10 ~ 2.00	7.00 ~ 11.0	Fe≤3.00，Co 余量 Sb 0.02 ~ 0.10

7.9　英　　国

A. 通用焊接材料

7.9.1　非合金钢和细晶粒钢焊丝和焊棒［BS EN ISO 636（2017）］

见 7.2.4 节。

7.9.2　高强度钢电弧焊用药皮焊条［BS EN ISO 18275（2018）］

见 7.2.6 节。

7.9.3　不锈钢和耐热钢电弧焊用焊条［BS EN ISO 3581（2016）］

见 7.2.3 节。

B. 专业用焊材和优良品种

7.9.4　镍与镍合金焊条［BS EN ISO 14172（2015）］

见 7.2.11 节。

7.9.5　高强度钢气体保护焊及自保护焊用药芯焊丝［BS EN ISO 18276（2017）］

见 7.2.15 节。

7.9.6　热强钢气体保护电弧焊用药芯焊丝［BS EN ISO 17634（2015）］

见 7.2.16 节。

7.9.7　不锈钢和耐热钢气体保护与非气体保护及自保护电弧焊用药芯焊丝［BS EN ISO 17633（2018）］

见 7.2.17 节。

7.10　美　　国

A. 通用焊接材料

7.10.1　低碳钢焊条

美国大部分焊接材料标准，在同一标准中既采用美国惯用单位（英制），也采用国际单位制 SI（米制），如 AWS A5.1 为英制单位，而 AWS A5.1M 为米制单位。同一焊接材料，其英制单位的型号和 SI 单位的型号有所不同。（其他大部分标准也如此）。

（1）美国 AWS 标准电弧焊用碳钢焊条的型号对照〔AWS A5.1/A5.1M（2012）〕（表 7-10-1）

表 7-10-1　AWS A5.1 与 AWS A5.1M 标准电弧焊用碳钢焊条的型号对照

No.	型号		No	型号		No	型号	
	A5.1	A5.1M		A5.1	A5.1M		A5.1	A5.1M
1	E6010	E4310	7	E6020	E4320	13	E7024	E4924
2	E6011	E4311	8	E6027	E4327	14	E7027	E4927
3	E6012	E4312	9	E7014	E4914	15	E7028	E4928
4	E6013	E4313	10	E7015	E4915	16	E7048	E4948
5	E6018	E4318	11	E7016	E4916	17	E7018M	E4918M
6	E6019	E4319	12	E7018	E4918	—	—	—

（2）美国 AWS 标准电弧焊用碳钢焊条型号熔敷金属的化学成分（表 7-10-2）

表 7-10-2　电弧焊用碳钢焊条型号熔敷金属的化学成分[1]（质量分数）（%）

No.	AWS 型号 A5.1M[2]	UNS 编号	Cr	Si	Mn	P	S	其他[4]
1	E4310	W06010	0.20	1.00	1.20	—	—	—
2	E4311	W06011	0.20	1.00	1.20	—	—	—
3	E4312	W06012	0.20	1.00	1.20	—	—	—
4	E4313	W06013	0.20	1.00	1.20	—	—	—
5	E4318	W06018	0.03	0.40	0.40	—	—	—
6	E4319	W06019	0.20	1.00	1.20	0.025	0.015	—
7	E4320	W06020	0.20	1.00	1.20	—	—	—
8	E4327	W06027	0.20	1.00	1.20	—	—	—
9	E4914	W07014	0.15	0.90	1.25	0.035	0.035	1.50
10	E4915	W07015	0.15	0.90	1.25	0.035	0.035	1.50
11	E4916	W07016	0.15	0.75	1.60	0.035	0.035	1.75
12	E4918	W07018	0.15	0.75	1.60	0.035	0.035	1.75
13	E4924	W07024	0.15	0.90	1.25	0.035	0.035	1.50
14	E4927	W07027	0.15	0.75	1.60	0.035	0.035	1.75
15	E4928	W07028	0.15	0.90	1.60	0.035	0.035	1.75
16	E4948	W07048	0.15	0.90	1.60	0.035	0.035	1.75
17	E4918M[3]	W07018	0.12	0.80	0.4~1.6	0.15	0.25	—

① 表中的元素含量单项值为含量的最高值。

② 型号 No.1~16 的残余元素含量：Cr≤0.20%，Ni≤0.30%，Mo≤0.30%，V≤0.08%。

③ 型号 4918M 的残余元素含量：Cr≤0.15%，Ni≤0.25%，Mo≤0.35%，V≤0.05%。

④ 其他列是（Mn+Cr+Ni+Mo+V）含量总和的最高值。

（3）美国 AWS 标准电弧焊用碳钢焊条的型号与主要性能（表 7-10-3）

表 7-10-3　电弧焊用碳钢焊条的型号与主要性能

No.	AWS 型号 A5.1M	UNS 编号	药皮类型	焊接电源[1]	熔敷金属的力学性能		
					R_m/MPa	R_{eL}/MPa	A(%)
					≥		
1	E4310	W06010	纤维素型	DC（+）	430	330	22
2	E4311	W06011	纤维素型	AC 或 DC（+）	430	330	22
3	E4312	W06012	氧化钛型	AC 或 DC（-）	430	330	17
4	E4313	W06013	氧化钛型	AC 或 DC（±）	430	330	17
5	E4318	W06018	低氢型	DC（+）	430	335	22

（续）

No.	AWS 型号 A5.1M	UNS 编号	药皮类型	焊接电源[1]	熔敷金属的力学性能		
					R_m/MPa	R_{eL}/MPa	A(%)
					≥		
6	E4319	W06019	钛铁矿型	AC 或 DC（±）	430	335	22
7	E4320	W06020	氧化铁型	AC 或 DC（-）	430	335	22
8	E4327	W06027	铁粉氧化铁型	AC 或 DC（-）	430	335	22
9	E4914	W07014	铁粉氧化钛型	AC 或 DC（±）	490	400	17
10	E4915	W07015	低氢型	DC（+）	490	400	22
11	E4916	W07016	低氢型	AC 或 DC（+）	490	400	22
12	E4918	W07018	铁粉低氢型	AC 或 DC（+）	490	400	22
13	E4924	W07024	铁粉氧化钛型	AC 或 DC（±）	490	400	17
14	E4927	W07027	铁粉氧化铁型	AC 或 DC（-）	490	400	22
15	E4928	W07028	铁粉低氢型	AC 或 DC（+）	490	400	22
16	E4948	W07048	铁粉低氢型	AC 或 DC（+）	490	400	22
17	E4918M	W07018	铁粉低氢型	DC（+）	490	370～500	24

[1] AC—交流电；DC（+）—直流电焊条接正极；DC（-）—直流电焊条接负极；DC（±）—直流电焊条接正极或负极。

（4）美国 AWS 标准电弧焊用碳钢焊条熔敷金属的冲击性能（表7-10-4）

表7-10-4　电弧焊用碳钢焊条熔敷金属的冲击性能

AWS 型号 A5.1M	UNS 编号	熔敷金属的冲击吸收能量			
		温度/℃	平均值/J	温度/℃	平均值/J
			≥		
E4310	W06010	-30	27	-30	20
E4311	W06011	-30	27	-30	20
E4312	W06012	—	不规定	—	不规定
E4313	W06013		不规定		不规定
E4318	W06018	-30	27	-30	20
E4319	W06019	-20	27	-20	20
E4320	W06020		不规定		不规定
E4327	W06027	-30	27	-30	20
E4914	W07014		不规定		不规定
E4915	W07015	-30	27	-30	20
E4916	W07016	-30	27	-30	20
E4918	W07018	-30	27	-30	20
E4924	W07024	—	不规定		不规定
E4927	W07027	-30	27	-30	20
E4928	W07028	-20	27	-20	20
E4948	W07048	-30	27	-30	20
E4918M	W07018	-30	67	-30	54

注：平均值是指在 5 个试样中取 3 个试样的平均值。

7.10.2　低合金钢（含热强钢）焊条

　　美国大部分焊接材料标准，在同一标准中既采用美国惯用单位（英制），也采用 SI 单位（米制），如 AWS A5.5 为英制单位，而 AWS A5.5M 为米制单位。其型号有所不同

（1）美国 AWS 标准电弧焊用低合金钢焊条型号对照 ［AWSA5.5／A5.5M（2014）］

A）钼钢、铬钼钢焊条的型号对照（表7-10-5）

表7-10-5　钼钢、铬钼钢焊条的型号对照

No.	型号 A5.1	型号 A5.1M	No.	型号 A5.1	型号 A5.1M	No.	型号 A5.1	型号 A5.1M
1	E7010-A1	E4910-A1	19	E8015-B3L	E5515-B3L	37	E8016-B8	E5516-B8
2	E7011-A1	E4911-A1	20	E8018-B3L	E5518-B3L	38	E8018-B8	E5518-B8
3	E7015-A1	E4915-A1	21	E8015-B4L	E5515-B4L	39	E8015-B8L	E5515-B8L
4	E7016-A1	E4916-A1	22	E8016-B5	E5516-B5	40	E8016-B8L	E5516-B8L
5	E7018-A1	E4918-A1	23	E8015-B6	E5515-B6	41	E8018-B8L	E5518-B8L
6	E7020-A1	E4920-A1	24	E8016-B6	E5516-B6	42	E9015-B23	E6215-B23
7	E7027-A1	E4927-A1	25	E8018-B6	E5518-B6	43	E9016-B23	E6216-B23
8	E8016-B1	E5516-B1	26	E9018-B6	E6218-B6	44	E9018-B23	E6218-B23
9	E8018-B1	E5518-B1	27	E8015-B6L	E5515-B6L	45	E9015-B24	E6215-B24
10	E8015-B2	E5515-B2	28	E8016-B6L	E5516-B6L	46	E9016-B24	E6216-B24
11	E8016-B2	E5516-B2	29	E8018-B6L	E5518-B6L	47	E9018-B24	E6218-B24
12	E8018-B2	E5518-B2	30	E8015-B7	E5515-B7	48	E9015-B91	E6215-B91
13	E8015-B2L	E4915-B2L	31	E8016-B7	E5516-B7	49	E9016-B91	E6216-B91
14	E8016-B2L	E4916-B2L	32	E8018-B7	E5518-B7	50	E9018-B91	E6218-B91
15	E8018-B2L	E4918-B2L	33	E8015-B7L	E5515-B7L	51	E9015-B92	E6215-B92
16	E9015-B3	E6215-B3	34	E8016-B7L	E5516-B7L	52	E9016-B92	E6216-B92
17	E9016-B3	E6216-B3	35	E8018-B7L	E5518-B7L	53	E9018-B92	E6218-B92
18	E9018-B3	E6218-B3	36	E8015-B8	E5515-B8	—	—	—

B）镍钢、镍钼钢和锰钼钢焊条的型号对照（表7-10-6）

表7-10-6　镍钢、镍钼钢和锰钼钢焊条的型号对照

No.	型号 A5.1	型号 A5.1M	No.	型号 A5.1	型号 A5.1M	No.	型号 A5.1	型号 A5.1M
54	E8016-C1	E5516-C1	69	E9015-C5L	E6215-C5L	84	E8018-P2	E5518-P2
55	E8018-C1	E5518-C1	70	E8018-NM1	E5518-NM1	85	E9018-P2	E6218-P2
56	E7015-C1L	E4915-C1L	71	E9018-NM2	E6218-NM2	86	E8045-P2	E5545-P2
57	E7016-C1L	E4916-C1L	72	E8018-D1	E5518-D1	87	E9045-P2	E6245-P2
58	E7018-C1L	E4918-C1L	73	E9015-D1	E6215-D1	88	E10045-P2	E6945-P2
59	E8016-C2	E5516-C2	74	E9018-D1	E6218-D1	89	E7018-W1	E4918-W1
60	E8018-C2	E5518-C2	75	E10015-D2	E6915-D2	90	E8018-W2	E5518-W2
61	E7015-C2L	E4915-C2L	76	E10016-D2	E6916-D2	91	E9018M	E6218M
62	E7016-C2L	E4916-C2L	77	E10018-D2	E6918-D2	92	E10018M	E6918M
63	E7018-C2L	E4918-C2L	78	E8016-D3	E5516-D3	93	E11018M	E7618M
64	E8016-C3	E5516-C3	79	E8018-D3	E5518-D3	94	E12018M	E8318M
65	E8018-C3	E5518-C3	80	E9018-D3	E6218-D3	95	E12018M1	E8318M1
66	E7018-C3L	E4918-C3L	81	E7010-P1	E4910-P1	96	E7020-G	E4920-G
67	E816-C4	E5516-C4	82	E8010-P1	E5510-P1	97	E7027-G	E4927-G
68	E8018-C4	E5518-C4	83	E9010-P1	E6210-P1	—	—	—

（2）美国 AWS 标准电弧焊用低合金钢焊条的型号与熔敷金属的化学成分 ［AWS A5.5/A5.5M（2014）］（表7-10-7）

表7-10-7　电弧焊用低合金钢焊条的型号与熔敷金属的化学成分（质量分数）（%）

No.	AWS 型号 A5.5M	UNS 编号	C	Si	Mn	P ≤	S ≤	Cr	Ni	Mo	其　他
钼钢焊条											
1	E4910-A1	W17010	≤0.12	≤0.40	≤0.60	0.03	0.03	—	—	0.40~0.65	—
2	E4911-A1	W17011	≤0.12	≤0.40	≤0.60	0.03	0.03	—	—	0.40~0.65	—
3	E4915-A1	W17015	≤0.12	≤0.60	≤0.90	0.03	0.03	—	—	0.40~0.65	—
4	E4916-A1	W17016	≤0.12	≤0.60	≤0.90	0.03	0.03	—	—	0.40~0.65	—
5	E4918-A1	W17018	≤0.12	≤0.80	≤0.90	0.03	0.03	—	—	0.40~0.65	—
6	E4920-A1	W17020	≤0.12	≤0.40	≤0.60	0.03	0.03	—	—	0.40~0.65	—
7	E4927-A1	W17027	≤0.12	≤0.40	≤1.00	0.03	0.03	—	—	0.40~0.65	—
铬钼钢焊条											
8	E5516-B1	W51016	0.05~0.12	≤0.60	≤0.90	0.03	0.03	0.40~0.65	—	0.40~0.65	—
9	E5518-B1	W51018	0.05~0.12	≤0.80	≤0.90	0.03	0.03	0.40~0.65	—	0.40~0.65	—
10	E5515-B2	W52015	0.05~0.12	≤1.00	≤0.90	0.03	0.03	1.00~1.50	—	0.40~0.65	—
11	E5516-B2	W52016	0.05~0.12	≤0.60	≤0.90	0.03	0.03	1.00~1.50	—	0.40~0.65	—
12	E5518-B2	W52018	0.05~0.12	≤0.80	≤0.90	0.03	0.03	1.00~1.50	—	0.40~0.65	—
13	E4915-B2L	W52115	≤0.05	≤1.00	≤0.90	0.03	0.03	1.00~1.50	—	0.40~0.65	—
14	E4916-B2L	W52116	≤0.05	≤0.60	≤0.90	0.03	0.03	1.00~1.50	—	0.40~0.65	—
15	E4918-B2L	W52118	≤0.05	≤0.80	≤0.90	0.03	0.03	1.00~1.50	—	0.40~0.65	—
16	E6215-B3	W53015	0.05~0.12	≤1.00	≤0.90	0.03	0.03	2.00~2.50	—	0.90~1.20	—
17	E6216-B3	W53016	0.05~0.12	≤0.60	≤0.90	0.03	0.03	2.00~2.50	—	0.90~1.20	—
18	E6218-B3	W53018	0.05~0.12	≤0.80	≤0.90	0.03	0.03	2.00~2.50	—	0.90~1.20	—
19	E5515-B3L	W53115	≤0.05	≤1.00	≤0.90	0.03	0.03	2.00~2.50	—	0.90~1.20	—
20	E5518-B3L	W53118	≤0.05	≤0.80	≤0.90	0.03	0.03	2.00~2.50	—	0.90~1.20	—
21	E5515-B4L	W53415	≤0.05	≤1.00	≤0.90	0.03	0.03	1.75~2.25	—	0.40~0.65	—
22	E5516-B5	W51316	0.07~0.15	0.30~0.60	0.40~0.70	0.03	0.03	0.40~0.60	—	1.00~1.25	V≤0.05
23	E5515-B6	W50215	0.05~0.10	≤0.90	≤1.00	0.03	0.03	4.0~6.0	≤0.40	0.45~0.65	—
24	E5516-B6	W50216	0.05~0.10	≤0.90	≤1.00	0.03	0.03	4.0~6.0	≤0.40	0.45~0.65	—
25	E5518-B6	W50218	0.05~0.10	≤0.90	≤1.00	0.03	0.03	4.0~6.0	≤0.40	0.45~0.65	—
26	E6218-B6	W50219	0.05~0.10	≤0.90	≤1.00	0.03	0.03	4.0~6.0	≤0.40	0.45~0.65	—
27	E5515-B6L	W50205	≤0.05	≤0.90	≤1.00	0.03	0.03	4.0~6.0	≤0.40	0.45~0.65	—
28	E5516-B6L	W50206	≤0.05	≤0.90	≤1.00	0.03	0.03	4.0~6.0	≤0.40	0.45~0.65	—
29	E5518-B6L	W50208	≤0.05	≤0.90	≤1.00	0.03	0.03	4.0~6.0	≤0.40	0.45~0.65	—
30	E5515-B7	W50315	0.05~0.10	≤0.90	≤1.00	0.03	0.03	6.0~8.0	≤0.40	0.45~0.65	—
31	E5516-B7	W50316	0.05~0.10	≤0.90	≤1.00	0.03	0.03	6.0~8.0	≤0.40	0.45~0.65	—
32	E5518-B7	W50318	0.05~0.10	≤0.90	≤1.0	0.03	0.03	6.0~8.0	≤0.40	0.45~0.65	—
33	E5515-B7L	W50305	≤0.05	≤0.90	≤1.0	0.03	0.03	6.0~8.0	≤0.40	0.45~0.65	—
34	E5516-B7L	W50306	≤0.05	≤0.90	≤1.0	0.03	0.03	6.0~8.0	≤0.40	0.45~0.65	—
35	E5518-B7L	W50308	≤0.05	≤0.90	≤1.0	0.03	0.03	6.0~8.0	≤0.40	0.45~0.65	—
36	E5515-B8	W50415	0.05~0.10	≤0.90	≤1.0	0.03	0.03	8.0~10.5	≤0.40	0.85~1.20	—
37	E5516-B8	W50416	0.05~0.10	≤0.90	≤1.0	0.03	0.03	8.0~10.5	≤0.40	0.85~1.20	—

（续）

No.	AWS 型号 A5.5M	UNS 编号	C	Si	Mn	P ≤	S ≤	Cr	Ni	Mo	其 他
							铬钼钢焊条				
38	E5518-B8	W50418	0.05~0.10	≤0.90	≤1.0	0.03	0.03	8.0~10.5	≤0.40	0.85~1.20	—
39	E5515-B8L	W50405	≤0.05	≤0.90	≤1.0	0.03	0.03	8.0~10.5	≤0.40	0.85~1.20	—
40	E5516-B8L	W50406	≤0.05	≤0.90	≤1.0	0.03	0.03	8.0~10.5	≤0.40	0.85~1.20	—
41	E5518-B8L	W50408	≤0.05	≤0.90	≤1.0	0.03	0.03	8.0~10.5	≤0.40	0.85~1.20	—
42	E6215-B23	K20853	0.04~0.12	≤0.60	≤1.00	0.015	0.015	1.9~2.9	≤0.50	≤0.30	W1.50~2.00 V0.15~0.30
43	E6216-B23	K20853	0.04~0.12	≤0.60	≤1.00	0.015	0.015	1.9~2.9	≤0.50	≤0.30	Nb0.02~0.10 Cu≤0.25 Al≤0.04
44	E6218-B23	K20853	0.04~0.12	≤0.60	≤1.00	0.015	0.015	1.9~2.9	≤0.50	≤0.30	B≤0.006 N≤0.05
45	E6215-B24	K20885	0.04~0.12	≤0.60	≤1.00	0.020	0.015	1.9~2.9	≤0.50	0.80~1.20	V0.15~0.30 Nb0.02~0.10
46	E6216-B24	K20885	0.04~0.12	≤0.60	≤1.00	0.020	0.015	1.9~2.9	≤0.50	0.80~1.20	Ti≤0.10 Cu≤0.25 Al≤0.04
47	E6218-B24	K20885	0.04~0.12	≤0.60	≤1.00	0.020	0.015	1.9~2.9	≤0.50	0.80~1.20	N≤0.05 B≤0.006
48	E6215-B91	W50425	0.08~0.13	≤0.30	≤1.20	0.01	0.01	8.0~10.5	≤0.80	0.85~1.20	V0.15~0.30
49	E6216-B91	W50426	0.08~0.13	≤0.30	≤1.20	0.01	0.01	8.0~10.5	≤0.80	0.85~1.20	Nb0.02~0.10 Cu≤0.25
50	E6218-B91	W50428	0.08~0.13	≤0.30	≤1.20	0.01	0.01	8.0~10.5	≤0.80	0.85~1.20	Al≤0.04 N0.02~0.07
51	E6215-B92	W59016	0.08~0.15	≤0.60	≤1.20	0.020	0.015	8.0~10.0	≤1.00	0.30~0.70	W1.50~2.00 V0.15~0.30
52	E6216-B92	W59016	0.08~0.15	≤0.60	≤1.20	0.020	0.015	8.0~10.0	≤1.00	0.30~0.70	Nb0.02~0.10 Cu≤0.25 Al≤0.04
53	E6218-B92	W59016	0.08~0.15	≤0.60	≤1.20	0.020	0.015	8.0~10.0	≤1.00	0.30~0.70	B≤0.006 N0.05~0.08
							镍钢焊条				
54	E5516-C1	W22016	≤0.12	≤0.60	≤1.25	0.03	0.03	—	2.00~2.75	—	—
55	E5518-C1	W22018	≤0.12	≤0.80	≤1.25	0.03	0.03	—	2.00~2.75	—	—
56	E4915-C1L	W22115	≤0.05	≤0.50	≤1.25	0.03	0.03	—	2.00~2.75	—	—
57	E4916-C1L	W22116	≤0.05	≤0.50	≤1.25	0.03	0.03	—	2.00~2.75	—	—
58	E4918-C1L	W22118	≤0.05	≤0.50	≤1.25	0.03	0.03	—	2.00~2.75	—	—
59	E5516-C2	W23016	≤0.12	≤0.60	≤1.25	0.03	0.03	—	3.00~3.75	—	—
60	E5518-C2	W23018	≤0.12	≤0.80	≤1.25	0.03	0.03	—	3.00~3.75	—	—
61	E4915-C2L	W23115	≤0.05	≤0.50	≤1.25	0.03	0.03	—	3.00~3.75	—	—
62	E4916-C2L	W23116	≤0.05	≤0.50	≤1.25	0.03	0.03	—	3.00~3.75	—	—
63	E4918-C2L	W23118	≤0.05	≤0.50	≤1.25	0.03	0.03	—	3.00~3.75	—	—
64	E5516-C3	W21016	≤0.12	≤0.80	0.40~1.25	0.03	0.03	≤0.15	0.80~1.10	≤0.35	V≤0.05

（续）

No.	AWS 型号 A5.5M	UNS 编号	C	Si	Mn	P ≤	S ≤	Cr	Ni	Mo	其 他
镍钢焊条										
65	E5518-C3	W21018	≤0.12	≤0.80	0.40～1.25	0.03	0.03	≤0.15	0.80～1.10	≤0.35	V≤0.05
66	E4918-C3L	W20918	≤0.08	≤0.50	0.40～1.40	0.03	0.03	≤0.15	0.80～1.10	≤0.35	V≤0.05
67	E5516-C4	W21916	≤0.10	≤0.60	≤1.25	0.03	0.03	—	1.10～2.00	—	—
68	E5518-C4	W21918	≤0.10	≤0.80	≤1.25	0.03	0.03	—	1.10～2.00	—	—
69	E6215-C5L	W25018	≤0.05	≤0.50	0.40～1.00	0.03	0.03	—	6.00～7.25	—	—
镍钼钢焊条										
70	E5518-NM1	W21118	≤0.10	≤0.60	0.80～1.25	0.02	0.02	≤0.10	0.80～1.10	0.40～0.65	V≤0.02 Al≤0.05 Cu≤0.10
71	E6218-NM1	W21119	0.04～0.15	≤0.70	0.50～1.60	0.02	0.02	≤0.20	1.40～2.10	0.20～0.50	V≤0.05 Al≤0.05 Cu≤0.10
锰钼钢焊条										
72	E5518-D1	W18118	≤0.12	≤0.80	1.00～1.75	0.03	0.03	—	≤0.90	0.25～0.45	—
73	E6215-D1	W19015	≤0.12	≤0.60	1.00～1.75	0.03	0.03	—	≤0.90	0.25～0.45	—
74	E6218-D1	W19018	≤0.12	≤0.80	1.00～1.75	0.03	0.03	—	≤0.90	0.25～0.45	—
75	E6915-D2	W10015	≤0.15	≤0.60	1.65～2.00	0.03	0.03	—	≤0.90	0.25～0.45	—
76	E6916-D2	W10016	≤0.15	≤0.60	1.65～2.00	0.03	0.03	—	≤0.90	0.25～0.45	—
77	E6918-D2	W10018	≤0.15	≤0.80	1.65～2.00	0.03	0.03	—	≤0.90	0.25～0.45	—
78	E5516-D3	W18016	≤0.12	≤0.60	1.00～1.80	0.03	0.03	—	≤0.90	0.40～0.65	—
79	E5518-D3	W18018	≤0.12	≤0.80	1.00～1.80	0.03	0.03	—	≤0.90	0.40～0.65	—
80	E6218-D3	W19018	≤0.12	≤0.80	1.00～1.80	0.03	0.03	—	≤0.90	0.40～0.65	—
管线用焊条										
81	E4910-P1	W17110	≤0.20	≤0.60	≤1.20	0.03	0.03	≤0.30	≤1.00	≤0.50	V≤0.10
82	E5510-P1	W18110	≤0.20	≤0.60	≤1.20	0.03	0.03	≤0.30	≤1.00	≤0.50	V≤0.10
83	E6210-P1	W19110	≤0.20	≤0.60	≤1.20	0.03	0.03	≤0.30	≤1.00	≤0.50	V≤0.10
84	E5518-P2	W18218	≤0.12	≤0.80	0.90～1.70	0.03	0.03	≤0.20	≤1.00	≤0.50	V≤0.05
85	E6218-P2	W19218	≤0.12	≤0.80	0.90～1.70	0.03	0.03	≤0.20	≤1.00	≤0.50	V≤0.05
86	E5545-P2	W18245	≤0.12	≤0.80	0.90～1.70	0.03	0.03	≤0.20	≤1.00	≤0.50	V≤0.05
87	E6245-P2	W19245	≤0.12	≤0.80	0.90～1.70	0.03	0.03	≤0.20	≤1.00	≤0.50	V≤0.05
88	E6945-P2	W10245	≤0.12	≤0.80	0.90～1.70	0.03	0.03	≤0.20	≤1.00	≤0.50	V≤0.05
耐候钢焊条[①]										
89	E4818-W1	W20018	≤0.12	0.40～0.70	0.40～0.70	0.025	0.025	0.15～0.30	0.20～0.40	—	V≤0.08 Cu0.30～0.60
90	E5518-W2	W20118	≤0.12	0.35～0.80	0.50～1.30	0.03	0.03	0.45～0.70	0.40～0.80	—	Cu0.30～0.75
类似的军用焊条[①]										
91	E6218M	W21218	≤0.10	≤0.80	0.60～1.25	0.03	0.03	≤0.15	1.40～1.80	≤0.35	V≤0.05
92	E6918M	W21318	≤0.10	≤0.60	0.75～1.70	0.03	0.03	≤0.35	1.40～2.10	0.25～0.50	V≤0.05
93	E7618M	W21418	≤0.10	≤0.60	1.30～1.80	0.03	0.03	≤0.40	1.25～2.50	0.25～0.50	V≤0.05
94	E8318M	W22218	≤0.10	≤0.60	1.30～2.25	0.03	0.03	0.30～1.50	1.75～2.50	0.30～0.55	V≤0.05
95	E8318M1	W23218	≤0.10	≤0.65	0.80～1.60	0.015	0.012	≤0.65	3.00～3.80	0.20～0.30	V≤0.05

（续）

No.	AWS 型号 A5.5M	UNS 编号	C	Si	Mn	P ≤	S ≤	Cr	Ni	Mo	其他
一般低合金钢焊条[2]											
—	E××10-G	—	—	≥0.80	≥1.00	0.03	0.03	≥0.30	≥0.50	≥0.20	V≥0.10 Cu≥0.20
—	E××11-G	—	—	≥0.80	≥1.00	0.03	0.03	≥0.30	≥0.50	≥0.20	V≥0.10 Cu≥0.20
—	E××13-G	—	—	≥0.80	≥1.00	0.03	0.03	≥0.30	≥0.50	≥0.20	V≥0.10 Cu≥0.20
—	E××15-G	—	—	≥0.80	≥1.00	0.03	0.03	≥0.30	≥0.50	≥0.20	V≥0.10 Cu≥0.20
—	E××16-G	—	—	≥0.80	≥1.00	0.03	0.03	≥0.30	≥0.50	≥0.20	V≥0.10 Cu≥0.20
—	E××18-G	—	—	≥0.80	≥1.00	0.03	0.03	≥0.30	≥0.50	≥0.20	V≥0.10 Cu≥0.20
96	E7020-G	—	—	≥0.80	≥1.00	0.03	0.03	≥0.30	≥0.50	≥0.20	V≥0.10 Cu≥0.20
97	E7027-G	—	—	≥0.80	≥1.00	0.03	0.03	≥0.30	≥0.50	≥0.20	V≥0.10 Cu≥0.20

① 这类型号近似于美国军用标准 MIL-E-22200/1 和 MIL-E-22200/10 的焊条型号。

② 该型号中的"××"表示焊接金属不同等级的抗拉强度。

（3）美国 AWS 标准电弧焊用低合金钢焊条熔敷金属的力学性能（表7-10-8 ~ 表7-10-11）

表7-10-8　电弧焊用低合金钢焊条熔敷金属的力学性能

AWS 型号 A5.1M	AWS 型号 A5.1	试样状态①	R_m/MPa ≥	R_{eL}/MPa	A(%) ≥
490MPa 级焊条					
E4910-P1	E7010-P1	AW	490	≥415	22
E4910-A1	E7010-A1	PWHT	490	≥390	22
E4910-G	E7010-G	AW/PWHT	490	≥390	22
E4911-A1	E7011-A1	PWHT	490	≥390	22
E4911-G	E7011-G	AW/PWHT	490	≥390	22
E4915-X	E7015-X	PWHT	490	≥390	22
E4915-B2L	E7015-B2L	PWHT	520	≥390	19
E4915-G	E7015-G	AW/PWHT	490	≥390	22
E4916-X	E7016-X	PWHT	490	≥390	22
E4916-B2L	E7016-B2L	PWHT	520	≥390	19
E4916-G	E7016-G	AW/PWHT	490	≥390	22
E4918-X	E7018-X	PWHT	490	≥390	22
E4918-B2L	E7018-B2L	PWHT	520	≥390	19
E4918-C3L	E7018-C3L	AW	490	≥390	22
E4918-W1	E7018-W1	AW	490	≥415	22
E4918-G	E7018-G	AW/PWHT	490	≥390	22
E4920-A1	E7020-A1	PWHT	490	≥390	22
E4920-G	E7020-G	AW/PWHT	490	≥390	22
E4927-A1	E7027-A1	PWHT	490	≥390	22
E4927-G	E7027-G	AW/PWHT	490	≥390	22

（续）

AWS 型号 A5.1M	AWS 型号 A5.1	试样状态①	R_m/MPa ≥	R_{eL}/MPa	A(%) ≥
550MPa 级焊条					
E5510-P1	E8010-P1	AW	550	≥460	19
E5510-G	E8010-G	AW/PWHT	550	≥460	19
E5511-G	E8011-G	AW/PWHT	550	≥460	19
E5513-G	E8013-G	AW/PWHT	550	≥460	16
E5515-X	E8015-X	PWHT	550	≥460	19
E5515-B3L	E8015-B3L	PWHT	550	≥460	17
E5515-G	E8015-G	AW/PWHT	550	≥460	19
E5516-X	E8016-X	PWHT	550	≥460	19
E5516-C3	E8016-C3	AW	550	470~550	24
E5516-C4	E8016-C4	AW	550	≥460	19
E5516-G	E8016-G	AW/PWHT	550	≥460	19
E5518-X	E8018-X	PWHT	550	≥460	19
E5518-B3L	E8018-B3L	PWHT	550	≥460	17
E5518-C3	E8018-C3	AW	550	470~550	24
E5518-C4	E8018-C4	AW	550	≥460	19
E5518-NM1	E8018-NM1	AW	550	≥460	19
E5545-P2	E8018-P2	AW	550	≥460	19
E5518-W2	E8018-W2	AW	550	≥460	19
E5518-G	E8018-G	AW/PWHT	550	≥460	19
620MPa 级焊条					
E6210-P1	E9010-P1	AW	620	≥530	17
E6210-G	E9010-G	AW/PWHT	620	≥530	17
E6211-G	E9011-G	AW/PWHT	620	≥530	17
E6213-G	E9013-G	AW/PWHT	620	≥530	14
E6215-X	E9015-X	PWHT	620	≥530	17
E6215-G	E9015-G	AW/PWHT	620	≥530	17
E6216-X	E9016-X	PWHT	620	≥530	17
E6216-G	E9016-G	AW/PWHT	620	≥530	17
E6218M	E9018M	AW	620	540~620	24
E6218-NM2	E9018-NM2	PWHT	620	≥530	17
E6218-P2	E9018-P2	AW	620	≥530	17
E6218-X	E9018-X	PWHT	620	≥530	17
E6218-G	E9018-G	AW/PWHT	620	≥530	17
E6245-P2	E9045-P2	AW	620	≥530	17
690MPa 级焊条					
E6910-G	E10010-G	AW/PWHT	690	≥600	16
E6911-G	E10011-G	AW/PWHT	690	≥600	16
E6913-G	E10013-G	AW/PWHT	690	≥600	13
E6915-X	E10015-X	PWHT	690	≥600	16

（续）

AWS 型号 A5.1M	AWS 型号 A5.1	试样状态①	R_m/MPa ≥	R_{eL}/MPa	A(%) ≥
690MPa 级焊条					
E6915-G	E10015-G	AW/PWHT	690	≥600	16
E6916-X	E10016-X	PWHT	690	≥600	16
E6916-G	E10016-G	AW/PWHT	690	≥600	16
E6918M	E10018M	AW	690	610~690	20
E6918-X	E10018-X	PWHT	690	≥600	16
E6918-G	E10018-G	AW/PWHT	690	≥600	16
E6945-P2	E10045-P2	AW	690	≥600	16
760MPa 级焊条					
E7610-G	E11010-G	AW/PWHT	760	≥670	15
E7611-G	E11011-G	AW/PWHT	760	≥670	15
E7613-G	E11013-G	AW/PWHT	760	≥670	15
E7615-G	E11015-G	AW/PWHT	760	≥670	15
E7616-G	E11016-G	AW/PWHT	760	≥670	15
E7618-G	E11018-G	AW/PWHT	760	≥670	15
E7618M	E11018M	AW	760	680~760	20
830MPa 级焊条					
E8310-G	E12010-G	AW/PWHT	830	≥740	14
E8311-G	E12011-G	AW/PWHT	830	≥740	14
E8313-G	E12013-G	AW/PWHT	830	≥740	11
E8315-G	E12015-G	AW/PWHT	830	≥740	14
E8316-G	E12016-G	AW/PWHT	830	≥740	14
E8318-G	E12018-G	AW/PWHT	830	≥740	14
E8318M	E12018M	AW	830	745~830	18
E8318M1	E12018M1	AW	830	745~830	18

① 试样状态；AW—焊态，PWHT—焊后热处理，AW/PWHT—焊态或焊后热处理。

表 7-10-9　低合金钢焊条熔敷金属的冲击性能（一）

AWS A5.1M 型号	AWS A5.1 型号	KV≥ 温度/℃	KV≥ 平均值/J	KV≥ 单个值/J	AWS A5.1M 型号	AWS A5.1 型号	KV≥ 温度/℃	KV≥ 平均值/J	KV≥ 单个值/J
E4918-W1	E7018-W1	−20	27	20	E6218-P2	E9018-P2	−30	27	20
E5518-W2	E8018-W2	−20	27	20	E6218-NM2	E9018-NM2	−30	27	20
E8318M1	E12018M1	−20	67	54	E6245-P2	E9045-P2	−30	27	20
E4910-P1	E7010-P1	−30	27	20	E6945-P2	E10045-P2	−30	27	20
E5510-P1	E8010-P1	−30	27	20	E5518-NM1	E8018-NM1	−40	27	20
E5518-P2	E8018-P2	−30	27	20	E5516-C3	E8016-C3	−40	27	20
E5545-P2	E8045-P2	−30	27	20	E5518-C3	E8018-C3	−40	27	20
E6210-P1	E9010-P1	−30	27	20	—	—	—	—	—

表 7-10-10 低合金钢焊条熔敷金属的冲击性能（二）

AWS A5.1M 型号	AWS A5.1 型号	KV ≥ 温度 /℃	KV ≥ 平均值 /J	KV ≥ 单个值 /J	AWS A5.1M 型号	AWS A5.1 型号	KV ≥ 温度 /℃	KV ≥ 平均值 /J	KV ≥ 单个值 /J
E4918-C3L	E7018-C3L	-50	27	20	E6918-D2	E10018-D2	-50	27	20
E5516-C4	E8016-C4	-50	27	20	E5516-D3	E8016-D3	-50	27	20
E5518-C4	E8018-C4	-50	27	20	E5518-D3	E8018-D3	-50	27	20
E5518-D1	E8018-D1	-50	27	20	E6218-D3	E9018-D3	-50	27	20
E6215-D1	E9015-D1	-50	27	20	E6218M	E9018M	-50	27	20
E6218-D1	E9018-D1	-50	27	20	E6918M	E10018M	-50	27	20
E6915-D2	E10015-D2	-50	27	20	E7618M	E11018M	-50	27	20
E6916-D2	E10016-D2	-50	27	20	E8318M	E12018M	-50	27	20

表 7-10-11 低合金钢焊条熔敷金属的冲击性能（三）

AWS A5.1M 型号	AWS A5.1 型号	KV ≥ 温度 /℃	KV ≥ 平均值 /J	KV ≥ 单个值 /J	AWS A5.1M 型号	AWS A5.1 型号	KV ≥ 温度 /℃	KV ≥ 平均值 /J	KV ≥ 单个值 /J
E5516-C1	E8016-C1	-60	27	20	E4916-C2L	E7016-C2L	-100	27	20
E5518-C1	E8018-C1	-60	27	20	E4918-C2L	E7018-C2L	-100	27	20
E4915-C1L	E7015-C1L	-75	27	20	E6215-C5L	E9015-C5L	-115	27	20
E4916-C1L	E7016-C1L	-75	27	20	E××××-A1	E××××-A1	不规定[①]		
E4918-C1L	E7018-C1L	-75	27	20	E××××-B×	E××××-B×	不规定[①]		
E5516-C2	E8016-C2	-75	27	20	E××××-B×L	E××××-B×L	不规定[①]		
E5518-C2	E8018-C2	-75	27	20	E××××-G	E××××-G	不规定[①]		
E4915-C2L	E7015-C2L	-100	27	20	—	—	—		—

① 由供需双方商定。

7.10.3 不锈钢焊条

（1）美国 AWS 标准电弧焊用不锈钢焊条的型号与熔敷金属的化学成分（AWS A5.4/A5.4M（2012）（见表 7-10-12）

表 7-10-12 电弧焊用不锈钢焊条的型号与熔敷金属的化学成分（质量分数）（%）

型号[①] AWS	型号[①] UNS	C	Si	Mn	P ≤	S ≤	Cr	Ni	Mo	Cu	其 他[⑤]
E209-XX	W32210	≤0.06	≤1.00	4.0~7.0	0.04	0.03	20.5~24.0	9.5~12.0	1.5~3.0	≤0.75	V 0.10~0.30 N 0.10~0.30
E219-XX	W32310	≤0.06	≤1.00	8.0~10.0	0.04	0.03	19.0~21.5	5.5~7.0	≤0.75	≤0.75	N 0.10~0.30
E240-XX	W32410	≤0.06	≤1.00	10.5~13.5	0.04	0.03	17.0~19.0	4.0~6.0	≤0.75	≤0.75	N 0.10~0.30
E307-XX	W30710	0.04~0.14	≤1.00	3.30~4.75	0.04	0.03	18.0~21.5	9.0~10.7	0.5~1.5	≤0.75	—
E308-XX	W30810	≤0.08	≤1.00	0.5~2.5	0.04	0.03	18.0~21.0	9.0~11.0	≤0.75	≤0.75	—
E308H-XX	W30810	0.04~0.08	≤1.00	0.5~2.5	0.04	0.03	18.0~21.0	9.0~11.0	≤0.75	≤0.75	—
E308L-XX	W30813	≤0.04	≤1.00	0.5~2.5	0.04	0.03	18.0~21.0	9.0~11.0	≤0.75	≤0.75	—
E308Mo-XX	W30820	≤0.08	≤1.00	0.5~2.5	0.04	0.03	18.0~21.0	9.0~12.0	2.0~3.0	≤0.75	—

（续）

型　号[1]		C	Si	Mn	P ≤	S ≤	Cr	Ni	Mo	Cu	其　他[5]
AWS	UNS										
E308LMo- XX[3]	W30823	≤0.04	≤1.00	0.5~2.5	0.04	0.03	18.0~21.0	9.0~12.0	2.0~3.0	≤0.75	—
E309- XX	W30910	≤0.15	≤1.00	0.5~2.5	0.04	0.03	22.0~25.0	12.0~14.0	≤0.75	≤0.75	—
E309H- XX	W30910	0.04~0.15	≤1.00	0.5~2.5	0.04	0.03	22.0~25.0	12.0~14.0	≤0.75	≤0.75	—
E309L- XX	W30913	≤0.04	≤1.00	0.5~2.5	0.04	0.03	22.0~25.0	12.0~14.0	≤0.75	≤0.75	—
E309Nb- XX[4]	W30917	≤0.12	≤1.00	0.5~2.5	0.04	0.03	22.0~25.0	12.0~14.0	≤0.75	≤0.75	Nb 0.70~1.00
E309Mo- XX	W30920	≤0.12	≤1.00	0.5~2.5	0.04	0.03	22.0~25.0	12.0~14.0	2.0~3.0	≤0.75	—
E309LMo- XX[3]	W30923	≤0.04	≤1.00	0.5~2.5	0.04	0.03	22.0~25.0	12.0~14.0	2.0~3.0	≤0.75	—
E310- XX	W31010	0.08~0.20	≤0.75	1.0~2.5	0.03	0.03	25.0~28.0	20.0~22.5	≤0.75	≤0.75	—
E310H- XX	W31015	0.35~0.45	≤0.75	1.0~2.5	0.03	0.03	25.0~28.0	20.0~22.5	≤0.75	≤0.75	—
E310Nb- XX[4]	W31017	≤0.12	≤0.75	1.0~2.5	0.03	0.03	25.0~28.0	20.0~22.0	≤0.75	≤0.75	Nb 0.70~1.00
E310Mo- XX	W31020	≤0.12	≤0.75	1.0~2.5	0.03	0.03	25.0~28.0	20.0~22.0	2.0~3.0	≤0.75	—
E312- XX	W31310	≤0.15	≤1.00	0.5~2.5	0.04	0.03	28.0~32.0	8.0~10.5	≤0.75	≤0.75	—
E316- XX	W31610	≤0.08	≤1.00	0.5~2.5	0.04	0.03	17.0~20.0	11.0~14.0	2.0~3.0	≤0.75	—
E316H- XX	W31610	0.04~0.08	≤1.00	0.5~2.5	0.04	0.03	17.0~20.0	11.0~14.0	2.0~3.0	≤0.75	—
E316L- XX	W31613	≤0.04	≤1.00	0.5~2.5	0.04	0.03	17.0~20.0	11.0~14.0	2.0~3.0	≤0.75	—
E316LMn- XX	W31622	≤0.04	≤0.90	5.0~5.8	0.04	0.03	18.0~21.0	15.0~18.0	2.5~3.5	≤0.75	N 0.10~0.25
E317- XX	W31710	≤0.08	≤1.00	0.5~2.5	0.04	0.03	18.0~21.0	12.0~14.0	3.0~4.0	≤0.75	—
E317L- XX	W31713	≤0.04	≤1.00	0.5~2.5	0.04	0.03	18.0~21.0	12.0~14.0	3.0~4.0	≤0.75	—
E318- XX	W31910	≤0.08	≤0.90	0.5~2.5	0.04	0.03	17.0~20.0	11.0~14.0	2.0~3.0	≤0.75	Nb 6C~1.00[2]
E320- XX	W88021	≤0.07	≤0.60	0.5~2.5	0.04	0.03	19.0~21.0	32.0~36.0	2.0~3.0	3.0~4.0	Nb 8C~1.00[2]
E320LR- XX	W88022	≤0.03	≤0.30	1.50~2.50	0.020	0.015	19.0~21.0	32.0~36.0	2.0~3.0	3.0~4.0	Nb 8C~0.40[2]
E330- XX	W88331	0.18~0.25	≤1.00	1.0~2.5	0.04	0.03	14.0~17.0	33.0~37.0	≤0.75	≤0.75	—
E330H- XX	W88335	0.35~0.45	≤1.00	1.0~2.5	0.04	0.03	14.0~17.0	33.0~37.0	≤0.75	≤0.75	—
E347- XX	W34710	≤0.08	≤1.00	0.5~2.5	0.04	0.03	18.0~21.0	9.0~11.0	≤0.75	≤0.75	Nb 8C~1.00[2]
E349- XX	W34910	≤0.13	≤1.00	0.5~2.5	0.04	0.03	18.0~21.0	8.0~10.0	0.35~0.65	≤0.75	W 1.25~1.75 Nb 0.75~1.20 V 0.10~0.30 Ti≤0.15
E383- XX	W88028	≤0.03	≤0.90	0.5~2.5	0.02	0.02	26.5~29.0	30.0~33.0	3.2~4.2	0.6~1.5	—
E385- XX	W88904	≤0.03	≤0.90	1.0~2.5	0.03	0.02	19.5~21.5	24.0~26.0	4.2~5.2	1.2~2.0	—

（续）

型号[1]		C	Si	Mn	P ≤	S ≤	Cr	Ni	Mo	Cu	其 他[5]
AWS	UNS										
E409Nb-XX	W40910	≤0.12	≤1.00	≤1.0	0.04	0.03	11.0~14.0	≤0.6	≤0.75	≤0.75	—
E410-XX	W41010	≤0.12	≤0.90	≤1.0	0.04	0.03	11.0~13.5	≤0.7	≤0.75	≤0.75	—
E410NiMo-XX	W41016	≤0.06	≤0.90	≤1.0	0.04	0.03	11.0~12.5	4.0~5.0	0.40~0.70	≤0.75	—
E430-XX	W43010	≤0.10	≤0.90	≤1.0	0.04	0.03	15.0~18.0	≤0.6	≤0.75	≤0.75	—
E430Nb-XX	W43011	≤0.10	≤1.00	≤1.0	0.04	0.03	15.0~18.0	≤0.6	≤0.75	≤0.75	Nb 0.50~1.50[2]
E630-XX	W37410	≤0.05	≤0.75	0.25~0.75	0.04	0.03	16.0~16.75	4.5~5.0	≤0.75	3.25~4.00	Nb 0.15~0.30[2]
E16-8-2-XX	W36810	≤0.10	≤0.60	0.5~2.5	0.03	0.03	14.5~16.5	7.5~9.5	1.0~2.0	≤0.75	—
E2209-XX	W39209	≤0.04	≤1.00	0.5~2.0	0.04	0.03	21.5~23.5	8.5~10.5	2.5~3.5	≤0.75	N 0.08~0.20
E2307-XX	S82371	≤0.04	≤1.00	0.4~1.5	0.04	0.02	22.5~25.5	6.5~10.0	≤0.8	≤0.50	N 0.10~0.20
E2553-XX	W39553	≤0.06	≤1.00	0.5~1.5	0.04	0.03	24.0~27.0	6.5~8.5	2.9~3.9	1.5~2.5	N 0.10~0.25
E2593-XX	W39593	≤0.04	≤1.00	0.5~1.5	0.04	0.03	24.0~27.0	8.5~10.5	2.9~3.9	1.5~3.0	N 0.08~0.25
E2594-XX	W39594	≤0.04	≤1.00	0.5~2.0	0.04	0.03	24.0~27.0	8.0~10.5	3.5~4.5	≤0.75	N 0.20~0.30
E2595-XX	W39595	≤0.04	≤1.20	≤2.5	0.03	0.025	24.0~27.0	8.0~10.5	2.5~4.5	0.4~1.5	W 0.4~1.0 N 0.20~0.30
E3155-XX	W73155	≤0.10	≤1.00	1.0~2.5	0.04	0.03	20.0~22.5	19.0~21.0	2.5~3.5	≤0.75	Co 18.5~21.5 W 2.0~3.0
E33-31-XX	W33310	≤0.03	≤0.90	2.5~4.0	0.02	0.01	31.0~35.0	30.0~32.0	1.0~2.0	0.4~0.8	N 0.30~0.50

① 型号的后缀符号 XX，可以是-15、-16、-17 或26，表示工艺性代号（见表7-10-13）。UNS 是统一数字编号。

② 是（Nb + Ta）含量。

③ E308LMo-XX 和 E309LMo-XX 以前旧型号为 E308MoL-XX 和 E309MoL-XX。

④ E309Nb-XX 和 E310Nb-XX 以前旧型号为 E309Cb-XX 和 E310Cb-XX。

⑤ 当 Bi≥0.002% 或特意添加时，应在分析报告中列出 Bi 含量。

（2）美国 AWS 标准电弧焊用不锈钢焊条型号的工艺性代号

本标准中有 4 种基本的工艺性代号，表示焊接电流和焊接位置，见表7-10-13。

表 7-10-13 不锈钢焊条型号的工艺性代号

AWS 型号-工艺性代号	焊接电流	焊接位置	说 明
EXXX(X)-15	直流	全位置	仅适用于 deep（焊条接正极）。虽然有时用交流电施焊，但不对其使用性能作评定。规格不大于 4mm 的焊条，可用于全位置焊接
EXXX(X)-16	直流或交流	全位置	为在使用交流电焊接时稳定电弧，这类焊条的药皮含有容易电离的元素，如钾。规格不大于 4mm 的焊条，可用于全位置焊接
EXXX(X)-17	直流或交流	全位置	这类焊条的药皮是 -16 药皮的变型，其中用硅取代钛，在操作性能方面有很大差别。虽然这类焊条被设计用于全位置操作，规格不小于 4.8mm 的焊条，不宜用于立焊和仰焊位置
EXXX(X)-26	直流或交流	水平角焊或平焊	这是针对平焊和水平角焊而设计以及没有位置特征限制的焊条。这类焊条只推荐用于平焊和水平角焊位置。其他位置的焊接，可使用直径 3.2mm 的焊条

（3）美国 AWS 标准电弧焊用不锈钢焊条熔敷金属的主要力学性能（表 7-10-14 和表 7-10-15）

表 7-10-14　不锈钢焊条熔敷金属的主要力学性能（一）

AWS 型号	UNS 编号	R_m/MPa ≥	A(%) ≥	AWS 型号	UNS 编号	R_m/MPa ≥	A(%) ≥
E209	W32210	690	15	E309Nb	W30917	550	30
E219	W32310	620	15	E309Mo	W30920	550	30
E240	W32410	690	15	E309LMo	W30923	520	30
E307	W30710	590	30	E310	W31010	550	30
E308	W30810	550	35	E310H	W31015	620	10
E308H	W30810	550	35	E310Nb	W31017	550	25
E308L	W30813	520	35	E310Mo	W31020	550	30
E308Mo	W30820	550	35	E312	W31310	660	22
E308LMo	W30823	520	35	E316	W31610	520	30
E309	W30910	550	30	E316H	W31610	520	30
E309H	W30910	550	30	E316L	W31613	490	30
E309L	W30913	520	30	E316LMn	W31622	550	20

表 7-10-15　不锈钢焊条熔敷金属的主要力学性能（二）

AWS 型号	UNS 编号	R_m/MPa ≥	A(%) ≥	AWS 型号	UNS 编号	R_m/MPa ≥	A(%) ≥
E317	W31710	550	30	E410NiMo[③]	W41016	760	15
E317L	W31713	520	30	E430[①]	W43010	450	20
E318	W31910	550	25	E430Nb[①]	W43011	450	20
E320	W88021	550	30	E630[④]	W37410	930	7
E320LR	W88022	520	30	E16-8-2	W36810	550	35
E330	W88331	520	25	E2209	W39209	690	20
E330H	W88335	620	10	E2307	S82371	690	20
E347	W34710	520	30	E2553	W39553	760	15
E349	W34910	690	25	E2593	W39593	760	15
E383	W88028	520	30	E2594	W39594	760	15
E385	W88904	520	30	E2595	W39595	760	15
E409Nb[①]	W40910	450	20	E3155	W73155	690	20
E410[②]	W41010	520	20	E33-31	W33310	720	25

① 需热处理：加热到 595~620℃，保温 2h，以≤55℃/h 的冷却速度冷至 595℃，然后空冷至室温。
② 需热处理：加热到 730~760℃，保温 1h，以≤110℃/h 的冷却速度冷至 315℃，然后空冷至室温。
③ 需热处理：加热到 595~620℃，保温 1h，然后空冷至室温。
④ 需热处理：加热到 1025~1050℃，保温 1h，然后空冷至室温。再加热到 610~630℃，保温 4h，然后空冷至室温。

7.10.4　堆焊焊条和焊丝

美国有关堆焊焊条和堆焊焊丝的标准，有［AWS A5.13］和［AWS A5.21/A5.21M］，分述如下。

（1）美国 AWS 标准电弧焊用堆焊焊条［AWS A5.13（2010）］

A）铁基堆焊焊条的型号与熔敷金属的化学成分（表 7-10-16）

表 7-10-16　铁基堆焊焊条的型号与熔敷金属的化学成分（质量分数）（%）

AWS 型号	UNS 编号	C	Si	Mn	P ≤	S ≤	Cr	Ni	Mo	其 他[①]
EFe-1	W74001	0.04~0.20	≤1.0	0.5~2.0	0.035	0.035	0.5~3.5	—	≤1.5	Fe 余量
EFe-2	W74002	0.10~0.30	≤1.0	0.5~2.0	0.035	0.035	1.8~3.8	≤1.0	≤1.0	V≤0.35 Fe 余量
EFe-3	W74003	0.50~0.80	≤1.0	0.5~1.5	0.035	0.035	4.0~8.0	—	≤1.0	Fe 余量
EFe-4	W74004	1.0~2.0	≤1.0	0.5~2.0	0.035	0.035	3.0~5.0	—	—	Fe 余量
EFe-5	W75110	0.30~0.80	≤0.90	1.5~2.5	0.035	0.035	1.5~3.0			Fe 余量

（续）

AWS 型号	UNS 编号	C	Si	Mn	P ≤	S ≤	Cr	Ni	Mo	其 他[①]
EFe-6	W77510	0.6~1.0	≤1.0	0.4~1.0	0.035	0.035	3.0~5.0	—	7.0~9.5	W 0.5~1.5 V 0.5~1.5 Fe 余量
EFe-7	W77610	1.5~3.0	≤1.5	0.5~2.0	0.035	0.035	4.0~8.0	—	≤1.0	Fe 余量
EFeMn-A	W79110	0.5~1.0	≤1.3	12~16	0.035	0.035	—	2.5~5.0	—	Fe 余量
EFeMn-B	W79310	0.5~1.0	≤1.3	12~16	0.035	0.035	—	—	0.5~1.5	Fe 余量
EFeMn-C	W79210	0.5~1.0	≤1.3	12~16	0.035	0.035	2.5~5.0	2.5~5.0	—	Fe 余量
EFeMn-D	W79410	0.5~1.0	≤1.3	15~20	0.035	0.035	4.5~7.5	—	—	V 0.4~1.2 Fe 余量
EFeMn-E	W79510	0.5~1.0	≤1.3	15~20	0.035	0.035	3.0~6.0	≤1.0	—	Fe 余量
EFeMn-F	W79610	0.8~1.2	≤1.3	17~21	0.035	0.035	3.0~6.0	≤1.0	—	Fe 余量
EFeMnCr	W79710	0.25~0.75	≤1.3	12~18	0.035	0.035	13~17	0.5~2.0	≤2.0	V≤1.0 Fe 余量
EFeCr-A1A	W74011	3.5~4.5	0.5~2.0	4.0~6.0	0.035	0.035	20~25	—	≤0.5	Fe 余量
EFeCr-A2	W74012	2.5~3.5	0.5~1.5	0.5~1.5	0.035	0.035	7.5~9.0	—	—	Ti 1.2~1.8 Fe 余量
EFeCr-A3	W74013	2.5~4.5	1.0~2.5	0.5~2.0	0.035	0.035	14~20	—	≤1.5	Fe 余量
EFeCr-A4	W74014	3.5~4.5	≤1.5	1.5~3.5	0.035	0.035	23~29	—	1.0~3.0	Fe 余量
EFeCr-A5	W74015	1.5~2.5	≤2.0	0.5~1.5	0.035	0.035	24~32	≤4.0	≤4.0	Fe 余量
EFeCr-A6	W74016	2.5~3.5	1.0~2.5	0.5~1.5	0.035	0.035	24~30	—	0.5~2.0	Fe 余量
EFeCr-A7	W74017	3.5~5.0	0.5~2.5	0.5~1.5	0.035	0.035	23~30	—	2.0~4.5	Fe 余量
EFeCr-A8	W74018	2.5~4.5	≤1.5	0.5~1.5	0.035	0.035	30~40	—	≤2.0	Fe 余量
EFeCr-E1	W74211	5.0~6.5	0.8~1.5	2.0~3.0	0.035	0.035	12~16	—	—	Ti 4.0~7.0 Fe 余量
EFeCr-E2	W74212	4.0~6.0	≤1.5	0.5~1.5	0.035	0.035	14~20	—	5.0~7.0	V≤1.5 Fe 余量
EFeCr-E3	W74213	5.0~7.0	0.5~2.0	0.5~2.0	0.035	0.035	18~28	—	5.0~7.0	W 3.0~5.0 Fe 余量
EFeCr-E4	W74214	4.0~6.0	≤1.0	0.5~1.5	0.035	0.035	20~30	—	5.0~7.0	Nb 4.0~7.0 V 0.5~1.5 W≤2.0 Fe 余量

① 各型号的其他元素总含量≤1.0%。应保证其总含量不超过这一规定的极限值。

B）镍基和钴基堆焊焊条的型号与熔敷金属的化学成分（表7-10-17）

表7-10-17　镍基和钴基堆焊焊条的型号与熔敷金属的化学成分（质量分数）（%）

AWS 型号	UNS 编号	C	Si	Mn	Cr	Ni	Mo	Co	W	Fe	其 他[①]
ECoCr-A	W73006	0.7~1.4	≤2.0	≤2.0	25~32	≤3.0	≤1.0	余量	3.0~6.0	≤5.0	—
ECoCr-B	W73012	1.0~1.7	≤2.0	≤2.0	25~32	≤3.0	≤1.0	余量	7.0~9.5	≤5.0	—
ECoCr-C	W73001	1.7~3.0	≤2.0	≤2.0	25~33	≤3.0	≤1.0	余量	11~14	≤5.0	—
ECoCr-E	W73021	0.15~0.40	≤2.0	≤1.5	24~29	2.0~4.0	4.5~6.5	余量	≤0.5	≤5.0	—
ENiCr-C	W89606	0.5~1.0	3.5~5.5	—	12~18	余量	—	—	≤1.0	3.5~5.5	B 2.5~4.5
ENiCrMo-5A	W80002	≤0.12	≤1.0	≤1.0	14~18	余量	14~18	—	3.0~5.0	4.0~7.0	V≤0.40
ENiCrFeCo	W83002	2.2~3.0	0.6~1.5	≤1.0	25~30	10~33	7.0~10.0	10~15	2.0~4.0	20~25	—

① 各型号的其他元素总含量≤1.0%。应保证其总含量不超过这一规定的极限值。

（2）美国 AWS 标准堆焊用光焊丝［AWS A5.21（2011）］

A）堆焊用铁基合金光焊丝的型号与熔敷金属的化学成分（表7-10-18）

表 7-10-18　堆焊用铁基合金光焊丝的型号与熔敷金属的化学成分（质量分数）（%）

AWS 型号	UNS 系列		C	Si	Mn	P ≤	S ≤	Cr	Ni	Mo	其他①
	实心	有芯									
ERFe-1	T74000	W74030	0.04 ~ 0.20	≤1.0	0.5 ~ 2.0	0.035	0.035	0.5 ~ 3.5	—	≤1.5	Fe 余量
ERFe-1A	T74001	W74031	0.05 ~ 0.25	≤1.0	1.7 ~ 3.5	0.035	0.035	0.5 ~ 3.5	—	—	Fe 余量
ERFe-2	T74002	W74032	0.10 ~ 0.30	≤1.0	0.5 ~ 2.0	0.035	0.035	1.8 ~ 3.8	≤1.0	≤1.0	V≤0.35 Fe 余量
ERFe-3	T74003	W74033	0.50 ~ 0.80	≤1.0	0.5 ~ 1.5	0.035	0.035	4.0 ~ 8.0	—	≤1.0	Fe 余量
ERFe-5	T74005	W74035	0.50 ~ 0.80	≤0.90	1.5 ~ 2.5	0.035	0.035	1.5 ~ 3.0	—	—	Fe 余量
ERFe-6	T75006	W77530	0.60 ~ 1.0	≤1.0	0.4 ~ 1.0	0.035	0.035	3.0 ~ 5.0	—	7.0 ~ 9.5	W 0.5 ~ 1.5 V 0.5 ~ 1.5 Fe 余量
ERFe-8	T75008	W77538	0.30 ~ 0.60	≤1.0	1.0 ~ 2.0	0.035	0.035	4.0 ~ 8.0	—	1.0 ~ 2.0	W 1.0 ~ 2.0 V 0.5 ~ 1.5 Fe 余量
ERFeMn-C	—	W79230	0.5 ~ 1.0	≤1.3	12 ~ 16	0.035	0.035	2.5 ~ 5.0	2.5 ~ 5.0	—	Fe 余量
ERFeMn-F	—	W79630	0.7 ~ 1.1	≤1.3	16 ~ 22	0.035	0.035	2.5 ~ 5.0	≤1.0	—	Fe 余量
ERFeMn-G	—	W79231	0.5 ~ 1.0	≤1.3	12 ~ 16	0.035	0.035	2.5 ~ 5.0	≤1.0	—	Fe 余量
ERFeMn-H	—	W79232	0.30 ~ 0.80	≤1.3	12 ~ 16	0.035	0.035	4.5 ~ 7.5	≤2.0	≤2.0	Fe 余量
ERFeMnCr	—	W79730	0.25 ~ 0.75	≤1.3	12 ~ 18	0.035	0.035	11 ~ 16	≤2.0	≤2.0	Fe 余量
ERFeCr-A	—	W74531	1.5 ~ 3.5	≤2.0	0.5 ~ 1.5	0.035	0.035	8.0 ~ 14.0	—	—	Fe 余量
ERFeCr-A1A	—	W74530	3.5 ~ 5.5	0.5 ~ 2.0	4.0 ~ 6.0	0.035	0.035	20 ~ 25	—	≤0.5	Fe 余量
ERFeCr-A3A	—	W74533	2.5 ~ 3.5	0.5 ~ 2.0	1.5 ~ 3.5	0.035	0.035	14 ~ 20	—	—	Fe 余量
ERFeCr-A4	—	W74534	3.5 ~ 4.5	≤1.5	1.5 ~ 3.5	0.035	0.035	24 ~ 29	—	1.0 ~ 3.0	Fe 余量
ERFeCr-A5	—	W74535	1.5 ~ 2.5	≤2.0	0.5 ~ 1.5	0.035	0.035	24 ~ 32	≤4.0	≤4.0	Fe 余量
ERFeCr-A9	—	W74539	3.5 ~ 5.0	≤2.5	0.5 ~ 1.5	0.035	0.035	24 ~ 30	—	—	Fe 余量
ERFeCr-A10	—	W74540	5.0 ~ 7.0	≤1.5	0.5 ~ 2.5	0.035	0.035	20 ~ 25	—	—	Fe 余量

① 各型号的其他元素总含量≤1.0%。应保证其总含量不超过这一规定的极限值。

B）堆焊用钴基和镍基合金光焊丝的型号与熔敷金属的化学成分（表7-10-19）

表 7-10-19　堆焊用钴基和镍基合金光焊丝的型号与熔敷金属的化学成分（质量分数）（%）

AWS 型号	UNS 编号	C	Si	Mn	Cr	Ni	Mo	Co	W	Fe	其他①
ERCoCr-A	R30006	0.9 ~ 1.4	≤2.0	≤1.0	26 ~ 32	≤3.0	≤1.0	余量	3.0 ~ 6.0	≤3.0	—
ERCoCr-B	R30012	1.2 ~ 1.7	≤2.0	≤1.0	26 ~ 32	≤3.0	≤1.0	余量	7.0 ~ 9.5	≤3.0	—
ERCoCr-C	R30001	2.0 ~ 3.0	≤2.0	≤1.0	26 ~ 33	≤3.0	≤1.0	余量	11 ~ 14	≤3.0	—

（续）

AWS 型号	UNS 编号	C	Si	Mn	Cr	Ni	Mo	Co	W	Fe	其他①
ERCoCr-E	R30021	0.15~0.45	≤1.5	≤1.5	25~30	1.5~4.0	4.5~7.0	余量	≤0.50	≤3.0	—
ERCoCr-F	R30002	1.5~2.0	≤1.5	≤1.0	24~27	21~24	≤1.0	余量	11~13	≤3.0	—
ERCoCr-G	R30014	3.0~4.0	≤2.0	≤1.0	24~30	≤4.0	≤1.0	余量	12~16	≤3.0	—
ERNiCr-A	N99644	0.20~0.60	1.2~4.0	—	0.5~14.0	余量	—	—	—	1.0~3.5	B 1.5~3.0
ERNiCr-B	N99645	0.30~0.80	3.0~5.0	—	0.5~16.0	余量	—	—	—	2.0~5.0	B 2.0~4.0
ERNiCr-C	N99646	0.50~1.00	3.5~5.5	—	12~18	余量	—	—	—	3.0~5.5	B 2.5~4.5
ERNiCr-D	N99647	0.6~11	4.0~6.0	—	8.0~12.0	余量	—	≤0.10	1.0~3.0	1.0~5.0	B 0.35~0.60
ERNiCr-E	N99648	0.1~0.5	5.5~8.0	—	15~20	余量	—	≤0.10	0.5~1.5	3.5~7.5	Sn 0.5~0.9 B 0.7~1.4
ERNiCrMo-5A	N10006	0.12	≤1.0	≤1.0	14~18	余量	14~18	—	3.0~5.0	4.0~7.0	V≤0.40
ERNiCrFeCo	F46100	2.5~3.0	0.6~1.5	≤1.0	25~30	10~33	7~10	10~15	2.0~4.0	20~25	—

① 各型号的其他元素总含量≤0.50%。应保证其总含量不超过这一规定的极限值。

C）堆焊用钴基和镍合金的金属芯和药芯组合焊丝的型号与熔敷金属的化学成分（表 7-10-20）

表 7-10-20　堆焊用钴基和镍基合金的金属芯和药芯组合焊丝的型号与熔敷金属的化学成分（质量分数）（%）

AWS 型号	UNS 编号	C	Si	Mn	Cr	Ni	Mo	Co	W	Fe	其他①
ERCCoCr-A	W73036	0.7~1.4	≤2.0	≤2.0	25~32	≤3.0	≤1.0	余量	3.0~6.0	≤5.0	—
ERCCoCr-B	W73042	1.2~2.0	≤2.0	≤2.0	25~32	≤3.0	≤1.0	余量	7~10	≤5.0	—
ERCCoCr-C	W73031	2.0~3.0	≤2.0	≤2.0	25~33	≤3.0	≤1.0	余量	11~14	≤5.0	—
ERCCoCr-E	W73041	0.15~0.40	≤1.5	≤2.0	25~30	1.5~4.0	4.5~7.0	余量	≤0.50	≤5.0	—
ERCCoCr-G	W73032	3.0~4.0	≤2.0	≤1.0	24~30	≤4.0	≤1.0	余量	12~16	≤5.0	—
ERCNiCr-A	W89634	0.20~0.60	1.2~4.0	—	6.5~14.0	余量	—	—	—	1.0~3.5	B 1.5~3.0
ERCNiCr-B	W89635	0.30~0.80	3.0~5.0	—	9.5~16.0	余量	—	—	—	2.0~5.0	B 2.0~4.0
ERCNiCr-C	W89636	0.50~1.00	3.0~5.5	—	12~18	余量	—	—	—	3.0~5.5	B 2.5~4.5
ERCNiCrMo-5A	W80036	0.12	≤2.0	≤1.0	14~18	余量	14~18	—	3.0~5.0	4.0~7.0	V≤0.40
ERCNiCrFeCo	W83032	2.2~3.0	≤2.0	≤1.0	25~30	10~33	7~10	10~15	2.0~4.0	20~25	—

① 各型号的其他元素总含量≤1.0%。应保证其总含量不超过这一规定的极限值。

7.10.5　不锈钢焊丝

美国 AWS 标准不锈钢实心焊丝的型号与化学成分［AWS A5.9/A5.9M（2017）］［由 14343（2009）修改采用］见表 7-10-21。

表 7-10-21 不锈钢实心焊丝的型号与化学成分 (质量分数) (%)

AWS 型号	成分代号	C	Cr	Ni	Mo	Mn	Si	P	S	N	Cu	其他
209	—	0.05	20.5~24.0	9.5~12.0	1.5~3.0	4.0~7.0	0.90	0.03	0.03	0.10~0.30	0.75	V 0.10~0.30
218	—	0.10	16.0~18.0	8.0~9.0	0.75	7.0~9.0	3.5~4.5	0.03	0.03	0.08~0.18	0.75	—
219	—	0.05	19.0~21.5	5.5~7.0	0.75	8.0~10.0	1.00	0.03	0.03	0.10~0.30	0.75	—
240	—	0.05	17.0~19.0	4.0~6.0	0.75	10.5~13.5	1.00	0.03	0.03	0.10~0.30	0.75	—
307	—	0.04~0.14	19.5~22.0	8.0~10.7	0.5~1.5	3.30~4.75	0.30~0.65	0.03	0.03	—	0.75	—
—	18 8Mn①	0.20	17.0~20.0	7.0~10.0	0.5	5.0~8.0	1.2	0.03	0.03	—	0.5	—
308	—	0.08	19.5~22.0	9.0~11.0	0.75	1.0~2.5	0.30~0.65	0.03	0.03	—	0.75	—
308Si	—	0.08	19.5~22.0	9.0~11.0	0.75	1.0~2.5	0.65~1.00	0.03	0.03	—	0.75	—
308H	—	0.04~0.08	19.5~22.0	9.0~11.0	0.50	1.0~2.5	0.30~0.65	0.03	0.03	—	0.75	—
308L	—	0.03	19.5~22.0	9.0~11.0	0.75	1.0~2.5	0.30~0.65	0.03	0.03	—	0.75	—
—	19 9L①	0.03	19.0~21.0	9.0~11.0	0.5	1.0~2.5	0.65	0.03	0.02	—	0.5	—
308LSi	—	0.03	19.5~22.0	9.0~11.0	0.75	1.0~2.5	0.65~1.00	0.03	0.03	—	0.75	—
—	19 9L Si①	0.03	19.0~21.0	9.0~11.0	0.5	1.0~2.5	0.65~1.25	0.03	0.02	—	0.5	—
308Mo	—	0.08	18.0~21.0	9.0~12.0	2.0~3.0	1.0~2.5	0.30~0.65	0.03	0.03	—	0.75	—
—	20 10 3①	0.12	18.0~21.0	8.0~12.0	1.5~3.5	1.0~2.5	1.0	0.03	0.02	—	0.5	—
308LMo	—	0.04	18.0~21.0	9.0~12.0	2.0~3.0	1.0~2.5	0.30~0.65	0.03	0.03	—	0.75	—
—	21 10N①	0.06~0.09	20.5~22.5	9.5~11.0	0.5	0.3~1.0	1.0~2.0	0.02	0.01	0.10~0.20	0.5	Ce 0.03~0.08
309	—	0.12	23.0~25.0	12.0~14.0	0.75	1.0~2.5	0.30~0.65	0.03	0.03	—	0.75	—
—	22 12H①	0.04~0.15	21.0~24.0	11.0~14.0	0.5	1.0~2.5	2.0	0.03	0.02	—	0.5	—
309Si	—	0.12	23.0~25.0	12.0~14.0	0.75	1.0~2.5	0.65~1.00	0.03	0.03	—	0.75	—
309L	—	0.03	23.0~25.0	12.0~14.0	0.75	1.0~2.5	0.30~0.65	0.03	0.03	—	0.75	—
—	23 12L①	0.03	22.0~25.0	11.0~14.0	0.5	1.0~2.5	0.65	0.03	0.02	—	0.5	—
309LD①	22 12L①	0.03	21.0~24.0	10.0~12.0	0.75	1.0~2.5	0.65	0.03	0.03	—	0.75	—
309LSi	23 12L Si①	0.03	23.0~25.0	12.0~14.0	0.75	1.0~2.5	0.65~1.00	0.03	0.03	—	0.75	—
309Mo	—	0.12	23.0~25.0	12.0~14.0	2.0~3.0	1.0~2.5	0.30~0.65	0.03	0.03	—	0.75	—
309LMo	—	0.03	23.0~25.0	12.0~14.0	2.0~3.0	1.0~2.5	0.30~0.65	0.03	0.03	—	0.75	—
—	23 12 2L①	0.03	21.0~25.0	11.0~15.5	2.3~3.3	1.0~2.5	1.0	0.03	0.02	—	0.5	—
309LMoD①	21 13 3L①	0.03	19.0~22.0	12.0~14.0	2.8~3.3	1.0~2.5	0.65	0.03	0.03	—	0.75	—

牌号	代号	C	Cr	Ni		Mn		P	S	N		Nb
309LNb①	—	0.03	23.0~25.0	12.0~14.0	0.75	1.0~2.5	0.65	0.03	0.03	—	0.75	Nb 10C~1.0 且≥0.2
—	23 12Nb①	0.08	22.0~25.0	11.0~14.0	0.5	1.0~2.5	1.0	0.03	0.02	—	0.5	Nb 10C~1.0
309LNbD①	22 12L Nb①	0.03	20.0~23.0	11.0~13.0	0.75	1.0~2.5	0.65	0.03	0.03	—	0.75	Nb 10C~1.2 且≥0.2
310	—	0.08~0.15	25.0~28.0	20.0~22.5	0.75	1.0~2.5	0.30~0.65	0.03	0.03	—	0.75	—
—	25 20①	0.08~0.15	24.0~27.0	18.0~22.0	0.5	1.0~2.5	2.0	0.03	0.02	—	0.5	—
—	25 20Mn①	0.08~0.15	24.0~27.0	18.0~22.0	0.5	2.5~5.0	2.0	0.03	0.02	—	0.5	—
—	25 20H①	0.35~0.45	24.0~27.0	18.0~22.0	0.5	1.0~2.5	2.0	0.03	0.02	—	0.5	—
310L①	—	0.03	25.0~28.0	20.0~22.5	0.75	1.0~2.5	0.65	0.03	0.03	—	0.75	—
310S①	—	0.08	25.0~28.0	20.0~22.5	0.75	1.0~2.5	0.65	0.03	0.03	—	0.75	—
—	25 22 2NL①	0.03	24.0~27.0	21.0~24.0	1.5~3.0	3.5~6.5	1.0	0.03	0.02	0.10~0.20	0.5	—
—	26 23 5N①	0.02	25.0~27.0	21.0~25.0	4.0~6.0	1.5~5.5	1.0	0.02	0.01	0.30~0.40	0.5	—
312	—	0.15	28.0~32.0	8.0~10.5	0.75	1.0~2.5	0.30~0.65	0.03	0.03	—	0.75	—
—	29 9①	0.15	28.0~32.0	8.0~12.0	0.5	1.0~2.5	1.0	0.03	0.02	—	0.5	—
316	—	0.08	18.0~20.0	11.0~14.0	2.0~3.0	1.0~2.5	0.30~0.65	0.03	0.03	—	0.75	—
316Si	—	0.08	18.0~20.0	11.0~14.0	2.0~3.0	1.0~2.5	0.65~1.00	0.03	0.03	—	0.75	—
316H	—	0.04~0.08	18.0~20.0	11.0~14.0	2.0~3.0	1.0~2.5	0.30~0.65	0.03	0.02	—	0.75	—
—	19 12 3H①	0.04~0.08	18.0~20.0	11.0~14.0	2.0~3.0	1.0~2.5	1.0	0.03	0.03	—	0.5	—
316L①	—	0.03	18.0~20.0	11.0~14.0	2.0~3.0	1.0~2.5	0.30~0.65	0.03	0.02	—	0.75	—
316LCu①	—	0.03	18.0~20.0	11.0~14.0	2.5~3.0	1.0~2.5	0.65	0.03	0.03	—	1.0~2.5	—
—	19 12 3L①	0.03	18.0~20.0	11.0~14.0	2.0~3.0	1.0~2.5	0.65	0.03	0.02	—	0.75	—
316LSi	19 12 3L Si①	0.03	18.0~20.0	11.0~14.0	2.0~3.0	1.0~2.5	0.65~1.00	0.03	0.03	—	0.75	—
316LMn	—	0.03	19.0~22.0	15.0~18.0	2.0~3.0	5.0~9.0	0.65~1.25	0.03	0.02	0.10~0.20	0.5	—
—	20 16 3Mn NL①	0.03	19.0~22.0	15.0~18.0	2.5~3.0	5.0~9.0	1.0	0.03	0.02	0.10~0.20	0.5	—
—	20 16 3Mn L①	0.08	19.0~22.0	15.0~18.0	2.5~3.0	5.0~9.0	1.0	0.03	0.02	—	0.75	—
317	—	0.03	18.5~20.5	13.0~15.0	3.0~4.0	1.0~2.5	0.30~0.65	0.03	0.03	—	0.75	—
317L	—	0.03	18.5~20.5	13.0~15.0	3.0~4.0	1.0~2.5	0.30~0.65	0.03	0.03	—	0.5	—
—	18 15 3L①	0.03	17.0~20.0	13.0~16.0	2.5~4.0	1.0~4.0	1.0	0.03	0.02	—	0.5	—

（续）

AWS 型号	成分代号	C	Cr	Ni	Mo	Mn	Si	P	S	N	Cu	其 他
—	19 13 4L①	0.03	17.0~20.0	12.0~15.0	3.0~4.5	1.0~5.0	1.0	0.03	0.02	—	0.5	—
—	19 13 4NL①	0.03	17.0~20.0	12.0~15.0	3.0~4.5	1.0~5.0	1.0	0.03	0.02	0.10~0.20	0.5	—
—	18 16 5NL①	0.03	17.0~20.0	16.0~19.0	3.5~5.0	1.0~4.0	1.0	0.03	0.02	0.10~0.20	0.5	—
318	—	0.08	18.0~20.0	11.0~14.0	2.0~3.0	1.0~2.5	0.30~0.65	0.03	0.03	—	0.75	Nb②8C~1.0且≥0.2
—	19 12 3Nb①	0.08	18.0~20.0	11.0~14.0	2.5~3.0	1.0~2.5	0.65	0.03	0.02	—	0.5	Nb②10C~1.0
—	19 12 3NbSi①	0.08	18.0~20.0	11.0~14.0	2.5~3.0	1.0~2.5	0.65~1.25	0.03	0.02	—	0.5	Nb②10C~1.0
318L①	—	0.03	18.0~20.0	11.0~14.0	2.0~3.0	1.0~2.5	0.65	0.03	0.02	—	0.75	Nb②8C~1.0且≥0.2
320	—	0.07	19.0~21.0	32.0~36.0	2.0~3.0	2.5	0.60	0.03	0.03	—	3.0~4.0	Nb②8C~1.0
320LR	—	0.025	19.0~21.0	32.0~36.0	2.0~3.0	1.5~2.0	0.15	0.015	0.02	—	3.0~4.0	Nb②8C~0.40
321	—	0.08	18.5~20.5	9.0~10.5	0.75	1.0~2.5	0.30~0.65	0.03	0.03	—	0.75	Ti 9C~1.0
330	—	0.18~0.25	15.0~17.0	34.0~37.0	0.75	1.0~2.5	0.30~0.65	0.03	0.03	—	0.75	—
—	18 36H①	0.18~0.25	15.0~19.0	33.0~37.0	0.5	1.0~2.5	0.4~2.0	0.03	0.02	—	0.5	—
—	28 35N①	0.03~0.09	26.5~29.0	33.0~36.0	0.5	1.0~2.0	0.5~1.0	0.03	0.02	0.10~0.20	0.5	—
347①	—	0.08	19.0~21.5	9.0~11.0	0.75	1.0~2.5	0.30~0.65	0.03	0.03	—	0.75	Nb②10C~1.0且≥0.2
—	19 9Nb①	0.08	19.0~21.0	9.0~11.0	0.5	1.0~2.5	0.65	0.03	0.02	—	0.5	Nb②10C~1.0
347Si	—	0.08	19.0~21.5	9.0~11.0	0.75	1.0~2.5	0.65~1.00	0.03	0.03	—	0.75	Nb②10C~1.0且≥0.2
—	19 9NbSi①	0.08	19.0~21.0	9.0~11.0	0.5	1.0~2.5	0.65~1.25	0.03	0.02	—	0.5	Nb②10C~1.0
347L①	—	0.03	19.0~21.5	9.0~11.0	0.75	1.0~2.5	0.65	0.03	0.03	0.10~0.20	0.75	Nb②10C~1.0且≥0.2
383	—	0.025	26.5~28.5	30.0~33.0	3.2~4.2	1.0~2.5	0.65	0.02	0.03	—	0.70~1.50	—
—	27 31 4CuL①	0.03	26.0~29.0	30.0~33.0	3.0~4.5	1.0~3.0	1.0	0.02	0.02	—	0.7~1.5	—
385	—	0.025	19.5~21.5	24.0~26.0	4.2~5.2	1.0~2.5	0.50	0.03	0.03	—	1.2~2.0	—
—	20 25 5CuL①	0.03	19.0~22.0	24.0~27.0	4.0~6.0	1.0~4.0	1.0	0.03	0.02	—	1.0~2.0	—
—	20 25 5CuNL①	0.03	19.0~22.0	24.0~27.0	4.0~6.0	1.0~4.0	1.0	0.03	0.02	0.10~0.20	1.0~2.0	—
409	—	0.08	10.5~13.5	0.6	0.50	0.8	0.8	0.03	0.03	—	0.75	Ti 10C~1.5
409Nb	—	0.08	10.5~13.5	0.6	0.50	0.8	1.0	0.04	0.03	—	0.75	Nb②10C~0.75
410	—	0.12	11.5~13.5	0.6	0.75	0.6	0.5	0.03	0.03	—	0.75	—
—	13①	0.15	12.0~15.0	0.5	0.5	1.0	1.0	0.03	0.02	—	0.5	—
—	13L①	0.05	12.0~15.0	0.5	0.5	1.0	1.0	0.03	0.02	—	0.5	—
410NiMo	—	0.06	11.0~12.5	4.0~5.0	0.4~0.7	0.6	0.5	0.03	0.03	—	0.75	—

—	13 4①	0.05	11.0 ~ 14.0	3.0 ~ 5.0	0.4 ~ 1.0	1.0	1.0	0.03	0.02	—	0.5	—
—	16 5 1①	0.04	15.0 ~ 17.0	4.5 ~ 6.5	0.9 ~ 1.5	1.2 ~ 3.5	0.2 ~ 0.7	0.02	0.01	—	0.5	—
420	—	0.25 ~ 0.40	12.0 ~ 14.0	0.6	0.75	0.6	0.5	0.03	0.03	—	0.75	—
430	—	0.10	15.5 ~ 17.0	0.6	0.75	0.6	0.5	0.03	0.03	—	0.75	—
—	17①	0.12	16.0 ~ 19.0	0.5	0.5	1.0	1.0	0.03	0.02	—	0.5	—
430Nb①	—	0.10	15.5 ~ 17.0	0.6	0.75	0.6	0.5	0.03	0.03	—	0.75	Nb② 8C ~ 1.2
430LNb①	—	0.03	15.5 ~ 17.0	0.6	0.75	0.6	0.5	0.03	0.03	—	0.75	Nb② 8C ~ 1.2
—	18LNb①	0.02	17.8 ~ 18.8	0.5	0.5	0.8	0.5	0.03	0.02	0.02	0.5	Nb② [0.05 + 7 (C + N)] ~ 0.5
439	—	0.04	17.0 ~ 19.0	0.6	0.5	0.8	0.8	0.03	0.03	—	0.75	Ti 10C ~ 1.1
—	25 4①	0.15	24.0 ~ 27.0	4.0 ~ 6.0	0.5	1.0 ~ 2.5	2.0	0.03	0.02	—	0.5	—
446LMo	—	0.015	25.0 ~ 27.5	③	0.75 ~ 1.50	0.4	0.4	0.02	0.02	0.015	③	—
630	—	0.05	16.00 ~ 16.75	4.5 ~ 5.0	0.75	0.25 ~ 0.75	0.75	0.03	0.03	—	3.25 ~ 4.00	Nb② 0.15 ~ 0.30
19-10H	—	0.04 ~ 0.08	18.5 ~ 20.0	9.0 ~ 11.0	0.25	1.0 ~ 2.0	0.30 ~ 0.65	0.03	0.03	—	0.75	Nb② ≤0.05 Ti≤0.05
—	19 9H①	0.04 ~ 0.08	18.0 ~ 21.0	9.0 ~ 11.0	0.5	1.0 ~ 2.5	1.0	0.03	0.02	—	0.5	—
16-8-2	—	0.10	14.5 ~ 16.5	7.5 ~ 9.5	1.0 ~ 2.0	1.0 ~ 2.0	0.30 ~ 0.65	0.03	0.03	—	0.75	—
—	16 8 2①	0.10	14.5 ~ 16.5	7.5 ~ 9.5	1.0 ~ 2.5	1.0 ~ 2.5	1.0	0.03	0.02	—	0.5	—
2209	—	0.03	21.5 ~ 23.5	7.5 ~ 9.5	2.5 ~ 3.5	0.50 ~ 2.00	0.90	0.03	0.03	0.08 ~ 0.20	0.75	—
—	22 9 3NL①	0.03	21.0 ~ 24.0	7.0 ~ 10.0	2.5 ~ 4.0	2.5	1.0	0.03	0.02	0.10 ~ 0.20	0.5	—
2307	23 7NL①	0.03	22.5 ~ 25.5	6.5 ~ 9.5	0.8	2.5	1.0	0.03	0.02	0.10 ~ 0.20	0.5	—
—	25 7 2L①	0.03	24.0 ~ 27.0	6.0 ~ 8.0	1.5 ~ 2.5	2.5	1.0	0.03	0.02	—	0.5	—
2553	—	0.04	24.0 ~ 27.0	4.5 ~ 6.5	2.9 ~ 3.9	1.5	1.0	0.04	0.03	0.10 ~ 0.25	1.5 ~ 2.5	—
—	25 9 3CuNL①	0.03	24.0 ~ 27.0	8.0 ~ 11.0	2.5 ~ 4.0	2.5	1.0	0.03	0.02	0.10 ~ 0.20	1.5 ~ 2.5	—
2594	25 9 4NL①	0.03	24.0 ~ 27.0	8.0 ~ 10.5	2.5 ~ 4.5	2.5	1.0	0.03	0.02	0.20 ~ 0.30	1.5	W≤1.0
33-31	—	0.015	31.0 ~ 35.0	30.0 ~ 33.0	0.5 ~ 2.0	2.00	0.50	0.02	0.01	0.35 ~ 0.60	0.3 ~ 1.2	—
3356④	—	0.05 ~ 0.15	21.0 ~ 23.0	19.0 ~ 22.5	2.5 ~ 4.0	0.50 ~ 2.00	0.20 ~ 0.80	0.04	0.015	0.10 ~ 0.30	—	Co16.0 ~ 21.0 W 2.0 ~ 3.5 Nb② ≤0.30

① 化学成分代号见 ISO 14343（2009），AWS A5.9/5.9M（2012）未列出。

② Nb 含量的 20% 可以由 Ta 代替。

③ Ni + Cu≤0.5%。

④ 其他元素含量 Ta 0.30 ~ 1.25，Al 0.10 ~ 0.50，Zr 0.001 ~ 0.100，La 0.005 ~ 0.100，B≤0.02。

7.10.6 铸铁用焊条和焊丝

（1）美国 AWS 标准电弧焊铸铁用焊条的型号与熔敷金属的化学成分［AWS A5.15-90（R2006）］（表7-10-22）

表7-10-22 铸铁用焊条的型号与熔敷金属的化学成分（质量分数）（%）

AWS 型号[①]	UNS 编号	C	Si	Mn	P ≤	S ≤	Ni	Fe	Cu	Al	其他元素 总含量
ENi-C1	W82001	≤2.0	≤4.0	≤2.50	—	0.03	>85	≤8.0	≤2.5	≤1.0	≤1.0
ENi-C1-A	W82003	≤2.0	≤4.0	≤2.50	—	0.03	>85	≤8.0	≤2.5	1.0~3.0	≤1.0
ENiFe-C1	W82002	≤2.0	≤4.0	≤2.50	—	0.03	45~60	余量	≤2.5	≤1.0	≤1.0
ENiFe-C1-A	W82004	≤2.0	≤4.0	≤2.50	—	0.03	45~60	余量	≤2.5	1.0~3.0	≤1.0
ENiFeMn-C1	W82006	≤2.0	≤1.0	10.0~14.0	—	0.03	35~45	余量	≤2.5	≤1.0	≤1.0
ENiFeT3-C1	W82032	≤2.0	≤1.0	3.0~5.0	—	0.03	45~60	余量	≤2.5	≤1.0	≤1.0
ESt	K01520	≤0.15	≤0.15	≤0.60	0.04	0.04	—	余量			

① 本表中未包括铜基焊接材料（ENiCu-A、ENiCu-B）。

（2）美国 AWS 标准铸铁用填充丝的型号与熔敷金属的化学成分（表7-10-23）

表7-10-23 铸铁用填充丝的型号与熔敷金属的化学成分（质量分数）（%）

AWS 型号	UNS 编号	C	Si	Mn	P ≤	S ≤	Ni	Mo	Fe	其 他
RC1	F10090	3.2~3.5	2.7~3.0	0.60~0.75	0.50~0.75	0.10	痕量	痕量	余量	—
RC1-A	F10091	3.2~3.5	2.0~2.5	0.50~0.70	0.20~0.40	0.10	1.2~1.6	2.5~4.5	余量	—
RC1-B	F10092	3.2~4.0	3.2~3.8	0.10~0.40	≤0.05	≤0.015	≤0.50	—	余量	Mg 0.04~0.10 Co≤0.20
ERNi-C1[①]	N02215	≤1.0	≤0.75	≤2.50	—	0.03	>90	—	≤4.0	Cu≤4.0[②]
ERNiFeMn-C1	N02216	≤0.50	≤1.0	10.0~14.0	—	0.03	35~45	—	余量	Al≤1.0 Cu≤2.5[②]

① 气体保护焊焊丝。

② 其他元素总含量≤1.0%。

（3）美国 AWS 标准铸铁用焊条、焊丝和填充丝的熔敷金属的力学性能（表7-10-24）

表7-10-24 铸铁用焊条、焊丝和填充丝的熔敷金属的力学性能

AWS 型号	UNS 编号	R_m/MPa	$R_{p0.2}$/MPa	A(%)	HBW
		铸铁用焊条			
ENi-C1	W82001	276~448	262~414	3~6	135~218
ENi-C1-A	W82003	276~448	262~414	3~6	135~218
ENiFe-C1	W82002	400~579	296~434	6~18	165~218
ENiFe-C1-A	W82004	400~579	296~434	4~12	165~218
ENiFeMn-C1	W82006	571~655	414~483	10~18	165~218
ENiFeT3-C1[①]	W82032	448~552	276~379	12~20	150~165
ESt	K01520	—	—	—	250~400
		焊丝和填充丝			
RC1	F10090	138~172	—	—	150~210
RC1-A	F10091	241~276	—	—	225~290
RC1-B（焊态）	F10092	552~621	483~517	3~5	220~310
RC1-B（退火态）	F10092	345~414	276~310	3~15	150~200
ERNiFeMn-C1	N02216	571~689	448~552	15~35	165~210

① 本表摘自 AWS A5.1 的附录 A，不包括在标准内，仅供参考。

B. 专业用焊材和优良品种

7.10.7　埋弧焊用碳钢焊丝［AWS A5.17/A5.17M—97（R2007）］

（1）美国 AWS 标准埋弧焊用碳钢实心焊丝的型号与熔敷金属的化学成分（表 7-10-25）

表 7-10-25　埋弧焊用碳钢实心焊丝的型号与熔敷金属的化学成分（质量分数）（%）

AWS 型号	UNS 编号	C	Si	Mn	P ≤	S ≤	Cu	其他
低锰焊丝							
EL8	K01008	≤0.10	≤0.07	0.25~0.60	0.030	0.030	≤0.35	—①
EL8K	K01009	≤0.10	0.10~0.25	0.25~0.60	0.030	0.030	≤0.35	—①
EL12	K01012	0.04~0.14	≤0.10	0.25~0.60	0.030	0.030	≤0.35	—①
中锰焊丝							
EM11K	K01111	0.07~0.15	0.65~0.85	1.00~1.50	0.025	0.030	≤0.35	—①
EM12	K0112	0.06~0.15	≤0.10	0.80~1.25	0.030	0.030	≤0.35	—①
EM12K	K01113	0.05~0.15	0.10~0.35	0.80~1.25	0.030	0.030	≤0.35	—①
EM13K	K01313	0.06~0.16	0.35~0.75	0.90~1.40	0.030	0.030	≤0.35	—①
EM14K	K01314	0.06~0.19	0.35~0.75	0.90~1.40	0.025	0.025	≤0.35	Ti 0.03~0.17
EM15K	K01515	0.10~0.20	0.35~0.75	0.80~1.25	0.030	0.030	≤0.35	—①
高锰焊丝							
EH10K	K01210	0.07~0.15	0.05~0.35	1.30~1.70	0.030	0.030	≤0.35	—①
EH11K	K11140	0.07~0.15	0.80~1.25	1.40~1.85	0.030	0.030	≤0.35	—①
EH12K	K01213	0.06~0.15	0.25~0.65	1.50~2.00	0.025	0.025	≤0.35	—①
EH14	K11585	0.10~0.20	≤0.10	1.70~2.20	0.030	0.030	≤0.35	—①
EG	—	不作规定						

① 其他元素总含量≤0.50%。

（2）美国埋弧焊用碳钢组合焊丝的型号与焊缝金属的化学成分（表 7-10-26）

表 7-10-26　埋弧焊用碳钢组合焊丝的型号与焊缝金属的化学成分（质量分数）（%）

AWS 型号	UNS 编号	C	Si	Mn	P≤	S≤	Cu	其他元素总含量
EC1	W06041	≤0.15	≤0.90	≤1.80	0.035	0.035	≤0.35	≤0.50
ECG	不作规定							—

（3）美国埋弧焊用碳钢焊丝的型号说明

美国埋弧焊用碳钢焊丝有 AWS 标准和 ASME 标准等，其内容等同。在两个标准中 A5.17 和 SFA-5.17 是采用英制单位，A5.17M 和 SFA-5.17M 是采用国际单位制（SI）-米制。仅以 AWS 的 A5.17M 为例作说明。

这类碳钢焊丝的型号全称，举 3 个不同例子：①F43A3-EM13K，②FS43A0-EM11K，③F48P5-EH12K。

型号全称的中间用短线分开，短线的前一部分表示焊剂，短线后一部分为焊丝的型号。

型号的前一部分中，表示焊剂的字母：F——未用过的（原始的）焊剂，FS——焊剂是用压碎的焊渣制成的（或焊渣与原始焊剂的混合物）。字母后的两位数字为强度代号，代表焊缝金属要求的最低抗拉强度（按 10MPa 递增）。

强度代号（数字）后面的字母：A——铸态或 P——铸后热处理状态。字母 A 或 P 后的数字（或字母"Z"），表示焊缝金属的冲击性能（表 7-10-27）。也表明焊缝金属是在某种状态下进行的试验。

表 7-10-27　A5.17M 的型号对冲击试验的要求

字母 A 或 P 后的数字	试验温度 ≤	冲击吸收能量（平均值）/J	字母 A 或 P 后的数字	试验温度	冲击吸收能量（平均值）/J
0	0℃	≥27	4	-40℃	≥27
2	-20℃	≥27	5	-50℃	≥27
3	-30℃	≥27	6	-60℃	≥27
—			Z	不要求冲击试验	

型号的后一部分为焊丝的型号。字母 E——焊丝，EL——锰含量较低的实心焊丝，EM——锰含量适中的实心焊丝，EH——锰含量较高的实心焊丝，EC——组合焊丝。有些型号添加后缀字母 K，表示采用硅脱氧的钢制作的焊丝。

7.10.8　埋弧焊用低合金钢焊丝〔AWS A5.23/A5.23M（2011）〕

（1）美国 AWS 标准埋弧焊用低合金钢实心焊丝的型号与化学成分（表7-10-28）

表7-10-28　埋弧焊用低合金钢实心焊丝的型号与化学成分（质量分数）（%）

AWS 焊丝型号[①,②]	UNS 编号	C	Si	Mn	P ≤	S ≤	Cr	Ni	Mo	其他[③]
C-Mn 钢级
EL8	K01008	≤0.10	≤0.07	0.25~0.60	0.030	0.030	—	—	—	Cu≤0.35
EL8K	K01009	≤0.10	0.10~0.25	0.25~0.60	0.030	0.030	—	—	—	Cu≤0.35
EL12	K01012	0.04~0.14	≤0.10	0.25~0.60	0.030	0.030	—	—	—	Cu≤0.35
EM11K	K01111	0.07~0.15	0.65~0.85	1.00~1.50	0.025	0.030	—	—	—	Cu≤0.35
EM12	K01112	0.06~0.15	≤0.10	0.80~1.25	0.030	0.030	—	—	—	Cu≤0.35
EM12K	K01113	0.05~0.15	0.10~0.35	0.80~1.25	0.030	0.030	—	—	—	Cu≤0.35
EM13K	K01313	0.06~0.16	0.35~0.75	0.90~1.40	0.030	0.030	—	—	—	Cu≤0.35
EM14K	K01314	0.06~0.19	0.35~0.75	0.90~1.40	0.025	0.025	—	—	—	Cu≤0.35
EM15K	K01515	0.10~0.20	0.10~0.35	0.80~1.25	0.030	0.030	—	—	—	Cu≤0.35
EH10K	K01210	0.07~0.15	0.05~0.25	1.30~1.70	0.025	0.030	—	—	—	Cu≤0.35
EH11K	K11140	0.07~0.15	0.80~1.25	1.40~1.85	0.025	0.030	—	—	—	Cu≤0.35
EH12K	K01213	0.06~0.15	0.25~0.65	1.50~2.00	0.025	0.025	—	—	—	Cu≤0.35
EH14	K11585	0.10~0.20	≤0.10	1.70~2.20	0.030	0.030	—	—	—	Cu≤0.35
Mn-Mo 钢级
EA1	K11222	0.05~0.15	≤0.20	0.65~1.00	0.025	0.025	—	—	0.45~0.65	Cu≤0.35
EA1TiB	K11029	0.05~0.15	≤0.35	0.65~1.00	0.025	0.025	—	—	0.45~0.65	Ti 0.05~0.30,Cu≤0.35
EA2TiB	K11126	0.05~0.17	≤0.35	0.95~1.35	0.025	0.025	—	—	0.45~0.65	B 0.005~0.030
EA2	K11223	0.05~0.17	≤0.20	0.95~1.35	0.025	0.025	—	—	0.45~0.65	Cu≤0.35
EA3	K11423	0.05~0.17	≤0.20	1.65~2.20	0.025	0.025	—	—	0.45~0.65	Cu≤0.35
EA3K	K21451	0.05~0.15	0.50~0.80	1.60~2.10	0.025	0.025	—	—	0.40~0.60	Cu≤0.35
EA4	K11424	0.05~0.15	≤0.20	1.20~1.70	0.025	0.025	—	—	0.45~0.65	Cu≤0.35
Cr-Mo 钢级
EB1	K11043	≤0.10	0.05~0.30	0.40~0.80	0.025	0.025	0.40~0.75	—	0.45~0.65	Cu≤0.35
EB2	K11172	0.07~0.15	0.05~0.30	0.45~1.00	0.025	0.025	1.00~1.75	—	0.45~0.65	Cu≤0.35
EB2H	K23016	0.28~0.33	0.55~0.75	0.45~0.65	0.015	0.015	1.00~1.50	—	0.40~0.65	V 0.20~0.30 Cu≤0.35
EB3	K31115	0.05~0.15	0.05~0.30	0.40~0.80	0.025	0.025	2.25~3.00	—	0.90~1.10	Cu≤0.35
EB5	K12187	0.15~0.23	0.40~0.60	0.40~0.70	0.025	0.025	0.45~0.65	—	0.90~1.10	Cu≤0.35
EB6	S50280	≤0.10	0.05~0.50	0.35~0.70	0.025	0.025	4.50~6.50	—	0.45~0.70	Cu≤0.35
EB6H	S50180	0.25~0.40	0.05~0.50	0.75~1.00	0.025	0.025	4.80~6.00	—	0.45~0.65	Cu≤0.35
EB8	S50480	≤0.10	0.05~0.50	0.30~0.65	0.025	0.025	8.00~10.50	—	0.80~1.20	Cu≤0.35
EB23	K20857	0.05~0.12	≤0.50	≤1.10	0.015	0.015	1.90~3.00	≤0.50	≤0.50	W 1.50~2.00+④
EB24	K20885	0.04~0.12	≤0.50	≤1.00	0.020	0.015	1.90~3.00	≤0.30	0.80~1.20	Ti≤0.10+④
EB91	S50482	0.07~0.13	≤0.50	≤1.25	0.010	0.010	8.50~10.50	≤1.00	0.85~1.15	Nb 0.02~0.10 V 0.15~0.25 N 0.03~0.07 Al≤0.04, Cu≤0.10

（续）

AWS 焊丝 型号①,②	UNS 编号	C	Si	Mn	P ≤	S ≤	Cr	Ni	Mo	其 他③
					Ni 钢级					
ENi1	K11040	≤0.12	0.05~0.30	0.75~1.25	0.020	0.020	≤0.15	0.75~1.25	≤0.30	Cu≤0.35
ENi1K	K11058	≤0.12	0.40~0.80	0.80~1.40	0.020	0.020	—	0.75~1.25	—	Cu≤0.35
ENi2	K21010	≤0.12	0.05~0.30	0.75~1.25	0.020	0.020	—	2.10~2.00	—	Cu≤0.35
ENi3	K31310	≤0.13	0.05~0.30	0.60~1.20	0.020	0.020	≤0.15	3.10~3.80	—	Cu≤0.35
ENi4	K11485	0.12~0.19	0.10~0.30	0.60~1.00	0.015	0.020	—	1.60~2.10	0.10~0.30	Cu≤0.35
ENi5	K11240	≤0.12	0.05~0.30	1.20~1.60	0.020	0.020	—	0.75~1.25	0.15~0.30	Cu≤0.35
ENi6	K11241	0.07~0.15	0.05~0.30	1.20~1.60	0.020	0.020	—	0.75~1.25	0.15~0.30	Cu≤0.35
					其他钢类					
EF1	K11160	0.07~0.15	0.15~0.35	0.90~1.70	0.025	0.025	—	0.95~1.60	0.25~0.55	Cu≤0.35
EF2	K21450	0.10~0.18	≤0.20	1.70~2.40	0.025	0.025	—	0.40~0.80	0.40~0.65	Cu≤0.35
EF3	K21485	0.10~0.18	≤0.30	1.70~2.40	0.025	0.025	—	0.70~1.10	0.40~0.65	Cu≤0.35
EF4	K12048	0.16~0.23	0.15~0.35	0.60~0.90	0.025	0.030	0.40~0.60	0.40~0.80	0.15~0.30	Cu≤0.35
EF5	K41370	0.10~0.17	≤0.20	1.70~2.20	0.010	0.015	0.25~0.50	2.30~2.80	0.45~0.65	Cu≤0.35
EF6	K21135	0.07~0.15	0.10~0.30	1.45~1.90	0.015	0.015	0.20~0.55	1.75~2.25	0.40~0.65	Cu≤0.35
EM2	K10882	≤0.10	0.20~0.60	1.25~1.80	0.010	0.015	≤0.30	1.40~2.10	0.25~0.55	V≤0.05 +⑤
EM3	K21015	≤0.10	0.20~0.60	1.40~1.80	0.010	0.015	≤0.55	1.90~2.60	0.25~0.65	V≤0.04 +⑤
EM4	K21030	≤0.10	0.20~0.60	1.40~1.80	0.010	0.015	≤0.60	2.00~2.80	0.30~0.65	V≤0.03 +⑤
EW	K11045	≤0.12	0.20~0.35	0.35~0.65	0.030	0.040	0.50~0.80	0.40~0.80	—	Cu 0.30~0.80
EG	—				不作规定					—

① 用于核能工业的焊丝，型号加后缀字母"N"，如 E×××N，其化学成分（质量分数）要求：P≤0.012%，V≤ 0.05%，Cu≤0.08%。

② 满足阶梯冷却试验时，型号后缀字母"R"，如 E×××R，其化学成分（质量分数）要求：P≤0.010%，S≤ 0.010%，Cu≤0.15%，As≤0.05%，Sn≤0.005%，Sb≤0.005%。

③ 表中未规定而添加的其他元素总含量（质量分数）≤0.50%。

④ Nb 0.02~0.10，V 0.15~0.30，Al≤0.04，B≤0.006，N≤0.05，Cu≤0.10

⑤ Ti≤0.10，Zr≤0.10，Al≤0.10，Cu≤0.25。

（2）美国 AWS 标准埋弧焊用低合金钢实心焊丝对其焊缝金属的化学成分要求（表 7-10-29）

表 7-10-29 埋弧焊用低合金钢实心焊丝对其焊缝金属的化学成分要求（质量分数）（%）

焊缝金属 代号	UNS 编号	C	Si	Mn	P ≤	S ≤	Cr	Ni	Mo	其 他
A1	W17041	≤0.12	≤0.80	≤1.00	0.030	0.030			0.40~0.65	Cu≤0.35
A2	W17042	≤0.12	≤0.80	≤1.40	0.030	0.030			0.40~0.65	Cu≤0.35
A3	W17043	≤0.15	≤0.80	≤210	0.030	0.030			0.40~0.65	Cu≤0.35
A4	W17044	≤0.15	≤0.80	≤1.60	0.030	0.030			0.40~0.65	Cu≤0.35
B1	W51040	≤0.12	≤0.80	≤1.60	0.030	0.030	0.40~0.65	—	0.40~0.65	Cu≤0.35
B2	W52040	0.05~0.15	≤0.80	≤1.20	0.030	0.030	1.00~1.50	—	0.40~0.65	Cu≤0.35
B2H	W52240	0.10~0.25	≤0.80	≤1.20	0.020	0.020	1.00~1.50	—	0.40~0.65	V≤0.30 Cu≤0.35
B3	W53040	0.05~0.15	≤0.80	≤1.20	0.030	0.030	2.00~2.50		0.90~1.20	Cu≤0.35

（续）

焊缝金属代号	UNS编号	C	Si	Mn	P ≤	S ≤	Cr	Ni	Mo	其　他
B4	W53340	≤0.12	≤0.80	≤1.20	0.030	0.030	1.75~2.20	—	0.40~0.65	Cu≤0.35
B5	W51340	≤0.15	≤0.80	≤1.20	0.030	0.030	0.40~0.65	—	0.90~1.20	Cu≤0.35
B6	W50240	≤0.12	≤0.80	≤1.20	0.030	0.030	4.50~6.00	—	0.40~0.65	Cu≤0.35
B6H	W50140	0.10~0.25	≤0.80	≤1.20	0.030	0.030	4.50~6.00	—	0.40~0.65	Cu≤0.35
B8	W50440	≤0.12	≤0.80	≤1.20	0.030	0.030	8.00~10.0	—	0.80~1.20	Cu≤0.35
B23	K20857	0.04~0.12	≤0.80	≤1.00	0.015	0.020	1.90~2.90	≤0.50	≤0.30	W 1.50~2.00 + ①
B24	K20885	0.04~0.12	≤0.80	≤1.00	0.015	0.020	1.90~2.90	≤0.50	0.80~1.20	Ti≤0.10 + ①
B91	W50442	0.05~0.15	≤0.80	≤1.20	0.010	0.010	8.00~10.5	≤0.50	0.85~1.20	V 0.15~0.25 Nb 0.02~0.10 N 0.03~0.07 Al≤0.04, Cu≤0.25
F1	W21150	≤0.12	≤0.80	0.70~1.50	0.030	0.030	≤1.50	0.90~1.70	≤0.55	Cu≤0.35
F2	W20240	≤0.12	≤0.80	1.25~2.25	0.030	0.030	—	0.40~0.80	0.40~0.65	Cu≤0.35
F3	W21140	≤0.17	≤0.80	1.25~2.25	0.030	0.030	—	0.70~1.10	0.40~0.65	Cu≤0.35
F4	W20440	≤0.17	≤0.80	≤1.60	0.035	0.030	≤0.60	0.40~0.80	≤0.25	Ti + V + Zr≤0.03 Cu≤0.35
F5	W22540	≤0.17	≤0.80	1.20~1.80	0.020	0.020	≤0.65	2.30~2.80	0.30~0.80	Cu≤0.50
F6	W21346	≤0.14	≤0.80	0.80~1.85	0.020	0.030	≤0.65	1.50~2.25	≤0.60	Cu≤0.40
M1	W21240	≤0.10	≤0.80	0.60~1.60	0.030	0.030	≤0.15	1.25~2.00	0.35	Ti + V + Zr≤0.03 Cu≤0.30
M2	W21340	≤0.10	≤0.80	0.90~1.80	0.020	0.020	≤0.35	1.40~2.10	0.25~0.65	Ti + V + Zr≤0.03 Cu≤0.30
M3	W22240	≤0.10	≤0.80	0.90~1.80	0.020	0.020	≤0.65	1.80~2.60	0.20~0.70	Ti + V + Zr≤0.03 Cu≤0.30
M4	W22440	≤0.10	≤0.80	1.30~2.25	0.020	0.020	≤0.80	2.00~2.80	0.30~0.80	Ti + V + Zr≤0.03 Cu≤0.30
M5	W21345	≤0.12	≤0.50	1.60~2.50	0.015	0.015	≤0.40	1.40~2.10	0.20~0.50	Ti≤0.03, V≤0.02 Zr≤0.02, Cu≤0.30
M6	W21346	≤0.12	≤0.50	1.60~2.50	0.015	0.015	≤0.40	1.40~2.10	0.70~1.00	Ti≤0.03, V≤0.02 Zr≤0.02, Cu≤0.30
Ni1	W21040	≤0.12	≤0.80	≤1.60	0.025	0.030	≤0.15	0.75~1.10	≤0.35	Ti + V + Zr≤0.05 Cu≤0.35
Ni2	W22040	≤0.12	≤0.80	≤1.60	0.025	0.030	—	2.00~2.90	—	Cu≤0.35
Ni3	W23040	≤0.12	≤0.80	≤1.60	0.025	0.030	≤0.15	2.80~3.80	—	Cu≤0.35
Ni4	W21250	≤0.14	≤0.80	≤1.60	0.025	0.030	—	1.40~2.10	0.10~0.35	Cu≤0.35
Ni5	W21042	≤0.12	≤0.80	≤1.60	0.025	0.030	—	0.70~1.10	0.10~0.35	Cu≤0.35
Ni6	W21043	≤0.14	≤0.80	≤1.60	0.025	0.030	—	0.70~1.10	0.10~0.35	Cu≤0.35
W	W20140	≤0.12	≤0.80	0.50~1.60	0.035	0.030	0.45~0.70	0.40~0.80	—	Cu 0.30~0.75
G	—	由供需双方协商								—

① V 0.15~0.30，Nb 0.02~0.10，Cu≤0.25，Al≤0.04，B≤0.006，N≤0.07。

（3）美国 AWS 标准埋弧焊用低合金钢焊丝的型号说明

美国埋弧焊用低合金钢焊丝，与其他 AWS 填充金属的型号模式相一致，但也表示出埋弧焊的特点。其型号可分为：两道焊系列型号和多道焊系列型号，每个系列中表示力学性能的单位有国际单位制 SI（米制）与英制单位。以下仅对 SI（米制）单位的型号作说明：

a. 两道焊系列型号为：FXXTXXG-EXX-(HX)，包括焊剂和焊丝的组合。

其中，第 1 部分：F——焊剂，XX——焊缝金属的抗拉强度（下限值），T——两道焊代号；T 后面的 XX，前 X——热处理条件（A——铸态，P——焊后热处理状态），后 X——在此温度（℃）下焊缝金属能满足（或超过）的冲击吸收能量（27J）。

型号中的 G——表示使用的母材由供需双方协商选用，而不是表中规定的钢种。

第 2 部分：E——焊丝。对于碳钢实心焊丝，E 后面的字母：L——锰含量较低的，M——锰含量适中的，H——锰含量较高的。在表示锰含量字母后的数字，表示名义碳含量（1 至 2 位数字）。某些型号加后缀字母"K"，表示采用硅脱氧的钢制作的焊丝。

对于低合金钢实心焊丝，E 后面用 1 或 2 位数字表示合金类型。型号加后缀字母"N"，表示用于核能工业的焊丝。

复合（组合）焊丝型号用 E + C + 数字（或字母）表示，例如 ECB3。对复合焊丝的化学成分可以不作分析，因为用户只需要了解焊缝金属的化学成分和力学性能。

括号内的字母（HX），为供选择的附加代号，包括扩散氢代号。

b. 多道焊系列型号为：FXXXX-EXX-XX-(HX)，包括焊剂、焊丝、焊缝金属的组合。型号中的代号，基本上与两道焊系列型号相一致。某些型号在第 2 与第 3 部分，附加后缀字母"N"，表示用于核装置中对特殊焊缝的要求。

例如，型号 F62P2-EB3-B3，表示在本标准（埋弧焊）条件下，焊缝金属在焊后热处理状态的抗拉强度 ≥620MPa，-20℃时冲击吸收能量为 27J（夏比 V 型缺口试样）。其中，EB3 是焊丝型号，B3 是焊缝金属代号。

7.10.9　电弧焊用碳钢和低合金钢药芯与金属芯焊丝 [AWS A5.36/A5.36M（2016）]

（1）美国 AWS 标准电弧焊用碳钢和低合金钢药芯焊丝的型号与焊缝金属的化学成分（表 7-10-30）

表 7-10-30　电弧焊用碳钢和低合金钢药芯焊丝的型号与焊缝金属的化学成分（质量分数）（%）

焊缝金属代号	UNS 编号①	C	Si	Mn	P ≤	S ≤	Cr	Ni	Mo	其　他
				C-Mn 钢焊丝						
CS1	—	≤0.12	≤0.90	≤1.75	0.030	0.030	≤0.20	≤0.50	≤0.30	V≤0.08 Cu≤0.35
CS2	—	≤0.12	≤0.90	≤1.60	0.030	0.030	≤0.20	≤0.50	≤0.30	V≤0.08 Cu≤0.35
CS3	—	≤0.30	≤0.60	≤1.75	0.030	0.030	≤0.20	≤0.50	≤0.30	Al≤1.8，V≤0.08 Cu≤0.35
				Mo 钢焊丝						
A1	W1703X	≤0.12	≤0.80	≤1.25	0.030	0.030	—	—	0.40~0.65	—
				Cr-Mo 钢焊丝						
B1	W5103X	0.05~0.12	≤0.80	≤1.25	0.030	0.030	0.40~0.65	—	0.40~0.65	
B1L	W5113X	≤0.05	≤0.80	≤1.25	0.030	0.030	0.40~0.65	—	0.40~0.65	
B2	W5203X	0.05~0.12	≤0.80	≤1.25	0.030	0.030	1.00~1.50	—	0.40~0.65	
B2L	W5213X	≤0.05	≤0.80	≤1.25	0.030	0.030	1.00~1.50	—	0.40~0.65	
B2H	W5223X	0.10~0.15	≤0.80	≤1.25	0.030	0.030	1.00~1.50	—	0.40~0.65	
B3	W5303X	0.05~0.12	≤0.80	≤1.25	0.030	0.030	2.00~2.50	—	0.90~1.20	
B3L	W5313X	≤0.05	≤0.80	≤1.25	0.030	0.030	2.00~2.50	—	0.90~1.20	
B3H	W5223X	0.10~0.15	≤0.80	≤1.25	0.030	0.030	2.00~2.50	—	0.90~1.20	

（续）

焊缝金属代号	UNS编号[①]	C	Si	Mn	P ≤	S ≤	Cr	Ni	Mo	其 他
Cr-Mo 钢焊丝										
B6	W50231	0.05 ~ 0.12	≤1.00	≤1.20	0.030	0.030	4.00 ~ 6.00	≤0.40	0.40 ~ 0.65	Cu ≤ 0.35
B6L	W50230	≤0.05	≤1.00	≤1.20	0.030	0.030	4.00 ~ 6.00	≤0.40	0.40 ~ 0.65	Cu ≤ 0.35
B8	W50431	0.05 ~ 0.12	≤1.00	≤1.20	0.030	0.030	8.0 ~ 10.5	≤0.40	0.85 ~ 1.20	Cu ≤ 0.50
B8L	W50430	≤0.05	≤1.00	≤1.20	0.030	0.030	8.0 ~ 10.5	≤0.40	0.85 ~ 1.20	Cu ≤ 0.50
B91	W50531	0.08 ~ 0.15	≤0.50	≤1.20	0.015	0.020	8.0 ~ 10.5	≤0.80	0.85 ~ 1.20	Nb 0.02 ~ 0.10 N 0.03 ~ 0.07 + [⑤]
B92	—	0.08 ~ 0.15	≤0.50	≤1.20	0.015	0.020	8.0 ~ 10.0	≤0.80	0.30 ~ 0.70	W 1.5 ~ 2.0 Nb 0.02 ~ 0.08 N 0.02 ~ 0.08 B ≤ 0.006，Co[④]
Ni 钢焊丝										
Ni 1	W2103X	≤0.12	≤0.80	≤1.75	0.030	0.030	≤0.15	0.80 ~ 1.10	≤0.35	Al ≤ 1.80[②] V ≤ 0.05
Ni 2	W2203X	≤0.12	≤0.80	≤1.50	0.030	0.030	—	1.75 ~ 2.75	—	Al ≤ 1.80[②]
Ni 3	W2303X	≤0.12	≤0.80	≤1.50	0.030	0.030	—	2.75 ~ 3.75	—	Al ≤ 1.80[②]
Mn-Mo 钢焊丝										
D1	W1913X	≤0.12	≤0.80	1.25 ~ 2.00	0.030	0.030	—	—	0.25 ~ 0.55	—
D2	W1923X	≤0.15	≤0.80	1.65 ~ 2.25	0.030	0.030	—	—	0.25 ~ 0.55	—
D3	W1933X	≤0.12	≤0.80	1.00 ~ 1.75	0.030	0.030	—	—	0.40 ~ 0.65	—
其他低合金钢焊丝										
K1	W2113X	≤0.15	≤0.80	0.80 ~ 1.40	0.030	0.030	≤0.15	0.80 ~ 1.10	0.20 ~ 0.65	V ≤ 0.05
K2	W2123X	≤0.15	≤0.80	0.50 ~ 1.75	0.030	0.030	≤0.15	1.00 ~ 2.00	≤0.35	Al ≤ 1.80[②] V ≤ 0.05
K3	W2133X	≤0.15	≤0.80	0.75 ~ 2.25	0.030	0.030	≤0.15	1.25 ~ 2.60	0.25 ~ 0.65	V ≤ 0.05
K4	W2223X	≤0.15	≤0.80	1.20 ~ 2.25	0.030	0.030	0.20 ~ 0.60	1.75 ~ 2.60	0.25 ~ 0.65	V ≤ 0.03
K5	W2162X	0.10 ~ 0.25	≤0.80	0.60 ~ 1.60	0.030	0.030	0.20 ~ 0.70	0.75 ~ 2.00	0.15 ~ 0.55	V ≤ 0.05
K6	W2104X	≤0.15	≤0.80	0.50 ~ 1.50	0.030	0.030	≤0.20	0.40 ~ 1.00	≤0.15	Al ≤ 1.80[②] V ≤ 0.05
K7	W2205X	≤0.15	≤0.80	1.00 ~ 1.75	0.030	0.030	—	2.00 ~ 2.75	—	—
K8	W2143X	≤0.15	≤0.40	1.00 ~ 2.00	0.030	0.030	≤0.20	0.50 ~ 1.50	≤0.20	Al ≤ 1.80[②] V ≤ 0.05

（续）

焊缝金属代号	UNS 编号[1]	C	Si	Mn	P ≤	S ≤	Cr	Ni	Mo	其 他
					其他低合金钢焊丝					
K9	W23230	≤0.07	≤0.60	0.50 ~ 1.50	0.015	0.015	≤0.20	1.30 ~ 3.75	≤0.50	V≤0.05 Cu≤0.06
K10	—	≤0.12	≤0.80	1.25 ~ 2.25	0.030	0.030	≤0.20	1.75 ~ 2.75	≤0.50	Cu≤0.50
K11	—	≤0.15	≤0.80	1.00 ~ 2.50	0.030	0.030	≤0.20	0.40 ~ 1.00	≤0.50	Al≤1.80[2] V≤0.05
K12		≤0.15	≤0.80	1.50 ~ 2.75	0.030	0.030	≤0.20	0.35 ~ 2.00	≤0.50	A≤1.80
		≤0.15	≤0.80	≤1.00	0.030	0.030	≤0.15	1.00 ~ 2.00	≤0.35	A≤1.80
W2	W2013X	≤0.12	0.35 ~ 1.30	0.50 ~ 1.30	0.030	0.030	0.45 ~ 0.70	0.40 ~ 0.80	—	Cu 0.30 ~ 0.75
G[3]					由供需双方协商					—
GS[3]					由供需双方协商					—

① 焊丝型号表示方法见下面（3）小节的型号说明。某些 UNS 编号后缀字母为 "X"，表示所用熔敷焊缝金属的焊丝的工艺性代号。

② 只用于自保护药芯焊丝。

③ 型号末尾为 "-G" 者，只要在所列元素中有一种（或几种）元素符合以下含量（质量分数）即可：Cr≥0.30%，Ni≥0.50%，Mo≥0.20%，Si≤0.80%，Mn≤1.75，Al≤1.80%；也可由供需双方协商。

④ 有意添加 Co 或如果已知 Co>0.20%，需要说明钴含量。

⑤ V = 0.15% ~ 0.30%，Al≤0.04%，Cu≤0.25%。

（2）美国 AWS 标准电弧焊用碳钢和低合金钢药芯焊丝的力学性能（表 7-10-31 和表 7-10-32）

表7-10-31 电弧焊用碳钢和低合金钢药芯焊丝的力学性能（一）

AWS 型号的抗拉强度代号[1]	R_m/MPa	R_{eL}/MPa	A（%）	AWS 型号的抗拉强度代号[1]	R_m/MPa	R_{eL}/MPa	A（%）
		≥				≥	
43	430 ~ 550	330	22	69	690 ~ 830	610	16
49	490 ~ 660	400	22	76	760 ~ 900	680	15
55	550 ~ 690	470	19	83	830 ~ 970	740	14
62	620 ~ 760	540	17	90	900 ~ 1040	810	14

① AWS A5.36M 型号，SI 单位。

表7-10-32 电弧焊用碳钢和低合金钢药芯焊丝的力学性能（二）

AWS 型号的冲击性能代号[1]	冲击吸收能量-V 形缺口（平均值）		AWS 型号的冲击性能代号[1]	冲击吸收能量-V 形缺口（平均值）	
	温度/℃ ≤	/J≥		温度/℃ ≤	/J≥
Y	+20	27	6	-60	27
0	0	27	7	-70	27
2	-20	27	10	-100	27
3	-30	27	Z	不要求	
4	-40	27	G	由供需双方协商	
5	-50	27	—	—	—

① AWS A5.36M 型号，SI 单位。

（3）美国 AWS 标准电弧焊用碳钢和低合金钢药芯焊丝的型号说明

美国电弧焊用碳钢和低合金钢药芯与金属芯焊丝是近年颁布的新标准，以后将取代〔AWS A5.20/A5.20M〕和〔AWS A5.29/A5.29M〕标准，并包括了〔AWS A5.18/A5.18M〕和〔AWS A5.28/A5.28M〕标准各类焊丝的有关条目。

在这类焊丝及熔敷金属的化学成分表中，仅列出焊丝型号全称的一部分。

这类焊丝的型号全称为：EXXTX-XXX-X-XHX。中间用短线把型号分成几部分：

第1部分（EXXTX）：E——焊丝；前X——抗拉强度（×10MPa），当采用SI制时，用2位数字表示焊缝金属的抗拉强度（×10MPa）；后X——焊接位置，TX——工艺性代号（多道焊），TXS——单道焊。

第2部分（XXX）：分别是保护气体、试验中热处理、冲击试验的代号。

第3部分（X）：熔敷金属成分代号，如CSX——碳钢焊丝，AX——钼钢焊丝，BX——铬钼钢焊丝等。

第4部分为附加代号（有时可省略）。

7.10.10 不锈钢金属芯与药芯焊丝和不锈钢药芯焊条〔AWS A5.22/A5.22M（2012）〕

（1）美国AWS标准不锈钢金属芯焊丝的型号与焊缝金属的化学成分（表7-10-33）

表 7-10-33 不锈钢金属芯焊丝的型号与焊缝金属的化学成分（质量分数）（%）

AWS 型号	UNS 编号	C	Si	Mn	P ≤	S ≤	Cr	Ni	Mo	其 他
EC209	S20980	≤0.05	≤0.90	4.0~7.0	0.030	0.030	20.5~24.0	9.5~12.0	1.5~3.0	V 0.10~0.30 N 0.10~0.30 Cu≤0.75
EC218	S21880	≤0.10	3.5~4.5	7.0~9.0	0.030	0.030	16.0~18.0	8.0~9.0	≤0.75	N 0.08~0.18 Cu≤0.75
EC219	S21980	≤0.05	≤1.00	8.0~10.0	0.030	0.030	19.0~21.5	5.5~7.0	≤0.75	N 0.10~0.30 Cu≤0.75
EC240	S24080	≤0.05	≤1.00	10.5~13.5	0.030	0.030	17.0~19.0	4.0~6.0	≤0.75	N 0.10~0.30 Cu≤0.75
EC307	S30780	0.04~0.14	0.30~0.65	3.30~4.75	0.030	0.030	19.5~22.0	8.0~10.7	0.5~1.5	Cu≤0.75
EC308	S30880	≤0.08	0.30~0.65	1.0~2.5	0.030	0.030	19.5~22.0	9.0~11.0	≤0.75	Cu≤0.75
EC308Si	S30881	≤0.08	0.65~1.00	1.0~2.5	0.030	0.030	19.5~22.0	9.0~11.0	≤0.75	Cu≤0.75
EC308H	(S30880)	0.04~0.08	0.30~0.65	1.0~2.5	0.030	0.030	19.5~22.0	9.0~11.0	≤0.50	Cu≤0.75
EC308L	S30883	≤0.03	0.30~0.65	1.0~2.5	0.030	0.030	19.5~22.0	9.0~11.0	≤0.75	Cu≤0.75
EC308LSi	S30888	≤0.03	0.65~1.00	1.0~2.5	0.030	0.030	19.5~22.0	9.0~11.0	≤0.75	Cu≤0.75
EC308Mo	S30882	≤0.08	0.30~0.65	1.0~2.5	0.030	0.030	18.0~21.0	9.0~12.0	2.0~3.0	Cu≤0.75
EC308LMo	S30886	≤0.04	0.30~0.65	1.0~2.5	0.030	0.030	18.0~21.0	9.0~12.0	2.0~3.0	Cu≤0.75
EC309	S30980	≤0.12	0.30~0.65	1.0~2.5	0.030	0.030	23.0~25.0	12.0~14.0	≤0.75	Cu≤0.75
EC309Si	S30981	≤0.12	0.65~1.00	1.0~2.5	0.030	0.030	23.0~25.0	12.0~14.0	≤0.75	Cu≤0.75
EC309L	S30983	≤0.03	0.30~0.65	1.0~2.5	0.030	0.030	23.0~25.0	12.0~14.0	≤0.75	Cu≤0.75
EC309LSi	S30988	≤0.03	0.65~1.00	1.0~2.5	0.030	0.030	23.0~25.0	12.0~14.0	≤0.75	Cu≤0.75
EC309Mo	S30982	≤0.12	0.30~0.65	1.0~2.5	0.030	0.030	23.0~25.0	12.0~14.0	2.0~3.0	Cu≤0.75
EC309LMo	S30986	≤0.03	0.30~0.65	1.0~2.5	0.030	0.030	23.0~25.0	12.0~14.0	2.0~3.0	Cu≤0.75
EC310	S31080	0.08~0.15	0.30~0.65	1.0~2.5	0.030	0.030	25.0~28.0	20.0~22.0	≤0.75	Cu≤0.75
EC312	S31380	≤0.15	0.30~0.65	1.0~2.5	0.030	0.030	28.0~32.0	8.0~10.5	≤0.75	Cu≤0.75
EC316	S31680	≤0.08	0.30~0.65	1.0~2.5	0.030	0.030	18.0~20.0	11.0~14.0	2.0~3.0	Cu≤0.75
EC316Si	S31681	≤0.08	0.65~1.00	1.0~2.5	0.030	0.030	18.0~20.0	11.0~14.0	2.0~3.0	Cu≤0.75
EC316H	(S31680)	0.04~0.08	0.30~0.65	1.0~2.5	0.030	0.030	18.0~20.0	11.0~14.0	2.0~3.0	Cu≤0.75

（续）

AWS 型号	UNS 编号	C	Si	Mn	P ≤	S ≤	Cr	Ni	Mo	其 他
EC316L	S31683	≤0.03	0.30~0.65	1.0~2.5	0.030	0.030	18.0~20.0	11.0~14.0	2.0~3.0	Cu≤0.75
EC316LSi	S31688	≤0.03	0.65~1.00	1.0~2.5	0.030	0.030	18.0~20.0	11.0~14.0	2.0~3.0	Cu≤0.75
EC316LMn	S31682	≤0.03	0.30~0.65	5.0~9.0	0.030	0.030	19.0~22.0	15.0~18.0	2.5~3.5	Cu≤0.75 N 0.10~0.20
EC317	S31780	≤0.08	0.30~0.65	1.0~2.5	0.030	0.030	18.5~20.5	13.0~15.0	3.0~4.0	Cu≤0.75
EC317L	S31783	≤0.03	0.30~0.65	1.0~2.5	0.030	0.030	18.5~20.5	13.0~15.0	3.0~4.0	Cu≤0.75
EC318	S31980	≤0.08	0.30~0.65	1.0~2.5	0.030	0.030	18.0~20.0	11.0~14.0	2.0~3.0	（Nb+Ta）8C~ 1.00，Cu≤0.75
EC320	N08021	≤0.07	≤0.60	≤2.5	0.030	0.030	19.0~21.0	32.0~36.0	2.0~3.0	Nb 8C~1.00[2] Cu 3.0~4.0
EC320LR	N08022	≤0.025	≤0.15	1.5~2.0	0.015	0.020	19.0~21.0	32.0~36.0	2.0~3.0	Nb 8C~0.40[2] Cu 3.0~4.0
EC321	S32180	≤0.08	0.30~0.65	1.0~2.5	0.030	0.030	18.5~20.5	9.0~10.5	≤0.75	Ti 9C~1.00 Cu 0.75
EC330	N08331	0.18~0.25	0.30~0.65	1.0~2.5	0.030	0.030	15.0~17.0	34.0~37.0	≤0.75	Cu≤0.75
EC347	S34780	≤0.08	0.30~0.65	1.0~2.5	0.030	0.030	19.0~21.5	9.00~11.0	≤0.75	（Nb+Ta）10C~ 1.00，Cu≤0.75
EC347Si	S34788	≤0.08	0.65~1.00	1.0~2.5	0.030	0.030	19.0~21.5	9.00~11.0	≤0.75	（Nb+Ta）10C~ 1.00[1]，Cu≤0.75
EC383	N08028	≤0.025	≤0.5	1.0~2.5	0.020	0.030	26.5~28.5	30.0~33.0	3.2~4.2	Cu 0.70~1.50
EC385	N08904	≤0.025	≤0.5	1.0~2.5	0.020	0.030	19.5~21.5	24.0~26.0	4.2~5.2	Cu 1.2~2.0
EC409	S40900	≤0.08	≤0.8	≤0.8	0.030	0.030	10.5~13.5	≤0.6	≤0.50	Ti 10C~1.50 Cu≤0.75
EC409Nb	S40940	≤0.08	≤1.0	≤0.8	0.040	0.030	10.5~11.75	≤0.6	≤0.50	Nb 10C~0.75 Cu≤0.75
EC410	S41080	≤0.12	≤0.5	≤0.6	0.030	0.030	11.5~13.5	≤0.6	≤0.75	Cu≤0.75
EC410NiMo	S41086	≤0.06	≤0.5	≤0.6	0.030	0.030	11.0~12.5	4.0~5.0	0.4~0.7	Cu≤0.75
EC420	S42080	0.25~0.40	≤0.5	≤0.6	0.030	0.030	12.0~14.0	≤0.6	≤0.75	Cu≤0.75
EC430	S43080	≤0.10	≤0.5	≤0.6	0.030	0.030	15.5~17.0	≤0.6	≤0.75	Cu≤0.75
EC439	S43035	≤0.04	≤0.8	≤0.8	0.030	0.030	17.0~19.0	≤0.6	≤0.50	Ti 10C~1.10 Cu≤0.75
EC439Nb	S43035	≤0.04	≤0.8	≤0.8	0.030	0.030	17.0~19.0	≤0.6	≤0.50	Nb 8C~0.75 Ti 0.10~0.75 Cu≤0.75
EC446LMo	S44687	≤0.015	≤0.02	≤0.4	0.020	0.015	25.0~27.5	（+Cu≤ 0.50）	—	Ni+Cu≤0.50

（续）

AWS 型号	UNS 编号	C	Si	Mn	P ≤	S ≤	Cr	Ni	Mo	其 他
EC630	S17480	≤0.05	≤0.75	0.25~0.75	0.030	0.030	16.0~16.75	4.5~5.0	≤0.75	Nb 0.15~0.30[②] Cu 3.25~4.00
EC19-10H	S30480	0.04~0.08	0.30~0.65	1.0~2.0	0.030	0.030	18.5~20.0	9.0~11.0	≤0.25	Nb≤0.05, Ti≤0.05 Cu≤0.75
EC16-8-2	S16880	≤0.10	0.30~0.65	1.0~2.0	0.030	0.030	14.5~16.5	7.5~9.5	1.0~2.0	Cu≤0.75
EC2209	S39209	≤0.03	≤0.90	0.50~2.00	0.030	0.030	21.5~23.5	7.5~9.5	2.5~3.5	Cu≤0.75 N 0.08~0.20
EC2553	S39553	≤0.04	≤1.0	≤1.50	0.030	0.030	24.0~27.0	4.5~6.5	2.9~3.9	Cu 1.5~2.5 N 0.10~0.25
EC2594	S32750	≤0.03	≤1.0	≤2.5	0.030	0.020	24.0~27.0	8.0~10.5	2.5~4.5	Cu≤1.5 N 0.20~0.30
EC33-31	R20033	≤0.015	≤0.50	≤2.0	0.020	0.010	31.0~35.0	30.0~33.0	0.5~2.0	Cu 0.3~1.2 N 0.35~0.60
EC3556	R30556	0.05~0.15	0.20~0.80	0.5~2.0	0.040	0.015	21.0~23.0	19.5~22.5	2.5~4.0	Co 16.0~21.0 W 2.0~3.5 Ta 0.30~1.25 + 其他元素[②]

① Nb + Ta 含量。

② 其他元素含量：Al = 0.10~0.50，N = 0.10~0.30，B≤0.02，Nb≤0.30，Zr = 0.001~0.10，La = 0.005~0.10。

（2）美国 AWS 标准不锈钢药芯焊丝的型号与焊缝金属的化学成分（表 7-10-34~表 7-10-36）

表 7-10-34　不锈钢药芯焊丝的型号与焊缝金属的化学成分（质量分数）（%）

AWS 型号	UNS 编号	C	Si	Mn	P ≤	S ≤	Cr	Ni	Mo	其 他
E307TX-X	W30731	≤0.13	≤1.0	3.30~4.75	0.040	0.030	18.0~20.5	9.0~10.5	0.5~1.5	Cu≤0.75
E308TX-X	W30831	≤0.08	≤1.0	0.5~2.5	0.040	0.030	18.0~21.0	9.0~11.0	≤0.75	Cu≤0.75
E308HTX-X	W30831	0.04~0.08	≤1.0	0.5~2.5	0.040	0.030	18.0~21.0	9.0~11.0	≤0.75	Cu≤0.75
E308LTX-X	W30835	≤0.04	≤1.0	0.5~2.5	0.040	0.030	18.0~21.0	9.0~11.0	≤0.75	Cu≤0.75
E308MoTX-X	W30832	≤0.08	≤1.0	0.5~2.5	0.040	0.030	18.0~21.0	9.0~11.0	2.0~3.0	Cu≤0.75
EC308LMoTX-X	W30838	≤0.04	≤1.0	0.5~2.5	0.040	0.030	18.0~21.0	9.0~12.0	2.0~3.0	Cu≤0.75
E309TX-X	W30931	≤0.10	≤1.0	0.5~2.5	0.040	0.030	22.0~25.0	12.0~14.0	≤0.75	Cu≤0.75
E309HTX-X	W30931	0.04~0.10	≤1.0	0.5~2.5	0.040	0.030	22.0~25.0	12.0~14.0	≤0.75	Cu≤0.75
E309LTX-X	W30935	≤0.04	≤1.0	0.5~2.5	0.040	0.030	22.0~25.0	12.0~14.0	≤0.75	Cu≤0.75
E309MoTX-X	W30939	≤0.12	≤1.0	0.5~2.5	0.040	0.030	21.0~25.0	12.0~16.0	2.0~3.0	Cu≤0.75
E309LMoTX-X	W30938	≤0.04	≤1.0	0.5~2.5	0.040	0.030	21.0~25.0	12.0~16.0	2.0~3.0	Cu≤0.75
E309LNiMoTX-X	W30936	≤0.04	≤1.0	0.5~2.5	0.040	0.030	20.5~25.5	15.0~17.0	2.5~3.5	Cu≤0.75
E309LNbTX-X	W30932	≤0.04	≤1.0	0.5~2.5	0.040	0.030	22.0~25.0	12.0~14.0	≤0.75	(Nb+Ta) 0.70~1.00 Cu≤0.75
E310TX-X	W31031	≤0.20	≤1.0	1.0~2.5	0.030	0.030	25.0~28.0	20.0~22.0	≤0.75	Cu≤0.75

（续）

AWS 型号	UNS 编号	C	Si	Mn	P ≤	S ≤	Cr	Ni	Mo	其 他
E312TX-X	W31231	≤0.15	≤1.0	0.5~2.5	0.040	0.030	28.0~32.0	8.0~10.5	≤0.75	Cu≤0.75
E316TX-X	W31631	≤0.08	≤1.0	0.5~2.5	0.040	0.030	17.0~20.0	11.0~14.0	2.0~3.0	Cu≤0.75
E316HTX-X	W31631	0.04~0.08	≤1.0	0.5~2.5	0.040	0.030	17.0~20.0	11.0~14.0	2.0~3.0	Cu≤0.75
E316LTX-X	W31635	≤0.04	≤1.0	0.5~2.5	0.040	0.030	17.0~20.0	11.0~14.0	2.0~3.0	Cu≤0.75
E317LTX-X	W31735	≤0.04	≤1.0	0.5~2.5	0.040	0.030	18.0~21.0	12.0~14.0	3.0~4.0	Cu≤0.75
E347TX-X	W34731	≤0.08	≤1.0	0.5~2.5	0.040	0.030	18.0~21.0	9.00~11.0	≤0.75	(Nb+Ta)8C~1.0, Cu≤0.75
E347HTX-X	W34731	0.04~0.08	≤1.0	0.5~2.5	0.040	0.030	18.0~21.0	9.00~11.0	≤0.75	(Nb+Ta)8C~1.0 Cu≤0.75
E409TX-X	W40931	≤0.10	≤1.0	≤0.8	0.040	0.030	10.5~13.5	≤0.6	≤0.75	Ti 10C~1.5 Cu≤0.75
E409NbTX-X	W40957	≤0.10	≤1.0	≤1.2	0.040	0.030	10.5~11.75	≤0.6	≤0.50	(Nb+Ta)8C~1.5, Cu≤0.50
E410TX-X	W41031	≤0.12	≤1.0	≤1.2	0.040	0.030	11.0~13.5	≤0.6	≤0.75	Cu≤0.75
E410NiMoTX-X	W41035	≤0.06	≤1.0	≤1.0	0.040	0.030	11.0~12.5	4.0~5.0	0.4~0.7	Cu≤0.75
E430TX-X	W43031	≤0.10	≤1.0	≤1.2	0.040	0.030	15.0~18.0	≤0.6	≤0.75	Cu≤0.75
E430NbTX-X	W43057	≤0.10	≤1.0	≤1.2	0.040	0.030	15.0~18.0	≤0.6	≤0.50	(Nb+Ta)0.5~1.5, Cu≤0.75
E2209TX-X	W39239	≤0.04	≤1.0	0.5~2.0	0.040	0.030	21.0~24.0	7.5~10.0	2.5~4.0	Cu≤0.75 N 0.08~0.20
E2307TX-X	S82371	≤0.04	≤1.0	≤2.0	0.030	0.020	22.5~25.5	6.5~10.0	≤0.80	Cu≤0.50 N 0.10~0.20
E2553TX-X	W39535	≤0.04	≤0.75	0.5~1.5	0.040	0.030	24.0~27.0	8.5~10.5	2.9~3.9	Cu 1.5~2.5 N 0.10~0.25
E2594TX-X	W39594	≤0.04	≤1.0	0.5~2.5	0.040	0.020	24.0~27.0	8.0~10.5	2.5~4.5	Cu≤1.5 N 0.20~0.30
EGTX-X	—				不作规定					—

表 7-10-35 不锈钢药芯焊丝（非气体保护）的型号与焊缝金属的化学成分（质量分数）（%）

AWS 型号	UNS 编号	C	Si	Mn	P ≤	S ≤	Cr	Ni	Mo	其 他
E307T 0-3	W30733	≤0.13	≤1.0	3.30~4.75	0.040	0.030	19.5~22.0	9.0~10.5	0.5~1.5	Cu≤0.75
E308T 0-3	W30833	≤0.08	≤1.0	0.5~2.5	0.040	0.030	19.5~22.0	9.0~11.0	≤0.75	Cu≤0.75
E308HT 0-3	W30833	0.04~0.08	≤1.0	0.5~2.5	0.040	0.030	19.5~22.0	9.0~11.0	≤0.75	Cu≤0.75
E308LT 0-3	W30837	≤0.04	≤1.0	0.5~2.5	0.040	0.030	19.5~22.0	9.0~11.0	≤0.75	Cu≤0.75
E308MoT 0-3	W30839	≤0.08	≤1.0	0.5~2.5	0.040	0.030	18.0~21.0	9.0~11.0	2.0~3.0	Cu≤0.75
E308HMoT 0-3	W30830	0.07~0.12	0.25~0.80	1.25~2.25	0.040	0.030	19.0~21.5	9.0~10.7	1.8~2.4	Cu≤0.75

（续）

AWS 型号	UNS 编号	C	Si	Mn	P ≤	S ≤	Cr	Ni	Mo	其 他
EC308LMoT 0-3	W30838	≤0.04	≤1.0	0.5~2.5	0.040	0.030	18.0~21.0	9.0~12.0	2.0~3.0	Cu≤0.75
E309T 0-3	W30933	≤0.10	≤1.0	0.5~2.5	0.040	0.030	23.0~25.5	12.0~14.0	≤0.75	Cu≤0.75
E309LT 0-3	W30937	≤0.04	≤1.0	0.5~2.5	0.040	0.030	23.0~25.5	12.0~14.0	≤0.75	Cu≤0.75
E309MoT 0-3	W30939	≤0.12	≤1.0	0.5~2.5	0.040	0.030	21.0~25.0	12.0~16.0	2.0~3.0	Cu≤0.75
E309LMoT 0-3	W30938	≤0.04	≤1.0	0.5~2.5	0.040	0.030	21.0~25.0	12.0~16.0	2.0~3.0	Cu≤0.75
E309LNbT 0-3	W30934	≤0.04	≤1.0	0.5~2.5	0.040	0.030	23.0~25.5	12.0~14.0	≤0.75	(Nb+Ta) 0.70~1.00, Cu≤0.75
E310T 0-3	W31031	≤0.20	≤1.0	1.0~2.5	0.030	0.030	25.0~28.0	20.0~22.5	≤0.75	Cu≤0.75
E312T 0-3	W31231	≤0.15	≤1.0	0.5~2.5	0.040	0.030	28.0~32.0	8.0~10.5	≤0.75	Cu≤0.75
E316T 0-3	W31633	≤0.08	≤1.0	0.5~2.5	0.040	0.030	18.0~20.5	11.0~14.0	2.0~3.0	Cu≤0.75
E316LT 0-3	W31637	≤0.04	≤1.0	0.5~2.5	0.040	0.030	18.0~20.5	11.0~14.0	2.0~3.0	Cu≤0.75
E316LkT 0-3	W31630	≤0.04	≤1.0	0.5~2.5	0.040	0.030	17.0~20.0	11.0~14.0	2.0~3.0	Cu≤0.75
E317LT 0-3	W31737	≤0.04	≤1.0	0.5~2.5	0.040	0.030	18.5~21.0	13.0~15.0	3.0~4.0	Cu≤0.75
E347T 0-3	W34733	≤0.08	≤1.0	0.5~2.5	0.040	0.030	19.0~21.5	9.0~11.0	≤0.50	(Nb+Ta) 8C~1.0, Cu≤0.75
E409T 0-3	W40931	≤0.10	≤1.0	≤0.8	0.040	0.030	10.5~13.5	≤0.6	≤0.75	Ti 10C~1.5 Cu≤0.75
E410T 0-3	W41031	≤0.12	≤1.0	≤1.0	0.040	0.030	11.0~13.5	≤0.6	≤0.75	Cu≤0.75
E410NiMoT 0-3	W41035	≤0.06	≤1.0	≤1.0	0.040	0.030	11.0~12.5	4.0~5.0	0.4~0.7	Cu≤0.75
E430T 0-3	W43031	≤0.10	≤1.0	≤1.0	0.040	0.030	15.0~18.0	≤0.6	≤0.75	Cu≤0.75
E2209T 0-3	W39239	≤0.04	≤1.0	0.5~2.0	0.040	0.030	21.0~24.0	7.5~10.0	2.5~4.0	Cu≤0.75 N 0.08~0.20
E2307T 0-3	S82371	≤0.04	≤1.0	≤2.0	0.030	0.020	22.5~25.5	6.5~10.0	≤0.80	Cu≤0.50 N 0.10~0.20
E2553T 0-3	W39533	≤0.04	≤0.75	0.5~1.5	0.040	0.030	24.0~27.0	8.5~10.5	2.9~3.9	Cu 1.5~2.5 N 0.10~0.25
E2594T 0-3	W39594	≤0.04	≤1.0	0.5~2.5	0.040	0.020	24.0~27.0	8.0~10.5	2.5~4.5	Cu≤1.5 N 0.20~0.30
EGT 0-3	—	不作规定								—

表 7-10-36　不锈钢药芯焊条的型号与焊缝金属的化学成分（质量分数）（%）

AWS 型号	UNS 编号	C	Si	Mn	P ≤	S ≤	Cr	Ni	Mo	其 他
R308LT 1-5	W30835	≤0.03	≤1.2	0.5~2.5	0.040	0.030	18.0~21.0	9.0~11.0	≤0.75	Cu≤0.75
R309LT 1-5	W30935	≤0.03	≤1.2	0.5~2.5	0.040	0.030	22.0~25.0	12.0~14.0	≤0.75	Cu≤0.75
R316LT 1-5	W31635	≤0.03	≤1.2	0.5~2.5	0.040	0.030	17.0~20.0	11.0~14.0	2.0~3.0	Cu≤0.75
R347T 1-5	W34731	≤0.08	≤1.2	0.5~2.5	0.040	0.030	18.0~21.0	9.0~11.0	≤0.75	(Nb+Ta) 8C~1.0 Cu≤0.75
RGT 1-5	—	不作规定								—

（3）美国 AWS 标准不锈钢药芯焊丝焊条的焊缝金属的力学性能（表 7-10-37）

表 7-10-37　不锈钢药芯焊丝焊条的焊缝金属的力学性能

AWS 型号	UNS 编号	R_m/MPa ≥	A（%）≥	焊后热处理	AWS 型号	UNS 编号	R_m/MPa ≥	A（%）≥	焊后热处理
E307TX-X	W30731	590	30	—①	E347TX-X	W34731	520	30	—①
E308TX-X	W30831	550	30	—①	E347HTX-X	W34731	520	30	—①
E308HTX-X	W30831	550	30	—①	E409TX-X	W40931	450	15	—①
E308LTX-X	W30835	520	30	—①	E409NbTX-X	W40957	450	15	④
E308MoTX-X	W30832	550	30	—①	E410TX-X	W41031	520	20	②
EC308LMoTX-X	W30838	520	30	—①	E410NiMoTX-X	W41035	760	15	③
E309TX-X	W30931	550	30	—①	E430TX-X	W43031	450	20	④
E309HTX-X	W30931	550	30	—①	E430NbTX-X	W43057	450	13	④
E309LNbTX-X	W30932	520	30	—①	E2209TX-X	W39239	690	20	—①
E309LTX-X	W30935	520	30	—①	E2307TX-X	S82371	690	20	—①
E309MoTX-X	W30939	550	25	—①	E2553TX-X	W39535	760	15	—①
E309LMoTX-X	W30938	520	25	—①	E2594TX-X	W39594	760	15	—①
E309LNiMoTX-X	W30936	520	25	—①	E316LKT 0-3	—	485	30	—①
E310TX-X	W31031	550	30	—①	E308HMoT 0-3	—	550	30	—①
E312TX-X	W31331	660	22	—①	EXXXTX-G				不作规定
E316TX-X	W31631	520	30	—①	R308LT 1-5	W30835	520	30	—①
E316HTX-X	W31631	520	30	—①	R309LT 1-5	W30935	520	30	—①
E316LTX-X	W31635	485	30	—①	R316LT 1-5	W31635	485	30	—①
E317LTX-X	W31735	520	20	—①	E347T 1-5	W34731	520	30	—①

① 不进行焊后热处理。
② 加热至 730~760℃，保温 1h（0℃，+15℃），然后以 ≤110℃/h 的冷却速度炉冷至 315℃，再空冷至室温。
③ 加热至 595~620℃，保温 1h（0℃，+15℃），然后空冷至室温。
④ 加热至 760~790℃，保温 2h（0℃，+15℃），然后以 ≤55℃/h 的冷却速度炉冷至 595℃，再空冷至室温。

（4）美国 AWS 标准金属芯与不锈钢药芯焊丝及药芯焊条的型号说明

本标准包括弧焊用金属芯焊丝、药芯焊丝及焊条，型号前缀字母：E——焊丝；R——焊条；EC——焊金属芯丝。分述如下：

金属芯焊丝的型号为 EC XXX，其中：XXX——化学成分，用 3 或 4 位数字表示，一般采用 AISI 的不锈钢编号系列（也有例外）。有些焊丝的型号还添加字母，L——较低碳含量，H——碳含量处于相应合金的上限；也有添加 Si、Mo 等元素符号，表示该元素的含量较高。

药芯焊丝的型号为 E XXX TX-X-J。其中：XXX——焊缝金属的化学成分；T——药芯代号；前 X——推荐的焊接位置，后 X——保护气体代号；J——表示能满足规定温度的冲击值要求（可用于低温）。

药芯焊条的型号为 R XXX T1-5。其中：XXX 和 T——含义同药芯焊丝；1——焊接位置（1—全位焊，0—仅用于平焊和角焊）；5——保护气体代号（5 代表 100% Ar）。

7.10.11　电渣焊用碳钢和低合金钢实心焊丝［AWS A5.25/A5.25M—97（R2009）］

（1）美国电渣焊用碳钢和低合金钢实心焊丝的型号与熔敷金属的化学成分（表 7-10-38）

表 7-10-38　电渣焊用碳钢和低合金钢实心焊丝的型号与熔敷金属的化学成分（质量分数）（%）

AWS 型号	UNS 编号	C	Si	Mn	P ≤	S ≤	Cu	其 他①
中锰级								
EM5K-EW	K10726	≤0.07	0.40~0.70	0.90~1.40	0.025	0.030	≤0.35	Al 0.05~0.15，Ti 0.05~0.15 Zr 0.02~0.12
EM12-EW	K01112	0.06~0.15	≤0.10	0.80~1.25	0.030	0.030	≤0.35	Ni≤0.50
EM12K-EW	K01113	0.05~0.15	0.10~0.35	0.80~1.25	0.030	0.030	≤0.35	—
EM13K-EW	K01313	0.06~0.16	0.35~0.75	0.90~1.40	0.030	0.030	≤0.35	—
EM15K-EW	K01515	0.10~0.20	0.10~0.35	0.80~1.25	0.030	0.030	≤0.35	—

（续）

AWS 型号	UNS 编号	C	Si	Mn	P ≤	S ≤	Cu	其 他[①]
				高锰级				
EH14-EW	K11585	0.10~0.20	≤0.10	1.70~2.20	0.030	0.030	≤0.35	—
				专用级				
EWS-EW	K11245	0.07~0.12	0.22~0.37	0.35~0.65	0.030	0.030	0.25~0.55	Cr 0.50~0.80, Ni 0.40~0.75
EA3K-EW	K10945	0.07~0.12	0.50~0.80	1.60~2.10	0.025	0.025	≤0.35	Mo 0.40~0.60
EH10K-EW	K01010	0.07~0.14	0.15~0.30	1.40~2.00	0.025	0.030	—	Ni≤0.50
EH11K-EW	K11140	0.05~0.15	0.80~1.15	1.40~1.85	0.025	0.030	≤0.35	—
ES-G-EW	—				不作规定			

① 表中未规定而添加的其他元素总含量≤0.50%。

（2）美国电渣焊用碳钢和低合金钢金属芯组合焊丝的型号与熔敷金属的化学成分（表7-10-39）

表7-10-39　电渣焊用碳钢和低合金钢金属芯组合焊丝的型号与熔敷金属的化学成分（质量分数）（%）

AWS 型号	UNS 编号	C	Si	Mn	P ≤	S ≤	Cr	Ni	Mo	其 他[①]
KWT 1	W06040	≤0.13	≤0.60	≤2.00	0.030	0.030	—	—	—	—
KWT 2	W20140	≤0.12	0.25~0.80	0.50~1.60	0.030	0.040	0.40~0.70	0.40~0.80	—	—
KWT 3	W22340	≤0.12	0.15~0.50	1.00~2.00	0.020	0.030	≤0.20	1.50~2.50	0.40~0.65	Cr 0.25~0.75, V≤0.05
KWT G	—				不作规定					

① 见表7-10-38中①。

（3）美国电渣焊用碳钢和低合金钢焊丝的型号说明

美国电渣焊用碳钢和低合金钢焊丝的型号，与其他 AWS 填充金属的型号模式相一致，但也表示出电渣焊的特点。其型号全称为：FES XXX-E XXX-EW 或 FES YYY-E XXX。

第1部分：前缀字母 FES——电渣焊焊剂；前 XX——抗拉强度（英制单位）；后 X——表示焊缝金属在最低温度下的冲击性能（英制单位）。当采用国际单位制 SI（米制）时，其型号为 FES YYY，抗拉强度值和冲击性能用米制单位表示。

第2部分（E XXX）：E——焊丝；XXX——组合焊丝的焊缝金属的化学成分，或实心焊丝的化学成分。

组合焊丝的型号，用 WT 加数字表示，不加后缀字母 EW。对于组合焊丝的成分，用户更关心的是组合焊丝与特定焊剂焊接后的焊缝金属的化学成分。

实心焊丝的型号中，M——中等锰含量；H——相对较高的锰含量；K——镇静钢制作的焊丝；EW——是表示实心焊丝的后缀字母。以下是本标准型号与其他 AWS 标准型号的比较（表7-10-40）。

表7-10-40　本标准型号与其他 AWS 标准型号的比较

AWS A5.25/A5.25M 型号	其他 AWS 标准相似的型号
EM12K-EW	EM12K（A5.17），EGXXS-3（A5.26）
EA3K-EW	EA3（A5.23），EGXXS-D2（A5.26），ER80S-D2（A5.28）
EH11K-EW	EH11K（A5.17），EGXXS-6（A5.26）

7.10.12　气电焊用碳钢和低合金钢实心焊丝 ［AWS A5.26/A5.26M—97（R2009）］

（1）美国气电焊用碳钢和低合金钢实心焊丝的型号与化学成分（表7-10-41）

表7-10-41　气电焊用碳钢和低合金钢实心焊丝的型号与化学成分（质量分数）（%）

AWS 型号	UNS 编号	C	Si	Mn	P ≤	S ≤	Al	Cu	其 他[①]
EGXXS-1	K01313	0.07~0.19	0.30~0.50	0.90~1.40	0.025	0.035	—	<0.35	Ni≤0.50
EGXXS-2	K10726	≤0.07	0.40~0.70	0.90~1.40	0.025	0.035	0.05~0.15	0.35	Ti 0.05~0.15, Zr 0.02~0.12
EGXXS-3	K11022	0.06~0.15	0.45~0.75	0.90~1.40	0.025	0.035	—	0.35	
EGXXS-5	K11357	0.07~0.19	0.30~0.60	0.90~1.40	0.025	0.035	0.50~0.90	0.35	
EGXXS-6	K11140	0.07~0.15	0.80~1.15	1.40~1.85	0.025	0.035	—	0.35	
EGXXS-D2	K10945	0.07~0.12	0.50~0.80	1.60~2.10	0.025	0.035	—	0.35	Mo 0.40~0.60, Ni≤0.15
EGXXS-G	—				不作规定				

① 表中未规定而添加的其他元素总含量（质量分数）≤0.50%。

（2）美国气电焊用碳钢和低合金钢实心焊丝的型号与力学性能（表7-10-42）

表7-10-42　气电焊用碳钢和低合金钢实心焊丝的型号与力学性能

AWS 型号[①] A5.26M	R_m/MPa	R_{eL}/MPa	A（%）	温度	KV/J
		≥			
EG43ZX-X	430~550	250	24	不作规定	
EG432X-X	430~550	250	24	-20℃	≥27
EG433X-X	430~550	250	24	-30℃	≥27
EG48ZX-X	480~650	350	22	不作规定	
EG482X-X	480~650	350	22	-20℃	≥27
EG483X-X	480~650	350	22	-30℃	≥27
EG55ZX-X	550~700	410	20	不作规定	
EG552X-X	550~700	410	20	-20℃	≥27
EG553X-X	550~700	410	20	-30℃	≥27

① 型号的含义另见下文（4）中说明。

（3）美国气电焊用碳钢和低合金钢组合药芯焊丝和金属芯焊丝的型号与熔敷金属的化学成分（表7-10-43）

表7-10-43　气电焊用碳钢和低合金钢组合药芯焊丝和金属芯焊丝的型号与熔敷金属的化学成分（质量分数）（%）

AWS 型号 A5.26	A5.26M	UNS 编号	保护气体	C	Si	Mn	P ≤	S ≤	Ni	Mo	其他[②]
EG6XT-1	EG43XT-1	W06301	不用	—[①]	≤0.50	≤1.7	0.030	0.030	≤0.30	≤0.35	Cr≤0.20 V≤0.06 Cu≤0.35
EG7XT-1	EG48XT-1	W07301	不用	—[①]	≤0.50	≤1.7	0.030	0.030	≤0.30	≤0.35	
EG8XT-1	EG55XT-1	—	不用	—[①]	≤0.50	≤1.8	0.030	0.030	≤0.30	0.25~0.65	
EG6XT-2	EG43XT-2	W06302	CO_2	—[①]	≤0.50	≤2.0	0.030	0.030	≤0.30	≤0.35	
EG7XT-2	EG48XT-2	W07302	CO_2	—[①]	≤0.50		0.030	0.030	≤0.30	≤0.35	
EGXX T-Ni1	EGXXXT-Ni1	W21033	CO_2	≤0.10	≤0.50	1.0~1.8	0.030	0.030	0.7~1.1	≤0.30	—
EGXX T-NM1	EGXXXT-NM1	W22334	$Ar+CO_2$ 或 CO_2	≤0.12	0.15~0.50	1.0~2.0	0.030	0.030	1.5~2.0	0.40~0.65	Cr≤0.20 V≤0.06 Cu≤0.35
EGXX T-NM2	EGXXXT-NM2	W22333	CO_2	≤0.12	0.20~0.60	1.1~2.1	0.030	0.030	1.1~2.0	0.10~0.35	
EGXXT-W	EGXXXT-W	W21031	CO_2	≤0.12	0.30~0.80	0.5~1.3	0.030	0.030	0.4~0.8	—	Cr 0.45~0.70 Cu 0.30~0.75
EGXXT-G	EGXXXT-G	—	不作规定								—

① 这类型号不规定碳含量范围。
② 表中未规定而添加的其他元素总含量≤0.50%。

（4）美国气电焊用碳钢和低合金钢实心焊丝的型号说明

美国气电焊用碳钢和低合金钢实心焊丝的型号，采用 AWS 填充金属型号的标准模式，在本标准中采用英制单位（A5.26）和国际单位 IS（米制）（A5.26M）两种单位制。

其型号全称为 EGXXT-X 或 EGYYYS-X。前缀字母 EG——气电焊用焊丝。

在 A5.26 系列中，字母 EG 后的 X——焊缝金属的抗拉强度下限值（用6、7或8表示）；在 A5.26M 系列中，抗拉强度下限值用两位数字（43、48或55）表示。

抗拉强度下限值之后是数字或字母"Z"。数字表示在该温度下（或高于它时）焊缝金属能满足或超过所要求的（27J）冲击吸收能量（夏比 V 形缺口试样）。字母"Z"表示对冲击性能要求不作规定。

下一个字母 S 或 T，表示焊丝类别，S——实心的，T——组合药芯或金属芯的。

型号最后的代号（用短线隔开的数字或字母），表示化学成分。对于组合焊丝是指焊缝金属的化学成分，以及是否使用保护气体；对于实心焊丝是其本身的化学成分。

7.10.13　气体保护焊用碳钢焊丝和填充丝 ［AWS A5.18/A5.18M（2017）］

（1）美国气体保护焊用碳钢焊丝和填充丝的型号与化学成分（表7-10-44）

表7-10-44　气体保护焊用碳钢焊丝和填充丝的型号与化学成分（质量分数）（%）

AWS 型号		UNS 编号	C	Si	Mn	P ≤	S ≤	V	Cu	其　他[1]
A5.18	A5.18M									
ER70S-2	ER49S-2	K10726	≤0.07	0.40~0.70	0.90~1.40	0.025	0.035	≤0.03	≤0.50	Al 0.05~0.15 Ti 0.05~0.15 Zr 0.02~0.12
ER70S-3	ER49S-3	K11022	0.06~0.15	0.45~0.75	0.90~1.40	0.025	0.035	≤0.03	≤0.50	—
ER70S-4	ER49S-4	K11132	0.06~0.15	0.65~0.85	1.00~1.50	0.025	0.035	≤0.03	≤0.50	—
ER70S-6	ER49S-6	K11140	0.06~0.15	0.80~1.15	1.40~1.85	0.025	0.035	≤0.03	≤0.50	—
ER70S-7	ER49S-7	K11125	0.07~0.15	0.50~0.80	1.50~2.00	0.025	0.035	≤0.03	≤0.50	—
ER70S-8	ER49S-8	—	0.02~1.0	0.55~1.10	1.40~1.90	0.025	0.035	≤0.03	≤0.50	(Ti+Zr) 0.10~0.30
ER70S-G	ER49S-G		不作规定							—

① 各型号其他元素含量：Cr≤0.15，Ni≤0.15，Mo≤0.15，其总含量 Cr+Ni+Mo+V≤0.50%。

（2）美国气体保护焊用碳钢组合焊丝的型号与熔敷金属的化学成分（表7-10-45）

表7-10-45　气体保护焊用碳钢组合焊丝的型号与熔敷金属的化学成分（质量分数）（%）

AWS 型号		UNS 编号	保护气体	C	Si	Mn	P ≤	S ≤	Cu	其　他[1]
A5.18	A5.18M									
多道焊						—				
E70C-3X	E49C-3X	W07703	②	≤0.12	≤0.90	≤1.75	0.03	0.03	≤0.50	V≤0.08
E70C-6X	E49C-6X	W07706	②	≤0.12	≤0.90	≤1.75	0.03	0.03	≤0.50	V≤0.08
E70C-8X	E49C-8X	—	②	≤0.12	≤0.90	≤1.60	0.03	0.03	≤0.50	V≤0.80
E70C-12X	E49C-12X	—	协商②	≤0.12	≤0.90	不作规定	0.03	0.03	≤0.35	V≤0.80
E70C-GX	E49C-GX	—	协商	不作规定						—
单道焊										
E70C-GSX	E49C-GSX	—	协商	不作规定						—

① 各型号其他元素含量：Cr≤0.20，Ni≤0.50，Mo≤0.30。

② （75%~80%）Ar，余 CO_2 或 CO_2

（3）美国气体保护焊用碳钢焊丝和充填丝的焊缝力学性能（表7-10-46）

表7-10-46　美国气体保护焊用碳钢焊丝和充填丝的焊缝力学性能

AWS 型号 A5.18M	保护气体 （体积分数）	R_m/MPa	R_{eL}/MPa	A（%）	试验温度/℃	KV/J （平均值）
		≥				
ER49S-2	CO_2	490	400	22	-30	≥27
ER49S-3	CO_2	490	400	22	-20	≥27
ER49S-4	CO_2	490	400	22	（不要求）	（不要求）
ER49S-6	CO_2	490	400	22	-30	≥27
ER49S-7	CO_2	490	400	22	-30	≥27
ER70S-8	CO_2	490	400	22	-30	≥27
ER49S-G	协商①	490	400	22	协商①	
E49C-3X②	(75~80)% Ar+CO_2 或 CO_2	490	400	22	-18	≥27
E49C-6X② E70C-8X E70C-12X	75%~80% Ar+CO_2 或 CO_2	490	400	22	-29	≥27
E49C-GX②	协商①	490	400	22	协商①	
E49C-GSX②	协商①	490	不作规定	不作规定	（不要求）	（不要求）

① 由供需双方商定。

② 复合电极。

（4）美国气体保护焊用碳钢焊丝和充填丝的型号说明

美国气体保护焊用碳钢焊丝和其他 AWS 填充金属一样，其型号也采用标准模式。在本标准中采用英制单位（A5.18）和国际单位 SI（米制）（A5.18M）两种单位制。

因此，其型号为：ER70S-XNHz 或 ER48S-XNHz。型号前缀字母 E 和 ER，E——焊丝；ER——填充金属可用于焊丝，也可用作填充丝。

前缀字母后的数字 70 表示焊缝金属的抗拉强度下限值为 70ksi（A5.18 用英制单位），或数字 48 表示焊缝金属的抗拉强度下限值为 480MPa（A5.18M 用 SI 单位米制）。

数字后的字母：S——实心焊丝（或填充丝），T——组合焊丝。字母后加短线的数字：2、3、4、6、7、G 或 GS，表示规定的化学成分及冲击性能要求。

对于某些组合和金属芯焊丝，在后面再添加字母 M 或 C，表示保护气体类别。附加的后缀字母"N"——用于核装置中对特殊焊缝的要求。

7.10.14 电弧焊用碳钢药芯焊丝［AWS A5.20/A5.20M（2005/ R2015）］

美国一部分焊接材料标准，在同一标准中既采用美国惯用单位（英制），也采用国际单位制 SI（米制），因此在本标准中，同一焊接材料，其英制单位的型号和 SI 单位的型号有所不同，特一并列出。

（1）美国电弧焊用碳钢药芯焊丝的型号与熔敷金属的化学成分（表 7-10-47）

表 7-10-47　电弧焊用低碳钢药芯焊丝的型号与熔敷金属的化学成分（质量分数）（%）

AWS 型号		UNS 编号	C	Si	Mn	P ≤	S ≤	Cu	其　他[①]
A5.26	A5.26M								
E7XT-1C E7XT-1M	E49XT-1C E49XT-1M	W07601	≤0.12	≤0.90	≤1.75	0.030	0.030	≤0.35	V≤0.08
E7XT-5C E7XT-5M	E49XT-5C E49XT-5M	W07605	≤0.12	≤0.90	≤1.75	0.030	0.030	≤0.35	V≤0.08
E7XT-9C E7XT-9M	E49XT-9C E49XT-9M	W07609	≤0.12	≤0.90	≤1.75	0.030	0.030	≤0.35	V≤0.08
E7XT-2C E7XT-2M	E43XT-2C E43XT-2M	W07602	不作规定						
E7XT-3	E43XT-3	W07603	不作规定						
E7XT-4	E49XT-4	W07604	≤0.30	≤0.60	≤1.75	0.030	0.030	≤0.35	Al≤1.8，V≤0.08
E7XT-6	E49XT-6	W07606	≤0.30	≤0.60	≤1.75	0.030	0.030	≤0.35	Al≤1.8，V≤0.08
E7XT-7	E49XT-7	W07607	≤0.30	≤0.60	≤1.75	0.030	0.030	≤0.35	Al≤1.8，V≤0.08
E7XT-8	E49XT-8	W07608	≤0.30	≤0.60	≤1.75	0.030	0.030	≤0.35	Al≤1.8，V≤0.08
E7XT-11	E49XT-11	W07611	≤0.30	≤0.60	≤1.75	0.030	0.030	≤0.35	Al≤1.8，V≤0.08
E7XT-12C E7XT-12M	E49XT-12C E49XT-12M	W07612	≤0.12	≤0.90	≤0.16	0.030	0.030	≤0.35	V≤0.08
E7XT-G	—			≤0.90	≤1.75	0.030	0.030	≤0.35	Al≤1.8，V≤0.08
E6XT-13	—	W06613	不作规定						
E7XT-10	E43XT-10	W07610	不作规定						
E7XT-13	E43XT-13	W07613	不作规定						
E7XT-14	E43XT-14	W07614	不作规定						
E6XT-GS E7XT-GS	—		不作规定						

注：各型号的其他元素含量：Cr≤0.20%，Ni≤0.50%，Mo≤0.30%。

（2）美国电弧焊用碳钢药芯焊丝的焊缝力学性能（表7-10-48）

表7-10-48　电弧焊用低碳钢药芯焊丝的焊缝力学性能

AWS 型号 A5.26M	UNS 编号	R_m/MPa	R_{eL}/MPa	A（%）	试验温度 /℃	KV/J
			≥			
E49XT-1C E49XT-1M	W07601	490~670	390	22	-20	≥27
E43XT-2C E43XT-2M	W07602	≥490	不作规定	不作规定	—	不作规定
E43XT-3	W07603	≥490	不作规定	不作规定	—	不作规定
E49XT-4	W07604	490~670	390	22	—	不作规定
E49XT-5C E49XT-5M	W07605	490~670	390	22	-30	≥27
E49XT-6	W07606	490~670	390	22	-30	≥27
E49XT-7	W07607	490~670	390	22	—	≥27
E49XT-8	W07608	490~670	390	22	-30	≥27
E49XT-9C E49XT-9M	W07609	490~670	390	22	-30	≥27
E43XT-10	W07610	≥490	不作规定	不作规定	—	不作规定
E49XT-11	W07611	490~670	390	22	—	不作规定
E49XT-12C E49XT-12M	W07612	490~620	390	22	-30	≥27
—	W06613	≥430	不作规定	不作规定	—	不作规定
E43XT-13	W07613	≥490	不作规定	不作规定	—	不作规定
E43XT-14	W07614	≥490	不作规定	不作规定	—	不作规定
（E6XT-G）	W06613	430~600	330	22	—	不作规定
（E49XT-G）	—	490~620	390	22	—	不作规定
E43XT-GS	—	≥430	不作规定	不作规定	—	不作规定
E49XT-GS	—	≥490	不作规定	不作规定	—	不作规定

注：不作规定：由供需双方商定。

（3）美国电弧焊用碳钢药芯焊丝的型号说明

美国电弧焊用碳钢药芯焊丝有 AWS 标准和 ASME 标准等，标准的内容等同。其标准中 A5.20 和 SFA-5.20 是采用英制单位，A5.20M 和 SFA-5.20M 是采用国际单位制 SI（米制）。仅以 AWS 的 A5.20M 为例作说明。

电弧焊用碳钢药芯焊丝的型号全称为：EXXT-XX-JXHX。中间用2条短线把型号分成3部分：（第3部分有时可省略）

第1部分（EXXT）：E——焊丝；XX——用两位数字表示焊缝抗拉强度（×10 MPa）；T——药芯焊丝代号。

第2部分（XX）：工艺性代号和保护气体代号，分别用 1~14 中某个数字表示工艺性，或用 G（不规定特性）或 GS（焊丝仅适用单道焊）表示。数字后字母是保护气体代号：C——CO_2；M——（75%~80%）Ar+CO_2。

第3部分（JXHX）：J——表示能满足规定温度的冲击值要求；X（含 D 或 Q）——代表能满足附加力学试验要求；HX——供选择的附加代号。

7.10.15　气体保护焊用低合金钢焊丝和填充丝［AWS A5.28/ A5.28M（2005/ R2015）］

美国一部分焊接材料标准，在同一标准中既采用美国惯用单位（英制），也采用国际单位制 SI（米制），例如在本标准中，同一焊接材料，其英制单位的型号和 SI 单位的型号有所不同，特作型号对照如下。

（1）美国 AWS A5.28 与 AWS A5.28 M 标准的低合金钢实心焊丝和填充焊丝的型号对照

A）低合金钢实心焊丝和填充丝（英制与米制）的型号对照（表7-10-49）

表 7-10-49　低合金钢实心焊丝和填充丝（英制与米制）的型号对照

No.	型号		No.	型号		No.	型号	
	A5.28	A5.28M		A5.28	A5.28M		A5.28	A5.28M
1	ER70S-A1	ER49S-A1	7	ER80S-B8	ER55S-B8	13	ER90S-D2	ER62S-D2
2	ER80S-B2	ER55S-B2	8	ER90S-B9	ER62S-B9	14	ER100S-1	ER69S-1
3	ER70S-B2L	ER49S-B2L	9	ER80S-Ni1	ER55S-Ni1	15	ER110S-1	ER76S-1
4	ER90S-B3	ER62S-B3	10	ER80S-Ni2	ER55S-Ni2	16	ER120S-1	ER83S-1
5	ER80S-B3L	ER55S-B3L	11	ER80S-Ni3	ER55S-Ni3	17	ERXXS-G	ERXXS-G
6	ER80S-B6	ER55S-B6	12	ER80S-D2	ER55S-D2	—	—	—

B）低合金钢组合焊丝（英制与米制）的型号对照（表7-10-50）

表 7-10-50　低合金钢组合焊丝（英制与米制）的型号对照

No.	型号		No.	型号		No.	型号	
	A5.28	A5.28M		A5.28	A5.28M		A5.28	A5.28M
1	E80C-B2	E55C-B2	7	E80C-Ni1	E55C-Ni1	13	E100C-K3	E69C-K3
2	E70C-B2L	E70C-B2L	8	E70C-Ni2	E49C-Ni2	14	E110C-K3	E76C-K3
3	E90C-B3	E62C-B3	9	E80C-Ni2	E55C-Ni2	15	E110C-K4	E76C-K4
4	E80C-B6	E55C-B6	10	E80C-Ni3	E55C-Ni3	16	E120C-K4	E83C-K4
5	E80C-B8	E55C-B8	11	E90C-D2	E62C-D2	17	E80C-W2	E55C-W2
6	E80C-B9	E55C-B9	12	E90C-K3	E62C-K3	18	EXXC-G	EXXC-G

（2）美国气体保护焊用（含 GTAW 和 PAW）低合金钢实心焊丝和填充丝的型号与化学成分（表7-10-51）

表 7-10-51　气体保护焊用（含 GTAW 和 PAW）低合金钢实心焊丝和填充丝的型号与化学成分（质量分数）（%）

AWS 型号 A5.28M	UNS 编号	C	Si	Mn	P ≤	S ≤	Cr	Ni	Mo	其他
C-Mo 钢焊丝和填充丝										
ER49S-A1	K11235	≤0.12	0.30~0.70	≤1.30	0.025	0.025	—	≤0.20	0.40~0.65	Cu≤0.35
Cr-Mo 钢焊丝和填充丝										
ER55S-B2	K30900	0.07~0.12	0.40~0.70	0.40~0.70	0.025	0.025	1.20~1.50	≤0.20	0.40~0.65	Cu≤0.35
ER49S-B2L	K20500	≤0.05	0.40~0.70	0.40~0.70	0.025	0.025	1.20~1.50	≤0.20	0.40~0.65	Cu≤0.35
ER62S-B3	K30960	0.07~0.12	0.40~0.70	0.40~0.70	0.025	0.025	2.30~2.70	≤0.20	0.90~1.20	Cu≤0.35
ER55S-B3L	K30560	≤0.05	0.40~0.70	0.40~0.70	0.025	0.025	2.30~2.70	≤0.20	0.90~1.20	Cu≤0.35
ER55S-B6	K50280	≤0.10	≤0.50	0.35~0.70	0.025	0.025	4.50~6.00	≤0.60	0.45~0.65	Cu≤0.35
ER55S-B8	K50480	≤0.10	≤0.50	0.35~0.65	0.025	0.025	8.00~10.5	≤0.50	0.80~1.20	Cu≤0.75

（续）

AWS 型号 A5.28M	UNS 编号	C	Si	Mn	P ≤	S ≤	Cr	Ni	Mo	其 他
Cr-Mo 钢焊丝和填充丝										
ER62S-B9	K50482	0.07 ~ 0.13	0.15 ~ 0.50	≤1.20	0.010	0.010	8.00 ~ 10.50	≤0.80	0.85 ~ 1.20	V 0.15 ~ 0.25，Nb 0.02 ~ 0.10 A1≤0.04，Cu≤0.20，N 0.03 ~ 0.07
Ni 钢焊丝和填充丝										
ER55S-Ni1	K11260	≤0.12	0.40 ~ 0.80	≤1.25	0.025	0.025	≤0.15	0.80 ~ 1.10	≤0.35	Cu≤0.35
ER55S-Ni2	K21240	≤0.12	0.40 ~ 0.80	≤1.25	0.025	0.025	—	2.00 ~ 2.75		Cu≤0.35
ER55S-Ni3	K31240	≤0.12	0.40 ~ 0.80	≤1.25	0.025	0.025	—	3.00 ~ 3.75		Cu≤0.35
Mn-Mo 钢焊丝和填充丝										
ER55S-D2	K10945	0.07 ~ 0.12	0.50 ~ 0.80	1.60 ~ 2.10	0.025	0.025	—	—	0.40 ~ 0.60	Cu≤0.50
ER62S-D2	K 11423	0.07 ~ 0.17	≤0.20	1.65 ~ 2.20	0.025	0.025	—	—	0.45 ~ 0.65	Cu≤0.35
其他类低合金钢焊丝和填充丝										
ER69S-1	K10882	≤0.08	0.20 ~ 0.55	1.25 ~ 1.80	0.010	0.010	≤0.30	1.40 ~ 2.10	0.25 ~ 0.55	V≤0.05，Al≤0.10 Ti≤0.10，Zr≤0.10 Cu≤0.25
ER76S-1	K21015	≤0.09	0.20 ~ 0.55	1.40 ~ 1.80	0.010	0.010	≤0.50	1.90 ~ 2.60	0.25 ~ 0.55	
ER83S-1	K21030	≤0.10	0.25 ~ 0.60	1.40 ~ 1.80	0.010	0.010	≤0.60	2.00 ~ 2.80	0.30 ~ 0.65	
ER××S-G	—	不作规定								—

注：1. GTAW——钨极气体保护电弧焊，PAW——等离子电弧焊。

　　2. 各型号其他元素（本表以外的）总含量≤0.50 %。

　　3. 若焊丝需镀铜，其铜的总含量亦不应大于表中规定的含量。

　　4. 型号末尾为"-G"者，只要有一种（或几种）元素符合以下含量即可：Ni ≥0.50%，Cr ≥0.30%，Mo ≥ 0.20%；也可由供需双方协商。

（3）美国气体保护焊用低合金钢填充焊丝的型号与焊缝金属的化学成分（表7-10-52）

表 7-10-52　气体保护焊用低合金钢填充焊丝的型号与焊缝金属的化学成分（质量分数）（%）

AWS 型号 A5.28M	UNS 编号	C	Si	Mn	P ≤	S ≤	Cr	Ni	Mo	其 他
Cr-Mo 钢焊缝金属										
E55C-B2	W52030	0.05 ~ 0.12	0.25 ~ 0.60	0.40 ~ 1.00	0.025	0.030	1.00 ~ 1.50	≤0.20	0.40 ~ 0.65	V≤0.03
E49C-B2L	W52130	≤0.05	0.25 ~ 0.60	0.40 ~ 1.00	0.025	0.030	1.00 ~ 1.50	≤0.20	0.40 ~ 0.65	V≤0.03，Cu≤0.35
E62C-B3	W53030	0.05 ~ 0.12	0.25 ~ 0.60	0.40 ~ 1.00	0.025	0.030	2.00 ~ 2.50	≤0.20	0.90 ~ 1.20	V≤0.03，Cu≤0.35
E55C-B6	W53130	≤0.05	0.25 ~ 0.60	0.40 ~ 1.00	0.025	0.025	2.00 ~ 2.50	≤0.20	0.90 ~ 1.20	V≤0.03，Cu≤0.35

（续）

AWS 型号 A5.28M	UNS 编号	C	Si	Mn	P ≤	S ≤	Cr	Ni	Mo	其　他
Cr-Mo 钢焊缝金属										
E55C-B8	—	≤0.10	0.25~0.60	0.40~1.00	0.025	0.025	4.50~6.50	≤0.60	0.45~0.65	V≤0.03, Cu≤0.35
E55C-B9	W19230	≤0.10	≤0.90	1.00~1.90	0.025	0.030	8.00~10.50	≤0.20	0.80~1.20	V≤0.03, Cu≤0.35
Ni 钢焊缝金属										
E55C-Ni 1	W21030	≤0.12	≤0.90	≤1.50	0.025	0.030	—	0.80~1.10	≤0.30	V≤0.03, Cu≤0.35
E55C-Ni 2	W22030	≤0.08	≤0.90	≤1.25	0.025	0.030	—	1.75~2.75	—	V≤0.03, Cu≤0.35
E70C-Ni 2	W22130	≤0.12	≤0.90	≤1.50	0.025	0.030	—	1.75~2.75		V≤0.03, Cu≤0.35
E55C-Ni 3	W23030	≤0.12	≤0.90	≤1.50	0.025	0.030	—	2.75~3.75		V≤0.03, Cu≤0.35
Mn-Mo 钢焊缝金属										
E62C-D2	W19230	≤0.12	≤0.90	1.00~1.90	0.025	0.030	—		0.40~0.60	V≤0.03, Cu≤0.35
其他低合金钢焊缝金属										
E62C-K3	—	≤0.15	≤0.80	0.75~2.25	0.025	0.025	≤0.15	0.50~2.50	0.25~0.65	V≤0.03, Cu≤0.35
E69C-K3	—	≤0.15	≤0.80	0.75~2.25	0.025	0.025	≤0.15	0.50~2.50	0.25~0.65	V≤0.03, Cu≤0.35
E76C-K3	—	≤0.15	≤0.80	0.75~2.25	0.025	0.025	≤0.15	0.50~2.50	0.25~0.65	V≤0.03, Cu≤0.35
E76C-K4	—	≤0.15	≤0.80	0.75~2.25	0.025	0.025	0.15~0.65	0.50~2.50	0.25~0.65	V≤0.03, Cu≤0.35
E83C-K4	—	≤0.15	≤0.80	0.75~2.25	0.025	0.025	0.15~0.65	0.50~2.50	0.25~0.65	V≤0.03, Cu≤0.35
E55C-W2	—	≤0.12	0.35~0.80	0.50~1.30	0.025	0.030	0.45~0.70	0.40~0.80	—	V≤0.03, Cu≤0.35
EXXC-G	—	不作规定								—

（4）美国气体保护焊用低合金钢实心焊丝和填充丝的力学性能（表7-10-53）

表 7-10-53　气体保护焊用低合金钢实心焊丝和填充丝的力学性能

AWS 型号 A5.28M	状态[1]	保护气体 （体积分数）	R_m/MPa	R_{eL}/MPa	A(%)	试验温度 /℃	KV/J
			≥				
ER49S-B2L E49C-B2L ER49S-A1	PWHT	Ar+(1~5)% O_2	515	400	19	不作规定[2]	
ER55S-B2 E55C-B2	PWHT	Ar+(1~5)% O_2	550	470	19	不作规定[2]	
ER55S-B3L E55C-B3L	PWHT	Ar+(1~5)% O_2	550	470	17	不作规定[2]	
ER62S-B3 E62C-B3	PWHT	Ar+(1~5)% O_2	620	540	17	不作规定[2]	
ER55S-B6	PWHT	Ar+(1~5)% O_2	550	470	17	不作规定[2]	
E55C-B6	PWHT		550	470	17	不作规定[2]	
ER55S-B8	PWHT	Ar+(1~5)% O_2	550	470	17	不作规定[2]	
ER55C-B8	PWHT		550	470	17	不作规定[2]	
ER62S-B9	PWHT	Ar+5% CO_2	620	410	16	不作规定[2]	
E62S-B9	PWHT	Ar+(5~25)% CO_2	620	410	16	不作规定[2]	
E49C-Ni2	PWHT	Ar+(1~5)% O_2	480	400	24	不作规定[2]	
ER55S-Ni1 E55C-Ni1	AW	Ar+(1~5)% O_2	550	470	24	-45	≥27

（续）

AWS 型号 A5.28M	状态[1]	保护气体 （体积分数）	R_m/MPa	R_{eL}/MPa	A(%)	试验温度 /℃	KV/J
			≥	≥	≥		
ER55S-Ni2 E55C-Ni2	PWHT	Ar+(1~5)% O_2	550	470	24	-60	≥27
ER55S-Ni3 E55C-Ni3	PWHT	Ar+(1~5)% O_2	550	470	24	-75	≥27
ER55S-D2	AW	CO_2	550	470	17	-30	≥27
ER62S-D2 E62C-D2	AW	Ar+(1~5)% O_2	620	540	17	-30	≥27
ER69S-1 ER76S-1 ER83S-1	AW	Ar+2% O_2	690 760 830	610 660 730	16 15 14	-45	≥68
E62C-K3	AW	Ar+(5~25)% CO_2	620	540	18	-50	≥27
E69C-K3	AW		690	610	16	-50	≥27
E76C-K3 E76C-K4	AW	Ar+(5~25)% CO_2	760	680	15	-50	≥27
E83C-K4	AW	Ar+(5~25)% CO_2	830	750	15	—	—
E55C-W2	AW		550	470	22	-30	≥27
ER70S-G E70S-G	不作规定[2]	协商[3]	480	不作规定[2]			
ER80S-G E80S-G	不作规定[2]	协商[3]	550	不作规定[2]			
ER90S-G E90S-G	不作规定[2]	协商[3]	620	不作规定[2]			
ER100S-G E100S-G	不作规定[2]	协商[3]	690	不作规定[2]			
ER110S-G E110S-G	不作规定[2]	协商[3]	760	不作规定[2]			
ER120S-G E120S-G	不作规定[2]	协商[3]	830	不作规定[2]			

① PWHT——焊后热处理；AW——焊态。

② 不作规定：由供需双方协商确定。

③ 协商：由供需双方协商。

（5）美国气体保护焊用低合金钢焊丝的型号说明

美国气体保护焊用低合金钢焊丝和填充丝 AWS A5.28/A5.28M 标准包括金属极气保电弧焊（GMAW）、钨极气保电弧焊（GTAW）和等离子弧焊（FAW）用的金属实心焊丝与组合焊丝。

焊丝型号全称为：ERXXS-XHz 或 EXXC-XHz 。用短线把型号分成两部分。

第 1 部分：E——焊丝；ER——填充金属可用于焊丝，也可用作填充丝；XX——用两位数字表示焊缝抗拉强度（×10 MPa）；S——实心焊丝；C——组合焊丝。

第 2 部分：X——实心焊丝的化学成分代号，或填充焊丝的熔敷金属成分代号；Hz——扩散氢代号。型号后缀"G"，见表 7-10-51 表注中 4.。

7.10.16 电弧焊用低合金钢药芯焊丝［AWS A5.29/A5.29M（2010）］

（1）美国电弧焊用低合金钢药芯焊丝的熔敷金属的化学成分（表 7-10-54）

表 7-10-54　电弧焊用低合金钢药芯焊丝的熔敷金属的化学成分（质量分数）（%）

熔敷金属成分代号[1]	UNS编号	C	Si	Mn	P ≤	S ≤	Cr	Ni	Mo	其他
				Mo 钢焊丝						
A1	W1730X	≤0.12	≤0.80	≤1.25	0.030	—	—	—	0.40 ~ 0.65	—
				Cr-Mo 钢焊丝						
B1	W5103X	0.05 ~ 0.12	≤0.80	≤1.25	0.030	0.030	0.40 ~ 0.65	—	0.40 ~ 0.65	—
B1L	W5113X	≤0.05	≤0.80	≤1.25	0.030	0.030	0.40 ~ 0.65	—	0.40 ~ 0.65	—
B2	W5203X	0.05 ~ 0.12	≤0.80	≤1.25	0.030	0.030	1.00 ~ 1.50	—	0.40 ~ 0.65	—
B2L	W5213X	≤0.05	≤0.80	≤1.25	0.030	0.030	1.00 ~ 1.50	—	0.40 ~ 0.65	—
B2H	W5223X	0.10 ~ 0.15	≤0.80	≤1.25	0.030	0.030	1.00 ~ 1.50	—	0.40 ~ 0.65	—
B3	W5303X	0.05 ~ 0.12	≤0.80	≤1.25	0.030	0.030	2.00 ~ 2.50	—	0.90 ~ 1.20	—
B3L	W5313X	≤0.05	≤0.80	≤1.25	0.030	0.030	2.00 ~ 2.50	—	0.90 ~ 1.20	—
B3H	W5323X	0.10 ~ 0.15	≤0.80	≤1.25	0.030	0.030	2.00 ~ 2.50	—	0.90 ~ 1.20	—
B6	W50231	0.05 ~ 0.12	≤1.00	≤1.25	0.040	0.030	4.00 ~ 6.00	≤0.40	0.40 ~ 0.65	Cu≤0.50
B6L	W50230	≤0.05	≤1.00	≤1.25	0.040	0.030	4.00 ~ 6.00	≤0.40	0.40 ~ 0.65	Cu≤0.50
B8	W50431	0.05 ~ 0.12	≤1.00	≤1.25	0.040	0.030	8.00 ~ 10.5	≤0.40	0.85 ~ 1.20	Cu≤0.50
B8L	W50430	≤0.05	≤1.00	≤1.25	0.030	0.030	8.00 ~ 10.5	≤0.40	0.85 ~ 1.20	Cu≤0.50
B9	W50531	0.05 ~ 0.13	≤0.50	≤1.20	0.030	0.015	8.00 ~ 10.5	≤0.50	0.85 ~ 1.20	V 0.15 ~ 0.30 Nb 0.02 ~ 0.10 N 0.02 ~ 0.07 Al≤0.04 Cu≤0.50
				Ni 钢焊丝						
Ni 1	W2103X	≤0.12	≤0.80	≤1.50	0.030	0.030	≤0.15	0.80 ~ 1.10	≤0.35	Al≤1.80[2] V≤0.05
Ni 2	W2203X	≤0.12	≤0.80	≤1.50	0.030	0.030	—	1.75 ~ 2.75	—	Al≤1.80[2]
Ni 3	W2303X	≤0.12	≤0.80	≤1.50	0.030	0.030	—	2.75 ~ 3.75	—	Al≤1.80[2]
				Mn-Mo 钢焊丝						
D1	W1913X	≤0.12	≤0.80	1.25 ~ 2.00	0.030	0.030	—	—	0.25 ~ 0.55	
D2	W1923X	≤0.15	≤0.80	1.65 ~ 2.25	0.030	0.030	—	—	0.25 ~ 0.55	
D3	W1933X	≤0.12	≤0.80	1.00 ~ 1.75	0.030	0.030	—	—	0.40 ~ 0.65	
				其他低合金钢焊丝						
K1	W2113X	≤0.15	≤0.80	0.80 ~ 1.40	0.030	0.030	≤0.15	0.80 ~ 1.10	0.20 ~ 0.65	V≤0.05
K2	W2123X	≤0.15	≤0.80	0.50 ~ 1.75	0.030	0.030	≤0.15	1.00 ~ 2.00	≤0.35	Al≤1.80[2] V≤0.05
K3	W2133X	≤0.15	≤0.80	0.75 ~ 2.25	0.030	0.030	≤0.15	1.25 ~ 2.60	0.25 ~ 0.65	V≤0.05
K4	W2223X	≤0.15	≤0.80	1.20 ~ 2.25	0.030	0.030	0.20 ~ 0.60	1.75 ~ 2.60	0.25 ~ 0.65	V≤0.03
K5	W2162X	0.10 ~ 0.25	≤0.80	0.60 ~ 1.60	0.030	0.030	0.20 ~ 0.70	0.75 ~ 2.00	0.15 ~ 0.55	V≤0.05
K6	W2104X	≤0.15	≤0.80	0.50 ~ 1.50	0.030	0.030	≤0.20	0.40 ~ 1.00	≤0.15	Al≤1.80[2] V≤0.05
K7	W2205X	≤0.15	≤0.80	1.00 ~ 1.75	0.030	0.030	—	2.00 ~ 2.75	—	
K8	W2143X	≤0.15	≤0.40	1.00 ~ 2.00	0.030	0.030	≤0.20	0.50 ~ 1.50	≤0.20	Al≤1.80[2] V≤0.05
K9	W23230	≤0.07	≤0.60	0.50 ~ 1.50	0.015	0.015	≤0.20	1.30 ~ 3.75	≤0.50	Cu≤0.06 V≤0.05

（续）

熔敷金属成分代号[1]	UNS编号	C	Si	Mn	P ≤	S ≤	Cr	Ni	Mo	其　他
					其他低合金钢焊丝					
W2	W2013X	≤0.12	0.35~0.80	0.50~1.30	0.030	0.030	0.45~0.70	0.40~0.80	—	Cu 0.30~0.75
G	—	—	≤0.30	≤0.50	0.030	0.030	≤0.30	≤0.50	≤0.20	Al≤1.80[2] V≤0.10

① 表中仅列出焊丝型号全称中表示的熔敷金属的化学成分代号。有关这类焊丝牌号的全称，将在本小节最后部分介绍；焊丝牌号表示方法举例：ES×T1-B1LM，E—焊丝，S—熔敷金属的最小强度值（ksi），×—焊接位置，T—药芯焊丝，1—使用性能代号，B1—熔敷金属的化学成分代号，L—低含碳量，M—（75%~80%）Ar+CO₂作保护气体的焊丝（CO₂或自保护时不加"M"）。

② 只用于自保护药芯焊丝。

③ 型号末尾为"G"者，只要在所列元素中有一种（或几种）元素符合以下含量即可：Cr≥0.30%，Ni≥0.50%，Mo≥0.20%，Si≤0.80%，Mn≤1.75%，Al≤1.80%；也可由供需双方协商。

（2）美国电弧焊用低合金钢药芯焊丝的焊缝金属的力学性能（表7-10-55）

表7-10-55　电弧焊用低合金钢药芯焊丝的焊缝金属的力学性能

AWS 型号 A5.29M	状态[1]	R_m/MPa	R_{eL}/MPa	A（%）	试验温度 /℃	KV/J
			≥	≥		
E49XT5-A1C E49XT5-A1M	PWHT	490~620	400	20	-30	≥27
E55XT1-A1C E55XT1-A1M	PWHT	550~690	470	19	—	不作规定
E55XT1-B1C，-B1M E55XT1-B1LC，-B1LM	PWHT	550~690	470	19	—	不作规定
E55XT1-B2C，-B2M E55XT1-B2LC，-B2LM E55XT1-B2HC，-B2HM	PWHT	550~690	470	19	—	不作规定
E55XT5-B2C，-B2M E55XT5-B2LC，-B2LM	PWHT	550~690	470	19	—	不作规定
E62XT1-B3C，-B3M E62XT1-B3LC，-B3LM E62XT1-B3HC，-B3HM	PWHT	620~760	540	17	—	不作规定
E62XT5-B3C，-B3M	PWHT	620~760	540	17	—	不作规定
E69XT5-B3C，-B3M	PWHT	690~830	610	16	—	不作规定
E55XT1-B6C，-B6M E55XT1-B6LC，-B6LM	PWHT	550~690	470	19	—	不作规定
E55XT5-B6C，-B6M E55XT5-B6LC，-B6LM	PWHT	550~690	470	19	—	不作规定
E55XT1-B8C，-B8M E55XT1-B8LC，-B8LM	PWHT	550~690	470	19	—	不作规定
E55XT5-B8C，-B8M E55XT5-B8LC，-B8LM	PWHT	550~690	470	19	—	不作规定
E62XT1-B9C，-B9M	PWHT	620~760	540	16	—	不作规定

① PWHT—焊后热处理。

（3）美国电弧焊用低合金钢药芯焊丝的型号说明

美国电弧焊用低合金钢药芯焊丝有 AWS 标准和 ASME 标准等，标准的内容等同。其标准中分为采用英制单位或采用国际单位制 SI（米制）。仅以采用 SI 单位制的 A5.29M 为例作说明。

在这类焊丝的熔敷金属的化学成分表中，仅列出焊丝型号全称的一部分。

电弧焊用低合金钢药芯焊丝的型号全称为：EXXTX-XX-JHX。中间用两条短线把型号分成 3 部分：（第 3 部分有时可省略）。

第 1 部分（EXXTX）：E——焊丝；XX——用 2 位数字表示焊缝金属抗拉强度（×10MPa）；T——药芯焊丝代号；T 后面的 X，是工艺性代号，分别用 1、4、5~9 中某个数字表示，或附加字母表示碳含量，如数字后的字母：L——较低碳含量，H——较高碳含量。

第 2 部分（XX）：为熔敷金属成分和保护气体代号，分别用 1~14 中某个数字表示工艺性，或用 G（不规定特性）或 GS（焊丝仅适用单道焊）表示。数字后字母是保护气体代号：C——CO_2；M——75%~80% Ar + CO_2。

第 3 部分（JHX）：为附加代号，与上述的 AWS A5.20 标准的型号基本相同。

7.10.17　电弧焊用镍及镍合金焊条［AWS A5.11/A5.11M（2018）］

（1）美国 AWS 标准电弧焊用镍及镍合金焊条的型号与熔敷金属的化学成分（表 7-10-56）

表 7-10-56　电弧焊用镍及镍合金焊条的型号与熔敷金属的化学成分（质量分数）（%）

AWS 型号	UNS 编号	C	Si	Mn	P≤	S≤	Cr	Ni[②]	Mo	其 他[①]
ENi-1	W82141	≤0.10	≤1.25	≤0.75	0.030	0.020	—	≥92.0	—	Al≤1.0，Ti 1.0~4.0 Cu≤0.25，Fe≤0.75
ENiCr-4	W86172	≤0.10	≤1.0	≤1.5	0.020	0.020	48.0~52.0	余量	—	(Nb + Ta) 1.0~2.5 Cu≤0.25，Fe≤1.0
ENiCu-7	W84190	≤0.15	≤1.5	≤4.0	0.020	0.015	—	62.0~69.0	—	Al≤0.75，Ti≤1.0 Fe≤2.5，Cu 余量
ENiCrFe-1	W86312	≤0.08	≤0.75	≤3.5	0.030	0.015	13.0~17.0	≥62.0	—	(Nb + Ta)[④]1.5~4.0 Cu≤0.50，Fe≤11.0
ENiCrFe-2[③]	W86133	≤0.10	≤0.75	1.0~3.5	0.030	0.020	13.0~17.0	≥62.0	0.50~2.50	(Nb + Ta)[④]0.50~3.0 Cu≤0.50，Fe≤12.0
ENiCrFe-3[③]	W86182	≤0.10	≤1.0	5.0~9.5	0.030	0.015	13.0~17.0	≥59.0	—	(Nb + Ta)[④]1.0~2.5 Ti≤1.0，Cu≤0.50 Fe≤10.0
ENiCrFe-4	W86134	≤0.20	≤1.0	1.0~3.5	0.030	0.020	13.0~17.0	≥60.0	1.0~3.50	(Nb + Ta)1.0~3.5 Cu≤0.50，Fe≤12.0
ENiCrFe-7[③][⑤]	W86152	≤0.05	≤0.75	≤5.0	0.030	0.015	28.0~31.5	余量	≤0.50	Al≤0.50，Ti≤0.50 (Nb + Ta)1.0~2.5 Cu≤0.50，Fe 7.0~12.0
ENiCrFe-9	W86094	≤0.15	≤0.75	1.0~4.5	0.020	0.015	12.0~17.0	≥55.0	2.5~5.5	W≤1.50 (Nb + Ta)0.50~3.0 Cu≤0.50，Fe≤12.0
ENiCrFe-10	W86095	≤0.20	≤0.75	1.0~3.5	0.020	0.015	13.0~17.0	≥55.0	1.0~3.5	W 1.50~3.50 (Nb + Ta)1.0~3.5 Cu≤0.50，Fe≤12.0
ENiCrFe-12	W86025	0.10~0.25	≤1.0	≤1.0	0.040	0.020	24.0~26.0	余量	—	Al 1.5~2.2，Co≤1.0 Ti 0.10~0.40 Fe 8.0~11.0，Cu≤0.20

（续）

AWS 型号	UNS 编号	C	Si	Mn	P≤	S≤	Cr	Ni②	Mo	其 他①
ENiCrFe-13⑥	W86155	≤0.05	≤0.75	≤1.0	0.020	0.015	28.5 ~ 31.0	52.0 ~ 62.0	3.0 ~ 5.0	Al≤0.50，Co≤0.10 （Nb + Ta）2.1 ~ 4.0 Ti≤0.50，Cu≤0.30 Fe 余量
ENiCrFe-15	W86056	≤0.05	≤0.50	2.5 ~ 4.5	0.020	0.015	26.0 ~ 28.0	余同	—	Al≤0.60，Co≤0.10 Ti≤0.40 （Nb + Ta）2.0 ~ 3.6 Fe2.0 ~ 3.0，Cu≤0.30
ENiCrFeSi-1	W86045	0.05 ~ 0.20	2.5 ~ 3.0	≤2.5	0.040	0.030	26.0 ~ 29.0	余量	—	Al≤0.30，Co≤1.0 Fe 21.0 ~ 25.0，Cu≤0.30
ENiMo-1	W80001	≤0.07	≤1.0	≤1.0	0.040	0.030	≤1.0	余量	26.0 ~ 30.0	Co≤2.5，W≤1.0 V≤0.60，Cu≤0.50 Fe 4.0 ~ 7.0
ENiMo-3	W80004	≤0.12	≤1.0	≤1.0	0.040	0.030	2.5 ~ 5.5	余量	23.0 ~ 27.0	Co≤2.5，W≤1.0 V≤0.60，Cu≤0.50 Fe 4.0 ~ 7.0
ENiMo-7	W80665	≤0.02	≤0.2	≤1.75	0.040	0.030	≤1.0	余量	26.0 ~ 30.0	Co≤1.0，W≤1.0 Cu≤0.50，Fe≤2.25
ENiMo-8	W80008	≤0.10	≤0.75	≤1.5	0.020	0.015	0.5 ~ 3.5	≥60.0	17.0 ~ 20.0	W 2.0 ~ 4.0，Cu≤0.50 Fe≤10.0
ENiMo-9	W80009	≤0.10	≤0.75	≤1.5	0.020	0.015	—	≥62.0	18.0 ~ 22.0	W 2.0 ~ 4.0，Fe≤7.0 Cu 0.3 ~ 1.3
ENiMo-10	W80675	≤0.02	≤0.2	≤2.0	0.040	0.030	1.0 ~ 3.0	余量	27.0 ~ 32.0	Co≤3.0，W≤3.0 Fe 1.0 ~ 3.0，Cu≤0.50
ENiMo-11	W80629	≤0.02	≤0.2	≤2.5	0.040	0.030	0.5 ~ 1.5	余量	26.0 ~ 30.0	Al 0.1 ~ 0.5，Co≤1.0 Nb + Ta≤0.50 Ti≤0.30，Cu≤0.50 Fe 2.0 ~ 5.0
ENiMoCr-1	W10362	≤0.02	≤0.20	≤0.60	0.030	0.015	13.8 ~ 15.6	余同	21.5 ~ 23.0	Al≤0.50
ENiCrMo-1	W86007	≤0.05	≤1.0	1.0 ~ 2.0	0.040	0.030	21.0 ~ 23.5	余量	5.5 ~ 7.5	Co≤2.5，W≤1.0 （Nb + Ta）1.75 ~ 2.50 Cu 1.5 ~ 2.5，Fe 18.0 ~ 21.0
ENiCrMo-2	W86002	0.05 ~ 0.15	≤1.0	≤1.0	0.040	0.030	20.5 ~ 23.0	余量	8.0 ~ 10.0	Co 0.5 ~ 2.5，W 0.2 ~ 1.0 Cu≤0.50，Fe 17.0 ~ 20.0
ENiCrMo-3③	W86112	≤0.10	≤0.75	≤1.0	0.030	0.020	20.0 ~ 23.0	≥55.0	8.0 ~ 10.0	（Nb + Ta）3.15 ~ 4.15 Cu≤0.50，Fe≤7.0

（续）

AWS 型号	UNS 编号	C	Si	Mn	P≤	S≤	Cr	Ni[②]	Mo	其 他[①]
ENiCrMo-4	W80276	≤0.02	≤0.2	≤1.0	0.040	0.030	14.5 ~ 16.5	余量	15.0 ~ 17.0	Co≤2.5,W 3.0~4.5 V≤0.35,Cu≤0.50 Fe 4.0~7.0
ENiCrMo-5	W80002	≤0.10	≤1.0	≤1.0	0.040	0.030	14.5 ~ 16.5	余量	15.0 ~ 17.0	Co≤2.5,W 3.0~4.5 V≤0.35,Cu≤0.50 Fe 4.0~7.0
ENiCrMo-6	W86620	≤0.10	≤1.0	2.0 ~ 4.0	0.030	0.020	12.0 ~ 17.0	≥55.0	5.0 ~ 9.0	(Nb+Ta)0.5~2.0 W 1.0~2.0,Cu≤0.50 Fe≤10.0
ENiCrMo-7	W86455	≤0.015	≤0.2	≤1.5	0.040	0.030	14.0 ~ 18.0	余量	14.0 ~ 17.0	Co≤2.0,W≤0.50 Ti≤0.70,Cu≤0.50 Fe≤3.0
ENiCrMo-9	W86985	≤0.02	≤1.0	≤1.0	0.040	0.030	21.0 ~ 23.5	余量	6.0 ~ 8.0	Co≤5.0,W≤1.5 Nb+Ta≤0.5 Fe 18.0~21.0,Cu 1.5~2.5
ENiCrMo-10	W86022	≤0.02	≤0.2	≤1.0	0.030	0.015	20.0 ~ 22.5	余量	12.5 ~ 14.5	Co≤2.5,W 2.5~3.5 V≤0.35,Cu≤0.50 Fe 2.0~6.0
ENiCrMo-11	W86030	≤0.03	≤1.0	≤1.5	0.040	0.020	28.0 ~ 31.5	余量	4.0 ~ 6.0	Co≤5.0,W 1.5~4.0 (Nb+Ta)0.3~1.5 Cu 1.0~2.4 Fe 13.0~17.0
ENiCrMo-12	W86032	≤0.03	≤0.7	≤2.2	0.030	0.020	20.5 ~ 22.5	余量	8.8 ~ 10.0	(Nb+Ta)1.0~2.8 Cu≤0.50,Fe≤5.0
ENiCrMo-13	W86059	≤0.02	≤0.2	≤1.0	0.015	0.010	22.0 ~ 24.0	余量	15.0 ~ 16.5	Cu≤0.50,Fe≤1.5
ENiCrMo-14	W86686	≤0.02	≤0.25	≤1.0	0.020	0.020	19.0 ~ 23.0	余量	15.0 ~ 17.0	W 3.0~4.4,Ti≤0.25 Cu≤0.50,Fe≤5.0
ENiCrMo-17	W86200	≤0.02	≤0.2	≤0.5	0.030	0.015	22.0 ~ 24.0	余量	15.0 ~ 17.0	Cu 1.3~1.9 Co≤2.0,Fe≤3.0
ENiCrMo-18	W86650	≤0.03	≤0.6	≤0.7	0.030	0.020	19.0 ~ 22.0	余量	10.0 ~ 13.0	Al≤0.5,Co≤1.0 Nb+Ta≤0.3 W 1.0~2.0,V≤0.15 Cu≤0.30,Fe 12.0~15.0
ENiCrMo-19[⑦]	W86058	≤0.02	≤0.2	≤1.5	0.030	0.020	20.0 ~ 23.0	余量	18.5 ~ 21.0	Al≤0.4,W≤0.3 Co≤0.30,Cu≤0.50 Fe≤1.5
ENiCrMo-22	W86035	≤0.05	≤0.6	≤0.5	0.030	0.015	32.25 ~ 34.25	余量	7.6 ~ 9.0	Al≤0.4,W≤0.6 Co≤1.00,Ti≤0.20 Nb+Ta≤0.5,V≤0.20 Cu≤0.30,Fe≤2.0

（续）

AWS 型号	UNS 编号	C	Si	Mn	P≤	S≤	Cr	Ni②	Mo	其他①
ENiCrCoMo-1	W86117	0.05 ~ 0.15	≤0.75	0.3 ~ 2.5	0.030	0.015	21.0 ~ 26.0	余量	8.0 ~ 10.0	Co 9.0 ~ 15.0 Nb + Ta≤1.0 Cu≤0.50，Fe≤5.0
ENiCrWMo-1	W86231	0.05 ~ 0.10	0.25 ~ 0.75	0.3 ~ 1.0	0.020	0.015	20.0 ~ 24.0	余量	1.0 ~ 3.0	Al≤0.5，Co≤5.0 W 13.0 ~ 15.0，Ti≤0.10 Cu≤0.50，Fe≤3.0

① 除表中所列元素外，其他残余元素总量均≤0.50%。
② Ni 含量包括已列于表内的 Co 含量。
③ 经需方规定，Co≤0.12%。
④ 经需方规定，Ta≤0.30。
⑤ 经需方规定，B≤0.005%，Zr≤0.020%。
⑥ B = 0.003%，Zr = 0.020%。
⑦ N = 0.02% ~ 0.15%。

（2）美国电弧焊用镍及镍合金焊条的焊缝金属的力学性能（表7-10-57）

表 7-10-57　电弧焊用镍及镍合金焊条的焊缝金属的力学性能

AWS 型号	UNS 编号	R_m/MPa ≥	A①（%）≥	AWS 型号	UNS 编号	R_m/MPa ≥	A①（%）≥
Ni 系				NiMo 系			
ENi-1	W82141	410	20	ENiMo-10	W80675	690	25
NiCr 系				ENiMo-11	W80629	690	25
ENiCr-4	W86172	760	—	NiCrMo 系			
NiCu 系				ENiMoCr-1	W10362	720	25
ENiCu-7	W84190	480	30	ENiCrMo-1	W86007	620	20
NiCrFe 系				ENiCrMo-2	W86002	650	20
ENiCrFe-1	W86312	550	30	ENiCrMo-3	W86112	760	30
ENiCrFe-2	W86133	550	30	ENiCrMo-4	W80276	690	25
ENiCrFe-3	W86182	550	30	ENiCrMo-5	W80002	690	25
ENiCrFe-4	W86134	650	20	ENiCrMo-6	W86620	620	35
ENiCrFe-7	W86152	550	30	ENiCrMo-7	W86455	690	25
ENiCrFe-9	W86094	650	25	ENiCrMo-9	W86985	620	25
ENiCrFe-10	W86095	650	25	ENiCrMo-10	W86022	690	25
ENiCrFe-12	W86025	650	20	ENiCrMo-11	W86030	590	25
ENiCrFe-13	W86155	550	30	ENiCrMo-12	W86032	650	35
ENiFe-15	W86056	550	30	ENiCrMo-13	W86059	690	25
NiCrFeSi 系				ENiCrMo-14	W86686	690	30
ENiCrFeSi-1	W86045	620	20	ENiCrMo-17	W86200	690	25
NiMo 系				ENiCrMo-18	W86650	650	30
ENiMo-1	W80001	690	25	ENiCrMo-19	W86058	830	20
ENiMo-3	W80004	690	25	NiCrCoMo 系			
ENiMo-7	W80665	690	25	ENiCrCoMo-1	W86117	620	25
ENiMo-8	W80008	650	25	NiCrWMo 系			
ENiMo-9	W80009	650	25	ENiCrWMo-1	W86231	620	20

① 断后伸长率 A 是以标定长度等于 4 倍的标定直径而测定的。

（3）美国电弧焊用镍及镍合金焊条的型号说明

美国电弧焊用镍及镍合金焊条，采用 AWS 填充金属传统的型号模式，其中对于焊缝金属的力学性能采用英制单位或采用国际单位制 SI（米制）。

这类焊条的型号为 ENiXXX-X，其中：前缀字母 E——焊条，Ni——镍基合金，XXX-X 是用于对镍合金焊条的分组。XXX 代表其他元素符号，如 Cr、Cu、Fe、Mo、Co，等，短线后 X——数字编号。

本标准［AWS A5.11/A5.11M］与镍及镍合金焊丝［AWS A5.14/A5.14M］在类别、用途上存在相应关系，但合金成分有一定差别，举例如下（表7-10-58）。

表7-10-58　本标准与镍及镍合金焊丝的相应关系举例

本标准［AWS A5.11/A5.11M］	UNS 编号	镍及镍合金焊丝［AWS A5.14/A5.14M］	UNS 编号
ENiMo-8	W80008	ERNiMo-8	N10008
ENiCrMo-7	W86455	ERNiCrMo-7	N06455
ENiCrMo-18	W86650	ERNiCrMo-18	N06650

7.10.18　镍及镍合金焊丝［AWS A5.14/A5.14M（2018）］

（1）美国镍及镍合金焊丝和填充丝的型号与化学成分（表7-10-59）

表7-10-59　镍及镍合金焊丝和填充丝的型号与化学成分（质量分数）（%）

AWS 型号	UNS 编号	C	Si	Mn	P≤	S≤	Cr	Ni[①]	Mo	其 他[②]
ERNi-1[③]	N02061	≤0.15	≤0.75	≤1.0	0.030	0.015	—	≥93.0	—	Al≤1.5，Cu≤0.25 Ti 2.0~3.5，Fe≤1.0
ERNiCu-7[③]	N04060	≤0.15	≤1.25	≤4.0	0.020	0.015	—	62.0~69.0	—	Al≤1.25，Ti 1.50~3.00 Fe≤2.5，Cu 余量
ERNiCu-8[③]	N05504	≤0.25	≤1.00	≤1.5	0.030	0.015	—	63.0~70.0	—	Al 2.0~4.0，Fe≤2.0 Ti≤0.25~1.00，Cu 余量
ERNiCr-3[③]	N06082	≤0.10	≤0.50	2.5~3.5	0.030	0.015	18.0~22.0	≥67.0	—	Ti≤0.75，Cu≤0.50 （Nb+Ta）2.0~3.0 Fe≤3.0
ERNiCr-4	N06072	0.01~0.10	≤0.20	≤0.20	0.020	0.015	42.0~46.0	余量	—	Ti 0.3~1.0，Cu≤0.50 Fe≤0.50
ERNiCr-6[③]	N06076	0.08~0.15	≤0.30	≤1.0	0.030	0.015	19.0~21.0	≥75.0	—	Al≤0.40，Ti 0.15~0.50 Cu≤0.50，Fe≤2.0
ERNiCr-7[③]	N06073	≤0.03	≤0.30	≤0.50	0.020	0.015	36.0~39.0	余量	≤0.50	Al 0.75~1.20，Co≤1.0 Ti 0.25~0.75，B≤0.003 Zr≤0.02（Nb+Ta）0.25~1.0，Cu≤0.30，Fe≤1.0
ERNiCrCo-1	N07740	0.01~0.06	≤1.00	≤1.00	0.030	0.015	23.5~25.5	余量	≤2.00	Al 0.5~2.0，Co 15.0~22.9 Ti 0.5~2.5 （Nb+Ta）0.5~2.5 Cu≤0.50，Fe≤3.00
ERNiCrCo Mo-1	N06617	0.05~0.15	≤1.00	≤1.00	0.030	0.015	20.0~24.0	余量	8.0~10.0	Al 0.8~1.50 Co 10.0~15.0，Ti≤0.60 Cu≤0.50，Fe≤3.0

（续）

AWS 型号	UNS 编号	C	Si	Mn	P≤	S≤	Cr	Ni[①]	Mo	其　他[②]
ERNiCrCo Mo-2	N07208	0.04 ~ 0.08	≤0.15	≤0.30	0.015	0.015	18.5 ~ 20.5	余量	8.0 ~ 9.0	Al 1.38 ~ 1.65, Ti 1.90 ~ 2.30 Co 9.0 ~ 11.0, W≤0.05 Nb + Ta≤0.3, Fe≤1.50
ERNiCrFe-5[③]	N06062	≤0.08	≤0.35	≤1.0	0.030	0.015	14.0 ~ 17.0	≥70.0	—	（Nb + Ta）1.5 ~ 3.0 Cu≤0.50, Fe 6.0 ~ 10.0
ERNiCrFe-6[③]	N07092	≤0.08	≤0.35	2.0 ~ 2.7	0.030	0.015	14.0 ~ 17.0	≥67.0	—	Ti 2.5 ~ 3.5 Cu≤0.50, Fe≤8.0
ERNiCrFe-7	N06052	≤0.04	≤0.50	≤1.0	0.020	0.015	28.0 ~ 31.5	余量	≤0.50	Al≤1.10, Ti ≤1.0 Nb + Ta≤0.10 Cu≤0.30 Al + Ti≤1.50, Fe 7.0 ~ 11.0
ERNiCrFe-7A	N06054	≤0.04	≤0.50	≤1.0	0.020	0.015	28.0 ~ 31.5	余量	≤0.50	Al≤1.10, Ti≤1.0 （Nb + Ta）0.50 ~ 1.00 Al + Ti≤1.50, B≤0.005 Zr≤0.02, Co≤0.12 Cu≤0.30, Fe 7.0 ~ 11.0
ERNiCrFe-8	N07069	≤0.08	≤0.50	≤1.0	0.030	0.015	14.0 ~ 17.0	≥70.0	—	Al 0.4 ~ 1.0, Ti 2.00 ~ 2.75 （Nb + Ta）0.70 ~ 1.20 Cu≤0.50, Fe 5.0 ~ 9.0
ERNiCrFe-11	N06601	≤0.10	≤0.50	≤1.0	0.030	0.015	21.0 ~ 25.0	58.0 ~ 63.0	—	Al 1.0 ~ 1.7 Cu≤1.0, Fe 余量
ERNiCrFe-12	N06025	0.15 ~ 0.25	≤0.50	≤0.50	0.020	0.010	24.0 ~ 26.0	余量	—	Al 1.8 ~ 2.4, Co≤1.0 Ti 0.10 ~ 0.20, Cu≤0.10 Y 0.05 ~ 0.12, Fe 8.0 ~ 11.0
ERNiCrFe-13	N06055	≤0.03	≤0.50	≤1.0	0.020	0.015	28.5 ~ 31.0	52.0 ~ 62.0	3.0 ~ 5.0	Al ≤0.50, Co≤0.10 （Nb + Ta）2.1 ~ 4.0 Ti≤0.50, B≤0.003 Zr≤0.02, Cu≤0.50 Fe 余量
ERNiCrFe-14	N06043	≤0.04	≤0.50	≤3.0	0.020	0.015	28.0 ~ 31.5	余量	≤0.50	Al ≤0.50 （Nb + Ta）1.0 ~ 2.5 且 Ta≤0.10, Ti≤0.50 Cu≤0.30, Fe≤7.0
ERNiCrFe-15	N06056	0.020 ~ 0.055	≤0.50	2.5 ~ 3.5	0.020	0.015	26.0 ~ 28.0	余量	—	Al≤0.60 （Nb + Ta）2.0 ~ 2.8 Co≤0.10, Ti0.10 ~ 0.40 Cu≤0.30, Fe1.0 ~ 3.0

（续）

AWS 型号	UNS 编号	C	Si	Mn	P≤	S≤	Cr	Ni[①]	Mo	其 他[②]
ERNiCrFe Si-1	N06045	0.05 ~ 0.12	2.5 ~ 3.0	≤1.0	0.020	0.010	26.0 ~ 29.0	余量	—	Al ≤0.30，Co≤1.0 Fe 21.0 ~ 25.0，Cu≤0.30
ERNiCrFeAl-1	N06693	≤0.15	≤0.50	≤1.0	0.030	0.010	27.0 ~ 31.0	余量	—	Al 2.5 ~ 4.0，Ti≤1.0 （Nb + Ta）0.5 ~ 2.5 Cu≤0.50，Fe 2.5 ~ 6.0
ERNiFeCr-1[③]	N08065	≤0.05	≤0.50	≤1.0	0.030	0.030	19.5 ~ 23.5	38.0 ~ 46.0	2.5 ~ 3.5	Ti 0.60 ~ 1.20，Al≤0.20 Fe≥22.0，Cu 1.5 ~ 3.0[③]
ERNiFeCr-2	N07718	≤0.08	≤0.35	≤0.35	0.015	0.015	17.0 ~ 21.0	50.0 ~ 55.0	2.8 ~ 3.3	Al 0.20 ~ 0.80 （Nb + Ta）4.75 ~ 5.50 Ti 0.65 ~ 1.15 B≤0.006，Cu≤0.30，余量
ERNiCr-3	N09946	0.005 ~ 0.040	≤0.50	≤1.0	0.030	0.015	19.5 ~ 23.0	45.0 ~ 55.0	3.0 ~ 4.0	Al 0.01 ~ 0.70，Fe 余量 （Nb + Ta）2.5 ~ 4.5 Ti 0.5 ~ 2.5，Cu 1.5 ~ 3.0
ERNiMo-1	N10001	≤0.08	≤1.0	≤1.0	0.025	0.030	≤1.0	余量	26.0 ~ 30.0	Co≤2.50，W≤1.0 V 0.20 ~ 0.40 Cu≤0.50，Fe 4.0 ~ 7.0
ERNiMo-2	N10003	0.04 ~ 0.08	≤1.0	≤1.0	0.015	0.020	6.0 ~ 8.0	余量	15.0 ~ 18.0	Co≤0.20，W≤0.50 V≤0.50，B≤0.010 Cu≤0.50，Fe≤5.0
ERNiMo-3	N10004	≤0.12	≤1.0	≤1.0	0.040	0.030	4.0 ~ 6.0	余量	23.0 ~ 26.0	Co≤2.5，V≤0.60 W≤1.0，Cu≤0.50 Fe 4.0 ~ 7.0
ERNiMo-7	N10665	≤0.02	≤0.10	≤1.0	0.040	0.030	≤1.0	余量	26.0 ~ 30.0	Co≤1.0，W≤1.0 Cu≤0.50，Fe≤2.0
ERNiMo-8	N10008	≤0.10	≤0.50	≤1.0	0.015	0.015	0.5 ~ 3.5	≥60.0	18.0 ~ 21.0	W 2.0 ~ 4.0，Cu≤0.50 Fe≤10.0
ERNiMo-9	N10009	≤0.10	≤0.50	≤1.0	0.015	0.015	—	≥65.0	19.0 ~ 22.0	W 2.0 ~ 4.0，Al≤1.0 Cu 0.3 ~ 1.3，Fe≤5.0
ERNiMo-10	N10675	≤0.01	≤0.10	≤3.0	0.030	0.010	1.0 ~ 3.0	≥65.0[④]	27.0 ~ 32.0[④]	Al≤0.50，Co≤3.0 W≤3.00，Ti≤0.20 Nb + Ta≤0.20，B≤0.02 V≤0.20，Zr≤0.10 Cu≤0.20，Fe 1.0 ~ 3.0
ERNiMo-11	N10629	≤0.01	≤0.10	≤1.0	0.020	0.010	0.5 ~ 1.5	余量	26.0 ~ 30.0	Al 0.1 ~ 0.5，Co≤1.0 Ti≤0.30 Nb + Ta≤0.50 Cu≤0.50，Fe 2.0 ~ 5.0

（续）

AWS 型号	UNS 编号	C	Si	Mn	P≤	S≤	Cr	Ni[①]	Mo	其　他[②]
ERNiMo-12	N10242	≤0.03	≤0.80	≤0.80	0.030	0.015	7.0 ~ 9.0	余量	24.0 ~ 26.0	Al≤0.50，Co≤1.0 B≤0.006，Cu≤0.50 Fe≤2.0
ERNiMoCr-1	N10362	0.010	0.08	≤0.60	0.025	0.010	13.8 ~ 15.6	余量	2.15 ~ 23.0	Al≤0.50，F≤1.25
ERNiCrMo-1	N06007	≤0.05	≤1.0	1.0 ~ 2.0	0.040	0.030	21.0 ~ 23.5	余量	5.5 ~ 7.5	（Nb + Ta）1.75 ~ 2.50 Cu 1.5 ~ 2.5，Co≤2.5 Fe 18.0 ~ 24.0，W≤1.0
ERNiCrMo-2	N06002	0.05 ~ 0.15	≤1.0	≤1.0	0.040	0.030	20.5 ~ 23.0	余量	8.0 ~ 10.0	Co 0.5 ~ 2.5，W 0.2 ~ 1.0 Cu≤0.50，Fe 17.0 ~ 20.0
ERNiCrMo-3[③]	N06625	≤0.10	≤0.50	≤0.50	0.020	0.015	20.0 ~ 23.0	≥58.0	8.0 ~ 10.0	Al≤0.40，Ti≤0.40 （Nb + Ta）3.15 ~ 4.15 Cu≤0.50，Fe≤5.0
ERNiCrMo-4	N10276	≤0.02	≤0.08	≤1.0	0.040	0.030	14.5 ~ 16.5	余量	15.0 ~ 17.0	Co≤2.50，W 3.0 ~ 4.5 V≤0.35，Cu≤0.50 Fe 4.0 ~ 7.0
ERNiCrMo-7	N06455	≤0.015	≤0.08	≤1.0	0.040	0.030	14.0 ~ 18.0	余量	14.0 ~ 18.0	Co≤2.00，W≤0.50 Ti≤0.70，Cu≤0.50 Fe≤3.0
ERNiCrMo-8	N06975	≤0.03	≤1.0	≤1.0	0.030	0.030	23.0 ~ 26.0	47.0 ~ 52.0	5.0 ~ 7.0	Ti 0.70 ~ 1.50，Fe 余量 Cu 0.70 ~ 1.20
ERNiCrMo-9	N06985	≤0.015	≤1.0	≤1.0	0.040	0.030	21.0 ~ 23.5	余量	6.0 ~ 8.0	Co≤5.00，Nb + Ta≤0.50 Cu 1.50 ~ 2.50，W≤1.5 Fe 18.0 ~ 21.0
ERNiCrMo-10[④]	N06022	≤0.015	≤0.08	≤0.50	0.020	0.010	20.0 ~ 22.5	余量	12.5 ~ 14.5	Co≤2.5，W 2.5 ~ 3.5 V≤0.35，Cu≤0.50 Fe 2.0 ~ 6.0
ERNiCrMo-11	N06030	≤0.03	≤0.80	≤1.5	0.040	0.020	28.0 ~ 31.5	余量	4.0 ~ 6.0	Co≤5.0，W 1.5 ~ 4.0 （Nb + Ta）0.3 ~ 1.5 Cu 1.0 ~ 2.4，Fe 13.0 ~ 17.0
ERNiCrMo-13	N06059	≤0.010	≤0.10	≤0.50	0.015	0.010	22.0 ~ 24.0	余量	15.0 ~ 16.5	Al 0.1 ~ 0.4，Co≤0.30 Cu≤0.50，Fe≤1.50
ERNiCrMo-14	N06686	≤0.010	≤0.08	≤1.0	0.020	0.020	19.0 ~ 23.0	余量	15.0 ~ 17.0	Al≤0.50，Ti≤0.25 W 3.00 ~ 4.00 Cu≤0.50，Fe≤5.0
ERNiCrMo-15	N07725	≤0.03	≤0.20	≤0.35	0.015	0.010	19.0 ~ 22.5	55.0 ~ 59.0	7.00 ~ 9.50	Al≤0.35，Ti 1.0 ~ 1.7 （Nb + Ta）2.75 ~ 4.00 Fe 余量

（续）

AWS 型号	UNS 编号	C	Si	Mn	P≤	S≤	Cr	Ni[①]	Mo	其 他[②]
ERNiCrMo-16	N06057	≤0.02	≤1.0	≤1.0	0.040	0.030	29.0 ~ 31.0	余量	10.0 ~ 12.0	V≤0.40，Fe≤2.0
ERNiCrMo-17	N06200	≤0.010	≤0.08	≤0.50	0.025	0.010	22.0 ~ 24.0	余量	15.0 ~ 17.0	Al≤0.50，Co≤2.0 Cu 1.3 ~ 1.9，Fe≤3.0
ERNiCrMo-18	N06650	≤0.03	≤0.50	≤0.50	0.020	0.010	19.0 ~ 21.0	余量	9.5 ~ 12.5	Al 0.05 ~ 0.50，V≤0.30 W 0.50 ~ 2.50，Cu≤0.30 （Nb + Ta）0.05 ~ 0.50 Co≤1.0，N 0.05 ~ 0.20 Fe 12.0 ~ 16.0
ERNiCrMo-19	N06058	≤0.010	≤0.10	≤0.50	0.015	0.010	20.0 ~ 23.0	余量	18.5 ~ 21.0	Al≤0.40，Co≤0.30 W≤0.30，N 0.02 ~ 0.15 Cu≤0.50，Fe≤1.5
ERNiCrMo-20	N06660	≤0.03	≤0.50	≤0.50	0.015	0.015	21.0 ~ 23.0	余量	9.00 ~ 11.0	Al≤0.40，Co≤0.20 W 2.00 ~ 4.00，Ti≤0.40 Nb + Ta≤0.20 Cu≤0.30，Fe≤2.0
ERNiCrMo-21	N06205	≤0.03	≤0.50	≤0.50	0.015	0.015	24.0 ~ 26.0	余量	14.0 ~ 16.0	Al≤0.40，Co≤0.20 W≤0.30，Ti≤0.40 Cu≤0.20，Fe≤1.0
ERNiCrMo-22	N06035	≤0.050	≤0.60	≤0.50	0.030	0.015	32.25 ~ 34.25	余量	7.6 ~ 9.0	Al≤0.40，Co≤1.0 W≤0.60，V≤0.20 Ti≤0.20，Fe≤2.0 Nb + Ta≤0.50，Cu≤0.30
ERNiCrMo WNb-1	N06680	≤0.03	≤0.10	—	0.020	0.015	17.0 ~ 23.0	56.0 ~ 65.0	5.0 ~ 8.0	Co≤1.0 Al≤0.50 （Nb + Ta）3.0 ~ 5.0 Ti≤1.2 ~ 3.0，W4.0 ~ 8.0 Fe≤0.5
ERNiCoCrSi-1	N12160	0.02 ~ 0.10	2.4 ~ 3.0	≤1.0	0.030	0.015	26.0 ~ 29.0	余量	≤0.7	Co 27.0 ~ 32.0 Al≤0.40，W≤0.50 Nb + Ta≤0.30 Ti 0.20 ~ 0.60 Cu≤0.50，Fe≤3.5
ERNiCrWMo-1	N06231	0.05 ~ 0.15	0.25 ~ 0.75	0.30 ~ 1.0	0.030	0.015	20.0 ~ 24.0	余量	1.0 ~ 3.0	W 13.0 ~ 15.0，Co≤5.0 Al 0.20 ~ 0.50，B≤0.003 La≤0.050，Cu≤0.50 Fe≤3.0

① 包括 Co。

② 除表中所列元素外，其他元素总含量均≤0.50%。

③ MIL-E-21562 级，还含 Pb≤0.001%，其他元素总含量应包括 Pb、Sn、Zn。

④ （Ni + Mo）94.0% ~ 98.0%，Ta≤0.02%，Zr≤0.02%。

（2）美国镍及镍合金焊丝和填充丝的焊缝金属的力学性能（表7-10-60）

表7-10-60　镍及镍合金焊丝和填充丝的焊缝金属的力学性能

AWS 型号	UNS 编号	R_m/MPa≥	AWS 型号	UNS 编号	R_m/MPa≥
ERNi-1	N02061	380	ERNiMo-8	N10008	660
ERNiCu-7	N04060	490	ERNiMo-9	N10009	660
ERNiCu-8	N05504	690	ERNiMo-10	N10675	760
ERNiCr-3	N06082	550	ERNiMo-11	N10629	690
ERNiCr-4	N06072	690	ERNiMo-12	N10242	690
ERNiCr-6	N06076	550	ERNiMoCr-1	N10362	725
ERNiCr-7	N06073	690	ERNiCrMo-1	N06007	590
ERNiCrCo-1	N07740	1070	ERNiCrMo-2	N06002	660
ERNiCrCoMo-1	N06617	620	ERNiCrMo-3	N06625	760
ERNiCrCoMo-2	N07208	965	ERNiCrMo-4	N10276	690
ERNiCrFe-5	N06062	550	ERNiCrMo-7	N06455	690
ERNiCrFe-6	N07092	550	ERNiCrMo-8	N06975	590
ERNiCrFe-7	N06052	550	ERNiCrMo-9	N06985	590
ERNiCrFe-7A	N06054	590	ERNiCrMo-10	N06022	690
ERNiCrFe-8	N07069	860	ERNiCrMo-11	N06030	590
ERNiCrFe-11	N06601	650	ERNiCrMo-13	N06059	760
ERNiCrFe-12	N06025	660	ERNiCrMo-14	N06686	760
ERNiCrFe-13	N06055	590	ERNiCrMo-15	N07725	1200
ERNiCrFe-14	N06043	550	ERNiCrMo-16	N06057	590
ERNiCrFe-15	N06056	620	ERNiCrMo-17	N06200	690
ERNiCrFeSi-1	N06045	620	ERNiCrMo-18	N06650	660
ERNiCrFeAl-1	N06693	590	ERNiCrMo-19	N06058	830
ERNiFeCr-1	N08065	550	ERNiCrMo-20	N06660	750
ERNiFeCr-2	N07718	1140	ERNiCrMo-21	N06205	780
ERNiFeCr-3	N09946	690	ERNiCrMo-22	N06035	590
ERNiMo-1	N10001	690	ERNiCrMoWNb-1	N06680	900
ERNiMo-2	N10003	690	ERNiCoCrSi-1	N12160	620
ERNiMo-3	N10004	690	ERNiCrWMo-1	N06231	760
ERNiMo-7	N10665	760	—	—	—

（3）美国镍及镍合金焊丝和填充丝的型号说明

美国镍及镍合金焊丝和填充丝的型号，采用 AWS 传统的型号模式，其中对于焊缝金属的力学性能采用英制单位或采用国际单位制 SI（米制）。

这类焊丝的型号为 ERNiXXX-X，其中：前缀字母 ER——表示可用于焊丝，也可用作填充丝。有些型号的前缀字母 EQ，表示以焊带产品提供。前缀字母后面的 Ni——镍基合金，XXX——代表其他化学元素符号，如 Al、Cr、Co、Cu、Fe、Mo、Si、W 等，短线后是数字编号，用于对镍基合金分组。

例如：ERNiCrMo-2（N06002），代表焊缝金属的合金成分（质量分数）为：Ni = 47%、Cr = 20%、Fe = 18%、Mo = 9%、Co = 1.5%，可用于 Ni-Cr-Mo 合金本身的焊接，也可用作钢与其他镍基合金的焊接。

7.10.19　电弧焊用镍合金药芯焊丝［AWS A5.34/A5.34M（2013）］

（1）美国电弧焊用镍合金药芯焊丝的型号与熔敷金属的化学成分（表7-10-61）

表 7-10-61　电弧焊用镍合金药芯焊丝的型号与熔敷金属的化学成分（质量分数）（%）

AWS 型号		UNS 编号	C	Si	Mn	P≤	S≤	Cr	Ni[②]	Mo	其 他[①]
ISO 格式	AWS 常用格式										
TNi 6082-xy	ENiCr3Tx-y	W86062	≤0.10	≤0.50	2.5~3.5	0.030	0.015	18.0~22.0	≥67.0[③]	—	(Nb+Ta)2.0~3.0 Ti≤0.75,Cu≤0.50 Fe≤3.0,(+Co)[③]
TNi 6062-xy	ENiCrFe1Tx-y	W86132	≤0.08	≤0.75	≤3.5	0.030	0.015	13.0~17.0	≥62.0[③]	—	(Nb+Ta)1.5~4.0 Cu≤0.50,Fe≤11.0
TNi 6133-xy	ENiCrFe2Tx-y	W86133	≤0.10	≤0.75	1.0~3.5	0.030	0.020	13.0~17.0	≥62.0[③]	0.50~2.50	(Nb+Ta)0.50~3.0 Cu≤0.50,(+Co)[③] Fe≤12.0
TNi 6182-xy	ENiCrFe3Tx-y	W86182	≤0.10	≤1.0	5.0~9.5	0.030	0.015	13.0~17.0	≥59.0	—	Ti≤1.0,Cu≤0.50 Fe≤10.0,(+Co)[③]
TNi 1013-xy	ENiMo13Tx-y	N 10300	≤0.10	≤0.75	2.0~3.0	0.020	0.015	4.0~8.0	≥58.0	16.0~19.0	W 2.0~4.0 Cu≤0.50 Fe≤10.0
TNi 6002-xy	ENiCrMo2Tx-y	W86002	0.05~0.15	≤1.0	≤1.0	0.040	0.030	20.5~23.0	余量	8.0~10.0	Co 0.5~2.5 W 0.2~1.0,Cu≤0.50 Fe 17.0~20.0
TNi 6625-xy	ENiCrMo3Tx-y	W86625	≤0.10	≤0.50	≤0.50	0.020	0.015	20.0~23.0	≥58.0[③]	8.0~10.0	(Nb+Ta)3.15~4.15 Ti≤0.40,Cu≤0.50 Fe≤5.0[④],(+Co)[③]
TNi 6276-xy	ENiCrMo4Tx-y	W86276	≤0.02	≤0.2	≤1.0	0.030	0.030	14.5~16.5	余量	15.0~17.0	Co≤2.5,W 3.0~4.5 V≤0.35,Cu≤0.50 Fe 4.0~7.0
TNi 6022-xy	ENiCrMo10Tx-y	W86022	≤0.02	≤0.2	≤1.0	0.030	0.015	20.0~22.5	余量	12.5~14.5	Co≤2.5,V≤0.35 W 2.5~3.5,Cu≤0.50 Fe 2.0~6.0
TNi 6117-xy	ENiCrCoMo1Tx-y	W86117	0.05~0.15	≤0.75	0.3~2.5	0.030	0.015	21.0~26.0	余量	8.0~10.0	Co 9.0~15.0 Nb+Ta≤1.0 Cu≤0.50,Fe≤5.0

① 除表中所列元素外，其他残余元素总含量均≤0.50%。
② Ni 含量包括已列于表内的 Co 含量。
③ 经需方规定，Co≤0.10%。
④ 经需方规定，Fe≤1.0%。

（2）美国电弧焊用镍合金药芯焊丝的焊缝金属的力学性能（表 7-10-62）

表 7-10-62　电弧焊用镍合金药芯焊丝的焊缝金属的力学性能

AWS 型号		UNS 编号	状态	R_m/MPa	A（%）
ISO 形式	传统形式			≥	
TNi 6082-xy	ENiCr3Tx-y	W86062	焊态	550	25
TNi 6062-xy	ENiCrFe1Tx-y	W86132	焊态	550	25
TNi 6133-xy	ENiCrFe2Tx-y	W86133	焊态	550	25
TNi 6182-xy	ENiCrFe3Tx-y	W86182	焊态	550	25
TNi 6002-xy	ENiCrMo2Tx-y	W86002	焊态	620	25

（续）

AWS 型号		UNS 编号	状态	R_m/MPa	A（%）
ISO 形式	传统形式			≥	
TNi 1013-xy	ENiMo13Tx-y	N 10300	焊态	690	25
TNi 6625-xy	ENiCrMo3Tx-y	W86625	焊态	690	25
TNi 6276-xy	EniCrMo4Tx-y	W80276	焊态	690	25
TNi 6022-xy	EniCrMo10Tx-y	W86022	焊态	690	25
TNi 6117-xy	EniCrCoMo1Tx-y	W86117	焊态	620	25

注：断后伸长率 A 是由长径比为 4:1 的试样测定的。

（3）美国电弧焊用镍合金药芯焊丝的型号说明

美国电弧焊用镍合金药芯焊丝的型号可以采用 ISO 格式的型号体系（TNi XXX-xy），也可采用 AWS 传统的型号体系。

ISO 格式的型号为 TNi XXXX-xy。其中：T——管状；Ni——镍基合金；XXXX——4 位数字，大部分和 UNS 编号系列相一致。x——焊接位置；y——由供方分类的保护气体。

AWS 传统的型号为 ENi XXXX-T-xy。其中：E——焊丝；Ni——镍基合金；XXXX——其他主要元素符号（Cr，Mo，Fe）；T——药芯焊丝；x——焊接位置（1——全焊位，0——仅用于平焊和角焊）；y——保护气体，其中：1 – CO_2，3 – 无保护气体，4 – 75% ~ 80% Ar + CO_2。

7.11　中国台湾地区

A. 通用焊接材料

7.11.1　碳钢和高强度钢焊条

该标准是对原《碳钢焊条》标准的修订，增加了部分低合金钢及低温钢，并修改了标准名称。

（1）中国台湾地区 CNS 标准碳钢、高强度钢与低温钢焊条的型号与熔敷金属的化学成分［CNS 13719（2014）］（表7-11-1）

表 7-11-1　碳钢、高强度钢与低温钢焊条的型号与熔敷金属的化学成分（质量分数）（%）

焊条型号	C	Si	Mn	P≤	S≤	Ni	Cr	Mo	其　他
E4303	0.20	1.00	1.20	—		0.30	0.20	0.30	V≤0.08
E4310	0.20	1.00	1.20			0.30	0.20	0.30	V≤0.08
E4311	0.20	1.00	1.20			0.30	0.20	0.30	V≤0.08
E4312	0.20	1.00	1.20			0.30	0.20	0.30	V≤0.08
E4313	0.20	1.00	1.20			0.30	0.20	0.30	V≤0.08
E4316	0.20	1.00	1.20			0.30	0.20	0.30	V≤0.08
E4318	0.03	0.40	0.60	0.025	0.015	0.30	0.20	0.30	V≤0.08
E4319	0.20	1.00	1.20			0.30	0.20	0.30	V≤0.08
E4320	0.20	1.00	1.20			0.30	0.20	0.30	V≤0.08
E4324	0.20	1.00	1.20			0.30	0.20	0.30	V≤0.08
E4327	0.20	1.00	1.20			0.30	0.20	0.30	V≤0.08
E4340	—	—	—	0.040	0.035	—	—	—	—
E4903	0.15	0.90	1.25	0.040	0.035	0.30	0.20	0.30	V≤0.08
E4910	0.20	0.90	1.25			0.30	0.20	0.30	V≤0.08
E4911	0.20	0.90	1.25			0.30	0.20	0.30	V≤0.08
E4912	0.20	1.00	1.20	0.035	0.035	0.30	0.20	0.30	V≤0.08

（续）

焊条型号	C	Si	Mn	P≤	S≤	Ni	Cr	Mo	其 他
E4913	0.20	1.00	1.20	0.035	0.035	0.30	0.20	0.30	V≤0.08
E4914	0.15	0.90	1.25	0.035	0.035	0.30	0.20	0.30	V≤0.08
E4915	0.15	0.75	1.25	0.035	0.035	0.30	0.20	0.30	V≤0.08
E4916	0.15	0.75	1.60	0.035	0.035	0.30	0.20	0.30	V≤0.08
E4918	0.15	0.90	1.60	0.035	0.035	0.30	0.20	0.30	V≤0.08
E4919	0.15	0.90	1.25	0.035	0.035	0.30	0.20	0.30	V≤0.08
E4924	0.15	0.90	1.25	0.035	0.035	0.30	0.20	0.30	V≤0.08
E4927	0.15	0.75	1.60	0.035	0.035	0.30	0.20	0.30	V≤0.08
E4928	0.15	0.90	1.60	0.035	0.035	0.30	0.20	0.30	V≤0.08
E4948	0.15	0.90	1.60	0.035	0.035	0.30	0.20	0.30	V≤0.08
E5716	0.12	0.90	1.60	0.035	0.03	1.00	0.30	0.35	—
E5728	0.12	0.90	1.60	0.03	0.03	1.00	0.30	0.35	—
E4910-1M3	0.12	0.40	0.60	0.03	0.03	—	—	0.40~0.65	—
E4910-P1	0.20	0.60	1.20	0.03	0.03	1.00	0.30	0.50	V≤0.10
E4911-1M3	0.12	0.40	0.60	0.03	0.03	—	—	0.40~0.65	—
E4915-1M3	0.12	0.60	0.90	0.03	0.03	—	—	0.40~0.65	—
E4916-1M3	0.12	0.60	0.90	0.03	0.03	—	—	0.40~0.65	—
E4918-1M3	0.12	0.80	0.90	0.03	0.03	—	—	0.40~0.65	—
E4919-1M3	0.12	0.40	0.90	0.03	0.03	—	—	0.40~0.65	—
E4920-1M3	0.12	0.40	0.60	0.03	0.03	—	—	0.40~0.65	—
E4924-1	0.15	0.90	1.25	0.03	0.03	0.20	0.30	0.30	V≤0.08
E5027-1M3	0.12	0.40	1.00	0.03	0.03	—	—	0.40~0.65	—
E5510-P1	0.20	0.60	1.20	0.03	0.03	1.00	0.30	0.50	V≤0.10
E57J16-N1M1	0.12	0.80	0.70~1.50	0.03	0.03	0.30~1.00	—	0.10~0.40	—
E57J18-N1M1	0.12	0.80	0.70~1.50	0.03	0.03	0.30~1.00	—	0.10~0.40	—
E5916-3M2	0.12	0.60	1.00~1.75	0.03	0.03	0.90	—	0.25~0.45	—
E5916-N1M1	0.12	0.80	0.70~1.50	0.03	0.03	0.30~1.00	—	0.10~0.40	—
E5918-N1M1	0.12	0.80	0.70~1.50	0.03	0.03	0.30~1.00	—	0.10~0.40	—
E59J16-N1M1	0.12	0.80	0.70~1.50	0.03	0.03	0.30~1.00	—	0.10~0.40	—
E59J18-N1M1	0.12	0.80	0.70~1.50	0.03	0.03	0.30~1.00	—	0.10~0.40	—
E6216-3M2	0.12	0.60	1.00~1.75	0.03	0.03	0.90	—	0.20~0.50	—
E6216-N1M1	0.12	0.80	0.70~1.50	0.03	0.03	0.30~1.00	—	0.10~0.40	—
E6216-N2M1	0.12	0.80	0.70~1.50	0.03	0.03	0.80~1.50	—	0.10~0.40	—
E6218-N1M1	0.12	0.80	0.70~1.50	0.03	0.03	0.30~1.00	—	0.10~0.40	—
E6218-N2M1	0.12	0.80	0.70~1.50	0.03	0.03	0.80~1.50	—	0.10~0.40	—
E6916-N3CM1	0.12	0.80	1.20~1.70	0.03	0.03	1.20~1.70	0.10~0.30	0.10~0.30	—
E6916-N4M3	0.12	0.80	0.70~1.50	0.03	0.03	1.50~2.50	—	0.35~0.65	—
E7816-N4CM2	0.12	0.80	1.20~1.80	0.03	0.03	1.50~2.10	0.10~0.40	0.25~0.55	—
E7816-N5CM3	0.12	0.80	1.00~1.60	0.03	0.03	2.10~2.80	0.10~0.40	0.30~0.65	—
E78J16-N4CM2	0.12	0.80	1.20~1.80	0.03	0.03	1.50~2.10	0.10~0.40	0.25~0.55	—
E78J16-N5CM3	0.12	0.80	1.00~1.60	0.03	0.03	2.10~2.80	0.10~0.40	0.30~0.65	—
E78J16-N5M4	0.12	0.80	1.40~2.00	0.03	0.03	2.10~2.80	—	0.50~0.80	—

（续）

焊条型号	C	Si	Mn	P≤	S≤	Ni	Cr	Mo	其他
E4916-N1	0.12	0.90	0.60~1.60	0.03	0.03	0.30~1.00	0.15	0.35	V≤0.05
E4916-N2	0.08	0.50	0.40~1.40	0.03	0.03	0.80~1.10	0.15	0.35	V≤0.05
E4916-N3	0.10	0.60	1.25	0.03	0.03	1.10~2.00	—	0.35	—
E4928-N1	0.12	0.90	0.60~1.60	0.03	0.03	0.30~1.00	—	0.35	V≤0.05
E5516-N1	0.12	0.90	0.60~1.60	0.03	0.03	0.30~1.00	—	0.35	V≤0.05
E5516-N2	0.08	0.50	0.40~1.40	0.03	0.03	0.80~1.10	0.15	0.35	V≤0.05
E5518-N2	0.08	0.50	0.40~1.40	0.03	0.03	0.80~1.10	0.15	0.35	V≤0.05
E5518-N2M3	0.10	0.60	0.80~1.25	0.02	0.02	0.80~1.10	0.10	0.40~0.65	V≤0.02 Al≤0.05 Cu≤0.10
E5528-N1	0.12	0.90	0.60~1.60	0.03	0.03	0.30~1.00	—	0.35	V≤0.05
E6216-N4M1	0.12	0.80	0.75~1.35	0.03	0.03	1.30~2.30	—	0.10~0.30	—
E7816-N4C2M1	0.12	0.80	1.00~1.50	0.03	0.03	1.50~2.50	0.50~0.90	0.10~0.40	—
E4916-1	0.15	0.75	1.60	0.035	0.035	0.30	0.20	0.30	V≤0.08
E4918-1	0.15	0.90	1.60	0.035	0.035	0.30	0.20	0.30	V≤0.08
E4918-N2	0.08	0.50	0.40~1.40	0.03	0.03	0.80~1.10	0.15	0.35	V≤0.05
E5516-3M3	0.12	0.80	1.00~1.80	0.03	0.03	0.90	—	0.40	—
E5516-3N3	0.10	0.60	1.60	0.03	0.03	1.10~2.00	—	—	—
E5516-N3	0.10	0.60	1.25	0.03	0.03	1.10~2.00	—	0.35	—
E5518-3M2	0.12	0.80	1.00~1.75	0.03	0.03	0.90	—	0.25~0.45	—
E5518-3M3	0.12	0.80	1.00~1.80	0.03	0.03	0.90	—	0.40~0.65	—
E5518-N3	0.10	0.80	1.25	0.03	0.03	1.10~2.00	—	—	—
E6215-3M2	0.12	0.60	1.00~1.75	0.03	0.03	0.90	—	0.25~0.45	—
E6218-3M2	0.12	0.80	1.00~1.75	0.03	0.03	0.90	—	0.25~0.45	—
E6218-3M3	0.12	0.80	1.00~1.80	0.03	0.03	0.90	—	0.40~0.65	—
E6218-N3M1	0.10	0.80	0.60~1.25	0.030	0.030	1.40~1.80	0.15	0.35	V≤0.05
E6915-4M2	0.15	0.60	1.65~2.00	0.03	0.03	0.90	—	0.25~0.45	—
E6916-4M2	0.15	0.60	1.65~2.00	0.03	0.03	0.90	—	0.25~0.45	—
E6918-4M2	0.15	0.80	1.65~2.00	0.03	0.03	0.90	—	0.25~0.45	—
E6918-N3M2	0.10	0.60	0.75~1.70	0.030	0.030	1.40~2.10	0.35	0.25~0.50	V≤0.05
E7618-N4M2	0.10	0.60	1.30~1.80	0.030	0.030	1.25~2.50	0.40	0.25~0.50	V≤0.05
E8318-N4C2M2	0.10	0.60	1.30~2.25	0.030	0.030	1.75~2.50	0.30~1.50	0.30~0.55	V≤0.05
E4928-N5	0.10	0.80	1.00	0.025	0.020	2.00~2.75	—	—	—
E5516-N5	0.12	0.60	1.25	0.03	0.03	2.00~2.75	—	—	—
E5518-N5	0.12	0.80	1.25	0.03	0.03	2.00~2.75	—	—	—
E5916-N5M1	0.12	0.80	0.60~1.20	0.03	0.03	2.00~2.75	—	0.30	—
E6216-N5M1	0.12	0.80	0.60~1.20	0.03	0.03	2.00~2.75	—	0.30	—
E6916-N7CM3	0.12	0.80	0.80~1.40	0.03	0.03	3.00~3.80	0.10~0.40	0.30~0.60	—
E7816-N5M4	0.12	0.80	1.40~2.00	0.03	0.03	2.10~2.80	—	0.50~0.80	—
E4915-N5	0.05	0.50	1.25	0.03	0.03	2.00~2.75	—	—	—
E4916-N5	0.05	0.50	1.25	0.03	0.03	2.00~2.75	—	—	—
E4918-N5	0.05	0.50	1.25	0.03	0.03	2.00~2.75	—	—	—

（续）

焊条型号	C	Si	Mn	P≤	S≤	Ni	Cr	Mo	其 他
E5516-N7	0.12	0.80	1.25	0.03	0.03	3.00~3.75	—	—	—
E5518-N7	0.12	0.80	1.25	0.03	0.03	3.00~3.75	—	—	—
E7816-N9M3	0.12	0.80	1.25	0.03	0.03	3.00~3.75	—	0.35~0.65	—
E4915-N7	0.05	0.50	1.25	0.03	0.03	3.00~3.75	—	—	—
E4916-N7	0.05	0.50	1.25	0.03	0.03	3.00~3.75	—	—	—
E4918-N7	0.05	0.50	1.25	0.03	0.03	3.00~3.75	—	—	—
E5516-N13	0.06	0.60	1.00	0.025	0.025	6.00~7.00	—	—	—
E6215-N13L	0.05	0.50	0.40~1.00	0.03	0.03	6.00~7.25	—	—	—
E49××-G	—	—	—	—	—	—	—	—	—
E55××-G	—	—	—	—	—	—	—	—	—
E57××-G	—	—	—	—	—	—	—	—	—
E57J16-G[①]	—	0.80	1.00	—	—	0.50	0.30	0.20	
E57J18-G[①]	—	0.80	1.00	—	—	0.50	0.30	0.20	
E59J16-G[①]	—	0.80	1.00	—	—	0.50	0.30	0.20	
E59J18-G[①]	—	0.80	1.00	—	—	0.50	0.30	0.20	
E6210-G[①]	—	0.80	1.00	—	—	0.50	0.30	0.20	
E6211-G[①]	—	0.80	1.00	—	—	0.50	0.30	0.20	
E6213-G[①]	—	0.80	1.00	—	—	0.50	0.30	0.20	
E6215-G[①]	—	0.80	1.00	—	—	0.50	0.30	0.20	
E6216-G[①]	—	0.80	1.00	—	—	0.50	0.30	0.20	
E6218-G[①]	—	0.80	1.00	—	—	0.50	0.30	0.20	
E6910-G[①]	—	0.80	1.00	—	—	0.50	0.30	0.20	
E6911-G[①]	—	0.80	1.00	—	—	0.50	0.30	0.20	
E6913-G[①]	—	0.80	1.00	—	—	0.50	0.30	0.20	
E6915-G[①]	—	0.80	1.00	—	—	0.50	0.30	0.20	
E6916-G[①]	—	0.80	1.00	—	—	0.50	0.30	0.20	V≤0.10
E6918-G[①]	—	0.80	1.00	—	—	0.50	0.30	0.20	Cu≤0.20
E7610-G[①]	—	0.80	1.00	—	—	0.50	0.30	0.20	
E7611-G[①]	—	0.80	1.00	—	—	0.50	0.30	0.20	
E7613-G[①]	—	0.80	1.00	—	—	0.50	0.30	0.20	
E7615-G[①]	—	0.80	1.00	—	—	0.50	0.30	0.20	
E7616-G[①]	—	0.80	1.00	—	—	0.50	0.30	0.20	
E7618-G[①]	—	0.80	1.00	—	—	0.50	0.30	0.20	
E7816-G[①]	—	0.80	1.00	—	—	0.50	0.30	0.20	
E78J16-G[①]	—	0.80	1.00	—	—	0.50	0.30	0.20	
E78J18-G[①]	—	0.80	1.00	—	—	0.50	0.30	0.20	
E8310-G[①]	—	0.80	1.00	—	—	0.50	0.30	0.20	
E8311-G[①]	—	0.80	1.00	—	—	0.50	0.30	0.20	
E8313-G[①]	—	0.80	1.00	—	—	0.50	0.30	0.20	
E8315-G[①]	—	0.80	1.00	—	—	0.50	0.30	0.20	
E8316-G[①]	—	0.80	1.00	—	—	0.50	0.30	0.20	
E8318-G[①]	—	0.80	1.00	—	—	0.50	0.30	0.20	

① 如要添加表中以外的元素，由供需双方商定。

（2）中国台湾地区 CNS 标准碳钢、高强度钢与低温钢焊条的熔敷金属力学性能（表7-11-2）

表7-11-2　碳钢、高强度钢与低温钢焊条的熔敷金属力学性能

焊条型号	R_m/MPa	R_{eL}/MPa	A（%）	试验温度/℃	KV/J
	—	≥			平均值
E4303	≥430	330	20	0	≥27
E4310	≥430	330	20	−30	≥27
E4311	≥430	330	20	−30	≥27
E4312	≥430	330	16	—	—
E4313	≥430	330	16	—	—
E4316	≥430	330	20	−30	≥27
E4318	≥430	330	20	−30	≥27
E4319	≥430	330	20	−20	≥27
E4320	≥430	330	20	—	—
E4324	≥430	330	16	—	—
E4327	≥430	330	20	−30	≥27
E4340	≥430	330	20	0	≥27
E4903	≥490	400	20	0	≥27
E4910	480~650	400	20	−30	≥27
E4911	480~650	400	20	−30	≥27
E4912	≥490	400	16	—	—
E4913	≥490	400	16	—	—
E4914	≥490	400	16	—	—
E4915	≥490	400	20	−30	≥27
E4916	≥490	400	20	−30	≥27
E4918	≥490	400	20	−30	≥27
E4919	≥490	400	20	−20	≥27

7.11.2　不锈钢焊条

（1）中国台湾地区 CNS 标准不锈钢焊条的型号与熔敷金属的化学成分［CNS 3507（2007/2012 确认）］（表7-11-3）

表7-11-3　不锈钢焊条的型号与熔敷金属的化学成分（质量分数）（%）

型　号	C	Si	Mn	P≤	S≤	Cr	Ni	Mo	其　他
E307	≤0.13	≤0.90	3.00~8.00	0.040	0.030	18.0~21.0	9.00~11.0	0.50~1.50	—
E308	≤0.08	≤0.90	≤2.50	0.040	0.030	18.0~21.0	9.00~11.0	—	—
E308L	≤0.04	≤0.90	≤2.50	0.040	0.030	18.0~21.0	9.00~11.0	—	—
E308N2	≤0.10	≤0.90	1.00~4.00	0.040	0.030	20.0~25.0	7.00~11.0	—	N 0.12~0.30
E309	≤0.15	≤0.90	≤2.50	0.040	0.030	22.0~25.0	12.0~14.0	—	—
E309L	≤0.04	≤0.90	≤2.50	0.040	0.030	22.0~25.0	12.0~16.0	—	—
E309Nb	≤0.12	≤0.90	≤2.50	0.040	0.030	22.0~25.0	12.0~14.0	—	Nb 0.70~1.00
E309NbL	≤0.04	≤0.90	≤2.50	0.040	0.030	22.0~25.0	12.0~14.0	—	Nb 0.70~1.00
E309Mo	≤0.12	≤0.90	≤2.50	0.040	0.030	22.0~25.0	12.0~14.0	2.00~3.00	—
E309MoL	≤0.04	≤0.90	≤2.50	0.040	0.030	22.0~25.0	12.0~14.0	2.00~3.00	—
E310	≤0.20	≤0.75	≤2.50	0.030	0.030	25.0~28.0	20.0~22.5	—	—

（续）

型 号	C	Si	Mn	P≤	S≤	Cr	Ni	Mo	其 他
E310Mo	≤0.12	≤0.75	≤2.50	0.030	0.030	25.0~28.0	20.0~22.5	2.00~3.00	—
E312	≤0.15	≤0.90	≤2.50	0.040	0.030	28.0~32.0	8.00~10.5	—	—
E16-8-2	≤0.10	≤0.50	≤2.50	0.040	0.030	14.5~16.5	7.50~9.50	1.00~2.00	—
E316	≤0.08	≤0.90	≤2.50	0.040	0.030	17.0~20.0	11.0~14.0	2.00~2.75	—
E316 L	≤0.04	≤0.90	≤2.50	0.040	0.030	17.0~20.0	11.0~16.0	2.00~2.75	—
E316J 1L	≤0.04	≤0.90	≤2.50	0.040	0.030	17.0~20.0	11.0~16.0	1.20~2.75	Cu 1.00~2.50
E317	≤0.08	≤0.90	≤2.50	0.040	0.030	18.0~21.0	12.0~14.0	3.00~4.00	—
E317 L	≤0.04	≤0.90	≤2.50	0.040	0.030	18.0~21.0	12.0~16.0	3.00~4.00	—
E318	≤0.08	≤0.90	≤2.50	0.040	0.030	17.0~20.0	11.0~14.0	2.00~2.50	Nb 6C~1.00
E319J1	≤0.08	≤0.90	≤1.50	0.040	0.030	23.0~28.0	6.00~8.00	1.00~3.00	—
E347	≤0.08	≤0.90	≤2.50	0.040	0.030	18.0~21.0	9.00~11.0	—	Nb 8C~1.00
E347L	≤0.04	≤0.90	≤2.50	0.040	0.030	18.0~21.0	9.00~11.0	—	Nb 8C~1.00
E349	≤0.13	≤0.90	≤2.50	0.040	0.030	18.0~21.0	8.00~10.0	0.35~0.65	W 1.25~1.75 Nb 0.75~1.20
E410	≤0.12	≤0.90	≤1.00	0.040	0.030	11.0~14.0	≤0.60	—	—
E410Nb	≤0.12	≤0.90	≤1.00	0.040	0.030	11.0~14.0	≤0.60	—	Nb 0.50~1.50
E430	≤0.10	≤0.90	≤1.00	0.040	0.030	15.0~18.0	≤0.60	—	—
E430Nb	≤0.10	≤0.90	≤1.00	0.040	0.030	15.0~18.0	≤0.60	—	Nb 0.50~1.50
E630	≤0.05	≤0.75	0.25~0.75	0.040	0.030	16.0~16.75	4.50~5.00	≤0.75	Nb 0.15~0.30 Cu 3.25~4.00

（2）中国台湾地区 CNS 标准不锈钢焊条的熔敷金属主要力学性能（表7-11-4）

表7-11-4 不锈钢焊条的熔敷金属主要力学性能

型 号	焊接电源[1]	R_m/MPa	A（%）	其他性能
		≥		
E307-15，-16	DC（+），AC	590	30	—
E308-15，-16	DC（+），AC	550	35	—
E308L-15，-16	DC（+），AC	510	35	—[2]
E308N2-15，-16	DC（+），AC	690	25	—
E309-15，-16	DC（+），AC	550	35	—
E309L-15，-16	DC（+），AC	510	30	—
E309Nb-15，-16	DC（+），AC	550	30	—
E309NbL-15，-16	DC（+），AC	510	30	—
E309Mo-15，-16	DC（+），AC	550	35	—
E309MoL-15，-16	DC（+），AC	510	30	—
E310-15，-16	DC（+），AC	550	30	—
E310Mo-15，-16	DC（+），AC	550	30	—
E312-15，-16	DC（+），AC	660	22	—
E16-8-2-15，-16	DC（+），AC	550	35	—
E316-15，-16	DC（+），AC	550	30	腐蚀率：7.0g/（m²·h）[2]
E316 L-15，-16	DC（+），AC	510	35	腐蚀率：6.0g/（m²·h）[2]
E316J 1L-15，-16	DC（+），AC	510	35	腐蚀率：5.0g/（m²·h）[2]

（续）

型　号	焊接电源[1]	R_m/MPa	A（%）	其他性能
		≥		
E317-15，-16	DC（+），AC	550	30	—
E317 L-15，-16	DC（+），AC	510	30	腐蚀率：6.0g/（m²·h）[2]
E318-15，-16	DC（+），AC	550	25	—[2]
E329J 1-15，-16	DC（+），AC	590	18	—
E347-15，-16	DC（+），AC	550	30	—[2]
E347L-15，-16	DC（+），AC	510	30	—[2]
E349-15，-16	DC（+），AC	690	25	—
E410-15，-16	DC（+），AC	450	20	—[3]
E410Nb-15，-16	DC（+），AC	450	20	—[3]
E430-15，-16	DC（+），AC	480	20	—[4]
E430Nb-15，-16	DC（+），AC	480	20	—[4]
E630-15，-16	DC（+），AC	930	7	—[4]

[1] 焊接电源：E307-15 为 DC（+）；E307-16 为 AC 或 DC（+）（依此类推）；焊接电源符号：AC—交流电，DC（+）—直流电，焊条接正极。

[2] 适用腐蚀试验的焊条型号有：E308L、E316L、E316J1L、E317L、E318、E347、E347L，需方要求时才进行试验。表中的腐蚀率为 4 个试样的平均值。

[3] 试样加工前加热至 840～870℃，保温 2h 后，再以 55℃/h 的冷却速度冷至 590℃，然后空冷。

[4] 试样加工前加热至 760～785℃，保温 4h 后，再以 55℃/h 的冷却速度冷至 590℃，然后空冷。

7.11.3　堆焊焊条

（1）中国台湾地区 CNS 标准堆焊焊条的型号与熔敷金属的化学成分 .[CNS 3509（1996/2012 确认）]（表7-11-5）

表 7-11-5　堆焊焊条的型号与熔敷金属的化学成分（质量分数）（%）

型号	C	Si	Mn	P≤	S≤	Cr	Ni	Mo	Fe	其　他	表中以外元素总和
EH2A	≤0.30	≤1.5	≤3.0	0.030	0.030	≤3.0	—	≤1.5	余量	—	≤1.0
EH2B	0.30～1.00	≤1.5	≤3.0	0.030	0.030	≤5.0	—	≤1.5	余量	—	≤1.0
EH3B	0.20～0.50	≤3.0	≤3.0	0.030	0.030	≤3.0	—	≤2.5	余量	W≤2.0	≤1.0
EH3C	0.50～1.50	≤3.0	≤3.0	0.030	0.030	≤3.0	—	≤2.5	余量	W≤2.0	≤2.5
EH4A	≤0.30	≤3.0	≤4.0	0.030	0.030	9.0～14.0	≤6.0	≤2.0	余量	W≤2.0	≤2.5
EH4B	0.30～1.50	≤3.0	≤4.0	0.030	0.030	9.0～14.0	≤3.0	≤2.0	余量	W≤2.0	≤2.5
EH5A	0.50～1.50	≤1.0	≤1.0	0.030	0.030	3.0～5.0	—	4.0～9.5	余量	W 1.0～7.0	≤4.0
EH5B	0.50～1.50	≤1.0	≤1.0	0.030	0.030	3.0～5.0	—		余量	W 16.0～19.0 Co 4.0～11.0	≤4.0
EHMA	≤1.10	≤0.80	11.0～18.0	0.030	0.030	≤4.0	≤3.0	≤2.5	余量	—	≤1.0
EHMB	≤1.10	≤0.80	11.0～18.0	0.030	0.030	≤0.5	3.0～6.0	—	余量	—	≤1.0
EHME	≤1.10	≤0.80	12.0～18.0	0.030	0.030	14.0～18.0	≤6.0	≤4.0	余量	—	≤4.0
EHCrA	2.5～6.0	≤3.5	≤7.5	0.030	0.030	20.0～35.0	≤3.0	≤6.0	余量	W≤6.5 Co≤5.0	≤9.0
EHWA	2.0～4.0	≤2.5	≤3.0	0.030	0.030	≤3.0	≤3.0	≤7.0	余量	W 40.0～70.0 Co≤3.0	≤2.0

（续）

型号	C	Si	Mn	P≤	S≤	Cr	Ni	Mo	Fe	其他	表中以外元素总和
EHCoCrA	0.70～1.40	≤2.0	≤2.0	0.030	0.030	25.0～32.0	≤3.0	≤1.0	≤5.0	W 3.0～6.0 Co 余量	≤0.5
EHCoCrB	1.00～1.70	≤2.0	≤2.0	0.030	0.030	25.0～32.0	≤3.0	≤1.0	≤5.0	W 7.0～9.5 Co 余量	≤0.5
EHCoCrC	1.75～3.00	≤2.0	≤2.0	0.030	0.030	25.0～32.0	≤3.0	≤1.0	≤5.0	W 11.0～14.0 Co 余量	≤0.5
EHCoCrD	≤0.35	≤1.0	≤1.0	0.030	0.030	23.0～30.0	≤3.5	3.0～7.0	≤5.0	W≤1.0 Co 余量	≤0.5

（2）中国台湾地区 CNS 标准堆焊焊条的熔敷金属硬度（表7-11-6）

表7-11-6　堆焊焊条的熔敷金属硬度

标称硬度	HV	HRB	HRC	HBW
200	≤250	≤100	≤22	≤238
250	200～300	92～106	11～30	190～284
300	250～350	100～109	22～36	238～331
350	300～400	—	30～41	284～379
400	350～450	—	36～45	331～425
450	400～500	—	41～49	370～465
500	450～600	—	45～55	—
600	550～700	—	52～60	—
700	≥650	—	≥58	—

注：1. 熔敷金属硬度系测量值的平均值。
　　2. 若熔敷金属的硬度跨越几个标称硬度时，可择取其中任一标称硬度。
　　3. 各硬度测量值的差异范围为平均值的 ±15%，而对型号 EH2A、EH2B、EH3B、EH3C，则为 +15% ～ -20%。

7.11.4 钼钢和铬钼钢焊丝

（1）中国台湾地区 CNS 标准钼钢、铬钼钢 MAG 焊接用实心焊丝的牌号与化学成分〔CNS 13006（1992/2012 确认）〕（表7-11-7）

表7-11-7　钼钢、铬钼钢 MAG 焊接用实心焊丝的牌号与化学成分（质量分数）（%）

牌号[①]	C	Si	Mn	P≤	S≤	Cr	Mo	Cu[②]
YGM-C	≤0.15	0.40～0.90	1.00～1.80	0.030	0.030	—	0.40～0.65	≤0.40
YGM-A	≤0.15	0.30～0.90	0.60～1.60	0.025	0.025	—	0.40～0.65	≤0.40
YGM-G	—	—	—	0.030	0.030	—	0.40～0.65	≤0.40
YGCW-C	≤0.15	0.40～0.90	1.00～1.80	0.030	0.030	0.40～0.65	0.40～0.65	≤0.40
YGCW-A	≤0.15	0.30～0.90	0.80～1.80	0.025	0.025	0.40～0.65	0.40～0.65	≤0.40
YG CW-G	—	—	—	0.030	0.030	0.40～0.65	0.40～0.65	≤0.40
YG1CM-C	≤0.15	0.40～0.90	1.10～1.90	0.030	0.030	1.00～1.60	0.40～0.65	≤0.40
YG1CM-A	≤0.15	0.30～0.90	0.60～1.50	0.025	0.025	1.00～1.60	0.40～0.65	≤0.40
YG1CM-G	—	—	—	0.030	0.030	1.00～1.60	0.40～0.65	≤0.40
YG2CM-C	≤0.15	0.30～0.90	1.10～2.10	0.030	0.030	2.10～2.70	0.90～1.20	≤0.40
YG2CM-A	≤0.15	0.20～0.90	0.40～1.40	0.025	0.025	2.10～2.70	0.90～1.20	≤0.40
YG2CM-G	—	—	—	0.030	0.030	2.10～2.70	0.90～1.20	≤0.40

（续）

牌　号[1]	C	Si	Mn	P≤	S≤	Cr	Mo	Cu[2]
YG3CM-C	≤0.15	0.30~0.80	0.70~1.70	0.030	0.030	2.80~3.30	0.90~1.20	≤0.40
YG3CM-A	≤0.15	0.20~0.70	0.40~1.40	0.025	0.025	2.80~3.30	0.90~1.20	≤0.40
YG3CM-G	—			0.030	0.030	2.80~3.30	0.90~1.20	≤0.40
YG5CM-C	≤0.15	0.30~0.80	0.70~1.70	0.030	0.030	4.50~6.00	0.40~0.65	≤0.40
YG5CM-A	≤0.15	0.20~0.70	0.20~1.30	0.025	0.025	4.50~6.00	0.40~0.65	≤0.40
YG5CM-G	—			0.030	0.030	4.50~6.00	0.40~0.65	≤0.40

① 牌号后缀字母是保护气体代号：C—CO_2；A（体积分数）—80% Ar+20% CO_2；G—不规定。
② 这类焊丝若需镀铜时，其铜含量均≤0.40%。

（2）中国台湾地区 CNS 标准钼钢、铬钼钢 MAG 焊接用实心焊丝的类型与焊缝力学性能（表7-11-8）

表7-11-8　钼钢、铬钼钢 MAG 焊接用实心焊丝的类型与焊缝力学性能

牌　号	R_m/MPa	R_{eL}[1]/MPa	A（%）	试验温度/℃	KV[2]/J≥	保护气体（体积分数）	适用的钢种（质量分数）
		≥					
YGW-C	490	390	25	10	27	CO_2	0.5% Mo 钢
YGW-A	490	390	25	0	34	80% Ar+20% CO_2	
YGW-G	490	—	—	—	—	不规定	
YGCW-C	560	460	19	10	27	CO_2	0.5% Cr-0.5% Mo 钢
YGCW-A	560	460	19	0	34	80% Ar+20% CO_2	
YG CW-G	560	—	—	—	—	不规定	
YG1CM-C	560	460	19	10	27	CO_2	1.0% Cr-0.5% Mo 钢 1.25% Cr-0.5% Mo 钢
YG1CM-A	560	460	19	0	34	80% Ar+20% CO_2	
YG1CM-G	560	—	—	—	—	不规定	
YG2CM-C	630	530	17	10	27	CO_2	2.25% Cr-1.0% Mo 钢
YG2CM-A	630	530	17	0	34	80% Ar+20% CO_2	
YG2CM-G	630	—	—	—	—	不规定	
YG3CM-C	630	530	17	10	27	CO_2	3.0% Cr-1.0% Mo 钢
YG3CM-A	630	530	17	0	34	80% Ar+20% CO_2	
YG3CM-G	630	—	—	—	—	不规定	
YG5CM-C	490	290	18	10	27	CO_2	5.0% Cr-0.5% Mo 钢
YG5CM-A	490	290	18	0	34	80% Ar+20% CO_2	
YG5CM-G	490	—	—	—	—	不规定	

① 根据试验结果确定采用 R_{eL} 或 $R_{p0.2}$。
② 冲击吸收能量采用摆锤式试验机测定。

7.11.5　不锈钢焊丝

本节包括不锈钢气体保护焊用实心焊丝［CNS 13008］和药芯焊丝［CNS 13010］。

（1）中国台湾地区 CNS 标准不锈钢气体保护焊（MIG、TIG）用实心焊丝的牌号与化学成分［CNS 13008（1992/2012 确认）］（表7-11-9）

表7-11-9　不锈钢气体保护焊（MIG、TIG）用实心焊丝的牌号与化学成分（质量分数）（%）

牌　号	C	Si	Mn	P≤	S≤	Cr	Ni	Mo	其他
Y308[1]	≤0.08	≤0.65	1.0~2.5	0.03	0.03	19.0~22.0	9.00~11.0	—	—
Y308L[1]	≤0.030	≤0.65	1.0~2.5	0.03	0.03	19.0~22.0	9.00~11.0	—	—

（续）

牌　号	C	Si	Mn	P≤	S≤	Cr	Ni	Mo	其　他
Y309①	≤0.12	≤0.65	1.0~2.5	0.03	0.03	23.0~25.0	12.0~14.0	—	—
Y309L	≤0.030	≤0.65	1.0~2.5	0.03	0.03	23.0~25.0	12.0~14.0	—	—
Y309Mo	≤0.12	≤0.65	1.0~2.5	0.03	0.03	23.0~25.0	12.0~14.0	2.0~3.0	—
Y310	≤0.15	≤0.65	1.0~2.5	0.03	0.03	25.0~28.0	20.0~22.5	—	—
Y310S	≤0.08	≤0.65	1.0~2.5	0.03	0.03	25.0~28.0	20.0~22.5	—	—
Y312	≤0.15	≤0.65	1.0~2.5	0.03	0.03	28.0~32.0	8.00~10.5	—	—
Y16-8-2	≤0.10	≤0.65	1.0~2.5	0.03	0.03	14.5~16.5	7.50~9.50	1.0~2.0	—
Y316①	≤0.08	≤0.65	1.0~2.5	0.03	0.03	18.0~20.0	11.0~14.0	2.0~3.0	—
Y316 L①	≤0.030	≤0.65	1.0~2.5	0.03	0.03	18.0~20.0	11.0~14.0	2.0~3.0	—
Y316J 1L	≤0.030	≤0.65	1.0~2.5	0.03	0.03	18.0~20.0	11.0~14.0	2.0~3.0	Cu 1.0~2.5
Y317	≤0.08	≤0.65	1.0~2.5	0.03	0.03	18.5~20.5	13.0~15.0	3.0~4.0	—
Y317 L	≤0.030	≤0.65	1.0~2.5	0.03	0.03	18.5~20.5	13.0~15.0	3.0~4.0	—
Y321	≤0.08	≤0.65	1.0~2.5	0.03	0.03	18.5~20.5	9.00~10.5	—	Ti 9C~1.0
Y347①	≤0.08	≤0.65	1.0~2.5	0.03	0.03	19.0~21.5	9.00~11.0	—	Nb 10C~1.0
Y347L	≤0.030	≤0.65	1.0~2.5	0.03	0.03	19.0~21.5	9.00~11.0	—	Nb 10C~1.0
Y410	≤0.12	≤0.50	≤0.60	0.03	0.03	11.5~13.5	≤0.60	≤0.75	—
Y430	≤0.10	≤0.50	≤0.60	0.03	0.03	15.5~17.0	≤0.60	—	—

① 该牌号的 Si 含量可提高到 $w(Si)$ =0.65%~1.00%，仅限于高 Si 含量的焊丝。

（2）中国台湾地区 CNS 标准不锈钢气体保护和自保护焊用药芯焊丝的牌号与熔敷金属的化学成分 ［CNS 13010（1992/2012 确认）］（表7-11-10）

表 7-11-10　不锈钢气体保护和自保护焊用药芯焊丝的牌号与熔敷金属的化学成分（质量分数）（%）

牌　号	C	Si	Mn	P≤	S≤	Cr	Ni	Mo	其　他
气体保护焊用药芯焊丝（C，G 类型）①									
YF308	≤0.08	≤1.00	0.05~0.25	0.040	0.030	18.0~21.0	9.0~11.0	—	—
YF308L	≤0.04	≤1.00	0.05~0.25	0.040	0.030	18.0~21.0	9.0~12.0	—	—
YF309	≤0.10	≤1.00	0.05~0.25	0.040	0.030	22.0~25.0	12.0~14.0	—	—
YF309L	≤0.04	≤1.00	0.05~0.25	0.040	0.030	22.0~25.0	12.0~14.0	—	—
YF309J	≤0.08	≤1.00	0.05~0.25	0.040	0.030	25.0~28.0	12.0~14.0	—	—
YF309Mo	≤0.12	≤1.00	0.05~0.25	0.040	0.030	22.0~25.0	12.0~14.0	2.0~3.0	—
YF309MoL	≤0.04	≤1.00	0.05~0.25	0.040	0.030	22.0~25.0	12.0~14.0	2.0~3.0	—
YF316	≤0.08	≤1.00	0.05~0.25	0.040	0.030	17.0~20.0	11.0~14.0	2.0~3.0	—
YF316 L	≤0.04	≤1.00	0.05~0.25	0.040	0.030	17.0~20.0	11.0~14.0	2.0~3.0	—
YF316J 1L	≤0.04	≤1.00	0.05~0.25	0.040	0.030	17.0~20.0	11.0~16.0	1.20~2.75	Cu 1.00~2.50
YF317 L	≤0.04	≤1.00	0.05~0.25	0.040	0.030	18.0~21.0	12.0~16.0	3.0~4.0	—
YF347	≤0.08	≤1.00	0.05~0.25	0.040	0.030	18.0~21.0	9.0~11.0	—	Nb 8C~1.00
YF410	≤0.12	≤1.00	≤1.20	0.040	0.030	11.0~13.5	≤0.60	≤0.50	—
YF430	≤0.10	≤1.00	≤1.20	0.040	0.030	15.0~18.0	≤0.60	≤0.50	—
自保护焊用药芯焊丝（S 类型）②									
YF308	≤0.08	≤1.00	0.05~0.25	0.040	0.030	19.5~22.0	9.0~11.0	—	—
YF308L	≤0.04	≤1.00	0.05~0.25	0.040	0.030	19.5~22.0	9.0~12.0	—	—
YF309	≤0.10	≤1.00	0.05~0.25	0.040	0.030	23.0~25.0	12.0~14.0	—	—

（续）

牌　号	C	Si	Mn	P≤	S≤	Cr	Ni	Mo	其　他
				自保护焊用药芯焊丝（S 类型）[②]					
YF309L	≤0.04	≤1.00	0.05~0.25	0.040	0.030	23.0~25.0	12.0~14.0	—	—
YF309J	≤0.08	≤1.00	0.05~0.25	0.040	0.030	25.0~28.0	12.0~14.0	—	—
YF309Mo	≤0.12	≤1.00	0.05~0.25	0.040	0.030	22.0~25.0	12.0~14.0	2.0~3.0	—
YF309MoL	≤0.04	≤1.00	0.05~0.25	0.040	0.030	22.0~25.0	12.0~14.0	2.0~3.0	—
YF316	≤0.08	≤1.00	0.05~0.25	0.040	0.030	18.0~20.5	11.0~14.0	2.0~3.0	—
YF316 L	≤0.04	≤1.00	0.05~0.25	0.040	0.030	18.0~20.5	11.0~14.0	2.0~3.0	—
YF316J 1L	≤0.04	≤1.00	0.05~0.25	0.040	0.030	18.0~20.5	11.0~16.0	1.20~2.75	Cu 1.00~2.50
YF317 L	≤0.04	≤1.00	0.05~0.25	0.040	0.030	18.5~21.0	13.0~15.0	3.0~4.0	—
YF347	≤0.08	≤1.00	0.05~0.25	0.040	0.030	19.0~21.5	9.0~11.0	—	Nb 8C~1.00
YF410	≤0.12	≤1.00	≤1.00	0.040	0.030	11.0~13.5	≤0.60	≤0.50	—
YF430	≤0.10	≤1.00	≤1.00	0.040	0.030	15.0~18.5	≤0.60	≤0.50	—

① C 类型—保护气体采用 CO_2，G 类型—保护气体采用 Ar + CO_2。
② S 类型—自保护电弧焊。

7.11.6　铸铁用焊条［CNS 14594（2001/2012 确认）］

中国台湾地区 CNS 标准铸铁用焊条的型号与熔敷金属的化学成分（表7-11-11）

表7-11-11　铸铁用焊条的型号与熔敷金属的化学成分（质量分数）（%）

型　号	C	Si	Mn	P≤	S≤	Ni	Fe	其　他
EFCNi	≤1.8	≤2.5	≤1.0	0.04	0.04	≥92	—	—
EFCNiFe	≤2.0	≤2.5	≤2.5	0.04	0.04	40~60	余量	—
EFCNiCu	≤1.7	≤1.0	≤2.0	0.04	0.04	≥60	≤2.5	Cu 2.5~3.5
EFCC1	1.0~5.0	2.5~9.5	≤1.0	0.20	0.04	—	余量	—
EFCFeS	≤1.5	≤1.0	≤0.80	0.03	0.04	—	余量	—

注：型号的字母：E—药皮焊条；FC—铸铁用；NiCu 等—熔敷金属的化学成分。

B. 专业用焊材和优良品种

7.11.7　耐候钢焊条［CNS 13037（2007/2012 确认）］

（1）中国台湾地区 CNS 标准耐候钢焊条的类型与适用的钢种（表7-11-12）

表7-11-12　耐候钢焊条的类型与适用的钢种

型　号	药皮类型		焊接电源[①]	适用钢种范围
EA5001	W	钛铁矿型	AC 或 DC（±）	用于 400MPa 和 490MPa 级 W 型耐候钢
	P		AC 或 DC（±）	用于 400MPa 和 490MPa 级 P 型耐候钢
	G		AC 或 DC（±）	
EA5003	W	石灰氧化钛型	AC 或 DC（±）	用于 400MPa 和 490MPa 级 W 型耐候钢
	P		AC 或 DC（±）	用于 400MPa 和 490MPa 级 P 型耐候钢
	G		AC 或 DC（±）	
EA5016	W	低氢型[②]	AC 或 DC（±）	用于 400MPa 和 490MPa 级 W 型耐候钢
	P		AC 或 DC（±）	用于 400MPa 和 490MPa 级 P 型耐候钢
	G		AC 或 DC（±）	

（续）

型　号		药皮类型	焊接电源①	适用钢种范围
EA5816	W	低氢型②	AC 或 DC（±）	用于 570MPa 级 W 型耐候钢
	P		AC 或 DC（±）	用于 570MPa 级 P 型与 G 型耐候钢
	G		AC 或 DC（±）	
EA5026	W	铁粉低氢型②	AC 或 DC（±）	用于 400MPa 和 490MPa 级 W 型耐候钢
	P		AC 或 DC（±）	用于 400MPa 和 490MPa 级 P 型耐候钢
	G		AC 或 DC（±）	
EA5826	W	铁粉低氢型②	AC 或 DC（±）	用于 570MPa 级 W 型耐候钢
	P		AC 或 DC（±）	用于 570MPa 级 P 型耐候钢
	G		AC 或 DC（±）	
EA5000	W	特殊型	AC 或 DC（±）	用于 400MPa 和 490MPa 级 W 型耐候钢
	P		AC 或 DC（±）	用于 400MPa 和 490MPa 级 P 型耐候钢
	G		AC 或 DC（±）	

① 焊接电源符号含义，同表 7-11-4 的表注。
② 低氢型焊条的氢含量：≤15mL/100g

（2）中国台湾地区 CNS 标准耐候钢焊条的型号与熔敷金属的化学成分（表 7-11-13）

表 7-11-13　耐候钢焊条的型号与熔敷金属的化学成分（质量分数）（%）

型号①	C	Si	Mn	P≤	S≤	Cr	Ni	Cu
EA50××W	≤0.12	≤0.90	0.30~1.40	0.040	0.030	0.45~0.75	0.05~0.70	0.30~0.70
EA50××P	≤0.12	≤0.90	0.30~1.40	0.040	0.030	0.30~0.70	—	0.20~0.60
EA50××G	≤0.12	≤0.90	0.30~1.40	0.040	0.030	≤0.30	0.25~0.70	0.20~0.60
EA58××W	≤0.12	≤0.90	0.30~1.40	0.040	0.030	0.45~0.75	0.05~0.70	0.30~0.70
EA58××P	≤0.12	≤0.90	0.30~1.40	0.040	0.030	0.30~0.70	—	0.20~0.60
EA58××G	≤0.12	≤0.90	0.30~1.40	0.040	0.030	≤0.30	0.25~0.70	0.20~0.60

① 型号的表示方法：E—焊条；A—耐候钢；58—抗拉强度下限值；××—药皮类型，见表 7-11-12；W—熔敷金属的化学成分代号。

（3）中国台湾地区 CNS 标准耐候钢焊条熔敷金属的力学性能（表 7-11-14）

表 7-11-14　耐候钢焊条熔敷金属的力学性能

型　号		R_m/MPa ≥	R_{eL}①/MPa ≥	A（%） ≥	试验温度/℃	KV/J　≥
EA5001	W	490	390	20	0	47
	P	490	390	20	0	47
	G	490	390	20	0	47
EA5003	W	490	390	20	0	47
	P	490	390	20	0	47
	G	490	390	20	0	47
EA5016	W	490	390	23	0	47
	P	490	390	23	0	47
	G	490	390	23	0	47
EA5816	W	570	490	18	-5	47
	P	570	490	18	-5	47
	G	570	490	18	-5	47

（续）

型　　号		R_m/MPa	R_{eL}[①]/MPa	A（%）	试验温度/℃	KV/J　≥
			≥			
EA5026	W	490	390	23	0	47
	P	490	390	23	0	47
	G	490	390	23	0	47
EA5826	W	570	490	18	−5	47
	P	570	490	18	−5	47
	G	570	490	18	−5	47
EA5000	W	490	390	20	0	47
	P	490	390	20	0	47
	G	490	390	20	0	47

① 根据试验结果确定采用 R_{eL} 或 $R_{p0.2}$。

7.11.8　耐候钢气体保护焊用药芯焊丝 ［CNS 14599（2014）］

（1）中国台湾地区 CNS 标准耐候钢气体保护焊用药芯焊丝的牌号与熔敷金属的化学成分（表 7-11-15）

表 7-11-15　耐候钢气体保护焊用药芯焊丝的牌号与熔敷金属的化学成分（质量分数）（%）

牌号[①]	C	Si	Mn	P≤	S≤	Cr	Ni	Cu
YFA-50W	≤0.12	≤0.90	0.50~1.60	0.030	0.030	0.45~0.75	0.05~0.70	0.20~0.60
YFA-50P	≤0.12	≤0.90	0.50~1.60	0.030	0.030	0.30~0.70	—	0.20~0.50
YFA-58W	≤0.12	≤0.90	0.50~1.60	0.030	0.030	0.45~0.75	0.05~0.70	0.30~0.60
YFA-58P	≤0.12	≤0.90	0.50~1.60	0.030	0.030	0.30~0.70	—	0.20~0.50

① 牌号的字母：Y—焊丝；F—药芯焊丝；A—耐候钢用；数字（50，58）—抗拉强度下限值；W/P—熔敷金属的化学成分。

（2）中国台湾地区 CNS 标准耐候钢气体保护焊用药芯焊丝熔敷金属的力学性能（表 7-11-16）

表 7-11-16　耐候钢气体保护焊用药芯焊丝熔敷金属的力学性能

牌　　号	R_m/MPa	R_{eL}[①]/MPa	A（%）	试验温度/℃	KV/J　≥
		≥			
YFA-50W	490	390	20	0	47
YFA-50P	490	390	20	0	47
YFA-58W	570	490	18	−5	47
YFA-58P	570	490	18	−5	47

① 根据试验结果确定采用 R_{eL} 或 $R_{p0.2}$。

7.11.9　9%镍低温用钢焊条 ［CNS 13040（2007/2012 确认）］

（1）中国台湾地区 CNS 标准 9% 镍低温用钢焊条的型号与熔敷金属的化学成分（表 7-11-17）

表 7-11-17　9%镍低温钢焊条的型号与熔敷金属的化学成分[①]（质量分数）（%）

型　　号	C	Si	Mn	P≤	S≤	Cr	Ni	Mo	Fe	其　他
E9Ni-1[②]	0.15	0.75	1.0~4.0	0.020	0.015	10.0~17.0	≥55.0	9.0	15.0	Nb 0.3~3.0
E9Ni-2[②]	0.10	0.75	3.0	0.020	0.015		≥60.0	15.0~22.0	12.0	W 1.5~5.0

① 表中的单数值均表示化学成分小于或等于该数值（已添加符号的单数值除外）。

② 9%镍钢用焊条。

（2）中国台湾地区 CNS 标准低温钢电焊条熔敷金属的力学性能（表 7-11-18）

表 7-11-18 低温钢电焊条熔敷金属的力学性能

型 号	R_{m}/MPa	$R_{eL}^{①}$/MPa	A（%）	试验温度 /℃	KV/J
	≥	≥	≥		
E9Ni-1	660	360	25	-196	平均值≥34
E9Ni-2	660	360	25	-196	个别值≥27

① 根据试验结果确定采用 R_{eL} 或 $R_{p0.2}$。

7.11.10 镍及镍合金焊条 ［CNS 3592（1997/2012 确认）］

（1）中国台湾地区 CNS 标准镍及镍合金焊条的型号与熔敷金属的化学成分（表 7-11-19）

表 7-11-19 镍及镍合金焊条的型号与熔敷金属的化学成分（质量分数）（%）

型 号	C	Si	Mn	P ≤	S ≤	Ni①	Cr	Cu	Fe	其 他④
ENi-1	≤0.10	≤1.25	≤0.75	0.020	0.020	≥92.0	—	≤0.25	≤0.76	Ti 1.0~4.0 Al≤1.0
ENiCu-1	≤0.15	≤1.25	≤4.0	0.020	0.025	62.0~70.0	—	余量	≤2.5	Ti≤1.5，Al≤1.0 Nb+Ta≤3.0
ENiCu-4	≤0.40	≤1.0	≤4.0	0.020	0.025	62.0~70.0	—	余量	≤2.5	Ti≤1.0，Al≤1.5
ENiCu-7	≤0.15	≤1.0	≤4.0	0.020	0.015	62.0~68.0	—	余量	≤2.5	Ti≤1.0，Al≤0.75
ENiCrFe-1	≤0.08	≤0.75	≤3.5	0.020	0.015	≥62.0	13.0~17.0	≤0.50	≤11.0	（Nb+Ta）1.5~4.0③
ENiCrFe-1J	≤0.08	≤0.75	1.5~3.5	0.020	0.015	≥68.0	13.0~17.0	≤0.50	≤11.0	（Nb+Ta）0.5~3.0
ENiCrFe-2	≤0.10	≤0.75	1.0~3.5	0.020	0.020	≥62.0	13.0~17.0	≤0.50	≤12.0	Mo 0.50~2.50 （Nb+Ta）0.50~3.0③ +Co②
ENiCrFe-3	≤0.10	≤1.0	5.0~9.5	0.020	0.015	≥59.0	13.0~17.0	≤0.50	≤10.0	（Nb+Ta）1.0~2.5③ Ti≤1.0+Co②
ENiMo-1	≤0.07	≤1.0	≤1.0	0.040	0.030	余量	≤1.0	≤0.50	4.0~7.0	Mo 26.0~30.0 Co≤2.50，W≤1.0 V≤0.60
ENiCrMo-2	0.05~0.15	≤1.0	≤1.0	0.040	0.030	余量	20.5~23.0	≤0.50	17.0~20.0	Mo 8.0~10.0 Co 0.50~2.50 W 0.20~1.00
ENiCrMo-3	≤0.10	≤0.75	≤1.0	0.040	0.020	≥55.0	20.0~23.0	≤0.50	≤7.0	Mo 8.0~10.0 （Nb+Ta）3.15~4.15
ENiCrMo-4	≤0.02	≤0.2	≤1.0	0.040	0.030	余量	14.5~16.5	≤0.50	4.0~7.0	Mo 15.0~17.0 W 3.0~4.5 Co≤2.50，V≤0.35
ENiCrMo-5	≤0.10	≤1.0	≤1.0	0.040	0.030	余量	14.5~16.5	≤0.50	4.0~7.0	Mo 15.0~18.0 W 3.0~4.5 Co≤2.50，V≤0.35

① 镍含量中包括作为残余元素的钴。

② 需要时钴含量 Co≤0.12%。

③ 需要时钴含量 Ta≤0.30%。

④ 各牌号的其他元素（表中以外）总含量≤0.50%。

（2）中国台湾地区 CNS 标准镍及镍合金焊条的焊接电源与熔敷金属的主要力学性能（表 7-11-20）

表 7-11-20　镍及镍合金焊条的焊接电源与熔敷金属的主要力学性能

型 号	类型	焊接电源[1]	R_m /MPa	A （%）
			≥	
ENi-1	15 16	DC（+） AC 或 DC（+）	420	20
ENiCu-1	15 16	DC（+） AC 或 DC（+）	490	30
ENiCu-4	15 16	DC（+） AC 或 DC（+）	490	30
ENiCu-7	15 16	DC（+） AC 或 DC（+）	490	30
ENiCrFe-1	15 16	DC（+） AC 或 DC（+）	560	30
ENiCrFe-1J	15 16	DC（+） AC 或 DC（+）	560	30
ENiCrFe-2	15 16	DC（+） AC 或 DC（+）	560	30
ENiCrFe-3	15 16	DC（+） AC 或 DC（+）	560	30
ENiMo-1	15 16	DC（+） AC 或 DC（+）	700	25
ENiCrMo-2	15 16	DC（+） AC 或 DC（+）	660	20
ENiCrMo-3	15 16	DC（+） AC 或 DC（+）	760	30
ENiCrMo-4	15 16	DC（+） AC 或 DC（+）	700	25
ENiCrMo-5	15 16	DC（+） AC 或 DC（+）	700	25

[1] 焊接电源符号含义，同表 7-11-4 的表注[1]。

7.11.11　镍及镍合金实心焊丝［CNS 14595（2001/2012 确认）］

中国台湾地区 CNS 标准镍和镍合金实心焊丝的牌号与化学成分见表 7-11-21。

表 7-11-21　镍和镍合金实心焊丝的牌号与化学成分（质量分数）（%）

牌 号[1]	C	Si	Mn	P≤	S≤	Ni	Cr	Cu	Fe	其 他
YNi-1	≤0.15	≤0.75	≤1.0	0.030	0.015	≥93.0	—	≤0.25	≤1.0	Ti 1.0~3.5，Al≤1.5
YNiCu-1	≤0.15	≤1.25	≤4.0	0.020	0.015	62.0~70.0	—	余量	≤2.5	Ti≤1.0，Al≤1.0 Nb+Ta≤3.0
YNiCu-7	≤0.15	≤1.25	≤4.0	0.020	0.015	62.0~69.0	—	余量	≤2.5	Ti 1.5~3.0，Al≤1.25

（续）

牌 号[①]	C	Si	Mn	P≤	S≤	Ni	Cr	Cu	Fe	其 他
YNiCr-3	≤0.10	≤0.50	2.5~3.5	0.030	0.015	≥67.0	18.0~22.0	≤0.50	≤3.0	Ti≤0.75 （Nb+Ta）2.0~3.0+Co[②]
YNiCrFe-5	≤0.08	≤0.35	≤1.0	0.030	0.015	≥70.0	14.0~17.0	≤0.50	6.0~10.0	（Nb+Ta）1.5~3.0+Co[②]
YNiCrFe-6	≤0.08	≤0.35	2.0~2.7	0.030	0.015	≥67.0	14.0~17.0	≤0.50	≤8.0	Ti 2.5~3.5 V 0.20~0.40
YNiMo-1	≤0.08	≤1.0	≤1.0	0.025	0.030	余量	≤1.0	≤0.50	4.0~7.0	Mo 26.0~30.0 Co≤2.5，W≤1.0，V≤0.60
YNiMo-3	≤0.12	≤1.0	≤1.0	0.040	0.030	余量	4.0~6.0	≤0.50	4.0~7.0	M 23.0~26.0 Co≤2.5，W≤1.0
YNiMo-7	≤0.02	≤1.0	≤1.0	0.040	0.030	余量	≤1.0	≤0.50	≤2.0	Mo 26.0~30.0 Co≤1.0，W≤1.0
YNiCrMo-1	≤0.05	≤1.0	1.0~1.2	0.040	0.030	余量	21.0~23.5	1.5~2.5	18.0~21.0	Mo 5.5~7.5 （Nb+Ta）1.75~2.50 Co≤2.5，W≤1.0
YNiCrMo-2	0.05~0.15	≤1.0	≤1.0	0.040	0.030	余量	20.5~23.0	≤0.50	17.0~20.0	Mo 8.0~10.0 W 0.2~1.0，Co 0.5~2.5
YNiCrMo-3	≤0.10	≤0.50	≤0.50	0.020	0.015	≥58.0	20.0~23.0	≤0.50	≤0.50	Mo 8.0~10.0，V≤3.5 （Nb+Ta）3.15~4.15 Al≤0.40，Ti≤0.40
YNiCrMo-4	≤0.02	≤0.08	≤1.0	0.040	0.030	余量	14.5~16.5	≤0.50	4.0~7.0	Mo 15.0~17.0 Co≤2.5，W 3.0~4.5
YNiCrMo-8	≤0.03	≤1.0	≤1.0	0.030	0.030	47.0~52.0	23.0~26.0	0.7~1.2	余量	Mo 5.0~7.0，Ti 0.70~1.50
YNiFeCr-1	≤0.05	≤0.50	≤1.0	0.030	0.030	38.0~46.0	19.5~23.5	1.5~3.0	≥22.0	Mo 2.50~3.5，Ti 0.60~1.20 Al≤0.20

① 牌号表示方法举例：YNiMo-3，Y—焊丝及充填丝，NiMo—主要化学成分，3—同类焊丝不同品种的编号。

② 有特别要求的场合，由供需双方协商确定。

7.11.12 碳钢、高强度钢和低温钢 TIG 焊接用焊丝 ［CNS 13005（2014）］

（1）中国台湾地区 CNS 标准碳钢、高强度钢和低温钢 TIG 焊接用焊丝的化学成分（表7-11-22）

表 7-11-22　碳钢、高强度钢和低温钢 TIG 焊接用焊丝的化学成分（质量分数）（%）

化学成分代号	C	Si	Mn	P≤	S≤	Cr	Ni	Mo	Cu	其 他
W-2	≤0.07	0.40~0.70	0.90~1.40	0.025	0.035	—	—	—	≤0.50	Ti 0.05~0.15 Zr 0.02~0.12 Al 0.05~0.15
W-3	0.06~0.15	0.45~0.75	0.90~1.40	0.025	0.035	—	—	—	≤0.50	—

（续）

化学成分代号	C	Si	Mn	P≤	S≤	Cr	Ni	Mo	Cu	其他
W-4	0.07~0.15	0.65~0.85	1.00~1.50	0.025	0.035	—	—	—	≤0.50	—
W-6	0.06~0.15	0.80~1.15	1.40~1.85	0.025	0.035	—	—	—	≤0.50	—
W-10	≤0.02	≤0.20	≤0.70	0.025	0.025	≤0.15	≤0.15	≤0.10	≤0.50	V≤0.05
W-12	0.02~0.15	0.55~1.00	1.25~1.90	0.030	0.030	—	—	—	≤0.50	—
W-16	0.02~0.15	0.40~1.00	0.90~1.60	0.030	0.030	—	—	—	≤0.50	—
W-1M3	≤0.12	0.30~0.70	≤1.30	0.025	0.025	—	≤0.20	0.40~0.65	≤0.50	—
W-2M3	≤0.12	0.30~0.70	0.60~1.40	0.025	0.025	—	—	0.40~0.65	≤0.50	—
W-2M31	≤0.12	0.30~0.90	0.80~1.50	0.025	0.025	—	—	0.40~0.65	≤0.50	—
W-2M32	≤0.05	0.30~0.90	0.80~1.40	0.025	0.025	—	—	0.40~0.65	≤0.50	—
W-3M1	0.05~0.15	0.40~1.00	1.40~2.10	0.025	0.025	—	—	0.10~0.45	≤0.50	—
W-3M1T	≤0.12	0.40~1.00	1.40~2.10	0.025	0.025	—	—	0.10~0.45	≤0.50	Ti 0.02~0.30
W-3M3	≤0.12	0.60~0.90	1.10~1.60	0.025	0.025	—	—	0.40~0.65	≤0.50	—
W-3M31	≤0.12	0.30~0.90	1.00~1.85	0.025	0.025	—	—	0.40~0.65	≤0.50	—
W-3M3T	≤0.12	0.40~1.00	1.00~1.80	0.025	0.025	—	—	0.40~0.65	≤0.50	Ti 0.02~0.30
W-4M3	≤0.12	≤0.30	1.50~2.00	0.025	0.025	—	—	0.40~0.65	≤0.50	—
W-4M31	0.05~0.15	0.50~0.80	1.60~2.10	0.025	0.025	—	—	0.40~0.65	≤0.40	—
W-4M3T	≤0.12	0.50~0.80	1.60~2.20	0.025	0.025	—	—	0.40~0.65	≤0.50	Ti 0.02~0.30
W-N1	≤0.12	0.20~0.50	≤1.25	0.025	0.025	—	0.60~1.00	≤0.35	≤0.35	—
W-N2	≤0.12	0.40~0.80	≤1.25	0.025	0.025	≤0.15	0.80~1.10	≤0.35	≤0.35	—
W-N3	≤0.12	0.30~0.80	1.20~1.60	0.025	0.025	—	1.50~1.90	≤0.35	≤0.35	V≤0.05
W-N5	≤0.12	0.40~0.80	≤1.25	0.025	0.025	—	2.00~2.75	—	≤0.35	—
W-N7	≤0.12	0.20~0.50	≤1.25	0.025	0.025	—	3.00~3.75	≤0.35	≤0.35	—
W-N71	≤0.12	0.40~0.80	≤1.25	0.025	0.025	—	3.00~3.75	—	≤0.35	—
W-N9	≤0.10	≤0.50	≤1.40	0.025	0.025	—	4.00~4.75	≤0.35	≤0.35	—
W-N1M2T	≤0.12	0.60~1.00	1.70~2.30	0.025	0.025	—	0.40~0.80	0.20~0.60	≤0.50	Ti 0.02~0.30
W-N1M3	≤0.12	0.20~0.80	1.00~1.80	0.025	0.025	—	0.30~0.90	0.40~0.65	≤0.50	—
W-N2M1T	≤0.12	0.30~0.80	1.10~1.90	0.025	0.025	—	0.80~1.60	0.10~0.45	≤0.50	Ti 0.02~0.30
W-N2M2T	0.05~0.15	0.30~0.90	1.00~1.80	0.025	0.025	—	0.70~1.20	0.20~0.60	≤0.50	Ti 0.02~0.30
W-N2M3	≤0.12	≤0.30	1.10~1.60	0.025	0.025	—	0.80~1.20	0.40~0.65	≤0.50	—
W-N2M3T	0.05~0.15	0.30~0.90	1.40~2.10	0.025	0.025	—	0.70~1.20	0.40~0.65	≤0.50	Ti 0.02~0.30
W-N2M4T	≤0.12	0.50~1.00	1.70~2.30	0.025	0.025	—	0.80~1.30	0.55~0.85	≤0.50	Ti 0.02~0.30
W-N3M2	≤0.08	0.20~0.55	1.25~1.80	0.010	0.010	≤0.30	1.40~2.10	0.25~0.55	≤0.25	Ti≤0.10, V≤0.03 Zr≤0.10, Al≤0.10
W-N3M21	0.05~0.15	0.10~0.70	1.00~1.50	0.025	0.025	≤0.30	1.40~2.10	0.25~0.55	≤0.40	V≤0.05
W-N4M2	≤0.09	0.20~0.55	1.40~1.80	0.010	0.010	≤0.50	1.90~2.60	0.25~0.55	≤0.25	Ti≤0.10, V≤0.04 Zr≤0.10, Al≤0.10
W-N4M3T	≤0.12	0.45~0.90	1.40~1.90	0.025	0.025	—	1.50~2.10	0.40~0.65	≤0.50	Ti 0.01~0.30
W-N4M4T	≤0.12	0.40~0.90	1.60~2.10	0.025	0.025	—	1.90~2.50	0.40~0.90	≤0.50	Ti 0.02~0.30

（续）

化学成分代号	C	Si	Mn	P≤	S≤	Cr	Ni	Mo	Cu	其他
W-N5M3	≤0.10	0.25~0.60	1.40~1.80	0.010	0.010	≤0.60	2.00~2.80	0.35~0.65	≤0.25	Ti≤0.10, V≤0.03 Zr≤0.10, Al≤0.10
W-N5M3T	≤0.12	0.40~0.90	1.40~2.00	0.025	0.025	—	2.40~3.10	0.40~0.70	≤0.50	Ti 0.02~0.30
W-N7M4T	≤0.12	0.30~0.70	1.30~1.70	0.025	0.025	≤0.30	3.20~3.80	0.60~0.90	≤0.50	Ti 0.02~0.30
W-C1M1T	0.02~0.15	0.50~0.90	1.10~1.60	0.025	0.025	0.30~0.60	—	0.10~0.45	≤0.40	Ti 0.02~0.30
W-N3C1M4T	≤0.12	0.35~0.75	1.25~1.70	0.025	0.025	0.30~0.60	1.30~1.80	0.50~0.75	≤0.50	Ti 0.02~0.30
W-N4CM2T	≤0.12	0.20~0.60	1.30~1.80	0.025	0.025	0.20~0.50	1.50~2.10	0.30~0.60	≤0.50	Ti 0.02~0.30
W-N4CM21T	≤0.12	0.20~0.70	1.10~1.70	0.025	0.025	0.05~0.35	1.80~2.30	0.25~0.60	≤0.50	Ti 0.02~0.30
W-N4CM22T	≤0.12	0.65~0.95	1.90~2.40	0.025	0.025	0.10~0.30	2.00~2.30	0.35~0.55	≤0.50	Ti 0.02~0.30
W-N5CM3T	≤0.12	0.20~0.70	1.10~1.70	0.025	0.025	0.05~0.35	2.40~2.90	0.35~0.70	≤0.50	Ti 0.02~0.30
W-N5C1M3T	≤0.12	0.40~0.90	1.40~2.00	0.025	0.025	0.40~0.60	2.40~3.00	0.40~0.70	≤0.50	Ti 0.02~0.30
W-N6CM2T	≤0.12	0.30~0.60	1.50~1.80	0.025	0.025	0.05~0.30	2.80~3.00	0.25~0.50	≤0.50	Ti 0.02~0.30
W-N6C1M4	≤0.12	≤0.25	0.90~1.40	0.025	0.025	0.20~0.50	2.65~3.15	0.55~0.85	≤0.50	
W-N6C2M2T	≤0.12	0.20~0.50	1.50~1.90	0.025	0.025	0.70~1.00	2.50~3.10	0.30~0.60	≤0.50	Ti 0.02~0.30
W-N6C2M4	≤0.12	0.40~0.60	1.80~2.00	0.025	0.025	1.00~1.20	2.80~3.00	0.50~0.80	≤0.50	V≤0.04
W-N6CM3T	≤0.12	0.30~0.70	1.20~1.50	0.025	0.025	0.10~0.35	2.70~3.30	0.40~0.65	≤0.50	Ti 0.02~0.30

注：1. 化学成分代号的 W 属于焊丝牌号的前缀字母。

2. 除 Fe 元素外，表中未列出的其他残余元素总含量不超过 0.50%。

（2）中国台湾地区 CNS 标准碳钢、高强度钢和低温钢 TIG 焊接用焊丝熔敷金属的主要力学性能（表7-11-23）

表 7-11-23　碳钢、高强度钢和低温钢 TIG 焊接用焊丝熔敷金属的主要力学性能

力学性能代号[①]	R_m/MPa	$R_{eL}^{①}$/MPa	A（%）	力学性能代号[①]	R_m/MPa	$R_{eL}^{①}$/MPa	A（%）
		≥				≥	
35	350~450	250	22	62	620~820	530	15
43	430~600	330	20	69	690~890	600	14
49	490~670	390	18	76	760~960	680	13
55	550~740	460	17	78	780~980	680	13
57	570~770	490	17	83	830~1030	745	12
59	590~790	490	16	—	—		

① 根据试验结果确定采用 R_{eL} 或 $R_{p0.2}$。

(3) 中国台湾地区 CNS 标准碳钢、高强度钢和低温钢 TIG 焊接用焊丝熔敷金属的冲击性能（表7-11-24）

表7-11-24 碳钢、高强度钢和低温钢 TIG 焊接用焊丝熔敷金属的冲击性能

试验温度代号	试验温度/℃	夏比冲击吸收能量[1]		试验温度代号	试验温度/℃	夏比冲击吸收能量[1]	
		规定值 27J	规定值 47J			规定值 27J	规定值 47J
Y	+20	3 个 试 验 值 平均≥27J，其中最低值应≥20J，至少有 2 个试样合格	3 个 试 验 值 平均≥47J，其中最低值应≥32J 至少有 2 个试样合格	6	-60	3 个 试 验 值 平均≥27J，其中最低值应≥20J	3 个 试 验 值 平均≥47J，其中最低值应≥32J
0	0			7	-70		
2	-20			8	-80		
3	-30			9	-90		
4	-40			10	-100		
5	-50			Z		不要求冲击试验	

[1] 型号中无符号时，表示规定值 27J；有字母 U 时，表示规定值 47J。

(4) 新版标准的型号表示方法

2014 版标准（碳钢和高强度钢等 TIG 焊接用焊丝）的型号全称由 6 部分（及附加代号）组成，例如：WXXPU-2M2T（-1.6-20），其中：W——气体保护焊用焊丝；XX——熔敷金属的抗拉强度代号（见表7-11-23，例如：62，R_m≥620MPa）；P——焊后热处理（A——焊接态）；U——冲击吸收能量为 47J（见表7-11-24）；2M2T——焊丝的化学成分代号（见表7-11-22）；最后的括号内：1.6——焊丝直径；20——质量代号。

该标准与国际标准 ISO 636 和 ISO 16834 相对应。

7.11.13 9%镍低温用钢 TIG 焊接用实心焊丝 ［CNS 13011（2007/2012 确认）］

(1) 中国台湾地区 CNS 标准 9%镍低温用钢 TIG 焊接用实心焊丝的牌号与熔敷金属的化学成分（表7-11-25）

表7-11-25 9%镍低温用钢 TIG 焊接用实心焊丝的牌号与熔敷金属的化学成分[1]（质量分数）（%）

牌 号[2]	C	Si	Mn	P ≤	S ≤	Cr	Ni	Mo	Fe
YGT9Ni-1	0.10	0.50	5.0	0.015	0.015	5.0~20.0	≥55.0	—	20.0
YGT9Ni-2	0.10	0.50	—	0.015	0.015	—	≥55.0	10.0~25.0	20.0
YGT9Ni-3	0.10	0.50	—	0.015	0.015	5.0~20.0	≥55.0	5.0~20.0	20.0

[1] 表中的单数值均表示化学成分小于或等于该数值（已添加符号的单数值除外）。

[2] 牌号中 Y——焊丝；GT——TIG 焊接用。

(2) 中国台湾地区 CNS 标准 9%镍低温用钢 TIG 焊接用实心焊丝的焊缝金属的力学性能（表7-11-26）

表7-11-26 9%镍低温用钢 TIG 焊接用实心焊丝的焊缝金属的力学性能

型号	R_m /MPa ≥	R_{eL}[1] /MPa ≥	A (%) ≥	夏比冲击试验	
				试验温度 /℃	冲击吸收能量 /J
YGT9Ni-1	660	360	25	-196	平均值≥34 个别值≥27
YGT9Ni-2	660	360	25	-196	
YGT9Ni-3	660	360	25	-196	

[1] 根据试验结果确定采用 R_{eL} 或 $R_{p0.2}$。

7.11.14 碳钢、高强度钢和低温钢 MAG 与 MIG 焊接用焊丝 ［CNS 14601（2014）］

(1) 中国台湾地区 CNS 标准碳钢、高强度钢和低温钢 MAG 与 MIG 焊接用实心焊丝的牌号与焊缝力学性能（表7-11-27）

表7-11-27　碳钢、高强度钢和低温钢 MAG 与 MIG 焊接用实心焊丝的牌号与焊缝力学性能

牌　号	化学成分代号	R_m/MPa	$R_{eL}^{①}$/MPa	A（%）	试验温度/℃	KV/J ≥	保护气体（体积分数）	适用钢种范围
		≥						
YGW11	11	490	390	22	0	47	二氧化碳/CO_2	低碳钢和 490MPa 级高强度钢
YGW12	12	490	390	22	0	27	二氧化碳/CO_2	
YGW13	13	490	390	22	0	27	二氧化碳/CO_2	低碳钢和 490MPa 级高强度钢
YGW14	14	420	345	22	0	27	二氧化碳/CO_2	
YGW15	15	490	390	22	−20	47	混合气体/80% Ar + 20% CO_2	低碳钢和 490MPa 级高强度钢
YGW16	16	490	390	22	−20	27		
YGW17	17	420	345	22	−20	27		
YGW18	J18	540	430	22	0	47	二氧化碳/CO_2	490MPa、520MPa、540MPa 级高强度钢
YGW19	J19	540	430	22	−20	47	80% Ar + 20% CO_2	

① 根据试验结果确定采用 R_{eL} 或 $R_{p0.2}$。

（2）中国台湾地区 CNS 标准碳钢、高强度钢和低温钢 MAG 与 MIG 焊接用实心焊丝的化学成分（表7-11-28）

表7-11-28　碳钢、高强度钢和低温钢 MAG 与 MIG 焊接用实心焊丝的化学成分（质量分数）（%）

化学成分代号	C	Si	Mn	P≤	S≤	Cr	Ni	Mo	Cu	其　他
Y-11	0.02 ~ 0.15	0.55 ~ 1.10	1.40 ~ 1.90	0.030	0.030	—	—	—	≤0.50	(Ti + Zr) 0.02 ~ 0.30
Y-12	0.02 ~ 0.15	0.50 ~ 1.00	1.25 ~ 1.90	0.030	0.030	—	—	—	≤0.50	
Y-13	0.02 ~ 0.15	0.55 ~ 1.10	1.35 ~ 1.90	0.030	0.030	—	—	—	≤0.50	(Ti + Zr) 0.02 ~ 0.30　Al 0.10 ~ 0.50
Y-14	0.02 ~ 0.15	1.00 ~ 1.35	1.30 ~ 1.60	0.030	0.030	—	—	—	≤0.50	
Y-15	0.02 ~ 0.15	0.40 ~ 1.00	1.00 ~ 1.60	0.030	0.030	—	—	—	≤0.50	(Ti + Zr) 0.02 ~ 0.30
Y-16	0.02 ~ 0.15	0.40 ~ 1.00	0.90 ~ 1.60	0.030	0.030	—	—	—	≤0.50	—
Y-17	0.02 ~ 0.15	0.20 ~ 0.55	1.20 ~ 2.10	0.030	0.030	—	—	—	≤0.50	—
Y-J18	0.02 ~ 0.15	0.50 ~ 1.10	1.60 ~ 2.30	0.030	0.030	—	—	≤0.40	≤0.50	(Ti + Zr) 0.02 ~ 0.30
Y-J19	≤0.15	0.40 ~ 1.00	1.40 ~ 2.60	0.030	0.030	—	—	≤0.40	≤0.50	Ti + Zr≤0.30
G-2	≤0.07	0.40 ~ 0.70	0.90 ~ 1.40	0.025	0.030	—	—	—	≤0.50	Ti 0.05 ~ 0.15　Zr 0.02 ~ 0.12　Al 0.05 ~ 0.15
G-3	0.06 ~ 0.15	0.45 ~ 0.75	0.90 ~ 1.40	0.025	0.035	—	—	—	≤0.50	—
G-4	0.06 ~ 0.15	0.65 ~ 0.85	1.00 ~ 1.50	0.025	0.035	—	—	—	≤0.50	—
G-6	0.06 ~ 0.15	0.80 ~ 1.15	1.40 ~ 1.85	0.025	0.035	—	—	—	≤0.50	—
G-7	0.06 ~ 0.15	0.50 ~ 0.80	1.50 ~ 2.00	0.025	0.035	—	—	—	≤0.50	—
G-1M3	≤0.12	0.30 ~ 0.70	≤1.30	0.025	0.025	—	≤0.20	0.40 ~ 0.65	≤0.50	—
G-2M3	≤0.12	0.30 ~ 0.70	0.60 ~ 1.40	0.025	0.025	—	—	0.40 ~ 0.65	≤0.50	—
G-2M31	≤0.12	0.30 ~ 0.90	0.80 ~ 1.50	0.025	0.025	—	—	0.40 ~ 0.65	≤0.50	—
G-3M1	0.05 ~ 0.15	0.40 ~ 1.00	1.40 ~ 2.10	0.025	0.025	—	—	0.10 ~ 0.45	≤0.50	—
G-3M1T	≤0.12	0.40 ~ 1.00	1.40 ~ 2.10	0.025	0.025	—	—	0.10 ~ 0.45	≤0.50	Ti 0.02 ~ 0.30
G-3M3	≤0.12	0.60 ~ 0.90	1.10 ~ 1.60	0.025	0.025	—	—	0.40 ~ 0.65	≤0.50	—
G-3M31	≤0.12	0.30 ~ 0.90	1.00 ~ 1.85	0.025	0.025	—	—	0.40 ~ 0.65	≤0.50	—

（续）

化学成分代号	C	Si	Mn	P≤	S≤	Cr	Ni	Mo	Cu	其 他
G-3M3T	≤0.12	0.40~1.00	1.00~1.80	0.025	0.025	—	—	0.40~0.65	≤0.50	Ti 0.02~0.30
G-4M3	≤0.12	≤0.30	1.50~2.00	0.025	0.025	—	—	0.40~0.65	≤0.50	—
G-4M31	0.07~0.12	0.50~0.80	1.60~2.10	0.025	0.025	—	—	0.40~0.65	≤0.40	—
G-4M3T	≤0.12	0.50~0.80	1.60~2.20	0.025	0.025	—	—	0.40~0.65	≤0.50	Ti 0.02~0.30
G-N1	≤0.12	0.20~0.50	≤1.25	0.025	0.025	—	0.60~1.00	≤0.35	≤0.35	—
G-N2	≤0.12	0.40~0.80	≤1.25	0.025	0.025	≤0.15	0.80~1.10	≤0.35	≤0.35	V≤0.05
G-N3	≤0.12	0.30~0.80	1.20~1.60	0.025	0.025	—	1.50~1.90	≤0.35	≤0.35	—
G-N5	≤0.12	0.40~0.80	≤1.25	0.025	0.025	—	2.00~2.75	—	≤0.35	—
G-N7	≤0.12	0.20~0.50	≤1.25	0.025	0.025	—	3.00~3.75	≤0.35	≤0.35	—
G-N71	≤0.12	0.40~0.80	≤1.25	0.025	0.025	—	3.00~3.75	—	≤0.35	—
G-N9	≤0.10	≤0.50	≤1.40	0.025	0.025	—	4.00~4.75	≤0.35	≤0.35	—
G-N1M2T	≤0.12	0.60~1.00	1.70~2.30	0.025	0.025	—	0.40~0.80	0.20~0.60	≤0.50	Ti 0.02~0.30
G-N1M3	≤0.12	0.20~0.80	1.00~1.80	0.025	0.025	—	0.30~0.90	0.40~0.65	≤0.50	—
G-N2M1T	≤0.12	0.30~0.80	1.10~1.90	0.025	0.025	—	0.80~1.60	0.10~0.45	≤0.50	Ti 0.02~0.30
G-N2M2T	0.05~0.15	0.30~0.90	1.00~1.80	0.025	0.025	—	0.70~1.20	0.20~0.60	≤0.50	Ti 0.02~0.30
G-N2M3	≤0.12	≤0.30	1.10~1.60	0.025	0.025	—	0.80~1.20	0.40~0.65	≤0.50	—
G-N2M3T	0.05~0.15	0.30~0.90	1.40~2.10	0.025	0.025	—	0.70~1.20	0.40~0.65	≤0.50	Ti 0.02~0.30
G-N2M4T	≤0.12	0.50~1.00	1.70~2.30	0.025	0.025	—	0.80~1.30	0.55~0.85	≤0.50	Ti 0.02~0.30
G-N3M2	≤0.08	0.20~0.55	1.25~1.80	0.010	0.010	≤0.30	1.40~2.10	0.25~0.55	≤0.25	Ti≤0.10, V≤0.03 Zr≤0.10, Al≤0.10
G-N4M2	≤0.09	0.20~0.55	1.40~1.80	0.010	0.010	≤0.50	1.90~2.60	0.25~0.55	≤0.25	Ti≤0.10, V≤0.04 Zr≤0.10, Al≤0.10
G-N4M3T	≤0.12	0.45~0.90	1.40~1.90	0.025	0.025	—	1.50~2.10	0.40~0.65	≤0.50	Ti 0.01~0.30
G-N4M4T	≤0.12	0.40~0.90	1.60~2.10	0.025	0.025	—	1.90~2.50	0.40~0.90	≤0.50	Ti 0.02~0.30
G-N5M3	≤0.10	0.25~0.60	1.40~1.80	0.010	0.010	≤0.60	2.00~2.80	0.35~0.65	≤0.25	Ti≤0.10, V≤0.03 Zr≤0.10, Al≤0.10
G-N5M3T	≤0.12	0.40~0.90	1.40~2.00	0.025	0.025	—	2.40~3.10	0.40~0.70	≤0.50	Ti 0.02~0.30
G-N7M4T	≤0.12	0.30~0.70	1.30~1.70	0.025	0.025	≤0.30	3.20~3.80	0.60~0.90	≤0.50	Ti 0.02~0.30
G-C1M1T	0.02~0.15	0.50~0.90	1.10~1.60	0.025	0.025	0.30~0.60	—	0.10~0.45	≤0.40	Ti 0.02~0.30
G-N3C1M4T	≤0.12	0.35~0.75	1.25~1.70	0.025	0.025	0.30~0.60	1.30~1.80	0.50~0.75	≤0.50	Ti 0.02~0.30
G-N4CM2T	≤0.12	0.20~0.60	1.30~1.80	0.025	0.025	0.20~0.50	1.50~2.10	0.30~0.60	≤0.50	Ti 0.02~0.30
G-N4CM21T	≤0.12	0.20~0.70	1.10~1.70	0.025	0.025	0.05~0.35	1.80~2.30	0.25~0.60	≤0.50	Ti 0.02~0.30
G-N4CM22T	≤0.12	0.65~0.95	1.90~2.40	0.025	0.025	0.10~0.30	2.00~2.30	0.35~0.55	≤0.50	Ti 0.02~0.30
G-N5CM3T	≤0.12	0.20~0.70	1.10~1.70	0.025	0.025	0.05~0.35	2.40~2.90	0.35~0.70	≤0.50	Ti 0.02~0.30
G-N5C1M3T	≤0.12	0.40~0.90	1.40~2.00	0.025	0.025	0.40~0.60	2.40~3.00	0.40~0.70	≤0.50	Ti 0.02~0.30
G-N6CM2T	≤0.12	0.30~0.60	1.10~1.80	0.025	0.025	0.05~0.30	2.80~3.00	0.25~0.50	≤0.50	Ti 0.02~0.30
G-N6C1M4	≤0.12	≤0.25	0.90~1.40	0.025	0.025	0.20~0.50	2.65~3.15	0.55~0.85	≤0.50	—
G-N6C2M2T	≤0.12	0.20~0.50	1.50~1.90	0.025	0.025	0.70~1.00	2.80~3.10	0.30~0.60	≤0.50	Ti 0.02~0.30
G-N6C2M4	≤0.12	0.40~0.60	1.80~2.00	0.025	0.025	1.00~1.20	2.80~3.00	0.50~0.80	≤0.50	Ti≤0.04
G-N6CM3T	≤0.12	0.30~0.70	1.20~1.50	0.025	0.025	0.10~0.35	2.70~3.30	0.40~0.65	≤0.50	Ti 0.02~0.30

注：1. 化学成分代号的 Y、G 属于焊丝牌号的前缀字母。

2. 除 Fe 元素外，表中未列出的其他残余元素总含量不超过 0.50%。

3. Cu 含量包括表面镀铜层含量。

（3）中国台湾地区 CNS 标准碳钢、高强度钢和低温钢 MAG 与 MIG 焊接用实心焊丝熔敷金属的力学性能（表 7-11-29）

表 7-11-29　碳钢、高强度钢和低温钢 MAG 与 MIG 焊接用实心焊丝熔敷金属的力学性能

力学性能代号[①]	R_{m}/MPa	R_{eL}/MPa	A（%）	力学性能代号[①]	R_{m}/MPa	R_{eL}/MPa	A（%）
		≥				≥	
43	430~600	330	20	59J	590~790	500	16
49	490~670	390	18	62	620~820	530	15
52	520~700	420	17	69	690~890	600	14
55	550~740	460	17	76	760~960	680	13
57	570~770	490	17	78	780~980	680	13
57J	570~770	500	17	78J	780~980	700	13
59	590~790	490	16	83	830~1030	745	12

注：根据试验结果确定采用 R_{eL} 或 $R_{\mathrm{p0.2}}$。

（4）中国台湾地区 CNS 标准碳钢、高强度钢和低温钢 MAG 与 MIG 焊接用实心焊丝熔敷金属的冲击性能（表 7-11-30）

表 7-11-30　碳钢、高强度钢和低温钢 MAG 与 MIG 焊接用实心焊丝熔敷金属的冲击性能

试验温度代号	试验温度/℃	夏比冲击吸收能量[①]		试验温度代号	试验温度/℃	夏比冲击吸收能量[①]	
		规定值27J	规定值47J			规定值27J	规定值47J
Y	+20	3个试验值平均≥27J，其中最低值应≥20J，至少有2个试样合格	3个试验值平均≥47J，其中最低值应≥32J至少有2个试样合格	6	−60	3个试验值平均≥27J，其中最低值应≥20J	3个试验值平均≥47J，其中最低值应≥32J
0	0			7	−70		
1	−5			8	−80		
2	−20			9	−90		
3	−30			10	−100		
4	−40			Z		不要求冲击试验	
5	−50						

① 型号中无符号时，表示规定值为27J；有字母 U 时，表示规定值为47J。

（5）新版标准的型号表示方法

2014 版标准包含活性气体保护焊（MAG）与惰性气体保护焊（MIG）用焊丝，其常用的型号有两组，一组型号全称由 6 或 7 部分组成，例如：G 62 P 4 C N2M3T（1.6-10），其中：G—MAG 与 MIG 气保焊用焊丝；62—熔敷金属的抗拉强度代号（此处为 $R_{\mathrm{m}} \geq 620\mathrm{MPa}$）；P——焊后热处理（A——焊后未热处理）；4——夏比冲击吸收能量 −40℃ 为 27J；C——保护气体 CO_2；N2M3T——焊丝的化学成分代号。最后的括号内：1.6——焊丝直径；10——质量代号。

另一组型号全称由 3 部分组成，例如：Y-GW-12（1.6-20）。其中：Y——焊丝种类；GW——MAG 和 MIG 焊接用；12——焊丝的化学成分及其焊态的熔敷金属力学性能组合代号；括号内的数字表示焊丝直径和质量（同上）。以前的旧标准［CNS 8967（2001）］中采用这种型号形式，现在仍部分沿用。该旧标准已被新标准 CNS 14601（2014）取代了。

7.11.15　碳钢、高强度钢和低温钢气体保护焊和自保护焊用药芯焊丝 ［CNS 14596（2014）］

（1）中国台湾地区 CNS 标准碳钢、高强度钢和低温钢气体保护焊和自保护焊用药芯焊丝的熔敷金属化学成分（表 7-11-31）

表 7-11-31　碳钢、高强度钢和低温钢气体保护焊和自保护焊用药芯焊丝的熔敷金属化学成分（质量分数）（%）

化学成分代号[①]	C	Si	Mn	P ≤	S ≤	Cr	Ni	Mo	Al[②]	其　他[③]
无代号	≤0.18	≤0.90	≤2.00	0.030	0.030	≤0.20	≤0.50	≤0.30	≤2.00	V≤0.08
K	≤0.20	≤1.00	≤1.60	0.030	0.030	≤0.20	≤0.50	≤0.30	—	V≤0.08
T-2M3	≤0.12	≤0.80	≤1.50	0.030	0.030			0.40~0.65	≤1.80	—
T-3M2	≤0.15	≤0.80	1.20~2.00	0.030	0.030		≤0.90	0.25~0.55	≤1.80	—
T-3M3	≤0.15	≤0.80	1.00~1.75	0.030	0.030		≤0.90	0.40~0.70	≤1.80	—

（续）

化学成分代号①	C	Si	Mn	P ≤	S ≤	Cr	Ni	Mo	Al②	其　他③
T-4M2	≤0.15	≤0.80	1.65~2.25	0.030	0.030	—	≤0.90	0.25~0.55	≤1.80	—
T-N1	≤0.12	≤0.80	≤1.75	0.030	0.030	—	0.30~1.00	≤0.35	≤1.80	—
T-N2	≤0.12	≤0.80	≤1.75	0.030	0.030	—	0.80~1.20	≤0.35	≤1.80	—
T-N3	≤0.12	≤0.80	≤1.75	0.030	0.030	—	1.00~2.00	≤0.35	≤1.80	—
T-N5	≤0.12	≤0.80	≤1.75	0.030	0.030	—	1.75~2.75	—	≤1.80	—
T-N7	≤0.12	≤0.80	≤1.75	0.030	0.030	—	2.75~3.75	—	≤1.80	—
T-N1M2	≤0.15	≤0.80	≤2.00	0.030	0.030	≤0.20	0.40~1.00	0.20~0.65	≤1.80	Ti≤0.05
T-N2M1	≤0.15	≤0.80	≤2.25	0.030	0.030	≤0.20	0.40~1.50	≤0.35	≤1.80	Ti≤0.05
T-N2M2	≤0.15	≤0.80	≤2.25	0.030	0.030	≤0.20	0.40~1.50	0.20~0.65	≤1.80	Ti≤0.05
T-N3M1	≤0.15	≤0.80	≤2.25	0.030	0.030	≤0.20	1.00~1.20	≤0.35	≤1.80	Ti≤0.05
T-N3M2	≤0.15	≤0.80	≤2.25	0.030	0.030	≤0.20	1.25~2.25	0.20~0.65	≤1.80	Ti≤0.05
T-N4M1	≤0.12	≤0.80	≤2.25	0.030	0.030	≤0.20	1.75~2.75	≤0.35	≤1.80	Ti≤0.05
T-N4M2	≤0.15	≤0.80	≤2.25	0.030	0.030	≤0.50	1.75~2.75	0.20~0.65	≤1.80	Ti≤0.05
T-N4C1M2	≤0.15	≤0.80	≤2.25	0.030	0.030	0.20~0.60	1.75~2.75	0.20~0.65	≤1.80	Ti≤0.05
T-N4C2M2	≤0.15	≤0.80	≤2.25	0.030	0.030	0.60~1.00	1.75~2.75	0.20~0.65	≤1.80	Ti≤0.05
T-N6C1M4	≤0.12	≤0.80	≤2.25	0.030	0.030	≤1.00	2.50~3.50	0.40~1.00	≤1.80	Ti≤0.05
T-N3C1M2	0.10~0.25	≤0.80	≤1.75	0.030	0.030	0.20~0.70	0.75~2.00	0.15~0.65	≤1.80	Ti≤0.05
G-1④	—	—	—	—	—	—	—	—	—	—
G-2⑤	—	≤0.80	≤1.75	0.030	0.030	≤0.30	≤0.50	≤0.20	—	—

① T 为焊丝牌号的前缀字母。

② Al 含量仅适用于自保护焊。

③ 熔敷金属的拉伸性能代号为 59、59J、62、69、76、78、78J 或 83 时，除 Fe 元素外，表中未列出的其他残余元素总含量≤0.50%。

④ G-1 适用于熔敷金属的拉伸性能代号为 43、49、49J、52J、55、57、57J 的焊丝，其化学成分由供需双方商定。

⑤ G-2 适用于熔敷金属的拉伸性能代号为 43、49、49J、52J、55、57、57J 的焊丝，碳含量由供需双方商定。

（2）中国台湾地区 CNS 标准碳钢、低合金钢和低温钢气体保护焊和自保护焊用药芯焊丝的熔敷金属力学性能

A）药芯焊丝多道焊的熔敷金属力学性能（表7-11-32）

表7-11-32　药芯焊丝多道焊的熔敷金属力学性能

力学性能代号①	R_m /MPa	R_{eL}/MPa ≥	A（%）≥	力学性能代号①	R_m /MPa	R_{eL}/MPa ≥	A（%）≥
43	430~600	330	20	59J	590~790	500	16
49	490~670	390	18	62	620~820	530	15
49J	490~670	400	18	69	690~890	600	14
52	520~700	420	17	76	760~960	680	13
55	550~740	460	17	78	780~980	680	13
57	570~770	490	17	78J	780~980	700	13
57J	570~770	500	17	83	830~1030	745	12
59	590~790	490	16				

注：根据试验结果确定采用 R_{eL} 或 $R_{p0.2}$。

B）药芯焊丝多道焊的熔敷金属冲击性能（表7-11-33）

表 7-11-33 药芯焊丝多道焊的熔敷金属冲击性能

试验温度代号	试验温度/℃	夏比冲击吸收能量[①]		试验温度代号	试验温度/℃	夏比冲击吸收能量[①]	
		规定值 27J	规定值 47J			规定值 27J	规定值 47J
Y	+20	3 个试验值平均≥27J，其中最低值应 ≥20J，至少有 2 个试样合格	3 个试验值平均≥47J，其中最低值应≥32J至少有 2 个试样合格	6	-60	3 个试验值平均≥27J，其中最低值应≥20J	3 个试验值平均≥47J，其中最低值应≥32J
0	0			7	-70		
1	-5			8	-80		
2	-20			9	-90		
3	-30			10	-100		
4	-40			—			
5	-50			Z		不要求冲击试验	

① 型号中无符号时，表示规定值为27J；有字母 U 时，表示规定值为47J。

C）药芯焊丝单道焊的熔敷金属抗拉强度（表7-11-34）

表 7-11-34 药芯焊丝单道焊的熔敷金属抗拉强度

力学性能代号[①]	R_m /MPa ≥	力学性能代号[①]	R_m /MPa ≥
43	430	55	550
49	490	57	570

（3）新版标准焊丝的型号表示方法

2014 版标准焊丝的型号有两组：一组型号全称是由 7 或 8 部分组成，例如：T490T1-1CA-K-UH10-(1.6-20)，其中：T——电弧焊用焊丝，49——熔敷金属的抗拉强度代号（此处为 R_m≥490MPa）；0——夏比冲击试验温度0℃；T1——使用性能代号，有保护气体，直流正电极。–1——适用全姿势焊接；C——保护气体 CO_2；A——焊接种类为多道焊及焊接状态；K——焊丝的化学成分代号。最后的括号内：1.6——焊丝直径；20——质量代号。

另一组型号全称由 3 部分组成，例如：T43T13-ONS-(1.6-15)。

其中：T——焊丝种类，43——熔敷金属的抗拉强度代号（此处为 R_m≥430MPa），不做冲击试验；O——适用平焊和平角焊；N——无外加的保护气体（自保护电弧焊）；S——单道焊及焊接状态。括号内代号含义同上。

7.11.16 钼钢和铬钼钢 MAG 焊接用药芯焊丝 ［CNS 13007（1992/2012 确认）］

（1）中国台湾地区 CNS 标准钼钢和铬钼钢 MAG 焊接用药芯焊丝的牌号与熔敷金属的化学成分（表7-11-35）

表 7-11-35 钼钢和铬钼钢 MAG 焊接用药芯焊丝的牌号与熔敷金属的化学成分（质量分数）（%）

牌 号	C	Si	Mn	P ≤	S ≤	Cr	Mo
YFM-C	≤0.12	≤0.70	≤2.00	0.030	0.030		0.40~0.65
YFM-G	—	—	—	0.030	0.030		0.40~0.65
YFCM-C	≤0.12	≤0.70	≤2.00	0.030	0.030	0.40~0.65	0.40~0.65
YFCM-G	—	—	—	0.030	0.030	0.40~0.65	0.40~0.65
YF1CM-C	≤0.12	≤0.70	≤1.40	0.030	0.030	1.00~1.50	0.40~0.65
YF1CM-G	—	—	—	0.030	0.030	1.00~1.50	0.40~0.65
YF2CM-C	≤0.12	≤0.70	≤1.40	0.030	0.030	2.00~2.50	0.90~1.20
YF2CM-G	—	—	—	0.030	0.030	2.00~2.50	0.90~1.20

（2）中国台湾地区 CNS 标准钼钢和铬钼钢 MAG 焊接用药芯焊丝的牌号与焊缝力学性能（表7-11-36）

表7-11-36 钼钢和铬钼钢 MAG 焊接用药芯焊丝的牌号与焊缝力学性能

牌　号	R_m /MPa	R_{eL}[①] /MPa	A (%)	试验 温度 /℃	KV/J	保护气体 （体积分数）	适用钢种范围 （质量分数）
		≥	≥		≥		
YFM-C	490	390	19	10	27	CO_2	Mo 钢（Mo 0.5%）
YFM-G	490	—	—	—	—	不规定	
YFCM-C	560	460	19	10	27	CO_2	CrMo 钢（Cr0.5%，Mo0.5%）
YFCM-G	560	—	—	—	—	不规定	
YF1CM-C	560	460	19	10	27	CO_2	两种 CrMo 钢[②]
YF1CM-G	560	—	—	—	—	不规定	
YF2CM-C	630	530	17	10	27	CO_2	CrMo 钢（Cr2.25%，Mo 1.0%）
YF2CM-G	630	—	—	—	—	不规定	

① 根据试验结果确定采用 R_{eL} 或 $R_{p0.2}$。

② 钢的含量：A—Cr = 1.0%，Mo = 0.5%，B—Cr = 1.25%，Mo = 0.5%。

7.11.17 不锈钢气体保护焊和自保护焊用药芯焊丝 ［CNS 13010（1992/2012 确认）］

（1）中国台湾地区 CNS 标准不锈钢气体保护和自保护焊用药芯焊丝的牌号与熔敷金属的化学成分（表7-11-37）

表7-11-37 不锈钢气体保护和自保护焊用药芯焊丝的牌号与熔敷金属的化学成分（质量分数）（%）

牌　号	C	Si	Mn	P ≤	S ≤	Cr	Ni	Mo	其　他
气体保护焊用药芯焊丝[①]									
YF-308-C/-G	≤0.08	≤1.00	0.05~2.50	0.040	0.030	18.0~21.0	9.0~11.0	—	—
YF-308 L-C/-G	≤0.04	≤1.00	0.05~2.50	0.040	0.030	18.0~21.0	9.0~12.0	—	—
YF-309-C/-G	≤0.10	≤1.00	0.05~2.50	0.040	0.030	22.0~25.0	12.0~14.0	—	—
YF-309 L-C/-G	≤0.04	≤1.00	0.05~2.50	0.040	0.030	22.0~25.0	12.0~14.0	—	—
YF-309 J-C/-G	≤0.08	≤1.00	0.05~2.50	0.040	0.030	25.0~28.0	12.0~14.0	—	—
YF-309 Mo-C/-G	≤0.12	≤1.00	0.05~2.50	0.040	0.030	22.0~25.0	12.0~14.0	2.00~3.00	—
YF-309 MoL-C/-G	≤0.04	≤1.00	0.05~2.50	0.040	0.030	22.0~25.0	12.0~14.0	2.00~3.00	—
YF-316-C/-G	≤0.08	≤1.00	0.05~2.50	0.040	0.030	17.0~20.0	11.0~14.0	2.00~3.00	—
YF-316 L-C/-G	≤0.04	≤1.00	0.05~2.50	0.040	0.030	17.0~20.0	11.0~14.0	2.00~3.00	—
YF-316 J1 L-C/-G	≤0.04	≤1.00	0.05~2.50	0.040	0.030	17.0~20.0	11.0~16.0	1.20~2.75	Cu 1.00~2.50
YF-317 L-C/-G	≤0.04	≤1.00	0.05~2.50	0.040	0.030	18.0~21.0	12.0~16.0	3.00~4.00	—
YF-347-C/-G	≤0.08	≤1.00	0.05~2.50	0.040	0.030	18.0~21.0	9.0~11.0	—	Nb 8C~1.00
YF-410-C/-G	≤0.12	≤1.00	≤1.20	0.040	0.030	11.0~13.5	≤0.60	—	—
YF-430-C/-G	≤0.10	≤1.00	≤1.20	0.040	0.030	15.0~18.0	≤0.60	—	—
自保护焊用药芯焊丝[②]									
YF-308-S	≤0.08	≤1.00	0.05~2.50	0.040	0.030	19.5~22.0	9.0~11.0	—	—
YF-308L-S	≤0.04	≤1.00	0.05~2.50	0.040	0.030	19.5~22.0	9.0~12.0	—	—
YF-309-S	≤0.10	≤1.00	0.05~2.50	0.040	0.030	23.0~25.0	12.0~14.0	—	—
YF-309 L-S	≤0.04	≤1.00	0.05~2.50	0.040	0.030	23.0~25.0	12.0~14.0	—	—
YF-309 J-S	≤0.08	≤1.00	0.05~2.50	0.040	0.030	23.5~28.5	12.0~14.0	—	—
YF-309 Mo-S	≤0.12	≤1.00	0.05~2.50	0.040	0.030	22.0~25.0	12.0~14.0	2.00~3.00	—
YF-309 Mo L-S	≤0.04	≤1.00	0.05~2.50	0.040	0.030	22.0~25.0	12.0~14.0	2.00~3.00	—
YF-316-S	≤0.08	≤1.00	0.05~2.50	0.040	0.030	18.0~20.5	11.0~14.0	2.00~3.00	—
YF-316 L-S	≤0.04	≤1.00	0.05~2.50	0.040	0.030	18.0~20.5	11.0~14.0	2.00~3.00	—
YF-316 J1 L-S	≤0.04	≤1.00	0.05~2.50	0.040	0.030	18.0~20.5	11.0~16.0	1.20~2.75	Cu 1.00~2.50

（续）

牌　号	C	Si	Mn	P ≤	S ≤	Cr	Ni	Mo	其　他
自保护焊用药芯焊丝[2]									
YF-317 L-S	≤0.04	≤1.00	0.05~2.50	0.040	0.030	18.5~21.0	13.0~15.0	3.00~4.00	—
YF-347-S	≤0.08	≤1.00	0.05~2.50	0.040	0.030	19.0~21.5	9.0~11.0	—	Nb 8C~1.00
YF-410-S	≤0.12	≤1.00	≤1.00	0.040	0.030	11.0~13.5	≤0.60	≤0.50	—
YF-430-S	≤0.10	≤1.00	≤1.00	0.040	0.030	15.0~18.0	≤0.60	≤0.50	—

① 牌号后缀字母"C"表示采用 CO_2 或20% Ar+80% CO_2（体积分数）混合气体；后缀字母"G"表示保护气体不规定。

② 牌号后缀字母"S"表示自保护焊。

（2）中国台湾 CNS 标准不锈钢气体保护焊和自保护焊用药芯焊丝的熔敷金属力学性能（表7-11-38）

表7-11-38　不锈钢气体保护焊和自保护焊用药芯焊丝的熔敷金属力学性能

型　号	类　型[3]	R_m/MPa ≥	A（%）≥	型　号	类　型[3]	R_m/MPa ≥	A（%）≥
YF308	C, S, G	550	35	YF316	C, S, G	550	30
YF308 L	C, S, G	510	35	YF316 L	C, S, G	520	35
YF309	C, S, G	550	30	YF316 J1 L	C, S, G	520	35
YF309 L	C, S, G	540	30	YF317 L	C, S, G	520	30
YF309 J	C, S, G	550	20	YF347	C, S, G	550	20
YF309Mo	C, S, G	550	30	YF410[1]	C, S, G	480	25
YF309Mo L	C, S, G	510	20	YF430[2]	C, S, G	480	20

① 试样加工前加热至840~860℃，保温2h后，再以≤55℃/h的冷却速度炉冷至590℃，然后空冷。

② 试样加工前加热至760~785℃，保温2h后，再以≤55℃/h的冷却速度炉冷至590℃，然后空冷。

③ S—自保护焊，C—气体保护焊采用 CO_2，G—气体保护焊采用 Ar+CO_2。

7.11.18　电热气体保护电弧焊用药芯焊丝 ［CNS 14598（2014）］

（1）中国台湾地区 CNS 标准电热气体保护电弧焊用药芯焊丝的牌号与熔敷金属的化学成分（表7-11-39）

表7-11-39　电热气体保护电弧焊用药芯焊丝的牌号与熔敷金属的化学成分（质量分数）（%）

牌　号	C	Si	Mn	P≤	S≤	Ni	Mo	其　他
YFEG-11C	≤0.15	≤0.60	≤2.00	0.030	0.030	—	≤0.40	Ti≤0.05
YFEG-21C	≤0.18	≤0.70	≤2.00	0.030	0.030	—	≤0.40	Ti≤0.05
YFEG-22C	≤0.18	≤0.70	≤2.00	0.030	0.030	≤0.80	≤0.50	Ti≤0.05
YFEG-20G	—	—	—	0.030	0.030	—	—	—
YFEG-31C	≤0.20	≤0.70	≤2.20	0.030	0.030	≤0.80	≤0.60	Cr≤0.40
YFEG-32C	≤0.20	≤0.70	≤2.20	0.030	0.030	≤0.80	≤0.70	Ti≤0.05
YFEG-30G	—	—	—	0.030	0.030	—	—	—
YFEG-41C	≤0.18	≤0.70	≤2.00	0.030	0.030	≤0.80	≤0.60	Ti≤0.05
YFEG-42C	≤0.18	≤0.70	≤2.00	0.030	0.030	≤0.80	≤0.70	Ti≤0.05
YFEG-41A	≤0.18	≤0.70	≤1.80	0.030	0.030	≤0.80	≤0.60	Ti≤0.05
YFEG-42A	≤0.18	≤0.70	≤2.00	0.030	0.030	≤0.80	≤0.70	Ti≤0.05

（2）中国台湾地区 CNS 标准电热气体保护电弧焊用药芯焊丝的牌号与焊缝力学性能（表7-11-40）

表 7-11-40　电热气体保护电弧焊用药芯焊丝的牌号与焊缝力学性能

牌　号[1]	R_m /MPa	R_{eL}[2] /MPa	A (%)	试验温度 /℃	KV/J ≥	保护气体 (体积分数)	适用钢种范围
	≥						
YFEG-11C	420	345	22	0	40	二氧化碳/CO_2	低碳钢
YFEG-21C	520	390	20	0	40	二氧化碳/CO_2	低碳钢和490MPa 级高强度钢
YFEG-22C	520	390	20	-20	40		
YFEG-20G	520	390	20	0	27	未规定	
YFEG-31C	610	490	20	0	40	二氧化碳/CO_2	590MPa 级高强度钢
YFEG-32C	610	490	20	-20	40		
YFEG-30G	610	490	20	0	27	未规定	
YFEG-41C	490	365	20	-40	27	二氧化碳/CO_2	低温用碳素钢
YFEG-42C	490	365	20	-60	27		
YFEG-41A	490	365	20	-40	27	混合气体/80% Ar +20% CO_2	低温用碳素钢
YFEG-42A	490	365	20	-60	27		

[1] 牌号表示方法：YF—药芯焊丝，EG—气体保护电弧焊，数字—适用钢种与熔敷金属的化学成分，C 或 A—保护气体类型。

[2] 根据试验结果确定采用 R_{eL} 或 $R_{p0.2}$。

7.11.19　堆焊用药芯焊丝 ［CNS 14597（2001/2012 确认）］

（1）中国台湾地区 CNS 标准堆焊用药芯焊丝的牌号与熔敷金属的化学成分（表 7-11-41）

表 7-11-41　堆焊用药芯焊丝的牌号与熔敷金属的化学成分（质量分数）（%）

牌　号	C	Si	Mn	P≤	S≤	Cr	Ni	Mo	Fe	其　他
YF2A-C	≤0.30	≤1.5	≤3.0	0.03	0.03	≤3.0	—	≤1.5	余量	—
YF2A-G	≤0.30	≤1.5	≤3.0	0.03	0.03	≤3.0		≤1.5	余量	V≤2.0, W≤4.0
YF3B-C	0.10~1.50	≤3.0	≤3.0	0.03	0.03	3.0~10.0		≤4.0	余量	
YF3B-G	0.10~1.50	≤3.0	≤3.0	0.03	0.03	3.0~10.0		≤4.0	余量	
YF4A-C	≤0.15	≤1.0	≤3.0	0.03	0.03	10.0~14.0	≤8.0	≤2.0		
YF4A-G	≤0.15	≤1.0	≤3.0	0.03	0.03	10.0~14.0	≤8.0	≤2.0		
YF4B-C	0.15~0.50	≤1.0	≤3.0	0.03	0.03			≤2.0	余量	
YF4B-G	0.15~0.50	≤1.0	≤3.0	0.03	0.03	10.0~14.0		≤2.0	余量	
YFMA-C	≤1.10	≤0.8	11.0~18.0	0.03	0.03	≤4.0	≤3.0	≤2.5	余量	
YFMA-G	≤1.10	≤0.8	11.0~18.0	0.03	0.03	≤4.0	≤3.0	≤2.5	余量	
YFME-C	≤1.10	≤0.8	12.0~18.0	0.03	0.03	14.0~18.0	≤6.0	≤4.0	余量	
YFME-G	≤1.10	≤0.8	12.0~18.0	0.03	0.03	14.0~18.0	≤6.0	≤4.0	余量	
YFCrA-C	2.50~6.00	≤3.5	≤3.0	0.03	0.03	20.0~35.0	—	≤6.0	余量	W≤6.5, Nb≤7.0
YFCrA-G	2.50~6.00	≤3.5	≤3.0	0.03	0.03	20.0~35.0		≤6.0	余量	W≤6.5, Nb≤7.0
YF2A-S	≤0.40	≤1.5	≤3.0	0.03	0.03	≤3.0	—	≤1.5	余量	Al≤3.0
YF3B-S	0.10~1.50	≤3.0	≤3.0	0.03	0.03	3.0~10.0		≤4.0	余量	W≤4.0, Al≤3.0
YFCrA-S	2.50~6.00	≤3.5	≤3.0	0.03	0.03	20.0~35.0		≤6.0	余量	W≤6.5, Nb≤7.0

（2）中国台湾地区 CNS 标准堆焊用药芯焊丝熔敷金属的硬度（表 7-11-42）

表 7-11-42 堆焊用药芯焊丝熔敷金属的硬度

标称硬度	熔敷金属硬度 HV	标称硬度	熔敷金属硬度 HV
200	≤250	450	400 ~ 500
250	200 ~ 300	500	450 ~ 600
300	250 ~ 350	600	550 ~ 700
350	300 ~ 400	700	650 ~ 800
400	350 ~ 450	800	≥750

7.11.20 低碳钢和低合金钢埋弧焊用实心焊丝 ［CNS 13014（2014）］

中国台湾地区 CNS 标准低碳钢和低合金钢埋弧焊用实心焊丝的牌号与熔敷金属的化学成分见表 7-11-43。

表 7-11-43 低碳钢和低合金钢埋弧焊用实心焊丝的牌号与熔敷金属的化学成分（质量分数）（%）

牌 号[①]	C	Si	Mn	P≤	S≤	Cr	Ni	Mo	其 他[②]
Si-Mn 系焊丝									
YS-S1	≤0.15	≤0.15	0.20 ~ 0.90	0.030	0.030	≤0.15	≤0.25	≤0.15	Cu≤0.40
YS-S2	≤0.15	≤0.15	0.80 ~ 1.40	0.030	0.030	≤0.15	≤0.25	≤0.15	Cu≤0.40
YS-S3	≤0.18	0.15 ~ 0.60	0.80 ~ 1.40	0.030	0.030	≤0.15	≤0.25	≤0.15	Cu≤0.40
YS-S4	≤0.18	≤0.15	1.30 ~ 1.90	0.030	0.030	≤0.15	≤0.25	≤0.15	Cu≤0.40
YS-S5	≤0.18	0.15 ~ 0.60	1.30 ~ 1.90	0.030	0.030	≤0.15	≤0.25	≤0.15	Cu≤0.40
YS-S6	≤0.18	≤0.15	1.70 ~ 2.80	0.030	0.030	≤0.15	≤0.25	≤0.15	Cu≤0.40
YS-S7	≤0.18	0.15 ~ 0.60	1.70 ~ 2.80	0.030	0.030	≤0.15	≤0.25	≤0.15	Cu≤0.40
YS-S8	≤0.15	0.35 ~ 0.80	1.10 ~ 2.10	0.030	0.030	≤0.15	≤0.25	≤0.15	Cu≤0.40
Mo 系焊丝									
YS-M1	≤0.18	≤0.20	1.30 ~ 2.30	0.025	0.025	≤0.15	≤0.25	0.15 ~ 0.40	Cu≤0.40
YS-M2	≤0.18	≤0.60	1.30 ~ 2.30	0.025	0.025	≤0.15	≤0.25	0.15 ~ 0.40	Cu≤0.40
YS-M3	≤0.18	≤0.40	0.30 ~ 1.20	0.025	0.025	≤0.15	≤0.25	0.30 ~ 0.70	Cu≤0.40
YS-M4	≤0.18	≤0.60	1.10 ~ 1.90	0.025	0.025	≤0.15	≤0.25	0.30 ~ 0.70	Cu≤0.40
YS-M5	≤0.18	≤0.60	1.70 ~ 2.60	0.025	0.025	≤0.15	≤0.25	0.30 ~ 0.70	Cu≤0.40
Cr-Mo 系焊丝									
YS-CM1	≤0.15	≤0.40	0.30 ~ 1.20	0.025	0.025	0.30 ~ 0.70	≤0.25	0.30 ~ 0.70	Cu≤0.40
YS-CM2	0.08 ~ 0.18	≤0.40	0.80 ~ 1.60	0.025	0.025	0.30 ~ 0.70	≤0.25	0.30 ~ 0.70	Cu≤0.40
YS-CM3	≤0.15	≤0.40	1.70 ~ 2.30	0.025	0.025	0.30 ~ 0.70	≤0.25	0.30 ~ 0.70	Cu≤0.40
YS-CM4	≤0.15	≤0.40	2.00 ~ 2.80	0.025	0.025	0.30 ~ 1.00	≤0.25	0.60 ~ 1.20	Cu≤0.40
YS-1CM1	≤0.15	≤0.60	0.30 ~ 1.20	0.025	0.025	0.80 ~ 1.80	≤0.25	0.40 ~ 0.65	Cu≤0.40
YS-1CM2	0.08 ~ 0.18	≤0.60	0.80 ~ 1.60	0.025	0.025	0.80 ~ 1.80	≤0.25	0.40 ~ 0.65	Cu≤0.40
YS-2CM1	≤0.15	≤0.35	0.30 ~ 1.20	0.025	0.025	2.20 ~ 2.80	≤0.25	0.90 ~ 1.20	Cu≤0.40
YS-2CM2	0.08 ~ 0.18	≤0.35	0.80 ~ 1.60	0.025	0.025	2.20 ~ 2.80	≤0.25	0.90 ~ 1.20	Cu≤0.40
YS-3CM1	≤0.15	≤0.35	0.30 ~ 1.20	0.025	0.025	2.75 ~ 3.75	≤0.25	0.90 ~ 1.20	Cu≤0.40
YS-3CM2	0.08 ~ 0.18	≤0.35	0.80 ~ 1.60	0.025	0.025	2.75 ~ 3.75	≤0.25	0.90 ~ 1.20	Cu≤0.40
YS-5CM1	≤0.15	≤0.60	0.30 ~ 1.20	0.025	0.025	4.50 ~ 6.00	≤0.25	0.40 ~ 0.65	Cu≤0.40
YS-5CM2	0.05 ~ 0.15	≤0.60	0.80 ~ 1.60	0.025	0.025	4.50 ~ 6.00	≤0.25	0.40 ~ 0.65	Cu≤0.40

（续）

牌　号[1]	C	Si	Mn	P≤	S≤	Cr	Ni	Mo	其　他[2]
			Ni 系焊丝						
YS-N1	≤0.15	≤0.60	1.30~2.30	0.018	0.018	≤0.20	0.40~1.75	≤0.15	Cu≤0.40
YS-N2	≤0.15	≤0.60	0.50~1.30	0.018	0.018	≤0.20	2.20~3.80	≤0.15	Cu≤0.40
			Ni-Mo 系焊丝						
YS-NM1	≤0.15	≤0.60	1.30~2.30	0.018	0.018	≤0.20	0.40~1.75	0.30~0.70	Cu≤0.40
YS-NM2	≤0.15	0.20~0.60	1.30~1.90	0.018	0.018	≤0.20	1.70~2.30	0.30~0.70	Cu≤0.40
YS-NM3	0.05~0.15	≤0.30	1.80~2.80	0.018	0.018	≤0.20	0.80~1.40	0.50~1.00	Cu≤0.40
YS-NM4	≤0.15	≤0.60	0.50~1.30	0.018	0.018	≤0.20	2.20~3.80	0.15~0.40	Cu≤0.40
YS-NM5	≤0.15	≤0.60	0.50~1.30	0.018	0.018	≤0.20	2.20~3.80	0.30~0.90	Cu≤0.40
YS-NM6	≤0.15	≤0.60	1.30~2.30	0.018	0.018	≤0.20	2.20~3.80	0.30~0.90	Cu≤0.40
			Ni-Cr-Mo 系焊丝						
YS-NCM1	0.05~0.15	≤0.40	1.30~2.30	0.018	0.018	0.05~0.70	0.40~1.75	0.30~0.80	Cu≤0.40
YS-NCM2	≤0.10	≤0.60	1.20~1.80	0.018	0.018	0.20~0.60	1.50~2.10	0.30~0.80	Cu≤0.40
YS-NCM3	0.05~0.15	≤0.60	1.30~2.30	0.018	0.018	0.40~0.90	2.10~2.90	0.40~0.90	Cu≤0.40
YS-NCM4	≤0.10	0.05~0.45	1.30~2.30	0.018	0.018	0.60~1.20	2.10~3.20	0.30~0.70	Cu≤0.40
YS-NCM5	0.08~0.18	≤0.40	0.20~1.20	0.018	0.018	1.00~2.00	3.00~4.00	0.30~0.70	Cu≤0.40
YS-NCM6	0.08~0.18	≤0.40	0.20~1.20	0.018	0.018	0.30~0.70	4.50~5.50	0.30~0.70	Cu≤0.40
			Cu-Cr 系焊丝						
YS-CuC1	≤0.15	≤0.30	0.80~2.20	0.030	0.030	0.30~0.60	—	—	Cu 0.20~0.45
YS-CuC2	≤0.15	≤0.30	0.80~2.20	0.030	0.030	0.50~0.80	0.05~0.80	—	Cu 0.30~0.55
			其他类焊丝						
YS-G[3]	≤0.20	≤0.90	≤3.00	0.030	0.030	—	—	—	—

① 牌号的 YS—埋弧焊用焊丝；短横线后是化学成分代号。

② 各类焊丝若需镀铜时，除 YS-CuC1、YS-CuC2 外，其余各牌号的铜含量包括表面镀铜层含量。

③ YS-G 可添加表以外的其他元素。

7.11.21　不锈钢埋弧焊用药芯焊丝［CNS 14600（2001/2012 确认）］

（1）中国台湾地区 CNS 标准不锈钢埋弧焊用药芯焊丝的牌号与熔敷金属化学成分（表 7-11-44）

表 7-11-44　不锈钢埋弧焊用药芯焊丝的牌号与熔敷金属化学成分（质量分数）（%）

牌　号	C	Si	Mn	P≤	S≤	Cr	Ni	Mo	其　他
YS-308	≤0.08	≤0.65	1.0~2.5	0.03	0.03	18.0~22.0	9.0~11.0	—	—
YS-308L	≤0.030	≤0.65	1.0~2.5	0.03	0.03	18.0~22.0	9.0~12.0	—	—
YS-309	≤0.12	≤0.65	1.0~2.5	0.03	0.03	22.0~25.0	12.0~14.0	—	—
YS-309L	≤0.030	≤0.65	1.0~2.5	0.03	0.03	22.0~25.0	12.0~14.0	—	—
YS-309Mo	≤0.12	≤0.65	1.0~2.5	0.03	0.03	22.0~25.0	12.0~14.0	2.0~3.0	—
YS-310	≤0.15	≤0.65	1.0~2.5	0.03	0.03	25.0~28.0	20.0~22.0	—	—
YS-312	≤0.15	≤0.65	1.0~2.5	0.03	0.03	28.0~32.0	8.0~10.5	—	—
YS-16-8-2	≤0.10	≤0.65	1.0~2.5	0.03	0.03	14.5~16.5	7.5~9.5	1.0~2.0	—
YS-316	≤0.08	≤0.65	1.0~2.5	0.03	0.03	17.0~20.0	11.0~14.0	2.0~3.0	—
YS-316 L	≤0.030	≤0.65	1.0~2.5	0.03	0.03	17.0~20.0	11.0~16.0	2.0~3.0	—
YS-316J 1L	≤0.030	≤0.65	1.0~2.5	0.03	0.03	17.0~20.0	11.0~16.0	2.0~3.0	Cu 1.0~2.5
YS-317	≤0.08	≤0.65	1.0~2.5	0.03	0.03	17.0~20.0	11.0~16.0	2.0~3.0	—

（续）

牌　号	C	Si	Mn	P≤	S≤	Cr	Ni	Mo	其　他
YS-317 L	≤0.030	≤0.65	1.0~2.5	0.03	0.03	17.0~20.0	11.0~16.0	2.0~3.0	—
YS-347	≤0.08	≤0.65	1.0~2.5	0.03	0.03	18.0~21.5	9.0~11.0	—	Nb 10C~1.0
YS-347 L	≤0.030	≤0.65	1.0~2.5	0.03	0.03	18.0~21.5	9.0~11.0	—	Nb 10C~1.0
YS-410	≤0.12	≤0.50	≤0.6	0.03	0.03	11.0~14.0	≤0.60	—	—
YS-430	≤0.10	≤0.50	≤0.6	0.03	0.03	15.0~18.0	≤0.60	—	—
YSS-G	≤0.15	≤0.65	—	0.03	0.03	≤11.0	≤38.0	—	—

注：若根据需要，可添加本表以外的合金元素。

（2）中国台湾地区 CNS 标准不锈钢埋弧焊用药芯焊丝（焊接后）的熔敷金属化学成分（表7-11-45）

表 7-11-45　不锈钢埋弧焊用药芯焊丝（焊接后）的熔敷金属化学成分（质量分数）（%）

化学成分 代号	C	Si	Mn	P≤	S≤	Cr	Ni	Mo	其他
S 308	≤0.08	≤1.00	0.50~2.50	0.040	0.030	18.0~21.0	9.0~11.0	—	—
S 308L	≤0.04	≤1.00	0.50~2.50	0.040	0.030	18.0~21.0	9.0~12.0	—	—
S 309	≤0.15	≤1.00	0.50~2.50	0.040	0.030	22.0~25.0	12.0~14.0	—	—
S 309L	≤0.04	≤1.00	0.50~2.50	0.040	0.030	22.0~25.0	12.0~14.0	—	—
S 309Mo	≤0.12	≤1.00	0.50~2.50	0.040	0.030	22.0~25.0	12.0~14.0	2.00~3.00	—
S 310	≤0.20	≤1.00	0.50~2.50	0.040	0.030	25.0~28.0	20.0~22.0	—	—
S 312	≤0.15	≤1.00	0.50~2.50	0.040	0.030	28.0~32.0	8.0~10.5	—	—
S 16-8-2	≤0.10	≤1.00	0.50~2.50	0.040	0.030	14.5~16.5	7.5~9.5	1.00~2.0	—
S 316	≤0.08	≤1.00	0.50~2.50	0.040	0.030	17.0~20.0	11.0~14.0	2.0~3.0	—
S 316 L	≤0.04	≤1.00	0.50~2.50	0.040	0.030	17.0~20.0	11.0~16.0	2.0~3.0	—
S 316J 1L	≤0.04	≤1.00	0.50~2.50	0.040	0.030	17.0~20.0	11.0~16.0	1.20~2.75	Cu 1.00~2.50
S 317	≤0.08	≤1.00	0.50~2.50	0.040	0.030	18.0~21.0	12.0~14.0	3.0~4.0	—
S 317 L	≤0.04	≤1.00	0.50~2.50	0.040	0.030	18.0~21.0	12.0~14.0	3.0~4.0	—
S 347	≤0.08	≤1.00	0.50~2.50	0.040	0.030	18.0~21.0	9.0~11.0	—	Nb 8C~1.00
S 347 L	≤0.04	≤1.00	0.50~2.50	0.040	0.030	18.0~21.0	9.0~11.0	—	Nb 8C~1.00
S 410	≤0.12	≤1.00	≤1.20	0.040	0.030	11.0~13.5	≤0.60	≤0.50	—
S 430	≤0.10	≤1.00	≤1.20	0.040	0.030	15.0~18.5	≤0.60	≤0.50	—
SSG	≤0.20	≤1.00	—	0.040	0.030	≤11.0	≤38.0	—	—

（3）中国台湾地区 CNS 标准不锈钢埋弧焊用药芯焊丝的熔敷金属力学性能（表7-11-46）

表 7-11-46　不锈钢埋弧焊用药芯焊丝的熔敷金属力学性能

化学成分 代号	R_m/MPa	A（%）	化学成分 代号	R_m/MPa	A（%）
	≥	≥		≥	≥
S 308	520	35	S 316 L	450	35
S 308L	480	35	S 316J 1L	480	35
S 309	520	30	S 317	520	30
S 309L	510	30	S 317 L	480	30
S 309Mo	550	30	S 347	520	30
S 310	520	30	S 347 L	510	30
S 312	660	22	S 410	440	20
S 16-8-2	550	35	S 430	450	20
S 316	520	30	SSG	440	—

注：根据试验结果确定采用 R_{eL} 或 $R_{p0.2}$。

7.11.22 9%镍钢埋弧焊用焊丝 [CNS 13012 (2007/2012 确认)]

（1）中国台湾地区 CNS 标准埋弧焊用 9％镍钢实心焊丝的牌号与化学成分（表 7-11-47）

表 7-11-47 埋弧焊用 9％镍钢实心焊丝的牌号与化学成分（质量分数）（％）

牌号[①]	C	Si	Mn	P≤	S≤	Ni	Mo	Fe
YS 9Ni-F	≤0.10	≤1.50	≤3.50	0.020	0.015	≥55.0	10.0~25.0	≤20.0
YS 9Ni-H	≤0.10	≤1.50	≤3.50	0.020	0.015	≥55.0	10.0~25.0	≤20.0

① 焊丝牌号后缀字母：F—平焊；H—横焊或平角焊。

（2）中国台湾地区 CNS 标准埋弧焊用 9％镍钢实心焊丝的焊缝力学性能（表 7-11-48）

表 7-11-48 埋弧焊用 9％镍钢实心焊丝的焊缝力学性能

型号	R_m/MPa	R_{eL}[①]/MPa	$A(\%)$	夏比冲击试验	
				试验温度	冲击吸收能量
	≥			/℃	/J
YS9Ni-F	660	365	25	-196	平均值≥34
YS9Ni-H	660	365	25	-196	个别值≥27
YS9Ni	弯曲性能：被弯曲的焊缝表面不得有任何方向长度超过 3.0mm 的裂纹				

① 根据试验结果确定采用 R_{eL} 或 $R_{p0.2}$。

附　　录

附录 A　钢材理论质量计算方法

（1）基本公式

$$m = SL\rho \times 10^{-3}$$

式中　m——钢材质量（kg）;

　　　S——钢材断面积（mm^2）;

　　　L——钢材长度（m）;

　　　ρ——钢材密度，$\rho = 7.85$（g/cm^3）。

　说明：由于型材在制造过程中允许一定偏差值，因此用以上公式计算的理论质量与实际质量会有一定出
　　　　入，仅作估算时的参考。

（2）钢材断面积的计算公式（附表 A-1）

附表 A-1　钢材断面积的计算公式

No.	钢材类别	断面积计算公式	式中符号说明
1	方钢	$S = a^2$	a = 边宽
2	圆角方钢	$S = a^2 - 0.8584 r^2$	a—边宽；r—圆角半径
3	钢板、扁钢、带钢	$S = a\delta$	a—边宽；δ—厚度
4	圆角扁钢	$S = a\delta - 0.8584 r^2$	a—边宽；δ—厚度；r—圆角半径
5	圆钢、圆盘条、钢丝	$S = 0.7854 d^2$	d—外径
6	六角钢	$S = 0.866 a^2$ $= 2.598 s^2$	a—对边距离；s—边宽
7	八角钢	$S = 0.8284 a^2$ $= 4.8284 s^2$	
8	钢管	$S = 3.1416 \delta\,(D - \delta)$	D—外径；δ—壁厚
9	等边角钢	$S = d\,(2b - d) +$ $0.2146\,(r^2 - 2r_1^2)$	d—边厚；b—边宽；r—内面圆角半径；r_1—端边圆角半径
10	不等边角钢	$S = d\,(B + b - d) +$ $0.2146\,(r^2 - 2r_1^2)$	d—边厚；B—长边宽；b—短边宽；r—内面圆角半径；r_1—端边圆角半径
11	工字钢	$S = hd + 2t\,(b - d) +$ $0.58\,(r^2 - r_1^2)$	h—高度；b—腿宽；d—腰厚；t—平均腿厚；r—内面圆角半径；r_1—边端圆角半径
12	槽钢	$S = hd + 2t\,(b - d) +$ $0.34\,(r^2 + r_1^2)$	

（3）钢材理论质量计算简式（附表 A-2）

附表 A-2　钢材理论质量计算简式

材料名称	理论质量 m/（kg/m）	附　　注
扁钢、钢板、钢带	$m = 0.00785 \times$ 宽 $\times$ 厚	1. 角钢、工字钢和槽钢的准确计算公式很繁，表列简式用于计算近似值
方钢	$m = 0.00785 \times$ 边长^2	2. f 值系数：一般型号及带 a 的为 3.34，带 b 的为 2.65，带 c 的为 2.26
圆钢、螺纹钢、线材、钢丝	$m = 0.00617 \times$ 直径^2	3. e 值系数：一般型号及带 a 的为 3.26，带 b 的为 2.44，带 c 的为 2.24
六角钢	$m = 0.0068 \times$ 对边距离^2	4. 各长度单位均为 mm

（续）

材料名称	理论质量 $m/(kg/m)$	附　注
八角钢	$m = 0.0065 \times$ 对边距离^2	
钢管	$m = 0.02466 \times$ 壁厚（外径—壁厚）	
等边角钢	$m = 0.00785 \times$ 边厚（2 边宽—边厚）	1. 角钢、工字钢和槽钢的准确计算公式很繁，表列简式用于计算近似值
不等边角钢	$m = 0.00785 \times$ 边厚（长边宽 + 短边宽 – 边厚）	2. f 值系数：一般型号及带 a 的为 3.34，带 b 的为 2.65，带 c 的为 2.26
工字钢	$m = 0.00785 \times$ 腰厚［高 + f（腿宽 – 腰厚）］	3. e 值系数：一般型号及带 a 的为 3.26，带 b 的为 2.44，带 c 的为 2.24
槽钢	$m = 0.00785 \times$ 腰厚［高 + e（腿宽 – 腰厚）］	4. 各长度单位均为 mm

附录 B　钢产品标记代号和钢材涂色标记

（1）钢产品标记代号（附表 B-1）

附表 B-1　钢产品标记代号

序号	类　别	标记代号	序号	类　别	标记代号
1	加工方法： ① 热加工 热轧 热扩 热挤 热锻 ② 冷加工 冷轧 冷挤压 冷拉（拔） ③ 焊拉	W WH WHR（或 AR） WHE WHEX WHF WC WCR WCE WCD WW	4	边缘状态： ① 切边 ② 不切边 ③ 磨边	E EC EM ER
2	截面形状和型号： 用表示产品截面形状特征的英文字母作为标记代号 如果产品有型号，应在表示产品形状特征的标记代号后加上型号	例如：圆钢—R_1、方钢—S、扁钢—F、六角型钢—HE、八角型钢—O、角钢—A、H 型钢—H、U 型钢—U、方型空型钢 QHS 等	5	表面质量： ① 普通级 ② 较高级 ③ 高级	F FA FB FC
			6	表面种类： ① 压力加工表面 ② 酸洗（喷丸） ③ 喷丸（砂） ④ 剥皮 ⑤ 磨光 ⑥ 抛光 ⑦ 发蓝 ⑧ 热镀锌 ⑨ 电镀锌 ⑩ 热镀锡 ⑪ 电镀锡 ⑫ 电镀铝锡合金	S SPP SA SS SF SP SB SBL SZH SZE SSH SSE SAIE
3	尺寸精度： 普通精度 较高精度 高级精度 长度 宽度 厚度 不平度 ① 长度普通精度 ② 宽度较高精度 ③ 高级精度 ④ 厚度高级精度 ⑤ 宽度较高精度 ⑥ 不平度普通精度	P A B C L W T F PL. A PW. B PC PT. C PW. B PF. A	7	表面处理： ① 钝化（铬酸） ② 磷化 ③ 涂油 ④ 耐指纹处理	ST STC STP STO STS
			8	软化程度： ① 1/4 软 ② 半软 ③ 软 ④ 特软	S S1/4 S1/2 S S2

（续）

序号	类 别	标记代号	序号	类 别	标记代号
9	硬化程度： ① 低冷硬 ② 半冷硬 ③ 冷硬 ④ 特硬	H H1/4 H1/2 H H2	11	冲压性能： ① 普通级 ② 冲压级 ③ 深冲级 特深冲级 超深冲级 特超深冲级	CQ DQ DDQ EDDQ SDDQ ESDDQ
10	热处理类型： ① 退火 ② 软化退火 ③ 球化退火 ④ 光亮退火 ⑤ 正火 ⑥ 回火 ⑦ 淬火 + 回火 ⑧ 正火 + 回火（即调质） ⑨ 固溶 ⑩ 时效	A SA G L N T QT NT S AG	12	使用加工方法： ① 压力加工用 ② 热加工用 ③ 冷加工用 ④ 顶锻用 ⑤ 热顶锻用 ⑥ 冷顶锻用 ⑦ 切削加工用	U UP UHP UCP UF UHF UCF UC

注：1. 本表摘自 GB/T 15575—2008，适用于钢丝、钢板、型钢、钢管等的标记代号。
  2. 钢产品标记代号采用与类别名称相应的英文名称首位字母（大写）和阿拉伯数字组合表示。例如：低冷硬的钢带标记代号 H/4。

（2）钢产品标记代号中英文名称对照表（附表 B-2）

附表 B-2 钢产品标记代号中英文名称对照表

代 号	中文名称	英文名称
W	加工状态（方法）	working condition
WH	热加工	hot working
WHR	热轧	hot rolling
WHE	热扩	hot expansion
WHEX	热挤	hot extrusion
WHF	热锻	hot forging
WC	冷加工	cold working
WCR	冷轧	cold rolling
WCE	冷挤压	cold extrusion
WCD	冷拉（拔）	cold draw
WW	焊接	weld
P	尺寸精度	precision of dimensions
E	边缘状态	edge condition
EC	切边	cut edge
EM	不切边	mill edge
ER	磨边	rub edge
F	表面质量	workmanship finish and appearance
FA	普通级	A class
FB	较高级	B class
FC	高级	C class
S	表面种类	surface kind
SPP	压力加工表面	pressure process

（续）

代　号	中 文 名 称	英 文 名 称
S	表面种类	surface kind
SA	酸洗	acid
SS	喷丸（砂）	shot blast
SF	剥皮	flake
SP	磨光	polish
SB	抛光	buff
SBL	发蓝	blue
S ＿	镀层	metallic coating
SC ＿	涂层	organic coating
ST	表面处理	treatment surface
STC	钝化（铬酸）	passivation
STP	磷化	phosphatization
STO	涂油	oiled
STS	耐指纹处理	sealed
S	软化程度	soft grade
S 1/4	1/4 软	soft quarter
S 1/2	半软	soft half
S	软	soft
S2	特软	soft special
H	硬化程度	hard grade
H 1/4	低冷硬	hard low
H 1/2	半冷硬	hard half
H	冷硬	hard
H2	特硬	hard special
	热处理类型	
A	退火	annealing
SA	软化退火	soft annealing
G	球化退火	globurizing
L	光亮退火	light annealing
N	正火	normalizing
T	回火	tempering
QT	淬火＋回火	quenching and tempering
NT	正火＋回火	normalizing and tempering
S	固溶	solution treatment
AG	时效	aging
	冲压性能	
CQ	普通级	commercial quality
DQ	冲压级	drawing quality
DDQ	深冲级	deep drawing quality
EDDQ	特深冲级	extra deep drawing quality
SDDQ	超深冲级	super deep drawing quality

（续）

代　号	中 文 名 称	英 文 名 称
	冲压性能	
ESDDQ	特超深冲级	extra super deep drawing quality
U	使用加工方法	use
UP	压力加工用	use for pressure process
UHP	热加工用	use for hot process
UCP	冷加工用	use for cold process
UF	顶锻用	use for forge process
UHF	热顶锻用	use for hot forge process
UCF	冷顶锻用	use for cold forge process
UC	切削加工用	use for cutting process

注：本表摘自 GB/T 15575—2008。

（3）钢材涂色标记（附表 B-3）

附表 B-3　钢材涂色标记

类别	牌号或组别	涂色标记	类别	牌号或组别	涂色标记
优质碳素结构钢	05～15	白色	铬轴承钢	GCr6	绿色一条 + 白色一条
	20～25	棕色 + 绿色		GCr9	白色一条 + 黄色一条
	30～40	白色 + 蓝色		GCr9SiMn	绿色二条
	45～85	白色 + 棕色		GCr15	蓝色一条
	15Mn～40Mn	白色二条		GCr15SiMn	绿色一条 + 蓝色一条
	45Mn～70Mn	绿色三条	不锈耐酸钢	铬钢	铝色 + 黑色
合金结构钢	锰钢	黄色 + 蓝色		铬钛钢	铝色 + 黄色
	硅锰钢	红色 + 黑色		铬锰钢	铝色 + 绿色
	锰钒钢	蓝色 + 绿色		铬钼钢	铝色 + 白色
	铬钢	绿色 + 黄色		铬镍钢	铝色 + 红色
	铬硅钢	蓝色 + 红色		铬锰镍钢	铝色 + 棕色
	铬锰钢	蓝色 + 黑色		铬镍钛钢	铝色 + 蓝色
	铬锰硅钢	红色 + 紫色		铬镍铌钢	铝色 + 蓝色
	铬钒锰	绿色 + 黑色		铬钼钛钢	铝色 + 白色 + 黄色
	铬锰钛钢	黄色 + 黑色		铬钼钒钢	铝色 + 红色 + 黄色
	铬钨钒钢	棕色 + 黑色		铬镍钼钛钢	铝色 + 紫色
	钼钢	紫色		铬钼钒钴钢	铝色 + 紫色
	铬钼钢	绿色 + 紫色		铬镍铜钛钢	铝色 + 蓝色 + 白色
	铬锰钼钢	绿色 + 白色		铬镍钼铜钛钢	铝色 + 黄色 + 绿色
				铬镍钼铜铌钢	铝色 + 黄色 + 绿色
	铬钼钒钢	紫色 + 棕色			（铝色为宽条，余为窄色条）
	铬硅钼钒钢	紫色 + 棕色	耐热钢	铬硅钢	红色 + 白色
	铬铝钢	铝白色		铬钼钢	红色 + 绿色
	铬钼铝钢	黄色 + 紫色		铬硅钼钢	红色 + 蓝色
	铬钨钒铝钢	黄色 + 红色		铬钢	铝色 + 黑色
	硼钢	紫色 + 蓝色		铬钼钒钢	铝色 + 紫色
	铬钼钨钒钢	紫色 + 黑色		铬镍钛钢	铝色 + 蓝色
高速工具钢	W12Cr4V4Mo	棕色一条 + 黄色一条		铬铝硅钢	红色 + 黑色
	W18Cr4V	棕色一条 + 蓝色一条		铬硅钛钢	红色 + 黄色
	W9Cr4V2	棕色二条		铬硅钼钛钢	红色 + 紫色
	W9Cr4V	棕色一条		铬硅钼钒钢	红色 + 紫色
				铬铝钢	红色 + 铝色
				铬镍钨钼钛钢	红色 + 棕色
				铬镍钼钢	红色 + 棕色
				铬镍钨钛钢	铝色 + 白色 + 红色
					（前为宽色条，后为窄色条）

附录 C　进口金属材料证明书中常用词中外文对照

进口金属材料证明书中英文、俄文常用词与中文对照（附表 C-1）

附表 C-1　进口金属材料证明书中英文、俄文常用词与中文对照

英文缩写及符号	英文全称	俄文全称	中　文
P/L	Packing List	Упаковочный	装箱单
S·M·	Shipping Mark	Маркировка	发货标记
Dim	Dimension	размер	尺寸
L	Length	Длина	长度
W	Width	Щирина	宽度
H	Height	Высота	高度
Dia	Diameter	Диаметр	直径
T	Thickness	Толщина	厚度
O·D·	Outside Diameter	диаметрвнещней стороиы	外径
W·T·	Wall Thickness	Толщина стены	壁厚
A/W	Actual Weight	Действнтелъныйвес	实际质量
Wt	Weight	Вес	质量
Gr（Gr·Wt）	Gross Weight	Вес брутто	毛重
Net（Net·Wt）	Net Weight	Вес нетто	净重
Gr for Net	Gross for Net	Брутто за нетто	以毛作净
Tr	Tare	Вес тары	皮重
Mks	Marks	Знак марка	标记唛头
Reel No.	Reel Number	Номер катущки	卷号
C/S No.	Case Number	Номер ящика	箱号
Cont No.	Contract Number	Номер контракта	合同号
Lot No.	Lot Number	Номер партий	批号
Item No.	Item Number	Номер пункта	项次号
Code No.	Code Number	Условноеобозначение	代号
Test Pc No.	Test Piece Number	Номер	式样号
Test No.	Test Number	нспытателъногообразда	试验号
Heat No.	Heat Number	Испытателъный номер	熔炼炉号
Batch No.	Batch Number	Номер плаъки	炉号，批号
Case No.	Case Number	Номер отливки	浇铸号
Bbl	Bundle	Пакет связка	捆、扎、卷、盘
—	Plate	Пластина	块（板）
—	Sheet	Лист	张
—	Set	Набор	套、组
—	Reel	Катущка	卷、筒
Rl	Roll	Ролик	卷、筒
Pc（Pcs.）	Piece（Pieces）	Щтук	支、根、块、件
Gd·ofs·	Grade of Steel	Марка стали	钢号
Gd	Grade	Кпасе	等级
Spec	Specification	СпениФикания	规格

（续）

英文缩写及符号	英文全称	俄文全称	中　文
Std	Standard	Стандарт норма	标准
M	Meter	Метр	米
T（t）	Ton	Тонна	吨
Mt（M/t）	Metric Ton	Метрическая тонна	公吨
Ib·（Ibs）	Pound（Pounds）	Фунт	磅
kg（kgs）	Kilogram（Kilograms）	Килограмм	千克
Coating No.	Coating Number	Номер покрытия	镀层号
Package No.	Package Number	Номер пакета	包、捆
—	Quantity	Колицсство	数量
T	Transversal	Поперочный	横向
L	Longitudinal	Продопъный	纵向
Certifica No.	Certificate Number	Номеро сертификате	证明书号
Cont	Contract	Контракт，цогоъор	合同
—	in cases（boxes）	Упаковываться в ящики	装箱
—	Quality	Качество	品质
—	Trade Mark	Тортовая марка	商标
—	Particular Tare	Действителвный вес тары	实际皮重
av·tave	Average tare	Срепний вес тарвы	平均皮重
—	Square Measure	Площалъ	面积
oz	Ounce	Унция	盎司（1oz = 28.349g）
%	Percentage	В прцентах	百分比
B/L	Bill of Lading	Коносамент	提单
—	Weight Certificate	Весовой сертификат	质量证明书
—	Certificate of Quality	Сертификат о качестве	品质证明书
—	Certificate of Quantity	Сертификат о колиресве	数量证明书
Max	Maximum	Макснмум	最大
Min	Minimum	Минимум	最小